Wörterbuch Elektrotechnik, Energie-
und Automatisierungstechnik
Dictionary of Electrical Engineering,
Power Engineering and Automation

Wörterbuch Elektrotechnik, Energie- und Automatisierungstechnik
Dictionary of Electrical Engineering, Power Engineering and Automation

Teil 1
Deutsch – Englisch

Part 1
German – English

6., überarbeitete und wesentlich
erweiterte Auflage, 2011

6th revised and substantially
enlarged edition, 2011

Publicis Publishing

Bibliographic information published by the Deutsche Nationalbibliothek
The Deutsche Nationalbibliothek lists this publication in
the Deutsche Nationalbibliografie; detailed bibliographic data
are available in the Internet at http://dnb.d-nb.de.

Bearbeiter und Verlag haben alle Inhalte in diesem Buch mit großer Sorgfalt erarbeitet. Dennoch können Fehler nicht ausgeschlossen werden. Eine Haftung des Verlags oder der Autoren, gleich aus welchem Rechtsgrund, ist ausgeschlossen. Die in diesem Buch wiedergegebenen Bezeichnungen können Warenzeichen sein, deren Benutzung durch Dritte für deren Zwecke die Rechte der Inhaber verletzen kann.

Compilers and publisher have taken a great deal of care over the checking and preparation of all the contents in this publication. Even so, errors cannot be excluded. Therefore, any liability by the publishers or the author(s), for whatever legal consideration, must be excluded. Designations and terms quoted in this publication may be names of trademarked articles, the use of which by third parties for their own purposes may violate proprietary rights.

www.publicis.de/books

ISBN 978-3-89578-313-5

Editor: Industry Automation Translation Services,
Siemens Aktiengesellschaft, Berlin and Munich
Publisher: Publicis Publishing, Erlangen
© 2011 by Publicis KommunikationsAgentur GmbH, GWA, Erlangen

This publication and all parts thereof are protected by copyright.
All rights reserved. Any use of it outside the strict provisions of the copyright law without the consent of the publisher is forbidden and will incur penalties. This applies particularly to reproduction, translation, microfilming or other processing, and to storage or processing in electronic systems. It also applies to the use of extracts from the text.

Printed in Germany

Vorwort

Das Fachwörterbuch behandelt im Wesentlichen die folgenden Sachgebiete:
- Elektrotechnische Grundbegriffe und Normen
- Antriebstechnik
- Automatisierungstechnik (Regelungstechnik, numerische Steuerungen, Prozessführung)
- Bussysteme und Kommunikationsnetze, Datenübertragung und -übermittlung
- Elektrische Maschinen (mit Transformatoren)
- Mess- und Analysetechnik
- Elektrische Netze
- Fernwirktechnik (einschl. Rundsteueranlagen)
- Halbleiterbauelemente, integrierte Schaltungen
- Installationstechnik (mit Licht- und Beleuchtungstechnik)
- Kabeltechnik
- Kraftfahrzeugelektronik
- Leistungselektronik
- Prüftechnik
- Qualitätssicherung und Zuverlässigkeit
- Schaltgeräte
- Schutzeinrichtungen und Relais

Wichtige Quellen für das Erstellen dieses Fachwörterbuchs waren aktuelle Fachliteratur, nationale und internationale Bestimmungen und Regelwerke sowie der Datenbestand des Sprachendienstes der Siemens AG in Erlangen/Nürnberg. Für die 6. Auflage wurden ca. 35.000 Neueinträge aufgenommen, so dass der deutsch-englische Teil damit etwa 121.000 Einträge mit ca. 166.000 Übersetzungen enthält.

Sprache lebt und verändert sich ständig. Insbesondere betrifft das die Schreibweisen von Fachbegriffen mit oder ohne Bindestrich, in einem oder in zwei Wörtern. Sind für einen Begriff unterschiedliche Schreibweisen geläufig, so wurde der Suchbegriff in der Ausgangssprache in der Regel im Wörterbuch nur in einer Schreibweise angegeben, da bei alphabetischer Sortierung die Schreibweise für den Suchprozess und den Zielbegriff keine Rolle spielt. Auch bei der Zielsprache haben wir meistens nur diejenige Schreibweise angegeben, die nach unserer Einschätzung moderner oder sinngemäß die richtigere ist.

Die Zahl der Akronyme in technischen Texten wächst permanent weiter. In der deutschen Sprache ist es üblich, viele dieser Akronyme mit einer Geschlechtsangabe zu versehen – der, die, das. Um den sprachlichen Umgang mit solchen Akronymen zu vereinfachen, haben wir bei vielen derartigen Einträgen Genusangaben angebracht, bei denen nach unserer Meinung eine einheitliche Verwendung üblich ist.

Für jede Auflage müssen beide Bände des Buches unabhängig voneinander überarbeitet werden, in einer Vielzahl von Prozessen, die sich nicht automatisieren lassen. Sicher wurde mancher Rechtschreibfehler übersehen und vielleicht sind noch ein paar Einträge alphabetisch falsch eingeordnet, die eigentliche Übersetzungsqualität des Wörterbuchs sollte darunter allerdings kaum leiden. Außerdem ist hier noch zu bemerken, dass die deutsch-englische und die englisch-deutsche Ausgabe des Buchs nicht eins zu eins übereinstimmen. Jeder Band hat seinen eigenen Charakter, der sich im Laufe der einzelnen Auflagen entwickelt hat. Wenn man das Wörterbuch benutzt, sollte man daran denken, dass nicht alle Einträge und Übersetzungen standardisierte Terminologie widerspiegeln, sondern dass auch allgemein gebräuchliche Begriffe aufgeführt sind. Da die Zahl technischer Begriffe permanent zunimmt, ist es kaum möglich, viele oder gar alle Begriffe in einem solchen Buch zu validieren. Da unsere Datenbank und dieses Wörterbuch aber für qualitativ hochwertige Übersetzungen verwendet werden, übersteigt der praktische Nutzen dieses Buchs aber den von Online-Wörterbüchern erheblich – und dies gilt sicher auch noch für die nächsten fünf bis zehn Jahre.

Für Verbesserungs- und Ergänzungsvorschläge, die bei einer Neuauflage des Buches berücksichtigt werden können, sind wir dankbar. Bitte richten Sie Hinweise und Anregungen unter dem Betreff „Industrial Engineering Dictionary" per E-Mail an publishing-distribution@publicis.de oder per Fax an Publicis Publishing, CPB, Fax +49 9131 9192 598.

Erlangen/Nürnberg, Dezember 2010
Siemens Industry Automation Translation Services

Preface

This dictionary essentially covers the following subjects:
- Basic electrotechnical terms and standards
- Automation technology (control engineering, numerical controls, process control)
- Automotive electronics
- Bus systems, communication networks, data transmission and communication
- Drives
- Electrical installation technology (including lighting)
- Electrical machines (including transformers)
- Measuring and analysis technology
- Electrical systems and networks
- Power cables and distribution
- Power electronics
- Protective devices and relays
- Quality assurance and reliability
- Semiconductor devices, integrated circuits
- Switchgear
- Telecontrol (including ripple control)
- Test engineering

Technical literature, national and international regulations and standards and the database of the Translation Department of Siemens AG in Erlangen/Nuremberg were an important source for generating this dictionary. For the 6th edition, 35,000 new entries have been added to the German-English volume. It now contains about 121,000 entries with 166,000 translations.

Language lives, and it constantly changes. This especially concerns the writing of technical terms in one or two words, with or without a hyphen. If different spellings are familiar for a term with only one meaning, the dictionary usually contains only one spelling of this term in the source language. As the source-language entries are sorted in alphabetical order, different possible spellings have no influence on the process of looking up individual entries. Even in the target language, we have often indicated only one spelling, if it is more modern or if it definitely better hits the meaning.

In technical texts, the number of acronyms is still growing. If those acronyms are used in German language, people tend to use many of these terms in combination with "der", "die", "das". So we added the common German gender for a number of such entries.

For each edition, both volumes of the book have to be revised individually. For that, a considerable number of work processes are necessary which can only be carried out by hand. It is likely that we have not noticed all spelling mistakes, and probably there are still some entries in the wrong alphabetical order, but the usability of the dictionary for translations should not be significantly impaired by that. In addition, it should be taken into account that the German-English and the English-German volume do not correspond in all of the suggested translations. Each volume has its own character and has developed throughout a number of editions. When using the dictionary, it should be kept in mind that a number of the entries and translations do not necessarily reflect standardized terminology, but rather the spoken language. As the number of technical terms is still growing rapidly, it is not possible to validate all of the translations in such a dictionary. But as our database is used for high-quality translations, the practical value of this book considerably exceeds that of online dictionaries – and will probably continue to do so for the next five or ten years hence.

Any corrections or suggestions for improvement will be gratefully received. Please address them to publishing-distribution@publicis.de or send a fax to Publicis Publishing, CPB, Fax +49 9131 9192 598, referring to the "Industrial Engineering Dictionary".

Erlangen/Nuremberg, December 2010
Siemens Industry Automation Translation Services

Liste der allgemeinen Abkürzungen
Common abbreviations used in this dictionary

≗	große(r) Anfangsbuchstabe(n)	initial capital(s)
a.	auch	also
adj	Adjektiv	adjective
adv	Adverb	adverb
f	Femininum	feminine noun
f.	für	for
GB	britischer Sprachgebrauch	British usage
m	Maskulinum	masculine noun
m.	mit	with
n	(Deutsch:) Neutrum	(German:) neuter noun
	(Englisch:) Substantiv	(English:) noun
o.	oder	or
pl	Plural	plural
plt	Pluraletantum	plural noun
prep	Präposition	preposition
s.	siehe	see
s.a.	siehe auch	see also, compare
US	US-amerikanischer Sprachgebrauch	American usage
v	Verb	verb

Sachgebietsschlüssel
Subjects and abbreviations

Abl.	Ableiter	Surge arrester
Akust.	Akustik, Schallmessung	Acoustics, sound measurement
Ausl.	Auslöser	Release tripping device
Batt.	Batterie	Storage battery
BGT	Baugruppenträger	Subrack
Blechp.	Blechpaket elektrischer Maschinen	Laminated core of electrical machines
BSG	Bildschirmgerät, Bildschirmanzeige	Visual display unit, screen display
BT	Beleuchtungstechnik	Illumination engineering, lighting
DL	Druckluft, Druckluftanlage	Compressed air, compressed-air system
DT	Drucktaster	Pushbutton
DÜ	Datenübertragung	Data transmission
DV	Datenverarbeitung	Data processing
el.	elektrisch	Electrical
elST	elektronische Steuerung	Electronic control
EMB	Elektromagnetische Beeinflussung	Electromagnetic interference
EMV	Elektromagnetische Verträglichkeit	Electromagnetic compatibility
ESR	Elektronenstrahlröhre	Electron-beam tube
ET	Einbautechnik, Einbausystem (für elektronische Ausrüstung)	Packaging system (for electronic assemblies)
EZ	Elektrizitätszähler	Electricity meter
FET	Feldeffekttransistor	Field effect transistor
FLA	Freiluftanlage	Outdoor installation

Flp.	Flugplatz	Airport
Freiltg.	Freileitung	Overhead line
FWT	Fernwirktechnik	Telecontrol
Gen.	Generator	Generator, alternator
GLAZ	Gleitende Arbeitszeit	Flexible working time
GM	Gleichstrommaschine	D.C. machine
gS	gedruckte Schaltung	Printed circuit
GR	Gleichrichter	Rectifier
Hebez.	Hebezeug	Crane, hoisting gear
HG	Haushaltsgerät	Household appliance
HL	Halbleiter, Halbleiterbauelement	Semiconductor, semiconductor component
HSS	Hilfsstromschalter	Control switch
I	Installationstechnik, -material, Gebäudeinstallation	Electrical installation, wiring practice, wiring accessories
IC	Integrierte Schaltungen	Integrated Circuits
IK	Installationskanal (einschl. Schienenverteiler)	Trunking and duct system (incl. busways)
IR	Installationsrohr	Electric wiring conduit
IRA	Innenraumanlage	Indoor installation
IS	Integrierte Schaltungen	Integrated circuits
Isol.	Isolierung, Isolation	Insulation
IV	Installationsverteiler	Distribution board
Kfz	Kraftfahrzeug	Motor vehicle, automobile
KKS	Kathodischer Korrosionsschutz	Cathodic protection
KL	Käfigläufer	Squirrel-cage motor
KN	Kommunikationsnetz	Communication network
Komm.	Kommutator	Commutator
KT	Klimatechnik	Air conditioning
KU	Kurzunterbrechung	Automatic reclosing
Kuppl.	Kupplung (mechanisch)	Coupling (mechanical)
KW	Kraftwerk	Power station
LAN	Local Area Network	Local Area Network
LE	Leistungselektronik	Power electronics
Leitt.	Leittechnik, Prozessleittechnik	Control engineering, process control technology
Lg.	Lager	Bearing
LM	Linearmotor	Linear motor
LS	Leistungsschalter	Circuit-breaker
LSS	Leistungsschutzschalter	Circuit-breaker, miniature circuit-breaker
LT	Lichttechnik	Lighting engineering
LWL	Lichtwellenleiter	Optical fibre
magn.	magnetisch	Magnetic
Masch.	Maschine, rotierende Maschine	Machine, rotating machine
Math.	Mathematik	Mathematics
mech.	mechanisch	Mechanical
MG	Messgerät	Measuring instrument
Mot.	Elektromotor	Electric motor
MSB	Magnetschwebebahn	Magnetic levitation system

NC	Numerische Steuerung	Numerical control
NS	Näherungsschalter	Proximity switch
Osz.	Oszilloskop	Oscilloscope
PC	Personal Computer	Personal Computer
Ph.	Photovoltaik	Photovoltaics
PLT	Prozessleittechnik	Process control and instrumentation
PMG	programmierbares Messgerät	Programmable measuring apparatus
Prüf.	Prüfung	Testing
PS	Positionsschalter, Endschalter	Position switch, limit switch
QA	Qualitätssicherung	Quality assurance
QS	Qualitätssicherung	Quality assurance
Reg.	Regelung	Automatic control
Rel.	Relais	Relay
RöA	Röntgenanalyse	X-ray analysis
Rob.	Roboter	Robot
RSA	Rundsteueranlage	Ripple control system
SA	Schaltanlage	Switching station, switchgear
SG	Schaltgerät	Switching device, switchgear
Sich.	Sicherung, Schmelzsicherung	Fuse
SK	Schaltgerätekombination	Switchgear assembly
SL	Schleifringläufer	Slipring motor
SPS	Speicherprogrammierbare Steuerung	Programmable controller
SR	Stromrichter	Static converter
SS	Sammelschiene	Busbar
ST	Schalttafel	Switchboard
StT	Stromtarif	Electricity tariff
StV	Steckvorrichtung	Plug-and-socket device, connector
SuL	Supraleitung, Supraleiter	Superconductivity, superconductor
Thyr.	Thyristor	Thyristor, SCR
Trafo	Transformator	Transformer
TS	Trennschalter	Disconnector
USV	Unterbrechungsfreie Stromversorgung	Uninterruptible power system (UPS)
VS	Vakuumschalter	Vacuum switch or circuit-breaker
Wickl.	Wicklungen elektrischer Maschinen	Windings of electrical machines
WKW	Wasserkraftwerk, Wasserkraftgenerator	Hydroelectric power station, water-wheel generator
WZ	Werkzeug	Tool
WZM	Werkzeugmaschine	Machine tool
ZKS	Zugangskontrollsystem	Access control system
Zuv.	Zuverlässigkeitsmanagement	Reliabilty management

Further commonly used abbreviations are not listed here.
Weitere, allgemein verwendete Abkürzungen sind hier nicht aufgeführt.

A

A (Ausgang) / O (output) ‖ ⭍ (Ausgangsignal) / O (output signal) ‖ ⭍ (Speicherbereich im Systemspeicher der CPU (Prozessabbild der Ausgänge)) / output *n* ‖ ⭍ / alarm *n* ‖ ⭍ / A (letter symbol for air) ‖ ⭍ **(Ampere)** *n* / A ‖ ⭍**0** / CC 0 ‖ ⭍**1** / CC1, condition bit
AA (Analogausgabe, analoger Ausgang, Analogwertausgabe) / AO (analog output), analog output module, analog output point, analogue output ‖ ⭍ (air-air cooling, Luft-Selbstkühlung) / AA ‖ ⭍ (air-air/forced-air cooling, Luft-Selbstkühlung mit zusätzlicher erzwungener Luftkühlung) / AA/FA
AAAC (Kabel) / all-aluminium-alloy conductor (AAAC), triple AC
AAB (Ausgabeabbild) / QIM (output image)
A·-Abbruch *m* / ABRT, (A.5.3 IEC 60870-6-701, -702) A-abort ‖ ⭍-**Abhängigkeit** *f* / address dependency, A-dependency *n*
AAC (Kabel) / all aluminium conductor (AAC)
A·-Achse *f* / A axis ‖ ⭍-**Adresse** *f* / Q address
AAG *f* (automatische Arbeitsplan-Generierung) / automatic work schedule generation
AASS / workstation dependent segment storage (WDSS)
a-Auslöser *m* / a-release *n* (Siemens type, inverse-time (o. thermally delayed) overcurrent release)
AB (Ausgangsbyte) / QB (output byte) ‖ ⭍ (Ausgabebyte) / QB (output byte), intermittent operation, QB *n*
ab / or later ‖ ~ **Auftragseingang** *m* / ARO *n* ‖ ~ **Erzeugnisstand xxx** *m* / from product version xxx ‖ ~ **Lager** *adj* / from stock ‖ ~ **Werk versichert** *adj* / insured ex works
abarbeiten *v* (Programm) / process *v*, execute *v*, service *v*, scan *v*, edit *v*
Abarbeiten *n* (Programm, Satz) / processing *n*, execution *n*, automatic mode ‖ ⭍ **großer CNC-Programme** / execution of large CNC programs ‖ ⭍ **über V.24-Schnittstelle** / execution via the V.24 interface ‖ ⭍ **von extern** / processing from external source, execution from external source ‖ ⭍ **von Festplatte** / execution from hard disk ‖ ⭍ **von Netzlaufwerk bzw. PC-Card** / execution from network drive or PC card
Abarbeitung *f* / processing *n*, execution *n*
Abarbeitungs·ebene *f* / processing level ‖ ⭍**folge** *f* (Fabrik) / routing *n* ‖ ⭍**reihenfolge** *f* / processing sequence, order of execution ‖ ⭍**reihenfolge** *f* (Fertigung) / order of processing (o. of machining) ‖ ⭍**reihenfolge, Elemente-Graphen** / elements-order of processing of diagrams ‖ ⭍**zyklus** *m* / execution cycle
abätzen *v* / cauterize *v*, remove with caustics, corrode *v*
Abbau *m* (Chem.) / degradation *n*, decomposition *n* ‖ ⭍**anforderung** *f* / disconnect request ‖ ⭍**anleitung** *f* / dismantling instructions ‖ ⭍**beleuchtung** *f* (Bergwerk) / coal-face lighting ‖ ⭍**bestätigung** *f* / disconnect confirmation
abbauen *v* / dismantle *v*, disassemble *v*, dismount *v*, detach *v*, remove *v*, clear *v*, relieve *v* ‖ ~ *v* / suppress *v*, reduce *v*, extinguish *v*, allow to decay ‖ **eine Verbindung** ~ / release (o. clear) a connection *v*, disconnect *v* ‖ **Parallelabfrage** ~ DIN IEC 625 / parallel poll unconfigure (PPU)
Abbauzeit *f* (Datenleitung) / release delay, (connection) clearance time
Abbeizmittel *n* (Metall) / pickling agent ‖ ⭍ *n* (Farbe) / paint remover, paint stripper, paint and varnish remover
Abbestellen *n* / eradication *n*
AB-Betrieb *m* / class AB operation
Abbiegebock *m* (Spulenfertig.) / former *n*
Abbiegen *n* / diverging *n*, turning-off BE *n*, turnoff AE *n*
Abbiege·spur *f* / diverging lane *n* ‖ ⭍**streifen** *m* / turning traffic lane *n* ‖ ⭍**verbot** *n* / turn-ban *n* ‖ ⭍**verkehr** *m* / turning traffic *n*
Abbild *n* / replica *n*, image *n*, indicator *n*, figure *n*, map *n*, I/O image ‖ ⭍ *n* (Impulse, Schwingungen) / waveform *n* ‖ ⭍ *n* (Ersatzschaltbild) / equivalent circuit ‖ ⭍ *n* / image *n* IEC 1131-1 ‖ **E/A (SPS)-**⭍ / I/O image (o. map) ‖ **einzelinformationsbezogenes** ⭍ / single-data-oriented image ‖ **Feuchte-**⭍ *n* / moisture indicator, moisture indicating strip ‖ **Impuls~** *n* / pulse waveshape ‖ **Prozess~** *n* / process image ‖ **thermisches** ⭍ / thermal replica, thermal image ‖ **thermisches** ⭍ (Anzeigegerät, Trafo) / winding temperature indicator ‖ **Übergangs~** *n* (Impulsmessung) / transition waveform
abbildbares Zeichen (Bildschirm) / displayable character
Abbildbaustein *m* / image block
abbilden *v* / display *v*, map *v*, image *v*
Abbilden, Betriebsart ⭍ / display mode (of operation) ‖ **einen Eingang** ~ / map an input
abbildender Sensor / imaging sensor
Abbild·führung *f* / image management ‖ ⭍**funkenstrecke** *f* / auxiliary control gap, tell-tale spark gap ‖ ⭍**register** *n* / image register ‖ ⭍**speicher** *m* / image memory
Abbildung *f* / display *n*, mapping *n*, figure *n* ‖ ⭍ *f* / image *n*, I/O image ‖ **direkte** ⭍ / direct mapping ‖ ⭍ **angewandter Technik** *f* / technology mapping
Abbildungs·faktor *m* / conversion factor ‖ ⭍**gruppe** *f* / display attribute group, display group ‖ ⭍**maßstab** *m* (Kamera) / object-to-image ratio ‖ ⭍**objekt** *n* / imaging object ‖ ⭍**reduktion** *f* / image reduction (button) ‖ ⭍**register** *m* / image register ‖ ⭍**sensor** *m* / imaging sensor ‖ ⭍**verzeichnis** *n* / list of illustrations ‖ ⭍**zeit** *f* / display time
abbinden *v* (Beton) / set *v*
Abblasdruck *m* / blow-off pressure
Abblasen *n* / blowing off, venting *n*
abblättern *v* / scale *v*, flake *v*, peel off, chip *v* ‖ ⭍ *n* (Zahnrad) / spalling *n*
abblenden *v* / dim *v*, fade out, suppress *v*, deactivate *v*, hide *v*
Abblend·kappe *f* (Autolampe) / anti-dazzle device ‖ ⭍**licht** *n* / dipped beam (GB), meeting beam (GB), lower beam (US), passing beam (US) ‖ ⭍**schalter** *m* / dip switch, dimming switch ‖ ⭍**schürze** *f* / shade *n* ‖ ⭍**zylinder** *m* / anti-glare cylinder
Abbrand *m* / burn-off *n*, erosion *n*, flashing *n* ‖ ⭍ *m* (Kontakte) / arc erosion, contact erosion, erosion *n* ‖ ⭍**anzeiger** *m* (Kontakte) / contact erosion indicator ‖ ⭍**anzeigestift** *m* (Teil, welches anzeigt, wie weit die Schaltkontakte eines Schützes

abgebrannt sind) / contact erosion indicator pin || ⟨elektrode *f* / contact erosion electrode || ~**fest** *adj* (Kontakte) / arc-resistant *adj*, resistant to burning, resistant to erosion || ⟨**fläche** *f* / erosion area || ⟨**lehre für Lichtbogenkontakt(e)** / erosion gauge for arcing contact(s) || ⟨**stelle** *f* / erosion point

abbrechen *v* (Programm) / abort *v* || ~ *v* / cancel *v*, back off, back off and abandon

Abbrechen *n* (Kürzen einer Zahl, Rechnerprogramm) / truncation *n* || ⟨ *n* (schließt das Dialogfeld; die Einstellungen werden nicht gültig) / stop *n*

Abbrechfehler *m* / truncation error

abbremsen *v* / brake *v*, decelerate *v* || ⟨ *n* / braking *n*, deceleration *n* || ⟨ **auf Stillstand** / brake to rest

Abbremsphase *f* / deceleration phase

abbrennen *v* / burn up || ⟨ *n* (Entfernen einer Beschichtung durch Wärmeeinwirkung und Abkratzen im erweichten Zustand) / burning off, flashing

Abbrenn-geschwindigkeit *f* / flashing speed || ⟨**kontakt** *m* / arcing contact, moving arcing contact || ⟨**längenzugabe** *f* / flashing allowance || ⟨**prüfung** *f* (Blitzlampen) / flash test || ⟨**ring** *m* / arcing ring || ⟨**schaltstück** *n* / arcing contact, moving arcing contact || ⟨**strom** *m* / flashing current || ⟨**stück** *n* / erosion piece || ⟨**stumpfschweißen** *n* / flash welding || ⟨**weg** *m* / flashing travel || ⟨**zeit** *f* / flashing time

Abbröckeln *n* / fretting *n*

Abbruch *m* / cancel *n*, abnormal termination || ⟨ *m* / abort *n* (the interruption of a running program by the operator) || ⟨ **des Programms** / program abort, discontinuation of program, program stop || ⟨ **einer Bewegung** / discontinuation of a movement (o. motion) || ⟨**bedingung** *f* / cancel condition || ⟨**befehl** *m* / abort command || ⟨**begrenzer** *m* / abort delimiter || ⟨**fehler** *m* / abort criterion || ⟨**folge** *f* / abort sequence || ⟨**kriterium** *n* / cancel criterion, abort criterion || ⟨**operand** *m* / cancel operand || ⟨**reihenfolge** *f* (E DIN ISO/IEC 8802-5) / abort sequence || ⟨**stelle Cu-Bänder** / rupture point, Cu strips || ⟨**taste** *f* / ESCAPE key || ⟨**text** *m* / abort message (o. text)

Abbuchungsauftrag *m* / direct debit order

ABC-Analyse *f* / ABC analysis

Abclicken *v* / deselection *n*

Abdampf *m* / exhaust steam

Abdeck·blech *n* / cover *n*, cover sheet, cover plate, masking plate, blanking plate, sheet-metal cover || ⟨**blende** *f* / shrouding cover *n*

abdecken *v* / cover *v*, obscure *v* || ⟨ *n* (zeitweiliges Abdecken von Teilen einer Oberfläche, die nicht beschichtet werden sollen) / masking *n*

Abdeck·flansch *m* / cover flange *n* || ⟨**folie** *f* / protective foil *n* || ⟨**haube** *f* / cap stone, covering hood, shaped-brick cover || ⟨**haube** *f* (el. Masch.) / cover *n*, (Leuchte) canopy *n*, (el. Masch.) jacket *n*, outer casing *n* || ⟨**haube** *f* (Reihenklemme) / shrouding cover || ⟨**kappe** *f* / blanking cap, cap *n*, cover *n*, covering cap, cover cap || ⟨**kappe** *f* (hier im Sinn von Abholfenster gebraucht) / cover flap

Abdeck·lack *m* / masking varnish || ⟨**leiste** *f* / cover strip || ⟨**linse** *f* / cover lense || ⟨**masse** *f* / masking compound || ⟨**material** *n* / cover material || ⟨**membran** *f* / foil membrane cover || ⟨**mittel** *n* / resist *n* || ⟨**plane** *f* / dropcloth *n* || ⟨**platte** *f* /

blanking cover, blanking plate, cover *n* || ⟨**platte** *f* (I-Schalter) / cover plate, faceplate *n*, fascia panel, switch plate || ⟨**platte** *f* (Reihenklemme) / cover plate || ⟨**profil** *n* / cover *n*, cover profile

Abdeck·rahmen *m* / cover frame, masking frame || ⟨**rahmen für Türausschnitt des Leistungsschalters (mit DI-Baustein)** / cover frame for door cut-out for circuit breakers (with RCD module) || ⟨**ring** *m* (Sich.) / collar *n* || ⟨**scheibe** *f* / cover disc || ⟨**schieber** *m* / sliding cover, sliding shield || ⟨**schraube** *f* / cover screw || ⟨**steg** *m* / blanking cover, blanking plate, cover plate || ⟨**stein** *m* (Kabel) / cover tile *n* || ⟨**streifen** *m* / blanking strip, cover strip || ⟨**teil** *n* / cover *n*, cover part || ⟨**tuch** *n* (zum Isolieren spannungsführender Metallteile) / flexible cover

Abdeckung *f* / cover *n*, covering *n*, enclosure *n*, guard *n* || ⟨ *f* (Teil zum Schutz gegen direktes Berühren) VDE 0100, T.200 / barrier *n* IEC 50 (826) || ⟨ *f* (Teil der äußeren Kapselung einer metallgekapselten SA) / cover *n* IEC 298 || ⟨ *f* (Verbundmaterial) / facing *n* || ⟨ *f* (Reihenklemmen) / shrouding *n* || ⟨ *f* (abnehmbares Teil des Schutzgehäuses eines Lasergerätes) VDE 0837 / access panel IEC 825 || ⟨ *f* (I-Schalter) / cover plate, switch plate, fascia panel, faceplate *n* || ⟨ *f* / resist *n* || ⟨ **der Kabeleinführung** / cable gland blanking plate || ⟨ **für Verbindungsschiene** *f* / cover for link rail || ⟨ **mit Blitzpfeil** *f* / cover with warning arrow || ⟨ **schließen** / close cover || **isolierende** ⟨ (f. Arbeiten unter Spannung) / insulating cover

Abdeckungs·endstücke *n* / cover end pieces || ⟨**grad** *m* / degree of coverage || ⟨**maße** *n* / coverage of measurements || ⟨**material** *n* / covering material

Abdeck·-Wandgehäuse *n* / covering wall housing || ⟨**wanne** *f* (Leuchte) / diffuser *n*, enclosing bowl || ⟨**winkel** *m* / cover angle

Abdichtung *f* / sealing *n* || ⟨ **der Durchführung** / shaft sealing || ⟨ **der Kabeldurchführung** *f* / shaft sealing

abdocken *v* / dock off

Abdrängung *f* / deflection *n*

abdrehen *v* (Drehteile) / turn off, dress *v* || ~ *v* / skim *v*, re-surface *v*, true *v* || ~**de Kraft** / drift force

Abdreh·festigkeit *f* / resistance to torsion, torsion resistance, torsional strength, torque strength || ⟨**prüfung** *f* / torsion test, torque test

abdrosseln *v* / throttle *v*

Abdruck *m* / print *n* || ~**bares Zeichen** / printable (o. printing) character || ⟨**stufe** *f* / printing interval

abdrücken *v* (abziehen) / force off, extract *v* || ~ *v* (hydraul. Druckprüf.) / test hydrostatically, pressure-test *v*

Abdrück·feder *f* / disengagement spring || ⟨**gewinde** *n* / back-off thread || ⟨**schraube** *f* / ejector screw, forcing-off screw, jack screw

Abdrückvorrichtung *f* / extractor *n*, forcing-off device, forcing-off tackle, pressing-off device, puller *n*

ABD-Technik *f* / alloy bulk diffusion technique (ABD technique)

ABD-Transistor *m* / alloy bulk diffused-base transistor (ABD transistor)

Abduktion *f* / abduction (an inference from particular facts to plausible explanations of these facts)

abdunkeln *v* / darken *v*, black out || ~ *v* (Lampe) / dim *v*
Abdunkelungsblende *f* / darkening diaphragm
abdunsten *v* / evaporate *v*, vaporize *v*
ABE *n* (agentenbasiertes Engineering) / Agent-Based Engineering (ABE)
Abel-Test *m* / Abel flash-point test
Abendbeleuchtung *f* / dusk lighting
aberregen *v* / de-energize *v*, to suppress the field
A-Betrieb *m* / class A operation
A-bewertet *adj* / A-weighted *adj* || ⸺**er Schalldruckpegel** / A-weighted mean soundpressure level || ⸺**er Schallleistungspegel** / A-weighted sound-power level
A-Bewertung *f* / A-weighting *n*
A-Bewertungsnetzwerk *n* / A-weighting network
Abfahrabstand *m* / retract distance
abfahrbare Kapselung (el. Masch.) / end-shift enclosure
Abfahrebene *f* / retraction plane
Abfahren *n* / retraction *n*, return *n*, running *n*, egress *n* || ~ *v* (Stillsetzen, Prozess) / shut down, execute *v*, travel through, retract *v* || **weiches** ⸺ / smooth retraction
Abfahr·geschwindigkeit *f* / retraction speed || ⸺**makro** *n* / retract macro || ⸺**modus** *m* / retraction mode || ⸺**satz** *m* / retraction block || ⸺**strategie** *f* / retract strategy || ⸺**verhalten** *n* / retraction behavior || ⸺**weg** *m* / retract path
Abfall *m* (Bearbeitung) / chippings *n pl*, chips *n pl*, scrap *n*, swarf *n* || ⸺ *m* (Absenkung, Spannungsabfall) / drop *n*, depression *n*, droop *n*, dip *n*, decay *n* || ⸺ *m* (Teilmenge des verbrauchten Fertigungsmaterials) / dropout *n* || ⸺ *m* / garbage *n* || ⸺ *m* / waste *n* || **Dach~** *m* (Impuls) / pulse droop
abfallen *v* / drop *v*, (Rel.) drop out, release *v* || ⸺ *n* (Rel.) / drop-out *n*, release *n*, releasing *n* || **~de Flanke** *f* (die abfallende Flanke eines Signals) / trailing edge
Abfall·flanke *f* (Impuls) / falling edge || ⸺**papier** *n* / paper waste || ⸺**rolle** *f* / discard reel || ⸺**sicherheitsfaktor** *m* (Rel.) / safety factor for dropout || ⸺**spannung** *f* / drop-off voltage, dropout voltage || ⸺**strom** *m* / drop-out current || ⸺**überwachungszeit** *f* / pressure drop monitoring time
abfallverzögertes Relais / dropout-delay relay, OFF-delay relay, relay with dropout delay, slow-releasing relay (SR relay) || ~ **Schütz** / connector with delayed switch off, delayed dropout contactor
Abfall·verzögerung *f* (Rel.) / dropout delay, OFF delay || ⸺**verzögerungszeit** *f* DIN 41785 / fall delay, dropout delay time || ⸺**wert** *m* / release value, dropout value || ⸺**zeit** *f* / dropout time, drop-out time, release time || ⸺**zeit** *f* (Impuls) / (pulse) decay time, fall time || ⸺**zeit** *f* (Impulsabbild) / last transition duration || ⸺**zeit eines Arbeitskontakts** / make contact release time || ⸺**zeitüberwachung** *f* / pressure drop time monitoring || ⸺**zeitverlängerung** *f* / trailing-edge broadening
Abfang·blech *n* / locating plate, terminating plate || ⸺**diode** *f* / clamping diode
abfangen *v* (unterstützen) / support *v*, prop *v*, underprop *v*
Abfangung *f* / bearing *n* || **Ausdehnungskasten mit** ⸺ / expansion section with base support || **Kabel~** *f* / cable clamp
abfasen *v* (die scharfen Kanten an Werkstücken werden durch eine sogenannte Fase gebrochen, also über die Kante angeschrägt) / chamfer *v*
Abflug·fläche *f* / take-off climb surface || ⸺**sektor** *m* / take-off climb area
Abfluss *m* / drain *n* || ⸺**menge** *f* / outflow *n*
Abfolge *f* / sequence *n*
abförderndes Band / discharging belt
Abformwerkzeug *n* / molding tool
Abfrage *f* / request *n*, demand *n*, scan *n* (SPS), query *n*, interrogation *n*, inquiry *n*, scanning *n*, polling *n* || ⸺ **auf Signalzustand** *f* / scan on signal state || ⸺ **Fehler-/Betriebsmeldung** / scan error/operational message || ⸺ **mit Richtungsumkehr** (MPU) / line reversal technique || **Kontakt~** *f* / contact interrogation || **Übertragung auf** ⸺ / transmission on demand || **Zeittakt~** *f* / clock scan || ⸺**anweisung** *f* / scan statement || ⸺**befehl** *m* / interrogation command || **gezielter** ⸺**befehl** / selective interrogation command || ⸺**betrieb** *m* / transmission on demand, polling mode || ⸺**dialog** *m* / interactive query || ⸺**eingang** *m* / read input || ⸺**eingang** *m* (Speicher) / interrogation input, query input || ⸺**einrichtung** *f* (EZ) / scanner *n* || ⸺**ergebnis** *n* / result of scan, result of input/output scan || ⸺**ergebnis** *n* (zyklische Abfrage) / scan result || ⸺**fenster** *n* / enquiry window || ⸺**häufigkeit** *f* (Speicherröhre) / read number || ⸺**kennung** *f* / qualifier of interrogation (QOI), QOI (qualifier of interrogation) || ⸺**kette** *f* / interrogation sequence || ⸺**liste** *f* / scan list
abfragen *v* / request *v*, poll *v* || ~ *v* (abtasten) / scan *v* || ~ *v* (DV) / interrogate *v*
Abfrage·parameter *m* / query parameter || ⸺**protokoll** *n* / inquiry log || ⸺**rate** *f* (Eingangskanal, Analog-Digital-Umsetzung) / revisit rate || ⸺**speicher** *m* / scanning memory || ⸺**sprache** *f* (Datenmanipulationssprache, mit der Benutzer Daten in Datenbanken aufsuchen und möglicherweise ändern können) / query language || ⸺**system** *n* / polling (telecontrol) system, interrogative system || ⸺**taste** *f* / answering key, interrogation key, interrogation pushbutton, query button || ⸺**verriegelung** *f* / logic interlocks || ⸺**wiederholungsbaugruppe** *f* (zykl. Abfrage) / scan repetition module || ⸺**window** *n* / enquiry window, inquiry window || ⸺**zustand** *m* / poll state || ⸺**zyklus** *m* / base cycle, query cycle, request cycle, basic cycle, polling cycle
abführbare Verlustleistung / dissipatable heat loss, thermal rating
abführen *v* / dissipate *v*
Abführen der Verlustwärme / dissipation of heat, heat removal
Abfüll·anlage *f* / filling system, bottling system || ⸺**behälter** *m* / filling tank || ⸺**betrieb** *m* / bottling *n*, filling *n* || ⸺**en** *n* / bottling *n*, filling *n* || ⸺**linie** *f* / filling line || ⸺**maschine** *f* / filling machine
Abfüllung PG / preinstalled software on programming device
Abfüllwaage *f* / filling scales *plt*
Abgabe *f* / contribution *n*, submission *n* || ⸺**leistung** *f* / output *n*, power output, output power || **kleinste** ⸺**menge** / minimum totalled load
Abgaben *f* / tax and fiscal charge, public charge
Abgabe·preis *m* / selling price || ⸺**termin** *m* /

Abgang 4

submission date ‖ ⁓**währung** *f* / selling currency
Abgang *m* (Stromkreis) / outgoing circuit, outgoing feeder, load circuit, feeder *n* ‖ ⁓ *m* / withdrawal *n* ‖ ⁓ *m* (FSK, FIV) / outgoing unit, outgoing section, issue *n* ‖ ⁓ *m* / tap-off *n* (facility) ‖ **Motor~** *m* (Stromkreis) / motor circuit, motor feeder
Abgangs·baugruppe *f* / outgoing unit, outgoing section ‖ ⁓**einsatz** *m* / fixed-mounted branch-circuit unit, non-withdrawable outgoing unit ‖ ⁓**feld** *n* / feeder panel BS 4727, feeder bay, line bay, outgoing feeder bay, outgoing unit, outgoing feeder panel, outgoing-feeder panel ‖ ⁓**feld** *n* (Station) / outgoing feeder ‖ ⁓**interview** *n* / leaving interview ‖ ⁓**kasten** *m* / tap-off unit, tap box, plug-in tap-off unit, outgoing unit ‖ ⁓**kasten mit Leistungsschalter** / fusible bus plug ‖ **steckbarer** ⁓**kasten** / plug-in tap-off unit ‖ ⁓**klemme** *f* / output terminal, outgoing terminal, tap-off terminal ‖ ⁓**klemmleiste** *f* / outgoing terminal rail, output terminal strip ‖ ⁓**klemmleiste** *m* / tap-off contact ‖ ⁓**leitung** *f* / load feeder, outgoing circuit, outgoing feeder ‖ **Verbraucher-**⁓**leitung** *f* / load feeder ‖ ⁓**raum** *m* / outgoing-circuit compartment, outgoing compartment ‖ ⁓**richtung** *f* / line direction ‖ ⁓**schiene, einseitig** / riser section ‖ ⁓**schiene, zweiseitig** / plug-in section ‖ ⁓**seite** *f* / outgoing terminal, outgoing side ‖ **~seitig** *adj* / in outgoing circuit, outgoing *adj*, on the outgoing side ‖ ⁓**stecker** *m* / outgoing connector ‖ ⁓**stecker-Adapter** *m* / outgoing connector adapter ‖ ⁓**stelle** *f* / tap-off point ‖ ⁓**stellenabstand** *m* / distance between tap-off points ‖ ⁓**stromkreis** *m* / outgoing branch circuit, outgoing feeder, feeder *n*, outgoing circuit, load circuit ‖ ⁓**stück** *n* / tap-off plug ‖ ⁓**trenner** *m* / outgoing isolator, outgoing-feeder disconnector ‖ ⁓**-Trennkontakt** *m* / isolating load contact, outgoing isolating contact ‖ ⁓**-Trennschalter** *m* / outgoing isolator, outgoing-feeder disconnector ‖ ⁓**-Verteilerraum** *m* / distribution compartment ‖ ⁓**welle** *f* / output shaft
Abgas *n* / tail-pipe exhaust, tail-pipe emissions ‖ ⁓**anlage** *f* / exhaust system ‖ **~arm** *adj* / with low exhaust emissions *adj* ‖ ⁓**behandlung** *f* / exhaust gas after-treatment, exhaust treatment ‖ ⁓**-Bypassventil** *n* / waste gate ‖ ⁓**computer** *m* / Beckman analyzer
Abgase *n pl* / discharged air, emissions *n*, exhaust gases, fumes *n*
Abgas·emission *f* / exhaust emission ‖ ⁓**emissionstest** *m* / exhaust emission test ‖ ⁓**entgiftung** *f* / exhaust emission control ‖ ⁓**filter** *m* / exhaust filter ‖ ⁓**gesetz** *n* / emission regulations ‖ ⁓**kanal** *m* / flue gas duct ‖ ⁓**komponente** *f* / exhaust emission component ‖ ⁓**messgerät** *n* / exhaust gas analyzer, exhaust gas tester ‖ ⁓**messung** *f* / exhaust gas analysis, exhaust-emission measuring ‖ ⁓**nachbehandlung** *f* / exhaust gas after-treatment, exhaust treatment ‖ ⁓**qualitätssensor** *m* / exhaust-gas quality sensor ‖ **~reduzierend** *adj* / that reduce exhaust emissions ‖ ⁓**reinigung** *f* / exhaust emission control ‖ ⁓**reinigungsanlage** *f* / emission control system ‖ ⁓**rohemission** *f* / untreated exhaust emission ‖ ⁓**rollenprüfstand** *m* / exhaust test roller dynomometer ‖ ⁓**rückführung** *f* (EGR) / exhaust gas recirculation (EGR), exhaust gas recirculation control ‖ ⁓**rückführventil** *n* / exhaust gas

recirculation, backpressure valve, exhaust gas recirculation valve ‖ ⁓**sensor** *m* / exhaust sensor ‖ ⁓**sensor** *m* / exhaust system ‖ ⁓**temperatur** *f* / outlet air temperature ‖ ⁓**tester** *m* / exhaust gas tester ‖ ⁓**turbine** *f* (DIN EN 61970-301) / combustion turbine ‖ ⁓**-Turbolader** *m* / exhaust-powered turbocharger, exhaust gas turbocharger ‖ ⁓**vorschriften** *f* / European emission standards ‖ ⁓**wert** *m* / tailpipe emissions
abgearbeitet *adj* / executed *adj*
abgebbare Leistung / exchangeable power
abgeben *v* / present, submit ‖ **Leistung ~** / supply power ‖ **Wärme ~** / dissipate heat, give off heat
abgebremstes Drehmoment / stalling torque, breakdown torque
abgebrochene Prüfung / curtailed inspection ‖ **~ Verbindung** (Abbruch, der nicht festgelegten Prozeduren folgt) / aborted connection
abgedeckt *adj* / masked *adj* ‖ **~e Fassung** DIN IEC 238 / ordinary lampholder IEC 238 ‖ **~e Steckvorrichtung** / ordinary accessory (socket outlet), plug ‖ **~er Druckknopf** VDE 0660,T.201 / covered pushbutton IEC 337-2 ‖ **~er Transformator** / shrouded transformer ‖ **~es Gerät** / ordinary appliance
abgedichtet *adj* / sealed *adj* ‖ **~e Kunststoffleuchte** / sealed plastic luminaire, plastic luminaire for corrosive atmospheres ‖ **~e Maschine** / canned machine ‖ **~e Wicklung** / sealed winding
abgeflacht *adj* / flattened *adj*
abgefragte Liste / scanned list
abgeführt *adj* / dissipated
abgegeben *v* (eines der Signale der Handshake-Schnittstelle) / outgoing *v* ‖ **~e Blindleistung** / reactive power generated, reactive power supplied ‖ **~e Leistung** / output *n*, output power IEC 50 (411), power output ‖ **~e Motorleistung** / motor output ‖ **~e Nachricht** / output message ‖ **~e Wärme von Personen** / heat from occupants, heat loss from man ‖ **~es Drehmoment** / shaft torque, torque delivered
abgeglichen *adj* / harmonized *adj*, adjusted *adj* ‖ **nicht ~** / non-adjusted *adj* ‖ **~e Brücke** / balanced bridge ‖ **~e Schaltung** / balanced circuit ‖ **~e Zuleitungen** / calibrated instrument leads ‖ **~er metallischer Stromkreis** / balanced metallic circuit
abgehängte Decke / suspended ceiling
abgehend·e Busleitung / outgoing bus cable ‖ **~e Leitung** / outgoing feeder (o. circuit), output lead ‖ **~e Stecker** / outgoing connector ‖ **~er Ruf** DIN 44 302, T.13 / call request ‖ **~er Stecker** / outgoing connector
abgehörter Zustand der Ruffunktion DIN IEC 625 / affirmative poll response state (APRS)
abgekantet *adj* / folded *adj*
abgekoppelt *adj* / disconnected
abgekündigt *adj* / totally discontinued
abgelängt *adj* / cut to length
abgelaufen *adj* / timeout *n* ‖ **~e Standzeit** *f* / timeout ‖ **~e Zeit** / elapsed time
abgelegt *adj* / filed *adj*, stored *adj* ‖ **~e Werte** (gespeicherte W.) / stored values
abgeleitet·e Einheit / derived unit ‖ **~e Funktion** / derived function ‖ **~e Größe** / derived quantity ‖ **~e SI-Einheit** / SI derived unit ‖ **~er Befehl** / automatic command, automatically derived command ‖ **~er Datentyp** / derived data type ‖ **~er**

Referenzimpuls / derived reference pulse waveform
abgelöst *adj* / detached *adj*
abgemantelt *adj* / cable coating removed, cable sheathing removed, stripped back
abgenommenes Verfahren / accepted procedure
abgerechnet *adj* / invoiced *adj*
abgerolltes Wicklungsschema / developed winding diagram
abgerufene Leistung / demand set up
abgerundeter Kopf (Bürste) / rounded top, convex top
abgeschaltet *adj* / cut off, disabled *adj*, disconnected *adj*, switched off || **abgeschaltet** *adj* (außer Betrieb gesetzt) / dead
abgeschattet *adj* / shadowed *adj*
abgeschirmt *adj* / screened *adj*, shielded *adj* || ~ **gegen Abstrahlung** *adj* / shielded from radiation || **elektrisch ~** / electrically screened || **~e Drucktaste** / shrouded pushbutton IEC 337-2 || **~e Leuchte** / screened luminaire || **~e Lichtausstrahlung** / screened luminous distribution || **~er Pol** / shielded pole, shaded pole || **~er Steckverbinder** / shielded connector || **~es Kabel** (verdrillte und zusätzlich abgeschirmte symmetrische Leiteranordnung) / screened cable, shielded cable, shielded twisted pair (STP) || **~es Messgerät** / screened measuring instrument
abgeschlossene elektrische Betriebsstätte VDE 0100, T.200 / closed (o. locked) electrical operating area || **~er Zweig** (Programmablauf) / closed branch
abgeschmolzene Lampe / sealed-off lamp
abgeschnitten / truncated || **~e Blitzstoßspannung** / chopped lightning impulse, chopped-wave lightning impulse || **~e Stoßspannung** / chopped impulse, chopped-wave impulse voltage, chopped-wave impulse, tail-of-wave impulse test voltage || **~e Stoßwelle** / chopped impulse wave || **~er Stoß** (Stoßwelle) / chopped impulse, chopped-wave impulse
abgeschrägt *adj* / angular || **~** *adj* (Kante) / bevelled *adj*, chamfered *adj* || **~** *adj* (konisch) / tapered *adj* || **~er Pol** / skewed pole
abgesenkt *adj* / lowered *adj*, reduced *adj* || **~er Mantel** / depressed cladding
abgesetzte Antenne / separate antenna || **~ Ausführung** / remote version || **~ Elektronik** / remote electronics || **~ Ladung** / two-rate charge, two-step charge || **~ Tafel** / projecting (control) board
abgesichert *adj* (m. Sicherung) / fused *adj*, protected by fuses || **~** *adj* (geschützt) / protected *adj* || **~e Klemme** / terminal fused || **~e Steckdose** / guyed support, stayed support || **~er Ausgang** / fused output || **~er Unterbrecher** / fused interrupter
abgespeichert *adj* / stored *adj* || **~es Programm** / stored program
abgesteuert *adj* (Ausgang) / reset *adj*, with outer conductive coating || **~er Ausgang** / reset output
abgestimmt, aufeinander ~ / tuned to one another, matched to one another || **hoch ~** (Resonanz) / set to above resonance || **tief ~** (Resonanz) / set to below resonance || **~e Schutzfunkenstrecke** / coordinating spark gap, standard sphere gap || **Baureihe aufeinander ~er Kombinationen** / series of compatible assemblies || **~er Kreis** / tuned circuit
abgestochen *adj* / parted off
abgestrahlte Leistung *f* / radiant power || **~ Störgröße** / radiated disturbance
abgestuft *adj* / graded *adj*, graduated *adj* || **~ isolierte Wicklung** / graded-insulated winding || **~e Isolation** (Trafo) / graded insulation, non-uniform insulation IEC 76-3 || **~e Toleranz** DIN 55350, T.12 / stepped tolerance || **~e Wicklung** / graded winding || **~e Zeiteinstellung** / graded time setting || **~er Grenzwert** (Statistik) / stepped limiting value || **~er Höchstwert** (Statistik) / stepped upper limiting value || **~er Mindestwert** (Statistik) / stepped lower limiting value || **~er Toleranzbereich** DIN 55350, T.12 / stepped tolerance zone
abgetastetes Signal / sampled signal
abgeteilte Phasen / segregated phases
abgewählt / deselected
abgewickelte Länge / developed length
abgezogen *adj* / ground off
Abgleich *m* / adjustment *n*, balanced condition, balancing *n*, calibrated condition, calibration *n*, compensation *n*, offset *n*, adjusted condition, alignment *n*, calibration adjustment, trim *n* || **꩜ des Digital-Analog-Wandlers** *m* / digital-to-analog converter trim || **꩜ Messanfang** *m* / zero trim || **90°-꩜** / inductive-load adjustment, phase-angle adjustment, quadrature adjustment, quadrature compensation, quadrature correction || **Drift~** *m* / drift compensation || **elektrischer ꩜** DIN 43782 / electrical balance || **iterativer ꩜** / iterative calibration || **Konvergenz~** *m* / convergence correction || **mechanischer ꩜** / mechanical balance || **Phasen~** *m* (Leistungsfaktoreinstellung) / power-factor adjustment || **Versetzungs~** *m* (ADU, DAU) / offset adjustment || **werksseitiger ꩜** / factory adjusted || **wiederholender ꩜** / iterative calibration || **꩜anweisung** *f* / trimming instruction || **꩜arbeiten** *f pl* / adjusting operations
abgleichbarer ADU / adjustable ADU
Abgleich·bohle *f* / levelling beam || **꩜brücke** *f* / balancing bridge || **꩜einheit** *f* / calibration unit
abgleichen *v* / adapt *v*, adjust *v*, balance *v*, compensate *v*, customize *v*, match *v*, trim *v* || **꩜** *n* / adjusting *n*, adjustment *n* || **~** *v* (kalibrieren, Messgeräte-Zuleitungen) / calibrate *v* || **~** *v* (fein einstellen) / trim *v*
abgleichende Rückkopplung / compensating feedback
Abgleicher *m* / aligner *n*
Abgleich·gefäß *n* / compensation vessel, condensate pot || **꩜indikator** *m* (Nullindikator) / null indicator, null detector || **꩜klemme** *f* / compensating terminal || **꩜kondensator** *m* / trimming capacitor, tuning capacitor || **꩜lauf** *m* / matching run || **꩜möglichkeit** *f* / possibility of adjusting, possibility of balancing || **꩜motor** *m* / balancing motor || **꩜netzwerk** *n* / balancing network, compensating network || **꩜potentiometer** *n* / balancing potentiometer, trimming potentiometer || **꩜punkt** *m* (Prozesswert, bei dem der letzte untere/obere Abgleich durchgeführt wurde) / balance point, sensor trim point || **꩜regler** *m* / compensating controller ||

abgraten

⸗**schaltung** *f* / balancing circuit, compensating circuit || ⸗**schraubenzieher** *m* / calibrating screwdriver || ⸗**stempel** *m* / tuning slug || ⸗**toleranz** *f* / balancing tolerance || ⸗**vorgang** *m* / matching procedure || ⸗**vorrichtung** *f* / adjuster, DIN 43782 servomechanism *n* || ⸗**werkzeug** *n* / alignment tool || ⸗**wicklung** *f* / equalizing winding || ⸗**widerstand** *m* / balancing resistance, trimming resistor
abgraten *v* / deburr *v*, trim *v*, deflash *v*
Abgrat·maschine *f* / trimming machine || ⸗**werkzeug** *n* / deburring tool
abgreifen *v* (Spannung o. Strom an Abgriff o. Anzapfung) / pick off *v*, pick up *v*, tap *v*
Abgreif·schelle *f* / pick-off *n* || ⸗**zange** *f* (f. Batteriepole) / clip *n*
abgrenzende Angaben *f* / definitive information
Abgrenzung *f* / delimitation *n*, demarcation *n*, limit *n*
Abgriff *m* / pickoff *n*, pick-off *n*, tap *n*, tapping *n* || ⸗ **der Spannung** / pick-up of the voltage || **Messgerät mit** ⸗ / instrument with contacts IEC 51 || **optischer** ⸗ / optical scanner || ⸗**bügel** *m* / pick-up bracket || ⸗**klemme** *f* / tap-off terminal || ⸗**spunkt** *m* / monitoring point, sensing point || ⸗**verfahren** *n* / pick-off method
abhaken *v* / check off *v*, tick off *v*
Abhandlungen *f* / documentation *n*
Abhängebügel *m* / suspension bracket
abhängig *adj* / dependent *adj*, depending *adj* || ~ **verzögert** / inverse-time delay || ~ **verzögerte Auslösung** / inverse-time tripping, inverse time-lag tripping || ~ **verzögerter Überstromauslöser** VDE 0660, T.101 / inverse time-delay overcurrent release IEC 157-1, inverse-time overcurrent release || ~ **verzögertes Messrelais** / dependent-time measuring relay || ~ **verzögertes Relais** (Messrelais, Relaiszeit von Wirkungsgröße abhängig) / dependent-time relay || ~ **verzögertes Überstromrelais** / inverse-time overcurrent relay || **~e Handbetätigung** / dependent manual operation IEC 157-1 || **~e Kraftbetätigung** / dependent power operation || **~e Kühlvorrichtung** / dependent circulating-circuit component || **~e Verzögerung** / inverse-time delay || **~e Verzögerung** / dependent-time delay || **~er Betrieb** (v. Stromversorgungsgeräten im Verbundbetrieb) / slave operation || **~er elektrischer Kraftantrieb** / electrical dependent power mechanism || **~er Kraftantrieb** / dependent power mechanism || **~er Überstrom-Zeit-Schutz** / inverse-time overcurrent protection, inverse-time-lag overcurrent protection || **~er Wartebetrieb** / normal disconnected mode (NDM) || **~es Bussignal** / interlocked bus signal || **~es Messrelais** / dependent-time measuring relay || **~es Schaltglied** / dependent-action contact element || **~es Überstromrelais** / inverse-time overcurrent relay || **~es Zeitrelais** / dependent time-delay relay, dependent time-lag relay, inverse time-delay relay
Abhängigkeit *f* / dependency *n*, dependence *n* || **Frequenz~** *f* / frequency sensitivity, line-frequency sensitivity || **in** ⸗ **verstellen** / control feedforward || **Spannungs~** *f* / voltage influence ANSI C39.1, voltage effect, effect of voltage variation, inaccuracy due to voltage variation || **Temperatur~** *f* / temperature sensitivity, effect of temperature, temperature dependance, variation due to temperature changes
Abhängigkeits·baum *m* / dependency tree || ⸗**notation** *f* DIN 40700 / dependency notation IEC 117-15 || ⸗**tabelle** *f* (Aufstellung, die angibt, welche Einflussgrößen sich wie gegenseitig beeinflussen) / assignment table
Abhaspel *f* / uncoiler *n*, reel off
Abhebe·betrag *m* / retraction distance || ⸗**bewegung** *f* / (tool) retracting (o. withdrawal) movement || ⸗**bewegung** *f* / retract movement || ⸗**distanz** *f* / retract distance || ⸗**kante** *f* / lift-up edge || ⸗**modus** *m* / retraction mode
abheben *v* DIN IEC 255-1-00 / disengage *v*, lift *v*, retract *v*, tool retract || ⸗ *n* / retraction *n*, tool recovery, automatic tool recovery || ⸗ *n* (Kontakt) / disengaging *n*, repulsion *n* || **die Bürsten ~** / lift the brushes || ⸗ **von der Kontur** / retract from contour
Abhebe·vorrichtung *f* (Bürsten) / lifter *n* || ⸗**weg** *m* / lift-off path, retraction distance, retraction path || ⸗**wert** *m* / disengaging value || ⸗**winkel** *m* / retraction angle || ⸗**zeit** *f* / disengaging time
Abhilfe *f* / bypass *n*, remedies *n pl*, remedy *n*, solution *n* || ⸗**maßnahme** *f* / corrective action, remedial measure || ⸗**maßnahmen** *f pl* / corrective measures, individual measures for eliminating non-conformances, remedial measures
abholen *v* / pick up *v* || ⸗ *n* / pick-up operation
Abhol·fehler *m* (Fehler, der beim Abholen eines Bauelementes aufgetreten ist) / pick-up error || ⸗**fehlerrate** *f* / pick-up error rate || ⸗**kreis** *m* (Luftversorgung (Blasluft oder Vakuum) für das Abholen in der Abholposition) / pick-up circuit || ⸗**sicherheit** *f* (100% Abholsicherheit sind gegeben, wenn jedes Bauelement vom Bestückkopf aufgenommen wird.) / pick-up reliability || ⸗**station** *f* / pick-up station || ⸗**winkel** *m* / pick-up angle || ⸗**zyklus** *m* / pick-up cycle
Abhören *n* (erschlichener Zugriff auf einen Teil einer Datenverbindung, um Daten zu erlangen, abzuändern oder einzufügen) / wiretapping *n*
abhörsicher *adj* / tap-proof *adj*
A-Bild *n* (Ultraschallprüfung) / A scan
Abintegrationszeit *f* / down integrating time
Abisolation *f* / stripping *n*
abisolieren *v* / strip *v*, bare *v*
Abisolier·gerät *n* / insulation stripper || ⸗**länge** *f* / stripped length, insulation stripping length || ⸗**maschine** *f* / stripping machine || ⸗**pistole** *f* / wire stripping gun || ⸗**seitenschneider** *m* / diagonal cutting nipper with stripper || ⸗**seitenschneider mit festen Querschnitten** / diagonal cutting nipper with stripping holes
abisoliert *adj* / bared *adj*
Abisoliertechnik *f* / stripping technology
abisoliertes Leiterende / bared (o. stripped) conductor end
Abisolier·werkzeug *n* / stripping tool || ⸗**zange** *f* / cable stripper, wire stripping pliers || ⸗**zangen** *f* / pliers for stripping
abkanten *v* / fold *v*
Abkant·maschine *f* / folding machine || ⸗**presse** *f* / bending press, folding press, press brakes
Abkantung *f* / edge folding, folded edge, folding *n*
Abkantwerkzeug *n* / folding tool
Abkappen *n* (Impuls) / clipping *n*
abkippen *v* / pull out of synchronism, fall out of

Ablaufplan

step, pull out, loose synchronism || ⁓ **des Stroms** / current chopping

Abkippstrom *m* / chopping current, chopped current

abklappbar *adj* / swing-down *adj*

abklemmbar·e Kupplungsdose / rewirable portable socket-outlet, rewirable connector || **~er Schnurschalter VDE 0630** / rewirable flexible cord switch (CEE 24) || **~er Stecker** / rewirable plug

abklemmen *v* (el. Anschluss) / disconnect *v*

abklingen *v* / decay *v*, die down, die out

abklingendes Feld IEC 50(731) / evanescent field

Abkling·geschwindigkeit *f* / decay rate || **⁓koeffizient** *m* / decay coefficient || **⁓konstante** *f* / decay factor || **⁓strom** *m* / transient decay current || **⁓toleranz** *f* (Verstärker) / ripple tolerance

Abklingzeit *f* (Schwingung) / relaxation time, time constant || **⁓ f** (Strom) / decay time, (Fotostrom) fall time || **⁓ f** (t_rip, Verstärker, nach Überschwingen) / ripple time || **⁓ f** / recovery time

abklopfen *v* / tap *v*

Abklopfer *m* (Filter) / rapping mechanism

abkneifen *v* / pinch off

abknickende Kennlinie / inflected characteristic, knee-point characteristic

Abkohlung *f* / partial decarburization

abkoppeln *v* / uncouple *v*, decouple *v*

Abkühldauer *f* / cooling time

abkühlen *v* / cool down, cool *v*

Abkühl·geschwindigkeit *f* / cooling rate || **⁓phase** *f* / cooling phase || **⁓ungsvermögen** *n* / cooling capacity || **⁓zeit** *f* / cooling time || **⁓zeitkonstante** *f* / thermal time constant

abkündigen *v* / discontinue *v*

Abkündigung *f* (die Vorwarnung eines Herstellers, dass ein Bauelement oder Gerät nicht mehr hergestellt werden soll) / discontinuation, total discontinuation, final cancellation

abkuppeln *v* / uncouple *v*, decouple *v*

Abkürzung *f* / abbreviation *n*, mnemonic *n*

abladen *v* / unload *v*

Ablage *f* / archive *n* || **⁓ f** (in Datei) / filing *n*, storage *n* || **⁓ f** (Ablagefach f. Papier) / tray *n* || **⁓ eines Programms** / storage of a program || **Briefhüllen~** *f* / envelope stacker || **⁓fach** *n* / tray *n* || **⁓fläche** *f* / resting surface || **⁓frist** *f* / filing period || **⁓ort** *m* (Pfad) / storage location (path) || **⁓pfad** *m* / storage path || **⁓platz** *m* (FFS) / buffer *n*, buffer area, storage location || **⁓punkt** *m* / down point

Ablagerung *f* / deposits || **⁓ elektrisch aufgeladener Teilchen** / electrostatic precipitation || **Staub~** *f* / dust accumulation, dust deposit

Ablageschutz *m* / storage protection

Ablängautomat *m* / cutting to length machine, cut-to-length machine

ablängen *v* / cut to size, cut to length || **⁓ n** / cutting *n*, cutting to size

Abläng·maschine *f* / cutting machine || **⁓zange** *f* (f. Kabel) / cable cutter, wire cutter

ablassen *v* (Flüssigk.) / drain *v* || **~ v** (senken) / lower *v*

Ablass·einrichtung *f* / draining equipment || **⁓hahn** *m* / drain cock || **⁓schraube** *f* / drain plug || **⁓stopfen** *m* / drain plug || **⁓stutzen** *m* / disposal flange || **⁓ventil** *n* / drain valve, discharge valve || **⁓vorrichtung** *f* / draining device, drain plug, drain *n*

ablatchen *v* / pick up, tap *v* || **⁓ von Istwerten** / delatching of actual values

Ablauf *m* / evolution *n*, execution *n* || **⁓ m** (Folge) / functional sequence || **⁓ m** / let-off frames *n*, operation *n*, operational sequence, process *n* || **⁓ m** (Funktionskette) / run *n* || **⁓ m** (Folge) / sequence *n*, workflow *n* || **⁓ der Auftragsüberprüfung** / contract review process || **⁓ der Grundfunktionen** / operation of basic functions || **⁓ einer Schrittsteuerung** / sequence control operation || **Arbeits~** *m* / process *n*, sequence of operations, sequence of work || **⁓auswahl** *f* / sequence selection || **⁓darstellung** *f* / flow chart || **⁓daten** *plt* / job data, runtime data, run-time data, sequence data || **⁓diagnose** *f* / sequential diagnosis || **⁓diagramm** *n* / flowchart *n*, DIN 40719 sequence chart, sequence diagram || **⁓dokumentation** *f* / job documentation || **⁓ebene** *f* / execution level, priority class || **⁓ebenensystem** *n* / execution level system || **⁓editor** *m* / runtime editor, sequence editor || **⁓eigenschaft** *f* / run characteristic, sequence characteristic

ablaufen *v* (Programm) / be executed || **~ v** (Zeit) / elapse *v*, expire *v* || **~ v** (Riemen) / go off line, leave *v* || **~ v** (Übergang von Ausgangsstellung in Wirkstellung) DIN IEC 255-1-00 / operate *v* || **~ v** (Programm) / run *v*

Ablauf·ende *n* / flow final node || **⁓-Ende** *n* / end of sequence

ablaufende Kante (Bürste, Pol) / leaving edge, trailing edge, heel *n*

ablauffähig *adj* / which can be run || **~ adj** (Programm) / executable *adj*, loadable *adj*, runnable *adj* || **~ sein unter** / executable *adj*, run *v* || **~er Graph** / executable diagram || **~es Projekt** *n* (generierte Projektdatei, die auf einem Bediengerät zur Anzeige des Projekts verwendet wird) / run-capable project

Ablauf·fähigkeit *f* / executability *n*, functionality || **⁓fläche** *f* / running surface || **⁓folge** *f* / operating sequence || **⁓funktion** *f* / sequential function || **⁓glied** *n* DIN 19237 / sequential control element, step logic element || **⁓gruppe** *f* / run-time group || **~invariant** *adj* / reentrant *adj* || **⁓kante** *f* / beading *n*, control edge *n* || **⁓kette** *f* / drum sequencer, sequence cascade, sequencer *n*, sequential control, step sequence || **⁓kettenbaustein** *m* / sequencer block || **⁓kettenorganisation** *f* / sequencer organization || **⁓kettenprogrammierung** *f* / sequencer programming || **⁓kettenschritt** *m* / sequence step, sequencer step, step *n* || **⁓kettensteuerung** *f* / sequence cascade control, sequential control || **⁓kettenstruktur** *f* / sequential structure || **⁓kettensystem** *n* / sequential control || **⁓kontrolle** *f* / debug *n*, debug(ging) function, program check, program test, sequence control || **⁓leitung** *f* / drain pipe || **⁓linie** *f* / flow line || **⁓logik** *f* / sequencing logic || **⁓nase** *f* / run lug || **⁓nummer** *f* / sequence number || **⁓optimiert** *adj* / with optimized sequence || **⁓organisation** *f* / process organization, system for methods and procedures || **~orientiert** *adj* / sequence-oriented *adj*

Ablaufplan *m* (Flussdiagramm) / flow chart, flow diagram, flowchart *n*, planning sheet, process plan || **Arbeits~** *m* / flow diagram, DIN 66257 planning sheet, work schedule, work sequence schedule ||

Ablauf

Programm~ *m* / program flowchart || **Prüf~** *m* DIN 55350, T.11 / inspection and test plan (ITP), inspection and test schedule, test flow chart
Ablauf·planung *f* / scheduling *n* || ₂**programm** *n* / sequential program || ₂**programmierung** *f* / sequential programming || ₂**prozess** *m* / sequential control process || ₂**regel** *f* / rule of evolution || ₂**reihenfolge** *f* / execution order, run sequence || ₂**richtung** *f* / direction of evolution || ₂**routine** *f* / executive routine || ₂**schaltwerk** *n* DIN 19237 / sequence processor || ₂**schritt** *m* / sequence step, sequencer step, step *n* || ₂**sequenz** *f* / flowchart *n* || ₂**sicherung** *f* / run-off safety screw || ₂**sprache** *f* / sequential function chart || **~steuerndes Dienstelement im CMIP** / association control service element (ISO/IEC 9506-1:1990 über MMS) || ₂**steuersprache** *f* (grafische Programmiersprache nach IEC 1131-3 bzw. DIN EN 61131-3 zur Strukturierung von SPS-Anwenderprogrammen) / sequential control language, SQL
Ablaufsteuerung *f* (ALS) / logic and sequence control, sequence control, DIN EN 61131-1 sequence control system (SCS), sequencing control, sequential control, sequential control system (SCS) IEC 1131.1, procedural control *n* || **prozessgeführte** ₂ / process-dependent sequential control || **übergeordnete** ₂ / higher-level sequential control
Ablauf·störung *f* / sequence failure || ₂**struktur** *f* / sequence structure || ₂**strukturdiagramm** *f* / structural flow chart || **~strukuriert** *adj* / sequence structured || ₂**system** *n* / execution system, runtime system || ₂**tabelle** *f* DIN 40719 / sequence table || ₂**teil** *m* (Programm) / executive routine || ₂**übersicht** *f* / sequence overview || ₂**überwachung** *f* (Fertigung) / operations monitoring and control || ₂**umgebung** *f* / runtime environment || ₂**unterbrechung** *f* / exception condition || ₂**verfolger** *m* / tracer *n*, tracing facility || ₂**warteschlange** *f* / run queue || ₂**winkel** *m* / trailing angle
Ablaufzeit *f* / run time || ₂ *f* (Zeitrel., Zeit zwischen dem Anlegen der Ansprecherregung und dem Erreichen der Wirkstellung) DIN IEC 255-1-00 / functioning time, operating time || ₂ *f* (Netzumschaltgerät) / operating time || ₂ **des Umschaltvorganges** (Netzumschaltgerät) / operating transfer time
ablegen *v* / check in *v* || **~** *v* (in Datei) / file *v*, import *v* || ₂ *v* / Return *n* (button), filing *n* || **~** *v* / save *v*, store *v*
ablehnen *v* / reject *v*, deny *v*
Ablehngrenze *f* / limiting quality, lot tolerance percent defective (LTPD), lot tolerance percentage of defectives
ablehren *v* / calmer *v*, gauge *v*
AB-Leistung *f* / intermittent rating, periodic rating
Ableitblech *n* / deviation plate || ₂**elektrode** *f* (pH-Messer, Bezugselektrode) / reference electrode
Ableiten *n* (Überspannung) / discharging *n*, diverting *n* || **~** *v* / derive *v*, differentiate *v*, derivate *v* || **~** *v* (Wärme) / dissipate *v*, lead off *v* || **~** *v* (Strom) / discharge *v*
Ableiter *m* / arrester *n*, diverter *n*, lightning arrester, overvoltage arrester, surge arrestor, surge diverter || ₂ **mit nichtlinearen Widerständen** / non-linear resistor-type arrester, valve-type arrester || **Ladungs~** *m* / charge bleeder || **Teil~** *m* / arrester section || ₂-**Abtrennvorrichtung** *f* / arrester disconnector || ₂-**Bauglied** *n* / arrester unit, prorated unit || ₂-**Dauerspannung** *f* / continuous operating voltage capability of a surge arrester || ₂-**Funkenstrecke** *f* / arrester spark gap || ₂**kombination** *f* / combination surge arrester || ₂-**Schutzwerte** *m pl* / protective characteristics of arrester || ₂**strom** *m* / discharge current
Ableit~-Gleichspannung *f* / d.c. component of discharge current, d.c. discharge voltage || ₂**kondensator** *m* / by-pass capacitor || ₂**stoßstrom** *m* / discharge current || **Bemessungs-**₂**strom** *m* / rated discharge current || ₂**strom** *m* (Entladestrom) / discharge current || ₂**strom** *m* (einer Anlage) VDE 0100, T.200 / leakage current
Ableitstrom-Anzeiger *m* / earth-leakage detector, leakage current detector || ₂-**Messgerät** *n* / leakage current measurement unit || ₂-**Prüfgerät** *n* (zur Prüfung der Oberfläche von isolierten Werkzeugen) / surface leakage tester
Ableitung *f* / automatic derivation of commands || ₂ *f* (Abgangskabel, Stromkreis) / connecting cable || ₂ *f* (Blitzschutzanl.) / down conductor, down lead || ₂ *f* (Anschlussleitung) / end lead || ₂ *f* (Streuung) / leakage *n* || ₂ *f* (Kabel, Streuung) / leakance *n* || ₂ *f* (Abgangskabel, Stromkreis) / outgoing cable || ₂ *f* (Anschlussleitung) / terminal lead || ₂ *f* (Math.) / derivation *n*, derivative *n* || ₂ *f* (Wickl.) / end lead, terminal lead || ₂ *f* (Gen.) / generator main leads, generator connections || **dielektrische** ₂ / dielectric leakage || ₂**sbelag** *m* / leakance per unit length
Ableit·vermögen *n* / discharge capacity || ₂**werkstoff** *m* (Ableitelektrode) / reference-electrode material || ₂**widerstand** *m* (Gerät) / bleed resistor, bleeder *n*, discharge resistor || ₂**widerstand** *m* (Streuung) / leakage resistance
Ablenk·defokussierung *f* / deflection defocusing || ₂**elektrode** *f* / deflecting electrode
ablenken *v* / deflect *v*, divert *v*, diffract *v*
Ablenk·frequenz *f* / deflection frequency || ₂**generator** *m* / sweep generator || ₂**geschwindigkeit** *f* / spot velocity, sweep rate || ₂**koeffizient** *m* / deflection factor, deflection coefficient, IEC 351 -1 || **relativer** ₂**koeffizient** (bei Nachbeschleunigung) / post-deflection acceleration factor || ₂**linearität** *f* DIN IEC 151, T. 14 / deflection uniformity factor || ₂**periode** *f* / sweep period || ₂**platte** *f* / deflector plate || ₂**platte** *f* / deflecting electrode || ₂**rolle** *f* (Riementrieb) / deflector sheave, diverting sheave || ₂**spannung** *f* / deflection voltage || ₂**sperre** *f* / sweep lockout || ₂**spule** *f* / deflector coil || ₂**strom** *m* / deflection current
Ablenkung *f* / deflection *n* || ₂ **in der X-Achse** / x-deflection *n*
Ablenkungs·empfindlichkeit *f* / deflection sensitivity || ₂**winkel** *m* / deflection angle
Ablenkverstärkerröhre *f* / beam deflection tube
ablesbar *adj* / readable *adj*
Ablesbarkeit *f* / readability *n*
Ablese·einheit *f* / meter unit || **kleinste** ₂**entfernung** / minimum reading distance || ₂**fehler** *m* / reading error, error of observation || ₂**intervall** *n* / demand-assessment period || ₂**lineal** *n* (Schreiber) / reading rule, reference reading rule

ablesen *v* / read *v*, read off *v*, to take a reading
Ableseperiode *f* / demand-assessment period
Ableser *m* (f. EZ) / meter reader
Ablese·schieber *m* / target *n* ‖ **♂unsicherheit** *f* / uncertainty of reading ‖ **♂wert** *m* / reading *n*, read *n* ‖ **♂zeitraum** *m* / demand-assessment period
Ablesung *f* / reading *n*, read *n*
Abliefer·platz *m* / collection point ‖ **♂prüfung** *f* / delivery test
Ablieferungs·muster *n* / delivery test sample, user inspection sample ‖ **♂prüfung** *f* / acceptance test, delivery test, user's inspection ‖ **♂prüfung** *f* (Annahmeprüfung vor Ablieferung des Produkts) / pre-delivery inspection ‖ **♂prüfungskonzept** *n* / Delivery Test Concept (DTC,DTS), delivery test specification ‖ **♂prüfungsprotokoll** *n* / Delivery Test Log (DTL) ‖ **♂zeichnung** *f* / as-delivered drawing, as-made drawing
Ablöse·drehzahl *f* (Anfahr-SR) / starting-converter cut-out speed ‖ **♂drehzahl** *f* (Anwurfmot.) / starting-motor cut-out speed ‖ **♂frequenz** *f* / cutout frequency ‖ **♂funktion** *f* / replacement function ‖ **♂konzept** *n* / replacement concept ‖ **♂modus** / override mode
ablösen, Datensignal ~ (DÜ-Schnittstellenleitung) / return to non-data mode data interchange circuit
ablösende Bremsung / substitutional braking ‖ **~ Regelung** (umschaltend) / change-over control, transfer control ‖ **~ Regelung** (übersteuernd) / override control
Ablöse·punkt *m* / take-over-point *n* ‖ **♂regelung** *f* / alternating control, override control ‖ **♂schaltung** *f* / transfer circuit ‖ **♂schaltung** *f* (übersteuernd) / override (o. overrule) circuit ‖ **♂schaltung** *f* (umschaltend) / transfer circuit
Ablösung *f* / delamination *n*
ablöten *v* / unsolder *v*
Abluft *f* / exhaust air, air discharged, outlet air, extracted air, vitiated air, exit air ‖ **♂** *f* (Gehäuseöffnung, durch die Luft entweichen kann) / discharged air, air outlet (an aperture in the housing through which air can escape) ‖ **erwärmte ♂** / heated exit air ‖ **♂dom** *m* / extraction chamber ‖ **♂krümmer** *m* / exhaust bend, discharge elbow ‖ **♂leistung** *f* / extracted air flow rate ‖ **♂seite** *f* / air discharge side ‖ **♂stutzen** *m* / air discharge duct ‖ **♂-Ventilator** *m* / air extraction ventilator ‖ **♂volumenstrom** *m* / extracted-air flow rate
abmagnetisieren *v* / demagnetize *v*, neutralize *v*
abmanteln *v* (Kabel) / to strip the insulation, remove the sheath
Abmantelungs·messer *n* / sheath stripping knife ‖ **♂werkzeug** *n* / stripping tool
Abmaß *n* DIN 7182, T.1 / deviation *n* ‖ **einseitiges ♂** / unilateral deviation, unilateral tolerance ‖ **Lehren-♂** *n* / gauge deviation ‖ **Nenn-♂** *n* / nominal deviation, nominal allowance ‖ **Plus- und Minus-♂** / plus and minus limits ‖ **zweiseitiges ♂** / bilateral tolerance ‖ **♂e nach DIN** / dimensions according to DIN standard
abmelden *v* (Bediener-System, Bediener-Rechneranlage) / sign off, log off, logout
Abmeldung *f* (einer Person über ein Terminal) / sign-off *n*, clock-out *n*
abmessen *v* / measure *v*

Abmessung *f* / dimension *n*, measurement *n*, footprint *n*
Abmessungen *f* / dimensions *n pl* ‖ **♂ des Rohteils** / blank dimensions, blank part dimensions ‖ **geringe ♂** / small dimensions
Abnahme *f* / acceptance *n*, acceptance inspection, acceptance test(s), decrease *n*, verification *n* ‖ **♂ an beschafften Produkten** / verification of purchased products ‖ **♂ durch den Auftraggeber** / verification by the customer ‖ **♂- und Rückweisungskriterien** *n* / accept/reject criteria ‖ **♂ vor Ort** *f* / site acceptance test (SAT) ‖ **♂ werkzeugfallender Teile** *f* / acceptance of first tool bound components ‖ **♂beamter** *m* / acceptance inspector, inspector *n* ‖ **♂beauftragter** *m* / acceptance inspector ‖ **♂beauftragter** *m* (des Kunden) / inspector *n* ‖ **♂bedingungen** *f* / acceptance criteria (defined criteria used to measure acceptance) ‖ **♂behörde** *f* (im Sinne der CSA-Vorschriften) / acceptance jurisdiction ‖ **♂bericht** *m* / acceptance report ‖ **♂büro** *n* / acceptance body ‖ **♂dokument** *n* / acceptance document ‖ **♂dokumentation** *f* / acceptance documentation ‖ **♂ergebnisse** *n* / results of acceptance ‖ **♂freigabe** *f* / release for approval ‖ **♂gesellschaft** *f* / acceptance organization ‖ **♂grenze** *f* / acceptance limit ‖ **♂grenzen** *f pl* VDE 0715 / acceptance limits IEC 64 ‖ **♂institut** *n* / acceptance authority ‖ **♂kennlinien** *f* / acceptance curves ‖ **♂kriterien** *n* / acceptance conditions
Abnahme·lehre *f* / acceptance gauge, purchase inspection gauge ‖ **♂menge** *f* VDE 0715 / acceptance batch, batch *n* ‖ **♂messungen** *f pl* / acceptance gauging, acceptance measurements ‖ **♂modus** *m* / acceptance mode ‖ **♂organisation** *f* / acceptance organization ‖ **~pflichtig** *adj* / subject to an acceptance inspection ‖ **♂plan** *m* / acceptance test plan, test plan ‖ **♂platz** *m* / pick-off location ‖ **♂protokoll** *n* / acceptance certificate, acceptance report, official acceptance certificate ‖ **♂protokolle** *n pl* / acceptance reports ‖ **♂prüfprotokoll** *n* / certificate of acceptance, inspection certificate ‖ **♂prüfung** *f* / acceptance *n*, acceptance inspection, acceptance test, conformance test, user inspection, verification *n* ‖ **♂prüfung** *f* (Annahmeprüfung auf Veranlassung und unter Beteiligung des Kunden bzw. des Auftraggebers oder seines Beauftragten) / removal *n* ‖ **♂prüfzeugnis** *n* / acceptance test certificate, inspection report ‖ **♂punkt** *m* / witness point
Abnahme·rate *f* (Spannung) / droop rate ‖ **♂schale** *f* / receiving pan ‖ **♂stempel** *m* / acceptance stamp ‖ **♂-Stichprobenprüfplan** *m* / acceptance sampling plan ‖ **♂stückzahl** *f* / order quantity ‖ **♂tafel** *f* / tapping board ‖ **♂tauglich** *adj* / acceptable ‖ **♂termin** *m* / acceptance date ‖ **♂test** *m* / acceptance *n*, acceptance inspection, acceptance test, verification *n* ‖ **♂testmodus** *m* / acceptance test mode ‖ **♂verfahren** *n* / acceptance procedure ‖ **♂verhalten** *n* / consumption behaviour ‖ **♂verweigerung** *f* / non-acceptance, refusal to take delivery, rejection *n* ‖ **♂wahrscheinlichkeit** *f* / acceptance probability ‖ **♂werkstück** *n* / acceptance-test workpiece ‖ **♂zahl** *f* / acceptance number ‖ **♂zeichnung** *f* / acceptance drawing ‖ **♂zeit** *f* / acceptance time ‖ **♂zertifikat** *n* / acceptance certificate, acceptance

abnehmbar   10

report
abnehmbar *adj* / demountable *adj*, detachable *adj*, removable *adj* || **~e Abdeckung** / detachable panel || **~e Klemmenabdeckung** *f* / removable terminal covers || ⸰**keitsentscheidung** *f* / decision of acceptability || ⸰**keitsnachweis** *m* / evidence of acceptability
abnehmen *v* (prüfen) / accept *v*, acceptance-inspect *v* || ~ *v* (Spannung an Anzapfung o. Abgriff) / pick off *v*, tap (off) *v* || ~ *v* / remove *v*, take off *v* || ⸰ *n* / removing *n* || **Spannung ~** / pick off voltage, tap a voltage
abnehmend *adj* / degressive *adj*, descending *adj* || **~e Institution** *n* / acceptance body || **~e Steigung** (Gewinde) / degressive lead, degressive pitch
Abnehmer *m* (Verbraucher) / consumer *n*, customer or his authorized representative || ⸰ **mit hoher Benutzungsdauer** / high load factor consumer || ⸰ **mit niedriger Benutzungsdauer** / low load factor consumer || **~abhängige Kosten** / consumer-related cost || ⸰**anlage** *f* / consumer's installation || ⸰**anlageanschluss** *m* / consumer's terminal || **gemeinsame** ⸰**anlageleitung** / common trunk (line) || ⸰**anlagerisiko** *n* DIN 55350, T.31 / consumer's risk || ⸰**anlageteil** *m* (im Zählerschrank) / consumer's compartment || ⸰**erwartungen** *f pl* / customer expectations || ⸰**risiko** *n* / consumer's risk
abnormal *adj* / abnormal
abnutzen *v* / wear *v*, wear out *v*
Abnutzung *f* / wear *n*, wear and tear, rate of wear, erosion *n*, corrosion *n*, pitting *n* || ⸰ **Anschlagstelle** / wear of contact point || ⸰ **Aufnahmebohrung** / locating hole wear || ⸰ **Bohrung** / hole wear || ⸰ **Langloch** / wear of longitudinal hole || ⸰ **Lagerbohrung Lagerstück** / bearing hole wear for bearing piece || ⸰ **Silberring** / silver ring wear
Abnutzungsausfall *m* / wear-out failure, ageing fault, wearout failure, ageing failure
abnutzungsbedingter Fehlzustand / wearout fault, ageing fault
Abnutzungs·fehler *m* / wear-out failure || ⸰**prozess** *m* / wear process || ⸰**vorrat** *m* / wear margin
abordnen *v* (z.B. einen Monteur) / assign *v*, depute *v*, second *v*, send *v*
Abordnung *f* / delegation *n*, deputation *n*, secondment *n* || ⸰**sgeld** *n* / per-diem allowance *n*, subsistence allowance *n*
abpacken *v* (Blechp.) / unstack *v*
abplatzen *v* / scale *v*, flake *v*, peel off *v*, chip *v*
abpressen *v* (Drucköverfahren) / force off *v* || ~ *v* / test hydrostatically, pressure-test *v*
Abprüfen und Rücksetzen / checking and resetting || **negiertes** ⸰ / negated checking
Abprüfung, widersprechende ⸰ / contradicting check
abpumpen *v* / evacuate *v*
Abquetschschutz *m* / anti-sever device, cable grip
Abquetschwalze *f* / squeeze roller
ABR-DE (Abriegelbaugruppe) / decoupling module, isolation module
abrechnen *v* / invoice *v*
Abrechnung *f* / invoicing *n*, settlement *n* || ⸰**sinformation** *f* / accounting information || ⸰**skonto** *n* / account *n* || ⸰**smanagement** *n* / billing management || ⸰**speriode** *f* / billing period || ⸰**sschlüssel** *m* / accounting code (AC) ||

⸰**sverkehr** *m* / invoicing *n*
Abregeldrehzahl *f* (Diesel) / limit speed
abregen *v* / de-energize *v*, suppress the field
Abreiß·bogen *m* / interruption arc || ⸰**diode** *f* / snap-off diode
abreißen *v* (Pumpe) / lose prime || ⸰ *n* (Strom) / chopping *n*
Abreiß·funken *m* / break spark, contact-breaking spark || ⸰**gebiet** *n* (Lüfter) / stall range, stall region || ⸰**kante** *f* (Drucker) / tear-off edge || ⸰**kontakt** *m* / arcing contact || ⸰**kraft** *f* / pull-off strength || ⸰**lichtbogen** *m* / interruption arc || ⸰**messer** *n* / arcing blade || ⸰**punkt** *m* (Pumpe) / stall point || ⸰**sicherung** *f* (Kondensator) / internal overpressure disconnector || ⸰**spannung** *f* (Löschspannung) / extinction voltage || ⸰**strom** *m* / chopped current, chopping current, chopping current shunt release with energy storage || ⸰**vorrichtung** *f* / rip cord, tearing device
Abricht·achse *f* / dressing axis || ⸰**antrieb** *m* / dressing drive || **~bar** *adj* / dressable *adj* || ⸰**betrag** *m* / dressing depth, dressing amount, dressing stroke || ⸰**diamant** *m* / dressing diamond || ⸰**efunktion** *f* / dressing function
abrichten *v* / straighten *v*, true *v*, planish *v*, dress *v* || ⸰ *n* (Schleifscheibe) / dressing *n*, wheel dressing, trueing *n* || ⸰ *n* (CLDATA-Wort) / dress ISO 3592
Abrichten, kontinuierliches ⸰ / continuous dressing
Abrichter *m* / dresser *n*
Abricht·funktion *f* / dressing function || ⸰**gerät** *n* / dressing device, trueing device || ⸰**hobelmaschine** *f* / surface planing machine || ⸰**hub** *m* / dressing amount || ⸰**hub** *m* (Schleifscheibe) / dressing stroke || ⸰**kompensation** *f* / dressing compensation || ⸰**lineal** *n* / straight-edge *n* || ⸰**position** *f* / dressing position || ⸰**programm** *n* / dressing program || ⸰**rolle** *f* / dressing roll || ⸰**summe** *f* / dressing sum *n* || ⸰**system** *n* / dressing system
Ab-Richtung *f* / down direction
Abricht·unterbrechung *f* / dressing interrupt || ⸰**vorgang** *m* / dressing *n* || ⸰**werkzeug** *n* / dressing tool || ⸰**zyklus** *m* / dressing cycle
Abrieb *m* / abrasion *n*, metal-to-metal wear || ⸰ *m* (abgeriebenes Material) / abraded matter, scuff *n* || ⸰**eigenschaft** *f* / wear property || **~fest** *adj* / abrasion-proof *adj*, abrasion-resistant *adj* || ⸰**festigkeit** *f* / abrasion resistance, metal-to-metal wear resistance, resistance to abrasion, resistance to abrasive wear, scrub resistance || ⸰**festigkeitsprobe** *f* / abrasion test || ⸰**prüfung** *f* / abrasion test, wear resistance test || ⸰**widerstand** *m* / resistance to abrasion, abrasion resistance, scrub resistance, resistance to abrasive wear, metal-to-metal wear resistance
Abriegel·baugruppe *f* / decoupling module, isolation module || **serielle** ⸰**baugruppe** / serial isolation module || ⸰**einrichtung** *f* / barrier device || ⸰**matrix** *f* / interposing matrix
abriegeln *v* / isolate *v*
Abriegelrelais *n* / isolating relais, decoupling relais, isolating relay
Abriegelung *f* / decoupler module, isolating module, isolation *n*, decoupling *n* || ⸰ **gegen Beeinflussungsspannungen** / isolation from interference voltages
Abriegelungs·baugruppe *f* (Entkoppler) / isolating module, decoupler module || ⸰**wandler** *m* /

isolating transformer
Abriss *m* (Strom) / chopping *n*
Abroll·bahn *f* / exit taxiway, raceway, turn-off taxiway || ⁀**bock** *m* (Auswuchtgerät) / gravitational balancing machine
abrollen *v* / roll off, unwind *v*
Abroll·probe *f* (SchwT) / button test || ⁀**ung** *f* / unwinding || ⁀**welle** *f* / drum shaft || ⁀**werk** *n* / unwinder
ABR-SK / serial isolation module
Abruf *m* / closing *n*, requisition *n* || **mechanischer** ⁀ / mechanical closing || **Produktion auf** ⁀ / just-in-time production (JIT) || ⁀**betrieb** *m* / polling mode
abrufen *v* (Daten) / retrieve *v* || ~ *v* / display *v*
Abruf·magnet *m* / activation solenoid || ⁀**schein** *m* / requisition note || ⁀**unterlagen** *f* / requisition documents
abrunden *v* / bring down to a round figure, round off *v* || ~ *v* / round *v*, chamfer *v*
Abrundung *f* / fillet *n* || ⁀ *f* (Pulsformung) / rounding *n*
Abrundungs·fehler *m* / round-off error || ⁀**radius** *m* / corner radius, fillet *n*
abrupter Konturübergang *m* / abrupt contour transition || ~ **Übergang** / abrupt junction
abrüsten *v* / detool *v*, teardown *v*
ABS / external viewing system (VSE) || ⁀ / anti-skid system, stop control system (SCS) || ⁀ (absolut) / ABS (absolute)
Absack·anlage *f* / bagging system || ⁀**maschine** *f* / bagging machine || ⁀**waage** *f* / bagging scale
Absättigung *f* / saturating *n*
Absatz *m* / shoulder *n*, offset *n*, recess *n*, step *n* || ⁀**förderungsmaßnahmen** *f pl* / promotional activities || ⁀**prognose** *f* / sales forecast || ⁀**widerstand** *m* / by-pass resistor, shunt resistor || ⁀**stelle** *f* / strip-off point *n* || ⁀**text** *m* / paragraph type *n*
absaugen *v* / clean by suction removal
Absaugen von Oberwellen / filtering of harmonics, harmonics suppression
Absaug·kasten *m* / suction plenum || ⁀**klappe** *f* / extraction flap || ⁀**lüfter** *m* / exhaust fan
Absaugung *f* / extraction *n*, gas intake
abschaben (manuelles oder maschinelles Entfernen von Beschichtungen, Rost oder Walzhaut) / chipping
abschalen *v* / remove drum planks, remove planking from cable drums
Abschälen *n* / peeling off
Abschälkraft *f* / peel strength
Abschaltautomatik *f* / automatic switchoff || ⁀ **bei Spannungsausfall** / automatic loss-of-voltage tripping equipment IEC 50(448)
abschaltbar·e Last / interruptible load, sheddable load, non-vital load || **~e Steckdose** / switched socket-outlet, switch socket-outlet || **~e Steckdose mit Verriegelung** / interlocked switched socket-outlet || **~er Neutralleiter** / switched neutral, separating neutral || **~er Thyristor** / gate turn-off thyristor (GTO) || **~er Verbraucher** / interruptible load, sheddable load, non-vital load || **~es Moment** / dynamic torque
Abschalt·befehl *m* / cut-out command || ⁀**dauer** *f* / turn-off time || ⁀**diode** *f* / turn-off diode || ⁀**drehmoment** *n* / tripping torque || ⁀**drehzahl** *f* /

cutoff speed, tripping speed, creep velocity, creep speed || ⁀**drehzahl** *f* (auf die vor dem Erreichen des Referenzpunkts reduziert wird) / deceleration speed || ⁀**druck** *m* / cut-out pressure, shut-off pressure || ⁀**einrichtung** *f* / shutoff device
Abschalten *n* / shutdown *n*, switching off, tripping *n* || ~ *v* (Gerät) / switch off *v*, turn off *v* || ~ *v* (Stromkreis, Netz) / disconnect *v*, interrupt *v* || ~ *v* (el. Masch.) / disconnect *v*, stop *v*, shut down *v* || ~ *v* (Ein- oder Ausgang) / disable *v* || ~ *v* (Thyr.) / turn off *v* || ~ *v* (Trafo) / disconnect *v*, take off the line || ~ *v* (mech., Kuppl.) / disengage *v*, declutch *v*, release *v*, uncouple *v*, disconnect *v* || **allpoliges** ⁀ / all-pole disconnection IEC 335-1, interruption in all poles
abschalten, die Last ~ / disconnect the load, throw off (o. shed) the load || **die Stromzufuhr** ~ / disconnect the power
Abschalt·energie *f* / breaking energy || ⁀**fähigkeit** *f* / cutout ability
abschaltfrei *adj* / trip free || **~er Betrieb** / operation with trip-free mechanism
Abschaltfrequenz f_aus / switch-off frequency f_off
Abschalt·funktion *f* / trip function || ⁀**geschwindigkeit** *f* / cutoff speed, tripping speed, creep speed, creep speed || ⁀**geschwindigkeit** *f* (auf die vor dem Erreichen des Referenzpunkts reduziert wird) / deceleration velocity || ⁀**grenze** *f* / inate limit, shutdown limit, trip limit || ⁀**grenzwert** *m* / switch-off limit || ⁀**gruppe** *f* / switch-off group || ⁀**-I²t** / operating I²t, clearing I²t, total I²t || ⁀**induktionsspannungsspitze** *f* / short-circuit-induced voltage peak || ⁀**induktivität** *f* (Kurzschlussinduktivität) / short-circuit inductance || ⁀**kommando** *n* / tripping command (o. signal) || ⁀**kontakt** *m* / tripping contact
Abschaltkreis *m* / trip circuit, de-energizing circuit (closed-loop) stop control || ⁀ *m* / switch-off circuit || **binärer** ⁀ DIN 19226 / binary deenergizing circuit
Abschaltleistung *f* / breaking capability, breaking power, contact interrupting rating (ASA C37.1), interrupter rating, limiting breaking capacity, rupturing capacity
Abschalt·logik / shutdown logic || ⁀**merker** *m* / shutdown flag || ⁀**modul 400 V** *n* / 400 V disconnecting module || ⁀**moment** *n* / tripping torque || ⁀**organ** *n* / disconnecting device || ⁀**pfad** *m* / shutdown path, stop path, pulse disable path, switch-off signal path || ⁀**-Polaritätsumkehr** *f* DIN 41745 / turn-off polarity reversal || ⁀**positionierung** *f* / ON/OFF positioning || ⁀**prüfung** *f* / interrupting test, breaking test || ⁀**punkt** *m* (WZM, NC) / deceleration point || ⁀**punkt** *m* / limit point, switch-off point || ⁀**punktachse** *f* / limit point axis || ⁀**punktepositionierung** *f* (gekennzeichnet durch Zielposition, Abschaltpunkte, Verfahrbereich und Parameter, die den Ablauf des Positionierens bestimmen) / Open-Loop Positioning || ⁀**punktsteuerung** *f* / limit switch control || ⁀**reaktion** *f* / shutdown response || ⁀**relais** *m* / cutoff relay || ⁀**routine** *f* / shutdown routine
Abschalt·schwimmer *m* / trip float || ⁀**signal** *n* / shut-off signal, cut-off signal, shutdown signal || ⁀**solldrehzahl** *f* / shutdown set speed || ⁀**spannung** *f* / breaking voltage, cut-off voltage,

Abschaltung 12

interrupting voltage, transient voltage ‖ ⸰**spannung** f (Mindestabschaltspannung) / gate turn-off voltage ‖ **induktive** ⸰**spannung** / voltage induced on circuit interruption ‖ ⸰**strom** m (Mindestabschaltstrom) / gate turn-off current ‖ ⸰**strom** m (Temperatursicherung) / interrupting current (thermal link) ‖ ⸰**strombegrenzung** f / limitation of cut-off current ‖ ⸰**stromstärke** f / breaking current, current on breaking ‖ ⸰**temperatur** f / cut-out temperature, opening temperature ‖ ⸰**temperatur** f (el.Masch) / shutdown temperature ‖ ⸰**thyristor** m / turn-off thyristor, gate turn-off thyristor (GTO) ‖ ⸰**-Überschwingweite** f DIN 41745 / turn-off overshoot ‖ ⸰**überspannung** f / opening overvoltage, switching overvoltage, opening surge
Abschaltung f / switching off ‖ ⸰ f (Kurzschluss) / clearing n ‖ ⸰ f / cutoff n, disconnection n, interruption n, shutdown n, tripping n ‖ ⸰ f (Masch.) / stopping n, shutdown n ‖ ⸰ f (Schalter) / opening n, tripping n ‖ ⸰ f (Stromkreis) / interruption n, opening n ‖ ⸰ **in Schnellzeit** (Distanzschutzrelais) / undelayed tripping, instantaneous tripping, first-zone tripping ‖ ⸰ **vom Netz** / disconnection from supply, isolation from supply ‖ ⸰ **zur mechanischen Wartung** VDE 0100, T.46 / switching off for mechanical maintenance ‖ **allseitige** ⸰ / disconnection from all sources ‖ **Fehler~** f (Netz) / fault clearing (o. clearance), disconnection on faults, short-circuit interruption ‖ **fehlsichere** ⸰ / failsafe shutdown ‖ **Gütefaktor der** ⸰ (Verstärkerröhre) DIN IEC 235, T.1 / turn-off figure of merit ‖ **Schub~** f / overrun fuel cutoff, fuel cutoff on deceleration (o. on overrun)) ‖ **Schutz durch automatische** ⸰ / protection by automatic disconnection of supply ‖ **volle** ⸰ / full disconnection
Abschalt·verhalten n / switch-off feature ‖ ⸰**verstärkung** f / turn-off gain ‖ ⸰**versuch** m (el. Masch.) / test by disconnection of applied low armature voltage ‖ ⸰**verzögerung** f / cutout delay, time delay ‖ ⸰**verzögerung Reglerfreigabe NOT-HALT** / cutout delay controller enable EMERGENCY STOP ‖ ⸰**vorrichtung** f VDE 0860 / interrupting device ‖ ⸰**weg** m / disconnection facility
Abschaltzeit f VDE 0641 / break time ‖ ⸰ f / operating time IEC 291, clearing time ANSI C37.100, total clearing time ANSI C37.100 ‖ ⸰ f (trennen vom Netz) / disconnecting time ‖ ⸰ f (Thyr.) / turn-off time ‖ ⸰ f (Netzumschaltgerät, E) VDE 0660, T.114 / off time ‖ ⸰ f (Fehlerabschaltung) / (fault) clearance time ‖ **Ausgangs~** f / output disable time
Abschattung f / shading n, shadowing n ‖ ⸰ **durch das Grid** / grid-line shadowing ‖ ⸰ **durch das Kontaktgitter** / grid shadowing ‖ **Bild~** f / image shading
Abschattungsverlust m / shading loss, shadowing loss
Abschätzung f / estimation n ‖ ⸰ **von Aufwand und Umfang** / estimates regarding costs and scope
Abscheiden n / deposition n
Abscheider m / separator n
Abscheide·rate f / deposition rate ‖ ⸰**temperatur** f / deposition temperature
Abscheidung f / film deposition ‖ ⸰ **an einem heißen Draht** f / hot wire deposition ‖ ⸰ **mit Hilfe einer Glimmentladung** f / GD deposition ‖ ⸰ **an einem heißen Draht** f / hot wire method ‖ ⸰ **aus der Gasphase** / gas phase deposition ‖ ⸰ **mit Hilfe einer Glimmentladung** f / glow discharge deposition
Abscher·bolzen m / shear pin, safety bolt, breaker bolt
abscheren v / shear v, shear off v ‖ ⸰ n / shearing n
Abscher·festigkeit f / shear strength ‖ ⸰**kupplung** f / shear-pin coupling ‖ ⸰**probe** f / shear test ‖ ⸰**probe** f (an gepunktetem Blech) / button test ‖ ⸰**stift** m / shear pin, breaker bolt, shearing pin ‖ ⸰**ung** f / shear n
Abschirm·blech n / shielding plate, screening plate ‖ ⸰**effekt** m (magn.) / screening effect ‖ ⸰**elektrode** f / screening electrode ‖ ⸰**gehäuse** n / screening enclosure ‖ ⸰**haube** f / screening cover ‖ ⸰**kragen** m / shielding shroud ‖ ⸰**leiter** m / screening bus, screening conductor ‖ ⸰**leitung** f / shielding line ‖ ⸰**platte** f / screening plate ‖ ⸰**schleife** f / screening loop ‖ ⸰**rahmen** m / shield
Abschirmung f / screening n ‖ ⸰ f (Leuchte) / cutoff n ‖ ⸰ f / screen n, barrier n, shield n, shielding n, cable shielding, cable shield, braided shield ‖ ⸰ f (z.B. in VDE 0660, T.500) VDE 0660, T.500 / screening n ‖ ⸰ **gegen Erde** / earth screen ‖ ⸰ **gegen Kriechströme** / leakage current screen ‖ **elektrostatische** ⸰ / electrostatic shielding ‖ **Röntgenstrahl~** f / X-ray shielding
Abschirmungskontakt m / segregation contact
Abschirm·wicklung f / shield winding ‖ ⸰**winkel** m (Leuchte) / cut-off angle, shielding angle
Abschlagszahlung f / payment on account
Abschleifbock m / grinding-rig support, grinding-rig pedestal
abschleifen v / grind off v, grind v, resurface by grinding, resurface v
Abschleifen, mechanisches ⸰ / abrading n
Abschleifvorrichtung f / grinding rig, grinding device
abschließbar adj / lockable adj, locked adj, with lock ‖ **~er Drucktaster** / locking-type pushbutton ‖ **~er Griff** (m. Zylinderschloss) / lockable handle, handle with cylinder lock ‖ **~er Griff** (m. Vorhängeschloss) / padlocking handle
abschließen v (z.B. ein Archiv) / close v, lock v, terminate v ‖ **~de Wiederholung** f / concluding repetition ‖ **~des Leerzeichen** / trailing space
Abschließhebel m / locking lever ‖ ⸰**teil** n / sealing part ‖ ⸰**vorrichtung** f / locking device
Abschliff m / abrasion n
Abschluss m / closing / financial statements, termination n ‖ ⸰ **der Busleitung** / termination of the bus system cable ‖ **dichter** ⸰ / tight shut-off ‖ **vollständiger** ⸰ (durch Gehäuse) / complete enclosure ‖ ⸰**beschaltung** f / terminating device ‖ ⸰**blech** n / blank(ing) plate, cover plate, terminating plate ‖ ⸰**blende** f / end cover ‖ ⸰**deckel** m (Motorgehäuse) / end guard, fender n ‖ ⸰**element** n / matching device, terminating element ‖ ⸰**funktion** f (Programm) / conclusion n (of a subroutine), termination function, termination function of a subroutine ‖ ⸰**gespräch** n / final meeting ‖ ⸰**glas** n / glass cover ‖ ⸰**glied** n / matching device, terminating element ‖ ⸰**immittanz** f / terminating immittance ‖ ⸰**impedanz** f / terminating impedance ‖ ⸰**initialisierung** f / final init, final initialization
Abschluss·kasten m (f. Kabelabschlüsse) / terminal box ‖ ⸰**leiste** f / cover strip ‖ ⸰**modul** n /

termination module || ⁓**-Netzwerk** *n* / termination network || ⁓**platte** *f* / blanking plate, VDE 0660, T. 500 cover plate IEC 439-1, end plate || ⁓**platte** *f* (Reihenklemme) / end cover plate || ⁓**prüfer** *m* / auditor *n* || ⁓**sitzung** *f* / final meeting || ⁓**stecker** *m* / connector for terminating resistance, inating plug, terminating resistor connector, terminator *n* || ⁓**stecker** *m* (elST-SPS-Geräte) / terminating resistor connector || ⁓**wanne** *f* (Leuchte) / diffuser bowl, enclosing bowl || ⁓**widerstand** *m* / matching resistor, terminating resistance, terminating resistor, terminator *n* (LAN) || ⁓**winkel** *m* / angular trim, masking angle, terminating bracket || ⁓**zeile** *f* / final line || ⁓**zyklus** *m* / termination cycle

Abschmelzen *n* (Dichtschmelzen) / sealing off

abschmelzende Elektrode / consumable electrode || **~ Lichtbogenschweißelektrode** / consumable arc welding electrode (arc welding electrode that melts to provide filler metal)

Abschmelzgeschwindigkeit *f* (Geschwindigkeit, mit der der Schweißzusatz abschmilzt. Dimension: Schweißzusatzlänge durch Zeit) / burn-off rate || ⁓**länge** *f* / burn-off length || ⁓**leistung** *f* / deposition rate || ⁓**schweißung** *f* / flash butt welding, flash welding || ⁓**zeit** *f* (Zeit, während der der Schweißzusatz abschmilzt) / burn-off time

abschmieren *v* / grease *v*, lubricate *v*

Abschneide·fehler *m* / truncation error || ⁓**funkenstrecke** *f* / chopping gap

abschneiden *v* / cut *v*, cut off *v* || ~ *v* (z.B. Kurve) / crop *v* || ~ *v* (stanzen) / shear *v* || ~ *v* (Teile von Zeichenfolgen am Anfang o. Ende weglassen) / truncate *v* || ⁓ *n* (Stoßwelle) / chopping *n* || ⁓ *n* (eine beim Problemlösen angewandte Optimierungstechnik, die darin besteht, einen oder mehrere Zweige in einem Suchbaum nicht weiterzuverfolgen) / pruning *n* || ⁓ *n* (Impuls, Bildteil) / clipping *n* || ⁓ *n* (Entfernen v. Teilen einer Bildschirmdarstellung) / clipping *n*, scissoring *n*

Abschneiden der Nachkommastellen / truncate decimal places

Abschneide·tabelle *f* / trimming table || ⁓**verfahren** *n* IEC 50(731) / cutback technique || ⁓**vorrichtung** *f* / cutting machine || ⁓**werkzeug** *n* / cutting tool || ⁓**zeit** *f* (Stoßwelle) / time to chopping, chopping time, virtual time to chopping || ⁓**zeitpunkt** *m* (Stoßwelle) / instant of chopping

Abschnitt *m* / module *n*, part || ⁓ *m* (Netz) / section *n* || **Parabel~** *m* / parabolic span || **Programm~** *m* / program section || **Rezept~** *m* / recipe phase

Abschnitts·abschluss *m* (Nachrichtenübertragung) / section termination || ⁓**-Kontrollsegment** *n* / section control segment || ⁓**selektivität** *f* (Selektivschutz) IEC 50(448) / section selectivity || ⁓**trennung** *f* / alignment function

Abschnürspannung *f* / pinch-off voltage || ⁓ *f* (FET) DIN 41858 / cut-off voltage (FET) || **Drain-Source-**⁓ *f* (Transistor) / drain-source cut-off voltage

abschotten *v* / partition *v*, compartment *v*

Abschottprofil *n* / partition profile

Abschottung *f* (Unterteilung in Teilräume) / partition (s) *n (pl)*, barrier(s) *n (pl)*

abschrägen *v* / bevel *v*, chamfer *v*

Abschrägung *f* (an Kante) / bevel *n*, chamfer *n* || ⁓ *f* (Kegel) / taper *n*

abschranken *v* / safeguard *v*, barrier *v*, provide with barriers, fence *v*

Abschrankung *f* / safeguarding *n*, barrier *n*, fence *n*

abschrauben *v* / screw off *v*, unscrew *v*

abschraubsicher *adj* / pilfer-proof *adj*

Abschreck·biegeversuch *m* / quenched-specimen bend test || ⁓**dauer** *m* / quenching time || ⁓**en** *n* / quenching || ⁓**härten** *n* / quench hardening || ⁓**temperatur** *f* / quenching temperature

Abschreibungsrate *f* / depreciation rate

Abschreiten *n* / scanning *n*

Abschwächer *m* / damping element, attenuator *n*

Abschwächung *f* (Abnahme der Amplitude eines Signals) / attenuation *n*

Abschwächungsimpedanz *f* / attenuating impedance

Absender *m* (Sendeprogramm) / sending program, program identifier || ⁓ (einer Meldung) / sender *n*, originator *n*

absenkbar *adj* / lowerable *adj* || **~er Kessel** (Trafo) / drop-down tank

absenken *v* / lower *v* || ⁓ **des Öls** / lowering of oil level, oil draining || **Frequenz ~** / lower the frequency

Absenk·maß *n* / lowering dimension || ⁓**sollwert** *m* / reduced setpoint *n*

Absenkung *f* / lowering *n*

Absenkung der Energieversorgung / power supply depression

Absenkvorrichtung *f* / lowering device, lowering mechanism

absetzen *v* (Meldung, Signal) / transmit *v* || ~ *v* / issue *v*, populate *v*, remove *v*, set back *v*, strip *v*, transmit *v* || ~ *v* (Kabelisolierung) / cut back, strip the end insulation, bare the core ends || ~ *v* (Staub) / deposit *v*, settle *v* || ~ *v* (auf eine Unterlage) / place *v*, set down *v* || ~ *v* (Spannung) / buck *v*, reduce *v* || ~ *v* (außer Betrieb nehmen) / shut down *v*

Absetzen *n* / sedimentation *n*

Absetz·länge *f* (Kabelisol.) / stripping length, bared length || ⁓**maschine** *f* / negative booster, sucking transformer, sucking booster, track booster || ⁓**regelung** *f* / buck control || ⁓**regler** *m* / bucking controller || ⁓**schaltung** *f* / bucking connection || ⁓**stelle** *f* (Kabelisolierung) / strip-off point, circumferential cut || ⁓**stellung** *f* VDE 0660, T. 500 / removed position IEC 439-1 || ⁓**stellung** *f* (Trafo) / buck position, negative boost position || ⁓**transformator** *m* / bucking transformer || ⁓**- und Zuschaltung** / buck and boost connection, reversing connection

Absetzung *f* (Bürste) / shoulder *n*

Absetz·werkzeug *n* / stripping tool || ⁓**widerstand** *m* (Spannungsregler) / by-pass resistor, shunt resistor

absichern *v* (m. Kurzschlussschutz versehen) / protect against short circuits, fuse *v*, ensure *v* || **einpoliges** ⁓ / single-pole fusing

Absicherung *f* (Baustelle) / guarding *n*, fencing *n*, provision of safety arrangements || ⁓ *f* (Schutz) / protection *n* || ⁓ *f* (m. Sicherungen) / protection by fuses, fusing *n*, fuse protection || **schweißfreie** ⁓ / weld-free protection

Absicherungs·baugruppe *f* / monitoring module with fuses, monitoring and fuse module, protector module, protector fuse module || ⁓**leuchte** *f* /

absichtliches 14

warning light
absichtliches Berühren / intentional contact
A/B-Slave *m* / A/B slave *n*
ABS-Modul *n* / ABS submodule
absolut *adj* / unconditional *adj* || ~ *adj* (ABS) / absolute *adj* (ABS)
Absolut·bereich *m* / absolute area || ⟨bezeichner *m* / absolute identifier || ⟨bezug *m* / absolute reference || ⟨dehnung *f* / absolute expansion || ⟨druck *m* (der Druckmessumformer misst die Differenz des Eingangsdrucks gegen Vakuum) / absolute pressure (AP) || ⟨druck mit frontbündiger Membran / absolute pressure with flush diaphragm || ⟨druckaufnehmer *m* / absolute-pressure pickup || ⟨druckmesser *m* / absolute pressure gauge, barometer *n* || ⟨druck-Messumformer *m* / transmitter for absolute pressure || ⟨druck-Messzelle *m* / measuring cell for absolute pressure
absolut·e Abdichtung / leak tight sealing, tight sealing || ~e **Abweichung** / absolute error || ~e **Adresse** / absolute address, actual address, machine address, physical address || ~e **Adressierung** / absolute addressing || ~e **Blendung** / absolute glare || ~e **Dichte** / specific gravity || ~e **Dichtheit** / tight seal || ~e **Dielektrizitätskonstante** / absolute dielectric constant, absolute capacitivity || ~e **Dielektrizitätskonstante des leeren Raums** / electrical space constant, absolute permittivity of free space || ~e **Durchschlagfestigkeit** / intrinsic dielectric strength || ~e **Feuchte** / absolute air humidity, absolute humidity, humidity *n* || ~e **Genauigkeit** / absolute accuracy, zero-based accuracy || ~e **Häufigkeit** DIN 55350, T.23 / absolute frequency || ~e **Häufigkeitssumme** DIN 55350, T.23 / cumulative absolute frequency || ~e **Kodierung** / absolute coding || ~e **Koordinate** / absolute coordinate || ~e **Lage** / absolute position || ~e **Maßangaben** / absolute dimension data, absolute dimensions (preparatory function) ISO 1056 || ~e **Maßstabstransformation** / absolute scale transformation || ~e **Messwerterfassung** / absolute measuring system, absolute measuring technique || ~e **Nullpunktverschiebung** / absolute zero shift || ~e **Permeabilität** / absolute permeability || ~e **Position** / absolute position || ~e **Positionierung** / absolute positioning || ~e **Priorität** / absolute priority || ~e **Rücksprungadresse** / absolute return address || ~e **Schwelle** / absolute treshold || ~e **Spannungsänderung** / inherent regulation || ~e **spektrale Empfindlichkeit** / absolute spectral sensitivity, absolute spectral response || ~e **Viskosität** / absolute viscosity || ~e **Wahrnehmungsschwelle** / absolute threshold of luminance || ~e **Zeit** / absolute time, standard time || ~er **Aufruf** / unconditional call || ~er **Bausteinaufruf** / unconditional block call || ~er **Fehler** / absolute error || ~er **Geber** / absolute value encoder || ~er **Geberistwert** / absolute actual encoder value || ~er **Genauigkeitsfehler** (ADU, DAU) / absolute accuracy error, total error || ~er **Grenzwert** DIN 41848 / absolute limiting value || ~er **Jahresextremwert** (DIN IEC 721-2-1) / absolute extreme value || ~er **Koordinatenwert** / absolute coordinate || ~er **Leistungspegel** /

absolute power level || ~er **Maschinennullpunkt** (NC) / absolute zero (of machine) || ~er **Maschinennullpunkt** / absolute machine zero || ~er **Maßstabsfaktor** / absolute scale factor || ~er **Nullpunkt** / absolute zero, absolute zero of temperature, machine zero (M) || ~er **Parameter** / absolute parameter || ~er **Pfadname** / absolute path name || ~er **Punkt** / absolute point || ~er **Spannungspegel** (logarithmiertes Verhältnis) / absolute voltage level || ~er **Sprung** / unconditional jump (o. branch), absolute jump, unconditional branch || ~er **Vektor** (Vektor, dessen Anfangspunkt und Endpunkt in absoluten Koordinaten festgelegt sind) / absolute vector || ~er **Wegmessgeber** / absolute value encoder || ~er **Wert** (einer komplexen Zahl) / absolute value, modulus *n* || ~es **Bausteinende** / BEU (unconditional block end), unconditional block end (BEU) || ~es **Kommando** (Anzeigekommando, das absolute Koordinaten verwendet) / absolute command || ~es **Lagemessgerät** / absolute value encoder || ~es **Messverfahren** / absolute measuring system, absolute measuring technique
Absolut·geber *m* (Messgeber) / absolute encoder, absolute position sensor || ⟨geber *m* / absolute value encoder || ⟨geber **SSI** / absolute sensor ssi, absolute encoder SSI || ⟨geberjustage *f* / absolute encoder adjustment || **sicher begrenzte** ⟨lage / safe limit position, safely limited absolute position || ⟨lageerfassung *f* / absolute position sensing || ⟨maßprogrammierung *f* / absolute programming, absolute dimension programming || ⟨maß-Programmierung *f* (NC) / absolute programming, absolute data input || ⟨maß-Programmierung *f* / absolute dimension programming || ⟨messgerät *n* (f. Absolutintensität) / absolute-intensity measuring device || ⟨messkopf *m* / absolute measuring head || ⟨messverfahren *n* / absolute measuring system, absolute measuring technique || ⟨-Messverfahren *n* / absolute measuring system, zero-based measuring system || ⟨modul *n* / absolute encoder submodule || ⟨operand *m* / absolute address || ⟨parameter *m* / absolute parameter || ⟨position *f* / absolute position || ⟨positionieren *n* / absolute positioning || ⟨spur *f* / absolute track || ⟨weg *m* / absolute distance
Absolutmaß *n* (Maßangabe, die sich auf einen festgelegten Nullpunkt bezieht) / absolute dimension || ⟨maßangabe *f* / absolute dimensioning
Absolutwert *m* / absolute value, amount *n* || **mittlerer** ⟨ DIN IEC 469, T.1 / average absolute value || ⟨bildner *m* / absolute-value device (o. generator) || ⟨bildung *f* / absolute-value generation || ⟨geber *m* / absolute value encoder, absolute encoder || ⟨justage *f* / absolute adjustment || ⟨messsystem *n* / absolute measuring technique, absolute measuring system, absolute value measurement system || ⟨verstellung *f* / absolute value adjustment
Absolut·-Winkelcodierer *m* / absolute shaft angle encoder, absolute shaft encoder, absolute shaft-angle encoder || ⟨zähler *m* / absolute counter
Absolutzeit *f* / absolute time, standard time || ⟨erfassung *f* / absolute chronology IEC 50(371), time tagging IEC 50(371) || ⟨uhr *f* / real-time clock (RTC)
absolvieren *v* / graduate *v*
Absonderung *f* / segregation *n*

Absorber *m* / absorber *n*, damper *n* ‖ ⁓**halle** *f* / anechoic chamber ‖ ⁓**oberfläche** *f* / absorber surface ‖ ⁓**schicht** *f* / absorbing layer, absorber layer ‖ ⁓**zange** *f* / absorbing clamp
absorbierendes Medium / absorbing medium
Absorption *f* / absorption *n*, absorptivity *n* (the ratio of radiant energy absorbed by a surface, to that incident upon the surface)
Absorptions·band *n* / absorption band ‖ ⁓**beiwert** *m* / absorption coefficient ‖ ⁓**faktor** *m* / absorption *n* ‖ ⁓**grad** *m* / absorptance *n*, absorption factor ‖ ⁓**kante** *f* / band edge ‖ ⁓**koeffizient** *m* / linear absorption coefficient, absorption coefficient ‖ ⁓**länge** *f* / absorption length ‖ ⁓**maß** *n* / absorptance *n*, absorption factor ‖ ⁓**rohr** *n* (m. Trockenmittel) / desiccant tube ‖ ⁓**strecke** *f* / absorption train ‖ ⁓**tiefe** *f* / absorption depth ‖ ⁓**verfahren** *n* / energy absorption method ‖ ⁓**verhältnis** *n* / polarization index ‖ ⁓**verlust** *m* / absorption loss ‖ ⁓**verluste** *f* / absorption loss, absorption attenuation ‖ ⁓**vermögen** *n* / absorptive capacity, absorptivity *n*, absorptance *n*
Absorptivität *f* / absorptivity *n*
Abspanart *n* / cut *n*, *f* type of stock removal
Abspanen / remove stock ‖ ~ *v* / cut *v* ‖ ⁓ **aus dem Vollen** / cutting from solid stock ‖ ⁓ **gegen die Kontur** / stock removal along contour ‖ ⁓ **mit Hinterschnitten** / cutting with relief cuts
Abspan·funktionalität *f* / stock removal functionality ‖ ⁓**kontur** *f* / stock removal contour
Abspann·abschnitt *m* (Freiltg.) / section *n*, cutting section ‖ ⁓**anker** *m* (Freiltg.) / stay *n* (GB), guy *n* (US)
abspannen *v* (heruntertransformieren) / step down *v* ‖ ~ *v* (Maste) / guy *v*, stay *v*
Abspanner *m* / step-down transformer
Abspann·gelenk *n* (Freileitungsmast) / tower swivel clevis, tower swivel ‖ ⁓**isolator** *m* / tension insulator, strain insulator ‖ ⁓**-Isolatorkette** *f* / tension insulator set, dead-end (insulator) assembly, tension set, strain insulator string ‖ ⁓**kette** *f* / tension insulator set, dead-end (insulator) assembly, tension set, strain insulator string ‖ ⁓**klemme** *f* (Freiltg.) / anchor clamp, tension clamp, dead-end clamp ‖ ⁓**mast** *m* / terminal tower, dead-end tower, tension tower, strain pole, anchor support, section support ‖ ⁓**portal** *n* / dead-end portal structure, strain portal structure ‖ ⁓**seil** *n* / guy cable, guy wire ‖ ⁓**station** *f* / step-down substation, step-down transformer substation ‖ ⁓**stützpunkt** *m* (Freiltg.) / tension support, strain support, angle support ‖ ⁓**transformator** *m* / step-down transformer
Abspannung *f* (Leiter) / straining *n*, dead-ending *n* ‖ ⁓ *f* (Mast) / stay *n*, guy *n*
Abspannverbinder *m* / dead-end tension joint
Abspan·programme, eigene ⁓**programme** / user stock removal programs ‖ ⁓**tiefe** *f* / cutting depth, depth of cut ‖ ⁓**winkel** *m* / cutting edge side rake ‖ ⁓**zyklus** *m* / cutting cycle, machining cycle, stock removal cycle, roughing cycle, rough turning cycle ‖ ⁓**zyklus mit Hinterschnittelementen** / stock removal cycle with relief cut elements ‖ ⁓**zyklus ohne Hinterschnittelemente** / stock removal cycle without relief cut elements
Abspeichern *n* (Datei) / storing *n*, saving *n*

abspeichern *v* / save *v*, store *v*, import *v*, check in
Abspeicherzyklus *m* / storing cycle
absperrbar *adj* / lockable *adj*
Absperr·hahn *m* / stopcock *n* ‖ ⁓**mittel** *n* DIN 55945 / sealer *n* ‖ ⁓**pfosten** *m* / bollard *n* ‖ ⁓**ung** *f* / shut-off valve ‖ ⁓**ventil** *n* / shut-off valve, stop valve ‖ **elektromagnetisches** ⁓**ventil** / solenoid on-off valve ‖ ⁓**vorrichtung** *f* / locking device
Abspleißschutz *m* (Kabel) / splaying protection
Absprengwulst *f* (Lampe) / bulb bead
Abspringen des Scherenstromabnehmers / pantograph bounce
Abspritzeinrichtung *f* (f. Starkstromanlagen) / liveline washing system
Abspritzen unter Spannung / live washing
Absprungadresse *f* / return address
AB-Spur *f* / AB track
Abstand *m* / clearance *n* ‖ ⁓ *m* (Strecke) / distance *n* ‖ ⁓ *m* (Zwischenraum, Intervall) / interval *n*, spacing *n* ‖ ⁓ *m* / space *n* ‖ ⁓ **der äußeren Kopfkegelkante bis zum Schnittpunkt der Achsen** / crown to crossing point distance ‖ ⁓ **der Kegelspitze von der Bezugsfläche am Rücken eines Kegelrades** / apex to back distance ‖ ⁓ **im Verguss** / distance through casting compound ‖ ⁓ **Leiter-Erde** / phase-to-earth clearance, phase-to-ground clearance ‖ ⁓ **Leiter-Leiter** / phase-to-phase clearance ‖ ⁓ **Rollenaußenkanten** / overall width ‖ ⁓ **Tellerunterkante bis Leuchtkörpermitte** / flange to light centre length ‖ ⁓ **vom Teilkegelscheitel bis zur äußeren Kante des Kopfkegels** / pitch-cone apex to crown distance ‖ ⁓ **vom unteren Rand der Perle bis zum Einschmelzknick** (Perlfußlampen) / bead-to-bend distance ‖ ⁓ **zum Funkhorizont** (Entfernung zwischen einer Quelle von Funkwellen und dem Funkhorizont in einer gegebenen Richtung) / radio horizon distance ‖ ⁓ **zwischen Anschlussfahnen** / tag pitch, tag spacing ‖ ⁓ **zwischen Widerlagern** / test span ‖ **äquidistanter** ⁓ / equidistance ‖ **Farb~** *m* / colour difference ‖ **Schaltstück~** *m* / contact gap, clearance between open contacts ‖ **Schutz durch** ⁓ / protection by placing out of reach (HD 384), protection by provision of adequate clearances IEC 439 ‖ **zeitlicher** ⁓ / interval *n*
Abstände durch die Isolierung VDE 0700, T.1 / distances through insulation IEC 335-1
Abstandhalter *m* (Batt.) / spacer *n* ‖ ⁓ *m* / cage *n*
abstandsbedingte Phasenverschiebung / space phase difference
Abstands·bestimmung *f* / determination of distance ‖ ⁓**blech** *n* / spacer plate ‖ ⁓**bohrung** *f* / spacing hole ‖ ⁓**bohrungen Leistungsschalter-Größe** / spacing holes, circuit-breaker size ‖ ⁓**bolzen** *m* / distance bolts, spacing bolt ‖ ⁓**bügel** *m* / spacer bracket
Abstandschelle *f* / distance saddle, spacing saddle, conduit hanger, (Kabel) spacer bar saddle ‖ ⁓ *f* (Hängeschelle) / conduit hanger
abstandscodiert *adj* / distance-coded *adj* ‖ **~e Referenzmarke** / distance-coded reference mark ‖ **~es Messsystem** / distance-coded measuring system
Abstands·feld *n* / distance field ‖ ⁓**halter** *m* / spacer *n* ‖ ⁓**halter-Typ** *m* / type of spacer, spacer type ‖ ⁓**hülse** *f* / spacer sleeve, distance sleeve ‖ ⁓**-Kit**

Abstandskurzschluss · · · 16

m / range adjustment kit || **~kodiert** *adj* / distance-coded *adj* || ⸺**kontrolle** *f* / positional offset
Abstandskurzschluss *m* / short-line fault, kilometric fault, close-up fault || ⸺**-Elementprüfung** *f* / short-line fault unit test || ⸺**faktor** *m* (AK-Faktor) / short-line fault factor || ⸺**prüfung** *f* / short-line fault check
abstandslos nebeneinander aufreihbar *adj* / side by side, immediately adjacent to one another
Abstands·maß *n* / clearance *n* || ⸺**maß Bohrungen** / hole clearance || ⸺**maß zum Maß 1** / clearance to dimension 1 || ⸺**messung** *f* / ranging *n*, range finding, distance measurement || ⸺**niet** *m* / spacing rivet || ⸺**platte** *f* / spacing plate, spacer || ⸺**profil** *n* / distance profile || ⸺**radar** *m* / anti-collision radar, radar proximity warning || ⸺**regelung** *f* / clearance control (CLC) || °**3D-~regelung** *f* / 3D clearance control || ⸺**ring** *m* / spacer ring || ⸺**rohr** *n* / spacing tube, distance tube, spacer tube || ⸺**säule** *f* / spacing column || ⸺**sensor** *m* / ranging sensor, range finder, distance sensor || ⸺**stück** *n* / distance piece, spacer *n*, spacer block, spacer piece || ⸺**vektor** *m* / distance vector || ⸺**warngerät** *n* / anti-collision device, distance warning device || ⸺**warnsystem** *n* (Radar, Laser) / anti-collision radar, laser-based collision avoidance system, collision-avoidance monitoring, distance warning system
Abstapeln *v* / destack *v*
Abstapler *m* / stacker *n*
Abstechen *n* / parting *n* || ⸺ *n* / cut off
Abstecher *m* / cutoff tool, cutting(-off) tool, parting tool
Abstech·maschine *f* / cutting-off machine || ⸺**meißel** *m* (WZM) / parting tool || ⸺**meißel** *m* / cutoff tool, cutting(-off) tool || ⸺**schleifen** *n* / cut-off grinding || ⸺**schlitten** *m* / cut-off slide || ⸺**seite** *f* / cut-off end || ⸺**stahl** *m* / parting tool, cutting(-off) tool, cutoff tool || ⸺**teil** *n* / cut-off part
Absteckdorn *f* / adjustment pin
Abstecker *m* / placing device
Absteckung *f* / setting out
absteigender Ast / descending branch
Abstellautomatik *f* / automatic shut-down control, automatic shut-down gear
abstellen *v* (ausschalten) / switch off *v*, stop *v*, cut out *v*, shut down *v* || ~ *v* (Hupe) / silence *v*, cut out *v*
Abstell·fläche, gekühlte ⸺**fläche** / refrigerated shelf area || ⸺**magnet** *m* / shut-down solenoid || ⸺**maßnahme** *f* / corrective action || ⸺**platz** *m* / storage space, parking space || **Luftfahrzeug-**⸺ *m* / aircraft parking position || ⸺**schalter** *m* / cutout switch, STOP switch, cutout switch
Abstellungstermin *m* / correct by date
Absteuerelement *n* / screening element
absteuern *v* (Befehle) / end *v*, terminate *v*, inate *v*, disconnect *v* || ~ *v* / de-energize *v*, ramp down, shut down || **einen Ausgang ~** / reset an output
absteuernd *adj* / negative edge
Absteuer-Task *m* / shutdown task
Absteuerung *f* (Fahrschalter) / run-back *n* (of controller), notching down, ination *n* || ⸺ *f* (Abschaltung) / shutdown *n*, disconnection *n* || **Befehls~** *f* (FWT) / command release (o. disconnection) || **Befehls~** *f* (elST) / command ending
Abstich *m* / cut-off *n* || ⸺**kontrolle** *f* / cut-off check
Abstiegphase *f* (Nocken) / return *n*

Abstiegsbegrenzung *f* / down rate limit
abstimmbarer Oszillator / VFO *n*, variable frequency oscillator
Abstimm·bereich *m* / tuning range || ⸺**diode** *f* / tuning diode, tuning variable-capacitance diode || ⸺**einrichtung** *f* / tuner *n* || ⸺**empfindlichkeit** *f* / tuning sensitivity
Abstimmen *n* / tuning *n* || ~ *v* / adjust *v* || **auf Resonanz ~** / tune to resonance || **hoch ~** (Resonanz) / set to above resonance || **tief ~** (Resonanz) / set to below resonance
Abstimm·frequenz *f* / centre frequency, mid-frequency *n* || ⸺**geschwindigkeit** *f* / tuning rate, tuning speed
Abstimmmittel *n* / tuning device
Abstimmkupplung *f* / timing clutch
Abstimmung *f* / tuning *n*, matching *n*
Abstimmungs·bedarf *m* / need for synchronization || ⸺**gespräch** *n* / consensus meeting
Abstoßung *f* / repulsion *n*
Abstoßungskraft *f* / force of repulsion, repulsive force
Abstract Windowing Toolkit (AWT) / Abstract Windowing Toolkit (AWT)
abstrahlen *v* / radiate *v*, emit *v* || ~ *v* (m. Stahlsand) / shot-blast *v*, shot-peen *v*, steel-shot-blast *v* || ~ *v* / emit *v*
Abstrahlfähigkeit *f* / emission *n*
Abstrahlung *f* / radiant emittance IEC 50(731), radiant excitance, radiated emission
Abstrahlungs·bereich *m* / emission level || ⸺**grenze** *f* (Störquelle) / emission limit
Abstrahlwinkel *m* (IR-Gerät) / transmission angle
abstrakt·e Schnittstelle für Kommunikationsdienste (E DIN IEC 57/401/CD DIN EN 61850-7-1, -7-2, -7-3, -9-1) / abstract communication service interface (ACSI) || **~e Syntax** *f* (DIN V 44302-2) / abstract syntax || **~er Prüffall** *m* (DIN V 44302-2 EN 29646-1) / abstract test case
Abstreichtaste *f* / round-down key
abstreifbar *adj* (Kabel) / strippable *adj*
Abstreifbedingung *f* / wiping condition
Abstreifer *m* / scraper *n*, skimmer guard, stripper *n* || ⸺ **am Untergurt** / return plow || °**Mantelmoden-**⸺ *m* / cladding-mode stripper || ⸺**platte** *f* / stripper plate
Abstreifrolle *f* / cleaning pad || ⸺**n-Zyklus** *m* / cleaning pad cycle
Abstreiten *n* / repudiation
Abströmkegel *m* (Lüfter) / diffusor cone
abstufen *v* / step *v*, grade *v*, graduate *v*
Abstufung *f* / stepping *n*, grading *n*, graduation *n* || ⸺ *f* (Farbtöne) / shading *n*
Absturz *m* / crash *n* || ⸺ *m* (Rechneranlage) / crash *n*
abstürzen *v* / crash *v*
Absturzsicherung *f* / antifall guard, guard rail
Abstütz·blech *n* / backing plate || ⸺**bock** *m* (Wickelkopf) / bracket *n* || ⸺**block** *m* / support block || ⸺**stück** *n* (Wickl.) / overhang packing, supporting element, bracing element || ⸺**- und Presskonstruktion** (Trafo) / constructional framework, supporting and clamping structure, bracing and clamping frame
Abstützung *f* (Wickl.) / packing (element o. block) *n*, support(ing element), bracing (element), spacing element, spacer
ABS-Ventil *n* / anti-skid brake solenoid
absynchronisieren *v* / desynchronize *v*, disengage *v*

Abszisse *f* / abscissa *n*, horizontal axis || ⁓**nachse** *f* / axis of abscissae, X axis || ⁓**nskala** *f* / scale of abscissa || ⁓**nwert** *m* / abscissae

Abt. *f* / dept., department *n*

Abtast·befehl *m* / scan command, scan instruction, sampling command || ⁓**bereich** *m* (Fernkopierer) / scanning field, scan area || ⁓**code** *m* / scanning code || ⁓**darstellung** *f* (Schwingungsabbild) DIN IEC 469, T.2 / sampled format || ⁓**dichte** *f* (Anzahl der Abtastzeilen bezogen auf die Länge) / scanning density || ⁓**einrichtung** *f* / scanner *n*, scanning device || ⁓**einrichtung** *f* (NC) / scanning device, scanner *n*

abtasten *v* / sample *v* || ~ *v* (Lesen von Aufzeichnungsträgern, photoelektrisch, TV, Fernkopierer) / scan *v* || ~ *v* (Abtastsystem) / sample *v* || ⁓ *n* (Lesen, photoelektrisch) / scanning *n* || ⁓ *n* / sampling *n*

abtastendes Messverfahren / sampling method of measurement

Abtaster *m* (f. Abtastregelung) DIN 19226 / sampler *n* || **Bild~** *m* / image sensor

Abtast·feld *n* (Bildschirm) / raster *n* || ⁓**frequenz** *f* / scanning frequency || ⁓**frequenz** *f* / sampling frequency || ⁓**funktion** *f* / sampling function || ⁓**geschwindigkeit** *f* / scan rate, sampling frequency, sampling rate, scanning speed || ⁓**gitter** *n* / scanning grating || ⁓**halteglied** *n* / scan-and-hold element || ⁓**-Halteschaltung** *f* / sample-and-hold circuit || ⁓**-Halte-Verhalten** *n* / sample-and-hold action (S/H action) || ⁓**-Halteverstärker** *m* / sample-and-hold amplifier, S/H amplifier || ⁓**intervall** *n* / sampling interval, sampling time, scanning interval, scanning time || ⁓**kopf** *m* / scanning head, probe *n* || ⁓**lupe** *f* / puck *n* || empfangsseitige ⁓**markierung** / received character timing

Abtast·maschine *f* / scanning machine || ⁓**-Oszilloskop** *n* / sampling oscilloscope || ⁓**parameter** *n* / sampling parameter || ⁓**periode** *f* / sampling period || ⁓**periode** *f* / sampling interval, sampling time, scanning interval, scanning time || ⁓**platte** *f* / scanner disk || ⁓**punkt** *m* (Fernkopierer) / scanning spot || ⁓**rate** *f* / sampling rate || ⁓**rate** *f* / scanning frequency || ⁓**raten** *n* / sampling rate

Abtastregelung *f* / sampled(-)data control, sampling control, scanned data control, discrete control || **Zeitmultiplex-**⁓ *f* / time-shared control

Abtast·regler *m* / sampling controller, sampled-data controller, discrete controller || ⁓**regler mit endlicher Ausregelzeit** *n* / dead-beat-response controller || ⁓**reihenfolge** *f* / sampling sequence || ⁓**richtung** *f* (Fernkopierer) / scanning track direction, scan direction || ⁓**röhre** *f* / scanner tube || ⁓**segment** *n* / segment *n* || ⁓**signal** *n* / sampled signal || ⁓**system** *n* / sampled-data system, scanning system || ⁓**takt** *m* / sampling cycle || ⁓**theorem** *n* / sampling theorem, scanning theorem || ⁓**-Theorem** *n* / sampling theorem, Nyquist theorem || **Abtast- und Haltekreis** *m* / sample and hold circuit

Abtastung *f* / scanning *n*, sampling *n* || ⁓ **mit langsamen Elektronen** / low-velocity scanning || ⁓ **mit schnellen Elektronen** / high-velocity scanning || **zyklische** ⁓ / cyclic sampling

Abtast·verhalten *n* / sampling action ||

⁓**vorrichtung** *f* / scanner *n*, scanning device || ⁓**vorschub** *m* / scanning pitch || ⁓**wert** *m* / sample value, sampled value, scan value || ⁓**zeile** *f* (Weg des Taststifts von einem Ende des Abtastbereichs zum gegenüberliegenden Ende) / scan line, scanning line || ⁓**zeit** *f* / scan time IEC 1131.1 || ⁓**zeit** *f* (ADU) / sampling interval (o. time), aperture time || ⁓**zeit** *f* / scanning time, scanning interval, sampling time || ⁓**zeitpunkt** *m* / sampling instant, sampling time || ⁓**zeitwechsler** *m* / scan time changeover contact || ⁓**zyklus** *m* / scanning cycle

Abtauchen *n* / submarining *n*

Abtauen *n* / defrosting *n*

A/B-Technik *f* / A/B technology *n*

Abteil *n* / compartment *n* || ⁓ *n* VDE 0660, T.500 / compartment *n* IEC 439-1 || ⁓ *n* (Komponente eines Rahmens der Wissensdarstellung) / slot *n*

Abteilung *f* / department *n*, dept.

Abteilungs-/Gruppenrunden *f* / department or group meetings || ⁓**runde** *f* / departement meeting || ⁓**trennplatte** *f* / compartment partition

Abtön·mischer *m* / toning mixers || ⁓**paste** *f* / tinting paste

Abtrag *m* / cut *n* || ⁓ **und Antrag** / cut and fill

abtragen *v* (Metall) / erode *v*, remove *v* (by cutting) || ⁓ *n* DIN 8580 / removing *n* || **elektrochemisches** ⁓ / electro-chemical machining (e.c.m.), electro-forming *n*, electro-erosion machining

Abtrag·leiste *f* / sliding bar || ⁓**sleistung** *f* (mechanisch abgetragene Menge Schleifgut beispielsweise durch Winkelschleifer) / stock removal rate || ⁓**squerschnitt** *m* / section of cut

Abtragung *f* / erosion *n* || **anodische** ⁓ / anodic erosion

Abtragungsrate *f* (Korrosion) / corrosion rate

Abtransport *m* / unloading *n*, discharge *n*

abtreibende Welle / output shaft

abtrennen *v* / separate *v*, disconnect *v*, part *v*, isolate *v*, strip *v* || ⁓ *n* / disengagement *n* || ⁓ *n* (Spanen, Abtragen) / parting *n* || **eine Verbindung ~** / clear a connection

Abtrennung *f* (vom Netz) / disconnection *n*

Abtrennvorrichtung *f* / isolating arrester || **Ableiter-**⁓ *f* / arrester disconnector

Abtrieb *m* / output *n*, abrasion *n* || ⁓**drehzahl** *f* / output speed || ⁓**element** *n* / output element || ⁓**scheibe** *f* / driven pulley || ⁓**sdrehmoment** *n* / output torque || ⁓**drehzahl** *f* / output speed || ⁓**seite** *f* / output end, drive end

Abtriebs·gehäuse *n* / shaft bearing housing || ⁓**gehäuse** *n* (Getriebemot.) / output shaftgland (and bearing) housing || ⁓**lagerung** *f* / output bearing || ⁓**last** *f* / output load || ⁓**moment** *n* / output torque || ⁓**schieber** *m* / output slide || ⁓**seite** *f* / output end || ⁓**welle** *f* / output shaft || ⁓**wellenbelastung** *f* / output shaft loading || ⁓**wellenradialkraft** *f* / output shaft radial force

ABV (automatischer Blockierverhinderer) *m* / antilock device

Abwägung *f* / weighing *n*

Abwahl *f* / deselection *n*, unselecting *n*, unselect *n*

abwählen *v* / deselect *v*, cancel *v*, cancel a selection

Abwahlmodus *m* / deselection mode

Abwälzfräsen *n* / hobbing *n*, gear hobbing, plain milling

Abwälzfräser *m* / hob *n*, hobbing cutter

Abwanderung *f* (Drift) / drift *n* || **Schaltpunkt~** *f*

Abwandlung

EN 50047 / drift of operating point EN 50047, repeat accuracy deviation (US)
Abwandlung *f* / conversion *n*, variation *n*
Abwärme *f* / waste heat
abwärts *adv* / down *adv* || **~ fließender Strom** (Wickl.) / current flowing inwards || **~ kompatibel** / downwards compatible || **Einschalten durch ⸠bewegung** (des Betätigungsorgans) / down closing movement || **⸠blitz** *m* / downward flash, stroke to earth || **⸠einstellung** *f* (Trafo) / lowering *n*, voltage reduction || **~förderndes Band** / downhill conveyor || **~gerichtet** *adj* / downlink *adj* || **~kompatibel** *adj* / downward compatible, backward compatible || **⸠kompatibilität** *f* / download compatibility || **⸠kompoundierung** *f* / decompounding *n* || **⸠pfeil** *m* / down arrow || **⸠schweißung** *f* / downhand welding || **~steuerbar** *adj* / control to 0 || **⸠steuerung** *f* / downward control, controlled speed reduction, armature control || **⸠transformator** *m* / step-down transformer || **⸠transformieren** *n* / stepping down || **⸠übersetzung** *f* / step-down ratio || **⸠übersetzung** *f* (Getriebe) / reduction ratio || **⸠wandler** *m* / down converter || **⸠zählen** *n* / count down || **⸠zähler** *m* / decrementer *n*, down-counter *n*
abwaschbar *adj* / washable *adj* || **~e Leitschicht** / wash-off conductive layer
Abwasser·anlage *f* / sewage treatment plant, wastewater treatment plant || **⸠kanal** *m* / trunk sewer || **⸠leitung** *f* / sewer line || **⸠reinigung** *f* / wastewater treatment || **⸠-Reinigungsanlage** *f* / wastewater purification plant || **⸠wirtschaft** *f* / wastewater industry
abwechselnd *adj* / alternate *adj*
abweichend *adj* / in contrast to
Abweichung *f* / discrepancy *n*, variation *n*, deviation *n*, error *n*, control deviation, aberration *n*, variance *n* || **⸠** *f* / non-conformance *n*, nonconformity *n*, nonconformance *n* || **⸠ eines Gewichtsstücks** / deviation of a weight || **⸠ geringer Bedeutung** / insignificant nonconformance || **⸠ Geschäftswert** / deviation from economic value || **⸠ größerer Bedeutung** / significant nonconformance || **⸠ im Beharrungszustand** / steady-state deviation, offset *n* || **⸠ von der Sinusform** / departure from sine-wave, deviation from sinoid, deviation factor || **⸠ von einem Leistungsmittelwert** / demand deviation || **⸠ Zielkosten** / deviation from target costs || **absolute ⸠** VDE 0435, T.110 / absolute error || **bleibende ⸠** / offset *n*, steady-state deviation || **Führungs~** *f* DIN 41745 / control deviation IEC 478-1 || **Kennlinien~** *f* / conformity error || **meldepflichtige ⸠** / reportable nonconformance || **Mittelwert der ⸠** VDE 0435, T. 110 / mean error (relay) || **Stabilitäts~** *f* / stability error IEC 359 || **Stör~** *f* (Änderung in Beharrungswert der stabilisierten Ausgangsgröße eines Stromversorgungsgeräts) / output effect || **vorübergehende ⸠** / transient deviation, transient *n* || **zulässige ⸠** (Toleranz) / tolerance *n* || **⸠en** *f pl* / nonconformances *n pl* || **⸠en der stabilisierten Ausgangsgröße** DIN 41745 / output effect IEC 478-1
Abweichungs·bereich *m* DIN 51745 / deviation band IEC 478-1, DIN 41745 effect band IEC 478-1 || **⸠bericht** *m* / nonconformance report || **mittlerer ⸠betrag** (Statistik) DIN 55350, T.23 /

mean deviation || **⸠grenzbetrag** *m* (Betrag für die untere oder die obere Grenzabweichung, unabhängig davon, ob deren Beträge gleich sind oder sich unterscheiden) / limiting amount of deviation || **statistische ⸠grenze** DIN IEC 255, T. 100 / limiting error (relay) || **⸠koeffizient** *m* DIN 41745 / variation coefficient IEC 478-1 || **⸠management** *n* / deviation management, change management || **⸠report** *m* / nonconformity report || **⸠verzeichnis** *n* / nonconformance list
abweisen *v* / reject *v* || **⸠ von Einträgen** / rejection of entries
Abweiser *m* / diverter *n*
Abweisring *m* (f. Öl) / oil thrower
Abweisung *f* / call not accepted
abwerfen *v* (Bauelemente, die als fehlerhaft erkannt werden, werden in den Abwurfbehälter geworfen) / reject || **ein Relais ~** / trigger a relay, operate a relay || **Last ~** / throw off the load, shed the load
Abwesenheit *f* / absence *n* || **⸠grund** *m* / absence reason
Abwickelgerät *n* (f. Kabel) / dereeler *n*
abwickeln *v* (Vorgang, Programm) / execute *v*, handle *v*, run off *v* || **~ v** (Kabel, Abwickler) / de-reel || **~** / process *v*, pay off
Abwickel·stift *m* / winding pin || **⸠trommel** *f* / pay-out reel || **⸠werkzeug** *n* / unwrapping tool
Abwickler *m* / unwinder *n*, unwinding unit || **⸠** *m* (Dienstersbringer) / service provider || **⸠** *m* / handler *n*
Abwicklung *f* (geom.) / development *n* || **⸠** *f* / handling *n* || **⸠** *f* / processing *n* || **⸠** *f* / administration *n* || **⸠** *f* (Kontakte) / contact arrangement, switching sequence || **⸠ des Datenverkehrs** / handling (o. control) of data traffic || **ohne ⸠** (Nocken) / unshaped *adj*
Abwicklungs·aufwand *m* / administrative costs || **⸠handbuch** *n* / processing manual || **⸠kosten** *plt* / administrative costs || **⸠länge** *f* (geom.) / developed length || **⸠manual** (AM) *n* / processing manual
abwinkeln *v* / bend *v*
abwischen *v* / wipe off
Abwurf·band *n* / stacker conveyor || **⸠behälter** *m* / reject bin (container into which rejected components are dropped) || **⸠bero** / drop init || **⸠kreis** *m* (die Luftversorgung (Blasluft oder Vakuum) für die Abwurfstellung) / reject circuit || **⸠position** *f* / reject position || **⸠schale** *f* / reject bin (container into which rejected components are dropped) || **⸠spannung** *f* / release voltage, reverse operate voltage || **⸠wicklung** *f* / triggering winding, reverse operating winding
abwürgen *v* / stall *v*
abzählbar *adj* / denumerable *adj*
Abzählkette *f* / counting chain, counting decade
abziehbar *adj* / withdrawable *adj* || **~e Kupplung** / pull-off coupling
Abziehbild *n* / decalomania *n*
abziehen *v* (z.B. Kuppl.) / extract *v*, pull off *v*, remove *v*, screed the surface in workmanlike manner || **~ v** (m. Abziehstein) / hone *v* || **⸠ des Kabels in einer 8** / flaking cable by the figure eight method || **elektrolytisches ⸠** / electrolytic stripping, electrolytic deplating
Abzieh·kraft *f* / withdrawal force, withdrawing force

|| ⁓**kraft** *f* (Wickelverb.) / stripping force || ⁓**kraft** *f* (z.B. Kupplung) / extraction force, pulling-off force || ⁓**richtung** *f* / pulling-off direction || ⁓**stein** *m* / whetstone || ⁓**stellung** *f* / withdrawable position || ⁓**vorrichtung** *f* (f. Teile auf einer Welle) / pull-off device, puller *n*, draw-off device, extracting device, extractor *n*, pulling tool || ⁓**vorrichtung** *f* / draw-off tackle || ⁓**vorrichtung für steckbaren Leistungsschalter** *f* / pull-off device for plug-in circuit breakers || ⁓**werkzeug** *n* / extraction tool, extractor *n* || ⁓**werkzeug** *n* (Wickelverb.) / stripping tool
Abzinsungsfaktor *m* / discount factor
abzudeckende Anwendung / application to be covered
abzuführende Verlustleistung (Wärme) / (amount of) heat to be dissipated || ~ **Wärme** / heat to be dissipated
Abzug *m* (Lüftung) / exhaust *n*, vent *n*, payout *n* || ⁓ **bei Folgestichprobenprüfung** / penalty *n* || ⁓**saggregat** *n* / collecting unit || ⁓**sgeschwindigkeit** *f* / take-up speed || ⁓**skraft** *f* / withdrawal force, draw-off-strength, take-up force || ⁓**squader** *m* / cuboid to be removed || ⁓**svolumen** *n* / volume to be removed || ⁓**swalze** *f* / take-down roller
Abzweig *m* / branch *n*, branch circuit, outgoing branch circuit, network access junction || ⁓ *m* (Netz) / feeder *n* || ⁓ *m* (I-Leitung) / branch *n* (circuit), spur *n*, final circuit || ⁓ *m* (Stichltg.) / tap *n* (line), spur *n*, branch *n*, stub *n* || ⁓ *m* (von Hauptleitung) / branch *n*, tap *n*, spur *n* || ⁓ *m* / outgoing feeder, feeder *n* || ⁓ *m* / tapping *n*, (Verteilereinheit) branch-feeder unit, outgoing unit, outgoing-feeder unit, feeder unit, feeder tap unit || ⁓**ankopplung** *f* / feeder interface || ⁓**anwahl** *f* / feeder selection, circuit selection || ⁓**baugruppe** *f* / outgoing (feeder) subassembly, outgoing switchgear assembly, outgoing-feeder unit, feeder assembly || ⁓**dämpfung** *f* / attenuation into taps || ⁓**dose** *f* VDE 0613 / tapping box IEC 23F.3, branching box || ⁓**einheit** *f* / outgoing unit, branch-feeder unit, feeder tap unit || ⁓**einsatz** *m* / non-withdrawable branch-circuit unit, fixed-mounted outgoing unit || ⁓**element** *n* (Gabel) / splitter *n*
Abzweigen *n* / branching off
abzweigender Leiter VDE 0613 / tapping conductor || ~ **Riss** / branch crack
Abzweiger *m* / directional tap
Abzweig·feld *n* / branch-circuit panel, feeder panel || ⁓**gerät** *n* / bay unit || ⁓**kasten** *m* / junction box || ⁓**kasten** *m* (IK) / tap box, cable tap box || ⁓**klemme** *f* / branch terminal, branch-circuit terminal, VDE 0613 tapping block IEC 23F.3 || ⁓**koppelgerät** *n* (Nahsteuersystem) / feeder interfacing unit || ⁓**leitung** *f* (Netz, Stichleitung) / stub *n* EN 50170-2-2 || ⁓**leitung** *f* (Netz) / branch line, branch feeder, branch *n*, spur *n*, subfeeder *n* || ⁓**leitung** *f* / spur *n*, branch (circuit) || ⁓**modul** *n* / junction module || ⁓**muffe** *f* (Kabel, Y-Muffe) / Y joint, breeches joint, branch tee || ⁓**muffe** *f* (Kabel, T-Muffe) / T-coupler *n*, T-adaptor *n* || ⁓**muffe** *f* (f. Hausanschluss) / service box || ⁓**muffe** *f* (f. Kabel) / tap joint || ⁓**nennstrom** *m* / rated feeder current
Abzweig·schalter *m* / branch-circuit switch, branch circuit-breaker, branch switch || ⁓**schalter** *m* (Abgangssch.) / outgoing switch, outgoing(-feeder) circuit-breaker || ⁓**schaltung von L-Zweitoren** / ladder network || ⁓**scheibe** *f* / terminal block, connector block, connector *n* || ⁓**schutz** *m* / feeder protection, subtransmission line protection, transmission line protection || ⁓**station** *f* / tapped substation, tee-off substation || ⁓**stecker** *m* / socket-outlet adaptor || ⁓**steuerbild** *n* / mimic diagram || ⁓**strom** *m* / feeder current || ⁓**stromkreis** *m* / branch circuit, sub-circuit *n*, final circuit || ⁓**stromkreis** *m* (f. 1 Gerät) / individual branch circuit, spur *n* || ⁓**stromkreis** *m* (f. mehrere Anschlüsse) / general-purpose branch circuit, branch circuit || ⁓**stromkreis** *m* (f. Steckdose) / spur *n*, branch (circuit) || ⁓**stromkreis** *m* (zwischen Verteiler u Gerät) / final circuit || ⁓**trenner** *m* / feeder disconnector || ⁓**trennschalter** *m* (Trenner, der dem Abzweig zugewandt ist) / feeder disconnector || ⁓**übersicht** *f* / feeder overview
Abzweigung *f* / branch *n*, tap *n*, network access junction, spur *n*, feeder *n*, branch-off *n*, turn-off *n* || ⁓ *f* (Bus, Straße) / junction *n* || ⁓**en im Schienenverlauf** / branches that stem from the busway run
Abzweig·verbindung *f* / branch joint || ⁓**verbindung** *f* (Kabel) / Tee splice, Tee joint || ⁓**verstärker** *m* / bridger amplifier || ⁓**zusatz** *m* (Schutzrl.) / feeder-dedicated attachment
abzwicken *v* / nip *v*, pinch off
AC / AC (alternating current), Alterning Current, alternating current (AC) || ⁓ **115/230 V** / 115/230 V AC *n* || ⁓ **50 Hz 18 V** / 18 V AC/50 Hz *n* || ⁓ **90& 260** / 90& 260 V AC *n* || ⁓ **Drive** / AC Drive *n* || ⁓ **V** / VAC *n* || ⁓ **Vorschubantrieb** / AC feed drive system || **3** ⁓ / 3-ph.
ACA / anisotropic conductive adhesive || ⁓ / ACA
AC-Antrieb *m* / AC drive *n*
ACAR / aluminium conductor aluminium-reinforced *n*
acbd / AC breakdown *n*
ACC / Adaptive Cruise Control (ACC) (ACC) || ⁓ / ACC (adaptive control constraint) || ⁓ / ACC (analog current control)
Account *m* / user account
Accupin-Wegmessgerät *n* / Accupin position measuring device
Aceton *m* / acetone *n*
achsabhängig *adj* / axis-dependent *adj*
Achs·abschaltung *f* / switch-off of an axis || ⁓**abstand** *m* (Radabstand) / wheelbase *n* || ⁓**abstand** *m* / shaft-centre distance, distance between axes, distance between pulley centres || ⁓**adressabfrage** *f* (Adresse der Achskarte wird abgefragt. Jede Achskarte hat eine eigene Adresse) / axis addr.interrogation || ⁓**antrieb** *m* (Wickler) / centre drive, axle drive || ⁓**antriebmaschine** *f* / final axle drive || ⁓**art** *f* / axis type, type of axis || **Motor für** ⁓**aufhängung** / axle-hung motor || ⁓**befehl** *m* / axis command || ⁓**begrenzung** *f* / axis limitation || ⁓**begrenzungsschalter** *m* / axis limitation switch || ⁓**belastung** *f* / axle load || ⁓**beschleunigung** *f* / axis acceleration || ⁓**betrieb** *m* / axis mode || ⁓**bewegung** *f* / axis motion, axis movement ||

Achse

⟨bewegung unterbrechen / interrupt axis movement || ⟨bezeichner *m* / axis identifier || **~bezogen** *adj* / axis-oriented *adj* || ⟨**container** *m* / axis container || ⟨-Container-Drehung *f* / axis container rotation || ⟨**controller** *m* / axis controller || ⟨-**DB** *f* / axis DB || ⟨**drehrichtung** *f* / direction of axis rotation || ⟨**drucklager** *n* / thrust bearing **Achse** *f* / center hole || ⟨ *f* (geom.) / axis *n* || ⟨ *f* / axle *n*, shaft *n* || ⟨ *f* (Koordinate) / coordinate *n* || ⟨ *f* / spindle *n*, staff *n* || ⟨ **bewegen** / move axis || ⟨ **der Pollücke** / quadrature axis, q-axis *n*, interpolar axis || ⟨ **einrichten** / set axis || ⟨ **in Schalttischbetrieb** / indexed rotary axis || ⟨ **mitziehen** / axis drag || ⟨ **positionieren** / position axis || ⟨ **referenziert** / referenced axis || ⟨ **referieren** / reference axis || ⟨ **sicher referenziert** / axis safely referenced || ⟨ **wieder anfahren** / reapproach axis || **durchgehende** ⟨ / running-off axis || **fahrende** ⟨ / traversing axis || **fiktive** ⟨ / fictitious axis || **führende** ⟨ / leading axis || **geparkte** ⟨ / parking axis || **konkurrierende** ⟨ / competing axis || **lagegeregelte** ⟨ / closed-loop position-controlled axis || **mitgeschleppte** ⟨ / coupled-motion axis || **parkende** ⟨ / parking axis || **reale** ⟨ / real axis || **rotatorische** ⟨ / rotary axis, axis of rotation, rotary axis of motion, shaft *n* || **schräge** ⟨ / inclined axis || **schräggestellte** ⟨ / inclined axis || **senkrechte** ⟨ / ordinate *n*, perpendicular axis || **verdoppelte** ⟨ / following axis || **vertikale** ⟨ / applicate *n*, vertical axis || **waagerechte** ⟨ / abscissa *n*, horizontal axis **Achseinheit, 3-**⟨ *f* / 3-axis unit **Achsen fahren mit den Handrädern** / traverse axes by means of handwheels || ⟨ **fahren über Tastenbestätigung** / traverse axes by pressing a key || ⟨ **rückpositionieren** / reposition axes || ⟨ **verfahren** / traverse axes || **gekoppelte** ⟨ / linked axes || **nachzurüstende** ⟨ / axes to be retrofitted || ⟨**abstand** *m* / wheelbase *n* || ⟨**antrieb** *m* / final drive || ⟨**art** *f* (CLDATA) / axis mode || ⟨**befehl** *m* / axis command || ⟨**beschriftung** *f* / axis label (Label on a coordinate axis in a diagram) || ⟨**darstellung** *f* (graf. DV) / coordinate representation || ⟨**schalter** *m* / axis limit switch || ⟨**endlage überfahren** / axis overtravel || **Überfahren der** ⟨**endlage** / axis overtravel || **~fahren** *v* / traverse axes || ⟨**feld** *n* (GKS) / coordinate field || ⟨**feld** *n* (graf. DV) / coordinate system area || ⟨**größe** *f* (el. Masch.) / axis quantity || ⟨**hub** *m* / axis stroke || ⟨**kreuz** *n* / axis intersection || ⟨**kreuz** *n* (Koordinatenursprung) / origin *n*, zero point || **~paralleler Strahl** / paraxial ray || ⟨**richtung** *f* (Bewegungsvektor) / axis vector, axis direction || ⟨**sperre** *f* / axis disable || ⟨**spiegeln** *n* / axis control in mirror image, mirroring *n*, axis control in mirror-image mode, symmetrical inversion, mirror-image machining || ⟨**steuerung** *f* / axis control || ⟨**steuerungskarte** *f* / axis control card || ⟨**stillstand** *n* / axis standstill || ⟨**tausch** *m* / axis interchange, axis replacement, axis exchange || ⟨**verhältnis** *n* / axial ratio || ⟨**versatz** *m* / axis offset || ⟨**vorschub** *m* / axis feedrate, axis feed || ⟨**winkel** *m* (Getr.) / shaft angle **Achse-Positioniereinheit** *f* (Positioniersystem innerhalb einer Maschine, sie besteht aus Achskarte, Servoverstärker und Antrieb) / axis unit **Achs·ergänzung** *f* / additional axes ||

⟨**erweiterungsbaugruppe** *f* / axis expansion module || ⟨**erweiterungseinschub** *m* / axis expansion plug-in unit || ⟨**fenster** *n* / axis window || ⟨**freigabe** *f* / axis release || ⟨**funktion** *f* / axis function || ⟨**generator** *m* / axle-driven generator, axle generator || ⟨**gerät** *n* / axis unit || ⟨**geschwindigkeit** *f* / axis velocity || **konventionelle** ⟨**geschwindigkeit** / JOG axis velocity || ⟨**getriebeprüfstand** *f* / rear-axle final-drive testbed || ⟨**höhe** *f* / shaft height, height to shaft centre **achsig, 4-~** *adj* / 4-axis **Achs·interpolator** *m* / axis interpolator || ⟨**karte** *f* / axis control, axis control card, axis card (board on which the electronic components for controlling an axis are located) || ⟨**klemmdruck** *m* / axis clamping pressure || ⟨**klemmung** *f* / axis clamp || ⟨**konfiguration** *f* / axis configuration || ⟨**konfigurationsfenster** *n* / axis configuration window || ⟨**konfigurator** *f* / axis configurator || ⟨**kontrolle** *f* / axis control || **5-**⟨-**Kopf** *m* / 5-axis head || ⟨**kopplung** *f* / coupled axes || ⟨**lager** *n* / axle bearing, bearing || ⟨**länge** *f* / length of axis || ⟨**last** *f* / load per axle || **4-**⟨-**Maschine** *f* / 4-axis machine || ⟨**maschinendaten** *f* / axis machine data || ⟨-**MD** / axis MD || ⟨**modul** *n* / axis module || ⟨**motor** *m* / axle-hung motor, direct-drive motor, gearless motor || ⟨**motorantrieb** *m* / direct drive || ⟨**nullpunkt** *m* / axis zero **achsparallel** *adj* / axially parallel, paraxial *adj*, parallel to axis || **~e Bearbeitung** / paraxial machining || **~e Korrektur** / paraxial compensation, paraxial tool compensation || **~e Werkzeugradius-Korrektur** DIN 66257 / tool radius offset ISO 2806-1980 || **~er Längenverschleiß** / paraxial tool wear, paraxial linear wear || **~er Schnitt** / paraxial cut || **~er Strahl** / paraxial ray || **~es Ausrichten** / paraxial alignment || **~es Positionieren** / paraxial positioning || **~es Schruppen** / paraxial roughing || **~es Verfahren** / paraxial traversal **Achs·parallelität** *f* / parallelism of axes || ⟨**parameter** *m* / axis parameter || ⟨**position** *f* / axis position || ⟨**programmierung** *f* / axis programming || **1-**⟨-**Regelung** *f* / single-axis control || ⟨**regler** *m* / axis controller || ⟨**richtung** *f* / axial direction || ⟨**ruck** *m* / axis jerk || ⟨**schenkel** *m* / stub axle || ⟨**schnittstelle** *f* / axis interface || ⟨**sicherung** *f* / axle lock washer || ⟨**signal** *n* / axis signal || ⟨**skalierung** *f* / axis scaling || ⟨**sperre** *f* / axis disable **achsspezifisch** *adj* / for specific axes, axis-specific || **~e Feinheit** / axis-specific resolution **Achs-/Spindel-DB** *f* / axis/spindle DB **Achs/Spindelposition** *f* / axis/spindle position **Achs·stempel** *m* / centerline stamp || ⟨**steuertafel** *f* / axis control panel || ⟨**steuerung** *f* / axis control || ⟨**steuerung im Spiegelbild** / axis control in mirror-image mode || **1-**⟨**steuerung** *f* / single-axis control || **spiegelbildliche** ⟨**steuerung** / mirroring *n*, symmetrical inversion, mirror-image machining || ⟨**system** *f* / axis system || ⟨**taste** *f* / axis keys, axis key || ⟨**tausch** *m* / axis interchange, axis replacement || **generische 5-**⟨-**Transformation** / generic 5-axis transformation || ⟨**typ** *m* (beschreibt die Art einer bestimmten Achse, z.B. Drehachse, Portalachse) / axis type || ⟨**überwachung** *f* / axis monitoring || **~umschaltbar** *adj* / axis switching ||

⟠umsetzer *m* / axis converter || ⟠- und Spindelumsetzer *m* / axis/spindle converter || ⟠verbund *m* / axis grouping || ⟠verdopplung *f* / axis synchronization || ⟠vereinzelung *f* / desynchronization || ⟠verfahrgeschwindigkeit *f* / axis traversing velocity || ⟠verfahrtaste *f* / axis traversing key || ⟠verlängerung *f* / extension shaft || ⟠versatz *m* / axial offset || ⟠vorschub *m* / axis feedrate || ⟠wahlschalter *m* / axis selector switch || ~weise *adj* / axis by axis || ⟠wert *m* / axis value || ⟠wickler *m* / axial winder || ⟠winkel *m* / axis angle || ⟠zapfen *n* / journal || ⟠zuordnung *f* / axis assignment || ⟠zuweisung *f* / axis assignment || ⟠zyklus *m* / axis cycle || ⟠zykluslänge *f* / length of axis

achten *v* / ensuring *v*
Achter·baum *m* / octree || ⟠**spule** *f* / octagonal coil
Acht-Stunden-Betrieb *m* / eight-hour duty
Achtung *f* / attention *n*, notice *n*, important *adj*, caution *n*
ACJ *f* / Artificially Constructed Junction (ACJ)
ACK / positive acknowledgement, ACK
Acknowledgement, negatives ⟠ (NAK Negative Empfangsbestätigung) / negative acknowledgement (NAK), negative acknowledgement (NACK)
ACL / ACL (Access Control List)
ACLR / ACLR (Adjacent Channel Leakage Ratio)
AC-Motor *m* / AC motor
ACN (absolute Koordinaten für negative Achsdrehrichtung) / ACN
ACO *f* / adaptive control optimization (ACO)
ACOP (Advanced Coprocessor) / ACOP (advanced coprocessor)
ACP (absolute Koordinaten für positive Achsdrehrichtung) / ACP
Acryl·glas *n* / plexiglass *n*, perspex *n* || ⟠**harzlack** *m* / acrylic finish
ACSE-Nutzer *m* / ACSE-user
AC-Spule *f* / AC coil
ACSR / steel-cored aluminium conductor, aluminium conductor steel-reinforced || ⟠**-Seil** *n* / steel-reinforced aluminium conductor (ACSR)
ACT (advanced chassis technology) *f* / advanced chassis technology (ACT) || ⟠ **(Automatic Calibration Tool)** *n* / ACT (Automatic Calibration Tool) *n*
Active *n* / active front end (AFE) || ⟠ **Infeed** / Active Infeed || ⟠ **Interface Module** / Active Interface Module || ⟠ **Line Module (ALM)** / ALM (Active Line Module) || ⟠ **Output Register** (AOR) / active output register (AOR) || ⟠ **Stub Line Module (ASLM)** / Active Stub Line Module (ASLM) || ⟠**-Infeed-Regelung** *f* / A_INF
ActiveX Automatisierung *f* / ActiveX Automation || ⟠ **Control** *f* / ActiveX Control || ⟠**-Schnittstelle** *f* / ActiveX interface
AC-Umrichter *m* / AC converter
A/D (analog/digital) / A/D
AD (Anwendungsdaten) *f* / application data (AD)
ADAC / analog-to-digital-to-analog converter (ADAC)
Adapter *m* / adapter *n*, adaptor *n*, adapter block, mounting adapter || ⟠ **Board** *n* / adapter board || ⟠ **für Alarmschalter** / adapter for alarm switch || ⟠ **für Einlochmontage** / adapter for single-hole mounting || ⟠ **für Flachkabel** / adapter for flat cable || ⟠ **für Hilfsschalter** / adapter for auxiliary switch || ⟠ **für Hutschiene** / mounting rail adapter || ⟠ **für Kunststofflichtleiter** / adapter for plastic fiber-optic conductor || ⟠ **für Schraubbefestigung** / lugs for screw fastening || ⟠ **komplett** / adapter, complete || ⟠**abdeckung** *f* / adapter cover || ⟠**baugruppe** *f* / adaptor module || ⟠**blech** *n* / adapter sheet || ⟠**board** *n* / adapter board || ⟠**dose** *f* / adapter box || ⟠**dose mit Magnet** *f* / adapter box with magnet || ⟠**element** *n* / adapter element || ⟠**flansch** *f* / adapter flange || ⟠**gehäuse** *n* / adapter enclosure || ⟠**hülse** *f* / adapter sleeve || ⟠**kabel** *n* / adaptor cable || ⟠**kit** *m* / adapter kit || ⟠**platine** *f* / adaptor board || ⟠**platte** *f* / adapter plate || ⟠**regler** *n* / adapter controller || ⟠**ring** *m* / adapter ring || ⟠**satz** *m* / adaptor set || ⟠**stecker** *m* / adaptor plug || ⟠**stecker SF SIPAC x** *m* / SIPAC *n* || ⟠**steckverbinder** *m* / adaptor connector, straight-through connector || ⟠**system** *n* / adapter system || ⟠**teil** *n* / adapter *n*
Adaption *f* / adaption *n*, adaptation *n*, adaptive control, vehicle diagnostics cable
Adaptions·bereich *m* / adaption range, adaptation range || ⟠**drehzahl** *f* / adaptation speed || ⟠**kapsel** *f* / adapter casing || ⟠**kennlinie** *f* / adaptation characteristic || ⟠**niveau des Auges** / ocular adaptation (level) || ⟠**wert** *n* / adaptation value
adaptiv *adj* / adaptive *adj* || ~e **Abstands- und Geschwindigkeitsregelung (AICC)** / AICC (automomous intelligent cruise control) || ⟠e **Control** / adaptive control || ⟠e **Control Constraint** (ACC) / adaptive control constraint (ACC) || ~e **differentielle Pulscodemodulation** / adaptive differential pulse code modulation (ADPCM) || ~e **Differenz-Pulscodemodulation** / adaptive differential pulse code modulation || ~e **Fahrgeschwindigkeitsregelung** / adaptive cruise control (ACC) || ~e **Fahrwerksdämpfung** / variable ride device that stiffens springing for fast driving and softens for comfort, adaptive damping, adaptive control of suspension || ~e **Kanalzuweisung** (Multiplexverfahren, bei dem die Transferkapazitäten von Kanälen nicht vorbestimmt sind, sondern nach Bedarf zugewiesen werden) / adaptative channel allocation || ~e **Klopfgrenzregelung** / adaptive knocking limit control || ⟠e **Manufacturing** / adaptive manufacturing || ~e **Messverfahren** / adaptive measuring techniques || ~e **Parametervorgabe** / adaptive parameter entry || ~e **Quantisierung** / adaptive quantizing || ~e **Regelung** / adaptive control, AC (adaptive control), ACO (adaptive control optimization) || ~e **Regelung mit Zwangsbedingungen** / adaptive control with constraints (ACC) || ~e **Sensortechnologie (AST)** / adaptive sensor technology (AST) || ~e **Steuerung** / adaptive control, ACO (adaptive control optimization), AC (adaptive control) || ~e **Vorgabe** / adaptive parameter entry, adaptive parameter input || ~e **Wertevorgabe** / adaptive parameter entry || ~e **Zeilenbreite** / adaptive line length || ~er **Stellungsregler** / adaptive positioner || ~es **Frequenzsprungverfahren** / Adaptive Frequency Hopping (AFH) || ~es **Lernen** / adaptive learning || ~es **Regelsystem** / adaptive control, AC (adaptive control), ACO (adaptive control

Adaptronik

optimization) || ~**es Regelsystem mit geregelter Adaption** VDI/VDE 3685 / adaptive control system with closed-loop adaptation || ~**es Regelsystem mit gesteuerter Adaption** VDI/VDE 3685 / adaptive control system with open-loop adaptation || ~**es Spannungsmodell** / adaptive voltage model
Adaptronik f / adaptronics
ADAU / ADAU (analog data acquisition unit, 4 analog channels for measurement of voltage or current)
ADB / aerodrome beacon (ADB), airport beacon || ⁓ / address bus (ADB)
ADC m / ADC n || ⁓-**Anzahl** f / number of ADCs || ⁓-**Eingangswert [V] oder [mA]** / act. input of ADC [V] or [mA] || ⁓-**Glättungszeit** f / Smooth time ADC || ⁓-**Typ** m / Type of ADC || ⁓-**Wert nach Skalierung [%]** / act. ADC value after scaling [%]
Addierbarkeit f / additivity n
addieren v / add
Addierer m / adder n, summer n, summator n
Addier·glied für analoge Größen / adding element for analog quantities || ⁓**maschine** f / adding machine || ⁓**stelle** f / adder n || ⁓**stufe** f / adder n
addiert adj / summed adj || ~**e Unklardauer** IEC 50 (191) / accumulated down time || ~**e Zeit** IEC 50 (191) / accumulated time
Addierverstärker m / summing amplifier
AdditionObjectType m / TO AdditionObjectType n
Additions·befehl m / add instruction || ⁓**punkt** m / summing junction || ⁓**stelle** f / summing point || ⁓**zähler** m / accumulating counter, summating counter
additiv adj / additive adj || ⁓ n (Isoliermat.) / additive n || ~ **ansprechverzögert** / additive ON-delay || ~**e Eingabe** / additive input || ~**e Farbmischung** / additive mixture of colour stimuli || ~**e Nullpunktverschiebung** (NC) / additive (o. cumulative) zero offset || ~**e Nullpunktverschiebung** / additive zero offset || ~**e Sollwertvorgabe** / additive setpoint input || ~**e Verschiebung** / additive offset, sum offset, total offset, resulting offset || ~**e Werkzeuglängenkorrektur** / additive tool length compensation
Additive, Auflistung der ⁓ / list of additives
Additivverfahren n / additive process
ADDM (A&D Data Managment) n / ADDM (A&D Data Managment) || ⁓ **Agent** m / ADDM Agent || ⁓ **Client** m / ADDM Client
Ader f / core n, wire n, lead n, conductor n || **C-**⁓ f / P-wire n, private wire, private line || ⁓**bandage** f / wire binding || ⁓**bruch** m / strand break, break of conductor strand(s) || ⁓**endbezeichnung** f / core end designation || ⁓**endhülse** f / wire end ferrule, ferrule, connector sleeve, wire end ferrule, wire end connector sleeve, end sleeve, end sleeve || ⁓**farbe** f / color of conductor, core color || ⁓**isolierung** f / core insulation || ⁓**kennnzeichnung** f / color coding, conductor core coding, core identification || ⁓**leitung** f / single-core non-sheathed cable, non-sheathed cable, general-purpose single-core non-sheathed cable (HD 21) || ⁓**leitung mit ETFE-Isolierung** / ETFE single-core non-sheathed cable || **PVC-**⁓**leitung** f VDE 0031 / PVC-insulated single-core non-sheathed cable || ⁓**metallisierung** f / metallisation

of the cores
Adern·durchmesser m / core diameter || ⁓**markierung** f / wire marking || **verdrilltes** ⁓**paar** / twisted pair of cable || ⁓**überwachung** f / wire monitoring, core monitoring || ⁓**verschiebung** f / core displacement
Ader·paar n / core pair || ⁓**querschnitt** m / core cross-section, core cross-sectional area || ⁓**querschnittsfläche** f / core cross-sectional area || ⁓**schluss** m / intercore short-circuit, inter-core short-circuit || ⁓**spreizkopf** m / dividing box || ⁓**überwachung** f (Schutz- o. Hilfsader) / pilot supervision, pilot supervisory module, pilot-circuit supervision, pilot-wire supervisory arrangement || ⁓**umhüllung** f / core covering, covering n || **gemeinsame** ⁓**umhüllung** (Kabel) / inner covering || ⁓**verseilen** n / core stranding || ⁓**vierer** m / quad n || ⁓**zahl** f / number of cores
ADF (Adressierfehler) m / addressing error n
Adhäsionsbeiwert m / adhesion coefficient
ADI / Analog Drive Interface (ADI), analog devices, ADI (Analog Drive Interface)
Adiabate f / adiabatic change of state
ADIS n / ADIS, Advanced Driver Information System n
Adjunktion f / OR function, OR operation
Adjustage / finishing shop
ADM n / Advanced Digital Manufacturing, ADM
administrativ·e Sicherheit (administrative Maßnahmen, die der Computersicherheit dienen) / administrative security || ~**e Verzugsdauer** IEC 50 (191) / administrative delay || ~**er Bereich** / administration unit
Administrator m / administrator n
Admittanz f / admittance n || ⁓-**Anrege-Messrelais** n / mho measuring starter || ⁓-**Anregerelais** n / starting relay with mho characteristic, mho starter || ⁓**diagramm** n / pie diagram || ⁓**matrix** f / admittance matrix || ⁓-**Messschaltung** f / measuring circuit with mho characteristic || ⁓**relais** n / admittance relay, mho relay
ADR (ADR) || ⁓ / accident data recorder (ADR)
Adr. (Adresse) f / address n
Adress·abbildung f / address mapping || ⁓**abstand** m / address spacing || ⁓**at** m / addressee n || ⁓**bearbeitung** f / address handling || ⁓**belegung** f / address assignment, address map || ⁓**berechnung** f / address computation || ⁓**bereich** m / address range, address area, address space || ⁓**bereichslängenfehler** m / address area length error || ⁓**block** m / address block || ⁓**buch** n / address book || ⁓**buchstabe** f / address character || ⁓**bus** (ADB) / address bus (ADB) || ⁓**bus-Treiber** m / address bus driver || ⁓**byte** n / address byte || ⁓**decoder** m / address decoder || ⁓**dekodierer** n / address decoder || ⁓**distanz** f / address displacement
Adresse f / address n, logical address || ⁓ **des vorhergehenden Nachbarn** / UNA, upstream neighbour's address || ⁓ **im Speicherbereich** / location in memory area || ⁓ **vergeben** f / set address n || **effektive** ⁓ / absolute address, actual address, machine address, physical address
Adress·einsteller m / address setter || ⁓**einstellung** f / address setting || ⁓**eintrag** m / address entry || ⁓**element** n / address element
Adressen Baugruppe / addresses module || ⁓ **der**

globalen Daten / global data locations, shared data locations || ⸴ mit Wertzuweisung / setting data active (SEA), SEA (setting data active) || ⸴-Abhängigkeit *f* / address dependency, A-dependency *n* || ⸴änderungshinweis *m* / changed address interception || ⸴ansteuerung *f* / address selection || ⸴baugruppe *f* / address module || ⸴belegung *f* / address assignment, address map || ⸴bereich *m* / addressable area, addressing range || ⸴block *m* / address block || ⸴decodierer *m* / address decoder || ⸴detail *n* / address detail || ⸴eingang *m* / addressing input || ⸴erweiterung *f* / address extension || ⸴feld *n* / address field || ⸴frei *adj* / addressless || ⸴-Füllstandsanzeiger *m* / address level indicator

Adressen·generator *m* / address generator || **Stopp bei** ⸴**gleichheit** / stop with breakpoints || ⸴**liste** *f* / address list || ⸴**raumbelegung** *f* / address area allocation || ⸴**register** *n* (AR) / address register (AR) || ⸴**schreibweise** *f* / address block format (NC) ISO 2806-1980, word address format || ⸴**schreibweise** *f* / address code, address notation, block address format || ⸴**-Signalspeicher** *m* / address latch || ⸴**speicherfreigabe** *f* / address latch enable (ALE) || ⸴**vereinbarung** *f* (DIN V 44302-2) / address resolution || ⸴**vergabe** *f* / address assignment, address allocation || ⸴**verhandlung** *f* / address negotiation || ⸴**versatz** *m* / address offset || ⸴**verweis** *m* / address pointer || ⸴**verzeichnis** *n* / address directory || ⸴**zähler** *m* / address counter || ⸴**-/Zehnertastatur** *f* / address/numeric keyboard || ⸴**zugriffszeit** *f* / address access time || ⸴**zuordnung** *f* / address assignment

Adress·erkennung *f* / address identification || ⸴**erweiterung** *f* / address extension || ⸴**feld** *n* (Teil eines Telegrammes oder Datenpaketes) / address field || ⸴**felderweiterung** *f* (DIN V 44302-2) / address field extension

Adressieradapter *m* / addressing adapter

adressierbar *adj* / addressable *adj*, accessible *adj* || **kleinste ~e Bewegung** (Plotter) / smallest programmable movement || **~er Punkt** / addressable point || **~er Slave** / addressable slave

Adressier·barkeit *f* (Anzahl der adressierbaren Punkte in einem Gerätebereich) / addressability || ⸴**bereich** *m* (im Speicher) / addressable area, addressing range || ⸴**buchse** *f* / addressing jack, addressing socket, address jack

adressieren *v* / reference *v*, address *v*

Adressier·fehler (ADF) *m* / addressing error || ⸴**feld** *n* / addressing panel || ⸴**fenster** *n* / addressing window || ⸴**gerät** *n* / addressing unit, addressing device || ⸴**leitung** *f* / addressing cable, addressing line, address bus || ⸴**modus** *m* / addressing mode || ⸴**sockel** *m* / addressing socket || ⸴**stecker** *m* / addressing plug

adressierter Einstellzustand der Parallelabfrage DIN IEC 625 / parallel poll addressed to configure state (PACS) || **~ Zustand der Steuerfunktion** DIN IEC 265 / controller addressed state (CADS) || **~ Zustand des Hörers** DIN IEC 625 / listener addressed state (LADS) || **~ Zustand des Sprechers** DIN IEC 625 / talker addressed state (TADS)

Adressierung *f* / addressing *n*

Adressierungs·art *f* / address type || ⸴**begriff** *m* / address concept || ⸴**modus** *m* / addressing mode ||
⸴**parameter** *m* / addressing parameter || ⸴**schema** *n* / addressing parameter || ⸴**system** *n* / addressing system

Adressiervolumen *n* / address capacity, addressing range, address volume

Adress·kennung *f* / address identifier || ⸴**knopf** *m* / addressing button || ⸴**komparator** *m* / address comparator || ⸴**leiste** *f* / address bar || ⸴**leitung** *f* / address bus || ⸴**liste** *f* / address list, address table, address map || ⸴**liste** *f* (f. Briefe) / mailing list || ⸴**lücke** *f* / address gap || ⸴**maske** *f* / address mask || ⸴**parameter** *m* / address parameter || ⸴**rangierung** *f* / address decoding || ⸴**raum** *m* / address space, address range, address area || ⸴**register** *n* / address register (AR) || ⸴**schreibweise** *f* / address notation, block address format, address block format, word address format || ⸴**teil** *m* / address part, address section || ⸴**übersicht** *f* / address overview || ⸴**vergabe** *f* / addressing *n* || **freie** ⸴**vergabe** / available address assignment, user-oriented address allocation || ⸴**verwaltung** *f* / address administration || ⸴**verzeichnis** *n* / (address) directory *n* || ⸴**-Vorbereitungszeit** *f* / address setup time || ⸴**zählerstand** *m* / address counter status || ⸴**zeichen** *n* / address character || ⸴**zeiger** *m* / address pointer || ⸴**zuordnung** *f* / address assignment || ⸴**zuordnungsliste** *f* DIN EN 61131-1 / assignment list IEC 1131-1 || ⸴**zuordnungsliste** *f* (enthält die bei der Adresszuordnung festgelegten Peripherieadressen der einzelnen Steckplätze) / address assignment list

adrig *adj* / core *adj*, wire *adj* || **2-~** *adj* / 2-wire *adj* || **5-~** *adj* / 5-core

ADS (allgemeine Datenschnittstelle) / general data interface || ⸴ **(adaptive damping with self-levelling suspension)** *n* / ADS *n*

Adsorption *f* / adsorption *n*

Adsorptions·-Chromatogramm *n* / adsorption chromatogram || ⸴**-Chromatograph** *m* / adsorption chromatograph, liquid-solid chromatograph (LSC), gas-solid chromatograph

adsorptive Schadstoffabscheidung / adsorptive precipitation of harmful substances

ADT (anwenderdefinierter Datentyp) *m* / user-defined (data) type, UDT *n*

ADU (A/D-Umsetzer) / analog-to-digital converter (ADC), A/D converter

ADU/DAU-Fehler *m* / ADC/DAC error

A/D-Umsetzer *m* / A/D converter, analog-digital converter (ADC), analog-to-digital converter (ADC)

ADV / automatic data processing (ADP)

Advanced Application Server *m* / advanced application server, AAS || ⸴ **Control** *f* / Advanced Control || ⸴ **Coprocessor** (ACOP) / advanced coprocessor (ACOP) || ⸴ **Multicard PROFIBUS Analyzer (AMPROLYZER)** (AMPROLYZER) / Advanced Multicard PROFIBUS Analyzer (AMPROLYZER) || ⸴ **Operator Panel (AOP)** / advanced operator panel, *n* AOP *n* || **~ PC configuration** / advanced PC configuration || ⸴ **Position Control** / Advanced Position Control || ⸴ **Positioning Control** / Advanced Positioning Control || ⸴ **Power Management (APM)** *n* (dient zur Überwachung und zur Reduzierung des Stromverbrauchs insbesondere von

AD-Wandler

akkubetriebenen PCs) / Advanced Power Management (APM) || ~ **Process Control (APC)** / Advanced Process Control (APC) || ~ **Processing** *n* / Advanced Processing || ~ **Service & Support Information System (ASSIST)** *n* / Advanced Service & Support Information System (ASSIST) || ~ **User Administrator** / Advanced User Administrator || ~**-Power-Controller** *m* / Advanced Power Controller

AD-Wandler (ADC) *m* / analog digital converter

A/D-Wandler *m* / analog-digital converter (ADC), A/D converter, ADC (analog-digital converter), analog-to-digital converter (ADC)

AE (Analogeingabebaugruppe elektronisch) / analog input module electronic

AEC / automatic environment control, AEC

AED / automatic single-crystal diffractometer (ASCD)

Älteste überschreiben / Overwrite

A-Ende *n* / top end

AEN-PUFF / BUFFER *n*

Aerodynamik *f* / aerodynamics *n*

aerodynamisch·e Bremse (Drehmomentenwaage) / fan dynamometer || **~es Geräusch** / aerodynamic noise, windage noise, air noise, fan noise

aerosol *n* / aerosol *n*

aerostatisches Lager / aerostatic bearing, air-lubricated bearing,

AES *n* / Airport Execution System, AES

AET-Wandler *m* / AET transformer

AF / audio frequency (AF) || ~ (forced-air cooling, erzwungene Luftkühlung) / AF (forced-air cooling) || ~ (Alarmfreigabe) / interrupt enable

A/F Regelung *f* / air/fuel mixture control

AFA (air-forced-air cooling, Kühlung durch erzwungene Luftumwälzung) / AFA

AFE *n* / Active Front End (AFE)

AF/EB (afrikanisches EDIFACT-Board) / African EDIFACT Board

AFE-Umrichter *m* (Active-Front-End-Umrichter) / AFE converter

AFG / analog frequency generator

AFM / ATP (analog telemetring and processing)

AFM-System *n* (analoge Fernmessung und Messwertverarbeitung) / analog telemetering and processing system

AFR / AF reactor

A-Freigabe·anforderung *f* / A-release-request (A.5.3 EN 60870-6-701, -702), RLRQ || ~**antwort** *f* / RLRE, A-release-response (A.5.3 EN 60870-6-701, -702)

AFT / audio-frequency transformer

After-Sales-Geschäft *n* / after sales business

AFTS (Advanced Public Transportation Systems) / Advanced Public Transportation Systems, AFTS

AG (Automatisierungsgerät) / programmable controller, *n* PLC (programmable logic controller) *n* || ~ **Auflage** *f* / AG plate || ~ **urlöschen** / general PLC reset

AG/AG Verbindung / PLC/PLC connection

AG-Anschaltung *f* (AGAS) / PLC interface module

AGAS / PLC interface module

AGB (allgemeine Geschäftsbedingungen) *f* / general terms and conditions

AG-Band *n* / AG strip

AGC / AGC (automatic gain control) || ~**-Bereich** *m* / AGC area

Agenda *f* (Prioritätenliste anstehender Aktivitäten) / agenda

agenten·basierendes Software-Engineering (ABSE) / Agent-Based Software Engineering (ABSE) || ~**basiertes Engineering (ABE)** / Agent-Based Engineering (ABE) || ~**orientiertes Software Engineering (AOSE)** / Agent-Oriented Software Engineering (AOSE) || ~**rechner** *m* / agent computer

Agentur *f* / agency || ~**modus** *m* / Agency Mode || ~**wesen** *n* / agency *n*

Aggregat *n* / assembly *n*, unit of equipment, unit of process plant, sub-assembly *n*, chassis *n*, assy *n* || ~ *n* (Generatorsatz) / unit *n*, set *n*, generating set, engine-generator unit || ~ *n* (Zuschlagstoff) / aggregate || ~**anordnung** *f* / arrangement of components || ~**eansteuerung** *f* / equipment control || ~**eeinbau** *m* / engine dressing and marriage || ~**eerprobung** *f* / testing of assemblies || ~**egraph** *m* / machine function state element || ~**nullpunkt** *m* / attachment zero || ~**eraum** *m* / engine compartment || ~**störung** *f* / equipment failure || ~**evektor** *m* / attachment vector || ~**ion** *f* / aggregation *n* || ~**lager** *n* / assembly mounting || ~**schutz** *m* / (mechanical) equipment protection || ~**steuerung** *f* / process control unit (PCU), PCU (process control unit) || ~**zustandsprotokoll** *n* / (mechanical) equipment status log

aggressive Atmosphäre / corrosive atmosphere || ~ **Umgebung** / hostile environment

Agitatorbetrieb *m* / agitating vehicle

AGP / Accelerated Graphics Port || ~**-Steckplatz** *m* / Accelerated Graphics Port

Ag-Sintermaterial *n* / silver-sponge material

Ag-Zuschlag / silver surcharge

AH (Achshöhe) / frame size

Ah / ampere-hour *n*

AHB *m* / Advanced High-Speed Bus, AHB

AHK / allwheel steering system

ähnlichkeitsbasierte Generalisierung *f* / similarity-based generalization

Ähnlichkeits·gesetz *n* / similarity law || ~**kennzahl** *f* / similarity criterion, dimensionless group

ähnlichste Farbtemperatur / correlated colour temperature

Ahorn *m* / maple *n* || ~ **rot** / red maple, maple red

AH·-Schnittstellenfunktion *f* (Handshake-Senkenfunktion) DIN IEC 625 / AH interface function (acceptor handshake function) || ~**-Steg** *m* / spacer plate || ~**-Zustandsdiagramm** *n* DIN IEC 625 / AH function state diagram

AI (Erfassen analoger Signale aus dem Prozess, Umwandlung in digitale Werte) / AI *n*

AI A_INF / Active Infeed Control

AICC (autonomous intelligent cruise control) *f* / autonomous intelligent cruise control (AICC)

AID (automatic incident detection) *f* / AID *n*

AIDA *f* / Automation Initiative of German Automobile Manufacturers, AIDA

AIL / Manufacturing Guidelines for Industrial and Power Electronics

A-Impulsschalldruckpegel *m* / A-weighted impulse sound pressure level

AIP / AIP

Air Mass *f* / AM *n* || ~ **Mass 1 (AM1)** / AM1 (air mass 1 conditions) *n* || ~**bag** *m* / airbag *n* || ~**-Kiss-Placement** *n* / air-kiss placement || ~**less-Spritzen** *n* (Beschichtungsverfahren) / airless spraying

ÄK (Äquidistantenkorrektur) / equidistant compensation
AK (Anforderungsklasse) f / AK n
akademischer Grad / university degree
A-Kalibrierstelle f / A-level calibration facility
AK-Faktor m / short-line fault factor
Akkommodation f / accommodation n, eye accommodation
Akkordlohn m / piecework pay || ~**system** n / piecework system
Akkreditierte Europäische EDI-Organisation f / Accredited European EDI Organization
Akkreditierung f / accreditation || ~ **gewähren** / grant accreditation
Akkreditierungs·forderung f (Gesamtheit der Einzelforderungen, die eine Zertifizierungsstelle oder ein Prüflaboratorium zur Erlangung einer Akkreditierung erfüllen muss) / requirement for accreditation || ~**stelle** f / accreditation body || ~**system** n / accreditation system || ~**system für Prüflaboratorien** (Akkreditierungssystem zur Durchführung von Akkreditierungen von Prüflaboratorien) / laboratory accreditation system
Akkreditiv-Gebühr f / fee for letter of credit
AKKU m (Akkumulator) / ACCU (accumulator) || ~ m (Register in der CPU, der als Zwischenspeicher für Lade-, Transfer- sowie Vergleichs-, Rechen- und Umwandlungsoperationen dient) / accumulator n, memory n
Akkuinhalt m / accumulator contents
akkumulatives Register / accumulator n (AC)
Akkumulator m / battery n, electrochemical battery || ~ m (AKKU) / accumulator n (ACCU) || ~**inhalt** m (Register) / accumulator contents || ~**operation** f / accumulator instruction
akkumulierte Dauer f (Summe der durch gegebene Bedingungen charakterisierten Dauern während eines gegebenen Zeitintervalls) / accumulated time || ~ **Unklardauer** f / accumulated down time (the accumulated time during which an item is in a down state over a given time interval)
Akkusatz m / battery set
AKM (Ausfuhrkontrollmeldung) f / advance export notification
AKN (Auftragskostennachweis) / POC (proof of order costs)
a Kontakt / make contact
Akquisiteure m pl / salesmen n pl
Akritkante f / akrit edge
AKS / generic communications interface
AKSE (Anzeige Kindersitzerkennung) f / display childseat presence detection
Akten·ablagegerät n / filer n || ~**notiz** f / memorandum n, memorandum for the records || ~**taschenformat** n / briefcase format
Akteur m (Entität, die eine thematische Rolle in einem Script besetzt) / actor n
Aktie f / stock n, equity securities
Aktiengesellschaft f / corporation n, stock corporation
aktinische Wirkungsfunktion / actinic action spectrum
Aktinität f / actinity n, actinism n
Aktion f / action n
Aktions·bearbeitung f / script editing || ~**bestimmungszeichen** n (SPS-Programm) / action qualifier || ~**block** m (SPS-Programm) / action block || ~**interpreter** f / script interpreter ||
~**kanal** m / action channel || ~**liste** f / list of actions || ~**lupe** f / action zoom || ~**programmierung** f / script programming || ~**punkt** m / action handle || ~**radius** m (Fahrzeug) / operating radius, operating range || ~**satz** m / action block || ~**steuerung** f / script control || ~**text** m / action text || ~**turbine** f / impulse-type turbine || ~**überwachung** f / monitoring of actions, action monitoring || ~**verknüpfung** f / association of actions EN 61131-3 || ~**zeile** f / actionline || ~**zeit** f / action time || ~**zustand** m / action state || ~**zweig** m / action branch
aktiv adj / active adj, effective adj, live adj || ~ **durchlaufen** / actively executed || ~ **setzen** / activate v
Aktiv·baustein m (Mosaikbaustein) / active tile, live tile || ~**bereich** m / active area
aktiv·e Authentifizierung / AA, Active Authentification || **~e Bedrohung** / active threat || **~e Begrenzung** (Verstärker) / active bounding || **~e Betriebssicherheit** / active operational safety, active operational reliability || **~e Datenobjekte** / active data objects, ADO || **~e Federung** / active suspension || **~e Fläche** / sensing face, sensing area, active area || **~e Getriebestufe lesen** / read active gear stage || **~e Hauptschneide** / active major cutting edge || **~e Instandhaltungsdauer** / active maintenance time || **~e Instandsetzungszeit** / active maintenance time || **~e Instandsetzungszeit** (Teil der aktiven Instandhaltungszeit, während dessen Instandsetzungstätigkeiten an einer Einheit durchgeführt werden) / active corrective maintenance time || **~e Masse** (Magnetkörper) / active mass, effective mass || **~e Masse** (Batt.) / active material || **~e matrixadressierte Anzeige** (ein matrixadressiertes Anzeigebauelement, bei dem jedes Bildelement mindestens ein Schaltelement (z. B. Diode oder Transistor) besitzt) / active matrix-addressed display || **~e Nachführung** / active tracking || **~e Nebenschneide** / active minor cutting edge || **~e Netzkomponente** / active network component || **~e Oberfläche einer Elektrode** (Grenzfläche zwischen Elektrolyt und Elektrode, an der die Elektrodenreaktion stattfindet) / active surface of an electrode || **~e optoelektronische Schutzeinrichtung** / active optoelectronic protective device, AOPD || **~e Redundanz** / active redundancy, functional redundancy || **~e Schicht** / active layer || **~e Schneide** / active cutting edge || **~e SG-Stufe** / active SG stage || **~e Sicherheit** / active safety || **~e Sonnenenergienutzung** / active use of solar energy || **~e Übertragung** DIN IEC 625 / active transfer || **~e und passive Fehler einer Automatisierungseinrichtung** / Active and Passive Faults in Automation Equipment || **~e Wartungszeit** (Teil der aktiven Instandhaltungszeit, während dessen eine Wartung an einer Einheit durchgeführt wird) / active preventive maintenance time || ~**e Werkzeugnummer = 0** / active tool number = 0 || **~e Zahnbreite** / effective face width
aktiv·er Antriebsdatensatz / active drive data set || **~er Basisableitwiderstand** (TTL-Schaltung) / active pull-down || **~er Bereitschaftsbetrieb**

aktiv 26

active standby operation ‖ **~er Busabschluss /
active bus terminator** ‖ **~er Empfänger** / active
receiver ‖ **~er Erddruck** / active earth pressure ‖
**~er Fernsteuer-Freigabezustand der
Systemsteuerung** DIN IEC 625 / system control
remote enable active state (SRAS) ‖ **~er Kanal /
active channel** ‖ **~er Korrekturschalter** / active
override switch ‖ **~er Leiter** / live conductor ‖ **~er
Massefaktor** / active mass factor ‖ **~er Monitor**
(E DIN ISO/IEC 8802-5) / active monitor ‖ **~er
Pegel** / active level (IC) ‖ **~er Pixelsensor** / APS,
Active Pixel Sensor ‖ **~er Rücksetzzustand der
Systemsteuerung** DIN IEC 625 / system control
interface clear active state (SIAS) ‖ **~er
Serienabfragezustand** (des Sprechers) DIN IEC
625 / serial poll active state (SPAS) ‖ **~er
Sternkoppler** / active star coupler (central element
in a fiber optic network) ‖ **~er Teil** / core-and-coil
assembly ‖ **~er Teil** (el. Masch.) / core-and-
winding assembly, electrically active part, active
part ‖ **~er Teilnehmer** (PROFIBUS) / active
station, master n ‖ **~er wahrer Wert** / active true
value ‖ **~er Wartezustand der Steuerfunktion**
DIN IEC 625 / controller active wait state
(CAWS) ‖ **2er Werkzeugradius** / active tool
radius ‖ **~er Zustand der Auslösefunktion** DIN
IEC 625 / device trigger active state (DTAS) ‖ **~er
Zustand der Parallelabfrage** DIN IEC 625 /
parallel poll active state (PPAS) ‖ **~er Zustand der
Rücksetzfunktion** DIN IEC 625 / device clear
active state (DCAS) ‖ **~er Zustand der
Steuerfunktion** DIN IEC 625 / controller active
state (CACS) ‖ **~er Zustand der
Systemsteuerung** DIN IEC 625 / system control
active state (SACS) ‖ **~er Zustand des Hörers**
DIN IEC 625 / listener active state (LACS) ‖ **~er
Zustand des Sprechers** DIN IEC 625 / talker
active state (TACS)
aktiv·es Abhören (Abhören mit dem Vorsatz, Daten
abzuändern oder einzufügen) / active wiretapping ‖
~es Abschlusselement / active terminating
element ‖ **~es Aluminium** / active alumina ‖ **~es
Ausfallverhalten** / active failure mode ‖ **~es
Ende** / active end ‖ **~es Endglied** / active end-of-
line unit ‖ **~es Fahrwerk** / active suspension ‖ **2es
Fenster** / active window ‖ **~es Filesystem** / active
file system ‖ **~es Gebiet** / active area ‖ **~es
Gewicht** (Trafo) / weight of core-and-coil
assembly ‖ **~es Kabel** / active cable ‖ **~es
Lasermedium** / active laser medium ‖ **~es
Material** / active material, electrically active
material ‖ **~es Modul** / active module ‖ **~es Netz** /
active network ‖ **~es Objekt** / active object ‖ **~es
Referenzieren** / active homing ‖ **~es
Stromkreiselement** / active circuit element ‖ **~es
Teil** VDE 0100, T.200 / live part ‖ **2es Werkzeug
verletzt programmierte Kontur** / Active tool
violates programmed contour
Aktiv·fläche f / sensing face, sensing area ‖ **2fläche** f
(Zelloberfläche abzüglich des Grids) / active area ‖
2flächenwirkungsgrad m / active area efficiency
‖ **2gewicht** n / weight of core-and-coil assembly
aktivieren v / activate v, enable v ‖ **2 abhängig von
Bedingungen** / enable by conditions
aktiviert v / capitalized v
Aktivierung f / activation n ‖ **2 Option Profibus** /
Profibus activation option

Aktivierungs·bit n / sense bit, activation bit ‖
2energie f / activation energy ‖ **2polarisation** f /
activation polarization ‖ **2signal** n / activation signal
Aktivität f / activity ‖ **2 angehalten** / halt
Aktivitätenliste f (elektronisches Logbuch) / logbook
Aktivitäts·diagramm n / activity diagram ‖
2erkennung f (in einem lokalen Netz eine
ständige Aktivität einer Datenstation um
festzustellen, ob eine andere Datenstation gerade
sendet) / carrier sense ‖ **2faktor** m / activity factor
‖ **2knoten oder Schritt** / activity node ‖
2überwacher m / activity monitor ‖
2überwachung f / carrier sense
Aktiv·kohle f / activated carbon ‖ **2kohlebehälter**
m / activated-charcoal filter, activated-carbon
canister ‖ **2kohlefilter** n / activated carbon filter ‖
2kohlefilterventil n / canister purge solenoid ‖
2kohlesystem n / canister purge system ‖
2material-Mischung f / active material mix ‖
2matrix-Bildschirm m / active matrix display
device ‖ **2teil** n / core-and-coil assembly, active
part ‖ **fertiger 2teil** / assembled coil and core
assembly ‖ **2teilvolumen** n / active part volume
Aktor m / actuator n, sensor n, servo-drive n,
positioner n, final control element, control valve ‖
2abschaltung f / actuator disconnection ‖
2anschluss m / actuator connection ‖ **2-
Baugruppe** f / actuator module ‖ **2en und
Gemischbildungssysteme** / Actuators and Fuel
System Components ‖ **2gehäuse** n / actuator
housing
Aktorik f / actor technology, actuator n, sensor n,
servo-drive n, positioner n, actuator technology
Aktor·kanal m / actuator channel ‖ **2klemme** f /
actuator terminal ‖ **2kreis** m / actuator circuit ‖ **2-
Sensor-Ebene** f / process n, process level, actuator-
sensor level, actuator-sensor interface level ‖ **2-/
Sensor-Interface** n / actuator sensor interface ‖
2strom m / current actuator
Aktual·daten plt / current data ‖ **2daten nicht
verfügbar** / current data not present ‖
2datenprojekt n / current data project
aktualisieren v / update v, refresh v
Aktualisierung f / update n ‖ **zyklische 2** / cyclic
update
Aktualisierungs·dynamik f / update dynamics ‖
2rate f / update rate ‖ **2stand** m (graf. DV) DIN
66252 / deferral state ‖ **2zeit** f / update time,
refreshment time, send cycle, updating time ‖
2zyklus m / update cycle
Aktualität f / validity
Aktualoperand m / actual operand, actual parameter
Aktual·parameter m / actual parameter, actual
operand ‖ **2-Parameter-Deklaration** f / actual
parameter declaration ‖ **2wert** m / actual value,
instantaneous value
Aktuator m / actuator n, sensor n, servo-drive n,
positioner n ‖ **2-Sensor-Interface** n (AS-Interface,
AS-i) / actuator sensor interface (AS Interface, AS-
i)
aktuell adj / current adj, up to date, latest adj ‖ **~
gerüstete Zuordnung** / current allocation ‖ **~e
Datei** / current file (currently opened (loaded) file)
‖ **~e Daten** / current data ‖ **~e Globaldaten** /
current global data ‖ **~e Lage** / current position ‖ **~e
Logdaten** / current log data ‖ **~e Spantiefe** /
current depth of cut ‖ **~e Version** / current version

|| ⌐er **Füllstand** / Update filling levels (button) ||
~er Istwert / current actual value || **~er Maßwert**
(logischer Eingabewert) / current value of
measure || **~er Ort** / actual location || **~er Satz** /
current block || **~er Schritt** / current step || **~er
Softwarestand** / current software version || **~er
Wert** / current value || **~er Zählwert** / current
count || **~er Zeiger** / current pointer || **~er
Zustand** / current status (o. state) || **~es
Programm** / current program, active program
Akustik·element *n* / acoustic element || ⌐**koppler**
m / acoustic coupler
akustisch *adj* / audible, acoustic || **~e Achse** /
acoustic axis || **~e Anzeige** / audible alarm || **~e
Dämpfung** / acoustic damping || **~e Diagnose** /
acoustic diagnosis || **~e Diagnoseeinheit** / acoustic
diagnostics unit || ⌐**e Diagnoseeinrichtung
SITRANS DA400** / Acoustic Diagnostics
SITRANS DA400 || **~e Durchlässigkeit** /
transmission *n*, transmittance *n* || **~e Federung** /
acoustic compliance || **~e Grenzkurve** / noise
rating curve (n.r.c.) || **~e Impedanz** / acoustic
impedance || **~e Leistung** / acoustic energy, sound
energy, sound power || **~e Meldung** / audible
signal, audible alarm || **~e Oberflächenwelle** /
Surface Acoustic Wave (SAW) || **~e
Störeinkopplung** / acoustic interference || **~e
Störmeldung** / audible alarm, audio-alarm || **~er
Digitalisierer** / sonic digitizer || **~er Kanal** /
acoustic channel || **~er Koppler** / acoustic coupler
|| **~er Lärm** / acoustic noise || **~er Leitwert** /
acoustic admittance || **~er Melder** / audible signal
device (IEEE Dict.), audible indicator, sounder *n*,
acoustic signal device || **~er Strahler** / noise
radiating body || **~es Brechungsverhältnis** /
refractive index
akusto-optischer Effekt / acousto-optic effect
AKZ (Auftragskennzeichen) / order ID, order
numbers, job reference, project reference number
|| ⌐ (**Anlagenkennzeichen**) *n* / plant
identification, HID (higher level designation of
item) *n*
Akzeptanz *f* / acceptance *n* || ⌐**bereich** *m* / angular
acceptance || ⌐**maske** *f* / acceptance mask ||
⌐**testkonzept** *n* / test concept for acceptance,
ATC, acceptance test concept || ⌐**testprotokoll** *n* /
acceptance test log, ATL || ⌐**testspezifikation** *f* /
ATS, acceptance test specification || ⌐**winkel** *m* /
collection angle, acceptance angle
Akzeptor *m* / acceptor *n* || ⌐-**Ionisierungsenergie** *f* /
ionizing energy of acceptor || ⌐**niveau** *n* / acceptor
level
Akzidenz *f* / jobbing work || ⌐**druck** *m* / job printing
|| ⌐**druckmaschine** *f* / job printing machine
Aladin-Pult *n* / aladin-desk *n*
Alarm *m* / alarm *n*, message *n* || ⌐ *m* / alert *n* EN
50133-1 || ⌐ *m* (rechnergesteuerte Anlage) /
interrupt *n* || **einen** ⌐ **auslösen** / sound an alarm ||
⌐-**Ausschaltverzögerung** *f* / delay of alarm
deactivation || ⌐-**Einschaltverzögerung** *f* / delay
of alarm activation || ⌐ **freigeben** / enable
interrupt || ⌐ **Logging** *n* (dient dazu, sporadisch
dezentral auftretende Ereignisse an zentraler Stelle
chronologisch zu signalisieren) / alarm logging ||
⌐ **quittieren** / acknowledge alarm || ⌐ **sperren** /
disable interrupt || ⌐ **verarbeitender
Funktionsbaustein** / process interrupt function
block || **ausblendbarer** ⌐ / concealable alarm ||
⌐**abfrage** *f* / alarm scan, interrupt scan || ⌐**analyse**
f / alarm analysis || ⌐**anlage** *f* / alarm system ||
⌐**anzeige** *f* / alarm indication || ⌐**aufbereitung** *f* /
interrupt processing || ⌐**ausgang** *m* / alarm output
|| ⌐**auslösung** *f* / alarm release || ⌐**auswahl** *f* /
interrupt selection || ⌐**auswertung** *f* / alarm
analysis || ⌐**bearbeitung** *f* / interrupt processing,
interrupt servicing, interrupt handling, alarming *n*
|| ⌐**behandlung** *f* / interrupt handling |
⌐**beleuchtung** *f* / alarm lighting || ⌐**bild** *n* / alarm
screen || ⌐**bildung** *f* / interrupt generation || ⌐**bit**
n / alarm bit || ⌐**byte** *n* / alarm byte ||
⌐**datenbaustein** *m* / interrupt data block ||
⌐**eingabebaugruppe** *f* / interrupt input module ||
⌐**eingang** *m* / interrupt input || **~fähig** *adj* / with
interrupt capability || ⌐**-/Fehlermeldungen** *f* /
alarm messages / fault messages || ⌐**filter** *m* /
alarm filter || ⌐**flankenbyte** *n* / interrupt edge byte
|| ⌐**freigabe** *f* (AF) / interrupt enable || ⌐**freigabe**
n / interrupt enable byte || ⌐**funktion** *f* / interrupt
function, alarm function || ⌐**gabe** *f* / alarm signal,
alarm signalling, alarm siren || ⌐**geber** *m* / alarm
signalling device, alarm sensor || ⌐**generierung** *f* /
interrupt generation
alarmgesteuert *adj* / interrupt-driven *adj*, interrupt-
controlled *adj* || **~es Programm** / interrupt service
routine, interrupt handler
Alarm·grenzwert unten / lower alarm limit ||
⌐**gruppe** *f* / alarm group || ⌐**handling** *n* / alarm
handling || ⌐-**Handling** *n* / alarm handling || ⌐-
Header *m* / alarm header || ⌐**hilfe** *f* / alarm help ||
⌐**hupe** *f* / alarm horn, alarm sounder
alarmieren *v* / alert *v*
Alarmierung *f* / alert *n* || ⌐**seinrichtung** *f* (f.
Brandmeldungen) / fire alarm device EN 54
Alarm·kennung *f* / alarm identifier || ⌐**kriterium** *n* /
alarm criterion || ⌐**liste** *f* / interrupt list, alarm
summary || ⌐-**Management** *n* /
Alarm Management, ALAM, alarm management ||
⌐-**Meldepuffer** / interrupt message buffer ||
⌐**melder** *m* (Anzeiger) / alarm indicator ||
⌐**meldesystem** *n* / alarm signaling system ||
⌐**meldung** *f* / alarm signal, error message, alarm
message, fault message, alarm indication,
nuisance alarm, alarm *n*, nuisance call || ⌐**modem**
n / alarm modem || ⌐**modul** *n* / alarm unit ||
⌐**nummer** *f* / interrupt number || ⌐-**OB** / interrupt
OB || ⌐**objekt** *n* / alarm object ||
⌐**organisationsbaustein** *m* / interrupt
organization block
Alarm·parameter *m* / alarm parameter ||
⌐**programm** *n* / interrupt service routine, interrupt
handler || ⌐**protokoll** *n* / alarm log, log *n*, report *n*,
printout *n*, listing *n* || ⌐**quittierung** *f* / alarm
acknowledgement || ⌐**reaktion** *f* / response, alarm
response || ⌐**relais** *n* / alarm relay
Alarm·schalter *m* / alarm switch, alarm contacts ||
⌐**schalterbausatz** *m* / alarm switch kit ||
⌐**schalterkombination** *f* / alarm switch
combination || ⌐**schiene** *f* / alarm bus || ⌐**schwelle**
f / alarm threshold || ⌐**sensor** *m* / alarm sensor ||
⌐**server** *m* / alarm server || ⌐**signal** *n* (rotes
Gefahrensignal) / danger signal || ⌐**sollwert** *m* /
interrupt setpoint || ⌐**sperre** *f* (Befehl) / disable
interrupt
ALARM_S/SQ / alarm_S/SQ

Alarm

Alarm·stellung *f* / alarm state || ~**taste** *f* / interrupt key (o. button) || ~**Tester** / AlarmTester || ~**text** *m* / alarm text || ~**texteditor** *m* / alarm text editor || ~**übersicht** *f* / overview of alarms || ~**überwachung** *f* / alarm control || ~**- und Bedienfenster** *m* / BaSiDi, basic signaling display || ~**unterbrechung** *f* / alarm interrupt (ion) || ~**unterdrückung** *f* / alarm suppression || ~**verarbeitung** *f* (Meldung) / alarm processing || ~**verarbeitung** *f* / alarming *n*, interrupt processing, interrupt handling, interrupt servicing || ~**weiterleitung** *f* / alarm relaying || ~**wert** *m* / alarm value || ~**wortüberlauf** *m* / interrupt word overflow || ~**zähler** *m* / alarm counter || ~**zeile** *f* / alarm line || ~**zustand** *m* / alert, alarm condition
ALARP / ALARP (as low as reasonably practicable)
Al-Becherkondensator *m* / aluminium capacitor
Albedo *f* (Bruchteil der gesamten, auf eine Oberfläche einfallenden direkten oder diffusen Strahlung, welche nach allen Seiten gestreut oder reflektiert wird) / albedo *n*
Aldrey·leiter *m* (AlMgSi-Leiter) / all-aluminium-alloy conductor (AAAC) || ~**-Stahlseil** *n* (E-AlMg-Si-Seil) / steel-reinforced aluminium conductor (AACS)
ALFA (Auftragsabwicklung listenmäßiger Fabrikate) *f* / order processing of listed products
AL-Frontring *m* / AL front ring
Algebra der Logik / logical algebra
algebraische Eingabe / algebraic entry
Algenwucherung *f* / algae growth
Algorithmen für die Schutztechnik *f* / protection algorithms
Algorithmus *m* / algorithm *n*
ALI / ALI (Application Layer Interface)
Alias·-Datei *f* / alias file || ~**-Dateiversion** *f* / alias file revision || ~**-Effekt** *m* / aliasing *n* || ~**-Störung** *f* / aliasing *n*
Alkali·beständigkeit *f* / resistance to alkalies, alkali resistance || ~**-Metalldampf-Lampe** *f* / alkaline-metal-vapour lamp
alkalisch·e Batterie / alkaline battery || ~**e Luft-Zink-Batterie** / alkaline air-zinc battery || ~**e Mangandioxid-Zink-Batterie** / alkaline manganese dioxide-zinc battery || ~**er Akkumulator** / alkaline (secondary) battery
Alkoholometer *m* / alcoholometer *n*
Alkydharzlack *m* / alkyd-resin varnish
Alle Daten kontrollieren / Check all data || ~ **ersetzen** / Replace all || ~ **indizieren** / sort all || ~ **löschen** / Delete all || ~ **Meldungen** / all messages || ~ **Pipetten am Kopf!** / All Nozzles at Head
Alleinbetrieb, Generator im ~ / generator in isolated operation
alleinstehendes Datenelement / stand-alone data element || ~ **Segment** / stand-alone segment || ~ **System** / stand-alone system, autonomous subsystem
Alleinstellungsmerkmal *n* / unique selling proposition || ~**e** *n* / unique features
Alles zusammenfügen / Merge all (button) || ~**-oder-Nichts-Regelung** *f* / bang-bang control
Allgebrauchs·-Glühlampe *f* / general-service tungsten filament lamp, ordinary tungsten filament lamp || ~**lampe** *f* / general-lighting-service lamp (GLS lamp), lamp for general lighting service
allgemein *adj* / general *adj* || ~**beleuchtung** *f* /

general lighting || ~**beleuchtung** *f* (Bahn) / multiple coach lighting || ~**beleuchtungsstärke** *f* / general illuminance
allgemein·e Angaben / General information || ~**e Bedienung** / general operation || ~**e Beleuchtung** / normal lighting (system) || ~**e Bestimmungen** VDE / general requirements || ~**e Daten** / general data || ~**e Datenklasse** (DIN EN 61850-7-1, -7-2, -7-3) / common data class || ~**e Fehler** / general errors || ~**e Feldtheorie** / unified field theory || ~**e Gehaltsanpassung** / across the board adjustment || ~**e Graphikschnittstelle** (DIN EN 61970-1) / common graphics interface, CGI || ~**e Hilfsaggregate** / common auxiliaries || ~**e Information** / general information || ~**e Kommunikationsschnittstelle** (AKS) / generic communications interface || ~**e Lieferbedingungen für Erzeugnisse und Leistungen der Elektroindustrie** / General Delivery Conditions for Supplies and Services in the German Electrical Industry || ~**e Meldung** (Prozessleitsystem) / broadcast message || ~**e Prüfbedingungen** DIN 41640 / standard conditions for testing IEC 512-1 || ~**e Pulscodemodulation** / generic pulse code modulation || ~**e Richtlinien** / general guidelines || ~**e Sicherheitsbestimmungen** / general requirements for safety || ~**e technische Belüftung** IEC 50(426) / general artificial ventilation || ~**e Übersicht** / General overview || ~**e Überwachung** / general monitoring || ~**e Unterweisungen** (AU) / general instructions || ~**e Verwendung** / GP
allgemein·er Bedienablauf / general operating procedure || ~**er Datenbaustein** / generic data block || ~**er Datentyp** / generic data type || ~**er Datenzugang** (DIN EN 61970-1, -301, -401, -402, -502) / CDA, common data access || ~**er Farbwiedergabeindex** / general colour rendering index || ~**er Filter** / general filter || ~**er Hinweis** / General || ~**er Managementinformationsdienst** / common management information service || ~**er Tarif** (SIT) / normal tariff, published tariff || ~**er Vierpol** / four-terminal network || ~**es Dokument** / general document, GNL || ~**es Informationsmodell** / CIM, common information model || ~**es Ministerialblatt** / General Ministerial Gazette || ~**es Objektmodell** (DIN EN 61970-1) / common object model || ~**es Protokoll** / GM, general minutes || ~**es Schaltzeichen** / general symbol || ~**es und Weiterarbeit** / general comments and prospective plans, general comments and future work
allgemein·gültige technische Unterlagen / standard technical documents || ~**gültigkeit** / general validity || ~**merker** *m* / generic flag || ~**teil** *n* / general part || ~**toleranz** *f* DIN 7182, T.1 / general tolerance
Allglasleuchte *f* / all-glass luminaire
All-·in-one-Board *n* / all-in-one-board || ~**-in-One-CPU** *f* / all-in-one CPU
allmählich·e Änderung / gradual change || ~**er Übergang** / progressive junction
Allpass *m* / all-pass network, all-pass filter || ~**filter** *m* / all-pass filter
allpolig·es Abschalten / all-pole disconnection IEC 335-1 || ~ **absichern** / all-pole fusing || ~ **schalten** / switch (o. operate) all poles || ~ **trennen** /

disconnect all poles || **~er Netzschalter** VDE 0860 / all-pole mains switch IEC 65 || **~er Netztrennschalter** / all-pole mains disconnect switch || **~es Schalten** / all-pole switching (o. disconnection), three-pole interruption
Allrad·antrieb *m* / four-wheel drive, all-wheel drive, full-time 4WD system || Ⳕ**lenkung** *f* / all-wheel steering, four-wheel steering || Ⳕ**steuerung** *f* / four-wheel drive control
allseitig *adj* / all-side *adj* || **~ bewegliche Kontakthülse** / floating contact tube || **~ fertigbearbeiten** / finish all over || **~ geschlossener Einsatzort** / enclosed location || **~ geschlossenes Gehäuse** / enclosure closed on all sides || **~e Abschaltung** / disconnection from all sources
allseits geschlossener Einsatzort / enclosed location
Allstrom *m* / direct current/alternating current (d.c.-a.c), universal current, UC, dual current, AC/DC || Ⳕ**ausführung** *f* / AC/DC model, analog input point || Ⳕ**gerät** *n* / a.c.-d.c. apparatus, d.c.-a.c. set || Ⳕ**motor** *m* (Elektromotor, der mit Gleichstrom oder mit Wechselstrom läuft) / universal motor, plain series motor, a.c.-d.c. motor, all-current motor, AC/DC motor || Ⳕ**programm** *n* / UC product range || Ⳕ**relais** *n* / universal relay, relay for a.c.-d.c. operation, a.c.-d.c. relay || **~sensitiv** *adj* / AC/DC sensitive
All·wagensteuerung *f* / multiple-unit control || Ⳕ**wellensperre** *f* / all-pass filter, universal filter || Ⳕ**zweckmotor** *m* / all-purpose motor || Ⳕ**zwecktransformator** *m* / general-purpose transformer
ALM *n* / Active Line Module (ALM) *n*
AlMgSi-Leiter *m* / steel-reinforced aluminium conductor (AACS)
Alniko *n* / alnico *n*
Al₂O₃ (Aluminiumoxid) *n* / aluminium oxide (Al_2O_3) *n*
ALPHA Anreihschrank / ALPHA Modular Distribution Boards || Ⳕ **FIX Klemmen** / ALPHA FIX Terminals || Ⳕ **FIX Reihenklemmen** / ALPHA FIX terminal block || Ⳕ **Verteiler** / ALPHA distribution board
alpha·1 / alpha1
Alphabet *n* / alphabet *n*
Alphablock *m* / alpha pad
alphanumerisch *adj* (AN) / alphanumeric *adj* (AN) || **~e Anzeige** / alphanumeric display || **~e Nummer** / alphanumerical number || **~e Ortskennzeichnung** DIN 40719, T.2 / alphanumeric location IEC 113-2 || **~e Tastatur** / alphanumeric keyboard (ANKB) || **~e Taste** / alphanumeric key || **~e Umwandlung** / alphanumeric conversion || **~es Sichtgerät** / alphanumeric VDU
Alphanummer *f* DIN 6763, T.1 / alphanumber *n*
Alpha-Profil *n* / power-law index profile
ALS (Ablaufsteuerung) / sequence control system (SCS), sequential control, sequencing control, sequential control system IEC 1131.1 || Ⳕ (Ablaufsteuerung) / logic and sequence control
als Meterware / by the meter
alt vor neu / FIFO, first in, first out
Altarchiv *n* / historical archive
altern *v* / age *v*, weather *v* || **~ *v*** (künstlich) / season *v*, age artificially || Ⳕ *n* (in der Durchlassrichtung) / forward ageing, aging

Alternation *f* / alternation *n*
alternativ *adj* / alternative *adj*
Alternative *f* / alternative || **~e Verkehrslenkung** / alternative traffic routing || **~e Wählzeichen** / alternative selection signals || Ⳕ**routenempfehlung** *f* / dynamic route guidance || **~es Element** / alternative element || Ⳕ**hypothese** *f* / alternative hypothesis || Ⳕ**möglichkeit** *f* / alternative possibility || Ⳕ**-Testmethode** *f* / alternative test method (ATM) || Ⳕ**verzweigung** *f* / alternative branch (an OR branch in a sequencer (several transitions follow a step)) || Ⳕ**zweig** *m* / alternative branch
alternierend·er Code / alternate mark inversion code || **~es Flanken-Pulsverfahren** (AFP) / alternate mark inversion code (AMI code) || **~es Signal** / alternate mark inversion signal (AMI signal)
Alters·rente *f* / pension *n* || Ⳕ**teilzeit** *f* / part-time preretirement scheme || Ⳕ**versorgungsregelung** *f* / Superannuation Act retirement provisions
Alterung *f* / ageing *n*, weathering *n*, seasoning *n*, deterioration *n*, aging *n* || Ⳕ *f* (Öl) / oxidation *n*, ageing *n*
alterungs·bedingter Ausfall / ageing failure, wearout failure, wear-out failure || **~bedingter Fehlzustand** / wearout fault, ageing fault || **~beständig** *adj* / resistant to ageing, non-ageing
Alterungs·beständigkeit *f* / resistance to ageing, resistance to aging, oxidation stability || Ⳕ**erscheinungen** *f pl* / ageing phenomena || Ⳕ**faktor** *m* VDE 0302, T.1 / ageing factor IEC 505 || **~frei** *adj* / non-ageing || Ⳕ**produkt** *n* / deterioration product || Ⳕ**prüfung** *f* / ageing test || Ⳕ**prüfung** *f* (Öl) / oxidation test || Ⳕ**prüfung nach Baader** / Baader copper test || Ⳕ**riss** *m* / fatigue crack || Ⳕ**riss** *m* / season crack || Ⳕ**rissigkeit** *f* / season cracking || Ⳕ**schema** *n* / seasoning schedule || Ⳕ**schutz** *m* / protection against ageing || Ⳕ**überwachung** *f* / timeout monitoring || Ⳕ**versuch** *f* / oxidation test, ageing test || Ⳕ**zahl** *f* DIN 17405 / ageing coefficient
Alt·öl *n* / used oil || Ⳕ**platz** *m* / old location || Ⳕ**platzcodierung** *f* / old location coding || Ⳕ**seite** *f* / old page || Ⳕ**system** *n* / legacy system || Ⳕ**technik** *f* / old technology || Ⳕ**wert** *m* / old value
ALU / ALU (arithmetic logic unit), arithmetic and logic unit, arithmetic unit || Ⳕ**-Bodenplatte** *f* / ALU base plate
alufarben *adj* / aluminized *adj*
Alu·-Gehäuse *n* / cast-aluminium housing, aluminium enclosure, aluminium enclosure, cast-aluminium housing || Ⳕ**-Gussgehäuse** *n* / cast-aluminium housing, cast aluminium housing, cast aluminium enclosure || **~-hochglanzeloxiert** / polished-anodized aluminium || Ⳕ**-Leiter** *m* / aluminum conductor || Ⳕ**mantel** *m* / aluminium sheath
aluminieren *v* / aluminize *v*
Aluminium *n* / aluminium-clad steel-reinforced aluminium conductor (ACSR/AC) || Ⳕ**-Aldrey-Verbundseil** *n* (E-AlMgSi-Seil) / alloy reinforced aluminium conductor (ACAR) || **~ hochglanzeloxiert** *adj* (alu-hochglanzeloxiert) / polished-anodized aluminium || **~, beschichtet** *f*, aluminum, coated || Ⳕ**ableiter** *m* / aluminium arrester || Ⳕ**band** *n* / aluminium strip ||

⟨bandwicklung f / aluminium strip winding, aluminium strap winding || ⟨ **bodenplatte** f / ALU base plate || ⟨**-Bodenplatte** f / aluminium-floor plate || ⟨**bronze** f / aluminium bronze, aluminium powder || ⟨**druckguss** m / die-cast aluminium || ⟨**-Druckguss** m / die-cast aluminium || ⟨**druckgussgehäuse** n / die-cast aluminum housing || ⟨**fett** n / aluminium-base grease || ⟨**folie** f / aluminium foil || ⟨**folienwicklung** f / aluminium foil winding || ⟨**frontring** m / AL front ring || ⟨**gehäuse** n / aluminum casing || ⟨**guss** m / cast aluminum || ⟨**gussgehäuse** n / cast aluminum enclosure || ⟨**-Hochstrom-Trennschalter** m / high-current disconnector for aluminium bus systems || ⟨**knetlegierung** f / wrought aluminium alloy || ⟨**legierung** f / aluminium alloy || ⟨**leiter** m / all-aluminium conductor (AAC), aluminium conductor || ⟨**mantel** m (Alu-Mantel) / aluminium sheath || ⟨**mantelkabel** n / aluminium-sheathed cable || **~metallic** adj / aluminum metallic || ⟨**oxid** n / aluminium oxide, alumina n || ⟨**oxid (Al₂O₃)** n / Al_2O_3 (aluminium oxide) n || ⟨**oxidkeramik** f / high-alumina ceramics || ⟨**-Oxid-Keramik** n / high-alumina ceramics || ⟨**-Parabolspiegel** m / parabolic specular aluminium reflector || ⟨**paste** f / aluminium paste || ⟨**-Sandgusslegierung** f / sand-cast aluminium alloy || ⟨**seil** n / all-aluminium conductor (AAC), aluminium conductor || ⟨**spiegel** m (Leuchte) / aluminium specular reflector || ⟨**-Spritzgusslegierung** f / die-cast aluminium alloy || ⟨**-Stahlseil** n (ACSR-Seil) / steel-reinforced aluminium conductor (ACSR) || ⟨**überzug** m / aluminium coating, aluminium plating, aluminium deposit || **~ummantelter Stahldraht** (Stalum-Draht) / aluminium-clad steel wire
aluminothermisches Schweißen / aluminothermic welding || **~ Schweißverfahren** / aluminothermic welding, thermit welding
Al-Zahl f / Al factor
AM (Amplitudenmodulation) / amplitude modulation (AM) || ⟨ (Asynchronmotor) / IM (induction motor), asynchronous motor || ⟨ (Ausgangsmerker) / QF, output flag || ⟨ (Aussprungmenü) / XM (exit menu) || ⟨ (**Abwicklungsmanual**) n / processing manual || ⟨ (**Air Mass**) f / air mass
am Anschlag / at limit || **~ Raster ausrichten** / snap to grid
AM·0 / Air Mass Zero, AM0 || ⟨**1 (Air mass 1)** (Minimale Luftmasse, die die Sonnenstrahlung durchdringen muss, um zur Erdoberfläche zu gelangen: senkrechter Einfall, auf Meereshöhe am Äquator zur Tag-und-Nacht-Gleiche) / air mass 1 conditions (AM1) || ⟨**1,5** (die Einstrahlung bei schrägem Einfall, bei dem der Weg des Sonnenlichtes durch die Atmosphäre 1,5mal länger ist als bei senkrechtem Einfall) / AM1.5
AMA Fachverband für Sensorik e.V. / AMA Fachverband für Sensorik e.V.
amagnetisch adj / non-magnetic adj, anti-magnetic adj
Amalgam·faktor m / amalgam factor || ⟨**-Leuchtstofflampe** f / amalgam fluorescent lamp || ⟨**verfahren** n / amalgam process || ⟨**zersetzer** m / amalgam decomposer
A-Mast m / A frame, A pole
AMB / Advanced Memory Buffer, AMB
AM-Betrieb m / AM mode

AMC (Application Management Center) n / AMC (Application Management Center)
AMCS / Advanced Mobile Communication System, AMCS
AME (asynchrones Modul elektrisch) / AME (asynchronous module electrical)
American Bureau of Shipping (ABS) / ABS (American Bureau of Shipping) || ⟨ **Standard Code for Information Exchange** (ASCII) / American Standard Code for Information Exchange || ⟨ **Wire Gauge (AWG)** / AWG (American Wire Gauge)
amerikanisch·e Drahtlehre / American Wire Gauge (AWG) || **~e Grenzwerte** / US 49-state federal regulations || ⟨**er Brandschutzverband** / NFPA
AMI / AMI (alternate mark inversion) || ⟨**-Code** m / AMI code (AMI = alternate mark inversion), alternate mark inversion code || ⟨**-Signal** n / alternate mark inversion signal || ⟨**-Verletzung** f / alternate mark inversion violation
Ammoniumchlorid n / ammonium chloride
AMO (asynchrones Modul optisch) n / AMO (asynchronous module optical)
amorph adj / amorphous adj || **~ Halbleiter** / amorphous semiconductor || **~ Silizium** n / amorphous silicon n
Amortisseur m (Maschinenwickl.) / amortisseur n, damper n (winding)
Ampel f / traffic light(s), traffic signal || ⟨**anlage** f / traffic lights
Ampère n / ampere n || ⟨**draht** m / ampere wires || ⟨**leiter** plt / ampere-conductors n pl || ⟨**meter** n / ammeter n || **~metrischer Erdschlussschutz** / one-hundred-percent earth-fault protection, unrestricted earth-fault protection || ⟨**quadrat-Stundenzähler** m / ampere-square-hour meter || ⟨**sches magnetisches Moment** / magnetic area moment || ⟨**stäbe** m pl / ampere-conductors n pl || ⟨**stunde** f (Ah) / ampere-hour n || ⟨**stundenzähler** m / amperehour meter, Ah meter || ⟨**windungen** f pl (AW) / ampere-turns p || ⟨**-Windungsbelag** m / ampere-turns per metre, ampere-turns per unit length || ⟨**windungszahl** f / number of ampere turns. ampere turns || ⟨**zahl** f / amperage n
Amplidyne f / amplidyne n
Amplitude f / amplitude n, range n, amplitude n || ⟨ **des Strombelags** / amplitude of m.m.f. wave || ⟨ **einer Spannungsänderung** / magnitude of voltage change
amplitudenabhängige Ablaufsteuerung / signal amplitude sequencing control
Amplituden-·Amplituden-Charakteristik f / amplitude/amplitude characteristic || ⟨**auslenkung** f / amplitude excursion || ⟨ f / amplitude demodulation || ⟨ m / amplitude discriminator || ⟨**faktor** m / crest factor, amplitude factor || ⟨**fläche** f / equi-amplitude surface || ⟨**folgesteuerung** f / signal-amplitude sequencing control || ⟨**-Frequenz-Charakteristik** f / amplitude/frequency characteristic || ⟨**frequenzgang** m / amplitude frequency response || ⟨**gang** m / amplitude response, amplitude characteristics, gain n IEC 50(351), DIN 19229 amplitude-log frequency curve, amplitude log frequency curve || ⟨**jitter** m / amplitude jitter || **~konstanter Frequenzgang** (Kurve) / flat response curve || **~mäßiges Verhalten** / amplitude-sensitive characteristic || ⟨**maßstab** m / amplitude scale ||

Analog

~modulation *f* (AM) / amplitude modulation (AM) || ~modulationsgrad *m* / amplitude modulation factor || ~modulationsrauschen *n* / amplitude modulation noise, AM noise || ~modulationsverzerrung *f* / amplitude modulation distortion || ~moduliert *adj* / amplitude modulated || ~permeabilität *f* / amplitude permeability || ~pressung *f* / amplitude compression || ~raster *m* / amplitude grid || ~regelung *f* / amplitude control || ~resonanz *f* / amplitude resonance, displacement resonance || ~spektrum *n* (Verteilung der Amplituden der Teilschwingungen eines Signals oder Geräuschs als Funktion der Frequenz) / amplitude spectrum || ~sprungmodulation *f* / amplitude shift keying || ~tastung *f* / Amplitude Shift Keying (ASK) || ~überwachung *f* / amplitude monitoring || ~umtastung *f* / amplitude shift keying (ASK), amplitude key shift (AKS) || ~vergleichslinie *f* / amplitude reference line || ~verhältnis *n* (Ausgangssignal-/ Eingangssignalamplitude) / gain *n* IEC 50(351) || ~verzerrung *f* / amplitude distortion, amplitude/amplitude distortion || ~zeiger *m* / phasor, amplitude phasor || ~zittern *n* / amplitude jitter || ~tastung *f* / amplitude change signalling
AM-Rauschen *n* / AM noise, amplitude modulation noise
AMS (Asset Management Solution) / Asset Management Solution (AMS)
Amt *n* / exchange *n*
AMTICS (Advanced Mobile Traffic Information Communications System) *n* / Japan Advanced Mobile Traffic Information Communications System, AMTICS *n*
amtlich *adj* / official || ~ **anerkannte Norm** / officially recognized standard || ~ **registrierte Norm** / registered standard || ~**e Ausführung** / officially approved type || ~**e Güteprüfung** / government inspection || ~**e Qualitätssicherung** / government quality assurance (AQAP) || ~**er Güteprüfer** / Quality Assurance Representative, QA representative (QAR) || ~**er Sachverständiger** / official referee, officially appointed expert || ~**es Eichwesen** / jurisdictional calibration, official calibration authority, official calibration authorities || ~**es Normal** / standard of authenticated accuracy, nationally recognized standard
AM_W (Wischerausgangsmeldung) *f* / OI_F (output indication transient)
AMZ / inverse-time overcurrent protection
AMZ-Relais *n* / dependent-time overcurrent relay, IDMTL overcurrent relay, inverse-time overcurrent relay
AN / alphanumeric *adj* (AN) || ~ (air-natural cooling, natürliche Luftkühlung o. Selbstkühlung durch Luft) / AN || ~ **(Auftragnehmer)** *m* / business first party
an Erde legen / connect to earth, connect to ground, earth *v*, ground *v* || ~ **Klemmen anschließen** / connect to terminals || ~ **Masse legen** / connect to frame, connect to ground || ~ **Spannung bleiben** / remain on voltage || ~ **Spannung legen** / energize *v*, connect to the supply
ANA / ANA
An-/Abfahr·modus *n* / approach/retract mode ||

~strategie *f* / approach/retract strategy || ~zyklus programmieren / program approach/retract cycle
analog *adj* / analogue *adj*, analog *adj* || ~ / semidigital readout || ~ **Current Control (ACC)** *f* / ACC || ~-**Digital-Umsetzer (ADC)** *m* / ADC || ~ **einstellbares Relais** / analogue adjustable relay, analog adjustable relay || ~-**absolutes Messverfahren** / analog-absolute measuring system
Analog·adressraum *m* / analog address area || ~-**Analog-Umsetzer** *m* / analog-to-analog converter || ~-**Antrieb** *m* / analog drive || ~**anzeige** *f* / analog display, continuous indication || ~**anzeiger** *m* / analog indicator || ~**ausgabe** *f* (AA) / analog output (AO), analog output point, analog output module, analogue output, DAC, AO || ~**ausgabebaugruppe** *f* / analog output module, analog output point, analog output (AO), analogue output, AO (analog output), DAC || ~**ausgabebaustein** *m* / analog output block || ~**ausgabemodul** *n* / analog output module || ~**ausgang** *m* (AA) / analog output (AO), analogue output, analog output point, analog output module, DAC, AO || ~**ausgangskarte** *f* / analog output card || ~**ausgangskennwert** *m* / DAC-characteristic || ~**ausgangswert** *m* / analog output value || ~**baugruppe** *f* / analog module
Analog·-Digital-Analog-Umsetzer *m* (ADAC) / analog-to-digital-to-analog converter (ADAC) || ~-**Digital-Prozessor** *m* / analog-to-digital processor || **gemischte** ~/**Digitaltechnik** / analog/digital hybrid technology || ~-**Digital-Umsetzer** *m* (ADU) / analog-to-digital converter (ADC), A/D converter (ADC), analog-digital converter (ADC) || ~-**Digital-Umsetzung** *f* / analog-to-digital conversion (A/D conversion), analogue-to-digital conversion || ~-**Digital-Wandler** *m* / analog-to-digital converter (ADC), A/D converter, analog-digital converter (ADC), ADC *n* || ~**druck** *m* / continuous printing
analoge Antriebsschnittstelle / analog devices, Analog Drive Interface (ADI) || ~ **Anzeige** / analogue display || ~ **Baugruppe** / analog module || ~ **Daten** / analog data || ~ **Eingabe** / analogue input || ~ **Fernmessung und Messwertverarbeitung** (AFM) / analog telemetring and processing (ATP) || ~ **Regelung** / regulatory (closed-loop) control, analog control || ~ **Sollwertgruppe** / analog setpoint group || ~ **Sollwertschnittstelle** / analog setpoint interface || ~ **Steuerung** / analog control || ~ **Übertragung** / analogue transmission
Analog·-E/A / analogue I/O, analog I/O || ~**ein-/ausgabebaugruppe** *f* / analog I/O module || ~-**Ein/Ausgabegruppe** *f* / analog I/O module || ~**ein-/ausgang** *m* (Hardware der Automatisierungseinrichtung zum Messen oder Stellen) / analog input/output || ~**eingabe** *f* / analog input module, analog input, analogue input || ~**eingabebaugruppe** *f* / analog input module || ~**eingabebaugruppe elektronisch (AE)** / analog input module electronic || ~**eingabebaugruppe mit Relais (AR)** / analog input module with relay (ar) || ~**eingabebaustein** *m* / analog input block || ~**eingabemodul** *n* / analog input module || ~**eingaberangierer** *m* / analog input router, analog-input allocation block || ~**eingang** *m* / analog input

analoger 32

|| **10-Bit-~eingang** *m* / 10-bit analog input ||
~eingangskanal *m* / analog input channel,
analogue input channel || **~eingangskarte** *f* /
analog input card || **~eingangsparameter** *m* / ADC
parameter, analog input parameter ||
~eingangspunkt *m* / analog input point ||
~eingangsskalierung *f* / ADC-characteristic,
analog-to-digital converter characteristic ||
~eingangsspannung *f* / analog input in V ||
~eingangsversorgung *f* / analog input supply ||
~eingangswert *m* / ADC value, analog input value
analoger Ausgabekanal / analog output channel || ~
Eingabekanal / analog input channel || ~
Eingang / analogue input || ~ **Frequenzgeber**
(AFG) / analog frequency generator || ~
Istwertgeber / analog position feedback encoder ||
~ **Schwellwertschalter** / analog threshold switch ||
~ **Wert** / ASG (IEC/TS 61850-2, EN 61850-7-1,
-7-3), analog setting
Analogerweiterungsmodul *n* / analog expansion
module
analoges Elektronikmodul / analog electronics
module || ~ **Erweiterungsmodul** / analog
expansion board || ~ **Gleichspannungssignal** DIN
IEC 381 / analog direct voltage signal || ~ **Signal** /
analogue signal
Analog·-Funktionsbaustein *m* / analog function
block || **~geberbaugruppe** *f* / analog transmitter
(o. sensor) module, analog transmitter-signal
routing module || **~größe** *f* / analog variable
Analogie *f* / analogy
Analog·kanal *m* / analog channel ||
~koppelempfangsbaustein *m* / analog linking and
receiver block || **~koppelsendebaustein** *m* / analog
linking and transmitter block || **~-**
Leitungsverstärker *m* / analogue repeater ||
~meldung *f* / analog alarm || **~-Messfehler** *m* /
analog input error || **~messgerät** *n* / analog
measuring instrument || **~modul** *n* / analog module
|| **~multimeter** *n* / analog multimeter ||
~peripherie *f* / analog peripherals, analog I/O's || **~-**
Potentiometer *m* / analog potentiometer || **~profil**
n / analog profile || **~rad** *n* / analog wheel ||
~rangierbaustein *m* / analog-signal allocation
block, analog-signal router || **~-Rechenbaugruppe**
f / analog calculation module (o. card) ||
~recheneinheit *f* / analog computing unit ||
~rechner *m* / analog computer
analog/resistives Touchscreen / analog/resistive
touch screen
Analog·schalter *m* / analog-value selector ||
~schnittstelle *f* / analog interface || **~schreiber** *m* /
analog recorder || **~signal** *n* / analog signal ||
~signalleitung *f* / analog signal cable ||
~skalierungsblock *m* / analog scaling block ||
~skalierungsfunktion *f* / analog scaling function ||
~sollwert *m* / analog setpoint, analogue setpoint ||
~sollwert addieren / Add analog setpoint ||
~spannung *f* / analog voltage || **~steuerung** *f* /
analog control || **~strecke** *f* / analog system ||
~system *n* / analog system || **~-Terminalblock** *m* /
analog terminal block || **~vergleicher** *m* / analog
comparator || **~-Watchdog** *m* / analog watchdog ||
~wert *m* / analog value || **~wertausgabe** *f* (AA) /
analog output (AO), analog output point, DAC ||
~werterfassung *f* / analog value acquisition,

analogue value acquisition, analog-value
registration || **~wertgeber** *m* / analogue value
generator, analog value generator || **~wertschalter**
m / analog-value selector || **~wertsteuerung** *f* /
analog value control || **~wertübertragung** *f* /
analog value transmission || **~wertverarbeitung** *f* /
analog value processing || **~zeitbaugruppe** *f* /
analog timer module
Analysator *m* / analyzer *n* || **~kristall** *m* / analyzer
crystal || **~teil** *n* / analyzer *n*
Analyse·automat *m* / automatic analyzer ||
~funktion *f* / analysis function
Analysen·container *m* / analytical container ||
~gerät *n* / analyzer *n* || **~geräte** *n pl* / analyzers *n*
pl || **~häuser** *n pl* / analytical buildings || **~probe**
f / analysis sample || **~systeme** *n pl* / analyzing
systems
Analyse·technik *f* / analytical technology || **~tool** *n* /
analyzing tool || **~werkzeug** *n* / analyzing tool
analytisch·e Statistik / analytical statistics || **~es**
Lernen *n* (eine fortgeschrittene Form des
deduktiven Lernens) / analytic learning || **~es**
Signal / analytic signal
ANA-Modul *n* / ANA module
ANAN (air-natural, air-natural cooling, für
Trockentransformatoren in unbelüftetem
Schutzgehäuse mit natürlicher Luftkühlung) /
ANAN, air-natural cooling, for dry-type
transformers in a non-ventilated protective
enclosure with natural air cooling inside and
outside the enclosure
anätzen *v* / etch *v*
an-Auslöser *m pl* / an-releases *plt* (Siemens type,
inverse-time and definite-time overcurrent releases)
Anbacken des Schüttguts an den
Behälterwänden / rat holing
Anbau *m* / installation *n*, mounting *n*, external
mounting, fitting *n*, attachment *n* || **~ an** /
mounting on || **~anleitung** *f* / mounting instructions
anbaubar *adj* / attachable *adj*
Anbau·blech *n* / mounting sheet || **~block** *m* /
mounting block || **~bremse** *f* / fitted brake ||
~erder *m* / built-on earthing switch, integral
grounding switch || **~fall** *m* / mounting case ||
~flansch *m* / mounting flange || **~geber** *m* /
mounted encoder, externally mounted encoder,
external encoder, built-on encoder || **~gerät** *n* / add-
on unit, attachment *n* || **~gruppe** *f* / built-on
assembly, extension unit || **~konsole** *f* / mount *n* ||
~konzept *n* / mounting concept
Anbau·lasche *f* / attachment lug || **~leuchte** *f* / surface-
mounting luminaire, surface-type luminaire ||
~locher *m* / tape punch attachment || **~lüfter** *m* /
mounted fan || **~maße** *n pl* / fixing dimensions ||
~modul *n* / mounting module || **~motor** *m* / built-
on motor || **~satz** *m* / mounting kit, extension kit,
add-on assembly (o. kit), set of supplements ||
~schalter *m* / mounting switch || **~schloss** *n* / rim
lock || **~seite** *f* (el. Masch.) / mounting end, flange
end || **~stutzen** *m* / compression gland || **~teil** *n* /
hang-on part(s), mounting part, built-on part, add-
on part(s), aggregate *n*, add-ons || **~ten** *plt* (Trafo) /
built-on accessories, transformer-mounted
accessories || **~winkel** *m* / mounting bracket ||
~zeichnung *f* DIN 199 / attachment drawing
ANBest-P / General Ancillary Conditions for
Subsidies for Project Support

Anbiegung *f* / inclinc, lcft
Anbieter *m* / provider *n*, supplier *n* || **zugelassener** ⁓ / approved bidder
anbindbar *adj* / connectable *adj*
anbinden *v* (anschalten) / interface *v*
Anbinder *m* / slinger *n*
Anbindung *f* / link *n*, interfacing *n*, interface *n* (networking of devices or modules for the exchange of information), road link || ⁓ *f* (Kommunikation und Zusammenwirken eines Computers mit einem Server) / joint *n* || ⁓ **an** / linkup *n*, link-up with || ⁓**slänge** *f* / length to rack
Anblasekühlung *f* / air-blast cooling, forced-air cooling || **Transformator mit** ⁓ / air-blast transformer, forced-air-cooled transformer
Anblasung *f* / blowing *n*
Anbohr·en *n* / spot drilling, preboring *n*, center drilling || ⁓**er** *m* / spotdrill *n* || ⁓**probe** *f* / drilling test, semi-destructive test || ⁓**tiefe** *f* / preboring depth || ⁓**vorschub** *m* / preboring speed
anbrennen *v* / scorch *v*, burn *v*
Anbrennung *f* / burn mark, scorching *n*, burning *n*
anbringen *v* / fit *v*, attach *v*, mount
Anbringungsart X VDE 0700, T.1 / type X attachment IEC 335-1
Anbruch *m* / incipient break
Ancrimpzange *f* / pliers *n*, crimping pliers, crimping tool
änderbar *adj* / alterable *adj*, can be changed || ~**es ROM** (AROM) / alterable ROM (AROM)
ändern *v* / change *v*, alter *v*, modify *v*, edit *v* || **Daten im Speicher** ~ / editing data in storage || **die Schaltstellung** ~ VDE 0435, T.110 / change over *v* (relay) || **ein Programm** ~ / edit a program || **ein Wort** ~ (NC-Funktion) / edit a word || **um 1** ~ / change by 1
Änderung *f* / change *n*, modification *n*, changing *n*, update *n*, alteration *n* || ⁓ **der Konfiguration** *f* (DIN EN 61850-9-1) / configuration revision || ⁓ **des Spannungseffektivwerts** VDE 0558, T.5 / r.m.s. voltage variation || ⁓ **des Spannungsscheitelwerts** VDE 0558, T.5 / peak voltage variation || ⁓ **widerrufen** / undo *v* || **ohne** ⁓ **Zchg. bildl. und maßl. geändert** / dimensions modified without drawing modifications || **Rauschfaktor~** *f* / noise factor degradation || **Schaltpunkt~** *f* / drift of operating point (EN50047), repeat accuracy deviation (US) || **sprungförmige** ⁓ / step change in setpoint
Änderungen gegenüber dem Beharrungszustand / incremental variations || ⁓ **vorbehalten** / subject to change without prior notice
Änderungs·anforderung *f* / problem report, engineering change request || ⁓**antrag** *m* / apply for modification || ⁓**anweisung** *f* / change order, modification instructions || ⁓**auftrag** *m* / revised order || ⁓**ausgabe** *f* / revision issue || ⁓**bereich der Spannung** / voltage variation range || ⁓**besprechung** *f* / meeting where changes will be discussed || ⁓**bild** *n* / modification display || ⁓**bit** *n* / change bit || ⁓**blinken** *n* / blinking on a change of state || ⁓**datum** *n* / date of change || ⁓**dienst** *m* / update service, revision service, change service, revision servicing || **Handbuch-**⁓**dienst** *m* / manual update service || ⁓**erkennung** *f* / change-of-state recognition || ⁓**geschwindigkeit** *f* / rate of change, response *n* || ⁓**geschwindigkeit** *f* (Differentialquotient nach der Zeit) / time derivative || ⁓**geschwindigkeit der Erregerspannung** / exciter voltage-time response || ⁓**geschwindigkeit des Frequenzdurchlaufs** / sweep rate || **maximale** ⁓**geschwindigkeit** (der Ausgangsspannung eines Stromreglers) / slewing rate || ⁓**grund** *m* / reason for modification || ⁓**hauptbuch** *n* / modification logbook, technical data || ⁓**index** *m* / change index || ⁓**kennzeichen** *n* / change indicator || ⁓**klasse** *f* / revision class, update class || ⁓**kosten** *plt* / modification costs || ⁓**logbuch** *n* / change log || ⁓**management** *n* / change management || ⁓**meldung** *f* / change note || ⁓**mitteilung** *f* / field change notification, change note, change notification, notification of change, amendment notification
Änderungs·nachweis *m* / record of changes || ⁓**nummer** *f* / revision number || ⁓**paket** *n* / update package || ⁓**protokoll** *n* / modifications report, modification protocol || ⁓**register** *n* / list of changes || ⁓**signal** *n* / modification signal || ⁓**speicher** *m* / modification memory || ⁓**stand** *m* / release, revision status || ⁓**stände** *m pl* / revision levels || ⁓**übersicht** *f* / list of changes || ⁓**uhrzeit** *f* / time of last update || ⁓**verfahren** *n* / change procedure || ⁓**verfolgung** *f* / tracking of changes || ⁓**vermerk** *n* / record of change || ⁓**verzeichnis** *n* / revision list || ⁓**wunsch** *m* / request for change, change request || ⁓**zähler** *m* / modification counter || ⁓**zustand** *m* / revision status
andeuten *v* / indicate
Andimmen *n* / dimming *n*
andocken *v* / dock *v*
Andonboard *n* / andon board
AND-Operator *m* / AND operator
Andrehwerkzeug *n* / turn-on tool
andrücken *v* / clamp *v*
Andrück·fühler *m* / press-on sensor, direct-contact sensor || ⁓**kraft** *f* / pressure force
Andruck·mechanik *f* / pressure fixture || ⁓**rolle** *f* / press roller
Andrückrolle *f* / pressure roller
Aneinanderkettung *f* / chaining *n*, concatenation *n*
aneinanderreihbar, seitlich ~ / buttable side to side || **stirnseitig** ~ / buttable end to end
Aneinander·reihbarkeit *f* / buttability *n*, suitability for butt-mounting || ~**reihen** *v* / butt-mount *v*, butt *v*, mount end-to-end, mount side-by-side *v* || ⁓**reihen** *n* (Klemmen) / ganging *n* || ⁓**reihung** *f* (Verkettung) / concatenation *n* || ~**stoßen** *v* / abut *v* || ~**stoßend** *adj* (gefügt) / butt-jointed *adj*, abutting *adj*
anerkannter nationaler Typ / recognized national type || ~ **privater Netzbetreiber** / recognized private operating agency || ~ **Schweißzusatz** / approved consumable
Anerkennung *f* / acknowledgement *n* ⁓ *f* (Konformitätszertifizierung) / approval *n*, recognition *n*
additives Duplex / incremental duplex
anfachen *v* (Schwingungen) / excite *v*, induce *v*
ANFA-DV (Auftragsabwicklung nicht listenmäßiger Fabrikate) *f* / order processing of non-listed products
Anfahr·abstand *m* / approach distance || ⁓**automatik** *f* / automatic starting control, automatic starting-sequence control circuit || ~**bar**

anfahren 34

adj / approachable || ⸿**bedingungen** *f pl* / starting conditions, starting preconditions || ⸿**bereich** *m* / start-up range || **~bereit** *adj* / ready to start || ⸿**beschleunigung** *f* / starting acceleration || ⸿**bewegung** *f* / approach motion || ⸿**drehmoment** *m* / starting torque || ⸿**drehzahl** *f* / engine start-up speed || ⸿**ebene** *f* / approach plane
anfahren *v* / approach *v*, move *v*, start *v*, start up || **~** *v* / drive away || ⸿ *n* / start *n*, starting *n*, start-up *n* || ⸿ *n* / approach *n*, actuation *n*
Anfahren, sanftes ⸿ **der Endlagen** / gentle end positon approach || ⸿ **des Referenzpunkts** / approach to reference point (o. home position) || ⸿ **mit vollem Gegendruck** (Pumpe) / starting with discharge valve open, starting at full pressure || **weiches** ⸿ **und Verlassen der Kontur** / soft approach to and exit from contour || **ebenes** ⸿ / planar approach || **räumliches** ⸿ / spatial approach || **weiches** ⸿ / smooth approach || ⸿**/Abfahren** *n* / approach/retraction || ⸿**überbrückung** *f* / start override
Anfahr·-Erdschlussschutz *m* / start-up earth-fault protection || ⸿**frequenz für FCC** / start frequency for FCC || ⸿**geschwindigkeit** *f* (lineare Bewegung) / approach velocity, actuating velocity || ⸿**geschwindigkeit** *f* / approach speed, travel-in velocity, creep speed || ⸿**kosten** *plt* / start-up cost || ⸿**kreis** *m* / approach circle || ⸿**kurve** *f* / approach curve || ⸿**makro** *n* / approach macro || ⸿**modus** *m* / approach mode || ⸿**moment** *n* / tightening torque, accelerating torque, starting torque || ⸿**parameter** *m* / drive-away parameter || ⸿**profil** (Temperaturkanal) *n* / startup characteristic || ⸿**punkt** *m* / approach point || ⸿**radius** *m* / approach radius || ⸿**regelung** *f* / start control || ⸿**regler** *m* / start-up controller || ⸿**richtung** *f* (PS) / direction of approach (o. actuation) || ⸿**richtung** *f* (WZM, NC) / approach direction, direction of approach || ⸿**satz** *m* / approach block || ⸿**schalter** *m* / autotransformer starter || ⸿**schiene** *f* / starting bus || ⸿**schlupfregelung** *f* / electronic traction control || ⸿**sollmaß** *n* / set approach dimension || ⸿**stellung** *f* / starting position || ⸿**steuerung** *f* VDE 0618,4 / start control ⸿**strategie** *f* / approach strategy || ⸿**strom** *m* / starting current || ⸿**strombegrenzung** *f* (Baugruppe) / starting current limiter || ⸿**stufe** *f* (Schalter) / starting notch, starting position || ⸿**transformator** *m* / starting transformer, autotransformer starter, starting compensator || ⸿**überbrückung** *f* / start override || ⸿**umrichter** *m* / starting converter, start-stop converter || ⸿**ventil** *n* / start-up valve || ⸿**verhalten** *n* / approach behavior || ⸿**verriegelung** *f* (Anlauf sperrend) / starting block, starting lock-out, start inhibiting circuit || ⸿**verriegelung** *f* (Anlauffolge regelnd) / (automatic) starting sequence control, sequence interlocking || ⸿**verriegelung** *f* / start preconditioning circuit || ⸿**warnung** *f* / starting alarm || ⸿**weg** *m* / approach path, direction of approach || ⸿**widerstand** *m* / starting resistor || ⸿**winkel** *m* / approach angle || ⸿**zeit** *f* / start-up speed || ⸿**zugkraft** *f* / starting tractive power, tractive effort on starting
ANFA-Liste *f* / ANFA list
Anfang *m* / start *n*, beginning *n*, begin *n* || ⸿ **des Kopfes** / start-of-heading signal || ⸿ **einer elektrischen Anlage** / origin of an electrical installation, service entrance (US) || **Wicklungs~** *m* / line end of winding, start of winding, lead of winding
Anfangs·adresse *f* / start(ing) address, restart address, initial address || ⸿**-Anschlussspannung** *f* DIN 41760 / a.c. starting voltage || ⸿**baustein** *m* / first block (in the queue) || ⸿**bedingungen** *f pl* / initial conditions || ⸿**bestand** *m* / initials *plt* || ⸿**byte** *n* / start byte, STB || ⸿**drehmoment** *m* / output torque || ⸿**-Drehwinkel** *m* (SG-Betätigungselement) / dead angle || ⸿**druck** *m* / initial pressure || ⸿**durchschlag** *m* / initial breakdown || ⸿**einschwingspannung** *f* / initial transient recovery voltage (ITRV) || ⸿**einspeisung** *f* / incoming feeder unit || ⸿**-/Endsteller** *m* (Fernkopierer) / start/end positioner || ⸿**erregung** *f* / initial excitation || ⸿**erregungsgeschwindigkeit** *f* / initial excitation system response || ⸿**fehler** *m* (NC) / inherited error, inherent error || ⸿**feldreaktanz** *f* / direct-axis subtransient reactance || ⸿**-Glättungszeit** *f* / initial smoothing time || ⸿**-Ionisierungsereignis** *n* / initial ionizing event || ⸿**kennsatz** *m* / header label, header *n* || ⸿**kennung** *f* / AC/DC model || ⸿**kraft** *f* / starting power || ⸿**kraft** *f* / starting force || ⸿**-Kurzschlusswechselstrom** *m* / initial symmetrical short-circuit current || ⸿**-Kurzschluss-Wechselstrom** *m* / initial symmetrical short-circuit current, r.m.s. value of symmetrical breaking current || ⸿**-Kurzschluss-Wechselstromleistung** *f* / initial symmetrical short-circuit power || ⸿**ladung** *f* / initial charge || ⸿**lage** *f* / starting position *n* || ⸿**lageneinstellung** *f* (Drehzahlregler) / bias setting || ⸿**lagerluft** *f* / initial slackness, initial slack || ⸿**leistung** *f* (Lampe) / initial watts || ⸿**lichtstrom** *m* / initial luminous flux, initial lumens, lumen maintenance value (o. figure) || ⸿**maß** *n* / initial dimension || ⸿**messungen und Kontrollen** DIN IEC 68 / initial examination and measurements || ⸿**-Messwerte** *m pl* / initial readings || ⸿**moment** *n* / starting moment
Anfangs·permeabilität *f* / initial permeability || ⸿**pointer** *m* / start pointer, starting pointer || ⸿**position** *f* / starting position, *m* initial point (initial point for tool motion) || ⸿**punkt** *m* / starting position || ⸿**punkt** *m* (Programmbearbeitung) / start *n* || ⸿**punkt des Gewindes** / thread start position || ⸿**querschnitt** *m* (Zugversuch) / original cross section || ⸿**radius** *m* / start radius || ⸿**reaktanz** *f* / subtransient reactance || ⸿**resonanzuntersuchung** *f* / initial resonance search || ⸿**rolle** *f* / first drum, first roller || ⸿**rüstung** *f* / initial set-up || ⸿**spannung** *f* / initial stress, initial voltage || **transienter** ⸿**-Spannungsabfall** / initial transient reactance drop || ⸿**spiel** *n* / initial slackness, initial slack || ⸿**spule** *f* / leading coil || ⸿**steigung** *f* / initial lead, initial pitch || ⸿**steilheit** *f* / initial steepness, initial rate of rise || ⸿**steilheit der Einschwingspannung** / initial transient recovery voltage (ITRV) IEC 56-4 || ⸿**-Stoßspannungsverteilung** *f* / initial surge voltage distribution || ⸿**strom** *m* (subtransienter Strom) / subtransient current || ⸿**suszeptibilität** *f* / initial susceptibility || ⸿**systemmessungen und Kontrollen** / initial examination and measurements || ⸿**temperatur** *f* / initial temperature || ⸿**verrundung** *f* / lower transition

rounding, initial rounding || ⟶verrundungszeit f / initial rounding time || ⟶verrundungszeit Hochlauf / ramp-up initial rounding time || ⟶verrundungszeit Rücklauf / ramp-down initial rounding time || ⟶verteilung f / initial distribution || ⟶verzeichnis n / start-up directory || ⟶verzerrungszeit f / initial distortion time || ⟶verzögerungsmoment n / initial retardation torque || ⟶vorgang m / subtransient condition, subtransient phenomenon || ⟶wert m (SPS-Programm) / initial value || ⟶wert m (Wert, der einer Variablen beim Systemanlauf zugewiesen wird) / start-of-scale value || ⟶wert m DIN IEC 770 / initial value, lower range value || Messbereichs-⟶wert m DIN 43781, T.1 / lower limit of effective range IEC 51, lower measuring-range value, lower range value || ⟶werte m pl (Lampenprüf.) / initial readings || lichttechnische ⟶werte / initial luminous characteristics || ⟶wertsignatur f / initial value signature || ⟶windung f / leading turn || ⟶winkel m (NC) / starting angle || ⟶winkel m / initial angle, start angle || ⟶zeiger m / start pointer || ⟶zeitkonstante f / subtransient time constant || ⟶zeitpunkt m (Wechselstromsteller) / starting instant || ⟶zustand m / initial state || ⟶zustand m (Rel.) VDE 0435, T.110 / initial condition || ⟶zustand m (SPS) / initial situation
anfasen v / chamfer v
Anfasmaschine f / chamfering machine
Anfassen, Einrichtungen zum Heben und ⟶ / lifting and handling devices
Anfasser m / apostrophe n, handle n
Anfasung f / chamfer n, bevel n
anfertigen v / compile v
anfeuchten v / moisten v, wet v, dampen v
anflächen v / spot-face v
anflanschen v / flange-mount v, flange v (to), fixing (o. mounting) by means of a flange
Anfleckung f / staining n, tarnishing n
Anflug-·Befeuerungssystem n / approach lighting system || ⟶-**Blitzbefeuerung** f / approach flashlighting system, approach sequence flashlights (SF) || ⟶-**Blitzfeuer** n / approach flashlight || ⟶**feuer** n / approach light || ⟶**fläche** f / approach surface || ⟶**gleitweg** m / approach slope || ⟶-**Grundlinie** f / approach base line || ⟶-**Hochleistungsbefeuerung** f (APH) / high-intensity approach lighting (APH) || ⟶-**Hochleistungsfeuer** n / high-intensity approach light || ⟶-**Leuchtfeuer** n / approach light beacon || ⟶-**Mittelleistungsbefeuerung** f (APM) / medium-intensity approach lighting (APM) || ⟶-**Niederleistungsbefeuerung** f (APL) / low-intensity approach lighting (APL) || ⟶-**Seitenreihe-Befeuerung** f (APS) / approach side-row lighting (APS) || ⟶**sektor** m / approach area || ⟶**weg** m / approach path || ⟶**winkelfeuer** n / angle-of-approach lights
Anforderer m (MPSB) / requester n
anfordern v / request v
Anfordernder m (eines Dienstes) / requester n
Anforderung f / requirement n, request n, demand n, specification n, regulation n || ⟶ **an BE-Position** f / component positional requirement || ⟶ **der Empfangsbestätigung** f (DIN V 44302-2) / confirmation request

Anforderungen an die Qualitätssysteme von Zulieferanten / vendor quality requirements || ⟶ **der Datentechnik** f / telecontrol requirements || ⟶ **des Roboters** / robot requirements
Anforderungs·alarm m (Anwenderalarm) / user interrupt || **~-alarmgesteuerte Bearbeitung** / user interrupt processing || ⟶**bit** m / request bit || **~gesteuert** adj (Bussystem) / request-controlled adj, request-driven adj || ⟶**kennung** f / request identifier || ⟶**klasse** f DIN 19250 / requirement category, class n, quality class, requirement class || ⟶**klasse C** f / requirement category C n || ⟶**management** n / requirements management || ⟶**matrix** f / requirements matrix || ⟶**primitiv** n (ein Dienstprimitiv, das von einem Dienstbenutzer ausgegeben wird, um einen Vorgang auszulösen) / abstract syntax, request primitive || ⟶**profil** n / user program (UP synonymous with application program), specification n, general specification, procurement specification, enquiry specification, RS n, tender specification, requirement profile || specifications n, requirement specifications, product definition profile, customer specification, development order specification, design input specification, requirements profile || ⟶**prozess** m / requirement process || ⟶**schwerpunkt** m / focal point of requirement || ⟶**signal** n / request signal || ⟶**spektrum** n (Erdbebenprüf.) / required response spectrum (RRS) || ⟶**spezifikation** f / system requirements specification || ⟶**stufe** f / quality level, quality program category, classification grade || ⟶**tabelle** f / table of requirements || ⟶**taste** f / request key || ⟶**telegramm** n / request frame || ⟶- **und Rückverfolgungs-Management (RTM)** n / Requirement Traceability Management (RTM) || ⟶**verfolgungsmatrix (AVM)** f / requirement tracking matrix || ⟶**zuverlässigkeit** f / demand reliability (QC)
Anfrage f / request n, inquiry n, demand n || ⟶**datum** n / date of inquiry
Anfragender m / requester n, client n
anfressen v / corrode v, pit v || ⟶ n / erosion n
Anfressung f / corrosion n, pitting n, cratering n
anfügen v / attach v, append v, add to
Anfügen einer Fase / addition of a chamfer || ⟶ **einer Fase/Radius** / addition of a chamfer/radius
ANG (Winkel) / ANG (angle)
Angabe f / message n, specification n, indication n || ⟶ **der Anrufdauer** / indication of duration || ⟶ **des Betriebes** (el. Masch.) VDE 0530, T.1 / declaration of duty IEC 34-1 || ⟶ **für Parameter 77** / value for parameter 77 || ⟶**n** plt / instructions n pl, data n
angebaut adj / added-on adj
angebaute Erregermaschine / direct-connected exciter, direct-coupled exciter, shaft-mounted exciter || **~ Sicherung** f / top-mounted fuse
angeben v / specify v, indicate v
Angebot n / range n, products, systems and services, products and services, bid, offer
Angebots·abgabe f / offer delivery, submission of offer || ⟶**abschätzung** f / bid estimation || ⟶**anfrage** f / inquiry n, quest for quotation, enquiry n || ⟶-/**Auftragsüberprüfung** f / contract review || ⟶**bearbeitung** f / offer processing || ⟶**begleitblatt** n / accompanying offer note || ⟶**dokumentation** f / bid documentation ||

⟨einholung *f* / obtaining of offers, inviting offers || ⟨erstellung *f* / preparation of the tender, preparation of the offer || ⟨frist *f* / period for tendering, quotation submission deadline || ⟨kalkulation *f* / bid calculation || ⟨kostenkurven für Regelenergie *f* / ancillary service bid cost curves || ⟨legung *f* / submission of offer || ⟨muster *n* (Muster zur Veranschaulichung und zur Beurteilung eines Angebots) / sample quotation || ⟨palette *f* / range of goods offered || ⟨phase *f* / bid phase, quote phase || ⟨produkt *n* / offered product || ⟨spezifikation *f* / tender specification || ⟨überblick *m* / Catalog Overview || ⟨überprüfung *f* / bid review || ⟨- und Kalkulationsgrundlage / quotation and cost calculation basis, basis for quotation and cost calculation || ⟨vergleich *m* / offer comparison || ⟨zeichnung *f* / quotation drawing
angebracht *adj* / attached *adj*
angedeutet *adj* / indicated *adj*
angefahren *adj* / approached *adj*
angefedertes Thermometer / spring-loaded thermometer
angeflacht *adj* / flattened *adj*
angeflanscht *adj* / flange-mounted *adj*, attached *adj*
angeflexter Stecker / integral(ly moulded) plug, non-rewirable plug
angeforderte Leistung (Grenzwert der von einem Einzelverbraucher geforderten Leistung) / maximum demand required || ~ **Leistung** (Netz) / power demand (from the system), demand *n*
angeformt *adj* / integrally moulded, integral *adj* || **Stecker mit ~er Zuleitung** / cord set
angefressener Ventilkegel / eroded plug
angegeben·e Toleranz *f* / specified tolerance || **~er Lichtstromfaktor** / declared light output || **~er Wirkungsgrad** / declared efficiency || **~es Übersetzungsverhältnis** / marked ratio
angegossen *adj* / cast-on *adj* || **~e Leitung** / moulded lead, molded lead, molded cable || **~er Flansch** / cast body with flange end
angehängtes Zwischenraumzeichen / trailing space
angehoben·e Breitstrahlung / increased wide-angle radiation (o. distribution) || **~er Nullpunkt** / elevated zero
Angehöriger *m* / dependent *n*
angekommen *adj* / incoming
angekündigte Leistung (Stromlieferung) / indicated demand
angelassen *adj* / tempered *adj*
angelegte Bremse / applied brake || **~ Spannung** / applied voltage
angelernter Arbeiter / job-trained worker, semiskilled worker
Angelpunkt *m* / pivotal point
angemeldet *adj* / logged on
angemessen *adj* / proper *adj*, acceptable *adj*, reasonable *adj* || **~e Wärmeableitungsbedingungen** VDE 0700, T.1 / conditions of adequate heat discharge IEC 335-1 || **~er Nachweis** / adequate demonstration || ⟨heit *f* / adequacy
angenähertes I-Verhalten / floating action || **~ Parallelschalten** / random paralleling || **~ Synchronisieren** / random synchronizing
angeordnet *adj* / arranged *adj*
angepasst *adj* / adapted *adj* || **~e Last** / matched load

|| **~e Leitweglenkung** / adaptative routing || **~e Planung** / opportunistic planning || **~e Stromversorgung** / adapted power supply || **~er Mantel** / matched cladding
angeregt *adj* / energized *adj* (electrically connected to a voltage source) || **~er Zustand** (Quantenzustand eines physikalischen Systems, der einem höheren Energieniveau als dem des Grundzustands entspricht) / excited state
angerostet *adj* / slightly rusted
angeschlagen *adj* / hinged *adj*, fixed *adj* || **einseitig ~** / on one end || **~es Kabel** / cable with connectors
angeschlossen *adj* / connected *adj*
angeschmiedet *adj* / integrally forged, forged on || **~er Kupplungsflansch** / integral coupling, integrally forged coupling flange
angeschmolzenes Wärmeschutzgefäß (Lampe) / fixed vacuum jacket
angespitzte Isolierung / pencil *n*
angespritzt *adj* / integrally extruded || **~er Stecker** / integrally extruded plug, integral plug, non-rewirable plug
angestaucht *adj* / upset *adj*
Angestellte *m* / white-collar staff
Angestellter *m* / salaried employee
angestellt·er Mitarbeiter / salaried employee, withdraw *n*, takeback *n* || **~es Lager** / spring-loaded bearing, preloaded bearing, prestressed bearing || **spielfrei ~es Lager** / zero-end-float spring-loaded bearing
angesteuert, maximal ~ / fully open
angestrahltes Gebäude / floodlit building
angetrieben *adj* / driven *adj*, powered *adj* || **motorisch ~** / motor-driven *adj*, motorized *adj*, motor-operated, motor-actuated || **~e Achse** / drive axle || **~es Werkzeug** / rotating tool
angewachsener Flansch / integral flange
angewählt *adj* / selected *adj* || **~e Punkte** / selected elements
angezapft *adj* / tapped *adj* || **~e Wicklung** / tapped winding
angezeigt *adj* / indicated *adj* || **~er Wert** / indicated value
angezogen *adj* / tightened *adj*
angleichen *v* (Kurve) / fit *v*
angliedern *v* / incorporate
angreifen *v* (z.B. Abziehvorricht.) / engage with
angrenzen *v* / border *v* || **~d** *adj* / adjacent *adj*
Angriff *m* (Korrosion) / attack *n* (corrosion)
Angriffs·fläche *f* / working surface || ⟨linie *f* / line of action || ⟨punkt *m* / point of application || ⟨tiefe *f* (Korrosion) / depth of local corrosion attack || ⟨winkel *m* / angle of attack, angle of action
Anguss *m* / casting *n* || ⟨ **max. 0,1 mm überstehend** / sprue projecting max. 0.1 mm || ⟨buchse *f* / sprue bush || ⟨rest *m* / runner metal rest || ⟨spinne *f* / spiderlike sprue || ⟨stelle *f* / gate mark || ⟨system *n* / gating system || ⟨zieher *m* / sprue lock pin
anhaftender Elektrodenwerkstoff / adhering electrode material
Anhaltebremse *f* / stopping brake
anhalten *v* / stop *v*, bring to a stop, halt *v* || **~ *v* (Funktion) / hold *v* || **~ der Anlage** / system stop || **zeichengenaues ~** / stop with character accuracy
Anhaltepunkt *m* / hold point, holding point, breakpoint *n*, stop *n*

Anhalts·marke *f* / reference mark || **T-₂wert** *m* / guide value, guidance value, recommended value, approximate value
Anhang *m* / appendice *n*, appendix *n*
Anhänge·fahrzeug *n* / trailer *n* || **₂last** *f* / trailer load
anhängen *v* (am Kranseil) / attach *v*, add to || ~ *v* (Datei) / append *v*
anhängende Nullen / trailing zeros
Anhänger *m* / trailer *n*, tag *n* || **₂kran** *m* / trailor crane || **₂steckdose** *f* / trailer socket
Anhänge·vorrichtung *f* (f. Kran) / lifting device, (lifting) eyebolt, lifting pin || **₂zettel** *m* / tag *n*
Anhäufung *f* / cluster *n*, aggregation *n*, accumulation *n*
Anhebe·bock *m* (hydraul.) / hydraulic jack, jack *n* || **₂haken** *m* / lifting hook || **₂lasche** *f* / jacking strap, lifting strap, jacking lug
anheben *v* / lift *v*, raise *v*, jack up *v*
Anhebe·ölpumpe *f* / jacking oil pump || **₂öse** *f* / lifting eye || **₂stelle** *f* / jacking lug, jacking pad, lifting shoulder, lifting boss || **₂vorrichtung** *f* / lifting fitting, lifting gear, lifting device || **₂zapfen** *m* / lifting pin, jacking pin
Anhebung *f* / boost *n* || **₂** *f* (EN 60834-1) / boosting || **Nullpunkt~** *f* / zero elevation || **₂sbetrag** *m* / level of boost || **₂sparameter** *m* / boost parameter || **₂swert** *m* / boost value
Anheizgeschwindigkeit *f* (Kathode) / heating rate
Anheizzeit *f* / warm-up time, starting time
anhysteretisch·e Kurve / anhysteretic curve || **~er Zustand** / anhysteretic state
Anilinpunkt *m* / aniline point
Animation *f* / animation *n*
Anion *n* / anion *n* (Negatively charged ion)
anisochron *adj* / anisochronous *adj* || **~e Übertragung** / anisochronous transmission
Anisochronismus *m* (Zustand, in dem eine zeitabhängige Erscheinung, ein Zeitraster oder ein Signal anisochron ist) / anisochronism *n*
anisotrop *adj* / anisotropic *adj* || **~es Ätzen** / anisotropic etching || **~es Magnetmaterial** / magnetically anisotropic material
Anisotropie *f* / anisotropy *n* || **₂faktor der magnetischen Feldstärke** / magnetic field strength anisotropy factor || **₂faktor der Verluste** / loss anisotropy factor
anisotropischer Körper / anisotrope *n*
Anker *m* / lever *n*, pallet *n*, tie *n* || **₂** *m* (Uhr) / lever *n* || **₂** *m* (el. Masch.) / armature *n* || **₂** *m* (Befestigungselement) / anchor *n*, holding-down bolt || **₂ mit offener Wicklung** / open-circuit armature || **₂ ohne Eisenkern** / coreless armature || **₂bandage** *f* / armature band || **lineare ₂belastung** / electric loading, average ampere conductors per unit length, average ampere conductors per cm of air-gap periphery, effective kiloampere conductors, specific loading || **₂blattfeder** *f* / armature leafspring || **₂blech** *n* / armature lamination, armature stamping, armature punching || **₂bohrung** *f* / stator bore, inside diameter of stator core || **₂bolzen** *m* / foundation bolt, holding-down bolt || **₂büchse** *f* / foundation-bolt sleeve, foundation-bolt cone || **₂dämpfung** *f* / armature damping || **₂deckblech** *n* / armature cover plate || **₂drahtzahl** *f* / number of armature conductors || **₂drehrichtung** *f* / direction of armature rotation || **₂durchflutung** *f* / armature ampere-turns || **₂eisen** *n* / armature iron, armature core || **₂eisenverlust** *m* / armature core loss || **₂fahne** *f* / armature end connector || **₂feld** *n* / armature field || **₂felderregerkurve** *f* / armature m.m.f. curve || **₂flussdichte** *f* / armature flux density, armature induction || **₂gegenfeld** *n* / opposing magnetic field of armature || **₂gegenwirkung** *f* / armature reaction || **₂hohlwellenantrieb** *m* / hollow-shaft motor drive || **₂hub** *m* / armature stroke || **₂induktion** *f* / armature induction || **₂induktivität** *f* / armature inductance || **₂kappe** *f* / armature cap || **₂kern** *m* / armature core || **₂klaue** *f* / pallet pin || **₂kontakt** *m* / armature contact || **₂korb** *m* / tiebar chair || **₂kraftfluss** *m* / armature flux || **₂kraftlinie** *f* / armature line of force || **₂kreis** *m* / armature circuit || **₂kreisausführung** *f* / armature circuit || **₂kreisinduktivität** *f* / armature circuit inductance || **₂kreisumschaltung** *f* / armature-circuit reversal, armature reversal || **₂kreiswiderstand** *m* / armature circuit resistance || **₂kreiszeitkonstante** *f* / armature circuit time constant || **₂kurzschluss** *m* / armature short-circuit || **₂kurzschlussbremsung** *f* / braking by armature short-circuiting, armature short-circuit braking || **₂längsfeld** *n* / armature direct-axis field
Anker·mantel *m* / armature envelope || **₂mantelfeld** *n* / field over armature active surface, pole-to-pole field || **₂mantelfläche** *f* / lateral surface of armature, armature envelope || **₂material** *n* / foundation fixing bolts || **₂nutwellen** *f pl* / armature slot ripple || **₂platte** *f* (f. Fundamentanker) / retaining plate, backing plate, armature plate || **₂prellen** *n* / armature bounce, armature rebound || **₂prüfgerät** *n* / growler *n* || **₂punkt** *m* / anchor point || **₂querfeld** *n* / armature quadrature-axis field || **₂querfeldreaktanz** *f* / quadrature-axis synchronous reactance || **₂rad** *n* (Uhr) / escape wheel || **₂reaktanz** *f* / synchronous reactance || **₂rückwirkung** *f* / armature reaction || **₂satz** *m* (Datensatz, der allen anderen Datensätzen in einer Satzgruppe übergeordnet ist) / owner record || **₂scheibe** *f* / armature disk, armature plate || **₂schiene** *f* / anchor bar || **₂schiene zur Kabelbefestigung** / cable clamping rail || **₂schraube** *f* (f. Befestigung auf Fundament) / anchor bolt, foundation bolt, holding-down bolt || **₂seil** *n* (Mast) / stay *n* (tower), pole
Ankerspannung *f* / armature voltage || **Nenn-** *f* / rated armature voltage || U_a-**₂** / U_a-armature voltage || **₂sablösepunkt** *m* / armature voltage point
Anker·spule *f* / armature coil || **₂stab** *m* (Fundament) / anchor rod, guy rod, stay *n*, armature bar || **₂stern** *m* / armature spider || **₂steuerbereich** *m* / speed range under armature control, armature control range || **₂steuerdrehzahl** *f* / speed obtained by control of armature circuit || **₂streufluss** *m* / armature leakage flux || **₂streuinduktivität** *f* / armature leakage inductance || **₂streureaktanz** *f* / armature leakage reactance || **₂streuung** *f* / armature leakage
Ankerstrom *m* / armature current || **Nenn-₂** *m* / rated armature current || **₂belag** *m* / armature ampere conductors || **effektiver ₂belag** / effective armature (kilo-) ampere conductors || **₂kreis** *m* / armature circuit || **₂regler** *m* / armature current controller || **₂richter** *m* / main converter, armature-

Anker 38

circuit converter
Anker·trommel *f* / armature drum || ⁀**verhältnis** *n* / armature ratio || ⁀**welle** *f* / armature shaft || ⁀**wickelmaschine** *f* / armature winding machine || ⁀**wickler** *m* / armature winder || ⁀**wicklung** *f* / armature winding || ⁀**wicklung ohne Eisenkern** / coreless armature || ⁀**widerstand** *m* / armature resistance || ⁀**zeitkonstante** *f* / short-circuit time constant of armature winding, primary short-circuit time constant || ⁀**zugkraft** *f* / armature pull, tractive effort of armature || ⁀**zweig** *m* / path of armature winding
Anklammerkonstruktion *f* (f. Freileitungsleiter) / bracket *n*
Anklang *m* / well-received
anklemmen *v* (el. Anschluss) / connect (to the terminals), make the terminal connections
anklicken *v* / click *v*, select *v*, click on *v*
Anklingkonstante *f* / build-up constant
anklopfen *v* / call waiting
anknipsen *v* (Licht) / switch on *v*
Anknüpfung *f* / stub *n* EN 50170-2-2
ankohlen *v* / char *v*
ankommen *v* / well-received *adj*, accepted well || ⁀*n* (eines der Signale der Handshake-Schnittstelle) / incoming
ankommend·e Busleitung / incoming bus cable || ~**e Leitung** / supply line, incoming feeder, incoming line, incomer *n* || ~**e Welle** / incident wave || ~**er Ruf** *m* / Ring Indicator (RI), DIN 44302, T.13 incoming call
Ankoppel·baugruppe *f* / coupling module, interface module || ⁀**dämpfung** *f* / coupling loss
ankoppeln *v* / couple *v* || ~ *v* (anschalten) / interface *n* || **an einen Stromkreis** ~ / couple into a circuit
Ankoppelwirkungsgrad *m* / coupling efficiency
Ankopplung *f* / coupling *n*, link *n*, join *n* || ⁀ *f* (Schnittstelle) / interfacing *n*, interface *n* || ⁀ *f* (Prüfung-Prüfstück) / probe-to-specimen contact || ⁀ *f* / induced voltage
Ankopplungs·baugruppe *f* / adaptor module || ⁀**kondensator** *m* / coupling capacitor || ⁀**vierpol** *m* / four-terminal coupling circuit || ⁀**widerstand** *m* / coupling resistor, adaptor resistor
ankörnen *v* / punch *v*, punch-mark *v*
Ankörnschablone *f* / marking-out template
ankratzen *v* / scratch *v*
Ankratzen *n* (des Werkstücks) / scratching *n*, slight contact, scratching of workpiece
Ankratz·frame *m* / scratch frame || ⁀**methode** *f* / scratch method, scratching *n*
ankreuzen *v* / indicate *v*, check *v*
Ankrimpen *n* / crimping *n*
Ankündigung *f* / notice *v* || ⁀ **Phase out** / phase out announcement
ankuppeln *v* / couple *v*
Anlage *f* DIN 40042 / equipment *n*, plant *n*, installation *n*, station *n*, remote partner, installation/ system, process cell || ⁀ *f* (System) / system *n* || ⁀ *f* (im Kennzeichnungsblock) DIN 40719 / system *n* || ⁀ **auf Baustellen** VDE 0100, T.200 / building site installation, construction site installation || ⁀ **im Freien** VDE 0100, T.200 / outdoor installation || **elektrische** ⁀ **im Freien** DIN IEC 71.5 / electrical installation for outdoor sites IEC 71.5, outdoor electrical installation, outdoor electrical equipment IEC 50(25) || ⁀ **mit äußeren Überspannungen** /

exposed installation || ⁀ **ohne äußere Überspannungen** / non-exposed installation || **elektrische** ⁀ (v. Gebäuden) VDE 0100, T.200 / electrical installation || **Kondensator~** *f* VDE 0560, T.4 / capacitor equipment IEC 70 || **technische** ⁀ DIN 66201 / plant *n* || **Umspann~** *f* / transforming station, substation *n* || **verfahrenstechnische** ⁀ / plant *n* || ⁀**abnahme** *f* / system acceptance test || ⁀**datei** *f* / plant database || ⁀**daten** *plt* DIN 66201 / plant data || ⁀**fläche** *f* / seating face, seating surface, joint surface, contact surface, lay-on surface || ⁀**kante** *f* / lay-on edge || ⁀**kante Frontplatte** / lay-on edge, front plate || ⁀**linie** *f* / lay-on line
Anlagen *f* / process industry plants || **Konti-**⁀ *f* / continuous plants || ⁀**abbild** *n* / switchgear image || ⁀**abnahme** *f* / system acceptance test || ⁀**abschluss** *m* / end wall, switchgear termination || ⁀**archiv** *n* / plant archive || ⁀**ausfall** *m* / plant failure || ⁀**auslastung** *f* / plant utilization || ⁀**automatisierung** *f* / plant automation || ⁀**bau** *m* / process plant engineering, system *n*, plant construction, plant engineering || **anwendergerechter** ⁀**bau** / user-orientated systems || ⁀**bauer** *m* / plant engineering company, plant constructor || ⁀**bausteine** *m* *pl* / switchgear components || ⁀**bearbeitung** *f* / switchgear engineering || ⁀**behälter** *m* (Lastschaltanlage) / (switchgear) container *n* || ⁀**betreiber** *m* / plant operator, plant owner, system operator || ⁀**betrieb** *m* / plant operation || ⁀**bezeichnung** *f* / equipment ID, plant code, plant descriptor || ~**bezogen** *adj* / process-related *adj* || ~**bezogene Sammelschienenschutz-Messschaltung** IEC 50 (448) / check zone of (multi-part) busbar protection || ⁀**bild** *n* / plant mimic diagram, mimic *n*, plant mimic, display *n* || ⁀**bild** *n* (am Bildschirm) / plant display, process display || ⁀**bildsteuerung** *f* / mimic-diagram control || ⁀**buchhaltung** *f* / fixed-asset accounting || ⁀**bus** *m* / plant bus || ⁀**daten** *plt* / switchgear data, substation data || ⁀**diagnose** *f* / plant diagnostics || ⁀**dokumentation** *f* / project documentation, plant documentation || ⁀**-Editor** *m* / Line Editor || ⁀**erde** *f* / the system's ground || ⁀**errichter** *m* / plant planner || ⁀**errichtung** *f* / plant installation || ~**externe Hilfsinformation** / external auxiliary information || ⁀**fahrer** *m* / plant operator, operator *n* || ⁀**fehler** *m* / system fault *n* || ⁀**fließbild** *n* / plant mimic diagram, plant mimic, plant display, process display, display *n*, mimic *n* || ⁀**führer** *m* (FFS) / system supervisor || ⁀**generierung** *f* / system generation || ⁀**geschäft** *n* / systems business || ⁀**gliederung** *f* / plant subdivision, plant grouping || ⁀**gruppe** *f* / plant group || ⁀**hersteller** *m* / system manufacturer || ⁀**informationssystem** *n* / plant information system || ⁀**installation** *f* / installation of plant databases || ~**interne Hilfsinformation** / internal auxiliary information || ⁀**-Investmentplanung** *f* (DIN EN 61968-1, -5) / AIP || ⁀**-Investmentplanung** *f* (DIN EN 61968-1, -4) / asset investment planning
Anlagen·kennlinie *f* (Pumpe) / system-head curve || ⁀**kennung** *f* / master index || ⁀**kennzeichen** *n* / plant identifier, higher-level assignment IEC 113-2, project reference, process identifier || ⁀**kennzeichen (AKZ)** *n* / higher level designation

Anlauf

of item (HID) || kommentar *m* / plant comment || komplex *m* / area *n*, production area || konfiguration *f* (System) / system configuration || konfigurationen *f* / system configuration || konzept *n* / plant concept, system concept || koppelgerät *n* (Nahsteuerungssystem) / multi-feeder interfacing unit || leitschiene *f* / plant control bus || lieferant *m* / system supplier || manager *m* / Plant Manager, DIGSI manager || mitte *f* / system center || montage *f* / switchgear installation || name *m* (Fabrikanl.) / plant name || parameter *f* / plant parameter, parameters of substation configuration, substation parameters, system parameter settings || planung *f* / system planning || projekt *n* / system project || projektierung *f* / configuring the plant || prozedur *f* / equipment procedure || rückmeldung *f* / check-back signal from process, feedback from process || rüstzeit *f* / equipment setup time

Anlagen·schutz *m* / plant protection, system protection || ~seitig *adj* / line-side *adj* || ~seitiger Eingangsschalter / incoming circuit-breaker in the plant distribution board || service *m* / installation service || sicht *f* / plant view *n* || software *f* / system software || höchste spannung / highest voltage for equipment || ~spezifisch *adj* / system-specific *adj* || stammdaten *plt* / system master data || status *m* / plant state *n* || stichwort *n* / project keyword || stillstand *m* / plant standstill, plant shutdown || stillstandzeit *f* / plant downtime || störung *f* / system failure || struktur *f* / system structure, plant structure || technik *f* / industrial and building systems || teil *m* / plant unit, system component || teil *m* (technische Komponente (wie Maschine, Apparat, Gerät) einer Anlage) / device || test *m* / checkout, final inspection, final inspection and testing, final inspection and test verification || topologie *f* / plant topology || typ *m* / switchgear type || ~überlappendes System / intra-plant system || übersicht *f* / plant overview, system overview || überwachung *f* / system monitoring, substation monitoring || umgebung *f* / plant environment || verfügbarkeit *f* / plant availability || verriegelung *f* / substation interlock || verzeichnis *n* / project schedule || visualisierung *f* / plant visualization || ~weit *adj* / plant-wide || zustand *m* / system condition, plant status

Anlage·punkt *m* / lay-on point || seite *f* / lay-on side || stift *m* / contact pin || störung *f* / plant failure, system failure

Anlass·arbeit *f* / starting energy || art *f* / starting method || befehl *m* / starting signal, starting command || betrieb *m* || dauer *f* / tempering time || drossel(spule) *f* / starting reactor

anlassen *v* / start *v* || ~ *v* (Wärmebehandlung) / temper *v*, draw *v*, age *v*, age-harden *v*, anneal *v* || mit verminderter Spannung / reduced-voltage starting || mit voller Spannung / full-voltage starting || mit Widerständen / rheostatic starting, resistance starting

Anlasser *m* / starter *n*, motor starter || *m* VDE 0730 / controller *n* || für direktes Einschalten / direct-on-line starter, full-voltage starter, across-the-line starter, line starter || mit n

Einschaltstellungen / n-step starter || mit Spartransformator / autotransformer starter || ohne Drehrichtungsumkehr / non-reversing starter || feld *n* / starter panel, starter unit || kennzahl *f* / starter duty factor || motor *m* / starter motor || schutzschalter *m* / motor-circuit protector (MCP), starter circuit-breaker || stellung *f* / starter notch, starter position || stufe *f* / starter step, starter notch

Anlass·gerät *n* / starter *n*, combination starter || häufigkeit *f* / permissible number of starts per hour, starting frequency || -Heißleiter *m* / delaying NTC thermistor, restraining NTC thermistor || kondensator *m* / starting capacitor || kupplung *f* / centrifugal clutch, dry-fluid coupling, dry-fluid drive || motor *m* / starting motor || regelschalter *m* / controller *n*, automatic starter || regelwalze *f* / drum controller || regler *m* / controller *n*, automatic starter || schalter *m* / starter *n*, starting switch, switch-starter *n* || schalter *m* (m. Anlasstrafo) / autotransformer starter || schaltung *f* / starting circuit || schleifringläufer *m* / fixed-speed wound-rotor motor, slipring motor with brush lifter || schütz *n* / starting contactor, contactor starter || schützensteuerung *f* / contactor-type starting control, contactor-type starting sequence control || schützensteuerung *f* (Schütz m. handbetätigtem Hauptschalter) / combination starter || schützensteuerung *f* (mittlerer Anlassstrom / Läufernennstrom) / starter duty rating || schwere *f* (Mm/Mn) / starting load || schwere *f* (mittlerer Anlassstrom / Läufernennstrom) / starting load factor || spartransformator *m* / autotransformer motor starter || spartransformatorstarter *m* / auto-transformer starter || spitzenstrom *m* / inrush peak, peak inrush current, switch-on peak || sprödigkeit *f* / temper brittleness || steller *m* / controller *n* || steller *m* (veränderlicher Widerstand) / starting rheostat || stellschalter *m* / controller *n* || stellwalze *f* / drum-type controller, drum controller || stromkreis *m* / starting circuit || stromstoß *m* / starting-current inrush, inrush current, magnetizing current inrush || stufe *f* / starting step

Anlass·temperatur *f* / tempering temperature || transformator *m* / starting transformer, autotransformer starter, starting compensator, auto-transformer starter || transformator-Schalter *m* / autotransformer starter || umspanner *m* / starting transformer, autotransformer starter, starting compensator || vorgang *m* / starting operation, starting cycle || walze *f* / drum-type starter, drum controller || wicklung *f* / starting winding, auxiliary winding, high-resistance auxiliary winding, starting amortisseur, auxiliary phase || widerstand *m* / starting resistor || zahl *f* / permissible number of starts in succession

Anlauf *m* / start-up *n*, start *n*, starting *n*, booting *n*, cold restart (program restarts from the beginning), start up mode || *m* (Erstanlauf) / initial start-up || *m* (Rechnerprogramm, Prozedur) / initialization *n* || *m* (Prozess) / start-up *n* || *m* (Rechnerprogramm, Prozedur) / initialization procedure || aus dem kalten Zustand / start with the motor initially at ambient temperature || aus dem warmen Zustand / start with the motor

Anlauf

initially at rated-load operating temperature || ~ **durch Hilfsphase** / split-phase starting, capacitor starting || ~ **für Fehlermeldungen und Betriebsmeldungen** / initial settings for error messages and operational messages || ~ **mit direktem Einschalten** / direct-on-line starting (GB), across-the-line starting (US) || ~ **mit verminderter Spannung** / reduced-voltage starting || ~ **mit voller Spannung** / full-voltage starting, direct-on-line starting || ~ **über Blocktransformator** / main-circuit-transformer starting || ~ **über Hilfsmotor in Reihenschaltung** / series-connected starting-motor starting || ~ **über Spartransformator** / autotransformer starting || ~ **über Spartransformator mit Stromunterbrechung** / open-transition autotransformer starting (GB), open-circuit transition autotransformer starting (US) || ~ **über Spartransformator ohne Stromunterbrechung** / closed-transition autotransformer starting (GB), closed-circuit transition autotransformer starting (US) || ~ **über Vorschaltdrossel** / reactor starting, reactance starting || ~ **über Vorschaltwiderstand im Läufer** / rotor resistance starting || ~ **über Vorschaltwiderstand im Ständer** / stator resistance starting || ~ **über Widerstände** / resistance starting, rheostatic starting || ~ **über Zwischentransformator** / rotor-circuit-transformer starting || ~- **und Sicherheitskupplung** / centrifugal clutch, hydraulic clutch, hydrodynamic clutch, dry-fluid coupling || ~ **und Wiederanlauf** / startup and restart || **druckloser** ~ / depressurized startup || **System~** *m* / system start-up

Anlauf·anhebung *f* / starting boost || ~**anzeige** *f* / start-up indication || ~**art** *f* / start-up mode, restart method, restart mode || ~**baustein** *m* / restart block || ~**baustein** *m* / start-up block || ~**bedingung** *f* / start-up condition || ~**bedingungen** *f pl* / starting conditions, starting preconditions || ~**bereich** *m* (Schrittmot.) / start-stop region || **~beständig** *adj* (Kontakte) / non-tarnishing *adj* || ~**bild** *n* / system screen || ~**bund** *m* (Welle) / thrust collar || ~**daten** *plt* / start characteristics || ~**dauer** *f* / warm-up time || ~**drehmoment** *n* / starting torque, locked rotor torque || ~**drehmoment der Abstimmeinrichtung** DIN IEC 235, T.1 / tuner breakaway torque, tuner starting torque || **hohes ~drehmoment** / high starting torque || ~**eigenschaften** *f pl* (Lampe) / warm-up characteristics || ~**einstellung** *f* / adjustment of starting current, starting-torque adjustment

anlaufen *v* / start *v*, start up *v* || ~ *v* (Metall, blind werden) / tarnish *v*, become tarnished

Anlauf·farbe *f* / tarnishing colour || ~**farben** *n* / temper coulour (surface oxidized in the area of the weld spot or seam) || ~**fläche** *f* / thrust face, abutment (surface) || ~**folge** *f* / starting sequence || ~**frequenz** *f* (Schrittmot.) / start-stop stepping rate || ~**frequenz** *f* / starting frequency, number of starts in succession || ~-**Generalabfrage** *f* / startup general interrogation || ~**glas** *n* / temperature-coloured glass || ~**grenzfrequenz** *f* (Schrittmot.) / maximum start-stop stepping rate, start-stop curve || ~**grenzmoment** *n* (Schrittmot.) / maximum start-stop torque || ~**güte** *f* / starting performance, locked-rotor-torque/kVA ratio || ~**häufigkeit** *f* / starting frequency, number of starts in succession || ~**hemmung** *f* / anti-creep device || ~-**Hilfsmotor** *m* / starting motor IEC 50(411) || ~**hilfswicklung** *f* / auxiliary starting winding || ~**impedanz** *f* / subtransient impedance, negative-sequence impedance || ~**käfig** *m* / starting cage, starting amortisseur || ~**kante** *f* (Bürste) / entering edge, leading edge || ~**kapazität** *f* / starting capacitance || ~**kennung** *f* / start-up code, start identifier || ~**kette** *f* (Prozess) / start-up sequence, start-up cascade || ~**klasse** *f* / starting class || ~**kondensator** *m* / starting capacitor || **Einphasenmotor mit ~kondensator** / capacitor-start motor || ~**kupplung** *f* / centrifugal clutch, dry-fluid coupling, dry-fluid drive, starting clutch || ~**lampenspannung** *f* / warm-up lamp voltage, warm-up voltage at lamp terminals || ~-**Lastmoment** *n* / load starting torque || ~**leistung** *f* / starting power

Anlauf·merker *m* / start-up flag || ~**moment** *n* / starting torque || ~**moment** *n* (Schrittmot.) / start-stop torque || ~**moment** *n* (Läuferstillstandsmoment) / locked-rotor torque || ~-**OB** / restart OB || ~**phase** *f* / startup phase || ~**programm** *n* / start-up program (o. routine), restart program, initialization program, restart routine || ~**prozedur** *f* (Rechnerprogramm o. -system) / initialization procedure, initialization *n* || ~**prüfung** *f* / minimum-running-current test || ~**prüfung** *f* (Lampe) / warm-up test || ~**prüfung** *f* (el. Masch.) / starting test IEC 50(411) || ~**punkt** *m* (el. Masch.) / short-circuit point || ~**rampe** *f* / start-up ramp || ~**ring** *m* (Welle) / thrust ring || ~**rolle** *f* / advance roller, positioning roller, roller || ~**routine** *f* / startup routine || ~**schaltung** *f* / starting circuit || ~**scheibe** *f* (Welle) / thrust ring, wearing disc, endplay plate || ~**schicht** *f* / tarnishing film || ~**schräge** *f* / starting chamfer || ~**schwingung** *f* / beat *n* || ~**segment** *n* / segment of starting cage, starting-winding segment || ~**sequenz** *f* / start-up sequence || ~**spannung** *f* / starting voltage || ~**spannungsanhebung** *f* / starting boost, starting voltage boost || ~**sperre** *f* / starting lockout, starting inhibiting circuit, safeguard preventing an unintentional start-up, start-up lock, ALS *n* || **zentrale ~stelle** / central location, central contact point || ~**stellung** *f* / starting position || ~**steuerung** *f* / starting control, (Logik) start-up logic, starting sequence control || ~**steuerung** *f* (Baugruppe) / start-up module || ~**strecke** *f* / run-up track || ~**strom** *m* / starting current, starting current ratio || ~**strom** *m* (Lampe) / warm-up lamp current || ~**strombegrenzung** *f* / starting current limitation || ~**stromüberwachung** *f* / starting current monitoring || ~**stück** *n* / run-on piece || ~**stück** *n* / run-on plate

Anlauf·test *m* / startup test || ~**toleranz** *f* / pre-travel tolerance || ~**transition** *f* / startup transition (initializes a status graph) || ~**überwachung** *f* / starting-cycle monitoring circuit, starting-time monitoring (circuit), starting open-phase protection, startup monitoring || ~**überwachungszeit** *f* / startup monitoring time || ~**verhalten** *n* (el. Masch.) VDE 0530, T.12 / starting performance IEC 34-12, starting characteristics, restart characteristics, start-up

behavior, startup characteristics || ⸿verluste f / startup losses || ⸿verriegelung f / start preconditioning circuit || ⸿versuch m / starting test || ⸿verzögerung f / startup delay || ⸿vorgang m / starting operation, starting cycle, start-up process || ⸿wärme f / starting heat, m DIN 19226 reaction value || ⸿wert m (Messtechnik) / minimum operating value, sensitivity n || ⸿wicklung f / starting winding, auxiliary winding, high-resistance auxiliary winding, starting amortisseur, auxiliary phase || ⸿wicklung mit Dämpferfunktion / starting amortisseur || ⸿winkel m / approach angle || ⸿zeit f / response time, build-up time, rise time, running-up time, startup time || ⸿zeit f (Lampe) / warm-up time || ⸿zeit f / start time || ⸿zeit f / starting time, acceleration time, run-up period || ⸿zeitüberwachung f / starting time supervision
anlegen v / setup v, feed v || ~ v (Bremse) / apply v || ~ v (Programm) / create v || **Spannung ~ an** / apply voltage to, impress a voltage to
Anlegergetriebe n / feeder gear
Anlege·skale f / feed scale || ⸿stromwandler m / split-core-type current transformer, split-core transformer || ⸿tisch m (f. Papier) / feed table
Anlegierung an der Elektrode / electrode pick-up || ⸿ **von Grundwerkstoff** / pick-up from parent metal
Anlegungspunkt m / sizing data
Anleitung f / manual n, guide n, guidance, instruction || ⸿ **zum Systemausbau** / Instructions for system upgrade || ⸿ **en und Handbücher** / Instructions and Manuals
Anlenk·element n / guide element, force guidance element || ⸿hebel m / articulated lever || ⸿kontakt m (Trafo) / control resistor contact, transition resistor contact || ⸿schalter m (Trafo) / control-resistor switch, transition resistor switch || ⸿ung f / guidance of forces, guiding n || ⸿ungswinkel m / angle between crank and connecting rod || ⸿widerstand m (Trafo) / transition resistor, control resistor, link resistor
Anlernen n / low-level learning
anliefern v / deliver v
Anliefer·platz m / delivery point || ⸿qualität f / delivery quality || ⸿stelle f / destination
anliegend adj / adjacent adj
Anlieger·fahrbahn f / service road (GB), frontage road (US) || ⸿straße f / local street, local road, frontage road, service road || ⸿zuordnung f (DIN V 44302-2) / adjacency
Anmelde·dialog m (Dialog am Bediengerät, den der Benutzer zur Eingabe von Benutzername und Kennwort verwendet) / logon dialog || ⸿informationen f pl / log-on information
anmelden v / connect v || ~ v (Bediener - System, Bediener - Rechneranlage) / log on v, sign on
Anmeldeverfahren n / login procedure
Anmerkung f (f. Sätze in Programmen) / remark n, note n || ⸿sbeginn m / start of comment
Anmerkungs·beginn-Zeichen n DIN 66025, T.1 / control-in character ISO/DIS 6983/1 || ⸿ende n / end of comment || ⸿ende-Zeichen n DIN 66025, T. 1 / control-out character ISO/DIS 6983/1 || ⸿text m / comments text
annähern v / approach v, converge v
annähernd stromloses Schalten / switching of negligible currents

Annäherung f (NS) / approach n || **Annäherung** f / approximation n || **Schutz gegen** ⸿ **an unter Spannung stehende Teile** / protection against approach to live parts || ⸿ **einer Bahn durch Polygonzüge** / continuous path approximation
Annäherungs·geschwindigkeit f / approach speed, speed of approach || ⸿register n / approximation register, successive approximation register (SAR) || ⸿schalter m / proximity switch || ⸿schalter BERO / proximity switch BERO || ⸿sicht f / approach vision || ⸿system n / proximity system || ⸿tangente f / approach tangent || ⸿wert m / approximate value
Annahme f DIN 55350, T.31 / acceptance n, belief n, verification n || ⸿ **der Verbindung zur Darstellungsschicht** (Tabelle A.12 DIN EN 60870-6-701) / connect presentation accept || ⸿faktor m / acceptability constant || ⸿grenzen f pl / acceptable quality limits (AQL) || ⸿kennlinie f (OC-Kurve) / operating characteristic curve (OC curve), OC curve || **50 %-Punkt der** ⸿**kennlinien** m / point of control || ⸿kriterien n / standards of acceptability || ⸿n f / assumptions n pl || ⸿prüfung f / conformance test || ⸿prüfung f / acceptance test, acceptance inspection, verification n, acceptance n || ⸿-Stichprobenplan m / acceptance sampling plan || ⸿stichprobenprüfung f / acceptance sampling, acceptance sampling inspection || ⸿-Stichprobenprüfung f / acceptance sampling inspection || ~tauglich adj / acceptable adj || ⸿tauglichkeit f / acceptability n || ⸿- **und Rückweisungskriterien** n pl / acceptance and rejection criteria || ⸿verfahren n / acceptance procedure || ⸿wahrscheinlichkeit f / probability of acceptance || ⸿zahl f DIN 55350, T.31 / acceptance number
annehmbare Herstellergrenzqualität / acceptable quality level (AQL) || ~ **Qualitätsgrenzlage** f / acceptable quality level (AQL) || ~ **Qualitätslage** (AQL) / acceptable quality level (AQL), limiting quality
Annehmbarkeits·entscheidung f / decision of acceptability || ⸿nachweis m / evidence of acceptability (AQAP)
annehmende Stelle / acquirer
Anode f / anode n, negative electrode
Anoden·anschluss m / anode terminal, plate terminal || ⸿bogen m / anode arc || ⸿bürste f / anodic brush, positive brush || ⸿drossel f / anode reactor || ⸿fall m / anode fall || ⸿fleck m / anode spot || ⸿gebiet n / anode region, anode space || ⸿-Halbbrücke f / anode half-bridge || ⸿polarisation f / anodic polarization || ⸿polarisationsspannung f (Elektrodenpolarisationsspannung bei einer anodischen Reaktion) / anodic polarization || ⸿reaktion f / anodic reaction
anodenseitig steuerbarer Thyristor / N-gate thyristor || ~**er Gleichstromanschluss** / anode-side d.c. terminal
Anoden·spitzenspannung f / peak forward anode voltage || ⸿spitzenspannung in Sperrrichtung / peak negative anode voltage || ⸿turm m / anode turret || ⸿wirkungsgrad m / anode efficiency || ⸿zündspannung f / anode ignition voltage
An- oder Abfahrweg = 0 f / approach or retract path = 0

anodisch·e Abtragung / anodic erosion || **~e Bürste** / anodic brush, positive brush || **~e Kontraktion** / contraction at the anode || **~er Teilstrom** / anodic partial current || **~es Beizen** / anodic pickling
Anodisieren *n* / anodizing *n*, anodic treatment, anodic oxidation
anodisiertes Silizium / anodized silicon
ANOM *f* / analysis of means, ANOM
anomale Ausführung / special design, non-standard design, custom-made model || **~ Gebrauchsbedingungen** / abnormal conditions of use
anordnen *v* / arrange *v*, order *v*
Anordnung *f* / arrangement *n* || ⌂ *f* (EN 60870-6-501) / array sub-field || ⌂ **der Leistungsbaugruppen** / arrangement of the power modules || ⌂ **nach phasengleichen Außenleitern** (Station) / separated phase layout || ⌂ **nach Stromkreisen** (Station) / associated phase layout || **E/A-**⌂ *f* / I/O array || **Isolator~** *f* (Kettenisolatoren) / insulator set || **mehrzeilige** ⌂ / multitier configuration, multi-tier configuration || **Prüf**⌂ *f* / test set-up, test arrangement || **Resonanz** ⌂ *f* / resonant structure
Anordnungs·plan *m* DIN 40719 / location diagram, arrangement diagram || ⌂**tabelle** *f* VDE 0113 / location table
anormal *adj* / non-standard *adj* || **~e Betriebsbedingungen** / abnormal conditions of use || **~er Anschluss** / special connection
ANOVA *f* / analysis of variance, ANOVA (basic statistical technique for analyzing experimental data)
anparametrieren *v* / parameterize *v*
anpassbar *adj* / adaptable *adj*
Anpass·baugruppe *f* / adapter module || ⌂**bedingung** *f* / interface condition || ⌂**einheit** *f* / interface unit || ⌂**elektronik** *f* (Schnittstellen-E.) / interface electronics
anpassen *v* / adapt *v*, match *v*, fit *v*, adjust *v*, customize *v* || ⌂ **an das Gelände** *n* / match to grade AE *n*
Anpasser *m* / adaptor *n*
Anpass·faktor *m* / interface factor || ⌂**gerät** *n* / interface *n* || ⌂**glied** *n* / adaptor *n*, coupling device, coupling element || ⌂**modul** *n* / interface module, interface submodule || ⌂**schaltung** *f* / interface *n* || ⌂**-Spannungswandler** *m* / voltage matching transformer || ⌂**-Spartransformator** *m* / matching autotransformer || ⌂**steuerung** *f* / interface control, interface controller || **programmierbare** ⌂**steuerung** (PLC) / programmable logic controller || ⌂**stufe** *f* / matching unit, adaptor *n* || ⌂**tabelle** *f* / selection table, matching table || ⌂**teil** *n* / adapter part || ⌂**teil** *m* (Schnittstelle) / interface unit (o. module), interface *n* || ⌂**teile** *n pl* / adapter parts || ⌂**teilschnittstelle** *f* / interface *n* || ⌂**teilschnittstelle** *f* (NC) / control interface, NC interface || ⌂**transformator** *m* / matching transformer, transformer for voltage adaption
Anpassung *f* / adaptation *n*, adjustment *n*, matching *n* || ⌂ *f* (Signale) / conditioning *n* || ⌂ **des Auges** / eye accommodation, accommodation *n*
Anpassungs·baugruppe *f* / adapter module || ⌂**drossel** *f* / load balancing reactor || **~fähig** *adj* / adaptable *adj* || ⌂**fähigkeit** *f* / adaptability *n*, matching capability, flexibility *n* || ⌂**filter** *n* / visual correction filter || ⌂**gerät** *n* / adapter || ⌂**glied** *n* / adapter *n*, adaptor *n*, adapter block, mounting adapter || ⌂**nullverstärker** *m* / null-balance matching amplifier || ⌂**protokoll** *n* DIN ISO 8473 / convergence protocol || ⌂**puffer** *m* / elasticity buffer || ⌂**regelung** *f* / ACO (adaptive control optimization), adaptive control (AC) || ⌂**schaltung** *f* (Schnittstellensch.) / interface circuit || ⌂**schaltung** *f* (Rob., NC) / interchange circuit || ⌂**transformator** *m* / matching transformer || ⌂**transformator** *m* / coupling transformer || ⌂**verluste** *m* / mismatch losses || ⌂**wandler** *m* / matching transformer || ⌂**wirkungsgrad** *m* / mismatch efficiency || ⌂**zeit** *f* (Messgerät) / preconditioning time
Anpass·verluste *m* / mismatch losses || ⌂**verstärker** *m* / matching amplifier, signal conditioner || ⌂**vorrichtung** *f* (Messgerät) / matching device, adaptor *n* || ⌂**wandler** *m* / matching transformer || ⌂**widerstand** *m* / matching resistor, matching impedance
anpicken *v* / pick *v*
Anpress·bewegung *f* / contact movement || ⌂**druck** *m* / pressure *n* || ⌂**fläche** *f* / sliding surface || ⌂**kraft** *f* / clamping force
anquetschen *v* / crimp on *v*, crimp *v*
anrampen *v* / ramp *v*
Anrampungsneigung des Fahrbahnrandes / ramp slope of roadway margin
Anrege·gerät *n* (Schreiber) / trigger unit || ⌂**glied** *n* (Schutz) / starting element, starting relay || ⌂**grenze** *f* / starting threshold
Anregelzeit *f* / rise time || ⌂**konstante** *f* / rise time constant
Anregemeldung *f* / (relay) starting indication
anregen *v* / excite *v*, induce *v*, activate *v*, pick up *v* || **~** *v* (Schütz) / energize *v*, excite *v*, start *v* || **~** *v* (Schwingungen) / excite *v* || **~** *v* (Schutz) / start *v* || **~** *v* (z.B. Emission) / stimulate *v* || **~** *v* / launch *v*
Anrege·relais *n* / starting relay, fault detector || ⌂**schaltung** *f* (Schutz) / starting circuit, fault detector circuit || ⌂**sperre** *f* (Schutz) / restraining feature, starting lockout || ⌂**strom** *m* (Schutz) / starting current || ⌂**stufe** *f* / starting relay, fault detector || ⌂**stufe** *f* (Schutz) / starting element, starting zone, starting relay
Anregung *f* (Schwingungen) / excitation *n*, fault detection pick-up || ⌂ *f* (Schutz) / starting *n* || ⌂ *f* / launching *n*
Anregungs·band *n* / excitation band || ⌂**bewegung** *f* / input motion || ⌂**dauer** *f* / period of excitation || ⌂**energie** *f* / excitation energy || ⌂**kraft** *f* / exciting force || ⌂**lampe** *f* / exciter lamp || **~-numerische Apertur** / launch-numerical aperture || ⌂**stärke** *f* / excitation intensity || ⌂**temperatur** *f* / excitation temperature
Anreicherungs·betrieb *m* DIN 41858 / enhancement mode operation || ⌂**-Isolierschicht-Feldeffekttransistor** *m* / enhancement-type field-effect transistor || ⌂**typ-Transistor** *m* / enhancement mode transistor
anreihbar *adj* / modular *adj*
Anreihbuchsenklemme *f* / modular pillar terminal, modular tunnel terminal
Anreihen, zum ⌂ / for side-by-side mounting
Anreih·klemme *f* / modular terminal, terminal || ⌂**klemmenblock** *m* / terminal block, modular

terminal block || ~**montage** *f* / butt mounting, mounting side by side (o. end to end) || ~-**Prüfstecker** *m* / lateral mounting test plug || ~**schellen** *f pl* / line-up saddles || ~**schrank** *m* / modular distribution board, modular cabinet, side-by-side switchgear cabinets || ~**technik** *f* / module systems

anreißen *v* (markieren) / mark out *v*, set out *v*, mark *v*, scribe *v*

Anreiß·nadel *f* / scriber || ~**platte** *f* / bench plate, surface plate || ~**tisch** *m* / marking table || ~**werkzeug** *n* / marking-off tool

Anreiz *m* / change of state, event signal || ~ *m* / initiation *n*, prompting *n* || ~ *m* (Ereignis) / event *n* || **Melde~** *m* / signal prompting || **Melde~** *m* / change-of-state announcement || ~**prämie** *f* / incentive *n* || ~**puffer** *m* / initiation buffer, prompt buffer || ~**speicher** *m* / trigger buffer

anreizunterlegt *adj* / incentive-based *adj*

Anriss *m* (Markierung) / marking *n*, scribed line (o. mark) || ~ *m* (Rissbildung) / incipient crack, initial cracking || ~ *m* (Kontakte) / scribing pattern

Anritzen *n* / scribing *n*

Anruf *m* / calling *n* || ~ *m* (das Senden von Wählzeichen und/oder Rufzeichen mit dem Ziel, eine Datenverbindung aufzubauen) / call || ~**beantwortung** *f* / answering *n*

anrufen *v* / instantiate *v*, poll *v*

Anruf·folge *f* / call string || ~**melder** *m* / pager *n* || ~**signal** *n* / calling signal || ~**steuerungsverfahren** *n* (Gesamtheit interaktiver Signale die zum Aufbau, zum Halten und zur Freigabe einer Datenverbindung erforderlich sind) / call control procedure || ~**umleitung** *f* / re-routing of calls || ~**versuch** *m* / call attempt || ~**weiterleitung** *f* / call redirection

ANS / ANS, Adaptive Network Security

Ansatz *m* / idea *n* || ~**dissolver** *m pl* / make-up dissolvers || ~**mast** *m* / side-mounting mast || ~**mischer** *m* / make-up mixer || ~**modul** *n* / masking module || ~**punkt** *m* (Lichtbogen) / root point, root *n*, starting point || ~**schraube** *f* / shoulder screw || ~**stelle** *f* (f. Heberock) / pad *n*, lug *n* || ~**stelle** *f* (Stelle der Schweißraupe, an der mit dem Schweißen jeweils neu begonnen wird oder wurde) / start of weld || ~**stutzen** *m* (Leuchte) / entry socket

Ansaug·druck *m* / intake pressure || ~**durchmesser** *m* (Durchmesser der Saugfläche an der Pipette) / suction diameter || ~**düse** *f* / suction nozzle

ansaugen *v* / draw in *v*, take in *v*, suck *v*

Ansaug·filter *n* / intake filter || ~**höhe** *f* / suction head, suction lift || ~**kanal** *m* / intake duct || ~**krümmer** *m* / intake manifold || ~**leitung** *f* / suction pipe, intake line || ~**luft** *f* (Kfz) / intake air || ~**luftsammler** *m* / intake air collector || ~**luftstrom** *m* / intake air || ~**querschnitt** *m* (Querschnitt der Saugfläche an der Pipette) / suction cross-section || ~**rohr** *n* / intake tube || ~**rohr** *n* / intake manifold, inlet manifold || ~**rohrunterdrucksensor** *m* / manifold air pressure sensor, MAP sensor || ~**seite** *f* (el. Masch.) / air inlet end, air intake side || ~**seite** *f* (Pumpe) / inlet side, suction side || ~**stutzen** *m* (Pumpe) / intake stub, suction connection || ~**stutzen** *m* (el. Masch.) / inlet-air adapter, intake flange || ~**system** *n* / intake system, induction system || ~**trakt** *m* / intake passage || ~- **und Gemischbildungs-Modul** *n* / integrated air/fuel module, IAFM, air fuel system || ~**ventil** *n* / intake valve, suction valve

Anschaffungskosten *f* / prime cost

Anschallung *f* (Ultraschallprüf.) / scanning *n*, scan *n* || ~ **mit Schallstrahlumlenkung** / skip scan

Anschaltbaugruppe *f* / interface module (IM) || ~ **für Empfangsbetrieb** *f* / interface module receive (IMR)

anschalten *v* / connect *v*, match *v* || ~ *v* (Schnittstelle) / interface *v*

Anschalter *m* / connector *n*

Anschaltmodul *n* / interface module (IM), IM (interface module)

Anschaltung *f* (rechnergesteuerte Anlage) / interface connection, interfacing *n*, connection *n* || ~ (AS, Baugruppe) / interface module (IM) || ~ **DEA** *f* / data I/O interface || ~ **kNS/DP** / kNS/DP interface || **Bereich** ~ (BA, Anschaltungsdatenbereich im Speicher) / interface data area || **Stanzer-**~ *f* (NC-Steuergerät) / tape punch connection

Anschaltungs- / interface

Anschaltungs·baugruppe *f* / interface module (IM) || ~**datenbereich** *m* / interface data area || ~**modul** *n* / interface submodule || ~**prozessor** *m* / communication(s) processor

Anschaltwert *m* / pickup value

Anschauungsbild *n* / visual aid chart

Anschlag *m* (DT) VDE 0660, T.201 / end stop IEC 337-2, stop *n*, fixed stop || ~ *m* / dead stop, limit stop, stop *n* || ~ **der Abstimmeinrichtung** DIN IEC 235, T.1 / tuner stop || ~ **Kontaktrolle** / contact roller stop || **am** ~ / at limit || **mechanischer einstellbarer** ~ / mechanical adjustable stop || ~**, verstellbar** / stop, adjustable || ~**blech** *n* / stop plate || ~**bolzen** *m* / stop bolt || ~**eisen** *n* (f. Transport) / fixing pad, reaction pad, fixing strap

anschlagen *v* / attach *v*, strike *v* || ~ *v* (Tür) / hinge *v*

anschlagend *adj* / with angle seat || ~**e Stellklappe** *f* / butterfly valve with stop(s)

Anschläger *m* / crane hand

Anschlag·feder *f* / stop spring || ~**festigkeit** *f* / stop strength, mechanical stop resistance || ~**fläche** *f* / stop surface, contact surface || ~**fläche Frontplatte** / stop surface, frontplate || ~**hebel** *m* / stop lever || ~**kante** *f* / contact edge || ~**kante Bock** / bracket contact edge || ~**kappe** *f* / stop cap || ~**kette** *f* / stop chain || ~**kuppe** *f* / stop crest || ~**leiste** *f* / stopping strip, stop rail || ~**maß** *n* / stop dimension || ~**mittel** *n* / sling *n* || ~**mutter** *f* / stop nut || ~**platte** *f* / stop plate || ~**punkt** *m* / blocking point || ~**scheibe** *f* / stop washer || ~**seil** *n* / sling rope, sling *n* || ~**signal, oberes** / high limit signal || ~**signal, unteres** / low limit signal || ~**spezifisch** *adj* / stop-specific || ~**stift** *m* / stop pin || ~**tafel** *f* / posting *n* || ~**teil** *n* / endstop *n* || ~**träger** *m* / bracket *n* || ~**winkel** *m* (Transportseil) / rope angle, tri-square *n*, try square *n*

Anschleppdrehzahl *f* / driving speed *n*

anschließbar *adj* / connectable *adj*, compatible *adj* || ~**e Leiterquerschnitte** / wire range, connectable (conductor) cross-sections || ~**e Messsysteme** / connectable measuring systems || ~**e Querschnitte** / connectable cross-sections || ~**er Geber** / suitable encoder || ~**es Peripheriegerät** / pluggable peripheral || ~**es Ventil** / valve that can

anschließen 44

be connected
anschließen v / connect v, link v ‖ ~ v / join v, attach v ‖ ~ v (m. Steckverbinder) / plug v
Anschliff m / ground surface
Anschluss m / connector n ‖ ~ m (allg., an eine Klemme) DIN 44311 / connection n, terminal connection ‖ ~ m (Steckanschluss) / plug-in connection, plug-and-socket connection ‖ ~ m (permanente Verbindung) DIN 41639 / termination n ‖ ~ m (Ventil) / end connection ‖ ~ m (el. Masch.) / termination n IEC 50(411) ‖ ~ m (Schnittstelle) / port n ‖ ~ m (Anschlussleiter) / terminal lead ‖ ~ m (Klemme) / terminal n ‖ ~ m VDE0670,4 / terminal n IEC 282 ‖ ~ m / attachment n, clamp n ‖ ~ **mit Schraubverbindung** / connection with screw terminal ‖ **~Verbindungsleitung** / connection to ‖ **°2-Leiter-~** m / 2-wire connection ‖ **anormaler ~** / special connection ‖ **E/A-~** m (Datenkanal) / I/O port ‖ **phasengleicher ~** / in-phase connection ‖ **Rechner~** m / computer link, computer interface ‖ **schraubenloser ~** / screwless-type terminal ‖ **vorderseitiger ~** / front connection ‖ **~abdeckung** f / cover n, terminal cover ‖ **~anordnung** f / pin configuration, pinning diagram, pinning n ‖ **~art** f / type of connection, version of connection, connection type ‖ **~art X** VDE 0806 / type X attachment IEC 380 ‖ **~aufsatz** m / surface (outlet) box ‖ **~ausführung** f / connection design
Anschluss·baugruppe f / interface module ‖ **~bausatz** m / terminal kit ‖ **~baustein** m / terminal module ‖ **~bedingungen** f pl / supply conditions, terminal conditions, connection conditions ‖ **~bedingungen** f pl / electrical operating conditions (telecontrol) ‖ **leistungsseitige ~bedingungen** / power-related conditions for the connection ‖ **~bedruckung** f / terminal label ‖ **~beinchen** n / lead (connection between the component and the PCB) ‖ **~beispiel** n / sample connection ‖ **~belegung** f (Stifte) / connector pin assignment, pin assignment ‖ **~belegung** f / pin configuration, pinning diagram, pinning n ‖ **~belegung** f / terminal assignments, terminal assignment, pin connection, pinout n ‖ **~belegung der Ein-/Ausgabe** / I/O pin assignment ‖ **~bereich** m / wire range ‖ **~bezeichnung** f / pin name, connection designation, terminal marking ‖ **~bezeichnungen** f pl EN 50005 / terminal markings ‖ **~bild** n / wiring diagram, circuit diagram, connection diagram, terminal diagram, schematic diagram ‖ **~blech** n / connection plate ‖ **~board** n / connection board ‖ **~bohrung** f / termination hole ‖ **~bolzen** m / terminal stud, connection bolts ‖ **~box** f / J-Box n ‖ **~-Box** f / connectivity box, connection box ‖ **~buchse** f / connection socket, receptacle n ‖ **~buchsen** f pl / female connectors ‖ **~bügel** m / connection bracket
Anschluss·deckel m / connection cover ‖ **~diagramm** n (Stifte) / pin-out diagram ‖ **~dichte** f / terminal density ‖ **~dose** f DIN IEC 23.F / junction box, outlet box, appliance outlet (US), outlet n, wall socket, module junction box ‖ **~drehzahl** f / connecting speed, take-up engine speed
Anschlüsse in 2,5 mm Rasterteilung / contact-pin arrangement in a 2.5 mm grid ‖ **~ pro Pol** / terminations per pole

Anschlussebene zum Prozess / process boundary
Anschluss·einheit f DIN IEC 625 / terminal unit IEC 625 ‖ **~element** n / connection element, connector block, connector element, terminal component, adapter n ‖ **~element Cage für Boden-Winkelmontage** / cage connection element for floor and angle mounting ‖ **~element Cage für Rohrmontage** / cage connection element for pipe mounting ‖ **~element für Boden- und Winkelmontage** / connection element for floor and angle mounting ‖ **~element für Rohr- und Winkelmontage** / connection element for pipe and angle mounting ‖ **~element für Rohrmontage** / connection element for pipe mounting ‖ **~element Schraub für Boden- Winkelmontage** / screw connection element for floor and angle mounting ‖ **~element Schraub für Rohrmontage** / screw connection element for pipe mounting ‖ **~ende** n / winding termination, terminal n
Anschluss·fach n / connection compartment ‖ **~fahne** f / terminal lug, terminal n, tab n, tag n, connecting lug ‖ **~fahne für Stromschlaufe** IEC 50 (466) / jumper lug, jumper flag ‖ **Kommutator-~fahne** f / commutator riser ‖ **~faser** f / fibre pigtail ‖ **~feld** n / connector panel ‖ **~feld** n (f. Kabelanschlüsse) / termination panel ‖ **~feld für Förderer** / feeder connection
anschlussfertig adj / ready-to-use, ready for plugging in, Plug 'n Play ‖ **anschlussfertig** adj (kleines Gerät) / prewired adj ‖ **~ adj** (großes Gerät) / ready for connection, factory-assembled adj ‖ **~ verdrahtet** adj / ready-wired ‖ **~e Gerätezuleitung** / terminated appliance cord ‖ **~e Leuchtstofflampe** / directconnected fluorescent lamp ‖ **~e Steckverbindung** / wiring connector ‖ **~es Ende** (Kabel) / terminated conductor end(s) ‖ **~es Gerät** (m. Stecker) / accessory with integral plug, plug-in device
Anschluss·fertigung f / factory assembly ‖ **~fläche** f / terminal face, tag n, palm n (of a cable lug), termination surface, connection surface ‖ **~fläche** f (gS) / land n ‖ **~fläche für Anschlusswinkel** / termination surface for connecting bracket ‖ **~fläche Lichtbogenkontakt** / termination surface, arcing contact ‖ **~fläche Magnetventil** / termination surface, solenoid valve ‖ **~flansch** m / connection flange, coupling flange, mounting flange, end connection flange, connecting flange ‖ **~fleck** m / pad n ‖ **~gebühr** f / charge for being connected, connection charge ‖ **~gehäuse** n (f. Ex-Gehäuse) / adapter box, housing n ‖ **~geometrie** f / connection geometry ‖ **~gerät** n / power supply unit (PSU) ‖ **~gewinde** n / connecting thread f ‖ **~höhe** f / connection height ‖ **~hülse** f (Leiter) / conductor barrel ‖ **~identifizierung durch das Netz** / line identification by the network ‖ **~impedanz** f (Diode) / terminal impedance ‖ **~kabel** n (konfektioniertes Kabel m. Steckverbindern an beiden Enden) / cable set, (Hausanschluss) service cable, connection cable, supply cable, connecting cable ‖ **~kamm** m / connection comb ‖ **~kappe** f / cap n ‖ **~kasten** m / feed unit, terminal housing, junction box, terminal box ‖ **~kasten für Kabel** / cable connection box, cable box, terminal box, pothead compartment ‖ **~kennung** f / called line identification ‖ **~kennung der gerufenen Station** (DIN 44302) / called line identification ‖ **~kennung**

der rufenden Station *f* (DIN 44302) / calling line identification || ⸗**kit** *n* / connection kit || ⸗**klemme** *f* / terminal *n*, lug *n* (US), (f. äußeren o. Netzanschluss) supply terminal, connecting terminal, machine terminal, clamp *n* || ⸗**klemme einer Feldwicklung** (el. Masch.) / field winding terminal || ⸗**klemme für Rundleiter Cu/Al** *f* / terminal for circular conductor Cu/Al *n* || ⸗**klemme mit Lockerungsschutz** / locked terminal, self-locking terminal || ⸗**klemme mit Schraubklemmung** / screw-clamping terminal || ⸗**klemmengehäuse** *n* (el. Masch.) / terminal enclosure IEC 50(411), terminal housing IEC 50 (411) || ⸗**klemmenplatte** *f* / terminal plate || ~**kompatibel** *adj* / pin-compatible *adj* || ⸗**kontakt** *m* (eine einzelne elektrische Verbindung (z. B. Schraubverbindung, Klemmverbindung, Lötverbindung)) / terminal contact, contact *n*, connecting contact || ⸗**kopf** *m* (Widerstandsthermometer, Thermoelement) / terminal housing, connection head || ⸗**kostenbeitrag** *m* / capital contribution to connection costs

Anschluss·lampe *f* (Fotometrie) / working standard of light || ⸗**lasche** *f* / terminal saddle, saddle *n*, terminal lug, connecting lug || ⸗**lasche** *f* (gekröpft) / fixing bracket, terminal bracket || ⸗**lasche** *f* (Fahne) / terminal lug || ⸗**lasche** *f* (Klemmenbrücke) / terminal link || ⸗**leiste** *f* / terminal block, terminal strip, multi-point termination || ⸗**leistung** *f* / connected load, installed load || ⸗**leiter** *plt* VDE 0700, T.1, VDE 0806 / supply leads IEC 335-1 || ⸗**leitung** *f* / connecting lead, connecting cable, power lead, terminal lead, connecting wire || ⸗**leitung** *f* (Leuchte) DIN IEC 598 / flexible cord, flexible cable || ⸗**leitung** *f* / cord *n* || ⸗**leitung** *f* (Verdrahtungsleitung) / wiring cable || ⸗**leitung** *f* (Hausanschluss) / service cable || **in die ⸗leitung eingeschleiftes RS** / in-line cord control || **Geräte⸗leitung** *f* (m. Wandstecker u.Gerätesteckdose) / cord set (o. device) connecting cable IEC 320 || **wärmebeständige ⸗leitung** (AVMH) / heat-resistant wiring cable || ⸗**leitungen** *f pl* / connection wires || ⸗**leitungstyp** *m* / type of connecting cable || ⸗**lieferzeit** *f* / consecutive delivery time || ⸗**litze** *f* / brush flexible, brush shunt, pigtail lead, connection slot, connecting wire, pigtail *n* || ⸗**loch** *n* / component hole || ⸗**maß** *n* / connecting dimension, fixing dimension, end connection size || ⸗**maße** *n pl* / fixing dimensions, connecting dimensions || ⸗**modul** *n* / connection module, transfer module *n*, transformer tap indication *n* || ⸗**möglichkeit** *f* / connection facility, connection option *n* || ⸗**möglichkeiten** *f pl* / connection options, typical connections || ⸗**muffe** *f* (Hausanschluss) / service box || ⸗**mutter** *f* / connection nut || ⸗**nennweite** *f* / diameter of connection end

Anschluss·pfosten *m* / connection post, terminal post || ⸗**phasen** *f pl* / connection phases || ⸗**pin** *m* / connecting pin || ⸗**plan** *m* DIN 40719 / terminal diagram IEC 113-1, terminal connection diagram, connecting diagram, connection voltage || ⸗**platine** *f* / terminal pcb || ⸗**platte** *f* (Leitungseinführung) EN 50014 / adapter plate, connecting terminal plate IEC 23F.3, connecting plate, connection board, terminal plate || ⸗**punkt** *m* / connecting point, termination point IEC 50 (581), terminal *n*, point *n*, point of connection, point of coupling || **Erdungs~punkt** *m* / earth terminal, ground terminal || **kritischer ⸗punkt** / common coupling || ⸗**punkterkennung** *f* / connection point detection || ⸗**querschnitt** *m* / wire range, conductor size, cross-sectional area of connecting cable, conductor cross-section, connecting end area || ⸗**querschnitt** *m* (Drahtbereich) / wire range || **Bemessungs-⸗querschnitt** *m* (Klemme) / rated connecting capacity || ⸗**raster** *m* / lead pitch || **größter ⸗querschnitt** / maximum conductor cross-section || ⸗**raum** *m* (Klemmenraum) / terminal housing, terminal compartment, cable compartment, connection compartment || ⸗**raum** *m* (f. Verdrahtung) / wiring space || ⸗**richtung** *f* / connecting direction || ⸗**satz** *m* / connection kit

Anschluss·schaltbild *n* / diagram of connections || ⸗**schaltung** *f* (Schutz) / connection circuit || ⸗**scheibe** *f* (Klemme) / clamping piece, wire clamp, terminal washer, contact washer, connection disc || ⸗**schelle** *f* (f. Rohrleiter) / terminal clamp, connection clamp || ⸗**schiene** *f* / connecting bar, connection strip, terminal bar || **gekröpfte ⸗schiene** / offset connecting bar || ⸗**schienen für Stromwandler** *f* / connecting bars for current transformers || ⸗**schnur** *f* / cord *n*, flexible cord || ⸗**schrank** *m* (BV) EN 60 439-4 / incoming supply and metering ACS || ⸗**schraube** *f* / terminal screw, binding screw, connection screw || ⸗**schraube für Schutzverbindung** / PE terminal bolt || ⸗**schrauben** *f pl* / terminal screws || ⸗**schutz** *m* / terminal protector || ⸗**seite** *f* (Kabelschuh) / terminal end, palm *n* || ⸗**sicherung** *f* / service fuse, (Stiftseite) wiring post side, mains fuse || ⸗**spannung** *f* / supply voltage, system voltage, mains voltage, line voltage, a.c.-side voltage || **Anfangs-⸗spannung** DIN 41760 / a.c. starting voltage || **Nenn-⸗spannung** *f* / nominal a.c. voltage (converter) || ⸗**stab** *m* / lead-out conductor bar, terminal conductor bar || ⸗**stecker** *m* / attachment plug, plug cap, cap *n*, plug *n*, connection plug, plug connector, connector plug || ⸗**stecker** *m* (Steckverbinder) / cable connector, connector *n* || ⸗**stecker am Lichtwellenleiter** (DIN V 44302-2) / connector plug || ⸗**stelle** *f* / point *n*, point of connection IEC 477, VDE 0411, T.1 terminal device IEC 348, connecting point, connector *n*, terminal *n* || **E/A-⸗stelle** *f* (Steckplatz im BGT der Zentraleinheit eines MC-Systems) / I/O interface slot || **zentrale ⸗stelle** (ZAS) / main connector block || ⸗**stift** *m* / wiring post, terminal post || ⸗**strom** *m* / a.c.-side current, supply current || ⸗**-Struktur** *f* / contact structure || ⸗**stück** *n* / connection piece, DIN 41639 terminal *n*, connector *n*, terminal fitting, link *n*, busbar connection piece, fitting *n* || ⸗**stück** *n* (Stromschienensystem) VDE 0711,3 / connector *n* || ⸗**stutzen** *m* (Rohr) / coupling *n*, connector *n* || ⸗**stutzen** *m* (Kabel) / cable gland, gland *n*, entry fitting || ⸗**stutzen** *m* (Druckmesser) / stem *n* || ⸗**stutzen** *m* (Luftkanal, IPR) / duct adapter || **druckfester ⸗stutzen** / packing gland || ⸗**system** *n* / connecting system

Anschluss·tabelle *f* / terminal diagram IEC 113-1,

Anschluss

terminal connection diagram || ⁓**technik** f / connection system, method of terminal connections, wiring technique (o. method), cables and connections, connectivity n, wiring method, connection method || ⁓**technik** f (Kabel) / termination system || **4-Leiter-**⁓**technik** f / 4-wire connection method || ⁓**teil** n (Wickelverbindung) DIN 41611,Bl.2 / terminal n, terminal part, connecting part || ⁓**teile** n pl EN 50014 / connection facilities || ⁓**teilesatz** m / terminal part kit || ⁓**träger** m / adapter n, connection panel, terminal bracket, terminal support || ⁓**träger** m / relay connector, relay base || ⁓**träger für Überlastrelais** / overload relay connector || ⁓**tülle** f / nipple n || ⁓**typ** m / interface type || ⁓**übersicht** f / wiring diagram || ⁓**übersicht** f / overview of connections || ⁓**- und Abzweigdose DIN IEC 23F. 3** / junction and tapping box IEC 23F.3 || ⁓**- und Aufstellbedingungen** / installation requirements || ⁓**- und Netzkostenbeitrag** / connection charge || ⁓**- und Signalleitungen sind so zu installieren, dass induktive und kapazitive Einstreuungen keine Beeinträchtigungen der Automatisierungsfunktionen verursachen.** / Install the power supply cables in such a manner as to prevent inductive and capacitive interference voltages from affecting the automation functions.
Anschluss·variante f / connection variation || ⁓**verkabelung** f / terminating cable || ⁓**verschraubung** f / screw connection || ⁓**verteiler** m / service distributor || ⁓**-Verteilerschrank** m / service distribution cabinet || ⁓**vervielfacher** m / heavy-duty connector block || ⁓**vorschlag** m / recommended connection || ⁓**wert** m / connected load, installed load, power rating || ⁓**wert** m (höchste gemeinsame Leistungsaufnahme aller elektrischen Verbraucher in einer Anlage) / effective installed load || **bezogener** ⁓**wert** / effective demand factor || ⁓**widerstand** m / matching resistor || ⁓**winkel** m / elbow coupling, T-coupling n, angle connector || ⁓**zapfen** n / connection shank, connection pin || ⁓**zone** f VDE 0101 / terminal zone || ⁓**zubehör** n / accessories for connection, connection accessories, terminal accessories
Anschmelzung der Folienoberfläche / fusing of the foil surface
Anschmierung f / wiping n, smearing n
Anschnitt m / first cut, bevel n, lead taper || ⁓**art** f / gate type || ⁓**erkennung** f / tool entry detection || ⁓**kreis** m / approach circle || ⁓**kreisradius** m / start radius || ⁓**linie** f / approach line || ⁓**stelle** f / tool entry side || ⁓**steuerung** f / generalized phase control IEC 555-1, phase control
Anschraub·fläche f / screw-on surface || ⁓**fläche für Lichtbogenkontakt** / screw-on surfaces for arcing contact || ⁓**-LS-Schalter** m / bolt-on circuit-breaker || ⁓**stutzen** m / screw-in gland || ⁓**typ** m / bolt-on type
Anschreiben n / cover letter
Anschrift f / address n
Anschub·finanzierung f / initial financing || ⁓**rolle** f / pressure roller
Anschweißende f / welding stud
Anschwemmlöten n DIN 8505 / flood soldering
anschwenken v / swivel in v
Anschwingzeit f (jene Zeit, die am Ausgang zwischen Wegnahme der Betätigung und Signalwechsel liegt) DIN 19229 / build-up time ANSI C85.1, rise time
ansehen v / view v
ansenken v / countersink v
Ansetzstelle f (zum Heben) / jacking lug, lifting lug
Ansicht f / view n, elevation n || ⁓ **in Pfeilrichtung** / view in direction of arrow || **3D-**⁓ f / 3D view || **3-Ebenen-**⁓ f / 3-plane view || **3-Fenster** ⁓ f / 3-window view
Ansichtendarstellung f / projection n
Ansicht-Kostenstellen f / cost centers view
Ansichts·attribut n / view attribute || ⁓**-Attribut** n / ViewAttribute || ⁓**fenster** n / viewport n || ⁓**gruppe** f / viewgroup n || ⁓**leiste** f / view bar || ⁓**punkt** m / viewing point || ⁓**richtung** f / view (ing) direction || ⁓**sperre** f / view lock
anspitzen v / pencil v || ⁓ n / pointing n
Anspleißen n / splicing || **~** v / splice v
ansprechbar adj / accessible adj, responsive adj || **~** adj (adressierbar) / addressable adj || **~es Element** / detectable element
Ansprech·barkeit f / responsiveness n || ⁓**bereich** m / operating range, actuating range || ⁓**-Blitzstoßspannung** f / lightning impulse sparkover voltage, lightning voltage let-through impulse, lightning let-through impulse || **100%-**⁓**-Blitzstoßspannung** f / standard lightning impulse sparkover voltage || **50%-**⁓**-Blitzstoßspannung** f / average lightning impulse sparkover voltage || ⁓**dauer** f / response time || ⁓**druck** m / error of a weight, pickup pressure, operating pressure, rupturing pressure || ⁓**eigenzeit** f (unverzögerter Ausl.) / operating time, operate time || ⁓**einstellung** f / setting value || ⁓**empfindlichkeit** f / sensitivity n, input resolution, responsiveness n, responsibility || ⁓**empfindlichkeit** f (Fotometer) / overall response, response n
ansprechen v / operate v, appear v, access v, pick up v, respond v, be activated v, spark over v, blow v, rupture v || **~** v (adressieren) / address v, reference v || ⁓ n / responding n || ⁓**einer Überwachung** / fault trip
Ansprech·erregung f / specified pickup value || ⁓**fehler** m / pick-up error || ⁓**fläche** f (aktive Fläche) / sensing face || ⁓**fläche** f (Fotometer) / area of response || ⁓**frequenz** f (Schutz) / operating frequency, triggering frequency || ⁓**genauigkeit** f (Rel.) / error in operating value || ⁓**geschwindigkeit** f / response rate, response n, unit response rate || ⁓**-Gleichspannung** f / d.c. sparkover voltage || ⁓**grenze** f / operating limit IEC 157-1, responsiveness n
Ansprech·kennlinie f / response curve, sensing curve || ⁓**kennlinie** f / sparkover-voltage/time curve, sparkover characteristic || ⁓**kennlinie der Blitzstoßspannungen** / lightning-impulse voltage sparkover-voltage/time curve || ⁓**kennlinie der Schaltstoßspannung** / switching-impulse sparkover-voltage/time curve || ⁓**klasse** f (Brandmelder) / response grade || ⁓**kurve** f / response curve || ⁓**leistung** f / pickup power, pull-in power || ⁓**-Istwert** m / just operate value, measured pickup value (US) || ⁓**partner** m / contact person, contact n || ⁓**pegel** m / sparkover level || ⁓**pegel der Schaltstoßspannung** / switching (-impulse)

voltage sparkover level || ≈-**Prüfspannung** *f* / sparkover test voltage || ≈-**Prüfwert** *m* / must-operate value, pickup value || ≈**punkt** *m* / sparkover point

Ansprech·-Schaltstoßspannung *f* / switching impulse sparkover voltage, let-through level || ≈**schwelle** *f* / response threshold, threshold *n*, operating threshold, discrimination threshold || **Synchronisier-≈schwelle** *f* / synchronization threshold || ≈**sicherheitsfaktor** *m* / safety factor for pickup || ≈-**Sollwert** *m* / must-operate value, specified pickup value || ≈**spannung** *f* / operating voltage, transformer operating voltage || ≈**spannung** *f* / sparkover voltage, pickup voltage || ≈**spannung** *f* (größter zulässiger Wert an der Wicklung, mit dem ein Schutzgerät bei Bezugstemperatur sicher anspricht) / response voltage || ≈**spannungsprüfung** *f* / voltage impulse sparkover test || ≈-**Stoßkennlinie** *f* / impulse sparkover voltage-time curve, impulse sparkover characteristic || ≈-**Stoßspannung** *f* / impulse sparkover voltage, let-through level || **Prüfung der ≈-Stoßspannung** / impulse sparkover test, let-through level test (Umw), let-through test || ≈**strom** *m* (Dauerstrom, bei dessen Überschreitung innerhalb vorgegebener Zeiten eine Auslösung erfolgt (Stromabhängig verzögerte Auslösung!)) / tripping current || ≈**strom** *m* / response current || ≈**strom** *m* (Sich.) / threshold current || ≈**strom** *m* (Rel.) / operating current, pickup current || ≈**strom des unverzögerten Kurzschlussauslösers** / operating current of instantaneous short-circuit release

Ansprech·temperatur *f* / response temperature, operating temperature || ≈**toleranz** *f* / limits of error of operating value || ≈**überschuss** *m* (Schutz) / excess operating current, current above operating value || ≈**überwachung** *f* / threshold monitoring || ≈**überwachungszeit** *f* / watchdog timer, response monitoring time || ≈**unsicherheit** *f* / error in operating value || ≈**verhalten** *n* / sparkover characteristics, sparkover performance, response behavior

ansprechverzögert *adj* / with ON-delay, ON-delay || **~e Zeitrelais** / ON-delay relay || **~es additives Zeitrelais** VDE 0435, T.110 / cumulative delay-on-operate time-delay relay || **~es Relais** / delay-on-operate relay, ON-delay relay

Ansprech·verzögerung *f* / operate delay, response delay || ≈**verzögerung** *f* / switch-in delay || ≈**verzögerung** *f* / operate delay, pickup delay || ≈**verzug** *m* / response time EN 60947-5-2 || ≈-**Wechselspannung** *f* / power-frequency sparkover voltage || **Prüfung der ≈-Wechselspannung** / power-frequency voltage sparkover test || ≈**wert** *m* / response threshold, response value, operating value || ≈**wert** *m* VDE 0435,T.110 / operate value, pickup value (US), pull-in value (US) || ≈**wert** *m* / minimum operating value, sensitivity *n* || ≈**wert** *m* / ON threshold || ≈**wert** *m* (automatischer HSS) VDE 0660, T.204 / operating value IEC 337-2B || ≈**wert** *m* / sparkover value || ≈**wert (Temperaturkanal)** *m* / response threshold || ≈**wert der Totzone** / initial value of dead band || ≈**zähler** *m* / surge counter || ≈**zeit** *f* (Thermoschalter, Transduktor) / response time || ≈**zeit** *f* / time to sparkover || ≈**zeit** *f* (Antwortzeit, Verstärker) / response time || ≈**zeit** *f* (jene Zeit, die am Ausgang zwischen Betätigung und Signalwechsel liegt) / operating time || ≈**zeit** *f* (Schmelzzeit, jene Zeit, die am Ausgang zwischen Betätigung und Signalwechsel liegt) / pre-arcing time || ≈**zeit** *f* (Zeit vom Anlegen des Steuerkommandos (NOT-AUS, Grenztaster, EIN-Taster) bis zum Schließen der Freigabekreise) / response time || ≈**zeit** *f* / operate time IEC 50(446) || ≈**zeit** *f* (Schmelzzeit) / melting time || ≈**zeit** *f* (für einen bestimmten Kontakt) VDE 0435,T.110 / time to stable closed condition || ≈**zeit eines Öffners** (monostabiles Relais) DIN IEC 255, T. 100 / opening time of a break contact || ≈**zeit eines Schließers** (monostabiles Relais) DIN IEC 255, T. 100 / closing time of a make contact || **effektive ≈zeit** / time to stable closed condition || ≈-**Zeitkennlinie** *f* / impulse sparkover voltage-time curve, impulse sparkover characteristic

Anspringen *n* / jumping *n*

Anspringtemperatur *f* / light-off temperature *n*

Anspritz·rest *m* / sprue *n* || ≈**stelle** *f* / gate mark

Anspruch *m* / demand *n*

anspruchsberechtigte Familienangehörige *m* / dependent entitled to claim

Anspruchs·klasse *f* (Kategorie oder Rang unterschiedlicher Qualitätsforderungen an Einheiten für den gleichen funktionellen Gebrauch) / grade || ≈**niveau** *n* (Statistik) / grade *n*

anspruchsvoll *adj* / high-end *adj*, more advanced *adj* || **~e Grafik** / high-quality graphics

anstauchen *v* / upset *v*, head *v*

ansteckbar *adj* / attachable *adj*

anstecken *v* / plug in *v*

Ansteck-Nebenwiderstand *m* / clip-on (o. plug-in) shunt

anstehen *v* (Spannung, Signal) / to be applied, to be present, to be available

anstehend *adj* / present *adj* || **~** *adj* (z.B. Alarm) / pending *adj*, queued *adj* || **~e Meldung** / non-reset signal (o. alarm), active signal, queued message, queued signal || **~e Spannung** / applied voltage

ansteigende Flanke (Impuls) / positive-going edge, rising edge, leading edge

Anstellbewegung *f* / approach motion

anstellen *v* / preload *v*, spring-load *v*, prestress *v* || **~** *v* / approach *v*

Anstellmotor *m* (Walzwerk) / screw-down motor

Anstellung *f* / screwing down || ≈**svertrag** *m* / employment contract

Anstell·weg *m* / approach path, direction of approach || ≈**winkel** *m* (CLDATA-Wort) / setting angle || ≈**winkel** *m* (der Winkel zwischen der Ebene einer Trägerplatte und dem benachbarten Flüssigkristalldirektor) / tilt angle

ansteuerbar *adj* / controllable

Ansteuer·baugruppe *f* / switching module, trigger module, firing-circuit module, gating assembly || ≈**baugruppe/Leistungsteil** / inverter control/ power section || ≈**baustein** *m* / contactor control unit || **elektronischer ≈baustein** / electronically triggered module || ≈**befehl** *m* / control command || ≈**einrichtung** *f* / trigger equipment, control device || ≈**einrichtungen** *f pl* / control devices, drivers *plt* || ≈**elektronik** *f* / driving circuits, drive electronics, control electronics || ≈**frequenz** *f* / control frequency || ≈**Hybrid** / trigger hybrid ||

⁓impuls *m* / drive input pulse, control pulse, trigger pulse || ⁓karte *f* / control card || ⁓kreis *m* / control circuit || ⁓logik *f* / control logic, trigger logic
ansteuern *v* / control *v*, drive *v*, trigger *v*, set and reset || ~ (setzen) / set *v* || ⁓ *n* / triggering *n*
Ansteuer·platine *f* / control PCB *n* || ⁓punkt *m* / control point || ⁓schaltung *f* / trigger circuit || ⁓signal *n* / trigger signal, drive signal, control signal || ⁓spannung *f* / control voltage || ⁓sperrung *f* / valve blocking || ⁓tabelle *f* / control table || ⁓teil *n* / control section
Ansteuerung *f* / driving *n*, drive circuit, triggering *n*, activation *n*, trigger pulse, drive control circuit, switching *n*, control circuit, control *n*, pulse generator || ⁓ *f* (Anwahl) / selection *n*, gating *n* || ⁓ *f* / gate control || ⁓ **der Stromrichtergruppe** / converter unit firing control || ⁓ **der Zwischenkreisspannungsschaltung** / selection of the DC link voltage || ⁓ **mit geräteinterner Spannung** / selection with internal unit voltage || **Adressen~** *f* / address selection || **potenzialfreie bzw. potenzialbehaftete** ⁓ / floating potential or electrically non-isolated control || **Werkzeug~** *f* / tool selection
Ansteuerungs·baugruppe *f* (Leiterplatte) / gating board || ⁓einheit *f* / control unit || **Flugplatz-⁓feuer** *n* / aerodrome location light || ⁓kreis *m* / control circuit, driving circuit, trigger circuit || ⁓signal *n* / control pulse, excitation signal || ⁓verhältnis *n* / selection ratio
Ansteuerwinkel *m* / delay angle
Anstieg *m* / increase *n* || ⁓ **der Leuchtdichte** / build-up of luminance
Anstiegs·antwort *f* / ramp response, ramp-forced response || ⁓begrenzer *m* / velocity limiter, rate-of-change limiter || ⁓begrenzung *f* / up rate limit || ⁓begrenzung *f* (einer Spannung) / slew rate limiting || ⁓faktor der Permeabilität / permeability rise factor || ⁓flanke *f* / rising signal edge, positive-going edge || ⁓flanke *f* (Impuls) / rising edge, leading edge || ⁓funktion *f* / ramp function, ramp *n* || ⁓geschwindigkeit *f* / rate of rise || ⁓geschwindigkeit *f* (Steilheit eines Ausgangssignals zwischen 30 und 70 % seines Endwerts) / slew rate IEC 527
Anstiegs·rate *f* / slew rate || ⁓steilheit *f* / steepness *n*, rate of rise || ⁓steilheit der Einschwingspannung / rate of rise of TRV, transient recovery voltage rate || ⁓steilheit einer in der Stirn abgeschnittenen Stoßspannung / virtual steepness of voltage during chopping || ⁓unterbrechung *f* / cut-off *n* || ⁓verzögerung *f* (f. rampenförmige Änderung der Eingangsgröße) / ramp response time || ⁓verzögerungszeit *f* DIN 41785 / rise delay || **linearer ⁓vorgang** / unit ramp || **tan δ-⁓wert** *m* / tan δ value per voltage increment, tan δ angletime increment, tan δ tip-up value, Δ tan per step of U_n || ⁓winkel *m* / angle of gradient || ⁓zeit *f* / rise time *n* || ⁓zeit *f* (Impuls) / rise time || ⁓zeit *f* (Hochlaufgeber) / ramp time || ⁓zeit *f* (Impulsabbild) / first transition duration || ⁓zeit **des Leuchtschirms** / screen build-up || ⁓zeit **eines Impulses** / pulse rise time || ⁓zeitverlängerung *f* / leading-edge broadening
Anstoß *m* / triggering *n* || ⁓ **und Überwachung** *m* / kick-off and monitoring || ⁓bit *n* / trigger bit || ⁓einrichtung *f* / trigger device

anstoßen *v* / start *v* || ~ *v* / butt *v*, abut *v* || ~ *v* (eine Funktion) / trigger *v*, initiate *v*, drive *v*, activate *v* || ⁓ **einer Zeitmessung** / to trigger/initiate a time measurement
anstoßende Bewicklung / edge-to-edge taping, butted taping
Anstoßmerker *m* / trigger memory || ⁓schalter *m* / initiator *n* || ⁓verfahren *n* / impulse acceleration process || ⁓verteilung *f* / initiation assignment || ⁓signal *n* / initiation signal
anstrahlen *v* (m. Flutlicht) / floodlight *v* || ~ *v* (m. Spitzlicht) / spotlight *v* || ⁓ *n* / shining (of light) on, illuminate
Anstrahler *m* / floodlight *n*
Anstrahlleuchte *f* (Engstrahler) / spotlight *n*, spot *n* || ⁓ *f* (Flutlicht) / floodlight *n*
Anstrahlungswinkel *m* / radiation angle, beam spread
Anstrich *m* / coating *n*, coat *n*, paint coat, paint finish, paint *n* || **elektrisch leitender** ⁓ / conductive coating, electroconductive coating || **ohne** ⁓ / unpainted *adj* || ⁓system *n* / paint system
Anströmtrichter *m* / inlet cone
Anströmung gegen den Kegel / flow opens
Antast·punkt *m* / contact point || ⁓richtung *f* / contact direction
Anteil *m* / share *n*, component *n*, market share || ⁓ **an Oberwellen** / harmonic content || ⁓ **der fehlerhaften Einheiten** / fraction defective || ⁓ **der Welligkeit** / ripple content, ripple percentage || ⁓ **fehlerhafter Einheiten** DIN 55350, T.31 / fraction nonconforming || ⁓ **fehlerhafter Einheiten in der Stichprobe** / sample fraction defective || ⁓ **sicherer Ausfälle (SFF)** *m* / safe failure fraction (SFF) || **Rot~** *m* / red ratio || ⁓grenze *f* DIN 55350, T.24 / statistical tolerance limit
anteilig *adj* / PRT *adj*
Anteils·bereich, statistischer ⁓bereich DIN 55350, T.24 / statistical tolerance interval || ⁓grenze *f* (untere oder obere Grenze eines statistischen Anteilsbereichs) / statistical coverage limit
Anteilsteller *m* / percentage adjuster, ratio adjuster
Antenne *f* / aerial *n*, antenna *n*
Antennen·anlage *f* / aerial system || ⁓-Durchgangsdose *f* / aerial through-way box || ⁓eingang *m* / antenna input || ⁓faktor *m* / antenna factor || ⁓feld *f* / antenna field || ⁓kabel *n* / antenna cable || ⁓kopf *m* / antenna head || ⁓leitung *f* / antenna download || ⁓spule *f* / antenna coil || ⁓steckdose *f* / aerial socket, aerial receptacle || ⁓-Stichleitungsdose *f* / aerial branch-circuit box || ⁓weiche *f* / antenna duplexer
anthrazit *adj* / anthracite *adj*
anthropotechnisch *adj* / anthropotechnical *adj*
Anti·abspleißvorrichtung *f* (Klemme) / anti-spread device || ⁓aliasing *n* / anti-aliasing || ⁓-Aliasing-Filter *m* (zur Verhinderung von Faltungsfrequenzen) / antialiasing filter || ⁓alias-Verfahren *n* / antialiasing *n* || ⁓blockierbremssystem *n* / anti-skid braking system *n* || ⁓blooming *n* / antiblooming *n* || **~corodal** *adj* / anticorrosion *adj*, anti-corrosion || ⁓dröhnmittel *n* / anti-vibration compound, sound deadening compound || **~ferromagnetische Übergangstemperatur** / antiferromagnetic Curie point, Néel temperature || **~ferromagnetischer Werkstoff** / anti-ferromagnetic material || ⁓ferromagnetismus *m* / anti-ferromagnetism *n* ||

⌁friktionslager *n* / rolling-contact bearing, antifriction bearing, rolling bearing, rolling-element bearing

Anti·kompoundwicklung *f* / differential compound winding || **~korrosiv** *adj* / anticorrosive *adj* || **~magnetisch** *adj* / non-magnetic *adj*, antimagnetic *adj* || ⌁**monit-Gruppe** *f* / stibnite group || ⌁**oxidans** *n* / antioxydant *n*, oxidation inhibitor || **~parallel** *adj* / anti-parallel || **~parallele LED** / anti-parallel LED || ⌁**parallelschaltung** *f* / inverse-parallel connection, anti-parallel connection, back-to-back connection || **~podische Fokussierung** (ionosphärische Fokussierung, die in der Nähe des Antipodenpunkts beobachtet wird) / antipodal focussing

antippen *v* (Anfahren eines Elements auf dem Bildschirm) / pick *v* || **~** *v* (Taste) / press *v* (momentarily), touch *v*

Anti·pumpeinrichtung *f* VDE 0660, T.101 / anti-pumping device IEC 157-1, pump-free device || ⌁**pumpschütz** *n* / anti-pump contactor || ⌁**reflexbelag** *m* / anti-reflection coating || ⌁**reflexbeschichtung** *f* / antireflective coating (ACR) || ⌁**reflexionsschicht** *f* / antireflection coating, antireflective coating (ACR) || ⌁**reflexschicht** *f* / anti-reflecting coat, ARC (antireflective coating) || ⌁**reflex-Vergütung** *f* / antireflective coating (ACR) || ⌁**resonanz** *f* / antiresonance *n* || ⌁**schlupfregelung** *f* / anti-spin control, ASC || ⌁-**Schlupf-Regelung** *f* / acceleration skid control || ⌁**statika** *f* / antistatic bag || ⌁**statikmittel** *n* / antistatic agent || ⌁**statikum** *n* / antistatic agent || **~statisch** *adj* / antistatic *adj* || ⌁**-Stokes-Lumineszenz** *f* / anti-Stokes luminescence || **~valenter Signalgeber** / antivalent signal sensor || ⌁**valenz** *f* / non-equivalence *n*, exclusive OR, XOR operation || ⌁**valenz-Element** *n* / exclusive-OR element || ⌁**valenzsensor** *n* / nonequivalent sensor || ⌁**vibriermasse** *f* / anti-vibration compound || ⌁**virusprogramm** *n* / anti-virus program || ⌁**-Windup** *m* / Anti windup

Antrag *m* / application *n* || ⌁ **auf** *m* / request for

Antrags·formular *n* / application form || ⌁**steller** *m* / applicant *n*, proposer *n*

Antransport *m* / loading *n*

antreiben *v* / drive *v*, actuate *v*, operate *v*, turn

antreibendes Rad / driving gear, driving wheel, driver *n*, pinion *n*

Antrieb *m* / set *n*, coil system, drive system, drive *n*, powertrain *n*, drive unit || ⌁ *m* (Motorantrieb) / motor drive || ⌁ *m* (Betätigungsglied) / pumpschope, handle assembly || ⌁ *m* (Schütz, Magnetsystem) / magnet system || ⌁ *m* / operating mechanism, mechanism *n*, drive *n* || ⌁ *m* (Betätigungsglied) / actuator *n*, operator *n* || ⌁ *m* (Stellantrieb) / actuator *n* || ⌁ *m* (Trafo-Stufenschalter) VDE 0532, T.30 / driving mechanism IEC 214 || ⌁ *m* (Schiff) / propulsion system || ⌁ **8UC** || ⌁ **des Aufzeichnungsträgers** (Schreiber) / chart driving mechanism || ⌁ **für Potentiometer** / operating mechanism for potentiometer || ⌁ **in Blockbauweise** / unit-construction (operating) mechanism || ⌁ **mit Drehzahleinstellung** / adjustable speed drive, ASD *n* || ⌁ **mit Motoraufzug** / motor-loaded mechanism || ⌁ **mit schwebendem Ring** (Bahn) / floating-ring drive || ⌁ **mit Winkelgetriebe** / right-angle drive || ⌁ **nicht gespannt** / spring not charged || ⌁ **rückdrehfrei stillsetzen** / stop drive without any reverse rotation || **doppelwirkender** ⌁ / double-acting drive || **einfachwirkender** ⌁ / single-acting drive || **Einschalt~** *m* / closing mechanism || **Magnet~** *m* / electromagnetically operated mechanism, solenoid-operated mechanism || **Magnet~** *m* (Stellantrieb) / solenoid actuator || **pneumatischer** ⌁ / pneumatic actuator || **Schalt~** *m* / indexing mechanism || **stetiger** ⌁ / continuously operating drive, continuous drive || ⌁, **Zähler** / operating mechanism for operations counter || **nicht selbsthemmende** ⌁**e** / non selfblocking actuators || ⌁**-Ersatz** *m* / operating mechanism replacement

Antriebs·aggregat *n* / hydraulic power unit, transmission || ⌁**alarm** *m* / drive alarm || ⌁**anwendungen** *f* / drive applications || ⌁**anzeige** *f* / drive display || ⌁**art** *f* / operating mechanism type || ⌁**ausführung** *f* (ET) / operating mechanism version || ⌁**ausführung** *f* / drive equipment

antriebsautark *adj* / drive-autonomous *adj*, drive-independent *adj*, drive-integrated *adj* || **~es Stillsetzen/Rückziehen** / independent drive stop/ retract

antriebsbasiert *adj* / drive-integrated, drive-based || **~e Plattform** / drive-based platform

Antriebs·batterie *f* (für Fahrzeuge) / traction battery || ⌁**baukasten** *m* / modular drive system || ⌁**block** *m* (LS-Antrieb) / mechanism assembly || ⌁**bus** *m* / drive bus || ⌁**busleitung** *f* / drive bus cable

Antriebscheibe *f* / driving pulley

Antriebs·-Controller *m* / drive controller || ⌁**-CPU** *f* / drive CPU || ⌁**daten** *f* / drive data || ⌁**datensatz** *m* / digital simulation system, drive data set || ⌁**datensatz kopieren** / copy drive data set || ⌁**drehmoment** *n* / driving torque, input torque, torque to operate || ⌁**drehmoment der Abstimmeinrichtung** DIN IEC 235, T.1 / tuner running torque || ⌁**dynamik** *f* / drive dynamics || ⌁**ebene** *f* / drive level || ⌁**einheit** *f* / drive unit || ⌁**element** *n* / driving element || ⌁**energie** *f* (f. Betätigung) / operating energy || ⌁**firmware** *f* / drive firmware || ⌁**flansch** *m* / operating mechanism flange, output flange || ⌁**freigabe** *f* / drive enable, drive system release, servo release || ⌁**funktion** *f* / drive function || ⌁**funktionalität** *f* / drive functionality || ⌁**funktionen** *f* / drive functions || ⌁**gehäuse** *n* / operating mechanism enclosure || ⌁**gerät** *n* / drive unit, driving unit || ⌁**graph** *m* / drive graph || ⌁**größe** *f* / drive variable || ⌁**gruppe** *f* / drive group

Antriebs·handhebel *m* / hand-operated lever, craned handle || ⌁**hebel** *m* / operating lever || ⌁**hilfsschalter** *m* / mechanism-operated control switch, handle-operated switch || ⌁**intelligenz** *f* / drive intelligence || ⌁**kasten** *m* / operating mechanism box || ⌁**klemme** *f* / clamp *n*, connection terminal, terminal *n*, supply terminal, drive terminal || ⌁**kommunikation** *f* / drive communication || ⌁**komponente** *f* / drive unit, drive component || ⌁**konfiguration** *f* / drive configuration || ⌁**konzept** *n* / drive concept || ⌁**kopf** *m* / operating mechanism, actuator head || ⌁**kopf** *m* (PS) / actuator *n* || ⌁**kopf** *m* (SG) /

Antriebs 50

operating head || ⁓**kopplung** f / drive link || ⁓**kraft** f / tractive effort, driving force, motive force, operating power || ⁓**kraft** f / propulsion force || ⁓-**Krafteinheit** f (Ventil) / actuator power unit || ⁓**kreis** m / drive circuit || ⁓**kupplung** f / actuator clutch || ⁓**kurbel** f / operating crank, crank n
Antriebs·leistung f (des Geräts) / driving power, drive power, motive power || ⁓**leistung** f (Eingang) / input n, mechanical power input || ⁓**leistung** f (Eingang) / propulsion power || **empfohlene** ⁓**leistung** / recommended drive capacity (r.d.c.) || **mechanische** ⁓**leistung** / mechanical input || ⁓-**Leistungsteil** m / drive power section || ⁓**lösung** f / drive solution || ⁓-**Makro** n / drive macro || ⁓**maschine** f / driving machine, drive motor, motor n, loading machine || ⁓**maschine** f / prime mover || ⁓**maschinendaten** plt / drive machine data || ⁓-**Maschinendaten** plt / drive machine data || ⁓-**MD** / drive MD || ⁓**merkmale** n / drive feature || ⁓**modell** n / drive model || ⁓**modul** n / drive module || ⁓**moment** n / driving torque, input torque, locked-rotor torque || ⁓**monitor** m / drive monitor || ⁓**motor** m / drive motor, driving motor || ⁓**nahtstelle** f / drive interface || ⁓**nummer** f / drive number || ⁓**objekt** n / DO n || ⁓**optimierung** f / drive optimization || ⁓**paket** n / drive kit || ⁓**parameter** m / drive parameter || ⁓**plattform** f / drive platform || ⁓**profil** n / drive profile || ⁓**programmierung** f / drive programming || ⁓**prozessor** m / drive processor
Antriebs·rack m / drive rack || ⁓**rad** n / driving wheel, driven road wheel, drive wheel || ⁓**raddurchmesser** m / driving wheel diameter || ⁓**regelgerät** n / driving unit, drive unit || ⁓**regelung** f / speed control, automatic speed control, servo drive control, drive control || **1-Achs-**⁓**regelung** f / single-axis drive control || **integrierte** ⁓**regelung** (IAR) / integrated drive control, IAR || ⁓**reihe** f / drive series || ⁓**ritzel** n / driving pinion, pinion n, drive pinion || ⁓**rolle** f / drive roller
Antriebs·schaft m / drive shaft || ⁓**, Schalt- und Installationstechnik** / drives and standard products || ⁓**schaltkreis** m / drive circuit || ⁓**scheibe** f / driving pulley, driving sheave || ⁓**schlupfregelung (ASR)** f / traction control, automatic stability control, drive slip control, ETC n, anti-slip control, electronic traction control, antispin or traction control || ⁓**schnittstelle** f / drive port, drive interface || ⁓**seite** f / drive end, driving end, D-end n, coupling end, pulley end, back n (US) || **mit Blick auf die** ⁓**seite** / (viewed when) facing the drive end, when looking at the drive end || **~seitig** adj / drive-end adj, at the drive end, A-end adj || ⁓**sensorik** f / drive sensors || ⁓**signal** n / drive signal || ⁓**slave** m / drive slave || ⁓**software** f / drive runtime software || ⁓**spannung** f / drive voltage || ⁓**sperre** f / drive disable || **~spezifisch** adj / drive-specific adj || **~spezifischer Parameter** / drive specific parameter || ⁓**spindel** f (Walzwerk) / jack shaft || ⁓**spindel** f (Ventil) / actuator stem || ⁓**staffel** f / drive sequence, sectional drive, drive group || ⁓**status** n / drive state || ⁓**stelle** f / individual drive || ⁓**steller** m / drive actuator, power control regulator, power control || ⁓**steuergerät** n / traction control unit (TCU), TCU (traction control unit) || ⁓**steuerung**

f / drive control, open-loop drive control || ⁓**steuerung** f (Einzelsteuerung) DIN 19237 / individual control || ⁓**steuerung** f / power train control || ⁓**steuerungsebene** f DIN 19237 / drive control level, individual control level || ⁓**störung** f / drive fault || ⁓**strang** m / power train, drive train, driveline n || ⁓**strangregelung** f / traction control, powertrain control || ⁓**stück** n / operating mechanism element || ⁓**system** n / drive n, drive system, coil system || ⁓**system** n / actuating system
Antriebs·technik f / drive engineering, drive technology, drives n || ⁓**technik mit System** / system-based drive technology || ⁓**teil** n / operating part || ⁓**test** m / drive test || ⁓**totzeit** f / drive lag || ⁓**trägheitsmoment** n / flywheel mass of drive || ⁓**traverse** f / carriage mechanism || ⁓**trommel** f / head pulley || ⁓**turas** m / drive tumbler || ⁓**typ** m / drive type || ⁓**umrichter** m / drive system converter, drive system PWM || ⁓**-und Anschlussbolzen** / drive and inal stud || ⁓**verband** m / drive line-up || ⁓**verbund** m / drive system, drive combination || ⁓**warnung** f / drive warning || ⁓**welle** f / motor shaft || ⁓**welle** f (Motorantrieb) / driving shaft, drive shaft n || ⁓**welle** f (Kardanwelle) / cardan shaft || ⁓**welle** f / operating shaft, actuating shaft || ⁓**welle** f (Getriebe) / input shaft || ⁓**zahnrad** f / drive sprocket || ⁓**zeitkonstante** f / response time constant || ⁓**zustand** m / drive state || ⁓**zylinder** m / operating cylinder, cylinder n, drive cylinder
Antrittszeit f / response time || ⁓ f (Reaktionszeit) / response time
Antwort f / response || ⁓ **G** (Messeinrichtung) VDE 0432, T.3 / response G IEC 60-3 || ⁓**adresse** f / responding address || ⁓**bereitschaft** f / response accept || ⁓**daten** plt / reply data
Antworten n (aufgerufene Station) / answering n
Antwortender m / responder n
antwortender Teilnehmer (PROFIBUS) / responder n
Antworter m / responder n
Antwort·gerät n / responder || ⁓**kanal** m / reply channel || ⁓**kennung** f / reply specifier || ⁓**möglichkeit** f / possible answer || ⁓**nachricht** f / response message || ⁓**primitiv** n / response primitive || ⁓**puffer** m / response buffer || ⁓**spektrum** n (Erdbebenprüf.) / response spectrum, test response spectrum (TRS) || ⁓**srichtung** f / response direction || ⁓**telegramm** n / response message, response telegram, response frame || ⁓**telegramm** n (PROFIBUS) / response frame || ⁓**verhalten** / unit response || ⁓**zeit** f DIN EN 61131-1 / response time IEC 1131-1, response time || ⁓**zeit** f (Datennetz) / acknowledge time || ⁓**zeitfenster** n / response time window || ⁓**zeitkonstante (globale, der Erzeugermaschinen)** f / common unit response time constant || ⁓**zyklus** m / BQ cycle
An- und Abfahren, weiches ⁓ (WAB) / smooth approach and retraction (SAR)
ANV (air, non-ventilated, drucklose Luft-Selbstkühlung) / ANV, non-ventilated, self-cooling by air at zero gauge pressure
anwachsend, langsam ~e Spannung / creeping stress, creeping strain || **~es Risiko** / increasing risk
Anwahl f / selection n, selecting n, select n || ⁓ **der Betriebsarten** / selection of operating modes || ⁓ **der**

Programm-Nr. / selection of the program no. || ~ **Drehmomentsollwert** / selection of torque setpoint || ~ **Fangen** / flying start || ~ **Motordaten-Identifikation** / select motor data identification || ~ **über Namen** / select by name || **~- und Ausführungsbefehl** / select and execute command
anwählbar *adj* / selectable *adj*
Anwahl·bedienung *f* / operator selection input, preselection input || **~befehl** *m* / selection command || **~betrieb** *m* / selective mode
anwählen *v* / preselect *v*, select *v* || ~ *v* / dial *v*
Anwahl·fehler *m* / selection error || **~führung** *f* / selection guide || **~-Löschtaste** *f* / reset button, resetting button || **~messung** *f* / measurement by (measuring-point selection), selective measurement || **~möglichkeit** *f* / selection option || **~punkt** *m* / selection point || **~-Querbedienung** *f* (gleichzeitiger Aufruf zusammengehöriger Informationen auf einem oder mehreren Bildschirmen) / display combining mode, linked-display mode (o. selection) || **~relais** *n* / selector relay || **~rückmeldung** *f* / selection accept signal, selection indication || **~schalter** *m* / selector switch, selector *n* || **~schaltung** *f* / selector circuit, selective control || **~steuerung** *f* / selective control || **~tastatur** *f* / selector keyboard || **~taste** *f* / selector button, selector key || **~verfahren** *n* / dialling procedure
Anwärm·dauer *f* / heating time || **~-Einflusseffekt** *m* / variation by self-heating
anwärmen *v* / warm up *v* || ~ *n* (Werkstück) DIN 17014, T.1 / superficial heating treatment
Anwärmzeit *f* / warm-up period, preconditioning time IEC 51, warming-up time
ANW-DB (Anwenderdatenblock) / user data block
Anweisung *f* / instruction *n*, operation *n*, statement *n*, standard command, quality system instruction, instruction command || **vorbereitende** ~ / preparatory instruction
Anweisungen *f pl* (Anleitungen) / instructions *n pl*
Anweisungs·ablaufverfolgung *f* / statement trace || **~abschnitt** *m* / body *n* || **~code** *m* / instruction code || **~kommentar** *m* / statement comment || **~liste** *f* (AWL) / statement list (STL), instruction list (IL), STL *n* || **~listensprache** *f* (AWL-Sprache) / instruction list language (IL language) || **~nummer** *f* / statement number || **~nummer im Teileprogramm** / part program statement number || **~sequenz** *f* / statement sequence || **~sprache** *f* / mnemonics || **~teil** *m* / instruction section || **~zeile** *f* / statement line
anwendbar *adj* / applicable *adj* || **~keit** *f* / applicability
anwenden *v* / apply *v*
Anwender *m* (AW) / user *n* (UR) || **vom** ~ **definiert** / user-defined *adj* || ~ **und Hersteller** / user and supplier || ~ **und Lieferer** / user and supplier || **~adresse** *f* / transport address || **~alarm** *m* / user interrupt || **~archivdaten** *f* / user archive data || **~baustein** *m* / user block || **~bereich** *m* / user data area || **~betreuung** *f* / user support || **~bezeichner** *m* / user ID || **~bibliothek** *f* (Sammlung vom Anwender erstellter Funktionsbausteine oder Funktionen in Form einer ladbaren SPS-Bibliothek) / user library || **~bild** *n* (vom Anwender projektiertes Bild) / user-configured display, user display || **~datei** *f* / user

file || **~daten** *plt* / user data || **~daten anzeigen** / Display user data || **~daten suchen** / Search user data || **globale ~daten** / GUD (global user data), global user data (GUD) || **programmglobale ~daten** / program global user data (PUD) || **~datenarchiv** *f* / application data archive || **~datenbaustein** *m* (DB-A) / application data block, user data block, UDB (user data block) || **~datenblock** *m* (ANW-DB) / user data block || **~datenhaltung** *f* / user database management system || **~datenspeicher** *m* / user data storage, user data memory || **~datum** *n* / user data
anwenderdefiniert *adj* / user-defined || **~e Diagnose** / user-defined diagnostics || **~e Logik** / user-defined logic || **~er Datentyp (ADT)** / UDT (user-defined data type) *n*
Anwender·dialog *m* / user dialog || **~dienst** *m* / user service || **~dokumentation** *f* / user documentation || **~dokumentationsfehler** *m* / user documentation defect || **~dokumentationskomponenten** *f* / user documentation components || **~dokumentationsrohfassung (Erstsprache)** *f* / user documentation rough version (Source Language) || **~ebene** *f* / user level || **~einheit** *f* (Prozessleitsystem) / application unit || **~einstellung** *f* / user setting || **~-EPROM** *m* / user EPROM || **~frame** *m* / user frame
anwenderfreundlich *adj* / user-friendly *adj*, easy to operate, convenient *adj*, easy-to-use *adj*, operator-friendly *adj*, sophisticated *adj*
Anwender·freundlichkeit *f* / user friendliness, ease of use, ease of operation, convenience || **~funktion** *f* / application function || **~funktionen** *f pl* / applications *n* || **~funktionstaste** *f* / user function key, user-defined function key || **~gerechter Anlagenbau** / user-oriented systems || **~hierarchie** *f* / user hierarchy || **~konfiguration** *f* / user configuration, user environment || **~konto** *n* / user account || **~kontrollpunkt** *m* / user control point || **~labor** *n* / application laboratory || **~makro** *n* / user macro || **~-Maschinendaten** *f* / user machine data || **~maske** *f* / user form, user screenform || **~Meldeblock** *m* / user message record || **~menübaum** *m* / menu tree || **~modul** *n* / application module, user data submodule || **~nahtstelle** *f* / user interface (UI), UI (user interface), AST/PEI || **~Notizen** *f* / user notes
Anwender·oberfläche *f* / user interface (UI), user environment || **~objekt** *n* / user object || **~-orientiert** *adj* / user-oriented *adj*, application-oriented *adj* || **~orientiertes Programm** / user-oriented program || **~paket** *n* (Programme) / user package || **~programm** *n* (vom Anwender geschrieben) / user-written program, application program, (AWP) user program (UP synonymous with application program) || **~programmbearbeitung** *f* / program execution || **~-programmierbar** *adj* / user-programmable *adj* || **~programmierung** *f* / application programming || **~programm-Laufzeit** *f* / program run time || **~programmschnittstelle** *f* / Application Program Interface (API) || **~programmspeicher** *m* / user program memory || **~projekt** *n* / user project || **~protokoll** *n* / application protocol || **~-RAM** *m* / user RAM || **~richtlinie** *f* (für die praktische Ausführung der Anlagensicherung) / user guideline
Anwender·schicht *f* / application layer ||

anwenderspezifisch 52

⸿**schnittstelle** f (ASS) / AST/PEI, user interface (UI) || ⸿**schrittnummer** f / user step number || ⸿**sicherheitsfunktion** f / user safety function || ⸿**sicht** f / user view || ⸿**software** f (vom Gerätehersteller geliefert) / application(s) software || ⸿**software** f (IEC/TR 870-6-1) / application software, (IEC/TR 870-6-2) user software || ⸿**speicher** m (AWS) / main memory, RAM, user RAM, working memory, user memory (UM) || ⸿**speicherausbau** m / user memory configuration || ⸿**speichermodul** n (ASM) / user memory submodule (UMS)
anwenderspezifisch adj / user-oriented adj, customized adj, personalized adj, application-oriented adj, user-specific adj, application-specific adj || ~**e Installation** / custom installation
Anwender·sprache f / user language || ⸿**system** n / user system || ⸿**systemprogramm** n / user system program || ⸿**szenario** n / use cases || ⸿**-Technologie-Baugruppe** f (ATB) / application module || ⸿**text** m / user text || ⸿**textblock** m / user text block || ⸿**variable** f / user variable || **freie** ⸿**variable** / user variable || ⸿**verbindung** f DIN ISO 7498 / transport connection || ⸿**verbindungsendpunkt** m / TC endpoint, transport connection endpoint || ⸿**version** f / user version || ⸿**verzeichnis** n / user directory || ⸿**wunsch** m / customer wish || ⸿**zentrum** n / APC (Applications Center) n || ⸿**zustimmung** f / user agreement || ⸿**zweig-Zuordnung** f / user branch allocation || ⸿**zyklus** m (AWZ) / user cycle
Anwendung f / utilization n, application n || ⸿ **einer automatischen Überwachungs- und Regeltechnik in Offshore-Feldern** / LACT || **in voller Breite** ⸿ **finden** / be widely used || ⸿ **in I-DEAS** / task n || ⸿ **und Erzeugnisanwendung** / application and product application || **Energie~** f / energy utilization, electric power utilization
Anwendungs·assistent m / application wizard || ⸿**assoziation** f / application association || ⸿**assoziations-Identifizierer** m / application-association-identifier || ⸿**beispiel** n / typical application, example for application, application example || ⸿**beispiele** / application examples || ⸿**bereich** m (Vorschrift) / scope n, field of application, area of application, application n, range of application, application range || **globaler** ⸿**bereich** / global scope || **lokaler** ⸿**bereich** / local scope || ⸿**berichte** m pl / application documentation, field reports || **~bezogene Norm** f / companion standard || ⸿**controller mit Prioritätenschaltung** / user controller with a priority circuit || ⸿**daten (AD)** f / AD (application data) n || ⸿**dauer** f / intended period of use || ⸿**dienst** m (EN ISO/IEC 7498-1 EN 60870-6-501) / application service || ⸿**dienstelement** m (ADE) EN 50090-2-1 / application service element (ASE) || ⸿**-Dienstelement** n (DIN 66331; EN 60870-6-503) / ASE || ⸿**dienstleister** m / Application Service Provider (ASP) || ⸿**ebene** f / application level || ⸿**fall** m / use case, application case, application n || ⸿**falldiagramm** n / use case diagram || ⸿**feld** n / area of application, application n, field of application || **gebräuchlichste** ⸿**form** / widely used version || ⸿**gebiet** n / field of application, application n, area of application || ⸿-

Grenzkurven f pl / limiting curves for application || ⸿**handbuch** n / implementation guide || ⸿**instanz** f DIN ISO 7498 / application entity || ⸿**integration** f (DIN EN 61968-1) / application integration || ⸿**klasse** f / utilization category || ⸿**klasse FP für Nachrichtenübermittlung in Netzleitsystemen der Elektrizitätsversorgung** (IEC/TR 870-6-2) / application class FP for electric power system messaging, (IEC/TR 870-6-1) FP-EPSM || ⸿**kontext** m (DIN 66331) / application context || ⸿-**Kontroller** m (AWK) / application controller (APC) || ⸿**management** n (EN ISO/IEC 7498-1) DIN ISO 7498 / application management || ⸿**meldung** f / application message || ⸿**möglichkeit** f / applicability, application
anwendungsorientiert adj / application-oriented adj, user oriented adj, customized adj || ~**es Kombinationsglied** DIN 19237 / application-oriented multifunction unit
Anwendungs·plattform f / application platform || ⸿**profil** n / application profile || ⸿**programm** n / application program || ⸿**programm-Schnittstelle der Netzleitzentrale** (DIN EN 61970-1, -301, -401) / Control Center Application Program Interface, CCAPI || ⸿**protokoll** n (stellt einen virtuellen Terminaldienst im Internet zur Verfügung, RFC 854) / application protocol, (stellt einen virtuellen Terminaldienst im Internet zur Verfügung, RFC 855) Telnet || ⸿**prozess** m (EN 60870-6-503, -701, -702) / application process, AP || ⸿**prozess im Gerät** EN 50090-2-1 / device application process || ⸿**prozessor** m / application processor || ⸿**richtlinien** f pl / application guide || ⸿**schicht** f / application layer (the layer that provides means for the application processes to access the OSI environment) || ⸿**schnittstelle** f (AST zwischen Busankoppler und Anwendungsmodul o. Endgerät) / physical external interface (PEI) || ⸿**sicherheitsmodul** n / secure application module || ⸿**software** f (Software, die speziell auf die Lösung eines Anwendungsproblems zugeschnitten ist) / application software || ⸿**speicher** m (Speicher, der auf einem Bediengerät für das ablauffähige Projekt zur Verfügung steht) / application memory || ⸿**spektrum** n / application spectrum
anwendungsspezifisch adj / application-specific || ~**e Steuer- und Regeleinheit** / application specific controller || ~**es intelligentes Leistungsmodul (ASIPM)** / Application-Specific Intelligent Power Module (ASIPM) || ~**es Standardprodukt (ASSP)** / Application Specific Standard Product (ASSP)
Anwendungs·szenario n / user scenario || ⸿**technik (AWT)** f / application engineering || ⸿**technologie** f / application technology || ⸿**verbindungs-Endpunkt** m (EN 60870-6-501) / application connection end-point (ACEP) || ⸿**vielfalt** f / flexibility || ⸿**zeit** (Zeitintervall, während dessen der Benutzer die Funktionsfähigkeit der Einheit verlangt) / required time || **gefordertes** ⸿**zeitintervall** / required time || ⸿**zweck** m / application n, duty n
Anwerbung f / recruitment n
anwerfen v / start v, start up v || **~** v (Schutz) / start v
Anwerfschalter m (f. Hilfswickl., drehzahlgesteuert) / centrifugal starting switch

Anwesenheit *f* / attendance *n*, presence *n*
Anwesenheits·grund *m* / attendance reason || ⸰**kontrolle** *f* / presence check, check that something is present || ⸰**liste** *f* / attendance list || ⸰**melder** *m* / presence-sensing device || ⸰**protokoll** *n* / attendance printout || ⸰**sensor** *m* / presence sensor || ⸰**simulation** *f* / presence simulation || ⸰**zeit** *f* / attendance time
Anwickelstift *m* / winding pin
Anwurfglied *n* / starting element, starting relay
Anwurfmotor *m* (Einphasenmot. ohne Hilfswickl.) / hand-started single-phase motor || ⸰ *m* (Hilfsmot.) / starting motor, pony motor
Any-Transition *f* / Any transition
ANZ (Anzeigebit) / CC (condition code) || ⸰ **(Anzeige)** *f* / display *n*
Anzahl Analogausgänge / number of analog outputs || ⸰ **Beinchen an jeder Ecke** / number of leads at each corner, No. of leads at each corner || ⸰ **der Ausschnitte** / number of cutouts || ⸰ **der Befehlsstellen** / number of command points || ⸰ **der Betriebsstellungen** (Trafo-Stufenschalter) / number of service tapping positions IEC 214, number of operating positions || ⸰ **der erforderlichen Hübe** / required number of strokes || ⸰ **der federnden Windungen** / number of elastic turns || ⸰ **der Federwindungen** / number of spring turns || ⸰ **der Federwindungen übereinander** / number of piled-up springs || ⸰ **der Fehler je 100 Einheiten** / defects per hundred units || ⸰ **der Fehler je Einheit** / defects per unit (DFU) || ⸰ **der Fehlimpulse** / missing-pulse count || ⸰ **der Hochläufe hintereinander** / number of starts in succession || ⸰ **der Kanäle** (quantitative Angabe zur Menge der logischen Kanäle) / number of channels || ⸰ **der Messstellen** / number of measuring points || ⸰ **der möglichen Stellungen** (Trafo-Stufenschalter) VDE 0532, T. 30 / number of inherent tapping positions IEC 214 || ⸰ **der Pole** / number of poles || ⸰ **der Schaltungen** / number of operations || ⸰ **der signifikanten Zustände** / number of significant conditions || ⸰ **der Skalateile** / number of scale divisions || ⸰ **der Stufenschalter-Stellungen** (Trafo) / number of tapping positions IEC 214, number of taps || ⸰ **der Wertänderungen** / change of value, COV || ⸰ **der Wiederanlaufversuche** / Number of restart attempts || ⸰ **der wirksamen Windungen** / number of effective turns || ⸰ **der Zeichen** / number of characters || ⸰ **Digitalausgänge** / Number of digital outputs || ⸰ **Digitaleingänge** / Number of digital inputs || ⸰ **Pkt. DE1_2_3** (Anzahl der Klebepunkte für Dosiereinheit 1, 2 und 3) / number of adhesive dots, DU 1/2/3 || ⸰ **Spülzyklen** / number of rinse cycles, No. of rinse cycles || ⸰ **Zyklen** / number of cycles
Anzahlung *f* / down payment, advance payment || ⸰**en** *f* / advances *n*
Anzapfdrossel *f* / tapped variable inductor
anzapfen *v* / tap *v*
Anzapf·-Kondensationsturbine *f* / extraction-type condensation turbine || ⸰**schütz** *n* / tapping contactor || ⸰**transformator** *m* / tapping transformer || ⸰**umschalter** *m* / tap changer || ⸰**umsteller** *m* / off-voltage tap changer, off-load tap changer

Anzapfung *f* (Trafo, Wickl.) / tapping *n*, tap *n* || ⸰ **für Bemessungsspannung** (Trafo) / rated kVA tap || ⸰ **für Umstellung im spannungslosen Zustand** (Trafo) / off-circuit tap (ping) || ⸰ **für Umstellung unter Last** (Trafo) / on-load tap || ⸰ **für verringerte Leistung** (Trafo) / reduced-power tapping || ⸰ **für volle Leistung** (Trafo) / full-power tapping || ⸰ **mit größtem Strom** (Trafo) / maximum-current tapping || ⸰ **mit höchster Spannung** (Trafo) / maximum-voltage tapping || **Übersetzung auf den** ⸰**en** / voltage ratio corresponding to tappings
Anzapfungs·bereich *m* (Trafo) VDE 0532, T.1 / tapping range IEC 76-1 || ⸰**betrieb** *m* (Trafo) VDE 0532, T.1 / tapping duty IEC 76-1 || ⸰**faktor** *m* (Trafo) VDE 0532, T.1 / tapping factor IEC 76-1 || ⸰**größe** *f* (Trafo) / tapping quantity || ⸰**leistung** *f* / tapping power || ⸰**spannung** *f* / tapping voltage || ⸰**strom** *m* / tapping current || ⸰**stufe** *f* / tapping step || ⸰**übersetzung** *f* / tapping voltage ratio || ⸰**wert** *m* / tapping quantity || ⸰**wicklung** *f* / tapped winding
Anzeige *f* / indication *n*, display *n*, reformattable function display, annunciation *n*, readout *n*, message *n* || ⸰ *f* (Indikatorbit) / indicator bit || ⸰ **aufgeben** / put in an advertisement || ⸰ **der Netzverfügbarkeit & Funktionsfähigkeit per Leuchtdioden** / power availability LEDs || ⸰ **Kindersitzerkennung (AKSE)** / display childseat presence detection || ⸰ **Meldungen** / show messages || ⸰ **PZD-Signale** / PZD signals || **7-Segment**-⸰ *f* / seven-segment display || **Ergebnis**~ *f* (Bit) / result bit || **phasengemeinsame** ⸰ / common annunciation for all phases || **Sicht**~ *f* / display *n*, read-out *n* || **Zähler**~ *f* / meter registration, meter reading || ⸰**ampel** *f* / indicator light || ⸰**-Arbeitsbereich** *m* / workspace view || ⸰**art** *f* (Meldungen können auf verschiedene Arten angezeigt werden, z. B. in einer Meldezeile oder in einem Meldefenster) / display mode || ⸰**baugruppe** *f* (f. BSG) / display module || ⸰**baugruppe** *f* (m. Leuchtdioden) / LED module || ⸰**baustein** *m* / indicator module || ⸰**bereich** *m* / display range, display limits, display area || ⸰**bereichsanfang** *m* (Bildschirm) / lower (display range limit) || ⸰**bereichsende** *n* (Bildschirm) / upper (display range limit) || ⸰**beruhigung** *f* / display stabilization || ⸰**bild** *n* (Menge von Darstellungselementen, die zusammen zu einem beliebigen Zeitpunkt auf einer Darstellungsfläche sichtbar sind) / display image || ⸰**bild** *n* / message display, indicator bit, condition-code bit, condition code (CC), condition code bit || ⸰**box** *f* / display box || ⸰**byte** *n* / condition code byte
Anzeige·daten *plt* (Display) / display data || ⸰**datum** *n* / display data || ⸰**dauer** *f* / display duration || ⸰**draht** *m* / display wire || ⸰**einheit** *f* (einzeilig) / display unit, display element || ⸰**einheit** *f* (Tafel) / display panel, annunciator panel || ⸰**einheit** *f* / visual display unit (VDU), remote display unit, display pod || ⸰**einrichtung** *f* / display, indicating device || ⸰**element** *n* / display element, annunciator element || ⸰**feder** *f* / display spring || **spiralförmige** ⸰**feder** / spiral dial spring
Anzeige·fehler *m* / indication error, display error || ⸰**fehler bei Endausschlag** / register error at full-scale deflection || ⸰**feinheit** *f* / display resolution || ⸰**feld** *n* / annunciator panel, indicator panel,

Anzeige

display section, display *n* || ⟂**feld** *n* (Mosaiktechnik, Kompaktwarte) / display tile || ⟂**feld** *n* (z. B. an einem Programmiergerät) / display panel || ⟂**feld** *n* (BSG) / display field || ⟂**fenster** *n* / display window || ⟂**filter** *m* / display filter || ⟂**fläche** *f* / display area || ⟂**format** *n* / display format || ⟂**funkenstrecke** *f* / indicating gap || ⟂**genauigkeit** *f* (Genauigkeit eines Anzeigegerätes) / display accuracy || ⟂**gerät** *n* / indicating device, indicator *n*, indicating equipment, display device || ⟂**hebel** *m* / display lever || ⟂**höhe** *f* (Echohöhe) / echo height || ⟂**hülse** *f* / display bushing

Anzeige·instrument *n* / indicating instrument, indicator *n* || ⟂**instrumente** *n pl* / indicating instruments || ⟂**klasse** *f* / display class || ⟂**kommando** *n* / display command || ⟂**kopf** *m* / display head || ⟂**lampe** *f* / indicator lamp, indicating light, pilot lamp, repeater lamp || ⟂**-Maschinendatum** *n* (Anzeige-MD) / display MD || ⟂**-MD** *n* (Anzeige-Maschinendatum) / display MD || ⟂**menü** *n* / display menu || ⟂**modul** *n* / display module || ⟂**modus** *m* / display mode

anzeigen *v* (Daten visuell darstellen) / display

Anzeigen·adresse *f* (Indikatora.) / indicator address, condition-code (byte address) || ⟂**bewertung** *f* / evaluation of indication, display evaluation || ⟂**bildung** *f* / display generation || ⟂**bit** *n* / condition-code bit, result bit || ⟂**bit** *n* (ANZ) / condition code (CC)

anzeigend·er Drehmomentschlüssel / torque indicating spanner || **~er Grenzwertmelder** / indicating limit monitor || **~es Maximumwerk** / indicating maximum-demand mechanism || **~es Messgerät** / indicating instrument, indicator *n* || **~es Thermometer** / dial-type thermometer

Anzeigen·einspiegelung *f* / head-up display || ⟂**skalierung** *f* / display scaling || ⟂**steuerung** *f* / display control || ⟂**treiber** *m* / display driver || ⟂**werbung** *f* / advertisements || ⟂**wort** *n* (Indikator) / condition-code word, indicator word

Anzeige·objekt *n* / display object || ⟂**parameter** *m pl* / display of parameters || ⟂**pfeil** *m* / arrow *n*, direction arrow || **~pflichtig** *adj* / notifiable *adj* || ⟂**platine** *f* / display PCB || ⟂**platte** *f* / display plate || ⟂**primitiv** *n* / indication primitive || ⟂**-/ Programmeditor** *m* / display/program editor || ⟂**querschnitt** *m* / traffic sign gantry

Anzeiger *m* / indicator *n* || ⟂ *m* / indicating device, indicator *n* || ⟂ *m* (anzeigendes Messgerät) / indicating instrument || ⟂ **einer berührungsgefährlichen Spannung** / live voltage detector IEC 50(302) || **elektrischer** ⟂ **für nichtelektrische Größen** / electrically operated measuring indicating instrument

Anzeige·raster *n* / display grid || ⟂**röhre** *f* / indicator tube, display tube

Anzeigersicherung *f* / indicator fuse

Anzeige·scheibe *f* / display flange || ⟂**schild** *n* / indicator plate || ⟂**schwelle** *f* / threshold of indication || ⟂**seite** *f* / display side || ⟂**software** *f* / display software || ⟂**sprache** *f* / display language || ⟂**stift** *m* / indicator pin || ⟂**streifen** *m* / indicator strip || ⟂**tableau** *n* / annunciator *n*, mimic panel || ⟂**tafel** *f* / annunciator board, display panel || ⟂**treiber** *m* / display driver || ⟂**- und Bedieneinheit** *f* / display and control unit || ⟂**- und Bedienfeld** *n* / front panel || ⟂**volumen** *n* (Datensichtgerät) / display capacity || ⟂**vorrichtung** *f* / indicating device, indicator *n* || ⟂**wert** *m* / shown value, displayed value || ⟂**werte** *m* / readout data || ⟂**wiederholung** *f* (Sammelstatus) / common-status display || ⟂**wort** *n* / indicator word || ⟂**wort** *n* (ANZW) / job status word, condition code word || ⟂**zeile** *f* / display line || ⟂**zyklus** *m* / display cycle

Anziehdrehmoment *n* / twist torque, locked-rotor torque, tightening torque, stud torque

anziehen *v* / break away *v*, start up *v* || **~** *v* / pick up *v* || **~** *v* (Schraube) / tighten *v*, tighten up

Anzieh·moment *n* / locked-rotor torque, twist torque, tightening torque || ⟂**schema** *n* (Schrauben) / bolt tightening scheme

Anziehung *f* (elektrostatisch) / attraction *n*

Anziehungskraft *f* / attractive force, force of attraction

Anzugs·bolzen *m* / retention shaft || ⟂**drehmoment** *n* (beim Einschrauben) / stud torque, twist torque, locked-rotor torque, tightening torque, torque *n* || ⟂**kraft** *f* (Bahn) / starting tractive effort, starting drawbar pull || ⟂**leistung** *f* / pickup power, pull-in power, pick-up power || ⟂**moment** *n* VDE 0530, T. 1 / locked-rotor torque IEC 34-1, breakaway torque || ⟂**moment** *n* (Schraube) / tightening torque || ⟂**moment für Klemmenanschluss** / terminal torque || ⟂**spannung** *f* / breakaway starting voltage, locked-rotor voltage || ⟂**spannung** *f* / relay operate voltage, operate voltage || ⟂**strom** *m* / starting current || ⟂**strom** *m* VDE 0530, T.1 / locked-rotor current IEC 34-1, breakaway starting current || ⟂**strom** *m* / pickup current || ⟂**strom** *m* (kurzz. Strom einer Magnetspule beim Einschalten) / inrush current || ⟂**strom I_A** / starting current I_A || ⟂**strom mit Anlasser** (el. Masch.) / locked-rotor current of motor and starter || ⟂**stromverhältnis** *n* / starting current ratio I_A/I_N || **~verzögert** *adj* / ON-delay *adj*, pickup-delayed *adj*, with ON delay || **~verzögertes Relais** / on-delay relay, time-delay-after-energization relay (TDE), slow-operating relay (SO relay), delay-on-operate relay, ON-delay relay || ⟂**verzögerung** *f* / pickup delay, time delay on pick-up, ON-delay *n* || ⟂**verzögerungszeit** *f* / pickup delay, pickup delay time || ⟂**wert** *m* / pickup value || ⟂**wicklung** *f* / pickup winding || ⟂**zeit** *f* / pickup time, operate time

Anzugs·verzögerung *f* / pickup delay time, pickup delay || ⟂**zeit** *f* / pickup time

ANZW (Anzeigewort) / condition code word, job status word

AO (Analogausgabebaugruppe) *f* / AO (analog output module) *n* || ⟂ **(Analogausgang)** *m* / AO (analog output) *n*

AOD *n* / AOD, Airport Operational Dashboard

AOI (Automatische Optische Inspektion) / AOI (Automatic Optical Inspection) || ⟂**-, Isolations- und Funktionsprüfung** *f* / AOI, functional and dielectric testing of PCB || ⟂**-Plattform** *f* / AOI platform || ⟂**-Prüfplan** *m* / AOI test plan

AOP / Advanced Operator Panel (AOP) || ⟂ **Echtzeituhr** / AOP real time clock

AOPDDR / AOPDDR (active opto-electronic protective device responsive to diffuse reflection)

AOP-Handbuch / AOP Manual

AOR / AOR (active output register)

AOSE (Agentenorientiertes Software

Engineering) *n* / AOSE (Agent-Oriented Software Engineering)
AP / flush-mounting || ~ **(Absolutdruck)** *m* / absolute pressure *n*
APB *m* / Advanced Peripheral Bus (APB)
APC / workstation computer, desktop computer, personal computer || ~ **(Advanced Process Control)** / APC (Advanced Process Control) || ~ **(Automatisierungs-PC)** *m* / APC (automation PC)
APCVD *f* / atmospheric pressure chemical vapor deposition (APCVD)
APD / avalanche photodiode (APD)
aperiodisch *adj* IEC50(101) / aperiodic *adj* || ~ **abgetastete Echtzeitdarstellung** (Impulsmessung) DIN IEC 469, T.2 / aperiodically sampled real-time format || ~ **abklingendes Feld** / evanescent field || ~ **gedämpft** / dead-beat *adj* || **~e Größe** / aperiodic quantity || **~e Komponente** / aperiodic component || **~e Schwingung** / aperiodic motion, aperiodic oscillation || **~e Zeitkonstante** / aperiodic time constant
Apertur·fläche *f* / net area || ~**unsicherheit** *f* / aperture uncertainty, aperture jitter || ~**verzerrung** *f* / aperture distortion
APH / high-intensity approach lighting (APH)
API / Application Program Interface (API) || ~-**Abbild** *n* / API image || ~-**Funktion** *f* / API function
APIPA / Automatic Private IP Addressing, APIPA
API-·Schnittstelle *f* / API interface || ~-**Übergabebereich** *m* / API transfer range
AP-Kasten *m* / flush-mounting box
APL / low-intensity approach lighting (APL) || ~ **(Arbeitsplan)** *m* / work schedule, work plan
APM / automation protocol monitor (APM) || ~ **(Advanced Power Management)** *n* (dient zur Überwachung und zur Reduzierung des Stromverbrauchs insbesondere von akkubetriebenen PCs) / APM (Advanced Power Management)
Apparat *m* / apparatus *n*, device *n*, item of apparatus, item of equipment, appliance *n*
Apparate·bau *m* / instrument engineering || ~**dose** *f* / switch and socket box, device box, switch box, wall box || ~**färberei** *f* / machine dyeing
Apparaten, in den ~ **fest werden** / congeal in the equipment
Apparate-Steueroperation *f* (Teil einer Rezeptoperation in einem Steuerrezept) / equipment operation
AP-PDU / AP PDU (automation protocol data unit)
Applicate *n* / applicate *n*
Application Builder / Application Builder || ~-**controller** *m* / application controller || ~-**Framework** *m* / Application Framework || ~-**Ladder** *m* / application ladder || ~ **Layer Interface** (ALI) / application layer interface (ALI) || ~ **Management Center (AMC)** / Application Management Center (AMC) || ~ **Operating System** *n* / Application Operating System, AOS || ~ **Programming Interface (API)** *n* / Application Programming Interface (API) || ~-**Sharing-Verfahren** *n* / application-sharing || ~-**Specification-Modular-Block-Architektur (ASMBL)** *f* / Application Specification Modular Block Architecture (ASMBL) || ~ **Suite Repository** *f* / ASR, Application Suite Repository

Applikation *f* / application *n* || **getrennte** ~ / separate application || ~**en im maritimen Bereich** / marine applications
Applikations Firmware Bibliothek *f* / application firmware library
Applikations·artikel *m* / application report || ~**baugruppe** *f* (spezielle Funktionsbaugruppe, die es dem Anwender ermöglicht, seine spezifische Applikation in einer AT-Umgebung zu realisieren) / application module || ~**entwicklungsumgebung** *f* / ADE, Application Development Environment || ~**ingenieur** *m* / application engineer || ~**labor** *n* / application lab || ~**name** *m* / application title || ~**objekt** *n* (Objekt innerhalb der Anwendungssoftware einer Einrichtung eines GASystems) / application object || ~**plattform** *f* / application platform || ~**profil** *n* / application profile || ~**programm** *n* / application program || ~-**Programmierungs-Schnittstelle** *f* / Application Programming Interface (API) || ~**projekt** *n* / application project || ~**protokoll** *n* / application protocol || ~**prozessor** *m* / application processor || ~**rahmen** *m* / application frame ~**schicht** *f* / complex devices, application layers, application layer (the layer that provides means for the application processes to access the OSI environment) || ~**schnittstelle** *f* / application interface || ~**server** *m* / application server || **~spezifische Daten** / specific application data || **~spezifische Sicht** *f* / application-specific view || ~**übersicht** *f* / application directory || ~ **und Simulationssystem** *n* / calibration and simulation system || ~**unterstützung** *f* / application support || ~**werkzeug** *n* / application tool || ~**zentrum (APZ)** *n* / Applications Center (APC)
Approbation *f* / approval *n*, approvals *n*, certification *n*
Approbationspflicht *f* / approval requirements. certification requirements, approval requirements
Approximations·lauf *m* / approximation run || ~**verfahren** *n* / approximation method
APQP / APQP (Advanced Product Quality Planning)
APR / precision approach radar (APR) || ~ **(Arbeitsplatzrechner)** / workstation computer, desktop computer, personal computer
A-Prüfstelle *f* / A-level calibration facility
APS / approach side-row lighting (APS) || ~ *n* / APS || ~ / Advanced Planning & Scheduling
APT / Applications Productivity Tool (APT)
APT-System *n* / APT system (automatically programmed tool system)
APW (automatischer Palettenwechsler) *m* / automatic pallet changer (APC)
APZ (Applikationszentrum) *n* / APC (Applications Center)
AQI / annual quality improvement, AQI
AQL / acceptable quality level (AQL)
äquatoriales Trägheitsmoment / equatorial moment of inertia, axial moment of inertia
äquidistant *adj* / equidistant *adj*, constant bus cycle time
Äquidistante *f* / equidistant *n*, equidistant path
äquidistant·e Bahnkorrektur / equidistant path compensation || **Regelung mit** ~**en Steuerimpulsen** / equidistant firing control
Äquidistanten·korrektur *f* (ÄK) / equidistant

äquidistanter   56

compensation || ⁓schnittpunkt *m* / equidistant intersection
äquidistanter Bus / equidistant bus || **~ Profibus** / equidistant Profibus || **~ Slave** *m* / equidistant slave
Äquidistanz *f* / constant bus cycle time || ⁓**-Betrieb** *m* / Equidistance mode || ⁓**modus** *m* / equidistant mode
Äquipotential *n* / equipotential *n* || ⁓**fläche** *f* / equipotential surface (o. area) || ⁓**linie** *f* / equipotential line, equipotential curve || ⁓**verbindung** *f* / equipotential connection, equalizer *n*
äquivalent·e Betriebszeit / weighted operating hours || **~e Bitrate** / equivalent bit rate || **~e Eingangsdrift** / equivalent input voltage/current drift || **~e Eingangs-Rauschspannung** / equivalent input noise voltage || **~e Geräuschleistung** / noise equivalent power || **~e Leistung** / equivalent rating || **~e Leitfähigkeit** / equivalent conductance || **~e Leitschichtdicke** / penetration depth || **~e Leuchtdichte** / equivalent luminance || **~e Leuchtdichte des Hintergrundes** / equivalent field luminance || **~e Rauschspannung** / equivalent noise voltage || **~e Reaktanz** / equivalent reactance || **~e Salzmenge** (Fremdschichtprüfung) / equivalent salt deposit density (ESDD) IEC 507 || **~e Schleierleuchtdichte** / equivalent veiling luminance || **~e Verschleierung** / equivalent veiling luminance || **~e Zeitdarstellung** (Impulsmessung) / equivalent time format || **~e Zellentemperatur** *f* / equivalent cell temperature (ECT) *n* || **~er Binärgehalt** / equivalent binary content || **~er elektrischer Stromkreis** / equivalent electric circuit || **~er Gradient** / equivalent gradient || **~er Serienwiderstand** (Kondensator) IEC 50(436) / equivalent series resistance || **~es Netzwerk** / equivalent network || **~es Rauschsignal** / noise-equivalent signal || **~es Stufenindexprofil** / equivalent step index profile (ESI-profile)
Äquivalenz *f* / equivalence *n* || ⁓**element** *n* (binäres Schaltelement) / logic identity element, coincidence gate
AR / address register (AR) || ⁓ / ar (analog input module with relay) || ⁓ **(Augmented Reality)** / AR (Augmented Reality)
Araldit *n* / araldite *n*
Aräometer *n* / areometer *n*, hydrometer *n*
ArbEG (Arbeitnehmererfindergesetz) / employee invention law
Arbeit *f* / work *n*, energy *n* || **elektrische** ⁓ / electrical energy || **mechanische** ⁓ / mechanical work
arbeiten *v* / work *v*
Arbeiten an unter Spannung stehenden Teilen / live working, live-line working || **~ im Leerlauf** / operate on no-load || **⁓ mit direkter Berührung** / bare-hand method || **⁓ mit isolierender Schutzbekleidung** / insulated gloves method, rubber gloves method || **⁓ mit isolierender Schutzkleidung** / insulated gloves method || **⁓ mit Schutzabstand** / safe-clearance working, hot-stick working (US) || **⁓ von extern** / execution from external source, processing from external source
Arbeiter *m* / wage earner, worker || ⁓ *m* / wages staff, hourly-paid workers

Arbeit·geberbeitrag *m* / employer's contribution *n* || ⁓**nehmererfindergesetz** *n* (ArbEG) / employee invention law
Arbeits·ablauf *m* / sequence of work, work flow, sequence of operations, process *n*, work plan, operating sequence, machining operation, work sequence || ⁓**ablauf** *m* / work cycle, machining cycle, cycle *n* || ⁓**ablauf** *m* / period of operation, operating period || ⁓**ablaufplan** *m* / work schedule, work sequence schedule, flow diagram, routing plan, flow chart || ⁓**ablaufplan** *m* DIN 66257 / planning sheet ISO 2806-1980 || ⁓**ablaufstudie** *f* / chronological study || ⁓**abschnitt** *m* / sequence of operations || ⁓**abstand** *m* / operating distance, switching frequency || ⁓**abstand** s_a / actuation distance s_a || ⁓**anschluss** *m* / working port || ⁓**antrag** *m* / work request || ⁓**anweisung** *f* / work instruction || ⁓**aufgabe** *f* / machining task, work task (an activity or activities required to achieve an intended outcome of the work system (EN 614-1)) || ⁓**aufstellung** *f* / work schedule, operating plan || ⁓**auftrag** *m* / work order, job order || ⁓**ausnutzung** *f* (eines Generatorsatzes) / utilization factor of the maximum capacity (of a set)
Arbeits·baustein *m* / work block, active block || ⁓**beginn** *m* / start of work || ⁓**beleg** *m* / manufacturing specification || ⁓**bereich** *m* / operating range, working range, working space, working area, working envelope, work envelope, View *n* || ⁓**bereich** *m* (einer Erregungsgröße) VDE 0435, T. 110 / operative range || ⁓**bereich** *m* VDE 0558, T.1 / d.c.-side operating range || ⁓**bereich (Workbench)** *m* / work area || ⁓**bereich der Ausgangsspannung** (Verstärker) / output voltage range || ⁓**bereich der Eingangsgröße** DIN 44472 / signal input range || ⁓**bereich der Eingangsspannung** (Verstärker) / input voltage range || ⁓**bereich der Magnetspule** / coil operating range || ⁓**bereich des Ausgangsstroms** (Verstärker) / output current range || ⁓**bereich des Eingangsstroms** (Verstärker) / input current range || ⁓**bereich des Ventils** / rangeability of the valve || **3D-**⁓**bereich** *m* / 3D working area || ⁓**bereichsbegrenzung** *f* (NC) / operating range limit(ing) || ⁓**bereichsbegrenzung** *f* / working area limitation || ⁓**bereichstest** *m* / operating range test || ⁓**bereichsverriegelung** *f* / operating area interlock, operating range interlock || ⁓**bericht** *m* / work report || ⁓**beschreibung** *f* / description of work, work statement || ⁓**bewegung** *f* / machining motion || ⁓**bühne** *f* / (working) platform || ⁓**code** *m* / operation code
Arbeits·datei *f* / work file || ⁓**datenbaustein** *m* / work DB || ⁓**drehzahl** *f* / operating speed || ⁓**drehzahlen** *f pl* / operating speeds || ⁓**druck** *m* (PA) DIN 2401, T.1 / operating pressure, working pressure || ⁓**druckbereich** *m* / working pressure range || ⁓**ebene** *f* / work plane, working plane || ⁓**einheit** *f* / energy unit, requester *n* || ⁓**erder** *m* / work-in-progress earthing switch, maintenance earthing switch || ⁓**erdung** *f* / earthing for work, grounding for work || ⁓**-Erdungsschalter** *m* / work-in-progress earthing switch, maintenance earthing switch || ⁓**ergebnis** *n* / work performed || ⁓**ergebnisse** *n* / work results || ⁓**erlaubnis** *f* / work permit || ⁓**feld** *n* / working field, field of activity, working area || ⁓**feldbegrenzung** *f* / working area

limitation, operating range limit || ₂**fenster** *n* / project window, action window || ₂**fläche** *f* / workspace *n*, viewport *n*, working area || ₂**fluss** *m* / work flow, workflow *n* || ₂**folge** *f* / sequence of operations, sequence of work, machining sequence || ₂**fortschrittbericht** *m* / progress report || ₂**fuge** *f* / construction joint
Arbeitsgänge beherrschen / have control over operations
Arbeits·gang *m* / operation *n*, work operation, operating procedure || ₂**gang** *m* / machining operation, pass *n* || ₂**gangnummer** *f* / operation number || ₂**gebiet** *n* / business area || ₂**gemeinschaft HGÜ** / HVDCT Working Group || ₂**genauigkeit** *f* (durch die Fertigungseinrichtung bedingte Fertigungsgenauigkeit) / operation accuracy || ₂**gerade** *f* / load line || ₂**geschwindigkeit** *f* / working speed, operating speed || ₂**gleichung** *f* / energy equation || ₂**gruppe** *f* / working group, work team, workgroup || ₂**gruppe zur Standardisierung von Automatisierungs- und Messtechnik (ASAM)** / Association for the Standardization of Automation and Measuring Systems (ASAM) || ₂**hebebühne** *f* / aerial lift device || ₂**hub** *m* / range stroke, operating stroke, working stroke || ₂**information** *f* / functional control information || ₂**informationsbereich** *m* / operating information range || ₂**karte** *f* / job card, work ticket, work card || ₂**kenndaten pit** / operating characteristics || ₂**kenngrößen** *f pl* / performance characteristics || ₂**kennlinie** *f* / operating line, operating curve || ₂**kennlinie** *f* / operating characteristic, characteristic curve || ₂**kennlinie** *f* (el. Masch.) / working curve, dynamic characteristic || ₂**kennlinie der Ausgangselektrode** / load line (EBT) || ₂**kennung** *f* / machining identification || ₂**kontakt** *m* / make contact, make contact element IEC 337-1, a-contact, normally open contact, NO contact || ₂**koordinate** *f* / working coordinate || **auswechselbarer** ₂**kopf** (Handstange) / universal tool attachement IEC 50(604) || ₂**korrekturen** *f pl* / working offset list, working offsets || ₂**kräfte** *f pl* / manpower *n*, human resources || ₂**kreis** *m* / working committee, working party || ₂**kreis AK** / working group WG || ₂**kreis Qualität (AKQ)** / Working Group for Quality
Arbeits·lage *f* / operating position || ₂**länge** *f* / working length || ₂**last** *f* / working load || ₂**lehre** *f* / workshop gauge, working gauge || ₂**leistung** *f* / efficiency achievement, performance *n* || ₂**magazin** *n* / work magazine || ₂**mappe** *f* / workbook || ₂**maschine** *f* (angetriebene Masch.) / driven machine || ₂**maschine** *f* (Produktionsmasch.) / production machine || ₂**maske** *f* / working mask || ₂**maßstab** *m* (Zeichnung) / plotting scale || ₂**maßstab** *m* (Karte) / compilation scale || ₂**matrix** *f* / function matrix || ₂**messung** *f* / energy metering || ₂**mittel** *plt* / working medium, work tools || ₂**mittel** *n* / work equipment (machinery, tools, vehicles, devices, furniture, installations and other components used in the work system (EN 614-1)) || ₂**mittel der Hilfsenergie** / working medium of auxiliary power || ₂**modul** *n* / index of cooperation || ₂**modulfaktor** *m* (Produkt aus Gesamtabtastzeilenlänge und Abtastdichte) / factor of cooperation || ₂**normal** *n* / working standard
Arbeits·paket *n* / work package || ₂**papiere** / working documents, working papers || ₂**physiologie** *f* / human factors engineering || ₂**plan** *m* / work schedule, operating plan, routing plan, process plan, flow chart, machining plan, work plan || ₂**planung** *f* / work planning, work scheduling || ₂**platte** *f* / workbench || ₂**platz** *m* (m. Bildschirmgerät) / workstation *n* (WS), work center || ₂**platz** *m* / place of work, workplace *n*, WS (workstation) || ₂**platz Drucker** / workstation printer || **Bildschirm-**₂**platz** *m* (BSA) / display workstation, VDU-based workstation || **Büro~platz** *m* / office workplace || **Graphik~platz** *m* / graphic workstation || **~platzabhängiger Segmentspeicher (AASS GKS)** / workstationdependent segment storage (WDSS) || ₂**platzanwendung** *f* / desk application || ₂**platzbeleuchtung** *f* / local lighting, localized lighting || ₂**platzbeschreibung** *f* / job description || ₂**platzcomputer** *m* (APC) / workstation computer, desktop computer, personal computer || ₂**platz-Konfiguration** *f* / workstation configuration || **maximale** ₂**platzkonzentration (MAK-Wert)** / maximum allowable concentration (MAC), threshold limit value at place of work (TLV) || ₂**platzkran** *m* / workplace crane || ₂**platzleuchte** *f* / work light, close work luminaire (o. fitting), workplace luminaire || **~platzorientierte Allgemeinbeleuchtung** / localized general lighting, orientated general lighting || ₂**platz-Pflichtanforderung** *f* / workstation mandatory || ₂**platzrechner** *m* (APR) / workstation computer, desktop computer, personal computer, workstation || **~platzunabhängiger Segmentspeicher (AUSS)** / workstation-independent segment storage (WISS) || ₂**position** *f* / working position || ₂**preis** *m* (SIT) / kilowatthour rate, energy rate || ₂**prinzip** *n* / working principle || ₂**produkt** *n* / scalar product || ₂**prüfung** *f* / operating duty test || ₂**punkt** *m* / operating point, tool centre point (TCP) || ₂**punkt** *m* (Dauermagnet) / working point || ₂**punkt** *m* VDI/VDE 2600 / operating point || **Nenn-**₂**punkt** *m* / nominal working point || ₂**punkt-Drift** *f* / point drift || ₂**punktgradient** *m* / sustained loading rate, sustained rate || ₂**punktgrenze** *f* / sustained limit || ₂**punktverlauf** *m* / operating point curve || ₂**qualität** *f* / quality of workmanship
Arbeits·raum *m* / working range, operating range, working envelope || ₂**raum** *m* / working space, work volume || ₂**raum** *m* / work envelope || ₂**raum** *m* / working area || ₂**raumabgrenzung** *f* / working area delimitation || ₂**regeln** *n* / work guidelines || ₂**register** *n* / working register || ₂**richtlinie** *f* / working guideline || ₂**richtlinien** *f* / work instructions || ₂**rollenbahn** *f* / main roller conveyor, main conveyor || ₂**-/Ruhestrom** *m* / open/close circuit
Arbeits·schema *n* / organization chart || ₂**schritt** *m* / operational step, machining step, sequence *n*, stages of work, step *n* || ₂**schritt-Programmierung** *f* / machining step programming || ₂**schutz** *m* / occupational safety and health (US), occupational safety ||

Arbeits 58

⸺**schutzgesetz** *n* / labour protection act, health and safety at work act (HSW Act US) || ⸺**schutzgesetze** *n* (Gesetze, die die Sicherheit und den Gesundheitsschutz der Beschäftigten bei der Arbeit gewährleisten sollen) / occupational health and safety legislation || ⸺**schutzwagen** *m* / safety service trolley, safety repair truck || ⸺**sicherheit** *f* / occupational safety, labour safety, safety at work regulations || ⸺**sitzung** *f* / session *n* || ⸺**spalt** *m* / working clearance || ⸺**spannung** *f* / working voltage, on-load voltage, operating voltage || ⸺**speicher** *m* (Anwendersp.) / user memory || ⸺**speicher** *m* (ASP) / main memory, user memory, active store || ⸺**speicher** *m* (AS) / main memory, RAM, user RAM, working memory, user memory (UM), work memory (RAM) || ⸺**speicherbedarf** *m* / work memory requirement || ⸺**speichererweiterung auf Festplatte** / swap *n* || ⸺**speicherüberlauf** *m* / working memory overflow || ⸺**spiel** *n* / working cycle, cycle *n* || ⸺**spielzeit** *f* / work cycle time, cycle time || ⸺**spindel** *f* / workspindle *n*, main spindle || **schwenkbare** ⸺**spindel** / swivel-mounted work spindle || ⸺**stand** *m* / working version || ⸺**stange** *f* / working pole, working stick || ⸺**stange mit Universalanschlüssen** / universal hand stick || ⸺**station** *f* / workplace *n*, requester *n*, energy unit, WS (workstation) || ⸺**stätte** *f* / workstation *n* (WS) || ⸺**stätten** *f pl* / working and business premises, production and office areas || ⸺**stättenverordnung** *f* / workplace regulation || ⸺**stellung** *f* / working position, actuated position || ⸺**stellung** *f* / operated condition || ⸺**streubreite** *f* (durch zufällige Abweichungen verursachte Arbeitsunsicherheit) / operation spread || ⸺**strom** *m* / working current, load current, operating current || ⸺**strom-Alarmgerät** *n* / open-circuit alarm device || ⸺**strom-Auslösekreis** *m* VDE 0169,4 / open-circuit trip circuit || ⸺**stromauslöser** *m* (f-Auslöser) VDE 0660, T.101 / open-circuit shunt release, shunt release IEC 157-1, release with shunt coil, shunt release || ⸺**stromauslöser** *m* / shunt trip || ⸺**stromauslöser mit Kondensatorgerät** (fc-Auslöser) / shunt release with capacitor unit, capacitor release || ⸺**strombetrieb** *m* / open-circuit working || ⸺**strombremse** *f* / magnetically operated brake || ⸺**stromkreis** *m* / open circuit || ⸺**stromkreis** *m* / make circuit || ⸺**stromprinzip** *n* / open-circuit principle || ⸺**stromschaltung** *f* / make circuit, open-circuit-to-reset type || ⸺**stromschaltung** *f* / open-circuit arrangement, circuit closing connection || ⸺**studien** *f pl* / time studies

Arbeits·tabelle *f* (IC) / function table || ⸺**tag** *m* / workday, working day, (AT) working day || ⸺**tag-Typ** *m* / working day pattern || ⸺**takt** *m* (Kfz-Mot.) / power stroke || ⸺**tarif** *m* / energy tariff || ⸺**technik beim Schweißen** / welding technique || ⸺**teilung** *f* / division of work || ⸺**temperatur** *f* (TA) DIN 2401, T.1 / operating temperature (TA) || ⸺**temperaturbereich** *m* / operating temperature range, working temperature range || ⸺**titel** *m* / work title || ⸺**trum** *m* / driving strand, tight side || ⸺**umfang** *m* / scope of work, extent of operations || ⸺**umgebung** *f* / working environment, work environment || ⸺**- und Zeitwirtschaft** *f* / time and motion studies || **~unfähig** *adj* / incapable of work

|| ⸺**unsicherheit** *f* (durch die Fertigungseinrichtung bedingte Fertigungsunsicherheit) / operation uncertainty || ⸺**unterlage** *f* / working document || ⸺**ventil** *n* / working valve, power valve || ⸺**verbund** *m* / working group || ⸺**verfahren** *n* / work procedure || ⸺**verluste** *m pl* (Netz) / energy losses || ⸺**verlustgrad** *m* (Netz) / energy loss factor, loss factor || ⸺**vermögen** *n* / working capacity, energy *n* || ⸺**vermögen** *n* / energy capability || ⸺**vermögen-Koeffizient** *m* / energy capability factor || ⸺**verzeichnis** *n* / working directory || ⸺**vorbereiter** *m* / methods engineer || ⸺**vorbereitung** *f* / production planning, process planning, work planning || ⸺**vorbereitung** *f* (Fabrik) / operations planning and scheduling || ⸺**vorbereitung** *f* (AV) / job planning, production planning, parts and materials scheduling || ⸺**vorgabe** *f* / work assignment || ⸺**vorgang** *m* / work operation, operation *n*, process *n*, cycle *n*, working cycle, machine operation || ⸺**vorrat** *m* (Pumpspeicherwerk) / electrical energy reserve || ⸺**vorschrift** *f* / directive, instruction *n*, work specification || ⸺**vorschub** *m* / machining feed, feedrate *n*, feed *n* || ⸺**vorschub** *m* / machining feedrate || ⸺**vorschub mit Eilgang** / rapid feed, rapid traverse

Arbeits·weg *m* / travel *n*, full travel || ⸺**weg bis Anschlag** / operating travel to stop || ⸺**weise** *f* / method of operation, mode of operation, operational mode, working method, working procedures, functional principle || ⸺**weise** *f* / principle of operation || **unstetige** ⸺**weise** / discontinuous mode || ⸺**welle** *f* / output shaft || ⸺**welle** *f* (el. Welle) / power synchro-tie, power selsyn || ⸺**wert** *m* VDE 0435, T.110 / operate value || ⸺**wicklung** *f* / power winding, load winding || ⸺**wicklung** *f* / operating coil || ⸺**widerstand** *m* / load resistance || ⸺**wirtschaft** *f* / work management

Arbeits·zeit *f* / working hours, work hours || ⸺**zeit** *f* (Anwesenheitszeit) / attendance time || ⸺**zeitelement** *n* / attendance element || ⸺**zeiterfassung** *f* / attendance recording, time and attendance recording || ⸺**zeitform** *f* (Tag) / working day pattern, work schedule, attendance pattern, attendance form, daily program || ⸺**zeitform** *f* (Woche) / weekly program || ⸺**zeitmodell** *n* / attendance model || ⸺**zeitregelung** *f* / working-time arrangement || ⸺**zeitvereinbarung** *f* / working hours agreement || ⸺**zettel** *m* / worksheet *n* || ⸺**zustand** *m* / operate condition, operate state (US), operated condition || ⸺**zustand des Übermittlungsabschnitts** *m* (DIN V 44302-2) / active data link channel state || ⸺**zyklus** *m* (NC-Wegbedingung) DIN 66025, T.2 / cycle *n* (NC preparatory function) ISO 1056 || ⸺**zyklus** *m* / machining cycle, operating cycle, fixed cycle, canned cycle, production cycle || ⸺**zyklus** *m* / working cycle, cycle of operation || **fester** ⸺**zyklus** / fixed cycle, canned cycle || ⸺**zylinder** *m* (Stellantrieb) / actuator cylinder

Arbeitüberlassungsgesetz (AÜG) *n* / German law on leased personnel
AR-Beschichtung *f* / antireflective coating (ACR)
Arbiter *m* / arbiter *n*
Arbitrationsbus *m* / arbitration bus (AB)
ArbSchG (Arbeitsschutzgesetz) *n* / labor protection

laws
Archimedes-Klappe *f* / damper contoured like an Archimedes spiral
Architektur *f* / architecture *n* ‖ ⁓ **zur Leistungssteigerung** *f* / enhanced performance architecture ‖ **offene** ⁓ (OA) / open architecture (OA) ‖ **~ bezogener Modultest** *m* / architecture-oriented module test ‖ ⁓**entwicklung** *f* / development of architectures ‖ ⁓**gruppe** *f* / architecture group ‖ ⁓**-Team** *n* / architecture team
Archiv *n* / archive *n*, log *n* ‖ ⁓ **leeren** / empty archive ‖ ⁓ **öffnen** / open archive ‖ ⁓**ar** *m* / archiver *n* ‖ ⁓**beschreibung** *f* / archive definition ‖ ⁓**datei** *f* (Datei, die für spätere Nachforschungen oder Verifizierungen aus Gründen der Sicherheit oder aus anderen Gründen aufbewahrt wird) / archive file ‖ ⁓**daten** *f* / archive data ‖ ⁓**datenfilter** *m* / archive data filter ‖ ⁓**datensatz** *m* / archive record, archive data record ‖ ⁓**datenträger** *m* / archiving medium ‖ ⁓**file** *n* / archive file ‖ ⁓**format** *n* / archive format ‖ ⁓**funktion** *f* / archive function ‖ ⁓**funktion** *f pl* / archive functions
archivieren *v* / archive *v*, file *v* ‖ **brandsicher ~** / file in a fireproof manner
Archivier-Ladespeicher *m* / filing and loading store
archivierte Datei (Datei, für die eine Archivdatei existiert) / archived file
Archivierung *f* / archiving *n* ‖ ⁓ *f* / filing *n*, off-line storage
Archivierungs·file *n* / archive file ‖ ⁓**liste** *f* / archive list ‖ ⁓**richtlinie** *f* / filing directive ‖ ⁓**stand** *m* / archives version ‖ ⁓**system** *n* / archiving system ‖ ⁓**zyklus** *m* / archiving cycle
Archiv·inhalt anzeigen / display archive content, display archive contents ‖ ⁓**liste** *f* / archive list ‖ ⁓**name** *m* / archive name ‖ ⁓**-PC** *m* / archive PC ‖ ⁓**pflege** *f* / archive maintenance ‖ ⁓**protokoll** *n* / archiving devices log, historical log ‖ ⁓**-Server** *m* / archive server ‖ ⁓**server auswählen** / select archive server ‖ ⁓**stand** *m* / archives version ‖ ⁓**verwaltung** *f* / archives management, archives directory ‖ ⁓**verzeichnis** *n* / archives directory, archive directory ‖ ⁓**wert** *m* / archived value ‖ ⁓**zugriff** *m* / archive access
Arc-Tangensfunktion *f* / arc tangent function, inverse tangent function
Arcus·-Cosinus *m* / arc cosine ‖ ⁓**-Sinus** *m* / arc sine ‖ ⁓**tangens** *m* / arc tangent
ARGE (Arbeitsgemeinschaft) *f* / WP (working party) *n*
arglistige Logik *f* / malicious logic
Argon-·arc-Schweißen *n* / argon-arc welding ‖ ⁓**-Lichtbogen** *m* / argon arc
A-Ring *m* (Schleifring) / negative ring
Arithmetik-·Anweisung *f* / arithmetic instruction, compute instruction ‖ ⁓**-Coprozessor** *m* / arithmetic coprocessor ‖ ⁓**prozessor** *m* / numeric data processor (NDP), arithmetic (co)processor
arithmetisch·e Durchschnittsabweichung / arithmetic average deviation ‖ **~ Funktion** / arithmetic function, arithmetic operation, mathematical function ‖ **~e Operation** / math instruction, mathematical function ‖ **~e Verschlüsselung** / magic-three code ‖ **~er Mittelwert** / arithmetic mean (value) ‖ **~es Mittel** / arithmetic mean (value)

arithmetisch-logische Einheit (ALU) / arithmetic logic unit (ALU)
Arkade *f* / arcade *n*
arktisches Klima / arctic climate
arktisweiß *adj* / arctic white *adj*
Arm *m* (Roboter) / arm *n*
ARM (Asynchron-Rotationsmotor) / ARM (asynchronous rotating motor)
Armabstand *m* (Nutzbarer Abstand zwischen: a) den Armen von Punkt- und Nahtschweißmaschinen b) den Platten von Buckelschweißmaschinen) / throat gap
Armatur *f* (Isolator) / metal part ‖ ⁓ *f* (Bürste) / finger clip, hammer clip ‖ ⁓ *f* (eine Armatur besteht aus Ventil + Antrieb + Stellungsregler) / control valve ‖ **handbetätigte** ⁓ / hand valve
Armaturen *f pl* (f. Rohrleitunaen) / valves and fittings ‖ ⁓ *f pl* (Kabel) / accessories *plt*, fittings *n pl* ‖ **Installationsrohr-**⁓ *f pl* / conduit fittings, conduit accessories ‖ ⁓**brett** *n* / dashboard *n*, instrument panel ‖ ⁓**brettleuchte** *f* / dashboard lamp, panel lamp ‖ ⁓**gehäuse** *n* / valve body ‖ ⁓**leuchte** *f* / dashboard lamp, panel lamp ‖ ⁓**pult** *m* / instrument panel
Armaturstörung *f* / fault of control valve, fault of valve
Arm·auflage *f* / arm rest, armrest *n* ‖ ⁓**ausladung** *f* / throat depth ‖ ⁓**drehen** *n* (Manipulator) / azimuth rotation
Ärmel, isolierender ⁓ / insulating arm sleeve
Armheber *m* / lifting arm
armiert·er Isolator / insulator with integral metal parts ‖ **~es Kabel** / armoured cable
Armierung *f* (Beton) / reinforcement *n* ‖ ⁓ *f* (Kabel) / armour *n*, armouring *n*, reinforcement *n* ‖ ⁓ *f* / cable armour, metallic armour
Armierungs·arbeiten *n* / reinforcement work ‖ ⁓**stab** *m* / re-bar *n* ‖ ⁓**stahl** *m* / reinforcement steel
Armstern *m* (el. Masch.) / spider *n*
Arno-Umformer *m* / phase converter
AROM / alterable ROM (AROM)
aromatischer Kohlenwasserstoff / aromatic hydrocarbon
Aron-Schaltung *f* / two-wattmeter circuit
Aronzähler *m* / Aron meter
ARP / ARP (Address Resolution Protocol)
ARQ / ARQ (Automatic Repeat Request)
Array *n* / array *n* ‖ ⁓**-Element** *n* / array element ‖ ⁓**-Feld** *n* / array subfield ‖ ⁓**größe** *f* / array size ‖ ⁓**index** *m* / array index (Index for accessing the fields of the software)
Arretierblech *n* / locking plate
Arretieren / secure *n*
arretieren *v* / arrest *v*, locate in position, block *v*, clamp *v*, lock *v*, stop *v*
Arretier·haken *m* / retaining latch ‖ ⁓**schraube** *f* / retaining screw ‖ ⁓**stift** *m* / locking pin
Arretierung *f* / locking (element), arresting device, blocking (element), clamping device, latch *n*, locking mechanism, clamping in place ‖ ⁓ **Bohrsteckbuchse** / drilling receptacle catch
Arretierungs·blech *n* / locking plate ‖ ⁓**ring** *m* / circlip, snap ring ‖ ⁓**sicherung** *f* / locking *n*
Arrhenius-Diagramm *n* / Arrhenius graph
AR-Schicht *f* / antireflective coating (ACR)
ARSR / air route surveillance radar (ARSR)
Art *f* / type *n* ‖ ⁓ **der Einstellung** / method of

regulation, category of regulation || ~ **der Geberverschaltung** / type of sensor interconnection || ~ **des Betriebsmittels** DIN 40719, T.2 / kind of item IEC 113-2 || ~ **des Fehlzustands** IEC 50(191) / fault mode || ~ **und Umfang** / nature and extent || ~**enbestimmung für Schruppen und Schlichten** / definition of machining operation for roughing and finishing || **~fremde Werkstoffe** (Werkstoffe, die sich in ihrer chemischen Zusammensetzung oder ihrer Schweißeignung (DIN 8528 Teil 1) wesentlich unterscheiden) / dissimilar materials || **~gleiche Werkstoffe** / similar materials
Artificially Constructed Junction (ACJ) f / ACJ (Artificially Constructed Junction)
ARTUR n / Automatic Radio-communication System for Traffic Emergency Situations on Highways and Urban Roads
Arzneimittel n / medicine n
AS / interface module (IM), D-end n, driving end, back n (US), drive end || ~ (Arbeitsspeicher) / user RAM, working memory, main memory, UM (user memory), RAM (random access memory) || ~ (Antriebsseite) / DE (drive end) || ~ (Arbeitsstation) / WS (workstation) || ~ (Automatisierungssystem) / AS (automation system) || ~ **(Abrechnungsschlüssel)** m (dient zur Regelung und Steuerung von Prozessketten der verfahrenstechnischen Industrie und der Fertigungstechnik) / AC (accounting code) || ~ **(Ausgangssprache)** f / SL (source language) || ~ **Konfiguration Übertragung** / transfer AS configuration, AS configuration transfer || ~ **Verbindungsdaten Übertragung** / transfer AS link data, AS link data transfer
ASAM (Arbeitsgruppe zur Standardisierung von Automatisierungs- und Messtechnik) / ASAM (Association for the Standardization of Automation and Measuring Systems)
ASB (Aussetzbetrieb) m / periodic duty, intermittent operation
Asbest m / asbestos n || ~**band** n / asbestos tape || ~**dichtung** f / asbestos seal, asbestos packing || ~**gewebe** n / asbestos web || ~**papier** n / asbestos paper || ~**pappe** f / asbestos board || ~**schnur** f / asbestos yarn || ~**strang** m / asbestos roving
ASC (automatic stability control) f / ASC (automatic stability control) n || ~ **X12** / Accredited Standards Committee X12
A-Schalldruckpegel m / A-weighted mean sound-pressure level
A-Schallleistungspegel m / A-weighted sound-power level
Aschegehalt m (Öl) / ash content
A-Schritt m (Einheitsschritt in einer Codeschrittkombination, dem der A-Zustand zugewiesen ist) / A element
ASCII / ASCII (American Standard Code for Information Exchange) || ~**-Code** m / ASCII code (American Standard Code for Information Interchange) || ~**-Daten** f / ASCII data || ~**-Daten-Postprozessor** m / ASCII data postprocessor || ~**-Daten-Prozessor** m / ASCII data processor || ~**-Editor** m / ASCII editor || ~**-Format** n / ASCII format || ~**-Mode** m / ASCII mode || ~**-Tastatur** f / ASCII keyboard || ~**-Treiber** m / ASCII driver || ~**-Zeichen** n / ASCII character || ~**-Zeichenfolge** f /

ASCII character string
ASD (adjustable speed drive) n / ASD (adjustable speed drive)
ASDA / accelerate-stop distance available (ASDA)
ASE (Atomschichtepitaxie) f / atomic layer epitaxy (ALE)
AS/EB (asiatisches EDIFACT Board) / Asian EDIFACT Board
A-Seite f (el. Masch.) / drive end, D-end n, driving end, back n (US)
A-seitig adj / A end || ~ **anormal** adj / drive end A non-standard
aselektiver Empfänger (f. optische Strahlung) / non-selective detector || **~ Strahler** / nonselective raditor
AS¨-Faser f (AS = all silica) / AS fibre (all-silica fibre) || ~**-Flansch** m / drive end flange || ~**-Funktion** f / AS function
ASGE (zentrales Element in einem LWL-Netz) / active star coupler
as-grown-Zustand m / as-grown state
a-Si n / a-Si n
AS-i (Aktuator-Sensor-Interface) / AS-i (Actuator-Sensor interface), AS-Interface || ~ **Master** m / AS-i master || ~ **Safety at Work** f / AS-i Safety at Work || ~ **Slave** m / AS-i slave
asiatische Sonderzeichen / Asian characters
ASIC m (auf spezielle Bedürfnisse des Anwenders zugeschnittene integrierte Schaltung) / application specific integrated circuit (ASIC)
a-Sicherungseinsatz m (f. Kurzschlussschutz) / a fuse link
AS-i-Chip m / AS-Interface chip
ASIC-Pin m / ASIC pin
ASIC-Typ m / ASIC type
a-Si-Legierung f / silicon alloy
AS-i-Netz n (Netz für den untersten Feldbereich (geringe Datenmenge, hohe Geschwindigkeit)) / AS-i system
AS-Interface (Aktuator-Sensor-Interface) / AS-Interface (AS-i) (Actuator-Sensor interface) || ~ **Extension Plug** m / AS-i extension plug || ~ **Extension Plug Slave** f / AS-i extension plug slave || ~ **F-Adapter** m / AS-i F-adapter || ~ **Safety at Work** f / AS-Interface Safety at Work || ~**-2-Leiter-Kabel** n / 2-conductor AS-Interface cable, 2-conductor AS-i cable || ~**-Abzweig** m / AS-i branch || ~**-Adresse** f / AS-i address || ~**-Adressieradapter** m / AS-Interface addressing adapter || ~**-Adressiergerät** n / AS-i addressing unit || ~**-Analyser** m / AS-Interface analyzer || ~**-Anbaumodul** n / AS-i mounting module || ~**-Anbindung** f / AS-i connection || ~**-Anschluss** m / AS-i connection || ~**-Anschluss für Signalsäulen** m / AS-i connection for signal(l)ing columns || ~**-Anschlussstecker** m / AS-i connector || ~**-Anschlussstück** n / AS-i connector || ~**-Anwendermodul** n / AS-i application module || ~**-Buchse** f / AS-i socket || ~**-Bus** m / AS-i bus || ~**-Busteilnehmer** m / AS-i station || ~**-Chip** m / AS-i chip || ~**-Daten-Flachkabeladapter** m / AS-i flat data cable adapter || ~**-Datenleitung** f / AS-i data cable || ~**-DC-24-V-Motorstarter** m / AS-i 24-V DC motor starter || ~**-Dichtung** f / AS-i seal || ~**-Einzelmodul** n / single AS-i module || ~**-Element mit Hilfsspannung** n / AS-i element with auxiliary voltage || ~**-Energieleitung** f / AS-i power line || ~**-F-Adapter** m / AS-i F-adapter || ~-

Flachkabelverteiler m / AS-i flat cable distributor || ꜿ**-Flachleitung** f / AS-i flat cable, AS-Interface flat cable || ꜿ**-Fronttafelmodul** n / AS-i front panel module || ꜿ**-Gehäuse** n / AS-i enclosure || ꜿ**-Geräteträger** m / AS-i device holder || ꜿ**-Kabel** n / AS-Interface cable, AS-i cable || ꜿ**-Kapselung** f / AS-i enclosure || ꜿ**-Kommunikation fehlt** f / no AS-i communication || ꜿ**-Kommunikation gestört** f / AS-i communication error || ꜿ**-Kommunikationsmodul** n / AS-i communication module || ꜿ**-Kompaktmodul** n / AS-Interface compact module, AS-i compact module || ꜿ**-Kompaktstarter** m / AS-Interface compact starter, AS-i compact starter || ꜿ**-Komponente** f / AS-i component || ꜿ**-Koppelmodul** n / AS-i coupling module || ꜿ**-Leitung** / AS-Interface cable, AS-Interface line, f AS-i cable || ꜿ**-Link** m / AS-i link || ꜿ**-M12-Abzweig** m / AS-i M12 branch || ꜿ**-Master** m / AS-Interface master || ꜿ**-Masterprofil** n / AS-i master profile || ꜿ**-Modul** n (Komponente für den Anschluss von Standardsensorik) / AS-i module || ꜿ**-Motorstarter** m / AS-i motor starter || ꜿ**-Netz** n / AS-i network || ꜿ**-Netzgerät** n / AS-i power supply unit || ꜿ**-Netzteil** n / AS-i power supply unit || ꜿ**-Netzteil mit Erdschlusserkennung** n / AS-i power supply unit with earth fault detection || ꜿ**-Profil** n / AS-i profile || ꜿ**-Profilleitung** f / AS-i shaped cable || ꜿ**-Segment** n / AS-i segment || ꜿ**-Seite** f / AS-i side || ꜿ**-Slave** n / AS-Interface slave || ꜿ**-Spannung** f / AS-i voltage || ꜿ**-Spezifikation** f / AS-i specification || ꜿ**-Statusanzeige** f / AS-i status display || ꜿ**-Verbraucherabzweigmodul** n / AS-i load feeder module || ꜿ**-Zyklus** m / AS-Interface cycle
ASIPM (anwendungsspezifisches intelligentes Leistungsmodul) / ASIPM (Application-Specific Intelligent Power Module)
ASIsafe (Konzept zur Integration von sicherheitsgerichteten Komponenten an einem AS-Interface Netz) / ASIsafe n
ASK (Amplitude Shift Keying) / ASK (Amplitude Shift Keying)
Askarel n / askarel n || ꜿ**tranformator** m / askarel-filled transformer, askarel transformer
AS·-Konfiguration f / AS configuration || ꜿ**-Lager** n / D-end bearing, drive-end bearing
ASLM (Active Stub Line Module) n / ASLM (Active Stub Line Module)
ASLV / advanced sensorless vector control, ASLV
ASM (Anwenderspeichermodul) / UMS (user memory submodule) || ꜿ **(Asynchronmotor)** m / asynchronous motor || ꜿ **400V** / ASM 400V
ASMBL (Application-Specification-Modular-Block-Architektur) f / ASMBL (Application Specification Modular Block Architecture)
ASP / user memory, application service provider (ASP)
Aspekt m / point of view || ꜿ**verhältnis** n / aspect ratio
Asphalt·-Anstrich m / asphalt varnishing || ꜿ**beton** m / asphaltic concrete || ꜿ**einfärbung** f / colouring of asphalt || ꜿ**farbe** f / bituminous paint || ꜿ**feinbeton** m / fine asphaltic concrete || ꜿ**ierung** f / layer of jute in bituminous compound || ꜿ**kalkstein** m / bituminous limestone || ꜿ**kitt** m / asphaltic cement, asphalt mastic || ꜿ**lack** m / asphalt varnish, bituminous varnish || ꜿ**masse** f / asphalt compound, bituminous compound, asphalt paste, bituminous mastic || ꜿ**mastix** f / bituminous mastic asphalt, mastic asphalt
Asphärencenter n / aspherical center
A-Spline m / Akima spline, A spline
AS-Prüfung f / power-frequency voltage test
ASQ f / American Society for Quality, ASQ
ASQC / American Society for Quality Control, ASQC
ASR / automatic send and receive (ASR) || ꜿ / airport surveillance radar (ASR)
ASR (Antriebsschlupfregelung) f / anti-spin control n, ASR n
AS-Register n / PLC register
ASS (Anwenderschnittstelle) / UI (user interface), AST/PEI
AS-Schild m / end shield at drive end, drive-end shield, D-end shield
Assembler·code m / assembler code || ꜿ**funktionsbaustein** m / assembler function block || ꜿ**sprache** f / assembler language
assemblieren v / assemble v
Assemblierer m / assembler n
Assertionsfehler m / assertion failed
asset management (DIN EN 61850-7-1 DIN EN 61968-1, -4) / asset management || ꜿ **Management Solution (AMS)** / AMS (Asset Management Solution) || ꜿ **~ management system** (DIN EN 61968-2) / AMS (asset management system) || ꜿ **Management Tool** / asset management tool
ASSIST (Advanced Service & Support Information System) n (Technical Support SystemCase-Erfassung der gemeldeten technischen Probleme) / ASSIST (Advanced Service & Support Information System)
Assistent m (Hilfsprogramm) / wizard n
Assistentenparametrierung f / parameterization wizard
Assoziation f / association n
Assoziations·klasse f / association class || ꜿ**rolle** f (eine Rolle beschreibt die spezifische Verwendung des Classifiers in der Assoziation) / association role || ꜿ**steuerungs-Dienstelement** n / association control service element || ꜿ**zuordnung** f (DIN EN 61850-8-1) / association relation
assoziative Bemaßung / associative dimensioning
Assoziativspeicher m / associative storage || ꜿ m (ein Speicher, der auf Verlangen Datenobjekte abgibt, in denen ein vorgegebenes Datenobjekt enthalten ist) / Content Adressable Memory (CAM)
assoziierte Datei f / associated file
ASSP (anwendungsspezifisches Standardprodukt) / ASSP (Application Specific Standard Product)
assured disruptive discharge voltage tests (DIN IEC 60-1) / assured disruptive discharge voltage tests
Ast m (Kurve, Netzwerk) / branch n
AST / physical external interface (PEI) || ꜿ **(adaptive Sensortechnologie)** f / AST (adaptive sensor technology) || ꜿ **(Auftragssteuerung)** (in der Auftragssteuerung wird geprüft, ob für einen Auftrag die Produktdaten vorliegen und ob der entsprechende Auftrag mit der aktuellen Rüstung machbar ist) / Job Control
astabil·e Schaltung / astable circuit || **~es Kippglied** DIN 40700 / astable element IEC 117-15,

astatisch 62

multivibrator *n*
astatisch·e Regelung / astatic control || **~es Messgerät** / instrument with magnetic screen, astatic instrument
Astigmatismus *m* / astigmatism *n*
AST/PEI / user interface (UI), UI (user interface)
Astro·funktion *f* / astro function || **₂kurve** *f* / astro curve || **~nomische Sonnenscheindauer** / astronomical sunshine duration || **₂zeit** *f* / astro time
ASUP (asynchrones Unterprogramm) / ASUB (asynchronous subroutine), ASUB (asynchronous subprogram) || **₂-Start** *m* / ASUB start
ASV (Advanced Super View) / Advanced Super View, ASV
Asymmetrie·erkennung *f* / asymmetry detection || **₂grad** *m* / asymmetry factor, unbalance factor || **₂relais** *n* / unbalance relais || **₂überwachung** *f* / unbalance monitoring
asymmetrisch *adj* / asymmetrical || **~ gerichtete Ausstrahlung** / asymmetrically directed radiation (o. light distribution) || **~ strahlender Spiegel** (Leuchte) / asymmetric specular reflector || **~e Breitstrahlung** / asymmetrical wide-angle radiation, asymmetrical wide-beam radiation || **~e Funkstörspannung** (Delta-Netznachbildung) / asymmetrical terminal interference voltage, asymmetrical terminal voltage || **~e Klemmenspannung** / asymmetrical terminal voltage || **~e Kryptographie** (Kryptographie, bei der ein öffentlicher Schlüssel und ein zugehöriger privater Schlüssel für Verschlüsselung und Entschlüsselung benutzt werden) / public-key cryptography || **~e Nachrichtungübertragung** / asymmetric message transfer || **~e Spannung** / asymmetrical voltage, common-mode voltage, common mode voltage || **~e Umwandlung** (IEV 161) / common mode conversion || **~e Verteilung** / skewed distribution || **~e, halbgesteuerte Brückenschaltung** / asymmetric half-controlled bridge || **~e, löschbare Brückenschaltung** / asymmetric bridge with forced turn-off commutation || **~er Kurzschlussstrom** / asymmetric short-circuit current || **~er Lichtkegel** / asymmetrical beam || **~es Ausschaltvermögen** / asymmetrical breaking capacity, asymmetrical rupturing capacity || **~es Element** / asymmetric element, asymmetric-characteristic circuit element || **~es Schaltvermögen** / asymmetrical breaking capacity, asymmetrical rupturing capacity || **~es Signal** / asymmetrical signal
asymptotische mittlere Nichtverfügbarkeit / asymptotic mean unavailability || **~ mittlere Verfügbarkeit** / asymptotic mean availability || **~ Nichtverfügbarkeit** / asymptotic unavailability || **~ Verfügbarkeit** / asymptotic availability
asynchron *adj* / asynchronous *adj*, non-synchronous *adj*
Asynchron·bedingungen *f pl* (Netz) / out-of-phase conditions || **Einschaltvermögen unter ₂bedingungen** / out-of-phase making capacity || **₂betrieb** *m* (Synchronmasch.) / asynchronous operation, asynchronous mode || **₂blindleistungsmaschine** *f* / asynchronous condenser, asynchronous compensator, asynchronous capacitor
asynchron·e Datenübertragung / asynchronous data transmission || **₂e Datenübertragung (ATM)** /

Asynchronous Transfer Mode (ATM) || **~e Exception** / asynchronous exception || **~e Fernwirkübertragung** (IEC 870-1-3) / asynchronous telecontrol, asynchronous telecontrol transmission || **~e Impedanz** / asynchronous impedance || **~e Meldung** / sporadic message || **~e Schaltspannung** / out-of-phase switching voltage || **~e Steuerung** / non-clocked control || **~e Transportart** / asynchronous transport mode || **~e Übertragung** / asynchronous transmission || **~e Verbindung** (Netz) / asynchronous link || **~er Anlauf** / induction start, asynchronous starting, induction starting || **~er Betrieb** / asynchronous operation, asynchronous mode, asynchronous operating mode || **~er Binärzähler/Teiler** / ripple-carry binary counter/divider || **~er Fehler** / asynchronous error || **~er Lauf** / asynchronous operation || **~er Selbstanlauf** / asynchronous self-starting || **~er Transfermodus** / asynchronous transfer mode (ATM) (EN 60870-5-104) || **~er Transport** / asynchronous transport || **~er Transportmodus** / asynchronous operating mode || **~er Zähler** / asynchronous counter, ripple counter || **~es Drehmoment** / asynchronous torque, damping torque || **~es Drehmoment** (Oberwellendrehm.) / harmonic induction torque || **~es Modul elektrisch (AME)** / asynchronous module electrical (AME) || **~es Modul optisch (AMO)** / asynchronous module optical (AMO) || **₂es Unterprogramm** / ASUB (asynchronous subroutine) || **~es Zusatzdrehmoment** / harmonic induction torque
Asynchron·faktor *m* / out-of-phase factor || **₂fehleralarm** *m* / asynchronous error interrupt || **₂frequenzwandler** *m* / induction frequency changer (converter) || **₂generator** *m* / induction generator, asynchronous generator, non-synchronous generator || **₂impedanz** *f* / asynchronous impedance || **₂-Linearmotor** *m* / linear induction motor (LIM)
Asynchron·maschine *f* / asynchronous machine, induction machine, non-synchronous machine, induction motor || **₂motor** *m* / non-synchronous motor || **₂motor** *m* (AM) / asynchronous motor, induction motor (IM) || **₂ (ASM)** *m* / asynchronous motor || **₂motor mit Anlauf- und Betriebswicklung** / double-deck induction motor || **₂motor mit Käfigläufer** / squirrel-cage induction motor || **₂motor mit Schleifringläufer** / sliping induction motor, wound-rotor induction motor, phase-wound motor || **phasenkompensierter ₂motor** / all-Watt motor || **synchronisierter ₂motor** / synchronous induction motor, synchronized induction motor, autosynchronous motor, synduct motor || **₂pendelmaschine** *f* / asynchronous motor || **₂reaktanz** *f* / asynchronous reactance || **₂-Rotationsmotor** *m* (ARM) / asynchronous rotating motor (ARM) || **₂-Schleifringläufermotor** *m* / sliping induction motor || **₂sperre** *f* / out-of-step relay, loss-of-synchronism relay, pull-out protection relay || **₂-Synchron-Umformer** *m* / induction-synchronous motorgenerator set || **₂technik** *f* / asynchronous technology || **₂widerstand** *m* / asynchronous resistance || **binärer ₂zähler** / binary ripple counter
AS-Zeitsystem *n* / AS time system
AT (Arbeitstag) / working day || **₂** *n* / application

center (APC)
ATB (Anwender-Technologie-Baugruppe) / application module
ATE (automatisches Test-Equipment) / ATE (Automated Test Equipment)
Atemschutzmaske *f* / dust mask
ATH / aluminium trihydrate (ATH)
Äthylen *n* / ethylene *n* || ⸰**vinylazetat** *n* / Ethylene vinyl acetate (EVA)
ATIS (Advanced Traveler Information System) *n* / Advanced Traveler Information System (ATIS)
ATM (Asynchrone Datenübertragung) *f* / ATM (Asynchronous Transfer Mode)
atmend *adj* / breathing *adj* || **~e Verpackung** / ventilated packing
Atmosphärendruck *m* / barometric pressure, atmospheric pressure
atmosphärisch·e Bedingungen / atmospheric conditions || **~e Dampfphasenabscheidung** / APCVD (atmospheric pressure chemical vapor deposition) || **~e Korrekturfaktoren (EN 29646-1)** / atmospheric correction factors || **~e Korrosion** / atmospheric corrosion || **~e Normalbedingungen** / standard atmospheric conditions || **~e Überspannungen** / surges of atmospheric origin || **~er Druck** / vented to atmosphere || **~er Durchlassgrad** / atmospheric transmissivity || **~er Korrekturfaktor** / correction factor for atmospheric conditions
atmungsdicht *adj* / hermetically sealed || ⸰**einrichtung** *f* / breathing device || ⸰**einrichtung** *f* (explosionsgeschützte Betriebsmittel) / breather *n*
Atom *n* / atom || ⸰**absorptionsspektrometrie** *f* / atom absorption spectrometry || ⸰**antrieb** *m* / nuclear propulsion system, atomic propulsion || ⸰**kern** *m* / atomic nucleus || ⸰**recht** *n* / nuclear law || ⸰**schichtepitaxie (ASE)** *f* (die orientierte Verwachsung von Kristallen zweier Mineralsorten) / ALE (atomic layer epitaxy) *n*
ATS / air traffic services (ATS)
ATT (advanced transport telematics) / advanced transport telematics (ATT)
Attribut *n* (eine diskrete Einheit von Informationen, die ein einzelnes Merkmal einer Dateneinheit darstellt (ISO 9735)) / attribute *n* || ⸰ *n* / characteristic *n*, feature *n*, quality *n*, property *n*, *f* dummy, mock-up || ⸰**beziehung** *f* / attribute relationship || ⸰**bibliothek** *f* / attribute library || ⸰**e des Gruppendeskriptors** *f* (Parameter zur Beschreibung der spezifischen Eigenschaften einer Gruppe) / group descriptor attributes || ⸰**efeld** *n* / attribute field || ⸰**gruppe** *f* / attribute group || **~ive Stichprobenprüfung** *f* / sampling inspection by attributes || ⸰**kennung** *f* / attribute identifier || ⸰**-Kennung** *f* / attribute identifier || ⸰**klasse** *f* (Menge aller möglichen Attributwerte, die derselben Eigenschaft von Entitätsausprägungen einer Entitätsklasse entsprechen) / attribute class || ⸰**merkmal** *n* / attribute *n* || ⸰**prüfung** *f* / inspection by attributes || ⸰**wert** *m* (eine bestimmte Ausprägung eines Attributs) / attribute value || **setze** ⸰**wert** / set attribute value || ⸰**wertebereich** *m* (Menge aller möglichen Attributwerte) / attribute domain
AT-VASIS / abbreviated T-VASIS (AT-VASIS)
A-Typ-Transistor *m* / depletion mode transistor
Ätzbad *n* / etching solution, etch bath

Ätze / etching solution, etch bath || ⸰ **zur Entfernung von Kristallschäden** / damage etch
ätzen *v* / etch *v* || ⸰ *n* / etching (cleaning and roughening a surface using a chemical agent prior to painting in order to increase adhesion)
ätzend *adj* / caustic *adj*, corrosive *adj* || **~e Dämpfe** / corrosive vapours (o. fumes)
Ätz·faktor *m* / etch factor || ⸰**lösung** *f* / etching solution || ⸰**maske** *f* / etching mask || ⸰**mittel** *n* / etching agent, etchant *n*, etching medium, caustics *n* || ⸰**probe** *f* / etch test
Ätzung *f* / etching *n*
AU (Allgemeine Unterweisungen) *f* / general instructions
Audio·frequenz *f* (AF) / audio frequency (AF) || ⸰**signal** *n* / audio signal || ⸰**visuelle Medien** (AV-Medien) / audio-visual media
Audit *n* / audit *n* || ⸰ **auf der Baustelle** / site audit || ⸰ **durchführen** / perform an audit || ⸰ **Trail** / Audit Trail || ⸰ **zur Erneuerung der Qualifikation** / re-qualification audit || ⸰ **zur Information** / information audit || ⸰ **zur Qualifikation** / qualification audit || ⸰**abschluss** *m* / audit completion || ⸰**-Abweichungsbericht** *m* / audit nonconformance report || ⸰**anweisung** *f* / audit procedure || ⸰**anweisungen** *f* / audit procedures || ⸰**beauftragter** *m* / head auditor, audit representative || ⸰**begleiter** *m* / auditor || ⸰**bericht** *m* / audit report || ⸰**beschreibung** *f* / audit description || ⸰**durchführung** *f* / auditing || ⸰**ergebnisse** *n* / audit findings, audit results || ⸰**feststellung** *f* / audit observation || ⸰**-Fragebogen** *m* / audit checklist || ⸰**-Fragenliste** *f* / audit checklist || ⸰**grundlagen** *f* / audit based on
auditieren *v* / audit *v*
auditierte Organisation / auditee, audited organization
Audit·kriterien *f* / audit criteria || ⸰**nachweis** *m* / audit evidence
Auditor *m* / registrar, auditor || ⸰ **in der Ausbildung** / trainee auditor
Audit·plan *m* / audit plan || ⸰**programm** *n* / audit program || ⸰**rahmenplan** *m* / audit schedule || ⸰**schlussfolgerung** *f* / audit conclusion || ⸰**system** *n* / audit system || ⸰**team** *n* / audit team || ⸰**umfang** *m* / audit scope || ⸰**vorgespräch** *n* / pre-audit meeting || ⸰**zeitplan** *m* / audit schedule
AUF / OPEN
auf Anfrage / on request || **~ dem neuesten Stand der Technik** / state-of-the-art || **~ dem neuesten Stand halten** / Update (button) || **~ den Anfangsbestand bezogene Kenngrößen DIN 40042** / reliability characteristics with regard to initials || **~ den Bestand bezogene Zuverlässigkeitskenngrößen DIN 40042** / reliability characteristics with regard to survivals || **~ den Bezugswert bezogene Abweichung VDE 0435, T.110** / conventional error || **~ den neuesten Stand bringen** / update *v* || **~ Drehzahl kommen** / run up to speed, accelerate *v* || **~ Eigensteuerung schalten** / go to local || **~ eine höhere Stufe bringen** / upgrade *v* || **~ einen Blick** / at a glance || **~ einen Zwischenbestand bezogene Ausfallgrößen DIN 40042** / failure characteristics with regard to intermediate survivals || **~ Einhaltung der Toleranzen prüfen** / check for specified limits || **~ Erfüllbarkeit überprüfen** / determine whether ...

Auf

can be met || **~ Lager fertigen** / manufacture for stock || **~ Lager halten** / stock *v* || **~ Null setzen** / reset to zero, reset *v*
Auf-Ab-Bewegung *f* / up and down movement || ⁓-**Ab-Taste** *f* / up / down button || ⁓-/**Ab-Zähler** *m* / up-down counter, reversible counter, bidirectional counter
aufbandagieren *v* / tape *v*, wind *v*
Aufbau *m* / setting up, surface mounting, cable construction, assembly *n*, cable design, conductor formation, cable structure, body *n*, design *n* || ⁓ *m* (Montage) / erection *n*, installation *n*, mounting *n* || ⁓ *m* (Bauart) / construction *n*, design *n* || ⁓ *m* (Zubehör einer Röhre) DIN IEC 235, T.1 / mount *n* || ⁓ *m* (Gefüge) / structure *n* || ⁓ *m* (Konfiguration) / configuration *n* || ⁓ *m* / Field Services || ⁓**aller Spannungen** / build-up of all voltages || ⁓ **der Selbsterregung** / build-up of self-excited field || ⁓ **der Spannung** / build-up of voltage || ⁓ **des Automaten** / structure || ⁓ **des Programms** / structure of program || ⁓ **einer Liste** / structure of a list || ⁓ **einer Nachricht** / message structure || ⁓ **eines Feldes** / setting up of a field, creation of a field || **bedarfsgerechter** ⁓ / custom-built design || **dreifach redundanter** ⁓ / configuration with triple redundancy || **einseitiger** ⁓ / single-sided configuration || **einzeiliger** ⁓ / single-tier configuration || **explosionsgeschützter** ⁓ / explosion protected design || **freier** ⁓ / open design || **für** ⁓ / surface-mounting *adj* || **mechanischer** ⁓ / mechanical design, mechanical construction || **mehrzeiliger** ⁓ / multi-tier configuration, multitier configuration || **potenzialgetrennter** ⁓ / galvanically isolated installation || **übersichtlicher** ⁓ / well-designed components || **waagerechter** ⁓ / horizontal mounting, horizontal arrangement || **zentraler** ⁓ / centralized configuration || **zweizeiliger** ⁓ / two-tier configuration
Aufbau-anleitung *f* / setup instructions || ⁓**anschlussdose** *f* / surface-mounting outlet box, floor-mounting outlet box || ⁓**art der Automatisierungslösung** / configuration selected for the automation solution || ⁓**automat** *m* (Kleinselbstschalter) / surface-type m.c.b., surface-mounting m.c.b. || ⁓**berufe** *m pl* / advanced trades || ⁓**bügel** *m* / mounting bracket || ⁓-**Daten** *f* / design specifications || ⁓**deckel** *m* / adapter cover, cover *n* (of surface-mounting box) || ⁓-**Deckenleuchte** *f* / surface-type ceiling luminaire, ceiling luminaire || ⁓-**Empfänger** *m* VDE 0420 / consumer's receiver
aufbauen *v* / erect *v*, construct *v*, mount *v*, assemble *v*, set up *v*, build up *v*, establish *v*, integrate in *v* || **ein Magnetfeld ~** / build up a magnetic field, set up a magnetic field || **eine Verbindung ~** / establish a connection
Aufbau-fassung *f* (Lampe) / surface-mounting lampholder || ⁓**form** *f* / design *n* || ⁓**gehäuse** *n* / surface casing, surface mounting housing, panel mounting housing, surface-mounted housing || ⁓**gerät** *n* (zum Kombinieren mit einem Grundgerät) / add-on unit, combination unit, panel mounting device || ⁓**gerät** *n* (Auf-Putz-Gerät) / surface mounting device || ⁓**grad** *m* / assembly level || ⁓**klemmenblock** *m* / terminal for panel mounting devices || ⁓**kurs** *m* / assembly stage || ⁓**leuchte** *f* (Deckenleuchte) / ceiling luminaire || ⁓-**LS-Schalter** *m* / surfacetype circuit-breaker || ⁓-**LS-Schalter** *m* (Kleinselbstschalter) / surface-type m.c.b., surface-mounting m.c.b. || ⁓**material** *n* / installation accessories, mounting hardware, mounting accessories, mounting and fixing accessories || ⁓**organisation** *f* / organizational structure, organization charts || ⁓**plan** *m* / installation planning
Aufbau-raste *m* (Halterahmen) / retaining frame || ⁓**richtlinie** *f* / installation guideline, assembly guideline || ⁓**richtlinien** *n* / installation guideline, recommendations for installation || ⁓**schalter** *m* / surface-type switch, surface switch || ⁓**sicherung** *f* / surface-type fuse (base), surface-mounting fuse (base) || ⁓**system** *n* / rack system, packaging system, assembly system, assembly and wiring system, construction system || ⁓**system** *n* (Zusammenfügen von Modulen o. Einheiten) / packaging system || ⁓**system für Steuertafeln** / modular system for assembling control panels || ⁓**system in Bausteintechnik** / modular rack-and-panel system, modular packaging system
Aufbau-technik *f* / design *n*, technical setup, design *n* || ⁓**teil** *n* / mounting part, mounting accessory || ⁓**ten** *plt* / built-on accessories, machine-mounted accessories || **mechanische** ⁓**ten** (MSR-Geräte) / constructional hardware || ⁓**tisch** *m* / top-mounted table || ⁓**tubus** *m* / surface-mounting housing || ⁓**typ** *m* / surface type || ⁓**übersicht** *f* / assembly drawing || ⁓**übersicht** *f* DIN 6789 / components scheme || ⁓- **und Ablauforganisation** / organization and system for methods procedures || ⁓**version** *f* / surface-mounting version || ⁓**versuch** *m* / buildup attempt, set-up test || ⁓**vorschrift** *f* / installation guideline || ⁓**winkel** *m* / mounting bracket || ⁓**zeichnung** *f* / location diagram || ⁓**zeit** *f* (Datenleitung) / (connection) establishment delay || ⁓**zeit** *f* (Formierzeit) / formation time
aufbereiten *v* (Signale) / condition *v*, preprocess *v* || **~** *v* (Text) / edit *v*
Aufbereitung *f* / preparation *n*, preprocessing *n*, editing *n*, conditioning *n* || ⁓ *f* (Isolierflüssigk.) / re-conditioning *n* || ⁓ *f* / treatment *n* || ⁓ **der Lageinformation** / processing of position data || ⁓ **von Impulsen** / pulse conditioning || **Text~** *f* / text composing and editing || ⁓**sanlage** *f* / preprocessing plant
Aufbeton *m* / top concrete, concrete topping
aufbewahren *v* / keep *v*, maintain *v*, retain *v*
Aufbewahrungs-dauer *f* / retention period || ⁓**frist** *f* / retention period, filing period
aufblasen *v* (Luftsack) / inflate *v* || ⁓ **des Kolbens** (Lampe) / bulb blistering
aufblenden *v* / display *v*, show *v*
Aufblendfenster *n* / pop-up window
aufblinken *v* / flicker *v*
aufbocken *v* / support *v*, jack *v* (up)
aufbohren *v* / enlarge a bore, bore *v*, drill *v*, counter-bore *v*
Aufbohrer *m* / boring cutter || ⁓ **mit Morsekegelschaft** / core drill with Morse taper shank || ⁓ **mit Zylinderschaft** / core drill with parallel shank
Aufbohrwerkzeug *n* / boring tool
aufbrechbare Verschweißung (Kontakte) /

separable welded contacts
aufbrechen *v* / pry *v*
Aufdachmontage *f* / roof top mounting
Aufdampfen *n* / vapour depositing, evaporation coating, vaporizing metal-coat deposition, vacuum metallizing, physical vapour deposition (PVD) || ⸰ **im Hochvakuum** / high-vacuum deposition || ⸰ **im Vakuum** / VE *n*
Aufdampfung *f* / PVD (physical vapour deposition) *n*
aufdaten *v* (aktualisieren) / update *v*
aufdecken *v* (Fehler) / detect *v*, locate *v*, identify
Aufdeckungsvermögen *n* / revealing power
aufdimmen *v* / dim up *v*
Aufdoldung *f* / bird caging *n*
Aufdruck *m* / printing *n*
aufdruckbar *adj* / laser-etched *adj*
aufdrücken *v* / press on *v*
aufeinanderfolgend *adj* / consecutive *adj*
Aufdrück- und Abziehvorrichtung / fitting and extracting tool, pusher-puller *n*
Aufenthalt in thermischer Feuchtigkeitsatmosphäre / thermal soak
Aufenthalts·dauer *f* / duration || ⸰**zeit** *f* / abode time || ⸰**zeit** *f* / attendance time
Auferregung *f* / build-up of excitation, voltage build-up || **kritische Drehzahl für die** ⸰ / critical build-up speed
Auferregungs·drehzahl *f* / build-up speed || ⸰**hilfe** *f* / field-flashing circuit || ⸰**versuch** *m* / voltage build-up test
auffahren *v* (absenken) / to lower into position, lower *v*, tailgate *v*
Auffahrkontakt *m* / moving isolating contact, isolating contact, stab *n*
Auffahrt *f* / access point || ⸰**rampe** *f* / access ramp
Auffahrunfall *m* / multi-car pile-up, seven-car collision, tail-end shunt, rear-end collision
Auffälligkeit *f* (Objekt o. Lichtquelle) / conspicuousness *n*
Auffang·einrichtung *f* / collecting device || ⸰**-Flipflop** *n* / latching flipflop, latch *n* || **D-⸰-Flipflop** *n* / D latch || ⸰**graben** *m* / intercepting channel || ⸰**leiter** *m* (Blitzschutz) / lightning conductor, roof conductor, ridge conductor, horizontal conductor || ⸰**schirm** *m* (Photometer) / photometer test plate || ⸰**speicher** *m* / buffer memory (o. store), overflow store, buffer store || ⸰**stoff** *m* / getter *n* || ⸰**vorrichtung** *f* / receiving device || ⸰**wanne** *f* / oil sump, oil collecting trough
Aufflackern *n* (Leuchtstofflampe) / blinking *n*
Aufforderung *f* / input prompt, request *n* || ⸰ *f* (an den Bediener) / prompt(ing) *n* || ⸰ *f* / request for response, response solicitation || **DMA-⸰** *f* / DMA request
Aufforderungs·betrieb *m* / normal response mode (NRM) || ⸰**phase** *f* / polling phase || ⸰**telegramm** *n* / request frame || ⸰**text** *m* / prompting message || ⸰**text** *m* / prompt || ⸰**zeichen** *n* / prompt character
auffrischen *v* (Signale) / regenerate *v* || ⸰ *n* (Speicher) / refresh mode
Auffrisch·intervall *m* (Speicher) / refresh time interval || ⸰**rate** *f* / refresh cycle || ⸰**zeit** *f* / refresh time || ⸰**zyklus** *m* / refresh cycle
auffüllen *v* / replenish *v*, fill *v* || ⸰ *n* (Gegenmaßnahme, die falsche Daten im Übertragungsmedium erzeugt, um Verkehrsanalyse oder Entschlüsselung zu erschweren) / traffic padding, Refill (button)
Auffüllflasche *f* / filler bottle
Auffüllung *f* / stock-up
Aufgabe *f* / task *n*, job *n*, mission *n* || ⸰ *f* / object *n* || ⸰**einrichtung** *f* / feeder *n* || ⸰**leibung** *f* / loading soffit
Aufgaben und Verantwortlichkeiten / roles and responsibilities || ⸰**bereich** *m* / object range, field of activities, task card, area of responsibility, job description || **~bezogen** *adj* / job-related *adj*, function-related *adj*, dedicated *adj*, problem-related *adj* || ⸰**einteilung** *f* / work scheduling (SCHD) || ⸰**gebiet** *n* / area of responsibility, task area || ⸰**größe** *f* / object variable, desired variable || ⸰**klärung** *f* / problem definition, task clarification || **~orientiert** *adj* / job-oriented, task-oriented || ⸰**planer** *m* / scheduler *n* || ⸰**schwerpunkt** *m* / main task || **~spezifisch** *adj* / job-specific || ⸰**steigerung** *f* / job enlargement || ⸰**stellung** *f* / task definition, problem definition, task *n*, terms of reference, target *n*, design criteria, conceptual formulation || ⸰**teilung** *f* / separation of duties, division of labor || ⸰**vektor** *m* / object vector
aufgebaut *adj* / top-mounted *adj*, machine-mounted *adj*, surmounted *adj*, built on *adj*, connected *adj* || **~e Kühlmaschine** (el. Masch.) / machine-mounted circulating-circuit component
Aufgeber *m* (Nachrichten) / originator *n*
aufgebrachte Struktur *f* / applied structure
aufgedampft *adj* / vacuum-metallized *adj*, deposited by evaporation, vapor-deposited *adj*
aufgeführt *adj* / laid down
aufgefüllte Impulskette / interleaved pulse train
aufgehängt, Prüfung mit ~em Läufer / suspended-rotor oscillation test || **~er Schienenverteiler** / overhead busbar trunking (system), overhead busway (system)
aufgehoben *adj* / canceled *adj*
aufgekohlt *adj* / carburized *adj*
aufgelaufene Überstunden / accrued overtime
aufgelöst·e Darstellung (auseinandergezogene D.) / exploded view || **~e Darstellung** (Stromlaufplan) DIN 40719, T.3 / detached representation || **~e Scheibe** / resolved plate || **~e Wicklung** / open-circuit winding, subdivided winding || **~er Arbeitsgang** / single-step operation || **~er Sternpunkt** / open star point, open neutral point, open neutral
aufgenommen·e Blindleistung / reactive power absorbed || **~e Leistung** / power input, input *n* || **~e Leistung** (kWh) / power consumption || **~e Leistung** (Lampe) / wattage dissipated || **~e Leistung** / accepted power, power acceptance || **~e Spannung** / input voltage, voltage input, absorbed voltage || **~er Strom** / input current, current input, entering current
aufgeprägter Strom / injected current
aufgerauht *adj* (Pressglas-Oberfläche) / stippled *adj*
aufgerüstetes Bauelement (aufgerüstetes BE) / loaded component
aufgesammelt *adj* / collected *adj*
aufgesattelt *adj* / overhung *adj*, mounted overhung || **~e Erregermaschine** / overhung exciter || **~er Generator** (Bauform A 4) / engine-type generator || **~er Motor** (Ringmot.) / wrapped-around motor, ring motor

aufgeschlagen *adj* / open *adj*
aufgeschmolzen *adj* / fused
aufgeschnappt *adj* / snapped-on *adj*
aufgeschnitten·e Wicklung / open-circuit winding, subdivided winding || **~er Kreis** / open loop || **~er Kurzschlussring** / end ring with gaps
aufgeschobene Instandhaltung / deferred maintenance
aufgeschobene Ausführung / postponed execution
aufgeschrumpft *adj* / shrunk-on *adj*, shrunk *adj*, fitted by shrinking
aufgesetzt·e Tür / detachable door || **~er Stromkreis** / superposed circuit
aufgespannt *adj* / clamped *adj*
aufgeständert *adj* / with fixed supports
aufgesteckt *adj* / put on, connected *adj*
aufgestelzte Straße / stilted road, stilted highway
aufgeteilt·e Gründung / separate-footing foundation || **~es Feld** / split field
aufgewalzt *adj* / rolled-on *adj*
aufgeweitet *adj* / widened *adj*
aufgezeichnete Nachricht / recorded message
aufgliedern *v* / break down *v*
Aufgliederung in Fertigungs-Baustufen / division into suitable manufacturing stages
Aufhänge·abstand *m* / hanger spacing || **blech** *n* / attachment plate || **bügel** *m* / hanger *n*, stirrup *n*, suspension bracket || **fahne** *f* / suspension lug || **haken** *m* / suspension hook || **lasche** *f* (Tragklemme) / suspension strap || **punkt** *m* / suspension point
Aufhänger *m* / hanger *n*
Aufhängevorrichtung *f* / suspension device IEC 238, suspension attachment, hanger *n*
Aufhängung *f* (Stromschienensystem) VDE 07113 / suspension device IEC 570
Aufhängungsarm *m* (Motorlager) / suspension bracket
Aufhärtbarkeit *f* / potential hardness increase
Aufhärtung *f* / hardness increase
aufhaspeln *v* / reel on *v*
aufheben *v* / annul *v*, erase *v*, supercede *v* || **~** *v* (löschen) / delete *v*, clear *v*, reset *v* || **~** *v* (automatische Funktionen durch Handeingriff) / override *v* || **~** *v* (Meldung) / cancel *v*
Aufheben der Selbsthaltung / de-sealing *n* || **der Verschiebung** (NC-Wegbedingung) DIN 66025, T.2 / linear shift cancel ISO 1056, cancellation of linear offset || **der Werkzeugkorrektur** (NC-Wegbedingung) DIN 66025,T.2 / tool offset cancel ISO 1056, cancellation of tool compensation || **des Arbeitszyklus** (NC-Wegbedingung) DIN 66025,T.2 / fixed cycle cancel ISO 1056, cancellation of fixed cycle || **das Vakuum ~** / remove the vacuum || **eine Verriegelung ~** / defeat an interlock, cancel an interlock
Aufhebung einer Verriegelung (NC-Zusatzfunktion) DIN 66025,T.2 / interlock bypass ISO 1056, interlock release
Aufheizen *n* / heating *n*
Aufheiz·spanne *f* / temperature difference between input and output of heated flow || **ung** *f* (des Kühlmittels) / temperature rise || **zone** *f* / heating-up zone
Aufheller *m* / reflecting screen
Aufhell·impuls *m* / unblanking pulse, unblanking waveform || **schirm** *m* / reflecting screen

Aufhellung *f* / brightening *n* || **Strahlen** *f* / trace bright-up
Aufhellverstärker *m* / intensifier *n*
aufholen, Durchhang ~ (Papiermaschine) / take up slack
aufklappend *adj* / drop-down
Aufklappmenü *n* (Menü, das unterhalb einer Menüleiste erscheint, wenn der Benutzer einen Namen oder ein Ikon aus der Menüleiste auswählt) / pull-down menu
Aufklären *n* (v. Störungen, Fehlern) / diagnosis *n* recovery procedure
Aufkleber *m* / sticker *n*, adhesive label, label *n* || **für Federzugklemme** *m* / sticker for spring-loaded terminal *n*
Aufklebeschild *n* / sticker *n*
aufklemmbar *adj* / clip-on *adj*, snap-on *adj*
Aufknöpfversuch *m* / button test
Aufkohlen *n* / carburization || **~de Flamme** / carburizing flame
Aufkohlungstiefe *f* / carburization depth
Aufkompoundierung *f* / cumulative compounding
Aufkorben *n* / bird caging
Auflade·-Bevollmächtigter *m* / load agent || **einrichtung** *f* / load device || **gerät** *n* / intercooler *n*
aufladen *v* / charge *v*, re-charge *v*, load *v*
Auflade·protokoll *n* (eine Datei im nichtflüchtigen Speicher einer IEP, die für die Aufzeichnung von Informationen über mindestens die letzte Aufladetransaktion verwendet wird) / load log || -**SAM** *f* / load SAM **zeitkonstante** *f* / charge time constant
Aufladung *f* / electricity *n*, turbo-charged *n* || **statische** / static charge
Auflage *f* (Stütze) / support *n*, bracket *n*, seating *n*, support *n* || (Schaltstück) / facing *n* || / spacer block || **bock** *m* / support bracket || **bolzen** *m* / support bolts || **brett** *n* / contact board || **druck** *m* (Bürste) / brush pressure || **druck** *m* / bearing pressure, support pressure || **fläche** *f* / supporting surface, bearing area, seat *n*, contact area, contact surface, bearing surface, base, support surface || **fläche** *f* (Bürste) / face *n* || **kontrolle** *f* / parts seated verification || **kraft** *f* / bearing-strength *n*
Auflagen *f* / conditions || **kontrolle** *f* / parts seated verification || **punkt** *m* / support point
Auflageplatte *f* / support plate || *f* (Fundament) / seating plate
Auflager *n* / bearing *n*, support *n* || **druck** *m* / bearing pressure, support pressure || **kraft** *f* / supporting force, support reaction || **ung** *f* / support *n*, base *n*
Auflage·schichtstärke *f* (galvan. Überzug) / thickness of plating || **stelle im Prisma** / V-support || **stück** *n* (Bürste) / finger clip, hammer clip || **teller** *m* / support plate
Auflauf·anschlag *m* / stop *n*, end stop || **bremse** *f* / run-up brake
auflaufende Kante (Bürste, Pol) / leading edge, entering edge
Auflauf·fläche *f* (Kontakt) / contact surface || **punkt** *m* / first point of contact || **schräge** *f* / stop bevel
auflegen *v* / place *v*, put on *v*, attach *v*, connect *v* || **~** *v* (Bürsten) / put down *v*, bring into contact
Auflege·schema *n* / terminal diagram IEC 113-1,

terminal connection diagram || station *f* / layering station, assembly station
Auflegieren *n* / element decovery
aufleuchten *v* / light up *v*, flash *v*, be flashed, illuminate *v*, go bright
Auflicht·(beleuchtung) *f* (Rob.-Erkennungssystem) / front illumination, frontlighting *n* || **beleuchtung** *f* / incident-light illumination, vertical lighting || **maßstab** *m* / reflective grating || **verfahren** *n* / incident light method
aufliegen *v* / rest against, be supported by, rest on
aufliegend *adj* / supported *adj*
Auflieger *m* / semitrailer *n*
auflisten *v* / list *v* || ~ *v* (am Bildschirm) / show *v* || *n* / listing *n*, list logging (o. printing)
Auflistung *f* / listing *n* || **der Additive** / list of additives || **der Rumpf-MLFBs** / list of body MRPDs
auflösbar *adj* / resolvable *adj*
Auflöse·feinheit *f* / resolution *n* || **typ** *m* / complete package
Auflösung *f* / resolution *n*, parameter substitution || *f* (gibt die Anzahl der auf einem Bildschirm verfügbaren Pixel an) / screen resolution *n* || *f* (kleinster Steigerungswert des Messwertes in einem Datensatz oder des auf einem Zählerindex angezeigten Wertes) / resolution *n* || (kleinste Differenz zwischen zwei Ausgangszuständen) / representation unit || **bei der Winkelberechnung** / resolution in angle calculation || **des Sternpunkts** / opening the star point (o. neutral) || **des Systems** *f* / resolution of the system || **in horizontaler Richtung** / horizontal resolution || **in Integrationsrichtung** *f* / resolution in direction of integration || **in Messrichtung** *f* / resolution in measuring direction || **Daten~** *f* / data resolution || **Einstell~** *f* DIN 41745 / discontinuous control resolution || **Erhöhung der** / increase of resolution || **zeitliche** (FWT) / time resolution, limit of accuracy of chronology
Auflösungs·bandbreite *f* / resolution bandwidth || **faktor** *m* / resolution factor || **fehler** *m* DIN 44472 / resolution error, quantization error || **vermögen** *n* / resolution *n* || **vermögen** *n* (Fernkopierer) / system definition || **zeit** *f* DIN IEC 147-1D / resolution time IEC 147-1D
Auflötverfahren *n* / surface mounting
Aufmachung *f* / making up *n*
aufmagnetisieren *v* / remagnetize *v*, magnetize *v*
Aufmagnetisierung *f* / magnetizing *n* || **sintegriertzeit** *f* / magnetization integration time
Aufmaß *n* (Übermaß) / oversize *n* || *n* (Zugabe) / allowance *n* || **liste** *f* / measurement list
Aufmetallisieren *n* / plating up
Aufmischen *n* / fusion *n*
Aufnahme *f* / receiver *n*, seat *n*, holder *n*, pick-up *n*, slot *n* || *f* (Crimpwerkzeug) / locator *n* (crimping tool) || **der Kommutierungsgrenzkurven** / black-band test || **der Kurvenform** / waveform test || **der Leerlaufkennlinie** / no-load saturation test || **der Spannungskurve** / waveform test || **und Wiedergabe der Daten** / recording and playback of data || **Ladungs~** *f* / charge acceptance || **ausklinkung** *f* / location hole, location notch || **bohrung** *f* / locating hole,
receptacle hole, pilot hole, tooling hole || **bohrung** *f* **AUS-Druckknopf** / locating hole, OFF pushbutton || **bohrung für Haltebolzen** / locating hole for holding bolt || **bohrung Haltebolzen** / locating hole for holding bolt, top || **bolzen** *m* / locating pin || **dorn** *m* / arbor || **fähigkeit** *f* (Suszeptibilität) / susceptibility *n* || **magnetische** **fähigkeit** / (magnetic) susceptibility *n*, magnetisability *n* || **feld** *n* / area of exposure || **flansch** *m* (metallische Scheibe, dient als Spannelement zum Befestigen von Trenn- oder Schruppscheiben bei Schleifern) / reception flange || **gerät** *n* / recording unit, recorder *n* || **kapazität** *f* / capacity *n*, C || **kegel** *m* / mounting taper || **leistung** *f* / power input || **loch** *n* / location hole, location notch || **öffnung** *f* / location hole, seat *n* || **platte** *f* / reception plate || **ring** *m* / locating ring || **vorrichtung** *f* / pick-up attachment, pick-up *n*, workholding fixture, work fixture, fixture *n*
aufnehmen *v* (durch Handhabungsgerät) / pick *v*, pick up *v* || *n* / pick up *n*, accommodate *n*, house *n* || **eine Kraft** ~ / take up a force || **Wärme** ~ / absorb heat
Aufnehmer *m* / sensor technology || *m* / pick-up *n*, sensor *n*, detector *n*, primary element || **Eintauch-** *m* (Messzelle) / dip cell, immersion measuring cell || **-Anschlusskopf** *m* / sensor head || **induktives** **paar** / inductive pickup couple, pair of inductive sensors
Aufpolsterung *f* / height compensated for radial coil height
aufprägen *v* (Strom, Spannung) / impress *v* || **~der Baustein** / matrix module
Aufprall *m* / impact *n*, collision *n* || **dämpfer** *m* / impact attenuator
aufprallen *v* / strike *v*, impact *v*, impinge *v*, hit *v*
Aufprall·fläche des Spanbrechers / active face of the chip breaker || **geschwindigkeit** *f* / impact speed || **prüfung** *f* / impact test
Aufpreis *m* / surcharge *n*
aufpressen *v* / press on *v*
Aufpunkt *m* (graf. DV) / reference point, origin *n*
Aufputz *m* / surface-mounting *n*, surface mounting || **ausführung** *f* / surface-mounting model, surface-mounting version || **gehäuse** *n* / surface-mounting enclosure, surface mounting enclosure || **installation** *f* / surface wiring, wiring on the surface, exposed wiring || **montage** *f* / surface mounting || **produkte** *n pl* / surface-mounting product range || **rahmen** *m* / surface frame, trim frame || **schalter** *m* / surface-type switch, surface switch || **steckdose** *f* / surface-type socket-outlet || **typ** *m* / surface type, surface-mounting type || **verbindungsdose** *f* / surface joint box, surface junction box || **verlegung** *f* / surface mounting, exposed installation || **verteiler** *m* / surface-type distribution board, surface-mounting panelboard, surface-mounting distribution board
aufquetschen *v* / crimp *v* (on)
aufrastbar *adj* / snap-on *adj* || **~e Zusatzklemme** / snap-on terminal
Aufrechner *m* / account *n* || **ebene** *f* / account level
Aufrechnung *f* / packet sequencing
Aufreih-Flachklemme *f* / rail-mounting screw terminal || **klemme** *f* / rail-mounting terminal,

Aufreißdorn

channel-mounting terminal, bar-mounting terminal, bus-mounting terminal || ⁓-**Klemmenleiste** *f* / rail-mounting terminal block, channel-mounted terminal block, track-mounted terminal block, terminal block || ⁓**schiene** *f* / mounting rail, mounting channel, supporting rail
Aufreißdorn *m* / rupture pin
aufreißen *v* (zeichnen) / draw *v*, sketch *v* || ⁓ *n* (Kurzschluss) / breaking *n*, clearing *n*, scarifying *n*
Aufreißer *m* / scarifier *n*
Aufreißmaschine *f* / scarifier *n*
Aufrichten *n* (bei Montage, Welle, Läufer) / upending *n*, uprighting *n*
Aufriss *m* / elevation *n*
Aufroller *m* / reel-up, take-up device
Aufrollvorrichtung *f* (Sicherheitsgurt) / retractor mechanism
Aufruf *m* (FWT-Telegramm) / request for information, call *n*, invocation *n*, instantiation *n*, call up *n* || ⁓ *m* (Routine) / call routine || ⁓ *m* (Anweisung) / call instruction || ⁓ *m* (FWT) / call *n*, polling *n* || ⁓ *m* (SPS-Programm) EN 61131-3 / invocation *n* || ⁓ *m* / call *n* || ⁓ **des Satzes M19** / calling up the M19 block || ⁓ **eines Anwendungsprozesses** *m* (DIN 66331) / application process invocation || ⁓ **in grafischer Form** / graphical invocation || ⁓ **in Textform** / textual invocation || ⁓**anweisung** *f* / call statement, call instruction || ~**bar** *adj* / callable, addressable || ⁓**bedingung** *f* / call condition || ⁓**betrieb** *m* / transmission on demand, DIN 44302 polling/selecting mode, polling mode || ⁓**ebene** *f* / call level
aufrufen *v* / call *v*, invoke *v*, call in *v*, request *v*, start *v*, display *v*, call *v* || ~ *v* (im Kommunikationssystem) / initiate *v*, invoke *v* || ~ *v* (als Fall) / instantiate *v* || ⁓ *n* / call up
Aufruf·folgebit *n* (PROFIBUS) / frame count bit (FCB) || ⁓**granularität** *f* / call interval || ⁓**länge** *f* / call length, call header length || ⁓**parameter** *m* / call parameter || ⁓**pfad** *m* / calls *n pl*, call path || ⁓**priorität** *f* (SPS-Programm) / scheduling priority || ⁓**reihenfolge** *f* / call sequence || ⁓**richtung** *f* / request direction || ⁓**schnittstelle** *f* / call interface || ⁓**staffelung** *f* / call distribution, call grading || ⁓**taste** *f* / call button (o. key) || ⁓**telegramm** *n* (PROFIBUS) / request frame || ⁓**verfahren** *n* / unbalanced transmission mode || ⁓**zeile** *f* / call line || ⁓**zeitraster** *n* / call time frame
aufrunden *v* / round up || ~ *v* (Zahl, Summe) / bring up to a round figure, round off *v*
Aufrundungsfehler *m* / round-off error
aufrüsten *v* (Bauelemente und Förderer werden entsprechend den Rüstanweisungen auf den Förderbereichen gerüstet) / set up
Aufrüst·kit *m* / upgrade kit || ⁓**strecke** *f* / dressing line
Aufsammelsatz *m* / collection block
Aufsatz *m* (Schaltschrank) / top unit, road inlet top (unit) *n* || ⁓ *m* (Teil oder Modul, das auf ein Grundgerät aufgesetzt werden kann) / attachment *n* || ⁓ *m* / top *n* || **Kunststoff**~ *m* (Klemme) / plastic top || **Pult**~ *m* / raised rear section, instrument panel, vertical desk panel || **Tisch**~ *m* (Prüftisch) / bench instrument panel, back upright (test bench) || ⁓**block** *m* / attachable contact block
aufschalten *v* / connect to the supply, start *v* || ~ *v* (Strom, Signal) / apply *v*, impress *v*, inject *v* || ⁓ *n* (v. Störgrößen) / feedforwarding *n*, feedforward

control || ⁓ **einer Stromsollwertvorsteuerung** / biasing of the current setpoint
Aufschaltung *f* / injection *n* || ⁓ *f* (Telef.) / intrusion *n* || **Blindstrom**~ *f* (Spannungsreg.) / reactive-current compensating circuit, cross-current compensating circuit || **dv/dt-**⁓ / du/dt injection || **Last**~ *f* / connection of load, throwing on of load || **Sollwert**~ *f* / setpoint feedforward, setpoint injection
Aufschaukeln der Spannung / voltage escalation
aufschiebbar·e Verbindungsmuffe / push-on straight joint || ~**er Endverschluss** / push-on sealing end
Aufschiebefläche *f* / push-on surface
aufschieben *v* / push on *v*
Aufschießen in eine liegende 8 / flaking cable by the figure eight method
Aufschlagdämpfung *f* / damper part
aufschlagen *v* (eine Liste) / open *v* || ~ *v* (einen Baustein) / select *v*
Aufschlagen, indiziertes ⁓ / indexed access
Aufschlagwinkel *m* / angle of impact
Aufschleudern *n* / spin coating
Aufschleuderverfahren *n* / spin casting
aufschließen *v* (Leiter eines Kabels) / separate *v*, single out *v*
Aufschließer *m* (Beschleunigen eines Druckmaschinenantriebs auf eine laufende Maschine) / catch-up *n* || ⁓**sollwert** *m* / setpoint for follow-up
aufschlüsseln *v* / break down *v*
Aufschlüsselung *f* / breakdown *n*
aufschmelzbare Einlage / fusible insert
Aufschmelzen *n* (metallischer Überzug) / fusing *n*
Aufschmelz·grad *m* / fusion rate || ⁓**löten** *n* / reflow soldering || ⁓**lötung** *f* / reflow-soldering *n* || ⁓**tiefungsversuch** *m* / cupping test of surface-deposited bead
aufschnappbar *adj* / snap-on *adj* || ~**es Gerät** / snap-on device, snap-fit device, clip-on device
Aufschnappen *n* (Schnappbefestigung) / snapping on *n*, clipping on *n*, snap-mounting *n* || ~ *v* / snap on
Aufschnappmodul *n* / snap-on module
aufschraubbar *adj* / screw-on *adj*
Aufschraub·deckel *m* / screw-down cover, screw-on cover || ⁓-**Verschraubung** *f* / female coupling
Aufschrift *f* / inscription *n*
Aufschriften *f pl* / marking *n*, markings *n pl*, nameplates *n pl*
aufschrumpfen *v* / shrink on *v*, fit by shrinking, shrink *v*, shrink fit *v*
Aufschüttung *f* / earthfill *n*, fill *n*
Aufschweiß·biegeprobe *f* / bend test of surface-deposited bead, weld ductility test, surfacing weld ductility test || ⁓**verfahren** *n* / surface mounting
Aufseher *m* / supervisor *n*
aufsetzbar *adj* / mountable *adj*, attachable *adj*
Aufsetz·beinchen *n* (die zuerst auf die LP aufsetzenden Beinchen) / placement lead || ⁓**block** *m* / built-on block || ⁓**breite** *f* / contact width (width of the lead that makes contact with the PCB) || ⁓**ebene** *f* (Ebene, mit der die Beinchen eines Bauelementes auf der Leiterplatte aufliegen) / placement plane
aufsetzen *v* (Flugzeug) / touch down *v*, slip on *v*, place *v*
Aufsetzer *m* (Chromatograph, Peaktrennung) / shoulder peak

Aufsetz·kraft *f* (Kraft, mit welcher z.B. die Pipette auf das BE bzw. das BE auf die Leiterplatte aufgesetzt wird) / placement force, placing force || ⸺**länge** *f* / contact length (Length of the lead that makes contact with the PCB) || ⸺**punkt** *m* (Schreibmarke, Lichtgriffel-Bildschirm) / poke point || ⸺**- und Fügestation** / mounting and jointing cell || ⸺**vorrichtung** *f* / positioning device || ⸺**zone** *f* (TDZ) / touchdown zone (TDZ) || ⸺**zonenbefeuerung** *f* / touchdown zone lights, runway touchdown zone lighting || ⸺**zonenmarke** *f* / touchdown zone marking
Aufsicht *f* / supervision *n*, surveillance *n* || ⸺ *f* (Person) / supervisor *n* || ⸺**farbe** *f* / surface colour
Aufsichts·behörde *f* / jurisdictional authority || ⸺**person** *f* / supervisor *n* || ⸺**rat** *m* / supervisory board *n* || ⸺**ratsmitglied** *n* / member of the Supervisory Board *n*
aufsitzen *v* / rest against, come to rest *v*
aufspalten *v* / split *v*
Aufspaltung *f* (Stelle im Programmablaufplan, von der mehrere Zweige ausgehen) DIN 44300 / fork *n* || ⸺ *f* (Datennetz) / splitting *n* || **UND-**⸺ *f* DIN 19237 / AND branch
Aufspanndorn *m* / mounting arbor
aufspannen *v* / clamp *v* || **~** *v* (hinauftransformieren) / step up *v* || ⸺ *n* / chucking *n*
Aufspanner *m* / step-up transformer
Aufspann·fläche *f* / clamping surface || ⸺**höhe** *f* / clamping height || ⸺ *f* / clamping force || ⸺ *f* / clamping position || ⸺**länge** *f* / clamping length || ⸺**platte** *f* / clamping plate, clamping table, backing plate, mounting plate || ⸺**platz** *m* / clamping station || ⸺**seite** *f* / chucking side || ⸺**station** *f* / step-up substation || ⸺**system** *n* / clamping system || ⸺**technik** *f* / clamping technology || ⸺**tisch** *m* / mounting table || ⸺**toleranz** *f* / clamping tolerance || ⸺**transformator** *m* / step-up transformer || ⸺**ung** *f* / clamping *n* || ⸺**ung auf Schraubstock** / clamping on vise || ⸺**ungsanzahl** *f* / number of clamping operations || ⸺**vorrichtung** *f* / gripping fixture
aufspinnen *v* / lap *v*
Aufspleißung *f* / separate *n*
Aufsplittung *f* / splitting *n*
Aufspreizen der Adern / spreading the cores
aufsprühen *v* / spray *v*
Aufständerung *f* / installation *n*
Aufstandsfläche *f* / contact surface
Aufstanzschnitt *m* / oversize punching die
Aufsteck-Aufbohrer *m* / shell drill
aufsteckbar *adj* / plug-on *adj*, clip-on *adj*, detachable *adj*
Aufsteck·blende *f* / plug-on blind || ⸺**flansch** *m* / slip-fit flange || ⸺**getriebe** *n* / shaft-mounted gearbox, floating-type gearing, slip-on gear, shaft mounted gearbox || ⸺**getriebemotor** *m* / shaft mounted gearmotor || ⸺**griff** *m* (f. Sicherungen) / fuse puller, fuse grip || ⸺**halter** *m* / plug-on holder || ⸺**hebel** *m* / slip-on lever || ⸺**hülse** *f* / snap-on sleeve || ⸺**kamm** *m* (f. Leitungen) / slip-on cable retainer, cable comb, wire comb || ⸺**klemme** *f* / snap-on terminal, channel-mounting terminal || ⸺**messvorrichtung** *f* / plug-on measuring equipment || ⸺**modul** *n* / plug-on module ||
⸺**montage** *f* / clip-on fitting, snap-on fitting, push-fitting *n*, slip-on mounting || ⸺**montage** *f* (Leuchte) / slip-fit mounting
Aufsteck·rohr *n* / slip-on tube, plug-on tube || ⸺**schild** *n* (Klemmen) / snap-on marking tag, clip-on tag || ⸺**stromwandler** *m* (Stromwandler, der über einen Leiter oder eine Stromschiene geschoben werden kann) / bushing-type current transformer, window-type current transformer || **vollisolierter** ⸺**stromwandler** / bus-type current transformer IEC 50(321) || ⸺**tachogenerator** *m* / hollow-shaft-type tachogenerator || ⸺**verbinder** *m* / slip-on connector || ⸺**wandler** *m* / slip-over transformer (instrument transformer), window-type transformer (instrument transformer) || ⸺**wechselrad** *n* / change gear, change wheel, pick-off gear || ⸺**welle** *f* / slip-on shaft || ⸺**winkel** *m* / attachment angle
aufsteigen *v* / ascend *v*
aufsteigend *adj* / ascending *adj* || **~e Nummer** / ascending number || **~e Reihenfolge** / ascending order || **~er Ast** / ascending branch
Aufstellbedingungen *f* / set-up conditions
aufstellen *v* / install *v*, erect *v*, mount *v*, set up *v*
Aufstell·fläche *f* / footprint *n* || ⸺**höhe** *f* / site altitude, altitude *n*, installation altitude || ⸺**höhe über NN** / installation altitude above sea level || ⸺**leistung** *f* / site rated power || ⸺**ort** *m* / installation site || ⸺**strecke** *f* / lineup distance
Aufstellung (Montage) / installation *n*, mounting *n* || ⸺ *f* / setup *n* || **Ausführung für** ⸺ **auf dem Boden** / floor-standing type || ⸺ **im Freien** / outdoor installation, installation outdoors || **freie** ⸺ / free-standing installation || **ortsfeste** ⸺ / stationary installation || **ortsveränderbare** ⸺ / movable installation || **wandbündige** ⸺ / flush-mounting with wall
Aufstellungs·art *f* / parking configuration, condition of installation || ⸺**arten** *f pl* / conditions of installation || ⸺**bedingung** *f* / installation condition || ⸺**höhe** *f* / altitude *n*, site altitude, installation altitude, altitude of the installation || ⸺**ort** *m* / site of installation, installation site, erection site, place of installation, site *n* || ⸺**ort** *m* (Höhe) / site altitude || **Prüfungen am** ⸺**ort** / site tests || **Verhältnisse am** ⸺**ort** / field service conditions, operating conditions || **Wahl des** ⸺**orts** / siting *n* || ⸺**weise** *f* / chip layout, floor plan layout || ⸺**zeichnung** *f* / installation drawing, arrangement drawing || ⸺**zubehör** *n* / mounting accessories, fixing accessories, installation accessories
Aufstelzung *f* / stilting *n*
aufsteuernd *adj* / leading edge *adj*
Aufsteuerung *f* (Fahrschalter) / progression *n*, notching up
Aufsticken *n* / nitrogen content increase
Auftaktbetrieb *m* / cumulative mode
Auftasten mittels Torschaltung / gating *n*
Auftau·salz *n* / deicing salt || ⸺**transformator** *m* / defrosting transformer
aufteilbares Kabel / fan-out cable
Aufteilen *n* DIN ISO 7498 / segmenting *n* || **~** *v* / segment *v*
Aufteilung *f* / splitting *n*, division *n* || ⸺ **der Leuchtflächen** / screen area, subdivision of illuminated area, subdivision of illuminated screen

Aufteilungs 70

|| ⸰ **der Stromkreise** / circuit-phase distribution, distribution of phase loads, circuit phasing, phase splitting || ⸰ **in feste (leistungsabhängige) und bewegliche (arbeitsabhängige) Kosten** / two-part costing || ⸰ **in leistungsabhängige, arbeitsabhängige und abnehmerabhängige Kosten** / three-part costing || ⸰ **in Unterbaugruppen** / splitting-up into subassemblies || **Dreier-**⸰ m (f. Kabel) / bifurcating box, trifurcator n || **Schnitt~** f (die Aufteilung des zu zerspanenden Bereiches in Einzelschnitte) / cut segmentation, cut sectionalization || **Zuverlässigkeits~** f / reliability apportionment
Aufteilungs·armatur f (f. Kabeladern) / dividing box || ⸰**dose** f / splitting box || ⸰**kasten** m (f. Mehrleiterkabel) / dividing box, splitter-box || **Dreier-**⸰**muffe** f / bifurcating joint || ⸰**schelle** f / spreader box
Auftrag m / order n, purchase order, job n || ⸰ m (Farbe) / application n, coating n || ⸰ m (galvan., elektrophoretisch) / deposit n || ⸰ m (Anforderung) / request n, request n || ⸰ m / job n || ⸰**abwicklungsverfahren (AGAVE)** n / order processing procedure
auftragen v / plot v
Auftraggeber m / ordering party (interner Auftraggeber), client n || ⸰ m (Kunde in einer Vertragssituation) / supplier n, purchaser n || ⸰ **und Auftragnehmer** / project parties || ⸰**forderungen** f / purchaser requirements
auftrag·geschweißt adj / deposition-welded adj || **~gesteuert** adj (Datenübertragung) / job-controlled adj
Auftragnehmer m (Lieferant in einer Vertragssituation) / contractor n || ⸰ **(AN)** m / contractor n || ⸰ **(nach ISO 8402)** m / contractor || ⸰**beurteilung** f / vendor inspection
auftrags·abhängig adj / order-related || **~abhängiger Prüfablaufplan** / order-related inspection and test plan || **~abwickelnder Mitarbeiter** / person handling the order
Auftrags·abwicklung f / order processing || ⸰**abwicklung** f / job handling, job processing || ⸰**abwicklung listenmäßiger Fabrikate (ALFA)** f / order processing of listed products || ⸰**abwicklung nicht listenmäßiger Fabrikate (ANFA-DV)** f / order processing of non-listed products || **dv-maschinelle** ⸰**abwicklung** / machine data order processing || ⸰**abwicklungsgeschwindigkeit** f / job processing speed || ⸰**annahme** f (Anforderung) / request acceptance, acceptance of the order || ⸰**archivierung** f / job archiving || ⸰**art** f / order type, job type || ⸰**bearbeitung** f (SPS) / request processing || ⸰**bearbeitung** f (Produzieren der Teile an der Maschine) / job processing, order processing || ⸰**beleg** m / job ticket || ⸰**bestandsliste (ABL)** f / orders on hand list || ⸰**bestätigungsdatum** n / date of order confirmation || ⸰**bezeichnung** f / order designation || **~bezogen** adj / order-related || **~bezogene Disposition** / order-related planning || **~bezogener Werkstattbestand** f / work-in-progress (WIP), in-process inventory || ⸰**block** m / job list || ⸰**buch** n / order book
Auftragschweißen n / building-up (welding),

hardfacing n, hard-surfacing n || ⸰ n (auf andersartiges Metall) / cladding n || **durch** ⸰ **instandsetzen** / resurface by welding
Auftrags·datei f / order file || ⸰**daten** f / job data || ⸰**datum** n / date of order || ⸰**durchlauf** m / order handling sequence || ⸰**durchlaufzeit** f / order throughput time || ⸰**durchsicht** f / contract review || ⸰**eingangsdatum** n / date of incoming order || ⸰**eingangsjournal** n / incoming order ledger || ⸰**eingangskalkulation** f / as-sold calculation || ⸰**einplanung** f / job scheduling || ⸰**-Einplanung** f / order scheduling || ⸰**einzelfertigung** f / make-to-order n (MTO) || ⸰**entwicklung** f / incoming order development, order progression || ⸰**ergebnis** n / contract gross margin || ⸰**eröffnung** f / opening an order || ⸰**erteilung** f / job allocation, award of contract || ⸰**fertiger (CEM)** m / Contract Electronics Manufacturer (CEM) || ⸰**fluss** m / order flow || ⸰**führer** m / job manager || **~gebundene Kondensatorbatterie** / order-specific capacitor bank || **~gesteuert** adj / job-controlled || **~gesteuerte Fertigung** f / order-based manufacturing || ⸰**karte** f / job card || ⸰**kennung** f / job identification || ⸰**kennzeichen** n (AKZ) / project reference number, job reference, order ID, order numbers, order reference, order designation, order reference code || ⸰**kosten** plt / job order costs || ⸰**kostennachweis (AKN)** m / proof of order costs (POC) || ⸰**kostenzuordnung** f / job order cost assignment || ⸰**lieferpapiere** n / delivery documents || ⸰**-Liefer-Prozess** m / make-market cycle || ⸰**liste** f / order list, job list
Auftrags·management n / job order management || ⸰**nummer** f / account number, job number || ⸰**optimierung** f / order optimization || ⸰**planung** f / production planning || ⸰**-Positioniergenauigkeit** f / application position accuracy || ⸰**querschnitt** m / section of fill || ⸰**rückstand** m / order backlog, sales order backlog || ⸰**schlange** f / job queue || ⸰**schweißung** f / overlay weld || ⸰**simulation** f / order simulation || **~spezifisch** adj / job-specific adj || ⸰**status** m / order status || ⸰**steuerung** f / order control || ⸰**steuerung (AST)** f / order control || ⸰**struktur** f / contract structure || ⸰**terminblatt** n / order schedule sheet || ⸰**treue** f / order punctuality || ⸰**überhang** m / order backlog, sales order backlog || ⸰**überprüfung** f / contract review || **Ablauf der** ⸰**prüfung** / contract review process || **~unabhängig** adj / order-independent || ⸰**unterlagen** f / procurement documents, order documents || ⸰**verfolgung** f / job tracking, order tracking || ⸰**vergabe** f / order placing, job allocation, contract granting, awarding contracts, commissioning of an order, contract award || ⸰**verwaltung** f / job order management || ⸰**walze** f / application roller || ⸰**wiederholung** f (Wiedereingabe) / job reentry || ⸰**wiederholung** f / job retry || ⸰**zentrum** n / order processing center
Auftragung f / building-up n
Auftreff·en n / impingement n || ⸰**fläche** f / target n || ⸰**winkel** m / angle of incidence, incidence angle
auftreiben v (erweitern) / expand v, flare v || **~** v (montieren) / force on v, fit v
Auftreib·hülse f / flaring sleeve || ⸰**stift** m / drift n
auftrennen v / separate v, cut v || **~** v (Stromkreis) / open v, break v, open-circuit v, interrupt v || **~** v (Steckverbindung) / unplug n || **Sammelschienen**

~ / to split the busbars
Auftrennung *f* (Ringnetz) / (ring) opening *n* || ⸺ *f* (Netz) / network splitting, islanding *n* || ⸺ *f* / separation || ⸺ *f* / interruption
Auftrieb *m* (als Auftrieb bezeichnet man eine Kraft, die eine Flüssigkeit oder ein Gas auf einen Körper (oder auf ein Gasvolumen) ausübt) / buoyancy *n*
Auftriebs·beiwert *m* / rear-end lift coefficient || ⸺**kraft** *f* / buoyant force, buoyancy *n*, buoyancy force *n* || ⸺**Standmessgerät** *n* / buoyancy level measuring device
Auftritts- und Entdeckungswahrscheinlichkeit *f* / occurrence and discovery probability
Auf- und Ab-Methode *f* / up-and-down method
Auf- und Abwärtszähler *m* / up- and down-counter
Auf- und Abziehvorrichtung *f* / fitting and extracting tool, pusher-puller *n*
Auf- und Einbau *m* / surface mounting and installation
Aufwalzen einer neuen Decklage *f* / resurfacing *n*
Aufwand *m* / expenditure *n*, cost *n*, extent of work, extra work, (degree of) complexity, (degree of) sophistication, costs *plt*, overhead *n*, expense *n* || **nach** ⸺ / according to costs
aufwandarm *adj* / low-overhead *adj*
aufwändig *adj* / complicated *adj*, expensive *adj*
Aufwand-Nutzen-Verhältnis *n* / cost-benefit ratio
Aufwands·abschätzung *f* / effort estimate || ⸺**reduzierung** *f* / effort reduction
Aufwärm·abweichung *f* / warm-up drift || ⸺**spanne** *f* / temperature rise, incremental heating || ⸺**zeit** *f* (Zeitdauer, bis ein Netzteil nach dem Einschalten seine spezifizierten Ausgangsdaten erreicht) / warm-up time
aufwärts *adj* / upwards *adj*, uplink || **~ fließender Strom** / current flowing outwards || **~ übersetzen** / step up *v*
Aufwärts·bewegung, Einschalten durch ⸺**bewegung** (des Betätigungsorgans) / up closing movement || ⸺**blitz** *m* / upward flash || ⸺**einstellung** *f* / raising *n*, voltage increase || **~gerichtet** *adj* / uplink *adj* || **~kompatibel** *adj* / upward compatible || ⸺**kompatibilität** *f* / upward compatibility, upload compatibility || ⸺**kompoundierung** *f* / cumulative compounding || ⸺**regler** *m* / step-up controller || ⸺**steuerung** *f* (el. Masch.) / upward control, controlled speed increase, field weakening control || ⸺**transformator** *m* / step-up transformer || ⸺**transformieren** *n* / stepping up || ⸺**übersetzung** *f* (Getriebe) / step-up gearing, step-up ratio || ⸺**übersetzungs-konverter (SUC)** || ⸺**wandler** *m* / step-up converter (SUC) || ⸺**zähler** *m* / incrementer *n*, upcounter *n*, up counter
Aufweitdorn *m* / expanding mandrel, drift *n*
aufweiten *v* / expand *v*, flare *v*, widen *v*, bell out *v*
Aufweitung *f* / belled joint
Aufweitversuch *m* / drift test. expanding test, drift expanding test
aufwendig / s. aufwändig
aufwickeln *v* / wind up *v*
Aufwickelrolle *f* / take-up reel
Aufwickler *m* / winding unit || ⸺ **Klebestelle** / rewinder splice
Aufzählung *f* / enumeration *n*
Aufzählungsliste *f* / enumeration list *n*
aufzeichnen *v* / record *v*, log *v*, trace *v*

Aufzeichnung *f* (Schreiber, auf Magnetband) / recording *n*, record *n* || **magnetische** ⸺ / magnetic recording
Aufzeichnungen über Außenabnahme / source inspection records
Aufzeichnungs·art *f* (Schreiber) / recording method, kind of marking || ⸺**dichte** *f* (Bitdichte) / bit density, recording density || ⸺**endesignal** *n* (Steuersignal zur Anzeige des Endes des Datenträgers oder des Endes des gewünschten Teils der auf dem Träger aufgezeichneten Daten) / end-of-medium signal || ⸺**gerät** *n* / recorder *n* || ⸺**geschwindigkeit** *f* / recording speed, writing speed || ⸺**geschwindigkeit** *f* (Fernkopierer) / scanning speed (on reception) || ⸺**kanal** *m* / recording channel || ⸺**kette** *f* / recording chain || ⸺**nadel** *f* / recording stylus || ⸺**system** *n* / recording system || ⸺**träger** *m* (Schreiber) / (recording) chart *n* || ⸺**träger für Referenzmessungen** / reference chart || **Material des** ⸺**trägers** / recording medium || ⸺**verfahren** *n* (Schreiber) / method of marking, recording procedure || ⸺**vorrichtung** *f* (Schreiber) / recording device
aufziehen *v* (heiß) / shrink *v*, shrink on *v* || **~ *v* (kalt)** / fit *v*, mount *v* || **~ *v* (Feder)** / wind *v*, charge *v*
Aufziehvorrichtung *f* / pusher *n*, fitting tool
Aufzug *m* / lift *n*, elevator *n* || ⸺**einrichtung** *f* / clock winding mechanism, winding mechanism || ⸺**motor** *m* / lift motor (o. machine), elevator motor || ⸺**motor** *m* (Uhr) / clock winding motor, winding motor || ⸺**sanlage** *f* / lift || ⸺**schacht** *m* / lift well, lift shaft, hoistway *n* || ⸺**steuerleitung** *f* / lift cable, elevator control cable (US) || ⸺**steuerleitung mit Tragorgan** / lift cable with suspension strand
Aufzugs·korb *m* / lift cage || ⸺**maschine** *f* / lift machine, lift motor
Auf-Zu-Klappe *f* / on-off butterfly valve, seating butterfly valve
Auf-Zu-Regelung *f* / on-off control, bang-bang control
aufzurufender *adj* / to be called
Auf/Zu-Stellantrieb *m* / switched actuator
Auf-Zu-Ventil *n* / two-position valve, open-close valve
AÜG (Arbeitüberlassungsgesetz) *n* / German law on leased personnel
Auge *n* / eye *n*, ring *n*, loop *n*
Augenanstrengung *f* / eye strain
augenblicklich *adj* / instantaneous *adj* || **~e Bremsleistung** / instantaneous braking power
Augenblicks·frequenz *f* / instantaneous frequency || ⸺**wert** *m* / instantaneous value || ⸺**wertregelung** *f* / actual value control || ⸺**wert der Leistung** / instantaneous power
Augen·empfindlichkeitskurve *f* / eye sensitivity curve, visual sensitivity curve || ⸺**empfindung** *f* / eye response || ⸺**lager** *n* / eye-type bearing || ⸺**mutter** *f* / eye nut, ring nut || ⸺**scheininspektionprüfung** *f* / visual inspection || ⸺**scheinprüfung** *f* / visual inspection, visual examination, visual check || **~schonendes Licht** / eye-saving light || ⸺**schraube** *f* / closed eyebolt, eyebolt *n* || ⸺**schraube M8 inklusive Mutter** *f* / M8 eyebolt inclusive nut || ⸺**schutz** *m* / eye shield

|| ⟲taste *f* / diagnostics and installation key ||
⟲verblitzen *n* / arc eye
Auger-Rekombination *f* / Auger recombination *n*
Augmented Reality (AR) *f* / Augmented Reality (AR)
Augpunkt *m* / camera point
AUI-Anschluss *m* / attachment unit interface (AUI)
Auinger, polumschaltbarer Dreiphasenmotor nach / Auinger three-phase single-winding multispeed motor
Aurorazone *f* (ringförmige Schicht zwischen ungefähr 60° und 70° nördlicher oder südlicher geomagnetischer Breite) / auroral zone
aus dem Vollen fräsen / mill from a solid piece of material || **~ der Gasphase abscheiden** / deposit from the gas phase || **~ einer Hand** *adj* / one face to the customer || **~ Gründen wirtschaftlicher Fertigung die zulässigen Abweichungen möglichst groß wählen** / for reasons of economically efficient manufacture, the permissible deviations should be as large as possible || **~ Sicherheitsgründen** *adj* / to prevent accidents *adj*, for safety reasons *adj* || **~ verschiedenen Halbleiaterialien bestehende Zelle** / heterojunction cell
AUS *präp* (Kommando für Schaltzustand Aus) / OFF *präp* || ⟲**1** / OFF1 *n* || ⟲**1-Befehl** *m* / OFF1 command || ⟲**3 Rücklaufzeit** *f* / OFF3 ramp-down time
Ausarbeiten *n* / draw up *n*
Ausarbeitung *f* / elaboration *n*, create *n*, creation *n*, preparation *n*
Ausbalancieren *n* / balancing *n*
Ausbau *m* / expansion *n*, expanded configuration *n*, configuration *n*, degree of extension, degree of expansion || ⟲ *m* (gerätetechn. Anordnung) / configuration *n* || **konstruktiver** ⟲ / design *n* || **voller** ⟲ / maximum configuration || ⟲**anleitung** *f* / extension guidelines, dismounting guidelines
ausbaubar *adj* / with expansion capability || ⟲**keit** *f* / expansion capability, expansion option
Ausbauchung *f* / bulge *n*, bulging *n*, bellying *n*, widening *n* || ⟲ *f* (Druckprüf.) / lateral buckling || ⟲**sfaktor** *m* / space factor
ausbauen *v* / delete *v*, extract *v* || **~ *v*** (erweitern) / extend *v*, expand *v*, enlarge *v* || **~ *v*** (demontieren) / dismantle *v*, disassemble *v*, remove *v*, dismount *v*
ausbaufähig *adj* / suitable for extension, open-ended *adj*, with expansion capability, expandable *adj* || **~er Speicher** / extendable memory || ⟲**keit** *f* / expansion capability, expansion option
Ausbau-grad *m* / degree of expansion, configuration *n*, degree of extension || ⟲**lösung** *f* / expansion solution || ⟲**möglichkeit** *f* / available configurations || ⟲**stufe** *f* / expansion *n*, expanded configuration, stage of expansion, configuration *n* || ⟲**stufe** *f* (Projekt) / stage *n*, project stage || ⟲**variante** *f* / expansion variant || ⟲**werkzeug** *n* / extraction tool, extractor *n*
Aus-Befehl *m* / OFF command, OFF signal, STOP signal || ⟲**-Mindestdauer** *f* VDE 0670, T.101 / minimum trip duration
ausbessern *v* / repair *v* || **~ *v*** (Farbanstrich) / touch up *v*
Ausbesserungsset *n* / touch-up set, training mode
Ausbeute *f* / efficiency *n*, efficacy *n* || ⟲ *f* / yield *n*
Ausbildung *f* / training *n*, apprenticeship *n*
Ausbildungs-kosten *plt* / training costs *plt* || ⟲**paket** *n* / training package || ⟲**platz** *m* / training console || ⟲**stätte** *f* / training centre || ⟲**weg** *m* / line of training
Ausblas-ableiter *m* / expulsion arrester || ⟲**düse** *f* / blow-off nozzle
ausblasen *v* (Lichtbogen) / blowout *v*, extinguish *v*, blowing through *v*, vent *v* || **~ *v*** (m. Luft reinigen) / blow out *v*, purge with compressed air
Ausblas-, Lichtbogen-⟲raum *m* / arcing space || ⟲**richtung** *f* / blow-out direction || ⟲**seite** *f* / air outlet end, exhaust end || ⟲**sicherung** *f* / expulsion fuse
Ausbleiben der Spannung / power failure
Ausblendband *n* / frequency avoid band, skip frequency band
ausblendbar *adj* / skippable *adj* || **~er Satz** / skippable block
Ausblend·befehl *m* / extraction command || ⟲**ebene** *f* / skip level
Ausblenden *n* (Impuls) DIN IEC 469, T.1 / gating *n* || ⟲ *n* (Unterdrücken v. Darstellungselementen auf dem Graphikbildschirm) / shielding *n* || ⟲ *n* (graf. DV) / shielding *n*, reverse clipping || ⟲ *n* (eines Wertebereichs) / masking out || **~ *v*** (Bildschirmanzeige) / hide *v*, remove *v*, shield *v* || **~ *v*** (CAD-Element) / blank *v* || **~ *v*** (überspringen) / skip *v* || **~ *v*** / fade out, hide *v*, deactivate *v*, suppress *v* || ⟲ **von Störungen** / blanking out of noise || ⟲ **von verdeckten Linien** (GAD) / hidden line removal || **einen Satz ~** / delete (o. skip) a block
Ausblend·filter *m* / suppression filter || ⟲**frequenz** *f* / skip frequency, jump frequency || ⟲**frequenz 1** *f* / Skip frequency 1 || ⟲**funktion** *f* / skip function || ⟲**maske** *f* / mask *n*, bit mask, suppression mask, delete mask, bit mask || ⟲**satz** *m* / deletable block, skip block, skippable block
Ausblendung *f* (irrelevante Inhalte oder Tatbestände entfernen bzw. überdecken) / shading, greying out || **Mehrtasten~** *f* / n-key lockout || **Sollwert~** *f* (Baugruppe) / setpoint suppressor || **Stör~** *f* / interference suppression
Ausblendwert *m* / skip value
Ausblühung *f* / efflorescence *n*
Ausbohreinheit *f* / boring unit
ausbohren *v* (m. Bohrstahl) / bore *v*, bore out *v* || **~ *v*** (m. Spiralbohrer) / drill *v*, drill out *v* || **~ *v*** (Probe) / trepan *v*
Ausbohr·maschine *f* / boring machine || ⟲**ung** *f* / drill hole || ⟲**zyklus** *m* / boring cycle
Ausbrand *m* / burn-off
ausbrechbar *adj* / knockout *adj* || **~e Leitungseinführung** / knockout wire entry || **~e Vorprägung** / knockout *n* (k.o.)
ausbrechen *v* / knock out || ⟲ *n* / breakaway of the rear wheels
Ausbrechöffnung *f* / knock-out *n*, knockout opening
Ausbreitung *f* (Energieübertragung zwischen zwei Punkten ohne Transport von Materie) / propagation || ⟲ **bei Sichtverbindung** (Ausbreitung zwischen zwei Punkten, bei der der direkte Strahlenweg so weit von Hindernissen entfernt ist, dass Beugung vernachlässigbar wird) / line of sight propagation
Ausbreitungs·dämpfungsmaß *n* (Differenz in Dezibel zwischen dem Grundübertragungsdämpfungsmaß und dem Freiraumdämpfungsmaß) / loss relative to free space || ⟲**geschwindigkeit** *f* / speed of propagation,

propagation rate, velocity of propagation ‖ ⸰koeffizient *m* / propagation coefficient ‖ ⸰richtung *f* / direction of propagation ‖ ⸰richtung der Energie *f* / direction of propagation of energy ‖ ⸰verhalten *n* IEC 50(191) / propagation performance ‖ ⸰widerstand *m* (eines Erders, Widerstand zwischen Erder und Bezugserde) VDE 0100, T.200 / earth electrode resistance, ground resistance, dissipation resistance, permissible resistance ‖ ⸰zeit *f* / propagation time
Ausbreitversuch *m* / flattening test
ausbrennen *v* (Bleche) / flame-cut *v* ‖ ~ *v* (Lampe) / burn out *v*
Ausbrenner *m* (Lampe) / burn-out *n* ‖ ⸰kurve *f* (Lampen) / mortality curve
Ausbrennung *f* / deflagration *n*, slow combustion
Ausbringen *n* / deposition efficiency, electrode efficiency
Ausbringmenge *f* / output *n*
Ausbringung *f* / output *n*
Ausbringungsgrad *m* / electrode efficiency, deposition efficiency
Ausbruch *m* / cutout *n*, jaggedness *n*
ausdecodieren *v* / decode *v*
Ausdecodierung *f* / decoding *n* (DEC)
Ausdehner *m* / conservator *n*, expansion tank
Ausdehnung *f* (Wärmedehnung) / expansion *n* ‖ ⸰ **des Helligkeitsbereichs** / expansion of the luminance range
Ausdehnungs·bogen *m* / expansion bend ‖ ⸰**gefäß** *n* / conservator *n*, expansion tank, OF pressure tank ‖ ⸰**kasten** *m* / expansion unit, expansion section, expansion-joint unit ‖ ⸰**kasten mit Abfangung** / expansion section with base support ‖ ⸰**koeffizient** *m* / coefficient of thermal expansion, coefficient of expansion ‖ **Längen-** ⸰**koeffizient** *m* / coefficient of linear expansion ‖ ⸰**modul** *n* / expansion fitting ‖ ⸰**stelle eines Gebäudes** / expansion joint of a building
ausdrehen *v* / bore *v* ‖ ⸰ *n* / boring *n*
Ausdreh·kopf *m* / boring head ‖ ⸰**verriegelung** *f* / release lock
Ausdruck *m* (Terminus) / term *n* ‖ ⸰ *m* (Programmiersprache) / expression *n* ‖ ⸰ *m* (Gedrucktes) / printout *n*, hardcopy printout ‖ ⸰ *m* / listing *n* ‖ ⸰ **auswerten (EVAL)** / evaluate expression (EVAL)
ausdrucken *v* / print out *v*, log *v*, list *v*
Ausdrucken von Listings / printout of listings
AUS-Druckknopf *m* / OFF pushbutton
Ausdrückkraft *f* / press-out strength
auseinander·gezogene Darstellung / exploded view, exploded drawing ‖ **~nehmen** *v* / disassemble *v*, take apart, dismantle *v* ‖ ⸰**setzung** *f* / dispute *n*
Aus-Einschalteigenzeit *f* / open-close time
Aus-Ein-Schaltung *f* / trip-close operation
Ausfachung mit Einfachdiagonalen (Gittermast) IEC 50(466) / single warren, single lacing ‖ ⸰ **mit gekreuzten Diagonalen** (Gittermast) IEC 50 (466) / double warren, double lacing ‖ ⸰ **mit gekreuzten Diagonalen und Sekundärfachwerk** (Gittermast) IEC 50(466) / double-warren redundant support, double-lacing redundant support ‖ ⸰ **zweifach mit gekreuzten Diagonalen** (Gittermast) IEC 50(466) / triple warren, triple lacing

Ausfädelungs·spur *f* / unweaving lane ‖ ⸰**streifen** *m* / unweaving lane
Ausfahranschlag *m* / drawout stop
ausfahrbar *adj* / withdrawable *adj*, retractable *adj* ‖ **~er Leistungsschalter** / drawout circuit-breaker, withdrawable circuit breaker
Ausfahrbewegung *f* / travel-out movement
ausfahren *v* / travel-out *v*, move out of the material ‖ **~** *v* (Schaltereinheit) / withdraw *v*, draw out *v* ‖ ⸰ *n* / travel-out, moving out *n*, paying out *n*, move out *n*, Unload PCB, retract *n*
Ausfahr·feld *n* / withdrawable switchgear assembly (o. panel), drawout switchpanel, drawout switchgear unit ‖ ⸰**geschwindigkeit** *f* / travel-out velocity ‖ ⸰**radius** *m* / travel-out radius
Ausfahrt *f* / exit point
Ausfahr·verriegelung *f* / drawout interlock ‖ ⸰**weg** *m* / arc-out section, run-out path
Ausfall *m* / breakdown *n*, failure *n* ‖ ⸰ **bei zulässiger Beanspruchung** / permissible stress failure ‖ ⸰ **der Hilfsenergie** / power supply failure ‖ ⸰ **einer Sicherung** / rupture of a fuse, blowing of a fuse ‖ ⸰ **infolge Fehlbehandlung** (Ausfall infolge falscher Bedienung oder fehlender Sorgfalt) / mishandling failure ‖ ⸰ **infolge Fehlanwendung** (Ausfall infolge von Anwendungsbeanspruchungen, welche die festgelegten Leistungsfähigkeiten der Einheit überfordern) / misuse failure ‖ ⸰ **infolge Fehlnutzung** (Ausfall infolge von Anwendungsbeanspruchungen, welche die festgelegten Leistungsfähigkeiten der Einheit überfordern) / misuse failure ‖ ⸰ **infolge mangelhafter Konstitution** / inherent weakness failure ‖ ⸰ **infolge unzulässiger Beanspruchung** / misuse failure ‖ ⸰ **von zwei Phasen** / 2-phase failure ‖ **entwurfsbedingter** ⸰ (Ausfall wegen ungeeigneter Konstruktion einer Einheit) / design failure ‖ **sicher bei** ⸰ (Konstruktionseigenschaft einer Einheit, die verhindert, dass deren Ausfälle zu kritischen Fehlzuständen führen) / fail safe ‖ **systematischer** ⸰ / reproducible failure
Ausfall·abstand *m* / time between failures (the time duration between two consecutive failures of a repaired item) ‖ **durchschnittlicher** ⸰**abstand** / medium time between failures (MTBF), mean time between failures (the expectation of the time between failures), mean failure rate ‖ **mittlerer** ⸰**abstand** (Erwartungswert der Verteilung der Ausfallabstände) / medium time between failures (MTBF), mean failure rate ‖ ⸰**analyse** *f* / failure analysis ‖ ⸰**art** *f* / failure mode ‖ ⸰**art- und Fehlereffektanalyse verbunden mit einer Bewertung der Ausfallfolgen (FMECA)** / Failure Modes, Effects and Criticality Analysis (FMECA) ‖ **~bedingter Zugriff** *m* / failure access ‖ ⸰**code** *m* / missing code, skipped code ‖ ⸰**datum** *n* / failure date ‖ ⸰**dauer** *f* DIN 40042 / down time, non-productive time, idle time, mean time to repair (MTTR) ‖ ⸰**dichte** *f* / failure density, failure intensity, instantaneous failure intensity ‖ **mittlere** ⸰**dichte** (Mittelwert der momentanen Ausfalldichte während eines gegebenen Zeitintervalls (t_1, t_2)) IEC 50(191) / mean failure intensity ‖ **momentane** ⸰**dichte** / instantaneous failure intensity, failure intensity ‖ ⸰**dichte-**

Raffungsfaktor m / failure intensity acceleration factor
Ausfalleffekt·analyse f (FMEA) IEC 50(191) / failure mode and effects analysis (FMEA) || ⸗- **und Ausfallkritizitätsanalyse (FMECA)** (FMECA) IEC 50(191) / failure modes, effects and criticality analysis (FMECA)
ausfallen v / fail v, break down v
Ausfall·ereignis n / failure event || ⸗**gliederung nach Ablauf der Änderung** DIN 40042 / classification of failures by time function || ⸗**gliederung nach Schwere der Auswirkung** DIN 40042 / classification of failures by effects || ⸗**gliederung nach technischem Umfang** DIN 40042 / classification of failures by technical gravity || ⸗**gliederung nach Verlauf der Ausfallrate** DIN 40042 / classification of failures by failure rate || ⸗**grenzwert** m / target failure measure || ⸗**größen** f / failure characteristics || **auf einen Zwischenbestand bezogene** ⸗**größen** DIN 40042 / failure characteristics with regard to intermediate survivals || ⸗**häufigkeit** f / failure frequency || ⸗**häufigkeit** f (Anzahl der Fehler innerhalb eines bestimmten Zeitraumes) / failures in time, FIT n || ⸗**häufigkeitsdichte** f / failure density || ⸗**häufigkeitsverteilung** f / failure-frequency distribution
Ausfall·körnung f / gap gradation, discontinuous gradation || ⸗**kriterium** n / failure criterion || ⸗**kritizitätsanalyse** f / failure criticality analysis || ⸗**mechanismus** m / failure mechanism || **zulässige** ⸗**menge** VDE 0715 / qualifying limit IEC 64 || ⸗**modus** m / failure mode || ⸗**muster** n / type sample, pilot sample || ⸗**musterprüfbericht** m / type sample inspection and test report, type sample inspection report || ⸗**quote** f DIN 40042 / failure quota || ⸗**rate** f / failure rate, outage rate, instantaneous failure rate || ⸗**rate in fit** / failure rate in fit || **mittlere** ⸗**rate** (Mittelwert der momentanen Ausfallrate während eines gegebenen Zeitintervalls (t₁, t₂)) / MTBF, mean time between failures (the expectation of the time between failures), mean failure rate || **momentane** ⸗**rate** / instantaneous failure rate, failure rate, outage rate || ⸗**ratenanalyse** f / parts count reliability prediction || ⸗**ratenfeinanalyse** f / parts stress analysis prediction || ⸗**ratengewichtung** f / weighting of failure rates, failure rate weighting || ⸗**ratenniveau** n / failure rate level || ⸗**raten-Raffungsfaktor** m / failure rate acceleration factor (the ratio of the failure rate under accelerated testing conditions to the failure rate under stated reference test conditions), failure rate accelerator factor || ⸗**raten-Vertrauensgrenze** f / assessed failure rate || ⸗**risiko** n / failure risk || ⸗**satz** m DIN 40042 / cumulative failure frequency
ausfallsicher adj / fail-safe, failsafe, fault-tolerant adj, safe from power-failure || **~e Sicherheitsverriegelung** VDE 0837 / fail-safe interlock IEC 825
Ausfall·sicherheit f (Fehlertoleranz) / fault tolerance, failure safety || ⸗**sicherung** f / dropout fuse, fuse cut-out || ⸗**sicherungstrenner** m / dropout fuse cut-out || ⸗**simulationsrechnung** f / contingency analysis || ⸗**straße** f / radial road (GB), radial highway (US) || ⸗**suchstrategie** f / failure detection strategy, replacement strategy || ⸗**summenhäufigkeit** f DIN

40042 / cumulative failure frequency || ⸗**summenverteilung** f DIN 40042 / distribution of cumulative failure frequency || ⸗**überwachung** f / failure monitoring || ⸗**ursache** f / failure cause, cause of failure || ⸗**varianten** f / contingency analyses, contingency evaluation (CE) || ⸗**variantenauswahl** f / contingency selection || ⸗**variantenrechnung** f / outage scheduler || ⸗**verhalten** n / failure mode, failure characteristics || **definiertes** ⸗**verhalten** / fail-safe shutdown || **zeitliches** ⸗**verhalten** / failure-rate-versus-time curve || ⸗**verhütung** f / prevention of failures || ⸗**wahrscheinlichkeit** f / failure probability, probability of failure || ⸗**wahrscheinlichkeit pro Stunde** / probability of failure per hour (PFH) || ⸗**wahrscheinlichkeitsdichte** f DIN 40042 / failure-probability density || ⸗**wahrscheinlichkeitsdichteverteilung** f / failure-density distribution || ⸗**wahrscheinlichkeitsverteilung** f / failure probability distribution || ⸗**warnlampe** f (Kfz) / tell-tale lamp, telltale (lamp) n || ⸗**winkel** m (Reflexionswinkel) / reflecting angle, angle of reflection || ⸗**zeit** f / breakdown time, down-time n, outage time, non-productive time, idle time, mean time to repair (MTTR) || ⸗**zeit** f (mittlere Zeitdauer zwischen dem Auftreten eines Fehlers in einem Gerät oder System und der Reparatur) / downtime n || ⸗**zeit** f / unplanned outage time, time to failure, unplanned unavailability time || ⸗**zeitpunkt** m DIN 40042 / instant of failure
AUS-Feder f / opening spring, tripping spring
Ausfeuerhub m / sparking out stroke
Ausfeuern n (Schleifmaschine) / sparking out n
Ausfeuer·satz m / sparking out block || ⸗**umdrehung** f / sparking-out revolution || ⸗**ung** f / sparking out || ⸗**ungshub** m / sparking out stroke || ⸗**zeit** f / sparking out time
Ausfließen von Elektrolyt / spillage of electrolyte
ausfließend adj / effluent adj
ausfluchten v / align v
Ausfluss m / outflow n
ausfördern v / eject v
Ausfransen n (Linien einer graf. Bildschirmdarstellung) / jagging n
Ausfräsen n / solid machining, pocket milling
ausfügen v (z. B. Anweisungen, Textverarb.) / delete v, extract v
ausführbar adj / executable adj || **~e Anweisung** / executable statement || **~er Code** / executable code || ⸗**barkeit** f / executability n
Ausfuhrbestimmungen f / export regulations
ausführen v / execute v, process v, service v, scan v, edit v
Ausführender m / performer (of that work)
Ausfuhr·genehmigung f / export authorization || ⸗**kontrollmeldung (AKM)** f / advance export notification
ausführlich·e Beschreibung / detailed description || **~es Sinnbild** / detailed symbol
Ausfuhr·liste f / export list || ⸗**risiko** n / export risk
Ausführung f DIN 41650,1 / variant n IEC 603-1 || ⸗ f (Qualität, nach Fachkönnen) / workmanship n, quality n || ⸗ f (Bauart) / design n, model n, type n, pattern n, style n, version n || ⸗ f (Oberflächengüte) / finish n, type of finish || ⸗ f (eines Programms) / execution n e.g. in IEC

1131-1 || ջ der Schneide / cutting edge configuration || ջ eines Befehls / execution of a command || ջ mit Anschlusskabel / integrated cable version || 1-Achs-ջ f / single-axis version || 2-Achs-ջ f / two-axis version || alte ջ / older version || gehobene ջ / heavy-duty design || handwerkliche ջ / workmanship n || lagermäßige ջ / stock version || langhalsige ջ / long stroke feature || leichtere ջ / light-duty version || neue ջ / new version || schwerere ջ / heavy-duty version
ausführungsabhängig adj / depending on variant
Ausführungs·art f / type of construction, type n || ջbefehl m / executive instruction, execution instruction, execute command || Anwahl- und ջbefehl / select and execute command || ջfokus m / execution occurrence || ջform f (Gerätetyp) / style n || ջkontrolle f (Sichtprüfung) / general visual inspection || ջlast f (Prozentsatz der CPU-Zeit, der vom Controller genützt wird) / execution load || ջmerkmal n / design feature || ջnummer f / mark number || ջphase f / execution phase n || ջplanung f / design n || ջqualität f DIN 55350, T. 11 / quality of conformance, workmanship n || ջrichtlinien der Industrie- und Leistungselektronik (AIL) / manufacturing guidelines for industrial and power electronics || ջstand m / model mark, revision version, version n || ջstatus m / execution status || ջsteuerung f (SPS-Programm) / execution control || ջtaste f / entry key (ENTR key), execute key (EXEC key), enter key, statement enter key || ջüberwachung f / execution monitor || ջumgebung f / execution environment || ջunterlagen f / technical documents || ջvariante f / design variant || ջverzeichnis n / list of versions || ջverzögerung f / propagation delay || ջzeichnung f / working drawing, workshop drawing, as-built drawing || ջzeit f / runtime n || ջzeit f (Fertigung, CIM) / elapsed time || ջzeit f (Programm) / execution time || ջzyklus m / execution cycle
Ausfuhrvorschriften f / export regulations
Ausfüllanleitung f / instructions n, instructions for completion
ausfüllen v / fill in v, fill v
Ausfüllhinweise m / instruction notes
Ausfunkanzahl f / number of spark-out cycles
AUS-Funktion f / OFF function
ausfüttern v / line v, coat v, pack v
Ausgabe f / release n || ջ f / indication output || ջ f / command output || ջ f (Ausgangssignal) / output n || ջ f (am Bildschirm) / display n || ջ f / expenditure n || ջ f / Edition n || ջ **2002** / 2002 edition, issued 2002 || ջ **Bestell-Nr. Bemerkungen** / Edition Order No. Remarks || ջ **der gespeicherten Sendungen** / retrieval of stored call content || ջ **der Reaktion** / outputting the response || ջ **von Fehlermeldungen** / output of error messages || ջ **Xm-Adaption** / Output of Xm-adaption || **Daten~** f / data output, data-out n || **Meldungs~** f (zum Bildschirm u. Drucker) / event display and recording || **Programm~** f / program output, program listing || **Protokoll~** f (Druck) / log printout || **schnelle** ջ / high-speed output || ջabbild n (AAB) / output image (QIM) || ջart f / type of output || ջband n / output conveyor || ջbandsensor m / output conveyor sensor || ջband-Sensor m / output conveyor sensor || ջbaugruppe

f / output module || ջbaustein m / output block || ջbefehl m / output command (o. statement) || ջbefehl m / execute command || ջbereich m / output range || ջbild n / output image || ջblattschreiber m / output typewriter || ջblock m / output module || ջbyte n (AB) / output byte (QB) || ջcode m DIN 44472 / output code
Ausgabe·datei f / output file || ջdaten f / output data, output || ջdatenträger m / output medium || ջdatenzyklus m / output data cycle || ջdatum n / date of issue || ջdauer f / output duration || ջeinheit f / output unit || ջfeinheit f / output resolution, output sensitivity || ջfeld n / output field, static text field || ջfeld n / display field || ջfenster n / output window, display window || ջformat n / output format || ջfreigabe-Eingang m / output enable input || ջfunktion f / output function || ջgenauigkeit f / output precision || ջgerät n / output device || ջglied n (Treiber) / driver n || ջglied n DIN 19237 / output element || ջkanal m / output channel || analoger ջkanal / analog output channel || ջkapazität f / output capacity || ջkarte f / output card || ջleitung f / output line || ջmaske f / output mask || ջmerker m / output flag || ջmodul n / output module
ausgabenwirksam adj / affecting expenses
Ausgabe·operation f / output operation || ջparameter m / output parameter || ջprozess m (Prozess, bei dem ein Informationsverarbeitungssystem oder irgendeiner seiner Teile Daten nach außen gibt) / output || ջpuffer m / output buffer || ջpunkt m / output point || ջrate f / output transfer rate || ջregister n / output register || ջschnittstelle f / output interface || ջsignal n / output signal, command signal || ջspeicherbereich m / output storage area || ջsperre f / output inhibit || ջstand m / release n, revision level, release status, product version || ջstation f / unloader || ջsteuerung f / output control || ջsystem n / reporting system || ջtransport m / output conveyor || ջübersicht f / issue summary || ջumfang m / output extent || ջverhalten n / output option || ջversion f / release n || ջverstärker m / output amplifier || ջwert m / output value || ջwort n (AW) / output word (QW) || ջzeit f / output time interval || ջzelle f / output cell
Ausgang m (A) / output n (Q) || ջ m (Speicherbereich im Systemspeicher der CPU (Prozessabbild der Ausgänge)) / output n || ջ m (A) / output n (O) || ջ m (Gebäude) / exit n || ջ m (EB) VDE 0160 / output terminal (EE) || ջ **der Rs-Adaption** / output of Rs-adaptation || ջ **mit 0-Signal** / 0-signal output, low-mode output || ջ **mit 1-Signal** / 1-signal output, high-mode output || ջ **mit Negation** / negating output || ջ **mit Öffner- und Schließerfunktion** / complementary output || ջ **rücksetzen** / reset output || ջ **rücksetzen** / unlatch output || ջ **setzen** / latch output, set output || ջ **spannungslos** m / output at zero voltage || ջ **stromlos** m / output at zero current || **analoger** ջ (AA) / analog output module, DAC, analog output point, analog output (AO), analogue output || **quasi-analoger** ջ / quasi-analog output || **sicherheitsgerichteter** ջ / safety-relevant output
Ausgänge, sicherheitsgerichtete ջ (SGA) / safety-relevant output signal, SGA
Ausgangs·abbild n (AAB) / output image (QIM) ||

Ausgangs 76

⁓abschaltzeit f / output disable time || ⁓abschwächer m / output attenuator || ⁓adresse f / source address, (DIN V 44302-2 DIN 66324-1) output address || **digitale ⁓adresse** / digital output address || ⁓**anschluss** m / output inal || ⁓**ansprechzeit (TQT)** f / output transfer time (TQT) || ⁓**art** f / output type || ⁓**baugruppe** f / output module || ⁓**begrenzungsspannung** f / output clamp voltage || ⁓**belastbarkeit** f / output loading capability IEC 147-0D || ⁓**bemessungsstrom** m / flux current control || ⁓**bereich** m / output range || ⁓**beschaltung** f / output wiring || ⁓**bild** n / output image || ⁓**block** m DIN 40700, T.14 / common output block || ⁓**bohrung** f / outgoing hole || ⁓**buchse** f / output socket || ⁓**bürde** f / output load || ⁓**byte** n (AB) / output byte (QB) || ⁓**datenmanagement** n / output data management || ⁓**doppelwort** n / output double word || ⁓**drehmoment** n (Anfangsdrehm.) / initial torque, output torque || ⁓**drehzahl** f / output speed, speed of driven machine || ⁓**drossel** f / output reactor **Ausgangs·ebene** f / initial plane || ⁓**endlage** f / output limit || ⁓**-Erweiterungsmodul** n / output expansion module || ⁓**fächerung** f / fan-out n, drive n || ⁓**feld** n / parent field || ⁓**filter** m / output filter || ⁓**filter für Frequenz-Umrichter** / output filter for frequency converter || ⁓**freigabe** f / output enable || ⁓**frequenz** f / output frequency || ⁓**funktion bei induktivem BERO** f / output function for inductive BERO || ⁓**gleichstrom** m / DC output || ⁓**grenzwert** m / limit n, output limit || ⁓**größe** f / output variable, output quantity || ⁓**größeneinsteller** m DIN 41745 / output control element || ⁓**gültigkeitszeit** f / output (data valid time) || ⁓**handwert** m / manually simulated value || ⁓**impedanz** f / output impedance || ⁓**impuls** m / output pulse || ⁓**information** f DIN 444472 / output information || ⁓**-Istspannung** f / act. output voltage, active output voltage || ⁓**-Iststrom** m / act. output current
Ausgangs·kanal m (MPU) / output port (OP), output channel || ⁓**kapazität** f / output capacitance || ⁓**kennlinie** f / output characteristic || ⁓**klemme** f / output terminal, output connector || ⁓**klemme** m (Verteiler) / outgoing terminal || ⁓**klemmen des Erregersystems** IEC 50(411) / excitation system output terminal || ⁓**kontakt** m / output contact || ⁓**kontrolle** f / final inspection and testing, final inspection and test verification, final inspection, checkout n || ⁓**kontrollregister** n / output control register || ⁓**koppelglied** n / output coupling device || ⁓**-Koppelglied** n / output coupling device || ⁓**koppelmerker** m / IPC output flag, interprocessor communication output flag || ⁓**kreis** m / output circuit || ⁓**kreis mit Öffnerfunktion** VDE 0435, T.110 / output break circuit || ⁓**kreis mit Schließerfunktion** VDE 0436, T.110 / output make circuit || ⁓**kurzschlussstrom** m / short-circuit output current || ⁓**kurzzeitstrom** m / short-time output current || ⁓**-kVA** f / output KVA || ⁓**lage** f / original position, neutral position, initial position, starting position || ⁓**lage** f (Kontakte) / normal contact position || ⁓**lage** f (Betätigungselement) / free position || ⁓**lage** f (Schreibmarke) / home position || ⁓**-Lastfaktor** m / fan-out n, drive n || ⁓**leckstrom** m / output leakage current || ⁓**leiste** f / output bar || ⁓**leistung** f (elST) / drive capability || ⁓**leistung** f / output power, power output, output n || ⁓**leistung bei Vollaussteuerung** / zero-delay output || ⁓**leistung eines Moduls** f / module output rating || ⁓**-Leistungssteuerung** f / output power control || ⁓**leitung** f / output line || **Buszuteilungs-⁓leitung** f / bus grant out line (BGOUT)
Ausgangs·maß n / initial dimension || ⁓**maßstab** m / extraction scale || ⁓**material** n / starting material, raw material, base material || ⁓**menü** n / starting menue, home menue || ⁓**merker** m (AM) / QF, output flag || ⁓**metall** n / parent metal || ⁓**-Nennbereich** m / nominal output range || ⁓**nummer** f / output number || ⁓**-Nutzleistung** f / useful output power || ⁓**ort** m (im Schaltplan) / source n
Ausgangs·parameter m / output parameter || ⁓**pegel** m / output level || ⁓**peripherie** f / output peripherals || ⁓**phase** f / output phase || ⁓**phasenfolge** f / output phase sequence || **umgekehrte ⁓-Phasenfolge** / reverse output phase sequence || ⁓**pol** m (Netzwerk) / output terminal || ⁓**position** f / initial position || ⁓**-Prozessabbild** n (PAA) / process output image (POI) || ⁓**prüfung** f / as-left test, initial check || ⁓**puffer** m / output buffer || ⁓**punkt** m / initial point (initial point for tool motion), starting point, home position || ⁓**qualität** f / final quality || ⁓**rauschen** n / output noise || ⁓**rauschspannung** f / output noise voltage || ⁓**-Reflexionskoeffizient** m (Transistor) DIN 41854 / output s-parameter || ⁓**relais** n / output relay || ⁓**-Reststrom** m (Leitungstreiber) / output leakage current || ⁓**rückführung** f / output feedback || ⁓**-Ruhespannung** f (linearer Verstärker) / quiescent output voltage || ⁓**-Ruhestrom** m (linearer Verstärker) / quiescent output current
Ausgangs·schaltglied n / output switch, output relay || ⁓**schaltung** n / output circuitry, f output circuit, output configuration, arrangement of output circuit || ⁓**schaltung-Daten** plt / output circuitry data, output circuit data || ⁓**schnittstelle** f / output interface || ⁓**seite** f / output side, output end || **~seitig** adj (DIN IEC 60-1) / at the output side || ⁓**siebdrossel** f / output filter reactor || ⁓**signal** n (A) / output signal (O), O n, Q n || ⁓**signal des Näherungssensors** n (Ausgangsstrom als Funktion des veränderlichen Innenwiderstandes) / output signal of the proximity sensor || **maximales ⁓signal** / maximum signal output IEC 147-1E || **sicherheitsgerichtetes ⁓signal** (SGA) / safety-relevant output signal, SGA || ⁓**-Sinusfilter** m / output sinusoidal filter || ⁓**sortierung** f / starting sort || ⁓**spanne** f (Messumformer) / output span || ⁓**spannung** f / output voltage, secondary voltage (transformer), output n || ⁓**spannung an der Nennlast** (Signalgenerator) / matched output voltage || ⁓**spannung bei Belastung** / on-load output voltage || ⁓**spannung bei Leerlauf** / no-load output voltage, open-circuit secondary voltage || ⁓**spannung im H-Bereich** / high-level output voltage || ⁓**spannung im L-Bereich** / low-level output voltage || ⁓**spannungsbereich** m / output voltage range || ⁓**schaltelement** n / Output Signal Switching Device || ⁓**spannungsdrift** f (IC-Regler) / output voltage drift || ⁓**speicher** n / output latch || ⁓**sprache** (AS) f / source language

(SL) || ⸰spule *f* / output coil || ⸰stellung *f* DIN 66025,T.1 / reset state ISO/DIS 6983/1, initial condition IEC 255-1-00, starting position || ⸰stoff *m* / raw material || maximale ⸰strahlung Lasergerät, VDE 0837 / maximum output IEC 825 || ⸰strom *m* / output current || ⸰strom im H-Bereich / high-level output current || ⸰strom im L-Bereich / low-level output current || ⸰stromdrift *f* (IC-Regler) / output current drift || ⸰stromkreis *m* / output circuit || ⸰stufe *f* / output stage
Ausgangs·teil *n* / parent part || ⸰teil *n* (vorbearbeitet) / premachined part, premachined blank || ⸰teil *n* (unbearbeitet) / unmachined part, blank *n* || ⸰teil *n* (RSA-Empfänger) / output element || ⸰teil *n* / output section || ⸰telegramm *n* / output frame || ⸰temperatur *f* / initial temperature || ⸰tor *n* (Netzwerk) / output port (OP) || ⸰transformator *m* / output transformer || ⸰treiber *m* / output driver || ⸰trenner *m* / outgoing-feeder disconnector, outgoing isolator || ⸰übertrag *m* / output carry, output carry-over || ⸰übertrager *m* (Telefon) / telephone transformer || **Transformierte der** ⸰**größe** / output transform
Ausgangs·vektor *m* / output (state vector), output vector || ⸰verstärker *m* / output amplifier, output channel amplifier || ⸰verteiler *m* / output connector block (o. tag block) || ⸰verzögerung *f* / output delay || **Signal-**⸰**wandler** *m* VDE 0860 / load transducer IEC 65 || ⸰wechselspannung *f* / a.c. output voltage || ⸰welle *f* / output shaft || ⸰welligkeit *f* / output ripple || ⸰wert *m* / output value, output *n*, initial value || ⸰wert *m* / default value || ⸰werte *m pl* (Statistik) / bench marks || ⸰wicklung *f* / output winding || ⸰wicklung *f* (Wicklung des Ausgangsstromkreises) / secondary winding || ⸰widerstand *m* / output impedance || ⸰wort *n* (AW) / output word (QW, also OW) || ⸰zustand *m* / initial situation, output state || ⸰zustand *m* (Anfangsz.) / starting state, initial state
Ausgangwert *m* / output value
Ausgasen *n* / outgassing *n*
ausgasendes Loch / blow hole
ausgebaut, Messung bei ~em Läufer / applied-voltage test with rotor removed
ausgebaute Straße / paved road
ausgeben *v* / output *v*, issue *v* || ~ *v* (am Bildschirm) / display *v* || ~ *v* (auslesen v. Speicher) / read out *v*, fetch out *v*
ausgebrannte Lampe / burnt-out lamp, burn-out *n*
ausgedehnte Quelle (Laserstrahlungsq.) VDE 0837 / extended source IEC 825
ausgefahren *adj* / retracted *adj*, rutted *adj*
ausgefallen *adj* / failed *adj*
ausgefeilt *adj* / sophisticated *adj* || ~e **Visiontechnologie** / sophisticated vision technology
ausgeformt *adj* / drawn-out *adj*
ausgeglichen kompoundiert / level-compounded *adj*, flat-compounded *adj* || ~e **Beleuchtung** / well-balanced lighting || ~e **Verbunderregung** / level compounding, flat compounding || ~**er Fernsprech-Störfaktor** / balanced telephone influence factor || ~**es Strahlungsmuster** / equilibrium radiation pattern
ausgegossen *adj* / lined *adj*
ausgegraut *adj* / inactive, gray
ausgeklinkt *adj* / notched *adj*

ausgeklügelt *adj* / ingenious *adj*
ausgekreuzte Wicklung / transposed winding, crossover winding, cross-connected winding
ausgelagert *adj* / swapped out, outside *adj* || ~**e Verwaltung** / external management || ~**es Programm** / swapped-out program
ausgelaufenes Produkt / retired product
ausgelegt *adj* / designed *adj* || ~ **sein für** / be designed for || ~**e Bodensignale** / ground signal panels || ~**e Signale** / signal panels
ausgelenkt *adj* / deflected *adj*
ausgelöst *adj* / triggered
Ausgelöst·anzeige *f* / tripped indicator, tripped indication || ⸰**meldeschalter** *m* / tripped signal switch || ⸰**meldung** *f* / tripped signal, tripped signalling
ausgenutzt *adj* / utilized to full advantage
ausgeprägt·er Pol / salient pole || ~**es Sattelmoment** / pronounced pull-up torque
ausgereift *adj* / fully-developed *adj*, perfected *adj*
ausgerichtet *adj* / aligned *adj*, true *adj*, in line
ausgerundete Lauffläche (Bürste) / radiused contact surface, concave contact face || ~ **Zugprobe** / reduced-section tensile test specimen
ausgerüstet *adj* / fitted *adj*
ausgeschaltet *adj* / switched off *adj*, disconnected *adj*, dead *adj*, shut down *adj*, cut out *adj*, disabled *adj* || ~**e Leistung** (unmittelbar vor dem Ausschalten von den Verbrauchern aufgenommene Leistung) / cut-off power || ~**er Zustand** (Netz) / supply disconnection
ausgeschäumt *adj* / packed with foamed material
ausgeschnittenes Stanzteil / blank *n*
ausgestrahlte Leistung / radiant power, radiated power, radiant flux, energy flux
ausgetauscht / replaced
ausgewiesene Zahlen / reported figures
ausgezogene Linie / full-line curve, solid line
ausgießen *v* (Lagerschalen) / line *v*, metal *v*, babbit *v* || ~ *v* (dichten) / seal *v*, pack *v*, fill *v* || ~ *v* (m. Beton) / grout *v* || **neu ~** / re-line *v*, re-metal *v*
Ausgießmasse *f* / sealing compound, filling compound
Ausgleich *m* / compensation *n*, mixing *n* || ⸰ **des Lötauftrags** / solder levelling || **mit** ⸰ / self regulating || **Regelstrecke mit** ⸰ / self-regulating process || ⸰**blech** *n* / shim *n*
ausgleichen *v* / compensate *v*, equalize *v*, balance *v* || ~ *v* (nacharbeiten) / level v. dress *v*, even out *v*, adjust *v*, take up *v*
Ausgleicher *m* / compensator *n*, balancer *n*
Ausgleichs·abdeckung *f* / compensator *n* || ⸰**aggregat** *n* (Gleichstromsystem) / direct-current balancer || ⸰**becken** *n* / tailwater reservoir, tail water reservoir, equalizing basin, tailwater reservoir || ⸰**bewegung** *f* / compensating movement || ⸰**blech** *n* / shim *n* || ⸰**blende** *f* / compensating cover || ⸰**bolzen** *m* / compensating bolt *n* || ⸰**brückenschaltung** *f* / balanced bridge transition || ⸰**drossel** *f* (Spule) / interphase reactor, balance coil || ⸰**feder** *f* / compensating spring || ⸰**fläche** *f* / blind conductor || ⸰**frame** *n* / compensation frame || ⸰**funktion** *f* / lognat function, compensating function || ⸰**futter** *n* / floating tapholder, compensating chuck || ⸰**gefäß** *n* / compensator *n*, conservator *n*, oil tank, oil-pressure tank, expansion tank, storage tank ||

Ausgleichs 78

⸺**gerade** *f* / mean straight line || ⸺**getriebe** *n* / differential gearing, differential *n* || ⸺**gewicht** *n* / balancing weight, compensating weight || **Generator-**⸺**grad** *m* / generator self-regulation **Ausgleichs·keil** *m* / compensating wedge || ⸺**kupplung** *f* / flexible coupling, resilient coupling, self-aligning coupling, compensating coupling || ⸺**lademaschine** *f* / battery booster || ⸺**ladung** *f* / equalizing charge || ⸺**leistung** *f* / transient power || ⸺**leiter** *m* / equalizing conductor, equalizer *n*, equalizer bar, equalizer ring || ⸺**leitung** *f* / equalizing conductor, compensating line || ⸺**maschine** *f* (Gleichstromsystem) / direct-current balancer || ⸺**moment** *n* / synchronizing torque, restoring torque || ⸺**regelung** *f* / compensatory control || ⸺**regler** *f* / compensatory controller **Ausgleichs·satz** *m* / compensation block || ⸺**scheibe** *f* / spacer ring, washer *n*, spacer washer || ⸺**scheibe** *f* / equalizing ring || ⸺**scheibe** *f* (auf Welle, f. Spielausgleich) / end-float washer || ⸺**schicht** *f* / levelling course, levelling layer, regulating course BE, regulating layer BE || ⸺**schieber** *m* / compensating slide || ⸺**schwingungen** *f pl* / transient oscillations || ⸺**schwungrad** *n* / flywheel equalizer || ⸺**spline** *m* / compensation spline || **Raumtemperatur-**⸺**streifen** *m* / temperature compensating strip || ⸺**strom** *m* VDE 0532,T.30 / circulating current IEC 214, equalizing current || ⸺**strom** *m* (transienter Strom) / transient current || ⸺**strom** *m* (zwischen zwei Objekten mit unterschiedlichem Potenzial) / compensating current || ⸺**ströme im Erdungsnetz** / currents circulating in earthing system || ⸺**stück** *n* / compensating piece || ⸺**transformator** *m* / balancer transformer, a.c. balancer **Ausgleich·streifen** *m* (Bimetall zur Temperaturkompensation in einem Leistungsschalter) / compensation strip || ⸺**strom** *m* / circulating current, equalizing current || ⸺**ströme** *m pl* / compensation currents **Ausgleichs·verbinder** *m* / equalizer *n* || ⸺**verbindung** *f* / equalizer *n*, equipotential connection || ⸺**verfahren** *n* (Auswuchten) / correction method || ⸺**vermögen** *n* (nach Netzstörung) / recovery stability || ⸺**vorgang** *m* / transient phenomenon, transient reaction, transient *n*, initial response, response *n* || ⸺**welle** *f* / differential gear shaft, balancer shaft, silent shaft, counter-rotating balance shaft || **elektrische** ⸺**welle** / differential selsyn || ⸺**wert** *m* / compensation value, offset value || ⸺**wert** *m* / self-regulation value || ⸺**wicklung** *f* (Wandler) / equalizing winding, compensating winding || ⸺**wicklung** *f* / stabilizing winding (further winding of a transformer which is for instance needed, if the flow of current in the phases of a transformer is asymmetric), compensating winding || ⸺**wicklung** *f* (el. Masch.) / equalizing winding, equipotential winding || ⸺**widerstand** *m* / stabilizing resistor || ⸺**zeit** *f* / buildup time || ⸺**zeit** *f* (Verzugszeit) / delay time || ⸺**zeit** *f* (nach Netzstörung) / recovery time || ⸺**zylinder** *m* / compensating cylinder **Ausguss** *m* / lining *n*, Babbit lining, liner *n*, bearing metal, white-metal lining **aushalten, eine Prüfung ~** / stand a test **aushängbar** *adj* / detachable *adj* **aushärtbar** *adj* (Metall) / hardenable *adj* || **~** *adj* (Kunststoff) / hardening *adj*, hardenable *adj*, thermo-hardening *adj*, thermo-setting *adj* **aushärten** *v* (Metall) / harden *v* || **~** *v* (Kunststoff) / cure *v*, allow to cure, set *v* || ⸺ *n* / precipitation heat treatment **aushärtend, kalt ~** (Kunststoff) / cold-setting *adj*, cold-hardening *adj*, cold-curing *adj* || **warm ~** (Kunststoff) / thermosetting *adj* || **~es Gießharz** / hard-setting resin **Aushärtungsgrad** *m* / degree of curing, degree of hardening **Aushaumaschine** *f* / blanking machine **Aushebe·balken** *m* (f. Isolatorketten) / tool yoke || ⸺**maße** *n pl* / untanking dimensions, lifting-out dimensions **ausheben** *v* (Trafo-Teil) / lift out *v*, untank *v* **Ausheber** *m* / chip lifter **Aushebestation** *f* / lifting station *n* **ausheizen** *v* / bake out *v* || **~** *v* (Lampe) / bake *v*, evacuate by baking **Aushilfeenergie** *f* / standby electricity supply **Aushilfs·kraft** *f* / temporary worker, part-time worker, helper *n*, jobber *n* || ⸺**station** *f* / transportable substation **Aushöhlung** *f* (Abtragung eines Isolierstoffs durch Entladungen) / electrical erosion **Aushub** *m* (Fundament) / excavation *n* || ⸺**bewegung** *f* / excavation movement || ⸺**zylinder** *m* / lifting cylinder **auskehlen** *v* / groove *v* **AUS-Kette** *f* (Ablaufsteuerung) / shutdown cascade **auskitten** *v* / fill with cement, cement *v*, seal *v* **Ausklammerfrequenz** *f* / skip frequency, suppression frequency **ausklappbar** *adj* / hinged *adj* || **~er Bürstenhalter** / hinged brush holder **Ausklappseite** *f* / pull-out sheet *n* **Auskleidung** *f* / lining *n*, liner *n*, coating *n* **Auskleidungsplatte** *f* / lining plate **Ausklingzeit** *f* / quiet time, TQUI **Ausklinkdrehzahl** *f* / cutoff speed, tripping speed **ausklinken** *v* / unlatch *v*, release *v*, disengage *v* || **~** *v* (abschalten) / trip *v* || **~** *v* (stanzen) / notch *v* **Ausklinker** *m* / notching die **Ausklinkmaschine** *f* / notching machine **Ausklinkung** *f* / notch *n*, notched recess, notching *n* **Ausknicken** *n* / buckling *n* **Ausknöpfprobe** *f* / spot-weld shear test **Auskochen** *n* / boiling **auskodiert** *adj* / decoded *adj* **Auskoffern** *n* / roadbed excavation **Auskofferung** *f* / roadbed excavation **Auskolkung** *f* / cratering *n*, pitting *n*, total decarburization **auskommentieren** *adj* / convert to comment **Auskoppeldämpfung** *f* / extraction loss **Auskoppelgrad** *m* / decoupling factor **auskoppeln** *v* / decouple *v* || **Energie ~** (f. Zündimpulse) / tap power (o. energy) **Auskoppelung von Signalen** / signal output **Auskoppelverstärker** *m* / decoupling amplifier **Auskopplung** *f* / heat supply from cogeneration, tap *n* **Auskraglänge** *f* / collar length **auskratzen** *v* / undercut *v* **Auskreis** *m* / off control circuit **auskreuzen** *v* / transpose *v*, cross-connect *v* || ⸺ *n* (von Kabeln) / transposition *n* || ⸺ *n*

(Kabelschirmverbindungen) / cross-bonding *n*
Auskreuzschema *n* / transposition scheme
Auskreuzung *f* / transposition *n*, crossover *n*, cross-bonded system
Auskreuzungskasten *m* (f. Kabel) / link box
Auskristallisation *f* / cristallizing *n*, congealing *n*
auskristallisieren *v* / cristallize *v*
Auskröpfung *f* / offset *n*
Auskunfts·funktion *f* / information function || ⟂**platz** *m* (GLAZ-Terminal) / enquiry terminal || ⟂**system** *n* / information system, enquiry system || ⟂**verfahren** *n* / information procedure
Auskunftterminal *n* / information terminal, enquiry terminal
auskuppeln *v* / disengage *v*, de-clutch *v*, uncouple *v*, disconnect *v*, declutch *v* || ⟂ *n* / disengaging action
Auskupplungsdrehzahl *f* / disengagement speed
ausladen *v* / unload *v*
Ausladung *f* / projection *n*, lateral projection, unloading *n* || ⟂ *f* (Kran) / radius of action, radius *n*, reach *n*, throat depth, working radius || ⟂ *f* / overhang projection, overhang *n* || ⟂ *f* (Ausleger eines Lichtmasts) / bracket projection || **Schirm~** *f* (Isolator) / shed overhang || **seitliche** ⟂ / unloading *n*, lateral projection
Auslage *f* / delivery
auslagern *v* / swap *v*, store *v* || ~ *v* (Programm) / swap out *v*, roll out *v* || ~ *v* / outsource *v* || ⟂ *n* (künstl. Altern) / age hardening, artificial ageing || ⟂ *n* (aus dem Lagerhaus) / withdrawal from warehouse
Auslagerung *f* / issue, outsourcing, retrieval, withdrawal from warehouse, decentralization
Auslagerungs·beleg *m* / issue voucher || ⟂**bereich** *m* / swap area, swap space || ⟂**datei** *f* / swap file, swap-out file || ⟂**datenbank** *f* / export database || ⟂**sperre** *f* / export lock || ⟂**verzeichnis** *n* / export directory
Ausland *n* / foreign countries, international *n* || ⟂**sanschrift** *f* / foreign address || ⟂**sversetzter** *m* / expatriate *n*
Auslass *m* / outlet *n* || ⟂**dose** *f* / outlet box
Auslassen *n* / omission *n*
Auslass·nocken *m* / outlet cam || ⟂**platte** *f* / outlet cover || ⟂**stutzen** *m* (I-Dose) / spout outlet, spout *n* || ⟂**stutzen** *m* / outlet collar, outlet gland || ⟂**ventil** *n* / drain valve, discharge valve
Auslastung *f* / capacity utilization || ⟂ *f* (Rechner) / workload *n* || ⟂ *f* / utilization *n* || **relative** ⟂ / utilization factor, *f* utilization rate
Auslastungs·anzeige *f* / capacity utilization display, utilization display || ⟂**bild** *n* / work load image || ⟂**faktor** *m* / utilization factor || ⟂**sglättung** *f* / load smoothing || ⟂**grad** *m* / degree of utilization
Auslauf *m* / coasting *n*, slowing down, running down || ⟂ *n* (Metallbearb.) / run-out *n*, *m* runout || ⟂ *m* / to be discontinued || ⟂ **der Qualifikation** / expiry of the qualification || ⟂ **einer Maschine ohne Abbremsen** / coasting without braking || **gesteuerter** ⟂ / controlled deceleration || ⟂**art** *f* / ramp-down mode || ⟂**band** *n* / outfeed belt || ⟂**becher** *m* (Viskositätsprüf.) / efflux viscosity cup || ⟂**becherviskosität** *f* / viscosity by cup, flow cup viscosity, efflux cup consistency || ⟂**bereich** *m* / run-out area || ⟂**drehzahl** *f* / deceleration speed, coasting speed
auslaufen *v* (Flüssigk.) / run out *v*, leak *v*, run dry ||

~ *v* / wear *v*, wear out *v* || ~ *v* / coast *v* (to rest), slow down *v*, decelerate *v*, run down *v* || ⟂ *n* (Vergussmasse) / seepage *n* || ⟂ *n* / leakage *n* IEC 50(481) || **~der Typ** (einer Fertigung) / discontinued type, mature product
Ausläufer (Netz) / dead-end feeder, spur *n*
Ausläuferleitung *f* / dead-end feeder, spur *n*
Auslauf·erzeugnis *n* / product to be discontinued || ⟂**fertigung** *f* / end-of-line manufacture || ⟂**fertigung** *f* / ramp-down function || ⟂**funktion** *f* / exit checking || ⟂**produkt** *n* / product being phased out, product to be discontinued || ⟂**produkte** *n pl* / discontinued products || ⟂**prüfung** *f* (el. Masch.) / retardation test, deceleration test || ⟂**prüfung im Leerlauf** / no-load retardation test || ⟂**rampe** *f* / deceleration ramp || ⟂**stopp** *m* / normal stop, *f* arc-out section, outlet line, outlet path, run-out path || ⟂**stück** *n* / run-off piece, run-off plate || ⟂**typ** *m* / discontinued model, phased-out product, obsolescent type || ⟂**vorgang** *m* / rundown process || ⟂**walze** *f* / outfeed roll || ⟂**weg** *m* / arc-out section, run-out path || ⟂**weg** *m* (WZM, NC) / overrun distance || ⟂**winkel** *m* / angle of recess, output angle || ⟂**zeit** *f* / deceleration time, coasting time, ramp-down time
auslaugen *v* / leach *v*, lixiviate *v*
Auslegen *n* / running off
Ausleger *m* (Freileitungsmast) / cross-arm *n* || ⟂ *m* (horizontaler Kabelträger) / cable bracket IEC 50 (826), Amend. 1 || ⟂ *m* (Stütze, Lichtmast) / bracket || ⟂ *m* (f. Leitungsmontage) / beam *n* || **fester** ⟂ (f. Leitungsmontage) / davit *n* || **schwenkbarer** ⟂ (f. Leitungsmontage) / swivel boom || ⟂**achse** *f* (Achse, bei der der Schlitten fest ist und das Profil verfahren werden kann) / cantilever axis || ⟂**anschluss** *m* (Lichtmast) / bracket fixing EN 40 || ⟂**arm** *m* / bracket arm, cantilever *n*, davit arm || ⟂**-Drehkran** *m* / slewing jib crane || ⟂**katze** *f* / jib trolley || ⟂**kran** *m* / jib crane || ⟂**mast** *m* (Lichtmast) / column with bracket EN 40, cantilever mast
Auslegung *f* / design *n*, rating *n*, dimensioning *n*, layout *n*, design *n* || ⟂ **für den ungünstigsten Betriebsfall** / worst-case design
Auslegungs·bedingungen *f pl* / design basis conditions || ⟂**bestimmungen** *f pl* / design specifications, design requirements, customer's requirements || ⟂**daten** *plt* / sizing data || ⟂**druck** *m* / design pressure || ⟂**erdbeben** *n* / operating basis earthquake (OBE) || ⟂**ereignisse** *n pl* / design basis events (DBE) || ⟂**induktion** *f* / design flux density || ⟂**lebensdauer** *f* / design life || ⟂**überlast** *f* / design overload || ⟂**wert** *m* / sizing data || **im** ⟂**zustand** / at nominal data
Ausleitung *f* (Wickl.-Klemme) / end lead, terminal lead, main lead || ⟂ *f* / generator leads, generator bus, generator connections
auslenken *v* / deflect *v*
Auslenkrichtung *f* / direction of deflection
Auslenkung *f* / deflection *n*, displacement *n*, excursion *n*, sag *n* || ⟂ **unter Last** / deflection under load || **Amplituden~** *f* / amplitude excursion
auslesbar *adj* / to read out
Auslese *f* / selection *n*
auslesen *v* / read out *v*, fetch out *v*, export *v*, fetch *v* || ⟂ *n* / readout *n*

Auslese

Auslese·passung *f* / selective fit || **~zeit** *f* / readout time
ausleuchten *v* / illuminate fully, illuminate
Ausleuchtung *f* (Funktechnik) / illumination *n* || **~** *f* (Erfassungsbereich) / coverage *n*
Ausleuchtzone *f* (Satellit) / footprint *n*
ausliefern *v* / ship *v*
Auslieferplan *m* / shipping schedule
Auslieferung *f* / delivery from the plant, delivery ex works, delivery *n* || **~slager** *n* / distribution center || **~szustand** *m* / as delivered
Auslieferzustand *m* / condition at delivery from the plant, delivery condition, as delivered
Auslöschverhältnis *n* / extinction ratio
Auslöse·algorithmus *m* / activation algorithm || **~anforderung** *f* (DIN V 44302-2 E DIN 66323) / clear request || **~anzeiger** *m* (Schutz) / operation indicator || **~aufforderung** *f* DIN 44302 / DTE clear request (DTE = data terminal equipment), DTE clear request || **~bedingung** *f* / tripping condition || **~bereich** *m* (Schutz) / tripping range || **~bereich** *m* (Einstellbereich) / setting range || **~bestätigung** *f* DIN 44302 / clear confirmation, confirmation of clearing signal || **~charakteristik** *f* / tripping characteristic, release characteristic || **~differenzstrom** *m* / operating residual current || **~distanz** *f* (axiale Entfernung zu Auslöseelement) / axial distance to target || **~einheit** *f* / tripping unit || **~einrichtung** *f* / tripping device, release *n*, tripping mechanism || **~element** *n* / tripping element || **~ereignis** *n* / trigger event, tripping event || **~faktor** *m* / tripping factor || **~fehlerstrom** *m* (FI-Schutzschalter) / residual operating current || **polygonale ~fläche** / polygonal tripping area, quadrilateral tripping area || **~-Flipflop** *n* / trigger flipflop, T-flipflop *n*, toggle flipflop || **~funkenstrecke** *f* / triggering spark gap || **~funktion** *f* DIN IEC 625 / trigger function, device trigger function, tripping function
Auslöse·gebiet *n* (Schutz) / tripping zone, trip region, operating zone || **~gelenk** *n* / tripping hinge || **~gerät** *n* / trip unit, tripping device || **~gerät** *n* / release mechanism || **~gerät** *n* (f. Thermistorschutz) / control unit, tripping unit || **~gestänge** *n* / tripping linkage || **~grenzstrom** *m* / ultimate trip current || **~grenzwerte** *m pl* / tripping limits || **~größe** *f* (FI-Schutzschalter) / energizing quantity || **~grund** *m* / tripping reason || **~gruppe** *f* / tripping group || **~hebel** *m* / tripping lever, operating lever, resetting lever || **~einheit** *f* / release device
Auslöse·kennlinie *f* / tripping characteristic, operating characteristic (e.g.), CBE, release characteristic || **~kennlinie des Typs H** / type H tripping characteristic || **~kennlinie des Typs L** / type L tripping characteristic || **~kennlinie mit Vorlast** (Überlastrelais) DIN IEC 255, T.8 / hot curve || **~kennlinie ohne Vorlast** (Überlastrelais) DIN IEC 255, T.8 / cold curve || **~klasse** *f* / release class, trip class (specified in CLASS units) || **~klinke** *f* / release pawl, tripping latch || **~klinkendurchgang (Maß 0,3 bis 0,5mm)** *m* / tripping latch passage (dimension 0.3 to 0.5mm) || **~klinkenüberdeckung** *f* / tripping latch overhang || **~klinkenüberdeckung (Maß 1 bis 1,2mm)** *f* / tripping latch overhang (dimension 1 to 1.2mm) || **~klinkenvorspannung** *f* / clearance of tripping latch || **~kombination** *f* / tripping combination ||

~kommando *n* / tripping command, opening instruction || **~kontakt** *m* / tripping contact, trip contact || **~kraft** *f* / release force, threshold force || **~kreis** *m* / trip (ping circuit), trigger circuit || **~kreisüberwachung** *f* / trip circuit supervision || **~kriterium** *n* (Schutz) / operating (o. tripping) criterion || **~kupplung** *f* / centrifugal clutch, torque clutch, slip clutch
Auslöse·magnet *m* / trip solenoid || **~matrix** *f* / tripping matrix || **~mechanik** *f* / tripping mechanism || **~mechanismus** *m* / tripping mechanism, release mechanism || **~meldeschalter** *m* / release pilot switch || **~meldung** *f* / DCE clear indication (DCE = data circuit terminating equipment), clear indication, DCE clear indication || **~motor** *m* / tripping motor
auslösen *v* / trip *v*, open *v*, release *v*, trigger *v*, operate *v*, initiate *v*, activate *v* || **~** *v* (die durch eine Regel festgelegte Aktion starten, wenn die in der Regel angegebene Prämisse erfüllt ist) / fire || **~** *v* (einleiten) / initiate *v* || **~** *v* (Emission) / trigger *v* || **~** *v* (initiieren) / initiate *v* || **~** *v* **~** *n* / tripping *n*, opening *n*, releasing *n*, triggering *n*, operation *n* || **einen Alarm ~** / sound an alarm
Auslöse·nocken *m* / striker *n*, trip cam || **~option** *f* / trigger option (TrgOp) || **~option für Datenaktualisierung** / dupd (trigger option for data update), data update trigger option || **~prüfung** *f* (Schutz) / tripping test || **~punkt** *m* / tripping point || **mechanischer ~punkt** / mechanical tripping point
Auslöser *m* / actuator, release *n* || **~** *m* (Trigger, Eingabegerät) / trigger *n* || **~** *m* / release *n*, trip element, trip *n*, tripping device || **~ mit großem Einstellbereich** / high-range release (o. trip element) || **~ mit mechanischem Hemmwerk** / mechanically delayed release || **phasenausfallempfindlicher ~** / phase-loss sensitive release || **~-Betätigungsspannung** *f* / release operating voltage
Auslöse·regel *f* / tripping rule || **~relais** *n* / tripping relay, initiating relay
Auslöse·elektronik *f* / solid-state trip unit || **~funktion** *f* / tripping function || **~gehäuse** *n* / tripping enclosure
Auslöserichtung *f* / operative direction
Auslöserklasse *f* / trigger class
Auslöserolle *f* / tripping roller
Auslöserstrom *m* / conventional tripping current
Auslöse·schaltung *f* (elektron.) / trigger circuit, trigger *n* || **~schieber** *m* / tripping slide || **~schwimmer** *m* / trip float || **~signal** *n* / tripping signal, releasing signal, clearing signal, triggering signal || **~spannung** *f* / tripping voltage, opening voltage || **~sperre eines Crimpwerkzeuges** / full-cycle crimp mechanism || **~spule** *f* / trip coil, release coil, trip solenoid, operating coil, tripping coil || **~stift** *m* / tripping pin || **~stößel** *m* / tripping tappet || **~strom** *m* / tripping current, operating current, conventional tripping current, triggering current || **~strom** *m* VDE 0660, T.101 / conventional tripping current IEC 157-1 || **festgelegter ~strom** / conventional fusing current || **~stromkreis** *m* / tripping circuit || **~system** *n* / tripping system || **~taste** *f* / release button
Auslöse·temperatur *f* / cutout temperature, operating temperature, alarm initiating temperature ||

⸺**temperaturbereich** *m* / operating temperature range || ⸺**verhalten** *n* / tripping characteristics || ⸺**vermögen** *n* (f. Fehlerabschaltung) / fault clearing capability || ⸺**verzögerung** *f* / tripping delay || ⸺**verzögerungszeit** *f* / tripping delay time || ⸺**verzug** *m* / call clearing delay || ⸺**vorgang** *m* / tripping operation, tripping *n*, clearing *n* || ⸺**vorrichtung** *f* / release *n*, trip device, tripping device, tripping mechanism j || ⸺**vorrichtung** *f* / fuse indicator and signaller || ⸺**welle** *f* / tripping shaft || ⸺**wert** *m* / tripping value || ⸺**zeit** *f* / tripping time || ⸺**zeit** *f* (Maschinenschutz) / time to trip || ⸺**zeit** *f* (Einstellwert) / time setting || ⸺**zeit** *f* (von Befehlsgabe bis zur Aufhebung der Sperrung) / time to disengagement, releasing time || ⸺**zeit** *f* / release time || ⸺**zeitpunkt** *m* / tripping event

Auslösung *f* / tripping *n*, opening *n*, releasing *n*, triggering *n*, operation *n*, tripping operation *n*, clearing *n* || ⸺ **durch künstlichen Fehler** / fault throwing || **Zeit~** *f* (eingestelltes Intervall, nach dem ein Signal erzeugt wird, wenn bis dahin noch keine Triggerung erfolgt ist) / time-out *n*

Auslötstempel *m* / unsoldering tool
ausmaskieren *v* / mask *v*
Ausmaskierung *f* / masking *n*
Ausmaß *n* / severity *n* || ⸺ **einer Störung** / level of a disturbance
Ausmessen *n* / measuring *n*, dimensional check || ⸺ *n* (m. Lehre) / gauging *n*
Ausmusterung *f* / disposal *n*
Ausnahme *f* / exception *n* || ⸺**behandlung** *f* / exception handling || ⸺**fehler** *n* / exception error || ⸺**regelung** *f* / exception rule || ⸺**situation** *f* / exceptional situation || ⸺**wörterbuch** *n* (Textverarb., f. Silbentrennung) / exception word dictionary
Ausnehmung *f* / recess *n*, opening *n*, cutout *n*
Ausnutzbarkeit nach Isolationsklasse F / class F capability
Ausnutzung *f* / utilization *n*
Ausnutzungsdauer *f* (eines Generatorsatzes) / utilization period at maximum capacity
Ausnutzungsfaktor *m* (Durchschnittslast/ Nennlast) / capacity factor || ⸺ *m* / utilization factor || ⸺ *m* / winding factor || ⸺ **des Wicklungsraums** / space factor of winding
Ausnutzungs·grad *m* (el. Masch.) / power/space ratio || ⸺**verhältnis** *n* (el. Masch.) / power/size ratio, power-for-size ratio, power/weight ratio, horsepower per machine volume
Ausnutzungsziffer *f* (Esson) / output coefficient, specific torque coefficient, Esson coefficient, output factor || ⸺ *f* (Gewicht/Leistung) / weight coefficient, volt-ampere rating per unit volume || ⸺ *f* / utilization factor
Auspackqualität *f* / quality level when unpacked
Ausprägung *f* / instancing *n*, instance *n*, feature *n*, style depth, object || **Sachmerkmal-**⸺ *f* DIN 4000, T.1 / article characteristic value
Ausprägungs·diagramm *n* / instance diagram || ⸺**version** *f* / style depth revision
auspressen *v* / force out *v*, to withdraw under pressure, jack out *v*
Auspuff·rückdruck *m* / exhaust backpressure || ⸺**takt** *m* (Kfz-Mot.) / exhaust stroke
auspumpen *v* / evacuate *v*
ausrasten *v* / disengage *v*

Ausrastkupplung *f* / safety release clutch
ausräumen *v* / remove *v*, remove stock || ⸺ *n* / machining *n*, solid machining || ⸺ *n* (Zuckerzentrifuge) / ploughing *n*
Ausräumer *m* / plough *n*
Ausraumlogik *f* / anti-hole storage
Ausräum·schalen *f pl* / depths of cut || ⸺**schritte der Konturtasche** / solid maching steps of the contour pocket || ⸺**zyklus** *m* / solid machining cycle
ausregeln *v* / correct *v*, compensate *v*, adjust *v*
Ausregel·steilheit *f* DIN 41745 / maximum output rate of change || ⸺**ung** *f* / smoothing *n* || ⸺**vorgang** *m* / settling operation || ⸺**zeit** *f* / recovery time || ⸺**zeit** *f* DIN 19226 / settling time ANSI C85.1, correction time, transient recovery time IEC 478-1 || **endliche** ⸺**zeit** / dead-beat response || **Gesamt~zeit** *f* VDE 0588, T.5 / recovery time IEC 146-4
ausreichende Sichtverhältnisse / adequate visibility
Ausreise *f* / outward passage *n*
Ausreißer *m* / outlier *n*, maverick *n*, maverick *n*
Ausreißkraft *f* / draw-out strength || ⸺ *f* / pull-out strength
Ausrichtabstand *m* / alignment clearance
ausrichten *v* / align *v* || ~ *v* (gerade) / straighten *v*, true *v*
Ausrichten *n* / aligning *n*, orienting *n* || ⸺ **einer Gruppe** / group alignment || ⸺ **nach der Höhe** / aligning to correct elevation, alignment in the vertical plane
Ausrichthilfe *f* / alignment guide, alignment aid
Ausrichtung *f* / alignment *n* || ⸺ *f* (Kristalle) / orientation *n*
Ausrichtungsart *f* / alignment type || ⸺**fehler** *m* / misalignment *n*, malalignment *n* || ⸺**möglichkeit** *f* / alignment possibility || ⸺**system** *n* / alignment system || ⸺**winkel** *m* / alignment bracket
Ausrollversuch *m* / coasting (to stop) test
ausrückbare Kupplung / clutch *n*, loose coupling
ausrücken *v* / disengage *v*, declutch *v*, disconnect *v*, trip *v*
Ausrück·kupplung *f* / clutch *n*, loose coupling || ⸺**vorrichtung** *f* / rack-out device
Ausrufanlage *f* / paging system
Ausrundung *f* / vertical curve
Ausrüster *m* / equipment supplier
Ausrüstung *f* / equipment *n*
Ausrüstungs·eigenschaft *f* / equipment property || ⸺**kran** *m* / supplying crane || ⸺**paket** *n* / equipment package || ⸺**technik** *f* / equipment technology
AUSS / workstation-independent segment storage (WISS)
Aussage *f* / proposition *n*, definition *n*, statement *n*
aussägen *v* / undercut with a saw
Aussagewahrscheinlichkeit *f* / statistical reliability || ⸺ **für Vertrauensbereich** *f* / confidence coefficient
ausschaben *v* / undercut *v*
Ausschalt·abbrand *m* / opening erosion || ⸺**bedingungen** *f pl* / breaking conditions || ⸺**befehl** *m* / switch off command, trip command || ⸺**bereich** *m* / breaking range, switch-off range || ⸺**beschleuniger** *m* / fast-opening device
Ausschaltdauer *f* VDE 0820 / operating time IEC 291, turn-off time, clearing time ANSI C37.100, total clearing time ANSI C37.100, OFF-time || ⸺ *f*

AUS-Schaltdauer

(Netz) / interruption duration || **mittlere** ⁓ / equivalent interruption duration, load-weighted equivalent interruption duration
AUS-Schaltdauer *f* / OFF-time *n*
Ausschalt·druck *m* / cut-out pressure, shut-off pressure || ⁓**druckknopf** *m* / OFF pushbutton, OFF button || ⁓**eigenschaften** *f pl* / clearing characteristics, circuit interrupting performance || ⁓**eigenzeit** *f* (Öffnungszeit) VDE 0670, T.101 / opening time (opening time up to the separation of the arcing contacts) IEC 56-1 || ⁓**elektrode** *f* (Kreuzfeldverstärker) / quench electrode || ⁓**element** *n* / breaking unit
Ausschalten *n* / switching off, opening *n* || ⁓ *n* / breaking operation, opening operation, breaking *n* || ⁓ *n* (Schutzsystem) / tripping IEC 50(448) || ~ *v* / stop *v*, shut down *v*, cut out *v*, disconnect *v*, switch off *v* || ~ *v* (Schütz) / deenergize *v*, open *v* || ⁓ **für mechanische Wartung** IEC 50(826), Amend. 1 / switching off for mechanical maintenance || ⁓ **im Notfall** / switch off in an emergency situation || ⁓ **unter Last** / disconnection under load, load breaking || **Einbruchalarm** ~ / deactivate the burglar alarm
Ausschalter *m* / on-off switch, single-pole switch, single-throw switch, one-way switch, off switch || ⁓ *m* (Schalter 1/3) VDE 0630 / one-way switch || **einpoliger** ⁓ (Schalter 1/1) VDE 0630 / singlepole one-way switch (CEE 24)
Ausschalt·faktor *m* / tripping factor || ⁓**feder** *f* / opening spring, tripping spring, tripping tension spring || ⁓**federseite** *f* / tripping tension spring side, tripping spring side || ⁓**folge** *f* (Antriebe) / stopping sequence, shutdown sequence || ⁓**geräte** *n pl* VDE 0618,4 / stop controls || ⁓**geschwindigkeit** *f* / speed of break, opening speed || ⁓**glied** *n* / break contact, break contact element IEC 337-1, b-contact, normally closed contact, NC contact || ⁓**grenzwert** *m* / switch off limit || ⁓**-Hilfsauslöser** *m* / shunt opening release IEC 694 || ⁓**klinke** *f* / tripping latch || ⁓**kriterium** *n* / switch-off criteria || ⁓**leistung** *f* / cutout power || ⁓**leistung** *f* / contact interrupting rating (ASA C37.1) || ⁓**lichtbogen** *m* / breaking arc
Ausschalt·modus *m* / shutdown mode || ⁓**moment** *n* / cutoff torque, tripping torque || ⁓**position** *f* / deactivation position, switch-off position || ⁓**potential** *n* / off-potential *n* || ⁓**prozedur** *f* / shutdown procedure || ⁓**prüfung** *f* / breaking test, break test || ⁓**prüfung** *f* (Sich.) / interrupting test, breaking test || ⁓**punkt** *m* / tripping point, release operating point || ⁓**reihenfolge** *f* (Antriebe) / stopping sequence, shutdown sequence || ⁓**relais** *n* / tripping relay
Ausschalt·spannung *f* / opening voltage, interrupting voltage || ⁓**spannung** *f* (Steuerelektrode) / turn-off voltage || ⁓**spannung** *f* (der Ausschaltelektrode) DIN IEC 235, T.1 / quench voltage || ⁓**sperre** *f* / lock-in *n* || ⁓**-Sperre** *f* / command block at the end || ⁓**sperrkappe** *f* / disconnection protective cover, breaker blocking cover || ⁓**-Sperrvorrichtung** *f* / trip-inhibiting mechanism || ⁓**spitzenstrom** *m* / cut-off current || ⁓**spule** *f* / tripping coil, opening coil || ⁓**stellung** *f* / open position || ⁓**steuerkreis** *m* VDE 0618,T.4 / stop control circuit || ⁓**steuerung** *f* VDE 0618, T.4 / stop control || ⁓**steuerung** *f* / turn-off phase control, termination phase control || ⁓**strom**

m IEC 50(441) / breaking current, interrupting current, breaking current || ⁓**stromkreis** *m* / breaking circuit, opening circuit || ⁓**temperatur** *f* / cut-out temperature, opening temperature
Ausschaltung *f* / breaking operation, opening operation, opening *n*, breaking *n*, deactivation || **endgültige** ⁓ (Netz o. Betriebsmittel, nach einer Anzahl erfolgloser Wiedereinschaltungen) / final tripping || **ideale** ⁓ / ideal breaking || **selbsttätige** ⁓ (LE-Gerät) / automatic switching off
Aus-Schaltung *f* (I-Schalter) / on-off circuit
Ausschalt·ventil *n* / tripping valve || ⁓**verhalten** *n* / turn-off behavior || **Kontrolle des Einschalt- und** ⁓**verhaltens** / turn-on/turn-off check IEC 700 || ⁓**verlust** *m* (Diode) / turn-off loss, turn-off dissipation || ⁓**-Verlustenergie** *f* DIN 41786 / energy dissipation during turn-off time || ⁓**-Verlustleistung** *f* (Diode) / turn-off loss, turn-off dissipation || ⁓**-Verlustleistungsspitze** *f* / peak turn-off dissipation || ⁓**vermögen** *n* / breaking capacity IEC 50(441), interrupting capacity (US), rupturing capacity || ⁓**vermögen** *n* VDE 0435,T.110 / limiting breaking capacity || ⁓**vermögen für ein unbelastetes Kabel** VDE 0670. T.101 / cable charging breaking capacity IEC 56-1, cable off-load breaking capacity || ⁓**vermögen für eine unbelastete Freileitung** VDE 0670, T.101 / line-charging breaking capacity IEC 56-1, line off-load breaking capacity || ⁓**vermögen für Einzelkondensatorbatterien** VDE 0670, T.101 / single-capacitor-bank breaking capacity IEC 56-1 || ⁓**vermögen für Kondensatorbatterien** VDE 0670, T.101 / capacitor-bank breaking capacity IEC 56-1 || **Prüfung des** ⁓**vermögens** / breaking capacity test IEC 214 || ⁓**verriegelungsschieber** *m* / opening locking slide || ⁓**verzögerer** *m* / opening delay device || ⁓**verzögerung** *f* / off-delay *n* || ⁓**verzögerung** *f* DIN 19239 / OFF delay, OFF delay *n* || ⁓**verzögerung** *f* / switch-off delay, output delay, drop-out delay || ⁓**verzögerung** *f* (gewollte Verzögerung der Kontaktöffnung) / release delay, tripping delay || **speichernde** ⁓**verzögerung** / retentive OFF delay, latching OFF delay || ⁓**verzug** *m* / aperture time, turn off time || ⁓**vorgang** *m* / shutdown cycle || ⁓**vorrichtung** *f* VDE 0670, T.2 / opening device IEC 129 || ⁓**wechselstrom** *m* / symmetrical breaking current, symmetrical r.m.s. interrupting current
ausschaltwischend *adj* / breaking pulse contact || **~er Kontakt** / passing break contact
Ausschalt·wischer *m* / passing break contact, fleeting NC contact || ⁓**wischfunktion** *f* / passing break contact function || ⁓**zeit** *f* / OFF time || ⁓**zeit** *f* (Schalttransistor, optischer NS) / turn-off time || ⁓**zeit** *f* VDE 0660, T.101 / breaktime *n* IEC 157-1, break-time *n*, break time || ⁓**zeit** *f* (Gesamtausschaltzeit, Summe aus Schmelzzeit u. Löschzeit) VDE 0670,4 / operating time IEC 291, clearing time ANSI C37.100, total clearing time ANSI C37.100 || ⁓**zeit** *f* / interrupting time || ⁓**zeit-Strom-Kennlinie** *f* / operating time-current characteristic
ausschäumen *v* / foam *v*, to pack with foamed material
ausschiebbar *adj* / retractable *adj*
ausschieben *v* / shift out *v*, retract *v*
ausschlachten *v* / salvage
Ausschlachtungsantrag *m* / cannibalization request

Ausschlag *m* / deflection *n*, pointer deflection, swing *n* || ≈ *m* (Schwingung) / excursion *n*, amplitude *n*
ausschlagen *v* / damage by vibration || ~ *v* (ausfüttern) / line *v*
Ausschlag·gas *n* / calibration gas || ≈**verfahren** *n* / deflection method
ausschleusen *v* / feed to the side, discharge *v*, export *v*, remove *v*, evacuate *v*
Ausschleuseplatz *m* / export station
Ausschleuser *m* (Lager) / ejector *n*
Ausschleusweiche *f* / ejector baffle
ausschließlich / only
Ausschluss *m* / exclusion *n* || ≈**liste** *f* / exclusion list || ≈**operand** *m* / exclusion address
ausschneidbarer Dichtring / pre-cut sealing ring
ausschneiden *v* / cut *v* || ~ *v* (schlitzen) / slot *v* || ~ *v* (m. Locheisen) / clink *v* || ~ *v* (stanzen) / blank *v* || ≈ **und Einfügen** *n* / cut and paste
Ausschneidwerkzeug *n* / blanking die
Ausschnitt *m* (Ansicht) / view *n* || ≈ *m* (Segment) / segment *n*, section *n* || ≈ *m* (i. Schalttafel) / cutout *n*, cut-out *n* || ≈ *m* (aus Großbild am Bildschirm, Fenster) / window *n* || ≈ **Einstelltrommel** / setting drum cutout || ≈ **Entriegelungsdruckknopf** / interlock cancelling pushbutton cutout || ≈ **Klemmenleiste** / terminal strip cutout || ≈ **Schaltstellungsanzeiger** / position indicating device cutout || ≈ **übernehmen** / accept viewport || ≈**dosierung** *f* (Chromatographie) / heartcutting *n*
Ausschnittsvergrößerung *f* / zoomed segment
Ausschnitttabelle *f* / view table
Ausschöpfen *n* / optimum use
Ausschöpfungstyp-Transistor *m* / depletion mode transistor
Ausschreibung *f* / invitation to tender, invitation for bids, tender invitation, tender *n*, request for quotes
Ausschreibungs·text *m* / specification text || ≈**texthilfe** *f* / specification text support || ≈**unterlagen** *f* / invitation to tender
Ausschub *m* / retraction device
Ausschuss *m* / scrap *n*, rejects *plt*, waste *n*, scrapped product, rejected material || ≈**gewindelehrdorn** *m* / no-go screw gauge || ≈**grenze** *f* / limiting quality, lot tolerance percent defective (LTPD) || ≈**kontrolle** *f* / reject monitoring || ≈**quote** *f* / scrap rate || ≈**risiko** *n* / rejection risk || ≈**seite** *f* (Lehre) / no-go side || ≈**teil** *n* / rejected item, sub-standard item, scrap *n*
Ausschwärzen *n* (Entfernen sensitiver Information aus einem Dokument, um seine Sensitivität zu verringern) / sanitizing *n*
ausschwenkbar *adj* / swing-out *adj*, hinged *adj*, swivelling *adj* || ~**e Tafel** / swing panel, swing-out panel
ausschwenken *v* / swinging out
Ausschwenkung *f* (Schwenkwinkel) / swing *n*, opening angle
Ausschwingeffekt *m* / ringing *n* || ≈ **des Sensors** / transducer ringing
Ausschwingen *n* / dying out *n*, decay *n*, ring down *n*
Ausschwingverhalten *n* / transient characteristics
Ausschwingversuch *m* / test by free oscillations || ≈ *m* (Erdbebenprüfung) / snap-back test
ausschwitzen *v* / exude *v*, sweat out *v*
Aussehen *n* (Isolierflüssigk.) / appearance *n*
außen *adj* / external *adj* || **von ~ bedienbar** / externally operated || **~ erzeugte**

Steuerspeisespannung / external control supply voltage || **~ fertig** / external finish || **~ fertigdrehen** / external finish || **~ gelagertes Wellenende** / shaft extension with outboard bearing || **~ lackiert** *adj* / paint finish on outside || **~ verkettete Zweiphasenschaltung** / externally linked two-phase three-wire connection || **~ vor** / external rough || **~ vordrehen** / external rough
Außen·abmessungen *f pl* / outside dimensions, outline dimensions || ≈**abnahme** *f* / source inspection, source acceptance || ≈**abnahme beim Zulieferanten** / subcontractor source inspection || ≈**abstützung** *f* (der Welle) / outboard support || ≈**anlage** *f* / outdoor installation || ≈**anlage** *f* (Sportstätte) / outdoor stadium || **~anschluss** *m* / external terminal || **~ansicht** *f* / external view || ≈**aufstellung** *f* / outdoor installation || ≈**backe** *f* / outside jaw || ≈**bearbeitung** *f* / external machining || ≈**beleuchtung** *f* / exterior lighting || **~belüfteter Motor** / externally ventilated motor || **~bereich** *m* / outdoor area || **~bürde** *f* / external burden, external load || **~darstellung** *f* / image
aussenden *v* (von Störungen aus Störquellen) / emit *v*
Außen·dienstmitarbeiter *m* / external service staff || ≈**druck** *m* / external pressure || ≈**druckkabel** *n* / compression cable
Aussendung *f* (von Störquellen, Funkverkehr) / emission *n*
Aussendungs·grenzwert *m* / emission limit || ≈**pegel** *m* (Störquelle) / emission level || ≈-**Verträglichkeitsverhältnis** *n* IEC 60050(161) / emission margin
Außen·durchmesser *m* / outer diameter, outside diameter, overall diameter, external diameter, O.D. (outer diameter) || ≈**durchmesser** *m* (Gewinde) / major diameter || ≈**eck** *n* / rearward elbow, outside angle unit, external angle (unit) || ≈**ecke** *f* / outside corner || ≈**eck-Winkelstück** *n* / rearward elbow, outside angle unit, external angle (unit) || ≈**einstich** *m* / external groove || ≈**feld** *n* / external field, extraneous field || ≈**fläche** *f* / outside surface || ≈**flachschleifmaschine** *f* / external surface grinding machine || ≈**gehäuse** *n* (el. Masch.) / outer frame, outer casing || ≈**gehäuse** *n* (B3/D5 ohne Abdeckhaube) / cradle base || **~gekrümmt** *adj* / convex *adj*, crowned *adj* || ≈**geometrie** *f* / external geometry || ≈**gewinde** *n* / external thread, male thread, outside thread || ≈**gewinde-Schlitzklemme** *f* / tubular screw terminal || ≈**glimmschutz** *m* / coil-side corona shielding
Außen·hautriss *m* / surface crack || ≈**helligkeit** *f* / outdoor light intensity || ≈**helligkeitssensor** *m* / outdoor light sensor || ≈**höhe** *f* / external height, overall height || ≈**hülle** *f* (Kabel) / oversheath *n*, outer sheath, protective sheath, protective sheathing, protective envelope, plastic oversheath, extruded oversheath || ≈**interpolator** *m* / external interpolator || ≈**joch** *n* / external yoke || ≈**kabel** *n* / outdoor cable, cable for outdoor use || ≈**kante** *f* / outside corner, outer edge || ≈**kapselung** *f* (el. Masch.) / enclosure *n*, jacket *n* || ≈**kegel** *m* / external taper || ≈**kennlinie** *f* / external characteristic || ≈**kette** *f* / wing bar || ≈**kettenfeuer** *n* / wing-bar lights || ≈**kontaktsockel** *m* / base with external contacts || ≈**kontur** *f* / outside

Außen

contour, outer contour || ≈**konus** *m* / outside cone || ≈**korrosion** *f* / external corrosion || ≈**kranz** *m* (Speichenrad) / rim *n*, spider rim || ≈**kühlmittel** *n* (Sekundärkühlmittel) / secondary coolant || ≈**kühlung** *f* / surface cooling

Außen·lager *n* / outboard bearing || ≈**lamelle** *f* / externally splined lamination || ≈**lamellenmitnehmer** *m* / drive ring and bushing || ≈**lamellenträger** *m* / drive ring || ≈**läufer** *m* / external rotor || ≈**läufermotor** *m* / external-rotor motor, motorized pulley || ≈**laufring** *m* / outer ring, outer race || ≈**leiter** *m* (Mehrphasensystem) / phase *n*, outer conductor, main *n* || ≈**leiter** *m* (Kabel) / external conductor, outer conductor, concentric conductor || ≈**leiter** *m* (Wechselstromsystem) / phase conductor, L-conductor *n* || ≈**leiter** *m* (Leiter, die Stromquellen mit Verbrauchsmitteln verbinden, aber nicht vom Mittel- oder Sternpunkt ausgehen) / external line, phase conductor || ≈**leiter (L)** *m* / phase (line) conductor (L) || ≈**leiter-Erde-Kapazität** *f* / phase-to-earth capacitance || ≈**leiter-Erde-Spannung** *f* / phase-to-earth voltage, line-to-ground voltage (US) || ≈**leiter-Erde-Überspannung** *f* / phase-to-earth overvoltage, line-to-ground overvoltage (US) || ≈**leiterkontakt** *m* / line contact || ≈**leiter-Mindestabstand** *m* / phase-to-phase clearance || ≈**leiterselektivität** *f* (Selektivschutz) IEC 50 (448) / phase selectivity (of protection) || ≈**leiterspannung** *f* / phase-to-phase voltage, line-to-line voltage, voltage between phases || ≈**leitertrennung** *f* / phase separation || ≈**leuchte** *f* / exterior luminaire, street lighting fixture, street luminaire, street lighting luminaire, exterior lighting fitting, outdoor light fixture

außenliegend *adj* / lying outside || **~er Fehler** / external defect, surface imperfection || **~es Lager** / outboard bearing || **~es Spindelgewinde** / lying outside

Außen·litze *f* / outer wire || ≈**luft** *f* / ambient air || ≈**lüfter** *m* / external fan || ≈**lufttemperatur** *f* / outside air temperature, outside temperature || ≈**mantel** *m* / outer shield, outer insulation || ≈**mantel** *m* (Kabel) / oversheath *n*, outer sheath || ≈**maß** *n* / external dimension, outer dimension || ≈**maße** *n pl* / overall dimensions, outline dimensions, external dimensions || **~mattiert** *adj* / outside frosted || ≈**messung** *f* / external measurement || ≈**mikrometer** *n* / external micrometer || ≈**montage** *f* / field installation || ≈**platte** *f* / external plate || ≈**pol** *m* (el. Masch.) / stationary pole || ≈**polmaschine** *f* / revolving-armature machine, stationary-field machine, rotating-armature machine || ≈**radius** *m* / outside radius, outer radius || ≈**räummaschine** *f* / surface broaching machine || ≈**-Reflexionsanteil des Tageslichtquotienten** / externally reflected component of daylight factor || ≈**reiben** *n* / external reaming || ≈**ring** *m* (Timken-Lg.) / cup *n* || ≈**ring** *m* / outer ring, outer race || **elektrische** ≈**rückspiegelverstellung** / door mirror actuator || ≈**rundschleifen** *n* / external cylindrical grinding, cylindrical grinding, OD grinding (OD = outer diameter) || ≈**rundschleifmaschine** *f* / external cylindrical grinding machine

Außen·schenkel *m* (Trafo-Kern) / outer limb, outer leg || ≈**schirm** *m* (Kabel) / overall shield, outer shield || ≈**schleifen** *n* / external grinding, surface grinding || ≈**schlichten** *n* / outside finishing || ≈**schneiden** *n* / outside cutting || ≈**schräge** *f* / outer bevel || ≈**schutz** *m* / corrosion protection, oversheath *n* || ≈**seite** *f* / outside surface, outside *n* || **~seitiges Lager** / outboard bearing || ≈**stecher** *m* / external grooving tool || ≈**stellung** *f* (eines herausnehmbaren Teils) VDE 0670, T.6 / removed position IEC 298, fully withdrawn position || ≈**stempel** *m* / outer stamp || ≈**strehler** *m* / external thread chaser || ≈**taster** *m* / external callipers, outside callipers || ≈**temperatur** *f* / outside temperature || ≈**temperatursensor** *m* / outside-temperature sensor *n* || ≈**toleranz** *f* / outside tolerance || ≈**überschlag** *m* / external flashover || ≈**umfang** *m* / circumference *n*, periphery *n*, outer surface || **~ventilierter Motor** / externally ventilated motor

Außen·versteifung *f* / external stiffening, outer bracing || **~verzahntes Rad** / external gear || ≈**verzahnung** *f* / external gearing, external teeth || ≈**widerstand** *m* / external resistance, series resistance || ≈**wirtschaftsverordnung** *f* (AWV) / foreign trade regulations, foreign trade and payments ordinance (FTPO) || ≈**zündstrich** *m* (Leuchte) / external conducting strip || ≈**zylinder** *m* (Lüfter) / cylindrical shroud

außer Betrieb / shutdown, out of service, out of commission || **~ Betrieb setzen** / shutdown *v*, stop *v* || **~ Eingriff bringen** / disengage *v*, bring out of mesh || **~ Phase** / out of phase || **~ Takt** / out of step, out of time || **~ Tritt fallen** / pull out of synchronism, fall out of step, pull out *v*, loose synchronism

Außer·betriebnahme *f* / withdrawal from service, decommissioning || ≈**betriebsetzen** *n* / shutdown *n*, stopping *n*

äußere Abgasrückführung *f* / external AGR || **~e Bauform** (z.B. SK) / external design || **~e Beschaltung** / external (circuit elements) || **~e Einflüsse** / external influences IEC 614-1 || **~e Funkenstrecke** / external spark gap, external gap || **~e Gleichspannungsänderung** / direct voltage regulation due to a.c. system impedance || **~e Hauptanschlüsse** / external main terminals || **~e Hystereseschleife** (Sättigungshystereseschleife) / saturation hysteresis loop || **~e Isolierung** VDE 0670, T.3 / external insulation IEC 265 || **~e Isolierung für Freiluft-Betriebsmittel** / outdoor external insulation || **~e Isolierung für Innenraum-Betriebsmittel** / indoor external insulation || **~e Kennlinie** / external characteristic || **~e Leitschicht** (Kabel) / insulation screen, core screen || **~e Leitungen** (z.B. f. Leuchten) / external wiring || **~e Mitkopplung** (Transduktor) / separate self-excitation || **~e remanente Restspannung** (Hallgenerator) DIN 41863 / external remanent residual voltage IEC 147-0C || **~e Schutzhülle** (Kabel) / protective covering, oversheath *n* || **~e Schutzhülle** (nichtmetallene, nichtextrudierte äußere Hülle des Kabels, z.B. über Bewehrungen von papierisolierten Kabeln) / serving *n* || **~e Schutzschicht** / corrosion protection || **~e Störfestigkeit** / external immunity || **~e Überspannung** (transiente Ü. in einem Netz infolge einer Blitzentladung oder eines elektromagnetischen Induktionsvorgangs) /

external overvoltage || ~e **Umhüllung** (Kabel) / serving *n*, jacket *n*, overwrap *n*, protective outer covering, thermoplastic *n* || ~e **Umhüllung einer Verpackung** / overwrap *n* || ~e **Verbindung** (Trafowickl.) / external connection, back-to-front connection

äußer·er Anschluss (eines Zweigpaares) / outer terminal || ~**er Anschluss eines Zweigpaars** / external terminal of a pair of arms || ~**er Befund** / visual inspection result || ~**er Blitzschutz** / external lightning protection || ~**er Fehler** / external defect, surface imperfection || ~**er fotoelektrischer Effekt** / photoemissive effect, photoelectric emission || ~**er Kühler** / external cooler || ~**er Lagerdeckel** / outer bearing cap, outside cap, bearing cover || ~**er Messkreis** / external measuring circuit || ~**er Photoeffekt** / external photoemission || ~**er photoelektrischer Effekt** / external photoelectric effect || ~**er Schirm** (Kabel) / overall shield || ~**er Schutzleiter** / external protective conductor || ~**er Wärmewiderstand** DIN 41858 / external thermal resistance, thermal resistance case to ambient || ~**er Widerstand** / external resistance, series resistance || ~**er Windungsdurchmesser** / outer turn diameter

äußer·es Betrachtungssystem (ABS) / external viewing system (VSE) || ~**es Feld** / external field, extraneous field || ~**es Schwungmoment** / load flywheel effect, load Wk^2 || ~**es Trägheitsmoment** / load moment of inertia, external moment of inertia

Außerfunktionsetzen *n* / removal from service

außergewöhnliche Beanspruchung / abnormal stress || **Widerstandsfähigkeit gegen ~ Wärme** VDE 0711,3 / resistance to ignition IEC 507

außerhalb der Spezifikation / off-specification || **~ der Spitzenzeit** / off-peak *adj* || ~**der Toleranz** / out of tolerance

Außer·mittendrehen *n* / eccentric turning || ~**mittig** *adj* / off centre, eccentric *adj*, off-center *adj* || ~**mittige Belastung** *f* / eccentric loading || ⸰**mittigkeit** *f* / eccentricity *n*, centre offset, off-centre condition || ~**planmässiges Audit** / unscheduled audit

äußer·ste Zugfaser / extreme edge of tension side || ~**stes Werkstückmaß** / extreme dimension of workpiece

außertarifliche Mitarbeiter *m* / exempt salary employees

Außertrittfallen *n* / falling out of step, pulling out of synchronism, loss of synchronism, pulling out

Außertrittfall·moment *n* / pull-out torque || ⸰**relais** *n* / out-of-step relay, loss-of-synchronism relay, pull-out protection relay || ⸰**schutz** *m* / out-of-step protection, loss-of-synchronism protection || ⸰**sperre** *f* / out-of-step blocking (o. lockout)

Außertritt·ziehen *n* / rising out of synchronism || ⸰**zustand** *m* (Synchronmaschinen im Parallelbetrieb) / out-of-step operation IEC 50(603)

Ausser-Tritt-Zustand *m* / out-of-step operation

Aussetzbelastung *f* / intermittent loading, periodic loading

Aussetzbetrieb *m* (Spiel regelmäßig wiederholt) / periodic duty || ⸰ *m* / intermittent periodic duty || ⸰ *m* VDE 0730 / intermittent operation || ⸰ **(ASB)** *m* (Aussetzbetrieb liegt vor, wenn eine Einheit während eines längeren Zeitabschnitts nur zeitweise betrieben wird) / intermittent duty || ⸰ **mit Anlaufvorgang** (S4) IEC 50(411) / intermittent periodic duty with starting || ⸰ **mit elektrischer Bremsung** (S5) IEC 50(411) / intermittent periodic duty with electric braking || ⸰ **ohne Einfluss des Anlaufvorgangs** (S3) / intermittent periodic duty-type without starting (S 3) || **Bemessungsleistung bei** ⸰ / periodic-rating, intermittent rating, load-factor rating

aussetzen *v* (z.B. Strahlung) / expose *v* || ⸰ *n* / interruption *n* || ⸰ **des Aushubbodens** / wasting of excavated soil

aussetzend *adj* (unregelmäßig) / discontinuous *adj* || ~ *adj* (regelmäßig) / intermittent *adj*, periodic *adj* || ~**e Durchschläge** / non-sustained disruptive discharges || ~**e Pufferung** / intermittent recharging || ~**e Teilentladungen** / non-sustained partial discharges || ~**e Wirkung** / intermittent action || ~**er Betrieb** / intermittent operation || ~**er Erdschluss** / intermittent earth fault, intermittent arcing ground || ~**er Fehler** / intermittent fault

Aussetzer *m* / misfiring *n*, misfire *n*, disengaging *n*, declutch *n*

Aussetz·fehler *m* (Signalausfall) / drop-out *n* || ⸰**leistung** *f* / periodic rating, intermittent rating || ⸰**regelung** *f* / start-stop control || ⸰**schaltbetrieb** *m* / intermittent periodic duty, intermittent multi-cycle duty || ⸰**spannung** *f* (Teilentladung) VDE 0434 / extinction voltage IEC 270 || ⸰**zeit** *f* / rest time

aussieben *v* (Oberwellen) / filter *v*, suppress *v*

Aussiebprüfung *f* / screening test, 100 % inspection

aussondern *v* / segregate *v*

Aussonderung *f* / segregation *n*

ausspannen *v* / unclamp *v*

Ausspannzeit *f* / unclamping time || ⸰ *f* / unclamping time

Aussparen durch Einzelbefehl / pocketing *n*

Aussparung *f* / recess *n*, cut-out *n*, opening *n*, recess clearance, port *n*, notch *n*, cutout *n*, depression *n* || ⸰ *f* (f. Kodierung) / receptacle *n* || ⸰ **für Lagerstück** / cutout for bearing piece

Ausspitzung *f* / web thinning

Ausspruns *m* / exit jump || ⸰ *m* (Programm) / exit *n* || ⸰**menü** *n* (AM) / exit menu (XM) || ⸰**stelle** *f* / break-out point

ausstanzen *v* / blank *v*

Ausstanzung *f* / blanking *n*

ausstatten *v* / equip *v*, provide *v*

Ausstattung *f* / equipment *n*

Ausstattungs·grad *m* / completion level || ⸰**grad** *m* (EN 61850-4) / equipment level || ⸰**komponenten** *f* / equipment & components || ⸰**netz** *n* / vehicle configuration tree

Aussteifung *f* / stiffening *n*, bracing *n*

aussteigen *v* / quit *v*, exit *v* || ~ *v* (aus Programm) / exit *v*, quit *v*

Aussteller *m* / person preparing the document

Ausstellungs·datum *n* / issued date || ⸰**maschine** *f* / exhibition machine || ⸰**raum** *m* / exhibition room

Ausstellungs, Beleuchtung von ⸰**räumen** / exhibition lighting

Aussteuer·bereich *m* / control range, firing-angle range || ⸰**bereich** *m* (Ausgangsb.) / output range || ⸰**grad** *m* / phase control factor, firing angle || ⸰**grenze** *f* / modulation depth limit

aussteuern *v* / control *v*, adjust the control setting,

drive v, modulate v, saturate v || **voll** ~ / fully control
Aussteuerung f / control range || ⁓f (Drossel) / saturation degree || ⁓f (Messtechnik) / modulation n, modulation amplitude || ⁓f (auf den Steuerwinkel bezogen) / firing-angle setting || ⁓f (Verhältn. der Leerlauf-Ausgangsspannungen bei verzögertem und unverzögertem Steuerwinkel) / terminal voltage ratio || ⁓f (Methode) / control method || ⁓ **nach dem Pulsverfahren** / pulse control, chopper control || **zulässige** ⁓ (max. Ausgangsspannung) / maximum continuous output (voltage) || **zulässige** ⁓ (Dauerbelastbarkeit des Einganges) / maximum continuous input
Aussteuerungs·eingang m / control input || ⁓**grad** m / control factor, pulse control factor || ⁓**grad** m / phase control factor || ⁓**grad bei Zündeinsatzsteuerung** / phase control factor
Ausstoß m / output n || ⁓**er** m / poke-up needle || ⁓**nadel** f / poke-up needle || ⁓**leistung** f / production rate || ⁓**system** n / ejector system || ⁓**werkzeug** n / push-out tool for crimp contacts, ejector n
Ausstrahlen n / erosion n
Ausstrahlung, spezifische ⁓ / radiant excitance, radiant emittance
Ausstrahlungs·richtung f / beam direction || ⁓**winkel** m / light emission angle || **Licht**⁓**winkel** m / light radiation angle, angle of light emission
ausströmend adj / effluent adj
Ausströmöffnung f (f. Gas) / exhaust port, discharge port
Ausströmung von unten / flow opens
Austakten n / balancing n
Austaktung f / clocking of the line
Aus-Taste f / OFF button
AUS-Taster m (Drehsch.) / OFF switch, STOP switch || ⁓ m / OFF button, STOP button
Austastsignal n / blanking signal
Austastung f (Unwirksammachen eines Kanals) / blanking n
Austastverhältnis n / duty cycle
Austausch m / exchange n, interchange n, swapping n || ⁓**anweisung** f / exchange instructions, replacement instruction
austauschbar adj (untereinander) / interchangeable adj, permutable adj || ~ adj (auswechselbar) / replaceable adj, renewable adj, exchangeable adj || **mechanisch** ~ / intermountable adj || **~e Logik** / compatible logic || **~e Räderpaare** / interchangable wheels || **~er Sicherungseinsatz** / universal fuse-link ANSI C37.100, interchangeable fuse-link || **~es Räderpaar** / interchangeable wheels || **~es Stangenmagazin** / exchangeable stick magazine || **~es Teil** VDE 0660, T.500 / removable part IEC 4391 || **~es Zubehör** / interchangeable accessory
Austauschbarkeit f / interchangeability n, replaceability n || ⁓ **zwischen Sicherungshalter und Sicherungseinsatz** VDE 0820 / compatibility between fuse-holder and fuse-link IEC 257
Austausch·bewertung f / interchange transaction evaluation || ⁓**-Chromatographie** f / ion exchange chromatography || ⁓**dienst** m / revision servicing
austauschen v / replace n, exchange n
Austauscher m / exchanger n || **Melder~** m (Brandmeldeanl.) / exchanger n
Austausch·grad m (Wärmetauscher) / efficiency n ||

gegenseitiger ⁓**koeffizient** / mutual exchange coefficient, configuration factor || ⁓**leistung** f (Netz) / interchange power || ⁓**leitung** f / interchange line || ⁓**lüfter** m / replacement fan || ⁓**lüfterpaket** n / replacement fan kit || ⁓**preis** m / replacement price
austauschprogrammierbar / ROM-programmed || **~e Steuerung** / programmable controller with interchangeable memory || **~e Steuerung mit unveränderbarem Speicher** / ROM-/PROM-programmed controller || **~e Steuerung mit veränderbarem Speicher** / RPROM-programmed controller
Austausch·satz m / replacement set || ⁓**spindel** f / replacement spindle || ⁓**spindeleinheit** f / replacement spindle unit || ⁓**teil** n / replacement part, spare part || ⁓**vereinbarung** f / interchange agreement
Austenitisieren n / austenitizing n
austesten v (Programm) / test v, debug v
Aus-Timer m / stop timer
Austrag m / removal n, outlet n || **WS-**⁓ m / queue entry removal (o. cancel)
austragen v (Fördereinrichtung) / discharge v || ~ v (aus Datei) / remove v, delete || ~ v (aus der Warteschlange) / dequeue v
Austragsschnecke f / delivery worm
Australische Bestimmung / Australian Standard
Austransfer m / roll-out n
austreibende Drehzahl / output speed
Austreib·keil m / extraction wedge || ⁓**lappen** m / tang n
Austrittnennweite f / outlet size
Austritts·aktion f / exit action || ⁓**arbeit** f / work function (electrode material of an electron tube), work function || ⁓**bereich** m DIN 41745 / transient initiation band
Austrittseite f / discharge side
Austritts·filter m / outlet filter || ⁓**kante** f (Bürste, Pol) / trailing edge, leaving edge || ⁓**öffnung** f (Lasergerät) / aperture n || **Schall~punkt** m (Ultraschall-Prüfkopf) DIN 54119 / probe index || ⁓**quelle** f (v. Stoffen, die die Entstehung einer explosionsfähigen Gasatmosphäre ermöglichen) / source of release || ⁓**seite** f / discharge end, outlet side || ⁓**stutzen** m / outlet connection, outlet pipe connection || **diffusorartige Gestaltung des** ⁓**stutzens** / venturi outlet || ⁓**temperatur** f (Kühlwasser) / outlet temperature
austrudeln v / coast down || ~ v / coast (to a standstill) v || ⁓ n / coast down n
ausüben, eine Kraft ~ / exert a force
Ausverzug m / OFF delay
Aus-Verzug m / OFF delay
Auswägen n / weighing n || ⁓ n (Auswuchten) / static balancing, single-phase balancing
Auswahl f / selection n, select n, selecting n || ⁓ **Alarmnummer** / alarm number selection || ⁓ **ändern** / change selection, modify selection || ⁓ **Befehls-/Sollwertquelle** / selection of cmd. & freq. setp. || ⁓ **Befehlsquelle** / selection of command source || ⁓ **der Prüfschärfe** / applicability of normal, tightened or reduced inspection, procedure for normal, tightened and reduced inspection || ⁓ **der Zustandsgruppe** / status group select (SGS) || ⁓ **einer geschlossenen Benutzergruppe** (DIN V 44302-2 E DIN 66323) /

closed user group selection || ⸺
Frequenzsollwert / selection of frequency setpoint || ⸺ **Hauptsollwert** / Main setpoint || ⸺ **HSW-Skalierung** / Main setpoint scaling || ⸺ **löschen** / Delete selection || ⸺ **Motortyp** / select motor type || ⸺ **von Prüffällen** / test selection || ⸺ **ZSW-Skalierung** / Additional setpoint scaling || ⸺ **Zusatzsollwert** / Additional setpoint || ⸺**abstand** m / sampling interval
auswählbar *adj* / selectable *adj*
Auswahl·bild n / selection screen, option frame || ⸺**einheit** f (Einheit, die für den Zweck der Probenahme gebildet und während der Probenahme als unteilbar angesehen wird) / sampling unit
auswählen v / select v
Auswähler m (GKS) / choice device
Auswahl·faktor m / service factor || ⸺**feld** n / selection box || ⸺**fenster** n / list box || ⸺**hilfe** f / selection aids, selection guide || ⸺**kennung der Anwenderadresse** / transport selector || ⸺**kriterien** n / selection criteria || ⸺**kriterium** n / selection criterion || ⸺**liste** f / drop down list box || ⸺**-Liste** f / selection list || ⸺**maske** f / selection mask, selection screenform || ⸺**menü** n (Programm) / menu n, selection menu || ⸺**möglichkeit** m / choice, select possibility || ⸺**prüfung** f (Kabel) VDE 0281 / sample test (HD 21), selective examination || **Phasen~relais** n / phase selection relay || ⸺**satz** m / selection set || ⸺**satz** m (Stichprobenumfang dividiert durch den Umfang der Grundgesamtheit oder der Teilgesamtheit, aus der die Stichprobe entnommen ist) / sampling fraction || ⸺**schaltung** f (Baugruppe) / selector module || ⸺**schieber** m / selection slider ruler || ⸺**system** n / selection system, voter system || ⸺**system** n (Passsystem) / selected fit system || ⸺**system** n / voter system || ⸺**tabelle** f / selection table || ⸺**- und Bestelldaten** / selection and ordering data || ⸺**- und Bestellhilfe** / selection and ordering guide
Auswanderung f / excursion n, drift n
Auswärmung durch Reibungsarbeit / heating by frictional heat
auswärts beziehen / source out || **~ gerichtet** *adj* / outbound || **~ zu fertigend** *adj* / sourced-out || ⸺**fertigung (AW-Fertigung)** f / manufacture outside the plant
auswechselbar *adj* / replaceable *adj*, exchangeable *adj*, detachable *adj*, interchangeable *adj* || **~e Ausrüstung** / interchangeable equipment || **~er Arbeitskopf** (Handstange) / universal tool attachement IEC 50(604)
Auswechselbarkeit f / interchangeability n, replaceability n, intermountability n || **montagetechnische** ⸺ / intermountability n
auswechseln v / replace v, exchange v, renew v, unload v
Ausweicharbeitsplatz m / alternative work center
Ausweiche f / lay-by BE n
ausweichen v / take avoiding action, avoid v || ⸺ n / avoidance n || ⸺ **des Leiters** (in Anschlussklemme) / spreading of conductor (in terminal)
Ausweich·pfad m / backup path || ⸺**platz** m / alternative location || ⸺**-Rechenzentrum** n / hot site || ⸺**stelle** f / turnout AE || ⸺**stellung** f

(Hauptkontakte eines Netzumschaltgerätes) / alternative position || ⸺**versorgung** f / alternative supply || ⸺**werkstoff** m / substitute material || ⸺**zeichen** n (Schaltz.) / reserve symbol
ausweisen v / set out
Ausweis·information f (codierter Ausweis) / information coded on the badge || ⸺**karte** f / idendity card, ID card || ⸺**karte** f (auf der Kleidung getragen) / badge n || ⸺**kartenleser** m / badge reader, badge reading terminal || ⸺**leser** m / magnetic stripe ID card reader || ⸺**leser** m / badge reader, badge reading terminal || ⸺**leseterminal** n / badge reader terminal || ⸺**nummer** f / identification number
ausweitend, sich ~er Kurzschluss / developing fault
Auswerfbügel m / ejection bracket, knockout bracket
auswerfen v / eject v
Auswerfer m / ejector n || ⸺ **vertieft** m / ejector recessed || ⸺**markierung** f / ejector mark
auswertbar *adj* / evaluable *adj*
Auswerte·algorithmus m / analysis algorithm || ⸺**dauer** f / evaluation duration || ⸺**einheit** f / signal evaluator || ⸺**einrichtung** f / evaluator || ⸺**elektronik** f / decoding electronics, electronic transmitter, evaluation electronics, electronic evaluator || ⸺**fenster** n / inspection window || ⸺**funktion** f / evaluation function || ⸺**gerät** n / evaluator n, analyzing unit
Auswertelektronik f / electronic transmitter
Auswerte·logik f / evaluation logic || ⸺**modul** n / evaluation module
auswerten v / evaluate v, analyze v, interpret v, assess v, decode v, detect v || ⸺ n / evaluation n
Auswerte·platz, zentraler ⸺**platz** / central evaluation station || ⸺**programm** n (Bildauswertung) / analysis program
Auswerterrechner m / analysis unit
Auswerte·software f / evaluation software || ⸺**system** n / evaluation system || ⸺**teil** m (RSA-Empfänger, Decodierer) VDE 0420 / decoding element, evaluation section || ⸺**zeit** f / component recognition time || ⸺**zeit [ms]** f / evaluation time [ms]
Auswert·logik f / evaluating logic || ⸺**schaltung** f / decoding circuitry
Auswertung f / evaluation n, analysis n || ⸺ f / processing n EN 50133-1 || ⸺ **der Fehler** / error detection || ⸺ **der Geber** / evaluation of the sensors || ⸺ **der Messdaten** / evaluation of the measured data || **zentrale** ⸺ **der Statusmeldungen** / central evaluation of status messages || **statistische** ⸺ **des Datenbestands** / database attribute processing || ⸺ **von Versuchsergebnissen** / analysis of test results || **1v1-**⸺ f / 1oo1 Evaluation n || **2v2-**⸺ f / 1oo2 Evaluation n || **4-fach-**⸺ f / quadruple evaluation || **Bild~** f / image analysis
Auswertungs·glied n / evaluation element, evaluator n || ⸺**programm** n / analysis program
Auswirkung f / effect n
auswittern v / weather v
Auswucht·dorn m / balancing arbour, balancing mandrel || ⸺**ebene** f / correction plane, balancing plane
auswuchten v / balance v || ⸺ **an Ort und Stelle** / insitu balancing, field balancing || **neu ~** / re-balance v

Auswucht 88

Auswucht·fehler *m* / unbalance *n* ‖ ⸰**güte** *f* / balance quality, grade of balance ‖ ⸰**gütestufe** *f* / balance quality grade
Auswuchtmaschine *f* / balancing machine
Auswucht·nut *f* / balancing groove ‖ ⸰**prüfung** *f* / balance test ‖ ⸰**ring** *m* / balancing ring
Auswuchtung *f* / balancing *n*, balance *n*
Auswuchtungsgrad *m* / balance quality, grade of balance
Auswucht·waage *f* / direct-reading balancing machine ‖ ⸰**zustand** *m* / balance *n*
Auswurf *m* / eject ‖ ⸰**kontrolle** *f* / eject control ‖ ⸰**station** *f* / reject station (Reject orientation of the star) ‖ ⸰**taste** *f* / eject key
Ausw. Zusatzsollwert-Sperre / Disable additional setpoint
Auszahlungsbetrag *m* / payment amount
Ausziehband *n* / withdrawal strip
Auszeichnungssprache *f* / markup language
Auszeit *f* / timeout *n*
ausziehbar *adj* / withdrawable *adj* ‖ **~e Schaltgerätekombination** / withdrawable switchgear assembly, drawout(-mounted) switchgear assembly ‖ **~e Sicherungsleiste** / pullout fuse block ‖ **~er Geräteblock** / drawout equipment unit, drawout apparatus assembly ‖ **~er Griff** / extending grip ‖ **~er Teil** VDE 0670, T.6 / withdrawable part IEC 298, drawout part ‖ **~es Gerät** / withdrawable device (o. unit), drawout-mounted device ANSI C37.100
ausziehen *v* (Zeichn.) / ink *v*
Auszieh·kraft, Kontakt-⸰kraft *f* / contact extraction force ‖ **Leiter-⸰kraft** *f* / conductor tensile force, conductor pull-out force ‖ ⸰**leitung** *f* / line stretcher ‖ ⸰**verhältnis** *n* / deposition ratio ‖ ⸰**werkzeug** *n* / extractor *n*
Auszubildende *m* / apprentice *n*
Auszubildender *m* / trainee *n*
Auszugs·kraft *f* / extraction force ‖ ⸰**schräge** *f* / withdrawal angle
AUS-Zustand *m* (HL-Schütz) / OFF state
AUT (AUTOMATIK) / AUTOMATIC mode, AUT (AUTOMATIC)
autark *adj* / autonomous *adj* ‖ **~e Navigation** / stand-alone guidance system, dead-reckoning navigation ‖ **~er Generator** (Dauermagnetmasch.) / permanent-magnet generator, permanent-field generator ‖ **~es Bussystem** (in einer dezentralen Anlage) / autonomous bus subsystem ‖ **~es Haus** / autarkic house
Autarkiezeit *f* / autonomous operating time, autonomy time
Authentifizierung *f* / authentication
Authentifizierungs·austausch *m* (Mechanismus, der dazu dient, die Identität einer Entität mittels eines Informationsaustauschs sicherzustellen) / authentication exchange ‖ ⸰**information** *f* / authentication information ‖ ⸰**server** *m* / authentication server
Authentisierung *f* / authentication *n*
Authentizität *f* / authenticity
Auto *n* / car *n*, auto *n* ‖ **~** / auto- ‖ ⸰ **Zoom** / auto zoom
Auto·abgastester *m* / automobile exhaust-gas analyzer, vehicle emission tester ‖ ⸰**adressierung** *f* / auto-addressing ‖ **~-assoziativer Speicher** *m* / auto-associative memory
Autobahn *f* / motorway *n* (GB), freeway *n* (US),

expressway AE, speedway AE, motorway BE, autobahn *n*, freeway AE, superhighway *n* ‖ ⸰**auffahrt** *f* / interchange *n* ‖ ⸰**ausfahrt** *f* / exit point ‖ ⸰**kreuz** *n* / cloverleaf interchange ‖ ⸰**rasthof** *m* / service area ‖ ⸰**raststätte** *f* / service area
Auto·crossing *n* / autocrossing ‖ **~crossover-Funktion** *f* / autocrossover function ‖ ⸰**desk** *m* / autodesk ‖ ⸰**elektronik** *f* / automotive electronics, car electronics, vehicle electronics
Autogen·brennschneiden *n* / autogenous cutting ‖ **~es Brennschneiden** / flame cutting ‖ ⸰**schweißung** *f* / autogenous welding, oxyacetylene welding, acetylene welding
Auto·industrie *f* / motor industry ‖ **~interaktive/ interaktive Konstruktion** (AID) / autointeractive/ interactive design ‖ ⸰**-Kalibrierungsprogramm** *n* / automatic calibration program ‖ ⸰**kino** *n* / drive-in cinema ‖ ⸰**klavhärtung** *f* / autoclaving *n* ‖ ⸰**kollimation** *f* / autocollimation *n* ‖ ⸰**konfiguration** *f* / autoconfiguration *n* ‖ ⸰**konfigurationsdaten** *f* / autoconfiguration data ‖ ⸰**kontur** *f* / autocontour ‖ ⸰**korrelationsfunktion** *f* / autocorrelation function ‖ ⸰**kran** *m* / mobile crane, truck crane ‖ ⸰**lampe** *f* / automobile lamp, car bulb
Autom. Erf. Vdc-Regler Ein-pegel / auto detect Vdc switch-on levels ‖ ⸰ **Weißabgleich** *m* / auto white balance
Automat *m* / automaton *n* ‖ ⸰ *m* (allgemeine Bezeichnung für Bestückautomat oder Klebstoff-Auftragsstation) / machinery *n* ‖ ⸰ *m* (Maschine) / automatic machine, automatically controlled machine ‖ ⸰ *m* (Kleinselbstschalter) / miniature circuit-breaker, m.c.b. ‖ ⸰ *m* (automatische Einrichtung) / automatic device
Automaten·bedienung *f* / operation ‖ ⸰**fall** *m* / MCB trip *n* ‖ ⸰**plattform** *f* / machine platform ‖ ⸰**rüstung** *f* / machine set-up ‖ ⸰**stahl** *m* / free-cutting steel ‖ ⸰**teilung** *f* (Kleinselbstschalter) / m.c.b. module width ‖ ⸰**theorie** *f* / automata theory ‖ ⸰**überwachung** *f* / machine monitoring ‖ ⸰**verteiler** *m* / miniature circuit-breaker board, m.c.b. board BS 5486
Automatic Calibration Tool (ACT) *n* / Automatic Calibration Tool (ACT) *n* ‖ ⸰ **Feeder Synchronization** / Automatic Feeder Synchronization (AFS) ‖ ⸰ **Wrap Setup** / Automatic Wrap Setup (AWS)
Automatik *f* / automatic *n* ‖ ⸰ **Einzelsatz** *m* (in dieser Betriebsart werden Sätze eines Verfahrprogramms abgearbeitet) / automatic single block ‖ ⸰**befehl** *m* / automatic command, automatically derived command ‖ ⸰**betrieb** *m* / automatic mode, AUTOMATIC (AUT), closed loop operation ‖ ⸰**-Betrieb** *m* / automatic mode ‖ ⸰**betriebsart** *f* / automatic mode, AUTOMATIC (AUT) ‖ ⸰**bild** *n* / automatic screen ‖ ⸰**ebene** *f* / automatic control level ‖ ⸰**fahrt** *f* / automatic traverse ‖ ⸰**funktion** *f* / automatic function ‖ ⸰**getriebe** *n* / automatic transmission, automatic gearbox ‖ ⸰**grundbild** *n* / automatic basic display ‖ ⸰**-Hand-Umschaltung** *f* / automatic-to-hand transfer, AUTO-HAND changeover ‖ ⸰ **Hochlaufgeber** *n* / automatic ramp-function generator ‖ ⸰**messen** *n* / automatic measurement ‖ ⸰**-NC-Programm** *n* / automatic NC program ‖

⊥**programm** *n* / automatic program || ⊥**-RESET** / automatic reset || ⊥**unterbetriebsart** *f* / automatic submode
Automation *f* / control *n* || ⊥ **License Manager** / Automation License Manager || ⊥ **Protocol Data Unit** (AP-PDU) / automation protocol data unit (AP PDU) || ⊥ **Protocol Monitor** / automation protocol monitor || **vollintegrierte** ⊥ / Totally Integrated Automation (TIA)
Automations·funktion *f* (automatische Regelungs-, Steuerungs- und Verriegelungs-Funktion für einen Prozess) / control function || ⊥**gerät** *n* / automation device || ⊥**-Netzwerk** *n* / automation network || ⊥**schema** *n* / control diagram || ⊥**station** *f* (Einrichtung zur Regelung und/oder Steuerung eines oder mehrerer physikalischer Werte, z. B. Temperatur, Feuchtigkeit, Druck) / controller *n* || ⊥**strategie** *f* / control strategy
Automationware *f* / automationware *n*
automatisch *adj* / automatic || ~ **ausblenden** / auto-hide *v* || ~ **auslösbare Brandschutzeinrichtung** / automatic fire protection equipment || ~ **betätigte Anlage** / automatically controlled plant || ~ **einstellend** / set automatically || ~ **generierter F-Baustein** / automatically generated F-block || ~ **verzögerte Wiedereinschaltung** (Netz) / delayed automatic reclosing || ~ **zuschaltbar** / automatically engaged || ~ **zuschaltbarer Vierradantrieb** / automatic 4WD option, rear-wheel drive with automatically engaged front-wheel drive and differential locks
automatisch·e Absatznumerierung / automatic paragraph numbering || **~e Arbeitsplan-Generierung** (AAG) / automatic work schedule generation || **~e Beleuchtungssteuerung** / automatic control of lighting with timed programs || **~e Bemaßung** / automatic dimensioning || **~e Bildverarbeitung** / automatic picture processing || **~e Brandmeldeanlage** / automatic fire detection system || **~e Datenverarbeitung** (ADV) / automatic data processing (ADP) || **~e Datums- und Zeitangabe** / automatic date and time indication || **~e Drahteinfädelung** / Automatic Wire Threader (AWT) || **~e Erkennung** / automatic recognition, autodetect function || **~e Erstinbetriebnahme** / automatic initial start-up || **~e Fußnoteneinbindung** / automatic footnote tie-in || **~e Generatorregelung** / AGC (automatic generation control) || **~e Identifizierung** / automatic identification || **~e Instandhaltung** / automatic maintenance (maintenance accomplished without human intervention) || **~e Kindersitzerkennung** / child seat presence and orientation detection || **~e Kodierung** / automatic coding || **~e Konstruktionsforschung** / automatic design engineering (ADE) || **~e Kontrolle** (Schutzsystem) IEC 50(448) / automatic monitor function, self-monitoring function (USA) || **~e Leistungs- und Frequenzregelung** / automatic generation control (AGC) || **~e Leistungssteuerung** / automatic performance control (APC) || **~e Montage** / automated assembly || **~e Motoridentifikation** / automatic motor identification || **~e OLE-Verknüpfung** / automatic link || **~e Optische Inspektion (AOI)** / Automatic Optical Inspection (AOI), Automated Optical Inspection (AOI) || **~e Phasenregelung** / automatic phase control (APC) || **~e Positionssteuerung** / automatic position control || **~e Programmübertragung** / automatic program transfer || **~e Prüfeinrichtung** / automatic test equipment (ATE) || **~e Prüfung** (Schutzsystem) IEC 50(448) / automatic test function, self testing function (USA) || **~e Rampenverlängerung** / automatic ramp extension || **~e Reglereinstellung** / automatic controller setting || **~e Richtungserkennung** / automatic identification of direction || **~e Rufbeantwortung** / automatic answering (answering in which the called data terminal equipment (DTE) automatically responds to the calling signal) || **~e Schnellwiedereinschaltung** / high-speed automatic reclosing || **~e Schnittdatenermittlung** / automatic determination of cutting data || **~e Schwellwertanpassung** / automatic threshold setting || **~e Seitennummerierung** / automatic page numbering || **~e Spannungsregelung** (Verstärker) / automatic gain control || **~e Spannungssteuerung** / automatic voltage regulation (AVR) || **~e Steuerung** (Steuerung einer Handlung ohne menschliches Eingreifen, wenn sich Bedingungen ereignen, die vorher festgelegt wurden) / automatic control, closed-loop control, feedback control || ⊥**e topologische Bildgenerierung** / Automatic Display Builder (ADB) || **~e Überwachung** (Schutzsystem) IEC 50 (448) / automatic supervision function, self-checking function (USA) || **~e Umschaltung** / automatic switchover || **~e Verbindungsfolge** / automatic sequential connection || **~e Vermutungswirkung** / automatic assumption of conformity || **~e Verstärkungsregelung** / automatic gain control (AGC) || **~e Wähleinrichtung für Datenverbindungen** (AWD, E DIN 66020-1) / automatic calling equipment || **~e Weitersendung** (automatische, üblicherweise nach einer kurzen Pause erfolgende Übertragung von zuvor empfangenen und aufgezeichneten Signalen) / automatic retransmission || **~e Wiedereinschaltung** / automatic reclosing (ARC), auto-reclosing, automatic restart, automatic warm restart || **~e Wiedereinschaltung** (AWE) / automatic recloser (ARC) || **~e Wiederholung** / auto-repeat || **~e Wiederholungsabfrage** / automatic repeat request (ARQ)
automatisch·er Bauelemente-Gehäuseform-Test / automatic reference check || **~er Betrieb** / automatic operation, automatic mode, AUTOMATIC (AUT) || **~er Bildlauf** / automatic scrolling, autoscroll *n* || **~er Blockierverhinderer (ABV)** / antilock device || **~er Brandmelder** / fire detector, flame detector || **~er Driftabgleich** / automatic drift compensation || **~er Fahrer** / robot driver || **~er Fertigungsverbund** / linking of automatic manufacturing || **~er Hilfsstromschalter** / automatic control switch, loop controller, regulator *n*, controlling means, monitor *n*, controller *n* || **~er Hilfsstromschalter mit Pilotfunktion** (PS-Schalter) VDE 0660, T. 200 / pilot switch IEC 337-1 || **~er Laufnummerngeber** / automatic numbering transmitter || **~er Motorstarter** VDE 0660, T.104 /

automatisch 90

automatic starter IEC 292-1 || ~er Neustart / automatic cold restart || ~er Palettenwechsler / automatic pallet changer, pallet changer || ~er Palettenwechsler (APW) (Einrichtung zum automatischen Beschicken von NC-Maschinen) / APC (automatic pallet changer) || ~er Rückruf / automatic callback || ~er Ruf / automatic calling || ~er Satzsuchlauf / automatic block search || ~er Seitenumbruch / automatic pagination || ~er Sender (Telegrafensender, bei dem die Bildung der Signale nicht durch einen Bediener gesteuert, sondern von einem Signalaufzeichnungsmedium ausgelöst wird) / automatic transmitter || ~er Sender mit gesteuerter Streifenzuführung / automatic transmitter with controlled tape-feed mechanism || ~er Spannungsregler / automatic voltage regulator (AVR) || ~er Start / autostart n || ~er Weitersender (Apparat, der automatisch Telegrafiesignale entsprechend den aufgezeichneten ankommenden Signalen weitersendet) / automatic retransmitter || ~er Werkstückwechsel / workpiece change, automatic workpiece change || ~er Werkstückwechsel / automatic tool changer (ATC) || ~er Wiederanlauf / automatic recloser (ARC), automatic reclosing || ~er Wiederanlauf (elST) / automatic warm restart, automatic restart || ~er Wiederanlauf / ARC (automatic recloser) || ~er Wiederanlauf nach Netzausfall / automatic restart after mains failure
automatisch·es Bestücken (Leiterplatten) / automatic insertion, auto-insertion n || ~es Einkristalldiffraktometer (AED) / automatic single-crystal diffractometer (ASCD) || ~es Einstellverfahren (Regler) / automatic tuning method || ~es Entflechten (Leiterplatten) / autorouting n || ~es Filmbonden / tape automated bonding (TAB) || ~es Laden (Speicher) / auto-load n || ~es Netzumschaltgerät / automatic transfer switching device (ATSD) || ~es Plazieren / autoplacement n || ~es Regelsystem / automatic control system || ~es Regelsystem mit Rückführung / automatic feedback control system || ~es Schweißen / automatic welding || ~es Senden und Empfangen (ASR) / automatic send and receive (ASR) || ~es Speichern / auto-store n || ~es Sperrdifferential / automatic limited slip differential n || ~es Spülen / automatic rinsing || ~es Test-Equipment (ATE) / Automatic Test Equipment (ATE), Automated Test Equipment (ATE) || ~es Umschalten VDE 0660,T.301 / automatic changeover IEC 292-3 || ~es Wählen / automatic calling || ~es Wheatstone-System / Wheatstone automatic system || ~es Wiedereinschalten (Rücksetzen) / self-resetting n || ~es Wiedereinschalten / automatic reclosing, auto-reclosing n, rapid auto-reclosure
Automatisierbarkeit f / automation is possible
automatisieren v (Prozesse oder Einrichtungen so umstellen, dass sie automatisch ablaufen bzw. arbeiten) / automate v
automatisiert·e Bestückung / automated placement || ~e Fertigungszelle / automated manufacturing cell || ~e Flurförderung / automated guided vehicle system || ~e Qualitätskontrolle / computer-aided quality (CAQ) || ~es Einlagerungs- und Lagerentnahmesystem / automated storage and retrieval system (ASRS) || ~es Lifecycle-Management / automated life cycle management
Automatisierung f / automation n || **dezentrale ~** / distributed automation
Automatisierungs·anwendung f / automation application || **~-Applikation** f / automation application || **zukunftsorientierte ~-Architektur** / future-oriented automation architecture || **~aufgabe** f / automation task, control problem, automation problem || **~baugruppe** f / automation module || **~ebene** f / automation level || **~einheit** f / automation unit || **~einrichtung** f / automation equipment || **aktive und passive Fehler einer ~einrichtung** / active and passive faults in automation equipment || **~funktion** f / automation function || **~gerät** n (AG programmierbares Steuergerät) / programmable controller || **~gerät (AG)** n / programmable controller (PLC) || **~grad** m / level of automation || **~insel** f / island of automation, automation island || **~-Know-how** n / automation know-how || **~komponente** f / automation component || **~konfiguration** f / automation configuration || **~konzept** n / automation concept || **homogenes ~konzept** / unified automation concept || **~landschaft** f / automation environment || **~lösung** f / automation solution || **~markt** m / automation market || **~master** m / automation master || **~mittel** plt / automation resources || **~modell** n / automation model || **~modul** n / automation module || **~netz** n / automation network || **~-Netzwerk** n / automation network || **~objekt** n / automation object || **~paket** n / automation kit || **~partner** m / automation partner || **~-PC (APC)** m / automation PC (APC) || **~plattform** f / automation platform || **~produkt** n / automation product || **~pyramide** f / automation hierarchy || **~rechner** m / automation computer
Automatisierungs·schnittstelle f / automation system, automation interface || **~software** f / automation software || **~standard** m / automation standard || **~station** f / automation station || **~struktur** f / configuration of automation system, automation configuration, automation structure || **~stufe** f / step of automation || **~system** n / automation system || **~system** n (Teilsystem o. Insel in einer dezentralen Anlage) / automation subsystem || **~system** n (AS) / automation system (AS) || **~technik** f / automation technology, automation engineering, automation n, automated manufacturing technology (AMT), control engineering, automatic control engineering || **~technik für Gebäude** / building automation, building services automation, building system automation, buildings automation technology, automation of buildings management, building automation technology || **~umfeld** n / automation environment || **~- und Antriebstechnik** / Automation and Drives || **~verbund** m / integrated automation system, automation network, internetworked automation system, computerintegrated automation (system CIA) || **~welt** f / automation environment || **~werkzeug** n / automation tool || **~würdigkeit** f / automation is desirable || **~zelle** f / automation cell
Automobil n / automotive n || **~abgasmesseinrichtung** f / car exhaust gas

measuring equipment ‖ ⟨herstellerm⟩ m / automobile manufacturer, carmaker n, automotive manufacturer, automaker n ‖ ⟨industrie⟩ f / automotive industry, motor industry, automotive manufacturers ‖ ⟨technik⟩ f / automotive sector, automotive systems ‖ ⟨werk⟩ n / automotive (assy) plant, vehicle (assy) plant, car (assy) plant

Auto·modus m / auto mode ‖ ⟨motive **Industry Suite** / Automotive Industry Suite ‖ ⟨negotiation f / autonegotiation n ‖ ⟨-**Nesting** n / auto-nesting

autonom adj / autonomous adj ‖ **~e Anlage** / autonomous system ‖ **~e Einheit** (MC) / autonomous unit ‖ **~er Rechner** / stand-alone computer

Autopneumatic-SF₆-Leistungsschalter m / SF₆ circuit-breaker with electropneumatic mechanism, electropneumatically operated SF₆ circuit-breaker

AutoQuit / AutoQuit

Autor m / author n, created by

Auto·referenzierung f / auto-referencing ‖ ⟨refresh n / auto refresh ‖ ⟨reset n (der Motorstarter wird nach Verschwinden der Abschaltursache wieder selbst aktiv) / autoreset n

autorisiert adj / authorized adj

Autorisierung f / authorization n ‖ ⟨sdiskette f / authorization diskette, license key disk

Autorouting n / auto-routing

AUTO-SCOUT·-System n / AUTO-SCOUT system, AUTO-SCOUT traffic guidance system ‖ ⟨-**Zeitrechner** m / AUTO-SCOUT computer

Auto·segmentierung f / autosegmentation n ‖ ⟨sensing n (Fähigkeit eines Gerätes, automatisch die Datenrate (10 Mbit/s bzw. 100 Mbit/s) zu erkennen und mit dieser zu senden/empfangen) / autosensing n ‖ ⟨sensingschnittstelle f / autosensing interface ‖ ⟨start n / self-starting n ‖ ⟨telefon n / in-car phone, car phone ‖ ⟨transduktor m / autotransductor n ‖ ⟨Turn / AutoTurn ‖ ⟨-**Unterbrechung** f / auto-interrupt ‖ ⟨verwertung f / auto parts recycling ‖ ⟨vorgeben n / auto-schedule ‖ ⟨waschanlage f / car washing plant

AUX-Schiene f / AUX bus

AV (Arbeitsvorbereitung) / job planning, production planning, work preparation

Avalprovision f / surety commission

AV-Card f / Automation Value Card (AVC)

AVM (Anforderungsverfolgungsmatrix) f / requirement tracking matrix

AV-Medien plt (Audiovisuelle Medien) / audio-visual media

Avogadro-Konstante f / Avogadro constant

AW (Ampèrewindungen) / ampere-turns p

AW (Ausgangswort) / OW (output word), QW (output word)

AWE (automatische Wiedereinschaltung) / automatic restart, automatic warm restart, automatic reclosing, ARC (automatic recloser)

AW-Fertigung (Auswärtsfertigung) f / manufacture outside the plant

AWG / American Wire Gauge (AWG) ‖ ⟨-**Leitung** f / AWG line ‖ ⟨-**Leitungen** f pl / AWG conductor connections

AWK / application controller (APC)

AWL (Anweisungsliste) f / statement list (STL), instruction list (IL) ‖ ⟨-**Datei** f / STL file ‖ ⟨-**Editor** m / Statement List Editor ‖ ⟨-**Editor** (SW-Oberfläche) m / STL editor ‖ ⟨-**Sprache** f (Anweisungslistensprache) / IL language (instruction list language)

AWS (Anwenderspeicher) / main memory, working memory, RAM, UM (user memory), user RAM

AW-Software f / application software

AWT (Abstract Windowing Toolkit) / AWT (Abstract Windowing Toolkit) ‖ ⟨ (Anwendungstechnik) f / application engineering

AWV (Außenwirtschaftsverordnung) / foreign trade regulations, FTPO (foreign trade and payments ordinance)

AWZ (Anwenderzyklus) / user cycle

AXI f / Automated X-ray Inspection (AXI)

axial adj / axial adj ‖ **~ fluchtend** adj / axial aligning

Axial·abstand m / axial clearance, axial distance ‖ ⟨achse f / axial axis ‖ ⟨belastbarkeit f / thrust capacity ‖ ⟨belastung f / axial load ‖ ⟨belüftung f / axial ventilation ‖ ⟨druck m / axial thrust, axial pressure, end thrust, thrust n ‖ ⟨drucklager n / thrust bearing

axial·e Annäherung / axial approach, head-on mode ‖ **~e Fortpflanzungsgeschwindigkeit** / axial propagation coefficient ‖ **~e Führung** (Welle) / axial location, axial restraint ‖ **~e Funktion** / axial function ‖ **~e Hilfsfunktion** / axial auxiliary function ‖ **~e Interferenzmikroskopie** / axial interference microscopy ‖ **~e Nichtlinearität** / axial nonuniformity ‖ **~e Scheibeninterferometrie** / axial slab interferometry ‖ **~e Toleranz** / axis tolerance ‖ **~e Verschiebekraft** / axial thrust, axial displacement force ‖ **~e Wellenführung** / axial restraint of shaft, axial location of shaft

Axialeinstich m / axial groove

axial·er Alarm / axis alarm ‖ **~er Druck** / axial thrust, axial compression ‖ **~er Kabelabgang** / axial cable outlet ‖ **~er Kühlmittelkanal** (el. Masch.) / axial core duct ‖ **~er Override** / axis override ‖ **~er Spielausgleich** / axial backlash compensation ‖ **~er Versatz** / axial misalignment, axial offset ‖ **~es Läuferspiel** / rotor float, rotor end float ‖ **~es Spiel** / end float, axial play, end play, axial internal clearance ‖ **~es Trägheitsmoment** / axial moment of inertia

Axial·feldkontakt m (V-Schalter) / axial-field contact ‖ ⟨kegelrollenlager n / tapered-roller thrust bearing ‖ ⟨kolbenmaschine f / axial piston machine ‖ ⟨kopf m / axial head ‖ ⟨kraft f / axial force ‖ ⟨kraftbegrenzer m / axial force limiter ‖ ⟨kugellager n / ball thrust bearing ‖ ⟨kurve f / axial curve ‖ ⟨lager n / thrust bearing, locating bearing, axial bearing ‖ ⟨lagerring m / axial bearing ring ‖ ⟨lagersegment n / thrust bearing segment, pad n, shoe n ‖ ⟨last f / axial load n ‖ ⟨luft f / end float, axial play, axial internal clearance ‖ ⟨lüfter m / axial-flow fan, axial fan ‖ ⟨magnetfeldkontakt m / axial magnetic field contact ‖ ⟨maß n (Bürste) / axial dimension ‖ **~nachgiebige Kupplung** / axially flexible coupling, axially compliant coupling ‖ ⟨pendelrollenlager n / self-aligning roller thrust bearing ‖ ⟨-**Radiallager** n / axial-radial bearing ‖ ⟨rollenlager n / axial roller bearing ‖ ⟨scheibe f / axial washer ‖ ⟨schlag m / wobble n ‖ ⟨schnitt m / axial section ‖ ⟨schub m / axial thrust, end thrust, thrust n ‖ ⟨schubbelastung f / thrust load ‖

⸚spiel *n* / end float, axial play, end play, axial internal clearance || **~spielbegrenzte Kupplung** / limited end-float coupling || **⸚tonnenrollenlager** *n* / spherical-roller thrust bearing || **⸚turbine** *f* / axial-flow turbine || **⸚- und Radialventilator** / axial and radial fan || **⸚ventilator** *m* / axial fan || **⸚versatz** *m* / axial offset || **⸚wälzlager** *n* / rolling-contact thrust bearing, rolling-element thrust bearing, rolling thrust bearing, antifriction thrust bearing || **⸚zylinderrollenlager** *n* / cylindrical-roller thrust bearing
AXN (Werkzeugachse Parameter) / AXN (tool axis)
az-Auslöser *m pl* / az-releases *n pl* (Siemens type, inverse-time and definite-time overcurrent releases)
AZ/EB (australisches/neuseeländisches EDIFACT Board) / Australian/New Zealand EDIFACT Board
Azimut *m* / azimuth *n*
azimutal ausgerichtete einachsige Nachführung / azimuth-elevation tracker || **~e Drehachse** / azimuthal axis || **⸚feld** *n* / azimuthal field || **⸚nachführung** *f* / azimuth-elevation tracker
azn-Auslöser *m pl* / azn-releases *n pl*
A-zugeordnete Anforderung *f* / A-associate-request (AARQ) || **⸚ Antwort** *f* / A-associate-response (AARE)
A-Zustand *m* (signifikanter Zustand eines Startelements bei Start-Stopp-Übertragung) / A condition
azyklisch *adj* / acyclical *adj*, acyclic *adj* || **~e Bevorzugung** (Schutzauslösung) / acyclic priority (preferential tripping) || **~e Maschine** / acyclic machine || **~er Datenverkehr** / acyclic data communication, acyclic data traffic || **~er Zugriff** / acyclic access || **~es Telegramm** / acyclic frame

B

BA / interface data area || **⸚** (Betriebsart) / control mode, mode *n* || **⸚** (Bedienanleitung) / operator's guide || **⸚** (Betriebsanleitung) / instruction manual || **⸚** (Bedienungsanleitung) / operator's guide || **⸚ JOG** (Betriebsart JOG) / JOG mode
BA A/AE *m* / A/ASBL mode
Baadertest *m* / Baader copper test
Babbittmetall *n* / Babbitt metal, Babbitt *n*
BAB-Rechner *m* / motorway computer
Babyzelle *f* / R14 cell, C-cell *n* (US)
B-Achse *f* / B axis
back junction cell / rear junction cell || **~ surface field (BSF)** / back surface field (BSF)
Backbone·-Bus *m* (Übergeordneter Bus, der z.B. zur Verbindung mehrerer Sub-Busse benutzt wird) / backbone bus || **⸚-Netz** *n* / backbone *n*
Backe *f* / jaw *n*
Backen·bremse *f* / block brake, shoe brake || **⸚futter** *n* / jaw chuck || **⸚krümmung** *f* / brake-shoe curvature || **⸚-zylinder** *m* / expanding cylinder
backflush *v* / backflush *v*
Back·groundTask *f* / BackgroundTask || **⸚-Junction-Zelle** *f* / back junction cell (BJ cell) || **⸚lack** *m* / baked enamel || **⸚draht** *n* / stoved-enamel wire || **⸚light** *n* / back light || **⸚light-System** *n* / backlighting system || **⸚propagation** *f* /
backpropagation *n* || **⸚space** / backspace *n* || **⸚-Surface-Field** *n* / BSF (back surface field) || **⸚up** *n* / backup *n*
Back-up·-Funktion *f* / backup function || **⸚-Grenze** *f* / back-up limit || **⸚-Regler** *m* / back-up controller, stand-by controller
Backup/Restore / Backup/Restore
Back-up-Schutz *m* / back-up protection
Backup-Software *f* / backup software
Back-up-Zustand *m* / stand-by status
Backwarddiode *f* / backward diode, unitunnel diode
badaufgekohlt *adj* / bath-carburized *adj*
Badaufkohlen *n* / bath carburizing
Badewannenkurve *f* / bath-tub curve, bathtub curve
Bad·nitrieren *n* / bath nitriding || **~nitriert** *adj* / bath-nitrided *adj* || **⸚patentieren** *n* / bath patenting || **⸚schmierung** *f* / bath lubrication, sump lubrication
BAF (Batteriefehler) *m* (Pufferbatterie ist defekt, fehlt oder ist entladen) / BATF (battery failure) *n*
BAG (Betriebsartengruppe) / mode group
Bagatellunfall *m* / minor accident, fender bender
BAG·-BB (Bereichs-Anschaltungsgruppe-betriebsbereit) / mode group ready, mode group ready signal || **⸚-betriebsbereit** *adj* (Bereich-Anschaltungsgruppe-betriebsbereit) / mode group ready, mode group ready signal
Bagger·antrieb *m* / excavator drive || **⸚-Lader** *m* / backhoe loader || **⸚walze** *f* / shovel roller
BAG·-spezifisch *adj* / mode group-specific || **⸚-Stop** *m* / mode group stop
BA_HAND / MANUAL_MODE
Bahn *f* (CP) / continuous path (CP), path *n*, path *n* || **⸚** *f* (Kunststoff-Bahnmaterial) / sheet *n*, sheeting *n* || **⸚** *f* (Papierbahn auf der Papiermaschine) / web *n* || **⸚** *f* / trajectory *n*, **Kreis~** *f* / circular path, circular span, circular element || **⸚abschnitt** *n* / path section || **⸚abweichung** *f* / path deviation || **⸚achse** *f* / path axis || **⸚antrieb** *m* / traction drive || **⸚anwendung** *f* / railway application || **⸚anwendungen** *f pl* / traction applications || **⸚-Anzeigepult** *m* / Web viewer desk || **⸚ausführung** *f* / railway type, design for traction applications || **⸚beschleunigung** *f* / path acceleration || **⸚beschreibung** *f* / path definition || **⸚bewegung** *f* / path motion || **~bezogen** *adj* / path dependent || **~bezogenes Mitführen** / path-related coupled motion || **⸚drossel** *f* / railway reactor || **⸚dynamik** *f* / dynamic path response || **⸚ebene** *f* / path plane
Bahn·fahren *n* / contouring *n* || **⸚fahrverhalten** *n* / path action, path traversing behavior || **⸚fangvorrichtung** *f* / path fall arrester || **⸚fräsen** *n* / path milling || **⸚führung** *f* / path control, contouring control system, continuous-path control, continuous-path control system || **⸚generator** *m* / traction generator || **⸚geschwindigkeit** *f* / tool path feedrate ISO 2806-1980, rate of contouring travel || **⸚geschwindigkeit** *f* / path velocity, tool path velocity, rate of travel in contouring, vector feedrate || **~geschwindigkeitsabhängig** *adj* / path velocity-dependent || **⸚geschwindigkeitsführung** *f* / (tool o. cutter) path velocity (o. feedrate) control || **⸚geschwindigkeitsistwert** *m* / web speed actual value || **⸚geschwindigkeitssollwert** *m* / web speed setpoint
bahngesteuert *adj* / continuous-path *adj*, with continuous path control || **~e Maschine** / machine

with continuous-path control, contouring machine || **~er Betrieb** / continuous-path operation, continuous-path mode
Bahn·glättung *f* / path smoothing || ~**heizelement** *n* / web heater || ~**interpolation** *f* / path interpolation || ~**interpolator** *m* / path interpolator || ~**kantenregelung** *f* / web aligner || ~**kantensteuerung** *f* / sidelay control || ~**kontur** *f* / path contour || ~**korrektur** *f* / path override || ~**korrektur** *f* / path correction, contour compensation || ~**korrektur analog** *f* / analog path override || ~**kurve** *f* / trajectory *n* || ~**lichtmaschine** *f* / train lighting generator
Bahn·material *n* (allg., Papier, Textil) / web material, full-width material || ~**material** *n* (Folie) / sheeting *n*, sheet material || ~**messwalze** *f* / web measuring cylinder || ~**motor** *m* / traction motor || ~**netztransformator** *m* / traction transformer || ~**override** *m* / path override || ~**profil** *n* / railway loading gauge, railway clearances || ~**rechner** *m* / path computer || ~**reinigung** *f* / web cleaner || ~**ruck** *m* / path jerk || ~**schalter** *m* / traction circuit-breaker
Bahnschütz *n* / railway-type contactor, traction contactor || ~**schweißen** *n* / continuous welding || ~**spannung** *f* / web tension || ~**spannungssystem** *n* / web tension system || ~**spannungswert** *m* / web tension value || ~**speisegleichrichter** *m* / railway supply rectifier || ~**steuerbaugruppe** *f* / path control module || ~**steuerbetrieb** *m* / continuous-path mode || ~**steuerung** *f* / contouring control system, contouring control, continuous-path control (CP control) || ~**steuerung** *f* / trajectory control, path control || **3D-~steuerung** *f* / three-dimensional contouring, three-dimensional continuous-path control || **dreiachsige ~steuerung** / three-axis contouring, three-axis continuous-path control || **numerische ~steuerung** / path control, contouring control system, continuous-path control, continuous-path control || **zweiachsige ~steuerung** / two-axis continuous-path control || **zweiphasige ~steuerung** / contouring system with velocity vector control || ~**steuerungsbetrieb** *m* / continuous-path mode || ~**stopp** *m* / web stop || ~**stromversorgung** *f* / traction power supply || ~**stück** *n* / path section || ~**tangente** *f* / path tangent || ~**toleranz** *f* / path tolerance || ~**transport** *m* / transport by rail, rail(way) transport, path transport
Bahn·übergang *m* / path transition, contour transition || **nichttangentialer ~übergang** / acute change of contour, atangent path transition || **niveaugleicher ~übergang** (Straße - Bahnlinie) / level crossing, grade crossing || ~**umformer** *m* / frequency converter for traction supply || ~**unterwerk** *n* / traction substation || ~**verhalten** *n* / path action, path traversing behavior || ~**verlauf** *m* / trajectory || ~**versatz** *m* / path offset || ~**verschiebung** *f* / path offset || ~**vorschub** *m* / path feed, path feedrate || ~**vorschub** *m* / (tool) feed *n*, feedrate *n* || ~**weg** *m* / path *n* || ~**wender** *m* / web turner || ~**widerstand** *m* / bulk resistance || ~**zerlegung** *f* / contour segmentation
Bajonett·fassung *f* / bayonet holder || ~**kupplung** *f* (Schnellverschlusskupplung, bei der Nasen mit begrenztem Drehwinkel in Schlitzen oder Rillen laufen) / bayonet coupling || ~**ring** *m* / bayonet ring || ~**-Schnellverschluss** *m* / quick-release bayonet joint || ~**sockel** *m* / bayonet cap (B.C. lamp cap), bayonet base, B.C. lamp cap || ~**sockel für Automobillampen** (BA 15) / bayonet automobile cap || ~**stift** *m* / bayonet pin || ~**system** *n* / two-ramp system || ~**verriegelung** *f* / bayonet locking || ~**verschluss** *m* / bayonet lock, bayonet joint, two-ramp lock, bayonet catch
Bake *f* / beacon *n*, traffic beacon, distance marker
Bakelit *m* / bakelite *n*
Bakelitpapier *n* / bakelized paper, bakelite paper
Bakenkopf *m* / beacon head
bakterientötende Strahlung / bactericidal radiation
Bakterium *n* (Programm, das sich durch E-Mail an jeden ausbreitet, der zum Verteiler eines Empfängers gehört) / bacterium *n*
Balancing *n* / balancing *n*
Baldachinempfänger *m* (IR-Fernbedienung) / ceiling-rose receiver
Balg *m* / bellows *plt* || ~**einsatz** *m* / bellows insert
Balgenmembran *f* / bellows *plt*
Balg·kupplung *f* / bellow coupling || ~**manometer** *n* / bellows pressure gauge, bellows gauge || ~**Messglied** *n* / bellows element
Balken *m* / beam *n*, bar graph || ~ *m* (grafisches Anzeigemittel) / bar *n* || **Aushebe~** *m* (f. Isolatorketten) / tool yoke || ~**anzeige** *f* / bar chart, bar diagram || ~**anzeiger** *m* / semaphore *n* || ~**code** *m* / bar code || ~**diagramm** *n* / bar graph, bar chart, bar diagram || ~**grafik** *f* / bar diagram || ~**leiter** *m* / beam lead || ~**sprung** *m* (Grafikbild) / bar jump, bar shift || ~**waage** *f* / beam balance || ~**wagen** *m* (Bahn) / high-girder wagon
Ball *m* / ball || ~**abbildung** *f* / Ball illustration (button)
Ballast·pumpe *f* / ballast pump || ~**widerstand** *m* / ballast resistance
Ball·-Bump-Zentriertechnik *f* / ball/bump centering technology || ~**durchmesser** *m* / ball diameter
Ballen *m* (Läufer) / rotor forging, rotor body || ~**griff** *m* / lever-type handle || ~**öffner** *m* / bale opener
Ball-Grid-Array *m* / ball grid array (BGA)
ballig *adj* / crowned *adj*, convex *adj*, cambered *adj* || **~ drehen** / turn spherically, crown *v* || **~e Anschluss-Struktur** *f* / spherical contact structure || **~e Riemenscheibe** / crown-face pulley
Balligkeit *f* / camber *n*, convexity *n*, curvature *n*
Balligschleifen *n* / convex grinding, crowning *n*
ballistisches Galvanometer / ballistic galvanometer
Ballmodell *n* / ball model || ~**-Beschreibung** *f* / ball model
Ballon *m* (Lampe) / bulb *n*
Ballradius *m* / ball radius
Ballungs·gebiet *n* / conurbation *n* || ~**zentrum** *n* / built-up area, conurbation *n*
ballwurfsichere Leuchte / unbreakable luminaire, gymnasium-type luminaire
BAM / Federal Institution for Material Testing || ~ **(Bundesanstalt für Materialprüfung)** / German Institution for Materials Testing
BA MDI *m* / MDI mode
Bananenstecker *m* / banana plug, split plug
Band *n* / belt *n* || ~ *n* (Wickelband, Magnetband, Lochstreifen) / tape *n*, bedding tape, hessian tape, cotton tape, binder tape || ~ *n* (Bereich) / band *n* || ~ *n* (Metall) / strip *n* || ~ **ausschalten** / Switch

Bandage 94

OFF Conveyor (switching the conveyor off) || **Elektro~** n / magnetic steel strip || **₂ablösung** f / tape separation || **₂abstand** m (Abstand zwischen Valenzband und Leitungsband im Bändermodell; gemessen in eV) / band spacing || **₂abstand** m / energy gap || **₂ abwickelhaspel** f / decoiling reel
Bandage f / binding band IEC 50(411), banding n, cable reinforcement || **₂ f** (Lüfter) / shroud n, shrouding n || **₂ f** (Zahnrad) / gear rim
Bandagen·draht m / binding wire, tie wire || **₂isolierung** f (Wickelkopf einer el. Masch.) / banding insulation || **₂schloss** n / banding clip || **₂schlussblech** n / banding end fixing strap || **₂schnalle** f / banding clip || **₂unterlage** f / banding underlay || **₂verluste** m pl / band losses
bandagieren v / band v, tie with tape
Bandagiermaschine f / armoring machine
Band·antrieb m / tape drive || **₂antriebsmotor** m (Magnetband) / capstan motor || **LED-₂anzeige** f / LED strip display || **₂anzeiger** m (Leuchtband) / light-strip indicator || **₂belastung** f / load of the belt || **₂beschichten** n (Beschichtungsverfahren) / coil coating || **₂bewehrung** f / STA n || **₂bewicklung** f / tape serving, tape layer, taping n || **₂breite** f / bandwidth n (BLW) || **₂breite Ausblendfrequenz** / skip frequency bandwidth || **₂breite des Filters** / filter bandwidth || **~breitenbegrenzter Betrieb** / bandwidth-limited operation || **₂breite-Verkettungsfaktor** m / bandwidth concatenation factor || **₂bremse** f / band brake, flexible-band brake, strap brake
Bändchenfühler m / strip sensor
Band·diagramm n / band chart || **₂druckpegel** m / band pressure level || **₂eisenbewehrung** f / steel-tape armour || **₂elektrodenschweißen** n / strip electrode welding || **₂eisen** n / steel strip, hoop iron, steel tape || **₂ende** n / conveyor end || **₂endeprogrammierung** f / end-of-line programming
Bänderbildung f / banding n
Banderder m / earth strip, ground strip, strip-conductor electrode
Bänder·modell n / band model || **₂-Silizium** n / sheet silicon || **₂verfahren** n / sheet growth
Band·förderer m / belt conveyor || **₂führung** f / belt guide || **₂generator** m / belt generator, van de Graaff generator || **₂geschwindigkeit** f / speed of the belt || **~gesteuert** adj / tape-controlled adj || **~gezogenes Silizium** / silicon sheet || **₂isoliermaschine** f / taping machine || **₂isolierung** f / tape insulation, taping n, tape serving || **₂kabel** n / ribbon cable, metal strip, flat cable, metal braiding, flat ribbon cable || **₂kante** f / optical absorption edge || **₂kantenenergie** f / band-edge energy || **₂kassette** f / tape cassette || **₂kern** m / strip-wound core, wound strip core, bobbin core, tape-wound core, strip core || **₂klebemaschine** f / strip glueing machine || **₂klemme** f / strip terminal || **₂kupfer** n / copper strip, copper strap || **₂kupplung** f / band coupling, band clutch
Band·lage f / tape layer || **₂lauf** m / belt tracking || **₂laufrichtung** f / direction of belt travel || **₂laufwerk** n / streamer n, magnetic-tape drive || **₂legemaschine** f / tape-laying machine || **₂leitung** f / strip transmission line, stripline n || **₂lücke** f / energy gap || **₂lückenenergie** f / gap energy || **₂marke** f (CLDATA-Wort) / tape mark || **₂maß**

n / tape measure, measuring tape, tape line || **₂material** n / tape (material), slit material || **₂messer** n / band knife || **₂modell** n / belt model || **₂oberkonstruktion** f / steel trusses for utilities || **₂pass** m / band pass || **₂passfilter** n / bandpass filter || **₂passrauschen** n / bandpass noise || **₂plattieren** n / strip cladding || **₂plotter** m / belt plotter || **₂poliermaschine** f / abrasive belt polishing machine || **₂richtmaschine** f / sheet metal straightening machine || **₂riemen** m / flat belt || **₂ringkern** m / strip-wound toroidal core || **₂risswächter** m / tape break monitor || **₂rolle** f / conveyor drum || **₂rücklauf** m (Lochstreifen) / tape rewind, backward tape wind
Band·säge f / belt saw || **₂sägeblatt** n / band saw blade || **₂sägemaschine** f / band saw machine || **₂scheibe** f / pad n (roll of paper slit into appropriate width and diameter) || **₂schlaufe** f / conveyor loop || **₂schleifer** m / belt grinding machine || **₂schleifmaschine** f / belt sander, surface sander, belt grinding machine || **₂schlüssel** f / strap wrench || **₂schreiber** m / strip chart recorder, strip chart recording instrument IEC 258, chart recorder || **₂sicherung** f / streamer n || **₂spannung** f / belt tension n || **₂spannung** f (Wäg.) / brake-band tension || **₂sperre** (BSP) / bandstop filter (BSF), band-stop n || **₂sperre** f / band-stop filter || **₂spule** f / strip-wound coil || **₂stahl** m / steel strip, hoop steel, strip(s) n || **₂stahlbewehrung** f / steel-tape armour || **₂stahlfeder** f / flat steel spring || **₂stahlwehrung** f / steel tape armour || **₂steuerung** f (Lochstreifenst.) / tape control || **₂strahlungspyrometer** n / bandpass pyrometer || **₂straße** f (Fabrik) / conveyorized line || **₂straßensystem** n / conveyor system || **₂strömung** f / laminar flow || **₂stück** n / piece of tape
Band·überlappung f (Frequenzb.) / band overlap || **₂umsetzplatz** m / tape transfer unit, tape copying unit || **₂- und Kontaktschleifmaschine** f / abrasive band grinding machine || **₂verbiegung** f / band bending, energy band bending || **₂vorlauf** m (Lochstreifen) / forward tape wind, tape wind || **₂vorschub** m / tape feed, tape feedrate || **₂waage** f / belt conveyor scale, belt scale, weigh-feeder n, conveyor scales || **₂wächter** m / sliver stop motion || **₂ware** f / strip n || **₂wicklung** f / strip winding, strap winding, strip-wound coil || **₂ziehen** n / ribbon process || **₂ziehverfahren** n / sheet process || **₂zug** m / front tension, tape tension
Bank f / memory bank || **₂ f** (Kondensatoren) / bank n
Bankett n / shoulder n
Bank·garantie f / bank guarantee || **₂hammer** m / cross-pane hammer, fitter's hammer || **₂spesen** plt / bank charges
Bannerwerbung f / banner advertising
BAPI / Business Application Interface (BAPI)
Bar (Manometer) n / bar g n
bar a / bar a n || **~ g** n / bar g n
Barcode m / barcode n || **₂betrieb** m / barcode mode, barcode operation || **₂check** m / barcode check || **₂erkennung** f / barcode identification number || **₂erstellung** f / creating barcode || **₂filter** m / barcode filter || **~freier Bereich (auf LP)** m / barcode-free PCB edge || **₂-Information** f / barcode data, barcode information || **₂-Label** m /

barcode label || ⸿leiste f / barcode strip || ⸿-Lesebetrieb m / barcode reading || ⸿-Lesefenster n / barcode template window || ⸿-Lesekopf m / barcode reading head || ⸿leser m / barcode scanner, barcode reader || ⸿-Leserposition f / bar-code scanner position || ⸿lesestift m / barcode stylus, barcode wand || ⸿schild n / barcode label || ⸿-Terminator m / barcode terminator || ⸿-Vergleich m (Soll- und Ist-Barcode werden auf Übereinstimmung überprüft) / barcode compare
Bare Chips / bare chips || ⸿-Die / bare die (an unpackaged integrated circuit) || ⸿-Die-Bestückung f / bare die placement || ⸿-Die-Ecke / edge of die || ⸿-Die-Größe f / size of bare die || ⸿-Die-Maße / bare die size
Bargraph m / bar graph, bar chart, bar diagram
Barium·ferritmagnet m / barium-ferrite magnet || ⸿fett n / barium-base grease || ⸿sulfat n / barium sulphate, barite n
Barkhausen·-Effekt m / Barkhausen effect || ⸿-Sprung m / Barkhausen jump
Barrette f / barrette n
Barretter m / barretter n
Barriere f / barrier || ⸿ mit Schmelzsicherungsschutz / fuse-protected barrier || ⸿ mit Widerstandsschutz / resistor-protected barrier
Barrieren·-Beseitigungs-Team n / barrier removal team (BRT) || ⸿dichtung f / barrier seal
Barwert der Verlustkosten / present value of cost of losses (GB), present worth of cost of losses (US)
Barytweiß n / barium sulphate, barite n
BAS (Bild-Austast-Synchron-Signal) / picture blanking signal, composite video
basaltschwarz adj / basalt black adj, basaltic black adj
BAS-Ausgang m / picture blanking signal output
BASE / BASE (Base Service)
BASEC / BASEC (British Approvals Service for Electric Cables)
Basic IT MES / Basic IT MES || ⸿ **Line Filter** m / Basic Line Filter || ⸿ **Line Module** n / Basic Line Module
BASIC-Schlüsselwort n / BASIC command
BA-Signal n / picture blanking signal, blanked picture signal
Basis f (Transistor, Impulsabbild) / base n || ⸿ **der Gleitpunktdarstellung** / floating-point radix || ⸿ **der Zahlendarstellung** / radix of number representation || **Nullpunkt** / basic zero point || **aktiver ⸿ableitwiderstand** (TTL-Schaltung) / active pull-down || ⸿achse f / basic axis || ⸿adresse f / base address, start address || ⸿adressenregister n (BR) / base address register (BR) || ⸿anschluss m / base terminal, basic rate access, basic access || ⸿-Antriebsmodul n / basic drive module (BDM) || ⸿anwendung f / basic application || ⸿arbeitseinheit f / basic energy unit || ⸿aufbau m / base assembly || ⸿aufbauten m / basic accessories || ⸿automatisierung f / basic level of automation (control that serves to create or maintain a specific state of a device or a process), basic control (control that serves to create or maintain a specific state of a device or a process) || ⸿bahnwiderstand m (Transistor) DIN 41854 / extrinsic base resistance || ⸿band n / baseband || ⸿band-Antwort f / baseband

response (function) IEC 50(731) || ⸿band-LAN n / baseband LAN || ⸿band-Übertragung f / baseband transmission || ⸿band-Übertragungsfunktion f / baseband transfer function || ⸿-Bedienfeld n / basic operator panel (BOP) || ⸿begrenzer m (Begrenzer, verwendet zur Basisbegrenzung eines Signals) / base limiter || ⸿begrenzung f / base limiting || ~**bezogene Zahl** / based number
basisch adj / basic adj, alkaline adj || ~**umhüllte Stabelektrode** / basic electrode
Basis·-Codierungsregel f / basic encoding rule (BER) || ⸿daten plt / base data, master data || ⸿-Dienst m / basic utility, Base Service (BASE) || ⸿diffusion f / base diffusion || ⸿einheit f (Einheit einer Basisgröße in einem gegebenen Größensystem) / base unit || ⸿-Einheitensystem n / basic unit system || ⸿einstandspreis (BEP) m / base cost || ⸿elektrode f (Transistor) / base electrode || ⸿element n / basic element || ⸿fall m / base case || ⸿frame m / basic frame || ⸿funktion f / base function, basic logic function || ⸿funktionalität f / basic functionality || ⸿funktionen der Betriebsoptimierung f / base functions for optimization of operation for distribution networks || ⸿geber m / base encoder || ~**gekoppelte Logik** (BCL) / base-coupled logic (BCL) || ⸿gerät n / basic device || ⸿gewicht n / base weight || ⸿-Gleichstrom m (Transistor) / continuous base current || ⸿größe f (eine der Größen, die in einer Menge von Größen aufgrund einer Vereinbarung als unabhängig voneinander gelten) / base quantity IEC 50(111) || ⸿größe f (BG) DIN 30798, T.1 / basic dimension (BG) || ⸿größen f / basic indicators || ⸿größenwert m (Impuls) / base magnitude || ⸿hardware f / basic hardware || ⸿isolierung f (die Isolierung von gefährlichen aktiven Teilen, um einen grundlegenden Schutz gegen elektrischen Schlag zu erreichen) / basic insulation || ⸿kanal m / base channel || ⸿komponente f / basic component || ⸿konfiguration f / basic configuration || ⸿-Koordinatensystem n (BKS) / basic coordinate system (BCS) (BCS) || ⸿kriterien n / basic criteria || ⸿kriterium n / basis criteria || ⸿kurve f / basis spline, B-spline n || ⸿layout n / general report layout n || ⸿leistungseinheit f / basic power flow unit n || ⸿leitung f / basic cable || ⸿linie f (Impuls, Diagramm) / base line || ⸿linienkorrektur f / baseline correction
Basis·maschine f / basic machine || ⸿maß n / tool base dimension || ⸿material n / base material || ⸿-Mittellinie f (Impulse, Zeitreferenzlinie) / base centre line || ⸿-Mittelpunkt m (Impuls) / base centre point || ⸿modul n / basic module, basic board || ⸿netz n / backbone network || ⸿-Nullpunktsystem n (BNS) / basic zero system (BZS), basic origin system (BOS) || ⸿objekt n (einfaches Grafikobjekt, z.B. Linie oder Kreis) / simple object || ⸿paket n / base package, basic kit || ⸿periode f (Impulse) / base period || ⸿plan m (CFC-Plan, der nicht in einem anderen Plan eingebaut ist, aber weitere untergeordnete Pläne enthalten kann) / basic chart || ⸿platte f / base plate || ⸿primärgruppe f (Primärgruppe, die das genormte Frequenzband von 60 bis 108 kHz belegt) / basic group || ⸿projekt n (Projektordner

Basküllschloss

im herstellerspezifischen Projektier-Tool, aus dem eine PROFINET-Komponente erstellt wird) / basic project || ~**quartärgruppe** *f* (Quartärgruppe, die das genormte Frequenzband von 8 516 bis 12 388 kHz belegt) / basic supermastergroup || ~**regler** *m* / basic controller || ~**-RSV** / basic RSC || ~**rückwand** *f* (Busrückwand) / primary backplane || ~**satz** *m* / basic block || ~**schaltung** *f* (Transistor) / common base || ~**schrank** *m* (kompletter Schrankaufbau) / basic cabinet || ~**schutzfunktionalität** *f* / base protection functionality || ~**sekundärgruppe** *f* (Sekundärgruppe, die das genormte Frequenzband von 312 bis 552 kHz belegt) / basic supergroup || ~**-15-Sekundärgruppen-Anordnung** *f* (15-Sekundärgruppen-Anordnung, die das genormte Frequenzband von 312 bis 4 028 kHz belegt) / basic 15-supergroup assembly || ~**software** *f* / basic software || **nicht uniformer, rationaler** ~-**Spline** (NURBS) / non-uniform, rational basis spline (NURBS) || ~**station** *f* / basic station || ~**stationssteuerung** *f* / base station controller (BSC) || ~**stecker** *m* / base connector || ~**stecker** *m* (an Baugruppen und Rückwandplatine zur Verbindung mit Rückwand im Baugruppenträger) / backplane connector || ~**strom** *m* (Transistor) / base current || ~**strom** *m* / basic current || ~**system** *n* / basic system (BS), base system (BS) || ~**-Takt** *m* / basic cycle clock || ~**tertiärgruppe** *f* (Tertiärgruppe, die das genormte Frequenzband von 812 bis 2 044 kHz belegt) / basic mastergroup || ~**transformator** *m* / main transformer || ~**transparenz** *f* (E DIN ISO/IEC 8885) / basic transparency || ~**typ** *m* / basic type || ~**variante** *f* / basic version || ~**verarbeitung** *f* / basic processing || ~**versatzwinkel** *m* / basic offset angle || ~**version** *f* / basic version || ~**wert** *m* (der charakteristischen Größe) VDE 0435, T.110 / basic value || ~**zähler** *m* / supporting meter || ~**zeit** *f* / base time || ~**zone** *f* (Transistor) / base region, base

Basküllschloss *n* / espagnolette lock, vault-type lock
BA SM *m* / ITR mode
BASP (Befehlsausgabe sperren) / (command) output disable (o. inhibit)
BAS-Signal *n* / composite video (o. picture signal), composite video signal, picture blanking signal
BA T *m* / J mode
Batch *m* / batch *n* || ~ **Industry Suite** / Batch Industry Suite || ~**fähig** *adj* / with batch capability || ~**fahrweise** *f* / batch operation || ~**-File für die Zielhardware** / batch file for the target hardware || ~**funktion** *f* / batch function || ~**-Kennung** *f* / batch ID || ~**-orientiert** *adj* / batch-oriented || ~**-Prozess** *m* / batch process || ~**-Steuerung** *f* / batch control || ~**verwaltung** *f* / batch management
BATF (Batterieausfall) *m* (Pufferbatterie ist defekt, fehlt oder ist entladen) / battery failure (BATF)
Batist *m* / cambric *n*
Battenfeldmaschine *f* / Battenfeld machine
Batterie *f* / battery *n*, bank *n*, rechargeable battery, secondary battery IEC 50(486), storage battery (US) || ~ *f* (Kondensatoren) / bank *n* || ~ **im Erhaltungsladebetrieb** / floating battery, floated battery || ~ **low** *adj* / battery low || ~ **mit schmelzflüssigen Elektrolyten** / molten salt battery || ~ **abdeckung** *f* / battery cover || ~**ausfall** *m* (BAU Meldung) / battery low signal || ~**ausfall**

m (BAU) / battery failure (BATF), battery low || ~**ausfall-Anzeige** *f* / battery low LED (BATT LOW LED) || ~**betrieb** *m* (Lade-Entladebetrieb) / cycle operation || ~**betrieb** *m* (Speisung v. Batterie) / operation from battery, battery supply || ~**betriebenes Gerät** / battery-powered appliance
Batterie·einschub *m* / battery box, battery compartment || ~**fach** *n* / battery box || ~**fach** *n* (SPS-Geräte) / battery compartment || ~**fahrzeug** *n* / battery-operated vehicle || ~**fehler (BAF)** *m* (Pufferbatterie ist defekt, fehlt oder ist entladen) / battery low *n*
batterie·gepuffert *adj* / battery-backed *adj*, battery-maintained *adj* || ~**gespeistes Gerät** / battery-powered appliance || ~**gestützte Stromversorgung** / battery back-up, battery stand-by supply
Batterie·halterclip *m* / battery clip || ~**haube** *f* / battery cover || ~**käfig** *m* / battery cradle || ~**kasten** *m* / battery box, battery compartment || ~**-Kleinladegerät** *n* / small battery charger || ~**ladegerät** *n* / battery charger || ~**ladungswarnlicht** *n* / battery charge warning light || ~**lampe** *f* / battery lamp || ~**los gepuffertes RAM** / non-volatile RAM || ~**modul** *n* / battery module (battery for long-term backup of data) || ~**pufferung** *f* (Stromversorgung) / battery backup, battery stand-by supply, backup supply, floating operation || ~**raum** *m* / battery room || ~**säure** *f* / accumulator acid || ~**spannung** *f* / battery voltage || ~**sparschaltung** *f* / battery economy circuit || ~**stand** *m* / battery base || ~**träger** *m* / battery crate || ~**trog** *m* / battery tray || ~**überwachung** *f* / battery monitoring || ~**versorgung** *f* / battery power supply || ~**warnanzeiger** *m* / battery warning indicator
BAU (Batterieausfall) / battery low signal, battery failure, battery low
Bau·anforderung *f* / standard requirement for construction || ~**anforderungen** *f pl* VDE 0660,T. 200 / standard conditions for construction IEC 337, constructional requirements, standard requirements for construction || ~**angaben** *plt* / constructional data || ~**art** *f* DIN 41640 / type *n* IEC 512-1, design *n*, model *n*, type of design, type of construction, type *n* || **Steckverbinder-**~**art** *f* / connector type || ~**-artgeprüft** / type tested *v* || ~**artkurzzeichen** *n* / design code *n* || ~**artnorm** *f* DIN 41640 / detail specification IEC 512-1 || ~**artprüfung** *f* (Qualifikationsprüfung im Hinblick auf ein materielles Endprodukt, bestehend aus Entwurfsprüfung und Typprüfung) / type test, inspection testing, in-service testing, pattern approval testing || ~**artzulassung** *f* / type approval, conformity certificate || ~**artzulassung** *m* / auxiliary structure || ~**bestimmungen** *f pl* (Gebäude) / building construction code, construction code || ~**bestimmungen** *f pl* (Geräte) / constructional requirements || ~**blech** *n* / structural sheet steel, structural steel plate || ~**breite** *f* / construction width, overall width, width *n*, mounting width
Bauch *m* (Schwingungsb.) / antipode *n* || ~**seite** *f* / convex side || ~**-Transformator** *m* / Bauch transformer, neutral compensator
Baud *n* (Bd Einheit f. Datenübertragungsrate) / baud *n*

Baudot-Telegrafie *f* / Baudot telegraphy
Baudrate (Bd) *f* / baud rate
Bau·einheit *f* / unit *n*, assembly *n*, sub-assembly, basic unit, modular unit || ⟶**einheit** *f* (Hardware) DIN 44300 / physical unit || ⟶**einheit** *f* VDE 0660, T.500 / constructional unit IEC 439-1
Bauelement *n* / component *n*, element *n*, unit *n* || ⟶ **für Oberflächenbestückung** / surface-mounting device (SMD) || ⟶ **messen (BE messen)** / Measure Component || ⟶ **prüfen (BE prüfen)** / Check Component || ⟶ **testen (BE testen)** / Test Component || **elektrostatisch gefährdetes** ⟶ (EGB) / component sensitive to electrostatic charge || **ladungsgefährdetes** ⟶ / component sensitive to electrostatic charge, electrostatic sensitive device(s) (ESD) || **oberflächenmontiertes** ⟶ / surface-mounted device (SMD) || ⟶**-Abdeckung (BE-Abdeckung)** *f* / component cover || ⟶**-Abmessungen (BE-Abmessungen)** *f* / component dimensions || ⟶**-Anschluss (BE-Anschluss)** *m* / component connection || ⟶**-Beinchen (BE-Beinchen)** *n* / component lead || ⟶**-Beschreibung (BE-Beschreibung)** *f* / component description || ⟶**-Bezeichnung (BE-Bezeichnung)** *f* / component designation || ⟶**-Breite (BE-Breite)** *f* (Außenmaß eines Bauelementes Körperbreite + Beinchen) / component width || ⟶**-Bump (BE-Bump)** *m* / solder bump (round solder ball bonded to the pads of components and subsequently used for face-down bonding techniques) || ⟶**-Drehung (BE-Drehung)** *f* / component turning
Bauelemente, elektrische und elektronische ⟶**e für Werkzeugmaschinen** / electrical and electronical components for machine tools || ⟶**-Abwurf (BE-Abwurf)** *m* / component reject || ⟶**antrag** *m* / component application || ⟶**-Aufnahme (BE-Aufnahme)** *f* / component pick-up || ⟶**-Aufnahme/ Bestückung** *f* / component pick-up/placement || ⟶**-Barcode (BE-Barcode)** *m* / component barcode (CO-BC) || ⟶**-Barcodeverifier (BE-Barcodeverifier)** *m* / component barcode verifier || ⟶**-Bereitstellkapazität (BE-Bereitstellungskapazität)** *f* / component feeder capacity || ⟶**-Bereitstellung (BE-Bereitstellung)** *f* / component supply || ⟶**-Bereitstellungstisch** *n* / feeder table || ⟶**bestückung** *f* / component assembly || ⟶**-Bibliothek (BE-Bibliothek)** *f* / component library || ⟶**-Datei (BE-Datei)** *f* / component file || ⟶**-Dichte** *f* / component density, density of components || ⟶**-Editor (BE-Editor)** *m* / component editor || ⟶**-Entsorgungsband (BE-Ensorgungsband)** *n* / component disposal conveyor || **~freier Führungsrand (BE-freier Führungsrand)** / component-free PCB handling edge || ⟶**freigabe** *n* / release of components || ⟶**-Gebinde (BE-Gebinde)** *n* / component container || ⟶**-Gurt** *m* / component tape || ⟶**-Information (BE-Information)** *f* / component data || ⟶**-Kamera** / component camera || ⟶**-Kamerasystem (BE-Kamerasystem)** *n* / component camera system || ⟶**-Kontrolle (BE-Kontrolle)** *f* / component inspection || ⟶**-Kriterien (BE-Kriterien)** *n* / component criteria || ⟶**-Lageerkennung (BE-Lageerkennung)** *f* / component position recognition || ⟶**-Lieferant** *m* / component supplier

Bauelemente·-Programmierung (BE-Programmierung) *f* / component programming || ⟶**-Rüstkapazität (BE-Rüstkapazität)** *f* / component set-up capacity || ⟶**-Rüstung (BE-Rüstung)** *f* / component set-up || ⟶**-Sachnummer (BE-Sachnummer)** *f* / component item number || ⟶**-Spektrum (BE-Spektrum)** *n* / component range || ⟶**-Spur** *f* (Spur eines Förderers) / component-feeder track || ⟶**stecker** *m* / component connector || ⟶**-Test (BE-Test)** *m* / component test || ⟶**-Tisch (BE-Tisch)** *m* (Teil eines Bauelemente-Wechseltisches) / feeder table || ⟶**- und Gehäuseformbibliothek** / library for components and geometric forms || ⟶**-Verbrauch** *m* / component consumption || ⟶**-Verpackungsform (BE-Verpackungsform)** *f* / component packaging style || ⟶**-Vielfalt (BE-Vielfalt)** *f* / diversity of components || ⟶**-Visionmodul (BE-Visionmodul)** *n* / component vision module || ⟶**-Visionsystem (BE-Visionsystem)** *n* / component vision || ⟶**-Vorratshaltung (BE-Vorratshaltung)** *f* / component supply || ⟶**-Wechseltisch (BE-Wechseltisch)** *m* / changeover table || ⟶**-Zentrierung (BE-Zentrierung)** *f* / component centering || ⟶**-Zuführmodul (BE-Zuführmodul)** *m* / component feeder module || ⟶**-Zuführung (BE-Zuführung)** *f* / component feeding
Bauelement·-Form (BE-Form) *f* / component package form || ⟶**-Größe (BE-Größe)** *f* / component size || ⟶**-Höhe (BE-Höhe)** *f* / component height || ⟶**-Länge (BE-Länge)** *f* (Außenmaß eines Bauelementes Körperlänge + Beinchen) / component length || ⟶**-Maße (BE-Maße)** *n pl* / component dimensions || ⟶**-Mitte (BE-Mitte)** *f* / centre of the component || **~spezifischer Bestückkopf** *m* / component-specific placement head || ⟶**-Struktur (BE-Struktur)** *f* / component structure || ⟶**-Transportzeit (BE-Transportzeit)** *f* / component transport time || ⟶**-Typ (BE-Typ)** *m* / component type || ⟶**-Umriss (BE-Umriss)** *m* / component outline || ⟶**-Zuführlage (BE-Zuführlage)** *f* / component feeding position
Bau·entwurf *m* / construction design || ⟶**faktor** *m* / design factor || ⟶**farbenhersteller** *m* / paint manufacturers for the building industry
Bauform *f* / type *n*, type of design, DIN 41640 style *n* IEC 512-1, frame size *n* || ⟶ *f* (el. Masch.) / type of construction || ⟶ *f* / model *n* || ⟶ *f* / type *n*, design || ⟶ **Einbau** / chassis type of construction, chassis type unit || ⟶ **Kompakt** / compact type of construction, compact type unit || ⟶ **Kompakt PLUS** / compact PLUS type unit, compact PLUS type of construction || **Steckverbinder-**⟶ *f* / connector style
Bau·gelände *n* / project site, building site || ⟶**größe** *f* / size *n* || ⟶**größe** *n* / frame size, frame number || ⟶**größe/Achshöhe bei Motoren** / frame size/shaft height of motors || **geringe** ⟶**größe** / small physical size || ⟶**grundstabilisierung** *f* / ground stabilization || ⟶**grundverbesserung** *f* / soil improvement, ground improvement || ⟶**grundverfestigung** *f* / soil stabilization
Baugruppe *f* / subassembly *n*, module *n*, hardware module, assembly group, part assembly, unit *n*, assembly *n*, module *n* || ⟶ *f* (BG) / module *n*, submodule *n*, assembly *n*, board *n*, card *n*, PCB || ⟶ *f* (Hardware-Modul) / module *n*, hardware

module || ⚲ ƒ (Ventilbauelement-Säule) / stack n ||
⚲ ƒ (Hardware-B., Leitt., MC-Systeme) / module n,
card n || ⚲ ƒ (Leiterplatte) / printed circuit board
(PCB), board n || **neue** ⚲ **auswählen** / select new
module || ⚲ **defekt** / module defective, board
defective || ⚲ **Messeingang für Synchronisierung/
Messumformung** / synchronization/signal
conversion input || ⚲ **Zentrale Steuerung**
(Baugruppe ZST) / central control unit, ZST
module, central control unit || ⚲ **ZST** (Baugruppe
Zentrale Steuerung) / central control unit, ZST
module || **doppelbreite** ⚲ / double-width module,
double-width PCB || **gemischte** ⚲ / mixed I/O
module || **intelligente** ⚲ / technology module,
technology board, intelligent I/O module ||
signalvorverarbeitende ⚲ / IP || ⚲**/Kanal** m /
module/channel
Baugruppen doppelseitig lackiert / modules
varnished on both sides || ⚲**adresse** ƒ / module
address || ⚲**adressierung** ƒ / board addressing,
module addressing || ⚲**anfangsadresse** ƒ / module
start address, module starting address || ⚲**art** ƒ /
module type || ⚲**aufnahme** ƒ / mounting rack, rack
n || ⚲**aufnehmer** m / module rack, module cage ||
⚲**belegung** ƒ / board assignment || ⚲**beschreibung**
ƒ / module description || ⚲**breite** ƒ / module width ||
⚲**code** ƒ / module code || ⚲**codierung** ƒ / coding of
modules || ⚲**daten** ƒ / module data || **hohe** ⚲**dichte** /
high number of channels || ⚲**einführung** ƒ / PCB
insertion || ⚲**-Fabrikat** n / PPN n || ⚲**fehler** m /
module error, module fault || ⚲**-Interrupt** m /
module interrupt || ⚲**kapsel** ƒ / module holder ||
⚲**kennung** ƒ / module coding, module ID ||
⚲**kennung** ƒ / module identifier (identifier for the
type of module) || ⚲**konfiguration** ƒ / module
configuration, board configuration || ⚲**lackierung**
ƒ / board varnish || ⚲**liste** ƒ / board list || ⚲**magazin**
n / cartridge n, cassette n || ⚲**montage** ƒ / module
mounting, module assembly || ⚲**name** m / module
name || ⚲**niederhalter** m / module holding-down
device || ⚲**nummer** ƒ / module number || ⚲**- oder
Geräteabgleich** / module or device calibration
Baugruppen·parameter m / module parameter ||
⚲**pfad** m / module path || ⚲**plattform** ƒ / circuit
board platform || ⚲**redundanz** ƒ (eine Baugruppe
wird zur Verfügbarkeitserhöhung mit einer
weiteren, identischen Baugruppe redundant
betrieben) / module redundancy || ⚲**reset** n /
module reset || ⚲**spektrum** n / module range ||
⚲**spezifikation** ƒ / module specification ||
⚲**steckplatz** m / module slot || ⚲**-
Störungsanzeigelogik** ƒ / module fault indication
logic || ⚲**strukturierung** ƒ / module configuration ||
⚲**tabelle** ƒ / module table || ⚲**tausch** m / board
exchange, module exchange || ⚲**technik** ƒ
(Modultechnik) / modular design, modular system
|| ⚲**test** m / module test || ⚲**träger** m / module
carrier, module frame, subassembly support ||
⚲**träger** m (SPS-Geräte, Tragschiene) / mounting
rack, mounting rail || ⚲**träger** m (offenes Gestell) /
mounting rack, rack n, rack n (component used for
the mechanical and electrical interconnection of
modules) || ⚲**träger** m DIN 43350 / subrack n, card
rack || ⚲**träger CR2** m / CR n || ⚲**einschiebbarer
träger** / insert n || ⚲**trägerfehler** m / module base
error || ⚲**trägerzeile** ƒ / subrack tier || ⚲**treiber** m /
module driver || ⚲**typ (EFE)** m / board type (EFE)

|| ⚲**übersicht** ƒ / module overview || ⚲**zeichnungen**
ƒ / module drawings || ⚲**zusammensetzung** ƒ /
printed circuit board composition || ⚲**zustand** m /
module status
Bau·höhe ƒ / overall height, mounting height, height
n || ⚲**industrie** ƒ / construction industry || ⚲**jahr** n /
year of manufacture, year of construction, date of
manufacture, date of build || ⚲**kasse** ƒ / site
cashier's office || ⚲**kasten** m / modular system ||
⚲**prinzip** n / modular design principle ||
⚲**kastenstückliste** ƒ / one-level bill of material,
quick-stock n || ⚲**kastensystem** n / modular
system, building-block system, unitized
construction (system), modular design, system
component, building block system || ⚲**kran** m /
erection crane || ⚲**länge** ƒ / overall length ||
⚲**leistung** ƒ / design rating || ⚲**leistung** ƒ (SR-
Trafo) / nominal power || ⚲**leiter** m / site manager,
superintendent of work, supervisory engineer,
resident engineer || ⚲**leitung** ƒ / site management,
project superintendent's office, office of the
resident engineer
baulicher Hohlraum IEC 50(826), Amend. 2 /
building void
Baum m (Netzwerk) / tree n || **Kabel~** m / cable
harness || ⚲**ansicht** ƒ (Ansicht einer Liste, deren
Inhalt hierarchisch strukturiert ist) / tree view
Baumarkt / DIY supermarket
baumartiges Netz n / tree network
Bau·maschine ƒ / construction machine || ⚲**maß** n /
boundary dimension, installation dimension
Baumbezeichner m / tree identifier
Bäumchenbildung ƒ / electrocheimical treeing,
carbon tracking, electrical tree with water treeing,
water tree, electrical treeing, treeing
Baum·darstellung ƒ / tree structure || ⚲**einhängung**
ƒ / tree attachment || ⚲**fenster** n / tree window ||
⚲**knoten** n / tree node || ⚲**kopf** m / tree header ||
⚲**netz** n (ein Netz mit genau einem Pfad zwischen
je zwei Knoten) / tree network || ⚲**notation** ƒ / tree
notation || ⚲**struktur** ƒ / tree topology, tree
structure || **mehrfach verzweigte** ⚲**struktur** / root
branching tree topology || ⚲**topologie** ƒ / tree
topology
Baumuster n / model n, mark n, prototype n, type
sample, version n || **~geprüft** adj / type-tested adj ||
⚲**-Kennzeichen** n / model identification, mark
number || ⚲**prüfbescheinigung** ƒ / type test
certificate, special test certificate || ⚲**prüfung** ƒ /
prototype test, type examination
Baumwoll·band n / cotton tape || ⚲**gewebe** n / cotton
fabric || ⚲**gewebe** n (Batist) / cambric n || ⚲**papier**
n / cotton paper
Bau·pläne m / assembly plans || ⚲**planung** ƒ /
planning n || **~reife Planung** / final design
Baureihe ƒ / range n, type series, line n, series n || ⚲
aufeinander abgestimmter Kombinationen /
series of compatible assemblies || ⚲ **BB
Biegerbalken** / type BB bending beam || ⚲ **CC
Druckkraft** / type CC can compression cell || ⚲ **K
Druckkraft** / type K can cell || ⚲ **RC Biegering** /
type RC ring cell || ⚲ **RH Biegesteg** / type RH ring
cell || ⚲ **RS Biegesteg** / type RS ring cell || ⚲ **SB
Scherstab** / type SB shear beam || ⚲**SP Single-
Point** / type SP single-point cell || ⚲ **UC Zug/
Druck** / type UC universal cell || ⚲
zusammenpassender Baustromverteiler EN 60

439-4 / series of compatible assemblies for construction sites
BA REF / REF mode
Bausatz *m* / assembly kit, kit *n*, installation kit, inated wiring || ℒ **für Stern-Dreieck-Kombination** / installation kit for star-delta combination || ℒ **für Wendekombination** / installation kit for reversing combination || ℒ **für YD Kombination** / installation kit for star-delta combination || ℒ **Schlauchanschluss** / hose connection kit
Bauschaltplan *m* / wiring layout || ℒ **für Anschlussleisten** / terminal diagram IEC 113-1, terminal connection diagram || ℒ **für externe Verbindungen** / interconnection diagram IEC 113-1, external connection diagram || ℒ **für Kabelverbindungen** / interconnection diagram IEC 113-1, external connection diagram
bauseitig beigestellt / provided by civil-engineering contractor, provided by customer, supplied by others
Bau·spannung *f* VDE 0712,102 / design voltage IEC 458 || ℒ**stahl** *m* / structural steel, structural shapes, structural sections
Baustein *m* / module *n*, building block || ℒ *m* (PLT, SPS) / block *n*, software block || ℒ *m* (Programmbaustein) DIN 19237 / module *n* || ℒ *m* (Chip) / chip *n* || ℒ *m* (Mosaikbaustein) / tile *n* || ℒ **Auswahl** / block selection || ℒ **bearbeiten** / Edit block || ℒ **mit Gedächtnis** (Instanzdaten) / instance data block, retentive block || ℒ **öffnen** / open block || ℒ **ohne Gedächtnis** / non-retentive block || **interner** ℒ / internal module || **Text~** *m* / standard text || ℒ**adresse** *f* / block address || ℒ-**Adressenliste** *f* / block address list || ℒ-**Adressliste** *f* / block address list || ℒ**anfang** *m* / block start || ℒ**anfangsregister** *n* / block starting address register || ℒ**anzahl** *f* / number of blocks || ℒ**art** *f* / block type || ℒ**attribut** *n* / block attribute || ℒ**aufruf** *m* / block call || ℒ**aufruf, bedingt** DIN 19239 / conditional block call || ℒ**aufruf, unbedingt** / unconditional block call || ℒ**aufrufoperation** *f* / block call operation, block call instruction || ℒ**aufrufverschachtelung** *f* / block call nesting || ℒ**ausgabe** *f* / block version || ℒ-**Ausschlussliste** *f* / block exclusion list || ℒ-**Ausschlussliste erstellen** / create block exclusion list || ℒ**auswahl** *f* DIN 44476, T.2 / chip select (CS) || ℒ**auswahl-Eingang** *m* / chip select input
Baustein·bearbeitung *f* / block processing || ℒ**bezeichnung** *f* / block designation || ℒ**bibliothek** *f* (Softwarepaket mit nach gemeinsamen Merkmalen zusammengefassten Bausteintypen, wird über das ES installiert) / function block library || ℒ**bibliothek** *f* / program library || ℒ**breite** *f* (Modul) / module width || **in ladbare** ℒ**e übersetzen** / compile into loadable blocks || ℒ**e vergleichen - Details** / compare blocks - details || ℒ**e vergleichen - Ergebnisse** / block comparison - results || ℒ**eigenschaft** *f* / block property || ℒ**ende** *n* (BE) / block end (BE) || ℒ**ende absolut** (BEA) / unconditional block end (BEU) || ℒ**ende bedingt** (BEB) / conditional block end (BEC) || ℒ**endeoperation** *f* / block end operation || ℒ**fehler** *m* / block error || ℒ**feld** *n* / module panel || ℒ**freigabe** *f* (Chip) / chip enable (CE) || ℒ**funktion** *f* / component function || ℒ**grenze** *f* / block

boundary || ℒ**gruppe** *f* / block group || ℒ**hülse** *f* / block shell
Baustein·katalog *m* / block catalog || ℒ**kette** *f* / block sequence || ℒ**kommentar** *m* / block comment || **programmierbare** ℒ**kommunikation** (PBK) / programmable block communication (PBC) || ℒ**konzept** *n* / building-block concept || ℒ**kopf** *m* / block header || ℒ**länge** *f* / block length || ℒ**liste** *f* / block overview || ℒ**liste** *f* / block list, list of program blocks || **~lokale Daten** / local block data || **~lokale Symbolik** / local to block symbols || ℒ**name** *m* / block name || ℒ**nummernband** *n* / block number range || ℒ**nummernfehler** *m* / incorrect block number || **~orientiertes Ablaufmodell** / block-oriented execution model || ℒ**paket** *n* / block package || ℒ**parameter** *m* / block parameter || ℒ**prinzip** *n* / modular system, building-block system, unitized construction (system), modular design principle || **modulares** ℒ**prinzip** / modular design prinicple || ℒ**puffer** *m* / block buffer || ℒ**reihe** *f* / modular range || ℒ**rumpf** *m* / block body || ℒ**schieben** *n* / block shift || ℒ**sperre** *f* / chip inhibit
Baustein-Stack *m* (beinhaltet die Rücksprungadressen und die Datenbausteinregister bei Bausteinaufrufen) / BSTACK
Bausteinstack *n* (B-Stack) / block stack (B stack) || ℒ-**Inhalt** *m* / block stack contents || ℒ-**Pointer** *m* / block stack pointer || ℒ-**Überlauf** *m* / block stack overflow
Baustein·stapelspeicher *m* / block stack || ℒ**struktur** *f* / block structure, block configuration || ℒ**symbol** *n* / block icon || ℒ**system** *n* / modular system, building-block system, unitized construction (system) || ℒ**technik** *f* / modular construction (o. design) || **~temporäre Daten** / temporary local data || ℒ**turm** *m* / module tower || ℒ**typ** *m* / block type, type of block || ℒ**typimport** *m* / block type import || ℒ**übersicht** *f* / block overview || ℒ**umsetzung** *f* / block conversion || ℒ**version** *f* / block version || ℒ**verteiler** *m* / modular distribution board, unitized distribution board, modular panelboard || ℒ**vorlage** *f* / block template || ℒ**wechsel** *m* / block change
Baustelle *f* / worksite *n*, building site, construction site, site *n*, project site
Baustellen·abnahme *f* / field acceptance test || ℒ**änderungsdatei** *f* / site modification file || ℒ**anlage** *f* / building site installation, construction site installation || ℒ**einrichtung** *f* / mobilization of job site, job site mobilization, site plant || ℒ**einrichtung und Baustellenräumung** *f* / job site mobilization and demobilization || **fabrikfertige Schaltgerätekombination für** ℒ**gebrauch** *f* / factory-built assembly of l.v. switchgear and controlgear for use on worksites (FBAC) || ℒ**leiter** *m* / site manager, superintendent of work, supervisory engineer, resident engineer || ℒ**modul** *n* / site module || ℒ**programm** *n* / site program (PROBAU Programm-Modul) || ℒ**prüfung** *f* / site test, field test || ℒ**räumung** *f* / job site demobilization, job site clearing, demobilization of job site, clearing of job site || ℒ**straße** *f* / site road || ℒ**verantwortlicher** *m* / site manager || ℒ**version** *f* / site version || ℒ**verteiler** *m* / job site distribution panel || ℒ**verteiler** *m* /

Bau

distribution board for construction sites, low-voltage switchgear and control gear assembly for construction sites (ACS) EN 60 439-4, worksite switchgear assembly || ⁓**verteilertafel** *f* / site distribution panel
Bau·stoffmaschine *f* / construction material machine || ⁓**straße** *f* / temporary road || ⁓**stromversorgung** *f* / construction site supply, worksite electrical supply || ⁓**stromverteiler** *m* (BV) / distribution board for construction sites, low-voltage switchgear and control gear assembly for construction sites (ACS) EN 60 439-4, worksite switchgear assembly || ⁓**stufe** *f* / stage *n*
Bauteil *n* / unit *n*, element *n* || ⁓ *n* (Bauelement) / component *n*, part *n*, member *n*, component *n* || ⁓ *n* (Baugruppe) / assembly *n*, subassembly *n* || ⁓ *n* (metallgekapselte SA, z.B. Schalter, Sicherung, Wandler, Sammelschiene) VDE 0670, T.6 / component *n* IEC 298 || ⁓ *n* VDE 0660,T.107 / constructional element IEC 408 || **vorgefertigtes** ⁓ / preassembled component || **elektrostatisch gefährdete** ⁓**e** (EGB) / component sensitive to electrostatic charge || ⁓**eabkündigung** *f* / component discontinuation || ⁓**ehandling** *n* / component handling || ⁓**esatz** *m* / kit *n*, assembly *n*, mounting set, assembly set, installation kit || ⁓**eseite** *f* / components side || ⁓**gruppe** *f* / assembly *n*, sub-assembly *n*, unit *n* || ⁓**haltbarkeit** *f* / component durability || ⁓**kontrolle** *f* / component inspection || ⁓**pin** *m* / component pin || ⁓**seite** *f* / component side || ⁓**toleranz** *f* / component tolerance
Bau·tiefe *f* / overall depth || ⁓**volumen** *n* (Gerät) / unit volume, volume, construction volume || ⁓**vorschriften** *f pl* (Hochbau) / building regulations || ⁓**vorschriften** *f pl* (el. Gerät) / design requirements || ⁓**weise** *f* / construction *n*, design *n* || ⁓**weise** *f* / equipment practice || **weise des Gebäudes** *f* (EN 721-3-3) / construction of building || **unempfindliche** ⁓**weise** / ruggedized construction || ⁓**werk** *n* DIN 18201 / structure *n* || ⁓**zeichnung** *f* / building drawing, civil-engineering drawing
BAV (Bestell- und Abrechnungsverkehr) / ordering and invoicing || ⁓ (**Bestell- und Abrechnungsverfahren**) / BAV ordering and accounting procedures || ⁓**-Richtlinien (Richtlinien für Bestell- und Abrechnungsverfahren)** / Guidelines for ordering and accounting procedures
BA-Wahlschalter *m* / mode selector switch
Bayerisches Kompetenznetzwerk für Mechatronik (BKM) / BKM
Bayessches Prinzip / Bayes principle || ⁓ **Risiko** / Bayes risk
BAZ (Bearbeitungszentrum) / machining centre, machining center
BB (betriebsbereit) / ready, operational, ready to run, ready for service
B&B (Bedienen und Beobachten) / operator interface
BBD / bucket-brigade device (BBC)
B-Betrieb *m* / class B operation
B+B-Gerät *n* (Bedien- und Beobachtungsgerät) / operator control and monitoring equipment, HMI device
BBiG (Berufsbildungsgesetz) *n* / Vocational Training Law
B-Bild *n* (Ultraschallprüfung) / B scan
B&B-Station *f* / HMI station

Bbus / Bati-Bus, Bbus
BC / office computer, business computer (BC) || ⁓ *m* (Kurzform für Barcode) / barcode *n*
BCB / BCB (block conversion buffer)
BCC (Block Check Character) *m* / BCC (block check character)
BCD (binär codierter Dezimalcode, binär codierte Dezimalzahlen) / binary decimal code, BCD (binary coded decimal) || ⁓ (**binär-codierte Dezimalzahl**) *f* / BCD (binary-coded decimal) *n* || ⁓**-Binär-Wandelung** *f* / BCD/binary conversion || ⁓**-Code** *m* / BCD code, binary-coded decimal code || ⁓**-Code in DUAL-Code umwandeln** / transform BCD code into dual code || ⁓**-codiert** *adj* / BCD coded, BCD, binary coded decimal || ⁓**-Format** *n* / BCD format || ⁓**-Umsetzbaustein** *m* / BCD converter block || ⁓**-Zahl** *f* / BCD number || **5-ziffrige** ⁓**-Zahl** *f* (EN 60870-5-4) / 5 digit BCD integer
BCF / BCF (block conversion file)
BCI / Bati-Bus Club International (BCI)
BCL / base-coupled logic (BCL)
BCM *n* / Bus Converter Module (BCM)
BCR / byte count register (BCR) || **BCR** / BCR (binary counter reading)
BCS *n* / Background Condition Screening (BCS) || ⁓ *n* / batch control system (BCS)
Bd / baud *n* || ⁓ (**Baudrate**) *f* / baud rate
BDAU / BDAU (binary data acquisition unit)
BDB (Branchen-Development-Board) / sector development board
BDC / background debug controller (BDC)
BDE / production data acquisition (PDA), factory data collection || ⁓ (**Betriebsdaten-Erfassungssystem**) *n* / PDA (production data acquisition system) || ⁓ **-Daten** *plt* / operating data *n* || ⁓**-Station** *f* / PDA terminal, shopfloor terminal, remote terminal unit (RTU) || ⁓**-Terminal** *m* / PDA terminal
BDIS (Betriebsdaten-Informationssystem) / PDIS (production data information system)
BDL / BDL (BackDownLeft)
BDM / Background Debug Mode (BDM)
BDR / BDR (BackDownRight)
BDSG (Bundesdatenschutzgesetz) *n* / Federal Data Protection Act *n*
BE (Bausteinende) / BE (block end) || ⁓ *n* (binärer Eingang) / BI, binary input || ⁓ (**Bauelement**) *n* (Kurzform für Bauelement) / part *n* || ⁓ **auslassen** / Omit Component || ⁓ **darstellen** / Display Component || ⁓ **messen (Bauelement messen)** / Measure Component || ⁓ **prüfen (Bauelement prüfen)** / Check Component || ⁓ **testen (Bauelement testen)** / Test Component
BEA (Bausteinende absolut) / BEU (unconditional block end)
BE·-Abdeckung (Bauelement-Abdeckung) *f* / component cover || ⁓**-Abmessungen (Bauelement-Abmessungen)** / component dimensions || ⁓**-Abwurf (Bauelemente-Abwurf)** *m* / component reject
Beachten Sie folgendes: / Please observe the following:
Beachtung *f* / compliance *n*
Beans API / Beans API
BE-Anschluss (Bauelement-Anschluss) *m* / component connection

Beanspruchbarkeit f / stressability n, load capability || ⸨sfeststellung f IEC 50(191) / step stress test
beanspruchen v (elastisch) / stress v || ~ v (verformend) / strain v
beanspruchendes Moment / torque load
beansprucht, hoch ~ / heavy duty
Beanspruchung f / stress n, load n, loading n, stress n || ⸨ f DIN 41640, Prüfling / conditioning n IEC 512-1 || ⸨ f (verformend) / strain n || ⸨ f / stress n || ⸨ f (elastisch) / stress n || **für normale** ⸨ / for normal use || **Isolations~** f / insulation stressing || **mechanische** ⸨ / mechanical loading, mechanical strength, mechanical stress || **Prüfung mit stufenweiser** ⸨ / step stress test || **elektrische** ⸨ / electrical stress
Beanspruchungs·analyse f / stress analysis || ⸨beginn m / beginning of stress || ⸨hypothese f / theory of failure || **seismische** ⸨**klasse** / seismic stress class || ⸨kombination f / load combination || ⸨modell n IEC 50(191) / stress model || ⸨profil n / load profile || ⸨zyklus m DIN 40042 / stress cycle
beanstandet adj / non-conforming adj
Beanstandung f / complaint n, objection n, claim n, point(s) objected to || **Freigabe ohne** ⸨ / unconditional release
Beanstandungs·code m / non-conformance code || **~freie Bemusterung** / positive sampling || ⸨management n / complaint management || ⸨meldung f / complaint message || ⸨mitteilung f / nonconformance report, nonconformance notification || ⸨schreiben n / nonconformance letter || ⸨zettel m / nonconformance note
BE-Anträge m / component request
Beantworter m / responder n (station transmitting a specific response to a message received over a data highway)
bearbeitbar adj (spanend) / machinable adj || ~ adj (spanlos) / workable adj
Bearbeitbarkeit f (spanend) / machinability n || ⸨ f (spanlos) / workability n
bearbeiten v / edit v, service v, scan v || ~ v (behandeln) / treat v || ~ v (Programm) / process v, execute v || ~ v (spanlos) / work v, shape v, treat v || ~ v (spanend) / machine v || ⸨ n (Bestücken oder Kleben, je nach Maschinentyp) / processing n, Processing PCB || **abbrechen** / Abort Processing PCB || **anhalten** / Stop Processing || ⸨ **fortsetzen** / Continue processing
Bearbeiter m / processed by, person processing, author n, editor n, name n || ⸨platznummer (BPL) f / processor identification N.
bearbeitete Fläche / machined (sur)face
Bearbeitung f (Programm) / processing n, execution n || ⸨ f / machining n || ⸨ **anhalten** / stop machining, stop processing || ⸨ **programmieren** / program machining || ⸨ **simulieren** / simulate machining || ⸨ **starten** / start machining || **2 1/2 D-**⸨ / 2 1/2 D machining || **3-Achs-**⸨ f / 3-axis machining || **5-Achs-**⸨ f / 5-axis machining || **mäanderförmige** ⸨ / meander-shaped machining || **spanabhebende** ⸨ / machining n, stock removal || **spiegelbildliche** ⸨ / mirroring n, symmetrical inversion, axis control in mirror-image mode || **zeitgesteuerte** ⸨ / time-controlled program scanning, time-controlled program execution, time-controlled program processing

Bearbeitungs·ablauf m / machining sequence || ⸨abschnitt m / processing section, machining section, stage, processing stage || ⸨achse f / machining axis || ⸨aggregat n / machining unit || ⸨anforderung f / machining requirement || ⸨angaben plt / machining data || ⸨anweisung f / machining instruction || ⸨anzeige f / display of execution || ⸨art f / machining type || ⸨aufgabe f / machining task || ⸨ausschnitt m / machining section, processing section || ⸨auswahl f / machining selection || ⸨baustein m / processing block || ⸨bereich m / machining range || ⸨bereichseingabe f / machining range input || ⸨bewegung f / machining motion || ⸨block m / machining block || **falsche Reihenfolge im** ⸨**block** / incorrect sequence in machining block || ⸨daten f / machining data, handling data || ⸨datum n / editing date || ⸨dauer f / machining time || ⸨durchmesser m / machining diameter || ⸨ebene f / machining plane, processing level || ⸨ebene auswählen / select machining plane || ⸨ebene für Bausteine f / firmware level || ⸨einheit f / processing unit, machining unit || ⸨element n / machining element || ⸨ergebnis n / machining result || ⸨fläche f / machined surface || ⸨folge f (Fabrik) / routing n || ⸨folge f / machining sequence, sequence of operations || ⸨folge f (Programm) / processing sequence || ⸨funktion f / processing function, execute function
Bearbeitungs·gebühr f / handling fee || ⸨genauigkeit f / machining accuracy || ⸨geometrie f / machining geometries || ⸨geschwindigkeit f / machining speed || ⸨grenze f / machining limit || ⸨güte f / machining quality || ⸨güte f (Oberfläche) / surface quality, quality of surface finish || ⸨kanal m / machining channel || ⸨kennung f / processing ID || ⸨kette f / machining sequence || ⸨kontrolle f / sequence control, program test, debug n || ⸨kontrolle f (Programmkontrolle) / program check, debug (ging) n || ⸨konzept n / machining concept || ⸨kopf m / machining head || ⸨kopf m / tool head, head n || ⸨kopf m (CLDATA-Wort) / head n ISO 3592 || ⸨länge f / machining length || ⸨lauf m / process flow || ⸨lösung f / machining solution
Bearbeitungs·maschine f (Werkzeugmaschine) / machine tool || **5-Achs-**⸨**maschine** f / 5-axis machine tool || ⸨menü n / machining menu || ⸨modul n / machining module || ⸨modus m / processing mode || ⸨muster n / machining pattern, pattern n || ⸨operation f / DO operation || ⸨paket n / machining package || ⸨paket 5 Achsen n / 5-axis machining package || ⸨phase f / processing phase, phase n || ⸨phasenplan m / phase schedule || ⸨platz m / processing area, working area || ⸨programm n / machining program, part program || **Text~programm** n / text editor || ⸨prozess m / machining process || ⸨qualität f / machining quality || ⸨richtung f / machining direction, direction of machining, working direction, finishing direction || ⸨riefen f pl / machining marks, tool marks || ⸨satz m / machining block, block n, record n || ⸨schritt m / machining step, operational step || ⸨schritte m pl / processing steps || ⸨seite f / machining side || ⸨simulation f / machining simulation || ⸨situation f / machining situation || ⸨sperre f / processing inhibit ||

Bearbeitungs 102

⸱spindel f / machining spindle || ⸱stand m / processing state || ⸱station f / machining station || ⸱straße f / machining line || ⸱strategie f / machining strategy || ⸱system n / machining system
Bearbeitungs·technologie f / processing technology, machining technology || ⸱tiefe f / machining depth || ⸱toleranz f (CLDATA-Wort) / machining tolerance || ⸱unterprogramm n / machining subprogram || ⸱verfahren n / machining process || ⸱vorgang m / machining process || ⸱vorschub m / machining feed, machining feedrate || ⸱werkzeug n / cutting tool || ⸱zeichen n (Oberflächengüte) / finish symbol, machining symbol, finish mark || **Oberflächen-**⸱**zeichen** n / surface finish symbol, finish mark || ⸱zeit f / runtime n || ⸱zeit f / machining time || ⸱zeit f (Programm) / execution time, processing time || ⸱zelle f / machining cell || ⸱zentrum n (BAZ) / machining centre, machining center || **5-Achs-**⸱**zentrum** n / 5-axis machining center || **numerisch gesteuertes** ⸱**zentrum** / NC machining centre || ⸱zugabe f / machining allowance || ⸱zuschlag m / processing surcharge || ⸱zyklus m / execution cycle || ⸱zyklus m / machining cycle
BE-Aufnahme (Bauelemente-Aufnahme) f / component pick-up
beaufschlagen v / apply v (to), admit v (to), pressurize v, load v, supply v
beaufschlagt, einseitig ~ / unilaterally admitted || **mit einem Signal ~ werden** / see a signal, receive a signal || **~ werden** / be admitted
Beaufsichtigung, Betrieb ohne ⸱ (BoB) / unattended operation
beauftragen v / charge v
beauftragt adj (berufen) / appointed to || **~** adj (betraut) / entrusted with || **~** adj (ermächtigt) / authorized adj
Beauftragter m / representative, authorized representative || ⸱ **der oberster Leitung** / management representative
BEB / block end, conditional (BEC) || ⸱ (Bausteinende bedingt) / BEC (conditional block end)
BE·-Barcode (Bauelemente-Barcode) m / CO-BC (component barcode) || ⸱**-Barcodeverifier (Bauelemente-Barcodeverifier)** m / component barcode verifier
bebaut·e Zone / built-up area || **~es Gebiet** / built-up area
BE·-BC (Bauelemente-Barcode) m / CO-BC (component barcode) || ⸱**-Beinchen (Bauelemente-Beinchen)** n / component lead
Beben n (Kontakte) / vibration n
BE·-Bereitstellkapazität (Bauelemente-Bereitstellkapazität) f / component feeder capacity || ⸱**-Bereitstellung (Bauelemente-Bereitstellung)** f / component supply || ⸱**-Beschreibung (Bauelement-Beschreibung)** f / component description || ⸱**-Bezeichnung (Bauelement-Bezeichnung)** f / component designation || ⸱**-Bibliothek (Bauelemente-Bibliothek)** f / component library
Beblasung, magnetische ⸱ / magnetic blow-out
BE·-Breite (Bauelement-Breite) f / component width || ⸱**-Bump (Bauelement-Bump)** m / solder bump (round solder ball bonded to the pads of components and subsequently used for face-down bonding techniques)
Bebung f / vibration n
Becher m / cup n || ⸱ m / can IEC 50(481) || ⸱**durchführung** f / cup-type bushing || ⸱**fließzahl** f / cup flow figure, moulding index || ⸱**schließzeit** f / cup flow figure, moulding index || ⸱**werk** n / bucket elevator || ⸱**zählrohr** n / liquid-sample counter tube
Beck-Bogenlampe f (H-I-Lampe) / flame arc lamp
Becken n / reservoir n, basin n || ⸱**gurt** m / lap belt
Beckman exhaust computer / Beckman analyzer || ⸱**-Analyzer** m / Beckman analyzer || ⸱**-Routine** f / BM routine
Bedachung f / roofing n
Bedämpfen n / damp n
bedampft adj / vaporized adj
bedämpft adj / attenuated adj, damped adj
Bedämpfung f / damping n, attenuation n
Bedämpfungsmaterial n / damping material
Bedarf m / requirement n || **nach** ⸱ **gebaute Schaltgerätekombination für Niederspannung** (CSK E) VDE 0660, T.61 / custom-built assembly of l.v. switchgear and controlgear (CBA) IEC 431
Bedarfs·automatik f / load-demand control || ⸱**erhebung** f / list of requirements || ⸱**ermittlung** f / requirements planning, demand determination || **~gerecht** adj / tailored to suit the needs of the market || **~gerechter Aufbau** / custom-built design || ⸱**spitze** f / maximum demand || ⸱**trägeranalyse** f / market analysis || ⸱**wartung** f / remedial maintenance
BE-Datei (Bauelemente-Datei) f / component file
bedeckter Himmel nach CIE / CIE standard overcast sky
Bedeckungsgrad m (Bruchteil einer Solarzellenoberfläche, welcher mit Metall (Kontaktierungen) bedeckt ist) / coverage n, covering factor, contact coverage fraction
Bedeutung f / significance n || ⸱ **des Schadensausmaßes** f / significance of damage impact
Bedeutungslehre f / semantics plt
BE-Dichte f / component density
Bedien·ablauf m / operating procedure, sequence of operations || ⸱**aktion** f / operator action || ⸱**anforderung** f / operator prompt, operator input request, operator response request, request for operator input || ⸱**anleitung** f (BA) / operator's guide || ⸱**anleitung (kompakt)** f / User Manual (Compact) || ⸱**anweisung** f / operator statement, operator command || ⸱**applikation** f / operator control application || ⸱**art** f (BA) / mode n || ⸱**auftrag** m / user task
bedienbar adj / operator-controllable adj, operator-accessible adj || **~** adj / operator-variable adj, operator-controllable adj || **von außen ~** / externally operated
Bedienbarkeit f / operation, usability n, operability n || **Prüfung der mechanischen** ⸱ / mechanical operating test || ⸱**s-Gremium** n / usability network
Bedien·baum m / operating hierarchy, function tree, system service graph, menu tree || ⸱**baustein** m / operator control block, control module, operator unit, operator panel || ⸱**baustein** m (PLT) / operator communication block || ⸱**baustein** m / operator control block || ⸱**baustein mit Display** / operator panel with display || ⸱**-/**

Beobachtungsstation *f* / operator station (OS) ‖ ⸺**berechtigung** *f* / operator authorization ‖ ⸺**berechtigung** *f* (ZKS) / authorization *n* ‖ ⸺**bereich** *m* / control area, operating area ‖ ⸺**bereich Diagnose** *m* / DIAGNOSIS operating area ‖ ⸺**bereich Maschine** *m* / Machine operating area ‖ ⸺**bereich Parameter** *m* / Parameter operating area ‖ ⸺**bereich Programm** *n* / Program operating area ‖ ⸺**bereichstaste** *f* / operating area key ‖ ⸺**bereichsumschalttaste** *f* / operating area switchover key ‖ ⸺**betrieb** *m* / operator mode ‖ ⸺**bild** *n* / operating screen ‖ ⸺**daten** *f* / operating data ‖ ⸺**dialog** *m* / operator dialog

Bedien·ebene *f* / operator communication level, operator control level, user interface (UI), access level ‖ **übergeordnete** ⸺**ebene** / master operating level ‖ ⸺**eingabe** *f* / operator input, operator entry ‖ ⸺**eingaben** *f pl* / control inputs ‖ ⸺**eingriff** *m* / operator action, operator intervention, operator activity ‖ ⸺**einheit** *f* / control unit, operator control unit ‖ ⸺**einheit** *f* (Monitor, Tastatur, Drucker) / operator's communication unit, operator's station, basic operator station (BOS) ‖ ⸺**einheiten-Management** *n* / control unit management ‖ ⸺**einsatz** *m* / operator insert ‖ ⸺**eintrag** *m* / operator entry, operator command input, initialization *n* ‖ ⸺**element** *n* / operating element, control element, operator controls and displays ‖ ⸺**elemente** *n* / operator controls

Bedienen *n* / operation *n*, operator control, service *n*, operation *n* ‖ ~ *v* / service *v*, operate *v* ‖ ⸺ **des Prozesses** / operator control of process ‖ ⸺ - **kurz und bündig** / operation - a concise overview ‖ ⸺ **und Beobachten** (B&B) / operator interface, operator control and monitoring, OCM, operation and monitoring ‖ ⸺ **und Beobachten** (Prozessführung) / operator control (and process monitoring) ‖ ⸺ **und Programmieren** / operation and programming

Bediener *m* / operator *n*, user *n*, operating personnel ‖ ⸺ **bei vollmechanisierten Schweißverfahren** / welding operator ‖ ⸺**aufforderung** *f* / operator prompting ‖ ⸺**dialog** *m* / operator communication ‖ ⸺**eingriff** *m* / operator intervention ‖ ⸺**eingriff** *m* (Eingriff in einen automatischen Prozess, um von Hand bestimmte Aktionen vorzunehmen) / operator input

bedienerfreundlich *adj* / operator-friendly *adj*, convenient *adj*, easy-to-use *adj*, user-friendly *adj*, easy-to-operate *adj*, sophisticated *adj*

Bediener·freundlichkeit *f* / convenience *n*, ease of use, user friendliness, ease of operation ‖ ⸺**führung** *f* / operator prompting, operator guidance ‖ ⸺**führungsmakro** *n* (BFM) / operator guidance macro (OGM)

bedienergeführt *adj* / operator-controlled *adj*, user-prompted *adj*, with operator prompting ‖ ~**e Software** / menu-prompted software ‖ ~**e Programmierung** / interactive programming, operator programming

Bediener·hilfen *f pl* / operator assistance ‖ ⸺**hinweis** *m* / operator prompt ‖ ⸺**meldung** *f* / operator message ‖ ⸺**oberfläche** *f* / operator interface, operator environment ‖ ⸺**oberfläche** *f* (BOF) / user interface (UI) ‖ ⸺**peripherie** *f* / human-machine interface ‖ ⸺**schnittstelle** *f* / user interface ‖ ⸺**steuerung** *f* / operator control ‖ ⸺**tür** *f* / operator door ‖ ⸺**unterstützung** *f* / operator support

Bedien·fehler *m* / faulty operation, maloperation *n*, inadvertent wrong operation, operator error, wrong operation ‖ ⸺**feld** *n* / operator panel, operator's panel, control panel, front panel, operator control panel, display panel ‖ ⸺**feld** *n* (Mosaiktechnik, Kompaktwarte) / control tile, operating tile ‖ **eingebautes** ⸺**feld** / integrated operator panel ‖ **integriertes** ⸺**feld** / integrated operator panel ‖ ⸺**feldanschaltung** *f* / operator panel interface (module) ‖ ⸺**feld-Montageset** *n* / operator panel mounting kit ‖ ⸺**feldpaket** *n* / operator panel kit ‖ ⸺**feldtaste** *f* / panel button ‖ ⸺**fläche** *f* / control panel ‖ ⸺**folge** *f* / operating sequence, sequence of operations, operator input sequence ‖ ⸺**freigabe** *f* (Freigabe zum Umschalten aus einer Prozesssteuerung zur Handsteuerung) / control release, operator control enable, operator control enable ‖ ⸺**freundlichkeit** *f* / easy operation ‖ ⸺**front** *f* / operating front ‖ ⸺**funktion** *f* / operator function ‖ ⸺**gang** *m* / control aisle ‖ ⸺**gerät** *n* / operator panel (OP), HMI device ‖ **Hand~gerät** *n* / hand-held controller, hand-held terminal ‖ ⸺**geräte** *n pl* / controls *n pl* ‖ ⸺**geräte-Image** *n* (Datei, die vom Projektierungsrechner auf das Bediengerät transferiert werden kann) / HMI device image ‖ ⸺**handbuch** *n* / Operating Manual ‖ ⸺**handgerät** *n* (BHG) / handheld unit (HHU) ‖ ⸺**handlung** *f* / operation *f* ‖ ⸺**hebel** *m* / operator lever ‖ ⸺**hierarchie** *f* / operator interface hierarchy ‖ ⸺**hinweis** *m* / operator instruction ‖ ⸺**hoheit** *f* / control command acceptance ‖ ⸺**hörer** *m* / single-piece phone

Bedien·kanal *m* / operator communication channel ‖ ⸺**kanalverlängerung** *f* / operating channel extension ‖ ⸺**knopf** *m* / control *n* ‖ ⸺**komfort** *m* / ease of operation, convenience, operator (o. user) friendliness, ease of use, user friendliness, user-friendliness *n* ‖ ⸺**kommando** *n* / control signal ‖ ⸺**komponente** *f* / operator component ‖ ⸺**konsole** *f* / operator console ‖ ⸺**konvention** *f* / operating convention ‖ ⸺**konzept** *n* / operating concept, operator control concept ‖ **komfortables digitales** ⸺**konzept** / convenient digital operating procedure ‖ ⸺**kurbel** *f* / hand crank ‖ ⸺**leiste** *f* / control bar ‖ ⸺**mangel** *m* / erroneous operator control ‖ ⸺**markierungen** *f pl* (Eingabebits) / operator input bits ‖ ⸺**maske** *f* / screen form, interactive screen, interactive screenform, operating screen ‖ ⸺**meldung** *f* / operator input (o. activity) message, operation message ‖ ⸺**meldung** *f* (Bedienanforderung) / request for operator input, request for service ‖ ⸺**modus** *m* / operator control mode

Bedien·oberfläche *f* / operator interface, operator environment ‖ ⸺**oberfläche** *f* (BOF) / user interface (UI) ‖ ⸺**oberfläche ergänzen** / Expand user interface ‖ **vollgrafische** ⸺**oberfläche** / pixel-graphics user interface ‖ ⸺**oberflächen-Ergänzer** *m* / HMI option package ‖ ⸺**oberflächensoftware** *f* / operator interface software ‖ ⸺**objekt** *n* (bedienbares Grafikobjekt) / operating element ‖ ⸺**ort** *m* / operator control modality ‖ ⸺**-Panel** *n* / control board, control field, operator control panel, SDP, mimic panel, operating panel, control panel, display field, Status Display Panel ‖ ⸺**-PC**

Bedien

m / operator PC ‖ ⁓**pendel** *n* / pendant control station, operating pendant ‖ ⁓**personal** *n* / operating staff ‖ ⁓**philosophie** *f* / operating philosophy ‖ ⁓**platz** *m* / operator terminal, operator station ‖ ⁓**programm** *n* / operator control (o. communication) routine, operator routine, operating program, operator control program, operator interface program ‖ ⁓**protokoll** *n* / operator activities log, operator input listing, operator input log ‖ ⁓**pult** *n* / operator panel, front panel, control unit ‖ ⁓**pult der Maschine** / machine control panel (MCP) ‖ ⁓**rad** *n* / operator wheel ‖ ⁓**schiene** *f* / operator bus ‖ ⁓**schnittstelle** *f* / operator-process interface, operator interface ‖ ⁓**schritt** *m* / operator input sequence step ‖ ⁓**seite** *f* / operating side ‖ ⁓**sicherheit** *f* / security of operation ‖ ⁓**software** *f* / operating software, operator software ‖ ⁓**sperre** *f* / operator input inhibit, operator communication (o. access) inhibit ‖ ⁓**station** *f* / operator panel, operator station, operating station ‖ ⁓**status** *m* / operation status ‖ ⁓**system** *n* / operator system, operator control, operating system ‖ ⁓**system** *n* / operator communication system ‖ ⁓**system** *n* (Teilsystem in einer dezentralen Anlage) / operator communication subsystem ‖ ⁓**systeminitialisierung** *f* / operator system initialization

Bedien·tableau *n* / operator panel, operator's panel, control panel, front panel, operator control panel ‖ ⁓**tafel** *f* / operator panel (OP), control panel, front panel, operator control panel ‖ ⁓**tafel** *f* / operator's panel ‖ **flexible** ⁓**tafel** / flexible operator panel ‖ ⁓**tafelanschluss** *m* / operator panel connection ‖ ⁓**tafelfront** *f* / operator panel front ‖ ⁓**tafelinitialisierung** *f* / operator panel initialization ‖ ⁓**tafelkomponente** *f* / operator panel component ‖ ⁓**tafel-Maschinendaten** *plt* / operator panel machine data ‖ ⁓**tafelschnittstelle** *f* (BTSS) / operator panel interface (OPI) ‖ ⁓**tafeltastatur** *f* / operator panel keyboard ‖ ⁓**tafeltyp** *m* / panel type ‖ ⁓**tafelverteiler** *m* / operator panel distributor ‖ ⁓**tastatur** *f* / operator communication keyboard, operator keyboard, keyboard ‖ ⁓**taste** *f* / control key, operator button ‖ ⁓**taster** *m* / operator button

bediente Wählleitung / attended dial line, manually operated dial line

Bedienteil *n* / operating device ‖ ⁓ *n* VDE 0660,T. 200 / actuator *n* IEC 337- 1

bedienter Sendebetrieb / manual transmission

Bedien·terminal *n* / operator terminal, control terminal ‖ ⁓**umgebung** *f* / operator environment ‖ **Bedien-** und **Anzeigeeinheit** *f* / operator controls and display ‖ ⁓**- und Anzeigeelemente** *n pl* / controls and displays ‖ ⁓**- und Anzeigeperipherie** *f* / peripheral operating and monitoring equipment ‖ ⁓**- und Beobachtungsaufgabe** *f* / HMI task ‖ ⁓**- und Beobachtungsbild** *n* / control and monitoring image ‖ ⁓**- und Beobachtungseinheit** *f* / monitoring and operator unit ‖ ⁓**- und Beobachtungseinrichtung** *f* / operator control and visualisation system *n* ‖ ⁓**- und Beobachtungsfunktion** *f* / HMI function ‖ ⁓**- und Beobachtungsgeräte** *n pl* / operator control and monitoring devices, human machine interface (HMI) ‖ ⁓**- und Beobachtungsgeräte** *n pl* (B+B-Gerät) / operator control and monitoring equipment (o. units) ‖ ⁓**- und Beobachtungsstation** *f* / operator's station ‖ ⁓**- und Beobachtungssystem** *n* / operator system, operator interface, operator control and monitoring system ‖ ⁓**- und Beobachtungssystem** *n* (in einer dezentralen Anlage) / operator control and process monitoring subsystem ‖ ⁓**- und Beobachtungssystem** *n* / operator control and process monitoring system, operator communication and visualisation system ‖ ⁓**- und Beobachtungssystem SIMATIC HMI** / SIMATIC HMI system ‖ ⁓**- und Datenmanagement-Einheit** *f* / operating and data management unit ‖ ⁓**- und Diagnosestation** *f* / operator control and diagnostic terminal, operator-process communication and diagnostics terminal ‖ ⁓**- und Funktionsfähigkeit** *f* / operational performance capability ‖ ⁓**- und Strukturiersystem** *n* / operator control and configuration system ‖ ⁓**- und Testalgorithmus** *m* / operator control and test algorithm

Bedienung *f* / operation *n*, control *n*, servicing *n*, operation using ‖ ⁓ *f* (Eingabe, Anwahl) / operator input (o. entry), selection *n* ‖ ⁓ *f* (Prozessführung) / operator-process communication, operator control ‖ ⁓ *f* (durch Operator) / operator control, operator communication, operator input ‖ ⁓ **+ Beobachtung** (B&B) / operator interface ‖ ⁓ **eines Kreises** / operator control of a loop, loop control input ‖ ⁓ **im Dialog** / interactive operation ‖ ⁓ **und Beobachtung** / operator control and monitoring ‖ **allgemeine** ⁓ / general operation

bedienungsabhängige Schaltung / dependent manual operation IEC 157-1

Bedienungs·ablauf *m* / sequence of operations, operating procedure ‖ ⁓**achse** *f* VDE 0860 / operating shaft ‖ ⁓**anforderung** *f* / operator prompt, service request (SRQ), operator input request, operator response request ‖ ⁓**anleitung** *f* / instruction manual, operating instructions, instructions *n pl*, instructions for use, operator's guide ‖ ⁓**anweisung** *f* / instructions for use ‖ ⁓**aufruf** *m* DIN IEC 625 / service request (SR) ‖ **~aufrufloser Zustand der Steuerfunktion** DIN IEC 625 / controller service not requested state (CSNS)

Bedienungs·baustein *m* / servicing module, operator communication module ‖ ⁓**blattschreiber** *m* / console typewriter ‖ ⁓**deckel** *m* / servicing cover ‖ ⁓**dialog** *m* / operator communication, interactive communication ‖ ⁓**ebene** *f* / operator level ‖ ⁓**eintrag** *m* / initialization *n*, operator entry, operator command input ‖ ⁓**element** *n* / actuator *n*, actuating element, control element, operator *n* (US), operating device, operating means, operating element, operator controls and displays ‖ ⁓**elemente** *n pl* (Sammelbegriff f. Schalter u. Knöpfe) / operator's controls, controls *plt*

Bedienungs·fehler *m* / wrong operation, handling error ‖ ⁓**fehler** *m* (Gerät) / faulty operation, maloperation *n*, inadvertent wrong operation ‖ ⁓**fehler** *m* (Prozess) / operator error, operator input (o. communication) error ‖ ⁓**feld** *n* / control panel, operator's control panel ‖ ⁓**fläche** *f* (Pult) / control panel ‖ **~freie Anlage** / unattended plant ‖ ⁓**front** *f* / operating face ‖ ⁓**funktion** *f* (Ruffunktion) /

service request function (SR function), service request interface function || ⹁gang *m* VDE 0660, T. 500 / operating gangway IEC 439-1, operating aisle, control aisle || ⹁gerät *n* / control unit || ⹁handbuch *n* / operating manual || ⹁hebel *m* (Winker, Wischer) / stalk *n* || ⹁hilfe *f* / operating aid || ⹁hilfen *f pl* / operating aids
Bedienungs·klappe *f* / hinged cover of inspection opening, hinged servicing cover || ⹁komfort *m* / ease of operation, operator (o. user) friendliness, convenience *n*, ease of use, user friendliness || ⹁kommando *n* / control signal || ⹁konzept *n* / operating concept, operating convention || ⹁kraft *f* / engaging and separating force || ⹁mann *m* / operator *n*, attendant *n* || ⹁mannschaft *f* / operating crew || ⹁öffnung *f* / servicing opening || ⹁operation *f* / operator control operation || ⹁peripherie *f* / operator communication peripherals, man-machine interface || ⹁personal *n* / operating staff, operating personnel || ⹁platz *m* (Pult) / operator's desk, operator console, console *n* || ⹁programm *n* / operator routine, console routine || ⹁protokoll *n* / operator activities log, operator input listing || ⹁pult *n* / operator's console
Bedienungs·ruf-Empfangszustand der Steuerfunktion DIN IEC 625 / controller service requested state (CSRS) || ⹁ruffunktion *f* / service request function (SR function), service request interface function || ⹁schalter *m* / operator's control switch, control switch, operator's control || ⹁schnittstelle *f* / operator interface || ⹁schrank *m* / operator's control cubicle (o. panel), control board || ⹁schutz *m* / protection against maloperation (o. false operation) || ⹁seite *f* / operating side, service side || ⹁stand *m* / operator's station || ⹁tableau *n* / operator's panel || ⹁tafel *f* / (operator's) control panel || ⹁tafel *f* (BT) / operator panel (OP) || ⹁tafelkomponente *f* / operator panel component || ⹁tisch *m* / operator's desk (o. console) || ⹁tür *f* / servicing door || ~unabhängige Schaltung / independent manual operation IEC 157-1 || ⹁- und Wartungsaufwand *m* / expenditure of attendance || ⹁verfahren *n* / operating procedure
Bedien·unterstützung *f* / operator support || ⹁vorgang *m* / operation, operator action || ⹁zeile *f* / parameter input line
bedingt *adj* / conditional *adj* || ~ kurzschlussfest / non-inherently short-circuit-proof, conditionally short-circuit-proof || ~ qualitätsfähig / with limited quality capability || ~ qualitätsfähiger Lieferant / supplier with limited quality capability || ~ schweißfest / partially weld-resistant || ~ tropenfest / conditionally tropic-proof || ~ (IUT-)Fähigkeit (EN 29646-1) / conditional capability (of an IUT) || ~e Alarme / conditional alarms || ~e Anweisung / conditional instruction || ~e Ausfallwahrscheinlichkeit DIN 40042 / conditional probability of failure || ~e Entropie (DIN 44301) / conditional entropy || ~e Freiauslösung / conditional trip-free feature || ~e Freigabe / conditional release || ~e Kurzschlussfestigkeit / conditional short circuit rating || ~e Netzstabilität / conditional stability of power system || ~e Programmverzweigung / conditional branching, conditional program branch || ~e Sprunganweisung / conditional jump instruction, IF instruction || ~e Stabilität (Netz) / conditional stability || ~e Verteilung DIN 55350,T. 21 / conditional distribution, conditional probability distribution || ~e Verwendbarkeit / restricted usability || ~e Wiederholung / conditional repetition
bedingt·er Aufruf / conditional call || Leistungsschalter mit ~er Auslösung VDE 0660,T.101 / fixed-trip circuit-breaker IEC 157-1 || ~er Bausteinaufruf / conditional block call || ~er Bemessungskurzschlussstrom (Stromkreis u. SG) / rated conditional short-circuit current || ~er Bemessungs-Kurzschlussstrom bei Schutz durch Sicherungen VDE 0660, T.107 / rated fused short-circuit current IEC 408 || Leistungsschalter mit ~er Freiauslösung / conditionally trip-free c.b. || ~er Halt / conditional stop || ~er Halt / optional stop || ~er Informationsgehalt (DIN 44301 E DIN 44301-16) / conditional information content || ~er Kurzschlussstrom VDE 0660,T.200 / conditional short-circuit current IEC 337-1 || ~er Kurzschlussstrom bei Schutz durch Sicherungen VDE 0660,T.200 / conditional fused short-circuit current, fused short-circuit current || ~er Nennkurzschlussstrom / conditional rated short-circuit current || ~er Sprung (SPB) / conditional branch, conditional jump (JC), relative jump || ~er Sprungschritt / conditional jump step, metamers *plt* || ~-gleiche Farbreize / metameric colour stimuli
Bedingung *f* / condition *n* || ⹁ *f* / premise *n*, supposition *n*
Bedingungen für Lieferungen und Leistungen / Conditions for supplies and services || ⹁ für Lieferungen und Leistungen in Siemens-internen Geschäft / Conditions for Supplies and Services within Siemens || schwere ⹁ / arduous conditions
Bedingungs·baustein *m* / block *n*, module *n*, condition block, chip *n* || ⹁zweig *m* / condition branch
bedrahtetes Bauelement / wired component
BE-Drehung (Bauelement-Drehung) *f* / component turning
Bedrohung *f* (mögliche Verletzung der Computersicherheit) / threat || ⹁sanalyse *f* / threat analysis || ⹁spotential *n* / threatening potential
bedrucken *v* / imprinting *v*, printing *v*
Bedruckfarbe *f* / printing color
bedruckt *adj* / printed *adj* || ~e Abdeckung / printed cover
Bedruckung *f* / inscription *n*, labeling *n*, imprint *n*
BE-Editor (Bauelemente-Editor) *m* / Component Editor
beeinflussbare Last (Abnehmerlast, die auf Anforderung eines EVU für begrenzte Zeit verringert werden muss) / controllable load IEC 50 (603)
beeinflussen *v* / control *v* || ~de Kenngröße / influencing characteristic
beeinflusster Strom / limited current, controlled current
Beeinflussung *f* / influence *n* || ⹁ *f* (el. Störung) / interference *n*, coupling *n* || ⹁ *f* (Starkstromanlage - Fernsprechanlage) VDE 0228 / interference *n* || ⹁ der Vorschubgeschwindigkeit (durch

Beeinflussungs 106

Handeingriff) / feedrate override || ≈ **durch Übersprechen** / crosstalk interference || ≈ **zwischen den Kreisen eines Oszilloskops** / interaction between circuits of an oscilloscope IEC 351-1 || ≈ **zwischen X- und Y-Signalen** / interaction between x and y signals IEC 351-1 || **elektromagnetische** ≈ / electromagnetic interference (EMI), electromagnetic influence || **elektrostatische** ≈ / electrostatic induction || **gegenseitige** ≈ (Kopplung) / cross coupling || **induktive** ≈ / inductive interference, inductive coupling || **magnetische** ≈ / magnetic effects || **Netz~** f / starting inrush || **ohmsche** ≈ / resistive interference, conductive coupling || **Quer~** f (Relaisprüf.) / transversal mode || **Umwelt~** f / environmental influence, impact on environment
Beeinflussungs·faktor m (Schärfefaktor) / severity factor || ≈**faktor der Schwankung** / fluctuation severity factor || ≈**schwelle** f / limit of interference || ≈**signal** n / interfering signal || ≈**spannung** f VDE 0228 / interference voltage
beeinträchtigen v / impair v, violate, adversely affect, affect
Beeinträchtigung f / impairing n, compromise n
beenden v / exit v, finish v || **~ v (Archiv)** / close v
beendet *adj* / ended *adj*, terminated *adj*
Beendigung f / completion n, termination n
Beendigungssatz m / termination record || ≈ m DIN 66215 / termination record, find record ISO 3592
Be-/Entladeeinrichtung f / loading/unloading device
BE-Entsorgungsband (Bauelemente-Entsorgungsband) n / component disposal conveyor
befahrbar·e Schachtabdeckung / roadway-type manhole cover || **~er Bogenhalbmesser** / negotiable curve radius || **~er Seitenstreifen (Straße)** / hard shoulder || **~es Bankett** / traffic-bearing shoulder
Befehl m / statement n || ≈ m (programmierter Befehl) DIN 44300 / instruction n || ≈ m / control output, output command || ≈ m (B Steuerungsbefehl) DIN 19237, FWT / command n (C) || ≈ **an alle** / broadcast command || ≈ **mit Rückmeldung (Befehl_xx)** / command with feedback (CF_xx) || ≈ **mit Selbsthaltung** / maintained command || ≈ **ohne Folgenummer** / unnumbered command (U command) DIN ISO 3309 || **Makro~** m / macro-instruction n || **Rundsteuer~** m / ripple-control signal, centralized telecontrol signal || **gesammelte** ≈e / group control, command sequences || **zwei- und dreipolige** ≈e / two and three state device control
Befehls·ablauf m / command execution || ≈**ablaufdiagramm** n / instruction flow chart || ≈**ablaufverfolgung** f / statement trace || ≈**ableitung** f / terminal lead, automatic derivation of commands, outgoing cable, derivation n || **interne** ≈**ableitung** / internal command derivation || ≈**absteuerung** f / command termination, command ination || ≈**absteuerung** f / command release (o. disconnection), command ending || ≈**adressregister** n / instruction address register || ≈**art** f / type of command || ≈**aufbau** m / instruction syntax || ≈**aufbau** m (FWT) / command structure || ≈**aufbau** m (DV) / instruction format || ≈**ausführung** f / instruction execution, command execution || ≈**auftrag** m / command job, command instruction, fill n, operation n, command n, order n, command request || ≈**ausführungsmodus** m / command execution mode || ≈**ausführungszeit** f / command execution time || ≈**ausgabe** f / command output, metered value output || ≈**ausgabe sperren** (BASP) / output disable, command output disable, BASP || ≈**ausgabebaugruppe** f / command output module || ≈**ausgabebaustein** m / command output block || ≈**ausgabefehler** m / cmd output error, command output error BAF || ≈**ausgabeschritt** m / command output step || ≈**ausgabesperre** f (BASP) / output disable, command output disable, (command) output disable inhibit, BASP || ≈**ausgang** m / command output, output n || ≈**auslöser** m (RSA, Relais) / load switching relay || ≈**auslösung** f / command initiation
Befehls·bearbeitung f / machining n, command processing || ≈**bearbeitungszeit** f / instruction execution time, command processing time || ≈**block** m (DIN V 44302-2) / command frame || ≈**code** m / instruction code, operation code (op code) || ≈**datei** f / command file, instruction file || ≈**datensatz** m / command data set || ≈**datensatz kopieren** / copy command data set || ≈**dauer** f / command duration, command time, control-pulse duration || ≈**decodierer** m (MPU) / instruction decoder || ≈**diagramm** f / instruction flow chart || ≈**ebene** f / command layer || ≈**eingabe** f / command input || ≈**eingabesperre** f / command input disable || ≈**eingang** m / command input, DIN 44472 strobe input || ≈**einheit** f (m. mehreren Steuerschaltern in einem Gehäuse) / control station || ≈**empfänger** m / command receiver
Befehls·feld m (Mosaiktechnik, Kompaktwarte) / command tile || ≈**folge** f / instruction sequence || ≈**freigabe** f / command enabling (o. release), (BFG, Baugruppe) command release module || ≈**freigabegruppe** f (BF) / command enable module || ≈**gabe** f / command initiation, command output || ≈**geber** m / control station, operating mechanism || ≈**gerät** n VDE 0113 / operating device IEC 204, control station, pilot device, control unit, control device, command device || ≈**gruppe** f / command group || **vorgezogenes** ≈**holen** / pre-fetching n || ≈**impuls** m / command pulse || ≈**inhalt** m / meaning of command || ≈**initiierung** f / command initiation
Befehls·kennung f / command qualifier || ≈**kette** f / logic command string || ≈**liste** f / instruction list, command list, instruction set || ≈**makro** m / command macro || ≈**-/Meldebaugruppe** f (BM) / operational message (OM), command and signalling module n || ≈**meldegerät** n / signalling device || ≈**meldung** f / command status signal, command status indication || ≈**mindestdauer** f / minimum command time || ≈**nockenschalter** m / cam controller, camshaft controller || ≈**objekt** n / command object || ≈**quelle** f / command source || ≈**reaktion** f / command feedback || ≈**register** n / instruction register (IR) || ≈**richtung** f / control direction, command direction || ≈**rückmeldeüberwachung** f / command return monitoring || ≈**rückmeldeüberwachungszeit** f / command return signal timeout time || ≈**rückmeldung** f (Befehlsstatus) / command status signal, command feedback indication
Befehls·satz m / instruction set, operation set,

operations set || ⁓satz (für Modem) *m* / command set || ⁓schalter *m* / control switch, pilot switch, command switch || ⁓schaltfläche *f* / command button || ⁓schritt *m* / step *n*, sequence step, sequencer step, command output step, increment *n* || ⁓speicherung im Durchlaufbetrieb / command storage during persistent-command mode || ⁓sperre *f* / control inhibit, command blocking || ⁓stelle *f* / command point, control point || ⁓stelle *f* (Druckknopftafel) / actuator *n*, pushbutton *n*, control *n* || ⁓stromkreis *m* / control circuit
befehlssynchron *adj* / instruction-synchronized *adj*
Befehls·syntax *m* / command syntax || ⁓test *m* / instruction test, command status check || ⁓trennlinie *f* / command separator || ⁓umfang *m* / instruction set || ⁓umsetzung *f* / command conversion || ⁓- und **Meldegerät** *n* / commanding and signaling devices || ⁓verknüpfung *f* / command logic || ⁓verlauf *m* / command history || ⁓verriegelung *f* / command inhibit, command output inhibit || ⁓vorgangspuffer *m* / cmd proc. buffer, command process buffer || ⁓vorrat *m* DIN 44300 / instruction set, operation set, command set || ⁓wort *n* (ein Wort, das von einer digitalen Rechenanlage als ein Befehl interpretiert wird) / instruction word || ⁓zähler *m* (in einem Leitwerk ein Register, aus dem die Adresse des nächsten Befehls gewonnen wird) DIN 44300 / instruction counter || ⁓zyklus *m* / instruction cycle, command cycle
befestigen *v* / fix *v*, secure *v*, attach *v*, fasten *v*, mount *v* || ⁓ *n* / paving *n*
befestigt·e Abstellfläche / hardstand *n* || ~e **Gestellreihe** / fixed rack structure || ~e **Piste** / paved runway, hard-surfaced runway, surfaced runway || ~e **Straße** / paved road || ~er **Seitenstreifen** / shoulder *n* || ~es **Gerät** VDE 0700, T.1 / fixed appliance IEC 335-1
Befestigung *f* / fixing *n*, attachment *n*, mount *n*, fastening *n*, mounting *n* || ⁓ **für Blockseilrolle** / fixing for rope roller || ⁓ **mittels Flansch** / flange-mounting *n* || ⁓ **mittels Füßen** / foot-mounting *n* || **seitliche** ⁓ / lateral mounting
Befestigungs·abstand *m* / fixing centres, attachment pitch || ⁓abstände *m pl* / attachment pitches || ⁓auge *n* / mounting lug || ⁓bausatz *m* / fastening kit, mounting kit || ⁓bereich *m* / mounting area || ⁓blech *n* / fastening plate || ⁓bohrung *f* / fastening hole || ⁓bohrung Abdeckung / mounting hole, cover || ⁓bohrung Antrieb Zähler / mounting hole for operating mechanism of operations counter || ⁓bohrung Auslösekombination / mounting hole, tripping combination || ⁓bohrung für Anschlusswinkel / mounting hole for connecting bracket || ⁓bohrung für Blasspule / mounting hole for blow-out coil || ⁓bohrung für Druckluftantrieb / mounting hole for pneumatic operating mechanism || ⁓bohrung für Isolierwinkel / mounting hole for insulating shield || ⁓bohrung für Lichtbogenkontakt / mounting hole for arcing contact || ⁓bohrung Hilfsschalter / fixing hole, auxiliary switch || ⁓bohrung Klemmleiste / terminal strip fixing hole || ⁓bohrung Kontaktfeder / mounting hole, contact spring || ⁓bohrung Leistungsschalter / mounting hole, circuit-breaker || ⁓bohrung Magnetventil / mounting hole, solenoid valve || ⁓bohrung Prüflehre / mounting hole, test gauge || ⁓bohrung Seiten- und Zwischenwand / mounting hole, side and intermediate wall || ⁓bohrung Stromband / mounting hole, flexible connector || ⁓bohrung Zähler / mounting hole for operations counter || ⁓bohrungen für Schilder / mounting hole for labels || ⁓bolzen *m* (f. Fundament) / foundation bolt, holding-down bolt || ⁓bolzen Druckluftantrieb / fixing bolt, pneumatic operating mechanism || ⁓bügel *m* / fixing bracket, mounting base, mounting bracket
Befestigungs·clip *m* / fixing clip || ⁓dübel *m* / plug *n* || ⁓ebene *f* / mounting surface, mounting plane || ⁓element *n* / fixing element, fastening element || ⁓fläche *f* / mounting surface || ⁓flansch *m* / mounting flange, attachment flange, fixing flange || ⁓gewinde *n* / fastening thread || ⁓halter *m* / fixing bracket || ⁓keil *m* / fixing spline || ⁓klammer *f* / clip *n*, clamp *n* || ⁓lasche *f* / clip *n*, fixing strap, fixing lug, fixing eyelet, screw-on holder, mounting bracket || ⁓laschen *f pl* / fixing lugs || ⁓loch *n* / fixing hole, mounting hole
Befestigungs·maß *n* / mounting dimension, fixing dimension || ⁓maße *n pl* / fixing dimensions, fixing centres || ⁓material *n* / fixing material, fixing accessories, mounting material || ⁓mutter *f* / fastening nut || ⁓nase *f* / fixing tongue || ⁓platte *f* / fixing plate, mounting plate || ⁓punkt *m* / fixing point || ⁓punkte *m pl* / fixing point geometry || ⁓rand *m* / flange *n*, rim *n* || ⁓raster *n* / fixing grid || ⁓riemen *m* / fastening belt
Befestigungs·satz *m* / set of fixing parts || ⁓säule *f* / fastening post || ⁓scheibe *f* / mounting ring || ⁓schelle *f* / clamp *n*, mounting clip, fixing clamp || ⁓schieber *m* / fixing slide || ⁓schiene *f* / fixing rail, mounting rail || ⁓schraube *f* / fixing screw, fixing bolt, fastening screw, hold-down screw, threaded fastening, screw fastener, screw fastening, screw *n* || ⁓sockel *m* / mounting base || ⁓spieß *m* / fixing spike, spike *n* || ⁓stange *f* / drop rod || ⁓stift *m* / mounting pin || ⁓stopfen *m* / fixing plug || ⁓stück *n* / fixing element || ⁓system *n* / assembly system || ⁓teil *n* / fixing component || ⁓teile *n pl* / fixing accessories, fixing parts, *n* bracket *n* || ⁓winkel *m* (Reihenklemme) / fixing bracket || ⁓winkel *m* / mounting bracket, fastening bracket *n*, bracket for mounting *n* || ⁓zubehör *n* / fixing accessories *n*
befeuchten *v* / wet *v*, moisten *v*, dampen *v*
Befeuchter *m* / humidifier *n* || ⁓pumpe *f* / humidifying pump
Befeuchtung *f* / humidification *n*
befeuern *v* / light *v*
Befeuerung *f* / lighting *n*, lighting system || ⁓ *f* (Schifffahrt) / navigation lights
Befeuerungs·anlage *n* / (airport) lighting system || ⁓einheit *f* / light unit || ⁓hilfe *f* / lighting aid || ⁓system *n* / (airport) lighting system
Beflammen *n* / flame treatment
beflechten *v* / braid *v*
Beflechtung *f* (Kabel) VDE 0281 / textile braid, braid *n*
beflochten *adj* / braided *adj*
BE-Form (Bauelement-Form) *f* / GF
BEF-REG / IR
BE-freier Führungsrand (bauelementefreier Führungsrand) (linker und rechter Rand der

Befugnis

Leiterplatte, der für die Klemmung der Leiterplatte benötigt wird und daher nicht bestückt werden kann) / component-free PCB handling edge
Befugnis *n* / authority || ≈ **und Verantwortung** / competence and responsibility
befugt *adj* / competent *adj*
Befüllen *n* / filling *n* || **~ v** / fill *v*
Befüllstation *f* / filling station
Befund *m* / findings *plt* || ≈**bericht** *m* / report of findings, damage report, findings report || ≈**prüfung** *f* / as-found test || ≈**ung** *f* / findings *plt*
BE-Gebinde (Bauelemente-Gebinde) *n* / component container
begehbar *adj* / walk-in *adj* || **~e, doppelseitige Schalttafel** / duplex switchboard, corridor-type switchboard || **~e, doppelseitige Schalttafel mit Pultvorsatz** / duplex benchboard, corridor-type benchboard || **~e Fläche** / accessible area || **~e Netzstation** / packaged substation with control aisle || **~e Netzstation mit Beton-Fertiggehäuse** / concrete-type packaged substation with control aisle || **~e Netzstation mit Kunststoffgehäuse** / plastics-type packaged substation with control aisle || **~e Zweifrontschalttafel** / duplex switchboard, corridor-type switchboard || **~e Zweifront-Schalttafel mit Pult** / duplex benchboard, corridor-type benchboard
Begehungsbeleuchtung *f* / pilot lighting
Beginn *m* / start, beginning || ≈ O_1 **einer Stoßspannung** / virtual origin O_1 of an impulse
beglaubigte Ausführung / certified type
Beglaubigung *f* / certification *n*, certificate *n*
beglaubigungsfähig *adj* / certifiable *adj*
Beglaubigungs·fehlergrenze *f* / legalized limit of error || ≈**schein** *m* / certificate of approval || ≈**zeichen** *n* / certification mark, conformity symbol, certification reference
Begleit·beleg *m* / accompanying voucher || ≈**blatt** *n* / accompanying note
begleitende Typprüfung / development type test || **~ Unterlagen** *f* / accompanying documents, traveller documents
Begleiter *m* (Kennzeichner, Hilfssignal) / qualifier *n*, auxiliary signal
Begleit·gas *n* / associated gas || ≈**heizung** *f* / steam tracing || ≈**karte** *f* / move ticket || ≈**papiere** *n pl* / accompanying documents || ≈**papiertasche** *f* / accompanying document bag || ≈**produkt** *n* / amendment *n*, modifier *n*, complement *n*, supplement *n* || ≈**schein** *m* / goods documentation slip || ≈**signal** *n* / accompanying signal || ≈**strahlung** *f* VDE 0837 / collateral radiation IEC 825 || ≈**wert** *m* / associated value || ≈**wert x** / value x

Begradigung *f* / rectification *n*
begrenzend·e Kupplung / limited-end-float coupling || **~es Lager** / locating bearing
Begrenzer *m* / limiter *n* || ≈ *m* (nichtlineare Schaltung, verwendet zur Begrenzung) / delimiter || ≈ **für Integralanteil** / integral-action limiter || ≈ **für Temperatur~** *m* / thermal cut-out, thermal relay, thermal release || ≈**-Baustein** *m* / limiter block || ≈**diode** *f* / limiter diode, breakdown diode || ≈**feld** *n* (Prozessdatenübertragung) / delimiter field
begrenzt abhängiges Zeitrelais / inverse time-lag relay with definite minimum (IDMTL), inverse time-delay relay with definite minimum || **~**

austauschbares Zubehör / accessory of limited interchangeability || **~ binär-exponentielle Zurückstellung** / truncated binary exponential backoff || **~ freigegeben** / available *v*, enabled *v* || **~ setzen** / set conditionally || **Eingang ~ setzen** / set input conditionally || **~e Einwirkung** (über eine Verbindung zwischen Bedienteil und Schaltglied) / limited drive || **~e Lebensdauer** (im Lager) / limited shelf-life || **~e Nichtauslösezeit** (FI-Schalter) / limiting non-actuating time || **~e wahrscheinliche Lebensdauer** / limited probable life || **~ Abtasten** / limited scanning || **~ RQ** / gated RQ
Begrenzung *f* / limitation *n*, restriction *n* || ≈ *f* (Impulse, Abkappverfahren) / limiting *n* || ≈ *f* (Leiterplatte) / bound *n* || **aktive** ≈ (Verstärker) / active bounding || **generatorische** ≈ / regenerative limiting || **Blendungs~** *f* / restriction of glare intensity, glare restriction
Begrenzungs·automatik *f* / automatic limiter || ≈**bund** *m* / locating collar, thrust collar || ≈**drossel** *f* / limiting reactor || ≈**feld** *n* / loading area || ≈**feuer** *n* / edge light || ≈**fläche** *f* / limiting surface || ≈**kante** *f* / limiting edge || ≈**leuchte** *f* / side lamp (GB), side marker lamp (US) || ≈**licht** *n* / side lamp (GB), side marker lamp (US) || ≈**linie** *f* / demarcation line
Begrenzungs·rahmen *m* (normalerweise nicht sichtbares Rechteck, das ein graphisches Objekt umschließt, und erscheinen kann, wenn dieses graphische Objekt ausgewählt wird) / bounding box || ≈**regelung** *f* / limiting control || ≈**regelung für die Änderungsgeschwindigkeit** / rate-of-change limiting control || ≈**regelung nach oben** / high limiting control || ≈**regelung nach unten** / low limiting control || ≈**regler** *m* (Erregung) / excitation limiter || ≈**schaltung** *f* / limiting circuit, protective circuit || ≈**spannung** *f* / clamping voltage || **Eingangs~spannung** *f* / input clamp voltage || ≈**stromwarnung** *f* / current limit warning || ≈**symbol** *n* / delimiter *n*, separator *n* || ≈**vorrichtung** *f* (Anschlussklemme) / anti-spread device || **oberer** ≈**wert** (BGOG) / upper limiting value || **unterer** ≈**wert** / lower limiting value || ≈**widerstand** *m* / limiting impedance || ≈**zeichen** *n* (SPS-Programm) / delimiter *n* EN 61131-3
Begriff *m* / term *n*, concept *n* || ≈ **der Graphengruppenebene** / diagram group-level term || **zusammenfassender** ≈ / acronym || ≈**e** *m pl* / definitions *n pl*
Begriffs·definition *f* / definition *n* || ≈**verzeichnis** *n* / table of terms || ≈**vorrat** *m* DIN ISO 7498 / presentation image
BE-Größe (Bauelement-Größe) *f* / component size
Begrüßungsbildschirm *m* / splash screen
Begünstigungszeitraum *m* / concession period
BE-Gurt *m* / belt *m*
begutachten *v* (einen Lieferanten) / evaluate *v*, audit *v*
Begutachter *m* / assessor || ≈**von Prüflaboratorien** / laboratory assessor
Begutachtung *f* / expertise *n*
BE/h / components/hour (placement speed per hour)
Behälter *m* / container *n*, vessel *n*, tank *n*, reservoir *n*, receptacle *n*, storage basin, bin *n*, drum *n*, cistern *n*, can *n* || ≈ *m* (f. Lastschaltanlage) / container *n* || **Sammelschienen~** *m* (SF₆-isolierte

Anlage) / bus (bar chamber) || ⁓dom *m* / container dome || ⁓flansch *m* / container flange || ⁓glasherstellung *f* / container glass manufacturing || ⁓hülle *f* / container enclosure || ⁓identifikation *f* / container identification || ⁓waage *f* / weighing hopper || ⁓wand *f* / container wall
behandeln *v* / handle *v*
behandelte Isolierflüssigkeit / treated insulating liquid
Behandlung *f* / handling *n*, treatment *n* || ⁓ **fehlerhafter Einheiten** / control of non-conforming items, disposition of nonconformity || ⁓ **mit festen Absorptionsmitteln** (Isolierflüssigk.) / solid absorbent treatment || ⁓ **von Abweichungen** / corrective action || ⁓ **von Anlieferungen beim Besteller** / purchaser control of deliveries || ⁓ **von technischen Unterlagen** / document control || **unsachgemäße** ⁓ / improper handling
Beharrungs·bremse *f* / holding brake || ⁓dauer *f* (Datennetz) / persistence time || ⁓geschwindigkeit *f* (Bahn) / balancing speed || ⁓strom *m* / steady-state current IEC 50(826), Amend. 2 || ⁓temperatur *f* / stagnation temperature, equilibrium temperature, steady-state temperature || ⁓-Übertemperatur *f* / final temperature rise || ⁓verhalten *n* / steady-state behaviour || ⁓verhalten *n* (kennzeichnet die gegenseitige Zuordnung der Signale im Beharrungszustand (DIN 19226)) / load collective || ⁓wert *m* / final value || ⁓zustand *m* / steady-state condition, steady state, equilibrium *n* || **thermischer** ⁓**zustand** / thermal equilibrium
beheben *v* / correct *v*
Behebung *f* / elimination *n* || ⁓ **der Dauerbelegung** / jabber control
Behebungs·maßnahme *f* / control of nonconforming products || ⁓systemmaßnahmen *f* / Handling of Nonconformances 716
Behelfs·antrieb *m* / auxiliary operating mechanism, emergency operating mechanism || ⁓beleuchtung *f* / stand-by lighting || ⁓betätigung *f* / manual operation, emergency operation, operation for maintenance purposes || ⁓handantrieb *m* / auxiliary manual operating mechanism || ⁓-Handantrieb *m* / handle mechanism || ⁓lösung *f* / workaround *n* || ⁓schalthebel *m* / emergency operating lever, manual operating lever
Beherrschbarkeit *f* / credibility *n*, controllability *n*
beherrschen *v* / have control over, control *v*
beherrscht *adj* / controlled || ~ **Fertigung** / process under control, controlled process, production process in control, production in control, controlled production process || ~**er Prozess** DIN 55350, T.11 / process under control, controlled process, process in control || **technisch** ~**es Fertigungsverfahren** / technically controlled production process
Beherrschung *f* / control
BE-Höhe (Bauelement-Höhe) *f* / component height
Behörde *f* / public authorities
behördliche Auflage / official requirement, jurisdictional requirement, || ~ **Eichstelle** / national calibration facility
bei ohmscher Last / with resistive load || ~ **steigender Flanke** / in the case of a rising edge || ~

waagrechtem Einbau / for horizontal installation
beibehalten *v* / keep *v*
Beiblatt *n* / supplement sheet, supplement *n*, attached sheet
Beibuchstabe *m* / index letter
beiderseitig steuerbarer Thyristor / tetrode thyristor || ~**e Belüftung** / double-ended ventilation, symmetrical ventilation || ~**es Zahnradgetriebe** / bilateral gear unit
beiderseits beaufschlagt / mutually admitted || ~ **beaufschlagter Stellantrieb** / mutually admitted actuator || ~ **gelagerter Rotor** / inboard rotor
Beidraht *m* (Kabel) / sheath wire
beidseitig *adj* / on both sides || ~ **gerichtet** / both-way *adj*, two-way *adj*, both way... || ~ **gerichtete Assoziation** / bidirectional association || ~ **terminiert** / Cable terminal fittings both ends || ~**e Datenübermittlung** / two-way simultaneous communication, both-way communication, TWA (two-way simultaneous data communication), two way simultaneous communication, TWS data communication (two-way simultaneous data communication) || ~ **Endenbearbeitung** / machining both ends || ~**er Antrieb** / double-ended drive, bilateral drive || ~**es Schweißen** / double sided welding
Beifahrer·airbag *m* / passenger side airbag || ⁓Luftsack *m* / passenger airbag || **2.** ⁓stufe *f* / passenger stage of airbag inflation
beigelegt / enclosed
beigestelltes Produkt / customer-supplied item
Beilage *f* (Ausgleichselement) / packing *n*, shim *n*, pad *n* || ⁓ *f* (nach dem Schweißen der Naht mit dem Werkstück unlösbar verbundene Schweißbadsicherung) / permanent backing strip || ⁓ *f* (zum Schutz einer Oberfläche) / pad *n*, packing *n* || ⁓blech *n* / shim *n*, packing plate || ⁓scheibe *f* (Unterlegscheibe) / washer *n*, plain washer
Beilagscheibe *f* / washer *n*
Beilauf *m* (Kabel) / filler *n* || ⁓litze *f* / flexible filler lead || ⁓zwickel *m* / between the individual cores
Beilegscheibe *f* / washer *n*, plain washer
Beimengung *f* / impurity *n* || **flüssige** ⁓ / liquid impurity || **tropfenförmige** ⁓ / impurity by drips
Beimischglied *n* / proportioning unit
Bein *n* (Anschluss, der die Verbindung vom Bauelement zur Leiterplatte herstellt) / strut *n* || ⁓abmessung *f* / lead dimension
Beinahetreffer *m* / near-miss
Bein·aufsetzfläche *f* / lead tip || ⁓breite *f* / width of the lead
Beinchen *n* / lead (connection between the component and the PCB) || ⁓abmessung *f* / lead dimension || ⁓abweichung *f* / lead offset || ⁓anzahl *f* / number of leads || ⁓breite *f* / lead width (width of the lead) || ⁓fehler *m* / lead fault || ⁓gruppe *f* (1 Körperlänge des Bauelements, 2 Körperbreite des Bauelements, 3 Mittelpunkt des Bauelements, 4 PIN 1-Kennung) / pin group || ⁓-Inspektionsmodus *m* / lead inspection mode || ⁓koplanarität *f* / lead coplanarity || ⁓länge *f* (Länge des (Anschluss)Beinchens) / length of the lead || ⁓maß *n* / lead dimension || ⁓messung *f* / lead measurement || ⁓modell *n* (beschreibt die Beinchenform bei FDCs) / lead model || ⁓raster *m* / lead pitch || ⁓teilung *f* / lead pitch ||

Beindimensionen 110

⟲**verbiegung** *f* / bending of leads, coplanarity bending || ⟲**versatz** *m* / lead offset
Beindimensionen *f* / Lead Dimensions (button)
BE-Information (Bauelemente-Information) *f* / component data
Beingruppe *f* / lead group
beinhalten *v* / include *v*
Bein·inspektion *f* / lead inspection || ⟲**kontrolle** *f* / lead inspection || ⟲**länge** *f* / length of the lead || ⟲**maß** *n* / lead dimension || ⟲**modell** *n* (beschreibt die Beinchenform bei FDCs) / lead model || ⟲**reihe** *f* / row of leads || ⟲**reihenlänge** *f* / lead range length || ⟲**seite** *f* / lead side, lead dimension || ⟲**spitze** *f* / lead end || ⟲**versatz** *m* (Beinversatz [mm], d.h. die Abweichung der gemessenen Beinposition zur Sollposition) / lead offset
Beipack *m* / extra enclosure, accessories pack, loose parts supplied with equipment, supplementary pack || **als** ⟲ / delivered with the control as a separate item || ⟲**zettel** *m* / accompanying note
Beipassfeder *f* / packing key
Beisatz *m* / trailer label || ⟲**adresse** *f* / trailer address
Beischleifen *n* / feather edging
Beispiel *n* / example *n*, class || ⟲**applikation** *f* / sample application || ⟲**baustein** *m* / sample block || ⟲**e/Applikationen** / Examples/Applications *n* || ⟲**grundplatte** *f* / example base plate || ⟲**parametrierung** *f* / sample parameterization || ⟲**programm** *n* / sample program, program example || ⟲**projekt** *n* / sample project || ⟲**raum** *m* (Menge aller möglichen Beispiele und Gegenbeispiele für ein zu lernendes Konzept) / example space || ⟲**sammlung** *f* / sample collection || ⟲**werkstück** *n* / sample workpiece
BE·-Kamera *f* / component vision camera || ⟲**-Kamerasystem (Bauelemente-Kamerasystem)** *n* / component camera system
Beistelldatum *n* / availability date
beistellen *v* / provide *v*
Beistellung *f* / externally supplied item, separately supplied item || **kundenseitige** ⟲ / be provided by the customer
Beitragspauschale *f* / sum contribution
Beiwert / coefficient *n* (result of a division of two quantities of different kinds)
Beizahl *f* / coefficient *n*
Beizeichen *n* / additional sign
beizen *v* (Metall) / pickle *v* || ⟲ *n* (Entfernen von Rost und Walzhaut/Zunder von Stahloberflächen mit einer sauren Lösung, die Beizinhibitor enthält) / pickling *n* || **elektrochemisches** ⟲ / electrolytic pickling
Beizsprödigkeit *f* / acid brittleness, hydrogen embrittlement
Bekannt·heitsgrad *m* / publicity *n* || ⟲**machung** *f* / promulgation *n*, announcement *n*
Bekeimungs·schicht *f* / seeding layer || ⟲**verfahren** *n* / seeding process
BE·-Kontrolle (Bauelemente-Kontrolle) *f* / component inspection || ⟲**-Kriterien (Bauelemente-Kriterien)** *n* / component criteria
Bel (Einheit B; dient dazu, das Verhältnis zweier Leistungen durch den dekadischen Logarithmus dieses Verhältnisses auszudrücken) / bel
Belade·art *f* / type of loading || ⟲**bild** *n* / loading display || ⟲**dialog** *m* / loading dialog || ⟲**einheit** *f* / load unit || ⟲**einrichtung** *f* / loading means ||

⟲**greifer** *m* / loading gripper || ⟲**-Kennung** *f* / loading marking || ⟲**liste** *f* / loading list
beladen *v* / load *v*
Beladen *n* / loading *n* || **freies** ⟲ / free loading || **manuelles** ⟲ / manual loading
Belade·paket *n* / loading package || ⟲**platz** *m* / loading point, loading station, load location, load point, load station || ⟲**position** *f* / load position || ⟲**roboter** *m* / manipulator *n* || ⟲**speicher** *m* / loading buffer || ⟲**station** *f* / load point, loading point, load location, loading station, load station || ⟲**stelle** *f* / loading point, load location, loading station, load point || ⟲**system** *n* / loading system || ⟲**werkzeug** *n* / load tool || ⟲**zeile** *f* / loading line
Belag *m* / layer *n*, straightening *n* || ⟲ *m* (Bremse) / lining *n* || ⟲ *m* (Überzug) / coating *n*, film *n*, coat *n*, lining *n* || ⟲ *m* / segment assembly, commutator surface || ⟲ *m* (Kontakte) / tarnish layer || ⟲ *m* (Kondensator, Folie) / foil *n* || ⟲ *m* (Phys.) / quantity per unit length || **halbleitender** ⟲ / semiconducting layer
BE·Lageerkennung (Bauelemente-Lageerkennung) *f* / component position recognition || ⟲**-Länge (Bauelement-Länge)** *f* / component length
belastbar *adj* / load rating, loadable *adj* || **~er Sternpunkt** / loadable neutral
Belastbarkeit *f* / loadability *n*, load capability *n*, loading capacity, load rating, load carrying capacity, carrying capacity || ⟲ *f* (Kabel, Strombelastbarkeit) VDE 0298,2 / current carrying capacity, ampacity *n* (US), load capability || ⟲ *f* VDE 0558, T.1 / load current carrying capability || ⟲ **bei zyklischem Betrieb** (Kabel) / cyclic current rating || **elektrische** ⟲**-Bemessungswerte** / electrical ratings || ⟲ **im Notbetrieb** (Kabel) / emergency current rating || **Kontakt~** *f* / contact rating || **Kurzschlussstrom~** *f* / short-circuit current carrying capacity || **thermische** ⟲ / thermal loading capacity, thermal rating || **Überstrom~** *f* / overcurrent capability, overload capability || **volle** ⟲ / full load rating
belasten *v* / load *v*, charge *v* || **~** *v* (beanspruchen) / stress *v*, strain *v* || **~** *v* / load *v*, bring onto load
Belastung *f* / load *n* || **außerhalb der Spitzenlastzeit** / off-peak load || **bei** ⟲ **mit ...** / when loaded with || **bei** ⟲ **nach dem Rückarbeitsverfahren** / back-to-back loading || **Ausgangsspannung bei** ⟲ / on-load output voltage || **dreipolige** ⟲ / three-pole loading || **kurz gemittelte** ⟲ / demand *n* || **Lärm~** *f* / noise pollution || **nachträgliche** ⟲ / charging afterwards || **Spannung bei** ⟲ / on-load voltage || **spezifische** ⟲ / unit load || **thermische** ⟲ / thermal load || **Umwelt~** *f* / environmental pollution || **Wärme~** *f* / thermal load || **Zeit geringer** ⟲ / light-load period
Belastungen, zugelassene ⟲ (el. Gerät) / approved ratings
Belastungs·art *f* / type of load || ⟲**ausgleich** *m* / load compensation || ⟲**becken** *n* / activated sludge tank || ⟲**bedingung** *f* / load condition || ⟲**bereich** *m* / loading range || ⟲**charakteristik** *f* / load characteristic || ⟲**dauer** *f* / load period, VDE 0660,109 in-service period || ⟲**dauer, die nicht zum Auslösen führt** / non-tripping duration || ⟲**diagramm** *n* / load diagram || ⟲**einrichtung** *f* / driving machine || ⟲**faktor** *m* / load factor, rating

factor || ⌂faktor *m* (FSK) / diversity factor || ⌂faktor für Notbetrieb (Kabel) / emergency rating factor || ⌂faktor für zyklischen Betrieb (Kabel) / cyclic rating factor || ⌂feld *n* / loading area || ⌂folge *f* / loading sequence, load spectrum

Belastungs·gebirge *n* / three-dimensional load diagram || ⌂generator *m* / dynamometer *n*, dynamometric generator || ⌂geschwindigkeit *f* / rate of stress increase, rate of stressing || ⌂gewicht *n* (Tragkette) / suspension-set weight, counterweight *n* || ⌂grad *m* / load factor || ⌂grenze *f* / loading limit, maximum permissible load || ⌂immittanz *f* / load immittance || ⌂impedanz *f* / load impedance

Belastungs·kapazität *f* / load capacitance, load-side capacitance || ⌂kennlinie *f* / load curve, load characteristic || ⌂kennlinie *f* (äußere, Spannung über Laststrom) / voltage regulation characteristic || ⌂kennlinie *f* (Dauermagnetmaterial) / load line IEC 50(221) || ⌂kennlinie *f* (Spannung über Erregerstrom) / load characteristic, load saturation curve || ⌂klasse *f* / rating class || ⌂klasse *f* / duty class EN 60146-1-1 || ⌂kondensator *m* / loading capacitor, front capacitor || ⌂kurve *f* / load profile (versus time) || **geordnete** ⌂**kurve** / ranged load curve, load duration curve || ⌂maschine *f* / loading machine, load machine, dynamometer *n*, driving machine

Belastungs·probe *f* / load test, on-load test || ⌂probe *f* (bis zum Bruch) / proving test || ⌂prüfung *f* (el. Masch.) / load test || ⌂reduzierung *f* / derating *n* || ⌂regler *m* / load rheostat, loading resistor || ⌂richtlinien *f pl* (f. Transformatoren) / loading guide || ⌂schwankung *f* / load fluctuation, load variation || ⌂spannung *f* / on-load voltage, load voltage || ⌂spiel *n* / load(ing) cycle, cyclic duty || ⌂spitze *f* / peak load, maximum demand || ⌂spule *f* / loading coil || ⌂stoß *m* / sudden increase of load || ⌂strom *m* / current load, load current || ⌂test *m* / load test || ⌂- **und Stresstests** /load- and stress tests

Belastungs·unsymmetrie *f* / load unbalance || ⌂unterschied *m* / load diversity || ⌂verfahren *n* (el. Masch.) / dynamometer test, input-output test || ⌂verfahren *n* / loading method || ⌂verlauf *m* / load cycle || ⌂vermögen *n* / load capacity, carrying capacity, loadability *n* || ⌂wechsel *m* / load change, load variation || ⌂widerstand *m* / loading resistor, load resistor, load rheostat || ⌂zeit *f* / load period, on-load time, running time

Belebtschlamm *m* / activated sludge
Belebungsbecken *n* / activated sludge tank
beledert *adj* / covered with leather
Belegart *f* / receipt type
belegbar *adj* / assignable *adj* || **~** *adj* (Klemme, Merker) / assignable *adj*, free *adj*
Belegdrucker *m* / document printer *n*
belegen *v* / occupy *v* || **~** *v* (Klemmen, Steckplätze) / assign *v* || **neu ~** / replace the segment assembly
Beleg·exemplar *n* / reference copy || **~los** *adj* / paperless *adj* || ⌂muster *n* / reference sample || ⌂schaft *f* / work force || ⌂schaftsaktien *f pl* / staff shares || ⌂schaftsvertreter *m* / works representative
belegt *adj* (nach Anwahl, Bus) / busy *adj* || **~** *adj* / reserved *adj* || **~** *adj* (zugeordnet) / assigned *adj* || **~** *adj* (voll) / full *adj* || **~** *adj* (Speicherbereich) / occupied *adj* || **~ im linken/rechten/oberen/ unteren Halbplatz** / occupied in left/right/top/ bottom half-location || **nicht ~** (NB) / not occupied, not assigned, free *adj*, enabled *adj*, unassigned *adj* || ⌂bedingung *f* (DIN V 44302-2 DIN 66221-1) / busy condition || **~e Länge** / assigned length || **~e Zelle** *f* (DIN V 44302-2) / busy slot || ⌂meldung *f* / busy signal

Belegung *f* / assignment *n*, pin assignment, pinout *n*, connector pin assignment, allocation *n* || ⌂ *f* (Reservierung) / reservation *n* || ⌂ *f* (Füllfaktor) / filling factor || ⌂ *f* / seizure IEC 50(715) || **Anschluss~** *f* / pin configuration (IC), pinning diagram (IC), pinning *n* (IC) || **Bus~** *f* / bus load, bus usage || **Bus~** *f* / bus acquisition || **Klemmen~** *f* / terminal assignment || **Speicher~** *f* / memory allocation, storage (o. memory) area allocation || **Stecker~** *f* / connector pin assignment

Belegungs·berechnung *f* / filling calculation || ⌂dauer *f* / holding time IEC 50(715) || ⌂dichte *f* / spatial density || ⌂fläche *f* (auf Kabelpritsche) / filling area || ⌂konfiguration *f* / interface/ connector assignments, interface/terminal allocation || **Speicher~liste** *f* / memory map, IQF reference list (IQF = input/output/flag) || ⌂maske *f* / assignment form || ⌂plan *m* / terminal diagram, I/Q/F reference list (input/output flag reference list) || ⌂planfenster *n* / terminal diagram window || ⌂tabelle *f* / connection table || **E/A-**⌂**tabelle** *f* / input/output flag reference list (I/Q/F reference list) || ⌂versuch *m* / bid *n* IEC 50(715) || ⌂warteschlange *f* / reservation queue || ⌂wert *m* (Belegungsgrad der Kabelpritschen in %) / filling value || **Schnittstellen~zeit** *f* / interface runtime, interface operating time || ⌂zusammenstoß *m* / head on collision

belegweiß *adj* / paper-white *adj*
beleuchtbar *adj* / illuminatable *adj*
beleuchten *v* / illuminate *v*, light *v* || ⌂ *n* / shining (of light) on
Beleuchterbrücke *f* / footlight bridge
beleuchtet *adj* / illuminated *adj* || **~e Zellfläche** / illuminated cell area || **~er Druckknopf** / illuminated pushbutton IEC 337-2, luminous pushbutton IEC 117-7, lighted pushbutton switch || **~er Hintergrund** / back-lit *n* || **~es Bedienteil** / illuminated actuator

Beleuchtung *f* / lighting *n*, illumination *n* || ⌂ *f* (in einem Punkt einer Oberfläche) / luminous exposure, light exposure || ⌂ **durch gerichtetes Licht** / directional lighting || ⌂ **durch gestreutes** (o. diffuses Licht) / diffused lighting || ⌂ **von Ausstellungsräumen** / exhibition lighting || ⌂ **von Geschäftsräumen** / commercial lighting

Beleuchtungs·abgang *m* / lighting feeder (unit) || ⌂abzweig *m* / lighting branch feeder, lighting branch circuit, lighting sub-circuit || ⌂abzweig *m* (Geräteeinheit) / lighting feeder unit || ⌂anlage *f* / lighting system, lighting installation || ⌂anordnung *f* / lighting layout || ⌂anschlussstelle *f* / lighting point || ⌂art *f* / illumination, type of illumination || ⌂betonung *f* / emphasis lighting, highlighting *n* || ⌂ebene *f* / stage (of inflation) *n* || ⌂einheit *f* EN 61000-3-2 / lighting unit || ⌂einrichtung *f* / illumination system, lighting equipment || ⌂elektronik *f* / lighting electronics || ⌂ingenieur *m* / lighting engineer || ⌂kombination *f* / combined lighting || ⌂körper *m* / luminaire *n*, lighting fitting, light fixture (US), fitting

Beleuchtungs 112

Beleuchtungs·messer *m* / illumination photometer, illumination meter || **⁓methode** *f* / method of illumination || **⁓niveau** *n* / lighting level, illumination level || **hohes ⁓niveau** / high-level illumination || **⁓programm** *n* / lighting program, lighting plot || **⁓qualität** *f* / lighting quality || **⁓regler** *m* / dimmer *n*, fader *n* || **⁓stärke** *f* / illuminance *n*, luminance level, luminosity *n* || **Kurve gleicher ⁓stärke** / isoilluminance curve (GB), isoilluminance line (US), isolux curve (o. line) || **⁓stärkemesser** *m* / illuminance meter || **⁓stärkemessgerät** *n* / lighting level measurement unit || **⁓station** *f* (f. Steuerung) / lighting control station || **⁓steuerung** *f* / lighting control system, light management system, illumination control, lighting control || **⁓stromkreis** *m* / lighting circuit, lighting subcircuit || **⁓technik** *f* / lighting engineering, illumination engineering, lighting technology || **⁓transformator** *m* / lighting transformer || **⁓verhältnisse** *n pl* / lighting conditions || **⁓-Versuchsstraße** *f* / experimental lighting road || **spezifischer ⁓wert** / specific lighting index || **⁓wirkungsgrad** *m* / utilization factor (lighting), coefficient of utilization (lighting) || **spezifischer ⁓wirkungsgrad** / reduced utilization factor (lighting installation) || **⁓zeit** *f* / illumination time || **⁓zeitschalter** *m* / lighting timer
Belichtung *f* / light exposure, exposure *n* || **Kontakt~** *f* / contact printing
Belichtungs·messer *m* / exposure meter || **⁓zeit** *f* / exposure time
beliebig *adj* / any *adj* || **~ konfigurierbar** *adj* / configured at will || **~e Anordnung** / randomization || **~e Brennstellung** (Lampe) / any burning position || **~e Kante** / either edge || **~e Reihenfolge der Leiter** / random sequence of conductors || **~er Austausch** / interchange at will
beliefern *v* / supply *v*
belieferte und eingeleitete Projekte / supplied and initiated projects
belüften *v* (Raum) / ventilate *v*, aerate *v*
belüftet *adj* / ventilated *adj* || **drehzahlunabhängig ~** / separately ventilated || **~e Maschine** / ventilated machine || **~es abgedecktes Gehäuse** / double casing || **~es Rippengehäuse** / ventilated ribbed frame
Belüftung *f* / ventilation (system) *n* || **beiderseitige ⁓** / double-ended ventilation, symmetrical ventilation || **einseitige ⁓** (el. Masch.) / single-ended ventilation
Belüftungs·anlage *f* / ventilation system || **⁓art** *f* / ventilation method, method of air cooling || **⁓baugruppe** *f* / fan module || **⁓flügel** *m* / ventilating vane || **⁓öffnung** *f* / ventilation opening, vent hole || **⁓schlitz** *m* / ventilation duct || **⁓system** *n* / ventilation system || **⁓verschraubung** *f* / ventilation screwed gland || **⁓wand** *f* / air guide wall
BE-Maße (Bauelement-Maße) *n* / component dimensions
bemaßen *v* / dimension *v*
Bemaßung *f* / dimensions plt, dimensioning *n*
Bemaßungs·system *n* / dimensioning system || **⁓text** *m* / dimension text || **⁓variable** *f* / dimension variable
Bemerkbarkeits·grenze *f* / perception limit, threshold of visibility || **Flicker-⁓schwelle** *f* VDE 0838, T.1 / threshold of flicker perceptibility

bemerkenswert *adj* / significant
Bemerkung *f* / remark *n* || **⁓ (Anmerkung, Kommentar)** *f* / comment
bemessen *v* / dimension *v*, rate *v*, design *v*
Bemessung *f* / sizing *n* || **⁓** *f* (el. Masch.) VDE 0530, T.1 / rating *n* IEC 34-1 || **⁓** *f* (Entwurf, Ausführung) / design *n*, rating *n*, design and ratings || **⁓** *f* (Maße) / dimensioning *n*, dimensioning *n* (assigning of dimensions to a mechanical drawing)
Bemessungs·- / rated || **⁓ableitstoßstrom** *m* / rated discharge current || **⁓anschlussspannung** *f* VDE 0558, T.1 / rated a.c.-side voltage, rated line-side voltage || **⁓anschlussspannung** *f* / rated supply voltage || **⁓anschlussstrom** *m* VDE 0558, T.1 / rated a.c.-side current, rated current on line side || **⁓ansprechtemperatur** *f* / rated operating temperature, rated response temperature, nominal tripping temperature, rated intervention temperature || **⁓ansprechtemperatur des Fühlers (TNF)** / rated detector operating temperature (TNF) || **⁓ansprechtemperatur des Systems (TFS)** / rated system operating temperature (TFS) || **⁓aufnahme** *f* / rated input IEC 335-1, rated input power, rated watts input (US), (electric range) ...rated input VA (o. kVA), rated power consumption || **⁓ausgangsdauerstrom** *m* / rated continuous output current || **⁓ausgangsdrehmoment** *n* / rated output torque || **⁓ausgangskurzzeitstrom** *m* / rated short-time output current || **⁓ausgangs-Leerlaufspannung** *f* (Leistungstrafo) / rated no-load secondary voltage || **⁓ausgangsleistung** *f* (Leistungstrafo) / rated output power || **⁓ausgangsspannung** *f* (Leistungstrafo) / rated output voltage, rated secondary voltage || **⁓ausgangsstrom** *m* / rated output current || **⁓ausschaltstrom** *m* / rated breaking current, rated interrupting current, interrupting rating (US) || **⁓ausschaltstrom für Kondensatorbatterien** / rated capacitor breaking current || **⁓ausschaltstrom unter Asynchronbedingungen** / rated out-of-phase breaking current || **⁓ausschaltvermögen** *n* (höchster Strom, den ein Schaltgerät unter bestimmten Bedingungen ausschalten kann) / rated breaking capacity, interrupting rating (US), rated rupturing capacity || **⁓ausschaltwert für kleine induktive Ströme** / small inductive breaking current || **⁓aussetzbetrieb** *m* / intermittent rating
Bemessungs·belastbarkeit *f* / load rating || **⁓belastungsfaktor** *m* / rated load factor, VDE 0660, T.500 rated diversity factor IEC 439-1, demand factor || **⁓betätigungsfrequenz** *f* / rated control frequency || **⁓betätigungsspannung** *f* / rated control voltage, rated coil voltage, rated control voltage || **⁓betätigungsstrom** *m* / rated control current || **⁓betrieb** *m* / rated operation || **⁓betrieb für nichtperiodisch veränderliche Belastung** (el. Masch.) VDE 0530, T.1 / non-periodic duty-type rating IEC 34-1 || **⁓betrieb für periodisch veränderliche Belastung** (el. Masch.) VDE 0530, T.1 / periodic duty-type rating IEC 34-1 || **⁓betriebsart** *f* / rated duty || **⁓betriebsart** *f* (el. Masch.) / duty-type rating (d.t.r.), duty-cycle rating || **⁓betriebsarten** *f pl* / rated duties || **⁓betriebsdauer** *f* DIN 41760 / rated service time || **⁓betriebs-Kurzschlussausschaltvermögen** *n* /

rated service short-circuit breaking capacity, I_{cs} ‖ ⸾**betriebsleistung** *f* / ratings *plt*, rated operational power ‖ ⸾**betriebsspannung** *f* / rated operational voltage IEC 157-1 ‖ ⸾**betriebsspannung** *f* / rated operating voltage ‖ ⸾**betriebsstrom** *m* / rated operational current, rated operating current, rated normal current ‖ ⸾**betriebsstrom** *m* (Trennschalter, Lastschalter) / rated normal current ‖ ⸾**betriebstemperatur** *f* / rated operating temperature ‖ ⸾**bremsleistung** *f* / rated braking performance ‖ ⸾**bürde** *f* (Wandler) / rated burden, rated load impedance

Bemessungs·daten *plt* DIN 40200, Okt.81 / rating *n*, rated data, rating data ‖ ⸾**daten für Aussetzbetrieb** / intermittent rating ‖ ⸾**daten für Dauerbetrieb** / (maximum) continuous rating ‖ ⸾**daten für Kurzzeitbetrieb** / short-time rating (s.t.r.) ‖ ⸾**daten für Nennbetrieb** / nominal rating ‖ ⸾**daten für Stundenbetrieb** / one-hour rating ‖ ⸾**dauerbetrieb** *m* / continuous rating ‖ ⸾**dauerbetrieb** *m* (el. Masch.) VDE 0530, T.1 / maximum continuous rating (m.c.r.) IEC 34-1 ‖ ⸾**dauerspannung** *f* / rated uninterrupted voltage ‖ ⸾**dauerstrom** *m* / rated continuous current, continuous current rating, rated uninterrupted current ‖ ⸾-**Dauerstrom** *m* / continuous rated current ‖ **thermische** ⸾-**Dauerstromstärke** / rated continuous thermal current ‖ ⸾**drehmoment** *n* / rated-load torque (r.l.t.) ‖ ⸾**drehmoment** *n* / full-load torque (f.l.t.), rated torque ‖ ⸾**drehmomentbereich** *m* / rated torque range ‖ ⸾**drehzahl** *f* (el. Masch.) / rated speed, rated-load speed, full-load speed ‖ ⸾**durchmesser** *m* / rated diameter

Bemessungs·eingangsdrehzahl *f* / rated input speed ‖ ⸾**eingangsspannung** *f* / rated input voltage ‖ ⸾**einschalt- und -ausschaltvermögen** *m* / rated making and breaking capacity ‖ ⸾**einschaltvermögen** *n* / rated making capacity ‖ ⸾**einschwingfrequenz** *f* / frequency at rated transient recovery voltage ‖ ⸾**einschwingspannung** *f* / rated transient recovery voltage ‖ ⸾-**Ein- und -Ausschaltvermögen** *n* / rated making and breaking capacity ‖ ⸾**erregerleistung** *f* / rated-load excitation power ‖ ⸾**erregerspannung** *f* / rated field voltage, rated collector-ring voltage, rated-load field voltage ‖ ⸾**erregerstrom** *m* / rated field current, rated-load field current, full-load excitation current

Bemessungs·-Fehlergrenzstromstärke *f* / accuracy limit primary current ‖ ⸾**fehlerstrom** *m* / rated fault current ‖ ⸾**fehlerstrom** *m* (FI-Schutzschalter) / rated residual current ‖ ⸾-**Freileitungsausschaltstrom** *m* VDE 0670,T.3 / rated line-charging breaking current IEC 265 ‖ ⸾**frequenz** *f* / rated frequency, nominal frequency ‖ ⸾**gleichspannung** *f* / rated direct voltage ‖ ⸾**gleichstrom** *m* / rated direct current ‖ ⸾**gleichstromfaktor** *m* (für den Ankerkreis eines aus einem Stromrichter gespeisten Gleichstrommotors) VDE 0530, T.1 / rated form factor of direct current IEC 34-1 ‖ ⸾**grenzabweichung** *f* VDE 0435, T.110 / assigned error ‖ ⸾**grenzkurzschlussausschaltvermögen** *n* / rated ultimate short-circuit breaking capacity, I_{cu} ‖ ⸾**-Grenz-Kurzschluss-Auschaltvermögen** *n* / rated ultimate short-circuit breaking capacity ‖ ⸾-

Grenzkurzschlussausschaltvermögen *n* / rated ultimate short-circuit breaking capacity ‖ ⸾**grenzlast** *f* / ultimate design load ‖ ⸾**grenzlast** *f* (Umbruchlast, Isolator) / rated cantilever strength ‖ ⸾**größe** *f* / rated quantity ‖ ⸾**größe** *f* (zum Kennzeichnen des Bemessungsbetriebes einer el. Masch.) VDE 0530,T.1 / rated value IEC 34-1 ‖ ⸾-**Hilfsspannung** *f* / rated auxiliary voltage ‖ ⸾**index** *m* / rating index ‖ ⸾**isolationspegel** *m* VDE 0111, T.1 A1 / rated insulation level IEC 129 ‖ ⸾**isolationspegel** *m* (Trafo-Stufenschalter) HD 367 / insulation level IEC 214 ‖ ⸾**isolationsspannung** *f* / rated insulation voltage

Bemessungs·-Kabelausschaltstrom *m* VDE 0670,T2 / rated cable-charging breaking current IEC 265 ‖ ⸾**kapazität** *f* / rated capacity ‖ ⸾-**Kondensatorausschaltstrom** *m* / rated single capacitor bank breaking current IEC 265 ‖ ⸾-**Kondensatoreinschaltstrom** *m* / rated capacitor bank inrush current ‖ ⸾-**Kondensatorparallelausschaltstrom** *m* / rated back-to-back capacitor bank breaking current ‖ ⸾**kurzschluss** *m* / rated short-circuit ‖ ⸾-**Kurzschlussausschaltstrom** *m* / rated short-circuit breaking current ‖ ⸾-**Kurzschlussausschaltvermögen** *n* / rated short-circuit breaking capacity, short-circuit interrupting rating, fault interrupting rating ‖ ⸾-**Kurzschlusseinschaltstrom** *m* / rated short-circuit making current ‖ ⸾-**Kurzschlusseinschaltvermögen** *n* / rated short-circuit making capacity ‖ ⸾**kurzschlussfestigkeit** *f* / rated short-circuit strength ‖ ⸾-**Kurzschlussspannung** *f* / impedance voltage at rated current ‖ ⸾**kurzschlussstrom** *m* / rated short-circuit current, short-circuit current rating ‖ ⸾**kurzzeitbetrieb** *m* (el. Masch.) VDE 0530, T.1 / short-time rating (s.t.r.) IEC 34-1 ‖ ⸾-**Kurzzeit-Stehwechselspannung** *f* / rated short-duration power-frequency withstand voltage ‖ ⸾-**Kurzzeitstrom** *m* / rated short-time current ‖ ⸾**kurzzeitstromfestigkeit** *m* / rated short-time withstand current ‖ ⸾-**Kurzzeitstromstärke** *f* / rated short-time thermal current ‖ ⸾**kurzzeit-Wechselspannung** *f* VDE 0111, T.1 A1 / rated short-duration power-frequency withstand voltage

Bemessungs·last *f* / rated load, full-load rating, one-hundred-percent-load rating ‖ ⸾**last** *f* (Leiterseil) / design load ‖ ⸾**lastbetrieb** *m* / rated-load operation, operation at rating, operation under rated conditions ‖ ⸾**lasterregung** *f* / rated-load excitation, full-load excitation ‖ ⸾**last-Kurzschlussverhältnis** *n* / rated-load short-circuit ratio, full-load short-circuit ratio ‖ ⸾**leistung** *f* (el. Masch.) VDE 0530, T.1 / rated output IEC 34-1, rated power output, rated power, power rating, rated maximum power ‖ ⸾**leistung** *f* (eines Erregungskreises) VDE 0435, T.110 / rated power, rated burden ‖ ⸾**leistung** *f* (Lampe) / rated wattage ‖ ⸾**leistung bei Aussetzbetrieb** / periodic rating, intermittent rating, load-factor rating ‖ ⸾**leistung in kVA** / rated kVA, kVA rating ‖ **thermische** ⸾**leistung** / rated thermal power ‖ ⸾**leistungen** *f pl* / rating ‖ ⸾**leistungsabgabe** *f* / rated power output

Bemessungs·messbereich *m* VDE 0435,T.110 / effective range IEC 50(446) ‖ ⸾**moment** *n* / rated

Bemessungs

torque || ⁓**nennstrom** *m* / rated current || ⁓**netzfrequenz** *f* / rated supply frequency || ⁓**Nichtauslösefehlerstrom** *m* (FI-Schutzschalter) / rated residual non-operating current || ⁓**oberspannung** *f* / high-voltage rating || ⁓**puls** *m* / rated pulse || ⁓**pulsfrequenz** *f* / rated pulse frequency || ⁓-**Ringausschaltstrom** *m* VDE 0670,T. 3 / rated closed-loop breaking current IEC 265 **Bemessungs·schaltabstand** *m* / rated operating distance, nominal operating distance || ⁓-**Schaltleistungsprüfung** *f* / service duty test IEC 214 || ⁓-**Schaltspannung** *f* / rated breaking voltage || ⁓-**Schaltstoßspannung** *f* VDE 0111, T.1 A1 / rated switching (impulse withstand voltage) || ⁓**schaltstrom** *m* / rated breaking current || ⁓**schalttemperatur** *f* (Temperatursicherung) / rated functioning temperature || ⁓**schaltvermögen** *n* / rated switching capacity, rated making and breaking capacity || ⁓**schaltvermögen** *n* (Kurzschlussleistung) / rated short-circuit capacity || ⁓**schaltvermögen** *n* / rated short-circuit capacity || ⁓**schaltvermögen** *n* / rated breaking capacity || ⁓**schlupf** *m* / rated-load slip || ⁓**sekundärspannung** *f* / rated secondary voltage || ⁓**sicherheitsstromstärke** *f* / rated instrument limit primary current (IPL) IEC 50(321) || ⁓**spannung** *f* / rated voltage, nominal voltage || ⁓**spannung einer Wicklung** / rated voltage of a winding **Bemessungs·-Stehblitzstoßspannung** *f* / rated lightning impulse withstand voltage || ⁓-**Steh-Blitzstoßspannung, nass** (o. unter Regen) / rated wet lightning impulse withstand voltage || ⁓-**Steh-Blitzstoßspannung, trocken** / rated dry lightning impulse withstand voltage IEC 168, specified dry lightning impulse withstand voltage IEC 383 || ⁓-**Steh-Gleichspannung** *f* / rated d.c. withstand voltage || ⁓-**Steh-Schaltstoßspannung** *f* / rated switching impulse withstand voltage || ⁓-**Steh-Schaltstoßspannung unter Regen** / rated wet switching impulse withstand voltage IEC 168, specified wet switching impulse withstand voltage IEC 168 || ⁓-**Steh-Schaltstoßspannung, trocken** / rated dry switching impulse withstand voltage, *f* specified dry switching impulse withstand voltage || ⁓-**Stehspannung** *f* / rated withstand voltage || ⁓-**Steh-Wechselspannung** *f* / rated short-duration power-frequency withstand voltage IEC 76-3, rated short-duration power-frequency withstand voltage, rated power-frequency withstand voltage || ⁓-**Steh-Wechselspannung unter Regen** / rated wet power-frequency withstand voltage, specified wet power-frequency withstand voltage IEC 168 || ⁓-**Steh-Wechselspannung, trocken** / rated dry power-frequency withstand voltage, specified dry power-frequency withstand voltage || ⁓**steuerspannung** *f* / rated control voltage || ⁓**steuerspeisespannung** *f* / rated control supply voltage || ⁓**steuerspeisestrom** *m* / rated control supply current || ⁓**stoßspannung** *f* / rated impulse voltage || ⁓-**Stoßspannung** *f* (el. Masch.) VDE 0530, T.15 / impulse voltage withstand level IEC 34-15, impulse withstand level || ⁓**stoßspannungsfestigkeit** *f* / rated impulse withstand voltage || ⁓**stoßspannungsfestigkeit** U_{imp} / rated impulse withstand voltage || ⁓**stoßstrom** *m* (2,5 x Bemessungs-Kurzzeitstrom) / rated peak withstand current IEC 265 || ⁓**stoßstrom** *m* (größter zulässiger Augenblickswert (Scheitelwert) des unbeeinflussten Kurzschlussstroms in der höchstbeanspruchten Strombahn) / impulse short-circuit current || ⁓**stoßstromfestigkeit** I_{pk} *f* / rated peak withstand current || ⁓**stoßstromstärke** *f* / rated dynamic current || **dynamische** ⁓**stoßstromstärke** / rated dynamic current || ⁓**strom** *m* / rated current || ⁓**strom der Abzweige** / rated current of feeders || ⁓**strom der Sammelschiene** / rated busbar current || ⁓**stromanpassung** *f* / rated current setting || ⁓**strombereich** *m* / current rating || ⁓**strommodul** *n* / rated current module || **erweiterte** ⁓**stromstärke** / extended rating current || **sekundäre** ⁓**stromstärke** / rated secondary current || ⁓**stromstufe** *f* / rated current level **Bemessungs·temperatur** *f* / rated temperature || ⁓-**Transformatorausschaltstrom** *m* / rated no-load transformer breaking current, rated transformer off-load breaking current || ⁓**übersetzung** *f* (Leistungstrafo) / rated voltage ratio, rated transformation ratio || ⁓**überstromfaktor** *m* / rated overcurrent factor || ⁓- **und Grenzwerte** *m pl* / rated and limiting values || ⁓**unterlagen** *f* / dimensioning documents || ⁓**unterspannung** *f* / low-voltage rating, rated secondary voltage || ⁓**verlustleistung** *f* / rated power dissipation || ⁓**vorschriften** *f pl* VDI/VDE 2600 / rating rules **Bemessungs·-Wechselstromstellerstrom** *m* / rated controller current || ⁓-**Wechselstromstellerstrom bei Dauerbetrieb** / rated continuous controller current || ⁓**wert** *m* DIN 40200, Okt. 81 / rated value || ⁓**wert der Erregerleistung** (el. Masch) / rated-load excitation power || ⁓**wert der Erregerspannung** (el. Masch.) / rated field voltage, rated collector-ring voltage, rated-load field voltage || ⁓**wert der periodischen Spitzenspannung** / rated recurring peak voltage || ⁓**wert der zeitweiligen Überspannung** / rated temporary overvoltage || ⁓**wert des Erregerstroms** (el. Masch.) / rated field current, rated-load field current, full-load excitation current || ⁓**ziffer** *f* / design index
BE-Mitte (Bauelement-Mitte) *f* / center of the component
Bemustern *n* / sampling *n*
Bemusterung *f* / sampling *n*
benachbart *adj* / adjacent || ~**e Domänen** (zwei Domänen, die durch Einrichtungen an benachbarten Knoten miteinander verbunden sind) / adjacent domains || ~**e Knoten** / adjacent nodes || ~**e Metallteile** / adjacent metal parts
Benachrichtigung *f* / notification *n* || ⁓**sdienst** *m* / information service
benannt *adj* / notified || ~**e Stelle** / notified body
Benchmark·-Bestückleistung *f* / benchmark placement rate || ⁓**ing** *n* / benchmarking *n* || ⁓**leistung** *f* / benchmark rate
Benennung *f* / term *n*, selection *n*, appointment *n* || ⁓ **und Verwendung** / designation and application
Benetzbarkeit *f* / wettability *n*
benetzen *v* / wet *v* || ⁓ *n* / wetting *n*
benetztes Filter / wetted filter, viscous filter || ~ **Thermometer** / wet-bulb thermometer
Benetzungs·fähigkeit *f* / wetting power, spreading power || ⁓**mittel** *n* / wetting agent, spreading agent

|| ⁓winkel *m* (Lötung) / contact angle
benötigen *v* / require *v*
benötigt *adj* / required *adj*
benummern *v* / allocate numbers
Benutzbarkeit *f* / usability *n*
benutzen *v* / use *v* || ⁓ **Sie keine messtechnischen Ausrüstungen, von denen Sie wissen, dass sie im beschädigten oder defekten Zustand sind.** / Do not use any measuring equipment which you know or believe to be damaged or defective in any way.
Benutzer *m* / user *n* (UR), operator *n* || ⁓**adresse** *f* / user address || ⁓**aktion** *f* / User action || ⁓**anforderungen** *f* / user requirements || ⁓**anleitung** *f* (BN) / user guide, user's guide, BN || ⁓**anzeige** *f* / User View || ⁓**-Authentifizierung** / operator authentication || ⁓**-Benutzer-Protokoll** *n* / user-to-user protocol || ⁓**berechtigung** *f* / operator authorization || ⁓**bereich** *m* VDE 0806 / operator access area IEC 380 || ⁓**daten** *plt* / user data || ~**definierbare Logik** / user-defined logic (UDL)
benutzerdefiniert *adj* / customized *adj* || ~**e Ansicht** / userdefined view || ~**er Datentyp** / user-defined data type (UDT) || ~**er Grenzwert (GWB)** / user-defined limit value (LVU) || ~**er Messwert (MWB)** / user-defined measured value (MVU)
Benutzer·dienstprotokoll *n* / user service protocol || ⁓**einstellung** *f* (Einstellungen, die der Anwender verändern kann und die zukünftig als Standard verwendet werden) / default setting || ⁓**element** *n* EN 50090-2-1 / user element || ⁓**endgerät** *n* / user terminal
benutzerfreundlich *adj* / convenient *adj*, user-friendly *adj*, operator-friendly *adj*, easy-to-use *adj*, easy-to-operate *adj*, sophisticated *adj* || ~**e Software** / user-friendly software
Benutzer·freundlichkeit *f* / user friendliness || ⁓**führung** *f* / user prompting, operator prompting, operator guidance || ⁓**führungssystem** *n* / Operator Guidance System (OGS) || ~**geführt** *adj* / user-prompted || ⁓**gruppe** *f* / user group || ⁓**handbuch** (BN) / user guide, user's guide || ⁓**handbuch (BHB)** *n* / User Manual || ⁓**-ID** *f* / user ID || ⁓**interaktionen** *f pl* / user interactions || ⁓**klasse** *f* / user class of service || ⁓**-Kommentar** *m* / user comment || ⁓**konto** *n* / user account || ⁓**koordinate** *f* (eine vom Benutzer festgelegte und in einem geräteunabhängigen Koordinatensystem ausgedrückte Koordinate) / user coordinate || ⁓**leistungsmerkmal** *n* / performance property, performance characteristic, facility || ⁓**-Manager aufrufen** / call user manager || ⁓**name** *m* / user name || ⁓**-Netz-Schnittstelle** *f* (Schnittstelle zwischen Netzknoten und Teilnehmer) / user network interface (UNI) || ⁓**oberfläche** *f* (BOF) / user interface (UI), user environment || ⁓**profil** *n* (Beschreibung eines Benutzers, die typischerweise für Zugriffskontrolle benutzt wird) / user profile || ⁓**prozess** *m* EN 50090-2-1 / user process || ⁓**recht** *n* / user authority || ⁓**rolle** *f* / user-rights context || ⁓**schnittstelle** *f* / user interface (UI) || ⁓**-Server** *m* / user server || ⁓**sicht** *f* / user view || ⁓**station** *f* / user terminal, user station || ⁓**verwaltung** *f* (Benutzerverwaltung bezeichnet die Arbeiten, die ein Administrator eines EDV-Systems erledigen muss, damit die Benutzer des von ihm betreuten Systems genau die Arbeiten erledigen können, die sie machen sollen und alles andere nicht machen können) / user management || ⁓**verwaltung** *f* / user administration (UA) || ⁓**verwaltung deaktivieren** / deactivate user management || ⁓**verwaltung und Zugriffsrechte** *f* / User Administration & Access Rights (UAAR) || ⁓**zugriff** *m* / user access || ⁓**zugriffslevel** *m* / read access level
Benutzungsdauer *f* (Stromversorgung) / utilization period || ⁓ *f* (Betriebszeit) / operation period, service period || ⁓ *f* / utilization time || ⁓ *f* / operating time || ⁓ *f* (Durchschnittslast/Spitzenlast) / load factor
Benutzungsweise der Endsystemverbindung *f* / use of network connection (UN)
Benzin·-Direkteinspritzung *f* / gasoline direct injection || ⁓**pumpe** *f* / petrol pump || ⁓**sicherheitslampe** *f* (zum Nachweis von Grubengasen) / mine safety lamp
Benzingscheibe *f* / snap ring, circlip *n*, spring ring
Benzol *n* / benzene *n*
Benzoylperoxyd *n* / benzoyl peroxide, dibenzyl peroxide
beobachtbares System DIN 19229 / observable system
Beobachtbarkeit *f* / observability *n*
beobachten *v* / monitor *v* || ⁓ *n* / monitoring *n*, visualization *n*
Beobachter *m* / observer *n*, monitor *n* || ⁓**rückführung** *f* / observer feedback || ⁓**struktur** *f* / observer
beobachtet / observed || ~**e Ausfallrate** / observed failure rate
Beobachtung *f* / observation *n*, monitoring *n*, visualization *n* || **Prozess~** *f* / process visualization
Beobachtungs·daten *plt* (anhand einer unmittelbaren Beobachtung festgestellte Merkmalswerte einer Einheit oder einer Tätigkeit) IEC 50(191) / observed data || ⁓**ebene** *f* / monitoring level || ⁓**funktion** *f* / monitoring function || ⁓**gerät** *n* / viewing device || ⁓**-matrix** *f* / observer matrix || ⁓**mikroskop** *n* / viewing microscope || ⁓**modell** *n* / observer model || ⁓**öffnung** *f* / inspection hole, observation hole || ⁓**oszilloskop** *n* / observation oscilloscope || ⁓**parameter** *n* / viewing parameter, visualization parameter, display parameter || ⁓**punkt** *m* / monitoring point || ⁓**richtung** *f* / direction of view || ⁓**schnittstelle** *f* / monitoring interface || ⁓**system** *n* / monitoring system, monitoring subsystem || ⁓**wert** *m* DIN 55350,T.12 / observed value || ⁓**winkel** *m* / viewing angle, observation angle || ⁓**zeit** *f* / observation time || ⁓**zeitraum** *m* / observation period
BEP (Basiseinstandspreis) / base cost
BE-Programmierung (Bauelemente-Programmierung) *f* / component programming
BER (Bitfehlerrate) / BER (bit error rate)
Berandungselement *n* / boundary item
Bérangerwaage *f* / counter scale type Beranger
beratende Ingenieure / consulting engineers
Berater *m* / consultant *n*, chief advisor
Beratung *f* / consulting, advice
Beratungs·-Service *m* / advisory service || ⁓**system** *n* (Expertensystem, das mehr eine beratende als

dirigistische Funktion gegenüber dem Benutzer hat) / advisory system || ℒ- **und Unterstützungsgruppen der Berichterstatter** / rapporteur advisory and support team
BERBAS / BERBAS system
berechnen v / compute, calculate
berechnet adj / calculated adj || **~e Ausfallrate** / assessed failure rate || **~e Kupplung** f / calculated coupling
Berechnung f / calculation n, computation n || ℒ **der Maschine** / machine design calculation, machine design analysis || ℒ **der Motorparameter** / calculation of motor parameters || ℒ **saisonaler Grenzwerte** / Calculation of Seasonal Limits (CSL) || ℒ **von Wasserbewertungsfaktoren** / water worth value calculation (WWV)
Berechnungs·beispiel n / calculation example || ℒ**büro** n / design office || ℒ**daten** plt / calculation figures || ℒ**druck** m (PR) DIN 2401,T.1 / design pressure, calculated pressure || ℒ**regel** f / calculation rule || ℒ**spannung** f / design stress || ℒ**temperatur** f (TR) DIN 2401,T.1 / design temperature || ℒ**tool** n / calculation tool || ℒ**variante** f / computation variant || ℒ**verfahren** n / method of calculation || ℒ**zyklus** m / calculation cycle
berechtigen v / authorize v
berechtigt adj / authorized adj
Berechtigung f / authorization n, capability n
Berechtigungs·gruppe f / authorization group || ℒ**karte** f / authorizer card || ℒ**klasse** f / authorization class || ℒ**konzept** n / authorization concept || ℒ**liste** f / capability list || ℒ**marke** f / token n || ℒ**nachweis** m / credentials || ℒ**profil** n / authorization profile || ℒ**stufe** f / authorization level || ℒ**zeitraum** m (Arbeitsantritt) / period of authorized entry || ℒ**zeitraum** m / authorized working hours, authorization period
beregnen v / wet v
Beregnungs·einrichtung f / spray apparatus || ℒ**prüfung** f / wet test || ℒ**prüfung mit hoher Wechselspannung** / high-voltage power-frequency wet withstand test
Bereich m / range n, span n, band n, region n, scope n, zone n, group n, level n, realm n, compartment n, section n || ℒ m (Menge der Werte zwischen der oberen und unteren Grenze einer Größe) / range n || ℒ m (Fabrikanlage) VDI/VDE 3695 / area n || ℒ m / domain n || ℒ m (Bussystem) / zone n || ℒ **Anschaltung** (BA, Anschaltungsdatenbereich im Speicher) / interface data area || ℒ **der Abweichung infolge thermischen Ausgleichs** DIN 41745 / settling effect band IEC 478-1 || **im** ℒ **der Handhabe** / near the handle || ℒ **der kombinierten Störabweichung** DIN 41745 / combined effect band || ℒ **Maschinen- und Anlagenbau** / machine and plant construction industry || ℒ **mit angehobenem Nullpunkt** / elevated-zero range || ℒ **mit eigener Rechtsform** / separate legal unit || ℒ **mit unterdrücktem Nullpunkt** / suppressed-zero range || **erweiterter** ℒ / extended I/O memory area, extended I/O area || **explosionsgefährdeter** ℒ **EN 50014** / hazardous area, potentially explosive atmosphere EN 50014, area (o. location) subject to explosion hazards, area with danger of explosion, zone subject to explosion hazard, ex area, potentially explosive areas || **industrieller** ℒ /

industrial field || **Laser~** m VDE 0837 / nominal ocular hazard area (NOHA) IEC 825 || **roter** ℒ / red sector || **sicherer** ℒ / safe area || **Spannungs~** m (DAU) / voltage compliance || **Speicher~** m / memory area || **verbotener** ℒ / prohibited area || ℒ-**Anschaltung** f / interface data area
Bereich-Anschaltungsgruppe-betriebsbereit (BAG-betriebsbereit BAG-BB) / mode group ready signal, mode group ready
Bereichs·anfang m / start-of-area || ℒ**anfangszeiger** m / start-of-area pointer || ℒ**angabe** f / range specification, area specification || ℒ**aufspaltung** f / range splitting, split-ranging n || ℒ**auswahl** f / range select || ℒ**bild** n (Fabrikbereich) / area display || ℒ**ebene** f (Fertigungssteuerung, CAM-System) / cell level || ℒ**endschalter** m / selection limit switch, range limit switch || ℒ**endwert** m / range limit value || ℒ**erkennung** f / range recognition || **sichere** ℒ**erkennung** / safe zone sensing || ℒ**etikett** n (Archivbereich) / section label || ℒ**federung** f / range spring || ℒ**fehler** m / range error || ℒ**feld** n (Prozessmonitor) / area field || ℒ**grenze** f / range limit || ℒ**grenze** f (IEC/TR 870-6-1) / boundary || **obere** ℒ**grenze** (Signal) DIN IEC 381 / upper limit IEC 381 || **untere** ℒ**grenze** (Signal) DIN IEC 381 / lower limit IEC 381 || ℒ**kennung** f / area identifier || ℒ**kontrolle** f / area control || ℒ**koordinator** m / Operating Group Coordinator, Group officer || ℒ**koppler** m (Backbone-Bus-System) / backbone coupler
Bereichs·längenzeiger m / length-of-area pointer || ℒ**linie** f (Backbone-Bus-System) / backbone line || ℒ**meldefeld** n (Prozessmonitor) / area alarm display field || ℒ**melder** m (Grenzwertglied) / Schmitt trigger, limit monitor || ℒ**meldung** f (Alarm) / area alarm || ℒ**name** m (Fabrikanlage) / area name, block name || ℒ-**Netzleitstelle** f (IEC/TR 870-6-1 EN 60870-6-503) / area control centre (ACC) || ℒ**protokoll** n (Archiv) / section log || ℒ**schalter** m / section circuit-breaker, main section switch || ℒ**schalter** m / range switch, range selector || ℒ-**Screenshot** m (Screenshot eines frei gewählten Ausschnitts) / area screenshot || ℒ**selektion in Textbereichen** f / range selection in text areas || ℒ-**Signet** n / group colophon || ℒ**sperre** f / area lock || ℒ**spreizung** f / range spreading || ℒ**stabilisierungssignal** n / area stabilization signal || ℒ**störung** f (Meldung) / area alarm || ℒ**typ** m / block type || ℒ**typname** m / block type name
Bereich·System (BS) / system data area
bereichsübergreifend adj / cross-area adj
Bereichs·überlappung f / area overlap || ℒ**überlauf** m / over-range n, range violation || ℒ**überschreitung** f / over-range n, overrange || ℒ**übersicht** f / area overview || ℒ**übersichtsbild** n / area overview display || ℒ**übersteuerung** f / overrange n || ℒ**überwachung** f / area monitoring || ℒ**umschalttaste** f / area switchover key || ℒ**umschaltleiste** f / area switchover bar || ℒ**umschaltung** f / area switchover || ℒ**unterlauf** m / underrange n, range violation || ℒ**unterschreitung** f / underrange n || ℒ**untersteuerung** f / underrange n || ℒ**verhältnis** n (Verhältnis der maximalen zu minimalen Spanne, für die ein Gerät abgeglichen werden kann) / rangeability n || ℒ**vorstand** (BV) m / GEM n || ℒ**wahl** f / range setting

Bereichs·zahl f / clock-hour figure || ⟨zeichen n / area identifier || ⟨zeiger m / range pointer || ⟨zustellung f / area infeed
bereichübergreifend adj / multi-functional, company-wide
Bereichunterschreitung f / (range) underflow n
Bereifung f / hoar frost
bereinigen v / purge v || ~ v (Fehler in Programmen erkennen, lokalisieren und beheben) / debug v
Bereiniger m / garbage collector
bereinigt adj / reduced adj || ~e **Daten** / reduced data || ~er **Wert** / corrected value || ~es **Volumen** / adjusted sales
bereit adj / ready adj, operational adj, ready to run adj, ready for service adj || ~ adj (DÜ) / ready adj || ~**gestellt** adj / provided, available || ~**gestellte Leistung** / authorized maximum demand
BEREIT-Meldung f / READY signal
Bereitschaft f / standby n, idle || **in** ⟨ IEC 50(191) / standby state || **in** ⟨ **stehen** / stand by v, be ready
Bereitschafts·aggregat n / stand-by generating set || ⟨anzeige f / ready indication || ⟨betrieb m / active standby operation || ⟨dauer f / standby duration || ⟨dienst m / standby service || ⟨generator m / stand-by generator, emergency generator || ⟨meldung f / ready message || ⟨parallelbetrieb m DIN40729 / continuous battery power supply || ⟨parallelbetrieb mit Gleichrichter / maintained rectifier-battery operation || ⟨parallelbetrieb mit Pufferung / maintained floating operation || ~**redundante USV** / standby redundant UPS
Bereitschafts·schaltung f VDE 0108 / non-maintained operation BS 5266 || ⟨schaltung f / stand-by circuit || ⟨schutz m IEC 50(448) / standby protection || ⟨-**Service** m / stand-by service || ⟨signal n (NC) / ready signal || ⟨stellung f (vor der Inbetriebsetzung eines Geräts) / stand-by position || ⟨tasche f (f. MG) / carrying case, instrument case || ⟨verzögerung f / recovery delay || ⟨verzögerung f (Zeit zwischen dem Einschalten der Spannungsversorgung und dem Moment, ab dem der Näherungssensor korrekt zu arbeiten beginnt) / time delay before availability, m recovery delay, time delay before availability || ⟨zeit f / stand-by availability time, stand-by time, reserve shutdown time || ⟨zustand m / standby state || ⟨zustand der Parallelabfrage DIN IEC 625 / parallel poll standby state (PPSS) || ⟨zustand der Steuerfunktion DIN IEC 625 / controller standby state (CSBS) || **in** ⟨zustand **gehen** / go to standby
Bereit-Signal n / ready signal
bereit stehen v / stand by v, be ready || ~**stellen** v / provide v, make available, prepare v || ⟨stellen n (Merker, Datenbaustein) / loading n, initialization n || ⟨stellkapazität f / feeder capacity || ⟨stellplatz m / kitting station, commissioning station
Bereitstellung f / supply n, provision n || ⟨ **der Betriebsmittel** / production equipment preparation || ⟨ **der Signale** / provision of signals || ⟨skapazität f / feeder capacity || ⟨sprovision f / staging commission
Bereitzustand der Senke DIN IEC 625 / acceptor ready state (ACRS)
Bergbau m / mining || ⟨amt n / mining office, mining authority || ⟨kabel n / mine-type cable,

mine cable || ~**licher Betrieb** / underground mine || ⟨**motor** m / mine-type motor, flameproof motor || ⟨**transformator** m / mining type transformer, flameproof transformer, explosion-proof transformer || ⟨**zulassung und Anwendung** / mining application
Berg·mannsleuchte f / miner's lamp || ⟨**werkbeleuchtung** f / mine lighting || ⟨- **und Talfahrtsimulation** / uphill and downhill simulation
Bericht m (Prüfbericht) / report n, REP n || ⟨ **erstellen** / generate report || ⟨ **in Tabellenform** / tabular report || ⟨ **über die Anerkennung des Schweißverfahrens** / welding procedure approval record || ⟨ **über Korrekturmaßnahmen** / corrective action report || ⟨arten f / types of reports || ⟨erstatter bzw. UN/EDIFACT-Berichterstatter f / rapporteur or UN/EDIFACT rapporteur || ⟨erstattung f / reporting n || ⟨erstattung über die Beurteilung von Fremdlieferanten / reporting on subcontractor evaluation || ⟨erstattung über die Qualität von Fremdlieferungen / reporting on the quality of subcontracted items and ervices || ⟨erstattungsverfahren n / reporting procedure
Berichts·anstoß m / report trigger || ⟨jahr n / fiscal year || ⟨monat (BM) m / month under review || ⟨system n / reporting system || ⟨wesen n / reports n, reporting || ⟨zeitraum m / report period
BERO / BERO (tradename for a type of proximity limit switch) || ⟨ / proximity switch
BERO Luftpolster / air-lift bero || **2-Draht-**⟨ / 2-wire BERO || ⟨-**Aufnehmer** m / BERO pickup || ⟨-**Geber** m / BERO pickup, BERO sensor, BERO proximity switch || ⟨-**Schalter** m / BERO proximity switch || ⟨-**Schaltflanke** f / BERO switching edge || ⟨-**Signal** n / BERO signal
Berst·druck m / burst pressure, bursting pressure, rupturing pressure || ⟨druckprüfung f / bursting pressure test || ⟨einrichtung f / bursting device
bersten v / burst v
Berst·festigkeit f / burst strength, crushing strength || ⟨grenze f / burst limit || ⟨platte f / bursting panel || ⟨probe f / burst test || ⟨scheibe f / bursting disc, rupture diaphragm || ⟨sicherung f / bursting protection device
berücksichtigt adj / taken into account || ~e **Dateien** f / files considered
Berücksichtigung f / consideration n || ⟨ **von Prüfschritten** / incorporation of test steps
Beruf m / profession n || ⟨ **einschlagen** / start upon a career || ~**ener Auditor** / formally appointed auditor, appointed auditor || ~**liche Entwicklung** / professional development || ⟨sausbildung f / vocational training || ⟨sbildung f / vocational training || ⟨sfachschule f / vocational technical school
Berufsgenossenschaft f (BG) / German Statutory Industrial Accident Insurance Institution, statutory industrial accident insurance institution || ⟨ (BG) f / Employer's Liability Insurance Association || ⟨ **der Feinmechanik und Elektrotechnik** / Federal German Employers' Liability Insurance Association for Precision Mechanics and Electrical Engineering, Professional Association for the Precision and Electrical Engineering Industry || ⟨**liches Institut für Arbeitsschutz**

(BGIA) / BGIA n || ~**liches Institut für Arbeitssicherheit** (BIA) / German Institute for Occupational Safety, institute for work safety of the statutory industrial accident institutions || **~sgeprüft (BG-geprüft)** *adj* / BG-tested
Berufs·krankheit f / occupational disease || ~**sschule** f / industrial training center || **~sübergreifend** *adj* / cross-trade *adj*
Beruhigung f (Anzeige) / (display) stabilization n
Beruhigungs·strecke f / steadying zone || ~**wand** f (f. Öl) / oil distributor || ~**widerstand** m / smoothing resistor
Beruhigungszeit f / steadying time, damping time || ~ f (integrierte Schaltung) / settling time, recovery time
berührbar·e Oberfläche VDE 0700,T.1 / accessible surface IEC 335-1 || **~es inaktives leitfähiges Teil** / exposed conductive part || **~es inaktives Metallteil** / exposed conductive part || **~es leitfähiges Teil** / accessible (o. exposed) conductive part, exposed conductive part || **~es Teil** VDE 0700, T.1 / accessible part IEC 335-1
Berührbarkeit f / accessibility n
Berühren, absichtliches ~ / intentional contact || **zufälliges** ~ / accidental contact, inadvertent contact (with live parts)
berührende Messung / contacting measurement, measurement by contact
Berührpunkt m / contact point
Berührung f / contact n, touch n || **gegen** ~ **geschützte Maschine** / screen-protected machine
Berührungs·dimmer m / touch dimmer || **~empfindlicher Bildschirm** / touch-sensitive screen, touch-sensitive CRT, touch screen || **~empfindlicher Digitalisierer** / touch-sensitive digitizer || **~empfindlicher Schalter** / touch-sensitive switch || **~empfindlicher Sensor** / tactile sensor || **taktile** ~**erkennung** / tactile perception || ~**fläche** f / contact surface, contact area || **~frei** *adj* / contact-free *adj* || ~**geber** m / contact sensor || ~**gefahr** f / risk of shock, shock hazard || **~gefährliche Spannung** / dangerous contact voltage || **~gefährliches Teil** VDE 0411,T.1 / live part IEC 348 || **~geschützt** *adj* / shock-hazard-protected *adj*, protected against accidental contact, guarded *adj*, barriered *adj*, shock-protected *adj* || ~**korrosion** f / contact corrosion || ~**linie** f / line of action, line of load || ~**linie der Flanken über die Zahnbreite** / line of contact
berührungslos *adj* / contact-free *adj*, magnetically operated || **gekoppelt** ~ / non-contact connected || **~ wirkende Schutzeinrichtung (BWS)** / proximity-type protective equipment || **~ wirkende Schutzeinrichtung (BWS)** / electro-sensitive protective equipment || **~ wirkender Positionsschalter (BWP)** / non-contact position switch || **~ wirkendes optisches Sicherheitssystem** / optical, non-contact safety system || **~e Messung** / non-contact measurement, contactless measurement || **~e Messung** (optisch) / measurement by optical transmission || **~e Temperaturüberwachung** (optisch) / temperature monitoring by optical transmission || **~e Wegmesseinrichtung** / contact-free displacement (o. position) measuring device || **~er Endschalter** / proximity limit switch || **~er Geber** / proximity-type transmitter, non-contact transmitter || **~er** **Grenztaster** / magnetically operated position switch, proximity position switch || **~er Leser** / non-contact scanner, optical (o. magnetic scanner) || **~er Positionsschalter** / magnetically operated position switch, proximity position switch || **~er Schalter** / proximity switch, Bero n (proximity switch) || **~er Stellungssensor (NCS)** / NCS (non-contacting position sensor) n || **~es optisches Messen** / optical measurement
Berührungsschutz m / shock-hazard protection, protection so that equipment cannot be touched, contact prevention, touch protection || ~ m (gegen el. Schlag) / protection against electric shock, shock hazard protection, shock protection || ~ m (Vorrichtung) / guard n (preventing accidental contact), touch guard, barrier n, cover n || ~ m (Schirm) / shock protection screen || **Maschine mit** ~ / screen-protected machine || **selbsttätiger** ~ (Klappenverschluss einer Schaltwageneinheit) / automatic shutter || ~**abdeckung** f / shock hazard protection cover, protective cover, cover for shock protection || ~**gerät** n VDE 0660, T.1 / shock-hazard protective device || ~**gitter** n / guard screen, screen n (preventing accidental contact) || ~**kappe** f / protective cap
berührungssensitiv *adj* / touch-sensitive *adj*
Berührungssensor m / tactile sensor, touch sensor
berührungssicher *adj* / shockproof *adj*, safe to touch, safe from touch, finger-safe *adj*
Berührungsspannung f VDE 0101 / touch voltage, touch potential || **Schutz gegen zu hohe** ~ **im Fehlerfall** / protection against shock in case of a fault IEC 439 || **Sperrschicht-** ~ f / punch-through voltage, reach-through voltage, penetration voltage || **vereinbarte Grenze der** ~ VDE 0100, T.200 / conventional touch voltage limit
Berührungs·strom m / touch current || ~**taste** f / touch control, sensor control, touch key || ~**winkel** m / angle of contact, contact angle
BE·-Rüstkapazität (Bauelemente-Rüstkapazität) f / component set-up capacity || ~**-Rüstung (Bauelemente-Rüstung)** f / component set-up
BESA (British Electrical Systems Association) / British Electrical Systems Association (BESA)
BE-Sachnummer (Bauelemente-Sachnummer) f / component item number
Besäum·einrichtung f / trimming device || **~en** v / edge v || ~**nisstation** f / trimming station || ~**ungsanlage** f / edging circular rip sawing machine
beschädigt *adj* / damaged *adj* || **~e Beschichtung** / damaged coating
Beschaffenheit f / totality of features and characteristics || ~ f (Gesamtheit der Merkmale und Merkmalswerte einer Einheit) / external quality, quality
Beschaffenheits·merkmal n DIN 4000,T.1 / characteristic of state || ~**prüfung** f / quality test
Beschaffung f / procurement n, purchasing n, internal procurement, reference n
Beschaffungs·angaben f / purchasing data || ~**prozess** m / acquisition process || ~**unterlagen** f / procurement documents
beschäftigt *adj* / busy *adj*
Beschäftigungs·bedingungen f / conditions of service || ~**gruppe** f / labor grade
Beschallung f (Ultraschallprüf.) / ultrasonic inspection, ultrasonic testing

Beschallungsanlage f / loudspeaker system, public-address system
beschaltbar adj / connectable adj
beschalten v / allocate v, equip v || ~ v (verdrahten) / wire v, interconnect v || ~ v (anschließen) / connect v
beschaltet adj / connected adj || **nicht** ~ / not used
Beschaltung f / wiring n, configuration n, allocation n, connection n, protective network || ⁓ f (Schutzschaltung) / protective circuit, protective element, RC circuit || ⁓ **vereinfachen** / simplify circuitry || **äußere** ⁓ / external (circuit elements) || **Schutz**~ f (TSE-Beschaltung) / suppressor circuit (o. network), RC circuit, suppressor n, snubber (circuit) || **Trägerspeichereffekt**-⁓ f (TSE-Beschaltung) / surge suppressor (circuit o. network), anti-hole storage circuit, RC circuit, snubber n || **Ventil**-⁓ f (zur Dämpfung hochfrequenter transienter Spannungen, die während des Stromrichterbetriebs auftreten) / valve damping circuit (EC 633), valve voltage damper || **Wendepol**~ f (m. Nebenwiderstand) / auxiliary pole shunting
Beschaltungs·änderung / circuit modification || ⁓**baugruppe** / wiring module, anti-hole storage module || ⁓**baugruppe** (Oberspannungsschutz) / surge suppression module, RC network, snubber n (circuit) || ⁓**baugruppe** f (Leiterplatte) / wiring board, blank wiring board, wiring p.c.b. || ⁓**baustein** m / connection module || ⁓**diode** f / snubber diode || ⁓**einheit** f / snubber circuit unit || ⁓**kondensator** m / suppressor capacitor, snubber circuit capacitor, snubber circuit capacitor || ⁓**platte** f / wiring board, snubber board || ⁓**widerstand** m / snubber resistor
Beschattung f / shading n
bescheinigter Optokoppler / certified optocoupler || ~ **Wert DIN 43783,T.1** / certified value IEC 477
Bescheinigung f / certificate of conformity, certificate n, certification n
Bescheinigungs·hinweis m / certification symbol, certification reference || ⁓**verfahren** n / certification procedure
Beschichten n / coating n, surfacing n
beschichten v / coat v
beschichtet adj / coated adj || **kunststoff**~ adj / plastic-coated add || ~**er Gewebeschlauch** / coated textile-fibre sleeving
Beschichtung f / primary coating, coating n, lining n, facing n || **dielektrische** ⁓ / dielectric coating
Beschichtungs·anlage f / coating system || ⁓**material** n / coating material || ⁓**pulver** n / coating powder || ⁓**system** n / coating system || ⁓**technik** f / coating technology
beschicken v / load v || ⁓ n / loading n
Beschickung f / loading n
Beschickungs·automat m / loading robot || ⁓**einrichtung** f / loading device || ⁓**roboter** m / loading robot
Beschilderung f / plates and labels, labelling n, labeling n
Beschlagmontageautomat m / fittings mounting machine
Beschlämmen n / flushing n
beschleunigen v / accelerate v || ⁓ n / accelerating n, acceleration n
Beschleunigen, gesteuertes ⁓ / controlled

acceleration || **ruckartiges** ⁓ / sudden acceleration
Beschleuniger m / accelerator n, promoter n
beschleunigt adj / accelerated || ~**e Alterung** / accelerated ageing || ~**e Kommutierung** / forced commutation, over-commutation n || ~**e Prüfung** / accelerated test || ~**es Altern** / accelerated ageing, accelerated deterioration, artificial ageing
Beschleunigung f / acceleration n, longitudinal acceleration || ⁓ **mit Ruckbegrenzung** / acceleration with jerk limitation || ⁓ **und Bremswert** / acceleration and deceleration
beschleunigungsabhängig adj / acceleration-dependent
Beschleunigungs·anhebung f / acceleration boost || ⁓**anpassung** f / inertia compensation, current-limit acceleration || ⁓**antrieb** m / drive for accelerating duty, high-inertia drive || ⁓**arbeit** f / acceleration work || ⁓**aufnehmer** m / accelerometer || ⁓**ausgleich** m / inertia compensation, current-limit acceleration || ⁓**begrenzer** m / acceleration-rate limiter, acceleration relay, ramp-function generator, rate limiter, speed ramp || ⁓**begrenzung** f / acceleration limitation || ⁓**begrenzungsrelais** n / acceleration relay || ⁓**bereich** m (Schrittmot.) / slew region || ⁓**betrieb** m / acceleration duty || ⁓**drehmoment** n / acceleration torque || ⁓**elektrode** f / accelerating electrode, accelerator n || ⁓**fehler** m (Messumformer) / acceleration error || ⁓**filter** m / acceleration filter || ⁓**geschwindigkeit** f / rate of acceleration || ⁓**grenze** f / acceleration limit || ⁓**kennfeld** n / acceleration map || ⁓**kennlinie** f / acceleration curve, acceleration characteristic || ⁓**kennlinie** f (NC) / acceleration characteristic || **geknickte** ⁓**kennlinie** / knee-shaped acceleration characteristic || ⁓**konstante** f / acceleration ramp || ⁓**kraft** f / force of acceleration, force due to acceleration, accelerating force || ⁓**leistung** f / acceleration power
Beschleunigungs·messer m / accelerometer n || ⁓**moment** n / accelerating torque || ⁓**oszillogram** n (Erdbeben) / accelogram n || ⁓**parameter** m / acceleration parameter || ⁓**phase** f / acceleration phase || ⁓**profil** n / acceleration profile || ⁓**rampe** f / acceleration ramp || ⁓**regler** m / acceleration rate controller || ⁓**relais** n / accelerating relay, notching relay || ⁓**reserve** f / acceleration margin || ⁓**schwelle** f / acceleration threshold || ⁓**sensor** m / acceleration sensor || ⁓**sollwert** m / acceleration setpoint || ⁓**spannung** f / accelerating voltage || ⁓-**Spannungsanhebung** f / voltage boost || ⁓-**Spannungsanhebung** f / acceleration boost || ⁓**sprung** m / sudden acceleration || ⁓**steuerung** f / acceleration control || ⁓**streifen** m / acceleration lane || ⁓**überschwinger** m / acceleration overshoot || ⁓- **und Bremswege** / acceleration and deceleration distances || ⁓**verhalten** n / acceleration pattern || ⁓**verlauf** m / acceleration characteristic, acceleration curve || ⁓**warnschwelle** f / acceleration warning threshold || ⁓**weg** m / acceleration distance || ⁓**wert** m / acceleration value || ⁓**winkel** m / acceleration angle || ⁓**zeit** f / accelerating time, run-up time, accelerating time || ⁓**zeitkonstante** f / acceleration time constant
Beschlussfassung f / deciding
Beschneide·format n / trim size || ⁓**marke** f / trim

beschneiden 120

mark
beschneiden *v* (stanzen, Leiterplatten) / trim *v* || ⁓ *n* / cutting-in
Beschneidwerkzeug *n* / trimming die
beschnittene Breite / cut width
Beschnittformat *n* / trim size
beschränken *v* / limit, restrict *v*
beschränkt *adj* / restricted *adj* || **~e Quantifizierung** / bounded quantification
beschrankter Bahnübergang / gated level crossing BE, gated grade crossing AE
Beschränkung / Restriction of use of certain Hazardous Substances (RoHS)
beschreibbar·e Fläche / printable area || **~er Steuerspeicher** / writable control store (WCS)
beschreiben *v* / overwrite *v*, write to/into *v* || **Zelle ~** / to write into location
beschreibende Statistik / descriptive statistics
Beschreibung *f* / reference manual, description *n* || **technische** ⁓ / technical description, reference manual
Beschreibungs·datei *f* / description file || **⁓funktion** *f* / describing function || **⁓methode für Prüffälle** *f* / test notation || **⁓mittel** *n* / description tool || **⁓raum** *m* (Menge aller Beispiele aus einem Beispielraum, die in der dem Lernenden zugänglichen Beschreibungssprache ausdrückbar sind) / description space || **⁓sprache** *f* / description language
beschriftbar *adj* / legendable *adj* || **~e Folientastatur** / legendable membrane keyboard
beschriften *v* / letter *v*, label *v*, inscribe *v*
beschriftet *adj* / labeled *adj* || **~e Bezeichnungsschilder** / inscribed labeling plates
Beschriftung *f* / legend *n*, marking *n* (s), lettering *n*, labelling *n*, inscription *n*, label *n*, labeling *n* || ⁓ **der Verpackung** / packaging inscription || **frei verschiebbare** ⁓ / freely movable label
Beschriftungs·, Laser-⁓anlage / laser-based labelling system || **⁓bild** *n* / labeling figure || **⁓blatt** *n* / inscription sheet || **⁓bogen** *m* / shield of labels, labeling sheet, label sheet, sheet of labels || **⁓daten** *f* / labeling data || **⁓feld** *n* / labelling area, labelling strip, labelling space || **⁓feld** *n* (Mosaiktechnik, Kompaktwarte) / designation tile, labelling tile || **⁓feld** *n* / labelling field || **⁓feldeinlage** *f* / labeling field insert || **⁓fläche** *f* / labelling surface, inscription area || **⁓gerät** *n* / lettering device || **⁓leiste** *f* / labeling bar || **⁓möglichkeit** *f* / inscription possibilities || **⁓platte** *f* / marker plate, label *n*, inscription plate || **⁓schablone** *f* / labelling template, labelling mask || **⁓schild** *n* / inscription label, label *n* || **⁓schnipsel** *m* / inserted stripe || **⁓streifen** *m* / labeling strip || **⁓system** *n* / labelling system, labeling system || **⁓tafel** *f* / labeling panel || **⁓tafel mit Montagezubehör** *f* / labeling panel with installation accessories || **⁓-Tool** *n* / labeling tool
Beschwerdeführer *m* / complainant *n*
beseitigen *v* / eliminate *v*, clear *v*, correct *v*
Beseitigung von Gefahren *f* / elimination of risks
Besenstrich *m* / broom-roughened surface *n*
besetzt *adj* (nach Anwahl) / busy *adj* || **~e Station** / manned station || **ständig ~e Station** / permanently manned substation || **zeitweise ~e Station** / attended substation || **~es Band** / filled band
Besetzt·kennung *f* / BUSY identifier || **⁓meldung** *f* /

lost message || **⁓signal** *n* (PMG) / busy signal || **⁓status** *m* (Datenkommunikationsstation) / busy state || **⁓zustand** *m* IEC 50(191) / busy state || **⁓zustand** *m* / busy function
Besetzung *f* (m. Geräten) / complement *n*, apparatus provided (o. installed), arrangement *n* (of devices o. equipment)
Besetzungs·zahl *f* (absolute Häufigkeit, Statistik) / absolute frequency, frequency *n* || **⁓zeichnung** *f* / location diagram
Besichtigung *f* (Sichtprüfung) / inspection *n*, visual inspection
besondere Ausführung / special design (o. model), custom-built model || **~ Ausführungen** / special versions || **~ Bestimmungen** / specific stipulations, special provisions || ⁓ **Interessengruppe** / Special Interest Group
besonders beweglich / highly flexible
BE-Spektrum (Bauelemente-Spektrum) *n* / component range
Bespinnung *f* / braiding *n*, wrapping *n*, taping *n*
Besprechungs·bericht *m* / minutes of meeting || **⁓protokoll** *n* / minutes of meeting (MOM)
BE-Spur *f* (Einzelne Bauelemente-Spur eines Förderers) / component-feeder track
Bestand *m* / inventory *n*, inventory monitoring and control || ⁓ *m* DIN 40042 / survivals *plt* || ⁓ **an Fertigerzeugnissen** / finished-product inventory || **Material⁓** *m* / material inventory, stock *n* (of materials) || **relativer** ⁓ DIN 40042 / relative survivals
beständig *adj* (widerstandsfähig) / resistant *adj*, proof *adj*, durable *adj*, stable *adj* || **chemisch ~** / chemically resistant, non-corroding *adj*, resistant to chemical attack || **~e Versorgung** VDE 0558, T. 5 / continuity of load power || **~er Fehler** / permanent fault, persistent fault, sustained fault
Beständigkeit *f* / stability *n*, resistance *n*, durability *n* || ⁓ **gegen Gammastrahlen** / gamma-ray resistance || ⁓ **gegen oberflächliche Beschädigungen** / mar resistance || ⁓ **gegen Verschmutzung** / dirt collection resistance || **Kennlinien~** *f* / consistency *n*
Beständigkeits·, thermische ⁓eigenschaften / thermal endurance properties || **thermisches ⁓profil** VDE0304,T.21 / thermal endurance profile IEC 216-1 || **⁓test gegen Licht und Wasser** / light and water exposure test || **⁓wahrscheinlichkeit bestehender Verbindungen** / connection retainability
Bestands·abbau *m* / less stocking, destocking || **⁓aufnahme** *f* / inventory *n*, survey *n* || **⁓auskunftsverfahren** *n* / stock information procedure || **⁓daten** *plt* / inventory data || **⁓fortschreibung** *f* / inventory update || **⁓führung** *f* / inventory control, stock control || **⁓funktion** *f* DIN 40042 / survival function || **⁓menge** *f* / stock quantity || **⁓perzentile** *f* / percentile life || **⁓satz** *m* / inventory record || **⁓unterschied** *m* / inventory difference || **⁓veränderung** *f* / inventory change || **⁓verwaltung** *f* (Fabrik, CIM) / inventory management || **⁓wahrscheinlichkeit bestehender Verbindungen** IEC 50(191) / connection retainability || **⁓wert** *m* / inventory value || **⁓zeichnung** *f* / as-built drawing
bestätigen *v* / confirm *v*
bestätigter Dienst / confirmed service

Bestätigung *f* / confirmation *n* ISO 8878, acknowledgement *n* ISO 3309 ‖ ⟨ *f* / verification *n*, certification *n* ‖ ⟨ **ohne Folgenummer DIN ISO 3309** / unnumbered acknowledgement (UA) **Bestätigungs·meldung** *f* / acknowledgement message ‖ ⟨**paket** *n* / acknowledge packet ‖ ⟨**primitiv** *n* / confirm primitive ‖ ⟨**prüfung** *f* / confirmatory test, verification *n* ‖ ⟨**prüfung** *f* VDE 0420 / conformity test ‖ ⟨**prüfung mit Stichproben** / sampling verification ‖ ⟨**ton** *m* / backword tone ‖ ⟨**zeitraum** *m* / confirmation period
beste Gerade / best straight line
bestehen *v* / insist *v* ‖ ⟨ *n* / existing *n*
bestehend *adj* / consisting *adj* ‖ **~e Konfiguration** / existing configuration ‖ **~er Zustand** / as is state
Bestell·abwicklung *f* / order processing ‖ **regionales** ⟨**abwicklungsverfahren** / regional order processing procedure ‖ ⟨**anforderung** *f* / order request ‖ ⟨**angabe** *f* / identification code ‖ ⟨**art** *f* / order type ‖ ⟨**-Auftragskosten** *plt* / purchase order costs ‖ ⟨**bearbeitung** *f* / purchase order processing ‖ ⟨**bedarf** *m* / quantity to be ordered ‖ ⟨**bedarfsübersicht** *f* / summary of quantities to be ordered ‖ ⟨**beispiel** *f* / ordering example ‖ ⟨**bezeichnung** *f* / order designation ‖ ⟨**daten** *plt* / ordering data ‖ ⟨**daten-Ergänzung** *f* / ordering data option ‖ ⟨**datenkennzeichen** *n* / order data code ‖ ⟨**eingang** *n* / order entry ‖ ⟨**einheit** *f* / ordering unit
bestellen *v* / order *v* ‖ ⟨ **bei Fremdlieferanten** / ordering from subcontractors
Bestellerrisiko *n* / consumer's risk
Bestell·folge *f* / ordering sequence ‖ ⟨**formular** *n* / order form ‖ ⟨**hinweis** *m* / ordering information, ordering note ‖ ⟨**information** *f* / ordering information ‖ ⟨**kennzeichen** *n* / order code ‖ ⟨**liste** *f* / order list ‖ ⟨**menge** *f* / order quantity ‖ ⟨**möglichkeiten** *f* / ordering options ‖ ⟨**-Nr.** (**Bestellnummer**) *f* / order no. / Order No., order number ‖ ⟨**-Nr.-Ergänzung** *f* / order no. supplement ‖ ⟨**nummer für Betriebsanleitung** / order number for operating instruction ‖ ⟨**nummer-Erfassungsblatt** *n* / order number data sheet ‖ ⟨**nummernverzeichnis** *n* / order number index
Bestell·ort *m* / place order at, ordering, ordering location ‖ ⟨**position** *f* / order item ‖ ⟨**satz** *m* / order record ‖ ⟨**schein** *m* / order form ‖ ⟨**schlüssel** *m* / order key
bestellt *adj* / ordered *adj* ‖ **~e Leistung** / subscribed demand, contractual power
Bestell·-und Abrechnungsverfahren (BAV) *n* / BAV guidelines for ordering and accounting procedures ‖ ⟨**- und Abrechnungsverkehr** *m* (BAV) / ordering and invoicing ‖ ⟨**- und Lieferübersicht** *f* / summary of orders for supplies and services
Bestellung *f* / purchase order, order *n*, internal purchase order ‖ ⟨ **ab Lager** / stock orders
Bestell·unterlage *f* / ordering documentation, ordering information ‖ ⟨**unterlagen** *f pl* / purchasing documents, purchasing data ‖ ⟨**variante** *f* / ordering version ‖ ⟨**verfahren** *n* / ordering procedure ‖ ⟨**verfahrenskennzeichen** *n* / ordering procedure code ‖ ⟨**verhandlungen** *f pl* / pre-sale negotiation stage ‖ ⟨**verkehr** *m* / ordering, ordering procedures ‖ ⟨**verkehrsfreigabe** *f* / order release ‖ ⟨**weg** *m* / ordering procedure, ordering route ‖ ⟨**zeichnung** *f* / order drawing ‖ ⟨**zettel** *m* / order form
Bestensuche *f* / best-first search
bestimmbare Ursache / assignable cause
bestimmen *v* / determine *v* ‖ ⟨ **von Prüfungen bei Fremdlieferanten** / determination of inspections and tests at subcontractors ‖ ⟨ **von QS-Anforderungen** *f* / determination of QA requirements
bestimmt *adj* / certain *adj*
bestimmtes Integral / definite integral
Bestimmung *f* / regulation *n*, specification *n*, requirement *n*, request *n* ‖ ⟨ *f* (im Sinn von Prüfung) / test *n* ‖ ⟨ **der Polarisationszahl** / polarization index test ‖ ⟨ **der spektralen Empfindlichkeit** *f* / spectral response mapping ‖ ⟨ **der Ventilgröße** / sizing of the valve ‖ ⟨ **der Wellenform** / waveform test ‖ ⟨ **des Entladungseinsatzes** / discharge inception test ‖ ⟨ **des Trüb- und Erstarrungspunkts** / cloud and pour test ‖ ⟨ **von Wahrscheinlichkeitsgrenzen** (Statistik) / statistical tolerancing ‖ **Leitweg~** *f* / routing *n*
Bestimmungen *f pl* VDE / specifications *n pl*, standards *n pl*, provisions *n pl*, regulations *n pl* ‖ ⟨ **für elektrische Maschinen** / specifications for electrical machines, rules for electrical machines ‖ **allgemeine** ⟨ VDE / general requirements ‖ **gesetzliche** ⟨ / statutory regulations
bestimmungsgemäß *adj* / intended purpose, intended ‖ **~ richtiger Wert** (Messgröße) / conventional true value ‖ **~e Verwendung** / intended use, intended purpose ‖ **~er Betrieb** / normal use IEC 380, normal operation, usage to the intended purpose ‖ **~er Gebrauch** / use as prescribed, proper usage, intended purpose, use as described
Bestimmungs·hafen *m* / port of destination ‖ ⟨**land** *n* / country of destination ‖ ⟨**ort** *m* / point of destination, place of destination, desired destination, destination *n*, final destination, destination point ‖ ⟨**prüfung** *f* (Prüfung zur Feststellung des Wertes eines Merkmals oder einer Eigenschaft einer Einheit) / determination test ‖ ⟨**zeichen** *n* / qualifier *n*
Best-In-Class *f* / Best-In-Class
Bestlast *f* (Generatorsatz) / economical load
Bestleistung *f* / optimum capacity, maximum economical rating (m.e.r.)
Best-of-Breed-Tool *n* / best-of-breed tool
Bestpunkt *m* / optimum capacity, maximum economical rating (m.e.r.)
bestrahlen *v* / irradiate *v*
bestrahlte Zellfläche / illuminated cell area
Bestrahlung *f* / irradiation *n*, insolation *n* ‖ ⟨ *f* (an einem Punkt einer Fläche) / radiant exposure ‖ **maximal zulässige** ⟨ (MZB) / maximum permissible exposure (MPE) ‖ **zylindrische** ⟨ / radiant cylindrical exposure
Bestrahlungs·dichte *f* / radiant exposure ‖ ⟨**intensität** *f* / radiant intensity ‖ ⟨**lampe** *f* / erythemal lamp ‖ ⟨**leistung** *f* / radiant exposure ‖ ⟨**messer** *m* / radiant exposure meter ‖ ⟨**stärke** *f* / irradiance *n* ‖ ⟨**stärke auf eine geneigte, nicht nachgeführte Fläche** / tilted-fixed irradiance (TFI) / global irradiance on a fixed, tilted surface) ‖ ⟨**zeit** *f* / light exposure time

beströmt

beströmt·e Vergleichskammer / flow-type reference cell || **~e Vergleichküvette** / flow-type reference cell
Bestromung *f* / current feed || **ℒsausgang** *m* / current-sourcing output
BE-Struktur (Bauelement-Struktur) *f* / component structure
Bestück·ablauf *m* / placement sequence || **ℒablaufsoftware** *f* (Softwareteil, der den Bestückablauf bearbeitet) / placement process software || **ℒautomat** *m* / placement system, automatic SMD placement machine || **ℒautomaten-Hersteller** *m* / placement machine manufacturer || **ℒautomaten-Konzept** *n* / placement method || **ℒautomaten-Linie** *f* / placement line || **~bar** *adj* / placeable || **ℒbetrieb** *m* / placement mode || **ℒdaten** *f* / placement data || **ℒdaten-Übertragung** *f* / placement data transmission || **ℒebene** *f* / placement level
bestücken *v* / equip *v*, assemble *v*, fit *v*, implement *v*, fit *v* || **~** *v* (Leiterplatte) / insert *v* (components of a p.c.b.) || **ℒ** *n* / placement *n*, place *n* (to place a component on a PCB)
Bestücker *m* / placer *n*
Bestück·ergebnis *n* / placement result || **ℒfehler** *m* (Fehler, der bei der Bestückung eines Bauelementes aufgetreten ist) / placement error || **ℒfläche** *f* / component area || **ℒgenauigkeit** *f* / placement accuracy || **ℒinhalt** *m* / components to be placed || **ℒkonzept** *n* / placement principle || **ℒkopf** *m* (Baugruppe zum Aufnehmen und Absetzen (Bestücken) der Bauelemente) / placement head || **ℒkopf-Achse** *f* / head axis || **ℒkopf-Ergänzung** *f* / placement head accessories, placement head accessory || **ℒkopftyp** *m* / placement head type || **ℒlage** *f* / placement angle || **ℒleistung** *f* / placement rate || **ℒleistungsgewinn** *m* / increase in placement speed || **ℒlinie** *f* / placement line || **ℒmodul** *n* / placement machine (automatic placement machine for SMT components) || **ℒplattform** *f* / placement platform || **ℒposition** *f* / assembly position, placement position || **ℒpositionen** *f* / placement positions || **ℒprinzip** *n* / placement principle || **ℒprogramm** *n* / placement program || **ℒprogramm-Erstellung** *f* / placement programming || **ℒprogramm-Wechsel** *n* / placement program change || **ℒprozess** *m* / placement process || **ℒqualität** *f* / placement quality || **ℒreihenfolge** *f* / sequence of placement || **ℒsicherheit** *f* / placement reliability || **ℒstation** *f* / placement machine (automatic placement machine for SMT components)
bestückt *adj* / equipped *adj*, implemented *adj*, with components fitted, populated *adj*, with module complement
Bestücktechnik *f* / placement technology
bestückt·e Leiterplatte / printed board assembly || **~er Prototyp** *m* / assembled prototype
Bestücktransport *m* / placement conveyor, conveyor *n*, transportation movement, transport *n*, shipping *n*, transmission *n*
Bestückung *f* / assembly *n*, equipment *n*, placing *n* || **ℒ** *f* (Bestücken, Einbau, Zusammenbau) / assembling *n*, fitting *n* || **ℒ** *f* / components provided, component set, complement *n*, equipment installed, apparatus provided || **ℒ mit Air Kiss** / air kiss placement || **richtige ℒ von Bauelementen** / correct selection of components ||

ℒ von Elektronikflachbaugruppen / insertion of components on electronic printed circuit boards || **normierte ℒ** / standardized complement || **Werkzeug~** *f* / tooling *n*
Bestückungs·änderungen *f* / equipping modifications || **ℒausbau** *m* / degree of expansion, degree of extension, configuration *n* || **ℒautomat** *m* / pick-and-place system, automatic placement machine, printed-circuit-board assembly machine (PCB assembly machine), pick-and-place machine || **ℒeinheit** *f* (BE Relaiskontakte) / contact unit (BE) || **ℒfaktor** *m* / lamping factor || **ℒgerät** *n* / placement equipment || **ℒliste** *f* / list of components, list of materials || **ℒmaschine** *f* (f. Leiterplatten) / component insertion machine, pick-and-place machine || **ℒmöglichkeit** *f* / equipping option, possible configuration, possible complements || **ℒplan** *m* / assembly plan, component mounting diagram || **ℒplatz** *m* / rack position || **ℒseite** *f* / component side, assembled side || **ℒtechnik** *f* / placement technology || **ℒvariante** *f* / alternative equipment
Bestück·vorgang *m* / placement sequence || **ℒzeit** *f* / placement time || **ℒzyklus** *m* / placement cycle
BESY (Betriebssystem) / OS (operating system)
Beta-Batterie *f* / beta battery, sodium-sulphur battery
BETA Schutzschaltgerät *n* / BETA circuit-protection device
Betätigen *n* / operation *n*, actuation *n*, control *n*
betätigen *v* / operate *v*, actuate *v*, control *v* || **~** *v* (ein Relais ansprechen oder rückfallen lassen, oder es rückwerfen) / change over *v* (relay) IEC 255-1-00
Betätiger *m* / actuator *n*, actuating element, control element, operator *n* (US), operating device, operating means, sensor *n*, servo-drive *n*, positioner *n* || **ℒ mit Kugelrastung** / actuator with ball locating || **ℒ mit Staubschutz** / actuator with dust protection || **ℒ, Standard** / actuator, standard || **ℒ und Melder** / actuator and indicator || **ℒ Universal Radius** / actuator, universal radius
Betätigung *f* / operation *n*, actuation *n*, control *n* || **ℒ des Bedienteils** VDE 0660,T.200 / actuating operation IEC 337-1 || **ℒ des Schaltgliedes** VDE 0660, T.200 / switching operation (of a contact element), IEC 337-1 || **ℒ durch abhängigen Kraftantrieb** VDE 0660, T.101 / dependent power operation IEC 157-1 || **ℒ durch Speicherantrieb** VDE 0660,T.107 / stored-energy operation IEC 408 || **ℒ mit AC/DC** / AC/DC operation || **ℒ mit Kraftantrieb** / power operation || **Grenzwerte für die ℒ** VDE 0660,T.104 / limits of operation IEC 292-1, operating limits || **nichtlineare ℒ** / nonlinear operating || **seitliche ℒ** / side operation || **stirnseitige ℒ** / end operation, axial operation
betätigungsabhängiges Schleich-Schaltglied / dependent action contact element
Betätigungs·art *f* / method of operation, mode of operation || **ℒ-Differenzdruck** *m* / operating pressure differential || **ℒ-Drehmoment** *n* / operating torque || **ℒdruck** *m* / operating pressure || **ℒebene** *f* / control level, control tier || **ℒeinheit** *f* (Schaltfehlerschutz) / control module (o. unit) || **ℒeinrichtung** *f* / control, operating device || **ℒelement** *n* / actuator *n*, actuating element, control element, operator *n* (US) operating device, operating means, object *n* || **ℒelement** *n* / target *n* ||

End-≈kraft *f* DIN 42111 / total overtravel force IEC 163 || ≈element beleuchteter Knebel / illuminated toggle element || ≈fläche *f* / control surface || ≈folge *f* / operating sequence IEC 3371, IEC 56-1 || ≈geschwindigkeit *f* / speed of actuation, actuating velocity, operating speed, actuating speed || ≈gestänge *n* / operating linkage, operating mechanism linkage, linkage *n*
Betätigungs·hebel *m* / handle *n*, operating lever, extracting lever, extraction grip || ≈hebel *m* / actuating lever, lever actuator || ≈hebel *m* (Kippschalter) / actuating lever || ≈hub *m* / actuating travel || ≈isolator *m* / actuating insulator || ≈klappe *f* / removable cover, operating flap, actuating flap || ≈knopf *m* / knob *n*, actuating button || ≈kraft *f* / force to operate || ≈kraft *f* VDE 0660, T.200 / actuating force IEC 3371, operating force IEC 512 || ≈kreis *m* / control circuit, operating circuit || ≈luft *f* / operating air (supply)
Betätigungs·magnet *m* / control electro-magnet IEC 292-1, solenoid *n*, operating coil, actuating solenoid || ≈membrane *f* / actuator diaphragm || ≈moment *n* VDE 0660, T.200 / actuating moment IEC 337-1, operating torque || ≈motor *m* / actuating motor, servomotor *n*, compensating motor || ≈nocken *n* / operating cam, control cam, actuating cam || ≈öffnungen *f pl* / actuating openings || ≈organ *n* / actuator *n*, actuating element, control element, operator *n* (US), operating device, operating means || ≈platte *f* / target *n* || ≈punkt *m* / operating point
Betätigungs·radius *m* / actuating radius || ≈reihe *f* VDE 0660, T.202 / actuating series IEC 337-2A || ≈richtung *f* (PS) / actuating direction, direction of actuation, direction of motion of operating device || ≈rolle *f* / actuator roller || ≈schalter *m* / control switch || ≈schlüssel *m* / handling key || ≈sinn *m* / actuating direction, direction of actuation, direction of motion of operating device || ≈spannung *f* / control voltage, operating voltage, coil voltage || Auslöser-≈spannung *f* / release operating voltage || ≈sperre *f* / lockout mechanism || ≈sperrkappe *f* / operating protective cover || ≈spiel *n* (eines Bedienteils) VDE 0660,T.200 / actuating cycle IEC 337 || ≈spule *f* / operating coil || ≈stange *f* / operating rod || ≈strom *m* / operating current || ≈stromkreis *m* / control circuit, operating circuit || ≈stufe *f* (Kommando-Baugruppe) / command module || ≈system *n* / actuating system
Betätigungs·temperatur *f* / operating temperature || ~unabhängiges Schaltglied / independent contact element || ~unabhängiges Sprung-Schaltglied / independent snap action contact element || ≈- und Meldeelement *n* / actuator and indicator || ≈ventil *n* / control valve || ≈-Vorlaufweg *n* / operating pretravel || ≈vorsatz *m* / (detachable) actuator element || ≈weg *m* (des Betätigungselementes) / actuator travel || ≈welle *f* / drive shaft, actuating shaft, breaker shaft, operating shaft || ≈welle *f* (Vielfachsch.) / spindle *n* || ≈werkzeug *n* / operating tool || ≈winkel *m* (Schaltnocken) / dwell angle, cam angle, dwell *n* (cam) || ≈wippe *f* / rocker *n* || ≈zeit *f* / actuating time, operating time || ≈zeit *f* (bistabiles Rel.) / changeover time
Betauung *f* / dew *n*, moisture condensation,

condensation *n* || ≈ nicht zulässig / non-condensing || keine ≈ / no condensation, non-condensing || ohne ≈ / no condensation, non-condensing || wechselnde ≈ / varying conditions of condensation
Betauungs·festigkeit *f* / resistance to moisture condensation || ≈schutz *m* / bedewing protection || ≈zyklus *m* / condensation cycle
Betaverteilung *f* DIN 55350,T.22 / beta distribution
Beteiligung *f* / participation *n*
Beteiligungs·ergebnis *n* / gains/losses on investments || ≈gesellschaft *f* / associate company, holding company, associated company
BE˙-Test (Bauelemente-Test) *f* / component test || ≈-Tisch (Bauelemente-Tisch) *m* (Oberteil des Bauelemente-Wechseltisches, auf dem die Förderer gerüstet werden) / component feeder table
Beton *m* / concrete *n* || ≈ für Straßendecken / pavement-quality concrete || mit ≈ vergießen / grout with concrete, pack with concrete || ≈ausguss *m* / concrete packing, concrete filling || ≈auskleidung *f* / concrete lining || ≈dose *f* / box for use in concrete, concrete wall box || ≈farbstoff *m* / colouring pigment for concrete || ≈fuge *f* / concrete joint || ≈fundament *n* / concrete foundation || ≈grasstein *m* / perforated lawn paving block || ≈gründung *f* / concrete foundation, concrete footing || ≈-Kleinstation *f* / concrete-type packaged substation || ≈kriechen *n* / concrete creep || ≈leitstreifen *m* / marginal strip || ≈mantel *m* / concrete shell || ≈mast *m* (Lichtmast) / concrete column || ≈muldenschale *f* / swale section || ≈muldenstein *m* / swale block || ≈nachbehandlungsmittel *n* / concrete curing agent || ≈pflasterstein *m* / concrete paving block || ≈platte *f* / concrete slab || ≈randeinfassung *f* / marginal strip || ≈randstreifen *m* / marginal strip || ≈rinnenstein *m* / gutter block || ≈schwindung *f* / concrete shrinkage || ≈stahl *m* / reinforcing steel || ≈stahl-Abstandhalter *m* / bar spacer || ≈stein *m* / cast stone
Betonträger *m* (Unterzug) / concrete girder
Betonung *f* / highlighting *n*, emphasis lighting
Beton·unterzug *m* / concrete girder || ≈verbundpflasterstein *m* / interlocking concrete paving block || ≈verbundsteinpflaster *n* / interlocking concrete block || ≈versiegler *m* / concrete curing compound || ≈verteilergerät *n* / concrete spreader || ≈werkstein *m* / cast stone || ≈zusatzmittel *n* / concrete additives BE || ≈zusatzstoff *m* / concrete admixture AE
Betrachtungen bei der Gestaltung / design considerations
Betrachtungs·ebene *f* / inspection table || ≈einheit *f* (Teil, Bauelement, Gerät, Teilsystem, Funktionseinheit, Betriebsmittel oder System, das für sich allein betrachtet werden kann) / unit *n*, item under consideration || ≈fenster *n* / viewing window || ≈fläche *f* / viewing area || ≈system *n* / viewing system || ≈system *m* / viewing angle || ≈winkelbereich *m* / viewing angle range || ≈zeit *f* (Bildschirm) / viewing time
Betrag *m* / absolute value || ≈ *m* (bestimmte Menge) / amount *n* || ≈ *m* / modulus *n*, magnitude || ≈ der Impedanz / modulus of impedance || ≈ des Prüfstromes *m* / value of the test current || ≈ einer Spannungsänderung VDE 0838, T.1 / magnitude

betragsabhängig 124

of voltage change
betragsabhängig *adj* / dependent on the absolute value
Betrags·anzeige *f* / absolute value display || ⟨bildner *m* / absolute-value generator || ⟨bildung *f* / absolute-value generation || ⟨optimum *n* / absolute value optimum || ⟨regelfläche *f* / integral of absolute error || ⟨reserve *f* DIN 19266, T.4 / gain margin || ⟨vergleich *m* / magnitude comparison || ⟨zahl *f* / absolute number, unsigned integer, absolute value || ⟨zahl *f* (Zahl ohne Vorzeichen) / unsigned number
BE-Transportzeit (Bauelement-Transportzeit) *f* / component transport time
betreiben *v* / operate *v*, run *v*, use *v*
Betreiber *m* / user *n* (UR), owner *n*
betreuen *v* / be responsible for
Betreuung *f* / support *n*, support services, customer care, backup services, management *n*
Betreuungs·aufwand *m* / support efforts || ⟨bereich *m* / area of responsibility || ⟨qualität *f* / quality of backup services
Betrieb *m* / operation *n*, service *n* || ⟨ *m* / RUN mode, RUN || ⟨ *m* (Fabrik) / factory *n*, plant *n* || ⟨ *m* (el. Masch., Betriebszustände m. Leerlauf u. Pausen) VDE 0530, T.1 / duty *n* IEC 34-2 || ⟨ *m* / run *n* || ⟨ *m* (elektrisch) VDE 0168,T.1 / operations *plt* IEC 71.4 || ⟨ *m* (Betriebsart) / duty type || ⟨ *m* als **Generator** / generator operation, generating *n* || ⟨ **als Motor** / motor operation, motoring *n* || ⟨ **als Stand-alone-Gerät** / standalone mode, stand-alone mode || **im** ⟨ **befindlich** / operating || ⟨ **eines Blocks mit Mindestleistung** / minimum safe running of a unit || ⟨ **elektrischer Anlagen** / operation of electrical installations || ⟨ **im Bereich mechanischer Resonanzen** / operation at mechanical resonance points || ⟨ **im geringen Anforderungsmodus** / low demand mode of operation || ⟨ **im segmentierten Baugruppenträger** / operation in segmented rack || ⟨ **mit abgesenktem Kollektor** / depressed-collector operation || ⟨ **mit abgetrenntem Netz** / isolated-network operation || ⟨ **mit einzelnen konstanten Belastungen** S 10, VDE 0530, T.1 / duty with discrete contant loads IEC 34-1 || ⟨ **mit erzwungener Erregung** (Transduktor) / constrained-current operation, forced excitation || ⟨ **mit erzwungener Stromform** (Transduktor) / constrained-current operation, forced excitation || ⟨ **mit freier Stromform** (Transduktor) / free current operation, natural excitation || ⟨ **mit Gegentakteingang und Eintaktausgang** / push-push operation || ⟨ **mit Mindestlast** / minimum stable operation || ⟨ **mit natürlicher Erregung** (Transduktor) / free current operation, natural excitation || ⟨ **mit nichtperiodischen Last- und Drehzahländerungen** S9, VDE 0530, T.1 / duty with non-periodic load and speed variations IEC 34-1 || ⟨ **mit veränderlicher Belastung** / intermittent duty || ⟨ **mit verzögerter Zeitablenkung** / delayed sweep operation || ⟨ **mit wechselnder Belastung** / varying duty
Betrieb ohne Beaufsichtigung (BoB) / unattended operation || ⟨ **ohne Last** / noload operation || **in** ⟨ **sein** / be in operation, operate *v*, run *v* || **außer** ⟨ **setzen** / shut down *v*, stop *v* || **in** ⟨ **setzen** / commission *v*, put into operation, put into service, start *v* || **8-Stunden-**⟨ *m* / 8-hour operation || **asynchroner** ⟨ / asynchronous operation || **außer**

⟨ / shut down, out of service, out of commission || **automatischer** ⟨ / automatic operation, automatic mode || **bestimmungsgemäßer** ⟨ / normal use IEC 380, normal operation, usage to the intended purpose || **einphasiger** ⟨ / single-phasing *n* || **fehlerfreier** ⟨ / correct operation || **generatorischer** ⟨ / generator operation, generator-mode operation, regenerating || **gepulster** ⟨ / pulse-width modulation || **geschützter** ⟨ / protected operation || **gesicherter** ⟨ / safety mode || **gesteuerter** ⟨ / controlled running
Betrieb, in ⟨ IEC 50(191) / operating state, in the RUN state, status || **interner** ⟨ / local control || **leichter** ⟨ / light duty || **nicht in** ⟨ IEC 50(191) / non-operating state || **nichtsynchroner** ⟨ / non-synchronous operation || **periodisch aussetzender** ⟨ / intermittent periodic duty || **reduzierter** ⟨ / reduced service || **schwerer** ⟨ / heavy-duty operation, rough service, onerous operating conditions || **sicherer** ⟨ / safe operation || **Spannung-Frequenz-gesteuerter** ⟨ / V/Hz-controlled operation || **synchroner** ⟨ / synchronous operation || **unbemannter** ⟨ / unmanned operation, unattended operation, run-only || **ungepulster** ⟨ / without pulse-width modulation || **zeitweiliger** ⟨ / temporary duty
betrieblich *adj* / operating *adj*, operational *adj* || ~e **Altersversorgung** / pension plan || ~e **Aufgabenstellungen** / commercial terms of reference || ~e **Ausbildung** / in-firm training || ~e **Grenzen** / operating limits || ~e **Organisation** / company organization || ~e **Pensionskasse** / works pension fund, pension fund || ~e **Überlast** / operating overload || ~e **unmittelbare Fernauslösung** (Schutzsystem) IEC 50(448) / operational intertripping || ~es **Ausschalten** / operational tripping
BETRIEB-Meldung *f* / RUN signal
Betriebs·aggregat *f* / duty set, duty unit || ⟨analyse *f* / system analysis, production data analysis || ⟨analysen-Messgerät *n* / industrial analytical instrument || ⟨anforderungen *f pl* / service requirements, *f* operational profile || ⟨anleitung (BA) *f* / operating instructions, instruction manual, user manual || ⟨anleitung (kompakt) *f* / Operating Instructions (Compact) (Operating instructions (compact) are a compressed collection of all information necessary for the normal and safe operation of products, process cells, and complete plants) || ⟨anleitungsbestellnummer *f* / instruction order number || ⟨anleitungshandbuch *n* / instruction manual || ⟨anweisung *f* / operating instructions, instruction manual || ⟨anweisung *f* (Anweisung in der Betriebssprache) DIN 44300 / job control statement || ⟨anzeige *f* / status display, status indicator, operational display, drive display, status indication, indication of operational status || **Wahl der** ⟨anzeige / display selection || ⟨anzeiger *m* / operation indicator
Betriebsart *f* / operating mode, duty type, service duty, mode *n*, duty *n*, regime *n* || ⟨ *f* (BA) / operating mode, control mode || ⟨ *f* (el. Masch.) VDE 0530, T.1 / duty type IEC 34-1 || ⟨ *f* (Übertragungsart) / transmission method || ⟨ *f* (BA Zustand der NC-Steuerung, der eine bestimmte Bedienung ermöglicht) / mode *n* || ⟨

Abbilden / display mode || ≎ Anlauf / restart mode || ≎ Automatik / automatic mode || ≎ Einrichten / setting-up mode, initial setting mode || ≎ Halt / HOLD mode || ≎ Hand / manual mode || ≎ JOG (BA JOG) / JOG mode || ≎ Modulator / modulator mode || ≎ Offline / offline mode || ≎ Online / online mode || ≎ S3 - periodischer Aussetzbetrieb / duty type S3 - intermittent periodic duty || ≎ S4 - periodischer Aussetzbetrieb mit Einfluss des Anlaufvorgangs / duty type S4 - intermittent periodic duty with starting || ≎ S5 - periodischer Aussetzbetrieb mit elektrischer Bremsung / duty type S5 - intermittent periodic duty with electric braking || ≎ S6 - ununterbrochener periodischer Betrieb / duty type S6 - continuous-operation periodic duty || ≎ S7 - ununterbrochener periodischer Betrieb mit elektrischer Bremsung / duty type S7- continuous-operation periodic duty with electric braking || ≎ S8 - ununterbrochener periodischer Betrieb mit Last-/Drehzahländerungen / duty type S8 - continuous-operation periodic duty with related load/speed changes || ≎ Schrittsetzen / step setting mode || ≎ Teilautomatik / semi-automatic mode || ≎ Tippen / jog mode, inching mode || ≎ Transfer / transfer mode || Bemessungs-≎ f / rated duty || konventionelle ≎ / jog mode || ≎anzeige f / operating mode display
Betriebsarten·anwahl f / operating mode selection, mode selection || ≎anzeige f / operating mode display || ≎befehlsformat n / mode instruction code || ≎block m / operation mode block, mode block || ≎fehler m / operating mode error, mode error || ≎freigabe f / operating mode enable, mode enable || ≎gruppe f / mode group || ≎kontrolle f / mode control || ≎manager m / operating mode manager || ≎parameter m / operating mode parameter, mode parameter || ≎programm n / operating mode program || ≎schalter m / mode selector, mode selector switch, RUN/STOP/COPY switch, run mode switch || ≎speicher m / operating mode memory || ≎steuerung f / mode control (MC) || ≎steuerung f / transmission mode control || ≎teil m / mode section || ≎umschalter m (f. Stromarten) / system changeover switch || ≎verwaltung f / operating mode management || ≎wahl f / mode selection, operating mode selection || ≎wähler m (Steuerung) DIN 19337 / mode selector || ≎wahlschalter m / mode selector switch, mode selector, RUN/STOP/COPY switch || ≎wechsel m / mode change, change of operating mode
Betriebsart·rückmeldung f / mode feedback || ~übergreifende Aktionen / cross-mode actions || ≎umschaltung f / operating mode changeover || ≎wechselschalter m / mode selector
Betriebs·arzt m / company physician || ≎ärztliche Dienststelle / Medical Service Center || ≎aufschreibung f / operating records || ≎-Ausschaltstrom m / normal breaking current || ≎beanspruchung f / operating stress, working stress
betriebsbedingt adj / depending on operating mode || ~es Ausfallverhalten / operational failure behavior
Betriebsbedingung f / service condition, operating requirement, operating condition || ≎en $f pl$ /

service conditions, operating conditions, operational conditions, conditions of use || schwere ≎en / onerous operating conditions, rough service
Betriebs·beleuchtungsstärke f / service illuminance || ≎bereich m DIN IEC 71.4, VDE 0168, T.1 / operating area, operating range
betriebsbereit adj / ready for operation, ready to run, available adj || ~ adj (BB) / ready adj, operational adj, ready for service || ~e Leistung / net dependable capability || ≎ machen / preparing for service || ≎-Relais n / Ready to operate relay
Betriebsbereitschaft f / readiness for service, availability n, service readiness, plant availability, data set ready (DSR), DSR (Data Set Ready), ready to run || ≎ f (DÜE) DIN 66020, T.1 / data set ready || ≎sanzeige f / service readiness indicator
betriebs·bewährt adj / proven-in-use adj || ≎bitleiste f (Systemfehlerbits) / system error message || ≎bremse f / service brake || ≎code m / operation code || ≎dämpfung f / composite loss || ≎dämpfung f (Verstärkerröhre) DIN IEC 235, T. 1 / operating loss
Betriebsdaten plt / operating data, DIN 66201 production data, working data, process data || ≎erfassung f (BDE) / production data acquisition (PDA), factory data collection, operating data || ≎-Erfassung (BDE) f / PDA (production data acquisition system) || ≎-Erfassungssystem (BDE) n / production data acquisition system (PDA) || ≎-Informationssystem (BDIS) n / production data information system (PDIS)
Betriebsdauer f IEC 50(191) / operating time, service period, running time || ≎ f / operating duration || ≎ f (Lebensdauer) / service life IEC 50 (481) || ≎ zwischen Ausfällen / operating time between failures
Betriebs·dichte f (Gas) / operating density || ≎drehzahl f / operating speed, working speed || ≎druck m / operating pressure, service pressure, working pressure || ≎druck m (Lampe) / hot pressure (lamp) || ≎druckanlagen $f pl$ / service air systems || ≎ebene f / corporate management level, plant management, factory n, ERP level || ≎eigenschaften $f pl$ / operating characteristics, performance characteristics || ≎einflussgröße f / operating parameter || ≎einführung f / entry into service || ≎einheit f / operating unit, operation unit || ≎seite f (B-Seite) / reference manual || ≎elektronik f / control electronics, distributed electronic equipment, non-standard electronics, customized electronics || ≎endschalter m / operational limit switch || ≎erdanschluss m VDE 0411,T.1, VDE 0860 / functional earth terminal IEC 65 || ≎erde f / functional earth, operational earth, station ground (US), system ground || ≎erde f (DÜ-Systeme) DIN 66020, T.1 / signal ground (CCITT V.25) || ≎erdung f VDE 0100, T.200 / operational earthing, system grounding || ≎ereignis n / operational event || ≎ereignis n (Prozess) / process event || ≎erfahrungen $f pl$ / field experience, practical experience, operational experience || ≎erregung f / operate excitation
betriebsfähig adj / in operating condition || in ~em Zustand / in operating condition, in service condition, in working order || ~er Zustand / working order, availability n, up state
Betriebs·fähigkeit f / serviceability n, readiness for

betriebsfrequent 126

operation, working order || ⁀**fehler** *m* / operating error || ⁀**feld** *n* / ignition map, three-dimensional ignition map, engine characteristics map || ⁀**festigkeit** *f* / endurance strength, fatigue limit || ⁀**flüssigkeit** *f* (Pumpe) / sealing liquid || **~freier Zustand** / free state, idle state || **~freier Klarzustand** IEC 50(191) / free state, idle state || ⁀**freigabe** *f* / operation enable
betriebsfrequent *adj* / power-frequency *adj* || **~e Spannung** / power-frequency voltage || **~e Spannungsfestigkeit** / power-frequency withstand voltage, power-frequency recovery voltage || **~e Stehspannung** / power-frequency withstand voltage || **~e wiederkehrende Spannung** / power-frequency recovery voltage, normal-frequency recovery voltage, power-frequency withstand voltage || **~er Kurzschlussstrom** / power-frequency short-circuit current || **~er Strom** / power-frequency current
Betriebs·frequenz *f* / operating frequency, power frequency, system frequency, industrial frequency || ⁀**frequenz** *f* (Schrittmot.) / slew rate, operating slew rate || ⁀**frequenzbereich** *m* / operating frequency range || ⁀**führer** *m* / operator *n* || ⁀**führung** *f* (Netz) / system management || ⁀**führung** *f* (Produktion) / production management, management *n* || **technische** ⁀**führung** / engineering management || ⁀**führungssystem** *n* / management system || ⁀**führungssystem für Verteilungsnetze** / distribution management system (DMS) || ⁀**funk** *m* / private mobile radio, *f* service radio || ⁀**funktion** *f* (Start-Funktion) / restart function, operational function || ⁀**gas** *n* (Prozessgas) / process gas || ⁀**gerade** *f* (Schutzarel.) / operating line || ⁀**geräusch** *n* (Drucker) / noise level || ⁀**geschwindigkeit** *f* / operating speed || ⁀**gewicht** *n* / service mass || ⁀**gleichspannung** *f* / normal d.c. voltage || ⁀**grenzfrequenz** *f* (Schrittmot.) / maximum slew stepping rate, maximum operating slew rate || ⁀**grenzfrequenz/ Betriebsgrenzmoment-Kennlinie** *f* (Schrittmot.) / slew curve || ⁀**grenzleistung** *f* (Schrittmot.) / power output at maximum torque at slew stepping rate || ⁀**grenzmoment** *m* (Schrittmot.) / maximum torque at maximum slew stepping rate || ⁀**größe** *f* / performance quantity || ⁀**größen** *f pl* DIN 41745 / performance quantities IEC 478-1, operating variables || ⁀**güte** *f* / efficiency/power-factor value || ⁀**güte** *f* DIN 43745 / performance *n* IEC 359 || ⁀**halt** *m* / operational stop || **sicherer** ⁀**halt** (SBH) / safe operation stop, safe operational stop, safety operation lockout, SBH || ⁀**handbuch** *n* / instruction manual || ⁀**hof** *m* / depot, maintenance and storage facility || ⁀**höhe** *f* / operating altitude, site altitude || ⁀**induktivität** *f* (Kabel) / working inductance || ⁀**ingenieur** *m* / plant engineer || ⁀**isolation** *f* / operational insulation || ⁀**isolierung** *f* VDE 0711, T.101 / basic insulation IEC 598-1, basic safety insulation, operational insulation EN 60950/A2, functional insulation || **Geräte-**⁀**jahre** *n pl* / unit-years *n pl*
Betriebs·kalender *m* / factory calendar, shop calendar, manufacturing day calendar || ⁀**kapazität** *f* (Kabel) / effective capacitance, working capacitance || ⁀**kapazität** *f* DIN 41760 / service capacitance || ⁀**kennfeld** *n* / engine operating map,

engine characteristic map || ⁀**kenngrößen** *f pl* / performance characteristics || ⁀**klasse** *f* / duty class, operation class, class *n*, operational class, duty category || ⁀**klasse** *f* / utilization category || ⁀**kondensator** *m* / running capacitor, phase-splitting capacitor || **Kondensatormotor mit Anlauf- und** ⁀**kondensator** / two-value capacitor motor || ⁀**kontrolle** *f* / operation check || ⁀**kosten** *f* / cost of ownership, operating costs || ⁀**krankenkasse** *f* / Health Insurance Administration || ⁀**kurzschluss-Ausschaltvermögen** *n* / service short-circuit breaking capacity || ⁀**lage** *f* / service position, ultimate position || ⁀**last** *f* / working load, running load || ⁀**lebensdauer** *f* / operational lifetime || ⁀**leistung** *f* / operating capacity, power produced, utilized capacity || ⁀**leistung** *f* / service output IEC 50(481) || ⁀**leistungsfaktor** *m* / operating power factor || ⁀**leistungsverstärkung** *f* / transducer gain || ⁀**leitebene** *f* / plant control level || ⁀**leiter** *m* / Head of Test Center, works superintendent, plant manager, Group operations officer || ⁀**leitrechner** *m* / plant operations control computer, production management computer || ⁀**leitsystem** *n* / operational control system || ⁀**leitung** *f* (Kabel) / function cable, function cord || ⁀**liste** *f* (Rundsteueranlage) / system overview list
betriebsmäßig *adj* / operational *adj*, in-service *adj*, under field conditions || **~e Prüfung** / maintenance test || **~e Überlast** / operating overload, running overload || **~es Schalten** VDE 0100, T.46 / functional switching, normal switching duty || **~es Schalten einzelner Motoren** / in-service switching of single motors || **~es Steuern** VDE 0100, T.46 / functional control
Betriebs·maßnahme *f* / operation procedure || ⁀**meldung** *f* / operational message, status message, event message, operational indication, operating message, operator message || ⁀**meldung** *f* (Prozess) / process signal, process event signal, process alarm || ⁀**messgerät** *n* / industrial measuring instrument, commercially available measuring and test equipment, measuring and test equipment || ⁀**messgerät** *f* (Gerät mit leicht lösbaren Verbindungen zur Montage auf einem Labortisch) / shelf-mounted instrument || ⁀**messpunkt** *m* / reference test jack || ⁀**messung** *f* / industrial measurement || ⁀**messwert** *m* / status measured value, status analog, status analog value
Betriebsmittel *n pl* DIN 66200 / resources p, operational equipment (telecontrol), apparatus, device *n*, installation unit, item of apparatus, equipment *n*, components *m pl*, resources *plt*, logical device group, operating material, resource *n* || ⁀ *n pl* (Fabrik) / production facilities, resources *n pl* (Bezeichnungssystem) DIN 40719,T.2 / item *n* IEC 113-2 || ⁀ **der Klasse 2** DIN IEC 536 / class 0 equipment || ⁀ **der Leistungselektronik** (BLE) VDE 0160 / power electronic equipment (PEE) || ⁀ **der Schutzklasse II** / class II equipment IEC REPORT 536, BS 2754 || ⁀ **für Sicherheitszwecke** VDE 0100, 313.2 / safety services equipment || ⁀ **in Dreieckschaltung** / delta-connected device || ⁀ **in Ringschaltung** / mesh-connected device || ⁀ **in Sternschaltung** / star-connected device || ⁀ **industrieller Mess-, Regel- und Steuereinrichtungen** DIN IEC 381 /

elements of process control systems IEC 381 || ⌒
mit begrenzter Energie (Geräte in
Zündschutzart) / energy-limited apparatus || ⌒ **mit
Halbleitern** / semiconductor device, solid-state
device, static device || ⌒ **mit zwei
Betriebszuständen** / two-state operational
equipment || **elektronische** ⌒ **zur
Informationsverarbeitung** (EBI) VDE 0160 /
electronic equipment for signal processing (EES)
|| **Breitband**⌒ *n* / broadband device || **eigensicheres
elektrisches** ⌒ EN 50020 / intrinsically safe
electrical apparatus || **elektrische** ⌒ VDE 0100, T.
200 / electrical equipment, electronic equipment ||
explosionsgeschützte ⌒ / explosion-protected
equipment, hazardous-duty equipment ||
fotoelektrisches ⌒ / photoelectric device IEC 50
(151) || **offenes** ⌒ / open component || **OSI-**⌒ /
OSI resources || **Schmalband-**⌒ *n* / narrow-band
device || ⌒**adapter** *m* / component adapter ||
⌒**engpass** *m* (DIN V 44302-2 DIN ISO 8348; DIN
V 44302-2) DIN 66221-1, -2, -3) / congestion ||
⌒**gruppe** *f* (Geräte in Zündschutzart) / apparatus
group || ⌒**kennzeichen** *n* / item code || ⌒-
Kennzeichen *n* DIN 40719 / equipment identifier,
item code || ⌒-**Kennzeichnung** *f* / item
designation IEC 113-2 || ⌒-**Objektmodell** *n* (DIN
EN 61970-1; DIN EN 61970-401, anpassen) /
component object model || ⌒**plan** *m* / schematic
diagram || ⌒**planung** *f* (CAP) / resources planning
(o. scheduling) || **Art des** ⌒s DIN 40719,T.2 / kind
of item IEC 113-2 || ⌒**schnittstelle (BMS)** *f* /
operating resources interface || ⌒**steuerung** *f* /
equipment control || ⌒**steuerung** *f* (BMS) /
production facility controller (PFC) || ⌒**stückliste**
f / list of equipment || ⌒**verwaltung** *f* (Fabrik,
CIM) / resources management || ⌒**vorschrift** *f*
(BMV) / equipment specification
Betriebs·modus *m* / operating mode, mode of
operation, mode *n* || ⌒**moment** *n* / running torque
|| ⌒**-Netzschema** *n* / system operational diagram ||
⌒**ordnung** *f* / factory regulations, shop rules ||
⌒**parameter** *m pl* / operating parameters || ⌒**pause**
f / plant shutdown, stoppage *n* || ⌒**pause** *f*
(Zeitintervall, während dessen der Benutzer die
Funktionsfähigkeit der Einheit nicht verlangt) /
non-required time || ⌒**pausenzeit** *f* IEC 50(191) /
non-required time || ⌒**personal** *n* / operating staff
|| ⌒**phase** *f* (On-Line-Betrieb) / on-line phase,
operating phase || ⌒**programm** *n* / operating
program || ⌒**protokoll** *n* / operations log ||
⌒**prüfung** *f* / in-service test, functional test ||
⌒**prüfung** *f* (Trafo) / service duty test IEC 214 ||
⌒**punkt** *m* / working point, operating point, base
point || ⌒**punktverlauf** *m* / operating point trace ||
⌒**quadrant** *m* / operational quadrant || ⌒**raum** *m* /
service room, operating area || ⌒**raum mit
beschränktem Zutritt** EN 60950 / restricted
access location || **elektrische** ⌒**räume** VDE 0168,
T.1 / electrical operating areas ||
⌒**rauschtemperatur am Eingang** / operating
input noise temperature || ⌒**rechner** *m* / host
computer || ⌒**rechner** *m* (Hauptrechner) / plant
computer || ⌒**richtlinien und -prozeduren** *f* /
operating policies and procedures *n*
Betriebs·schalter *m* / operating switch ||
⌒**schaltgerät** *n* VDE 0100, T.46 / functional
switching device || ⌒**schaltung** *f* / operating

connection, running connection || ⌒**schlosser** *m* /
workshop fitter || ⌒**schmutz** *m* / contamination in
operation
betriebssicher *adj* / reliable *adj*, dependable *adj*,
safe to operate
Betriebs·sicherheit *f* / safety of operation,
operational reliability, dependability *n*, safe
working conditions, operational safety ||
⌒**sicherheitsverordnung** *f* / working reliability
regulation || ⌒**sicherung** *f* / operations monitoring
and securing || ⌒**software** *f* / operating software ||
⌒**sollwert** *m* / operating setpoint
Betriebsspannung *f* / operating voltage, working
voltage, service voltage, on-load voltage, running
voltage, voltage rating || ⌒ *f* VDE 0660 /
operational voltage (e.g. in) IEC 439 || **höchste** ⌒
eines Netzes / highest voltage of a system, system
highest voltage, system maximum continuous
operating voltage || **maximal zulässige** ⌒
(Messkreis) / nominal circuit voltage || **maximal
zulässige** ⌒ (Messwiderstand, Kondensator) /
temperature-rise voltage || **Nenn-**⌒ *f* VDE 0660, T.
101 / rated operational voltage IEC 157-1 ||
⌒**sbereich** *m* (Rel.) / operating voltage range ||
⌒**sunterdrückung** *f* / supply voltage rejection ratio
betriebsspezifisch *adj* / application-oriented *adj*,
user-oriented *adj* || **~e Anwendung** / factory
application, shop application
Betriebs·spiel *n* (Zyklus) / duty cycle, operating
cycle, cycle *n* || ⌒**sprache** *f* DIN 44300 / job
control language || ⌒**stätte** *f* / operating area,
business establishment || **elektrische** ⌒**stätte** VDE
0100, T.200 / electrical operating area ||
⌒**stättensteuer** *f* / plant tax || ⌒**status** *m* /
operating status || ⌒**statusanzeige** *f* / operating
status display || ⌒**stellung** *f* / normal service
position, operating position || ⌒**stellung** *f* (eines
herausnehmbaren Teils) VDE 0660, T.500, VDE
0670, T.6 / connected position IEC 439-1, service
position IEC 298 || ⌒**stellung** *f* (Trafo-
Stufenschalter) / service tapping position ||
⌒**steuerung** *f* (Fertigsteuerung,
Prozessrechnersystem) / production control ||
⌒**störung** *f* (Information) / failure message ||
⌒**störung** *f* / stoppage *n*, failure *n*, malfunctioning
n
Betriebsstrom *m* / service current, operating
current, load current, operational current, running
current || ⌒ *m* (eines Stromkreises) VDE 0110, T.
200 / design current || ⌒ *m* VDE 0670,T.101 /
normal current || ⌒ *m* / on-load current ||
Bemessungs-⌒ *m* (Trennschalter, Lastschalter) /
rated normal current || **Nenn-**⌒ *m* VDE 0660, T.
200 / rated operational current IEC 337-1 || ⌒**kreis**
m (Hauptkreis) / main circuit, active circuit,
operating circuit || ⌒**kreis** *m* / auxiliary circuit IEC
258 || ⌒**versorgung** *f* / auxiliary power supply
Betriebs·stufe *f* (Flugplatzbefeuerung) / category *n* ||
⌒**stufe** *f* (Anlasser) / running notch || ⌒**stunden** *f* /
operating hour || ⌒**stunden** *f pl* / hours run,
operating hours, number of operating hours ||
⌒**stundenzähler** *m* / elapsed-hours meter, hours-
run meter, elapsed time meter, elapsed time
counter, time-meter *n*, hours-meter *n*, hours
meter, operating hours counter, operating hours
meter, runtime meter, operating-hours counter
Betriebssystem *n* (BS, BESY) DIN 44300 /

operating system (OS), OS (operating system) || ≈ **der CPU** / CPU operating system || ≈ **für Datenfernübertragung** / communication operating system || **interruptbetriebenes und prioritätsorientiertes Multitasking-**≈ **mit präemptiven Taskswitching-Möglichkeiten** / interrupt-driven and priority-orientated multitasking operating system with preemptive task switching facilities || ≈**datum** *n* / operating system data word || ≈**fehlernummer** *f* / operating system error number || ≈**kern** *m* / operating system nucleus, kernel *n* || ≈**laufzeit** *f* / operating system run time || ≈**modul** *n* / operating system submodule || ≈**plattform** *f* / operating system platform || ≈**plattformen** *f* / operational system platforms || ≈**-Update** *n* (Aktualisierung des Betriebssystems einer CPU) / operating system upgrade, operating system update
Betriebs·tagebuch System / system resource summary || ≈**taktfrequenz** *f* / operating clock frequency || ≈**taktfrequenz** *f* (Gerät) / operating cycle frequency || ≈**taktsignal** *n* / operating clock signal || ≈**tätigkeit** *f* / operating activities || ≈**technik** *f* / operating resources || **~technische Anlage** (BTA Gebäude) / building services system || ≈**temperatur** *f* / operating temperature, working temperature || ≈**temperatur bei Nennlast** / rated-load operating temperature || **zulässige** ≈**temperatur** (TB) DIN 2401,T.1 / maximum allowable working temperature || ≈**temperaturbegrenzer** *m* VDE 0806 / temperature limiter IEC 380 || ≈**temperaturbereich** *m* (Thyr) DIN 41786 / working temperature range, operating temperature range, operable temperature range
betriebstüchtig *adj* / reliable *adj*, dependable *adj*, serviceable *adj* || ≈**keit** *f* / operational reliability, dependability *n*, serviceability *n*
Betriebs·überdruck *m* / working pressure, working gauge pressure || **zulässiger** ≈**überdruck der Kapselung** (gasisolierte SA) / design pressure of enclosure || **zulässiger** ≈**überdruck** (PB) DIN 2401,T.1 / maximum allowable working pressure || ≈**überlast** *f* / operating overload, running overload || ≈**überstromfaktor** *m* / overcurrent factor || ≈**überstromkennziffer** *f* / actual accuracy limiting factor || ≈**überwachungssystem** *n* / status monitoring system (SMS) || ≈**umgebung** *f* / operating environment || ≈**umgebungsbedingung** *f* / ambient operating condition || ≈**umgebungstemperatur** *f* / ambient operating temperature, service ambient temperature, operating ambient air temperature || ≈**umrichter** *m* / service converter, master converter || ≈**umrichter** *m* (Hauptumrichter) / main converter || ≈**- und Instandhaltungsbedingungen** *f* / operating and maintenance conditions || ≈**- und Zustandsmeldungen** / operational and status messages || **~unfähig** *adj* / out of order, not in working order || ≈**unterbrechung** *f* / working interruption due to failure, shutdown *n*
Betriebs·vereinbarung *f* / company-employee agreement, working hours agreement, internal company agreement, company agreement, work agreement || ≈**verhalten** *n* / operational performance, performance *n*, performance characteristic, operation in service IEC 337-1, running characteristics, operating behavior, drive performance, operating characteristics, operation characteristics || ≈**verhältnisse** *n pl* / service conditions, operating conditions || ≈**versammlung** *f* / meeting of company employees || ≈**wahlschalter** *m* / mode selector || ≈**wahlschalter (BWS)** *m* / mode selector switch || **~warm** *adj* / at operating temperature, at rated-load operating temperature || **in ~warmem Zustand** (bei Nennlast) / at rated-load operating temperature, at normal running temperature || ≈**-Wechselspannung** *f* / power-frequency operating voltage || ≈**weise** *f* (FWT) / operating method, mode *n* || ≈**wert** *m* / operating characteristic, performance characteristic, rating *n* || ≈**wert** *m* / operate value || ≈**wert der Beleuchtungsstärke** / service illuminance || ≈**werte** *m pl* (Prozess) / process values, process variables || ≈**wicklung** *f* / running winding / **Käfigläufermotor mit Anlauf und** ≈**wicklung** / double-deck squirrel-cage motor || ≈**winkel** *m* (Schaltnocken) / dwell angle, cam angle, dwell *n* (cam) || ≈**wirkungsgrad** *m* (Leuchte) / light output ratio || ≈**wirkungsgrad** *m* (Leuchte) / luminaire efficiency || **unterer** ≈**wirkungsgrad** (Leuchte) / downward light output ratio || **~wirtschaftliche Auswertung** / cost control || **~wirtschaftliche DV** / business management information technology || ≈**wirtschaftslehre** *f* / business economics || ≈**zählung** *f* / statistical metering, metering for internal purposes, internal metering
Betriebszeit *f* / hours run, running period, working hours || ≈ *f* / operating time (time interval) || ≈ *f* (Rechner) / up time || **äquivalente** ≈ / weighted operating hours || **fehlerfreie** ≈ / medium time between failures (MTBF), mean failure rate, MTBF (medium time between failures) || **mittlere fehlerfreie** ≈ / mean time between failures (MTBF) || ≈**en** *f* / operating times || ≈**faktor** *m* IEC 50(25) / operating time ratio IEC 50(25) || ≈**intervall** *n* / operating time (time interval), working hours, operating period || ≈**zähler** *m* / operating time counter
Betriebszustand *m* / operating state, operating condition, service condition, working condition || ≈ *m* (Status) / operational status || ≈ *m* / operating conditions, hot conditions || ≈ *m* (die Belastung kennzeichnend) / load *n* || ≈ *m* (BZ; Zustand, in dem eine Einheit eine geforderte Funktion ausführt) / status *n* || ≈ **ANKOPPELN** / LINK-UP mode || ≈ **Anlauf** / START-UP mode || ≈ **AUFDATEN** / UPDATE mode || ≈ **FEHLERSUCHE** / ERROR-SEARCH mode || ≈ **RUN** / RUN mode || ≈**STOP** / STOP mode
Betriebszustände *m* / operating states, engine operating states
Betriebszustands·anzeige *f* / operating conditions display || ≈**größe** *f* / operating data || ≈**logik (BZL)** *f* (beschreibt, welche Zustände ein SFC annehmen kann und welche Zustandsübergänge durch Ereignisse (z.B. Befehle) ausgelöst werden) / Operating State Logic (OSL) || ≈**meldung** *f* / (operational) status message, circuit status message, status message || ≈**nachregelung** *f* / operating state adjustment || ≈**übergang** *m* (BZÜ) / operating mode transition (OMT), status transition
Betriebs·zuverlässigkeit *f* / operational reliability,

reliability n, operational safety, dependability n || **Erdanschluss zu ⁻zwecken** / connection to earth for functional purposes || **⁻zyklus** m / cycle of operation, operating cycle
betroffen adj / affected adj
Bett n / bed n || **⁻bahn** f / track n || **⁻fräsmaschine** f / bed-type milling machine || **⁻support** m / bed slide rest
Bettung n / cable bedding, f bedding n || ⁻ **und Rückenstütze** / bedding and back support
BE-Typ (Bauelement-Typ) m / type of component || ⁻ **einstellen** / Select Component Type
Beugung f / diffraction n || ⁻ **an einer scharfen Kante** (Kantenbeugung durch ein Hindernis, dessen Krümmungsradius am oberen Rand im Vergleich zur Wellenlänge sehr klein ist) / knife-edge diffraction
Beugungs·analyse f / diffraction analysis, diffractometry n || **⁻aufnahme** f / diffraction photograph, diffraction pattern || **⁻bild** n / diffraction image || **⁻diagramm** n / diffraction pattern || **⁻gitter** n / diffraction grating || **⁻muster** n / diffraction pattern || **⁻ordnung** f / order of diffraction || **⁻streifen** plt / diffraction fringes || **⁻zone** f / diffraction region
Beul·festigkeit f / buckling strength, resistance to local buckling || **⁻spannung** f / buckling stress
Beulung f / buckling n, local buckling
BE-Umriss (Bauelement-Umriss) m / component's outline
Be- und Entladesystem / loading/unloading system || **⁻- und Verarbeitung** / machining and processing || **⁻- und Verarbeitungsmaschine** / production machine
Beurteilen der QS-Dokumentation von Fremdlieferanten / evaluation of QA documentation of subcontractors || ⁻ **der QS-Maßnahmen von Fremdlieferanten** / evaluation of QA action by subcontractors
Beurteilung f / assessment n, vendor appraisal || ⁻ **des QS-Systems** / management review || ⁻ **von Lieferanten** / vendor rating
Beurteilungs·bericht m / vendor appraisal report || **⁻bogen** m / assessment form || **⁻fehler** m / error n || **⁻kriterium** n / assessment criterion || **Geräusch~kurve** f / noise rating curve (n.r.c.) || **⁻verfahren** n / assessment procedure
Beutel m / bag n || **⁻füllmaschine** f / bag filling machine
Be-Verbrauch m / component consumption
BE·-Verfügbarkeitsprüfung f / component availability check || **⁻Verpackungsform (Bauelemente-Verpackungsform)** f / component packaging style || **⁻-Vielfalt (Bauelemente-Vielfalt)** f / diversity of components || **⁻-Vision** f / component vision || **⁻-Visionmodul (Bauelemente-Visionmodul)** n / component vision module || **⁻-Vision-Prüfung** f / component vision test || **⁻-Visionsystem (Bauelemente-Visionsystem)** n / component vision system
bevollmächtigt adj / authorized adj || **⁻er m / authorized person** || **~er gesetzlicher Vertreter** / authorized jurisdictional inspector (QA) || **~er Vertreter** / authorized representative
Bevorraten v / stocking n
BE-Vorratshaltung (Bauelemente-Vorratshaltung) f / component supply

Bevorratung f / storage n || **⁻stheorie** f / inventory theory
bevorzugt bestellen / give order priority || **~e abgeschnittene Blitzstoßspannung** / standard chopped lightning impulse || **~e Annahmegrenze** / preferred acceptable quality level || **~e Annahmegrenzen** / preferred acceptable quality levels || **~e AQL-Werte** / preferred acceptable quality levels || **~e Orientierung** / preferred orientation, high-preferred orientation
Bevorzugung, azyklische ⁻ (Schutzauslösung) / acyclic priority (preferential tripping) || **zyklische** ⁻ (Schutzauslösung) / cyclic priority
BE-Wagen m / feeder trolley
bewahren v / preserve v
bewährt adj / field-proven adj, field-tested adj, proven adj, successful adj || **~e Technik** / well-proven technology || **~es Bauteil** / proven component
bewältigen v / cope with
BE-Wechseltisch m / changeover table
bewegbar·er BV / mobile ACS || **~er Kontakt** / moving contact || **~es Schaltstück** / movable contact element, moving contact
Bewegbarkeit f / mobility n
bewegen v / move v
bewegende Kraft / motive power, motive force, driving force
beweglich adj / moving adj || **~ genietet** / loosely riveted || **~ in Drehrichtung** / movable in the rotational direction || **~ in Längsrichtung** / movable in the longitudinal direction || **~e Anschlussleitung** / flexible wiring cable (o. cord) || **~e Anzapfstelle** / movable tap || **~e Installation** / mobile installation || **~e Kontakthülse** / floating contact tube || **~e Kosten** / energy cost || **~e Leitung** / flexible cable, flexible cord || **~e Masse** / dynamic mass || **~e Platte** / moving plate || **~e Transportseite** / moving conveyor side || **~er Kontakt** / movable contact element, moving contact || **~er Lichtbogenkontakt** / moving arcing contact || **~er Steckverbinder** / free connector || **~er Teil** / withdrawable part, drawout part, truck n || **~es Kontaktsystem** / movable contact system || **~es Lager** / free bearing || **~es Lichtbogenhorn** / moving arcing horn || **~es Organ** / moving element || **~es Relaisschaltstück** / movable relay contact, relay armature contact || **~es Schaltstück** / movable contact element, moving contact || **~es Teil** (Messwerk) / moving element
Beweglichkeit f / mobility n || ⁻ **einer Waage** / discrimination || **⁻sschwelle** f / discrimination threshold
bewegt·e Bauelemente-Zuführung / moving feeder bank || **~e Leiterplatte** / moving PCB, moving PC board || **~er Primärteil** / moving primary || **~er Sekundärteil** / moving secondary
Bewegung f / movement n, travel n, motion n, traversing n || f (Kühlmittel) / circulation n || ⁻ **aus dem Ruhestand** / motion from state of rest || ⁻ **im Raum** / three-dimensional movement || ⁻ **in Minusrichtung** (NC-Zusatzfunktion) DIN 66025,T.2 / motion - ISO 1056 || ⁻ **im Plusrichtung** (NC-Zusatzfunktion) DIN 66025,T. 2 / motion + ISO 1056 || ⁻ **in Richtung der X-**

Bewegungs

Achse (NC-Adresse) DIN 66025,T.1 / primary X dimension (NC) ISO/DIS 6983/1 || **in ℒ setzen** / set in motion, start v, actuate v || **überlagernde ℒ** / overlaying movement || **zusammengesetzte mechanische ℒ** / composite mechanical movement
Bewegungs·ablauf m / motional sequence, movement sequence || **ℒablauf** m / sequence of motions || **ℒachse** f / motion axis || **ℒachse** f / axis of motion || **rotatorische ℒachse** / rotary axis of motion, axis of rotation, rotary axis, shaft n || **ℒanalyse** f / motion analysis || **ℒanweisung** f / motion instruction || **ℒanweisung** f / GO TO instruction (o. statement) || **ℒaufgabe** f / motion task || **ℒautomat** m / reciprocator || **ℒbahn** f / motion path || **ℒbahn** f / trajectory n || **~basiert** adj / motion-based adj || **ℒbefehl** m / motion command || **ℒbild** n / movement display || **ℒdatei** f / activity-file data || **ℒdaten** plt / dynamic data || **ℒdynamik** f / motion dynamics || **ℒenergie** f / motive energy, kinetic energy || **ℒfläche** f / movement area || **ℒfolge** f / motional sequence || **ℒfolge** f / sequence of motions || **ℒfreiheit** f / freedom of movement || **ℒführung** f / motion control || **ℒgeber** m / movement transducer || **ℒgleichung** f / equation of motion, ponderomotive law || **ℒgröße** f / momentum
Bewegungs·kraft f / motive power, motive force, driving force || **ℒmelder** m / motion detector || **ℒmelder-Aufsatz** m / motion detector top || **ℒmelder-Aufsatz Komfort** m / Comfort motion detector top || **ℒmelder-Nebenstellen-Einsatz** m / motion detector extension unit insert || **ℒmelder-Relais-Einsatz** m / motion detector relay insert || **ℒmeldung** f / movement detection || **ℒmessung** f / motion measurement || **ℒnummer** f / motion number || **ℒprofil** n (Methode zur Beschreibung einer Bewegung durch Geschwindigkeit, Zeit und Position) / movement profile || **ℒprogrammierung** f / motion programming || **ℒraum** m / travel space || **ℒraum** m / motion space || **ℒreibung** f / dynamic friction || **ℒrichtung** f / direction of movement, direction of motion, direction of tool travel || **ℒrichtung des Werkzeugs** / direction of tool travel || **ℒrückführung** f / motional feedback (MFB)
Bewegungs·satz m / motion block, motion record || **ℒsatz** m / positioning record, traversing block || **ℒsensor** m / movement detector || **ℒsitz** m / clearance fit || **ℒspannung** f / rotational e.m.f. || **ℒspielraum** m / manoeuvre clearance, maneuver clearance || **ℒstatus** m / motion status || **ℒsteuerung** f / motion control || **ℒsteuerung** f (in dauerndem Kontakt mit umliegenden Teilen) / resolved motion || **ℒstrecke** f / motion path || **ℒsynchronaktion** f / motion-synchronous action || **ℒüberlagerung** f / motion overlay || **ℒübertragung** f / transmission of motion || **ℒüberwachung** f / motion monitoring || **ℒumkehr** f / reversal of motion, reversing n || **ℒumsetzer** m / motion converter || **~unfähiges Luftfahrzeug** / disabled aircraft || **ℒunschärfe** f / motion blur || **ℒverzug** m (von Befehlsbeginn bis zum Beginn der Schaltstückbewegung) / time to contact movement || **ℒzeile** f / motion line || **ℒzustand** m / condition of motion || **ℒzyklus** m / motion cycle
Bewehrung f / cable armour, metallic armour || ℒ f (Kabel) / armour n, armouring n || ℒ f (Beton) / reinforcement n

Bewehrungs·arbeiten n / reinforcing work || **ℒmatten** f / welded wire fabric || **ℒplan** m / reinforcement drawing, reinforcement plan || **ℒstab** m / reinforcing bar || **ℒstäbe** m pl (Beton) / reinforcing rods || **ℒstahl** m / reinforcing steel || **ℒverschiebung** f / reinforcement displacement, displacement of reinforcement
beweisen v (eine Qualität) / verify v
bewerben v / claim v
Bewerber m / candidate n
Bewerbung f / candidature n || **ℒsbogen** m / personal history form || **ℒsverfahren** n / procedure of candidature
bewerten v / evaluate v, assess v, detect v, decode v, analyze v || **~ anhand** / evaluate against
bewertende Zwecke / assessment purposes
bewertet·er Schalldruckpegel / weighted sound pressure level || **~er Schwingungsgehalt** (Telefonformfaktor) / telephone harmonic factor (t.h.f.) || **~es Rauschen** (Rauschen, dessen Leistungsspektrum durch ein vorgegebenes frequenzselektives Filter modifiziert ist) / weighted noise
Bewertung f / analysis n, appraisal n, assessment n, evaluation n, rating n, review n, valuation n || ℒ f (Bewichtung) / weighting n || ℒ **des Qualitätssystems durch die Leitung** / management review, quality system review || ℒ **von Lieferanten** / vendor rating || **Anzeigen~** f / evaluation of indication, display evaluation || **freie** ℒ / user assignment || **ohne** ℒ / don't care (DC) || **Puls~** f / pulse value, pulse significance, pulse weight, increment per pulse || **QSS-**ℒ f / quality system review || **Zuverlässigkeits~** f / reliability assessment, reliability analysis
Bewertungs·bogen m / evaluation sheet || **ℒcharakteristik** f / weighting characteristic || **ℒfaktor** m / weighting factor || **ℒfunktion** f (Funktion, die Wert oder Gewichtung von Zwischenzuständen eines Problemraums während der Lösungssuche ermittelt) / evaluation function || **ℒgruppe** f / acceptance level || **ℒkurve** f / weighting curve || **ℒmerkmale** n / acceptance criteria || **ℒobjekt** n / target of evaluation (TOE) || **ℒprogramm** n / benchmark program || **ℒschaltung** f / weighting network, weighting circuit || **ℒverfahren** n / evaluation procedure
Bewichtung f / weighting n
Bewichtungsnetzwerk n / weighting network, weighting circuit
bewickeln v (m. Band) / tape v, provide with a tape serving, cover with tape || **~ v** (m. Wickl. Versehen) / wind v || ℒ n / lapping n
bewickelt adj / wound adj, provided with a winding
Bewicklung f / taping n, tape serving, tape layer || ℒ f (Kabel) / wrapping n (cable)
Bewicklungsart f / method of taping
bewirken v / effect v, cause v, lead to v
Bewitterung f / weathering n
Bewitterungs·kurzprüfung f / accelerated weathering test || **ℒprüfung** f / weathering test, exposure test
bezahlte gesetzliche Feiertage m / paid statutory holidays, paid public/legal holidays
bezeichnen v / designate v, mark v, earmark v, identify v
Bezeichner m / descriptor n, declaration n, tag n || ℒ

m (Daten) / identifier *n* || ⁓ der Datenstation *m* / unique identifier || fehlender ⁓ (FB) / missing identifier || interner ⁓ / internal identifier || ⁓liste *f* / list of formal operands
bezeichnetes Element (SPS-Programm) / named element
Bezeichnung *f* / designation *n*, marking *n*, identification *n*, labelling *n*, destination *n*, name *n* || ⁓ *f* (kennzeichnet eine Projektversion eindeutig) / label *n*, inscription *n*, DIN ISO 7498 title *n* || ⁓ der Anwendungsinstanz *f* / application-entity-title || ⁓ von Prüflaboratorien / designation of laboratories
Bezeichnungs·code *m* / designation code || ⁓feld *n* / labelling field, labelling area, labelling strip, labelling space, labeling field || ⁓folie *f* / labelling foil || ⁓hülse *f* (Kabel) / identification sleeve, designation sleeve || ⁓hülse *f* (Reihenklemme) / marking sleeve || ⁓material *n* / marking material (o. accessories) || ⁓schablone *f* / labelling template, labelling mask || ⁓schema *n* / labelling scheme || ⁓schild *n* / label *n*, nameplate *n*, identification plate, labeling plate, inscription label || ⁓schild *n* / legend plate || ⁓schild *n* (Reihenklemme) / marking tag || ⁓schild 3SB / inscription plate || ⁓streifen *n* / legend strip || ⁓zubehör *n* / labeling accessories
BE-Zentrierung (Bauelemente-Zentrierung) *f* / component centering device
beziehen *v* / relate *v*
Beziehung *f* / relationship *n*, relation *n*
Beziehungs·instanz *f* / link *n* || ⁓management *n* / relationship management || ⁓merkmal *n* / relation characteristic || ⁓swissen *n* / relation knowledge
Bézier·fläche *f* / Bézier surface || ⁓kurve *f* / Bézier curve || ⁓-Spline *n* / Bézier spline, B spline
Bezirk *m* / district *n*
bezogen *adj* (p.u.-System) / per-unit *adj* || ~ *adj* (spezifisch) / specific *adj* || ~e Energie (Fremdbezug) / imported energy || ~e Farbe / related colour, related perceived colour || ~e Formänderung / degree of deformation || ~e Größe / reference quantity, reference variable || ~e Größe (p.u.-System) / per-unit quantity, base value || ~e Kurzschlussleistung / per-unit short-circuit power || ~e Leistung / power demand, power consumption || ~e Leistung (Fremdbezug) / imported energy || ~e Leiter-Erde-Überspannung / phase-to-ground per-unit overvoltage || ~e Reaktanz / per unit reactance || ~e Spannung / unit stress || ~e Unwucht / specific unbalance || System der ~en Größen (el. Masch.) / per-unit system || ~er Anschlusswert / effective demand factor || ~er Halbkugelradius / reference radius || ~er Nennschlupf / referred rated slip || ~er Strom / per unit current || ~er Wert (p.u.-Wert) / per-unit value, p.u. value || ~er Wert (%-Wert) / percentage value, per-cent value || ~er Wert (spezifischer Wert) / specific value || ~es Drehmoment (el. Masch.) / per-unit torque || ~es Drehmoment / torque/weight ratio || ~es Haftmaß / specific adhesion allowance || ~es synchronisierendes Drehmoment / per-unit synchronizing torque || ~es Übermaß / specific interference
BE'-Zuführlage (Bauelement-Zuführlage) *f* / component feeding position || ⁓-Zuführmodul (Bauelemente-Zuführmodul) *n* / component feeder module || ⁓-Zuführung (Bauelemente-Zuführung) *f* / component feeding
Bezug *m* / reference *n*, procurement *n*, purchasing *n*, internal procurement || ⁓ *m* (Energie) / import *n*, incoming supply, imported supply, supply *n*
Bezugnahme *f* / reference *n*
Bezugs·achse *f* (NS) / reference axis || ⁓achse für Winkel / reference axis for angle || ⁓adresse *f* / reference address || ⁓-Anlaufdauer *f* (el. Masch.) / unit acceleration time || ⁓anschluss *m* / common reference terminal || ⁓anschluss *m* (Erde) / earth *n* (terminal), ground *n* (terminal) || ⁓ausmaß einer Störung / reference level of a disturbance || ⁓band *m* (Magnetband) DIN 66010 / reference tape || ⁓bedingungen *f pl* / reference conditions || ⁓beleg *m* / requisition voucher || ⁓beleuchtung *f* / reference lighting || ⁓bemaßung *f* / datum dimensioning || ⁓bereich *m* / reference range || ⁓-Betriebsbedingungen *f pl* / reference operating conditions || ⁓daten *plt* / reference data || ⁓dokument *n* / reference document || ⁓drehmoment *n* / reference torque || ⁓drehzahl *f* / reference speed || ⁓druck *m* / reference pressure || ⁓durchmesser *n* / reference diameter
Bezugs·ebene *f* / reference plane, datum plane, datum *n*, datum reference || ⁓elektrode *f* / reference electrode, comparison electrode || ⁓element *n* / reference element || ⁓erde *f* / ground reference plane IEC 50(161), remote earth (o. ground) || ⁓fehler *f* / fiducial error || ⁓fläche *f* / reference surface, datum surface || ⁓flächeninhalt *m* / reference surface area || ⁓frequenz *f* / reference frequency || ⁓gesamtheit *f* / standard population || ⁓größe *f* / reference quantity, basic size, reference variable, datum *n* || ⁓größe *f* (p.u.-System) / per-unit quantity, base value || ⁓höhe üNN *f* / reference elevation a.m.s.l
Bezugs·kante *f* / reference edge || ⁓kantenbemaßung *f* / baseline dimensioning || ⁓karte *f* / requisition card || ⁓klemme *f* (Masseanschluss) / ground terminal || ⁓knoten *m* (Netz) / reference node || ⁓kontur *f* / reference contour || ⁓koordinatensystem *n* / reference coordinate system || ⁓leistung *f* / reference power, imported energy || mittlere ⁓leistung / mean power demand || ⁓leiter *m* / reference conductor, reference common, common *n* || ⁓leitung *f* / reference bus || ⁓lichtart *f* / reference illuminant || ⁓linie *f* (Hinweislinie) / leader *n* || ⁓linie *f* (Ausgangslinie) / datum line, reference line || ⁓linie *f* / datum reference || ⁓liste *f* / reference list || ⁓loch *n* (Leiterplatte, Montageteile) / indexing hole
Bezugs·maß *n* / basic dimension, ABS *n* || ⁓maß *n* (absolut) / absolute dimension, absolute coordinates || ⁓maß *n* (Lehre) / gauge *n* || ⁓masse *f* / reference ground, earth (o. ground) reference, ground reference || ⁓maßeingabe *f* / absolute position data input, input of absolute dimensions, absolute input || ⁓maßkoordinaten *f pl* / absolute coordinates || ⁓maßprogrammierung *f* / absolute dimension programming (o. input), absolute programming, absolute date input || ⁓maßstab *m* / principal scale || ⁓maßsteuerungssystem *n* / absolute control system || ⁓maßsystem *n* / absolute dimensioning system, fixed-zero system,

Bezugs

coordinate dimensioning, base-line dimensioning ‖ ⸖**menge** *f* / basic size, base value, reference variable, reference size ‖ ⸖**messbereich** *m* / reference range ‖ ⸖**mittelpunkt** *m* / reference centre ‖ ⸖**normal** *n* / reference standard ‖ ⸖-**Normalklima** *n* DIN IEC 68 / standard atmospheric conditions for reference ‖ ⸖**nullpunkt** *m* / reference zero **Bezugs·oberfläche** *f* / reference surface ‖ ⸖**oberflächen-Kreisabweichung** *f* / noncircularity of reference surface ‖ ⸖**oberflächenmitte** *f* / reference surface centre ‖ ⸖**ordnung für Flugplatzmerkmale** / reference code for aerodrome characteristics ‖ ⸖**parameter** *n* / reference parameter ‖ ⸖**pegel** *m* / reference level ‖ ⸖**periode** *f* (Energie) / demand period ‖ ⸖**pfeil** *m* / reference arrow ‖ ⸖**phase** *f* / reference phase ‖ ⸖**pilot** *m* (Pilotsignal, das die Instandhaltung und den Abgleich eines Mehrkanal-Trägerfrequenzsystems erleichtert) / reference pilot ‖ ⸖**potential** *n* / reference potential, signal ground ‖ ⸖**potential** *n* (Erde) / earth *n*, ground *n* ‖ **gemeinsames** ⸖**potential** DIN IEC 381 / signal common ‖ ⸖**potenzial** *n* (Potenzial, von dem aus die Spannungen der beteiligten Stromkreise betrachtet und/oder gemessen werden) / reference potential ‖ ⸖**preis** *m* / job order cost ‖ ⸖**preisbegriff** *m* / job order cost type ‖ ⸖**profil** *n* / reference profile ‖ ⸖**programmierung** *f* / absolute programming, absolute date input ‖ ⸖**programmierung (o. input)** *f* / absolute dimension programming ‖ ⸖**punkt** *m* / reference point (RP), datum *n*, origin *n* ‖ ⸖**punkt** *m* (f. Messungen) / benchmark *n* ‖ ⸖**punkt** *m* / reference point, control point ‖ ⸖**punkt** *m* / home position ‖ ⸖**punkt** *m* / datum reference ‖ ⸖**punkt setzen** / set reference point ‖ ⸖**punkt zur Spindel** / reference point to the spindle ‖ ⸖**punktkoordinate** *f* / reference point coordinate (value assigned to a reference point) ‖ ⸖**punktverschiebung** *f* / reference point shift ‖ ⸖**punktverschiebung** *f* / zero offset ‖ ⸖**quelle** *f* / source *n*, source of supply ‖ ⸖**punktquellen-Hinweis** *m* / details of stockists **Bezugs·rauschleistung** *f* / reference noise power ‖ ⸖**schalldruck** *m* / reference sound pressure ‖ ⸖**schallleistung** *f* / reference sound power, reference acoustic power ‖ ⸖**schaltung** *f* (Gleichrichtersäule) DIN 41760 / reference rectifier stack ‖ ⸖**sollwert** *m* / contractual limit ‖ ⸖**spannung** *f* / reference voltage, reference potential ‖ ⸖**stellung** *f* / reference position ‖ ⸖**stift** *f* / reference pin ‖ ⸖**stoff** *m* DIN 1871 / reference substance ‖ ⸖**strom** *m* / reference current ‖ ⸖**stück** *n* / reference piece ‖ ⸖**system** *n* DIN 30798,T.1 / reference system ‖ ⸖**system** *n* / reference frame ‖ ⸖**system** *n* (p.u.-System) / per-unit system ‖ **läuferfestes** ⸖**system** / fixed rotor reference system **Bezugs·takt** *m* / reference clock ‖ ⸖**temperatur** *f* / reference temperature ‖ ⸖**temperatur** *f* (f. Prüfung) / standard temperature (for testing) ‖ ⸖**umgebung** *f* DIN IEC 68 / reference ambient conditions ‖ ⸖**währungskennzeichnen** *f* / job order currency code ‖ ⸖**wert** *m* / reference value ‖ **auf den** ⸖**wert bezogene Abweichung** VDE 0435, T.110 / conventional error ‖ ⸖**wert der nutzbaren Feldstärke** / nominal usable field strength ‖ ⸖**wert des Schalldruckpegels** / reference sound pressure

level ‖ ⸖**zeit (T)** *f* / reference time (T)
BF (Befehlsfreigabebaugruppe) / command enable module, PCB part number
BFG / command release module
BFM (Bedienerführungsmakro) / OGM (operator guidance macro)
BFOC / bayonet fiber optic connector (BFOC)
BFOC-Stecker *m* / BFOC connector
BFRL (Building and Fire Research Laboratory) *n* / Building and Fire Research Laboratory (BFRL)
BG (Baugruppe) / module *n*, submodule *n*, assembly *n*, card *n*, board *n*, PCB
BG (Berufsgenossenschaft) / German Statutory Industrial Accident Insurance Institution, statutory industrial accident insurance institution, BG
BGA (Ball-Grid-Array) / BGA (ball grid array)
BG-geprüft (berufsgenossenschaftsgeprüft) / BG-tested
BGIA *n* (Berufsgenossenschaftliches Institut für Arbeitsschutz) / institute for work safety of the statutory industrial accident institutions (BGIA)
BGOG (oberer Begrenzungswert, obere Reglerbegrenzung) / upper limiting value
BG-Prototypenfertigung *f* / board-prototype manufacturing
BGR (Baugruppe) / module *n*, submodule *n*, assembly *n*, board *n*, card *n*, PCB
bg-Stein *m* / perforated lawn paving block
BGT / mounting rack, rack *n*
BGUG / lower limiting value
BG-Zeichen *n* / BG label
BHB *n* (Benutzerhandbuch) / user manual
BHG (Bedienhandgerät) / HHU (handheld unit)
B(H)-Kurve *f* / B(H) curve
BH-Produkt *n* / BH product
B(H)-Schleife *f* / B(H) loop
B x H x T (Breite x Höhe x Tiefe) / W x H x D
BIA (Berufsgenossenschaftliches Institut für Arbeitssicherheit) / German Institute for Occupational Safety, institute for work safety of the statutory industrial accident institutions
BI: Antriebsdatensatz (DDS) Bit0 / BI: DDS bit 0
Bias *m* / bias *n* ‖ ⸖-**Schaltung** *f* / bias circuit ‖ ⸖**spannung** *f* / reverse voltage ‖ ⸖**strom** *m* / bias current
BI: Ausw. Zusatzsollwert-Sperre / BI: Disable additional setpoint ‖ ⸖ **Auswahl für MOP-Erhöhung** / BI: Enable MOP (UP-command) ‖ ⸖ **Auswahl für MOP-Verringerung** / BI: Enable MOP (DOWN-command) ‖ ⸖ **Auswahl JOG Hochlaufzeiten** / BI: Enable JOG ramp times ‖ ⸖ **Auswahl JOG links** / BI: Enable JOG left ‖ ⸖ **Auswahl JOG rechts** / BI: Enable JOG right ‖ ⸖ **Auswahl Reversieren** / BI: Reverse
Biaxialmaschine *f* / bi-axial machine
Bibby-Kupplung *f* / Bibby coupling, steel-grid coupling, grid-spring coupling
Bibliothek *f* / library *n* ‖ ⸖ **anzeigen** / show library ‖ ⸖**nummer** *f* (BIB-Nr.) / library number ‖ ⸖**programm** *n* / library program
Bibliotheks·baum *m* / library tree ‖ ⸖**beschreibung** *f* / library description ‖ ⸖**element** *n* / library element ‖ ⸖**funktion** *f* / library function ‖ ⸖**system** *n* / library system
BIB-Nr. (Bibliotheknummer) / library number
BICO / Binary Connector (BICO), Binector-Connector (BiCo) ‖ ⸖-**Ausgang** *m* / BICO source ‖

ᴧ-**Eingang** *m* / BICO connector || ᴧ-**Parameter** *m* / BICO parameter || ᴧ-**Parametrierung** *f* / BICO parameterization || ᴧ-**Quelle** *f* / BICO source || ᴧ-**Stecker** *m* / BICO connector || ᴧ-**Technik** *f* / BICO technique (BICO technique is the term used to describe the method of creating connections between function blocks) || ᴧ-**Technik (Binector/Connector Technologie)** *f* / BICO technology (Binector-Connector Technology) || ᴧ-**Verdrahtung** *f* / BICO interconnection || ᴧ-**Verschaltung** *f* / BICO interconnection
bidirektional *adj* / bidirectional *adj* || **~e Assoziation** / bidirectional association || **~e Suche** / bidirectional search || **~er Bus** DIN IEC 625 / bidirectional bus || **~er Digitaleingang/-ausgang** / bidirectional digital input/output || **~er digitaler Eingang** / bidirectional digital input || **~er Thyristor** / bidirectional thyristor, triac *n* || **~er Transistor** / bidirectional transistor
BIE (Binärergebnis) / BR, binary result || ᴧ-**Bit** *n* / binary result bit
biegbarer Wellenleiter / bendable waveguide
Biege·automat *m* / automatic bending machine || ᴧ**balken** *m* / bending beam || ᴧ**bank** *f* / bending machine || ᴧ**beanspruchung** *f* / flexural stress, bending stress || ᴧ**belastbarkeit** *f* / bending strength || ᴧ**bild vor dem Verschränken** / bending pattern prior to twisting || ᴧ**dauerfestigkeit im Schwellbereich** / fatigue strength under repeated bending stresses, pulsating bending strength || ᴧ**dehnung** *f* / bending strain || ᴧ**dorn** *n* / bending mandrel || ᴧ**drillknickung** *f* / buckling in combined bending and torsion || ᴧ**druckrand** *m* / extreme compressive fiber || ᴧ**eigenfrequenz** *f* / natural bending frequency || **~elastisch** *adj* / flexible *adj* || ᴧ**feder** *f* / spiral spring || **gewundene** ᴧ**feder** / coiled torsion spring, tangentially loaded helical spring || ᴧ**festigkeit** *f* / flexural strength, flexural rigidity, bending strength, resistance to bending, stiffness *n* || ᴧ**freiheit** *f* / degree of bending freedom || **Rohr~gerät** *n* / conduit bender, hickey *n* || ᴧ**grenze** *f* / yield point under bending stress || ᴧ**kante** *f* / bending line, bending edge || ᴧ**kopf** *m* / bending head || ᴧ**kraft** *f* (Isolator, Durchführung) / cantilever load || **~kritische Drehzahl** / critical whirling speed, first critical speed
Biege·last *f* / bending load || ᴧ**linie** *f* / pre-bending line, elastic line, elastic axis, elastic curve || ᴧ**linie** *f* (Welle) / deflection line, alignment curve || ᴧ**maschine** *f* / bending machine || ᴧ**moment** *n* / bending moment, flexural torque
biegen *v* / bend *v* || ᴧ / bending *n*
Biege·presse *f* / bending press || ᴧ**prüfmaschine** *f* / bend tester || ᴧ**prüfung** *f* / bending test || ᴧ**prüfung** *f* (Kabel) / flexing test || ᴧ**radius** *m* / radius of curvature, bend (o. bending) radius, bend radius, bending radius || ᴧ**richtung, vom Nocken der Seitenwand wegführend** / direction of bending, away from cam of side wall || ᴧ**richtung, zum Nocken der Seitenwand hinführend** / direction of bending, towards cam of side wall || ᴧ**ring** *m* / flexural ring, bending ring, ring cell, flex-ring || ᴧ**riss** *m* / bending crack, flexural crack || ᴧ**rissbildung** *f* / flex cracking
Biege·schlagversuch *m* / bending impact test || ᴧ**schutztülle** *f* (f. Anschlussschnur) / cord guard || ᴧ**schwellfestigkeit** *f* / fatigue strength under repeated bending in one direction, fatigue strength under repeated bending stresses, pulsating bending strength, fatigue strength under reversed bending || ᴧ**schwingung** *f* / flexural vibration, bending vibration, lateral vibration, flexural mode || ᴧ**spannung** *f* / bending stress || ᴧ**stab** *m* / bending beam || ᴧ**stanze** *f* / bending die || ᴧ**steg** *m* / ring cell || **~steif** *adj* / rigid *adj*, flexurally stiff || ᴧ**steifigkeit** *f* / stiffness under flexure, bending stiffness, flexural strength || ᴧ**stempel** *m* / folding punch || ᴧ**stufe** *f* / bending stage || ᴧ**teil** *n* (vorwiegend durch Biegearbeitsgänge gefertigtes Werkstück) / bent part, bent component
Biege·verhalten *n* / flexural properties || **~verlappt** *adj* / bend lap joined || ᴧ**verlust** *m* / bend loss || ᴧ**versuch** *m* / bending test || ᴧ**versuch an T-Stoß** / T-bend test || ᴧ**versuch mit vorgekerbter Probe** / nick-break test, notch break test || ᴧ**versuch mit Wurzel auf der Zugseite** / root bend test || ᴧ**vorrichtung** *f* / bending jig, bending device || ᴧ**vorrichtung** *f* (Prüf.) / bend test jig || ᴧ**wandler** *m* / bending actuator || ᴧ**wandlersystem zur Nadelansteuerung** / piezo actuator, piezoceramic actuator, piezoceramic pending element || ᴧ**wange** *f* / bending beam, bending cheek || ᴧ**welle** *f* / flexural wave, flexible shaft || ᴧ**werkzeug** *n* / bending tool || ᴧ**winkel** *m* / angle of bend, bending angle || ᴧ**zahl** *f* / number of bends, bend number || ᴧ**zentrum** *n* / bending center || ᴧ**zugfestigkeit** *f* / flexural tensile strength, flexural strength || ᴧ**zugrand** *m* / extreme tensile fiber || ᴧ**zyklus** *m* / bend cycle, bending cycle
biegsam *adj* (elastisch) / flexible *adj* || **~** *adj* (geschmeidig) / pliable *adj* || **~e Dichtung** / dynamic seal || **~e Welle** / flexible shaft || **~es Rohr** / pliable conduit
Biegung *f* / bend *n*, bending *n* || ᴧ **Knie** / junction unit knee || ᴧ **L** / junction unit elbow || ᴧ **Z** / junction unit Z || ᴧ**sbruch** *m* / bend fracture
BI: EIN/AUS1 / BI: ON/OFF1 || ᴧ **EIN/AUS1 mit reversieren** / BI: ON/OFF1 reverse
bifazial *adj* / bifacial *adj* || **~e Lichtempfindlichkeit** *f* / bifacial sensitivity
BI: Festfrequenz-Auswahl Bit 0 / BI: Fixed freq. selection Bit 0
bifilar gewickelt / double-wound *adj*, non-inductively wound || **~e Wicklung** / bifilar winding, double-wound winding, double-spiral winding
BI: Freigabe Gleichstrom-Bremse / BI: Enable DC braking || ᴧ **Freigabe PID-Regler** / BI: Enable PID controller || ᴧ **Funktion Digitalausgang 1** / BI: Function of digital output 1 || ᴧ **Impulsfreigabe** / BI: Pulse enable || ᴧ **Integrator Drehz.reg. Setzen** / BI: Set integrator of n-ctrl.
Bilanz *f* / balance sheet, balance *n*, premium *n*, annual accounts || ᴧ**gleichung** *f* / balance equation
Bilanzierung *f* / balance calculation
Bilanz·kennziffer *f* / balance ID || ᴧ**knoten** *m* (Netz) / balancing bus, slack node || ᴧ**kreis** *m* / balancing group (BG) || ᴧ**kreis-Management** *n* / Balancing Group Management (BGM)
bilaterale Tabelle *f* (3.4 EN 60870-6-503) / bilateral table || **~ Vereinbarung** *f* / bilateral agreement
Bild *n* / image *n*, figure *n*, map *n*, screen *n*, I/O image || ᴧ *n* / display *n*, picture *n* || ᴧ *n*

Bild 134

(Grafikgerät, aus Darstellungselementen) / display image || ~ n / trace n, display n || ~ n / pattern n || ~ **löschen** / delete screen || ~ **neu** / new screen || ~ **speichern** / Save Image || **A-**~ n (Ultraschallprüfung) / A scan || **codiertes** ~ / coded image || **Fräs~** n / milling pattern, milling routine || **grafisches** ~ / graph n, graphical representation **Bild·abschattung** f / image shading || ~**abtaster** m / image sensor || ~**abwahl** f / close picture || ~**aktualisierung** f / display updating, image updating, screen refresh || ~**anwahl** f / display selection, open picture, screen selection || ~**anwahlbedienung** f / display selection (input) || ~**attribut** n / screen attribute || ~**aufbau** m / display generation, picture construction, image format || ~**aufbau** m (Bildkonstruktion am Bildschirm) / display building || ~**aufbau** m (Format) / picture (o. image format) n || ~**aufbaufrequenz** f / display construction frequency, display generation frequency || ~**aufbauoperation** f / display construction statement, program display instruction || ~**aufbautastatur** f / display building keyboard || ~**aufbauzeit** f (graf. DV) / picture formatting time, display building time, display generation time || ~**auflösung** f / image resolution || ~**aufnahme** f / image recording, picture recording || ~**aufnahmeröhre** f / camera tube, image pick-up tube || ~**aufnahmeröhre mit Bildwandlerteil** / image camera tube || ~**aufnahmeröhre mit langsamen Elektronen** / low-velocity camera tube, cathode-ray-stabilized camera tube || ~**aufnahmeröhre mit Photoemission** / photoemission camera tube || ~**aufnahmeröhre mit Photoleitung** / photoconductive camera tube || ~**aufnahmeröhre mit schnellen Elektronen** / high-velocity camera tube, anode-potential-stabilized camera tube || ~**aufnahmezeit** f / image recording time || ~**ausgabe** f / video output, image display || ~**ausschnitt** m / picture detail, partial image || ~**austastsignal** n (BA-Signal) / picture blanking signal, blanked picture signal || ~**-Austast-Synchron-Signal** n (BAS) / composite video, picture blanking signal, composite video signal || ~**austast-Synchronsignal** n (BAS-Signal) / composite video (o. picture signal) || ~**auswahl** f / picture browser || ~**ausweteprogramm** n / image analysis program || ~**auswertesystem** n / image processing system, image analysis system || ~**auswertesystem** n (Sonderbaugruppen für S7-400 zur automatischen Sichtprüfung und Teileerkennung) / image evaluation system || ~**auswertezeit** f / image analysis time || ~**auswertung** f / image analysis || ~**auswertungsprogramm** n / image analysis program **Bild·baustein** m / picture block, variable block (VB), VB (variable block), faceplate || ~**baustein** m (f. Bildschirmanzeige) / display driver block, CRT driver || ~**befehl** m / program display instruction, display construction statement || ~**begrenzung** f / screen boundary || ~**beschreibungsdatei** f / picture description file || ~**-Bibliothek** f / image database || ~**blende** f (Monitorrahmen) / screen frame || ~**darstellung** f / pictorial representation, graphical representation, graphic display, tailored graphic display || ~**datei** f / display file, image file || ~**datei**

f (GKS) / metafile n || ~**datei** f / view file || ~**datei** f (Plotter) / plotfile n || ~**datei für graphische Datenverarbeitung** (genormtes Datei-Format, genannt Bilddatei, für die Speicherung und Übertragung von deskriptiven Daten zur Erzeugung eines Bildes) / Computer Graphics Metafile || ~**datenbank** f / picture database || ~**datenspeicher** m / image data store, picture data store || ~**design** n / display layout || ~**diagonale** f / screen diagonal || ~**durchlauf** m / scroll(ing) n || ~**einstellung** f / framing || ~**einzug** m / reading in (of) the image **Bild·element** n / pixel n, output primitive, display element, graphic primitive, picture element || **grafisches** ~**element** / graphic display element || ~**elementmatrix** f / pixel matrix **bilden** v / generate v **Bilder v. Überwachungskamera** / video streams from surveillance camera **Bild·erfassung** f / scanning of the image, image acquisition || ~**erkennung** f / image recognition || ~**erkennungssystem** n / imaging system, image detection system || ~**erläuterung** f / caption || ~**erstellung** f / display building || ~**faksimile** m (Faksimile, bei dem die Wiedergabe abgestufte Tönungen aufweisen kann) / picture facsimile || ~**fang** m / picture hold || ~**feld** n / display field, image field || ~**fenster** n / screen window, window n || ~**fernschreiben** n / telewriting || ~**fernsprechen** n / video-telephony || ~**fläche** f / display area || ~**fokussierungsspannung** f / image focus voltage || ~**format** n / image format || ~**frequenz** f / (image) refresh frequency, frame frequency, picture frequency, image frequency **Bild·geometrie** f / image geometry, display geometry || **Pegel~gerät** n / level tracer || ~**gestaltung** f (am Bildschirm) / display formatting, display building || ~**grenze** f / image boundary || ~**größe** f / screen size || ~**güte** f (Durchstrahlungsprüf.) / image quality, radiograph quality || ~**güte-Prüfsteg** m / penetrameter n || ~**helligkeit** f / screen brightness, display brightness || ~**hierarchie** f / visual display hierarchy, display hierarchy, image hierarchy || ~**information** f / picture information, image data || ~**inhalt** m (Bildschirm) / contents of display, screen content **Bild·kanal** m / video channel, VDU channel || ~**kennung** f / image ID || ~**konstruktion** f (am Bildschirm) / display building || ~**kraft** f / image force || ~**lauf** m / scroll(ing) n, scrolling || ~**lauffeld** n / scroll box || ~**laufleiste** f / scroll bar **bildliche Darstellung** (Impulsmessung) DIN IEC 469, T.2 / pictorial format, pictorial (o. graphical) representation, graphic representation **Bild·maske** f / image mask || ~**masken** f pl / image masks || ~**menü** n / icon menue || ~**mittelpunkt** m / display centre || ~**muster** n / pattern n || ~**mustererkennung** f / pattern detection || ~**navigation** f / screen navigation || ~**neuaufbau** m / (screen) refresh || ~**nummer** f / image number, screen number || ~**nummernleiste** f / image number selection bar || ~**organisation** f / video display organization || ~**platte** f / video disk || ~**polarität** f (das Verhältnis zwischen Hintergrund- und Bildhelligkeit) / image polarity || ~**projektierung** f / display configuration || ~**prozessor** m / image processor || ~**punkt** m /

pixel n || ~punktgenerator m / dot rate generator (DRG) || ~punktgrafik f / pixel graphics || ~punktkoordinate f / pixel coordinate || ~punktrate f / pixel rate || ~qualität f / image quality || ~rahmen m / window n, display frame || ~rand m / screen edge || ~reinigung f / image enhancement || ~röhre f / picture tube, cathode-ray tube (CRT) || ~rollen n (Betriebsart) / rolling-map mode || ~rollen n / display rolling || ~rücklauf m / frame flyback

bildsame Formänderung / plastic deformation, permanent set || ~ **Verformung** / plastic deformation, permanent set

Bildscanner m / scanner n

Bildschirm m / screen n, display screen, display device (GKS), monitor || ~ **dunkel** / screen dark || ~ **mit Direktablenkung** / directed-beam CRT || ~abzug m / screen shot || ~anzeige f / screen display, CRT display || ~anzeigefunktion f / display function || ~anzeigetext m / display text || ~-Anzeigetext m / CRT display text, display text || ~arbeitsplatz m / display workstation, display console || ~-Arbeitsplatz m (BSA) / display workstation, VDU-based workstation || ~auflösung f / screen resolution || ~aufteilung f / screen layout, display assignment || ~ausgabe f / screen display, CRT display || ~befehl m / screen statement || ~bereich m / screen field || ~computer m / video computer || ~darstellung f / screen display, soft copy || ~diagonale f / screen diagonal || ~dialog m / interactive screen dialog, conversational mode at the screen, interactive session || ~dunkelschaltung f / screen blanking, blanking n || ~dunkelsteuern n / screen darkening, blanking n, screen blanking || ~dunkelsteuerung f / screen darkening

Bildschirm-editor m / display editor, screen editor || **direkte** ~**eingabe** / visual mode || ~**einheit** f / visual display unit (VDU), video terminal, video display terminal (VDT) || **Zeichen-**~**einheit** f / alphanumeric display unit || ~**einteilung** f / screen layout || ~**fenster** n / screen window, window n || ~**fläche** f / screen area || ~**formatierung** f / on-screen formatting || ~**foto** n / screen shot || ~**gerät** n / visual display unit (VDU), video terminal, CRT unit, (Benutzerendgerät mit einem Bildschirm und üblicherweise einer Eingabeeinheit, z. B. einer Tastatur) video display terminal || ~**gestütztes Bediensystem** / VDU-based operator communication system || ~**grafik** f / screen graphics || ~**größe** f / screen diagonal || ~**inhalt** m / screen contents, screenful of information, frame n || ~**konsole** f / display console || ~**leitsystem** n / VDU-based (o. CRT-based) control system || ~**leittechnik** f / VDU-based (o. CRT-based) process control || ~**maske** f / screen form, screen display || ~**menü** n / screen menu || ~**objekt** n / screen object

Bildschirm-programmiergerät n / CRT-based programmer. video programmer, VDU-based programmer || ~**protokoll** n / screen listing || ~**rand** m / screen edge || ~**schoner** m / screen saver || ~**schreibmaschine** f / display typewriter || ~**station** f / display terminal, data display terminal || ~**steuerung** f / screen controller || ~**tastatur** f (grafisch dargestellte Tastatur, mit der Sie bei Touch-Bediengeräten numerische oder alphanumerische Werte eingeben) / screen keyboard, display keyboard, soft keyboard || ~**terminal** n / display terminal, display unit, data display terminal || ~**text** m (Btx) / interactive videotex, display text, CRT display text, videotex n || ~**treiber** m / display driver || ~**warte** f (Pult) / VDU-based console, VDU-based workstation, CRT workstation || ~**wechselsperre** f / display change disable

Bild-schwarz n / picture black || ~sensor m / image sensor || ~sequenz f / image sequence || ~sichtgerät n / visual display unit (VDU), video terminal, CRT unit || ~signal n (Videosignal) / video signal || ~speicher m / picture memory, image memory, picture store || ~speicher m (RAM) / video RAM || ~speicherung f / image storage || ~sprache f / pictographic language, ideographic language, logographic language || ~stillstand m / display stabilization || ~symbol n (Ikon) / icon n || ~tafel f / illustration n || ~tiefensimulation f / depth cueing || ~übertragung f / video transmission, image transmission || ~umfang m / scope of images || ~umlauf m / wraparound n, wrap-around

Bildung f / generation n

Bildungs·beauftragter m / training coordinator || ~politik f / Corporate Educational Policy || ~zentrum n / Training Center

Bild·unterschrift f / caption n || ~vektor m / shifting vector || ~verarbeitung f / image processing || ~verarbeitungssensor m / image-processing sensor || ~verarbeitungssystem n / image processing system || ~verbesserung f / image enhancement || ~vergrößerungslampe f / enlarger lamp || ~verschiebung f (vertikal) / scrolling n || ~verschiebung f / image shift, display positioning || ~verschiebung f (horizontal) / panning n || ~verschiebung f (vertikal) / rolling n || ~verstärkerröhre f / image intensifier tube || ~verstehen n (Erzeugung einer Beschreibung für ein gegebenes Bild und Erschließung des Dargestellten durch eine Funktionseinheit) / image understanding || ~verwaltung f / image management

Bild·wandbeleuchtung f / screen illumination || ~wandler m / image sensor || **CCD-**~**wandler** m / CCD image sensor, charge-coupled imager (CCI) || **Fotodioden-**~**wandler** m / photodiode sensor || **ladungsgekoppelter** ~**wandler** m / charge-coupled device (CCD) || ~**wandlerröhre** f / image converter tube || ~**wechsel** m / picture exchange, picture change, display selection || ~**wechsel** m / display refreshing, display change || ~**wechselspeicher** m / picture memory, image memory, picture store || ~**wechselzeit** f / display refresh time || ~**weiß** n / picture white || ~**wiederherstellung** f / display regeneration || ~**wiederholfrequenz** f / (image) refresh rate, image refresh frequency || ~**wiederholrate** f (Häufigkeit, mit der ein Bild der Bildwiederholung unterliegt) / refresh rate || ~**wiederholschirm** m / refreshed-display screen || ~**wiederholspeicher** m (Pufferspeicher, der die Werte aller Pixel eines Bildes enthält) / frame buffer || ~**wiederholspeicher** m / refresh memory, refresh buffer || ~**wiederholung** f / refresh

Bild·zeichen n DIN 55402 / pictorial marking,

symbol *n*, ideograph *n*, ideographic character, pictorial character, graphical symbol || ⌢**zeichen nach DIN** / symbol according to DIN || ⌢**zeile** *f* / picture line || ⌢**zusammenstellung** *f* / picture composition
Bilingual *n* / bilingual file
Bilux--As-Lampe *f* / shielded double-filament headlamp with asymmetrical beam || ⌢**-Lampe** *f* / shielded double-filament headlamp
BIM / BIM (bus interface module)
Bimetall *n* / bimetal *n* || ⌢**auslöser** *m* / bimetal trip || ⌢**band** *n* / bimetal band || ⌢**draht** *m* / bimetal wire || ⌢**element** *n* / bimetallic element || ⌢**instrument** *n* / bimetallic instrument || ⌢**kontakt** *m* / bimetal contact || ⌢**maximalwert** *m* / maximum bimetal value || ⌢**-Messgerät** *n* / bimetallic instrument || ⌢**relais** *n* / bimetal(lic) relay || ⌢**relais für Schweranlauf** / bimetal(lic) relay for heavy starting || ⌢**schalter** *m* DIN 41639 / thermal time-delay switch, bimetallic-element switch || ⌢**-Sekundärrelais** *n* / secondary bimetal relay || ⌢**streifen** *m pl* / bimetal strips, *m* bimetal strip || ⌢**-Temperaturwächter** *m* / bimetal thermostat, bimetal(lic) relay || ⌢**thermometer** *n* / bimetallic thermometer || ⌢**träger** *m* (Teil, auf dem der Bimetallstreifen befestigt ist) / bimetal carrier || ⌢**wert** *m* / bimetal value, calculated demand value || ⌢**wippe** *f* / bimetal rocker
bimodale Wahrscheinlichkeitsverteilung / bimodal probability distribution
BImSchV (Bundesimissionsschutzverordnung) / German Federal Emission Protection Regulations
binär *adj* / binary *adj* || **~ codierte Dezimalziffer** / binary coded decimal || **~ codierter Dezimalcode** (BCD) / binary coded decimal code (BCD) || **~ codierter Maßstab** / binary-coded scale || **~ dargestellte Zustandsinformation** / binary state information || **~ exponentiell** / binary exponential || **~ steuerbarer Stufenschalter mit Stufenstellungsinformation** / binary controlled step position information (BSC) (EN 61850-7-1, -7-3)
Binär·anweisung *f* / binary statement || ⌢**ausgabebaugruppe** *f* / binary output module || ⌢**ausgabebaustein** *m* / binary output block || ⌢**ausgang** *m* / binary output || ⌢**/BDC-Umsetzung** *f* (o. -Wandlung) / binary/BCD conversion || ⌢**bild** *n* / binary image || ⌢**code** *m* / binary code || ⌢**code für Dezimalziffern** / binary coded decimal code (BCD) || **~-codierte Dezimalzahl (BCD)** *f* / binary decimal code || **~ codierter Maßstab** *m* / binary-coded scale || ⌢**-Dezimalcode** *m* / binary coded decimal code (BCD) || ⌢**-Dezimalumsetzung** *f* / binary-to-decimal conversion
binäre Befehlsgruppe *f* / binary command group || **~ Erfassungsbaugruppe** *f* / binary data acquisition unit (BDAU) (Binary data acquisition unit, 32 binary channels, at zero potential (for P531 and SIMEAS R)) || **~ Form** *f* / binary form *n* || **~ Funktion** / binary function (o. operation), binary logic function (o. operation), binary logic operation, logic function || **~ Phasenumtastung** / phase inversion modulation || **~ Schnittstelle** / binary interface || **~ Steuerung** / binary control || **~ Variable** / binary variable || **~ Verknüpfung** / binary logic operation, binary logic, binary function, binary logic function, logic function || **~**

Verknüpfungsoperation / logic function, logic operation, binary logic function, binary logic operation, binary function || **~ Verzögerungsschaltung** / binary delay circuit || **~ Zustandsinformation** / binary state information
Binär·eingabebaugruppe *f* / binary input module || ⌢**eingabebaustein** *m* / binary input block || ⌢**eingabegerät** *n* / binary input device || ⌢**eingang** *m* / binary input || ⌢**eingang** *m* / digital input || ⌢**eingang/-ausgang** *m* / binary input/output || ⌢**eingangskarte** *f* / digital input card || ⌢**element** *f* / binary element
binärer Abschaltkreis DIN 19226 / binary de-energizing circuit || **~ Asynchronzähler** / binary ripple counter || **~ Fehlererkennungscode** / binary error detecting code || **~ Fehlerkorrekturcode** / binary error correcting code || **~ Untersetzer** / binary scaler
Binärergebnis *n* (BIE) / binary result (BR) || ⌢**-Bit** *n* / binary result bit
binäres Schaltelement / binary-logic element || **~ Schaltsystem** / binary-logic system || **~ Signal** / binary signal || **~ Verknüpfungsglied** / binary-logic element || **~ Zeitglied** / (binary) timing element || **~ Zeitglied** (Monoflop) / binary monoflop
binär-exponentiell *adj* / binary exponential || **~ ermittelte Verzichtsdauer** / binary exponential backoff
Binär·funktion *f* / binary function || ⌢**geberüberwachungsbaustein** *m* / binary transmitter (o. encoder) monitoring block || ⌢**isierung** *f* / digitizing *n* || ⌢**kanal** *m* (DIN 44301 E DIN 44301-16) / binary channel || ⌢**konstante** *f* / binary constant || ⌢**koppelempfangsbaustein** *m* / binary linking and receiver block || ⌢**koppelsendebaustein** *m* / binary linking and transmitter block || ⌢**kopplung** *f* / binary interface || **~logische Verknüpfung** *f* / binary logic combination || ⌢**muster** *n* (BM) / bit pattern, binary pattern || ⌢**operation** *f* / binary operation
Binär·rangierer *m* / binary(-signal) allocation module, binary-signal router || ⌢**schaltung** *f* DIN 40700 / logic element || ⌢**schreibweise** *f* / binary notation || ⌢**signal** *n* / binary signal || ⌢**signalausgabe** *f* / binary signal output || ⌢**signalerfassung** *f* / binary signal detection || ⌢**spur** *f* / binary signal trace (recording of binary signal/input) || ⌢**stelle** *f* / binary digit || ⌢**stufe** *f* (Zähler) / binary counter stage || **~synchrone Übertragung** (BSC) / binary synchronous communication (BSC) || ⌢**system** *n* / binary, dual system, binary number system || ⌢**teiler** *m* / binary divider, T bistable element, complementing element || ⌢**untersetzer** *m* / binary scaler || ⌢**wert** *m* (Wert, der nur zwei Größen annehmen kann) / binary value || ⌢**wort** *n* / binary word
Binary Coded Decimal (binär codierte Dezimalzahlen) / binary coded decimal (BCD), binary decimal code, BCD (binary coded decimal)
Binär·zahl *f* / binary number || ⌢**zähler** *m* / binary counter || ⌢**zeichen** *n* / binary character || ⌢**ziffer** *f* / binary digit, binary character
Binde·draht *m* / lacing wire, binding wire, bracing wire || ⌢**fehler** *n* / lack of fusion (incomplete fusion in the joint) || ⌢**frist** *f* / validity || ⌢**glied** *n* / link *n*, connector *n*, tie *n* || ⌢**lader** *m* / linkage loader || ⌢**liste** *f* / link list || ⌢**mittel** *n* / bonding

agent, binder *n*, cement *n* || ≈mittel mit Füller *n* / fillerized binder *n* || ≈mittel ohne Füller *n* / unfillerized binder *n* || ≈mittel-Spritzmaschine *f* / bituminous distributor *n*, binder spraying machine *n*
binden *v* / link *v* || ≈ *n* / bonding *n*
Binder *m* (Baukonstruktion) / truss *n*, frame *n* (work) || ≈ *m* (Kunststoff) / binder *n* || ≈ *m* (Programm) / linker *n*, linkage editor || ≈ mit Füller / fillerized binder || ≈ ohne Füller / unfillerized binder || ≈**bauweise** *f* / frame construction, steel-framed construction, truss construction || ≈**programm** *n* / linker program, linker *n* || ≈**schicht** *f* / binder course || ≈-**Stecker** *m* / binder connector || ≈**steinlage** *f* / binder course || ≈**steinschicht** *f* / binder course || ≈**ton** *m* / clay binder
Binde·schicht *f* / binder coat || ≈**vorgang** *m* / binding process || ≈**zone** *f* (Grenze zwischen vereinigten Werkstoffen) / fusion zone
bindiger Boden / cohesive soil
Bindung *f* / binding, bonding || ≈**energie** *f* / binding energy || ≈**festigkeit** *f* / bonding strength
Binector/Connector-Technologie (BICO-Technik) / BICO technology
BI: Negative Sollwertsperre / BI: Inhibit neg. freq. setpoint
Binektor *m* / binector *n* || ≈**ausgang** *m* / binector output || ≈**eingang** *m* / binector input || ≈**wandler** *m* / binector converter
binominal·e Grundgesamtheit / binominal population || ≈**koeffizient** *m* / binominal coefficient || ≈**verteilung** *f* DIN 55350,T.22 / binominal distribution || ≈**wahrscheinlichkeit** *f* / binominal probability
binomisch gestufter Winkel / binomial corner || ≈ **in Stufen tordierter Hohlleiter** / binomial twist
Bio-Chip *m* / big-chip *n*
Biohm *n* / two-range ohmmeter
Bio·kompatibilität *f* / biocompatibility || ≈**lumineszenz** *f* / bioluminescence *n* || ≈**masse** *f* / bioconversion *n* || ≈**metrie** *f* / biometry *n* || ~**metrisch** *adj* (sich auf die Benutzung bestimmter Eigenschaften beziehend, die eindeutige Personenmerkmale darstellen, wie Fingerabdruck, ein Abbild der Augennetzhaut oder einen Stimmabdruck, um die Identität von Personen zu bestätigen) / biometric
BIOS *n* / BIOS (Basic Input/Output System (booting instructions to communicate CPU with peripherals)
BIP *n* (Bruttoinlandsprodukt) / GDP *n* (Gross Domestic Product)
BI: Parametersatz 0 laden / BI: Download parameter set 0
BI: PID-Festsollwert Anwahl Bit0 / BI: Fixed PID setp. select Bit 0
Bipod / bipod
bipolar *adj* / bipolar *adj* || ~**e Betriebsart** (A-D-Umsetzer) / bipolar mode || ~**e Leitung** / bipolar line || ~**er Binärcode** / sign-magnitude binary code || ~**er Operationsverstärker (BOP)** / bipolar operational amplifier (BOP) || ~**er Sperrschichttransistor** / bipolar junction transistor || ~**er Transistor** / bipolar transistor || ~**es HGÜ-System** / bipolar HVDC system
Bipolar·schaltung *f* / bipolar circuit || ≈**transistor** *m* / bipolar transistor || ≈**transistor mit isolierter Steuerelektrode** / Insulated Gate Bipolar Transistor, IGBT
BI: Quelle 1. Fehlerquittung / BI: 1. Faults acknowledgement || ≈ **Quelle Externer Fehler** / BI: External fault || ≈ **Quelle PID-MOP höher** / BI: Enable PID-MOP (UP-cmd) || ≈ **Quelle PID-MOP tiefer** / BI: Enable PID-MOP (DOWN-cmd)
Biquinärzähler *m* / biquinary counter
Birne *f* (Lampe) / bulb *n*, lamp *n*, incandescent lamp
Birnenlampe *f* / pear-shaped lamp
bis / up to
BIST / built-in self test (BIST)
bistabil·e Kippstufe / bistable element, flip-flop *n* || ~**e Speicherröhre** / bistable storage tube || ~**es Kippglied** / bistable circuit, bistable element IEC 117-15, flipflop, bistable trigger circuit || ~**es Relais** / bistable relay || ~**es Strömungselement** / bistable fluidic device || ~**es System** / bistable system, two-state system || ~**es Verhalten** / bistable characteristic
Bi-Streifen *m* / bimetal strip
Bisubjunktion *f* / equivalence *n*
Bit *n* / bit || ≈ **niedrigstwertiges** ≈ / least significant bit (LSB) || ≈**adresse** *f* / bit address || ≈**adressierung** *f* / bit addressing || ≈**anzeige** *f* / bit condition code || ≈-**Anzeige** *f* / bit display || ≈-**Anzeigefeld** *n* (Indikatorfeld) / bit condition-code field, bit indicator field || ≈**aufnahme** *f* / bit mounting || ≈**auslöschrate** *f* (IEC 870-1-3) / bit erasure rate || ≈**auslöschwahrscheinlichkeit** *f* (IEC 870-1-3) / bit erasure probability || ≈**befehl** *m* / bit operation || ~**-breite Verknüpfung** / bit-wide operation || ≈**bündel-Übertragung** *f* / burst transmission || ~**codierte Einstellung** *f* / bit-coded setting (cannot be interrupted) || ~**codiertes Kommando** *n* / bit-coded command (switch that is used to enable and disable data) || ≈**dichte** *f* / bit density
Bit·fehler *m* / bit error || ≈**fehlermessplatz** *m* / bit error measuring set || ≈**fehlergüte** *f* / bit error rate (BER), bit error ratio || ≈**fehlerrate** *f* (BER; Verhältnis von fehlerhaften Bits zu der Gesamtzahl der Bits bei einer Übertragung) / bit error rate (BER) || ≈**fehlerwahrscheinlichkeit** *f* / bit error probability || ≈**feld** *n* / bit array, bit field || ≈**felderliste** *f* / list of bit arrays || ≈**feldtyp** *m* / bit array type || ≈**folge** *f* (EN 60870-5-3) / bitstring || ≈**folgefrequenz** *f* / bit rate || ≈**folgeunabhängigkeit** *f* / bit sequence independence || ≈-**Format** *n* / bit format || ≈**geschwindigkeit** *f* / bit rate || ≈**größe** *f* / bit size
Bit·information *f* / bit information || ≈**kette** *f* / bit string || ≈-**Kombinationsanalyse** *f* (zur Identifizierung von Logikfehlern bei Bauelementen durch Umwandlung von Bit-Folgen) / signature analysis || ≈**leiste** *f* / bit bar, bit string || ≈**map** *n* / bitmap || ≈**maske** *f* / mask *n*, bit mask, suppression mask || ≈**meldeverfahren** *n* / bit message procedure || ≈**meldung** *f* / Discrete Alarm || ≈**muster** *n* / bit pattern, scanned digital data, bit map || ≈**musterberuhigungszeit** *f* / bitstring time-out || ≈-**Nr.** *f* / bit no. || ≈**nummer** *f* / bit number || ~**orientierte Organisation** / bit-oriented organization || ~**orientiertes Protokoll** *n* / bit-oriented protocol || ≈**platz** *m* / bit position || ≈**position** *f* / bit position || ≈**prozessor** *m* / bit processor || ≈**prozessorbus** *m* (BP-Bus) / bit P bus

Bit·-Raster *m* (Wort) / bit word || **rate** *f* / bit rate, (Anzahl der je Sekunde übertragenen Bits) binary digit rate || **ratenparameter** *m* (E EN ISO/IEC 11172-4) / bitrate parameter || **reihung** *f* / bit string || **rücksetzkommando** *n* / bit reset command, bit/s, bps || **s pro Sekunde** (BPS) / bits per second (BPS) || **allgemeine** **s** / general bits || **scheiben-Prozessor** *m* / bit-slice processor
bitseriell *adj* / bit-serial, bit by bit, bit serial || **~es Prozessbus-Schnittstellensystem** / bit-serial process data highway interface system
Bit·setzkommando *n* / bit set command || **signal** *n* / binary signal || **-slice-Prozessor** *m* / bit-slice processor || **stelle** *f* / bit position || **stelleteiler** *m* / bit scaler || **strom** *m* (E EN ISO/IEC 11172-4) / bit stream, (E EN ISO/IEC 11172-5) bitstream || **testfunktion** *f* / bit test function || **testoperation** *f* / bit test operation || **testoperation** *m* (Teil, auf dem der Bimetallstreifen befestigt ist) / bimetal carrier || **übergabebereich** *m* / bit transfer area || **übertragungsdienst** *m* DIN 7498 / physical service || **übertragungsprotokoll** *n* DIN ISO 7498 / physical protocol || **übertragungsschicht** *f* DIN ISO 7498 / physical layer
Bitumen·anstrich *m* / bitumen coat, bituminous coating || **aufstrich** *m* / bitumen coat || **emulsion** *f* / bitumen emulsion || **schlamm** *m* / bitumen slurry || **verschnitt** *m* / cut-back bitumen
bituminös gebunden *adj* / bituminous bound *adj* || **~e Ausgleichsschicht** / bituminous levelling course || **~e Decke** / bituminous pavement || **~e Einstreudecke** / bituminous dry penetration pavement || **~e Oberflächenbehandlung** / bitumen emulsion treatment || **~er Beton** / bituminous concrete || **~es Mischgut für Heißeinbau** / bituminous hot plant mix
Bit·verfälschung *f* (EN 60870-5-101/A2) / bit inversion || **verknüpfung** *f* / bit combination || **verknüpfungsoperation** *f* / bit instruction || **versatz** *m* / bit skew || **~verschachtelte Telegrafie** / bit-interleaved telegraphy
bitweise / bit by bit, in bit mode, in bits, bit-serial, bit-by-bit
Bit·wertigkeit *f* / bit significance || **zeit** *f* / bit time || **zeit-Einheit** *f* / bit time unit (reciprocal value of the data transfer rate) || **-Zugriff** *m* / bit access || **zustand** *m* / bit status || **zuweisung** *f* (EN 60870-5-4) / bit allocation
bivalentes Heizsystem / fuel/electric heating system
bivariate Normalverteilung DIN 55350,T.22 / bivariate normal distribution || **~ Wahrscheinlichkeitsverteilung** DIN 55350,T.21 / bivariate probability distribution
BI: Wechs. z. Drehmomentregelung / BI: Change to torque control
BK / gateway *n*, blank *n*, *n* broadband cable
B·-Kalibrierstelle *f* / B-level calibration facility || **-Kanal** *m* (DIN V 44302-2 E DIN IEC 1 CO 1324-716) / B-channel
BKG / bkg
BKM (Bayerisches Kompetenznetzwerk für Mechatronik) / BKM
b-Kontakt *m* / break contact, b contact || *m* / NC contact (normally closed contact)
BKS *n* (Basiskoordinatensystem) / BCS *n* (Basic Coordinate System)

BK-Schalter / puffer circuit-breaker, single-pressure circuit-breaker
BKS-Schloss / BKS lock
BL *m* (Barcodeleser) / BL *n* (German abbreviation for barcode reader)
bl *adj* / blue *adj*, blu *adj*
Black·-band-Versuch *m* / black-band test || **board-Modell** *n* / blackboard model || **-Box-Methode** *f* / black box method || **out** *m* / blackout *n*, complete failure || **out** *m* / system collapse || **start** *m* / blackstart *n*
Blank *n* / blank *n*, blank space, space *n* || **~** *adj* (metallisch) / bright *adj* || **~** *adj* (unisoliert) / bare *adj*, uninsulated *adj* || **~** *adj* (Leiter) / plain *adj*, uninsulated *adj*, bare *adj* || **abmessung des Leiters** / dimensions of uninsulated conductor, bare conductor dimensions || **~beizen** *v* / pickle *v* || **draht** *m* / bare wire || **drahtbrücke** *f* / strap with bare wire
blanker Leiter (Leiter aus Metall, bei dem der Draht bzw. die Einzeldrähte nicht mit einem zusätzlichen Metall beschichtet ist bzw. sind.) / plain conductor
Blankett *n* / blank form, form *n*
blank·gewalzt *adj* / bright-rolled *adj* || **~gezogen** *adj* / bright-drawn *adj* || **glühen** *n* / bright annealing
Blanking *n* / blanking *n*
Blanko·-Prüfmarke *f* / blank test label || **schild** *n* / blank label || **skale** *f* / blank scale
Blankpolspule *f* / copper-strip field coil
Blasblech *n* / blow-out plate, blowout sheet
Blase *f* (gS) / blister || *f* (Flüssigk.) / bubble *n*
Blas·einheit *f* / blowout unit || **einrichtung** *f* (f. Lichtbogenbeblasung) / blowout arrangement (o. feature)
Blasenbildung *f* / blistering *n*, pimpling *n*, bubbling *n*
blasenfrei *adj* / bubble-free *adj*, without bubbles, free of blow holes
Blasen·kammer *f* / bubble chamber || **packung** *f* / blister packing || **speicher** *m* / bubble memory, magnetic bubble memory
Blas·feld *n* / blow field, blowout field || **~formen** *v* / blow molding || **formmaschine** *f* / blow molding machine || **kern** *m* / blowout core || **kolben** *m* / blast piston, puffer || **kolben-Druckgas-Schnellschalter** *m* / high-speed puffer circuit-breaker, high-speed single-pressure circuit-breaker || **kolbenschalter** *m* / puffer circuit-breaker, single-pressure circuit-breaker || **luft** *f* (Druckluft) / blast air || **luft ein/aus** *f* / Blast-Off Air ON/OFF (forced air) || **luft messen** / Measure Blast Air (forced air) || **magnet** *m* / blowout magnet, blowing magnet, blowout coil || **magnetfeld** *n* / magnetic blow(out) field || **mantel** *m* / blow-out jacket || **schieber** *m* / blast valve || **sicherung** *f* / blowout fuse || **spule** *f* / blowout coil, blow-out coil || **ung** *f* / blowout *n*, **wirkung** *f* / magnetic arc blow, arc blow || **zylinder** *m* / blast cylinder, puffer cylinder, compression cylinder
Blatt *n* (Kunststoff) / sheet *n*, sheeting *n* || **einzug** *m* (Drucker) / sheet feeder
Blätterfunktion *f* / scrolling *n*
Blättern *n* / paging *n* || **~** *v* / page *v*, turn the pages, page through, scroll *v* || **~** *v* (zwischen Speicherbereichen) / swap *v*
Blätter·taste *f* / page key, browse key || **ung** *f* / laminated construction
Blatt·feder *f* / flat spring, plate spring, leaf spring,

laminated spring || ⸰federkontakt *m* / reed contact, dry-reed contact || ⸰federn *f pl* / leaf springs || ⸰federschalter *m* / leaf switch || ⸰fortschaltung *f* / sheet advance, paper feed || ⸰schreiber *m* / typewriter *n*, keyboard printer, console typewriter, pageprinter *n*, console typewriter || ⸰sicht *f* (Ansicht im CFC, in der ein Blatt eines Teilplans mit den enthaltenen Randleisteneinträgen dargestellt wird) / sheet view || ⸰verweis *m* / sheet reference || ⸰zapfen *m* / wobbler *n*
blau *adj* / blue *adj*, blu *adj* || **~e Technik** / blue technology || ⸰**empfindlichkeit** *f* (Fähigkeit einer Solarzelle, Licht im blauen Wellenlängenbereich zu absorbieren) / blue response || **~es Backlight** / blue-tinted backlight
Blau·linie *f* / blue boundary || ⸰**pause** *f* / blueprint *n* || ⸰**pausen** *n* / blueprinting *n* || ⸰**stufe** *f* / blue tone
BLDC / Brushless Direct Current (BLDC) || ⸰**-Motor** *m* / BLDC motor
BLE / power electronic equipment (PEE)
Blech *n* (click) / plate *n*, steel plate || ⸰ *n* (dünn) / sheet *n*, sheet steel, sheet metal || ⸰ *n* / lamination *n*, punching *n*, stamping *n* || ⸰ **erster Wahl** / first-grade sheet (o. plate) || ⸰ **ohne Kornorientierung** / non-oriented (sheet steel) || ⸰ **zweiter Wahl** / second-grade sheet (o. plate)
Blech·abschirmung *f* / screening plate || ⸰**alterung** *f* / magnetic fatigue || ⸰**armatur** *f* (Bürste) / finger clip, hammer clip || ⸰**auskleidung** *f* / sheet metal cladding || ⸰**bearbeitung** *f* / sheet metal working, metal sheeting || ⸰**bearbeitungsmaschine** *f* / sheet metal working machine || ⸰**behandlung** *f* / metal treatment || ⸰**biegemaschine** *f* / plate bending machine || ⸰**biegevorrichtung** *f* / plate bending device || ⸰**blechseal shutter**, shutter *n*, blanking plate || ⸰**bügel** *m* / sheet metal bracket || ⸰**deckel** *m* / sheet metal cover || ⸰**dicke** *f* / gauge, sheet thickness, plate thickness || ⸰**ebene** *f* / panel *n* || ⸰**einlage** *f* / metal insert
blechen *v* (laminieren) / laminate *v*
Blech·formmaschine *f* / sheet metal forming machine, sheet metal working machine || ⸰**gehäuse** *n* / sheet steel housing, sheet-metal housing || ⸰**gehäusefertigung** *f* / manufacturing of sheet steel housings || **~gekapselt** *adj* / sheet-metal-enclosed *adj*, metal-clad *adj* || ⸰**halter** *m* / shim *n*, sheet metal holder || ⸰**harfe** *f* / pressed cooling section || ⸰**isolierung** *f* / inter-laminar insulation, insulation of laminations || ⸰**jalousie** *f* / sheetmetal shutter, sheet-metal louvre
Blech·kanal *m* / metal duct, sheet-metal busway, metal bunking, metal raceway || ⸰**kantenanbiegepresse** *f* / plate edge bending press || ⸰**kapselung** *f* / sheet-metal enclosure, metal enclosure || ⸰**kette** *f* (WKW-Gen.) / segmental ring, laminated rim, free rim, floating-type rim || ⸰**kettenläufer** *m* / segmental-rim rotor, laminated-rim rotor, rotor with floating-type rim, free-rim rotor, chain-rim rotor || ⸰**kurzschluss** *m* / inter-lamination fault, short circuit between laminations || ⸰**lamelle** *f* / lamination *n*, core lamination, stamping *n*, punching *n* || ⸰**lasche** *f* / metal clip || ⸰**lasern** *n* / sheet laser machining || ⸰**lehre** *f* / sheet-metal gauge || ⸰**locher** *m* / blanking tool, hole punch || ⸰**mantel** *m* / sheeting *n* || ⸰**maschine** *f* / sheet metal machine

Blech·paket *n* (el. Masch.) / laminated core, core stack, core assembly || ⸰**paket** *n* / sheet stack || ⸰**paketaufhängung** *f* / core attachment || ⸰**paketbohrung** *f* / stator bore, inside diameter of core || ⸰**paketläufer** *m* / laminated rotor || ⸰**paketrücken** *m* / outside diameter of core, core back || ⸰**paketzahn** *m* / core tooth || ⸰**platte** *f* / sheet metal plate || ⸰**rahmen** *m* / sheet metal frame || ⸰**ring** *m* / circular lamination, ring punching, integral lamination || ⸰**ringpaket** *n* (segmentiert) / segmental-ring core || ⸰**rohrharfenkessel** *m* / boiler plate tubular tank, plate tubular tank || ⸰**ronde** *f* / circular lamination, ring punching, integral lamination || ⸰**rückwand** *f* / rear metal panel
Blech·schälbohrer *m* / sheet metal cone bit || ⸰**schere** *f* / sheet metal shears || ⸰**schichtplan** *m* / lamination scheme, building scheme || ⸰**schieber** *m* / sheet metal slide || ⸰**schlosser** *m* / sheet-metal worker || ⸰**schneiden** *n* / plate cutting || ⸰**schnitt** *m* / punch and die set, blanking tool, die set || ⸰**schraube** *f* / self-tapping screw, sheet-metal screw, tapping screw || ⸰**segment** *n* / segmental lamination, segmental stamping || ⸰**sorte** *f* / sheet grade, grade of magnetic sheet steel || ⸰**spule** *f* / laminated-sheet coil || ⸰**stapel** *m* / stack of laminations || ⸰**stärke** *f* / plate thickness || ⸰**station** *f* (Kiosk) / kiosk substation || ⸰**tafel** *f* / metal sheet || ⸰**teil** *n* / metal part, *m* sheet metal part || ⸰**umformung** *f* / sheet metal stamping || ⸰**umformwerkzeug** *n* / sheet metal stamping die || ⸰**wand** *f* / metal plate || ⸰**winkel** *m* / sheet metal bracket
Blei·akku *m* / lead-acid battery || ⸰**akkumodul** *n* / lead-acid battery module || ⸰**akkumulator** *m* / lead-acid battery || ⸰**-Akkumulator** *m* / lead-acid battery
bleibend *adj* / permanent *adj* || **~e Abweichung** / offset *n*, steady-state deviation || **~e Bahnverschiebung** / permanent path offset || **~e Dehnung** / permanent elongation, elongation *n*, extension *n* || **~e Drehzahlabweichung** / speed droop, load regulation || **~e Eindringtiefe** / depth of impression || **~e Formänderung** / plastic deformation, permanent set || **~e Kalibrierung** / permanent calibration || **~e Nullpunktabweichung** DIN 43782 / residual deflection IEC 484 || **~e Regelabweichung** / steady-state deviation, offset *n* || **~e Sollwertabweichung** DIN 19226 / steady-state deviation from desired value, offset *n* || **~e Verformung** / plastic deformation, permanent set || **~er Einlegring** / permanent backing ring || **~er Fehler** / permanent fault, persistent fault, sustained fault || **~er Fehlzustand** IEC 50(191) / persistent fault, solid fault, permanent fault
blei·frei *adj* / lead-free || ⸰**mantel** *m* / lead sheath || ⸰**mantelkabel** *n* / lead-sheathed cable, lead-covered cable || ⸰**mantelleitung** *f* / lead-sheathed cable, lead-covered cable || ⸰**-Säure-Batterie** *f* / lead-acid battery || ⸰**sicherung** *f* / fusible lead cutout
Blendbegrenzungszahl *f* / glare control mark
Blende (Abdeckung) / mask *n*, cover *n* || ⸰ *f* / diaphragm *n*, mask *n*, stop *n* || ⸰ *f* (Frontplatte v. SPS-Baugruppen) / frontplate *n* || ⸰ *f* (Optik, Photo, Spektrometer) / aperture *n* || ⸰ *f* (Drossel) / restrictor *n* || ⸰ *f* (Leuchtenschirm) / shield *n* || ⸰ *f* (Messöffnung) / orifice *n* || ⸰ *f* (im

blenden   140

Entladungsweg) / baffle n || ⳼f (metallgekapselte SA) VDE 0670, T.6 / shutter n IEC 439-1 || ⳼f (rahmenförmig) / bezel n, masking frame || **Abdunkelungs~**f / darkening diaphragm || **getrennt zu öffnende** ⳼ / shutters that can be opened separately || **Grenz~**f / limiting aperture || **Lampen~**f / lamp shield, protective screen
blenden v / dazzle v, blind v
Blenden·betätigungf / shutter operation || ⳼**brücke**f (Durchflussmessung) / orifice bridge
blendend adj / glaring adj, dazzling adj
Blenden·einsatz m / diaphragm insert || ⳼**öffnung**f (Messblende) / aperture n, orifice n || ⳼**schieber** m / aperture slide || ⳼**seite**f / front plate || ⳼**system** n (Chromatograph, Kollimator) / collimator system
Blend·lichtquellef / glare source || ⳼**rahmen** m / trim frame, masking frame, cover frame || ⳼**schiene**f / trim rail, moulding n || ⳼**schutz** m / anti-glare device, anti-dazzle device, anti-glare protection || ⳼**schutzscheibe**f / anti-glare screen, anti-dazzling screen
Blendungf / glare n
Blendungs·begrenzungf / glare restriction, restriction of glare intensity || ⳼**begrenzungszahl** f / glare control mark
blendungsfrei adj / glare-free adj, glareless adj, non-dazzling adj
Blendungsschirm m / anti-glare screen, anti-dazzling screen
Blick, mit ⳼ **auf die Antriebsseite** / (viewed when) facing the drive end, when looking at the drive end || ⳼**feld** n (CAD) / field of vision || ⳼**richtung**f / viewing direction || ⳼**winkel** m / viewing angle
Blind·abdeckblech n / blanking plate || ⳼**abdeckkappe**f / blanking cap || ⳼**-Abdeckplatte** f / blanking cover, blanking cover plate || ⳼**abdeckrahmen** m / blanking cover frame, blanking frame || ⳼**abdeckstreifen** m / blanking strip || ⳼**abdeckung**f / cover plate, blind cover || ⳼**abdeckung**f (BGT) / filler panel || ⳼**abdeckung** f (Leuchte) / blanking cover, blanking plate || ⳼**ader**f / dummy core || ⳼**anteil** m / reactive component, quadrature component, wattless component || ⳼**anzapfung**f / dead-coil connection, dummy tapping || ⳼**arbeit**f / reactive energy || ⳼**arbeit**f (Varh) / reactive power demand, kVArh || ⳼**arbeitszählwerk** n / reactive volt-ampere-hour register, kVArh register
Blind·batterief / battery blank || ⳼**baugruppe**f / dummy assembly || ⳼**baustein** m / dummy block || ⳼**block** m (Teil, das als Platzhalter dient) / blanking block || ⳼**bürste**f / dummy brush || ⳼**deckel** m (Software-Version) / cover plate, blanking plate, blanking cover || ⳼**diode**f / free-wheel diode || ⳼**element** n / dummy element || ⳼**energie**f / reactive energy || ⳼**faktor** m / reactive factor || ⳼**feld** n (Schaltfeld) / unequipped panel, reserve panel, spare panel || ⳼**flansch** m / blank flange, cover plate || ⳼**frontplatte**f (Steckbaugruppe) / dummy front plate || ⳼**härtungsversuch** m / blank hardness test
Blind·kappef / blank keytop, cover panel || ⳼**komponente**f / reactive component, quadrature component, wattless component || ⳼**last**f / reactive load, wattless load || ⳼**last-Magnetisierungskurve** f / zero-power-factor saturation curve
Blindleistungf / reactive power, wattless power,

VAr, kVAr, MVAr || **Magnetisierungs-**⳼f / magnetizing reactive power, magnetizing VA (o. kVA)
Blindleistungs·abgabef / reactive-power generation, reactive-power supply || ⳼**anteil** m / reactive(-power) component, wattless component, idle component || ⳼**anzeiger** m / varmeter n || ⳼**aufnahme**f / reactive-power absorption || ⳼**aufnahmevermögen** n / reactive-power absorbing capacity || ⳼**aufteilung**f / reactive-power allocation || ⳼**ausgleich** m / reactive-power compensation, power factor correction || ⳼**bedarf** m / reactive-power demand || ⳼**fähigkeit**f / reactive-power capability, MVAr capability || ⳼**faktor** m / reactive power factor, reactive factor || ⳼**fluss** m / reactive-power flow || ⳼**kompensation (BLK)**f / reactive-power compensation, power factor correction (PFC), p.f. correction (PFC) || ⳼**-Kompensation**f / p.f. correction || ⳼**kompensationsanlage**f / power factor correction system || ⳼**-Kompensationskondensator** m / power-factor correction capacitor || **statischer** ⳼**kompensator** / static reactive-power compensator, static compensator
Blindleistungs·maschinef (asynchron) / asynchronous condenser, asynchronous compensator, asynchronous capacitor || ⳼**maschine** f (synchron) / phase advancer, synchronous condenser, synchronous compensator, synchronous capacitor || ⳼**messer** m / varmeter n || ⳼**messumformer** m / reactive power transducer, VAr transducer || ⳼**messung**f / reactive power measurement || ⳼**optimierung**f / VS (voltage scheduler) || ⳼**regeleinheit**f / VAr control unit, reactive power control unit || ⳼**-Regeleinheit**f / VAr control unit, power-factor correction unit, p.f. correction unit || ⳼**regelung**f / VAr control, power-factor correction || ⳼**regler** m / VAr controller, power factor controller, f reactive power controller || ⳼**relais** n / reactive power relay || ⳼**schreiber** m / recording varmeter || ⳼**-Stromrichter** m / reactive power convertor || ⳼**verhältnis** n (VAr/Amplitude der komplexen Leistung) / phasor reactive factor || ⳼**zähler** m / varhour meter
Blind·leitwert m / susceptance n || ⳼**loch** n / blind hole || ⳼**mutter**f / box nut || ⳼**nietmutter**f / blind rivet nut || ⳼**permeabilität**f / reactive permeability || ⳼**platte**f / blanking plate, blanking cover, cover plate || ⳼**probe**f / dummy test specimen || ⳼**probe**f (Lösung) / blank solution || ⳼**raupe**f / melt run
Blind·schaltbild n / mimic diagram, mimic bus diagram, mimic system diagram || ⳼**schaltsymbol** n / mimic-diagram symbol || ⳼**scheibe**f / blank flange || ⳼**sicherung**f / dummy fuse || ⳼**spannung** f / reactive voltage, wattless voltage || ⳼**spannungsabfall** m / reactance drop || ⳼**spule**f / idle coil, dummy coil, dead coil || ⳼**stab** m (Stabwickl.) / idle bar || ⳼**stecker** m / dummy plug, blanking plug, filler plug || ⳼**stift** m (Anschlussstift) / dummy post || ⳼**stopfen** m / filler plug, blanking plug, dummy plug, n stop plug || **mit** ⳼**stopfen verschlossen** / blanked off
Blindstrom m / reactive current, wattless current, idle current, imaginary current || ⳼**aufschaltung**f (Spannungsreg.) / reactive-current compensating circuit, crosscurrent compensating circuit || **~freie Last** / non-inductive load, non-reactive load ||

⁓klausel f / power-factor clause ||
⁓kompensation f / reactive-current compensation, power-factor correction
Blind·verbrauch m / reactive volt-ampere consumption, VAr consumption || ⁓**verbrauch-Dreileiterzähler** / three-wire kVArh meter || ⁓**verbrauchszähler** m / reactive volt-ampere-hour meter, reactive energy meter, varhour meter, VArh meter || **~verflanschen** v / blank-flange v, blank off v || ⁓**verschluss** / blanking plug || ⁓**verschluss** m (Teil mit Gegenstück, zum Verschließen einer nicht benötigten Öffnung) / sealing plug || ⁓**verschlussstopfen** m / blank plug, dummy plug || ⁓**versuch** m (Kerbschlagprüf.) / dummy test || ⁓**versuch** m (Kunststoff) / blank test || ⁓**wagen** m / dummy truck || ⁓**watt** n / reactive power, wattless power, VAr, kVAr, MVAr || ⁓**widerstand** m / reactance n || ⁓**widerstand des Mitsystems** / positive phase sequence reactance, positive-sequence reactance || ⁓**widerstandsbelag** m / reactance per unit length || ⁓**zone** f / close range || ⁓**zone** f (NS) / blind zone
Blink·anlage f (Kfz) / flasher unit || ⁓**anzeige** f / flashing indicator || ⁓**attribut** n / flash attribute
blinken v / flash v, blink v || ⁓ n / blinking n
blinkend adj / flashing adj || **~e Anzeige** / flashing indication (o. alarm) || **~e Schreibmarke** / blinking cursor
Blinker m / flashing indicator, flasher n, blinker n, flasher unit
Blink·feuer n / blinking light || ⁓**frequenz** f / flashing frequency, flash rate, flashing-light frequency, blinking frequency (VDU), flashing rate || ⁓**geber** m / flasher relay
Blinklicht n / flashing light, blinking light, winking light || ⁓ n / flashing indicator, flashing direction indicator, flasher n, blinker n || ⁓ n (Verkehrsampel) / coloured flashing light, flashing signal, flashing beacon || **Wechsel**⁓ n / reciprocating lights || ⁓**anzeige** f / flashing-light indication || ⁓**element** n / repeated-flash light element || ⁓**frequenz** f / flashing rate, flash sequence, rate of flash || ⁓**meldung** f / flashing-light indication || ⁓**schalter** m / flasher switch, flasher n
Blink·-Pausenverhältnis n / flash/interval ratio || ⁓**relais** n / flasher relay || ⁓**signal** n / blinking signal, flashing signal || ⁓**spannung** f / flasher voltage || ⁓**takt** m / flashing frequency, flashing rate || ⁓**takterzeugung** f / flashing-frequency generation, flashing-rate generation || ⁓**taktsynchronisierung** f / flashing pulse synchronization || ⁓**-Zeitschalter** m / flashing timer
Blisk / blisk || ⁓**bearbeitung** f / blisk machining
Blister·gurt m / blister tape || ⁓**maschine** f / thermo forming machine || ⁓**packung** f / blister packing || ⁓**presse** f / blister press || ⁓**verpackung** f / blister pack || ⁓**verpackungsanlage** f / blister packaging system
Blitz m / flash n, lightning n, lightning flash || ⁓ m (SFL) / sequenced flashlight (SFL) || ⁓**ableiter** m / lightning conductor, lightning protection system || ⁓**ableiter** m (Überspannungsableiter) / lightning arrester || ⁓**aufnahme** f / flash picture || ⁓**ausbildung** f / flash incidence || ⁓**duktor** m / lightning protection unit || ⁓**einrichtung** f (Zeitordinate) / flash-light (time-ordinate marker)

|| ⁓**einschlag** m / lightning strike, lightning incidence || ⁓**einwirkung** f / lightning strikes
blitzen v / flash v
Blitz·entladung f / lightning discharge || ⁓**-Erdseil** n / overhead earth wire, overhead protection cable, ground wire || ⁓**feuer** n / flashing light, flash signal || **Sperrungs~feuer** n / flashing unserviceability light || ⁓**folge** f / flashing rate, flash sequence, rate of flash || ⁓**gerät** n / flash gun || ⁓**-Hindernisbefeuerung** f (FOL) / flashing obstruction light (FOL)
Blitz·kanal m / air channel, lightning channel || ⁓**lampe** f / photoflash lamp, flash lamp, flasher lamp || ⁓**leistung** f / flash output || ⁓**leuchte** f / photoflash lamp, flash lamp, flasher lamp, flash n, strobe n, single-flash light || ⁓**licht** n / stroboscopic light, flashlight n || ⁓**lichtelement** n / single-flash light element || ⁓**modul** n / flash module || ⁓**parameter** m / parameter of incidence || ⁓**pfeil** m (Hochspannungswarnzeichen) / high-voltage flash, lightning flash, lightning symbol, warning arrow || ⁓**presse** f (zum Crimpen) / crimping gun || ⁓**röhre** f / electronic-flash lamp, flash tube
Blitzschlag m / lightning stroke, stroke n
Blitzschutz m / lightning protection || **innerer** ⁓ / internal lightning protection || ⁓**anlage** f / lightning protection system || ⁓**-Duktor** m / lightning protection unit || ⁓**element** n / lightning protection element || ⁓**erdung** f / earth termination (s), earth termination network || ⁓**kabel** n / lightning conductor, overhead ground wire || **Gleichspannungs-**⁓**kondensator** m / d.c. surge capacitor || ⁓**konzept** n / lightning protection concept || ⁓**maßnahme** f / lightning protection measure || ⁓**modul** n / lightning protection module || ⁓**pegel** m / lightning protective level || ⁓**seil** n / lightning protection cable, overhead earth wire, shield wire, ground wire, overhead ground wire, lightning protection wire || ⁓**- und Überspannungsschutzkonzept** / lightning protection and overvoltage protection concept || ⁓**stange** f / lightning rod || ⁓**zone** f / lightning protection zone || ⁓**zonen-Konzept** n / lightning protection zone concept
Blitz·spannung f / lightning stroke voltage || ⁓**stehstoßspannung** f / lightning impulse withstand voltage || ⁓**stoßprüfspannung** f / lightning impulse test voltage || ⁓**stoßprüfung** f / lightning impulse test
Blitzstoßspannung f / lightning impulse voltage, lightning impulse || ⁓ **unter Regen** / wet lightning impulse voltage || ⁓**, trocken** / dry lightning impulse voltage
Blitzstoßspannungs·festigkeit f / lightning impulse strength || ⁓**prüfung** f / lightning impulse withstand voltage test, lightning impulse voltage test, lightning impulse test || ⁓**prüfung mit abgeschnittener Welle** / chopped-wave lightning impulse test || ⁓**prüfung unter Regen** / wet lightning impulse voltage test || ⁓**prüfung, trocken** / dry lightning impulse withstand voltage test IEC 168, lightning impulse voltage dry test IEC 466 || ⁓**schutzpegel** m / lightning impulse protection level || ⁓**welle** f / lightning surge wave
Blitz·stoßstrom m / lightning impulse current || ⁓**strom** m / lightning stroke current, lightning

current ‖ ⁓**stromableiter** *m* / lightning conductor, lightning arrestor, lightning arrester ‖ ⁓**-Teilstrom** *m* / lightning partial current ‖ ⁓**spannung** *f* / lightning overvoltage ‖ ⁓**-Überspannung** *f* / lightning overvoltage ‖ ⁓**-Überspannungsschutzfaktor** *m* / protection ratio against lightning impulses IEC 50(604), lightning impulse protection ratio ‖ ⁓**-Überspannungsschutzpegel** *m* / lightning impulse protective level ‖ ⁓**zählgerät** *n* / lightning flash counter

BLK (Blindleistungskompensation) / reactive power compensation, PFC (power factor correction)

BL-Maschine *f* / brushless machine, commutatorless machine, statically excited machine

BLOB *n* / Binary Large Object (BLOB)

Bloch'-Band *n* (Energieband) / Bloch band ‖ ⁓**-Wand** *f* / Bloch wall

Block *m* / unit *n*, generating unit, generator-transformer unit ‖ ⁓ *m* / parallelepiped *adj* ‖ ⁓ *m* (Übertragungsb.) / frame *n* ‖ ⁓ *m* (zusammenhängender Bereich von Speicheradressen) / block *n* ‖ ⁓ *m* (Folge von Sätzen, Worten o. Zeichen) / block *n* ‖ ⁓ *m* (Daten) / data block, block *n*, functional block ‖ ⁓ *m* (Satz) / block *n* ‖ ⁓ *m* (vergossene Baugruppe) / potted block ‖ ⁓ **Check Character (BCC)** / BCC (block check character) ‖ ⁓ **Conversion Buffer (BCB)** / block conversion buffer (BCB) (BCB) ‖ ⁓ **Conversion File (BCF)** / block conversion file (BCF) ‖ ⁓ **für freie Lötung** (elektron. Baugruppe) / potted block for point-to-point soldered wiring ‖ **im** ⁓ **geschaltet** / in unit connection, unitized *adj* ‖ ⁓ **Markieren** / Mark block ‖ ⁓ **mitgeöffnet** / block created ‖ ⁓ **ohne Folgenummer** / unnumbered frame ‖ ⁓ **size** (volumenoptimierte würfelförmige Aufbauform eines Antriebsgerätes) / block size ‖ **Schalt~** *m* / contact unit, contact element ‖ **Text~** *m* / block of text ‖ **USV-**⁓ *m* / UPS unit

Block·abbruch *m* / abort *n* ‖ ⁓**adresse** *f* / block address ‖ ⁓**anfang** *m* / block start ‖ ⁓**anfangsbegrenzer** *m* / starting frame delimiter ‖ ⁓**anfangsbegrenzer** *m* (ein festgelegtes Bitmuster, das den Anfang eines Datenübertragungsblocks kennzeichnet) / start-of-frame ‖ ⁓**anfangssignal** *n* / block start signal, start-of-block signal ‖ ⁓**ausgabe** *f* / block output ‖ ⁓**batterie** *f* / monobloc battery ‖ ⁓**bauform** *f* (SPS-Geräte) / block design ‖ ⁓**bauform** *f* (el. Masch.) / box-frame type, box-type construction ‖ ⁓**bauweise** *f* / block-type construction, box-type construction, block design ‖ **Antrieb in** ⁓**bauweise** / unit-construction (operating) mechanism ‖ ⁓**betrieb** *m* / block mode ‖ ⁓**bild** *n* / block diagram ‖ ⁓**bürste** *f* / solid brush ‖ ⁓**-Chargierkran** *m* / ingot charging crane ‖ ⁓**code** *m* / block code

Block·deckel *m* / one-piece-cover ‖ ⁓**diagramm** *n* / block diagram ‖ ⁓**-Differentialschutz** *m* (Generator-Trafo) / generator-transformer differential protection ‖ ⁓**eigenbedarfsanlage** *f* / unit auxiliaries system ‖ ⁓**eigenbedarfstransformator** *m* / unit auxiliary transformer ‖ ⁓**einsatzplanungen** *f* / unit commitment schedule

Blocken *n* (Kommunikationsnetz) DIN ISO 7498 / blocking *n*, segregation *n*, quarantining *n*

Block·endebegrenzer *m* / ending frame delimiter ‖ ⁓**endebegrenzer** *m* (ein festgelegtes Bitmuster oder ein festgelegtes Signal, welches das Ende eines Datenübertragungsblocks kennzeichnet) / end-of-frame ‖ ⁓**endebegrenzung** *f* (DIN V 44302-2 DIN 66221-1) / closing flag ‖ ⁓**endesignal** *n* (Signal, das das Ende eines Blocks angibt) / end-of-block signal ‖ ⁓**endezeichen** *n* / block delimiter ‖ ⁓**fahrstand** *m* / unit (control console) ‖ ⁓**fehlerhäufigkeit** *f* / block error ratio ‖ ⁓**fehlerrate** *f* (IEV 371-08-03 IEC 870-1-3) / block error rate ‖ ⁓**fehlerwahrscheinlichkeit** *f* / block error probability ‖ ⁓**fett** *n* / block grease ‖ ⁓**format** *n* / block format, record format ‖ ⁓**formatkennung** *f* / record format identifier ‖ ⁓**gegossen** / block-cast ‖ ⁓**gehäuse** *n* / box frame ‖ ⁓**gießen** *n* / block-casting process ‖ ⁓**gießverfahren** *n* / block casting ‖ ⁓**glimmer** *m* / block mica ‖ ⁓**größe** *f* / frame size ‖ ⁓**größe** *f* (Daten) / block size ‖ ⁓**guss** *m* / block casting *n*

Block·heizkraftwerk *n* (BHKW) / engine-based cogenerating plants, block heat and power plant, block-type thermal power station, block-unit heating power plant, unit-type heating power station, unit-type district-heating power station, unit-type cogenerating station, packaged cogeneration unit ‖ ⁓**heizkraftwerk** *n* (m. Verbrennungsmot., f. Kraft-Wärme-Kopplung) / engine-based cogenerating station ‖ ⁓**-Hilfsaggregate** *n pl* / unit auxiliaries ‖ ⁓**höhe** *f* (Feder) / height of spring when completely compressed

Blockier·diode *f* / decoupling diode ‖ ⁓**eingang** *m* / blocking input ‖ ⁓**einrichtung** *f* / locking device ‖ **~en** *v* / block *v* ‖ ⁓**kraft** *f* / blocking force ‖ ⁓**merker** *m* / blocking flag ‖ ⁓**prüfung** *f* (Prüfung bei festgebremstem Läufer) / locked-rotor test ‖ ⁓**schutz** *m* / stall protection, blocking protection ‖ ⁓**strom** *m* / blocking current

blockiert *adj* / blocked *adj* ‖ **~er Läufer** / locked rotor

Blockierung *f* / blocking *n*, block *n*, locking *n*, locking device, rotor locking ‖ ⁓ *f* (eines Schalters) / immobilization *n* ‖ ⁓ *f* (Rechneranlage) / deadlock *n* ‖ ⁓**sfehler** *m* / passive fault

Blockierzeit *f* / blocking time, terminal strip, T_{block}, clamp terminal, blocking time

Block·kasten *m* / monobloc container ‖ ⁓**kondensator** *m* (IEV 151) / blocking capacitor ‖ ⁓**kopieren** *n* / block copy ‖ ⁓**kraftwerk** *n* / unit-type power station ‖ ⁓**lager** *n* / block of stock ‖ ⁓**länge** *f* (Anzahl von Sätzen, Worten o. Zeichen in einem Block) / block length ‖ ⁓**längenüberschreitung** *f* / block length exceeded ‖ ⁓**leistung** *f* / unit capacity ‖ ⁓**-Leistungsschalter** *m* / unit circuit-breaker, circuit breaker of generator-transformer unit ‖ ⁓**leitebene** *f* / unit control level, unit coordination level ‖ ⁓**-Modus** *m* / block mode ‖ ⁓**motor** *m* / box-frame motor, box-type motor ‖ ⁓**nummernanzeige** *f* / block number display, block count readout, sequence number display ‖ **~orientierte Organisation** / block-oriented organization

Block·parität *f* / horizontal parity, longitudinal parity, block parity ‖ ⁓**peripherie** *f* / block I/O ‖ ⁓**prüfung** *f* DIN 44302 / block check ‖ **zyklische** ⁓**prüfung** / CRC (cyclic redundancy check) ‖

⸺**prüfungszeichen** n / block check character (BCC) ‖ ⸺**prüfzeichen** n / block check character (BCC) ‖ ⸺**prüfzeichenfolge** f / block check sequence, frame check sequence (FCS packet switching) ‖ ⸺**relais** n / block relay ‖ ⸺**satz** m (Textverarb.) / justified block, right-justified format ‖ ⸺**schaltbild** n / block diagram ‖ ⸺**schaltplan** m / block diagram ‖ ⸺**schaltung** f (Generator-Transformator) / unit connection ‖ ⸺**schaltung** f (Schaltplan) / block diagram ‖ ⸺**schema** n / block diagram ‖ ⸺**schere** f / ingot shears ‖ ⸺**schutz** m / unit protection ‖ ⸺**schütz** n / block contactor ‖ ⸺**seilrolle** f / rope roller ‖ ⸺**sicherung** f / block securing ‖ ⸺**signal** n (Satz von Signalelementen, die einen Block darstellen) / block signal ‖ ⸺**size-Gerät** n / blocksize unit ‖ ⸺**span** m / laminated pressboard

Block·strom m (rechteckförmiger Strom) / square-wave current ‖ ⸺**stromwandler** m / block current transformer, block-type current transformer ‖ ⸺**summenprüfung** f / cyclic redundancy check (CRC) ‖ ⸺**synchronisierung** f / block synchronisation ‖ ⸺**tarif** m / block tariff ‖ ⸺**transfer** m / block transfer ‖ ⸺**transformator** m / unit-connected transformer, unit transformer, generator transformer ‖ **Anlauf über** ⸺**transformator** m / main-circuit-transformer starting ‖ ⸺**-Transportkran** m / ingot transport crane ‖ ⸺**trennung** f / disconnection of generating unit ‖ ⸺**typ** m / block type

Blockung f / blocking n

Block·ventil n (Anordnung von mehreren Wegeventilen samt Druck- und Steuerventilen in einem einzigen Block oder zusammengesetzt aus Einzelteilen) / valve block ‖ ⸺**verfahren im Abrechnen** / unbulked quantities ‖ ⸺**verkettung** f / block stacking assembly ‖ ⸺**verschieben** n / block move ‖ ⸺**verteiler** m / block distributor ‖ ⸺**wartezeit** f / block wait time

blockweise adj / block by block ‖ **~ Eingabe** / block-serial input ‖ **~ Verarbeitung** / block-by-block processing, block-serial processing ‖ **~s Nachladen** (BTR) / block transfer (BTR) ‖

Block·weiterschaltung f / block step enable, block continuation, block advance ‖ ⸺**zykluszeit** f / block cycle time

Blondelsche Streuziffer / Blondel leakage coefficient ‖ ⸺ **Zweiachsentheorie** / Blondel two-reaction theory

bloßstellende Abstrahlung (Signale, die unbeabsichtigt abgestrahlt werden und die, wenn sie aufgefangen und ausgewertet werden, sensitive Information preisgeben können, die verarbeitet oder übertragen wird) / compromising emanation

Blowby-Messung f / blowby measurement

BLS n / board level shielding (BLS)

Blutbestände m / blood components

BM / bit pattern ‖ ⸺ (Binärmuster) / binary pattern ‖ ⸺ **(Berichtsmonat)** m / current month

BMA / fire alarm system, fire detection system

BMBF (Bundesministerium für Bildung, Wissenschaft, Forschung und Technologie) n / Federal Ministry for Education, Science, Research and Technology (BMBF)

BM-Datei f / component description file

BMK (Betriebsmittelkennzeichnung) f / item code

BMKZ (Betriebsmittelkennzeichnung) f / equipment identifier

B2MML f / Business to Manufacturing Markup Language (B2MML)

BM-Routine f / BM routine

BMS (Betriebsmittelschnittstelle) f / operating resources interface

BMV (Betriebsmittelvorschrift) / equipment specification

BM_xx / BP_xx (Bit pattern indication (Bitstring Of x Bit), x designates the length in bits (8, 16, 24 or 32 bits))

BN (Benutzeranleitung, Benutzerhandbuch) / user guide, user's guide, BN

BNC (bayonet nut connector (BNC) ‖ ⸺**-Anschluss** m / BNC connection

B2-Norm f (Bezug auf spezielle Schutzeinrichtungen, als Teil der Gruppennormen für die Sicherheit von Maschinen) / B2 Standard

B1-Norm f (allgemeine Sicherheitsaspekte, als Teil der Gruppennormen für die Sicherheit von Maschinen) / B1 Standard

BNS (Basis-Nullpunktsystem) / BOS (basic origin system), BZS (basic zero system)

BO / binector output

Boardtreiber m / board driver

BoB / unattended operation

Bock m / pedestal n, pillow block, plummer n ‖ ⸺ m (Auflage f. Montage) / support n, horse n, stand n, bracket n ‖ ⸺**kran** m / goliath crane n

Bode-Diagramm n / Bode diagram

Boden m / ground n, soil n, floor pan, base n ‖ ⸺**abdeckung** f / base plate, baseplate, bottom panel, ground end plate ‖ ⸺**abschlussplatte** f / ground end plate ‖ ⸺**abstand** m / ground clearance ‖ ⸺**abtrag** m / cutting n ‖ ⸺**aggregat** n / ground power unit ‖ ⸺**anschlussdose** f / floor service box, outlet box ‖ ⸺**anschlusssystem** n / ground connection system ‖ ⸺**auftrag** m / order, job n ‖ ⸺**ausbreitungswiderstand** m / earth-electrode resistance, resistance to ground, dissipation resistance ‖ ⸺**ausbruch** m / floor cutout ‖ ⸺**auslassdose** f / floor outlet box, floor service box ‖ **Dauerbetrieb mit** ⸺**austrocknung** (Kabel) / continuous operation with soil desiccation

Boden·befestigung f (Leuchtmelder) / base mounting, floor mounting ‖ ⸺**belag** m / floor covering, floor finish ‖ ⸺**belastbarkeit** f / bearing capacity of soil ‖ ⸺**beleuchtungskurve** f / ground illuminance curve, roadway illuminance curve ‖ ⸺**blech** n / base plate, baseplate, bottom panel, ground end plate ‖ ⸺**dose** f / floor outlet box, floor service box ‖ ⸺**duct** m / ground based duct ‖ ⸺**durchbruch** m / floor cutout ‖ **~eben** adj / flush adj (with the floor) ‖ ⸺**element** n / base element ‖ ⸺**falzmaschine** f / bottom folding machine ‖ ⸺**feuer** n / ground light ‖ ⸺**flansch** m / bottom flange ‖ ⸺**-Fußbodeninstallationskanal, bündiger** ⸺ / flushfloor trunking ‖ ⸺**freiheit** f / ground clearance, bulk clearance ‖ ⸺**freiheit** f (Fußboden) / floor clearance, (unter dem Getriebe) clearance underneath gear case ‖ ⸺**führung** f / floor channel

Boden·geometrie f (Bohrungen) / hole-bottom geometry ‖ ⸺**kanal** m / underfloor trunking, underfloor duct(ing), underfloor raceway ‖ ⸺**kontakt** m (Lampenfassung) / contact plate, eyelet n ‖ ⸺**montage** f / base mounting ‖ ⸺**montage,**

gefedert / spring hanger || ⁓**öffnung** *f* / floor opening || ⁓**platte** *f* (Gebäude) / floor slab, floor plate || ⁓**platte** *f* / base plate, baseplate *n*, ground end plate, bottom panel || ⁓**räumer** *m* / scraper *n* || ⁓**satz** *m* (Öl) / sediment *n* || **ausgelegte** ⁓**signale** / ground signal panels || ⁓**verschluss** *m* / bottom flap || ⁓**wand** *f* / base plate || ⁓**wandeinbau** *m* / base plate installation || ⁓**wanne** *f* / bottom shell || ⁓**wanne** *f* / bottom pan || ⁓**welle** *f* / ground wave || **spezifischer** ⁓**widerstand** / soil resistivity, earth resistivity || ⁓**zeit** *f* (Werkstücke) / floor-to-floor time || ⁓**zugeinhängung** *f* / control cable hook-up

Body-Tag *m* / body tag

BOF (Bedienoberfläche) *f* / OI *n*, operator environment, HMI *n*, operator interface, human-machine interface

Bogen *m* / circle arc, circular arc || ⁓ *m* (Blatt) / sheet *n* || ⁓ *m* (Isoliermaterial, Folie) / sheet *n*, sheet material || ⁓ *m* (Wölbung) / arch *n* || ⁓ *m* (Kreisbogen) / arc *n* || ⁓ **in der Kontur** / arc in contour || ⁓ **mit Klemmmuffe** / clamp-type coupling bend || ⁓**ableger** *f* / print tray || ⁓**ablenker** *f* / arc deflector || ⁓**anfang** *m* / point of curvature (P.C.) || ⁓**anleger** *m* / sheet feeder || ⁓**ausschnitt** *m* / arc cutout || ⁓**brenndauer** *f* / arc duration || ⁓**dämpfung** *f* DIN IEC 235, T.1 / arc loss || ⁓**druckmaschine** *f* / sheet fed printing machine || ⁓**element** *n* / element of arc || ⁓**ende** *n* / point of tangency (P.T.) || ⁓**endpunkt** *m* / arc end point || ⁓**entladung** *f* / arc discharge, electric arc || **intermittierende** ⁓**entladung** (Schauerentladung) / showering arc || ⁓**entladungsröhre** *f* / arc discharge tube

bogenförmig *adj* / arched *adj* || **~e Ordinate** / curvilinear ordinate

Bogen·führung *f* / sheet guide || ⁓**-Glimmentladungs-Übergang** *m* / glow-to-arc transition || ⁓**grad** *m* / degree of arc || **befahrbarer** ⁓**halbmesser** / negotiable curve radius || ⁓**lampe** *f* / arc lamp || ⁓**länge** *f* / arc length || ⁓**läufigkeit** *f* / curve negotiability || ⁓**löschung** *f* / arc extinction, arc quenching

Bogen·maß *n* / radian measure, circular measure, radiant *n* || ⁓**mauer** *f* / arch dam || ⁓**minute** *f* / minute of arc || ⁓**-Offsetdruckmaschine** *f* / sheet fed offset printing machine || ⁓**offsetmaschine** *f* / sheet offset machine || ⁓**plasma** *n* / arc plasma || ⁓**radius** *m* / arc radius

Bogen·sekunde *f* / second of arc || ⁓**spannung** *f* (Lichtbogen) / arc-drop voltage, arc voltage, arc drop || ⁓**stein** *m* / curved curb || ⁓**strecke** *f* / arc gap || ⁓**strom** *m* / arc current, arcing current, current in arc || ⁓**- und Rotationsmaschine** *f* / sheet fed and rotary machine || ⁓**verluste** *m pl* / arc-drop losses || ⁓**verzahnung** *f* / spiral toothing || ⁓**winkel** *m* / angle *n*, arc angle || ⁓**zahnkegelrad** *n* / conical gear with curved teeth, spiral bevel gear, hypoid gear || ⁓**zahnkupplung** *f* / curved-tooth coupling, *n* curved-tooth bevel gear || ⁓**zahnwälzkegelrad** *n* / spiral bevel gear

Bogigkeit *f* / camber *n*, bowing *n*

Bohr·achse *f* / drilling axis, boring axis || ⁓**achse** *f* / drilling (o. boring) axis || ⁓**aggregat** *n* / boring unit, boring attachment || ⁓**arbeiten** *f* / drilling operations || ⁓**automat** *m* / drilling machine, drill *n* || ⁓**balken** *m* / boring beam || ⁓**bearbeitung** *f* / hole machining || ⁓**bild** *n* / drilling pattern, hole pattern, hole pattern, circle of holes, hole circle, bolt hole circle || ⁓**bildzyklus** *m* / hole pattern cycle || ⁓**box** *f* / hole box || ⁓**buchse** *n* / drill bushing || ⁓**durchmesser** *m* / hole diameter, diameter drilled || ⁓**einheit** *f* / drilling unit

bohren *v* / drilling *v* || **~ *v*** (Bohrstange oder Drehstahl) / bore *v* || **~ *v*** (ins Volle) / drill *v* || **~ *v*** (Gewinde) / tap *v* || **auf Maß** / drill to size || ⁓ **Reiben** / drill ream || ⁓, **Plansenken** / Drilling, counterboring || **stirnig ~** / horizontal boring || ⁓, **Zentrieren** / Drilling, centering

Bohrer *m* / drilling machine, drill *n* || ⁓**durchmesser** *m* / drill diameter || ⁓**schaft** *f* / drill shank || ⁓**schärfgerät** *n* / drill bit sharpener || ⁓**spitze** *f* / drill tip

Bohr·fortschritt *m* / drilling progress || ⁓**futter** *n* / drill head, drill chuck || ⁓**futteraufnahme** *f* / drill chuck fitting || ⁓**gewindefräsen** *n* / drill and thread milling || ⁓**gewindefräser** *m* / drill and thread milling cutter || ⁓**gewindezyklus** *m* / drill and thread cycle || ⁓**halter** *m* / drill holder || ⁓**hammer** *m* / hammer drill || ⁓**hub** *m* / drilling stoke, boring stoke || ⁓**insel** *f* / drilling platform || ⁓**kern** *m* / plug *n* || ⁓**kopf** *m* / drill head, drilling head || ⁓**kopfmagazin** *n* / drillhead magazine || ⁓**kopfmaschine** *f* / drilling head machine || ⁓**kopfwechsler** *m* / drill-head changer || ⁓**kreis** *m* / drilling pattern, drill pattern, hole pattern, hole circle, bolt hole circle, circle of holes || ⁓**krone** *f* / core bit || ⁓**lehre** *f* / drilling jig, boring jig || ⁓**leistung** *f* / drilling capacity || ⁓**loch** *n* / drilled hole || ⁓**lochtiefe** *f* (Sauerstoffbohren) / lancing depth, flame-boring depth, flame-drilling depth

Bohr·maschine *f* / drill *n* || ⁓**maschine** *f* (Aufbohren) / boring machine || ⁓**maschine** *f* (Vollbohren) / drilling machine || ⁓**meißel** *m* / boring bit || ⁓**messer** *n* / boring bar bit || ⁓**modul** *n* / boring module || ⁓**modultechnik** *f* / drill module technology || ⁓**muster** *n* / drilling pattern, drill pattern, hole pattern || ⁓**nutenfräser** *m* / boring groove milling tool || ⁓**öl** *n* / drill oil (water-soluble emulsion) || ⁓**öl** *n* / cutting oil || ⁓**pfahl** *m* / augered pile, bored pile || ⁓**plan** *m* / drilling plan || ⁓**platte** *f* / jig *n* || ⁓**position** *f* / drill position || ⁓**programm** *n* / drilling program || ⁓**reihe** *f* / row of holes, line of holes || ⁓**reitstock** *m* / drilling tailstock || ⁓**schablone** *f* / drilling jig, hole drilling template, boring jig

Bohrsches Magnetron / Bohr magnetron

Bohr·schieber *m* / drilling slide || ⁓**schraube** *f* / drilling screw || ⁓**späne** *m pl*, borings *n pl* || ⁓**spindel** *f* (Antriebswelle bei Bohrmaschinen) / boring spindle || ⁓**spindelgruppe** *f* / boring beam || ⁓**hülse** *f* / sleeve *n*, quill *n* || ⁓**spindelkombination** *f* / boring spindle combination || ⁓**spitze** *f* / drillbit *n* || ⁓**ständer** *m* / drill stand || ⁓**stange** *f* / boring bar || ⁓**stangenhalter** *m* / boring bar holder || ⁓**steckbuchse** *f* / drilling receptacle || ⁓**support** *m* / drill support || ⁓**tiefe** *f* / drilling depth || ⁓**tisch** *m* / drilling table || ⁓**- und Fräsbilder** / drilling and milling patterns || ⁓**- und Fräswerk** / miller-borer

Bohrung *f* / drilling *n*, hole *n*, boring *n*, DIN 7182,T.1 cylindrical hole || ⁓ *f* (m. Bohrmeißel) / bore hole, bore *n*, borehole *n* || ⁓ *f* (m. Spiralbohrer) / drill hole, drilled hole || ⁓ **für**

Anschlagstiftschraube / hole for stop stud bolt || ⟨ für Ausschaltfeder / hole for tripping tension spring || ⟨ für Außennase / hole for external tap || ⟨ für Gestänge / hole for linkage || ⟨ für Knotenkette / hole for knot chain || ⟨ für Spannbolzen / hole for clamping bolt || ⟨ für Splint / hole for split pin || ⟨ für Verriegelungsbolzen / hole for interlock bolt || ⟨ Kerbzahn / notch hole || ⟨ Nietung / riveting hole || ⟨ ohne Gewinde / plain hole || **flachseitige** ⟨ / vertical boring || **stirnseitige** ⟨ / horizontal boring || ⟨en *f pl* / holes *n pl* || **Oliven-**⟨**en** / olive holes
Bohrungs·durchmesser *m* / hole diameter, bore diameter, diameter drilled || ⟨**durchmesser** *m* (el. Masch., Ständer) / inside diameter of stator || ⟨**feld** *n* (el. Masch.) / field over armature active surface, pole-to-pole field || **Reaktanz des** ⟨**felds** / reactance due to flux over armature active surface || ⟨**mantelfläche** *f* / hole jacket surface || ⟨**mittelpunkt** *m* / hole center
Bohr·vorlage *f* / drill pattern, drilling process drawing || ⟨**vorschub** *m* / drill feed || ⟨**vortrieb** *m* / auger boring || ⟨**werk** *n* / boring mill, boring machine || ⟨**werkzeug** *n* / drilling tool || ⟨**winkel** *m* / drill angle || ⟨**zentrum** *n* / drilling center || ⟨**zustellung** *f* / drill infeed || ⟨**zyklus** *m* / drilling cycle
BOI (beginning of injection) / beginning of injection (BOI)
Boje *f* / buoy *n*
Bolometer *n* / bolometer *n*
bolometrischer Leistungsmesser / bolometric power meter
Bolzen *m* / bolt *n*, pin *n*, stud *n* || ⟨ **mit Kopf** / clevis pin with head || ⟨**abstand** *m* / bolt spacing || ⟨**führung** *f* / bolt guide, pin guide || ⟨**gelenk** *n* / pin joint, hinged joint, knuckle joint || ⟨**gewindeschneidmaschine** *f* / bolt threading machine || ⟨**käfig** *m* / pin-type cage || ⟨**klemme** *f* / stud terminal || ⟨**klemme** *f* (Schraubklemme für Kabelschuhe oder Schienen) / bolt-type screw terminal || ⟨**kupplung** *f* / pin coupling, pin-and-bushing coupling, stud coupling || ⟨**-Leitungsdurchführung** *f* / concentric-stud bushing, stud-type bushing || ⟨**lenker** *m* / bolt guide, pin-type guidance arm || ⟨**lichtbogenschweißpistole** *f* / arc stud welding gun
Bolzen·scheibe *f* / pinned coupling half, pin half, stud half || ⟨**schraube** *f* / stud bolt, stud *n*, threaded stud || ⟨**schweißen** *n* / stud welding || ⟨**schweißgerät** *n* / stud welding device || ⟨**schweißmaschine** *f* / stud welding machine || ⟨**schweißgerät** *f* / stud welding control || ⟨**sperre** *f* / bolt lock (locking via a bolt) || ⟨**teilung** *f* / bolt spacing || ⟨**verbinder** *m* / bolt connector
bombiert *adj* / embossed *adj*
Bombierung *f* / camber *n*
Bonden *n* / contacting *n*, bonding *n*
bondern *v* / bonderize *v*
Bonität *f* / financial standing, creditworthiness *n*
Book size *f* (buchförmige Aufbauform der Komponenten eines Antriebsgerätes, zum Aneinanderreihen geeignet) / book size || ⟨**markverwaltung** *f* / bookmark administration || ⟨**size** *f* / booksize || ⟨**size-Format** *n* / booksize format *n* || ⟨**size-Gerät** *n* / booksize unit
boolesch *adj* / boolean *adj* || **~e Algebra** / boolean algebra, boolean lattice || ⟨**e Gesamtbedingung** / overall Boolean condition || **~e Verknüpfung** / boolean operation || **~e Verknüpfungstafel** / boolean operation table, truth table || **~er Verband** / Boolean lattice
Booster *m* / booster *n* || ⟨**spiegel** *m* / booster mirror
Boot·datei *f* / boot file || ⟨**-Diskette** *f* (Diskette, die den Neustart eines PCs/PGs ermöglicht) / boot diskette
booten *v* / boot *v*, restart *v*
Boot·file *n* / boot file || ⟨**loader** *m* / boot loader || ⟨**schalter** *m* / boot switch || ⟨**software** *f* / boot software (to load and initialise the operating system on a computer) || ⟨**strapdatei** *f* / bootstrap file || ⟨**system** *n* / boot system, BOOT
BOP / bipolar operational amplifier (BOP) || ⟨ (Basic Operator Panel) / basic operator panel, BOP || ⟨**-Leitung** / BOP-link || ⟨**-Steuerung** / BOP control
Bor *n* / boron *n*
BOR / BOR (buffer output register)
Bord *m* (Flansch) / flange *n*, *n* curb *n* || ⟨**asches Wägeverfahren** / Borda weighing method || ⟨**computer** *m* / on-board computer, trip computer, car computer, in-car computer
Bördel·maschine *f* / flanging machine || ⟨**rand** *m* (Lampensockel) / flare *n* || ⟨**verschraubung** *f* (eas Rohrende wird aufgebördelt und durch einen konischen Klemmring gehalten) / peened ring fittings
bordfrei *adj* / flangeless *adj*
Bord·generator *m* (Bahn) / traction generator || ⟨**generator** *m* (Flugzeug) / aircraft generator || ⟨**kran** *m* / ship crane || ⟨**ladegerät** *n* / on-board charger || ⟨**motor** *m* / vehicle electrical motor
Bordnetz *n* (Schiff) / ship electrical system, ship system || ⟨ *n* / vehicle electrical distribution system, vehicle electrical system, vehicle network, vehicle wiring system, automotive wiring system, vehicle electrical and electronic system || ⟨**e** *n* / Vehicle Electrical Distribution Systems || ⟨**generator** *m* (Schiff) / marine alternator, auxiliary generator
Bordoni-Transformator *m* / Bordoni transformer
Bordrechner *m* / on-board computer, trip computer, car computer
Bordrinnen-Ablaufkombination *f* / combination curb and gutter inlet
Bord·scheibe *f* / flange ring, retaining ring || ⟨**schwelle** *f* / raised curb || ⟨**stein** *m* / kerb *n*
boriert *adj* / boron treated
Bornitrid-Werkzeug *n* / boronnitride tool
Borosilikatglas *n* / borosilicate glass
BOS (BOS, balance of system, bezeichnet alle Systemkomponenten mit Ausnahme des Modulfeldes) / balance-of-system technology
Böschung *f* / earthslope *n* || ⟨**saustritt** *m* / roadside outlet || ⟨**sbelag** *m* / revetment *n* || ⟨**sendstück** *n* / mitred end piece || ⟨**sverkleidung** *f* / revetment *n*
BOS-Kosten *f* / BOS costs (balance of system costs)
BOST / BOST (board on self test)
BO: Steuerwort 1 von CB / BO: Control word 1 from CB || ⟨ **Steuerwort 1 v. BOP-Link** (USS) / BO: CtrlWrd1 from BOP link (USS) || ⟨ **Steuerwort 1 v. COM-Link** (USS) / BO: CtrlWrd1 from COM link (USS)
BOS-Verluste *m* / BOS losses (balance of system

Bottomzelle

losses)
Bottomzelle f / bottom cell
Boucherot-Transformator m / Boucherot transformer
Bourdon·-Feder f / Bourdon spring, Bourdon tube || ⁀**-Rohr** n / Bourdon tube, Bourdon spring
Bowdenzug m / Bowden cable (o. wire), cable pull, bowden cable
Box f / enclosure n, box n || ⁀**-ID** f / box ID n || ⁀ **PC** / box PC
BP / OMP || ⁀**-Bus** / bit P bus || ⁀**-Datei** f (Dateibezeichnung aus der Basic-Welt (z.B. HS180)) / placement position file
BPL (Bearbeiterplatznummer) f / processor identification No.
B-Prüfstelle f / B-level calibration facility
BPS / bits per second (BPS)
BQS (Bundesgeschäftsstelle Qualitätssicherung) f / BQS
BR (Basisadressenregister) / BR (base address register) || ⁀ adj / BN adj
br adj / brown adj, brn adj
Brachzeit f / down time, non-productive time, downtime n, idle time
Braggsche Reflexionsbedingungen / Bragg's reflection conditions, Bragg's law
Brake Control Modul / brake control module || ⁀ **Relay** / brake relay
Brammen·-Transportkran m / slab transport crane || ⁀**-Wendekran** m / slab turning crane
Branch & Merge n / branch & merge
Branche f / industry n, sector n, segment n, field n
Branchen $f pl$ / fields $n pl$ || ⁀**-Add-on-Produkt** n / add-on product || ⁀**applikation** f / vertical application || ⁀**-Development-Board** n (BDB) / sector development board || ⁀**-Know-how** n / specialized know-how || ⁀**kompetenz** f / sector-specific competence || ⁀**management** n / sector management || ⁀**meldung** f / industry update || **~neutral** adj / sector-independent || ⁀**orientierung** f / vertical marketing || ⁀**produkt** n / industrial product || ⁀**schwerpunkte** $m pl$ / special emphasis is placed on || **~spezifisch** adj / sectoral || ⁀**suite** f / branch suite || ⁀**-SW** n / sector-specific software
branchenübergreifend adj / cross-sector || **~e elektronische Geldbörse** / inter-sector electronic purse
Brand m / fire n || ⁀ m (Brennen im Ofen) / firing n || ⁀**bekämpfung** f / fire fighting || ⁀**gas** n / combustion gas || ⁀**gefahr** f / fire hazard, fire risk, risk of fire || ⁀**gefahr durch Erdschlussströme** / fire hazard from short-circuit current to earth || ⁀**gefahrenprüfung** f / fire-hazard test(ing) || ⁀**-/Kombimelder** m / combination fire alarm || ⁀**last** f / fire load || ⁀**marke** f / burn mark || ⁀**meldeanlage** f (BMA) / fire alarm system, fire detection system || ⁀**melder** m / fire-alarm call point, fire-alarm call box, call point || **automatischer ⁀melder** / fire detector, flame detector || ⁀**melderzentrale** f / control and indicating equipment EN 54 || ⁀**meldung** f / fire alarm
Brand·punkt m / ignition temperature, ignition point || ⁀**rasterdecke** f / fire-resistive louvered ceiling || ⁀**schott** m / fire barrier || ⁀**schottung** f / fireproof bulkhead || ⁀**schutz** m / fire protection || ⁀**schutzanstrich** m / fireproofing coat, fire coat || ⁀**schutzbeschichtung** f / flame-resistant coating || ⁀**schutzeinrichtungen** $f pl$ / fire protection equipment || ⁀**schutzisolierung** f / fireproofing n || ⁀**schutzkasten** m / fire barrier || ⁀**schutzüberzug** m / fireproofing coat, fire coat || ⁀**schutzumhüllung** f / fire enclosure || ⁀**schutzwand** f / fire protection wall, fire wall || **~sicher archivieren** / file in a fireproof manner || ⁀**sicherheit** f / resistance to fire || ⁀**stelle** f / burn mark, burn n || ⁀**verhalten** n / behavior in fire
Branntwein m / spirits $n pl$
Brauchbarkeits·dauer f DIN 400042 / life utility, IEC 50(191) useful life || ⁀**dauer** f (Batt.) / service life || ⁀**zeit** f / useful life || ⁀**zeitintervall** n / useful life
Brauchwasser n / service water || ⁀**pumpensteuerung** f / service water pump controls
BRAUMAT / BRAUMAT
braun adj / brown adj, brn adj || **~e Ware** / brown goods
Bräunen n (Anwendung einer chemischen Veredlung auf Kupfer- und Kupfer-Legierungsoberflächen) / bronzing n
Braunschweig / Brunswick
Breaker m / breaker n
Break-over-Diode f / break-over diode (BOD)
Breakthrough-Anwendungen f / breakthrough applications
Brechbarkeit von Leuchten / frangibility of light fixtures (US)
Brech·bolzen m / shear pin || ⁀**einrichtung** f / snapping equipment || ⁀**eisen** n / pry n
brechen v / break v || **Kanten ~** / chamfer edges, bevel edges || **Späne ~** / chip breaking
Brech·gang m / quarry material || ⁀**muster** n / breaking pattern || ⁀**platte** f (Sollbruchstelle) / rupture diaphragm || ⁀**sand** m / screenings n, crushed-stone sand || ⁀**station** f / break station || ⁀**tisch** m / breaking table || ⁀**ung** f (Opt.) / refraction n
Brechungs·gesetz n / law of refraction, refraction law, Snell's law || ⁀**index** m / refractive index, index of refraction || ⁀**spektrum** n / dispersion spectrum, prismatic spectrum || ⁀**verhältnis** n / refractive index || **akustisches ⁀verhältnis** / refractive index || ⁀**vermögen** n / refractivity n || ⁀**winkel** m / angle of refraction || ⁀**zahl** f / refractive index
Brech·walze f / snapping roll || ⁀**wert** m / refractivity || ⁀**zahl** f / refractive index, refraction coefficient, index of refraction || ⁀**zahldifferenz** f / refractive index contrast IEC 50(731) || ⁀**zahlprofil** n / refractive index profile IEC 50(731), index profile
breit adj / wide adj, range adj
Breit·bahn-Feinglimmerisoliermaterial n / mica paper, mica wrapper material || ⁀**bahn-Isolationsmaterial** n / insulation sheeting, wrapper material || ⁀**band** n / broadband n || ⁀**bandantibiotikum** n / broad-spectrum antibiotic || ⁀**band-Betriebsmittel** n / broadband device || ⁀**banddrossel** f / wide-range reactance coil || ⁀**bandfilter** n / wide-band pass filter || ⁀**band-Hintergrund-Netz** n / backbone wideband network (BWN) || ⁀**band-Hochgeschwindigkeits-ISDN** n (ntz-Glossar) / broadband integrated services digital network (B-ISDN)
breitbandig adj / wide-band adj, broad-band adj || **~e**

Aussendung (v. Störsignalen) / broadband emission
Breitband'-ISDN *n* / B-ISDN (broadband integrated services digital network) || ~**kabel** *n* / broad-band cable, wide-band cable, HF carrier cable || ~**kanal** *m* (Übertragungskanal mit einer Bandbreite größer als die eines Telefonkanals) / wideband channel || ~**kommunikationsnetz** *n* / broadband LAN || ~-**LAN** *n* / broadband LAN || ~**schleifen** *n* / broadband grinding || ~**schleifmaschine** *f* / broadband grinding machine || ~**sperre** *f* / wideband filter || ~**übertragung** *f* / broadband transmission, wideband transmission || ~**verstärker** *m* / wide-band amplifier || ~**verteilernetz** *n* / broadband distribution network, broadband LAN for distributed services
Breite *f* / width *n* || ~ **der ADC-Totzone [V/mA]** / width of ADC deadband [V/mA] || ~ **der DAC-Totzone** / width of DAC deadband || ~ **der Eckenfase** / chamfered corner length || ~ **der reduzierten Freifläche** / width of reduced flank || ~ **der reduzierten Spanfläche** / width of reduced face || ~ **der Spanfläche an der Spanbrechernut** / chip breaker land width || ~ **messen** / measure width || ~ **vereinheitlichen** / unify width
Breiten·einführung *f* / broad introduction || ~**einsatz** *m* / widespread implementation, when a product is on the market, large-scale application || ~**faktor** *m* / width factor || ~**geschäft** *n* / general business || ~**suche** *f* / breadth-first search || ~**vermarktung** *f* / marketing spread || ~**verstell. mit bet. Schlüsselschalter und offener Haube nur langsam möglich!** / Conveyor Width Adjustment only Slowly with Keyswitch Active and Hood Open || ~**verstellung** *f* / width adjustment || ~**verstellung für LP** *f* / width adjustment for PCBs
Breit·feld *n* / wide section, full-width section || ~**flächiger Kontakt** / large-surface contact || ~**flachstahl** *m* / wide flats || ~**schrift** *f* / expanded print, expanded text, double-width print || ~**strahlend** *adj* / wide-angle *adj* || ~**strahler** *m* / wide-angle luminaire, high-bay reflector, broad-beam reflector (o. spotlight) || ~**strahler** *m* (Reflektorlampe) / reflector flood lamp || ~**strahler großer Lichtkegelbreite** / wide floodlight, wide flood || ~**strahlreflektor** *m* / wideangle reflector || ~**strahlung** *f* / wide-angle distribution || ~**strich** *m* / wide stripe
Brems·ader *f* / brake core || ~**ansteuerung** *f* / brake control || ~**arbeit** *f* / braking energy || ~**backe** *f* / brake shoe || ~**backenbelag** *m* / brake-shoe lining || ~**backenkrümmung** *f* / brake-shoe curvature || ~**backenspiel** *n* / brake-shoe clearance || ~**band** *n* / brake band, brake collar || ~**belag** *m* / brake lining, brake liner, friction lining || ~**belagverschleißanzeige** *f* (BVA) / brake-pad wear indicator-system, brake lining meat indicator, brake wear warning || ~**belag-Verschleiß-Anzeige** *f* / brake wear sensor system with built-in diagnostics system, brake wear sensor, brake wear warning, brake wear sensor system without a diagnostics system || ~**betrieb** *m* / braking operation || ~**im betrieb** / during braking || ~**bock** *m* / brake box || ~**drossel** *f* / braking reactor || ~**druckregler** *m* / brake-pressure regulator || ~**dynamo** *m* / dynamometric generator || ~**dynamometer** *n* / brake dynamometer, absorption dynamometer
Bremse *f* / brake *n* || ~ **lösen** / release brake || **federbelastete** ~ / spring-loaded brake || **gleichstromerregte** ~ / DC brake
Brems·einheit *f* / braking unit || ~**einrichtung** *f* / braking system || ~**einrichtung** *f* / braking element || ~**element** *n* / braking element
bremsen *v* / brake v, decelerate v, braking v || ~ *n* / deceleration *n* || ~ *n pl* / brakes *n pl* || **generatorisches** ~ / regenerative braking || ~-**Ankerscheibe** *f* / armature plate || ~**anschluss** *m* / brake connection || ~**anschluss** *m* / connection for the brake || ~**ansteuerung** *f* / braking signal
Bremsenergie *f* / braking power, braking energy
Bremsen·gleichrichterspule *f* / rectifier-brake coil || ~**management** *n* / brake management || **sicheres** ~**management** (SBM) / safe brake management (SBM) || ~**schließzeit** *f* / brake closing time || ~**spule** *f* / brake coil || ~**steuerung** *f* / braking control || ~**test** *m* / brake test
Brems·erregermaschine *f* / dynamic brake exciter || ~**feder** *f* / brake spring || ~**feld** *n* / retarding field || ~**fläche** *f* / brake friction surface, braking area || ~**flusssystem** *n* / brake-flux system || ~**funktion** *f* / braking funktion || ~**futter** *n* / brake lining || ~**geber** *m* / brake pedal transmitter, brake pedal || ~**generator** *m* / braking generator, unwind motor || ~**generator** *m* (Dynamometer) / dynamometric generator || ~**gerät** *n* / braking unit || **Motor-**~**gerät** *n* / motor braking unit || ~**gestänge** *n* / brake-rod linkage || ~**gewicht** *n* / braked weight || ~**gitter** *n* / suppressor grid
Brems·häufigkeit *f* / braking frequency, number of braking cycles per hour || ~**hebel** *m* / braking lever || ~**klotz** *m* / brake shoe, brake pad || ~**kolben** *m* / brake piston || ~**kontakt** *m* / brake contact || ~**kraft** *f* / braking force, braking effort, brake force, brake power || ~**kraftbeiwert** *m* / braking force coefficient || ~**kraftregelung** *f* / braking force control (system) || ~**kraftverstärker** *m* / brake booster || ~**kraftverstärkung** *f* / power-assisted braking || ~**kurve** *f* / braking curve || ~**leistung** *f* / braking power, brake horsepower || ~**leitung** *f* / brake line || ~**leuchte** *f* / brake light, stop light || ~**licht** *n* / brake light, stop light || ~**lüfter** *m* / brake lifting magnet || ~**lüfter** *m* (hydraulisch) / centrifugal thrustor, thrustor *n* || ~**lüfter** *m* (elektro-mechanisch) / centrifugal brake operator || ~**lüfthebel** *m* / hand release lever || ~**lüftmagnet** *m* / brake releasing magnet, brake magnet
Brems·magnet *m* (EZ) / braking magnet, isotropic braking magnet || ~**modul** *n* / brake control module || ~**moment** *n* / braking torque, retarding torque || ~**moment bei elektrischer Bremsung** / electrical braking torque || ~**moment bei mechanischer Bremsung** / mechanical braking torque || ~**motor** *m* / brake motor || ~**nabe** *f* / brake hub || ~**nocken** *f* / brake cam || ~**öffnung** *f* / brake port, brake release || ~**öffnungszeit** *f* / brake release time || ~**parabel** *f* / braking parabola || ~**platine** *f* / brake PCB || ~**prüfung mit Pendelmaschine** / dynamometer test || ~-**PS** *f* / brake h.p. || ~**rampe** *f* / braking ramp, deceleration ramp || **sichere** ~**rampe** (SBR) / safe braking ramp (SBR) || ~**regelmodul** *n* / brake

Brems

control module || ⸺**regler** *m* / braking controller, decelerator *n*, brake regulator || ⸺**regler** *m* (Gleichstromsteller) / d.c. brake chopper || ⸺**relais** *n* / brake relay || ⸺**ring** *m* / brake track
Brems·schalter *m* / brake switch, brake control switch || ⸺**schalter** *m* (Bahn) / brake switchgroup || ⸺**schaltwerk** *n* (Bahn) / braking switchgroup, braking controller || ⸺**scheibe** *f* (EZ) / brake disk || ⸺**schlussleuchte** *f* / stop tail lamp || ⸺**schuh** *m* / brake shoe, brake pad || ⸺**schütz** *n* / braking contactor || ⸺**spannung** *f* / negative anode potential, stopping potential || ⸺**spannungsversorgung** *f* / brake supply || ⸺**spannungswert** *m* / brake voltage value || ⸺**stand** *m* / brake testing bench || ⸺**steller** *m* / braking controller || ⸺**stellung** *f* / braking position, braking notch || ⸺**steuermodul** *n* / brake control module || ⸺**strom** *m* / braking current || ⸺**strom** *m* (Schutzrel., Stabilisierungsstrom) / biasing current || ⸺**stromkreis** *m* / braking circuit || ⸺**stufe** *f* / braking step, braking notch || ⸺**system** *n* / diagonally split brake system, triangle split dual circuit brake system, braking system
Brems·trommel *f* / brake drum || ⸺**überwachung** *f* / monitoring of brake || ⸺**umrichter** *m* (BRU) / braking converter, regenerating converter || ⸺**- und Hebebock** *m* / combined brake and jack unit, braking and jacking unit || ⸺**- und Hubanlage** *f* / braking and jacking system
Bremsung durch Gegendrehfeld / plug braking, plugging *n* || ⸺ **mittels Netzrückspeisung** (SR-Antrieb) / regenerative braking || ⸺ **mittels Pulswiderstand** ⸺ / pulsed resistance braking || **dynamische** ⸺ / dynamic braking, d.c. braking, rheostatic braking || **elektrische** ⸺ / electric braking, dynamic braking
Brems, Prüfung nach dem ⸺**verfahren** / braking test || ⸺**verschleißanzeige** *f* / brake-pad wear indicator-system, brake lining meat indicator, brake wear warning || ⸺**verschleißsensor** *m* / brake wear sensor || ⸺**versuch** *m* (el. Masch.) VDE 0530, T.2 / braking test IEC 34-2 || ⸺**verzögerung** *f* / braking rate, deceleration rate || ⸺**vorgang Stillsetzen** / stopping braking
Brems·wächter *m* / zero-speed plugging switch, plugging relay, zero-speed switch || ⸺**weg** *m* / stopping distance, braking distance, deceleration distance (machine tool) || ⸺**widerstand** *m* / braking resistor, load rheostat, brake resistance, brake resistor || ⸺**widerstandsregler** *m* / rheostatic braking controller || ⸺**winkel** *m* / deceleration angle || ⸺**wirkung** *f* / braking effect || ⸺**wirkung** *f* (Flüssig.) / viscous drag || ⸺**zange** *f* / brake caliper || ⸺**zaum** *m* (Prony) / Prony brake, Prony absorption dynamometer || ⸺**zeit** *f* / braking time, deceleration time || ⸺**zylinder** *m* / brake cylinder || ⸺**zylinder** *m* (Dämpfungszylinder) / dashpot *n*
brennbar *adj* / inflammable *adj* || **~** *adj* (Gas) / flammable *adj* || **~** *adj* (Feststoffe) / combustible *adj* || **nicht ~** / fireproof *adj*
Brenn·barkeit *f* / combustibility *n*, flammability *n* || ⸺**barkeitsprobe** *f* / flammability test, burning test, fire test || ⸺**bohren** *n* / thermal lancing || ⸺**dauer** *f* (Lampe, Lebensdauer) / burning life || ⸺**dauerprüfung** *f* (Lampe) / life test
brennen *v* (Lampe) / be alight || ⸺ *n* (Kabelfehlerortung) / burning out, burn-out *n* || ⸺ *n* (im Ofen) / firing *n*
brennend *adj* (Lampe) / alight *adj* || **frei ~e Lampe** / general-diffuse lamp
Brenner *m* (z.B. Gasbrenner, Ölbrenner, Ölzerstäubungsbrenner) / burner *n*, torch *n*, gun *n* || ⸺**anstellwinkel** *m* / torch angle || ⸺**befeuerung** *f* / boiler burner
Brenn·fleck *m* / focussed spot || ⸺**fleck** *m* (Lichtbogen) / arc spot || ⸺**fugen** *n* / flame gouging || ⸺**gas** *n* / combustion gas || **Kabel-**⸺**gerät** *n* / cable burn-out unit || **~geschnitten** *adj* / flame-cut *adj* || ⸺**geschwindigkeit** *f* / burning rate, rate of flame travel || ⸺**gestell** *n* (Lampe) / rack *n* || ⸺**härten** *n* / flame hardening || ⸺**kammer** *f* / combustion chamber || ⸺**lage** *f* (Lampe) / position of burning, mounting position (of lamp), operating position || ⸺**lageneinstellung** *f* (Lampe) / lamp position adjustment || ⸺**luft** *f* / combustion air || ⸺**nadel** *f* (Aufzeichnungsnadel) / recording stylus || ⸺**ofen** *m* / furnace || ⸺**punkt** *m* (Optik) / focus *n*, focal point || ⸺**punkt** *m* (Öl, Isolierflüssigkeit) / fire point || ⸺**rahmen** *m* (Lampenprüf.) / life-test rack || ⸺**raum** *m* / combustion chamber || ⸺**raumdrucksensor** *m* / combustion chamber pressure sensor || ⸺**raumgeometrie** *f* / combustion chamber geometry || ⸺**raumgeometrien** *f pl* / combustion chamber geometries || ⸺**raumtemperatur** *f* / combustion chamber temperature
Brenn·schneiden *n* / flame cutting, gas cutting, oxygen cutting, oxy-acetylene cutting || ⸺**schneider** *m* / flame cutter, cutting torch, oxygen cutter || ⸺**schneidemaschine** *f* / flame cutter || ⸺**schnitt** *m* / flame cut, gas cut || ⸺**spannung** *f* (Lampe) / lamp voltage, operating voltage, running voltage, arc voltage, arc-drop voltage, arc drop || ⸺**spannung** *f* / peak arc voltage || ⸺**spannung** *f* (Gasentladungsröhre) / maintaining voltage (electron tube)
Brenn·stellung *f* (Lampe) / burning position || ⸺**stoffregelung** *f* / combustion control || ⸺**stoffstange** *f* / fuel rack || ⸺**stoffzelle** *f* / fuel cell, fuel primary cell || ⸺**strecke** *f* (Flammenprüf.) / length burned || ⸺**stunde** *f* / burning hour || ⸺**stunden pro Start** / hours per start (HPS) || ⸺**verhalten** *n* / burning behaviour || ⸺**weite** *f* / focal distance || ⸺**werttechnik** *f* / fuel value technology
Brett *n* / plank *n* || ⸺**schaltung** *f* / breadboard (circuit)
Brewster-·Einfall *m* / Brewster angle incidence || ⸺**-Winkel** *m* / Brewster angle
Bridge *f* / bridge *n* || ⸺**-Baustein** *m* / bridge block || ⸺**-Funktion** *f* / bridge function
Brief *m* / letter (LET) || ⸺**adresse** *f* / Postal Address || ⸺**hüllenablage** *f* / envelope stacker || ⸺**qualität** *f* (Druckqualität, die für Geschäftsbriefe geeignet ist und der Schriftqualität einer elektrischen Büroschreibmaschine entspricht) / letter quality || ⸺**verteilanlage** *f* / mail sorting centre || ⸺**waage** *f* / letter balance
Brinell-Härtezahl *f* / Brinell hardness number
B-Ring *m* (Schleifring) / positive ring
Bring-·Ordnung *f* / bring acknowledgement || ⸺**prinzip** *n* (Fertigung) / push principle
britische Drahtlehre (NBS) / New British Standard (NBS) || **~ Drahtlehre** (SWG) / Standard Wire Gauge (SWG) || **~r Standard** / British Standard (BS)
British Standard Fine (BSF) / British Standard Fine

(BFS)
Broadcast / (LAN) broadcast n || ⸰**befehl** m / broadcast command || ⸰**-Telegramm** n / broadcast telegram
Brom·lampe f / bromine lamp, tungsten-bromine lamp || ⸰**silber-Registrierpapier** n / silver-bromide (chart paper)
Bronze f / bronze n, bell metal, admiralty metal, gun metal
Broschüre f / technical overview, brochure n
Browser m / browser n || ⸰**fenster** n / browser window || ⸰**fensterende** n / end of the browser window || ⸰**funktionalität** f / browser functionality n || ⸰**rand** m / browser margin
BRT n / BRT (barrier removal team)
BRU / braking converter, regenerating converter
Bruch m / break n, rupture n, fracture n, breakage n, fissure n, tool breakage, breach n || ⸰**ausbeulung** f / lateral buckling at failure || ⸰**dehnung** f / elongation at break, elongation n, elongation at failure || ⸰**faktor** m / tool breakage factor || ⸰**festigkeit** f / ultimate strength, ultimate tensile strength, breaking strength || ⸰**fläche** f / fractured surface, fracture n, broken surface || ⸰**flächenlänge** f / fracture length || ⸰**flächenprüfung** f / nick-break test || ⸰**grenze** f / ultimate strength, modulus of rupture
brüchig *adj* / brittle *adj*, friable *adj*
Bruch·kerbe f / breakage notch || ⸰**kraft** f / breaking force, force at rupture || ⸰**kraft** f (Isolator, Durchführung) / failing load || ⸰**last** f / (mechanical) failing load, load at break, ultimate load, breaking load || ⸰**lastspielzahl** f / fatigue life, number of cycles to failure, life to fracture || ⸰**lastwechsel** m pl / cycles to failure || ⸰**linie** f / break line || ⸰**lochwicklung** f / fractional-slot winding || ⸰**mechanik** f / fracture mechanics || ⸰**melder** m (f. Leitungs- u. Messfühlerbruch) / open-circuit monitor || ⸰**membran** f / relief diaphragm, pressure relief diaphragm, rupture diaphragm || ⸰**scheibe** f / breakage plate || **~sicher** *adj* / unbreakable *adj*, shatter-proof *adj* || ⸰**sicherung** f / pressure relief device, rupturing diaphragm || ⸰**spannung** f / ultimate stress, fracture stress || ⸰**stauchung** f / upset at failure || ⸰**steinpflaster** n / riprap pavement || ⸰**steinpflasterung** f / riprap pavement || ⸰**stelle** f / breakage location || ⸰**trennen** n / fracture splitting || ⸰**trennmaschine** f / fracture splitting machine || ⸰**überwachung** f / breakage monitoring || ⸰**zähigkeit** f / fracture toughness || ⸰**zahl** f / fractional number
Brücke f (Messbrücke, Schaltung) / bridge n, bridge circuit || ⸰ f / bridging n, platform n || ⸰ f (Schaltbügel) / link n, jumper n, strap n, bond n, (verbindet zwei lokale Netze miteinander, die das gleiche LLC-Protokoll benutzen, aber unterschiedliche Mediumzugriffsprotokolle benutzen können) wire jumper || ⸰ f (f. Anschlüsse, Strombrücke) / jumper n, strap n, link n || ⸰ **0,5D BK** f / 0.5D uninsulated wire || ⸰ **für den Steuerstromkreis** / control circuit jumper || ⸰ **mit Wegewahlfunktion** / transparent bridge || ⸰ **zum Einstellen der Rampenzeit** / ramp time jumper || **Kontakt~** m / contact bridge, contact cross-bar || **lösbare** ⸰ / removable jumper
Brücken·ableiter m / bridge arrester || ⸰**baustein** m (DIL-Form) / DIL jumper plug || ⸰**baustein** m / jumper (o. strapping) module, bridge module || ⸰**belegung** f / jumper settings, jumper assignments, jumper assignment || ⸰**bezeichnung** f / jumper designation || ⸰**bildung** f / bridging n || ⸰**block** m / jumper header || ⸰**duplex** f / bridge duplex || ⸰**einstellung** f / jumper setting || ⸰**einstellung** f / jumper position, jumper selection || ⸰**fehler** m / bridging defect || ⸰**gleichrichter** m / rectifier bridge, bridge rectifier || **ungesteuerter** ⸰**gleichrichter** / uncontrolled bridge rectifier || ⸰**hälfte** f (LE-Schaltung) / bridge half, half-bridge n || ⸰**hängekran** m / hanging bridge crane || ⸰**igel** m / jumper header, jumper comb
Brücken·kamm m / jumper header, jumper comb || ⸰**kontakt** m / bridge contact || ⸰**kran** m / overhead bridge crane (OHBC) || ⸰**laufkran** m / overhead traveling crane || ⸰**messgerät** n / bridge instrument || ⸰**mittelstück** n (Bahntransportwagen) / girder structure (between bogies) || ⸰**mittelstückkessel** m / girder structure tank, Schnabel-car tank || ⸰**modul** n / jumper header || ⸰**pfeiler** m / bridge pier || ⸰**schacht** m / bridge slot || ⸰**schaltung** f (Messtechnik) / bridge circuit || ⸰**schaltung** f (Übergangsschaltung) / bridge transition || ⸰**schaltung** f / bridge connection || ⸰**schaltung** f (Fahrmotoren) / bridge transition || **in** ⸰**schaltung** / bridge-connected *adj* || ⸰**scheinwerfer** m (Bühnen-BT) / portable proscenium bridge spotlight || ⸰**sicherung** f / bridge fuse || ⸰**stecker** m / jumper || ⸰**stecker** m / jumper plug || ⸰**stellung** f / jumper position || ⸰**umschaltung** f (Fahrmotoren) / bridge transition || ⸰**umschaltung im abgeglichenen Zustand** (Fahrmotoren) / balanced bridge transition || ⸰**waage** f / weighbridge || ⸰**zufahrt** f / bridge approach, approach to bridge
Brücker m / link n || **2er-**⸰ m (zum Verbinden zweier benachbachter Reihenklemmen) / 2-pole
Brückung f / linking n
Brückungs·kanal m / link n, linking duct || ⸰**system** n / linking system || ⸰**zubehör** n / linking accessories
Brummen n / humming n, hum n || **~** v / hum v, make a humming noise || ⸰ **des Vorschaltgerätes** / ballast hum
brummfrei *adj* / hum-free *adj*
Brumm·frequenz f / hum frequency || ⸰**geräusch** n / hum n, humming noise, mains hum || ⸰**spannung** f / ripple voltage, hum voltage || ⸰**störung** f / hum n || ⸰**unterdrückung** f (Verhältnis der Brummspannungs-Schwingungsbreiten am Eingang und Ausgang) / ripple rejection ratio
brüniert *adj* / browned *adj*
Brunnengalerie f / well gallery
Brüstungskanal m / sill-type bunking, dado bunking, cornice bunking || ⸰**konzept** n / ducting design
Brutmaschine, elektrische ⸰ / electric incubator
Brutto·absackwaage f / sack gross weigher || ⸰**bedarf** m / gross requirement || ⸰**datenrate** f (Baud) / gross baud rate || ⸰**erzeugung** f / gross generation, electricity generated || ⸰**fallhöhe** f / gross head || ⸰**gehalt** n / gross wage n || ⸰**gewicht** n / gross weight || ⸰**höchstlast** f / gross maximum

capacity || ⸰inhalt *m* / gross volume || ⸰**intensität** *f* / gross intensity || ⸰**leistung** *f* (Generatorsatz) / gross output || ⸰**/Netto-Waage** *f* / gross/net weighing machine || ⸰**schwundreserve** *f* (Schwundreserve, wenn kein Selektivschwund innerhalb der Empfängerbandbreite auftritt) / flat fade margin || **thermischer** ⸰**-Wirkungsgrad** / gross thermal efficiency (of a set)
BR_xx (Befehl mit Rückmeldung) *m* / CF_xx (command with feedback)
BS (Bediensystem) / non-drive end, non-driving end, N-end *n*, dead end, commutator end, front *n* (US) || ⸰ / operating system (OS) || ⸰ (Betriebssystem) / OS (operating system) || ⸰ / BS *n* (boundary scan)
BSA / display workstation, VDU-based workstation
BSC *f* / BSC (Base Station Controller) *n*
B-Seite *f* (BS el. Masch.) / non-drive end (NDE), N-end *n*, dead end, commutator end, front *n* (US)
B-seitig *adj* / B end
BSF / BSF (British Standard Fine) || ⸰ **(back surface field)** *n* / BSF (back surface field)
BS·-Klemmleiste BG 00 / BS terminal strip size 00 || ⸰**-Klemmleiste mit Kabelbaum BG 1,2,3** / BS terminal strip with cable harness size 1,2,3
BSL / BSL (Boot Strap Loader)
BS-Lager *n* / N-end bearing, non-drive-end bearing
B-Slave *m* / B slave
BSN (Basisnullpunktsystem) / BOS (basic origin system), BZS (basic zero system)
BSP (Bandsperre) / band-stop *n*, BSF (bandstop filter)
B-Spline *m* (NURBS) / B spline, Bezier spline
BSR *m* / back surface reflector (BSR)
BS-Schild *n* / N-end shield, non-drive end shield, commutator-end shield
BS-Speicherbereich *m* / system data memory area
BST / bus arbiter
B-Stack *m* (Bausteinstack) / block stack (B stack), b stack, BSTACK (block stack)
BT (Base Tool) / BT (Base Tool)
BTA / building services system
BT-Bereich *m* / extended system data area, RT area
BTR (blockweises Nachladen) / BTR (block transfer) || ⸰**-Eingang** *m* / BTR input
Btrieve-Fehler *m* / Btrieve error
BTR-Schnittstelle *f* (BTR = behind tape reader) / behind tape reader system (BTR system) ISO 2806-1980
BTSS (Bedientafelschnittstelle) / OPI (Operator Panel Interface) || ⸰**-PI-Dienste** *m* / OPI-PI services || ⸰**-Variable** *f* / OPI variable || ⸰**-Variable cmdSpeed** / cmdspeed variable of operator panel interface
BU (Büro) / office *n*
BuA / handling office
BuB (Bedienen und Beobachten) / operator interface
Bubblespeicher *m* / bubble memory
Buche *f* / beech *n*
Buch·führung *f* / directory *n* || ⸰**halter** *m* / directory *n*, accounts clerk || ⸰**halterfunktion** *f* / directory function
Buchholzrelais *n* / Buchholz relay, Buchholz protector
Buchse *f* / bush *n*, bushing *n*, sleeve *n*, shell *n*, female connector, socket connector, liner *n* || ⸰ *f* (Kontaktbuchse, Steckverbinderb., Steckdosenb.) / socket *n*, jack *n*, tube *n* || ⸰ *f* (Leitungseinführung) EN 50014 / cable entry body || **fliegende** ⸰ / floating gland

Buchsen·bohrung *f* (Buchsenklemme) / pillar hole || ⸰**einsatz** *m* / socket use, socket insert || ⸰**feld** *n* / jack panel, patchboard *n* || ⸰**gehäuse** *n* / bush housing || ⸰**gewinde** *n* (Buchsenklemme) / pillar thread || ⸰**halter** *m* / socket holder || ⸰**klemme** *f* / tunnel terminal, pillar terminal || ⸰**klemme** *f* (Schraubklemme ohne Druckstück) / tunnel-type screw terminal with direct screw pressure || ⸰**klemme mit Druckstück** / tunnel terminal with indirect screw pressure, indirect-pressure tunnel terminal || ⸰**klemmenleiste** *f* / pillar terminal block || ⸰**kontakt** *m* / (contact) tube *n*, jack *n*, socket contact
Büchsenlager *n* / sleeve bearing
Buchsen·leiste *f* / socket connector, socket *n*, sleeve *n*, shell *n*, liner *n*, female connector || ⸰**stecker** *m* / female connector, connector female || ⸰**träger** *m* / socket carrier || ⸰**verteiler** *m* / socket distributor, jack distributor
Buchstabe *m* (ein Zeichen aus einem Alphabet einer natürlichen Sprache) / letter *n*
Buchstaben und Zahlen / alphanumeric characters || ⸰ **und Ziffern** / alphanumeric characters || ⸰**stellung** *f* (eine der Stellungen, in die die Zeichen, vorwiegend Buchstabenzeichen, und Funktionen eines Telegrafiecodes mit Umschaltung gruppiert werden) / letters case
Buchung *f* / terminal entry, clocking *n*
Buchungs·daten *plt* / booking data || ⸰**datenerfassung** *f* / registration of terminal entry data || ⸰**einheit** *f* / accounting unit || ⸰**ereignis** *n* / entry event || ⸰**monat** *m* / accounting month || ⸰**nachweis** *m* / data entry filing (o. account) || ⸰**nachweisprotokoll** *n* / terminal entry printout || ⸰**periode** *f* / accounting period || ⸰**terminal** *n* / booking terminal || ⸰**verkehr** *m* / entry and exit recording || ⸰**versuch** *m* / attempted terminal entry || ⸰**vorgang** *m* / terminal entry, clocking *n*
Buckel *m* / projection *n*, hump *n*, boss *n*
buckelgeschweißt *adj* / projection-welded
Buckelschweißen *n* / projection welding
BUE (built-up edge) / BUE (built-up edge)
Buffer Output Register (BOR) / buffer output register (BOR)
Bügel *m* / clip *n*, clevis *n*, U-bolt *n*, bracket *n*, link *n*, shackle *n* || ⸰ **für Testgewichte** / calibration arm || ⸰**durchmesser** *m* / shackle diameter || ⸰**elektrode** *f* / bow-type electrode || ⸰**griff** *m* / stirrup grip, stirrup-type handle || ⸰**klemme** *f* (U-förmig) / U-clamp terminal, clamp-type terminal || ⸰**kontakt** *m* / bow contact || ⸰**lötsystem** *n* / soldering iron || ⸰**messschraube** *f* / external screw type micrometer, micrometer, external screw type micrometer || ⸰**presse** *f* (zum Aufbügeln von Isoliermat) / ironing press || ⸰**säge** *f* / hack saw || ⸰**sägemaschine** *f* / hack-sawing machine || ⸰**schelle** *f* / cleat *n*, clamp-type terminal || ⸰**schloss** *n* / padlock, bracket lock || ⸰**schraube** *f* / u-bolt *n* || ⸰**stift** *m* / clip pin || ⸰**stromabnehmer** *m* / bow-type collector, bow *n* || ⸰**verschluss** *m* / clip closure
Bühne *f* (Arbeitsbühne) / platform *n*
Bühnen·beleuchtungsanlage *f* (Theater) / stage lighting system || ⸰**-Lichtstellanlage** *f* / stage lighting control system || ⸰**scheinwerfer** *m* / stage projector, stage flood, theatre lantern || ⸰**stellwerk** *n* / stage lighting console, lighting console
BUL / BUL (BackUpLeft)

Bulkcase *m* / bulk case || ⟨-**Förderer** *m* (Schüttgutförderer, die Bauelemente liegen lose im Förderer und werden zum Entnahmefenster befördert) / bulk case feeder || ⟨-**Zuführmodul** *n* (Schüttgutförderer, die Bauelemente liegen lose in der Zuführschiene und werden mit Druckluft zum Entnahmefenster befördert) / bulk case feeder
Bump / bump || ⟨-**Anzahl** *f* / number of bumps || ⟨-**Durchmesser** *m* / bump diameter || ⟨**raster** *m* / bump pitch || ⟨**teilung** *f* / bump pitch || ⟨**zentrierung** *f* / bump centering
Bums *m* / bump *n*
Bund *m* / lap *n*, collar *n*, shoulder *n* || ⟨ **am Druckstück** / collar of adapter washer || **Draht~** *m* / wire binding || ⟨**bohrbuchse** *f* / guide liner || ⟨**bolzen** *m* / flanged bolt || ⟨**buchse** *f* / flanged socket
Bündel *n* / conductor bundle, conductor assembly, bunch *n*, burst *n* || ⟨ *n* / bundle *n* IEC 50(731) || ⟨**ader** *f* / buffered fibre || ⟨**funk** *m* / group communication || ⟨**funk-Philosophie** *f* / trunking philosophy *n* || ⟨**index** *m* (GKS) / bundle index || ⟨**knoten** *m* (Elektronenstrahl) / crossover point || ⟨**leiter** *m* / conductor bundle, multiple conductor, *f* bundle conductor || ⟨**leiterkompensation** *f* / line-bundle compensation || ⟨**leitung** *f* / bundle-conductor line
bündeln *v* / combine *v*, sum up *v*, pool
Bündel·packmaschine *f* / bundle packing machine || ⟨**schelle** *f* / bundling saddle, multiple saddle || ⟨**störung** *f* / burst *n* (of disturbing pulses) || ⟨**tabelle** *f* (GKS) / bundle table || ⟨**übertragung** *f* (DIN V 44302-2) / burst transmission
Bündelung *f* / bundling *n* || ⟨ *f* (Strahlen) / concentration *n*, focussing *n* || ⟨· *f* (Kollimation) / collimation *n*
Bündelverseilung *f* / bundling *n*
Bundesamt für Wehrtechnik und Beschaffung (BWB) / German Office for Defence Technology and Procurement
Bundesanstalt für Materialprüfung (BAM) / German Federal Institution for Material Testing || **Physikalisch-Technische** ⟨ (PTB) / German Federal Testing Laboratory, PTB
Bundes·immissionsschutzverordnung *f* (BImSchV) / German Federal Emission Protection Regulations || ⟨**fachlehranstalt für Elektrotechnik** / Federal Training Institute for Electrical Technology || ⟨**geschäftsstelle Qualitätssicherung (BQS)** / BQS || ⟨**haushaltsordnung (BHO)** *f* / Federal Budget Regulations (BHO) || ⟨-**Immissions-Schutz-Gesetz** *n* / German Federal Emission Protection Regulations || ⟨**ministerium für Bildung, Wissenschaft, Forschung und Technologie (BMBF)** *n* / Federal Department of Education, Science, Research and Technology (BMBF) *n*
bündig *adj* / flush *adj*, even *adj* || **~ abschließen mit** / be flush with || **~ einbaubarer Näherungsschalter** / embeddable proximity switch || **in Metall ~ einbaubarer Näherungsschalter** / metal-embeddable proximity switch || **~ machen** / flush *v* || **~e Isolation** / flush mica, flush insulation || **~e Taste** / flush button IEC 337-2, flush-head button || **~er Druckknopf** VDE 0660,T.201 / flush button IEC 337-2, flush-head button || **~er Einbau** / flush-mounting || **~er Fußboden-Installationskanal** / flushfloor trunking
Bündig·fahren *n* (Fahrstuhl) / levelling *n*, decking *n* || **Hilfsantrieb zum ⟨fahren** / micro-drive *n* || ⟨**fräsen** *n* / flush-milling *n* || ⟨**schalter** *m* (Fahrstuhl) / levelling switch
Bund·lager *n* / locating bearing, thrust bearing || ⟨**metall** *n* / non-ferrous metal || ⟨**schraube** *f* / flange bolt, tab screw, flanged bolt
Bunker *m* / bunker *n*, hopper *n*, bin *n* || ⟨**abzug** *m* / hopper discharge || ⟨**waage** *f* / bin weighing equipment
Buntdraht *m* / non-ferrous wire
bunt·e Farbe / (perceived) chromatic colour || **~e Farbvalenz** / psychophysical chromatic colour, chromatic colour || **~er Farbreiz** / chromatic stimulus
Bunt·heit *f* / chrome *n* || ⟨**metall** *n* / non-ferrous metal || ⟨**ton** *n* / hue *n* || **~tongleiche Wellenlänge** / dominant wavelength
BUR / BUR (BackUpRight)
Bürde *f* / burden *n*, load *n* || ⟨ *f* (Lastwiderstand) / load impedance || ⟨ *f* (Ausgangsbelastung) / output load || ⟨ **des Signalgebers** / impedance of the signal sensor
Bürden·einfluss *m* (Regler) / effect of load impedance || ⟨**leistungsfaktor** *m* / burden power factor, load power factor || ⟨**spannung** *f* / compliance voltage IEC 85(CO)4 || ⟨**widerstand** *m* (Gerät) / load(ing) resistor, burden resistor, shunt resistor, burden effective resistance || ⟨**widerstand** *m* DIN 19230 / load impedance
Bürdewiderstand *m* / load resistor, burden resistor
Bürgersteig *m* / footpath *n* || ⟨**station** *f* / sidewalk substation
Bürgschaft übernehmen / sponsor *v*
Buried-Contact-Zelle *f* / buried contact solar cell
burnen *v* / burn *v*
Büro *n* (BU) / office *n* || ⟨**arbeitsplatz** *m* / office workplace || ⟨**automatisierung** *f* (Integration von Bürotätigkeiten mit Hilfe eines Informationsverarbeitungssystems) / office automation || ⟨**automatisierungssystem** *n* / office automation system (an information processing system used to integrate office activities) || ⟨**computer** *m* (BC) / office computer, business computer (BC) || ⟨**fax** *n* (öffentlicher Faksimile-Übertragungsdienst zwischen öffentlichen Endstellen des öffentlichen Wählnetzes) / bureaufax || ⟨**fernschreiben** *n* (Teletex) / teletex || ⟨**leiter** *m* / departmental head || ⟨**leuchte** *f* / office luminaire, office lighting fitting || ⟨**maschine** *f* / office machine IEC 380, business machine (CEE 10, IIP) || ⟨**maschine der Schutzklasse II** / class II (office) machine || ⟨**maschinenkombination** *f* / office machine set IEC 380, office appliance set (CEE 10, IIP) || ⟨**maschinensatz** *m* / office machine set IEC 380, office appliance set (CEE 10, IIP) || ⟨**personal** *n* / office staff || ⟨**rechner** *m* / business computer (BC) || ⟨**tätigkeit** *f* / office work
Burrus-Diode *f* / surface emitting LED, Burrus diode
Burst *m* / burst *n*
Bürst-Automat *m* / automatic brush machine
Bürste *f* (el. Masch.) / brush *n* || ⟨ **mit zwei Qualitäten** / dual-grade brush || ⟨ **mit Dochten** / cored brush || ⟨ **mit Kopfstück** / headed brush || ⟨ **aus zwei**

Bürsten 152

mit Metallgewebeeinlage / metal-gauze-insert brush || ⸺ mit überstehendem Metallwinkel / cantilever brush
Bürsten, zwei ⸺ **in Reihe** / brush pair || ⸺ **mit 90° Phasenverschiebung** / quadrature brushes ||
⸺**abhebe- und Kurzschließvorrichtung** / brush lifter with short-circuiter, brush lifting and short-circuiting device || ⸺**abhebevorrichtung** f / brush lifter, brush lifting gear, brush lifting mechanism ||
⸺**-Andruckeinrichtung** f / brush pressure device ||
⸺**apparat** m / brush rigging, brushgear n ||
⸺**armatur** f / finger clip, hammer clip ||
⸺**auflagedruck** m / brush pressure ||
⸺**auflagefläche** f / brush contact face, brush face ||
⸺**aufsetzvorrichtung** f / brush-arm actuator, brush actuator
Bürsten·bedeckungsfaktor m / brush-arc-to-pole-pitch ratio || ⸺**behaftete Maschine** / machine with brushgear, commutator machine, slipring machine || ⸺**besetzung** f / brush complement, type and number of brushes || ⸺**block** m / brushgear unit ||
⸺**bogen** m / brush arc || ⸺**bolzen** m / brush-holder stud, brush-holder arm, brush stud, brush spindle ||
⸺**brille** f / brush rocker, brush-rocker ring, brush-holder yoke, brush yoke || ⸺**brücke** f / brush rocker, brush-rocker ring, brush-holder yoke, brush yoke
Bürsten·einheit f / brushgear unit || ⸺**fahne** f / brush riser, brush terminal, spade terminal || ⸺**feder** f / brush spring || ⸺**feuer** n / brush sparking ||
⸺**führung** f / brush box || ⸺**gestell** n / brushgear n, brush rocker || ⸺**halter** m / brush holder ||
⸺**halterbolzen** m / brush-holder stud, brush spindle, brush-holder finger, brush hammer ||
⸺**halterfassung** f / brush box || ⸺**halterfeder** f / brush-holder spring || ⸺**haltergelenk** n / brush-holder hinge || ⸺**halterkasten** m / brush box ||
⸺**halterklemmstück** n / brush-holder clamp ||
⸺**halterschiene** f / brush-holder stud, brush spindle || ⸺**halter-Schraubkappe** f / screwtype brush cap ||
⸺**halterspindel** f / brush-holder stud, brush spindle, brush-holder arm || ⸺**halterstaffelung** f / brush-holder staggering || ⸺**halterteilung** f / brush-holder spacing || ⸺**halterträger** m / brush-holder support, brush rocker
Bürsten·joch n / brush-holder yoke || ⸺**kante** f / brush edge, brush corner || ⸺**kasten** m / brush box || ⸺**kennlinie** f / brush potential characteristic ||
⸺**kopf** m / brush top || ⸺**kopfschräge** f / brush top bevel || ⸺**lagerbock** m / brush-holder support ||
⸺**lagerstuhl** m / brush-holder support || ⸺**laufbahn** f / brush track || ⸺**lauffläche** f / brush contact face, commutator end || ⸺**lineal** n / brush-holder stud, brush spindle, brush-holder arm || ⸺**litze** f / brush flexible, brush shunt, pigtail lead
bürstenlos adj / brushless adj || **~e Erfassung** / brushless detection || **~e Erregung** / brushless excitation || **~e Maschine** (BL-Maschine) / brushless machine, commutatorless machine, statically excited machine || **~er DC-Motor** / brushless DC motor || **~er Erreger** / brushless exciter, a.c. exciter with rotating rectifiers || **~er Gleichstrommotor** / brushless direct current motor || **~er Induktionsmotor mit gewickeltem Läufer** / brushless wound-rotor induction motor
Bürsten·marke f / brush type, brush grade ||

⸺**potentialkurve** f / brush potential curve ||
⸺**qualität** f / brush grade || ⸺**rattern** n / brush chatter || ⸺**reibung** f / brush friction ||
⸺**reibungsverluste** m pl / brush friction loss ||
⸺**rückschub** m / backward brush shift ||
⸺**rückschubwinkel** m / angle of brush lag ||
⸺**schiene** f / brush-holder stud, brush spindle ||
⸺**schleiffläche** f / brush contact face, brush face ||
⸺**sichel** f / sickle-shaped brush-holder support, brush-stud carrier || ⸺**spannungsabfall** m / total single brush drop || ⸺**staffelung** f / brush circumferential stagger, brush staggering ||
⸺**standzeit** f / brush life || ⸺**staub** m / carbon dust, brush dust || ⸺**stern** m / brushgear n, brush rocker ||
⸺**streustrom** m / brush leakage current, parasitic brush current
Bürsten·tasche f / brush box || ⸺**teilung** f / brush pitch, brush spacing || ⸺**träger** m / brush-holder fixing device, brush-holder support || ⸺**träger-Verstelleinrichtung** f / brush-rocker gear ||
⸺**trägerhaltevorrichtung** f / brush yoke ||
⸺**trägerring** m / brush ring, brushrocker ring ||
⸺**trägersichel** f / sickle-shaped brush-holder support || ⸺**träger-Stromführung** f / brushgear conductor assembly, brushgear leads ||
⸺**übergangsspannung** f / brush contact voltage ||
⸺**übergangsspannung vernachlässigt** / not counting brush contact voltage ||
⸺**übergangsverluste** m pl / brush contact loss ||
⸺**übergangswiderstand** m / brush contact resistance
Bürsten·verschiebung f / brush shifting ||
⸺**verschiebung entgegen der Drehrichtung** / backward brush shift || ⸺**verschiebung in Drehrichtung** / forward brush shift ||
⸺**verschiebungswinkel** m / angle of brush shift, brush displacement angle || ⸺**verschleiß** m / brush wear || ⸺**verstellantrieb** m (BVA) / brush shifting pilot motor, brush shifting motor ||
⸺**verstelleinrichtung** f / brush shifting device, brush shifting mechanism || ⸺**verstellmotor** m / brush shifting pilot motor, brush shifting motor ||
⸺**verstellung** f / brush shifting, brush displacement || ⸺**verstellwinkel** m / angle of brush shift, brush displacement angle || ⸺**voreilung** f / brush lead ||
⸺**vorsatzgerät** n (Staubsauger) / power nozzle ||
⸺**vorschub** m / forward brush shift ||
⸺**vorschubwinkel** m / angle of brush lead, brush-lead angle || ⸺**walze** f / brush roll || ⸺**wechsel** m / brush replacement || ⸺**zwitschern** n / brush chatter
burstisochron adj (eine zeitabhängige Erscheinung, ein Zeitraster oder ein Signal, die bzw. das auf sich wiederholende isochrone Zeitintervalle beschränkt ist) / burst isochronous
Bürst·maschine f / brushing machine || ⸺**station** f / brushing station
Burstübertragung f / burst transmission
Bus m / bus n, process data highway (PROWAY), bus-type network, bus-type local area network, multidrop network, local area network (LAN), multipoint LAN || ⸺ m / highway || ⸺ **belegt** / bus busy (BBSY) || ⸺ **frei** / bus clear (BCLR) || ⸺ **Interface Module** (BIM) / bus interface module (BIM) || ⸺ **mit Sendeberechtigungsmarke** / token bus, token passing bus || **selbstaufbauender** ⸺ / build-as-you-go bus || **universeller serieller** ⸺ / Universal Serial Bus (USB)

Bus·abschluss *m* / bus terminator, bus termination || ⸺**abschlussbaustein** *m* / bus termination module || ⸺**abschlussstecker** *m* / bus termination connector || ⸺**abschluss-Steckverbinder** *m* / bus terminating connector || ⸺**abschlusswiderstand** *m* / bus terminating resistor || ⸺**abschnitt** *m* / bus section, bus segment, segment *n* || ⸺**adapter** *m* / bus adapter || ⸺**adresse** *f* / bus address || ⸺**aktivität** *f* / bus activity || ⸺**anforderung** *f* / bus request (BRQ) || ⸺**ankoppler** *m* (BK) / bus coupling unit (BCU) || **integrierter** ⸺**ankoppler** / integral bus coupler || ⸺**ankopplung** *f* / bus coupling || ⸺**anpassung** *f* (Baugruppe) / bus adapter || ⸺**anschaltbaugruppe** *f* / bus interface module || ⸺**anschaltung** *f* / bus interface, bus interfacing, LAN interface || ⸺**anschluss** *m* / bus port, *f* bus connection, *m* bus interface || ⸺**anschlussstecker** *m* / bus connector || ⸺**anschlussstecker für PROFIBUS** *m* (in Schutzart IP20) / PROFIBUS bus connector || ⸺**anschluss-Stück** *n* / clamp *n*, tapping mechanism || ⸺**anschlusswiderstand** *m* / bus connecting resistor || ⸺**anwahl** *f* / bus dialling || ⸺**arbiter** / bus arbiter || ⸺**arbitermodul** *n* / bus arbiter module || ⸺**arbitration** *f* / bus arbitration || ⸺**ausfall** *m* / bus failure || ⸺**auslastung** *f* / bus traffic load, bus utilization

Bus·-Baugruppenträger *m* / bus subrack, bus card rack, basic rack || ⸺**belegung** *f* / bus acquisition, bus load, bus usage || ⸺**belegungszeit** *f* / bus usage time || ⸺**betrieb** *m* / bus operation || ⸺**bewilligung** *f* / bus grant (BG)

busbezogen *adj* / LAN-specific
Busbreite *f* / bus size, bus width
Büschelstecker *m* / multiple-spring wire plug
Bus·controller *m* / bus controller || ⸺**datei** *f* / LAN file || ⸺**datendurchsatz** *m* / bus data throughput || ⸺**datenübertragungsrate** *f* / bus data rate, bus data transfer rate || ⸺**einheit** *f* / bus unit || ⸺**elektronik** *f* / bus electronics || ⸺**empfänger** *m* / bus receiver || ⸺**-Empfänger-Sender** *m* / bus transceiver || ⸺**endgerät** *n* / bus terminal || ⸺**erweiterung** *f* / bus extender, bus expansion
busfähig *adj* / busable *adj*, with bus capability || **~e Schnittstelle** / interface with bus capability, busable interface, multi-drop interface
Bus·fähigkeit *f* / bus capability || ⸺**fehler** *m* / bus error (BERR) || **~förmige Kommunikation** / multi-drop communication || **~förmiges Netz** / bus network, tree network || ⸺**freigabe** *f* / bus enable (BUSEN), bus grant (by arbitration) || ⸺**freigabesignal** *n* / bus enable signal || ⸺**gehäuse** *n* / bus enclosure
busgekoppelt *adj* / bus-coupled *adj* || **~es System** / bus-coupled system, bused subsystem
Bus·gerät *n* / bus device || ⸺**geschwindigkeit** *f* / bus rate || ⸺**-Hauptstrang** *m* / backbone *n* || ⸺**-Inaktivitätssignal** *n* / bus-quit signal, bus-quiet signal
Business Application Interface (BAPI) *n* / Business Application Interface
Bus·kabel *n* / bus cable || ⸺**kennungsfeld** *n* (DIN V 44302-2) / bus identification field (BIF) || ⸺**klammer** *f* / bus bracket, bus bridge || ⸺**klemme** *f* / bus terminal (BT), transceiver *n*, bus connection block, BT (bus terminal) || ⸺**konfiguration** *f* / bus configuration || ⸺**konfigurator** *m* / bus configurator || ⸺**konverter**

m / bus converter || ⸺**koordinator** *m* / bus coordinator || ⸺**koppeleinheit** *f* / gateway *n* || ⸺**koppelmodul** *n* / bus coupling module || ⸺**koppler** *m* / bus connector, bus link, transceiver || ⸺**koppler** *m* (zur Verbindung gleichartiger Systeme) / bridge *n*, bridge unit || ⸺**koppler** *m* (Transceiver) / (bus) transceiver || ⸺**koppler** *m* (BK) / bus coupler (BK) || ⸺**koppler** *m* (zur Verbindung verschiedenartiger Systeme) / gateway *n* || ⸺**kopplereinschub** *m* / plug-in transceiver module, transceiver plug-in module || ⸺**kopplermodul** *n* / bus coupling module || ⸺**kopplung** *f* / bus link || ⸺**kopplung** *f* (Schnittstelle) / bus interface || ⸺**kopplungsbaugruppe** *f* / bus interface module (o. card), bus coupler module
Bus·last *f* / network load, network loading, bus load || ⸺**laufzeit** *f* / one-way propagation time, transmission path delay || ⸺**leiterplatte** *f* / bus board, wiring backplane, bus PCB || ⸺**-Leiterplatte** *f* / circuit card || ⸺**leitung** *f* / bus cable, bus line, LAN cable, connection cable || ⸺**leitung für PROFIBUS** / LAN cable for PROFIBUS, PROFIBUS cable || ⸺**leitungstyp** *m* / bus cable type || ⸺**linie** *f* / bus line || ⸺**master** *m* / bus master || ⸺**modul** *n* / bus module || ⸺**modul** *n* / bus unit || ⸺**modulabdeckung** *f* / bus module cover
Busnetz *n* / bus network, tree network || ⸺ **mit Sendeberechtigungsmarkierung** / token bus, token bus-type LAN, token-passing bus-type LAN
Bus·-Organisation *f* (dezentrales System, zentrales System) / bus organisation || ⸺**parameter** *m* / bus parameter || ⸺**parameter** *m pl* (Parameterwerte für Layer 2 Protokoll) / bus parameters || ⸺**physik** *f* / physical bus characteristics, LAN characteristics || ⸺**platine** *f* / bus p.c.b., wiring backplane, bus board, bus PCB || ⸺**protokoll** *n* / bus protocol || ⸺**raster** *m* / bus SPM (SPM = slots per module) || ⸺**rückwand** *f* / bus backplane || ⸺**-Ruhezustand** *m* / bus idle (BI)
Bus·schiene *f* / bus rail || ⸺**schiene** *f* (Hutschiene, einschließlich Datenschiene) DIN EN 50022 / bus bar || ⸺**schnittstelle** *f* / bus interface || ⸺**segment** *n* / bus segment, segment *n* || ⸺**signal** *n* / bus signal || ⸺**signalvergleicher** *m* / bus signal comparator || ⸺**-Slave** *m* / bus slave || ⸺**spannung** *f* / bus voltage || ⸺**spannungsausfall** *m* / bus voltage failure || ⸺**spannungswiederkehr** *f* / bus voltage recovery || ⸺**stecker** *m* / bus connector, bus link, transceiver *n* || ⸺**steuerstation** *f* (BST zur Steuerung der Buszuteilung) / bus arbiter || ⸺**steuerung** *f* / master transfer, bus controller || **dezentrale** ⸺**steuerung** / flying master, *f* bus controlled device || ⸺**strang** *m* / bus line || ⸺**struktur** *f* / bus topology, linear bus topology, linear topology, linear bus structure || ⸺**-Subsystem** *n* / bus subsystem, network *n*, bus system, bus-type network, local area network || ⸺**system** *n* (in einer dezentralen Anlage) / bus subsystem || **intelligentes** ⸺**-System** / intelligent bus system
Bus·taster *m* / bus button || ⸺**-Taster** *m* / bus pushbutton || ⸺**technik** *f* / bus technology || ⸺**technologie** *f* / bus technology || ⸺**technologie zur Automatisierung der elektrischen Gebäudetechnik** / bus technology for the automation of electrical buildings technology, bus

technology for the automation of electrical building systems || ℒteilnehmer *m* / station *n*, node *n*, user *n*, bus node, partner (in the link) || ℒteilnehmer *m* (Gerät) / bus device (BD) || aktiver ℒteilnehmer / active bus node, master *n*, active node || ℒ-Teilsystem *n* / bus subsystem || ℒtelegramm *n* / bus telegram || ℒtelegramm-Generator *m* / bus telegram generator || ℒterminal *n* / bus terminal || ℒ-Topologie *f* (Topologie) / bus topology || ℒtreiber *m* / bus driver
Bus·übertragung *f* / bus transmission || ℒüberwachungsbaugruppe *f* / bus monitoring module || ℒumlaufliste *f* / bus circulating list, bus polling list || ℒumlaufzeit *f* / bus cycle time || ℒumsetzer *m* / bus converter || ℒverbinder *f* / bus link, bus connector, *m* transceiver || ℒvergabe *f* / bus grant, bus arbitration || ℒverkehr *m* / bus traffic || ℒverstärker *m* / repeater || ℒverwalter *m* / bus arbiter || ℒvoter *m* / bus voter || ℒweiche *f* / bus switch
Bus·-Zeitüberschreitung *f* / bus time-out (BTO) || ℒ-Zeitüberwachung *f* / bus time-out (BTO) || ℒzugriff *m* / channel access || ℒzugriff *m* / bus access || zufälliger ℒzugriff / random access, random network access || ℒzugriffsprotokoll *n* / bus access protocol || ℒzugriffsrecht *n* / bus access right || ℒzugriffssteuerung *f* / channel access control || ℒzugriffsverfahren *n* / bus access procedure || ℒzugriffsverfahren *n* (CSMA/CA, CSMA/CD) / bus access control || ℒzuteiler *m* / bus arbiter || ℒzuteilung *f* (Freigabe, Sendeerlaubnis) / bus grant (BG), bus allocation || ℒzuteilung *f* (Verfahren) / bus arbitration || zentrale ℒzuteilung (Master-Slave-Verfahren) / fixed-master method, master-slave method || ℒzuteilungs-Ausgangsleitung *f* / bus grant out line (BGOUT) || ℒzuteilungs-Eingangsleitung *f* / bus grant in line (BGIN) || ℒzuteilungs-Untersystem *n* / bus arbitration subsystem || ℒzuteilungsverfahren *n* / bus arbitration || ℒzyklus *m* / bus cycle || ℒzykluszeit *f* / bus cycle time
Butylgummi *n* / butyl rubber
Butze *f* / bullion *n*
butzenfrei *adj* / free of protruding materials
BV / distribution board for construction sites, low-voltage switchgear and control gear assembly for construction sites (ACS) EN 60 439-4, worksite switchgear assembly || ℒ (Bereichsvorstand) *m* / Group Executive Management || ℒ (Betriebsmittelvorschrift) *f* / equipment specification || ℒ (Bildverarbeitung) *f* / image processing || ℒ in geschlossener Bauform / enclosed ACS || ℒ in Kastenbauform / box-type ACS
BVA / brush shifting pilot motor, brush shifting motor || ℒ / brake-pad wear indicator-system, brake lining meat indicator, brake wear warning
BVCI / basic virtual component interface (BVCI)
B-Verstärker *m* / Class B amplifier
BV-System *n* (Bildverarbeitungssystem) / image processing system
BWB (Bundesamt für Wehrtechnik und Beschaffung) *n* / German Office for Defence Technology and Procurement
BWP (berührungslos wirkender Positionsschalter) *m* / non-contact position switch
BWS (berührungslos wirkende Schutzeinrichtung) / proximity-type protective equipment || ℒ (berührungslos wirkende Schutzeinrichtung) *f* / ESPE || ℒ (Betriebswahlschalter) *m* / mode selector switch
BX / BX cable
B_xx / C_xx (command without feedback)
BY / byte address (BY)
Bypass *m* / Bypass *n* || ℒdiode *f* / bypass diode || ℒkontakt *m* / bypass contact || ℒregelung *f* / bypass control || ℒrohr *n* / sidepipe *n* || ℒ-Schalter *m* / bypass switch || ℒ-Schaltung *f* / bypass circuit || ℒventil *n* / by-pass valve, bypass valve || Abgas-ℒventil *n* / waste gate
Byte *n* (Einheit, bestehend aus 8 Bit) / byte *n* || höherwertiges ℒ / left-hand byte, high-order byte || linkes ℒ / high-order byte, left-hand byte || niederwertiges ℒ / low-order byte, right-hand byte
Byte·adresse *f* (BY) / byte address (BY) || ℒbereich *m* / byte area || ℒbetrieb *m* / byte mode || ℒdaten *f* / byte data || ~-granular *adv* / in units of 1 byte || ℒhälfte *f* / nibble *n* || ℒkennzeichen *n* / byte identifier || ℒprozessor *m* / byte processor || ℒregister *n* / byte register || ~seriell *adj* / byte-serial || ~serielle Übertragung / byte-serial transmission || ℒstrom *m* / string of bytes || ℒtakt *m* / byte timing || ~weise *adv* / byte by byte, in byte mode, in bytes, byte-oriented *adj* || ~weise organisiert / byte-oriented || ℒzähler-Register *n* (BCR) / byte count register (BCR)
BZ (Bestellzettel) / order form || BZ (Betriebszustand) / status *n* || ℒ-Daten *plt* / purchase order data || ℒ-Datenkennzeichen *n* / purchase order data code
B-Zeile *f* / B line
BZ·-Empfänger *m* / order form receiver || ℒ-Feld *n* / order form field || ℒ-Position *f* / order item || ℒ-Rücklauf *m* / order form return slip
BZÜ (Betriebszustandsübergang) / OMT (operating mode transition) || ℒ (Betriebszustandsübergang) *m* / operating state transition
B-Zustand, Harz im ℒ / B-stage resin

C

C (Symbol für Kondensator, Kapazität) / cap *n*
C230 Kernel *m* / C230 Kernel
C230-2 Kernel *m* / C230-2 Kernel
C233 tpbasicMC / C233 tpbasicMC
C, Faktor ℒ (Maximumwerk) / reading factor C
CAA / Computer-aided Assembling, Computer-Aided Assembling
CAB *m* (webbasierte Entwicklungsumgebung für MES-Clients) / Client Application Builder
C-Abhängigkeit *f* / control dependency, C-dependency *n*
Cabrio *n* / convertible *n*
Cache *m* / cache *n* || °2nd Level ~ *m* / 2nd level cache || ℒ-Speicher *m* (schneller Speicher zum Zwischenlagern häufig benötigter Informationen) / cache memory
C·-Achsbetrieb *m* (eine Spindelbetriebsart, bei der die Spindel lagegeregelt als Rundachse arbeitet) / C axis mode || ℒ-Achse *f* / C axis

CAD / computer-aided design (CAD) || ≈ **Creator** *m* / CAD creator || ≈-**Arbeitsplatz** *m* / CAD workstation || ≈/**CAM-Anbindung** *f* / CAD/CAM link || ≈-**Daten** *f* / CAD data || ≈-**Datenkonvertierung** *f* / CAD data conversion
C-Ader *f* / P-wire *n*, private wire, private line
CAD'-Generator *m* / CAD generator || ≈-**Grafik** *f* / CAD graphic
CADIM'-Referenz *f* / CADIM reference || ≈-**Referenzversion** *f* / CADIM reference revision
cadmiert *adj* / cadmium-plated
Cadmium·sulfid / cadmium sulfide || ≈**tellurid** *n* / cadmium telluride || ≈**telluridzelle** *f* / CdTe cell
CAD'-Modellierung *f* / CAD model || ≈-**Postprozessor** *m* / CAD postprozessor, CAD input processor || ≈-**Reader** *m* / CAD Reader || ≈-**Schnittstelle** *f* / CAD interface || ≈-**System** *n* / CAD system || ≈-**Systemhersteller** *m* / CAD system manufacturer || ≈- **und Gerberdaten** / CAD- and Gerber data || ≈-**Zeichnungsprogramm** *n* / CAD plotting program
CAE (Computer-Aided Engineering) / CAE (Computer-Aided Engineering) || ≈/**CAM-Tool** *n* / CAE/CAM tool
Cage-Clamp *n* / spring-loaded terminal || ≈-**Anschluss** *m* / cage clamp terminal, cage clamp connection || **auch für** ≈-**Anschluss** / for cage clamp terminals || ≈-**Anschlusstechnik** *f* / spring-loaded connection technology, cage clamps || ≈-**Klemme** *f* / cage clamp terminal || ≈-**Technik** *f* / cage clamp connection system
CAH / front-end lift coefficient
CAID (Computer-Aided Industrial Design) / CAID (Computer-Aided Industrial Design)
CAIT (Computer-Aided Inspection and Test) / CAIT (Computer-Aided Inspection and Test)
Caldera Unix / Caldera Unix
Call *m* / Call (an external program is invoked) || ≈-**Out** *m* / call-out
CAM / computer aided manufacturing (CAM), contents-addressable memory (CAM)
CAMA / CAMA (case management)
CamEdit / CamEdit *n*
CamGroup *f* / CamGroup *n*
Camping-Verteiler *m* / camping-site distribution board
CamTool *n* / CamTool *n*
CAN / CAN (controller area network) || ≈ **open** / CAN open || ≈-**Bus** *m* / CAN Bus, CAN bus || ≈-**Controller** *m* / CAN controller
Candela *f* / candela *n*
CAN'-Gateway *m* / CAN gateway || ≈-**Identifier** *m* / CAN identifier || ≈-**Interface** *f* / CAN interface || ≈-**Kanal** *m* / CAN channel || ≈-**Karte** *f* / CAN card || ≈-**Kommando** *n* / CAN command || ≈-**Kommunikation** *f* / CAN communication
CANlink *m* / CANlink
CAN-Modul *n* / CAN module
Cannon-Stecker *m* / Cannon connector
CANopen / CANopen *n* || ≈ **Device Monitor (CDM)** *m* / CANopen Device Monitor (CDM) || ≈ **Master** *m* / CANopen Master || ≈-**Antrieb** *m* / CANopen drive || ≈-**basiert** / CANopen-based
CAN'-Protokoll *n* / CAN protocol || ≈-**Schnittstelle** *f* / CAN interface
CANsync'-Clustering *n* / CANsync-Clustering || ≈-**Master** *m* / CANsync-Master

CAN-System *n* / CAN system
CAO / Computer Aided Organization (CAO)
CAP / CAP (Computer Aided Planning) || ≈ *f* (Feststelltaste auf der Tastatur) / capital letters
CAPA *f* / Corrective and Preventive Action (CAPA)
Capacity Factor (CF) *m* / plant factor
CAPD (computergestützte Anlagenplanung) *f* / CAPD (Computer-Aided Plant Design)
CAPE / CAPE (Computer Aided Production Engineering) || ≈ *n* / CAPE (computer-aided process engineering)
CAPI / Common Application Programming Interface (CAPI)
CAPP / Computer-Assisted Part Programming (CAPP)
CAQ / CAQ (Computer Aided Quality Assurance)
CAR (corrective action request) / CAR (corrective action request)
carbonmetallic *adj* / carbon metallic *adj*
Carbowax-Speicher *m* (Gas-Chromatograph) / Carbowax (trapping column)
CardWare *f* (die Software CardWare dient zur Nutzung des PCMCIA-Slots and der SINUMERIK PCU50/PCU70 für bestimmte PC-Cards) / CardWare *n*
Cardwizard *m* / Cardwizard
Carrier· Sense Multiple Access with Collision Avoidance (CSMA/CA) / Carrier Sense Multiple Access with Collision Avoidance || ≈ **Sense Multiple Access/Collision Detection** *f* (Kollisionszugriffsverfahren für Bussystem Industrial Ethernet nach IEEE 802.3) / CSMA/CD
Carterscher Faktor / Carter's coefficient
CAS (Computer-Aided Simulation) / CAS (Computer-Aided Simulation)
CASA (Continuous Access Storage Appliance) / Continuous Access Storage Appliance (CASA)
CASE / CASE (Computer Aided Software Engineering)
CAT / CAT (Computer Aided Testing)
CATS *n* / computer-aided test system (CATS), computer-aided testbed system (CATS)
CATV *f* (Community Antenna Television, Fernseh-Gemeinschaftsantennenanlage) / CATV (Community Antenna Television)
CAV / front-end lift coefficient
CAX (Sammelbegriff für CAD, CAE, CAM) / CAX
CAx-Daten *f* / CAx data
CAX'-Datenpartner *m* / CAX data partner || ≈-**Handler** *m* / CAX handler
CB / communication module, CB (communication board) || ≈ **Diagnose** / CB diagnosis || ≈ **Identifikation** / CB identification
CBA / CBA (Component Based Automation)
CB'-Adresse *f* / CB address || ≈-**Anwenderhandbuch** *n* / CB user manual
CBC *n* / CBC *n*, Communication Board CAN
CBD / Communication Board DeviceNet (CBD)
CB-Diagnose *f* / CB diagnosis
CBE / circuit-breaker for equipment (CBE), appliance circuit-breaker
C-Betrieb *m* / class C operation
CBGA (Ceramic-BGA) / CBGA
CB'-Handbuch *n* / CB manual || ≈-**Hardware** *f* / CB hardware
CBI / Converter Brake Inverter (CBI)
CB-Identifikation *f* / CB identification

C-Bild 156

C-Bild *n* (Ultraschallprüfung) / C scan
CB-Kommunikationsfehler *m* / CB communication error
CbM (Condition-based Maintenance) *f* / CbM (Condition-based Maintenance)
CBN (synthetisches kubisches Bor-Nitrid) / CBN (crystallized boron nitride) || ⁓-**Schleifen** *n* / CBN grinding || ⁓-**Schleifscheibe** *f* / CBN grinding wheel
CBP (Kommunikationsbaugruppe PROFIBUS) / CBP (communication board PROFIBUS)
CB-Parameter *m* / CB parameter
CBT (computer-based training) *n* / computer-based training (CBT)
CB-Warnung *f* / CB warning
CC (Compile-Cycle) / compile cycle
CCA (CENELEC Certification Agreement) *n* / CCA (CENELEC Certification Agreement)
CCC *n* / China Compulsory Certificate (CCC)
CCD (Charge Coupled Device) / CCD (Charge Coupled Device) || ⁓-**Bildwandler** *m* / CCD image sensor, chargecoupled imager (CCI) || ⁓-**Kamera** *f* (Sonderbaugruppen für S7-400, Komponente für Bildauswertesystem VIDEOMAT IV) / CCD camera || ⁓-**Sensor** *m* / CCD sensor
CCEE *f* / China Commission for Conformity Certification of Electrical Equipment (CCEE)
CCF (Fehler gemeinsamer Ursache) *m* / CCF *n*
CCFL / CCFL (cold cathode fluorescent lamp)
CCFMC (rechnergestützte flexible Fertigungszelle) *f* / CC/FMC (computer-controlled flexible machining cell)
CCG / CCG (Central Clock Generator)
CCITT (Comité Consultatif International Télégraphique et Téléphonique) (internationaler beratender Ausschuss für den Telefon- und Fernsprechdienst) / CCITT (Comité Consultatif International Télégraphique et Téléphonique)
CCL / collector-coupled logic (CCL)
CC-Link *m* / CC link
CCM / Continuous Conduction Mode (CCM)
C-Code *m* / C code
CCR / commitment, concurrency and recovery
CCS (common channel signaling system No. 7) / common channel signaling system No. 7
CCT (Chip Connection Technology) / CCT (Chip Connection Technology) (chip connection technology)
CCTL / collector-coupled transistor logic (CCTL)
CCTV (Closed Circuit TV, Fernsehüberwachungsanlage, bei der die Kameras mit den Monitoren direkt verbunden sind) / CCTV
CCU / CCU (Compact Control Unit) || ⁓-**Baugruppe** *f* / CCU module || ⁓-**Box** *f* / CCU box || ⁓-**Systemsoftware** *f* / CCU system software
CCW / CCW (counterclockwise), *f* counterclockwise direction (CCW) *n*
CD *f* / CD ROM *n*, compact disc read only memory *n*
CDAU / CDAU (a data acquisition unit)
CD-Brenner *m* / CD writer
CDC (Common Data Class) / CDC (Common Data Class)
CDM *n* / CDM (complete drive module) || ⁓ **(CANopen Device Monitor)** *m* / CDM (CANopen Device Monitor) || ⁓ **(Codemultiplex)** *n* / CDM (code division multiplex)
CDMA *m* / Code Division Multiple Access (CDMA)
CDR / Clock and Data Recovery (CDR)

CD-ROM-Laufwerk *n* / CD-ROM drive, CD-ROM reader
CDS / CDS *n*
CD--Speicher *m* / compact-disk memory (CD memory), CD RAM || ⁓-**Spur** *f* / CD track || ⁓-**System** *n* / CD-System *n*
CdTe *n* / CdTe *n*
CdTe/CdS-Zelle *f* / CdTe/CdS cell
CD-Telegramm *n* / CD message (CD = common data)
CdTe-Zelle *f* / cadmium telluride cell
CDV (Chargendatenverwaltung) *f* / batch data management
CE (Concurrent Engineering) / CE (Concurrent Engineering) || ⁓ **Kennzeichnung** *f* / CE marking
CEANDER-Leiter *m* / CEANDER conductor
CEC *f* / CEC (circle error compensation) *n*
CE/CB (zentral- und osteuropäisches EDIFACT Board) / Central and Eastern European EDIFACT Board
CECIMO (European Committee for Cooperation of the Machine Tool Industries) / CECIMO
CEE / CEE *n* || ⁓-**Anbausteckdose** *f* / CEE-mounting socket outlet
CEIM (Chip Emulation Interface Module) / Chip Emulation Interface Module (CEIM)
C-Eingang *m* / C input
CE-Kennzeichen *n* / CE marking, CE mark of conformity, CE mark
CE-Kennzeichnung *f* / CE marking
CEKON-Stecker *m* / CEKON-connector
Cell (Machine Data Acquisition - Einplatzsystem für die Produktions- bzw. MES-Ebene) / Cell || ⁓-**Prozessor** *m* / Cell processor
Celsius-Temperatur *f* / Celsius temperature
CEM (Auftragsfertiger) / CEM (Contract Electronics Manufacturer) || ⁓ **(Common Equipment Model)** *n* / CEM (Common Equipment Model)
cEMI / common External Message Interface (cEMI)
CEN (Europäisches Komitee für Normung) *n* / European Committee for Standardization (CEN)
CENELEC (Europäisches Komitee für Elektrotechnische Normung) *n* / European electrical standards body, European Committee for Electrotechnical Standardisation (CENELEC) || ⁓ **Certification Agreement (CCA)** *n* / CENELEC Certification Agreement (CCA)
CENELEC/TC (Europäisches Komitee für Elektrotechnische Normung) / CENELEC/TC
Center of Competence (CoC) *n* / Center of Competence (CoC)
centerless--Schleifen / centerless grinding || ⁓-**Schleifmaschine** *f* / centerless grinding machine
Centermessung *f* / center measurement
Centiradiant *m* / centiradiant *n*
Central Service Board (CSB) / Central Service Board (CSB)
Centre Suisse d'Electronique et de Microtechnique (CSEM) / CSEM
Centronics-Schnittstelle *f* / centronics interface
CEPT (Europäische Konferenz der Post- und Fernmeldeverwaltungen) *f* / CEPT (European Conference of Postal and Telecommunications Administrations)
Ceramic-BGA (CBGA) / ceramic ball grid array
CERDIP / ceramic DIP (CERDIP)
CERMET / ceramic-metal material (CERMET)

Cert Tool / cert tool
CES-Schloss *n* / CES lock
CE-Zeichen *n* / CE mark (European Conformity mark), CE conformity marking, CE marking
CF (Capacity Factor) *m* / capacity factor *n*
CFC / CFC (Continuous Function Chart) || ⁌-**Baustein** *m* / continuous function chart block (CFC block) || ⁌-**Grenzwertbausteine** *m* / CFC threshold modules
CFE·-Basisfunktionen *f* / CFE-Base Functions (CFEBF) || ⁌-**Hardware-Schnittstellen** *f* / CFE-hardware interfaces/technologies
CF-Einstellung *f* / CFW (constant-flux voltage variation)
C-Feld *n* / capacitor panel
CFE·-Protokolle *n pl* / CFE-Protocols (PROT) || ⁌-**Statusanzeige** *f* / CFE - operator UI || ⁌-**Test und Diagnose** *m* / CFE - Test and Diagnosis (TD)
CFG-File / CFG file
CFQ *f* / customer-focused quality (QFQ)
CFR (Kosten und Fracht) / cost and freight || ⁌ **(Code of federal regulations)** *m* / Code of federal regulations (CFR)
CFV (critical flow venturi) / critical flow venturi (CVF)
CGA (chemische Gasphasenabscheidung) *f* / chemical vapour deposition (CVD)
C·-Gestell *n* / C rack || ⁌-**Glied** *n* / capacitor (element)
CGMS / Copy Generation Management System (CGMS)
Chalkogenide *m pl* (Verbindungen mit den Elementen Schwefel, Selen, Tellur der VI-Gruppe des Periodensystems) / chalcogenides *n pl*
Chalkopyrit·halbleiter *m* / chalcopyrite compound || ⁌-**Verbindungen** *f pl* (Chalkopyrit ist Kupferkies) / chalcopyrite semiconductors
champagner *adj* / champagne *adj*
Change Management *n* / Change Management || ⁌-**Request-Stellungnahme** *f* / change request comment (CRC)
Changierantrieb *m* / traversing drive
Changierung *f* / traversing *n*
Charakter·anzeige *f* / character display || ⁌**eigenschaften** *f pl* / traits in character
Charakteristik *f* / characteristic *n*, characteristic curve
charakteristisch·e Beschreibung *f* / characteristic description || **~e Größe** (Messrel.) / characteristic quantity || **~e Verzerrung** / characteristic distortion || **~er Anschluss** / characteristic terminal || **~er Winkel** / characteristic angle
Charge *f* (Fertigungslos) / lot *n*, batch *n*, production lot
Chargen·-Archiv *n* / batch archive || **~bezogen** *adj* / batch-related || ⁌**datenerfassung** *f* / batch acquisition || ⁌**datenverwaltung (CDV)** *f* / batch data management || ⁌**fertigung** *f* / batch production || ⁌**kennzeichnung** *f* / charge identification || ⁌**mischer** *m* / batch mixer || ⁌**nummer** *f* / batch number || **~orientierte Archivierung** / batch-oriented archiving || **~orientierte Fahrweise** / batch control || ⁌**plan** *m* / batch schedule || ⁌**planung** *f* / batch planning || ⁌**produktion** *f* / batch production || ⁌**protokoll** *n* / batch log || ⁌**protokollieren** *n* / batch logging || ⁌**protokollierung** *f* / batch logging || ⁌**prozess** *m* / batch process || ⁌**rezept** *n* / batch recipe ||

⁌**rückverfolgung** *f* / batch tracing || ⁌**steuerung** *f* / batch control || **Batch-flexible** ⁌**steuerung** / batch control, batch flexible batch control || ⁌**streuung** *f* / batch variation || ⁌**umfang** *m* / batch size || ⁌**verarbeitung** *f* / batch processing || ⁌**verfolgung** *f* / batch tracking || ⁌**verwaltung** *f* / batch management || ⁌**waage** *f* / batch scale
Chargierkran *m* / charging crane
Charles-Strahlerzeuger *m* / Charles gun
Charpy-Probe *f* / keyhole-notch specimen
Chassis *n* / chassis *n*, frame *n* || ⁌-**Format** *n* / chassis format || ⁌**gerät** *n* / chassis unit
Chat *m* / Live Chat || ⁌-**Zentrale** *f* / forum center
Check *m* / check *n*, supervision *n* || ⁌-**Control** *f* / on-board diagnostic disaplay || ⁌**liste** *f* / checklist || **elektrische** ⁌**liste** / electrical checklist || **mechanische** ⁌**liste** / mechanical checklist || ⁌**mechanismus** *m* / control mechanism || ⁌**routine** *f* / check routine || ⁌**sum** (zusätzliche Daten innerhalb eines Telegramms, um eventuelle Übertragungsfehler erkennen zu können) / checksum *n* || ⁌**summe** *f* / checksum *n* || ⁌**summenfehler** *m* / checksum error || ⁌**summenvergleich** *m* / checksum comparison || ⁌**weigher** *m* / check weigher
Chef *m* / principal *n*, chief *n*
Chemie·anlage *f* / chemical plant || **komplexe** ⁌**anlage** / complex chemical plant || ⁌**faser** *f* / chemical fiber || ⁌**faseranlage** *f* / chemical fiber plant || ⁌**faserindustrie** *f* / industry of man-made fibers, man-made fibre industry, synthetic fiber industry || ⁌**fasermaschine** *f* / chemical fiber spinning machine || ⁌**industrie** *f* / chemical processing industry
chemikalien·fest *adj* / chemicals-resistant *adj*, resistant to chemicals || ⁌**festigkeit** *f* / resistance to chemicals, chemical resistance
Chemilumineszenz *f* / chemiluminescence *n*
chemisch agressive Atmosphäre / corrosive atmosphere || **~ beständig** / chemically resistant, non-corroding *adj*, resistant to chemical attack || **~ träge** / chemically inert || **~e Abscheidung aus der Dampfphase** / Chemical Vapor Deposition (CVD) || **~e Abscheidung aus der Gasphase** / Chemical Vapor Deposition (CVD) || **~e Dampfabscheidung** / Chemical Vapor Deposition (CVD) || **~e Gasphasenabscheidung (CGA)** / CVD (chemical vapour deposition) *n* || **~e Substanz** / chemical || **~e Vorbehandlung** / chemical pre-treatment || **~er Angriff** / chemical attack, corrosion *n* || **~er Produktionsablauf** / chemical production process || **~es Aufdampfen** / Chemical Vapor Deposition (CVD) *n* || **~es Element** (Stoff, der nicht durch chemische Prozesse in einfachere Stoffe zerlegt werden kann) / chemical element
Chinesisch (Vereinfacht) *adj* / Chinese (Simplified) *adj* || ⁌ **traditionell (zh-CHT)** (offizieller deutscher Name der auf Taiwan benutzten Schriftsprache) / Chinese traditional || ⁌ **vereinfacht (zh-CHS)** / Chinese simplified (written language of the People's Republic of China)
Chip *m* / chip *n* || ⁌ **Connection Technology (CCT)** *f* / Chip Connection Technology (CCT) || ⁌ **Scale Package (CSP)** *n* (Gehäuseform für Elektronikkomponenten) / Chip Scale Package

(CSP) || **0402** ℓ *m* / 0402 chip || ℓ**-Bauelement**
(Chip-BE) *n* / chip component || ℓ**-BE (Chip-Bauelement)** *n* / chip || ℓ**-Freigabe** *f* / chip enable
(CE) || ℓ**gehäuse** *n* / chip housing || ℓ**größe** *f* / chip size || ℓ**karte** *f* / chip card || ℓ**-Kondensator** *m* / chip capacitor || ℓ**-on-Board (COB)** / chip-on-board (COB) || ℓ**säge** *f* / dicing saw || ℓ**satz** *m* / chip set || ℓ**-Shooter** *m* / chipshooter || ℓ**-Shooter-System** *n* / chip shooter system || ℓ**spule** *f* / chip coil || ℓ**widerstand** *m* / chip resistor
Chi-Quadrat-Verteilung *f* (X^2-Verteilung) DIN 55350,T.22 / chi-squared distribution, X^2 distribution, chi-square distribution
chirale Phase *f* (Flüssigkristallphase) / chiral phase
chlorfrei *adj* / chlorine-free *adj*
Chlor·gas *n* / chlorine *n*, chloric gas || ℓ**kautschuk** *m* / chlorinated rubber || ℓ**opren-Kautschuk** *m* / polychloroprene *n* || **großtechnische** ℓ**produktion** / large-scale chlorine production
cholesterische Phase *f* (Flüssigkristallphase) / cholesteric phase
Chopper / chopper *n*, buck convertor, voltage reduction unit || ℓ**-Regler** / chopper controller || ℓ**-Leistungsteil** *n* / chopper power section || ℓ**-Übertrager** *m* / chopper converter || ℓ**-Verstärker** *m* / chopper amplifier || ℓ**-Wandler** *m* (Gleichspannungs-Messgeber) / chopper-type voltage transducer
CHR (Fase) / CHR (chamfer)
chrom *adj* / chrome *adj*
Chroma *n* / chroma *n*
Chromatieren *n* (chemische Vorbehandlung der Oberfläche bestimmter Metalle mit Lösungen auf der Grundlage von Chromsäure und/oder Chromaten) / chromating
chromatiert *adj* / chromated *adj*
chromatische Aberration / chromatic aberration || ~ **Dispersion** / chromatic distorsion || ~ **Verzerrung** / chromatic distorsion
chromatisieren *v* / passivate *v* (in chromic acid)
Chromato·gramm *n* / chromatogram *n* || ℓ**graph** *m* / chromatograph *n* || ℓ**graphie** *f* / chromatography *n*
chromatographisches Trennen / chromatographic separation
chromiert *adj* / chromized *adj*
Chrominanz *f* / chrominance *n*
Chrom·maske *f* / chrome mask || ℓ**-Nickel-Stahl** *m* / nickel-chromium-steel *n* || ℓ**oxid-Lithium-Batterie** *f* / chromium oxide-lithium battery || ℓ**säure** *f* / chromic acid
chronologisch *adj* / chronological
Chunking *n* (Gruppieren von Daten zu einer einzigen Entität auf einer höheren konzeptionellen Ebene zwecks Speicherung und Wiedergewinnung) / chunking
CI (Connector Input) / connector input, source *n*, CI *n*
CiA (CAN in Automation) (CiA = CAN in Automation: eine internationale Anwender- und Herstellervereinigung) / CAN in Automation (CiA)
CI: Auswahl Hauptsollwert / CI: Main setpoint || ℓ **Auswahl HSW-Skalierung** / CI: Main setpoint scaling || ℓ **Auswahl PZD-Signale** / CI: Display PZD signals || ℓ **Auswahl ZSW-Skalierung** / CI: Additional setpoint scaling || ℓ **Auswahl Zusatzsollwert** / CI: Additional setpoint || ℓ **DAC** / CI: DAC || ℓ **Drehmoment-Zusatzsollwert** / CI: Additional torque setpoint || ℓ **Drehmomentsollwert** / CI: Torque setpoint || ℓ **Drehzahlsollwert für Meldung** / CI: Monitoring speed setpoint
CIE·-Norm des bedeckten Himmels / CIE standard overcast sky || ℓ**-Normlichtart** *f* / CIE standard illuminant || ℓ**-Normlichtquelle** *f* / CIE standard source
CIF / Common Interchange Format (CIF) || ℓ / cost, insurance and freight
CIGS / copper indium-gallium selenide
CI: Integrator Drehz.reg. Setzen / CI: Set integrator value n-ctrl. || ℓ **Ist-Drehzahl für Meldung** / CI: Act. monitoring speed
CIM / CIM (Computer Integrated Manufacturing)
CIME (Computer-Integrated Manufacturing and Engineering) / CIME (Computer-Integrated Manufacturing and Engineering)
CIM-Erweiterung für Marktanwendungen *f* / CME (CIM market extension), CIM market extension (CIM-ME)
CIMT (China International Machine Tool Show) / CIMT (China International Machine Tool Show)
CIM-Verbund *m* / CIM network, integrated system
CI: Oberer Drehmoment-Grenzwert / CI: Upper torque limit
CIP / carriage and insurance paid to (CIP) || ℓ (Kreisinterpolation) / CIP (circular interpolation) || ℓ / CIP (Control and Information Protocol) || ℓ**-Anlage** *f* (Clean-In-Place-Anlage) / CIP system (clean in place system)
CI: PID-Sollwert / CI: PID setpoint || ℓ **PZD an BOP-Link** (USS) / CI: PZD to BOP link (USS) || ℓ **PZD an CB** / CI: PZD to CB || ℓ **PZD an COM-Link** (USS) / CI: PZD to COM link (USS)
CIQ *n* / Quality Information Center (CIQ)
CI: Quelle PID-Istwert / CI: PID feedback || ℓ **Quelle PID-Zusatzsollwert** / CI: PID trim source
CiR (Configuration in Run) *f* (Anlagenänderungen im laufenden Betrieb) / CiR (Configuration in RUN) *n*
Circuit-Breaker *m* / circuit breaker
CIR-fähig *adj* / CiR-capable (capable of being configured in Run mode)
CIS *n* / CuInSe2 *n*
City-Ruf *f* / city call
CI: Unterer Drehmoment-Grenzwert / CI: Lower torque limit || ℓ **V (Sollwert)** / CI: Voltage setpoint
C-Kalibrierstelle *f* / C-level calibration facility
ckd (completely knocked down) *adj* / completely knocked down
CL / CL (cycle language)
Clamp / clamp
Clark-Transformation *f* / Clark transformation, a-b component transformation, equivalent two-phase transformation
CLB / clearance bar (CLB)
CLCC / CLCC (ceramic leaded chip carrier)
Clean Power Filter / Clean Power Filter
Clean-In-Place-Anlage *f* (CIP-Anlage) / clean in place system (CIP system)
CLEFT-Verfahren *n* / CLEFT process *n*
CLF / CLF (clear file)
CLI / CLI (command line interface)
Client *m* / client *n* || ℓ **Application Builder (CAB)** *m* (webbasierte Entwicklungsumgebung für MES-Clients) / Client Application Builder (CAB) || ℓ**-PC** *m* / Client PC || ℓ**rechner** *m* / client *n* || ℓ**-Server-**

Kommunikation f / client-server communication || ⟨-**/Server-Konfiguration** f / client/server configuration || ⟨-**Server-Struktur** f / client-server structure || ⟨-**/Server-System** n / client/server system
Clinchen n / clinching n
Clinchgerät n / clinching unit
Clip für SITOR Zylinder-Sicherung / clip for SITOR cylinder fuse || ⟨ **für Zylindersicherung** / clip for cylinder fuse
Clock / flashing frequency, flashing rate || ⟨**frequenz** f / clock rate
Clophen n (Chlordiphenyl) / clophen n (chlorinated diphenyl) || ⟨**kondensator** m / clophen-impregnated capacitor || ⟨**standsglas** n / clophen level gauge glass || ⟨**transformator** m / clophen-immersed transformer, clophen-filled transformer
Close-Spaced Sublimation (CSS) f / close spaced sublimation (deposition method (vacuum deposition) for thin film photovoltaics)
Cloudpoint m IEC 50(212) / cloud point
Cluster m / group box n || ⟨ **Controller** / cluster controller
CM / CM (capacitor module) || ⟨ **(Condition Monitoring)** n / condition monitoring (CM)
C-Messung f / capacitance measurement
CMIP / Common Management Information Protocol (CMIP)
CML / current-mode logic (CML)
CMM / CMM (Collaborative Manufacturing Management) || ⟨ n / capability maturity model (CMM)
CMODE m / control mode, CMODE
CMOS / complementary metaloxide semiconductor circuit (CMOS), complementary metal-oxide semiconductor (CMOS)
CMOS-Mikrocontroller m / CMOS microcontroller
CMOS-RAM n / CMOS RAM
C-MOS-Schnittstelle f / C-MOS interface
CMOS--Speicher m / CMOS memory || ⟨-**Speicherbaustein** m / CMOS memory chip || ⟨-**TTL Ausgang** m / CMOS-TTL output
CMS (Content Management System) / CMS (content management system)
CNC / CNC (Computerized Numerical Control) || ⟨-**Achse** f / CNC axis || ⟨-**Anwenderspeicher** m / CNC user memory || ⟨-**Anwendung** f / CNC application || ⟨-**Ausbildungspaket** n / CNC training package || ⟨-**Automatisierungssystem** n / CNC automation system || ⟨-**Bahnsteuerung** f / CNC continuous-path control, CNC contouring control || ⟨-**Baugruppe** f / CNC module || ⟨-**Bearbeitungszentrum** n / CNC machining center || ⟨-**Betrieb** m / CNC mode || ⟨-**Bohrautomat** m / automatic CNC drilling machine || ⟨-**Bohrmaschine** f / CNC drilling machine || ⟨-**Code** m / CNC code || ⟨-**Drehen** n / CNC turning || ⟨-**Drehmaschine** f / CNC lathe || ⟨-**Fertigung** f / CNC manufacturing || ⟨-**Fräsen** n / CNC milling || ⟨-**Fräsmaschine** f / CNC milling machine || ⟨-**Frontdrehmaschine** f / front-operated CNC turning machine || ⟨-**Funktion** f / CNC function || ⟨-**gefertigt** / CNC-produced || ⟨-**gekoppelt** / CNC-linked || ⟨-**Gesamtsystem** n / complete CNC system || ⟨-**gesteuert** / CNC || ⟨-**gesteuerte Bearbeitungsmaschine** / CNC machine tool || ⟨-**Gravieren** n / CNC engraving ||
⟨-**Handeingabe-Bahnsteuerung** f / CNC continuous-path control with manual input || ⟨ **ISO** / CNC ISO || ⟨-**ISO-Betrieb** m / CNC-ISO mode || ⟨-**Kanal** m / CNC channel || ⟨-**Kern** m / CNC kernel || ⟨-**Kompaktsteuerung** f / CNC compact control || ⟨-**Komponenten-System** n / CNC modular system || ⟨-**Kopplung** f / CNC link || ⟨-**Lang-Drehautomat** m / CNC long automatic lathe || ⟨-**Lösung** f / CNC solution || ⟨-**Markt** m / CNC market || ⟨-**Maschine** f / CNC machine || ⟨-**Programm** n / CNC program || ⟨-**Programmierung** f / CNC programming || ⟨-**Programmeldung** f / CNC program message || ⟨-**Programmumsetzer** m / CNC program converter || ⟨-**Satz** m / CNC block || ⟨-**Schleifmaschine** f / CNC grinding machine || ⟨-**Schneidtisch** m / CNC cutting table || ⟨-**Schrägbettdrehmaschine** f / CNC inclined-bed turning machine || ⟨-**Steuerung** f / CNC (Computerized Numerical Control) || ⟨-**Steuerungseinheit** f / CNC unit || ⟨-**Steuerungssystem** n / CNC (Computerized Numerical Control) || ⟨-**System** n / CNC system || ⟨-**Systemprogramm** n / CNC executive program, CNC system program || ⟨-**Technik** f / CNC technology || ⟨-**Technologie** f / CNC technology || ⟨-**Teileprogramm** n / CNC part program || ⟨-**Werkzeugmaschine** f / CNC machine tool || ⟨-**Zyklus** m / CNC cycle
Cnet-Modul n / Cnet module
CNM n / computer network management (CNM)
CNR-Solarzelle f / CNR cell
CNT / CNT (Carbon NanoTube)
COA / COA (Customized Open Architecture)
CO: ADC-Wert nach Skal. [4000h] / CO: Act. ADC after scal. [4000h] || ⟨ **Akt. gefilterter PID-Sollw.** / CO: Act. PID filtered setpoint || ⟨ **Aktiver Antriebsdatensatz** / CO: Active drive data set || ⟨ **Aktiver Befehlsdatensatz** / CO: Active command data set || ⟨ **Aktiver PID-Sollwert** / CO: Act. PID setpoint || ⟨ **Aktuelle Pulsfrequenz** / CO: Act. switching frequency || ⟨ **Aktueller PID-Ausgang** / CO: Act. PID output || ⟨ **Aktueller PID-Festsollwert** / CO: Act. fixed PID setpoint || ⟨ **Aktueller Sollwert PID-MOP** / CO: Output setpoint of PID-MOP || ⟨ **Anzeige Gesamtsollwert** / CO: Total frequency setpoint
Coating n / coating n
CO: Ausgangsfrequenz / CO: Act. output frequency, CO: Act. frequency || ⟨ **Ausgangsspannung** / CO: Act. output voltage || ⟨ **Ausgangsstrom** / CO: Act. output current
COB (Chip-on-Board) (Bestückungstechnologie, bei der die Rückseite des Chips direkt auf die Leiterplatte geklebt wird) / COB (Chip-on-Board)
CO: Begrenzter Ausgangsstrom / CO: Act. output current limit || ⟨ **Beschleunigungsdrehmoment** / CO: Acceleration torque
C-Rahmen m / C frame
CO/BO: BOP Steuerwort / CO/BO: BOP control word || ⟨ **Meldungen 1** / CO/BO: Monitoring word 1 || ⟨ **Status 2 Motorregelung** / CO/BO: Status 2 of motor control || ⟨ **Status Digitaleingänge** / CO/BO: Binary input values || ⟨ **Steuerwort 1** / CO/BO: Act. control word 1 || ⟨ **Zusatz Steuerwort** / CO/BO: Add. act. control word || ⟨ **Zustand Digitalausgänge** / CO/BO:

State of digital outputs || ≈ **Zustandswort 1** / CO/BO: Act. status word 1 || ≈ **ZUW-Motorregelung** / CO/BO: Status of motor control
CoC / CoC (Center of Competence)
Cockpit *n* / dashboard *n*
Coconisierungsverfahren *n* / cocooning *n*, cocoonization *n*, cobwebbing *n*, spray webbing
Code *m* / code *n* || ≈ **128/EAN 128** / Code 128/EAN 128 || ≈ **39** *m* / Code 39 || ≈ **für Informationsaustausch nach Amerikanischer Norm** *m* / American Standard Code for Information Interchange (ASCII) || ≈**abdeckung** *f* / code coverage || ≈**art** *f* / type of code, code type || ≈**baustein** *m* / logic block
Codec *m* (Codierer-Decodierer) / codec *n* (coder/decoder)
Code·drucker *m* / code printer || ≈**element** *n* / code element || ≈**erkennung** *f* / code recognition || ≈**erstellung** *f* / code generation || ≈**geber** *m* / encoder *n*, absolute value encoder || **~gebundene Darstellung** / standard-code (o. specified-code) representation || ≈**generator** *m* / code generator || ≈**-Generierung** *f* (Montieren eines Programms in einer Assemblersprache oder Hochsprache (Ziel) aus einem grafischen Anwenderprogramm (Quelle)) / code generation || ≈**leser** *m* / code reader || ≈**liste** *f* / code list || ≈**listen-Verzeichnis** *n* (eine Auflistung von identifizierten und festgelegten Codelisten) / code list directory || ≈**locher** *m* / code tape punch || ≈**multiplex (CDM)** / code division multiplex (CDM) || ≈**multiplex (CDM)** *f* (Multiplexen, bei dem mehrere unabhängige Signale zur Übertragung in einem gemeinsamen Kanal durch zueinander orthogonale Signale dargestellt werden) / code division multiplex (CDM), code division multiplexing || ≈**nummer** *f* / code number || ≈**operation** *f* / code operation || ≈**-Referenz** *f* / code reference || ≈**-Review** *n* / code inspection || ≈**rückmeldung** *f* / code feedback || ≈**scheibe** *f* / rotary encoder || ≈**schrittkombination** *f* / code combination || ≈**segment** *n* / code segment || ≈**signal** *n* / code signal || ≈**steuerzeichen** *n* / code extension character || ≈**tabelle** *f* / code table || ≈**träger** *f* / code carrier || ≈**-Träger** *m* / CT *n* || ≈**trägersystem** *n* / code carrier system || ≈**trägervariable** *f* / code carrier variable || **~transparente Datenübermittlung** (ein Verfahren zum Übermitteln einer beliebigen Folge von Binärzeichen, z. B. Zeichenfolgen beliebiger Binärcodes) / code transparent data communication || ≈**transparenz** *f* / transparency, code transparency || ≈**umfang** *m* / code space || ≈**umschaltung** *f* / escape || ≈**umsetzer** *m* / code converter || ≈**umsetzer mit Priorität des höheren Wertes** / highest-priority encoder || ≈**umsetzung** *f* / code conversion || **~unabhängig** *adj* / code independent || **~unabhängige Datenübermittlung** (ein Verfahren zum Übermitteln von Zeichenfolgen beliebiger Binärcodes gleicher Binärzeichenanzahl) / code-transparent data communication || ≈**verfälschung** *f* / code error || ≈**verletzung** *f* / code violation || ≈**vielfach** / code division || ≈**wandeln** *n* / code conversion || ≈**wandeltabelle** *f* / code conversion table || ≈**wandler** *m* / code converter || ≈**wandlung** *f* / code conversion || ≈**wechsel** *m* / code change || ≈-**Wert** *m* / code value || ≈**wort** *n* / code word

Codier·bolzen *m* / polarizing pin || ≈**bolzen** *m* (Leiterplatte) / coding pin || ≈**brücke** *f* / coding jumper || ≈**einheit** *f* / coding unit
codieren *v* / code *v*, encode *v* || ≈ *n* / coding *n* || ≈ **dezimal** DIN 19239 / code decimal/binary, decimal-binary (code conversion) || ≈ **dual** DIN 19239 / code binary/decimal, binary-decimal (code conversion)
Codierer *m* / coder *n*, encoder *n* || ≈ **mit photoelektrischer Abtastung** / optical encoder
Codier·fehler *m* / coding defects || ≈-**Führungsleiste** *f* / polarizing guide || ≈**nase** *f* / code notch || ≈**platzrechner** *m* / coding workstation || ≈**reiter** *m* / coding slider, profiled coding key || ≈**schalter** *m* / encoding switch, encoder *n*, coding switch, coding element, DIL switch (dual-in-line switch), DIP switch || ≈**scheibe** *f* / coding disc || ≈**set** *n* / coding set || ≈**station** *f* (zum Codieren v. Magnetkarten) / coding terminal || ≈**station** *f* (Terminal) / encoding terminal, coding terminal || ≈**stecker** *m* / coding plug || ≈**stecker** *m* / polarization plug || ≈**steckersatz** *m* / coding plug set || ≈**stift** *m* / coding pin
codiert *adj* / coded *adj* || **3-fach ~** *adj* / triple-coded *adj* || **~er Drehgeber** / encoder *n*, quantizer *n* || **~er Einbauplatz** / polarized slot, keyed slot || **~es Bild** / coded image
Codierung *f* (Kodierung) / coding *n*, code *n* || ≈ *f* (Steckbaugruppe) / polarization *n*, orientation *n*, polarization code || ≈ *f* / numbering *n* || ≈**sregel** *f* / encoding rule
Codier·zapfen *m* / coding key, polarization key || ≈**zubehör** *n* / polarization keys
CO: Drehmoment / CO: Act. torque || ≈ **Drehmoment-Zusatzsollwert** / CO: Additional torque setpoint || ≈ **Drehmomentbildender Strom Isq** / CO: Torque gen. current || ≈ **Drehmomentsollwert** / CO: Torque setpoint || ≈ **Drehmomentsollwert (gesamt)** / CO: Torque setpoint (total) || ≈ **Drehzahl** / CO: Act. frequency || ≈ **Drehzahlsollwert** / CO: Freq. setpoint || ≈ **Einschaltpegel Vdc-max Regl.** / CO: Switch-on level of Vdc-max ≈ **Energieverbrauchszähler [kWh]** / CO: Energy consumpt. meter [kWh] || ≈ **Festsollwert Motorfluss** / CO: Fixed value flux setpoint || ≈ **Fluss-Sollwert (gesamt)** / CO: Flux setpoint (total) || ≈ **Flussbildender Strom** (Isd) / CO: Flux gen. current ≈ **Frequenzsollwert** / CO: Act. frequency setpoint ≈ **Frequenzsollwert zum Regler** / CO: Freq. setpoint to controller || ≈ **gefilterte Ist-Frequenz** / CO: Act. filtered frequency
COG-Keramikkondensator *m* / COG ceramic capacitor
COI / cause of initialization (COI)
Coil·anlage *f* / coil system || ≈-**Handling-Kran** *m* / coil handling crane || ≈**kran** *m* / coil crane || ≈**zange** *f* / coil gripper
CO: Imax Regler Frequenzausgang / CO: Imax controller freq. output || ≈ **Imax Regler Spannungsausgang** / CO: Imax controller volt. output || ≈ **Int.-Ausgang n-Adaption** / CO: Int. output of n-adaption || ≈ **Integ.anteil Drehz.reg.ausg.** / CO: Integral output of n-ctrl. || ≈ **Ist-Festfrequenz** / CO: Act. fixed frequency || ≈ **Läuferwiderstand** / CO: Act. rotor resistance

Cold-Plate / cold plate || ⁓ **mit externer Flüssigkeitskühlung** / cold plate with external liquid cooling || ⁓ **mit externer Luftkühlung** / cold plate with external air cooling || ⁓ **mit interner Flüssigkeitskühlung** / cold plate with internal liquid cooling || ⁓**-Anschlussadapter** *m* / cold plate connection adapter || ⁓**-Kühlung** *f* / cold plate cooling || ⁓**-Umlenkadapter** *m* / cold plate return adapter
Collaborative Engineering *n* / Collaborative Engineering || ⁓ **Production Management (CPM)** / Collaborative Production Management (CPM)
Collect & Pick & Place / Collect & Pick & Place || ⁓ **& Place** / collect & place || ⁓ **& Place-Bestückprinzip** *n* / collect & place principle || ⁓ **& Place-Kopf** *m* / Collect & Place Head || ⁓ **& Place-Kopf-Ablauf** *m* / IC head sequence || ⁓ **& Place-Prinzip** *n* / collect & place principle
Colorimetrie *f* / colorimetry *n*
CoM (Computer on Module) / CoM (Computer on Module)
CO: Max. Ausgangsspannung / CO: Max. output voltage
Combi-Steckklemme *f* / combination plug-in terminal
Combo·box *f* (Kombination von Eingabefeld und Einfachauswahlliste) / combo box || ⁓**-Box** *f* / combo box
COMCLS / COMCLS (command class)
COMCOD / COMCOD (command code)
ComDec Schnittstellencenter *n* / ComDec Interface Center
Comm-Leitung *f* / comm-link
Common Data Class (CDC) *f* / Common Data Class (CDC) (Common data classes are defined for use in part IEC 61850-7-4) || ⁓ **Equipment Model (CEM)** *n* (bildet die tatsächliche Maschinenhardware strukturell ab) / Common Equipment Model (CEM) || ⁓ **Format for Transient Data Exchange (COMTRADE)** / Common Format for Transient Data Exchange (COMTRADE) (format for fault records in protection devices) || ⁓ **Object Model** *n* / common object model || ⁓ **Services** *f* / common service || ⁓**-Adresse** *f* / common address || ⁓**-mode-Ausfall** / common-mode failure
Communication Board *n* / Communication Board || ⁓ **Processor (CP)** / communication processor (CP), communications processor (CP)
COM-Objekt *n* / COM object
CO: MOP-Ausgangsfrequenz / CO: Act. Output freq. of the MOP
COM-Optionen / COM options
CO: Motortemperatur / CO: Act. motor temperature
Compact Control Unit (CCU) *f* / CCU (Compact Control Unit) || **3AH-**⁓ / 3AH compact || ⁓**Flash** / CF *n*, CompactFlash || ⁓**Flash Card** / CompactFlash Card || ⁓**PCI (cPCI)** / CompactPCI (cPCI)
Compile-Cycle (CC) / compile cycle
Compiler *m* (Übersetzungsprogramm) / compiler *n* || ⁓**sprache** *f* / compiler language
Compilezyklus *m* / compile cycle
Compile-Zyklus *m* / CC, critical characteristic
Compliance Engineering *n* (alle ingenieurmäßigen Aktivitäten, die darauf gerichtet sind, die Übereinstimmung eines Produkts mit allen dafür geltenden Gesetzen, Vorschriften und Normen z.b. in Bezug auf Sicherheit, EMV und Umweltverträglichkeit zu gewährleisten) / Compliance Engineering
Component Based Automation (CBA) / component based automation (CBA) || ⁓ **Information System** *n* / Component Information System || ⁓ **Object Model (COM)** / component object model (COM) || ⁓ **Supplier Management (CSM)** *n* / Component Supplier Management (CSM)
Composit mit Screenshot-Elementen *m* / screenshot with added text
Compound-Bremse *f* / compound brake
Compounder *m* / compounder *n*
Computer Aided Design (CAD) *n* / computer aided design (CAD) || ⁓ **Associates** / Computer Associates || ⁓ **Integrated Manufacturing (CIM)** / computer integrated manufacturing (CIM) || ⁓ **on Module (CoM)** *m* / Computer on Module (CoM) || ⁓**-based-Trainingsmodul** *n* / computer-based training module || ⁓**basiertes Wartungs-/Instandhaltungs-Managementsystem** / Computerized Maintenance Management Systems || ⁓**betrug** *m* / computer fraud || ⁓**freak** *m* / hacker || ⁓**gestützte Anlagenplanung (CAPD)** *f* / Computer-Aided Plant Design (CAPD) || ⁓**-Integrated Manufacturing and Engineering (CIME)** / Computer-Integrated Manufacturing and Engineering (CIME)
Computerized Numerical Control (CNC) / computerized numerical control (CNC)
Computer·konferenz *f* / computer conferencing || ⁓**missbrauch** *m* / computer abuse || ⁓**sehen** *n* (die Fähigkeit einer Funktionseinheit, visuelle Daten zu erfassen, zu verarbeiten und zu deuten) / computer vision || ⁓**sicherheit** *f* (Schutz von Daten und Betriebsmitteln vor versehentlichen oder arglistigen Handlungen, gewöhnlich durch das Ergreifen geeigneter Maßnahmen) / computer security || ⁓**straftat** *f* / computer crime || ⁓**tomographie** *f* / CT (computer tomography) || **~unterstützte Problemlösungspakete** / computer-aided solution packages || **~unterstützte Arbeitsplanung** *f* / Computer Aided Planning || **~unterstützte Schutzstaffelung (CUSS)** *f* / computer-aided protective grading || **~unterstützte Softwareentwicklung (CASE)** / computer-aided software engineering (CASE) || **~unterstütztes Zeichnen und Konstruieren** / CAD (Computer Aided Design)
COM-Schnittstelle *f* / COM interface
COMTRADE (Common Format for Transient Data Exchange) / COMTRADE (Common Format for Transient Data Exchange)
CON / CON (contour definition)
CONC / cost of non-conformance (CONC)
Concentra-Lampe *f* / reflector lamp
Concurrent Engineering (CE) *n* / Concurrent Engineering (CE)
Condition Monitoring (CM) *n* (Betriebszustandsüberwachung) / condition monitoring (CM) || ⁓**-based Maintenance (CbM)** / Condition-based Maintenance (CbM)
Configuration in Run (CiR) / CiR *n*
Configured IED Description *f* (Datei für den

Connectionmodul

Datenaustausch zwischen dem IED-Konfigurationstool un dem IED selbst) / Configured IED Description (CID)
Connectionmodul *n* / connection module || ≈ **für Einspeiseschütz** / connection module for incoming-feeder contactor
Connector Input (CI) / connector input, source *n* || ≈-**Box** *f* / connector box
Constraints·teil *n* (EN 29646-1) / constraints part || ≈**verweis** *m* (EN 29646-1) / constraints reference
Consulting *n* / consulting || ≈**/Integration** / consulting/integration || ≈ **Support** / consulting support
Consumerbereich *m* / consumer sector
Container *m* / container *n* || ≈**kaikran** *m* / container quay crane || ≈**stapelkran** *m* / container stacking crane
Content Management System (CMS) / content management system (CMS) || ≈ **Provider (CP)** *m* (beantwortet Schlüsselfragen durch Lieferung des Roh-Content, stellt fachliche Richtigkeit der Schlüsselantworten sicher, gibt fachlich frei) / Content Provider || ≈**bereich** *m* / content area || ≈-**Seiten** *f* / content pages
Continuous Dressing *n* / continuous dressing || ≈ **Function Chart (CFC)** *m* / continuous function chart (CFC)
Control Kit *n* / control kit
Controller *m* / controller *n* || ≈ **Area Network (CAN)** *n* / controller area network (CAN) || ≈ **Development System** *n* (Automatisierungssoftware) / Controller Development System (CoDeSys) || ≈-**basiert** *adj* / controller-based || ≈-**basierte Plattform** *f* / controller-based platform || ≈**ebene** *f* / controller level || ≈**karte** *f* / controller card || ≈-**Modul** *n* / controller module
Controlling *n* / controlling *n* || ≈**übersicht** *f* / controlling summary
Control·-Modul *n* / control module || ≈ **Monitoring** *n* / control monitoring || ≈ **Panel** *n* / control panel || ≈ **Panel Interface** / control panel interface || ≈ **Panel Interface-Modul** / control panel interface module
Control Supply Module (CSM) / Control Supply Module (CSM) || ≈ **Unit (CU)** *f* / CU (Control Unit) *n* || ≈ **Unit Adapter (CUA)** *m* / CUA (Control Unit Adapter) *n* || ≈ **Voltage Adapter** *m* (24-V-Adapter von Klemme auf Schiene. In allen Sprachen so nennen!) / Control Voltage Adapter
ControlWeb *n* / ControlWeb
Converting Toolbox *f* / Converting Toolbox
CO: Oberer Drehmoment-Grenzwert / CO: Upper torque limitation || ≈ **Oberer Drehmoment-Grenzwert** (gesamt) / CO: Upper torque limit (total)
COP (Coprozessor) / COP (coprocessor)
CO: PID-Istwert gefiltert / CO: PID filtered feedback || ≈ **PID-Reglerabweichung** / CO: PID error
COPQ *f* / COPQ (cost of poor quality)
CO: Prop.-Ausgang n-Adaption / CO: Prop. output of n-adaption
Coprozessor *m* (COP) / coprocessor *n* (COP)
CO: PZD von BOP-Link (USS) / CO: PZD from BOP link (USS) || ≈ **PZD von CB** / CO: PZD from CB || ≈ **PZD von COM-Link** (USS) / CO: PZD from COM link (USS)
COQ *f* / cost of quality (COQ)
Corbino-Scheibe *f* / Corbino disc

CO: Regeldifferenz n-Regler / CO: Dev. frequency controller
Coriolis-Kraft *f* / Coriolis force, compound centrifugal force
CORNER P1 - P5 [Hex] / CORNER P1 - P5 [Hex]
Corner-driven *adj* (Algorithmustyp im BE-Visionmodul zur Ermittlung der X-/Y-Position und des Drehwinkels eines Bauelementes auf der Leiterplatte) / corner driven
Corotron *n* / corona device
corrective action request (CAR) / corrective action request (CAR)
cos phi / power factor, p. f. || ~-**Überwachung** *f* / power factor monitoring
cos ·-Messer *m* / power-factor meter, p. f. meter || ~-**Regelung** *f* / power-factor correction, reactive-power control
CO: Schlupffrequenz / CO: Slip frequency
Cosinus *m* / cosine || ≈**abgriff** *m* / cosine pick-off || ≈**funktion** *f* / cosine function || ≈**spur** *f* / cosine track
CO: skalierter PID-Istwert / CO: PID scaled feedback || ≈ **Sollwert nach HLG** / CO: Frequency setpoint after RFG || ≈ **Sollwert nach Reversiereinh.** / CO: Freq. setp. after dir. ctrl. || ≈ **Sollwert vor Hochlaufgeber** / CO: Freq. setpoint before RFG || ≈ **Sollwert-Auswahl** / CO: Selected frequency setpoint || ≈ **Ständerwiderstand gesamt [%]** / CO: Total stator resistance [%] || ≈ **Statik-Frequenz** / CO: Droop frequency || ≈ **Strom Isd** / CO: Act. current Isd || ≈ **Strom Isq** / CO: Act. current Isq || ≈ **Stromsollwert Isd** / CO: Current setpoint Isd || ≈ **Stromsollwert Isq** / CO: Current setpoint Isq
COT (customer owned tooling) *n* / COT (customer owned tooling)
CO: U/f Schlupffreq. / CO: V/f slip frequency
Coulomb·-Lorentz-Kraft *f* (F) / Coulomb-Lorentz force (F) || ≈**sches Magnetisches Moment** / magnetic dipole moment
CO: Ungefilterter Ausgangsstrom / CO: Output current || ≈ **Unt. Drehmom. Grenzwert** (gesamt) / CO: Lower torque limit (total)
Counter *m* / counter *n*
CO: Unterer Drehmoment-Grenzwert / CO: Lower torque limit, CO: Lower torque limitation
Counterwert *m* / counter value, count *n*, scanned accumulator data, value of a counter, accumulator input, metered value
CO-Vor- und Hauptalarm *m* / CO pre-alarm and main alarm
CO: Wechselrichter Temp. [°C] / CO: Inverter temperature [°C] || ≈ **Wechselrichter-Ausgangsfreq.** / CO: Act. output frequency || ≈ **Wirkleistung** / CO: Act. power || ≈ **Wirkleistungsfaktor** / CO: Act. power factor || ≈ **Wirkstrom** / CO: Act. active current
Cox-Ring *m* / Cox sealing ring
CO: Zwischenkreisspannung / CO: Act. DC-link voltage
CP / web *n* || ≈ / central processing unit (CPU), central processor (CP) || ≈ (Mikrocomputer-Steuerprogramm o. - Betriebssystem) / CP/M (control program/microcomputer) || ≈ (Copy Program) / CP (copy program) || ≈ (Communication Processor) / CP (communications processor) || ≈ (**Content Provider**) *m* / CP *n* || ≈ (**Kommunikationsprozessor**) *m* / CP *n*

CPA / CPA (Compiler Projecting Data)
CPC (compound parabolic concentrator) *m* / CPC (compound parabolic concentrator) *n*
cPCI (CompactPCI) / CPCI (CompactPCI)
CPCI'-Standard *m* / CPCI standard || ⟨-Konzentrator *m* / compound parabolic concentrator (CPC)
CPE / central processing element (CPE)
cpi (Zyklen pro Befehl) / cpi (cycles per instruction)
CPI-Modul *n* / CPI module
CPLD (Complex Programmable Logic Device) / CPLD (Complex Programmable Logic Device)
CPM (Collaborative Production Management) / CPM (Collaborative Production Management)
CP'-Quittung *f* / CP acknowledgement || ⟨ Redundanz *f* / CP redundancy
C-Profil *n* / C profile || ⟨-schiene *f* / C-section rail, C-rail *n*
C-Prüfstelle *f* / C-level calibration facility
CPS / CPS (control and protective switching equipment) || ⟨ **(canister purge solenoid)** / CPS (canister purge solenoid) || ⟨ **für die Steuerung und den Schutz von Motoren** EN 60947-6-2 / CPS for motor control and protection || ⟨ **mit Trennfunktion** EN 60947-6-2 / CPS suitable for isolation || ⟨ **zum direkten Einschalten** / direct-on-line CPS || ⟨ **zum Reversieren** EN 60947-6-2 / reversing CPS
CPT frachtfrei / carriage paid to
CPU *f* / central processing unit (CPU), central processor, CPU || ⟨ **auswählen** / select CPU || ⟨-Ausfall *m* / CPU failure || ⟨-Baugruppe *f* / CPU module || ⟨-Nr. *f* / CPU number || ⟨-Nummer *f* / CPU number || ⟨-Programmliste *f* / CPU program list || ⟨-Programmverzeichnis *n* / CPU program directory || ⟨-Schnittstelle *f* / CPU interface || ⟨-Stopp / CPU stop || ⟨-Teilnehmer *m* / CPU node || ⟨-weit *adj* / CPU oriented || ⟨-Zuordnung *f* / CPU assignment
CQA *m* / certified quality auditor (CQA)
CQE *m* / certified quality engineer (CQE)
CQI / continuous quality improvement (CQI)
CQM *m* / certified quality manager (CQM)
CQT *m* / certified quality technician (CQT)
CR / carriage return (CR), conditional reset (CR) || ⟨2 / CR *n*
Cracken *n* / cracking *n*
Crackzentrum *n* / crack center
Crash·ablaufsteuerung *f* / crash control || ⟨einwirkung *f* / crash impact || ⟨sensor *m* / crash sensor, collision sensor || ⟨-Sensor *m* / crash sensor, collision sensor || ⟨versuch *m* / crash test
CRC (CRC) / cyclic redundancy check || ⟨-Fehler **(Cyclic Redundancy Check-Fehler)** *m* (Anzeige von hardwaremäßig erkannten Kommunikationsfehlern zwischen NC und Antrieb) / CRC Error (Cyclic Redundancy Check Error) || ⟨-Karte *f* / CRC-Card
CRDL / CRDL (C = capacitor, R = resistor, D = diode, L = coil) || ⟨-Messfehler *m* / CRDL measurement error || ⟨-Prüfgerät *n* / CRDL measuring device || ⟨-Prüfung *f* / CRDL measurement, CRDL test
CRE *m* / certified reliability engineer (CRE)
Crimp·amboss *m* / crimp anvil || ⟨anschluss *m* / crimp termination IEC 603-1, crimp snap-on connection, crimp connection, crimp snap-in connection || ⟨anschluss *m* (Verbinder) / crimp snap-on connector
Crimpen *n* / crimping *n* || ~ *v* / crimp *v*
Crimp·hülse *f* / crimp barrel || ⟨kammer *f* / retainer chamber || ⟨kontakt *m* / crimp contact, crimp snap-in contact || ⟨maschine *f* / crimping machine || ⟨presse *f* / crimping press || ⟨-Prüfbohrung *f* / crimp inspection hole, contact inspection hole || ⟨-Prüfloch *n* / crimp inspection hole, contact inspection hole || ⟨seite *f* / crimp side || ⟨-snap-in / crimp snap-in contact, crimp contact || ⟨-snap-in-Anschluss *m* / crimp snap-in connection || ⟨-snap-in-Verdrahtungstechnik *f* / crimp snap-in wiring method || ⟨stecker *m* / crimp connector || ⟨-Stecksockel *m* / crimp plug-in socket || ⟨stempel *m* / crimp indentor || ⟨technik *f* / crimping method || ⟨verbindung *f* / crimped connection, crimp connection, crimp *n* || ⟨werkzeug *n* / crimping tool || ⟨werkzeug-Mechanismus *m* / crimping-tool mechanism || ⟨zange *f* / crimping tool, pliers *n*, crimping pliers
C/R/L-Messung *f* / C/R/L/ measurement
CRM / CRM (Customer Relationship Management)
CROM / control ROM (CROM)
Cross'-Kabel *n* (Kabel, mit dem im PROFINET eine Punkt-zu-Punkt-Verbindung realisiert wird) / cross-cable *n* || ⟨-Referenzliste *f* / cross-reference list
CRT (Kathodenstrahlröhre) / CRT (Cathode-Ray Tube) || ⟨-Monitor *m* / CRT monitor
CS / configuration system, conditional set (CS), customer support
CSA / CSA (Canadian Standards Association)
CSB / CSB (Control Service Board) || ⟨-Board / CSB board
C-Schiene *f* EN 50024 / C profile, C-rail
CSD / Circuit Switched Data (CSD)
CSE / Capacitive Switch Element (CSE)
CSEC (Cartesian Space Error Compensation) *f* / Cartesian Space Error Compensation (CSEC)
CSEM (Centre Suisse d'Electronique et de Microtechnique) / CSEM
CSI (customer satisfaction index) *m* / customer satisfaction index (CSI)
c-Si (kristallines Silizium) *n* / crystalline silicon (c-Si) || ~-Film-Zelle *f* / Silicon-Film cell
CSM (Control Supply Module) *n* / CSM (Control Supply Module) *n*
CSMA / collision detection (carrier sense multiple-access), Carrier Sense Multiple Access (CSMA)
CSMA/CA / CSMA/CA (carrier sense multiple access with collision avoiding)
CSMA/CD / CSMA/CD (carrier sense multiple access /collision detect), carrier sense multiple access with collision detection
CSP (Chip Scale Package) *n* / CSP (Chip Scale Package)
C-Spline *m* (kubischer Spline) / C spline (cubic spline), cubic spline
CSQE *m* / certified software quality engineer (CSQE)
CSV // computer software validation (CSV)
CT *n* / cordless telephone
CTA / cellulose triacetate (CTA)
C-tan-δ-Messbrücke *f* / capacitance-loss-factor measuring bridge, C-tan-δ measuring bridge
CT-Editor *m* / CT editor
CTI / CTI (comparative tracking index)

CTL / Core Test Language (CTL)
CTM *n* / Computer integrated Tool and Machine Monitoring (CTM) || ⌢ *n* / Cycle Time Management (CTM) || ⌢ *n* / Conventional Turning Machine (CTM)
CTQ / critical to quality (CTQ)
CTS / clear to send, CTS || ⌢ / Clock Tree Synthesis (CTS)
C.T.S.-Versuch *m* / controlled thermal severity test, C.T.S. test
CTS-Zelle *f* (Dünnschichtzelle aus Cadmiumtellurid (CdTe) und Cadmiumsulfid (CdS)) / CTS cell *n*
CTU / up-counter *n*
CU / connection unit (CU), compact device, compact unit (CU), telecontrol compact unit || ⌢ **(Control Unit)** *f* / Control Unit (CU)
Cu (Kupfer) *n* / copper *n*
CUA (Control Unit Adapter) *m* / Control Unit Adapter (CUA)
CU-Anbauelement *n* / CU mounting fixture
Cu-Band *n* / Cu strip
CubicleBUS *m* / CubicleBUS || ⌢**-Modul** *n* / CubicleBUS module
Cu-Gewicht *n* / copper weight
CuInS$_2$ (Kupferindiumdisulfid) *n* / roquésite *n*
CuInSe$_2$ *n* / copper indium diselenide
Cu--Kabel *n* / copper cable || ⌢**-Klemmleiste** *f* / copper terminal block || ⌢**-Ko-Thermoelement** *n* / copper-constantan thermocouple || ⌢**-Leiter** *m* / copper conductor, Cu conductor
CUMC / Control Unit Motion Control
Cu-Notierung *f* / copper quotation
CUPAL-Blech *n* / copper-plated aluminium sheet
Cu-Platte *f* / Cu plate
Curie--Punkt *m* / Curie point, Curie temperature || ⌢**-Temperatur** *f* / Curie point, Curie temperature
Cursor *m* / cursor *n* || ⌢**position** *f* / cursor position || ⌢ **setzen** / set cursor || ⌢**speicher** *m* / cursor memory || ⌢**steuertaste** *f* / cursor control key || ⌢**steuerung** *f* (Schreibmarkensteuerung) / cursor control || ⌢**taste** *f* / cursor key || ⌢**zeiger** *m* / cursor pointer
Cu--Sammelschiene *f* / Cu busbar || ⌢**-Schiene** *f* / cu bar, copper busbar
CUSP / CUSP (customer's programming language)
CU-spezifischer Parameter / CU specific parameter
customer owned tooling (COT) *n* / customer owned tooling (COT) || ⌢ **Support (CS)** *m* / customer support (CS)
Customer's Programming Language (CUSP) / customer's programming language (CUSP)
Customized Open Architecture (COA) / Customized Open Architecture (COA)
Customizing *n* / customizing, customization
CUT (circuit under test) / CUT (circuit under test)
CUVC / Control Unit Vector Control (CUVC)
CUVP / Control Unit Vector Control Compact Plus (CUVP)
Cu--Zahl *f* / copper number || ⌢**-Zuschlag** *m* / copper surcharge
CVAR / CheckVARiable (CVAR)
CVB (Common Vision Box) / Common Vision Box (CVB)
CVD / Chemical Vapor Deposition (CVD)
CVM / Customer Value Management (CVM)
CVO (Commercial Vehicle Operations) / Commercial Vehicle Operations (CVO)
CVS (constant volume sampling) *n* / CVS (constant volume sampling)
CVT (continuously variable transmission) *f* / continuously variable transmission (CVT)
CW (Clockwise) / CW (clockwise)
CWQC *f* / company-wide quality control (CWQC)
Cyanursäure *f* / cyanuric acid, tricyanic acid
Cycle--Start *m* / cycle start || ⌢**-Stop** *m* / cycle stop
Cyclic redundancy check / cyclic redundancy check (CRC) || ⌢ **Redundancy Check-Fehler (CRC-Fehler)** (Fehler, der bei einem Cyclic Redundancy Check erkannt wurde) / Cyclic Redundancy Check Error (CRC Error)
cycloaliphatisch *adj* / cycloalyphatic *adj*
Czochralski-gezogenes Silizium / CZ-grown silicon || ⌢**-Verfahren** *n* / CZ process, Czochralski process || **nach dem** ⌢**-Verfahren gezüchtetes Silizium** / CZ silicon || ⌢**-Ziehverfahren** *n* / Czochralski crystal growth
CZ-Si *n* / CZ-grown silicon
C-Zustandsdiagramm *n* / C state diagram, controller function state diagram
CZ-Verfahren *n* / Czochralski technique

D

D / data (D) || ⌢ / tool nose || ⌢ **(Diode)** *f* (Symbol für Diode) / diode *n* || ⌢ **und eingeschränkt d und n** / D and restricted d and n
DA / design automation (DA) || ⌢ / digital output || ⌢ / two-core conductor || ⌢ **(Digitalausgabe)** / DO module, digital output module, DO (digital output) || ⌢ **(Datenausgabe)** *f* / data output
D/A-Abgleich *m* / DAC trim
DA-Abgleich (Digital-Analog-Abgleich) *m* / DAC (digital-to-analog conversion)
DAA-Technik *f* / direct access arrangement technology (DAA technology)
DA-Ausgang (Digital-Analog-Ausgang) *m* / digital/analog output
DAB (Device Application Builder) / DAB (Device Application Builder)
DAC (DSA-Link Actor Controller) / DAC || ⌢**-Anzahl** *f* / number of DACs || ⌢**-Glättungszeit** *f* / smooth time DAC
Dach *n* (Impuls) / top *n* || ⌢ (Leuchte, Schutzdach) / canopy *n* || ⌢**abfall** *m* (Impuls) / pulse droop || ⌢**blech** *n* / top plate, top cover || ⌢**-Bodenwand** *f* / top-bottom panel || ⌢**element** *n* (PV-Module in Dachmontage) / roof unit || **~förmiges Gefälle** / straight crossfalls || ⌢**formquerschnitt** *m* / straight crossfalls || ⌢**größenwert** *m* (Impuls) / top magnitude (pulse) || ⌢**haube** *f* / roof section || ⌢**haut** *f* / roof sheeting, roofing *n* || ⌢**integration** *f* (Solarmodule werden nicht auf dem Dach aufgestellt, sondern in die Dachhaut integriert) / roof integration || ⌢**integrierte Module** *n* / integral roof modules || ⌢**linie** *f* (Impuls) / top line (pulse) || ⌢**marke** *f* / parent trademark || ⌢**mittellinie** *f* (Impuls) / top centre line (pulse) || ⌢**mittelpunkt** *m* (Impuls) / top centre point (pulse) || ⌢**montage** *f* / roof installation, roof mounting || **~montiert** / roof-mounted || ⌢**platte** *f* / top plate, roofing plate, top

panel || ~profil n / straight crossfalls || ~rahmen
m / roof frame || ~schräge f (Impuls) / pulse tilt ||
~schrift f / umbrella brochure
D-Achse f / D-axis n (rotary axis on the IC-head:
This axis is used to rotate the component),
rotational axis || ~ **drehen** / Turn D-Axis
D-Achsmotor m / D-axis motor
Dach·ständer m (Hausanschluss) / service entry
mast || ~**wand** f / top plate
dachziegelartig überlappend / imbricated adj,
interleaved adj || **Wicklung mit ~ überlappendem
Wickelkopf** / imbricated winding
DAC-Werte [V] oder [mA] / act. DAC value [V] or
[mA]
DAF gelieferte Grenze / delivered at frontier
dahinterliegend adj / series-connected
Dahlander·betrieb m / dahlander mode || ~-
Kombination f / dahlander combination || ~-
Schalter m / Dahlander pole-changing switch,
pole changer for Dahlander winding || ~**schaltung**
f / Dahlander circuit || ~-**Schaltung** f / Dahlander
pole-changing circuit, delta-parallel-star circuit,
Dahlander circuit || ~-**Wicklung** f / Dahlander
change-pole winding, Dahlander winding
DA-Klemme f / DO terminal
DAKON (Datenkonzentrator; PC ohne Monitor und
Tastatur, arbeitet vollautomatisch im 24 Stunden
Abfragebetrieb) / DAKON
DALI n / Digital Addressable Lighting Interface
(DALI) || ~-**Ausgang** m / DALI output || ~-
Schnittstelle f / DALI interface
DAM (Degressionsfaktor (Parameter)) / DAM
(degression factor)
Damageätzung f / damage etch
Damm m / embankment n, bank n || ~**auflager** n /
fill base || ~**aufschüttung** f / embanking n ||
~**balkenkran** m / dam crane
Dämmer·beleuchtung f / low-level lighting || ~**licht**
n / dimmed light, subdued light
Dämmerungs·beleuchtung f / dusk lighting ||
~**fühler** m / dusk sensor || ~**funktion** f / twilight
function || ~**schalter** m / photo-electric lighting
controller, sun relay, photo-electric switch,
twilight detector, dimmer switch, light level
switch, dusk switch || ~**sehen** n / mesopic vision
Dämm·stoff m / insulating material || ~**streifen** m
(Teil, um das Innere eines Geräts gegen
Fremdkörper abzudichten) / insulating strip ||
~**wand** f (f. Schall) / sound absorbing wall
Dampf m / steam n || ~**abscheidung** f / PVD
(physical vapour deposition) || ~**befeuchtung** f /
steam moistening || ~**begleitheizung** f / steam
tracing || ~**beheizt** adj / steam heated || ~**breite** f /
steam width || ~**breitenverstellung** f / steam
width adjustment || ~**diffusion** f / steam diffusion
|| ~**druck** m / saturation pressure ||
~**druckminderventil** n / steam reducing valve ||
~**druckschwankung** f / fluctuation of steam
pressure || ~**druckthermometer** n / vapour-
pressure thermometer
dämpfen v / dampen v, damp v, deaden v, absorb
sound, cushion v || ~ v (im Sinne von schwächen,
Gegenteil von verstärken) / attenuate v
dämpfender Werkstoff / damping material
Dämpfer m / damper n, damper winding,
amortisseur n || ~**käfig** m / squirrel-cage damper
winding, damper cage, amortisseur cage ||

Synchronmotor mit ~ / cage synchronous motor
|| ~**segment** n (Dämpfwickl.) / segment of
damper winding, damper segment, amortisseur
segment || ~**stab** m (Dämpfwickl.) / bar of
damper winding, damper bar, amortisseur bar ||
~**wicklung** f / damper winding, amortisseur
winding, damper n, amortisseur n || **Teilkäfig-
~wicklung** f / discontinuous damper winding,
discontinuous amortisseur winding || ~**wicklungs-
Kurzschlusszeitkonstante der Längsachse** /
direct-axis short-circuit damper-winding time
constant || ~**wicklungs-Kurzschlusszeitkonstante
der Querachse** / quadrature-axis short-circuit
damper-winding time constant ||
~**wicklungslasche** f / damper-winding link,
amortisseur strap || ~**wicklungs-
Leerlaufzeitkonstante der Längsachse** / direct-
axis open-circuit damper-circuit time constant
Dampf·erzeuger f / boiler n || ~**feuchte** f / steam
moisture || ~**geschützte Maschine** / vapour-proof
machine, gas-proof machine || ~**haltige Luft** /
steam-laden atmosphere || ~**härtung** f / steam
curing || ~**heizung** f / steam heater ||
~**krafttechnik** f / power station engineering ||
~**kraftwerk** n / steam power station || ~**leitung** f /
steam pipeline || ~-**Luftgemisch** n / vapour-air
mixture || ~**mengenmessung** f / steam
measurement || ~**messungen** f / vapor
measurement || ~**phasenlötung** f / vapour-phase
soldering, condensation soldering || ~**schirm** m
(VS) / vapour shield, vapour blanket || ~**strahlen**
n (Entfernen von Oberflächenverunreinigungen
mit einem Wasserdampfstrahl) / steam cleaning ||
~**strahler** m / steam jet-air ejector || ~**strömung**
f / flow of steam || ~**temperatur nach der
Entspannung** / downstream vapour temperature ||
~**temperaturregelung** f / temperature control of
steam, temperature control of steam || ~**turbine** f /
steam turbine || ~**turbinenkraftwerk** n / steam-
turbine power plant || ~**turbosatz** m (Turbinen &
Generatoren) / steam turboset, turbo-alternator set,
steam turbine set || ~**umformstation** f / steam
reducing and cooling station
Dämpfung f / damping n, attenuation n || ~ **durch
Abstand der Faserstirnflächen** IEC 50(731) /
longitudinal offset loss || ~ **durch radialen
Versatz** IEC 50(731) / gap loss, lateral offset loss
|| ~ **durch seitlichen Versatz** IEC 50(731) /
transverse offset loss || **Betriebs~** f
(Verstärkerröhre) DIN IEC 235, T.1 / operating
loss || **Kalt~** f (Mikrowellenröhre) / cold loss ||
relative ~ / damping ratio
Dämpfungs·abstand m / loss ratio ||
Dämpfungs·ausgleicher m / attenuation equalizer
|| ~**begrenzter Betrieb** IEC 50(731) / attenuation-
limited operation || ~**belag** m / attenuation per unit
length || ~**buchse** f / damping socket || ~**drossel** f /
damping reactor || ~**einlage** f / damping element ||
~**element** n / damping element || ~**element** n
(Bürste) / finger clip, hammer clip || ~**entzerrung**
f / attenuation equalization || ~**faktor** m (el.
Masch.) / damping factor, damping coefficient ||
~**faktor** m (in Neper pro Längeneinheit) /
attenuation constant || ~**feder** f / damping spring ||
~**flüssigkeit** f / damping fluid || ~**frei** adj /
undamped adj || ~**glied** n / attenuator n, damper n,
damping element || ~**grad** m / damping ratio ||

Dämpfungs

ℒ**induktivität** *f* / damping inductor || ℒ**koeffizient** *m* / attenuation coefficient || ℒ**konstante** *f* / acoustical absorption coefficient, sound absorptivity || ℒ**konstante** *f* (in Neper o. dB) / attenuation constant || ℒ**konstante** *f* (Synchronmasch.) / damping torque coefficient || ℒ**körper** *m* / damping element || ℒ**kreis** *m* / damping circuit, anti-hunt circuit
Dämpfungs·legierung *f* / high-damping alloy || ℒ**leistung** *f* / damping power || ℒ**luft** *f* / damping air || ℒ**maß** *n* / damping factor || ℒ**material** *n* / damping material || ℒ**moment** *n* / damping torque || ℒ**ring** *m* / damping ring || ℒ**röhre** *f* / attenuator tube || ℒ**spule** *f* / damping coil, (damping) inductor || ℒ**steuerung** *f* / suspension control || ℒ**stück** *n* (Bürste) / finger clip, hammer clip || ℒ**unterschied** *m* / mode attenuation || ℒ**ventil** *n* / damping valve || ℒ**verhalten** *n* / damping behavior || ℒ**verzerrung** *f* / amplitude/frequency distortion, attenuation distortion || ℒ**wicklung** *f* / damper winding, amortisseur winding, damper *n*, amortisseur *n*, damping winding || ℒ**widerstand** *m* / field breaking resistance, damping resistor, damping resistance || ℒ**widerstand** *m* (gegen Ferroresonanz) / anti-resonance resistor || ℒ**widerstand** *m* (Gerät) DIN 41640 / shunt resistance IEC 512 || ℒ**zeitkonstante** *f* / damping time constant || ℒ**ziffer** *f* (el. Masch.) / damping factor, damping coefficient || relative ℒ**ziffer** (el. Masch.) / per-unit damping-torque coefficient
Dänemark-Kleinstation *f* / Denmark-type packaged substation
dangling bonds *f* / dangling bonds
D-Anteil *m* / D component, derivative component, differential component
DAP (deutsches Akkreditierungssystem Prüfwesen) / DAP
DAQ (Datenerfassung) / DAQ (data acquisition)
DAR (deutscher Akkreditierungsrat) / German Accreditation Council
dargestelltes Bild / display image
Darlegungs·forderung *f* / demonstration requirement || ℒ**grad** *m* (Ausmaß, in dem ein Nachweis mit dem Ziel geführt wird, Vertrauen zu schaffen, dass (die Organisation) festgelegte Forderungen erfüllen wird) / degree of demonstration || ℒ**stufe** *m* (Rangstufe des genormten Darlegungsumfangs der Darlegungsforderung) / standardized size of demonstration || ℒ**umfang** *m* (Im Rahmen der ausgewählten Darlegungsstufe genormte, vereinbarte oder vorgegebene Menge der QM-Elemente) / size of demonstration
darstellbar *adj* / viewable *adj*
darstellen *v* / display *v*, view *v*, show *v*, map *v*
Darstellung *f* / representation *n*, delineation *n*, notation *n* || ℒ *f* (am Bildschirm) / display *n* || **graphische** ℒ **am Bildschirm** / display image, message display || ℒ **der Häufigkeitsverteilung der prozentualen Merkmale** / percentile plot || ℒ **eines Maschinenlayouts** / representation of a machine layout || ℒ **in 3 Ebenen** / representation in 3 planes || ℒ **mit explizitem Radixpunkt** / explicit radix point representation || ℒ **mit impliziertem Radixpunkt** / implicit radix point representation, implicit-point representation || ℒ **mit Vorzeichen** / signed representation || ℒ **nach Ablaufsprache** DIN EN 61131-1 / sequential function chart (SFC)

|| ℒ **ohne Vorzeichen** / unsigned representation || ℒ **von Schwingungsabbildern** / waveform format || **3D-**ℒ *f* / 3D representation || **bildliche** ℒ (Impulsmessung) DIN IEC 469, T.2 / pictorial format || **direkte** ℒ / direct representation || **expandierte** ℒ / expanded representation || **Informations~** *f* / representation of information, data representation || **schematische** ℒ / schematic diagram || **semigraphische** ℒ / character-graphic representation
darstellungsabhängige Syntax *f* / concrete syntax
Darstellungs·art *f* / method of representation, type of representation, screen mode, language *n* || ℒ**art** *f* (Formatsteuerfunktion) / graphic rendition || ℒ**attribut** *n* (Darstellungselemente) / primitive attribute || ℒ**attribut** *n* / display attribute || ℒ**bereich** *m* (Bildschirm) / display space || ℒ**dienst** *m* DIN ISO 7498 / presentation service || ℒ**element** *n* (Grafik) / graphic primitive, output primitive, display element || **verallgemeinertes** ℒ**element** VDE / generalized drawing primitive (GDP) || ℒ**feld** *n* (vordefinierter Teil eines Darstellungsbereichs) / viewport || ℒ**feld** *n* (Grafikgerät) / viewport *n* || ℒ**fenster** *n* / display window || ℒ**fläche** *f* / display surface || ℒ**form** *f* / form of display || ℒ**format** *n* / display format || ℒ**größe** *f* / display size || ℒ**kommando** *n* (graf. DV) / display command, display instruction || ℒ**kontext** *m* / presentation context || ℒ**möglichkeit** *f* / displaying capability || ℒ**oberfläche** *f* / display interface || ℒ**objekt** *n* / display object || ℒ**protokoll** *n* DIN ISO 7498 / presentation protocol || ℒ**schicht** *f* DIN ISO 7498 / presentation layer (the layer that provides for the selection of a common syntax for representing data and for transformation of application data into and from this common syntax) || **~unabhängige Syntax** *f* (DIN 66332) / abstract syntax
DAS / dual attachment station (DAS)
DASC (Design Automation Standards Committee) *n* / DASC (Design Automation Standards Committee)
Data Acquisition Unit (DAU) *f* (Data Acquisition Unit, Daten-Erfassungseinheit für analoge und binäre Messwerte im OSCILLOSTORE P531 oder im SIMEAS R) / data acquisition unit (DAU) || ℒ **Block Byte (DBB)** / data block byte (DBB) || ℒ **Block Editor** *m* / data block editor || ℒ **Block Length Register (DBL-Register)** / data block length register (DBL) || ℒ **Carrier Detected (DCD)** / data carrier detected (DCD) || ℒ **Center (DC)** *n* / Data Center (DC) || ℒ **Flow** / dataflow || ℒ **Link Layer** / Data Link Layer || ℒ **Mining** / data mining || ℒ **Type Template** *n* / Data Type Template || ℒ **WareHouse (DWH)** / Data WareHouse || ℒ**fax** *n* (öffentlicher Faksimile-Übertragungsdienst zwischen Teilnehmerendstellen des öffentlichen Datennetzes) / datafax || ℒ**gramm** *n* / datagram || ℒ**grammdienst** *m* / datagram service
datalen (data length)
DataMart-System *n* / DataMart system
Datei *f* / dataset *n*, data file, file *n* || ℒ **laden** / Load file || **2-sprachige** ℒ *f* / TTX *n* || **letzte** ℒ / last file || ℒ**abschnitt** *m* / file section || ℒ**anzahl** *f* / number of files || ℒ**attribut** *n* / file attribute || ℒ**austausch** *m* / file transfer || ℒ**auswahldialog** *m* / file selection dialog || ℒ**bereich** *m* (Code für Kabeldatenlieferant

im Herkunftsschlüssel) / file code ||
~**buchführung** *f* / file journal
Dateien-/Bausteine anzeigen / display files/blocks ||
~ **auslesen** / Read out files || ~ **der Komponente** / component files || ~ **einlesen** / Read in files || ~ **kopieren/umbenennen** / Copy/rename files || ~ **löschen** / Delete files || **Alle** ~ / all files || **berücksichtigte** ~ / files considered || **schreibgeschützte** ~ / write-protected files || **versteckte** ~ / hidden files
Datei·ende *n* / end of file (EOF) || ~**filter** *m* / file filter || ~**format** *n* / file format || ~**funktion** *f* / file function || ~**größe** *f* / file size || ~-**Handling** *n* / file handling || ~**inhalt** *m* / file contents || ~**kennung** *f* / file ID || ~**länge** *f* / file length || ~-**Manager** *m* / file manager || ~**menge** *f* / file set || ~**name** *m* / file name || ~**organisation** *f* / database file organization || ~**pfad** *m* / file path || ~**schutz** *m* / file protection || ~**sperre** *f* / file locking || ~**struktur** *f* / data file structure || ~**system** *n* / file management system, database || ~**transfer** *m* / file transfer || ~**transfer, -zugriff und -verwaltung** *m* / file transfer, access and management || ~**typ** *m* / file type || ~**übertragung** *f* / file transfer || ~**verarbeitung** *f* / file processing || ~**verwaltung** *f* / file management || ~**verwaltungssystem** *n* / file management system, data administration system || ~**verzeichnis** *n* / directory *n*
Daten plt / data plt || ~-**Bits** / data bits || ~ **des Transportdienstbenutzers** / transport-service-user-data (TS-user-data) || ~ **einlesen** / read in data || ~ **ermitteln** / determine data, collect data || ~ **ohne Folgenummer** DIN ISO 3309 / unnumbered information (UI) || ~ **sichern** / save data || ~ **speichern** / save data || **elektrische** ~ / electrical data || **globale** ~ / basic data (BD), GD (global data), BD (basic data) || **herstellerspezifische** ~ / data for specific manufacturer || **technische** ~ / technical specifications
Daten·abgleich *m* / synchronization of data, match data, data reconciliation || ~**ablage** *f* / data storage || ~**abruf und -aktualisierung** *m* / data retrieval and actualization || ~**adresse** *f* / data address || ~**änderungsdienst** *m* / data modification service || ~**anforderung** *f* / data request || ~**antenne** *f* / data aerial || ~**archiv** *n* / data archive || ~**archivierung** *f* / data archiving || ~**art** *f* / data type (DTY) || ~**aufbau** *m* / data structure || ~**aufbereitung** *f* (Programmteil, der die Bestückdaten für den Maschinen-Controller aufbereitet) / data preparation || ~**auflösung** *f* / data resolution || ~**aufzeichnung** *f* / data recording || ~**ausgabe** (DA) *f* / data output, data-out *n* || ~**ausgabegerät** *n* / data terminal || ~**ausgang** *m* (Digitalausgang) DIN 44472 / digital output, data-out *n*, data output || ~**austausch** *m* / data exchange, data interchange, data communication, data communications, data traffic, data transfer || **dynamischer** ~**austausch** (DDE) / dynamic data exchange (DDE) || **Register mit** ~**auswahlschaltung** DIN 40700, T.1 / register with an array of gated D bistable elements IEC 117-15 || ~**auswertung** *f* / evaluation || ~**authentifizierung** *f* / data authentication
Datenbank *f* / data bank, database *n* || ~ **leeren** / empty database || **relationale** ~ / relational database || ~**administrator** *m* / database administrator || **integrierter** ~-**Beschleuniger** / integral database accelerator || ~**dienstprogramm** *n* (Programm zur Einrichtung, Nutzung oder Pflege einer Datenbank als Ganzes) / database utility || ~**handhabungsprogramm** *n* / database handler || ~**maschine** *f* / database machine || ~**schema** *n* / database schema || ~**schlüssel** *m* (ein vom Datenbankverwaltungssystem zugewiesener Primärschlüssel) / database key || ~-**Server** *m* / database server || ~**sprache** *f* / database language || ~**subschema** *n* / database subschema || ~**system** *n* / database system || ~**systeme** *n* / databases || ~**verwaltung** *f* / database management, database administration || ~**verwaltung und -änderung** *f* / database administration || ~**verwaltungssprache** *f* (Datenbanksprache zur Datenbankverwaltung) / database administration language || ~**verwaltungssystem** *n* / Database Management System (DBMS) || ~-**Verwaltungssystem** *n* / data base management system
Daten·basis *f* / database *n* (defines how individual datum are stored), data bank || ~**basis-Datei** *f* / database file || ~**baustein** *m* (DB) / data block (DB), data module, software data block || ~**baustein hinzufügen** / add data block || ~**bausteinelement** *n* (Element eines Datenbausteins (z. B. Datenwort, Datenbit)) / data block element || ~**bausteinlänge** *f* / data block length || ~**bausteinnummer** *f* / DB No. *n* || ~**bearbeitung** *f* / data editing || ~**bedingter Fehlzustand** (Fehlzustand, der als Folge der Verarbeitung eines besonderen Datenmusters auftritt) / data-sensitive fault || ~**behälter** *m* / data container *n* || ~**bereich** *m* / data area, data storage area, field *n* || ~**bereich** *m* (des Speichers) / data storage area || ~**beschreibung** *f* / data description || ~**beschreibungsbaustein** *m* / data description block || ~**bestand** *m* / database *n* || ~**betrieb ablösen** (DÜ-Schnittstellenleitung) / return to non-data mode || ~**betrieb ablösen** (DÜE) DIN 66020, T.1 / return to non-data mode || ~**bezeichner** *m* / data identifier || ~**bezugserde** *f* / data ground || ~**bezugspotential** *n* / data ground
Daten·bit *n* / data bit || ~**blatt** *n* / data sheet, form *n* ISO/DIS 6548 || ~**block** *m* / data block, data field, field *n*, message frame, frame *n*, telegram *m* || ~**block** *m* DIN ISO 3309 / information format frame || ~**blocknummer** *f* / data block number || ~**blockprüfung** *f* / block check || ~**box** *f* / memory area, sub-section, mailbox || ~**breite** *f* / data width || ~**brille** *f* / data viewing glasses || ~**bus** *m* (DB) / data bus (DB), data highway, bus-type local area networks || ~**busbreite** *f* / data bus width || ~**bussystem** *n* / data bus system || ~**bustreiber** *m* / data bus driver || ~**byte** *n* / data byte || ~**byte** *n* / data byte DBB (byte of a 'global' data block (DBB) or an instance data block (DBI)) || ~**byte links** (DL) / left-hand data byte (DL), data byte left (DL) || ~**byte rechts** (DR) / right-hand data byte (DR), data byte right (DR) || ~**byteadresse** *f* / data byte address || ~**code** *m* / data code
Daten·darstellung *f* / data representation || ~**definitionssprache** *f* (Datenbanksprache zur Beschreibung von Daten und Datenstrukturen in einer Datenbank) / data definition language || ~**diagramm** *n* / data diagram || ~**doppelwort** *n* (DD) / data double word (DD), double data word (DD) || ~**dose** *f* / data box || ~**durchgängigkeit** *f* /

Datenelement 168

data consistency || ~**durchsatz** *m* / data throughput, data processing capacity || ~-**Ein-/Ausgabe** *f* / data input/output, data in/out || ~-**Ein-/Ausgang** *m* / data input/output, data in/out || ~**eingabe** *f* / data input, data-in *n* || ~**eingabe (DE)** *f* / data input || ~**eingabe in einen Speicher** / writing data into a store || ~**eingabe von Hand** / manual data input (MDI) || **manuelle** ~**eingabe (MDI)** / manual data input (MDI), manual input || ~**eingabebus** *m* / data input bus (DIB) || ~**eingabegerät** *n* / data input device || ~**eingabezeile** *f* / data input line || ~**eingang** *m* / data input, data-in *n* || ~**einheit** *f* (Informationseinheit mit gemeinsamer Übertragungsursache) DIN ISO 7498 / data unit
Datenelement *n* (UN/EDIFACT: Ein Gebilde aus Daten, das in einer Datenelement-Beschreibung beschrieben ist; ISO 2382-4) DIN 44300 / data element || ~-**Anforderungsbezeichner** *m* / data element requirement designator || ~-**Attribut** *n* (ein definiertes Merkmal eines Datenelementes) / data element attribute || ~-**Beschreibung** *f* / data element specification || ~-**Bezeichner** *m* / data element tag || ~-**Darstellung** *f* / data element representation || ~**gruppe** *f* / composite data element || ~**gruppen-Beschreibung** *f* / composite data element specification || ~**gruppen-Verzeichnis** *n* / composite data element directory || ~**name** *m* (ein oder mehrere Worte im natürlichen Sprachgebrauch, die ein Datenelement-Konzept identifizieren (ISO 9735)) / data element name || ~-**Referenznummer** *f* / data element reference number || ~-**Trennzeichen** *n* (ISO 9735) / data element separator || ~-**Verzeichnis** *n* / data element directory || ~**wert** *m* / data element value
Daten·empfang *m* / data volume, receipt of data || ~**empfang koordinieren** / coordinate receipt of data || ~**empfangseinheit** *f* / DTE (data terminal equipment) || ~**endeinrichtung** *f* (DEE) / data terminal equipment (DTE), data terminal || ~**endgerät** *n* / data terminal, data terminal equipment (DTE), data terminal device || ~**entkopplung** *f* / data decoupling circuit, data decoupling || ~**erfasser** *m* / data acquisition terminal, remote terminal unit (RTU)
Datenerfassung *f* / data acquisition, data collection, data capture, supervisory control and data acquisition (SCADA) || ~ **(DAQ)** *f* / data acquisition (DAQ) || ~ **mit dezentraler Datenvorverarbeitung** / data acquisition with distributed front-end preprocessing || **dv-mäßige** ~ / computerized evaluation || **dezentralisierte** ~ / source collection of data || ~**sgerät** *n* / data recorder, data acquisition unit || ~**skarte** *f* / data acquisition card || ~**splattform** *f* / data acquisition platform || ~**sschiene** *f* / data acquisition (o. collection) bus || ~**sstation** *f* / data acquisition terminal, remote terminal unit (RTU) || ~**ssystem** *n* / data acquisition system || ~**streiber** *m* / data acquisition driver
Daten·erzeugung *f* / data production, data source || ~**export** *m* / data export || ~**fach** *n* / mailbox, memory area, sub-section || ~**fehler** *m* / data error || ~**feld** *n* (Datenobjekt, das Ausprägung eines Feldtyps ist) / data field || ~**feld** *n* DIN ISO 3309 / information field || ~**fenster** *n* / data pane || ~-**Fernübertragung** *f* (DFÜ) / long-distance data transmission, data communications, remote data transmission || ~-**Fernübertragungsstrecke** *f* (DFÜ-Strecke) / long-distance data transmission link || ~**fernverarbeitung** *f* / data teleprocessing, teleprocessing || ~**flüchtigkeit** *f* (Merkmal von Daten, das sich auf die Änderungsrate dieser Daten bezieht) / data volatility || ~**fluss** *m* / data flow, flow of data || ~**fluss bei System- und Stationsabfrage** *m* / system and station interrogation data flow || ~**flussorientierter Test** *m* / data-flow orientated test || ~**flussplan** *m* / data flowchart, data flow diagram, data flow chart || ~**fluss-Steuerung** *f* / data flow control (DFC) || ~**format** *n* / data format || ~**funk** *m* / radio data transmission, radio data communication || ~**funksystem** *n* / radio data communication system
Daten--Generator *m* / data generator || ~**gerät** *n* / data storage device || ~**gerüst** *n* / data volume || ~**größe** *f* (Feldlänge eines festgelegten Datentyps in Bits) / data size || ~**gruppe** *f* / data group, data aggregate || ~**haltung** *f* / data management, data administration, database organization, data storage, data administrator || ~**haltung (DH)** *f* / data management || ~**haltungsserver (DH-Server)** *m* / data management server || ~**hantierungsbaustein** *m* / data handling block || ~-**Inhalt** *m* / data content || ~**inkonsistenz** *f* / data inconsistency || ~**instanz** *f* / data instance || ~**integrität** *f* / data integrity, data consistency || ~**interface** *n* / data interface || ~-**Interface** *n* / data interface
Daten·kabel *n* / data cable, data bus, data line || ~**kanal** *n* / data channel, information channel, forward channel || ~**kanal** *m* (MPU) / data port || ~**kanal-Kennzeichengabe** *f* / data channel signalling conditions || ~**karte** *f* (f. Ausweis) / badge data card || ~**kennung** *f* / data ID, data identifier || ~**kette** *f* / data string || ~**kollisionstolerantes Zugriffverfahren im Ethernet** / CSMA/CD (carrier sense multiple access / collision detected) || ~**kommunikation** *f* / data communication || ~**kommunikationsprotokoll** *n* / data communication protocol || ~**kommunikationsrechner** *m* / communication computer || ~**konsistenz** *f* / data consistency, data integrity || ~**kontakt** *m* / data contact || ~**konvertierung** *f* / data conversion || ~**konzentrator** *m* (eine Funktionseinheit, die es gestattet, mit einem gemeinsamen Übertragungsmedium mehr Datenquellen zu bedienen, als Übertragungskanäle vorhanden sind) / data concentrator || ~**koppler** *m* / data coupler || ~**kopplung** *f* (Verbindung) / data link || ~**kreis** *m* / data circuit
Daten·länge *f* (DATLG) / data length (DATLG) || ~**leiste** *f* / data bar || ~**leitung** *f* / data line, data transfer line, data transmission line, data bus, data cable, data circuit, comm link || ~**leitungssteuerung** *f* / data link control (DLC) || ~**lexikon** *n* (Datenbasis, die Metadaten enthält) / data dictionary || ~**lexikonsystem** *n* (Software-System zur Definition, Einrichtung, Aktualisierung, Verarbeitung und Anwendung von Datenlexika) / data dictionary system || ~**lichtschranke** *f* / data-transmitting light barrier || ~**logger** *m* / data logger || ~**logging** *n* / data logging || ~**management** *n* / data maintenance || ~-

Managementsoftware (DMS) *f* / Data Management Software (DMS) || ⸰**manager** *m* / data manager || ⸰**manipulationsregel** *f* / data manipulation rule || ⸰**manipulationssprache** *f* / data manipulation language || ⸰**medium** *n* / data carrier || ⸰**menge** *f* / data volume, volume of data, quantity of data, aggregate || ⸰**modell** *n* / data model || ⸰**modellelement** *n* (DIN EN 61970-301) / access model element || ⸰**modellierungsmittel** *n* (Software für die Implementierung von Datenmodellen) / data modeling facility || ⸰**multiplexer** *m* / data multiplexer

Daten·nachführung *f* / data updating || ⸰**nahtstelle** *f* / data interface || ⸰**netz** *n* / data network || ⸰**netzwerk** *n* / data network || ⸰**oberfläche** *f* (Diskette) / recording side || ⸰**objekt** *n* / data object || ⸰**ordner** *m* (Vorschlag Ref. K 952 für EN 61970-1) / data container || ⸰**organisation** *f* / data management, data storage || ⸰**paket** *n* (Ebenfalls gebräuchliche Bezeichnung für Telegramm) / data packet, data frame, packet *n*, frame *n* || ⸰**paketvermittlung** *f* / packet switching || ⸰**paket-Vermittlung** *f* / packet switching || ⸰**pflege-Antrag** *m* / data maintenance request || ⸰**plattform** *f* / data platform || ⸰**pool** *m* / data pool || ⸰**puffer** *m* / data buffer || ⸰**punkt** *m* (Stelle, die Informationen liefert bzw. anschließbare Informationsquelle) / data source, data point || ⸰**punktadresse** *f* / point address (unique data point identifier within a system used for accessing the point's information)

Daten·quelle *f* / data source || ⸰**querverkehr** *m* / cross data traffic || ⸰**quittung** *f* / data acknowledge (DTACK) || ⸰**rate** *f* / data rate, data signalling rate || ⸰**reduktion** *f* / data reduction || ⸰**referenz** *f* / data reference || ⸰**rekonstitution** *f* (Methode der Datenrestauration durch Zusammensetzen von Daten aus Teilen, die in alternativen Quellen verfügbar sind) / data reconstitution || ⸰**rekonstruktion** *f* (Methode der Datenrestauration durch Analysieren der originalen Quellen) / data reconstruction || ⸰**restauration** *f* (Erneuerung von Daten, die verloren gegangen oder kontaminiert worden sind) / data restoration || ⸰**rettung** *f* / data saving || ⸰**rettvorgang** *m* / data recovery || ⸰**richtung** *f* / data direction || ⸰**richtungsregister** *n* / data direction register (DDR) || ⸰**rückmeldung** *f* / data feedback

Daten·sammeln *n* / data collection || ⸰**sammelschiene** *f* / data bus, data highway || ⸰**sammler** *m* / data collector || ⸰**satz** *m* / data record, record *n*, data set || ⸰**satz 47** *m* / data block 47 || ⸰**satz zur Übertragungssteuerung** *m* / transfer set (TS) || ⸰**satzaufbau** *m* / data record structure || ⸰**satzmaske** *f* / data record mask || ⸰**satzname** *m* / data record name || ⸰**satznummer** *f* (identifiziert einen Datensatz der Rezepturverwaltung) / data record number || ⸰**satzschlüssel** *m* / data record key || ⸰**satzstruktur** *f* / data set structure || ⸰**schiene** *f* / data bus || ⸰**schiene** *f* (zum Einlegen in die Hutprofilschiene) / data rail || ⸰**schlüssel** *m* / data key || ⸰**schnittstelle** *f* / data interface || ⸰**schnittstelle zu anderen internen und externen Informationssystemen** *f* / data link with other internal and external information systems || **allgemeine** ⸰**schnittstelle (ADS)** / general data interface || ⸰**schnittstelleneinheit** *f* / data interface unit || ⸰**schutz** *m* / privacy protection, data protection || ⸰**seite** *f* / data side || ⸰**selektor** *m* / data selector || ⸰**senke** *f* / data sink, receiving terminal, data output

Daten·sicherheit *f* (auf Daten angewandte Computersicherheit) / data security, data integrity, data safety, information security || ⸰**sicherung** *f* (Maßnahmen und Einrichtungen, die Datensicherheit herbeiführen oder aufrecht erhalten) / data security, data save, data backup, data protection, data security means || ⸰**sicherung auf Festplatte** *f* / data backup on hard disk || ⸰**sicherungsmodul** *n* / data backup submodule || ⸰**sicherungsprogramm** *n* / data save program || ⸰**sicherungssequenz** *f* / data security sequence || ⸰**sicht** *f* / data view || ⸰**sichtgerät** *n* / visual display unit (VDU), video terminal, CRT unit (o. monitor), display unit, monitor *n*, data display terminal, display terminal || ⸰**sichtstation** *f* (DSS) / display terminal, data display terminal (VDT) || ⸰**signal** *n* / data signal || ⸰**signalkonzentrator** *m* / data signal concentrator || ⸰**signalrate** *f* / data signalling rate

Datenspeicher *m* / data memory, data storage, memory *n*, transponder *n*, DR (data register) || ⸰ *m* (Register) / data register (DR) || **mobiler** ⸰ (MDS) / mobile data storage (MDS), mobile data memory, mobile transponder || ⸰**bedarf** *m* / data memory requirements

Daten·standverbindung *f* DIN ISO 3309 / non-switched data circuit || ⸰**station** *f* / data terminal, terminal installation for data transmission, data station || **programmierbare** ⸰**station** / intelligent station || ⸰**stelle** *f* DIN 6763, Bl. 1 / data position || ⸰**steuerung** *f* / supervisory control and data acquisition (SCADA), data collection, data capture, data acquisition, SCADA (supervisory control and data acquisition) || ⸰**strecke lässt sich nicht aufbauen** / data transfer cannot be executed || ⸰**strom** *m* / stream *n*, data stream || ⸰**struktur** *f* / data structure || ⸰**strukturierungsregel** *f* / data structuring rule || ⸰**suchlauf** *m* / data search

Daten·technik *f* / data systems || ⸰**telefon** *n* / data phone || ⸰**träger** *m* / data medium, data carrier, volume *n*, storage medium || **externer** ⸰**träger** / external storage medium || ⸰**bestimmung** *f* / data carrier label || ⸰**bestimmung** *f* / data carrier detect (DCD) || ⸰**trägersignalerkennung** *f* / data carrier detection || ⸰**transfer** *m* / data transfer, data transmission, data communication || ⸰**transferanforderung** *f* / request data transfer || ⸰**transferbereich** *m* / data transfer area || ⸰**transferbus** *m* (DTB) / data transfer bus (DTB) || ⸰**transferdienste** *f* / data transfer services || ⸰**transfer-Möglichkeiten** / data transfer possibilities || ⸰**transferphase** *f* / data transfer phase || ⸰**transparenz** *f* / data transparency || ⸰**transport** *m* / data transport || ⸰**-T-Steckverbinder** *m* / data tee connector || ⸰**-T-Stück** *n* / data tee fitting || ⸰**typ** *m* (DTY) / data type (DTY) || **elementarer** ⸰**typ** / elementary data type || ⸰**typdeklaration** *f* / data type declaration || ⸰**typentabelle** *f* / data type table

Daten·übergabe *f* / data transfer, data transmission ||

Datenübertragung 170

⌂**überlauf** *m* / data overflow, data overrun ‖ ⌂**übermittlung** *f* / data communication ‖ ⌂**übermittlungsabschnitt** *m* / data communication link, data link ‖ ⌂**übermittlungssystem** *n* / data communication system ‖ ⌂**übernahme** *f* / data acceptance ‖ ⌂**übernahmezustand** *m* (der Senke) DIN IEC 625 / accept data state (ACDS)
Datenübertragung *f* / data transfer, data transmission, data communication, data transfer
Datenübertragungs·anzeige *f* / data input/output (DIO) ‖ ⌂**aufforderung** *f* / data transfer request (DTR) ‖ ⌂**baugruppe** *f* / data transfer module, communications module (o. card), data communicaton module ‖ ⌂**bestätigung** *f* / data transfer acknowledge (DTACK) ‖ ⌂**block** *m* (DÜ-Block) DIN 44302 / data transmission block, frame ‖ ⌂**bus** *m* / data transfer bus (DTB) ‖ ⌂**dienst** *m* / data transfer (o. transmission) service ‖ ⌂**einrichtung** *f* (DÜE) / data communication equipment (DCE) ‖ ⌂**geschwindigkeit** *f* / data rate, data signalling rate, data transmission rate, data transmission speed ‖ ⌂**leitung** *f* / data transmission line ‖ ⌂**phase** *f* / data transfer phase ‖ ⌂**protokoll** *n* / data transmission protocol ‖ ⌂**quittung** *f* / data transfer acknowledge (DTACK) ‖ ⌂**rate** *f* / data transfer rate, data transmission rate ‖ ⌂**steuerung** *f* (Gerät) / data transmission controller, communication controller, communications controller ‖ ⌂**strecke** *f* / data transmission circuit ‖ **serielle** ⌂**strecke** / serial data transmission line ‖ ⌂**umschaltung** *f* / data link escape (DLE) ‖ ⌂**weg** *m* / data transmission path
Daten·überwachung *f* / supervisory control and data acquisition (SCADA), data acquisition, data capture, data collection, SCADA (supervisory control and data acquisition) ‖ ⌂**umfang** *m* / data volume ‖ ⌂**umlauf** *m* / data circulation ‖ ⌂**umschaltverfahren** *n* / data shift technique ‖ ⌂**umsetzer** *m* / data converter ‖ ⌂**umwandlung** *f* / data conversion ‖ ⌂**unabhängigkeit** *f* / data independence ‖ ⌂- **und Informationssystem** *n* / Data Integration Services (DIS)
Daten·validierung *f* / data validation ‖ ⌂**verarbeitung** *f* / data processing (DP), information processing ‖ ⌂**verarbeitung mit Fernzugriff** / remote-access data processing ‖ **grafische** ⌂**verarbeitung** / computer graphics ‖ ⌂**verarbeitungsanlage** *f* / data processing equipment, computer *n* ‖ ⌂**verarbeitungseinrichtung** *f* / data processing device ‖ ⌂**verarbeitungsknoten** *m* (in einem Rechnernetz ein Knoten, an dem Einrichtungen der Datenverarbeitung installiert sind) / data processing nodes ‖ ⌂**verarbeitungsleistung** *f* (die Verarbeitung von Daten in Übereinstimmung mit gegebenen Arbeitsvorschriften innerhalb einer bestimmten Zeitspanne) / data processing accomplishment ‖ ⌂**verarbeitungsstation** *f* / data processing station ‖ ⌂**verarbeitungs-Stromkreis** *m* VDE 0660, T.50 / data processing circuit IEC 439 ‖ ⌂**verbindung** *f* / data circuit, communication link ‖ ⌂**verbindungsschicht** *f* / Data Link Layer (DLL) ‖ ⌂**verbindungsschiene** *f* / data rail, data bus ‖ ⌂**verbund** *m* / open communications network, internetworking *n*, data sharing, communications network, communications system ‖ **durchgängiger** ⌂**verbund** / enterprise-wide communications system, factory-wide communications system, company-wide communications system ‖ ⌂**verdichtung** *f* / data compaction, data reduction ‖ ⌂**verfälschung** *f* (versehentliche oder vorsätzliche Verletzung der Datenintegrität) / data corruption ‖ ⌂**vergleich** *m* / data comparison ‖ **kreuzweiser** ⌂**vergleich** (KDV) / cross-checking *n* ‖ ⌂**verkehr** *m* / data traffic, data interchange, data exchange, data communication, data communications, data transfer ‖ **gesicherter** ⌂**verkehr** / secured transmission, safe data exchange, transmission with error detection and correction ‖ **quittungsgesteuerter** ⌂**verkehr** / handshake procedure, handshaking *n* ‖ **strukturierter** ⌂**verkehr** / structured data traffic ‖ ⌂**verlust** *m* / loss of data, overrun *n* ‖ ⌂**vermittlungseinrichtung** *f* / data switching exchange ‖ ⌂**vermittlungsstelle** *f* / data switching exchange ‖ ⌂**versorgung** *f* / data supply ‖ ⌂**verteiler** *m* / data distributor ‖ ⌂**verwaltung** *f* / data management, data storage ‖ ⌂**verwaltungssystem** *f* (DVS) / data management system (DMS) ‖ ⌂**vollständigkeit** *f* / data integrity ‖ ⌂**volumen** *n* / data volume ‖ ⌂**vorverarbeitung** *f* / data preprocessing
Daten·wahlverbindung *f* DIN ISO 3309 / switched data circuit ‖ ⌂**wählverbindung** *f* / call, switched data circuit ‖ ⌂**wandler** *m* / data converter ‖ ⌂**weg** *m* / data path ‖ ⌂**wert** *m* / data value ‖ ⌂**wort** *n* (DW) / data word (DW) ‖ ⌂**wort** *n* (Datenbereich der Länge 16 Bit in einem globalen Datenbaustein (DBW) oder in einem Instanz-Datenbaustein (DIW)) / data word ‖ ⌂**wortadresse** *f* / data word address ‖ ⌂**wortbereich** *m* / data word area ‖ ⌂**wortbit** *n* / data word bit ‖ ⌂**zeiger** *m* / data pointer ‖ ⌂**ziel** *n* / data destination ‖ ⌂**zugriff** *m* / data access ‖ ⌂**zugriffssicherung auf die Kabel** / media access security ‖ ⌂**zugriffssicherung des Schichten** / layer security ‖ ⌂**zugriffssicherung des Systems** / system security ‖ ⌂**zusammenfassung** *f* / aggregation ‖ ⌂**zyklus** *m* / data cycle ‖ ⌂**zykluszeit** *f* / data cycle time
Datex *n* / datex *n* ‖ ⌂-**L** *n* / Datex-L *n* ‖ ⌂-**L-Netz** *n* / Datex-L *n* ‖ ⌂-**P** *n* / Datex-P *n* ‖ ⌂-**P-Netz** *n* / Datex-P *n*
DATLG (Datenlänge) / DATLG (data length)
Datum *n* / data (D), date *n* ‖ **Datum** *n* (quantitativer Ausdruck eines Zeitpunkts auf einer bestimmten Zeitskala) / data item *n* ‖ ⌂ **letzte Änderung** / date of last change ‖ ⌂ **links** (DL) / data byte left (DL) ‖ ⌂ **rechts** (DR) / data byte right (DR) ‖ ⌂ **und Uhrzeit** / date and time ‖ ⌂-**Doppelwort** *n* / data double word ‖ ⌂**schlüssel** *m* / date code ‖ ⌂**sformat** *n* / date format ‖ ⌂**smodifikator** *f* / date modifier ‖ ⌂-**/Uhrzeit** / date and time ‖ ⌂-**/Uhrzeitfeld** *n* / date/time field ‖ ⌂- **und Uhrzeitgeber** *m* / real-time clock ‖ ⌂**zelle** *f* / data location
DAU (Digital-Analog-Umwandler) / digital-analog converter (DAC), digital-to-analog converter (DAC) ‖ ⌂ *f* / data acquisition unit ‖ ⌂-**Begrenzung** *f* / DAC limitation
Dauer *f* / time duration, throughput time, processing time, cycle time, flow time, machining time, duration (difference between the extreme dates of a time interval) ‖ ⌂- *f* / sustained ‖ ⌂ **bis zum Abschneiden** (Stoßwelle) / time to chopping ‖ **bis**

zum **Ausfall** / time to failure, mean time to repair (MTTR) ‖ ⁓ **bis zum ersten Ausfall** / time to first failure ‖ **mittlere** ⁓ **bis zum ersten Ausfall** / mean time to first failure (MTTFF The expectation of the time to first failure) ‖ ⁓ **bis zum Scheitel** (Stoßspannung) / time to crest ‖ ⁓ **der aktiven Instandsetzung** IEC 50(191) / active corrective maintenance time ‖ ⁓ **der aktiven Wartung** IEC 50(191) / active preventive maintenance time ‖ ⁓ **der Fehlerbehebung** IEC 50 (191) / fault correction time ‖ ⁓ **der Fehlerlokalisierung** IEC 50(191) / fault localization time ‖ ⁓ **der Funktionsprüfung** IEC 50(191) / check-out time ‖ ⁓ **der Gleichstrom-Bremsung** / duration of DC braking ‖ ⁓ **der Impulskoinzidenz** / pulse coincidence duration ‖ ⁓ **der Impulsnichtkoinzidenz** / pulse non-coincidence duration ‖ ⁓ **der Reparaturtätigkeit** / active repair time ‖ ⁓ **der Spannungsbeanspruchung** / time under voltage stress ‖ ⁓ **des Bereitschaftszustands** IEC 50 (191) / standby time ‖ ⁓ **des betriebsfreien Klarzustands** IEC 50(191) / free time, idle time ‖ ⁓ **des unentdeckten Fehlzustands** IEC 50(191) / undetected fault time ‖ **akkumulierte** ⁓ (Summe der durch gegebene Bedingungen charakterisierten Dauern während eines gegebenen Zeitintervalls) / accumulated time
Dauer‑, für ⁓**anregung** (z.B. Spule) / continuously rated ‖ ⁓**anriss** *m* / fatigue incipient crack, fatigue crack ‖ ⁓**arbeitsplatz** *m* / place of permanent employment *n* ‖ ⁓**ausgabe** *f* / continuous output ‖ ⁓**ausgangsleistung** *f* VDE 0860 / temperature-limited output power IEC 65 ‖ ⁓**ausgangsstrom** *m* / continuous output current ‖ ⁓**aussetzbetrieb** *m* (DAB) / continuous operation with intermittent loading
Dauer·beanspruchung *f* / continuous stress, continuous load ‖ ⁓**beanspruchungsgrenze** *f* / endurance limit ‖ ⁓**beaufschlagung** *f* / constantly under pressure ‖ ⁓**befehl** *m* / continuous command ‖ ⁓**befehl** *m* / persistent command ‖ ⁓**belastbarkeit** *f* / continuous loading capability, continuous rating ‖ ⁓**belastung** *f* / continuous load, constant load, continuously rated load, permanent load ‖ ⁓**belastung** *f* (el. Masch.) VDE 0530, T.1 / full load IEC 34-2 ‖ ⁓**beleger** *m* / jabber *m* ‖ ⁓**belegung** *f* (eine Übertragung durch eine Datenstation über die im Protokoll erlaubte Zeitspanne hinaus) / jabber *n* ‖ **Behebung der** ⁓**belegung** / jabber control ‖ ⁓**belegungssteuerung** *f* / jabber control ‖ ⁓**beleuchtung** *f* / maintained lighting ‖ ⁓**beständigkeit** *f* / endurance *n*, durability *n*, life *n* ‖ ⁓**betätigung** *f* / continuous actuation
Dauerbetrieb *m* VDE 0730 / continuous operation, continuous running, continuous operation, continuous operation duty ‖ ⁓ *m* (DB) / continuous duty, continuous operation, uninterrupted continuous operation ‖ ⁓ *m* (DB S1, el. Masch.) EN 60034-1 / continuous running duty IEC 34-1, continuous duty ‖ ⁓ *m* (Anlage) / continuous operation, non-stop operation ‖ ⁓ *m* VDE 0660, T.101 / uninterrupted duty IEC 157-1 ‖ ⁓ *m* VDE 0435, T.110 / continuous duty ‖ ⁓ **mit Bodenaustrocknung** (Kabel) / continuous operation with soil desiccation ‖ **24 h‑**⁓ *m* /

continuous operation 24 hours a day ‖ **24-Stunden-**⁓ *m* / continuous operation 24 hours a day ‖ **gleichwertiger** ⁓ (el. Masch.) VDE 0530, T.1 / equivalent continuous rating (e.c.r.) IEC 34-1 ‖ **Leistung im** ⁓ / continuous rating, continuous output ‖ ⁓**sstrom** *m* / continuous load current ‖ ⁓**stemperatur** *f* (Temperatursicherung) / holding temperature, continuous operating temperature ‖ ⁓**s-Test** *m* / field exposure test
Dauer·biegekraft *f* (Isolator, Durchführung) / permanent cantilever load ‖ ⁓**biegewechselfestigkeit** *f* / bending fatigue strength ‖ ⁓**biegung** *f* / fatigue bending ‖ ⁓**brandbogenlampe** *f* / enclosed arc lamp ‖ ⁓**bremsleistung** *f* / continuous braking power ‖ ⁓**bruch** *m* / fatigue failure, fatigue fracture ‖ ⁓**bruchsicherheit** *f* / resistance to fatigue, endurance strength ‖ ⁓**bruchversuch** *m* / fatigue-fracture test
Dauer·dehngrenze *f* / ultimate creep, creep limit, fatigue-yield limit ‖ ⁓**dosieren** *n* / continuous dispensing ‖ ⁓**drehmoment** *n* / permanent torque ‖ ⁓**drehwechselfestigkeit** *f* / torsional fatigue strength ‖ ⁓**drehzahl** *f* / continuous speed ‖ ⁓**druck** *m* / continuous pressure ‖ ⁓**durchlassstrom** *m* / continuous forward current
Dauer·einsatz *m* / continuous service ‖ ⁓**einschaltung, für unbegrenzte** ⁓**einschaltung** / continuously rated ‖ ⁓**einstellbefehl** *m* / persistent regulating command ‖ ⁓**elastizität** *f* / permanent elasticity ‖ ⁓**entladeprüfung** *f* / continuous service test ‖ ⁓**erdschluss** *m* / sustained earth fault (GB), continuous earth fault (GB) ‖ ⁓**erdschluss** *m* / sustained ground fault (US) ‖ ⁓**erdschlussmeldung** *f* / continuous earth fault signalling ‖ ⁓**erdschlussstrom** *m* / sustained earth-fault current (GB), sustained ground-fault current (US) ‖ ⁓**ermüdungsfestigkeit** *f* / long-time fatigue strength ‖ ⁓**erprobung** *f* / continuous testing ‖ ⁓**erregung** *f* / permanent excitation
Dauerfehler *m* / permanent fault, persistent fault, sustained fault ‖ **~sicher** *adj* / permanently fail-safe
dauerfest *adj* / high-endurance *adj*, endurant *adj*, of high endurance strength, durable *adj*
Dauerfestigkeit *f* / endurance strength, fatigue strength ‖ ⁓ **im Druckschwellbereich** / fatigue strength under pulsating compressive stress ‖ **mechanische** ⁓ / mechanical endurance, time-load withstand strength ‖ **Spannungs-**⁓ *f* / voltage endurance, voltage life ‖ ⁓**sversuch** *m* / endurance test, fatigue test
Dauer·filter *m* / permanent filter ‖ ⁓**funktion** *f* / auto-repeat *n* ‖ ⁓**gleichspannung** *f* / d.c. steady-state voltage ‖ **wiederkehrende** ⁓**gleichspannung** / d.c. steady-state recovery voltage ‖ ⁓**gleichstrom** *m* DIN 41786 / continuous on-state current, continuous direct on-state current ‖ ⁓**gleichstrom** *m* (Diode) DIN 41781 / continuous d.c. forward current, continuous forward current ‖ ⁓**grenz-Gleichstrom** *m* / maximum continuous direct current ‖ ⁓**grenzleistung** *f* / max. continuous power ‖ ⁓**grenzstrom** *m* / maximum continuous current ‖ ⁓**grenzstrom** *m* (Diode) DIN 41781 / maximum rated mean forward current ‖ ⁓**grenzstrom** *m* DIN 41786 / limiting value of mean on-state current
dauerhafte Arbeitsunfähigkeit *f* / permanent

Dauer 172

invalid disability
Dauer·haftigkeit f VDE 0700,0730 / endurance n IEC 335-1; CEE 10, stability || **Mess~haftigkeit** f / long-term measuring (o. metering) accuracy, long term accuracy || ⌁**höchstleistung** f / maximum continuous rating (m.c.r.) || ⌁**hub** m / continuous stroke || ⌁**kontakt** m / maintained contact || ⌁**kontaktgabe** f / maintained-contact control, maintained-contact operation, maintained contact || ⌁**kontaktgeber** m / maintained-contact switch || ⌁**kontaktsignal** n / continuous-contact signal || ⌁**kurzschluss** m / continued short circuit EN 50020, sustained short circuit, persisting fault || ⌁**kurzschlussstrom** m / sustained short-circuit current, steady short-circuit current || ⌁**kurzschlussversuch** m (el. Masch.) VDE 0530, T. 2 / sustained short-circuit test IEC 34-2
Dauer·ladung f / trickle charge || ⌁**last** f / full load IEC 34-2, continuous load applications, continuous load || ⌁**lastmotor** f / continuous-load motor || ⌁**lastprüfung** f / time-load test, steady-load test || ⌁**lauf** m / continuous running, continuous operation || ⌁**laufprogramm** n (Kfz-Mot.-Prüf.) / endurance program || ⌁**laufprüfstand** m / endurance test bed || ⌁**laufprüfung** f / run-in test || ⌁**laufschalter** m / continuous operation switch || ⌁**leistung** f / continuous rating, continuous output, continuous power, permanent rating || ⌁**leistung** f (el. Masch.) VDE 0530, T.1 / full-load power IEC 34-1 || ⌁**leistung ohne Überlast** / continuous output without overload || ⌁**licht** n / steady light, maintained light, steady burning light, continuous light, permanent light, maintained lighting || ⌁**lichtelement** n / continuous light element || ⌁**lichtsignal** n / steady-light signal
Dauermagnet m / permanent magnet (PM) || ⌁**-Einflächenbremse** f / permanent-magnet single-face brake || **~erregt** adj / permanent-magnet excited || **~erregter Synchronmotor** / permanent-magnet excited synchronous motor || ⌁**erregung** f / permanent-magnet excitation, permanent-field excitation || ⌁**maschine** f / permanent-magnet machine || ⌁**schrittmotor** m / permanent-magnet stepper || ⌁**stahl** m / permanent-magnet steel || ⌁**synchronmotor** m / permanent-magnet synchronous motor, permanent-field synchronous motor || ⌁**werkstoff** m / permanent-magnet material, magnetically hard material
Dauermeldung f / persisting (o. sustained) indication, long-term indication, long-indication, persistent indication, continuous indications, persistent information
Dauermoment n / continuous torque
dauernd adj / permanent adj, continuous adj, constant adj || **~ abführbare Leistung** / continuous heat dissipating capacity, continuous rating || **~ aufliegende Bürsten** / brushes in permanent contact || **~ besetzt** (m. Personal) / permanently manned || **~e Pufferung** / trickle charging || **~e Strombelastbarkeit** / continuous current carrying capacity || **~e Wirkung** / permanent action || **~es Rauschen** / continuous noise
Dauer·nennleistung f / continuous power rating || ⌁**nennstrom** m / rated continuous current || ⌁**packung** f (Schmierfett) / prelubricating grease charge || ⌁**prüfmaschine** f / endurance testing machine, fatigue testing machine || ⌁**prüfung** f (el.

Masch.) / heat run, temperature-rise test, endurance test, fatigue test || ⌁**prüfung bei gleitender Frequenz** / endurance test by sweeping || ⌁**prüfung mit Erwärmungsmessung** / heat run, temperature-rise test || ⌁**prüfung unter Freilandbedingungen** / outdoor test || ⌁**prüfverfahren** n / endurance test method || ⌁**rauschen** n / continuous noise
Dauer·schalten n / floated battery circuit || ⌁**schalter** m / permanent light || ⌁**schaltprüfung** f / life test, endurance test || ⌁**schaltung** f (m. Batterie) / floated battery circuit || **Sicherheitsbeleuchtung in** ⌁**schaltung** / maintained emergency lighting || ⌁**schlagfestigkeit** f / impact fatigue limit, repeated-blow impact strength, impact endurance || ⌁**schlagversuch** m / repeated-impact test, repeated-blow impact test || ⌁**schlagzahl** f / impact fatigue in number of blows || ⌁**schluss-Widerstand** m (Schlupfwiderstand) / permanent slip resistor || ⌁**schmierung** f / prelubrication n, permanent lubrication, life lubrication || **Lager mit** ⌁**schmierung** / prelubricated bearing, greased-for-life bearing || ⌁**schock** m / repetitive shock || ⌁**schockbeanspruchung** f / continuous shock stress || ⌁**schocken** n DIN IEC 68 / bumping n, bump n IEC 68 || ⌁**schockprüfung** f / bump test || ⌁**schwingbeanspruchung** f / alternating cyclic stress || ⌁**schwingbruch** m / fatigue failure, vibration failure, fatigue fracture, vibration fracture || ⌁**schwingfestigkeit** f / endurance strength, fatigue limit || ⌁**schwingung** f / sustained oscillation, undamped oscillation || ⌁**schwingversuch** m / vibration test, fatigue test
Dauer·sender m / jabber n || **~sicher** adj / permanently fail-safe || ⌁**signal** n / continuous signal, maintained signal, permanent signal || ⌁**spannung** f / continuous voltage, constant voltage || ⌁**spannung** f / continuous operating voltage || ⌁**spannungsanzeiger** m / continuous voltage indicator || ⌁**spannungsfestigkeit** f / voltage endurance || ⌁**spannungsprüfung** f / voltage endurance test, voltage life test
Dauer·standfestigkeit f / creep strength, fatigue strength, fatigue limit, creep rupture strength, endurance limit, endurance strength || ⌁**standfestigkeit** f / voltage endurance || **Spannungs-**⌁**standprüfung** f / voltage endurance test, voltage life test || ⌁**standversuch** m / creep test, fatigue test || ⌁**stillstandsmoment** n / continuous static torque || ⌁**störer** m / continuous noise source || ⌁**störmeldung** f / persistent alarm || ⌁**störung** f (Funkstörung) / continuous disturbance, continuous noise || ⌁**strich-Laser** m VDE 0837 / continuous wave laser (CWL IEC 825) || ⌁**strich-Magnetron** n / continuous-wave magnetron (c.w. magnetron) || ⌁**strom** m / continuous current (rating), permanent current, uninterrupted current || ⌁**strom** m (Relais-Kontaktkreis) DIN IEC 255 / limiting continuous current (of a contact circuit) IEC 255-0-20 || ⌁**strom** I_a m EN 50032 / permanent current I_a || ⌁**strom** I_{th} m / conventional thermal current || ⌁**strom** I_u m / rated uninterrupted current || ⌁**strom von Geräten im Gehäuse** I_{the} / conventional enclosed thermal current || ⌁**-Strombedarf** m / rate of continuous current || ⌁**strombelastbarkeit** f / continuous current-carrying capacity || ⌁**-Strombelastbarkeit**

f (eines Leiters) VDE 0100, T.200 / continuous current-carrying capacity || ⸗**stromtragfähigkeit** *f* / continuous current carrying capacity, continuous current rating

Dauer·temperatur *f* / steady-state temperature, stagnation temperature || **zulässiger** ⸗**temperaturbereich** VDE 0605, T.1 / permanent application temperature range IEC 614-1 || ⸗**test** *m* / continuous test || ⸗**ton** *m* / continuous tone, continuous sound || ⸗**torsionsversuch** *m* / fatigue torsion test, torsion endurance test

Dauer·überlastbarkeit *f* / continuous overload capacity || ⸗**überlastgrenze** *f* / continuous overload limit (o. rating) || ⸗**überlastung** *f* / continuous overload, sustained overload || ⸗**überwachung** *f* / permanent monitoring || ⸗**umschaltung** *f* / code shift || ⸗**umschaltung** *f* DIN 66003 / shift-out || ⸗**unverfügbarkeit** *f* / constant unavailability || ⸗**unverfügbarkeit** *f* / constant non-availability

Dauer·verfügbarkeit *f* / constant availability || ⸗**versorgung** *f* / continuous supply || ⸗**versuch** *m* / endurance test || ⸗**versuchsanlage** *f* / endurance test setup || ⸗**wärmefestigkeit** *f* / thermal endurance || ⸗**wechselfestigkeit** *f* / endurance strength under alternating stress || ⸗**welle** *f* / continuous wave (c.w.) || ⸗**zugkraft** *f* (Bahn) / continuous tractive effort || ⸗**zustand** *m* / steady-state condition, steady state

D-Auffang-Flipflop *n* / D latch

D-Aufschaltung *f* / injection of derivative-action component

Daumen·rad *n* / thumb wheel || ⸗**regel** *f* / thumb rule || ⸗**schraube** *f* / thumb screw, knurled screw

D/A-Umsetzer *m* (Digital-Analog-Umsetzer) / DAC (digital-to-analog converter), DAC (digital-analog converter)

Davysche Sicherheitslampe / Davy lamp

D-A-Wandler *m* (Digital-Analog-Wandler) / DAC (digital-to-analog converter), DAC (digital-analog converter)

D/A-Wandler *m* / D/A converter, digital analog converter

DB / data bus (DB), data block (DB), data highway, continuous duty || ⸗ (Datenbaustein) / software data block, data module, DB (data block), block of data and/or signals || ⸗ (Doppelbefehl) / DC (double command)

dB / decibel *n* (dB)

D2B / alternative Abkürzung von DDB) / D2B

dBA / decibels adjusted (dBA)

DB-A (Anwenderdatenbaustein) / application data block, UDB (user data block)

DB-Anzeige *f* / display DBs, DB display

DBA-Register *n* / data block starting address register (DBS)

DBB / DBB (Data Block Byte) || ⸗ (Byte eines globalen Datenbausteins (DBB) oder eines Instanz-Datenbausteins (DIB)) / data byte

DBC / binary-coded decimal code (BCD code) || ⸗ (Dezimal-Binärcode) / binary decimal code, BCD (binary coded decimal) || ⸗**-Gehäuse** *f* / direct-bonded copper housing (DBC housing)

DB-Editor *m* / DB editor

D-Beiwert *m* DIN 19226 / differential-action coefficient (o. factor)

DB-Element *n* (Element eines Datenbausteins (z. B. Datenwort, Datenbit)) / data block element

DB/FB manuell hinzufügen / add DB/FB manually

DB für F-Ablaufgruppenkommunikation *f* / DB for F-runtime group communication (F-DB is for safety-related communication between F-runtime groups of a safety program)

DBH / DBH (distance between the holes)

D-Bild *n* (Ultraschallprüfung) / D scan

DBL / decode single block (DBL), DBL (decode single block)

DBL-Länge *f* / length of data block

DBL-Register *n* / DBL (data block length register)

DB-Nr. *f* / DB no. || ⸗**-Nummer** *f* / DB number || ⸗**-Register** *n* / DB register || ⸗**-Schaltung, vollgesteuerte** ⸗ / fully controlled three-phase bridge connection

DBSP (DB Zwischenspeicher) / DB buffer

DB Tauschliste (DBTL) / DB exchange list

DBTL (DB Tauschliste) / DB exchange list

DBVD (DB Vorspanndaten) / DB leader data

DB Vorspanndaten (DBVD) / DB leader data

DBW / data block word (DBW) || ⸗ (Datenbereich der Länge 16 Bit in einem globalen Datenbaustein (DBW) oder in einem Instanz-Datenbaustein (DIW)) / printing unit

DBX / data block bit, DBX || ⸗ (Bit eines globalen Datenbausteins (DBX) oder eines Instanz-Datenbausteins (DIX)) / data bit DBX

DB-Zeiger / DB Pointer || ⸗**-Zugriff mit einer Anweisung** / DB access with one statement || ⸗**-Zugriff mit einer Anweisung** / DB access with two statements || ⸗**Zustandswort** (DBZW) / DB status word

DBZW (DB Zustandswort) / DB status word

DB Zwischenspeicher (DBSP) / DB buffer

DC / direct current (DC) || ⸗ **(Data Center)** *n* / DC (Data Center)

DCA / direct chip attach (DCA)

DC·-Ankopplung *f* / DC interface || ⸗**-Antrieb** *m* / DC operating mechanism

DCA·-Paket *n* / DCA-package || ⸗**-Visionmodul** *n* / DCA vision module

DC-Bremsung *f* / DC current braking, DC braking (direct current braking)

DCC / direct computer control (DCC) || ⸗ **(Drive Control Chart)** *m* / DCC (Drive Control Chart) *n*

DCD / DCD (data carrier detected)

DC Drive / DC drive

DCF / DCF (Distributed Coordination Function)

DC-Flipflop *n* / pulse-triggered flipflop, DC flipflop

DCI / Dynamic Contrast Improvement (DCI)

DC·-Konverter *m* / voltage transformer || ⸗ **Link Adapter** *m* / DC link adapter

DCM / Data Collection Modules (DCM) || ⸗ / Distribution Center Management (DCM)

DC-Magnetsystem *n* / DC solenoid system, DC solenoid

DCOM *n* / Distributed Component Object Model (DCOM)

DCP (Gleichstrom positiv) *m* / DCP (direct current positive)

DCR / Direct Current Resistance (DCR)

DCS / double command state

DCSK / Differential Code Shift Keying (DCSK)

DC·-Sparschaltung *f* / DC economy circuit || ⸗**Starter** *m* / DC starter

DCT (diskrete Cosinus-Transformation) / DCT

(discrete cosine transformation)
DCTL / direct-coupled transistor logic (DCTL)
DC 21 V / DC 21 V || ⁓ **12 V** / 12 V DC || ⁓ **24 V** / 24 V DC
DD (Datendoppelwort) / DD (data double word), DD (double data word)
DDA / digital differential analyzer (DDA)
DDB / DDB (domestic digital bus)
DDC / direct digital control (DDC) || ⁓ / digital dynamic control (DDC) || ⁓ / display data channel (DDC)
DDC-Regler *m* / DDC controller
DDE (dynamischer Datenaustausch) / DDE (dynamic data exchange) || ⁓**-Interface** *n* / DDE interface || ⁓**-Server** *m* (stellt Daten für den Austausch gemäß DDE-Protokoll bereit) / DDE server
DDL / direct data link (DDL) || ⁓ / device description language (DDL)
DDLM / DDLM (Direct Data Link Mapper)
DDP *f* / Desktop Development Platform (DDP) || ⁓ **geliefert verzollt** / delivered duty paid
DDR (Double Data Rate) / DDR (Double Data Rate)
DDT / device data telegram (DDT)
d/dt *n* / rate-of-change relay
DDTS / Distributed Defect Tracking System (DDTS)
DDU geliefert unverzollt / delivered duty unpaid
DE / digital input || ⁓ **(Dateneingabe)** *f* / data input || ⁓***** / digital input module || ⁓**1-3** / GU 1-3 (Dispensing units 1 through 3) || ⁓**1-DE2-Mapping** *n* / DU1-DU2 mapping || ⁓**3-Mapping** *n* (Mappingverfahren für den Klebekopf 3) / DU3 mapping
DE-Abgleich *m* / adjustment for earth-fault protection, zero-current adjustment
Deadlayer *m* / dead layer *n*
Deaktivator *m* (zur Erhöhung der Alterungsbeständigkeit) / deactivator *n*
deaktivieren *v* / deactivate *v*, disable *v*
deaktiviert *adj* / deactivated *adj*
Deaktivierung *f* / deactivation *n*
dearchivieren *v* / dearchive *v*, retrieve *v*, unarchive *v*, de-archive *v*
dearchiviert *adj* / dearchived *adj*
Debugger *m* / debugger *n*
Debugschnittstelle *f* / debug interface
Debye-Scherrer--Kammer *f* / Debye-Scherrer camera, X-ray powder camera || ⁓**-Verfahren** *n* / Debye-Scherrer method, powder diffraction method, powder method
DEC (Decodierung) / DEC (decoding)
Deck·anstrich *m* / top coat, finishing coat || ⁓**band** *n* / cover band, shroud *n*, covering tape || ⁓**blatt** *n* / front plate, cover sheet || ⁓**blech** *n* / cover sheet, sheet-metal cover, blanking plate, masking plate, cover *n*
Decke *f* / paving *n*, surfacing *n*, pavement *n*
Deckeinbau *m* / top installation
Deckel *m* / cover *n*, lid *n*, operating flap || ⁓ *m* (Steckdose) / lid *n*, cover *n* || ⁓ *m* VDE 0660, T. 500 / removable cover IEC 439-1 || ⁓ **beschriftet** / cover labeled || ⁓ **für Anschlusselement** / cover for connection element || ⁓ **mit Linse** / cover with lens || ⁓**abstreifer** *m* / cover remover || ⁓**anschluss** *m* / flush covered outlet || ⁓**lager** *n* / pillow-block bearing, plummer-block bearing || ⁓**leiste** *f* / cover ledge || ⁓**oberfläche** *f* / top cover || ⁓**schalter** *m* / lid (o. cover) interlock switch ||

⁓**schnellverschluss** *m* / quick-release cover lock || ⁓**segment** *n* / cover segment || ⁓**stanzmaschine** *f* / cover punching machine || ⁓**verriegelungsschalter** *m* / lid (o. cover) interlock switch || ⁓**wanne** *f* / busway trough || ⁓**weg** *m* / roof travel || ⁓**zentrierung** *f* / centring of bonnet
Decken·-Abzweig- und Auslassdose *f* / combined ceiling tapping and outlet box || ⁓**-Abzweigdose** *f* / ceiling tapping box || ⁓**aufbau** *m* / pavement construction type || ⁓**aufbaufluter** *m* / surface-type ceiling floodlight, ceiling floodlight || ⁓**aufbaustrahler** *m* / surface-type ceiling spotlight, ceiling spotlight || ⁓**aufhellung** *f* / ceiling brightening || ⁓**-Auslassdose** *f* / ceiling outlet box || ⁓**blech** *n* / roof plate || ⁓**durchbruch** *m* / floor cutout || ⁓**durchführung** *f* / floor penetration, ceiling bushing || ⁓**einbauleuchte** *f* / recessed ceiling luminaire, troffer luminaire || ⁓**einbaustrahler** *m* / recessed ceiling spotlight || ⁓**erneuerung** *f* / resurfacing *n* || ⁓**fluter** *m* / ceiling floodlight || ⁓**haken** *m* (f. Leuchte) / ceiling hook || ⁓**haken mit Platte** / hook plate || ⁓**hohlraum** *m* / ceiling plenum
Decken·kanalsystem *n* / ceiling-mounted ducting, ceiling-mounted trunking || ⁓**kappe** *f* / ceiling cap, ceiling rose || ⁓**kran** *m* / ceiling crane || ⁓**leuchtdichte** *f* / ceiling luminance || ⁓**leuchte** *f* / ceiling fitting (GB), surface-mounted luminaire (US), ceiling luminaire || ⁓**licht** *n* (Oberlicht) / overhead light, skylight *n* || ⁓**montage** *f* / ceiling mounting, ceiling-mounting || ⁓**rastermaß** *n* / ceiling grid dimension || ⁓**reflexionsgrad** *m* / ceiling reflectance || ⁓**spannung** *f* (Erregersystem, el. Masch.) / ceiling voltage || ⁓**spannung der Erregerstromquelle** / nominal excitation-system ceiling voltage || ⁓**strahler** *m* / ceiling spotlight || ⁓**strom** *f* (Erregersystem, el. Masch.) / ceiling current || ⁓**trapez** *n* / trapeze hanger || ⁓**zugschalter** *m* / cord-operated ceiling switch, ceiling-suspended pull switch
Deck·fläche *f* / top surface, covering surface || ⁓**flansch** *f* / bonnet *n* || ⁓**folie** *f* / protective foil || ⁓**folie gerissen** *f* / cover strip torn || ⁓**folien-Entsorgung** *f* / disposal of cover strips || ⁓**glas** *n* / glass cover || ⁓**kappe** *f* / cover *n* || ⁓**lack** *m* / enamel *n*, finishing paint || ⁓**lage** *f* (Anstrich) / finishing coat, top coat || ⁓**lage** *f* (Isol.) / facing *n* || ⁓**lage** *f* (Leiterplatte) / coverlayer *n* || ⁓**lagenseite** *f* / face side || ⁓**lagenunterwölbung** *f* / incompletely filled groove || ⁓**lagen-Zugbeanspruchungsprüfung** *f* / face bend test, normal bend test || ⁓**platte** *f* (Trafo-Kern) / end plate, clamping plate || ⁓**scheibe** *f* (Lg.) / side plate || ⁓**scheibe** *f* (Klemme) / clamping piece (terminal), wire clamp || ⁓**scheibe** *f* (Kuppl.) / cap *n* || ⁓**schicht** *f* / protective coating, surface course, outer layer || ⁓**schieber** *m* / drive strip, chafing strip, cap *n* || ⁓**stern** *m* (WK) / top bracket || ⁓**tafel** *f* / cover panel
Deckung *f* / coverage *n*
Deckungsbeitragsanteil *m* / contribution margin
deckungsgleich *adj* / in coincidence, coincident *adj*
Deckungsgleichheit *f* (Druckregister) / in-register condition
deckwassergeschützter Motor / deckwater-proof motor
decluttern *v* / decluttering *v*

Decodier·einheit *f* / decoding module, decoder *n* ‖ ⸦**einzelsatz** *m* / decoding single block (DSB)
decodieren *v* / decode *v*
Decodierer *m* / decoder *n*
Decodier·raster *m* / decoder matrix ‖ ⸦**spitze** *f* / decoding spike ‖ ⸦**ung** *f* (DEC) / decoding *n* (DEC) ‖ ⸦**ungseinzelsatz** *m* / DSB (Decoding Single Block), decoding single block (DSB)
DECT *f* / Digital Enhanced Cordless Telecommunications *n* (DECT)
dedizieren *v* / dedicate *v*
Deduktion *f* / deduction (an inference which derives a logical conclusion from a specific set of premises)
deduktives Lernen / deductive learning
DEE (Datenendeinrichtung) / data terminal, DTE (data terminal equipment), data terminal equipment (DTE) ‖ ⸦ **(Datenendeinrichtung)** *f* / terminal *n* ‖ ⸦ **betriebsbereit** / data terminal ready (DTR) ‖ ⸦ **nicht betriebsbereit** DIN 44302 / DTE controlled not ready ‖ ⸦ **nicht betriebsfähig** DIN 44302 / DTE uncontrolled not ready ‖ ⸦**/MAU-Schnittstelle** *f* / transceiver (IEC/TS 61850-2 EN 61850-9-1, IEC/TS 61850-2)
Deemphasis *f* / de-emphasis *n*
DEE'-Rückleiter *m* / DTE common return ‖ ⸦**-Schnittstelle** *f* / attachment unit interface (AUI)
DEF / defective *adj* ‖ ⸦ / Database Exchange Format (DEF)
Default *m* (Vorgabewert) / default (preset value) ‖ ⸦**-Adresse** *f* / default address ‖ ⸦**einstellung** *f* / default *n* ‖ ⸦**-Einstellung** *f* (sinnvolle Grundeinstellung, die immer dann verwendet wird, wenn kein anderer Wert eingegeben wird) / entry *n* ‖ ⸦**-Eintrag** *m* / default entry ‖ ⸦**-Kennwort** *n* / default password ‖ ⸦**-Magazin** *n* / default magazine ‖ ⸦**-Projekt** *n* / default project ‖ ⸦**-Subnetz** *n* / default subnetwork ‖ ⸦**wert** *m* (sinnvolle Grundeinstellung, die immer dann verwendet wird, wenn kein anderer Wert eingegeben wird) / default value ‖ ⸦**-Wert** *m* (sinnvolle Grundeinstellung, die immer dann verwendet wird, wenn kein anderer Wert eingegeben wird) / preset value ‖ ⸦**-Zweig** *m* (Software-Konstruktion, um unvorhergesehene Ereignisse abzufangen) / default branch
defekt *adj* / defective *adj*
Defekt·anzeige *f* / fault indication ‖ ⸦**dichte** *f* / defect density ‖ ⸦**elektron** *n* / hole *n* ‖ ⸦**erkennung** *f* / check defects ‖ ⸦**konzentration** *f* / defect density ‖ ⸦**leitfähigkeit** *f* / hole-type conductivity, P-type conductivity ‖ ⸦**leitung** *f* / hole conduction, P-type conduction ‖ ⸦**passivierung** *f* / passivation of defects ‖ ⸦**teil** *n* / defective part
Definierbarkeit *f* / definability *n*
definieren *v* / define *v*
definiert *adj* / defined *adj* ‖ **~ abschließen** / terminate in a defined state, inate in a defined state *v* ‖ **frei ~** / custom definition ‖ **~e Leitungsführung** / positive routing ‖ **~e Nachbildung der Belastungen** / defined simulation of the stresses ‖ **~e Stellung** / defined position, definite position (rotary switch) ‖ **~er Pegel** / defined level ‖ **~er Zustand** (Meldung) / determined state ‖ **~es Ausfallverhalten** / fail-safe shutdown ‖ **~es Strömungsverhälnis** / calculatable flow condition

Definition *f* / definition *n* ‖ ⸦**en und allgemeine Hinweise** / definitions and general
Definitions·bereich *m* (Merge) / domain of definition, definition range ‖ ⸦**datei** *f* / definition file ‖ ⸦**phase** *f* / requirements analysis ‖ ⸦**valenzen** *f pl* / cardinal stimuli
Definitivauslösung *f* / final tripping
D/E/F/I/S / DE/EN/FR/IT/ES
Defokussierung *f* / defocusing *n* ‖ **Phasen~** *f* / debunching *n*
Degradation *f* / degradation *n* ‖ ⸦**srate** *f* / degradation rate
Degression *f* / degression *n*
Degressionsbetrag *m* / amount of degression
degressiv *adj* / degressive *adj*, descending *adj* ‖ **quadratisch ~e Zustellung** / squared degressive infeed
dehnbar *adj* / extendible *adj*, elastic *adj*, flexible *adj*, extensible *adj* ‖ ⸦ *adj* (Metall) / ductile *adj*
Dehnbarkeit *f* / elasticity *n* ‖ ⸦ **der Lackschicht** (Draht) / elasticity of varnish coating
dehnen *v* (spannen) / tension *v*, stretch *v*, elongate *v*, strain *v* ‖ **~ v** (Volumen) / expand *v* ‖ **~ v** / extend *v*
Dehner *m* (Vergrößerungselement) / magnifier *n*
Dehn·fähigkeit *f* / expansibility *n* ‖ ⸦**fuge** *f* / expansion joint ‖ ⸦**geschwindigkeit** *f* / strain rate ‖ ⸦**grenze** *f* / yield point ‖ ⸦**rate** *f* / strain rate ‖ ⸦**schraube** *f* / anti-fatigue bolt ‖ ⸦**steifigkeit** *f* / longitudinal rigidity, resistance to expansion
Dehnung *f* / elongation *n*, extension *n* ‖ ⸦ **der Zeitablenkung** / sweep expansion ‖ ⸦ **eines Kurbelarmes** / lever rotation ‖ ⸦ **im Augenblick des Zerreißens** / elongation at break
Dehnungs·anteil *m* / percentage elongation ‖ ⸦**ausgleich** *m* / expansion compensation ‖ ⸦**ausgleicher** *m* / expansion joint ‖ ⸦**ausgleichskasten** *m* / expansion unit ‖ ⸦**balg** *m* / expansion bellows ‖ ⸦**band** *n* / expansion strap, expansion loop ‖ ⸦**beanspruchung** *f* / tensile stress ‖ ⸦**bogen** *m* / expansion loop, expansion bend ‖ ⸦**diagramm** *n* / strain variation diagram, stress-strain diagram ‖ ⸦**element** *n* / expansion unit, expansion section, building expansion section, expansion-joint unit ‖ ⸦**festigkeit** *f* / tensile strength, elasticity *n* ‖ ⸦**grenze** *f* / yield point ‖ ⸦**kupplung** *f* / expansion coupling
Dehnungs·messer *m* / extensometer *n*, strainometer *n* ‖ ⸦**messspirale** *f* / strain gauge, expansion measuring spiral, EMSp ‖ ⸦**messstreifen** *m* (DMS) / strain gauge, foil strain gauge, expansion measuring strip (EMS) ‖ ⸦**messung** *f* / extension (o. expansion o. elongation) measurement ‖ ⸦**modul** *m* / modulus of elasticity, Young's modulus ‖ ⸦**prüfung** *f* VDE 0281 / elongation test ‖ ⸦**riss** *m* / expansion crack ‖ ⸦**-Spannungs-Beziehung** *f* / strain-stress relation ‖ ⸦**streifen** *m* / strain gauge, foil strain gauge ‖ ⸦**stück** *n* / expansion piece ‖ ⸦**tensor** *m* / strain tensor ‖ ⸦**verhältnis** *n* / ratio of expansion ‖ ⸦**wärme** *f* / heat of expansion, expansion heat ‖ ⸦**zahl** *f* / modulus of elasticity, Young's modulus
Dehn·welle *f* / dilational wave ‖ ⸦**wert** *m* / coefficient of linear expansion, creep *n*
deinstallieren *v* / uninstall *v*
deionisieren *v* / de-ionize *v*
Deionisierung *f* / deionization *n*
Deiteration *f* / de-iteration *n*

Dekade

Dekade f / decade device, decade n
Dekaden·schalter m / decade switch, thumb-wheel switch, thumb wheel || ~**schaltung** f / decade switching, decade circuit || ~**teiler** m / decade scaler || ~**zähler** m / decade counter || ~**zählrohr** n / decade counter tube
dekadisch·e Extinktion / internal transmission density || ~**e Zählröhre** / decade counter tube || ~**er Logarithmus** / common logarithm || ~**er Zähler** / decade counter, divide-by-ten counter || ~**es Absorptionsmaß** / internal transmission density
Dekanter m / decanter n
Deklaration f EN 61131-3 / declaration n
Deklarations·liste f / declaration list || ~**name** m / declaration name || ~**sicht** f / declaration view || ~**tabelle** f / declaration table || ~**zeile** f / declaration line
deklaratives Wissen / declarative knowledge (knowledge represented by facts, rules, and theorems)
deklarieren v / declare v
Deklarierung f / declaration n
DE-Klemme f / DI terminal
Deklination f / solar declination
Dekodierer m / decoder n || ~**einzelsatz** m / decoding single block (DSB)
Dekodierung f / decoding n (DEC)
Dekodierungseinzelsatz m / decoding single block (DSB)
dekompromieren v / decompress v || ~ n / decompression n, pulling back, sucking back
dekontaminierbar adj / decontaminable adj
Dekor·folie f / decoration foil || ~**teil** n / trimming n (section), moulding n || ~**wanne** f (Leuchte) / figured trough, decorative bowl diffuser
Dekrement n / decrement n
dekrementieren v / decrement v
Delamination f (Mit der Zeit kann sich durch Wassereintritt die transparente Schutzfolie des Solarmoduls ablösen) / replacement n
Delaminierung f / delamination n, cleavage n
Delle f / dent n
Delphi-Komponente f / Delphi component
DELTA Profil / DELTA profile || ~ **Schalter & Steckdose** / DELTA switch & outlet || ~ **Taste wave UP210** / UP210 DELTA wave pushbutton
Delta·-Anordnung f (der Leiter einer Freiltg.) / delta configuration || ~**-F-Indikator** / delta-F indicator || ~**-Kinematik** f / delta kinematics || ~**-Lichtimpuls** m / delta light pulse || ~**Liste** f / delta list || ~**modulation** f (DM) / delta modulation (DM) || ~**-Netznachbildung** f / delta network || ~**-p-Q-Diagramm** n / pressure drop-flow-diagram || ~**-Roboter** m / delta robot || ~**-Röhre** f / delta tube || ~**-Schattenmaske** f / delta planar mask || ~**-Studio** n / delta studio || ~**-Stufe** f / delta step || ~**wert** m / delta value
dem Fertigungsfluss entziehen / withdraw from production
demaskieren v / unmask v
Demoboard n / demonstration PCB
Demodulation f / demodulation n
Demodulator m / demodulator n
demoduliert adj / demodulated adj
Demo·-Leiterplatte f / demonstration PCB || ~**-LP** / demonstration PCB
Demonstrations·betrieb m / demonstration mode ||

~**software** f / demo software || ~**- und Erprobungszwecke** / demonstration and trial purposes
Demontage f / disassembly n || ~**- und Montagevorrichtung Druckluftantrieb** / disassembly and assembly fixture for pneumatic operating mechanism || ~**werkzeug** n / disassembly tool, dismantling tool, dismounting tool
demontieren v / dismantle v, disassemble v, tear down, remove v
Demo·programm n / demonstration program, demo program || ~**software** f / demonstration software || ~**version** f / demo version
demultiplexen v / demultiplex v || ~ n / demultiplexing
Demultiplexer m (Einrichtung zum Demultiplexen) / demultiplexer
DEN / Directory-Enabled Network (DEN)
den Seitenstreifen befestigen / to shoulder
Dendrit n (nadel- oder baumförmige Kristallformation, die bei der elektrochemischen Abscheidung gebildet wird) / dendrite n
Dendritic Web / dendritic web
dendritisches Wachstum / dendrite process, dendritic web growth, DW, D-Web, dendritic growth
Densitometer n / densitometer n, opacimeter n
DEO (Diagnoseeinstiegsoperand) m / initial diagnostic address n (the starting point for tracing back an error)
Depaketierung f (von einem Datennetz angebotenes Benutzerleistungsmerkmal, das es ermöglicht, Pakete nicht paketfähigen Endstellen in geeigneter Form zuzustellen) / packet disassembly
Depalettieren n / depalletizing n
Depalettierer m / depalletizer n
Deployment n / deployment n
Depolarisation f / depolarization n
Depolarisationsstrom m / depolarization current
Deponiekapazitäten f pl / disposal sites
deponierbar adj / disposable adj
Deposition f / film deposition
Depot für Bezeichnungsstreifen / holder for legend strips
DEQ geliefert ab Kai / delivered ex quay
Derating n / derating n
Deregulierung f / deregulation n
Déri-Motor m / Déri motor, repulsion motor with double set of brushes
DERM / DERM (diagnosis and energy reserve module)
Deroziers Zickzackwicklung / Derozier's zig-zag winding
Derrick·ausleger m / swivel boom || ~**kran** m / derrick crane
DES (geliefert ab Schiff) / delivered ex ship
Desakkommodation f / disaccommodation n
Desakkommodations·faktor m / disaccommodation factor || ~**koeffizient** m / disaccommodation coefficient
Desensibilisierung f (Empfänger) / desensitization n
Desieter-Übersetzer m / Desieter telegraph translation
Design n / design n || ~ **& Manufacturing Service (D&MS)** m / Design & Manufacturing Service (D&MS) || ~ **Automation Standards Committee (DASC)** / Design Automation Standards Committee (DASC) || ~ **Engineering** n / Design Engineering || ~ **for Assembly (DFA)** n / Design

for Assembly (DFA) || ⚬ **for Manufacturing (DFM)** / Design for Manufacturing (DFM), Design for Manufacture (DFM) || ⚬ **Package** *n* / Design Package || ⚬ **Tool** *n* / design tool || ⚬ **und Integration (D&I)** / Design and Integration (D&I) || ⚬**bestimmungen** *f pl* / design specifications || ⚬**-Center** *n* / Design Center || ⚬**ed for Industry** / Designed for Industry || ⚬**er** *m* / designer *n* || ⚬**ergebnis** *n* (QS-Begriff) / design output || ⚬**lenkung** *f* / design control || ⚬**modell** *n* / design model || ⚬**prüfung** *f* / design review, design inspection || ⚬**-Review** *f* / design review || ⚬**-Review-Protokoll** *n* / design review report || ⚬**unterlage (DU)** *f* / design document (DD) || ⚬**-Vorgaben** *f* / design specifications
DESINA / DESINA (decentralized standardizing installation technology for machine tools)
Desinfektionslösung *f* / disinfectant *n*
Desktop *m* / desktop *n* || ⚬**-Optionen** *f pl* / Desktop Options
Desorption *f* / desorption *n*
Desorptionskühlung *f* / desorption method of cooling
desoxydiertes Kupfer / deoxidized copper, oxygenfree copper
Detail *n* / detail *n* || ⚬**abstimmung** *f* / fine-tuning || ⚬**analyse** *f* / detailed analysis || ⚬**ansicht** *f* / detail view, detailed view, details view || ⚬**anzeige** *f* / detail view, detailed view, details view || ⚬**bild** *n* / detail display, detailed display, detailed screen || ⚬**bilddarstellung** *f* / detail display || ⚬**darstellung** *f* / detailed representation || ⚬**diagnose** *f* / detailed diagnostics || ⚬**fenster** *n* / detailed window || ⚬**information** *f* / detail information || ⚬**konstruktion** *f* / detailed design || ⚬**zeichnung** *f* / detail drawing, detailed drawing
Detektion *f* / detection *n* || ⚬**sdiode** *f* / detection diode
Detektivität *f* (Strahlungsempfänger) / detectivity *n*
Detektor *m* / detector *n* || ⚬**diode** *f* / detector diode || ⚬**schalter** *m* / detector switch
deterministisch *adj* / deterministic *adj* || **~es adaptives Regelsystem** / deterministic adaptive control system || **~es Verhalten** / deterministic behavior (predictability of execution time and response time)
deuten *v* / interpret *v*
Deuteronenstrahl *m* / deuteron beam
deutlich gekennzeichnet *adj* / uniquely identified, positively identified
Deutsche Akkreditierungsstelle Technik (DATech) / German Accreditation Body for Technology || ⚬ **Elektrotechnische Kommission** / German Electrotechnical Commission, DKE || ⚬ **Gesellschaft für Qualität (DGQ)** / German association for quality || ⚬ **Gesellschaft zur Zertifizierung von Qualitätssicherungssystemen (DQS)** / German Society for the Certification of Quality Systems
Deutsche Industrienorm / German Industry Norm
Deutsche Kommission für Elektrotechnik (DKE) / German Electrotechnical Commission (DKE)
Deutscher Akkreditierungsrat (DAR) / German Accreditation Council || ⚬ **Kalibrierdienst (DKD)** / Federal German Calibration Service
Deutsches Akkreditierungssystem Prüfwesen (DAP) / German Accreditation System for Testing || ⚬ **Institut für Angewandte Lichttechnik (DIAL)** / German Institute for Applied Lighting Technology, DIAL
Deutsches Institut für Normung (DIN) / DIN, German Standards Institution
Development Document Control / development document control
Deviationsmoment *n* / product of inertia
Device Application Builder (DAB) / Device Application Builder (DAB) (tool to create and build an application inside the development) || ⚬ **Relationship Management (DRM)** / device relationship management (DRM) || ⚬ **Tool Management** / Device Tool Management || ⚬**Net** *n* / DeviceNet || ⚬**Net-Baugruppe** *f* / DeviceNet module || ⚬**-Type-Manager (DTM)** *m* / device type manager (DTM)
Devolteur *m* / negative booster, sucking transformer, sucking booster, track booster
Dewar-Gefäß *n* / Dewar vessel, vacuum flask
dezentral *adj* / decentralized *adj*, distributed *adj* || **~e Automatisierungsstruktur** / distributed automation structure || **~e Bussteuerung** / flying master || **~e Buszuteilung** (Flying-Master-Verfahren) / flying-master method || **~e Datenerfassung** / distributed (o. decentralized) data acquisition || **~e Datenverarbeitung** / distributed data processing (DDP) || **~e Ein-/Ausgabestation** / remote input/output station (RIOS) || **~e Eingabe-/Ausgabeeinheit** / remote input/output station (RIOS) || **~e Energieversorgung** / decentral energy supply, distributed generation, decentralized power generation || **~e Intelligenz** / distributed intelligence || **~e Maschinenperipherie (DMP)** / distributed machine I/O devices || **~e Peripherie (DP)** / decentralized periphery (DP), distributed I/Os || **~e Peripheriestation** / distributed I/O station || **~e Programmierung** / distributed programming || **~e PV-Anlage** / distributed photovoltaic system || **~e Steuerung** / distributed control, decentralized control || **~e und standardisierte Installationstechnik (DESINA)** / Distributed and Standardised Installation technology (DESINA) || **~er Aufbau** (Leitt.-, SPS-Geräte) / distributed configuration || **~es E/A-Modul** / distributed I/O module || **~es Echtzeit-Multiprozessor-System** / distributed real-time multiprocessor system (DRMS) || **~es Peripheriegerät** / distributed I/O device || **~es Prozessrechnersystem** / distributed process-computer control system || **~es System** / decentralized system
Dezentralisierung *f* / distribution *n*, distributed configuration, decentralization *n*
Dezibel *n* (dB) / decibel *n* (dB) || ⚬**-Messgerät** *n* / decibel meter
dezimal *adj* / decimal *adj*
Dezimal--Binärcode *m* (DBC) / binary-coded decimal code (BCD code), binary coded decimal (BCD), binary decimal code || ⚬**-Binär-Umsetzer** *m* / decimal-to-binary converter || ⚬**bruch** *m* / decimal fraction || **binär codierter** ⚬**code** (BCD) / binary coded decimal (BCD), binary decimal code
Dezimalen, im Binärcode verschlüsselte ⚬ / binary decimal code, binary coded decimal (BCD)
dezimaler Teiler / decimal scaler
dezimalgebrochener Anteil / decimal-fraction component
Dezimal·parameter *m* (einige Parameter werden

DFA 178

durch einen einzelnen Zahlenwert definiert) / decimal parameter || ⁓**punkt** *m* (DP) / decimal point (DP) || ⁓**punkteingabe** *f* / decimal-point notation || ⁓**punktprogrammierung** *f* / decimal point programming || ⁓**punktschreibweise** *f* / decimal-point notation || ⁓**schalter** *m* / decimal switch || ⁓**schreibweise** *f* / decimal notation || ⁓**schreibweise** *f* / decimal format || ⁓**stelle** *f* / decimal place || ⁓**system** *n* / decimal number system, decimal numeration system || ⁓**zahl** *f* / decimal number || ⁓**zähler** *m* / decimal counter || ⁓**ziffer** *f* / decimal digit
DFA (Design for Assembly) / design for assembly (DFA)
DFB-Laser *m* / distributed feedback laser (DFB laser)
DFC / DFC (data flow control)
df/dt-Relais *n* (Frequenzanstiegsrelais) / rise-of-frequency relay
D-Flipflop *n* / delay flipflop, latch flipflop, D-type flipflop
DFMEA *f* / Design Failure Mode Effects Analysis (DFMEA)
DFQ *n* / design for quality (DFQ)
DFT (Design For Test) / DFT (Design For Test)
DFÜ (Datenfernübertragung) / long-distance data transmission / data communications || ⁓**-Netzwerk** *n* / dial up network
D-Funktion *f* / D function
DFÜ-Verbindung *f* / dial-up network connection
DFx *m* / design for test & manufacturing (DFx)
D-Glied *n* / derivative-action element
DGQ (Deutsche Gesellschaft für Qualität) *f* / DGQ
DGRL (Druckgeräterichtlinie) *f* / PED (pressure equipment directive)
DH (Datenhaltung) *f* / data management
DHCP *n* / Dynamic Host Configuration Protocol (DHCP) || ⁓**-Dienst** *m* / DHCP service || ⁓**-Server** *m* / DHCP server
DHS / sag control
DH-Server (Datenhaltungsserver) *m* / data management server
DHÜ / three-phase high-voltage transmission
DI / digital input module (DI) || ⁓ / instance DB
D&I (Design und Integration) / D&I (Design and Integration)
Dia *n* / slide *n* || ⁓**bibliothek** *f* / slide library
Diac *m* / diac *n*, bidirectional diode thyristor
Diagnose *f* / diagnostics *n*, diagnosis *n* ||
anwenderdefinierte ⁓ / user-defined diagnostics || **HiGraph-**⁓ *f* / HiGraph diagnosis || **kanalbezogene** ⁓ / channel-specific diagnostics ||
kennungsbezogene ⁓ / identifier-related diagnostic data || ⁓**adresse** *f* / diagnostic address, diagnostics address || ⁓**alarm** *m* / diagnostic alarm, diagnostic interrupt || ⁓**anforderung** *f* / diagnostics requirement || ⁓**anleitung** *f* / diagnostics guide || ⁓**anzeige** *f* / diagnostics indication, diagnostics display || ⁓**aufwand** *m* / diagnostic effort || ⁓**aussage** *f* / status indication
Diagnose·baugruppe *f* / diagnosis module, diagnostic module, diagnostics module || ⁓**baum** *m* / diagnostic tree || ⁓**-Baustein** *m* / diagnostic block || ⁓**bild** *n* / diagnostics screen, diagnostic display || ⁓**daten** *plt* / diagnostic data, *f* diagnostics data || ⁓**datenablage** *f* / diagnostics data store || ⁓**-Datenbaustein** *m* / diagnostic data block || ⁓**deckungsgrad** *m* / diagnostic coverage level ||

⁓**detailbild** *n* / diagnostic detail diagram || ⁓**einheit** *f* / diagnostics unit || ⁓**einstiegsoperand (DEO)** *m* (der Operand, an den eine Fehlerdefinition angehängt ist) / initial diagnostic address || ⁓**eintrag** *m* / diagnostic entry (designates a diagnostic event in the diagnostic buffer) || ⁓**ereignis** *n* / diagnostic event, diagnostic interrupt
diagnosefähig *adj* / diagnostics capability
Diagnose·fähigkeit *f* / diagnostics capability, diagnostic capability, access to diagnostic data set || ⁓**fenster** *n* / diagnostics window || ⁓**funktion** *f* / diagnostics function, diagnostic function || ⁓**gerät** *n* / diagnostic unit, diagnostic device || ⁓**handbuch** *n* / Diagnostics Manual || ⁓**hilfe** *f* / diagnostic aid, diagnostic tool || ⁓**hilfsmittel** *n* / diagnostic tool, diagnostic aid || ⁓**information** *f* / diagnostic information || ⁓**intervall** *n* / diagnostic test intervall || ⁓**koffer** *m* / diagnostic parts case || ⁓**-LED** *f* / diagnostics LED || ⁓**-Lizenz** *f* / license for diagnosis || ⁓**meldung** *f* / error message (EM), diagnostic message, diagnostics message, fault message, fault code || ⁓**modul** *n* / diagnostics module || ⁓**möglichkeit** *f* / diagnostic capability || ⁓**monitor** *m* / diagnostic monitor
Diagnose·parameter *m* / diagnostic parameter || ⁓**programm** *n* / diagnostic program, diagnostic routine || ⁓**prozessor** *m* / diagnostics processor || ⁓**puffer** *m* / diagnostic buffer, diagnostics buffer || ⁓**repeater** *m* / diagnostic repeater || ⁓**-Repeater** *m* / diagnostic repeater || ⁓**schnittstelle** *f* (SFC-Aufruf zur Übertragung eines Diagnosepuffers von einer Baugruppe in ein Anwenderprogramm) / diagnostic interface || ⁓**schnittstelleadapter (DIAG)** *m* / diagnostic interface adapter || ⁓**schreiber** *m* / diagnostic recorder || ⁓**software** *f* / diagnostic software || ⁓**station** *f* / diagnostic terminal || ⁓**stecker** *m* (Kfz-Motorprüfung) / diagnostic connector || ⁓**struktur** *f* / diagnostic structure || ⁓**system** *n* / diagnostic system, electrics diagnostic system, electronics diagnostic system, vehicle diagnostic system || ⁓**-System** *n* / diagnostic system
Diagnose·teil *n* / diagnostic part || ⁓**teilsatz** *m* / diagnostic part set || ⁓**teilsystem** *n* / diagnostic subsystem || ⁓**telegramm** *n* / diagnostics frame || ⁓**tool** *n* / diagnostic tool || ⁓**- und Meldesystem** *n* / diagnostics and messaging system || ⁓**- und Monitorsystem** *n* / diagnostic and monitor system || ⁓**unterstützung** *f* / diagnostic support || ⁓**wahrheit** *f* / diagnostic accuracy || ⁓**wert** *m* / diagnostic value || ⁓**zähler** *m* / diagnosis counter || ⁓**zentrum** *n* / diagnostic panel || ⁓**zweck** *m* / diagnostic purpose
diagnostische Beanspruchung (Isolationsprüf.) VDE 0302, T.1 / diagnostic factor IEC 305
diagnostizieren *v* / diagnose *v*
Diagonal·ausfachung *f* (Gittermast) / bracing system, lacing system || ⁓**bauweise** *f* / diagonal arrangement || ⁓**e** *f* / diagonal *n*, screen diagonal || ⁓**e** *f* (Gittermast) / main bracing || ⁓**koppel** *f* / diagonal coupler || ⁓**passfeder** *f* / Kennedy key || ⁓**profil am Mastfuß** IEC 50(466) / diagonal leg profile || ⁓**schnittgewebe** *f* / bias-cut fabric || ⁓**schnittgewebe in Tafelform** / panel-form bias-cut fabric || **einfacher** ⁓**zug** (Gittermast) / single warren, single lacing

Diagramm *n* DIN 40719,T.2 / chart *n* IEC 113-1, graph *n* (US), diagram *n* ‖ ⁓ **gleicher Lichtstärke** / isointensity chart ‖ ⁓**achse** *f* / axis of chart ‖ ⁓**antrieb** *m* (Schreiber) / chart driving mechanism ‖ ⁓**blatt** *n* / chart *n* ‖ ⁓**buchführung** *f* / journaling *n*, diagram records ‖ ⁓**e** *n* / diagrams
DIAL (Deutsches Institut für Angewandte Lichttechnik) / German Institute for Applied Lighting Technology, DIAL
Dialog *m* / chat *n*, dialog box, dialog field ‖ ⁓ *m* / dialog *n*, conversational mode, interactive mode ‖ ⁓ **(Betrieb)** *m* / dialog mode (S7) ‖ ⁓ **gestützte Programmeingabe** / interactive program input ‖ **im** ⁓ / in conversational mode, in interactive mode, interactive *adj* ‖ ⁓**auswahl** *f* / select dialog ‖ ⁓**bereich** *m* / dialog area ‖ ⁓**betrieb** *m* / interactive mode, conversational mode ‖ ⁓**bild** *n* / dialog display ‖ ⁓**box** *f* (Bildschirm-Fenster, in dem Informationen oder Fehlermeldungen angezeigt oder Abfragen beantwortet werden) / dialog box, interactive box ‖ ⁓**daten** *plt* / dialog data
dialog·fähig *adj* (Terminal) / interactive *adj* ‖ **voll ~fähig** / capable of full interactive communication ‖ ⁓**fähigkeit** *f* / interactive capability ‖ ⁓**feld** *n* / dialog box, chat *n* ‖ ⁓**feld** *n* / interactive area, dialog field ‖ ⁓**fenster** *n* / dialog window, dialog box, chat *n* ‖ ⁓**folge** *f* / dialog sequence ‖ ⁓**formular** *n* / dialog form ‖ ⁓**führung** *f* (maskengesteuert) / mask-based user guidance ‖ ⁓**funktion** *f* / dialog function
dialoggeführt *adj* / in interactive mode, in conversational mode, interactive *adj*
Dialog·interpreter *m* / dialog interpreter ‖ ⁓**kennung** *f* / dialog identifier ‖ ⁓**komponente** *f* / interactive component, dialog component ‖ ⁓**leiste** *f* / dialog bar ‖ ⁓**maske** *f* / interactive form, interactive screen, interactive screenform, input/output form ‖ ⁓**programm** *n* / dialog program ‖ ⁓**programmierung** *f* / interactive program input, interactive programming ‖ ⁓**schritt** *m* / interactive step ‖ ⁓**software** *f* / interactive software ‖ ⁓**sprache** *f* / conversational language ‖ ⁓**station** *f* / interactive terminal ‖ ⁓**steuerung** *f* (Prozess) / interactive operator-process communication ‖ ⁓**text** *m* / dialog text ‖ ⁓**übernahme** *f* / Accept dialog ‖ ⁓**-Übernahme** *f* / accept dialog ‖ ⁓**variable** *f* / dialog variable ‖ ⁓**verarbeitung** *f* / interactive processing, conversational mode ‖ ⁓**verfahren** *n* / interactive mode ‖ ⁓**verkehr** *m* / interactive mode, conversational mode ‖ ⁓**verwaltung** *f* / dialog management ‖ ⁓**zeile** *f* / dialog line, user response line
Diamagnetismus *m* / diamagnetism *n*
Diamant·bohrkrone *f* / diamond core bit ‖ ⁓**drahtsäge** *f* / diamond wire saw ‖ ⁓**drehen** *n* / diamond turning ‖ ⁓**fräsen** *f* / diamond milling ‖ ⁓**fräser** *m* / diamond milling cutter ‖ ⁓**gitter** *n* / diamond lattice ‖ ⁓**kompensation** *f* / diamond compensation ‖ ⁓**pyramidenhärte** *f* (DPH) / diamond pyramid hardness (DPH) ‖ ⁓**rolle** *f* / diamond roll ‖ ⁓**scheibe** *f* / diamond wheel ‖ ⁓**schleifscheibe** *f* / diamond grinding wheel ‖ ⁓**trennscheibe** *f* / diamond cutting disk ‖ ⁓**werkzeug** *n* / diamond tool
Diametral abgestuftes zweiteiliges Edisongewinde (DIAZED) / DIAZED

Dia·phragmapumpe *f* / diaphragm pump ‖ ⁓**positiv** *n* / slide *n* ‖ ⁓**projektor** *m* / slide projector, still projector
DIAS *n* / Distributed Automation System (DIAS)
Diasynchronmaschine *f* / a.c. commutator machine
DIAZED (Diametral abgestuftes zweiteiliges Edisongewinde) *n* / DIAZED ‖ ⁓**-Einbausatz** *m* / DIAZED fuse assembly ‖ ⁓**-Sicherung** *f* / DIAZED fuse ‖ ⁓**-Sicherungseinsatz** *m* / DIAZED fuse-link ‖ ⁓**-Sicherungssockel** *m* / DIAZED fuse base
DIB (Byte eines globalen Datenbausteins (DBB) oder eines Instanz-Datenbausteins (DIB)) / data byte
DI-Baustein *m* / RCD module *n* ‖ ⁓ **für drei- und vierpolige Leistungsschalter** / residual current detection module for three and four pole circuit breakers
dichroitischer Flüssigkristall (ein Flüssigkristall, der Dichroismus ausbildet, d. h. die Eigenschaft der anisotropen Absorption von Licht) / dichroic liquid crystal
dicht *adj* / dense *adj* ‖ **~** *adj* (undurchlässig) / tight *adj*, impervious *adj* ‖ **~** *adj* (gedrängt) / compact *adj* ‖ **~ an dicht** / side by side ‖ **~ bebautes Gebiet** / built-up area ‖ **~ besiedeltes Gebiet** *n* / urban areas ‖ **~ gekapselte Maschine** / sealed machine
Dicht-an-dicht-Montage *f* / butt-mounting *n*, mounting side by side (o. end to end), side-by-side mounting
Dicht·backendepot *n* / ink sealing jaws-depot ‖ ⁓**brand** *m* (Isolator) / absence of porosity ‖ ⁓**buchse** *f* / hub *n*
Dichte *f* / density *n*, sealing of element, mass density ‖ ⁓ **der Ausfallwahrscheinlichkeit** / failure probability density ‖ ⁓ **im Normzustand** / density in standard condition ‖ **absolute ⁓** / specific gravity
Dicht·einsatz *m* / sealing insert, seal insert, plug *n* ‖ ⁓**element** *n* / sealing element
Dichte·mittel *n* / mode ‖ ⁓**modulation** *f* / density modulation, charge-density modulation
dichten *v* / seal *v*
dichter Abschluss *f* / tight shut-off ‖ **~ Stoff** (keramischer Isolierstoff) VDE 0335, T.1 / impervious material
Dichteumfang *m* / tonal range
Dicht·fett *n* / sealing grease ‖ ⁓**fläche** *f* / sealing surface, sealing face, sealing plane ‖ ⁓**hammer** *m* / caulking hammer ‖ ⁓**heit** *f* / tightness *n* ‖ ⁓**heitsprüfung** *f* (Kondensator) / sealing test, seal test
Dichtigkeit *f* / leakproofness *n* ‖ ⁓ *f* (Sicherheit eines Leitungssystems/Behälters gegen Austritt von Gasen/Flüssigkeiten) / tightness *n*
Dichtigkeits·prüfsystem *n* / leakage detection system ‖ ⁓**prüfung** *f* / check for leaks, leak test, seal test, seal-tight test ‖ ⁓**prüfung** *f* (durch Abdrücken) / hydrostatic test, high-pressure test, proof test
Dicht·kante *f* / seat face, sealing band ‖ ⁓**konus** *m* / sealing cone ‖ ⁓**labyring** *m* / clamping ring ‖ ⁓**lager** *n* / sealed bearing ‖ ⁓**leiste** *f* / sealing strip, equalizing strip ‖ ⁓**masse** *f* / sealing compound ‖ ⁓**naht** *f* / seal weld ‖ ⁓**öl** *n* / seal oil, sealing oil ‖ **~passend** *adj* / tight-fitting *adj* ‖ ⁓**profil** *n* / shaped gasket, sealing strip, sealing profile ‖

Dicht

⌁**prüfung** *f* / hydrostatic test, high-pressure test, proof test

Dicht·rahmen *m* / sealing frame ‖ ⌁**ring** *m* / sealing ring, sealing washer, washer *n*, conical nipple ‖ **kammprofilierter** ⌁**ring** / gasket profile similar to comb ‖ ⌁**scheibe** *f* / sealing washer *n* ‖ **~schieben** *v* / conceal *v* ‖ ⌁**schließen** *n* / tight closing ‖ **~schließen** *adj* / close tight ‖ **~schließend** *adj* / sealed *adj*, hermetically sealed ‖ **~schließende Drosselklappe** / butterfly valve with tight closing ‖ ⌁**schließfunktion** *f* / tight closing function ‖ ⌁**schneide** *f* / sealing lip ‖ **~schweißen** *v* / caulk-weld *v* ‖ ⌁**schweißung** *f* / sealing weld ‖ ⌁**schweißverbindung** *f* / sealing weld connection ‖ ⌁**spalt** *m* / packed sealing gap ‖ ⌁**stoff** *m* / sealant *n* ‖ ⌁**streifen** *m* / sealing strip ‖ ⌁**stück** *n* / sealing piece ‖ ⌁**system** *n* / sealing system

Dichtung *f* (ruhende Teile) / seal *n*, gasket *n*, static seal ‖ ⌁ *f* (rotierende Teile) / packing *n*, dynamic seal, seal *n* ‖ ⌁ **am Montageausschnitt** / panel seal ‖ ⌁ **Manschette** / seal V-ring ‖ ⌁ **mit Flüssigkeitssperre** / hydraulic packing, hydraulic seal ‖ **leuchtende** ⌁ / illuminating seal

Dichtungs·band *n* / sealing strip ‖ ⌁**binde** *f* / packing bandage ‖ ⌁**buchse** *f* / sealing socket ‖ ⌁**deckel** *m* / sealing cover ‖ ⌁**draht** *m* (Lampe) / seal wire, press lead ‖ ⌁**druckhülse** *f* / grommet follower, grommet ferrule ‖ ⌁**einsatz** *m* / sealing insert ‖ ⌁**fläche** *f* / sealing area, faying surface ‖ **~frei** *adj* / without seals ‖ ⌁**kappe** *f* / sealing cap ‖ ⌁**masse** *f* / sealing compound, sealer *n*, caulking compound, lute *n* ‖ ⌁**masse** *f* (f. Zellendeckel einer Batt.) / lid sealing compound ‖ ⌁**material** *n* / packing material, sealing material, caulking material ‖ ⌁**mittel** *n* / sealant *n*, sealing agent ‖ ⌁**mutter** *f* / grommet nut

Dichtungs·platte *f* / sealing plate ‖ ⌁**profil** *n* / sealing section ‖ ⌁**rahmen** *m* / sealing frame ‖ ⌁**ring** *m* / sealing ring, seal ring, packing ring, gasket *n*, joint ring, washer *n* ‖ ⌁**ring** *m* / sealing washer ‖ ⌁**satz** *m* / sealing set, set of seals ‖ ⌁**scheibe** *f* / sealing disc, sealing washer, sealer plate, gasket *n* ‖ ⌁**schneide** *f* / sealing lip ‖ ⌁**schnur** *f* / packing cord ‖ ⌁**schweißen** *n* / caulk welding ‖ ⌁**schwierigkeit** *f* / troubles for sealing ‖ ⌁**set** *n* / set of seals ‖ ⌁**stoff** *m* / sealant *n* ‖ ⌁**streifen** *m* / sealing strip ‖ ⌁**stufe** *f* / sealing step ‖ ⌁**weichstoff** *m* / compressible packing material ‖ ⌁**werkstoff** *m* / material of gasket

Dicht·verpackung *f* / sealed packing, blister packing ‖ ⌁**wickel** *m* / sealing wrapper

Dicke (Schicht) / thickness *n*, circumference *n* ‖ ⌁ *f* (Blech) / gauge *n*, thickness *n* ‖ ⌁ **der Isolierung** / insulation thickness, distance through insulation ‖ ⌁ **eines Ducts** (Höhendifferenz zwischen der oberen und unteren Begrenzung eines troposphärischen Ducts) / duct thickness ‖ **~ Kantenlinie** / thick border ‖ **durchstrahlte** ⌁ / depth of penetration, penetration *n*

Dicken·ausgleich *m* / thickness compensator ‖ **~begrenztes Filmflächenwachstum** / EFG ribbon process ‖ ⌁**hobelmaschine** *f* / thickness planing machine ‖ ⌁**lehre** *f* / thickness gauge ‖ ⌁**lehre** *f* (f. Papier o. Kunststofffolien) / calmer profiler ‖ ⌁**schwinger** *m* / thickness-mode transducer

Dickfilm'-Bauteil *n* / thick-film component ‖ ⌁**technik** *f* / thick-film technology

dickflüssig *adj* / viscous *adj*, of high viscosity, thick *adj*

Dick·kernfaser *f* / fat fibre ‖ ⌁**öl** *n* / bodied oil ‖ ⌁**schicht** *f* / thick film ‖ ⌁**schichtschaltung** *f* / thick-film (integrated circuit) ‖ ⌁**schichttechnik** *f* / thick-film technology ‖ ⌁**ungsmittel** *n* / sealant *n*, thickening agent

DI/DO / digital input/output module

di/dt-Drossel *f* / di/dt reactor

Diebstahl *m* / unauthorized power tapping, energy theft ‖ ⌁**sicherung** *f* / anti-theft *n* ‖ ⌁**-Warnanlage** *f* / anti-theft alarm system, anti-theft warning system, anti-theft vehicle security system

Die-Ecke / edge of die

Dielektrikum *n* / dielectric *n*, cable insulation

dielektrisch·e Ableitung / dielectric leakage ‖ **~e Aufnahmefähigkeit** / dielectric susceptibility ‖ **~e Beschichtung** / dielectric coating ‖ **~e Durchschlagsfestigkeit** / dielectric breakdown strength, dielectric strength ‖ **~e Erregung** / dielectric displacement density ‖ **~e Erwärmung** / dielectric heating ‖ **~e Festigkeit** / dielectric strength, electric strength ‖ **~e Ladecharakteristik** / dielectric absorption characteristic ‖ **~e Leitfähigkeit** / permittivity *n*, inductivity *n* ‖ **~e Nachwirkung** / dielectric fatigue, dielectric absorption, dielectric remanence ‖ **~e Phasenverschiebung** / dielectric phase angle ‖ **~e Prüfung** / dielectric test, insulating test ‖ **~e Regenprüfung** / dielectric wet test ‖ **~e Trockenprüfung** / dielectric dry test ‖ **~e Verlustzahl** / dielectric loss index ‖ **~e Verschiebung** / dielectric displacement, electrostatic induction ‖ **~e Verschiebungsdichte** / dielectric displacement density, dielectric flux density ‖ **~e Verschiebungskonstante** / permittivity of free space, capacitivity of free space, electric space constant, electric constant ‖ **~e Verschiebungspolarisation** / dielectric displacement, electrostatic induction ‖ **~er Durchschlag** / dielectric breakdown ‖ **~er Ladestrom** / dielectric absorption current ‖ **~er Leistungsfaktor** / dielectric power factor, insulation power factor ‖ **~er Nachwirkungsverlust** / dielectric residual loss ‖ **~er Verlust** / dielectric loss ‖ **~er Verlustfaktor** / dielectric power factor ‖ **~er Verlustfaktor** (Verhältnis Imaginärteil zu Realteil der komplexen Permittivitätszahl) / dielectric loss factor ‖ **~er Verlustfaktor** (tan δ) / dielectric dissipation factor, loss tangent ‖ **~er Verlustwinkel** / dielectric loss angle ‖ **~er Verschiebungsstrom** / displacement current ‖ **~er Wellenleiter** / dielectric waveguide ‖ **~er Widerstand** / dielectric resistance ‖ **~es Schweißen** / high-frequency pressure welding, HF welding, radio-frequency welding

Dielektrizitätskonstante *f* / dielectric constant, dielectric coefficient, permittivity *n*, capacitivity *n*, permittance *n*, inductive capacitance, specific inductive capacity ‖ ⌁ **des leeren Raumes** / permittivity of free space, capacitivity of free space, electric space constant, electric constant ‖ ⌁ **des Vakuums** / permittivity of free space, capacitivity of free space, electric space constant, electric constant

Dielektrizitätszahl *f* / dielectric constant, dielectric

coefficient, permittivity *n*, capacitivity *n*, permittance *n*, inductive capacitance, specific inductive capacity
Dienst *m* DIN ISO 7498 / service *n*, business service, utility *n*, services || ⸗**alter** *m* / seniority *n* || ⸗**anforderer** *m* / service requester, client *n*, requester *n* || ⸗**antritt** *m* / taking up of duties || ⸗**anwendbarkeit** *f* IEC 50(191) / service operability performance || ⸗**benutzer** *m* DIN ISO 7498 / service user || ⸗**bereitschaft** *f* IEC 50 (191) / service support performance || ⸗**beständigkeit** *f* IEC 50(191) / service retainability performance || ⸗**beständigkeitswahrscheinlichkeit** *f* / service retainability || ⸗**bestandswahrscheinlichkeit** *f* IEC 50(191) / service retainability || ⸗**bit** *n* (Bit, das den Informationsbits hinzugefügt ist, um den Austausch von Daten zu ermöglichen) / service digit || ⸗**dateneinheit** *f* / service data unit (SDU)
Dienste *m pl* / services, utility *n*
Diensteinheit für die Konfigurationsliste (E DIN ISO/IEC 8802-5) / configuration report server
dienste--integrierendes digitales Netz (ISDN) / integrated services digital network (ISDN) || ~**integrierendes Digitalnetz** / integrated services digital network
Dienstelement *n* DIN ISO 7498 / service primitive || ⸗ *n* (abstrakte, von der Implementierung unabhängige Darstellung einer Interaktion zwischen dem Dienstbenutzer und dem Diensterbringer (ISO TR 8509)) / service-element || ⸗ **der Assoziationssteuerung** / association control service element || ⸗ **für Fernbetrieb** / remote operations service element || ⸗ **für gemeinsame Anwendung** (DIN EN 61850-8-2) / ACSE (application common service element) || ⸗ **für zuverlässige Übertragung** / reliable transfer service element
Dienst·erbringer *m* DIN ISO 7498 / service provider, service-provider || ⸗**funktionen** *f pl* (MC-System) / service functions, utilities *n pl* || ⸗**gang** *m* / authorized absence, short business trip || ⸗**gangberechtigung** *f* / authorization for business trips || ⸗**gangbuchung** *f* / authorized-absence entry, on-duty entry || ⸗**güte** *f* (Gesamtheit der Merkmale einer einem Benutzer geboten Dienstleistung, die dessen Zufriedenheit mit dieser Dienstleistung kennzeichnet) IEC 50(191) / quality of service || ⸗**integrität** *f* (Eignung eines bereits in Anspruch genommenen Dienstes, ohne übermäßige Beeinträchtigung weiter zur Verfügung zu stehen) IEC 50(191) / service integrity || ⸗**klasse mit bedingter Benachrichtigung** (DIN V 44302-2) / conditional notification class of service || ⸗**klasse mit unbedingter Benachrichtigung** *f* / unconditional class of service || ⸗**leister** *m* / service provider || ⸗**leistung** *f* / service *n*, business service || ⸗**leistungsabteilung** *f* / service department || ⸗**leistungsaudit** *n* / service quality audit || ⸗**leistungskapazität** *f* / service infrastructure || ⸗**leistungspaket** *n* / service package || ⸗**leistungsteil** *m* / service part || ⸗**nutzer** *m* / service-user || ⸗**nutzer regelwidrige Freigabe** *f* (Tabelle A.14 IEC 60870-6-700) / abnormal release user (ARU) || ⸗**primitiv** *n* (abstrakte Beschreibung einer Wechselwirkung zwischen Dienstbenutzer und Diensterbringer) / primitive || ⸗**programm** *n* / service program, utility routine, utilities *plt*, utility program, utility *n* || ⸗**programmfunktion** *f* / utility function || ⸗**qualität** *f* / quality of service || ⸗**reise** *f* / business trip *n*
Dienst·signal *n* (DU) DIN 44302 / call progress signal || ⸗**signal** *n* (innerhalb des Verbindungssteuerungsverfahrens die Meldung über den Zustand des Verbindungsaufbaues im Datennetz) / service signal || ⸗**stelle** *f* / department *n*, dept. *n*, organizational unit || ⸗**unfall** *m* / industrial injury || ⸗**verfügbarkeit** *f* IEC 50(191) / serviceability performance, serveability performance || ⸗**verweigerung** *f* / denial of service || ⸗**verzichtswahrscheinlichkeit** *f* (Wahrscheinlichkeit, dass ein Benutzer auf den Versuch verzichtet, einen Dienst zu benutzen) / service user abandonment probability || ⸗**wagen** *m* / service vehicle, company car || ⸗**zeitanrechnung ab** *f* / entry of hire date || ⸗**zugänglichkeit** *f* IEC 50(191) / service accessibility performance || ⸗**zugangspunkt** *m* DIN ISO 7498 / service access point (SAP) || ⸗**zugangspunkt des Managements** (PROFIBUS) / management service access point (MSAP) || ⸗**zugangspunktadresse** *f* / service access point address || ⸗**zugangsverzug** *m* / service access delay || **mittlerer** ⸗**zugangsverzug** / mean service access delay || ⸗**zugangswahrscheinlichkeit** *f* / service access probability, service accessibility
Diesel--Aggregat *n* / diesel-generator set || ~**elektrischer Antrieb** / diesel-electric drive, thermo-electric drive, oil-electric drive || ⸗**Generator** *m* / diesel-driven generator, diesel generator || ⸗**Hochdruckeinspritzung** *f* / high-pressure injection of diesel fuel, common rail
Dieselhorst-Martin-Vierer *m* / multiple-twin quad, DM quad
Diesel·injektionsanlage *f* / diesel injection system || ⸗**injektor** *m* / diesel injector || ⸗**kompressorschlepper** *m* / mobile diesel-powered air compressor || ⸗**Kraftanlage** *f* / diesel power plant || ⸗**motor** *m* / diesel engine || ⸗**Schwungradgenerator** *m* / diesel-driven flywheel generator || ⸗**station** *f* / diesel substation
Differential *n* (Getriebe) / differential *n* || ~**gewickelt** / differentially wound || ⸗ **Resolver Function** (DRF) / differential resolver function (DRF) || **elektrisches** ⸗ / electric differential, differential selsyn || ⸗**abgleich** *m* / differential balance || ⸗**ader** *f* / differential pilot, operating pilot || ⸗**anteil** *m* / derivative action || ⸗**anteil** *m* / derivative-action component, differential component || ⸗**diskriminator** *m* / differential discriminator || ⸗**Drehmelder** *m* / differential resolver || ⸗**druckschalter** *m* / differential pressure switch || ⸗**drucksensor** *m* / differential pressure sensor || ⸗**duplex** *n* / differential duplex || ⸗**Empfänger** *m* / differential receiver || ⸗**Endschalter** *m* / differential limit switch || ⸗**Erdschlussabgleich** *m* (DE-Abgleich) / adjustment for earth-fault protection, zero-current adjustment || ⸗**erregung** *f* / differential excitation, differential compounding || ⸗**getriebe** *n* / differential gearing

Differential 182

Differential·kolben m / stepped piston, double-diameter piston || **⁓koppler** m / differential coupler || **⁓-Leitungsempfänger** m / differential line receiver || **⁓-Linearitätsfehler** m / differential nonlinearity || **⁓melder** m (Brandmelder) / rate-of-rise detector || **⁓messbrücke** f / differential measuring bridge || **⁓operator** m / differential operator || **⁓-Punktmelder** m / rate-of-rise point detector || **⁓quotient nach der Zeit** / time derivative (dx/dt) || **⁓-Refraktometer** n / differential refractometer || **⁓regelung** f / derivative-action control, differential-action control, differential control, rate-action control || **⁓regelwerk** n (Lampe) / differential arc regulator || **⁓regler** m / derivative-action controller, differential-action controller, rate-action controller, derivative controller || **⁓relais** n / differential relay, balanced current relay || **⁓relais mit Haltewirkung** / biased differential relay, percentage differential relay, percentage-bias differential relay || **⁓resolver** m / differential resolver || **⁓-Resolver-Funktion (DRF)** f / Differential Resolver Function
Differential·schutz m / differential protection, balanced protection || **⁓schutz mit Hilfsader** / pilot-wire differential protection || **⁓schutzfunktion** f / differential protection function || **⁓schutzrelais** n / differential protection relay, balanced protection relay || **⁓schutzwandler** m / biasing transformer, differential protection transformer || **⁓schutzwandler** m (Zwischenwandler) / matching transformer (for differential protection) || **⁓sperre** f / differential lock || **⁓strom** m / spill current || **⁓strom** m (Differentialschutz) / differential current
Differential·-Thermoanalysegerät n / differential thermo-analyzer || **⁓transformator** m / differential transformer || **⁓transformator** m (Messumformer) / differential-transformer transducer || **⁓treiber** m / differential driver || **⁓-Treiber und -Empfänger** m / differential driver and receiver || **⁓übertrager** m / differential transformer || **⁓verhalten** n / D-action with delayed decay (derivative action with delayed decay) || **⁓verhalten** n / derivative action, differential action, D-action n || **⁓verstärker** m / differential amplifier || **⁓wicklung** f / differential compound winding, differential winding || **⁓wirkung** f / derivative action, differential action, D-action n || **⁓zeit** f / derivative-action time constant, derivative time constant, differential-action time constant || **⁓zeitkonstante** f / derivative-action time constant, derivative time constant, differential-action time constant || **⁓zylinder** m / differential cylinder
Differentiation f (Impulsformungsverfahren) / differentiation n || **laufende ⁓ des Weges über die Zeit** / continuous differentiation of travel over time
differentiell adj / differential adj || **~e Amplitudenverzerrung** / differential amplitude distortion || **~e Induktivität** / incremental inductance || **~e Leistungsverstärkung** / incremental power gain || **~e Messung** / differential measurement || **~e Modulation** / differential modulation || **~e Permeabilität** / differential permeability || **~e Phasenumtastung** / differential phase shift keying || **~e Phasenverschiebung** / differential phase shift || **~e Phasenverzerrung** / differential phase distortion ||

~e Pulscodemodulation (DPCM) / differential pulse code modulation (DPCM) || **~e Quantenausbeute** / differential quantum efficiency || **~er Durchlasswiderstand** DIN 41760 / differential forward resistance || **~er Linearitätsfehler** DIN 44472 / differential linearity error || **~er Widerstand** (Diode) DIN 41853 / differential resistance
Differenz f / difference n || **⁓ der Abweichungs-Mittelwerte** VDE 0435, T.110 / variation of the mean error || **⁓ der Förderhöhe** / difference of head
Differenz·abstand m / interval n || **⁓anzeigegerät** n / differential indicator || **⁓ätzung** f / differential etching || **⁓ausgang** m (Verstärker) / differential output || **⁓-Ausgangsimpedanz** f / differential-mode output impedance || **⁓-Auslösestrom** m / residual operating current
Differenz·beschreibung f / description of differences || **⁓codierung** f (Codierung, bei der die Elemente als Differenz des Wertes zwischen diesem Element und dem vorhergehenden Element dargestellt werden) / differential encoding || **⁓diskriminator** m / differential discriminator || **⁓dokumentation** f / difference documentation || **⁓drehzahl** f / rotational speed difference || **⁓druck** m / differential pressure, pressure differential, pressure drop, pressure difference || **⁓druck-Durchflussmesser** m / head flowmeter, differential-pressure flowmeter, orifice flowmeter || **⁓druckgeber** m / differential-pressure transmitter **differenzdruckgeführt** adj / differential-pressure operated
Differenzdruck·grenze f / static pressure limit || **⁓manometer** n / differential-pressure manometer, manometer n || **⁓-Messumformer** m / differential-pressure transducer, differential pressure transmitter
Differenzein-/ausgang m / differential input/output
Differenz·eingang m (Verstärker) / differential input || **⁓-Eingangsschwellenspannung** f / differential input threshold voltage || **⁓flussprinzip** n / difference-flux principle || **⁓größe** f / differential quantity || **⁓hebel** m / differential lever
Differenzialrelais n / differential relay
Differenzierbeiwert m DIN 19226 / derivative-action coefficient (o. factor)
differenzieren v / differentiate v
differenzierende Beschreibung / discriminant description
Differenzierer m / differentiator n, derivative-action element || **⁓** m (Glied, dessen Ausgangsgröße proportional zur Änderungsgeschwindigkeit der Eingangsgröße ist) / derivative unit
Differenzier·schaltung f / differentiating circuit || **⁓ungskriterien** / differentiation criteria || **⁓ungszeitkonstante** f / derivative-action time constant || **⁓verstärkung** f / derivative action gain, derivative gain || **⁓zeit** f / derivative time || **⁓zeit** f / derivative-action time constant
Differenz·-Impulsratenmeter n / differential impulse rate meter || **⁓kraft** f (PS) DIN 41635 / force differential, differential force || **⁓-Kurzschlussstrom** m (bei Verwendung einer Kurzschlussschutzeinrichtung) / conditional residual short-circuit current || **⁓lage** f / difference in position || **⁓-Leerlaufspannungsverstärkung** f / open-loop gain || **⁓maß** n / differential dimension || **⁓melder** m (Brandmelder) /

differential detector || ⟂**messgerät** *n* / differential measuring instrument || ⟂**messung** *f* / differential measurement || ⟂**messverfahren** *n* / differential method of measurement, differential measurement || ⟂**modulation** *f* / differential modulation || ⟂**moment** *n* / torque differential || ⟂**motor** *m* / differential motor || ⟂**-Nichtauslösestrom** *m* / residual non-operating current || ⟂**-Pulscodemodulation** *f* / differential pulse code modulation || ⟂**schaltung** *f* / differential connection || ⟂**schieber** *m* / differential slide || ⟂**signal** *n* / difference signal || ⟂**-Signal-Eingangsspannung** *f* / differential input voltage || ⟂**spannung** *f* (U_{ist}-U_{soll}) / error voltage, error signal, differential voltage || ⟂**spannung** *f* DIN EN 61131-1 / transverse mode voltage, differential mode voltage || ⟂**-Spannungsverstärkung** *f* (Verstärker m. Differenzeingang) / differential-mode voltage amplification
Differenzstrom *m* VDE 0100, T.200 / residual current || ⟂ *m* / differential current || ⟂ *m* (Schutz, Strom infolge Fehlanpassung der Wandler) / spill current || ⟂**anregung** *f* / residual current starting (element) || ⟂**auslöser** *m* / residual-current release, differential-current trip || ⟂**baustein** *m* / residual current device || ⟂**-Ein- und -Ausschaltvermögen** *n* / residual making and breaking capacity || ⟂**-Kurzschlussfestigkeit** *f* / residual short-circuit withstand current || ⟂**schutz** *m* / differential current protection || ⟂**-Schutzeinrichtung** *f* (DI-Schutzeinrichtung RCD mit Hilfsspannung, spannungsabhängig) / residual current protective device (RCD) || ⟂**-Schutzeinrichtung mit eingebautem Überstromauslöser** / residual current operated device (RCBO) || **ortsveränderliche** ⟂**-Schutzeinrichtung** / portable residual current protective device (PRCD) || ⟂**-Schutzschalter** *m* (netzspannungsabhängig) / residual-current(-operated) circuit breaker (dependent on line voltage) || ⟂**-Überwachungsgerät für Hausinstallationen** / residual-current monitors for household use (RCM)
Differenz·tonbildung *f* / intermodulation *n* || ⟂**tondämpfung** *f* / intermodulation rejection || ⟂**vektor** *m* / incremental vector || ⟂**verstärker** *m* / difference amplifier, instrumentation amplifier, differential amplifier || ⟂**verstärkereingang** *m* / differential amplifier input || ⟂**verstärkung** *f* / differential amplification || ⟂**wägung** *f* / difference test || ⟂**weg** *m* / differential travel (o. movement), movement differential || ⟂**wert** *m* / difference value || ⟂**zeit** *f* / differential time || ⟂**zeitkonstante** *f* / difference time constant
Diffraktion *f* / diffraction *n*
Diffraktometer *n* / diffraction analyzer, diffractometer *n*
Diffraktometrie *f* / diffractometry *n*
diffundieren *v* / diffuse *v*
diffundiert·e pn-Solarzelle (Solarzelle, bei der der pn-Übergang durch Diffusion erzeugt wurde) / diffused p-n junction solar cell, diffused junction cell || **~er pn-Übergang** / diffused junction || **~er Transistor** / diffused transistor || **~er Übergang** / diffused junction
diffus *adj* / diffusely || **~e Beleuchtung** / diffuse lighting, directionless lighting || **~e Bestrahlung** / diffuse irradiation (diffuse irradiance integrated over a specified time interval (IEC 904-3 p.19) || **~e Bestrahlungsstärke** / scatter irradiance, sky irradiance, diffuse irradiance (DFI) || **~e Bezugsbeleuchtung** / reference lighting || **~e Himmelsstrahlung** / diffuse sky radiation, skylight *n* || **~e Reflexion** / diffuse reflection, spread reflection || **~e Strahlung** / diffuse radiation || **~e Transmission** / diffuse transmission || **~er Lichtbogen** / diffuse arc || **~er Metalldampfbogen** / diffuse metal-vapour arc || **~er Schalleinfall** / random incidence || **~er Vakuumlichtbogen** / diffuse vacuum arc
Diffusion *f* / diffusion (transport of particles due to a concentration gradient)
Diffusions·glühen *n* / diffusion annealing, homogenizing *n* || ⟂**-Halbwertzeit** *f* / half-value diffusion time || ⟂**-Halbwertzeitprüfung** *f* / diffusion half-time test || ⟂**koeffizient** *m* / diffusion constant || ⟂**konstante** *f* / diffusion constant || ⟂**länge** *f* / diffusion length, carrier diffusion length || ⟂**pumpe** *f* / diffusion pump, vacuum diffusion pump || ⟂**schweißen** *n* / diffusion welding || ⟂**spannung** *f* / diffusion potential || ⟂**sperre** *f* / diffusion barrier || ⟂**technik** *f* / diffusion technique, impurity diffusion technique || ⟂**verzinken** *n* / diffusion zinc plating, sherardizing *n*
Diffusor *m* (Lüfter) / diffuser *n* || **Schall~** *m* (Schallpegelmesser) / random-incidence corrector
diffusorartige Gestaltung des Austrittsstutzens / venturi outlet
Diffus·schichtspannung *f* (Potentialdifferenz zwischen der starren und der diffusen Schicht einer Doppelschicht) / diffuse layer potential || ⟂**strahlung** *f* / diffuse radiation
Digit *m* (Element einer endlichen Menge ganzer Zahlen zur Darstellung von Information) / digit, numeral, numerical index, numeric character
digital *adj* / digital *adj* || ⟂**abdruck** *m* / discontinuous printing, discontinuous indication || ⟂**adressraum** *m* / digital address space || **~ anzeigendes Messgerät** / digital meter || **~ einstellbares Relais** / digitally adjustable relay || ⟂ **Engineering** / Digital Engineering || **~ factory** / digital factory || ⟂ **Low Cost Servo (DLCS)** (Antriebssystem) / Digital Low Cost Servo (DLCS) || **~ manufacturing** / digital manufacturing
Digital-Analog-Abgleich (DA-Abgleich) *m* / digital-to-analog conversion (DAC)
Digital-/Analogausgabe *f* (Baugruppe) / digital/analog output module
Digital-Analog-Ausgänge (DA-Ausgänge) *m* / D/A outputs
Digital-/Analogeingabe *f* (Baugruppe) / digital/analog input module
Digital-Analog·-Umsetzer *m* (DAU) / digital-analog converter (DAC), digital-to-analog converter (DAC) || ⟂**-Umsetzung** *f* / digital-to-analog conversion (D/A conversion), digital-to-analogue conversion || ⟂**-Umwandler** *m* (DAU) / digital-analog converter (DAC), digital-to-analog converter (DAC) || ⟂**-Wandler** *m* (D/A-Wandler) / digital-analog converter (DAC), digital-to-analog converter (DAC)
Digital·anweisung *f* / digital statement || ⟂**anzeige**

Digital

ƒ / digital display, digital readout, discontinuous indication, discontinuous printing || **~anzeigendes Messgerät** / digital indicating instrument || **₂anzeiger** *m* / digital indicator
Digital·ausgabe ƒ / digital output (DO) || **₂ausgabe** ƒ (Baugruppe) / digital output module || **₂ausgabebaugruppe** ƒ / digital output module || **₂ausgabekanal** *m* / digital output channel || **₂ausgabemodul** *n* / digital output module || **₂ausgang** *m* (DA) / digital output (DO) || **₂ausgänge invertieren** / invert digital outputs || **Anzahl ₂ausgänge** / number of digital outputs
digital·e Anzeige (Anzeige, auf der die Information durch Ziffern dargestellt wird) / digital display || **~e Auflösung** / digital resolution || **~e Ausgabebaugruppe** / digital output module || **~e Ausgangsadresse** / digital output address || **~e Bewegungssteuerung** / Digital Motion Control || **~e Daten** / digital data, discrete data || **~e Datenspeicherung** / Digital Data Storage (DDS) || **~e dynamische Regelung** (DDC) / digital dynamic control (DDC) || **~e Ein-/Ausgänge** / digital inputs/outputs || **~e Ein- und Ausgänge** / digital inputs/outputs || **~e Eingabebaugruppe** / digital input module || **~e elektrische Größe** / digital electrical quantity || **~e Fabrik** / digital factory || **~e Fertigung** / digital manufacturing || **~e Funkstrecke** / digital radio link || **~e Funktion** / digital function, digital operation, discrete function, discrete operation || **~e Impulsdauermodulation** (DPDM) / digital pulse duration modulation (DPDM) || **~e Multiplexeinrichtung** / digital multiplex equipment || **~e Multiplexhierarchie** / digital multiplex hierarchy || **~e PCM-Referenzsequenz** / PCM digital reference sequence || **~e Präzisionsschaltuhr** / precision-type digital time switch || **~e Rechenanlage** DIN 44300 / digital computer || **~e Schaltuhr** / digital time switch || **~e Schrittdauermodulation** / digital pulse duration modulation (DPDM) || **~e Sollwertgruppe** / digital setpoint group || **~e Sollwertkaskade** / digital setpoint cascade || **~e Sollwertschnittstelle für VSA/HSA** / digital setpoint interface for FDD/MSD || **~e Steuerung** / digital control || **~e Summe** / digital sum || **~e Testsequenz** / digital test sequence || **~e Übertragung** / digital transmission || **~e Übertragungsgeschwindigkeit** / digit rate || **~e Unterschrift** / digital signature || **~e Verknüpfungsfunktion** / digital logic function || **~e visuelle Schnittstelle (DVI)** / Digital Visual Interface (DVI) || **~e Wegerfassung** (Dekodierer) / digital position decoder, digital displacement decoder
Digital-E/A / digital I/O
Digitalein-/ausgabe ƒ / digital I/O, discrete I/O
Digital-Ein-/Ausgabebaugruppe ƒ / digital input/output module
Digital-Ein/Ausgabemodul *n* / digital input/output module
Digital·eingabe ƒ / digital input || **₂eingabebaugruppe** ƒ / digital input module || **₂eingabekanal** *m* / digital input channel || **₂eingabe-Zeitbaugruppe** ƒ / digital input/timer module || **₂eingang** *m* (DE) / digital input || **Anzahl ₂eingänge** / number of digital inputs || **₂eingangsparameter** *m* / digital input parameter || **₂eingangssteuerung** ƒ / digital input control
digital·er Abschnitt / digital section || **~er Ausgang** / digital output || **~er Block** / digital block || **~er Demultiplexer** / digital demultiplexer || **~er Differenzensummator** (DDA) / digital differential analyzer (DDA) || **~er Drehzahlgeber** / digital tacho-generator || **~er Eingang** / digital input || **~er Funkabschnitt** / digital radio section || **~er Heimbus** / domestic digital bus (DDB) || **~er Leitungsabschnitt** / digital line section || **~er Leitungsverbindungsabschnitt** / digital line link || **~er Multiplexer** / digital multiplexer || **~er Signalcontroller** / digital signal controller || **~er Signalgenerator** (Synthesizer) / frequency synthesizer || **~er Signalprozessor** / digital signal processor (DSP) || **~er Stellantrieb** / digital actuator || **~er Umschlag** / digital envelope || **~er Verbindungsabschnitt** / digital link || **~er Verteiler** / digital distribution frame || **~er Wert** / digital value || **~er Zeitschlitz** / digit time slot
Digitaler-Leistungsschalter-Versagerschutz *m* / circuit-breaker failure relay
digital·es Ausgangsmodul / digital output module || **~es Datenverarbeitungssystem** / digital data processing system || **~es Elektronikmodul** / digital electronics module || **~es Erweiterungsmodul** / digital extension module || **~es Funksystem** / digital radio system || **~es Leitungssystem** / digital line system || **~es Messverfahren** / digital method of measurement || **~es Muldex** / digital muldex || **~es Multiplexen** / digital multiplexing || **~es Rechensystem** DIN 44300 / digital computer system || **~es rotatorisches Messsystem** / digital rotary measuring system || **~es Schutzgerät** / numerical protection equipment, numerical protection device || **~es Signal** / digital signal, discrete signal || **~es Speicheroszilloskop (DSO)** / digital storage oscilloscope (DSO) || **~es Übertragungssystem** / digital transmission system || **~es Wiedereinschaltrelais** / autoreclosure and check synchronization relay
Digital·fehler *m* / digital error || **₂filter** *m* / digital filter || **₂funktion** ƒ / digital function || **₂gesteuerter Regler** / digital controller (DDC controller) || **~gesteuertes Drucköl** / leak-oil || **~-inkrementales Messsystem** / digital-incremental measuring system
digitalisieren *v* / digitize *v*, digitizing *v*
Digitalisierer *m* (grafische Eingabeeinheit zur Umwandlung geometrischer analoger Daten in digitale Daten) / digitizer *n*
Digitalisier·gerät *n* / digitizer *n* || **₂lupe** ƒ / puck *n* || **₂modul** *n* / digitizer module || **₂steuerung** ƒ / digitizing control || **₂tableau** *n* / digitizer tablet, data tablet, digitizer *n* || **₂tablett** *n* / digitizing tablet, digitizer tablet, data tablet, digitizer *n*
digitalisiertes Bild / binary image, digitized image
Digitalisierung ƒ / digitizing *n* || **₂spaket** *n* / digitizing package
Digitalisier-Unit ƒ / digitizer
Digital·lichtsteller *m* / digital dimmer, digital fader || **₂modul** *n* / digital module || **₂multimeter** *n* (DMM) / digital multimeter (DMM) || **₂plotter** *m* / data plotter, digital incremental plotter || **₂potentiometer** *n* / digital potentiometer || **₂rate** ƒ / digit rate || **₂rechner** *m* / digital computer || **₂regler** *m* (DDC-Regler) / digital controller (DDC controller) || **₂signal** *n* / digital signal || **₂-Signal-**

Prozessor (DSP) *m* / digital signal prozessor (DSP) || ⸔-**Simulationsbaugruppe** *f* / digital simulation module || ⸔**spannungsmesser** *m* / digital voltmeter (DVM) || ⸔**steuerung** *f* / digital control || ⸔**system** *n* / digital system || ⸔**tachointerface** *n* / digital tachometer interface || ⸔**tachometer** *n* / digital tachometer, pulse tachometer || ⸔**verbindung** *f* / digital link || ⸔**verknüpfung** *f* / digital logic operation, digital combination (o. gating) || ⸔-**Voltmeter** *n* (DVM) / digital voltmeter (DVM) || ⸔**zähler** *m* / digital counter || ⸔**zähler** *m* (integrierend) / digital meter || ⸔-**Zeit-Zählerbaugruppe** *f* / digital timer-counter module
Digit·fehlerhäufigkeit *f* / digit error ratio || ⸔**rate** *f* / digit rate || ⸔**stelle** *f* / digit position || ⸔-**Zeitschlitz** *m* (Zeitschlitz, der einem Signalelement eines digitalen Signals zugewiesen ist) / digit time-slot
DIL (dual in-line) / DIL (dual in-line)
Dilatation *f* / dilatation *n*
DIL-Schalter *m* (Dual-in-line-Schalter) / encoding switch, coding switch, coding element, DIP switch, DIL switch (dual-in-line switch)
DI/LS-Schalter *f* (Differenzstrom-/Leitungsschutzschalter) / RCBO (residual current operated device)
Dimension *f* / dimension *n*, measure *n* || ⸔ **einer Größe** *f* / dimension of a quantity
dimensionieren *v* / size *v*, dimension *v*
Dimensionierung *f* / design *n*, sizing *n* || ⸔**sproblem** *n* / dimensioning problem
Dimensions·analyse *f* / dimensional analysis || ⸔**stabilität** *f* / dimensional stability, thermostability *n* || ⸔**zeichen** *n* (f. die Größe der analogen Auflösung eines ADU) / unit symbol
Dimethyl·imidazol *n* / dimethyl imidazole || ⸔**phtalat** *n* / dimethyl phtalate
DIMM (Speichermodul mit zwei Kontaktreihen) / dual in-line memory module (DIMM)
Dimm·aktor *m* / dimming actuator || ⸔**ausgang** *m* / dimming output || ⸔**befehl** *m* / dimming command
dimmen *v* / dim *v*
Dimmer *m* / dimmer *n*, dimmer switch, mood setter
Dimmgeschwindigkeit *f* / dimming speed
DIMM-PC *m* (PC in der Größe eines PC-Speicherbausteins) / DIMM PC
Dimm·wert *m* / dimming value || ⸔**wert-Setzen** *n* / dimming value setting || ⸔**wert-Statusobjekt** *n* / dimming value status object || ⸔**zeit** *f* / dimming time
DIN (Deutsches Institut für Normung, Deutsche Industrie Norm) / DIN || ⸔ **Standverteiler** *m* / DIN floor-mounted distribution board || ⸔ **Wandverteiler** *m* / DIN wall-mounted distribution board
DIN/ISO·-Befehl *m* / DIN/ISO command || ⸔-**Editor** *m* / DIN/ISO editor || ⸔-**Kenntnisse** *f* / DIN/ISO knowledge
DIN-Isometrie *f* / DIN isometry
DIN/ISO-Programmierung *f* / DIN/ISO programming
DIN·-Programmierkenntnisse / knowledge of G codes || ⸔-**Schiene** *f* / DIN rail || ⸔-**Schienenmontage** *f* / DIN rail mounting
DIO / data input/output (DIO)
Diode *f* / diode *n*
Dioden·baugruppe *f* (Säule) / diode stack || ⸔**beschaltung** *f* / diode circuit || ⸔**box** *f* / diode box || ⸔**brücke** *f* / diode jumper || ⸔**element** *n* / diode element || ⸔**gleichrichter** *m* / diode rectifier || ⸔**gleichung** *f* / diode equation (relationship betwen current and voltage in a p-n junction diode) || ⸔**grenzfrequenz** *f* / diode limit frequency || ⸔**kennlinie** *f* (Emissionskennlinie) / diode characteristic, emission characteristic || ⸔**klemme** *f* / diode clamp, diode terminal || ⸔**kombination** *f* / diode assembly, diode combination || ⸔**laser** *m* / diode laser || ⸔-**Leuchtmelder** *m* / LED indicator || ⸔**logik** *f* (DL) / diode logic (DL) || ⸔**messung** *f* / diode measurement || ⸔**perveanz** *f* / diode perveance || ⸔**sättigungsstrom** *m* / dark saturation current || ⸔**schalter** *m* / diode switch || ⸔-**Transistor-Logik** *f* (DTL) / diode transistor logic (DTL) || ⸔**ventil** *n* / diode valve
DIP *f* / De-Inking Plant || ⸔ / dual in-line package (DIP) || ⸔-**Fix-Brücke** *f* / DIP-Fix jumper || ⸔-**Fix-Schalter** *m* / DIP switch
Dipl.-Ing *m* / university graduated engineer, technical university graduate
Dipol *m* / dipole *n*, doublet *n* || ⸔**antenne** *f* / dipole aerial, dipole *n* || **elektrisches** ⸔**moment** / electric dipole moment
DIP-Schalter *m* / DIP switch (dual-in-line-package switch)
DIR (Dateiverzeichnis) *n* (Symbol auf einer grafischen Benutzungsoberfläche, das weitere Ordner bzw. Objekte enthalten kann) / directory *n*
Dirac-Funktion *f* / Dirac function, unit pulse, unit impulse (US)
Direct Digital Control (Steuerung und Regelung von Einrichtungen oder Anlagen mittels digitalem Computer oder Mikroprozessor) / direct digital control || ⸔ **Product Motion (DPM)** (Technologiepaket) / Direct Product Motion (DPM)
Directory·-Dienst *m* / directory facility || **übergeordnete** ⸔**ebene** / further directory level || ⸔-**Service** *m* / DS *n*, directory service *n* || ⸔-**System** *n* / directory system
direkt *adv* / direct *adj* || **~ abgehende Wahl** / direct outgoing selection || **~ ankommende Wahl** / direct incoming selection || **~ beeinflusste Regelstrecke (o. Steuerstrecke)** / directly controlled system || **~ einschalten** / start direct on line, start at full voltage, start across the line || **~ gekoppelte Rechnersteuerung** / on-line computer control || **~ gekühlter Leiter** / inner-cooled conductor, direct-cooled conductor || **~ gesteuertes Ventil** / directly actuated valve || **~ wirkender Auslöser** / direct release, direct acting release, direct trip, series release, series trip || **~ wirkender Regler** / direct-acting controller || **~ wirkender Schreiber** / direct-acting recording instrument || **~ wirkendes anzeigendes Messgerät** / direct-acting indicating measuring instrument IEC 51 || **~ wirkendes Messgerät** / direct-acting measuring instrument
Direkt·, **Bildschirm mit** ⸔**ablenkung** / directed-beam CRT || ⸔**ablesung** *f* / direct reading, local reading || ⸔**abzweig** *m* / direct feeder, direct tap, direct start load feeder || ⸔**anbau** *m* / direct mounting || ⸔**anbindung** *f* / direct coupling || ⸔**anlasser** *m* / direct-on-line starter, full-voltage starter, across-the-line starter, fine starter || ⸔**anlauf** *m* / direct-on-line starting, direct start ||

Direkt 186

~anschallung *f* DIN 54119 / direct scan ||
~anschluss *m* / direct connection || ~ansteuerung
f (z.B. Ventil) / direct control, local control ||
~anteil *m* / direct ratio || ~antrieb *m* / direct drive,
gearless drive || ~antriebsmotor *m* / direct drive
motor || ~antriebstechnik *f* / direct drive
technology || ~anwahl *f* / direct selection ||
~ausgabe *n* / direct output || ~auslöser *m* / direct
release, direct acting release, direct trip, series
release, series trip
Direkt·bedienung *f* / local operator control, local
operator communication || ~betrieb *m* / direct
operation mode || ~blendung *f* / direct glare ||
~drucker *m* (Telegrafiedrucker, verwendet in
Systemen, die mit Codes variabler Schrittlänge wie
dem Morsecode oder dem zweistufigen Kabelcode
arbeiten und bei dem das Drucken direkt aufgrund
der ankommenden Signale erfolgt) / direct printer ||
~durchverbindungspunkt *m* / direct through
connection point
direkt·e Abbildung / direct mapping || ~e
Adressierung / direct addressing || ~e **Angabe des
Vorschubs** (NC-Wegbedingung) DIN 66025,T.2 /
direct programming of feedrate, feed per minute
ISO1056, feed per revolution || ~e **Aufnahme** /
direct accommodation || ~e **Auslösung** / direct
tripping || ~e **Bandlücke** / direct bandgap, direct
gap || ~e **Bearbeitung** / visual editing || ~e
Belastung / direct loading || ~e **Beleuchtung** /
direct lighting || ~e **Bestimmung des
Wirkungsgrades** / direct calculation of efficiency
o. (determination of) efficiency by direct
calculation (o. by input-output test) || ~e
Bestrahlung / direct irradiation (direct irradiance
integrated over a specified time interval), direct
beam irradiation, beam irradiation || ~e
Bestrahlungsstärke / beam irradiance, direct
irradiance || ~e **Betriebserdung** / direct functional
(o. operational) earthing || ~e **Bildschirmeingabe** /
visual mode || ~e **Diagnose** (on line) / on-line
diagnosis || ~e **digitale Regelung** (DDC) / direct
digital control (DDC) || ~e **Durchwahl mit
verdeckter Numerierung** / direct incoming
selection with integrated numbering || ~e
Durchwahl mit Zweistufenwahl / direct
incoming selection with two-stage selection || ~e
Eigenerregung / excitation from prime-mover-
driven exciter || ~e **Einwirkung** (über eine
Verbindung zwischen Bedienteil und Schaltglied) /
direct drive || ~e **Erdung** / direct connection to
earth direct earthing solid connection to earth || ~e
Gaskühlung (Wicklungsleiter) / inner gas cooling,
direct gas cooling || ~e **inkrementelle
Wegmessung** / direct incremental position encoder
|| ~e **Kommutierung** / direct commutation || ~e
Kühlung (Wicklungsleiter) / inner cooling, direct
cooling || ~e **Kupplung** / direct coupling || ~e
Lageerfassung / direct position sensing, direct
position measurement || ~e **Leiterkühlung** (el.
Masch.) / inner conductor cooling, direct
conductor cooling || ~e **Magnetbetätigung** / direct
solenoid actuation || ~e **Messung** / direct
measuring, linear measurement, direct
measurement || ~e **Momentenregelung** / Direct
Torque Control (DTC) || ~e **Montage** / direct
installation || ~e **normale Bestrahlungsstärke**
(ISE) / direct normal irradiance (DNI) || ~e

numerische Steuerung (DNC) / direct numerical
control (DNC) || ~e **Prozessankopplung** / on-line
process interface || ~e **Prüfung** / direct test || ~e
Rechnersteuerung (DCC) / direct computer
control (DCC) || ~e **Schaltermitnahme** /
intertripping *n* || ~e **Selbsterregung**
(Transduktor) / auto-self-excitation, self-saturation
|| ~e **Sonnenenergienutzung** / direct use of solar
energy || ~e **Strahlung** / direct radiation || ~e
Verbindung / direct connection || ~e **Welle**
(Funkwelle, die sich auf einem direkten
Strahlenweg ausbreitet) / direct wave || ~e
Wirkungsgradbestimmung / direct calculation of
efficiency o. (determination of) efficiency by
direct calculation (o. by input-output test) || ~e
Wirkungsrichtung / direct action
Direkt·eingabe *f* / direct entry || ~einspritzung *f* /
direct injection || ~eintrag *m* (durch den
Bediener) / direct input (o. entry) of commands
direkt·er aktinischer Effekt / direct actinic effect ||
~er **Anschluss** / direct connection || ~er **Antrieb** /
direct drive || ~er **Ausbreitungsweg** / direct
propagation path || ~er **Blitzeinschlag** / direct
lightning strike || ~er **Blitzschlag** / direct stroke ||
~er **Datenaustausch** / direct data exchange || ~er
Druckluftantrieb / direct-acting pneumatic
operating mechanism || ~er **Frequenzumrichter** /
cycloconverter *n* || ~er **Halbleiter** / direct-gap
semiconductor || ~er **Lichtstrom** / direct flux || ~er
MPP-Tracker / direct MPP tracker || ~er
Netzanschluss / direct line connection || ~er
Peripheriezugriff (lesender bzw. schreibender
Zugriff der CPU auf die Peripherie, ohne das
Prozessabbild zu verwenden) / direct I/O access, I/
O access || ~er **Spannungsregler** / direct-acting
voltage regulator || ~er **Speicherzugriff** (DMA) /
direct memory access (DMA) || ~er
Steckverbinder (Leiterplatte) / edge socket
connector || ~er **Strahlenweg** (Strahlenweg, der
gerade oder durch Brechung im
Ausbreitungsmedium schwach gekrümmt ist) /
direct ray path || ~er **Überstromauslöser** VDE
0660, T.101 / direct overcurrent release IEC 157-1
|| ~er **Zugriff** / direct access || ~er
Zugriffsbereich / immediate access area
direkt·es adaptives Regelsystem / direct adaptive
control system || ~es **Aufschalten** / direct connect ||
~es **Berühren** VDE 0100, T.200 / direct contact ||
~es **Einführen** (zu Anschlussstellen innerhalb
eines Gehäuses) / direct entry || ~es **Einschalten** /
direct-on-line starting (d.o.l. starting full-voltage
starting), across-the-line starting || ~es
Kommutieren / direct commutation || ~es
Messsystem (DMS) / direct measuring system
(DMS) || ~es **Referenzieren** / direct homing || ~es
Schalten / direct operation, direct control, across-
the-line starting, direct-on-line starting (d.o.l.
starting), full-voltage starting || ~es **Verhalten** /
direct action
Direktführung *f* / direct control
direkt·gekoppelte Transistorlogik (DCTL) / direct-
coupled transistor logic (DCTL) || ~**gekuppelt**
adj / direct-coupled *adj*, close-coupled *adj*
Direkt·geschäft *n* / direct order || ~gleichrichter *m*
(Gleichrichter ohne Gleichstrom- oder
Wechselstrom-Zwischenkreis) / direct rectifier ||
~härten *n* / direct hardening || ~hilfe *f* (enthält

kurze Informationen über Oberflächenelemente oder Objekte, in Form eines Pop-up-Fensters) / what's this? || ⸺**hilfe-Cursor** *m* (Cursor zum Anzeigen, dass der nächste Klick die Direkthilfe zum selektierten Objekt einblendet) / direct help cursor || **~-leitergekühlte Wicklung** (el. Masch.) VDE 0530, T.1 / direct-cooled winding IEC 34-1) inner-cooled winding, inner cooled winding || ⸺**lüftung** *f* (Schrank) / direct ventilation direct air cooling || ⸺**melden** *n* / local event (o. alarm) indication || ⸺**meldung** *f* / local indication local event (o. alarm) display || ⸺**messung** *f* / direct measurement || ⸺**montage** *f* / direct assembly || ⸺**motor** *m* (Torque-Motor) / direct motor || ⸺**-Normal** / direct normal || ⸺**-Normalanlauf** / direct normal starting

Direktor *m* (zentrale Steuereinheit in einem Prozessleitsystem) / director *n*

Direkt·programmierung *f* / shopfloor programmig || ⸺**programmierung an der Maschine** / shopfloor programming, workshop-oriented programming (WOP) || ⸺**ruf** *m* / direct call || ⸺**rufnetz** *n* / leased-circuit data network, public data network || ⸺**schalten** *n* / direct-on-line starting (d.o.l. starting), full-voltage starting, across-the-line starting || ⸺**-Schwer** / direct heavy || ⸺**-Schweranlauf** / direct heavy start || ⸺**speicherzugriff** *m* / direct memory access || ⸺**spindel** *f* / direct spindle || ⸺**starter** *m* / direct-on-line starter, full-voltage starter, across-the-line starter, line starter, direct starter || ⸺**starter für Sammelschienensystem** *m* / direct starter for busbar system || ⸺**starter-Verbraucherabzweig** *m* / direct starter load feeder || ⸺**startlampe** *f* / instant-start lamp || ⸺**startschaltung** *f* (Lampe) / instant-start circuit || ⸺**steckverbinder** *m* / edge-socket connector, edge-board connector, edge connector || ⸺**steuerung** *f* / direct control, direct-wire control || ⸺**steuerung** *f* (Bahn, Fahrschaltersteuerung) / directly controlled equipment || ⸺**steuerung** *f* (Vor-Ort-Steuerung) / local control || ⸺**strahlung** *f* / direct beam radiation, beam radiation

Direkt·taste *f* / direct key || ⸺**tasten** *f* / direct keys || ⸺**tastenbit** *n* / direct control key bit || ⸺**tastenmodul** *n* / direct control key module, direct key module || ⸺**umrichter** *m* / direct converter || ⸺**umrichter** *m* (Frequenzumrichter) / cycloconverter *n* || **Wechselstrom-**⸺**umrichter** *m* / direct a.c. (power converter) || ⸺**umrichterantrieb** *m* / cycloconverter drive || **~umrichtergespeister Antrieb** / cycloconverter drive || ⸺**verschaltung** *f* / direct interconnection || ⸺**wahl** *f* / direct selection, call without selection signals || ⸺**wechselrichter** *m* (Wechselrichter ohne Gleichstrom-Zwischenkreis) / direct inverter || ⸺**werbung** *f* / direct advertising || ⸺**zugriff** *m* / random access || ⸺**zugriff** *m* (direkter Zugriff der CPU über den Rückwandbus auf Baugruppen unter Umgehung des Prozessabbildes) / direct access || ⸺**zugriffslogik** *f* / random logic || ⸺**zugriffsspeicher** *m* / random-access memory (RAM), read-write memory (R/W memory) || ⸺**zugriffsspeicher** *m* DIN 44300 / direct-access storage random-access memory || ⸺**zugriffsspeicherung** *f* / direct access storage || ⸺**zündung** *f* / electronic ignition, direct ignition

DIS *n* / diagnostic and information system *n* || ⸺**1** / DIS1 (distance between columns)

DISA *f* (Normenorganisation für Datenaustausch - das Sekretariat des Normenausschusses X12. Es dient ebenfalls als Sekretariat für das Panamerikanische EDIFACT Board.) / Data Interchange Standards Association

Disassembler *m* / disassembler *n*

DI-Schalter *m* / r.c.c.b. functionally dependent on line voltage

DI-Schutzeinrichtung *f* (Differenzstrom-Schutzeinrichtung) / RCD (residual current protective device) || **ortsfeste** ⸺ **in Steckdosenausführung** / fixed socket-outlet residual current protective device (SRCD) || ⸺ **mit eingebautem Überstromauslöser** / residual current operated device (RCBO) || **ortsveränderliche** ⸺ **mit erweitertem Schutzumfang und Sicherstellung der bestimmungsgemäßen Nutzbarkeit des Schutzleiters** / portable residual current protective device-safety (PRCD-S) || ⸺ **ohne eingebauten Überstromschutz** / residual current operated circuit-breaker without integral overcurrent protection (RCCB) || **ortsveränderliche** ⸺ / portable residual current protective device (PRCD)

Discrete Manufacturing Industry Suite / Discrete Manufacturing Industry Suite

Disjunktion *f* / disjunction *n*, OR operation

Diskette *f* / diskette *n*, disk *n*, floppy disk (FD), flexible disk cartridge

Disketten·anschaltung *f* / diskette controller || ⸺**bereich** *m* / Group *n* || ⸺**einheit** *f* DIN 66010 / diskette unit || ⸺**etikett** *n* / diskette label, floppy-disk label || ⸺**feld** *n* / diskette field, floppy-disk field || ⸺**gerät** *n* / diskette drive, floppy disk drive (FD), disk drive unit, diskette station, disk drive || ⸺**gerätetreiber** *m* / diskette device driver || ⸺**hülle** *f* / disk sleeve || ⸺**inhaltsverzeichnis** *n* / diskette directory || ⸺**laufwerk** *n* / diskette drive, floppy-disk drive, floppy disk drive (FD), disk drive unit, diskette station, disk drive || ⸺**siegel** *n* / disk seal || ⸺**speichergerät** *n* (DSG) / diskette drive, floppy disk drive (FD), disk drive unit, diskette station, disk drive || ⸺**station** *f* / diskette drive, floppy disk drive (FD), diskette station, disk drive unit, disk drive || ⸺**steuerung** *f* / diskette controller || ⸺**übergreifendes Archiv** / archive that goes across diskettes, archive stored on several diskettes

Disklination *f* / disclination *n*

diskontinuierlich *adj* / intermittent *adj*, discontinuous *adj*, discrete *adj*, batch *adj*, batch-oriented *adj* || **~e Beeinflussung** / discontinuous interference || **~e Naht** (die Schweißpunkte überlappen nicht ausreichend, um eine kontinuierliche Naht zu erzeugen) / non-continuous weld || **~e Produktionsanlage** / discontinuous production plant || **~er Betrieb** / batch operation || **~er Prozess** / batch process || **~es Signal** / discretely timed signal

Disk Operating System (DOS) / disk operating system

diskotische Mesophase (Flüssigkristallphase) / discotic mesophase

Diskrepanz·analyse *f* / discrepancy analysis || ⸺**fehler** *m* / discrepancy error || ⸺**verhalten** *n* / behavior of discrepancy || ⸺**zeit** *f* / discrepancy time

diskret *adj* (sich auf Daten beziehend, die aus unterscheidbaren Elementen, wie z. B. Zeichen, bestehen, oder sich auf physikalische Größen mit einer endlichen Zahl unterscheidbarer Werte sowie auf Prozesse und Funktionseinheiten beziehend, welche diese Daten verwenden) / discrete *adj* || **~e Cosinus-Transformation (DCT)** / discrete cosine transformation (DCT) || **~e Gruppe** / discrete group || **~e Schaltung** / discrete circuit || **~e Verdrahtung** / discrete wiring, discretionary wiring || **~e Zufallsgröße** DIN 55350,T.21 / discrete variate || **~e Zufallsvariable** / discrete random variable || **~er Halbleiter** / discrete semiconductor || **~es Merkmal** (quantitatives Merkmal, dessen Wertebereich endlich oder abzählbar unendlich ist) DIN 55350,T.12 / discrete characteristic
Diskretisierungsfehler *m* / discretization error
Diskriminator *m* / discriminator *n*
Dislokation *f* / dislocation *n*
Disparität *f* / disparity *n*
Dispatcher--Funktion *f* / dispatcher function || **⁓-Training-Simulator** *m* / dispatcher training simulator
dispensen *v* / dispense *v*
Dispenser *m* / dispenser *n*, flux dispenser unit
Dispensnadel *f* / dispensing needle
dispergieren *v* / disperse *v*
Dispersion *f* / dispersion material, dispersion *n*
dispersions·begrenzter Betrieb / dispersion-limited operation || **⁓farbe** *f* / emulsion paint || **⁓-Infrarot-Analysator** *m* / dispersive-type infrared analyzer || **⁓parameter** *m* / parameter of dispersion || **⁓spektrum** *n* / dispersion spectrum, prismatic spectrum || **~verschobene Einmodenfaser** / dispersion-shifted single-mode fibre
dispersiv·e Spektrometrie / dispersive spectrometry || **~es Medium** / dispersive medium
Display *n* / display *n* || **⁓-Abdeckung** *f* / display cover || **⁓anschluss** *m* / display connection || **⁓-Auflösung** *f* / display resolution || **⁓controller** *m* / display controller || **⁓daten** *plt* / display data || **⁓einheit** *f* / display unit || **⁓größe** *f* / display size || **⁓-Hintergrundbeleuchtung** *f* / backlight delay (time) || **⁓panel** *n* / operator panel || **⁓schnittstelle** *f* / display interface || **⁓steuerung** *f* / display control || **⁓text** *m* / display text || **⁓-Treiber** *m* / display driver
Dispo-Arbeitsplan *m* / production planning work schedule
Disposition *f* / scheduling *n*, job scheduling, scheduling/organizing, material planning, disposition *n* || **⁓** *f* (Plan) / location diagram || **⁓** *f* (Planung) / planning *n* || **⁓** *f* (Produktion) / planning and scheduling
Dispositions·baugruppe *f* / shipping assembly || **⁓system** *n* / scheduling system || **⁓- und Prozessleitebene** *f* / coordinating and process control level, plant management level, production management level, plant and process supervision level || **⁓zeichnung** *f* / location diagram
dispositiv·e Leitebene / materials disposition control || **~es Weisungsrecht** / right to issue instructions on organizational measures
Dispostelle *f* / planning and scheduling dept.
distaler Bereich DIN IEC 469, T.1 / distal region
Distallinie *f* / distal line

Distanz zum Ziel / distance to destination || **Adress~** *f* / address displacement || **Sprung~** *f* / jump displacement || **⁓blech** *n* / spacer plate || **⁓bolzen** *m* / distance bolt || **⁓buchse** *f* / spacing bush, spacer sleeve, distance sleeve, bearing spacer, spacer *n* || **⁓bügel** *m* / spacer bracket || **⁓folie** *f* / spacer film
Distanz·geber *m* (Distanzschutz) / distance detector, distance element || **⁓halter** *m* / spacer *n* || **⁓hülse** *f* (Reihenklemme) / distance sleeve, spacer sleeve, spacer bushing
distanzieren *v* / space *v*, separate by spacers
Distanz·leiste *f* / spacing strip || **⁓messrelais** *n* / distance measuring relay, distance-to-fault locating relay || **⁓messung** *f* / distance measurement || **⁓modul** *n* / distance module, spacer module || **⁓mutter** *f* / spacing nut || **⁓platte** *f* / spacer plate || **⁓rahmen** *m* / distance frame || **⁓relais** *n* / distance relay, distance measuring relay || **⁓ring** *m* / spacer ring, distance ring || **⁓rohr** *n* / spacer tube || **⁓säule** *f* (Reihenklemme) / distance sleeve, distance column || **⁓scheibe** *f* / spacer (o. spacing) disc || **⁓-Schneid-Biege-Zange** *f* / end cutting nipper for distance cutting and for bending the wire to an angle [alpha]° || **⁓-Schneid-Quetsch-Zange** *f* / cutting and swaging plier
Distanzschutz *m* / distance protection, impedance protection || **⁓ mit Auswahlschaltung** IEC 50 (448) / switched distance protection || **⁓ mit Blockierschaltung ohne Übergreifen** / blocking underreach distance protection system || **⁓ mit MHO-Charakteristik** / mho distance protection || **⁓ mit stetiger Auslösekennlinie** / continuous-curve distance-time protection || **⁓ mit Stufenkennlinie** / distance protection with stepped distance-time curve, stepped-curve distance-time protection || **⁓funktion** *f* (widerstands- und energierichtungsabhängiger Zeitstaffelschutz, dessen Kommandozeit mit größer werdender Entfernung zwischen Relaiseinbauort und Fehlerstelle stufig ansteigt) / distance protection function || **⁓gerät** *n* / distance protection device || **⁓relais** *n* / distance protection relay
Distanzschutzsystem mit Signalverbindung (EN 60834-1) / communications-aided distance protection system
Distanzschutzsystem *n* / distance protection system || **⁓ mit Signalverbindungen** / distance protection system with communication link || **⁓ mit Staffelzeitverkürzung** / accelerated distance protection system IEC 50(448) || **⁓ mit Übergreifen** (o. Überreichweite) / overreach distance protection system || **⁓ mit Unterreichweite** / underreach distance protection system || **⁓ ohne Übergreifen** / underreach distance protection system
Distanz·sensor *m* / ranging sensor, distance sensor, range finder || **⁓steg** *m* / duct spacer, vent finger || **⁓stück** *n* / spacer *n* (component used to separate two parts), distance piece || **⁓stück** *n* (Wickelkopf) / overhang packing, bracing element || **⁓stück** *n* (f. Luftschlitze im Blechp.) / duct spacer, vent finger || **⁓stück, rechteckig groß** / spacer, rectangular large || **⁓stück, rechteckig klein** / spacer, rectangular small || **⁓tabelle** *f* / distance table || **~unabhängige Endzeit** / distance-independent back-up time || **~- und**

richtungsabhängige Stufe / distance-dependent and directional element, distance-dependent and directional grade
Distanz·verhältnis *n* / distance ratio || ⟨·⟩**verhältnis** *n* (Pyrometrie) / target distance/diameter ratio, ratio of target distance to target diameter || ⟨·⟩**zone** *f* / distance zone
Distributed Network Protocol (DNP) / Distributed Network Protocol (DNP)
Distribution *f* / distribution *n* || ⟨·⟩**slogistik** *f* / distribution logistics
Distributor *m* / distributor *n*
DITE (Gewinde-Auslaufweg) / DITE (displacement thread end)
Dither·generator *m* / dither generator || ⟨·⟩**-Signal** *n* / dither signal
DITS (Gewinde-Einlaufweg) / DITS (displacement thread start)
Divergenz *f* / divergence *n* || ⟨·⟩ **des Schallbündels** / sound beam spread || ⟨·⟩**dämpfungsmaß** *n* (Divergenzfaktor, ausgedrückt in Dezibel) / divergence loss || ⟨·⟩**faktor** *m* / divergence factor
diversitäre Redundanz / diversity *n*, diverse redundancy
Diversität *f* (Zvlk.) / diversity *n*
Dividend *m* / dividend *n*
dividieren *v* / divide *v*
Dividierer *m* / divider *n*
Division *f* / division *n*
Divisor *m* / divisor *n*
DKB (Durchlaufbetrieb mit Kurzzeitbelastung) / continuous operation with short-time loading
DKD (Deutscher Kalibrierdienst) / Federal German Calibration Service
DKE (Deutsche Kommission für Elektronik) / German Electrotechnical Commission
DKE (Deutsche Kommission für Elektronik) / DKE
D-Kippglied *n* / D bistable element, D-type flipflop
DL (Dienstleistung) / business service || ⟨·⟩ / diode logic (DL) || ⟨·⟩ / DL (data byte left), left-hand data byte || ⟨·⟩ (Datum Links) / DL (data byte left)
D-Lampe *f* / coiled-coil lamp
DLC / Data Link Control (DLC) || ⟨·⟩**-Baugruppe** *f* / DC link controller module
DLCS (Digital Low Cost Servo) / DLCS (Digital Low Cost Servo)
DLE / DLE (data link escape)
DLL / DLL (dynamic link library)
DLP / Digital Light Processing (DLP)
DLPI / Data Link Protocol Interface (DLPI)
DLZ (Durchlaufzeit) / throughput time
DM (Doppelmeldung) / double-point indication, DI (double indication)
DMA / DMA (direct memory access) || ⟨·⟩**-Aufforderung** *f* / DMA request
DMAC / DMAC (Direct Memory Access Controller), DMA controller (DMAC)
DMA·-fähige Baugruppe *f* / (module) location with DMA capability || ⟨·⟩**-Schnittstelle** *f* / DMA interface || ⟨·⟩**-Steuerung** *f* (DMAC) / DMA controller (DMAC)
DME / distance measuring equipment (DME)
DMI / Data Management Interface (DMI)
DML / distance marker light (DML)
DMM (Digitalmultimeter) / DMM (digital multimeter)
D-Motor *m* / D-axis motor

DMP (dezentrale Maschinenperipherie) / distributed machine I/O devices, distributed I/O devices, distributed I/O, distributed I/Os, dp, DMP, distributed machine peripherals (DMP) || ⟨·⟩**-Kompakt-Modul** *n* / DMP compact module || ⟨·⟩**-Kompaktträgerbaugruppe** *f* / DMP compact terminal block || ⟨·⟩**-Modul** *n* / DMP module || ⟨·⟩**-TB** (DMP-Trägerbaugruppe) / subrack module || ⟨·⟩**-Terminalblock** *m* (DMP-TB) / DMP terminal block (DMP TB) || ⟨·⟩**-Trägerbaugruppe** *m* (DMP-TB) / subrack module, DMP terminal block (DMP TB)
DMS / strain gauge, foil strain gauge || ⟨·⟩ (Dokumenten-Management-System) / DMS (Document Management System) || ⟨·⟩ (direktes Messsystem) / direct measuring system, direct measuring || ⟨·⟩ (Dehnungsmessstreifen) / EMS (expansion measuring strip) || ⟨·⟩ *f* (Daten-Managementsoftware) / data management software
D&MS (Design & Manufacturing Service) *m* / D&MS (Design & Manufacturing Service)
DM_S (Doppelmeldung Störstellung 00) *f* / DP_I (Double point indication intermediate position 00)
DMS·-Drehmomentaufnehmer *m* / strain-gauge torque transducer || ⟨·⟩**-Eingang** *m* / DMS input
DMSp / expansion measuring spiral, strain gauge, EMSp
DMTF / Distributed Management Task Force (DMTF)
DMU, 2 ⟨·⟩ / 2-wire transducer
DM-Vierer *m* / DM quad
DMX (Direct Matrix Exchange) / Direct Matrix Exchange (DMX)
DN / nom. diam.
DANN *n* / Distributed Network Automation and Control (DANN)
DNC / DNC (direct numerical control) || ⟨·⟩**-Archiv** *n* / DNC archive || ⟨·⟩**-Cell** *f* / DNC Cell || ⟨·⟩**-Interface** *n* / DNC interface || ⟨·⟩**-Maschine** *f* / DNC Machine || ⟨·⟩**-Plant** (Softwaremodul als Mehrplatzlösung für werksweite DNC-Vernetzung) / DNC Plant
dn/dt / speed/time difference
D-Netz *n* / D network
DNP / Distributed Network Protocol
DNS / domain name service (DNS)
D-Nummer *f* / cutting edge number
DO / drive object || ⟨·⟩ / digital output module || ⟨·⟩ **(digital output)** / DO *n* || ⟨·⟩ **(Digitalausgang)** / DO (digital output)
Docht·effekt *m* / wicking *n* || ⟨·⟩**elektrode** *f* / cored electrode
Dochten, Bürste mit ⟨·⟩ / cored brush
Docht·kohle *f* / cored carbon || ⟨·⟩**öler** *m* / wick lubricator, wick oiler, felt-wick lubricator, wick-feed oil cup, oil syphon lubricator || ⟨·⟩**schmierung** *f* / wick lubrication, wick oiling || **Lager mit** ⟨·⟩**schmierung** / wick-lubricated bearing
Docking·bahnhof *m* / docking station || ⟨·⟩**system** *n* / docking system
Dockkran *m* / dock crane
DOCPRO / DOCPRO (Program for creating project documentation)
DOCU / DOCU (User Documentation)
DOE *n* / Design of Experiments (DoE)
Do-it-yourself-Unfall *m* / do-it-yourself accident
Dokdatei *f* / documentation file

Doktorarbeit 190

Doktorarbeit f / dissertation n
Doku·klasse f (legt fest, welche Inhaltsstrukturen gemäß Inhalt, Zielgruppe und Nutzungsphasen in einer Publikation enthalten sind) / document class || ⁓**konfigurator** m / documentation configurator
Dokument n / document n || ⁓**architektur** f (ein vollständiger Satz zusammengehöriger Regeln, der die möglichen, in Betracht kommenden Strukturen von Dokumenten in einer bestimmten Textverarbeitungsumgebung festlegt) / document architecture
Dokumentation f / documentation n || ⁓ **des QS-Systems** / quality program documents, QA Documentation || **allgemeine** ⁓ / general documentation
Dokumentations·arbeitsplatz m / documentation workstation || ⁓**betrieb** m / documentation mode || ⁓**einheit** f (Menge der Erfassungselemente, die stellvertretend für eine dokumentarische Bezugseinheit in den Dokumentationsprozess eingeht) / documentation unit || ⁓**grundsätze** / documentation principles || ⁓**kennzeichen** n / documentation identifier || ⁓**mangel** m / documentation problem || ⁓**paket** n / documentation package || ⁓**produkt** n / documentation product || ⁓**richtlinie** f / documentation directive || ⁓**system** n / documentation system || ⁓**teil** n / part of documentation
Dokument·austauschformat n / document interchange format || ⁓**baum** m / document tree n
Dokumente verknüpfen / document merge
Dokumenten·art f / type of document || **elektronischer** ⁓**austausch** / electronic document exchange (EDI)
dokumentenecht adj / indelible adj
Dokumenten·-Management n / document management || ⁓**-Management-System** n (DMS) / document management system (DMS) || ⁓**stammsatz** m / document master record || ⁓**- und Sachnummernschlüssel** m / document and part number keys || ⁓**verzeichnis** n / literature n
Dokumentfenster n / document window
dokumentieren v / document v
Dokumentiersatz m / documentation package
Dokument·klasse f / document class || ⁓**körper** m (der Inhalt eines Dokuments, einschließlich Text und Layoutangaben, jedoch ausschließlich Dokumentprofil) / document body || ⁓**profil** n / document profile || ⁓**versionskapitel** n / document version chapter || ⁓**zustellung** f (Übergabe eines Dokuments in den Verfügungsbereich des Empfängers) / document delivery
Doku⁓-Paket n / documentation package || ⁓**-Transformer** m / Docu transformer
Dom m / dome n
Domain·dienst m / domain service || ⁓**name** m / domain name || ⁓**vergabe** f / domain allocation
Domäne f / domain n
Domänen·modell n (Modell eines spezifischen Wissensbereichs oder bereichsspezifischen Expertenwissens) / domain model || ⁓**wand** f / domain wall || ⁓**wissen** n / domain knowledge (knowledge accumulated in a particular domain)
Domestic Digital Bus (ein Bus, der vorzugsweise für die Verbindung von Audio-/Videogeräten benutzt wird) / domestic digital bus (DDB)

dominierend·e Streckenzeitkonstante / dominating system time constant || ⁓**e Wellenlänge** / dominant wavelength || ⁓**er R-Eingang** / dominating R input
Donator m / donor n || ⁓**-Ionisierungsenergie** f / ionizing energy of donor || ⁓**niveau** n / donor level, impurity donor level
Dongle m / dongle n
Doppel·abtastung f / double scanning || ⁓**abzweigmuffe** f / bifurcating box || ⁓**aderleiter** m (DA) / two-core conductor
doppeladrig·e Leitung / twin cord, twin tinsel cord || ⁓**es Kabel** / two-core cable, two-conductor cable, twin cable
Doppel·ankermotor m / double-armature motor || ⁓**anlasser** m / twin starter, duplex starter || ⁓**anschlag** m (Schreibmasch., Textautomat) / double striking, mating connector || ⁓**anschluss** m / double connection, dual connection || ⁓**anschlussklemme** f / double terminal || ⁓**anschlussstift** m / double wiring post || ⁓**antrieb** m / twin drive, dual drive, duplex drive || ⁓**armgreifer** m / dual gripper, double gripper || ⁓**armroboter** m / dual-arm robot
Doppel·backenbremse f / double-jaw brake || ⁓**bartschlüssel** m / double-bit key, two-way key || ⁓**bartverschluss** m / double-bit key || ⁓**baustein** m / double-thyristor module || **Thyristor-**⁓**baustein** m / two-thyristor module, twin (o. double) thyristor module || ⁓**befehl** m (DB) / double command (DC) || ⁓**begrenzer** m (Eingangsbegrenzer f. zwei Amplitudengrenzwerte) / slicer n, clipper-limiter n || ⁓**begrenzung** f (Impulse, Abkappverfahren) / slicing n || ⁓**belegung** f / double assignment || **Mechanik mit** ⁓**betätigungsauslösung** / double-pressure locking mechanical system || ⁓**betätigungssperre** f / double-command lockout || ⁓**bettkatalysator** m / dual-bed catalytic converter || ⁓**bezeichnung** f / double designation || ⁓**bitausgabe** f / double-bit output || ⁓**bitinformation** f / double-bit information || ⁓**blinklicht** n / two-frequency flashing light, two-mode flashing light, double flashing frequency, indication with double flashing frequency || ⁓**boden** m / false floor || ⁓**bolzen** m / double bolt || ⁓**bolzenlänge** f / double bolt length || ⁓**brechend** adj / birefractive adj, birefringent (optical fibre) || ⁓**brechung** f / double refraction, birefringence n (optical fibre) || ⁓**breite** f / double-width || ⁓**brücke** f / double bridge n || ⁓**bürstenhalter** m / two-arm brush holder, scissors-type brush holder || ⁓**bürstensatz** m / double set of brushes
Doppel·decker m / double-deck n, biplane n || ⁓**drahtzwirnmaschine** f / two-for-one twister || ⁓**drehregler** m / double-rotor induction regulator, double induction regulator, double regulator || ⁓**drehtransformator** m / double-rotor induction regulator, double induction regulator, double regulator || ⁓**drehzahlmotor** m / two-speed (o. dual-speed) motor || ⁓**dreieckschaltung** f / double delta connection || ⁓**-Dreipuls-Mittelpunktschaltung** f / double three-pulse star connection || ⁓**drucktaster** m / two-button station, two-unit pushbutton station, twin pushbutton
Doppel·editor m / double editor || ⁓**einspeisung** f DIN 19237 / two-source mains infeed || ⁓**endschalter** m / duplex limit switch ||

⸗erdschluss m / double fault, phase earth-phase fault, double-line-to-ground fault || ⸗europaformat n / double-height Eurocard format || ⸗-**Europaformat** n / double-height Eurocard format || ⸗**europakarte** f / double-height Eurocard || ⸗-**Europakarte** f / double-height Eurocard format, sandwich-type Eurocard **Doppel·fadenwicklung** f / bifilar winding, double-spiral winding, non-inductive winding || ⸗**fahnenschuh** m (Bürste) / double-shoe terminal || ⸗**falzversuch** m / reverse-folding endurance test || ⸗**fassung** f (Lampe) / twin lampholder || ⸗**fehler** m / double fault, double error || ⸗**feld** n / double panel section, double section || ⸗**feld-Frequenzumformer** m / double-field frequency changer || ⸗**feld-Induktionsmotor** m / split-field induction motor || ⸗**feldmagnet** m / double-sided field system || ⸗**feldmaschine** f / double-field machine, split-field machine, doubly-fed induction machine || ⸗**feldumformer** m / double-field converter || ⸗**feldwicklung** f / double-field winding, split-field winding || ⸗**flachbaugruppe** f / dual board (p.c.b.) || ⸗**flachfederkontakt** m / double flat spring contact || ⸗**flanke** f (Impuls) / double edge || ⸗**flansch** m / double flange || ⸗**flanschwelle** f / double-flanged shaft || ~**flutiges Gebläse** / double-entry blower || ⸗-**Fräsbearbeitungszentrum** n / two-head milling center || ⸗**frequenzmesser** m / two-range frequency meter, double frequency meter || ⸗**frontausführung** f / dual switchboard design, back-to-back design, double-fronted design || ⸗**front-Schalttafel** f / dual switchboard, back-to-back switchboard, double-fronted switchboard || ⸗**funktionstaste** f / double-function key **Doppel·gabelschlüssel** m / engineer's wrenches || ~**gängiges Gewinde** / two-start thread || ⸗**gelenk-Bürstenhalter** m / two-pivot brush holder || ~**gerichtet** adj (KN) / bidirectional adj || ⸗**gitterstab** m / double transposed bar || ⸗**greifer** m / dual gripper || ⸗**grenztaster** m / duplex limit switch || ⸗**griff** m / twin handle **Doppel·hammerkopfpol** m / double-T-head pole || ⸗**härten** n / double hardening || ⸗**hilfsschalter** m / twin auxiliary contact block || ⸗**hindernisfeuer** n / twin obstruction light || ⸗**hochkomma** n / quotation marks || ⸗**hubmagnet mit induktivem Wegaufnehmer** / double-stroke solenoid with inductive position encoder || ⸗-**HU-Naht** f / double-J butt weld **Doppel·impuls** m / double pulse || ⸗**induktor** m / dual magneto || ⸗**integral** n / double integral || ⸗**isolation** f / double insulation || ⸗**isolator** m / duplex insulator || ⸗**isolierung** f / double insulation IEC 335-1 **Doppel·kabelanschluss** m / double cable connection || ⸗**kabel-Breitband-LAN** n / dual-cable broadband LAN || ⸗**käfiganker** m / double squirrel-cage rotor, double-cage rotor || ⸗**käfigläufer** m / double squirrel-cage rotor, double-cage rotor || ⸗**käfigläufermotor** m / double squirrel-cage motor, double-cage motor, Boucherot squirrel-cage motor || ⸗**kammerfilter** m / dual-chamber filter || ⸗**kamm-Variante** f / double-sided version || ⸗**kanalsimulation** f / double-channel simulation || ⸗**kegelscheibe** f / double-cone pulley || ⸗**kehlnaht** f / double fillet weld || ⸗**kernwandler** m / two-core transformer || ⸗-**Klemmbürstenhalter** m / two-arm clamp-type brush holder || ⸗**klemme** f / linked terminal, double terminal || ⸗**klemmenanschluss** m / double terminal connection || ⸗**klick** m / double-click || ⸗**kniehebel** m / articulated twin lever || ⸗**kolben** m / double piston, double-ended piston || ⸗**kolben-Druckluftantrieb** m / double-acting compressed-air operating mechanism || ⸗**kolben-Membranpumpe** f / double-piston diaphragm pump || ⸗**kommutator** m / double commutator || ⸗**kommutatormotor** m / double-commutator motor || ⸗**konnektor** m / double connector || ⸗**konnektoranzeige** f / double connector display || ⸗**kontakt** m / twin contact, three-terminal contact || ⸗**kontaktunterbrechung** f / double-break (feature) || ⸗**konuskupplung** f / twin-cone friction clutch || ~**konzentrisch** adj / doubly concentric || ⸗**kopf** m / twinhead || ⸗**kopf-Fräsmaschine** f / twin-head milling machine || ⸗**kreuz** n / double-cross || ⸗**kristall-Röntgentopographie** f / double-crystal X-ray topography || ⸗**kugelring** m / double-row ball race ring **Doppel·lackdraht** m / double enamelled wire || ⸗**lagenschaltung** f / top-to-top, bottom-to-bottom interlayer connection || **Lagenwicklung in** ⸗**lagenschaltung** / front-to-front, back-to-back-connected multi-layer winding, externally connected multi-layer winding || ⸗**lager** n / duplex bearing || ⸗**lagerung** f / duplex bearing || ⸗**lappen-Gleitmutter** f / double-lobe sliding nut || ⸗**leiter** f / twin conductor || ⸗**leiterplatte** f / dual board (p.c.b.) || ⸗**leitung** f / double-circuit line || **verdrillte** ⸗**leitung** / twisted pair of cable || ⸗**leitungskurzschluss** m IEC 50(448) / double-circuit fault || ⸗**leuchtmelder** m / twin indicator light, double pilot light, ON-OFF indicator light || ⸗**linie** f / doublet || ⸗**lüftermodul** n / dual fan module **Doppel·master** m / dual master || ⸗**maulschlüssel** m / double-head engineer wrench || ⸗**maulschlüssel, isoliert, Satz, Schlüsselweite 4 bis 11 mm** / engineer's wrenches, double head, insulated, set, A/F 4 to 11 mm || ⸗**maulschlüssel, Satz** / engineer wrenches, double head, set || ⸗**maulschlüssel, Schlüsselweite 20 und 22mm** / engineer wrench, double head, A/F 20 and 22mm || ⸗**meisterschalter** m / duplex master controller || ⸗**meldung** f / double-point information, two-state indication || ⸗**meldung** f (DM) / double-point indication, double indication (DI) || ⸗**meldung Störstellung 00 (DM_S)** f / Double point indication intermediate position 00 (DP_I) || ⸗**messbrücke** f / double measuring bridge || ⸗**messwerk** n / double (measuring) element || ⸗**modul** n / twin module ⸗**motor** m (2 Mot.) / twin motor, double motor || ⸗**motor** m (Doppelanker) / double-armature motor, two-armature motor || ⸗**motor** m / double squirrel-cage motor, double-cage motor, Boucherot squirrel-cage motor **Doppel·netz-Fehlzustand** m IEC 50(448) / intersystem fault || ⸗**nut** f / double groove || ⸗**nutläufer** m / double squirrel-cage rotor, double-cage rotor || ⸗**nutmotor** m / double squirrel-cage motor, double-cage motor, Boucherot squirrel-cage motor

Doppel 192

Doppel·ofenkonzept *n* / double-oven concept ‖
⥁**ovalnut** *f* (el. Masch.) / dumb-bell slot ‖
⥁**parallelgreifer** *m* / double parallel gripper ‖
⥁**passfeder** *f* / double parallel key ‖ **~passive Vorwahl** / dual passive preselection ‖
⥁**phantomkreis** *m* (zusätzlicher Stromkreis, gebildet aus den Leitern zweier Phantomkreise, wobei die vier Leiter jedes Phantomkreises parallel benutzt werden) / double phantom circuit ‖ ⥁-**Phantomkreis** *m* / double phantom circuit ‖
⥁**phantomkreis mit Erdrückleitung** (zusätzlicher Stromkreis mit Erdrückleitung, gebildet aus zwei parallel benutzten Paaren metallischer Leiter) / earth-return double phantom circuit ‖ ⥁**platine** *f* / dual board (p.c.b.) ‖ ⥁-**PLC** / dual PLC ‖ ⥁**portal-Achsensystem** *n* / double-gantry axis system ‖
⥁**pulsgeber** *m* / double pulse generator
Doppel·radius-Filmzylinder *m* / two-radian camera, Straumanis two-radian camera ‖ ⥁**rahmen** *m* / double subrack ‖ ⥁**rechneranlage** *f* / doublecomputer configuration, dual-computer system ‖ ⥁**rechnerbetrieb** *m* / dual computer operation ‖ ⥁**rechnersystem** *n* / dual-computer service ‖ ⥁**revolverkopf** *m* / double turret head ‖ ⥁**ring** *m* / double ring ‖ ⥁**ritzelantrieb** *m* / twin pinion drive
Doppelsammelschiene *f* / duplicate busbar(s), double busbar, duplicate bus ‖ ⥁ **mit Längstrennung** / sectionalized duplicate busbars ‖ ⥁ **mit Umgehungstrennern** / duplicate busbars with by-pass disconnectors
Doppelsammelschienen·-Schaltanlage *f* / switching station with duplicate bus, duplicate-bus switchgear ‖ ⥁-**Station** *f* / double-busbar (o. duplicate-bus) substation
doppelschaliges Dach / double skin roof
Doppel·schaltbrücke *f* / double-break contact ‖
⥁**schaltfeld** *n* / double *n* (switch panel) ‖
⥁**schaltkopf** *m* / double interrupter head, double-break interrupter head ‖ ⥁**schaltstück** *n* / double moving contact, double-break contact ‖ ⥁**scheibe** *f* / double wheel ‖ ⥁**scheiben-Planschleifmaschine** *f* / double-wheel surface grinder ‖ ⥁**scheinwerfer** *m* / dual headlamp ‖
⥁**schelle** *f* / twin saddle ‖ ⥁**schenkel** *m* / double shank ‖ ⥁**schenkelbürstenhalter** *m* / double-leg brush holder ‖ ⥁**schicht** *f* / double layer ‖
⥁**schieber** *m* / double slide ‖ ⥁**schienen** *f pl* / twin bars ‖ ⥁**schleifmaschine** *f* / bench grinder ‖
⥁**schlitten** *m* / double slide ‖
⥁**schlittenausführung** *f* / double slide version ‖
⥁**schlittenblock** *m* / double slide key group ‖
⥁**schlittendrehmaschine** *f* / double-slide turning machine ‖ ⥁**schlittenmaschine** *f* / double-slide machine ‖ ⥁**schlittenmodul** *n* / double-slide module ‖ ⥁**schlittensimulation** *f* / double-slide simulation ‖ ⥁**schlussmaschine** *f* / compound-wound machine, compound machine ‖
⥁**schlussmotor** *m* / compound motor ‖
⥁**schlusswicklung** *f* / compound winding ‖
⥁**schneckengetriebe** / double-lead worm gearing ‖
⥁**schneidkopf** *m* / dual-cutting head ‖
⥁**schnittstellen-Speicher (DpM)** *m* / Dual-Port Memory (DpM) ‖ ⥁**schrägzahnrad** *n* / double helical gear ‖ ⥁**schwellwert** *m* / dual-mode threshold ‖ ⥁**seitenband** *n* (DSB) / double sideband (DSB) ‖ ⥁**seitenplanschleifen** *n* / double-sided surface grinding
doppelseitig *adj* / double-sided *adj* ‖ **~ isoliert** / insulated on both sides ‖ **~ lichtempfindlich** / bifacially sensitive ‖ **~ e Leiterplatte** / double-sided printed board ‖ **~e Lichtempfindlichkeit** / bifacial sensitivity ‖ **~e Schalttafel** / dual switchboard, back-to-back switchboard, double-fronted switchboard ‖ **~er Antrieb** / bilateral drive, double-ended drive ‖ **~er Griff** / double-wing handle
Doppel·signalmethode *f* IEC 50(161) / two-signal method ‖ ⥁**sitzventil** *n* / double-seat(ed) valve ‖
⥁**skala** *f* / double scale ‖ ⥁**spaltoszillator** *m* (Klystron) / floating-drift-tube klystron ‖
⥁**spannungsmesser** *m* / two-range voltmeter, double voltmeter ‖ ⥁**spindelausführung** *f* / double-spindle version ‖ ⥁**spitze** *f* / twin tip ‖ ⥁**spule** *f* / double coil, compound coil ‖ ⥁**spulenschaltung** *f* / top-to-top, bottom-to-bottom intercoil connection ‖
⥁**spulenwicklung** *f* / double-coil winding, double-disc winding ‖ ⥁**spurgeber** *m* / double-track encoder
Doppel·stabläufer *m* / double-cage rotor ‖
⥁**stabmotor** *m* / double squirrel-cage motor, double-cage motor, Boucherot squirrel-cage motor ‖
⥁**ständerfräsmaschine** *f* / double-unit miller ‖
⥁**ständermaschine** *f* / double-unit machine ‖
⥁**starter** *m* (Lampe) / twin starter, duplex starter ‖
⥁**starterfassung** *f* (Lampe) / twin starter socket ‖
⥁**stator** *m* / doublesided stator, double stator ‖
⥁**steckanschluss** *m* (Verbinder) / dual-pin connector ‖ ⥁**steckdose** *f* / double socket outlet, double outlet, duplex receptacle ‖
⥁**steckeranschluss** *m* / dual-pin connector ‖
⥁**steckschlüssel** *m* / double socket wrench ‖
⥁**steinlager** *n* / double-jewel bearing ‖ ⥁**stern-Saugdrosselschaltung** *f* / double star connection with interphase transformer, double three-phase star with interphase transformer IEC 119 ‖
⥁**sternschaltung** *f* / double-star connection, double three-phase star connection, duplex star connection ‖ ⥁**sternschaltung mit Saugdrossel (DSS)** / double star connection with interphase transformer, double three-phase star with interphase transformer IEC 119 ‖
⥁**stichprobenentnahme** *f* / double sampling ‖
⥁**stichprobenprüfplan** *m* / double sampling plan ‖
⥁**stichprobenprüfung** *f* / double sampling inspection ‖ ⥁-**Stichprobenprüfung** *f* (Annahmestichprobenprüfung anhand von maximal zwei Stichproben) / double sampling inspection ‖ ⥁**stock** *m* / two-tier *n* ‖ **~stöckige Autobahn** / double-decked motorway, double-deck motorway, double-decked expressway, double-deck expressway ‖ ⥁**stockklemme** *f* / two-tier terminal, double level terminal ‖
⥁**stocktransformator** *m* / double-tier transformer ‖ ⥁**strahlröhre** *f* / double-beam CRT, split-beam CRT ‖ ⥁**strahl-UV-Monitor** *m* / double-beam UV monitor ‖ ⥁**strich** *m* (Staubsauger) / double stroke
Doppelstrom *m* / double current, polar current ‖
⥁**betrieb** *m* / double-current transmission, polar d.c. system ‖ ⥁**generator** *m* / double-current generator, rotary converter ‖ ⥁-**Gleichstromsignal** *n* / bipolar d.c. signal ‖ ⥁**impuls** *m* / bidirectional current pulse, bipolar pulse ‖ ⥁**leitung** *f* / double-current line, polar-current line, polar line ‖
⥁**richter** *m* / double converter ‖ ⥁**richtergerät** *n* / double converter equipment, double converter ‖ ⥁-

Schnittstellenleitung *f* / double-current interchange circuit || ⸸**tastung** *f* / double-current keying, polar current signalling, polar signalling || ⸸**übertragung** *f* / double current transmission || ⸸**zeichen** *n* / double-current signal
Doppel·stützer *m* / double support || ⸸**summenschaltung** *f* / double summation circuit, summation by two sets of transformers
doppelt durchflutete Kupplung / doubly permeated coupling || **~gefädelte Liste** / double-chained list || **~ gekröpfte Spule** / cranked coil || **~ gelagert** / top-and-bottom guided || **~ gespeister Motor** / doubly fed motor, double-fed motor || **~hohe Bauruppe** / double-height module, double-height PCB || **~hohe Europaformatbaugruppe** / double-height Eurocard-format module || **~hohe Flachbaugruppe** / double-height p.c.b. || **~ polarisiertes Relais** / dual-polarized relay || **~ überlappt** / double-lapped *adj*, with double overlap || **~ überlappte Ecke** / double-lap joint || **~ überlappte Stoßfuge** / double-lapped joint || **~ wirkender Zylinder** / double-acting pneumatic cylinder || **~ wirkendes Ventil** / double-acting valve
Doppel-T-Anker *m* / shuttle armature, H-armature, two-pole armature
Doppel·tarif *m* / two-rate time-of-day tariff, double rate, day-night tariff || ⸸**tarifzähler** *m* / two-rate meter || ⸸**taster** *m* / siehe Doppeldrucktaster, double pushbutton || ⸸**-Tatzenabzweigklemme** *f* / double-branch claw terminal
doppelt belüfteter Motor / double-air-circuit motor, double-casing motor || **~breite Flachbaugruppe** / sandwich module || **~e Amplitude** / double amplitude, peak-to-peak amplitude || **~e Datenrate** / Double Data Rate (DDR) || **~e Isolierung** VDE 0700, T.1 / double insulation IEC 335-1 || **~e maximale Laufzeit** / round trip propagation time || **~e Polarisierung** / dual polarization || **~e Überschneidung** (Kontakte) / double overlapping || **~er Erdschluss** / double fault, phase earth-phase fault, double-line-to-ground fault || **~er Nebenschluss** / double shunt || **~fokussierendes Spektrometer** / double-focussing spectrometer || **~genaue Arithmetik** / double-precision arithmetic || **~gerichtet** *adj* / bidirectional || **~gerichtete Leitung** / two-way line
Doppelthermoelement *n* / twin thermocouple, duplex thermocouple, dual-element thermocouple
doppelthohe Europakarte / double-height Eurocard format || **~ Steckplatte** / double-height p.c.b.
Doppeltiegel-Methode *f* (LWL-Herstellung) / double crucible technique
doppeltlogarithmisches Diagramm / log-log diagram
Doppel·-T-Profil *n* / double tee bar, I profile || ⸸**transformation** *f* / double transformation || ⸸**transport** *m* / dual conveyor || ⸸**transport asynchron** / asynchronous dual conveyor || ⸸**transport synchron** / synchronous dual conveyor || ⸸**transport-System** *n* / double-conveyor system || ⸸**traverse** *f* / twin cross-arm, double cross-arm
Doppeltschaltstück *n* / double-break contact
Doppeltür *n* / double door
doppelt·ventilierter Motor / double-air-circuit motor, double-casing motor || **~wirkende Bremse** / double-acting brake || **~wirkender Zylinder** / double-acting cylinder
Doppel-T-Zweitor *n* / twin-T network
Doppel·umrichter *m* / double converter || ⸸**-U-Naht** *f* / double-U butt weld || ⸸**unterbrechung** *f* (Kontakte) / double-break (feature) || **Schaltglied mit** ⸸**unterbrechung** VDE 0660,T.200 / double-gap contact element, double-break contact element || ⸸**ventil** *n* / double-acting valve || ⸸**-V-Naht** *f* / double-V butt weld
doppelwandig *adj* / double-walled *adj*
Doppel·-Wechselschalter *m* / two-way switch || ⸸**wegthyristor** *m* / bidirectional thyristor, triac *n* || ⸸**wegübertragung** *f* / two-way transmission || ⸸**wendel** *f* / coiled-coil filament || ⸸**wendellampe** *f* / coiled-coil lamp || ⸸**werkzeug** *n* / dual tool || ⸸**wickler** *m* / double winder, double reeler || ⸸**wicklung** *f* / duplex winding || **~wirkend** *adj* / double-acting *adj* || **~wirkender Antrieb** / double-acting drive || ⸸**wort** *n* (32-Bit-Größe, die aus vier aufeinanderfolgenden Bytes besteht) DIN 19239 / double word, doubleword *n* || ⸸**wortadresse** *f* / double word address || ⸸**wortanweisung** *f* / doubleword statement || ⸸**wortbearbeitung** *f* / doubleword execution || ⸸**wortwandlung** *f* / doubleword conversion || **Festpunkt-**⸸**wortzahl** *f* / double-precision fixed-point number || **Doppel·-Y-Naht** *f* / double-V butt joint with wide root faces || **~zeilig** *adj* / two-tier *adj* || ⸸**zeitfunktionsbaugruppe** *f* / two-channel time-function module || ⸸**zündung** *f* / twin-spark ignition
DOR / DOR (direction of spindle rotation)
Dorn *m* / rod *n*, mandrel *n*, pin *n* || ⸸ *m* / building bar, stacking mandrel || ⸸**biegeprüfung** *f* / mandrel bending test, mandrel test bending over a rod, mandrel test || ⸸**durchmesser** *m* / mandrel diameter
DOS (Disk Operating System) / DOS *n* || ⸸ **Warmstart** / DOS warm restart
DOSA / Distributed-power Open Standards Alliance (DOSA)
Dose *f* / box *n* || ⸸ **mit abnehmbarem Deckel** / inspection box || ⸸ **mit Auslass im Boden** / back-outlet box
Dosen·deckel *m* / box cover, box lid || ⸸**spion** *m* / inspection cover
Dosier·anlage *f* / dosing system, batching plant || ⸸**automat** *m* / automatic dosing unit || ⸸**automat** *m* (f. Flüssigkeiten u. Mineralöle) / automatic batchmeter || ⸸**baugruppe** *f* / proportioning module || ⸸**bereich** *m* / dispensing range || ⸸**druck** *m* / dispensing pressure || ⸸**düse** *f* / dispensing needle || ⸸**düsen-Durchmesser** *m* / dispensing needle diameter || ⸸**einheit** *f* / dispensing unit || ⸸**einrichtung** *f* / dosing device, dispenser
dosieren *v* / proportion *v*, dose *v* || **~ *v*** (Klebepunkte setzen) / dispense (depositing of adhesive dots) || ⸸ *n* / proportioning *n*, dosing *n*, metering *n*
Dosier·genauigkeit *f* / dispensing accuracy || ⸸**gerät** *n* / dosing unit || ⸸**hub** *m* / dispensing stroke || ⸸**leistungs-Angaben** *f* / dispensing rate data || ⸸**maschine** *f* / dosing machine, depositing machine || ⸸**muster** *n* / dispensing pattern || ⸸**muster-Bibliothek** *f* / dispensing pattern library || ⸸**muster-Editor** *m* / dispensing pattern editor || ⸸**nadel** *f* / dispensing needle || ⸸**prinzip** *n* / dispensing principle || ⸸**pumpe** *f* / metering pump || ⸸**schnecke** *f* / proportioning feed screw, feed screw, screw feeder || ⸸**schritt** *m* / application

Dosierung   194

increment || ~spektrum n / dispensing range ||
~spektrum für Bauelemente / adhesive dot range
|| ~spritze f (Chromatograph) / injection syringe ||
~station f / dosing station || ~stufe f / dispense
setting || ~stufen (min_max) n / dispense settings
(min_max) || ~stufen-Bereich m / dispensing level
range || ~stufen-Spektrum n / range of dispensing
levels || ~system n (Chromatograph) / sample
injection system, injection system, sample
introduction system
Dosierung f (Durchstrahlungsprüf.) / intensity n,
dosage rate, dispensing (depositing of adhesive
dots) || ~sbaugruppe f / proportioning module
Dosier·ventil n / dosing valve, metering valve ||
~volumen n (Chromatograph) / injected volume,
dispensing volume || ~vorgang m / dispensing
operation || ~waage f / weighing scale,
proportioning scale, dosing weigher || ~welle f /
dosing shaft || ~werkzeug n / dosing tool ||
~zähler m / proportioning counter ||
~zählerbaustein m / proportioning counter block ||
~zeit f / dispensing cycle time
Dosisrate f / dose rate
dotieren v / dope v || ~ n / doping n
Dotier·mittel n / dopant n || ~profil n (beschreibt die
Ortsabhängigkeit der Dotierstoffkonzentration im
Halbleiter) / doping profile || ~stoff m / doping agent
Dotierung f / doping n, remuneration n
Dotierungs·dichte f / doping concentration || ~grad
m / doping density || ~mittel n / doping agent ||
~niveau n / dopant concentration, dopant density,
doping level || ~profil n / dopant profile || ~stoff m
(z.B. zur Änderung des Brechungsindex in einem
LWL) / dopant n || ~substanz f / doping agent
Download m / download n || ~menü n / download
menu || ~quelle wählen / select download source ||
~server m / download server
Dozenten-Ordner m / trainer's folder
DP (dezentrale Peripherie) / distributed machine I/O
devices, distributed I/O devices, distributed I/O,
distributed I/Os, DMP, dp || ~ (Delete Program) /
DP (Delete Program)
DPA (Digital Pre-Assembly) / Digital Pre-Assembly
(DPA)
DP·-Achse f / DP-axis (rotary axis on the revolver
head) || ~1-Achse f / DP1-axis (rotary axis on the
revolver head) || ~2-Achse f / DP2-axis (rotary
axis on the revolver head) || ~1-Achse betätigen
(der Motor für die DP1-Achse wird vor der
Zentrierstation eingeschwenkt) / Actuate DP1-axis
|| ~2-Achse betätigen (der Motor für die DP2-
Achse wird vor dem Bestücken eingeschwenkt) /
Actuate DP2-Axis || ~Achse drehen / Actuate DP-
axis (button) || ~Achse drehen / Turn DP-Axis
(button) || ~1-Achse drehen (eas Segment an der
DP1-Achse wird um 90° gedreht) / Rotate DP1-axis
D-Pack (D-Pack ist eine Bauform für SMD-
Bauelemente, z.B. Leistungstransistoren) / D-Pack
DP/AS-i F-Link m / DP/AS-i F-Link || ~ Link m / DP/
AS-i link
DP/AS-Interface F-Link m / DP/AS-Interface F-
Link || ~ Link m / DP/AS-i link, DP/AS-Interface
link
DPCM / differential pulse code modulation (DPCM)
DPD (Dual-Phasen-Deposition) f / DPD
DP-Diagnose f / DP diagnostics
DPDM / digital pulse duration modulation (DPDM)

DP/DP-Koppler m / DP/DP coupler
DP/EIB Link m / DP/EIB Link
dph / dots per hour
DPH / diamond pyramid hardness (DPH)
DP/IE Link m / DP/IE link
DP·-Kapsel f / DP module holder || ~-Kennung f /
dp ID || ~-Kennung f (beschreibt
steckplatzbezogen den Aufbau eines DP-Slaves im
Konfigurationstelegramm. Die Kennungen dienen
der Unterscheidung der eingesetzten Baugruppen
am PROFIBUS-DP.) / DP identifier || ~-Kuppler
m / DP-coupler
DPM (Doppelschnittstellen-Speicher) / DPM (dual-
port memory) || ~ **(Direct Product Motion)** f /
DPM (Direct Product Motion)
DpM (Doppelschnittstellen-Speicher) / DpM (Dual-
Port Memory)
dpm (Fehler pro Million) / defects per million (dpm)
DP·-Master m / DP master || ~-Master-Anschaltung
f / master interface module || ~-Master-
Schnittstelle f / DP master interface || ~-
Mastersystem n / dp master system
DPMI / Direct Part Mark Identification (DPMI)
DP2/MPI-Schnittstelle f / DP2/MPI interface
dpm·-Rate f / dpm rate || ~-Wert m / defects per
million value (dpm value)
DP·-Netz n / DP network || ~-Normslave m / DP
standard slave (DP slave which uses a GSD file for
its configuration)
DP/PA·-Koppler m / DP/PA coupler || ~-Link m / DP/
PA link
DPR (Endbohrtiefe, relativ) / DPR (final drilling
depth, relative) || ~ (Dualport-RAM) / DPR (dual-
port RAM)
DPRAM / DPRAM (Dual Ported Random Access
Memory)
D-Prozess, 3-~ m / triple diffusion process
D-Prüfung f / feasibility check, feasibility review ||
Aktivieren ~ / activate D check
DP1-Schnittstelle f / DP1 interface
DP·-Schnittstelle f / DP interface || ~-Slave für
Einzelanbindung m / DP slave for single
connection || ~-Slave-Anschaltung f / DP slave
interface || ~-Slave-Typ m / dp slave type || ~-
Subnetz n (Subnetz, an dem nur DP betrieben
wird) / subnet
DPV1-Dienste m / DPV1 services
DP·-Verzögerungszeit f / DP delay time || ~-Zyklus
m / DP cycle
**DQS (Deutsche Gesellschaft zur Zertifizierung von
Qualitätssicherungssystemen)** / German Society
for the Certification of Quality Systems
DR / right-hand data byte (DR) || ~ (Datenbyte
rechts) / DR (data byte right)
**DRACO (DRiving Accident Coordinating
Observer)** / DRiving Accident Coordinating
Observer (DRACO)
Drag & Drop n / drag-and-drop n
Draht m / wire n, lead n, core n, sub-conductor n || ~
m (einer Leitung) / conductor n || ~ m
(Leuchtdraht) / filament n || **4-~** m / 4-wire, four-
core || ~anschluss m / wire termination ||
~anschluss m / lead n || ~auslöser m / cable
release || ~barren m / wire bar || ~bereich m / wire
range || ~bereich des Kontaktes / contact wire
range || ~be- und Verarbeitungsmaschinen / wire
working machine || ~bewehrung f / plain wire

armour (PWA), wire armour || ⁓bewehrung in Doppellage / double wire armour (DWA) || ⁓bewehrung in einer Lage / single wire armour (SWA) || ⁓biegemaschine *f* / wire bending machine || ⁓bruch *m* / wire breakage, open circuit, wire break || ⁓brucherkennung *f* / open-circuit detection || ⁓bruch-Kontrollwiderstand *m* / line continuity supervisory resistor || ⁓bruchmeldung *f* / broken wire signal, wire break message, electric break alarm || ⁓bruchprüfung *f* / wirebreak diagnostics, wire-break check || ⁓bruchschutz *m* / wire-break protection || ~bruchsicher *adj* / fail-safe *adj* || ~bruchsichere Schaltung / fail-safe circuit || ⁓bruchsicherung *f* / broken-wire interlock || ⁓bruchüberwachung *f* / open-circuit monitoring, wire break monitoring || ⁓brücke *f* / wire jumper, jumper || ⁓bund *m* / wire binding || ⁓bürste *f* / steel brush, wire brush

Draht-DMS *m* / wire-type strain gauge || ⁓durchmesser *m* / wire diameter || ⁓-Durchverbindung *f* / wire-through connection || ⁓einfädelung *f* / wire threader || ⁓einführung *f* (Anschlusselement) / wire entry funnel (o. bush) || ⁓einzelquerschnitt *m* / single wire diameter || ⁓elektrode *f* / wire electrode || ⁓elektrodenschweißen *n* / wire electrode welding || ⁓ende *n* / wire end || ⁓erodieren *n* / wire erosion, wire spark-erosion || ⁓erodiermaschine *f* / wire cutter || ⁓farbencode *m* / wiring colour code || ⁓feder *f* / wire spring || ⁓führung *f* / wire guide || ~gebunden *adj* / wire-bound, conducted *adj*, wireline *adj* || ⁓geflecht *n* / wire mesh, wire netting, wire fabric, wire cloth || ⁓geometrie *f* / wireframe || ⁓gewebe *n* / wire fabric || ⁓gewebeband *n* / wire fabric strip *n* || ~gewickelt *adj* / wire-wound *adj* || ⁓glas *n* / wire glass

Draht-haspel *f* / wire reel || ⁓industrie *f* / wire industry || ⁓kern *n* / wire core || ⁓konfektionierung *f* / wire assembly || ⁓lack *m* / (wire) enamel || **wirksame ⁓länge** (Lampenwendel) / exposed filament length || ⁓lehre *f* / wire gauge || ⁓lehrenumrechner *m* / wire gauge converter || **2-⁓leitung** *f* / 2-wire line || ⁓litzenleiter *m* / stranded wire || ~los *adj* / wireless || ~lose Fabrik / wireless factory || ~loses USB / Wireless USB (WUSB) || ⁓maschine *f* / wire machine || **4-⁓messumformer** *m* / 4-wire transducer || ⁓modell *n* / wire model, wire-frame model, wireframe representation || ⁓modelldarstellung *f* / wire-frame representation || ⁓netz *n* / wire netting (surface made of a metallic coarse-mesh grate) || ⁓- **oder Stabdurchmesser** *m* / wire or rod diameter || ⁓-**oder Staboberfläche** *f* / wire or rod surface || ⁓potentiometer *n* / wire-wound potentiometer

Draht-riss *m* / broken wire || ⁓rolle *f* / wire coil || ⁓säge *f* / wire saw || ⁓sägetechnik *f* / wire sawing || ⁓schirm *m* / wire screen || ⁓schleiftechnik *f* / continuous wire cutting || ⁓schneidemaschine *f* / wire cutting machine || ⁓schutz *m* (Klemme) / wire protection || ⁓schutzbügel *m* / wire guard || ⁓schutzkorb *m* / wire guard, basket guard || ⁓seil *n* / wire rope || ⁓sensor *m* / wire sensor || ⁓sicherung *f* / wire locking || ⁓spion *m* / wire feeler gauge || ⁓spule *f* / wire-wound coil || ⁓spule *f* (Spulenkörper für Zusatzdraht) / wire reel ||

⁓stärke *f* / wire size || **⁓stift** *m* / wire pin || ~**strukturiert** *adj* / wire-grooved *adj* || ~**strukturierung** *f* (Oberflächenstrukturierung mit Drähten zur Verringerung der Reflexionsverluste) / wire grooving

Draht-trenntechnik *f* / wire sawing || ⁓verarbeitungsmaschine *f* / wire working machine || ⁓verbindung *f* (Einadrige Verbindung zwischen zwei elektrischen oder elektronischen Anschlüssen) / wire connection || **Schutz mit ⁓verbindung** / pilot-wire protection, pilot protection || ⁓vorschub *m* / wire feed || ⁓vorschubeinrichtung *f* (Einrichtung zur Schweißdrahtzuführung an den Lichtbogen) / wire feed unit || ⁓vorschubgerät *n* / wire feed device || ⁓vorschubgeschwindigkeit *f* / wire feed rate || ⁓walzmaschine *f* / wire rolling machine || ⁓wendel *f* / wire filament || ⁓wickelanschluss *m* / wire-wrap connection (o. terminal), solderless wrapped connection, wrapped terminal || ⁓wickelmaschine *f* / wire wrapping machine || ⁓wicklung *f* / wire winding || ⁓widerstand *m* / wire-wound resistor, wire resistor || ⁓ziehen *n* / wire drawing || ⁓ziehmaschine *f* / wire-drawing machine || ⁓zugänglichkeit *f* / wire accessibility

Drain *m* (FET) / drain *n* (FET) || **⁓-Anschluss** *m* (Transistor) DIN 41858 / drain terminal || **⁓-Elektrode** *f* (Transistor) DIN 41858 / drain electrode || **⁓-Reststrom** *m* (Transistor) DIN 41858 / drain cut-off current || **⁓-Schaltung** *f* (Transistor) DIN 41858 / common drain || **⁓-Source-Abschnürspannung** *f* (Transistor) / drain-source cut-off voltage || **⁓-Source-Spannung** *f* (Transistor) DIN 41858 / drain-source voltage || ⁓strom *m* (Transistor) DIN 41858 / drain current || **⁓-Zone** *f* DIN 41858 / drain region

Drall *m* / circular flow, helix angle || ⁓ *m* / twist *n*, lay || ⁓ *m* (elastischer Verdrehungswinkel) / windup *n* || ⁓ *m* (Drehimpuls) / angular momentum **drallfrei** *adj* / free of twists || ~**e Nut** / twist-free slot, unskewed slot || ~**e Strömung** / swirl-free flow, steady flow

Drall·schleifen *n* / twist grinding || ⁓steigerung *f* / lead of helix || ⁓winkel *m* / angle of twist, helix angle

DRAM *n* / dynamic RAM (DRAM), DRAM || **⁓-Daten** *plt* / DRAM data

dränieren *v* / drain *v*

Dränung *f* / subdrainage *n*

Draufschalten / making operation, circuit making, fault-making operation

Draufschalter *m* / making switch, make-proof switch, fault-making switch

Draufschaltung, Kurzschluss-⁓ *f* / fault throwing, making on a short circuit

Draufsicht *f* (DS) / plan view, plan *n*, top view

DRC / design rule checking

DRCC / Data Radio Communication Control

D-Region *f* (unterer Teil der Ionosphäre der Erde, der sich in einer Höhe von ungefähr 50 km bis 90 km befindet) / D region

D-Regler *m* / D-action controller, differential-action controller, derivative-action controller

Dreh·achse *f* / rotary axis, axis of rotation, spin axis, rotary axis of motion, axis of gyration, shaft *n* || ⁓achse *f* (Koordinate) / rotation coordinate || ⁓achsmotor *m* / D-axis motor || ⁓anker *m* /

drehbar

rotating armature || ~**anode** *f* / rotary anode || ~**antrieb** *m* / rotary drive, rotary actuator (Actuator: movement > 360°), linear actuator, torsional mechanism, rotary operating mechanism, rotary mechanism || ~**antrieb** *m* (Stellantrieb) / rotary actuator || **ausgekuppelter** ~**antrieb** / detached rotary operating mechanism, decoupled rotary operating mechanism || ~**arbeit** *f* / turning *n* || ~**arbeit** *f* (Drehbank) / turning operation, lathing *n* || ~**automat** *m* / automatic lathe || ~**bank** *f* / lathe *n*, turning machine

drehbar *adj* / rotatable *adj*, swivelling *adj* || ~ **gelagert** / rotatable *adj*, pivoted *adj* || ~**e Dichtung** / rotary seal || ~**er Synchronisierwandarm** / swivelling synchronizer bracket || ~**es Gehäuse** (el. Masch.) / rotatable frame || ~**es Werkzeug** / rotatable tool

Dreh·beanspruchung *f* / torsional stress || ~**bearbeitung** *f* / turning operation, lathing *n*, turning *n* || ~**-Bedienung** *f* / rotary operation || ~**beschichtungsverfahren** *n* / spin-on deposition || ~**beschleunigung** *f* / angular acceleration || ~**bewegung** *f* / rotary motion, rotation *n*, rotating movement || **gegenläufige** ~**bewegung** / counterrotational operation || **ungleichförmige** ~**bewegung** / rotational irregularity || **gleichsinnige** ~**bewegungen** / unirotational operation || ~**bild** *n* / turning pattern || ~**bohrer** *m* / rotary drill || ~**dimmer** *m* / rotary dimmer || ~**dorn** *m* / lathe mandrel || ~**durchflutung** *f* / rotating m.m.f. || ~**durchführung** *f* / rotating union, rotary feedthrough unit || ~**durchmesser** *m* / turning diameter, swing *n*

Dreh·eigenschwingung *f* / natural torsional vibration || ~**einheit** *f* / turning unit || ~**einrichtung** *f* (Turbosatz) / turndrive *n* || ~**einsatz** *m* / hinged bay, swing frame || ~**eiseninstrument** *n* / moving-iron instrument || ~**eisenmessgerät** *n* / moving-iron instrument || ~**eisenmesswerk** *n* / moving-iron measuring element || ~**eisen-Quotientenmesswerk** *n* / moving-iron quotientmeter || ~**elastische Kupplung** / torsionally flexible coupling, flexible coupling || ~**elastizität** *f* / torsional compliance, torsional flexibility

drehen *v* / revolve *v* || ~ *v* (rotieren) / rotate *v*, turn *v* || ~ *v* (umdrehen) / turn *v*, reverse *v* || ~ *v* (zerspanen) / lathe *v*, turn *v* || ~ *n* / turning *n*, turning operation, lathing *n* || ~ **auf programmierten Bestückwinkel** / turning to the placement position || **elektrisches** ~ (el. Masch.) / inching *n* IEC 50(411), jogging *n*

drehend / rotating || ~**e elektrische Maschine** VDE 0530, T.1 / rotating electrical machine IEC 34-1

drehentriegelt *adj* / turn-to-release

Dreh·entriegelung *f* / turn-to-reset (feature) || ~**feder** *f* / torsion spring || ~**feder** *f* (Befestigungselement) / twist spring clip || ~**federkonstante** *f* / torsion spring constant || ~**federnde Kupplung** / torsionally flexible coupling, flexible coupling || ~**federstab** *m* / torsion spring bar || ~**federung** *f* / torsional resilience, torsional flexibility

Drehfeld *n* / rotating field, rotary field, revolving field, spin box || ~ **bildend auf Wicklung durchschalten** / switch through so as to produce rotating field in winding || ~**abhängig** *adj* / phase-sequence-dependent (o. -controlled) *adj* || ~**abhängigkeit** *f* / effect of phase sequence, phase-sequence effect || ~**admittanz** *f* / cyclic admittance || ~**anzeiger** *m* / phase-sequence indicator, phase-rotation indicator || ~**bildend auf Wicklung durchschalten** / switch through so as to produce rotating field in winding || ~**empfänger** *m* (el. Welle) / synchro-receiver *n*, synchro-motor *n* || ~**flügel** *m* / phase-sequence error compensating vane

Drehfeld·geber *m* / phase-sequence indicator, phase-rotation indicator || ~**geber** *m* (el. Welle) / synchro-transmitter *n*, synchro-generator *n* || ~**hysteresis** *f* / rotary hysteresis || ~**impedanz** *f* / cyclic impedance || ~**kontrolle** *f* / phase-sequence test || ~**leistung** *f* / rotor power input, secondary power input, air-gap power || ~**magnet** *m* / torque motor || ~**maschine** *f* / rotating-field machine || ~**maschine** *f* / polyphase machine || ~**-Motor** *m* / polyphase motor

Drehfeld·reaktanz *f* / cyclic reactance || ~**richtiger Anschluss** / connections in correct phase sequence, correct phase-terminal connections || ~**richtung** *f* / direction of rotating field, phase sequence || ~**richtungsanzeiger** *m* / phase-sequence indicator, phase-rotation indicator || ~**scheider** *m* / revolving-field discriminator || ~**schwingung** *f* / rotating-field oscillation || ~**sinn** *m* / direction of rotating field, phase sequence || ~**steller** *m* (el. Welle) / synchro motor

Drehfeld·transformator *m* / rotating-field transformer || ~**überwachung** *f* / phase sequence monitoring || ~**überwachungsrelais** *n* / phase sequence relay || ~**umformer** *m* / induction frequency converter || ~**umkehr** *f* / field reversal, phase-sequence reversal || ~**umschaltung** *f* / field reversal, phase-sequence reversal || ~**zeiger** *m* / phase-sequence indicator, phase-rotation indicator

Dreh·festigkeit *f* / torsional strength, resistance to torsion || ~**feuer** *n* / rotating beacon, revolving beacon || ~**fläche** *f* / surface of revolution, revolved surface || ~**flügel** *m* / (rotating) vane || ~**flügelmelder** *m* / rotary paddle switch || ~**-Fräszentrum** *n* / turning-milling center || ~**frequent** *adj* / at rotational frequency || ~**frequenter Anteil** / basic-frequency component || ~**frequenz** *f* / rotational frequency, speed frequency, number of revolutions || ~**funktion** *f* / turning function || ~**funktionalität** *f* / turning functionality || ~**futter** *n* / lathe chuck

Dreh·geber *m* / rotary transducer, rotary position transducer, rotary position inducer, shaft encoder, rotary inducer, rotary transmitter || **codierter** ~**geber** / encoder *n*, quantizer *n* || ~**gelenk** *n* / rotary joint || ~**geschwindigkeit** *f* / speed of rotation, rotation speed || ~**gestell** *n* / bogie *n* || **am** ~**gestell befestigter Motor** / bogie-mounted motor || ~**greifer** *m* / rotary gripper || ~**greifersystem** *n* / rotary gripper system || ~**griff** *m* / rotary handle || ~**griff** *m* (Hebel) / knob lever, wing lever || ~**griff** *m* (Knopf) / knob *n*

Dreh·hebel *m* / rotary lever || ~**hebel** *m* (Schaltergriff) / rotary handle, twist handle, handle *n* || ~**hebelantrieb** *m* / rotary-handle-operated mechanism || ~**hilfsstromschalter** *m* VDE 0660, T. 200/7.86 / rotary control switch || ~**impuls** *m* / angular momentum, moment of momentum, rotary pulse || ~**impulsgeber** *m* / rotary pulse encoder, rotary pulse generator, rotary digitizer *n*

Dreh·kegelventil n / plug valve || ~**keilkupplung** f / rolling-key clutch || ~**-Kipptisch** m / manipulator || ~**klemme** f / twist-on connecting device (t.o.c.d.) || ~**knebel** m / finger-grip knob || ~**knopf** m / rotary button, rotary knob || ~**knopfschalter** m / key-operated rotary switch, selector switch || ~**knopfschalter** m VDE 0660, T.200/7.86 / rotary button || ~**kodierschalter** m / rotary coding switch || ~**kolben** m / rotary piston || ~**-, Kolben- oder Förderanlage** f / rotating, reciprocating or conveying equipment n || ~**kolben-Durchflussmesser** m / lobed-impeller flowmeter || ~**kolbenverdichter** m / rotary piston compressor || ~**kondensator** m / variable capacitor || ~**kontakt** m / rotary contact, rotating contact || ~**kontur** f / contour of rotation || ~**kopf** m / rotary head || ~**kraft** f / torsional force, torque force || ~**kraftwelle** f / torsional force wave || ~**kran** m / slewing crane || ~**kranz** m / slewing ring || ~**kreuz** n (Zugangssperre) / turnstile n || ~**kreuzwaschmaschine** f / agitatortype washing machine || ~**kritische Drehzahl** / critical torsional speed || **Steckverbinder mit** ~**kupplung** / twist-on connector || ~**lage** f / rotational position, rotation n || ~**lager** n / pivot bearing || ~**länge** f / turning length || ~**laufkatze** f / slewing trolley || ~**leistung** f / turning capacity || ~**ling** m / tool bit || ~**linsenfeuer** n / rotating-lens beacon || ~**magazin** n / rotary-type magazine

Drehmagnet m / solenoid n, moving iron, rotary magnet || ~**instrument** n / moving-magnet instrument, moving permanent-magnet instrument || ~**-Messgerät** n / moving-magnet instrument, moving permanent-magnet instrument || ~**-Quotientenmessgerät** n / moving-magnet ratiometer (o. quotientmeter) || ~**-Quotientenmesswerk** n / moving permanent-magnet ratiometer (o. quotientmeter) element

Dreh·makro n / turning macro || ~**maschine** f / lathe n, turning machine || ~**maschinensteuerung** f / lathe control || ~**meißel** m / turning tool, lathe tool || ~**meißelhalter** m / turning-tool holder

Drehmelder m / synchro n, synchro-generator n, rotary resolver, selsyn n, resolver n || **Differential-**~ m / differential resolver || **differentialer** ~ / differential resolver || **eigengelagerter** ~ / integral resolver || ~**anbau** m / resolver mounting || ~**-Empfänger** m / synchro-receiver n, synchro-motor n || ~**-Geber** m / synchro-transmitter n, synchro-generator n || ~**-Messgetriebe** n / resolver gearing, resolver gearbox

Dreh·mitte f / turning center, turning centre || ~**mittellinie** f / rotational centre line || ~**modul** n / rotary module

Drehmoment n / torque n, angular momentum, moment of force, moment of torsion || ~ **bei festgebremstem Läufer** / locked-rotor torque, blocked-rotor torque, static torque || ~ **der Ruhe** / static torque, stall torque || ~ **der Torsion** / torsion torque || ~ **für das Eindrehen** / insertion torque || ~ **für das Herausdrehen** / remover torque || ~ **wird aufgebracht** / there is no torque || **bezogenes** ~ / per-unit torque || **bezogenes** ~ / torque/weight ratio || **motorisches** ~ / driving torque, motor-mode torque

Drehmoment·abgleich m / torque adjustment, torque compensation || ~**abhängig** adj / torque-dependent adj, torque-controlled adj, dependent upon torque, as a function of torque, torque dependent || ~**abhängiger Schalter** / torque-controlled switch, torque switch || ~**anheb. b. Beschleunig.** / acc. torque boost (SLVC) || ~**anhebung** f / torque boost || **konst.** ~**anhebung** (SLVC) / continuous torque boost (SLVC) || ~**ausgleich** f / torque balancing || ~**basierte Motorsteuerung** f / torque-based engine control structure || ~**begrenzer** m / torque limiter || ~**begrenzung** f / torque limiting, torque control, torque limitation || ~**bezogene Synchronisierziffer** / synchronizing torque coefficient, per-unit synchronizing torque coefficient || ~**bildend** adj / torque-generating || ~**bildende Stromkomponente** / torque-generating current component || ~**bildender Strom** / torque generating current || ~**dichte** f / torque density || ~**-Drehzahlkurve** f / speed-torque characteristic, speed-torque curve || ~**einbruch** m / torque dip

Drehmomentendiagramm n / speed-torque curve **Drehmomentendschalter** m / torque limit switch **drehmomenten·frei** adj / torque-free || ~**gesteuerter Betrieb** / torque-controlled operation

Drehmomenten·grenzwert m / torque limit || ~**kurve** f / torque characteristic || ~**reduzierung** f / torque reduction || ~**schlüssel** m / torque wrench || ~**steuerung** f / open-loop torque control || ~**überwachung** f / torque monitoring || ~**vorsteuerung** f / torque feedforward control || ~**wandler** m / torque converter

Drehmomentfaktor m / torque factor **drehmomentfrei** adj / torque-free, zero-torque || ~ **schalten** / cut off the drive torque || ~**e Pause** / zero-torque interval || ~**e Pause** (SR-Antrieb) / dead interval, idle interval

Drehmoment·gefälle n / torque gradient || ~**genauigkeit** f / torque accuracy || ~**-Geschwindigkeitsbemessungskurve** n / torque speed characteristic || ~**gesteuert** / operate on torque control || **eine mit der Funktion 1/n abfallende** ~**grenzkurve** / torque limit which drops in proportion to 1/n || ~**grenzwert** m / torque limit value || **Skal. unt.** ~**-Grenzwert** / scaling lower torque limit || ~**grenzwerte** m pl / torque limit values || ~**istwert** m / actual torque value || ~**-Istwertrechner** m / actual torque computing network || ~**kapazität** f / torque capacity **Drehmoment·kompensator** m / torque-balance system || ~**konstante** f / torque constant || ~**kontrolle** f / torque control || ~**kupplung** f / torque clutch || ~**messeinrichtung** f / measuring device for torque || ~**messflansch** m / torque hub || ~**messgerät** f / torque measuring hub || ~**-Messnabe** f / torsion dynamometer, transmission dynamometer || ~**-Messwandler** m / torque transducer || ~**motor** m / torque motor ~**prüfung** f VDE 0820 / torque test IEC 257 || ~**regelung** f / torque control mode, torque control || **Skal. Beschl.** ~**regelung** / scaling accel. torque control || ~**reserve** f / torque margin, torque reserve

Drehmoment·sattel m / dip on torque curve || ~**schalter** m / torque switch || ~**schlüssel** m / torque spanner, torque limiting spanner, dynamometric wrench || ~**schlüssel (x bis x Nm mit Maulschlüssel (Schlüsselweite x mm)** m / torque wrench (x to x Nm with jaw wrench (A/F x mm),

Drehmoment

torque wrench (x to x Nm with box wrench (A/F x mm) || ⟨schlüssel (x bis x Nm, mit x Einsatzwerkzeugen und x Verlängerungen)** *m* / torque wrench (x to x Nm with x insert tools and x extensions) || ⟨schlüssel mit Ringschlüssel / torque wrench with box wrench || ⟨-Schraubendreher** *m* / torque screwdriver || ⟨-Schwellenwert** *m* / torque threshold || **oberer ⟨-Schwellwert 1** / torque threshold T_thresh || **ob. ⟨schwellwert M_ob1** / upper torque threshold 1 || **unt. ⟨schwellwert M_unt1** / lower torque threshold 1 || ⟨**schwingungen** *f pl* / torque oscillations, torque pulsation || ⟨**sensor** *m* / torque sensor *n* || ⟨**sollwert** *m* / torque setpoint, torque speed value || ⟨**spitze** *f* / torque peak, peak torque || ⟨**-Stellmotor** *m* / variable-torque motor || ⟨**steuerung** *f* / torque control || ⟨**stoß** *m* / torque impulse, sudden torque change, torsional impact, sudden torque application, torque shock load || ⟨**-Strom-Kennlinie** *f* / torque-current characteristic || ⟨**stütze** *f* / torque counteracting support || ⟨**stütze** *f* (Winkelschrittgeber) / torque arm, torque bracket **Drehmoment·überlastbarkeit** *f* / excess-torque capacity || ⟨**überlastschutz** *m* / torque overload protection || ⟨**übertragung** *f* / torque transmission || ⟨**überwachung** *f* / torque monitoring || ⟨**umformer** *m* / torque converter || ⟨**verhältnis** *n* / torque ratio || ⟨**verlauf** *m* / torque characteristic, speed-torque characteristic, torque curve, torque speed diagram || ⟨**vorsteuerung** *f* / torque pre-control || ⟨**waage** *f* / dynamometer || ⟨**wandler** *m* / torque converter, torque variator || ⟨**welle** *f* / torque shaft || ⟨**welligkeit** *f* / torque ripple || ⟨**werkzeug** *n* / torque tool
drehnachgiebige Kupplung / torsionally flexible coupling
Dreh-/Neigefuß *m* / swivel/tilt base || ⟨**oberfläche** *f* / surface finish (obtained by lathing) || ⟨**pfannenlager** *n* / bogie swivel bearing || ⟨**phasenschieber** *m* / rotary phase shifter || ⟨**pol** *m* / centre of rotation || ⟨**-Positioniergenauigkeit** *f* / rotational position accuracy || ⟨**potentiometer** *m* / rotary potentiometer
Drehpunkt *m* / pivot point || ⟨ *m* (Hebelunterlage) / fulcrum *n* || ⟨ *m* (der Rotation) / centre of rotation || ⟨ *m* (Zapfen) / pivot *n*, pivotal centre, centre of gyration || ⟨ **des Schalthebels** / pivot of operating lever
Dreh·radius *m* / radius of rotation || ⟨**rastfassung** *f* / twist-lock lampholder || ⟨**rastung** *f* / turn-to-lock feature || ⟨**räumen** *n* / turn-turn-broaching *n* || ⟨**räummaschine** *f* / turn-broaching machine || ⟨**reaktanz** *f* / reactance due to rotating field || ⟨**regler** *m* / induction regulator, rotary regulator, variable transformer || ⟨**resonanz** *f* / torsion oscillation resonance, torsional resonance || ⟨**richter** *m* (Dreiphasen-Wechselrichter) / three-phase inverter
Drehrichtung *f* / direction of rotation, sense of rotation, rotational direction, phase sequence || ⟨ **gegen den Uhrzeigersinn** / anti-clockwise (o. counter-clockwise) rotation || ⟨ **im Uhrzeigersinn** / clockwise rotation || ⟨ **links** / counterclockwise *adj* (CCW) || ⟨ **rechts** / clockwise *adj* (CW) || **Drehschalter mit einer ⟨ VDE 0660,T.202** / unidirectional-movement rotary switch IEC 337-2A || **je ⟨** / per direction of rotation || **Motor für eine ⟨** / non-reversing motor || **Motor für zwei ⟨en** / reversing motor, reversible motor
drehrichtungsabhängiger Lüfter / unidirectional fan
Drehrichtungs·anpassung *f* / adaptation of the direction of rotation || ⟨**anwahl** *f* / selection of rotation direction || ⟨**anzeige** *f* / indication of rotational direction, phase sequence indicator || ⟨**anzeiger** *m* / rotation indicator || ⟨**-Hinweisschild** *n* / rotation plate || ⟨**pfeil** *m* / rotation arrow || ⟨**prüfung** *f* / rotation test || ⟨**relais** *n* / change-over relay || ⟨**schalter** *m* (Bremswächter) / zero-speed plugging switch || ⟨**schutz** *m* / direction of rotation protection IEC 214, reversal protection || ⟨**umkehr** *f* / reversal *n*, reversing *n* || **Nachweis des Schaltvermögens bei ⟨umkehr VDE 0660,T.104** / verification of reversibility IEC 2921 || **~umkehrbarer Motor** / reversible motor, reversing motor || ⟨**umkehrschalter** *m* / reversing switch, reversing controller, reverser *n* || **~umschaltbarer Motor** / reversible motor, reversing motor || ⟨**umschalter** *m* / reversing switch || **~unabhängig** *adj* / independent rotation direction || **~unabhängiger Lüfter** / bi-directional fan || ⟨**wächter** *m* / phase sequence monitor || ⟨**wechsel** *m* / rotation reversal || ⟨**wendeschalter** / reversing switch, reversing controller, reverser *n*
Drehriegel *m* / rotary lock || ⟨ *m* / twist lock, turn-lock fastener || ⟨ *m* (Drehstangen- o. Baskülverschluss) / espagnolette *n* || ⟨**verschluss** *m* / espagnolette lock
Dreh·ritzel *n* / rotary gear || ⟨**rohrofen** *m* / rotary kiln || ⟨**säule** *f* / turning column
Drehschalter *m* VDE 0660,T.201 / rotary switch IEC 337-2, rotary control switch, turn switch, rotary selector switch, twist button, rotary knob || ⟨ **mit begrenztem Drehweg VDE 0660,T.202** / limited-movement rotary switch IEC 337-2A || ⟨ **mit einer Drehrichtung VDE 0660,T.202** / unidirectional-movement rotary switch IEC 337-2A
Dreh·scheibe *f* / rotary disk || ⟨**scheibenfassung** *f* (Lampe) / rotary-lock lampholder || ⟨**scheibenkatze** *f* / turntable trolley || ⟨**scheinwerfer** *m* / rotating beacon, revolving beacon || ⟨**schemellenkung** *f* / fifth-wheel steering || ⟨**schieber** *m* / rotary slide valve || ⟨**schleifer** *m* (f. Komm.) / rotary grinding rig, commutator grinder || ⟨**schrauber** *m* / nut runner || ⟨**schub** *m* (tangentiale Schubkraft) / tangential force || ⟨**schutz** *m* / twist protection || ⟨**-Schwenktisch** *m* / rotary swivel table || ⟨**schwingung** *f* / torsional vibration, rotary oscillation || ⟨**schwingungsbeanspruchung** *f* / stress due to torsional vibration, torsional stress || ⟨**schwingungsberechnung** *f* / torsional vibration analysis || ⟨**schwingungstyp** *m* / torsional mode
Dreh·sensor *m* / rotary sensor || ⟨**sinn** *m* / direction of rotation, sense of rotation, rotational direction || **entgegengesetzter ⟨sinn** / counterrotational operation || ⟨**spannung** *f* / torsional stress || ⟨**spannung** *f* / three-phase voltage || ⟨**sperre** *f* / turnstile *n* || ⟨**spindel** *f* / main spindle, workspindle *n*
Drehspul·-Galvanometer *n* / moving-coil galvanometer || ⟨**instrument** *n* / permanent-magnet moving-coil instrument, moving-coil

instrument, rotary coil instrument, moving coil voltmeter || ⟨-**Messgerät** *n* / permanent-magnet moving-coil instrument, moving-coil instrument || ⟨-**Messwerk** *n* / permanent-magnet moving-coil element, moving-coil element || ⟨-**Quotientenmesswerk mit Dauermagnet** / permanent-magnet moving-coil ratiometer element || ⟨**relais** *n* / moving-coil relay, magnetoelectric relay

Dreh·stabilität *f* / rotational stability, steadiness of rotation || ⟨**stahl** *m* / turning tool, lathe tool || ⟨**stanzgerät** *n* / rotary die || **~starr** *adj* / torsionally stiff, torsionally rigid || ⟨**station** *f* / turning station || **~steif** *adj* / torsionally stiff, torsionally rigid || **~steife Kupplung** / torsionally rigid coupling || ⟨**steifigkeit** *f* / torsional stiffness, torsional rigidity || ⟨**stellantrieb** *m* / rotary actuator || ⟨**stern** *m* / star-type reel stand || ⟨**stift** *m* / sliding tee bar, rotating pin || ⟨**stopfbuchse** *f* / rotary stem stuffing box || ⟨**strecker** *m* / tensor *n*

Drehstrom *m* / three-phase current, three-phase alternating current, three-phase a.c., polyphase current, rotary current || ⟨ **mit unsymmetrischer Belastung** / three-phase alternating current circuit with unbalanced load || ⟨**abgang** *m* / three-phase outgoing line || ⟨-**antrieb** *m* / three-phase drive || ⟨-**Asynchronmotor** *m* / three-phase induction motor, three-phase asynchronous motor, AC induction motor || ⟨-**Asynchron-Pendelmaschine** *f* / three-phase asynchronous cradle dynamometer

Drehstrom·bank *f* / three-phase bank || ⟨-**Bohrantrieb** *m* / three-phase rotary-table drive || ⟨**bremse** *f* / a.c. brake || ⟨-**Brückenschaltung** *f* / three-phase bridge connection, six-pulse bridge connection || ⟨**dynamometer** *m* / three-phase dynamometer || ⟨-**Einbaumotor** *m* / built-in AC motor || ⟨-**Erregermaschine** *f* / three-phase a.c. exciter || ⟨**filter** *m* / a.c. filter IEC 633 || ⟨**generator** *m* / three-phase generator, three-phase alternator, alternator *n* || ⟨-**Gleichstrom-Kaskade** *f* / cascaded induction motor and d.c. machine || ⟨-**Gleichstrom-Umformer** *m* / three-phase-d.c. converter, a.c.-d.c. converter, a.c.-d.c. motor-generator set || ⟨**hauptspindelantrieb** *m* / three-phase a.c. main spindle drive || ⟨**hilfsnetz** *n* / three-phase auxiliary system || ⟨-**Hochspannungsübertragung** *f* (DHÜ) / three-phase high-voltage transmission || ⟨-**Käfigläufermotor** *m* / three-phase squirrel-cage motor, three-phase cage motor, AC squirrel-cage motor || ⟨-**Kombinationssystem** *n* / AC combination system || ⟨-**Kommutator-Kaskade** *f* / cascaded induction motor and commutator machine, Scherbius system, Scherbius motor control system || ⟨-**Kommutatormotor** *m* / polyphase commutator motor, three-phase commutator motor, ac. commutator motor || **induktivitätsarmer** ⟨**kondensator** / low inductance three-phase capacitor || ⟨**kreis** *m* / three-phase circuit

Drehstrom·last *f* / three-phase load || ⟨**leistungsteil** *n* / three-phase AC power, *m* AC power unit || ⟨**leitung** *f* / a.c. line IEC 50(466) || ⟨**maschine** *f* / three-phase machine, polyphase machine || ⟨**motor** *m* / three-phase motor, three-phase cage motor, three-phase squirrel-cage motor, three-phase a.c. motor, three-phase induction motor, polyphase induction motor, AC motor || **Schwebe-**⟨**motor** *m* / amplitude-modulated three-phase synchronous induction motor || ⟨**nebenschlussmotor** *m* / AC commutator shunt-type motor || ⟨-**Nebenschlussmotor** *m* / polyphase commutator shunt motor, three-phase commutator motor with shunt characteristic, Schrage motor || ⟨**netz** *n* / three-phase system, three-phase mains, three-phase supply || **3-AC-**⟨**netz** *n* / three-phase system || ⟨**netz** *n* / three-phase system || ⟨-**Normmotor** *m* / standard induction motor || ⟨-**Pendelmaschine** *f* / three-phase cradle dynamometer, three-phase swinging-frame dynamometer || ⟨-**Reihenschlussmotor** *m* / polyphase commutator series motor, three-phase commutator motor with series characteristic || ⟨-**Reihenschlussmotor mit Begrenzung der Leerlaufdrehzahl** / three-phase compound commutator motor || ⟨-**Reihenschlussmotor mit Zwischentransformator** / three-phase series commutator motor with rotor transformer || ⟨**satz** *m* / three-phase set || ⟨-**Schleifringläufermotor** *m* / three-phase slipring motor, three-phase wound-rotor motor

drehstromseitig *adj* / in three-phase circuit, three-phase *adj*, in a.c. line, a.c.-line *adj*

Drehstrom·servomotor *m* / three-phase servo motor || ⟨-**Servomotor** *m* / AC servo motor, three-phase servomotor || **selbstgekühlter** ⟨**servomotor** / self-cooled AC servomotor || ⟨**siebdrossel** *f* / three-phase filter reactor || ⟨**standardantrieb** *m* / standard AC drive || **~stark** *adj* / high-torque *adj* || ⟨**steller** *m* / three-phase a.c. power controller, AC power controller, AC controller || ⟨-**Stellerschaltung** *f* / three-phase (a.c.) controller connection || ⟨-**Synchrongenerator** *m* / three-phase synchronous generator, three-phase alternator, alternator *n* || ⟨-**Synchronmotor** *m* / three-phase synchronous motor || ⟨**system** *n* / three-phase system

Drehstrom·technik *f* / three-phase AC drive technology || ⟨**transformator** *m* / three-phase transformer || ⟨**umrichter** *m* / AC converter || ⟨**verbraucher** *m* / three-phase load, AC load || ⟨-**Vorschubantrieb** *m* / AC feed drive || ⟨-**Wechselstrom-Universalmaschine** *f* / single-phase/three-phase universal machine || ⟨-**Wendermotor** *m* / polyphase commutator motor, three-phase commutator motor, a.c. commutator motor || ⟨**wicklung** *f* / three-phase winding, primary winding || ⟨**zähler** *m* / three-phase meter, polyphase meter || ⟨-**Zugförderung** *f* / three-phase a.c. traction

Dreh·stützer *m* / rotary post insulator || **~symmetrisch** *adj* / rotationally symmetric || ⟨**taster** *m* VDE 0660,T.201 / rotary switch IEC 337-2, momentary-contact rotary switch, (momentary-contact) rotary control switch || ⟨**teil** *m* / turned part, lathed part, swivel part || ⟨**tisch** *m* / circular table, turntable *n*, rotary table || ⟨**tischantrieb** *m* / rotary table drive || ⟨**tischmaschine** *f* / rotary table machine || ⟨**tisch-Palettenwechsler** *m* / rotary-table pallet changer || ⟨**transformator** *m* / rotary transformer, induction regulator, rotatable transformer || ⟨**trennschalter** *m* / centre-break disconnector, rotary

Drehung 200

disconnector, side-break disconnector ‖ ≈**trommel** f / rotary drum ‖ ≈**tür** f / hinged door ‖ ≈**überwachung** f / rotation monitoring, torque monitoring ‖ ≈**umsteller** m / drum-type tap changer ‖ ≈**umsteller** m / drum-type ratio adjuster, drum-type off-circuit tapping switch ‖ ≈- **und Neigefuß** m / swivel/tilt base ‖ ≈- **und Schleifvorrichtung** f (f. Komm.) / skimming and grinding rig

Drehung f / rotation n, torsion n ‖ ≈ f (Vektor) / circulation n, circuitation n ‖ ≈ **auf programmierten Bestückwinkel** / rotation to programmed placement angle ‖ ≈ **des Bezugssystems** / rotation of reference system ‖ ≈ **im Gegenuhrzeigersinn** / CCW rotation (counter-clockwise rotation), anticlockwise rotation, minus rotation ‖ ≈ **im Uhrzeigersinn** / clockwise rotation (CW rotation), plus rotation, run right ‖ ≈**swinkel** m / twist angle

Dreh·vektor m / rotational vector ‖ ≈**verbindung** f / slewing ring, hinged joint ‖ ~**verklappt** adj / rotary lap joint ‖ **Steckverbinder mit** ≈**verriegelung** / twist-on connector ‖ ≈**versatz** m / rotational offset ‖ ≈**verschluss** m / rotary lock, turn-lock fastener ‖ ≈**verschluss** m (Leuchte) / twist lock ‖ ≈**verstärker** m / rotary amplifier ‖ ≈**vorrichtung** f (f. Maschinenläufer) / barring gear, turning gear ‖ ≈**wächter** m / tachometric relay, tacho-switch n, speed monitor ‖ ≈**wähler** m / uniselector n, rotary selector switch, twist button, rotary switch, rotary knob ‖ **Edelmetall-Motor-**≈**wähler** m / noble-metal uniselector (switch) ‖ ≈**wahlschalter** m / rotary selector switch ‖ ≈**wartezeit** f (Plattenspeicher) / rotational delay, rotational latency ‖ ≈**weg** m / rotation angle, angle of rotation ‖ ≈**welle** f / torque shaft ‖ ≈**werk** n / slewing gear ‖ ≈**werkzeug** n / turning tool, lathe tool ‖ ≈**widerstand** m / rotary rheostat, potentiometer n, variable resistors, variable resistor ‖ **Schicht-**≈**widerstand** m / non-wire-wound potentiometer

Drehwinkel m / angle of rotation, angle of revolution, rotational angle ‖ ≈ m / rotation angle ‖ ≈-**Abweichung** f / rotational angle deviation ‖ ≈**aufnehmer** m / sensor (o. resolver) for angles of rotation, angular resolver ‖ ≈**geber** m / rotary input type encoder ‖ ≈-**Messumformer** m / angle resolver, angle-of-rotation transducer, shaft encoder, position sensing transducer ‖ ≈**synchro** n / torque-synchro n

Dreh-Wipp-Kran m / slewing luffing crane
Drehwucht f / rotational inertia
Drehz.-Tol. Lastdrehmom.überw. / Belt failure speed tolerance

Drehzahl f / speed n, rotational speed, revolutions per unit time, speed of rotation, engine speed ‖ ≈ **(U/min)** f / speed (rev/min) ‖ ≈ **bei Belastung** / on-load speed, full-load speed ‖ ≈ **bei Dauerleistung** / speed at continuous rating ‖ ≈ **bei Leerlauf** / no-load speed, idling speed ‖ ≈ **bei Stundenleistung** / one-hour speed, speed at one-hour rating ‖ **auf** ≈ **kommen** / run up to speed, accelerate v ‖ ≈ **pro Minute** (Upm) / revolutions per minute (r.p.m.) ‖ **Produkt aus** ≈ **und Polpaarzahl** / speed frequency ‖ ≈-**/Momentensollwert** m / speed/torque setpoint ‖ ≈-**0-Erkennung** f / zero-speed sensor ‖ ≈**abfall** m / speed drop, drop in speed,

falling-off in speed ‖ ≈**abgleich** m / speed adjustment, balancing n
drehzahlabhängig adj / speed-dependent adj ‖ ~**e Strombegrenzung** / speed-dependent current limitation

Drehzahl, bleibende ≈**abweichung** / speed droop, load regulation ‖ ≈**achse** f / speed-controlled axis ‖ ≈**änderung** f (bei Lastwechsel) / regulation n, speed variation, speed changing ‖ ≈**änderung** f (bei gleichbleibender Spannung und Frequenz) / inherent regulation ‖ ≈**änderung** f (Motor) / inherent regulation IEC 50(411) ‖ **statische** ≈**änderung** / steady-state speed regulation ‖ ≈**anpassung** f / speed adjustment ‖ ≈**anregelzeit** f / speed rise time ‖ ≈**anstieg** m / speed regulation, regulation n, speed rise, speed increase ‖ ≈**anwahl** f / speed selection ‖ ≈**anzeige** f / turns indicator ‖ ≈**auflösung** f / speed resolution ‖ ≈**ausgabe** f / speed output

Drehzahl·begrenzer m / speed limiter, overspeed limiter ‖ ≈**begrenzung** f / spindle speed limitation, speed limitation ‖ ≈**begrenzungsregler** m / speed limiting controller ‖ ≈**bereich** m / speed range ‖ ≈**differenz** f / speed difference ‖ ≈-**Drehmoment-Kennlinie** f / speed-torque characteristic, speed-torque curve ‖ ≈-**Drehmomentverhalten** n / speed-torque characteristic ‖ ≈**einsatzpunkt der Md-Reduzierung** / speed at which Md reduction function becomes operative ‖ ≈**einstellung** f / speed adjustment ‖ **Motor mit** ≈**einstellung** / adjustable-speed motor, variable-speed motor ‖ **Motor mit** ≈**einstellung** (n veränderlich) / multi-varying-speed motor ‖ **Motor mit** ≈**einstellung** (n etwa konstant) / adjustable-constant-speed motor ‖ ≈**erfassung** f / speed measurement ‖ ~**fest** adj / burst-proof adj ‖ ≈**festsollwert** m / fixed speed setpoint ‖ ≈**fortschaltung** f / speed stepping ‖ ≈**frequenz** f / rotational frequency, speed frequency ‖ ~**freudig** adj (Kfz-Mot.) / responsive (engine) adj

Drehzahl·geber m / speed sensor ‖ ≈**geber** m (Tacho-Generator) / tachometer generator, tacho-generator n, tacho n ‖ **digitaler** ≈**geber** / digital tacho-generator ‖ ~**geführte Bremsung** / speed-controlled braking ‖ ~**geregelt betreiben** / operate on speed ‖ ~**geregelter Antrieb** / variable-speed drive ‖ ~**gesteuert** adj / speed-controlled adj ‖ ≈**gleichlauf** m / speed synchronism ‖ ≈**grenze** f / speed limit, speed limitation ‖ ≈**grenzwert** m / speed limit, speed limit value ‖ ≈-**Grenzwertgerät** n / target-speed responder ‖ ≈**haltung** f / speed holding, speed locking ‖ ≈**hub** m / speed range, speed control range ‖ ≈**istwert** m / actual (o. instantaneous) value of speed, actual speed value ‖ ≈**istwertanpassung** f / (actual-)speed signal adapter, actual value matching circuit ‖ ≈**istwertbegrenzung** f / speed actual value limit ‖ ≈**istwertbildung** f (Rechenbaustein) / speed actual value calculator ‖ ≈**istwertrückführung** f / feedback of actual value ‖ ≈**kennlinie** f (Drehzahl-Last) / speed regulation characteristic ‖ ≈**kennlinie** f (Drehzahl-Moment) / speed-torque characteristic ‖ ≈**konstanz** f / speed stability ‖ ≈**korrektur** f (Spindeldrehzahl) / spindle override ‖ ≈**limitierung** f / limited speed

Drehzahl·maschine f / tachometer generator, tacho-generator n, pilot generator ‖ ≈**messer** m /

tachometer, revolutions counter, r.p.m. counter, rev counter ‖ ⁓messung f / rotational speed measurement, speed measurement ‖ ⁓messwerterfassungssystem n / system for speed value detection ‖ ⁓niveau n / speed level, working speed ‖ ⁓normierung f / normalization of speed ‖ ⁓reduzierung f / speed reduction ‖ ~regelbarer Motor / variable-speed motor, adjustable-speed motor ‖ ⁓regelbereich m / speed control range, speed range ‖ ⁓regelbereich m (Turb.-Reg.) / governing speed band ‖ ⁓regelbereich im stationären Betrieb / steady-state governing speed band ‖ ⁓regelbetrieb m / speed control mode ‖ ⁓regelkreis m / speed control loop Drehzahl·regelung f / closed-loop speed control, automatic speed control, speed variation, speed regulation, speed governing, speed control, speed control mode ‖ ⁓regelung mit unterlagerter Stromregelung / current-controlled speed limiting system, closed-loop speed control with inner current control loop ‖ Motor mit ⁓regelung / variable-speed motor, adjustable-speed motor ‖ ⁓regler m / speed controller, speed regulator ‖ ⁓regler m / speed governor, governor n ‖ ⁓regler aktiv adj / speed controller active ‖ ⁓regler am Anschlag / speed controller at integration limits ‖ ⁓regleradaptation f / speed controller adaptation ‖ ⁓reglerausgang m / speed controller output ‖ ⁓reglerfreigabe f / servo release ‖ ⁓regler-Freigabe f / servo release ‖ ⁓reglerstrecke f / speed-controlled system ‖ ⁓reglertakt m / speed controller cycle ‖ ⁓reglertastzeit f / speed controller sampling time ‖ ⁓reglerverstärkung f / gain, speed control gain ‖ ⁓relais n / tachometric relay ‖ ⁓rückkopplung f / speed feedback
Drehzahl·schalter m / speed switch ‖ ⁓schwankung f / speed fluctuation ‖ ⁓schwankungen f pl (Pendeln) / hunting n ‖ ⁓schwelle f / speed threshold ‖ ⁓sensor m / tacho n, motion sensor, tachometer generator, speed sensor
Drehzahlsollwert m (Lageregelung) / speed value, setpoint value of speed, speed setpoint, set speed, desired speed ‖ ⁓ A / speed setpoint A ‖ ⁓ B / speed setpoint B ‖ ⁓auflösung f / set speed resolution ‖ ⁓begrenzung f / speed setpoint limit ‖ ⁓eingang m / speed setpoint input ‖ ⁓filter m / speed setpoint filter ‖ ⁓glättung f / special value smoothing, speed setpoint smoothing ‖ ⁓kanal m / speed value channel, speed command path ‖ ⁓kontakt m / speed setpoint contact ‖ ⁓schnittstelle f / speed setpoint interface ‖ ⁓übergabe f / speed value transfer ‖ ⁓vorgabe f / speed value input, speed setting signal, speed setpoint setting
Drehzahl·spektrum n / speed range ‖ ~stabil adj / constant-speed adj ‖ ~stabilisierende Schwungradkupplung f / speed-stabilizing flywheel coupling ‖ ⁓stabilisierung f / constant-speed control, speed stabilization ‖ ⁓stabilität f / speed stability, speed steadiness ‖ ⁓starrheit f / speed stability ‖ ⁓statik f / speed droop, speed offset, load regulation ‖ ⁓steifigkeit f / speed stability ‖ ~stellbarer Motor / variable-speed drive, adjustable-speed drive ‖ ⁓stellbereich m / speed control range, speed range, speed setting range ‖ ⁓steller m / speed regulating rheostat,

field rheostat ‖ elektronischer ⁓steller / solid-state speed controller ‖ ⁓steuerung f / open-loop speed control, speed control ‖ ⁓stufe f / speed step ‖ Motor mit mehreren ⁓stufen / change-speed motor, multi-speed motor
Drehzahl-überschreitungsschutz m / overspeed protection ‖ ⁓überwachung f / speed monitoring ‖ ⁓überwachungsmodul n / speed monitoring module ‖ ~umschaltbarer Motor / multi-speed motor ‖ ~umschaltbarer Motor mit einer Wicklung / single-winding multi-speed motor ‖ ~unabhängig belüftet / separately ventilated ‖ ⁓-Unendlichkeitspunkt m / point of infinite speed ‖ ~variabel adj / variable-speed adj ‖ ~veränderbar adj / variable-speed adj ‖ ~veränderbarer Antrieb (DVA) / variable speed drive (VSD) ‖ ~veränderlicher Antrieb (DVA) / variable-speed drive ‖ ~veränderlicher Motor / variable-speed motor, adjustable-speed motor ‖ ⁓veränderung durch Polumschaltung / pole-changing control ‖ ⁓verhältnis n / speed ratio ‖ ⁓verminderung f / speed reduction, slowdown n, deceleration n ‖ ⁓verminderung durch dynamisches Bremsen / dynamic slowdown ‖ ⁓-Verstelleinrichtung f / speed changer, governor speed changer, speeder gear ‖ ⁓versteller m / speed changer ‖ ⁓verstellgeschwindigkeit f / speed variation range ‖ ⁓-Verstellmotor m / variable-speed motor, (f. Drehzahl-Verstelleinrichtung) speed-changer motor, speeder motor, adjustable-speed motor ‖ ⁓verstellung f / speed adjustment, speed variation, speed control ‖ ⁓vorsteuerung f / speed feedforward control, speed pre-control ‖ ⁓vorwahl f / speed preselection
Drehzahl·wächter m (Turbine) / overspeed trip, overspeed governor, emergency governor ‖ Drehzahl·wächter m / overspeed monitor ‖ ⁓wächter m (el.) / tachometric relay, speed monitor, tacho-switch n ‖ ⁓wächter m (f. n etwa 0) / zero-speed switch, zero-speed relay ‖ ⁓wandler m / speed variator ‖ ~wechselbarer Antrieb (DVA) / variable-speed drive ‖ ⁓welligkeit f / speed ripple ‖ ⁓-Zeitsteuerung f / speed-time program control
Dreh·zapfen m / pivot n, pivot pin ‖ ⁓zapfen m (Lagerstelle einer Welle) / journal n ‖ ⁓zapfen m (Zapfenlg., Tragklemme m. Gelenk) / trunnion n ‖ ⁓zelle f / turning cell ‖ ⁓zentrum n / centre of rotation, turning center ‖ ⁓zyklus m / turning cycle
Drei·achsen-Bahnsteuerung f / three-axis contouring control, three-axis continuous-path control ‖ ⁓-Achsen-Koordinatensystem n / three-axis coordinate system ‖ ~achsige Prüfung (Erdbebenprüf.) / triaxial testing ‖ ~achsiger Spannungszustand / volume stress ‖ ⁓ader-Differentialschutz m / three-pilot differential protection ‖ ~adrige Leitung / three-core cable ‖ ~adriges Kabel / three-core cable ‖ ⁓ankermotor m / triple-armature motor ‖ ⁓backenbohrfutter n / self-centering chuck ‖ ⁓-Balken-VASIS n / three-bar VASIS ‖ ⁓beinleitung f / three-end pilot-wire ‖ ⁓beinmarker m / tripod marker ‖ ⁓beinschaltung f (Leitungsschutz) / three-end pilot-wire scheme ‖ ⁓bereichs-Farbmessgerät n / three-colour colorimeter, tristimulus colorimeter ‖ ⁓bleimantelkabel n / (three-core) separately lead-sheathed cable (S.L. cable ‖ ⁓bolzen-

Bürstenhalter *m* / three-stud brush holder || ⁓**bürstengenerator** *m* / third-brush generator, Sayer generator
dreidekadische Digitalanzeige / three-decade digital display
dreidimensional *adj* / three-dimensional *adj* || ~ *adj* / 3D || **~e Bahnsteuerung** / 3D contouring control, 3D continuous-path control, contouring (control), three-dimensional (o. three-axis) contouring (o. continuous-path) control || **~e Bewegung** / three-dimensional movement || **~e Interpolation** / three-dimensional interpolation, 3D interpolation || **~e Orientierung** / three-dimensional orientation || **~e Spannung** / volume stress || **~e Wärmeableitung** / three-dimensional heat dissipation
Dreidimensional-Linearinterpolation *f* / three-dimensional linear interpolation
Drei-Ebenen-Regelung *f* / three-level system
Dreiebenenwicklung *f* / three-plane winding
Dreieck, in ⁓ **geschaltet** / connected in delta, delta-connected *adj*
Dreieck·anordnung *f* (der Leiter einer Freiltg.) / triangular configuration || ⁓**-Feldwicklung** *f* / winding producing a triangular field, delta winding || **~förmig** *adj* / triangular *adj* || **~förmiger Ausleger** *f* (f. Leitungsmontage) / triangular beam || ⁓**gewinde** *n* / triangular thread, V-thread *n*, Vee-thread || ⁓**kerbschlagprobe** *f* / triangular-notch impact test || ⁓**konfiguration** *f* / delta configuration || ⁓**linearität** *f* (Funktionsgenerator) / triangle linearity || ⁓**rauschen** *n* (Rauschen mit kontinuierlichem Spektrum, derart dass die Quadratwurzel der Werte des Leistungsdichtespektrums proportional der Frequenz im betrachteten Frequenzband ist) / triangular noise
Dreiecks·anordnung *f* / triangular configuration || ⁓**anordnung** *f* (Kabel) / trefoil formation || ⁓**ausgleichswicklung** *f* / delta stabilizing winding, delta tertiary winding
Dreieck·schaltung *f* / delta connection || ⁓**schaltungs-Klemmenanschluss** *m* / delta terminal connection || ⁓**schütz** *n* / delta contactor
Dreiecks·fläche *f* / triangle area || ⁓**mitte** *f* / midpoint *n*
Dreieck·spannung *f* / delta voltage, line-to-line voltage, phase-to-phase voltage || ⁓**-Sternschaltung** *f* / delta-star connection, delta-wye connection || ⁓**-Stern-Umwandlung** *f* (Netz) / delta-star conversion, delta-wye conversion || ⁓**verstärker** *m* / triangle amplifier || ⁓**welle** *f* / triangular wave || ⁓**wicklung** *f* / delta winding
Dreieinhalbleiter-Kabel *n* / three-and-a-half core cable
Dreielektrodenschweißen *n* / three-electrodes welding
Dreienden·leitung *f* / tapped line, three-terminal line, teed line || ⁓**schutz** *m* / three-end protection
Dreier·-Aufteilungskasten *m* (f. Kabel) / trifurcating box, trifurcator *n* || ⁓**-Aufteilungsmuffe** *f* / bifurcating joint || ⁓**block** *m* / block of three, triple-unit assembly || ⁓**block** *m* / three-connector block || ⁓**bündel** *n* (Bündelleiter) / triple bundle, three-conductor bundle, triple conductor || ⁓**satz** *m* (Dreiphasen-Trafogruppe) / three-phase bank
Dreietagenwicklung *f* / three-plane winding, three-tier winding

Drei-Exzess·-Code *m* / excess-three code || ⁓**-Gray-Code** *m* / Gray excess three code, Gray code, Gray unit distance code, Gray-coded excess-3 BCD
dreifach diffundierte MOS / triple-diffused MOS (TMOS) || **~ geschirmtes Kabel** / triple-shield cable || **~ geschlossene Wicklung** / trebly re-entrant winding || **~ parallelgeschaltete Wicklung** / triplex winding || **~ redundanter Aufbau** / configuration with triple redundancy || **~ wiedereintretende Wicklung** / trebly re-entrant winding || ⁓**anzeiger** *m* / three-scale indicator, triple indicator || ⁓**-Befehlsgerät** *n* / three-unit control station || ⁓**-Bürstenschaltung mit einfachem Bürstensatz** / three-phase connection with single set of brushes || ⁓**-Diffusionsverfahren** *n* / triple diffusion process
dreifach·e Durchgängigkeit / three-fold uniformity || **~er Bitumenkaltanstrich** / three cold-applied bitumen coats || **~er Tarif** / three-rate tariff, three-rate time-of-day tariff || **~er Wickelkopf** / three-plane overhang, three-tier overhang || **~es Untersetzungsgetriebe** / triple-reduction gear unit || ⁓**fassung** *f* (Lampe) / triple lampholder || ⁓**fehler** *m* (Gruppe von drei fehlerhaften Digits im selben Zeichen oder Block) / triple error || **~hohe Europakarte** / triple-height Eurocard || ⁓**käfigläufer** *m* / triple-cage motor || ⁓**klemme** *f* / triple terminal || ⁓**motor** *m* / triple motor, (3 Anker) triple-armature motor
Dreifach·sammelschiene *f* / triplicate bus || ⁓**-Sammelschienen-Station** *f* / triple-busbar (o. triplicate-bus) substation || ⁓**-Sammelschienen-System** *n* / triple-busbar system, triplicate bus system || ⁓**schreiber** *m* / three-channel recorder || **~seriell** *adj* / triple-serial *adj* || ⁓**steckdose** *f* / triple socket-outlet, triple receptacle outlet || ⁓**-T-Anker** *m* / three-T-tooth armature || ⁓**tarif** *m* / three-rate tariff, three-rate time-of-day tariff || ⁓**tarifzähler** *m* / three-rate meter || ⁓**untersetzung** *f* / triple reduction || ⁓**zelle** *f* / three junction cell
Drei-feld-Erregermaschine *f* / three-field exciter || ⁓**feldgenerator** *m* (Krämer) / three-winding constant-current generator, Kraemer three-winding generator || **~feldrige Schalttafel** / three-panel switchboard || ⁓**finger-Griff** *m* / three keys depressed || ⁓**finger-Regel** *f* / three-finger rule || ⁓**fingerregel der linken Hand** / left-hand rule, Fleming's first rule || ⁓**fingerregel der rechten Hand** / right-hand rule, Fleming's second rule || ⁓**flankenwandler** *m* / triple-slope converter || **~gliedriger Tarif** / three-part tariff || ⁓**kammer-Geräteanschlussdose** *f* / three-compartment joint and wall box || ⁓**kant** *m* / triangular *n* || ⁓**kantschaber** *m* / triangular scraper || ⁓**kantschlüssel** *m* / triangular key || ⁓**kesselschalter** *m* / three-tank circuit-breaker, three-tank bulk-oil circuit-breaker || ⁓**klanggong** *m* / three-tone door chime || ⁓**komponentenregler** *m* / three-component controller || ⁓**kopfschweißen** *n* / three-head welding || ⁓**lagenschweißen** *n* / three-pass welding || ⁓**lagermaschine** *f* / three-bearing machine
Dreileiter *m* / three-wire *n* || ⁓**anlage** *f* / three-wire system || ⁓**-Anschluss** *m* / 3-wire connection, three-wire connection || ⁓**-Betrieb** *m* / three-wire operation || ⁓**-Blindverbrauchszähler** *m* / three-wire kVArh meter || ⁓**-Drehstrom** *m* / three-wire

three-phase current || ~-**Drehstrom-Blindverbrauchszähler** *m* / three-wire three-phase reactive volt-ampere-hour meter, three-wire polyphase VArh meter || ~-**Drehstrom-Wirkverbrauchszähler** *m* / three-wire three-phase watt-hour meter || ~**kabel** *n* / three-conductor cable, three-core cable || ~**ölkabel** *n* / three-conductor oil-filled cable || ~**schaltung** *f* / 3-wire circuit || ~-**Schaltung** *f* / three-wire input || ~-**Steuerkreis** *m* / three-wire control circuit || ~-**Technik** *f* / three-wire system || ~**wandler** *m* / three-wire transformer

Drei·lochwicklung *f* / three-slots-per-phase winding, three-slot winding || ~**mantelkabel** *n* / three-core separately sheathed cable, three-core separately leaded cable || ~**maschinensatz** *m* / three-machine set || ~-**Massen-Modell** *n* / three-mass model || ~-**Massen-Schwinger** *m* / three-mass oscillator || ~**nutläufer** *m* / triple-cage rotor, trislot rotor || ~**perioden-Unterbrechung** *f* / three-cycle interruption

Dreiphasen / three-phase || ~**abgangsklemme** *f* / three-phase feeder terminal || ~-**Abgangsklemme** *f* / three-phase feeder terminal || ~-**Asynchronmotor** *m* / asynchronous three-phase electric motor || ~**ausführung** *f* / three-phase version || ~-**Dreileiter-Stromkreis** *m* / three-phase three-wire circuit || ~-**Drossel** *f* / three-phase reactor || ~-**Filter** *m* / three-phase filter || ~**generator** *m* / three-phase generator, three-phase alternator, alternator *n* || ~**gerät** *n* / three phase unit || ~**kabel mit konzentrischem Neutralleiter** / three-phase concentric-neutral cable || ~-**Lichtschienensystem** *n* / three-phase luminaire track system, three-phase lighting trunking (system) || ~**maschine** *f* / three-phase machine, polyphase machine || ~**motor** *m* / three-phase motor || ~**netz** *n* / three-phase system || ~-**Netzschema** *n* / three-phase system diagram || ~-**Pulswechselrichter** *m* / pulse-controlled three-phase inverter || ~-**Spannungsquelle** *f* / three-phase voltage source || ~**strom** *m* / three-phase current, three-phase alternating current, three-phase a.c., polyphase current, rotary current || ~-**Stromschienensystem für Leuchten** / three-phase luminaire track system, three-phase lighting trunking (system) || ~**stromversorgung** *f* / three-phase power supply || ~**stromwandlersatz** *m* / three-phase current transformer || ~**transformator** *m* / three-phase transformer || ~-**Vierleiter-Stromkreis** *m* / three-phase four-wire circuit || ~**wicklung** *f* / three-phase winding

dreiphasig *adj* / three-phase *adj*, triple-phase *adj*, polyphase *adj* || ~ **geschaltet** / connected in delta, delta-connected *adj*, three-phase ungrounded fault (US) || **~er Fehler** / three-phase fault || **~er Kurzschluss** / three-phase short circuit, three-phase fault, symmetrical fault || **~er Kurzschluss mit Erdberührung** / three-phase-to-earth fault, three-phase fault with earth, three-phase grounded fault (US) || **~er Kurzschluss ohne Erdberührung** / three-phase fault without earth, three-phase ungrounded fault (US) || **~er Netzanschluss** / three-phase mains connection || **~er Stoßkurzschlussstrom** / maximum asymmetric three-phase short-circuit current

dreipolig *adj* / three-pole *adj*, triple-pole *adj* || ~ **gekapselte Schaltanlage** / three-phase encapsulated (o. enclosed) switchgear || **~ schaltbar** / for three-pole operation || **~e Abschaltung** / disconnection in three poles, three-phase interruption || **~e Belastung** / three-pole loading || **~e Kapselung** / phase-segregated enclosure || **~e Kurzunterbrechung** / triple-pole autoreclosure, three-phase autoreclosing || **~e Wiedereinschaltung mit Synchronüberwachung** / three-phase reclosing equipment with synchrocheck, three-pole reclosing equipment with synchrocheck || **~e Wiedereinschaltung mit Wiedereinschaltsperre** IEC 50(448) / three-pole reclosing equipment with synchrocheck || **~er Ausschalter** (Schalter 1/3) VDE 0630 / three-pole one-way switch (CEE 24) || **~er Ausschalter mit abschaltbarem Mittelleiter** VDE 0632 / three-pole one-way switch with switched neutral (CEE 24) || **~er Fehler** / three-phase fault || **~er Kurzschluss** / three-phase short circuit, three-phase fault, symmetrical fault || **~er Lastschalter** / three-pole switch, triple-pole switch || **~er Leistungsschalter** / three-pole circuit-breaker, triple-pole circuit-breaker, three-phase circuit-breaker || **~er Leitungsschutzschalter** / three-pole circuit-breaker, triple-pole m.c.b. || **~er Schalter** / three-pole switch, triple-pole switch || **~er Schalter mit abschaltbarem Mittelleiter** / three-pole plus switched neutral switch || **~er Stufenschalter** / three-pole tap changer || **~es Wechselstromschütz** / triple-pole contactor

Dreipuls-Mittelpunktschaltung *f* / three-pulse star connection

Dreipunktbefestigung *f* / three-point fixing

Dreipunkte·gurt *m* / three-point seatbelt || ~-**Zug** *m* / three-point cycle (o. definition)

Dreipunkt·glied *n* / three-step (action) element || ~**greifer** *m* / three-point gripper || ~**punktlagerung** *f* / three-point support || ~-**Pendelkontakt** *m* / three-point spring-loaded contact || ~**regelung** *f* / three-step control, 3-point control, three-position control || ~**regler** *m* / three-step controller, three-position controller || ~**signal** *n* DIN 19226 / three-level signal || ~**verhalten** *n* / three-step action, three-level action || ~**verriegelung** *f* / 3-point locking mechanism

Drei·radwalze *f* / three-wheeled roller || ~**rampenumsetzer** *m* / triple-slope converter || ~**raumschottung** *f* / three-compartment design || **~reihige Verteilung** / three-tier distribution board || ~**säulen-Trennschalter** *m* VDE 0670,T.2 / three-column disconnector IEC 129 || ~**schaltermethode** *f* / Korndorfer starting method, three-breaker method || ~-**Schalter-Ringsammelschienen-Station mit Umgehung** / three-switch mesh substation with by-pass || ~**schenkeldrossel** *f* / three-limb reactor, three-leg choke (o. coil) || ~**schenkelkern** *m* / three-limb core, three-leg core || **~schenkliger Kern** / three-limb core, three-leg core || ~**schichtmaterial** *n* / triplex material || ~**schleifenwicklung** *f* / triplex lap winding, triplex winding || **~spurig** *adj* / three-lane *adj* || **~spurige Verkehrsführung** / three-lane traffic handling *n* || ~**spur-Inductosyn** *n* / three-speed inductosyn || ~-**Status-Schaltkreis** *m* / tristate circuit || **~stellig** *adj* / three-digit

dreisträngig 204

~**stellungslastrennschalter** *m* / three-position switch-disconnector || ~**stellungsschalter** *m* / three-position switch, three-position disconnector || ~**stellungs-Trenner** *m* / three-position disconnector || ~**stellungs-Trennschalter** *m* / three-position disconnector || ~**stiftsockel** *m* / three-pin cap || ~**stiftstecker** *m* / three-pin plug || ~**stockklemme** *f* / three-tier terminal || ~**stofflager** *n* / three-metal bearing || ~**stofflegierung** *f* / three-component alloy
dreisträngig *adj* (dreiphasig) / three-phase *adj*, triple-phase *adj*, polyphase *adj* || ~**e Kurzunterbrechung** / triple-pole autoreclosure, three-phase autoreclosing || ~**e Wicklung** / three-phase winding || ~**er Kurzschluss** / three-phase short circuit, three-phase fault, symmetrical fault
Dreistufen-Distanzschutz *m* / three-step distance protection (system o. scheme) || ~**kennlinie** *f* (Schutz) / three-step characteristic || ~**kern** *m* / three-stepped core || ~**motor** *m* / three-speed motor || ~**wicklung** *f* / three-range winding, three-tier winding
drei·stufig *adj* (Qualifizierende Bezeichnung, die anzeigt, dass die benutzte Anzahl der signifikanten Zustände drei ist) / three conditions || ~**stufiger Zustimmtaster** / three-position enabling button || ~**stufiges Distanzrelais** / three-step (o. three-stage) distance relay || ~**stufiges Untersetzungsgetriebe** / triple-reduction gear unit || ~**systemiger Distanzschutz** / three-system distance protection (system o. relay) || ~**systemiges Relais** / three-element relay || ~**T-Anker** *m* / three-T-tooth armature
Drei-Überschuss-Code *m* / excess-three code || ~**-Gray-Code** *m* / Gray excess three code
drei- und vierpolige Leistungsschalter / three- and four-pole circuit breakers
Drei·wegehahn *m* / three-way tap || ~**wegekatalysator** *m* / three-way catalytic converter || ~**wegeventil** *n* / three-way valve, three way valve, three-way control valve || ~**weghahn** *m* / three-way tap || ~**wegschalter** *m* / three-way switch, three-position switch || ~**wickler** *m* / three-winding transformer || ~**wicklungstransformator** *m* / three-winding transformer || ~**zeiliger Aufbau** / three-tier configuration
dreizügiger Kabelzugstein / three-compartment duct block, three-duct block || ~ **Kanal** / three-duct raceway (o. conduit), triple-compartment trunking
Drei-Zustands-Ausgang *m* / three-state output || ~**Trennstufe** *f* / tri-state buffer
DRF / DRF (data report full) || ~ (Differentialdrehmelderfunktion, Differentialresolverfunktion) / DRF (Differential Resolver Function) || ~**-Bewegung** *f* / DRF motion || ~**-elektronische Handradfreigabe** / DRF electronic handwheel enable || ~**-Verschiebung** / DRF offset
Drift *f* / drift *n*, droop *n* || ~ **bei Skalenmitte** / midscale drift || ~**abgleich** *m* / drift compensation || ~**ausfall** *m* (Ausfall aufgrund einer langsamen Änderung von Merkmalswerten) / drift failure, gradual failure, degradation failure || ~**ausgleich** *m* / drift compensation || ~**beweglichkeit** *f* / drift mobility
driftend auftretender Teilausfall / drift failure
Drift·feld *n* / drift field || ~**frei** *adj* / droopless *adj* ||

~**geschwindigkeit** *f* / drift velocity || ~**grenzwert** *m* / drift limit || ~**kompensation** *f* / drift compensation || ~**rate** *f* / droop rate (IC) || ~**rate bei Halte-Betrieb** / hold-mode droop rate || ~**raum** *m* / drift space || ~**strom** *m* / droop current (IC) || ~**teilausfall** *m* (Teilausfall, der gleichzeitig ein Driftausfall ist) IEC 50(191) / degradation failure || ~**transistor** *m* / graded-base transistor
Drill·leiter *f* / transposed conductor || ~**leiterbündel** *n* / transposed-conductor bundle || ~**maschine** *f* / drill || ~**moment** *n* / torsional moment, moment of torsion, torsion torque, torque moment || ~**resonanz** *f* / resonance with torsional vibration || ~**schraubendreher** *m* / spiral ratchet screwdriver || ~**schwingung** *f* / torsional vibration, rotary oscillation || ~**schwingungstyp** *m* / torsional mode || ~**stab** *m* / transposed bar, twisted conductor || ~**steifigkeit** *f* / torsional stiffness, torsional rigidity
Drillung *f* (Drillstab) / transposition *n*
Drillings·bürste *f* / triple split brush
Drillung *f* (Drall) / angular twist
Drillingsbürste aus zwei Qualitäten mit Kopfstück / dual-grade triple split brush with separate top-piece || ~**bürste mit Kopfstück** / triple split brush with separate top-piece || ~**fühler** *m* / triple sensor || ~**leitung** *f* / three-core cord
Drittanbieter-System *n* / third-party system
dritte Bewegung parallel zur X-Achse (NC-Adresse) DIN 66025,T.1 / tertiary dimension parallel to X (NC) ISO/DIS 6983/1 || ~ **Harmonische** / third harmonic || ~ **Wicklung** / tertiary winding, tertiary *n*
dritter Schall / third sound
Drittelspannungsmotor *m* / third-voltage motor
DRIVE / Dedicated Road Infrastructure for Vehicle Safety in Europe (DRIVE), DRIVE I (1989 - 1991) || ~**-CLiQ** / DRIVE-CLiQ *n* || ~**-CLiQ Hub Module Cabinet** *n* / DRIVE-CLiQ Hub Module Cabinet || ~**-CLiQ Module Cabinet** *n* / DRIVE-CLiQ Module Cabinet || ~**-CLiQ-Buchse** *f* / DRIVE-CLiQ socket || ~**-CLiQ-Geber** *m* / DRIVE-CLiQ encoder || ~**-CLiQ-Komponente** *f* / DRIVE-CLiQ component || ~**-CLiQ-Strang** *m* / DRIVE-CLiQ line || ~**-CLiQ-Verdrahtung** *f* / DRIVE-CLiQ wiring
Drive Control Block *m* / Drive Control Block || ~ **Control Chart (DCC)** *m* / Drive Control Chart (DCC) || ~ **Control Chart Editor** *m* / Drive Control Chart Editor || ~ **Editor** *m* / DriveEditor || ~**-ES (Drive Engineering System)** / Drive-ES (Drive Engineering System) || ~ **ES Basic** / Drive ES Basic || ~ **ES Graphic** / ES Graphic (grafisches Projektierungstool zur Verschaltung von Funkionsbausteinen, die im Antrieb ablaufen) / Drive ES Graphic || ~ **ES SIMATIC** (Engineering-Software) / Drive ES SIMATIC || ~**Monitor** *m* / DriveMonitor || ~**Monitor-Software** *f* / DriveMonitor software || ~**No.** *f* / Drive No.
DRM (device relationship management) *n* / DRM (device relationship management) || ~**(Digital-Rights-Management)** *n* / DRM (Digital Rights Management)
Dropdown-Menü *n* / drop-down menu
Drossel *f* / reactor *n*, reactance coil, inductor *n*, choke *n*, throttle *n*, restrictor *n* || **Drossel** *f* (klein, im Vorschaltgerät) / choke *n* || ~ **(elektrisch)** *f* (elektronische Spule mit hoher Selbstinduktion,

aber geringem OHM Widerstand) / field winding, reactor *n* || ⟨ **(mechanisch)** *f* / choke, retard coil, choking coil || ⟨ **für besondere Anwendung** / reactor for special application || ⟨ **mit Ferritkern** / ferrite-cored reactor || ⟨ **mit veränderlichem Luftspalt** / adjustable-gap inductor || **1-Phasen-**⟨ *f* / single-phase reactor || **thyristorgesteuerte** ⟨ / thyristor controlled reactor, TCR || **Transduktor~** *f* / half-cycle transductor || ⟨**anlasser** *m* / reactor-type starter || **Motor mit** ⟨**anlasser** / reactor-start motor || ⟨**anlauf** *m* / reactor starting, reactance starting || ⟨**aufbau** *m* / reactor array

Drossel·beschaltung *f* / choke circuits, choke circuit || ⟨**betrieb** *m* / ballast operation || ⟨**einsatz** *m* / throttling element || ⟨**entspannung** *f* / throttling *n* || **freie** ⟨**fläche** / net orifice || ⟨**flansch** *m* / reducing flange, reducer *n*, choke flange || ⟨**gerät** *n* (Durchflussmesser) / restrictor *n*

Drossel·klappe *f* (Stellklappe) / butterfly control valve, butterfly valve || ⟨**klappe** *f* (Ventil) / throttle valve, throttle *n* || **dichtschließende** ⟨**klappe** / butterfly valve with tight closing || **elektronisch gesteuerte** ⟨**klappe** / electronic throttle || ⟨**klappen** *n* / throttle command || ⟨**klappenansteller** *m* / throttle-valve actuator || ⟨**klappeneingriff** *m* / throttle control || ⟨**klappenpotentiometer** *n* / throttle potentiometer || ⟨**klappensensor** *m* / throttle position sensor (TPS) || ⟨**klappensteller** *m* / throttle setting || ⟨**klappensteuerung** *f* / throttle control || ⟨**klappenstutzen** *m* / throttle assembly || ⟨**kopplung** *f* / choke coupling, inductance-capacitance coupling, L-C coupling || ⟨**körper** *m* (Ventil) / closure member, restrictor *n* || ⟨**körper und Sitzgarnitur** / trim *n* || **geteilter** ⟨**körper** / split plug || **parabolischer** ⟨**körper** / lathe turned plug || **profilierter** ⟨**körper** / contoured plug || ⟨**last** *f* / inductive load

drosseln *v* / throttle *v*, reduce *v*, restrict *v*

Drossel·öffnung *f* / orifice *n*, throat *n* || ⟨**querschnitt** *m* / throttle cross section, flow area || ⟨**regelung** *f* (Verdichter) / throttle control || ⟨**scheibe** *f* / restrictor plate, restrictor *n* || ⟨**schraube** *f* / throttle screw || ⟨**spule** *f* / reactor *n*, reactance coil, inductor *n*, choke *n*, field coil || ⟨**spule mit Anzapfungen** / tapped reactor, tapped inductor || ⟨**spule mit Eisenkern** / iron-core reactor || ⟨**spule mit Mittelanzapfung** / centre-tapped reactor || ⟨**spule mit verstellbarem Kern** / movingcore reactor || ⟨**spulenausschaltvermögen** *n* VDE 0670, T.302 / shunt reactor breaking capacity IEC 265-2 || ⟨**transformator** *m* / constant-current transformer || ⟨**ung** *f* / throttling *n* || ⟨**ventil** *n* / throttle valve, throttling valve, throttle *n*, reducing valve || ⟨**vorgang** *m* / throttling *n*

DRS / destination reached and stationary (DRS)

DRT / DSA Receiver Transmitter

Druck *m* / pressure *n*, compression *n*, thrust *n*, printing *n* || ⟨ *m* (Beanspruchung) / compressive stress, unit compressive stress, pressure *n* || ⟨ *m* (nach unten, Fundamentbelastung) / downward force, compression *n* || ⟨ *m* (Druckhöhe) / head *n* || ⟨ **ab** / impression off || ⟨ **an** / impression on || ⟨ **aus** / pressure OFF || **statischer** ⟨ **des Mediums** / static pressure, shut in pressure || ⟨ **ein** / pressure ON || ⟨ **halten** / maintain pressure || ⟨ **im**

Druckluftsystem / pressure of pneumatic system || ⟨ **in Datei** / print to file || **unter** ⟨ **setzen** / to put under pressure, pressurize *v* || **einem** ⟨ **standhalten** / withstand pressure || **axialer** ⟨ / axial thrust || **hydraulischer** ⟨ / hydraulic thrust || **spindelseitiger** ⟨ / flow tends to close

Druck·abfall *m* / pressure drop || ⟨**ablassventil** *n* / pressure release valve || ⟨**änderung** / change in pressure depending on flow || **mengenunabhängige** ⟨**änderung** / change of pressure independent of flow || ⟨**änderungs-Halbwertszeit** *f* / half-value pressure change time || ⟨**anfang** *m* / start of impression || ⟨**anforderung** *f* / printing request || ⟨**anschluss** *m* / pressure port || ⟨**anschluss** *m* (Pumpe) / pressure (o. delivery o. discharge) connection, delivery stub || ⟨**anstieg** *m* / pressure rise, pressure increase || ⟨**anzeiger** *m* / pressure indicator, indicating pressure gauge || ⟨**aufbau** *m* / pressure build-up || ⟨**aufnehmer** *m* / pressure pick-up, pressure sensor, pressure transducer || ⟨**auftrag** *m* / print job, print request || ⟨**ausfall** *m* / air supply failure || ⟨**ausgabe** *f* / printout *n* || ⟨**ausgleich** *m* / pressure compensation, pressure balance || **Klemmenkasten mit** ⟨**ausgleich** / pressure-relief terminal box || ⟨**ausgleichsgefäß** *n* (f. Ölkabel) / expansion tank (o. vessel) || ⟨**ausgleichskammer** *m* / pressure equalizing chamber, average pressure chamber || ⟨**ausgleichsventil** *n* / pressure compensating valve

Druck·beanspruchung *f* / compressive stress, unit compressive stress, pressure *n*, compression load || ⟨**beanspruchung** *f* VDE 0605,1 / mechanical stresses (conduit) IEC 614-1 || ⟨**begrenzer** *m* / pressure limiter, pressure reducer || ⟨**begrenzung** *f* / pressure limiting || ⟨**begrenzungsventil** *n* / pressure cut-off valve || ⟨**behälter** *m* / pressure vessel, receiver *n*, boiler || ⟨**behälterprüfbuch und Druckbehälterverzeichnis** / receiver register || ⟨**belastung** *f* / compressive load, compression load || ⟨**belastung** *f* (axial) / thrust load || ⟨**bereich** *m* / pressure range, page range || **zulässiger** ⟨**bereich** / allowable pressure limits || ⟨**berg** *m* / pressure envelope || ⟨**-Biegebeanspruchung** *f* / combined compressive and bending stress || ⟨**bilanz** *f* / pressure balance || ⟨**bild** *n* / printout *n*, printed image, print logo || ⟨**bild des Manuskripts** (am Bildschirm) / display of manuscript || ⟨**bolzen** *m* / thrust bolt, clamping bolt || ⟨**bügel** *m* (Klemme) / pressure clamp || ⟨**datei** *f* / print file

druckdicht *adj* / pressure-proof *adj*, pressure-tight *adj* || **~ verschweißt** / pressuretight welded || **~e Kabeldurchführung** / pressure-tight bulkhead cable gland IEC 117-5, A.1

Druck·dichtung *f* / pressure seal || ⟨**differenz** *f* / pressure drop || ⟨**differenzmelder** *m* / pneumatic limit operator || ⟨**drehfeder** *f* / compression rotary spring || ⟨**-Dreh-Schlosszylinder** *m* / press-and-twist barrel lock || ⟨**einheit** *f* / pressure unit, unit of pressure, printer unit || ⟨**einlage** *f* / compression insert || **~empfindlich** *adj* / pressure-sensitive *adj* || **~empfindlicher Steuerknüppel** / force-operated joystick

drucken *v* / print *v* || **~** *v* (protokollieren) / log *v*, list *v* || ⟨ *n* / printing *n* || ⟨ *n* (Ausdrucken) / hardcopy listing, logging *n*, listing *n*

Drücken n / pressing n || ~ v (Taste langzeitig betätigen, ohne die Taste selbstständig in ihren Ausgangszustand zurückgehen zu lassen) / press v
Druck·energie f / pressure energy || ⚲**entlastung** f / pressure relief, stress relief, force balance || ⚲**entlastungskanal** m / pressure release duct, pressure relief duct || ⚲**entlastungsklappe** f / pressure relief flap || ⚲**entlastungsöffnung** f (metallgekapselte SA) / vent outlet || ⚲**entlastungsprüfung** f / pressure relief test || ⚲**entlastungsventil** n / pressure relief valve || ⚲**entlastungsvorrichtung** f / pressure relief device || ⚲**entnahme** f (Messblende) / pressure tapping
Drucker m / printer n
Drücker m (Motordrücker) / thrustor n || ⚲ m / button n IEC 337-2, pushbutton n, press button
Drucker einrichten / print setup || ⚲ **mit Nadeldruckwerk** / wire matrix printer || ⚲ **mit Tintendruckwerk** / ink jet printer
Drucker·anschluss m / printer port || ⚲**ausgabebaugruppe** f / printer/ASCII communications module || ⚲**datei** f / printer file || ⚲**ei** f / print shop || ⚲**einrichtung** f / printer setup || ⚲**einstellung** f / printer settings
Druck·erfassung f / pressure sensor || ⚲**erhöhungspumpe** f / booster pump
Drucker·konfiguration f / printer configuration || ⚲**kopie** f / hard copy || ⚲**modus** m / print mode || ⚲**parameter** m / printer parameter || ⚲**port** m / printer port || ⚲**protokoll** n / printout n || ⚲**schnittstelle** f / printer interface, printer port || ⚲-**Spooler** m / printer spooler || ⚲-**Spooling** n / printer spooling || ⚲-**Spulbetrieb** m / printer spooling || ⚲**treiber** m / printer driver
Druck·fahne f / galley proof || ⚲**farbe** f / printing ink || ⚲**feder** f / compression spring, pressure spring, release spring || ⚲**feder** f / preloading spring || ⚲**federsatz** m / compression spring assembly || ⚲**fehler** m / printing error || ⚲**feinregler** m / precision pressure regulator
druckfest adj / pressure-resistant adj, pressure-containing adj, pressure-proof adj || ~ adj (Ex, Sch) / flameproof adj (GB), explosion-proof adj (US) || ~ **bis 500 bar** / pressure-proof up to 500 bar, pressure resistant up to 500 bar || ~ **gekapselt** / explosion-proof adj, pressure-containing adj, flameproof adj || ~ **gekapselte Maschine** / flameproof machine (GB), explosion-proof machine (US) || ~ **gekapseltes Bauelement** / explosion-containing component IEC 50(581) || ~**e Durchführung** / flameproof bushing || ~**e Kapselung** (Ex d) EN 50018 / flameproof enclosure EN 50018, explosion-proof enclosure || ~**er Anschlussstutzen** / packing gland || ~**er Klemmenkasten** / pressure-containing terminal box || ~**es Gehäuse** / flame-proof enclosure, explosion-proof enclosure
Druckfestigkeit f / compressive strength, pressure resistance || ⚲ f (Druckgefäß) / pressure retaining strength || ⚲ f (Ventil) / pressure integrity || **Prüfung der ⚲ des Gehäuses** / test of ability of enclosure to withstand pressure
Druck·filter m / pressure filter || ⚲**finger** m / pressure finger, end finger || ⚲**finger** m (Bürste) / pressure finger, brush hammer, spring finger || ⚲**fingerplatte** f / tooth support || ⚲**fläche** f / area under pressure, thrust face, contact surface,

pressure surface || ⚲**form** f / printing plate || ⚲**format** n / print format, style || ⚲**formatvorlage** f / stylesheet n, format sheet, style sheet || ⚲**fühler** m / pressure transducer || ⚲**funktion** f / print function
Druckgas·antrieb m / pneumatic operating mechanism, compressed-gas operating mechanism || ⚲-**Leistungsschalter** m / gas-blast circuit-breaker, compressed gas-blast circuit-breaker || ⚲-**Löschsystem** n / compressed-gas arc quenching system || ⚲**schalter** m / gas-blast circuit-breaker, compressed gas-blast circuit-breaker || ⚲**versorgung** f / compressed-gas supply || **Nenndruck der ⚲versorgung für die Betätigung** / rated pressure of compressed-gas supply for operation, rated operating air pressure
Druck·geber m / pressure transmitter, pressure sensor || ⚲**gefälle** n / pressure gradient, pressure drop || **überkritisches ⚲gefälle** / pressure drop higher than critical || ~**geführte Reduzierventile** / pressure-guided reduction valves || ~**gegossen** adj / die-cast || ⚲**gelierverfahren** n / pressure-gel procedure || ⚲**geräterichtlinie** (DGRL) f / pressure equipment directive (PED) || ⚲**geschwindigkeit** f / printing speed, print speed, print rate || ~**gespeistes Lager** / externally pressurized bearing || ⚲**gewinn** m / pressure recovery || ⚲**gießen** n / pressure die-casting, die-casting n || ⚲**gießharz** n / pressure-cast resin || ⚲**gießmaschine** f / die-casting machine || ⚲**gießwerkzeug** n / die-casting die || ⚲**glas-Kabeldurchführung** f / prestressed-glass cable penetration || ⚲**glasverschmelzung** f / prestressed-glass seal || ⚲**gussform** f / die-cast mold || ⚲**gussgehäuse** n / die-cast housing || ⚲**gusskäfig** m / die-cast cage || ⚲**gussspiegel** m / die-cast reflector || ⚲**gusswerkzeug** n / die casting tool
Druck·hebel m / pressure finger, end finger, pressure lever || ⚲**höhe** f / pressure head, head n, static head || ⚲**hub** m / pressure stroke || ⚲**hülse** f / thrust sleeve, clamping sleeve, pressure sleeve || ⚲**hülse** f (Kabel) / ferrule n || ⚲**industrie** f / printing industry || ⚲**inhalt** m / print contents || ⚲**integrationsverfahren** n / pressure integration method || ⚲**kabel** n / pressure cable || ⚲**kappe** f / pressure cap, actuator cap || ⚲**karte** f (Belegkarte) / ticket n || ⚲**kessel** m / autoclave ||
Druckknopf m VDE 0660,T.201 / button n IEC 337-2, pushbutton n, press button, key n || **mit Dichtung** / button with gasket || ⚲ **mit verlängertem Hub** / pushbutton with extended stroke || ⚲**antrieb** m / pushbutton actuator, pushbutton operator || ⚲**betätigung** f / pushbutton operation, pushbutton control || ⚲**kasten** m / pushbutton box || ⚲**melder** m (Brandmelder) / pushbutton call point || ⚲**schalter** m / pushbutton switch, maintained-contact pushbutton switch, pressure switch, pressure sensor || ⚲**schalter-Mechanik** f / mechanical system of a pushbutton switch || ⚲**steuerung** f / pushbutton control || ⚲**tafel** f (eingebaut) / pushbutton plate || ⚲**tafel** f (Einzelgerät) / pushbutton station || ⚲**taster** m / pushbutton station
Druck·kolben m (trennt die Prozessflüssigkeit vom Messumformergehäuse) / pressure seal || ⚲**kompensation** f / pressure compensation || ⚲**kompensator** m / pressure compensator || ⚲**komponente** f / component of compressive force, thrust couple || ⚲**kontakt** m / butt contact, pressure

contact || kopf *m* (Drucker) / print head || körper-Durchführung *f* / pressure-hull penetration || kraft *f* / compressive force, pressure force, thrust *n*, can compression cell, can cell, impact *n* || kraftwägezelle *f* / can compression cell, can cell || krümmer *m* (Pumpe) / delivery elbow || kugellager *n* / thrust ball bearing || kupplung *f* (Rohr) / compression coupling

Druck·lager *n* / thrust bearing || lagerkamm *m* / thrust-bearing collar || lasche *f* / clamping strap, thrust lug || leitung *f* / pressure pipe, pressure tubing || getrennte leitung / separated pressure line || leuchte *f* / air-turbo lamp (GB), pneumatic luminaire (USA)

drucklos fließen / flow by gravity || ~gekühlter Transformator (Kühlungsart ANV) / non-ventilated transformer || ~e Dichtigkeitsprüfung / unpressurized test for leaks || ~er Anlauf / depressurized startup

Druckluft *f* / compressed air || abfall *m* / air pressure drop || anlage *f* / compressed-air plant, pneumatic system || anschluss *m* / compressed air connection || anschlussbohrung *f* / compressed air connection hole || antrieb *m* / pneumatic operating mechanism, pneumatic mechanism, pneumatic drive, compressed-air operating mechanism, compressed-air drive, pneumatic actuator || mit antrieb / compressed-air-operated, pneumatically operated || Schütz mit antrieb VDE 0660,T.10c / pneumatic contactor IEC 158-1 || behälter *m* / compressed-air receiver, receiver *n* || ~luftbetätigt *adj* / compressed-air-operated *adj*, pneumatically operated || einheit *f* / compressed air unit

Drucklüfter *m* / forced-draft fan

Druckluft·erzeuger *m* / air compressor, compressor *n* || kanal *m* / compressed-air duct, air duct || kühlung *f* / forced-air cooling || -Leistungsschalter *m* / air-blast circuit-breaker, compressed-air circuit-breaker || leitung *f* / compressed-air pipe || material *n* / accessories for compressed-air systems || netz *n* / compressed-air (pipe) system || -Regelschrank *m* / compressed-air control cabinet || schalter *m* / air-blast circuit-breaker, compressed-air circuit-breaker, air break switch || -Schmierapparat *m* / pneumatic lubricating device || -Schnellschalter *m* / high-speed compressed-air circuit-breaker, high-speed air-blast breaker || schrank *m* / compressed-air control cabinet || spatenhammer *m* / air spade || speicherantrieb *m* / pneumatic stored-energy mechanism, pneumatically charged mechanism || speicherung *f* / compressed-air storage || spezifikation *f* / compressed air specification || -Sprungantrieb *m* / pneumatic snap-action mechanism || -Steuergerät *n* / pneumatic control unit || steuerkreis *m* / air-supply control circuit || steuerung *f* / pneumatic control

Drucklüftungssystem *n* (Klimaanl.) / plenum system

Druckluft·-Versorgungsnetz *n* / compressed-air supply system || -Verteilerleiste *f* / compressed air distribution strip || -Verteilungsnetz *n* / compressed-air distribution system || werkzeug *n* / pneumatic tool || -Widerstandsschalter *m* / air-blast resistor interrupter || zuführung *f* / supply with compressed air || zuleitung *f* / air supply diaphragm || -Zwischenbehälter *m* / air distribution receiver || zylinder *m* / pneumatic cylinder, compressed air cylinder

Druck·marke *f* / notch *n* || markenkorrektur *f* / print-mark correction || markensteuerung *f* / print-mark control || markensynchronisation *f* / print-mark synchronization || maschine *f* / printing machine, printing press

Drückmaschine *f* / spinforming machine

Druck·maschine, wellenlose maschine / shaftless printing press || messdose *f* / pressure measuring box || messer *m* / pressure gauge || messer *m* (f. Vakuum o. Teilvakuum) / vacuum gauge || Pirani-messer *m* / Pirani vacuum gauge || messgerät *n* / measuring instrument for pressure, pressure measuring instrument || mechanisches messgerät / mechanical pressure meter || messumformer *m* / pressure transducer, pressure transmitter || messung *f* / pressure measurement || minderer *m* / pressure reducer, pressure reducing valve, pressure regulator || minderung *f* / pressure reduction || minderungsventil *n* / pressure reducing valve, pressure reducer

Druckmittel *n* / power fluid || einseitige anfuhr / directional supply || antrieb *m* / pneumatic operating mechanism || punkt *m* / pressure centre || speicherantrieb *m* / pneumatic stored-energy mechanism, pneumatically charged mechanism || -Sprungantrieb *m* / pneumatic snap-action mechanism

Druck·mittler *m* / remote seal || motor *m* / printing register motor || nachbearbeitung *f* / print finishing || nachverarbeitungsmaschine *f* / post-processing printing machine || niveaumessgerät *n* / pressure level measuring device

Drucköl *n* / pressure oil, oil under pressure || digitalgesteuertes / leak-oil *n* || anschluss *m* / pressure oil connection || bohrung *n* / drilling for pressure oil || entlastung *f* / oil-lift system, high-pressure oil lift, hydrostatic oil lift, jacking-oil system || Lager mit entlastung / oil-lift bearing, oil-jacked bearing || -Entlastungspumpe *f* / oil-lift pump, jacking pump, jacking-oil pump || film *m* / pressure oil film || kreis *f* / pressure oil circuit || kupplung *f* / coupling fitted by oil-injection expansion method || leitung *f* / forced-oil line, pressure-oil piping || schmierung *f* / pressure lubrication, forced-oil lubrication, forced lubrication, force-feed lubrication || Lager mit schmierung / pressure-lubricated bearing, forced-lubricated bearing || speicher *m* / pressure oil accumulation || teller *m* / jacking-oil distributor || überwachung *f* / pressure-oil monitoring (facility), oil pressure switch || verband *m* / assembly completed by oil-injection expansion method || verfahren *n* / oil-injection expansion method, oil hydraulic fitting method

Druck·original *n* / original production master || pegelanschluss *f* / pressure level connection || platte *f* / clamping plate, end plate, thrust plate, thrust pad, printing plate platte *f* (Anschlussklemme) / pressure plate || probe *f* / pressure test, hydrostatic test || profil *n* / pressure profil || prüfung *f* / compressive test || prüfung *f* DIN IEC 23A.16 / compression test ||

Druck 208

⟨prüfung *f* (hydraul.) / hydrostatic test, hydraulic test, pressure test, high-pressure test ǁ ⟨prüfungswert *m* / aggregate crushing value ǁ ⟨punkt *m* / tactile touch, positive click-action ǁ ⟨punkt *m* (Taste) / tactile touch, tactile feedback ǁ ⟨punkttastatur *f* / tactile-touch keyboard
Druck·qualität *f* / print quality, printing quality ǁ ⟨rahmen *m* (Pol) / clamping frame ǁ ⟨regelung *f* / pressure control ǁ ⟨regelventil *n* / pressure regulating valve ǁ ⟨regler *m* / pressure regulator, mini pressure regulator ǁ ⟨reglereinheit *f* / pressure control unit ǁ ~reif *adj* / ready to be printed ǁ ⟨reihenfolge *f* / order of printing, print sequence ǁ ⟨richtung *f* / pressure direction ǁ ⟨ring *m* / thrust ring, clamping ring, end ring ǁ ⟨ring *m* (Trafo-Blechpaket) / clamping ring, stress ring, flange *n* ǁ ⟨ring *m* (Leitungseinführung) EN 50014 / clamping ring ǁ ⟨ring *m* (Axiallg.) / thrust collar ǁ ⟨rohr *n* / pressure pipe, penstock *n* ǁ ⟨rolle *f* (Bürstenhalter) / finger roll, hammer roll ǁ ⟨rückgewinn *n* / pressure recovery ǁ ⟨rückgewinnung *f* / pressure recovery
Druck·schalter *m* / pressure-operated switch, pressure switch, pushbutton switch, pressure sensor, maintained-contact pushbutton switch ǁ ⟨schalter für Luftsysteme *m* / pressure switch for air systems *n* ǁ ⟨schalter für Wassersysteme *m* / pressure switch for water systems *n* ǁ ⟨schalteraggregat *n* / pressure switch unit ǁ ⟨schaltergruppe *f* / pressure switch group ǁ ⟨scheibe *f* / pressure disk ǁ ⟨schelle *f* / pressure saddle ǁ ⟨schieber *m* / pressure slide ǁ ⟨schläuche und -leitungen *f* / pressure hoses and pipes ǁ ⟨schlitz *m* / discharge port ǁ ⟨schmierkopf *m* / pressure lubricator, pressure oiler ǁ ⟨schmierung *f* / pressure lubrication, forced lubrication, forced lubrication system, force-feed lubrication, pressure-feed lubrication ǁ ⟨schraube *f* / clamping bolt, clamping screw, through-bolt *n*, pressing screw, set screw, pressure screw, thrust screw ǁ ⟨schrift *f* / brochure *n*, publication *n* ǁ ⟨schriftenübersicht *f* / overview of publications ǁ ⟨schriftenverzeichnis *n* / directory of publications, document/brochure list ǁ ⟨schubfeder *f* / compression-shear spring ǁ ⟨schutz *m* (Kabel) / reinforcement *n*, reinforcing tape (o. strip o. wire), pressure-reinforcing tape ǁ ⟨schutzband *n* / reinforcement *n* ǁ ⟨schutzbandage *f* / reinforcing tape ǁ ⟨schutzwendel *f* / sheath reinforcing tape ǁ **Dauerfestigkeit im** ⟨schwellbereich / fatigue strength under pulsating compressive stress ǁ ⟨schwingung *f* / compressive oscillation
Druck·segment *n* / clamping segment, edgeblock packing ǁ ⟨seite *f* (Beanspruchung) / side under compression, pressure side, side under pressure ǁ ⟨seite *f* (Pumpe) / discharge end, discharge *n* ǁ ⟨seite *f* / discharge side ǁ **senkung** *f* / decrease of pressure ǁ **dynamisch bedingte** ⟨senkung / decrease of pressure due to increase of velocity ǁ ⟨sensor *m* / pressure sensor, pressure pickup, pressure transducer ǁ ⟨sensorik *f* / pressure sensor system ǁ ⟨signalgeber *m* / pressure transducer ǁ ⟨spannung *f* / compressive stress, unit compressive stress, pressure *n* ǁ ⟨speicher *m* / accumulator *n*, pressure accumulator, ABC accumulator

Druck·stange *f* / push rod ǁ **verstellbare** ⟨stange / adjustable push rod ǁ ⟨steigerung *f* / increase of pressure ǁ ⟨stelle *f* / pressure mark ǁ ⟨stern *m* (Schreiber) / printwheel *n*, recording head ǁ ⟨stock-Zeichnung *f* / block drawing ǁ ⟨stoß *m* / pressure surge, pressure impulse, sudden pressure change ǁ ⟨stößel *m* / plunger *n* ǁ ⟨stoßminderer *m* / pulsation snubber ǁ ⟨stoßrelais *n* / pressure surge relay ǁ ⟨streifen *m* / packing strip, preloading strip ǁ ⟨-/Strom-Signalumformer *m* / pressure-current signal converter ǁ ⟨stück *n* DIN 6311 / thrust pad, pressure piece, thrust piece, thrust element, carrying piece ǁ ⟨stück *n* (Klemme) / clamping member, pressure plate, washer *n* ǁ ⟨stück *n* (Bürste) / guide clip, finger clip, hammer clip ǁ ⟨stück für 3 Elemente / thrust pad for 3 elements ǁ **Buchsenklemme mit** ⟨stück / tunnel terminal with indirect screw pressure, indirect-pressure tunnel terminal ǁ ⟨stufe *f* / pressure stage, pressure range, pressure rating ǁ ⟨stutzen *m* (Pumpe) / discharge stub, delivery end
Druck·tank *m* (Ölkabelsystem) / pressure tank, pressure reservoir ǁ ⟨taste *f* / button *n*, key *n*, pushbutton, momentary-contact key ǁ ⟨tastenschloss *n* / pushbutton lock
Drucktaster *m* VDE 0660, T.201 / pushbutton *n* IEC 337-1, momentary-contact pushbutton, press button, pushbutton unit ǁ ⟨taster *m* (m. mehreren Befehlsstellen) / pushbutton station ǁ ⟨, gekapselt / pushbutton unit, enclosed ǁ ⟨ mit Entklinkungstaste / maintained-contact pushbutton ǁ ⟨ mit Rastung / latching pushbutton ǁ ⟨ mit Schloss / locking-type pushbutton ǁ ⟨ mit Schutzrohrkontakt / sealed-contact pushbutton ǁ ⟨ mit verzögerter Befehlsgabe VDE 0660, T. 201 / delayed-action pushbutton IEC 337-2 ǁ ⟨ mit verzögerter Rückstellung VDE 0660, T.201 / time-delay pushbutton IEC 337-2 ǁ **verrastende und verrastbare** ⟨ / latching pushbuttons
Druck·taupunkt *m* / pressure dewpoint ǁ ⟨technik *f* / printing technology ǁ ⟨telegrafie *f* / printing telegraphy ǁ ⟨turm *m* / printing tower ǁ ⟨typenregistrierung *f* (Schreiber) / printing-head recording ǁ ⟨überhöhung *f* / pressure piling, excess pressure ǁ ⟨übertragungsteil *m* (Klemme) / pressure exerting part, clamping member ǁ ⟨überwachung *f* / pressure monitor, pressure monitoring ǁ ⟨überwachungsgerät für zu hohen Druck / high-pressure interlocking device ǁ ⟨überwachungsgerät für zu niedrigen Druck / low-pressure interlocking device ǁ ⟨umformer *m* / pressure transducer ǁ ⟨umlaufschmierung *f* / circulating forced-oil lubrication ǁ ⟨umleitung *f* / print to ǁ ⟨- und Führungslager *n* / combined thrust and guide bearing ǁ ⟨unterschied *m* / pressure drop ǁ ⟨unterschied *m* / pressure difference, differential pressure ǁ ⟨unterschied zwischen Eintritt und Austritt / pressure drop from inlet to outlet ǁ ⟨unterschreitung *f* / pressure lower than outlet pressure
Druck·ventil *n* / discharge valve, pressure valve ǁ ⟨verfahren *n* / pressure method ǁ **mechanisches** ⟨verfahren (Fernkopierer) / impact recording ǁ ⟨verhältnis *n* / pressure ratio ǁ **überkritisches** ⟨verhältnis / pressure ratio higher than critical ǁ ⟨verlauf *m* / pressure characteristic, pressure gradients, hydraulic pressure curve ǁ ⟨verlust *m* /

pressure loss, pressure drop, pressure lost, pressure loss back pressure || **dynamischer ₂verlust** / dynamic pressure drop || **₂verlust-Warnsystem (DWS)** *n* / deflation warning system (DWS) || **₂versorgung** *f* / pressure supply || **₂verstärkung** *f* / pressure intensification || **₂versuch** *m* / compression test || **₂-Volumen-Kennlinie** *f* / pressure-volume curve || **₂voranzeige** *f* (Anzeige einer ganzen Seite eines Dokuments in genau der Form, die sie im Druck haben wird) / print preview || **₂voranzeigeprogramm** *n* (Software zur Druckvoranzeige) / previewer || **₂vorgang** *m* / printing process || **₂vorlage** *f* / artwork master, photographic master, photomaster *n* || **₂vorrichtung** *f* (Schreiber) / printing device
Drückvorrichtung Spannstift / pressure device for spring-type straight pin
Druck·vorschau *f* / print preview || **₂waage** *f* / dead-weight tester, manometric balance || **₂wächter** *m* / pressure-operated switch, pressure switch, pressure sensor || **elektronischer ₂wächter** / solid-state pressure switch || **₂wandler** *m* / pressure repeater, pressure transducer
druckwasser·dicht *adj* / pressure-water-tight, proof against water under pressure, pressurized-water-tight || **~dichte Maschine** (überflutbare M.) / submersible machine || **₂kühlung** *f* / pressurized-water cooling || **₂turbine** *f* / pressurized-water turbine
Druck·wechselabsorptionsverfahren *n* (DWA) / pressure-change absorption || **₂wegoptimierung** *f* (Drucker) / printhead movement optimization || **₂weiterverarbeitung** *f* / paper converting || **₂wellenlader** *m* / pressure-wave supercharger || **₂wellenschutz** *m* / pulsation snubber, pressure surge protection || **₂werk** *n* (Datendrucker) / printing element || **₂werk** *n* / printing unit, printing mechanism, printer *n* || **₂werkmotor** *m* / printing register motor || **₂werksdaten** *plt* / printing unit data || **₂werksgebläse** *n* / printing unit blower || **₂werkskupplungen** *f pl* / printing unit clutches || **₂werkzeug** *n* / production master || **Mehrfachnutzen~werkzeug** *n* / multiple image production master
Druck·zählwerk *n* / printing register || **₂zählwerkmotor** *m* / printing register motor || **₂zeichen** *n* / print character, character *n* || **₂zug** *m* / forced draft || **₂-Zug-Schalter** *m* / push-pull button IEC 337-2 || **₂-Zug-Taster** *m* / push-pull pushbutton unit || **₂zylinder** *m* / pressure cylinder, printing cylinder
DRY / dry run feed, dry run feedrate, DRY
DS / setting data || **₂ (Datensatz)** / record *n*, data set || **₂ (Directoryservice)** / DS (directory services) || **₂ (Draufsicht)** / plan *n*
DSA (DSA) / Dynamic Signal Analyzer || **₂ (DSA)** / Dynamic Servo Actuator || **₂ (DSA)** / Digital Storage Architecture || **₂-Link Actor Controller (DAC)** *m* / DSA-Link Actor Controller
DSAP *m* / DSAP (Destination Service Access Point)
DSA Receiver Transmitter / DSA Receiver Transmitter (DRT)
DSB / double sideband (DSB), decoding single block (DSB) || **₂ (Durchlaufschaltbetrieb)** / periodical operation type duty
DSC / Dynamic Servo Control (DSC) || **₂** / Differential Scanning Calorimeter (DSC) || **₂** / Dynamic Stiffness Control (DSC)
DSG (Diskettenspeichergerät) / diskette drive, disk drive unit, diskette station, DSG disk drive, FD (floppy disk drive)
D-Sicherungshalter *m* / type D fuse-carrier
DSM (demand side management) (Load Management) / demand side management (DSM) || **₂ (Distribution System Medium)** (Load Management) / DSM (Distribution System Medium)
DSMC / digital smart motion controller (DSMC)
DSO (digitales Speicheroszilloskop) / DSO (digital storage oscilloscope)
DSP / DSP (digital signal processor)
D-Speicherglied *n* / D flipflop, delay flipflop
DSR (Dynamische Steifigkeitsregelung) / DSC (Dynamic Stiffness Control) || **₂ (Data Set Ready)** / plant availability, service readiness, DSR (Data Set Ready)
DSS / double star connection with interphase transformer, double three-phase star with interphase transformer IEC 119 || **₂ (Datensichtstation)** / data display terminal, display terminal || **₂** / DSS (digital simulation system)
DSSS / Direct Sequence Spread Spectrum (DSSS)
DST / DST (Dynamic Swivel Tripod)
DSU / Digital Scaling Unit (DSU)
D-Sub-Buchsenleiste *f* / sub D socket connector
D-Subminiatur-Anschluss *m* / D-subminiature connection
D-Sub-Stecker *m* / subminiature D connector (sub D connector), sub D plug, male sub D connector
D-SUB-Stecker *m* / (subminiature) cannon connector
DT-Zustandsdiagramm *n* / DT state diagram, device trigger function diagram
DTB / data transfer bus (DTB) || **₂-Verwalter** *m* / DTB arbiter
DTC / Direct Torque Control (DTC)
DTD / DTD (dwell time at final drilling depth)
DTG / data timing generator (DTG)
DTI / Digital Tacho Interface (DTI)
DTL / diode transistor logic (DTL)
DTM (Device-Type-Manager) *m* / DTM (device type manager) *n*
DTP / DTP (dispatcher training simulator)
DTR / DTR (Data Terminal Ready)
DTR/DTS / DTR/DTS
DTSS *n* / dynamic tracking suspension system (DTSS)
DTY (Dateityp) / DTY (data type)
DÜ (Datenübertragung) / data transmission, data transfer, data communication
DU (Designunterlage) *f* / DD (design document)
dual *adj* / binary *adj*
Dual·addierer *m* / binary adder || **₂-ASCII-Ausgabe** *f* / binary/ASCII display || **₂bruch** *m* / binary fraction || **₂code** *m* / binary code || **~codiert** *adj* / binary coded || **~codierte Zahl** / binary coded || **₂dividierer** *m* / binary divider || **₂er Zählerstand** (DIN EN 61850-7-3, -9-1) / binary counter reading (BCR) || **₂-in-line (DIL)** / dual in-line (DIL) || **₂-in-line-Gehäuse** *n* / dual-in-line package (DIP) || **₂itätstheorie** *f* / duality theory || **₂multiplizierer** *m* / binary multiplier || **₂-Phasen-Deposition (DPD)** *f* / DPD || **₂-Port-RAM** *n* / dual-port RAM (Dual Port Random Access Memory) ||

Dübel 210

⟊**radizierer** *m* / binary root extractor ‖ ⟊**-Scan-Farbdisplay** *n* / dual-scan color display ‖ ⟊**-Slope-ADU** / dual-slope ADC ‖ ⟊**subtrahierer** *m* / binary subtractor ‖ ⟊**system** *n* / binary (number) system, pure (o. straight) binary numeration system ‖ ⟊**zahl** *f* / binary number, pure binary number ‖ ⟊**zähler** *m* / binary counter ‖ ⟊**ziffer** *f* / binary digit ‖ ⟊**ziffer** *f* (0 oder 1 in einem Dualzahlensystem) / binary figure
Dübel *m* / plug *n* ‖ ⟊ *m* (Befestigungsd.) / plug *n*, dowel *n* ‖ ⟊**beschichtung** *f* / dowel coating ‖ ⟊**beschichtungsmasse** *f* / dowel coating compound ‖ ⟊**korb** *m* / dowel chair ‖ ⟊**lochbohrmaschine** *f* / dowel hole drilling machine ‖ ⟊**maße** *n pl* (Befestigungsabstände) / plug spacings
dübeln *v* / dowel *v*
Dublett *n* (geordnete Menge von zwei Binärziffern) / doublet
DÜ-Block *m* / data transmission block, frame
DUBOX-Stecker, vorbereiteter 12p ⟊ / prepared 12-pole DUBOX connector
DU Buchse / DU liner
Duct-ausbreitung *f* / ducting (guided propagation of radio waves inside a tropospheric radio-duct) ‖ ⟊**höhe** *f* (Höhe der unteren Begrenzung eines hochgelegenen Ducts über der Erdoberfläche) / duct height ‖ **~verursachende Schicht** / ducting layer
DUE (Datenübergabe) / data transmission, data transfer
DÜE (Datenübertragungseinrichtung) / DCE (data communication equipment), data circuit terminating equipment (DCE) ‖ ⟊ **nicht bereit** / DCE not ready (DCE = data circuit terminating equipment) ‖ ⟊**-Information** *f* / DCE-provided information ‖ ⟊**-Rückleiter** *m* / DCE common return
dummes Endgerät (Benutzerendgerät, das über keine eigenen Fähigkeiten zur Datenverarbeitung verfügt) / nonprogrammable terminal
Dummy *m* / dummy *n* ‖ ⟊**-Bild** *n* / dummy screen ‖ ⟊**-Zeit** *f* / dummy time
Düngemittelerzeugung *f* / fertilizer production
dunkel *adj* (Körperfarbe) / dark *adj* ‖ **~** *adj* (Selbstleuchter) / dim *adj*
Dunkel-adaptation *f* / dark adaptation ‖ ⟊**anpassung** *f* / dark adaptation ‖ ⟊**aussteuerung** *f* / blanking *n*, ripple blanking ‖ **~blau** *adj* / dark blue ‖ ⟊**glühen** *n* / dark annealing ‖ **~grau** *adj* / dark gray ‖ ⟊**kammerlampe** *f* / darkroom lamp ‖ ⟊**kennlinie** *f* / dark IV characteristic ‖ **~rot** *adj* / dark red ‖ **~schaltend** *adj* (bedeutet, dass der betreffende Ausgang durchgeschaltet ist (Strom führt), wenn kein Licht auf den Empfänger auftrifft.) / dark-ON ‖ ⟊**schaltung** *f* / screen blanking, blanking, screen saver, screen darkening ‖ **Synchronisier-**⟊**schaltung** *f* / synchronizing-dark method, dark-lamp synchronizing ‖ ⟊**steuerung** *f* / blanking *n*, ripple blanking, screen darkening, screen blanking ‖ ⟊**steuerungssignal** *n* / blanking signal ‖ **Ultraviolett-**⟊**strahler** *m* / black light lamp, black light non-illuminant lamp ‖ ⟊**strom** *m* / dark current (DC) ‖ **~stromäquivalente Strahlung** / equivalent dark-current irradiation ‖ **~tasten** *v* / blank *v* ‖ ⟊**zeit** *f* (Dunkelzeiten entstehen bei Abschalttests und bei vollständigen Bitmustertests) / dark period

dunkle Paste / dark paste ‖ **~s Muster** / dark pattern
dünn-e Kantenlinie / thin border ‖ **~er Schraubengang** / fine flight
Dünnfilm *m* / thin film ‖ ⟊**-FET** / thin-film field-effect transistor (TF-FET), insulated-gate thin-film field-effect transistor ‖ ⟊**modul** *n* / thin film module ‖ ⟊**schaltung** *f* / thin-film (integrated) circuit, thin-film circuit ‖ ⟊**-Silizium** *n* / thin film silicon ‖ ⟊**technologie** *f* / thin film technology ‖ ⟊**film-Wellenleiter** *m* / thin-film waveguide
dünnflüssig *adj* / low-viscosity, thin *adj*, low-bodied
Dünnschicht *f* / thin film ‖ ⟊**chromatographie** *f* / thin-layer chromatography (TLC) ‖ ⟊**-Dehnmessstreifen** *m* / thin-layer strain gauge ‖ ⟊**-Feldeffekttransistor** *m* (TF-FET) / thin-film field-effect transistor (TF- FET), insulated-gate thin-film field-effect transistor ‖ ⟊**modul** *n* (Solarmodul aus Dünnschichtzellen) / thin film module ‖ ⟊**schaltung** *f* / thin-film (integrated) circuit, thin-film circuit ‖ ⟊**-Silizium** *n* / thin film silicon ‖ ⟊**technologie** *f* / thin film technology ‖ ⟊**transistor** *m* / thin-film transistor (TFT) ‖ ⟊**-Widerstandsnetzwerk** *n* / thin-film resistance network ‖ ⟊**zelle** *f* / thin film cell ‖ ⟊**zelle aus wasserstoffgesättigtem amorphem Silizium** / thin film silicon:hydrogen solar cell
dünnwandig *adj* / thin-walled, thin-section
Dünnwandzählrohr *n* / thin-wall counter tube
Duo-dezimalziffer *f* / duodecimal digit ‖ ⟊**-Dosenplatte** *f* / twin outlet plate ‖ ⟊**-PLC** / dual PLC ‖ ⟊**schaltung** *f* (Lampen) / twin-lamp circuit, lead-lag circuit
DUO-Schaltung *f* / DUO circuit
Duo--Schaltung *f* / lead-lag circuit, lead-lag ‖ ⟊**-Vorschaltgerät** *n* / lead-lag ballast
Duplex *f* / duplex ‖ ⟊**-Ader** *f* / duplex core (unassembled cable, FOC (PVC)) ‖ ⟊**apparat** *m* (Apparat aus einem Sende- und einem Empfangsteil, deren Anordnung Duplexbetrieb erlaubt) / duplex apparatus ‖ ⟊**betrieb** *m* / duplex operation, duplex mode, full-duplex mode ‖ ⟊**leitung** *f* / duplex cable ‖ ⟊**rechnersystem** *n* / duplexed computer system ‖ ⟊**übertragung** *f* / duplex transmission ‖ ⟊**verkehr** *m* / Duplex *n*
duplizieren *v* / duplicate *v* ‖ ⟊ **linearer Konturen** / duplicating linear contours
Duplizierfunktion *f* / duplicating function
Duplo / duplo
Duraluminium *n* / duralumin *n*, hard aluminium
durch den Auftraggeber abgenommen *adj* / acceptance performed by supplier
Durchbiegung *f* (Nachgeben unter Last) / compliance *n*, deflection *n* ‖ ⟊ *f* (Durchhang) / sag *n* ‖ ⟊ *f* (Isolator) VDE 0674,2 / camber *n* ‖ ⟊**sfestigkeit** *f* / transverse bending strength
Durchblättern *n* / browsing *n* ‖ **~** *v* / swap *v*
Durchbohren *n* / through-boring *n*
Durchbohr-maß *n* / through-boring dimension ‖ ⟊**vorschub** *m* / through-boring feedrate, through-boring feed
Durch-brand *m* / burn-through ‖ ⟊**brechöffnung** *f* / knock-out *n*
durchbrennen *v* / blow *v*, fuse *v* ‖ **~** *v* (Lampe) / burn out
Durchbrenn-schutz *m* / blowing resistance ‖ ⟊**speicher** *m* / fusible-resistor memory
Durchbruch *m* / breakdown *n* ‖ ⟊ *m* (Papier) / copy

n || ⟶ *m* (Öffnung) / opening *n*, cutout *n* ||
⟶**festigkeit** *f* / electric strength IEC 50(212),
disruptive strength, puncture strength, breakdown
strength
Durchbruchs·bereich *m* / breakdown region ||
⟶**feldstärke** *f* / disruptive field strength,
breakdown field strength, disruptive strength,
electric strength
Durchbruchspannung *f* / break-through voltage,
breakdown voltage || ⟶ **in Rückwärtsrichtung**
(rückwärtssperrender Thyristor) DIN 41786 /
reverse breakdown voltage
durchdrehen *v* (m. Durchdrehvorrichtung) / bar *v*,
turn *v* || ⟶ *n* (Fahrzeugräder) / spinning *n*
durchdrehendes Werkzeug / tool with rotational
range greater than 360°
Durchdreh·motor *m* / barring motor ||
⟶**vorrichtung** *f* / barring gear, turning gear
durchdringen *v* / penetrate *v*, enter *v*
Durchdringtechnik *f* / penetration technique
Durchdringung *f* (Passung) / interference *n*
Durchdringungs·analyse *f* / interference analysis ||
⟶**klemme** *f* / penetration terminal || ⟶**technik** *f* /
insulation piercing method, insulation
displacement method, push-through technique
Durchdruck, Schaltstück-⟶ *m* / contact spring
action, contact resilience
durchfahren *v* / traverse *v*
Durchfahrgasse *f* / through lane
Durchfahrtshöhe *f* / headroom *n*
Durchfederung *f* (Federweg) / spring deflection,
deflection *n*, resilience *n* || ⟶ **der Kontakte** /
contact follow-through travel
durchfließen *v* / flow through
Durchfluss *m* / flow *n*, flow rate, rate of flow,
flowrate *n* || **induktiver** ⟶**aufnehmer** / magnetic
flow transmitter || ⟶**begrenzer** *m* / flow limiter ||
⟶**begrenzung** *f* (Ventil) / choked flow || ⟶**beiwert**
m (kv-Wert) / flow coefficient (Cv), orifice
coefficient || ⟶**formel** *f* / flow equation || ⟶**geber**
m / flow transducer, flow sensor, flow transmitter
|| ⟶**geschwindigkeit** *f* / flow velocity ||
⟶**gleichung** *f* / flow equation || ⟶**kammer** *f* / flow
chamber || ⟶**kennlinie** *f* / flow characteristic ||
⟶**kennwert** *m* / Cv coefficient || ⟶**koeffizient** *m* /
flow coefficient || ⟶**kolonne** *f* / flow column || ⟶-
Korrekturrechner *m* / flow correction calculator
|| ⟶**-Kraftstoffmesseinrichtung** *f* / fuel flow rate
measuring instrument
Durchfluss·medium *n* / contained fluid ||
stagnierendes ⟶**medium** / stagnant fluid ||
⟶**menge** *f* / flow rate || ⟶**mengenmesser** *m* /
flowrate meter, rate meter, flow indicator ||
⟶**messer** *m* / flow meter, flow-rate meter, rate
meter || ⟶**messgerät** *n* / flowmeter *n*, flow
measurement equipment || ⟶**messregel** *f* / standard
of flow measurement || ⟶**messsystem** *n* / flow
measurement system || ⟶-**Messumformer** *m* /
flow transducer || ⟶**messung** *f* / flow
measurement, flow-rate measurement || ⟶**probe** *f* /
flow test || ⟶**querschnitt** *m* / flow area, net orifice
|| ⟶**rate** *f* / flow rate || ⟶**regelung** *f* / volumetric
flow control || ⟶**regler** *m* / rate regulator, flow
controller || ⟶**richtung** *f* (Strömungsrichtung des
Mediums bzw. Lage der Rohrleitung im
Betriebmittel) / direction of flow || ⟶**schalter** *m* /
flow switch || ⟶**sensor** *m* / flow sensor ||

⟶**stellglied** *n* / control valve || ⟶**volumen** *n* /
volume of flow rate, volume of flow || ⟶**wächter**
m / flow monitor || ⟶**wandler** *m* (Schaltnetzteil) /
forward converter || ⟶**zahl** *f* / flow coefficient
(Cv), orifice coefficient, discharge coefficient || ⟶-
Zählrohr *n* / flow counter tube, gas-flow counter-
tube || ⟶**zelle** *f* / flow cell, flow chamber
durchfluten *v* / magnetize *v*, permeate *v*
Durchflutung *f* / ampere-turns, electric loading,
current linkage, magnetomotive force || ⟶ *f* /
magnetic-particle test, magnetic inspection || ⟶ *f*
(verteilte Wicklung) / current linkage IEC 50(411)
|| ⟶ **pro Längeneinheit** / electric loading, ampere
turns per unit length || **elektrische** ⟶ (eines
geschlossenen Pfades) / current linkage IEC 50
(121) || **magnetische** ⟶ / ampere turns,
magnetomotive force, magnetic potential ||
Wendepol~ *f* / commutating-pole ampere turns
Durchflutungs·empfindlichkeit *f*
(Hallmultiplikator) DIN 41863 / magnetomotive
force sensitivity || ⟶**gerät** *n* / magnetic inspection
set-up, magnetic particle tester || ⟶**gesetz** *n* /
Ampere's law, first circuital law || ⟶**kurve** *f* /
m.m.f. curve || ⟶**prüfung** *f* / magnetic-particle
test, magnetic-particle inspection, magnetic
testing, magnetic inspection, electromagnetic
testing || ⟶**welle** *f* / m.m.f. wave ||
Raumharmonische der ⟶**welle** / m.m.f. space
harmonic
Durchführbarkeit *f* / feasibility *n*
Durchführbarkeits·prüfung *f* / feasibility check,
feasibility review || ⟶**prüfung für**
Energieübertragungen *f* / TFE
(Transmission Feasibility Evaluation) *n* || ⟶**studie**
f / feasability study || ⟶**überprüfung** *f* / feasibility
check, feasibility review
Durchführung *f* / leadthrough, bushing tube || ⟶ *f* (f.
el. Leiter) / bushing *n*, insulating bushing || ⟶ *f* (f.
Kabel) / penetration || ⟶ *f* (Gumminippel) /
grommet || ⟶ *f* (Isolator f. Wanddurchführung) /
lead-in insulator || ⟶ **aus harzimprägniertem**
Papier / resin-impregnated paper bushing || ⟶ **aus**
laminiertem Hartpapier / resin-bonded paper
bushing || ⟶ **aus Nebelporzellan** / bushing with
anti-fog sheds || ⟶ **aus ölimprägniertem Papier** /
oil-impregnated paper bushing || ⟶
Blockiereinrichtung / locking device bushing || ⟶
Bolzen / bolt bushing || ⟶ **der Prüfung** / conduct
of test || ⟶ **Druckstange Antrieb** / bushing for
mechanism push rod || ⟶ **für Spannbolzen** /
bushing for clamping bolt || ⟶ **Leitung**
Magnetventil / bushing for solenoid valve lead ||
⟶ **mit Gießharzisolation** / cast-resin bushing, cast
insulation bushing || ⟶ **Schaltwelle** / breaker shaft
bushing || ⟶**en für Hilfsschalterachsen** / bushings
for axes of auxiliary switch
Durchführungs·bolzen *m* / bushing conductor stud,
bushing stem EN 50014, terminal stud || ⟶-
Bolzenklemme *f* / bushing-type stud terminal ||
⟶**buchse** *f* / bushing pocket || ⟶**dichtung** *f* /
grommet *n*, nozzle *n* || ⟶**dom** *m* / bushing dome,
turret *n* || ⟶**funkenstrecke** *f* / bushing gap ||
⟶**hülse** *f* / fairlead *n*, bushing *n* || ⟶**isolator** *m* (in
Wand) / lead-in insulator, insulating bushing ||
⟶**isolator** *m* (z.B. einer Trafo-Durchführung) /
bushing insulator || ⟶**kapazität** *f* / bushing
capacitor || ⟶**klemme** *f* / bushing terminal, lead-

Durchgang 212

out terminal || ⸚**klemme** *f* (im Chassis) / through-chassis terminal || ⸚**kondensator** *m* / bushing capacitor || ⸚**kupplung** *f* / barrel coupler || ⸚**loch** *n* (f. Kabel) / cable window || ⸚**öffnung** *f* / inlet opening || ⸚**platte** *f* / bushing plate, protective sleeve || ⸚**stromwandler** *m* / bar primary bushing-type current transformer IEC 50(321), bushing-type current transformer || ⸚**tülle** *f* / grommet *n*, bush *n* || ⸚**wandler** *m* / bushing-type transformer
Durchgang *m* / passage opening || ⸚ *m* (Stromdurchgang) / continuity *n* || ⸚ *m* (Arbeitsgang) / operation *n*, pass *n*, machining operation || ⸚ **der Erdverbindung** / earthing continuity || ⸚ **des Schutzleiterkreises** / continuity of protective circuit || **magnetischer** ⸚ / magnetic continuity
durchgängig *adj* / uniform *adj*, system-wide *adj*, integrated *adj*, factory-wide, company-wide || **~e Automatisierung** / integrated automation system || **~e Datenhaltung** / integrated data management || **~e Erdung** / continuous earthing || **~e Kommunikation** / integrated communication || **~e Programmierung** / integrated programming || **~e Verfahrenskette** / computer-integrated system || **~er Datenverbund** / company-wide communication system, factory-wide communication system || **~es Bedienen und Beobachten** / system-wide operator control and monitoring || **~es Gewinde** / tapped through-hole || **~es Maschinenkonzept** / integrated machine concept || **~es Qualitätssystem** / comprehensive QA
Durchgängigkeit *f* / continuity *n*, uniformity *n*, integration *n*
Durchgangs·baustein *m* / through-connection module || ⸚**bohrung** *f* / through-hole *n*, clearance hole || ⸚**dämpfung** *f* / trunk signal attenuation || ⸚**dämpfung** *f* / throughput attenuation, throughput loss, trunk signal attenuation || ⸚**dose** *f* / throughway box, through-box *n* || ⸚**drehzahl** *f* / runaway speed || ⸚**drehzahl bei bestehendem Leitrad-Laufrad-Zusammenhang** / on-cam runaway speed || ⸚**höhe** *f* / passage height, headroom *n*
Durchgangs·klemme *f* / feed-through terminal, through-type terminal *n* || ⸚**klemme mit Längstrennung** / sliding-link feed-through terminal || ⸚**leistung** *f* / throughput rating, load *n*, load kVA, output *n* || ⸚**loch** *n* / through-hole *n*, clearance hole || ⸚**modul** *n* / through-connection card || ⸚**muffe** *f* / coupler *n*, transition sleeve, coupling *n*, bushing *n*, transition joint || ⸚**öffnung** *f* (f. Leiter) / conductor entry (diameter), feed-through opening || ⸚**parameter** *m* / in/out parameter || ⸚**prüfer** *m* / continuity tester || ⸚**prüfung** *f* / continuity test || ⸚**punkt** *m* / direct through connection point
Durchgangs·schleifen *n* / through-feed grinding || ⸚**station** *f* / stage || ⸚**straße** *f* / radial road (GB), radial highway (US), main road || ⸚**strom** *m* / through-current *n* IEC 76-3, through fault current, through flowing current || ⸚**ventil** *n* / straight-way valve, straight-through valve, globe valve || ⸚**verbinder** *m* / through-type connector || ⸚**verbindung** *f* / through connection, through-type connection || ⸚**verdrahtung** *f* / through-wiring *n*, looped-in wiring || ⸚**verkehr** *m* / transit traffic
Durchgangswiderstand *m* / transfer resistor || ⸚ *m* /

volume resistance || ⸚ **bei Gleichstrom** / volume d.c. resistance || **spezifischer** ⸚ / volume resistivity, mass resistivity, specific internal insulation resistance || ⸚**sprüfung** *f* DIN 41640 / contact resistance test
durchgebrannte Lampe / burnt-out lamp, burn-out *n*
durchgeführt / implemented
durchgehen *v* / overspeed *v*, run away *v*
durchgehend·e Achse / running-off axis || **~e elektrische Verbindung** / electrical continuity, electrical bonding || **~e Erdverbindung** / earth continuity || **~e Leitung** (zur Verbindung v. Kupplungspunkten eines Zuges) / bus line || **~e Spindel** / top and bottom guided plug || **~e Tür** / full-length door || **~e Verbindung** / continuity *n*, electrical continuity || **~e Verfahrenskette** / computer-integrated system, computer-integrated manufacturing system (CIM), integrated system || **~e Welle** / through-shaft || **~er Betrieb** / uninterrupted operation (o. service), 24-hour operation || **~er Fahrstreifen** / straight-through lane || **~er Strich** / continuous stripe || **~es Blechpaket** / non-sectionalized core || **~es Gefälle** / unchanging grade, unchanging slope, unchanging gradient || **~es Gewindeloch** / tapped throughhole || **~es Schutzleitersystem** / continuity of protective circuit
Durchgehschutz *m* (rotierende Masch.) / overspeed protection
durchgeschaltet *adj* / signal flow || **~** *adj* (leitend) / conductive *adj* || **~** *adj* (Strompfad im Kontaktplan) / with signal flow || **galvanisch ~** (Standleitung) / d.c.-coupled *adj* || **nicht ~** / no signal flow || **fest ~e Leitung** / dedicated line, permanent line || **~er Ausgangskreis** / effectively conducting output circuit || **~er Spannungsabfall** / conductive voltage drop || **~er Zustand** / with conducting output
durch·geschlagener Isolator / punctured insulator || **~geschmolzener Schweißpunkt oder durchgeschmolzene Schweißnaht** (durch Herausspritzen von Werkstoff entstandenes durchgehendes Loch an der Schweißstelle) / burn-through in nugget or weld || **~geschweißte Naht** / full penetration weld || **~gezogene Linie** / continuous line
Durchgreifspannung *f* DIN 41854 / punch-through voltage, reach-through voltage, penetration voltage
Durchgriff *m* (Leitfähigkeit zwischen den Raumladungszonen von zwei PN-Übergängen) / punch-through *n* || ⸚ *m* / by-pass *n* || ⸚ *m* (reziproker Wert des Verstärkungsfaktors) / inverse amplification factor, reciprocal of amplification || ⸚ *m* (Betrag der Eingangsspannung, der über parasitäre Kapazitäten auf den Ausgang einwirkt) / feedthrough *n*, feedover *n* || ⸚ *m* (Elektronenröhre) / control ratio || ⸚ *m* (durch Strompfad zur Umgehung eines Zwischenglieds) / bypass
Durchgriffs·fehler *m* (ADU, DAU) / feedthrough error || ⸚**kapazität** *f* (ADU, DAU) / feedthrough capacitance
Durchhang *m* / sag *n* || ⸚ *m* (Riementrieb) / slack *n* || ⸚ **aufholen** (Papiermaschine) / take up slack || ⸚**kompensation** *f* / sag compensation
Durchhärtung *f* (Kunststoff) / complete curing || ⸚ *f* (Metall) / full hardening

Durchklingeln n (Verdrahtungsprüf.) / continuity test, wiring test
durchkontaktiert adj / plated-through adj, plated adj || **~es Loch** / plated-through hole, plated hole
Durchkontaktierung f / throughplating, through hole
Durchladeträger m / high girder || **⟋wagen** m / high-girder wagon
Durchlass m / passage n, outlet n, culvert n || **⟋band** n / pass band || **⟋belastungsgrenze** f / on-state loading limit || **⟋bereich** m / transmission range || **⟋bereich** m / conducting state region, on-state region || **⟋bereich** m (el. Filter) / passband n || **⟋breite** f (Durchlassband) / pass-band width || **⟋grad** m / transmission factor
durchlässig adj / permeable adj, pervious adj
Durchlässigkeit f / permeability n, permittivity n || **⟋** f / conductivity n, conductive properties || **⟋** f / transmission n || **⟋** f (Flüssigkeiten) / perviousness n || **akustische ⟋** / transmission n, transmittance n || **magnetische ⟋** / permeability n
Durchlässigkeits·faktor m / transmission factor || **⟋grad** m / transmittance factor
Durchlasskennlinie f (Diode) DIN 41781 / conducting-state voltage-current characteristic, forward characteristic || **⟋** f / on-state characteristic, conducting-state characteristic, forward characteristic || **⟋** f / cut-off current characteristic, current limiting characteristic || **⟋ für die Rückwärtsrichtung** / reverse conducting-state characteristic || **⟋ für die Vorwärtsrichtung** / forward on-state characteristic
Durchlass·kennwerte m pl DIN 41760 / characteristic forward values || **⟋querschnitt** m / net orifice || **⟋richtung** f / conducting direction || **⟋spannung** f (Diode) DIN 41781 / conducting-state voltage || **⟋spannung** f (Spannungsabfall an einer Halbleiterdiode in Durchlassrichtung) / forward voltage || **⟋spannung** f DIN 41786 / on-state voltage || **⟋spannung in Rückwärtsrichtung** / reverse conducting voltage || **Identifizierte ⟋spannung** / identified on-state voltage || **⟋-Spitzenstrom** m / peak forward current
Durchlassstrom m / cut-off current, let-through current (US), instantaneous peak let-through current || **⟋** m DIN 41786 / on-state current || **⟋** m (Diode) DIN 41781 / conducting-state current || **⟋ in Rückwärtsrichtung** / reverse conducting current || **⟋ in Vorwärtsrichtung** / forward on-state current || **⟋dichte** f DIN 41760 / forward current density || **⟋-Effektivwert** m DIN 41786 / r.m.s. on-state current || **⟋kennlinie** f / cut-off current characteristic, let-through current characteristic || **⟋-Kennlinie** f / cut-off current characteristic, let-through current characteristic || **⟋-Mittelwert** m DIN 41786 / mean on-state current
Durchlassung f / perviousness n
Durchlass·verlust m DIN 41760 / forward power loss, forward loss || **⟋verlust** m (Diode) / on-state power loss || **⟋verlust** m / on-state power loss || **⟋verlustleistung** f (Diode) DIN 41781 / conducting-state power loss || **⟋verlustleistung** f DIN 41786 / on-state power loss || **⟋verzögerungszeit** f DIN 41781 / forward recovery time || **⟋verzug** m (Diode) / forward recovery time || **⟋wert** m / let-through value || **⟋widerstand** m (Diode) DIN 41853 / forward d.c. resistance || **⟋widerstand** m DIN 41786 / on-state

resistance || **⟋widerstand** m DIN 41760 / forward resistance || **⟋widerstand in Rückwärtsrichtung** / reverse conducting resistance || **⟋zeit** f (Elektronenröhre) / conducting period, on period || **⟋zustand** m (Diode) / on-state, conducting state || **⟋zustand in Rückwärtsrichtung** / reverse conducting state || **⟋zustand in Vorwärtsrichtung** / forward conducting state, on-state
Durchlauf m / cycle n, execution n, run n, pass n, repetition n, loop n || **⟋** m (aller Umstellerstufen) / continuous cycle || **⟋ des Einstellbereichs** / cycle of operation || **Frequenz~** m / frequency sweep || **Programm~** m / program execution, program run, computer run || **⟋armatur** f (Leitfähigkeitsmesser) / flow-type conductivity cell, flow cell assembly || **pH-⟋armatur** f / flow-type pH electrode assembly || **⟋aufnehmer** m / flow cell, flow sensor, flow chamber
Durchlauf·bearbeitung f / continuous machining || **⟋betrieb** m / continuous duty, continuous running, uninterrupted duty, continuous operation n || **⟋betrieb** m (Betrieb m. Dauerbefehl) / persistent-command mode, latched mode || **⟋betrieb mit Aussetzbelastung** / continous-operation periodic duty || **⟋betrieb mit Aussetzbelastung** (DAB) / continuous duty with intermittent loading || **⟋betrieb mit Kurzzeitbelastung** (DKB) / continuous operation with short-time loading
durchlaufen v / pass v
durchlaufend adj (Dauerbetrieb) / operating continuously || **~** adj (nicht reversierbar) / non-reversing || **~ bewehrte Betonstraßendecke** / continuously reinforced concrete road pavement, continuously reinforced concrete pavement || **~e Einbrandkerbe** / continuous undercut || **~e Kehlnaht** / continuous fillet weld || **~e Naht** / continuous weld || **~e Welle** / transmitted wave || **~e Wicklung** / continuous winding || **~er Betrieb** / uninterrupted duty
Durchlauf·erhitzer m / flow-type heater, through-flow heater, continuous-flow heater, through-flow water heater, continuous-flow water heater || **⟋gefäß** n (Leitfähigkeitsmesser) / flow cell, flow chamber || **⟋geschwindigkeit** f (Frequenzen) / sweep rate, throughput speed || **⟋-Glühofen** m / continuous annealing furnace || **⟋kammer** f / flow chamber || **⟋kühlung** f / once-through cooling || **⟋nummer** f / cycle number || **⟋patentieren** n / continuous patenting || **⟋phase** f / stage n || **⟋protokoll** n / pass log
Durchlauf·regal n / flow rack, flow shelf || **⟋säge** f / continuous saw || **⟋schaltbetrieb** m / continuous periodic duty, continuous multi-cycle duty || **⟋schaltbetrieb** m (DSB) / periodical operation type duty || **~sichere Schaltung** (Trafo-Stufenschalter) / intertap interlocked operation, tap-to-tap interlock || **⟋steuerung** f (Fertigung) / operations monitoring and control || **⟋tränkung** f / continuous impregnating || **⟋verzögerung** f / signal delay, transit delay || **⟋zahl** f / number of passes, (number of) repetitions n pl
Durchlaufzeit f / cycle time, flow time, processing time, time duration, machining time || **⟋** f / floor-to-floor time || **⟋** f (Produktion) / throughput time || **⟋** f DIN 44300 / turnaround time || **⟋** f (Programm) /

Durchlaufzelle

run time || **Schleifen-⁓** f / iteration time || **⁓schema** n / turnaround time schematic
Durchlaufzelle f / flow cell, flow chamber
durchlegieren v / fail v, break down || **⁓ der Sperrschicht** / breakdown of barrier junction
durchlegiert v / fused v
Durchlegierung f / fused junction
durchleiten v / transmit v, transfer v || **⁓, beim Nachbar-EVU** / take from neighbouring utlity
Durchleitung f / transit n || **⁓ für Endkunden** (Stromverbraucher) / retail wheeling
Durchleitungs·gebühr f / transit charge || **⁓recht** n / wayleave right || **⁓übergabe** f / wheeling interchange || **⁓verlust** m / wheeling loss || **⁓verluste** m pl / wheeling loss
Durchleuchtbarkeit f / radiosity n
Durchleuchtung f / fluoroscopy n, roentgenoscopy n, fluoroscopic examination
Durchlicht n / transmitted lighting, transmitted light || **⁓(beleuchtung)** f (Rob.-Erkennungssystem) / rear illumination, backlighting n || **⁓beleuchtung** f / transparent lighting || **⁓maßstab** m / transmitted-light scale || **⁓melder** m / transmitted-light detector || **⁓verfahren** n / transmitted-light method || **⁓-Verfahren** n / transmitted lighting system
Durchmesser m / diameter n, dia. || **in Richtung abnehmender ⁓** / in direction of decrease of diameter || **⁓abnutzung** f / diameter wear || **⁓bürste** f / diametral brush || **⁓erweiterung** f / extension of diameter || **⁓korrektur** f (Korrekturwert) / diameter offset || **⁓korrektur** f / diameter compensation || **⁓maßeingabe** f / diameter input || **⁓programmierung** f / diameter programming || **⁓schaltung** f / diametral connection, double bridge connection || **⁓spannung** f / diametral voltage, diametric voltage || **⁓spiel** n / diametral clearance, radial clearance || **in ⁓stellung** / diametrically opposed || **⁓teilung** f / diametral pitch || **⁓wicklung** f / full-pitch winding, diametral winding
durchmetallisiert adj / through-metallized adj
durchnummerieren v / number consecutively
Durchnummerierung f / serialization n
durchpausen v / trace v, transfer v
durchprüfen v / check v, inspect v, test v, examine v
Durchprüfung f / complete check, inspection n, test n, examination n
Durchreißen n (Stanzen) / lancing n || **⁓ des Schalters** / whipping through the switch handle
Durchrieb m / abrasive action
durchsacken v / sag v || **⁓** n / sagging n
Durchsatz m / throughput n, flow rate (fluids), output per unit time || **⁓** m (Produktion) / production rate, quantity per unit time || **⁓klasse** f / throughput class || **⁓leistung** f / flow rate || **⁓menge** f (Flüssigkeit je Zeiteinheit) / mass rate of flow, flow rate || **kleine ⁓menge** / small flow || **⁓messung** f / throughput measurement || **⁓rate** f / throughput rate || **⁓steuerung** f (Fabrik) / throughput control || **⁓verhalten** n / flow pattern || **⁓zeit** f / throughput time
Durchschallung f / sound testing, ultrasonic testing, stethoscopic testing, acoustic testing || **V-⁓** f / V transmission
Durchschallungs·technik f DIN 54119 / through-transmission technique || **⁓tiefe** f / ultrasonic penetration

Durchschaltabhängigkeit f (binäres Schaltelement) / transmission dependency
Durchschaltefilter m (Bandpassfilter für die Verbindung von zwei TF-Verbindungsabschnitten zur Übertragung von Signalen, die dasselbe Frequenzband belegen) / direct through-connection filter
durchschalten v / switch through v, connect v, complete the circuit, enable v || **⁓** n / gating || **schrittweises ⁓** (SPS-Funktionen) / stepping through (the functions)
Durchschalte·punkt m / direct through-connection point || **⁓verbindung** f / circuit switched connection || **⁓zeit** f / post-selection time
Durchschaltfilter n / bandpass n
Durchschaltung f (Multiplexing) / multiplexing n || **⁓** f (v. Kanälen) / switching n || **⁓ von Schutzleitern** / interconnection of protective conductors || **Messkreis⁓** f / measuring-circuit multiplexing
Durchschaltzeit f DIN 41786 / gate-controlled rise time
durchscheinend adj / translucent adj || **⁓es Medium** / translucent medium
Durchschlag m (Lichtbogendurchschlag bei Isolationsfehler) / disruptive discharge IEC 60-1, drift punch, discharge || **⁓** m (festes Dielektrikum) / breakdown n || **⁓** m (Durchschrift) / copy n || **⁓** m (eines Ventils o. Zweigs) / breakdown || **⁓** m (in gasförmigen o. flüssigen Dielektrika) / sparkover n || **⁓** m (an der Oberfläche eines Dielektrikums in gasförmigen o. flüssigen Medien) / flashover n || **⁓** m (festes Dielektrikum) / puncture n || **⁓ eines elektronischen Ventilbauelements oder Zweiges** / breakdown of an electronic valve device or an arm || **⁓ in Rückwartsrichtung** / reverse breakdown || **⁓ in Vorwärtsrichtung** / forward breakdown || **elektrischer ⁓** IEC 50(212) / electric breakdown || **⁓-Blitzstoßspannung** f / disruptive lightning impulse
durchschlagen v / puncture v, break down v
durchschlagend adj / swinging through || **⁓e Stellklappe** / swing-through butterfly valve
Durchschlag·feldstärke f / disruptive field strength, breakdown field strength, disruptive strength, electric strength || **⁓fest** adj / puncture-proof adj
Durchschlagfestigkeit f / electric strength IEC 50 (212), disruptive strength, puncture strength, breakdown strength, dielectric strength || **absolute ⁓** / intrinsic dielectric strength
Durchschlag·kanal m IEC 50(212) / puncture n || **⁓prüfung** f / breakdown test, time-to-puncture test, puncture test || **⁓prüfung mit Wechselspannung** VDE 0674,1 / power-frequency puncture voltage test || **⁓punkt** m (Kugelfunkenstrecke) / sparkover point || **⁓sfestigkeit** f / disruptive strength || **⁓sicher** adj / puncture-proof adj || **⁓sicherung** f / overvoltage protector || **⁓spannung** f VDE 0432, T.1 / disruptive discharge voltage IEC 60-1, breakdown voltage || **⁓spannung** f (festes Dielektrikum) VDE 0674,1 / puncture voltage IEC 168 || **⁓spannung** f / breakdown voltage, punch-through voltage || **50-%-⁓spannung U50** f (DIN IEC 60-1) / 50 % disruptive discharge voltage U50 of a test object
Durchschlag·versuch m / breakdown test, time-to-puncture test, puncture test || **⁓wahrscheinlichkeit**

f / disruptive discharge probability ‖ ~**weg** *m* / puncture path ‖ ~**widerstand** *m* (Innenisolationswiderstand) / internal insulation resistance, volume resistance ‖ ~**zeit** *f* / time to puncture, time to breakdown
Durchschleif·betrieb *m* / loop-through operation ‖ ~**betrieb** *m* (Monitore) / loop-through arrangement (o. connection), cascaded arrangement ‖ ~**dose** *f* / looping-in box
durchschleifen *v* (Leiter) / loop through, loop in, connect through
Durchschlupf *m* / average outgoing quality (AOQ) ‖ **maximaler** ~ DIN 55350, T.31 / average outgoing quality limit (AOQL)
durchschmelzen *v* / blow *v*, melt *v*
Durchschmelzverbindung *f* (Speicherbaustein) / fusible link
Durchschnitt *m* / arithmetic mean, average ‖ ~ *m* / intersection *n*
durchschnittlich *adj* / average *adj* ‖ ~e **Abweichung** (vom Mittelwert) / average deviation (from the mean) ‖ ~e **Anzahl der geprüften Einheiten je Los** / average total inspection (ATI) ‖ ~e **Betriebszeit zwischen Ausfällen** / mean operating time between failures (mathematical expectation of the operating time between failures) ‖ ~e **Betriebszeit zwischen Instandhaltungen** / mean operating time between maintenance (mathematical expectation of the operating time between two preventive service actions) ‖ ~e **Fertigungsqualität** / process average ‖ ~e **Herstellqualität** / process average ‖ ~e **Nutzungsdauer** / average life ‖ ~e **Regenmenge** / average precipitation rate ‖ ~er **Fehleranteil** / process average defective ‖ ~er **Gesamtprüfumfang** / average total inspection (ATI) ‖ ~er **Informationsgehalt** / average information content ‖ ~er **Stichprobenumfang** / average sample number (ASN)
Durchschnitts·, **arithmetische** ~**abweichung** / arithmetic average deviation ‖ ~**berechnung** *f* / average calculation ‖ ~**ergebnis** *n* / average result, average outcome ‖ ~**erlös pro kWh** / average price per kWh ‖ ~**preis pro kWh** / average price per kWh ‖ ~**probe** *f* DIN 51750 / average sample ‖ ~**wert** *m* / average value, mean value, medium *n* ‖ **geometrischer** ~**wert** / root-mean-square value, r.m.s. value
Durchschrift *f* / copy *n*
Durchschubkraft *f* (Durchzugleser) / push-through force
Durchschwingen *n* (Impuls) / back swing
Durchsenkung *f* / sag *n*
durchsetzen *v* / permeate *v*
Durchsicht *f* / visual inspection
durchsichtig *adj* / transparent *adj*
durchsichtiges Medium / transparent medium
Durchsichtigkeitsgrad *m* / internal transmission factor (GB), internal transmittance (US)
Durchsickern *n* / seepage *n*
Durchsieben *n* / sifting *n*
Durchsprache *f* / conference *n*, walk through ‖ ~ **der Ergebnisse** / discussion of the results
durchspülen *v* (m. Flüssigk.) / flush *v*, rinse *v* ‖ ~ *v* (m. Luft, Gas) / purge *v*, scavenge *v*
Durchspülung, Überdruckkapselung mit dauernder ~ / open-circuit pressurized enclosure

‖ **Überdruckkapselung mit ständiger** ~ **von Zündschutzgas** / pressurization with continuous circulation of the protective gas
Durchstartfläche *f* / balked landing surface
durchstechen *v* (lochen) / pierce *v*
durchsteckbar *adj* / can be passed through
Durchsteck·durchführung *f* / draw lead bushing ‖ ~**fassung** *f* (Lampe) / push-through lampholder ‖ ~**öffnung** *f* / feed-through opening, push-through opening ‖ ~**schraube** *f* / through-bolt ‖ ~**stromwandler** *m* / bar-type current transformer, straight-through current transformer ‖ ~**technik** *f* / through hole technology (THT) ‖ ~**träger** *m* / high girder ‖ ~**wandler** *m* / straight-through transformer ‖ ~**wandler ohne Primärleiter** / winding-type transformer
Durchsteuern *n* (Schutz, erzwungene Auslösebefehle) / forced tripping
durchstimmbar *adj* / tunable *adj*
Durchstimmbereich *m* (Oszillator, Verstärker) / tuning range
Durchstimmen *n* / tuning *n*
Durchstrahlaufnahme *f* / transmission exposure
durchstrahlen *v* / examine radiographically, radiograph *v*, X-ray *v*
Durchstrahl-Probenträger *m* / transmission specimen holder
durchstrahlte Dicke / depth of penetration, penetration *n*
Durchstrahlung *f* / radiographic inspection (o. examination), radiography *n*, X-ray testing, gamma-ray testing
Durchstrahlungs·bild *n* / radiograph *n*, radiographic image ‖ ~**dicke** *f* / depth of penetration, penetration *n* ‖ ~**mikroskop** *n* / transmission microscope, transmission electron microscope ‖ ~**prüfung** *f* (m. Röntgenstrahlen) / radiographic inspection (o. examination), radiography *n*, X-ray testing, gamma-ray testing ‖ ~**tiefenmesser** *m* / penetrameter *n* ‖ ~**verlust** *m* / transmission loss
durchstreichen *v* / strike out
Durchströmung *f* / flow *n*
Durchsuchen *n* / browsing *n*, search *n*, browse *n*
durchsuchen *v* / search *v*, scan *v*, find *v*, browse *v*
Durchtränkung *f* / impregnation *n*, degree of impregnation
Durchtransportieren *n* / passing through
Durchtritts·frequenz *f* / gain crossover frequency ‖ ~**kreisfrequenz** *f* / gain crossover frequency
durchverbinden *v* / interconnect *v*
Durchverbindung *f* / through-connection *n* ‖ ~ **des Schutzleiters** / earthing continuity ‖ **Schirm**~ *f* / screen continuity
durchverbundener Schirm / continuous screen
Durchvergütung *f* / full quenching and tempering
Durchwärmdauer *f* / soaking time
durchwärmen *v* / heat-soak *v*, soak *v*
Durchwärmungsdauer *f* / soaking period
durchzeichnen *v* / trace *v*
Durchzieh·-Ausweiskarte *f* / push-through badge, push-through identity card ‖ ~**draht** *m* (f. Leiter) / fishing wire, fish tape, snake *n*
durchziehen *v* (Ausweiskarte) / push through *v*, pass *v*
Durchziehwicklung *f* / pull-through winding
Durchzug *m* (Schraubbefestigung) / plunging *n* ‖ ~**belüftung** *f* / open-circuit ventilation, open-

durchzugsbelüftet 216

circuit cooling || ⸚leser *m* / push-through reader ||
⸚probe *f* / running sample
durchzugsbelüftet *adj* / open-circuit ventilated || ~e
Maschine / open-circuit air-cooled machine,
enclosed-ventilated machine || ~e **Maschine mit**
Eigenlüfter / enclosed self-ventilated machine || ~e
Maschine mit Fremdlüfter / enclosed separately
ventilated machine
Durchzugsbelüftung *f* (el. Masch.) / open-circuit
cooling, end-to-end cooling, axial ventilation,
mixed ventilation || ⸚ *f* (Schrank) / through-
ventilation, open-circuit ventilation || ⸚ **durch**
Eigenkonvektion (Schrank) / through-ventilation
by natural convection
Durchzugs·kraft *f* / lugging power || ⸚**kühlung** *f* (Ex
p) / open-circuit cooling by pressurizing medium ||
Maschine mit ⸚**kühlung** (Ex p) / pressurized
machine || ⸚**leser** *m* / push-through reader, push-
through terminal || ⸚**spannung** *f* (Schütz,) / seal-in
voltage || ⸚**vermögen** *n* / pulling power || ⸚**wert**
m / pulling power
Durchzünden *n* / conduction-through || **schlagartiges**
⸚ / crowbar firing
Durchzündung *f* / arc-through, shoot-through,
breakthrough *n* || ⸚ *f* / conduction-through || ⸚ *f* /
restart *n*, restriking *n*
Duromer *n* / thermoset *n*, thermosetting plastic
Duroplast *n* / thermoset *n*, thermosetting plastic ||
⸚**presse** *f* / thermosetting plastics press
Düse *f* / nozzle *n*, needle *n* || ⸚ *f* (Staubsauger) /
cleaning head || ⸚ *f* (Drossel /
Durchflussmessung) / flow nozzle, nozzle *n* || **nicht**
erweiterte ⸚ / no venturi outlet nozzle || ⸚**-Kugel**
f / nozzle-ball baffle
Düsen·anlagedruck *m* / nozzle forward pressure ||
⸚**anlagekraft** *f* / nozzle forward force ||
⸚**durchmesser** *m* / needle diameter || ⸚**größe** *f* /
needle size || ⸚**öffnung** *f* (Messdüse) / throat *n*,
needle opening || ⸚**öffnungs-Durchmesser** *m* /
needle opening diameter || ⸚**typ** *m* / needle type ||
⸚**verfahren** *n* / edge-defined film-fed growth
ribbon process || ⸚**verschluss** *m* / shutoff nozzle ||
~ziehen *v* / burr *v* || ⸚**ziehwerkzeug** *n* / burring die
Düse-Prallplatte-Prinzip *n* / nozzle/baffle principle
DUT / design under test (DUT) || ⸚ / device under
test (DUT)
DUV (Dienstreiseunfallversicherung) *f* / travel
accident insurance
DV / data processing (DP), information processing ||
⸚ **(Direktverkauf)** *m* / retail selling
DVA (drehzahlveränderbarer Antrieb) / variable-
speed drive
dv/dt-Aufschaltung *f* / du/dt injection
D-Verhalten *n* / D-action *n*, derivative action,
differential action
D₂VerhaIten *n* / D₂ action, second derivative action
D-Verstärkung *f* / D gain (differential gain)
DVI (digitale visuelle Schnittstelle) / Digital Visual
Interface (DVI)
DV-Landschaft *f* / data processing environment
DVM / digital voltmeter (DVM)
DV'-maschinell / by computer || ⸚**-mäßige**
Datenerfassung / computerized evaluation
DVMT *f* / Dynamic Video Memory Technology
(DVMT)
DV'-Program *n* / computer program || ⸚**-**
Projektierungshilfsmittel *n* / DP aids for project
engineering
DVS (Datenverwaltungssystem) / DMS (data
management system)
DW (Datenwort) / data word (DW)
DWA (Druckwechsel-Absorptionsverfahren) /
pressure-change absorption
DWH (Data WareHouse) / DWH
DWS (Druckverlust-Warnsystem) *n* / DWS
(deflation warning system) *n*
DX / duplex transmission
dx / Duplex *n*
Dynamic Data Exchange (DDE) / Dynamic Data
Exchange (DDE) || ⸚ **Matrix Controller** /
Dynamic Matrix Controller || ⸚ **Servo Control**
(DSC) / Dynamic Servo Control (DSC)
Dynamik *f* / dynamics *n*, dynamic response, dynamic
performance, response *n* || **zeitliche** ⸚ / time
dynamics || ⸚**anpassung** *f* / dynamic response
adaptation || ⸚**bereich** *m* / dynamic range || ⸚**faktor**
kinet. Pufferung / dynamic factor of kinetic
buffering || ⸚**-Faktor Vdc-max-Regler** / dynamic
factor of Vdc-max || ⸚**modul** *n* / dynamic module ||
⸚**verhalten** *f* / dynamic response || ⸚**vorsatz** *m* /
differentiating filter stage, capacitor-diode input
gate
dynamisch *adj* / dynamic *adj*, transient *adj* || ~
abmagnetisierter Zustand / dynamically
neutralized state || ~ **neutralisierter Zustand** /
dynamically neutralized state || ~e
Abweichungen / transients *n pl* || ~e
Ansteuerung / dynamic control || ~e
Auswuchtmaschine / dynamic balancing machine,
two-plane balancing machine || ~e **B(H)-Schleife** /
dynamic B(H) loop || ~e **Belastung** / dynamic
load, impulse load || ~e **Bemessungsstromstärke**
(Wandler) / rated dynamic current || ~e **Dichtung** /
dynamic seal, packing *n* || ~e **Eigenschaft** /
dynamic behavior || ~e **Eigenschaften** / dynamic
properties || ~e **Einblendung** (aktuelle Zustände
und Werte von Datenpunkten, dargestellt in einer
grafischen Benutzerschnittstelle) / dynamic display
|| ~e **Empfindlichkeit** / dynamic sensitivity || ~e
Empfindlichkeitsschwelle / dynamic sensitivity
threshold || ~e **Festigkeit** / dynamic strength, short-
circuit strength || ~e **Flächengrafik** / dynamic
plane graphics || ~e **Fundamentbelastung** /
dynamic load on foundation || ~e **Genauigkeit** /
dynamic accuracy || ~e **Grenze** / dynamic limit || ~e
Hystereseschleife / dynamic hysteresis loop,
dynamic B-H (J-H M-H loop) || ~e **Kennlinie** /
dynamic characteristics, transient characteristic,
constant saturation curve || ~e **Kippleistung** /
transient power limit || ~e **Konvergenz** / dynamic
convergence || ~e **Kurzschlussfestigkeit** / short-
circuit strength, dynamic strength, mechanical
short-circuit rating || ~e **Magnetisierungskurve** /
dynamic magnetization curve || ~e **Messung** /
dynamic measurement || ~e
Netzsicherheitsrechnung / dynamic security
analysis || ~e **Prüfung** / dynamic test || ~e
Reaktanz / transient reactance || ~e **Schwelle** /
dynamic treshold || ~e **Spannungs-Reserve** /
Dynamic voltage headroom || ~e
Stabilitätsgrenze / transient stability limit || ~e
Stabilität / transient stability, dynamic stability ||
~e **Steifigkeitsregelung** / dynamic stiffness control
(DSC) || ~e **Streuung** / dynamic scattering || ~e

Strichgrafik / dynamic broken-line graphics || **~e**
Tragfähigkeit / dynamic carrying capacity || **~e**
Tragzahl / basic dynamic load rating. dynamic load rating || **~e Unwucht** / dynamic unbalance || **~e Verbindung** (der Verbindungsauf- und -abbau erfolgt bei Bedarf z. B. durch eine Anforderung aus dem Anwenderprogramm) / dynamic connection || **~e Viskosität** / dynamic viscosity || **~e Zähigkeit** / dynamic viscosity || **~e Zielführung** / dynamic route guidance || **Stabilität bei ~en Vorgängen** / transient stability, dynamic stability

dynamisch·er Ausbreitungsweg / dynamic propagation path || **~er Ausgang** / dynamic output || **~er Bemessungsstrom** / rated dynamic current, dynamic rating, mechanical rating, mechanical short-circuit rating || **~er Betrieb** / dynamic mode || **~er Biegeradius** (Kabel) EN 60966-1 / dynamic bending radius || **~er Datenaustausch** / Dynamic Data Exchange (DDE) || **~er Druckverlust** / dynamic pressure drop || **~er Eingang** DIN 40700, T.14 / dynamic input IEC 117-15 || **~er Eingang mit Negation** / negated dynamic input || **~er Grenzstrom** EN 50019 / dynamic current limit, instantaneous short-circuit current || **~er Grenzwert** (einer Erregungsgröße) VDE 0435, T. 110 / limiting dynamic value || **~er Grenzwert des Kurzzeitstroms** / limiting dynamic (value of) short-time current) || **~er Kurzschluss-Ausgangsstrom** / dynamic short-circuit output current || **~er Lastwinkel** (Schrittmot.) / dynamic lag angle || **~er Parameter** / dynamic parameter || **~er Scharfbereich** / dynamic focus area || **~er Schwingungsaufnehmer** / electrodynamic vibration pick-up || **~er Spannungsregler** / dynamic voltage regulator || **~er Störabstand** / dynamic noise immunity || **~er Systemzustand** / dynamic system control state || **~er Vorgang** / dynamic process, transient condition, transient n || **~es Auswuchten** / dynamic balancing, running balancing, two-plane balancing || **~es Bremsen** / dynamic braking, d.c. braking, rheostatic braking || **~es Grundgesetz** / fundamental law of dynamics || **~es Meldebild** / dynamic mimic board || **~es Netzmodell** / transient network analyzer (TNA), transient analyzer || **~es Objekt** / dynamic object || **~es RAM (DRAM)** / dynamic RAM (DRAM) || **~es Skalieren** (graf. DV) / zooming n || **~es Verhalten** / dynamic response, dynamic performance, transient response, behaviour under transient conditions, dynamic behaviour

dynamisch-mechanische Beanspruchung DIN 41640 / dynamic stress IEC 512

Dynamisierungsausdruck m / dynamic expression

Dynamo m / dynamo n, d.c.generator || **♁blech** n / electrical sheet steel, electrical sheet, magnetic sheet steel, dynamo sheet || **♁draht** m / magnet wire || **~elektrisches Prinzip** / dynamoelectric principle || **♁maschine** f / dynamo n || **♁meter** n / dynamometer n || **~metrisch** adj / dynamometric adj, dynamometrical adj || **♁regel** f / right-hand rule, Fleming's right-hand rule

Dynamotor m / dynamotor n, rotary transformer

Dynode f / dynode n

D/Z-Messung f / D/Z measurement

E

E (Eingang) / input n (I), I (input), input point, input terminal n, ground n || **♁** (Eingangsparameter) / I (input parameter) || **♁** (Eingangssignal) / I (input signal)

E/A / input/output n (I/O), I/O || **♁-Abbild** n / I/O image (o. map) || **♁-Adresse** f / I/O address || **♁-Anordnung** f / I/O array || **♁-Anschluss** m / port n, (Datenkanal) I/O port || **♁-Anschlussstelle** f (Steckplatz im BGT der Zentraleinheit eines MC-Systems) / I/O interface slot

EAB (Eingangsabbild) / IIM (input image)

E/A'-Baugruppe f / input/output module, I/O module || **♁-Belegungstabelle** f / input/output flag reference list (I/Q/F reference list), I/O reference list, I/O flag reference list || **♁-Bus-Anschaltbaugruppe** f / I/O bus interface module || **♁-Bus-Protokoll** n / I/O bus protocol || **♁-Busvoter** m / I/O bus voter

E-Achse f / E axis

E/A-Code m / I/O code || **♁-Direktzugriff** m / direct I/O access

E-Adresse / i address

E/A-Ebene f / I/O level

EAEC (European Automobile Engineers Cooperation) f / European Automobile Engineers Cooperation (EAEC)

EA-Feld n / IO Field

EAG (Ein-/Ausgabegerät) / input/output unit

EAI / Enterprise Application Integration (EAI)

E/A'-intensiv adj / I/O-bound adj || **♁-Kanal** m / I/O channel || **♁-Komponente** f / I/O component || **♁-Konfiguration** f / I/O configuration

EAL (Erdausgleichsleitung) / earth equalizing cable, equipotential bonding conductor || **♁** n (EAL bezeichnet eine Stufe der Vertrauenswürdigkeit (Evaluation Assurance Level) in eine Sicherheitsleistung) / Evaluation Assurance Level (EAL)

EALABC / European Advanced Lead-Acid Battery Consortium (EALABC)

E/A/M (Eingänge/Ausgänge/Merker) / inputs/outputs/flags

EaM (Ergebnis-Beitrag aus Material) m / NICM (net income contribution from materials) n

E/A, dezentrales ♁-Modul / distributed I/O module || **♁-Modul** n / input/output module, I/O module

EAN / EAN || **♁ Addendum** / EAN Addendum

E/A-Nr. f / I/O no. || **♁-Operation** f / I/O operation

eAP / embedded Access Point (eAP)

E/A'-Peripherie f / I/O peripherals || **♁-Prozessor** m (EAP) / I/O processor (IOP)

EAROM / Electrically Alterable Read Only Memory (EAROM)

EAS (Endanwenderschnittstelle) / UI (user interface)

E/As, schnelle ♁ / high-speed inputs/outputs, high-speed I/Os

E/A-Schnittstelle f / I/O interface, input/output interface || **♁-Status** m / I/O status || **♁-Steuerprogramm** n / I/O handler || **♁-Steuersystem** n / I/O control system (IOCS)

Easy Aimer / Easy Aimer || **♁Mask** f (Projektiertool zur Erstellung von Bedienmasken) / EasyMask || **♁Mon** f / EasyMon || **♁Trans** f (Tool zur Verwaltung von Datensätzen) / EasyTrans

E/A··-Typ *m* / I/O type || ℓ-**Übertragung** *f* / I/O transmission
E·-**Aufteilung** *f* / E-segmentation || ℓ-**Ausgang** *m* (m. eingebautem Kippverstärker, antivalent, npn) / E output
E$_2$-**Ausgang** *m* (m. eingebautem Kippverstärker, antivalent, pnp) / E$_2$ output
EAusnV (Eichpflicht-Ausnahmeverordnung) / obligation-of-verification-exception-decree
E/A-**Zuweisungsliste** *f* / I/O allocation table, traffic cop
EB / tapping range || ℓ / reference point, location reference point || ℓ (Eingang-byte) / IB (input byte) || ℓ (**Einzelbetrieb**) *m* / stand-alone operation || ℓ (**Erweiterungsbaugruppe**) *f* / EB (expansion board)
eben *adj* / level *adj*, even *adj*, plane *adj*, flat *adj*
Ebene *f* (im Sinne von Hierarchie, z. B. Bildebene, Meldeebene) / level *n*, layer *n* || ℓ *f* (im Sinne von Hierarchie, z. B. Bildebene, Meldeebene) / plane *n*, tier *n*, range *n* || ℓ *f* / increment *n*, turn *n*, illumination level *n*, step *n*, stage *n*
ebene Anordnung (Kabel) / flat formation
Ebene bereitstellen / Feed tray || ℓ **der Rohrleitungsführung** / plane determined by both pipes || ℓ **in 2D** / layer *n*
ebene Wanderwelle (elektromagnetische Welle, die sowohl eine homogene ebene Welle als auch eine Wanderwelle ist) / travelling plane wave || **~ Welle** (elektromagnetische Welle, bei der alle Wellenfronten parallele Ebenen sind) / plane wave
Ebene, geneigte ℓ / oblique plane || **transportorientierte** ℓ / transport-oriented layer || **übergeordnete** ℓ / parent level
Ebenen, alle ℓ **ausblenden** / hide all levels || **alle** ℓ **einblenden** / show all levels || ℓ**anwahl** *f* / plane selection || **flexible** ℓ**anwahl** / flexible plane selection || ℓ**auswahl** *f* (NC-Wegbedingung) DIN 66025,T.2 / plane selection ISO 1056 || ℓ**bezeichnung** *f* / plane designation || ℓ**einstellung** *f* (Auswuchtmasch.) / plane separation || ℓ**größe** *f* / bivector *n* || ℓ**nummer** *f* / level number || ℓ**struktur des Softwaresystems** / software level structure || ℓ**technik** *f* / layer technique, layering *n* || ℓ**trennung** *f* / plane separation || ℓ**vorschub** *m* / plane feed, plane feedrate || ℓ**vorwahl** *f* / plane preselection || ℓ**zustellung** *f* / plane infeed
ebener Graph / planar graph || **~ Spalt** (Ex-Geräte) EN 50018 / flanged joint || **~ Spiegel** / plane mirror || **~ Vektor** / two-dimensional vector
ebenerdige Kreuzung / grade crossing || **~r Zugang** / grade-level access
ebenes Anfahren / planar approach || **~ Spannfeld** / level span
Ebenheit *f* / evenness *n*, planeness *n*, levelness *n*, flatness *n*, coplanarity *n*
Ebenheits·abweichung *f* / deviation from plane || ℓ**toleranz** *f* / flatness tolerance, surface roughness tolerance
EBES / European Board for EDI Standardization || ℓ-**Expertengruppe** *f* (ein EDI-Normenausschuß, der der Zuständigkeit von EBES untersteht (z. B. die EDIFACT Nachrichten-Entwicklungsgruppen)) / EBES Expert Group
EBF (Einheitenbedienfeld) / UOP (unit operator panel)
EBGT (Erweiterungsbaugruppenträger) / expansion rack (ER), I/O rack

EBI / electronic equipment for signal processing (EES)
EBIT / earnings before interest and taxes
EBU / External Bus Unit (EBU)
E-bus 2 / E-bus 2
E-Business *n* / electronic business
ECAD *n* (CAD-Systeme für die rechnerunterstützte Erstellung und Bearbeitung elektrischer Konstruktionsunterlagen, z.b. Stromlauf- oder Beschaltungspläne) / Electronic Computer-Aided Design (ECAD)
EC-Aluminium *n* / electrical conductor grade aluminium (EC aluminium), high-conductivity aluminium
ECC / EIBA coordination committee (ECC) || ℓ / Elliptic Curve Cryptography (ECC) || ℓ / Error Correction Code (ECC) || ℓ-**Fehler** *m* / ECC error
ECD / electron capture detector (ECD)
ECE *f* / Economic Commission for Europe (ECE)
Echo *n* (Signal) / echo *n* || ℓ**anzeige** *f* / echo indication || ℓ**betrieb** *m* / transmission with information feed-back (echo principle), echo operation || ℓ**box** *f* / echo box || ℓ**breite** *f* / echo duration || ℓ**dynamik** *f* / echo dynamics || ℓ**effekt** *m* / echo effect || ℓ**funktion mit schwacher Einspeisung am Ende** (Schutzsystem) IEC 50 (448) / echo function with weak infeed end || ℓ**höhe** *f* / echo height || ℓ**impuls-Einflusszone** *f* (tote Zone nach einem Echo) DIN 54119 / dead zone after echo || ℓ**kompensation** *f* / echo cancellation || ℓ**kompensator** *m* (Gerät, das zur Echokompensation in einer Telekommunikationsleitung angeordnet ist) / echo canceller || ℓ**loten** *n* / echo-sounding || ℓ**regulierung** *f* / echo control || ℓ**schaltung** *f* / echo circuit || ℓ**schar** *f* / cluster echo || ℓ**schleife** *f* / echo loop || ℓ**signal** *n* / echo signal, reflected signal || ℓ**sperre** *f* (Gerät, das in einer Telekommunikationsleitung angeordnet ist, um die Echounterdrückung zu bewirken) / echo suppressor || ℓ**steuerung** *f* (beabsichtigte Abschwächung von unerwünschten Echos, die in einer Telekommunikationsleitung auftreten) / echo control || ℓ**unterdrücker** *m* / echo suppressor || ℓ**unterdrückung** *f* / echo suppression || ℓ**verfahren** *n* (Impulsechov.) / (pulse) reflection method, (pulse) echo technique, echoplex
Echt-Effektivwertmessung *f* / true r.m.s. measurement
echte Klassengrenze / true class boundary
Echtheitsnachweis *m* (DU) DIN ISO 8348 / authentication *n*, DIN V 44302-2 DIN EN 61968-1 authentication
Echtmaterial Glas / real glass || ℓ **Holz** / real wood
Echtzeit *f* / real time *n* || **Echtzeit** *f* (die Zeit, während der ein physikalischer Prozess abläuft) / real-time, realtime *n* || ℓ**anforderung** *f* / real-time requirement || ℓ**anwendung** *f* / real-time application || ℓ**bearbeitung** *f* / real-time processing || ℓ**bereich** *m* / real-time area || ℓ**betrieb** *m* / real-time mode || ℓ**betriebssystem** *n* / Real Time Operating System (RTOS) || ℓ**darstellung** *f* (Impulsmessung) / real-time format || ℓ**datenbank** *f* / real-time database || ℓ-**Datenkommunikation** *f* / real-time data communication || ℓ**durchlauf** *m* / real-time run || ℓ**erfassung** *f* / time tagging || ℓ**erweiterung** *f* / real-time expansion || **~fähig** *adj* (Fähigkeit eines

Systems, auf vorgegebene absolute Zeiten und innerhalb absoluter Zeitintervalle zu reagieren) / real-time capable || ~**fähiger Maschinen-Controller** / machine controller with realtime capability || ⁓**fähigkeit** *f* / real-time capability || ⁓**funktion** *f* / real-time function || ⁓**klasse** *f* / real-time class || ⁓**kommunikation** *f* / real-time communication || ⁓**meldung** *f* / SOE point || ⁓-**Multitasking-Betriebssystem** *n* / real-time multitasking operating system || ⁓-**NC-Kern** *m* / real-time NC kernel || ⁓**parameter** *m* / real-time parameter || ⁓**programmierung** *f* / real-time programming || ⁓**simulation** *f* / real-time simulation || ⁓**software** *f* / real-time software || ⁓**stempel** *m* / real-time stamp || ⁓-**Steuerung** *f* / real-time control || ⁓**system** *n* / real-time system (RTS) || ⁓-**Taktgeber** *m* / realtime clock (RTC) || ⁓**telegramm** *n* / dated message || ⁓-**Transformation** *f* / real-time transformation || ⁓**uhr** *f* / real-time clock (RTC) || **integrierte** ⁓**uhr** / integral real-time clock || ⁓**umgebung für Java** *f* / Java Runtime Environment (EV) *f* / real-time variable (RV) || ⁓**verarbeitung** *f* / real-time processing, real time processing || ⁓**verhalten** *n* / real-time behavior || ⁓**zugriff** *m* / real-time access

Eck·abdeckung *f* / corner cover || ⁓**beleuchtung** *f* / cornice lighting || ⁓**blech** *n* / corner plate || ⁓**daten** *plt* / key data || ⁓**drehzahl** *f* / transition speed

Ecke *f* / edge *n* || ⁓ *f* (CAD) / corner *n* || ⁓ **berechnen** / calculate corner || **Polyeder~** *f* / polyhedral angle || **scharfe** ⁓ / sharp corner || **tote** ⁓**n im Strömungsweg** / stagnant areas

Ecken·bearbeitung *f* / cornering *n* || ⁓**entnahme** *f* (Messblende) / corner tap || ⁓**fase** *f* / corner chamfer, chamfered corner || ⁓**maß** *n* / corner offset || ⁓**prüfung** *f* / eccentricity test || ⁓**radius** *m* / fillet *n*, corner radius || ⁓**rundung** *f* / corner radius, fillet *n*, rounded corner || ⁓**verhalten** *n* / corner behavior || ⁓**verrundung** *f* / fillet *n* || ⁓**verzögerung** *f* / corner deceleration || ⁓**verzögerung** *f* (WZM, NC) / deceleration at corners || ⁓**verzögerungsgeschwindigkeit** *f* / corner deceleration velocity || ⁓**winkel** *m* / corner angle || ⁓**zahl** *f* / no. of corners

Eck·feld *n* / corner panel || ⁓**fenster** *n* / corner window || ⁓**fräsen** *n* / corner milling || ⁓**fräser** *m* / right-angle cutter || ⁓**frequenz** *f* / frequency limit, base frequency, cutoff frequency, cutoff frequency || ⁓**frequenz** *f* (SR-Antrieb) / transition frequency || ⁓**frequenz** *f* (Bode-Diagramm) / corner frequency || ⁓**höhe** *f* / corner height || ⁓**kasten** *m* / angle unit, corner unit || ⁓**last** *f* / cut-off load || ⁓**lastabgleich** *m* / cut-off load offset || ⁓**leuchte** *f* / cornice luminaire || ⁓**naht** *f* / edge weld || ⁓**profil** *n* / edge profile || ⁓**punkt** *m* / corner point, corner *n*, key point || ⁓**punkt** *m* (Kurve) / vertex *n* || **3D-**⁓**punkt** *m* / vertex *n* || ⁓-**Rückschlagventil** *n* / angle-type non-return valve || ⁓**schrank** *m* / corner distribution board || ⁓**stellventil** *n* / angle control valve || ⁓**stempel** *m* / corner stamp || ⁓**stiel** *m* (Gittermast) / main leg || ⁓**stielneigung** *f* (Freileitungsmast) / leg slope || ⁓**stoß** *m* / corner joint || ⁓**termin** *m* / key deadline || ⁓**ventil** *n* (Rückschlagventil) / angle-type non-return valve || ⁓**ventil** *n* / angle-type valve, angle valve || ⁓**verbinder** *m* / corner connector, corner connection || ⁓**verbindung** *f* (IK) / corner coupling, angle unit, corner joint

ECL / emitter-coupled logic (ECL), current-mode logic (CML) || ⁓ / external cavity laser (ECL)

eCl@ss / eCl@ss

ECM *n* / engine control module (ECM) || ⁓ *n* / Enterprise Content Management (ECM)

ECMA (Europäische Normungsorganisation zur Standardisierung von Computersystemen) / European Computer Manufacturers Association (ECMA)

EC-Motor *m* / EC motor

ECMT *f* / European Conference of Ministers of Transport

ECN / Engineering Change Notice (ECN)

Eco *f* / Engineering Change Order (ECO)

ECOFAST / Energy and Communication Field Installation System (ECOFAST)

ECO·-Motorspindel *f* / ECO motor spindle || ⁓-**Spindel** *f* / ECO spindle || ⁓-**Spindeleinheit** *f* / ECO spindle unit

ECP / Engineering Change Proposal (ECP) || ⁓ / Enterprise Communication Platform (ECP)

ECPE e.V. / European Center for Power Electronics e.V. (ECPE e.V.)

ECR / Engineering Change Request (ECR) || ⁓ / Efficient Consumer Response (ECR)

ECRCVD / electron cyclotron resonance CVD (ECRCVD)

ECS *n* / Enterprise Control System (ECS)

ECT / Embedded Computer Technology (ECT)

ED / ED (end delimiter) || ⁓ (relative Einschaltdauer) / duty cycle || ⁓ / electroplating *n* || ⁓ (**Einschaltdauer**) *f* / on-period || ⁓ (**Einschaltdauer**) **in %** *f* / cyclic duration factor in %

EDA (Electronic Design Automation) (rechnerunterstützte Erstellung und Bearbeitung von elektronischen Baugruppen) / Electronic Design Automation || ⁓ (**elektronischer Datenaustausch**) / Electronic Data Interchange

EDAC / error detection and correction

EDCD / EDIFACT Directory of Composite Data Elements

EDCL / EDIFACT Directory of Code Lists

EDD / Electronic Device Description

Eddingstift *m* / felt-tip pen

EDDL / Electronic Device Description Language

EDE / embedded development environment

EDED / EDIFACT Directory of Data Elements

Edel·festsitz *m* / finest force fit || ⁓**fuge** *f* / high-quality joint || ⁓**gas** *n* / inert gas, rare gas || ⁓**gleichrichter** *m* / ideal rectifier || ⁓**gleitsitz** *m* / slide fit, snug fit || ⁓**haftsitz** *m* / finest keying fit || ⁓**korundschleifscheibe** *f* / white corundum grinding wheel || ⁓**metall** *n* / noble metal, precious metal || ⁓**metall-Motor-Drehwähler** *m* / noble-metal uniselector (switch) || ⁓**passung** *f* / close fit || ⁓**schubsitz** *m* / push fit || ⁓**splitt** *m* / double-crushed chippings, double-crushed chips || ⁓**stahl** *m* / high-grade steel, high-quality steel, special stainless steel, stainless steel || ⁓**stahl 1.4057** *m* / stainless steel 1.4057 || ⁓**stahlgehäuse** *n* / stainless steel enclosure || ⁓**stahlhülse** *f* / stainless steel sleeve || ⁓**stahlrolle** *f* / high-grade steel roller || ⁓**stahlschraube** *f* / stainless steel bolt || ⁓**stahlstößel** *m* / stainless steel plunger ||

⌒treibsitz *m* / heavy drive fit, tight fit
EDGE / Enhanced Data rates for GSM Evolution (EDGE)
EDI *n* / electronic data interface (EDI)
EDID / extended display identification data (EDID)
Edison·-Fassung *f* / Edison screw holder || ⌒-**Gewinde** *n* / Edison thread, Edison screw (E.S.) || ⌒-**Sockel** *m* / Edison screw cap, Edison cap, medium cap
editierbar *adj* / editable *adj*
editieren *v* / edit *v* || ⌒ *n* / editing *n*
Editier·feld *n* / editing box || ⌒**feld Beschreibung** / Description editor field || ⌒**fenster** *n* / editing window || ⌒**funktion** *f* / edit function || ⌒**hilfe** *f* / editing aid || ⌒**lücke** *f* / editing gap || ⌒**modus** *m* / edit mode || ⌒**programm** *n* / editor program || ⌒**sitzung** *f* / editing session || ⌒**ung** *f* / editing
Editor *m* (Programm zum Eingeben und Bearbeiten von Objekten, z. B. Texten oder Grafiken) / editor *n* || ⌒ **Analogmeldungen** / ANALOG ALARMS editor || ⌒ **Benutzer** / USERS editor || ⌒ **Bildnavigation** / SCREEN NAVIGATION editor || ⌒ **Bitmeldungen** / DISCRETE ALARMS editor || ⌒**fehler** *m* / editor error || ⌒**funktion** *f* / editor function || ⌒ **Grafiklisten** / GRAPHIC LIST editor || ⌒ **Grafiksammlung** / GRAPHICS editor || ⌒ **Gruppen** / GROUPS editor || ⌒ **Meldearchive** / ALARM LOGS editor || ⌒ **Meldegruppen** / ALARM editor || ⌒ **Meldeklassen** / ALARM CLASSES editor || ⌒ **Projektsprachen** / PROJECT LANGUAGES editor || ⌒ **Protokolle** / REPORTS editor || ⌒ **Rezepturen** / RECIPES editor || ⌒**sitzung** *f* / editor session || ⌒ **Skripte** / SCRIPT editor || ⌒ **Strukturen** / STRUCTURES editor || ⌒ **Systemwörterbuch** / SYSTEM DICTIONARY editor || ⌒ **Textlisten** / TEXT LIST editor || ⌒ **Variablen** / TAGS editor || ⌒ **Variablenarchive** / DATA LOG editor || ⌒ **Verbindungen** / CONNECTIONS editor || ⌒ **Zyklen** / CYCLES editor
EDK (elektrodynamische Kopplung) *f* / electrodynamic coupling
EDM / electro-discharge machine || ⌒ / Engineering Data Management || ⌒ / Enterprise Data Management || ⌒ / electro discharge machining || ⌒ / External Device Monitoring
EDMA / Enhanced Direct Memory Access (EDMA)
EDM-Bohren *n* / EDM drilling
EDMD / EDIFACT Directory of Messages
EDMS / Engineering Data Management System (EDMS)
EDNA / Energy Data, Norms and Automation (EDNA)
ED-Prozent *n* / cyclic duration factor (c.d.f.), load factor
EDR *f* / Enhanced Data Rate
EDr / neutral earthing reactor, single-phase neutral earthing reactor IEC 289, neutral grounding reactor (US)
EDRM / European Digital Road Map
EDS / magnetic levitation system, Electronics System Division (EDS) || ⌒ *m* / Electronic Direct Starter || ⌒ **(Geberdatensatz)** *m* / Encoder Data Set (EDS)
EDSD / EDIFACT Directory of Segments
EdT / earthing transformer, grounding transformer
EDV / electronic data processing (EDP)

EEC *f* / EEC (electronic engine control) *n*
EEM / Enterprise Engineering Modelling (EEM)
E/E/PES (elektrisch/elektronisch/programmierbar elektronisches System) / E/E/PES (electrical/electronic/programmable electronic system)
EEPROM / EEPROM (electrically erasable programmable read-only memory) || ⌒-**Modul** *n* / EEPROM submodule || ⌒-**Speichersteuerung** *f* / EEPROM storage control
EES *n* / Equipment Engineering System (EES)
EET *m* / electronic EGR transducer
EF (Einzelfunktionen) / Single Functions
EFAC / EFAC (European Factory Automation Committee)
EF-Antwort *f* / SF response (feedback from single functions)
EFE (Baugruppentyp) *m* / EFE (board type)
Effekt, 3D-⌒ *m* / 3D effect || **hot spot-**⌒ *m* / hot spot
effektiv *adj* / rms
Effektivbereich *m* / specified measuring range IEC 1036
effektiv·e Abmessungen (Kreis) / effective dimensions || ~e **Anrufdauer** / effective duration of a call || ~e **Ansprechzeit** / time to stable closed condition || ~e **Last** / effective load, r.m.s. load || ~e **Lichtstärke** / effective intensity || ~e **Luftspaltlänge** / effective length of air gap, effective gap length || ~e **Masse** (Magnetkörper) / effective mass, active mass || ~e **Permeabilität** IEC 50(221) / effective permeability || ~e **Rückfallzeit** / time to stable open condition || ~e **Schwingungsstärke** / vibration root mean square (VRMS) || ~e skalare **Permeabilität** / effective scalar permeability || ~e **Strahlungsleistung** / effective radiated power || ~e **Transfergeschwindigkeit** / effective transfer rate || ~e **Trennschärfe** / effective selectivity || ~e **Welligkeit** / r.m.s. ripple factor, ripple content || ~e **Windungszahl je Phase** / effective turns per phase || ~e **Zellentemperatur** / ECT (equivalent cell temperature) *n* || ~er **Ankerstrombelag** / effective armature (kilo-ampere conductors) || ~er **Eisenquerschnitt** / effective core cross section || ~er **Erdradius** / effective radius of the Earth || ~er **Erregergrad** (el. Masch.) / effective field ratio || ~er **Gleichrichterstrom** / effective rectifier current || ~er **Luftspalt** / effective air gap || ~es **Drehmoment** / effective torque || ~es **Modenvolumen** / effective mode volume
Effektiv·leistung *f* (el. Masch.) / effective output || ⌒**leistung** *f* (el. Masch.) / useful power, brake horsepower || ⌒**strom** *m* (Gleichstrom) / effective current || ⌒**strom** *m* (Wechselstrom) / root-mean-square current, r.m.s. current, rms current
Effektivwert *m* (quadratischer Mittelwert) / root-mean-square value, r.m.s. value, RMS value, r.m.s. || ⌒ **der Wechselspannung** / r.m.s. power-frequency voltage || ⌒-**Amplitudenpermeabilität** *f* / r.m.s. amplitude permeability || **Prüfung der** ⌒**bildung** / r.m.s. accuracy test || ⌒-**Detektor** *m* / r.m.s. detector, root-mean-square detector || ⌒**instrument** *n* / r.m.s.-responding instrument, r.m.s. instrument || ⌒-**Messgerät** *n* / r.m.s.-responding instrument, r.m.s. instrument || ⌒-**Echt-messung** *f* / true r.m.s. measurement || ⌒-**Spannungsabweichung** *f* / r.m.s. voltage variation

|| ⸰-**Störschreiber** *m* (zeichnet den tatsächlichen Wert einer Störung auf) / RMS recorder || ⸰-**Störschrieb** *m* / RMS record (an RMS record contains actual fault values)
Effektor *m* / effector *n*, actuating element
Effekt·projektor *m* / effects projector || ⸰**rahmen** *m* (Leuchte) / contrast frame, effects frame || ⸰**scheinwerfer** *m* / profile spotlight, effect spotlight || ⸰**steuerung** *f* / effects control
effizient *adj* / efficient *adj*
Effizienz *f* / efficiency *n*
EFG (Erfüllungsgrad) / degree of fulfillment || ⸰-**Verfahren** *n* / EFG process
EFL / emitter follower logic (EFL)
EFM / status discrepancy alarm (SDA)
EFP (Einfachperipheriemodul) *n* / EFP
EFQM (Europäische Stiftung für Qualitätsmanagement) *f* / EFQM (European Foundation of Quality Management)
EFTA *f* (die Europäische Freihandelszone bestehend aus Island, Norwegen und der Schweiz) / European Free Trade Association
EFTL / emitter-follower transistor logic (EFTL)
e-Funktion *f* / exponential function
EG (elektronisches Getriebe) / EG (electronic gear) || ⸰ (Erweiterungsgerät) / expansion rack, EU (expansion unit) || ⸰ *n* (Eigengeschäft) / direct business, own business || ⸰-**Anschaltung** *f* (Erweiterungsgerätanschaltung) / EU interface module (expansion unit interface module)
E-Gasgebungssystem *n* / electronic acceleration system
EGB (elektrostatisch gefährdetes Bauelement) / electrostatic sensitive devices (ESD), component sensitive to electrostatic charge (ESD) || ⸰-**Armband** *n* / ESD bracelet || ⸰-**Baumusterprüfbescheinigung** *f* / EC-type examination certificate || ⸰-**Baugruppe** *f* / ESD module || ⸰-**Beutel** *m* / ESD-bag || ⸰-**Richtlinien** *f pl* (Richtlinien für elektrostatisch gefährdete Bauelemente) / ESD guidelines, ESD directive || ⸰-**Schutz** *m* / ESD protection (ESD protection is the total of all the means and measures used to protect electrostatic sensitive devices) || ⸰-**Vorschriften** *f pl* / safety measures for ESD
EGH (Elektrogroßhandel) / electrical wholesale trade
EG·-Konformitätserklärung *f* / EC Declaration of Conformity || ⸰-**Maschinenrichtlinie** *f* / EC Machinery Directive || ⸰-**Produkthaftungsrichtlinie** *f* / EC Directive on product liability
EGR / exhaust gas recirculation (EGR)
EG·-Richtlinie *f* / EC Directive || ⸰-**Richtlinie für Maschinen** / EC Machine Directive || ⸰-**Richtlinien** *f* / EC-regulations || ⸰-**Si** *n* / electronic-grade silicon || ⸰-**Silizium** *n* / EG-Si *n*
EH / electronic-hybride mode of tripping (EH) || ⸰ *m* / error handler
E/H-Aufteilung *f* / E/H segmentation
EHCI *n* (Enhanced Host Controller Interface, eine andere Bezeichnung für USB-2.0-Interface) / enhanced host controller interface (EHCI)
eh-Paar *n* / electron-hole pair (association of an electron and a hole in a metastable state)
EHS / European Home Systems (EHS)
EHSA / European Home Systems Association (EHSA)

E/H-Streckenaufteilung *f* / E/H segmentation
EHTTP / Embedded Hypertext Transfer Protocol (EHTTP)
EIA / EIA (Electronic Industries Association) || ⸰-**Code** *m* / EIA code
EIAJ / EIAJ
EIB (Europäischer Installationsbus) / European installation bus (EIB)
EIBA *f* / European Installation Bus Association (EIBA) || ⸰ **Austria** / EIBA Austria
EIB-Alarmfunktion *f* / EIB alarm function
EIBA-Rechnungsprüfer *m* / EIBA Auditor
EIB·-Bussystem *n* / EIB bus system || ⸰-**Datenschnittstelle** *f* / EIB data interface || ⸰ **Informations- und Entwicklungs-Set** / EIB Information and Development Set || ⸰-**Installation** *f* / EIB installation || ⸰ **Interworking Standard EIS** / EIB interworking standard EIS || ⸰-**Kommunikation** *f* / EIB communication || ⸰-**Link** *m* / EIB link || ⸰-**Schaltfunktion** *f* / EIB switching function || ⸰-**Spannungsversorgung** *f* / EIB power supply unit || ⸰-**Standard-Busankoppler** *m* / standard BCU, standard EIB bus coupler || ⸰-**System** *n* / EIB system || ⸰ **Tool Software** / EIB Tool Software || ⸰-**Zeitsignalgeber** *m* / EIB time signal generator
EICC *f* / Embedded Industrial Computer Components (EICC)
Eich·amt *n* / calibration authority, weights and measures office || ⸰**anweisung** *f* / verification instruction || ⸰**beglaubigung** *f* / certificate of calibration || ⸰**behörde** *f* / weights and measures office || ⸰**bescheinigung** *f* / verification certificate || ⸰**diagramm** *n* / calibration plot
Eichen *n* / adjustment *n*, calibration *n* || ~ *v* / calibrate *v*, gauge *v*, verify *v*
eichfähig *adj* / with calibration capability, capable of being calibrated
Eich·fähigkeit *f* (Erlaubnis) / admissibility for verification || ⸰**fähigkeit** *f* (Material) / calibration capability || ⸰**fahrzeug** *n* / standard test vehicle || ⸰**fehler** *m* / calibration error || ⸰**fehlergrenze** *f* / limits of error on verification || ⸰**fehlergrenzen** *f pl* / limits of error in legal metrology, calibration error limits || ⸰**frequenz** *f* / standard frequency || ⸰**funktion** *f* / calibration function
Eich·gas *n* / calibration gas || ⸰**geber** *m* / calibrator *n* || ⸰**generator** *m* / calibration pulse generator || ⸰**gerade** *f* / straight calibration line, calibration line || ⸰**gerät** *n* / calibrator *n*, standard *n* (instrument) || ⸰**gesetz** *n* / weights and measures act || ⸰**gültigkeitsdauer** *f* / period of validity of verification || ⸰**impuls** *m* / calibrating pulse, standard pulse || ⸰**kabel** *n* / calibration cable, matched calibrator cable || ⸰**kurve** *f* / calibration curve, calibrating plot || ⸰**marke** *f* / measurement plate, calibration mark || ⸰**maß** *n* / standard measure, standard *n* || ⸰**normal** *n* / working standard || ⸰**normale** *f* / standard measure, working standard, etalon *n* || ⸰**normale nach Labormaßstäben** / laboratory working standard
Eich·ordnung *f* / calibration regulations || ⸰**ordnung** *f* (EO) / weight and measures regulation, CR, weights and measures regulation || ⸰**pflicht** *f* / obligation of verification || ⸰**pflicht-Ausnahmeverordnung** *f* (EAusnV) / obligation-of-verification-exception-decree

eichpflichtig *adj* / requiring official calibration || **~er Verkehr** / custody transfer
Eich·plakette *f* / calibration label, calibration sticker || ⸰**protokoll** *n* / calibration report || ⸰**raum** *m* / calibration room || ⸰**reihe** *f* / calibration series || ⸰**schein** *m* / verification certificate || ⸰**spannung** *f* / calibration voltage, reference voltage || ⸰**stange** *f* / base-bar weight || ⸰**stelle** *f* / calibration facility
Eichung *f* / adjustment *n*, calibration *n*, gauging *n*, official verification || ⸰ **Schnellauslöser** / calibration of instantaneous overcurrent release nv
Eichwert *m* / calibration value, standard value, verification interval || ⸰**geber** *m* / calibrator *n*
eichwürdig *adj* / accurate enough to be used for calibration, calibrated *adj*
Eich·zähler *m* / standard watthour meter, standard meter, portable standard (watthour meter) || ⸰**zähler** *m* (f. Umdrehungsmessung) / rotating standard (meter), rotating substandard (r.s.s.) || ⸰**zeichen** *n* / verification mark
EICM / Embedded Industrial Computer Modules (EICM)
EICS / Embedded Industrial Computer System (EICS)
EIDE / Enhanced Integrated Drive Electronics (EIDE)
eigen / separate
Eigen·abweichung *f* (Messumformer) / intrinsic error || ⸰**anregung** *f* / self-excitation *n* || ⸰**anteil** *m* / personal share || ⸰**austauschkoeffizient** *m* / self-exchange coefficient || ⸰**bauer** *m* / in-house manufacturer
Eigenbedarf *m* / station service, auxiliaries service, control and station auxiliaries, own requirements || **gesicherter** ⸰ / essential auxiliary circuits || **ungesicherter** ⸰ / non-essential auxiliary circuits || ⸰**-Sammelschiene** *f* / station-service bus, station auxiliaries bus
Eigenbedarfs·anlage *f* / auxiliaries system, station auxiliaries, auxiliaries *plt*, station-service system || **Block~anlage** *f* / unit auxiliaries system || ⸰**ausrüstung** *f* / auxiliaries *plt*, station-service equipment || ⸰**generator** *m* / auxiliary generator || ⸰**leistung** *f* / station service load, power station internal load, auxiliaries load || ⸰**leistung** *f* / generating-station auxiliary power, station auxiliaries power || ⸰**schaltanlage** *f* / auxiliary switchgear, station-service switchgear, station-auxiliaries switchgear || ⸰**schalttafel** *f* / auxiliary switchboard, station-service switchboard, auxiliary supplies board || ⸰**transformator** *m* / station-service transformer, auxiliaries transformer, auxiliary transformer || ⸰**transformator eines Blockes** / unit auxiliary transformer || ⸰**verteilung** *f* / auxiliary switchboard, station-service distribution board, station-auxiliaries distribution board
eigenbelüftet *adj* / self-ventilated *adj*, self-cooled *adj*, naturally cooled
Eigen·belüftung *f* / self-ventilation *n*, self-cooling *n* || **völlig geschlossene Maschine mit äußerer** ⸰**belüftung** / totally enclosed fan-cooled machine, t.e.f.c. machine, ventilated-frame machine || ⸰**beschleunigung** *f* / intrinsic acceleration || ⸰**bestätigung** *f* / self-certification: EN 45014 (draft) || ⸰**-Bestätigung** *f* / self-certification *n* || ⸰**bürde** *f* / inherent burden, burden *n*
Eigen·dämpfung *f* (Dämpfungsgrad, den ein System selbst mitbringt. Die Eigendämpfung kann nur durch gezielte Maßnahmen vergrößert werden.) / intrinsic damping || ⸰**diagnose** *f* / self-diagnosis *n*, self-diagnostics *plt* || ⸰**diagnose** *f* (Kfz) / on-board diagnosis || ⸰**diagnosesystem** *n* / self-diagnostic facility, on-board diagnostics, built-in diagnostic system
eigene Höreradresse DIN IEC 625 / my listen address (MLA) IEC 625 || **~ Speicheradresse** DIN IEC 625 / my talk address (MTA) IEC 625 || **~ Zweitadresse** DIN IEC 625 / my secondary address (MSA) IEC 625
Eigen·elektronik *f* / proprietary electronics || ⸰**entwicklung** *f* / inhouse development
eigen·er Prozessor / dedicated processor || **~erfasst** *adj* / self-collected *adj* || **~erregte Maschine** / machine with direct-coupled exciter, self-excited machine
Eigen·erregung *f* (el. Masch.) / excitation from direct-coupled exciter, self-excitation *n* || **direkte** ⸰**erregung** / excitation from prime-mover-driven exciter || **indirekte** ⸰**erregung** / excitation from separately driven exciter || **Maschine mit** ⸰**erregung** / machine with direct-coupled exciter, self-excited machine || ⸰**erwärmung** *f* / self-heating *n* || ⸰**erzeugung** *f* / in-plant generation
eigenes Abspanprogramm / user stock removal program
Eigen·fehler *m* / intrinsic error, inherent error || **Eigen·fehler** *m* (Schutzrel., Bereichsfehler) / inherent reach error || ⸰**feld** *n* / self-field *n* || ⸰**fertigung** *f* / in-house production, internal manufacture, in-house manufacture, in house manufacturing || **~fest** *adj* / intrinsically safe || ⸰**frequenz** *f* / natural frequency || ⸰**frequenz des gedämpften Systems** / damped frequency || ⸰**frequenzmodulation** *f* DIN IEC 235, T.1 / incidental || ⸰**gefälle** *n* / integral slope *n*
eigengekühlt *adj* / self-ventilated *adj*, self-cooled *adj*, naturally cooled || **~e Leuchte** / self-cooled luminaire || **~e Maschine** / self-ventilated machine, self-cooled machine
eigengelagerter Drehmelder / integral resolver
Eigengeschäft (EG) *n* / home business, business on own behalf
eigen·gespeiste Bremse / internally powered brake || **~gesteuert hören beenden** DIN IEC 625 / local unlisten (lun) || **~getakteter Stromrichter** / self-clocked converter
Eigen·gewicht *n* (Fahrzeug) / tare mass, empty weight, net weight, own weight || ⸰**halbleiter** *m* (undotierter Halbleiter; ein Halbleiter also, der ebensoviele Elektronen wie Löcher hat) / i-type semiconductor, intrinsic semiconductor || ⸰**harmonische** *f* / inherent harmonic || ⸰**impedanz** *f* / self-impedance *n* || ⸰**induktivität** *f* / self-inductance *n* || ⸰**kapazität** *f* / self-capacitance *n*, inherent capacitance, internal capacitance || ⸰**kapital** *n* / shareholders' equity || **~kommutierter Wechselrichter** *m* / self-commutated inverter || ⸰**kommutierung** *f* / self commutation || ⸰**konvektion** *f* / natural convection, convection *n* || ⸰**kopie** *f* / local copy || ⸰**kraftwerk** *n* / captive power station, in-plant power station || ⸰**-Kreisfrequenz** *f* / natural angular frequency || ⸰**kühlung** *f* (z.B. mittels des an der Motorwelle angebrachten Lüfters) / self-ventilation *n*, self-cooling *n* || **Maschine mit** ⸰**kühlung durch Luft in**

geschlossenem Kreislauf / closed air-circuit fan-ventilated air-cooled machine || **völlig geschlossene Maschine mit ⸺kühlung durch Luft** / totally-enclosed fan-ventilated air-cooled machine
Eigen·leistung f / equivalent kVA, equivalent rating || **~leitend** adj / intrinsic adj || **⸺leitfähigkeit** f (Eigenhalbleiter) / intrinsic conductivity || **⸺leitung** f DIN 41852 / intrinsic conduction || **⸺leitungsdichte** f DIN 41852 / inversion density || **~leitungslose Übertragung** / mains signalling || **⸺lenkgradient** m / self-steering gradient || **⸺lenkverhalten** n / inherent steering behaviour || **⸺lüfter** m / self-ventilator n || **⸺lüfter** m (el. Masch.) / integral fan, mainshaft-mounted fan, shaft-mounted fan || **völlig geschlossene Maschine mit ⸺lüftung** / totally-enclosed fan-ventilated machine
Eigen·magnetfeld n / self-magnetic field || **~magnetisch** adj / self-magnetic adj || **~magnetische Beblasung** / self-generated magnetic blow-out || **⸺masse** f / mass n || **⸺merkmal** n DIN 4000,T.1 / natural characteristic || **magnetisches ⸺moment** / intrinsic magnetic moment || **⸺polarität** f / autopolarity n || **⸺prüfung** f / operator control, self-test n, workshop inspection || **⸺-Quantisierungsfehler** m / inherent quantization error || **⸺rauschen** n / background noise || **⸺rauschleistungsdichte** f / noise-equivalent power (NEP) || **⸺reaktanz** f / self-reactance n || **⸺reflexionsgrad** m / reflectivity n || **⸺resonanz** f / natural resonance, self-resonant frequency || **⸺resonanzfrequenz** f / self-resonant frequency
Eigenschaft f (definiert ein Objekt hinsichtlich Status und Verhalten) / property n, characteristic n, quality n, feature n || **dynamische ⸺** / dynamic behaviour
Eigenschaften f pl / properties n pl || **⸺ anzeigen** / show properties || **⸺ der Komponente** / properties of the component || **⸺ der Pfadkomponente** / properties of the path component || **⸺ der seriellen Komponente** / properties of the serial component || **⸺ des Ursprungsdatenträgers** / properties of the original data carrier || **⸺ im Beharrungszustand** / properties in steady state, static properties || **⸺ vererben** / pass properties on || **chemische ⸺** / chemical property, corrosive property
Eigenschafts·beschreibung f / properties description || **⸺fenster** n / property view || **⸺schlüssel** m / compliance level || **⸺tabelle** f / properties table || **⸺wert** m / property string, tagged value
Eigen·schmierung, Gleitlager mit ⸺schmierung / oil-ring lubricated bearing, ring-lubricated bearing, oilring bearing || **⸺schwingung** f / natural oscillation || **Periode der ⸺schwingung** / natural period of oscillation || **⸺schwingungsfrequenz** f / natural frequency || **⸺schwingungszahl** f / natural frequency || **⸺schwungmoment** n / motor flywheel effect
eigensicher adj / intrinsically safe, inherently safe || **~e Anwendung** / intrinsically-safe application || **~e Busphysik** / intrinsically-safe bus interface || **~er Bereich** / intrinsically-safe area, intrinsically safe equipment || **~er Stromkreis (Ex i)** / intrinsically safe circuit || **~er Transformator** / flameproof transformer, explosion-proof transformer || **~es elektrisches Betriebsmittel** EN 50020 / intrinsically safe electrical apparatus, intrinsically safe electrical equipment || **~es Explosionsschutzsystem** / intrinsically safe explosion protection system || **~es Feldbussystem** / intrinsically-safe fieldbus system
Eigen·sicherheit f EN 50020 / intrinsic safety || **⸺sicherheit EExi** / intrinsic safety EExi || **⸺spannung** f / natural voltage || **⸺spannung** f / internal stress || **⸺spannung** f (nach dem Schweißen) / residual stress, locked-up stress || **~speisen** / internal supply || **⸺stabilisierung** f / intrinsic stabilization || **⸺stabilität** f (el. Masch.) / inherent stability
eigenständiges Einplatzsystem / independent single-user system || **~ Gerät** / stand-alone unit, self-contained unit
Eigen·steuerung f DIN IEC 625 / local control || **⸺steuerung hören beenden** DIN IEC 625 / local unlisten (lun) || **auf ⸺steuerung schalten** / go to local || **⸺steuerung verriegeln** DIN IEC 625 / local lockout (LLO) IEC 65 || **⸺steuerzustand** m DIN IEC 625 / local state (LOCS) || **⸺steuerzustand mit Verriegelung** DIN IEC 625 / local with lockout state (LWLS) || **⸺strahlung** f / self-radiation n, natural radiation, characteristic radiation || **⸺strom** m / induced current, natural current || **⸺strukturierung** f (Konfiguration) / self-configuration n || **~synchron** adj / self-synchronous
Eigen·temperatur f / characteristic temperature || **⸺testroutine** f / self test routine || **⸺thermik** f / natural thermal convection || **⸺trägheitsmoment** n / motor moment of inertia, m intrinsic moment of inertia || **⸺tümer** m / owner n || **⸺überwachung** f / self-monitoring n, self-supervision n || **⸺überwachungsprüfung** f / Quality Control Test (Q.T.) n || **⸺- und Fremdbelüftung** f (el. Masch.) / combined ventilation
Eigenverbrauch m / power consumption, consumption n, burden n, intrinsic consumption || **⸺ m (Messgerät)** VDI/VDE 2600 / intrinsic consumption || **Kraftwerks-⸺** m / station-service consumption, power station internal consumption
Eigen·versorgung f / internal power supply || **~versorgt** adj / internal power supply || **⸺verzögerung** f / self delay || **⸺wärme** f / specific heat, heat capacity per unit mass, specific heat capacity
Eigenzeit f / mechanical delay, time to contact separation || **⸺** f (Schutz, Ventil) / operating time || **⸺** f (Verlustzeit infolge Trägheit der mechanischen Glieder oder der Steuerung) / inherent delay || **Ansprech-~** f (unverzögerter Ausl.) / operating time, operate time || **Ausschalt-~** f (Öffnungszeit) VDE 0670, T.101 / opening time IEC 56-1 || **Ein-Ausschalt-⸺** f / close-open time IEC 56-1 || **Rückfall-~** f / release time || **⸺konstante** f (Transduktor) / residual time constant IEC 50(12)
Eigen·zertifizierung f / self-certification || **⸺ziel** n / station address, stored data
Eignerorganisation f / owner organization
Eignung f / adequacy n
Eignungs·bestätigung f / confirmation of suitability || **⸺beurteilung** f / assessment (judgement, based on evidence, of the suitability of the system for a specific mission or class of missions) ||

Eiisolator

⮕**nachweis** *m* / verification of suitability, evidence of suitability || ⮕**prüfung** *f* / performance test, proficiency testing, qualifaction test, proficiency testing, aptitude test
Eiisolator *m* / strain insulator
Eil·ablauf *m* / rush sequence || ⮕**bewegung** *f* / rapid traverse || ⮕**datenübertragung** *f* / expedited-data transmission || ⮕**dienst** *m* / express service
Eilgang *m* / rapid traverse, rapid feed, rapid traverse || ⮕ *m* (CLDATA-Wort) / rapid ISO 3592 || **konventioneller** ⮕ / rapid traverse in jog mode || ⮕**bewegung** *f* / rapid traverse movement (o. motion) || ⮕**drehzahl** *f* / rapid traverse speed || ⮕**geschwindigkeit** *f* / rapid traverse rate, rapid traverse || ⮕**korrektur** *f* / ROV (rapid override), rapid traverse override || ⮕**korrektur** *f* (von Hand) / rapid traverse override || ⮕**korrektur** *f* (automatisch) / rapid traverse compensation || ⮕**korrekturschalter** *m* / rapid traverse override switch || ⮕**motor** *m* / rapid traverse motor || ⮕**override** *m* / ROV (rapid override), rapid traverse override || ⮕**prinzip** *n* / rapid traverse principle || ⮕**satz** *m* / rapid traverse block || ⮕**schaltung** *f* (Maßnahmen zur Erzielung einer schnellen Annäherung des Werkzeugs an seine Arbeitsstellung) / rapid traverse circuit
Eilgangs·taste *f* / rapid traverse key || ⮕**überlagerung** *f* / ROV (rapid override), rapid traverse override || ⮕**überlagerungstaste** *f* / rapid traverse override key
Eilgang·überlagerung *f* / rapid override (ROV), rapid traverse override || ⮕**verfahren** *n* / rapid traverse process
Eil·rückzug *m* / rapid return || ⮕**-/Schleichgang-Positionierung** *f* / rapid/creep-feed positioning || ⮕**-/Schleichgangprinzip** *n* / rapid/creep-feed principle || ⮕**stromautomat** *m* / leading miniature circuit-breaker (leading m.b.c.) || ⮕**- und Schleichgangantrieb** / rapid and creep feed drive
Eimerkettenschaltung *f* (BBD) / bucket-brigade device (BBC)
EIN / ON
Einachs·anwendung *f* / single-axis application || ⮕**enantrieb** *m* / single axis drive
einachsig azimutale Nachführung / azimuth-elevation tracker || **~ nachgeführt** / with single-axis tracking, with one-axis tracking || **~ nachgeführter Tracker** / one axis tracker || **~ Nachführung** / single-axis tracking, one axis tracking
Einachs·modul *n* / Single Motor Module || ⮕**positionierung** *f* / single-axis positioning || ⮕**system** *n* / single-axis system || ⮕**umrichter** *m* / single-axis converter
einadrig *adj* / single-core *adj*, single-wire *adj* || **~e Leitung** (Leitung mit einer Ader. Dies gilt auch dann, wenn ein konzentrischer Leiter oder Metallmantel als Rückleiter dient.) / single-core cable
Einanker·motor *m* / single-armature motor || ⮕**umformer** *m* / rotary converter
Einanoden-Ventilbauelement *n* / single-anode valve device
Einarbeitung *f* / familiarization *n*
Einarbeitungs·presse *f* / training press || ⮕**zeit** *f* / familiarization time, training period, breaking-in period

Einarmroboter *m* / single-arm robot
Ein-Aus·-Anzeiger *m* / ON-OFF indicator || ⮕**-Automatik** *f* / automatic start-stop control, automatic on-off control || ⮕**-Automatik** *f* (Logik) / start-stop logic || ⮕**-Befehl** *m* / closing and opening command, ON-OFF signal
EIN/AUS-Funktion *f* / ON/OFF function *n*
Ein-/Ausgabe *f* / input/output *n* || **digitale** ⮕ / discrete I/O, digital I/O || ⮕**abbild** *n* / I/O image || ⮕**baugruppe** *f* (Signalbaugruppe mit analogen Ein- und Ausgängen (Eingang, analog/Ausgang, analog)) / input/output module, I/O module || ⮕**baugruppe U1** / I/O module || **binäre** ⮕**baugruppe** / discrete I/O module || **Digital-**⮕ *f* / digital input/output module || **serielle** ⮕**baugruppe** / serial I/O module
Ein-/Ausgabe·-Ebene *f* / input-output level || ⮕**fehler** *m* / input/output error || ⮕**feinheit** *f* / input/output resolution || ⮕**gerät** *n* (EAG) / input/output unit || ⮕**gerät (EAG)** *n* / I/O unit || **kompaktes** ⮕**gerät** (KEAG) / compact input/output unit || ⮕**kanal** *m* / input/output channel || ⮕**modul** *n* / input/output module, I/O module || ⮕**schnittstelle** *f* / I/O interface || ⮕**station** *f* / loader/unloader || ⮕**-Verkehr** *m* / input/output operation, I/O operation || ⮕**zähler** *m* / input/output counter
Ein-/Ausgang *m* (E/A) / input/output *n* (I/O)
Ein-/Ausgänge *m* / inputs/outputs *n* || **schnelle** ⮕ / high-speed inputs/outputs, high-speed I/Os
Ein-/Ausgangs·adresse *f* / input/output addresses || ⮕**-Peripherie** *f* / I/O peripherals
Ein-Ausgangs, sicheres ⮕**-Signal** / safety input/output signal, safety-relevant I/O signal
Ein-/Ausgangssteuerung *f* / input/output control
ein-/ausgeblendet *adj* / toggled on/off
Ein-Aus·-Kontaktzeit *f* VDE 0670, T.101 / close-open time || ⮕**-Regelung** *f* / on-off control, start-stop control, bang-bang control || ⮕**-Regler** *m* / on-off controller
Ein-Ausschalt-Eigenzeit *f* / close-open time
Ein-/Ausschalten *n* / Power ON / Power OFF
Ein-Ausschalter *m* / power switch, ON/OFF switch
Ein-Aus-Schalter *f* / power switch, *m* on-off switch, On/Off switch, one-way switch, make-break switch
Ein-Ausschaltlogik *f* / start-stop logic (module)
Ein-Aus-Schaltsteuerung *f* / on-off switching control
Ein-Ausschaltung *f* / make-break operation
Ein-Ausschaltverhalten *n* / On/Off behavior
Ein-Ausschaltvermögen *n* / make-break capacity || **kombiniertes** ⮕ DIN IEC 255 / limiting cycling capacity
Ein-Ausschaltzeit *f* VDE 0660,T.101 / make-break time IEC 157-1
Ein-/Ausschaltzyklen *m* / Power ON / Power Off cycles
Ein-Aus·-Steuerung *f* / on-off control || ⮕**-Steuerung-Stromflussdauer** *f* VDE 0670,T.101 / make-break time || ⮕**-Steuerung-Verhalten** *n* / on-off action
Ein-/Aus-Taste *f* / toggle key
Ein-Aus-Übertragung *f* (Zweistufige Einfachstromübertragung, bei der bei ein signifikanter Zustand durch Spannungs- und Stromlosigkeit in der Leitung dargestellt wird) / on-off transmission
Ein-/Aus·-Verhältnis *n* / on/off ratio, pulse duty factor || ⮕**zyklus** *m* / I/O cycle
Einbahn·kommutator *m* / single-track commutator || ⮕**straße** *f* / one-way road, one-way street ||

⸴verkehr *m* / one-way traffic
Einbau *m* / installation *n*, fitting *n*, mounting *n*, built-in *n* ‖ ⸴ *m* (in Schränke eines Einbausystems) / packaging *n* ‖ ⸴ **in Metall** / embedding in metal ‖ **für** ⸴ (Wandeinbau, unter Putz) / flush-mounting *adj*, flush type, for sunk installation, sunk *adj*, concealed *adj*, recessed *adj* ‖ **für** ⸴ (in Tafel) / panel-mounting *adj* ‖ **für** ⸴ (versenkt, in Nische) / cavity-mounting *adj* ‖ **teilversenkter** ⸴ / partly-recessed mounting ‖ **versenkter** ⸴ / sunk installation, recess (ed mounting), cavity mounting
Einbau·abmessung *f* / installation dimension ‖ ⸴**abmessungen** *f pl* / installation dimensions ‖ ⸴**abstand** *m* / mounting distance ‖ ⸴**anleitung** *f* / installation instructions, mounting instructions, assembly instructions ‖ ⸴**-Ansprechwert** *m* (einer Regeleinrichtung in einem HG) / response value ‖ ⸴**art** *f* / installation type, type of installation ‖ ⸴**ausschnitt** *m* / mounting cutout ‖ ⸴**ausschnitt/-tiefe** *f* / mounting cutout/depth ‖ ⸴**automat** *m* (Kleinselbstschalter) / flush-mounting m.c.b., panel-mounting m.c.b.
einbaubar, vertieft/erhöht ~ / installable to provide extra depth or height
Einbau·bedingung *f* / installation condition, mounting condition ‖ ⸴**befehlsgerät** *n* / flush-mounting control device ‖ ⸴**beispiel** *n* / installation example ‖ ⸴**bezugspunkt** *m* (EB) / reference point for, location reference point ‖ ⸴**bohrung** *f* / mounting hole ‖ ⸴**breite** *f* (Standard-Einbauplatz) / module width, modular width, module *n*, width of one standard plug-in station, mounting width ‖ ⸴**buchse** *f* / panel jack ‖ ⸴**-Deckenleuchte** *f* / recessed ceiling luminaire, troffer luminaire ‖ ⸴**dichtung** *f* / mounting seal ‖ ⸴**dose** *f* / installation box ‖ ⸴**dose** *f* (Wanddose) / mounting box, accessory box, device box ‖ ⸴**-Drehrastfassung** *f* / built-in twist-lock lampholder
einbauen *v* / insert *v* ISO 3592, install *v*, fit *v*, mount *v*, embed *v*, integrate in, link *v* ‖ ⸴**/Anbauen** *n* / installing/mounting
Einbau·fassung *f* (Lampe) / built-in lampholder, recessed lampholder ‖ ⸴**feld** *n* DIN 43350 / mounting station
einbaufertig *adj* / ready for installation, preassembled *adj*
Einbau·geber *m* / built-in encoder ‖ ⸴**gehäuse** *n* (FSK) / bay *n* IEC 439 ‖ ⸴**gehäuse** *n* / bay housing, housing *n*, flush-mounting housing, flush mounting housing ‖ ⸴**gehäuse mit NOT-AUS** / housing with EMERGENCY-STOP
Einbaugerät *n* / built-in unit ‖ ⸴ *n* EN 50017 / built-in device (o. mail), rack-mounting unit ‖ ⸴ *n* (Chassis) / chassis unit ‖ ⸴ *n* VDE 0700,T.1 / appliance for building in IEC 335-1 ‖ ⸴ *n* / built-in device, panel-mounting device ‖ ⸴ *n* (f. Dosen) / box-mounting accessory, flush-mounting accessory, VDE 0700,T.1 fitted appliance, in-built appliance ‖ ⸴ *n* (bündig, unter Putz) / flush-type device ‖ ⸴ *n* VDE 0700,T.1 / built-in appliance, flush mounting device, flush-mounting device ‖ ⸴**e** *n pl* (in Kapselung) / enclosed apparatus, built-in equipment
Einbau·gerüst *n* / mounting rack, circuit-breaker mounting rack ‖ ⸴**gruppe** *f* (NS-Schaltanlage) / fixed part ‖ ⸴**-Haltebremse** *f* / built-in holding brake ‖ ⸴**-Haubenverteiler** *m* / flush-mounting

hood-type distribution board ‖ ⸴**-Hindernisfeuer** *n* / recessed obstruction light ‖ ⸴**hinweis** *m* / installation instruction ‖ ⸴**höhe** *f* / mounting height, installation height ‖ ⸴**-Kippschalter** *m* / flush-type tumbler switch ‖ ⸴**-Kleinselbstschalter** *m* / flush-type m.c.b., panel-mounting m.c.b. ‖ ⸴**klemmenblock** *m* / terminal for flush-mounting device ‖ ⸴**-Kugelstrahler** *m* / recessed spherical spotlight ‖ ⸴**lage** *f* / mounting position, post-assembly position, position *n* ‖ ⸴**lampe** *f* (Natriumlampe mit angeschmolzenem Wärmeschutzgefäß) / integral sodium lamp ‖ ⸴**länge** *f* / installation length ‖ ⸴**länge** *f* / mounting length ‖ ⸴**länge** *f* (Thermometer) / positioned length, immersed length ‖ ⸴**lebensdauer** *f* / installed life ‖ ⸴**lehre** *f* / fitting gauge ‖ ⸴**lehre** *f* / template *n* ‖ ⸴**leistung** *f* / laydown rate ‖ ⸴**leuchte** *f* / recessed luminaire, built-in luminaire, built-in light ‖ ⸴**leuchte Blinklicht** / integrated signal lamp, repeated flash light ‖ ⸴**leuchte Blitzlicht** / integrated signal lamp, single flash light ‖ ⸴**leuchte Dauerlicht** / integrated signal lamp, continuous light ‖ ⸴**leuchte LED** / integrated LED signal lamp ‖ ⸴**leuchte Rundumlicht** / integrated signal lamp, rotating beacon ‖ ⸴**-Leuchtmelder** *m* / built-in indicator light ‖ ⸴**-Lichtsignal** *n* / flush-mounting indicator light ‖ ⸴**mappe** *f* / engine application manual ‖ ⸴**maß** *n* / mounting dimension ‖ ⸴**maße** *n pl* / mounting dimensions ‖ ⸴**-Messgerät** *n* / fixed instrument IEC 51, flush-mounting instrument, switchboard instrument ‖ ⸴**modul** *n* / integrated module ‖ ⸴**möglichkeit** *f* / installation facility, mounting option ‖ ⸴**montage** *f* / flush-mounting panel, panel flush mounting ‖ ⸴**motor** *m* / integrated motor, built-in motor ‖ ⸴**motor** *m* (ohne Welle und Lager) / shell-type motor ‖ ⸴**-Motorspindel** *f* / integrated motor spindle ‖ ⸴**öffnung** *f* / port *n* ‖ ⸴**öffnung** *f* (in Schalttafel) / (panel) cutout, *m* mounting position ‖ ⸴**ort** *m* / place of installation, installation location ‖ ⸴**platte** *f* / mounting panel ‖ ⸴**platte** *f* (senkrecht) VDE 0660, T.500 / mounting panel IEC 439-1 ‖ ⸴**platte** *f* (waagrecht) / mounting plate
Einbauplatz *m* / bay *n*, plug-in station, mounting frame, mounting location ‖ ⸴ *m* / slot *n*, mounting station, plug-in station, rack position, module location, slot module location, module slot, module position ‖ ⸴ *m* (Mosaiktechnik, Kompaktwarte) / location *n*, tile location ‖ ⸴ **Baugruppe** / mounting location of the module ‖ ⸴ **des Steckers** / location *n* ‖ **Standard-**⸴ *f* (SEP) / standard plug-in station (SPS), standard mounting station
Einbauplätze je Baugruppe / slots per module (SPM)
Einbau·position *f* / insert point *n* ‖ ⸴**rahmen** *m* / bay, slot *n*, rack position, plug-in station, location *n*, module location ‖ ⸴**rahmen** *m* VDE 0660, T.500 / mounting frame IEC 439-1 ‖ ⸴**raum** *m* / installation space, chamber *n* ‖ **Einteilung in** ⸴**räume** / compartmentalization *n* ‖ ⸴**richtung** *f* / mounting direction
Einbau·satz *m* / installation kit, assembly set, kit *n*, mounting set, assembly *n*, assembly kit, mounting assembly ‖ ⸴**satz** *m* (Sicherung) / fuse assembly ‖ ⸴**satz für** / mounting assembly for ‖ ⸴**satz für**

Einbau

Verteilersystem / assembly kit for distribution board ‖ ⁓**schalter** *m* / flush-type switch, flush-mounting switch, flush-type circuit-breaker ‖ ⁓**schalter** *m* / flush-mounting c.b., panel-mounting circuit-breaker ‖ ⁓**schalter** *m* (bündig) / flush-type switch, flush-mounting switch ‖ ⁓**schiene** *f* / mounting channel, fixing rail ‖ ⁓-**Sicherungssockel** *m* / flush mounting fuse base ‖ ⁓**spindel** *f* / built-in spindle ‖ ⁓**spindelmotor** *m* / built-in spindle motor ‖ ⁓-**Steckdose** *f* / flush-type socket-outlet, semi-flush socket-outlet ‖ ⁓**stecker** *m* / integrated socket ‖ ⁓-**Steckfassung** *f* / built-in plugin lampholder ‖ ⁓**stelle** *f* / installation site ‖ ⁓**stelle** *f* / installation point ‖ **Kurzschlussstrom an der** ⁓**stelle** / prospective short-circuit (o. fault) current ‖ ⁓**system** *n* / modular packaging system, modular enclosure system, packaging system ‖ ⁓**system** *n* (ES) / packaging system, assembly system ‖ ⁓**system ES 902** / ES 902 modular packaging system
Einbau·technik *f* / modular packaging system, modular enclosure system, packaging system ‖ ⁓**teil** *n* / built-in part ‖ **Zähler**⁓**teil** *m* / meter mounting unit, meter support, meter wrapper ‖ ⁓**teile** *n pl* / built-in components, enclosed apparatus, enclosed components, mounting parts
Einbau und Verdrahtung / installation and wiring ‖ ⁓- **und Schranksystem** / packaging system ‖ ⁓- **und Schranksystem** / modular packaging system
Einbauten *plt* / built-in components, apparatus installed, equipment and devices accommodated, interior components, enclosed components, internal equipment, installed devices
Einbau·tiefe *f* / mounting depth, depth of (wall recess) ‖ ⁓**tiefe** *f* (Nutztiefe f. Geräte) / useful depth ‖ **lichte** ⁓**tiefe** (in Wand) / depth of wall recess ‖ ⁓**toleranz** *f* / fitting tolerance, mounting tolerance ‖ ⁓-**Torquemotor** *m* / built-in torque motor ‖ ⁓**transformator** *m* EN 00742 / incorporated transformer, transformer for built-in applications, unshrouded transformer ‖ ⁓-**Trenntransformator** *m* / incoporated isolating transformer
Einbautyp *m* (f. Tafeleinbau) / panel-mounting type, switchboard mounting type ‖ ⁓ *m* (versenkt, in Nische) / recessed type, cavity-mounting type ‖ ⁓ *m* (in Gehäuse o. Schrank) / built-in type, enclosed type ‖ ⁓ *m* VDE 0641 / flush type ‖ ⁓ *m* (bündig, unter Putz) / flush type, flush-mounting type, concealed type
Einbau·variante *f* / built-in version ‖ ⁓**ventil** *n* / insert valve ‖ ⁓**verhältnisse** *f* / installation conditions ‖ ⁓**version** *f* / flush-mounting version, panel-mounting version ‖ ⁓-**Verteiler** *m* / flush-mounting distribution board ‖ ⁓**volumen** *n* / mounting volume ‖ ⁓**vorrichtung** *f* / fitting device, fitting tackle, mounting device ‖ ⁓-**Vorschaltgerät** *n* / built-in ballast IEC 598 ‖ ⁓-**Wannenleuchte** *f* / troffer luminaire ‖ ⁓**wassergehalt** *m* / placement water content ‖ ⁓**zeiger** *m* (bestimmt die Einbauposition für die nächste in die Ablauffreihenfolge einzubauende Ablaufeinheit) / built-in pointer ‖ ⁓**zeitrelais** *n* / integrated time relay ‖ ⁓**zubehör** *n* / installation accessories
EIN-Befehl *m* / ON command
Einbereich *m* / single-range *n*

Einbereichs-Messgerät *n* / single-range instrument
einbetonieren *v* / embed in concrete
einbetten *v* / embed *v* ‖ ⁓ *v* *n* / embedding *n*
Einbettisolierstoff *m* / embedding compound
Einbettkatalysator *m* / single-box catalytic converter
Einbettung *f* / encapsulation *n* ‖ ⁓ **in die Umgebung aus Anwendersicht** / embedding in the environment from the user's point of view ‖ ⁓**sfähigkeit** *f* / embedability *n*
Einbeulversuch *m* / indentation test, Erichsen test, Erichsen indentation test, Erichsen distensibility test
Einbeziehung *f* / consultation *n* ‖ ⁓**serklärung** *f* / declaration of incorporation
Einbildschirmsystem *n* / single-screen configuration
einbinden *v* / integrate in, bind (a customer) *v*, place *v*, insert *v*, install *v* ‖ ~ *v* / interconnect *v* ‖ ~ *v* (Textteil) / merge *v* ‖ ~ *v* (Programm) / link *v* ‖ ⁓ *n* (Steuerfunktionen) / linking *n*
Einbindung *f* / incorporation *n*, integration *n*
Ein-Bit~-Information *f* / single-bit information ‖ ⁓-**Übertragung** *f* / single-bit transmission ‖ ⁓-**Volladdierer** *m* / single-bit full-adder
einblenden *v* / fade in *v*, show *v*, reveal *v*, insert *v*, superimpose *v*, expand *v* ‖ ~ *v* / unhide *v* ‖ ~ *v* (Feld) / overlay *v* ‖ ~ *v* (Teilbilder) / insert *v* ‖ ⁓ *n* / display *n*, pop-up *n*, superimposition *n*, insertion *n*
Einblendung *f* / fade in
Einblicktubus *m* / viewing hood
Einblock·gründung *f* IEC 50(466) / block foundation ‖ ⁓**ziehmaschine** *f* / monoblock drawing machine
Einbolzen~-Bürstenhalter *m* / single-stud brush holder ‖ ⁓-**Doppelkopfverbinder** *m* / two-headed one-bolt connector ‖ ⁓**technik mit Doppelkopf-Design** / single bolt design with double headed break-off bolts
einbördeln *v* / clinch *v*
Einbrand·kerbe *f* / undercut *n* ‖ ⁓**stelle** *f* / erosion point
einbrennen *v* / blow *v* ‖ ~ *v* (Lack) / stove *v*, bake *v* ‖ ~ *v* (Lampe) / burn in *v*
Einbrennen *n* / burn in, firing *n* ‖ ⁓ **der Trägerplatte** (o. Speicherschicht) / target burn ‖ ⁓ **des Leuchtschirmes** / screen burn ‖ ⁓ **eines Abtastfelds** / raster burn
Einbrenn·fleck *m* / screen burn ‖ ⁓**lackdraht** *m* / stoved-enamel wire
einbrennlackieren *v* / stove-enamel *v*, stove *v*, bake *v*
Einbrenn·lackierung *f* / stoved enamel coating, baked enameling ‖ ⁓**prüfung** *f* / burn-in test ‖ ⁓**zeit** *f* / burn-in time
Einbruch *m* / setback *n* ‖ ⁓**alarm** *m* / burglar alarm ‖ ⁓**meldeanlage** *f* / burglar alarm system, intruder detection system ‖ ~**sicher** *adj* / resistant to break-ins ‖ ⁓**sicherung** *f* / burglar alarm system, burglar alarm
Einbuchtung *f* (Kurve) / notch *n*
Einbügelung *f* / ironed-in trough
Einbuße *f* (quantitatives Maß für Schaden oder Verlust als Folge einer Beeinträchtigung) / loss *n*
Ein-Bus-System *n* / one-bus system
Ein- bzw. Ausschaltzeit *f* / make/break time, ON/OFF duration
Ein-Chip-Mikrocomputer *m* / single-chip microcomputer
eindeutig *adj* / definite *adj*, unique *adj*, clear *adj* ‖ ~**e Zuordnung** / positive identification ‖ ~**er**

Fehlzustand (Fehlzustand, in dem die Einheit bei jeder Inanspruchnahme mit gleichem Ergebnis versagt) / determinate fault
Eindeutigkeit *f* / uniqueness *n*, unambiguity *n*
Eindicker *m* / thickener *n*
eindiffundieren *v* / diffuse *v* || **von Fremdatomen** / impurity diffusion
eindrähtig *adj* / single-wire *adj*, unifilar *adj*, solid *adj* || **~e Zuleitung** / solid feeder conductor || **~er Leiter** (Leiter, der nur aus einem Draht besteht. Der Querschnitt des Leiters kann rund (kreisförmig) oder profilförmig sein.) / solid conductor || **~er Rundleiter** / solid circular conductor || **~er Sektorleiter** (Profilleiter, dessen Querschnitt annähernd einem Kreissektor entspricht) / solid shaped conductor || **~es Kabel** / single-core (o. singleconductor) cable
Eindrahtnachricht *f* DIN IEC 625 / uniline message
Eindrehen, Drehmoment für das / insertion torque
Eindrehung *f* / recess *n*, neck *n*, undercut *n*
Eindringen *n* (von Fremdkörpern, Wasser) / ingress *n* || **~ v** / penetrate *v*
Eindring·rate *f* (Korrosion) / penetration rate || **tiefe** *f* (Fühlerlehre) / engaged depth, absorption depth || **tiefe** *f* (Fett) / penetration *n* || **tiefe** *f* (magnet. Fluss) / penetration depth, skin depth || **bleibende** **tiefe** / depth of impression || **verfahren** *n* / liquid penetrant test, penetrant inspection
Eindruck *m* (z.B. bei Kugeldruckprüf.) / impression *n* || **fläche** *f* / impression area || **größe** *f* (Härteprüf.) / hardness number
EIN-Druckknopf *m* / ON pushbutton
Ein-Druck·-Schalter *m* / single-pressure breaker, puffer circuit-breaker || **-Schmierung** *f* / one-shot lubrication, one-shot oiling || **-Schnellschalter** *m* / high-speed single-pressure circuit-breaker, high-speed puffer circuit-breaker || **-System** *n* / single-pressure system
Eindrucktiefe *f* / depth of indentation
Eindrückung *f* / indentation *n*, impression *n*
Eindrückvorrichtung *f* / press-in device
Eindruck·werk *n* / impression unit, imprinter || **zylinder** *m* / press cylinder
eine mit der Funktion 1/n abfallende Drehmomentgrenzkurve / torque limit which drops in proportion to 1/n || **~ Qualität beweisen** / verify a quality || **sichere Gerätefunktion ist nur mit original SIEMENS-Komponenten gewährleistet.** / Reliable functioning of the equipment is only ensured with original SIEMENS components.
Ein-Ebenen·-Auswuchten *n* / single-plane-balancing, static balancing || **-Wicklung** *f* / single-plane winding
eineindeutig *adj* / one-to-one
Eineinhalb-Leistungsschalter-Anordnung *f* / one-and-one-half breaker arrangement
Einelektrodenschweißen *n* / single electrode welding
Ein-Energierichtung-Stromrichter *m* / non-reversible converter, one-way converter
einen Fugenspalt in Frischbeton einrütteln / to vibrate a joint groove into unhardened concrete
Einengung des Helligkeitsbereichs / compression of the luminance range
Einer-Komplement *n* / one's complement
Einer-Stecker *m* / single connector

Einerstelle *f* / units digit
Einetagen·-Presse *f* / single storey press || **wicklung** *f* / single-plane winding
einfach *adj* / simple *adj* || **~ ausgelegtes System** / non-redundant system || **~ breite Baugruppe** / single-width module || **~ gefädelte Liste** / single-chained list || **~ geschlossene Wicklung** / simplex winding, singly reentrant winding, single winding || **~ gespeister Repulsionsmotor** / singly fed repulsion motor, single-phase commutator motor || **~ gewickelt** / single-wound *adj* || **~ offene Steuerung** / open-loop control (system) || **~ überlappt** / single-lapped *adj* || **~ wiedereintretende Wicklung** / singly re-entrant winding || **~ wirkender Zylinder** / single-acting pneumatic cylinder
Einfach·absolutwertgeber *m* / basic absolute encoder || **absolutwertgeber mit 32 p/r** / Simple Absolute Encoder with 32 p/r || **antrieb** *m* / individual drive, single drive, one-motor drive, general performance drive || **auswahlknopf** *m* / single-option button || **auswahlliste** *f* (es kann immer nur ein Eintrag selektiert sein, die Selektion eines Eintrages bewirkt die Deselektion eines bereits selektierten) / single option list || **auswertung** *f* (bedeutet, dass an einem Inkrementalgeber die steigende Flanke der Impulsreihe A ausgewertet wird) / single evaluation || **baugruppe** *f* / pluggable printed-board assembly, plug-in p.c.b. || **baustein** *m* / single-thyristor module || **befehl** *m* / single command || **befehlsgerät** *n* / single(-unit) control station || **belegung** *f* / single assignment || **-Betätigungsventil** *n* / single-acting control valve || **blinklicht** *n* / single-frequency flashing light, single-mode flashing light, single flashing frequency, indication with single flashing frequency || **~breit** *adj* / single-width || **~breite Baugruppe** / single-width module || **-Bürstenhalter** *m* / single-box brush holder, lever-type brush holder || **Bürstensatz** *m* / single set of brushes || **dialog** *m* / opinion *n* || **-Drucktaster** *m* / single pushbutton, single-station pushbutton
einfache Benutzeranzeige / simple user view || **~ Einspeisung** / single infeed || **~ Fehlerbehebungsklasse** (Datennetz) / basic error recovery class || **~ Fehlerbehebungsklasse** (DIN V 44302-2) / basic error recovery class || **~ Hypothese** DIN 55350,T.24 / simple hypothesis || **~ Inbetriebnahme** / easy start-up || **~ Kette** / single step || **~ Laufkatze** / simple crane trolley || **~ Meldeanzeige** (Bildobjekt zur Anzeige des flüchtigen Meldepuffers und/oder des Meldearchivs) / simple alarm view || **~ Rezepturanzeige** / simple recipe view || **~ Schleifenwicklung** / simple lap winding, single-lap winding || **~ Viererverdrillung** / twist system || **~ Wellenwicklung** / simplex wave winding
Einfach-Einspeisung *f* / single infeed
einfach-er Aussetzbetrieb (S3) IEC 50(411) / intermittent periodic duty || **er Fräsen mit ShopMill** / Milling made easy with ShopMill || **~Nebenschluss** / single shunt || **~er Tachogenerator** / non-compensated tacho-generator || **~er Übergang** / homojunction *n* || **~es Datenelement** / simple data element || **~es**

Einfach

Datenelementpaar / simple data element pair || ~es Segment / simple segment || ~es Untersetzungsgetriebe / single-reduction gear unit **Einfach·-Europaformat** n / standard European size || ⌑fehler m / single fault, single-chance fault, single-channel fault || ⌑fehlersicherheit f / fail-safe function on single faults, single-fault fail-safe condition || ⌑-Feldmagnet m / single-sided field system || ~fokussierendes Spektrometer / single-focussing spectrometer || ~genaue **Arithmetik** / single-precision arithmetic || ~gerichtet adj / unidirectional || ~gerichtet adj (einen Verbindungsabschnitt betreffend, auf dem die Übermittlung von Nutzinformation nur in einer vorgegebenen Richtung möglich ist) / one-way || ~gerichteter **Impuls** (Impuls, in dem die Augenblickswerte der physikalischen Größe alle größer oder kleiner als der gemeinsame Anfangs- und Endwert sind) / unidirectional pulse || ⌑härten n / single hardening || ⌑heit f / simplicity n || ⌑-Hochlaufgeber m / simple ramp-function generator **Einfach·kabelanschluss** m / single cable termination || ⌑käfigwicklung f / single squirrel-cage winding || ⌑kette f (Isolatoren) / single string || ⌑klasse f (Datennetz) / simple class || ⌑klemme f / single terminal || ⌑klick m (Maustaste einmal kurzzeitig betätigen und sofort wieder loslassen (ohne Mausbewegung) / single click || ⌑kolbenantrieb m / single-piston mechanism || ⌑kontakt m / single contact || ~konzentrisch adj / singly concentric || ⌑kreuz n / single cross || ⌑leiter m / single conductor || ⌑leitung f / single-circuit line || ⌑lenker m / single link || ⌑lizenz f / single license, single-user license || ⌑-logarithmisches **Diagramm** / logarithmic diagram || ⌑master m / single master || ⌑messgerät n / single-element measuring instrument, single instrument || ⌑messung f / single measurement || ⌑messwerk n / single element (type) || ⌑motor m (1 Anker) / single-armature motor || ⌑peripherie f / single I/Os || ⌑peripheriemodul (EFP) n / single I/O module || ⌑portal n / single gantry || ⌑positionierer m / basic positioner || ⌑presse f / single press || ⌑protokoll n / dedicated protocol || ⌑quittierung f / single-mode acknowledgement || ⌑rahmen m / single subrack || ⌑rechneranlage f / single-computer configuration || ⌑ring m / single ring **Einfach·sammelschiene** f / single busbar, single bus || ⌑sammelschiene mit **Längstrennung** / sectionalized single busbar || ⌑sammelschienen-**Schaltanlage** f / switching station with single bus, single-bus switchgear || ⌑sammelschienen-**Station** f / single-busbar substation || ⌑schalter m (I-Schalter) / single-gang switch, one-gang switch || ⌑schleifen n / basic grinding || ⌑schlittensimulation f / single-slide simulation || ⌑schloss n / single lock, standard lock || ⌑schnittstelle f / simple interface (SI) || ⌑schreiber m / single channel recorder || ⌑selektion f / single selection || ⌑speisung f / single infeed || ⌑spule f / single coil || ⌑spule f (nicht verschachtelt) / non-interleaved coil || ⌑stator m / single-sided stator, single stator || ⌑steckdose f / single socket-outlet, single receptacle || ⌑stichprobe f / single sample || ⌑stichprobenentnahme f / single sampling || ⌑stichprobenprüfplan m / single sampling plan ||

⌑stichprobenprüfung f (Annahmestichprobenprüfung anhand einer einzigen Stichprobe) DIN 55350, T.31 / single sampling inspection || ⌑stößel m / plain plunger, pin plunger, plunger n || ⌑stößelantrieb m / plain plunger mechanism **Einfachstpositionierung** f / very simple positioning **Einfach·strom** m / single current, neutral current, make-break current || ⌑strombetrieb m / single-current transmission || ⌑stromleitung f / neutral-current line || ⌑-Stromrichter m / non-reversible converter, one-way converter || ⌑stromtastung f / single-current keying, neutral-current signalling || ⌑stromübertragung f / single current transmission || ⌑stromzeichen n / single-current signal || ⌑stützer m / single support || ⌑summenschaltung f / single summation circuit **Einfach·tarif** m / flat-rate tariff || ⌑tarifzähler m / single-rate meter || ⌑transport m / single conveyor transport || ⌑transport-System n / single-conveyor system, single conveyor system || ⌑traverse f / single cross-arm || ⌑tür f / single door || ⌑übermittlungsverfahren n (DU) DIN ISO 7776 / single-link procedure (SLP) || ⌑übertragung f / simplex transmission || ⌑unterbrechung f / single-break n || Schaltglied mit ⌑unterbrechung VDE 0660,T.200 / single-break contact element IEC 337-1 || ⌑verbindung f (Verbundnetz) / single transmission link, single link || ⌑verschluss m / plain lock || ⌑versorgung f (Einspeisung über 1 Verbindung) / single supply || ⌑wendel m / single-coil filament || ⌑wendel für **Vakuumlampen** / vacuum coil (VC) || ⌑wendellampe f / single-coil lamp || ⌑wippe f / single rocker **einfachwirkendes Betätigungsventil** / single-acting control valve **Einfach·zeile** f / single tier || ~zeilig adj / single-tier || ⌑zelle f / single junction cell **einfädeln** v / thread v **Einfädelungs·spur** f / weaving lane || ⌑streifen m / weaving lane **Einfadenlampe** f / single-filament lamp **Einfahrbewegung** f / travel-in movement **einfahren** v / travel in, travel-in v, move v, introduce v | ~ v (Läufer) / insert v, thread v, install v || ~ v / break in v, run in v || ~ v / position v, move into the material || ~ v / Load PCB v (Command: A PCB enters the machine on a conveyor) || ⌑ n (Im Sinne von Einführen) / break-in n || ⌑ aus beiden **Richtungen** / bidirectional approach || ⌑ aus einer **Richtung** / unidirectional approach || ⌑ der **Spindel** / positioning the spindle || ⌑ des **Läufers** / rotor insertion, threading rotor into stator || ⌑ des **Spindels** / positioning the spindle **Einfahr·genauigkeit** f / positioning accuracy || ⌑geschwindigkeit f / travel-in velocity || ⌑geschwindigkeit f / approach speed, creep speed || ⌑kennlinie f / positioning characteristic || ⌑kennung f / Trialcult-ID, approach identifier, trial cut identifier || ⌑kontakt m / moving contact || ⌑kontakte m pl / isolating contacts, self-coupling separable contacts, disconnecting contacts, primary disconnecting device(s) ANSI C37.100 || ⌑öl n / running-in oil || ⌑radius m / travel-in radius || ⌑schalter m (Aufzug) / slowing switch || ⌑schaltstücke n pl / isolating contacts, self-

coupling separable contacts, disconnecting contacts, primary disconnecting device (s) ANSI C37.100 || ⚒**spindel** f / racking spindle || ⚒**spindel** f (f. Kontakte) / (contact) engagement spindle || ⚒**steilheit** f / positioning gradient
Einfahrt f / approach n
Einfahr·toleranz f / positioning tolerance, positioning accuracy || ⚒**verhalten** n / approach behaviour, starting conditions || ⚒**weg** m / positioning path || ⚒**zeit** f / breaking-in period, running-in period || ⚒**zeit** f / approach time || ⚒**zyklus** m / positioning cycle
einfallen v (Bremse) / to be applied
einfallende Strahlung / incident radiation || ~ **Welle** / incident wave
Einfall·richtung f / direction of incidence || ⚒**sebene** f / plane of incidence || ⚒**strahl** m / beam of incidence || ⚒**straße** f / radial road (GB), radial highway (US) || ⚒**swinkel** m / angle of incidence, incident angle, solar incident angle, incidence angle, light incidence angle || ⚒**winkel** m / angle of incidence, angle of illumination || ⚒**zeit** f (Bremse) / application time
einfangen v (v. Bildpunkten) / snap v
einfarbig adj / monochrome adj || ~**e Anzeige** f (eine Anzeige, die nur einen Farb- oder Schwarz-und-Weiß-Kontrast verwendet) / monochrome display
Einfassprofil n / edge section
Einfassung f / surround n || ⚒**splatte** f / surround slab
EIN-Feder f / closing spring
einfegen v / sweep in v
Einfehlersicherheit f / single fault security
einfeldriger Kommutator / single-track commutator, non-sectionalized commutator
einfetten v / coat with grease, grease v
Einflächen·bremse f / single-disc brake || ⚒**kupplung** f / single-disc clutch
Einflankenauswertung f / single-edge evaluation
einfließend·er Strom / incident current || ~**es Signal** / input signal
Einfluss m / influence n, variation n (of the mean error) || ⚒ **der Eigenerwärmung** / influence of self-heating || ⚒ **der Rohrrauhheit** / roughness criterion || ⚒ **der Wellenform** / influence of waveform || ⚒ **des zu verarbeitenden Materials** / influence of the material being processed || ⚒ **vertauschter Phasenfolge** / influence of reversed phase sequence || **magnetischer** ⚒ / magnetic influence, magnetic interference || ⚒**bereich** m VDE 0228 / zone of exposure, field of influence || **Echoimpuls-**⚒**zone** f (tote Zone nach einem Echo) DIN 54119 / dead zone after echo
Einflusseffekt m DIN 43745, DIN 43780 / influence error IEC 359, variation due to influence quantity IEC 51, 688, variation || ⚒ m DIN IEC 255, T. 100 / variation n (of the mean error) || ⚒ **der Signalspanne** / variation due to signal span, influence of signal span || ⚒ **der Umgebungstemperatur** / variation with ambient temperature || ⚒ **durch die Frequenz** / variation due to frequency || ⚒ **durch gegenseitige Beeinflussung** / variation due to interaction || ⚒ **durch Spannung, Strom und Leistungsfaktor** / variation due to the simultaneous influence of voltage current and power factor || ⚒ **in Prozent des Bezugswerts** / percentage of the fiducial value IEC 51 || **Anwärm-**⚒ m / variation by self-heating

|| **zulässige Grenzen der** ⚒**e** / permissible limits of variations || **Größe des** ⚒**s** / degree of variation
Einfluss·faktor m / factor of influence (e.g. in IEC 505), influencing factor || ⚒**fehler** m / influence error IEC 351-1 || ⚒**größe** f / influencing variable, influencing quantity, influence || ⚒**größe** f (Betriebs- o. Umwelteinflussgröße) / parameter n || ⚒**größe** f VDE 0418 / influence quantity IEC 1036 || ⚒**größen** f / influential variables || ⚒**koeffizient** m / influence coefficient || ⚒**- und Störgrößen** / influence factors and restraints || **Maxwellsche** ⚒**zahl** / influence coefficient
einfördern v / feed v
Einformanlage f / molding plant
einfrequente Spannung / single-frequency voltage
Einfrier-Bearbeiter m / freezed by
einfrieren v (z.B. Funktion) / freeze v, hold v
Einfront·anordnung f / front-of-board layout || **Schalttafel für** ⚒**bedienung** / single-fronted switchboard, front-of-board design, vertical switchboard || ⚒**feld** n / single-front cubicle
Einfüge·marke f / insertion point, cursor n || ⚒**modus** m / insert mode || ⚒**modus** m (Textverarb.) / insertion mode
Einfügen n / insertion n, paste n || ⚒ n (CLDATA-Wort) / insert ISO 3592 || ~ v (Motive und Tabellen, Sicherheitshinweise etc. werden beim Editieren in den Inhalt eingefügt) / insert v || **eine Fase ~** / insert a chamfer || ⚒**-Taste** f / insert key
Einfüge·satz m / insertion block, insert block || ⚒**zeile** f / insertion line
Einfügsatz m / insertion block, insert block
Einfügungs·dämpfung f DIN 41640 / insertion loss, gap loss || ⚒**dämpfung bei Verbindung identischer LWL** VDE 0888, T.1 / extrinsic junction loss || ⚒**dämpfung bei Verbindung unterschiedlicher LWL** / intrinsic junction loss, intrinsic loss || ⚒**dämpfung ohne Vorionisierung** DIN IEC 235, T.1 / cold (or unprimed insertion loss) || ⚒**-Leistungsverstärkung** f / insertion power gain || ⚒**verlust** m / insertion loss || ⚒**verlust bei Verbindung gleicher LWL** / extrinsic junction loss || ⚒**verstärkung** f / insertion gain
Einfuhrabgaben f pl / import fees
einführen v / insert v, establish v
Einfuhrland n / country of importation
Einführ·richtung f / direction of insertion || ⚒**seite** f / insertion side || ⚒**stutzen** n / entry fitting
Einführung f (f. Leitungen) / entry n, inlet n, entry fitting, introduction n || ⚒ **eines neuen Produktes** / new product introduction (NPI) || **mit Panzerrohrgewinde** / screwed conduit entry
Einführungs·besprechung f / introduction discussion || ⚒**buchse** f (zum Abdichten einer Kabeleinführung) / cable gland, stuffing box || ⚒**gespräch** n / opening meeting || ⚒**isolator** m / lead-in insulator, bushing insulator, bushing n || ⚒**kopf** m (Dachständer) / service entrance head || ⚒**kurs** m / introductory course || ⚒**lager** n / input bearing, entry bearing || ⚒**öffnung** f (f. Kabel) / cable entry, cable entry hole, entry n || ⚒**platte** f / entry plate || ⚒**stutzen** n / entry gland, entry fitting || **druckfester** ⚒**stutzen** / packing gland || ⚒**tülle** f / entry bush
Einfüll·rohr n / filler tube, filler pipe || ⚒**stutzen** m / filler stub, filler n || ⚒**verschraubung** f / filler plug
Eingabe f / input n, entry n, entering n, input module, input || ⚒ **beenden** / terminate input || ⚒ **der**

Eingabe 230

Gruppeneigenschaften / entering the group properties || ⁓ **fortlaufender Werte** / sequential input || ⁓ **in die Lupen** / entries in the zooms || **Daten~ in einen Speicher** / writing data into a store || ⁓ **löschen** / clear entry (CE) || ⁓ **Maske** / parameter input || **freie** ⁓ / free input || **Lichtgriffel~** *f* / light-pen hit, light-pen detection || **Programm~** *f* / program input
Eingabe·abbild *n* / input image || ⁓**aufforderung** *f* / input request, input prompting, request *n* || ⁓**aufforderung** *f* (sichtbare oder hörbare Meldung eines Programms, mit der es den Benutzer zu einer Reaktion auffordert) / prompt *n* || ⁓**aufruf** *m* / input prompt
Eingabe-/Ausgabe *f* / input/output module, input/output || ⁓**baugruppe** *f* (E/A-Baugruppe) / input/output module (I/O module) || **gemischte** ⁓**baugruppe** / mixed I/O module || ⁓**-Schnittstelle** *f* / input/output interface, I/O interface
Eingabe·band *n* / input conveyor belt || ⁓**band-Sensor** *m* / input conveyor sensor || ⁓**baugruppe** *f* / input module, entry *n*, entering *n* || ⁓**befehl** *m* / input command (o. statement) || ⁓**bereich** *m* / input area || ⁓**bild** *n* / input display || ⁓**code** *m* / input code || ⁓**datei** *f* / input file || ⁓**daten** *plt* / input data, *f* input, data entered
Eingabe·einheit *f* DIN 44300 / input unit || ⁓**einheit** *f* (zur Signalaufbereitung) / signal conditioning unit || ⁓**element** *n* (graf. DV) / input primitive || ⁓**fehler** *m* / input error, incorrect input || ⁓**fehler beheben** / clear and correct entry || ⁓**feinheit** *f* / input resolution, input sensitivity || ⁓**feld** *n* / input panel, text box || ⁓**feld** *n* / input field || ⁓**feld** *n* (am Programmiergerät) / entry field || ⁓**fenster** *n* / input window || ⁓**folge** *f* / input sequence || ⁓**format** *n* / input format || ⁓**format in Adress-Schreibweise** / (input in) address block format || ⁓**format in fester Wortfolgeschreibweise** / (input in) fixed sequential format || ⁓**format in Satzadressschreibweise** / (input in) fixed block format || ⁓**format mit fester Satzlänge** / fixed block format ISO 2806-1980 || ⁓**funktion** *f* / input function
Eingabe·geometrie *f* / input geometry || ⁓**gerät** *n* DIN 44300 / input device || ⁓**gerät** *n* (zur Signalaufbereitung) / signal conditioning device || ⁓**glied** *n* DIN 19237 / signal conditioning element, signal conditioner, input element || ⁓**grenze** *f* / input limit || **obere** ⁓**grenze** / upper input limit || **untere** ⁓**grenze** / lower input limit || ⁓**gruppe** *f* / input module || ⁓**hilfe** *f* / input assistance || ⁓**kanal** *m* / input channel || **analoger** ⁓**kanal** / analog input channel || ⁓**karte** *f* / input card || ⁓**kettung** *f* / sequential input, multiple input || ⁓**key** *m* / input key, enter key || ⁓**klasse** *f* (GKS) / input class || ⁓**maske** *f* / input screenform, input mask, input screen || ⁓**maske** *f* / screen form, input screen form, interactive screenform || ⁓**medium** *n* / input medium || ⁓**/Mitte/Ausgabe** (die drei Teile des Transportbandes Eingabeband, Mittenband, Ausgabeband) / input/center/output || ⁓**modul** *n* / input module || ⁓**oberfläche** *f* / input interface || ⁓**parameter** *m* / input parameter || ⁓**protokoll** *n* / input printout || ⁓**prozess** *m* / input || ⁓**puffer** *m* / input buffer || ⁓**punkt** *m* / input point
Eingabe·rate *f* / input transfer rate || ⁓**reihenfolge** *f* / input sequence || ⁓**relais** *n* / input relay || ⁓**sensor** *m* / input sensor || ⁓**signal** *n* / input signal, primary input signal || ⁓**speicherbereich** *m* / input storage area || ⁓**sperre** *f* / input disable || ⁓**sprache** *f* / input language || ⁓**station** *f* / loader || ⁓**stelle** *f* / input point || ⁓**string** *m* / input string || ⁓**system** *n* / input system (IS) || ⁓**system metrisch** *n* / metric input system || ⁓**taste** *f* / input key, (auf der Tastatur) enter key, operator's key || ⁓**teil** *m* / input section || ⁓**transport** *m* / input conveyor || ⁓**-Transportband** *n* / input conveyor belt
Eingabe·überprüfung *f* / input check || ⁓**überwachung** *f* / input monitoring, input check || ⁓**verstärker** *m* / input amplifier || ⁓**verzögerung** *f* / input delay time || ⁓**verzug** *m* / input time-out || ⁓**weiche** *f* / input switch, input gate || ⁓**werk** *n* / input group || ⁓**wert** *m* / entry value, input value || ⁓**wort** *n* / input word || ⁓**wunsch** *m* / input request || ⁓**zähler** *m* / input counter || ⁓**zeichen** *n* / input character, character entered || ⁓**zeile** *f* / input line || ⁓**zeit** *f* / input time interval || ⁓**zwischenspeicher** *m* / input buffer || ⁓**zwischenspeicher** *m* (EZS) / machine input buffer (MIB), input buffer
Eingang *m* / input point, input *n* (I), inputs *n pl* (I) || ⁓ **begrenzt setzen** / set input conditionally || ⁓ **mit Negation** / negating input || ⁓ **mit zwei Schwellwerten** / bi-threshold input || ⁓ **setzen** / set input || ⁓**schneller** ⁓ / high-speed input || **sicherheitsgerichteter** ⁓ / safety-relevant input || ⁓**byte** *n* (EB) / input byte (IB)
Eingänge, sicherheitsgerichtete ⁓ (SGE) / safety-relevant input signal, SGE
Eingänge/Ausgänge/Merker (E/A/M) / inputs/outputs/flags
eingängig *adj* / single-start *adj* || **~e Labyrinthdichtung** / single labyrinth seal || **~e Parallelwicklung** / simplex parallel winding, simple lap winding || **~e Schleifenwicklung** / simplex lap winding, singlelap winding || **~e Spule** / single-turn coil || **~e Wellenwicklung** / simplex wave winding, simplex two-circuit winding, simplex spiral winding || **~e Wicklung** / single-conductor winding, simplex winding || **~es Gewinde** / single-start thread
Eingangs·abbild *n* / input image, process input image (PII) || ⁓**abbild** *n* (EAB) / input image (IIM) || ⁓**abfrage** *f* / input scan || ⁓**achse** *f* / input axis || ⁓**admittanz** *f* / input admittance, driving-point admittance || ⁓**adresse** *f* / input address || ⁓**anpassung** *f* (Baugruppe) / input adaptor, input signal matching module || ⁓**-/Ausgangsgrößenpaar** *n* / input-output pair || ⁓**-Auslösegröße** *f* (FI-Schutzschalter) / energizing input quantity
Eingangs·baugruppe *f* / input module || ⁓**befundung** *f* / incoming findings || ⁓**begrenzungsspannung** *f* / input clamp voltage || ⁓**belastbarkeit** *f* / input loading capability IEC 147-0D || ⁓**bereich** *m* / input range || **voller** ⁓**bereich** (D-A-Umsetzer) / full-scale range (FSR), span *n* || ⁓**beschaltung** *f* / input connection, input circuit || ⁓**bit** *n* / input bit || ⁓**buchse** *f* / input socket || ⁓**byte** *n* (EB) / input byte (IB) || ⁓**daten** *f* / input data || ⁓**datum** *n* / date of receipt || ⁓**dauerleistung** *f* / continuous input rating, continuous input || ⁓**dauerstrom** *m* / continuous input current || ⁓**doppelwort** *n* / input double word || ⁓**drehzahl** *f* / input speed || ⁓**drift** *f* / input drift,

input voltage/current drift || ⸾**drossel** *f* / input choke || ⸾**druck** *m* / input pressure || ⸾**einschwingzeit** *f* (IC-Regler) / input transient recovery time || ⸾**element** *n* (Anpasselement) / input adaptor || ⸾**element** *n* (Prozesssignalformer, empfängt und wandelt Signalinformationen) / receiver element || ⸾**-Erregungsgröße** *f* / input energizing quantity || ⸾**fächerung** *f* / fan-in || ⸾**-Fehlspannung** *f* DIN IEC 147,T.1E / input offset voltage || ⸾**-Fehlstrom** *m* / input offset current || ⸾**filter** *n* / input filter || ⸾**frequenz** *f* / input frequency

Eingangs·gleichrichter *m* / input rectifier || ⸾**gleichrichter Brückengleichrichter** / input rectifier/bridge rectifier || ⸾**gleichspannung** *f* / d.c. supply voltage IEC 411-3 || ⸾**größe** *f* / input variable, input quantity, input parameter, input *n*, input energizing quantity, input value || **Arbeitsbereich der** ⸾**größe** DIN 44472 / signal input range || **rauschäquivalente** ⸾**größe** / noise-equivalent input || **Transformierte der** ⸾**größe** / input transform || ⸾**gruppe** *f* / input module || ⸾**höchstleistung** *f* / maximum input power, maximum input kVA || ⸾**höchststrom** *m* / maximum input current || ⸾**shohlwelle** *f* / hollow input shaft || ⸾**immittanz** *f* (eines Zweitors) / input immittance || ⸾**immittanz** *f* (eines Mehrtors) / driving-point immittance || ⸾**impedanz** *f* / input impedance || ⸾**impedanz** *f* (Netzwerk) / driving-point impedance || ⸾**impedanz bei Sollabschluss** / loaded impedance

Eingangs·kanal *m* (MPU) / input port, input channel || ⸾**kapazität** *f* / input capacitance || ⸾**karte** *f* / input card || ⸾**kennlinie** *f* / input characteristic, input characteristic curve || ⸾**klemme** *f* / input terminal || ⸾**klemmenplatte** *f* / input terminal divider || ⸾**klemmleiste** *f* / input terminal strip || ⸾**komponente** *f* / input component || ⸾**kontrolle** *f* / as-found test || ⸾**kontrollregister** *n* / input control register || ⸾**koppelbaugruppe** *f* / input coupling board, input coupling module || ⸾**koppelglied** *n* / input coupling device || ⸾**Koppelglied** *n* / input coupling device || ⸾**koppelmerker** *m* / input interprocessor communication flag || ⸾**koppler** *m* / input coupler || ⸾**-Kopplungskapazität** *f* / capacitance to source terminals || ⸾**kurzschlussleistung** *f* / short-circuit input power, short-circuit input kVA || ⸾**-Lastfaktor** *m* / fan-in || ⸾**leiste** *f* / list of inputs || ⸾**leistung** *f* / input power, power input, input *n*, input kVA || ⸾**-Leistungssteuerung** *f* / input power control || ⸾**leitung** *f* / input line, input wire link || **Buszuteilungs-**⸾**leitung** *f* / bus grant in line (BGIN) || ⸾**leitwert** *m* / input admittance || ⸾**leuchte** *f* / entrance luminaire

Eingangs·maske *f* / initial mask || ⸾**merker** *m* / input flag || ⸾**modul** *n* / input module || ⸾**nennspannung** *f* / rated input voltage || ⸾**Nennstrom** *m* / nominal input current || ⸾**nummer** *f* / input number || ⸾**-Offsetspannung** *f* / input offset voltage || ⸾**-Offsetstrom** *m* / input offset current || ⸾**paar** *n* / pair of inputs || ⸾**parameter** *m* (E Gibt es bei Funktionen und Funktionsbausteinen. Mit Hilfe der Eingangsparameter werden Daten zur Verarbeitung an den aufgerufenen Baustein übergeben.) / input parameter (I) || ⸾**pegel** *m* /

input level || ⸾**peripherie** *f* / input periphery || ⸾**phase** *f* / input phase || ⸾**pol** *m* / input terminal || ⸾**protokoll** *n* / certificate of incoming inspection || ⸾**-Prozessabbild** *n* (PAE) / input process image (PII) || ⸾**prüfplan** *m* / single sampling plan || ⸾**prüfung** *f* DIN 55350,T.11 / user's inspection, on-receipt inspection, receiving inspection and testing, receiving inspection, incoming inspection || ⸾**prüfung** *f* / goods-in inspection, goods-inwards inspection, incoming goods inspection || ⸾**prüfung** *f* / as-found test || ⸾**rauschen** *n* / input noise || ⸾**-Rauschspannung** *f* / input noise voltage || ⸾**-Reflexionskoeffizient** *m* (Transistor) DIN 41854,T.10 / input s-parameter || ⸾**regelbereich** *m* (IC-Regler) / input regulation range || ⸾**regelfaktor** *m* (IC-Regler) / input regulation coefficient || ⸾**register** *n* / input register, channel register || ⸾**relais** *n* / input relay || ⸾**-Reststrom** *m* (Treiber) / input leakage current || ⸾**-Ruhespannung** *f* (Verstärker, Eingangs-Gleichspannung im Ruhepunkt) / quiescent input voltage || ⸾**-Ruhestrom** *m* / input bias current || ⸾**-Ruhestrom** *m* (Verstärker, Eingangs-Gleichstrom im Ruhepunkt) / quiescent input current

Eingangs·schalter *m* / incoming circuit-breaker, incoming-feeder circuit-breaker || ⸾**schalter** *m* / incoming disconnector, incoming-feeder isolator || ⸾**schalter mit Sicherungen** / incoming disconnector-fuse, incoming-line fusible isolating switch (US) || ⸾**schaltkreis** *m* / input circuit || ⸾**-Schaltspannung** *f* / input threshold voltage || ⸾**schaltung** *f* / input configuration, input circuit || ⸾**schaltung Takt** / clock for input circuitry || ⸾**schnittstelle** *f* / input interface || ⸾**schutz** *m* / input protection (device) || ⸾**seite** *f* / input side, input end || ⸾**seite** *f* / supply side, incoming side (o. circuit)

eingangsseitig *adj* / line-side *adj*

Eingangs·sicherung *f* / mains fuse, line-side fuse, incoming fuse || ⸾**sichtprüfung** *f* / visual incoming inspection || ⸾**signal** *n* / input signal || ⸾**signal** *n* (der Führungsgröße) / actuating signal || ⸾**signal** *n* / input signal (I) || **sicherheitsgerichtetes** ⸾**signal** (SGE) / safety-relevant input signal, SGE || ⸾**spannung** *f* / input voltage || ⸾**spannung im H-Bereich** / high-level input voltage || ⸾**spannung im L-Bereich** / low-level input voltage || **Gitter-**⸾**spannung** *f* / grid input voltage, grid driving voltage || ⸾**spannungsbereich** *m* / input voltage range || ⸾**spitzenspannung** *f* / supply transient overvoltage IEC 411-3 || ⸾**sprung** *m* / input step || ⸾**spule** *f* / line coil, line-end coil, leading coil, first coil, closing coil

Eingangs·stabilisierungsfaktor *m* (IC-Regler) / input stabilization coefficient || ⸾**-Statusobjekt** *n* / input status object || ⸾**steuerkreis** *m* / control input circuit || ⸾**strom** *m* / input current, entering current || ⸾**strom im H-Bereich** / high-level input current || ⸾**strom im L-Bereich** / low-level input current || ⸾**stromkreis** *m* / supply circuit, primary circuit, input circuit, incoming feeder, feeder *n* || ⸾**stromkreis** *m* (Stromkreis, der zum Anschluss an den Versorgungsstromkreis vorgesehen ist) / input circuit || ⸾**stromoberwellen** *f* / input current harmonics || ⸾**stufe** *f* (Verstärker) / input stage || ⸾**stufe** *f* (Baugruppe) / input module

Eingangs·takt *m* / input clock || **~teil** *m* / input section (power converter), input element (ripple control receiver) || **~telegramm** *n* / input frame || **~transformator** *m* / input transformer || **~-Trennschalter** *m* / incoming disconnector, incoming-feeder isolator || **~überspannungsenergie** *f* / supply transient energy IEC 411-3 || **~übertrag** *m* / input carry, input carry-over || **~übertrager** *m* / input transformer || **~umformer** *m* / input converter || **~umschaltspannung** *f* / input triggering voltage || **~- und Ausgangsgrößen** *f* / input- and output values || **~unterlagen** *f* / incoming vouchers || **~vektor** *m* / input (state vector) || **~verstärker** *m* / input amplifier || **~verzögerung** *f* / input delay || **~verzögerungszeit** *f* / input delay || **~verzweigung** *f* / fan-in || **~vollwelle** *f* / solid input shaft || **Signal-~wandler** *m* VDE 0860 / source transducer IEC 65 || **~wechselspannung** *f* / a.c. input voltage || **~welle** *f* / input shaft || **~wert** *m* / input value || **~wicklung** *f* / input winding || **~wicklung** *f* (Wicklung des Eingangsstromkreises) / primary winding || **~widerstand** *m* / input resistance, input impedance || **~wort** *n* (EW) / input word (IW) || **~zeichen** *n* / input character || **~zeitkonstante** *f* / input time constant || **~zweig** *m* / input signal line
eingebaut *adj* / built-in *adj*, integral *adj*, incorporated *adj*, fitted *adj* || **~ lieferbar** / available factory-fitted || **fest ~** / stationary-mounted, permanently installed || **~e Kühlvorrichtung** (el. Masch.) / integral circulating-circuit component || **im Kondensator ~e Sicherung** / internal fuse || **~er Heizkörper** / incorporated heating element || **~er Selbsttest** / Built-In-Self-Test (BIST) || **~er Stetigförderer** / integrated continuous unloading device || **~er Temperaturfühler** (ETF in. Wickl.) / embedded temperature detector (e.t.d.) || **~er Transformator** VDE 0713, T.6 / built-in transformer || **~er Ventilator** / built-in fan || **~er Wärmeschutz** (el. Masch.) / built-in thermal protection || **~es Bedienfeld** / integrated operator panel || **~es RS** / incorporated control || **~es Schaltgerät** (Schaltersteckdose) / integral switching device || **~es Thermoelement** (in Wickl.) / embedded thermocouple
eingeben *v* / input *v*, enter *v*, feed *v* || **neu ~** / re-enter *v*
Eingebersystem *n* / single-encoder system, 1-encoder system
eingebettet / embedded || **~e Datenbanksprache** (Menge von Anweisungen, die einer konventionellen Programmiersprache hinzugefügt sind und die Nutzung von Datenbanken ermöglichen) / embedded database language || **~e Spulenseite** (Teil einer Spulenseite, der in einer Nut zwischen den Enden des Kerns liegt) / embedded coil side || **~es Betriebssystem (EOS)** / embedded operating system (EOS) || **~es Kommando** / embedded command || **~es Objekt** / embedded object || **~es Systemmodul (ESM)** / Embedded System Module (ESM)
eingebrannt *adj* / burned-in *adj*
eingedrückt *adj* / impressed *adj*
eingeengt·e Toleranzen / restricted tolerances || **~es Klima für die Nachbehandlung** / controlled recovery conditions
eingefahren *adj* / inserted *adj*

eingefärbt *adj* / dyed *adj*
eingefasst mit / fitted with
eingefrorener Wert / frozen value
eingefügter Radius / inserted radius
eingeführte Produkte / established products
eingegossen *adj* / cast-in *adj*
eingegrabener Kontakt / buried contact
eingehängt *adj* / hung-in *adj*
Eingehäuse--Bauart *f* / single-housing type, single frame type || **~-Schwungradumformer** *m* / single frame flywheel motor-generator set || **~umformer** *m* / single-frame motor-generator set
eingehaust *adj* / enclosed *adj* || **~er Gurt** / pan supported belt
eingehend *adj* / in-depth *adj* || **~er Auftrag** / new order, order received
eingeklebt *adj* / stuck in
eingeklinkt *adj* / latched *adj*
eingeknöpfte Dichtung / pressbutton gasket (o. seal)
eingekoppelt·e Störsignale / strays *plt*, parasitic signals || **~er Strom** / induced current
eingekuppelt *adj* / engaged *adj*
eingeleitet *adj* / initiated *adj*, started *adj*
eingepasst *adj* / fitted *adj*
eingeprägt *adj* / impressed *adj*, load-independent *adj* || **~e EMK** / impressed e.m.f., injected e.m.f., open-circuit e.m.f. || **~e Spannung** (Spannung, die auch bei stärkster Belastung der Quelle ihren Wert beibehält) / load-independent voltage, load-independent current || **~er Strom** / load-independent current, test current || **~er Strom** (Prüfstrom) / injected current
eingepresst *adj* / pressed-in *adj*
eingerastet *adj* / latched *adj*, engaged *adj*
eingeschaltet *adj* / active *adj*, effective *adj*, switched on *adj*
eingeschlagen *adj* / stamped *adj*
eingeschleift, in die Anschlussleitung ~es RS / in line cord control
eingeschliffen *adj* / ground-in *adj* || **~e Fuge** / sawn joint
eingeschlossener Fluss / trapped flux || **~ Lichtbogen** / enclosed arc
eingeschmolzen *adj* / fused-in *adj* || **~er Kontakt** / sealed contact
eingeschnürt·e Entladung / constricted discharge || **~er Lichtbogen** / squeezed arc
eingeschobene Wicklung / push-through winding
eingeschränkt *adj* / restricted *adj* || **~e Befugnis** / Limits of Authority (LoA) || **~e Konferenzverbindung** / restricted conference call || **~er Betrieb** / restricted service || **~er Liefereinsatz** / limited delivery
eingeschraubt *adj* / screwed *adj*
eingeschweißt *adj* / enclosed *adj*
eingeschwungener Zustand / settled state, steady state, steady-state condition
eingesetzt *adj* / attached *adj*, used *adj*, installed *adj* || **~er Gleichrichter** / applied rectifier
eingespritzt *adj* / injected *adj*
eingestellt *adj* / adjusted *adj*, set *adj*
eingestellter Wert der Führungsgröße / setpoint *n*
eingestrahlte Leistung / radiant energy received
eingetauchte Position / lowered position
eingetragen *adj* / registered *adj* || **~es Warenzeichen** / registered trademark
eingetrübtes Kunststoffglas / opal acrylic-plastics

diffuser
eingewalzt *adj* / rolled-in *adj* || **~ *adj*** (in Rohrböden) / expanded into
eingezogen *adj* / drawn-in *adj*, cancelled *adj*
eingießen *v* (in Harz) / cast in, pot *v*
eingipflige Verteilung / unimodal distribution
eingliedriger Tarif / one-part tariff
eingrabbarer Transformator / buried transformer
Eingrabtiefe *f* (Lichtmast) / planting depth EN 40
eingreifen *v* (in) / engage *v* (with), mesh *v* (with), gear *v* (into), mate *v* (with)
eingrenzen *v* (Fehlerstelle) / locate *v*, localize *v* || ⸺ *n* / localization *n*, delimitation *n*
Eingrenzung *f* / locating *n*
Eingriff *m* / intervention *n*, control action || ⸺ *m* (durch den Bediener) / operator action, operator intervention, operator activity || ⸺ *m* / engagement *n*, gear tooth engagement, gear mesh, mesh of teeth, mesh *n* || **außer ⸺ bringen** / disengage *v*, bring out of mesh || **in ⸺ bringen** / engage *v*, bring into engagement, mesh *v* || ⸺ **der Störgrößenaufschaltung** (Strompfad) / feedforward path || ⸺ **durch Handsteuerung** / intervention by manual control, manual interference || ⸺ **durch Unbefugte** / illicit interference, tampering *n* || **im ⸺ sein** / be operative, be in circuit || **in ⸺ stehen** / be engaged, mesh *v* (with), be in mesh || ⸺ **von Hand** / manual interference, manual intervention, manually initiated function, human intervention || ⸺ **von Hand** / manual override || **sofortiger ⸺** / prompt action || **Stell~** *m* / control action || **gegen unbefugte ⸺e gesichert** / tamper-proof *adj*
Eingriffs·breite *f* / contact width || ⸺**funktion** *f* / intervention function, operator control function || ⸺**grenze** *f* / action limit || ⸺**grenzen** *f pl* / action limits
eingriffsicher *adj* / tamper-resistant *adj*
Eingriffs·länge *f* / line of contact, length of arc, line of action || ⸺**lehre** *f* / engagement gauge || ⸺**linie** *f* / line of contact, path of contact, line of action || ⸺**ort** *m* / point of gearing || ⸺**strecke** *f* / path of action, active portion of path of contact, path of contact || ⸺**tiefe** *f* (Zahnrad, Summe der Kopfhöhen) / working depth
Eingriff-Stirnfläche *f* (Stecker) / engagement face
Eingriffszeit *f* / operation time
Eingrößenregler *m* / single-variable controller
Eingruppierung *n* / scale graded, scale grading
Eingusskasten *m* / wall box for grouting, wall box for embedding in concrete
einhalten *v* (Vorschriften) / comply with *v*, conform to *v*, meet *v*, satisfy *v*
Einhaltung *f* / compliance *n* || **auf ⸺ der Toleranzen prüfen** / check for specified limits
Einhaltungstabelle *f* / compliance table
Einhandbedienung *f* / single-hand control
EIN-Handhebel *m* / ON hand lever
Einhängeanweisung *f* / attach statement
einhängen *v* / include *v*, hook in *v*
Einhänger·motor *m* / unit-construction motor, cradle motor, fully accessible motor, FA motor || ⸺**teil** *m* (B 3/D 5, ohne Läufer) / inner frame || ⸺**teil** *m* (B 3/D 5, mit Läufer) / removable stator-rotor assembly, (B 3/D 5, ohne Läufer) drop-in stator pack
Einhärt·barkeit *f* / potential hardness increase || ⸺**ung** *f* / hardness penetration || ⸺**ungstiefe** *f* / hardness penetration depth
Einhausung *f* / pan *n*
Einhebelsteuerung *f* / single-lever control, one-hand control
Einheit *f* (Maßeinheit, Maschinensatz, materieller oder immaterieller Gegenstand der Betrachtung) / unit *n* || ⸺ *f* (materieller oder immaterieller Gegenstand der Betrachtung) / product *n*, service *n*, IEC 50(191) item *n*, entity *n* || ⸺ **(Zählwerk)** *f* / unit (totalizer) *n* || ⸺ **aus** / Unit off || ⸺ **ein** / Unit on || ⸺ **mit einem oder mehreren Hauptfehlern** / major defective || ⸺ **mit einem oder mehreren Nebenfehlern** / minor defective || **arithmetisch-logische ⸺** / arithmetic and logic unit, arithmetic unit, ALU (arithmetic logic unit) || **der Instandhaltung unterzogene ⸺** IEC 50(191) / maintenance entity || **in sich abgeschlossene ⸺** / self-contained unit || **instandzusetzende ⸺** (instandsetzbare Einheit, die nach einem Ausfall tatsächlich instandgesetzt wird) / repaired item || **nicht instandzusetzende ⸺** / non-repaired item (an item which is not repaired after a failure) || **operative ⸺** / operating unit
Einheiten·attribut *n* / unit attribute || ⸺**bedienfeld** *n* (EBF) / unit operator panel (UOP) || ⸺**gesetz** *n* / law of units of measurement || ⸺**gleichung** *f* (Gleichung, welche die Beziehung zwischen Einheiten ausdrückt) / unit equation || ⸺**gruppe** *f* / units group || ⸺**leistung** *f* / unit rating || ⸺**system** *n* (Menge von Basiseinheiten und abgeleiteten Einheiten für ein festgelegtes Größensystem) / system of units, system of measures || ⸺**übersicht** *f* / unit overview || ⸺**übersichtsbild** *n* / unit overview diagram || ⸺**wahl** *f* / unit selection || ⸺**zeichen** *n* / symbol of units of measurement
einheitlich *adj* / uniform *adj*, integrated *adj* || **~e Brücke** / uniform bridge || **~e Feldtheorie** / unified field theory || **~e NC-Sprache** / unified NC language, standard NC language || **~e Projektierung** / uniform configuring || **~e Richtlinien** / standardized guidelines || **~e Schaltung** / uniform connection || **~e Verifikationsmethodik** / unified verification methodology (UVM) || **~es Design** / uniform design
Einheits·bauweise *f* / unit construction, modular construction || ⸺**behälter** *m* / uniform enclosure || ⸺**bohrung** *f* / base hole, unit bore, standard hole || ⸺**fluss** *m* / unit magnetic flux || ⸺**form** *f* / unit shape || ⸺**gehäuse** *n* / standard case || ⸺**gewicht** *n* / unit weight || ⸺**last** *f* (PMG) / equivalent standard load, standard load || ⸺**leistung** *f* (el. Masch.) / specific output, unit rating || ⸺**Messumformer** *m* / transmitter *n* || ⸺**-Messumformer für Konsistenz** / consistency transmitter || ⸺**-Messumformer für Mischungsabweichungen** / composition deviation transmitter || ⸺**-Netzstation** *f* / unit substation || ⸺**pol** *m* / unit pole || ⸺**puls-Stoß** *m* / unit shaker pulse || ⸺**röhre** *f* / unit tube, Maxwell tube
Einheits·schaltfeld *n* / standard switchpanel, standard switchgear assembly || ⸺**schnittstelle** *f* / standard interface || ⸺**schraubengewinde** *n* / unified screw thread || ⸺**schritt** *m* (Signalelement mit einer Bemessungsdauer gleich der Einheitsschrittlänge) / unit element || ⸺**schrittlänge** *f* / unit interval || ⸺**signal** *n* /

standardized signal, standard signal || **Gleichstrom-
2signal** *n* DIN 19230 / upper limit of d.c. current
signal || **2sprung** *m* / unit step || **2-Sprungantwort**
f / unit step response, indicial response || **2-
Sprungfunktion** *f* / unit step, Heaviside unit step ||
2stoß *m* (Dirac-Funktion) / unit pulse, unit
impulse (US) || **2strom** *m* / unit current || **2system**
n / unified system || **2system von Steckern und
Steckdosen** / unified system of plugs and socket-
outlets || **2tarif** *m* / all-in tariff || **2vektor** *m* / unit
vector || **2vektor in Achsenrichtung** / axis unit
vector || **2verteiler** *m* (S~) / standard distribution
board, unitized distribution board || **2vordruck** *m* /
standard form || **2-Wechselstoß** *m* / unit doublet ||
2welle *f* (ISO-Passsystem) / basic shaft, standard
shaft || **2wert** *m* / standard value
Einhüllende *f* / envelope *n*, envelope curve || **2 der
Basen eines Pulsbursts** / pulse burst base
envelope || **2 der Basen eines Pulses** / pulse train
base envelope || **2 der Dächer eines Impulses** /
pulse train top envelope || **2 der Dächer eines
Pulsbursts** / pulse burst top envelope
einhüllende Kurve *f* / envelope curve
Einkanal·betrieb *m* / single-channel mode (o.
operation) || **2einschub** *m* / one-port slide-in
module || **2einschub OPM** / OPM one-port slide-
in module
einkanalig *adj* / single-channel *adj* (available error
definitions for the object selected on the left) || **~
geschaltete Peripherie** / single-channel switched I/
O || **~e Peripherie** / single-channel I/O
Einkanal'-Oszilloskop *n* / single-trace oscilloscope ||
2regler / single-channel controller || **2sensor** *m* /
single-channel sensor || **2-Y-Verstärker** *m* / one-
channel vertical amplifier
Einkapselung *f* / embedding *n*
Einkauf *m* / purchasing *n*, purchase *n* || **2sberater**
m / purchasing adviser || **2sgewohnheiten** *f pl* /
spending habits || **2s-Informations-System (EIS)**
n / Purchasing Information System (EIS) ||
2sleistung *f* / purchasing efficiency ||
2smarketing *n* / acquisition marketing ||
2sschlüsselnummer (ESN) *f* / purchasing code
number
einkeilen *v* / key *v*, wedge *v*, chock *v*
einkerben *v* / notch *v*, indent *v*, nick *v*
Einkerbung *f* / indentation *n* || **2en** *f pl* (in einem
Leiter) / nicks *n pl* (in conductor)
Einkern-Stromwandler *m* / single-core(-type)
current transformer
Einkessel-Ölschalter *m* / single-tank bulk-oil circuit-
breaker
EIN-Kette *f* (Ablaufsteuerung) / start-up sequence
einketten *v* / link *v*
einkitten *v* (befestigen) / cement *v* || **~** *v* (dichten) /
lute *v* || **~** *v* / embed in cement, cement into
Einklemm·kraft *f* / pinching force || **2schutz** *m* / anti-
pinch sensor, anti-trap function
einklinken *v* (einrasten) / latch *v*, lock home
Ein-Knopf-Bedienung *f* / single-button operation
Einknopf-Messbrücke *f* / single-knob measuring
bridge
Einkommen *n* / income *n*, emoluments *n* || **2sspanne**
f / spread of income || **2steuer** *f* / income tax ||
2serklärung *f* / income-tax statement
Einkomponenten'-Dosierwaage *f* / single
component proportioning scale || **2-
Festwertregelung** *f* / single-component fixed-
setpoint control || **2gerät** *n* / single-element device
Einkopfschweißen *n* / single-head welding
Einkoppelfaser *f* / launching fibre
Einkoppelleistung *f* / launch power
einkoppeln *v* / inject *v*, connect *v*, couple *v*, link *v*,
interface *v*, launch *v*
Einkoppelung *f* / coupled-in noise || **2 von
Signalen** / signal input, access to signals
Einkoppel·wirkungsgrad *m* / launch efficiency
Einkopplung *f* / coupling *n*, interference *n* || **2** *f* /
launching *n* || **2** *f* (induzierte Spannung) / induced
voltage || **2 des Lichtes** / light coupling *n* || **2 von
Rundsteuersignalen** / injection of ripple-control
(o. centralized telecontrol) signals || **numerische
Apertur der 2** / launch numerical aperture ||
Öffnungswinkel der 2 / launch numerical angle ||
kapazitive 2en / capacitive coupling, capacitive
interference
Einkopplungswinkel *m* / launch angle
Ein-Körper-Abbild *n* / homogenous-body replica
Einkörpermodell *n* / homogenous-body model
Einkreisfilter *n* / single-tuned filter
Einkristall *m* / single crystal, monocrystal *n* || **2-
Diffraktometer** *m* / single-crystal diffractometer ||
2in *adj* / single-crystal || **~ines Silizium** / mono-Si
n || **2körper** *m* / boule *n* || **2untersuchung** *f* / single-
crystal investigation || **2ziehen** *n* / single-crystal
growing
Einkugelmaß *n* / over ball dimension
einkugeln *v* (Lagerschale) / turn in *v*, to lock home
einkuppeln *v* / clutch *v*, engage *v* || **2** *v n* / clutch
engagement *n*, engage the clutch *n*
Einkuppelzeit *f* / engagement time *n*
Einladung *f* / invitation *n*
Einlage *f* / liner *n* || **2** *f* (Streifen aus Hartpapier, wird
unter das Magnetsystem eines Schützes gelegt) /
insert *n*, inlay *n* || **2folie** *f* / insert film *n* || **2gummi**
m / insert rubber *n*
Einlagen·schweißen *n* / single-pass welding ||
2wicklung *f* / single-layer winding
Einlagermaschine *f* / single-bearing machine
einlagern *v* / store *v*, check in, swap in, save *v*,
import *v*
Einlagerung *f* / storage || **2sübertragung** *f* /
intraband transmission || **2s- und
Lagerentnahmesystem** / storage and retrieval
system
einlagig *adj* / single-layer *adj*, one-layer *adj* || **~e
Wicklung** / single-layer winding || **~er
Treibriemen** / single belt
einlampig *adj* / single-lamp || **~e Leuchte** / single-
lamp luminaire
einlappige Rohrschelle / conduit clip, clip *n*
Einlass·dämpfung *f* / insertion loss || **2führung** *f* /
skirt boards || **2kanal** *m* / intake port || **2nocken**
m / inlet cam || **2ventil** *n* / inlet valve, intake valve
Einlaufband *n* / infeed belt
einlaufen *v* / break in *v*, run in *v* || **~** *v* (Bürsten) / run
in *v*, become properly seated
einlaufende Welle / incoming wave
Einlauf-Frequenzdrift *f* (Mikrowellenröhre) / warm-
up frequency drift || **2kontrolle** *f* / entry checking ||
2rillen *f pl* / run-in grooves || **2rost** *m* / inlet
grating || **2sektion** *f* / infeed section || **2stand** *m* /
run-in stand || **2stollen** *m* / inlet tunnel || **2strecke** *f*
(Gewindebearbeitung) / arc-in section, acceleration

distance, run-in path || ≈**stutzen** *m* / flow guide, flowguide *n* || ≈**verhalten der Ausgangsleistung** (Verstärkerröhre) DIN IEC 235, T.1 / power stability || ≈**walze** *f* / infeed roll || ≈**weg** *m* / arc-in section, run-in path || ≈**weg** *m* (Beschleunigungsweg beim Gewindeschneiden) / acceleration distance || ≈**winkel** *m* / entry angle || ≈**zeit** *f* / run-up time, run-in period, warm-up time (CRT, microwave tube), starting time || ≈**zeit** *f* (Kontakte) / wear-in period

Einlege·blech *n* / insert plate || ≈**brücke** *f* / insertable jumper, jumper plug, comb *n* || ≈**gerät** *n* (Automat) / pick-and-place robot, loading robot || ≈**kappe** *f* / cap *n*, insert cap || ≈**kappe** *f* / insertable cap, insertable lens cap || ≈**keil** *m* / sunk key || ≈**maschine** *f* / loading machine || ≈**mutter** *f* / insertable nut, insert nut

einlegen *v* / put in || ~ *v* / insert *v* || ≈ *n* DIN 8580 / laying in, inserting *n* || ~ *v* (schließen) / close *v* || ~ *v* (Diskette) / load *v*

Einlege·passfeder *f* / sunk key || ≈**platte** *f* / insert plate || ≈**position** *f* / load position || ≈**profil** *n* / insertion profile || ≈**schild** *n* / insertable plate, indicator label, inscription label, inscription plate || ≈**schild** *n* / insertable legend || ≈**teil** *n* / inlay part || ≈**vorrichtung** *f* / fitting device, pick and place unit

einleiten *v* / initiate *v*, start *v*, lead into

Einleiter·anschluss *m* / single-conductor connection || ≈**kabel** *n* / single-conductor cable, single-core cable || ≈**-Ölkabel** *n* / single-conductor oil-filled cable || ≈**platte** *f* / single core cable entry plate || ≈**spule** *f* / single-conductor (continuous coil) || ≈**-Stabstromwandler** *m* / single-wire bar-type current transformer || ≈**transduktor** *m* / single-conductor transductor || ≈**wandler** *m* / bar-type current transformer, single-turn transformer

Einleitung *f* / introduction *n*

Einleitungssteuerung *f* (Logik) / initialization logic

Einlernen *v* / teach-in *n*, teaching *n* || ~ *v* / teach

Einlese·freigabe *f* / read-in enable || ≈**freigabe fehlt** / read-in enable missing, read-in inhibited || ≈**halt** *m* / read-in stop

einlesen *v* (Programm) / read *v*, read in *v*, write *v* (in), input *v*, import *v* || ≈ **von Rüstungen** *n* / import of set-ups

Einlese·protokoll *n* / import report || ≈**sperre** *f* (ESP) / read-in disable || ≈**vorgang** *m* / read in, read *n*

Einloch·befestigung *f* / single-hole mounting || ≈**wicklung** *f* / single-coil winding, one-slot-per-phase winding

einloggen *v* / log into *v*, log in *v*, connect *v*

einlöten *v* / solder *v*

Einlöt·stift *m* / solder(ing) pin || ≈**typ** *m* (GSS) / solder-in type

Einmal·-Drucktaste *f* / single-shot pushbutton || ≈**fertigung** *f* / non-repetitive production

einmalig *adj* / single counting || ~**e Kurzunterbrechung** / single-shot reclosing, open-close operation || ~**e Wiedereinschaltung** / single-shot reclosing, open-close operation || ~**e Zeitablenkung** / single sweep, one shot || ~**er Anschlusskostenbeitrag** / capital contribution to connection costs || ~**er Netzkostenbeitrag** / capital contribution to network costs || ~**es Zählen** (die Zählerbaugruppe zählt einmalig ab dem Ladewert bis zur Zählgrenze) / single count

Einmalkosten *plt* / non-recurring costs, one-off costs

Ein-Mann·-Bedienung *f* / one-man operation || ≈**-Montage** *f* / one-man installation

Einmantelkabel *n* / single-layer-sheath cable

einmessen *v* / calibrate *v*

Einmetall-Leiter *m* / plain conductor

Ein-Minuten·-Prüfwechselspannung *f* / one-minute power-frequency test voltage || ≈**-Stehwechselspannung** *f* / one-minute power-frequency withstand voltage

Einmitten *n* / centering *n* || ~ *v* / centre *v* || **halbautomatisches** ≈ (HAE) / semi-automatic centering (SAC)

Einmitt·flanke *f* / centering flank || ≈**zyklus** *m* / centering cycle

Einmodenfaser *f* / monomode fibre, single-mode fibre

Einmotorenantrieb *m* / single-motor drive, individual drive

Einmündung *f* / junction *n*

Einnietmutter *f* / rivet-down nut

Ein- oder Ausschaltvermögen unter Asynchronbedingungen / out-of-phase making or breaking capacity

ein- oder dreipolige Wiedereinschaltautomatik / single or three-pole automatic reclosing

ein- oder mehrdrähtig / solid or stranded

einordnen *v* / classify *v*, organize *v*

Einpacker *m* / packer, casing machine

einpassen *v* / fit *v*, adapt *v*

einpegeln *v* / adjust itself

Einpegelung *f* / level alignment

einpendeln, sich ~ / adjust itself

Einperlgerät *n* / bubbler *n*

Einphasen auf Schwarz (Einphasen durch ein Einphasignal, das Nominalschwarz entspricht, in dem eine kurze Unterbrechung, die Nominalweiß entspricht, während der Verlustzeit übertragen wird) / phasing on black || ≈ **auf Weiß** (Einphasen durch ein Einphasignal, das Nominalweiß entspricht, in dem eine kurze Unterbrechung, die Nominalschwarz entspricht, während der Verlustzeit übertragen wird) / phasing on white || ≈ **ausführung** *f* / single-phase version || ≈**-Brückenschaltung** *f* / single-phase bridge connection, two-pulse bridge connection || ≈**-Drossel** *f* / single-phase reactor || ≈**-Filter** *m* / single-phase filter || ≈**gerät** *n* VDE 0730 / single-phase appliance || ≈**kabel mit konzentrischem Neutralleiter** / single-phase concentric-neutral cable || ≈**lauf** *m* / single-phasing || ≈**-Mittelpunktschaltung** *f* / single-phase midpoint connection, single-phase centre-tap connection, single-phase full-wave connection

Einphasenmotor *m* / single-phase motor, single-phase a.c. motor || ≈ **mit abschaltbarem Kondensator in der Hilfsphase** / capacitor-start motor || ≈ **mit abschaltbarer Drosselspule in der Hilfsphase** / reactor-start motor || ≈ **mit Anlaufkondensator** / capacitor-start motor || ≈ **mit Anlauf- und Betriebskondensator** / two-value capacitor motor || ≈ **mit einem Kondensator für Anlauf und Betrieb** / capacitor-start-and-run motor, permanent-split capacitor motor || ≈ **mit Hilfswicklung** / split-phase motor || ≈ **mit Hilfswicklung und Drosselspule** / reactor-start

Einphasen

split-phase motor || ⸰ **mit Hilfswicklung und Widerstand** / resistance-start split-phase motor || ⸰ **mit Widerstands-Hilfsphase** / resistance-start motor
Einphasen·-Netzschema n / single-line system diagram || ⸰**-Reihenschlussmotor mit Kompensationswicklung** / single-phase commutator motor with series compensating winding || ⸰**-Reihenschlussmotor mit kurzgeschlossener Kompensationswicklung** / single-phase series commutator motor with short-circuited compensating winding || ⸰**schaltung** f / single-phase connection || ⸰**-Spartransformator** m / single phase autotransformer || ⸰**strom** m / single-phase current || ⸰**-Stromkreis** m / single-phase circuit || ⸰**-Synchronmotor** m / single-phase synchronous motor || ⸰**-Trafo** m / single-phase transformer || ⸰**transformator** m / single-phase transformer || ⸰**wechselstrom** m / single-phase alternating current
Einphasen-Wechselstrom m / single-phase a.c. current, single-phase current, single-phase alternating current || ⸰**kreis** m / single phase a.c. circuit || ⸰**motor** m / single-phase a.c. motor || ⸰**zähler** m / single-phase kWh meter || ⸰**-Zugförderung** f / single-phase a.c. traction
Einphasen-Zweileiter-Stromkreis m / single-phase two-wire circuit
einphasig *adj* / single-phase *adj*, one-phase *adj*, monophase *adj* || ~ **gekapselte Generatorableitung** / phase-segregated generator-lead bunking || ~ **gekapselte Sammelschiene** / isolated-phase bus (duct), phase-segregated bus || ~**e Einwegschaltung** / single-phase half-wave connection, two-pulse centre-tap connection || ~**e Erregung** / single-phase supply || ~**e Flüssigkeit** / Newtonian liquid || ~**er Betrieb** / single-phasing || ~**er Erdschluss** / phase-to-earth fault, phase-to-ground fault, single-phase-to-earth fault, one-line-to-ground fault || ~**er Fehler** / phase-to-earth fault, phase-to-ground fault, single-phase-to-earth fault, one-line-to-ground fault || ~**er Netzanschluss** / single-phase mains connection || ~**er Stoßkurzschlussstrom** / maximum asymmetric single-phase short-circuit current
Einphassignal n (spezielles Signal, gesendet von einem Faksimile-Sender zu dem zugehörigen Empfänger, um das Einphasen zu sichern) / phasing signal
Einplatinen·lösung f / single PCB solution || ⸰**-Mikrocomputer** m / single-board microcomputer (SBµC) || ⸰**rechner** m (SBC) / single-board computer (SBC)
Einplatz·lösung f / single-user solution || ⸰**-Multitasking-Echtzeit-Betriebssystem** n / single-user multi-tasking real-time operating system || ⸰**system** n / single-user system, standalone system || ⸰**-Textautomat** m / single-user text processor, stand-alone word processor
einpolig *adj* / single-pole *adj*, one-pole *adj*, monopole *adj*, single phase || ~ **gekapselte Schaltanlage** / single-pole metal-enclosed switchgear || ~ **gesteuerte Brückenschaltung** / single-pole controllable bridge connection || ~ **isolierter Spannungswandler** / earthed (o. grounded) voltage transformer, single-bushing potential transformer || ~ **steuerbare Brückenschaltung** / single-pole controllable bridge connection || ~**e Darstellung** / single-line representation, one-line representation || ~**e HGÜ** / monopolar HVDC system || ~**e HGÜ-Verbindung** / monopolar HVDC link, monopolar d.c. link || ~**e Kapselung** (SF_6-Anl.) / phase-unit encapsulation, isolated-phase construction || ~**e Kurzunterbrechung** / single-pole auto-reclosing, single-phase auto-reclosing || ~**e Leitung** / monopolar line || ~**er Ausschalter** (Schalter 1/1) VDE 0630 / single-pole one-way switch || ~**er Ein-Aus-Schalter** / single-pole single-throw switch (SPST) || ~**er Erdkurzschluss** / phase-to-earth fault, phase-to-ground fault, single-phase-to-earth fault, one-line-to-ground fault || ~**er Erdschluss** / phase-to-earth fault, phase-to-ground fault, single-phase-to-earth fault, one-line-to-ground fault || ~**er Fehler** / phase-to-earth fault, phase-to-ground fault, single-phase-to-earth fault, one-line-to-ground fault || ~**er Kurzschluss** / single-pole-to-earth fault (GB), one-line-to-ground short circuit (US) || ~**er Lastschalter** / single-pole switch || ~**er Leistungsschalter** / single-pole circuit-breaker || ~**er Leitungsschlussschalter** / single pole circuit-breaker, one-pole m.c.b. || ~**er Netzschalter** VDE 0860 / single-pole mains switch IEC 65 || ~**er Schalter** / single-pole switch || ~**er Schaltplan** / single-line diagram || ~**er Spannungswandler** / single-bushing voltage transformer || ~**er Umschalter** / single-pole double-throw switch (SPDT) || ~**er Wechselschalter** (Schalter 6/1) VDE 0630 / two-way switch || ~**er Wechselstromzähler** / single-phase kWh meter || ~**es HGÜ-System** / monopolar (o. unipolar) HVDC system || ~**es Relais** / single-pole relay, single-contact relay || ~**es Schaltbild** / single-line diagram || ~**es Schütz** / single-pole contactor
Einportalmaschine f / single-gantry machine
einprägen v (Signal) / inject v || ~ v (Strom) / impress v, apply v, inject v
Einprägung f (Markierung) / embossing n, debossing n, debossed marking || **Strom~** f / current injection
Einpressdiode f / press-fit diode
einpressen v / press-fit v, press in v, force in v
Einpress·kontakt m / press-fit contact || ⸰**kraft** f DIN 7182,T.3 / assembling force || ⸰**modul** n / press-fit module || ⸰**mutter** f / press-in nut, insert nut || ⸰**schraube** f / press-in screw || ⸰**-Stift** m / press-fit pin || ⸰**technik** f / press-fit technology || ⸰**verbindung** f DIN 41611,T.5 / press-in connection, press-fit connection
Einproduktanlage f / single-product plant
Einprozessor·betrieb m / single-processor mode || ⸰**steuerung** f / single-processor control
Einpuls·-Verdopplerschaltung f VDE 0556 / one-pulse voltage doubler connection IEC 119 || ⸰**-Vervielfacherschaltung** f VDE 0556 / one-pulse voltage multiplier connection IEC 119
Einpunkt·abgleich m / one point trim || ⸰**messung** f / single-point measurement || ⸰**verbindung** f (Kabelschirme) / single-point bonding
einputzen v / to mount flush with plaster surface, flush-mount v, embed in plaster
Einputz·gehäuse n / recessed housing || ⸰**rahmen** m / recessed mounting frame
Einquadrantantrieb m / single-quadrant drive

Ein-Quadrant-Antrieb *m* / one-quadrant drive, single-quadrant drive, non-reversing, non-regenerative drive
Einquadrant·betrieb *m* / single-quadrant operation || ⁓**enantrieb** *m* / single-quadrant drive || ⁓**Stromrichter** *m* / one-quadrant convertor, one-quadrant converter, semi-converter *n*
Einrampenumsetzer *m* / single-slope converter
Einrastelement *n* / latching element
einrasten *v* / lock home, latch tight, snap into place, latch *v*, engage *v*
Einrasten in die Vorzugsrichtung des Rotors / initial line-up jerking of the rotor
einrastend *adj* / latching *adj*
Einrast·feder *f* / latch *n* || ⁓**kupplung** *f* / latching coupling, engagement coupling || ⁓**strom** *m* / latching current
einreihig·e Anordnung / single-tier arrangement || **~er Steckverbinder** / single-row connector || **~es Kugellager** / single-row ball bearing, single-race ball bearing
Einreisesichtvermerk *m* / entry visa
einreißen *v* (schlitzen) / slit *v* || **~** *v* (stechen) / lance *v* || **~** *v* (zerreißen) / tear *v*
Einreißfestigkeit *f* / tear resistance
Einrenken *n* / engaging *n*
Einricht·art *f* / setup mode || ⁓**betrieb** *m* / setup mode || ⁓**betriebsart** *f* / setup mode || ⁓**bewegung** *f* / setup motion, setup movement || ⁓**bild** *n* / setup screen || ⁓**blatt** *n* / setup sheet || ⁓**dialog** *m* / setup dialog
Einrichte·betrieb *m* / setup mode ||
Einrichte·betrieb *m* (WZM) / setting-up operation || ⁓**betriebsart** *f* (WZM, NC) / setting-up mode || ⁓**bewegung** *f* / setup movement, setup motion || ⁓**blatt** *n* / setup sheet || ⁓**korrektur** *f* / setup offset
einritzen *v* / scribe *v*
Einrichten *n* / setting up, setting-up mode, establish *n*, setup mode *n*, setup *n* || **~** *v* (Kachelbereich) / initialize *v* || **~** *v* / set up, feed *v*, set up manually, supply *v*, write data into mailbox
Einrichte·plan *m* / setup plan || ⁓**platz** *m* / setup location
Einrichter *m* / tool setter, machine setter, setter *n*, line engineer, machine setter, setting-up device
Einrichte·schalter *m* / setting-up mode selector switch || ⁓**teil** *n* / interchangeable part || ⁓**vorschub einstellen** / set setup feedrate || ⁓**wert** *m* / setup value || ⁓**zeit** *f* / setup time, setting-up time
Einricht·funktion *f* / setup function || ⁓**position** *f* / setup position || ⁓**schalter** *m* / setting-up mode selector switch || ⁓**station** *f* / setup station
Einrichtung *f* / unit *n*, equipment *n*, machine *n*, station *n*, stand *n*, operation *n* || ⁓ *f* (Gerät) / device *n*, facility *n*, apparatus *n*, fixture *n* || ⁓ *f* (Vorrichtung) / device *n* || ⁓ **für dreipolige Wiedereinschaltung** / three-pole reclosing equipment, three-phase reclosing equipment || ⁓ **für einpolige Wiedereinschaltung** IEC 50(448) / single-pole reclosing equipment, single-phase reclosing equipment || ⁓ **zum automatischen Netzwiederaufbau** / automatic restoration equipment || ⁓ **zur automatischen Lastwiederaufnahme** (IEV 448-16-13) / automatic load restoration equipment || ⁓ **zur automatischen Wiederherstellung der**

Lastbedingungen / automatic load restoration equipment || ⁓ **zur automatischen Wiederherstellung von Netzvervbindungen** IEC 50(448) / automatic restoration equipment || **dichtverschlossene** ⁓ (f. Geräte in Zündschutzart) / sealed device
Einrichtungen *f pl* / organizations *n pl* || ⁓ **der Informationstechnik** / information technology equipment (ITE)
Ein-Richtungs-HGÜ *f* / unidirectional HVDC
Ein-Richtungs-Antrieb *m* / non-reversible drive, non-reversing drive
Einrichtungsbeihilfe *f* / settling-in grant, settling-in allowance
Ein-Richtungs·-Bus *m* / unidirectional bus || ⁓**-HGÜ-System** *n* / unidirectional HVDC system
Einrichtungs·objekt *n* / equipment entity || ⁓**steuerung** *f* / equipment control
Ein-Richtung-Stromrichter *m* / non-reversible converter, one-way converter
Ein-Richtungs·-Ventil *n* / unidirectional valve || ⁓**-Verkehr** *m* / unidirectional traffic || ⁓**-Zweig** *m* / unidirectional arm
Einricht·zeit *f* / setup time || ⁓**zeit** *f* / setting-up time, setting time || ⁓**zyklus** *m* / setup cycle
einrücken *v* / engage *v*, clutch *v*, throw in *v*, couple *v*, connect *v*, indent *v* || **~** *v* (Getriebe) / engage *v* || ⁓ *n* / engaging *n* || ⁓ *n* (v. Textzeilen) / indentation *n*
Einrück·sperre *f* / engagement lockout || ⁓**vorrichtung** *f* / rack-in device
einrütteln *v* / vibrate into
Eins, Leistungsfaktor ⁓ / unity power factor, unity p.f. || **Übersetzungsverhältnis** ⁓ / one-to-one ratio
Einsattelung *f* (Kurve) / dip *n*, depression *n* || ⁓ *f* (Impulsabbild) / valley *n*
Einsatz *m* / assignment *n* || ⁓ *m* VDE 0660, T.500 / fixed part (IEC 439-1), non-drawout assembly || ⁓ *m* / insert *n* || ⁓ *m* (Teil) / insert *n* || ⁓ *m* / fuse link || ⁓ *m* (Schaltereinsatz) / basic breaker || ⁓ *m* (Verwendung) / duty type || ⁓ *m* (Schaltereinsatz) / basic switch, contact unit || ⁓ *m* (Verwendung) / application *n*, duty *n* || ⁓ *m* (Chassis) / chassis *n* || ⁓ *m* / operation *n*, use *n* || ⁓ **eines Leistungsteiles** / use of a power module, using of a power module || ⁓ **im Feld** / field application || ⁓ **in Schiffen** / use in marine engineering || **Abgangs~** / non-withdrawable outgoing unit, fixed-mounted branch-circuit unit || **Geräte~** *m* (I-Schalter) / contact block (with mounting plate) || **Steckverbinder-**⁓ *m* / connector insert || **Steuerfunktion im** ⁓ / controller in charge || ⁓, **Stiftsschlüssel** / insert, pin spanner || **überregionaler** ⁓ / supraregional assignment
Einsatz·ablauf *m* / service call procedure, servicing sequence || ⁓**art** *f* / field of application || ⁓**baugruppe** *f* / plug-in package, sub-unit *n* || ⁓**bedingung** *f* / condition of operation, rated condition || ⁓**bedingungen** *f pl* / field service conditions, operating conditions, conditions of application || ⁓**bereich** *m* / field of application, area of application, application *n*, operating range
einsatzbereit *adj* / ready-to-use *adj*
Einsatz·bericht *m* / service report, action report, maintenance report, assignment report, field service report || ⁓**block** *m* / plug-in package, sub-

Einsätze 238

unit n ‖ ⸆breite 3 mm / insert width 3 mm ‖
⸆daten plt / field data (observed data obtained during field operation) ‖ ⸆daten plt / operational data, operating data, particular tool data ‖
⸆dichtring m / replaceable sealing ring ‖
⸆dokumentation f / service call documentation ‖
⸆drehzahl f / threshold speed ‖ ⸆drehzahl für die Feldschwächung / threshold speed for the field weakening
Einsätze m pl / inserts n pl
Einsatz·entfernung f (Scheinwerfer) / working distance ‖ ⸆erfahrungen f / use experiences ‖
⸆faktor m / enabler n ‖ ⸆fall m / case of application, application ‖ ⸆fälle m pl / cases of application ‖ ⸆forderung f / operational requirements ‖ **Festlegung der** ⸆**forderungen** / statement of operational requirements (AQAP) ‖
⸆gebiet n / area of application, field of application, application area ‖ **~gehärteter Stahl** m / case hardened steel ‖ ⸆grenzbedingungen f pl / limiting operational conditions ‖ ⸆grenze f / limit of application ‖ ⸆härten n / case hardening ‖
⸆härtungstiefe f / case depth ‖ ⸆häufigkeit f / frequency of use ‖ ⸆höhe f / operational altitude ‖
⸆hülse f / adapting sleeve ‖ ⸆jitter m / starting jitter ‖ ⸆klasse f VDE 0109 / installation category ‖ ⸆länge f / insert length ‖ ⸆leitstelle f / field service dispatch center ‖ ⸆leitung f / Personnel Assignment ‖ ⸆möglichkeit f / possible field of application ‖ ⸆möglichkeiten f / capacitance adjustment ‖ ⸆ort m / location n, site n, location of use ‖ **allseitig geschlossener** ⸆**ort** / enclosed location ‖ **wechselnder** ⸆**ort** / changeable site ‖
⸆ort-Klasse f (EN 654-1) / class of location
Einsatz·plan, Kraftwerks-⸆**plan** m / generation schedule ‖ ⸆planung f / operation planning, assignment planning, application planning ‖
⸆prüfung f / field test ‖ **Teilentladungs-**⸆**prüfung** f / partial-discharge inception test ‖
⸆punkt m / activation point, starting point ‖ ⸆punkt **Wiederzuschalten des I-Anteils des n-Reglers** / n controller I-action comp. reactivation point ‖
⸆schwelle f / starting threshold ‖ ⸆schwerpunkt m / used primarily, main application ‖ ⸆spannung f / inception voltage, threshold voltage ‖
⸆spannung f / cut-off voltage IEC 151-14 ‖
⸆spiegel m (Leuchte) / detachable specular reflector ‖ ⸆stahl m / case-hardened steel ‖
⸆steuerung f / assignment control ‖ ⸆stoffe f / quantity of materials used in the manufacturing process of pharmaceuticals
Einsatz·technik f / fixed-assembly design, non-withdrawable unit design, non-drawout design ‖
⸆überwachung der Regelenergie f / ancillary service bid utilization (ASBU) (t.b.d.) ‖
⸆werkzeug n / insert tool, selected tool ‖ ⸆wert der Stromgrenzung DIN 41745 / current limiting threshold ‖ ⸆zeit f / service period ‖ ⸆zittern n / starting jitter ‖ ⸆zweck m / application use
einsaugen v / take in v, draw in v
Einsäulen·-Scherentrenner m / single-support pantograph disconnector, pantograph disconnector ‖ ⸆trenner m / single-support disconnector (o. isolator), single-column disconnector (o. isolator), single-stack disconnector ‖ ⸆-Trennschalter m / single-support disconnector (o. isolator), single-column disconnector (o. isolator), single-stack disconnector

Eins-aus-Zehn-Code m / one out of ten code
einscannen v / scan v
Einschachteln n / interleaved (o. overlapped) stacking ‖ ⸆ n / nesting n
Einschall·richtung f / direction of incidence ‖ ⸆ung f / intromission of sound ‖ ⸆winkel m / angle of incidence, incidence angle
Einschalt·abbrand m / (contact) erosion on closing, (contact) burning on making ‖ ⸆antrieb m / closing mechanism ‖ ⸆augenblick m / instant of closing ‖ ⸆auslöser m / closing release ‖
⸆bedingung f / power up condition ‖
⸆bedingungen f pl / making conditions ‖ **Prüfung der** ⸆**bedingungen** / preconditional check ‖
⸆befehl m / starting signal, starting command
einschaltbereit adj / ready-to-close adj, ready to start, ready, ready for closing
Einschaltbereitschaft f (Zustand eines Anlagenteils, der sofort unter Spannung gesetzt werden kann) / availability n ‖ ⸆sanzeige f / service readiness indication ‖ ⸆smeldekontakt m / ready-to-close signaling contact, ready-to-close signalling contact ‖ ⸆smeldung f / ready indication
Einschaltdauer f / temporary duty, duration of lead application ‖ ⸆ f (Stromkreis) / ON period, ON duration, duration of current ‖ ⸆ f (eines Stromes) / time of application ‖ ⸆ f / operating time, running time, ON-time ‖ ⸆ **(ED)** f (Zeit, während die Schaltstücke geschlossen bleiben (relative ED in %)) / on-load factor, duration of lead application, ON time, temporary duty, duty cycle ‖ ⸆ **(ED) in %** f / ON time in %
Einschaltdauer, relative ⸆ / pulse duty factor, mark-space ratio, duty factor ‖ **relative** ⸆ (Schütz) VDE 0660, T.102 / on-load factor (OLF contactor) IEC 158-1 ‖ **relative** ⸆ / duty ratio IEC 50(15) ‖ **relative** ⸆ / operating factor (relay) ‖ **relative** ⸆ (ED el. Masch.) VDE 0530, T.1 / cyclic duration factor (c.d.f.), load factor ‖ **relative** ⸆ (ED) / duty cycle
Einschalt·druck m / cut-in pressure ‖ ⸆druck m (m. Druckluftantrieb) / closing pressure, operating pressure ‖ ⸆element n / making unit ‖ ⸆eigenzeit f VDE 0670, T.101 / closing time IEC 56-1
Einschalten / enable n ‖ ⸆ n (Einschaltvorgang) / closing operation, making operation ‖ ~ v / power up, ramp up ‖ ~ v (Schalter, durch Betätiger) / close v, switch on v ‖ ~ v / switch in v, cut in v, bring into circuit, insert v ‖ ~ v / start v, switch on v ‖ ~ v (Schütz) / energize v, close n ‖ ~ v (Diode) / turn on v ‖ ~ v / energize v, connect to the supply (o. system) ‖ ~ v (Gerät, Licht) / switch on v, turn on v ‖ ⸆ **auf einen Kurzschluss** / fault throwing, making on a short circuit ‖ ⸆ **durch Abwärtsbewegung** (des Betätigungsorgans) / down closing movement ‖ ⸆ **durch Aufwärtsbewegung** (des Betätigungsorgans) / up closing movement ‖ ⸆ **mit Druckluft** / closing with compressed air ‖ ⸆ **mit EIN-Handhebel** / closing with ON hand lever ‖ ⸆ **und Referenzpunktfahren** / power ON and reference point approach
einschalten, direkt ~ / start direct on line, start at full voltage, start across the line ‖ **direktes** ⸆ / direct-on-line starting (d.o.l. starting), full-voltage starting, across-the-line starting ‖ **einen Strom** ~ / make a current, establish a current ‖ **unbeabsichtigtes** ⸆

VDE 0100, T.46 / unintentional energizing
Einschalter *m* / on-off switch, one-way switch, make-break switch
Einschalt·faktor *m* (el. Masch.) / duty-cycle factor || ⸺**feder** *f* / closing spring || ⸺**fehlimpuls** *m* / spurious switch-on pulse, spurious signal, switch-on transient
einschaltfertiges System / turnkey system
einschaltfest *adj* (Erdungsschalter) / make-proof *adj*, suitable for closing onto a short circuit || ~ *adj* / suitable for direct-on-line (o. full-voltage) starting
Einschalt·flanke *f* / leading edge, rising edge, rising signal edge, positive-going edge || ⸺**folge** *f* / starting sequence, operating sequence on starting || ⸺**funktionalität** *f* / power-up functionality || ⸺**geschwindigkeit** *f* / speed of make, closing speed || ⸺**glied** *n* / make contact, make contact element IEC 337-1, a-contact, normally open contact, NO contact
Einschalt·handhebel *m* / closing lever || ⸺**häufigkeit** *f* / switching frequence, starting frequency || ⸺**hebel** *m* / operating lever, closing lever || ⸺**hilfe** *f* / closing aid || ⸺**-Hilfsauslöser** *m* / shunt closing release IEC 694 || ⸺**leistung** *f* / making capacity IEC 157-1, rating at closing operation, contact current closing rating (ASA C37.1) || ⸺**logik** *f* / preconditioning logic, starting logic || ⸺**magnet** *m* / closing solenoid, closing coil || ⸺**moment** *n* / start-stop torque || ⸺**motor** *m* / starting motor || ⸺**pegel** *m* / switch-on level || ⸺**pegel kinet. Pufferung** / switch on level kin. buffering || ⸺**phasenlage** *f* / connection angle IEC 255-12 || ⸺**-Polaritätsumkehr** *f* DIN 41745 / turn-on polarity reversal || ⸺**position** *f* / activation position, switch-on position || ⸺**prüfung** *f* / making test || ⸺**prüfung** *f* (von Systemfunktionen beim Einschalten der Stromversorgung) / power-up test
Einschalt·reihenfolge *f* / start-up sequence || ⸺**relais** *n* / closing relay || ⸺**rush** *m* / inrush *n* || ⸺**rush** *m* / magnetizing inrush, inrush current || ⸺**signal** *n* / switch on signal || ⸺**spannung** *f* / switch-on voltage || ⸺**spannungsspitze** *f* (Schaltdiode) / forward transient voltage IEC 147-1 || ⸺**sperre** *f* / closing lock-out, lock-out preventing closing, power-on disable || ⸺**sperre** *f* / starting lockout, starting inhibiting circuit, safeguard preventing an unintentional start-up || ⸺**-Sperre** *f* / command block at the beginning || ⸺**spitze** *f* / inrush peak, peak inrush current, switch-on peak || ⸺**spule** *f* / closing coil, switching-on coil || ⸺**stabilisierung** *f* / inrush stabilization || ⸺**stabilisierung** *f* (Schutz, Oberwellenstabilisierung) / harmonic restraint (feature) || ⸺**stellung** *f* / closed position || ⸺**steuerung** *f* (SR-Mot.) / start-up control, starting sequence control, start-sequence controller || ⸺**stoßstrom** *m* / (starting) inrush current, (transformer) magnetizing inrush current || ⸺**stoßstrom** *m* / peak making current
Einschaltstrom *m* / switch-on current, current inrush, current at make, closing current || ⸺ *m* / starting current || ⸺ *m* DIN 41745 / inrush current || ⸺ *m* VDE 0670, T.2 / making current IEC 129, peak making current || ⸺ *m* (Kondensatoren) / inrush making current || ⸺ *m* (Stromstoß beim Einschalten von Trafos, Drosseln) / inrush current IEC 50(448) || **Faden~** *m* (Lampe) / filament starting current || ⸺**auslöser** *m* VDE 0660, T.1 / making-current release IEC 157-1, closing release || ⸺**begrenzer** *m* / inrush current limiter || ⸺**begrenzung** *f* / switch-on current limitation || ⸺**kreis** *m* / making circuit, make circuit, closing circuit || ⸺**spitze** *f* / inrush peak, peak inrush current, switch-on peak || ⸺**stabilisierung** *f* / harmonic restraint (function), current restraint (function) || ⸺**stoß** *m* (el. Masch.) / starting current inrush, magnetizing current inrush

Einschalt·synthetik *f* (Prüfschaltung) / synthetic circuit for closing operations || ⸺**temperatur** *f* / cut-in temperature, closing temperature || ⸺**-Überschwingweite** *f* DIN 41745 / turn-on overshoot || ⸺**überspannung** *f* / closing overvoltage, closing surge || ⸺**überstrom** *m* (Kondensator) / inrush transient current || **Kontrolle des** ⸺ **und Ausschaltverhaltens** / turn-on/turn-off check IEC 700
Einschaltung *f* (Einschaltvorgang) / closing operation, making operation
Einschalt·ventil *n* / turn-on valve, closing valve || ⸺**verhältnis** *n* / cycle duration || ⸺**verhältnis bei Pulsbreitensteuerung** / pulse control factor || ⸺**verhältnis bei Pulsdauersteuerung** / pulse control factor || ⸺**verhältnis bei Vielperiodensteuerung** / multicycle control factor || ⸺**verhinderung** *f* / switch-on prevention (component used to prevent a switch-on from occurring) || ⸺**verklinkung** *f* / closing latch || ⸺**verluste** *m pl* (Diode) / turn-on loss, turn-on dissipation || ⸺**-Verlustenergie** *f* / energy dissipation during turn-on time || ⸺**-Verlustleistung** *f* (Diode) / turn-on loss, turn-on dissipation || ⸺**-Verlustleistungsspitze** *f* / peak turn-on dissipation || ⸺**vermögen** *n* VDE 0660,T.101 / making capacity IEC 157-1 || ⸺**vermögen** *n* VDE0435,T.110 / limiting making capacity || ⸺**vermögen unter Asynchronbedingungen** / out-of-phase making capacity
Einschaltverriegelung *f* / closing lockout, switch-on interlocking, circuit preventing unintentional starting, start preconditioning circuit, closing lock-out, lock out preventing closing || ⸺ **für Phasenausfall** / starting open-phase protection
Einschaltverzögerer *m* / closing delay device (o. element), on-delay device, on-delay *n*
einschaltverzögert *adj* / delayed switching-on
Einschaltverzögerung *f* / switch-on delay, power-on delay, turn-on delay, pickup delay, ON delay, time delay in pickup, closing delay || **speichernde** ⸺ / retentive ON delay || ⸺**szeit** *f* / ON-delay time
Einschalt·verzug *m* / turn on time, pickup delay, ON delay, time delay in pickup, make-time *n* || ⸺**verzug** *m* EN 60947-5-2 / turn-on time || ⸺**vorgang** *m* / starting operation, starting cycle, closing operation, making operation || ⸺**vorrichtung** *f* VDE 0670,T.2 / closing device IEC 129
Einschaltwicklung *f* / starting winding, high-resistance auxiliary winding, starting amortisseur, auxiliary phase || ⸺ *f* / closing winding, pick-up coil || ⸺ *f* (Spule) / closing coil || ⸺ *f* / auxiliary winding
Einschalt·widerstand *m* / closing resistor || ⸺**winkel** *m* / making angle || **~wischend** *adj* / making pulse contact || ⸺**wischender Kontakt** *m* / passing make

Einschaltzeit 240

contact || ⁓wischer *m* / passing make contact IEC 117-3, fleeting NO contact || ⁓wischfunktion *f* / passing make contact function || ⁓-Wischkontakt *m* / passing make contact
Einschaltzeit *f* / make time || ⁓ *f* (im Schaltbetrieb eines Wechselstromstellers) / operating interval || ⁓ *f* (Laufzeit) / running time, on-time *n*, operating time, load period, ON duration, ON time || ⁓ *f* VDE 0660, T.101 / make-time *n* IEC 157-1 || ⁓ *f* (Schalttransistor, fotoelektr. NS) / turn-on time || ⁓ **des Stellers** / on-state interval of controller (Ts)
Einschätzung *f* / estimation *n*
Einscheiben·bremse *f* / single-disc brake || ⁓kupplung *f* / single-disc clutch
einschenkelig *adj* (Trafo-Kern) / single-leg *adj*, one-leg *adj*, single-limb *adj* || ~e **Sicherungszange** / pole-type fuse tong
einschichtiger Betonbordstein / monolithic concrete curb, monolithic concrete kerb
Einschichtwicklung *f* / single-layer winding
einschiebbar·e Baueinheit / insert *n* || ⁓er **Baugruppenträger** / insert *n*
Einschieben *n* (z.B. Wörter) / insertion *n* || ~ *v* / push in *v*, inject *v*
Einschienen·hängebahn *f* / hanger *n* || ⁓-**Hängebahn** *f* / monorail conveyor || ⁓katze *f* / monorail trolley
Einschlag *m* (Blitz) / strike *n* || ⁓-**Brandmelder** *m* / break-glass call point
einschlagen *v* (Blitz) / strike *v*
Einschlaghilfe *f* / insertion aid
einschlägig *adj* / applicable *adj*, valid *adj* || ~e **Bestimmung** / relevant specifications
Einschlag·isolierung *f* / folded insulation || ⁓maschine *f* / wrapping machine || ⁓mechanismus *m* (Blitz) / strike mechanism || ⁓stelle *f* (Blitz) / point of strike || ⁓werkzeug *n* / drive-in tool
Einschlämmen mit Wasser / flushing with water
Einschleichen über Leitungen / between-the-lines entry
Einschleichvorgang *m* / creep-speed
einschleifen *v* (Leiter) / loop in *v* || ~ *v* (Bürsten) / bed in *v*, seat *v* || ⁓ **von Fugen** / joint sawing || ⁓ **von Scheinfugen** / joint sawing || ⁓wicklung *f* / simplex winding
Einschleusen *n* / infeed *n*
Einschleus·platz *m* / subsection *n*, bay *n* || ⁓wagen *m* / feeder carriage || ⁓weiche *f* / feeder baffle
Einschlitten·-Drehmaschine *f* / single-slide turning machine || ⁓-**Einspindel-Drehmaschine** *f* / single-slide, single-spindle turning machine
Einschluss *m* / inclusion *n* || ⁓ *m* (Plasma) / confinement || ⁓liste *f* / inclusion list
Einschmelzautomat *m* / sealing machine
einschmelzen *v* (abdichten) / seal in *v*
Einschmelzglas *n* / sealing glass
Einschmelzung, vakuumdichte ⁓ / vacuum-tight seal
einschnappen *v* / snap into place, latch tight, lock home, engage with
einschneiden *v* (stanzen) / slit *v* || ~ **und ziehen** (stanzen) / lance *v*
Einschneider *m* / single cutter
einschneidig *adj* / one-edged *adj*, single-cutting *adj* || ~es **Werkzeug** / one-edged tool
Einschnitt *m* / excavation *n*, road in cut || ⁓ **und Damm** / cut and fill

Einschnüreffekt, magnetischer ⁓ / pinch effect
einschnüren *v* / constrict *v*
Einschnürrolle *f* / snub pulley
Einschnürung *f* / restriction *n* || ⁓ *f* / pinch *n*, contraction *n* || ⁓ *f* / constriction *n*, constrictive action
Einschnürungsdurchmesser *m* (Messblende) / vena contracta
Einschränkung *f* / constraint *n*
Einschraub·-Automat *m* / screw-in miniature circuit-breaker, screw-in m.c.b. || ⁓gewinde *n* / internal thread || ⁓länge *f* / length of engaged thread, length of thread engagement, length of engagement || ⁓-**LS-Schalter** *m* / screw-in type circuit-breaker || ⁓-**Schutzschalter** *m* / screw-in miniature circuit-breaker, screw-in m.c.b. || ⁓sicherung *f* / screw-in fuse || ⁓-**Sicherungsautomat** *m* / screw-in miniature circuit-breaker, screw-in m.c.b. || ⁓-**Stabsicherung** *f* / screw-in fuse pin || ⁓stutzen *m* / screw-in gland, tapped boss || ⁓stutzen *m* (Widerstandsthermometer) / mounting fitting, union *n*, mounting threads || ⁓thermometer *n* / screw-stem thermometer, screw-in thermometer || ⁓tiefe *f* / depth of engagement, reach of screw || ⁓typ *m* / screw-in type || ⁓-**Verschraubung** *f* / male coupling
Einschreibfreigabe *f* / write enable (WE)
einschrittig *adj* / single-stepped *adj*
Einschub *m* / plug-in unit, drawer unit, withdrawable part, slide-in module, guide frame, rack unit || ⁓ *m* DIN 43350 / drawer *n*, drawer unit, withdrawable part || ⁓ *m* (Elektronikmodul) / plug-in (o. withdrawable) module || ⁓ *m* (steckbare Einheit) / plug-in unit || ⁓ *m* (Zeichn.) / insert *n* || **auf** ⁓ / withdrawable type || **breiter** ⁓ / full-width withdrawable unit || **MCC-**⁓ *m* / MCC withdrawable unit, MCC drawout unit || **Programm~** *f* / program patch || **Zweikanal~** *m* (LAN-Komponente) / two-channel module
Einschub·adapter *m* / plug-in adapter || ⁓anlage *f* / withdrawable switchgear || ⁓ausführung *f* / withdrawable type (o. model), drawout type, plug-in type, draw-out version, slide-in version || ⁓baugruppe *f* / slide-in assembly || ⁓codierung *f* / guide frame coding || ⁓-**Doppel-Blistergurtungsmodul** *n* / plug-in double tape and reel module
Einschübe *m pl* / slide-in modules
Einschub·fach *n* / subsection *n*, bay *n* || ⁓feld *n* / withdrawable panel || ⁓feld *n* (Teil eines Schaltschranks, der aus mehreren Einschüben besteht) / withdrawable-unit cubicle || ⁓folie *f* / insertable foil || ⁓führung *f* / guide frame || ⁓führung mit Spindelantrieb / guide frame with contact engagement spindle || ⁓gerät *n* / withdrawable unit, rack-mounting unit || ⁓karte *f* / plug-in card || ⁓kassette *f* / slide-in cassette || ⁓lasche *f* / insert-label pocket || ⁓leiste *f* / guide rail || ⁓-**Leistungsschalter** *m* / withdrawable circuit-breaker, circuit breaker, withdrawable type, draw-out circuit breaker || ⁓modul *n* / plug-in module
Einschub·rahmen *m* / plug-in frame, guide frame, slide-in unit frame || ⁓raum *m* / withdrawable compartment || ⁓rückwand *f* / withdrawable rear panel || ⁓-**Schaltanlage** *f* / withdrawable switchgear, withdrawable switchgear assembly || ⁓schalter *m* / withdrawable circuit-breaker, slide-in circuit breaker || ⁓seite *f* / insertion side ||

⸺**spule** f / withdrawable coil || ⸺**spule mit seitlichem Elektronikmodul** / withdrawable coil with lateral solid-state module || ⸺**stecker** m / plug-in connector || ⸺**-Steckverbinder** m / rack-and-panel connector, unitor connector || ⸺**streifen** m / insertable strip, slide-in label || ⸺**system ES 902** / ES 902 packaging system || ⸺**tastatur** f / slide-in keyboard || ⸺**technik** f / withdrawable-unit design, drawout-unit design, draw-out design, withdrawable version, withdrawable devices, draw-out technology || ⸺**tragwinkel** m / withdrawable support bracket || ⸺**typ** m / withdrawable type || **~verriegelter Antrieb** / operating mechanism with insertion interlock || ⸺**verriegelung** f / insertion interlock || ⸺**verteiler** m (MCC) / motor control centre || ⸺**wechsel** m / exchange of withdrawable section || ⸺**zeile** f (MCC) / row of withdrawable units, tier n || ⸺**zeile** f / withdrawable tier
einschwallen v / flow-solder v
Einschweiß·ausführung f / welded version, butt welding ends || ⸺**thermometer** n / weldable thermometer, welded-stem thermometer
einschwenken v / swing in || ⸺ n / swiveling, swinging in, swivel in, swiveling in
Einschwimmer-Relais n / single-float relay
Einschwingen n / transient condition
Einschwing·frequenz f / natural frequency, frequency of restriking voltage || ⸺**spannung** f / TRV (transient recovery voltage) || ⸺**spannung** f (Wiederzündspannung) / restriking voltage || ⸺**spannung nach Abstandskurzschlussabschaltung** / short-line-fault transient recovery voltage || ⸺**-Spitzenstrom** m / peak transient current || ⸺**strom** m / transient current || **kurzzeitiger** ⸺**ungsvorgang** / transient adj || ⸺**verhalten** n / transient response, response n, transient behavior || ⸺**vorgang** m / transient phenomenon, transient reaction, transient n, initial response, response n, transient event, transient status || ⸺**zeit** f / settling time, transient recovery time || ⸺**zeit bei Haltebetrieb** / hold-mode settling time || **Eingangs**⸺**zeit** f (IC-Regler) / input transient recovery time || **Last~zeit** f (IC-Regler) / load transient recovery time || ⸺**zeitfehler** m / settling time error || ⸺**zustand** m / transient condition
Einseitenband n / single sideband (SSB) || ⸺**übertragung** f (ESB) / single sideband transmission
einseitig adj / single-sided adj || **~ angeschlagen** / on one end || **~ beaufschlagt** / unilaterally admitted || **~ durchgeschmolzener Schweißpunkt** / burn-through from one side (blind hole at the weld point caused by expulsion of molten metal) || **~ eingestelltes Relais** / biased relay || **~ geführtes Ventil** / single-guide valve || **~ gerichtet** / one-way adj || **~ gerichtet** / unidirectional adj || **~ gespeister Fehler** / fault fed from one end || **~ lichtempfindlich** / monofacial adj || **~ wirkendes Axiallager** / one-direction thrust bearing, single thrust bearing || **~ wirkendes Axial-Rillenkugellager mit ebener Gehäusescheibe** / one-direction flat seat thrust bearing || **~e Anwendung** / one-sided operation || **~e Belüftung** (el. Masch.) / single-ended ventilation || **~e Datenübermittlung** / one-way communication (data communication such that data is transferred in one pre-assigned direction) || **~e Druckmittelanfuhr** / directional supply || **~e Fahrstreifenbegrenzung** / one-way limiting lane sideline || **~e Federrückstellung** / spring return at one end || **~e Kehlnaht** / single fillet weld || **~e Kolbenstange** / single-ended piston rod || **~e Krafteverteilung** / unilateral dissipation of forces || **~e Leiterplatte** / single-sided printed board || **~e Speisung** / single-end infeed, single infeed || **~e Steuerung** / unilateral control || **~e Synchronisierung** / single-ended synchronization || **~e Verzerrung** / bias distortion || **~e Wimpelschaltung** / asymmetrical pennant cycle IEC 214 || **~er Antrieb** / unilateral drive, unilateral transmission, single-ended drive || **~er Betrieb** / one-sided mode || **~er Linear-Induktionsmotor** / single-sided linear induction motor (SLIM) || **~er Linearmotor** / one-sided (o. single-sided) linear motor || **~er magnetischer Zug** / unbalanced magnetic pull || **~es Abmaß** / unilateral deviation, unilateral tolerance || **~es Getriebe** / unilateral gear(ing) || **~es Schweißen** (die Naht wird von einer Werkstückseite geschweißt) / single sided welding
einseitig-gerichtete Assoziation / unidirectional association
Einsenkpresse f / hobbing press
Einsenkung f / counterbored hole
Einsetz~-/Aussetzbetrieb m / start/stop operation || ⸺**barkeit** f / applicability
einsetzen v / insert v, use v, carburize v, place v
Einsetz·feldstärke f / inception field strength || ⸺**funktion** f / engaging function || ⸺**spannung** f / inception voltage || ⸺**werkzeug** n (f. Kontakte) / insertion tool
Einsfrequenz f (Verstärker) / unity-gain frequency, frequency for unity gain, frequency of unity current transfer ratio
EIN-Signal f / ON signal
Einsignalmessgerät n / single-channel instrument
Einsitz-Eckventil n / angle valve
Ein-Sitz-Ventil n / single-seat(ed) valve
Einsitzventil mit Entlastungskolben / self-balanced valve
einsortieren v / classify v
einspannen v / clamp v || ⸺ **des Werkstücks** / workpiece clamping
Einspann·halter m / retainer clamp || ⸺**länge** f / clamping length || ⸺**stelle** f / clamping n || ⸺**tiefe** f / clamping depth || ⸺**toleranz** f / clamping tolerance
Einspannung f / initial voltage || ⸺ f (CLDATA-Wort) / clamp ISO 3592 || ⸺ f (Stützpunkt eines Leiters) VDE 0103 / fixed support IEC 865-1 || **Werkstück~** f / workpiece clamping
Einspannvorrichtung f (f. Werkstücke) / work holding device
Einspar·maßnahmen f pl / design-to-cost measures || ⸺**potenzial** n / cost-reduction potential
einspeichern v / store v, roll in v (secondary storage - primary storage)
Einspeise·adapter m / infeed adapter || ⸺**anschluss** m / supply lead, supply cable, supply n, incoming cable, protective earth, neutral n, phase n || ⸺**baustein** m / infeed module || ⸺**block** m / feed-in

Einspeise 242

block || **3-Phasen ⸰block** / 3-phase feed-in block || ⸰**blöcke** *m pl* / feed-in blocks || ⸰**druck** *m* / initial pressure || ⸰**einheit** *f* / incoming unit IEC 439-1, infeed unit, rectifier unit
Einspeise·feld *n* (Schrank) / incoming cubicle, incoming-feeder cubicle || ⸰**feld** *n* (Station) / incoming feeder unit || ⸰**feld** *n* / incoming feeder bay, incoming-feeder unit || ⸰**feld** *n* (IRA) / incoming panel BS 4727,G.06, incoming-feeder panel, incoming section || ⸰**feld** *n* (FLA) / incoming-line bay, incoming-feeder bay, incoming-supply bay || ⸰**gehäuse** *n* / supply housing, infeed enclosure || ⸰**kabel** *n* / incoming-feeder cable, incoming cable, supply cable, feeder cable || ⸰**kasten** *m* / feeder unit || ⸰**klemme** *f* / supply terminal, feed-in terminal, infeed terminal, line-side terminal, feeder terminal || ⸰**klemme Al** *f* / aluminum terminal || ⸰**klemme aus/für Al** *f* / terminal of/for Al || **3-Phasen ⸰klemme** *f* / 3-phase feed-in terminal || ⸰**klemmenmodul** *n* / infeed terminal module || ⸰**kombination** *f* / feeder combination
Einspeise·leiste *f* / incoming block || ⸰**leitung** *f* / supply line, incoming feeder, incoming line, incomer *n*, incoming feeder cable || ⸰**kombination** *n* / infeed unit, feeding unit, incoming unit, infeed module || **ungeregeltes ⸰modul** (UE-Modul) / open-loop control infeed module (OI), OI module || ⸰**möglichkeit** *f* / supply possibility
einspeisen *v* / supply *v*, feed *v*, apply *v*
Einspeisen eines betriebsfrequenten Stroms / power-frequency current injection || ⸰ **eines kapazitiven Stroms** / capacitance current injection
einspeisendes Kraftwerk / feeding power station
Einspeise·pegel *m* / injection level || ⸰**punkt** *m* / feeding point || ⸰**richtung** *f* / direction of incoming supply || ⸰**-/Rückspeiseeinheit** *f* / I/RF unit, rectifier/regenerative feedback unit, R/RF unit, infeed/regenerative-feedback unit || ⸰**-/Rückspeise-Einheit** *f* (E/R-Einheit) / rectifier/regenerative feedback unit, infeed/regenerative-feedback unit (I/RF unit) || ⸰**-/Rückspeisemodul** *n* / infeed/regenerative feedback module || ⸰**-Rückspeisemodul** (E-/R-Modul) / infeed/regenerative feedback module (I/RF module) || ⸰**schalter** *m* / incoming-feeder disconnector, incoming disconnector || ⸰**schalter** *m* / incoming-feeder circuit-breaker, feeder circuit-breaker, incoming circuit-breaker || ⸰**schutz** *m* / incoming-feeder protection || ⸰**seite** *f* / infeed side || ⸰**spannung** *f* DIN 19237 / input terminal voltage || ⸰**stelle** *f* / infeed point, feeding point, distributing point, supply terminal (s) || ⸰**system** *n* / infeed system || ⸰**trafo** *m* / electricity supply transformer || ⸰**transformator** *m* / infeed transformer || ⸰**versuch** *m* / drainage test || ⸰**verteiler** *m* / infeed distributor || ⸰**wandler** *m* / injection transformer || ⸰**zähler** *m* / reverse-mode meter
Einspeisung *f* / infeed *n*, feed-in *n* || ⸰ *f* / supply *n*, incoming supply, power supply, feeding *n* || ⸰ *f* (Leitung) / incoming feeder, line entry || ⸰ *f* (Rundsteuersignale, Blindleistung) / injection *n* || ⸰ *f* (SK-, IV-Einheit) VDE 0260, T.500 / incoming unit IEC 439-1 || ⸰ *f* (Feld, Schrank) / incoming panel || **externe ⸰ 380 V für Hilfsbetriebe** / external 380 V supply for auxiliaries || ⸰ **Drehstrom von oben** / incoming three-phase AC supply from

top || ⸰ **Gleichstrom von oben** / incoming DC supply from top || ⸰ **von oben** / incoming from above || ⸰ **von unten** / incoming from below || **geerdete** ⸰ / grounded incoming supply || ⸰ **einer Steuerungseinrichtung** DIN 19237 / mains infeed of controller
Einspeisungs·kanal *m* / feeder busway, feeder bus duct, incoming-feeder duct, entry duct, feeder duct || ⸰**kasten** *m* / feeder unit, feed unit || ⸰**zähler** *m* / reverse-mode meter
einsperren *v* / quarantine *v*
einspielen *v* / load *v*, copy *v* || ⸰ **der Waage** / balancing of a balance || **sich ~** / adjust itself
Einspielzeit *f* / time before rest
Einspindel- / single-spindle *n* || ⸰**maschine** *f* / single-spindle machine || ⸰**-Universal-Drehautomat** *m* / single spindle universal automatic lathe
Einspindler *m* / single-spindle machine
einspindlig *adj* / single-spindle *adj*
Einspritz·druck *m* / fuel control pressure || ⸰**düse** *f* (Otto-Motor) / injection valve, injection nozzle, injector nozzle, fuel injector || ⸰**düse** *f* (Diesel) / injection nozzle
Einspritzen *n* / injection *n*, water spray, programmed fuel injection, filling phase
Einspritz·ende-Kennfeld *n* / fuel injection cut-off characteristic || ⸰**kühler** *m* / injection cooler || ⸰**mengenmessplatz** *m* / experimental setup for measuring the injection volume || ⸰**motor** *m* / fuel-injection engine || ⸰**pumpe** *f* / injection pump || ⸰**steuerung** *f* / fuel injection control || ⸰**technik** *f* / fuel-injection systems || ⸰**ung** *f* / injection *n*, water spray || ⸰**ventil** *n* / injection valve, fuel injector, injector *n*, water injection valve, multipoint injector, DEKA fuel injector || ⸰**verlaufsformung** *f* / injection rate forming || ⸰**wasser** *n* / spray water, cooling water || ⸰**wasser-Stellventil** *n* / spray water valve
Einspruch·recht *n* / right to object || ⸰**sfrist** *f* / period of protest
Einsprung·adresse *f* / entry address || ⸰**menü** *n* (EM) / entry menu (EM) || ⸰**punkt** *m* / entry point || ⸰**-VKE** / RLO at jump
Einspulentransformator *m* / autotransformer *n*, compensator transformer, compensator *n*, variac *n*
einspurige Fahrbahn / single-lane carriageway BE
Einstabmesskette *f* (pH-Messung) / combined electrode, combined measuring and reference electrode
Einständer·maschine *f* / single-column machine || ⸰**presse** *f* / single-column press
Einstationenmaschine *f* / single-station machine
Einstech·arbeit *f* / recessing *n*, plunge-cutting *n*, necking *n*, grooving *n* || ⸰**breite** *f* / recess width
einstechen *v* (drehen) / recess-turn *v*, recess *v*, neck *v*, groove *v* || **~** *v* (stanzen) / lance *v* || **~** *v* (Nuten) / groove *v*
Einstechen *n* / grooving *n*, recessing *n*
Einstecher *m* / grooving tool, plunge-cutter, recessing tool
Einstech·meißel *m* / grooving tool, plunge-cutter, recessing tool || ⸰**schleifen** *n* / plunge-cut grinding, plunging *n*, plunge grinding || ⸰**spitze** *f* (Widerstandsthermometer) / knife-edge (probe tip) || ⸰**stahl** *m* / grooving tool, plunge-cutter, recessing tool || ⸰**werkzeug** *n* / recessing tool, plunging tool || ⸰**zyklus** *m* / grooving cycle

einsteckbare Einheit / plug-in unit
Einstecken *n* / insertion *n*
Einsteck·fassung *f* (Lampe) / push-in lampholder || ⟨**fehler** *m* (Elektronikbaugruppen) / insertion fault, plug-in fault || ⟨**fühler** *m* / penetration sensor, knife-edge sensor (o. probe) || ⟨**klemme** *f* / plug-in terminal, clamp-type terminal || ⟨**kontrolle** *f* / (board o. card) insertion check, plug-in check || ⟨**kraft** *f* / insertion force || ⟨**lasche** *f* / plug-in clip, push-in lug, push-in lug || ⟨**laschen** *f pl* / push-in lugs || ⟨**-LS-Schalter** *m* / plug-in circuit-breaker, plug-in m.c.b. || ⟨**modul** *n* / plug-in module || ⟨**montage** *f* (Leuchte) / slip-fit mounting || ⟨**-Schutzfassung** *f* / push-in protected lampholder || ⟨**-Schutzschalter** *m* / plug-in circuit-breaker, plug-in m.c.b. || ⟨**sockel** *m* / plug-in cap || ⟨**tiefe** *f* / engaged length || ⟨**typ** *m* / plug-in type (circuit-breaker) || ⟨**verriegelung** *f* / plug-in interlock || ⟨**welle** *f* / plug-in shaft || ⟨**werkzeug** *n* / plug-in tool
Einsteiger'-Anleitung *f* / beginner's manual || ⟨**modell** *n* / car entry level model || ⟨**paket** *n* / starter kit, starter package
Einsteinlager *n* / single-jewel bearing
Einstell·abstand *m* / setting interval || ⟨**achse** *f* / adjustment spindle || ⟨**adapternummer** *f* / pre-set adapter number || ⟨**adresse** *f* / adjustment address || ⟨**anleitung** *f* / adjustment instructions, adjustment instruction || ⟨**auflösung** *f* DIN 41745 / discontinuous control resolution
einstellbar *adj* / adjustable *adj*, gettable *adj*, variable *adj* || **~e Drehzahl** / adjustable speed, variable speed || **~e Nullpunktverschiebung** / settable zero offset || **~e Verzögerung** (Schaltglied) VDE 0660, T.203 / adjustable delay || **Messung mit ~em Läufer** / applied-voltage test with rotor in adjustable position || **Messung mit nicht ~em Läufer** / applied-voltage test with rotor locked || **~er Auslöser** / adjustable release, adjustable trip || **~er Bimetallschalter** DIN 41639 / variable thermal time-delay switch || **~er Kondensator** / variable capacitor || **~er Messanfang** / adjustable lower measuring-range limit, adjustable lower-range limit || **~er Parameter** / adjustable parameter || **~er Überstromauslöser** / adjustable overcurrent release || **~er Widerstand** / adjustable resistor, rheostat, trimming resistor || **~es Getriebe** / adjustable gear || **~es Messende** / adjustable higher measuring-range limit, adjustable higher-range limit || **~es Nullpunktsystem (ENS)** / settable zero system (SZS)
Einstell·barkeit *f* / adjustability *n*, variability *n* || ⟨**barkeit** *f* (des Ausgangs) DIN 41745 / output controllability || ⟨**baugruppe** *f* / setting module, adjustment module, setting board || ⟨**befehl** *m* / regulating command || ⟨**beilage** *f* / float limiting shim || ⟨**bereich** *m* (Bereich zwischen dem größten und kleinsten Einstellwert einer Skala) / adjustment range || ⟨**bereich** *m* (EB a Rel.) / setting range || ⟨**bereich** *m* (Trafo) / tapping range || ⟨**bereich** *m* (mech.) / adjustment range || **gespreizter** ⟨**bereich** / spread setting range || **Durchlauf des** ⟨**bereichs** / cycle of operation || ⟨**blech** *n* (Ausgleichsblech) / shim *n* || ⟨**block** *m* / adjusting block
Einstell·daten *plt* / setting data || ⟨**drehwiderstand**

m / rotary trimming resistor, variable resistor || ⟨**druck** *m* / set pressure || ⟨**lehre** *f* / adjusting gauge, setting gauge, set-up gauge || ⟨**einrichtung** *f* / setting device || ⟨**element** *n* / setting element, setting knob || ⟨**empfindlichkeit** *f* (Verhältnis Änderung der stabilisierten Ausgangsgröße/ Änderung der Führungsgröße) DIN 41745 / incremental control coefficient
einstellen *v* / adjust *v*, set *v*, calibrate *v*, bring into position || **~ *v*** (Regler) / tune *v*
Einstellen *n* / adjusting *n*, setting *n*, calibration *n*, adjustment *n*, setup *n* || ⟨ **der Betriebsart** / operating mode selection || ⟨ **nach einer Skale** / scaling *n* || ⟨ **zur Parallelabfrage** / parallel poll configure
Ein-Stellen-Messung *f* / single-terminal measurement
Einsteller *m* DIN 19226, NS / adjuster *n* || ⟨ **für den elektrischen Nullpunkt** / electrical zero adjuster || ⟨ **für den mechanischen Nullpunkt** / mechanical zero adjuster || ⟨ **zur gegenseitigen Anpassung von Anzeige- und Registriervorrichtung** / indicating device to recording device adjuster
Einstell·fehler *m* / setting (o. adjusting) error, permissible setting error || ⟨**funktion** *f* / setting function || ⟨**genauigkeit** *f* / tolerance of setting, setting tolerance, setting accuracy || ⟨**getriebe** *n* / adjusting gear, setting device || ⟨**hebel** *m* / adjusting lever || ⟨**hilfe** *f* / setting aid || ⟨**hilfe Axialspiel Antriebswelle** / setting aid, operating shaft axial play
einstellig *adj* (Zahl) / one-digit *adj*, one-figure *adj* || **~e Zahl** / digit *n*
Einstell·knopf *m* / setting knob || ⟨**lager** *n* / self-aligning bearing || ⟨**lampe** *f* / prefocus lamp || ⟨**marke** *f* / adjustment mark, setting mark, reference mark || ⟨**maß** *n* / alignment dimension, reference dimension, setting dimension || ⟨**maß** *n* (Lehre) / reference gauge, standard gauge || ⟨**maß** *n* / photographic reduction dimension || ⟨**möglichkeit** *f* / setting option || ⟨**moment** *n* / controlling torque || ⟨**organ** *n* VDE 0860 / preset control IEC 65 || ⟨**parameter** *m* / setting parameter (s), adjustable parameter(s) || ⟨**prüfung** *f* / calibration test || ⟨**rad** *n* / setting wheel || ⟨**regel** *f* / setting rule || ⟨**regeln** *f pl* / rules for adjustment of controller || ⟨**ring** *m* / ring gauge
Einstell·schablone *f* / adjustment template, adjusting template || ⟨**schlitz** *m* / actuating slot || ⟨**schraube** *f* / setting screw, adjusting screw, setting knob, adjusting bolt || ⟨**skala** *f* / setting scale || ⟨**sockel** *m* (Lampe) / prefocus cap, prefocus base || ⟨**stoß** *m* / calibrating shot || ⟨**strom** *m* VDE 0660,T. 101 / current setting IEC 157-1, setting current, set current, operational current || **Einstellung des** ⟨**stroms** / operational current setting
Einstell·träger *m* / adjusting support || ⟨**transformator** *m* (m. Stufenschalter) / tap-changing transformer, regulating transformer || ⟨**trommel** *f* (setting) knob *n*, setting drum || **Ausschnitt** ⟨**trommel** / setting drum cutout || ⟨**trommel, Stromwert** / setting drum, current value || ⟨**trommel, Zeitwert** / setting drum, time value
Einstell·- und Bohrvorrichtung *f* / adjusting and drilling fixture || ⟨**- und Bohrvorrichtung Druckstange Druckluftantrieb** / adjusting and

Einstellung 244

drilling fixture for push rod of pneumatic operating mechanism || ⸾- **und Bohrvorrichtung Rasthebel** / adjusting and drilling fixture for detent lever
Einstellung *f* / setting *n*, adjustment *n*, setting up || ⸾ **bei konstantem Fluss** (CF-Einstellung) / constant-flux voltage variation (CFVV) || ⸾ **bei veränderlichem Fluss** (VF-Einstellung) / variable-flux voltage variation (VFVV) || ⸾ **der Phasenverschiebung** (Relaisabgleichung) / phase angle adjustment || **Art der** ⸾ / method of regulation, category of regulation || **gemischte** ⸾ (M-Einstellung) / mixed regulation (m.r.)
Einstellungen *f pl* / settings *n pl*, adjustments *n pl*
Einstellungs·bild *n* / setting screen || ⸾**prüfung** *f* / adjustment test || ⸾**unterlage** *f* / personal records
Einstell·unsicherheit *f* / setting tolerance || ⸾**unterweisungen** *f* / setting instructions || ⸾**ventil Durchflussmenge** / flow regulating valve || ⸾**verhältnis** *n* / setting ratio || ⸾**vorrichtung** *f* (Spannungsregler) / adjuster *n* || ⸾**vorrichtung** *f* (Trafo-Umsteller) / operating mechanism || ⸾**vorrichtung** *f* (Bürstenträgerring) / brush-rocker gear, brush-yoke gear || ⸾**vorrichtung und Bohrvorrichtung** / adjusting and drilling fixture || ⸾**werkzeug** *n* / setting tool
Einstellwert *m* / set value, setting value, setting *n* || **auf den** ⸾ **bezogene Abweichung** DIN IEC 255, T. 100 / relative error || ⸾ **der Zeitverzögerung** / setting value of the specified time || **Strom-**⸾ *m* / current setting
Einstell·wicklung *f* / tapping winding, tapped winding || ⸾**widerstand** *m* / rheostat *n*, variable resistor || ⸾**winkel** *m* / tool cutting edge angle, lead angle
Einstellzeit *f* / setup time, setting-up time, setting time, settling time, transient recovery time || ⸾ *f* / (tool) setting time, adjustment time || ⸾ *f* (Beruhigungszeit) VDI/VDE 2600, VDE 0410, T. 3 / damping time || ⸾ *f* (Messumformer) / step response time, response lag, response time || ⸾ *f* (Messbrücke) / balancing time || ⸾ **bei Vollausschlag** / full-scale response time
Einstellzustand *m* / configure state
Einsicht *f* / perusal *n*
Einstich *m* / groove *n*, recess *n* || ⸾ **in der Schrägen** / inclined groove || ⸾**breite** *f* / groove width || ⸾**durchmesser** *m* / groove diameter || ⸾**grund** *m* / groove base || ⸾**kontur** *f* / groove contour || ⸾**lage** *f* / groove position || ⸾**mitte** *f* / groove center || ⸾**rand** *m* / groove edge || ⸾**tiefe** *f* / groove depth || ⸾**zyklus** *m* / grooving cycle
Einstieg *m* / entry point, entry level
Einstiegs·lösung *f* / first-time user solution || ⸾**maske** *f* / entry screen || ⸾**modell** *n* / entry-level model, entry-level version, entry model || ⸾**projekt** *n* / entry-level project || ⸾**punkt** *m* / entry point || ⸾**seite** *f* / entry page
einstieliger Mast / pole *n*
Einstiftsockel *m* / single-pin cap, single-contact-pin cap
Ein-Strahler *f* / single-beam oscilloscope, single-trace oscilloscope
Einstrahl-Oszilloskop *n* / single-beam oscilloscope, single-trace oscilloscope
Einstrahlung *f* / irradiation *n* (irradiance integrated over a specified time interval) ||

⸾**sempfindlichkeit** *f* / irradiation response || ⸾**sleistung** *f* / radiant exposure
Einstrahlwinkel *m* / angle of incidence
einsträngig *adj* (einphasig) / single-phase *adj*, one-phase *adj*, monophase *adj*, single-strand || **~e Kurzunterbrechung** / single-pole auto-reclosing, single-phase auto-reclosing || **~er Fehler** / phase-to-earth fault, phase-to-ground fault, single-phase-to-earth fault, one-line-to-ground fault
Einstrangspeisung *f* / single infeed
Einstreichharz *n* / facing resin, coating resin
Einstreudecke *f* / dry penetration pavement
Einstreuungen *f pl* / parasitics *plt*, interference *n* || **induktive** ⸾ / inductive interference
Einström·düse *f* / inlet cone, inlet nozzle || ⸾**leitung** *f* / supply tube, inlet line
Einstück·läufer *m* / solid rotor, solid flywheel || ⸾**verpackung** *f* / single-unit packaging
Einstufen·anlasser *m* / single-step starter || ⸾**wicklung** *f* / one-range winding, single-tier winding
einstufig *adj* / single-stage *adj* || **~e Einrichtung** (Funktionseinheit, die zu einer bestimmten Zeit Daten nur einer Sicherheitsstufe verarbeiten kann) / single-level device || **~e Kurzunterbrechung** / single-shot reclosing, open-close operation || **~e Wicklung** / single-stage winding, single-step winding || **~er Schutz** / single-stage protection || **~er unabhängiger Überstromzeitschutz** / single-stage definite-time time-overcurrent protection *n* || **~er Verdichter** / single-stage compressor || **~er Wähler** / single-step selector, one-step selector || **~er Wandler** / single-stage transformer || **~es Stirnradgetriebe** / single stage helical gearbox
Einstufung *f* (nach Nennwerten) VDE 0100 / rating *n*, classification *n*
Ein-Stunden-Leistung *f* / one-hour rating
Einsturzbeben *n* / subsidence earthquake
Eins·-Verstärker *m* / unity-gain amplifier || ⸾**Verstärkungsfrequenz** *f* / unity-gain frequency, frequency for unity gain, frequency of unity current transfer ratio || ⸾**-von-Zwei-Aufbau** *m* (redundante Geräte) / one-of-two configuration, hot standby design
einsystemig·er Messumformer / single-element transducer || **~es Relais** / single-element relay
Einsystemleitung *f* / single-circuit line
Eintakt·ausgang *m* / single-ended output || **Betrieb mit Gegentakteingang und** ⸾**ausgang** / push-push operation || ⸾**-Ausgangsimpedanz** *f* / single-ended output impedance || ⸾**-Durchflusswandler** *m* (Schaltnetzteil) / single-ended forward converter || ⸾**eingang** *m* / single-ended input || ⸾**-Eingangsimpedanz** *f* (Verstärker) / single-ended input impedance
Eintarif-Summenzählwerk *n* / single-rate summator || ⸾**zähler** *m* / single-rate meter
EIN·-Taste *f* / ON button || ⸾**-Taster** *m* / ON pushbutton
Eintauch·armatur *f* / immersion fitting (o. probe), dip cell || ⸾**-Aufnehmer** *m* (Messzelle) / dip cell, immersion measuring cell
eintauchbar *adj* / immersible *adj*, submersible *adj*
eintauchen *v* / immerse *v*, submerge *v*, dip *v*, insert *v* || ⸾ *n* / insertion *n* || **schräges** ⸾ / inclined tool movement || **Schutz beim** ⸾ / protection against

the effects of immersion || **die schräge Bahn des ⸲s** / inclined insertion path
Eintauch·fühler *m* / immersion sensor (o. probe) || **⸲helix** *f* / insertion helix || **⸲motor** *m* / submersible motor, wet-rotor motor || **⸲punkt** *m* / insertion point || **⸲radius** *m* / immersion radius || **⸲strategie** *f* / immersion strategy || **⸲tiefe** *f* / depth of immersion, engaged length || **⸲tiefe** *f* (Höhe der Wassersäule über dem Prüfling beim Eintauchen bzw. zeitweiligem Untertauchen unter festgelegten Druck- und Zeitbedingungen) / insertion depth || **⸲winkel** *m* / plunge angle, insertion angle
einteilig *adj* / single-part *adj*, unsplit *adj*, one-part *adj*, made in one part || **~er Blechring** / integral lamination, circular stamping, ring punching || **~er Kommutator** / non-sectionalized commutator, single-track commutator || **~er Läufer** / solid rotor
Einteilung *f* (Klassifizierung) / classification *n* || **⸲ f** / subdivision *n* || **⸲ in Einbauräume** / compartmentalization *n* || **⸲ in Gruppen** / grouping *n*
eintippen *v* / type in, enter *v*, key in
Eintor *n* / one-port network || **⸲ n** (elektrisches Netzwerk oder Bauteil, das nur einen Zugang hat, durch den Signale ein- oder austreten können) / one-port
eintouriger Motor / single-speed motor, constant-speed motor
Eintrag *m* / record *n* || **⸲ m** (durch den Bediener) / input *n*, entry *n*
eintragen *v* / enter *v* || **~ *v*** (in Warteschlange) / queue *v*
Eintragskennung *f* / entry ID
Eintragung *f* / registration *n*, entry *n*, record *n*, filing *n*
Eintragversuch *m* (des Bedieners) / attempted entry
eintreffen *v* (Meldung) / to be received
eintreffender Impuls / incoming pulse
eintreibende Welle / input shaft
Eintritts·aktion *f* / entry action || **⸲bereich** *m* DIN 41745 / transient recovery band || **⸲echo** *n* / entry echo || **⸲häufigkeit** *f* / probability of occurrence, frequency of occurrence || **~invariant** *adj* (Programm) / reentrant *adj* || **⸲kante** *f* (Bürsten, Pole) / leading edge || **⸲nennweite** *f* / inlet size || **⸲punkt** *m* (der Datensatz, auf den beim durch ein Benutzerkommando ausgelösten Eintritt in eine Datenbasis zuerst zugegriffen wird) / entry point || **Schall~punkt** *m* DIN 54119 / beam index || **⸲stelle** *f* / entry point || **⸲temperatur** *f* / upstream temperature || **Kühlwasser-⸲temperatur** *f* / cooling-water inlet temperature || **⸲wahrscheinlichkeit** *f* (einer Beschädigung o. eines Fehlers) / risk of occurrence, occurrence probability, probability of occurrence || **⸲winkel** *m* (Lüfter) / intake angle
Ein-- und Ausbauvorrichtung *f* / fitting and dismantling device || **⸲- und Ausbauwerkzeug** *n* / mounting & extraction tools || **⸲- und Ausgang** *m* / input and output || **⸲- und Ausschaltprüfungen** *f pl* / making and breaking tests || **⸲- und Ausschaltverzögerung** *f* / ON/OFF delay
ein- und mehrwandige *adj* / single or multiple ply (bellows)
Einvergütung *f* / tempering

EIN-Verzug *m* / ON-delay *n*, starting delay
Einwählkonto *n* / dial-in node
einwalzen *v* / roll in *v*, expand into *v*
Einwand *m* / objection
einwandfrei *adj* / faultless *adj*, correct *adj*, proper *adj*, perfect *adj*, problem-free *adj* || **~er Zustand** *m* / satisfactory condition
einwärts gerichtet *adj* / inbound
Einwechseln *n* / load *n*, loading *n* || **⸲ ausführen** / execute tool loading || **⸲ vorbereiten** / prepare for loading
Einweg·artikel *m* / disposable *n* || **⸲dämpfer** *m* / one-way attenuator, isolator *n* || **⸲-Dynamikbereich** *m* / one-way dynamic range (SWDR) || **⸲gleichrichter** *m* / half-wave rectifier, one-way (o. single-way) rectifier || **⸲kommunikation** *f* / one-way communication || **⸲leitung** *f* / one-way attenuator, isolator *n* || **⸲-Lichtschranke** *f* / thru-beam sensor || **⸲schalter** *m* / one-way switch || **⸲schaltung** *f* / single-way connection, one-way connection || **⸲schaltung eines Stromrichters** / single-way connection of a convertor || **⸲schaltungsgleichrichter** *m* / half-wave rectifier || **⸲schranke** *f* / thru-beam sensor || **⸲spritze 25 ml, Kanüle 1 mm** / disposable syringe 25 ml, nozzle diameter 1mm || **⸲stromrichter** *m* / semi-converter *n* || **⸲übertragung** *f* / simplex transmission || **⸲verbindung** *f* (Informationsverkehr in einer Richtung) / simplex communication || **⸲verpackung** *f* / non-reusable packing || **⸲verschlüsselung** *f* (Verschlüsselung, die Schlüsseltext liefert, aus dem sich die ursprünglichen Daten nicht zurückgewinnen lassen) / irreversible encryption || **⸲zelle** *f* (Diode) / diode *n*
Einwellen-Doppelgenerator *m* / single-shaft twin generator
einwelliger Strom / simple harmonic current, single-frequency current
Einwickelmaschine *f* / wrapping machine
Einwicklungstransformator *m* / single-winding transformer, autotransformer *n*
Einwirkdauer *f* / exposure time, application time || **⸲ f** (Rissprüf.) / penetration time
Einwirkung von elektrischen Feldern / effect of (o. exposure to) electric fields || **⸲ von Kleintieren** / attack by small creatures || **⸲ von Pilzen** / attack by fungi || **direkte ⸲** (über eine Verbindung zwischen Bedienteil und Schaltglied) / direct drive || **nichtbegrenzte ⸲** (über eine Verbindung zwischen Bedienteil und Schaltglied) / positive drive
Einwortanweisung *f* / single-word statement
Einzahn·fräser *m* / single tooth milling cutter || **⸲schleifen** *n* / single tooth grinding
Einzeiler *m* / single subrack
einzeilig *adj* / one-line *adj*, single-line *adj*, 1-line *adj* || **~ *adj*** (Baugruppenträger) / single-tier *adj*
Einzel·-Abdeckplatte *f* (f. I-Schalter) / one-gang plate || **⸲abdeckung** *f* / single cover || **⸲abnahme** *f* / individual acceptance test || **⸲absicherung** *f* / individual protection || **⸲abtastung** *f* / selective sampling || **⸲abzweig** *m* / individual branch circuit || **⸲achsantrieb** *m* (Bahn) / individual drive, independent axle drive || **⸲achsanwendung** *f* / single-axis application || **⸲achse** *f* / single axis || **⸲ader** *m* / single conductor, single cable, single

Einzel

core, individual wire ‖ ⸺**aderabschirmung** *f* / screening around each core ‖ ⸺**anbindung** *f* / single connection ‖ ⸺**anpassung** *f* / individual adaptation ‖ ⸺ **& Anreihschrank** *f* / stand-alone & side-by-side cabinet ‖ ⸺**anschluss** *m* (Klemme) / single terminal, individual terminal, point-to-point connection ‖ ⸺**anschluss** *m* (Punkt-zu-Punkt-Anschluss) / point-to-point (wire connection) ‖ ⸺**antrieb** *m* / individual drive, single drive, independent drive, single-motor drive, single operating mechanism ‖ ⸺**antriebstechnik** *f* / single-drive technology ‖ ⸺**anweisungen** *f* / detailed instructions, detailed procedures ‖ ⸺**anwendung** *f* / stand-alone application, standalone application ‖ ⸺**anzeige** *f* / single indication ‖ ⸺**aufstellung** *f* / individual mounting, installation as a single unit, for installation as a single unit, stand-alone installation ‖ ⸺**auftrag** *m* / single order ‖ ⸺**ausfall** *m* / single failure ‖ ⸺**ausfuhrgenehmigung** *f* / individual export authorization ‖ ⸺**Ausgangsimpedanz** *f* / single-ended output impedance
Einzel·bearbeitung *f* / individual machining, single machining ‖ ⸺**befehl** *m* / single command ‖ **Aussparen durch** ⸺**befehl** / pocketing *n* ‖ **invertierter** ⸺**befehl** / inverted single command ‖ ⸺**belegung** *f* / single assignment ‖ ⸺**bestimmung** *f* / detail specification IEC 512-1 ‖ ⸺**betrieb (EB)** *m* / stand-alone operation, single mode, single operation, SM *n* ‖ ⸺**bewegung** *f* / single movement ‖ ⸺**bild** *n* (Prozessmonitor) / loop display, object display, detail display, point display ‖ ⸺**bitrangierer** *m* / single-bit router (o. allocation) block ‖ ⸺**blatteinzug** *m* (Drucker) / sheet feeder ‖ ⸺**blattzuführung** *f* (Drucker) / single-sheet feed ‖ **Kern in** ⸺**blechschichtung** / (stacked) single-lamination core ‖ ⸺**-Blitzentladung** *f* / single-stroke flash ‖ ⸺**block aus** / single block off ‖ ⸺**bohrung** *f* / single hole
Einzel·crimpkontakte *m pl* / single crimp contacts ‖ ⸺**daten** *plt* / unit data (DU) ‖ ⸺**datenanforderung** *f* / UNITDATA request ‖ ⸺**datenanzeige** *f* / UNITDATA indication ‖ ⸺**datenelement** *n* / single-data element ‖ ⸺**diagnose** *f* / individual diagnostics ‖ ⸺**druckschalter** *m* / single pressure switch ‖ ⸺**druckschrift** *f* / separate publication ‖ ⸺**einbau** *m* / individual mounting ‖ ⸺**-Eingangsimpedanz** *f* / single-ended input impedance ‖ ⸺**einspeisung** *f* DIN 19237 / single-source mains infeed ‖ ⸺**einspritzung** *f* / multipoint injection ‖ ⸺**elementleiter** *m* / single-element conductor ‖ ⸺**ergebnis** *n* / individual result of determination ‖ ⸺**-Erregeranordnung** *f* / unit-exciter scheme ‖ ⸺**fehler** *m* / individual error, single error (erroneous digit preceded and followed by at least one correct digit) ‖ ⸺**feld** *n* / individual panel ‖ ⸺**fertigung** *f* / one-off production, job production, unit production, single-part manufacture, special manufacture, product made to order, single-part production ‖ ⸺**funke** *m* / separate spark ‖ ⸺**funkenstrecke** *f* / series-gap unit, quenching-gap unit ‖ ⸺**funktion** *f* / individual function ‖ ⸺**funktionen (EF)** *f* / Single Functions ‖ ⸺**funktionen Portal 1/2** *n* / single functions for gantry 1 and gantry 2 ‖ ⸺**funktionen-Menü** *n* / individual functions menu ‖ ⸺**gebührennachweis** *m* / statement of call account ‖ ⸺**gehäuse** *n* / single enclosure, single housing
einzelgekapselt *adj* / individually enclosed
Einzel·gerät *n* / special equipment, single device, stand-alone device ‖ ⸺**geräte** *n plt* (Elektronik) / discrete equipment ‖ ⸺**gerätemaß** *n* / single unit dimension ‖ ⸺**grafik** *f* / overlays for selected object ‖ ⸺**heit** *f* / detail *n*, feature *n* ‖ ⸺**hub** *m* / single stroke ‖ ⸺**impulsgeber** *m* / single-track shaft encoder ‖ **~informationsbezogenes Abbild** / single-data-oriented image ‖ ⸺**isolierung** *f* / seperate insulation ‖ ⸺**kabel-Breitband-LAN** *n* / single-cable broadband LAN ‖ ⸺**kamm-Variante** *f* / single-sided variant ‖ ⸺**kasten** *m* / individual enclosure ‖ ⸺**klemme** *f* / single terminal ‖ ⸺**kompensation** *f* / individual p.f. correction ‖ ⸺**komponente** *f* / individual component ‖ ⸺**komponenten** *f* / individual components ‖ ⸺**kondensator** *m* / single capacitor ‖ ⸺**kondensatorbatterie** *f* VDE 0670,T.3 / single capacitor bank IEC 265 ‖ ⸺**kondensatorbatterie-Ausschaltvermögen** *n* / capacitor bank breaking capacity ‖ ⸺**kontakte** *m pl* / single contacts ‖ ⸺**kosten** *plt* / direct costs ‖ ⸺**kosten** *plt* / single costs
Einzel·lagenschaltung *f* / back-to-front connection ‖ **Lagenwicklung in** ⸺**lagenschaltung** / back-to-front-connected multi-layer winding, internally connected multi-layer winding ‖ ⸺**last** *f* / individual load, segregated load ‖ ⸺**lastbetrieb** *m* / segregated-load operation ‖ ⸺**leitebene** *f* / plant component control level ‖ ⸺**leitebene (ELE)** *f* / individual control level ‖ ⸺**leiter** *m* / strand *n*, component conductor ‖ ⸺**leitung** *f* (Nachrichtenübertragungsl.) / discrete circuit ‖ ⸺**lieferposten** *m* / individual batch ‖ ⸺**lizenz** *f* / single license, single-user licence ‖ ⸺**loch** *n* / single hole ‖ ⸺**los** *n* / isolated lot
Einzel·maschine *f* / single machine ‖ ⸺**meldung** *f* / single message, individual message ‖ ⸺**meldung** *f* / single-point information ‖ ⸺**meldung** *f* (EM) / single indication (SI), single-point indication ‖ ⸺**meldung Wischer** *f* / single-point indication fleeting ‖ ⸺**meldung Wischern (EM_W)** *f* / single point indication transient (SI_F) ‖ ⸺**merker** *m* / single flag, single bit memory ‖ ⸺**modul** *n* / single module ‖ ⸺**montage** *f* / individual mounting
einzeln *adj* / single *adj*, individual *adj* ‖ **~ abgetasteter Wert** / unicast sampled value (USV) ‖ **~ einspeisender Umrichter** / individual converter
Einzel·nachricht *f* (Nachricht, die basierend auf dem jeweiligen Szenario im allgemeinen keine Antwortnachricht erfordert) / single message ‖ ⸺**nachweis** *m* / specific evidence ‖ ⸺**nadelauswahl** *f* / single needle selection
einzelne Fehlerstelle (ein Fehler in einem Prozessleitsystem, der das gesamte System stört) / Single Point of Failure (SPoF) ‖ **~ Gitternetzlinie** / single grid line
Einzel·objekt *n* / single object ‖ ⸺**-Ort-Fern-Umschaltung** *f* / individual-local-remote selection ‖ ⸺**platz** *m* / single-user station (PC/PG workplace that is not in the network) ‖ ⸺**platzbeleuchtung** *f* / localized lighting ‖ ⸺**plätze** *m pl* / individual systems ‖ ⸺**platzlizenz** *f* / single license ‖ ⸺**platzsystem** *n* / single-user system ‖ ⸺**platzsystem** *n* / stand-alone system, single node system ‖ ⸺**pol** *m* / independent pole, individual pole ‖ ⸺**pol** *m* (el. Masch., Schenkelpol) / salient

pole || mit ⸿polantrieb / with one mechanism per pole || ⸿polkapselung *f* / individual-pole enclosure || ⸿polmaschine *f* / salient-pole machine || ⸿polprüfung *f* / single-pole test(ing) || ⸿pol-Stufenschalter *m* / one-pole on-load tap changer || ⸿position *f* / single item || ⸿positionierung *f* / single positioning || ⸿probe *f* / spot sample, increment *n* (QA method) || ⸿prozessorbetrieb *m* / single processor mode || ⸿prüfung *f* / individual test, routine test || ⸿punkt *m* / single point || ⸿punkt-Lesen *n* / single-point reading || **~quittierpflichtig** *adj* / single acknowledgement only || ⸿quittierung *f* / single acknowledgement || ⸿rahmen *m* / single frame || ⸿rahmen *m* / single subrack || ⸿raumregelung *f* / individual room control || ⸿raum-/Zonenregelung *f* (Regelung der physikalischen Umgebung in einem Gebäudebereich, z. B. Zone oder Einzelraum) / individual room / zone control || ⸿regelung *f* / individual closed-loop control, single-loop controller || ⸿regler *m* / single-loop controller, individual controller

Einzel·sammelschiene *f* / single busbar, single bus || ⸿satz *m* / single block, single record || ⸿satzabarbeitung *f* / single-block processing || ⸿satzbetrieb *m* (SBL) / single block mode (SBL) || ⸿satzdekodierung *f* / decode single block (DBL) || ⸿satzhalt *m* / single block stop || ⸿satzunterdrückung *f* / single block suppression || ⸿schaltung *f* / subpanel *n* || ⸿schaltungsanordnung *f* / layout of subpanels || ⸿schlagstärke *f* / percussive force per stroke || ⸿schrank *m* / single distribution board || ⸿schritt *m* / single step, sequence step, sequencer step, step *n*, single-step mode, single mode || ⸿schrittbetrieb *m* / single step operation, single-step mode || ⸿schritt-Betrieb *m* / single-step mode || ⸿schrittsteuern *n* / single-step control, single-step mode || ⸿schrittverarbeitung *f* / single-step mode, single-stepping *n*, single step || ⸿schütz *m* / individual contactor || ⸿schützsteuerung *f* (Gerät) / individual contactor equipment (GB), unit switch equipment (US) || ⸿schwinger-Prüfkopf *m* / single probe || ⸿schwingung *f* / cycle *n*

Einzel·segment *n* / vane *n* || ⸿signal *n* / single signal || ⸿signalleitung *f* / signal lead, signal cable, signal line || ⸿signalmethode *f* IEC 50(161) / single-signal method || ⸿slave-Adressierung *f* / single slave addressing || ⸿spindelantrieb *m* / single spindle drive || ⸿spule *f* / individual coil || ⸿spule *f* (m. Komm.) / section *n* || ⸿spule *f* (ohne Komm.) / coil *n* || ⸿spule *f* (Reihenschaltung) / crossover coil || ⸿spulenschaltung *f* / back-to-front intercoil connection || **Wicklung in** ⸿**spulenschaltung** / winding with crossover coils || ⸿spulenwicklung *f* / single-coil winding, single-disc winding (transformer) || ⸿start *m* / single start || ⸿station *f* / single station || ⸿steckdose *f* / single socket-outlet, single receptacle || ⸿steckkontakte *m pl* / single plug contacts || ⸿steckverbinder *m* / single connector || ⸿steuerung *f* / unit control, individual control || ⸿steuerungsbaugruppe *f* / individual control module (ICM) || ⸿steuerungsbaustein *m* (f. Ventil) / valve control block || ⸿steuerungsebene *f* / control-loop level, individual control level

(SPS) || ⸿steuerungsebene *f* (maschinenorientierte Prozesssteuerung) / machine-oriented control (level) || ⸿steuerungsglied *n* / ICM (individual control module) || ⸿störabweichungsbereich *m* DIN 41745 / individual effect band || ⸿störmeldung *f* / individual alarm indication || **logisch verknüpfte** ⸿**störmeldungen** / separate alarms linked by Boolean logic || ⸿stromrichter *m* / single convertor || ⸿**-Stromrichter** *m* / single converter

Einzel·teil *n* / single part, piece part, part *n*, component part, individual part || ⸿teilfertigung *f* / single-part production, single piece production, one-off production || ⸿teilzeichnung *f* / single-part drawing, part drawing, component drawing, single component drawing || ⸿teilzeichnungen *f* / single component drawings || ⸿test *m* / individual testing || ⸿transfer *m* / single transfer || ⸿transporteinheit *f* / individual transport unit || ⸿übergang *m* (Impulse) / single transition || ⸿-USV *f* / single UPS

Einzel·ventil *n* / single valve unit IEC 633 || ⸿verfahren *n* / detailed procedure || ⸿verluste *m pl* / separate loss(es), individual loss(es) || ⸿verluste *m pl* (Leerlauf bzw. Kurzschlussverluste) / component losses || ⸿verlustverfahren *n* (el. Masch.) VDE 0530, T. 2 / summation-of-losses method, segregated-loss method, loss-summation method, efficiency from summation of losses || ⸿verpackung *f* / single pack || ⸿vertrag *m* / individual contract || **~vertraglich** *adj* / agreed on an individual basis, as agreed on an individual basis || ⸿waage *f* / single weighing machine, individual scale || ⸿wagenbeleuchtung *f* (Bahn) / individual coach lighting || ⸿werkzeug *n* (EWZ) / single tool || ⸿werkzeugtransport *m* / single tool transport || ⸿wert *m* / single value || ⸿**-Wertberichtigung** *f* / individual adjustment || ⸿widerstand *m* / single resistor IEC 477 || ⸿zeichen *n* / single character || ⸿zeitbereich *m* / distinct delay range || ⸿zelle *f* / single gap solar cell || ⸿ziehkraft mit Lehre DIN 41650, T.1 / gauge retaining force IEC 6031 || ⸿-Zufallsausfall *m* / single random failure || ⸿zugriff *m* / individual access || ⸿zyklus *m* / single cycle || ⸿zyklus *m* (Abfragez.) / single scan

Einziehautomat *m* / automatic pull-in machine **einziehen** *v* (Kabel) / draw in *v*, pull *v* (in) || ⸿ **der Leitung** / reduction of pipe size to connections of valve

Einzieh·kasten *m* (f. Kabel) / pull box || ⸿kran *m* / luffing crane || ⸿mutter *f* / pulling nut || ⸿seil *n* / draw-in cable || ⸿verfahren *n* / pull-in method || ⸿wicklung *f* / pull-in winding

einzigartige Durchgängigkeit / absolute universality **Einzug** *m* / infeed || ⸿hilfe *f* / infeed, feeder eye || ⸿leser *m* / pull-in reader

Einzugs·antrieb *m* / infeed drive || ⸿geschwindigkeit *f* / infeed speed || ⸿vorrichtung *f* (Drucker) / feeder *n* || ⸿werk *n* / infeed system, infeed, feeding unit, infeed unit || ⸿werk Sicherheitsschalter EIN / infeed unit safety switch on

Einzugwalze *f* / infeed roller
EIN-Zustand *m* (HL-Schütz) / ON state
Einzweck·anlage *f* / single-purpose plant || ⸿lastschalter *m* / definite-purpose switch ||

Einzweigschaltung 248

⁓**maschine** f / single-purpose machine || ⁓**zangen** f / single-purpose nippers
Einzweigschaltung f / individual principal valve arm (connection)
Ein-Zyklus-Regelung m (Technik zur Regelung von PFCCs) / One Cycle Control (OCC)
EIPC n / European Institute of Printed Circuits (EIPC)
EIRP / Effective Isotropic Radiated Power (EIRP)
EIS / EIB interworking standard (EIS) || ⁓ **(Einkaufs-Informations-System)** / Purchasing Information System (EIS)
Eisbildung f / ice formation, icing n
Eisen n / core n, iron n || **~armes Glas** / low-iron glass || ⁓**-Ausgangsdrossel** f / iron output reactor || ⁓**bahnkran** m / railway crane || ⁓**bahnwagenbeleuchtung** f / coach lighting || ⁓**bahn-Werkstattkran** m / railway workshop crane || ⁓**bandkern** m / iron ribbon core || ⁓**blech** n / iron sheet, sheet steel || ⁓**brand** m (Kern) / core burning || ⁓**drossel** f / iron-cored reactor, iron-core reactor, iron core reactor
eisen·fertig adj / with the core in place, with the completed core || **~frei** adj / non-ferrous adj || **~freier Abstand** / ironless clearance, magnetic clearance || **~freier Raum** / ironless zone
Eisen·füllfaktor m / building factor, lamination factor, stacking factor || **~geschirmt** adj / magnetically screened, with magnetic screening
eisengeschlossen·er Wandler / closed-core transformer || **~es elektrodynamisches Messgerät** / iron-cored electrodynamic instrument, ferrodynamic instrument || **~es elektrodynamisches Messwerk** / iron-cored electrodynamic measuring element || **~es ferrodynamisches Quotientenmesswerk** / iron-cored ferrodynamic ratiometer (o. quotientmeter) element || **~es Messgerät** / iron-cored instrument
Eisen·höhe f / core depth || ⁓**kern** m (eines Transformators oder Wandlers) / iron core || **mit** ⁓**kern** / iron-cored adj || ⁓**kernspule** f / iron-core coil || ⁓**kerntransformator** m / ironcore(d) transformer || ⁓**-Konstantan-Thermopaar** n (o. Thermoelement FeCo-Thermopaar) / iron-constantan thermocouple || ⁓**körper** m (Trafo-Kern) / core assembly || ⁓**kreisdurchmesser** m (Eisenkern) / core diameter || ⁓**-Kupfer-Nickel-Thermopaar** n (o. Thermoelement Fe-CuNi-Thermopaar) / iron-copper-nickel thermocouple || ⁓**länge** f (Kern) / length of core || ⁓**lichtbogen** m / iron arc
eisenlos adj / ironless adj, coreless adj, air-cored adj || **~e Drosselspule** / air-core(d) reactor, air-core inductor || **~e Glättungsdrossel** / ironless smoothing reactor || **~er elektrodynamischer Zähler** / ironless dynamometer-type meter || **~es elektrodynamisches Messgerät** / ironless electrodynamic instrument || **~es elektrodynamisches Quotientenmesswerk** / ironless electrodynamic ratiometer (o. quotientmeter) element
Eisen·nadelinstrument n / polarized moving-iron instrument || ⁓**nadel-Messgerät** n / polarized moving-iron instrument || ⁓**nadel-Messwerk** n / polarized moving-iron measuring element || ⁓**probe** f (einer el. Masch.) / core test || ⁓**pulver** n / magnetic powder, ferromagnetic powder, ferrous powder || ⁓**pulver-Stabelektrode** f / iron powder electrode || ⁓**querschnitt** m / core cross section, iron cross section || ⁓**rückschluss** m / magnetic yoke, back-iron n, keeper n ||
elektrodynamisches Relais mit ⁓**schluss** / ferrodynamic relay || ⁓**schlussprobe** f / core test, flux test || ⁓**transformator** m / iron-core(d) transformer || ⁓**transformator mit Luftspalt** / open-core transformer || ⁓**verluste** m pl / core loss, iron loss, no-load loss || ⁓**verluste im Leerlauf** / open-circuit core loss || **spezifische** ⁓**verluste** / iron loss in W/kg, total losses in W/kg, W/kg loss figure || ⁓**wandler** m / iron-cored transformer || ⁓**-Wasserstoff-Widerstand** m / barrettor n || ⁓**weg** m (Kreis) / magnetic circuit || ⁓**zahn** m / core tooth
Eis·falle f / ice trap || **~geschützt** adj / sleetproof adj || ⁓**last** f / ice load || ⁓**punkt** m / ice point, covered with ice || ⁓**schicht** f (auf Leitern) / ice coating
EITT / EITT (EIB Interoperability Test Tool)
EK (Elektro-Korund) / fused corundum
EKS / cathodic protection system
EKS-Relais n (Edelmetall-Schnell-Kontakt-Relais) / relay with noble-metal contacts, highspeed noble-metal-contact relay
EKZ (Ersatzkanalzahl) / allocated channel number
Elastanz f / elastance n
elastisch adj / elastic adj, soft adj, resilient adj || **~ gekuppelt** / flexibly coupled || **~e Deformation** / elastic deformation || **~e Dehnung** / elastic elongation, stretch n || **~e Durchbiegung** / elastic deflection || **~e Erholung** / elastic recovery || **~e Hohlwelle** / quill shaft, quill n || **~e Hysteresis** / dynamic hysteresis || **~e Konstante** / elastic constant || **~e Kupplung** / torsionally flexible coupling, flexible coupling || **~e Montage** / resilient mounting, antivibration mounting || **~e Nachwirkung** / creep recovery, elastic hysteresis || **~e Verformung** / elastic deformation || **~e Welle** / flexible shaft || **~er Druckring** / pressure sleeve || **~er Frequenzumformer** / variable-frequency converter || **~er Netzkupplungsumformer** / variable-ratio system-tie frequency changer || **~er Ventilantrieb** / spring type actuator || **~es Element** / soft material || **~es Messglied** (Druckmesser) / elastic element || **~es Moment** (el. Masch.) / synchronizing torque, pull-in torque || **~es Packungsmaterial** / soft material for packing
Elastizität f (Datenrech.) / resilience n || ⁓ f (Nm/rad) / elastic constant, angular flexibility
Elastizitäts·grenze f / elastic limit, yield point || ⁓**modul** m (E-Modul) / modulus of elasticity, elastic modulus, Young's modulus
Elastomer n / elastomer n || **~** adj / elastomeric adj || ⁓**lager** n / elastomer bearing
ELCB / RCBO (residual current operated device)
Electrical Link Module (ELM) / electrical link module (ELM)
Electronic-Grade-Silizium n / semiconductor-grade silicon
Elekrolysesaal m / electrolysis room
Elektret n / electret n
Elektrifizierung f / electrification n
Elektrik f / electrical components
Elektriker m / electrician n, electrical fitter
elektrisch adj / electric adj, electrical adj || **~ abgeschirmt** / electrically screened || **~ änderbarer Festwertspeicher** (EAROM) / electrically alterable read-only memory (EAROM) || **~ erregt** /

electrically excited, d.c. excited *adj* || ~ **gegeneinander isolierte Schaltglieder** / electrically separated contact elements || ~ **gesteuerte Doppelbrechung** / electrically controlled birefringence || ~ **gesteuerte Vakuumbremse** / electro-vacuum brake || ~ **getrennte Schaltglieder** / electrically separated contact elements || ~ **leitende Verbindung** / electrically conductive connection, bond *n*, bonding *n* || ~ **leitender Anstrich** / conductive coating, electroconductive coating || ~ **löschbarer programmierbarer Festwertspeicher (EEPROM)** / electrically erasable programmable read-only memory || ~ **neutral** / electrically neutral || ~ **unabhängiger Erder** VDE 0100, T. 200 / electrically independent earth electrode || ~ **versorgte Büromaschine** VDE 0806 / electrically energized office machine IEC 380
elektrisch·e Anlage (v. Gebäude) VDE 0100, T. 200 / electrical installation || **~e Anlage im Freien** DIN IEC 71.5 / electrical installation for outdoor sites IEC 71.5, outdoor electrical installation, outdoor electrical equipment IEC 50(25) || **~e Anlage von Gebäuden** VDE 0100, T.200 A1 / electrical installation of buildings || **~e Anziehung** / electrical attraction || **~e Arbeit** / electrical energy || **~e Arbeitswelle** / power synchro-tie, power selsyn || **~e Ausgleichswelle** / differential selsyn || **~e Ausrüstung** / electrical equipment || **~e Außenrückspiegelverstellung** / door mirror actuator || **~e Beanspruchung** / electrical stress || **~e Belastbarkeit** (Bemessungswerte) / electrical ratings || **~e Belastung** / electrical load || **~e Betriebsmittel** VDE 0100, T.200 / electrical equipment || **~e Betriebsmittel für explosionsgefährdete Bereiche** IEC 50(426) / electrical apparatus for explosive atmospheres, explosion-protected electrical apparatus, electrical equipment for hazardous areas, hazardous location equipment || **~e Betriebsräume** VDE 0168, T.1 / electrical operating areas || **~e Betriebsstätte** VDE 0100, T. 200 / electrical operating area || **~e Bremsung** / electric braking || **~e Bürde** / electrical burden || **~e Checkliste** / electrical checklist || **~e Daten** / electrical data || **~e Durchflutung** (eines geschlossenen Pfades) / current linkage IEC 50 (121) || **~e Durchschlagfeldstärke** (eines Isolierstoffes) / disruptive electric field strength || **~e Einstelldaten** / electrical characteristics || **~e Energie** / electrical energy, electrical power || **~e Entladung** / electric discharge || **~e Fahrzeugausrüstung** (Bahn) / electrical traction equipment || **~e Federspeicherbremse** / electrically released spring brake || **~e Feldkonstante** / electric constant, permittivity *n*, capacitivity of free space, permittivity of the vacuum || **~e Feldkraft** / electrical force acting in a field || **~e Feldstärke** / electric field strength, electric force, electric field intensity || **~e Feldstärke** (Isol.) / electric field intensity, voltage gradient || **~e Festigkeit** / electric strength, dielectric strength || **~e Flächendichte** / surface density of electric charge || **~e Flussdichte** / electrical flux density || **~e Freiauslösung** / electrically release-free mechanism, electrically trip-free mechanism || **~e Freiluftanlage** / electrical installation for outdoor sites IEC 71.5, outdoor electrical installation, outdoor electrical equipment IEC 50(25) || **~e Gebäudeinstallation** / electrical installations in buildings || **~e Gebäudesystemtechnik** / Electrical Building Management System || **~e Größe** / electrical quantity || **~e Induktion** / electric induction || **~e Influenz** / electrostatic induction, electric influence, electric induction phenomenon || **~e Installation** DIN IEC 71.4 / electrical installation || **~e Isolierung** / electric insulation || **~e Kopplung** / electric coupling || **~e Korrosionsschutzanlage (EKS)** / cathodic protection system || **~e Kraftdichte** / electric force density || **~e Kraftlinienzahl** / electric flux density || **~e Kraftübertragung** / electric power transmission, electric transmission || **~e Kraftverteilung** / electric power distribution || **~e Kupplung** / electric coupling || **~e Kupplung** / electric coupler || **~e Kurvenscheibe** / electric cam, electrical cam || **~e Ladung** / electric charge || **~e Ladungsdichte** / electrical charge-density || **~e Länge** (Phasenverschiebung) / electrical length || **~e Längendifferenz** (Kabelsätze) EN 60966-1 / electrical length difference || **~e Lebensdauer** / electrical endurance, electrical durability, voltage life, voltage endurance || **~e Lebensdauer** (Kontakte) / contact life || **~e Lebensdauerprüfung** / voltage endurance test, voltage life test || **~e Leistung** / electric power, electric power output || **~e Leitfähigkeit** / electric conductivity || **~e Leitung** / electric line || **~e Linearmaschine** / linear-motion electrical machine (LEM) || **~e Maschine** / electrical machine, electric machine || **~e Messeinrichtung für nichtelektrische Größen** / electrically operated measuring equipment IEC 51 || **~e Nutzbremsung** / regenerative braking || **~e Rückwirkungsfreiheit** / absence of electrical interaction (or of feedback) || **~e Scheinarbeit** / apparent amount of electric energy || **~e Schwingung** / electric oscillation || **~e Sicherheit** / electrical safety || **~e Spannung** / voltage *n*, electromotive force, e.m.f. A, tension *n*, potential *n*, potential difference || **~e Standfestigkeit** / electrical endurance, voltage life, voltage endurance || **~e Störgröße** (äußere Störung) / electrical transient || **~e Systemtechnik für Heim und Gebäude** / Eletrical System Technology for the Home and Buildings || **~e Systemtechnik für Heim und Gebäude (ESHG)** / home and building electronic systems (HBES) || **~e Trennung** (Schutztrennung) VDE 0100 / electrical separation || **~e und elektronische Bauelemente für Werkzeugmaschinen** / electrical and electronic components for machine tools || **~e und elektronische Kraftfahrzeugsausrüstung** / electrical and electronic automotive equipment || **~e und elektronische Verbindungssysteme und Komponenten** / electrical and electronic systems and components || **~e und mechanische Lebensdauer** / electrical and mechanical endurance || **~e Verbrauchsmittel** VDE 0100, T. 200 / current-using equipment IEC 50(826), electrical utilization equipment, current consuming apparatus || **~e Verbrennung** / electric

elektrisch

burn || ~e **Verluste** / electrical losses || ~e
Verriegelung / electrical interlock || ~e **Welle** /
synchro system, synchro-tie n, self-synchronous
system, selsyn system, selsyn n || ~e
Widerstandsbremsung / rheostatic electric
braking, rheostatic braking || ~e **Zeitkonstante** /
electrical time constant || ~e **Zugförderung** /
electric traction

**elektrisch/elektronisch/programmierbar
elektronisches System (E/E/PES)** / electrical/
electronic/programmable electronic system (E/E/
PES)

elektrisch·er Abgleich DIN 43782 / electrical
balance || ~er **Anschluss** / electrical connection ||
~er **Antrieb** / electric drive || ~er **Anzeiger für
nichtelektrische Größen** / electrically operated
measuring indicating instrument || ~er
Betriebsraum / electrical room || ~er **Dipol** /
electric dipole, electric doublet || ~er
Direktanlauf / electric direct starting || ~er
Durchgang / electrical continuity, circuit
continuity || ~er **Durchschlag** IEC 50(212) /
electric breakdown || ~er **Ersatzstromkreis** /
equivalent electric circuit || ~er **Fluss** / electric flux
|| ~er **Gewichtsausgleich** / electrical weight
compensation || ~er **Grad** / electrical degree || ~er
Hilfsschalter / electrical contact block || ~er
Ladungsbelag / surface charge density || ~er
Lärm / man-made noise || ~er **Leiter** / electric
conductor || ~er **Nebenanschluss** / secondary
electrical connection (SEC) || ~er **Nullpunkt** /
electrical zero || ~er **Reversierstarter** / electrical
reversing starter || ~er **Schlag** / electric shock || ~er
Schock / electric shock || ~er **Schreiber für
nichtelektrische Größen** DIN 43781 / recording
electrically measuring instrument IEC 258 || ~er
Stellungsmelder / electronic position indicator ||
~er **Strom** / electric current || ~er **Stromkreis** /
electrical circuit || ~er **Wert** / electrical value || ~er
Widerstand / electrical resistance, resistance,
impedance n || ~es **Differential** / electric
differential, differential selsyn || ~es
Dipolmoment / electric dipole moment || ~es
Drehen (el. Masch.) / inching n IEC 50(411),
jogging n || ~es **Feld** / electric field || ~es
Fremdfeld / external electric field || ~es **Gerät** /
electrical installation device || ~es **Getriebe** /
electrical gearbox || ~es **Handwerkzeug** / electric
hand tool || ~es **Leitungssystem** / electrical power
system || ~es **Messgerät** / electrical measuring
instrument IEC 51 || ~es **Moment** / electrical
moment || ~es **Potenial** / electric potential || ~es
PS / electrical horsepower (e.h.p.) || ~es **Relais** /
electrical relay || ~es **Rückarbeitsverfahren** /
electrical back-to-back test || ~es **System**
(Stromkreis einer Freileitung) / circuit n
Elektrisiermaschine f (Influenzmaschine) /
influence machine, continuous electrophorous,
Wimshust machine, electrostatic generator
Elektrisierung f / electrification n
Elektrisierungsstrom n / electrification current
Elektrizität, statische ℮ / electrostatic discharge test
Elektrizitäts·konstante f / dielectric constant,
dielectric coefficient, permittivity n, capacitivity n,
permittance n, inductive capacitance, specific
inductive capacity || ℮**menge** f / quantity of
electricity, electric charge || ℮**tarif** m / tariff for
electricity, electricity tariff || ℮**versorgung** f /
supply of electrical energy || ℮**versorgungsnetz** n /
electrical power system, electricity supply
network, power supply system ||
℮**versorgungssystem** n / electrical power system,
electricity supply system ||
℮**versorgungsunternehmen** n (EVU) / supply
undertaking, distribution undertaking, utility
company, power supply company, power supply
utility || ℮**werk** n / power station, electrical
generating station, power plant || ℮**wirtschaft** f /
power economy || ℮**zähler** m / electricity meter,
integrating meter, meter n, supply meter || ℮**zähler
für Messwandleranschluss** / transformer-operated
electricity meter || ℮**zähler für unmittelbaren
Anschluss** / whole-current meter, meter for direct
connection, transformer n
Elektro- / electrical IEC 50(151) || ℮**aggregat** n
(Generatorsatz) / generating set || ℮**akustik** f /
electroacoustics n || ℮**anlageninstallateur** m /
power electronics fitter n || ℮**anlageninstallateur**
m / general electrician, electrical fitter ||
℮**ausrüstung** f / electrical equipment ||
℮**ausrüstung** f VDE 0730 / electrical set (CEE 10)
|| ℮**band** n / magnetic steel strip || ℮**berufe** m pl /
electrical trades || ℮**blech** n / magnetic sheet steel,
electric sheet steel || ℮**block** m (Geräteb.) /
electrical assembly || ℮**chemie** f / electrochemistry
n
elektrochemisch·e Abscheidung / electrodeposition
n || ~e **Korrosion** / electrochemical corrosion,
electrolytic corrosion || ~e **Messzelle** / electro-
chemical measuring cell || ~e **Metallbearbeitung**
(ECM) / ECM n || ~e **Solarzelle** / electrochemical
cell || ~er **Separator** / electrochemical separator ||
~es **Abtragen** / electro-chemical machining
(e.c.m.), electro-forming n, electro-erosion
machining || ~es **Beizen** / electrolytic pickling || ~es
Senken / electro-chemical machining (e.c.m.),
electro-forming n, electro-erosion machining
Elektro-Coating n / electrophoretic coating, electro-
coating n, electrophoretic deposition, electro-
painting n, anodic hydrocoating
Elektrode f / electrode n || ℮ f (Glühlampe) / inner
lead (lamp) || ℮ **mit schwebendem Potential** /
floating gate || ℮ **zum Luft-Lichtbogenschweißen
und -fugenhobeln** (Kohleelektrode, die einen
Lichtbogen zum Schmelzen des Metalles erzeugt) /
air-arc cutting and gouging electrode || **Speicher~**
f / storage target
Elektroden·abstand m / electrode spacing, anode-to-
cathode distance, electrode clearance || **pH-**
℮**baugruppe** f / pH electrode assembly || ℮**druck**
m / electrode pressure || ℮**eindruck** m / electrode
impression || ℮**-Ersatzwiderstand** m / dummy
cathode resistor || ℮**gewicht** n / electrode weight ||
innerer ℮**-Gleichstromwiderstand** / electrode d.c.
resistance || ℮**halter** m / electrode holder || ℮**-
Innenwiderstand** m / electrode a.c. resistance ||
℮**kabel** n / electrode cable || ℮**kapazität** f / inter-
electrode capacitance, electrode capacitance ||
℮**kreis** m / electrode circuit || ~**los** adj /
electrodeless adj || ℮**-Nachsetz- und
Regulierbühne** / electrode slipping and regulating
floor || ℮**position** f / end delimiter || ℮**reaktion** f
(chemische Reaktion, bei der ein Übertritt von
Elektronen zwischen Elektrolyt und Elektrode

stattfindet) / electrode reaction || ⁓**rest** *m* / stub end || ⁓**schaft** *f* / electrode shank || ⁓**schicht** *f* / electrode layer || ⁓**schluss** *m* / electrode short circuit || ⁓**spannung** *f* (Differenz zwischen den inneren elektrischen Potentialen der Elektrode und des Elektrolyten) / electrode potential, electrode voltage (difference between the internal electric potentials of the electrode and of the electrolyte) || ⁓**strom in Sperrrichtung** / inverse electrode current (US) || ⁓**trockenofen** *m* / electrode oven || ⁓**überschlag** *m* / arcing between electrodes || ⁓**verlustleistung** *f* / electrode dissipation || ⁓**wagen** *m* / electrode carriage, electrode truck || **innerer** ⁓**wirkleitwert** / electrode conductance
elektrodynamisch *adj* / electrodynamic *adj*, electrodynamical *adj* || ~e **Aufhängung** / electrodynamic suspension, magnetic levitation || ~e **Kontakttrennung** / electrodynamic contact separation || ~e **Kopplung (EDK)** / electrodynamic coupling (EDC) *n* || ~e **Kraft** / electrodynamic force, Lorentz force, electromechanical force || ~e **Nutzbremsung** / regenerative braking || ~e **Schwebung** / magnetic levitation, electrodynamic suspension || ~e **Widerstandsbremsung** / rheostatic braking || ~**er Wandler** / electrodynamic transducer || ~**er Zähler** / electrodynamic meter, dynamometer-type meter, Thomson meter || ~**es Instrument** / electrodynamic instrument || ~**es Messgerät** / electrodynamic instrument || ~**es Relais** / electrodynamic relay || ~**es Relais mit Eisenschluss** / ferrodynamic relay || ~**es Schwebesystem (EDS)** / magnetic levitation system
elektroerosive Bearbeitung / electrochemical machining (e.c.m.)
Elektro·fachkraft *f* / skilled person IEC 50(826), Amend. 2 || ⁓**fahrzeug** *n* / electric truck, electrical vehicle || ⁓**filter** *n* / electrostatic precipitator || ⁓-**Förderbandtrommel** *f* / motorized conveyor pulley || ⁓**formung** *f* / electroforming *n*, galvanoplasty *n*, galvanoplastics *plt*, electrotyping *n* || ~**fotographisches Aufzeichnen** / electrophotographic recording || ~**fotographisches Papier** / electrophotographic paper || ⁓**funkenmethode** *f* / sparking method || ⁓**gasschweißen** *n* / electro gas welding || ⁓**gerätemechaniker** *m* / electrical fitter || ⁓**gewinde** *n* / Edison thread, Edison screw (E.S.) || ⁓**graphit** *m* / electrographite *n* || ⁓**graphitbürste** *f* / electrographitic brush
elektrograviert / electrically engraved
Elektro·großhandel (EGH) *m* / electrical wholesale trade || ⁓**großhändler** *m* / electrical whole saler || ⁓**handwerk** *n* / professional electrician, electrical trade || ⁓**handwerk und Elektroindustrie** / electrical trades and the electrical industry || ⁓**hängebahn** *f* / electric monorail overhead conveyor, monorail overhead conveyor, electric monorail system || ⁓-**Hausgerät** *n* / electrical appliance, household electrical appliance, (electrical) domestic appliance || ⁓-**Haushaltgerät** *n* / electrical appliance, household electrical appliance, (electrical) domestic appliance
elektrohydraulisch *adj* / electrohydraulic || ~**er Drücker** / electrohydraulic thrustor || ~**es Anpassteil** / electrohydraulic interface

Elektro·industrie *f* / electrical industry || **deutsche** ⁓**industrie** / German electrical industry, German Electrical and Electronic Manufacturers Association, ZVEI || ⁓**installateur** *m* / electrician *n*, electrical fitter, electrical installation engineer || ⁓**installateurbetrieb** *m* / electrical installation company || ⁓**installation** *f* / electrical installation
Elektroinstallations·betrieb *m* / electrical installation company || ⁓**geräte und -Systeme** / electrical installation equipment and systems || ⁓**kanal** *m* / ducting for electrical installations, trunking *n*, ducting *n*, raceway *n* || ⁓**plan** *m* / architectural diagram || ⁓**rohr** *n* / electric wiring conduit, conduit for electrical purposes || ⁓**technik** *f* / electrical installation technology, electric installation technology
Elektro·kapillarität *f* (Änderung der mechanischen Spannung an der Grenzfläche zwischen zwei Körpern durch das Vorhandensein elektrischer Ladungen an der Grenzfläche) / electrocapillarity || ⁓-**Kettenzug** *m* / electric chain pulley block || ⁓-**Korund** *m* (EK) / fused corundum || ⁓**kupplung** *f* / electromagnetic clutch || ⁓-**Lamellenkupplung** *f* / electromagnetic multiple-disc clutch || ⁓**lötung** *f* / electric soldering || ⁓**lumineszenz** *f* / electroluminescence *n* || ⁓**lumineszenz-Anzeige** *f* / electroluminescent display || ⁓**lumineszenzdiode** *f* / electroluminescence diode || ⁓**lumineszenzplatte** *f* / electroluminescent panel
Elektrolysezelle *f* (zur Durchführung chemischer Reaktionen vorgesehene elektrochemische Zelle) / electrolytic cell
Elektrolyt *m* (flüssiger oder fester Stoff mit beweglichen Ionen, die den Stoff ionenleitend machen) / electrolyte *n* || ⁓**ableiter** *m* / electrolytic arrester || ⁓**anlasser** *m* / electrolytic starter, liquid starter, liquid-resistor starter || ⁓**anlasser mit schneller Elektrodenbewegung** / electrolytic starter with rapid electrode positioning || ⁓**dichtheit** *f* / electrolyte retention
elektrolytisch verzinkt *adj* / electrogalvanized *adj* || ~e **Bearbeitung** / electrochemical machining (e.c.m.) || ~e **Entrostung** / electrolytic derusting, electrolytic rust removal || ~e **Reinigung mit periodischer Umpolung** / periodic reverse-current cleaning || ~e **Reinigung mit Umpolung** / reverse-current cleaning || ~**er Niederschlag** / electrodeposit *n*, electroplated coating, plated coating || ~**er Trog** / electrolytic tank || ~**er Überspannungsableiter** / electrolytic arrester || ~**es Abziehen** / electrolytic stripping, electrolytic depleting || ~**es Aufzeichnen** / electrolytic recording || ~**es Entzundern** / electrolytic descaling || ~**es Senken** / electrochemical machining (e.c.m.)
Elektrolyt·kondensator *m* (ELKO) / electrolytic capacitor || ⁓**kondensatorpapier** *n* / electrolytic capacitor paper || ⁓**kupfer** *n* / electrolytic copper, standard copper || **zähgepoltes** ⁓**kupfer** / electrolytic tough-pitch copper (e.t.p. copper) || ⁓**stahl** *m* / electrolytic steel || ⁓**standsanzeiger** *m* / electrolyte level indicator || ⁓**widerstand** *m* / electrolyte resistance || ⁓**zähler** *m* / electrolytic meter
Elektro·magnet *m* / electromagnet *n*, electro-magnet || **getrennte** ⁓**magnete** / separated solenoids || ⁓**magnetfilter** *n* / electromagnetic filter

elektromagnetisch *adj* / electromagnetic *adj*, electromagnetic (EMI) || **~ belastete Umgebung** / electromagnetically charged environment || **~ betätigter Hilfsstromschalter** VDE 0660,T.200 / electromagnetically operated control switch IEC 337-1 || **~e Aussendung** / electromagnetic emission || **~e Beeinflussung** / electromagnetic interference (EMI), electromagnetic disturbance || **~e Dämpfung** / electromagnetic damping || **~e Einheit (EME)** / electromagnetic unit (e.m.u.) || **~e Energie** / electromagnetic energy || **~e Funktionsstörung (EMI)** IEC 60050(161) / electromagnetic interference || **~e Induktion** / electromagnetic induction, flux density || **~e Interferenz (EMI)** / electromagnetic interference (EMI) || **~e Kompatibilität** / electromagnetic compatibility (EMC) || **~e Kraft** / electromagnetic force || **~e Kupplung** / electromagnetic clutch || **~e Masse** / electromagnetic mass || **~e Polstärkeeinheit** / unit magnetic mass in electromagnetic system (EMS) || **~e Schwebetechnik** / magnetic levitation technique || **~e Störempfindlichkeit** / electromagnetic susceptibility || **~e Störgröße** / electromagnetic disturbance || **~e Störung** / electromagnetic interference (EMI), electromagnetic disturbance || **~e Strahlung** / electromagnetic radiation || **~e Stromeinheit** / electromagnetic unit (e.m.u.) || **~e Umgebung** (Gesamtheit der elektromagnetischen Erscheinungen an einem gegebenen Ort) / electromagnetic environment (EME) || **~e Umweltverträglichkeit (EMVU)** / electromagnetic environmental compatibility || **~e Verkettung** / magnetic linkage || **~e Verträglichkeit** / electromagnetic compatibility (EMC), EMC/RFI || **~e Welle** / electromagnetic wave || **~er Auslöser** / electromagnetic release (o. trip) || **~er Impuls des Blitzes** / lightning electromagnetic impulse (LEMP) || **~er Schalter** / electromagnetic switch || **~er Schirm** / electromagnetic screen || **~er Smog** / electromagnetic smog || **~er Überstrom-Schnellauslöser** / instantaneous electromagnetic overcurrent release || **~er Verträglichkeitsbereich** / electromagnetic compatibility margin || **~er Verträglichkeitspegel** / electromagnetic compatibility level || **~es Absperrventil** / solenoid on-off valve || **~es Feld** / electromagnetic field || **~es Rauschen** / electromagnetic noise || **~es Schütz** / electromagnetic contactor || **~es Störfeld** / electromagnetic interference field || **~es Strahlbündel** (elektromagnetische Welle, die sich derart im Raum ausbreitet, dass ihre Energie im Wesentlichen innerhalb eines Kegels mit sehr kleinem Öffnungswinkel bleibt) / electromagnetic beam

Elektro·magnetismus *m* / electromagnetism *n* || **⁓maschine** *f* / electrical machine || **⁓maschinenbau** *m* / manufacture of electrical machines, electrical machine construction || **⁓maschinenlabor** *n* / electrical machine laboratory || **⁓maschinenwickler** *m* / electrical machine winder, coil winder and installer || **⁓mechanik** *f* / electromechanics

elektromechanisch *adj* / electromechanical *adj* || **~e Bruchkraft** VDE 0446, T.1 / electromechanical failing load || **~e Schaltvorrichtung** / electromechanically operated contact mechanism || **~e Schütze und Motorstarter** / electromechanical contactors and motor starters || **~er Motorstarter** / electromechanical motor starter || **~er Niveauschalter** / yo-yo *n* || **~er Verstärker** / mechanical amplifier || **~es Bauelement** / electromechanical component || **~es Relais** / electromechanical relay, electromagnetic relay || **~es Zeitrelais** / electromechanical time-delay relay, motor-driven time-delay relay

Elektro-, Mess-, Steuer- und Regeltechnik (EMSR) / electrical, measuring and control technology (EMC technology)

Elektro·meter *n* / electrometer *n* || **⁓meterröhre** *f* / electrometer tube || **⁓motor** *m* / electric motor, electro-motor *n* || **⁓motorenwerk** *n* / factory for electric motors

elektromotorisch *adj* / electromotive *adj*, motorized *adj*, electric *adj* || **~ angetriebenes Gerät** / electric motor-driven appliance, electric motor-operated appliance, motor-driven appliance || **~e Achse** / electromotive axis || **~e Kraft (EMK)** / electromotive force (e.m.f.) || **~e Systeme** / Electric Motors, EM, Electric Motor Systems (EMS) || **~es Bremsen** / electromotive braking

Elektron *n* / electron *n*

elektronegativ·e Anziehung / electronegative attraction || **~es Gas** / electronegative gas

Elektronen·beugungsdiagramm *n* / electron diffraction pattern || **⁓dichte** *f* / electron density || **⁓einfangdetektor** *m* (ECD) / electron capture detector (ECD) || **⁓emission** *f* / electron emission || **thermische ⁓emission** / thermionic emission || **⁓gas** *n* (Ansammlung freier Elektronen, die einige Eigenschaften eines Gases aufweist) / electron gas || **⁓gesamtmenge** *f* / total electron content || **⁓halbleiter** *m* / electron semiconductor, N-type semiconductor || **⁓kanone** *f* / electron gun || **⁓lawine** *f* / electron avalanche || **⁓leerstelle** *f* / defect electron || **⁓leitfähigkeit** *f* / electron conductivity, N-type conductivity || **⁓leitung** *f* / electron conduction, N-type conduction || **⁓linse** *f* / electron lens || **⁓röhre** *f* / electron tube, electronic tube || **⁓stoßprozess** *m* / electron collision process || **⁓strahlbündel** *n* / electron beam || **⁓strahlerzeuger** *m* / electron gun || **⁓strahlhärten** *n* / electron beam curing || **⁓strahlmaschine** *f* / electron beam machine || **⁓strahl-Oszilloskop** *n* / cathode-ray oscilloscope || **⁓strahlröhre** *f* / electron-beam tube (EBT), cathode-ray tube (CRT) || **⁓strahl-Schaltröhre** *f* / beam deflection tube || **⁓strahlschweißen** *n* / electron beam welding || **⁓strahl-System** *n* / electron gun || **⁓strahltransmission** *f* / electron-beam transmission || **⁓strahlverdampfung** *f* / electron-beam evaporation || **⁓strom** *m* / electron emission current || **⁓übergang** *m* / electron transition, jump of electrons || **⁓vervielfacher** *m* / electron multiplier || **⁓volt** *n* (eV) / electron volt (eV)

Elektronik *f* / electronics *n*, electronic engineering, solid-state *n* || **⁓aufwand** *m* / number of electronic components || **⁓baugruppe** *f* / electronics board || **⁓-Baugruppe** *f* / electronic module (o. assembly), solid-state module || **⁓block** *m* / electronic block, electronics block, electronic submodule || **⁓block** *f* (Bauteil) / electronic box || **⁓einheit** *f* / electronic

unit || ~einschub m / plug-in module || ~-
Einschub m / plug-in module || ~entwicklung f /
electronic development || ~erdung f (TE) VDE
0160 / electronic ground (TE), functional earthing
(TE) || ~fertigung f / electronics manufacturing ||
~/Geber f / electronics/encoder || ~gerecht adj /
solid-state compatible, electronically optimized ||
~gerechter Hilfsschalter m / electronics
compatible auxiliary switch || ~grundgerät n /
basic electronic unit || ~komponente f /
electronics component || ~kreis m / solid-state
circuit || ~-M / M potential of power supply, M ||
~modul n / electronic module, electronics module
|| ~motor m / electronic motor, electronically
commutated motor || ~-Option f / electronic
option || ~punkt m (EP) / electronic point (EP) /
~schaltung f / electronic circuit || ~schrank m /
electronic cubicle || ~-Stromversorgung f /
electronic power supply (EPS) n || ~versorgung
f / electronic supply || ~werk Fürth (EWF) n /
Electronics Works Fürth (EWF) || ~zylinder m /
electronic cylinder
elektronisch adj / electronic adj, solid-state adj || ~
gesteuerte Drosselklappe / electronic throttle || ~
kommutierter Motor / electronically
commutated motor || ~ verzögerter
Hilfsschalter / solid-state time-delay auxiliary
switch || ~ verzögerter Hilfsschalterblock / solid-
state time-delay auxilary switch block || ~e
Ansteuerung / electronic activation || ~e
Arbeitsanweisungen / Electronic Work
Instructions (EWI) || ~e Ausrüstung VDE 0113 /
electronic equipment (EE) || ~e Auswertung /
electronic evaluation || ~e Betriebsmittel (EB)
VDE 0160 / electronic equipment (EE) || ~e
Betriebsmittel zur Informationsverarbeitung
(EBI) VDE 0160 / electronic equipment for signal
processing (EES) || ~e Bremse / brake by wire || ~e
Bremseinheit / electronic braking module || ~e
Datenverarbeitung (EDV) / electronic data
processing (EDP) || ~e
Datenverarbeitungsanlage / electronic data
processing equipment (EDP equipment) || ~e
Differentialsperre / electronic differential lock
(EDS) || ~e Drosselklappensteuerung / drive-by-
wire throttle control || ~e Fahrwerkdämpfung /
electronic suspension control || ~e Funktionen /
electronic functions || ~e Gerätebeschreibung /
Electronic Device Description (EDD) || ~e
Gerätebeschreibungssprache / Electronic
Device Description Language || ~e
Klemmenleiste / electronic terminator || ~e
Kurvenscheibe / electronic cam || ~e
Leistungswiderstandssteuerung / electronic
power resistance control || ~e
Motorleistungsregelung / electronic engine
management, electronic engine power control || ~e
Nachrichtenübermittlung / electronic messaging
|| ~e Nebenstelle (zur Fernbedienung eines
elektron. Schalters) / electronic extension unit || ~e
Produktdefinition (EPD) / electronic product
definition (EPD) || ~e Schaltung / electronic
circuit || ~e Sicherung / electronic fuse || ~e
Sicherungsüberwachung (ESÜ) / EFM
(electronic fuse monitoring) || ~e
Spannungsregeleinrichtung / Programmable
Logic Circuit (PLC) || ~e Steuereinheit / engine

control unit || ~e Störunterdrückung (ESU) /
electronic noise suppression || ~e Welle /
electronic line shaft
elektronisch·er Ansteuerbaustein / electronically
triggered module, electronic contactor control unit
|| ~er Antrieb / electronic drive || ~er
Datenaustausch (EDA) / Electronic Data
Interchange (EDI) || ~er Direktstarter / electronic
direct starter || ~er Dokumentenaustausch /
electronic document exchange (EDI) || ~er
Drehzahlsteller / solid-state speed controller || ~er
Einschalter / electronic actuator || ~er
Gewichtsausgleich / electronic weight
counterbalance || ~er Gleichstromschalter /
electronic d.c. switch, electronic d.c. power switch
|| ~er Handel / electronic commerce, e-
Commerce, label n, check mark, marker n, tag n ||
~er Hilfsschalterblock / solid-state auxiliary
contact block || ~er Katalog / electronic catalog ||
~er Leistungsgleichstromschalter / electronic
d.c. power switch || ~er Leistungsschalter /
electronic power switch || ~er
Leistungsstromrichter / electronic power
convertor || ~er Leistungs-
Wechselstromschalter / electronic AC power
controller, electronic AC power switch || ~er
Motorstarter / electronic motor starter || ~er
Nocken / electronic cam || ~er Produktcode /
Electronic Product Code (EPC) || ~er
Referenzkatalog / electronic reference catalog ||
~er Schalter / electronic power switch IEC 146-4,
electronic switch, solid-state switch || ~er
Schließzylinder / electronic locking cylinder || ~er
Stellungsmelder / electronic position transmitter
|| ~er Taster / electronic momentary-contact
switch || ~er Transfer / electronic transfer || ~er
Überlastschutz / electronic overload protection ||
~er Überstromauslöser / solid-state overcurrent
trip unit || ~er Unterdruckregler / EVR
(electronic vacuum regulator) || ~er USV-
Schalter / electronic UPS power switch (EPS) ||
~er Vergaser / electronically controlled
carburettor || ~er Vorwahlzähler / solid-state
presetting counter || ~er Wechselstromschalter /
electronic a.c. switch, electronic a.c. power switch
|| ~er Wendestarter / electronic reversing starter ||
~er Wert / electronic value || ~er Zähler / solid-
state meter, static meter || ~er Zeichenstift / light
pen, stylus input device || ~er Zeitrelaisblock /
solid-state timing relay block || ~es Archiv
(Sammlung von Dokumenten in einem Speicher
für historische Zwecke oder als
Sicherungsmaßnahme) / electronic archive || ~es
Bauteil / electronic component || ~es Datenblatt /
Electronic Data Sheet (EDS) || ~es Gaspedal /
accelerator-controlled electronic system || ~es
Getriebe / electronically controlled automatic
gearbox, electronic gear || ~es Gleichstrom-
Leistungsumrichten / electronic d.c. power
conversion || ~es Heimsystem / home electronic
system (HES) || ~es Handrad / electronic
handwheel, hand (o. manual) pulse generator || ~es
Leistungsschalten / electronic power switching ||
~es Leistungsumrichten / electronic power
conversion || ~es Lineal / electronic work blade ||
~es Messgerät / electronic instrument, electronic
measurement equipment || ~es

elektronisch 254

Nockensteuerwerk / electronic cam control || ~es
Publizieren / electronic publishing || ~es Relais /
static relay, solid-state relay (SSR) || ~es
Schaltkreissystem / electronic switching system,
solid-state switching system, static switching
system || ~es Stabilitäts Programm (ESP) /
electronic stability program || ~es Steuergerät /
Electronic Control Unit, embedded computational
unit || ~es Temperaturregelsystem (ETC) /
electronic temperature control system (ETC) || ~es
Typenschild / electronic rating plate || ~es
Überlastrelais / electronic overload relay || ~es
Ventil / electronic valve || ~es Ventilbauelement /
electronic valve device || ~es Vorschaltgerät
(EVG) / electronic control gear, electronic ballast ||
~es Wechselstrom-Leistungsumrichten /
electronic a.c. power conversion || ~es Zeitrelais /
solid-state time relay, electronic timer || ~es
Zeitrelais mit Halbleiterausgang / electronic
time relay with semiconductor output
elektronisch-hybride Auslöseart (EH) / electronic-
hybride mode of tripping (EH)
Elektron-Loch-Paar n (Verbund eines Elektrons
und eines Lochs im metastabilen Zustand) /
electron-hole pair
Elektroofen m / electric furnace, arc furnace
elektro-optisch adj / electro-optic adj (al) || ~er
Kennwert / electro-optic characteristic || ~er
Schaltungsträger / electrical optical circuit board
(EOCB)
Elektro·palettenbahn f (EPB) / electric pallet rail
conveyor (EPB) || ⁓paste f / electro-lubricant,
electrolube n || ⁓phorese f / electrophoresis n
elektrophoretische Beschichtung / electrophoretic
coating, electro-coating n, electrophoretic
deposition, electro-painting n, anodic hydrocoating
|| ~ Verglimmerung / electrophoretic mica
deposition
Elektro·planer m / electrical planer || ⁓plattierung
f / electrodeposition n || ⁓pneumatik f /
electropneumatics
elektropneumatisch adj / electropneumatic adj || ~e
Stellungsregler / electropneumatic positioners ||
~er Regler / electropneumatic controller || ~er
Stellungsregler / electropneumatic positioner || ~er
Umformer / electropneumatic converter || ~es
Schütz / electropneumatic contactor (EP contactor)
Elektro·reparaturwerkstatt f / electrical repair shop
|| ⁓rohr n / electric wiring conduit, conduit for
electrical purposes || ⁓satz m / generating set,
engine-generator set || ⁓schaber m / electric
scraper || ⁓schaltwarte f (Raum) / electrical
control room || ⁓schaltwarte f (Tafel) / control
board || ⁓schlackeschweißen n / electro slag
welding || ⁓-Schlacke-Umschmelzverfahren n /
electroslag refining, electroslag remelting (e.s.r.) ||
⁓schrauber m / power screwdriver, electric
screwdriver, electrical screwdriver
elektrosensitiv·e Aufzeichnung / electrosensitive
recording || ~es Papier / electrosensitive paper
Elektro·skop n / electroscope n || ⁓smog m / electric
smog, electromagnetic smog, low-level
electromagnetic fields and radiation || ⁓stahl m /
electric furnace steel, electric steel
elektrostatisch adj / electrostatic adj || ~ gefährdete
Bauteile (EGB) / electrostatic sensitive devices
(ESD) || ~ gefährdetes Bauelement (EGB) /

electrostatic sensitive device (ESD) || ~ gefährdetes
Bauteil (EBG) / electrostatically sensitive device ||
~e Ablenkung / electrostatic deflection || ~e
Abschirmung / electrostatic shielding || ~e
Anziehung / electrostatic attraction || ~
Aufladung / electrostatic charging || ~e
Beeinflussung / electrostatic induction || ~e
Einheit / electrostatic unit (ESU) || ~e Entladung /
electrostatic discharge (e.s.d.) || ~e Schirmung /
electrostatic screening (o. shielding) || ~e
Schreibeinheit / electrostatic recording unit || ~e
Überspannung / static overvoltage || ~er
Abscheider / electrostatic precipitator || ~er
Bandgenerator / electrostatic belt generator || ~er
Generator / electrostatic generator, electrostatic
accelerator || ~er Plotter / electrostatic plotter || ~er
Spannungsmesser / electrostatic voltmeter || ~es
Aufzeichnen / electrostatic recording || ~es
Beschichten / electrostatic spraying || ~es
Instrument / electrostatic instrument || ~es
Relais / electrostatic relay
Elektro·striktion f / electrostriction n || ⁓tauchlack
m / electrolytic dip || ⁓tauchlackieren n /
electrodeposition || ⁓technik f / electrical
engineering, electrotechnology n
elektrotechnisch unterwiesene Person / instructed
person IEC 50(826), Amend. 2 || ~e Assistentin /
electrical engineering assistant || ~es Erzeugnis /
electrotechnical product
elektrothermisch adj / electro thermal || ~er
Auslöser / electrothermal release (o. trip) || ~es
Messgerät / thermal instrument, electrothermal
instrument (US) || ~es Relais / electrothermal relay
Elektro·trommel f / motorized pulley || ⁓- und
Elektronikaltgeräte f / Waste Electrical and
Electronic Equipment (WEEE) || ⁓- und
Elektronik-Altgeräte f / Waste from Electrical &
Electronic Equipment || ⁓wärme f / electroheat n ||
⁓wärmegerät n / electric heating appliance ||
~weiß / electric white, electrical white adj ||
⁓werkzeug n / electric tool, portable motor-
operated tool, electrical hand tool, power tool ||
⁓zaun m / electric fence || ⁓zaungerät n / electric
fence controller || ⁓zaungerät mit
Batteriebetrieb / battery-operated electric fence
controller || ⁓zaungerät mit Netzanschluss / mains-
operated electric fence controller || ⁓zug m /
electric hoist, electric pulley block
Element n / element n, term n, primitive n (an
element of the services provided by one entity to
another) || ⁓ n DIN 40042 / component n, element
n || ⁓ n (f. Verbindungen in einem
Kommunikationssystem) / primitive n || ⁓ n
(Bauelement) / component n || ⁓ n / entity n || ⁓ n
(einer Sprache) / element n IEC 1131-1 || ⁓ des
Qualitätsmanagementsystems / quality system
element || ⁓ in gleichem Abstand zur Basis /
offset n || ⁓ löschen / delete element || ⁓ zur
Ausführungssteuerung / execution control
element || Darstellungs~ n (Grafik) / graphic
primitive, output primitive, display element ||
Dienst~ n DIN ISO 7498 / service primitive ||
Korrosions~ n / corrosion cell || selbstklemmendes
⁓ / automatic locking element || Speicher~ n /
memory cell, memory element || Weg~ n / path
increment
Elementar·baustein m / elementary building block ||

~e Komponente (Objekt, das nicht mehr zerlegbar ist) / base component || ~er Datentyp (vordefinierte Datentypen gemäß IEC 1131-3) / elementary data type || ⸺kontur f / elementary contour || ⸺ladung f / elementary charge, electronic charge || ⸺probe f / spot sample, increment n (QA method) || ⸺teilchen n / elementary particle
Elemente der Maschinensteuertafel / elements on machine control panel || elastische ⸺ / soft materials || ⸺-Graphen Abarbeitungsreihenfolge f / Elements - Order of Processing of Diagrams
Elementen·analyse f / element analysis || ⸺koordinatensystem n / entity coordinate system || ⸺liste f / entity list || ⸺prüfung f / unit test
Element·prüfung f (Einschalt- o. Auschaltelement) / unit test || ⸺-Schranksystem n / modular packaging system, unitized cubicle (o. cabinet system)
ELF n / Executable and Linkable Format (ELF)
ELFNET n / European Lead Free Soldering Network (ELFNET)
ELG (elektronisches Getriebe) / ELG (electronic gear), electronic gearbox
ELG/GI (elektronisches Getriebe/ Getriebeinterpolation) / electronic gear/gear interpolation
ELG'-Modul n / ELG module || ⸺-Steuersignal n / ELG control signals || ⸺-Verbund m / ELG grouping
ELI (Ersatzteilliste) / spare parts list, Parts List
ELID / electrolytic in-process dressing (ELID)
Eliteschulung f / Elite training
ELKO / electrolytic capacitor
Ellipse f / ellipse n, elliptical curve
Ellipsen·bereich m / ellipse region || ⸺bogen m / ellipse arc, spline n || ⸺fläche f / ellipse surface || ⸺getriebe n / elliptical gear train
Ellipsoidreflektor m / ellipsoidal reflector
elliptisch·e Polarisation / elliptical polarization || ~e Schwingung / elliptical vibration, four-node mode || ~es Drehfeld / elliptical field
ELM / ELM (Electrical Link Module)
ELMM (Elektromaschinenmonteur) m / electrical machine fitter
eloxieren v / anodize v || ⸺ n / anodizing n, anodic treatment, anodic oxidation
eloxiert adj / anodized adj
ELRA (elektrischer Rückhalte-Automat) / automatic electric restraint system
ELS (Electrical Lean Switch) / Electrical Lean Switch (ELS)
ELT / ELT (test voltage of line end of transformer winding)
Eltern plt / parents plt || ⸺knoten m / parent node
Eluens n / eluent n, eluting agent
Elutions·chromatographie f / elusion chromatography || ⸺mittel n / eluting agent, eluent n
ELV-Stromkreis m (ELV = extra-low-voltage - Kleinspannung) / ELV circuit
EM (Erweiterungsmodul) / expansion module, extendable module, add-on housing, EM (extension module) || ⸺ (Einzelmeldung) / single-point indication, SI (single indication) || ⸺ (Entwurfsmuster) / development sample || ⸺ (Entwicklungsmuster) / development sample || ⸺ (Einsprungmenü) / EM (entry menu)
Email n (auf Metall) / vitreous enamel
E-Mail f / e-mail n, electronic mail || ⸺-Adresse f / e-mail address
Email'-Differenzsonde f / enameled differential sensor || ⸺draht m / painted wire
emailliert adj / enamelled || ~e Leuchte / enamel-coated luminaire || ~er Draht / enamelled wire
Emailschirm m / enamelled reflector
E-Mail-Verbindung f / e-mail connection
EMB / electromagnetic interference (EMI), electromagnetic disturbance || ⸺ (Empfangsmailbox) / RMB (receiving mailbox)
Embedded Applikation / embedded application || ⸺ Betriebssystem (EOS) / embedded operating system (EOS) || ⸺ CNC / Embedded CNC || ⸺ Computer / Embedded Computer || ⸺ Computer-Modul (ECM) / Embedded Computer-Modul (ECM) || ⸺ Computing / Embedded Computing || ⸺ Control / Embedded Control || ⸺ Controller / embedded controller || ⸺ Entwicklungsumgebung (EDE) / embedded development environment (EDE) || ⸺ Hardware / embedded hardware || ⸺ Hypertext Transfer Protocol (EHTTP) / Embedded Hypertext Transfer Protocol (EHTTP) || ⸺ Lösung / embedded solution || ⸺ Memory / Embedded Memory || ⸺ Modul / embedded module || ⸺ Networking / Embedded Networking || ⸺ PC (EPC) / embedded PC (EPC) || ⸺ Prozessor / Embedded Processor || ⸺ RAM (eRAM) / embedded RAM (eRAM) || ⸺ Safety / Embedded Safety || ⸺ Software / embedded software || ⸺ SPS / embedded PLC || ⸺ System / embedded system || ⸺ Technologie / embedded technology || ⸺ Variante / embedded version || ⸺ Vernetzung / embedded network
EMC (Easy Motion Control) / easy motion control
EMCY / EMCY (Emergency Message)
EMD-Schalter m / noble-metal uniselector (switch)
EME / electromagnetic unit (e.m.u.)
emergencyStop / emergencyStop
EMI / electromagnetic interference (EMI) || ⸺ / Early Manufacturing Involvement || ⸺ / electromechanical interface
Emission f / emission n
Emissions·analyse f / emission analysis || ~arme Ölverbrennung / low-emission oil firing || ⸺dauer f / emission duration || ⸺grad m (Emittanz) / emittance n || ⸺grad m DIN IEC 68,3-1 / emissivity coefficient || gerichteter ⸺grad / directional emissivity || ⸺grenzwert m / emission limit || ⸺kennlinie f / emission characteristic, diode characteristic || ⸺messtechnik f / emission analyzers || ⸺messung f / emission measurement || ⸺minderung f / emission control || ⸺quelle f / emittent n, emission point, point source || ⸺regeleinrichtung f / emission control system, exhaust emission control system n || ⸺spektrometer n / emission spectrometer || ⸺spektrometrie f / emission spectrometry || ⸺spektrum / emission spectrum || ⸺stabilität f / emission stability || ⸺vermögen n / emissivity n, emissivity coefficient || ⸺vorschrift f / emission standards || ⸺wertrechner n / emission value computer
Emittanz f / emittance n
Emittent m / pollution source, pollution emitter

Emitter

Emitter *m* (Transistor) / emitter *n*, emitter cone || ℒ *m* (Lampe) / emissive material || ℒ**anschluss** *m* / emitter terminal || ℒ**bahnwiderstand** *m* / emitter series resistance || ℒ**-Basis-Reststrom** *m* / emitter-base cut-off current, cut-off current (transistor) || ℒ**-Basis-Zonenübergang** *m* / emitter junction || ℒ**diffusion** *f* / emitter diffusion || ℒ**elektrode** *f* / emitter electrode || ℒ**-Emitter-gekoppelte Logik** (EECL) / emitter-emitter-coupled logic (EECL) || ℒ**folger** *m* / emitter follower || ℒ**folgerlogik** *f* (EFL) / emitter follower logic (EFL) || ℒ**folger-Transistorlogik** *f* (EFTL) / emitter-follower transistor logic (EFTL) || **~gekoppelte Logik** (ECL) / emitter-coupled logic (ECL), current-mode logic (CML) || ℒ**-Reststrom** *m* / emitter-base cut-off current, cutoff current (transistor) || ℒ**schaltung** *f* (Transistor) / common emitter || ℒ**-Sperrschicht** *f* / emitter depletion layer, emitter junction || ℒ**-Sperrschichtkapazität** *f* / emitter depletion layer capacitance || ℒ**strom** *m* / emitter current || ℒ**übergang** *m* / emitter junction || ℒ**zone** *f* (Transistor) / emitter region, emitter *n*
emittierende Anzeige *f* / emissive display || **~ Sohle** / emitting sole
EMK (elektromotorische Kraft) / e.m.f. (electromotive force), EMF || ℒ **der Bewegung** / rotational e.m.f. || ℒ **der Kommutierung** / e.m.f. of commutation, reactance voltage of commutation || ℒ **der Rotation** / rotational e.m.f. || ℒ **der Ruhe** / transformer e.m.f. || ℒ **der Selbstinduktion** (Stromwendespannung) / reactance voltage of commutation ℒ **der Transformation** / transformer e.m.f. || ℒ **des Luftspaltfelds** / Potier e.m.f. || ℒ **des Polradfeldes** / synchronous e.m.f. || ℒ**-Regler** *m* / e.m.f. controller, EMF controller
Empfang *m* / reception *n*
empfangen *v* / receive *v* || **Schall ~** / receive sound, receive an ultrasonic signal
empfangender Dienstbenutzer / receiving service user || **~es Sekretariat** / receiving secretariat
Empfänger *m* / receiver *n*, recipient *n* || ℒ *m* / noise receiver || ℒ *m* (Senke) / sink *n* || **Drehmelder-**ℒ *m* / synchro-receiver *n*, synchromotor *n* || **lichtelektrischer** ℒ / photoreceiver *n*, photodetector, photoelectric detector || **physikalischer** ℒ / physical receptor || **selektiver** ℒ (f. optische Strahlung) / selective detector || **thermischer** ℒ / thermal detector, thermal receptor || ℒ**baustein** *m* / receive(r) block || ℒ**empfindlichkeit** *f* / receiver sensitivity || ℒ**fläche** *f* / aperture area || ℒ**linse** *f* / receiver lens || ℒ**modul** *n* / receiver module || ℒ**prüfgerät** *n* / receiver test unit || ℒ**puffer** *m* / receive buffer || ℒ**schirm** *m* / receiver shield || ℒ**schwelle** *f* / squelch control || ℒ**sperrröhre** *f* / transmit/receive tube (T/R tube) || ℒ**-Vorverstärker** *m* / receiver preamplifier
Empfangsantenne *f* / receiving aerial || ℒ**aufruf** *m* DIN 44302 / selecting (call) || ℒ**auslöser** *m* / receiver trip, receiver relay || ℒ**baustein** *m* / receiver block, receiver module || ℒ**bearbeitung** *f* / receive handler || ℒ**bereich** *m* / receiving area || ℒ**bestätigung** *f* / receipt confirmation, confirmation of receipt, acknowledgement || ℒ**bestätigung** *f* (Bussystem) / acknowledgement *n* || ℒ**bestätigung** *f* (Rückinformation über fehlerfrei oder fehlerhaft empfangene Information ACK, NAK, Rückmeldung) / acknowledgement || **Übertragung mit ℒbestätigung** / transmission with decision feedback || ℒ**bestätigungsanzeige** *f* (Fernkopierer) / message confirmation indicator || ℒ**buffer** *m* / receiving buffer (buffer for received messages) || ℒ**-CPU** *f* / receiving CPU || ℒ**daten** *plt* / received data (RxD), RxD (Received Data: a data transmission control signal) || ℒ**datenblock** *m* / receive data block *n* || ℒ**-DB** *m* / receive data block *n* || ℒ**diode** *f* / receive diode *n* || ℒ**einrichtung** *f* / receiving device, receiver *n*, receiver assembly || ℒ**einrichtung** *f* (LWL) / receiving terminal device || ℒ**erlaubnis** *f* / receive enable || ℒ**fach** *n* / receive mailbox || ℒ**fehler** *m* / receive error || ℒ**fehler-Empfangsrichtung** *f* / receive error receive direction, receive error rec. dir. || ℒ**freigabe** *f* / receive enable (RE) || ℒ**frequenz** *f* / receive frequency || ℒ**frequenzlage** *f* DIN 66020 / receive frequency || ℒ**funktion** *f* / receive function || ℒ**gerät** *n* / receiver *n* || ℒ**güte** *f* / data signal quality || ℒ**-IM** / receive IM
Empfangskabel *n* / receive cable || ℒ**kanal** *m* / receive channel, return channel || ℒ**kopie** *f* / received copy || ℒ**leitung** *f* / receive circuit || ℒ**linse** *f* / reception lens || ℒ**locher** *m* / reperforator || ℒ**mailbox** *f* / receiving mailbox (RMB) || ℒ**modul** *n* / receiver module || ℒ**motor** *m* / booster motor || ℒ**pegel** *m* / receiving level || ℒ**puffer** *m* (Eingangsp.) / input buffer, reception buffer || **zyklisches ℒraster** / receipt cycle time || ℒ**schritttakt** *m* / receiver clock (RC), receiver signal element timing || ℒ**schwinger** *m* / receiving transducer || ℒ**seite** *f* / receiving end || **~seitige Abtastmarkierung** / received character timing || ℒ**-Sendeschaltung für asynchrone Datenübertragung** / universal asynchronous receiver/transmitter (UART) || ℒ**signalpegel** *m* / data carrier detect (DCD) || ℒ**speicher** *m* (Bussystem) / receive memory, LIFO (last-in/first-out memory) || ℒ**station** *f* / slave station || ℒ**steuerwerk** *n* (Anschaltbaugruppe) / receive controller || ℒ**stromschleife** *f* / current loop receive || ℒ**telegramm** *n* / receive message, message received, receive telegram || ℒ**tubus** *m* / receive tube || ℒ**überwachung** *f* / receipt monitoring || ℒ**zentrale für Brandmeldungen** / fire alarm receiving station || ℒ**zentrale für Störungsmeldungen** EN 54 / fault warning receiving station || ℒ**zwischenpuffer** *m* / reception scratch buffer
empfehlen *v* / recommend *v*
Empfehlung *f* / recommendation *n*
empfindlich *adj* / sensitive *adj* || **~ adj** (schadensanfällig) / fragile *adj*, delicate *adj* || **~er Erdstrom** / sensitive ground current || **~es Relais** / sensitive relay
Empfindlichkeit *f* / sensitivity *n*, susceptibility *n*, responsivity *n* || ℒ **der Phase gegen Spannungsänderungen** / phase sensitivity to voltage || ℒ **einer Feldplatte** / magnetoresistive sensitivity || ℒ **einer Waage** / sensitivity of a balance || ℒ **im Kniepunkt** / knee sensitivity, knee luminous flux || **Einstell~** *f* (Verhältnis Änderung der stabilisierten Ausgangsgröße/Änderung der Führungsgröße) DIN 41745 / incremental control coefficient || **relative** ℒ (Strahlungsempfänger) / relative responsivity || **spektrale** ℒ / spectral responsivity, spectral sensitivity

Empfindlichkeits·bereich *m* / sensitivity range, range of sensitivity || ⁓**einsteller** *m* / sensitivity adjuster || ⁓**faktor** *m* (Fernmeldeleitung) VDE 0228 / sensitivity factor || ⁓**justierung** *f* (Justierung der Empfindlichkeit mit einem geeigneten Mittel (hier: Prüfgas)) / span calibration || ⁓**kurve** *f* (Fotometer) / sensitivity curve || **spektrale** ⁓**kurve** / spectral response curve, spectral sensitivity curve || ⁓**schwelle** *f* / detection threshold, sensitivity *n* || ⁓**stufe** *f* / sensitivity grade
Empfindung *f* / sensation *n*
Empfindungsgeschwindigkeit des Lichtreizes / speed of sensation of light stimulus
empfohlen·e Antriebsleistung / recommended drive capacity (r.d.c.) || **~er Abstand** / recommended distance
empirische Verteilungsfunktion *f* (Funktion, die jedem Merkmalswert die Häufigkeit von Istwerten zuordnet, die kleiner oder gleich diesem Merkmalswert sind) / empirical distribution function
EMR·-Klemme *f* / EMR terminal || ⁓**-Stelle** *f* / EMR location
EMS / magnetic levitation technique || ⁓ (Energiemanagementsystem) / EMS (energy management system)
E²MS / Electronic Engineering and Manufacturing (E²MS)
EMSR (Elektro-, Mess-, Steuer- und Regeltechnik) / EMC technology (electrical, measuring and control technology)
EMUG / European MAP Users Group
Emulation *f* (Programm, mit dem z.B. ein Terminal oder ein Computer sich wie ein anderes System verhalten kann) / emulation *n*, emulator *n*
Emulations- und Testadapter *m* (ETA) / in-circuit emulator (ICE)
Emulator *m* / emulation *n*, emulator *n*
emulieren *v* / emulate *v*
Emulsionsmaske *f* / emulsion mask
EMV (elektromagnetische Verträglichkeit) / electromagnetic compatibility (EMC)
EMVA *f* / European Machine Vision Association (EMVA)
EMV·-Abschirmung *f* / EMC shielding || ⁓**-Abstrahlung(en)** / EMC-radiation || ⁓**-Aufbaurichtlinie** *f* / EMC Installation Guide || ⁓**-Bedämpfungsmodul** *n* / surge suppressor || ⁓**-Feder** *f* / EMC spring contact || ⁓**-Festigkeit** *f* / immunity to noise || ⁓**-Filter** *n* / EMC filter || ⁓**-Funkentstörfilter** *m* / EMC radio-interference filter || ⁓**-gerecht** *adj* / EMC-compatible || ⁓**-gerechter Einsatz von Frequenzumrichtern** / EMC-oriented use of frequency inverters || ⁓**-getestet** *adj* / EMC-tested || ⁓**-Kenndaten** / EMC characteristic data || ⁓**-Kenndaten** / EMC characteristic || ⁓**-Phänomen** *n* / EMC phenomenon || ⁓**-Produktnorm** *f* / EMC product standard || ⁓**-Prüfung** *f* / EMC test || ⁓**-Richtlinie** *f* / EMC directive
EMVU *f* / electromagnetic environmental compatibility
EMV·- und Massekonzept / EMC and mass concept || ⁓**-Verhalten** *n* / EMC performance || ⁓**-Verhaltenskenndaten** *plt* / EMC performance characteristic || ⁓**-Vorlage** *f* / EMC-template || ⁓-

Wächter *m* / EMC monitor
EM_W (Einzelmeldung Wischern) *f* / SI_F (single point indication transient)
EN (Europäische Norm) / european standard (EN) || ⁓ / enabling input
EN-Abhängigkeit *f* / enable dependency, EN-dependency
Enable·-Attribut *n* / enable attribute || ⁓ **out (ENO)** / enable out (ENO)
Enabler *m* / enabler *n*
ENC (Gewindebohren Parameter) / ENC
Encoder *m* / position encoder, position measuring device, displacement measuring device || ⁓ / **Absolutwertgeber** *m* / encoder/absolute-value encoder || ⁓**auflösung** *f* / encoder resolution || ⁓**-Treiber** *m* (Software-Modul, das die Auswertung eines Gebers durchführt) / encoder driver
End·abdeckung *f* / end closure, end cap, sealing end, end cover || ⁓**ableitung** *f* / terminal connector || ⁓**abnahme** *f* / final acceptance || ⁓**abnahmeprotokoll** *n* / final acceptance certificate || ⁓**abnehmer** *m* / end customer, final customer || ⁓**abrechnung** *f* / final invoicing || ⁓**abschaltung** *f* / switch-off at limit || ⁓**abschluss** *m* / end closer || ⁓**abspannverbinder** *m* / dead-end tension joint || ⁓**adapter** *m* / end adapter || ⁓**adresse** *f* / end address, right-hand end address || ⁓**anflug** *m* / final approach
Endangerment-Analyse *f* / endangerment analysis (EA)
End·anschlag *m* / end stop, stop *n*, fixed stop, dead stop, limit stop || ⁓**anschlagbolzen** *m* / end stop pin, stop pin || ⁓**antriebsritzel** *m* / final drive pinion || ⁓**anweisung** *f* / final instruction || ⁓**anwender** *m* / end user || ⁓**anwender-Kontrolle** *f* / end user control (EUC) || ⁓**anwenderschnittstelle** *f* (EAS) / user interface (UI)
ENDAT *f* / ENDAT (interface for absolute value encoder)
EnDat·-Geber *m* / EnDat encoder || ⁓**-Protokoll** *n* / EnDat protocol || ⁓**-Schnittstelle** *f* / EnDat interface
End·ausbau *m* / ultimate layout || ⁓**ausschalter** *m* / limit switch, position switch || ⁓**ausschlag** *m* / full-scale deflection (f.s.d.) || ⁓**bearbeitung** *f* / finishing *n*, finish-machining *n*, finish cutting, finishing cut, finish cut, finish *n* || ⁓**bearbeitungsautomat** *m* / finishing machine || ⁓**bearbeitungsmaschine** *f* / finishing machine || ⁓**begrenzer** *m* / end delimiter || ⁓**begrenzung** *f* / travel limit || **mechanische** ⁓**begrenzung** (Trafo-Stufenschalter) / mechanical end stop IEC 214 || ⁓**begrenzungsgetriebe** *n* / travel limiting mechanism || ⁓**begrenzungsschalter** *m* / mechanical end stop || ⁓**benutzer** *m* / end user || ⁓**-Betätigungskraft** *f* DIN 42111 / total overtravel force IEC 163 || ⁓**bohrtiefe** *f* / final drilling depth, final depth of bore || ⁓**bügel** *m* (Reihenklemme) / retaining clip
End·dose *f* / terminal box || ⁓**dose mit Auslass im Boden** / terminal box with back-outlet || ⁓**druck** *m* / discharge pressure
Ende *n* / end character || ⁓**des PLM** (endgültige Abkündigung) / end of PLM || ⁓ **Schnellinbetriebnahme** (IBN) / end of quick commissioning || ⁓**-Anweisung** *f* / END statement, END instruction

End 258

End·ebene f / end plane || **⁓effekt** m / end effect || **⁓effekt der einlaufenden Kante** / entry-end effect
Endeflag m (Signal der Achskarte, dass der Befehl fertig ausgeführt worden ist) / end flag
End·einrichtung f / data terminal equipment (DTE) || **⁓einspeisung** f / end feeder unit || **⁓einspeisungseinheit** f / end-feed unit
Ende·kennsatz m / end-of-file label || **⁓kriterium** n / travel limiting criterion || **⁓marke** f / end marker
Endenabschluss m / cable sealing end, cable entrance fitting, cable sealing box, pothead n (US), cable box || **⁓** m (Kabel) / (cable) termination || **⁓ mit Wickelkeule** / stress-cone termination
Endenbearbeitungsmaschine f / end facing machine
End-End / point-to-point || **⁓-Konfiguration** f / point-to-point configuration || **⁓-Verkehr** m / point-to-point traffic, point-to-point traffic
Endenergie f / secondary energy
Endenglimmschutz m (el. Masch.) / overhang corona shielding, resistance grading
End·erkennung f (Zeichen oder Bitmuster, die das Ende eines Datensatzes signalisieren) / end delimiter || **⁓ertrag** m / final yield || **⁓erwärmung** f / final temperature rise, stagnation temperature, limit temperature || **⁓erzeugnis** n / finished product
Ende·segment für Nachrichtengruppe / functional group trailer || **⁓zeichen** n / end character || **⁓zeichen** n (Nachrichten, Text) / end-of-text character (ETX) || **⁓zeichen** n (PMG-Nachricht) / delimiter n || **⁓zeichen der Zeichenkette** / string delimiter || **⁓-zu-Ende-Synchronisation** f / end-to-end synchronization
End·fassung f (Lampe) / end-holder n, final version || **⁓feld** n / end bay || **⁓feld** n / end panel, end cubicle || **⁓fertigung** f / production n, final production || **⁓feuer** n / end light || **⁓flansch** m / end flange || **⁓form** f (nach der Bearbeitung) / finished form, finishing form || **⁓frequenz**
Spannungsanhebung / boost end frequency || **⁓gerät** n / data terminal equipment (DTE), terminal unit, data terminal, terminal equipment, terminal device, terminal n || **⁓gerät betriebsbereit** / data terminal ready (DTR) || **⁓geräte für Textkommunikation** / text communication terminals || **⁓geräteschnittstelle** f / terminal point IEC 50(715) || **⁓glied** n / terminal element, terminal unit || **⁓glied** n / end-of-line unit
endgültig·e Ausschaltung (Netz o. Betriebsmittel, nach einer Anzahl erfolgloser Wiedereinschaltungen) / final tripping, lock-out n || **~e Überprüfung** (einer Anlage) / precommissioning checks || **~er Bauentwurf** / final design
End·halter m / end retainer, end holder || **⁓holm** m / base-fixed stay, top-fixed stay || **⁓hub** m / residual stroke || **⁓hülse** f (Kabel) / ferrule n, end sleeve, connector sleeve || **⁓induktivität** f / short-circuit inductance || **⁓inspektion der Aufstellung** / final installation inspection || **⁓kabel** n / output cable || **⁓kappe** f / end cap || **⁓kappe** f (Kontakt des Sicherungseinsatzes) / end cap, fuse-link contact || **⁓kappe** f (Läufer) / end plate IEC 50(411), end bell
ENDKNN / DESTINATION
Endknoten m / endpoint node, activity final node, final node, end junction || **⁓ für Kontrollflüsse** m (ein Endknoten für Kontrollflüsse beendet einen Ablauf, indem er das zugehörige Token vernichtet) / flow final node
ENDKNV / END JUNCTION FROM
End·kontakt m (Hauptkontakt) / main contact || **⁓kontaktdruck** m / final contact pressure || **⁓kontrolle** f / final inspection and testing, final inspection and test verification, final inspection, checkout n || **⁓kontur** f / finished contour, final contour || **⁓konturbearbeitung** f / finishing contouring cycle, contour finishing, final contour machining || **⁓konturbeschreibung** f / finished-contour description || **⁓konturzyklus** m / contour finishing cycle || **⁓kraft** f / ultimate power || **⁓kunde** m / end customer, end user
Endladeschlussspannung f / final discharge voltage
Endlage f / end position || **ganz geöffnete gefahrlose ⁓** / position on air failure || **gefahrlose ⁓** / position on air failure || **sichere ⁓** (SE) / safe limit position || **sichere elektronische ⁓** / safe electronic limit position
Endlagen·abschaltung f / switch-off at limit || **⁓fehler** m (Meldung von einem Ventil) / OPEN/CLOSED discrepancy signal (o. alarm) || **⁓fehler** m (Zwischenstellungsmeldung eines Schaltgerätes) / intermediate state signal (o. alarm) || **⁓fehler** m (Statusabweichung) / status discrepancy || **⁓fehlermeldung** f (EFM) / status discrepancy alarm (SDA) || **⁓initiator** m / limit position initiator || **⁓meldung** f / limit signal || **⁓-Näherungsschalter** m / end position Bero || **⁓schalter** m / limit switch || **⁓speicher** m (f. Notbetätigung eines Stellantriebs) / stored-energy emergency positioner, accumulator-type emergency actuator || **⁓stellung** f / end position, limit position || **⁓überwachung** f / limit monitoring, limit position monitoring || **⁓überwachung** f / status discrepancy monitoring || **⁓überwachung** f (spricht bei Lageänderung eines Schaltgerätes an) / change-of-position monitoring
Endlageschalter m / limit switch
Endlasche f / end lug
endlich adj / finite adj || **~e Ausregelzeit** / dead-beat response || **~e Eisenlänge** / finite core length || **~e Schwingung** / dead-beat oscillation || **Abtastregler mit ~er Ausregelzeit** / dead-beat-response controller || **~er Automat** / finite automaton || **~er Wert** / value different from zero
endlos drehende Rundachse / endlessly turning rotary axis || **~ zählen** / continuous counting || **⁓achse** f / endless axis || **⁓archiv** n / continuous archive || **~ drehend** adj / turning endlessly || **⁓empfänger** m / continuous facsimile receiver || **⁓formular** n / continuous form || **⁓papier** n / continuous paper || **⁓papier** n (Schreiber) / continuous stationary, fan-fold paper || **⁓rundachse** f / endlessly turning rotary axis || **⁓vordruck** m / continuous form
End·maß n / finishing dimension || **⁓maß** m (Lehre) / gauge block || **⁓maßvorgabe** f / final dimension specification || **⁓mast** m / terminal tower, dead-end tower, terminal support || **⁓messungen und Kontrollen DIN IEC 68** / final examination and measurements || **⁓montage** f / final assembly || **⁓montage/Endprüfung** f / final assembly/final inspection || **⁓montagelinie** f / final assembly line || **⁓muffe** f / end sleeve
End·paket n / end packet, end section of core || **⁓platte** f / core end plate, clamping plate || **⁓platte**

f (Reihenklemme) / end plate (modular terminal block), end barrier (modular terminal block) || ⁓**platten-Bausatz** *m* / end plate set || ⁓**platten-Set** *n* / set of end plates || ⁓**pole** *m pl* / terminals *n pl* || ⁓**position** *f* / end position, limit position, limit *n*, final position || ⁓**produkt** *n* / finished product, final product || ⁓**produktbestand** *m* / finished-product inventory || ⁓**prüfung** *f* / final inspection and test verification, final inspection, checkout *n* || ⁓**prüfung** *f* DIN 55350, T.16 / final inspection and testing

Endpunkt *m* / terminal point, end position, end point, extreme point || ⁓ **des Gewindes** / thread end position || ⁓**kennung einer Mehrpunktverbindung** DIN ISO 7498 / multi-connection end-point identifier || ⁓**koordinate** *f* / end position coordinate || ⁓**kriterium** *n* (Isolationsprüfung) VDE 0302, T.1 / end-point criterion IEC 505 || ⁓**-Linearitätsfehler** *m* (ADU, DAU) / end-point linearity error

End·radius *m* / end radius || ⁓**regelgröße** *f* / final controlled variable || ⁓**ring** *m* (Käfigläufer) / end ring, cage ring, short-circuiting ring || ⁓**satz** *m* / termination record, last block

Endschalter *m* / position switch IEC 337-1, maintained-contact limit switch, position switch, reset switch || ⁓ *m* (Sensor, der meldet, dass die Endposition erreicht worden ist) / limit switch, end position switch || **sicherer** ⁓ / safe limit switch || ⁓**liste** *f* / limit switch list || ⁓**überwachung** *f* / limit switch monitoring, monitoring limit switch

End·scheibe *f* / locking plate || ⁓**schild** *n* / end labeling plate || ⁓**schild** *m* (Reihenklemme) / retaining clip || ⁓**schliff** *m* / finish grinding || ⁓**-Sicherungseinrichtung** *f* (Trafo-Stufenschalter) / anti-overrun device || ⁓**spiel-Platte** *f* / endplay plate || ⁓**steigung** *f* / final pitch, final lead || ⁓**stelle** *f* / terminal station || ⁓**stelle nur für abgehenden Verkehr** (Endstelle, die abgehende Anrufe ausführen kann, aber gehindert ist, ankommende Anrufe zu empfangen) / outgoing only terminal || ⁓**stelle nur für ankommenden Verkehr** (Endstelle, die ankommende Anrufe empfangen kann, aber gehindert ist, abgehende Anrufe auszuführen) / incoming only terminal || ⁓**stellenmessplatz** *m* / terminal test set || ⁓**stellung** *f* / final position, SS, single step, assembly system, EP || ⁓**stellung** *f* (Betätigungselement, Schnappschalter) DIN 42111 / total travelled position || ⁓**stellung** *f* (ES) / end position (EP) || **obere** ⁓**stellung** / upper extreme position || ⁓**stromkreis** *m* (eines Gebäudes) VDE 0100, T.200 / final circuit, branch circuit (US) || ⁓**stück** *n* VDE 0711,3 / end cover IEC 570, sealing end, terminal stop end, end-piece *n*, end piece || ⁓**stück** *n* (Wickelverb.) / end tail || ⁓**stück** *n* (Roboter) / end effector

Endstufe *f* / output element (o. module), output *n*, output stage || ⁓ *f* (Trafo-Stufenschalter) / extreme tapping || **taktende** ⁓ **mit Pulslängenmodulation** / timing output stage with pulse length modulation || ⁓**ntransistor** *m* / power transistor

End·stützpunkt *m* / terminal support || ⁓**summe** *f* / total

Endsystem *n* DIN ISO 7498 / end system ||

⁓**adresse** *f* DIN ISO 7498 / network address || ⁓**verbindung** *f* DIN ISO 7498 / network connection || ⁓**verbindungsabbau** *m* / network connection release (NC release) || ⁓**verbindungsaufbau** *m* / network connection establishment (NC establishment)

End·taster *m* / momentary-contact limit switch, momentary-contact position switch, position switch, position sensor || ⁓**taststellung** *f* EN 60947-5-1 / biased position || ⁓**teilnehmerstation** *f* / inal mode || ⁓**temperatur** *f* / final temperature, ultimate temperature, stagnation temperature, equilibrium temperature, steady-state temperature || ⁓**transistor** *m* / power transistor, output stage || ⁓**-Übersetzung** *f* / final translation || ⁓**übertemperatur** *f* / temperature-rise limit, limit of temperature rise, limiting temperature rise || ⁓**umschalter** *m* / travel-reversing switch, reversing position switch

Endung *f* / extension *n*

End·verbinder *m* / end connector || ⁓**verbleib** *m* / final destination, end use || ⁓**verbleibsdaten** *f* / end-use data || ⁓**verbleibserklärung** *f* / end use certificate || ⁓**verbleibsmeldung** *f* (EVM) / final destination memo, final destination certificate (FDC) || ⁓**verbraucher** *m* / ultimate consumer, end user, final consumer || ⁓**vermittlungsstelle** *f* (öffentliche Vermittlungsstelle, die Teilnehmeranschlussleitungen innerhalb des gleichen Bereiches verbindet oder Verbindungen zwischen diesen Teilnehmern und anderen Vermittlungsstellen herstellt) / subscriber serving exchange || ⁓**verrundung** *m* / final rounding, *f* upper transition rounding || ⁓**verrundungszeit** *f* / final rounding time || ⁓**verrundungszeit Hochlauf** / ramp-up final rounding time || ⁓**verrundungszeit Rücklauf** / ramp-down final rounding time

Endverschluss *m* (Kabel) / sealing end, (cable) entrance fitting, pothead *n* || **Schaltanlagen-**⁓ *m* / switchgear termination || **steckbarer** ⁓ (Kabel) / plug-in termination, separable termination

End·verstärker *m* / output amplifier, output channel amplifier || ⁓**verteilerschrank** *m* (BV) / final distribution ACS || ⁓**verteilung** *f* / ultimate distribution || ⁓**wand** *f* / end wall, end panel, switchgear termination || ⁓**welle** *f* / output shaft

Endwert *m* (höchster Wert einer Messgröße, auf den ein Gerät eingestellt ist) DIN IEC 770 / upper range value, upper value, target value, end value, full-scale value || ⁓ *m* / target *n* || ⁓ **der Ausgangsgröße** / final value of output quantity || ⁓ **max.** / full-scale value max., upper value max. || **größter Messbereichs-°**⁓ / upper range limit || **Messbereichs-**⁓ *m* DIN 43781, T.1 / upper limit of effective range IEC 51,258, higher-measuring-range value, upper range value || **Messbereichs-**⁓ *m* (in Einheiten der Messgröße) DIN 43782 / rating *n* IEC 484 || ⁓**fehler** *m* (Regler) / full-scale error

End·windung *f* / end turn || ⁓**winkel** *m* / end angle || ⁓**winkel** *m* (Reihenklemmen) / retaining clip, end bracket || ⁓**zählerwert** *m* / final counter value || ⁓**zählerwertvorgabe** *f* / final counter value setting

Endzeichen *n* / EOT (end-of-text character), EOM (end-of-message character) || ⁓ *n* (Nachricht, Text) / end-of-message character (EOM), end-of-

text character (EOT)
Endzeit f VDE 0435, längste Kommandozeit / maximum operating time, back-up time || **ungerichtete distanzunabhängige** ⟨ / non-directional distance-independent back-up time || ⟨**stufe** f (Schütz) / back-up time stage, stage for maximum operating time
Endzustand m / final condition, final state (US), finished state, finishing state
EN-Eingang m / strobe input
energetische Amortisationszeit / energy pay back time || **~r Lichttaster** / energetic sensor
Energie f / energy n, work n, power n || ⟨ **auskoppeln** (f. Zündimpulse) / tap power (o. energy) || ⟨ **freisetzen** / release energy || ⟨ **vernichten** / dissipate energy || **elektrische** ⟨ / electrical energy, electrical power
Energie·abgabe f / energy output || ⟨**abgabe** f (an Kunden) / energy export || ⟨**abrechnung** f / energy accounting || ⟨**abstand** m / energy gap || ⟨**abtrennung** f / power disconnection || ⟨**abzweig** m / power feeder || ⟨**ader** f / phase conductor, power core, energy wire || ⟨**amortisationszeit** f / energy pay back time || ⟨**anlage** f / energy supply || ⟨**anlagenelektroniker** m / power electronics installer || ⟨**anschluss** m / power terminal || ⟨**anwendung** f / energy utilization, electric power utilization || **~äquivalente Geschwindigkeit** f / energy equivalent speed (EES) || ⟨**art** f / commodity n || ⟨**aufbereiter** m / power conditioner || ⟨**aufbereitung** f / power conditioning || ⟨**aufbereitungsanlage** f / power conditioning subsystem (PCS) || ⟨**aufnahme** f / energy absorption, energy dissipation, energy consumption || ⟨**aufnahme** (Verbrauch) / energy consumption || ⟨**aufnahmevermögen** n / energy absorption capacity, energy dissipating capacity || ⟨**ausbeute** f / energy efficiency || ⟨**ausfall** m / power failure || ⟨**ausgleich** m / energy exchange, energy compensation || ⟨**auskopplung** f / isolation from power circuit || ⟨**auskopplung** f (f. Zündimpulse) / power (o. energy) tapping || ⟨**ausnutzung** f / fuel efficiency || ⟨**austausch** m / energy exchange, exchange of electricity || ⟨**austauschbewertung** f / interchange transaction evaluation || ⟨**autobahn** f / energy highway
Energie·band n (Menge von Energieniveaus, deren Energiewerte ein Intervall praktisch kontinuierlich belegen) / energy band || ⟨**bandabstand** m / band gap || ⟨**bändermodell** n / energy band diagram || ⟨**bandlücke** f / band gap || ⟨**bedarf** m / energy demand, power demand, power required, power needs, required energy, energy requirements || ⟨**bedarfsvorausschau** f / energy demand anticipation || ⟨**begrenzungsklasse** f / energy limitation class || ⟨**bereitstellung** f / supply side management (SSM) || ⟨**betrag** m / amount of energy || **~betriebene Produkte** / energy using products (EUP) || **~bewusst** adj / energy-conscious adj || ⟨**bezug** m / energy import, imported energy || ⟨**bilanz** f / energy balance || ⟨**börse** f / energy exchange || ⟨**brückenstecker** m / power jumper || ⟨**bus** m / power bus || ⟨**bus** m (linienförmige Hauptenergieverteilung) / energy bus || ⟨**bus-Leitung** f / power bus cable || ⟨**bus-Prinzip** n / power bus principle || ⟨**bussegment** n / energy bus segment || ⟨**bussystem** n / power bus system

Energie·dichte f / energy density, density of electromagnetic energy, volumic density IEC 50 (481) || ⟨**dichtespektrum** n (Verteilung der Energie eines Signals oder Geräuschs mit kontinuierlichem Spektrum und endlicher Gesamtenergie als Funktion der Frequenz) / energy spectral density || ⟨ **der Lage** / potential energy || **~dispersive Diffraktometrie** / energy-dispersive diffractometry || **~dispersive Röntgen-Fluoreszenzanalyse** / energy-dispersive X-ray fluorescence analysis || ⟨**dose** f / power socket || ⟨**durchlassgrad** m / energy transmittance || ⟨**durchsatz** m / power throughput
Energie·effizienz f / energy efficiency || ⟨**einsatzplanung** f / energy scheduling || ⟨**einsparung** f / energy saving || ⟨**einspeiseschütz** n / power supply contactor || ⟨**einspeisung** f / energy supply || ⟨**elektroniker Anlagentechnik (EEAN)** m / power electronics technician industrial engineering || ⟨**elektroniker Betriebstechnik (EEBE)** m / power electronics technician plant engineering || ⟨**entnahme** f / power consumption || ⟨**erhaltungssatz** m / energy conservation law || ⟨**ertrag** m / energy output, energy yield || ⟨**erzeuger** m / electricity generating company || ⟨**erzeugung** f / generation of electrical energy, generation of electricity, power generation
Energie·fluenz f / radiant fluence || ⟨**fluss** m / energy flow, power flow || ⟨**flussrichtung** f / energy flow direction, direction of power flow || ⟨**fortleitung** f / power transmission || ⟨**freisetzung** f / energy release || ⟨**führungskette** f / energy management system || ⟨**führungssystem** n / energy management system
Energie·gefahr f VDE 0806 / energy hazard IEC 380 || ⟨**geräteelektroniker** m / power electronics fitter || ⟨**handelssystem** n / Bid Evaluation and Clearing (for market operators) (BEBC) || ⟨**-Hauptverteiler** m / main power distribution board || ⟨**inhalt** m / energy level, energy content || ⟨**inhalt des magnetischen Felds** / magnetic energy || ⟨**kabel** n / power cable || ⟨**kabelmantel** m / sheath n, jacket n || ⟨**-Kapazität** f / energy capacity || ⟨**kette** f / energy chain || ⟨**-Klemmverbinder** m / power clamp connector || ⟨**kosten** plt / energy costs, power costs
Energie·leiste f / power strip || ⟨**leistung** f / energy output || ⟨**leitsystem** n / energy management system || ⟨**leittechnik** f / energy management system || ⟨**leitung** f / power line || ⟨**lücke** f / energy gap, band gap || **Supraleiter ohne** ⟨**lücke** / gapless superconductor || ⟨**management** n / energy management, power management || ⟨**managementsystem** n (EMS) / energy management system (EMS) || ⟨**mangel** m / energy shortfall, energy shortage || ⟨**markt** m / energy market || ⟨**menge** f / quantity of energy, amount of energy, demand n || ⟨**ministerium der USA (DOE)** n / Department of Energy (DOE) || ⟨**mix** m / energy mix
Energie·niveau n (in einem physikalischen System ein Quantenzustand, dem eine bestimmte Energie zugeordnet ist) / energy level, energy term || ⟨**niveauschema** n / energy level diagram || ⟨**park** m / energy park || ⟨**preis** f / kWh price || ⟨**produkt BH** / BH product || ⟨**pufferung** f / energy standby supply || ⟨**quantelung** f / energy quantization ||

⸚quelle *f* / power source, energy source
Energie·reserve *f* / energy reserve, power standby ‖ ⸚**richtung** *f* / energy flow direction, direction of power flow ‖ **Wirkverbrauchszähler für eine ⸚richtung** / kWh meter for one direction of power flow ‖ ⸚**richtungsrelais** *n* / directional power relay, power reversal relay ‖ ⸚**rückgewinnung** *f* / power recovery, energy recovery, power reclamation ‖ ⸚**rückgewinnungszeit** *f* / energy pay back time ‖ ⸚**rückholzeit** *f* / energy pay back time ‖ ⸚**rücklaufzeit** *f* / energy pay back time ‖ ⸚**rückspeisung** *f* / energy recovery, power recovery, regenerating *n*
Energie·seite *f* / energy saving side ‖ ⸚**sparbetrieb** *m* / energy saving mode ‖ **~sparend** *adj* / energy-saving *adj* ‖ ⸚**sparfunktion** *f* / power save function ‖ ⸚**sparlampe** *f* / energy-saving lamp ‖ ⸚**sparmodul** *m* / energy-saving module ‖ ⸚**sparmodus** *m* / power save mode ‖ ⸚**sparmotor** *m* / energy-saving motor ‖ ⸚**spar-Zeitschalter** *m* / energy saving timer ‖ ⸚**speicher** *m* / energy store, energy storage mechanism, energy storage system, energy reservoir, energy-storage mechanism, energy storage unit, stored energy feature ‖ ⸚**speicherkondensator** *m* / energy storage capacitor ‖ ⸚**stecker** *m* / power connector ‖ ⸚**steckersatz** *m* / power connector set ‖ ⸚**-Steckverbinder** *m* / power connector ‖ ⸚**stromdichte** *f* / energy flow per unit area, Poynting vector ‖ ⸚**system** *n* / power system
Energie·technik *f* / power engineering, heavy electrical engineering ‖ **~technisches Netz** / power system ‖ ⸚**term** *m* / energy term ‖ ⸚**-T-Klemmverbinder** *m* / power T clamp connector ‖ ⸚**träger** *m* / source of energy, fuel *n* ‖ ⸚**transaktion** *f* / energy transactions ‖ ⸚**transport** *m* / energy transport, power transmission, power conveyance ‖ ⸚**trennung** *f* / power disconnection ‖ ⸚**-T-Steckverbinder** *m* / power T plug-in connector ‖ ⸚**-TT-Klemmverbinder** *m* / power double-T clamp connector
Energie·übertragung *f* / power transmission, energy transfer ‖ ⸚**übertragungsleitung** *f* / power line, power transmission line, electric line ‖ ⸚**umformung** *f* / energy conversion ‖ ⸚**umwandlung** *f* / energy conversion
Energie·verbindungsleitung *f* / power connecting cable ‖ ⸚**verbrauch** *m* / energy consumption, power consumption, consumption *n* ‖ **Schaltanlagen für ⸚verbrauch** IEC 50(441) / controlgear *n* ‖ ⸚**verbrauchszähler** *m* / power consumption meter, energy consumption meter *n* ‖ ⸚**verbundnetz** *n* / power grid ‖ ⸚**verlust** *m* / energy loss, power loss ‖ ⸚**verrechnung** *f* / energy billing, demand billing, energy accounting ‖ ⸚**versorgngsnetz** *n* / power supply system ‖ ⸚**versorgung** *f* / electricity supply, power supply, energy supply ‖ **Laser-⸚versorgung** *f* / laser energy source ‖ ⸚**versorgungsnetz** *n* / electricity supply system (o. network), power supply system, electrical power system (o. network power system) ‖ ⸚**versorgungsunternehmen** *n* (EVU) / power supply utility, power supply company, electric utility ‖ ⸚**verteilung** *f* / power distribution, *m* power distribution board, power distribution system, energy distribution ‖ **Schaltanlagen für ⸚verteilung** IEC 50(441) /

switchgear *n* ‖ ⸚**verteilungsanlage** *f* / power distribution system ‖ **~verzehrende Verformungszone** *f* / crush zone
Energie·wandler *m* (Messwertumformer) / energy transducer ‖ **~weiterleitung** *f* / power transmission ‖ ⸚**wert** *m* / energy value ‖ ⸚**widerstand** *m* / constriction resistance ‖ ⸚**wirkungsgrad** *m* / energy efficiency, watt-hour efficiency ‖ ⸚**wirtschaft** *f* / power economics, energy management, energy industry, energy sector ‖ ⸚**wirtschaftsgesetz** *n* / Energy Resources Policy Act, German Energy Resources Policy Act ‖ ⸚**zähler rücksetzen** / reset energy consumption meter ‖ ⸚**zufuhr** *f* / power supply, energy infeed, energy supply ‖ ⸚**zustrom** *m* / heating flow
eng gebündelt (fokussiert) / sharply focused ‖ **~bündelnder Scheinwerfer** / narrow-beam spotlight ‖ **~e Toleranz** / close tolerance ‖ **~er Gleitsitz** / snug fit ‖ **~er Laufsitz** / snug clearance fit, snug fit ‖ **~er Schiebesitz** / close sliding fit, wringing fit ‖ **~er Sitz** / tight fit
Engineering und Optimierung / engineering and optimization ‖ ⸚**anforderungen** / engineering requirements ‖ ⸚**aufwand** *m* / engineering expenditure ‖ ⸚**kosten** *f* / engineering costs ‖ ⸚**lizenz** *f* / engineering license ‖ ⸚**-Lösung** *f* / engineering solution ‖ ⸚**-Plattform** *f* / engineering platform ‖ ⸚**station** *f* / engineering station ‖ ⸚**umgebung** *f* / engineering environment ‖ ⸚**zeit** *f* / engineering time
Engler-Grad *m* / Engler degree, degree Engler
engmaschig *adj* / tight knit, tight global
Eng·pass *m* / bottleneck *n* ‖ ⸚**passleistung** *f* / maximum capacity (power station), maximum electric capacity ‖ ⸚**passplanung** *f* (Produktion) / optimized production technology (OPT) ‖ ⸚**passteil** *n* / bottleneck component ‖ ⸚**stellenkorrektur** *f* / bottleneck offset, narrow offset
engster Querschnitt / net orifice
Engstrahler *m* / spotlight *n*
Engstspalt *m* / minimum gap
engtoleriert *adj* / close-tolerance *adj*
ENIAC / European Nanoelectronics Initiative Advisory Council (ENIAC)
ENK (Euronormkiste) *f* / euro norm box
ENO (Enable out) / enable out (ENO)
ENQ / ENQ (enquiry)
ENR / ENR (test voltage of neutral point of regulating transformer)
E-Nr. *f* / item ID
ENS / SZS (settable zero system)
entadressieren *v* (PMG) / unaddress *v*
entarteter Halbleiter / degenerate semiconductor
entbinden *v* / relieve *v*
Entblendung *f* / glare suppression
Entblocken *n* (Kommunikationsnetz) DIN ISO 7498 / deblocking *n*
entdämpft·e Maschine / machine with a laminated magnetic circuit, machine designed for quick-response flux change ‖ **~er magnetischer Kreis** (el. Masch.) / laminated magnetic circuit, magnetic circuit designed for high-speed flux change
Entdämpfungsfrequenz *f* (Diode) / resistive cut-off frequency
Entdeckung *f* / detection *n*

entdröhnen   262

entdröhnen v / silence v
Entdröhnung m / anti-drumming n || ₂smittel n / anti-vibration compound, sound deadening compound
Entdrosselung des Ansaugtraktes f / de-throttling of the intake tract
Enteisung f / de-icing n
ENTER / OK
Enterprise Data Management (EDM) / Enterprise Data Management (EDM) || ₂ Resource Planning (ERP) n / Enterprise Resource Planning (ERP) n
ENTER-Taste f / Enter key
entfallen v / omitted, be omitted
Entfalten der qualitätsbezogenen Funktionstauglichkeit / quality function deployment (QFD)
entfernen v / remove v, eliminate v || ~ aus dem Fertigungsablauf / withdraw from production
entfernt adj / remote adj
Entfernung des Sägeschadens / saw damage removal || ₂ zum Ziel / distance to destination
Entfernungs·bestimmung f / distance measurement || ₂bezeichnungstafel f (DML) / distance marker light (DML) || ₂feuer n / distance marking light || ₂messer n / rangefinder, distance meter || ₂messgerät n (DME) / distance measuring equipment (DME) || ₂messung f / distance measurement || ₂sensor m / distance sensor
Entfestigung f / strength reduction || ₂ f (Kontakte) / softening n
Entfestigungs·spannung f / softening voltage || ₂temperatur f / softening temperature
entfetten v / degrease v, remove grease || ₂ n / degreasing
Entfettung f / degreasing n || ₂smittel n / degreasing agent, degreaser n
Entfeuchter m / dehydrator n, dehydrating breather
Entfeuchtung f / dehumidification n
Entfeuchtungsgerät n / dehumidifier n
entflammbar adj / flammable adj
Entflammbarkeit f / flammability n, inflammability n
Entflammungs·punkt m / flash point || ₂sicherheit f / combustion reliability
Entflechten n / autorouting n
entflechten v / route v, draft v
Entflechter m (Leiterplatten) / router n
Entflechtung f / drafting n, artwork n, layout n || ₂ f (Leiterplatten) / routing n
Entflechtungs·hinweis m / PCB layout note (LN) || ₂maske f / artwork master, routing master || ₂raster m / routing grid || ₂richtlinie f / board geometric definition (BGD) || ₂richtlinie f (QE) / geometric board definition
entflochtene Leiterbahn / printed conductor
entformen v / demold v
Entformprotokoll n / de-molding report
Entformung f / demolding n || ₂ nicht dargestellt / demolding not shown
Entfroster m / defroster n
ENTF-Taste f / DEL key
entgasen v / degass v, evacuate v
Entgasung f / degassing n, gas release
Entgasungs·kessel m / degassing tank || ₂stopfen m / vent plug
entgegen dem Uhrzeigersinn / anti-clockwise adj, counter-clockwise adj || ~gerichtetes Duplex / opposition duplex

entgegengesetzt adj (Bewegung) / reverse adj || ~ adj (örtlich) / opposite adj || ~ gepolt / oppositely poled, of opposite polarity || ~ magnetisiert / inversely magnetized || ~ parallel geschaltet / anti-parallel-connected adj, connected in inverse parallel || ~e Phasenlage / phase opposition || ~e Polarität / opposite polarity || ~er Drehsinn / counterrotational operation || ~es Vorzeichen / opposite sign
entgegenwirken v / counteract v
Entgelt für Messeinrichtungen / meter rent
Entglasung f / devitrification n
entgraten v / deburr v, burr v, deflash v, remove fins || ₂ n / deburring n || ₂ der Federenden / deburring of spring ends
Entgrat·presse f / deburring press || ₂ungsmaschine f / deburring machine || ₂werkzeug n / deburring tool
Enthalpie f / enthalpy n || ₂rechner m / enthalpy calculator
Enthärten n (Wasser) / softening n
entionisieren v / de-ionize v
entionisiertes Wasser / de-ionized water
Entionisierung f / de-ionization (recombination in an ionized fluid)
Entionisierungs·elektrode f / de-ionizing grid || ₂rate f / de-ionization rate (recombination rate in an ionized fluid) || ₂zeit der Lichtbogenstrecke / de-ionizing time of arc
Entität f / entity n || ₂sausprägung f (eine bestimmte Entität aus einer gegebenen Entitätsklasse) / entity occurrence || ₂sbeziehung f / entity relationship || ₂sidentifikation f / entity identification || ₂sklasse f (Menge von Entitäten mit gemeinsamen Attributen) / entity class || ₂swelt f / entity world
Entkeimungslampe f / bactericidal lamp, germicidal lamp
entklinken v / unlatch v, release v
Entklink·hebel m / release lever || ₂schütz n / release contactor
Entklinkung f / latch release
Entklinkungs·druck m / unlatching pressure, release pressure || ₂magnet m / latch release solenoid, unlatching solenoid || ₂magnetspule f / latch release coil || ₂spule f / latch release coil || Drucktaster mit ₂taste / maintained-contact pushbutton
Entkohlung f / decarburization n || ₂stiefe f / decarburization depth
Entkoppelmodul n / decoupling module
entkoppeln v / decouple v, isolate v || ~ v (schwingungsmechanisch) / isolate v
entkoppelt·e Mehrgrößenregelung / non-interacting control || ~er Ausgang / decoupled output, isolated output
Entkoppelungsdrossel f / interaction-limiting reactor
Entkoppler m (Trennstufe) / buffer n, isolator n, isolating amplifier
Entkopplung f / decoupling n, isolation n, buffer n, decoupling circuit, decoupling network || ₂ der Steuerkreise / control-to-load isolation || ADB-₂ f / ADB buffer || induktive ₂ / inductance decoupling, reactor decoupling || magnetische ₂ / magnetic decoupling || schwingungsmechanische ₂ / vibration isolation || Signal~ f / signal isolation
Entkopplungs·dämpfung f / decoupling between outputs || ₂diode f / decoupling diode, isolating

diode, blocking diode || ⸗drossel *f* / interaction limiting (phase reactor), decoupling reactor || ⸗faktor *m* / decoupling factor || ⸗kondensator *m* / decoupling capacitor || ⸗maß *n* / decoupling factor || ⸗schaltung *f* / decoupling network || ⸗speicher *m* / buffer module || ⸗verstärker *m* / isolation amplifier, buffer amplifier || ⸗widerstand *m* / decoupling resistor
entkupfert *adj* / decopperized *adj*
entkuppeln *v* (abkuppeln) / uncouple *v*, disconnect *v* || ~ *v* (rückstellen) / reset *v* || ~ *v* (Kupplung) / disengage *v*, declutch *v*
Entkupplungs·einrichtung *f* / disconnecting element, tripping element, detent element || ⸗zeit *f* / detent time || ⸗zeit *f* (Schaltuhr) / resetting interval
Entlade·-Anfangsspannung *f* / initial closed-circuit voltage || ⸗bild *n* / unloading display || ⸗drossel *f* (Entladedrosseln haben die Aufgabe, in Kondensatorregelanlagen die vorgeschriebene Kondensatorentladung praktisch verlustlos zu ermöglichen) / discharge reactor || ⸗einheit *f* / unload unit || ⸗einrichtung *f* / unloading device || ⸗geschwindigkeit *f* / rate of discharge || ⸗-Kennung *f* / unloading marking || ⸗liste *f* / unloading list
Entladen *n* (Kondensator) / discharging *n* || ⸗ *n* (CLDATA-Wort) / unload ISO 3592
entladen *v* / unload *v* || ~ *v* / discharge *v*
Entlade·nennstrom *m* / nominal discharge current-rate || ⸗platz *m* / unload location || ⸗prüfung *f* / service output test, discharge test || ⸗rate *f* / discharge rate || ⸗regler *m* / discharge controller || ⸗roboter *m* / unloading robot || ⸗schlussspannung *f* / end-point voltage, final voltage || ⸗schlussspannung der Batterie / battery cut off voltage, battery final voltage || ⸗spannung *f* / discharging voltage || ⸗strom *m* / discharging current, current drain, discharge current || ⸗system *n* / unloading system || ⸗test *m* / discharge test || ⸗tiefe *f* / depth of discharge (DOD) || ⸗verlauf *m* / progress of discharge || ⸗verzug *m* (Transistor) / carrier storage time || ⸗vorrichtung *f* (Kondensator) / discharge device || ⸗wandler *m* / discharge voltage transformer || ⸗werkzeug *n* / unloading tool · ⸗widerstand *m* / discharge resistor, discharge resistance || ⸗zeit *f* / discharge time || ⸗zeitkonstante *f* / discharge time constant
Entladung *f* / discharge *n*, discharging *n* || **elektrostatische** ⸗ / electrostatic discharge || **kurzzeitige** ⸗ / snap-over *n*
Entladungs·-Aussetzspannung *f* / discharge extinction voltage || ⸗einsatz *m* / discharge inception || ⸗einsatzbeanspruchung *f* / discharge inception stress || **Bestimmung des** ⸗einsatzes / discharge inception test || ⸗-Einsatzprüfung *f* / discharge inception test || ⸗einsetzfeldstärke *f* / discharge inception field strength || ⸗einsetzspannung *f* / discharge inception voltage || ⸗erscheinung *f* / discharge phenomenon, partial discharge, corona *n* || ⸗lampe *f* / discharge lamp || ⸗leistung *f* / discharge power || ⸗schalter *m* / dumping switch || ⸗schaltung *f* (A-D-Wandler) / charge dispenser || ⸗spannung *f* / discharging voltage || ⸗spur *f* / discharge tracking || ⸗stärke *f* / discharge intensity || ⸗stoß *m* / burst *n* ||
⸗strecke *f* / gap *n*, discharge path || ⸗weg *m* / discharge path
Entlassungsentschädigung *f* / dismissal wage, severance pay
entlasten *v* / unload *v*, off-load *v* || ~ *v* / unload *v*, relieve *v*, remove pressure || ~ *v* (Last abwerfen) / shed the load, throw off (o. reject) the load || **teilweise** ~ / reduce the load
entlasteter Anlauf / reduced-load starting, no-load starting
Entlastung *f* / unloading *n*, taking off load, disconnection *n*, off-loading *n*, relief *n*, balance *n* || ⸗ *f* / unloading *n*, relieving *n* || **magnetische** ⸗ / magnetic flotation
Entlastungs·auftrag *m* / order placed to relieve production shops || ⸗faktor *m* / relief factor || ⸗kanal *m* / pressure release duct || ⸗leitung *f* / relieving line || **Drucköl-**⸗**pumpe** *f* / oil-lift pump, jacking pump, jacking-oil pump || ⸗straße *f* / bypass road || ⸗ventil *n* / relief valve, by-pass valve
entleeren *v* / drain *v*, evacuate *v*
Entleerstation *f* / discharge station
entleerte, entladene Batterie / discharged drained (secondary) battery IEC 50(486) || **~, geladene Batterie** / charged drained (secondary) battery IEC 50(486), conserved-charge battery
Entleerungs·druck *m* (Druckluftbehälter) / minimum receiver pressure || ⸗einrichtung *f* / discharge device || ⸗hahn *m* / drain cock || ⸗leitung *f* / drain tube, draining pipe || ⸗pumpe *f* / emptying pump, evacuating pump || ⸗ventil *n* / drain valve, discharge valve
entlegen *adj* / remote *adj*
Entleihbestand *m* / leasing inventory
entlüften *v* / vent *v*, depressurize *v*
Entlüfter *m* / vent valve, open-air breather, air bleeder, breather *n*
Entlüftung *f* / ventilation *n*, venting *n*, deaeration *n*, air vent, breathing *n*
Entlüftungs·anschluss *m* / vent connection || ⸗armatur *f* / vent fitting, venting device || ⸗bohrung *f* / vent hole, vent *n* || ⸗hahn *m* / vent valve, petcock *n*, draw cock || ⸗öffnung *f* / air discharge opening, ventilation opening, vent port, breather *n*, vent *n*, air vent || ⸗schraube *f* / vent plug || ⸗stutzen *m* / venting stub, vent pipe, vent *n* || ⸗ventil *n* / vent valve, air relief valve
entmagnetisieren *v* / demagnetize *v* || ~ *v* (Schiff) / de-gauss *v*, deperm *v*
entmagnetisiert *adj* / demagnetized *adj*
Entmagnetisierung *f* / demagnetization *n*
Entmagnetisierungs·faktor *m* / demagnetizing factor || ⸗feld *n* / demagnetizing field, self-demagnetizing field || ⸗kurve *f* / demagnetization curve || ⸗taster *m* / degaussing key || ⸗zeit *f* / demagnetization time
Entmischungskryostat *m* / dilution cryostat
Entnahme *f* / removal *n*, withdrawal *n* || ⸗ *f* (Probe) / sampling *n* || ⸗ *f* (aus einem Lager) / retrieval *n*, disbursement *n* || **Druck-**~ (Messblende) / pressure tapping || ⸗abstand *m* (Prober) / sampling interval || ⸗fenster *n* / removal window || ⸗gerät *n* / unloading unit || ⸗**Kondensationsturbine** *f* / bleeder/condensing turbine || ⸗platz *m* / withdrawal space || ⸗regler *m* / discharge controller || ⸗stelle *f* (Messblende, Drosselgerät) / tapping *n*, tap *n* || ⸗stutzen *m*

(Messblende) / pipe tap, tapping *n*, test port || ≗**wägung** *f* / discharge weighing
entnehmen *v* / draw *v* (current from the system), remove *v* || **eine Probe ~** / take a sample
Entnetzen *n* / de-wetting *n*
entölt *adj* / deoiled *adj*
entpacken *v* / unzip *v*
entprellen *v* (Kontakte) / debounce *v* || ≗ *n* / debouncing *n*
Entprell·timer *m* / debounce timer || ≗**ung** *f* / debouncing *n* || ≗**zeit für Digitaleingänge** / debounce time for digital inputs || ≗**zeit** *f* / debounce time
entrasten *v* / unlatch *v*, release *v* || ≗ **durch Drehen** / unlatch by turning
Entrastung *f* / unlatching *n* || ≗ **nur mit Schlüssel möglich** *f* / unlatching only possible with key
Entregung *f* (el. Masch.) / de-excitation *n*, field suppression, field discharge || ≗ *f* (Schütz) / de-excitation *n*
Entregungs·einrichtung *f* (el. Masch.) / field suppressor, de-excitation equipment, field discharge equipment || ≗**schalter** *m* / field discharge switch, field circuit-breaker || ≗**widerstand** *m* / field discharge resistor
entrelativieren *v* / derelativize *v*
entriegelbar, rückseitig ~er Kontakt / rear-release contact || **von vorn ~er Kontakt** / front-release contact
Entriegelbefehl *m* / interlock cancellation command
Entriegeln *n* / interlock deactivation, defeating *n*, interlock cancelling, interlock bypass, releasing *n* || ≗ *n* (Rückstellen) / resetting *n*
entriegeln *v* / unlatch *v*, enable *v* || **~** *v* / deactivate an interlock, cancel an interlock || **~** *v* (z.B. Druckknopf) / release *v* || **~** *v* (rückstellen) / reset *v* || **~** *v* (Schloss) / unlock *v*
Entriegelung *f* / interlock deactivation, defeating *n*, interlock cancelling, interlock bypass, releasing *n*, unlatching *n*, unlocking *n* || ≗ *f* (Vorrichtung) / interlock deactivating means, defeater *n*, interlock cancelling means, interlock bypass
Entriegelungs·bügel *m* / unlocking yoke || ≗**dorn** *m* (Steckverbinder) / pin extracting tool || ≗**druckknopf** *m* / interlock cancelling pushbutton || ≗**druckknopf** *m* (Rückstellknopf) / reset button, resetting button || **Ausschnitt** ≗**druckknopf** / interlock cancelling pushbutton cutout || ≗**einrichtung** *f* / interlock deactivating means, defeater *n*, interlock cancelling means, interlock bypass || ≗**gerät** *n* / unlocking device || ≗**gerät** *n* (Ortssteuerschalter) / local control switch || ≗**hebel** *m* / release lever || ≗**knopf** *m* (Rückstellknopf) / reset button, resetting button || ≗**kolben** *m* / release piston || ≗**öffnung** *f* / release opening || ≗**schalter** *m* / interlock bypass switch || ≗**schlüssel** *m* / interlock deactivating key, defeater key || ≗**taste** *f* (Rückstelltaste) / resetting button, resetting key || ≗**vorrichtung** *f* / interlock deactivating means, defeater *n*, interlock cancelling means, interlock bypass || ≗**welle** *f* (f. Überstromauslöser) / resetting shaft || ≗**werkzeug** *n* / unlocking device, extraction tool (wiring of front connector for crimp contacts), unlocking tool || ≗**werkzeug** *n* (f. Federkontakte) / extracting tool
Entropie *f* / entropy *n*
entrosten *v* / derust *v*, remove rust, descale *v*
entrostet *adj* / derusted *adj*
Entrostungsmittel *n* / rust remover
Entschädigung *f* / indemnification *n*
Entschäumungszusatz *m* / defoamant *n*
Entscheidbarkeit *f* / decidability *n*
Entscheiderschaltung *f* / decision circuit
Entscheidung *f* / decision *n*, choice *n*
Entscheidungs·befugnisse *m* / areas of responsibility || ≗**funktion** *f* / decision function || ≗**gehalt** *n* / decision content || ≗**gremium** *n* / decision group || ≗**grenze** *f* / control limit, action limit || **obere** ≗**grenze** / upper control limit || ≗**hilfe** *f* / ordering help || ≗**prozess** *m* (adaptive Reg.) / decision process || ≗**punkt** *m* / decision point, point of decision || ≗**spielraum** *m* / room for decision-making || ≗**tabelle** *f* / decision table || ≗**träger** *m* / decision-maker *n* || ≗**verfahren** *n* / decision procedure || ≗**wert** *m* (Wert, der die Grenze zwischen zwei benachbarten Quantisierungsintervallen festlegt) / decision value
entschlüsseln *v* / decode *v*
Entschlüsselung *f* (Prozess, um aus einem Schlüsseltext die entsprechenden ursprünglichen Daten zurückzugewinnen) / decryption
Entschlüssler *m* / decoder *n*, resolver *n*
Entsendungsvertrag *m* / delegation contract
Entserialisierer *m* / deserializer *n*, serial-to-parallel converter
entsorgen *v* / read data from mailbox, dispose of
Entsorgung *f* / waste disposal, disposal *n*
Entsorgungs·leitung *f* / disposal line || ≗**logistik** *f* / disposal logistics || ≗**zeichen** *n* / disposal mark *n*
Entspanen *n* / stock removal, swarf removal || **~** *v* / remove chips
entspannen *v* (Feder) / release *v*, unload *v* || **~** *v* (Metall) / stress-relieve *v*, anneal *v*, normalize *v* || **~** *v* (Gras) / anneal *v*
entspannt·e Luft / expanded air || **~es Wasser** / low-surface-tension water, water containing a wetting agent
Entspannung *f* / throttling *n*
entspannungsglühen *v* / stress-relieve *v*, anneal *v*, normalize *v*
Entspannungs·mittel *n* (f. Wasser) / wetting agent || **höchste** ≗**temperatur** (Gras) / annealing temperature, annealing point || **niedrigste** ≗**temperatur** (Gras) / strain temperature
Entsperrdruckknopf *m* (Rückstellknopf) / reset (o. resetting) button
entsperren *v* / reset *v*, unlock *v*, enable *v*, unlatch *v* || ≗ *n* / unlatching *n*, deblocking *n*, resetting *n* || ≗ **der Stromrichtergruppe** / converter deblocking || ≗ **des Ventils** / valve deblocking
Entsperrungstaste *f* (Rückstellt.) / reset (o. resetting) button, resetting button
entspiegelt *adj* / anti-glare *adj*
entspiegelter Bildschirm / anti-glare screen, non-reflecting screen
Entspiegelung *f* / glare suppression
entsprechen *v* / correspond to
entsprechend / proper, suitable || **~ der Teilung** / divisions exactly matched || **~e Anschlüsse** VDE 0532, T.1 / corresponding terminals IEC 76-1
Entsprechung *f* (Erfüllung, Übereinstimmung) / compliance
entspröden *v* / anneal *v*, malleableize *v*
Entstaubungsgrad *m* / filtration efficiency

entstehen *v* / occur *v*, arise *v*
Entstehungs·geschichte *f* / history of origins || ⸺**geschichte des Fehlers** / fault history || ⸺**phase** *f* / phase || ⸺**prozess** *m* / work stages, stages of the work, design and development, all stages of the work
Entstickung *f* / nitrogen oxide control, NOx control
Entstör·diode *f* / interference suppression diode, suppression diode, noise suppression diode || ⸺**drossel** *f* / interference suppression coil, interference suppression reactor *n* || ⸺**einrichtung** *f* / interference suppression unit
entstören *v* / suppress interference, clear *v*
Entstörer *m* / suppressor *n*
Entstör·filter *n* / interference suppressor filter || ⸺**glied** *n* / suppressor, interference suppressor || **Funk-**⸺**grad** *m* / radio interference (suppression level) || ⸺**kondensator** *m* / radio interference suppression capacitor IEC 161, suppression capacitor, anti-noise capacitor, capacitive suppressor, interference-suppression capacitor (capacitor used to suppress high-frequency fault currents) || ⸺**maßnahme** *f* / RI suppression measure || ⸺**mittel** *n* / interference suppressor || ⸺**modul** *n* / interference suppression module
entstört *adj* / radio interference supressed, interference-suppressed, interference supressed || **~e Zündkerze** / suppressed spark plug
Entstörung *f* / radio and television interference suppression, fault clearance || ⸺ *f* / debugging *n*, radio interference suppression, interference suppression || ⸺**saufwand** *m* / costs of RI supression measures
Entstörungsfilter *m* / RFI suppression filter, interference suppressor filter
Entstör·widerstand *m* / resistive suppressor, interference-suppression resistor || **stetig verteilter** ⸺**widerstand** / distributed resistance || ⸺**zeit** *f* / mean repair time
Entwärmung *f* / heat dissipation, cooling *n*, heat dissipation || **externe** ⸺ / segregated heat removal || ⸺**sleistung** *f* / heat dissipation power
Entwässern *n* (Waschmaschine) / water extraction
entwässernd *adj* / free-draining soil *adj*
Entwässerung *f* / drainage *n*
Entwässerungs·einrichtung *f* (in Gehäuse) / draining device || ⸺**mulde** *f* / swale || ⸺**öffnung** *f* / drain opening, drain hole, drain *n* || ⸺**rinne** *f* / drainage channel, drainage flume || ⸺**system** *n* / drainage system
entwickeln *v* / develop *v*
Entwickler *m* / developer || ⸺**-Seminar** *n* / seminar for developer
Entwicklung *f* (v. Leiterplatten) / (board) design *n*, design and development, design assurance, design control, development *n*
Entwicklungs·ablauf *m* / development sequence || ⸺**abteilung** *f* / development department || ⸺**aktivitäten** *f pl* / development activities || ⸺**auftrag** *m* / development order || ⸺**aufwand** *m* / expected development effort, R&D expense || **~bedingte Änderung** / design-related change || **~begleitend** *adj* / during development || **~begleitende Typprüfung** *f* / development type test || ⸺**bereich** *m* / department development || ⸺**besprechung** *f* / development meeting || ⸺**dienstleistungen** *f pl* / development services ||
⸺**doku** *f* / development docs. || ⸺**dokumentation** *f* / development documentation || ⸺**Entstehungsakte** *f* / design history record || ⸺**ergebnis** *n* / development results, design output, design results || ⸺**fehler** *m pl* / development defects || ⸺**freigabe** *f* / development release || ⸺**gemeinkosten** *plt* / development overheads || ⸺**kit** *n* / development package || ⸺**kosten** *f* / development costs || ⸺**leistung** *f* / development effort
Entwicklungs·manual *n* / development manual || ⸺**Meilensteine** *m pl* / development milestones || ⸺**modul** *n* / development module || ⸺**muster** *n* (Muster zur Prüfung des Entwicklungsstandes der Einheit) / development sample, prototype || ⸺**oberfläche** *f* / development interface || ⸺**- oder Systemintegrationsbereich** *m* / development or system integration departments || ⸺**paket** *n* / development kit || ⸺**planung** *f* / design and development planning || ⸺**plattform** *f* / engineering platform, development platform || ⸺**programm** *n* / development program || ⸺**projekt** *n* / development project || ⸺**prüfstand** *m* / development test bed, experimental test bed, development test bench || ⸺**qualität** *f* / development quality || ⸺**rahmen** *m* / application framework || ⸺**rechner** *m* / development computer || ⸺**richtlinie** *f* / development directive || ⸺**richtung** *f* / trend *n*
Entwicklungs·schleife *f* / development loop || ⸺**segment** *n* / sector R&D || ⸺**server** *m* / development server || ⸺**stand** *m* / stage of development, production series || ⸺**stufe** *f* / development stage || ⸺**system (ES)** *n* / development system || **Mikroprozessor-**⸺**system** *n* (MES) / microprocessor development system (MDS) || ⸺**terminplan** *m* / development schedule || ⸺**-Tool** *n* / development tool || ⸺**überprüfung** *f* / design review, design verification || ⸺**umgebung** *f* / development environment || ⸺**umgebung für kundenspezifische Applikationen** / Application Development Kit (ADK) || ⸺**verlauf** *m* / development process || ⸺**vermerk** *m* / development note, development record || ⸺**vorgabe** *f* / design input || ⸺**vorhaben** *n* / development projects || ⸺**werkzeug** *n* / development tool || ⸺**zeit der Bremse** / build-up time of brake || ⸺**ziel** *n* / long-term position || ⸺**zyklus** *m* / development cycle
Entwirrungstaste *f* / anti-clash key
Entwurf *m* / draft *n*, design *n*, design study, plan *n*, sketch *n*, floorplan *n*, construction design || ⸺ *n* (einer Vorschrift) / draft *n*
Entwurfbesprechung *f* / design meeting
Entwürfeln *n* / descramble (to recover the original digital signal from a scrambled digital signal)
Entwurfs·anforderung *f* / design requirement || **~bedingter Ausfall** (Ausfall wegen ungeeigneter Konstruktion einer Einheit) / design failure || **~bedingter Fehlzustand** (Fehlzustand wegen ungeeigneter Konstruktion einer Einheit) / design fault || ⸺**element** *n* / design element || ⸺**fahrzeug** *n* / design vehicle || ⸺**fehler** *m* / design fault || ⸺**geschwindigkeit** *f* / design speed || ⸺**grundlagen** *f pl* / design criteria, basis of design || ⸺**kennwerte** *m pl* / design data || ⸺**kontrolle** *f* / design control || ⸺**konzept** *n* / design concept, concept design, pre-

preliminary design || ⸺**kopie** f / draft copy || ⸺**leistung** f / design rating, dimensional output || ⸺**merkmal** n / design feature || ⸺**modell** n / design model || ⸺**muster** n / development prototype, random sample || ⸺**muster** n (EM) / development sample || ⸺**phase** f / draft phase || ⸺**plan** m / design plan, design drawing || ⸺**planung** f / construction design || ⸺**prüfung** f (Qualitätsprüfung an einem Design) E DIN 55350, T.16 / design review, design inspection

Entwurfs·qualität f / quality of design, quality of conception || ⸺**qualität** f (Druckqualität, die für Geschäftsbriefe ungeeignet, für die meisten hausinternen Dokumente aber gut genug ist und bei der höhere Druckgeschwindigkeit als bei Korrespondenzqualität erreicht wird) / draft quality || ⸺**radlast** f / wheel load for design || ⸺**review** f / design review || ⸺**überlast** f / design overload || ⸺**unterlage** f / design documentation || ⸺**zeichnung** f / draft drawing, design drawing, preliminary drawing, sketch n, draft n || ⸺**zuverlässigkeit** f DIN 40042 / inherent reliability

Entwurfüberprüfung f / design review, design verification

entzerren v / equalize v, correct v, eliminate distortion

Entzerrer m (Schaltung, verwendet zur Entzerrung) / equalizer n

Entzerrung f / equalization n

Entzerrungsschaltung f / equalizing circuit || ⸺ f (Signalformer) / signal shaping network

entzündbar adj / inflammable adj, flammable adj

Entzündbarkeit f / inflammability n, flammability n

entzündend adj / igniting adj

Entzundern n (Entfernen von Walzhaut/Zunder oder Schichtrost von Stahloberflächen) / de-scaling n

entzundert adj / descaled adj, pickled adj

entzündlich·e Atmosphäre / flammable atmosphere || **leicht ~es Material** / readily flammable material

Entzündungstemperatur f / ignition temperature EN 50014

E-Nummer f / item ID

EN V (Europäische Vornorm) / EN V (European preliminary standard)

ENV (Europäische Norm/Vornorm) / European standard/draft

EO (Eichordnung) / weight and measures regulation, CR

EOB / end of block (EOB), block end || ⸺**-Code** m / EOB code

EOCB / EOCB (electrical optical circuit board)

EOF (Dateiende) / EOF (end of file)

EON (extended other network) n / extended other network EON

EOP (equipment operation) f (eine Operation, die Bestandteil der Einrichtungssteuerung ist) / EOP (equipment operation)

EOR / exclusive OR (EOR), non-equivalence

EOS (eingebettetes Betriebssystem) n / EOS (embedded operating system)

EOT / EOT (end of transmission)

EOTC / European Organization for Testing and Certification (EOTC)

EP / EP (exists program) || ⸺ (Elektronikpunkt) / EP (electronic point) || ⸺ m (Erweichungspunkt) / softening point

EPA f / Environmental Protection Agency (EPA)

EPAM / Easy PageMachine (EPAM)

EPC m / embedded PC (EPC) || ⸺ / Electronic Product Code (EPC)

EPD (elektronische Produktdefinition) / electronic product definition (EPD)

EP-Diagramm n / equivalent position diagram (EP diagram)

EPE f / European Power Electronics and Drives Association (EPE)

EPI n / embedded panel interface (EPI) || ⸺ n (Ethernet-Profibus-Interface) / Ethernet Profibus Interface (EPI)

EPIC f / embedded platform for industrial computing (EPIC)

Epi-Schicht f / epitactical layer

epitaktisch adj / epitactical adj || **~e Schicht** (Epi-Schicht) / epitactical layer || **~er Silizium-Planar-Transistor** / silicon planar epitactical transistor || **~er Transistor** / epitactical transistor

epitaxiales Wachstum / epitaxial growth

Epitaxie f / epitaxy n

epitaxisch adj / epitactical adj

EPLsafety (offenes, sicherheitsbasiertes, echtzeitfähiges Ethernet-Protokoll für die Fabrikautomation) / Ethernet Powerlink Safety (EPLsafety)

EPM / Enterprise Production Management (EPM)

Epoche f (Schwingungsabbild) / waveform epoch

Epochen·-Expansion f (Impulsmessung) / waveform epoch expansion, epoch expansion || ⸺**-Kompression** f (Impulsmessung) / waveform epoch contraction, epoch contraction

EPOS / design-supporting, process-oriented specification

epoxidbeschichtet adj / epoxy coated

Epoxid·esterharz n / epoxy ester resin || ⸺**-Gießharz** n / epoxy casting resin || ⸺**-Hartpapier** n / epoxy laminated paper || ⸺**harz** n / epoxy resin, epoxide resin, araldite n, ethoxylene resin, epoxy n || ⸺**harz-Bindemittel** n / epoxy resin binder || ⸺**harzkitt** m / epoxy-resin cement || ⸺**harz-Lackfarbe** f / epoxy paint || ⸺**harz-Pulverbeschichtung** f / epoxy resin powder coating || ⸺**harzverklebung** f / expoxy-resin bonding

Epoxydharz n / epoxy resin

eP-Performance f / eP Performance

EPR / ethylene propylene rubber (EPR)

EPR-Isolierung f / ethylene-propylene rubber insulation (EPR insulation)

EPROM n / EPROM (Erasable Programmable Read Only Memory) || ⸺**-Löscheinrichtung** f / EPROM erasing facility || ⸺**-Programmiergerät** n / EPROM programming device || ⸺**-Satz** m / EPROM set || ⸺**-Speichermodul** n / EPROM memory module, EPROM cartridge, EPROM submodule || ⸺**-Version** f (Version der EPROM-Speicher) / EPROM version

E²PROM n / EEPROM || ⸺**-Speichermodul** n / EEPROM submodule

EPS / electronic pneumatic shift (ePS)

ePS / Electronic Product Services Network || ⸺ **Client** m / ePS Client || ⸺ **Dienste** / ePS Services || ⸺ **Network Server** m / ePS Network Server || ⸺ **Network Services** m / ePS Network Services || ⸺**-Plattform** f / ePS platform || ⸺ **Server** m / ePS server

EPSG (offene Anwender- und Anbietergruppe zur Weiterentwicklung, Standardisierung und Verbreitung von ETHERNET Powerlink) / EPSG

|| ⟂ / ETHERNET Powerlink Standardization Group
EPSI (electronic speckle pattern interfrometry) / electronic speckle pattern interfrometry (EPSI)
Epstein--Apparat *m* / Epstein hysteresis tester, Epstein tester || **⟂-Prüfung** *f* / Epstein test || **⟂-Rahmen** *m* / Epstein test frame, Epstein square || **⟂-Wert** *m* / Epstein value, W/kg loss figure
EP-Stoß *m* / unit shaker pulse
EPS-Vorschäumer *m* / preexpanded bead steam molder
EP-Zusatz *m* / extreme-pressure additive (e.p. additive)
EQA (Europäischer Qualitätspreis) *m* / EQA (European Quality Award)
EQ-Net / federation of European certification agencies (EQ-Net)
EQN-Geber *m* / EQN encoder
EQS *n* / European Committee for Quality System Assessment and Certification (EQS)
equivalent·er Rauschwiderstand / equivalent noise resistance || **⟂-Positions-Diagramm** *n* (EP-Diagramm) / equivalent position diagram (EP diagram)
ER (Erweiterungsrack) / I/O rack, ER (expansion rack) || ⟂ (Neubildung des Verknüpfungsergebnisses nach dem Abschluss einer Verknüpfungskette) / first input bit scan
ERAB (Erstabfrage) / first scan, first input bit scan
ERACS / electrical power systems analysis software (ERACS)
eRAM (Embedded RAM) / eRAM (embedded RAM)
Erasable Programmable Read Only Memory (EPROM) / erasable programmable read-only memory
erbringen *v* / render *v* || ⟂ **einer Dienstleistung** / service delivery
Erbringer-initiierter Dienst / provider-initiated service
Erbringung einer Dienstleistung / service delivery
Erd·ableitstrom *m* / earth leakage current || **⟂ableitwiderstand** *m* / earth leakage resistance || **⟂anschluss** *m* / earth connection (GB), earth terminal, ground connection (US), grounding terminal, ground terminal || **⟂anschluss zu Betriebszwecken** / connection to earth for functional purposes || **⟂anschluss zu Schutzzwecken** / connection to earth for protective purposes || **Steckverbinder mit ⟂anschluss** / earthing connector, grounding connector || **⟂anschlussbolzen** *m* / ground stud || **⟂anschlussklemme** *f* / grounding terminal, ground terminal || **⟂ausbreitungswiderstand** *m* / earth-electrode resistance, resistance to ground, dissipation resistance || **⟂ausgleichsleitung** *f* (EAL) / earth equalizing cable, equipotential bonding conductor
Erdbeben *n* / earthquake *n*, earth tremor || **⟂alterung** *f* / seismic ageing || **~fest** *adj* / aseismic *adj* || **⟂festigkeit** *f* / seismic withstand capability, aseismic capacity || **~gefährdete Umgebung** / seismic environment || **⟂prüfung** *f* / seismic test
erdbebensicher *adj* / resistant to earthquakes, aseismic *adj* || **~e Ausführung** / aseismic design || **~er Einbau** / installation resisting earthquakes, aseismic installation || **⟂heit** *f* / seismic safety, earthquake protection

Erdberührung, zweiphasiger Kurzschluss mit ⟂ / two-phase-to-earth fault, line-to-line-grounded fault, phase-to-phase fault with earth, double-phase fault with earth || **zweiphasiger Kurzschluss ohne** ⟂ / phase-to-phase fault clear of earth, line-to-line ungrounded fault
Erd·beschleunigung *f* / acceleration due to gravity, gravitational acceleration || **⟂blitz** *m* / ground flash || **⟂blitzdichte** *f* (Zahl der Erdblitze je km^2 und Jahr) / ground flash density
Erdboden *m* / ground *n*, soil *n* || **⟂beschleunigung** *f* / ground acceleration || **⟂wärmewiderstand** *m* / thermal resistance of soil || **spezifischer ⟂wärmewiderstand** / thermal resistivity of soil || **⟂widerstand** *m* / earth resistance, ground resistance || **spezifischer ⟂widerstand** / soil resistivity, earth resistivity || **⟂widerstands-Messdose** *f* / soil-box *n*
Erd·damm *m* / earth dam || **⟂druck** *m* / soil pressure, active soil pressure, earth pressure
Erde *f* VDE 0100, T.200 / earth *n*, ground *n* || **an** ⟂ **legen** / connect to earth, connect to ground, earth *v*, ground *v* || **künstliche** ⟂ / counterpoise *n* || **Verlegung in** ⟂ / underground laying, direct burial, burying in the ground
Erdelektrode *f* / earth electrode, ground electrode, grounding electrode
Erden *n* / earthing *n*, grounding *n* (US), connection to earth || **~** *v* / earth *v* (GB), ground *v* (US)
Erder *m* VDE 0100, T.200 / earth electrode, ground electrode, grounding disconnector, grounding electrode || **⟂netz** *n* / earthing network || **⟂spannung** *f* / earth-electrode potential, counterpoise potential || **⟂widerstand** *m* / earth-electrode resistance || **⟂wirkung** *f* / earth-electrode effect
Erde-Wolke-Blitz *m* / upward flash
Erdfehler *m* / earth fault, ground fault (GF), fault to earth, fault to ground, short-circuit to earth, earth leakage || **⟂faktor** *m* (vormals Erdungszahl) / earth fault factor (coefficient of earthing (alte Bezeichnung)) || **⟂reserveschutz** *m* / ground fault back-up protection, back-up earth-fault protection || **⟂-Schleifenmessung nach Varley** / Varley loop test || **⟂strom** *m* / earth fault current
Erdfeld *n* / terrestrial field || **magnetisches** ⟂ / geomagnetic field
erdfeuchter Beton *m* / dry-mix concrete
erdfrei *adj* / earth-free *adj*, non-earthed *adj*, ungrounded *adj*, floating *adj* || **~ betriebene Steuerung** / floating control system || **~e Stromquelle** / isolated supply source || **~e Umgebung** / earth-free environment || **~er Ausgang** / floating output || **~er Betrieb** / earth-free operation, non-grounded operation || **~er Eingang** / floating input || **~er örtlicher Potentialausgleich** / non-earthed (o. earth-free) local equipotential bonding || **~er Potentialausgleich** / earth-free (o. non-earthed) equipotential bonding || **~es Netz** / floating network
Erd·freiheit *f* / isolation from earth || **~gebunden** *adj* / non-floating || **~gekoppelte Störung** / earth-coupled (o. ground-coupled) interference || **⟂gleiche** *f* / ground-level line, grade line || **⟂impedanz** *f* / ground impedance || **⟂impedanzanpassung** *f* / earth impedance matching || **⟂induktivität** *f* / earthing inductor,

Erd 268

grounding inductor || ⁀kabel *n* / underground cable, buried cable || ⁀kapazität *f* / earth capacitance, distributed capacitance, capacitance to earth, capacitance to ground, stray capacitance || ⁀klemme *f* / earth terminal, ground terminal || ⁀klemme *f* (Schweißgerät) / earth (o. ground) clamp || ⁀kopplung *f* / earth coupling, ground coupling || ⁀kurzschluss *m* / short-circuit to earth, earth fault, ground fault, ground fault in grounded-neutral system || ⁀kurzschlussschutz *m* / earth-fault protection || ⁀kurzschlussstrom *m* / earth-fault current, ground-fault current

Erd·leiter *m* / earth wire, ground wire, earth conductor, counterpoise *n*, buried conductor || ⁀leiter *m* (niederohmige Verbindung einer Schaltung zur Signalerde) / ground lead, ground support cable || ⁀leitung *f* / ground wire, ground connection || ⁀leitungsinduktivität *f* / inductance of earth conductor || ⁀leitungsschalter *m* (HGÜ) / metallic return transfer circuit-breaker || ⁀leitungsstrom *m* / earth current, earth leakage current || ⁀magnetfeldsensor *m* / geomagnetic field sensor || ⁀oberfläche *f* / world *n* || ⁀oberflächenpotential *n* / ground-to-electrode potential || ⁀phantomkreis *m* / earth-return phantom circuit || ⁀-Phantom-Stromkreis *m* / earth phantom circuit, earth-return phantom circuit || ⁀planum *n* / earthgrade *n* || ⁀potential *n* / earth potential, potential to ground || ⁀potentialanhebung *f* / ground potential rise || ⁀punkt *m* / neutral point

Erd·reich *n* / mass of earth, mass of soil, earth *n*, soil *n* || im ⁀reich verlegte Leitung / underground line || ⁀rückleiter *m* / earth return conductor, ground return conductor, ground return system || ⁀rückleitung *f* (natürlicher elektrisch leitender Weg zwischen zwei Punkten durch die Erde oder die See) / earth return, ground return, earth return path || ⁀-Sammelleiter *m* / earth continuity conductor || ⁀sammelleitung *f* / earthing busbar || ⁀schiene *f* / ground bar, grounding rail || ⁀schleife *f* / earth loop, ground loop

Erdschluss *m* / earth fault, ground fault (GE), fault to earth, fault to ground, short-circuit to earth, earth leakage || ⁀ einer Phase / phase-to-earth fault, phase-to-ground fault, single-phase-to-earth fault, one-line-to-ground fault || ⁀ mit Übergangswiderstand / high-resistance fault to earth, high-impedance fault to ground || einphasiger ⁀ / phase-to-earth fault, phase-to-ground fault, single-phase-to-earth fault, one-line-to-ground fault || innerer ⁀ (Maschine, Gestellschluss) / winding-to-frame fault, short circuit to frame, frame leakage || innerer ⁀ (Fehler innerhalb einer Schutzzone) / internal earth fault, in-zone ground fault || Lichtbogen-⁀ *m* / arc-over earth fault, arcing ground || Mehrfach~ *m* / multiple fault, cross-country fault || schleichender ⁀ / earth leakage, ground leakage || zweipoliger ⁀ / double-phase-to-earth fault, two-line-to-ground fault, double-line-to-earth fault, phase-earth-phase fault, double fault

Erdschluss·abschaltung *f* / earth-fault (o. groundfault clearing) || ⁀-Abschaltung *f* / earth fault tripping || ⁀anzeiger *m* / earth-fault indicator, earth-leakage indicator, ground indicator || ⁀-Auslöser *m* / earth-fault release || ⁀auslösung *f* / ground-fault tripping || ⁀ausschaltvermögen *n* /

earth-fault breaking capacity || ~behaftet *adj* / earth-faulted *adj* || ⁀beseitigung *f* / clearing of earth fault, ground-fault quenching || ⁀bestimmung *f* / earth-fault location || **Prüfung bei ⁀betrieb** / testing under ground-fault conditions || ⁀-Brandschutz *m* / earth-fault fire protection || ⁀drossel *f* / neutral earthing reactor || ⁀erfassung *f* / earth-fault detection, ground-leakage detection, earth fault detection in ungrounded power systems and insulation monitoring || **Hilfswicklung für ⁀erfassung** / auxiliary winding for earth-fault detection, ground-leakage winding

Erdschlusserfassungs-Wicklung *f* / earth-fault detection winding, ground-leakage winding
Erdschluss·erkennung *f* / ground fault detection, earth fault detection || ⁀erkennungsmodul *n* / earth fault module, ground fault detection module || ⁀fehler *m* / earth fault || ~fest *adj* / earth-fault-proof *adj*, earth-fault-resistant *adj*, ground-fault-resistant *adj*, ground fault protected || ⁀freiheit *f* / absence of earth (o. ground) faults || ⁀kompensation *f* / earth-fault neutralization, ground-fault compensation || **Netz mit ⁀kompensation** / arc-suppression-coil-earthed system, ground-fault-neutralizer-grounded system, resonant-earthed system, system with arc-extinction coil

Erdschluss·lichtbogen *m* / earth-fault (o. ground-fault) arc || ⁀löschspule *f* (ESP) VDE 0532, T.20 / arc suppression coil IEC 289, earth-fault neutralizer, ground-fault neutralizer (US), arc extinction coil || ⁀löschung *f* / earth-fault neutralizing, ground-fault neutralizing, extinction of earth faults || ⁀meldeeinheit *f* / earth-fault indicator module || ⁀meldelampe *f* / ground detector lamp || ⁀melder *m* / earth-fault indicator, earth-leakage indicator, ground indicator || ⁀melderelais *n* / earth-fault alarm relay, ground indicator relay || ⁀meldung *f* / ground fault signal || ⁀messer *m* / earth-leakage meter, ground-leakage indicator || ⁀modul *n* / ground fault detector module

Erdschluss·ortung *f* / earth-fault (o. ground-fault) locating || ⁀prüfer *m* / earth detector, ground detector, leakage detector || ⁀prüfung *f* / earth-fault test, ground-leakage test || ⁀relais *n* / earth-fault relay, earth-leakage relay, ground-fault relay || ⁀reststrom *m* / unbalanced residual current || ⁀richtungsbaugruppe *f* / directional earth-fault detection (o. protection) module || ⁀richtungsbestimmung *f* / earth fault direction detection, determination of earth-fault direction, ground fault direction detection || **wattmetrische ⁀richtungsbestimmung** / wattmetric directional earth fault relay || ⁀richtungsmeldung *f* / directional earth-fault signalling || ⁀richtungsrelais *n* / directional earth-fault relay

Erdschluss·schalter *m* / ELCB *n*, earth leakage circuit breaker, earth-leakage circuit breaker || ⁀schutz *m* / earth-fault protection, ground-fault protection (GFP), ground-fault circuit protection, earth-leakage protection || ⁀-Schutz *m* / ground fault protection || ⁀schutz mit 100% Schutzumfang / one-hundred-percent earth-fault protection, unrestricted earth-fault protection || zusätzlicher ⁀schutz / stand-by earth-fault protection, back-up earth-fault protection ||

⁓schutzgerät n / earth-fault protection unit, ground-fault protector || ⁓schutzmodul n / ground-fault protection module || ⁓schutzrelais n / earth-fault protection relay, ground-fault relay, earth-leakage relay || ~sicher adj VDE 0100, T.200 / inherently earth-fault-proof, inherently ground-fault-resistant || ⁓sperre f / earth-fault lock-out || ⁓spule f / earthing reactor || ⁓strom m VDE 0100, T.200 / earth-fault current (the current which flows when an earth fault occurs), ground-fault current || ⁓stromanregung f / earth-fault starting, relay starting by ground fault || ⁓suchgerät n / earth-fault locator, ground-fault detector || ⁓suchschalter m / fault initiating switch, high-speed grounding switch, fault throwing switch || ⁓test m / ground fault test

Erdschluss·überwachung f / earth-fault monitoring, earth-leakage detection, ground-fault monitoring, ground-fault detection || ⁓überwachungsgerät n / earth-leakage monitor, ground-fault detector, earth-fault monitor, earth-fault alarm relay, ground fault detector || ⁓wächter m / earth-leakage monitor, earth-leakage relay, earth fault monitor || ⁓wicklung f / earth-fault winding || ⁓wischer m / transient earth fault, transient ground || ⁓wischerrelais n / transient earth-fault relay, transient E/F relay

Erd·schutzleiter m / earth-continuity conductor, ground-continuity conductor || ⁓seil n (zum Schutz gegen Blitzeinschläge) / overhead earth wire, shield wire, overhead ground wire, ground conductor || ⁓seilschutzwinkel m / angle of shade, shielding angle || ⁓seilspitze f (Freileitungsmast) / earth-wire peak, overhead ground wire peak || ⁓sohle f / ground plane || ⁓spannung f / earth voltage || ⁓spannung f (Phase-Erde) / phase-to-earth voltage || ⁓spannungsrelais n / phase-to-earth voltage relay, ground relay || ⁓spieß m / earth spike, ground spike

Erdstrom m / earth current IEC 50(151), ground current || ⁓ m (Fehlerstrom) / earth-fault current, earth (o. ground) leakage current || ⁓ m (Phase-Erde) / phase-to-earth current || ⁓anregung f / earth-fault starting (element), ground-fault starter || ⁓ausgleicher m / earth-current equalizer || ⁓-Messschaltung f / earth-current measuring circuit || ⁓pfad m / earth-current circuit || ⁓relais n / earth-fault relay || ⁓-Reserveschutz m / earth-fault back-up protection (o. relay) || ⁓-Richtungsschutz m / directional earth-fault protection || ⁓-Richtungsvergleich m / directional earth-fault comparison || ⁓-Richtungs-Vergleichsschutz m / directional comparison earth-fault protection, directional balanced ground-fault protection || ⁓schaltung f / earth-current measuring circuit || ⁓-Schutzdrossel f / earthing reactor || ⁓-Schutztransformator m / earthing transformer || ⁓waage f / earth-fault differential relay || ⁓wandler m / earth-leakage current transformer, ground-current transformer, return current transformer, fault current transformer || ⁓wischerrelais n / earth-current wipe relay

Erd·stück n (Lichtmast) / planted section || ~symmetrisch adj / balanced to earth, balanced to ground || ~symmetrische Leitung / balanced line || ~symmetrische Spannung / balanced-to-earth voltage || ~symmetrischer Strom / balanced-to-earth current || ~symmetrischer Vierpol / balanced two-terminal-pair network || ⁓trennschalter m / earthing disconnector || ⁓übergangswiderstand m / earth contact resistance IEC 364-4-41, earth-leakage resistance || ⁓umlaufecho n / round the world echo

Erdung f / grounding n, connecting to ground, ground n, earth n, ground connection, earthing n || ⁓ f (Gesamtheit der Mittel u. Maßnahmen zum Erden) VDE 0100, T.200 / earthing arrangement (s), grounding system (US), earthing || ⁓ **mit Potentialausgleich** / equipotential earthing (o. grounding) || ⁓ **mit Schutzfunktion** (PE) / protective earth (PE), protective ground (US), safety earth || **durchgängige** ⁓ / continuous earthing || **unmittelbare** ⁓ / direct connection to earth, direct earthing, solid connection to earth

Erdungs·anlage f VDE 0100, T.200 / earthing system, grounding system, earth-electrode system || **gemeinsame** ⁓anlage / common earthing system, interconnected grounding system || ⁓anschluss m / earthing terminal, earthing connection, grounding terminal || ⁓anschluss m (Verbindung) / earth connection, ground connection || ⁓anschluss m (Klemme) / earth terminal, ground terminal || ⁓anschlusspunkt m / earth terminal, ground terminal || ⁓art f / method of earthing, method of grounding

Erdungs·band n / earthing band || ⁓bandschelle f / earthing clip, earthing clamp || ⁓belag m / earthing layer || ⁓bezugspunkt m / earth reference point || ⁓blech n / earthing clamp, ground clamp || ⁓bolzen m / earthing stud, ground stud || ⁓brücke f / earthing jumper, grounding strap, earth braid strap || ⁓bügel m / earthing clip

Erdungs·draufschalter m / fault initiating switch, fault making switch, make-proof earthing switch, make-proof grounding switch || ⁓drossel f / earthing reactor, grounding reactor, discharge coil, drainage coil || ⁓elektrode f / earth electrode, ground electrode, grounding electrode || ⁓fahne f / earthing lead || ⁓faktor m VDE 0670, T.101 / factor of earthing IEC 56-1, earthing factor

Erdungs·garnitur f / earthing (o. grounding) accessories || ⁓impedanz f / impedance of earth-electrode system || ⁓kabel n / earthing cable, grounding cable, work lead || ⁓klemme f / earth terminal, ground terminal, grounding terminal, ground lug || ⁓klemmenplatte f / earthing pad || ⁓klotz m / grounding block || ⁓kontakt m (Klemme) / earth terminal, ground terminal, earthing contact || ⁓konzept n / grounding concept || ⁓kragen m / grounding collar || ⁓kreis m / earthing circuit, earth return circuit, ground loop

Erdungs·lasche f / earthing jumper, ground strap, grounding lug, grounding bracket || ⁓leiter m / earth conductor, ground conductor, grounding conductor, earthing conductor || ⁓leiter m (Erderanschlussl.) / grounding electrode conductor, earth electrode conductor || ⁓leiter m (mit der Gründung eines Freileitungsmasts verbunden) IEC 40(466) / counterpoise || **kontinuierlicher paralleler** ⁓leiter / parallel earthcontinuity conductor || ⁓leitung f / counterpoise n, grounding cable, ground conductor || ⁓messer m / earth resistance meter, earth tester || ⁓messer n / earthing blade,

Erdungs 270

grounding blade ǁ ~-**Messgerät** *n* / earth resistance meter, earth tester ǁ ~**muffe** *f* / earthing coupling, ground coupling
Erdungs·netz *n* / earthing network, grounding network ǁ ~**platte** *f* / earthing pad, grounding pad ǁ ~**prüfer** *m* / earth tester ǁ ~**punkt** *m* / earthing point, grounding point ǁ **möglicher** ~**punkt** VDE 0168, T.1 / earthable point IEC 71.4 ǁ **Netz~punkt** *m* / source earth, power system earthable point ǁ ~**ring** *m* / earthing ring bus ǁ ~**rohr** *n* / tubular earth electrode, grounding pipe ǁ ~**rohrschelle** *f* / earthing clamp, ground clamp, earthing clip, earth electrode clamp
Erdungs·sammelleitung *f* VDE 0100, T.200 / earth bus, ground bus, main earth (o. ground) bus, main earthing bar ǁ ~**sammelschiene** *f* / earth bus, ground bus, main earth (o. ground) bus, earthing busbar ǁ ~**schalter** *m* VDE 0670,T.2 / earthing switch IEC 129, grounding switch ǁ **geteilter** ~**schalter** VDE 0670,T.2 / divided-support earthing switch IEC 129 ǁ ~**schalterfunktion** *f* / earthing switch function ǁ ~**schalterwagen** *m* / earthing-switch truck, grounding-switch truck ǁ ~**schalthebel** *m* / earthing switch handle ǁ ~**scheibe** *f* / grounding disk ǁ ~**schelle** *f* / earthing clamp, ground clamp, earthing clip, earth electrode clamp ǁ ~**schellenleiste** *f* / earthing (o. grounding clamp assembly) ǁ ~**schiene** *f* / earth bus, ground bus, main earth (o. ground) bus, grounding rail, ground bar, ground terminal, busbar ǁ ~**schiene** *f* (Anschlussschiene) / earthing bar, grounding bar, earth bar, bonding bar ǁ ~**schraube** *f* / earthing screw, earth-terminal screw, bonding screw, grounding screw
Erdungs·seil *n* / earthing cable, grounding cable ǁ ~**spannung** *f* (Anstieg) / rise of earth potential, ground potential rise, earth-electrode potential ǁ ~**stab** *m* / rod-type earth electrode, earth rod, ground rod ǁ ~**stange** *f* / earthing stick, grounding pole, temporary earth ǁ ~**steckverbinder** *m* / earthing connector, grounding connector ǁ ~**stellung** *f* (eines herausnehmbaren Teils) VDE 0670, T.6 / earthing position IEC 298, earthing location, grounding position ǁ ~**stichleitung** *f* / earth tap conductor, ground tap (o. stub) ǁ ~**strom** *m* / earth current ǁ ~**symmetriedämpfung** *f* (EN 50174-2) / common mode rejection ratio
Erdungs·transformator *m* (EdT) / earthing transformer, grounding transformer ǁ ~**transformatorfeld** *n* / earthing transformer panel ǁ ~**trenner** *m* / earthing disconnector ǁ ~**trenner** *m* (Trenner, der einen Abschnitt erdet) / earthing switch ǁ ~**trennschalter** *m* / earthing disconnector ǁ ~- **und Kurzschließvorrichtung** / earthing and short-circuiting facility ǁ ~- **und Überbrückungseinschub** / earthing and bridging withdrawable unit ǁ ~**verbinder** *m* / earthing jumper, ground connector ǁ ~**verhältnisse** *plt* / earthing conditions
Erdungs·wagen *m* / earthing switch truck, earthing truck ǁ ~**widerstand** *m* / earth-electrode resistance ǁ ~**widerstand** *m* (Summe von Ausbreitungswiderstand des Erders und Widerstand der Erdungsleitung) / earthing resistance, grounding resistance ǁ ~**winkel** *f* / earthing angle, *m* grounding bracket, grounding angle ǁ ~**zahl** *f* / coefficient of earthing (o.

grounding) ǁ ~**zeichen** *n* / earth symbol, ground symbol
Erd·verbindung, durchgehende ~**verbindung** / earth continuity ǁ ~**verlegung** *f* / underground laying, imbedding of cables, burying *n* ǁ **Kabel für** ~**verlegung** / direct-buried cable, cable for burial in the ground, buried cable ǁ ~**verlegungskabel** *n* / underground cable ǁ ~**verlegungskabel** *n* / buried cable (bus cables for PROFIBUS) ǁ ~**wandler** *m* / ground-leakage current transformer ǁ ~**widerstand** *m* / earth resistance, ground resistance ǁ **spezifischer** ~**widerstand** VDE 0100, T.200 / soil resistivity, earth resistivity
E-Region *f* / E region (that part of the Earth's ionosphere lying approximately between 90 and 130 km in height)
Ereignis *n* / event *n* ǁ **Zufalls~** *n* / random phenomenon ǁ **~abhängig** *adj* / event-related, event triggered ǁ ~**art** *f* / event type ǁ ~**auftrag** *m* / event job ǁ ~-**Baum-Analyse** *f* / Event Tree Analysis (ETA) ǁ ~**baustein** *m* / event module ǁ ~**bearbeitung** *f* / event processing, event handling ǁ **~bezogen** *adj* / event-driven *adj* ǁ ~**dichteverteilung** *f* (Statistik) / occurrence density distribution ǁ ~**feld** *n* / event field ǁ ~**folge** *f* / run ǁ ~**folgen** *f pl* / runs *n pl*
ereignisgesteuert *adj* / event-driven *adj*, event-controlled *adj* ǁ **~e Instandhaltung** / event-driven maintenance ǁ **~e Programmbearbeitung** / event-driven program processing ǁ **~es Programm** / event-driven program
Ereignis·-ID *f* / event ID ǁ ~**liste** *f* / event list ǁ ~**markierer** *m* (Schreiber) / event marker ǁ ~**markier-Startselektor** *m* / event marking start selector ǁ ~**meldung** *f* / event information, event-message, event signal, event message ǁ ~-**Nachgeschichte** *f* / postevent history ǁ ~**programm** *n* / event program ǁ ~**protokoll** *n* / event log ǁ ~**schreiber** *m* / event recorder ǁ ~**statusregister** *n* / error register ǁ **~synchron** *adj* / event synchronous ǁ ~**variable** / event tag ǁ ~**verwaltung** *f* / event management ǁ ~-**Vorgeschichte** *f* / pre-event history ǁ ~**zählung** *f* / event counting ǁ ~**zeit** *f* / time of occurence
E/R-Einheit *f* (Einspeise-/Rückspeiseeinheit) / rectifier/regenerative feedback unit, I/RF unit (infeed/regenerativ-feedback unit)
Erfahrungs·auswertung *f* / evaluation of experience ǁ ~**bericht** *m* / field report ǁ ~**datenbank** *f* / experience database ǁ ~**kurve** *f* / learning curve ǁ ~**regel** *f* / empirical rule ǁ ~**träger** *m* / people with experience ǁ ~**wert** *m* (EW) / empirical value ǁ ~**wertspeicher** *m* (EW-SP) / empirical value memory
erfassen *v* / detect *v*, acquire *v*, measure *v*, meter *v*, sense *v*, record *v*, register *v*, cover *v*, collect *v* ǁ ~ **und Übertragen** / measuring and transmitting
Erfassung *f* / acquisition *n*, alarm acquisition, indication acquisition, metered value acquisition, collection *n*, analog value acquisition ǁ ~ *f* (z.B. Rest- o. Differentialstrom) / detection *n* ǁ ~ **der Anzahl** / detection of number ǁ ~ **und Verarbeitung** / capturing and processing
Erfassungs·aufwendung *f* / acquisition overhead ǁ ~**bereich** *m* / coverage *n* ǁ ~**bereich** *m* / sensing range ǁ ~**blatt** *n* / data sheet ǁ ~**daten** *plt* / sense data ǁ ~**ebene** *f* / sensing level ǁ ~**feld** *n* / sensing

field || ⌐**formular** n (Fertigungssteuerung) / data capture form || ⌐**gerät** n / detecting device || ⌐**geschwindigkeit** f / collection rate || ⌐**maske** f / screen form, input screenform || ⌐**modul** n / acquisition module, detection module, data acquisition module (Programm-Modul) || ⌐**typ** m / acquisition type || ⌐**weite** f / sensing distance || ⌐**winkel** m / sensing angle || ⌐**zeit** f / acquisition time || ⌐**zyklus** m / acquisition cycle, data collection cycle
Erfindungsmeldung f / invention disclosure
erfolglose Wiedereinschaltung f / unsuccessful automatic reclosing
Erfolgs·beteiligung f / profit-sharing bonus || ⌐**häufigkeit** f / reliability n || ⌐**kontrolle** f / check on results, success review || ⌐-**Misserfolgs-Zuweisung** f (Identifizierung der Entscheidungen oder der Operatoren, die für Erfolg oder Misserfolg bei der Erreichung eines Ziels verantwortlich sind) / credit/blame assignment || ⌐**quotient** m / success ratio || ⌐**rechnung** f / profit and loss statement || ⌐**story** f / success story || ⌐**wahrscheinlichkeit** f / reliabilty n || **Vertrauensgrenze der** ⌐**wahrscheinlichkeit** / assessed reliability
erforderlich adj / necessary, required || **~·e Anregungsbewegung** / required input motion (RIM) || **~es Antwortspektrum** / required response spectrum (RRS) || **~es Anzugsmoment** / specified breakaway torque
Erfordernisse f pl / needs n pl
Erfragefunktion f (GKS) / inquiry function
erfragen v / interrogate v
erfüllen v / comply with, satisfy requirements, meet requirements, match
Erfüllung f / compliance n || ⌐**von Forderungen** f / conformance to requirements
Erfüllungs·grad m (EFG) / degree of fulfillment, degree of compliance || ⌐**ort** m / place of fulfillment
ergänzend·e Kennzeichnung / supplementary designation || **~e Operation** / supplementary operation || **~er Kurzschlussschutz** / back-up protection || **~er Schutz** / protection against shock in case of a fault IEC 439 || **~es Dokument** / additional document (ADD) || **~es Protokoll** / ADP (additional protocol)
ergänzte Nr. / additional number
Ergänzung f / extension n, option n || ⌐ f (berichtigende E.) / amendment n
Ergänzungs·bausatz m / extension (o. expansion) kit, add-on kit || **Tageslicht-**⌐**beleuchtung** f / permanent supplementary artificial lighting (PSAL) || ⌐**blatt** n / extra sheet || ⌐**funktion** f / optional function || ⌐**paket** n (NC-Geräte) / option package || ⌐**produkt** n / supplementary product, add-on product || ⌐**satz** m / extra block || ⌐**speicher** m / auxiliary storage || ⌐**stand** m / update status || ⌐**teile** n pl / supplementary components || ⌐**zeichnung** f / supplementary drawing
ergeben v / yield v, amount to
Ergebnis (Statistik) / result n || ⌐**abweichung** f / error of result || ⌐**anzahl** f / number of results || ⌐**anzeige** f (Bit) / result bit || ⌐**bericht** m / report on results || ⌐**bit** n / binary result bit || ⌐**kontrolle** f / check of results || ⌐**liste** f / list of results || ⌐**parameter** n / result parameter || ⌐**protokoll** n /

results report || ⌐**stückliste** f / list of results || ⌐**vergleich** m / result cross-check
Ergograu n / ergo grey n
ergo-grau adj / ergo-grey adj
Ergonomie f / ergonomics n
ergonomisch adj / ergo-contoured adj
erhaben adj / raised adj
erhalten v / receive v || **~ bleiben** / remain intact v || **~e Auftragskosten** / order costs received, order costs
Erhaltung f / maintenance n || ⌐ **der Betriebsleistung** / service output retention || ⌐ **der Digitreihenfolge** / digit sequence integrity || ⌐ **der Isolierung** / preservation of insulation || ⌐ **der Oktettreihenfolge** / octet sequence integrity || ⌐ **der Reihenfolge** (Kommunikationsnetz) DIN ISO 7498 / sequencing n, packet sequencing || ⌐ **des Landschaftsbildes** / natural scenery
Erhaltungs·ladebetrieb m / floating operation || ⌐**ladespannung** f / trickle-charging voltage
erhärteter Beton / hardened concrete
erheblich adj / substantial adj
Erhebung f (CAD) / elevation n, assessment || ⌐ f / bump n || ⌐ f / survey n
Erhebungs·einstellung f / elevation setting || ⌐**winkel** m / angle of elevation, elevation angle || ⌐**winkel** m / grazing angle (complement of the angle of incidence) || ⌐**winkel** m / lift angle
erhellen v / light v (up), shed light upon, illuminate v
erhöhen v / raise v, increase v || **Spannung ~** / raise (o. increase the voltage), boost the voltage, boost v
erhöht adj / raised adj || **~e Anforderung** / more stringent requirement || **~e Anforderungen** / more stringent requirements || **~e Feuergefahr** / increased fire risk || **~e Geberauflösung** / increased encoder resolution || **~e Schreibgeschwindigkeit** / enhanced (o. fast) writing speed || **~e Sicherheit** (Ex e) EN 50019 / increased safety EN 50019 || **~e technische Anforderung** / heightened technical demand
Erhöhung f / increment n || ⌐ **der Auflösung** / increase of resolution
Erhöhungs·getriebe n / step-up gearing, speed-increasing gear unit || ⌐**stufe** f / increment n
Erholung f / recovery n
Erholungs·geschwindigkeit f / recovery rate || ⌐**strom** m / recovery current || ⌐**verhältnis** n / recovery ratio || ⌐**zeit** f / recovery period
Erholzeit f / recovery time || f (Einschwingzeit nach einer sprunghaften Änderung der zu messenden Größe) / restoration time || ⌐ f (Sperrröhre) / recovery period, (Speicher-Oszilloskop) recycle time
Erichsen-Prüfung f / Erichsen test, indentation test, distensibility test
erkannt adj / identified adj || **~e Ursache** / known cause
erkennbarer Fehleranteil IEC 50(191) / fault coverage
Erkennbarkeit f / perceptibility n, detectability n || **Grad der** ⌐ / visibility factor
erkennen v / identify v, detect v, scan v, recognize v || ⌐ **des Signals** / detection n, sensing n || **einen Fehler ~** / detect (o. identify) a fault
Erkennsicherheit f / recognition reliability
Erkennung f / detection n || ⌐ f (z.B. eines Codes) / recognition n || ⌐ **von Insassen** / occupant sensing

|| **Zustands~** *f* (Netz) / state estimation
Erkennungs·feuer *n* / recognition light ||
gegenstand *m* / token *n* EN 50133-1 || **kode** *m* / detecting code || **logik** *f* / recognition logic || **nocke** *f* / detection cam || **sicherheit** *f* / recognition reliability || **system** *n* (optisches Erkennungssystem) / recognition system || **system mit Sichtsensoren** / vision system || **Flugplatz-zeichen** *n* / aerodrome identification sign || **zeit** *f* / recognition time || **zeit** *f* / input-signal delay
Erklärung *f* / explanation *n*, design *n* || **komponente** *f* / explanation facility
Erlangmeter *n* / Erlang meter
Erlangsche Verteilung / Erlang distribution
Erlaubnis *f* / permission *n*
erlaubt *adj* / legal *adj* || **~er Modus** / permitted mode || **~es Band** / allowed band (energy band each level of which may be occupied by electrons), permitted band
erläutern·der Schaltplan / explanatory diagram || **~es Diagramm** / explanatory chart
Erläuterung *f* / explanation *n*, design *n*
erledigt *adj* / done *adj*
Erledigungs·termin *m* / date by which to be completed, ready by date || **vermerk** *m* / completed by, completion remarks
Erlernbarkeit *f* / learnability *n*
Erlernen *n* / training *n*
erleuchtet *adj* / illuminated *adj*, alight *adj*
Erlkönig *m* / prototype car || **jäger** *m* / spy photographer
Erlöschen des Lichtbogens / extinction of the arc
Ermeto-Verschraubung *f* / Ermeto self-sealing coupling, Ermeto coupling
ermitteln *v* / determinate *v*, establish *v*, ascertain *v*
ermittelte und gespeicherte Zahlen / computed & stored figures || **~e Verzichtszeit** / backoff *n*
Ermittlung *f* / determination *n*, calculation *n*, evaluation *n* (attribution of a qualitative or quantitative value to that system property) || **des Oberschwingungsgehalts** / harmonic test || **des Wirkungsgrades** / calculation of efficiency || **des Wirkungsgrades aus den Einzelverlusten** / calculation of efficiency from summation of losses || **des Wirkungsgrades aus den Gesamtverlusten** / calculation of efficiency from total loss
Ermittlungs·ergebnis *n* / result of determination || **verfahren** *n* / other means
E-/R-Modul *n* (Einspeise/Rückspeisemodul) / I/RF module (infeed/regenerative feedback module)
ermöglichen *v* / allow *v*, enable *v*, permit *v*
Ermüdung *f* / fatigue *n*, fatigue phenomenon
Ermüdungs·bruch *m* / fatigue failure || **erscheinungen** *f pl* / fatigue phenomena, precracking *n* || **festigkeit** *f* / fatigue strength || **grenze** *f* / fatigue limit, endurance limit || **prüfung** *f* / fatigue test || **riss** *m* / fatigue crack || **zuschlag** *m* / fatigue allowance
Ernennung *f* / appointment *n*
erneuerbare Energie / renewable energy || **~ Energien** / renewables *plt*
erneuern *v* / renew *v*, replace *v*
Erneuerung *f* / update *n* || *f* (Aktualisierung, z.B. v. Telegrammen) / updating *n* || **der Qualifikation** / requalification *n*
ERN-Geber *m* / ERN encoder

erniedrigen *v* / lower *v*, reduce *v*, decrease *v*
Erntefaktor *m* / energy gain factor
erodieren *v* / spark erosion, erode *v*
Erodier·maschine *f* / eroding machine || **strom** *m* / erosion current
erodiert *adj* / spark-eroded *adj*
Erodierteil *n* / EDM part
Eröffnungs·menü *n* / top menu || **zeichen** *n* (Nachrichten, Text) / start-of-text character
Erosion *f* / erosion *n*
Erosionskorrosion *f* / corrosion-erosion *n*
ERP *n* / Enterprise Resource Planning (ERP) || **Ebene** *f* / ERP level
erprobte Technik *f* / well-proven technology
Erprobung *f* / trial *n*, test *n*, testing *n*, trials || **sfreigabe** *f* / release for testing || **sträger** *m* / test track
ERP-Schnittstellenverwaltung *f* / ERP interface management
ERR (Erregereinrichtung) / SEE (statistic excitation equipment)
ERRCLS / ERRCLS (error class)
ERRCOD / ERRCOD (error code)
errechnen *v* / compute *v*
errechnete Länge / computed length
erregen *v* / excite *v* || **~** *v* (Schütz) / energize *v*
erregende Drehfrequenz / rotational exciting frequency || **~ Wicklung** / exciting winding
Erreger *m* / exciter *n* || **Schwingungs~** *m* / exciter of oscillations, oscillator *n* || **Schwingungs~** *m* / vibration generator, vibration exciter || **abstand** *m* / magnet-to-winding clearance || **anordnung** *f* (el. Masch.) / excitation system || **ausfallschutz** *m* / field failure protection, loss-of-field protection
Erreger·deckenspannung *f* / nominal exciter ceiling voltage, exciter ceiling voltage || **durchflutung** *f* / field ampere turns, ampere turns of exciting magnet, excitation strength || **einrichtung** *f* / excitation equipment, excitation system, static excitation unit (SEE) || **einrichtung** *f* (ERR) / static excitation equipment (SEE) || **energie** *f* / excitation power, exciter rating, exciter output
Erreger·feld *n* / field system, exciting field, field *n* || **feld** *n* (Erregermasch.) / exciter field || **feld-Zeitkonstante** *f* / field time constant || **fluss** *m* / excitation flux || **gerät** *n* / exciter *n* || **geschwindigkeit** *f* / exciter response || **gleichrichter** *m* / field-circuit rectifier, field rectifier, static exciter || **grad** *m* (el. Masch.) / field ratio, effective field ratio || **gruppe** *f* / motor-exciter set, exciter set
Erreger·kreis *m* / field circuit, excitation circuit, exciter circuit, exciting circuit || **kreisunterbrechung** *f* / field failure || **kurve** *f* / m.m.f. curve || **laterne** *f* / exciter dome || **leistung** *f* / excitation power, exciter rating, exciter output || **leitung** *f* / exciter leads, field leads || **magnet** *m* / exciting magnet, field magnet || **maschine** *f* / exciter *n*, excitation control unit || **maschinenkapsel** *f* / exciter enclosure, exciter housing || **maschinensatz** *m* / exciter set || **Motor-Generator** *m* / exciter motor-generator set, exciter set || **pol** *m* / exciter pole, field pole
Erreger·satz *m* / motor-exciter set, exciter set || **schrank** *m* / exciter cabinet || **schutz** *m* / (motor) field protection || **seite** *f* / energizing side (o. circuit), coil circuit || **seite** *f* (ES el. Masch.) /

exciter end || ⁓sockel m / exciter platform ||
⁓spannung f / field voltage, excitation voltage,
collector-ring voltage, exciting voltage ||
Änderungsgeschwindigkeit der ⁓spannung /
exciter voltage-time response || **höchste
⁓spannung** / exciter ceiling voltage ||
⁓spannungsdynamik f / exciter voltage-time
response || **⁓spannungsgrad** m / field voltage
ratio || **⁓spannungstransformator** m / excitation
voltage transformer || **⁓-Spannungs-
Zeitverhalten** n / exciter voltage-time response ||
⁓spule f (el. Masch.) / field coil || **⁓spule** f /
operating coil, coil n || **⁓spulenkasten** m / field
spool || **⁓stoß** m / exciting inrush
Erregerstrom m (el. Masch.) / field current,
excitation current, exciting current || ⁓ m /
exciting current, secondary exciting current ||
sekundärer ⁓ (Wandler) / exciting current IEC 50
(321) || **⁓begrenzer** m / excitation limiter ||
⁓belag m / field ampere turns || **⁓grad** m / field
current ratio || **⁓klemme** f / field terminal ||
⁓kompoundierung f / current-compounded self-
excitation || **⁓kreis** m (Fernschalter, Zeitschalter) /
control circuit || **⁓kreis** m (el. Masch.) / field
circuit, exitation field circuit, exciter circuit ||
⁓leitung f / field lead, slipring lead || **⁓quelle** f /
excitation system || **⁓reduzierung** f / field current
reduction || **⁓regler** m / field-current regulator,
field current controller || **⁓richter** m / static
exciter, field rectifier || **⁓steller** m / field rheostat ||
⁓transformator m / excitation current
transformer || **⁓überwachung** f / field current
monitoring
Erregersystem f (el. Masch.) / excitation system || **⁓-
Bemessungsspannung** f / excitation system rated
voltage || **⁓-Bemessungsstrom** m / excitation
system rated current || **⁓-Deckenspannung** f /
excitation system ceiling voltage
Erreger·transformator m / field-circuit transformer
|| **⁓umformer** m (rotierend) / motor-exciter set,
exciter set || **⁓umformer** m (statisch) / static
exciter, field-circuit converter || **⁓untersatz** m /
exciter platform, exciter base || **⁓verhalten** n /
exciter response || **⁓-Verstärkermaschine** f /
amplifying exciter, control exciter
Erregerwicklung f (Erregermasch.) / exciter
winding || ⁓ f / energizing winding || ⁓ f /
excitation winding, excitation coil || ⁓ f
(Hauptmasch.) / field winding, excitation winding
|| **Streureaktanz der** ⁓ / field leakage reactance ||
Widerstand der ⁓ / field resistance
Erreger·widerstand m / exciter resistance, field
resistance || **⁓widerstand** m (Gerät) / excitation
resistor || **⁓widerstand** m (Steller) / field rheostat
|| **⁓windung** f / field turn || **⁓zeitkonstante** f /
field time constant, exciter time constant ||
⁓zusatzspannung f / field boosting voltage, field
forcing voltage || **⁓zusatzstrom** m / field boosting
current, field forcing current
erregt adj / excited adj || **~ für Haltung** / energized
for holding || **elektrisch ~** / electrically excited, d.c.-
excited adj || **~er Zustand** / energized condition
Erregung f / excitation n, field excitation || ⁓ f
(Schütz) / energization n, excitation n ||
dielektrische ⁓ / dielectric displacement density ||
einphasige ⁓ / single-phase supply || **maximale** ⁓
(el. Masch.) / maximum field

Erregungs·art f / method (o. type) of excitation ||
⁓ausfall m / field failure, loss of field, excitation
failure || **⁓ausfallrelais** n / field failure relay, loss
of excitation relay, field loss relay ||
⁓ausfallschutz m / field-failure protection ||
⁓begrenzung f / field limitation, excitation
limiting || **⁓fähigkeit** f / excitation capacity,
excitation capability || **⁓funktion** f / excitation
function || **⁓geschwindigkeit** f / exciter response,
excitation response || **mittlere ⁓geschwindigkeit** /
excitation response ratio || **⁓größe** f / energizing
quantity, input energizing quantity || **⁓koeffizient**
m / exciter response || **⁓kondensator** m /
excitation capacitor || **⁓kreis** m / input circuit
erregungsloser Synchronmotor / reluctance motor
Erregungs·stoßspannung f / shock excitation
voltage, field forcing voltage || **⁓strom** m /
excitation current, field current || **⁓tafel** f /
excitation table, excitation matrix || **⁓variable** f /
excitation variable || **⁓verluste** m pl / exciting-
circuit loss, excitation loss, field loss || **⁓ziffer** f /
nominal exciter response
erreichbare Fertigungsgenauigkeit / process
capability || **~ Leistung** / achievable performance
Erreichbarkeit f / availability n, availability
performance, serviceability
erreichen v / reach v || **⁓ des Vergleichswertes** /
reaching the comparison value
errichten v / install v, erect v, construct v
Errichten elektrischer Anlagen / installation of
electrical systems and equipment, construction (or
erection of electrical installations)
Errichtung f / installation n, erection n
Errichtungsbestimmungen f pl / regulations for
installation, regulations for electrical installations,
installation rules, code of practice || ⁓ f pl
(Hausinstallation) / wiring regulations, wiring
rules || ⁓ **für elektrische Anlagen** / regulations
for electrical installations
Errichtungsüberwachung f (DIN EN 61968-1) /
construction supervision (CSP)
Errorhandler (EH) m / error handler
Ersatz m / substitute n, substitution n, replacement n
|| **⁓ausrüstung** f / spare equipment ||
⁓ausschaltzeit f VDE 0670, T.4 / virtual
operating time
Ersatz·batterie f / replacement battery ||
⁓baugruppenschnelldienst m / rapid module
replacement service || **⁓beleuchtung** f / stand-by
lighting || **⁓beschaffung** f / replacement purchase
|| **⁓betrieb** m / back-up operation || **⁓betrieb ohne
Vertauschung** / fixed duty backup ||
⁓bezugsnachweis f / proof of procurement of a
replacement || **⁓bild** n / equivalent circuit
diagram, equivalent network || **⁓bürde** f /
equivalent burden || **⁓einrichtung** f (Ausrüstung,
bestehend aus mindestens den Einrichtungen, die
zur Installation und zum Betrieb eines alternativen
Rechensystems erforderlich sind) / cold site ||
⁓fenster n / replacement window || **⁓folie** f / spare
film || **⁓gerät** n / back-up device, backup device ||
⁓-Glimmlampe f / spare glow lamp || **⁓größe** f
DIN ISO 8208 / default size || **⁓größe ohne
Vereinbarung** DIN ISO 8208 / standard default
size || **Reihen-⁓induktivität** f / equivalent series
inductance
Ersatz·kanal m / stand-by channel, backup channel

Ersatz 274

|| ⌑**kanalzahl** *f* (EKZ) / allocated channel number || ⌑**kapazität** *f* / equivalent capacitance || ⌑**kreis** *m* / equivalent circuit || ⌑**länge** *f* DIN ISO 8208 / default length || ⌑**länge ohne Vereinbarung** DIN ISO 8208 / standard default length || ⌑**last** *f* / dummy load, circuit cheater, substitution load || ⌑**leitung** *f* / nominated reserved circuit || ⌑**lichtbogenkammer** *f* / spare arc chute || ⌑-**Lichtbogenkammer** *f* / replacement arc chute || ⌑**lieferung** *f* / substitute delivery || ⌑**mantel** *m* / recladding *n* || ⌑**motor** *m* / replacement motor || ⌑**netz** *n* / equivalent network IEC 50(603), artificial network (EN5006) || ⌑**netzbetrieb** *m* / backup power operation (operating mode using reserve power supply systems for building operation)
Ersatz·probe *f* / retest specimen || ⌑**prüfkreis** *m* / simulated test circuit || ⌑**prüfung** *f* / special test || ⌑**quellenmethode** *f* / charge simulation method (CSM) || ⌑**reaktanz** *f* / equivalent reactance || ⌑-**Reihenwiderstand** *m* (Kondensator) / equivalent series resistance
Ersatz·schaltbild *n* / equivalent circuit diagram, equivalent network || ⌑**schaltbilddaten** *f* / equivalent circuit diagram data || ⌑**schalter** *m* / substitute breaker || ⌑**schalterabzweig** *m* / substitute breaker circuit || ⌑**schaltplan** *m* / equivalent circuit diagram || ⌑**schaltstück** *n* / spare contact, replacement contact || ⌑**schaltung** *f* / equivalent circuit, equivalent network || **thermische** ⌑**schaltung** DIN 41862 / equivalent thermal network || ⌑**schiene** *f* (Sammelschiene) / substitute bus, by-pass bus || ⌑**schlüssel** *m* / spare key || ⌑**schmelzzeit** *f* VDE 0670, T.4 / virtual prearcing time || ⌑**schütz** *m* / replacement contactor || ⌑**sicherung** *f* / spare fuse || ⌑-**Soffittenlampe** *f* / spare tubular lamp || ⌑-**Sperrschichttemperatur** *f* DIN 41853, DIN 41862 / equivalent junction temperature, virtual junction temperature || ⌑**sternschaltung einer Dreieckschaltung** / star connection equivalent to delta connection || ⌑**strategie** *f* / replacement strategy
Ersatzstrom·anlage *f* / stand-by generating plant, emergency generating set || ⌑**erzeuger** *m* / standby generator, emergency generator || ⌑**erzeugungsanlage** *f* / stand-by power generating plant || ⌑**kreis** *m* / equivalent circuit || ⌑**schiene** *f* / stand-by bus || **wichtiger** ⌑**verbraucher** / non-interruptible load, essential load, vital load, critical load || ⌑**versorgung** *f* / stand-by supply, stand-by power IEC 146-1 || ⌑**versorgungsanlage** *f* / stand-by supply system IEC 50(826), Amend. 1
Ersatzsystem *n* / back-up system, stand-by system
Ersatzteil *n* / spare part, spare *n*, replacement part, renewal part || ⌑**abwicklung** *f* / spare parts handling || ⌑**ausrüstung** *f* / spare equipment || ⌑**ausstattung** *f* / spare part equipment || ⌑**bearbeitung** *f* / spare part editing || ⌑**bestand** *m* / spare-parts inventory, stocking of spare parts || ⌑**bevorratung** *f* / spare parts stock, spare parts warehouse || ⌑**dienst** *m* / spare parts service || **zentraler** ⌑**dienst** / central spare parts service || **zugelassene** ⌑**e** / authorized spare parts || ⌑**entnahme** *f* / spare part withdrawal || ⌑**geschäft** *n* / spare parts business || ⌑**haltung** *f* / spare-parts service, spare-parts inventory, stocking of spare parts

Ersatzteil·katalog *m* / illustrated spare parts catalog || ⌑**kennzeichen** *n* / spare part code || ~**kompatibel** *adj* / spare part compatible || ⌑**kreislauf** *m* / spare parts loop || ⌑**lager** *n* / spare-parts store, stock of spare parts, spare parts warehouse || ⌑**lagerbestand** *m* / spare-parts inventory, spare parts inventory, stocking of spare parts || ⌑**lieferung** *f* / spare parts supply, supply of spare parts || ⌑**liste** *f* (ELI) / spare parts list || ⌑**logistik** *f* / spare parts logistic infrastructure, replacement parts logistics system || ⌑**management** *n* / spare parts management || ⌑**menge** *f* / spare part quantity || ⌑-**Neupreis** *m* / new spare part price || ⌑**notdienst** *m* / emergency spare parts service
Ersatzteil·paket *n* / spare parts kit || ⌑**preis** *m* / spare parts price || ⌑**preisliste** *f* / spare parts price list || ⌑-**Service** *m* / spare parts service || ⌑**spule** *f* / spare coil, replacement coil || ⌑**stammdaten** *plt* / spare parts master data || ⌑-**Stückliste** *f* / spare parts list, parts list || ⌑**überbestand** *m* / overstocked spare parts || ⌑**verbrauch** *m* / spare parts usage || ⌑**verbrauchsmeldung** *f* / spare parts usage note || ⌑**verpflichtung** *f* / spare-parts obligation || ⌑**versorgung** *f* / supply of spare parts, spare parts supply || ⌑**vorhaltung** *f* / stocking of spare parts, spare parts inventory
Ersatz·temperatur *f* DIN 41786 / virtual temperature || ⌑**temperatur** DIN 41853, DIN 41786 / virtual temperature || **innere** ⌑**temperatur** DIN 41853, DIN 41786 / internal equivalent temperature || ⌑-**Türscharnier** *n* / replacement door hinge || ⌑**typ** *m* / substitute type || ⌑-**Vakuumröhre** *f* / replacement vacuum tube || ⌑**verkehrslenkung** *f* / emergency routing || ⌑**versorgung** *f* / standby supply || ⌑**weg** *m* / stand-by transmission route || ⌑**werkstoff** *m* / substitute material || ⌑**werkzeug** *n* / replacement tool, spare tool, sister tool || ⌑**wert** *m* / default value, substitute value, fail-safe value || ⌑**wert anzeigen** *m* / show substitute value || ⌑**wertausgabe** *f* / output of replacement value || ⌑**wertbildung** *f* / building replacement value || ⌑**werteingabe** *f* / value substitution || ⌑-**Wicklungsprüfung** *f* / equivalent separate-source voltage withstand test, equivalent applied-voltage test, special applied-voltage test || ⌑**widerstand** *m* DIN 41786 / on-state slope resistance, forward slope resistance, equivalent resistance || **Elektroden-**⌑**widerstand** *m* / dummy cathode resistor || **Vorwärts-**⌑**widerstand** *m* (Diode) DIN 41781 / forward slope resistance || ⌑**zeichen** *n* / substitute character || ⌑**zeitkonstante** *f* / equivalent time constant
Erscheinungsbild *n* / corporate identity, appearance *n*
Erschließung *f* / development *n*
erschöpfender Angriff (Versuch, die Computersicherheit zu verletzen, wobei man mit Versuch und Irrtum mögliche Werte für Passwort und Schlüssel ausprobiert) / exhaustive attack
erschöpft *adj* / used up || ~**e Batterie** / exhausted battery
Erschöpfungsrandschicht *f* / depletion boundary layer
Erschütterung *f* / vibration *n*, shaking *n*, shock *n*
Erschütterungs·aufnehmer *m* / vibration pick-up || ~**empfindlich** *adj* / sensitive to vibration || ~**fest** *adj* / vibration-proof *adj*, immune to vibration, vibration-resistant *adj* || ⌑**festigkeit** *f* / resistance to

vibration, vibration strength, vibration resistance, vibrostability *n*, immunity to vibration
erschütterungsfrei *adj* / free from vibrations, non-vibrating *adj*, non-oscillating *adj*, shock-free || **~e Befestigung** / anti-vibration mounting, vibration-proof mounting
erschütterungsunempfindlich *adj* / insensitive (o. immune to vibration)
erschwert *adj* / severe *adj* || **~e Anlaufbedingung** / heavy-duty starting || **~e Bedingungen** / onerous (operating) conditions, severe (operating) conditions || **~e Prüfung** / tightened inspection || **~er Betrieb** / heavy duty
ersetzen *v* / replace *v* || ⁃ *n* / Replace || **~de Maschine** / replacing machine
ersetzt *adj* / replaced *adj*
Ersetzung *f* / replacement *n*
ERSO / Electronics Research & Service Organisation *n* || ⁃ / ERSO *n*
Ersparnis *n* / savings *plt*
Erstabfrage *f* (zyklische Abfrage) / first scan || ⁃ *f* (ERAB) / first input bit scan || ⁃ **eines Bit** / first bit scanned || ⁃**kennung** *f* / first scan identifier
Erstabsperrventil *n* / primary shut-off valve, main shut-off valve
erstadressierter Zustand des Hörers DIN IEC 625 / listener primary addressed state (LPAS) || **~ Zustand des Sprechers** DIN IEC 625 / talker primary addressed state (TPAS)
Erst·anlauf *m* / cold (o. initial start) || ⁃**anmeldung** *f* / first application
erstarren *v* / set *v*, solidify *v*
Erstarrungspunkt *m* / setting point, congealing point, solidification point, shell freezing point
Erstattungssatz *m* / reimbursement rate
Erst·ausbaustufe *f* / initial configuration || ⁃**ausführung** *f* / prototype *n*, first unit of each type and design || ⁃**ausgabe** *f* / first edition || ⁃**ausrüstung** *f* / initial equipment (o. installation) || ⁃**ausrüstungs-Batterie** *f* / original equipment battery || ⁃**ausstattung** *f* / original equipment || ⁃**beurteilung** *f* / initial vendor appraisal || ⁃**durchlauf** *m* / initial pass, initial run
erste Ausführung / first execution || **~ biegekritische Drehzahl** / first critical speed
Erste Hilfe / first aid
Erst·eichung *f* / initial verification || ⁃**einsatz** *m* / first use || **~einschalten** *v* / initial power on
Erstelldatum *n* / date of creation || ⁃ **Archiv** / date archive created
erstellen *v* / develop *v*, generate *v*, write *v*, make *v*, prepare *v* || **~ *v*** (Bilder am Bildschirm) / build *v*, create *v*
erstellende Abteilung / originating department
Ersteller *m* / author *n*, created by, compiler *n* || ⁃ *m* (Nachrichtenquelle) / originator *n* || ⁃**Firma** *f* / originator company
Erstell·software *f* / generation software || ⁃**system** *n* / development system || ⁃**typ** *m* / creation type
Erstellung *f* / development *n*, generation *n* || **Erstellung** (Erstellung einer Datei) / creation *n* || ⁃ **des Programms** / generation (o. development o. preparation of program)
Erstellungs·datum *n* / creation date || ⁃**modus** *m* / edit mode || ⁃**Oberfläche** *f* / generation interface || ⁃**prozess** *m* / preparation process || ⁃**unterlagen** *plt* / preparation documentation || ⁃**werkzeug** *n* / programming tool
erster Basispunkt (Impulsepoche) / first base point
Ersterstellung *f* / initial preparation
erstes Serienlos / first production batch
Erst·impuls *m* / first pulse || ⁃**inbetriebnahme** *f* / first start-up, first commissioning || ⁃**kreis** *m* / primary circuit || ⁃**ladung** *f* / initial charge || ⁃**lauf** *m* / cold start, cold restart, initial run || ⁃**laufflanke** *f* / evaluation in the first scanning cycle || ⁃**laufflanke** *f* / pulse edge in first scanning cycle || ⁃**laufzweig** *m* / initialization branch || ⁃**lizenz** *f* (Software) / initial licence || ⁃**magnetisierung** *f* / initial magnetization || **~malig** *adj* / 1st time || ⁃**meldung** *f* / first-out alarm || ⁃**muster** *n* / mechanical prototype || ⁃**musterprüfbericht** *m* / initial sample inspection report (ISIR)
erstöffnender Pol / first pole to clear
Erstprüfung *f* / original inspection || ⁃ *f* (erste in einer Folge von vorgesehenen oder zugelassenen Qualitätsprüfungen) / initial inspection
erstschließender Pol / first pole to close
Erst·sprache *f* / source language || ⁃**teilabnahme** *f* / first-part acceptance || ⁃**teilprüfung** *f* / specimen inspection, specimen first-sample, cold-start test || ⁃**Übergabe** *f* / first transfer || ⁃**übergangsdauer** *f* (Impulsabbild) DIN IEC 469, T.1 / first transition duration || ⁃**wert** *m* / first-up value, first-up signal, initial value || ⁃**wertmeldung** *f* / initial value acquisition || ⁃**wertmeldung** *f* / first-up message, first-up signal, initial message || ⁃**wertquittieren** *n* / first-up signal acknowledgement || ⁃**wicklung** *f* / primary winding
Ertalyte *n* (PETP Ertalyte schwarz ist ein Material für Pipetten) / ertalyte *n*
Erteilung *f* / issuing *n*
Ertrag *m* / yield *n*
Ertrags·faktor *m* (gibt an, wieviel Energie (in kWh) pro installierter Generatorspitzenleistung (in kWp) in einem betrachteten Zeitraum dem Verbraucher zur Verfügung gestellt wird) / final yield *n* || ⁃**kraft** *f* / profitability *n* || ⁃**verhältnis** *n* / quality factor *n*
ertüchtigen *v* / improve *v*, upgrade *v*, enhance *v*, put in order
Ertüchtigung *f* / upgrading *n*, smartening up, tightening up
E/R-Verbund *m* / infeed/regenerative-feedback unit (I/RF unit), rectifier/regenerative feedback unit
Erwärmdauer *f* / heating time
erwärmte Abluft / heated exit air
Erwärmung *f* / heating *n* || ⁃ *f* (Übertemperatur) / temperature rise || ⁃ **durch Thermometer gemessen** / temperature rise by thermometer || ⁃ **durch Widerstandserhöhung gemessen** / temperature rise by resistance || **ungleichmäßige ⁃** / unsymmetrical heating
Erwärmungs·fehler *m* (Widerstandsthermometer) / self-heating error || ⁃**grenze** *f* / temperature-rise limit, limit of temperature rise, limiting temperature rise || ⁃**kennlinie** *f* / temperature-rise characteristic || ⁃**lauf** *m* / temperature-rise test, heat run || ⁃**messung** *f* / measurement of temperature rise, temperature-rise test || **Dauerprüfung mit ⁃messung** / heat run, temperature-rise test || ⁃**ofen** *m* / re-heating furnace || ⁃**prüfung** *f* / temperature-rise test, heat

run (el. machine) || ⁓prüffeld *n* / temperature-rise test bay || ⁓prüfung im Leerlauf / open-circuit temperature-rise test || ⁓prüfung mit Nachbildung durch Widerstände / temperature-rise test using heating resistors with an equivalent power loss || ⁓prüfung mit Strombelastung aller Bauteile / temperature-rise test using current on all apparatus || ⁓spiel *n* / thermal cycle || ⁓vermögen *n* / heating capacity || ⁓zeit *f* (t_E-Zeit) / safe locked-rotor time, locked-rotor time, t_E time || ⁓zyklus *m* / thermal cycle
Erwärmzeit *f* / heating time
erwartend, zu ~e Berührungsspannung VDE 0100, T.200 / prospective touch voltage || **zu ~er Strom** / prospective current, available current (US)
Erwartung *f* / expectation *n*
Erwartungswert *m* / expected value, expectation *n* || **⁓ einer Zufallsgröße** DIN 55350,T.21 / expectation value of a variate, expected value of a variate
Erweichungs·punkt *m* / softening point, fusion point || **⁓temperatur** *f* / softening temperature, fusing temperature
erweiterbar *adj* / expandable *adj*, with expansion capability
Erweiterbarkeit *f* / expansion capability, expandability *n*, extensibility *n*
erweitern *v* / extend *v*, expand *v*
erweitert *adj* / extended *adj*, expanded *adj*, enhanced *adj* || **~e Arithmetik** / extended arithmetic *n* || **~e Bearbeitungszyklen** *f pl* / extended machining cycles || **~e Bemessungsstromstärke** / extended rating current || **~e Benutzeranzeige** / extended user view || **~e Funktion** / extended function || **~e Funktionalität** / extended functions || **~e Hörerfunktion** / extended listener function || **~e Meldeanzeige** (Bildobjekt zur Anzeige des flüchtigen Meldepuffers und/oder des Meldearchivs) / advanced alarm view || **~e Peripherie** / extended I/O memory area || **~e Prüfung** / extended review || **~e Rezepturanzeige** / enlarged recipe view || **~e Sprecherfunktion** / extended talker function || **~e Version** / expanded version || **~er Bereich** (Ausl.) / extended range, extended area || **~er Betrieb** / extended mode || **~er Datenverkehr** / extended data communication || **~er Editor** / extended editor || **~er Hochlaufgeber** / extended ramp-function generator || **~er Hörer** DIN IEC 625 / extended listener || **~er Leiter** / expanded conductor || **~er Pfahl** (Bohrpfahl) / expanded pile, bulb pile, reamed pile || **~er Sprecher** DIN IEC 625 / extended talker || **~er Systembereich** / expanded system data area || **~er Temperaturbereich** / extended temperature range || **~es Abspannen** / extended recutting || **~es Messen** / extended measurement || **~es NAND-Glied** DIN 40700 / extended NAND IEC 117-15 || **~es Objekt** (komplexes Grafikobjekt, z. B. Meldeanzeige, Rezepturanzeig) / enhanced object || **~es Stillsetzen und Notrückziehen** / extended stop and retract || **~es Stillsetzen und Rückziehen** / extended stop and retract (ESR) || **~es Überspeichern** / extended overstore
Erweiterung *f* / extension *n*, expansion *n*, expanded configuration, configuration *n*, outdoor substation, switchyard *n* || **⁓ der Herkunftsadresse** *f* (DIN V 44302-2 E DIN 66323) / calling address extension || **⁓ der Versions-/Protokollkennung** *f* / version/ protocol identifier extension (V/P) || **mit ⁓en** / with extensions || **⁓ der Zieladresse** *f* (DIN V 44302-2 E DIN 66323) / called address extension || **⁓en übertragen** / transfer extensions
Erweiterungs·adapter *m* / extension adapter || **⁓anschluss** *m* / extension plug || **⁓baugruppe** *f* (Leiterplatte) / expansion board, expansion card || **⁓baugruppe (EB)** *f* / expansion board (EB) || **⁓baugruppe 1** / expansion board 1 (EB1) || **⁓baugruppenträger** *m* (EBGT) / expansion rack (ER), I/O rack || **⁓bausatz** *m* / extension kit || **⁓baustein** *m* / expansion module || **⁓-Dialogfeld** *n* / expansion dialog box || **⁓eingang** *n* / extension input, expander input || **⁓einheit** *f* / extension (o. expansion) unit
erweiterungsfähig *adj* / extendable *adj*, extensible *adj*, expandable *adj*, open-ended *adj* (e.g. program)
Erweiterungsfunktion *f* / extension function
Erweiterungsgerät *n* (EG) / expansion unit (EU), extension unit || **⁓** *n* (EG, Baugruppenträger) / expansion rack (ER) || **⁓anschaltung** *f* (EG-Anschaltung) / expansion unit interface module (EU interface module)
Erweiterungs·karte *f* / expansion card || **⁓kosten** *plt* / expansion costs || **⁓modul** *n* (EM) / extension module, expansion module, extendable module, add-on housing || **3-Phasen-⁓modul** *n* / 3-phase expansion module || **⁓modul-Tubus** *n* / expansion-module housing || **⁓möglichkeit** *f* / expansion capability, expansion option || **⁓muffe** *f* / adaptor *n* || **⁓rack** *n* (Baugruppenträger zur Erweiterung eines Automatisierungssystems. Im Erweiterungsbaugruppenträger steckt keine CPU.) / expansion rack (ER), I/O rack || **⁓satz** *m* / expansion set || **⁓schaltung** *f* / expander *n*, extender *n* || **⁓stecker** *m* / expansion plug, extension connector || **⁓steckplatz** *m* / expansion slot || **⁓störmelder** *m* / expansion fault signaling unit || **⁓stück** *n* / adaptor *n*, expansion fitting || **⁓system** *n* / extension (o. expansion) system || **⁓teil** *n* / expansion component
Erx (Baugruppenträger zur Erweiterung eines Automatisierungssystems. Im Erweiterungsbaugruppenträger steckt keine CPU.) / expansion rack (ER)
erzeugen *v* / develop *v*, make *v*, write *v* || **~ ~** (Strom) / generate *v* || **~ ~** (CAD) / create *v* || **⁓** *n* / defining *n* (defining a new fiducial)
Erzeuger von Spannungsoberschwingungen / source of harmonic voltages || **⁓druck** *m* (Druckluftanlage) / main-receiver pressure || **⁓einheit** *f* / generating unit || **⁓speicher** *m* / generating-unit storage || **⁓-Zählpfeilsystem** *n* / generator reference-arrow system
Erzeugnis *n* / product *n* || **elektrotechnisches ⁓** / electrotechnical product || **technisches ⁓** / technical product || **⁓bearbeitung** *f* / product editing || **⁓beschreibung** *f* / product description || **⁓daten** *plt* / product data || **⁓-Nr.** *f* / product number, product no. || **⁓nummer** *f* / product number, product no. || **⁓qualität** *f* / product quality || **⁓stand** *m* / product version || **⁓stand** *m* (Kennzeichnung eines Hardware- oder Software-Standes) / revision level || **⁓stände** *m* / product series || **⁓standfortschreibung** *f* / production

series update || ⸗**stückliste (ESL)** *f* / product parts list || ⸗**text** *m* / product text
Erzeugung durch Photonenabsorption / photogeneration *n* || ⸗ **eines Kraftwerks** / energy production of a power station, generation of a power station || ⸗ **elektrischer Energie** / generation of electrical energy, generation of electricity, power generation
Erzeugungs·ausfall *m* / loss of generating capacity || ⸗**kosten** *f* / cost of generation || ⸗**kostenberechnung** *f* / production costing || ⸗**management** *n* / production management || ⸗**prognose** *f* / generation mix forecast || ⸗**zentrum** *n* / generating centre || ⸗**zustand der Quelle** DIN IEC 625 / source generate state (SONS)
Erz.Std. / product version
Erzverladekran *m* / ore loading crane
erzwingen *v* / enforce *v*
erzwungen·e Ausbildung der Ströme (Transduktor) / constrained-current operation, forced excitation || **~e Ausfallrate** / forced outage rate || **~e Bewegung** (Kühlmittel) / forced circulation || **~e Erregung** (el. Masch.) / forced excitation || **~e Erregung (Transduktor)** / constrained-current operation || **~e gerichtete Ölströmung** / forced-directed oil circulation || **~e Kennlinie** / forced characteristic || **~e Kennlinie eines netzgeführten Stromrichters** / forced characteristic of a line commutated converter || **~e Kommutierung** / forced commutation, self-commutation || **~e Luftkühlung** / forced-air cooling, air-blast cooling || **~e Luftkühlung und Ölumlauf** / natural-oil/forced-air cooling || **~e Luftumwälzung** / forced-air circulation || **~e Magnetisierung (Transduktor)** / constrained-current operation, forced excitation || **~e Ölkühlung** / forced-oil cooling || **~e Ruhezeit der Ausführung** / forced execution sleep time || **~e Schwingung** / forced oscillation || **~e Stillsetzung** / forced outage || **~e Strömung** / forced flow || **~e Texturierung** / forced texturization, forced texturing || **~er Betrieb** / force mode || **~er Ölumlauf** / forced-oil circulation || **~er Strom** / forced current
ES / energizing side (o. circuit), coil circuit || ⸗ (Endstellung) / EP (end position) || ⸗ (Einbausystem) / assembly system, packaging system || ⸗ **(Entwicklungssystem)** *n* / Engineering System (ES)
Es dürfen nur vom Hersteller zugelassene Ersatzteile verwendet werden. / Use only authorized spare parts in the repair of the equipment.
ES902 Aufbausystem / ES902 packaging system
ESC / Embedded Software Computing (ESC)
E-Schnittkern *m* / cut E core
ESCI *n* / Enhanced Serial Communications Interface (ESCI)
ESCORT / Estimation of Chip Performance on Process Tolerance (ESCORT)
ESC-Taste *f* / ESC key
ESD / electrostatic discharging || ⸗ / emergency shutdown (ESD) || ⸗**-Festigkeit** *f* / ESD resistance
ESER *m* / Engineering Sample Evaluation Report (ESER)
ESG *f* / EDIFACT Steering Group
ESHG'-Anwendungsobjekt *n* EN 50090-2-1 / HBES application object || ⸗**-Objekt** *n* / HBES object || ⸗**-Referenzmodell** *n* / HBES reference model
Eskalations·manager *m* / escalation manager || ⸗**parameter** *m* / escalation parameter || ⸗**prozess** *m* / escalation process || ⸗**routine** *f* / escalation routine || ⸗**strategie** *f* / escalation strategy || ⸗**stufe** *f* / escalation stage
eskalierend / escalating
eskaliert / escalated
ESL (Erzeugnisstückliste) / product parts list || ⸗**-Design** *n* / electronic system level design (ESL design)
ESM / Electrical Switch Module (ESM) || ⸗ **(eingebettetes Systemmodul)** / Embedded System Module (ESM) || ⸗ **(Einkaufsschlüsselnummer)** *f* / purchasing code number
ESP (Einlesesperre) / read-in disable
ESPRIT / ESPRIT (European Strategic Programme for Research and Development in Information Technology) || ⸗**/HS** / ESPRIT/HS
E-Spule *f* / earthing reactor
ESR (Elektronenstrahlröhre) / electron-beam tube (EBT), cathode-ray tube (CRT) || ⸗ / ESR (extended stop and retract)
ESS *n* / Environmental Stress Screening (ESS)
Esson-Ziffer *f* / Esson coefficient, output coefficient
E-Stand *m* / product version
Esterimid *n* / esterimide *n*
Estrich *m* / screed *n*, floor fill, topping *n*, floor finish, concrete *n*
estrich·bündig *adj* / flush with screed, flushfloor *adj* || **~überdeckbarer Kanal** / under-screed bunking (o. duct), under-screed raceway || **~überdeckt** *adj* / under-screed *adj*
ESU (elektronische Störgeräuschunterdrückung) / electronic noise suppression
ESÜ (elektronische Sicherungsüberwachung) *f* / electronic fuse monitoring (EFM)
eSupport *m* / eSupport
ET (Ersatzteil) / spare part
ETA (Emulations- und Testadapter) / ICE (in-circuit emulator)
Etage *f* / tier *n* || ⸗ *f* DIN 40719 / tier *n* || ⸗ *f* / mounting rack, rack *n*
Etagen·aufbau *m* / tier frame || ⸗**bogen** *m* / swan-neck bend || ⸗**heizer** *m* / apartment heater, flat heater || ⸗**kabel** *n* VDE 0819-2 / horizontal floor wiring cable || ⸗**lüfter** *m* / fan assembly || ⸗**verteilung** *f* / storey distribution board, floor panelboard || ⸗**werkzeug** *n* / stack mold
Etat *m* / budget *n*
ETB / Embedded Trace Buffer (ETB)
ET-Band *n* / ET data tape
ETC / electronic temperature control system (ETC) || ⸗**Taste** *f* / ETC key
ETF / embedded temperature detector (e.t.d.)
ETFE / ethylene tetrafluoride ethylene (ETFE) || ⸗**-Aderleitung** / ETFE single-core non-sheathed cable
ETG *f* / EtherCat Technology Group (ETG)
EtherCAT / Ethernet for Control and Automation Technology (EtherCAT)
Ethernet *n* / Ethernet *n* || ⸗**-Adapter** *m* / Ethernet adapter || ⸗**-Adresse** (hexadezimal) / Ethernet address (hexadecimal) || ⸗**-Backbone** / Ethernet

backbone || ℮-basiert *adj* / Ethernet-based || ℮ /**IP** *n* / Ethernet Industrial Protocol (Ethernet/IP) || ℮-**Karte** *f* / Ethernet card || ℮-**Modul** *n* / Ethernet module || ℮-**Netzwerk** *n* / Ethernet network || ℮ **Powerlink (EPL)** *m* / Engineering Parts List (EPL) || ℮-**Profibus-Interface (EPI)** *n* / Ethernet Profibus Interface (EPI) || ℮-**Protokoll** *n* / Ethernet protocol || ℮-**Schnittstelle** *f* / Ethernet interface || ℮-**Treiber** *m* / Ethernet driver

Ethylen *n* / ethylene *n* || ℮-**Propylen-Kautschuk** *m* (EPR) / ethylene propylene rubber (EPR) || ℮-**Tetra-Fluor-Ethylen** *n* (ETFE) / ethylene tetrafluoride ethylene (ETFE) || ℮**vinylacetat** *n* / EVA (ethylene vinyl acetate) *n*

Etikett *n* (zur maschinellen Interpretation von Daten) / tag *n*, selection *n*, label *n* || ℮ **auf Umverpackung geklebt** *n* / label stuck onto exterior package

Etiketten·baugruppe *f* / label module || ℮**daten** *plt* / label details || ℮**druck** *m* / label printing || ℮**sensor** *m* / label sensor || ℮**spender** *m* / label dispenser

Etikettier·anlage *f* / labeling machine || ~**en** *v* / tag *v* || ℮**er** *m* / labeling machine || ℮**er mit Stepper-Motor** / labeller with stepper motor || ℮**maschine** *f* / labeling machine || ℮**station** *f* / labeling station

ETK (elektronischer Teilekatalog) *m* / electronic parts catalog

ETM *f* / engine-transmission management || ℮ *f* / Embedded Trace Macrocell (ETM)

ET-Menge *f* / single parts quantity

ETS / ETS (EIB Tool Software)

ETSI *n* / European Telecommunications Standards Institute (ETSI)

ETU / electronic trip unit (ETU)

Etui *n* / sheath *n*, box *n*

ETX / end of text (ETX)

EU *f* (die Europäische Union mit ihren 15 Mitgliedsstaaten) / European Union

EUC (equipment under control) *n* (Einrichtung, Maschine, Apparat oder Anlage, verwendet zur Fertigung, Stoffumformung, zum Transport, zu medizinischen oder anderen Tätigkeiten) / EUC (equipment under control)

EUCA / European Union Control Association (EUCA)

EUC-Einrichtung *f* (Einrichtung, Maschine, Apparat oder Anlage, verwendet zur Fertigung, Stoffumformung, zum Transport, zu medizinischen oder anderen Tätigkeiten) / equipment under control (EUC)

Euchner-Handrad *n* / Euchner handwheel

EUC-Leit- oder Steuerungssystem *n* / EUC control system

EÜL (Ergebnisüberleitung) *f* / statement of change in operational income

EULA / End User License Agreement (EULA)

Eulerwinkel *m* / Euler angle

EUNA / EUNA (End User Notification Administration) || ℮**light** *n* (Endverbleib auf Produktebene) / EUNAlight *n*

EUREKA (EUREKA) / European Research Cooperation Agency || ℮/**IHS** / EUREKA/IHS

Euro·flansch *m* / Euro flange || ℮**Mold** / EuroMold || ℮**norm** *f* / European Standard (EN) || ℮-**Kasten** *m* / Euro-crate *n* || ℮**normkiste (ENK)** *f* / euro norm box

Europa-Abgastaszyklus *m* / ECE test cycle || ℮-**Fahrzyklus** *m* / traversing cycle || ℮-**Flachstecker** *m* / Euro flat plug || ℮**format** *n* / Euroformat *n*,

European standard size, Eurocard format || ℮**formatbaugruppe** *f* / Eurocard-format module

Europäische Abgasnorm *f* / European emission standards || ℮ **Druckgeräterichtlinie** / European Pressure Directive || ℮ **Gesellschaft für Leistungselektronik und Antriebstechnik** / European Power Electronics and Drives Association (EPE) || ℮ **Konferenz der Post- und Fernmeldeverwaltungen (CEPT)** / Conférence Européenne des Administrations des Postes et des Télécommunications, European Conference of Postal and Telecommunications Administrations (CEPT) || ℮ **Maschinenrichtlinie** / European Machinery Directive || ℮ **Norm (EN)** / European Standard (EN) || ℮ **Norm / Vornorm (ENV)** / European standard / draft || ℮ **Normungsorganisation zur Standardisierung von Computersystemen (ECMA)** / European Computer Manufacturers Association (ECMA) || ℮ **Stiftung für Qualitätsmanagement (EFQM)** / European Foundation of Quality Management (EFQM) || ℮ **Vornorm (EN V)** / European preliminary standard (EN V) || ℮**r Installationsbus (EIB)** / European Installation Bus || ℮**r Qualitätspreis (EQA)** / European Quality Award (EQA)

Europäisches Autobahnnetz / Advanced Integrated Motorway System in Europe || ℮ **Komitee für Elektrotechnische Normung (CENELEC)** / European Committee for Electrotechnical Standardisation || ℮ **Komitee für Fabrikautomation (EFAC)** / European Factory Automation Committee (EFAC) || ℮ **Komitee für Normung (CEN)** / European Committee for Standardization (CEN)

Europa·karte *f* / Euro-card *n*, European standard size PC board || ℮**karte in Doppelformat** / double-size Eurocard || ℮**karte in Doppelformat** / double-height Eurocard || ℮/**Nordamerika** / Europe/North America || ℮**norm** *f* (EN) / European standard, EN || ℮**platte** *f* / European standard-size p.c.b. || ℮**stecker** *m* / Euro-plug, Euro plug *n* || ℮-**Zyklus** *m* / traversing cycle

Eutektikum *n* / eutectic *n*

eutektisches Kontaktieren / eutectic bonding

EUU / EUU (Electrical Industry Development and Training Center)

euzentrisch *adj* / eucentric *adj*

eV / electron volt (eV)

EV (Echtzeitvariable) / RV (real-time variable)

EVA / ethylene vinyl acetate (EVA) || ℮ / electromagnetic valve actuator *n* (EVA)

evakuieren *v* / discharge *v*, evacuate *v* || ℮ *n* / evacuation *n*, discharging *n*

evakuiert *adj* / evacuated *adj*

Evakuierungsanlage *f* / evacuating system, evacuating equipment

EVAL (Ausdruck auswerten) / EVAL (evaluate expression)

Evaluation·-Board *n* / Evaluation Board (EVB) || ℮ **Kit** *n* / evaluation kit

Evaluierungs·karte *f* / evaluation card || ℮-**Kit** *n* / evaluation kit || ℮**plattform** *f* / evaluation platform

EVA-Prüfung *f* / seismic test || ℮-**Tedlar Beschichtung** *f* / EVA-Tedlar encapsulation

EVB / Evaluation Board (EVB)

Event·-Kanal *m* / event channel || ℮-**Mechanismus**

m / event mechanism || ⁓**modus** *m* / event mode
eventuell *adj* / possible *adj*
EVG (elektronisches Vorschaltgerät) / ECG (electronic control gear), electronic ballast || ⁓-**Dynamic** / ECG dynamic || ⁓-**Steuerschalter** *m* / ECG control switch
EVM (Endverbleibsmeldung) / final destination memo
EVO (Einkaufsvolumen) *n* / procurement volume (PV)
Evolvente *f* / involute *n*
Evolventen·interpolation *f* / involute interpolation || ⁓-**Keilverzahnung** *f* / involute splines || ⁓-**Kerbverzahnung** *f* / involute serrations || ⁓**profil** *n* / involute profile || ⁓**rad** *n* / involute gear || ⁓**schnecke** *f* / involute worm || ⁓**verbindung** *f* / evolute connection, involute connection
EVT *n* / electronic valve timing (EVT)
EVU / supply undertaking, distribution undertaking, utility company || ⁓ (Energieversorgungsunternehmen, Elektrizitätsversorgungsunternehmen) / power supply utility, power supply company || ⁓-**Netz** *n* / public utility grid
EVUs / utilities *n*
EW (Erfahrungswert) / empirical value || ⁓ **(Eingangswort)** *n* / input word
E-Welle *f* / E-wave *n*, transverse magnetic wave
EWF (Elektronikwerk Fürth) *n* / EWF (Electronics Works Fürth)
EWG·-Ersteichung *f* / EEC initial verification || ⁓-**Richtlinien für Messgeräte** / EEC directives for measuring instruments
EW-SP (Erfahrungswertspeicher) / empirical value memory
EWZ (Einzelwerkzeug) / single tool
Ex / Ex version
exakte Anpassung / precise adaptation
Ex-Analog·ausgabe *f* / Ex analog output || ⁓**eingabe** *f* / Ex analog input
ExB / ExC (external command without feedback)
Ex·-Barriere *f* / ex-barrier *n* || ⁓-**Bereich** *m* / hazardous area, potentially explosive atmosphere EN 50014, area (o. location) subject to explosion hazards, zone subject to explosion hazard, potentially explosive areas, ex area, area with danger of explosion || ⁓-**Betrieb** *m* / Ex operation
ExBMxx / ExBPxx (external bit pattern indication)
ExBR / ExCF (external command with feedback)
Excenterstanze *f* / eccentric stamping press
Excess-Gray-Code, 3-⁓ *m* / 3-excess Gray code
Excitron *n* / excitron *n*
exklusiv nutzbares Bedienmittel / exclusive-use resource
Ex-Digital·ausgabe *f* / Ex digital output || ⁓**eingabe** *f* / Ex digital input
ExDM / ExDP
ExDM_S / ExDP_I
ExEM / ExSI
Exemplar *n* / copy *n*, instance *n* || ⁓**streuung** *f* / manufacturing tolerance
ExEM_W / ExSI_F
Exhaustor *m* / exhaustor *n*, extraction fan
Ex(i)-interface *n* / Ex(i) interface
Ex(i)-Modul *n* / Ex(i) module
existierendes System / legacy system
Exi-Trennkomponente *f* / Exi isolating components

exklusives ODER (EOR) / exclusive OR (EOR), non-equivalence
Exklusiv-ODER·-Aufspaltung *f* / exclusive-OR branch || ⁓-**Bit** *n* / exclusive-OR bit || ⁓-**Element** *n* / exclusive-OR element
Ex-Leuchte *f* (druckfest) / flameproof lighting fitting, explosion-proof luminaire
Exobase *f* / exobase (the lower boundary of the exosphere)
EXOR-Glied *n* / EXOR element
Exosphäre *f* / exosphere *n*
Expand docked window / expand docked window
Expander *m* (nichtlineare Schaltung, verwendet zur Expansion eines Signals) / expander
expandieren *v* / expand *v*
expandiert·e Darstellung *f* / expanded representation || **~er Leiter** / expanded conductor
Expansion *f* / expansion *n*
Expansions·schalter *m* / expansion circuit-breaker || ⁓**trenner** *m* / expansion disconnector, expansion interrupter || ⁓**unterbrecher** *m* / expansion interrupter || ⁓**zahl** *f* (Durchflussmessung) / expansibility factor, expansion factor
experimentell ermittelte Grenzspaltweite (MESG) / maximum experimental safe gap (MESG) || **~e Antwortzeit T$_n$** / experimental response time T$_n$
Experimentier·boxensystem *n* / experimenting box *n* || ⁓**platte** *f* / demonstration board
Ex-Peripherie *f* / Ex I/O *n*
Experte *m* / expert *n*
Experten·gespräch *n* / expert meeting || ⁓**gremium** *n* / panel of experts || ⁓**liste** *f* / expert list || ⁓**modus** *m* / expert mode || ⁓**system (XPS)** *n* / expert system (XPS) || **wissensbasiertes** ⁓**system** / knowledge-based expert system || ⁓**systemschale** *f* (ein Rahmen für ein Expertensystem, in den bereichsspezifisches Expertenwissen eingebracht werden kann) / expert system shell
explizit *adj* / explicitly *adj* || **~e Darstellung** (die verwendete Technik, um die absolute Lage eines Segmentes innerhalb einer Nachricht anzugeben) / explicit representation || **~e Daten** / explicit data || **~er Dezimalpunkt** / explicit decimal sign || **~er Radixpunkt** / explicit radix point
explodierte Darstellung / exploded view
Explosionsdruck *m* / explosion pressure || **auf den** ⁓ **ansprechender Schalter** / explosion pressure switch
explosionsfähig *adj* / explosive *adj*, flammable *adj*, potentially explosive || **~e Atmosphäre** / explosive atmosphere, potentially explosive gaseous atmosphere || **~e Gasatmosphäre** / explosive gas atmosphere || **~e Staubatmosphäre** / explosive dust atmosphere || **~es Gemisch** / explosive mixture
Explosionsgefahr *f* / explosion hazard
explosionsgefährdet *adj* / subject to explosion hazard, exposed to explosion hazard, potentially explosive, hazardous *adj* || **~er Bereich** EN 50014 / hazardous area, potentially explosive atmosphere EN 50014, area (o. location) subject to explosion hazards || **~e Betriebsstätte** / hazardous location, explosive situation
explosionsgeschützt *adj* / explosion-proof *adj*, explosion protected *adj* || **~e Anlage** / explosion

protected equipment || ~e **Ausführung** / explosion-protected design, hazardous-duty design || ~e **Ausführung** (druckfest) / flameproof design (o. type), explosion-proof design (o. type) || ~e **Ausführung** (erhöhte Sicherheit) / increased-safety design (o. type) || ~e **Betriebsmittel** / explosion-protected equipment, hazardous-duty equipment || ~e **Maschine** (druckfest) / flameproof machine (GB), explosion-proof machine (US) || ~e **Maschine** (erhöhte Sicherheit) / increased-safety machine || ~er **Aufbau** / explosion protected design || ~er **Klemmenkasten** (Teil einer druckfesten Kapselung) / flameproof terminal box || ~es **Bauelement** / explosion-proof component IEC 50(581)
Explosions·grenze *f* VDE 0165, T.102 / explosive limit || ⩔**klasse** *f* / class of inflammable gases and vapours, danger class || ⩔**schutz** *m* / explosion protection, explosion-proof, protection against explosion || ⩔**schutz** *m* (Sammelbegriff für (Sch)- u. (Ex)-Ausführungen) / explosion-protected type, hazardous-duty type || ⩔**schutzart i** *f* / explosion protection type i || ⩔**schutzbedingungen** *f pl* / explosion proof required, *f* explosion proof requirements || ⩔**schutzvorrichtung** *f* / explosion vent || ⩔**zeichnung** *f* / exploded view
Explosivformung *f* / explosive forming
explosivstoffgefährdeter Bereich VDE 0166 / area potentially endangered by explosive materials
Exponent *m* / exponent *n*
Exponentenprofil *n* (f. eine Gruppe von Brechzahlprofilen) / power-law index profile
Exponential·baustein *m* / exponential-function block || ⩔**darstellung** *f* / exponential representation || ⩔**funktion** *f* / exponential function || ⩔**verteilung** *f* DIN 55350,T.22 / exponential distribution
Export·anstoß *m* / export trigger || ⩔**-Datei** *f* (Datei in einem Datenaustauschformat (CSV, XML)) / export file || ⩔**-Directory** *n* / export directory || ⩔**eur** *m* / exporter *n* || ~**freundlich** *adj* / export-oriented *adj* || ⩔**funktion** *f* / export function || ⩔**geschäft** *n* / export business
exportieren *v* / export *v*
Export·kennzeichen *n* / export identification code, export ID (export identification), export designation (export ID) || ⩔**kennzeichnung** *f* / export designation || ⩔**konfiguration** *f* / export configuration || ⩔**kontrolle und Zoll** / Export Control and Customs (ECC) || ⩔**umbaubeauftragter** *m* / personnel responsible for export changes || ⩔**variante** *f* / export version || ⩔**version** *f* / export version || ⩔**-Verzeichnis** *n* / export directory || ⩔**vorschriften** *f* / export regulations
Expositionsdauer *f* (Lasergerät) VDE 0837 / exposure time IEC 825
Expressdienst *m* / express service
Ex-Schutz *m* (Schutz gegen mögliche Auslösung einer Explosion in explosiver Atmosphäre) / explosion protection
Exsikkator *m* / desiccator *n*
EXTCALL-Aufruf *m* / EXTCALL call
Extended Message Format *n* / Extended Message Format
Extender *m* (Füllstoff) / extender *n* || ⩔ *m* (zur Leitungsverlängerung in einem Aktuator-Sensor-Interface) / extender *n*

extern *adj* / off-car *adj*, external *adj*, remote *adj* || ~ **bedingte Nichtverfügbarkeitszeit** (Zeitintervall, während dessen eine Einheit im nicht verfügbaren Zustand wegen externer Ursachen ist) / external disabled time (time interval) || ~ **bedingte Unbrauchbarkeitsdauer** IEC 50(191) / external disabled time, external loss time || ~ **bedingtes Nichtverfügbarkeitszeitintervall** / external loss time || ~ **bezogen** *adj* / sourced-out || ~ **versorgt** *adj* / with external supply *adj*
External Device Monitoring (EDM) *n* / External Device Monitoring (EDM) || ⩔**EncoderType** *m* / externalEncoderType *n*
extern·e Codeliste (Liste von Codewerten, die nicht im UN/EDIFACT-Verzeichnis der Codelisten enthalten ist und von einer anerkannten Pflegeorganisation verwaltet und veröffentlicht wird) / external code list || ~e **Ebene** / external level || ~e **Einspeisung 380 V für Hilfsbetriebe** / external 380 V supply for auxiliaries || ~e **Hilfsinformation** / external auxiliary information || ~e **Integrierbarkeit** / external integration capability || ~e **Klemmenerweiterung** / external terminal extension || ~e **Lohnart** / external wage type || ~e **Luftkühlung** / external air cooling || ~e **Nachricht** DIN IEC 625 / remote message IEC 625 || ~e **Netzreduktion** / external network reduction || ~e **Nullmarke** / external zero mark || ~e **QM-Darlegungskosten** / external assurance quality costs || ~e **Quanteneffizienz** / external quantum efficiency (EQE) || ~e **Speicherschnittstelle** / External Memory Interface (EMIF) || ~e **STOPs** / external STOPs || ~e **Stromversorgung** / external power supply || ~e **Summierung** / remote totalization || ~e **Synchronisierung** / external synchronization || ~e **Systembeeinflussung** / inter-system interference || ~e **Topicversion** / external topic revision || ~e **Triggerung** / external triggering || ~e **Variable** (Prozesswert, der seinen Wert über eine Kopplung/ Kommunikationsverbindung bezieht) / PowerTag || ~e **Vergleichstelle** / external reference point, external reference junction || ~**en Server verwenden** / use external server || ~**er Bremswiderstand** / external brake resistor || ~**er Datenträger** / external storage medium || ~**er Eingang** / external input || ~**er Fehler (EXTF)** / external fault || ~**er Geber** / external encoder || ~**er Leitwert** / external master value || ~**er Messpfad** / external measuring circuit || ~**er Netzfehlzustand** / external fault IEC 50(448) || ~**er Programmierplatz** / external programming station || ~**er Prommer** (EPROM Programmiergerät) / external prommer (EPROM programming device) || ~**er Quantenwirkungsgrad** / EQE (external quantum efficiency) || ~**er Rüstplatz** / external set-up station || ~**er Sollwert** / external setpoint || ~**er Verbund** / intracompany business with other unit || ~**er Widerstand** / external resistor || ~**es Bremsmodul** / external braking module || ~**es Einspeiseschütz** / external incoming-feeder contactor || ~**es Gerät** / external device || ~**es Geräusch** (Geräusch am Ausgang eines gegebenen Geräts oder Systems, das außerhalb dieses Geräts oder Systems entstanden ist) / external noise || ~**es Modem-Set** / external modem kit || ~**es Qualitätsaudit** / external quality audit ||

~es Schema / external schema || ~es Signal / external signal || ~es Testsignal / external test signal || ~es Topic / external topic
Externspeicher *m* / external storage, peripheral memory, secondary memory, external memory || ⁓**anschaltung** *f* (SPS-Baugruppe) / peripheral memory interface module
EXTF (externer Fehler) *m* / external error *n*
Extinktion *f* (Infrarotstahlung) / absorbance *n*
Extinktionsmodul *m* / linear absorption coefficient
extra kurzer Spiralbohrer mit Zylinderschaft / stub series parallel shank twist drill
Extrafeingewinde *n* / extra-fine thread
extrahieren *v* / extract *v*
Extrapolationsbaustein *m* / extrapolation block
extrapoliert *adj* / extrapolated *adj* || ~**e Ausfallrate** / extrapolated failure rate || ~**e Erfolgswahrscheinlichkeit** (Statistik) / extrapolated reliability
Extras *f pl* / options
Extrasatz *m* / extra block
extraterrestrische Sonnenstrahlung / extraterrestrial solar radiation || **~ Strahlung** / extraterrestrial radiation
Extrem·ausfall *m* / extreme failure || ⁓**bereich** *m* (einer Einflussgröße) VDE 0435, T.110 / extreme range
extreme Umweltbedingungen im ungeschützen Motorraum / harsh underhood environment
Extremwert *m* (kleinster Einzelistwert oder größter Einzelistwert) / extreme value, extremum *n* || ⁓**auswahl** *f* / high-low value selection, maximum/minimum value selection, extreme-value selection || ⁓**auswahl** *f* / high-low selection, maximum/minimum selection || ⁓**auswahlbaustein** *m* / high-low signal selector block, minimum/maximum selection block || ⁓**auswähler** *m* / extremal-value selector, minimum/maximum selector, high/low selector || ⁓**regelung** *f* / high-low-responsive control, extremal control, peak-holding control || ⁓**regler** *m* / high-low-responsive controller, peak-holding controller || ⁓**speicher** *m* / minima/maxima memory || ⁓**verteilung** *f* DIN 55350,T.22 / extreme value distribution
Ex-Trennwand *f* / Ex partition
extrinsisch *adj* / extrinsic *adj*
Extruder *m* / extruder *n*, extrusion machine || ⁓**antrieb** *m* / extruder drive || ⁓**schnecke** *f* / extruder worm
extrudieren *v* / extrude *v* || ⁓ *n* / extrusion *n*
extrudierte gemeinsame Aderumhüllung VDE 0281 / extruded inner covering (HD 21) || **~ Isolierhülle** / extruded cable insulation || **~ Isolierung** (Kabel) / extruded insulation || **~s Dielektrikum** / extruded insulation, extruded polymeric insulation
Extrusion *f* / extrusion *n* || ⁓**slinie** *f* / extrusion line || ⁓**smaschine** *f* / extrusion machine || ⁓**swerkzeug** *n* / extrusion tool
Ex-Variante *f* / Ex variant
EXW (ab Werk) / ex works
Exzenter *m* / eccentric *n* || ⁓ *m* / eccentric movement || ⁓**antrieb** *m* / eccentric drive || ⁓**hebel** *m* / control lever || ⁓**hubtisch** *m* / eccentric elevating platform || ⁓**presse** *f* / eccentric press || ⁓**ringbefestigung** *f* (Y-Lg.) / eccentric locking collar || ⁓**scheibe** *f* / eccentric disk || ⁓**schleifer**

m / eccentric grinder || ⁓**schneckenpumpe** *f* / eccentric screw pump || ⁓**stanze** *f* / eccentric stamping press || ⁓**steuerung** *f* / eccentric gear control || ⁓**welle** *f* / eccentric shaft
Exzentrizität *f* (Maß für die Abweichung einer Exzenterbewegung um den Drehpunkt) / eccentricity *n*
Exzess *m* DIN 55350,T.21 / excess *n*
Ex-Zone 0 / category zone 0
Ex-Zulassungen *f pl* / approval certificates
E-Zähler *m* / E counter, E meter
EZS (Eingabezwischenspeicher) / input buffer, MIB (machine input buffer)

F

F / F (letter symbol for forced coolant circulation)
FA (factory automation (FA) || ⁓ (Fertigungsauftrag) / PO (production order) || ⁓ (Folgeachse) / slave axis, FA (following axis)
FAB (Fabrikations- und Konstruktionsrichtlinien) / manufacturing and design guidelines
F-Abhängigkeit *f* / F dependency, free-state dependency
F-Ablaufgruppe *f* / F-run-time group
Fabrikat *n* / make *n* || ⁓ **Nr.** / part number || ⁓**bezeichnung** *f* / product designation, type designation
Fabrikate--Datenbank *f* (FDB) / factory database (FDB), product database || ⁓**gruppe** *f* (FaGr) / factory group, product group || ⁓**-Richtlinien für Verpackung (SFR V)** *f* / product packaging guidelines || ⁓**technik** *f* / product engineering
Fabrikations·nummer *f* / serial number || ⁓**richtlinie** *f* / fabrication guideline || ⁓**richtlinien** *f* / manufacturing guidelines || ⁓**risiko** *n* / production risk || ⁓**- und Konstruktionsrichtlinien** (FAB) / manufacturing and design guidelines
Fabrik·automatisierung *f* (FA) / factory automation (FA) || ⁓**ebene** *f* / factory level
fabrikfertig *adj* / factory-built *adj*, factory-assembled *adj* || **~e Schaltanlagen** VDE 0670,T.6 / factory-assembled switchgear and controlgear IEC 298 || **~e Schaltgerätekombination** (FSK) / factory-built assembly (FBA) || **~e Schaltgerätekombination für Baustellengebrauch** / factory-built assembly for use on worksites (FBAC) || **~er Baustromverteiler** (FBV) / factory-built worksite distribution board || **~er Installationsverteiler** (FIV) / factory-built distribution board, factory-built consumer unit, factory-assembled panelboard || **~er Motorenschaltschrank** / motor control centre (MCC)
Fabrik·garantie *f* / maker's warranty || ⁓**informationssystem** (FIS) *n* / Factory Information System (FIS) || ⁓**leitsystem** *n* / factory control system || ⁓**leuchte** *f* / factory luminaire (o. fitting) || ⁓**netz** *n* / factory network || ⁓**-Nr.** *f* / works serial number, works serial no., serial no. || ⁓**nummer** *f* / works serial number, serial number, works serial no., serial no. || ⁓**preis**

FABs 282

m / factory price || ⸺**prüfung** *f* / factory test, works test || ⸺**schild** *n* / nameplate *n* || ⸺**selbstkosten** *f* / total costs for || ⸺**tor** *m* / factory gate
FABs / features, advantages, benefits (FABs)
Facettenspiegel *m* / facet reflector (o. mirror)
Fach *n* / mailbox *n*, memory area, division *n* || ⸺ *n* VDE 0660, T.500 u. DIN 43350 / compartment *n* (E IEV 443), sub-section *n* IEC 439-1 || **1-~** *adj* / single, 1-fold || **2-~** *adj* / double *adj*, 2-fold *adj* || **3-~** *adj* / triple *adj* || **4-~** *adj* / 4-fold, quadruple *adj* || **5-~** *adj* / quintuple *adj* || **Batterie~** *n* / battery compartment || ⸺**abschluss** *m* / compartment endcompartment door || ⸺**abteilung** *f* / product specialists department || ⸺**abteilung Sekundärtechnik** / Substation Secondary Equipment Department || ⸺**abtrennung** *f* / compartment partition || ⸺**anzeige** *f* / technical advertisement || ⸺**arbeiter** *m* / skilled worker, skilled operator || **~arbeitergerecht** *adj* / shopfloor-oriented *adj* || ⸺**aufsicht** *f* / specialist supervisor, supervising engineer || ⸺**ausbau** *m* / compartment expansion || ⸺**ausdruck** *m* / technical term || ⸺**begriff** *m* / technical term || ⸺**beratung** *f* / specialist support || **~bezogen** *adj* / trade-related *adj* || **~bezogenes Weisungsrecht** / right to issue instructions in one's field of responsibility || ⸺**bildung** *f* / specialist training, subject training || ⸺**bodenlager** *m* / bay storage || ⸺**bodenregal** *n* / fixed-rack system || ⸺**buch** *n* (FB) / technical book || ⸺**datenbank** *f* / data bank
Fächer·kette *f* / pocket-type conveyor || ⸺**scheibe** *f* / fan-type lock washer, serrated lock washer
Fächerung *f* / fan-out *n*, drive *n* || ⸺ *f* / fan-in *n*
Fach·funktion *f* / key function || **~gerecht** *adj* / correct *adj* || ⸺**grundnorm** *f* DIN 41640 / basic specification IEC 512-1, generic standard || ⸺**handel** *m* / Specialist dealer || ⸺**hochschule** *f* / University of Applied Sciences || ⸺**können** *n* / proficiency *n*, workmanship *n* || ⸺**kraft** *f* / skilled person, expert *n* || ⸺**kraft-Level** *n* / expert mode || ⸺**kunde** *f* / text book || ⸺**leitstelle** *f* / specialist service department || ⸺**leute** *plt* / experts *n pl*, authorized personnel || **~liche Ausbildung** / vocational training || **~liche Qualifikation** / specialist qualification || ⸺**literatur** *f* / technical literature || ⸺**mann** *m* / expert *n* || ⸺**norm** *f* / specialist standard || ⸺**oberschule** *f* / Junior Technical College
Fach·personal *n* / qualified staff, qualified personnel, skilled personnel || **~praktisch** *adj* / practical *adj* || ⸺**referent** *m* / technical referee || ⸺**richtung** *f* / subject *n*, trade field || **~spezifisches Gebiet** / area related to departmental activities || ⸺**tür** *f* / compartment door || ⸺**unterstützung** *f* / technical support || ⸺**verantwortung** *f* / specialist responsibility || ⸺**verband Elektronik-Design** / FED || ⸺**werk** *n* (Gittermast) / bracing *n*, panel *n* || **doppeltes** ⸺**werk mit Stützstäben** (Gittermast) / double-warren redundant support, double-lacing redundant support || ⸺**werkknoten** *m* (Gittermast) / IEC 50(466) / node *n*, panel point || ⸺**zeitschrift** *f* / technical journal
FACTS / flexible AC transmission systems (FACTS) *n*
Fädel·liste *f* / chained list || ⸺**schalter** *m* (DIP-Schalter) / DIP-FIX switch *n* || ⸺**speicher** *m* / braided ROM, woven ROM || ⸺**ung** *f*

(Wickelanschluss) / wire-up *n*, manual wrapping || ⸺**wandler** *m* / pin-wound transformer, threaded-primary transformer || ⸺**wicklung** *f* / threaded-in winding, pin winding, tunnel winding
Faden·aufnahmevermögen *n* (Staubsauger) / thread removal ability || ⸺**einschaltstrom** *m* (Lampe) / filament starting current || ⸺**führer** *m* / pigtail thread guide || ⸺**kreuz** *n* / crosshair(s) *n (pl)*, reticle *n*, cross-hair *n* || ⸺**kreuz-Cursor** *m* / cross-hair pointer *n* (cursor for moving graphical objects), crosshair cursor || ⸺**kreuzlupe** *f* / puck *n* || ⸺**lunker** *m* / pinhole *n* || ⸺**lunkerbildung** *f* / pinholing *n* || ⸺**maß** *n* / thread measure || ⸺**öler** *m* / thread oiler || ⸺**thermometer** *n* / filament thermometer || ⸺**transistor** *m* / filament transistor
FAE *m* / Field Application Engineer (FAE)
FaGr (Fabrikatgruppe) / product group, factory group
Fähigkeit zum Zusammenarbeiten *f* / interoperability
Fähigkeits·analyse *f* / feasibility analysis || ⸺**daten** *plt* (DIN ISO 8326) / capability data || ⸺**prüfung** *f* (EN 29646-1) / capability test || ⸺**tabelle** *f* (EN 29646-1) / capability table
Fahne *f* (Anschlussstück) / lug *n*
Fahnen·schaltung *f* / flag cycle IEC 214 || ⸺**schild** *n* / marking tag || ⸺**schuh** *m* (Bürste) / flag terminal || ⸺**verbinder** *m* / commutator riser
Fahr·achse *f* / axle *n*, wheel axle || ⸺**anforderung** *f* / travel request || ⸺**anlage** *f* (Schiff) / propulsion system || ⸺**antrieb** *m* / travel drive, traction drive || ⸺**auftrag** *m* / traversing task
Fahrbahn *f* / carriageway *n*, roadway *n*, road surface || ⸺**aufweiterungsbereich** *m* / flare *n* || ⸺**belag** *m* / road surface || ⸺**einengung** *f* / narrowing of carriageway || ⸺**leuchtdichte** *f* / road-surface luminance || **mittlere** ⸺**leuchtdichte** / average maintained road-surface luminance || ⸺**markierung** *f* / pavement marking || ⸺**reduzierung** *f* / narrowing of roadway || ⸺**verbreiterung** *f* / roadway widening, carriageway widening || ⸺**verengung** *f* / constriction of carriageway, constriction of roadway || ⸺**verschmälerung** *f* / narrowing of roadway
fahrbar *adj* / mobile *adj*, transportable *adj* || **~e Unterstation** / mobile substation || **~er Koffer** / transport case with castors || **~er Transformator** / mobile transformer || ⸺**keit** *f* / driving response
Fahr·befehl *m* / travel command, motion command, run command || ⸺**belag** *m* / travel surface || ⸺**bequemlichkeit** *f* / riding comfort || ⸺**berechtigung** *f* / driver authorization || **~bereit** *adj* / ready for traverse, ready to traverse (o. to travel) || ⸺**betrieb** *m* (Kran) / travel operation, travelling *n* || ⸺**bremse** *f* / service brake || ⸺**Bremsschalter** *m* / power/brake changeover switch || ⸺**diagramm** *n* / driving diagram, travel chart || ⸺**draht** *m* / contact wire, trolley wire, overhead line, overhead contact line || **~drahtabhängige Bremsung** / braking dependent on line supply || **~drahtunabhängige Bremsung** / braking independent of line supply || ⸺**dynamik** *f* / vehicle dynamics || **~dynamischer Grenzbereich** *m* / critical driving limits || ⸺**ebene** *f* / riding surface || ⸺**eigenschaft** *f* / riding quality
Fahren *n* (Kran) / travelling motion, travelling *n*, traversing *n* || **~ v** / drive *v*, traverse *v*, draw *v*,

travel v ‖ ~ **auf Festanschlag** / travel to fixed stop ‖ ~ **gegen Festanschlag** / travel to fixed stop ‖ ~ **von Achsen im interpolarischen Zusammenhang** / moving axes with interpolation ‖ **eine Maschine ~** / run a machine, operate a machine ‖ **einen Versuch ~** / conduct a test, carry out a test ‖ **Frequenz ~** / hold frequency ‖ **konventionelles** ~ / jog mode ‖ **konventionelles** ~ / manually controlled traversing, traversing in jog mode ‖ **Satz ~** / block mode
fahrende Achse / traversing axis
Fahrer m / front n ‖ ~**belastung** f / driver workload ‖ ~**haus** n / driver's cab ‖ ~**-Informationssystem IDIS** n / IDIS integrated driver information system ‖ ~**-Leitsystem** n / navigation and travel control system, guidance system ‖ ~**-Informationssystem** n / driver information system ‖ **~loses Transportsystem (FTS)** / driverless transport system ‖ ~**-Luftsack** m / driver airbag ‖ ~**pult** n / driver's console ‖ ~**raum-Bedienteile** n / cab equipment ‖ ~**tisch** m / driver's console ‖ ~**vorgabe** f / driver signals
Fahr·fläche f / riding surface ‖ ~**freigabe** f / travel enabling, travel enable ‖ ~**gasse** f / aisle n ‖ ~**gastraum** m / passenger compartment ‖ ~**gastzelle** f / interior n ‖ ~**geber** m / accelerator pedal transmitter, accelerator pedal ‖ ~**geschäft** n / amusement ride
Fahrgeschwindigkeit f (Kran) / travelling speed, travel speed ‖ ~ f / driving speed, road speed ‖ ~**sregelung** f / cruise control, vehicle speed control, road speed governing
Fahr·gestell n / chassis n ‖ ~**gestell** n (Schaltwagen) / truck n ‖ ~**grenze** f / motion limit ‖ ~**größenrechner** m / running variable computer ‖ ~**hebelsollwert** m / throttle setpoint ‖ ~**hebelstellgerät** n / throttle lever actuator ‖ ~**hebelstellung** f / throttle position ‖ ~**informationssystem** n / driver information system, navigation system, guidance system ‖ ~**inkrement** n / travel increment ‖ ~**kilometer** m pl / kilometres travelled ‖ ~**komfort** m / ride quality, ride comfort, driver comfort ‖ ~**korb** m / car n, cabin n ‖ ~**kultur** f / ride quality, ride comfort ‖ ~**kurve** f / traversing curve ‖ ~**leistung** f / kilometric performance ‖ ~**leitung** f / contact line, overhead traction (o. trolley) wire, aerial contact-line ‖ **Speisefreileitung für** ~**leitungen VDE 0168, T.1** / overhead traction distribution line (IEC 71.4) ‖ ~**licht** n / headlight n ‖ ~**mischer im Agitatorbetrieb** m / agitating vehicle ‖ ~**motor** m (Bahn) / traction motor ‖ ~**motor** m (Kran) / travelling motor ‖ ~**motoren-Gruppenschaltung** f (Bahn) / motor combination ‖ ~**motoren-Trennschalter** m / traction motor disconnector (o. isolating switch) ‖ ~**pedal** n / accelerator pedal, accelerator ‖ ~**pedalgeber** m / accelerator pedal sensor ‖ ~**planerstellung** f / scheduling n ‖ ~**platte** f (Schaltwagen) / track plate ‖ ~**portalbauweise** f / mobile gantry design ‖ ~**profil** n / traversing profile, driving curve, driving profile, journey profile ‖ ~**programm** n / shift program, operating program ‖ ~**programm** n / driving program ‖ ~**pult** n / driver's desk
Fahr·radlampe f / bicycle lamp ‖ ~**radlichtmaschine** f / bicycle dynamo ‖ ~**radscheinwerferlampe** f / bicycle headlight lamp ‖ ~**richtung** f (Kran) / direction of travel, direction of motion, travel direction, heading n ‖ ~**rohr** n (Rohrpost) / conveyor tube (o. tubing) ‖ ~**rolle** f / castor n, wheel n
Fahr·satz m / travel block ‖ ~**schacht** m (Aufzug) / lift well, lift shaft, hoistway n ‖ ~**schalter** m / controller n, operating switch ‖ ~**schalteranlage** f / controller station ‖ ~**schaltereingang** m / operating switch input ‖ ~**schalterstellung** f / controller notch (o. position) ‖ ~**scheinwerfer** m / headlight n ‖ ~**schiene** f / rail n ‖ ~**schlitten** m / traversing slide, traversing saddle ‖ ~**schreiber** m / trip recorder, tachograph n ‖ ~**sicherheit** f / driving safety, drive safety, road vehicle safety, safe driving ‖ ~**simulation** f / road load simulation ‖ ~**situation** f / road situation, driving situation, driving conditions ‖ ~**sperre** f (Schalterwagen) / truck lock ‖ ~**spur** f / lane n
Fahr·stabilität f / directional stability, driving stability, directional control ‖ ~**ständer** / traversing column ‖ ~**ständerfräsmaschine** f / moving column milling machine ‖ ~**steig** m / autowalk n ‖ ~**stellung** f (Steuerschalter) / running notch ‖ ~**stellung in Parallelschaltung** / full parallel notch ‖ ~**stellung in Reihenschaltung** / full series notch ‖ ~**-Steuerschalter** m / master controller ‖ ~**streifen** m / track n ‖ ~**streifenmarkierung** f / lane marking ‖ ~**stromgenerator** m / traction generator ‖ ~**stromkreis** m (Bahn) / traction circuit, power circuit ‖ ~**stromregler** m / traction current controller, traction current control unit (TCCU) ‖ ~**stufe** f / gear step, transmission step ‖ ~**stufe** f (Fahrschalter) / (running) notch
Fahrstuhl m / lift n, elevator n ‖ ~ **mit automatischer Druckknopfsteuerung** / automatic pushbutton lift, automatic pushbutton elevator (US) ‖ ~ **mit Selbststeuerung** / automatic self-service lift (o. elevator) ‖ ~**antriebsmaschine** f / lift machine (GB), elevator machine (US) ‖ ~**klemme** f / anti-slip terminal ‖ ~**motor** m / lift motor (o. machine), elevator motor ‖ ~**rahmenklemme** f / anti-slip terminal
Fahrtaste f / travel key
Fahrten·schreiber m / trip recorder, tachograph n, action log
Fahrt·rechner m / trip computer ‖ ~**regler** m (Fördermasch.) / winder controller
Fahrtreppe f / escalator n, electric stairway
Fahrtrichtung f / direction of travel, driving direction, direction of motion ‖ ~**sanzeiger** m / direction indicator, turn-signal light (US) ‖ ~**sblinker** m / direction indicator flasher, flashing indicator ‖ ~**sschalter** m / reverser n
Fahrtschreiber m / trip recorder
Fahrtüchtigkeit f / road worthiness
Fahrtwende- und Motortrennschalter m / reverser-disconnector n, disconnecting switch reverser
Fahr·- und Hubwerk / travelling and hoisting gear ‖ ~ **und Sicherheitsbremse** / service and safety brake ‖ ~ **und Verriegelungseinrichtung** / handling and interlocking facility
Fahr·verhalten n / handling n ‖ ~**verriegelung** f (Schalterwagen) / truck interlock ‖ ~**wagenanlage** f / truck-type switchgear, truck-type switchboard ‖ ~**wasserfeuer** n / channel light ‖ ~**weise** f / control strategy (basic function of a control

Fahrwerk

system unit operation, e.g. fill, drain, transfer, clean etc.) || ⸺weise von Hand / manual operating
Fahrwerk *n* / traversing gear, moving device, running gear || ⸺ *n* / chassis *n*, chassis frame || ⸺**dämpfung** *f* / suspension control, suspension ride control || ⸺**dämpfungsregelung** *f* / ride control, electronically controlled suspension (ECS), variable-ride device || ⸺**regelsystem** *n* / chassis electronics system || ⸺**sregelung** *f* / electronically controlled suspension, suspension control
Fahrwiderstand, spezifischer ⸺ (Bahn) / specific train resistance || ⸺**ssimulation** *f* / simulated road running
Fahrzeit *f* / journey time, travel time
Fahrzeug·aufbauten *plt* / vehicle attachments || **elektrische** ⸺**ausrüstung** (Bahn) / electrical traction equipment || ⸺**ausstattung** *f* / vehicle configuration || ⸺**bau** *m* / vehicle construction, car construction, automobile construction || ⸺**beleuchtung** *f* / vehicle lighting, motorcar lighting, automobile lighting || ⸺**beleuchtungeigengewicht** *n* / tare mass (of vehicle) || ⸺**beleuchtunginformationssystem** *n* / vehicle information system || ⸺**beleuchtungprüfstand** *m* / chassis dynamometer || ⸺**beleuchtungscheinwerfer** *m* / headlight *n*, headlamp *n* || ⸺**beleuchtungsteuerungseinrichtung** *f* (Bahn) / automatic traction control equipment || ⸺**beleuchtungstechnik** *f* / vehicular technology || ⸺**beleuchtungtransformator** *m* (Bahn) / traction transformer (mounted on rolling stock) || ⸺**beleuchtungzustandsinformationssystem** *n* / vehicle information system, vehicle condition monitoring (VCM) || ⸺**elektrik** *f* / vehicle elctrical system || ⸺**führung** *f* / vehicle control || ⸺**justierungs- und fesselungseinrichtung** / vehicle positioning and restraint system || ⸺**kran** *m* / vehicle crane || ⸺**leitungen** *f* / vehicle wiring || ⸺**masse** *f* / vehicle mass || ⸺**prüfstand** *m* / vehicle test bench || ⸺**prüftechnik** *f* / vehicle testing, vehicle testing technology || ⸺**steuerung** *f* / on-board vehicle control || ⸺**teil** *n* / vehicle component || ⸺**teilsystem** *n* / vehicle subsystem || ⸺**überschlag** *m* / rollover *n* || ⸺**- und Straßensimulation** / simulated road running || ⸺**waage** *f* / vehicle scale || ⸺**widerstand** *m* / tractive resistance, vehicle resistance
Fahr·zustand *m* / driving situation || ⸺**zyklus** *m* / traversing cycle
Failsafe Betrieb *m* / fail-safe operation || ⸺**-Kit** *n* / failsafe kit || ⸺**-Motorstarter** *m* / failsafe motor starter
Fail-safe-Transformator *m* EN 60742 / fail-safe transformer
Faksimile *n* / facsimile *n* (FAX)
Fakt *m* / fact *n*
Faktor *m* / factor *n* || ⸺ **C** (Maximumwert) / reading factor C || ⸺ **der aktiven Masse** IEC 50(221) / active mass factor || ⸺ **der effektiven Masse** IEC 50 (221) / effective mass factor || ⸺ **der Strahlungsleistung** (fotoelektr. NS) EN 60947-5-2 / excess gain || ⸺ K_v / servo gain factor (Kv), multgain factor
Faktorenaddition *f* / factor totalizing
faktorieller Versuch / factorial experiment
Fakturierung *f* / invoicing *n*

fakultativ *adj* / optional *adj*
F-ALG / F-run-time group *n*
Fall *m* / case || **~basiertes Lernen** / case-based learning || ⸺**beispiel** *n* / case study || ⸺**beschleunigung** *f* / acceleration of free fall, acceleration due to gravity, free-fall acceleration || **Normal-**⸺**beschleunigung** *f* / gravity constant || ⸺**bügelrelais** *n* / chopper-bar relay, loop drop relay
fallende Kennlinie / falling characteristic
Fallenstellen *n* (absichtliches Einbauen von scheinbaren Schlupflöchern in ein Rechensystem mit dem Ziel, Penetrationsversuche zu entdecken oder einen Eindringling über die ausnutzbaren Schlupflöcher zu verwirren) / entrapment *n*
Fall·gewichtsbremse *f* / gravity brake || ⸺**gewichtsprüfung** *f* / falling weight test || ⸺**höhe** *f* / head *n* || ⸺**höhe** *f* / height of fall
Fall·klappe *f* / drop indicator || ⸺**klappenrelais** *n* / drop indicator relay, annunciator relay || ⸺**magazin** *n* / gravity-feed magazine || ⸺**name** *m* / instance name (an identifier associated with a specific instance) || ⸺**position** *f* / vertical position down || ⸺**prüfung** *f* / drop test (EN50014), bump test, falling-weight test || ⸺**prüfung** *f* (Kabel) VDE 0281 / snatch test HD 21
Fall·register *n* / first-in/first-out memory (FIFO memory), buffer register, *m* first-in/first-out register, *n* FIFO register, *m* FIFO, stack *n*, *n* first-in/first-out || ⸺**register mit variabler Tiefe** / variable-depth FIFO register || ⸺**schacht** *m* / tape tumble box || **Lochstreifen-**⸺**schacht** *m* / tape tumble box || ⸺**schutz** *m* (Gehäuseteil, das beim Mobile Panel verhindert, dass beim Herunterfallen der STOP-Taster ausgelöst wird) / fall protection || ⸺**-Seilzugkraft** *f* (eines Hauptleiters beim Herabfallen) VDE 0103 / drop force IEC 865-1 || ⸺**strecke** *f* / chute *n* || ⸺**studie** *f* / case study || ⸺**trommel** *f* / tumbling barrel || ⸺**versuch** *m* / drop test
falsch gerüstet *adj* / incorrectly set || **~ senden** / send false
Falsch-Akzeptanz *f* / false acceptance
falsch·e Ausrichtung / misalignment *n* || **~e Bearbeitungsrichtung** / incorrect machining direction || **~e Lagerentnahme** / mispick *n* || **~e Reihenfolge im Bearbeitungsblock** / incorrect sequence in machining block || **~e Triggerung** / false trigger || **~er Werkzeugtyp** / incorrect tool type || **~er Wert** DIN IEC 625 / false value || **~es Handling** *n* / misuse *n*
Falsch·lieferung *f* / incorrect delivery, incorrect supply || ⸺**luft** *f* / recirculated air, vacuum breaking air, leakage air || ⸺**meldung** *f* / erroneous information, erroneous monitored binary information || ⸺**strom** *m* / error current, current due to transformer error || ⸺**wahlwahrscheinlichkeit** *f* (Wahrscheinlichkeit, dass der Benutzer eines Telekommunikationsnetzes während seiner Anrufversuche falsch wählt) IEC 50(191) / dialling mistake probability || ⸺**zündung** *f* / false firing || ⸺**Zurückweisung** *f* / false rejection
Falt·band *n* / folded tape || ⸺**bandplatte** *f* / folded-strip electrode || ⸺**blatt** *n* / leaflet *n*
falten *v* / fold *v*
Falten·balg *m* / bellows *plt* || ⸺**balganzeiger** *m* / bellows-type indicator || ⸺**balgdurchführung** *f* / bellows seal || ⸺**balgmanometer** *n* / bellows

pressure gauge, bellows gauge ǁ ⸗**balgmesswerk** *n* / bellows (type element) ǁ ⸗**band-Registrierpapier** *n* / folded-pack chart paper ǁ ⸗**bildung** *f* / wrinkling *n*, rippling *n*, curling *n* ǁ ⸗**filter** *n* / plaited filter, prefolded filter

Falt·kasten *m* / folding box ǁ ⸗**papier** *n* (Schreiber) / fan-fold paper ǁ ⸗**schachtel** *f* / box *n*, folding box, cardboard box, folding carton, folding paper box

Faltungs·algorithmus *m* / convolution algorithm ǁ ⸗**frequenz** *f* / alias frequency ǁ ⸗**integral** *n* / convolution integral ǁ ⸗**satz** *m* / convolution theorem

Falt·versuch *m* / bend test ǁ ⸗**versuch** *m* (mit Wurzel auf der Zugseite) / root bend test ǁ ⸗**versuch** *m* (in umgekehrter Richtung wie beim Normalfaltversuch) / reverse bend test ǁ ⸗**wellenkessel** *m* / corrugated tank, elastic corrugated tank

Falz *m* / flange *n*, bead *n*, fold *n* ǁ ⸗**anschlag** *m* / rabbet *n* ǁ ⸗**antrieb** *m* / folder drive ǁ ⸗**apparat** *m* / PO *n* ǁ ⸗**arbeiten** *n* / rabbeting ǁ ⸗**aufbau** *m* / folder super-structure ǁ **obere** ⸗**bekleidung** / top rebate trim ǁ ⸗**bereich** *m* / folding area

falzen *v* (stanzen) / seam *v* ǁ ~ *v* (umlegen) / fold *v*, bead *v*, seam *v* ǁ ⸗ *n* / seaming *n*, rebating *n*

Falz·festigkeit *f* / folding endurance, resistance to folding ǁ ⸗**gestell** *n* / creaser frame ǁ ⸗**kappmesser** *n* / fold cutter ǁ ⸗**klappe** *f* / folding jaw ǁ ⸗**klappenverstellung** *f* / folding jaw adjustment ǁ ⸗**kupplung** *f* / folder clutch ǁ ⸗**maschine** *f* / folding machine ǁ ⸗**messer** *m* / folder knife ǁ ⸗**messerkurve** *f* / folder-knife kurve ǁ ⸗**positionierung** *f* / folder positioning ǁ ⸗**regulierung** *f* / folder regulation ǁ ⸗**schachtel-Klebemaschine** *f* / folded-box pasting machine ǁ ⸗**überbau** *m* / fold superstructure ǁ ⸗**verstellung** *f* / fold adjustment ǁ ⸗**versuch** *m* / folding endurance test ǁ ⸗**wert** *m* / fold value ǁ ⸗**zahlprüfgerät** *n* / folding tester

Familie *f* DIN 41640 / family *n* ǁ ⸗**nname** *m* / surname *n* ǁ ⸗**nrüstung** *f* / family set-up

FAMOS-Speicher *m* / FAMOS memory (floating-gate avalanche-injection metal-oxide semiconductor memory)

FAN / Field Area Network (FAN)

Fan in (normierter Wert des Eingangsstromes, der zunächst beliebig definiert wird) / fan in ǁ ⸗ **out** (gibt an, wieviele Eingänge von einem Ausgang angesteuert werden können) / fan out ǁ ⸗**-Coil Unit** *f* / fan-coil unit

Fang·anordnung / air terminations, air terminal(s) ǁ ⸗**arm** *m* / detent lever ǁ ⸗**bereich** *m* / capture range ǁ ⸗**blech** *n* / sheet metal catcher ǁ ⸗**bolzen** *m* / stop bolt ǁ ⸗**düse** *f* / two opposed nozzles ǁ ⸗**einrichtung** *f* (Blitzschutz) / air terminations, air terminal(s)

Fangen *n* / flying restart

fangen *v* / restart on the fly

Fang·entladung *f* (Blitz) / upward leader ǁ ⸗**graben** *m* / intercepting drain, intercepting ditch ǁ ⸗**haken** *m* / arresting hook, catch hook ǁ ⸗**leiter** *m* (Blitzschutz) / lightning conductor, roof conductor, ridge conductor, horizontal conductor ǁ ⸗**leitungs-Maschennetz** *n* (Blitzschutz) / air termination network ǁ ⸗**loch** *n* (Leiterplatte, Montageteile) / indexing hole ǁ ⸗**modus** *m* / snap mode ǁ ⸗**radius** *m* / capture radius, snap distance ǁ ⸗**raster** *m* / snap setting ǁ ⸗**schaltung** *f* (schaltet den Umrichter auf einen drehenden Motor zu) / trap *n* ǁ ⸗**schaltung** *f* (zur Zuschaltung eines Stromrichters auf eine laufende Maschine) / flying restart circuit ǁ ⸗**schaltung** *f* (schaltet den Umrichter auf einen drehenden Motor zu) / restart on the fly ǁ ⸗**schuh** *m* / shoe catcher ǁ ⸗**schuh** *m* / intercept memory ǁ ⸗**stange** *f* (Blitzschutz) / lightning rod, lightning spike, air-termination rod ǁ ⸗**stelle** *f* (eine eine Sprung auslösende Adresse festhaltend) / trap *n* ǁ ⸗**stoff** *m* / getter *n* ǁ ⸗**strahl** *m* (Blitz) / upward leader

F-Application Blocks / F-Application Blocks

Faraday·-Drehung *f* / Faraday rotation ǁ ⸗**-Effekt** *m* / Faraday effect, Faraday rotation ǁ ⸗**-Konstante** *f* / Faraday constant ǁ ⸗**-Richtungsleitung** *f* / wave rotation isolator, rotation isolator ǁ ⸗**-Rotator** *m* / polarization rotator, wave rotator ǁ ⸗**sche Scheibe** / Faraday's disc ǁ ⸗**scher Käfig** / Faraday cage ǁ ⸗**sches Induktionsgesetz** / Faraday's law of induction ǁ ⸗**-Zirkulator** *m* / wave rotation circulator, rotation circulator

Farb·abgleich *m* / colour matching ǁ ⸗**abmusterung** *f* / colour matching ǁ ⸗**abstand** *m* / colour difference ǁ ⸗**akzent** *m* / striking color ǁ ⸗**analyse** *f* / color analysis ǁ ⸗**anpassung** *f* / colour adaptation ǁ ⸗**anstrich** *m* / paint finish, coat of paint, paint coating ǁ ⸗**anzeige** *f* / ink display ǁ ⸗**art** *f* / chromaticity *n* ǁ ⸗**art** *f* (Lampe) / colour appearance ǁ ⸗**atlas** *m* / colour atlas ǁ ⸗**aufbau** *m* (Anstrich) / paint structure ǁ ⸗**auflösung** *f* / color resolution ǁ ⸗**auswahl** *f* / color selection

Farb·band *n* / inking ribbon, ink ribbon ǁ ⸗**bandbehälter** *m* / ribbon container ǁ ⸗**bandkassette** *f* / ribbon cartridge ǁ ⸗**bandspule** *f* / ribbon reel ǁ ⸗**bandtransporteinrichtung** *f* / ribbon feed mechanism ǁ ⸗**bandtransporthebel** *m* / ribbon advancing lever ǁ ⸗**bedientafel** *f* / color operator panel ǁ ⸗**bereich** *m* / colour gamut ǁ ⸗**beständigkeit** *f* / colour fastness ǁ ⸗**bezeichnung** *f* / color name ǁ ⸗**bildgenerator** *m* / colour image (o. display generator) ǁ ⸗**bildröhre** *f* / colour picture tube ǁ ⸗**bildschirm** *m* / color screen, color monitor ǁ ⸗**bildschirmgerät** *n* / color monitor ǁ ⸗**codierer** *m* (graf. DV) / video look-up table (VLUT) ǁ ⸗**datensichtgerät** *n* / color CRT unit ǁ ⸗**dichtbacken** *n* / ink sealing joint ǁ **spektrale** ⸗**dichte** / colorimetric purity ǁ ⸗**dosierung** *f* / ink metering ǁ ⸗**dreieck** *n* / colour triangle, chromaticity diagram (o. chart) ǁ ⸗**duktor** *m* / ink ductor ǁ ⸗**duktorwalze** *f* / ink ductor roller

Farbe *f* / colour *n*, perceived colour ǁ ⸗ **eines Nichtselbstleuchters** / non-self-luminous colour, surface colour, non-luminous colour

Farb·eigenschaften *f pl* (Lampe) / colour characteristics, *f* color properties ǁ ⸗**eindringverfahren** *n* / dye penetration test ǁ ⸗**eindruck** *m* / colour perception ǁ ⸗**element** *n* / color element

Färbemaschine *f* / dyeing machine

Farbempfindung *f* / perceived colour, colour *n*

Farben einstellen / assign colors

Farben·entferner *m* / paint remover, paint stripper,

Farb

paint and varnish remover || ⸺**fehlsichtigkeit** *f* / anomalous colour vision || ⸺**gleichheit** *f* / equality of colours || ⸺**karte** *f* / colour atlas || ⸺**lehre** *f* / colour theory || ⸺**raum** *m* / colour space || ⸺**sehen** *n* / colour vision || ⸺**zusammenstellung** *f* / colour scheme
Farb·erkennung *f* / color recognition || ⸺**festlegungen** *f pl* / colour specifications || ⸺**filter** *n* / colour filter || ⸺**flächensensor** *m* / color area sensor || ⸺**folie** *f* / coloured foil sheet, color film, colored tape
farbfrei *adj* / free of paint
Farbfülle *f* / colourfulness *n*, chromaticness *n* || ⸺**gebung** *f* / coloration *n* || ⸺**gestaltung** *f* / color scheme || ⸺**gleichheit** *f* / colour balance, colorimetric equivalent || ⸺**gleichung** *f* / colour equation || ⸺**grafik** *f* / colour graphics, color graphics || ⸺**grafikdrucker** *m* / colour graphics printer || ⸺**grafikspeicher** *m* / color graphics memory || ⸺**helligkeitsverlauf** *m* / color brightness
farbig *adj* / in color || ~ **hinterlegt** / silhouetted in colour, silhouetted in color || ~ **markiert** / marked in color || ~**es Rauschen** (Rauschen mit kontinuierlichem Spektrum und frequenzabhängigem Leistungsdichtespektrum im betrachteten Frequenzband) / coloured noise
Farb·kennzeichen *n* / colour mark, color mark || ⸺**kennzeichnung** *f* / colour coding, colour marking || ⸺**kissenbehälter** *m* / ink-pad container || ⸺**klima** *n* / luminous environment || ⸺**kodierschild** *n* / color-coding plate || ⸺**kodierung** *f* / colour coding || ⸺**kontrast** *m* / color contrast || ⸺**konzentrat** *n* / color concentrate || ⸺**körper** *m* / colour solid || ⸺**-Korrekturfaktor** *m* / colour correction factor || **~korrigierender Leuchtstoff** / colour-improving phosphor || **~korrigierte Beleuchtung** / colour-corrected illumination || **~liche Kennzeichnung** (für Befehls- und Meldegeräte an Industriemaschinen international festgelegte Farbcodierung nach DIN VDE 0199 und 0113 und IEC 73) / colour coding, color coding || **~los** *adj* / colourless *adj*, colorless || **~markiert** *adj* / marked with colour, marked with color
Farb·maßsystem *n* / colorimetric system || ⸺**messgerät** *n* / colorimeter *n* || **~messtechnischer Normalbeobachter** / standard colorimetric observer || **~messtechnisches Umfeld** / surround of a comparison field || ⸺**messung** *f* / colorimetry *n* || **~metrische Verzerrung** / illuminant colorimetric shift, colorimetric shift || ⸺**mischung** *f* / mixture of colours, mixture of colour stimuli || ⸺**modus** *m* / color mode || ⸺**monitor** *m* / colour monitor, color monitor || ⸺**nebel** *m* / ink mist
Farb·palette *f* / colour palette, coloring scheme, color palette || ⸺**patrone** *f* (f. Grafikdrucker) / ink cartridge || ⸺**profil** *n* / color profile || ⸺**protokollierung** *f* / colour printout || ⸺**prüfgerät** *n* / colour tester || ⸺**prüfleuchte** *f* / colour matching unit || ⸺**pumpe** *f* / ink pump || ⸺**pyrometer** *n* / two-colour pyrometer, colour radiation pyrometer, ratio pyrometer, two-band pyrometer, colorimetric pyrometer || ⸺**qualität** *f* / color quality || ⸺**rahmen** *m* / coloured frame || ⸺**reiz** *m* / colour stimulus || ⸺**reizfunktion** *f* / colour stimulus function || ⸺**ring** *m* / code ring (used to denote the value of a resistor, etc.)
Farb·scheibe *f* / colored lense || ⸺**scheibe** *f* (Filter) /

colour filter || ⸺**scheiben** *f pl* / colored lenses || ⸺**schema** *n* / color scheme || ⸺**sehen** *n* / colour vision || ⸺**sensor** *m* / color sensor || ⸺**-Sichtgerät** *n* / colour monitor, colour CRT unit || ⸺**speicher** *m* / color memory || ⸺**stofflaser** *m* / dye laser, organic dye laser || ⸺**stoff-Sensibilisierungszelle** *f* / nc-dye cell || ⸺**stoffverträglichkeit** *f* / pigment compatibility, pigment affinity || ⸺**stoffzelle** *f* / dye-sensitized cell || ⸺**straßenbelag** *m* / coloured road surfacing || ⸺**straßendecke** *f* / coloured road surfacing
Farb·tabelle *f* (Menge von Farbwerten, die die Umsetzung von Pixelwerten in tatsächliche, anzuzeigende Farben erlaubt) / color table, color map || ⸺**tabelle** *f* / colour map || ⸺**tafel** *f* / chromaticity diagram, colour chart, chromaticity scale diagram, colour triangle, UCS diagram || **empfindungsgemäß gleichabständige** ⸺**tafel** / uniform-chromaticity-scale diagram (UCS diagram) || ⸺**temperatur** *f* / colour temperature || ⸺**temperaturskala** *f* / temperature colour scale || ⸺**themen** *n* / color themes || ⸺**tiefe** *f* / depth of color, color strength || ⸺**ton** *m* / hue *n*, colour *n* || ⸺**töne** *m* / hues ⸺**tonunterschied** *m* / difference of hue ⸺**träger** *m* (Drucker) / ink(ing) medium || ⸺**treue** *f* / colour fidelity, color fidelity || ⸺**tripel** *n* (Farbbildröhre) / colour triad || ⸺**tripelabstand** *m* / colour triad spacing, color triad spacing
Farb·überzug *m* (Lampe) / coloured coating || ⸺**umschlag** *m* / change in colour, change in color, change of color || ⸺**umstimmungstransformation** *f* / adaptive colorimetric shift || ⸺**unterscheidung** *f* / colour discrimination, chromaticity discrimination, color differentiation || ⸺**unterschied** *m* / color difference
Farb·valenz *f* / psychophysical colour || ⸺**valenzeinheit** *f* / trichromatic unit || ⸺**valenz-System** *n* / colorimetric system, trichromatic system || **~verbesserte Beleuchtung** / colour-corrected illumination || ⸺**verfälschung** *f* / color distortion || ⸺**verrührer** *m* / ink agitator || ⸺**verschiebung** *f* / resultant colour shift || ⸺**verteilung** *f* / ink distribution || ⸺**verzerrung** *f* / illuminant colour shift || ⸺**vorgaben** *f* / color guidelines || ⸺**walze** *f* / inking roller, inker || ⸺**walzenantrieb** *m* / inker drive || ⸺**walzenzylinder** *m* / inking roller cylinder || ⸺**wandlung** *f* / adaptive colour shift || ⸺**wanne** *f* / ink tray, ink trough || ⸺**wechsel** *m* / colour change || ⸺**wechselvorsatz** *m* / colour changer || ⸺**werk** *n* / inking device || ⸺**wert** *m* / color value || ⸺**wertanteile** *m pl* / chromaticity coordinates || ⸺**werte** *m pl* / tristimulus values || ⸺**wiedergabe** *f* / colour rendering, colour reproduction || ⸺**wiedergabeeigenschaften** *f pl* / colour rendering properties || ⸺**wiedergabe-Index** *m* / colour rendering index || ⸺**wiedergabestufe** *f* / colour rendering grade || ⸺**wiedergabezahl** *f* / figure of merit (colour) || ⸺**zuordnungsliste** *f* / color assignment list
FAS / Factory Automation Sensor (FAS) || ⸺ **frei Längsseite Seeschiff** (frei Längsseite Seeschiff) / free alongside ship
Fase *f* (abgeschrägte Kante an Werkstücken) / chamfer *n*, bevel *n*, land *n* || ⸺ **bei Konturzug** / chamfer between two contour elements || ⸺ **einfügen** / insert chamfer

fasen v / chamfer v, bevel v
Fasen·breite f / width of land, land width ‖ ⁓**durchmesser** m / chamfer diameter ‖ ⁓**fräser** m (Fräser zur Kantenbearbeitung und zum Fasen) / chamfering bit ‖ ⁓**länge** f / chamfer length ‖ ⁓**schnitt** m / chamfer cut ‖ ⁓**übergang** m / chamfer transition ‖ ⁓**wert** m / chamfer value ‖ ⁓**winkel** m / chamfer angle, angle of the bevel
Faser f (optische F.) / fibre, optical fibre ‖ ⁓**achse** f / fibre axis ‖ ⁓**aufnahmevermögen** n (Staubsauger) / fibre removal ability
Faser·bündel n / fibre bundle ‖ ⁓**dämmstoff** m / fibrous insulating material ‖ ⁓**fett** n / fibre grease ‖ **~frei** adj (Tuch) / non-liming adj ‖ ⁓**hülle** f / fibre buffer ‖ ⁓**isolation** f / fibre insulation, fibrous insulation, fibre-material insulation ‖ ⁓**kern** m / fiber core ‖ ⁓**koppler** m / fibre coupler
Faser·laser m / fiber laser ‖ ⁓**lichtleiter** m / fiber-optic conductor ‖ **Gerät für** ⁓**lichtleiter** / sensor for fiber-optic conductors ‖ ⁓**litze** f / fibre bundle ‖ ⁓**mantel** m / fiber sheath, cladding ‖ ⁓**optik** f / fibre optics ‖ ⁓**parameter** m / intrinsic parameter ‖ ⁓**richtung** f / direction of fibre
Faser·schichtfilter n / laminated fibrous filter ‖ ⁓**schicht-Luftfilterzelle** f / fibrous laminated air-filter element ‖ ⁓**schreibeinsatz** m (Schreiber) / fibre pen element ‖ ⁓**-Spinnanlage** f / fiber spinning plants ‖ ⁓**spinnmaschine** f / filament manufacturing machine ‖ ⁓**stift** m / fibre pen, felt-tip pen ‖ ⁓**stoff** m / fibrous material, fibre material ‖ ⁓**stoffindustrie** f / textile and paper industries ‖ **geflochtene** ⁓**stoff-Schnur** / braided fiber yarn ‖ ⁓**straße** f / fiber line ‖ ⁓**streuung** f / fibre scattering
Faser·taper m IEC 50(731) / tapered fibre ‖ ⁓**umhüllung** f / fibre jacket ‖ ⁓**verbinder** m / fibre joint ‖ ⁓**verbundstoff** m / composite fibre ‖ ⁓**verbundwerkstoff** m / composite fibres ‖ ⁓**verlauf** m / fibre course ‖ ⁓**vliesstoff** f / non-woven fabric
FASIC / Function and Application-Specific ICs (FASIC)
Fassaden·beleuchtung f / frontal lighting, front lighting ‖ ⁓**element** n / façade unit ‖ ⁓**integration** f / façade integration
Fass·gitterstabwicklung f / transposed-bar barrel winding, transposed-bar drum-type winding ‖ ⁓**pumpe** f / vessel pump ‖ ⁓**schraube** f / grip screw ‖ ⁓**spule** f / diamond coil, drum coil ‖ ⁓**spulenwicklung** f / barrel winding, drum winding
Fassung f (Lampe) / lampholder n, holder n, socket n (US), depr., version n ‖ ⁓ f / base n ‖ ⁓ f (Steckverbinder, el. Röhre) / socket n ‖ ⁓ f (Bürste) / box n ‖ ⁓ **mit Schalter** / switched lampholder
Fassungs·ader f / flexible wire for luminaires (o. lighting fittings) ‖ ⁓**dom** m (Lampe) / lampholder dome ‖ ⁓**gewinde** n (Lampe) / holder thread ‖ ⁓**oberteil** n (Lampe) / holder top ‖ ⁓**ring** m (Lampe) / lampholder ring, holder ring, lampholder n ‖ ⁓**ring** m (Messblende) / carrier ring ‖ ⁓**stecker** m (Lampe) / lampholder plug ‖ ⁓**teller** m (Lampe) / lampholder plate, holder plate ‖ ⁓**träger** m (Lampe) / lampholder carrier ‖ ⁓**vermögen** n / capacity n, content n, load n (washing machine)
Fass·wechselzeit f / vessel change-over time ‖ ⁓**wicklung** f / barrel winding, drum winding

FAST f / Function Analysis System Technique (FAST)
FASTON·-Anschluss m / FASTON terminal, FASTON quick-connect terminal ‖ ⁓**-Steckklemme** f / FASTON plug terminal ‖ ⁓**-Steckzunge** f / FASTON tab ‖ ⁓**-Zunge** f / FASTON tab
fataler Fehler / fatal error (serious error causing a machine standstill)
F-Attribut n / F-attribute n (fail-safe attribute)
FA-Überbau m / folder upper
FA-Überlagerung f / FA overlay ‖ **teilungsbezogene** ⁓ / division-related FA overlay
FAUF (Fertigungsauftragsnummer) / FAUF
F-Aufrufbaustein m / F-CALL n
Faulschlamm m / digested sludge
Fault/Gerätefehler m / fault n
Faulturm m / digester n
Fauré-Platte f / Fauré plate
f-Auslöser m (Siemens-Typ, Arbeitsstromauslöser) / f-release n (Siemens type, shunt release o. open-circuit shunt release), shunt trip n
Fäustel m / sledge hammer
Faust·formel f / rule of thumb, rule-of-thumb formula, rough formula ‖ ⁓**regel** f / rule of thumb, rough calculation
FAV-Q (Fertigungs-Auftragssteuerung in der Vorfertigung - Qualität) / FAV-Q system
Fax·bestellung f / fax ordering n ‖ **~en** v (ein Abbild von Seiten mit Fernkopierer übertragen) / fax ‖ ⁓**-Karte** f / fax board ‖ ⁓**-Modem** f (Funktionseinheit, welche Funktionen eines Fernkopierers und eines Modems in sich vereint) / fax modem
FA-Zylinderteil n / folder n
FB (Funktionsbaustein) / function block (FB), functional element, software function block ‖ ⁓ (Fachbuch) / technical book ‖ ⁓ (fehlender Bezeichner) / missing identifier ‖ ⁓ / function domain ‖ **integrierter** ⁓ (integrierter Funktionsbaustein) / integrated function block, integral FB (integral function block)
FBA (Funktionsbausteinadapter) / function block adapter (FBA)
FBAR m / Film Bulk Acoustic Resonator (FBAR)
FB-Aufruf m / FB call
F-Baugruppentreiber m / Fail-Safe Module Driver
F-Baustein m / F-Block n
FBD / function block diagram (FBD)
FBDK / Function Block Development Kit (FBDK)
FBG (Flachbaugruppe) / board n, card n, PCB (printed circuit board)
FBGA / Flex Ball Grid Array (FBGA)
FBG-Zeichnung f / PCB-assembly drawing
FBI / Function Block Instantiation (FBI)
FB-Instanz f / FB instance
FBN (Funktionsblocknetzwerk) / function block network (FBN)
FB-Nummer f / FB number
FBP / fieldbus plug (FBP)
FB-Paket n / FB package n
FBS (Funktionsbausteinsprache) / FBD language (function block diagram language)
FBV / factory-built worksite distribution board
FC / function n, FC
FCA (frei Frachtführer) / free carrier
fc-Auslöser m / fc-release n (Siemens type, shunt

release with capacitor unit or capacitor-delayed shunt release for network c.b.)
FCB, FCV / FCB, FCV (frame count bit)
FCC / Flux Current Control (FCC) || ≈ **Mode** / FCC mode
FCIP / flip chip in package (FCIP)
FCKW-frei *adj* / CFC-free *adj*
FCL / Fast Current Limitation (FCL)
FD / floppy disk drive (FD), disk drive unit, diskette drive, diskette station, DSG disk drive || ≈ / photodiode *n*
F-Datenbaustein (F-DB) *m* / F-DB
F-Datentyp *m* / F-data type
FDAU / FDAU (a data acquisition unit)
FDB (Fabrikate-Datenbank) / product database
F-DB (F-Datenbaustein) *m* / F-DB
FDB--Auskunft *f* / product database information || ≈**-Funktion** *f* / product database function
FDC / fully defined component (FDC)
FDDI / fiber distributed data interface (FDDI)
FDIS / FDIS (distance between the first hole and the reference point)
FDL (Fieldbus Data Link) / Fieldbus Data Link (FDL) || ≈ / FDL (ForwardDownLeft) || ≈**-Verbindung** *f* / fdl connection, TCP connection
FDM / frequency-division multiplexing (FDM)
FCP / Frequency Control Product (FCP)
F-CPU *f* (F-fähige Zentralbaugruppe, die für den Einsatz in fehlersicheren Systemen zugelassen ist und in der ein Sicherheitsprogramm außer dem Standard-Anwenderprogramm ablaufen kann) / F-CPU *n*
FCT / fast cycle time (FCT)
FDPR (Endbohrtiefe (Parameter)) / FDPR (final drilling depth)
FDR / ForwardDownRight (FDR) || ≈ (Ersatz / Austausch fehlerhafter Einrichtungen) / faulty device replacement (FDR)
FDT / Field Device Tool (FDT)
FEA (Finite Elemente-Analyse) *f* / FEA (finite element analysis)
FEAT / Feature Document (FEAT)
FEC / Forward Error Correction (FEC)
FED / Field Emission Display
Feder / spring *n* || ≈ **kugelgestrahlt** / spring shot-blasted || ≈ **und Nut** (Holz) / tongue and groove || ≈ **und Nut** (Metall) / featherkey and keyway || ≈**anlagefläche** *f* / spring contact surface || ≈**anschluss** *m* / spring connection || ≈**anstellung** *f* / spring loading || **mit** ≈**anstellung** / spring-loaded *adj* || ≈**antrieb** *m* / spring drive, spring mechanism || ≈**arbeit** *f* / spring energy || ≈**aufhängung** *f* (Befestigungspunkt für das Ende einer Feder) / spring suspension || ≈**auflage** *f* / spring contact || ≈**aufnahme** *f* / spring mounting || ≈**balg** *m* / bellows *plt* || ≈**band** *n* / spring band || ≈**batterie** *f* / spring assembly, multi-spring mechanism
federbelastet *adj* / spring-loaded *adj* || **~e Bremse** / spring-loaded brake || **~er Membranantrieb** / spring-loaded diaphragm actuator || **~er Stellantrieb** / spring-loaded actuator
Feder·blech *n* / spring steel sheet || ≈**bogen** *m* / spring bend || ≈**bolzen** *m* / spring bolt || ≈**bremse** *f* / spring-operated brake, spring-loaded brake, fail-to-safety brake || ≈**buchse** *f* / spring bush || ≈**bügel** *m* / spring clamp || ≈**clip** *m* / spring clip
Feder·deckel *m* (I-Dose) / snap-on cover, snap lid ||

≈**draht** *m* / spring wire || ≈**drahtrelais** *n* / wire-spring relay || ≈**druck** *m* / spring pressure || ≈**druckbremse** *f* / spring-operated brake, spring-loaded brake, fail-to-safety brake, spring pressure brake || ≈**druckklemme** *f* / spring-loaded terminal || ≈**drucklager** *n* / spring-loaded thrust bearing || ≈**druckthermometer** *n* / pressure-spring thermometer || ≈**dynamometer** *n* / spring dynamometer || ≈**einsatz** *m* / spring insert || ≈**element** *n* / spring element || ≈**ende** *n* / spring end || ≈**enden angelegt** *n* / spring ends squared || ≈**enden angelegt und geschliffen** *n* / spring ends squared and ground || ≈**enden angelegt, geschmiedet und geschliffen** / spring ends squared, forged and ground || ≈**-Fernthermometer** *n* / distant-reading pressure-spring thermometer || ≈**führer** *m* / lead company
Federführung *f* / assume overall control, responsible for the overall organisation, spring guide, as leader of, act as principle, responsible for the overall project management, under a contract led by, be centrally handled by, act as lead company, which led the group in this contract
Feder·gehäuse *n* / spring cage, spring barrel, spring enclosure || ≈**gehäuse** *n* (Bürstenhalter) / spring box, spring barrel || **~gelagert** *adj* / spring-mounted *adj* || ≈**haltebügel** *m* / spring support clip || ≈**halter** *m* / spring holder || ≈**halterung** *f* / spring holder || ≈**hammer** *m* / spring-operated impact-test apparatus || ≈**haus** *n* / spring barrel, spring cage, spring casing || ≈**hebel** *m* / spring lever
Feder·käfig *m* / spring cage, spring barrel || ≈**kammer** *f* / spring chamber || ≈**kegelbremse** *f* / spring-loaded cone brake || ≈**keil** *m* / featherkey *n*, parallel key, untapered key, feather key || ≈**kennlinie** *f* / characteristic curve of spring || ≈**klammer** *f* / spring clip || ≈**klappdübel** *m* / hinged spring toggle || ≈**klemmanschluss** *m* / spring-loaded connection || ≈**klemme** *f* / spring-loaded terminal, spring-type terminal || ≈**klemmtechnik** *f* / cage-clamp method || ≈**konsole** *f* / spring bracket || ≈**konstante** *f* (Walzwerk) / elastic constant || ≈**konstante** *f* (Feder) / spring constant, spring rate, spring rigidity, force constant || ≈**konstante** *f* (MSB) / suspension stiffness, stiffness *n* || ≈**kontakt** *m* / spring contact, spring-mounted contact, clip *n*, spring-finger connector || ≈**kontakt** *m* (Crimptechnik) / (crimp) snap-in contact || ≈**kontaktleiste** *f* / spring contact strip || ≈**kraft** *f* / spring force || ≈**kraftanschluss** *m* / spring-loaded connection || ≈**kraftbremse** *f* / spring-loaded brake || ≈**kraftklemme** *f* / spring-loaded terminal || ≈**kraftspeicher** *m* / spring energy store || **~kraftverriegelt** *adj* / spring-locked, locked by spring force || ≈**kraftverriegelung** *f* / locking with spring force || ≈**kugellager** *n* / spring-loaded bearing, preloaded bearing, prestressed bearing || ≈**kupplung** *f* / spring clutch
Feder·lager *n* / spring bearing || **ungespannte** ≈**länge** / unloaded spring length || ≈**lasche** *f* / spring shackle || ≈**leiste** *f* / socket connector, female multi-point connector, edge connector, jack strip, female connector, multiple contact strip, socket contact strip, F-connector || ≈**leiste für Drahtwickeltechnik** / socket connector for wire-wrap connections || ≈**leiste für Lötverdrahtung** /

socket connector for soldered connections || ⸰lenker *m* / spring suspension link || ⸰manometer *n* / spring manometer, spring pressure gauge || ⸰-Masse-Dämpfungssystem *n* / spring-mass damper system || ⸰-Masse-System *n* / spring-mass system || ⸰messwerk *n* / elastic element, spring-type element || ⸰moment *n* / spring moment || ⸰momentrate *f* / spring moment rate || ⸰motor *m* / spring motor, spring drive

federnd·e Aufhängung / spring suspension, resilient suspension || **~e Formänderung** / elastic deformation || **~e Kontakthülse** / self-adjusting contact tube, self-aligning contact tube || **~e Taste** / spring-loaded key || **~e Unterlage** / elastic foundation, anti-vibration mountings || **~er Kontakt** / resilient contact, spring contact || **~er Kontakt** (Lampenfassung) / spring-loaded plunger || **~er Lichtbogenkontakt** / spring-loaded arcing contact || **~es Getriebe** / resilient gearing || **~es Lichtbogenhorn** / spring-loaded arcing horn

Feder·paket *n* / set of springs, bank of springs, assembly of strings, laminated spring, spring kit || ⸰paketkupplung *f* / laminated spring coupling || ⸰platte *f* / preloading disc || ⸰plattenpumpe *f* / diaphragm pump || ⸰prüfgerät *n* / spring testing machine || ⸰rate *f* / spring rate, spring constant || ⸰reserve *f* / spring reserve || ⸰ring *m* / resilient preloading disc, spring lock washer, lock washer, spring washer || ⸰ring für Zylinderschraube / single-coil square-section spring washer for screws with cylindrical heads, spring lock washer for screws with cylindrical heads || ⸰ring, gewölbt oder gewellt / curved or wave spring lock washer || ⸰ringkommutator *m* / springring commutator, commutator with spring-loaded fixing bolts || ⸰rückstelleinrichtung *f* / spring return device || einseitige ⸰rückstellung / spring return at one end || ⸰rückzug *m* / spring return

Feder·scheibe *f* / spring lock washer, spring washer, lock washer, resilient preloading disc || ⸰scheibenkupplung *f* / spring disk coupling, spring washer coupling || ⸰schlitz *m* / spring slot || ⸰sitz *m* / spring seat (seat on which spring is anchored) || ⸰spanner *m* / spring tensor || ⸰spannzeit *f* / spring charging time, spring winding time || ⸰speicher *m* / spring energy store, spring actuator || ⸰speicher spannen / charging the storage spring || ⸰speicherantrieb *m* / stored-energy spring mechanism, spring mechanism || ⸰speicherbremse *f* / spring-operated brake, spring-loaded brake, fail-to-safety brake || ⸰spitze *f* / spring point || ⸰stab *m* (nachgiebiges, biegsames Teil ohne Befestigung) / spring rod, wobble stick || ⸰stabantrieb *m* / spring rod actuator || ⸰stabhebel *m* / spring rod lever || ⸰stahl *m* / spring steel || ⸰stange *f* (nachgiebiges, biegsames Teil, das an einem Ende befestigt ist) / spring rod || ⸰steifigkeit *f* / spring stiffness, spring constant, levitation stiffness, system stiffness, guidance stiffness || ⸰stütze *f* (die Federstütze ist ein (meist) vertikales Bauteil, das den Druck der Feder hauptsächlich in Richtung seiner Längsachse aufnimmt und weiterleitet) / spring support

Feder·teil *n* / spring part || ⸰teller *m* / spring cup, spring retainer, spring disk, spring plate || ⸰thermometer *n* / pressure-spring thermometer, filled-system thermometer || ⸰topf *m* / spring cup, spring barrel || ⸰träger *m* / spring support || ⸰uhrwerk *n* / spring-driven clockwork || ⸰uhrwerk mit elektrischem Aufzug / spring-driven electrically wound clockwork || ⸰uhrwerk mit Handaufzug / spring-driven hand-wound clockwork

Feder·verschluss *m* / spring fastener || ⸰vorspannung *f* / spring bias, initial stress or tension in the string || unter ⸰vorspannung / spring-biased *adj* || ⸰waage *f* / spring dynamometer, spring balance, spring scale || ⸰weg *m* / spring excursion || ⸰werkuhr *f* / spring-driven clock || ⸰winde *n* / spring winder || ⸰wirkung *f* / spring effect || **~zentrierter Steuerschieber** *m* / spring-centered control spool || ⸰zentrierung *f* / spring force

Federzug *m* / spring loaded || ⸰anschluss *m* / spring terminal, spring-loaded connection || ⸰anschlusstechnik *f* / spring-loaded connection technology || ⸰klemme *f* / springloaded terminal, spring-type terminal, cage strain terminal, cage clamp terminal, spring-loaded terminal || **4-Leiter-⸰klemme** *f* / 4-wire spring-loaded terminal || ⸰klemmen-Anschluss *m* / spring-loaded terminal connection || ⸰klemmtechnik *f* / spring-loaded terminal connection system || ⸰kontakt *m* / spring-loaded contact || ⸰technik *f* / cage clamp connections, spring-type connection, spring-loaded connection system, spring-loaded connection

FEE / front-plate element, panel-mounted element

Feedback *m* / feedback *n* || ⸰-Kontrolle *f* / feedback control

Federung *f* / compliance *n*, chassis *n*, shock absorbers, springs *n*, suspension *n*, suspension geometry, spring deflection || ⸰ *f* / resilience *n* || ⸰ *f* (Nachgiebigkeit der Feder) / compliance *n*

Fehl·anpassung *f* (Impedanzdifferenz zwischen verschalteten Systemen) / mismatch *n* || ⸰anpassungsunsicherheit *f* / mismatch uncertainty || ⸰ansprechen *n* / spurious operation, spurious tripping, malfunction *n* || ⸰anwendungsausfall *m* / misuse failure || ⸰auslösung *f* / false tripping, spurious tripping, nuisance tripping || ⸰auslösung der Abschaltung (Stillsetzung) / spurious shutdown || ⸰ausrichtung *f* / misalignment *n* || ⸰aussage *f* IEC 50(191) / error *n*

Fehl·barkeit *f* / fallibility *n* || ⸰bedienung *f* / maloperation *n*, inadvertent wrong operation, wrong operation, faulty operation, operator error || ⸰bedienungsschutz *m* / protection against maloperation (o. false operation) || ⸰bedienungswahrscheinlichkeit *f* IEC 50(191) / service user mistake probability (probability of a mistake made by a user in his attempt to utilize a service) || ⸰behandlung *f* / mishandling *n* || ⸰bemessung *f* / oversizing and undersizing || ⸰buchung *f* / missing/incorrect order entries, incorrect order entries

Fehl·chargen *f pl* / wasted batches of ingredients || ⸰code *n* / missing code, skipped code || ⸰echo *n* / flaw echo || ⸰eingabe *f* / invalid input || ⸰eingaben *f* / faulty insertion

fehlend *adj* / missing *adj* || **~e Buchung** / forgotten (terminal entry) || **~e Geberversorgung** / missing encoder supply || **~e Lastspannung L+** / missing

load voltage L+ || ~e **Maße siehe Ausführung 05** / for missing dimensions see version 05 || **~er Code** / missing code, skipped code
Fehlentnahme f (falsche Lagerentnahme) / mispick n
Fehler m / fault n, error n, defect n, disturbance n || ⸜ m / dimensional deviation, deviation n, measured error IEC 770 || ⸜ m (Schaden) / defect n, fault n, trouble n, disturbance n || ⸜ m (Messfehler, a. in) DIN 44300 / error n || ⸜ m (Kurzschluss) / fault n || ⸜ m (Störung) / disturbance n, fault n || ⸜ m (Steuerung) DIN 19237 / fault n || ⸜ m (Nichterfüllung einer Forderung) DIN 55350, T. 11 / non-conformity n || ⸜ **1. Art** / error of the first kind || ⸜ **2. Art** (Nichtverwerfen der Nullhypothese, obwohl die unbekannte wahre Wahrscheinlichkeitsverteilung nicht zur Nullhypothese gehört) / error of the second kind || ⸜ **beherrschen** / control faults || ⸜ **bei Skalennull** / zero scale error || ⸜ **der spektralen Fehlanpassung** / spectral mismatch error || ⸜ **dritter Art** (Statistik) / error of the third kind || ⸜ **durch Polaritätswechsel** (ADU) / roll-over error || ⸜ **durch Umgebungseinflüsse** / environmental error || ⸜ **erster Art** DIN 55350,T.24 / error of the first kind || ⸜ **gegen Erde** / fault to earth (GB), short-circuit to earth, fault to ground (US) || ⸜ **gemeinsamer Ursache** (CCF) / Common Cause Failure || ⸜ **im abstrakten Prüffall** (EN 29646-1) / abstract test case error || ⸜ **im Ansatz** (Statistik) / error of the third kind || ⸜ **in Prozent des Bezugswerts** / error expressed as a percentage of the fiducial value IEC 51 || ⸜ **in Zeile** / fault in line, error in line || ⸜ **innerhalb der Schutzzone** / in-zone fault, internal fault || ⸜ **löschen** / Cancel error || ⸜ **mit Schadenfolge** / damage fault || ⸜ **ohne Schadenfolge** / non-damage fault || ⸜ **ohne Selbstmeldung** / non-self-revealing fault || ⸜ **pro Million (dpm)** (Messgrösse zur Beurteilung der Qualität von Prozesstechnologien) / defects per million (dpm) || ⸜ **quittieren** / clear errors, clear error || ⸜ **unter der Oberfläche** / subsurface defect || ⸜ **zweiter Art** DIN 55350,T.24 / error of the second kind || **1 aus n**-⸜ / 1-out-of-n error ||
Bedienungs~ m / faulty operation, maloperation n, inadvertent wrong operation || **gefährlicher** ⸜ / dangerous fault, fatal fault, fatal failure || **mitgeschleppter** ⸜ / inherited error, inherent error || **nicht näher beschriebener** ⸜ / undefined error || **nicht selbstmeldender** ⸜ / fault not self-signalling || **Oberflächen~** m / surface imperfection || **passiver** ⸜ / passive fault || **schlafender** ⸜ / dormant error || **ungefährlicher** ⸜ / harmless fault, non-fatal failure
Fehler·abschaltung f (Netz) / fault clearing (o. clearance), disconnection on faults, short-circuit interruption || ⸜**abschaltzeit** f / fault clearance time || ⸜**adressregister** n / error address register || ⸜**alarm** m / error interrupt || ⸜**analyse** f / defect analysis || **~anfällig** adj / fault-prone || ⸜**anfällig** f / fault liability || ⸜**anteil** m / fraction defective || ⸜**anzahl** f / defect count || ⸜**anzahl pro Einheit** f / defects per unit (DFU) || ⸜**anzeige** f (Prozessmonitor, Eingabefehler) / error display, fault indication, error indicator || ⸜**anzeigeeinrichtung** f / check indicator || ⸜**anzeigen** f pl / error LED || ⸜**arten** f / defect severities || ⸜**aufbereitung** f / error processing || ⸜**aufdeckung** f / fault detection, error discovery ||
⸜**aufdeckungsgrad** m / diagnostic coverage (DC) || ⸜**aufkommen** n / error quantity || ⸜**ausbreitung** f / error spread || ⸜**ausweitung** f / error extension || ⸜**auswertung** f / error analysis, troubleshooting, fault analysis, defect evaluation
Fehler·baum m / fault tree || ⸜**baumanalyse** f / fault tree analysis (FTA) || ⸜**baummethode** f / fault-tree method || ⸜**bearbeitung** f / error processing, error handling routine || ⸜**bearbeitungsprogramm** n / error recovery routine, error handling routine || ⸜**bedingung** f / fault condition
fehlerbehaftet adj / faulty adj, faulted adj, defective adj || **~e Sekunde** / errored second
Fehler·behandlung f / error handling (procedure for correcting an error), troubleshooting, error control, corrective action || ⸜**behebung** f / debugging n, fault clearance, fault correction, error recovery, eradication of defects, correction of fault(s) || ⸜**behebungsstand** m / bugfix release || ⸜**behebungszeit** f / fault correction time || ⸜**beherrschung** f / fault control || ⸜**bereich** m / margin of error || ⸜**bereinigung** f / defect corrections || ⸜**bereinigungsprozess** m / defect correction process || ⸜**bericht** m / error message (EM) || ⸜**bericht** m / defect note, defect report || ⸜**berichterstattung** f / non-conformance reporting, nonconformance reporting, defect reporting || ⸜**beschreibung** f / fault description, description of fault
Fehlerbeseitigung f / fault correction, fault clearing, fault recovery, remedying of faults, trouble shooting, bug fixing, fault clearance || ⸜ f (Software, Hardware) / debugging n || ⸜ **aus der Ferne** / remote troubleshooting || ⸜**sdauer** f / fault clearance time || ⸜**skosten** plt / troubleshooting costs
Fehler·bild n / fault profile, error image, fault description, fault situation, fault pattern || ⸜**bildbeschreibung** f / fault profile description || ⸜**bit** n / error bit || ⸜**block** m / error record || ⸜**box** f / error box || ⸜**bündel** n / error burst || ⸜**byte** n / error byte || ⸜**code** m / error code (Internal error number), ERRCOD (error code) || ⸜**code** m / malfunction code || ⸜**codefeld** n / error-code field || ⸜**codespeicherung** f / trouble code, data storage in s of a malfunction code || ⸜**-Controlling** n / defect-controlling
Fehler·dämpfung f (Reflexionsdämpfung) / return loss || ⸜**datei** f / error file || ⸜**datenbank** f / defect tracking database || ⸜**datenbaustein** m / defect-DB n || ⸜**-DB** / error DB || ⸜**diagnose** f / fault diagnosis, error diagnostics (function for detection and logging of errors) || ⸜**dokumentation** f / fault documentation, defect documentation || ⸜**dreieck** n / error triangle || ⸜**durchsprache** f / defect review
Fehler·ebene f / error level || ⸜**echo** n / flaw echo || ⸜**effektanalyse** f / failure mode and effect analysis (FMEA) || ⸜**einfluss** m / influence of inaccuracy || ⸜**eingrenzung** f / locating of faults || ⸜**ereignis** n / error event || **Schutzsystem-**⸜**ereignis** n / protection system failure event || ⸜**ereigniszähler** n / error event counter || ⸜**erfassung** f / error detection, error detection, error log, defect detection || ⸜**erfassungsblatt** n / nonconformity record sheet || ⸜**erkennbarkeit** f (Durchstrahlung, Durchschallung) / sensitivity ability to reveal defects, image quality || ⸜**erkennung** f / fault recognition IEC 50(191), error detection, error log,

error detection || ⸰erkennung ohne Wiederholung / error detection without repetition || ⸰erkennung und automatische Wiederholung / error detecting and feedback system || ⸰erkennung und Fehlerkorrektur f / error detection and correction (EDAC) || ⸰erkennungscode m / error detecting code (EDC), binary error detecting code || ⸰etat m (zur Bestimmung des ungünstigsten Fehlers) / error budget
Fehler·fall m / fault scenario, in case of error || ⸰fangschaltung f / diagnostic circuit || ⸰-**Feindecodierung** f / fine decoding of errors || ⸰feincodierung f / fine coding of errors || ⸰fenster n / tolerance window || ⸰fenstergrenze f / tolerance window limit || ⸰folgekosten plt / subsequent costs of nonconformities || ⸰fortpflanzung f / error propagation, error multiplication || ⸰fortpflanzungsfaktor m (Verhältnis der Anzahl der Digitalfehler im Ausgangssignal zur Anzahl der Digitalfehler im Eingangssignal) / error multiplication factor
fehlerfrei adj / faultless adj, healthy adj, sound adj, free from defects, satisfsactory adj, perfect adj, correct adj, proper adj, error-free || ~ adj (Durchschallung, Durchstrahlung) / indication-free adj || ~e Betriebszeit (mittlere Zeit zwischen Ausfällen) / mean time between failures (MTBM) || ~e Sekunde / error-free second || ⸰-**Funktion des Selektivschutzes** IEC 50(448) / correct operation of protection, correct operation of relay system (USA) || ⸰heit f / error-free work || ⸰schaltung f / fault isolation, fault clearance
Fehler·gehalt m / defect content || ⸰grafik f / graphic presentation of defects || ⸰grenze f / error limit, limiting amount of errors || ⸰grenzen f pl / limits of error || ⸰grenzenfortpflanzung f / propagation of errors || ⸰klasse f / class of error limits || ⸰faktor m (Wandler) / accuracy limit factor || ⸰grenzstrom m / accuracy limit current
fehlerhaft adj (Bezeichnung für eine Einheit, die einen Fehlzustand aufweist) / faulty adj, nonconforming adj, non-conforming adj, defective adj || ~e Bedienung / invalid operation || ~e Datenübertragung / data transfer error || ~e Einheit (Einheit mit einem Fehler oder mit mehreren Fehlern) / nonconforming entity, DIN 55350, T.31 non-conforming item || ~e Funktion des Selektivschutzes IEC 50(448) / incorrect operation of protection, incorrect operation of relay system (USA) || ~e Sektorisierung / bad sectoring || ~e Unterreichweite (Schutzsystem) IEC 50(448) / erroneous underreaching || ~er Betrieb / faulty operation || ~er Block (Block, in dem ein oder mehrere fehlerhafte Digits enthalten sind) / erroneous block || ~er Prozesswert / configuration changed || ~es Bit / erroneous binary digit (Binary digit which has been changed by a mutilation) || ~es Digit / erroneous digit (digit which has been changed by a mutilation) || ~es Fernwirktelegramm / erroneous telecontrol message || ~es Material / defective material || ~es Stück / defective || ~es Teil / bad part || ~es Zeichen (Zeichen, in dem ein oder mehrere fehlerhafte Digits enthalten sind) / erroneous character
Fehler·häufigkeit f / error frequency, fault frequency, defect frequency || ⸰**häufigkeit** f (Rate) / failure rate || ⸰**häufung** f / error burst || ⸰historiezähler m (Zähler, der anzeigt, wie oft der Fehler bereits aufgetreten ist) / error history counter || ⸰impedanz f / fault impedance || ⸰index m / defect index || ⸰info f / error information || ⸰information f / error information (button) || ⸰karte f / defect card || ⸰kennung f / error identifier || ⸰klärung f / error handling || ⸰klärungsaufwand f / error-handling effort || ⸰klasse f / error class (ERRCLS), defect severity || ⸰klassentabelle f / table of defect severities || ⸰klassifizierung f DIN 55350, T.31 / classification of non-conformance, DIN 41640 classification of defects IEC 512, classification of nonconformities || ⸰knoten m / fault node || ⸰kompensation f / error compensation || ⸰korrektur f / error compensation, error correction || ⸰korrektur durch Informationsrückführung und Wiederholung / error correction by information feedback and repetition || ⸰korrekturcode m / error correcting code (ECC) || ⸰korrektur-Code m / Error Correction Code (ECC) || ⸰korrekturmaßnahme f / measure to correct errors || ⸰kosten f / failure costs, nonconformity costs || ⸰kriterium n / nonconformity criterion
Fehlerkurve f (Messgerät) / error characteristic, error curve, error characteristic curve || ⸰ f (FK) / error curve || ⸰ bei Waagen / deviation curve of a balance || ⸰nanzeige f / error curve pointer
Fehler·-Lebenszyklus m / defect lifecycle || ⸰-**LED** f / error LED || ⸰lichtbogen m / accidental arc, arcing fault, internal fault || ⸰liste f / error list, fault list || ⸰lokalisierung f / fault localization, error locating, error detection || ~lose Ablieferprüfung f / defect-free delivery test || ⸰management n / defect management, fault management || ⸰maske f / fault mask || ⸰maskierung f IEC 50(191) / fault masking
Fehlermelde·bogen m / defect note, beaconing n, error signal, fault signal, alarm signal, fault code, fault message n, defect report n || ⸰buch n / fault log, logbook n, log book n || ⸰bus m / fault signalling bus, alarm bus || ~nde Station (E DIN ISO/IEC 8802-5) / beaconing station || ⸰schalter m VDE 0660, T.101 / alarm switch
Fehler-Meldeschalter m / alarm switch
Fehlermelde- und Änderungsverfahren n / fault reporting and revision procedure
Fehlermeldung f (Signal) / fault signal || ⸰ f (FM) / error message (EM), error alarm IEC 50(371), defect note, fault message, defect report, defect information, diagnostic message, diagnostics message, fault code || ⸰ f (Anzeige) / fault indication, fault display || ⸰ f / error message, fault message || letzte ⸰ / last fault code || ⸰sringpuffer m / error message ring buffer
Fehler·merker m (Register) / error flag register, error memory bit, error flag || ⸰-**Merker** m / error flag || ⸰minderung f / error control || ⸰minderungscode m (Code, der Fehlererkennung mit oder ohne Fehlerkorrektur ermöglicht) / error protection code || ⸰**möglichkeits- und Einfluss-Analyse** f / fault mode and effect analysis (FMEA), failure mode and effect analysis (FMEA) || ⸰**nachbildung** f / fault simulation ||

Fehler

⟶nachtest *m* / re-test ‖ ⟶nummer *f* / error number, error code ‖ ⟶offenbarung *f* / fault announcement ‖ ⟶offenbarungsgrad *m* / degree of fault detection ‖ ⟶offenbarungszeit *f* / fault announcement time, fault announcement, fault disclosure time ‖ ⟶-Organisationsbaustein (Fehler-OB) *m* / error organization block ‖ ⟶orter *m* / fault locator, distance-to-fault locator ‖ ⟶ort-Messgerät *n* / fault locator ‖ ⟶ortung *f* / fault locating, locating of fault, fault localization ‖ ⟶ortungsgerät *n* / fault locator ‖ ⟶potential *n* / fault potential ‖ ⟶prognose *f* / error forecasting ‖ ⟶protokoll *n* / error log, error report ‖ ⟶protokoll anzeigen / display error log ‖ ⟶prozentsatz *m* / error percentage, percentage of errors ‖ **Quelle-zu-Senke-⟶prüfung** *f* / source-to-sink error check ‖ ⟶quelle *f* / source of error ‖ ⟶quellenhinweis (FQH) *m* / indication as to the cause of the defect ‖ ⟶quittierung *f* / fault acknowledgement, error acknowledgement, fault acknowledge ‖ ⟶quote *f* / error rate, error ratio

Fehler·rate *f* / error rate, failure rate ‖ ⟶reaktion *f* / fault reaction ‖ ⟶reaktionsfunktion *f* / fault reaction function ‖ ⟶reaktionskonzept *n* / Error Reaction Concept ‖ ⟶reaktions-OB / error handling OB ‖ ⟶reaktionszeit *f* / fault reaction time ‖ ⟶relais *n* / fault relay ‖ ⟶rückmeldung *f* / error report ‖ ⟶sammelkarte *f* / defect summary chart ‖ ⟶sammelsignal *n* / group fault ‖ ⟶schleife *f* / fault loop, earth-fault (o. ground-fault) loop ‖ **Impedanz der ⟶schleife** / earth-fault loop impedance, ground-fault loop impedance ‖ ⟶schwerpunkt *m* / error concentration ‖ ⟶sekunde *f* / error second (ES)

fehlersicher *adj* / fail-safe *adj*, immune *adj*, fault-tolerant *adj*, troubleproof *adj*, reliable *adj* ‖ ~e **Abschaltung** / fail-safe shutdown ‖ ~e **Baugruppe** / fail-safe module ‖ ~e **Digitalausgabe** / fail-safe digital output module ‖ ~e **DP-Normslaves** / fail-safe DP standard slaves ‖ ~e **Ein-/Ausgabebaugruppe** / fail-safe input/output module ‖ ~e **Kommunikation** / fail-safe communications ‖ ~e **Module** / fail-safe modules ‖ ~e **Peripherie** (Sammelbezeichnung für fehlersichere Ein- und Ausgaben, die in SIMATIC S7 für die Einbindung in F-Systeme zur Verfügung stehen) / fail-safe I/O ‖ ~e **Signalbaugruppe** / fail-safe signal module ‖ ~e **Standard-FBs** / fail-safe standard FBs ‖ ~er **Applikationsbaustein** / fail-safe application block ‖ ~er **Baustein** / F-block *n* ‖ ~es **Automatisierungssystem** / fail-safe automation system ‖ ~es **System** / fail-safe system ‖ ⟶heit *f* / failsafety, fail-safe ‖ ⟶ung *f* / error protection, error control

Fehler·signal *n* / error signal ‖ ⟶signalschalter *m* (FS) / fault-signal contact (FC), fault signal contact, remote control switch, SX ‖ ⟶spannung *f* / fault voltage, error voltage ‖ ⟶spannungs-Schutzschalter *m* / voltage-operated earth-leakage circuit-breaker, fault-voltage-operated circuit-breaker ‖ ⟶spannungs-Schutzschaltung *f* / voltage-operated e.l.c.b. system, voltage-operated g.f.c.i. system ‖ ⟶spannungs-Schutzvorrichtung *f* / fault-voltage-operated protective device ‖ ⟶speicher *m* / error memory ‖ ⟶statistik *f* / defect statistics ‖ ⟶status *m* / defect status ‖ ⟶status und -verlauf *m* / defect status and procedure ‖ ⟶stelle *f* / point of fault, fault location ‖ ⟶strichliste *f* / fault tag list

Fehlerstrom *m* / fault current, leakage current ‖ ⟶ *m* (Differenzstrom, FI-Schutzschalter) / residual current ‖ ⟶begrenzer *m* (f. Erdschlussstrom) / ground current limiter ‖ ⟶erfassung *f* / fault-current detection ‖ ⟶form *f* / residual current waveform ‖ ⟶kompensation *f* / fault-current compensation ‖ ⟶kompensation *f* (lastabhängige Kompensation der Wandlerfehler beim Erdschlussschutz) / error current compensation, load biasing ‖ ⟶/Leitungsschutzschalter *m* (FI/LS) / residual current operated device (RCBO) ‖ ⟶relais *n* / fault-current relay, leakage-current relay, fault current relay ‖ ⟶schutzeinrichtung *f* / residual-current-operated protective device, residual-current (-operated) protective device, residual current protective device (RCD) ‖ ⟶-**Schutzeinrichtung mit beabsichtigter Zeitverzögerung** / residual-current device with intentional time delay ‖ ⟶-**Schutzeinrichtung mit eingebautem Überstromauslöser** / residual current operated device (RCBO) ‖ ⟶-**Schutzeinrichtung mit Hilfsspannungsquelle** / residual-current device with auxiliary source ‖ ⟶-**Schutzeinrichtung mit integriertem Überstromschutz** / residual-current device with integral overcurrent protection ‖ ⟶-**Schutzeinrichtung mit Rückstelleinrichtung** / reset residual current device ‖ ⟶-**Schutzeinrichtung ohne Hilfspannungsquelle** / residual-current device without auxiliary source ‖ ⟶-**Schutzeinrichtung ohne integrierten Überstromschutz** / residual-current device without integral overcurrent protection ‖ ⟶-**Schutzeinrichtung ohne Überstromschutz** / residual-current device without integral overcurrent protection (SRCD) ‖ **ortsveränderliche ⟶-Schutzeinrichtung** / portable residual current protective device (PRCD) ‖ ⟶-**Schutzeinrichtung** *m* / residual current operated device (RCBO) ‖ ⟶-**Schutzschalter** *m* (netzspannungsunabhängig) / residual-current(-operated) circuit breaker (independent of line voltage) ‖ ⟶-**Schutzschalter** *m* (FI-Schutzschalter) / residual-current(-operated) circuit-breaker (RCCB), earth-leakage circuit-breaker (e.l.c.b.), ground-fault circuit interrupter (g.f.c.i. US), current-operated e.l.c.b. ‖ ⟶-**Schutzschalter mit Überstromauslöser** (FI/LS-Schalter) VDE 0664, T.2 / current-operated earth-leakage circuit breaker with overcurrent release, residual-current-operated circuit breaker with integral overcurrent protection (RCBO) ‖ ⟶-**Schutzschaltung** *f* / current-operated e.l.c.b. system, r.c.d. protection, current-operated g.f.c.i. system, g.f.c.i. protection ‖ ⟶überwachung *f* / fault current monitoring, residual-current monitoring ‖ ⟶-**Überwachungsgerät** *n* (FI-Überwachungsgerät) / residual current monitor for household and similar users, RCB

Fehler·suche *f* / fault locating, trouble shooting, locating faults, debugging *n*, diagnostic program, troubleshooting, fault finding, trouble-shooting *n* ‖ ⟶suchprogramm *n* / diagnostic program, diagnostic routine ‖ ⟶suchtabelle *f* / fault diagnosis chart ‖ ⟶suchzeit *f* (Benötigte Zeit, bis ein Fehler in einer Anlage gefunden ist) / troubleshooting time ‖ ⟶text *m* / error message

(EM), fault message, fault code, diagnostics message, diagnostic message || ~**tolerant** *adj* / fault-tolerant *adj* || ⁓**toleranz** *f* / fault tolerance || ⁓**toleranzzeit** *f* / process safety time || ⁓**tracking** *n* / defect tracking || ⁓**trend** *m* / fault trend
Fehler·übersicht *f* / defect overview || ⁓**überwachung** *f* DIN 44302 / error control procedure, error control || ⁓**überwachungseinheit** *f* DIN 44302 / error control unit || ⁓**untersuchung** *f* / fault analysis, malfunction analysis || ⁓**ursachenrückmeldung** *f* / reporting the causes of defects || ⁓**verfolgung** *f* / defect tracing || ⁓**verhütung** *f* / prevention of (further nonconformance), prevention of further nonconformance, prevention of nonconformance || ⁓**verhütungskosten** *plt* / prevention costs, defect prevention costs || ⁓**verhütungsmaßnahmen** *f pl* / measures taken to prevent the recurrence of nonconformances, measures to prevent the recurrence of nonconformance || ⁓**verlauf** *m* / defect trend || ⁓**vermeidung** *f* / defect avoidance || ⁓**verschleppung** *f* / further processing of undetected defects, further processing of defects, further processing of faults, further processing of undetected faults || ⁓**verteilung** *f* / distribution of failure occurences || ⁓**verwaltung** *f* / fault management || ~**verzeihend** *adj* / forgiving *adj* || ⁓-**Vorortung** *f* / approximate fault locating || ⁓**wahrscheinlichkeit** *f* / probability of error, error probability || ⁓**wahrscheinlichkeit beim Abbau** (DÜ-Verbindung) / release failure probability || ⁓**wahrscheinlichkeit beim Aufbau** (DÜ-Verbindung) / establishment failure probability || ⁓**wert** *m* / error value || ⁓**widerstand** *m* / fault impedance, fault resistance || ⁓**winkel** *m* / fault angle || ⁓**wort** *n* / error word || ⁓**zähler (FZ)** *m* / error counter || ⁓**zeile** *f* (auf der Bedienoberfläche) / error line || ⁓**zeit** *f* / fault time || ⁓-**Zeit-Diagramm** *n* / bathtub curve || ⁓-**Zeit-Kurve** *f* / bathtub curve || ⁓**zustand** *m* / fault condition, defect condition
Fehl·funktion *f* / maloperation *n*, misoperation *n*, malfunction *n*, errors *n pl*, mistake *n*, human failure, human error, defective function || ⁓**funktionsprüfung** *f* / malfunction test, high-frequency disturbance test, disturbance test || ⁓**impuls** *m* / slipped pulse, missing pulse || ⁓**impulse** *m pl* (Verlust oder unerwünschter Gewinn von Schrittimpulsen) / slipped cycle || ⁓**impulsfaktor** *m* / missing-pulse factor || ⁓**investition** *f* / bad investment || ⁓**leistungen** *f pl* / faulty activities, incorrect action || ⁓**nutzung** *f* / misuse *n* || **Ausfall infolge** ⁓**nutzung** / misuse failure || ⁓**ordnung** *f* / imperfection *n* || ⁓**produkt** *n* / nonconforming product
Fehlschaltung *f* / maloperation *n*, inadvertent wrong operation, wrong operation, fault *n*
fehlschlagen *adj* / fail *adj*
Fehl·schließsicherung *f* / device to prevent incorrect closing, fail-safe principle || ⁓**schüttelbunker** *m* / waste hopper || ~**sicher** *adj* / fail-safe *adj* || ⁓**signal** *n* / spurious signal, false signal || ⁓**spannung** *f* / offset voltage || ⁓**stelle** *f* / defect *n*, defect electron *n* || ⁓**stelle** *f* / holiday *n* || ⁓**stelle** *f* (Kontakt) / vacancy *n* || ⁓**stelle** *f* / void *n* || ⁓**steuerung** *f* / maloperation *n*, malfunction || ⁓**synchronisation** *f* / incorrect synchronization, synchronizing failure || ⁓**teile** *n pl* / shortages *n pl* || ⁓**verbindung** *f* / misconnection *n*
Fehlverhalten *n* / human failure, malfunction *n*, errors *n pl*, incorrect response || ⁓ *n* (menschliches Versagen) / mistake *n*, human error || **menschliches** ⁓ / malfunction *n*, errors *n pl*, mistake *n*, human failure, human error
Fehl·winkel *m* / dielectric loss angle || ⁓**winkel** *m* (Phasenverschiebung, Wandler) / phase displacement, phase displacement angle, phase error || ⁓**winkelgrenze der Genauigkeitsklasse** / rated phase angle || ⁓**winkel-Korrekturfaktor** *m* / phase angle correction factor || ⁓**zeit** *f* / non-productive time || ⁓**zeitenkalender** *m* / absence calendar *n*
Fehlzustand *m* (Fehlzustand, der als Gefahr eingestuft wird, Personenschäden, beträchtliche Sachschäden oder andere unvertretbare Folgen zu verursachen) / fault *n* IEC 50(191) || ⁓ **infolge Fehlanwendung** (Fehlzustand infolge falscher Bedienung oder mangelnder Sorgfalt) / misuse fault || ⁓ **infolge Fehlbehandlung** (Fehlzustand infolge falscher Bedienung oder mangelnder Sorgfalt) / mishandling fault || ⁓ **infolge Fehlnutzung** (Fehlzustand infolge von Anwendungsbeanspruchungen, welche die festgelegten Leistungsfähigkeiten der Einheit überfordern) / misuse fault || **bleibender** ⁓ (Fehlzustand einer Einheit, der solange besteht, bis eine Instandsetzung ausgeführt ist) / permanent fault, persistent fault, solid fault || **datenbedingter** ⁓ (Fehlzustand, der als Folge der Verarbeitung eines besonderen Datenmusters auftritt) IEC 50(191) / data-sensitive fault || **eindeutiger** ⁓ (Fehlzustand, in dem die Einheit bei jeder Inanspruchnahme mit gleichem Ergebnis versagt) IEC 50(191) / determinate fault || **entwurfsbedingter** ⁓ (Fehlzustand wegen ungeeigneter Konstruktion einer Einheit) / design fault || **intermittierender** ⁓ (Fehlzustand einer Einheit, der eine beschränkte Dauer besteht und von dem ausgehend die Einheit ihre Funktionsfähigkeit wiedererlangt, ohne dass an ihr irgendeine Instandsetzungsmaßnahme vorgenommen wurde) / transient fault || **nicht eindeutiger** ⁓ (Fehlzustand, in dem die Einheit in Abhängigkeit von der Art der Inanspruchnahme mit unterschiedlichem Ergebnis versagt) / indeterminate fault || **permanenter** ⁓ / permanent fault, persistent fault, solid fault || **programmbedingter** ⁓ (Fehlzustand, der bei der Ausführung einer besonderen Folge von Anweisungen zum Versagen führt) / programme-sensitive fault || **systematischer** ⁓ (Fehlzustand infolge eines systematischen Ausfalls) / systematic fault
Fehlzustands·analyse *f* / fault analysis || ⁓**art** *f* / fault mode || ⁓**art- und -auswirkungsanalyse** *f* / fault modes and effects analysis (FMEA), failure modes and effects analysis (FMEA) || ⁓**art-, -auswirkungs- und -kritizitätsanalyse** *f* / failure modes, effects and critically analysis (FMECA), fault modes, effects and criticality analysis || ⁓**baum** *m* / fault tree || ⁓**baumanalyse** *f* / fault tree analysis (FTA) || ⁓**behebung** *f* / fault correction || ⁓**behebungszeit** *f* (Teil der aktiven Instandsetzungszeit, während dessen die

Fehlzustandsbehebung durchgeführt wird) / fault correction time || diagnose f / fault diagnosis || diagnosezeit f / fault diagnosis time (the time during which fault diagnosis is performed) || erkennung f (Ereignis, bei dem ein Fehlzustand erkannt wird) / fault recognition || erkennungsgrad m (Anteil der Fehlzustände einer Einheit, die unter gegebenen Bedingungen erkannt werden können) / fault coverage || lokalisierung f (Identifizierung der fehlerhaften Einheiten in der entsprechenden Gliederungsebene) / fault location, fault localization || lokalisierungszeit f (Teil der aktiven Instandsetzungszeit, während dessen die Fehlzustandslokalisierung durchgeführt wird) / fault location time, fault localization time || maskierung f / fault masking || toleranz f / fault tolerance

Feier·abend m / end of work || abendmodus m / end of shift mode || tag m / public holiday

Feil·scheibe f / circular file || spanbild n / magnetic figure || späne m pl / filings n pl

fein adj / fine adj

Fein·abgleich m / fine adjustment, fine tuning || abschwächer m / fine attenuator || abstimmung f / fine adjustment || ~adrig adj / fine-core adj || anteil m / fines content || antrieb m / slow-motion drive, micro-drive || arbeit m / precision work || ausrichten n / precision aligning, final alignment || auswuchtung f / precision balancing

fein·bearbeiten v / finish-machine v, finish v

Fein·bearbeitung f / finish-machining n, finishing n, finishing cut, finish cutting, finish cut, finish n || bereich m / incremental range || blech n (bis 5 mm) / sheet n || blech n (bis 3 mm) / thin sheet, light-gauge sheet || bohrspindel f / fine boring spindle || bohrwerkzeug n / precision drilling tool || bohrzyklus m / fine drill cycle || chemie f / fine chemicals || chemieprodukte n pl / fine-chemical products || chemikalien f pl / fine chemicals || daten f / high-resolution data || dehnungsmesser m / precision strain gauge

feindrähtig adj / finely stranded, fine-strand adj, flexible adj || ~ **mit Aderendhülse** / finely stranded with end sleeve || **~er Leiter** / flexible conductor, finely stranded conductor

Fein·drahtziehmaschine f / fine wire-drawing machine || drehen n / high-precision cutting || drehzahl f / spotting speed

feine Genauhaltgrenze f / fine exact stop limit

Fein·einsteller m / fine adjuster, vernier adjuster || einstellskala f / vernier scale || einstellung f / fine adjustment, precision adjustment, fine control, precision positioning || einstellung f / micrometer adjustment || einstellung f (nach Noniusskala) / vernier adjustment || endtaster n / sensitive limit switch, precision micro-switch, microswitch n || entwurf m / final draft, detailed design

feines Genauhaltfenster n / fine exact stop window

Fein·fahrantrieb m / micro-drive n || fehlerkennung f / detailed error identifier || filter n / micro-filter n || folie f / film n

feinfühliges Einstellen / precision adjustment

Feingang m / fine speed, fine traverse || drehzahl f / micro-speed n, fine-feed speed || geschwindigkeit f / fine feed rate ||

getriebemotor m / micro-speed geared motor, micro-speed unit

Fein·geräteelektroniker m / electronic devices fitter || ~**geschnitten** adj / precision cut || gewinde n / fine thread || glimmer m (gemahlen) / ground mica || glimmer-Glasgewebeband n / integrated-mica glass-fibre tape || glimmer-Isoliermaterial n / integrated-mica insulating material, reconstituted-mica insulating material || ~**granular** adj / fine-grained || guss m / precision-casting || gut n / fine fraction

Fein·heit f (Auflösung, F. der Messung, Regelung) / resolution n || honen n / superfinishing n || impuls m / fine pulse || interpolation f / fine interpolation || interpolator m (FIPO) / fine interpolator (FIPO) || konzept n / final concept || ~**körnig** adj / fine-grained adj || korrektur f / precise correction, fine offset || ~**kristallin** adj / fine-crystalline adj || ~**kristallines Silizium** / fine crystalline silicon || lage f / fine position || leck n / micro-leak n, fine leak

Fein·mechanik f / fine mechanics, precision engineering || mechaniker m / precision fitter || messdiagramm n / stress-strain diagram || messlehre f / micrometer gauge || messmanometer n / precision pressure gauge || messschraube f / micrometer screw || messuhr f / micrometer dial, micrometer gauge || mess- und Prüfmittel / precision measuring and testing equipment || ~**modular** adj / highly modular, bit modular, bit-modular adj || ~**modulare Peripherie** f / bit-modular I/O || ~**modularer Aufbau** / bit-modular design || normierung f / fine standardization || optimierung f / fine optimization

Fein·parallelschalten n / ideal paralleling || passung f / close fit || planum f / finish subgrade, finish grade || planung f / finite planning || planungswerkzeug n pl / detail planning tools || polieren n / fine polishing, mirror polishing || position f / fine position || positionieren n / fine positioning || rechen m / screen rake || relais n / sensitive relay

Fein·schaltung f / fine-step connection, fine-step operation || schleichgang m / precision-controlled slow-speed step, fine inching step || schleifen n / finish-grinding n, polishing n, honing n, smooth grinding, fine grinding || schlichten n / smooth-finishing n || schneiden n / fine cutting || schnitt m / fine-cut || schritt-Messmodus m / fine step measuring mode || schutz m / secondary protection, fine protection || schutzelement n / low-voltage protection element || sicherung f / miniature fuse, fine-wire fuse, pico fuse || sitz m / medium fit || spezifikation f / fine specifications || stanzen f / high-precision punching, precision blanking

Feinst·auswuchtung f / high-precision balancing || ~**bearbeiten** v / precision-machine v, micro-finish v, super-finish v || bearbeitung f / microfinish n, ultra-fine machining || blech n / backplate n || ~**drähtig** adj / very finely stranded adj || ~**drähtiger Leiter** / extra finely stranded conductor, highly flexible conductor || drehen n / extra-fine turning

Feinsteller m / fine adjuster, vernier adjuster

Feinst·filter n / micro-filter n || gewinde n / extra-fine thread

Fein·stoff m / fine n || stopmotor m / precision-type

brake motor || ⟡**strom** *m* / fine feed, dribble feed || ⟡**struktur** *f* (Mikrostruktur) / microstructure *n* || ⟡**struktur** *f* (Spektrallinie) / fine structure (spectral line) || ⟡**struktur** *f* (Kristallstruktur) / crystal structure || ⟡**strukturuntersuchung** *f* (Kristallstrukturanalyse) / crystal structure analysis (o. determination)
Feinstschlichten *n* / extra-fine finishing, superfinishing *n*
Fein·stufe *f* / fine step, fine-step tapping || ⟡**stufenlage** *f* / fine-step layer || ⟡**stufenwicklung** *f* / fine-step winding || **~stufig regelbar** / variable in fine steps, finely adjustable || ⟡**stufigkeit** *f* (Steuerschalter) / notching ratio
Feinwuchtung *f* / high-precision balancing
Fein·synchronisation *f* / fine synchronization || ⟡**synchronisieren** *n* / ideal synchronizing || ⟡**taster** *m* (Messwerkzeug) / comparator *n* || ⟡**teilung** *f* (Skale) / fine graduation || ⟡**terminplanung** *f* / final schedule || **~tropfiger Werkstoffübergang** / spray transfer || ⟡**trübungsmessung** *f* / low-concentration turbidity measurement || ⟡**vermahlautomat** *m* / automatic pulverizer || ⟡**verschiebung** *f* / fine offset || ⟡**verstellung** *f* / fine control, fine adjustment, precision adjustment, precision positioning, precise adjustment || ⟡**wähler** *m* / tap selector || ⟡**wasser** *n* / de-ionized water || ⟡**werktechnik** *f* / precision engineering || ⟡**werktechnik** *f* / precision mechanics || ⟡**zeitzähler** *m* / precision time counter
Feld *n* / span *n*, switchgear panel || ⟡ *n* (Schalttafel) / panel *n*, switchboard section, cubicle *n* || ⟡ *n* (Rechnerprogramm, Anordnung von Zeichen in geometrischer Form) / array *n* || ⟡ *n* (Einzelfeld) / panel *n*, section *n*, vertical section, unit *n* || ⟡ *n* (Schrank, Schrankbreite) / cubicle *n*, cubicle width || ⟡ *n* (Freileitung, Teil zwischen zwei Leiterbefestigungspunkten) / span *n* || ⟡ *n* DIN 43350, VDE 0660, T.500 / section *n* IEC 439-1 || ⟡ *n* / field *n*, field system || ⟡ *n* (MCC) / vertical section, section *n* || ⟡ *n* / bay *n* || ⟡ *n* (Bildschirm) / field *n*, display field || ⟡ *n* / tile *n* || ⟡ *n* (Einsatzort) / field *n*, section *n* || ⟡ **mit Nutzdaten** / user data field || **Daten~** *n* / data field || **elektromagnetisches** ⟡ / electromagnetic field || **Prüf~** *n* / test bay, testing station, test floor, testing laboratory, test berth || **selektiertes** ⟡ *n* / selected box || **Spann~** *n* (Freileitung) / span *n* || **Steuer~** *n* (Steuerbitstellen in einem Rahmen) / control field || **Verstärkungs~** *n* (Verstärkerröhre) / gain box || **vorgedrucktes** ⟡ / predefined field
Feld·abbau *m* / field decay || ⟡**abbauversuch** *m* / field-current decay test, field extinguishing test || ⟡**abdeckung** *f* / front cover || ⟡**abdeckung** *f* / panel cover, section cover || ⟡**abfall** *m* / field decay || ⟡**ablösepunkt** *m* / field weakening point || ⟡**änderungsgeschwindigkeit** *f* / field response || ⟡**anordnung** *f* / panel arrangement || ⟡**anschluss** *m* / panel connection || ⟡**anschlussklemme** *f* / field wiring terminal || ⟡**anzeiger** *m* / field indicator || ⟡**art** *f* / panel type || ⟡**aufbau** *m* / setting up, configuration *n*, construction *n*, installation *n*, design *n*, structure *n*, surface mounting || ⟡**ausbau** *m* / cubicle expansion || ⟡**ausfallrelais** *n* / field failure relay, loss of excitation relay, field loss relay || ⟡**ausfallschutz** *m* / field failure protection || ⟡**ausführung** *f* / panel version || ⟡**auswahl** *f* / panel selection || ⟡**automation** *f* / field automation || ⟡**automatisierung** *f* / field automation
Feld·bedingung *f* / field condition, field operating condition || ⟡**belüftung** *f* / cubicle ventilation || ⟡**bereich** *m* / field level || ⟡**beschleunigung** *f* / field acceleration || ⟡**besetzung** *f* (MCC) / section complement, apparatus arrangement of section || ⟡**bestand** *m* / field inventory, installed base of equipment/products, inventory of equipment in the field || ⟡**bezeichnungsschild** *n* / panel designation label || **~bezogen** *adj* / panel-related || **~bezogene Informationsverarbeitung** / feeder-related data processing || **~bezogener Komponent** / bay component || ⟡**bild** *n* / field form, field pattern, field distribution, magnetomotive force pattern || ⟡**bildaufnahme** *f* / field distribution measurement || ⟡**breite** *f* / cubicle width, field width, panel width || ⟡**bündelabstandhalter** *m* / spacer *n* IEC 50(466) || **dämpfender** ⟡**bündelabstandhalter** *m* / spacer damper IEC 50(466)
Feldbus *m* / field bus, process fieldbus (PROFIBUS), profibus *n* || ⟡ *m* (Bus für die Datenübertragung in der Feldebene. Typische Teilnehmer in der Feldebene sind z. B. binäre und analoge Feldgeräte (Antriebe, Ventile).) / fieldbus *n* || ⟡**anschluss** *m* / fieldbus connection || ⟡**anwendung** *f* / fieldbus application || ⟡**box** *f* / fieldbox box || ⟡**-Datensicherungsschicht** *f* / field bus data link layer (FDL) || ⟡**-Datenübermittlungsabschnitt** *m* / field bus data link (FDL) || ⟡**-Ebene** *f* / fieldbus level || ⟡**gerätekonfigurator** *m* / fieldbus device configurator || ⟡**integration** *f* / fieldbus integration || ⟡**interface** *n* / fieldbus interface || ⟡**kabel** *n* / fieldbus cable || ⟡**karte** *f* / fieldbus card || ⟡**klemme** *f* / fieldbus terminal || ⟡**knoten** *m* / fieldbus node || ⟡**-Knoten** *m* / fieldbus node || ⟡**Kommunikation** *f* / fieldbus communication || ⟡**komponente** *f* / fieldbus component || ⟡**konfigurator** *f* / fieldbus configurator || ⟡**konzept** *n* / fieldbus concept || ⟡**koppler** *m* / fieldbus coupler || ⟡**lösung** *f* / fieldbus solution || ⟡**master** *m* / fieldbus master || ⟡**modul** *n* / fieldbus module || ⟡**-Nachrichtenspezifikation** *f* / filed bus message specification (FMS) || ⟡**netz** *n* / fieldbus network || ⟡**protokoll** *f* / fieldbus protocol || ⟡**schnittstelle** *f* / fieldbus interface || ⟡**sensor** *m* / fieldbus sensor || ⟡**-Sicherungsschicht** *f* / field bus data link layer (FDL) || ⟡**signal** *n* / fieldbus signal || ⟡**-Slave** *m* / fieldbus slave || ⟡**standard** *m* / fieldbus standard || ⟡**stecker** *m* / fieldbus plug (FBP) || ⟡**steuerung** *f* / fieldbus control || ⟡**system** *n* / fieldbus system, field bus system || ⟡**technik** *f* / fieldbus technology || ⟡**-Technologie** *f* / fieldbus technology || ⟡**-Teilnehmer** *m* / fieldbus node || ⟡**-Tool** *n* / fieldbus tool || ⟡**trennübertrager** *m* / field bus isolating transformer || ⟡**-Trennübertrager** *m* / field bus isolating transformer || ⟡**verbindung** *f* / fieldbus connection
Feld·daten *plt* / field data || ⟡**definition** *f* / field definition || ⟡**dichte** *f* / field density, density of lines of force || ⟡**drossel** *f* / field kicking coil ||

⌑**durchflutung** f / field ampere turns, ampere turns of exciting magnet, excitation strength || ⌑**durchmesser** m IEC 50(731) / mode field diameter || ⌑**durchschlag** m / field breakdown || ⌑**ebene** f / field level, process measurement and control level || ⌑**ebene** f (PROFIBUS) / field level
Feldeffekttransistor m / field-effect transistor (FET) || ⌑ **mit isolierter Steuerelektrode** / insulated-gate field-effect transistor (IG FET) || ⌑ **mit Metall-Nitrid-Halbleiter-Aufbau** (MNS-FET) / metalnitride semiconductor field-effect transistor (MNS FET) || ⌑ **mit Metall-Oxid-Halbleiter-Aufbau** (MOS-FET) / metal-oxide semiconductor field-effect transistor (MOS FET) || ⌑ **mit PN-Übergang** (PN-FET) / junction-gate field-effect transistor (PN FET) || ⌑**tetrode** f / tetrode field-effect transistor || ⌑**triode** f / triode field-effect transistor
Feld·einsatz m / after sales service, field operation || ⌑**elektronenemission** f / autoelectronic emission, cold emission || ⌑**element** n (Element eines Feldes (ARRAY)) / field element || ⌑**emission** f / field emission (electron emission due to the action of an electric field)
Felder, freie ⌑ / available fields
Feld·erfahrung f / field experience || ⌑**erhöhung** f / field forcing || ⌑**erprobung** f / field test, field tests, field validation || ⌑**erregerkurve** f / m.m.f. curve || ⌑**erregung** f / field excitation || ⌑**ertrag** m (die vom Modulfeld während der Bezugsperiode erzeugte Energie pro kWp Nennleistung) / array yield || ⌑**faktor** m / field factor || ⌑**fehler** m pl / field defects || ⌑**fehlerbearbeitung** f / field defect handling || ⌑**fehlerindex** m / field defect index || ⌑**fehler- und Systemtestfehlerdatenbank** / field defect and system test defect database || ⌑**formfaktor** m / field form factor || **~frei** adj / field-free adj, fieldless adj
feldgebundene Störentkopplung / field-related interference
Feld·gerät n / field device || ⌑**gerät (FG)** n / field device (sensors and actuators only), bay control unit, bay device, field unit, feeder unit || ⌑**gerätanschluss** m / I/O unit || ⌑**gerätehersteller** m / field device manufacturer || ⌑**geräte-Revision** f / field device revision || ⌑**gerätespeisung** f / field device supply || ⌑**gerüst** n (MCC) / vertical section || ⌑**gleichrichter** m / field-circuit rectifier, field rectifier, static exciter || ⌑**grenzen** f / field borders (maximum size of a field) || ⌑**größe** f / panel size, field quantity, field variable || ⌑**größe** f / field size || ⌑**größenrechner** m (analog) / field-variable converter
Feld·hinweisliste f / component location reference || ⌑**höhe** f / cubicle height || **~hohe Platte** / cubicle-height plate || ⌑**index** n / array index || ⌑**indizierung** f / subscripting n || ⌑**instrumentierung** f / field instrumentation || ⌑**intensität** f / field intensity || ⌑**kennlinienaufnahme durchführen** / initialize field characteristic || ⌑**kennlinienaufnahme neu bestimmen** / redetermine field characteristic || ⌑**kennzeichnung** f / panel identification || ⌑**kern** m / pole core || ⌑**klemme** f / field terminal || ⌑**kommunikation** f / field communication || ⌑**komponente** f / field component || ⌑**kondensator** m / excitation capacitor ||

~konfektionierbar adj / suitable for on-site assembly || **elektrische** ⌑**konstante** / electric constant, permittivity n, capacitivity of free space, permittivity of the vacuum || **magnetische** ⌑**konstante** / magnetic constant || ⌑**kraft** f / force acting in a field, magnetic force || **magnetische** ⌑**kraft** / magnetic force acting in a field || ⌑**kreis** m / field circuit || ⌑**kreisumschaltung** f / field-circuit reversal, field reversal || ⌑**kurve** f / field distribution curve, field form, gap-flux distribution curve
Feld·länge f / span length || ⌑**leitebene** f / bay control level || ⌑**leitgerät** n / bay controller || ⌑**leittechnik** f / feeder control system || ⌑**linie** f / field line, magnetic line of force, line of force, line of induction, line of flux || ⌑**linienbild** n / field pattern || ⌑**liniendichte** f / density of lines of force, field density || ⌑**linienverlauf** m / flux distribution characteristic. field form, field pattern || ⌑**linse** f / field lens
Feld·magnet m / field magnet || ⌑**magnet** m (gewickeltes Bauteil zur Erzeugung des Erregerflusses) / field system || **Einfach-**⌑**magnet** m / single-sided field system || ⌑**marke** f (Positioniermarke) / cursor n || ⌑**montage** f (Montage am Einbauort) / field mounting, field-mount n || ⌑**multiplexer** m / remote multiplexer terminal, field multiplexer
Feld·nachführung f / field forcing, field control || ⌑**name** m / panel designation || ⌑**netz** n (Netzelektrode) / field mesh, mesh electrode || ⌑**netzwerk** n / field network
Feld·oberwelle f / field harmonic || **~orientiert** adj / field-oriented || **~orientierte Regelung** / field-oriented control || **~orientierte Regelung (FOC)** / field-oriented closed-loop control || **~orientierte Vektorregelung** / field-oriented vector control || ⌑**orientierung** f / field orientation || ⌑**orientierungsregelung** f / field-orientation control, field-vector control
Feld·platte f (magnetischer Widerstand) / magnetoresistor n || ⌑**plattengeber** m / magnetoresistive transducer || ⌑**plattenpotentiometer** n / magnetoresistive potentiometer || ⌑**plattenwandler** m (Messwertumformer) / magnetoresistive transducer || ⌑**pol** m / field pole || **~programmierbar** adj / field-programmable adj || **~programmierbarer Logikbaustein** / field programmable gate array (FPGA)
Feld·raster n / panel dimensions || ⌑**rechnung** f / field computation || ⌑**regelung** f / field control, field regulation || ⌑**regler** m / field rheostat, exciter field rheostat, field regulator, speed regulating rheostat || ⌑**röhre** f / tube of force || ⌑**rückgangsrelais** n / field failure relay, loss-of-field relay || ⌑**rückmeldung** f / field report
Feld·schalter m / field circuit-breaker, field switch || ⌑**schiene** f / cubicle busbar || ⌑**schiene** f (MCC) / vertical bus(bar) || ⌑**schienenkanal** m / cubicle busbar duct || ⌑**schnitt** m / panel section || ⌑**schritt** m / field pitch, field step || ⌑**schrittweite** f / field step size || ⌑**schütz** n / field-circuit contactor || ⌑**schwächbereich** m / field weakening range || ⌑**schwächdrehzahl** f / field-weakening speed || ⌑**schwäch-Drosselspule** f / inductive shunt || ⌑**schwächebetrieb** m / weak field range, field

weakening operation || ⁓schwächedrehzahl *f* / field-weakening speed || ⁓schwächefrequenz *f* / field-weaking frequency || ⁓schwächegerät *n* / field weakening switchgroup || **~schwächend kompoundiert** / differential compounded || **~schwächende Verbunderregung** / differential compounding || **Maschine mit ~schwächender Verbunderregung** / differential-compounded machine || ⁓schwächeregelung *f* / field-shunting control, speed variation by field control, field weakening control, shunted-field control || ⁓schwächfrequenz *f* / field-weaking frequency || ⁓schwächregelung *f* / field weakening control range || ⁓schwächregler *m* / field weakening controller || ⁓schwächung *f* / field weakening, field suppression, field control || ⁓schwächung durch Anzapfung / field weakening by tapping || ⁓schwächung durch Nebenschluss / field shunting || ⁓schwächung durch Parallelwiderstand / field shunting || ⁓schwächungsautomat *m* / field suppressor || ⁓schwächungsbereich *m* / speed range under field control, field weakening range, field shunting range || ⁓schwächungseinrichtung *f* / field weakening device, field suppressor || ⁓schwächungsgrad *m* / field weakening ratio || ⁓schwächungsschalter *m* (Bahnmotoren) / field weakening switchgroup || ⁓schwächungsverhältnis *n* / field weakening ratio
Feld·sonde *f* (Suchspule) / magnetic test coil, search coil, exploring coil || ⁓**sonde** *f* (Hall) / Hall flux-density probe || ⁓**spannung** *f* / field voltage, excitation voltage, inductor voltage || ⁓**spannungsteiler** *m* / potentiometer-type field rheostat || ⁓**sperre** *f* / bay disable || ⁓**sperre (FSP)** *f* / feeder lockout || ⁓**sperre IED gesetzt** *f* / bay monitoring direction in IED blocked (b.m.d. in IED blckd) || ⁓**sperre WinCC gesetzt** *f* / bay monitoring direction in WinCC blocked (b.m.d. in WinCC blckd) || ⁓**spule** *f* / field coil
Feldstärke *f* / field strength, magnetic force, field intensity || ⁓ *f* (in dB) / signal strength, power level || **elektrische** ⁓ / electric field intensity, voltage gradient || **magnetische** ⁓ / magnetic field strength, magnetic field intensity, magnetic force, magnetic intensity, magnetizing force, H-vector *n* || ⁓**dämpfungsmaß** *n* / field strength diminution factor || ⁓**-Messgerät** *n* (Störfeld) / interference-field measuring set || ⁓**-Messplatz** *m* IEC 50 (161) / radiation test site || ⁓**verlauf** *m* / field strength distribution
Feld·steller *m* / field rheostat, field regulator, speed regulating rheostat || ⁓**steuerdrehzahl** *f* / speed obtained by field control || ⁓**steuerelektrode** *f* / field-control electrode || **~steuernde Elektrode** / field-control electrode, potential-grading electrode || ⁓**steuersatz** *m* / field gating unit || ⁓**steuerung** *f* / field control || ⁓**steuerung** *f* (Maßnahmen zur Steuerung des el. Feldes im Bereich einer Kabelgarnitur) / stress control || ⁓**steuerungsbaustein** *m* / feeder control unit
Feldstrom *m* / field current || ⁓**empfindlichkeit** *f* (Elektroakustik) / free-field current sensitivity || ⁓**kreis** *m* / field circuit, excitation circuit || ⁓**überwachung** *f* / field failure protection || ⁓**umschaltung** *f* / field current reversal, field reversal

Feld·system *n* / field system || **~tauglich** *adj* / field-capable *adj* || ⁓**teilung** *f* / panel spacing || ⁓**teilung** *f* / panel width, cubicle width || ⁓**teilung** *f* / bay width || ⁓**test** *m* / field testing, field test || ⁓**transistor** *m* / field-effect transistor (FET) || ⁓**tür** *f* / panel door, section door, unit door || ⁓**typ** *m* / field type || ⁓**typ** *m* / panel type || ⁓**übertragungsfaktor** *m* / free-field voltage response || ⁓**umkehr** *f* / field reversal || ⁓**umschaltung** *f* / field reversal || ⁓**- und Geräteabbild** *n* / bay and equipment image
Feld·variable *f* / array variable || ⁓**variante** *f* / panel version || ⁓**verbinder** *m* / mid-span tension joint, field connector || ⁓**verbindung** *f* / panel link || ⁓**verbindungsschraube** *f* / panel connecting bolt || ⁓**verbund** *m* / panel group || ⁓**verbundleiste** *f* / panel connection link || ⁓**verbundstelle** *f* / panel joint || ⁓**verdrahtung** *f* / dedicated l.v. wiring IEC 50(605), field wiring || ⁓**vereinbarung** *f* (Programm) / array declaration || ⁓**verkabelung** *f* / field level wiring || ⁓**verkettung** *f* / field chaining || ⁓**verlauf** *m* / field-strength distribution, field pattern || ⁓**verriegelung** *f* / bay interlocking || ⁓**verschiebung** *f* / field displacement || ⁓**versorgung** *f* / field supply || **~verstärkende Verbunderregung** / cumulative compounding || ⁓**verstärkung** *f* / field forcing, forced field, field strengthening, field boosting || ⁓**verteiler** *m* (PROFIBUS) / field distributor || ⁓**verteilung** *f* / field distribution || ⁓**verzerrung** *f* / field displacement, field distortion || ⁓**Verzerrungs-Richtungsleitung** *m* IEC 50(221) / field-displacement isolator || ⁓**verzögerung** *f* / field deceleration
Feld·weg *m* / dirt road || ⁓**weite der Strahldivergenz** / beam divergence || ⁓**welle** *f* / harmonic force wave || ⁓**wellenimpedanz eines Mediums** (Wellenimpedanz für eine Wanderwelle in einem gegebenen Medium) / characteristic impedance of a medium || ⁓**wert** *m* / field value || ⁓**wicklung** *f* / field winding, excitation winding || ⁓**widerstand** *m* / field resistance || ⁓**widerstand** *m* (Stellwiderstand) / field rheostat || ⁓**widerstand** *m* (Gerät) / field resistor, exitation resistor || ⁓**windungszahl** *f* / number of field-winding turns || ⁓**winkel** *m* / field angle, field-vector angle || ⁓**zerfall** *m* / field decay || ⁓**zuordnung** *f* / panel assignment
FEM / finite elements method (FEM) || ⁓**-Crash** *m* / finite element method collision
Fenster *n* (Chromatograph) / window *n*, peak window || ⁓ *n* / window *n* || ⁓ **vergrößern** / enlarge window || ⁓**abdeckung** *f* / window cover || ⁓**ansicht** *f* / window view || ⁓**anwahltaste** *f* / window selection key || ⁓**anwähltaste** *f* / window selection key || ⁓**ausschnitt** *m* / pane *n* || ⁓**auswertung** *f* / window evaluation || ⁓**bankkanal** *m* / sill-type trunking, dado trunking, cornice trunking || ⁓**füllfaktor** *m* / window space factor || ⁓**größe** *f* / window size || ⁓**heber** *m* (FH) / window drive, window lift, electric window lift, window-lift motor, power windows || ⁓**hebermotor** *m* / window actuator motor, window lift motor || ⁓**herstellung** *f* / window manufacturing || ⁓**kontakt** *m* / window contact || ⁓**linie** *f* / window line || ⁓**maschine** *f* / window machine, window machining center || ⁓**menü** *n*

FEP

(Menü, das durch Klicken auf das Symbol in der linken oberen Ecke des Fensters geöffnet wird) / control-menu box || ≈**öffnung** f / window size || ≈**rahmen** m / window frame || ≈**schicht** f / window layer || ≈**tag** m / bridge day || ≈**technik** f / window-oriented || ≈**teilung** f / window spacing || ≈**transformation** f (GKS) / window-to-viewport transformation, window transformation || ≈**überschrift** f / window title || ≈**zählrohr** n / end-window counter tube
FEP / fluorine ethylene propylene
FEPROM n (sind wesentlich schneller löschbar als EEPROM, FEPROM = Flash Erasable Programmable Read Only Memory) / flash EPROM
FeRAM / Ferroelectric Random Access Memory (FeRAM)
Ferien f / holidays n, vacation n || ≈**aushilfe** f / holiday employee || ≈**programm** n / holiday program || **integriertes** ≈**programm** / built-in holiday program
Fermi-Energie f / Fermi energy (energy level at which the probability of finding an electron is one-half. In a metal, the Fermi level is very near the top of the filled levels in the partially filled valance band. In a semiconductor, the Fermi level is in the band gap.) || ≈**-Niveau** n (Energieniveau in einem Festkörper, das bei einer thermodynamischen Temperatur von 0 Kelvin die besetzten von den unbesetzten Elektronenniveaus trennt) / Fermi level
fern adj / remote adj
Fern·abfrage f / remote inquiry || ~**abgeleitetes Synchronisationssignal** / remotely derived synchronization signal || ~ **abgeleitetes Synchronisiersignal** / remotely-derived synchronization signal || ≈**abschaltung** f / remote de-energization || ≈**alarm** m / remote alarm || ≈**alarmierung** f / remote alarm || ≈**antrieb** m / remote-controlled mechanism, remote control operation, remote controlled mechanism || ≈**antrieb mit Schloss** / remote operating mechanism and lock || ≈**anwahl** f / remote selection || ≈**anweisen** n / teleinstructing n, teleinstruction n || ≈**anweisung** f / teleinstruction n || ≈**anzeige** f / remote indication, remote annunciation, remote display || ≈**anzeigen** n (Fernüberwachen von Zuständen wie z.B. Alarmzustände, Schalterstellungen, Schieberstellungen, usw.) / teleindication n, telesignalization n || ≈**anzeiger** m / remote indicator, distant-reading instrument || ≈**aufnehmer** m / remote pickup, remote sensor || ~**auslösen** v / remote-controlled tripping || ≈**auslöser** m / remote release, remote trip || ≈**auslösung** f (Ausschalten) / remote tripping, distance tripping || ≈**auslösung** f / remote triggering, external triggering
Fern·bediengerät n / remote operator control unit || ≈**bedienpotentiometer** n / remote control potentiometer || ~**bediente Station** / remotely controlled substation || ≈**bedienung** f / remote control, supervisory control || ≈**bedienungspotentiometer** n / remote control potentiometer || ≈**bedienungspoti** n / remote control potentiometer || ≈**bedienungsschalter** m / remote control switch (r.c.s.) || ≈**bedienungssystem** n / remote control system || ≈**bedienungstafel** f / remote control board (o. panel) || ≈**bedienungsterminal** f / remote terminal

unit (RTU) || ≈**befehl** m / remote control command || ≈**bereich** m (Anlage, System, Netz) / plant-wide area, field environment, system-wide area, network-wide area || ~**betätigter Schalter** / remote-controlled switch, remotely actuated switch || ~**betätigter Sollwerteinsteller** / remote set-point adjuster || ~**betätigtes Gerät** / remotely operated apparatus || ≈**betätigung** f / remote control || ≈**betätigungskreis** m / remote control circuit || ≈**betriebs-Dienstelement** n / remote operations service element || ≈**betriebseinheit** f (FBE) DIN 443029 / communication control unit (FBE) || ≈**betriebseinheit;**
Kommunikationsüberwachung f (FBE DIN 44302) / communication control
Fernbus m / data highway (DH), long-distance bus, long-distance network (LDN) || ≈ m (busförmiges LAN) / bus network, bus-type LAN, tree network || ≈**anschaltbaugruppe** f (Fernbus - Nahbus) / bridge module, gateway n || ≈**kabel** n / DH cable, multi-drop cable || ≈**schnittstelle** f / DH interface
Fern-Busverstärker(paar) m / remote repeater
Fern·diagnose f / remote diagnosis, remote diagnostics, telediagnostics plt || ≈**diagnosetool** n / remote diagnostic tool || ≈**dialog** m / remote dialog || ≈**dimmer** m / remote control dimmer || ≈**dreher** m / synchro n, selsyn n || ≈**dreher-Empfänger** m / synchro receiver || **dreher-Geber** m / synchro transmitter || ≈**drehwelle** f / synchro system, synchro-tie n || ~**e PROFIBUS-Adresse** / remote PROFIBUS address || ~**e Prüfschleife** (DÜE) DIN 66020, T.1 / remote loopback || ≈**/Eigen-Umschaltfunktion** f DIN IEC 625 / remote/local function IEC 625
Fern·einschlag m (Blitz) / remote strike || ≈**einstellen** n / teleadjusting n || ≈**endgerät** n / remote terminal unit (RTU) || ≈**entriegelung der Heckklappe** / internal tailgate release, remote-controlled tailgate release || ≈**entriegelung der Tankklappe** / remote-controlled (o. internal) filler-flap release || ≈**-Entstörung** f / long-distance interference suppression || **Istwert-**≈**erfassen** n / remote sensing
Fern·feld n / distant field, far field || ≈**feldbeugungsmuster** n IEC 50(731) / far-field diffraction pattern || ≈**fühlen** n / remote sensing || ≈**fühler** m / remote sensor || ≈**führung** f DIN 41745 / remote control
Fern·gas n / grid gas || ≈**geber** m / remote pickup, remote sensor || ~**gemeldet** adj / teletransmitted || ~**gesteuert** adj / telecontrolled || ~**gesteuerte Instandhaltung** / remote maintenance (maintenance of an item performed without physical access of the personnel to the item) || ≈**greifer** m / remote handling tongs (o. gripper)
Fern·heizkraftwerk n / district heating power station || ≈**heizung** f / district heating
Fern·kabel n / trunk cable, long-haul cable || ≈**kalibrierung** f / remote calibration || ≈**konfiguration** f / remote configuration || ≈**kopie** f / facsimile copy, facsimile n || ≈**kopieren** n / facsimile transmission, facsimile communication, telecopying
Fernkopierer m / facsimile communication unit, facsimile unit, facsimile communication equipment || ≈ m (Funktionseinheit zum Senden und Empfangen von Abbildern von Seiten im

Telefaxdienst) / fax machine || ⁓-**Empfänger** *m* / facsimile receiver || ⁓-**Sender** *m* / facsimile transmitter || ⁓-**Sender/Empfänger** *m* / facsimile transceiver || ⁓-**Trommelgerät** *n* / drum-type facsimile unit

Fern·kopplung *f* (rechnergesteuerte Anlage) / remote interfacing, remote link, remote connection || ⁓**kurzschluss** *m* / remote short-circuit || **~laden** *v* / download *v* || ⁓**leitung** *f* / long distance line || ⁓**leitung** *f* / trunk line, long-distance line, long-distance trunk || ⁓**leitung** *f* (zum Anschluss eines Feldmultiplexers) / remote-multiplexer link || **~lenken** *n* (Bedienen und Lenken von Fahrzeugen aus der Ferne durch Telekommunikation) / teleguidance *n*

Fernlicht *n* / main beam (GB), upper beam (US), main light, driving light || ⁓**kontrolllampe** *f* / main beam warning lamp || ⁓**scheinwerfer** *m* / main-beam headlight (GB), high-beam headlight (US)

Fernmanipulation *f* / remote manipulation

Fernmelde·abteil *n* / telephone service duct (o. compartment) || ⁓**ader** *f* / telephone-type pilot || ⁓**anlage** *f* / telecommunications system || ⁓-**Außenkabel** *n* / outdoor cable for telecommunication systems || ⁓**einrichtungen** *f pl* / telecommunication facilities, communication means || ⁓**elektroniker** *m* / communication electronics installer || ⁓**installateur** *m* / telephone and telegraph installer || ⁓**kabel** *n* / telecommunications cable || ⁓**kanal** *m* / communication channel, telephone channel || ⁓**kontakt** *m* / remote indication contact || ⁓**leitung** *f* / telecommunication line || ⁓-**Luftkabel** *n* / telecommunications aerial cable || ⁓**modul** *n* / remote-signaling module, remote signaling module || ⁓**schnur** *f* / telecommunication cord || ⁓**technik** *f* / telecommunication *n*

Fernmeldung *f* / remote indication, remote annunciation, remote signaling

Fernmess·einrichtung *f* / telemeasuring equipment IEC 50(301), telemetering equipment || ⁓**en** *n* (Fernübertragung der Werte gemessener Größen mit Telekommunikationstechniken) / telemetering *n*, telemetry *n*, remote metering || ⁓**geber** *m* / remote sensor (o. pickup), transmitter *n* || ⁓**gerät** *n* / telemeter *n* || ⁓**system** *n* / telemetering system || ⁓**ung** *f* / telemetry *n*, telemeasuring *n*, telemetering *n*, telemetered value || **Temperatur**⁓**ung** *f* / remote temperature sensing

Fern·ordnung *f* / long-range order || ⁓-**Ort-Umschalter** *m* / remote-local selector || ⁓**parametrierung** *f* / remote parameterizing || ⁓**potentiometer** *n* / remote control potentiometer || ⁓**poti-Ausgang** *m* / remote potentiometer output || **~programmierbar** *adj* / remotely programmable || ⁓**programmierung** *f* / teleprogramming *n*, remote programming || ⁓**projektierung** *f* / remote programming

Fern·quittieren *n* / remote acknowledge || ⁓**quittierung** *f* / remote acknowledgement || ⁓**regeln** *n* / teleregulation *n* || ⁓-**Reserveschutz** *m* / remote back-up protection || ⁓**reset** *n* / remote reset || **~rückstellbarer Melder** EN 54 / remotely resettable detector || ⁓**rückstellung** *f* / remote reset (ting)

Fern·schalten *n* / teleswitching *n*, remote-controlling *n*, remote control || ⁓**schalten** *n* / remote-control *n*, teleswitch *n* || ⁓**schalter** *m* / remote control switch, magnetic remote control switch, remote-controlled switch, remotely actuated switch || ⁓**schalter** *m* (Handsteuergerät) / hand-held controller || ⁓**schalter für Zentral und Gruppe EIN/AUS** / remote-control switch for central and group ON/OFF || **Infrarot-**⁓**schalter** *m* / infrared controller || ⁓**schaltsystem** *n* / infra-red remote-control system || ⁓**schaltung** *f* / remote switching || **~schreiben** *v* / teletype *v* || ⁓**schreiber** *m* (FS) / teletypewriter *n*, teletyper *n*, teletype *n*, teleprinter *n* || ⁓**schreiberanlage** *f* / telex system || ⁓**schreiberanschlussdose** *f* / telex connector box

Fernseh·bildröhre *f* / television tube || ⁓-**Gemeinschaftsantennenanlage** *f* / Community Antenna Television (CATV) || ⁓**kamera** *f* / telecamera *n*, T.V. camera || ⁓**norm** *f* / TV standard || ⁓-**Störspannung** *f* / television interference voltage (TIV) || ⁓**text** *m* / teletext || ⁓**überwachungsanlage** *f* / closed-circuit TV monitoring system

Fern·signalisieren *n* / teleindication *n* || **~speisetauglich** *adj* / capable of carrying power current || ⁓**speisung** *f* / remote powering || ⁓**sprechanlage** *f* / telephone system || ⁓**sprech-Formfaktor** *m* VDE 0228 / telephone harmonic (form) factor (t.h.f.) || ⁓**sprechkanal** *m* / telephone channel || ⁓**sprechnetzspannung** *f* / telecommunication network voltage (TNV) || ⁓**sprech-Störfaktor** *m* / telephone influence factor (t.i.f.), telephone interference factor || ⁓**sprechstörung** *f* / telephone interference || **~sprechtypischer Kanal** (für die Übertragung von Sprache geeigneter Übertragungskanal, der aber für die Übertragung anderer Signale benutzt wird) / telephone-type channel || **~sprechtypischer Stromkreis** / telephone-type circuit || ⁓**stapelverarbeitung** *f* / remote batch processing, remote job entry (RJE)

Fernsteuer·befehl *m* / remote control command, remote command || ⁓**freigabe-Ruhezustand** *m* DIN IEC 625 / remote enable idle state || ⁓**freigabe-Ruhezustand der Systemsteuerung** DIN IEC 625 / system control remote enable idle state (SRIS) || **~-Freigabezustand** *m* DIN IEC 625 / remote enable state || ⁓**kreis** *m* / remote control circuit

fernsteuern *v* / remote-control *v*, remote control *v*, telecommand *v*

Fernsteuer·schalter *m* / remote control switch (r.c.s.) || ⁓-**Sperrzustand der Systemsteuerung** DIN IEC 625 / system control remote enable not active state (SRNS)

Fernsteuerung *f* / remote control, supervisory control || ⁓**freigeben** DIN IEC 625 / remote enable (REN) IEC 625 || ⁓ **mit drahtloser Übertragung** / radio control || ⁓ **über das Netz** / mains signalling

Fernsteuerungs·freigabe *f* / remote enable (REN) || ⁓**steuerungsfreigabe senden** DIN IEC 625 / send remote enable (sre) || ⁓**steuerungszustand mit Verriegelung** DIN IEC 625 / remote with lockout state (RWLS)

Fernsteuer·zentrale *f* / remote control centre || ⁓**zustand** *m* DIN IEC 625 / remote state (REMS)

Fernstrahl

IEC 625
Fernstrahl *m* / high-angle ray
Fern·tastdimmer *m* / remote-controlled dimmer || ⁓-**Teach** *n* / remote teach || ⁓**thermometer** *n* / distant-reading thermometer, telethermometer *n* || ⁓**tongeber** *m* / remote alarm initiator || **~übertragen** / teletransmitted
Fernübertragung *f* / teletransmission *n*, long-distance transmission, high-voltage DC transmission, HVDC transmission, HVDCT, long range transmission || **Daten-**⁓ *f* (DFÜ) / long-distance data transmission, data communications || **HGÜ-**⁓ *f* / HVDC transmission system || ⁓**übertragungssystem** *n* / remote telemetry unit, RTU
Fern·überwachen *n* / telemonitoring *n* || ⁓**überwachungsschnittstelle** *f* / telemonitoring interface (TMI) || ⁓**unterricht** *m* / learn-by-mail school, open learning, correspondance courses, mail-order-courses || ⁓**unterstützung** *f* / remote support || ⁓**verarbeitung** *f* / teleprocessing *n* (TP) || ⁓**verkehrsstraße** *f* / trunk road || ⁓**verkehrsstrecke** *f* / trunk route || ⁓**verstärker** *m* (Bus) / remote repeater || ⁓**verstellung** *m* / remote adjustment || ⁓**verzerrung** *f* (Zeitverzerrung eines bestimmten Signals am Eingang eines Übertragungskanals, geschätzt aus Beobachtungen am Ausgang dieses Kanals) / teledistortion *n* || ⁓**wärme** *f* / district heating || ⁓**wärmeleitung** *f* / cogeneration zones interchange || ⁓**wärmesystem** *n* / district heating (system) || ⁓**wärmezone** *f* / cogeneration zone || ⁓**wartung** *f* / remote maintenance, teleservice *n* (TS) || ⁓**wartung & Cityruf** / teleservice & city call
Fernwirk·adresse *f* / telecontrol address || ⁓**adressierung** *f* / telecontrol addressing || ⁓**anlage** *f* / telecontrol installation (o. system), remote control system || ⁓**anschaltung** *f* (f. Messgeräte) / telecontrol interface, remote control interface || ⁓**anschluss** *m* / remote inal interface, remote terminal interface (RTI) || ⁓-**Anwendungs-Dienstelement** *n* / telecontrol application service element (TASE) || ⁓-**Anwendungs-Dienstelement (Version 2)** *n* / telecontrol application service element (version 2) (TASE 2) || ⁓**dienst** *m* / teleaction service || ⁓-**Dienstleistung** *f* / teleaction service || ⁓**ebene** *f* / telecontrol level, remote control level || ⁓**empfänger** *m* / telecontrol receiver
Fernwirken *n* (FW) / telecontrol *n*, supervisory remote control, supervisory control, selective supervisory control, remote control, telecontrol systems, telecontrol engineering
Fernwirk·-Funktionseinheit *f* / telecontrol functional unit || ⁓**gerät** *n* / telecontrol unit, telecontrol equipment, remote terminal unit (RTU) || ⁓**information** *f* / telecontrol information
Fernwirk·kanal *m* / telecontrol channel || ⁓-**Kompaktgerät** *m* / compact unit (CU), compact device, telecontrol compact unit, *n* controller plug-in || ⁓**konfiguration** *f* / telecontrol configuration || ⁓**kopf** *m* / telecontrol head (TCH), telecontrol interface module || ⁓**leitstelle** *f* / telecontrol centre || ⁓**leitsystem** *n* / telecontrol system || ⁓**linie** *f* / telecontrol link || ⁓**modell** *n* / telemetry model || ⁓**modul** *n* / telecontrol module (TCM) || ⁓**netz** *n* / telecontrol network, telecontrol configuration || ⁓**protokoll** *n* / telecontrol protocol || ⁓-**Protokollmaschine** *f* / telecontrol protocol machine (TPM) || ⁓-**Prozessorbaugruppe** *f* (FP) / telecontrol processor module || ⁓**raum einer Station** / substation telecontrol room
Fernwirk·satz *m* / telecontrol sentence || ⁓**schnittstelle** *f* / telecontrol interface || ⁓**sender** *m* / telecontrol transmitter || ⁓**sperre** *f* / telecontrol disable, block r.m.d. *n*, block remote monitoring direction || ⁓**station** *f* / telecontrol station || ⁓**stelle** *f* / location with telecontrol station(s) || ⁓**steuerung** *f* (Gerät) / telecontrol unit || ⁓**störung** *f* / malfunction *n* (of telecontrol equipment) || ⁓**strecke** *f* / telecontrol route, telecontrol line || ⁓**strecke** *f* (Verbindung) / telecontrol link || ⁓**strecke** *f* (Kanal) / telecontrol channel || ⁓**system** *n* / telecontrol system, supervisory remote control system, supervisory control system, selective supervisory control system, remote control system || ⁓**system mit Spontanbetrieb** / quiescent telecontrol system
Fernwirk·technik *f* / telecontrol engineering, telecontrol *n*, supervisory remote control, telemetry *n* || ⁓**technik** *f* / remote control, telecontrol *n*, telecontrol systems || ⁓**telegramm** *n* / telecontrol telegram, telecontrol message, telecontrol frame
Fernwirk·-Übermittlungszeit *f* / telecontrol transfer time || ⁓**übertragung** *f* / telecontrol transmission || **synchrone** ⁓**übertragung** / synchronous telecontrol transmission || ⁓-**Übertragungstechnik** *f* / telecontrol transmission techniques || ⁓-**Unterstation** *f* / outstation *n*, controlled station, remote station || ⁓**verbindung** *f* / telecontrol link, telecontrol connection || ⁓**warte** *f* / telecontrol centre, telecontrol room || ⁓-**Zentralstation** *f* / (telecontrol) master station
Fern·zählausgang *m* / telecounting output, duplicating output || ⁓**zählen** *n* / telecounting *n*, remote metering, transmission of integrated totals || ⁓**zähler** *m* / duplicating meter, duplicating register, telecounter *n* || ⁓**zählgerät** *n* / duplicating meter, telecounter *n* || ⁓**zählrelais** *n* / duplicating meter relay || ⁓**zählung** *f* / telecounting *n* || ⁓**zählverstärker** *m* / telecounting pulse amplifier, duplicating amplifier || ⁓**zählwerk** *n* / duplicating register, repeating register || ⁓**zugriff** *m* / remote access || ⁓**zugriff auf Datenbanken** / remote database access (RDA)
Ferraris·-Motor *m* / Ferraris motor, shaded-pole motor || ⁓-**Relais** *n* / Ferraris relay, induction relay || ⁓-**Zähler** *m* / Ferraris meter
ferrimagnetischer Werkstoff / ferrimagnetic material
Ferrimagnetismus *m* / ferrimagnetism *n*
Ferrit *n* / ferrite *n* || ⁓-**Ausgangsdrossel** *f* / ferrite output reactor || ⁓-**Dauermagnet** *m* / ferrite permanent magnet || ⁓**drossel** *f* / ferrite core reactor || ⁓**motoren** *m pl* / motors with ferrite magnetic material || ⁓**kern** *n* / ferrite core || ⁓**magnet** *m* / ferrite magnet || ⁓**stab** *m* / ferrite rod
Ferroaluminium *n* / ferroaluminium *n*
ferrodynamisches Instrument / ferrodynamic instrument, iron-cored electrodynamic instrument || **~ Messgerät** / ferrodynamic instrument, iron-cored electrodynamic instrument || **~ Relais** / ferrodynamic relay
Ferroelektrikum *n* / ferroelectric *n*
ferroelektrisch *adj* / ferroelectric *adj* || **~e Curie-**

Temperatur / ferroelectric Curie temperature || ~e
Domäne / ferroelectric domain || ~er
Flüssigkristall *m* (Flüssigkristallphase) / ferroelectric liquid crystal
Ferroelektrizität *f* / ferroelectricity *n*
ferromagnetisch *adj* / ferromagnetic *adj* || ~e
Resonanz / ferromagnetic resonance (FMR) || ~er
Werkstoff / ferromagnetic material
Ferro·magnetismus *m* / ferromagnetism *n* || ⟨resonanz *f* / ferroresonance *n*
Fersen- und Gelenkstackzwickmaschine / seat and shank tack lasting machine
fertig *adj* / done *adj* || ~ **bearbeiteter Rotor** / finished rotor || ~konfektioniert / pre-assembled || ~ konfiguriert / preconfigured || ~ montiert / factory-assembled, preassembled
Fertig·anstrich *m* / last coating of paint || ⟨barkeit *f* / manufacturability *n* || ⟨bauinstallation *f* / wiring (system) of prefabricated buildings || ⟨bearbeiten *n* / finish-machining *n*, finishing *n*, finish-cutting *n*, finish-turning *n* || ~bearbeitet *adj* / finish-worked *adj* || ⟨bearbeitung *f* / finishing *n*, finish *n*, finishing cut, finish cutting, finish cut || ⟨bearbeitungszyklus *m* / finishing cycle || ⟨beton *m* / ready-batched concrete
Fertigdrehen *n* / finish-turning *n*
fertig·e Lösung / off-the-shelf solution || ~er **Aktivteil** / assembled coil and core assembly
Fertigerzeugnis *n* / finished product
fertig·es Gerät / finished device || ~es **Produkt** / finished product
Fertig·fabrikatelager *n* / finished products store || ⟨form *f* / finished form || ⟨kontur *f* / final contour, finished contour || ⟨kontureingabe mit Konturrechner** / input of finished contour with contour calculator || ⟨leitung *f* / ready-made cable || ⟨maß *n* / finished dimension, finished size, final dimension || ⟨meldung *f* / completion report, completed message, notification of readiness for dispatch, completed signal || ⟨packung *f* / prepack *n* || ⟨produktlager *n* / finished product store || ⟨schleifen *n* / finish grinding || ⟨schneiden *n* / final cutting || ⟨schneider *m* / bottoming tap || ⟨schnitt *m* / final cut || ⟨silo *m* / cullet silo || ⟨stechen *n* / finish grooving || ⟨stellungstermin *m* / completion date, completion deadline
Fertigteil *n* / finished part, machined part || ⟨ausschnitt vergrößern / zoom a finished part viewport || ⟨beschreibung *f* / finished-part description, finished part description || ⟨darstellung *f* / machined part display || ⟨geometrie *f* / finished part geometry || ⟨kontur *f* / finished-part contour || ⟨kontur eingeben / enter finished-part contour || ⟨maße *f* / finished part dimensions || **linke** ⟨seite / left-hand side of part || **rechte** ⟨seite / right-hand side of part || ⟨-Vorbereitungssatz *m* / finished-part preparation record
Fertigung *f* / manufacture *n*, production (P) *n*, manufacturing *n*, fabrication *n* || ⟨ **nach Aufträgen** / order-driven manufacturing || ⟨ **nach außerhalb verlagern / store** *v* || **kommissionsweise** ⟨ / manufacturing against orders || **rechnergestützte** ⟨ / computer-aided production || **rechnerunterstützte** ⟨ / computer aided manufacturing (CAM)
Fertigungs·ablauf *m* / production procedure, job

routing, operations path, machining sequence, production flow, production, machining procedure || ⟨abschnitt *m* / production section, manufacturing stage || ⟨alltag *m* / normal production || ⟨angaben *f pl* / manufacturing specifications, machining details || ⟨anlage *f* / production plant, manufacturing plant || ⟨anlauf *m* / initial production, test series || ⟨anweisung *f* / manufacturing instruction || ⟨anweisungen *f* / manufacturing instructions || ⟨arbeitsplatz *m* / industrial workstation || ⟨aufgabe *f* / production task || ⟨auftrag *m* / production order (PO), manufacturing order || ⟨auftragsnummer (FAUF) *f* / FAUF || ⟨auftragsplanung *f* / production order planning || ⟨auftragsrückmeldung *f* / production order acknowledgement || ⟨-**Auftragssteuerung in der Vorfertigung - Qualität (FAV-Q)** / quality order control in manufacturing || ⟨ausgleich *m* / manufacturing tolerance || ⟨ausgleich nach DIN-Entwurf 2194 *m* / manufacturing tolerance in accordance with DIN draft 2194 || ⟨automat *m* / automatic manufacturing machine, production machine || ⟨automation *f* / production automation || ⟨automatisierung *f* / production automation, automated manufacturing technology (AMT), manufacturing automation, factory automation, factory automation systems
Fertigungs-Baustufe *f* / fabrication stage
fertigungsbedingter Ausfall (Ausfall aufgrund von Fertigungsfehlern in Bezug auf die Konstruktion oder die vorgeschriebenen Fertigungsprozesse) / manufacturing failure || ~ **Fehlzustand** (Fehlzustand aufgrund von Fertigungsfehlern in Bezug auf den Entwurf oder die vorgeschriebenen Fertigungsprozesse) / manufacturing fault
fertigungsbegleitende Prüfung / intermediate exam || ~ **QS** / in-process QA
Fertigungs·begleitunterlagen *f pl* / production procedure documents || ⟨beobachtung *f* / production surveillance, production monitoring || ⟨bereich *m* / production area || ⟨beschaffung *f* / procurement of production equipment || ⟨betreuung *f* / management of production || ⟨datum *n* / production date || ⟨dauer *f* / production duration || ⟨disposition *f* / production planning and scheduling, manufacturing dispatching, material planning for manufacture || ⟨durchlauf *m* / manufacturing process || ⟨durchlaufzeit *f* / production throughput time || ⟨einbruch *m* / production interrruption || ⟨einführung *f* / manufacturing introduction, launch *n*, introductory phase of production || ⟨einführungsaktivität *f* / manufacturing introduction activity || ⟨einführungsbesprechung *f* / manufacturing introduction meeting || ⟨einheit *f* / production unit, unit of production || ⟨einrichtung *f* / manufacturing equipment, plant floor devices || ⟨einrichtung *f* (Fabrik) / production facility, manufacturing facility || ⟨einstellung *f* / cessation of manufacture || ⟨equipment *n* / production equipment || ⟨experte *m* / production expert
Fertigungs·fehler *m* / manufacturing defect, deficient workmanship || ⟨feinplanung *f* / detail scheduling (of manufacture), finite production planning || ⟨fluss *m* / production flow, flow of

production ‖ ⸺**fortschritt** *m* / production progress, manufacturing progress ‖ ⸺**freigabe** *f* / production release, production go-ahead, production authorization ‖ **Verfahren zum Rückruf bei bedingter** ⸺**freigabe** / positive recall system ‖ ⸺**freundlichkeit** *f* / designed for ease of manufacture
Fertigungs·gemeinkosten *plt* / production overheads ‖ ⸺**genauigkeit** *f* / production accuracy ‖ **erreichbare** ⸺**genauigkeit** / process capability ‖ ⸺**gerecht** *adj* / designed for ease of manufacture ‖ ⸺**grenzqualität** *f* / manufacturing quality limit ‖ ⸺**grobplanung** *f* / master scheduling ‖ ⸺**halle** *f* / shop floor ‖ ⸺**hilfsstoff** *m* / manufacturing material ‖ ⸺**-ID (FID)** *f* / production ID ‖ ⸺**identifikations- Nr.** *f* / product identification no. ‖ ⸺**industrie und Logistik** / Manufacturing Industry and Logistics ‖ ⸺**information** *f* / manufacturing information ‖ ⸺**insel** *f* / island of production, production island, manufacturing cell ‖ ⸺**jahr** *n* / year of manufacture ‖ ⸺**kapazität** *f* / production capacity ‖ ⸺**kennzeichnung** *f* / manufacturing data ‖ ⸺**kette** *f* / production chain ‖ ⸺**kontrolle** *f* / production control, manufacturing inspection, in-process inspection, in-process inspection and testing, process inspection, line inspection, intermediate inspection and testing, interim review ‖ ⸺**kosten** *plt* / input *n*
Fertigungs·leitebene *f* / production management level, plant management level, operations management level, plant and process supervision level, coordinating and process control level ‖ ⸺**leiter** *m* / production manager ‖ ⸺**leiter** *m* **(FFS)** / system supervisor ‖ ⸺**leitrechner** *m* / production control computer, host computer ‖ ⸺**leitrechner** *m* **(FLR)** / host computer, factory computer, central production computer, factory host computer ‖ ⸺**leitsteuerung** *f* / coordinating production control ‖ ⸺**leittechnik** *f* / production control system, production management, production control systems, factory automation ‖ ⸺**leittechnik** *f* **(CAM)** / computer-aided manufacturing (CAM) ‖ ⸺**linie** *f* / production line ‖ ⸺**lohn** *m* / production wage ‖ ⸺**löhne** *m pl* / production wages ‖ ⸺**los** *n* / lot *n*, batch *n*, production batch ‖ ⸺**lose** *n* / manufacturing lots ‖ ⸺**lösung** *f* / manufacturing solution
Fertigungs·management *n* / manufacturing management ‖ ⸺**mängel** *m* / production defects ‖ ⸺**maschine** *f* / production machine ‖ ⸺**messtechnik** *f* / production measuring technology ‖ ⸺**rechner** *m* / production computer ‖ ⸺**reife** *f* / manufacturing maturity ‖ ⸺**mittel** *plt* / production facilities, production means, manufacturing resources, production equipment ‖ ⸺**mix** *m* / production mix ‖ ⸺**muster** *n* / manufacturing prototype ‖ ~**nah** *adj* / manufacture-related *adj*, close to the process, ready for production ‖ ⸺**netz** *n* / plant network ‖ ⸺**-Nr.** *f* / serial number, production number ‖ ⸺**nummer** *f* / serial number ‖ ⸺**organisation** *f* / production organization department, manufacturing organization ‖ ⸺**ort** *m* / place of manufacture ‖ ⸺**plan** *m* / production schedule, production plan ‖ ⸺**planung** *f* / production planning, process planning ‖ ⸺**präzision** *f* (Prozesspräzision eines Fertigungsprozesses) / manufacturing accuracy, DIN 55350,T.11 process capability, production

precision ‖ ⸺**protokoll** *n* / production report ‖ ⸺**prozess** *m* / manufacturing process, production process ‖ ⸺**prüfer** *m* / in-process inspector ‖ ⸺**prüfplan** *m* / in-process inspection plan ‖ ⸺**prüfung** *f* DIN 55350,T.11 / process inspection ‖ ⸺**prüfung** *f* (Zwischenprüfung an einem in der Fertigung befindlichen materiellen Produkt) DIN 55350,T.11 / in-process inspection, in-process inspection and testing, intermediate inspection and testing, line inspection, manufacturing inspection, interim review ‖ **fliegende** ⸺**prüfung** / patrol inspection ‖ ⸺**qualität** *f* / production quality ‖ ⸺**qualität** *f* / quality of manufacture
Fertigungs·rationalisierung *f* / standardization *n* ‖ ⸺**regelkreis** *m* / logistic control loop of production ‖ ⸺**revision** *f* / process inspection, in-process inspection, in-process inspection and testing, intermediate inspection and testing, line inspection, manufacturing inspection, interim review ‖ ⸺**revision** *f* (Abteilung) / inspection department ‖ ⸺**rückstand** *m* / production (o. work) backlog
Fertigungs·schritt *m* / manufacturing step, fabrication step, production step ‖ ⸺**spannweite** *f* / process range ‖ ⸺**stand** *m* / production version ‖ ⸺**stätte** *f* / manufacturing location, production site, production facility, facility *n*, manufacturing plant ‖ ⸺**stelle** *f* / production plant, manufacturing plant ‖ ⸺**stempel** *m* / manufacturing stamp ‖ ⸺**steuerung** *f* / production control, product control, computer aided manufacturing (CAM) ‖ ⸺**steuerung im Datenverbund (CIM)** / computer-integrated manufacturing (CIM) ‖ ⸺**straße** *f* / production line ‖ ⸺**system** *n* / manufacturing system ‖ **flexibles** ⸺**system (FFS)** / flexible manufacturing system (FMS) ‖ ⸺**systemmuster** *n* / manufacturing prototype
Fertigungstechnik *f* / production engineering, manufacturing engineering, production technology, manufacturing technology
fertigungstechnisch *adj* / from production point of view, production, production-engineering ‖ ~**e Analyse** *f* / production engineering analysis ‖ ~**e Beurteilung** / assessment of manufacturing quality ‖ ~**e Entwicklung** *f* / production engineering development
Fertigungs·technologie *f* / production technology, manufacturing technology ‖ ⸺**tiefe** *f* / manufacturing depth, independence from external suppliers ‖ ⸺**toleranz** *f* DIN 55350,T.11 / manufacturing tolerance, process tolerance
Fertigungsüberwachung *f* / process inspection ‖ ⸺**umfeld** *n* / production environment ‖ ⸺**umgebung** *f* / manufacturing environment ‖ ⸺**umstellung** *f* / production changeover ‖ ~**- und montagegerecht** / designed for ease of manufacture and assembly, design for manufacture and assembly, DFMA ‖ ~**- und prüfgerecht** / design for manufacture and testing, designed for ease of manufacture and testing ‖ ⸺**- und Prüfmittelbeschaffung** / procurement of production and test equipment ‖ ⸺**unsicherheit** *f* / production uncertainty ‖ ⸺**unterlagen** *f pl* / manufacturing documents, *f* production documents ‖ ⸺**unterstützung** *f* / production support ‖ ⸺**unterweisungen** *f pl* / manufacturing instructions
Fertigungs·verfahren *n* / manufacturing processes,

manufacturing process, manufacturing procedure || ⸰**vorbereiter** *m* / production engineer || ⸰**vorbereitung** *f* / production engineering, process planning, operations scheduling, pre-production preparations, production preparation, operations scheduling, production planning || ⸰**vorschriften** *f* / manufacturing specifications || ⸰**weg** *m* / production path || ⸰**werkstätte** *f* / manufacturing workshops, production workshop, production shop || ⸰**wirtschaft** *f* / production economy || ⸰**woche** *f* / production week || ⸰**zeichnung** *f* / manufacturing drawing, production drawing || ⸰**zelle** *f* / production cell, manufacturing cell, manufacturing location || **flexible** ⸰**zelle** (FFZ) / flexible manufacturing cell (FMC) || ⸰**zentrum** *n* / machining centre || ⸰**zyklus** *m* / production cycle
Fertigwert *m* / conditioned value, resultant value || ⸰**bildung** *f* / calculation of scaled values
Fesselung der Tauchspule / mooling of the sucking coil
fest *adj* / fixed *adj*, solid *adj* || **~ abgespeichertes Unterprogramm** / permanently stored subroutine || **~ durchgeschaltete Leitung** / dedicated line, permanent line || **~ eingebaut** / stationary-mounted *adj*, permanently installed || **~ einstellen** / set permanently || **~ installiertes Peripheriegerät** / permanent peripheral || **~ vorbelegt** *adj* / pre-defined *adj* || **~ vorgegeben** / predefined *adj*
Fest·abstandfeuer *n* / fixed distance lights || ⸰**abstandmarke** *f* / fixed distance marking
fest·angebrachte Betriebsmittel VDE 0100, T.200 / fixed equipment IEC 50(826) || **~angeschlossene flexible Leitung** / non-detachable flexible cord (o. cable) || **~angeschlossene Leitung** / non-detachable cable (o. cord) || **~angeschlossener Selbstschalter** / fixed circuit-breaker (CEE 19)
Fest·anschlag *m* / limit stop, fixed stop, dead stop, stop *n*, endstop *n*, positive stop || ⸰**anschlag-Istwert** *n* / actual limit stop value || ⸰**anschlagserkennung** *f* / fixed stop detection || ⸰**anschlagsüberwachungsfenster** *n* / fixed stop monitoring window || ⸰**anschlags-Überwachungsfenster** *n* / fixed stop monitoring window || ⸰**anschluss** *m* / non-detachable connection, permanent connection, permanent terminal connection, fixed connection
Fest·beleuchtung *f* / festoon lighting, gala illumination || ⸰**beton** *f* / hardened concrete || ⸰**bremsmoment** *n* / locked-rotor torque, stalled torque || ⸰**bremszeit** *f* / locked-rotor time || ⸰**brennstoff** *m* / solid fuel || ⸰**brücke** *f* / permanent link || ⸰**drehzahlantrieb** *m* / fixed speed drive, constant-speed drive
fest·e Anschlussleitung VDE 0806 / power supply cord IEC 380 || **~e Anschlussleitung** DIN IEC 598, VDE 0730,1 / non-detachable flexible cable (o. cord) (CEE 10) IEC 598 || **~e Arbeitszeit** / fixed working hours, normal working hours || **~e Daten** / fixed data || **~e Fremdstoffe** / foreign solids || **~e Fugeneinlage** / joint sealing strip || **~e Funktionalität** / fixed functionality || **~e Installation** (SPS) / permanent installation IEC 1131-1 || **~e Kosten** / fixed costs || **~e Kupplung** (Antrieb) / permanent coupling, fast coupling || **~e Masse** / unbulked quantity || **~e Platte** / stationary plate || **~e Platzbelegung** / fixed location assignment || **~e Programmiersprache** / fixed program language (FPL) || **~e Satzlänge** / fixed block length || **~e Satzschreibweise** / fixed-block format ISO 2806-1980 || **~e Schaltfolge** / constant operating sequence || **~e Schirmverbindung** (Kabel) / solid bond || **~e Taktgebung** (SR-Antrieb) / fixed-frequency clocking || **~e Transportkante** / fixed conveyor edge || **~e Transportseite** / fixed transport side || **~e Transportseite links** / stationary conveyor side, left || **~e Transportseite rechts** / stationary conveyor side, right || **~e Triggerquelle** / fixed trigger source || **~e Verbindung** / fixed connection || **~e Verdrahtung** / fixed wiring || **~e Verlegung** (Kabel, Verdrahtung) / fixed installation, permanent installation, fixed wiring (o. cabling) || **~e Verzögerung** / fixed delay || **~e virtuelle Schaltung** (Verbindung, die ständig zwischen zwei Datenendeinrichtungen in einem paketvermittelten Netz geschaltet ist) / permanent virtual circuit
Feste-Betriebsart-Eingang *m* / fixed-mode input
Festeinbau *m* / fixed mounting, permanent installation, fixed-mounted *n* || **für** ⸰ / for permanent mounting, fixed *adj*, stationary *adj* || ⸰**anlage** *f* / non-withdrawable switchgear, non-withdrawable switchgear assembly, stationary-mounted switchgear, fixed-mounted switchgear || **Leistungsschalter-**⸰**anlage** *f* (Gerätekombination, Einzelfeld) / non-withdrawable circuit-breaker assembly, non-withdrawable circuit-breaker panel, stationary-mounted circuit-breaker assembly || **Leistungsschalter-**⸰**anlage** *f* (Übergriff, Anlage) / non-withdrawable circuit-breaker switchgear, switchboard with non-withdrawable circuit-breakers, stationary-mounted circuit-breaker switchboard || ⸰**-Lasttrennschalter** *m* / fixed-mounted switch-disconnector || ⸰**-Leistungsschalter** *m* / fixed-mounted circuit-breaker || ⸰**-Schaltanlage** *f* / non-withdrawable switchgear, non-withdrawable switchgear assembly, stationary-mounted switchgear || ⸰**technik** *f* / fixed-mounted design
festeingebaut·e Einheit (Schalteinheit) / stationary-mounted unit, non-withdrawable unit, non-drawout unit, fixed-mounted unit || **~er Leistungsschalter** / fixed circuit-breaker, non-drawout circuit-breaker || **~es Gerät** / stationary-mounted device ANSI C37.100, non-withdrawable unit
festeingestellt *adj* / non-adjustable *adj*, with a fixed setting, fixed-setting *adj*, fixed *adj*, permanently set, permanently fixed || **~er Auslöser** / non-adjustable release || **~er Thermoschalter** / non-adjustable thermostatic switch || **~er Überstromauslöser** / non-adjustable overcurrent release
Festeinstellung *f* / fixed setting
festelektrolytisches Sauerstoffanalysegerät / solid-electrolyte oxygen analyzer
fest, Lager mit ~em Sitz / straight-seated bearing || **~er Anschluss** VDE 0100, T.200 / fixed termination, non-detachable connection || **~er Arbeitszyklus** / fixed cycle, canned cycle, fixed machining cycle || **~er Ausleger** (f. Leitungsmontage) / davit *n* || **~er Bestandteil** /

Fester-Zustand-Ausgang

fixed component || **~er Einschluss** / solid inclusion || **~er Isolierstoff** / solid insulating material || **~er Schiebesitz** / tight push fit || **~er Schmierring** / disc-and-wiper lubricator, collar oiler || **~er Steckverbinder** / fixed connector || **~er Text** / fixed text || **~er Zyklus** / fixed cycle, canned cycle
Fester-Zustand-Ausgang *m* / fixed-state output
fest·es Bauelement / fixed component || **~es Bild** / permanent display || **~es Dielektrikum** / solid dielectric || **~es Eingabeformat** / fixed input format || **~es H-Signal** / fixed H-signal || **~es L-Signal** / fixed L-signal || **~es Satzformat** / fixed block format ISO 2806-1980 || **~es Schaltstück** / stationary contact member, fixed contact
Fest·feld *n* / non withdrawable switchgear cubicle || ♂**feuer** *n* / fixed light
Festfrequenz *f* / fixed frequency || ♂**...** **(2, 3, ...)** *f* / fixed frequency ... (2, 3, ...) || ♂**-Auswahl** *f* / fixed frequency selection || ♂**betrieb** *m* / fixed frequency operation || ♂**-Modus - Bit 0** / fixed frequency mode - Bit ... (0, 1, ...) || ♂**wahl** *f* / fixed frequency selection
festfressen *v* / seize *v*, jam *v* || **sich ~fressen** / seize *v*, jam *v*
festgebremst *adj* / stalled *adj* || **~e Welle** / locked motor shaft || **Drehmoment bei ~em Läufer** / locked-rotor torque, blocked-rotor torque, static torque || **~er Läufer** / locked rotor, stalled rotor, blocked rotor || **~er Motor** / stalled motor || **~er Zustand** / locked-rotor condition, stalled rotor condition, blocked-rotor condition
festgelagerter Boden / compact soil
festgelegt·e Werte (konventionelle Größen) / conventional quantities || **~e Zeit** (konventionelle Zeit) / conventional time || **~er Auslösestrom** / conventional tripping current || **~er Betriebsbereich** VDE 0418 / specified operating range || **~er Nichtauslösestrom** / conventional non-tripping current || **~er Parameter** / fixed parameter || **~es Prüfintervall** / defined test interval || **~es Verfahren** / routine *n* || **~es Zeitverhalten** / specified time
festgeschaltete Leitung / dedicated line, permanent line
Fest·getriebe *n* / fixed-ratio gearbox || ♂**haltefeder** *f* / retaining spring
festhalten *v* / record *v*
Fest·haltevorrichtung *f* / retaining device, restraining device || **Stecker mit** ♂**haltevorrichtung** / restrained plug || ♂**haltung** *f* / retaining device, restraining device
festigen *v* (Passung, Sitz) / tighten *v*
Festigkeit *f* / strength *n*, resistance *n* || ♂ *f* (Zähigkeit) / tenacity *n* || ♂ **bei Querbeanspruchung** / transverse strength || ♂ **bei Verdrehungsbeanspruchung** / torsional strength || ♂ **der Schaltstrecke** / dielectric strength of break || **elektrische** ♂ / electric strength, dielectric strength || **Langzeit~** *f* / endurance strength || **mechanische** ♂ (Material) / mechanical strength || **mechanische** ♂ (Gerät) / mechanical stability
Festigkeits·berechnung *f* / stress analysis || ♂**eigenschaft** *f* / strength *n* || ♂**klasse** *f* / property class, strength class || **~mäßig** *adj* / as regards to stress || ♂**naht** *f* / strength weld || ♂**probe** *f* / strength test || ♂**prüfung** *f* / strength test
fest·installiert *adj* / permanently installed || **~keilen**

v / chock *v*, key *v* || **~klemmen** *v* (blockiert werden) / jam *v*, jam tight, seize *v* || **~klemmen** *v* (befestigen) / clamp *v*
Fest·komma *m* / fixed support || ♂**kommazahl ohne Vorzeichen** / unsigned fixed point (UF) || ♂**kondensator** *m* / fixed capacitor || ♂**kontakt** *m* / stationary contact member, fixed contact
Festkörper *m* / solid *n* || ♂**-Bildwandler** *m* / monolithic image sensor || ♂**dielektrikum** *n* / polymeric insulation || ♂**elektronik** *f* / solid-state electronics || ♂**laser** *m* / solid-state laser || ♂**physik** *f* / solid-state physics || ♂**reibung** *f* / solid friction, dry friction || ♂**schaltung** *f* / solid-state circuit || ♂**schaltung** *f* (FKS) / solid-state circuitry, integrated solid-state circuitry || ♂**strahler** *m* / solid-state radiator, solid-state lamp || ♂**körperverschraubung** *f* / solid-type adapter
Fest·lager *n* / fixed bearing, locating bearing || **~legen** *v* / fix *v*, locate in position, locate *v*, define *v*, lay down *v*, specify *v*, establish *v*, determine *v*, delineate *v*
Festlegung *f* / definition *n*, requirement *n*, specification *n*, SPC, determination *n* || ♂ **Bestückung mit Regelungsbaugruppen** / determine assembly with control modules || ♂ **der Einsatzforderungen** / statement of operational requirements (AQAP) || ♂ **der Vorschubmotoren** / determine feed motors || ♂ **des Referenzpunktes** / definition of reference point, definition of home position
Fest·maß *n* / solid measure || ♂**mengenimpuls** *m* / fixed-weightage pulse || ♂**montage** *f* / fixed-mounted *n*, fixed mounting || ♂**netz** *n* / wired network, land-line network
Festplatte *f* / hard disk drive, fixed disk, hard-disk storage, rigid disk || ♂ *f* (Speicher) / hard disk, Winchester disk
Festplatten·anschaltung *f* / Winchester drive controller || ♂**auswahl** *f* / hard disk selection || **mit** ♂**auswahl** / with hard disk selection || ♂**laufwerk** *n* / fixed-disk (o. hard-disk drive), Winchester drive || **~los** *adj* / diskless *adj* || ♂**speicher** *m* / hard disk drive, hard disk, hard-disk storage, fixed disk, rigid disk, hard disk memory || ♂**steuerung** *f* / Winchester drive controller || ♂**wechseleinsatz** *m* / removable hard disk unit
Festplatz *m* / fixed location || **~codiert** *adj* / fixed-location-coded || ♂**codierung** *f* / fixed-location coding || ♂**werkzeug** *n* / fixed-location tool
Festpreis *m* / fixed price || **pauschalierter** ♂ / flat rate price || ♂**zuschlag** *m* / fixed-price surcharge
festprogrammiert·e Steuerung / fixed-programmed controller || **~er Festwertspeicher** / fixed-programmed read-only memory
Festpunkt *m* / anchor *n* || ♂ *m* (f. Vermessung) / reference point, bench mark || ♂ *m* (FP Radixschreibweise) / fixed point (FP) || ♂ *m* (Auflager) / fixed support || ♂**addition** *f* / fixed-point addition || ♂**-Anfahren** *n* / fixed-point approach || ♂**befehl** *m* / fixed-point instruction || ♂**darstellung** *f* / fixed-point notation || ♂**-Doppelwort** *n* / fixed-point double word || ♂**-Doppelwortzahl** *f* / double-precision fixed-point number || ♂**-Dualzahl** *f* / fixed-point binary number || ♂**fahren** *n* / fixed-point approach || ♂**konstante** *f* / fixed-point constant || ♂**rechnung** *f* / fixed-point calculation, fixed-point

computation, fixed-point arithmetic ‖ ⁓**schreibweise** *f* / fixed-point representation, fixed-point notation ‖ ⁓**wandlung** *f* / fixed-point conversion ‖ ⁓**wert** *m* / fixed-point value ‖ ⁓**zahl** *f* (ganze, mit Vorzeichen versehene Dualzahl) / fixed-point number ‖ ⁓**zahl** *f* (FPZ) / fixed point value, fixed-point number (FPN) ‖ ⁓**zahl mit Vorzeichen** / fixed-point number with sign
Fest·ring *m* / locating ring ‖ ⁓**ringschmierung** *f* / disc-and-wiper lubrication ‖ **Lager mit** ⁓**ringschmierung** / disc-and-wiper-lubricated bearing ‖ ⁓**rüstung** *f* / fixed set-up ‖ ⁓**sitz** *m* / medium-force fit, interference fit ‖ ⁓**sitzsollwert** *m* / fixed setpoint ‖ ⁓**sitzspannungswicklung** *f* / fixed-voltage winding ‖ ⁓**sollwert** *m* / fixed setpoint ‖ ⁓**sollwert Motorfluss** / fixed motor flux setpoint ‖ ⁓**sollwertanwahl** *f* / fixed setpoint selection ‖ ⁓**spannungsbetrieb** *m* / fixed voltage operation ‖ ⁓**speicher** *m* DIN 44300 / read-only storage, read-only memory ‖ ⁓**speicherbaustein** *m* (Chip) / read-only memory chip, ROM chip
feststehend *adj* / fixed *adj*, stationary *adj* ‖ **~e Anzapfstelle** / fixed tap ‖ **~e Bauelemente-Bereitstellung (feststehende BE-Bereitstellung)** *f* / stationary component table ‖ **~e Bauelemente-Zuführung** *f* / stationary component feeder bank ‖ **~e BE-Bereitstellung** *f* / stationary component table ‖ **~e Leiterplatte** *f* / stationary PCB ‖ **~er Anker** / stationary armature ‖ **~er Einfahrkontakt** / fixed contact, stab *n* ‖ **~er Kontakt** / stationary contact member, fixed contact ‖ **~er Teil** / stationary part, stationary structure, cubicle *n* ‖ **~es Schaltstück** / stationary contact member, fixed contact
Feststell·bremse *f* / parking brake ‖ ⁓**einrichtung** *f* / arresting device
feststellen *v* / determine *v* ‖ **~** *v* (arretieren) / arrest *v*, fix in position, locate *v*, verify
Feststell·knopf *m* / locking button ‖ ⁓**mutter** *f* / lock nut, locking nut, check nut ‖ ⁓**ring** *m* / locating ring, locking ring ‖ ⁓**schraube** *f* / lock screw, locking screw, setscrew *n* ‖ ⁓**taste (UF)** *f* (deutsche Bezeichnung für die Caps Lock-Taste) / shift lock key (CAPS) ‖ ⁓**vorrichtung** *f* / arresting device, locking device
Feststoff *m* / solid matter ‖ ⁓**e** *m pl* / solid particles, solid matter, foreign solids, solids *n pl* ‖ ⁓**e im Strömungsmedium** / fluid with impurity of solids ‖ ⁓**einschluss** *m* (feste Fremdstoffeinlagerung in der Schweißverbindung) / solid inclusion ‖ ⁓**elektrolyt-Batterie** *f* / solid electrolyte battery ‖ ⁓**-Gasprinzip** *n* / hard-gas method ‖ ⁓**gehalt** *m* / solids content ‖ ⁓**isolierung** *f* / solid insulation, polymeric insulation ‖ ⁓**laser** *m* / solid-state laser, solid laser, solid state laser ‖ ⁓**-Luft-Isolierung** *f* / solid-insulant-air insulation ‖ ⁓**-Schmiermittel** *n* / solid lubricant ‖ ⁓**schmierung** *f* / solid-film lubrication ‖ ⁓**teilchen** *n pl* / particles of solids
Feststütze *f* / fixed leg
Fest·transformator *m* / fixed-ratio transformer, untapped transformer ‖ ⁓**treibstoff** *m* / solid fuel ‖ **~verdrahtet** *adj* / permanently-wired *adj*, hard-wired ‖ ⁓**vorschub** *m* / fixed feedrate, fixed feed ‖ ⁓**walzen** *n* / deep rolling ‖ ⁓**walzmaschine** *f* / deep-rolling machine ‖ ⁓**walzwerkzeug** *n* / deep rolling tool
Festwert·kondensator *m* / fixed-value capacitor ‖ ⁓**regelung** *f* (Regelung mit fester Sollwert-Vorgabe (Führungsgröße)) / fixed setpoint control, set value control, fixed-command control, fixed setpoint controller, control with constant desired value ‖ ⁓**regler** *m* / fixed setpoint controller, set value controller, fixed-command controller ‖ ⁓**speicher** *m* (ROM) / read-only storage ‖ ⁓**speicher** *m* / read-only memory (ROM) (loading memory of the CPU whose data is maintained even after loss of voltage) ‖ **elektrisch löschbarer programmierbarer** ⁓**speicher (EEPROM)** / electrically erasable programmable read-only memory (EEPROM) ‖ **UV-löschbarer programmierbarer** ⁓**speicher** / erasable programmable read only memory (EPROM)
Festwicklung *f* / fixed-voltage winding
Festwiderstand *m* / fixed resistor, invariable resistor, fixed-value resistor, (fixed) resistance not depending on stroke of value ‖ **negativer** ⁓ / negative virtual flow resistance, negative fixed virtual flow resistance
Fest·winkelinterpolation *f* / fixed-angle interpolation ‖ ⁓**wort** *n* (F-Wort) / fixed-length word
FET / field-effect transistor (FET)
Fett *n* / grease *n*, lubricating grease
fett *adj* / bold *adj*
Fett·begrenzer *m* / grease slinger, grease valve ‖ ⁓**behälter** *m* / grease container ‖ **~beständig** *adj* / resistant to grease, grease-resistant *adj* ‖ ⁓**büchse** *f* / grease cup ‖ **~dichtes Papier** / greaseproof paper ‖ **~es Gemisch** / rich mixture ‖ ⁓**fang** *m* / grease chamber ‖ **~frei** *adj* / free of grease ‖ ⁓**füllung** *f* / grease packing, grease charge, grease filling ‖ **~gedruckt** *adj* / in bold-face type ‖ **~geschmiert** / grease-lubricated ‖ ⁓**lebensdauer** *f* / grease service life ‖ **~lösend** *adj* / degreasing ‖ ⁓**lösungsmittel** *n* / grease solvent ‖ ⁓**mengenregler** *m* / grease slinger, grease valve ‖ ⁓**presse** *f* / grease gun ‖ ⁓**schmiernippel** *m* / greasing nipple, grease nipple ‖ ⁓**schmierung** *f* / grease lubrication ‖ **Lager mit** ⁓**schmierung** / grease-lubricated bearing ‖ ⁓**spritze** *f* / grease gun ‖ ⁓**standzeit** *f* / grease stability time ‖ ⁓**vorkammer** *f* / sealing grease compartment
Feuchte *f* / humidity *n*, moisture content
feuchte Räume / damp rooms ‖ **~ und nasse Räume** VDE 0100, T.200 / damp and wet locations ‖ **~ Wärme** DIN IEC 68 / damp heat ‖ **~ Wärme, konstant** DIN IEC 68 / damp heat, steady state ‖ **~ Wärme, zyklisch** DIN IEC 68 / damp heat, cyclic
Feuchte·abbild *n* / moisture indicator, moisture indicating strip ‖ ⁓**aufnehmer** *m* / humidity sensor ‖ ⁓**beanspruchung** *f* / humidity rating, humidity class ‖ ⁓**-Durchlaufzelle** *f* / humidity flow cell ‖ **Isolationsfestigkeit nach** ⁓**einwirkung** / insulation resistance under humidity conditions ‖ ⁓**-Frost-Prüfung** *f* / humidity-freezing ‖ ⁓**geber** *m* / humidity detector ‖ ⁓**gehalt** *m* / moisture content ‖ ⁓**grad** *m* / degree of humidity, relative humidity ‖ ⁓**-Hitze-Prüfung** *f* / damp heat test ‖ ⁓**indikator** *m* / moisture indicator ‖ ⁓**istwert** *m* / humidity actual value ‖ ⁓**klasse** *f* / humidity rating, humidity class ‖ ⁓**klassifizierung** *f* / humidity rating, humidity class ‖ ⁓**-Korrekturfaktor** *m* / humidity

feuchter 306

correction factor || ⸺**messer** *m* / moisture meter, hygrometer *n*
feuchter Raum / damp location, damp situation
Feuchteregelung *f* / humidity control
feuchtes Thermometer / wet-bulb thermometer
Feuchte·schutz *m* / protection against ingress of moisture || ⸺**sensor** *m* / moisture sensor
feuchtesicher / moisture-resistant *adj*, damp-proof *adj*, proof against humid conditions
Feuchte·sollwert *m* / humidity setpoint || ⸺**-Wärme-Prüfung** *f* / damp heat test
Feuchtfestigkeit *f* / moisture resistance, resistance to moisture (o. humidity), dampproofness
Feuchtigkeit *f* / humidity *n*, moisture *n*, dampness *n*
Feuchtigkeits·anteil *m* / humidity rating || ⸺**aufnahme** *f* / moisture absorption, absorbing of moisture || **~beständig** *adj* / moisture-resistant *adj*, damp-proof *adj*, humidity-resistant, proof against humid conditions || ⸺**beständigkeit** *f* / moisture resistance, resistance to moisture (o. humidity), dampproofness || ⸺**-Frieren** *n* / humidity freeze, humidity freeze test || ⸺**gehalt** *m* / moisture content || ⸺**grad** *m* / degree of humidity, relative humidity || ⸺**klasse** *f* / humidity rating, humidity class, humidity range || ⸺**-Korrekturfaktor** *m* / humidity correction factor || ⸺**messer** *m* / moisture meter, hygrometer *n* || ⸺**prüfung** *f* / humidity test || ⸺**regler** *m* / humidistat *n* || ⸺**schutz** *m* / protection against moisture || ⸺**schutzart** *f* / degree of protection against moisture (o. humid conditions)
Feuchtraum *m* / damp location, damp situation || ⸺ *m* (Prüfraum) / humidity cabinet || ⸺**raumaufputzprogramm** *n* / splash-proof surface program || ⸺**fassung** *f* / damp-proof lampholder, moisture-proof socket || ⸺**kabel** *n* / damp-proof cable || ⸺**leuchte** *f* (FR-Leuchte) / damp-proof luminaire, luminaire for damp interiors || ⸺**transformator** *m* (FR-Transformator) / damp-proof transformer
Feuchtsensor *m* / moisture sensor
feuchtwarm·es Klima / damp tropical climate || ⸺**festigkeit** *f* / resistance to heat and humidity, suitability for tropical conditions
Feuchtwerk *n* / damping roller, damping system
Feuer *n* (Leuchtfeuer) / light signal, light *n*, beacon *n* || **einstrahliges** ⸺ / unidirectional light || **offenes** ⸺ / open fire, open flame || ⸺**abschnitt** *m* / section of lights || ⸺**alarm** *m* / fire alarm || ⸺**ausfall** *m* / light failure || ⸺**bake** *f* / beacon *n* || ⸺**bekämpfung** *f* / fire fighting || ⸺**beständigkeit** *f* / resistance to fire, resistance to burning IEC 614-1, flame resistance || ⸺**einheit** *f* / light unit
Feuer·festigkeit *f* / fireproofness *n*, resistance to fire || ⸺**gefahr** *f* / fire hazard, fire risk
feuer·gefährdete Betriebsstätte / location exposed to fire hazards, operating area (o. location) presenting a fire risk, operating area subject to fire hazards || **~gefährlich** *adj* / inflammable *adj*, presenting a fire risk || **~hemmend** *adj* / fire-retardant *adj*, flame-retardant *adj*
Feuer·löschanlage *f* / fire extinguishing system || ⸺**löschdecke** *f* / fire blanket || ⸺**löscher** *m* / fire extinguisher || ⸺**meldeanlage** *f* / fire alarm system, fire detection system || ⸺**melder** *m* / fire-alarm call point, fire-alarm call box, call point || ⸺**meldung** *f* / fire alarm
feuern *v* (Bürsten) / spark *v*

feuerraffiniertes, zähgepoltes Kupfer / fire-refined tough-pitched copper (f.r.t.p. copper)
Feuer·raum *m* / combustion chamber || ⸺**schiff** *n* / light vessel, light ship || ⸺**schutzabschluss** *m* / fire barrier || ⸺**schutzanstrich** *m* / fireproofing coat, fire coat || ⸺**schutzisolierung** *f* / fireproofing *n* || ⸺**schutzwand** *f* / fire protection wall, fire wall || ⸺**schweißung** *f* / forge welding, fire welding, pressure welding
feuersicherheitliche Prüfung / fire-risk testing, fire hazard test
Feuersteg *m* / fire line
Feuerung *f* / furnace *n*, firebox *n*
Feuerungs·anlage *f* / furnace *n* || ⸺**technik** *f* / burner management system
feuer·verzinken *v* / hot-galvanize *v*, hot-dip galvanize || **~verzinkt** *adj* / hot-galvanized, hot-dip galvanized || ⸺**verzinkung** *f* / hot galvanizing || **~verzinnen** *v* / hot-tin *v*, tin-coat *v*
Feuerwiderstandsklasse *f* / fire resistance rating, fire protection class
FF / flipflop *n* (FF) || ⸺ / fill factor
FFA (flexible Fertigungsanlage) *f* / flexible manufacturing plant
F-FB *m* (fehlersichere Funktionsbausteine) / F-FB
FFB (flexibler Funktionsblock) / FFB (Flexible Function Block)
FFC / Flexible Film Cable (FFC)
F-FC (fehlersichere FCs) / F-FC
FFE (Funktionsfehlererkennbarkeit) / function failure recognizability
FFF / Free-Form Fabrication (FFF)
FFR (Vorschub Parameter) / FFR (feedrate)
FFS / Flash File System (FFS) || ⸺ (Funktionsfehlersicherheit) / FFS (function failure safety) || ⸺ (flexibles Fertigungssystem) / FMS (flexible manufacturing system) || ⸺ *f* (Funktionsfehlersicherheit) / FFS *n* (function failure safety)
FFT (effiziente math. Technik, die digitale Informationen vom Zeitbereich in den Frequenzbereich umsetzt und für schnelle Spektralanalysen eingesetzt wird) / Fast Fourier Transformation (FFT) || ⸺**-Verfahren** *n* / FFT method
F-Funktion *f* / F function (feed function), F word
F-Funktionsbaustein *m* / F-FB
F-FUP (Programmiersprache für Sicherheitsprogramme in S7 Distributed Safety) / F-FBD
FFV *n* / flexible fuel vehicle (FFV)
FFZ (flexible Fertigungszelle) / FMC (flexible manufacturing cell) || ⸺ (flexibles Fertigungszentrum) / flexible machining center
FG / waveshape generator || ⸺ (Funktionsgenerator) / FG (function generator) || ⸺ (Feldgerät) / FD *n*
FGH (Forschungsgesellschaft für Hochspannungstechnik) / FGH
F-Global-DB / F-shared DB
FGR (Fahrgeschwindigkeitsregler) / vehicle speed control
FH (Fensterheber) / electric window lift, window-lift motor, window lift, window drive, power windows || ⸺ (Funktionshandbuch) / function manual, FH
FHSS (Frequenzwechsel-Spreizspektrum) / FHSS (Frequency Hopping Spread Spectrum)
Fiberoptikkabel *m* / fiber-optics cable

FI-Block *m* / r.c.c.b. block
FID / flame ionization detector (FID) || ⟨- **(Fertigungs-ID)** *f* / production ID
FID-Verstärker *m* / FID amplifier
Field Programmable Gate Array (FPGA) / field programmable gate array (FPGA) || ⟨-**servicecode** *m* / field service code
FIFO (Erster-Rein-Erster-Raus Prioritätssteuerung) / first-in-first-out memory (FIFO), FIFO buffer || ⟨-**Buffer** *m* / first-in-first-out memory (FIFO), FIFO buffer || ⟨-**Speicher** *m* / first-in-first-out memory (FIFO), FIFO buffer || ⟨-**Variable** *f* / FIFO variable
Figur *f* / shape *n* || ⟨-**bearbeitung** *f* / figure editing || ⟨-**enausgabe** *f* / pictorial presentation
fiktiv·e Achse *f* / fictitious axis || **fiktiv·e Spannung** / fictitious voltage || **~er Wert** / fictitious value
Filament·leiter *m* / filamentary conductor, multifilament conductor || ⟨-**wickler** *m* / filament winder
File·system *n* / file system || ⟨-**transfer** *m* / file transfer
filigran *adj* / delicate *adj*
Film *m* / skin *n*, film *n*, oxide film, tan film || **automatisches ⟨-bonden** / tape automated bonding (TAB) || ⟨-**festigkeit** *f* (Schmierst.) / film strength || ⟨-**kammer** *f* / film chamber || ⟨-**studiolampe** *f* / studio spotlight || ⟨-**träger** *m* / film carrier || ⟨-**Übersättigungskristalllisation** *f* / EFG ribbon process || **Doppelradius-⟨zylinder** *m* / two-radian camera, Straumanis two-radian camera
FI/LS (Fehlerstrom-/Leitungsschutzschalter) / RCBO (residual current operated device) || ⟨-**Schalter** *m* (Fehlerstrom-/Leitungsschutzschalter) / RCBO (residual current operated device)
Filter *n* / filter *n* || **wechselstromseitiger** ⟨- / a.c. filter || ⟨-**anlage** *f* / filter system || ⟨-**auswahl** *f* / filter selection || ⟨-**baugruppe** *f* / filter module, capacitor module || ⟨-**bereich** *m* / filter area || ⟨-**bett** *n* / filter bed || ⟨-**editor** *m* / filter editor || ⟨-**eingang** *m* / filter input, filtered input || ⟨-**einheit** *f* / filter unit || ⟨-**einsatz** *m* / filter cartridge, filter insert || ⟨-**einstellung** *f* / filter setting || ⟨-**element** *n* / filter element || ⟨-**frequenz** *f* / filter frequency || ⟨-**frequenzgang** *m* / filter frequency response || ⟨-**funktion** *f* / filter function || ⟨-**gehäuse** *n* / filter casing || ⟨-**güte** *f* / filter quality || ⟨-**halter** *m* / filter holder || ⟨-**klasse** *f* / filter class || ⟨-**kondensator** *m* / filter capacitor, smoothing capacitor || ⟨-**konfiguration** *f* / filter configuration || ⟨-**kreis** *m* / filter circuit, filter network || ⟨-**kreisdrossel** *f* / filter reactor || ⟨-**kreiskondensator** *m* / filter capacitor, smoothing capacitor || ⟨-**kühler** *m* / combined filter and cooler || ⟨-**Liste** *f* / filter list || ⟨-**lüfter** *m* / filter fan || ⟨-**maske** *f* / filter screen || ⟨-**material** *n* / filter media || ⟨-**matte** *f* / filter mat, filter blanket || ⟨-**mechanismus** *m* / filter mechanism || ⟨-**modul** *n* / filter module || ⟨-**modus** *m* / filter mode
filtern *v* / filter *v*
Filter·name *m* / filter name || ⟨-**paket** *n* / filter package || ⟨-**parameter** *m* / filter parameter || ⟨-**presse** *f* / filter press || ⟨-**qualität** *f* / filter quality || ⟨-**stopfen** *m* / filter plug || ⟨-**struktur** *f* / filter structure || ⟨-**system** *n* / filter system || ⟨-**tuch** *n* / filter cloth

Filterung *f* / filtering *n*, filter *n*, smoothing *n*
Filterzeit für Ist-Drehzahl (SLVC) / filter time for actual speed (SLVC)
Filz·dichtung *f* / felt gasket, felt seal, felt packing || ⟨-**docht** *m* (Schmierung) / wick lubricator || ⟨-**herstellungsmaschine** *f* / felt manufacturing machine || ⟨-**ring** *m* / felt ring, felt washer, felt seal
FIM *n* / Field Interface Module (FIM)
Final Yield *m* / final yield
Finanz·amt *n* / tax office || ⟨-**ierung** *f* / financing *n* || ⟨-**publizität** *f* / financial reporting || **~wirtschaftliche Solidität** / financial viability
Fine-Pitch·-Bauelement (Fine-Pitch-BE) *n* / fine pitch component || ⟨-**Bestücker** *m* / fine-pitch placer || ⟨-**Bestücksystem** *n* / fine-pitch placement system || ⟨-**Placer** *m* / fine-pitch placer || ⟨-**Technologie** *f* / fine-pitch technology || ⟨-**Verarbeitung** *f* / fine-pitch processing || ⟨-**Visionmodul** *n* / fine-pitch vision module, fine-pitch component vision module, standard fine pitch component vision module || ⟨-**Visionsystem** *n* / fine-pitch vision system
Finger·abdruck *m* / finger print || ⟨-**berührsicherheit** *f* / fingerproof design || ⟨-**druck** *m* / finger pressure || ⟨-**fräser** *m* / shank cutter, end mill || ⟨-**grid** *m* / grating *n* || ⟨-**kette** *f* / finger chain conveyor || ⟨-**kontakt** *m* / finger contact || ⟨-**mutter** *f* / thumb nut, finger nut || ⟨-**schieber** *m* / finger slide || ⟨-**schraube** *f* / thumb screw, finger screw || ⟨-**schutz** *m* / safe against finger touch, hand guard || ⟨-**schutzabdeckung** *f* / finger protection cover, finger protective cover
fingersicher *adj* / safe from finger-touch, safe against finger touch, safe from touch, finger-safe *adj* || **~e Abdeckung** *f* / finger-safe cover
Finger·sicherheit *f* / finger-safe, shock-hazard protection || ⟨-**spitzentablett** *n* / touch panel
finite Elemente-Analyse (FEA) *f* / finite element analysis (FEA) || **~ Zustandsschaltung** *f* / FSM (finite state machine)
Finitelementmethode *f* (FEM) / finite-element method (FEM)
FIOT (Field Service International Order Tracking) *n* / FIOT (Field Service International Order Tracking)
FIPO (Feininterpolator) / FIPO (fine interpolator)
FI-Prüfer *m* / fault-current tester
FIQ / Fast Interrupt Request (FIQ)
Firewall *f* / firewall *n* || ⟨-**system** *n* / firewall system
FireWire (serieller Hochgeschwindigkeitsbus für Motion Control-Applikationen) / FireWire
Firma *f* / company *n*
Firmen·ausweis *m* / employee identity, works identity card, employee ID || ⟨-**ausweiskarte** *f* / company identification card, company badge || **~eigen** *adj* / in-house || **~eigenes Versicherungssystem** / insurance company network || **~fremde Arbeitskraft** / loan worker || **~intern** *adj* / corporate *adj*, in-house || ⟨-**kunde** *m* (DIN EN 61968-1 DIN EN 61970-1) / business-to-business (B2B), B2B (business-to-business)
Firmen·marke *f* / manufacturer's symbol, nameplate *n*, corporate logo || ⟨-**name** *m* / company name || ⟨-**netz** *n* / company network || ⟨-**pension** *f* / company pension scheme || ⟨-**schild** *n* / maker's nameplate, nameplate *n* || **~spezifische Teilsysteme** / company-specific subsystems ||

Firmware 308

⁓wagen *m* / company car || ⁓wert *m* / business value || ⁓wohnung *f* / company flat, company housing || ⁓zeichen *n* / company sign
Firmware *f* / firmware *n* || ⁓ **übertragen** / transfer firmware || **mit** ⁓ / with firmware || ⁓-**Boot-Funktion** *f* / firmware boot function || ⁓-**Download** *m* / FW download || ⁓-**Download abgelehnt** / firmware download rejected (FW download rejected) || ⁓-**Download aktiv** / firmware download active (FW download active) || ⁓-**Download erfolgreich** / FW download successful || ⁓-**Download fehlerhaft** / FW download unsuccessful || ⁓-**Pfad** / firmware path || ⁓**stand** *m* / firmware revision level || ⁓-**Version** *f* / firmware version || ⁓ **Versionsdaten** / firmware version data
Firstleiter *m* / ridge conductor, roof conductor
FIS (Fabrikinformationssystem) / FIS (Factory Information System)
FI-Schalter *m* / residual-current(-operated) circuit breaker (independent of line voltage)
FI-Schutz *m* / residual-current protection
FI-Schutzeinrichtung *f* (Fehlerstrom-Schutzeinrichtung) / RCD (residual current protective device) || **ortsfeste** ⁓ **in Steckdosenausführung** / fixed socket-outlet residual current protective device (SRCD) || ⁓ **mit eingebautem Überstromauslöser** / residual current operated device (RCBO) || **ortsveränderliche** ⁓ **mit erweitertem Schutzumfang und Sicherstellung der bestimmungsgemäßen Nutzbarkeit des Schutzleiters** / portable residual current protective device-safety (PRCD-S) || ⁓ **ohne eingebauten Überstromschutz** / residual current operated circuit-breaker without integral overcurrent protection (RCCB) || **Netz mit** ⁓ / system with ELCBs || **ortsveränderliche** ⁓ / portable residual current protective device (PRCD)
FI-Schutz-Prüfer *m* / e.l.c.b. tester
FI-Schutzschalter *m* / Earth Leakage Circuit-Breaker (ELCB) || ⁓ *m* (Fehlerstromschutzschalter) / RCBO (residual current operated device), RCCB || ⁓-**Schutzschalter mit Freiauslösung** / trip-free r.c.c.b. || ⁓-**Schutzschalter mit integriertem Überstromschutz** / r.c.c.b. with integral overcurrent protection || ⁓-**Schutzschalter ohne integrierten Überstromschutz** / r.c.c.b. without integral overcurrent protection
FI-Schutzschaltung *f* / current-operated e.l.c.b. system, r.c.d. protection, current-operated g.f.c.i. system, g.f.c.i. protection
FISCO / Fieldbus Intrinsically Save Concept (FISCO)
FI-Sicherheitssteckdose *f* / residual-current circuit-breaker safety socket, r.c.c.b. safety socket, RCCB protective socket outlet
FI-Sicherheits-Steckdose *f* / residual-current circuit breaker protective socket outlet, RCCB protective socket outlet
FI-Steckdose *f* / RCCB socket outlet
FI-Überwachungsgerät *n* (Fehlerstrom-Überwachungsgerät) / residual current monitor for household and similar users, RCB
FIV (fabrikfertiger Installationsverteiler) / factory-built distribution board, factory-built consumer unit, factory-assembled panelboard || ⁓ **für Wandaufbau** / surface-mounting distribution board || ⁓ **für Wandeinbau** / recess-mounting distribution board
Fixator *m* / erection mount
fixieren *v* / fix *v*, locate *v*, fix in position, fasten in place *v*, fasten *v*
Fixierung / hold-down *n* || ⁓**sschablone** *f* / hold-down *n*
Fix·kästensystem *n* / container stacking system || ⁓**kosten** *f* / fixed costs, fixed overheads || ⁓**punkt** *m* / control point, benchmark *n*, fixed support
Fixier·schraube *f* / locating screw || ⁓**stecker** *m* / positioning connector || ⁓**stift** *m* / locating pin, alignment pin, dowel *n*, positioning pin
FK (Fehlerkurve) / error curve || ⁓ *f* (Funktionskosten) / production costs
F-Kanaltreiber *m* / fail-safe channel driver
FKE (freie Kontureingabe) *f* / FCI (free contour input)
F-Kit *n* / failsafe kit
FK-Koppelmodul *n* / FK coupling module
F-Kommunikations-DB *f* / F-communication DB (F-communication DBs are fail-safe data blocks for safety-related CPU-CPU communication via S7 connections)
F-KOP (Programmiersprache für Sicherheitsprogramme in S7 Distributed Safety) / F-LAD *n*
F-Kopier-Lizenz *f* (formelle Erlaubnis, die CPU als F-CPU für fehlersichere Systeme einzusetzen) / F-copy license
FKS (Festkörperschaltung) / solid-state circuitry, integrated solid-state circuitry
FKZ (Funktionskennzeichen) *n* / function symbol *n*
FL / floppy module
flach *adj* / flat *adj*, even *adj*, level *adj*, plane *adj*, slimline || ~ **gewickelt** / wound on the flat, wound flat, flat-wound *adj*
Flach·ankerrelais *n* / flat-type armature relay, flat-armature relay || ⁓**anschluss** *m* / flat termination, tag termination, terminal pad, flat-type screw terminal without pressure exerting part, flat-type terminal, flat connector, flat-type connection, flat connection || ⁓**anschlussgröße** *f* / size of flat termination || ⁓**anschlussklemme** *f* (Anschlussfahne) / tab terminal, flat-type terminal || ⁓**anschlussschiene** *f* / flat-type connecting bar || ⁓**automat** *m* / slim-line m.c.b.
Flachbahn·anlasser *m* / face-plate starter, faceplate rheostat || ⁓-**Anlasssteller** *m* / face-plate controller || ⁓**steller** *m* / wafer dimmer, wafer fader || ⁓-**Stufenschalter** *m* / face-plate step switch
Flachband *m* / flat cable, flat ribbon cable, ribbon cable, metal braiding, metal strip || ⁓**anschluss** *m* / ribbon cable connection || ⁓**kabel** *n* / flat cable, flat ribbon cable, ribbon cable, metal strip, metal braiding || **verdrilltes** ⁓**kabel** / flat round cable, round-sheath ribbon cable, twisted ribbon cable || ⁓**leiter** *m* / ribbon cable || ⁓**leitung** *f* / flat ribbon cable, flat cable, ribbon cable, metal braiding, metal strip || ⁓**rundleitung** *f* / flat round cable, round-sheath ribbon cable, twisted ribbon cable || ⁓**stecker** *m* / flat termination, ribbon-cable connector, flat male tab, tab connector, ribbon cable connector, connector for ribbon cable
flachbauend *adj* / slim *adj*, shallow *adj*, in flat design
Flachbauform *f* / flat design

Flachbaugruppe f / printed circuit board (PC board), substation processor module, pluggable printed-board assembly, plug-in p.c.b., PC board (printed circuit board), pcb (printed circuit board) || ⁓ f (FBG) / printed-circuit board (p.c.b.), card n, board n || **einfachhohe** ⁓ / single-height p.c.b. || ⁓**nentwicklung** f / PCB assembly development || ⁓**nspezifikation** f / board specification
Flach·bauweise f / flat design || ⁓**bedientafel** f / slimline operator panel || ⁓**bedientafel OP031** f / slimline operator panel OP031 || **Fernkopierer-**⁓**bettgerät** n / flatbed facsimile unit || ⁓**bettmaschine** f / flat-bed machine || ⁓**bettplotter** m / flatbed plotter || ⁓**bettsender** m (Faksimile-Sender, bei dem das Originaldokument flach aufliegt und Zeile für Zeile abgetastet wird) / flat bed facsimile transmitter || ⁓**beutel** m / flat bag || ⁓**beutelmaschine** f / flat-bag machine || ⁓**biege-Wechselprüfung** f / rectangular bending fatigue test || ⁓**bord** n / battered curb || ⁓**bordstein** m / battered curb || ⁓**buchse** f / ribbon cable connector, female ribbon cable connector || ⁓**bügel** m / flat clamp || ⁓**dichtung** f / flat gasket, flat packing || ⁓**display** n / flatpanel display, m flat-screen || ⁓**draht** m / flat wire, strip n || ⁓**drahtbewehrung** f / flat wire armour || ⁓**drahtkupfer** n / copper strip, rectangular-section copper || ⁓**drahtwicklung** f / strip winding || ⁓**drahtwicklung** f (Hochkantwickl.) / edge winding
Fläche f / surface n, area n || ⁓ **der mechanischen Abnutzung** / area of mechanical wear
flache D-Nummern-Struktur / flat D number structure
Fläche für Herstellerkennzeichnung und Werkzeug, Formnest-Nr. 0,2 mm vertieft erhaben f / area for manufacturer's identification mark and tool and molding cavity Nos. embossed and recessed 0.2 mm || **schraffierte** ⁓ / hatched area ⁓**: i. O.** / ring in order
Flächen·abdeckung f / area coverage || ⁓**anpassung** f / area adaptation || ⁓**auflockerung** f / cross-hatching n || ⁓**aufteilung** f / area division || ⁓**bedarf** m / footprint, floor area required, required area || ⁓**belastung** f (W/m²) / connected load (per unit area), maximum demand (per unit area), surface load || **spezifische** ⁓**belastung** / load per unit area
flächenbezogen·e Masse / weight per unit area, grammage n, substance n || ⁓**e Schallleistung** / surface-related sound power, surface-related acoustic power || ⁓**e Systemkosten** / area-related system costs || ⁓**er Wirkungsgrad** / overall area efficiency
Flächen·darstellung f / surface display || ~**deckend** adj / providing ample area coverage || ~**deckend einsetzbar** / wide area coverage || ~**deckendes Netzwerk** / wide area wireless network || ⁓**deckung** f / area coverage || ⁓**dichte** f / surface density || ⁓**dichte** f (Masse) / mass per unit area || ⁓**dichte des Stroms** / surface current density || ⁓**diode** f (FD) / junction diode || ⁓**druck** m / unit pressure, bearing pressure || ⁓**durchgangswiderstand** m / volume resistance per unit area
Flächen·einheit f / unit area, unit surface || ⁓**element** n / surface entity || ~**emittierende LED** / surface emitting LED, Burrus diode || ⁓**entladung** f / sheet discharge || ~**förmiger Leuchtkörper** / uniplanar filament, monoplane filament || ⁓**galvanisieren** n / panel plating || ⁓**gewicht** n / mass per unit area || ⁓**gewicht** n (Papier) / basis weight || ~**gleicher Übergang** / level transition || ⁓**grafik** f / plane graphics || **dynamische** ⁓**grafik** / dynamic plane graphics || ⁓**integral** n / surface integral || ⁓**isolierstoff** m / insulating sheet(ing), wrapper material, insulating plate
Flächen·kamera f / area scan camera || ⁓**kontakt** m / expanded contact || ⁓**kurve** f / filled curve, filled-in curve || ⁓**ladungsdichte** f / surface charge density || ⁓**leuchtdiode** f / soft-light LED || ⁓**leuchte** f / surface lighting luminaire || ⁓**leuchtstofflampe** f / panel-type fluorescent lamp || ⁓**magazin** n / box magazine, box-type magazine, waffle pack tray || ⁓**magazin-Träger (FMT)** m / waffle pack tray carrier || ⁓**masse** f / mass per unit area, surface density || ⁓**messung** f / planimetering n || ⁓**modell** n / surface model || ⁓**modellieren** n / surfacing || ⁓**modul** n DIN 30798, T.1 / surface-area module || ⁓**moment** n / moment of plane area || ⁓**multimodul** n DIN 30798, T.1 / surface-area multimodule || ⁓**-Näherungsschalter** m / flat proximity switch
Flächen·portal n / area gantry || ⁓**pressung** f / surface pressure, compressive load per unit area || **modularer** ⁓**raster** DIN 30798, T.1 / modular surface-area grid || ⁓**roboter** m / surface robot || ⁓**rüttler** m / surface vibrator || ⁓**schleifer** m / surface grinder || ⁓**schleifmaschine** f / surface grinding machine || ⁓**schnitt** m / surface cut, surface cutting || ⁓**schwerpunkt** m / area centre of gravity || ⁓**schwund** m / shrinkage per unit area || ⁓**segment** n / patch n || ⁓**silizium** n / sheet silicon || ⁓**spannung** f / plane stress || ⁓**strahler** m / large-area radiator || ⁓**strahler** m (IR-Gerät) / wide-angle transmitter || ⁓**strom** m / surface current || ⁓**strukturierung** f / patterning n
Flächen·text m / area type || ⁓**trägheitsmoment** n / planar moment of inertia || ⁓**transistor** m / junction transistor || ~**treue Darstellung** / equal-area diagram || ⁓**verfahren** n (Chromatographie) / peak area method, area method, planimeter method || ⁓**verrundung** f / surface fillet || ~**zentriert** adj / face-centered adj
flach·er Druckknopf / flat button || ~**er pn-Übergang** m / shallow junction n || ~**es Netzwerk** (Netzwerk ohne Subnetze) / flat network
Flach·feder f / flat spring, leaf spring || ⁓**feile** f / flat file || ⁓**führung** f / flat way || ~**gängig** adj (Gewinde) / square-threaded adj || ⁓**gasherstellung** f / flat glass manufacturing || ⁓**gehäuse** n / flat package || ~**geprägt** adj / flat-stamped adj || ⁓**getriebe** n / flat-type gear || ⁓**getriebemotor** m / flat gear motor || ⁓**gewinde** n / square thread || ⁓**glas** n / flat glass, float glass || ⁓**glasanlage** f / float glass plant || ⁓**glasindustrie** f / float glass industry, flat glass industry || ⁓**glas-Schneidemaschine** f / flat-glass cutting machine || ⁓**greifermagnet** m / flat gripper magnet || ⁓**gummidichtung** f / flat rubber gasket || ⁓**gurt** m / flat belt || ⁓**honmaschine** f / flat honing machine
flächig adj / two-dimensional adj || ~**es Funknetz** / wide area wireless network

Flach

Flach·kabel *n* / ribbon cable, flat cable, flat multicore cable, flat flexible cable || ⁓**kabelgarnitur** *f* / ribbon cable set || ⁓**käfig** *m* / flat cage || ⁓**kammer** *f* (Laue-Kammer) / flat camera, Laue camera || **kapsel** *f* / flat module holder || ⁓**keil** *m* / flat key || ⁓**kern** *m* / flat core
Flachklemme *f* / strip terminal, blade terminal || ⁓ *f* (Schraubklemme ohne Druckübertragungsteil) / flat-type screw terminal without pressure exerting part || ⁓ *f* (Schraubklemme mit Anschlussscheibe) / flat-type screw terminal with clamping piece || ⁓ *f* (Anschlussklemme) / flat-type screw terminal, screw terminal || ⁓ *f* (Anschlussfahne) / tab terminal || ⁓ **für Kabelschuh** / cable-lug-type screw terminal || ⁓ **für Schienenanschluss** / busbar-type screw terminal || ⁓ **mit Druckstück** (Schraubklemme) / saddle terminal with indirect pressure, indirect-pressure saddle terminal || ⁓ **ohne Druckstück** (Schraubklemme) / screw terminal with direct pressure through screw head
Flach·klemmenleiste *f* / screw terminal block || ⁓**kompoundierung** *f* / flat compounding, level compounding || ⁓**kopfschraube mit Schlitz** / slotted pan head screw || ⁓**kupfer** *n* / flat copper (bar), copper flats || ⁓**kupferschiene** *f* / flat copper bar || ⁓**lager** *n* (Gebäude) / low-rise warehouse || ⁓**läppmaschine** *f* / surface lapping machine || ⁓**lehre** *f* / calmer gauge || ⁓**leiter** *m* / flat conductor
Flachleitung *f* / flat cable, ribbon cable, flat ribbon cable, metal strip, metal braiding || **PVC-**⁓ *f* VDE 0281 / flat PVC-sheathed flexible cable || ⁓**sstecker** *m* / ribbon cable connector
Flach·leuchte *f* / shallow luminaire, flat luminaire || **~liegender pn-Übergang** / shallow junction || ⁓**material** *n* / flats || ⁓**meißel** *m* / flat chisel, chipping chisel || ⁓**modul** *n* / flat module, card *n*, flat-plate module, slimline module, printed circuit board || ⁓**motor** *m* / pancake motor, face-mounting motor, flat-frame motor || ⁓**passung** *f* / flat fit || ⁓**plotter** *m* / flatbed plotter || ⁓**probe** *f* / rectangular test specimen
Flach·rahmen *m* / low profile frame || ⁓**relais** *n* / flat-type relay, flat relay || ⁓**riemen** *m* / flat belt || ⁓**riemenscheibe** *f* / flat belt pulley || ⁓**rundkabel** *n* / flat round cable, round-sheath ribbon cable, twisted ribbon cable || ⁓**rundschraube** *f* / saucer-head bolt || ⁓**rundzange** *f* / snipe nose plier, snipe nose pliers || ⁓**rundzange, gewinkelt** / snipe nose pliers, bent
Flach·schieber *m* / flat slide valve, plain slide valve, gate-type slide valve, plate valve || ⁓**schieberventil** *n* / valve with flat slider || ⁓**schiene** *f* / flat bar || ⁓**schienenanschluss** *m* / flat-bar terminal || ⁓**schleifen** *n* / surface grinding || ⁓**schleifmaschine** *f* / surface grinding machine || ⁓**schmiernippel** *m* / button-head lube nipple || ⁓**schutzschalter** *m* / slim-line m.c.b. || ⁓**senker** *m* / counterbore *n* || ⁓**senker mit Führungszapfen** *m* / counterbore with spigot || ⁓**sicherung** *f* / blade-type fuse || ⁓**spul-Messgerät** *n* / flat-coil measuring instrument || ⁓**stab** *m* / flat bar || ⁓**stahl** *m* / flat steel bar(s), flats *plt*, flat steel || ⁓**stanzen** *n* / planishing *n* || ⁓**steckanschluss** *m* / push-on connection, slip-on terminal, plug-type terminal, flat connector || ⁓**steckanschluss** *m* (Faston-Anschluss) / Faston quick-connect terminal
Flachstecker *m* (an Bauelement) / tab *n* || ⁓ *m* (Bürste) / flat-pin terminal, spade terminal || ⁓ *m* / tab connector, flat-pin plug, flat connector || ⁓ *m* (Klemme) / push-on blade || **gewinkelter** ⁓ / angled flat-tab connector || ⁓**anschluss** *m* / plug-type terminal(s), tab connector
Flachsteckhülse *f* / push-on receptacle, tab receptacle, receptacle *n*, quick-connect terminal || ⁓ *f* (Faston-Anschluss) / Faston connector
Flach-Steckleitung *f* / flat connecting cable, ribbon cable
Flachsteck·verbinder *m* / blade connector, flat push-on connector || ⁓**verbindung** *f* / tab-and-receptacle connection, tab connector, faston connector || **lösbare** ⁓**verbindung** / flat quick-connect termination
Flach·stelle *f* / flat spot, flat *n* || ⁓**stellenbildung** *f* / forming of flats || ⁓**stellentiefe** *f* / depth of flat || ⁓**stift** *m* (Steckerstift) / flat-sided pin, flat pin || ⁓**stift** *m* (an Bauelement) / tab *n* || ⁓**stift-Steckdose** *f* / flat-pin socket || ⁓**strahlantennensatz** *m* / flat panel directional antenna set || ⁓**strahlreflektor** *m* / flat-beam reflector || ⁓**strickmaschine** *f* / flat knitting machine || ⁓**stromvergaser** *m* / natural-draft carburettor
Flach·tastatur *f* / low-profile keyboard, flat-panel keyboard || ⁓**transformator** *m* / flat transformer || ⁓**verbunderregung** *f* / flat-compound excitation, level-compound excitation || ⁓**verteilung** *f* / flat distribution board || ⁓**wickel** *m* (Kondensator) / flat section (capacitor) || ⁓**winkel** *m* / flat right-angle (unit), horizontal angle (unit)
Flach·zange *f* / flat nose pliers || ⁓ **mit L-förmigen Backen** / plier with L-shaped nose || ⁓**zange, lang** / flat nose pliers, long || ⁓**zelle** *f* / flat cell || ⁓**zeug** *n* / flat product, flats *plt* || ⁓**zugprobe** *f* / rectangular tensile specimen, flat plate specimen
Flackern *n* / flicker *n*, unsteadiness *n*, flickering *n*
Flag *f* (Speicherzelle, die den Zustand 0 oder 1 annimmt, um einen bestimmten Zustand anzuzeigen) / flag *n*
Flagge *f* / flag *n* (F), marker *n*, bit memory, F (flag)
Flammeinheit *f* / flame treater
Flammen·absorptionsspektrometrie *f* / flame absorption spectroscopy || ⁓**beständigkeit** *f* / flame resistance || ⁓**bogenlampe** *f* / flame arc lamp || ⁓**detektor** *m* / flame detector || ⁓**durchschlag** *m* / flashback || **~hemmend** *adj* / FR *adj*, flame retardant *adj* || ⁓**ionisation** *f* / flame ionization || ⁓**ionisationsdetektor** *m* (FID) / flame ionization detector (FID) || ⁓**leuchte** *f* / mine safety lamp || ⁓**melder** *m* / flame detector || ⁓**photometrie** *f* / flame photometry || **~photometrischer Detektor** (FPD) / flame-photometric detector (FPD) || ⁓**wächter** *m* / flame detector
Flamm·härten *n* / flame hardening || ⁓**löten** *n* / flame soldering, flame brazing || ⁓**punkt** *m* / flash point, ignition point || ⁓**punkt nach Abel** / Abel closed-cup flash point || ⁓**punktprüfgerät mit geschlossenem Tiegel** / closed flash tester || ⁓**punktprüfgerät nach Pensky-Martens** (geschlossener Tiegel) / Pensky-Martens closed flash tester || ⁓**rohr** *n* / torch *n* || ⁓**schutzstopfen** *m* / flame arrester vent plug || ⁓**strahlen** *n* / flame cleaning
flammwidrig *adj* / flame-retardant *adj*, fire-inhibiting *adj*, non-flame-propagating *adj*, slow-

burning *adj* || ~**es Rohr** / non-flame-propagating conduit
Flammwidrigkeitsprüfung *f* (Kabel) / flame retardance test
Flanke *f* / pulse edge || ⸺*f* (Impuls) / edge *n*, transition *n* || ⸺*f* (Kurve) / edge *n*, slope *n* || ⸺*f* (Zahnrad) / flank *n*, tooth surface || ⸺*f* (Umsetzer, Rampe) / slope *n* || ⸺ **Positiv (FP)** *f* (Bitoperation in AWL, die einen VKE-Wechsel von 0 nach 1 erkennt (steigende Flanke)) / FP *n* || **abfallende** ⸺ / falling signal edge, trailing signal edge, falling edge, trailing edge, negative-going signal edge, negative-going edge, negativ edge || **ansteigende** ⸺ / rising signal edge, rising edge || **bei steigender** ⸺ / in the case of a rising edge || **fallende** ⸺ (Impuls, Signal) / falling edge, trailing edge
Flanken·abfallzeit *f* DIN 41855 / fall time || ⸺**abstand** *m* (Impuls) / edge spacing || ⸺**anstiegszeit** *f* DIN 41855 / rise time || ⸺**auswerter** *m* / edge evaluator || ⸺**auswertung** *f* / (pulse-)edge evaluation, edge evaluation, RLO edge detection || ⸺**bindefehler** *m* / lack of sidewall fusion || ⸺**byte** *n* / interrupt edge byte || ⸺**empfindlichkeit** *f* / edge sensitivity || ⸺**erkennung** *f* / edge detection (function) || ⸺**fräsen** *n* / edge milling
flanken·gesteuert *adj* / edge-triggered *adj* || ~**gesteuerter Eingang** / edge-triggered input, transition-operated input || ~**gesteuertes Flipflop** / edge-triggered flipflop || ~**getriggert** *adj* / edge-triggered *adj*
Flanken·linie *f* (Zahnrad) / tooth trace || ⸺**merker** *m* / edge trigger flag || ⸺**merkerbyte** *n* / edge-triggered flag byte || ⸺**merkeroperation** *f* / edge-triggered instruction || ⸺**mittellinie** *f* / pitch line || ⸺**modulation** *f* / (pulse) edge modulation || ⸺**operation** *f* / signal-edge operations || ⸺**scherversuch** *m* / longitudinal shear test || ⸺**signal** *n* / edge signal || ⸺**spiel** *n* (Rückwirkungen der Antriebe von CNC-Maschinen) / backlash *n*, flank clearance || ⸺**steilheit** *f* (DAU, Verstärker) / slew rate || ⸺**steilheit** *f* (Änderungsgeschwindigkeit) / rate of change || ⸺**steilheit** *f* (Impuls, Signal) / edge steepness || **größte** ⸺**steilheit der Ausgangsspannung** (Verstärker) / maximum rate of change of output voltage || ⸺**steuerung** *f* / edge triggering, transition control || **Takteingang mit** ⸺**steuerung** / edge-triggered clock input || ⸺**Stromkreis** *m* / side circuit || ⸺**triggerung** *f* / edge triggering || ⸺**übersteuerungsverzerrung** *f* (bei Pulscodemodulation) / slope overload distortion || ⸺**überwachung** *f* / edge monitoring || ⸺**wechsel** *m* / signal transition || ⸺**wechsel** *m* (Impuls) / edge change || **positiver** ⸺**wechsel** / positive-going edge (of signal) || ⸺**winkel** *m* (Gewinde) / angle of thread, thread angle, flank angle, angle of bevel || ⸺**zeit** *f* DIN IEC 147,T.1E / slope time || ⸺**zustellung** *f* (Gewindefräsen) / flank infeed
Flansch *m* / flange *n* || ⸺ **(amerikanischer Standard)** *m* / C-face *n* || ⸺ **am Gehäuseboden** / bottom flange || **angegossener** ⸺ / cast body with flange end || **loser** ⸺ / loose flange || ⸺**abdichtung** *f* / gasket and sealing case, gasket and sealing face || ⸺-**Anbausteckdose** *f* / flangemounting socket-outlet, flanged receptacle || ⸺**anschluss** *m* / flanged end, flange terminal, flanged connection ||
⸺**ausschnitt** *m* / flange cutout
Flansch·bauform *f* / flange-mounting type || ⸺**befestigung** *f* / flange mounting || ⸺**bürstenhalter** *m* / flange-mounting brush holder, lug-mounting brush holder || ⸺**dichtung** *f* / flange gasket, rim gasket, flange seal || ⸺**dose** *f* / flange socket, flange outlet || ⸺-**Einbausteckdose** *f* / flange-mounting recessed socket-outlet
Flansch·fläche *f* / flange face, flange surface || ⸺**führung** *f* / flange guide || ⸺**genauigkeit** *f* / flange accuracy || ⸺**größe** *f* / flange size || ⸺**kupplung** *f* / flange coupling, flanged-face coupling, compression coupling || ⸺**lager** *n* / flange-mounted bearing, flanged bearing || ⸺**lagerschild** *m* (el. Masch.) / flanged endshield, endshield flange, flange endshield, *n* flange bearing end shield
flanschloser Anschluss (Ventil) / flangeless end
Flansch·maschine *f* / flanging press || ⸺**motor** *m* / flange-mounting motor, flange motor || ⸺**öffnung** *f* / flange opening || ⸺**platte** *f* / flange plate, (flange) blanking plate || ⸺**ring** *n* / bolting flange || ⸺**rohr** *n* / flanged pipe || ⸺**schraube** *f* / flange bolt || ⸺**steckdose** *f* / flange-mounting socket-outlet. (o. receptacle), flanged socket-outlet, flange socket || ⸺**stecker** *m* / flanged connector || ⸺**stück** *n* / muff || ⸺**transformator** *m* / flange-mounting transformer || ⸺**typ** *m* / flange type || ⸺**verbindung** *f* / flanged joint, flange connection || ⸺**verschraubung** *f* / bolted flange joint || ⸺**welle** *f* / stub shaft, flanged shaft || ⸺**wellenende** *n* / flanged shaft extension
Flasche *f* (Zylinder) / cylinder *n*
Flaschen·hals *m* / bottleneck || ⸺**halserkennung** *f* / bottleneck detection || ⸺**zug** *m* / rope block, block and tackle, differential pulley block
Flash-DIMM-Module *n* (Onboard Silicon Disk (OSD) bei M7. Speicher für das Anwenderprogramm) / flash DIMM modules || ⸺-**EPROM** *n* (sind jedoch wesentlich schneller löschbar als EEPROM, FEPROM = Flash Erasable Programmable Read Only Memory) / Flash EPROM || ⸺**fähigkeit** *f* / flash capability || ⸺-**Karte** *f* / flash card || ⸺-**Memory-Card** *f* / flash memory card || ⸺-**Memory-Filesystem** *n* / flash memory file system || ⸺-**Memory-Zelle** *f* / flash memory cell || ⸺-**Speicher** *m* (programmierbarer Speicher, der segmentweise elektrisch gelöscht und danach neu beschrieben werden kann) / flash memory
Flat-pack·-Gehäuse *n* / flat package || ⸺-**Thyristor** *m* / flat-pack thyristor, disc-type thyristor
Flattermeldung *f* / chatter error
Flattern *n* / chatter *n*, contact chatter *n* || ~ *v* / flutter *v*, pulsate *v* || ~ *v* (Welle) / wobble *v*
Flatter·satz *m* (Textverarb.) / ragged-right format, unjustified matter || ⸺**satz links** (sich auf einen Text beziehend, der am linken Rand nicht ausgerichtet ist) / ragged left || ⸺**satz rechts** (sich auf einen Text beziehend, der am rechten Rand nicht ausgerichtet ist) / ragged right || ⸺**sperre** *f* / flutter inhibit, chatter blocking, debounce *n*, chatter suppression, chatter disable || ⸺**überwachung** *f* (parametrierbare Überwachung auf untypische Signalverläufe (Flattern). Wird ein Flatterfehler erkannt, erfolgt eine Diagnosemeldung.) / chatter monitoring || ⸺**zeilen** *f pl* (Textverarb.) / ragged lines

Flat-Top-Modulation

Flat-Top-Modulation f / flat-top modulation
Fleck m (Leuchtfleck) / spot n || ⁓ m (Bildpunkt) / blob n || **Kontakt~** m / bonding pad, bonding island || **Stör~** m / picture blemish, blemish n
Fleckenrauschen n / speckle noise
fleckig adj / stained adj, spotty adj, patchy adj
Fleck·korrosion f / patchy corrosion || **⁓ung** f / dithering || **⁓verschiebung** f / spot displacement
Flex·band n / flexible lead || **⁓board** n / flexboard
flexibel adj / flexible adj, pliable adj, adaptable adj
Flexibelmikanit n / flexible mica material
Flexibilität f / flexibility n
flexible Anschlussleitung / flexible conduit || **~ Anwendung** / flexible application || **~ Automatisierung** / flexible automation || **~ Bedientafel** / flexible operator panel || **~ Busleitung** / flexible bus cable || **~ Decke** / blacktop pavement || **~ Ebenenauwahl** / flexible plane selection || **~ Fabrik** / flexible factory || **~ Fertigung** / flexible manufacture || **~ Fertigungsanlage (FFA)** / flexible manufacturing plant || **~ Fertigungsinsel** / flexible manufacturing island || **~ Fertigungszelle (FFZ)** / flexible manufacturing cell (FMC), flexible production cell || **~ Flachkupferschiene** / flexible flat copper bar || **~ gedruckte Schaltung** / Flexible Printed Circuit (FPC) || **~ Kupplung** / flexible coupling, self-aligning coupling || **~ Leiterplatte** / flexible printed board (FPC) || **~ Leiterplatte mit Leiterbild auf einer Seite** / flexible single-sided printed board || **~ Leiterplatte mit Leiterbildern auf beiden Seiten** / flexible double-sided printed board || **~ Leitung** / cord n, flexible cable || **~ Mehrlagenleiterplatte** / flexible multi-layer printed board || **⁓ Modulare Redundanz** / Flexible Modular Redundancy (FMR) || **~ Pneumatik** / flexible pneumatic technology || **~ PVC-Schlauchleitung** / PVC-sheathed flexible cord || **~ Straßendecke** / flexible pavement || **~ Werkzeugverwaltung** / flexible tool management || **~ Zelle** / flexible cell || **~r Anschluss** / flexible connection || **~r Funktionsblock (FFB)** / Flexible Function Block (FFB) || **~r Isolierschlauch** DIN IEC 684 / flexible insulating sleeving || **~r Leiter** / flexible conductor || **~r Mehrschicht-Isolierstoff** / combined flexible insulating material || **~r Wellenleiter** / flexible waveguide || **~s Bearbeitungszentrum (FBZ)** / flexible machining centre (FMC) || **~s Fertigungssystem (FFS)** / flexible manufacturing system (FMS) || **~s Fertigungssystem (FFS)** / FMS n, Flash File System, flexible manufacturing system || **~s Fertigungszentrum (FFZ)** / flexible machining center || **~s Installationsrohr** / flexible conduit || **~s Kabel** / flexible cable || **~s Nachgeben** / flexible response || **~s Rohr** / flexible conduit || **~s Schutzrohr** / flexible metal tubing || **~s Stahlrohr** / flexible steel conduit
Flexo·druck m / flexoprinting n || **⁓-Druckmaschine** f / flexo printing machine, flexo printing press || **⁓-Stecker** m / plug made of resilient material, rubber plug
Flexscheibe f / polishing wheel (with hard-paper facing)
Flickbüchse f / temporary bush
flicken v / rewire v
Flicker n / light flicker, flicker n || **~äquivalente Spannungsschwankung** / equivalent voltage fluctuation (flicker range) || **⁓-Bemerkbarkeitsschwelle** f VDE 0838,T.1 / threshold of flicker perceptibility || **⁓dosis** f / flicker dose || **~freie Beleuchtung** / flickerless lighting, flicker-free lighting || **~freier Lichtbetrieb** / flicker-free lighting service || **⁓meter** n / flickermeter n
flickern v / flicker v
Flicker--Nachwirkungszeit f / flicker impression time || **⁓-Reizbarkeitsschwelle** f / threshold of flicker irritability || **⁓spannung** f / flicker voltage || **⁓-Störschwelle** f / threshold of flicker irritability
fliegend angeordnet / overhung adj, mounted overhung || **~ gelagerter Rotor** / overhung rotor, outboard rotor || **~ Istwert setzen** / set actual value on the fly || **~e Buchse** / floating gland || **~e Fertigungskontrolle** / patrol inspection || **~e Fertigungsprüfung** / patrol inspection || **~e Gebäude** / temporary buildings || **~e Riemenscheibe** / overhung pulley || **~e Säge** / flying saw || **~e Synchronisation** / on-the-fly synchronization || **~e Vorgabe** / on-the-fly input || **~e Welle** / overhung shaft || **~er Satzwechsel** / flying block change, flying record change || **~er Übergang** / on-the-fly transition || **~er Werkzeugwechsel** / on-the-fly tool change || **~es Istwertsetzen** / actual-value setting on the fly, position-feedback setting on the fly, on-the-fly actual value setting, set actual value on the fly, flying actual value setting || **~es Messen** / in-process measurement, flying measurement, on-the-fly control || **~es Referenzieren** / flying referencing, passive homing || **~es Schwungrad** / overhung flywheel
Fliegenschutzgitter n / insect screen
Fliehgewicht n / centrifugal weight
Fliehkraft f / centrifugal force || **⁓anlasser** m / centrifugal starter || **⁓beschleunigung** f / centrifugal acceleration || **⁓bremse** f / centrifugal brake
Fliehkräfte f / centrifugal forces
Fliehkraft·gewicht n / centrifugal weight || **⁓kupplung** f / centrifugal clutch, dry-fluid coupling, dry-fluid drive || **⁓lüfter** m / centrifugal fan || **⁓regler** m / centrifugal governor || **⁓schalter** m / centrifugal switch, centrifugal controller, tachometric relay || **⁓schmierung** f / centrifugal lubrication || **⁓versteller** m (Kfz-Zündsystem) / centrifugal advance mechanism
Fließ·band n / assembly line || **⁓bandbearbeitung** f / pipelining n || **⁓beschichtung** f / flow-coating n || **⁓bild** n / flow diagram, mimic diagram || **⁓druck** m / flow pressure
Fließen n (Metall) / yield n, creeping n
fließende Stoffe / fluid materials || **Verfahren mit ~er Fremdschicht** / saline fog test method, salt-fog method || **~er Verkehr** / driving continuity, moving traffic
Fließ·fertigung f / assembly line production, flow-line production, mass production, line production || **⁓festigkeit** f / yield strength || **⁓fett** n / low-viscosity grease || **⁓formbohrer** m / flow drill || **~gepresst** adj / extruded adj || **⁓geschwindigkeit** f / flow velocity || **⁓grenze** f / yield point, yield strength, proof stress || **⁓härte** f / yield hardness || **⁓komma** n / floating point (FP), floating decimal

point || ⁓**kommaarithmetik** *f* / floating-point arithmetic, real maths || ⁓**presse** *f* / extruding press || ⁓**pressen** *n* / extrusion *n* || ⁓**produktion** *f* / flow production || ⁓**prozess** *m* (kontinuierlicher Prozess (Gegenteil von Chargenprozess)) / continuous process || ⁓**punkt** *m* / floating point (FP), floating decimal point || ⁓**punkt** *m* (Fett) / pour point || ⁓**schaubild** *n* / (mimic) flow diagram || ⁓**span** *m* / continuous chip || ⁓**text** *m* / continuous text || ⁓**vermögen** *n* (U-Rohr-Methode) / U-tube viscosity || ⁓**vermögen in der Kälte** / cold flow || ⁓**widerstand** *m* / flow stress || **~ziehen** *v* (stanzen) / iron *v*
Flimmerfotometer *n* / flicker photometer
flimmerfrei *adj* / flicker-free *adj* || **~e Beleuchtung** / flickerless lighting, flicker-free lighting
Flimmer·frequenz *f* / flicker frequency || ⁓**kurve** *f* (Stromschwingungen) / current oscillation diagram || ⁓**licht** *n* / flicker(ing) light
flimmern *v* / flicker *v* || ⁓ *n* (Rauschen, das durch die Oberflächenunregelmäßigkeit oder durch die granulare Natur eines Mediums, durch welches ein elektrischer Strom fließt, verursacht wird) / flicker noise
Flimmer·schwelle *f* / threshold of non-fibrillation || ⁓**signal** *n* / flickering signal || ⁓**strom** *m* (die Herztätigkeit beeinflussend) / fibrillating current
flink *adj* / quick *adj* || **~e Sicherung** / fast fuse, quick-acting fuse, quick-blow fuse || **~er Sicherungseinsatz** / fast fuse link, quick-acting fuse link, quick-blow fuse link, type K fuse link
Flintglas *n* / flint glass
Flip-Chip *m* (sehr kleines Bauelement mit Lotkugeln als Anschlüssen) / flip chip || ⁓**-Bauelement (Flip-Chip-BE)** *n* / flip chip component || ⁓**-Bonder** *m* / flip chip bonder || ⁓**-Einbauplatz** *m* / flip-chip mounting location || ⁓**-Fähigkeit** *f* / flip-chip handling capability || ⁓**-Größe** *f* / flip-chip size || ⁓**-Kamera** *f* / flip-chip camera (component camera for the IC head of a SIPLACE 80F which allows flip chips to be centered optically) || ⁓**-Niederhaltezeit** *f* / flip-chip holding time || ⁓**-Underfill** / flip chip underfill || ⁓**-Verarbeitung** *f* / flip-chip processing || ⁓**-Vision** *f* / flip chip vision || ⁓**-Visionmodul** *n* / flip chip vision module || ⁓**-Visionsensor** *m* / flip-chip vision sensor || ⁓**-Visionsystem** *n* / flip-chip vision system
Flip-Flop *n* / flip-flop circuit
Flipflop *n* (FF) / flipflop *n* (FF) || ⁓ **mit einem Eingang** / single-control flipflop, single-control bistable trigger circuit || ⁓ **mit zwei Eingängen** / dual-control flipflop, dual-control bistable trigger circuit
F-Liste *f* / error list
FLIX / Flexible Length Instruction eXtension (FLIX)
FLN (flexibles Nachgeben) / FLR (flexible response)
Float *m* / floating point number, float *n* (in programming, a declaration of a floating point number) || ⁓ *m* (Float bezeichnet in der Informatik eine Gleitkommazahl mit einfacher Genauigkeit) / floating point value || ⁓**glas** *n* / float glass || ⁓**ing Cells** / floating cells || **~-zone-gezogenes Silizium** / FZ-grown silicon || ⁓**-Zone-Silizium** *n* / FZ-Si || ⁓**-Zone-Verfahren** *n* / float zone process
Flocktest *m* / flocculation test
Flockulation *f* / flocculation *n*

Flockung *f* / flocculation *n* || ⁓**smittel** *n* / flocculant *n*
F-Lokaldaten *plt* / F local data
Floppy-Anschaltbaugruppe *f* / floppy-disk connection module
Floppy-Disk *f* / floppy disk (FD), disk *n*, diskette *n*, FD (floppy disk) || ⁓**-Anschaltbaugruppe** *f* / floppy interface module, FD *n* || ⁓**-Laufwerk** *n* / floppy-disk drive, diskette drive || ⁓**-LW** *n* / disk drive unit, disk drive, diskette station, DSG disk drive, floppy disk drive (FDD) || ⁓**-Steuerung** *f* / floppy-disk controller (FDC)
Floppylaufwerk *n* / floppy disk drive (FD), disk drive unit, diskette drive, diskette station, DSG disk drive
Floß *n* (schiffsförmige Boje) / float *n*
Flotationsprodukt *n* / flotation product
Flotten·ansatzstation *f* / liquor preparation station || ⁓**zirkulation** *f* / liquor circulation
FLR (Fertigungsleitrechner) / central production computer, factory computer, host computer, factory host computer, host computers
Fluchtabweichung *f* / misalignment *n*
fluchten *v* / be in alignment, be in line
fluchtend *adj* / aligned *adj*, in alignment, in line, aligning *adj*
flüchtend *adj* / colinear *adj*
Flucht·entriegelung *f* / escape release || ⁓**fehler** *m* / misalignment *n*, alignment error || ⁓**funktion** *f* (GKS) / escape *n* (function)
fluchtgerecht *adj* / truly aligned
flüchtig *adj* / volatile *adj* || **~e Kohlenwasserstoffe** / volatile carbon-dioxide || **~er Befehl** / fleeting command || **~er Fehler** / transient fault, non-persisting fault, temporary fault || **~er Speicher** / volatile memory
Flüchtigkeit *f* / volatile *n*
Fluchtung *f* / alignment *n*
Fluchtungs·fehler *m* / misalignment *n*, alignment error || ⁓**prüfung** *f* / alignment test
Fluchtweg *m* / escape route || ⁓**beleuchtung** *f* / escape lighting
Flug·asche *f* / fly ash, flue ash || ⁓**betrieb** *m* / aircraft operations, low-flying aircraft
Flügel *m* / vane *n*, blade *n*, wing *n* || **hydrometrischer** ⁓ / hydrometric vane || ⁓**barren** *n* / wing-bar *n*, inset wing-bar || ⁓**dorn** *m* / wing pin || ⁓**elektrode** *f* / butterfly plate || ⁓**griff** *m* / wing handle || ⁓**kreuz** *n* / hydrometric vane || ⁓**mutter** *f* / wing nut, butterfly nut, winged nut, thumb nut || ⁓**radanemometer** *n* / windmill-type anemometer, vane anemometer || ⁓**tür** *f* (zweiflügelig) / double-wing door
Flugfeld *n* / airfield *n*
Flughafen·-Befeuerungsanlage *f* / airport lighting system, aerodrome lighting system, aviation ground lighting || ⁓**-Drehfeuer** *n* (ROB) / aerodrome rotation beacon (ROB) || ⁓**-Leuchtfeuer** *n* / aerodrome beacon (ADB), airport beacon || ⁓**-Rundsichtradar** *m* (ASR) / airport surveillance radar (ASR)
Flugplatz *m* / airport *n*, aerodrome *n*, airfield *n* || ⁓**-Ansteuerungsfeuer** *n* / aerodrome location light || ⁓**-Befeuerungsanlage** *f* / aerodrome lighting system, airfield lighting system, aviation ground lighting || ⁓**-Bezugspunkt** *m* / aerodrome reference point || ⁓**-Erkennungszeichen** *n* / aerodrome identification sign || ⁓**höhe** *f* /

Flug 314

aerodrome elevation ‖ ⸺-**Leuchtfeuer** *n* (ADB) / aerodrome beacon (ADB), airport beacon ‖ ⸺**sicherheit** *f* / aerodrome security
Flug·preis *m* / fare *n* ‖ ⸺**rost** *m* / film rust, flash rust ‖ ⸺**sand** *m* / air-borne sand ‖ ⸺**sicherungsanlage** *f* / air navigation system ‖ ⸺**staub** *m* / air-borne dust, entrained dust ‖ ⸺**strecke** *f* / air route, flight route ‖ ⸺**streckenfeuer** *n* / air-route beacon, airway beacon ‖ ⸺**strecken-Rundsichtradar** *n* (ARSR) / air route surveillance radar (ARSR)
Flug·verkehr *m* / air traffic ‖ ⸺**verkehrsdienste** *m pl* (ATS) / air traffic services (ATS) ‖ ⸺**warnbefeuerung** *f* / obstruction and hazard lighting ‖ ⸺**warnmarker** *m* / aircraft warning marker ‖ ⸺**zeugmontagekran** *m* / airplane assembly crane ‖ ⸺**zeugpositionslicht** *n* / aircraft navigation light ‖ ⸺**zeugwartungskran** *m* / airplane maintenance crane
Fluid-Dämpfer *m* / fluid damper
Fluidik *f* / fluidics *plt*, fluidic logic
fluidischer Melder / fluidic indicator
Fluid·technik *f* / fluidics *n* ‖ ⸺**verstärker** *m* / fluid amplifier
Fluktuation *f* (unerwünschte nicht-periodische Abweichung von einem gemessenen Mittelwert) / fluctuations *n pl* ‖ ⸺ *f* (Instabilität der Impulsamplitude) / fluctuation *n*
Fluorchlorkohlenwasserstoff *m* (FCKW) / chlorofluorhydrocarbon (CFC)
Fluoreszenz *f* / fluorescence *n* ‖ ⸺**analyse** *f* / fluorescence analysis ‖ **Röntgen-**⸺**analysegerät** *n* / X-ray fluorescence analyzer ‖ **Leuchtstofflampe für** ⸺**anregung** / indium-amalgam fluorescent lamp ‖ ⸺**anzeige** *f* / fluorescent display ‖ ⸺**kollektor** *m* / fluorescent collector ‖ ⸺**lampe** *f* / fluorescent lamp (FL) ‖ ⸺**licht** *n* / fluorescent light ‖ ⸺**linie** *f* / fluorescence line, fluorescent line ‖ ⸺**prüfung** *f* / fluorescent inspection, fluorescent penetrant inspection ‖ ⸺**spektroskopie** *f* / fluorescence spectroscopy ‖ ⸺**strahlung** *f* / fluorescent radiation, characteristic X-ray radiation
Fluor·ethylenpropylen *n* (FEP) / fluorine ethylene propylene ‖ ⸺**kohlenstoff** *m* / fluor carbon, carbon tetrachloride ‖ ⸺**kohlenwasserstoffmischung** *f* / fluorenated hydrocarbon compound
Flur·bedienung *f* / floor operated ‖ **automatisierte** ⸺**förderung** / automated guided vehicle system ‖ ⸺**förderzeuge** *n pl* / industrial trucks, ground conveyors ‖ ⸺**taster** *n* / corridor pushbutton ‖ ⸺**verteilung** *f* / storey distribution board, floor panelboard
Flusen *f pl* / flyings *plt*
Fluss *m* / flow *n*, flux *n* ‖ ⸺ **des Bohrungsfelds** / flux over armature active surface ‖ **eingefrorener** ⸺ / frozen flux ‖ **geometrischer** ⸺ / geometric extent ‖ ⸺**bannung** *f* / flux retention ‖ ⸺**bild** *n* / flux plot ‖ ~**bildender Strom** / flux generating current ‖ ⸺**bügel** *m* / flux plate
Fluss·diagramm *n* / flowchart *n*, flow diagram ‖ ⸺**diagramm zur Schnellinbetriebnahme** / flow chart quick commissioning ‖ ⸺**diagrammsprache** *f* / graphical flow diagram language ‖ ⸺**dichte** *f* / flux density ‖ ⸺**eisen** *n* / ingot iron, ingot steel, mild steel ‖ ⸺**empfindlichkeit** *f* (Hallgenerator) DIN 41863 / flux sensitivity ‖ ⸺**erfassung** *f* / flux sensing ‖ ⸺**faden** *m* / flux thread, fluxon *n*, flux line, quantitized superconducting electron current vortex

flüssig *adj* / liquid *adj* ‖ ~**e Beimengung** / liquid impurity ‖ ⸺-**Flüssig-Chromatographie** *f* / liquid-liquid chromatography
Flüssigkeit *f* / liquid *n* ‖ ⸺ **im Ventilsitz verdampft** / flashing ‖ **verdampfende** ⸺ / flashing liquids
Flüssigkeits·absorption *f* / liquid absorption ‖ ⸺**analysator** *m* / liquid analyzer ‖ ⸺**analyse** *f* / liquid analysis ‖ ⸺**analytik** *f* / liquid analyzer ‖ ⸺**anlasser** *m* / liquid starter, liquid-resistor starter ‖ ⸺**anlassregler** *m* / liquid controller
Flüssigkeits·becher *m* / liquid materials hopper ‖ ⸺**behälter** *m* / fluid reservoir ‖ ⸺**bremse** *f* / fluid-friction dynamometer, Froude brake, water brake, hydraulic dynamometer ‖ ⸺**chromatograph** *m* / liquid chromatograph, stream chromatograph ‖ ⸺**dämpfung** *f* / viscous damping ‖ ~**dicht** *adj* / liquid-tight *adj*, impervious to fluids ‖ ⸺**dichtung** *f* / liquid seal ‖ ⸺**druckmesser** *m* (U-Rohr) / U-tube pressure gauge
flüssigkeitsgefüllt·e Durchführung / liquid-filled bushing ‖ ~**e Maschine** / liquid-filled machine ‖ ~**er Schalter** / liquid-filled switch ‖ ~**er Transformator** / liquid-immersed transformer
flüssigkeitsgekühlt *adj* / liquid-cooled *adj*
Flüssigkeits·getriebe *n* / hydraulic transmission, fluid power transmission, fluid drive, hydraulic drive ‖ ~**isolierte Durchführung** / liquid-insulated bushing ‖ ⸺**isolierung** *f* / liquid insulation ‖ ⸺**kontakt** *m* / liquid-metal contact, liquid-metal collector ‖ ⸺**kühlung** *f* / liquid cooling ‖ ⸺**kupplung** *f* / fluid clutch, fluid coupling, hydraulic coupling, hydrokinetic coupling
Flüssigkeits·mengenmessgerät *n* / liquid volume meter, volumetric liquid meter ‖ ⸺**motor** *m* / fluid motor, hydraulic motor ‖ ⸺**reibung** *f* / fluid friction, liquid friction, hydrodynamic friction, viscous friction ‖ ⸺**reibungsverlust** *m* / liquid-friction loss, fluid loss
Flüssigkeits·schalter *m* / liquid-level switch ‖ ⸺**speicher** *m* / pressure oil accumulator ‖ **Dichtung mit** ⸺**sperre** / hydraulic packing, hydraulic seal ‖ ⸺**spiegel** *m* / liquid level ‖ ⸺**stand** *m* / liquid level ‖ ⸺**standanzeiger** *m* / liquid level indicator (o. gauge), liquid level monitor ‖ ⸺**standregler** *m* / liquid-level controller ‖ ⸺**stopfbuchse** *f* / seal ‖ ⸺**strahl-Oszillograph** *m* / liquid-jet oscillograph ‖ ⸺**sumpf** *m* / liquid sump
Flüssigkeits·thermometer *n* / liquid-in-glass thermometer ‖ ⸺**wächter** *m* / liquid-level switch, liquid monitor ‖ ⸺**widerstand** *m* / liquid resistor
Flüssigkristall *m* / liquid crystal ‖ ⸺*f* / liquid-crystal display (LCD), liquid XTAL display, LCD display, LC display ‖ ⸺-**Anzeigemodul** *n* / liquid crystal display module ‖ ⸺-**Anzeigezelle** *f* / liquid crystal display cell (liquid crystal cell that is used to modulate light to present information) ‖ ⸺**polymer** *m* / Liquid Crystal Polymer ‖ ⸺**zelle** *f* / liquid crystal cell
Flüssig·metallkontakt *m* / liquid-metal contact, liquid-metal collector ‖ **Maschine mit** ⸺**metallkontakten** / liquid-metal machine ‖ ⸺**phasenepitaxie** *f* / liquid phase epitaxy (LPE) ‖ ⸺**phasen-Etchback-Regrowth-Verfahren** *n* / LPE-ER method
Fluss·kontrolle *f* / flow control ‖ ⸺**konzentratormotor** *m* / flux-concentrating

motor || ⸴leitstück n / flux concentrating piece || ⸴linie f / flux line || ⸴linie f / flow line || ⸴linienverankerung f / vortex pinning, pinning n || ⸴messer m / fluxmeter n
Flussmittel n (Schweißen) / welding flux, flux n || ⸴ n (Löten) / soldering flux, flux n || ⸴ **wird ausgehärtet** / flux being cured || ⸴**auftrag** m / fluxing || ⸴**auftrag GF-Liste** / Fluxing, package form list || ⸴**behälter** m / flux storage tank || ⸴-**Dispenser** m / flux dispenser || ⸴**düse** f (Düse, aus der das Flussmittel gesprüht wird) / flux nozzle || ⸴**einschluss** m / flux inclusion || **~frei** adj / fluxless adj || ⸴**kopf** m / fluxer head || ⸴**kopf Init.** (Flussmittelkopf initialisieren) / initialize fluxer head (Init. Fluxer head) || ⸴**kopf initialisieren** (Flussmittelkopf Init.) / Init. fluxer head (initialize fluxer head) (button) || ⸴**kopf spülen** / rinse fluxer head (button) || ⸴**paste** f / flux paste || ⸴**stift** m / flux pen || ⸴**umhüllung** f / flux envelopment
Fluss·plan m / flowchart n, flow diagram || ⸴**pumpe** f / flux pump || ⸴**quant** n / fluxon n || ⸴**regelung** f (Kommunikationsnetz) DIN ISO 7498 / flow control || ⸴**regler** m / flux controller || ⸴**röhre** f / tube of flux || ⸴**rückhaltung** f / flux retention || ⸴**säure** f / hydrofluoric acid || ⸴**sollwert** m / flux setpoint || ⸴**spannung** f / forward voltage, flux voltage || ⸴**sprung** m / flux jump || ⸴**stahl** m / ingot steel, mild steel, plain carbon steel || ⸴-**Steuerung** f / flow control || ⸴**streuung** f / flux leakage || ⸴**stromregelung** f / flux current control, FCC (Flux Current Control) || ⸴**stromsteuerung** FCC / Flux Current Control || ⸴**überwachung** f / flow monitor
Fluss·vektor m / flux vector, flow vector || **umlaufender** ⸴**vektor** / rotating flux vector || ⸴**verdrängung** f / magnetic skin effect, flux displacement, flux expulsion || ⸴**verkettung** f / flux linkage || ⸴**verkettung** f (Summengröße) / flux linkages, total flux linkages, total interlinkages || ⸴**verlauf** m / flux distribution, flux direction, flux path || ⸴**verteilung** f / flux distribution || ⸴**wechsel** m / flux transition || ⸴**winkel** m (Wechselspannungsperiode - ausgedrückt als Winkel - in der Strom fließt) / angle of flow || ⸴**zusammendrängung** f / flux crowding
Flutelektrodensystem n / flood gun
Fluten n (Auftragen eines Beschichtungsstoffes durch Überfließenlassen des zu beschichtenden Gegenstandes, wobei der Überschuss ablaufen kann) / flow coating || ⸴ **des Filters** / flooding a filter
Flutlicht n / floodlight || ⸴**anstrahlung** f / floodlighting n || ⸴**beleuchtung** f / floodlighting n || ⸴**lampe** f / floodlight lamp, floodlighting lamp || ⸴**mast** m / floodlight tower || ⸴**scheinwerfer** m / floodlight n
Flutsystem n / flood gun
Flux n (Kurzform für Flussmittel) / flux || ⸴**en** n (Magnetpulverprüf.) / magnetic-particle testing || ⸴**modul** n / flux module (fluxing unit to deposit flux on the PCB)
Flying·-Master-Funktion f (dezentrale Buszuteilung) / flying-master principle || ⸴-**Probe-Test (FPT)** m / Flying Probe Test (FPT)
FM (Frequenzmodulation) / frequency modulation (FM), periodic frequency modulation IEC 411-3 ||

⸴ (Funktionsmodul) / FM (function module), function module || ⸴ (Fehlermeldung) / fault message, diagnostic message, diagnostics message, fault code, EM (error message)
FMA f / failure mode analysis (FMA)
FMCW f / Frequency Modulated Continuos Wave (FMCW) || ⸴-**Verfahren (frequenzmoduliertes Continuous-wave-Verfahren)** n / frequency-modulated continuous wave mode
FMEA (Fehlermöglichkeits- und Einfluss-Analyse) f / Failure Mode Effects Analysis
FMECA (Ausfallart- und Fehlereffektanalyse verbunden mit einer Bewertung der Ausfallfolgen) f / Failure Modes, Effects and Critically Analysis (FMECA)
FM·-Komponente n / FM component || ⸴-**Lage** f / FM Servo
FMM (Facility & Maintenance Management) n / FMM (Facility & Maintenance Management)
FMMU / Fieldbus Memory Management Unit (FMMU)
F-Module n / fail-safe modules
FMPA (Forschungs- und Materialprüfungsanstalt) / Research and Materials Testing Institute
FMR (ferromagnetische Resonanz) f / FMR (ferromagnetic resonance)
FM·-Rauschen n / FM noise, frequency modulation noise || ⸴-**Rauschzahl** f / FM noise figure, frequency modulation noise figure
FMS (Fieldbus Message Specification) f (PROFIBUS mit dem Protokoll FMS gemäß der Fieldbus Message Specification nach EN 50170, Vol 2) / FMS (Fieldbus Message Specifications) n || ⸴ **Kommunikationszweig** m / FMS communication branch
FM-Schritt m / FM Step
FMS·-Client m / FMS client || ⸴-**Server** m / FMS server || ⸴-**Verbindung** f / FMS connection
FMT (Flächenmagazin-Träger) m (Kurzform für Flächenmagazin-Träger) / waffle pack tray carrier
FM-Verbindung f / FDM link
FN (Funktionsnachweis) / functional proof
F-Nr. f / works serial No., production number
FO (freier Operand) / free operand
FOA (forced-oil/air cooling, Kühlung durch erzwungenen Ölumlauf mit äußerem Öl-Luft-Kühler) / FOA
FOB (frei an Bord) / free on board
FOC (Kraftregelung) / FOC (force control) || ⸴ **(feldorientierte Regelung)** f / Field-Oriented Control (FOC)
FOIRL / fiber optic interrepeater link (FOIRL)
Fokalkreis m / focal circle
Fokus / focus n || ⸴**prüfkopf** m / focusing probe || ⸴**punkt** / focal point
fokussierbar adj / focusable adj
Fokussierpotential n / focusing potential
Fokussierung f / focusing n || **Phasen~** f / bunching n
Fokussierungs·elektrode f / focusing electrode || ⸴**güte** f / focus quality || ⸴**magnet** m / focusing magnet
FOL / flashing obstruction light (FOL)
Folge, monotone ⸴ / monotonic sequence || ⸴**achsdynamik** f / following axis dynamic response || ⸴**achse** f / following axis, folder n || ⸴**achse** f (FA) / following axis (FA), slave axis ||

Folge

⸝achsenüberlagerung f / following axis overlay || ⸝anläufe m pl / starts in succession || ⸝anruf m / follow-on-call || ⸝antrieb m / follower drive, slave drive || ⸝arbeitsgang m / follow-up operation || ⸝archiv n / sequence archive || ⸝audit n / follow-up audit || ⸝ausfall m DIN 40042 / secondary failure
Folge·bestellung f / follow-up order || ⸝bewegung f / following motion || ⸝blitz m / subsequent stroke, successive stroke || ⸝dialog n / subsequent dialog || ⸝fach n / recipe sequence buffer, next FACH || ⸝fehler m / secondary fault, sequential fault || ⸝fehlzustand m IEC 50(448) / consequential fault || ⸝feld n / following field || ⸝frequenz f / repetition rate
Folge·kontakt m / sequence-controlled contact || ⸝kosten plt / consequential cost, f follow-up costs || ⸝lichtbogen m / secondary arc || ⸝lichtvorhang m / slave light curtain || ⸝magnet m / sequential magnet || ⸝maske f / auxiliary mask, successor screen form || ⸝maßnahme f / follow-up measure || ⸝menü n / following menu || ⸝motor m / follower motor, slave motor
Folgen bilden (Impulse) / sequencing n
Folge·polmaschine f / consequent-pole machine || ⸝positionierung f / follower positioning || ⸝potentiometer n / slave potentiometer || ⸝prüfung f / sequential test, sequence checking || ⸝reaktion f / continuation response || ⸝regelsystem n / follow-up control system, servo-system n || ⸝regelung f / slave control, follow-up control, servo control || ⸝regelung f (Kaskade) / cascade control || ⸝regler m / slave controller, follower controller, servo follower || ⸝review n / follow-up review
folgern v / conclude v
Folge·rückzündung f / consequential arc-back || ⸝satz m / following block || ⸝satz m / subsequent block || ⸝schäden m pl / consequential damage || ⸝schaltung f DIN 44250 / sequential circuit || ⸝schaltung f (Steuerstromkreis, Anlaufsteuerung) / sequence control (circuit), sequencing circuit, sequence starting control || ⸝schneide f / next cutting edge || ⸝schnitt m / progressive die, tandem die || ⸝signalbildung f (Baugruppe) / sequencing module || **Injektions~spannung** f (Diode) DIN 41781 / post-injection voltage || ⸝spindel f (FS) / following spindle (FS) || ⸝start m / subsequent start || ⸝station f / secondary station || ⸝steuerkolben m / pilot valve || ⸝steuerstation f / secondary station
Folgesteuerung f / sequence control, sequencing control, logic and sequence control, sequential control, sequential control system (SCS) IEC 1131.1, sequence control system (SCS), secondary control, sequential phase control || ⸝ f (Servo) / servo-control n
Folge·stichprobenanweisung f / sequential sampling plan || ⸝stichprobenentnahme f / sequential sampling || ⸝stichprobenplan m / sequential sampling plan || ⸝strom m / follow current || ⸝stromlöschvermögen n / follow current discharge capacity || ⸝system n / sequential system || ⸝telegramm n / continuation message, response message || ⸝verbundwerkzeug n / follow-on composite tool || ⸝verbundwerkzeug n / sequential compound die || ⸝wechsler m / changeover make-before-break contact, make-before-break changeover contact, bridging contact || ⸝werkzeug n / follow-on tool || ⸝wert m / slave value || ⸝zeichen n / subsequent character || ⸝zündung f (Lampen) / sequence starting || ⸝zweig m / subsequent arm || ⸝zylinder m / oncoming cylinder, slave cylinder
Folie f / transparency n, slide n, overhead n, protective foil || ⸝ f (Kunststoff) / film n, foil n || ⸝ f (Metall) / foil n || **Abrollen der** ⸝ / unwinding the film
Folien·abgang m / flex foil cable || ⸝abzug m / foil extractor, film take-off unit, film take-off, take-up of the strip || ⸝abzugskraft f / cover strip take-up force || ⸝anlage f / film blowing machine || ⸝beutel m / foil bag || ⸝blasen n / film blowing || ⸝blasmaschine f / film blowing machine || ⸝-DMS m / foil-type strain gauge || ⸝druckmaschine f / foil printing machine || ⸝einschlagmaschine f / film wrapping machine || ⸝einschweißung f / sealing in plastic sheeting || ⸝etikett n / film label || ⸝extrusionsanlage f / flat-sheet extrusion system, film extrusion system || ⸝front f / membrane front
Folien·gießen n / foil casting || ⸝gießverfahren n / foil casting || ⸝-Greifsystem n / foil gripper system || ⸝industrie f / plastic film industry || ⸝isolierung f / foil insulation, film insulation, sheet insulation || ⸝kalandermaschine f / foil extrusion machine || ⸝kondensator m / film capacitor || ⸝leitung f / flexible flat cable || ⸝maschine f / sheet extruder, film blowing machine, foil machine || ⸝material n / sheeting n, film material, foil n || ⸝-Reckanlage f / film stretching system
Folien·satz m / set of transparencies, presentation, set of slides (medium for technical or marketing information) || ⸝schalter m E DIN 42115 / membrane switch || ⸝scheibe f / foil washer || ⸝schirm m / foil shield || ⸝schutzschirm m / foil screen || ⸝schweißen n / foil welding || ⸝sensor m / foil sensor || ⸝stecker m / foil connector || ⸝stopfen m / storing of the cover strip || ⸝streckanlage f / foil stretching machine || ⸝tastatur f / membrane keyboard, sealed keypad, membrane switch keyboard, sealed membrane keyboard, membrane keypad || ⸝tastaturpanel n / membrane keyboard panel || ⸝taste f / foil button, membrane-type key || ⸝tastelement n E DIN 42115 / membrane switch element || ⸝tastfeld n E DIN 42115 / membrane switch array || ⸝verpackungsmaschine f / wrapper n || ⸝versatz m / displacement of foils || ⸝verzug m / foil transport || ⸝werkzeug n / sheet die || ⸝wickler m / foil winder || ⸝wicklung f / foil winding, sheet winding || ⸝zelle f (Dünnschichtzellen werden auf Kunststofffolie als Substratmaterial hergestellt und sind dadurch biegsam) / flexible cell || ⸝ziehverfahren n / ribbon growth
folieren v / film packaging
Foliermaschine f / foiling machine
followingAxis f / (in der Programmierung wird die Gleichlaufachse mit dem Datentyp followingAxis bezeichnet) / TO followingAxis
Fond m / rear n || ⸝raum m / rear compartment
Foot m / foot n
forcen v / force v || ⸝ n / forcing n
Forcewert m / force value n

forcierte Kühlung / forced cooling
Förder·ablauf *m* / feeder sequence || ₂**anlage** *f* / conveyor system, conveyer system || ₂**band** *n* / conveyor *n*, tape feeder || ₂**bandantrieb** *m* / conveyor drive || ₂**bandwaage** *f* / belt scales || ₂**bereich** *m* (besteht aus einer Anzahl von Spuren und ist einem Stellplatz auf der Maschine zugeordnet) / feeder region, feeder area || ₂**brücke** *f* / conveying bridge || ₂**druck** *m* / discharge pressure || ₂**einrichtung** *f* / conveyor *n*, conveyor system, conveyer system
Förderer *m* / conveyor *n* || ₂ **klemmt** / Feeder jamming || ₂**-Lageerkennung** *f* / feeder position recognition || ₂**-Markenerkennung** *f* / feeder fiducial recognition || ₂**-Stellplatz** *m* / feeder location || ₂**typ** *m* / type of feeder module || ₂**wechsel** *m* / change of feeders
Förder·gefäß *n* / skip *n* || ₂**gefäß-Einbaukran** *m* / skip integration crane || ₂**geschwindigkeit** *f* / conveyor speed || ₂**höhe** *f* / delivery head || **Differenz der** ₂**höhe** / difference of head || ₂**kette** *f* / conveyor chain || ₂**leistung** *f* (Pumpe, Lüfter) / delivery rate, volumetric capacity || ₂**leistung** *f* (Fördereinrichtung) / conveyor capacity || ₂**leistung** *f* / flow rate || ₂**logistik** *f* / feeder logistics || ₂**maschine** *f* (Förderhaspel) / winding machine, winder *n* || ₂**menge** *f* / delivery rate, volumetric capacity || ₂**motor** *m* (Förderhaspel) / winder motor || ₂**motor** *m* (f. Förderer) / conveyor motor || ₂**motor** *m* (Kran) / crane-type motor, hoist-duty motor, hoisting-gear motor
fordern *v* / request *v*
fördern *v* / transport *v*
Förder·prozess *m* / feeding process || ₂**rad** *n* / feeder wheel || ₂**raster** *m* / feeder pitch || ₂**richtung** *f* / conveying direction, belt travel || ₂**richtung** *f* (Lüfter) / discharge direction || ₂**rinne** *f* / conveying trough || ₂**schnecke** *f* / screw conveyor *n* || ₂**stärke** *f* / flowrate *n* || ₂**straße** *f* / conveyor line || ₂**strecke** *f* / conveyor section || ₂**system** *n* / conveying system || ₂**technik** *f* / conveying and handling systems, material handling, conveyor system, conveyor systems, conveyor technology || ₂**technikanlage** *f* / materials-handling plant || **~technische Anlage** / conveying and handling plant || ₂**tisch** *m* / conveyor board || ₂**topf** *m* / vibrator pot || ₂**- und Lagertechnik** / handling and warehousing systems
Forderung *f* / requirement *n*, demand *n*
Förderung *f* / promotion *n*
Forderungen *f* / outstanding debts, receivables *n* || ₂ **an das QS-System** / quality system requirements || ₂ **der Gesellschaft** (Verpflichtungen aufgrund von Gesetzen, Vorschriften, Verordnungen, Kodizes, Statuten und anderen Erwägungen) / requirements of society
Förderungsbeurteilung *f* / view for promotion
Förder·verhalten *n* / feeder module behavior || ₂**weg** *m* / conveying route || ₂**zyklus** *m* / feeder cycle
FOR_DOWN_TO Schleife *f* / FOR_DOWN_TO loop
Form *f* / waveform *n*, waveshape *n*, mold *n*, shape *n*, form *n* || ₂ **der Spannungsschwankung** / voltage fluctuation waveform || ₂ **E** *f* / form E || ₂ **eines Würfels** / cube-shaped || ₂ **F** *f* / form F || ₂ **R-Stechen** *n* / R-form grooving || ₂**V-Stechen** *n* / V-form grooving || ₂**abweichung** *f* / geometrical error, form variation, imperfect shape || **zulässige** ₂**abweichung** / form tolerance
Formal·operand *m* / assignable parameter, formal operand || ₂**parameter** *m* / dummy parameter, formal parameter, formal operand || ₂**wort** *n* / formal word
Formänderung *f* / deformation *n* || **bleibende** ₂ / plastic deformation, permanent set
Formänderungs·arbeit *f* / energy of deformation, strain energy of distortion || **spezifische** ₂**arbeit** / resilience per unit volume || ₂**energie** *f* / strain energy || ₂**festigkeit** *f* / yield strength || ₂**geschwindigkeit** *f* / rate of deformation, strain rate || ₂**verhältnis** *n* / deformation ratio
Form·angaben *f pl* (Teilebeschreibung) / part description, workpiece description || ₂**anschlag** *m* / mold stopper
Format *n* / format *n* || ₂ **mit variabler Satzlänge** / variable-block format || **Zeilen~** *n* (Drucker) / characters per line || ₂**anfang** *m* / format start || ₂**anfangkennzeichen** *n* / format start identifier || ₂**anfangsadresse** *f* / format starting address || ₂**anweisung** *f* / format statement || ₂**anzeige** *f* / format display || ₂**bearbeitung** *f* / format processing || ₂**berechnung** *f* / format calculation || ₂**changing** *m* / format changing
Formatekupfer *n* / copper shapes
Format·endekennzeichen *n* / format end identifier || ₂**fehler** *m* / format error
formatfrei *adj* / unformatted *adj*
formatieren *v* / format *v* || ₂ *n* / formatting *n*
Formatierer *m* / formatter *n* || ₂ *m* (Programm, das es einem Benutzer ermöglicht, ein druckfähiges Exemplar eines Dokuments zu gestalten und auszugeben) / document formatter
Formatierung *f* / formatting *n*
Formationsfeuer *n* / formation light
Format·kennung *f* / record format identifier, format identification || ₂**prüfung** *f* / format check || ₂**steuerzeichen** *n* DIN 44300 / format effector, layout character || ₂**übergabe** *f* / format transfer || ₂**überwachung** *f* / format monitoring || ₂**verstellung** *f* / format setting || ₂**vorlage** *f* / format template || ₂**wandlungsfehler** *m* / format conversion error || ₂**wechsel** *m* / format change || ₂**wert** *m* / format value
Form·ätzen *n* / contour-etching *n*, chemical milling, photo-etching *n* || ₂**bauzyklus** *m* / shaping cycle || ₂**belegungsprotokoll** *n* / mold occupancy report
formbeständig *adj* / dimensionally stable, stable under heat, thermostable *adj* || ₂**keit** *f* / dimensional stability, thermostability *n* || ₂**keit unter Wärme** / thermal stability, thermostability *n*
Form·blatt *n* / form *n*, standard form, sheet, preprinted sheet || ₂**blech** *n* / profiled sheet || ₂**brett** *n* / loomboard *n* || ₂**brief** *m* / form letter || ₂**dehngrenze** *f* / yield strength under distortional strain energy, modified yield point || ₂**drehen** *n* / form turning || ₂**drehmeißel** *m* / forming tool || ₂**düse** *f* / shaping die, shaping guide || ₂**echo** *n* / form echo || ₂**einheit** *f* / molding unit
Formel *f* / formula *n* || ₂**bearbeitung** *f* / formula processing || ₂**editor** *m* / formula editor || ₂**element** *n* / form element
Formelementenmodell *n* / form feature model
formelle Probeanwendung / formal trial

formen v / form v, shape v || ~ v (in Gießform) / mould v || ~ v (stanzen) / stamp v
Formen·bau m / mould making, mold making || ⁀**baumodell** n / mold model || ⁀**bauprogramm** n / mold making program || ⁀**bauteil** n / molded part || ⁀**bauwerkstück** n / molded workpiece || ⁀**bauzyklus** m / shaping cycle || ⁀**wahrnehmungsgeschwindigkeit** f / speed of perception of form
Former m / molder, former
Form·erkennung f / shape recognition || ⁀**exponent** m / shape exponent
Formfaktor m IEC 50(101) / form factor, electrical form factor || ⁀ m / stress concentration factor, shape factor, form factor || ⁀ m (Wellenform) / harmonic factor
Form·fehler m (Werkstück) / profile defect || ⁀**fehler** m / framing error || ⁀**fläche** f / shape n || ⁀**fräser** m / form cutter || ⁀-**Füllmaschine** f / form-filling machine || ~**gebend** adj / profiling adj || **plastische** ⁀**gebung** / plastic shaping, reforming n || ⁀**gebungs-Zeichnung** f / form-design drawing || ⁀**genauigkeit** f / geometrical accuracy, accuracy to shape || ⁀**gestaltung** f / form design || ⁀**glasherstellung** f / shaped glass manufacturing || ⁀**grat** m / ridge n || ⁀**guss** m / die cast || ⁀**himmel** m / headlining n
Formierdrehzahl f / seasoning speed
formieren v (Widerstand, Kommutator) / season v || ⁀ n (Gleichrichterplatte) / forming n, formation n
Formiergas n / forming gas, anti-slag gas
Formierung f / forming n
Form·kabel n / cable harness, cable assembly || ⁀**lehre** f / form gauge || ⁀**leiter** m / shaped conductor || ⁀**litze** f / compressed strand || ⁀**maschine** f / forming machine, molding machine n || ⁀**masse** f / moulding material, moulding compound || ⁀**mikanit** n / moulding mica material IEC 50(212), heat-formable rigid mica material || ⁀**nest** n / molding cavity || ⁀**platte** f / pattern plate || ⁀**presse** f / forming press, moulding press || ⁀**prüfung** f / form inspection || ⁀**schleifen** n / form grinding, profile grinding || ⁀**schluss** m / closing shape
formschlüssig befestigt (auf der Welle) / keyed adj || ~**e Bauart** / form-fit design || ~**e Verbindung** / keyed connection, keyed joint || ~**e Verbindungstechnik** / keyed connection || ~**er Antrieb** / positive drive, non-slip drive, positive no-slip drive, geared drive || ⁀**keit der Dichtringe** / shape for spreading the V-ring, shape for sealing || ⁀**keit des Dichtringes** / shape for sealing, shape for spreading the V-ring
Form·schneiden n / blanking n || ~**schön** adj / attractive adj || ⁀**schräge** f / mould incline, mold incline || ⁀**schraube** f / form screw || ⁀**schwindmaß** n / mould shrinkage || ⁀**spule** f / former-wound (o. form-wound coil), preformed coil || ⁀**spulen-Motorette** f / former-wound motorette, formette n || ⁀**spulenwicklung** f / former winding, preformed winding, diamond winding || ~**stabiler Fahrgastraum** / rigid passenger safety cell || ⁀**stabilität** f / dimensional stability, thermostability n || ⁀**stahl** m / sectional steel, steel sections, steel shapes, structural steel, structural shapes, deformed re-bar, deformed reinforcing bar || ~**stanzen** v / stamp v || ⁀**stanzteil** n / stamping n || ⁀**stanzwerkzeug** n / stamping die || **Kabelkanal**⁀**stein** m / cable duct block, duct block || ⁀**stempel** m / punching dye
Formstoff m / moulded plastic, moulded material, plastic material, moulding n, molded plastic || **kriechstromfester** ⁀ / non-tracking moulded plastic || ⁀-**Frontring** m / moulded-plastic front ring || ⁀**gehäuse** n / plastic enclosure || ~**gekapselt** adj / moulded-plastic-clad adj, plastic-clad adj || ⁀**rolle** f / moulded-plastic roller, molded-plastic roller || ⁀**teil** n / moulded part, plastic part || ⁀**verschraubung** f / moulded-plastic screw gland, molded-plastic screw gland, screwed joint || ⁀**zylinder** m / molded material cylinder
Form·stück n / shaping n, formed part, fitting n, adaptor unit || ⁀**teil** n / molded-plastic component || **Isolierstoff-**⁀**teil** n / insulating moulding, moulded-plastic component || ⁀**teile** n pl / mouldings n pl || ⁀**teile** n pl (aus Glimmer) / shaped pieces || ⁀**teilung** f / mould parting line, mold parting line || ⁀**teilungsnaht nicht erhöht** / mold parting line seam not raised || ⁀**text** m / matrix document, matrix n, invoking document || ⁀**toleranz** f / tolerance of form || ⁀**trenngrat** m / form releasing burr || ⁀**typ** m / form type
Formular n / form n, standard form || ⁀ n (graf. DV) / form n, form overlay || ⁀**darstellung** f (Muster, z. B. Formular, Gitter oder Maske, das als Hintergrundbild verwendet wird) / form overlay || ⁀**editor** m / form editor || ⁀**einblendung** f (graf. DV) / form overlay, form flash || ⁀**seite** f / form page || ⁀**vorschub** m (Formatsteuerzeichen, das die Druck- oder Anzeigeposition auf die erste Zeile der nächsten Seite oder ihre Entsprechung setzt) / form feed || ⁀-**Zentrale** f / Form Center
Formulierungsprozess m / formulation process
Form- und Maßabweichung f / imperfect shape and dimensions
Formung f (Impulse) / shaping n
Form·verzerrung f (Wellenform) / waveshape distortion || ⁀**welle** f / profiled shaft, stepped shaft, taper shaft, shouldered shaft || ⁀**werkzeug** n / shaping die, forming tool, forming die
Formzylinder m / form cylinder || ⁀**aushebung** f / form cylinder lift-out || ⁀**bremse** f / form cylinder brake || ⁀**kupplung** f / form cylinder clutch || ⁀**kupplungsschutz** m / form cylinder clutch protection || ⁀**positionierung** f / form cylinder positioning || ⁀**wagen (FZW)** m / form cylinder car
Forschungs·einrichtung f / research facility || ⁀**gesellschaft für Hochspannungstechnik (FGH)** / FGH || ⁀**stätte** f / research centre || ⁀- **und Industriezentrum (FIZ)** n / FIZ n || ⁀- **und Materialprüfungsanstalt (FMPA)** f / Research and Materials Testing Institute || ⁀**vereinigung Antriebstechnik (FVA)** / FVA || ⁀**vereinigung Automobiltechnik** f / FAT || ⁀**zentrum Jülich GmbH (KFA)** n / Research Center Jülich (KFA)
Förster-Sonde f / Förster probe
Forstweg m / forest road
Fortescue-·Komponenten f pl / Fortescue components, symmetrical components || ⁀-**Schaltung** f / Fortescue connection || ⁀-**Transformation** f / Fortescue transformation, symmetrical-component transformation, sequence-component transformation, phase-sequence transformation

fortlaufend *adj* / continuous *adj*, consecutive || ~gewickelte Spule / continuously wound coil, continuous coil || ~ numerieren / number consecutively || ~e Nummer / serial number || ~e Verarbeitung / consecutive processing || ~e Wicklung / continuous winding
Fortleitung elektrischer Energie / transmission of electrical energy, transmission of electricity
Fortluft *f* / outgoing air
Fortpflanzungs·geschwindigkeit *f* / speed of propagation, propagation rate || ⚖koeffizient *m* (elektromagn. Feld) / propagation coefficient
Fortschalt·bedingung *f* / step enabling condition, stepping condition, progression condition || ⚖impuls *m* (Taktimpuls) / clock pulse || ⚖kontakt *m* / step enable contact || ⚖kriterien *n pl* / stepping conditions || ⚖relais *n* / notching relay, accelerating relay, stepping relay || ⚖taste *f* / stepping key (o. button), incrementing button (o. key)
Fortschaltung *f* (Zähler) / incrementing *n* || ⚖ *f* (Drehzahl) / (speed) stepping *n* || ⚖ *f* / step enabling, stepping *n*, sequence control function || ⚖ *f* / indexing *n* || **eine** ⚖ **durchführen** / execute a sequence control function, execute sequences || **Blatt~** *f* / sheet advance, paper feed || **Kurzschluss-**⚖ (Abschaltung) / short-circuit clearing, fault clearing || **Kurzschluss-**⚖ (Kurzunterbrechung) / automatic reclosing (under short-circuit conditions) || **Schritt~** *f* / step sequencing, progression to next step || **Zähler~** *f* / counter advance, meter advance
Fortschaltwinkel *m* / incremental angle, indexing angle
fortschreiben *v* / update *v*
Fortschreibung *f* / update *n* || ⚖ *f* (Aktualisierung) / updating *n*
fortschreitende Bemaßung / progressive dimensioning || ~ **Welle** / travelling wave, progressive wave || ~ **Wellenwicklung** / progressive wave winding
Fortschritt *m* / progress *n*
fortsetzen *v* / resume *v* || ⚖ *n* (setzt einen Vorgang an der Unterbrechungsstelle fort) / Continue *n*
Fortschritts·anzeige *f* (grafisches Element, das den zeitlichen Verlauf einer Aktion anzeigt) / progress message box || ⚖**balken** *m* (Balken innerhalb der Fortschrittsanzeige, der den zeitlichen Verlauf einer Aktion zeigt) / progress bar || ⚖**bericht** *m* / progress report || ⚖**besprechung** *f* / progress meeting || ⚖**plan** *m* / progress plan
Fortsetzstart *m* / restart *n*
Fortsetzung *f* / continuation *n*, Contd. (continued) || ⚖ **siehe Blatt** / continued on sheet
Fortsetzungsstart *m* / restart *n*, warm restart
Fortzündschaltung *f* / re-ignition circuit, multi-loop re-ignition circuit
Foto *n* / photograph *n* || ⚖**aufnahmelampe** *f* / photoflood lamp || ⚖**desensibilisierung** *f* / photodesensitization *n* || ⚖**detektor** *m* / photodetector *n*, diode photodetector || ⚖**diode** *f* (FD) / photodiode *n* || ⚖**dioden-Bildwandler** *m* / photodiode sensor
Foto·effekt *m* / photoeffect *n*, photoelectric effect || **Sperrschicht-**⚖**effekt** *m* / photovoltaic effect || ⚖**elastizität** *f* / photoelasticity *n*
fotoelektrisch·er Effekt / photoelectric effect || ~**er Empfänger** / photoreceiver *n*, photodetector *n*, photoelectric detector || ~**er Leser** / photoelectric reader || ~**er Näherungsschalter** / photoelectric proximity switch || ~**es Betriebsmittel** / photoelectric device IEC 50(151) || ~**es Relais** / photoelectric relay || ~**es Strichgitter** / optical grating
Foto·elektronenstrom *m* / photoelectric current, photocurrent *n* || ~**elektronische Röhre** / photosensitive tube, photoelectric tube || ⚖**element** *n* / photoelement *n*, photovoltaic cell || ⚖**elementeffekt** *m* / photovoltaic effect || ⚖**emission** *f* / photoemissive effect, photoelectric emission || ⚖**-EMK** *f* / photo-EMF *n*, photovoltage *n* || ⚖**empfänger** *m* / photoreceiver *n*, photodetector *n*, photoelectric detector
Foto·kathode *f* / photocathode *n* || ⚖**kopie** *f* / photocopy *n* || ⚖**kopiergerät** *n* / photocopier *n* || ⚖**lack** *m* / photo-resist *n*, photoresist *n* || ~**lackbeschichtet** *adj* / resist-coated *adj* || ⚖**lackmaske** *f* / photoresist mask || ⚖**leiter** *m* / photoconductor *n*, photoconductive cell || ⚖**leitfähigkeit** *f* / photo-conductivity || ⚖**leitung** *f* / photoconduction *n*, photoconductive effect || ⚖**leitungseffekt** *m* / photoconductive effect || ⚖**leitwert** *m* / photoconductance *n* || ⚖**lumineszenz** *f* / photoluminescence *n* || ⚖**lumineszenz-Strahlungsausbeute** *f* / photoluminescence radiant yield
fotomagnetischer Effekt / photomagnetoelectric effect
Foto·meter *n* / photometer *n* || ⚖**meterbank** *f* / photometer bench || ⚖**meterkopf** *m* / photometer head || ⚖**metrie** *f* / photometry *n*
fotometrisch·er Normalbeobachter / standard photometric observer || ~**es Arbeitsnormal** / working photometric standard || ~**es Primärnormal** / primary photometric standard || ~**es Sekundärnormal** / secondary photometric standard || ~**es Strahlungsäquivalent** / luminous efficacy of radiation || ~**es Umfeld** / surround of a comparison field
Fotonenrauschen *n* / photon noise
Foto·periode *f* / photoperiod *n* || ⚖**plotter** *m* / photoplotter *n*, (graphic) film recorder || ⚖**sensibilisierung** *f* / photosensitization *n* || ⚖**spannung** *f* / photovoltage *n* || ⚖**strom** *m* / photoelectric current, photocurrent *n* || ⚖**telegrafie** *f* / phototelecopy *n* || ⚖**telegramm** *n* (Telegramm, übertragen durch Fototelegrafie) / photograph facsimile telegram
Foto·transistor *m* / phototransistor *n* || ⚖**vervielfacher** *m* / photomultiplier *n*, multiplier phototube || ~**voltaischer Effekt** / photovoltaic effect || ⚖**widerstand** *m* / photoresistor *n*, lightsensitive resistor, photoconductive cell || ⚖**zelle** *f* / photocell *n*, phototube *n*, photoemissive cell
FO-Übertragungstechnik *f* / fiber-optics technology
Fourier·-Analyse *f* / Fourier analysis, harmonic analysis || ⚖**-Integral** *n* / Fourier integral, inverse Fourier transform || ⚖**-Phasenspektrum** *n* / Fourier phase spectrum || ⚖**-Reihe** *f* / Fourier series || ⚖**-Spektrum** *n* / Fourier spectrum, harmonic spectrum || ⚖**-Transformation** *f* / Fourier transform
FOW / FOW (forced-oil-water cooling, forced-oil

cooling with oil-to-water heat exchanger)
FP / fixed support || ⁓ (Fernwirk-Prozessorbaugruppe) / telecontrol processor module || ⁓ (Funktionspaket) / FP (function package) || ⁓ (Flanke Positiv) / FP (bit operation in STL. Detects a VKE transition from 0 to 1 (positive edge).)
FPAA *n* / Field-Programmable Analog Array (FPAA)
F-Parameter *m pl* / F parameters *n*
F-PB (**F-Programmbaustein**) *m* / F-PB *n*
FPC (Flexible Printed Circuit) / FPC (Flexible Printed Circuit)
FPD / flame-photometric detector (FPD)
F-Peripherie *f* / fail-safe I/O || **⁓-DB** *m* / fail-safe I/O data block
FPFA *n* / Field Programmable Function Array (FPFA)
FPGA (Field Programmable Gate Array) / FPGA
FPI / Flexible Peripherals Interface (FPI)
FPL / FPL (fixed program language)
F-Programmbaustein (F-PB) *m* / F-PB *n*
FPSC (Field Programmable System Chip) / Field Programmable System Chip (FPSC)
FPSO (schwimmende Produktions-, Lager- und Verladeeinrichtungen) / FPSO
FPT / Flying Probe Test (FPT) || ⁓ / Functional Performance Test (FPT
FPU (Gleitpunkteinheit) / floating-point unit (FPU)
FPY / First Pass Yield (FPY)
FPZ (Festpunktzahl) / fixed point value, FPN (fixed-point number)
FQH (Fehlerquellenhinweis) / indication as to the cause of the defect
FR (flame retardant) / flame retardant
Fracht·abwicklung *f* / baggage handling || **⁓brief** *m* / freight documents || **⁓eingangsmeldung** *f* / incoming freight notification || **~frei versichert** / carriage and insurance paid to (CIP) || **⁓führer** *m* / common carrier
Fragen·katalog *m* / questionnaire *n*, audit questionnaire || **⁓sammlung** *f* / questionnaire (QES)
Fraktil einer Verteilung DIN 55350,T.2 1 / fractile of a probability distribution
Fraktionssammler *m* / fraction collector
Frame *m* (datenorientierte Wissensdarstellung) / frame *n* || **⁓kette** *f* / frame chain || **⁓kettung** *f* / chaining of frames || **⁓name** *m* / frame name || **⁓-Struktur** *f* / frame structure || **⁓variable** *f* / frame variable
FRAME-Verkettung *f* / FRAME chaining
Framingfehler *m* / framing error
Francisturbine *f* / Francis turbine
Fräs·aggregat *n* / routing unit, milling unit || **⁓arbeit** *f* / milling work || **⁓aufgabe** *f* / milling task || **⁓automat** *m* / automatic miller || **⁓automat** *m* (f. Probenvorbereitung) / automatic (specimen miller) || **⁓bahn** *f* / milling path || **⁓bahnenüberdeckung** *f* / milling path overlap || **⁓bearbeitung** *f* / milling *n* || **⁓betrieb** *m* / milling *n* || **⁓bild** *n* / milling pattern, cutting pattern || **⁓bild Kreisnuten** / milling pattern, circular grooves || **⁓bild Langloch** / oblong-hole milling pattern || **⁓bild Langlöcher auf einem Kreis** / milling pattern, long holes located on a circle || **⁓bild Nut** / groove milling pattern || **⁓bild Nuten auf einem Kreis** / milling pattern, grooves located on a circle || **⁓-/ Bohrzentrum** *n* / machining center
Fräs·dorn *m* / loose molding spindle, cutter spindle,

cutter arbor || **⁓durchmesser** *n* / milling diameter || **⁓einheit** *f* / milling unit
fräsen *v* / mill *v* || **⁓** *n* / milling *n* || **manuelles ⁓** / manual milling
Fräser *m* / milling tool, milling cutter, cutter *n* || **⁓ mit runder Wendeschneidplatte** / mill with round tool insert || **⁓ mit Stirnzahn** / mill with face tooth || **⁓drehachse** *f* / cutter axis of rotation || **⁓durchmesserkorrektur** *f* / cutter diameter compensation || **⁓mittelpunkt** *m* / cutter center || **⁓mittelpunktbahn** *f* / cutter centre path, path of cutting centre, cutter center path || **⁓mittelpunktsbahn** *f* (die Bahn, die der Mittelpunkt eines Schaftfräsers bei einer Oberfräse auf einer vorgezeichneten Linie abfährt) / cutter center-line
Fräserradius *m* / cutter radius || **⁓bahnkorrektur** *f* (FRK) / cutter radius compensation (CRC) || **⁓-Bahnkorrektur** *f* / cutter compensation ISO 2806-1980, cutter radius compensation on contour || **⁓kompensation** *f* (FRK) / cutter radius compensation (CRC) || **⁓korrektur** *f* / cutter compensation, cutter radius compensation || **⁓korrektur** *f* (FRK) / cutter radius compensation (CRC) || **⁓mittelpunktsbahn** *f* / cutter center-line
Fräserzahn *m* / cutter tooth
Fräs·futter *n* / milling chuck || **⁓grund** *m* / cutting base || **⁓kopf** *m* / milling head, millhead *n* || **2-Achs-⁓kopf** *m* / two-axis milling head || **kardanischer ⁓kopf** / universal milling head || **⁓leistung** *f* / milling capacity || **⁓marke** *f* / milling mark || **⁓maschine** *f* / miller *n*, milling machine || **⁓maschinen** *f pl* / milling machines || **⁓modul** *n* / milling module || **⁓motor** *m* / milling motor || **⁓muster** *n* / milling pattern || **⁓programm** *n* / milling program || **⁓prozess** *m* / milling process || **⁓richtung** *f* / mill direction
Fräs·schlitten *m* / spindle carrier, cutter carriage || **⁓spindel** *f* / milling spindle, cutter spindle || **⁓spindeldrehzahl** *f* / cutter spindle speed || **⁓spindelhülse** *f* / sleeve *n*, quill || **⁓tasche** *f* / milled pocket || **⁓teil** *n* / milled part || **⁓tiefe** *f* / milling depth || **⁓tisch** *m* / milling machine table || **⁓vorschub** *m* / milling feed || **⁓werk** *n* / milling machine || **⁓werkzeug** *n* / milling tool, milling cutter, cutter *n* || **⁓zentrum** *n* / milling center || **⁓zyklus** *m* / milling cycle
Fraunhofer-Institut für Solare Energiesysteme (Fraunhofer ISE) *n* / Fraunhofer-Institute for Solar Energy Systems (Fraunhofer ISE) *n*
FRB / Fault Resilient Booting (FRB)
FRC / FRC (non-modal feedrate for chamfer/rounding)
FRCM / FRCM (modal feedrate for chamfer/rounding)
Fréchet-Verteilung *f* / extreme value distribution, Frechet distribution || **⁓, Typ II** DIN 55350,T.22 / Fréchet distribution, type II, extreme value distribution
Freezefunktion *f* / freeze function
F-Region *f* / F region (that part of the Earth's ionosphere lying approximately beyond a height of 130 km)
frei *adj* (SG-Antrieb, unverklinkt) / unlatched, free *adj* || **~ adressierbar** / freely adressable || **~ an Bord** / FOB (Incoterms) || **~ belegbar** / user-assignable || **~ belegbare Funktion** / user-

assignable function || **~ belegbare Taste** / softkey *n* || **~ belegbarer Merker** / freely assignable flag || **~ beschriftbar** / freely inscribable || **~ beschriftbare Funktionstaste** / user-label function key, freely inscribable function key || **~ bestückbar** / free fixing || **~ bestückbarer Regler** / multi-purpose controller || **~ brennende Lampe** / general-diffuse lamp || **~ entwässernd** *adj* / free-draining soil *adj* || **~ fließend** *adj* / free flowing *adj* || **~ in Luft verlegtes Kabel** / cable laid in free air || **~ programmierbar** / user-programmable *adj*, field-programmable *adj*, programmable *adj*, free port || **~ programmierbare Taste** / softkey *n* || **~ projektierbar** / user configurable || **~ serielle Übertragung** / free serial transfer || **~ strukturierbar** / user-configurable *adj*, field-configurable *adj* || **~ verfügbar** (Anschlussklemmen, Kontakte) / unassigned *adj* || **~ wählbar** / freely selectable, optional *adj* || **Bus ~** / bus clear (BCLR)
Frei·abklemmen *n* / release terminals || ⟨ätzung *f* / clearance hole || ⟨aufstellung *f* / free-standing installation, free-standing arrangement || ⟨auslösung *f* / trip-free *n* || ⟨auslösung *f* (Vorrichtung) / trip-free mechanism, release-free mechanism || **Leistungsschalter mit** ⟨auslösung VDE 0660, T.101 / trip-free circuit-breaker IEC 157-1, release-free circuit-breaker || ⟨bewitterungsprüfung *f* / field weathering test, field test, natural weathering test, natural exposure test || ⟨biegeversuch *m* / free bend test
Freidrehen *n* / free rotation of driven machine || **~ *v*** / machine to an oval clearance, machine to a larger diameter
Freidrehzylinder *m* / releasing cylinder, retracting cylinder
frei·e Anwendervariable / user variable || **~e Anzeigen** (am Bildschirm) / optional (o. free) displays || **~e Aufständerung** / open rack mounting || **~e Aufstellung** / free-standing installation || **~e Bewertung** / user assignment || **~e Drahtelektrodenlänge** (Abstand zwischen Kontaktrohr- und Drahtelektrodenende) / electrode stick-out || **~e Drosselfläche** / net orifice || **~e Eingabe** / free input || **~e Enthalpie** / Gibbs free energy || **~e Farbe** / aperture colour, non-object colour || **~e Kommutierung** / natural commutation, phase commutation || **~e Kontur** / free contour || **~e Kontureingabe (FKE)** / contour input (FCI) || **~e Konvektion** / free convection || **~e Ladung** / free charge || **~e Lötung** (Verdrahtung) / point-to-point soldered wiring || **~e Luftzirkulation DIN IEC 68** / free air conditions || **~e Magnetisierung** (Transduktor) / free current operation, natural excitation || **~e Pendelung** / free oscillation || **~e Schwingung** / free oscillation || **~e Spannung** / transient voltage || **~e Stromausbildung** / free current operation, natural excitation || **~e UDP-Verbindung** / available UDP connection || **~e Wicklungsenden** / loose leads || **~e Wochentagsblockbildung** / facility to create weekday blocks || **~e Zuordnung** / free assignment
frei·er Baustein / unassigned block || **~er Fall** / free fall || **~er Kontakt** / unassigned contact, voltage-free contact || **~er Kupplungssteckverbinder** / free coupler connector, receptacle || **~er**

Ladungsträger (Ladungsträger, der sich unter dem Einfluss eines angelegten elektrischen Feldes frei bewegen kann) / free charge carrier || **~er Parameter** / arbitrary parameter, unassigned parameter || **~er Parameter** (vom Anwender benutzbarer Parameter) / user parameter || **~er Steckplatz** / unassigned slot || **~er Steckverbinder** / free connector, plug connector || **~er Sternpunkt** / isolated neutral, floating neutral, unearthed neutral (o. star point) || **~er Strom** / transient current || **~er Ventilquerschnitt** / effective cross-sectional area of valve || **~er Vorgang** / transient condition || **~er Zyklus** / free cycle
frei·es Bauelement / free component || **~es Beladen** / free loading || **~es Drahtelektrodenende** / electrode extension || **~es Elektron** / free electron || **~es Feld** / available field || **~es Inhaltsfeld** / free content field || **~es Leitungsende** / lead tail, free lead end || **~es Schallfeld** / free sound field || **~es Wellenende** / (free) shaft extension
Freifahrabstand *m* / safety clearance (SC), safety distance, SC (safety clearance), clearance distance
Freifahren *n* / retraction *n*, retracting *n*, tool recovery, tool retract || **~ *v*** / retract *v*, lift *v* || ⟨ **des Fräsers** / retraction of mill
Frei·fahrlogik *f* / retraction logic || ⟨fallstellung *f* (Kran) / free position for gravity lowering, free position
Freifeld *n* / free field || ⟨ *n* (Versuchsgelände) / (open-area) test site || ⟨aufstellung *f* / earth mounting || ⟨raum *m* / free-field room, anechoic room || ⟨übertragungsmaß *n* / free-field frequency response
Freifläche *f* / tool flank, free surface || ⟨ *f* / clearway *n* || ⟨nbeleuchtung *f* / outdoor area lighting (o. illumination) || ⟨profil *n* / flank profile
Freiflugkolbenverdichter *m* / free-piston compressor
Freiform *f* / free-form *n* || ⟨bahn *f* / free-form path || ⟨en *n* / free-forming || ⟨fläche *f* / freeform surface, sculptured surface, free-form surface || ⟨tasche *f* / free-form pocket
Freigabe *f* (FRG) / release *n*, enable *v*, enabling *n*, authorization *n*, approval *n* || ⟨ *f* DIN 19237 / enabling *n* || ⟨ *f* / release EN 50133-1 || ⟨ *f* (Schutz, Programm) / release *n* || ⟨ **auf Anforderung** / release on request (ROR) || ⟨ **des Tores** / gate enable || ⟨ **des Ventils** / valve deblocking || ⟨ **droop** / release of droop || ⟨ **mit Beanstandung** / conditional release || ⟨ **Motorhaltebremse** / holding brake enable || ⟨ **nach Ausführung** / release when done (ROOD) || ⟨ **ohne Beanstandung** / unconditional release || ⟨ **PID Autotuning** / PID autotune enable || ⟨ **Sollwert** / release setpoint || ⟨ **Statik** / enable droop || ⟨ **verweigern** / refuse *v* || ⟨ **von Erzeugnissen** / product release || ⟨ **zur Fertigungseinführung** / production release || ⟨ **zur Serienfertigung** / series production release || **schriftliche** ⟨ (zur Ausführung v. Arbeiten) / permit to work || ⟨-**Abhängigkeit** *f* / enable dependency, EN-dependency || ⟨ **ausgang** *m* / enable out (ENO) || ⟨**balken** *m* / clearance bar || ⟨**balkenfeuer** *n* / clearance bar light || ⟨**barren** *m* (CLB) / clearance bar (CLB) || ⟨**baugruppe** *f* / enabling module || ⟨**baustein** *m* / enable chip, enabling module || ⟨-

Freigabe 322

Betrieb *m* / operation enabled || ~ **brief** *m* / letter of release || ~**byte** *n* / interrupt enable byte || ~ **dokumente** *n pl* / release documents
Freigabe·eingang *m* (Strobe) / strobe input || ~**eingang** *m* (EN-Eingang) / enable input, EN input || ~**eingang auswerten** / enable input evaluation || ~**einschränkung** *f* / release restriction || ~**fehler** *m* / enable fault || ~**kennung** *f* / release identifier (release-ID) || ~**kontakt** *m* / enabling contact, release contact || ~**kraft** *f* (Schaltstück) / releasing force || ~**kreis** *m* / release circuit, enable circuit, enabling circuit || ~**kriterien** *n pl* / release criteria || ~**kriterium** *n* / enable criterion || ~**liste** *f* / approval list, list of approval || ~**merker** *m* / enable flag, enable bit memory || ~**modul** *n* / enabling module || ~**pfad** *m* / enabling path || ~**relais** *n* / enable relay || **Schutzsystem mit** ~**schaltung** / permissive protection system || ~**signal** *n* (Schutz) / release signal || ~**signal** *n* / enable signal, enabling signal || ~**spannung** *f* / enabling voltage, enabling supply, enable voltage || ~**taste** *f* / enabling button, enabling key || ~**unterlagen** *plt* / release documentation || ~**vermerk** *m* / record of release, release entry || ~**verzögerung ext. Bremse** / external brake release delay || ~**verzögerung Haltebremse** / holding brake release delay || ~**verzugszeit** *f* / enable delay time || ~**wert** *m* / unlock value || ~**zeichen** *n* (ein Zeichen zur Anzeige, dass das ihm unmittelbar folgende Zeichen an die Anwendung weitergegeben wird wie empfangen (ISO 9735)) / release character || ~**zeit** *f* / enable time
freigeben *v* / activate *v* || ~ *v* (genehmigen) / approve *v*, release *v* || ~ *v* / clear *v* || ~ *v* (Stromkreis) / enable *v* || ~ *v* (Bussteuerung) / relinquish *v* (bus control) || ~ *v* (Signal) / release *v*
frei·gegeben / released || ~**gegebene Produkte** / released products || ~**geschaltet** *adj* / disconnected *adj* || ~**gesetzte Wärme** / heat released || ~**gestellte Anwesenheit** / optional attendance || ~**gestellte Prüfung** / optional test
Frei·haltezeit *f* / hold-off time, hold-off interval, keep-free time || ~**handlinie** *f* / free-hand line, free-hand drawn line || ~**handzeichnen** *n* / free-hand drawing || ~**heitsgrad** *m* / degree of freedom || **System mit einem** ~**heitsgrad** / single-degree-of-freedom system || ~**lagerversuch** *m* / weathering test, exposure test || ~**landtest** *m* / outdoor exposure test || ~**landversuch** *m* / field test || ~**lastwert** *m* / off-load value
Freilauf *m* / trip-free mechanism, release-free mechanism, freewheel *n*, free-wheel *n*, overrunning *n* || ~**diode** *f* / free-wheeling diode (FD), freewheeling diode || ~**-Diode** *f* / flywheel diode
freilaufend *adj* / cyclic *adj*, coasting || ~**e Abfrage** / asynchronous scan || ~**e Ausgabe** / unsolicited output || ~**e Meldung** / unsolicited message || ~**e Zeitablenkeinrichtung** / free-running time base || ~**er Auftrag** / decoupled job || ~**er Betrieb** / free-running mode || ~**er Taktgenerator** / free-running clock
Freilauf·feder *f* / freewheeling spring || ~**getriebe** *n* / free-wheeling mechanism || ~**hebel** *m* / trip-free lever || ~**kupplung** *f* / freewheeling clutch, overrunning clutch, free-wheel clutch || ~**scheibe** *f* / freewheeling disc *n* || ~**schutzdiode** *f* /

overvoltage protection diode || ~**strom** *m* / free-wheeling current || ~**stromdiode** *f* / recovery diode || ~**ventil** *n* / free-wheeling valve, free-wheeling diode || ~**-Zahnkupplung** *f* / freewheeling gear coupling || ~**zweig** *m* / freewheeling arm, free-wheeling arm
freilegen *v* / expose *v*, uncover *v*, reveal *v*, lay bare *v*
Freileitung *f* / overhead line, overhead power transmission line, open-wire line, open line, overhead power line || **Starkstrom-**~ *f* / overhead power line || **Übertragungs-**~ *f* / overhead power transmission line
Freileitungs·abzweig *m* / overhead line feeder || ~**-Ausschaltprüfung** *f* / line-charging current breaking test || ~**-Ausschaltstrom** *m* VDE 0670, T. 3 / line-charging breaking current IEC 265 || ~**-Ausschaltvermögen** *n* VDE 0670, T.3 / line-charging breaking capacity IEC 265, line off-load breaking capacity || ~**feld** *n* / overhead power line || ~**-Hausanschluss** *m* / overhead service || ~**-Hausanschlusskasten** *m* / house service box for overhead line connection || ~**kreuzung** *f* / overhead power-line crossing || ~**-Ladestrom** *m* / line charging current || **isolierter** ~**leiter** IEC 50 (461) / bundle-assembled aerial cable || ~**monteur** *m* / lineman *n* || ~**netz** *n* / overhead system || ~**-Schaltprüfung** *f* / line switching test || ~**seil** *n* / conductor for overhead transmission lines, overhead-line conductor || ~**seil mit Aluminiumleiter** / aluminium conductor for overhead transmission lines || ~**stützer** *m* (Isolator) / line post insulator
Freiluftanlage *f* VDE 0101 / outdoor installation, outdoor switchgear || **elektrische** ~ / electrical installation for outdoor sites IEC 71.5, outdoor electrical installation, outdoor electrical equipment IEC 50(25)
Freiluft·aufstellung *f* / outdoor installation, installation outdoors || ~**ausführung** *f* / outdoor type || ~**durchführung** *f* / outdoor bushing || ~**eingetauchte Durchführung** / outdoor-immersed bushing || ~**-Erdungsschalter** *m* VDE 0670,T.2 / outdoor earthing switch IEC 129, outdoor grounding switch || ~**-Innenraum-Durchführung** *f* / outdoor-indoor bushing || ~**-Kessel-Durchführung** *f* / outdoor-immersed bushing || ~**klima** *n* / open-air climate || ~**-Lastschalter** *m* VDE 0670,T.3 / outdoor switch IEC 265 || ~**-Leistungsschalter** *m* / outdoor circuit-breaker, outdoor power circuit-breaker (US)
Freiluft-Schaltanlage *f* (Geräte) / outdoor switchgear || ~ *f* (Station) / outdoor switching station, switchyard *n*, outdoor switchplant, (outdoor) substation, outdoor switchgear
Freiluft-Schaltgeräte *n pl* / outdoor switchgear and controlgear IEC 694, outdoor switchgear
Freiluft·spannungswandler *m* / outdoor voltage transformer || ~**station** *f* / outdoor substation, outdoor switching station, air-insulated switchgear (AIS) || ~**-Stützisolator** *m* / outdoor post insulator || ~**-Tellerendverschluss** *m* / outdoor watershed ination *n* || ~**transformator** *m* / outdoor transformer || ~**trenner** *m* / outdoor disconnector, outdoor isolator || ~**-Trennschalter** *m* / outdoor disconnector, outdoor isolator
Freimaß *n* / size without tolerance, free size, untoleranced dimension, free size tolerance,

tolerance n ‖ ⁓**toleranz** f DIN 7182 / free size tolerance, free size, tolerance n
Frei·meldung bei Arbeitsende / notice of completion of work ‖ ⁓**parameter** m / user parameter ‖ ⁓**platz** m / empty location
freiprogrammierbar *adj* / programmable *adj* ‖ **~e Schnittstelle** / free-port mode ‖ **~e Steuerung** (FPS) / user-programmable controller, programmable controller, RAM-programmed controller ‖ **~es Automatisierungsgerät** / programmable controller, user-programmable controller
freiprojektierbar *adj* / user-configurable
Freiraum m (f. Montage) / clearance n ‖ ⁓**ausbreitung** f / free space propagation ‖ ⁓**dämpfungsmaß** n / free-space basic transmission loss
Freiräume erleben / live the liberty of action
Freiraum·höhe f / clearance n ‖ ⁓**höhe auf Leiterplatten-Oberseite** / PCB top side clearance ‖ ⁓**höhe auf Leiterplatten-Unterseite** f / PCB underside clearance ‖ ⁓**welle** f (elektromagnetische Welle, die sich in einem homogenen Medium ausbreitet, das als in allen Richtungen unbegrenzt betrachtet werden kann) / free wave
Freischaltantrag m / clearance request
Freischalten n VDE 0100, T.200 / safety isolation, isolation n, safety disconnection, activating n ‖ **~ v** (Sperren der Leistungsstufe des Antriebs) / isolate v, with a safety disconnection function, disconnect v, disable v (to lock the power output element of the drive)
Freischalt·möglichkeit f / isolating facility ‖ ⁓**ung** f / activation n, disconnection n ‖ ⁓**vorrichtung** f / isolating facility
Frei·schneidemarke f / undercut n ‖ ⁓**schneidemarkierung** f / undercut n
Freischneiden n / relief cut, backing off ‖ **~ v** / back off ‖ **~ v** (stanzen) / punch v
Frei·schneidewinkel m / tool clearance angle, clearance angle ‖ ⁓**schneidewinkelüberwachung** f / clearance angle monitoring ‖ ⁓**schneidezeit** f / tool clearance time ‖ ⁓**schneidwinkel** m / tool clearance angle ‖ ⁓**schnitt** m / free punch
freisetzen, Energie ~ / release energy
Frei·speicherverwaltung f / free-space administration ‖ ⁓**stechen** n / recessing n
freistehend *adj* / free-standing *adj*, unsupported *adj* ‖ **~e Aufstellung** / free-standing installation, installation as a free-standing unit ‖ **~e PV-Anlage** / open space PV array
Freistich m / undercut n, recess n ‖ ⁓**/Form E und F nach DIN** / Undercut/form E and F acc. to DIN ‖ ⁓**größe** f / undercut size ‖ ⁓**zyklus** m / undercut cycle
freistrahlend·e Leuchte / general-diffuse luminaire, non-cutoff luminaire ‖ **~es Lichtband** / general-diffuse luminaire row
Freistrahlturbine f / Pelton turbine
freitragende Bauweise / cantilevered design ‖ **~ Wicklung** / coreless winding, moving-coil winding
freiverschaltetes Poti / multi-purpose potentiometer
freiwählbarer Lieferant / non-specified supplier
freiwerden v (Stromkr.) / become enabled
freiwerdende Wärme / heat released
Freiwerdezeit (Gasentladungsröhre) / recovery time ‖ ⁓ f DIN 41786 / critical hold-off interval, circuit-commutated recovery time
Frei·winkel m / tool clearance angle, DIN 6581 clearance angle ‖ ⁓**überwachung** f / tool clearance angle monitoring ‖ ⁓**zone** f / free zone, metal-free zone
freizügige Verdrahtung / point-to-point wiring
Frei-Zustand m / ready condition
fremd *adj* / external *adj*
Fremd·abnahme f / acceptance by third party ‖ **~angetrieben** *adj* / separately driven, independently driven ‖ ⁓**anlage** f / third-party system, outside system ‖ ⁓**antrieb** m / auxiliary drive, drive from external source ‖ ⁓**atom** n / impurity atom, impurity n ‖ **Rastmechanismus mit** ⁓**auslösung** / accumulative latching mechanical system ‖ ⁓**automatisierungssystem** n / external automation system
fremdbelüftet *adj* / seperately ventilated, separate ventilation, forced-ventilated, forced ventilation ‖ **~ von AS nach BS** / seperately ventilated from drive end A to drive end B ‖ **~e Maschine** / forced-ventilated machine ‖ **~e Maschine** (m. angebautem Lüfter) / externally ventilated machine ‖ **~e Maschine** (Lüfter getrennt) / separately ventilated machine, separately air-cooled machine ‖ **~e Maschine** (m. Rohranschluss) / pipe-ventilated machine, duct-ventilated machine ‖ **~e Maschine** (m. Überdruck) / pressurized machine ‖ **~er Motor** / separately-ventilated motor ‖ **~er Transformator** / forced-air-cooled transformer, air-blast transformer
Fremdbelüftung f (durch Fremdbelüftung wird bei wärmeerzeugenden Objekten, wie z.B. Motoren, die Verlustwärme über einen separaten Lüfter abgeführt) / forced ventilation ‖ ⁓ f / forced-air cooling, air-blast cooling ‖ ⁓ f (m. Überdruck, Explosionsschutz) / pressurization n ‖ ⁓ f (el. Masch.) / separate ventilation, forced air-cooling ‖ **völlig geschlossene Maschine mit** ⁓ / totally-enclosed separately fan-ventilated machine
Fremd·bereich m / extraneous area, external area ‖ **~bewegtes Kühlmittel** / forced coolant, forced-circulated coolant ‖ **~bezogenes Erzeugnis** / direct purchase, outsourced item ‖ ⁓**bezug** m / external supply, bought-out item ‖ ⁓**bezug** m (Energie) / imported energy, energy import
fremde Sprecheradresse DIN IEC 625 ‖ / other talk address (OTA) IEC 625 ‖ **~ Zweitadresse** DIN IEC 625 ‖ / other secondary address (OSA) IEC 625
Fremdeinspeisung f / external power supply, separate feed, supply from a separate source, supply from an external system ‖ **Sekundärprüfung durch** ⁓ / secondary injection test
fremderregt·e Maschine / separately excited machine ‖ **~er Synchronmotor** / separately excited synchronous motor
Fremderregung f / separate excitation, external excitation ‖ **Maschine mit** ⁓ **und Selbststeuerung** / compensated self-regulating machine, compensated regulated machine ‖ **Maschine mit** ⁓ / separately excited machine
Fremderschütterung f / externally excited vibration
fremdes leitfähiges Teil VDE 0100, T.200 / extraneous conductive part

Fremdfeld

Fremdfeld *n* / external field, interfering field, disturbance field, stray field || **induziertes** ⌔ / induction field || **magnetisches** ⌔ / external magnetic field, magnetic field of external origin, external magnetic induction || ⌔**beeinflussung** *f* / interference by external fields || ⌔**einfluss** *m* / influence of magnetic induction of external origin || ⌔**test** *m* / stray field test
Fremd·fertigung *f* / outsource manufacturing || ⌔**firma** *f* / external company || ⌔**firmeneinsatz** *m* / use of external companies || ⌔**firmen-MA** / subcontractor's employees || ⌔**führung** *f* / external commutation || ⌔**geber** *m* / third-party encoder || **~geführter Stromrichter** / externally commutated converter || **~gekühlt** *adj* / separately cooled, separately ventilated, forced-ventilated, force-cooled, forced-cooled || **~gelöschtes Zählrohr** / externally quenched counter tube || ⌔**gerät** *n* / external device, devices from the competition || ⌔**geräteschnittstelle** *f* / interface to non-Siemens devices || ⌔**geräusch** *n* / background noise, external noise || ⌔**geräuschpegel** *m* / background noise level || **~geschaltete Kupplung** / clutch *n* || **~getakteter Stromrichter** / externally clocked converter || ⌔**gleichspannung** / direct interference voltage || ⌔**hersteller** *m* / third-party manufacturer, another manufacturer || ⌔**kalkulation** *f* / external costing || ⌔**kathode** *f* (Korrosionselement) / external cathode || **~kommutierter Wechselrichter** / line-commutated inverter || ⌔**kontakt** *m* (unbeabsichtigte metallene Berührung) / unintentional bond
Fremdkörper *m* / foreign matter, foreign particle, foreign body || **Schutz gegen große** ⌔ / protection against solid bodies greater than 50 mm || **Schutz gegen kornförmige** ⌔ / protection against solid bodies greater than 1 mm || **Schutz gegen mittelgroße** ⌔ / protection against solid bodies greater than 12 mm || ⌔**schutz** *m* / protection against ingress of solid foreign bodies, protection against solid foreign bodies
Fremd·kühlung *f* / separate cooling, forced-air cooling, separate ventilation || ⌔**leistung** *f* / outsourcing || ⌔**leuchter** *m* / secondary light source, secondary source || ⌔**licht** *n* / light from external sources || ⌔**licht** *n* (künstliches L.) / artificial light || ⌔**licht** *n* (Strahlung, die vom Empfänger eines fotoelektrischen Näherungsschalters empfangen wird, jedoch nicht von seinem Sender kommt) EN 60947-5-2 / ambient light || ⌔**lieferant** *m* / subsupplier, subcontractor || ⌔**löschen** *n* / external quenching || ⌔**lüfter** *m* / separately driven fan || ⌔**lüfteraggregat** *n* / external fan unit || ⌔**lüfteranschlussspannung** *f* / external fan supply voltage || ⌔**magnetische Beblasung** / permanentmagnet blow-out || ⌔**metalleinschluss** *m* (Einlagerung eines Fremdmetallteilchens im Schweißgut) / metallic inclusion || ⌔**motor** *m* / third-party motor
Fremd·netz *n* / external system, public supply system || ⌔**-Nutzung** *f* / utilization by third parties || ⌔**-Prozessrechner** *m* / external (o. non-system) process computer || ⌔**prüfung** *f* / external non-workshop inspection || ⌔**rechner** *m* / non-system computer, computer of other manufacture, third-party computer, non-company computer || ⌔**schall** *m* / extraneous sound
Fremdschicht *f* (Kontakt) / tarnishing film || ⌔ *f* / pollution layer, contamination layer || ⌔ *f* (künstliche) / artificial pollution layer || **Verfahren mit fließender** ⌔ / saline fog test method, salt-fog method || ⌔**bildung** *f* / formation of pollution layers, surface contamination || ⌔**grad** *m* (Isolator) / pollution severity || ⌔**klasse** *f* (Isolator) / pollution severity level, pollution level || ⌔**prüfung** *f* / artificial pollution test || ⌔**-Stehspannung** *f* / layer withstand voltage, artificial pollution withstand voltage || ⌔**strom** *m* / surface current || ⌔**überschlag** *m* / pollution flashover
Fremd·schluss *m* / separate excitation, external excitation || ⌔**schlüssel** *m* (in einer Relation ein Attribut oder eine Gruppe von Attributen, das bzw. die einem Pnmärschlüssel in einer anderen Relation entspricht) / foreign key || ⌔**schlussmaschine** *f* / separately excited machine || ⌔**schwungmasse** *f* / external rotating mass || ⌔**sollwert** *m* / external setpoint
Fremdspannung *f* VDE 0228 / disturbing voltage, voltage liable to cause malfunction, external voltage || ⌔ *f* (Störsp.) / interference voltage, noise voltage || **Prüfung mit** ⌔ / separate-source voltage-withstand test, applied-voltage test, applied-potential test, applied-overvoltage withstand test
fremdspannungs·arme Erde / low-noise earth || **~behaftetes Netz** / noisy system, dirty mains || ⌔**einfluss** *m* / noise effect, interference *n* || **~freie Erde** / noiseless earth, clean earth || ⌔**-Messgerät** *n* / noise-level meter, noise measuring set || ⌔**prüfung** *f* / separate-source voltage-withstand test, applied-voltage test, applied-potential test, applied-overvoltage withstand test
Fremd·station *f* / third-party station || ⌔**stoffe** *m pl* / foreign matter || **feste** ⌔**stoffe** / foreign solids
Fremdstrom *m* / interference current, parasitic current || ⌔**anode** *f* (Korrosionsschutz) / impressed-current anode || ⌔**-Kathodenschutz** *m* / power-impressed cathodic protection || ⌔**korrosion** *f* / stray-current corrosion || ⌔**schutzanlage** *f* (Korrosionsschutz) / impressed-current installation
Fremd·system *n* / third-party system, non-company system || ⌔**teil** *m* / sourced part || ⌔**trägheitsmoment** *n* / external moment of inertia, external inertia, load moment of inertia || ⌔ **- und Eigenbelüftung** *f* / combined ventilation || ⌔**ventil** *n* / unlisted valve || ⌔**vergabe** *f* / outsourcing *n* || ⌔**vergleichsgrundsatz** *m* / dealing at arm's length || ⌔**verlöschen** *n* / external quenching || ⌔**verteileranschlusskasten** *n* / ancillary equipment unit || ⌔**-Zertifizierungssystem** *n* / third-party certification system || ⌔**zündung** *f* / spark ignition
Freon *n* / Freon *n* || ⌔**schalter** *m* / Freon-filled circuit-breaker
Frequenz *f* / frequency *n*, stepping rate || ⌔ **bei Stromverstärkung 1** / frequency of unity current transfer ratio || ⌔ **der Versorgungsspannung** / power supply frequency || ⌔ **der Vielperiodensteuerung** / cyclic operating frequency || ⌔ **der Welligkeit** / ripple frequency || ⌔ **fahren** / hold frequency || **Maximal~** *f* / max. frequency || **Pulsburst~** *f* / pulse burst repetition frequency

Frequenz·abgleich *m* / frequency adjustment, frequency balancing || **♳abgleicher** *m* / frequency balancer, frequency adjuster
frequenzabhängig *adj* / frequency-dependent *adj*, varying with frequency, frequency-sensitive *adj*, as a function of frequency || **~er Drehzahlwächter** / frequency-sensitive speed monitor
Frequenzabhängigkeit *f* / frequency sensitivity, line-frequency sensitivity || **♳ *f*** / frequency influence ANSI C39.1, variation due to frequency, effect of frequency variations
Frequenz·abhängigkeitscharakteristik *f* / frequency response characteristic, Bode diagram || **~abhäniger Spannungsrückgangsschutz** / frequency-dependent undervoltage protection || **♳absenkung** *f* / frequency reduction || **♳abstand** *m* / frequency spacing || **♳abwanderung** *f* / frequency drift || **♳abweichung** *f* / frequency deviation || **♳abweichung** *f* (zul. Normenwert) / variation from nominal frequency || **zulässige ♳abweichung** / entry freq. for perm. deviation || **♳analyse** *f* / harmonic analysis || **♳änderung** *f* / frequency variation, frequency change || **Geschwindigkeit der ♳änderung** / sweep rate || **♳anlauf** *m* / synchronous starting || **♳anstiegsrelais** *n* / rise-of-frequency relay, rate-of-frequency-change relay || **♳antwort** *f* / frequency response || **♳anzeiger** *m* / frequency indicator || **♳auflösung** *f* / frequency resolution || **♳ausblendband** *n* / skip frequency band, jump frequency band, critical speed rejection band || **♳ausblendung** *f* / skip frequency || **♳ausblendungsbandbreite** *f* / skip frequency bandwidth || **♳ausklammerungsband** *n* / skip frequency band, jump frequency band, critical speed rejection band || **♳auswertungsbaugruppe** *f* / frequency evaluation module
Frequenz·band *f* / frequency band || **♳bandzerlegung** *f* / frequency band analysis || **♳bereich** *m* / frequency range, frequency band || **♳bereich** *m* (Messgerät, Empfindlichkeitsbereich) / frequency response range || **Verstärkungsdifferenz in einem ♳bereich** / gain flatness || **♳bewertung** *f* / frequency weighting || **♳-Bezugsbereich** *m* / reference range of frequency || **♳codemodulation** *f* / frequency-code modulation || **♳demodulation** *f* / frequency demodulation || **♳diskriminator** *m* / frequency discriminator || **♳drift** *f* / frequency drift (an undesired progressive and slow change in frequency with time) || **♳drift bei Impulsbetrieb** / frequency drift under pulse operation || **♳durchlauf** *m* / frequency sweep
Frequenz·einfluss *m* / frequency influence ANSI C39.1, variation due to frequency, effect of frequency variations || **♳eingang** *m* / frequency input || **♳einteilung** *f* / frequency banding || **~empfindlich** *adj* / frequency-sensitive *adj* || **♳erfassung** *f* / frequency sensor || **♳erhöher** *m* / frequency raiser, frequency changer || **♳erniedriger** *m* / frequency reducer, frequency changer
Frequenzgang *m* / frequency response, harmonic response, frequency response characteristic || **♳ der Amplitude** / amplitude frequency response || **♳ der Phase** / phase-frequency response || **♳ des aufgeschnittenen (o. offenen) Kreises** / open-loop frequency response || **Ortskurve des ♳es** / frequency response locus, polar plot || **Diagramm des ♳s in der komplexen Ebene** / phase-plane diagram, state-phase diagram || **♳kennlinie** *f* / frequency response characteristic, Bode diagram
Frequenz·geber *m* / frequency generator || **♳gemisch** *n* / frequency spectrum, harmonic spectrum, Fourier spectrum || **♳generator** *m* / frequency generator, standard-frequency generator || **~gestellter Antrieb** / variable-frequency drive || **~gesteuert** *adj* / frequency-controlled || **~getakteter Drehzahlregler** / frequency-based speed regulator || **♳gleiten** *n* / frequency variation || **♳grenze** *f* / frequency limit || **♳gruppe** *f* / frequency group
Frequenz·haltung *f* / frequency stability || **♳hochlauf** *m* / frequency ramp || **♳hochlauf** *m* (SR-Antrieb) / synchronous acceleration, synchronous starting, converter-controlled start-up || **♳hopping** *n* / frequency hopping || **♳hub** *m* (bei Frequenzmodulation) / frequency deviation || **♳hysterese** *f* / frequency hysteresis || **♳-Index** *m* / frequency index || **♳inversion** *f* / frequency inversion || **♳jitter** *m* / frequency jitter || **♳kanal** *m* / frequency channel || **niederpriorer ♳kanal** (NPFK) / low-priority frequency channel (LPFC)
Frequenz·kennlinien *f pl* / frequency response characteristic, frequency characteristic || **♳konstanthaltung** *f* / frequency stabilization || **♳konstanz** *f* / frequency stability, constancy of frequency || **♳lage** *f* / frequency position || **♳-Leistungs-Regelung** *f* / power/frequency control, load-frequency control || **♳messer** *m* / frequency meter (calculates the current frequency from the measured signal and the sample time) || **♳messumformer** *m* / frequency transducer || **♳messung** *f* / frequency measurement
Frequenzmodulation *f* / frequency modulation (FM) || **♳ *f*** (periodische Abweichung der Ausgangsfrequenz von der Nennfrequenz) VDE 0558, T.2 / periodic frequency modulation IEC 411-3
Frequenzmodulations·-Rauschen *n* / frequency-modulation noise, FM noise || **♳-Rauschzahl** *f* / frequency-modulation noise figure, FM noise figure || **♳-Verzerrung** *f* / frequency-modulation distortion
frequenzmoduliert *adj* / frequency-modulated || **~es Continuous-Wave-Verfahren (FMCW-Verfahren)** / frequency-modulated continuous wave mode
Frequenz·multiplex *n* (gleichzeitige Übertragungsmöglichkeit unterschiedlicher Informationen auf einem Übertragungsmedium mit Hilfe verschiedener Trägerfrequenzen) / frequency multiplex || **♳multiplexen** *n* (Multiplexen, bei dem mehrere unabhängige Signale getrennten Frequenzbändern zur Übertragung über einen gemeinsamen Kanal zugeordnet werden) / frequency-division multiplexing (FDM) || **♳multiplexverfahren** *n* / frequency-division multiplexing || **♳nachführung** *f* / frequency adjustment, frequency correction || **♳offset** *n* / frequency offset || **♳pendelung** *f* / frequency swing || **♳plan** *m* / frequency plan || **♳planung** *f* / frequency planning

Frequenz-regelung f / frequency control, frequency regulation || ⁓**regler** m / frequency regulator, frequency controller || ⁓**relais** n / frequency relay || ⁓**relay** n / frequency relay || ⁓**rückgang** m / frequency reduction || ⁓**rückgangsrelais** n / underfrequency relay
Frequenz-schreiber m / recording frequency meter || ⁓**schutz** m / frequency protection, underfrequency protection, overfrequency protection || ⁓**schwankung** f / frequency variation, frequency fluctuation || ⁓**schwellenwert** / threshold frequency || ⁓**schwellwert f_1** m / Threshold frequency f_1 || ⁓**sollwert** m / frequency setpoint || **maximaler** ⁓**sollwert** / max. frequency setpoint || ⁓**sollwert-Speicher** m / frequency setpoint memory || ⁓**-Spannungs-Umsetzer** m (f/U-Umsetzer) / frequency-voltage converter, frequency-to-voltage converter || ⁓**-Spannungs-Wandler** m / frequency-voltage converter, frequency-to-voltage converter || ⁓**spektrum** n / frequency spectrum (the range of frequencies of electromagnetic oscillations or waves which can be used for the transmission of information), harmonic spectrum || ⁓**sprung** m / sudden frequency change || ⁓**sprungverfahren** n / frequency hopping || ⁓**stabilisierung** f DIN 41745 / frequency stabilization || ⁓**starr** adj / frequency-locked adj, fixed-frequency adj || ⁓**stellbereich** m / frequency range || ⁓**-Steuerkennlinie** f / frequency control characteristic || ⁓**steuerung** f / frequency control || ⁓**-Streubereich** m / frequency spread || ⁓**-Strom-Umsetzer** m / frequency-current converter || ⁓**stufe** f / frequency generator, standard-frequency generator || ⁓**stützung** f / frequency back-up control || ⁓**synthesizer** m / frequency synthesizer
Frequenz-teiler m / frequency divider, frequency scaler || ⁓**teilerdiode** f / subharmonic generator diode || ⁓**teilung** f / frequency division || ⁓**teilungsverhältnis** n / ratio of frequency division, frequency division ratio || ⁓**toleranz** f / frequency tolerance || ⁓**transformator** m / frequency transformer || ⁓**überwachungsgerät** n / frequency monitor, frequency supervisory unit, frequency relay
Frequenzumformer m / frequency converter, frequency changer, frequency changer set || ⁓ **mit Kommutator** / commutator-type frequency converter, commutator-type frequency changer || ⁓**-Maschinensatz** m / frequency changer set
Frequenz˙-Umformerstation f / frequency converter station, frequency converter substation || ⁓**umformung** f / frequency conversion || ⁓**umrichter** m (Direktumrichter, Hüllkurvenumrichter) / cycloconverter n || ⁓**umrichter** m / frequency converter || **direkter** ⁓**umrichter** / cycloconverter || ⁓**umschaltung** f (50-60 Hz) / frequency selector || ⁓**umsetzer** m / frequency converter, n frequency changer, frequency changer set, remodulator || ⁓**umsetzung** f (Verschiebung aller Teilschwingungen eines Signals von einer Lage im Frequenzspektrum in eine andere) / frequency translation || ⁓**umtastung** f (spezielle FM-Modulationsart durch Umtastung von zwei oder mehreren Frequenzen) / frequency shift keying (FSK) || ⁓**umtastungstelegrafie** f (Telegrafie mit Frequenzmodulation, bei der jeder signifikante Zustand im eingeschwungenen Zustand von einem sinusförmigen Signal festgelegter Frequenz dargestellt wird) / frequency shift telegraphy || ⁓**umtastverfahren** n / frequency shift keying (FSK) n || **~unempfindlich** adj / non-frequency-sensitive adj
Frequenz-veränderung f / frequency shift || ⁓**verdoppler** m / frequency doubler || ⁓**verdopplerschaltung** f / frequency doubler connection || ⁓**verdreifacher** m / frequency tripling transformer, frequency tripler || ⁓**verdreifachung** f / frequency tripling || ⁓**vergleichspilot** m / frequency comparison pilot || ⁓**verhalten** n / frequency response, harmonic response, frequency response characteristic || ⁓**verhältnis** n / frequency-response ratio || ⁓**verlauf** m / frequency-response curve || ⁓**versatz** m / frequency shift || ⁓**verschiebung** f / frequency shift || ⁓**vervielfacher** m (nichtlineare Schaltung zur Erzeugung von Schwingungen mit Frequenzen, die ganzzahlige Vielfache der Eingangsfrequenz sind) / frequency multiplier || ⁓**vervielfacherdiode** f / frequency multiplication diode, harmonic generator diode || ⁓**verwerfung** f / shift in frequency || ⁓**verzerrung** f / frequency distortion || ⁓**vielfach** n / frequency multiplex, frequency division multiplex (FDM), f frequency division || ⁓**vielfachtechnik** f / frequency division multiple access (FDMA) n || ⁓**voreinstellung** f / frequency default
Frequenz-wächter m / frequency monitor || ⁓**wanderung** f / frequency drift || ⁓**wandler** m (Betriebsmittel zum Umformen von ein- oder mehrphasigem Wechselstrom in einen Wechselstrom mit anderer Frequenz oder Phasenzahl) / frequency converter, frequency changer, frequency changer set || ⁓**wandlung** f / frequency conversion || ⁓**wechsel-Spreizspektrum (FHSS)** n / Frequency Hopping Spread Spectrum (FHSS) || ⁓**weiche** f / diplexer n || ⁓**wert** m / frequency value || ⁓**zähler** m / frequency counter || ⁓**zerlegung** f / harmonic analysis, Fourier analysis || ⁓**ziehen** n / frequency pulling || ⁓**ziehwert** m (Lastverstimmungsmaß) / pulling figure || ⁓**zittern** n / frequency jitter || ⁓**zusammensetzung** f / frequency spectrum || ⁓**zyklus** m (Erdbebenprüf., Durchlauf im vorgegebenen Frequenzbereich einmal in jeder Richtung) / sweep cycle
Fresnel˙-Ellipsoid m / Fresnel ellipsoid || ⁓**linse** f / Fresnel lens || ⁓**-Linsenscheinwerfer** m / Fresnel spotlight, Fresnel spot || ⁓**-Reflexionsfaktor** m / Fresnel reflection factor || ⁓**sche Linse** / Fresnel lens || ⁓**-Verluste** $m\ pl$ / Fresnel reflection loss
Fressen n (Kontakt) / corrosion n || ⁓ n (Zahnrad) / welding n, seizing n, galling v || ⁓ n / fretting n || **~** v (Gleitführung) / seize v, seize up v, bind v || ⁓ **der Gleitfläche** / seizing of the sliding surface, biting of the sliding surface
Fresslaststufe f / seizing load
FRF (Vorschubfaktor) / feed rate factor (FRF)
FRG (Freigabe) / enable v, enabling n, release n
Friktionskupplung f / friction clutch
Frischluft f / fresh air
Frischlüfter m / forced-draft fan
Frischluft-kühlung f / open-circuit ventilation, fresh-air cooling || ⁓**stutzen** m / ventilating inlet, fresh-air inlet

Fristenplan *m* / maintenance schedule
frist·gemäß *adj* / schedule ‖ **~lose Kündigung** / dismissal without notice
Fritten *n* / fritting *n*
Frittspannung *f* / fritting voltage
Fritz-Chip *m* (Coprozessor, benannt nach Fritz Hollings, der für eine zwangsweise Durchsetzung von TCPA in sämtlicher Konsumelektronik wirkt) / Fritz chip
FRK (Fräserradiuskorrektur) / CRC (cutter radius compensation)
FR-Leuchte *f* / damp-proof luminaire, luminaire for damp interiors
FRNC / flame-retardant non-corrosive (FRNC), flame resistant non-corrosive (FRNC)
Front *f* / front *n* ‖ ⟨2⟩**abdeckung** *f* / front cover ‖ ⟨2⟩**abschirmung** *f* / front shielding
Frontal·anschluss *m* / front connection ‖ ⟨2⟩**beleuchtung** *f* / frontal lighting, front lighting ‖ ⟨2⟩**schnitt** *m* / frontal section
Front·anschluss *m* / front connection, front terminal (connection on the front of a device) ‖ ⟨2⟩**anschlussklemme** *f* / front connection terminal ‖ ⟨2⟩**anschlussstecker** *m* / front connection plug ‖ ⟨2⟩**ansicht** *f* / front view ‖ ⟨2⟩**antrieb** *m* / front-mounted operating mechanism, front-operated mechanism, panel-mounted mechanism, cover-mounted mechanism ‖ ⟨2⟩**befestigung** *f* / front mounting, front plate mounting ‖ **für** ⟨2⟩**befestigung** / front-mounted *adj* ‖ ⟨2⟩**blech** *n* / front plate (Metallic covering on the front of a device), frontplate, front panel ‖ ⟨2⟩**blende** *f* / bezel *n*, front cover ‖ **~bündig** *adj* / flush mounted ‖ **~bündige Membran** / flush mounted diaphragm ‖ ⟨2⟩**deckel** *m* / front cover ‖ ⟨2⟩**design** *n* / front design ‖ ⟨2⟩**drehantrieb** *m* / front-operated rotary-handle mechanism, front-operated lateral-throw handle mechanism, front rotary operating mechanism ‖ ⟨2⟩**drehmaschine** *f* / front-operated lathe ‖ ⟨2⟩**einbau** *m* / front mounting, front-panel mounting ‖ **für** ⟨2⟩**einbau** / for front-panel mounting ‖ ⟨2⟩**-End-Rechner** *m* / front end computer ‖ ⟨2⟩**-End-System** *n* / communication front end (CFE) ‖ **Kontakt für** ⟨2⟩**entriegelung** / front-release contact ‖ ⟨2⟩**feld** *n* / front cubicle ‖ ⟨2⟩**folie** *f* / front membrane ‖ ⟨2⟩**glas** *n* (Leuchtschirm) / face-plate *n* ‖ ⟨2⟩**grid** / front grid ‖ ⟨2⟩**haube** *f* / front cover ‖ ⟨2⟩**kappe** *f* / front panel ‖ ⟨2⟩**kontakt** *m* / front contact ‖ ⟨2⟩**kontaktzelle** *f* (übliche Solarzelle; im Gegensatz zur Rückseitenkontaktzelle, die hauptsächlich für Hochleistungs- und Konzentratoranwendungen entworfen wurde) / front-gridded cell ‖ ⟨2⟩**lader auf Raupen** / tracked-type front loader, crawler-type front loader ‖ ⟨2⟩**light-System** *n* / front lighting system ‖ ⟨2⟩**maß** *n* / front dimension ‖ ⟨2⟩**mitnehmer** *m* / face driver ‖ ⟨2⟩**montage** *f* / front-panel mounting ‖ ⟨2⟩**platine** *f* / front PCB
Frontplatte *f* / front cover, front panel, fascia *n*, front *n* ‖ ⟨2⟩ *f* (Gerät) / front panel, front plate, faceplate *n* ‖ ⟨2⟩ **mit Halter** / front plate with holder
Frontplatten·antrieb *m* / front-panel-mounted mechanism ‖ ⟨2⟩**bau** *m* / front-panel mounting ‖ ⟨2⟩**-Bedienelement** *n* / front panel button ‖ ⟨2⟩**dichtung** *f* / front panel gasket ‖ ⟨2⟩**-Einbauelement** *n* (FEE) / front-plate element, panel-mounted element
Front·rahmen *m* / collar *n*, bezel *n*, front frame ‖ ⟨2⟩**ring** *m* / mounting ring, bezel *n*, front ring ‖ ⟨2⟩**scheibe** *f* (Leuchtschirm) / face-plate *n* (luminescent screen) ‖ ⟨2⟩**schild** *n* / front label, escutcheon plate, front plate ‖ ⟨2⟩**schnittstelle** *f* / front interface ‖ ⟨2⟩**schnittstelle USB DIGSI** *f* / front interface USB DIGSI ‖ ⟨2⟩**schnittstelle USB-Stick** *f* / front interface USB stick ‖ ⟨2⟩**schraube** *f* / front screw ‖ ⟨2⟩**seite** *f* / front *n*, face *n*, front face, front side ‖ **~seitig** *adj* / on the front ‖ **~seitige Anschluss-Schienen** / front busbar connection pieces ‖ ⟨2⟩**steckelement** *n* / front connector element ‖ ⟨2⟩**stecker** *m* / front(-panel) connector, front *n* ‖ ⟨2⟩**steckerbelegung** *f* / front connector pin assignment ‖ ⟨2⟩**steckercodierung** *f* / front connector coding ‖ ⟨2⟩**stecker-Kodierung** *f* / front plug coding ‖ ⟨2⟩**stecker-Messerleiste** *f* / front ‖ ⟨2⟩**steckmodul** *n* / front connector module ‖ ⟨2⟩**steckverbinder** *m* / front-panel connector ‖ ⟨2⟩**-Surface-Field** *n* (FSF) / front surface field (FSF) ‖ ⟨2⟩**system** *n* (Einbausystem) / front panel system ‖ ⟨2⟩**tafelmodul** *n* / front panel module ‖ ⟨2⟩**tür** *f* / front door ‖ ⟨2⟩**wechsel** *m* / front exchange ‖ ⟨2⟩**zelle** *f* / top cell
Frosch·beinverbindung *f* / butterfly connection ‖ ⟨2⟩**beinwicklung** *f* / frog-leg winding ‖ ⟨2⟩**klemme** *f* (f. Leiterseil) / automatic come-along clamp, wire grip
Frost·alarm *m* / freeze alarm ‖ ⟨2⟩**aufbruch** *m* / frost heaving, frost heave ‖ ⟨2⟩**bemessung** *f* / frost design ‖ **~beständig** *adj* / resistant to frost, frost-proof *adj* ‖ ⟨2⟩**eindringtiefe** *f* / frost penetration depth ‖ ⟨2⟩**schaden** *m* / frost damage
Frostschutz *m* / anti-freeze protection ‖ ⟨2⟩**einrichtung** *f* / antifreezing mechanism ‖ ⟨2⟩**fett** *n* / non-freezing grease, antifreeze lubricant ‖ ⟨2⟩**gruppe** *f* / frost group ‖ ⟨2⟩**mittel** *n* / antifreezer ‖ ⟨2⟩**schicht** *f* / antifrost layer, frost blanket ‖ ⟨2⟩**transformator** *m* / anti-freezing transformer
Frosttiefe *f* / frost penetration depth
FR-Transformator *m* / damp-proof transformer
FRU / field replaceable unit (FRU)
Frühausfall *m* DIN 40042 / early failure ‖ ⟨2⟩**periode** *f* / infant mortality period ‖ ⟨2⟩**phase** *f* / early failure period, infant mortality period ‖ ⟨2⟩**satz** *m* / early failure rate
Frühauslösung *f* / premature tripping
frühe Fehlerfindung *f* / detecting defects at an early stage
Früh·erkennung von Fehlern / detection of incipient faults, early fault diagnosis ‖ ⟨2⟩**stückspause** *f* / morning break ‖ ⟨2⟩**warnsignal** *n* / early warning alarm ‖ ⟨2⟩**wendung** *f* / over-commutation *n* ‖ ⟨2⟩**zündung** *f* (Leuchtstofflampe) / pre-ignition *n*
F-Runtime-Lizenz *f* / F-Runtime License
FS / teletypewriter *n*, teletyper *n*, teletype *n*, teleprinter *n* ‖ ⟨2⟩ (Filesystem) / file system (FS) ‖ ⟨2⟩ (Folgespindel) / FS (following spindle) ‖ ⟨2⟩ (Fehlersignalschalter) / remote control switch, FC (fault-signal contact), SX
FSB / Front Side Bus (FSB)
F-SB (F-Systembaustein) *m* / F-system block
F2-Schicht *f* / F2 layer
F1-Schicht *f* (untere der beiden Ionosphärenschichten, die üblicherweise tagsüber in der F-Region vorhanden sind) / F1 layer
FSD / Final Switching Device

F1-Sensor / F2-Sensor *m* / F1 sensor / F2 sensor
FSF (Front-Surface-Field) *n* / front surface field (FSF)
FSK / frequency shift keying (FSK) ‖ ⁓ (fabrikfertige Schaltgerätekombination) / FBA (factory-built assembly) ‖ ⁓ **in Pultbauform** / desk-type FBA ‖ ⁓ **in Schrankbauform** / cubicle-type FBA, cabinet-type FBA ‖ ⁓**-Verfahren** *n* / frequency shift keying
FSM *n* / Functional Safety Management (FSM)
F-SM / fail-safe signal module
f^soll / f^cmd
Fsoll-Glätt. / F setpoint smoothing
FSP (Feldsperre) / bay blockage (BB), bay interlocking
FSQ / Field Service Quality (FSQ)
FSR / Full Scale Range (FSR) ‖ ⁓ / force sensing resistor (FSR)
FST (Vorschub Stop) / feed stop (FST)
F-Systembaustein (F-SB) *m* / F-system block
FT (Funktionstest) *m* / FT (function test) ‖ ⁓ **Kabeltrageisen** / FT cable bracket ‖ ⁓ **PE/N°-Klemme** / FT PE/N terminal ‖ ⁓**-Schraube** / FT PE/N screw
FTA *f* / FTA (fault tree analysis)
F-Technik *f* (fehlersichere Technik) / F technology (fail-safe technology)
FTP / file transfer program (FTP) ‖ ⁓ *f* / Federal Test Procedures (FTP)
FTR (File Transfer) / FTR (file transfer)
F-Treiberbaustein *m* / faile-safe-driver block
FTS (fahrerloses Transportsystem) *n* / automatic guided vehicle system (AGVS)
FTZ-Nr. *f* (Zulassungsnummer des Fernmeldetechnischen Zentralamts) / Post Office Approval Number, PO approval number
FU (Frequenzumrichter) *m* / cycloconverter *n*
F-Überwachungszeit *f* / F monitoring time
FUCWIT / Fast Universal Communication With Isolated Transformer (FUCWIT)
Fuge *f* / join *n* ‖ ⁓ **in Betondecken** / joint *n*
Füge·fläche *f* / joint surface, seating area ‖ ⁓**maschine** *f* / jointing machine ‖ ⁓**modul** *n* / jointing module
Fugen *n* / gouging *n*
fügen *v* / join *v*, assemble *v*, joining *v*
Fugen·abdichtung *f* / joint sealing, joint seal ‖ ⁓**anker** *m* / tie bar ‖ ⁓**anordnung** *f* / joint arrangement ‖ ⁓**armierung** *f* / joint reinforcement ‖ ⁓**ausbildung** *f* / joint design ‖ ⁓**bewehrung** *f* / joint reinforcement ‖ ⁓**breite** *f* / joint width ‖ ⁓**dichtungsband** *n* / waterstop *n* ‖ ⁓**dichtungsmasse** *f* / joint sealant, joint sealing compound, joint sealer ‖ ⁓**dicke** *f* / gap *n* ‖ ⁓**dübel** *m* / dowel *n* ‖ ⁓**einlage** *f* / joint sealing strip ‖ ⁓**einlagen** *f* / joint reinforcement ‖ ⁓**füllstoff** *m* / joint filler material ‖ ⁓**herstellung** *f* / joint construction ‖ ⁓**klemmprofil** *n* / molded joint sealing strip ‖ ⁓**löten** *n* / braze welding ‖ ⁓**messer** *m* / joint cutting blade ‖ ⁓**plan** *m* / joint plan ‖ ⁓**profil** *n* / joint profile ‖ ⁓**radius** *m* / root radius ‖ ⁓**schneidegerät** *n* / joint cutter ‖ ⁓**schneider** *m* / joint cutter ‖ ⁓**schneidmesser** *m* / joint cutting blade ‖ ⁓**schnitt** *m* / joint pattern, jointing pattern, jointing arrangement ‖ ⁓**spalt** *n* / joint goove ‖ ⁓**stahleinlagen** *f* / joint reinforcement ‖ ⁓**streifen** *m* / joint sealing strip ‖ ⁓**unterfüllung** *f* / bond breaker ‖ ⁓**vergussarbeiten** *n* / top sealing, joint grouting ‖ ⁓**verleimt** *adj* / juncture glued ‖ ⁓**versprung** *m* / mismatched joint ‖ ⁓**vorbereitung** *f* / edge preparation ‖ ⁓**wandlung** *f* / joint face

Füge·station *f* / fitting station ‖ ⁓**system** *n* / jointing system ‖ ⁓**temperatur** *f* (beim Schrumpfen) / shrinking temperature, jointing temperature ‖ ⁓**- und Entfügeheber** / fitting and removing lift ‖ ⁓**- und Entfügestation** *f* / fitting and removing station ‖ ⁓**zylinder** *m* / assembling cylinder
fühlbare Kühllast / sensible heat load
Fühler *m* / sensor *n*, detector *n*, pick-up *n*, detecting device ‖ ⁓ *m* / sensor probe, sensing probe, touch probe, detecting element ‖ ⁓ *m* (Taster) / feeler *n*, probe *n* ‖ ⁓ *m* (Kopierfühler) / tracer *n* ‖ ⁓ *m* (schaltender Messfühler f. Drehmaschinen) / touch trigger probe ‖ ⁓**abgleich** *m* / probe calibration ‖ ⁓**anschluss** *m* / sensor connection ‖ ⁓**ansprechtemperatur** *f* / detector operating temperature ‖ ⁓**direkteingang** *m* / direct sensor input ‖ ⁓**drahtbruch** *m* / sensor wire break ‖ ⁓**kopfmontage** *f* / sensor head mounting ‖ ⁓**lehre** *f* / feeler gauge ‖ ⁓**lehrensatz** *m* / feeler gauge set ‖ ⁓**leitung** *f* / sensor cable, sensing *n* ‖ ⁓**schenkel** *m* / straight feeler x mm ‖ ⁓**schleife** *f* / sensor loop ‖ ⁓**steuerung** *f* / tracer control ‖ ⁓**typ** *m* / sensor type ‖ ⁓**winkel** *m* / angle feeler
Fühl·hebelmesslehre *f* / dead-weight micrometer ‖ ⁓**schwelle** *f* / threshold of feeling, threshold of tickle ‖ **Rückkopplungs-⁓spannung** *f* (IC-Regler) / feedback sense voltage
führen *v* / manage *v* ‖ ~ *v* (Prozess) / control *v* ‖ **einen Leiter zur Klemme ~** / take (o. run) a lead to a terminal ‖ **einen Strom ~** / carry a current
führend *adj* / leading *adj* ‖ **~e Null** / leading zero, high-order zero, left-hand zero ‖ **~e Nullen** / leading zeros ‖ **~e Spindel** / leading spindle
Führer·schalter *m* / master controller ‖ ⁓**schein** *m* / driving licence ‖ ⁓**stand** *m* / cabin
Fuhrparkverantwortlicher *m* / fleet manager
Führung *f* / guide mechanism, master *n* ‖ ⁓ *f* (Kommutierung) / commutation *n*, method of commutation ‖ ⁓ *f* / guide *n*, guideway *n*, track *n* ‖ ⁓ *f* (Steuerung) / control *n* ‖ ⁓ *f* (Bussystem, Masterfunktion) / master function ‖ ⁓ *f* / slideway *n*, guideway *n* ‖ ⁓ **des Zeitkontos** / updating of time account ‖ **zwangsweise** ⁓ **einer Leitung** / forced guidance of cable ‖ ⁓ **eines Nachweises** *f* / provision of objective evidence ‖ ⁓ **in Sitzring** / port guided, skirt guided ‖ **axiale** ⁓ (Welle) / axial location, axial restraint ‖ **Bediener~** *f* / operator prompting ‖ **Netz~** *f* / power system management, network control ‖ **Sollwert~** *f* / setpoint control (SPC) ‖ **visuelle** ⁓ / visual guidance
Führungs·abweichung *f* DIN 41745 / control deviation IEC 478- 1 ‖ ⁓**abweichungsbereich** *m* DIN 41745 / control deviation band IEC 478-1 ‖ ⁓**achse** *f* / leading axis ‖ ⁓**ansatz** *m* / guide point ‖ ⁓**aufgabe** *f* / managerial task, management function ‖ ⁓**bahn** *f* / guideway *n*, slideway *n* ‖ ⁓**bahnenschleifmaschine** *f* / guideway grinding machine ‖ ⁓**bereich** *m* DIN 19226, Bereich der Führungsgröße / range of reference variables ‖ ⁓**bereich** *m* (Bereich, innerhalb dessen die Führungsgröße einer Steuerung oder Regelung liegen kann) / set input range ‖ ⁓**betrieb** *m* / command variable control, pilot control ‖ ⁓**blech**

n / guide plate ǀǀ ~**bolzen** *m* / guide pin, guide bolt ǀǀ ~**bord** *n* / locating flange, guiding flange ǀǀ ~**buchse** *f* / guide bush

Führungs·dynamik *f* / dynamic response ǀǀ ~**ebene** *f* / control level, management level, area control level ǀǀ ~**ebene** *f* (Unternehmen) / corporate management level ǀǀ ~**element** *n* / guide element ǀǀ ~**feder** *f* / guide spring ǀǀ ~**fläche** *f* / guide surface ǀǀ ~**frequenzgang** *m* (mathematische Beschreibung einer Folgeregelung, bei der mit Hilfe der Frequenzgangmethode das Übergangsverhalten ermittelt wird) / reference frequency response ǀǀ ~**funktion** *f* / management function ǀǀ ~**generator** *m* / reference generator ǀǀ ~**geschwindigkeit** *f* DIN 41745 / control rate, correction rate ǀǀ ~**gitter** *n* / guide grid ǀǀ ~**größe** *f* / reference input variable IEC 27-2A, reference variable IEC 50(351), command variable, desired value ǀǀ **eingestellter Wert der** ~**größe** / setpoint *n* ǀǀ ~**größensprung** *m* / step change of reference variable

Führungs·halter *m* DIN 43350 / guide *n*, retainer *n* ǀǀ ~**hilfe** *f* / management aid ǀǀ ~**hülse** *f* / sleeve *n*, guide sleeve ǀǀ ~**kerbe** *f* / locating notch ǀǀ ~**kette** *f* (Wälzführung, bei der die einzelnen Wälzkörper in Käfigen laufen, die gelenkig miteinander zu einer endlosen umlaufenden Kette verbunden sind) / guideways fitted with caged rolling elements ǀǀ ~**koeffizient** *m* DIN 41745 / control coefficient IEC 478-1 ǀǀ ~**kraft** *f* (MSB) / guidance force ǀǀ ~**kraft** *f* (Lg.) / design thrust ǀǀ ~**kreis** *m* / management personnel ǀǀ ~**lager** *n* (radial) / guide bearing, radial bearing, pilot bearing ǀǀ ~**lager** *n* (axial) / locating bearing ǀǀ ~**leiste** *f* / guide link, guide strip, guide bar ǀǀ ~**leiste** *f* (ET) / guide rail, guide *n*, guide support ǀǀ ~**linie** *f* / leader *n* ǀǀ ~**löcher** *n* / centre holes ǀǀ ~**motor** *m* / master motor

Führungs·nase *f* / key *n* ǀǀ ~**nase** *f* (Klemme) / anti-spread device ǀǀ ~**nut** *f* / guiding groove, guide groove, *n* keying feature ǀǀ ~**platte** *f* / guide plate ǀǀ ~**rahmen** *m* / guide frame ǀǀ ~**rand** *m* / handling edge ǀǀ ~**regelung** *f* / pilot control, setpoint control ǀǀ ~**regler** *m* / master controller, master regulator ǀǀ ~**ring** *m* / guide ring ǀǀ ~**rippe** *f* (Lampensockel) / base orienting lug ǀǀ ~**rohr** *n* / guide tube ǀǀ ~**rolle** *f* / guide roller, guide pulley

Führungs·schacht *m* / guide duct ǀǀ ~**schiene** *f* / guide track ǀǀ ~**schiene** *f* DIN 43350 / guide rail, guide *n*, guide support ǀǀ ~**schlitz** *m* / guide slot ǀǀ ~**schuh** *m* / guide element ǀǀ ~**signal** *n* / reference signal ǀǀ ~**sollwert** *m* / reference setpoint, master setpoint ǀǀ ~**spannung** *f* (Kommutierungsspannung) / commutation voltage ǀǀ ~**sprung** *m* / setpoint step change ǀǀ ~**spule** *f* / guider coil, guidance loop ǀǀ ~**stange** *f* / guide rod ǀǀ ~**stern** *m* / guide bracket ǀǀ ~**steuerung** *f* DIN 19226 / command variable control, pilot control ǀǀ ~**stift** *m* / guide pin, register pin ǀǀ ~**stößel** *m* / guide push rod ǀǀ ~**stück** *n* / guide piece ǀǀ ~**teil** *n* / guide part, guide section ǀǀ ~**transformator** *m* / master transformer ǀǀ ~**trichter** *m* / guide funnel ǀǀ ~**- und Dispositionsebene** *f* / corporate management level, management and scheduling level

Führungs·vektor *m* / reference vector ǀǀ ~**verhalten** *n* / response to setpoint changes, command behavior ǀǀ ~**vorsteuerung** *f* / guiding precontrol ǀǀ ~**wagen** *m* / runner block ǀǀ ~**walze** *f* / guide drum, tape guide drum ǀǀ ~**wand** *f* / baffle *n*, guide wall, guide partition ǀǀ ~**wert** *m* / master value, command value ǀǀ ~**wicklung** *f* / guidance winding, guider winding ǀǀ ~**zapfen** *m* / spigot *n*, pilot *n* ǀǀ ~**zeitkonstante** *f* DIN 41745 / control time constant ǀǀ ~**zunge** *f* (Teil, um ein leichteres Einschieben eines Gerätes zu ermöglichen) / guide tab

FUL / ForwardUpLeft (FUL)

Füll·anlage *f* / filling line ǀǀ ~**bandelektrodenschweißen** *n* / cored-strip electrode welding ǀǀ ~**bereich** *m* / fill area ǀǀ ~**bitmuster** *n* / fill ǀǀ ~**byte** *n* / filler byte ǀǀ ~**dichte** *f* / bulk density, apparent density, loose bulk density ǀǀ ~**drahtelektrode** *f* / tubular cored electrode ǀǀ ~**drahtelektrodenschweißen** *n* / cored-wire electrode welding ǀǀ ~**druck** *m* (Druckluftanlage) / filling pressure ǀǀ ~**einheit** *f* / filling unit ǀǀ ~**element** *n* (Deklarationszeile im Interface-DB, die nicht benutzte E/A-Adressbereiche kennzeichnet) / filler element

füllen *v* / fill *v* ǀǀ ~ *n* / charging *n*, digital filling *n*

Füller *m* / filler *n*

Füllerung *f* / fillerization *n* ǀǀ ~ **des Bindemittels** / fillerization of binder

Füll·faktor *m* (bezogen auf Flussdichte o. Polarisation) / fullness factor IEC 50(221) ǀǀ ~**faktor** *m* (eines geblechten o. gewickelten Kerns) IEC 50(221) / lamination factor, space factor, FF *n*, ff *n* ǀǀ ~**flüssigkeit** *f* / fill fluid ǀǀ ~**flüssigkeit in der Messzelle** / measuring cell filling ǀǀ ~**gebiet** *n* (Darstellungselement) / fill area ǀǀ ~**gebietsbündeltabelle** *f* (GKS) / fill-area bundle table ǀǀ ~**geschwindigkeit** *f* / filling rate ǀǀ ~**gewicht** *n* / charge speed ǀǀ ~**grad** *m* / print growth ǀǀ ~**kopf** *m* / filling head ǀǀ ~**korn** *n* / inediate aggregate ǀǀ ~**leitung** *f* / fill pipe ǀǀ ~**maschine** *f* / filling machine ǀǀ ~**masse** *f* / filling compound, filter *n*, sealing compound ǀǀ ~**menge** *f* / mass of filling ǀǀ ~**mittel** *n* / filler ǀǀ ~**modus** *m* / fill mode ǀǀ ~**muster** *n* / infill pattern, infill *n*, fill pattern ǀǀ ~**muster** *n* (Anordnung von Darstellungselementen) / curve infill

Full Server / Full Server

Füllstand *m* (Anzahl der Bauelemente, die sich im Flächenmagazin befinden) / level *n*, liquid level, oil level, fill level, filling level ǀǀ ~**messer** *m* / level transmitter ǀǀ ~**messgerät** *n* / level meter ǀǀ ~**messung** *f* / level measurement

Füllstands·anzeige *f* / level indicator, *m* liquid level indicator ǀǀ ~**anzeige** *m* (f. Öl) / oil level gauge ǀǀ **Adressen-**~**anzeiger** *m* / address level indicator

Füllstandschalter *m* / level switch

Füllstands·eingabe *f* / Enter filling level ǀǀ ~**kontrolle** *f* / level monitoring system, level monitoring ǀǀ ~**messer** *m* / filling-level meter ǀǀ ~**messung** *f* / level measurement ǀǀ ~**regelung** *f* / level control ǀǀ ~**schauglas** *n* / liquid-level indicator, level gauge, level sight-glass ǀǀ ~**sensor** *m* / level sensor ǀǀ ~**stufe 1 Vorwarnung** *f* / Filling level 1 Warning ǀǀ ~**stufe 2 leer** *f* / Filling level 2 Empty ǀǀ ~**überwachung** *f* / tank level monitoring, level monitoring ǀǀ **~unabhängig** *adj* / without regard to fill level ǀǀ **~- und massenunabhängiges Fördern** / transport

Füll 330

independently of filling level and weight ‖ ≈**waage** f / filling level scale, fill-weight scale ‖ ≈**wächter** m / level monitor
Füll·station f / filling station ‖ ≈**stoff** m / filler n ‖ ≈**stoff** m (Extender) / extender n ‖ ≈**stopfen** m / filler plug ‖ ≈**streifen** m (Nut) / packing strip, filler strip, filler n, slot packing ‖ ≈**stück** n / packing block, dummy n, filler n ‖ ≈**überdruck** m (Gas) / gauge pressure of gas filling ‖ ≈**- und Wartungsventil** n / filling and maintenance valve
Füllung f / filling n ‖ ≈ **und Dichtheitsprüfung** / filling and leak test
Füllungsrate f (Impulsfüllung) / stuffing rate
Füll·vorrichtung f / filling equipment ‖ ≈**wert** m / filler value ‖ ≈**zeichen** n (DÜ-Block) / filler n, null character ‖ ≈**zeit** f / filling time ‖ ≈**ziffer** f (Impulsfüllung) / stuffing digit
F-Umrichter m / F converter
Functional Constraint (FC) m / function n, functional constraint, FUN n
Function Control Chart m / Function Control Chart (FCC) ‖ ≈**generator** m / waveshape generator ‖ ≈**meter** n / function meter (RMS ammeter/ voltmeter and wattmeter)
Fundament n / foundation n, base n, bed n ‖ **Tisch~** n (f. Masch.) / machine platform, steel platform
Fundamentale f / fundamental n
Fundament·anker m / foundation bolt, holding-down bolt, anchor bolt ‖ ≈**balken** m / foundation transom, base beam ‖ ≈**belastung** f / foundation load, foundation loading ‖ ≈**berechnung** f / foundation stress analysis ‖ ≈**bolzen** m / foundation bolt, holding-down bolt, anchor bolt ‖ ≈**erder** m VDE 0100, T.200 / foundation earth, concrete-encased electrode, concrete-footing ground electrode ‖ ≈**erdung** f / foundation earthing ‖ ≈**grube** f / foundation pit ‖ ≈**kappe** f (Freileitungsmast) / muff n IEC 50(466), reveal n ‖ ≈**klotz** m / foundation block ‖ ≈**planum** n / foundation subgrade ‖ ≈**platte** f (Beton) / foundation slab ‖ ≈**platte** f (Grundplatte) / baseplate n, bedplate n ‖ ≈**rahmen** m / baseframe n, subframe n ‖ ≈**schale** f / foundation shell ‖ ≈**schiene** f / foundation rail, base rail ‖ ≈**schraube** f / foundation bolt, holding-down bolt, anchor bolt ‖ ≈**sohle** f / foundation subgrade ‖ ≈**tisch** m / foundation platform, mounting platform ‖ ≈**zelle** f / foundation cubicle, cubicle in generator pit
Fundus-Symbolsatz m / library symbol set
Fünf·achsenschleifen n / five-axis grinding ‖ ≈**achskopf** m / 5-axis head ‖ ≈**eck** n / pentagon n
Fünfer m (Kabel) / quintuple n ‖ ≈**markierung** f / tally
Fünf·fach-Sammelschiene f / quintuple bus ‖ ≈**leiter-Sammelschiene** f / quintuple bus ‖ ≈**leitersystem** n / five-wire system ‖ **~polig** adj / 5-pole adj ‖ ≈**schenkelkern** m / five-limb core, five-leg core ‖ ≈**schenkeltransformator** m / five-limb transformer, five-leg transformer ‖ ≈**seitenbearbeitung** f / 5-side machining ‖ ≈**takt-Stufenschalter** m VDE 0630 / five-position regulating switch (CEE 24)
Funk m / radiocommunication, radio (telecommunication by means of radio waves) ‖ ≈**abschnitt** m / radio section ‖ ≈**alarm** m / Wireless Alarming (WILA) ‖ ≈**ansteuerung** f / radio control ‖ ≈**bedientaste** f / radio pushbutton
Funke m / spark n

Funkecho n / radio echo
Funkel·effekt m / flicker noise (CRT) ‖ ≈**feuer** n / quick flashing light
Funken, einen ≈ **ziehen** / strike a spark
Funken·ableiter m / gap arrester ‖ ≈**abtragung** f / spark erosion, spark machining ‖ ≈**bildung** f / sparking n ‖ ≈**entladung** f / spark discharge, sparking n ‖ ≈**erosion** f / spark erosion, spark machining ‖ ≈**erosionsanlage** f / electro-discharge machine (EDM) ‖ ≈**erosionsbearbeitung** f / electrical discharge machining (EDM), electro discharge machining ‖ ≈**erosionsmaschine** f / electro-discharge machine (EDM) ‖ **~erosive Materialbearbeitung** f / electro discharge machining (EDM) ‖ ≈**form** f / spark pattern
funkenfrei adj / non-sparking adj, sparkfree adj, sparkless adj ‖ **~e Abschaltung** / clean break, sparkfree break ‖ **~e Kommutierung** / black commutation, sparkless commutation
funkengebendes Betriebsmittel (Ex nC) / sparking apparatus
Funken·generator m / spark generator ‖ ≈**generator** m (Störgenerator) / noise generator ‖ **Prüfung mit** ≈**generator** / showering arc test ‖ ≈**grenze** f / limit of sparkless commutation ‖ ≈**grenzkurve** f / spark limit curve ‖ ≈**horn** n / arcing horn ‖ ≈**induktor** m / induction coil, Ruhmkorff coil ‖ ≈**kammer** f / spark chamber ‖ ≈**kontinuum** f / spark-discharge continuum ‖ ≈**löscheinrichtung** f / spark suppressor, spark-quenching device, spark extinguisher, spark blowout ‖ ≈**löscheinrichtung** f (Ex-Masch.) / spark trap ‖ ≈**löschkondensator** m / spark-quenching capacitor ‖ ≈**löschung** f / spark quenching, spark suppression ‖ ≈**probe** f / spark test ‖ ≈**prüfgerät** n / spark test apparatus, spark testing apparatus
Funken·schutzscheibe f / spark guard ‖ ≈**spannung** f / sparking voltage, sparking potential ‖ ≈**sperre** f / spark barrier ‖ ≈**sprühen** n / scintillation n ‖ ≈**strecke** f / spark gap, bushing gap ‖ ≈**strecke** f / series gap ‖ **Stab-Platte-**≈**strecke** f / rod-plane gap ‖ ≈**streckenlehre** f / gap gauge
Funk-Entstör·baugruppe f / radio interference suppression module ‖ ≈**drossel** f / radio interference suppression reactor, RFI reactor, interference suppression choke, interference suppressor, radio interference suppression coil ‖ ≈**element** n / interference suppressor
Funkentstörfilter m / radio interference suppression filter, RFI suppression filter
Funk-Entstörgrad m / radio interference (suppression level), radio interference level, degree of noise suppression
Funk-Entstör·kondensator m / radio interference suppression capacitor IEC 161, RFI capacitor, suppression capacitor, anti-noise capacitor, capacitive suppressor, interference-suppression capacitor ‖ ≈**mittel** n / radio interference suppressor, radio interference suppression device, interference suppressor
funk-entstört adj / radio-interference-suppressed adj, interference-suppressed adj
Funk-Entstörung f / radio interference suppression (RI suppression), RFI suppression, RI specification, interference suppression, radio and television interference suppression
Funken·überschlag m / spark-over n, arc-over n ‖

⁓überschlag m (Durchschlag in einem gasförmigen oder flüssigen Medium) / flashover || ⁓ziehen n / spark striking, spark drawing, sparking n || ⁓zündung f / spark ignition
Funk·ermittlung und Entfernungsmessung f / radar n || ⁓**feld** n / radio link || ⁓**feld-Antennengewinnmaß** n / path antenna gain || ⁓**fernmeldetechnik** f / radio communication transmitting apparatus || ⁓**fernmeldetechnik-Gerät** n / radio communication transmitting apparatus || ⁓**fernsteuerung** f / radio control, radio remote control || ⁓**feuer** n / beacon n || ⁓**frequenz** f / radio frequency || ~**gesteuert** adj / radio-controlled adj || ⁓-**Handsender** m / hand-held radio transmitter || ⁓**horizont** m (geometrischer Ort der Punkte, an denen die direkten Strahlen einer punktförmigen Quelle von Funkwellen tangential zur Erdoberfläche verlaufen) / radio horizon || ⁓**karte** f / radio card || ⁓-**Kommunikation** f / radio communication || ⁓**modem** n / radio modem || ⁓**modul** n / radio module || ⁓**netz** n / radio network || ⁓**rauschen** n / radio noise || **gesteuerte** ⁓**schaltröhre** / trigatron n
Funk·-Schließsystem n / radio-controlled locking system || ⁓**schlüssel** f / transponder key || ⁓**schnittstelle** f / radio interface || ⁓**schutzzeichen** n / interference suppression symbol || ⁓**sensor** m / radio sensor || ⁓**signal** n / radio signal || ⁓**signalaufschaltung** f / radio signal input || ⁓**sprechgerätetest** m / walkie-talkie test || ⁓**steuerung** f / radio control || ⁓**störaussendung** f / interference emission || ~**störende Anlage** / radio frequency disturbance source
Funkstör·feld n / radio noise field || ⁓**feldstärke** f / interference field strength, disturbance field strength || ⁓**festigkeit** f / immunity to interference || ⁓**grad** m / radio interference level, radio interference suppression level || ⁓**grenzwert** m / limit of interference || ⁓**leistung** f / radio interference power, disturbance power || ⁓**messgerät** n / radio interference meter, radio noise meter || ⁓**pegel** m / radio interference level
Funkstörspannung f / radio interference voltage (RIV), radio noise voltage, interference voltage || ⁓ f (an den Klemmen der Netznachbildung) / terminal interference voltage, terminal voltage || **asymmetrische** ⁓ (Delta-Netznachbildung) / asymmetrical terminal interference voltage, asymmetrical terminal voltage || **symmetrische** ⁓ / symmetrical terminal interference voltage
Funkstörstrahlung f / interference radiation
Funkstörung f / radio interference, radio disturbance, radio frequency disturbance (RFD) || **naturgegebene** ⁓ / natural noise || **technische** ⁓ / man-made noise
Funk·strecke f (Verbindungsabschnitt, der mittels Funkwellen realisiert ist) / radio link || ⁓**system** n / radio system || ⁓**technik** f / radio technology, radio engineering || ~**technische Zulassung** / interference emission certification || ⁓**technologie** f / radio technology || ⁓**telegrafenumsetzer** m / radiotelegraph converter || ⁓**telegramm** n / radiotelegram || ⁓**telexverbindung** f / radiotelex call || ⁓**terminal** n / radio communication terminal
Funktion f / function n, FC, mode of operation || ⁓ **Digitaleingang** / function of digital input || **einschwingende** ⁓ / transient function || **erweiterte** ⁓ / extended function || **haustechnische** ⁓ / technical facility in the home || **integrierte** ⁓ / integrated function || **sichere** ⁓ / safety function || **speichernde** ⁓ / S/R function (set/reset function), L/U function (latching/unlatching function) || **technologische** ⁓ / technology function (TF) || **wählbare** ⁓ / user-assignable function
funktional·e Abhängigkeit / functional dependence || ~**e Anforderung** (Identifikation der zu erfüllenden geschäftlichen oder behördlichen Anforderungen (UN/EDIFACT-Verfahrensweisen)) / functional requirement || ~**e Erweiterung** / functional enrichment || ~**e Sicherheit** / functional safety || ~**es Sicherheitsmanagement (FSM)** / Functional Safety Management (FSM)
Funktionalität f / functionality n, range of functions
Funktionalparameter m (Größe, die ein spezielles Merkmal einer Wahrscheinlichkeitsverteilung kennzeichnet) / functional parameter
funktionell·e Parametrierung / functional parameterization || ~**e Simulation** (Kontrolle aller Funktionen unter den im Einsatz auftretenden oder verschärften Umgebungsbedingungen) / function testing || ~**er Aufbau** (NC-Programm, logischer A.) / logical structure || ~**e Vollständigkeit** / functional completeness
Funktionen, elektronische ⁓ / electronic functions || **vorwählbare** ⁓ / preselectable functions
funktionieren v / function v, work v
Funktions·abbild n / mimic diagram, wall diagram || ⁓**abdeckung** f (das Ausmaß, in dem das System Funktionen zur Verfügung stellt, um Teilaufgaben der Leittechnik für industrielle Prozesse durchzuführen) / coverage || ⁓**abgang Dahlender** / function feeder Dahlander || ⁓**ablauf** m / functional sequence, sequence of functions, operational sequence || ⁓**adressabfrage** f / Function's addr.interr. (look-up of the function's address) || ⁓-**Adressabfrage** f / Function's addr.interr. (look-up of the function's address) || ⁓**änderung** f / function change, function modification || ⁓**anstoß** m / activation of function || ⁓**anzeiger** m / function indicator || ⁓**art** f (Untermenge aller möglichen Funktionen einer Einheit) / functional mode || ⁓**aufruf** m / function call || ⁓**ausfall** m / malfunction, operational fault || ⁓**baugruppe** f / functional module, function module
Funktionsbaustein m (FB) / function block (FB), functional element, software function block || ⁓ **aus dem erweiterten Bereich (FX)** / extended function block (FX) || **integrierter** ⁓ (integrierter FB) / integrated function block, integral function block (integral FB) || ⁓**adapter (FBA)** m / function block adapter (FBA) || ⁓**aufruf** m / function block call || ⁓-**Instance** f EN 61131-3 / function block instance || ⁓**paket** n / function block package || ⁓**plan** m / function chart, function diagram || ⁓**plan** m (SPS) / function block diagram, control system function chart || ⁓**plan** m / control system flowchart (CSF), fbd (function block diagram), CSF (control system flowchart) || ⁓**sprache** f (SPS) / function block diagram language (FBD language) || ⁓**sprache (FBS)** f / function block language (FBL) || ⁓-**Typ** m / function block type

funktionsbedingte Beanspruchung DIN 40042 / functional stress
funktionsbeeinträchtigende Instandhaltung / function-affecting maintenance
Funktions·belegung *f* / function assignment, functional assignment || ⸹**bereich** *m* / function area, operational area || **~bereit** *adj* / ready for operation, ready to run, available *adj* || ⸹**bereitschaft** *f* / operational readiness, readiness for operation || ⸹**beschreibung** *f* / description of functions, functional description (FD), application sheet (Text Pool entry Doc. Sys.) || ⸹**beschreibungen** *f* / function descriptions (FD) || **~beteiligte Redundanz** (Redundanz, bei der alle Mittel gleichzeitig an der Erfüllung der geforderten Funktion beteiligt sind) DIN 40042 / functional redundancy, active redundancy || **~bezogen** *adj* / function-related || ⸹**bibliothek** *f* / function library, Dynamic Link Library (DLL) || ⸹**bild** *n* / function chart, (einer elektron. Baugruppe) block diagram, function diagram || ⸹**bildner** *m* (Ausgangsgröße, durch eine vorgegebene Funktion mit der Eingangsgröße verknüpft) / signal characterizer || ⸹**bildner für Lastaufschaltung** / load compensator || ⸹**bildner für Sollwertaufschaltung** / set-point compensator || ⸹**bit** *n* / function bit || ⸹**block** *m* / function block, functional area || ⸹**blockbauweise** *f* / functional block design || ⸹**blockdiagramm** *n* (ein oder mehrere Netzwerke aus grafisch dargestellten Funktionen, Funktionsbausteinen, Datenelementen, Marken und Verbindungselementen) / function block diagram || ⸹**blocknetzwerk (FBN)** *n* / function block network (FBN) || ⸹**blockprogrammierung** *f* / function block programming
Funktions·code *m* / function code, action code, COMCOD (command code) || ⸹**code** *m* / command code (COMCOD) || ⸹**datensatz** *m* / function data set, function record || ⸹**dauer** *f* / function duration || ⸹**diagramm** *n* / action chart, flow chart, function chart || ⸹**dichte** *f* / functional density || **linearer** ⸹**drehmelder** (induktiver Steller) / inductive potentiometer (IPOT) || ⸹**ebene** *f* / functional level, function level || ⸹**einheit** *f* E DIN 19266, T. 5/1.86,DIN 44300,T.1/10.85, a. SK VDE 0660,T. 500 / functional unit, FB *n*, Function Block || ⸹**einheiten** *f* / function units || **~einschränkende Instandhaltung** IEC 50(191) / function-degrading maintenance || ⸹**einschränkung** *f* / restricted function || ⸹**element** *n* / function element || ⸹**erde** *f* / functional earth, functional ground || ⸹**erdung** *f* VDE 0100, T.540 / functional earthing, operational earthing || ⸹**erfüllung** *f* / functional capability || ⸹**erhalt** *m* / functional endurance || ⸹**erklärung** *f* / functional description || ⸹**ersetzung** *f* / function replacement || ⸹**erweiterung** *f* / functional expansion, function extension, functional enhancements || ⸹**erweiterungsmodul** *n* / function expansion module
funktionsfähig *adj* / operational *adj*, available *adj*, functional *adj*
Funktionsfähigkeit *f* IEC 50(191) / reliability performance, ability to operate, operating capability, reliability *n*, functioning || **Verbesserung der** ⸹ / reliability improvement || **Wachstum der** ⸹ (im Zeitverlauf fortschreitende Verbesserung einer Maßgröße der Funktionsfähigkeit einer Einheit) / reliability growth
Funktionsfähigkeits·audit *n* / reliability and maintainability audit || ⸹**lenkung** *f* / reliability and maintainability control || ⸹**management** *n* / reliability and maintainability management || ⸹**modell** *n* / reliability model || ⸹**programm** *n* / reliability and maintainability program || ⸹**sicherung** *f* / reliability and maintainability assurance || ⸹**sicherungsplan** *m* / reliability and maintainability plan || ⸹**überwachung** *f* / reliability and maintainability surveillance
Funktionsfehler *m* / malfunction *n*, operational fault || ⸹**erkennbarkeit** *f* (FFE) / function failure recognizability || ⸹**sicherheit** *f* (FFS) / function failure safety (FFS) || ⸹**signallogik** *f* / malfunction signal logic
Funktions·feld *n* / function field || ⸹**geber** *m* / function generator || ⸹**geber** *m* / waveshape generator || ⸹**geber** *m* (Resolver) / resolver *n* || ⸹**generator** *m* (f. Wellenformen) / waveshape generator || ⸹**generator** *m* / function generator, signal characterizer || **~gerecht** *adj* / functional *adj* || **~gleich** *adj* / with identical functions || ⸹**glied** *n* / function element || ⸹**gliederung** *f* / functional grouping || ⸹**gruppe** *f* / function group || ⸹**gruppe** *f* VDE 0660, T.500 / functional group IEC 439-1 || ⸹**gruppennummer** *f* / function group number || ⸹**gruppensteuerung** *f* / function group control || ⸹**güte** *f* / functional quality
Funktions·handbuch *n* / function manual || ⸹**handbuch** *n* (FH) / FH || ⸹**isolierung** *f* HD 625.1 S1 / functional insulation IEC 664-1 || ⸹**kennung** *f* / function identifier || ⸹**kennzeichen** *n* DIN 40700, T.14 / qualifying symbol for function IEC 117-15, function identifier, function symbol || ⸹**kennzeichen (FKZ)** *n* / function designation || ⸹**klasse** *f* / command class (COMCLS), function class || ⸹**kleinspannung** *f* / extra low voltage (e.l.v.), VDE 0100, T.200 functional extra-low voltage (FELV) || ⸹**kleinspannung mit sicherer Trennung** / protective extra-low voltage (PELV) || ⸹**kleinspannung ohne sichere Trennung** *f* / functional extra-low voltage (FELV) || ⸹**kontrolle** *f* / functional test, performance test, test for correct functioning, checking of operation, functional check || ⸹**kontrolle** *f* VDE 0418 / operation indicator IEC 1036 || ⸹**kosten (FK)** *f* / function costs || **~kritisch** *adj* / critical with regard to function
Funktions·leiste *f* / toolbar *n* || ⸹**linie** *f* / action line || ⸹**mangel** *m* / function defect || ⸹**minderung** *f* / degradation *n*, degradation of performance, function derating || ⸹**modell** *n* / working model || ⸹**modul** *n* (FM) / function module (FM) || ⸹**muster** *n* / function specimen || ⸹**nachweis** *m* / proof of serviceability || ⸹**nachweis (FN)** *m* / functional proof || ⸹**nachweisverfahren (PFVP)** *n* / Proper Functioning Verification Procedures (PFVP) || ⸹**name** *m* / function name || **~orientiert** *adj* / function-oriented *adj* || ⸹**paket** *n* (FP) / function package (FP) || ⸹**parameter** *m* (Eingangswert für eine Funktion) / function parameter || ⸹**pfad** *m* / function path || ⸹**pfeil** *m* (Bildzeichen) / function (o. functional) arrow
Funktionsplan *m* / sequential function chart (SFC) || ⸹ *m* (Logikfunktionen) / logic diagram, function diagram || ⸹ *m* / function chart, function block

diagram (fbd), control system function chart, control system flowchart (CSF) || ⟂ **einer Steuerung** / control system function diagram (Rev.) IEC 113-1 || **sequentieller** ⟂ / sequential function chart (SFC) || ⟂**darstellung** *f* / FBD representation || ⟂**generator** *m* / CSF generator
Funktions·platine *f* / function board || ⟂**prinzip** *n* / operating principle, principle of operation || ⟂**probe** *f* / general operating test, operational check, functional test || ⟂**profil** *n* / functional profile || ⟂**prüffeld** *n* / functional test bay || ⟂**prüfgerät** *n* / function tester
Funktions-Prüfung *f* / function test
Funktionsprüfung *f* / function testing, functional test, operating test IEC 337, test for correct functioning, function check-out || ⟂ *f* (Lampenstarter) / starting test || ⟂ *f* / function checkout IEC 50(191) || ⟂ *f* (Schutz) / general operating test || **mechanische** ⟂ / mechanical operation test verification of mechanical operation
Funktions·prüfungszeit *f* (Teil der aktiven Instandsetzungszeit, während dessen die Funktionsprüfung durchgeführt wird) / check-out time || ⟂**punktanalyse** *f* / function point analysis || ⟂**-Rahmenbedingung** *f* / general operating condition || ⟂**-Rahmenbedingungen** *f pl* / general operating conditions || ⟂**reduzierung** *f* / reducing functions || ⟂**relais** *n* / function relay || ⟂**reserve** *f* / excess gain, surplus light emission
Funktions·schaltbild *n* / function diagram || ⟂**schalter** *m* VDE 0860 / functional switch IEC 65 || ⟂**schema** *n* / function chart, flow chart, function diagram, function block diagram (fbd), control system flowchart (CSF), control system function chart, fbd (function block diagram) || ⟂**sicherheit des Selektivschutzes** IEC 50(448) / reliability of protection || ⟂**spannung** *f* (RSA-Empfänger) VDE 0420 / operate voltage || ⟂**stand** *m* / release number || ⟂**steuerung** *f* / functional controller || ⟂**störung** *f* / malfunction *n*, operational fault || ⟂**struktur** *f* / function structure || ⟂**stufe** *f* / position grading, position level, function stage
Funktions·tabelle *f* / function table || ⟂**tabelle** *f* (Wahrheitstafel) / truth table || ⟂**tafel** *f* / function table || ⟂**tastatur** *f* / function keyboard, control keyboard || ⟂**taste** *f* (Taste am Bediengerät mit projektierbarer Funktion) / function key, control key || **frei belegbare** ⟂**taste** / softkey *n* (SK) || ⟂**tastenbereich** / control panel || ⟂**test** *m* DIN 66216 / validity check ISO/DIS 6548 || ⟂**test (FT)** *m* / functional test (FT), function test || ⟂**tester** *m* / function tester
funktionstüchtig *adj* / reliable *adj*, in proper service condition, serviceable *adj* || ⟂**keit** *f* / ability of working, ability to function, operational reliability, functional efficiency, proper operability, serviceability, functional performance
funktionsübergreifend *adj* / cross-functional, cross-functionality
Funktions·übersicht *f* / overview of functions || ⟂**überspannung** *f* VDE 0109 / functional overvoltage IEC 664A || ⟂**überwachung** *f* / function monitoring, watchdog monitor, watchdog *n* || ⟂**umfang** *m* / functional scope, range of functions, scope of available functions, functionality || **~verhindernde Instandhaltung**

IEC 50(191) / function-preventing maintenance || **~verhindernder Fehlzustand** IEC 50(191) / function-preventing fault, complete fault || ⟂**versagen** *n* / failure to operate || ⟂**vorlage** *f* / function template || ⟂**wahlschalter** *m* / function switch || ⟂**weise** *f* / mode of operation, method of functioning, principle of operation, FC *n* (function) || ⟂**wert** *m* / function value
Funktions·zeichen *n* / layout character, functional character || ⟂**zeit** *f* / processing time, action period || ⟂**ziffer** *f* EN 50005 / function number, function digit || ⟂**zulage** *f* / special pay || ⟂**zuordnung** *f* / assignment of function || ⟂**zusammenhang** *m* / functional relationship, logic *n* || ⟂**zustandsdiagramm** *n* / function state diagram
Funk·übertragung *f* / radio transmission || ⟂**uhr** *f* / radio clock || ⟂**umwelt** *f* / radio environment || ⟂**verbindung** *f* / wireless link, radio link || ⟂**welle** *f* (elektromagnetische Welle, die sich im Raum ohne künstliche Führung ausbreitet und nach Übereinkunft eine Frequenz unter 3000 GHz hat) / radio wave || ⟂**wellenausbreitung** *f* / radio propagation (energy transfer in the form of radio waves) || ⟂**wettervorhersage** *f* / ionospheric prediction || ⟂**zelle** *f* / radio cell || ⟂**zone** *f* / cell *n* || ⟂**zulassung** *f* / wireless approval
FUP / logic diagram, sequential function chart (SFC), function block diagram (FBD), function diagram, function chart, control system function chart (CSF) || ⟂**-Editor** *m* / FBD editor
FUR / ForwardUpRight (FUR)
Furane *f pl* / Furans *n pl*
furniert *adj* / veneered *adj*
FU-Schutzschaltung *f* / voltage-operated e.l.c.b. system, voltage-operated g.f.c.i. system
Fuß *m* / title block || ⟂ *m* (el. Masch.) / mounting foot, frame foot, foot || ⟂ *m* (Holzmast) / stub *n* || ⟂ **für Bodenmontage** / foot for floor mounting || ⟂ **mit Rohr** / foot with pipe || **Kunststoff~** *m* / foot, plastic || **Metall~** *m* / foot, metallic || **Röhren~** *m* / tube base || ⟂**antrieb** *m* / foot-operated mechanism || ⟂**aufstellung** *f* (el. Masch) / foot mounting, mounting by feet || ⟂**bauform** *f* (el. Masch.) / foot-mounted type || ⟂**befestigung** *f* / mounting foot, mounting feet, foot mounting
Fußboden·anschlussdose *f* / floor service box, outlet box || **für** ⟂**befestigung** / floor-mounting *adj*, floor-fixing *adj* || ⟂**belag** *m* / floor covering, floor finish || ⟂**direktheizung** *f* / direct floor heating
fußbodeneben *adj* / flush *adj* (with the floor) || **~e Steckdose** / floor-recessed socket outlet, flush-floor receptacle
Fußbodensteckdose *f* / floor-mounted socket-outlet, floor receptacle
Fuß·druckknopf *m* / foot-operated button || ⟂**drucktaster** *m* / foot-operated button || ⟂**elektrode** *f* (Entladungslampe) / pinch wire || ⟂**element** *n* / foot element
Fusseln *f pl* / lint *n*, fluff *n*
Fußfläche *f* / footing *n*
Fußgänger·brücke *f* / foot bridge || ⟂**insel** *f* / pedestrian island || ⟂**schutzinsel** *f* / pedestrian refuge || ⟂**überführung** *f* / pedestrian overpass || ⟂**überweg** *n* / pedestrian crossing, zebra crossing || ⟂**unterführung** *f* / pedestrian underpass, pedestrian subway || ⟂**zone** *f* / pedestrian mall,

fußgesteuerte pedestrian precinct
fußgesteuerte Einspritzung / bottom-fed injection
Fuß·hebel m (Schalter) / pedal || ~höhe f (Zahnrad) / dedendum n || ~höhe f (Lampe) / stem height, leg height || ~kegel m (Zahnrad) / root cone || ~kegellinie f (Zahnrad) / root line || ~kegelscheitel m (Zahnrad) / root apex || ~kegelwinkel m (Zahnrad) / root angle || ~kontakt m / pedal n || ~kontakt m / base contact, foot contact || ~kontaktzapfen m / base contact stud || ~kreis m / root circle || ~kreisdurchmesser m / root diameter || ~lager n / foot bearing, footstep bearing, block bearing
Fußleiste f / skirting FWT, skirting duct || ~ f (Schaltschrank) / kickplate n, plinth n || ~ f (Versteifungselement) / bottom (bracing) rail, bottom brace || ~ f (Bau) / baseboard n, skirting board, base board || ~ f (Text) / foot block
Fußleistenkanal m / skirting FWT, skirting duct
Fuß·licht n / footlight n || ~loch n (el. Masch.) / mounting-foot hole || ~lochabstand m (el. Masch.) / distance between mounting-hole centres || ~motor m / conventional motor || ~note f / footnote n || ~platte f (Schrank) / plinth n || ~platte f (el. Masch.) / foot plate || ~platte f / base plate || ~punkt m / base point, root n || ~punkt m (Leuchte) / nadir n || ~punktelektronik f (LE) / valve-base electronics
Fuß·raste f / foot rest || ~raum m / footwell n || ~raumausströmer m / footwell (air) outlet || ~schalter m VDE 0660,T.201 / foot switch IEC 337-2, pedal switch BS 4727,G.06, pedal || ~schalter mit Abdeckhaube / foot switch with cover || ~schalter mit Schutzhaube / foot switch with protective cover || ~schalter ohne Abdeckhaube / foot switch without cover || ~schraube f / holding-down bolt, foot screw || ~stück n / bottom fitting || ~taster m / (momentary-contact) foot switch, foot-operated button || ~tiefe f (Zahnrad) / dedendum n || ~ventil n / foot valve || ~weg m / footway n || ~winkel m / angle bracket || ~winkel m (Zahnrad) / dedendum angle || ~zeile f / footer n, page footer || ~zeilentext m / footer text || ~zylinder m (Zahnrad) / root cylinder
Futter·automat m / automatic chucking machine || ~blechpaket n / lining plate package || ~höhe f / chuck height || ~kopf m / chuck head || ~maß n / chuck dimension || ~spannung f / chucking
f/U-Umsetzer m / frequency-voltage converter, frequency-to-voltage converter
Fuzzy¨-Control f (Runtime Software für die Erstellung von Fuzzy-Systemen) / fuzzy control || ~-Logik f (nichtklassische Logik, in der Fakten, Inferenzregeln und Quantoren mit Gewissheitsfaktoren versehen sind) / fuzzy logic || ~-Menge f (nichtklassische Menge mit der Eigenschaft, dass jedem Element der Menge eine Zahl, gewöhnlich zwischen 0 und 1, zugeordnet ist, die den Grad seiner Zugehörigkeit zu der Menge angibt) / fuzzy set || ~-Regelung f / fuzzy control || ~-System n / fuzzy system
F-Verteilung f DIN 55350,T.22 / F-distribution n
FVL / FVL (full variability language)
FVP / functional virtual prototype (FVP)
FW (Fernwirken) / telecontrol n, telecontrol systems, remote control || ~ (Firmware) / firmware n || ~ f / FW n || ~-Download m / FW download

F-Wort n / fixed-length word, F function, F word, feed function
FW-Protokoll n / telecontrol protocol
FWT (Fernwirktechnik) / telecontrol n, telecontrol systems (TC), remote control
FXS (Festanschlag) / FXS (fixed stop)
FZ (freier Zyklus) / user assignable cycle, FC (free cycle) || ~-Si n / FZ-Si n || ~-Silizium n / FZ-Si n || ~-Verfahren n / FZ process
FZW (Formzylinderwagen) / form cylinder carriage

G

G / G (letter symbol for gas) || ~ (**Grundbild**) n / D (default display)
GA / graphics workstation || ~ / GA (self-cooling by gas or air in a hermetically sealed tank) || ~ (Grundausführung) / basic version || ~ (Generalabfrage) / general availability (GA) || ~-**Anwendungsprogramm** n (Software zur Abarbeitung einer oder mehrer Aufgaben eines GA-Systems) / BACS application program
GaAs n / gallium arsenide || ~-**Diode** f / gallium-arsenide diode
GAB / base-load duty with temporarily reduced load
Gabel m / splitter n || ~ f (Mastkopf) / fork n IEC 50 (466), K frame || ~ f / end loop, butterfly n || ~bolzen m / forked bolt || ~hebel m / fork lever || ~hebelantrieb m / fork lever operating mechanism || ~kabelschuh m / fork-type cable lug, fork-type socket || ~kontakt m / tuning-fork contact || ~kopf m / fork head || ~lichtschranke f / slot BERO || ~-Lichtschranke f / fork light barrier || ~muffe f (f. Kabel) / breeches joint, Y-joint n, (Muffe zur Verbindung eines Abzweigkabels mit einem Hauptkabel, wobei die Achsen beider Kabel annähernd parallel sind) Y joint || ~-Rohrkabelschuh m / tubular fork-type socket (o. cable lug) || ~schiene f / fork-type rail || ~schlüssel m / open-ended spanner, open-end spanner || ~schranke f / motor position detector || ~schuh m / fork-type terminal || ~schuh m (Bürste) / spade terminal || ~stapler m / fork-lift truck, lifting truck, pallet jack || ~stößel m / fork plunger || ~stück n / fork n || ~verbindung f / butterfly connection
G-Abhängigkeit f / G-dependency, AND dependency
GA-Datenpunktliste f / BACS points list
GADI f / gas-assisted direct injection (GADI), BOI
G-Adresse f / G address
Galeriebeleuchtung f / gallery lighting
Galette f / galette n, godet n
Galetten·motor m / godet motor, feed-wheel motor || ~umrichter m / godet converter
Gallium-Arsenid n / GaAs n || ~-**Diode** f (GaAs-Diode) / gallium-arsenide diode
GALS / Globally Asynchronous Locally Synchronous (GALS)
Galvanik·bad n / plating tank || ~dynamo m / plating dynamo || ~steg m / plating bar || ~stromrichter m / converter for electroplating plants
galvanisch adj / galvanic, isolated || ~ **durchgeschaltet** (Standleitung) / d.c.-coupled adj

|| ~ **durchgeschaltetes Netz** / non-isolated system || ~ **getrennt** / metallically separated, isolated *adj*, galvanically isolated *adj* || ~ **getrennt über Optokoppler** / galvanically isolated via optocoupler || ~ **getrennte Übertragung** / galvanically isolated transmission || ~ **getrenntes Netz** / isolated system || ~ **verbunden** / galvanically connected || ~ **verzinken** / galvanize *v* || **~e Abscheidung** / end delimiter || **~e Beeinflussung** (Kopplung) / galvanic coupling || **~e Beschichtung** / galvanizing *n* || **~e Kopplung** / conductive coupling, direct coupling, galvanic coupling || **~e Metallabscheidung** / galvanic deposition || **~e Spannungsreihe** / electrochemical series of metals, electromotive series || **~e Trennung** (Trennung elektrisch leitender Teile mit unterschiedlichen Potentialen durch isolierendes Material oder durch Luftstrecken) / galvanic isolation || **~e Trennung** / metallic isolation, isolation *n*, electrical isolation || **~e Trennung** (Kontakte) / contact separation || **~e Unterbrechung** / galvanic interruption || **~e Verbindung** / electrical connection, common electrical connection, conductive connection, metallic connection || **~e Zelle** (zur Abgabe elektrischer Energie vorgesehene elektrochemische Zelle) / galvanic cell || **~er Überzug** / plating *n*, (electro-)plated coating, electrodeposit *n* || **~es Sekundärelement** / electric storage battery || **~es Überziehen** / electroplating *n*, plating *n*
galvanisiert *adj* / galvanized *adj*
Galvanispannung *f* / galvanic voltage
galvanomagnetisch aussteuerbares Schaltgerät / galvanomagnetic trigger box
Galvano·meter *n* / galvanometer *n* || ⟨meterschreiber *m* / galvanometer recorder || ~**metrischer Abtaster** / galvanometric pick-off || ⟨plastik *f* / galvanoplasty *n*, electroforming *n* || ⟨technik *f* / end delimiter || ⟨-Umformen *f* / electroforming
galv. Trennung *f* / galvanic separation, electrical isolation, contact separation
GAMMA Gebäudesystemtechnik *f* / GAMMA Building Management Systems
Gamma·-Durchstrahlung *f* / gamma-ray testing, gamma-ray radiography, gamma-ray examination || ⟨-Filmaufnahme *f* / gammagraph *n*, radiograph *n*, gamma-ray radiograph || **Beständigkeit gegen** ⟨strahlen / gamma-ray resistance || ⟨verteilung *f* DIN 55350,T.22 / gamma distribution
GAMP / Good Automation Manufacturing Practice (GAMP)
Gang *m* / start *n*, gear *n* || ⟨ *m* (Bedienungs- oder Wartungsgang) / gangway *n*, aisle *n* || ⟨ *m* (Betrieb) / running *n*, operation *n* || ⟨ *m* (Spule) / section *n*, turn *n*, convolution *n* || ⟨ *m* (Gewinde) / thread *n*, pitch *n* || ⟨ *m* (Getriebestufe) / speed *n* || **in** ⟨ **setzen** / start *v*, start up *v* || **Werkzeug~** *m* (Abnutzung) / tool wear || ⟨abweichung *f* (Uhr) / clock error, time error || ⟨art *f* / kind of operation, pace
Gang·dauer *f* (Uhrwerk) / running time (clockwork) || ⟨dichte *f* / number of threads per unit length || ⟨feder *f* (Uhr) / driving spring || ⟨fehler *m* (Uhr) / clock error, time error || ⟨folgesortierer *m* / carrier sequence sorter || ⟨genauigkeit *f* (Uhr) /

accuracy *n* || ⟨gewicht *n* (Uhr) / time weight
Ganghöhe *f* (Steigung) / lead *n*, pitch *n*
gängig *adj* / start *adj* (e.g. 4-start thread)
Gängigkeit *f* / well running, direction of spiral
Gang·linie *f* (graf. Darstellung des zeitlichen Verlaufs der Belastung) / load curve, output curve || ⟨rad *n* (Uhr) / escapement wheel, ratchet wheel, balance wheel || ⟨regler *m* (Uhr) / regulator *n* || ⟨reserve *f* (Uhr) / reserve power, running reserve, power reserve, spring reserve || ⟨**reserve-Grenze** *f* / reserve power limit
Gang·schalthebel *m* / shift lever || ⟨schaltung *f* (Getriebe) / gear change || ⟨wechsel *f* / gear change || ⟨wechselgeschwindigkeit *f* / gear change rate || ⟨wechseltiefe *f* / gear change depth, thread change depth || ⟨zahl *f* (Gewinde) / number of threads per unit length, number of starts || ⟨zeit *f* / cycle duration, scan time || ⟨zeit *f* (Zykluszeit (NC)) / cycle time
Gänsefüßchen *n* / speech mark
Gantry *f* / gantry *n* || ⟨-**Abschaltgrenze** *f* / gantry trip limit || ⟨-**Achse** *f* (Maschinenachsen, die gemeinsam ein Maschinenteil bewegen) / gantry axis || ⟨-**Bauweise** *f* / gantry design || ⟨-**Betrieb** *m* / gantry operation || ⟨-**Einheit** *f* / gantry unit || ⟨-**Führungsachse** *f* / gantry master axis || ⟨-**Funktion** *f* / gantry function || ⟨-**Manipulator** *m* / gantry manipulator || ⟨-**Maschine** *f* / gantry machine || ⟨-**Roboter** *m* / gantry robot || ⟨-**Verbund** *m* / gantry grouping, gantry group
Ganz·bereichs-Halbleiterschutz *m* / full range semiconductor protection || ⟨bereichsicherung *f* / all-range fuse || ⟨bereichs-Kabelschutz *m* / general-purpose cable protection || ⟨bereichs-Sicherung *f* / full range fuse
ganze Zahl / integer || ~ **Zahl mit 12 bit** / 12 bit integer
Ganz·fahrzeugprüfstand *m* / complete vehicle test rig || ⟨formspule *f* / integral coil || ~**jährige Programmierung** / twelve-month programming || ⟨lochwicklung *f* / integral-slot winding, integer-slot winding || ⟨metall... / all-metal *adj* || ⟨metallrohrverbindung *f* / metal-to-metal joint || ⟨rissprüfung *f* / leak test || ⟨seitenanzeige *f* (gleichzeitige Anzeige von so vielen Zeilen oder Grafiken, wie auf einer Seite gedruckt werden können) / full-page display || ⟨seitendarstellung *f* (Bildschirm) / full-screen display || ⟨**seiten-Textverwaltungsprogramm** *n* / full-screen editor || ~**tägige feste Arbeitszeit** / full day with normal working hours
ganztränken *v* / post-impregnate *v*, impregnate by total immersion
Ganztränkung *f* / impregnation by total immersion, post-impregnation *n*
Ganzzahl *f* / integer *n* || ⟨ **mit Vorzeichen** / integer *n* || **16-Bit-**⟨ *f* / integer *n* || ⟨darstellung *f* / integer number representation
ganzzahlig·e Komponente / integer component || **~e Oberwelle** / integer-frequency harmonic || **~en Anteil ermitteln** / determine integer component || **~er Anteil** / integer component || **~es Literal** / integer literal || **~es Vielfaches** / integral multiple
Ganzzeichendrucker *m* / fully formed character printer
Gap·-Aktualisierungsfaktor *m* / gap update factor || ⟨-**Faktor** *m* / gap factor
GA-Preis *m* (Geschäftsstellenauslandspreis) / GA

Garage

price
Garage *f* (Aufnahme für Pipetten im Magazin eines Pipettenwechslers) / nozzle holder || ~ **- Ist - Soll - Pipette wechseln** / Location - Actual - Setpoint - Nozzle to be changed
Garagen, Messeinrichtungen für ~- und Tunnelüberwachung / monitoring equipment for garages and tunnels
Garantie *f* / guarantee *n*, warranty *n* || **~fehlergrenzen** *f pl* / guaranteed limits of error || **~werte** *m pl* / guaranteed values, warranted values, guaranteed characteristics
Gardinenmaschine *f* / curtain machine
Garn *n* / yarn *n* || **~herstellung** *f* / yarn manufacturing || **~verfahren** *n* / fitting of insulator sheds by hand
Garnitur *f* (Ventil) / trim *n* || ~ *f* (allgemein bezeichnet eine Garnitur zwei oder mehrere zusammengehörige Stücke, die einem bestimmten Zweck dienen) / set *n* || ~ *f* (Bausatz, Ausrüstung) / kit *n* || ~ **für Schutzart P 54** / hoseproofing kit
Garnrollenwicklung *f* / moving-coil winding
Garten·fluter *m* / garden floodlight || **Installation in ~baubetrieben** / horticultural installation || **~leuchte** *f* / garden luminaire
Gas *n* / gas *n* || **indifferentes** ~ / neutral gas || **~abscheider** *m* / gas separator || **~abschluss** *m* / gas seal, inert-gas seal
gasabspaltende Flüssigkeit / gas-evolving liquid
Gas·analysator *m* (Gerät zur quantitativen Analyse der Bestandteile von Gasen und Gasgemischen) / gas analyzer || **~analyse** *f* / gas analysis || **~analysegerät** *n* / gas analyzer || **~anteil** *m* (Anteil von gelösten und ungelösten Gas in einer Flüssigkeit, bezogen auf Referenzbedingungen) / gas content || **~arbeit** *f* / degassing *n* || **~aufbereitung** *f* / gas conditioning || **~aufbereitung** *f* (f. Messzwecke) / gas preparation, gas preconditioning || **~aufkohlen** *n* / gas carburizing || **~außendruckkabel** *n* / external gas pressure cable || **~außendruckkabel im Stahlrohr** / pipeline compression cable || **Lichtbogenlöschung durch ~beblasung** / gas-blast arc extinction
gas·beständig *adj* / gas-resisting *adj*, gas-proof *adj*, gas-resistant *adj* || **~beständigkeit** *f* / resistance to gases, gas resistance || **~betätigt** *adj* / gas-operated *adj* || **~bildung** *f* / gas formation || **geschlossene ~brennwert-Kesselreihe** / sealed gas burner boiler || **~chromatograph** *m* (GC) / gas chromatograph (GC)
gasdicht *adj* / gas-tight || **~e Leuchte** / gas-tight luminaire, gas-tight fitting || **~e Zelle** / valve-regulated sealed cell IEC 50(486), sealed cell || **~er Steckverbinder** / sealed connector, pressurized connector
Gas·dichtheitsprüfung *f* / gas leakage test, air leakage test IEC 512, gas-tightness test || **~dichtung** *f* / gas seal || **~druck** *m* / gas pressure || **~druck-Kabel** *n* / gas- filled cable || **~durchflussmenge** *f* / gas flow rate || **~durchflussrechner** *m* / gas-flow computer || **~durchlässig** *adj* / pervious to gas
Gase, gegen ~ und Dämpfe dichte Maschine / gas- and vapour-proof machine
Gaseinschluss *m* / gas inclusion, gaseous inclusion, gas pocket || ~ *m* (gasgefüllter Hohlraum in der Linse, in der Schweißnaht oder in der Wärmeeinflusszone (WEZ)) / gas cavity
Gasen *n* / gassing *n*
Gasentladung *f* / gas discharge, gaseous discharge || ~ *f* (elektr. Entladung in einem Gas) / electric discharge
Gasentladungs·ableiter *m* / expulsion-type arrester, expulsion-tube arrester || **~lampe** *f* / gas discharge lamp, gaseous discharge lamp || **~röhre** *f* / gaseous discharge tube, gas-filled tube || **~röhre mit ausgedehnter Wechselwirkung** / extended interaction plasma tube || **~spannung** *f* / gassing voltage, voltage at commencement of gassing
Gasentnahme *f* / gas extraction || **~gerät** *n* / gas sampler, gas sampling device || **~sensor** *m* / analyzer probe || **~sonde** *f* / gas sampling probe || **~ventil** *n* / gas outlet valve || **~vorrichtung** *f* / gas release mechanism
Gasentwicklung *f* / gas formation, gassing *n*
gasexplosionsgefährdeter Bereich / location with explosive gas atmosphere
Gas·fabrik *f* / gasworks *n* || **~fernleitung** *f* / gas pipeline, gas transmission line
gasfest *adj* / gas-resisting *adj*, gas-proof *adj*, gas-resistant *adj*
Gas·-Festkörper-Chromatographie *f* / gas-solid chromatography, adsorption chromatography || **~flasche** *f* / gas cylinder || **~-Flüssig-Chromatographie** *f* (GLC) / gas-liquid chromatography (GLC) || **~-Folien-Isolierung** *f* / gas-foil insulation || **~förderung** *f* / transfer of the gas || **~förmige Isolierung** / gaseous insulation || **~gebläse** *n* / gas blower, gas circulator
gasgefüllte Lampe / gas-filled lamp || **~ Maschine** / gas-filled machine || **~ Rauschröhre** / noise generator plasma tube || **~ Röhre** / gas-filled tube
Gas·gehalt *m* (Isolierflüssigk.) / gas content || **~generator** *m* / inflator *n*, gas generator || **~geschützte Maschine** / gas-proof machine, vapour-proof machine || **~innendruckkabel** *n* / internal gas-pressure cable, gas-filled internal-pressure cable
gasisoliert *adj* / gas-insulated *adj* || **~e Durchführung** / gas-insulated bushing || **~e Leitung** / gas-insulated line (o. link), gas-insulated circuit (GIC) || **~e Schaltanlage** (GIS) / gas-insulated switchgear (GIS), gas-filled switchgear || **~e, metallgekapselte Schaltanlage** / gas-insulated metal-enclosed switchgear || **~er Transformator** / gas-insulated transformer
Gas·isolierung *f* / CGI cable insulation, compressed gas insulation, gas insulation || **~kanal** *m* / elongated cavity || **~kissen** *n* / gas cushion, inert-gas cushion, gas blanket || **~konstante** *f* / gas constant || **~konzentration** *f* / gas concentration || **~kreislauf** *m* / gas circuit || **~lager** *n* / gas-lubricated bearing || **~laser** *m* / gas laser || **~-Lastschalter** *m* / gas-interrupter switch || **~leitung** *f* / gas pipe || **~löten** *n* / gas soldering || **~-Luft-Gemisch** *n* / gas-air mixture || **~maschine** *f* / gas engine || **~melder** *m* / gas detector || **~meldung** *f* / gassing alarm || **~mitschleppung** *f* / gas entrainment || **~nitrieren** *n* / gas nitriding
GASP *f* / Globally Accessible Statistical Procedures (GASP)
Gas·pendelung *f* / closed-loop distribution || **~phase** *f* / gas phase || **~phasen-Abscheidetechnik** *f* /

vapour-phase deposition technique ‖ ⸰**phasenabscheidung** *f* / vapour deposition ‖ **Niobium-Zinn-**⸰**phasenband** *n* / vapour-deposited niobium-tin tape ‖ ⸰**phasenepitaxie** *f* / vapour phase epitaxy (VPE), vapour growth epitaxy, vapour-phase epitaxy (VPE) ‖ **~phasengezüchtet** / vapour-phase grown ‖ ⸰**polster** *n* / gas cushion, inert-gas cushion, gas blanket ‖ ⸰**pore** *f* (kugelförmiger Gaseinschluss) / gas pore ‖ ⸰**pressschweißen** *n* / gas pressure welding ‖ ⸰**probenzählrohr** *n* / gas-sample counter tube ‖ ⸰**prüfgerät** *n* / gas analyzer ‖ ⸰**pumpe** *f* / gas pump ‖ ⸰**raum** *m* / gas-filled space ‖ ⸰**raum** *m* (SF$_6$-Sch.) / gas compartment ‖ ⸰**rauminhalt** *m* / content of gas compartment ‖ ⸰**raumschema** *n* / gas compartment diagram ‖ ⸰**raumüberwachung** *f* / gas compartment monitoring ‖ ⸰**rohr** *n* / gas tube, gas pipe, wrought-iron tube ‖ ⸰**rückpendelung** *f* / stage II system ‖ ⸰**ruß** *m* / carbon black

Gas·schmelzschweißen *n* / gas welding, oxyacetylene welding ‖ ⸰**schmierung** *f* / gas-film lubrication ‖ ⸰**schutz** *m* / gas shield ‖ ⸰**schweißen mit Sauerstoff-Acetylen-Flamme** / oxy-acetylene welding ‖ ⸰**schweißung** *f* / gas welding ‖ ⸰**turbine** *f* / gas turbine

Gasse *f* (Lager) / aisle *n*

Gas·-Spezialheizkessel *m* / gas-special heating system ‖ ⸰**spurenanalysator** *m* / high-sensitivity gas analyzer ‖ ⸰**spürgerät** *n* (f. Kabel) / cable sniffer ‖ ⸰**trennanlage** *f* / gas separation plant ‖ ⸰**turbinenanlage** *f* / gas-turbine plant ‖ ⸰**turbinensatz** *m* / gas-turbine set ‖ ⸰**überwachung** *f* / gas monitoring ‖ ⸰**umlenker** *m* / gas diverter ‖ ⸰**- und Dampfturbinen-Kraftwerk** *n* (GUD-Kraftwerk) / combined cycle power plant

Gasung *f* / gassing *n*

Gasungsspannung *f* / gassing voltage, voltage at commencement of gassing

Gas·verflüssiger *m* / cryoliquefier *n* ‖ ⸰**verlust** *m* (SF$_6$-Sch., pro Zeiteinheit) / gas leakage, gas leakage rate ‖ ⸰**verstärkungsfaktor** *m* / gas multiplication factor ‖ ⸰**warneinrichtung** *f* / gas alarm device ‖ ⸰**wartung** *f* / gas servicing ‖ ⸰**waschflasche** *f* / gas wash bottle

GA-System Netzwerk / BACS network

Gaszähler *m* / gas meter

Gate *n* (FET) DIN 41858 / gate *n* ‖ ⸰**-Anschluss** *m* (FET) DIN 417858 / gate terminal ‖ ⸰**array** *n* / gate array ‖ ⸰**-Drain-Spannung** *f* (FET) DIN 41858 / gate-drain voltage, gate-collector voltage ‖ ⸰**-Elektrode** *f* (FET) DIN 41858 / gate electrode ‖ ⸰**-Isolierschicht** *f* (FET) DIN 41858 / insulating layer ‖ ⸰**-Leckstrom** *m* (FET) DIN 41858 / gate leakage current ‖ ⸰**leitung** *f* / gate cable ‖ ⸰**-Reststrom** *m* (FET) DIN 41858 / gate cut-off current ‖ ⸰**-Schaltung** *f* (Transistor) DIN 41858 / common gate ‖ ⸰**-Source-Spannung** *f* (Transistor) DIN 41858 / gate-source voltage ‖ ⸰**spannung** *f* / gate voltage ‖ ⸰**-Steuerung** *f* / gate control ‖ ⸰**-Strom** *m* (Transistor) DIN 41858 / gate current (transistor) ‖ ⸰ **Supply Voltage (GSV)** *f* (Die Abkürzung GSV in allen Sprachen verwenden!) / Gate Supply Voltage ‖ ⸰**-Übertrager** *m* (f. Zündimpulse) / (firing-) pulse transformer

Gateway *n* (GWY) / gateway *n* (GWY), network coupler, bridge module

Gate·-Widerstand *m* (Transistor) DIN 41858 / gate resistance ‖ ⸰**zone** *f* (FET) DIN 41858 / gate region (FET)

Gatter *n* / gate *n* ‖ ⸰**anschluss** *m* / gate terminal ‖ ⸰**ausgang** *m* / gate output ‖ ⸰**feld** *n* (Gate Array) / gate array ‖ ⸰**säge** *f* / gang saw

Gattierwaage *f* / blending weighing machine

Gattungsadresse *f* / generic address

GAU / MCA (maximum credible accident)

Gauß·sche Normalverteilung *f* / Gaussian distribution, Gaussian standard distribution, normal distribution ‖ ⸰**sche Verteilung** / Gaussian distribution, Gaussian process IEC 50(101) ‖ ⸰**scher Strahl** / Gaussian beam ‖ ⸰**sches Rauschen** (Rauschen, dessen Werte bei n beliebigen Zeitpunkten entsprechend der Gaußschen Wahrscheinlichkeitsfunktion mit n Variablen verteilt sind) / Gaussian noise ‖ ⸰**sches Strahlenbündel** / Gaussian beam ‖ ⸰**sches Wägeverfahren** / Gaussian weighing method

GB *n* / Gigabyte (GB) *n*

GBIC / Gigabit Interface Converter (GBIC)

GBK (Geschäftsbereichskennzahl) / GBK ‖ ⸰ (Geschäftsbereichskennziffer) / group code

GBR *m* (Gesamtbetriebsrat) / Central Works Council

GBS / basic operating system (BOS)

GBTU / General Purpose Timer Unit (GBTU)

Gbyte *n* / GB *n*

GBZ (globaler Bezeichner) / GI (global identifier)

GC / gas chromatograph (GC) ‖ ⸰ *n* / Global Control Telegram

G-Code *m* / G code ‖ ⸰ **einfügen** / insert G code ‖ ⸰ **im ShopTurn-Programm einfügen** / insert G code in ShopTurn program ‖ ⸰ **kopieren** / copy G code ‖ ⸰ **markieren** / mark G code ‖ ⸰ **suchen** / search G code ‖ ⸰ **suchen und ersetzen** / search and replace G code ‖ ⸰**-Editor** *m* / G code editor ‖ ⸰**-Gruppe** *f* / G code group ‖ ⸰**Kenntnisse** / knowledge of G codes ‖ ⸰**-Programm** *n* / G code program ‖ ⸰**-Programm simulieren** / simulate G code program ‖ ⸰**-Programmierung** *f* / G code programming ‖ ⸰**-Sätze ausblenden** / skip G code blocks ‖ ⸰**-Sätze neu nummerieren** / renumber G code blocks ‖ ⸰**-Schritt** *m* / G code step

GD (Globaldaten) / GD (global data) ‖ ⸰ (Grunddaten) / BD (basic data) ‖ ⸰ / shared data ‖ ⸰**-Element** *n* (entsteht durch Zuordnung der auszutauschenden Globaldaten und wird in der Globaldatentabelle durch die GD-Kennung eindeutig bezeichnet) / GD element ‖ ⸰**-Kennung** *f* (Bezeichnung für: Globales Datum, GD-Element, GD-Paketstatus (z. B. GDS 1.1), GD-Gesamtstatus, Untersetzungsfaktor) / global data identifier ‖ ⸰**-Keyliste** *f* / GD keylist ‖ ⸰**-Kommunikation** *f* / global communication ‖ ⸰**-Kreis** *m* (Globaldaten-Kreis) / GD circle (global data circle)

GDMO / guideline for the definition of managed objects (GDMO)

GD·-Paket *n* (Globaldaten-Paket) / GD package, GD packet (global data packet) ‖ ⸰**-Parameter** *m* / GD parameter ‖ ⸰**-Quelldatei** *f* / GD source file

GD&T (Geometric Dimensioning and Tolerancing) *n* / Geometric Dimensioning and Tolerancing (GD&T)

GDT 338

GDT (Globaldaten-Tabelle) f (in ihr werden die Globaldaten (z. B. Merker) spezifiziert) / GDT (global data table) n
GDU-Ansteuerbaugruppe / GTO-Drive-Unit module
ge adj / yellow adj, yel adj
GE adj / YE adj || ⁓ **(Graphic Engineer)** m / Graphic Engineer || ⁓**.1** f (die Expertengruppe 1 der UN/ECE WP.4, die im Rahmen der WP.4 tagt und für Datenelemente und automatisierten Datenaustausch zuständig ist) / Group of Experts 1 || ⁓**.2** f (die Expertengruppe 2 der UN/ECE WP.4, die im Rahmen der WP.4 tagt und für Verfahren und Dokumente zuständig ist) / Group of Experts 2
geändert durch / changed by
geätzt adj / etched adj || **~er Bildschirm** / etched screen
Gebäude n / building n || ⁓**automation** f / building automation and control, building automation || ⁓**automatisierung** f / building automation, building services automation, building system automation, buildings automation technology, automation of buildings management || ⁓**-Automatisierungstechnik** f / building automation, building services automation, building system automation, buildings automation technology, automation of buildings management, building automation technology
Gebäude·betriebstechnik f / building services management system || ⁓**front** f / frontage of buildings || **Leitsystem für** ⁓**heizung** / fuel cost management system (FMS) || ⁓**installation** f / building installation, building services, building installations || **elektrische** ⁓**installation** / electrical installations in buildings || ⁓**integration** f / building integration, integration into buildings || **~integrierte Module** / building-integrated modules || ⁓**leitsystem** n / building services control system || ⁓**leittechnik** f / building services management system, building system control || ⁓**management** n / building services management, building management || ⁓**managementsystem** n / building management system || **intelligentes** ⁓**system** / intelligent building system || ⁓**systemtechnik** f (GST) / building system engineering (GST) || ⁓**systemtechnik** f / building management system, building controls || **elektrische** ⁓**systemtechnik** / electrical building management System || ⁓**technik** f / building services, building technologies, building engineering, building management systems || **elektrotechnische** ⁓**verwaltung** / building management system || ⁓**vorfahrt** f / frontage driveway, frontage drive || ⁓**wand** f / building wall || ⁓**zufahrt** f / drive n
gebeizt adj / pickled adj
Geber m / sensor n, detector n, transmitter n, transducer n, primary element, pickup n, pick-up n, encoder n, field device, signal contact, position measuring device, position encoder, displacement measuring device || ⁓ **mit asymmetrischen Ausgangssignalen** / encoder with asymmetrical output signals (supplies two pulse series with phase quadrature and, possibly, a zero mark signal) || ⁓ **mit symmetrischen Ausgangssignalen** / encoder with symmetrical output signals (supplies two pulse series with phase quadrature, perhaps a zero mark signal, and the associated inverted signals) || **Code~** m / encoder n || **Differenzdruck~** m / differential pressure transmitter || **Drehmelder-** ⁓ m / synchro-transmitter n, synchro-generator n || **Durchfluss~** m / flow sensor, flow transmitter || **Eichwert~** m / calibrator n || **externer** ⁓ / external encoder, mounted encoder, externally mounted encoder, built-on encoder || **Feldplatten~** m / magnetoresistive transducer || **Funktions~** m / waveshape generator || **Impuls~** m / pulse generator, purser n, pulse initiator || **induktiv arbeitender** ⁓ / inductively operating encoder || **Kommando~** m / command initiator, command output module || **Konstantspannungs~** m / constant-voltage source || **Kontakt~** m / contact maker, contact mechanism, contactor n || **Kontakt~** m (Sensor mit Kontaktausgang) / sensor with contact (s) || **Mess~** m (Codierer) / encoder n || **Messwert~** m / sensor n, detector n, pick-up n, measured-value transmitter, transducer n, scanner n, feedback device || **Programm~** m (Zeitplangeber) / program set station (PSS) || **Programm~** m (f. Analysengeräte) / programmer n || **Signal~** m (Messumformer) DIN 19237 / transducer n || **Strom~** m / current sensor, current detector, current comparator || **Synchro-**⁓ m / synchrotransmitter n, synchro-generator n || **Takt~** m / clock generator (CG), clock-pulse generator (CPG), clock || **Text~** m (GSK-Eingabegerät) / string device || **Wert~** m (Eingabegerät für reelle Zahlen) / valuator device || **Zeit~** m (T) / timer n, timing element || **Zeit~** m (T) / timing module || **Zeit~** m (T) / clock n || **Zeitbasis~** m / time-base generator || **Zeitintervall~** m / interval timer
Geber·achse f / encoder axis ||
⁓**amplitudenregelung** f / encoder amplitude control || ⁓**amplitudenregler** m / encoder amplitude controller || ⁓**anbau** m / encoder mount || ⁓**anpassmodul** n / sensor matching module, detector adaption module, encoder matching module || ⁓**anpassung** f / encoder matching || ⁓**anschaltung** f / encoder interface || ⁓**anschluss** m / encoder connection || ⁓**auflösung** f / encoder resolution || ⁓**ausfall** m / encoder failure || ⁓**ausgang** m / encoder output || ⁓**auswertung** f / encoder evaluation || ⁓**belegung** f / encoder assignment || ⁓**code** m / encoder code || ⁓**daten** plt / encoder data || ⁓**-Datenbaustein** m / sensor (o. encoder) data block || ⁓**datensatz (EDS)** m / Encoder Data Set (EDS) || ⁓**drehrichtung** f / direction of rotation of the encoder || ⁓**drift** f / encoder drift || ⁓**dynamo** m / tachometer generator, tacho-generator n || ⁓**eingang** m / sensor input, encoder input || ⁓**fehler** m / encoder error || ⁓**fehlerkompensation** f / part of power train controls, exhaust classification I-V, evaporative emission control, electronic engine control (EEC), encoder error compensation || ⁓**fehlimpuls** m / encoder slipped cycle || ⁓**gehäuse** n / encoder housing || ⁓**grenzfrequenz** f / encoder limit frequency
Geber·hebel m / primary lever || ⁓**identifikation** f / encoder identification || ⁓**impuls** m / encoder pulse || ⁓**impulse pro Motorumdrehung** / shaft encoder pulses per motor revolution || ⁓**inkrement** n / encoder increment || ⁓**interpolation** f / encoder interpolation || ⁓**justage** f / encoder adjustment || ⁓**kabel** n / encoder cable || ⁓**karte** f / encoder card || ⁓**konfiguration** f / encoder configuration ||

⟂kreis m / encoder circuit || ⟂lagerschild n / encoder end shield || ⟂leitung f / encoder cable, sensor cable || ⟂leitungsbruch m / encoder open circuit || ~los adj / encoderless || ~lose Vektorregelung f / sensorless vector control || ⟂nachbildung f / encoder simulation || ⟂nullmarke f / encoder zero mark || ⟂parameter m / encoder parameter || ⟂parametrierung f / encoder parameterization || ⟂phasenfehlerkorrektur f / encoder phase error compensation || ⟂pulszahl f / encoder pulse rate || ⟂rangierung f / encoder assignment || ⟂-Redundanz f / encoder redundancy || ⟂rückführung f / encoder feedback
Geber·schnittstelle f / encoder interface || ⟂signal n / encoder signal, sensor signal || ⟂spannung f / sensor voltage, encoder voltage || ⟂spezifikation f / encoder specification || ⟂stecker m / encoder connector || ⟂strichzahl f (GSTR) / bar number, encoder lines, increments n, resolution m, pulses per revolution, no. of encoder pulses, no. of encoder marks || ⟂stromversorgung f / sensor power supply || ⟂stufe f / sensor module || ⟂system n / encoder system || **1-⟂-System** n / 1-encoder system, single-encoder system || ⟂tausch m / encoder replacement, sensor replacement || ⟂technik f / encoder technology || ⟂typ m / transducer type, encoder type || ⟂überwachung f / encoder monitoring || ⟂umschaltung f / encoder failover || ⟂verschaltung f / sensor interconnection || ⟂versorgung f / encoder supply || ⟂versorgungsspannung f / encoder supply voltage || ⟂welle f / transmission shaft || ⟂zuordnung f / encoder assignment
gebeugte Welle / diffracted wave
Gebiet n / area n || ⟂e **mit offener Bebauung** / sparsely built-up areas
Gebilde n (Leitung, Netz) / (line o. network) configuration n, entity n
Gebinde n (z.B. f. Kunststoffmassen) / container n, packing n || ⟂einsatz m / unit pack
Gebläse n / blower n, fan n || ⟂motor m / blower motor
geblasen adj / blown adj
geblätterter Eisenkern / laminated iron core
geblecht adj / laminated adj || **isoliert ~** / made of insulated laminations || **Motor mit ~em Gehäuse** / laminated-frame motor || **~er Kern mit 45°-Schnitt** / laminated core with 45° corner cut, 45° mitre laminated core, D-core n || **~es Gehäuse** / laminated frame
gebogen adj / bent adj
gebohrt adj / drilled adj
gebondet adj / bonded adj
gebördelt adj / edge-raised adj
Gebots·schild n / mandatory sign || ⟂- **und Verbotszeichen** n / category II or III holding position sign || ⟂zeichen n / mandatory sign
Gebrauch m / use m || ⟂kategorie f / utilization category
gebräuchlich adj / common adj || ~e **Nennspannungen** / standard reference voltages || ~e **Nennströme** / standard basic currents || ~ste **Anwendungsform** / widely used version
Gebrauchs·anleitung f / instructions for use, directions for use || ⟂anweisung f / instructions for use || ⟂bedingungen f pl / conditions of use, specified conditions || **unzulässige** ⟂bedingungen DIN 41745 / non-permissible conditions of operation || ⟂bereich m / range of use || ⟂dauer f / service life || ⟂dauer f (Kunstst.) / working life, pot life, spreadable life
Gebrauchsenergie f (Energie, die dem Verbraucher nach der letzten Umwandlung zur Verfügung steht) / energy supplied, energy available
gebrauchsfähig adj / in (full service condition), in working order, usable adj
Gebrauchs·fähigkeit f / service ability, usability n || ⟂fehler m / operating error || ⟂fehlergrenze f / operational limit || ⟂fehlergrenzen f pl / operational limits || ⟂glasherstellung f / utility glass manufacturing || ⟂kategorie f / utilization category || ⟂lage f / position of normal use, normal position, service position, mounting position || **zulässige** ⟂lage / permissible mounting position || ⟂last f / used load || ⟂muster n / utility model
Gebrauchsnormal n / working standard || ⟂lampe f / working standard lamp (WS-lamp) || ⟂zähler m / working standard meter, standard meter, reference meter, portable standard watthour meter
Gebrauchs·ort m / place of use || ⟂prüfung f / normal operation test || ⟂spannung f / utilization voltage || ⟂stand m / life-cycle status || ⟂tauglichkeit f DIN 55350,T.11 / fitness for use, fitness for purpose
Gebrauchstemperatur f (Kunststoff) / spreading temperature, application temperature || ⟂ f (Gerät) / service temperature, operating temperature, working temperature || ⟂ f (Schmierstoff) / service temperature
Gebrauchs·wert m / service value, serviceability n, present value, maintained value || ⟂zone f / zone of use
gebrochen·e Lamellenkante / chamfered segment edge, beveled bar edge || **~e Welle** / refracted wave || **~er Anteil** / fractional component || **~er Strahl** (LWL) / refracted ray || **~es Härten** / interrupted quenching
gebrückt adj / linked together || **~** adj (durch Strombrücke) / jumpered adj, short-circuited adj, shunted out adj
Gebühren·abrechnung, Wahrscheinlichkeit für falsche ⟂abrechnung (Wahrscheinlichkeit eines Irrtums bei der Abrechnung eines geleisteten Dienstes für einen Benutzer) / billing error probability || ⟂angabe f / indication of charge
gebumpt adj / bumped adj
gebündelt adj / bunched adj || **~e Anordnung** (Kabel, Verlegung berührend im Dreieck) VDE 0298 / trefoil arrangement IEC 287 || **~er Strahl** VDE 0837 / collimated beam IEC 825 || **~es Licht** / focussed light, concentrated light || **~es Rahmensynchronisiersignal** (Rahmensynchronisiersignal, dessen Signalelemente aufeinanderfolgende Digit-Zeitschlitze belegen) / bunched frame alignment signal || **~es Rastergleichlaufsignal** IEC 50(704) / bunched frame alignment signal
gebunden·e Farbe / object colour || **~e Verbindung** / bound connection || **~e Zwillingsstift-Verbindung** / bound twin-post connection || **~es Elektron** / bound electron || **~es Element** / bound element || **~es Getriebe** / splined shaft gear mechanism

geburnt

geburnt *adj* / burned *adj*
gebürstet *adj* / brushed *adj*
Geburt·enprämie *f* / maternity pay || ₂**sdatum** *n* / DOB *n*
Gedächtnis *n* (Speicherglied) / memory *n* (element) || ₂**funktion** *f* / memory function || **Relais mit ₂funktion** / memory-action relay || **vollständige ₂funktion** / total memory function
gedämpft *adj* / damped *adj* || **~ schwingendes Gerät** / damped periodic instrument || **~e Schwingung** / damped oscillation || **~er kapazitiver Spannungsteiler** / damped capacitive voltage divider || **~er Kurzschluss** / limited short circuit || **~es Licht** / dimmed light, subdued light
gedengelt *adj* / whetted *adj*
gedichtet *adj* / sealed *adj*
gedrängte Skale / contracting scale IEC 51
gedreht *adj* / turned *adj* || **~e nematische Struktur** (ein nematischer Flüssigkristallzustand, der durch eine gedrehte Struktur gekennzeichnet ist) / twisted nematic structure
gedruckt *adj* / printed *adj*
gedrückt *adj* / press-formed *adj*
gedruckt·e Randkontakte / edge board contacts || **~e Schaltung** / printed circuit || **~e Verdrahtung** / printed wiring || **~er Leiter** / printed conductor || **~es Bauteil** / printed component || **~es Kontaktteil** / printed contact
gedrungene Bauweise / compact construction
geeicht, Verfahren mit ~er Hilfsmaschine VDE 0530, T.2 / calibrated driving machine test IEC 34-2
geeignet *adj* / suitable *adj*
geerdet *adj* / earthed *adj*, grounded *adj* || **~er Eingang** / earthed (o. grounded) input, single-ended input || **~er Nullpunkt** / earthed neutral, grounded neutral || **~er Sternpunkt** / earthed star point, earthed (o. grounded) neutral, grounded neutral point || **~es Netz** / earthed-neutral system, grounded-neutral system || **~es Schutzkleinspannungssystem** / separated extra low voltage system, earthed (SELV-E)
gefächertes Satzausblenden / differential block skip
gefachtes Glasseidengarn / doubled glass-filament yarn
gefädelter Anker / tunnel-wound armature || **~ Leiter** / wound-through conductor, threaded conductor
Gefahr *f* / hazard *n*, danger *n* || ₂**bereich** *m* / danger zone || **~bringende Bewegung** / hazardous movement || **~bringender Ausfall** / dangerous failure (failure with the potential to bring the safety-instrumented system into a dangerous or nonfunctional status)
gefährdet, elektrostatisch ~e Bauteile (EGB) / electrostatic sensitive devices (ESD) || **~e Person** / exposed person
Gefährdung *f* / exposure *n*, hazard *n*, danger *n*
Gefährdungs·analyse *f* / hazard analysis (HA) || ₂**ereignis** *n* / hazardous event || ₂**klasse** *f* / hazard severity category || ₂**potenzial** *n* / hazard potential || ₂**situation** *f* / hazardous situation || ₂**spannung** *f* VDE 0228 / voltage liable to cause danger || ₂**- und Funktionsfähigkeitsstudie** *n* / hazard and operability studies (HASOP) || ₂**- und Risikoanalyse** *f* / hazard and risk analysis (H & RA)
gefahren *adj* / run *adj*
Gefahren·abwendung *f* / danger aversion ||

₂**bereich** *m* / danger zone
gefahrene Polspule / wound field coil
Gefahren·feuer *n* / hazard beacon, danger light || **obere ₂grenze** / upper alarm limit || ₂**hinweis** *m* / danger notice || ₂**klassifizierung** *f* / danger classification || ₂**potenzial** *n* / hazard potential || ₂**potenzial bei Fehlfunktion** *n* / hazard potential during malfunction || ₂**schalter** *m* (Aufzug) / emergency stop switch, emergency switch || ₂**schild** *n* / danger notice, danger sign || ₂**signal** *n* / alarm signal, alarm indication, alarm *n* || ₂**stelle** *f* / critical point, hazardous location
Gefahr·ereignis *n* / risk event || ₂**erkennung** *f* / danger recognition || ₂**gut** *n* / hazardous product, hazardous goods
gefährlich *adj* / dangerous, hazardous || **~e Ausfallwahrscheinlichkeit** / probability of dangerous failure (PdF) || **~e Spannung** / hazardous voltage || **~e Spannung führen** / remain at dangerous potential || **~er Ausfall** / hazardous failure || **~er Fehler** / dangerous fault, fatal fault, fatal failure || **~er Körperstrom** VDE 0100, T. 200 / shock current IEC 50(826) || **~er Stoff** / hazardous substance || **~er Zustand** IEC 50(191) / critical state, hazardous state || **~es aktives Teil** IEC 50(826), Amend. 2 / hazardous live part
gefahrlos bei Ausfall IEC 50(191) / fail safe
Gefahr·meldeeinrichtung *f* / alarm unit, alarm signalling system || ₂**meldeeinrichtung** *f* (m. Lautsprechern) / emergency announcing system || ₂**meldetableau** *m* / alarm annunciation panel
Gefahrmeldung *f* / alarm indication, danger alarm, alarm signal, alarm annunciation, system interrupt || ₂ **bei Grenzwertüberschreitung** / absolute alarm || ₂ **bei unzulässiger Regelabweichung** / deviation alarm
Gefahr·minderungseinrichtung *f* (Einrichtung zur Verringerung der Gefährdung durch einen elektrischen Schlag, der durch die Leerlaufspannung verursacht werden kann) / hazard reducing device || ₂**minimierung** *f* / minimization of danger || ₂**stoff** *m* / hazardous substance || ₂**übergang** *m* / transfer of assumption of risk || ₂**übergang** *m* / risk transfer || ₂**zeichen** *n* / danger sign || ₂**zone** *f* / danger zone, danger area
Gefälle *n* (Potenzialg.) / (potential) gradient *n*, downgrade *n*, grade *n* || ₂**brechpunkt** *m* / change of grade, change of gradient || ₂**bremse** *f* / holding brake || ₂**bremskraft** *f* / holding brake effort
Gefällskraft *f* / gradient force
gefalzt *adj* / seamed *adj*, folded *adj*, welted *adj* || **~es Rohr** / lock-joint tube
Gefäß *n* (Trafo-Stufensch.) / tank *n*, vessel *n*
gefaste Schneide / chamfered cutting edge
gefederter Antrieb / flexible drive || **~es Vorgelege** / resilient gearing
gefertigt *adj* / produced *adj*, finished *adj*
gefiltert *adj* / filtered *adj*
gefettet *adj* / greased *adj*
gefirnist *adj* / varnished *adj*
Geflecht *n* / braid *n* || ₂**bewehrung** *f* (Kabel) / braid armour || ₂**schirm** *m* (Kabel) / braided shield
geflickte Sicherung / rewired fuse
geflochten *adj* / plaited *adj* || **~e Faserstoff-Schnur** / braided fiber yarn || **~e Litze** / braided lead, litz wire || **~er Draht** / braided lead || **~er Leiter** / braided conductor (conductor assembled from

several strands woven together)
geförderte Anwendungsdauer IEC 50(191) / required time || ~ **Anwendungszeit** (Zeitintervall, während dessen der Benutzer die Funktionsfähigkeit der Einheit verlangt) / required time || ~ **Funktion** / required function IEC 50 (191) || ~ **Genauigkeit** / required accuracy || ~ **Lebensdauer** (Isoliersystem) VDE 0302, T.1 / intended life IEC 50s
geförderte Luftmenge / air delivery rate, air rate discharged, rate of air delivered
geforderte Verfügbarkeitszeit / required time || ~r **Motorüberlastfaktor** / overload factor required for motor torque || ~s **Anwendungszeitintervall** / required time
gefördertes Bauelement / transported component
gefräst *adj* / milled *adj*
Gefriergerät *n* / food freezer, household food freezer
Gefüge *n* / structure *n*, texture *n* || ⸱~ *n* (Mikrostruktur) / micro-structure *n* || ⸱~**spannung** *f* / textural stress
geführt *adj* / prompted *adj* || ~ **anhalten** / controlled stopping, bring to a standstill under control || ~e **Drucktaste** / guided pushbutton IEC 337-2 || ~e **Mode** / bound mode || ~e **Verbindung** / withdrawable connection IEC 439-1, Amend.1 || ~e **Verhältnisregelung** / variable ratio control || ~e **Welle** / guided wave || ~er **Betrieb** (SPC) / SPC mode || ~er **Druckknopf** VDE 0660,T.201 / guided pushbutton IEC 337-2 || ~er **Sollwert** / controlled setpoint || ~es **Beladen** / prompted loading || ~es **Stillsetzen** (SR-Antrieb) / controlled (o. synchronous) deceleration, ramp-down braking, stopping by set-point zeroing
gefüllert·er Binder / fillerized binder || ~es **Bindemittel** / fillerized binder
gefüllt *adj* / filled *adj* || ~e, **entladene Batterie** / filled and discharged (secondary) battery IEC 50 (486) || ~e, **geladene Batterie** / filled and charged (secondary) battery IEC 50(486)
gegen Berührung geschützte Maschine / screen-protected machine || ~ **den Uhrzeigersinn** / counter-clockwise || ~ **Einschalten bei geöffneter Schranktür** / against closing of the circuit breaker when the cubicle door is open || ~ **Gase und Dämpfe dichte Maschine** / gas- and vapour-proof machine || ~ **Masse** / relative to frame || ~ **Masse abgeführt** / removed to ground || ~ **Tropfwasser und Berührung geschützte Maschine** / drip-proof, screen-protected machine || ~ **unbefugte Eingriffe gesichert** / tamper-proof *adj* || ~ **unbefugtes Verstellen gesichert** / tamper-proof *adj* || ~ **Ungeziefer geschützte Maschine** / vermin-proof machine || ~ **Verdrehen gesichert** / locked against rotation || ~ **Verfahren des Einschubschalters in Trennstellung** / against movement of the withdrawable circuit breaker in the disconnected position || ~ **Wiedereinschalten sichern** / immobilize in the open position, to provide a safeguard to prevent unintentional reclosing || ~ **zufällige Berührung geschützt** / protected against accidental contact, screened *adj*
Gegen·abzweig *m* / adjacent switchbay || ⸱~**ampèrewindungen** *f pl* / demagnetizing turns, back ampere-turns || ⸱~**anschlag** *m* / thrust ring || ⸱~**antriebsseite** *f* (el. Masch.) / non-drive end, front *n* (US), B-end *n* || ⸱~**betrieb** *m* / duplex transmission (data transmission in both directions at the same time) || ⸱~**drehfeld** *n* / reverse field, backward rotating field || **Bremsung durch** ⸱~**drehfeld** / plug braking, plugging *n* || ⸱~**drehmoment** *n* / counter-torque *n*, retrotorque *n*, reaction torque || ⸱~**drehrichtung** *f* / reverse direction of rotation || **Lauf in der** ⸱~-**Drehrichtung** / reverse operation || ⸱~**drehungsprüfung** *f* / reverse-rotation test
Gegendruck *m* / back-pressure *n*, downstream pressure, backpressure *n*, back pressure || **Anfahren mit vollem** ⸱~ (Pumpe) / starting with discharge valve open, starting at full pressure || ⸱~**satz** *m* / backpressure set || ⸱~**zylinder** *m* / impression cylinder
Gegen·durchflutung *f* / back ampere-turns || ~**einander schalten** / connect back to back || ⸱~**elektrode** *f* / backing electrode || ⸱~**elektrode** *f* / counter-electrode || ⸱~-**EMK** *f* / back-e.m.f. *n*, counter-e.m.f. *n* || ⸱~**erregung** *f* / negative excitation, counter-excitation *n* || ⸱~**erregungsversuch** *m* / negative excitation test
Gegen·fahrbahn *f* / oncoming lane, approaching lane, opposite lane || ⸱~**feld** *n* / demagnetizing field, opposing field || ⸱~**feldimpedanz** *f* / negative-sequence field impedance, negative phase-sequence impedance || ⸱~**feldspule** *f* / field killing coil || ⸱~**feldwiderstand** *m* / negative-sequence resistance || ⸱~**flansch** *m* / mating flange, companion flange, butt flange
Gegen·geschäft *n* / contra-transaction *n* || ⸱~**gewicht** *n* / counter-weight *n*, balance weight, counterbalance *n* || ⸱~**halter** *m* / tailstock *n* || ⸱~**halter Bohrbuchse** / drilling receptacle holder || ⸱~**halterzylinder** *m* / steady cylinder || ⸱~**hauptstromwicklung** *f* / differential series winding, differential compound winding || ⸱~**impedanz** *f* (Kopplungsimpedanz) / mutual impedance || ⸱~**impedanz** *f* (Impedanz je Leiter von der Fehlerstelle aus gesehen im Gegensystem) / negative-sequence impedance || ⸱~**impedanz** *f* (des Gegensystems) / negative-sequence field impedance || ⸱~**induktion** *f* / mutual induction || ⸱~**induktivität** *f* / mutual inductance, magnetizing inductance, useful inductance, mutual inductivity
Gegen·komponente *f* (Mehrphasenstromkreis) / negative component || ⸱~**komponente** *f* (eines Dreiphasensystems) / negative phase-sequence component || ⸱~**komponente** *f* (die Komponenten des Gegensystems ergänzen sich zu einem symmetrischen System, das im Gegensatz zu dem Mitsystem dem Drehfeld gegenläufig ist) / negative-sequence component || ⸱~**kompoundierung** *f* / differential compounding, differential excitation, counter-compounding *n* || ⸱~**kompoundmaschine** *f* / differential compound machine, differentially-wound machine, counter-compound machine, reverse-compound machine || ⸱~**kompoundwicklung** *f* / differential compound winding, counter-compound winding, reverse-compound winding || ⸱~**kontakt** *m* / mating contact, counter-contact || ⸱~**kontakt** *m* (f. Einfahrkontakt, festes Trennschaltstück) / fixed contact, fixed isolating contact || ⸱~**kontaktfeder** *f* / mating spring || ⸱~**koordinate** *f* / negative-sequence co-ordinate || ⸱~**koppelspannung** *f* /

Gegen

degenerative voltage || ⸱kopplung *f* (Rückkopplung, bei der das rückgeführte Signal das Ausgangssignal verkleinert) / negative feedback, degenerative feedback || ⸱kopplungsverstärker *m* / negative-feedback amplifier
Gegen·lager *n* / thrust bearing, locating bearing, tailstock || ⸱lager *n* / outboard support, steady *n* || ⸱lager klemmen / clamp tailstock || ⸱lager lösen / release tailstock || ⸱lauf *m* / reverse rotation || ⸱lauf *m* (der kinetischen Wellenbahn) / backward whirl || ⸱lauffräsen *n* / up-cut milling
gegenläufig *adj* / in opposite directions, contrarotating *adj*, countercurrent *adj*, oppositely directed, working in opposite direction, contrarotating || ~e **Balken** (Balkenanzeige) / inverse bars || ~e **Bürstenverstellung** / contra-rotating brush shifting, backward brush shift || ~e **Drehbewegung** / counterrotational operation || ~e **Reaktanz** / negative-sequence reactance || ~e **Zeitstaffelung** / time grading in opposite directions, bidirectional time grading || **Messung bei ~em Drehfeld** / negative phase-sequence test || ~er **Drehfeldsinn** / reversed phase sequence || ~es **Drehfeld** / negative-sequence field, contra-rotating field || ~es **Spannungssystem** / negative phase-sequence voltage system || ~es **System** / negative phase-sequence system, negative-sequence system || ~es **Zählen** / asynchronous counting
Gegen·laufkolben *m* (BK-Schalterantrieb) / counter-acting piston || ⸱licht *n* / counter light, back light, backlighting || ⸱lichtbeleuchtung *f* / back lighting || ⸱licht-Verfahren *n* / backlighting system
gegenmagnetisierende Wicklung / anti-polarizing winding || ~ **Windung** / demagnetizing turn
Gegen·magnetisierung *f* / reverse magnetization || ⸱maßnahme *f* (Aktion, Einrichtung, Verfahren, Technik oder sonstige Maßnahme, die geeignet ist, die Anzahl der Schwachstellen zu minimieren) / mitigation system, countermeasure *n* || ⸱maßnahmen *f pl* / (suitable) counter measures || ⸱moment *n* / retrotorque, counter-torque *n*, counter torque, reaction torque || ⸱moment *n* (Lastmoment) / load torque || ⸱momentverlauf *m* / load-torque characteristic || ⸱mutter *f* (Mutter, die zur Sicherung einer anderen Mutter dient) / lock nut, check nut, jam nut, prevailing-torque-type lock nut || **Motor mit** ⸱nebenschlusserregung / differential-shunt motor || ⸱nebenschlusswicklung *f* / differential shunt winding || ⸱nebensprechen *n* / far-end crosstalk || ⸱nippel *m* / lock nipple
Gegenparallelschaltung *f* / anti-parallel circuit || ⸱ *f* / inverse-parallel connection, anti-parallel connection, back-to-back connection || **kreisstromfreie** ⸱ / circulating-current-free inverse-parallel connection
Gegenphase *f* / opposite phase, phase opposition || **in** ⸱ / in phase opposition, 180 degrees out of phase, opposite in phase
gegenphasig *adj* / in phase opposition, 180 degrees out of phase, in opposition
Gegen·platte *f* (Wickelkopf) / heel plate || ⸱prüfung *f* / counter-check *n*, double check || ⸱rad *n* / mating gear, mate *n* || ⸱reaktanz *f* / negative-sequence reactance, inverse reactance, demagnetizing reactance
Gegenreihenschluss·Kompensationswicklung *f* /

differential series compensating winding || ⸱maschine *f* / differential series-wound machine || ⸱wicklung *f* / differential series winding, series stability winding, decompounding winding
Gegen·richtung *f* / reverse direction, opposite direction, reverse || ⸱schaltseite *f* (el. Masch.) / back *n*
Gegenschaltstück *n* / mating contact, fixed contact || ⸱ *n* (Greifertrenner) / line contact, suspended contact bar, fixed contact || ⸱ *n* (festes Trennschaltstück) / fixed isolating contact
Gegenschaltung *f* (el. Masch.) / back-to-back connection || ⸱ *f* / duplex connection || ⸱ *f* (Absetzschaltung) / bucking connection || **Prüfung durch** ⸱ **zweier gleichartiger Maschinen** / mechanical back-to-back test IEC 34-2 || **Zu- und** ⸱ *f* / boost and buck connection, reversing connection
Gegen·scheibe *f* / opposite pulley || ⸱scheibe *f* (angetriebene Riemenscheibe) / driven pulley || ⸱scheinleitwert *m* / transadmittance *n* || ⸱schlag *m* (Kabel) / cross lay || ⸱seite *f* / peer entity, opposite side || ~**induzierte Seite** / conductor with counter-e.m.f.
gegenseitig *adj* / mutual *adj* || ~ **gleichberechtigt synchronisiertes Netz** / democratic mutually synchronized network || ~ **synchronisiertes Netz** / mutually synchronized network || ~e **Beeinflussung** / mutual influence, interaction *n*, mutual effect || ~e **Beeinflussung** (Kopplung) / cross coupling || ~e **Impedanz** / mutual impedance || ~e **Induktion** / mutual induction || ~e **Induktivität** / mutual inductance, magnetizing inductance, useful inductance, mutual inductivity || ~e **Reaktanz** / mutual reactance || ~e **Steuerung** / bilateral control || ~e **Synchronisierung** / double-ended synchronization || ~e **Verriegelung** / safety interlock || ~e **Verriegelung von Festeinbauschaltern** / mutual interlocking of fixed-mounted circuit breakers || ~er **Austauschkoeffizient** / mutual exchange coefficient, configuration factor || ~es **Misstrauen** / mutual suspicion || ~es **Verspannen** / cross-location *n*
gegensinnig *adj* / in the opposite direction, inverse to, counter-rotating || ~ **geschaltet** / connected in opposition || ~e **Erregung** / inverse excitation, negative excitation || ~e **Kompoundierung** / differential compounding, counter-compounding *n*
Gegen·sollwert *m* / current set value || ~**spannen** *v* / counterclamp || ⸱spannung *f* / back-e.m.f. *n*, counter-e.m.f. *n* || ⸱spannung *f* (Erregung) / negative field voltage || ⸱spindel *f* / counterspindle *n* || ⸱spindel (**GSP**) *f* / counterspindle (CSP) *n* || ⸱sprechsystem *n* / two-way intercom system
Gegenstand *m* DIN 4000,T.1 / article *n* || **Mess~** *m* / measuring object || **Prüf~** *m* / test item
Gegenstandsgruppe *f* DIN 4000, T.1 / group of articles, category *n*
Gegen·station *f* / remote station, opposite station, adjacent substation || ⸱stecker *m* / mating connector, straight female connector, complementary connector || ⸱stecker mit Buchsenkontakten / mating connector with female contacts || ⸱stelle *f* / partner *n*, remote partner || ⸱strahlfluter *m* / reflection floodlight

Gegenstrom *m* / reverse current, counter-current *n*, current of negative phase-sequence system || ⁓ *m* (Erregung) / negative field current || ⁓**bremse** *f* / plugging *n* || ⁓**bremsen** *f pl* / reverse current braking, reversing *n* || ⁓**bremsen** *n* (durch Umpolen) / braking by plugging, plugging *n*, plug braking, braking by reversal || ⁓**bremsschaltung** *f* / plugging circuit || ⁓**bremsung** *f* (Gleichstrommasch.) / regenerative braking || ⁓**bremsung** *f* (Asynchronmasch.) / braking by plugging, plugging *n*, plug braking, braking by reversal || ⁓**erregung** *f* / negative excitation, counter-excitation *n* || ⁓**kühler** *m* / counter-current heat exchanger || ⁓**kühlung** *f* / counter-flow cooling, counter-flow ventilation || ⁓**übertragung** *f* / differential current mode transmission || ⁓**wärmetauscher** *m* / counter-current heat exchanger

Gegenstück *n* / counterpart *n*, complementary unit, complementary accessory, mating component

Gegensystem *n* / negative phase-sequence system, negative-sequence network || ⁓-**Leistung** *f* / negative-phase-sequence power, negative-sequence power || ⁓**spannung** *f* / negative sequence voltage

Gegentakt *m* / alternating operation || ⁓**ausgang** *m* / push-pull output || ⁓**betrieb** *m* / push-pull operation || ⁓-**B-Verstärker** *m* / push-pull Class B amplifier || ⁓**eingang** *m* / push-pull input || **Betrieb mit ⁓eingang und Eintaktausgang** / push-push operation || ⁓**einkopplung** *f* / differential mode coupling (DMC) || ⁓**spannung** *f* / normal-mode voltage, differential-mode voltage, series-mode voltage || ⁓-**Störspannung** *f* / normal-mode interference voltage, series-mode interference voltage, *m* differential-mode interference voltage || ⁓**störung** *f* / series-mode interference, normal-mode interference, differential-mode interference, series-mode noise || ⁓**transformator** *m* / push-pull transformer || ⁓-**Überspannung** *f* / differential-mode overvoltage, series-mode overvoltage, normal-mode overvoltage || ⁓**unterdrückung** *f* / normal-mode rejection, series-mode rejection || ⁓**unterdrückungsverhältnis** *n* / normal-mode rejection ratio (NMRR) || ⁓**verstärker** *m* / push-pull amplifier || ⁓**zerhacker** *m* / push-pull chopper

Gegenüber·aufstellung *f* / face-to-face arrangement || ⁓**stellung** *f* / comparison *n*

Gegenuhrzeigersinn *m* / anti-clockwise direction, counter-clockwise direction || **im ⁓** / counter-clockwise *adj* (CCW), anticlockwise *adj*, in the counterclockwise direction of rotation

Gegenunwucht *f* / counter-weight *n*

Gegenverbund·erregung *f* / differential excitation || ⁓**maschine** *f* / differential compound machine, differentially-wound machine, counter-compound machine, reverse-compound machine || ⁓**wicklung** *f* / differential compound winding, counter-compound winding, reverse-compound winding

Gegen·verkehr *m* / oncoming traffic, two-way highway, contraflow, opposing traffic || ⁓**wagen** *m* / counter carriage

gegenwärtig, der ~e Stand der Technik / present state of the art

Gegenwartswert der Verlustkosten / present value of cost of losses (GB), present worth of cost of losses (US)

Gegen·wendel *f* / binder tape || ⁓**wicklung** *f* / differential compound winding, counter-compound winding, reverse-compound winding || ⁓**windung** *f* / back-turn *n* || ⁓**wirkleitwert** *m* / transconductance *n* || **~zeichnen** *v* / countersign *v* || ⁓**zeichnung** *f* / countersignature *n* || ⁓**zelle** *f* / counter-cell *n*, counter-e.m.f. cell, counter cell

geglättet *adj* / smoothed *adj*, **~er Ausgangswert** / filtered (o. smoothed) output || **~er Strommesspunkt** / filtered current measuring point

gegliedert *adj* / structured *adj*, classified

gegossen *adj* / cast *adj*

gegurtet *adj* / belt linked || **~e Bauteile** / taped components || **~es Bauteil** *n* (Bauelement, das in einem Gurt angeliefert und mit Hilfe eines Gurtförderers der Bestückung zugeführt wird) / taped component

GEH (GEHEN) / cleared *adj*, CLE (CLEARED)

geh. / hardened *adj*

Gehalt an aromatisch gebundenem Kohlenstoff (Isolierflüssigk.) / aromatic carbon content || **⁓ an aromatisch gebundenem Kohlenwasserstoff** (Isolierflüssigk.) / aromatic hydrocarbon content

gehalten sein / be required

Gehalts·band *n* / salary grade || ⁓**paket** *n* / salary package || ⁓**rahmen** *m* / salary structure || ⁓**spanne** *f* / spread of salary || ⁓**stufe** *f* / salary step

gehämmert *adj* / hammered *adj*

Gehänge *n* / hanger system || ⁓**förderer** *m* / telpher line

gehärtet *adj* / hardened *adj*, semi-automatic centering (SAC) || **~er Stahl** / hardened steel || **~es Glas** / tempered glass

Gehäuse *n* / housing *n*, enclosure *n*, case *n*, casing *n*, box *n*, body *n* || ⁓ *n* (SPS-Geräte, Baugruppenträger) / subrack *n* || ⁓ *n* / package *n* || ⁓ *n* (f. Halbleiterbauelemente) DIN 41870 / outline *n* || ⁓ *n* (el. Masch.) / housing *n*, enclosure *n*, frame *n*, carcase *n* || ⁓ *n* (Schrank) / cabinet *n*, cubicle *n* || ⁓ *n* (Kasten) / box *n* || ⁓ *n* (elST-Geräte) / housing *n* || ⁓ *n* (Kondensator) VDE 0560,4 / container *n* IEC 70 || ⁓ *n* (WZ-Maschinensteuerung) VDE 0113 / enclosure *n* IEC 204, control enclosure || ⁓ *n* (Fassung) / shell *n* || ⁓ *n* / case *n* || ⁓ *n* VDE 0660, T.500 / enclosure *n* IEC 439-1 || ⁓ *n* / envelope *n* || ⁓ **mit Bestückung nach Wahl** *adj* / enclosure with choice of equipment || **integriertes ⁓** (Gehäuse, das Konstruktionselement eines Gerätes ist) / integral enclosure

Gehäuse·abdeckung *f* / case cover, enclosure cover || ⁓**abstrahlung** *f* IEC 50(161) / cabinet radiation || ⁓**anschluss** *m* (Kondensator) / container connection || ⁓**ausführung** *f* / housing design || ⁓**bauform** *f* / enclosed assembly IEC 439-1 || ⁓**betriebstemperatur** *f* / case operating temperature || ⁓**boden** *n* / enclosure bottom, case bottom || ⁓**deckel** *m* / housing lid, VDE 0418 cover *n* IEC 1036, case cover, enclosure cover || ⁓**deckelhälfte** *f* / half of case cover || ⁓**dimension** *f* / package dimension || ⁓**einheit** *f* / housing unit || ⁓**einschub** *m* / enclosure insert || ⁓**erde** *f* / chassis earth || ⁓**farbe** *f* / housing color

Gehäuseform (GF) *f* / body type || ⁓-**Auswahl (GF-Auswahl)** *f* / package form selection || ⁓-**Beschreibung (GF-Beschreibung)** *f* / package

Gehäuse 344

form description || ⟨-**Bibliothek (GF-Bibliothek)** *f* / package form library || ⟨-**Datei (GF-Datei)** *f* / package form file || ⟨-**Daten (GF-Daten)** *f* / package form data || ⟨-**Datenkonvertierung (GF-Datenkonvertierung)** *f* / package form data conversion || ⟨-**Editor (GF-Editor)** *m* / package form editor || ⟨-**Liste (GF-Liste)** *f* / package form list || ⟨-**Modell (GF-Modell)** *n* / package form mode || ⟨-**Nummer (GF-Nummer)** *f* / package form number || ⟨-**Referenz (GF-Referenz)** *f* / package form reference || ⟨-**Spektrum (GF-Spektrum)** *n* / range of component package forms || ⟨-**Typ (GF-Typ)** *n* (Bauform des BE-Gehäuses, z.b. PDC, regelmäßiges FDC, unregelmäßiges FDC oder BGA) / package form type
Gehäuse·fuß *m* (el. Masch.) / frame foot, mounting foot, housing foot || **strömungstechnische ⟨gestaltung** / body design concerning flow || ⟨**gestell** *n* (el. Masch.) / skeleton frame || ⟨**größe** *f* / housing size, case size, enclosure size, frame size, size of housing || ⟨**größen** *f pl* / casing sizes || ⟨**grundhälfte** *f* / case half of base || ⟨**hälfte** *f* / enclosure half || ⟨**innentemperatur** *f* / inside temperature of the housing || ⟨**innenwand** *f* / housing inner wall
Gehäuse·kapazität *f* DIN 41745 / capacitance to frame || ⟨**kappe** *f* / case front, enclosure cover, case cover || ⟨-**Koppelung** *f* / enclosure *n* || ⟨**komponente** *f* / housing component || ⟨**konzept** *n* / housing concept || **~los** *adj* / with no housing || ⟨**material** *n* / component package material || ⟨-**Oberseite** *f* / upper enclosure || ⟨**oberteil** *n* / bonnet *n*, enclosure top part || ⟨**rücken** *m* (el. Masch.) / stator back, frame back
Gehäuse·satz *m* / housing set || ⟨**schale** *f* / housing shell || ⟨**schild** *n* (el. Masch., ohne Lager) / fender *n*, end guard || ⟨**schild** *n* (el. Masch.) / end shield, end plate || ⟨-**Schirm-Durchgangswiderstand** *m* DIN 41640 / housing-shell contact resistance || ⟨**schraube** *f* / casing screw || ⟨**schutzart** *f* / enclosure rating || ⟨**schwingung** *f* / casing vibration || **absolute ⟨schwingungen** (Turbine) / absolute casing vibration || ⟨**segment** *n* / housing segment (segment: any of the parts into which something can be divided) || ⟨**seite** *f* / side of the enclosure || ⟨**sockel** *m* / enclosure base || ⟨**stirnwand** *f* / end wall || ⟨**stutzen** *n* / housing gland || ⟨**system** *n* / housing system || ⟨**teil** *n* / enclosure part || ⟨**teile** *n pl* / housing components || ⟨**teilfuge** *f* (el. Masch.) / frame joint, frame split, frame parting line || ⟨**tiefe** *f* / housing depth || ⟨**tubus** *n* / housing || ⟨**- und Drosselkörperkonstruktion** *f* / body and plug design || ⟨**untersatz** *m* / enclosure pedestal || ⟨**unterschale** *f* / bottom enclosure shell || ⟨**unterseite** *f* / underside of the housing || ⟨**unterteil** *n* VDE 0418 / base *n* IEC 1036, bottom part of case, lower part of enclosure || ⟨-**Unterteil** *n* / enclosure base part || ⟨**verdrahtung** *f* / enclosure wiring || ⟨**wanddicke** *f* / wall thickness of body || ⟨**wandung** *f* / wall of body || ⟨**werkstoff** *m* / housing *n* || ⟨**zubehör** *n* / housing accessories
Gehe zu / go to
geheftet *adj* / tacked *adj*
geheimer Schlüssel (Schlüssel, der nur von einer begrenzten Anzahl von Personen für Verschlüsselung und Entschlüsselung zu benutzen ist) / secret key
GEHEN (GEH) / cleared *adj*, CLEARED (CLE)
gehende Meldung / outgoing message, back-to-normal message
gehobelt *adj* / planed *adj*
gehobene Ausführung / heavy-duty design || **~ Bürotätigkeit** *f* / white-collar *n*
gehont *adj* / honed *adj*
Gehörschutz *m* / hearing protection
gehren *v* / bevel *v*, chamfer *v*
Gehrung *f* / mitre *n*, bevel *n*, miter
Gehrungs·schnitt *m* / miter cut || ⟨**schweißen** *n* / angle welding || ⟨**verstellung** *f* / miter angle adjustment
Geh.seite *f* (Gehäuseseite) / package side
Gehsteig *m* / walkway *n*, pavement *n*, sidewalk *n*
geht / cleared *adj*, CLEARED (CLE)
Gehweg *m* / footway *n* (GB), pavement *n* (GB), sidewalk *n* (US) || ⟨**platte** *f* / footway flag *n*, walkway flag *n*
Geiger-Müller-Bereich *m* / Geiger region || **°-Schwelle** *f* / Geiger threshold
Geisterschicht *f* / ghost shift
gekapselt *adj* / encapsulated *adj* || **~** *adj* / enclosed *adj*, clad *adj* || **~** *adj* (Blech) / metal-enclosed *adj* || **~** *adj* (Guss) / iron-clad *adj* || **~** *adj* (Isolierstoff) / insulation-enclosed *adj*, plastic-clad *adj* || **~** *adj* (Kunststoff) / plastic-enclosed *adj*, plastic-clad *adj* || **~** *adj* (vergossen) / encapsulated *adj* || **~e Lasereinrichtung** VDE 0837 / embedded laser product IEC 825 || **~e Maschine** / sealed machine IEC 50(411) || **~e Sammelschiene** / enclosed busbar (s), metal-enclosed bus || **~e Sammelschiene mit abgeteilten Phasen** / segregated-phase bus || **~e Schaltgerätekombination** / enclosed assembly (of switchgear and controlgear) || **~e Wicklung** (el. Masch.) VDE 0530, T.1 / encapsulated winding IEC 34-1 || **~er Classifier** / encapsulated classifier || **~er Positionsschalter** / enclosed position switch || **~er Schalter** / enclosed switch || **~er Schmelzeinsatz** / closed-fuse link || **~er Sicherungseinsatz** / closed-fuse link || **~er Starter** / encapsulated starter || **~es Modul** DIN IEC 44.43 / encapsulated module
gekennzeichnet *adj* / marked *adj* || **~e Betrachtungseinheit** / stamped item
gekerbt *adj* / notched *adj*
geketteter Betrieb (MMC) / chained mode
gekippt *adj* / stalled *adj*
gekittet *adj* / puttied *adj*
geklammertes Blechpaket / clamped laminated core
geklebt *adj* / bonded *adj* || **~es Diagonalschnittgewebe** / stuck bias-cut fabric
geklemmt *adj* / jammed *adj* || **~e Spannung** / clamped voltage
geknickt *adj* / bent || **~e Beschleunigungskennlinie** / knee-shaped acceleration characteristic || **~e Kennlinie** / knee-shaped characteristic
gekonterte Zeichnung / reversed drawing
gekoppelt, induktiv ~ / inductively coupled || **~e Bewegung** / coupled motion || **~e Mode** / coupled mode || **~e Schwingung** / coupled mode || **~er Betrieb** (SPS-Einheiten) / linked operation || **~er Empfangslocher und Streifenleser** / coupled reperforator and tape reader
gekörnt *adj* / centre punched
gekreuzt·e Schaltstellung / crossed position || **~e**

Wicklung / retrogressive winding || **~es**
Tragbild / cross bearing surface
gekröpft·e Anschlussklemme / offset terminal || **~e Anschlussschiene** / offset connecting bar || **~e Ladebrücke** / depressed platform || **~e Spule** / cranked coil || **~er Leiter** (Maschinenwickl.) / cranked strand
gekühlte Abstellfläche / refrigerated shelf area
gekuppelt, elastisch ~ / flexibly coupled || **mechanisch ~** / ganged *adj*, linked *adj* || **starr ~** / solidly coupled, solid-coupled *adj* || **~er Schalter** / ganged switch, linked switch
gekürzt *adj* / shortened *adj*
Gel *n* / gel *n*
geladen *adj* / charged *adj*
Gelände·aufnahme *f* / topographic survey || ♁**form** *f* / lie of the land, lay of the land || ♁**höhe** *f* / grade *n*, ground level, ground elevation, grade level, grade elevation || ♁**oberfläche** *f* / ground surface, grade *n* || ♁**plan** *m* / plot plan || **Netz-**♁**plan** *m* / network map
Geländer *n* / railing *n*, handrail *n* || ♁**leuchte** *f* / parapet luminaire
Gelände·verlauf *m* / terrain *n* || ♁**wagen** *m* / off-the-road car
geläppt *adj* / lapped *adj*
gelb *adj* / yellow *adj*, yel *adj* || **~chromatisieren** *v* / yellow-passivize *v* || **~e Doppellinie** / yellow doublet
Gelb·filter *n* / yellow filter || ♁**linie** *f* / yellow boundary || ♁**zeit** *f* / concurrent ambers
Gelchromatographie *f* / gel chromatography, gel permeation chromatography
Geld·börseninhaber *m* / purse holder || ♁**er beantragen** / apply for funding || ♁**saldo** *n* / balance of money, cash balance, net cash from operations
gelegentlich falsch *adj* / spurious *adj* || **~e Adaption** (adaptive Reg.) / occasional adaptation
geleimt *adj* / glued *adj*
Gelenk *n* / linkage joint, link *n* || ♁ *n* (Welle) / articulated joint, articulation *n* || ♁**arm** *m* / articulated arm, jointed arm || ♁**armkinematik** *f* / jointed arm kinematics || ♁**armroboter** *m* / jointed-arm robot, articulated-arm robot
Gelenk·band *n* / joint hinge || ♁**bolzen** *m* / joint pin, link pin, hinge pin, knuckle pin || ♁**bus** *f* / articulated bus || ♁**getriebe** *n* / link mechanism, linkage *n*, linkage system
Gelenk·kette *f* / link mechanism, linkage *n* || ♁**kupplung** *f* / articulated coupling, universal coupling || ♁**lenker** *m* / jointed guidance arm, hinged guide rod || **Werkplatz-**♁**leuchte** *f* / bench-type adjustable luminaire || ♁**punkt** *m* / hinge point, pivot *n*, (articulated) joint || ♁**roboter** *m* / jointed-arm robot, articulated robot
Gelenk·schere *f* (Greifertrenner) / pantograph *n* (system), lazy-tongs system || ♁**spindel** *f* / articulated spindle || ♁**stabaufhängung** *f* / joint rod suspension || ♁**stange** *f* / joint rod || ♁**stangenkopf** *m* / articulated actuator head || ♁**stift** *m* / hinge pin
gelenkte Instandhaltung / controlled maintenance
Gelenk·viereck *n* / four-bar linkage, link quadrangle, link quadrangle, rocker mechanism || ♁**welle** *f* / cardan shaft, articulated shaft
gelernter Arbeiter / skilled worker

Gelfett *n* / grease containing inorganic thickeners
geliefert ab Schiff *adj* / DES *adj* (Incos)
gelieren *v* / gel *v*, gelatinize *v*
Gelier·punkt *m* / gel point || ♁**zeit** *f* / gel time
gelistet *adj* / listed *adj*
gelocht *adj* / perforated *adj*, punched *adj* || **~er Holm** / perforated bar, perforated stay
gelöschtes Netz / resonant-earthed system, compensated system, ground-fault-neutralizer-grounded system, arc-suppression-coil-earthed system, system with arc-extinction coil
gelöster Sauerstoff / DO
gelötet *adj* / soldered *adj* || **~e Polspule** / fabricated field coil
Gel-Permeations-Chromatographie *f* / gel permeation chromatography
gelten *v* / apply *v*
Geltungs·bereich *m* / validity *n*, scope *n* || ♁**bereich** *m* (Norm) / scope *n* || ♁**dauer** *f* / validity time
GEM / generic equipment model (GEM) || ♁ **Defaults** / GEM defaults (default settings for the GEM interface)
gemäß / as || **~ AS-i Spezifikation** *f* / according to AS-i specification || **~ AS-Interface Spezifikation** *f* / according to AS-Interface specification || **~ den Standards der Sicherheitstechnik** / in accordance with established safety procedures || **~ DIN** / to DIN || **~ DIN EN** / to EN || **~ DIN EN ISO** / to EN ISO, to ISO || **~ DIN VDE** / to DIN VDE
gemäßigt·e Zone / temperate region || **~es Klima** / temperate climate
gemauert *adj* / masonry-enclosed *adj*
Gemeinkosten *plt* / overheads *plt*, indirect costs
gemeinsam *adj* / common *adj*, shared *adj* || **~ geschirmtes Kabel** / collectively shielded cable || **~ schalten** / operate in unison || **~ vereinbarte Kennzeichnung** (Kabel) VDE 0281 / common marking || **~e Abnehmerleitung** / common trunk (line) || **~e Aderumhüllung** (Kabel) / inner covering || **~e Adresse der ASDU** (EN 60870-5-6) / common address of ASDU (CASDU) || **~e Daten** / shared data || **~e Datenhaltung** / common data management || **~e Datenleitung** / shared data channel || **~e Endstelle** (bestimmten Teilnehmern angebotenes Leistungsmerkmal, bei Teilung der zugehörigen Kosten und Gebühren die gleiche Endstelle zu benutzen) / shared terminal || **~e Erdungsanlage** / common earthing system, interconnected grounding system || **~e Grundplatte** / common baseplate || **~e Selektion** / shared selection || **~e signifikante Zeitpunkte** (signifikante Zeitpunkte bei paralleler Übertragung, in denen die Schritte des gleichen Zeichensignals auf allen Kanälen starten) / coherent significant instants || **~e Stromversorgung (GSV)** / common power supply || **~e Wicklung** / common winding, shunt winding || **mehrpoliger Schalter in ~em Gehäuse** / multipole single-enclosure switch || **~er Betrieb von Stromversorgungsgeräten** DIN 41745 / combined operation of power supplies || **~er Bleimantel** / common lead sheath || **~er Gleichstromanschluss** / common d.c. terminal || **~er Rückleiter** / common return || **~er Zweig** (Netzwerk) / common branch, mutual branch || **~es Austauschformat** / Common Interchange Format

Gemeinschafts

(CIF) || **~es Betriebsmittel** / common resource || **~es Bezugspotential** DIN IEC 381 / signal common || **~es Kommunikationsmedium** / shared communication medium || **~es Modell für Anwendungsdienste** (E DIN IEC 57/401/CD) / common application services model (CASM) (IEC/TR 61850-1)
Gemeinschafts·leitung f / party line || ⁓**verkehr** m / multi-point traffic
Gemenge n / mechanical mixture, glass batch || ⁓**anlage** f / mechanical mixture system, mixing plant, batch plant || ⁓**haus** n / mechanical mixture system, mixing plant, batch plant
gemessen·e Größe / measured quantity, measured variable || **~e Zusatzluft Durchflussmenge** / measured throughput of auxiliary air || **~er Überdruck** / gauge pressure || **~er Wert** / measured value
GEM·-GLK / GEM-GLK (GEM global communication) || ⁓**-Host** m / GEM host
gemietete Leitung / leased line
Gemisch, explosionsfähigstes ⁓ / most easily ignitable mixture || ⁓**aufbereitung** f / fuel/air mixing, fuel induction, A/F mixing || ⁓**aufbereitungsanlage** f / fuel-induction system || ⁓**aufbereitungssystem** n / fuel-induction system || ⁓**bildung** f / A/F mixture || ⁓**bildung** f / fuel/air mixing, fuel induction || ⁓**dosierung** f / mixture metering
gemischt *adj* / mixed *adj* || **~e Analog/Digitaltechnik** / analog/digital hybrid technology || **~e Anordnung** (Station) / mixed-phase layout || **~e Axial- und Radialbelüftung** / mixed ventilation || **~e Brücke** / non-uniform bridge || **~e Eingabe-/Ausgabebaugruppe** / mixed I/O module || **~e Einstellung** (M-Einstellung) / mixed regulation (m.r.) || **~e Feldschwächung** / combined field weakening || **~e Reflexion** / mixed reflection || **~e Schaltung** / non-uniform connection || **~e Transmission** / mixed transmission || **~e Wellen- und Schleifenwicklung** / mixed wave and lap winding, retrogressive wave winding || **~e Wicklung** / mixed winding, partly interleaved winding, composite winding || **~e Zirkulation** (Kühlung) / mixed circulation || **~er Halbleiter** / mixed semiconductor || **~er Schaltplan** / mixed diagram || **~er Schwellwert** / mixed-mode threshold || **~er Verkehr** / mixed traffic || **~er Wellentyp** / hybrid wave mode || **~es Bremssystem** (Bahn) / combined braking system
gemittelt *adj* / averaged *adj*
GEM·-Rechner m / GEM computer || ⁓**-Standard** m / GEM standard || ⁓**-Status** m (Status der GEM-Verbindung: 3 Ansichten Zustandsanzeige für SECS-Verbindung, Control-Verbindung und Spooler) / GEM status
gemustert *adj* / patterned *adj*
genähtes Diagonalschnittgewebe / sewn bias-cut fabric
genarbt *adj* / shagreened *adj*
genau *adj* / exact *adj* || **~es Positionieren** / precise positioning
Genau·halt m / exact stop || ⁓**-Halt** m / exact stop, exact positioning ISO 1056 || ⁓**halt fein** / exact stop fine || ⁓**halt grob** / exact stop coarse || ⁓**-Halt, Stufung 1** (fein, NC-Wegbedingung) DIN 66025, T.2 / positioning exact 1 (fine ISO 1056) || ⁓**-Halt, Stufung 2** (mittel, NC-Wegbedingung) DIN 66025, T.2 / positioning exact 2 (medium ISO 1056) || ⁓**haltfenster** n / exact stop window || **feines** ⁓**haltfenster** / fine exact stop window || ⁓**haltgrenze** f / exact stop limit || ⁓**haltgrenze** f (Toleranzbereich) / (exact) stop tolerance range || **feine** ⁓**haltgrenze** / fine exact stop limit || **grobe** ⁓**haltgrenze** / coarse exact stop limit
Genauigkeit f / accuracy n, exactness n, precision n, trueness n || ⁓ f (Zahl, Präzision) / precision n || ⁓ f DIN 55350,T.13 / accuracy n || ⁓ **der Ausgangsspannung** / accuracy of output voltage || ⁓ **im Beharrungszustand** / steady-state accuracy || **Regel~** f / control precision
Genauigkeits·angabe f / accuracy data || ⁓**angaben** f / precision specifications || ⁓**bohrung** f / high-accuracy bore, precision bore || ⁓**grad** m / degree of accuracy || ⁓**grad** m / accuracy grade, accuracy rating || ⁓**grenze** f / accuracy rating || ⁓**grenzen** f pl / precision limits || ⁓**grenzfaktor** m / accuracy limit factor || ⁓**grenzstrom** m / accuracy limit current || ⁓**klasse** f VDE 0418 / class index IEC 1036 || ⁓**klasse** f (Wandler) / accuracy class || ⁓**klasse der Messgrößenaufzeichnung** / accuracy class related to the measured quantity || ⁓**klasse für die Zeitaufzeichnung** (Schreiber) / time-keeping accuracy class, accuracy class related to time-keeping || ⁓**messungen** f pl / precision measurements || ⁓**prüfung** f / accuracy test, test for accuracy || ⁓**schleifen** n / high-precision grinding || ⁓**verlust** m / loss of accuracy, lost significance || ⁓**wert** m / accuracy value
Genaulänge f / precise length
genehmigt *adj* / appointed *adj*, approved *adj* || **~e Änderung** f / authorized change, authorized exchange
Genehmigung f / approval n, authorization n, license n
Genehmigungs·behörde f / licensing authority || **~pflichtig** *adj* / requiring approval || ⁓**verfahren** n / approval procedure || ⁓**vermerk** m / approval || ⁓**zeichnung** f / approval drawing
geneigt·e Arbeitsfläche / tilted working plane (TWP) || **~e Ebene** / oblique plane || **~e Fläche** / tilted plane || **~e Spannweite** / sloping span length || **~es Spannfeld** / sloping span, inclined span
General·abfrage f / general scan, general interrogation, general check || ⁓**abfrage (GA)** f / general interrogation (GI) || ⁓**abfragebefehl** m / general interrogation command || ⁓**adresse** f DIN ISO 3309 / all-station address || **~bevollmächtigter Direktor** / Vice President || ⁓**hauptschließanlage** f / master-pass key system || ⁓**hauptschlüsselanlage** f / passkey system || **~isierter Postprozessor** / generalized postprozessor || ⁓**isierung** f / generalization || ⁓**-Purpose-Placer** m / general purpose placer || ⁓**schalter** m / master switch || ⁓**schließanlage** f / passkey system, master key system, pass key system || ⁓**sperre** f / general lockout || ⁓**überholung** f / general overhaul || ⁓**unternehmer** m / general contractor
Generat n (Ergebnis der Produktion einer Publikation im Dateisystem, z.B. die RTF-Datei, die DOC-Datei, die CHM-Datei) / generated document
Generation f / generation n

Generator *m* / unit *n*, generator *n* || ⁎ *m* / electric generator || ⁎ *m* (zur Generierung von Programmen o. Anweisungsfolgen) DIN 44300 / generator *n* || ⁎ **am starren Netz** / generator on infinite bus || ⁎ **im Alleinbetrieb** / generator in isolated operation || ⁎ **im Inselbetrieb** / generator in isolated operation || ⁎ **mit ausgeglichener Verbunderregung** / level-compounded generator, flat-compounded generator || ⁎ **mit supraleitender Wicklung** / generator with superconducting winding, cryo-alternator, cryogenic generator || ⁎ **mit Überverbunderregung** / overcompounded generator || ⁎ **mit Unterverbunderregung** / undercompounded generator || **aufgesattelter** ⁎ (Bauform A 4) / engine-type generator || **Betrieb als** ⁎ / generator operation, generating *n* || **digitaler Signal~** (Synthesizer) / frequency synthesizer || **steuerbarer** ⁎ / controllable unit || ⁎**ableitung** *f* / generator leads, generator bus, generator connections || ⁎**aggregat** *n* / generating set, engine-generator set, motor-generator set || ⁎**anschlusskasten** *m* / PV generator junction box || ⁎**-Ausgleichsgrad** *m* / generator self-regulation || ⁎**ausleitung** *f* / generator leads, generator bus, generator connections
Generator·betrieb *m* / generator operation, generating *n*, regeneration *n* || ⁎**betrieb** *m* (Energierückgewinnung) / regeneration *n* || ⁎**blech** *n* / electrical sheet steel, electric sheet, magnetic sheet steel || ⁎**bremsung** *f* / rheostatic braking, dynamic braking
Generator·feld *n* / generator control panel, array field || ⁎**feld** *n* (Schrank) / generator (control) cubicle || ⁎**grube** *f* / generator pit, foundation pit || ⁎**gruppe** *f* / generating set, engine-generator unit || **Hochspannungsmesser nach dem** ⁎**prinzip** / generating voltmeter
generatorisch·e Bremsung (ins Netz) / regenerative braking || **~e Bremsung** (mit Widerstand) / rheostatic braking, dynamic braking || **~e Maximalleistung** / maximum regenerative power || **~er Betrieb** / regenerative operation, regenerating, generating, generator operation || **~es Moment** / generator-mode torque, generator torque
Generator·klemme *f* / generator terminal || ⁎**leistung** *f* / generator output, generator rating || ⁎**luftspaltspannung** *f* / rated voltage on generator air-gap line || ⁎**-Metadyne** *n* / metadyne generator || ⁎**nachbildung** *f* / equivalent generator
Generator·satz *m* / generating set, generator set || ⁎**schalter** *m* / generator circuit-breaker || ⁎**schutz** *m* / generator protection || ⁎**schutzschalter** *m* / generator (protection) circuit-breaker || ⁎**seite** *f* (Netz) / sending end || ⁎**sternpunkt** *m* / generator star point || ⁎**tafel** *f* / generator control panel, generator panel || ⁎**teilfeld** *n* / array subsystem || **Prüfung nach dem** ⁎**verfahren** / dynamometric test
Generieranweisung *f* / generation instructions (GEN)
generieren *v* / generate *v* || ⁎ *n* (Generieren von Daten) / generation *n* || ⁎ **und Testen** / generate-and-test
generiert *adj* / generated *adj*
Generierung *f* (Generierung von Daten) / generation *n*
Generika *plt* / generic drugs
generisch *adj* / generic || **~e 5-Achs-Transformation** / generic 5-axis transformation || **~e Kopplung** / generic coupling || **~e Transformation** / generic transformation || **~er Baustein** / generic block (block with a configurable number of inputs) || **~es Lernen** / genetic learning
genibbelt *adj* / nibbled *adj*
genietet *adj* / riveted *adj*
genormt *adj* / standardized *adj*, standard *adj*, normalized *adj* || **~e Bemessungswerte** / standard ratings || **~e Bezugsspannungen** / standard reference voltages || **~er Isolationspegel Leiter gegen Erde** / standard phase-to-earth insulation level || **~er Isolationspegel Leiter gegen Leiter** / standard phase-to-phase insulation level || **~er Master** / standard-compliant master || **~er Stoßstrom** / standard impulse current IEC 60-2 || **~es digitales 64-kbit/s-Signal** / standardized 64 kbit/s digital signal || **~es digitales Signal** / standardized digital signal
Gentex-Netz *n* (Telegrafenwählnetz zwischen Behörden oder anerkannten Betreibergesellschaften zur Bereitstellung eines internationalen Telegrammdienstes) / gentex network
genulltes Netz / TN system, multiple-earthed system (GB), multiple-grounded sytem (US)
genutet *adj* / slotted *adj* || **~e Welle** / shaft with keyway, splined shaft || **~er Anker** / slotted armature
genutzte Fläche / aperture area
GEO (Geometrie) / GEO (geometry)
Geoachs·bezeichner *m* / geometry axis identifier || ⁎**e** *f* / geometry axis, geo axis || ⁎**tausch** *m* / geo axis replacement
geodert *adj* / combined for logic OR, OR-gated, ORed
geöffnet, maximal ~ / in open position, at full stroke || **voll ~** / in open position, at full stroke
geölt *adj* / oiled *adj*
Geometrie *f* (GEO) / geometry *n* (GEO) || **gerichtete** ⁎ / oriented geometry || **globale** ⁎ / global geometry || **variable** ⁎ / variable geometry || ⁎**achse** *f* / geometry axis, geo axis || **umschaltbare** ⁎**achsen** / switchable geometry axes || ⁎**daten** *plt* / geometry data, geometric data || ⁎**definition** *f* / geometry definition || ⁎**editor** *m* / geometry editor || ⁎**element** *n* / geometry element || ⁎**fehler** *m* / geometric distortion, picture geometric fault || ⁎**feinheit** *f* / geometry resolution || ⁎**hilfe** *f* / geometry help || ⁎**messung** *f* / geometric measurement || ⁎**prozessor (GP)** *m* / geometry processor (GP) || ⁎**rechner** *m* / geometry computer || ⁎**sprache** *f* / geometry language || ⁎**verarbeitung** *f* / processing of geometric data || ⁎**verschiebung** *f* / geometry offset || ⁎**verzerrung** *f* / geometry distortion, geometry error || ⁎**werte** *m pl* / geometrical data
geometrisch unbestimmt / geometrically indeterminate || **~ unvollständig orientierter Gegenstand** / incompletely oriented object, geometrically speaking ISO 1503 || **~e Addition** / vector addition || **~e Angaben** / geometrical data || **~e Ausbreitungsdämpfung** / spreading loss || **~e Definition** / geometric definition || **~e Information** / geometrical data || **~e Lageinformation** / geometric positioning data || **~e Orientierung** / geometrical orientation || **~e**

geopotentieller

Summe / root sum of squares || **~e Verteilung** / geometric distribution || **~er Durchschnittswert** / root-mean-square value, r.m.s. value || **~er Fehler** / geometrical error || **~er Fluss** / geometric extent || **~er Leitwert** (eines Strahlenbündels) / geometric extent || **~er Mittelwert** / geometric mean || **~er Ort** / geometrical locus || **~es Mittel** / geometric mean || **~es Modellieren** / geometric (o. solid) modeling || **~vollständig orientierter Gegenstand** / fully oriented object, geometrically speaking ISO 1503
geopotentieller Normmeter / standard geopotential metre
geordnete Belastungskurve / ranged load curve, load duration curve
geothermisch·e Energie / geothermal energy || **~es Kraftwerk** / geothermal power station, geothermal power plant
gepaart adj / paired adj
Gepäckraumbeleuchtung f / luggage booth light
gepackt adj / packed adj || **~e binär-codierte Dezimalzahl** / packed binary coded decimal figure || **~e Säule** (Chromatograph) / packed column
geplante Leistung / design power, design rating || **~ Nichtverfügbarkeit** / scheduled outage, planned outage || **~ Nichtverfügbarkeitsdauer** / scheduled outage time, planned outage time, planned unavailability time || **~ Unterbrechung** / scheduled interruption || **~ Wartung** / scheduled maintenance
gepolt adj / leaded adj, poled adj || **~er Kondensator** / polarized capacitor || **~es Relais** / polarized relay, polar relay (US) || **~es Relais mit doppelseitiger Ruhelage** / side-stable relay || **~es Relais mit einseitiger Ruhelage** / magnetically biased polarized relay
geprägt adj / stamped adj
gepresst adj / pressed adj, molded adj || **~e gemeinsame Aderumhüllung** / extruded inner covering || **~er Aluminiummantel** / extruded aluminium sheath
geprüft adj (Prüfen = feststellen, ob einer Bedingung genügt wird) / approved adj, appr. adj, tested adj || **~ mit** adj / checked with || **~e Anschlusszone** VDE 0101 / verified terminal (o. connection) zone || **~e Qualität** / as-inspected quality || **~e Siemens Qualität nach DIN ISO 9001** / Siemens quality to DIN ISO 9001 || **~es RQ** / tested RQ
gepuffert adj / buffered adj || **~** adj (durch Batterie) / battery-backed adj, with battery back-up || **~e Daten** EN 61131-3 / retentive data (data stored in a way that its value remains unchanged after a power down/power up sequence) || **~e Variable** / retentive variable || **~er Parameterbereich** / buffered data || **~es Feld** (SPS-Programm) / retentive array || **~es RAM** / buffered RAM
gepulster Stromrichter / impulse-commutated converter
gepunktet adj / dotted adj
geputzt adj / fettled adj
gequetscht adj / pinched adj
Gerade f / straight line, line n
gerade adj / straight adj, even adj || **~ (noch) zulässig** / just admissible || **~ abfahren** / exit in straight line
Gerade anfahren / approach in straight line
gerade Nut / straight slot, unskewed slot, unspiraled slot

Gerade Polar / line polar
gerade Spule / straight coil || **~ Straßen-Strecke** / straight run || **~ Strecke** / linear path, linear span, straight line || **~ Verschraubung** / straight coupling || **~ Verzahnung** / straight toothing || **~ Weg-Strecke** / straight run || **~ Zange mit Seitenschneider** / plier with side cutter || **~ Zeichenzahl** / even number of characters || **~ ziehen** / straighten v || **schräge** ⦜ / oblique straight line
Gerade·ausantrieb m / non-reversing drive, unidirectional drive || ⦜**schaltung** f / linear connection, linear cycle || ⦜**stecker** m / straight plug || ⦜**ziehmaschine** f / straight-lined wire drawing machine
Gerade--Glied n DIN 40700, T.14 / even element IEC 117-15, parity element, even n IEC 117-15 || ⦜**kreisbogen** f / straight line-arc || ⦜**-Kreisbogen** m (NC-Funktion) / straight-line-circle n, straight-circle n
Geraden·gleichung f / line equation, equation of a straight line, linear equation || ⦜**interpolation** f / linear interpolation || ⦜**interpolator** m / linear interpolator || ⦜**kennlinie** f / straight-line characteristic, linear characteristic curve
gerader Mast (Lichtmast) / post-top column || **~ Schienenkasten** / straight busway section, straight length (of busbar trunking), straight trunking unit || **~ Stecker** / straight connector || **~ Strang** / straight line
geraderichten v / straighten v, align v
gerades Thermoelement / straight-stem thermocouple
Gerad·heit f / straightness n || ⦜**heit der Längskante** (Blech) / edge camber || ⦜**kantenbearbeitung** f / straight-edge machining
geradlinig·e Bewegung / straight motion, linear motion, rectilinear motion || **~e Kommutierung** / linear commutation || **~e Ordinate** / rectilinear ordinate || **~er Leuchtdraht** / straight filament
Geradschleifer m / straight grinder
geradstirniger Flachkeil / flat plain taper key || **~ Keil** / plain taper key || **~ Vierkantkeil** / square plain taper key
Geradstirnrad n / spur wheel
geradverzahntes Stirnrad / spur gear
Geradverzahnung f / spur toothing
gerahmte Flachbaugruppe / framed printed-board unit, framed p.c.b. || **~ Steckplatte** / framed printed-board unit, framed p.c.b. || **~ Steckplatte mit Blöcken** / framed printed-board unit with potted blocks || **~s Modul** / framed module
gerändelt adj / knurled adj, straight knurled || **~e Sicherungsmutter** (o. Kontermutter) / milled-edge lock nut
gerasterte Farbe / half-tone color
gerastet·e Stellung / latched position IEC 3372A || **~er Druckknopf** / latched pushbutton IEC 337-2
Gerät n / terminal n || ⦜ n (Einzelgerät) / item of equipment (o. of apparatus) || ⦜ n (Installationsgerät) / accessory n, device n || ⦜ n (Haushaltgerät) / appliance n || ⦜ n (Ausrüstung) / equipment n || ⦜ n (Teil einer Einheit eines Rechnersystems, kleinste von Programmen ansprechbare Komponente) / device n || ⦜ n (Ausrüstung) / apparatus n, gear n || ⦜ **bereit** / device ready || ⦜ **der Schutzklasse I** / class I

Geräte

appliance || ≈ **für Faserlichtleiter** / sensor for fiber-optic conductors || ≈ **ist schreibgeschützt** / device is write protected || ≈ **mit elektromotorischem Antrieb** / electric motor-driven appliance, electric motor-operated appliance, motor-driven appliance || ≈ **mit veränderlicher Leistungsaufnahme** VDE 0860 / variable consumption apparatus IEC 65 || ≈ **nicht bereit** / device not ready || ≈ **rücksetzen** / device clear(ing)
Gerät, dienstanforderndes ≈ (Bussystem) / client *n* || **eigenständiges** ≈ / stand-alone unit, self-contained unit || **elektrisches** ≈ / electrical installation device || **fremdes** ≈ / third-party device, device of other manufacture, non-company device || **Laser~** *n* VDE 0837 / laser system IEC 825 || **logisches** ≈ (LG) / logical device || **logisches** ≈ **- Unterstation** / logical device - substation || **logisches** ≈ **- Zentrale** (LGZ) / logical device - master station || **selbstständiges** ≈ / standalone peripheral
Geräte *n pl* (Ausrüstung) / equipment *n*, apparatus *n*, gear *n* || ≈ *n pl* VDE 0660,T.101 / devices *n pl* IEC 1571 || **allgemein** / general devices || **komplexe** ≈ / complex devices || **periphere** ≈ / I/O devices || ≈**abbild** *n* / equipment image || ≈**abgleich** *m* / recalibration of the device || ≈**adapter** *m* / device adapter, equipment adapter || ≈**adresse** *f* / device address || ≈**ankopplung** *f* / device interfacing, unit interfacing || ≈**anlagennummer** *f* / equipment system number || ≈**anschaltung** *f* / device interfacing, unit interfacing
Geräteanschluss *m* / device connection || ≈ **PE** / unit connection PE, unit terminal PE || ≈**dose** *f* / outlet box, wall box with terminals || ≈**leitung** *f* / unit, power cable, appliance cord, device supply line || ≈**leitung** *f* VDE 0700, T.1 / detachable flexible cable (o. cord) IEC 335-1 || ≈**leitung** *f* (Leuchte) / appliance coupler IEC 598 || ≈**leitung** *f* (m. Gerätesteckdose) / cord set IEC 320 || ≈**leitung** *f* VDE 0806 / detachable cord IEC 380 || ≈**schnur** *f* / appliance coupler IEC 598 || ≈**teil** *n* (am Gerät angebrachtes Teil eines steckbaren Kabelanschlusses) / bushing *n*, female connector
Geräte·ansicht *f* / view of unit || ≈**anzeige** *f* / device condition code, device display || ≈**aufbau** *m* / hardware configuration || **zweizeiliger** ≈**aufbau** / two-tier configuration || ≈**aufträge** *m pl* / device orders || ≈**ausfall** *m* / hardware failure || ≈**ausführung** *f* / unit version, device version, version *n* || ≈**ausrüstung** *f* / instrumentation *n* || ≈**auswahl** *f* / equipment selection, selection of equipment || ≈**bau** *m* / toolbuilding || ≈**befestigung** *f* / device mounting || ≈**bereich** *m* (Bereich, der durch die Menge aller adressierbaren Punkte eines Anzeigegeräts definiert ist) / device space || ≈**beschreibungsdatei** *f* / device description file || ≈**bestimmung** *f* / product standard || ≈**bestückung** *f* / inal equipment, terminal equipment || ≈**Betriebsjahre** / unit-years || ≈**bezeichnung** *f* / equipment designation
gerätebezogen *adj* / device relative, device-specific || **~e Diagnose** / device-specific diagnostics
Geräte·block *m* / device block, physical block || ≈**blockschaltbild** *n* / device block switch diagram || ≈**breite** *f* / device width || ≈**buchse** *f* / device socket || ≈**bus** *m* / drive bus, unit bus, device bus || ≈**container** *m* / device container || ≈**darstellungsfeld** *n* (Bildschirm-Arbeitsplatz) / workstation viewport || ≈**datenerfassung** *f* / Equipment Data Acquisition (EDA) || ≈**montage** *f* / disassembly of the device || ≈**diagnose** *f* / device diagnostics || ≈**disposition** *f* / equipment layout || ≈**disposition** *f* (auf Schalttafel) / panel layout || ≈**dispositionsplan** *m* / location diagram || ≈**dose** *f* / switch and socket box, device box, switch box, wall box, socket box
Geräte·ebene *f* / device level || ≈**eigenschaft** *f* / device characteristic || ≈**eigenschutz** *m* / intrinsic device protection || ≈**einbau** *m* / device installation || ≈**einbaueinheit** *f* / component mounting unit || ≈**einbaukanal** *m* / wiring and accessory duct(ing), multi-outlet assembly || ≈**-Einbauraum** *m* / component fitting space || ≈**Einbautiefe** *f* / device mounting depth || ≈**eingabepuffer** *m* / PLC input buffer || ≈**einsatz** *m* (I-Schalter) / contact block (with mounting plate), accessory frame, insert || ≈**einschub** *m* / withdrawable unit, plug-in unit || ≈**einstelltexte** *m* / device setting texts || ≈**einstellungen** *f pl* / device settings || ≈**elektronik** *f* / device electronic || ≈**entzerrung** *f* / equipment equalization || ≈**erde** *f* / unit ground || ≈**fach** *n* / device compartment, switching device compartment || ≈**familie** *f* / device family
Gerätefehler *m* / device error, controller error, processor malfunction, CPU malfunction, PLC malfunction || ≈ *m* (Schutzsystem) IEC 50(448) / hardware failure || ≈**meldung** *f* / device error message || ≈**meldung** *f* / equipment failure information
Geräte·fenster *n* (Bildschirm-Arbeitsplatz) / workstation window || ≈**-Firmware (Geräte-FW)** *f* / device-firmware (device-FW) || ≈**funktion** *f* / device function || ≈**-FW** *f* (Geräte-Firmware) / device-FW (device-firmware) || ≈**gehäuse** *n* / instrument case || ≈**gestell** *n* / apparatus rack || ≈**gleichheit** *f* / device equality || **~globale Variable** / global device variable || ≈**grenzstrom** *m* / maximum converter current, maximum current || ≈**gruppe** *f* / cluster *n* || ≈**gruppen auslösen** DIN IEC 625 / group execute trigger (GET) || ≈**halterung** *f* / switching device holder, console *n*
Gerätehandbuch *n* (SPS) / instruction manual || ≈ *n* (GH, GHB) / manual *n*, product manual, equipment manual
Geräte·-ID *n* / device ID || ≈**impedanz** *f* VDE 0838, T. 1 / appliance impedance || ≈**information** *f* / device information || ≈**installation** *f* / device installation || ≈**integrationstest** *m* / device integration test || ≈**kanal** *m* / wiring and accessory duct(ing), multi-outlet assembly || ≈**kasten** *m* (Leuchte, f. Vorschaltgeräte) / ballast enclosure, control gear enclosure (luminaire), ancillary equipment unit || ≈**kennung** *f* / device code, device identifier, device ID || ≈**kennzeichen** *n* / device identifier, device identification || ≈**kennzeichenschild** *n* / device label || ≈**kennzeichnung** *f* / device designation, item designation IEC 113-2, device marking (the function of marking a device), device labeling ||

Geräte

⁓**kennzeichnungsschild** *n* / unit labeling plate, device label || ⁓**klasse** *f* / device class || ⁓**klemme** *f* / appliance terminal, device terminal || ⁓**kombination** *f* / device combination, unit combination, equipment combination || ⁓**konfiguration** *f* / unit configuration, device configuration || ⁓**koordinate** *f* / device coordinate || ⁓**kopplung** *f* / unit interface || ⁓**kopplung** *f* / device interfacing, unit interfacing || ⁓**kosten** *plt* / device costs || ⁓**lüfter** *m* / equipment fan || ⁓**montage** *f* / mounting of the device || ⁓**nachricht** *f* DIN IEC 625 / device-dependent message || ⁓**name** *m* / equipment name || ⁓**name** *m* (Name eines PROFINET-Gerätes (z. B. IO-Device)) / device name || ⁓**-Nullserie** *f* / pilot lot || ⁓**nummer** *f* / device number || ⁓**-Oberseite** *f* / top of device
Geräte·parameter *m* / device parameter || ⁓**-Parametersatz (Geräte-PS)** *m* / device configuration description || ⁓**parametersatz (Geräte-PS)** *m* / device parameter set || ⁓**-Parametersatz (IEC 61850 und SIEMENS-Erweiterungen)** *m* / IED Extended Capability Description (IXD) || ⁓**-Parametersatz (IEC 61850-konform)** *m* / IED Capability Description || ⁓**-Parametersatz auf PC** / Device Configuration File, Distributed Coordination Function (DCF) || ⁓**parametrierung** *f* / device parameterization || ⁓**pass** *m* (in einem Gerätepass sind die spezifischen Daten des Gerätes hinterlegt) / product equipment data (PED) || ⁓**profil** *n* / device profile || ⁓**programm** *n* / versions available || ⁓**projektierung** *f* / device configuration || ⁓**prüfplatz** *m* / device testing site || ⁓**e-PS (Geräteparametersatz)** *m* / device parameter set || ⁓**reihe** *f* / device type || ⁓**rückseite** *f* / back of unit || ⁓**rückwand** *f* / rear panel || ⁓**schaltbild** *n* / device circuit diagram || ⁓**schalter** *m* VDE 0630 / appliance switch (CEE 24) || ⁓**schaltplan** *m* / unit wiring diagram, unit terminal connection diagram, internal circuit diagram || ⁓**schirm** *m* / device shield || ⁓**schirmplatte** *f* / shield plate || ⁓**schnittstelle** *f* / device interface || ⁓**schutz** *m* / equipment protection, device protection || ⁓**schutz- und Betätigungsschalter** *m* (GSB-Schalter) / appliance protective and control switch || **elektronischer ⁓schutz** / solid-state unit protection || ⁓**schutzschalter** *m* (GS) / circuit-breaker for equipment (CBE), appliance circuit-breaker || ⁓**schutzsicherung** *f* VDE 0820 / miniature fuse, fuse *n* || ⁓**seite** *f* / equipment side
geräteseitig *adj* / on the unit, in the unit, modular side
Geräte-sicherheitsgesetz (GSG) *n* / machine safety code || ⁓**sicherung** *f* / miniature fuse, fuse *n* || **Nenn-⁓spannung** *f* / rated unit voltage || ⁓**speicher** *m* / device memory || ⁓**spektrum** *n* / range of equipment || ⁓**stammdatei** *f* (GSD) / device master file, device data || ⁓**spezifikation** *f* / device specification || ⁓**stammdaten** *plt* / device master file, device data, *f* device master data || ⁓**-Stammdatendatei** *f* (GSD) / device data base file (DDBF), device master file, GSD file || ⁓**stammdaten-Datei (GSD-Datei)** *f* (Datei, die die Eigenschaften eines PROFIBUS DP-Slaves oder eines PROFINET IO-Devices beschreibt) / generic station description (GSD file) || ⁓**stapelung** *f* DIN 41494 / stacking of sets
Geräte·steckdose *f* / connector *n* || ⁓**stecker** *m* / appliance inlet, connector socket, plug connector || ⁓**steckverbinder** *m* / appliance connector, device connector || ⁓**steckvorrichtung** *f* / appliance coupler || ⁓**steuerung** *f* / device control (DC) || ⁓**steuerzeichen** *n* DIN 44300 / device control character || ⁓**störung** *f* / unit malfunction, unit breakdown, device fault || ⁓**strom** *m* / device current || ⁓**stromlaufplan** *m* / unit circuit diagram || ⁓**stückliste** *f* / list of equipment, list of components, list of devices, bill of material for devices || ⁓**taufe** *f* / device baptism || ⁓**technik** *f* / equipment engineering || ⁓**test** *m* / device test || ⁓**tragblech** *n* / unit mounting plate, equipment mounting plate || **modulares ⁓tragblech** / modular equipment mounting plate
Geräteträger *m* / switching device panel, equipment rack, apparatus rack || ⁓ *m* (Chassis) / chassis *n* || ⁓ *m* (Leuchte) / ballast frame (o. support), controlgear support || ⁓ **für Verbraucherabzweige** / support for switching devices for load feeders || **2er ⁓ für Verbraucherabzweige** / dual support for switching devices for load feeders || **4er ⁓ für Verbraucherabzweige** / quadruple support for switching devices for load feeders || ⁓**transformation** *f* (Bildschirm-Arbeitsplatz) / workstation transformation || ⁓**transformator** *m* EN 60742 / associated transformer || ⁓**treiber** *m* / device driver || ⁓**-Verbindungsdose** *f* / combined wall and joint box || ⁓**verdrahtungsplan** *m* / unit wiring diagram, internal connection diagram || ⁓**verdrahtungstabelle** *f* / unit wiring table || ⁓**zuleitung** *f* / appliance cord || ⁓**zuordnungsliste** *f* / device assignment list || ⁓**zustand-Nachricht** *f* DIN IEC 625 / individual status message (ist)
Geräte-transformation *f* (Koordinatentransformation von normierten Gerätekoordinaten in Gerätekoordinaten) / device transformation || ⁓**treiber** *m* / device driver, software driver, driver *n* || ⁓**treiberschnittstelle** *f* / device driver interface (DDI) || ⁓**typ** *m* / device type || ⁓**typbezeichnung** *f* / device type designation || ⁓**übersicht** *f* / equipment overview, overview of devices || ⁓**überwachung** *f* / device monitoring || ⁓**umbau** *m* / unit modification, unit conversion || **~unabhängig** *adj* / device-independent || ⁓**- und Produktsicherheitsgesetz (GPSG)** *n* / machine safety code || ⁓**varianz** *f* / device variance || ⁓**verfolgung** *f* / device tracking || ⁓**verwaltung** *f* (GV) / device management || ⁓**wagen** *m* / tool carrier || ⁓**wechsel** *m* / device replacement || ⁓**zuleitung** *f* / device supply line || ⁓**zuordnung** *f* / device assignment || ⁓**zustand** *m* / device status || ⁓**zustände** *f* / device state
gerauht *adj* / roughened *adj*
geräumt *adj* / broached *adj*
Geräusch *n* / audible noise, acoustic noise, noise *n* || ⁓**abschirmung** *f* / noise shield *n* || ⁓**abstrahlung** *f* / noise radiation, noise emission
geräuscharm *adj* / low-noise *adj*, quiet || **~e Erde** / low-noise earth || **~e Maschine** / quiet-running machine, low-noise machine
Geräusch·art *f* / noise quality || ⁓**bekämpfung** *f* / noise control || ⁓**beurteilungskurve** *f* / noise rating curve (n.r.c.) || ⁓**bewertungszahl** *f* / noise rating number || ⁓**bildung** *f* / generating of noise || ⁓**dämmung** *f* / noise deadening (o. muffling),

noise absorption, sound insulation
geräuschdämpfend *adj* / noise-damping *adj*, noise-deadening *adj*, noise-absorbing *adj*, silencing *n*
Geräusch·dämpfer *m* / silencer *n*, noise suppressor || ⟨dämpfung *f* / noise damping, noise deadening, noise absorption, silencing *n* || ⟨emission *f* / noise emission || ⟨-EMK *f* VDE 0228 / psophometric e.m.f. || ⟨entwicklung *f* / noise generation, noise development || ⟨fernfeld *n* / emitted noise
geräuschfrei *adj* / noise-free *adj*, noiseless *adj* || ~e **Erde** / noiseless earth, clean earth
geräuschgedämpfter Schalter / silenced breaker
Geräusch·grenzwert *m* / noise limit || ⟨grenzwerte *m pl* / noise limits || ⟨kennwert *m* / characteristic noise value || ⟨leistung *f* / noise power
geräuschlos *adj* / noiseless *adj*
Geräusch·melder *m* / noise detector || ⟨messer *m* / noise-level meter || ⟨messkammer *f* / noise-measurement chamber || ⟨messung *f* / noise measurement, noise test || ⟨minderung *f* / noise reduction, noise dampening, noise abatement, noise muffling, silencing *n* || ⟨pegel *m* / noise level || ⟨probe *f* / noise test
Geräusch·schlucker *m* / silencer *n*, noise suppressor || ⟨senkung *f* / noise reduction, noise abatement || ⟨spannung *f* VDE 0228 / psophometric voltage, noise voltage, equivalent disturbing voltage || ⟨spannungsmesser *m* / psophometer *n* || ⟨spektrum *n* / noise spectrum || ⟨stärke *f* / noise level, noise intensity || ⟨unterdrückung *f* / noise suppression, noise abatement
Gerbsäure *f* / tannic acid
gerechnet mit E-Modul / calculated with E module || ~ **mit Schubmodul** / calculated with modulus of shear || ~e **Werte** / calculated analog and status data
gerecht *adj* / orientated *adj*, concurrent engineering, design for product, designed for use
geregelt *adj* / stabilized, controlled, closed-loop controlled || ~e **Adaption** (adaptive Reg.) / closed-loop adaptation || ~e **dreiphasige Serienkompensation (ASC)** / automatic stability control (ASC) || ~e **Ein-/Rückspeisemodule** / regulated infeed/regenerative feedback modules || ~e **Maschine** / automatically regulated machine, closed-loop-controlled machine || ~e **Stromversorgung** / controlled power supply || ~er **300V Zwischenkreis** / controlled 300V constant DC link || ~er **Antrieb** / variable-speed drive, closed-loop-controlled drive, servo-controlled drive || ~er **Betrieb** / automatic operation, operation under automatic control, automatic mode || ~er **Leitungsabschnitt** / regulated line section || ~es **Berichtswesen** / organized reporting system || ~es **Nachführen** / automatically controlled correction || ~es **Netzgerät** / stabilized power supply unit || ~es **Positionieren** / stabilized positioning || ~es **Ventil (RCPS)** / regulated canister purge valve (RCPS)
gereinigt *adj* / cleaned *adj*
gerettet *adj* / saved *adj*
gerichtet *adj* / oriented *adj*, straightened *adj* || ~e **Beleuchtung** / direct illumination, directional lighting || ~e **distanzunabhängige Endzeit** / directional distance-independent back-up time || ~e **Geometrie** / oriented geometry || ~e **Gerade** / oriented line || ~e **Probe** / directional sample, geometric sample || ~e **Reflexion** / specular

reflection || ~e **Spannung** / unidirectional stress || ~e **Transmission** / regular transmission, direct transmission || ~e **Unterbrechung** / vectored interrupt || ~e **Verbindung** / directed link || ~e **zweistufige Distanzzone** / directional two-grade distance zone || ~er **Anteil** / specular component, regular component || ~er **Bus** / unidirectional bus || ~er **Emissionsgrad** / directional emissivity || ~er **Erdschlussschutz** / directional earth-fault protection || ~er **Ölumlauf** / forced-directed oil circulation || ~er **Schutz** / directional protection || ~er **Überstromschutz** / directional overcurrent protection || ~er **Überstromzeitschutz (RMZ)** / directional time-overcurrent protection || ~es **Leistungsrelais** / directional power relay, power direction relay || ~es **Relais** / directional relay, directionalized relay
gerieben *adj* / reamed *adj*
geriffelt *adj* / checkered *adj*, fluted *adj*, chequered || ~ *adj* (Stromform) / rippled *adj*, having a ripple || ~e **Scheibendichtung** / knurled plate gasket
gerillt *adj* / grooved *adj*, crowned *adj* || ~er **Schleifring** / grooved slipring || ~es **Rohr** / corrugated conduit
gering *adj* / low *adj* || ~ **dotiert** / moderately doped || ~e **Abmessungen** / small dimensions || ~e **Brandlast** / low fire load || ~e **Wartung** / minimal maintenance || ~er **Messfehler** / slight measuring error
geringfügiger Fehlzustand (Fehlzustand, der keine als sehr wichtig angesehene Funktion betrifft) IEC 50(191) / minor fault
geringstgewichtetes Bit / least significant bit (LSB)
gerippt *adj* / ribbed *adj*, finned *adj* || ~es **Gehäuse** (el. Masch.) / ribbed frame, ribbed housing
geritzt *adj* / scratched *adj*, scribed || ~es **Substrat** / scribed substrate
Germanat-Leuchtstoff *m* / germanat phosphor
Germanium *n* / germanium *n*
gerollt *adj* / rolled *adj*
gerufen·e Station / called station || ~er **Dienstbenutzer** / called service user || ~er **Transportdienstbenutzer** (DIN V 44302-2) / called transport service user || ~er **Vermittlungsdienstbenutzer** (DIN V 44302-2) / called network service user
gerundet *adj* / rounded *adj*, rounded off || ~e **Schneide** / rounded cutting edge
Gerüst *n* / framework *n*, rack *n*, frame *n*, supporting structure, volume *n* || ⟨*n* (f. Montage) / scaffold *n* || ⟨*n* DIN 43350 u. SK, VDE 0660, T.500 / supporting structure IEC 439-1, skeleton *n* || ⟨*n* (f. Montage) / temporary framework || **19-Zoll-**⟨ *n* / 19 inch rack || **Stations~** *n* / substation structure || ⟨schluss *m* / short-circuit to frame || ⟨tiefe *f* / frame depth
gesägt *adj* / sawn *adj* || ~er **Wafer** / sawn wafer
gesammelte Befehle / command sequences
gesamt *adj* / total *adj*, entire *adj*
Gesamt·-Ablauf *m* / overall sequence || ⟨ablaufzeit des Umschaltvorganges (Netzumschaltgerät) / total operating time || ⟨abtastzeilenlänge *f* (Produkt aus Abtastgeschwindigkeit und Zeilenabtastzeit) / total scanning line length || ⟨anlage *f* / complete substation, whole plant system, entire plant, complete system, total plant, overall plant || ⟨anlageneffektivität *f* / overall

Gesamt 352

equipment effectiveness, operational equipment effectiveness ‖ ₰**anlagentest** *m* / complete plant testing ‖ ₰**anordnung** *f* / general layout, schematic arrangement, schematic *n*, overall arrangement ‖ ₰**anschlusswert** *m* / total connected load ‖ ₰**ansicht** *f* / overall view ‖ ₰**anzahl** *f* / total number ‖ ₰**anzahl der Windungen** / total number of turns ‖ ₰**archiv** *n* / entire archive ‖ ₰**armatur** *f* / valve *n* ‖ ₰**aufbau** *m* / overall configuration ‖ ₰**auflösung** *f* / resolution *n* ‖ ₰**ausfall** *m* DIN 40042 / blackout *n*, complete failure ‖ ₰**auslösung** *f* DIN ISO 8208 / restart *n* ‖ ₰**ausregelzeit** *f* / total transient recovery time, VDE 0588, T.5 recovery time IEC 146-4 ‖ ₰**ausrüstung** *f* / total equipment, total system ‖ ₰**ausschaltzeit** *f* VDE 0670 / total break time IEC 50(15), ANSI C37.100, interrupting time ANSI C37.100, clearing time, total clearing time IEC 50(441), operating time ‖ ₰**ausschaltzeit** *f* (Zeit vom Beginn des Ausschaltbefehls bis zum Ende der Lichtbogendauer) / total break-time **Gesamt·baudrate** *f* / aggregate baud rate ‖ ₰**bearbeitung** *f* / complete machining ‖ ₰**bedarf** *m* / total demand ‖ **boolesche** ₰**bedingung** / overall Boolean condition ‖ ₰**belastbarkeit** *f* (SPS-Geräte) / total load capability, aggregate output rating ‖ ₰**belastbarkeit** *f* (nach Abzug durch Verminderungsfaktor) / derated loading ‖ ₰**belastung** *f* / total load, aggregate load ‖ ₰**belastung** *f* (Neutronen/cm²) / total neutrons absorbed ‖ **mögliche** ₰**belastung** / total capability for load ‖ ₰**bestrahlung** *f* / total irradiation ‖ ₰**bestrahlungsstärke** *f* / total irradiance ‖ ₰**bewölkungsgrad** *m* / total cloud amount ‖ ₰**bezug** *m* / total demand ‖ ₰**bild** *n* / network overview map, system overview display ‖ ₰**bohrtiefe** *f* / overall drilling depth ‖ ₰**bürde** *f* (Eigenbürde der Sekundärwicklung u. Bürde des äußeren Sekundärkreises) / total burden ‖ ₰**compilierung** *f* / overall compiling **Gesamt·datenbank** *f* / main data base ‖ ₰**dauer** *f* (Rechteckstrom) / virtual total duration ‖ ₰**dauer eines Rechteckstoßstromes** *f* / total duration of a rectangular impulse current ‖ ₰**drehmomentwelligkeit** *f* / overall torque ripple ‖ ₰**drift** *m* / total drift ‖ ₰**durchflutung** *f* / ampere-conductors, ampere-turns ‖ ₰**durchmesser** *m* / overall diameter **Gesamt-·Ein-Ausschaltzeit** *f* VDE 0670 / total make-break time, make-break time ‖ ₰**einbautiefe** *f* / total installation depth ‖ ₰**einfügungsdämpfung** *f* / total (or primed) insertion loss ‖ ₰**einlaufzeit** *f* / total starting time ‖ ₰**einstellzeit** *f* (Messgerät) / total response time ‖ ₰**emissionsvermögen** *n* / total emissivity ‖ ₰**-Energiedurchlassgrad** *m* / total energy transmittance **Gesamt·erdungswiderstand** *m* VDE 0100, T.200 / total earthing resistance IEC 3644-41, combined ground resistance ‖ ₰**ergebnis** *n* / overall result, total result ‖ ₰**ertragsfaktor** *m* / final yield ‖ ₰**faktor** *m* / total factor ‖ ₰**fehler** *m* / composite error (instrument transformer), total error ‖ ₰**fehler** *m* (kumulierter Fehler, Kettenmaßfehler) / cumulative error ‖ ₰**fehlergrenzen** *f pl* / limits of total error ‖ ₰**fehlerverlauf** *m* / complete overview on all defects ‖ ₰**finanzierung** *f* / overall financing costs ‖ ₰**fläche** *f* / overall area, gross area ‖

₰**flächenwirkungsgrad** *m* / total area efficiency ‖ ₰**freigabe** *f* / global release ‖ ₰**gewicht** *n* / total weight, total mass ‖ ₰**gleichmäßigkeit** *f* / overall uniformity ratio, total uniformity **Gesamtheit** *f* (Statistik) / population *n*, universe *n*, totality *n* **Gesamt·holm** *m* / full-length vertical stay ‖ ₰**hub** *m* / total travel ‖ ₰**kapazität** *f* / total capacitance ‖ ₰**katalog** *m* / main catalog ‖ ₰**klirrfaktor** *m* / total harmonic distortion (THD) ‖ ₰**kohlenwasserstoff-Messgerät** *n* / total hydrocarbon monitor ‖ ₰**koordinator (GK)** *m* / overall coordinator ‖ ₰**kopf-Referenzlauf** *m* / overall head reference run ‖ ₰**kosten** *f* / entire costs, total costs ‖ ₰**kosten-Senkungsrate** *f* / total cost reduction rate ‖ ₰**kostenverfahren** *n* / period accounting ‖ ₰**-Ladungsverschiebe-Wirkungsgrad** *m* / overall charge-transfer efficiency ‖ ₰**länge** *f* / overall length ‖ ₰**längenzugabe** *f* / total allowance ‖ ₰**last Durchleitung** *f* / total load wheeling ‖ ₰**laufzeit** *f* / total running time ‖ ₰**laufzeit** *f* (Ausführungszeit) / total execution time ‖ ₰**leistung** *f* / full service, total power ‖ ₰**leistung** *f* (Antrieb, Bruttoleistung) / gross output ‖ ₰**leistungsfaktor** *m* / total power factor ‖ ₰**lichtstrom** *m* / total (luminous) flux ‖ ₰**löschtaste** *f* / clear-all key ‖ ₰**lösung** *f* / overall solution ‖ ₰**-Luft-Durchsatz** *m* / total rate of air flow **Gesamt·markt** *m* / total market ‖ ₰**maß** *n* / overall dimension ‖ ₰**messunsicherheit** *f* / total error ‖ ₰**moment** *n* / total torque ‖ ₰**nachlaufweg** *m* / total overtravel ‖ ₰**nahtstelle** *f* / common interface ‖ ₰**planung** *f* / overall planning, total planning ‖ ₰**plattendicke** *f* / total board thickness ‖ ₰**polradwinkel zwischen zwei Spannungsquellen** / angle of deviation between two e.m.f.'s IEC 50(603) ‖ ₰**programm** *n* / product line ‖ ₰**-Programm** *n* / global program ‖ ₰**-Projektanalyse** *f* / overall project analysis ‖ ₰**rauschzahl** *f* / overall average noise figure ‖ ₰**reaktionszeit** *f* (Verstärker) / total response time ‖ ₰**regelbereichsanforderung** *f* / total desired generation ‖ ₰**reserve** *f* / total reserve ‖ ₰**risiko** *n* / total risk ‖ ₰**risikodiagramm** *n* / total risk diagram **Gesamt·schaltplan** *m* / overall circuit diagram ‖ ₰**schaltstrecke** *f* / length of break ‖ ₰**schaltstrom** *m* / total switching current ‖ ₰**schaltweg** *m* / total travel ‖ ₰**schaltzeit** *f* / total operating time ‖ ₰**schätzabweichung** *f* DIN 55350,T.24 / estimation error ‖ ₰**schirm** *m* (Geflecht- oder Folienschirmung) / complete shield, overall screen ‖ ₰**schließzeit** *f* VDE 0660 / total make-time, total closing time ‖ ₰**schnitt** *m* (Stanze) / compound die ‖ ₰**schritt** *m* / resultant pitch, total pitch ‖ ₰**schwingweg** *m* / double amplitude, peak-to-peak value ‖ ₰**sicherung** *f* / complete backup ‖ ₰**signatur** *f* / collective signature ‖ ₰**spannungshub** *m* / total voltage excursion ‖ ₰**stabilitätsgründe** *f pl* / reasons of overall stability ‖ ₰**-Start-Stopp-Verzerrungsgrad** *m* / degree of gross start-stop distortion ‖ ₰**störabweichungsbereich** *m* DIN 41745 / total combined effect band ‖ ₰**strahlung** *f* / total radiation ‖ ₰**strahlungspyrometer** *n* / total-radiation pyrometer ‖ ₰**strahlungstemperatur** *f* / full radiator temperature ‖ ₰**streuziffer** *f* / Heyland factor ‖ ₰**strom** *m* / total current ‖

⁓stromaufnahme *f* / total power consumption || ⁓stromdichte *f* / total current density || ⁓stromlaufplan *m* / overall schematic diagram || ⁓stromregler *m* / total-current regulator || ⁓struktur *f* / overall structure || ⁓strukturbaum (GSB) *m* / MST (main structure tree) || ⁓stückzahl *f* / total amount of pieces, total number of items || ⁓summe *f* / sum total || ⁓system *n* / complete system || ⁓system Spindel-Läufer / complete spindle-rotor system || ⁓systemwirkungsgrad *m* / system efficiency || ⁓tiefe *f* / overall depth || ⁓toleranz *f* / total tolerance || ⁓trägheitsmoment *n* / total moment of inertia
Gesamt·überblick *m* / overall view || ⁓überdeckungsgrad *m* / total contact ratio || ⁓übergangsfaktor *m* / overall gain || ⁓übermittlungszeit *f* / overall transfer time || ⁓überprüfung *f* (letzte Prüf.) / check-out *n*, final check-out || ⁓übersicht *f* / general view || ⁓ummagnetisierungsverlust *m* (bezogen auf Volumen) / total-loss/volume density || ⁓ummagnetisierungsverlust *m* (bezogen auf Masse) / total-loss/mass density || ⁓- **und Überverbrauchszähler** *m* / excess and total meter || ⁓unterbrechungsdauer *f* / autoreclose interruption time
Gesamt·verbrauch *m* / total consumption || ⁓verlust *m* / total loss || ⁓verluste *m pl* / total losses || ⁓verlustleistung *f* (HL) / total power loss || ⁓verlustverfahren *n* (Wirkungsgradbestimmung) / total-loss method, (determination of) efficiency from total loss || ⁓verschiebung *f* / total offset || ⁓verstärkung des Regelkreises / overall gain of whole control loop || ⁓verzögerungszeit *f* (Datenerfassung) / acquisition time || ⁓voreinstellung *f* / overall pre-setting
Gesamt·weg *m* / total travel || ⁓wert *m* / overall value || ⁓-Wertschöpfung *f* / overall net added value || ⁓widerstand *m* (Batt.) / total resistance || ⁓windungen *f pl* / total number of ampere-turns, total ampere-turns || ⁓windungszahl *f* / total number of ampere-turns, total ampere-turns || ⁓wirkung *f* (Gewinde) / cumulative effect || ⁓wirkungsgrad *m* / overall efficiency
Gesamt·zahl Warnungen / total number of warnings || ⁓zeichnung *f* / general drawing || ⁓zeit *f* (Produktion, Herstellungszeit) / manufacturing time || ⁓zeitkonstante *f* / total time constant || ⁓zustandsdaten *plt* / summary status data
gesättigt *adj* / saturated *adj*, saturable *adj* || **~e Logik** / saturated logic || **~er Stromwandler** / saturable current transformer
gesäumt *adj* / seamed *adj*
geschabt *adj* / scraped *adj*
geschachtelt *adj* / nested *adj* || **~e Wicklung** / imbricated winding, interleaved winding || **~er Aufbau** / nested configuration || **~er Kern** / nested core || **~es Makro** / nested macro
Geschäft, abflauendes ⁓ / slackening business
Geschäfts·art *f* / business type || ⁓bereich *m* / division *n*, group *n* || ⁓bereichskennzahl *f* / division code || ⁓bereichskennzahl *f* (GBK) / group code, GBK || ⁓bereichskennzeichen *n* / group identification number || ⁓bereichskennziffer *f* (GBK) / group code || ⁓bewegung *f* / sales movements || ⁓ergebnis *n* / business result, operating profit || ⁓feld *n* (GF) / business unit (BU), business field, business sector || ⁓feldplanung *f* / strategic business planning, strategic planning, business field planning || ⁓führer *m* / Executive Director || ⁓funktion *f* (DIN EN 61968-1) / business function || ⁓gebiet *n* (GG) / division *n*, group *n* || **Kennzeichen für das** ⁓gebiet / division symbol || ⁓gebiet-Kennzeichen *n* / division symbol || ⁓gebietskennzeichen (GG-Kennzeichen) *n* / division identification || ⁓jahr *n* / BE: business year, AE: fiscal year || **~jahresweise** *adj* / fiscal-year basis || ⁓jahreszeitraum *m* / business year || ⁓leitung *f* / executive management
Geschäfts·papiere *n* (Briefformulare, Visitenkarten, ...) / stationery *n* || ⁓partner *m* / business partner, business associate || ⁓partner Nr. / business partner no. || ⁓partnernummer *f* (G-Part Nr.) / business partner no. || ⁓partner-Nummer *f* / business partner number || ⁓prozess *m* / business process || **Beleuchtung von** ⁓räumen / commercial lighting || ⁓segment *n* / business segment, sector *n* || ⁓sektor-Qualitätsbeauftragter (GS-QSB) *m* / QAR of a business sector || ⁓stelle *f* / business center, sales office || ⁓stellenauslandspreis *m* (GA-Preis) / GA price || ⁓stellenpreis *m* (G-Preis) / subsidiary price, G price || ⁓stellenpreis Ausland / international subsidiary price || ⁓stellenverzeichnis *n* / list of Siemens companies and representatives || ⁓straße *f* / shopping street || ⁓volumen *n* / business volume || ⁓vorfall *m* / business activity, trade transaction || ⁓wert *m* / economic value, company value, company value (including goodwill) || ⁓wertabweichung *f* / deviation from economic value || ⁓wertbeitrag *m* / Economic value added (EVA) || ⁓wertbeitragsrechnung *f* / EVA-billing || ⁓zahlen *plt* / business volumes || ⁓zweig *m* / subdivision || ⁓zweig (GZ) *m* / division *n*, line of business, Subdivision *n*, branch of business, business unit || ⁓zweig Netzplanung / Power System Planning Division || ⁓zweig Schutz- und Leittechnik / Protection, Power System Control Division
geschält *adj* / peeled *adj*
geschaltet *adj* / switched *adj*, enabled *adj* || **~e Peripherie** / switched I/O || **~er Betrieb** (Betrieb mit Peripheriebaugruppen) / switched-periphery mode || **~er Mittelleiter** / switched neutral, separating neutral || **~er Reluktanzmotor** / switched reluctance motor
geschärft *adj* / sharpened *adj*
geschätzt *adj* / estimated *adj* || **~e durchschnittliche Herstellqualität** / estimated process average || **~er Fertigungsmittelwert** / process average, estimated process average || **~er mittlerer Fehleranteil der Fertigung** / estimated process average
gescherter Kern / gapped core
geschichtet *adj* / layered *adj*, stacked *adj*, laminated *adj* || **~e Isolierung** (gewickelte I.) / lapped insulation, tape insulation || **~e Probenahme** / stratified sampling || **~e Stichprobe** / stratified sample || **~e Zufallsstichprobe** / stratified random

geschirmt 354

sample || **~er Kern** / laminated core || **~es Dielektrikum** / tape insulation
geschirmt *adj* / shielded *adj*, screened *adj* || **magnetisch ~** / screened against magnetic effects, astatic *adj* || **~e Leitung** / shielded cable, screened cable, screened lead || **~e und verdrillte Zweidrahtleitung** / screened and twisted 2-core cable || **~e Zündkerze** / shielded (o. screened) spark plug || **~e Zweidrahtleitung** / shielded two-wire cable, shielded twisted pair cable || **~er Druckknopf** VDE 0660, T.201 / shrouded pushbutton IEC 337-2 || **~er Eingang** (Verstärker) / guarded input || **~er Steckverbinder** / shielded connector || **~es Kabel** / shielded cable || **~es Messgerät** / screened instrument, shielded instrument
Geschirrspülmaschine *f* / dish washing machine
geschlagen *adj* / impacted *adj*
geschlämmt *adj* / buddled *adj*
geschliffen *adj* / ground *adj*
geschlitzt *adj* / slotted *adj*, split *adj* || **~** *adj* (genutet) / slotted *adj*, (eingeschnitten) slit *adj* || **~e Muffe** / slotted sleeve || **~er Kontakt** / bifurcated contact
geschlossen *adj* / closed *adj* || **~ abgestuft** / densegraded (DGA) *adj*, close-graded *adj* || **~e Bauform** / enclosed type || **~e Bauform** VDE 0660, T.500 / enclosed assembly IEC 439- 1 || **~e Benutzergruppe** / closed user group || **~e Benutzergruppe ohne Beschränkung für abgehenden Ruf** / closed user group with outgoing access || **~e Benutzergruppe ohne Beschränkung für ankommenden Ruf** / closed user group with incoming access || **~e Bewehrung** (Kabel) / armouring with a closed lay || **~e Bremse** / applied brake || **~e Dämpferwicklung** / damper cage, interconnected damper winding, amortisseur cage || **~e elektrische Betriebsstätte** / closed electrical operating area || **~e Gasbrennwert-Kesselreihe** / sealed gas burner boiler || **~e Heizungsanlage** / closed-type heating system || **~e Nut** / closed slot || **~e Regelschleife** / closed control loop, closed loop || **~e Schaltanlage** (Schalttafel) / enclosed switchboard || **~e Schaltgerätekombination** / enclosed assembly (of switchgear and controlgear) || **~e Schleife** / closed control loop, closed loop || **~e Schleife** (Lochstreifen) / looped tape || **~e Sicherung** / enclosed fuse, fuse with enclosed fuse element || **~e Stellung** / closed position || **~e Türen und abgedichtete Seitenwände** / doors without cooling mesh and with sealed side panels || **~e Verzögerungsleitung** DIN IEC 235, T.1 / re-entrant slow-wave structure || **~e Wicklung** / closed-circuit winding, closed-coil winding, re-entrant winding || **~e Zelle** (Zelle m. Entgasungsöffnung) / vented cell
geschlossen·er Gaskreislauf / closed gas circuit || **~er Kreislauf** / closed circuit, closed cycle || **~er Kühlkreislauf** / closed-circuit cooling system, closed cooling circuit || **~er Messkörper** / closed multibody system || **~er Rahmen** / closed frame || **~er Raum** / closed area, closed operating area || **~er Regelkreis** / closed-loop control circuit || **~er Schmelzeinsatz** / enclosed fuse-link || **~er Sicherheitsbereich** / closed-security environment || **~er Sicherungseinsatz** / enclosed fuse-link || **~er**

Stromkreis / closed circuit || **~er Tiegel** (Flammpunkt-Prüfgerät) / closed flash tester, closed cup || **~er Transformator** / sealed transformer || **~er Trockentransformator** / sealed dry-type transformer || **~er Wirkungsweg** (Regelschleife) / closed loop || **~er Zustand** / closed position
geschlossen·es Band / looped tape || **~es Dokumentationssystem** / complete documentation system || **~es Kühlsystem** / closed-circuit cooling system || **~es Regelsystem** / closed-loop system, feedback system || **~es Verfahren** / integrated method
geschlossen·porig *adj* / closed-cell *adj* || **~zelliger Schaumgummi** / expanded rubber || **~zelliger Schaumstoff** / closed-cell plastic, expanded plastic
Geschmeidigkeit *f* / flexibility *n*, pliability *n*, ductility *n*
geschmiedet *adj* / forged *adj*
geschnitten *adj* / cut *adj* || **~es Gewebe** / slit fabric || **~es Gewinde** / cut thread || **~es Material** (Iso-Mat.) / slit material, tape *n*
Geschoss·-Antwortspektrum *n* / floor response spectrum || **♀beschleunigung** *f* / floor acceleration
geschottete Sammelschiene / segregated-phase bus || **~ Schaltanlage** VDE 0670, T.6 / compartmented switchgear IEC 298, compartment-type switchgear (o. switchboard), compartmentalized switchgear (o. switchboard) || **~ Schaltanlage** / metal-clad switchgear and controlgear IEC 298
geschrägt *adj* / chamfered *adj* || **um eine Nutenteilung ~** / skewed by a slot pitch || **~e Ecke** (Bürste) / bevelled corner || **~e Kopffläche** (Bürste) / bevelled top || **~e Kopfkante** (Bürste) / chamfered top, bevelled edge || **~e Nut** / skewed slot
geschränkt *adj* / set *adj*
geschraubt *adj* (mit Mutter) / bolted *adj* || **~** *adj* (ohne Mutter) / screwed *adj*
geschrumpft *adj* / shrunk *adj*
geschult *adj* / trained *adj*
geschützt *adj* / protected *adj* || **~ gegen Tropfwasser** *adj* / drip-proof *adj* || **~e Anlage im Freien** VDE 0100, T.200 / sheltered installation || **~e Leuchte** / dustproof luminaire || **~e Maschine** / protected machine, screen-protected machine || **~e Zone** / protected zone || **~er Abschnitt** (Schutzsystem) IEC 50(448) / protected section || **~er Betrieb** / protected operation || **~er Bindestrich** / hard hyphen || **~er Kriechweg** / protected creepage distance || **~er Pol** / protected pole || **~er Speicherbereich** DIN 44300 / protected storage area || **~er Zwischenraum** / no-break space || **~es Fach** / barriered sub-section || **~es Feld** / barriered section
geschwabbelt *adj* / buffed *adj*
geschweißt *adj* / welded *adj* || **~e Ausführung** / welded construction, fabricated construction || **~es Gehäuse** (el. Masch.) / fabricated housing, welded frame
geschwenkt, um 30° elektrisch ~ / with a 30° phase displacement
Geschwindigkeit *f* / speed *n*, vehicle speed, road speed || **♀** *f* (Drehzahl) / speed *n* || **♀** *f* (Rate) / rate *n* || **♀** *f* (linear) / velocity *n* || **♀ am Ende einer Widerstandsfahrt** (Bahn) / speed at end of notching || **♀ der Frequenzänderung** / sweep rate || **konventionelle ♀** / jog feedrate || **sicher reduzierte**

⟨ / safely reduced speed, safe speed, safe velocity || **sichere** ⟨ / safe speed, safe velocity || **zulässige** ⟨ / allowable speed
Geschwindigkeits·abnahme *f* (NC-Wegbedingung) DIN 66025,T.2 / deceleration *n* ISO 1056 || ⟨**abnahme** *f* (Vorschub) / feedrate reduction, deceleration *n* || ⟨**abnahme** *f* (Drehzahl) / speed reduction || ⟨**abstufung** *f* / velocity graduation || ⟨**abweichung** *f* / speed deviation || ⟨**algorithmus** *m* / velocity algorithm || ⟨**amplitude** *f* / amplitude of velocity || ⟨**anpassung** *f* / road speed governing || ⟨**anzeiger** *m* / speedometer *n* || ⟨**aufnehmer** *m* / velocity pickup
Geschwindigkeits·begrenzer *m* / speed limiter, overspeed limiter || ⟨**begrenzung** *f* / speed limitation, speed limit || ⟨**bereich** *m* / speed range || ⟨**durchflussmesser** *m* / velocity-type flowmeter || ⟨**einbruch** *f* / drop in velocity || ⟨**energie** *f* / (specific) kinetic energy, velocity energy, speed energy || ⟨**erhöhung** *f* / speed increase
Geschwindigkeits·fehler *m* / velocity error || ⟨**feld** *n* / field of velocity || ⟨**führung** *f* / velocity control, rate control || **vorausschauende** ⟨**führung** / predictive velocity control || ⟨**gleichlauf** *m* / velocity gearing || ⟨**grenzwert** *m* / speed limit value || ⟨**interpolation** *f* / speed interpolation || ⟨**-Istwert** *m* / actual velocity || ⟨**kopplung** *f* / speed linkage || ⟨**-Leistungs-Produkt** *n* / speed-power product || ⟨**messer** *m* / tachometer *n*, revolutions counter, r.p.m. counter, rev counter || ⟨**messung** *f* / velocity measurement || ⟨**modulation** *f* / velocity modulation || ⟨**-Override** *m* / speed override || ⟨**profil** *n* / velocity profile
Geschwindigkeits·regelbereich *m* / governing speed band || ⟨**regelung** *f* / velocity control, rate control || ⟨**regelung** *f* (Kfz) / automatic cruise control (ACC) || ⟨**regler** *m* / speed governor, governor *n*, velocity controller, cruise control || ⟨**regler** *m* (Kfz) / cruise controller || ⟨**rückführung** *f* / velocity feedback || ⟨**sensor** *m* / speed sensor || ⟨**sollwert** *m* / velocity setpoint || ⟨**steuerung** *f* / speed control
Geschwindigkeits·stoß *m* / velocity shock || ⟨**-Toleranzfenster** *n* / speed tolerance window || ⟨**überhöhung** *f* / velocity overshoot, excessive velocity || ⟨**überlagerung** *f* / velocity override || ⟨**überwachung** *f* / velocity monitoring || **~umsetzender Konzentrator** / speed converter concentrator || ⟨**umsetzung** *f* / speed conversion || ⟨**umstellung** *f* / speed switchover
Geschwindigkeits·verhalten *n* / velocity behavior || ⟨**verhältnis** *n* / speed ratio || ⟨**verstärkungsfaktor** *m* (Faktor Kv) / servo gain factor (Kv) || ⟨**warnschwelle** *f* / velocity warning threshold || ⟨**zunahme** *f* (NC-Wegbedingung) DIN 66025,T.2 / acceleration *n* ISO 1056
Gesellschaft *f* / company *n* || ⟨ **für Zertifizierung in Europa GmbH** / Company for Certification in Europe || **~liche Verantwortung** / social responsibility
Gesenk *n* / die *n* || ⟨**biegen** *n* / die-bending || ⟨**biegepresse** *f* / die-bending press || ⟨**fräsen** *n* / die milling || ⟨**fräser** *m* / die-sinking cutter || ⟨**fräsmaschine** *f* / die milling machine || ⟨**presse** *f* / stamping machine
gesenkt *adj* / countersunk *adj*

Gesetz *n* / Act, statutory || ⟨ **der grossen Zahlen** / law of large numbers || ⟨ **über das Mess- und Eichwesen** / law of Metrology and Verification || ⟨ **über Einheiten im Messwesen** / law of units of measurement || ⟨**e** *n* / regulations || ⟨**geber** *m* / jurisdictional authority
gesetzlich *adj* / statutory *adj* || **~e Anforderungen** / legislative requirements || **~e Auflage** / legal requirement || **~e Auflagen** / statutory requirements || **~e Bestimmungen** / statutory regulations, regulatory purposes || **~e Feiertage** / statutory holidays || **~e Krankenversicherung** / public health insurance, public medical insurance || **~e Kündigungsfrist** / statutory period of notice || **~e Last** / legislative load IEC 50(466) || **~er Abnehmer** / jurisdictional representative || **~er Vertreter** / jurisdictional representative || **~es Ohm** / legal ohm, Board-of-Trade ohm (GB)
gesetzt *adj* / set *adj* || **~e Zeit** / target time || **~er Wert** / setpoint value, nominal set value, rated value, specified value, desired value, target value, set point value
gesichert *adj* / secured *adj*, protected *adj* || **~** *adj* (durch Sicherungen) / fused *adj* || **~** *adj* (gegen Verdrehen) / locked *adj* || **~ durch Körnerschlag** / secured by center punching, secured by centerpunching || **~e Durchschlagspannung** (DIN IEC 60-1) / assured disruptive discharge voltage || **~e entladungsfreie Spannung** / assured discharge-free voltage || **~e Erfahrung** / verified experience || **~e Leistung** / firm power, firm capacity || **~e Qualität** / assured qualilty || **~e Steuerspannung** / secure control power supply, independent control-power supply || **~e Systemverbindung** DIN ISO 7498 / data link connection || **~er Ausgang** / fused output, protected output || **~er Eigenbedarf** / essential auxiliary circuits || **~er Informationsblock** (IEC 870-1-3) / block code
Gesichts·empfindung *f* / visual sensation, retinal image || ⟨**feld** *n* / visual field, field of view || ⟨**punkt** *m* / aspect *n* || **wärmewirtschaftlicher** ⟨**punkt** / demand of efficiency || ⟨**schutz** *m* / face protection, face shield
gesickt *adj* / beaded *adj*
gesiebt *adj* / filtered *adj* || **~er Splitt** / sifted chippings, sifted chips
gesintert *adj* / sintered *adj*
gesonderter Sperrbereich / segregated storage area
gespachtelt *adj* / primed *adj*
Gespann *n* / team *n*
gespannt *adj* / clamped *adj*
gespeichert *adj* / stored *adj* || **~e Energie** / stored energy
Gesperre *n* / locking mechanism
gesperrt *adj* / blocked *adj*, locked *adj*, interlocked *adj*, disabled *adj*, excluded *adj*, quarantined *adj*, suspended *adj*, closed *adj* || **~ festhalten** / hold *v* || **~e Einheit** / quarantined item || **~e Flächen** / unserviceable areas || **~er Ausgangskreis** VDE 0435,T.110 / effectively non-conducting output circuit || **~er Eingang** / inhibited input, blocked input || **~er Lieferant** / banned supplier || **~er Zugriff** / access barred
gespiegelt *adj* / mirrored *adj*
gespleißt *adj* / spliced *adj*
Gesprächsleitfaden *m* / interview guide

gespreizter Einstellbereich / spread setting range
gespritzter Läuferkäfig / die-cast rotor cage
gespult *adj* / winded *adj*
gestaffelt *adj* / staggered *adj* || ~ *adj* (zeitlich) / graded *adj*, graded-time *adj* || **~e Anordnung** / staggered arrangement || **~e Wiedereinschaltung** (Motoren) / sequence(d) starting
Gestalt *f* / shape *n* || **♀änderungsarbeit** *f* / energy of deformation, strain energy of distortion || **♀parameter** *m pl* / parameters of shape
Gestaltsänderung *f* / distortion *n*, deformation *n*
Gestaltung *f* / design *n*, layout *n* || **♀sleitsatz** *m* / basic design principle
Gestänge *f* / lever system, linkage *n*, rodding *n* || **nichtlineare ♀anordnung** / nonlinear lever system || **♀anschlussstück** *n* / guiding rod connector || **♀antrieb** *m* / linkage mechanism || **♀betätigung** *f* / operation by lever system || **♀gelenk** *n* / connecting rod joint || **♀hebelanbieb** *m* / lever-operated linkage mechanism
gestapelte Mehrfachstrukturen / multiple junction stacks
gestaucht *adj* / upset *adj*
gesteckt *adj* / connected *adj*, inserted *adj*
Gesteinfaser *f* / rock wool
Gesteinsart *f* / type of rock
Gestell *n* DIN 43350 / rack *n* || **♀ *n*** (Rahmen) / frame *n*, framework *n*, rack *n* || **Gleichrichter~** *n* / rectifier frame || **Lampen~** *n* / lamp foot, lamp mount || **♀drossel** *f* / earth-fault reactor (GB), ground-fault reactor (US) || **♀erde** *f* / frame ground, chassis ground, frame *n*, chassis *n*, ground *n*, mass *n* (M), 0V reference potential, M (mass) || **♀erdschluss** *m* / frame earth fault, case ground fault || **♀erdschlussschutz** *m* / frame leakage protection, frame ground protection, case ground protection || **♀höhe** *f* / height of support frame || **♀montage** *f* / open rack mounting || **♀motor** *m* / frame-mounted motor, frame-suspended motor || **♀oberrahmen** *m* / top clamping frame, top frame || **♀rahmen** *m* / structural framework, clamping frame (work) || **♀rahmen** *m* (f. Geräteträger) / rack *n* || **♀reihe** *f* DIN 43350 / rack row || **♀reihenteilung** *f* / pitch of rack structure || **♀schluss** *m* / short-circuit to frame, fault to frame, frame leakage || **♀transformator** *m* (Erdungstrafo) / earthing transformer, ground-fault transformer || **♀unterrahmen** *m* / bottom clamping frame, bottom frame
gesteuert *adj* / controlled *adj*, open-loop controlled || **~ adaptiver Regler** / externally tuned adaptive controller || **~e Abschneidefunkenstrecke** / controlled chopping gap || **~e Adaption** (adaptive Reg.) / open-loop adaptation || **~e Brückenschaltung** / controlled bridge || **~e Durchführung** / capacitor bushing, condenser bushing || **~e Funkenstrecke** / graded spark gap, graded gap || **~e Funkschaltröhre** / trigatron *n* || **~e konventionelle Leerlaufgleichspannung** / controlled conventional no-load direct voltage || **~e Leerlaufgleichspannung** / controlled no-load direct voltage || **~e Spannungsquelle** / controlled voltage source || **~e Station** / controlled station || **~e Taktgebung** / open-loop timing-pulse control, open-loop-controlled clocking || **~er Auslauf** / controlled deceleration || **~er Betrieb** / controlled running || **~er Schlupf** (nicht korrigierbarer gesteuerter Verlust oder Gewinn einer Menge aufeinanderfolgender Digit-Zeitschlitze in einem digitalen Signal mit dem Ziel, dieses an eine Digitrate anzupassen, die anders ist als die eigene Digitrate) / controlled slip || **~er Wiederanlauf** / controlled restart || **~er Zweig** / controllable arm || **~es Abschneiden** (Stoßwelle) / controlled chopping || **~es Beschleunigen** / controlled acceleration || **~es Positionieren** / controlled positioning || **~es Stillsetzen** / controlled stop
gestört *adj* / faulted, out of order, disturbed, faulty || **~e Umgebung** / environment subject to disruption || **Prüfung bei ~em Betrieb** / test under fault conditions || **~er Betrieb** / operation under fault conditions || **~es Netz** / faulted system || **~es Schwarz** / noisy blacks
gestoßen *adj* / slotted *adj*
gestrahlt *adj* / blasted *adj* || **~e Leistung** / radiated power || **~e Störgröße** / radiated disturbance
gestreckt·e Länge / developed length || **~er Kurvenverlauf** / flat curve, flat characteristic || **~er Leuchtdraht** / straight filament
gestrehlt *adj* / threaded with rack tool
gestreute Beleuchtung / diffuse lighting, directionless lighting || **~ Durchlassung** / diffuse transmission || **~ Organisation** (v. Dateien) / random organisation || **~ Reflexion** / diffuse reflection, spread reflection || **~ Speicherung** / random organisation || **~ Strahlung** / diffuse radiation || **~ Transmission** / diffuse transmission || **~ Welle** / scattered wave
gestrichelt *adj* / dashed *adj* || **~e Linie** / broken line, dashed line, inittent line
gestuft *adj* / graded *adj* || **~e Isolation** / graded insulation || **~e Luftspaltdrossel** / tapped air-gap reactor
gestützt *adj* / supported *adj*
Gesundheits·anforderung *f* / health requirement || **♀vorsorge** *f* / preventive medical program, preventive medical programs
getaktet *adj* / clocked *adj*, timed *adj* || **~e Gleichstromversorgung** / switched-mode power supply || **~e Konvoifertigung** / staggered convoy production || **~e Schaltung** / clocked circuit || **~e Stromversorgung** *f* / switched-mode power supply (SMPS) || **~es Netzgerät** / switched-mode power supply unit || **~es Netzteil** / switched-mode power supply unit
getastet·e Linie / pulsed line IEC 151-14 || **~er Zweikanalbetrieb** / chopped two-channel mode || **~es Signal** / sample signal
getauchte Elektrode / dipped electrode
geteilt *adj* / split *adj* || **~e Bandage** / split banding, split bandage || **~e Gegenverbundwicklung** / split differential compound winding || **~e Kette** / divided chain || **~e konzentrische Wicklung** / split concentric winding || **~e Nockenscheibe** / split cam || **~e Wicklung** / split winding, split concentric winding, bifurcated winding || **~er Bildschirm** / split screen || **~er Drosselkörper** / split plug || **~er Erdungsschalter** VDE 0670,T.2 / divided support earthing switch IEC 129 || **~er Schirm** / split screen || **~er Ständer** (2 Teile) / split stator, split frame || **~er Ständer** (mehrere Teile) / sectionalized stator, sectionalized frame || **~er Trennschalter** VDE 0670,T.2 / divided-support disconnector IEC129 || **~es Feld** / split

field ‖ ~es Gehäuse / split housing ‖ ~es
Ringlager / split sleeve bearing ‖ ~-konzentrisches
Kabel / split concentric cable
getempert·er Stahl / alloy steel ‖ ~es Glas /
tempered glass
Getränke·abfüllmaschine *f* / bottling machine ‖
⟨⟩automat *m* / drink vending machine, beverage
dispenser
getränkt *adj* / soaked *adj* ‖ ~ *adj* (m. Lack) / varnish-
impregnated *adj*, varnished *adj* ‖ ~e Isolation /
impregnated insulation, mass-impregnated
insulation ‖ ~e Papierisolierung / impregnated
paper insulation ‖ ~es Isolierschlauchmaterial /
saturated sleeving ‖ ~es Papier / impregnated paper
getrennt *adj* / parted *adj*, separate ‖ ~ aufbewahren
(von zurückgewiesenen Einheiten) / quarantine *v* ‖
~ aufgestellte Kühlvorrichtung / separately
mounted circulating-circuit component ‖ ~
verriegelbarer Schlüsselschalter / keyswitch
with interlocks ‖ ~ zu bestellen / to be ordered
separately ‖ ~ zu betätigen / separately operated ‖
~e Aufbewahrung (von zurückgewiesenen
Einheiten) / quarantine ‖ ~e Druckleitung /
separated pressure line ‖ ~e Elektromagnete /
separated solenoids ‖ ~e Erdung / independent
earthing (GB), independent grounding (US) ‖ ~e
Erdungsanlage / subdivided earthing system,
separate grounding system ‖ ~e
Hilfsspannungsversorgung / separate auxiliary
supply ‖ ~e Lieferung der Baugruppen aus dem
Baugruppenträger / boards supplied separately
from the subrack ‖ ~e Phasen- und
Käfigwicklung / independent phase and cage
winding ‖ ~e Selbsterregung / separate self-
excitation ‖ ~e Wicklung / separate winding ‖ ~e
Wicklungen / separate windings ‖ ~er Betätiger /
separate actuator ‖ ~er Betätiger mit Zuhaltung /
interlock switch ‖ ~er Gebührennachweis für eine
gemeinsame Endstelle (Bereitstellung getrennter
Rechnungen für die Benutzer einer gemeinsamen
Endstelle) / accounts for shared terminal
Getriebe *n* / gear *n*, gearing *n*, gear unit, gearbox *n*,
gear train, gears *plt*, transmission *n* ‖ ⟨⟩(motor)
m / gear reducer ‖ einstellbares ⟨⟩ / adjustable
gear ‖ elektronisches ⟨⟩ / electronic gear ‖
elektronisches ⟨⟩ (Kfz) / electronically controlled
automatic gearbox ‖ mechanisches ⟨⟩ / linkage
system, cam gear ‖ nachgeschaltetes ⟨⟩ / follow-
up gear ‖ stellbares ⟨⟩ / torque variator, speed
variator ‖ elektronisches ⟨⟩/⟨⟩interpolation (ELG/
GI) / electronic gear/gear interpolation
Getriebe·abtrieb *m* / gear drive output shaft, gear
output, output shaft of gearbox ‖ ⟨⟩anbau *m* /
mounted gearing ‖ ⟨⟩ausgang *m* / gear output ‖
⟨⟩bau *m* / gearbox manufacturing ‖ ⟨⟩baukasten
m / modular gearbox ‖ ⟨⟩drehzahl *f* / gear speed ‖
⟨⟩einrücken *n* / gear meshing, gear engagement ‖
unelastisches ⟨⟩element / inelastic gear element ‖
⟨⟩-Erregermaschine *f* / geared exciter ‖ ⟨⟩faktor
m / gear ratio, transformation ratio, speed ratio ‖
⟨⟩fertigung *f* / transmission manufacturing
Getriebe·gang *m* / gear step ‖ ⟨⟩gehäuse *n* / gearbox
n, gear case ‖ ⟨⟩generator *m* / geared generator ‖
⟨⟩geräusche *n pl* / gear noise ‖ ⟨⟩gewicht *n* /
gearbox weight ‖ ⟨⟩gleichlauf *m* / gearbox
synchronism, gearing *n*, geared synchronous
motion ‖ ⟨⟩kasten *m* / gearbox *n*, gear case ‖
⟨⟩konfiguration *f* / gearbox configuration ‖ ⟨⟩kopf
m / operating head ‖ ⟨⟩kopplung *f* / gearbox link
getriebelos *adj* / gearless *adj* ‖ ~er Motor / gearless
motor, direct-drive motor ‖ ~er Motor
(Ringmotor) / ring motor, gearless motor, wrapped-
around motor
Getriebe·montage *f* / gearbox assembly ‖ ⟨⟩motor
m / geared motor, gearmotor *n*, motor reduction
unit, gear motor
getrieben *adj* / embossed *adj*
Getriebe·pendelmaschine *f* / geared dynamometer,
gear dynamometer ‖ ⟨⟩platine *f* / gear PCB ‖
⟨⟩platte *f* / gear plate ‖ ⟨⟩rad *n* / gear wheel ‖
⟨⟩schalter *m* / gear-switch ‖ ⟨⟩schaltung *f* / gear
speed change, gear change ‖ ⟨⟩schaltung *f* (NC-
Zusatzfunktion) DIN 66025,T.2 / gear change ISO
1056 ‖ ⟨⟩schnecke *f* / gear worm ‖ ⟨⟩schutzkasten
m / gear case ‖ ⟨⟩sicherheitsschalter *m* / safety gear-
switch ‖ ⟨⟩sperre *f* / gear ratchet ‖ ⟨⟩spiel *n* / gear
backlash ‖ ⟨⟩steuerung *f* / (automatic)
transmission control ‖ ⟨⟩stufe *f* / reduction stage ‖
⟨⟩stufe *f* (GS) / gear step (GS), gear stage (GS) ‖
⟨⟩stufen *f pl* / gear range ‖ ⟨⟩stufenanwahl *f* /
selection of gearbox stage ‖ ⟨⟩stufenauswahl *f* /
gear stage selection, selection of gearbox stage ‖
⟨⟩stufendrehzahl *f* / gear stage speed ‖
⟨⟩stufenschalten *n* / gear stage change (GSC),
gear change ‖ ⟨⟩stufenumschaltung *f* / gear step
change, gearbox stage changeover ‖
⟨⟩stufenwechsel *m* (GSW) / gear change, gear
stage change (GSC)
Getriebe·teil *n* / gear part ‖ ⟨⟩turbine *f* / geared
turbine ‖ ⟨⟩-Turbogenerator *m* / geared turbo-
generator ‖ ⟨⟩übersetzung *f* / gear ratio,
transformation ratio, speed ratio, transmission
ratio ‖ ⟨⟩übersetzungsumschalter *m* /
transmission ratio selector ‖ ⟨⟩umfangsspiel *n* /
back lash ‖ ⟨⟩umschalten *n* / gear change ‖
⟨⟩umschaltung *f* / gear speed change, gear change
‖ ⟨⟩-Umschaltung *f* / gear-speed change ‖
⟨⟩untersetzung des Gebers / encoder gear
reduction ‖ ⟨⟩veränderung *f* / gearbox change ‖
⟨⟩verdrehzahl *f* / gear play ‖ ⟨⟩verspannung *f* /
torque bias ‖ ⟨⟩welle *f* / gear shaft ‖ ⟨⟩zahnrad *n* /
gear pinion ‖ ⟨⟩zug *m* / gear train
Getriebsinterpolationsdaten (GIA) *plt* / gear
interpolation data (GIA)
Getriebverdrehzahl *f* / gear play
getriggerte Abschneidfunkenstrecke / triggered-
type chopping gap ‖ ~ Zeitablenkeinrichtung /
triggered time base ‖ ~ Zeitablenkung / triggered
sweep
getrimmt *adj* / trimmed *adj*
getrocknet *adj* / dried *adj*
Getter *n* / getter *n* ‖ ⟨⟩gefäß *n* / getter pot ‖ ⟨⟩n *n* (eas
Binden von Verunreinigungen z.B. bei der
Halbleitertechnologie) / gettering *n*
Getting Started *n* / Getting Started *n*
geundet *adj* / ANDed *adj*, AND-gated *adj*,
combined for logic AND
gewachst *adj* / waxed *adj*
Gewähr *f* / guarantee *n* ‖ ⟨⟩frist *f* / warranty period
gewährleisten *v* / ensure *v*
gewährleistet *adj* / case of warranty
Gewährleistung *f* (GW, GWL) / warranty *n* ‖ ⟨⟩ *f*
(GW) / warranty conditions, guarantee *n*
Gewährleistungs·abwicklung *f* / warranty

gewalkt

administration, processing of warranty claims || ⟨änderungsdienst *m* / warranty update service || ⟨anspruch *m* / warranty claim || ⟨beauftragter *m* / person responsible for warranty issues || ⟨bedingung *f* / warranty condition || ⟨daten *plt* / warranty data || ⟨dienst *m* / warranty service || ⟨ende *n* / end of warranty || ⟨entscheidung *f* / warranty decision || ⟨fall *m* / warranty case, case of warranty || ⟨frist *f* / warranty period || ⟨grenzen *f pl* (Messtechnik) / guaranteed limits of error || ⟨nebenkosten *plt* / secondary warranty costs || ⟨regelung *f* (GWL, GW) / warranty conditions, warranty *n* || ⟨zeit *f* / warranty period || ⟨zeitraum *m* / warranty period
gewalkt *adj* / flex-levelled *adj*
Gewaltbruch *m* / forced rupture
gewalzt *adj* / rolled *adj*
gewaschen *adj* / washed *adj* || **~er Sand** / washed sand
Gewässersystem *n* / water system
Gewebe *n* (Iso-Mat.) / fabric || ⟨abtrennung *f* (Leiterplatte) / crazing *n* || ⟨band *n* (f. Kabel) / textile tape, textile braiding || ⟨riemen *m* / fabric belt || ⟨schlauch *m* / textile-fibre sleeving, flexible plastic-insulated tube
gewebt *adj* / woven *adj*
geweitet *adj* / widened *adj*
gewellt *adj* (Stromform) / rippled *adj*, having a ripple || **~er Federring** / wave spring lock washer || **~er Metallmantel** / corrugated sheath || **~es Kunststoffrohr** / corrugated plastic conduit || **~es Rohr** / corrugated conduit || **~es Stahlpanzerrohr** / corrugated steel conduit || **~es Steckrohr** / non-threadable corrugated conduit || **~es, gewindeloses Rohr** / non-threadable corrugated conduit
gewendelt *adj* / spiralled *adj*
gewendeter Biegeversuch / reverse bend test
Gewerbe *n* / trade || ⟨einlage *f* / insert of web || ⟨ordnung *f* / trade and industrial code || ⟨tarif *m* / commercial tariff
gewerblich *adj* / industrial *adj* || **~ genutzte Anlage** / commercial installation || **~ genutztes Gebäude** / commercial building || **~e Ausbildung** / industrial training, vocational training
Gewerk *n* / piece of equipment || **~eübergreifend** *adj* / cross-facility || ⟨schaftsvertreter *m* / union representative
Gewicht *n* (ist das Gewicht des Geräts ausschließlich dessen Verpackung) / weight *n* || ⟨ **1 Stück etwa** / weight 1 unit approx. || ⟨ **des aktiven Teils** / weight of core- and-coil assembly || ⟨ **des heraushebbaren Teils** / untanking mass || **ins** ⟨ **fallen** be mentionable || **spezifisches** ⟨ / specific gravity, density *n*, relative density
gewichtet *adj* / weighted *adj* || **~e Rückführung** / weighted feedback element || **~er Durchschnitt** / weighted average || **~er Mittelwert** / weighted average
gewichtigste Binärstelle / most significant bit (MSB)
Gewichts·antrieb *m* / weight-operated mechanism || ⟨ausgleich *m* / counter weight, counterweight *n*, weight counterbalance || **elektrischer** ⟨ausgleich / electrical weight compensation || ⟨durchfluss *m* / mass flow (rate) || ⟨folge *f* / pulse response || ⟨funktion *f* / weighting function || ⟨klasse *f* / weight class || ⟨kompensation *f* / weight compensation || ⟨kraft *f* / weight force, force due

to weight, weight *n* || ⟨messung zur elektronischen Regelung des Anfahrmoments und der Bremskraft für Nahverkehrszüge / monitoring all-up weight as input data for electronic control of starting traction and braking force on board light rail vehicles || ⟨notbremse *f* / weight-operated emergency brake || ⟨ordinate *f* / weighted ordinate || ⟨prozent *n* / percent by weight, mass fraction || ⟨sensor *m* / weight sensor || ⟨spannweite *f* / weight span || **Abweichung eines** ⟨stücks / entry of a weight || ⟨teil *m* / part by mass || ⟨vektor *m* / weight vector || ⟨verlagerung *f* / weight displacement, change in centre of gravity
Gewichtung *f* / weighting *n*
Gewichtungsfunktion *f* / weighting function
gewickelt *adj* / wound *adj*, provided with a winding || **~e gemeinsame Aderumhüllung** VDE 0281 / taped inner covering || **~e Isolierhülle** (Isolierung aus wedelförmig um den Leiter gewickelten Bändern) / tape insulation || **~e Isolierung** (Kabel) / lapped insulation || **~e Spule** / wound coil || **~er Kern** / wound core || **~er Läufer** / wound rotor
Gewinde *n* / thread *n* || ⟨ **mit feiner Steigung** / fine thread || ⟨ **mit grober Steigung** / coarse thread || **durchgängiges** ⟨ / tapped through-hole || **zweigängiges** ⟨ / two-start thread || ⟨abschnitt *m* / thread section || ⟨abspanzyklus *m* / threading cycle || ⟨anschluss *m* (Ventil) / threaded end, threaded connection || ⟨anschluss rückseitig / rear thread connection || ⟨auslauf *m* / run-out of thread, thread run-out || **radial verschiedliche** ⟨backen / radial displacable screw plates
Gewinde·bearbeitung *f* / threading *n*, thread cutting || ⟨bohreinheit *f* / tapping unit || ⟨bohren *n* (NC-Wegbedingung) DIN 66025,T.2 / tapping *n* ISO 1056, drill and tap || ⟨bohren mit Ausgleichsfutter / tapping with compensating chuck || ⟨bohren ohne Ausgleichsfutter / rigid tapping || ⟨bohrer *m* / tap || ⟨bohrfutter *m* / tap chuck || ⟨bohrtiefe *f* / tapping depth || ⟨bohrung *f* / tapped hole, tapped bore, threaded hole, tap hole || ⟨bohrung für Zylinderschraube / threaded hole for pan head screw || ⟨bohrzyklus *m* / tapping cycle || ⟨bolzen *m* / stud bolt, threaded bolt, threaded pin || ⟨buchse *f* / threaded bushing, threaded bush
Gewinde·drehen *n* / thread cutting || ⟨durchgangsbohrung *f* / tapped through-hole || ⟨durchmesser *m* / thread diameter || ⟨durchzug *m* / extruded hole || ⟨düse *f* / threaded nozzle || ⟨einlauf *m* / thread run-in, thread infeed || ⟨einsatz *m* / threaded insert || ⟨einsatzpunkt *m* / thread commencement point
Gewinde·festigkeit *f* / thread strength || ⟨flanke *f* / flank of thread || ⟨formen *n* / forming of thread || **~formende Schraube** / thread-forming tapping screw || **~formende Schrauben** / thread-forming tapping screws || ⟨fräsen *n* / thread milling, cut thread || ⟨fräser *m* / thread cutter, thread milling cutter || ⟨fräsmaschine *f* / thread milling cutter || ⟨freistich *m* / thread undercut || ⟨freistich/Formen **A, B, C und D nach DIN** / Thread undercut/forms A, B, C and D acc. to DIN || ⟨freistichzyklus *m* / thread undercut cycle || ⟨furchen *n* / cold form tapping || **~furchend** *adj* / thread ridging || ⟨furchschraube *f* / thread forming screw
Gewinde·gang *m* / thread start, thread groove, thread

n || 2gangversatz m / thread offset || 2grund m / root n || 2grundbohrung f / tapped blind hole, closed tapped bore || 2herstellungsmaschine f / thread cutter || 2hülse f / threaded sleeve, screw bush || 2hülse f (Fassung) / screwed shell || 2kernloch n / tapped hole || 2kette f / thread chain, thread chaining || 2kopf m / threaded head || 2lehrdorn m / thread plug gauge || 2lehre f / thread gauge || 2lehrring m / thread ring gauge || 2-Leitungseinführung f / thread cable entry || 2loch n / tapped hole, tapped bore, threaded hole
Gewinde·mittelpunkt m / thread center point || 2muffe f / screwed coupler, threaded coupling, pipe coupling || 2nachschneiden n / thread recutting || 2nippel m / externally screwed coupler, screwed nipple || 2pilz m / mushroom button with thread || 2platte f / threaded plate || 2regeneration f / thread regeneration || 2ring m / threaded ring || 2rohr n / threadable conduit IEC 614-1, screwed conduit, threaded conduit || 2rohr n / threaded tube, threaded pipe || 2rollen n / thread rolling || 2rollkopf m / thread rolling head || 2rollmaschine f / thread rolling machine || 2sackloch n / tapped blind hole, closed tapped bore || 2satz m / thread block || 2schaft f / threaded shank || 2schälmaschine f / thread milling machine || 2schiene f / threaded rail || 2schleifen n / thread grinding || 2schleifmaschine f / thread grinder || 2schneidautomat m / automatic thread cutter || 2schneideisen n / cutting die
Gewindeschneiden n / thread cutting, screw cutting, threading n, screwing n || 2 n (CLDATA-Wort) / thread ISO 3592 || **2 mit abnehmender Steigung** / thread cutting with decreasing lead || **2 mit gleichbleibender Steigung** / constant-lead thread cutting, constant-pitch thread cutting || **2 mit konstant abnehmender Steigung** / thread cutting with decreasing (o. degressive) lead || **2 mit konstant zunehmender Steigung** / thread cutting with increasing lead (o. progressive) lead || **2 mit veränderlicher Steigung** / variable-lead thread cutting, variable-pitch screwing || **2 mit zunehmender Steigung** / thread cutting with increasing lead || **mehrgängiges** 2 / multiple-start thread cutting, multiple thread cutting
Gewinde·schneider m / thread cutter || 2schneidesatz m / thread cutting block || 2schneidezyklus m / thread cutting cycle || 2schneidfutter n / screwing chuck || 2schneidkluppe f / die stock || 2schneidkopf m / thread-cutting head || 2schneidleistung f / thread cutting capacity || 2schneidmaschine f / thread cutting machine || 2schneidschraube f / thread tapping screw || 2-Schneidschraube f / thread cutting screw || 2sockel m / screw cap, screw base || 2spalt m EN 50018 / threaded joint || 2spindel f / gear spindle || 2spindel f / screw n || 2stab m / threaded rod || 2stahl n / threading tool || 2stange f / thread rod, threaded rod
Gewindesteigung f / lead n || 2 f (mehrgängiges Gewinde) / thread pitch || 2 f (CLDATA-Wort) / pitch ISO 3592 || 2 f (eingängiges Gewinde) / thread lead
Gewindesteigungs·abnahme f / thread lead decrease, screw pitch decrease || 2zunahme f / thread lead increase, screw pitch increase

Gewindestift m / grub screw, setscrew n, threaded pin || 2 **mit Schlitz und Kegelkuppe** / slotted set screw with flat point || 2 **mit Zapfen** / grub screw with full dog point
Gewinde·stopfen m / screw plug, plug screw || 2stößel m / threaded push rod || 2strehlen n / thread chasing || 2strehler m / thread chaser || 2stück n (Teil einer Gewindestange) / threaded piece || 2tiefe f / depth of thread, thread depth || **wirksame Länge der** 2verbindung / effective length of screw engagement || 2vorlauf m / thread run-in || 2walzbacken f pl / thread rolling dies || 2walzmaschine f / thread rolling machine || 2werkzeug n / threading tool || 2winkel m / threaded bracket || 2wirbelmaschine f / thread whirling machine || 2wirbeln n / thread whirling || 2zapfen m / threaded stem || 2zyklus m / threading cycle
gewinkelt adj / angular adj / ~e Flachrundzange / bent snipe nose plier || ~er Flachstecker / angled flat-tab connector || ~er Schienenkasten / angled trunking unit
Gewinn m / profit n, gain n || ~**bezogen** / profit-related || 2maß-Degradation f / gain degradation
gewirbelt adj / whirled adj
Gewissheitsfaktor m (ein Wert, welcher der Gültigkeit einer Aussage, z. B. einer Hypothese, Inferenzregel oder Konklusion einer Inferenz, zugeordnet ist) / certainty factor
Gewitter·häufigkeit f / isokeraunic level || 2überspannung f / overvoltage due to lightning, lightning surge, atmospheric overvoltage
gewogenes Mittel / weighted average
gewöhnlich·e Kraft / conventional force || ~**e Leuchte** / ordinary luminaire || ~**er Schalter** (I-Schalter) VDE 0632 / ordinary switch (CEE 14)
Gewölbe·kommutator m / arch-bound commutator || 2wicklung f / barrel winding
gewölbt adj / cambered adj, dished adj, concave adj || ~**e Schraubkappe** / spherical screw cap, cambered screw cap || ~**er Deckel** / domed cover || ~**er Federring** / curved spring lock washer
gewundene Biegefeder / coiled torsion spring, tangentially loaded helical spring
gewünscht adj / desired adj
gewurzelt adj / connected to common potential, grouped adj
gezahnte Federscheibe / tooth lock washer
Gezeiten·energie f / tidal energy || 2kraftwerk n / tidal power station
gezielt adj / specific adj || ~**e Ölführung** / forced-directed oil circulation || ~**er Abfragebefehl** / selective interrogation command
gezogen adj / drawn adj || ~**es Kupfer** / drawn copper || ~**er Übergang** / grown junction || ~**er Zonenübergang** / grown junction
GF (Geschäftsfeld) / business sector, business field, BU (business unit) || 2 (Gehäuseform) / package form || 2 f (Grundfunktion) / BF n (basic function) || 2 **laden** / Load GF data (button) || 2 **speichern** / Save GF data (button) || 2-**Beschreibung** f (Gehäuseform-Beschreibung) / package form description || 2-**Bibliothek** f (Gehäuseform-Bibliothek) / GF library
GFC / Global Failsafe Command (GFC)
GF·-Datei (Gehäuseform-Datei) f (eine Datei (*.gf), die für eine Gehäuseform alle notwendigen

GFK 360

Daten enthält) / package form (GF) file || ⁓**-Daten** *f* (Gehäuseform-Daten) / package form data || ⁓-**Datenkonvertierung** *f* (Gehäuseform-Datenkonvertierung) / GF data conversion || ⁓-**Editor** *m* (Gehäuseform-Editor) / GF editor
GFK (Glasfaserkunststoff) / glass-reinforced plastic (GRP), fibre-glass-reinforced plastic (FRP), glass-fibre laminate, glass-laminate, glass-fibre cable, fibre-optic cable, optical fibre cable
GF·-Kanten verwenden / use package form edges || ⁓-**Nummer** *f* (Gehäuseform-Nummer) / GF number || ⁓-**Referenz** *f* (Gehäuseform-Referenz) / package form (GF) reference || ⁓-**Spektrum** *n* (Gehäuseform-Spektrum) / range of component package forms || ⁓-**Telegramm** *n* (Gehäuseform-Telegramm) / package form message
G-Funktion *f* (NC-Wegbedingung) / preparatory function, G-function *n*
GG (Geschäftsgebiet) / division *n*, group *n* || ⁓-**Kennzeichen** *n* / division symbol || ⁓-**Leitung** *f* / head of division
G-Gruppe *f* (Zusammenfassung von G-Funktionen, von denen immer nur eine gültig sein kann) / G group
GH (Gerätehandbuch) / product manual, equipment manual, manual *n*
GHB (Gerätehandbuch) / product manual, equipment manual, manual *n*
GIA (Getriebsinterpolationsdaten) / GIA (gear interpolation data)
Giaever-Tunneleffekt *m* / Giaever tunneling, Giaever normal electron tunneling
Gieren *n* / yawing *n*, yaw *n*
Gierratensensor *m* / yaw-velocity sensor *n*
Gießen *n* (Kunststoff) / casting *n*
Gießform *f* / mold die *n*
Gießharz *n* / cast resin, casting resin, moulding resin || ⁓**blockstromwandler** *m* / resin-encapsulated block-type current transformer, cast-resin block-type current transformer || ⁓**drosselspule** *f* / encapsulated-winding dry-type reactor || ⁓**durchführung** *f* / cast-resin bushing, cast insulation bushing || ⁓-**Füllstoff-Gemisch** *n* / cast-resin-filler mixture
gießharzisoliert *adj* (Trafo) / resin-encapsulated *adj*, resin-insulated *adj*, cast-resin-insulated *adj* || **~e Schaltwagenanlage** / resin-insulated truck-type switchgear
Gießharz·-Isolierung *f* / cast-resin inuslation || ⁓**masse** *f* / casting resin, casting plastic || ⁓**mischung** *f* / resin compound || ⁓**pol** *m* / resin-encapsulated (o. -insulated) pole || ⁓-**Rippenstützer** *m* / resin-cast ribbed insulator || ⁓**spule** *f* / resin-encapsulated coil, moulded-resin coil || ⁓**stützer** *m* / cast-resin post insulator, synthetic-resin post insulator, resin insulator || ⁓**transformator** *m* / encapsulated-winding dry-type transformer IEC 50(421), resin-encapsulated transformer || ⁓-**Vollverguss** *m* / cast resin || **Transformator mit** ⁓-**Vollverguss** / resin-encapsulated transformer, (resin-)potted transformer
Gieß·kran *m* / ladle crane || ⁓**lackieren** *n* / curtain coating || ⁓**ling** *m* / casting *n*, cast moulding || ⁓**maschine** *f* / casting machine || ⁓**pfanne** *f* / foundary ladle || ⁓**tülle** *f* / mold sleeve || ⁓**walze** *f* / casting roller

giftig *adj* / toxic *adj*
Giftigkeit *f* / toxicity *n*
Gigabyte (GB) *n* / GB *n*
GI-Konfiguration *f* / GI configuration
Gipfel·punkt *m* (Diode) DIN 41856 / peak point || ⁓**spannung** *f* / peak voltage || ⁓**spannung** *f* (Diode) DIN 41856 / peak-point voltage || ⁓**strom** *m* (Diode) DIN 41856 / peak-point current || ⁓-**Tal-Stromverhältnis** *n* (Diode) DIN 41856 / peak-to-valley point current ratio || ⁓**wert** *m* / peak value, crest value, maximum value
Gipsmantel *m* / jacket of gypsum
Girlande *f* / festoon *n* || **Leitungs~** *f* / festooned cable
Girlanden·aufhängung *f* / festoon suspension || ⁓**kabel** *n* / daisy-chain cable || ⁓**leitung** *f* / festooned cable
GIS / gas-insulated switchgear (GIS), gas-filled switchgear
Gitter *n* / grid pattern, grid *n* || ⁓ *n* (HG-Ventil) / grid *n* || ⁓ *n* (Schutzgitter) / screen *n* || **Beugungs~** *n* / diffraction grating || **Kristall~** *n* / crystal lattice, crystal grating || **Mess~** *n* (DMS) / rosette *n* || **optisches** ⁓ / optical grating, diffraction grid || **Röhre mit** ⁓**abschaltung** / aligned-grid tube || ⁓**baufehler** *m* / lattice defect || ⁓**box** *f* / mesh box, wire-mesh box || ⁓**boxmeldung** *f* / wire-mesh box message || ⁓**boxpalette** *f* / wire-lattice pallet || ⁓**eingangsleistung** *f* / grid input power || ⁓**eingangsspannung** *f* / grid input voltage, grid driving voltage || ⁓**emitter-Solarzelle** *f* / mesh structure solar cell || ⁓**fehler** *m* / crystal defect || ⁓**fehlstelle** *f* (Kristall) / lattice defect
gittergesteuerte Bogenentladungsröhre / grid-controlled arc discharge tube
Gitter·impuls *m* (Hg-Ventil) / grid pulse || ⁓**konstante** *f* (Kristall) / lattice constant, lattice parameter || ⁓**lücke** *f* / vacancy *n* || ⁓**mast** *m* / lattice tower, lattice mast || ⁓**netzlinien** *f pl* / grid lines || ⁓**parameter** *m* (Kristall) / lattice parameter, lattice constant || ⁓**platte** *f* / grid-type plate, pasted plate || ⁓**punkt** *m* (Raster) / grid point || ⁓**schnitt** *m* / grid cut || ⁓**schnittprüfung** *f* / cross-cut test, cross hatch test, chipping test, cross-cut adhesion test || ⁓**stab** *m* / transposed bar, Roebel bar, transposed conductor || ⁓**stabwicklung** *f* / transposed-bar winding, Roebel-bar winding || ⁓**steuerleistung** *f* / grid driving power || ⁓**steuerung** *f* / grid control || ⁓**störung** *f* (Kristall) / lattice distortion || ⁓**strom** *m* / grid current || ⁓**teilung** *f* / spacing, ruling, lattice pitch || ⁓**tür** *f* / screen door, wire-mesh door, trellised door || ⁓**übertrager** *m* / grid transformer || ⁓**übertrager** *m* (f. Zündimpulse) / (firing-)pulse transformer || ⁓**vorspannung** *f* / grid bias (voltage) || ⁓**zahn** *m* / oil duct
GK (Gesamtkoordinate) / device coordinate || ⁓ (Gesamtkoordinator) / overall coordinator
G-Katalysator *m* / three-way catalytic converter
GKB / base-load duty with additional short-time loading
GKS / graphical kernel system (GKS) || ⁓-**Bilddatei** *f* / GKS metafile || ⁓-**Leistungsstufe** *f* / GKS level
Glanz *m* (einer Fläche) / gloss *n* || ⁓**brenne** *f* / bright dip
glänzend *adj* / shiny, bright || **~e Oberfläche** / glossy surface || **~es Arbeitsgut** / shiny material
Glanzmessgerät *n* / glossmeter *n*

glanzverzinken *v* / bright-galvanize *v*, bright-zinc-coat *v*, electrogalvanize in a cyanide bath
Glas *n* / glass *n* || ~ **mit geringem Eisengehalt** / low-iron glass || ~**abdeckung** *f* / glazing *n* || ~**innovative ~aufbereitung** / innovative glass processing plant || ~**band** *n* / glass-fibre tape, fibre-glass tape, glass tape || ~**-Bauelement (Glas-BE)** *n* / glass component || ~**bearbeitung** *f* / glass processing || ~**bearbeitungsmaschine** *f* / glassworking machine || ~**brucherkennung** *f* / glass breakage detection || ~**durchführung** *f* / glass bushing
Glasfaser *f* / glass fibre, all-glass fibre, glass fabric, spun glass || ~**band** *n* / glass-fibre tape, fibre-glass tape, glass tape || ~**beflechtung** *f* / glass-filament braid || ~**gespinst** *n* / spun fibreglass || ~**kabel** *n* (GFK) / glass-fibre cable, fibre-optic cable, optical fibre cable || ~**kunststoff** *m* (GFK) / glass-reinforced plastic (GRP), fibre-glass-reinforced plastic (FRP), glass-fibre laminate, glass-laminate, glass fiber reinforced plastic (GRP) || ~**lichtleiter** *m* / glass fiber-optic conductor || ~**lichtleitung** *f* / fiber-optic cable || ~**matte** *f* / glass-fibre mat || ~**-Schichtstoff** *m* / glass-fibre laminate, glass laminate || ~**verstärkter Isolierstoff** / glass fibre reinforced insulating material || ~**verstärkter Kunststoff** / glass-fibre-reinforced plastic (GFP) || ~**verstärktes Polyesterharz** / fiber-reinforced polyester
Glas·formgebungsmaschine *f* / glass forming machine (GFM) || ~**fritte** *f* / fritted glass filter || ~**garn** *n* / glass-fibre yarn, glass fiber || ~**gewebe** *n* / glass fabric, woven glass, glass cloth || ~**gewebeband** *n* / woven glass tape, glass-fabric tape, textile tape || ~**-Glas-Verbund** *m* / glass-glass laminate || ~**glocke** *f* (Leuchte) / glass dome || ~**halbleiter** *m* / amorphous semiconductor || ~**herstellung** *f* / glass manufacturing
glasiert *adj* / glazed *adj* || ~**er Drahtwiderstand** / vitreous enamel wirewound resistor
Glas·industrie *f* / glass industry || ~**-Inkrementalscheibe** *f* / glass incremental scale || ~**keramik** *f* / ceramic glass
glasklar *adj* / clear *adj*
Glas·kolben *m* (Leuchtstofflampe) / glass tube || ~**kolbenleuchte** *f* / well-glass fitting || ~**kordel** *f* / glass-fibre cord, fibre-glass cord || ~**lichtwellenleiter** *m* / glass fiber optic cable || ~**loten** *n* / glass sealing, glass frit bonding || ~**-LWL** / glass fiber optic cable || ~**maschine** *f* / glass manufacturing machine || ~**matte** *f* / glass-fibre mat || ~**membranwiderstand** *m* / glass diaphragm resistor || ~**perle** *f* / glass bead || ~**querschneider** *f* / glass cross-cutter
Glas·schichtstoff *m* / glass-fibre laminate, glass laminate || ~**schleifmaschine** *f* / glass grinding machine || ~**schneiden** *n* / glass cutting || ~**schneider** *m* / glass cutter || ~**schneidetisch** *m* / glass cutting machine || ~**schneidmaschine** *f* / glass cutting machine || ~**seide** *f* / glass filament, glass silk
Glasseiden·band *n* / glass fibre tape, gft || ~**beflechtung** *f* / glass-filament braiding || ~**bespinnung** *f* / glass-filament braiding || ~**garn** *n* / glass-filament yarn || ~**-Spinnfaden** *m* / glass-filament strand || ~**strang** *m* / glass-fibre roving
Glas·sockellampe *f* / glass-base lamp, capless lamp || ~**-Tedlar-Einkapselung** *f* / glass-Tedlar encapsulation || ~**thermometer** *n* / liquid-in-glass thermometer, mercury-in-glass thermometer || ~**übergangstemperatur** *f* / glass transition temperature
Glasur *f* (auf Keramik) / glaze *n* || ~**fehler** *m* / glaze fault, glaze defect
Glas·wanne *f* / glass trough || ~**ziehmaschine** *f* / glass-drawing machine
glatt *adj* / plain *adj*
Glättbalken *m* / screeding beam
Glattblechkessel *m* / plain steel-plate tank, plain tank
Glättbohle *f* / screeding board
Glätte *f* / slickness *n*, smoothness *n*
glatte Oberfläche / plain surface, smooth surface || ~ **Rolle** / plain wheel || ~ **Schattierung** / smooth shading || ~ **Welle** / plain shaft
Glättegrad *m* / degree of smoothness
Glatteis·bekämpfung *f* / deicing *n* || ~**warner** *m* / black ice alarm device (device)
glätten *v* (Strom) / smooth *v*, filter *v* || ~ *v* (schlichten) / smooth *v*, flatten *v*, planish *v*, dress *v* || ~ *n* / smoothing *n*
Glätter *m* (f. Dichtungsbänder) / trueing device, trueing wheel
glatt·er Anker / cylindrical armature, drum-type rotor || ~**er Deckel** / plain cover || ~**er Leiter** / segmental coil conductor, locked-coil conductor || ~**er Mantel** / smooth sheath, smooth-sided sheath || ~**es Gewinderohr** / threadable plain conduit || ~**es Isolierstoffrohr** / plain insulating conduit || ~**es Kunststoffrohr** / plain plastic conduit, plain conduit of insulating material, plain non-metallic conduit || ~**es Rohr** / plain conduit || ~**es Stahlrohr** / plain steel conduit || ~**es Steckrohr** / non-threadable plain conduit || ~**es, gewindeloses Rohr** / non-threadable plain conduit
Glättmaschine *f* / smoothing machine, flattening machine
Glättung *f* / smoothing *n*, filter *n*, filtering *n*
Glättungs·algorithmus *m* / smoothing algorithm || ~**baugruppe** *f* / smoothing module, filter module || ~**drossel** *f* / smoothing reactor, filter choke || ~**faktor** *m* / smoothing factor || ~**fenster** *n* / smoothing range || ~**funktion** *f* / smoothing function, filter function, filtering function || ~**glied** *n* / smoothing element, filter element || ~**kapazität** *f* / smoothing capacitance, smoothing capacitor, filter capacitor || ~**kondensator** *m* / smoothing capacitor, filter capacitor || ~**konstante** *f* / smoothing constant || ~**kreis** *m* / smoothing circuit, filter circuit, ripple filter || ~**maß** *n* / smoothing degree || ~**tiefe** *f* DIN 4762,T.1 / depth of surface smoothness || ~**wert** *m* / smoothing value || ~**zeit** *f* / smoothing time || ~**zeit Fluss-Sollwert** / smooth time for flux setpoint || ~**zeitkonstante** *f* / time constant of smoothing capacitor, filter-element time constant, filter time constant, smoothing time constant
Glatt·walzen *n* / finish rolling || ~**walzmaschine** *f* / roller finishing machine
GLAZ / flexible working time, flexitime *n*, flextime *n*
GLC / gas-liquid chromatography (GLC)
GLE (Gruppenleitebene) *f* / group control level
gleich DIN 19239 / equal to
Gleich·anteil *m* / direct component (DC component), zero-frequency quantity || ~**artig**

gleichberechtigt 362

adj / of the same kind || ⸔**behandlungsgrundsatz** *m* / equal employment opportunity (EEO), principle of equal treatment || **~belastet** *adj* / symmetrically loaded
gleichberechtigt *adj* / with equality of access, equal priority || **~ (Gegenstelle)** *adj* / equally important || **~er Spontanbetrieb** / asynchronous balanced mode (ABM) || **~es System** (Zugriffsberechtigung) / democratic system || **~es Übermittlungsverfahren** DIN ISO 7776 / balanced link access procedure
Gleichbetätigungsspannung *f* / d.c. operating (o. coil) voltage
gleichbleibend *adj* / constant *adj* || **~e Drehzahl** / constant speed || **~e Qualität** / uniformity of quality || **~e Steigung** (Gewindeschneiden) / constant lead
Gleichdrehzahlgetriebe *n* / constant-speed drive (CSD)
gleiche Polarität / same polarity || **~ Zuwachskosten** / equal incremental costs
gleichfarbige Farbreize / isochromatic stimuli
Gleichfehlerstrom *m* / residual current, DC fault current || **pulsierender** ⸔ VDE 0664, T.1 / pulsating d.c. fault current, a.c. fault current with (pulsating d.c. component)
Gleichfeld, magnetische Eigenschaften im ⸔ / d.c. magnetic properties || **magnetisches** ⸔ / direct-current magnetic field, constant magnetic field
Gleichfluss *m* / unidirectional flux
gleichförmig·e Belastung / uniform load, balanced loading || **~e Beleuchtung** / general diffused lighting, direct-indirect lighting || **~e ebene Welle** / uniform plane wave || **~e Eislast** / uniform ice load (ing) || **~e Farbtafel** / uniform-chromaticity-scale diagram (UCS diagram) || **~e Lichtverteilung** / general-diffused light distribution || **~e punktartige Strahlungsquelle** / uniform point source || **~e Quantisierung** / uniform quantizing || **~er Farbenraum** / uniform colour space || **~es Beschleunigen** DIN IEC 68 / steady-state acceleration || **~s Start-Stopp-System in der Datenübertragung** / stepped start-stop system of data transmission || **~es Start-Stopp-System in der Telegrafie** / stepped start-stop system of telegraphy
Gleichförmigkeit der Leuchtdichte / luminance uniformity ratio
Gleichförmigkeitsgrad der Leuchtdichte der Strahlspur / stored luminance uniformity ratio
Gleichgangszylinder *m* / through-rod cylinder
Gleichgewicht *n* / equilibrium *n*, balance *n*
gleichgewichtiger Code / constant-weight code, constant ratio code (an error detecting code which uses in each character or function signal an assigned number of elements of each type)
Gleichgewichts·karte *f* / equilibrium chart || ⸔**lage** *f* / equilibrium position || ⸔**punkt** *m* / equilibrium centre || ⸔**temperatur** *f* / equivalent cell temperature (ECT) || ⸔**-Zellentemperatur** *f* / equivalent cell temperature (ECT)
Gleichgröße *f* / zero-frequency quantity, DC value
Gleichheits·-Eingang *m* / equal input || ⸔**fotometer** *n* / equality of brightness photometer || ⸔**zähler** *m* / comparator-counter *n* || ⸔**zeichen** *n* / equal-to sign, equality sign
Gleichinduktion *f* / aperiodic component of flux
Gleichlast *f* / steady load, balanced load || ⸔-

Eichverfahren *n* / uniload calibration method || ⸔-**Eichzähler** *m* / rotating uniload substandard (meter)
Gleichlauf *m* / synchronism *n*, synchronous operation || ⸔ *m* (der kinetischen Wellenbahn) / forward whirl || **aus dem** ⸔ **fallen** / pull out of synchronism, fall out of step, lose synchronism, pull out *v* || ⸔ **herstellen** / synchronize *v*, bring into synchronism || **exakter** ⸔ / exact synchronism || **im** ⸔ / synchronous *adj*, synchronized *adj*, in step || **winkelgetreuer** ⸔ / phase-locked synchronism
Gleichlauf·achse *f* / synchronized axis, gantry following axis || ⸔**achsenpaar** *m* / pair of synchronized axes || ⸔**baugruppe** *f* / synchronizing module, synchronous-action module || ⸔**baustein** *m* / synchronous block (SB) || ⸔**befehl** *m* / synchronous command || ⸔**betrieb** *m* / synchronous operation, operation in synchronism, operation at a defined speed ratio || ⸔**bewegung** *f* / synchronous movement || ⸔**beziehung** *f* / synchronous relationship || ⸔**einrichtung** *f* / synchronizer *n*, synchronizing device || ⸔**empfänger** *m* / synchro receiver
gleichlaufend *adj* / running in synchronism, synchronous *adj*, synchronized *adj*, in time
Gleichlauf·fehler des Registrierpapiers / chart speed accuracy || ⸔**fräsen** *n* / climb milling, down-cut milling || ⸔**funktion** *f* / synchronism function || ⸔**geber** *m* / synchro transmitter || ⸔**güte** *f* / degree of synchronism
gleichläufig *adj* / synchronous *adj* || **~es Zählen** / synchronous counting
Gleichlauf·information *f* / synchronizing information || ⸔**paar** *n* / pair of synchronized axes || ⸔**regelung** *f* / synchro control, speed ratio control, multi-motor speed control, synchronization control || ⸔**schaltung** *f* / synchronizing circuit || ⸔**steuerung** *f* / synchro control, speed ratio control || ⸔**steuerung** *f* / in-step control || ⸔**test** *m* / synchronization test || **Kapazitäts-**⸔**toleranz** *f* / capacitance tracking error || ⸔**- und Winkelregelung mit Digitalregler** / speed and shaft angle synchronism control || ⸔**verfahren** *n* / synchronous mode
gleichmäßig isolierte Wicklung / uniformly insulated winding || **~ streuendes Medium** (Lambert-Fläche) / Lambertian surface || **~ verteilte Leitungskonstante** / distributed constant || **~ verteilte Porosität** / uniformly distributed porosity, uniform porosity || **~ verteilte Wicklung** / uniformly distributed winding || **~e Arbeitsteilung** / uniform division of labor || **~e Ausleuchtung** / uniform illumination, even illumination || **~e Isolation** / uniform insulation IEC 76-3, non-graded insulation || **~e Streuung** / uniform diffusion || **~er Hauptabschnitt** (Kabelsystem) / uniform major section || **~es Fördern** / uniform feeding
Gleichmäßigkeit *f* / uniformity *n*, uniformity ratio
Gleichmäßigkeitsgrad *m* / uniformity ratio (of illuminance)
gleichphasig *adj* / in phase, co-phasal
Gleichpol-Feldmagnet *m* / homopolar field magnet
gleichpolig *adj* / homopolar *adj*, unipolar *adj*
Gleichpol·induktion *f* / homopolar induction || ⸔**maschine** *f* / homopolar machine, unipolar machine
gleichprozentig *adj* / equal percentage || **~e**

Kennlinie / equal-percentage characteristic ‖ **~e Öffnungskennlinie** / (equal) percentage flow (area)
Gleichrichten *n* / rectifying *n*, rectification *n* (electronic conversion from a.c. to d.c.)
Gleichrichter *m* / rectifier *n*, power rectifier ‖ ⁓ *m* (Strömungsg.) / straightener *n*, flow straightener ‖ ⁓ *m* (Schallpegelmesser) / detector *n* ‖ ⁓ **in Brückenschaltung** / bridge-connected rectifier ‖ **eingesetzter** ⁓ / applied rectifier ‖ ⁓**anlage** *f* / rectifier station ‖ ⁓-**Baustein** *m* / rectifier assembly ‖ ⁓**betrieb** *m* / rectifier operation, rectifying *n*, rectification *n*, rectifier mode ‖ ⁓**block** *m* / rectifier block ‖ ⁓**diode** *f* / rectifier diode ‖ ⁓**erregung** *f* / rectifier excitation, brushless excitation
Gleichrichter·gerät *n* / rectifier assembly, rectifier equipment, rectifier unit, rectifier *n* ‖ ⁓**gestell** *n* / rectifier frame ‖ ⁓**gruppe** *f* (Gleichrichter u. Trafo) / rectifier-transformer unit, rectiformer *n* ‖ ⁓**instrument** *n* / rectifier instrument ‖ ⁓**kippgrenze** *f* / rectifier stability limit ‖ ⁓**klemme** *f* / rectifier terminal ‖ ⁓-**Messgerät** *n* / rectifier instrument ‖ ⁓-**Messverfahren** *n* / rectifier measuring method ‖ ⁓**modul** *n* / rectifier module ‖ ⁓**platte** *f* / rectifier plate
Gleichrichter·rad *n* / rotating rectifier assembly, rectifier hub ‖ ⁓**röhre** *f* / rectifier tube ‖ ⁓**röhre mit Quecksilberkathode** / pool rectifier tube ‖ ⁓**satz** *m* / rectifier assembly, rectifier set ‖ ⁓**säule** *f* / rectifier stack ‖ ⁓**schaltung** *f* / rectifier circuit ‖ ⁓**schrank** *m* / rectifier cabinet ‖ ⁓-**Steuersatz** *m* (GRS) / rectifier trigger set, rectifier gate control set ‖ **effektiver** ⁓**strom** / effective rectified current ‖ ⁓**stufe** *f* / rectifier stage
Gleichrichter·-Tachogenerator *m* / brushless a.c. tachogenerator ‖ ⁓**transformator** *m* / rectifier transformer ‖ ⁓-**Transformatorgruppe** *f* / rectifier-transformer unit, rectiformer *n* ‖ ⁓**trittgrenze** *f* / rectifier stability limit ‖ ⁓**typ** *m* / rectifier type ‖ ⁓**vorschaltgerät** *n* / rectifier ballast, rectifier control gear (luminaire) ‖ ⁓**werk** *n* / rectifier substation ‖ ⁓**zelle** *f* / rectifier cell, rectifier valve
Gleichrichtgrad *m* / rectification factor
Gleichrichtung *f* / rectification *n*, power rectification
Gleichrichtungs- und Anzeigeteil (Schallpegelmesser) / detector-indicator system
Gleichrichtwert *m* / rectified value, rectified mean value
Gleichschlag *m* (Kabel) / Lang lay, Lang's lay
gleichschrittiger Code (Code, bei dem jedes Zeichensignal aus der gleichen Anzahl von Einheitsschritten gleicher Dauer zusammengesetzt ist) / equal length code
gleichseitige Belastung / balanced load, symmetrical load
gleichsinnig *adj* / equidirectional *adj*, non-inverse to ‖ **~e Bearbeitung** / equidirectional machining ‖ **~e Drehbewegung** / unirotational operation ‖ **~e Kompoundierung** / cumulative compounding ‖ **Messung durch ~e Speisung der Wicklungsstränge** / test by single-phase voltage applications to the three phases
Gleichspannung *f* / DC (direct current), DC voltage ‖ ⁓ *f* (GS) / direct voltage ‖ **gesteuerte ideelle** ⁓ / controlled ideal no-load direct voltage, ideal no-load direct voltage ‖ **gesteuerte konventionelle**

Leerlauf-⁓ / controlled conventional no-load direct voltage, conventional no-load direct voltage ‖ **ungeregelte** ⁓ / non-stabilized DC voltage
Gleichspannungs·abfall *m* / direct voltage drop ‖ ⁓**änderung** *f* / direct voltage regulation, direct voltage drop ‖ **äußere** ⁓**änderung** / direct voltage regulation due to a.c. system impedance ‖ ⁓**anschluss** *m* / DC line ‖ ⁓**beständigkeit** *f* VDE 0281 / resistance to direct current (HD 21) ‖ ⁓-**Blitzschutzkondensator** *m* / d.c. surge capacitor ‖ ⁓-**Dämpfungsglied** *n* / d.c. damping circuit IEC 633
Gleichspannungs·fall *m* / direct voltage drop ‖ ⁓**festigkeit** *f* / electric strength in d.c. test, direct-current voltage endurance ‖ ⁓**hub** *m* / d.c. voltage range ‖ ⁓**klemme** *f* / DC terminal ‖ ⁓**messgeber** *m* (Chopper-Wandler) / chopper-type voltage transducer ‖ ⁓**netz** *n* / direct voltage system ‖ ⁓**prüfung** *f* / d.c. voltage test ‖ ⁓**quelle** *f* / DC voltage source ‖ ⁓**schiene** *f* / DC busbar ‖ ⁓**schienensystem** *n* / DC busbar system ‖ ⁓**schutz** *m* / direct voltage protection ‖ ⁓**signal** *n* DIN IEC 381 / direct voltage signal ‖ ⁓**steller für 2 Energierichtungen** / bidirectional chopper ‖ ⁓**störabstand** *m* / direct current noise margin
Gleichspannungs·tachosignal *n* / DC tacho signal ‖ ⁓**teiler** *m* / d.c. resistive volt ratio box (v.r.b.), d.c. measurement voltage divider, d.c. volt box ‖ ⁓**trenner** *m* (Trennverstärker) / buffer amplifier, isolation amplifier ‖ ⁓**übersprechen** *n* / d.c. crosstalk ‖ ⁓**umformer** *m* / d.c.-d.c. voltage converter ‖ ⁓**umrichter** *m* / d.c. voltage converter ‖ ⁓**vorsatz** *m* / DC voltage element, DC adapter ‖ ⁓**wächter** *m* / DC voltage monitor, direct voltage monitor ‖ ⁓**wandler** *m* / d.c.-d.c. converter ‖ ⁓-**Widerstandsteiler** *m* / d.c. resistive volt ratio box ‖ ⁓-**Zwischenkreis** *m* / d.c. link
Gleich·sperrspannung *f* DIN 41786 / continuous direct off-state voltage, continuous off-state voltage ‖ ⁓**sperrspannung** *f* / d.c. reverse voltage ‖ ⁓**spulwicklung** *f* / diamond winding ‖ ⁓**stellen von Uhren** (elektrisch) / resetting clocks electrically
Gleichstrom *m* (GS) / direct current (DC), d.c., DC current ‖ ⁓ **negativ** / direct current negative (DCN) ‖ ⁓ **positiv** / direct current positive (DCP) ‖ ⁓**anlage** *f* / d.c. system ‖ ⁓**anlasser** *m* / d.c. starter ‖ ⁓**anschluss** *m* / DC input terminal ‖ ⁓**anschluss** *m* / d.c. terminal ‖ ⁓**anschluss-Erde-Ableiter** *m* / d.c. bus arrester IEC 633 ‖ ⁓**anteil** *m* / d.c. component, aperiodic component, direct-current component ‖ ⁓**anteil des Stoßkurzschlussstroms** / initial aperiodic component of short-circuit current ‖ ⁓**antrieb** *m* / DC drive ‖ ⁓-**Ausgleichsmaschinensatz** *m* / d.c. balancer ‖ ⁓**auslöser** *m* / DC release ‖ ⁓-**Außenpolmaschine** *f* / d.c. stationary-field machine ‖ ⁓-**Bahnanlagenschutz** *m* / DC railway network protection ‖ ⁓**beeinflussung** *f* / influence by d.c.
gleichstrombetätigt *adj* / d.c.-operated *adj*, d.c. controlled *adj*, with d.c. coil ‖ **~es Schütz** / DC-actuated contactor
Gleichstrom·betätigung *f* / d.c. control, d.c. operation ‖ ⁓**bremse** *f* / DC brake ‖ **integrierte** ⁓**bremse** / built-in dc injection brake ‖ **überlagerte** ⁓**bremse** / compound braking current ‖ ⁓**bremsen**

Gleichstrom

n / DC braking || ⸗**bremssignal** *n* / DC braking signal || ⸗**bremsung** *f* (GS-Bremsung) / d.c. injection braking, d.c. braking, DC-injection braking, DC braking (direct current braking)
Gleichstrom·diode *f* / DC diode || ⸗**direktumrichter** *m* (Gleichstromumrichter ohne Wechselstromzwischenkreis) / indirect current link a.c. convertor, direct d.c. convertor, d.c. chopper || ⸗**-Doppelschlussmaschine** *f* / d.c. compound-wound machine || ⸗**drossel** *f* / d.c. reactor || ⸗**-Einheitssignal** *n* DIN 19230 / upper limit of d.c. current signal || ⸗**erreger** *m* / d.c. exciter
gleichstromerregt *adj* / d.c.-excited *adj*, with d.c. coil, d.c.-operated *adj*
Gleichstromerregung *f* (Schütz) / d.c. operation
Gleichstrom⸗-Fernübertragung *f* / DC long-distance transmission || ⸗**filter** *n* / d.c. filter || ⸗**-Formfaktor** *m* / d.c. form factor || ⸗**generator** *m* / direct-current generator (DC generator), d.c. generator, dynamo *n* || ⸗**gerät** *n* / DC unit || ⸗**-Gleichspannungs-Wandler** *m* / direct current-voltage converter
Gleichstrom-Gleichstrom⸗-Einankerumformer *m* / dynamotor *n*, rotary transformer || ⸗**-Kaskade** *f* (Verstärkermaschine) / Rapidyne *n* || ⸗**-Umformer** *m* / rotary transformer, dynamotor *n*
Gleichstrom·glied *n* / d.c. component (DC component), aperiodic component || ⸗**größe** *f* / d.c. electrical quantity, aperiodic quantity || ⸗**-Hauptschlussmaschine** *f* / d.c. series-wound-machine, d.c. series machine || ⸗**-Kollektormotor** *m* / d.c. commutator motor || ⸗**Kommutatormaschine** *f* / d.c. commutator machine || ⸗**komponente** *f* / d.c. component (DC component), aperiodic component || ⸗**kreis** *m* / d.c. circuit (DC circuit) || ⸗**-Kurzschlussausschaltvermögen** *m* / direct current short-circuit breaking capacity || ⸗**leistung** *f* / d.c. power || ⸗**-Leistungsschalter** *m* / d.c. circuit-breaker, d.c. breaker || ⸗**leitung** *f* / d.c. line, ⸗**leitungsableiter** *m* / d.c. line arrester IEC 633 || ⸗**-Linearmotor** *m* / d.c. linear motor (DCLM)
Gleichstrom⸗-Magnetspule *f* / d.c. coil, d.c. solenoid || ⸗**-Magnetsystem** *n* / d.c. magnetic system (DC magnetic system) || ⸗**maschine** *f* / d.c. machine (DC machine) || ⸗**messgeber** *m* / d.c. transducer || ⸗**messgeber mit Feldplatten** / magnetoresistor current transformer || ⸗**messgenerator** *m* / d.c. measuring generator ⸗**motor** *m* / d.c. motor (DC motor) || **proportionalgesteuerter** ⸗**motor** / d.c. servomotor || ⸗**-Motorzähler** *m* / d.c. motor meter
Gleichstrom⸗-Nebenschlussmaschine *f* / d.c. shunt-wound machine || ⸗**-Nebenschlussmotor** *m* / direct-current shunt-wound motor || ⸗**netz** *n* / d.c. system || ⸗**-Pendelmaschine** *f* / d.c. dynamometer || ⸗**pfad** *m* / d.c. circuit || ⸗**prüfung** *f* / d.c. test, direct-current test, linkage voltage test || ⸗**regelung** *f* / d.c. control (DC control) || ⸗**-Reihenschlussmaschine** *f* / d.c. series-wound-machine, d.c. series machine
Gleichstromschalter *m* / d.c. circuit-breaker, d.c. breaker || **elektronischer** ⸗ / electronic d.c. switch, electronic d.c. power switch || **leistungselektronischer** ⸗ / electronic d.c. power switch
Gleichstrom·schiene *f* / d.c. link busbar (DC link busbar) || ⸗**-Schnellschalter** *m* / high-speed d.c. circuit-breaker, high-speed (low-voltage) d.c. power circuit-breaker (US), ANSI C37.100 || ⸗**-Schnittstelle** *f* / d.c. interface (DC interface), direct current interface || ⸗**schütz** *n* / d.c. contactor (DC contactor) || ⸗**-Schweißgenerator** *m* / d.c. welding generator || ⸗**seite des Gerätes** / DC part of the unit
gleichstromseitig *adj* / on d.c. side, in d.c. circuit, d.c.-side *adj* || **~e Schaltung** / d.c. line interruption || **~es Filter** / d.c. filter
Gleichstrom⸗-Serienmaschine *f* / d.c. series-wound-machine, d.c. series machine || ⸗**-Servomotor** *m* / DC servo motor || ⸗**signal** *n* DIN 19230 / d.c. current signal IEC 381, analog d.c. current signal || ⸗**-Sparschaltung** *f* / d.c. economy circuit || ⸗**spule** *f* / d.c. coil, d.c. solenoid || ⸗**steller** *m* / d.c. chopper controller, d.c. chopper, d.c. chopper converter, direct d.c. converter, indirect current link a.c. convertor || ⸗**-Stellschalter** *m* / d.c. power controller
Gleichstrom·tachodynamo *m* / DC tacho-generator || ⸗**technik** *f* / DC drives || ⸗**transformator** *m* / d.c. transformer || ⸗**trenner** *m* / d.c. disconnector || ⸗**-Trennschalter** *m* / d.c. disconnector || ⸗**-Überlagerungssteuerung** *f* / d.c. bias control || ⸗**übertragung** *f* / direct current transmission || **Hochspannungs-**⸗**übertragung** *f* (HGÜ) / h.v. d.c. transmission (HVDCT) || ⸗**-Überwachungsstufe** *f* (f. Stromversorgung) / d.c. power supply monitor || ⸗**umrichten** *n* / d.c. conversion, d.c. power conversion
Gleichstromumrichter *m* / d.c. converter || ⸗ *m* (m. Zwischenkreis) / indirect d.c. converter, a.c.-link d.c. converter || ⸗ *m* (ohne Zwischenkreis) / direct d.c. converter, d.c. chopper converter || ⸗ **mit Wechselstrom-Zwischenkreis** / a.c.-link d.c. converter
Gleichstrom⸗-Umrichtergerät *n* / d.c. converter equipment, d.c. converter || ⸗**-Umrichtgrad** *m* / d.c. conversion factor || ⸗**verbraucher** *m* / DC load || ⸗**verhältnis** *n* (Transistor) DIN 41854 / static value of forward current transfer ratio || **inhärentes** ⸗**verhältnis** / inherent forward current transfer ratio || ⸗**verluste** *m pl* (el. Masch.) / I²R loss, copper loss with direct current || ⸗**versorgung** *f* / DC power supply || ⸗**-Vormagnetisierung** *f* / d.c. biasing, d.c. premagnetization || ⸗**wandler** *m* / d.c. converter, d.c. transformer || ⸗**wandler** *m* (Transduktor) / d.c. measuring transductor || ⸗**-Wattstundenzähler** *m* / d.c. watthour meter || ⸗**-Wechselstrom-Einankerumformer** *m* / rotary inverter, d.c.-a.c. rotary converter, synchronous inverter || ⸗**wert** *m* / d.c. value
Gleichstromwiderstand *m* / d.c. resistance, ohmic resistance, resistance *n* || ⸗ **der Drehstromwicklung** / d.c. primary-winding resistance || ⸗ **der Erregerwicklung** / d.c. fieldwinding resistance
Gleichstromzähler *m* / d.c. electricity meter, d.c. meter, d.c. watthour meter
Gleichstrom-Zeitkonstante *f* / aperiodic time constant || ⸗ *f* (Anker) / armature time constant, short-circuit time constant of armature winding, primary short-circuit time constant || ⸗ **der Wechselstromwicklung** / short-circuit time constant of primary winding

Gleichstrom·-Zugförderung *f* / d.c. traction || ⸺**zwischenkreis** *m* / DC, DC link || ⸺**Zwischenkreis** *m* / d.c. link || ⸺**Zwischenkreis mit konstanter Spannung** / constant-voltage d.c. link || ⸺**Zwischenkreis mit variabler Spannung** / variable-voltage d.c. link || ⸺**zwischenkreis-Vorladen** *n* / precharging DC link
Gleichtakt *m* / common mode || ⸺**bereich** *m* / common-mode range || ⸺**drossel** *f* / common-mode choke || ⸺**-Eingangsimpedanz** *f* / common-mode input impedance || ⸺**eingangsspannung** *f* / common-mode input voltage || ⸺**Eingangsspannungsbereich** *m* / common-mode input voltage range || ⸺**Eingangsumschaltspannung** *f* / common-mode input triggering voltage || ⸺**einkopplung** *f* / common-mode coupling (CMC) || ⸺**energie** *f* / common-mode output || ⸺**Erdunsymmetriestörung** (EN 61850-3; in EN 50174-2 teils geändert) / common mode disturbance || ⸺ -**Erdunsymmetriestrom** (in EN 50174-2 teils geändert) / common mode current || ⸺**fehler** *m* / common mode error || ⸺**feuer** *n* / isophase light || ⸺**rauschen** *n* / common mode noise (CMN) || ⸺**signal** *n* / common-mode signal, in-phase signal || ⸺**signal-Eingangsspannung** *f* / common-mode input voltage || ⸺**spannung** *f* / common-mode voltage (CMV), in-phase voltage || ⸺**spannung des Ausgangskreises** / output common-mode interference voltage || ⸺-**Spannungsverstärkung** *f* / common-mode voltage amplification || ⸺**-Störspannung** *f* / common-mode parasitic voltage, common-mode interference voltage || ⸺**-Störspannungseinfluss** *m* / common-mode interference || ⸺**-Störstrom** *m* / common-mode interference current || ⸺**störung** *f* / common-mode interference, common-mode noise || ⸺**strom** *m* / in-phase current
Gleichtakt·überspannung *f* / common-mode overvoltage || ⸺**übersprechen** *n* / common-mode crosstalk || ⸺**unterdrückung** *f* / common-mode rejection (CMR), in-phase rejection || ⸺**unterdrückungsfaktor** *m* / common-mode rejection factor (CMRF) || ⸺**unterdrückungsmaß** *m* / common-mode rejection ratio (CMRR), in-phase rejection ratio || ⸺**unterdrückungsverhältnis** *n* / common-mode rejection ratio (CMRR), in-phase rejection ratio || ⸺**verstärkung** *f* / common-mode gain
Gleich·teiligkeit *f* / uniformity of components || ⸺**umrichter** *m* / voltage transformer
Gleichung *f* / equation *n* || ⸺**sdarstellung** *f* (Impulsmessung) / equational format
Gleich·verteilung *f* DIN 55350,T.22 / uniform distribution || ⸺**wert** *m* / direct component, d.c. value, zero-frequency quantity || ⸺**wertachse** *f* (einer Kurve) / axis for mean value equal zero
gleichwertig *adj* / equivalent *adj* || **~e Fläche** / ground plane || **~e Synchronreaktanz** / effective synchronous reactance || **~e Zellentemperatur** / equivalent cell temperature (ECT) || **~er Dauerbetrieb** (el. Masch.) VDE 0530, T.1 / equivalent continuous rating (e.c.r.) IEC 34-1 || **~es Wicklungsschema** / equivalent winding diagram
Gleichwertigkeit *f* / equivalence *n*, equality *n* || ⸺ *f* / equiangularity *n*
gleichzeitig *adj* / simultaneous *adj*, concurrent *adj* || **~ anstehen** / simultaneously active || **~ berührbare Teile** VDE 0100, T.200 / simultaneously accessible parts || **~-beidseitiges Schweißen** / double sided welding simultaneous || **~e Bewegung** / simultaneous motion, concurrent motion, simultaneous movement || **~e Spannungs- und Frequenzabweichung** / combined variation in voltage and frequency || **~e Zweiwegkommunikation** / two-way simultaneous communication
Gleichzeitigkeit *f* / simultaneity *n* || ⸺ *f* / concurrence *n* || ⸺ *f* / collision *n* || ⸺ **der Pole** / simultaneity of poles
Gleichzeitigkeitsfaktor *m* (GZF) / simultaneity factor, simultaneous factor, diversity factor, coincidence factor (US) || ⸺ *m* (Bedarfsfaktor, Verhältnis des Leistungsbedarfs zur installierten Leistung) / demand factor
Gleichzeitigkeitsüberwachung *f* / monitoring for simultaneous operation
Gleis *n* / track *n* || ⸺**kettenfahrzeug** *n* / caterpillar || ⸺**plattformwaage** *f* / track platform weighing machine || ⸺**- und Brückenbaukran** *m* / erection crane for construction and repairing of railway track systems || ⸺**waage** *f* / track scale
Gleit·bahn *f* (Führung) / bedway *n* || ⸺**bahn** *f* (WZM-Support) / guideway *n*, slideways *n* || ⸺**bahn** *f* (Schalter) / sliding track || ⸺**bahn** *f* (Führung) / track *n* || ⸺**blech** *n* / sliding sheet || ⸺**bruch** *m* / shear fracture || ⸺**buchse** *f* / sliding bushing || ⸺**draht** *m* / skid wire || ⸺**druck** *m* / variable pressure || ⸺**druckfahrweise** *f* / variable pressure operation || ⸺**eigenschaften** *f pl* / anti-friction properties, frictional properties || ⸺**element** *n* / sliding element
gleiten *v* / glide *v*
gleitend·e Arbeitszeit / flexible working time, flexitime *n*, flextime *n* || **~e Arbeitszeit mit Zeitsaldierung** / flexible working hours with carry-over of debits and credits || **~e Dichtung** / sliding seal || **~e Frequenz** / varying frequency, variable frequency || **~e Reibung** / sliding friction, slipping friction || **~e Sollwertvorgabe** / sliding-type setpoint input || **~e Verladung** / roll-on loading || **~er Netzkupplungsumformer** / variable-frequency system-tie converter || **~er Schutzkontakt** / scraping earth || **~er zwölfmonatiger Mittelwert der Sonnenfleckenzahl** / twelve-months running-mean sunspot number
Gleitentladung *f* / creeping discharge, surface discharge
Gleiter *m* / slide *n*
Gleit·fähigkeit *f* / sliding capability || ⸺**fläche** *f* / sliding surface, friction surface, bearing surface || **Fressen der** ⸺**fläche** / biting of the sliding surface, seizing of the sliding surface || ⸺**frequenz** *f* / varying frequency, variable frequency || ⸺**führung** *f* / sliding guide, (plain) slideway
Gleitfunken *m* / creeping spark, creepage spark || **Kriechwegbildung durch** ⸺ / spark tracking || ⸺**durchschlag** *m* / creep-flashover *n* || ⸺**einsatzspannung** *f* / creeping-spark inception voltage || ⸺**entladung** *f* / creeping discharge, surface discharge || ⸺**oberfläche** *f* / creepage surface
Gleitgeschwindigkeit *f* / sliding speed || ⸺ *f* (Flüssigk.) / slip velocity || ⸺ **der Welle** / journal

Gleit 366

peripheral speed, surface speed
Gleit·hülse *f* / sliding sleeve || **⁓komma** *n* / floating point (FP), floating decimal point || **⁓kommadarstellung** *f* / floating point representation || **⁓kommaformat** *n* / floating point format || **⁓komma-Operationen pro Sekunde** *f* / Floating Point Operations per Second (FLOPS) || **⁓kommarechenfehler** *m* / floating point arithmetic error || **⁓kommawert** *m* / floating point value || **⁓kommazahl** *f* / floating point number || **⁓kommazahl 32-Bit** / floating-point number 32-bit || **⁓kontakt** *m* / sliding contact, slide contact, transfer contact || **⁓kufe** *f* / skid *n* || **⁓lack** *m* / lubricating varnish, lubricant *n*
Gleitlager *n* / journal bearing, plain bearing, friction bearing, friction-type bearing || **⁓ mit Eigenschmierung** / oil-ringlubricated bearing, ring-lubricated bearing, oilring bearing || **⁓ mit Festringschmierung** / disc-and-wiper-lubricated bearing || **⁓ mit Losringschmierung** / oil-ring-lubricated bearing || **⁓ mit Ringschmierung** / oil-ring-lubricated bearing, ring-lubricated bearing, oil-ring bearing || **⁓maschine** *f* / sleeve-bearing machine || **⁓schale** *f* / sleeve-bearing shell, bearing bush || **⁓sitz** *m* IEC 50(411) / journal *n* (of a shaft)
Gleit·mittel *n* / lubricant *n*, anti-seize *n* || **⁓modul** *m* / shear modulus, modulus of rigidity || **⁓mutter** *f* / sliding nut, push-nut *n* || **⁓passung** *f* / slide fit, sliding fit || **⁓platte** *f* / plastic slider || **⁓preis** *m* / escalating price
Gleitpunkt *m* (GP) / floating point (FP), floating decimal point || **⁓addition** *f* / floating-point addition || **⁓arithmetik** *f* / floating-point arithmetic || **⁓befehl** *m* / floating point instruction || **⁓darstellung** *f* / floating-point notation || **Basis der ⁓darstellung** / floating-point radix || **⁓division** *f* / floating-point division || **⁓punktformat** *n* / floating point format || **⁓multiplikation** *f* / floating-point multiplication || **⁓prozessor** *m* / floating-point processor (FPP) || **⁓radizierer** *m* / floating-point root extractor || **⁓rechnung** *f* / floating-point calculation, floating-point computation (o. arithmetic) || **⁓schreibweise** *f* / floating-point representation || **⁓subtraktion** *f* / floating-point subtraction || **⁓syntax** *f* / floating point syntax || **⁓variable** *f* / floating-point tag || **⁓wert** *m* / floating-point value || **⁓zahl** *f* / floating-point number, real number
Gleit·reibung *f* / sliding friction, slipping friction || **⁓reibungszahl** *f* / coefficient of sliding friction || **⁓richtung** *f* / slip direction || **⁓ring** *m* / sliding ring || **⁓ringdichtung** *f* / slide ring seal || **⁓ringdichtung** *f* / mechanical seal, bearing ring seal
Gleit·schaltstück *n* / sliding contact, slide contact, transfer contact || **⁓schalungsfertiger** *m* / slipform finisher || **⁓schicht** *f* / liner *n*, lining *n* || **eingespritzte ⁓schicht** / injection moulded liner || **⁓schiene** *f* / slide rail, sliding rail || **~schleifen** *v* / barrel finish *v* || **⁓schleifmaschine** *f* / barrel finishing machine || **⁓schlitten** *n* / sliding saddle || **⁓schuh** *m* / skid *n*, segment *n*, shoe *n*, pad *n*, sliding pad || **⁓schutzeinrichtung** *f* (Bahn) / wheel slide protection device || **⁓sicherheit** *f* / non-skid property || **⁓sitz** *m* / slide fit || **enger ⁓sitz** / snug fit || **leichter ⁓sitz** / free fit || **⁓spalt** *m* / sliding gap || **⁓spannung** *f* / variable voltage || **⁓stehlager** *n* / pedestal-type sleeve bearing || **⁓stein** *m* / slide block, slide ring || **⁓stück** *n* / sliding block || **⁓stück mitgeliefert** / sliding block supplied || **⁓transformator** *m* / moving-coil regulator || **⁓- und Festpunktrechenmöglichkeit** *f* / floating and fixed-point arithmetic capability, floating and integer maths ability
Gleitung *f* (Kristallfehler) / slip *n*
Gleit·verbindung *f* (Roboter) / prismatic joint || **optische ⁓weganzeige** (VASIS) / visual approach slope indicator system (VASIS) || **⁓wegsender** *m* (GPT) / glidepath transmitter (GPT)
Gleitwinkelbefeuerung *f* / visual approach slope indicator system (VASIS) || **Standardsystem der ⁓** / standard visual approach slope indicator system
Gleit·winkelfeuer *n* (VAS) / visual approach slope indicator (VAS) || **⁓winkelführung** *f* / visual approach slope guidance, approach slope guidance || **⁓zapfen** *m* (Welle) / journal *n*, bearing journal
Gleitzeit *f* / flextime *n*, flexible working time || **⁓erfassung** *f* / flextime recording || **⁓saldo** *m* / time balance, current time balance, flexible working hours time balance
GLF *n* / Global Leadership Forum (GLF)
Glied *n* / gate *n* || **⁓** *n* (Stromkreisg.) / element *n*, component || **⁓** *n* / term *n* || **komplexes ⁓** / complex element || **ODER-⁓** *n* / OR gate, OR *n* || **UND-⁓** *n* / AND gate, AND *n*
Glieder im Rückführzweig / feedback elements || **⁓druckbalken** *m* / sectional pressure bar || **⁓heizkörper** *m* / section radiator || **⁓kette** *f* / link chain
gliedern *v* / structure *v*, segment *v*
Glieder·riemen *m* / link belt || **⁓stützer** *m* / pedestal insulator
Gliederung *f* (Programm) / organization *n*, structure *n* || **⁓ der Steuerung** / structure of controls, structure of control system
Gliederungs·ebene *f* (Unterteilungsniveau einer Einheit nach Gesichtspunkten der Instandhaltung) IEC 50(191) / indenture level || **⁓mark** *n* DIN 6763,T.1 / grouping mark || **⁓stelle** *f* DIN 6763,T.1 / grouping position || **⁓zeichen** *n* DIN 40719 / grouping mark
Glieder·welle *f* / articulated shaft || **⁓satz** *m* (Datensatz, der dem Ankersatz in einer Satzgruppe nachgeordnet ist) / member record
Glimm·einsatzprüfung *f* / partial-discharge inception test, corona inception test || **⁓einsetzfeldstärke** *f* / partial-discharge inception field strength, corona inception field strength || **⁓einsetzspannung** *f* / partial-discharge inception voltage
Glimmen *n* / ionization *n*, partial discharge, corona discharge, corona *n* || **~** *v* (schwelen) / smolder *v*
Glimmentladung *f* / glow discharge, glow *n* || **⁓** *f* (Teilentladung) / partial discharge, corona discharge
Glimmentladungsröhre *f* / glow discharge tube
Glimmer *m* / mica *n* || **⁓band** *n* / mica tape, integrated-mica tape || **⁓bandbewicklung** *f* / mica-tape serving || **⁓batist** *m* / mica cambric || **⁓blättchen** *n* *pl* (gr. als 1 cm^2) / mica splittings || **⁓blättchen** *n* *pl* (kl. als 1 cm^2) / mica flake || **⁓breitbahnhülse** *f* / mica wrapper || **⁓breitbahnmaterial** *n* / mica paper, integrated mica, mica-folium *n* || **⁓elektrophorese** *f* / electrophoretic mica deposition || **⁓erzeugnis** *n* / built-up mica || **⁓feingewebe** *n* / fine mica fabric || **⁓flitter** *m* /

mica flake, mica splittings || ‿**folie** f / micafolium n, mica film, mica paper || ‿**fräsapparat** m / mica undercutting machine, mica undercutter || ‿**gewebeband** n / mica tape || ‿**glasgewebeband** n / mica glass-fabric tape
Glimmer·isolation f / mica insulation || ‿**nut** f / mica-segment undercut || ‿**nutfräse** f / mica undercutting machine, mica undercutter || ‿**papier** n / mica paper || **bindemittelhaltiges** ‿**papier** / treated mica paper || ‿**platte** f / mica board, mica slab, mica laminate || ‿**pressmasse** f / mica moulding material || ‿**säge** f / mica undercutting saw || ‿**schaber** m / mica undercutting tool || ‿**scheibe** f (Lampe) / deflector n || ‿**schichtstoff** m / mica laminate || ‿**streichmasse** f / pasted mica || ‿**zwischenlage** f / mica segment, mica separator
glimmfrei adj (Korona) / corona-free adj
Glimm·lampe f / negative-glow lamp, glow lamp, neon lamp || ‿**lampe-Anzeiger** m / neon-lamp indicator || ‿**lampenlast** f / glow lamp load || ‿**lampen-Spannungsprüfer** m / glow-lamp voltage tester || ‿**relaisröhre** f / trigger tube || ‿**schutz** m (Koronasch.) / corona shielding, corona grading || ‿**schutz mit hohem Widerstand** / resistance grading (of corona shielding) || ‿**sicherung** f / telephone-type arrester, glow fuse || ‿**starter** m / glow starter, glow switch starter || ‿**temperatur** f / smouldering temperature || ‿**zählröhre** f / cold-cathode counting tube
Glitch m / glitch n || ‿**erkennung** f / glitch recognition
Global Assembly Cache m / GAC || ‿**bestrahlung** f / global irradiation || ‿**bus** m (G-Bus) / global bus || ‿**-Control-Telegramm (GC)** n / Global Control Telegram (GC)
Globaldaten plt (GD) / global data (GD), basic data (BD) || ‿ plt (GD) / shared data || ‿**bank** f / global data base || ‿**baustein** m / global data block, non-local data block || ‿**baustein** m (Datenbaustein, auf den alle Codebausteine zugreifen können) / shared data block || ‿**-Kommunikation** f / global communication || ‿**kreis** m (GD-Kreis) / global data circle (GD circle) || ‿**paket** n (GD-Paket) / global data packet (GD packet), GD package || ‿**projektierung** f / global data configuration || ‿**tabelle** f / geometric dimensioning and tolerancing
Global-DB m (Datenbaustein, auf den alle Codebausteine zugreifen können) / shared data block
global·e Anwenderdaten / GUD n (global user data) || ~**e Anwendervariable** / global user variable || ~**e Bestrahlung** / global irradiation (global irradiance integrated over a specified time interval) || ~**e Bestrahlungsstärke** / global irradiance, global solar flux density || ~**e Bezeichnung DIN ISO 7498** / global title || ~**e Daten** / global data (GD), non-local data || ~**e Deklarationen** / shared declarations || ~**e Geometrie** / global geometry || ~**e Navigation** / global navigation || ~**e normale Bestrahlungsstärke** / global normal irradiance (GNI) || ~**e Peripherie** / global I/O || ~**e Symbolik** / shared symbols || ~**e Variable** / global variable || ~**er Bezeichner (GBZ)** / global identifier (GI) || ~**er Datenbaustein** (Datenbaustein, auf den alle Codebausteine zugreifen können) / shared data block || ~**er Geltungsbereich** / global scope || ~**er Operand** / shared operand || ~**er Sprungschritt** / global jump step || ~**es Suchen und Ersetzen** / global search and replace || ~**es System für mobile Kommunikation (GSM)** / Global System for Mobile communication (GSM)
Global·meldung f / global message || ‿ **Positioning System** n / GPS || ‿**speicher** m / global memory || ‿**strahlung** f / global solar radiation || ‿**strahlung** f (Summe aus Direktstrahlung und Diffusstrahlung) / global radiation || ‿ **Support** m (Produktinformationssystem PreSales) / Global Support
Globoid·kurve f / globoid curve || ‿**schnecke** f / globoid worm
Glocken·anker m / bell-type armature || ‿**ankermotor** m / bell-type armature motor || ‿**bronze** f / bell metal || ‿**kessel** m / dome-type tank, domed tank || ‿**kurve** f / bell-shaped curve || ‿**läufer** m (Außenläufer) / bell-shaped rotor || ‿**läufer** m (Innenläufer) / hollow rotor || ‿**läufermotor** m / drag-cup motor || ‿**taster** m / bell pushbutton, bell button || ‿**zählrohr** n / bell counter tube
Glossar n / glossary n || ‿**eintrag** m / glossary entry
GLP / good laboratory practice (GLP)
Glüh·behandlung f / annealing n || ‿**birne** f / incandescent bulb, bulb n || ‿**dauer** f / annealing time
Glühdornprobe f / hot-needle test, hot-mandrel test || **Wärmefestigkeit bei der** ‿ / hot-needle thermostability
Glühdraht·prüfung f / glow-wire test || ‿**zünder** m (Lampe) / thermal starter, hot starter
Glühe f / annealer n
Glühemission f / thermionic emission
Glühen n (Wärmebehandlung) / annealing n, normalizing n, age-hardening n || ‿ n (thermische Emission optischer Strahlung) / incandescence n || ~ v / anneal v
Glüh·faden m / incandescent filament, filament n || ‿**fadenpyrometer** n / disappearing-filament pyrometer || ‿**frischen** n / fresh annealing || ‿**kathode** f / hot cathode, incandescent cathode, thermionic cathode || ‿**kathodenlampe** f / hot-cathode lamp || ‿**kontaktprüfung** f VDE 0632 / bad contact test (CEE 14) || ‿**lampe** f / incandescent lamp, filament lamp || ‿**lampe 48 V** / glow lamp 48 V || ‿**lampen-Dimmer** m / incandescent lamp dimmer || ‿**lampenlast** f / incandescent lamp load, incandescent lamp rating, filament lamp load || ‿**lampenleuchte** f / incandescent lamp luminaire, incandescent lamp fitting, incandescent luminaire || ‿**licht** n / incandescent light || ‿**stabprüfung** f / glow-bar test || ‿**starter** m / thermal starter, thermal switch || ‿**startlampe** f / preheat lamp, hot-start lamp || ‿**temperatur** f / annealing temperature || ‿**wendel** f / coiled filament || ‿**zeitautomatik** f / (automatic) preheat control || ‿**zeitregelung** f / preheating control || ‿**zündung** f / ignition by incandescence
Glut f / glowing fire, glow n, glow heat || ‿**festigkeit** f / resistance to glow heat || ‿**hitze** f / glow heat
Glyphenvorrat m (Menge von Zeichenformen und eine Beschreibung von Merkmalen dieser Menge, wie z. B. Höhe, Dickte und Neigung) / glyph font

GM (Gleichstrommaschine) / d.c. machine
GMA (VDI/VDE-Gesellschaft Mess- und Automatisierungstechnik) *f* / GMA
GMC / General Motion Control (GMC)
GML (Graphics Motion Language) *f* / Graphics Motion Language
GMP·-Anforderung *f* / Good Manufacturing Practice requirement (GMP requirement) || **GMP⸗-Richtlinien** *f pl* / Good Manufacturing Practice directives (GMP directives)
gn *adj* (grün) / grn *adj* (green)
GND / GND (ground signal) || ⸗ **24V für Anforderung/Abgegeben (galv. Trennung)** / GND 24V for demand/outgoing (isolated ground system)
gn/ge *adj* (grün/gelb) / gn/ye *adj* (green/yellow)
GOF / Glass Optical Fiber (GOF)
Gold *n* / gold *n* || ⸗**draht** *m* / gold wire || ⸗**kondensator** *m* / gold capacitor || ⸗**leiterpaste** *f* / gold conductive paste || ⸗**plattierung** *f* / gold plate
Goliathsockel *m* (E 40) / Goliath cap, mogul cap
GO-Modus *m* / GO mode
Gondelantrieb *m* / Pod propulsion
Gong *m* (Türgong) / door chime, audible alarm || ⸗**stufe** *f* / audible alarm level
Gonio·meter *n* / goniometer *n* || ⸗**photometer** *n* / goniophotometer *n* || ⸗**radiometer** *n* / gonioradiometer *n*
GOOSE-Nachricht *f* (Generic Object Oriented Substation Event, Datenpaket gemäß IEC 61850) / GOOSE message
GOP (Grundoperation) *f* (Teil einer Rezeptprozedur in einem Grundrezept) / unit operation, basic operation
Goß-Textur *f* / Goß texture, cubic orientation, cubex orientation
GOTO-Anweisung *f* / GOTO statement (executes an immediate jump to a specified label)
Gouraud-Schattierung *f* (glatte Schattierung eines Polygonmodells durch lineare Interpolation der Eckpunkt-lntensitäten entlang der Kanten) / Gouraud shading
GP / floating point (FP), floating decimal point || ⸗ (Grundprogramm) / BP (basic program) || ⸗ *m* (Geometrieprozessor) / geometry processor (GP)
G-Part Nr. (Geschäftspartnernummer) / business partner no., G Part No., business partner number
GPC / Global Process Control (GPC) || ⸗ / Global Package Conveyor (GPC)
GPIF / General Programmable Interface (GPIF)
GPIOs (General Purpose I/Os) / General Purpose I/Os (GPIOs)
G-Plan *f* / operating plan
GPOS / General-Purpose Operating System (GPOS)
G-Preis *m* (Geschäftsstellenpreis) / subsidiary price, G price
GPRS (General Packet Radio Service) / General Packet Radio Service (GPRS)
GPS (Global Positioning System) *n* / GPS (Global Positioning System)
GPSG (Geräte- und Produktsicherheitsgesetz) *n* / machine safety code
GPT / glidepath transmitter (GPT)
GPU *f* / graphics processing unit (GPU)
GR (Gleichrichter) / straightener *n*, flow straightener || ⸗ / GY
gr *adj* (grau) / grey *adj*, gry *adj*

GRA (Gruppenarbeit) / GRW (group work)
Graben *m* / trench *n* || ⸗**ätzen** *n* / groove etching || ⸗**aushub** *m* / trenching *n*, trench excavation || ⸗**kontaktzelle** *f* / buried contact cell (BC cell) || ⸗**verbau** *m* / trench sheeting, sheeting of trenches, sheeting *n*
Grad *n* / degree *n* || ⸗ **Celsius** / degree(s) Celsius || ⸗ **der diffusen Durchlässigkeit** / diffuse transmittance, diffuse transmission factor || ⸗ **der einseitigen Verzerrung** / degree of bias distortion || ⸗ **der Erkennbarkeit** / visibility factor || ⸗ **der gerichteten Durchlässigkeit** / regular transmittance || ⸗ **der gerichteten Reflexion** / regular reflectance || ⸗ **der gerichteten Transmission** / regular transmittance || ⸗ **der gestreuten Reflexion** / diffuse reflectance, diffuse reflection factor || ⸗ **der gestreuten Transmission** / diffuse transmittance, diffuse transmission factor || ⸗ **der Hysterese** / degree of hysteresis || ⸗ **der nacheilenden Parallelverzerrung** / degree of late anisochronous parallel distortion || ⸗ **der Nichtverfügbarkeit** / non-availability rate || ⸗ **der Sichtbarkeit** / visibility factor || ⸗ **der Verfügbarkeit** / availability rate || ⸗ **der voreilenden Parallelverzerrung** / degree of early anisochronous parallel distortion || ⸗ **der Vortrefflichkeit** / degree of excellence || ⸗ **Fahrenheit** / degree(s) Fahrenheit
Grader *m* / motor grader
Gradient *m* / gradient *n* || ⸗**e** *f* / longitudinal grade
Gradienten·elution *f* / gradient elusion || ⸗**faser** *f* / graded-index fiber || ⸗**faser** *f* / graded-index optical waveguide || ⸗**grenze** *f* (GRDG max. zulässige Gradiente eines Messwertes) VDI/VDE 3695 / rate of change limit || ⸗**indexfaser** *f* / graded index fibre || ⸗**indexprofil** *n* / graded-index profile || ⸗**-Lichtwellenleiter** *m* / graded index fibre || ⸗**methode** *f* (Optimierung) / hill-climbing method || ⸗**profil** *n* / graded-index profile || ⸗**regler** *m* / hill-climbing controller || ⸗**relais** *n* / rate-of-change relay, d/dt relais || ⸗**verfahren** *n* / gradient method
grädig, n-~er Kühler / heat exchanger for a temperature difference of n
Grädigkeit *f* (Kühler) / temperature difference rating
Graduieren *n* (Teilen einer Skala) / graduation *n*
Grad·wechsel *m* / degree change || ⸗**zahl** *f* / number of degrees
Graetzelzelle *f* / Graetzel cell
Grafik *f* / graphic *n* || ⸗ *f* / graphics *n pl* || ⸗ *f* / graph *n*, graphic representation, chart *n* || **3D-**⸗ *f* / 3D graphics || **projektierbare** ⸗ / configurable graphics || ⸗**anschaltung** *f* / graphics controller || ⸗**anwendung** *f* / graphic application || ⸗**anzeige** *f* / graphic display, tailored graphic display || ⸗**arbeitsplatz** *m* / graphics-based workstation || ⸗**arbeitsplatz** *m* (GA) / graphics workstation || ⸗**attribut** *n* / graphics attribute
Grafik·baugruppe *f* / graphics board (o. module), graphics card || ⸗**-Benutzeroberfläche** *f* / graphical user interface || ⸗**bereich** *m* / graphic area || ⸗**betrieb** *m* / graphic mode, graphics mode || ⸗**bild** *n* / graphic display, tailored graphic display || **projektiertes** ⸗**bild** / configured graphic display || **zugeschnittenes** ⸗**bild** / tailored graphic display || ⸗**bildschirm** *m* / graphics screen || ⸗**controller** *m* /

graphic controller || display m / graphic display || drucker m / graphics printer || editor m (Editor für die Projektierung von Bildern) / graphic editor || -Editor m / graphics editor || -Eingabe-/Ausgabesystem n / graphics input/output system (GIOS)
grafikfähig adj / with graphics capabilities, graphics-enabled
Grafik·-Fotoplotter m / graphic film recorder, graphic photoplotter || **funktion** f / graphic function || **gerät** n / graphics device || **gerät-Betriebssystem** n / graphics device operating system (GDOS) || **grundmuster** n (Schablone) / template n || **karte** f / display controller, graphics card || **leistung** f / graphic performance || **liste** f / graphics list || **makro** n / graphics macro || **maske** f / graphics mask || **monitor** m / graphic display || **oberfläche** f / graphics interface || **objekt** n / graphic object || **-Operator-Panel (Grafik-OP)** n / graphic operator panel || **~orientiertes Bediengerät** / graphics-based operator panel || **paket** n / graphic kit || **plotter** m / printer-plotter n || **programm** n / graphics program || **prozessor** m / graphics processor, pixel processor || **-Prozessor** m / graphics processor
Grafik·sammlung f / graphic browser || **sichtgerät** n / graphics display unit, graphics monitor, graphics terminal || **-Sichtstation** f / graphic display || **panel** n / graphics panel || **tablett** n / graphics tablet || **tablett mit Stift** / koala pad || **terminal** n / graphics terminal || **treiber** m / graphics driver
grafikunterstützt adj / graphics-supported adj
grafisch adj / graphic adj, graphical adj || **~ abbilden** adj / map graphically || **~ interaktiver Arbeitsplatzrechner** / interactive graphics workstation || **~e Ausgestaltung** / rendering || **~e Bedien- o. Benutzeroberfläche** / graphical user interface || **~e Bedieneroberfläche** / graphical user interface || **~e Darstellung** / graphical representation, graph || **~e Darstellung** (Grafikgerät) / display image || **~e Darstellung der Summenhäufigkeit** DIN IEC 319 / probability paper plot || **~e Darstellung der Verteilung des prozentualen Merkmalanteils** DIN IEC 319 / percentile plot || **~e Datenverarbeitung** / computer graphics || **~e Form nach** / graphic form according to || **~e Hilfsmittel** / graphic aids and appliances || **~e Sprache** / graphic language || **~e Trendanzeige** / graphical trend chart || **~e Verschaltung** / graphical interconnection || **~er Arbeitsplatz** / graphics workstation || **~er Bildschirmarbeitsplatz** / display console || **~er Leiterplatten-Editor** / graphical PCB editor || **~er LP-Editor** / graphical PCB editor || **~es Ausgabegerät** / graphic display || **~es Bild** / graph n, graphical representation || **~es Bildelement** / graphic display element || **~es Darstellungselement** / graphic primitive || **~es EA-Feld** / Graphic IO Field || **~es Grundelement** / graphic display element || **~es Kernsystem** (GKS) / graphical kernel system (GKS), Graphical Kernel System || **~es Standardmodell** / standard graphic drawing primitive || **~es Symbol** / graphical symbol, graphic symbol (US) || **~es Verschalten** / graphical interconnection || **~es**

Werkzeug / graphic tool || **~e Geräteschnittstelle** (genormte Schnittstelle zwischen geräteunabhängigen und geräteabhängigen Teilen eines graphischen Systems) / Computer Graphics Interface
GRAM / Grid Resource Access and Management (GRAM)
Grammatikprüfprogramm n / grammar checker
Gramme·sche Wicklung / Gramme winding, ring winding || **scher Ring** / Gramme ring
Granat m (Silikat) / garnet n
Granularität f / selectivity n || f (Zähler) / selectivity n || **von Zeiten** / granularity of timers
Granulat n / granulate n || **trockner** m / granulate drier
GRAPH (Programmiersprache zur komfortablen Beschreibung kontinuierlicher Vorgänge in Form von Ablaufsteuerungen) / GRAPH n
Graph, steuernder / controlling diagram || **bearbeitung** f / graph group, diagram processing
Graphen, Begriffe der **gruppenebene** / diagram group-level terms || **theorie** f / theory of graphs || **übersicht** f / overview of graphs
Graphical User Interface (GUI) / graphical user interface
Graphic Engineer m / Graphic Engineer || **Integration Manager** m / graphic integration manager || **s Motion Language (GML)** / Graphics Motion Language
Graphit n / graphite n, m graphitic outer coating, graphite outer sheath || **bürste** f / graphite brush || **-Interkalationsverbindung** f / graphite intercalated compound || **papier** n / graphitized paper, graphite-treated paper || **~schwarz** adj / graphite-black adj || **tiegel** m / graphite crucible
Grat m (Metallbearbeitung) / burr n || **~frei** adj / free of burrs
Gratifikation f / gratuity n
Gratseite f / flash face
Grätzelzelle f / dye-sensitized cell
Graubild n / grey-scale picture, gray-scale image
grau adj (gr) / grey adj, gry adj || **~ absorbierender Körper** / neutral absorber, non-selective absorber, neutral filter
grauer Strahler / grey body
Grau·filter n / neutral filter || **guss** m / iron n, grey cast iron || **gussgehäuse** n / gray cast housing || **keil** m / neutral wedge || **skala** f (eine Anzeige besitzt die Grauskalenfähigkeit, wenn sie Bilder, die mehr als zwei Leuchtdichtestufen erfordern, darstellen kann) / grey scale || **stufe** f (Bereich von Intensitäten zwischen Schwarz und Weiß) / grey tone, gray level, gray scale || **stufenkeil** m / neutral step wedge || **stufenwiedergabe** f / tone reproduction fidelity || **treppe** f / neutral step wedge || - **und Farbbildauswertung** f / gray-scale and color evaluation || **wert** m / grey-scale value, gray scale value, gray value || **wertbild** n / grey-scale picture, gray-scale image || **wertprofil** n / gray-value profile || **wert-System** n / gray scale value system || **wert-Transformationstabelle** f / gray-scale value transformation table
Gravier·aufgabe f / engraving task || **en** n / engraving n || **maschine** f / engraving machine || **spindel** f / engraving spindle || **stichel** m / engraving tool

graviert

graviert *adj* / engraved *adj*
Gravierzyklus *m* / engraving cycle
gravimetrisches Verfahren / gravimetric method
Gravurzyklus *m* / engraving cycle
Gray-Code *m* / Gray code, Gray unit distance code, Gray-coded excess-3 BCD, cyclic binary code || ⟂-**A-D-Umsetzer** *m* / Gray-code A/D converter, stage-by-stage converter
gray-codiert *adj* / gray-coded
Gray/Dual-Wandlung *f* / Gray/binary conversion
grd / degree *n*
Greensche Multischichtzelle *f* / parallel multijunction cell
Greif·backe *f* / clamping jaw || ⟂**behälter** *m* / grab container || ⟂**element** *n* / gripper element
Greifer *m* (Kran) / grab *n*, grab bucket || ⟂ *m* / gripper *n* || ⟂ *m* (Greifertrenner) / pantograph *n* || ⟂**achse** *f* / gripper axis || ⟂**backe** *f* / gripper jaw || ⟂-**Differential-Endschalter** *m* / grab differential limit switch || ⟂**flansch** *m* / gripper flange || ⟂**katze** *f* / grab trolley || ⟂**kurve** *f* / gripper splitting curve || ⟂**platz** *m* / gripper location || ⟂**schnittstelle** *f* / gripper interface || ⟂**trenner** *m* / pantograph disconnector, pantograph isolator, vertical-reach isolator || ⟂**trennschalter** *m* / pantograph disconnector, pantograph isolator, vertical-reach isolator || ⟂**winde** *f* / grab winch
Greif·modul *n* / gripper module || ⟂**position** *f* / gripper position || ⟂**schale** *f* / grab tray || ⟂**schelle** *f* / grip saddle || ⟂**system** *n* / gripper system || ⟂**werkzeug** *n* / gripper *n* || ⟂**zange** *f* / gripping pliers
Greinacher·-Kaskade / Greinach cascade || ⟂-**Schaltung** / half-wave voltage doubler
grell *adj* / glaring *adj* || ~ **leuchten** / glare *v*
Grelle *f* / glare *n*
grelle Farbe / violent colour, crude colour
Grellheit *f* / garishness *n*, crudeness *n*
Grenz·abmaße *n pl* / limit deviations || ⟂**abstand** *m* (Näherung) VDE 0228 / limit of the zone of exposure, limit distance || ⟂**abweichung** *f* DIN 55350,T.12 / limiting deviation, VDE 0435,T.110 limiting error || ⟂**abweichung unter Bezugsbedingungen** VDE 0435, T.110 / reference limiting error || ⟂**anteil** *m* / limiting proportion || ⟂**apertur** *f* (Lasergerät) / limiting aperture || ⟂**auslösezeit** *f* (Mindestauslösezeit) / minimum tripping time
Grenz·beanspruchung *f* DIN 40042 / maximum limit stress, tolerated stress || ⟂**bedingung** *f* / limiting condition, boundary condition || ⟂**belastung** *f* / critical load || ⟂**belastungen** *f* / limit load || ⟂**belastungsdiagramm** *n* (el. Masch.) / operating chart || ⟂**bereich** *m* / extreme range || ⟂**bereich** *m* (EN 60834-1) / boundary *n* || ⟂**bereich für den Betrieb** VDE 0418 / limit range of operation IEC 1036 || ⟂**betrag** *m* DIN 55350, T. 12 / upper limiting amount || ⟂**betrag** *m* (Betrag für Mindestwert und Höchstwert, wenn sich beide nur durch das Vorzeichen unterscheiden) / limiting amount || ⟂**betriebsbedingungen** *f pl* / limit conditions of operation || ⟂**betriebsbereich** *m* / limit range of operation || ⟂**blende** *f* / limiting aperture
Grenz·daten *plt* / key data || ⟂**dauerstrom** *m* (eines Ausgangskreises) / limiting continuous current || ⟂**drehmoment** *m* / limit torque || ⟂**drehzahl** *f* / limit speed, critical speed, speed limit

Grenze *f* / limit *n* || **obere** ⟂ / upper limit, upper limit value, high limit || **untere** ⟂ (UGR) / lower limit, low limit
Grenz·-EMK *f* (Wandler) / limiting e.m.f. || ⟂**erwärmung** *f* / temperature-rise limit, limit of temperature rise, limiting temperature rise || ⟂**erwärmungszeit** *f* / time to maximum permissible temperature, time to limit temperature || ⟂**fall** *m* / limit case
Grenzfläche *f* / boundary layer, interface *n* || **PN-**⟂ *f* / PN boundary
Grenzflächen·kapazität *f* / interface capacitance || ⟂-**Rekombination** *f* / interface recombination, interfacial recombination || ⟂**spannung** *f* / interfacial tension || **thermischer** ⟂**widerstand** / thermal boundary resistance
Grenz-Folgestrom *m* / maximum follow current
Grenzfrequenz *f* / cut-off frequency IEC 50(151), limit frequency || ⟂ *f* (niedrigste oder höchste Frequenz, bei der ein Gerät noch einwandfrei arbeitet) / limiting frequency || ⟂ *f* (kritische F.) DIN 19237 / critical frequency || ⟂ *f* (höchste Betriebsfrequenz) / maximum operating frequency || ⟂ *f* (Strahlungsenergie) / threshold frequency || **Anlauf~** *f* (Schrittmot.) / maximum start-stop stepping rate || **Betriebs~** *f* (Schrittmot.) / maximum slew stepping rate, maximum operating slew rate || **Dioden~** *f* / diode limit frequency
Grenz·gebrauchsbedingungen *f pl* / limit conditions of operation || ⟂**gebrauchsbereich** *m* / limit range of use || ⟂**genauigkeitsfaktor** *m* (Wandler) / accuracy limit factor || ⟂**geschwindigkeit** *f* / limit speed, critical speed || ⟂**geschwindigkeit der Selbsterregung** / critical build-up speed || ⟂**gleichstrom** *m* / maximum d.c. current, maximum continuous direct forward current
Grenz·kontakt *m* / limit contact || ⟂**kosten** *plt* / marginal cost || ⟂**kostenverfahren** *n* (StP) / marginal cost method || ⟂**kupplung** *f* / slip clutch, torque clutch || ⟂**kurve** *f* / limit curve || ⟂**kurve** *f* (DIN IEC 721-2-1; DIN IEC 721-2-1) / limiting curve || **akustische** ⟂**kurve** / noise rating curve (n.r.c.) || ⟂**kurzschluss-Ausschaltvermögen** *n* / ultimate short-circuit breaking capacity || ⟂**kurzzeitstrom** *m* (eines Ausgangskreises) / limiting short-time current || **untere** ⟂**lage** / no stroke position || ⟂**lagenschalter** *m* / limit switch
Grenzlast *f* / maximum rating, full load || **Bemessungs-**⟂ *f* / ultimate design load || ⟂-**Antwortspektrum** *n* / fragility response spectrum (FRS) || ⟂**einstellung** *f* / full-load adjustment || ⟂**integral** *n* / I²t value || ⟂**pegel** *m* / fragility level || ⟂**spielzahl** *f* / cycles of limit-load stressing
Grenz·lehrdorn *m* / limit plug gauge, tolerance plug gauge, thread plug gauge || ⟂**lehre** *f* / limit gauge
Grenzleistung *f* / limit rating || **thermische** ⟂ / thermal burden rating, thermal limit rating
Grenzleistungs·erzeugung *f* / marginal generation || ⟂**maschine** *f* / limit-rating machine, limit machine || ⟂**transformator** *m* / limit-rating transformer, high-power transformer
Grenz·linie *f* (DIN IEC 721-2-1; DIN IEC 721-2-1) / boundary line *n* || ⟂**linie der Oberspannung** / maximum stress limit || ⟂**linie der Unterspannung** / minimum stress limit || ⟂**magnetisierung** *f* / limits of induction, magnetic limit || ⟂**maß** *n* / limit of size || ⟂**moment** *m* /

torque limit || **Anlauf~moment** *m* (Schrittmot.) / maximum start-stop torque || ⸺**muster** *n* / limit sample || ⸺**nichtbetätigungszeit** *f* / limiting non-actuating time || ⸺**passung** *f* / limit fit || ⸺**Plattentemperatur** *f* DIN 41760 / limiting plate temperature || ⸺**potential** *n* (Korrosion) / threshold potential || ⸺**punkt** *m* / cut-off point || ⸺**qualität** *f* / limiting quality || ⸺**quantil** *n* (Statistik) DIN 55350, T.12 / limiting quartile || ⸺**reibung** *f* / boundary friction, limit friction || ⸺**risiko** *n* (Grenzrisiko ist das größte noch vertretbare Risiko eines bestimmten technischen Vorganges oder Zustandes) / acceptable risk
Grenz·schalter *m* / limit switch, maintained-contact limit switch, position switch, reset switch || ⸺**schaltschlupf** *m* (Parallelschaltgerät) / limiting operating slip || ⸺**schicht** *f* / boundary layer, interface *n* || ⸺**schicht** *f* / barrier layer || ⸺**schichteffekt** *m* / interface effect || ⸺**schleife** *f* / saturation hysteresis loop
Grenzsignal *n* / limit signal, threshold signal || ⸺**geber** *m* DIN 19237 / limit transducer, maximum-minimum transmitter, limit (-value) transmitter || ⸺**glied** *n* DIN 19237 / limit monitor, DIN 40700, T. 14 threshold detector IEC 117-15, DIN 19237 threshold value comparator, limit-value monitor, limit comparator, DIN 40700, T.14 Schmitt trigger || ⸺**glied** *n* (SPS-Funktionsbaustein) / limit signal generator
Grenz·spaltweite *f* (zünddurchschlagsicherer Spalt) / maximum permitted gap || **experimentell ermittelte** ⸺**spaltweite** (MESG) / maximum experimental safe gap (MESG) || ⸺**spannung** *f* (Korrosionsterm) / threshold stress || ⸺**standerfassung** *f* / point level detection || ⸺**standschalter** *m* / point level switch || ⸺**stelle** *f* / terminal *n*, interrupt *n*
Grenzstrom *m* / limit current, maximum permissible current, maximum current || ⸺ **bei Selektivität** / selectivity limit current || ⸺ **der Selbstlöschung** (größter Fehlerstrom, bei dem eine Selbstlöschung des Lichtbogens noch möglich ist) / limiting self-extinguishing current || **dynamischer** ⸺ EN 50019 / dynamic current limit, instantaneous short-circuit current || **thermischer** ⸺ / thermal current limit EN 50019, limiting thermal burden current, thermal short-time current rating || ⸺**anpassung** *f* / limit current adaption || ⸺**belastbarkeit** *f* / permissible continuous current || ⸺**kennlinie** *f* (Diode) DIN 41786, DIN 41781 / limiting overload characteristic || ⸺**-Schnellauslösung** *f* / instantaneous overcurrent tripping || **Schweiß~stärke** *f* / critical welding current || **sekundäre thermische** ⸺**stärke** / secondary limiting thermal current
Grenz·taster *m* / position switch IEC 337-1, position sensor, limit switch, end position switch, momentary-contact limit switch, momentary-contact position switch || ⸺**temperatur** *f* / limiting temperature, temperature limit || ⸺**übertemperatur** *f* / temperature-rise limit, limit of temperature rise, limiting temperature rise || ⸺**Unterschreitungsanteil** *m* (Statistik) DIN 55350, T.12 / limiting proportion || ⸺**Unterschreitungsanteil** *m* (Höchst-Unterschreitungsanteil oder Mindest-Unterschreitungsanteil) / limiting fall below-

proportion
Grenz·viskositätszahl *f* / limiting viscosity index, intrinsic viscosity, internal viscosity, limiting viscosity number || ⸺**vorschub** *m* / limit feedrate, limit feed || ⸺**wellenlänge** *f* / cut-off wavelength
Grenzwert *m* / limit value, DIN 19237 limit *n*, tolerance limit || ⸺ *m* DIN 55350, T.12 / limiting value || ⸺ **der Umwelteinflussgröße** DIN IEC 721, T.1 / severity of environmental parameter || ⸺ **für Knackstörungen** / click limit || ⸺ **generatorische Leistung** / regenerative power limitation || ⸺ **motorische Leistung** / motoring power limitation || ⸺**, absolut** / absolute limit value || **oberer** ⸺ (OGR) / upper limit value, upper limit, high limit || **unterer** ⸺ / lower limit value, lower limit, low limit || ⸺**baugruppe** *f* (Vergleicher) / comparator module
Grenzwerte bei Lagerung / limiting values for storage || ⸺ **beim Transport** / limiting values for transport || ⸺ **der zugänglichen Strahlung** (GZS) / accessible emission limit (AEL) || ⸺ **einer Einflussgröße** / limiting values of an influencing quantity IEC 51 || ⸺ **für die Betätigung** VDE 0660,T.104 / limits of operation IEC 292-1, operating limits || ⸺ **im Betrieb** / limiting values for operation
Grenz-Wertepaare *n pl* / boundary data
Grenzwert·erfassung *f* / limit acquisition || ⸺**geber** *m* / limit-value monitor, limit monitor, comparator *n*, (Schmitt) trigger
Grenzwertglied *n* / limit monitor || ⸺ *n* / limit-value monitor, limit comparator || ⸺ *n* (Schmitt-Trigger, Analog-Binär-Umsetzer) / Schmitt trigger, analog-to-binary converter || ⸺ *n* (Vergleicher) / comparator *n*
Grenzwert·gruppe *f* / limiting value group || ⸺**indikator** *m* (Vergleicher) / comparator *n* || ⸺**klasse** *f* / limit class || ⸺**-Kontaktmodul** *n* / mechanical limit switch module || ⸺**kontrolle** *f* / limit-value check || ⸺**kriterium** *n* / limit criterion || ⸺**meldebaugruppe** *f* / limit-value signalling module, out-of-limit alarm module
Grenzwertmelder *m* / limit monitor, limit-value monitor || ⸺ *m* (GW-Melder Grenzsignalglied) / limit monitor || ⸺ *m* (GW-Melder Komparator) / limit comparator || ⸺ *m* (Komparator) / comparator *n* || ⸺ *m* (GW-Melder, Schmitt-Trigger) / Schmitt trigger || ⸺ *m* (Anzeigegerät m. Grenzwertmeldungseinrichtung) / limit monitoring indicator (o. instrument) || **Relais-**⸺ *m* / comparator with relay output
Grenzwert·meldung *f* / limit value signal, limit signal, comparator signal || ⸺**messumformer** *m* / limit transducer || ⸺**prüfung** *f* / marginal check (MC) || ⸺**prüfung** *f* (Isoliersystem) VDE 0302, T. 1 / proof test IEC 505
Grenzwertregelung *f* / limit control, high-low control, on-off control, bang-bang control, two-step control, two-level control || ⸺ *f* (adaptive Regelung mit Zwangsbedingungen) / adaptive control with constraints (ACC), adaptive control, analog current control, adaptive control constraint
Grenzwert·schalter *m* / limit monitor, limit switch || ⸺**schalter** *m* (Schmitt-Trigger) / Schmitt trigger || ⸺**stufe** *f* / limit comparator || ⸺**überschreitung** *f* / off-limit condition, limit violation || **Gefahrmeldung bei** ⸺**überschreitung** / absolute

Grenzw.

alarm ‖ ~**überwachung** f / limit-value monitoring, limit monitoring, marginal check ‖ ~**überwachung** f (Gerätefunktion, welche die Einhaltung von Grenzwerten überwacht und eine Über- oder Unterschreitung dieser Werte signalisiert) / limit value monitoring ‖ ~**unterschreitung** f / limit value underflow ‖ ~**verletzung** f (Meldung) / out-of-limit alarm, absolute alarm ‖ ~**verletzung** f / limit violation, out-of-limit condition ‖ ~**-Vorkontrolle** f / preliminary limit check
Grenzw. generatorische Leistung / Regenerative power limitation
Grenz·widerstand m / critical resistance ‖ ~**winkel** m (Distanzschutz) / threshold angle, limit angle ‖ ~**winkel** m (Sehwinkel zu einer Laserquelle) VDE 0837 / limiting angle subtense ‖ ~**winkel** m (der Reflexion) / critical angle ‖ ~**wirkungsgrad** m / limiting efficiency ‖ ~**zeit** f (Distanzschutz, Zeit der letzten Stufe o. Zone) / time limit IEC 50(16) ‖ ~**zustand** m / boundary state ‖ ~**zyklus** m / limit cycle
Grid m (schmale Metallleiterbahnen auf der Vorderseite von Solarzellen; sie bilden die eine der beiden Elektroden) / grid pattern ‖ ~**/Ball** (Algorithmustyp im BE-Visionmodul zur Ermittlung der X-/Y-Position und des Drehwinkels eines Bauelementes auf der Leiterplatte) / grid/ball ‖ ~**finger** m / grid line ‖ ~**linie** f / circuit-board conductor
Griff m / handle n, grip n ‖ ~**bereich** m / arm's reach ‖ ~**bolzen** m / handle pin ‖ ~**einsatz** m / fuse carrier ‖ ~**einsatz** m (Sicherungstrennleiste) / handle unit ‖ ~**fläche** f / grip n ‖ ~**gelenk** n (Roboter) / wrist n ‖ ~**heizung** f (Motorrad) / handlebar heating ‖ ~**igkeit** f / pavement grip ‖ ~**fläche** f / handling surface ‖ ~**lasche** f / puller lug, grip lug ‖ **spannungsfreie** ~**lasche** / insulated grip lug ‖ **spannungsführende** ~**lasche** / non-insulated grip lug ‖ ~**rahmen** m / handle n ‖ ~**schale** f / handle mold ‖ ~**schraube** f / handle screw ‖ ~**seite** f / handle side ‖ ~**sperre** f / handle locking device n ‖ ~**stück** n / grip end ‖ **gerändeltes** ~**stück** / knurled thumb screw ‖ ~**verbinder** m / handle coupler n
GRK (Geschwindigkeitsregelkreis) / VCL (velocity control loop)
grob adj / coarse adj, raw adj, rough adj
Grob·abgleich m / coarse balance, coarse adjustment ‖ ~**ausrichten** n / rough aligning, initial alignment ‖ ~**ausrichtung** f / coarse alignment ‖ ~**bearbeiten** v / rough v ‖ ~**bearbeiten** / rough cutting, roughing n ‖ ~**bearbeitung** f / rough machining, roughing n, rough cutting ‖ ~**blech** n / plate n, heavy plate, thick metal plate ‖ ~**blechwalzgerüst** n / plate finishing stand ‖ ~**blechwalzwerk** n / plate mill
grobe Stufen / coarse taps
Grob·einstellung f / coarse adjustment, rough adjustment, coarse setting ‖ ~**einstellwert** m / rough setting value ‖ ~**entwurf** m / architectural design
grob, Gewinde mit ~er Steigung / coarse thread ‖ **~es Raster** / coarse grid
Grob·-Feinschaltung f / coarse-fine connection, coarse-fine tapping arrangement ‖ ~**filter** n / coarse filter ‖ ~**folie** f / sheet n, sheeting n ‖

~**funkenstrecke** f / large-clearance spark gap ‖ ~**gliederung** f / rough outline ‖ ~**konzept** n / preliminary concept ‖ ~**konzeptüberprüfung** f / preliminary review ‖ ~**koordinate** f / rough coordinate ‖ ~**kornglühen** n / coarse grain annealing ‖ **~körnig** adj / coarse-grained adj, large-grained adj ‖ ~**lage** f / coarse position ‖ ~**leck** n / major leak, serious leak ‖ ~**messzeug** n / non-precision measuring and testing equipment ‖ ~**passfehler** m / coarse form error ‖ ~**passung** f / coarse fit, loose fit ‖ ~**positionieren** n (NC) / coarse positioning
Grob·schaltung f / coarse-step connection ‖ ~**schleifen** n / rough grinding ‖ ~**schlichten** n / rough-finish n ‖ ~**schnitt** m / roughing cut ‖ ~**schotter** m / coarse broken rock, coarse crushed rock ‖ ~**schritt-Messmodus** m / rough step measuring mode ‖ ~**schutz** m (Schutz gegen unmittelbare Auswirkungen von Blitzschlag etc., wie z.B. Brand) / primary protection, coarse protection ‖ ~**staubfilter** n / coarse dust filter ‖ ~**störgrad** m / coarse interference level ‖ ~**strom** m / coarse feed ‖ ~**struktur** f / macrostructure n, basic structure ‖ ~**strukturuntersuchung** f / macro-structure test ‖ ~**stufe** f / coarse step, coarse-step tapping ‖ ~**stufenwicklung** f / coarse-step winding ‖ ~**synchronisation** f / coarse synchronization ‖ ~**synchronisieren** n / coarse synchronizing ‖ ~**terminplanung** f / preliminary schedule ‖ ~**verdrehung** f / rough misalignment ‖ ~**verschiebung** f / coarse offset ‖ ~**verstellung** f / raw adjustment ‖ ~**wähler** m / selector switch, change-over selector
Grommet n (Ring oder eine Tülle, die man durch Löcher in Materialien steckt, um diese beispielsweise zu verstärken, zu schützen oder abzudichten) / needle n
Groß·anlage f / large plant ‖ ~**anlagentechnik** f / commercial-sized installation technology ‖ ~**ansicht** f / big view ‖ ~**antrieb** m / high-rating (o. high-power) drive, large drive ‖ ~**auftrag** m / large-scale order
Großbereichs·stromwandler m / extended-rating-type current transformer ‖ ~**zähler** m / long-range meter, extended-range meter
Großbild n / rolling map ‖ ~ n (Prozessmonitor) / plant display, rolling-map display ‖ ~**ausführung** f / large-screen version ‖ ~**schirmgerät** n / large-screen VDU
Groß·block m / maxiblock n ‖ ~**buchstabe** m / capital letter, upper case letter (UC), uppercase, uppercase letter ‖ ~**chemie** f / large-scale chemical industry
Größe f / magnitude n, quantity n ‖ ~ f / variable n ‖ ~ **ändern** (Koordinaten oder Dimensionen von Elementen auf einer Darstellungsfläche ändern) / resize v ‖ ~ **der Dimension 1** / quantity of dimension one ‖ ~ **der Markenabdeckung** / cover size of fiducial marks ‖ ~ **der Markenabdeckung für Inkpunkterkennung** / cover size of fiducial marks ‖ ~ **der Nullpunktverschiebung** / zero displacement value ‖ ~ **des Einflusseffekts** / degree of variation ‖ ~ **des Leuchtflecks** / spot size ‖ ~ **des Risikos R** / risk parameter R
große letzte Stromschwingung / major final loop ‖ **~ Schalthäufigkeit** VDE 0630 / frequent operation (CEE 24)

Größe, entpackte ⚲ / unpacked size || **messbare** ⚲ / measurable quantity || **Test~** f DIN 55350,T.24 / test statistic || **vektorielle** ⚲ / vectorial value || **Wert einer** ⚲ / value of a quantity || **zusammengesetzte** ⚲ / multivariable n
Größen·änderungsleiste f / resize bar || ⚲**angabe** f / dimensional information || ⚲**faktor der Schwankung** (Netzspannung) / fluctuation severity factor || ⚲**gleichung** f (Gleichung, welche die Beziehung zwischen physikalischen Größen ausdrückt) / quantity equation || ⚲**ordnung** f / order of magnitude || ⚲**referenzlinie** f / magnitude reference(d) line || ⚲**referenzpunkt** m / magnitude reference(d) point || ⚲**system** n (Menge von Basisgrößen und allen abgeleiteten Größen, die ausgehend von den Basisgrößen durch eine gegebene Menge von Gleichungen definiert sind) / system of quantities || ⚲**ursprungslinie** f / magnitude origin line || ⚲**vergleicher** m / magnitude comparator || ⚲**verhältnis** n / proportion in size, ratio of dimensions || ⚲**wandler** m / quantizer n
größer adj / greater adj || **~ als** DIN 19239 / greater than || **~ gleich** DIN 19239 / greater than or equal to || **~ oder gleich** / greater than or equal
großer Pilzdruckknopf / palm-type pushbutton, jumbo mushroom button || **~ Prüfstrom** / conventional fusing current || **~ Prüfstrom** VDE 0641 / conventional tripping current (CEE 19) || **~ Teilstrich** / major tick marks
Größer-Kleiner-Vergleicher m / larger-smaller comparator
Groß·fabrikation f / large-scale production || ⚲**feld-Normvalenzsystem** n / supplementary standard colorimetric system || ⚲**feuerungsanlageverordnung** f / rules for operation of large boiler installations
Großflächen·beleuchtung f / large-area lighting, public lighting of large areas || ⚲**leuchte** f / large-area luminaire, large-surface luminaire || ⚲**-Spiegelleuchte** f / large-area specular-reflector luminaire || ⚲**strahler** m / large-area radiator
großflächig adj / large-surface adj, wide-area adj || **~e Leiterplatte** / large-size p.c.b., large-format p.c.b.
Groß·handel m / wholesaling n || ⚲**händler** m / wholesaler || ⚲**industrie** f / large-scale industry || **~integrierter Schaltkreis** / large-scale-integrated circuit, LSI circuit || ⚲**-/Kleinschreibung** f / match case || ⚲**kunde** m / key accounts, first tier customers || ⚲**leiterplatte** f / large-size p.c.b., large-format p.c.b. || ⚲**maschine** f / large-scale machine || ⚲**modul** n / large-area module || ⚲**monitor** m / large CRT display || ⚲**oberflächenplatte** f / Planté-plate n || ⚲**pflasterdecke** f / large block pavement, large sett pavement || ⚲**presse** f / large press || ⚲**rad** n (Getriebe) / wheel n
Großraster·-Einbauleuchte f / large-grid recessed luminaire, louvered recessed luminaire || ⚲**leuchte** f / large-grid luminaire, louvered luminaire
Groß·raumbüro n / open-plan office || ⚲**raumwagen** m / MPV (multipurpose vehicle), people carrier || ⚲**rechner** m / mainframe || ⚲**rechner** m / main frame computer || ⚲**schaltkreis** m / large-scale-integrated circuit, LSI circuit || ⚲**scheibe** f / large washer || ⚲**schreibweise** f / in upper case ||
⚲**serienfertigung** f / mass production, large batch production, major production run, industrial scale manufacture, large batch || ⚲**serienteil** n / large-series part || ⚲**signal** n / large signal, high-level signal || ⚲**signal-Bandbreite** f / full-power bandwidth || ⚲**signalbetrieb** m / large-signal operation || ⚲**signalverhalten** n / large signal range || ⚲**spannungsmesser** m / large-scale voltmeter || ⚲**stellung** f (max. Einstellwert) / high setting || ⚲**stückzahlanwendung** f / large batch application || ⚲**system** n / major system || ⚲**tankstelle** f / service station
größt·e dynamische Winkelabweichung (Schrittmot.) / maximum stepping error || **~e Flankensteilheit der Ausgangsspannung** (Verstärker) / maximum rate of change of output voltage || **~e Kurzschlussleistung** (Größtwert der Scheinleistung bei größter Kurzschlussstromstärke entsprechend der kleinsten Impedanz) / maximum short-circuit power || **~e Leistung** / maximum power || **~e Schweißleistung** / maximum welding power (the power equal to 80 % of the maximum short-circuit power) || **~e verkettete Spannung** / diametric voltage
groß·technische Chlorproduktion / large-scale chlorine production || ⚲**teilebearbeitung** f / machining of large parts
größt·er Anschlussquerschnitt / maximum conductor cross-section || **~er Augenblickswert** / peak value || **~er denkbarer Zeitfehler** / largest possible time error || **~er Durchhang** / sag || **~er Durchschlupf** / average outgoing quality limit (AOQL) || **~er Einzelistwert** / maximum value || **~er Haltestrom** / limiting no-damage current IEC 50(15) || **~er Kreis am Kegelrand** / crown circle || **~er Messbereichs-Endwert** / upper range limit || **~er negativer Wert** / most negative value || **~er positiver Wert** / most positive value || **~er Schaltabstand** / maximum operating distance || **~es Montagegewicht** / heaviest part to be lifted, heaviest part to be assembled || **~es Versandgewicht** / heaviest part to be shipped, heaviest part shipped
Größt·maß n DIN 7182, T.1 / maximum limit of size, maximum size || ⚲**passung** f DIN 7182,T.1 / maximum fit
Groß·transformator m / high-rating transformer, large transformer || ⚲**transporter** m / peoplemover n, coupe n, touring estate, sporting estate, large van, convertible n, people carrier
Größt·spiel n DIN 7182,T.1 / maximum clearance || ⚲**transformator** m / very large transformer, limit-rating-transformer || ⚲**übermaß** n DIN 7182,T.1 / maximum interference || ⚲**wert** m (Spitzenwert) / peak value
Groß·verbrennungsanlage f / large-scale incineration plants || ⚲**verpackung** f / bulk packaging || ⚲**winkelgrenze** f (Kristall) / large-angle grain boundary
Groupe Spéciale Mobile (GSM) f / GSM mobile communications system
GRP-Beschr. f (Beschreibung einer Beinchengruppe) / group description
GRS / rectifier trigger set, rectifier gate control set
Grübchen n pl / pits (local depressions on surface of welded workpiece in the area of the electrode indentation) || ⚲**bildung** f / pitting n, surface

Gruben

pitting || ⸗**korrosion** *f* / pitting corrosion, pitting *n*
Gruben·baue, schlagwettergefährdete ⸗**baue** EN 50014 / mines susceptible to firedamp || ⸗**beleuchtung** *f* / mine lighting || ⸗**leuchte** *f* / mine luminaire || ⸗**sand** *m* / pit-run sand, pit sand || ⸗**signalkabel** *n* / mine signal cable || ⸗**wasser** *n* / mine water
grün *adj* (gn) / green *adj* (grn) || **~/gelb** *adj* (gn/ge) / green/yellow *adj* (gn/ye)
Grund *m* / cause *n*, base *n* || ⸗ **der Auslösung** (DIN V 44302-2 E DIN 66323) / clearing cause || ⸗**ablass** *m* / scour outlet || ⸗**abmaß** *n* DIN 7182,T. 1 / fundamental deviation || ⸗**abmessungen** *f pl* / main dimensions, principal dimensions, overall dimensions || ⸗**abschnitt** *m* (Kabelsystem) / elementary section || **mittlere** ⸗**abweichung** DIN IEC 255, T.1-00 / reference mean error (relay) || ⸗**adresse** *f* / base address || ⸗**ansicht** *f* / main view || ⸗**anteil** *m* (Grundschwingungsanteil) / fundamental component || ⸗**aufbau** *m* / base assembly || ⸗**auflösung** *f* / basic resolution || ⸗**ausbau** *m* / basic expansion || ⸗**ausbau** *m* (elST) / basic configuration || ⸗**ausbildung** *f* / foundation training || ⸗**ausführung** *f* / basic design, basic model, basic version || ⸗**ausführungszeit** *f* / basic execution time || ⸗**ausrüstung** *f* / basic equipment || ⸗**ausstattung** *f* / basic configuration, basic complement, basic expansion
Grund·bauform *f* / standard design || ⸗**baugruppe** *f* / basic assembly, basic module, base unit, base module || ⸗**baugruppe** *f* (Leiterplatte) / basic board || ⸗**baustein** *m* / basic module, basic block || ⸗**bedienung** *f* / basic operation || ⸗**befehl** *m* / basic instruction || ⸗**begriff** *m* / fundamental term, basic term || ⸗**belastung** *f* / base load || ⸗**beleuchtung** *f* / basic lighting, base lighting || ⸗**beschleunigung** *f* (Erdbebenprüf.) / zero-period acceleration (ZPA) || ⸗**bestückung** *f* (elST-Geräte) / basic complement, basic component || ⸗**betrag** *m* / basic sum || ⸗**betrieb** *m* / standard mode, basic operation || ⸗**betriebssystem** *n* (GBS) / basic operating system (BOS) || ⸗**bewegung** *f* / basic motion || ⸗**bild** *n* / main screen, basic display || ⸗**bild (G)** *n* / default display (D) || ⸗**bildzeichen** *n* / basic symbol || ⸗**blech** *n* / base plate || ⸗**block** *m* / basic key group || ⸗**buch** *n* / register *n* || ⸗**constraint** *m* / base constraint || ⸗**darstellung** *f* / basic display || ⸗**datei** *f* / primary file
Grunddaten *plt* / key data, primary data || ⸗ *plt* (GD) / basic data (BD), global data (GD) || ⸗**verarbeitung** *f* / basic data processing
Grund·drehwinkel *m* / base angle of rotation || ⸗**drehzahl** *f* / base speed, basic engine speed || ⸗**drehzahlbereich** *m* / base speed range || ⸗**druck** *m* / priming pressure || ⸗**ebene** *f* / basic plane || ⸗**einheit** *f* / basic unit, basic module, unscaled unit || ⸗**einheit** *f* (Geräteschrank) / basic unit || ⸗**einstellung** *f* / basic setting, initial setting, preliminary setting, preference *n*, default setting || ⸗**elektrode** *f* / basic electrode || **grafisches** ⸗**element** / graphic display element || ⸗**entstörkondensator** *m* / basic interference-suppression capacitor || ⸗**erregermaschine** *f* / pilot exciter || ⸗**erregung** *f* / basic excitation
Grund·fähigkeit *f* (DIN V 44302-2 DIN 66221-1) / basic status || ⸗**farbe** *f* / primary colour || ⸗**fehler**

m / basic error || ⸗**fehler** *m* / intrinsic error || ⸗**fehlergrenze** *f* / basic error limit || ⸗**fehlergrenze** *f* (ADU, DAU) / basic error || ⸗**fläche** *f* / base *n* || ⸗**fläche** *f* (Bedarf f. Geräte) / floor area (required), ground area || ⸗**fläche des PV-Generatorfeldes** *f* / array field site || ⸗**form** *f* / basic shape ||
⸗**frequenz** *f* / fundamental frequency || ⸗**funktion** *f* DIN 19237 / basic logic function, basic function || ⸗**funktion (GF)** *f* / master recipe phase || ⸗**funktionalität** *f* / basic functionality || ⸗**funktionen** *f* (IEC 870-1-3) / basic functions || ⸗**funktionseinheit** *f* / basic function module || ⸗**funktionsglied** *n* (Logik) / basic logic element
Grund·gas *n* / carrier gas || ⸗**gehäuse** *n* / basic enclosure || ⸗**gerät** *n* / basic unit, basic set, base device || ⸗**gerät** *n* (MC-System) / system unit || ⸗**geräteausführung** *f* / base unit version || ⸗**geräteschnittstelle** *f* / control processor interface, basic unit interface || ⸗**gerätesoftware** *f* / basic unit software || ⸗**geräusch** *n* (Geräusch, das am Ausgang eines Übertragungskanals oder Geräts bei Fehlen des Nutzsignals erscheint, und das zum Hintergrundrauschen beiträgt, wenn das Signal vorliegt) / basic noise || ⸗**gerüst** *n* / skeletal framework, skeletal structure || ⸗**gesamtheit** *f* (Statistik, Menge der in Betracht gezogenen Einheiten) DIN 55350, T.23 / population *n*, universe *n* || **dynamisches** ⸗**gesetz** / fundamental law of dynamics || **magnetische** ⸗**gesetze** / circuital laws || ⸗**gestell** *n* (f. el. Masch., Grundrahmen) / baseframe *n*, underbase *n* || ⸗**gestell** *n* (f. el. Masch., m. Lagerhalterung) / cradle base || ⸗**gestell** *n* (Rahmenwerk) / skeleton *n* || ⸗**helligkeit** *f* / background brightness
grundieren *adj* / prime *adj*
grundiert *adj* / primed *adj*
Grundierung *f* / prime coat, primer *n*
Grund·instandsetzung *f* / general overhaul, main overhaul || ⸗**kabelabschnitt** *m* / elementary cable section || ⸗**kasten** *m* / base box || ⸗**kennzeichnung** *f* (SR-Anschlüsse) / basic terminal marking || ⸗**klassen** *f* (IEC/TR 870-6-1) / basic classes || ⸗**klemme** *f* / base terminal || ⸗**komponente** *f* / basic component || ⸗**konfiguration** *f* / basic configuration || ⸗**konzept** *n* / elementary concept || ⸗**körper** *m* / primitive *n* || ⸗**kreis** *m* / base circle || ⸗**kreisdurchmesser** *m* / base circle diameter || ⸗**kreisradius** *m* / base circle radius || ⸗**ladung** *f* (Ladungsverschiebeschaltung) / bias charge, background charge || ⸗**lage** *f* / basis *n*, base *n* || ⸗**lagen** *f pl* / fundamentals *plt* || ⸗**lagenforschung** *f* / basic research
Grundlast *f* / base load || ⸗**betrieb** *m* / base-load duty || ⸗**betrieb mit zeitweise abgesenkter Belastung (GAB)** VDE 0160 / base-load duty with temporarily reduced load || ⸗**betrieb mit zusätzlicher Kurzzeitbelastung (GKB)** VDE 0160 / base-load duty with additional short-time loading || ⸗**-Durchleitung** *f* / base load wheeling || ⸗**generatorsatz** *m* / base-load set || ⸗**kraftwerk** *n* / base-load power station || ⸗**leistung PG** / base-load rating PB || ⸗**maschine** *f* / base-load machine || ⸗**strom** *m* / I_b *n* || ⸗**widerstand** *m* / base load resistor
grundlegend *adj* / basic *adj* || **~e Anwendungsfunktion** / basic application function || **~e quantitative Begriffe** (E DIN 44301-16) /

basic quantitative terms || ~e **Sicherheitsbetrachtungen für MSR-Schutzeinrichtungen** / basic safety issues for control and instrumentation protective devices || ~e **Sicherheitsprinzipien** / basic safety principles
Grund·leiterplatte f / master board, mother board, backplane n || ⁓**leitungsverstärkerabschnitt** m / elementary repeater section || ⁓**linie** f / base line, ground line || **Anflug-⁓linie** f / approach base line || ⁓**loch** n / blind hole, closed bore || ⁓**loch mit Gewinde** / tapped blind hole, closed tapped bore || ⁓**magnetisierung** f / bias n || ⁓**maschine** f / basic machine, base-load machine || ⁓**maschinenkörper** m / basic machine frame || ⁓**maske** f / basic screen || ⁓**maß** n / basic size, basic dimension || ⁓**material** n / base material, base n, size of business n || ⁓**menü** n / main menu || ⁓**merker** m / basic flag, basic bit memory || ⁓**modell einer Leuchte** / basic luminaire || ⁓**modul** n / basic submodule, basic module || ⁓**modul-Tubus** m / base-unit housing, base-module housing
Grund·nase f / key n || ⁓**nasennut** f / keyway n || ⁓**norm** f / basic specification IEC 512-1 || ⁓**norm** f (eine Typ-A-Norm wird auch Grundnorm genannt) / basic standard || ⁓**operation** f / basic operation || ⁓**operation (GOP)** f / Master Recipe Operation || ⁓**operationsvorrat** m / basic operation set || ⁓**option** f / basic option || ⁓**parameter** m / basic parameter || ⁓**periode** f / primitive period || ⁓**platine** f / mother board, master board, baseplate n, foundation plate, backplane n
Grundplatte f / baseplate n, bedplate n, foundation plate, base plate || ⁓ f (Leiterplatte) / mother board || ⁓ f (Pilzgründung) / pad n || ⁓ f (Zählergehäuse) / case back || ⁓ f (Leuchte) / backplate n || ⁓ **für Reversierstarter** / base plate for reversing starter || ⁓ **für Stern-Dreieck-Starter** / base plate for YD starter || ⁓ **für YD-Starter** / base plate for YD starter || **Zähler~** f / meter base
Grund·preis m / unit price || ⁓**preis** m / standing charge || ⁓**preistarif** m / standing charge tariff || ⁓**profil** n (Gewinde) / basic profile || ⁓**programm** n (GP) / basic program (BP) || ⁓**programmpaket** n / basic program package || ⁓**prüfung** f DIN 51554 / basic test || ⁓**rahmen** m (Gerät) / supporting frame || ⁓**rahmen** m / baseframe n, underbase n || ⁓**rastermaß** n / basic grid dimension || ⁓**rauschen** f / background noise || ⁓**rechnungsart** f / fundamental operation of arithmetic, basic arithmetic operation || ⁓**regenerationsabschnitt** m / elementary regenerator section || ⁓**reparaturservice** m / basic repair service || ⁓**rezept** n / master recipe || ⁓**ring** m (W-Bauformen) / supporting ring || ⁓**ring** m (Schleifring) / hub ring || ⁓**riss** m / plan n || ⁓**risskarte** f / planimetric map || ⁓**risszeichnung** f / plan drawing, plan view
Grund·satz m / principle n || ⁓**satzfragen** f / Policies and Procedures || ⁓**schalter** m / basic breaker, basic unit || ⁓**schalter** m / basic switch, basic cell, contact block || ⁓**schaltplan** m / schematics n pl, basic circuit || ⁓**schaltung** f / basic circuit, basic connection, basic configuration || **Stromrichter-⁓schaltung** f / basic converter connection ||
⁓**schaltzeichen** n / general symbol || ⁓**Scheinwiderstand** m / basic impedance || ⁓**schicht** f (Anstrich) / priming coat || ⁓**schütz** n / basic contactor
Grundschwingung f / fundamental component, fundamental, fundamental mode, dominant mode
Grundschwingungs·amplitude f / fundamental-wave amplitude || ⁓**anteil** m / fundamental component || ⁓**effektivwert** m / fundamental wave r.m.s. value || ⁓**gehalt** m VDE 0838, T.1 / fundamental factor IEC 555-1, relative fundamental content, fundamental frequency content || ⁓**leistung** f / fundamental power || ⁓**Leistungsfaktor** m / power factor of the fundamental, fundamental power factor || ⁓**scheinleistung** f / apparent power of the fundamental wave || ⁓**strom** m / fundamental component of current, fundamental-frequency current || ⁓**wirkleistung** f / active power of the fundamental wave
Grund·schwungmasse f / basic mechanical inertia || ⁓**schwungmasse** f / inertia flywheel || ⁓**signal** n / basic signal || ⁓**software** f / basic software, system software || ⁓**sollwert** m / basic setpoint, reference setpoint || ⁓**spanne** f / basic range || ⁓**speicher** m / system memory
Grundst. Anfahren / Go to initial state
Grundstellung f DIN 19237, Kippglied / initial state, preferred state || ⁓ f (Schutz) / normal position || ⁓ f (Mittelstellung eines Stufenschalters) / centre position || ⁓ f (Regelung) / control zero || ⁓ f (GST) / initial state || ⁓ f (Grundeinstellung) / basic setting || ⁓ f (Status) / basic status || ⁓ f (CLDATA-Wort) / go home ISO 3592 || ⁓ f (GST) / initial position, initial setting, standard position, basic position || ⁓ **anfahren** / Go to initial state
Grundstellungs·fahrt f / referencing n || ⁓**routine** f / initial setting routine
Grund·steuerung f / basic control, primary control || ⁓**steuerung** f (G-Steuerung) / basic controller || ⁓**stoffchemie-Produkte** / basic chemical products || ⁓**stoffindustrie** f / basic industries, primary industry || ⁓**störpegel** m / background noise level, background level || ⁓**struktur** f / basic structure || ⁓**stückliste** f / master parts list (MPL) || ⁓**symbol** n / general symbol || ⁓**system** n / basic system
Grund·takt m / basic pulse rate, basic clock rate, elementary timing signal || **System-⁓takt** m / basic system clock frequency || ⁓**teilung** f / pitch n || ⁓**toleranz** f DIN 7182,T.1 / fundamental tolerance || ⁓**toleranzreihe** f / fundamental tolerance series || ⁓**tubus** m / base housing || ⁓**typ** m / basic type || ⁓**typ** m (Schwingung) / fundamental mode || ⁓**überholung** f / main overhaul, reconstruction n || ⁓**überlegung** f / elementary consideration n || ⁓**umfang** n / basic configuration, basic expansion || ⁓**umfang** m (DIN V 44302-2) / basic repertoire || ⁓**umfang der Bedienelemente** / basic extent of operating elements
Gründung f (Fundament) / foundation n, footing n || **Bohr~** f / augered pile, bored pile
Grund·variante f / basic version, basic variant || ⁓**verarbeitung** f / basic processing, initial processing, basic processing system (BAPS) || ⁓**verbindungsprüfung** f (EN 29646-1) / basic

Grundwellen

interconnection test || ~**verdrahtung** f / basic wiring || ~**verknüpfung** f / fundamental combination, fundamental connective || ~**version** f / basic version || ~**viskosität** f / limiting viscosity, intrinsic viscosity, internal viscosity || ~**vorrat** m (v. Befehlen, Zeichen) / basic repertoire || ~**vorrichtung** f / basic device || ~**wandlungszeit** f / basic conversion time || ~**wasser** n / water, ground or spring || ~**welle** f / fundamental wave
Grundwellen-Ausgangsleistung f / fundamental output power || ~**-EMK** f / fundamental e.m.f., e.m.f. of fundamental frequency || ~**frequenz** f / fundamental frequency || ~**komponente** f / fundamental component || ~**leistung** f / fundamental power || ~**-Scheitelwert** m / peak value of fundamental wave || ~**strom** m / fundamental current
Grund·werkstoff m (Werkstoff, aus dem das zu schweißende Werkstück besteht, wobei Beschichtungen nicht berücksichtigt sind) / parent metal || ~**werkstoff** m (Werkstoff, auf dem Überzüge abgeschieden oder erzeugt werden) / basis metal || ~**wicklung** f / base-speed winding || **statistische** ~**wiederholbarkeit** DIN IEC 255, T. 100 / reference consistency (relay) || ~**zahl** f / base n, radix n || ~**zeilenabstand** m / line spacing || ~**zeit** f (kürzeste Kommandozeit des Distanzschutzes) / basic time, first-zone time || ~**zeit** f (Werkstückbearbeitung, Bodenzeit) / floor-to-floor time || ~**zelle** f / basic cell || ~**zustand** m / initial position, initial setting, basic position, standard position || ~**zustand** m (Quantenzustand eines physikalischen Systems, der dem niedrigsten Energieniveau entspricht) / ground state || ~**zustand** m (Elektronik-Bauelemente) / initial state || ~**zyklus** m / basic cycle || ~**zyklusliste** f / basic cycle list
Grüne Welle bei 60 km/h / linked signals at 60 kph || ~**-Wiese-Projekt** n / greenfield project
Gruppe f (Sammlung von Attributen in der Strukturansicht des Eigenschaftsfensters) / group n || ~ **von Normwerkstoffen** / group of standard materials || ~ **von Prüffällen** f / test group || **Ausrichten einer** ~ / group alignment
Gruppen·abfragebefehl m / group interrogation command || ~**absicherung** f / group fusing || ~**adresse** f (Bussystem) / group address || ~**adressierung** f / group addressing || ~**antrieb** m / group drive, sectional drive, multimotor drive, multi-motor drive || ~**anwahlsteuerung** f / common diagram control || ~**anzeige** f / group indication || ~**aufruf** m / multicast n || ~**aufruf** m / (LAN) multicast n || ~**auswahl** f (Statistik) / stratified sampling || ~**auswechslung** f (Lampen) / group replacement
Gruppen·befehl m / group command || ~**bezeichnung** f / group name || ~**bild** n / group display || ~**bildung** f / grouping n || ~**datenelement** n / component data element || ~**datenelement-Trennzeichen** n (ISO 9735) / component data element separator || ~**definition** f / group definition (unique definition of data objects within one specific group) || ~**deskriptor** m (Satz von Attributen zur Beschreibung der Eigenheiten einer Gruppe) / group descriptor || ~**dynamik** f / group dynamics || ~**ebene** f / group level || ~**eigenschaft** f / group property || ~**fertigung** f / group production, team production || ~**führungsebene** f / group control level, cell level, cell n, area control level
gruppen·genau adj / group-specific || ~**geplante Einzelarbeit** (GEA) / group-planned individual work (GIW)
Gruppen·geschwindigkeit f (Signalgeschwindigkeit) / group velocity, envelope velocity || ~**index** m (Lichtgeschwindigkeit/ Gruppengeschwindigkeit einer homogenen Welle) / group index || ~**inkarnation** f / group incarnation (set of simultaneous values from a given group) || ~**kennzeichnungsschild** n / group label || ~**kompensation** f / group p.f. correction || ~**laufzeit** f / envelope delay, group delay time, group delay || ~**laufzeitentzerrung** f / group delay equalization || ~**laufzeitverzerrung** f / group delay distortion, group frequency distortion || ~**leitebene** f / group control level, group level || ~**leitebene** (GLE) f / group control level || ~**leiter** m / team leader || ~**management** n (Bilden und Ändern von Gruppen mit Hilfe ihres Gruppendeskriptors sowie Löschen von Gruppen) / group management || ~**meldung** f / group signal, group alarm IEC 50 (371) || ~**-Mittelpunkt** m / group center || ~**modulationseinrichtung** f / group modulating equipment || ~**motorantrieb** m / multi-motor drive || ~**name** m (GRP) VDI/VDE 3695 / group title (GRP) || ~**norm** f (Normen mit sicherheitstechnischen Aussagen, die mehrere Arten von Maschinen betreffen können, auch B-Normen genannt) / group standard || ~**nummer** f / group number (unique identifier for one group) || ~**protokoll** n / group log || ~**regelung** f / converter unit control || ~**runde** f / group meeting
Gruppen·schalter m / group switch, changeover switch, gang switch || ~**schalter** m (Schalter 4) VDE 0632 / two-way switch with two off positions (CEE 24), two-circuit double-interruption switch || ~**schalter** m (Fernkopierer) / group selector || ~**schalter** m (f. Motorgruppe) / (motor) group control switch || ~**schaltung** f / multiple series connection, group switching || **Fahrmotoren-** ~**schaltung** f (Bahn) / motor combination || ~**schmierung** f / central lubrication || ~**schutz** m / gang protection, group protection || ~**signal** n / group signal || ~**signalrahmen** m / group alarm (signalling) frame || ~**speisung** f / group supply || ~**steuergerät** n / group control unit
Gruppen·steuerung f / group control || ~**steuerung** f (in einem Mehrbenutzersystem) / cluster controller || ~**steuerungsbaustein** m / group (open-loop) control block || ~**steuerungsebene** f / group control level || ~**strahler** m (Prüfkopf mit mehreren Wandlerelementen) DIN 54119 / array-type probe || ~**technologie** f (Fabrik) / group technology (GT) || ~**typ** m (Beschreibung des in der Gruppe dargestellten Objekttyps) / group type || ~**übersicht** f / group overview || ~**umsetzer** m / group translating equipment || ~**warnmeldung** f / group alarm IEC 50(371) || ~**weise Zuschaltung** / switching on group by group || ~**weises Anlassen** / group starting || ~**wellenlänge** f / group wavelength || ~**zeichnung** f / group drawing || ~**zuordnung** f / group assignment
gruppieren v / group v
Gruppier·maschine f / grouping machine ||

⚪schieber *m* / grouping element
Gruppierung *f* / grouping || ⚪ **Arbeitszeitplan** / work schedule group
Grz (Grundzyklusliste) / basic cycle list
GS (Grundspannung) / direct voltage || ⚪ / circuit-breaker for equipment (CBE), appliance circuit-breaker || ⚪ (Gurtstraffer, Gurtstrammer) / seat-belt tightening system, automatic seat belt tightening, seat belt tensioner, automatic belt tensioner, automatic locking retractor, emergency locking retractor, seat belt emergency tensioning system || ⚪ (Getriebestufe) / GS (gear step), GS (gear stage) || ⚪ (Gleichstrom) / direct current, DC (direct current) || ⚪ / basic position || ⚪ **mit pendelnder Freiauslösung** EN 60934 / cycling trip-free CBE || ⚪**-Aufkleber** *m* / GS sticker
GSB (Gesamtstrukturbaum) *m* / main structure tree (MST)
GS-Bremsung *f* (Gleichstrombremsung) / DC current braking, DC braking (direct current braking)
GSB-Schalter *m* / appliance protective and control switch
G-Schiene *f* EN 50035 / G-profile rail, G rail, G-type mounting rail
GSD (Gerätestammdatei) / device master file, device data || ⚪**-Datei** *f* / device master file, GSD file || ⚪**-Datei (Gerätestammdaten-Datei)** *f* / GSD file (generic station description)
GSDML *f* / Generic Station Description Markup Language (GSDML)
GSG (Gerätesicherheitsgesetz) *n* / machine safety code
GSI (Grid Security Infrastructure) / Grid Security Infrastructure (GSI)
G-Sicherungseinsatz *m* VDE 0820 / cartridge fuse link, fuse link, G fuse link
GSM (Globales System für mobile Kommunikation) *n* / GSM digital-cellular network || ⚪ **(Groupe Spéciale Mobile)** *f* / GSM system || ⚪**-Funkmodul** *n* / GSM radio module || ⚪**/UMTS-Technologie** *f* / GSM/UMTS technology
GSP / ground signal panel (GSP) || ⚪ **(Gegenspindel)** *f* / counterspindle (CSP) *n*
GS-QSB (Geschäftssektor-Qualitätsbeauftragter) *m* / QAR of a business sector
GSR / generator voltage regulator
GSS / circuit-breaker for equipment (CBE), appliance circuit-breaker || ⚪ **mit Freiauslösung** / trip-free CBE
GST (Grundstellung) / initial position, initial state, initial setting, basic position, standard position
G-Steuerung *f* / basic control, primary control
GSTR (Geberstrichzahl) / bar number, encoder lines, no. of encoder pulses, no. of encoder marks, pulses per revolution, resolution *n*, increments *n pl*
GSV (Gemeinsame Stromversorgung) / common power supply
GSW (Getriebestufenwechsel) / gear change, GSC (gear stage change)
GS-Zeichen *n* / GS label
GS-Zwischenkreis *m* / DC link
Guard *m* / guard (a Boolean test)
GUD / global user data (GUD) || ⚪**-Datei** *f* / GUD file || ⚪**-Kraftwerk (Gas- und Dampfturbinen-Kraftwerk)** / combined cycle power plant || ⚪**-Variable** *f* / GUD variable

Guest-host-Effekt *m* / guest-host-effect
GUI / Graphical User Interface (GUI) || ⚪ / tree-view control
GUID / General User Identity (GUID)
Guinier-Pulverkammer *f* / Guinier powder camera
GUI-Steuerungselemente *n* / GUI controls
Gullwing / gull wing || ⚪**-Beinchen** *n* / gull wing lead
gültig *adj* / valid *adj*, applicable *adj*, in-date *adj* || **~er Wert** *m* / valid value || **~es Prüfereignis** *n* / valid test event
Gültigkeit *f* / validity *n* || ⚪ *f* (Gültigkeit einer Variablen) / scope *n*, duration of validity, applicability *n* || **globale** ⚪ / global validity
Gültigkeits·bereich *m* / range of validity || ⚪**bereich einer Zeichenfolge** DIN ISO 7498 / title domain || ⚪**bit** *n* / validity bit || ⚪**dauer** *f* / validity period || ⚪**kennung** *f* / validity identifier
Gumbel-Verteilung, Typ I DIN 55350,T.22 / Gumbel distribution, type I, extreme value distribution
Gummi *n* / rubber *n* || ⚪**aderleitung** *f* / rubber-insulated wire (o. cable) || ⚪**aderschnur** *f* / braided flexible cord || ⚪**bandtechnik** *f* / rubberbanding *n* || ⚪**bolzenkupplung** *f* / rubber-bushed pin coupling, rubber-bushed coupling || ⚪**buchse** *f* / rubber bushing || ⚪**dichtung** *f* / rubber gasket, rubber seal
Gummier·maschine *f* / gumming machine || **~tes Band** / rubberized tape || **~tes Gewebeband** / proofed textile tape || ⚪**werk** *n* / gumming unit
Gummi·faltenbalg *m* / rubber expansion bellows || ⚪**flachleitung** *f* / flat rubber-insulated (flexible) cable || ⚪**hammer** *m* / rubber mallet || ⚪**hülle** *f* / rubber sleeve || **~isolierte Aufzugsteuerleitung** / rubber-insulated lift cable || ⚪**kalotte** *f* / rubber collar || ⚪**kneter** *m* / rubber mixer || ⚪**koppelstück** *n* / rubber connector || ⚪**kupplung** *f* / rubber coupling || ⚪**leiste** *f* / rubber strip || ⚪**-Leitungseinführung** *f* / rubber grommet, rubber gland, rubber cable gland, rubber cable entry || ⚪**maschine** *f* / rubber machine || ⚪**matte** *f* / rubber mat, rubber pad || ⚪**membran** *f* / rubber diaphragm || ⚪**mischung** *f* / rubber compound || ⚪**radwalze** *f* / rubber-tyred roller, rubber-tired roller || ⚪**ring** *m* / rubber ring || ⚪**rolle** *f* / rubber roller
Gummischlauch·kabel *n* / rubber-insulated flexible cable, tough-rubber-sheathed cable (t.r.s. cable) || ⚪**kabel** *n* (m. Polychloroprenmantel) / polychloroprene-insulated cable || **leichtes** ⚪**kabel** / ordinary tough-rubber-sheathed flexible cable || ⚪**leitung** *f* / rubber-insulated flexible cable, tough-rubber-sheathed cable (t.r.s. flexible cable) || ⚪**leitung** *f* (m. Polychloroprenmantel) / polychloroprene-sheathed flexible cable || ⚪**leitung für leichte mechanische Beanspruchungen** / ordinary tough-rubber-sheathed flexible cord || ⚪**leitung für mittlere mechanische Beanspruchungen** / ordinary tough-rubber-sheathed cable || ⚪**leitung für schwere mechanische Beanspruchungen** / heavy tough-rubber sheathed flexible cable
Gummi·spritzmaschine *f* / rubber injection machine || ⚪**stecker** *m* / rubber plug || ⚪**stopfen** *m* / rubber plug || ⚪**stopfen** *m* (Verschlussteil für einen Wanddurchbruch aus Gummi) / rubber stopper || ⚪**taschenventil** *n* / pinch valve || ⚪**tuchzylinder**

Gumpel-Verteilung 378

m / blanket cylinder ‖ ⟨tülle *f* / rubber grommet ‖ ⟨tülle *f* (Knickschutz aus Gummi für Leitungen an Steckern und Kupplungen sowie Leitungseinführungen in Geräte) / rubber sleeve ‖ ⟨verarbeitung *f* / rubber processing ‖ ⟨walze (GW) *f* / nip roller
Gumpel-Verteilung *f* / Gumpel distribution, extreme value distribution
günstig·e Strömungsführung / streamlined design ‖ ~**ste Verkehrsfrequenz** / optimum working frequency
Gurt *m* / pelvic and torso restraint ‖ ⟨antrieb *m* / belt drive ‖ ⟨bandverpackung *f* / tape packaging ‖ ⟨breite *f* / belt width, tape width ‖ ⟨bringer *m* / seatbelt presenter ‖ ⟨container *m* / tape container
Gürtel'-Isolierhülle *f* / belt insulation ‖ ⟨isolierung *f* (gemeinsame Isolierung über mehrere verseilte Adern) / belt insulation ‖ ⟨kabel *n* / belted cable ‖ ⟨linse *f* / belt lens
Gurt·ende *n* / end of tape ‖ ⟨förderanlage *f* / conveyor belt ‖ ⟨förderer *m* / belt conveyer, conveyor ‖ ⟨förderer S / S feeder ‖ ⟨geber *m* / seatbelt presenter ‖ ⟨lochstreifen *n* / tape pocket webbing ‖ ⟨maß *n* / tape size ‖ ⟨material *n* (man unterscheidet Papier- und Blistergurt, sowie Gurtmaterial mit und ohne Folienüberschuss am Gurtanfang) / tape material ‖ ⟨materialien *n* / tape material ‖ ⟨modul *n* (Kurzform und Ersatzteilbezeichnung für Gurtzuführmodul) / tape feeder ‖ ⟨pendel *m* / belt pendulum ‖ ⟨pendelposition *f* / belt pendulum position ‖ ⟨rolle *f* / tape reel ‖ ⟨rollendurchmesser *m* / tape reel diameter
Gurt-Schlüssel-Licht-Warnung *f* / seatbelt, ignition lock and lights warning, seatbelt, key and light reminder
Gurtschneide'-Einrichtung *f* / cutting device, cutter ‖ ⟨-Gerät *n* / tape cutter ‖ ⟨messer *n* (das schneidende Teil des Gurtschneide-Gerätes) / tape cutter
Gurt·spezifikation *f* / tape specification ‖ ⟨spleißzange *f* (ermöglicht einen Wechsel der Gurtspule ohne Maschinenstillstand) / splicing tool ‖ ⟨spule *f* / tape reel ‖ ⟨spulendurchmesser *m* / tape reel diameter
Gurtstraffer *m* (GS) / automatic seat belt tightening, automatic belt tensioner, seat-belt tightening system, automatic locking retractor, seat belt tensioner, emergency locking retractor, seat belt emergency tensioning system
Gurtstrammer *m* (GS) / seat-belt tightening system, automatic seat belt tightening, automatic belt tensioner, seat belt tensioner, seat belt emergency tensioning system, automatic locking retractor, emergency locking retractor
Gurt·takt *m* / tape cycle ‖ ⟨tasche *f* / tape pocket (indentation in the tape for accepting a component) ‖ ⟨umlenkpunkt *m* / anchorage point
Gurtung von Bauteilen / packaging of components on continuous tapes
Gurt·vorratsbehälter *m* / tape container ‖ ⟨warngong *m* / audible seat-belt warning ‖ ⟨zuführmodul *n* / tape feeder ‖ ⟨zuführung *f* / tape feeding
Guss *m* / casting *n*, cast *n* ‖ ⟨-Abzweigdose *f* / cast-iron junction box ‖ ⟨bett *n* / cast-iron bed ‖ ⟨block *m* / ingot ‖ ⟨eisen *n* / cast iron ‖

⟨eisenwiderstand *m* / cast-iron resistor (unit) ‖ ⟨form *f* / casting mold ‖ ⟨form des BE-Gehäuses *f* / casting mold ‖ ⟨frontplatte *f* / cast-metal front plate ‖ ⟨gehäuse *n* / cast housing, cast-iron housing, cast-metal housing, cast-iron box, cast enclosure
gussgekapselt *adj* / iron-clad *adj*, cast-metal-clad *adj*, cast-iron enclosed ‖ ~**e Schaltanlage** / iron-clad switchgear, cast-iron multi-box switchgear ‖ ~**ster Verteiler** / cast-iron multi-box distribution board, cast-iron box-type distribution board, cast-iron box-type FBA ‖ ~**es Verteilersystem** / cast-iron multi-box distribution board system
Guss·gestell *n* / cast rack ‖ ⟨kapselung *f* / encapsulation *n* ‖ ⟨konstruktion *f* / cast design ‖ ⟨putzen *n* / cleaning of castings, finishing of castings ‖ ⟨rippe *f* / cast cooling fin ‖ ⟨silizium *n* / cast silicon ‖ ⟨stahl *m* / crucible cast steel ‖ ⟨stahlwerk *n* / crucible steel works
gussstaubbeständig *adj* / immune to foundry dust
Guss·stück *n* (Teil aus Guss gefertigt) / casting *n* ‖ ⟨teil *n* / casting *n*, cast part ‖ ⟨verteiler *m* / cast-iron multi-box distribution board, cast-iron box-type distribution board, cast-iron box-type FBA ‖ ⟨verteilersystem *n* / cast-iron multi-box distribution board system ‖ ⟨verteilung *f* / cast-iron multi-box distribution board, cast-iron box-type distribution board, cast-iron box-type FBA
Gut *n* / commodity *n*
GUT (Gutschrift) / credit *n*
Gutachten *n* / expert's report, expertise *n*, expert's opinion ‖ ⟨bedingung *f* / condition of inspection ‖ ⟨zeichnung *f* / appraisal drawing
Gutachter *m* / expert *n*
Güte *f* / quality *n* ‖ ⟨ *f* (Ausführungsqualität) / quality of conformance ‖ ⟨ **der Spindeloberfläche** / quality of stem surface ‖ ⟨bestätigungsstufe *f* / assessment level ‖ ⟨bestätigungssystem *n* / system of quality assessment ‖ ⟨bestätigungsverfahren *n* / quality assessment system ‖ ⟨bewertung *f* / quality appraisal
Gütefaktor *m* (Q) / quality factor, Q factor ‖ ⟨ *m* (Schutz) / performance factor ‖ ⟨ *m* / goodness factor ‖ ⟨ **der Abschaltung** (Verstärkerröhre) DIN IEC 235, T.1 / turn-off figure of merit ‖ ⟨ **der Steuerelektrode** / control electrode figure of merit ‖ **magnetischer** ⟨ / magnetic quality factor
gute Fertigbarkeit / ease of manufacture, manufacturability
Güte·funktion *f* (Statistik) DIN 55350, T.24 / power function ‖ ⟨grad *m* / efficiency rating ‖ ⟨gradverhältnis *n* / utilization factor, coefficient of utilization ‖ ⟨index *m* / performance index (PI) ‖ ⟨klasse *f* / quality class ‖ ⟨klasse *f* (Passung) / class of fit ‖ ⟨kontrolle *f* / quality inspection ‖ ⟨kriterium *n* / weighting criterion, performance index (PI)
Güte·merkmal *n* / quality criterion, quality characteristic ‖ ⟨minderung *f* / deterioration *n*, degradation of quality, impairment of quality ‖ ⟨produkt *n* (BH_{max}) / maximum energy product, B-H product ‖ ⟨prüfdienststelle *f* / official quality inspection service ‖ **amtlicher** ⟨**prüfer** / QA representative (QAR), Quality Assurance Representative ‖ ⟨**prüfstelle BWB** *f* / BWB quality testing office ‖ ⟨prüfung *f* / quality

inspection, soundness test || ⁓**prüfung** f (durch den öffentlichen Auftraggeber) / government quality assurance
Güter·abfertigung f / forwarding department || ⁓**annahme** f / receiving office
Güte·sicherung f / contractor's quality control (o. inspection) || ⁓**sicherungssystem** n / contractor's QC system || ⁓**stufenmotor** m / motor classified by a mechanical quality grade, precision-balanced motor || ⁓**verhältnis** n / utilization factor, coefficient of utilization || ⁓**zahl** f / figure of merit || ⁓**zeichen** n / quality mark, quality symbol || ⁓**ziffer** f / figure of merit
Gut·fall m / normal case || ⁓**lehre** f / GO gauge || ⁓**lehrring** m / GO-gauge ring || ~ **lötbar** adj / can be soldered well || **~/nicht gut** adj / go/no go || ⁓**schrift** f (GUT) / credit n, GUT || ⁓**schriftsbeträge** m pl / credit amounts || ⁓**schriftswert** m / credit value || ⁓**seite** f (Lehre) / GO side, GO end || ⁓**zahl** f / acceptance number || ⁓**ziel** n / pass address, pass n
Guy-Maschine f / Guy heteropolar machine, Guy machine
GV (Geräteverwaltung) / device management
GW (Gewährleistung) / warranty n, warranty conditions || ⁓ (Gewährleistungsregelung) / warranty n, warranty conditions || ⁓ **(Gummiwalze)** / rubber roller
GWB (Geschäftswertbeitrag) / EVA (economic value added) || ⁓ **(benutzerdefinierter Grenzwert)** m / user-defined limit value (LVU) || ⁓**-Berechnung** f / EVA-evaluation (EVA)
GWE-Sach-Nr. f / material number
GWE-Sachnummer f / material number
GWK (Gerätewerk Karlsruhe) n / Equipment Manufacturing Plant Karlsruhe
GWL (Gewährleistung) / warranty n, warranty conditions
GW-Melder m (Grenzwertmelder) / limit-value monitor, limit monitor, limit comparator, Schmitt trigger
GWR / Guided Wave Radar (GWR)
GWY (Gateway) / gateway n, network coupler, GWY (Gateway)
Gyrator m / gyrator n
Gyrofrequenz f / gyro-frequency n
gyromagnetisch adj / gyromagnetic adj / **~e Resonanz** / gyromagnetic resonance || **~er Leistungsbegrenzer** / gyromagnetic power limiter || **~er Resonator** / gyromagnetic resonator || **~er Werkstoff** / gyromagnetic material, gyromagnetic medium || **~es Filter** / gyromagnetic filter || **~es Medium** / gyromagnetic medium, gyromagnetic material
GZ (Geschäftszweig) m / branch n
GZF (Gleichzeitigkeitsfaktor) / simultaneity factor, simultaneous factor, diversity factor, coincidence factor
GZS / accessible emission limit (AEL)
GZV (Geschäftszielvereinbarung) f / Business Target Agreement (BTA)

H

Haar·kristall n / whisker n || ⁓**lineal** n / hairline gauge || ⁓**linie** f / hairline n || ⁓**nadelspule** f / hairpin coil || ⁓**riss** m / micro crack, hairline crack || ⁓**röhrchen** n / capillary tube || ⁓**schneidemaschine** f / hair clipper || ⁓**winkel** m / hairline set square, hairline square || ⁓**zirkel** m / hair compasses
HACCP n / Hazard Analysis and Critical Control Points (HACCP), Hazard Analysis Critical Control Point System (HACCP)
Hacker m / hacker n
Hackmoment n (el. Masch.) / pulsating torque, cogging torque
hae / hardened adj
HAE (halbautomatisches Einmitten) / SAC (semi-automatic centering)
Hafen·glas n / pot glass || ⁓**kran** m / harbor crane
Haftbild n / sticker n, adhesive label, preprinted self-adhesive transparency
haften v / adhere to, stick to
haftend, Verfahren mit ~er Fremdschicht / solid-pollutant method
Haft·fähigkeit f / adhesion n, adherence n, adhesivity n || ⁓**festigkeit** f / adhesive strength, bond strength || ⁓**kleber** m / pressure-sensitive mass, pressure-sensitive adhesive || ⁓**kleberschicht** f / tack coat || ⁓**kraft** f / adhesive force || ⁓**lack** m / metal primer || ⁓**magnet** m / magnetic clamp || ⁓**maß** n / adhesion allowance || ⁓**masse** m (f. Kabel) / non-draining compound (nd compound) || ⁓**masseisolierung** f / mass-impregnated non-draining insulation || ⁓**massekabel** m / non-draining cable (nd cable) || ⁓**merker** m / retentive flag || ⁓**moment** n / holding torque || ⁓**pflichtversicherung** f / third-party insurance
Haft·reibung f / friction of rest, static friction, stiction n || ⁓**reibung** f (Riementrieb) / frictional grip || ⁓**reibungsantrieb** m / adhesion drive || ⁓**reibungsbeiwert** m / adhesion coefficient || ⁓**relais** n / latching relay, magnetically latched relay, latching-type relay, locking relay || ⁓**-Scherfestigkeit** f / adhesive shear strength || ⁓**sitz** m / wringing fit || ⁓**speicher** m / retentive memory || ⁓**stelle** f / trap n, deathnium centre || ⁓**tabulator** m / latch-out tabulator
Haftung für Produktmängel f / product liability || **magnetische** ⁓ / magnetic cohesion, magnetocohesion n || **magnetische** ⁓ / magnetic latching || **Riemen~** f / belt grip
Haftungs·ausschluss m / disclaimer of liability, exclusion of liability || ⁓**text** m / liability text || ⁓**text-Finder** m / Liability Text Finder
Haft·verhalten n (el. Schaltelement) / latching properties || **Speicherung mit** ⁓**verhalten DIN 19237** / permanent storage, non-volatile storage || ⁓**vermögen** n (Riemen) / grip n || ⁓**vermögen** n (Klebvermögen) / adhesive power, adhesiveness n, adherence n, adhesivity n || ⁓**-Zugfestigkeit** f / adhesive strength under tension
Hagel·prüfung f / hail impact test || ⁓**schlagtest** m / hail test
Hahn m / plug valve || ⁓**fassung** f (Lampe) / switch lamp-holder, switch lamp-socket || ⁓**-Meitner-**

Häkchen 380

Institut *n* / Hahn-Meitner-Institute *n*
Häkchen *n* (Markierungselement in Menübefehlen und Dialogen) / check mark || ⁓**funktion** *f* / checkmark function
Haken *m* / top, hook *n* || ⁓**elektrode** *f* (Glühlampe) / hook lead || **~förmig** *adj* / hook-shaped || ⁓**kopfschraube** *f* / hook-head screw || ⁓**magnet** *m* / bracket-type magnet || ⁓**nut** *f* / hook groove || ⁓**riss** *m* (Riss im Bereich des Stauchwulstes, häufig von Einschlüssen ausgehend) / hook crack || ⁓**schlüssel** *m* / pin wrench || ⁓**schlüssel mit Nase** / hook wrench || ⁓**schlüssel mit Zapfen** / pin wrench || ⁓**teil** *n* / hook part
hakfreier Lauf / non-cogging operation
Hakmoment *n* / cogging torque
HAL *m* / Hardware Abstraction Layer (HAL) *n*
halb überlappt / with a lap of one half, half-lapped *adj*
Halb·addierer *m* / half-adder *n* || ⁓**automat** *m* / semiautomatic lathe
halbautomatisch *adj* / semi-automatic *adj* || **~e Steuerung** (Steuerung, bei der der jeweilige Zyklus in sich automatisch abläuft, der folgende Zyklus jedoch von Hand eingeleitet wird) / semiautomatic control || **~es Einmitten (HAE)** / semi-automatic centering (SAC) || **~es Umschalten** VDE 0660,T.301 / semi-automatic changeover IEC 292-3
halbautomatisierter Rezeptablauf / semi-automatic recipe process
Halb·axialventilator *m* / semi-axial-flow fan || ⁓**bild** *n* / half frame, field *n* || ⁓**bild** *n* (Grafikbildschirm) / interlaced display || ⁓**brücke** *f* / half-bridge *n*, half bridge || ⁓**-Byte** *n* (4 Bit) / one-half byte, nibble *n* || **~deckende Bewehrung** / overlapping armouring
Halbduplex *n* / half duplex (HDX) || ⁓**betrieb** *m* / half duplex operation, half-duplex mode || ⁓**nahtstelle** *f* / half-duplex interface, HDX interface || ⁓**übertragung** *f* / half-duplex transmission
halbdurchlässiger Spiegel / semi-transparent mirror
Halbdurchmesser *m* / semidiameter *n*
halbe Gegenparallelschaltung / half-bridge inverse-parallel connection, half-bridge connection of antiparallel thyristors || **~ Passfeder** / half featherkey || **~ relative Schwingungsweite** / d.c. ripple factor || **~ relative Schwingweite** (Gleichstrom-Formfaktor) / d.c. form factor IEC 50(551)
Halb·echosperre *f* / half echo suppressor || ⁓**einbau** *m* / recessed mounting || ⁓**einschub** *m* / half-width drawout-unit, half-width plug-in chassis || **~elastisch** *adj* / semi-elastic *adj*
halber Schaltzyklus / half a cycle of operation
Halb·fabrikat *n* / semi-finished product, semi-product *n*, product in process || ⁓**feld** *n* / panel half, half-section *n* || ⁓**fertigteil** *n* / semi-finished product || **~fest** *adj* / semisolid *adj* || ⁓**filter** *n* / colour filter
halbflüssige Reibung / semi-fluid friction, boundary friction, mixed friction
Halbformspule *f* / open-ended coil IEC 50(411)
halbgeschlossene Maschine / semi-enclosed machine || **~ Nut** / half-closed slot, semi-closed slot || **~ Sicherung** / semi-enclosed fuse
halbgesteuerte Schaltung / half-controllable connection

Halbgrafik *f* / character graphics, semi-graphics
halbieren *v* / halve *v*, bisect *v*
Halbierungs·linie *f* / bisecting line, bisector *n* || ⁓**punkt** *m* (einer Strecke) / bisecting point, midpoint *n*
Halb·jahresbericht *m* / semiannual report || **bezogener** ⁓**kegelradius** / reference radius || ⁓**keil** *m* / half-key *n* || ⁓**keilwuchtung** *f* / half-key balancing
Halbkreis *m* / semicircle *n* || ⁓**bahn** *f* / semicircle path || ⁓**-Innenkontur-Bearbeitung** *f* / machining of internal semicircle, semi-circle inner contour machining
Halbkugel *f* / half sphere || **~förmig** *adj* / hemispherical *adj*, semi-spherical *adj*
Halbkunden·-IC / adaptable IC || **~spezifische IS** / semi-custom IC
Halblast *f* / half load, one-half load, 50 % load || ⁓**anlauf** *m* / half-load starting
halbleitend *adj* / semi-conductive *adj*, semi-conducting *adj* || **~e Verbindung** / compound semiconductor || **~er Anstrich** / semiconducting coating || **~er Belag** / semiconducting layer
Halbleiter *m* / semiconductor *n*, semiconductor component (o. element), solid-state component || ⁓**ausgang** *m* / semiconductor output || ⁓**bauelement** *n* / semiconductor device, semiconductor component || ⁓**diode** *f* / semiconductor diode || ⁓**element** *n* / semiconductor element || **PTC-**⁓**fühler** *m* / PTC thermistor detector || ⁓**gerät** *n* / semiconductor device, solid-state device, static device || ⁓**gleichrichter** *m* / semiconductor rectifier || ⁓**gleichrichterdiode** *f* / semiconductor rectifier diode
Halbleiter·kamera *f* / solid-state camera || ⁓**koppler** *m* / semiconductor coupler || ⁓**laser** *m* / solid-state laser, semiconductor laser, injection laser diode (ILD), diode laser IEC 50(731) || ⁓**lichtquelle** *f* / solid-state lamp || ⁓**motorschutz** *m* / solid-state motor contactor || ⁓**motorstarter** *m* / semiconductor motor starter, solid-state motor starter (US) || ⁓**-Motor-Steuergerät** *n* EN 60947-4-2 / semiconductor motor controller || ⁓**-Motorsteuergerät für direktes Einschalten** / semiconductor direct-on-line motor controller (semiconductor DOL motor controller) || ⁓**-Motorsteuergeräte und -starter für Wechselspannung** / A.C. semiconductor motor controllers and starters
Halbleiter·plättchen *n* / chip *n* || ⁓**produktionsmaschine** *f* / semiconductor production machine || ⁓**relais** *n* / semiconductor relay || ⁓**-Sanftanlauf-Motor-Steuergerät** *n* EN 60947-4-2 / semiconductor soft-start motor controller || ⁓**-Sanftstart-Motor-Steuergerät** *n* / semiconductor soft-start motor controller || ⁓**schaltelement** *n* / semiconductor switching element || ⁓**schalter** *m* / semiconductor switch || ⁓**schaltgerät** *n* / semiconductor switching device, solid-state switching device (US) || ⁓**scheibe** *f* / section *n* || ⁓**schutz** *m* (Schutz von Halbleitern gegen Überlastung) / protection of semi-conductors, semiconductor protection || ⁓**schütz** *n* / semiconductor contactor, solid-state contactor (US) || ⁓**schutzsicherung** *f* / semiconductor fuse || ⁓**schutz-Sicherungseinsatz** *m* / semiconductor

fuse link || ⁓**sicherung** f / semiconductor fuse || ⁓**sicherungseinsatz** m / semiconductor fuse-link || ⁓**speicher** m / semiconductor memory (SC memory) || ⁓**speicherelement** n / semiconductor memory chip || ⁓**stromrichter** m / semiconductor converter, semiconductor inverter || ⁓-**Teilstromrichter** m / semiconductor converter section
Halbleiter·thermoelement n / semiconductor thermoelement || ⁓**ventil** n / semiconductor valve || ⁓**ventilbauelement** n / semiconductor valve device || ⁓**volumen** n / solid material || ⁓**wechselrichter** m / semiconductor inverter || ⁓**wechselstromsteller** m / semiconductor a.c. power controller || ⁓-**Werk** n / semiconductor factory || ⁓**zone** f / semiconductor region
Halbleitkitt m / semi-conductive cement
halblogarithmisch adj / semilogarithmic adj || ~**e Schreibweise** / variable-point notation, floating-point notation
halb·maschinelles Programmieren / semiautomatic programming || ~**offene Nut** / half-closed slot, semi-closed slot || ⁓**periode** f / half-period n, half-cycle n || ⁓**platz** m / half location || ⁓**portalkran** m / semi-portal crane || ⁓**profilzylinder** m / siehe Profilhalbzylinder || ⁓**radiallüfter** m / mixed-flow fan || ~**räumlicher Emissionsgrad** / hemispherical emissivity || ⁓**ringlampe** f / circlarc lamp || ⁓**rund-Abisolierzange mit Seitenschneider** / snipe nose plier with side cutter and stripper || ⁓**rundsteg** m / half round piece
Halb·schale f / half-shell n, shell n || ⁓**schatten** m / shadowy light || ⁓**schnitt** m / half-section || ⁓**schritt** m / half step || ⁓**schrittbetrieb** m / half-step mode || ⁓**schritttaste** f / half-space key || ⁓**schwingung** f / half-wave n, half-cycle n, loop n || ⁓**schwingungsstrom** m / half-wave current
halbselbständige Entladung / semi-self-maintained discharge
Halb·sinus m / half-sine || ⁓**spannungsmotor** m / half-voltage motor || ⁓**spule** f / half-coil n, bar n || ⁓**spurbeschriftung** f / half-track recording
halbstarre Erdung / impedance earthing, impedance grounding, low-resistance earthing, low-resistance grounding, resonant earthing, resonance grounding, dead earth
Halb·streuwinkel m / one-half-peak divergence (GB), one-half-peak spread (US) || ⁓**stundenleistung** f / half-hourly demand || ~**synchroner Zähler** / semi-synchronous counter
Halbtags·arbeit f / half-day work, part-time work || ⁓**kraft** f / part-time employee (o. worker)
Halbton·bild n / half tone picture || ⁓-**Speicherröhre** f / half-tone storage CRT, half-tone tube
halbüberlappt bewickeln / to tape with a lap of one half, to tape half-lapped || ~**e Bewicklung** / half-lapped taping, taping with a lap of one half, half-overlap taping
halbverdeckt adj / semi-exposed adj
Halbwelle f / half-wave n, half wave n
Halbwellen·dauer f / loop duration || ⁓-**Differentialschutz** m / half-cycle differential protection, half-wavelength differential protection
Halbwert·ausdehnung f / half-value extension || ⁓**wertbreite** f (HWB) / full width of half maximum (FWHM), half-value width, half width

of peak
Halbwerts·länge f / half-value length || ⁓**tiefe** f / half-value depth || ⁓**winkel** m / half-value angle
Halbwertzeit f / halftime n, half-value period (of decaying material), full-duration half maximum (pulse)
Halb·wicklung f / half-winding n || ⁓**wippe** f / semi-rocker n || ⁓**zeitintervall** n (HIC) IEC 50(212) / halving interval (HIC) || ⁓**zeug** n / semi-finished products, semi-finishes plt, semi-finished part || ~**zusammenhängende Darstellung** (Stromlaufplan) DIN 407 19,T.3 / semi-assembled representation || ⁓**zylinder** m / semicyclinder n
HALE / high-accuracy lead extraction (HALE) || ⁓-**Algorithmus** m / HALE algorithm || ⁓-**Auswerteverfahren** n / HALE algorithm || ⁓-**Methode** f / HALE method
Halfduplex (HDX) / half duplex (HDX)
Halfenschiene f / T-rail n
Hall m / reverberation n || ⁓-**Anschluss** m (Hallgenerator) / Hall terminal (Hall generator) || ⁓-**Beweglichkeit** f / Hall mobility || ⁓-**Effekt** m / Hall effect || ⁓-**Effekt-Bauelement** n / Hall-effect device || ⁓-**Effekt-Magnetometer** m / Hall-effect magnetometer || ⁓-**Element** n / Hall-effect element, Hall generator
hallend adj / reverberant adj
Hallen·kran m / gantry crane, indoor crane || ⁓**spiegelleuchte** f / high-bay reflector luminaire || ⁓**vorfeld** n / hangar apron
Hallfeld n / reverberant field, diffuse field
hallfreier Raum / free-field room, anechoic room
Hallgeber m / Hall-type pulse generator
Hall-Geber m / Hall-effect sensor, Hall-effect pickup, Hall probe || ⁓ m (Näherungsschalter) / Hall-effect proximity switch
Hall-Generator m / Hall generator
halliger Raum / live room
Hall'-Koeffizient m / Hall coefficient || ⁓-**Modulator** m / Hall modulator || ⁓-**Multiplikator** m / Hall multiplier || ⁓-**Plättchen** n / Hall plate || ⁓**raum** m / reverberation room, reverberation chamber, reverberant field, diffuse field || ⁓-**Schalter** m / Hall-effect switch || ⁓**sensor** m / Hall effect sensor, Hall sensor || ⁓**sensorbox** (HSB) f / Hall sensor box (HSB), hall-effect sensor box || ⁓**sonde** f / hall probe || ⁓-**Spannung** f / Hall voltage, Hall e.m.f. || ⁓-**Wandler** m / Hall generator || ⁓-**Winkel** m / Hall angle
Halo m / halo n, halation n
halogen·frei adj / halogen-free adj, free of halogen adj || ⁓**freiheit** f / free of halogen || ⁓**glühlampe** f / tungsten-halogen lamp || ⁓-**Glühlampe in Quarzglasausführung** / quartz-tungsten-halogen lamp || ⁓**lampe** f / halogen lamp, tungsten-halogen lamp || ⁓-**Metalldampflampe** f / metal-halide lamp, halide lamp, halogen metal-vapor lamp || ⁓**strahler** m / halogen emitter || ⁓**zählrohr** n / halogen-quenched counter tube
Hals m (Lampe) / neck n || ⁓**abschattung** f / neck shadow || ⁓**lager** n / neck bearing, locating bearing || ⁓**rohr** n (Thermometer) / neck well, neck tube
Halt m / halt n, stop n, hold n || ⁓ m (CLDATA-Wort) / stop (CLDATA word) ISO 3592 || ⁓ **bei Taktende** / Stop at end of cycle || ⁓ **Einlesefreigabe** / read-in enable hold || ⁓ **nach**

Haltbarkeit

Taktende / Stop after end of cycle || ~
Verweilzeit / dwell hold || **Betriebsart** ~ / HOLD mode || **programmierter** ~ / programmed stop, program stop ISO 1056 || **sicherer** ~ (SH) / safe standstill, SH, safe stop || **Vorschub** ~ / feed hold IEC 550
Haltbarkeit *f* / durability *n* || ~ *f* (Lagerfähigkeit) / storage life, shelf life, tin stability, package stability || ~ *f* / endurance *n*
Haltbarkeitsdauer *f* / expiration date, limiting period
Halte·abbild *n* / retention image || ~**arm** *m* / holding arm || ~**blech** *n* / holding plate || ~**block** *m* / support *n* || ~**bolzen** *m* / holding bolt, holder bolt || ~**bolzen für Strombahn** / holding bolt for contact assembly || ~**bremse** *f* / holding brake || ~**bremsensteuerung** *f* / holding brake control || ~**bremsfunktion** *f* / holding brake function || ~**bremskraft** *f* / holding brake effort || ~**bucht** *f* / holding bay || ~**bügel** *m* / fixing bracket, holding clamp || ~**bügel** *m* / clip *n* || ~**bügel** *m* (Kleinrel.) / retainer *n* || ~**dauer** *f* / holding time
Halte·eingang *m* / holding input || ~-**Eingangssignal** *n* / hold input signal || ~**erregung** *f* / specified non-drop-out value, holding excitation || **mit** ~**erregung** (Schütz) / with hold-in coil || ~**fahne** *f* / anti-creep yoke || ~**feder** *f* / retaining spring || ~**fläche** *f* / holding surface || ~**frequenz** *f* / holding frequency || ~**fuß** *m* / retainer *n* || ~**futter** *n* / liner *n* || ~**glied** *n* DIN 19226 / holding element || ~**glied-Steuerung** *f* DIN 19226 / holding element control || ~**griff** *m* / grip *n*, handle *n*
Halte·haken *m* / retaining hook || ~-**Istwert** *m* / just non-release value, measured non-release value (US) || ~**klammer** *f* / retaining clamp, holding bracket || ~**kondensator** *m* / hold capacitor || ~**kontakt** *m* / locking contact || ~**kraft** *f* (Kontakte) / retention force (contacts), holding force || ~**kraft des Einsatzes** / insert retention (in housing) || ~**kraft des Erdkontaktes** / earthing contact ring holding force IEC 512-1 || ~**kragen** *m* / sleeve || ~**kreis** *m* (Luftversorgung für den Haltekreis eines Revolverkopfes. Im Haltekreis sind alle Pipetten, die sich nicht in der Abhol- oder Abwurfstellung befinden) / holding circuit || ~**last** *f* / holding load || ~**leistung** *f* / holding power, retaining strip || ~**linie** *f* / stop line || ~**magnet** *m* / holding magnet || ~**moment** *n* / holding torque || ~**nase** *f* / lug *n* || ~**noppe** *f* / holding knob || ~**platte** *f* / holding plate, *m* holding point, stop *n*
Haltepunkt *m* / stop point, hold point || ~ *m* (Programmunterbrechungspunkt) / breakpoint *n* || ~**leiste** *f* / breakpoint bar
Halter *m* / holder *n* || ~ *m* (Lampe, Leuchtdraht) / support *n* || ~ **Druckschraube** / holder, thrust screw || ~ **für Frontplatte** / clip for front plate || ~ **mit Distanzrolle** / holder with distance roller || ~, **verstellbar** / holder, adjustable
Halterahmen *m* / retaining frame
Halter·block *m* / holder block || ~**bremse** *f* / MHB
Halte·riemen *m* / fastening belt || ~**ring** *m* / retaining ring || ~**ring** *m* / supporting ring
Halterkasten *m* / brush box
Halterohr *n* / holding pipe
Halterung *f* / support *n*, carrier *n*, clamp *n*, mount *n*, bracket *n* || ~ *f* (StV-Kontakte) / retention system || ~ **(Rahmen)** *f* / mounting frame || ~ **für Glasfaseroptik** / bracket for glass fiber optics ||

Isolations~ *f* / insulation grip || **Kontakt~** *f* / contact retention system, contact retainer
Halterungswinkel *m* / mounting bracket
Halte·scheibe *f* / retaining washer, retaining plate || ~**schraube** *f* / retaining screw, fastening screw, fixing screw || ~**sicherheitsfaktor** *m* / safety factor for holding || ~**sichtweite** *f* / stopping sight distance || ~**signal** *n* / hold signal || ~**spannung** *f* (Stehspannung) / withstand voltage || **Kollektor-Emitter-**~**spannung** *f* / collector-emitter sustaining voltage || ~**speicher** *m* / latch *n*, retention buffer || ~**spule** *f* (z.B. Auslöser) / holding coil, hold-on coil || ~**spule** *f* (Differentialschutzrelais) / bias coil, restraining coil || ~**stange** *f* (zum Halten u. Bewegen von Leitern u. anderen Bauteilen) / support pole || ~**stangensattel** *m* (f. Leitungsmontage) / support-pole saddle
Halte·stelle *f* / station *n*, docking position || ~**stelle** *f* (FFS, Palette) / docking point || ~**stift** *m* / locating pin, dowel *n*, alignment pin, retention pin, locking pin || ~-**Stoßspannung** *f* / impulse withstand voltage, impulse test voltage || ~-**Stoßstrom** *m* (Wert des Stoßstromes, dem ein Leistungsschalter in geschlossener Stellung unter festgelegten Bedingungen für Anwendung und Verhalten standhält) / peak asymmetrical withstand current || ~**strahlerzeuger** *m* / holding gun || ~**strom** *m* (Stehstrom) / withstand current, no-damage current || ~**strom** *m* / holding current || ~**stück** *n* / holding piece || ~**temperatur** *f* / lowest ambient weld temperature || ~-**Verhalten** *n* / holding action || ~**verstärker** *m* / sample-and-hold amplifier
Haltevorrichtung *f* / holding fixture, arresting mechanism, retaining device, holder || ~ *f* (f. Bürstenträgerring) / rocker yoke || ~ *f* (Wickelverb.) / holding device || ~ **Wartung** / holding fixture maintenance
Halte·-Wechselspannung *f* / power-frequency withstand voltage, power-frequency test voltage || ~**wendel** *f* / counter helix || ~**werk** *n* / holding gear || ~**wert** *m* / non-release-value, hold value, relay hold || ~**wert** *m* (Stehwert) / withstand value
Haltewicklung *f* / holding winding, holding-on coil || ~ *f* (Differentialschutzrelais) / bias winding, restraining winding, bias coil || ~ *f* (el. Masch., Nebenschluss-Stabilisierungswicklung) / shunt stabilizing winding
Halte·winkel *m* / retaining angle, fixing bracket, holding bracket || ~**winkel** *m* (Teil eines Gehäuses, um etwas daran zu befestigen) / mounting bracket || ~**winkelsatz** *m* / mounting bracket set || ~**wirkung** *f* / bias *n* (relay) || **Relais mit** ~**wirkung** / biased relay || ~**zapfen** *m* / holding stud
Haltezeit *f* / dwell time || ~ *f* / retention time, save time || ~ *f* (Zeitdifferenz, die zwischen Signalpegeln gemessen wird) DIN IEC 147-1 E / hold time || ~ **der Bremse beim Stop** *f* / brake holding time on stopping
Halte·zone *f* (RSA) / lock-in zone, holding zone || ~**zunge** *f* / creep stop, anti-creep tongue
Halt·punkt *m* / check point || ~-**Signal** *n* / hold signal || ~**taste** *f* / Stop button || ~**winkel** *m* / holding bracket *n* || ~**zustand** *m* / stop state
Hammer *m* / hammer *n*, striker *n* || ~**halter-Bürstensystem** *n* / hammer-type holder for the brush system || ~**kopf** *m* / T-head *n* || ~**kopfleiste**

f / T-head strip || ⟨kopfnut *f* / T-slot *n*, T-head slot || ⟨kopfpol *m* / T-head pole || ⟨kopfschraube *f* / T-head screw || ⟨maschine *f* / hammering machine || ⟨mutter *f* / vee nut || ⟨schlag *m* (Zunder) / iron hammer scale, scale *n* || ~schlaglackiert *adj* / hammertone-enamelled || ⟨schlaglackierung *f* / hammer finish || ⟨schlagprägung *f* / hammer finish || ⟨schraube *f* / hammer-head bolt || ⟨zeichen *n* / hammer symbol

Hamming-Abstand *m* (bei zwei Stelle für Stelle verglichenen Binärwörtern gleicher Länge die Anzahl der Stellen mit unterschiedlichen Binärzeichen) / Hamming distance, signal distance || ⟨-**Distanz** *f* / Hamming distance, signal distance

HAMR-Technik *f* / heat-assisted magnetic recording technology (HAMR technology)

Hand im Eingriff / hand inserted || **Eingriff von** ⟨ / manual interference, manual intervention, manually initiated function, human intervention || **von** ⟨ / by hand, manual *adj*

Hand·achse *f* / hand axis || ⟨antrieb *m* / manually operated mechanism, hand-operated mechanism, hand drive, manual operating mechanism || ⟨antrieb *m* (Trafo-Stufenschalter) / manual drive of motor-drive mechanism IEC 50(421) || ⟨anwahl *f* / manual selection || ⟨arbeitsplatz *m* / manual work place || ⟨aufzug *m* (Lift) / hand-driven lift, hand-driven elevator || ⟨aufzug *m* / manual charging || ⟨aufzug *m* (Bauelement f. Kraftspeicherfeder) / hand-wound mechanism || **Uhrwerk mit** ⟨aufzug / hand-wound clockwork || ⟨auslösevorrichtung *f* / manual trip device, manual release || ⟨-**Automatik-Umschalter** *m* / manual-automatic selector switch || ⟨-**Automatik-Umschaltung** *f* / manual-automatic transfer, HAND-AUTO changeover

Hand·band *m* / manual line || ⟨bedienbild *n* / manual faceplate || ⟨bediengerät *n* / hand-held controller, hand-held terminal, handheld operator panel, hand-held device, hand-held unit || ~**bedienter Notbetrieb** / emergency manual operation || ⟨bedienter Zyklus *m* / manual cycle || ⟨bedienung *f* / manual operation, manual control, manual command || ⟨beladeplatz *m* / manual loading point || ⟨bereich *m* VDE 0100,T.200 / arm's reach, normal arm's reach || **im** ⟨bereich / within normal arm's reach

handbetätigt *adj* / manually operated (o. controlled), hand-operated *adj* || ~**e Armatur** / hand valve || ~**er Brandmelder** / manual call point, manual alarm box || ~**er Hilfssteuerschalter** (zur Betätigung eines normalerweise motorbetätigten Schaltwerks) / standby hand control || ~**er Hilfsstromschalter** VDE 0660, T.200 / manual control switch IEC 337-1, manually operated control switch || ~**es Schaltwerk** (Bahn) / manual switchgroup

Handbetätigung *f* / manual control, hand control, hand operation, operation by hand, manual operation || **quasi-unabhängige** ⟨ / semi-independent manual operation

Handbetrieb *m* / manual control || ⟨ *m* (Betriebsart) / manual mode, manual operation, JOG mode || ⟨ **und Einstellungen für den manuellen Betrieb** / manual mode and settings for manual mode

Handbuch *n* / manual *n*, instruction manual || ⟨ *n* (HB) / manual *n*, guide *n* || ⟨ **für Entwickler** / handbook for developers || ⟨ **Gebäudesystemtechnik** / manual on building management system || ⟨-**Änderungsdienst** *m* / manual updating service

Hand·bürste *f* / hand brush || ⟨computer *m* (HC) / hand computer (HC), hand-held computer (HHC), pocket computer, briefcase computer || ⟨crimpzange *f* / hand crimping tool || ⟨dosierung *f* (Chromatograph) / manual injection || ⟨drehantrieb *m* / manual rotary operating mechanism || ⟨drehzahl *f* / manual speed

Handeingabe *f* / manual input, manual data input (MDI), manual entry, manual data entry, Manual Data Automatic (MDA) || ⟨betrieb *m* / manual data input ISO 2806-1980 || ⟨gerät *n* / hand-held input unit, *f* handheld terminal (HT) || ⟨satz *m* / manual input record, manual input block || **Daten-**⟨schalter *m* / manual data input switch || ⟨steuerung *f* / manual data input control

Hand·eingriff *m* / manual interference, manual intervention, manually initiated function, human intervention, manual control || ⟨eingriff *m* / manual override || ⟨einschaltsperre *f* / manual lockout device || ⟨einschaltung *f* / manual closing || ⟨einschub *m* / manual withdrawable section

Handel und Verkehr / trade and commerce

Handels·bilanz *f* / balance of trade || ⟨datenaustausch-Anwendungsprotokoll *n* / trade data interchange application protocol || ⟨daten-Logbuch *n* (Liste von Handelsdaten-Übermittlungen, die eine komplette historische Aufzeichnung von ausgetauschten Handelsdaten enthält) / trade data log || ⟨daten-Nachricht *f* (zwischen Partnern ausgetauschte Handelsdaten, die für den Abschluss oder die Ausführung eines Geschäftsvorfalls relevant sind) / trade data message || ⟨daten-Übermittlung *f* / trade data transfer || ⟨marke *f* / trade mark || ⟨partner *m* / trading partners

handelsüblich *adj* / commercial *adj*, standard *adj*, customary *adj*, commercially available || ~**e Größe** / trade size

Hand·fahren *n* / manual travel || ⟨fahrwagen *m* / manually operated conveyor || ~**fest anziehen** / tighten by hand || ⟨feuerlöscher *m* / portable fire extinguisher || ⟨fläche *f* / palm *n* || ⟨flügelpumpe *f* / semi-rotary hand pump || ~**geführt** *adj* / hand-guided || ~**geführtes Elektrowerkzeug** / hand-held electric tool, hand-held motor-operated tool || ~**gehaltenes Peripheriegerät** / hand-held portable peripheral || ⟨gerät *n* VDE 0700,T.1 / hand-held appliance IEC 335-1, hand-held machine, hand-held unit || ⟨geräte *n pl* / hand-held equipment || ~**geschaltetes Getriebe** / manually shifted transmission (o. gearbox) || ~**gestarteter Wiederanlauf** / manual restart

handgesteuert·e NC (HNC) / hand numerical control (HNC) || ~**er Betrieb** *m* / manual mode || ~**es Programm** / manually controlled program, manual program

Handgriff *m* / handle *n* || ⟨ **für** / handle for

handhabbar *adj* / manipulable *adj*

Handhabe *f* / handle *n* || ⟨ *f* / actuator *n* IEC 337-1, grip *n*, operating lever, actuating lever, extracting lever, extraction grip || ⟨ **mit Blende** / handle with

handhaben 384

masking plate || ⁓ **NOT-AUS** *f* / handle EMERGENCY STOP || **im Bereich der** ⁓ / near the handle
handhaben *v* / handle *v*
Handhabung *f* / handling *n* || ⁓ *f* (Bedienung) / operation *n* || ⁓ **und Lagerung** / handling and storing, handling and storage || **lötkolbenfreie** ⁓ / handling without soldering iron || ⁓, **Transport, Lagerung** / handling and storage
Handhabungs·achse *f* / handling axis || ⁓**aufgabe** *f* / handling operation || ⁓**automat** *m* / manipulator *n*, robot system, manipulating device || ⁓**baukasten** *m* / modular handling system || ⁓**fehler** *m* / handling faults || ⁓**gerät** *n* / robot *n*, robot system, manipulating device, manipulator *n* || ⁓**roboter** *m* / handling robot || ⁓**system** *n* (HHS Robotersystem) / robot system, industrial handling, handling system || ⁓**technik** *f* / handling technology, handling devices, handling equipment || ⁓**technik** *f* (Robotersysteme) / robotics *plt* || ⁓**vorschrift** *f* / precaution for handling || ⁓**zelle** *f* / handling cell
Hand·hebel *m* / hand lever, lever for handwheel coupling || ⁓**presse** *f* / manual lever press || ⁓**hebelstanze** *f* / hand punch, handlever punch
Handheld Terminal *n* / handheld terminal (HT) || ⁓-**Gerät** *n* / hand-held device
Hand·knebel *m* / handle *n*, knob handle || ⁓**kolbenpumpe** *f* / manual piston pump || ⁓-**Konfiguriergerät** *n* / hand-held configuration controller || ⁓**kreisschneider** *m* / hand-held circle cutter || ⁓**kurbel** *f* / hand crank, crank handle || ⁓**kurbelkopplung** *f* / hand crank coupling || ⁓**lager** *n* / minor-parts store || ⁓**lampe** *f* / hand lamp || ⁓**lauf** *m* / hand rail
Händler *m* / distributor *n*, retailer *n*, dealer *n* || ⁓**datenbank** *f* / dealer database || ⁓-**Standard** *m* / dealer standard, high standard
Hand·leser *m* / handheld scanner || **OCR-**⁓**leser** *m* / hand-held OCR scanner || ⁓**leuchte** *f* / hand lamp, trouble lamp || ⁓**leuchtentransformator** *m* / hand-lamp transformer || ⁓**lichkeit** *f* / handling security
Handling *n* / operation *n*, machine operation || ⁓**modul** *n* / handling module || ⁓**roboter** *m* / handling robot
Handlings·antrieb *m* / handling drive || ⁓**applikation** *f* / handling application || ⁓**einrichtung** *f* / handling equipment || ⁓**funktion** *f* / handling function || ⁓**maschine** *f* / pick-and-place system, pick-and-place machine, pick and place machine, automatic placement machine || ⁓**system** *n* / handling system || ⁓**test** *m* / handling test
Handling-System *n* / handling system
Hand·loch *n* / hand hole || ⁓**lüftung** *f* / manual release
Handlung *f* / action *n* || ⁓ **im Notfall** / procedure in an emergency situation, emergency procedure || ⁓**salternative** *f* / alternative action || ⁓**sanweisung** *f* / take-action instruction || ⁓**sbedarf** *m* / need for action || ⁓**sbedarfsmatrix** *f* / need for action matrix
Hand·matikmode *f* / manual-automatic mode || ⁓**melder** *m* / manual call point, manual alarm box || ⁓**meldung** *f* / manual message || ⁓**messgerät** *n* / portable measuring instrument || ⁓**nachbildung** *f* (simuliert Impedanz des menschlichen Körpers zwischen einem Elektrohandgerät u. Erde) / artificial hand || ⁓**pendel** *n* / mini HHU || ⁓**presse** *f* / hand press || ⁓**probe** *f* / manual test
Handprogrammiergerät *n* / hand-held programmer, handheld programming unit (HPU), handheld *n*
Handprogrammierung *f* / manual programming
Handpumpe *f* / hand pump, hand primer
Handrad *n* / handwheel *n*, hand (o. manual) pulse generator, electronic handwheel || ⁓ *n* (HR) / handwheel *n*, hand wheel, hand pulse generator, manual pulse generator (MPG), manual pulse encoder || **elektronisches** ⁓ / handwheel *n*, manual pulse generator (MPG), hand wheel, manual pulse encoder || ⁓**schaltung** *f* / handwheel interface || ⁓**anschlussmodul** *n* / handwheel connection module || ⁓**antrieb** *m* / handwheel mechanism || ⁓**anwahl** *f* / handwheel selection || ⁓**eingang** *m* / handwheel input || ⁓**fahren** *n* / handwheel travel || ⁓**kästchen** *n* / handwheel box || ⁓**modul** *n* / handwheel module || ⁓**routine** *f* / handwheel routine || ⁓**signal** *n* / handwheel signal || ⁓**überlappung** *f* / handwheel override || ⁓**vorschub** *m* / handwheel feedrate, handwheel feed
Hand·ramme *f* / hand rammer || ⁓**rechner** *m* / hand computer (HC), hand-held computer (HHC), pocket computer, briefcase computer || ⁓**regel** *f* / hand rule, Fleming's rule || ⁓**regelung** *f* / manual regulation, manual control || ⁓-**Regler-Schalter** *m* / manual-automatic selector switch || ⁓-**Reset** *n* / manual RESET || ⁓**rückensicher** *adj* / safe from touch by the back of the hand || ⁓**rückstellung** *f* / handreset (device), manual reset(ting) || ⁓**scanner** *m* / hand scanner || ⁓**schalter** *m* / manual switch, manual control switch || ⁓**schaltgetriebe** *n* / manual-shift gearbox || ⁓**schaltung** *f* / manual switching operation || ⁓**schieberventil** *n* / manual sliding valve || ⁓**schieberventil** *n* / manual slide valve || ⁓**schlaufe** *n* / wrist strap || ⁓**schriften-Übertragungsgerät** *n* / telewriter || **~schriftliche Änderung** / handwritten change || ⁓**schutz** *m* / hand guard || ⁓**schweißbetrieb** *m* (HSB) / hand welding, non-automatic (o. intermittent) welding || **Nenn-~schweißbetrieb** *m* / nominal intermittent duty || **~schweißen** *v* / manual welding || ⁓**schweißstation** *f* / manual welding station || ⁓**schweißzangen** *f pl* / manual welding tongs || ⁓**sender** *m* (IR-Fernbedienungsgerät) / hand-held transmitter, hand-held controller
Handshake *m* / handshake *n* (inquiry with return information) || ⁓-**Bereich** *m* / handshaking area, hand shaking area || ⁓-**Fehler** *m* / handshake error || ⁓**quelle** *f* DIN IEC 625 / source handshake (SH) || ⁓-**Quellenfunktion** *f* DIN IEC 625 / source handshake (function) || ⁓-**Schnittstelle** *f* / handshake interface || ⁓-**Senkenfunktion** *f* DIN IEC 625 / acceptor handshake function || ⁓-**Zyklus** *m* DIN IEC 625 / handshake cycle
Hand·skizzentechnik *f* / sketching *n* || ⁓**sollwert** *m* / manual setpoint || ⁓**spannkurbel** *f* / (spring) charging hand-crank, spring-winding hand-crank || ⁓**speicherantrieb** *m* / manually operated stored-energy mechanism, manual operating mechanism with stored-energy feature || ⁓**sperre** *f* / manual lockout device || ⁓**sprunganantrieb** *m* / manually operated snap-action mechanism || ⁓**stange** *f* / hand pole, hand stick || ⁓**stellbetrieb (Temperaturkanal)** *m* / manual output mode || ⁓**stellgröße** *f* / manual controller output || ⁓**stellgröße (Temperaturkanal)** *f* / manual output

value || ⎵steueranschluss *m* / manual control connector || ⎵steuergerät *n* / hand-held controller, hand-held terminal, handheld controller || ⎵steuerhahn *m* / remote control cock || ⎵steuerung *f* / manual control, hand control || ⎵-Strukturiergerät *n* / hand-held configuration controller
Hand·teller *m* / palm *n* || ⎵**terminal** *n* / hand-held terminal, remote control set || ⎵**transformator** *m* / hand-held transformer
Hand·ventil *n* / manually actuated valve || ⎵**verfahrsatz** *m* / manual data input (MDI), manual input, MDI (manual data input) || ⎵**verstellung** *f* / manually operated, manually operating, manual setting || ⎵-**vor-Ort** / operator terminal || ⎵**vorschub** *m* (Manipulator) / wrist extension, manual feedrate, feed in jog mode, manual feed || ⎵**wechsel** *m* / manual change || ⎵**wechsler** *m* / manually operated tool changer
Handwerk *n* / handicraft *n* || **~liche Ausführung** / workmanship *n* || ⎵**zeug** *n* / manual tool || **elektrisches** ⎵**zeug** / electric hand tool || ⎵**zeugwechselzyklus** *m* / manual tool change cycle
Handwickel *m* / hand-wound tape serving, hand-wound banding
Handy *n* / mobile phone
Hand·zähler *m* (Zapfpistole) / pistol-grip meter || ⎵**zange** *f* / crimping pliers, pliers *n* || ⎵**zange** *f* (Crimpwerkzeug) / crimping tool || ⎵**zeichen** *n* / hand signal || ⎵**zugaben** *f pl* / manual additives
Hänge·bahn *f* / telpher line || ⎵**bügel** *m* / hanger *n*, stirrup *n* || ⎵**druckknopftafel** *f* / pendant station, pendant pushbutton station || ⎵**drucktaster** *m* / pendant station, pendant pushbutton station || ⎵**fassung** *f* / suspension lampholder || ⎵**förderer** *m* / monorail conveyor || ⎵**fördersystem** *n* / overhead conveyor || ⎵**gleiter** *m* / suspended slider || ⎵**isolator** *m* / suspension insulator || ⎵**kette** *f* (Isolatorkette m. Armaturen) VDE 0446, T.1 / suspension (insulator) set, suspension assembly || ⎵**kran** *m* / hanging crane || ⎵**lager** *n* / shaft hanger, hanging bearing || ⎵**leuchte** *f* / pendant luminaire, pendant *n*, pendant fitting, suspension luminaire, suspension fitting, catenary-suspended luminaire
hängen *v* / hang *v*
hängend·e Achse / vertical axis || **~e Achsen** / vertical axes || **~e Brennstellung** (Lampe) / base up position || **~er Schwimmer** / suspended float
Hänge·rahmen *m* / picture frame hanger || ⎵**schelle** *f* / suspension saddle, conduit hanger || ⎵**stromschiene** *f* / overhead conductor rail
Hangkompensation *f* / sag compensation
Hantelnutung *f* (el. Masch.) / dumb-bell slotting
Hantierungsbaustein *m* (HTB) / data handling block (DHB), organization block, handling block
Hard·copy *f* (ausgedruckte Kopie des angezeigten Bildschirminhalts) / hardcopy *n*, hard copy *n* || ⎵**key** *m* / hardkey || ⎵**lock** *m* / Hardlock
Hard·-SPS / hard PLC || ⎵**- und Softwareendschalter** / hardware and software limit switches
Hardware *f* / hardware (HW) *n* || ⎵ **Abstraction Layer (HAL)** *f* / Hardware Abstraction Layer (HAL) || ⎵**-Abschaltung** *f* / hardware disable || ⎵**-Adresse** *f* / hardware address || ⎵**änderung** *f* / hardware modification || ⎵**-Anpassung** *f* /

hardware adaptation || ⎵**ansicht** *f* / hardware view || ⎵**-Architektur** *f* / hardware architecture || ⎵**aufbau** *m* / hardware configuration || ⎵**ausfall** *m* / hardware failure || ⎵**-Ausgabestand** / hardware release || ⎵**-Baugruppe** *f* / hardware module || ⎵**-Endschalter** *m* / hardware limit switch || ⎵**fehler** *m* / hardware fault || ⎵**fehler-Toleranz (HFT)** *f* (Fähigkeit einer Funktionseinheit, eine geforderte Funktion bei Bestehen von Fehlern oder Abweichungen weiter auszuführen) / hardware fault tolerance || ⎵**funktion** *f* / hardware function || ⎵**gesteuert** *adj* / hardware-controlled || ⎵**gesteuerter Zugriff** / hardware-controlled bus access || ⎵**interrupt** *m* / hardware interrupt || ⎵**-in-the-Loop** *f* / Hardware in the Loop (HIL) || ⎵**kanal** *m* / hardware channel || ⎵**katalog** *m* / hardware catalog || ⎵**komponente** *f* / hardware component || ⎵**konfiguration** *f* / hardware configuration, configuration of hardware || ⎵**lösung** *f* / hardware solution
hardwaremäßig *adj* / hardware, by hardware || **~e Lösung** / hardware solution || **~es Verdrahten** / hard-wired
Hardware--Modularität *f* / hardware modularity || ⎵**nocke** *f* / hardware cam || ⎵**paket** *n* / hardware package, hardware kit || ⎵**-Performance-Monitor (HPM)** *m* / Hardware Performance Monitor (HPM) || ⎵**-Peripherie** *f* / hardware I/Os || ⎵**-Plattform-Schnittstelle** *f* / Hardware Platform Interface || ⎵**-Projektierung** *f* / hardware configuring, hardware configuration || ⎵**pult** *n* / hardware console, hardware desk || ⎵**quittierung** *f* / hardware acknowledgement || ⎵**reserve** *f* / backup hardware || ⎵**schleife** *f* / hardware loop || ⎵**schnittstelle** *f* / hardware interface || ⎵**signal** *n* / hardware signal || ⎵**-SPS** *f* / hardware PLC || ⎵**system** *n* / hardware system || ⎵**tausch** *m* / hardware replacement || ⎵**teil** *m,n* / hardware component || ⎵**-Testgerät** *n* / hardware tester || ⎵**-Testprogramm** *n* / hardware test program *n* || ⎵**-Tor** *n* / hardware gate *n* || ⎵**-Übersicht** *f* / hardware overview || ⎵**uhr** *f* / hardware clock || ⎵**-Voraussetzungen** *f pl* / hardware requirements
Harmonic Drive (HD) / harmonic drive (HD)
harmonisch *adj* / harmonic *adj*
Harmonische *f* / harmonic *n*
harmonisch·e Gesamtverzerrung / total harmonic distortion (THD) || **~e Reihe** / harmonic series, harmonic progression || **~e Resonanz** / harmonic resonance || **~e Schwingung** / harmonic oscillation, harmonic wave || **~e Synthese** / Fourier series || **~e Teilschwingung** / harmonic component || **~e Unterwelle** / subharmonic *n* || **~e Verzerrung** / harmonic distortion || **~es Spektrum** / harmonic spectrum, Fourier spectrum
harmonisieren *v* / harmonize *v*
Harnstoff-Formaldehyd-Harz *n* / urea-formaldehyde resin
HART *m* (Standardprotokoll zur Übertragung von Informationen zwischen Feldgerät und Automatisierungssystem) / Highway Adressable Remote Transducer (HART)
hart *adj* / hard *adj* || **~ gezogen** / hard-drawn || **~abgestimmtes Fahrwerk** / hard suspension
härtbar *adj* (Kunststoff) / hardening *adj*, thermo-hardening *adj*, thermo-setting *adj* || **~** (Metall,

Härtbarkeit 386

Kunststoff) / hardenable *adj* || **~e flexible Glimmererzeugnisse** / curable flexible mica material
Härtbarkeit *f* / hardening ability, hardenability *n*, thermo-setting ability
HART-Baugruppe *f* / HART module
Hart·bearbeitung *f* / hard gear finishing || ⁓**blei** *n* / hard lead, antimonial lead, pure antimonial lead
HART-Communicator *m* / HART communicator
Hartdrehen *n* / hard turning
Härte *f* / hardness *n* || ⁓ **einer Prüfung** / severity of test || ⁓**bad** *n* / hardening bath || ⁓**eindruck** *m* / indentation *n* || ⁓**grad** *m* / degree of hardness, grade of hardness || ⁓**messgerät** *n* / hardness tester || ⁓**mittel** *n* / hardener *n*, hardening agent
härten *v* (Kunststoff) / cure *v*, set *v*, stove *v*, bake *v* || **~** *v* (Metall) / temper *v*, harden *v* || ⁓ *n* (Wärmebehandlung von Stahl zwecks Härtezunahme durch Austenitisieren und Abkühlen) / hardening || ⁓ **aus dem Einsatz** / carburization quenching || ⁓ **aus der Warmformgebungshitze** / quenching from hot-forming temperature
Härte·profil *n* (Härteprüf.) / depth of indentation, indentation *n* || ⁓**prüfgerät** *n* / hardness tester || ⁓**prüfung** *f* / hardness test || ⁓**prüfung nach Brinell** / Brinell hardness test || ⁓**prüfung nach Rockwell** / Rockwell hardness test, direct-reading hardness test || ⁓**prüfung nach Vickers** / Vickers hardness test, diamond pyramid hardness test
Härter *m* / hardener *n*, hardening agent
harter Motor / motor with stiff speed characteristic, shunt-characteristic motor || **~ Seitenwechsel** / hard page break || **~ Stoppzustand** / hard stop mode (user program interrupted) || **~ Supraleiter** / hard superconductor, type 2 superconductor
Härterei *f* / hardening plant
Härteriss *m* / hardening crack, heat-treatment crack, quenching crack
hartes Drehzahlverhalten / stiff speed characteristic, shunt characteristic || **~ Felsgestein** / hard rock || **~ Stillsetzen** / abrupt stopping, hard stopping (o. shutdown)
Härte·sack *m* / local hardness drop || ⁓**spitze** *f* / hardness peak || ⁓**temperatur** *f* / quenching temperature || ⁓**unterweisungen** *f pl* / hardness instructions || ⁓**zulage** *f* / severity allowance
HART-Fähigkeit *f* / HART compatibility
Hart·faserplatte *f* / hard fiberboard, hard fibreboard, hardboard || ⁓**ferrit** *m* / hard ferrite || ⁓**fräsen** *n* / hard milling
HART-Funktionalität *f* / HART functionality
Hartgas *n* / hard gas || ⁓**-Lastschalter** *m* / gas-evolving switch, hard-gas switch, auto-blast interrupter switch (US) || ⁓**-Leistungsschalter** *m* / gas-evolving circuit-breaker, hard-gas circuit-breaker, autoblast interrupter (US) || ⁓**schalter** *m* / gas-evolving switch, hard-gas switch, auto-blast interrupter switch (US) || ⁓**schalter** *m* / gas-evolving circuit-breaker, hard-gas circuit-breaker, autoblast interrupter (US)
hartgelagerte Auswuchtmaschine / hard-bearing balancing machine
hartgelötet *adj* / brazed *adj*
hartgesintert *adj* / vitrified *adj*
Hart·gestein *n* / hard rock || ⁓**gewebe** *n* (Hgw) / fabric-base laminate || ⁓**glas** *n* / hard glass, hardened glass || ⁓**glasgewebe** *n* / laminated glass fabric, glass-fibre laminate, laminated glass cloth || ⁓**gummi** *n* / hard rubber, vulcanized rubber, ebonite *n*, vulcanite *n* || ⁓**guss** *m* / chilled cast iron
Harting-Steckverbindung *f* / Harting connector
Hartkohle *f* / hard carbon
HART-Kommunikation *f* / HART communication
Hart·kupfer *n* / hard-drawn copper || ⁓**ley** *m* (logarithmische Maßeinheit für Information) / Hartley || ⁓**lot** *n* / hard solder, brazing solder, brazing speller, brazing alloy
hartlöten *v* / hard-solder *v*, braze *v* || ⁓ *n* / brazing, hard soldering
hartmagnetisches Material / magnetically hard material
Hartmatte *f* (Hm) / glass-mat base laminate
Hartmetall *n* / carbide metal, cemented carbide, carbide *n* || ⁓**bohrer** *m* / carbide drill || ⁓**-Drehmeißel** *m* / carbide-tipped cutting tool || ⁓**-Gewindebohrer** *m* / carbide tap || ⁓**sägeblatt** *n* / carbide tipped saw blade || ⁓**schneide** *f* / carbide-tipped cutting edge || ⁓**schneideplatte** *f* / carbide tip || ⁓**spitzen-Werkzeug** *n* / carbide-tipped tool || ⁓**stanzwerkzeug** *n* / hard-metal punching die || ⁓**Topfscheibe** *f* / carbide-tipped cup wheel || ⁓**werkzeug** *n* / carbide tool
Hartmikanit *n* / rigid mica material
HART-Modem *n* / HART modem
Hartpapier *n* (H-Papier) / paper-base laminate, laminated paper, bakelized paper, synthetic-resin-bonded paper (s.r.b.p.), hard paper || ⁓**zylinder** *m* / cylinder of paper-base laminate, s.r.b.p. cylinder
HART-Protokoll *n* / HART protocol
Hart·-PVC *n* / hard PVC || ⁓**rasenstein** *m* / perforated lawn paving block || ⁓**schaben** *n* / shaving *n* || ⁓**schalenkoffer** *m* / hard sided case || ⁓**schaummaterial** *n* / rigid foam plastic || ⁓**stoff** *m* / hard material
Härtung *f* / hardening *n*, curing *n*
Härtungs·dauer *f* (Dauer, die erforderlich ist, um einen Werkstoff in einen bestimmten Härtungszustand unter festgelegten Bedingungen zu überführen) / curing time || ⁓**mittel** *n* / hardener *n*, hardening agent || ⁓**rissempfindlichkeit** *f* / hardening fracture sensitivity || ⁓**temperatur** *f* (Isolierstoff) / curing temperature || ⁓**zeit** *f* / curing time, setting time, hardening time
hartverchromt *adj* / hard chrome-plated
Hartverchromung *f* / hard chromium plating, hard chrome plating, hard-chrome plating
hart·vergoldet *adj* / hard gold-plated || ⁓**vergoldung** *f* / hard gold-plating || ⁓**vernickelt** *adj* / hard nickel-plated || **~versilbert** *adj* / hard silver-plated
Harz *n* / resin *n* || ⁓ **im B-Zustand** / B-stage resin || ⁓**bildnerprobe** *f* / oxidation stability test
harzend *adj* / resinating *adj*
harz·gefüllt *adj* / resin-filled *adj*, resin-packed *adj* || **~imprägniertes Papier** / resin-impregnated paper
Harz·masse zum Umgießen *f* / encapsulating resin || ⁓**rauch** *m* / resin smoke || ⁓**verschmierung** *f* / resin smear
HASL / Hot Air Solder Levelled (HASL)
Haspel *f* / coiler *n*, sunflower wheel || ⁓**antrieb** *m* / coiler drive || ⁓**pult** *n* / coiler unit || ⁓**l- und Wicklerantrieb** / coiler and winder drive
HAST *m* / Highly Accelerated Temperature and Stress Test (HAST)

Haube *f* (el. Masch.) / jacket *n*, cover *n* || ⁓ *f* (f. senkrechte Maschinen) / canopy *n* || ⁓ *f* (Lüfter) / cowl *n*, shroud *n* || ⁓ *f* / (battery) cover || **Schutz~** *f* / protective cover, protective hood, protective shell, cover *n*

Hauben·anschluss *m* / outlet cone, hood-type outlet || ⁓**auslass** *m* / hood outlet || ⁓**deckel** *m* / hood-type cover, roof-type cover, domed cover || ⁓**transformator** *m* / hood-type transformer, hooded transformer || ⁓**verteiler** *m* / hood-type distribution board || ⁓**verteilung** *f* / hood-type distribution board

hauch·artiger Überzug / very thin film || **~vergoldet** *adj* / gold-flashed *adj*

häufig *f* / frequently asked question (FAQ)

Häufigkeit *f* / occurrence *n* || ⁓ **von Spannungsänderungen** / rate of occurrence of voltage changes

Häufigkeits·dichte *f* DIN 55350,T.23 / frequency density || ⁓**dichtefunktion** *f* DIN 55350,T.23 / frequency density function || ⁓**faktor** *m* / frequency factor || ⁓**gruppenverteilung** *f* / grouped frequency distribution || ⁓**kurve** *f* / frequency distribution curve || ⁓**schalter** *m* / increased-frequency circuit-breaker || ⁓**summe** *f* DIN 55350,T.23 / cumulative frequency || ⁓**summe** *f* (summierte Besetzungszahl dividiert durch die Gesamtanzahl der Einzelistwerte) / cumulative relative frequency || ⁓**summenkurve** *f* DIN 55350,T.23 / cumulative frequency curve || ⁓**summenpolygon** *n* DIN 55350,T.23 / cumulative frequency polygon || ⁓**summentreppe** *f* DIN 55350,T.23 / stepped cumulative frequency plot || ⁓**summenverteilung** *f* DIN 55350,T.23 / cumulative frequency distribution, cumulative frequency || ⁓**verteilung** *f* DIN 55350,T.23 / frequency distribution || ⁓**verteilung** *f* (Verteilung von Istwerten) / frequency distribution || **zweidimensionale** ⁓**verteilung** / scatter *n*, bi-variate point distribution || ⁓**zähler** *m* (f. Meldungen) / (event) frequency counter

häufigster Beobachtungswert / modal value

H-Aufteilung *f* / H segmentation

Häufung *f* / bundling *n*, grouping *n* || ⁓ **von Kabeln** / bundling of cables, grouping of cables || **Fehler~** *f* / error burst || **Leitungs~** *f* / cable bundling, cable grouping

Haupt·ablauf *m* / primary sequence || ⁓**abmessungen** *f pl* / main dimensions, principal dimensions, overall dimensions || ⁓**abschnitt** *m* (Kabelsystem) / major section || ⁓**abteilung** *f* / corporate department || ⁓**achse** *f* / principal axis, main axis *m* || ⁓**achse** *f* (Bürste) / centre line || ⁓**alarm** *m* / master alarm || ⁓**änderungen** *f* / major changes || ⁓**anschluss** *m* / main terminal, main circuit connection || ⁓**anschlüsse** *m pl* / main terminals, principal terminals

Hauptanschluss·kasten *m* / main terminal box, master terminal box || ⁓**klemme** *f* (MCC) / main incoming line terminal, line terminal, main lug, bushing terminal, mains *n*, main connecting terminal || ⁓**leiter** *m* / main incoming line conductor

Haupt·ansicht *f* / base view || ⁓**ansteuerungsfeuer** *n* / landfall light || ⁓**antrieb** *m* (motorischer Antrieb) / main drive, main mechanism || ⁓**antrieb** *m* (Führungsmotor, motorischer Antrieb) / master drive || ⁓**antriebsdaten** *plt* /

main drive data || ⁓**antriebssteuerung** *f* / main drive control || ⁓**anwendungsbereich** *m* / main application range || ⁓**anzapfung** *f* / principal tapping IEC 76-1 || ⁓**anzeige** *f* / main indication || ⁓**arbeitsbereich** *m* / main working area || ⁓**aufgabe** *f* / main task || ⁓**auftragnehmer** *m* / prime contractor || ⁓**ausdehnungsgefäß** *n* / main conservator, transformer conservator || ⁓**ausfall** *m* / major failure

Haupt·baugruppe *f* / top-assembly *n* || ⁓**bedienfeld** *n* / main operator panel, main control panel || ⁓**bedienfeld (HBF)** *n* / main control panel || ⁓**bedienpult** *m* / main operator panel, main control panel || ⁓**bedientafel** *f* / main control panel || ⁓**belastungszeit** *f* / peak period || ⁓**betriebsart** *f* / main mode, main mode of operation || ⁓**bezeichnung** *f* / subject term || ⁓**bild** *n* / main image || ⁓**bimetallstreifen** *m* / main bimetal strip || ⁓**bistreifen** *m* / main bimetal strip || ⁓**blindwiderstand** *m* / magnetizing reactance, armature-reaction reactance, air-gap reactance || ⁓**bürste** *f* / main brush || ⁓**-Busstrang** *m* / backbone *n*

Haupt·diagonale *f* (Gittermast) / main bracing || ⁓**ebene** *f* / main plane || ⁓**eigenschaft** *f* / main characteristic, leading feature, principal characteristic || ⁓**einflugzeichen** *n* (MMK) / middle marker (MMK) || ⁓**eingabemaske** *f* / main input screen || ⁓**einkaufsstraße** *f* / downtown business street || ⁓**einspeiseklemme** *f* / main incoming line terminal, line terminal, main lug, bushing terminal, mains *n* || ⁓**einspeisung** *f* / main incoming supply || ⁓**elektrode** *f* / main electrode || ⁓**entladungsstrecke** *f* (zwischen Elektroden) / main gap (between electrodes) || ⁓**entwurf** *m* / main draft design || ⁓**erdungsklemme** *f* VDE 0100, T.200 / main earthing terminal, main ground terminal (US) || ⁓**erdungsleiter** *m* / earth continuity conductor, main earthing conductor || ⁓**erdungsschiene** *f* VDE 0100, T. 200 / main earthing bar, ground bus (US), earth bus || ⁓**erregermaschine** *f* / main exciter || ⁓**erregersatz** *m* / main exciter set || ⁓**fahrbahn** *f* / main carriageway || ⁓**fehler** *m* DIN 55350, T.31 / major non-conformance || ⁓**fehler** *m* (nichtkritischer Fehler) / major defect, major nonconformity || **Einheit mit einem oder mehreren** ⁓**fehlern** / major defective

Hauptfeld *n* / magnetizing field, main field, series field || ⁓ *n* (FSK) / main section, master section || ⁓**induktivität** *f* / magnetizing inductance || ⁓-**Längsreaktanz** *f* / direct-axis magnetizing reactance, direct-axis armature reactance || ⁓-**Längsspannung** *f* / direct-axis component of synchronous generated voltage || ⁓-**Querreaktanz** *f* / quadrature-axis magnetizing reactance, quadrature-axis armature reactance || ⁓-**Querspannung** *f* / quadrature-axis component of synchronous generated voltage || ⁓**reaktanz** *f* / magnetizing reactance, armature-reaction reactance, air-gap reactance || ⁓**spannung** *f* / steady-state internal voltage, internal e.m.f., synchronous internal voltage, excitation voltage || ⁓**wicklung** *f* / main field winding, torque field winding || ⁓-**Zeitkonstante** *f* / open-circuit field time constant

Haupt·festkontakt *m* / main fixed contact || ⁓**fluss**

Haupt

m / useful flux, working flux || ⌑**freifläche** *f* / flank || ⌑**frequenz** *f* / dominant frequency || ⌑**generator** *m* / main generator || ⌑**gruppe** *f* / main group || ⌑**gruppenbezeichnung** *f* / main group designation
Haupt·impedanz *f* / magnetizing impedance, mutual impedance || ⌑**induktivität** *f* / magnetizing inductance, mutual inductance, useful inductance || ⌑**isolation** *f* / major insulation, main insulation || ⌑**isolation** *f* (rotierende el. Masch.) / ground insulation, slot armour, main insulation || ⌑**isolierung** *f* / ground insulation, slot armour, main insulation || ⌑**istwert** *m* / main actual value
Haupt·kabel *n* / trunk cable || ⌑**kabelverbindungseinheit** *f* / trunk coupling unit (TCU) || ⌑**kanal** *m* DIN 44302 / forward channel, main channel || ⌑**kennlinie** *f* / principal characteristic || ⌑**kette** *f* / primary sequencer, main sequencer || ⌑**klasse** *f* / parent class || ⌑**klemme** *f* (el. Masch.) / main terminal, phase terminal || ⌑**klemmenkasten** *m* / main terminal box, master terminal box || ⌑**klemmenkasten** *m* (el. Masch.) / primary terminal box || ⌑**klemmensatz** *m* / main terminal kit || ⌑**klemmleiste** *f* / main terminal strip || ⌑**komponente** *f* / principal component || ⌑**kontakt** *m* / main contact || ⌑**kontaktfeder** *f* / main contact spring
Haupt·lager *n* / main bearing, main store || ⌑**längsreaktanz** *f* / direct-axis magnetizing reactance || ⌑**lauf** *m* / main run || ⌑**laufsatz** *m* / main run block || ⌑**laufvariable** *f* / main run variable || ⌑**leistungsschalter** *m* / main circuit-breaker, line breaker || ⌑**leistungsschalter** *m* (Bahn, Streckenschalter) / line circuit-breaker || ⌑**leiter** *m* / phase conductor, outer conductor, main conductor, supply-cable conductor, external line || ⌑**leiteranschluss** *m* / main conductor connection || ⌑**leitstand** *m* (Pult) / supervisory console, main control console
Hauptleitung *f* / main line || ⌑ *f* (I-Ltg.) / mains *n*, trunk line || ⌑ *f* (Telefonltg.) / trunk line
Hauptleitungs·abzweig *m* / lateral *n*, lateral line, main branch circuit, sub-circuit *n* || ⌑**satz** *m* / main wiring harness, main wiring harness assembly || ⌑**schacht** *m* / main riser duct || ⌑**schutzschalter** *m* / main miniature circuit-breaker
Haupt·leuchtkörper *m* (Kfz-Lampe) / driving filament, driving beam filament || ⌑**leuchtkörper** *m* (Lampe) / major filament, main filament || ⌑**lichtbogen** *m* / main arc || ⌑**linie** *f* (Komponente eines Installationsbussystems) / main line, main production line || ⌑**luftspalt** *m* (el. Masch.) / main air gap
Haupt·maschine *f* (antreibende M.) / driving machine, primary machine || ⌑**melder** *m* (Brandmelder) / fire alarm routing equipment EN 54 || ⌑**meldezentrale** *f* (f. Brandmeldungen) / fire alarm receiving station || ⌑**menü** *n* / main menu || ⌑**menüanzeige** *f* / main menu screen || ⌑**merkmal** *n* / main feature || ⌑**merkmale** *n* / key design features || ⌑**motor** *m* / main motor || ⌑**netz** *n* / main network || ⌑**normal** *n* / primary standard, master standard || ⌑**normalzähler** *m* / reference standard watthour meter || ⌑**notausschalter** *m* / emergency main control switch || ⌑**oszillator** *m* (Oszillator, der eine im allgemeinen sinusförmige Schwingung mit einer sehr stabilen und genauen Frequenz erzeugt) / master oscillator || ⌑**pfad** *m* / directory *n*

|| ⌑**piste** *f* / main runway, primary runway || ⌑**plan** *m* / main chart || ⌑**platine** *f* (Leiterplatte) / main board
Hauptpol *m* / main pole, field pole || ⌑**feld** *n* / main field || ⌑**wicklung** *f* / field winding, main-pole winding
Haupt·portal *n* / main gantry || ⌑**portalachse** *f* / main gantry axis || ⌑**portalsystem** *n* / main-gantry system || ⌑**-Potentialausgleichsleiter** *m* / main equipotential bonding conductor || ⌑**presse** *f* / main press || ⌑**produktionsplan** *m* (Fabrik, CIM) / master production schedule (MPS)
Hauptprogramm *n* / main program, background program || ⌑ *n* (HP) / master routine, main program (MP) || ⌑**aufruf** *m* / main program call || ⌑**satz** *m* / main program block
Haupt·pult *n* / main console || ⌑**-Querreaktanz** *f* / quadrature-axis magnetizing reactance || ⌑**reaktanz** *f* / quadrature reactance, armature-reaction reactance, air-gap reactance || ⌑**rechner der annehmenden Stelle** *m* (Einrichtung zur Ausführung der IEP-bezogenen Aufgaben der annehmenden Stelle) / acquirer host || ⌑**rechner des Geldbörsenvertreibers** *m* / purse provider host || ⌑**regelgröße** *f* / final controlled variable
Hauptreihe *f* / main series, basic range, basic line || **Lampen der** ⌑ / standard lamps
Haupt·resonanzfrequenz *f* / dominant resonant frequency || ⌑**ring** *m* / trunk ring || ⌑**rückführpfad** *m* / main feedback path || ⌑**rückführung** *f* / monitoring feedback
Hauptsammel·schiene *f* / main busbar, power bus, main bus || ⌑**schiene** *f* (MCC) / main bus (bar), common power bus, horizontal bus || ⌑**schienenverschraubung** *f* / main busbar bolting || ⌑**stückliste** *f* / HSS list, list of order parts
Hauptsatz *m* / reference block || ⌑ *m* (Satz in einem NC-Programm, der alle Wörter enthält, die erforderlich sind, um einen Arbeitsablauf zu beginnen oder neu zu beginnen) / main block || ⌑**suche** *f* / program alignment search, search for program alignment function || ⌑**suchfunktion** *f* / alignment function || ⌑**zeichen** *n* DIN 66025,T.1 / alignment character (NC) ISO/DIS 6983/1, alignment function character ISO 2806-1980
Hauptschale *f* / channel *n*, body *n*
Hauptschalter *m* / master switch, line switch, main switch, isolating switch, disconnect switch, disconnecting means || ⌑ *m* / main circuit-breaker, line circuit-breaker || ⌑ *m* (Steuerschalter) / main control switch, master controller || ⌑ *m* / power switch, on/off switch || ⌑ *m* / main switch (GB), incoming disconnector, mains isolating switch || ⌑ **mit Sicherungen** / incoming disconnector-fuse, incoming-line fusible isolating switch (US) || ⌑**eigenschaft** *f* / main switch characteristic
Hauptschalt·gerät *n* / main switching device BS 4727, G 06 || ⌑**glied** *n* / main contact element, main contact || ⌑**strecke** *f* / main interrupter || ⌑**stück** *n* / main contact || ⌑**tafel** *f* / main switchboard
Haupt·scheinwerfer *m* / headlight *n* || ⌑**schenkel** *m* (Trafo-Kern) / main leg, main limb || ⌑**schleife** *f* / major loop || ⌑**schließanlage** *f* / master key system, pass key system || ⌑**schlüssel** *m* / master key || ⌑**schlüsselanlage** *f* / master-key system, pass-key system
Hauptschluss·erregung *f* / series excitation || ⌑**feld**

n / series field || ⁀lampe *f* / series lamp ||
⁀maschine *f* / series-wound machine, series
machine || ⁀wicklung *f* / series winding, series
field winding
Haupt·schneide *f* (die durch die Schnittstelle einer
Hauptfreifläche und der Spanfläche gebildete
Kante) / main cutting edge, major cutting edge ||
⁀schneidenlänge *f* / major cutting edge length ||
⁀schneidenwinkel *m* / plan approach angle
(turning tool), main cutting edge angle, peripheral
cutting edge angle (milling tool) || ⁀schritt *m* /
main step || ⁀schrittkette *f* / main sequence ||
⁀schutz *m* / main protection, primary protection ||
⁀schütz *m* / main contactor ||
⁀schützansteuerung *f* / main contactor control ||
⁀schutzleiter *m* / main protective conductor ||
⁀schützsteuerung *f* / main contactor control
circuit || ⁀schwingung *f* / fundamental oscillation,
dominant mode || ⁀segment *n* / master segment ||
⁀sicherung *f* / line fuse, main service fuse, main
fuse || ⁀sollwert *m* / main setpoint || ⁀spannung
f / principal voltage || ⁀spannung *f*
(Primärspannung) / primary voltage || ⁀spannung
f (mechanisch) / principal component of stress,
principal stress || ⁀speicher *m* / main storage,
primary storage, RAM || ⁀speicher *m*
(Zentralspeicher, der aus Speicherzellen besteht,
deren Inhalte einzeln entnommen und unmittelbar
verarbeitet werden können) / main memory
Hauptspindel *f* / main spindle, workspindle *n* ||
⁀antrieb *m* (HSA) / main spindle drive (MSD),
HSA list || ⁀antrieb *m* (PE-HSA) / permanent erregter
⁀antrieb (PE-HSA) / permanently excited main spindle drive
(PE-MSD) || ⁀antriebsleistung *f* / main spindle
drive power || ⁀antriebssystem *n* / main spindle
drive system || ⁀geber *m* / main spindle encoder ||
⁀-Getriebemotoreneinheit *f* / main spindle geared
motor units || ⁀kanal *m* / main drive channel ||
⁀modul *n* / main spindle module || ⁀motor *m*
(HSM) / main spindle motor (MSM) ||
⁀motorbremse *f* / main spindle motor brake ||
⁀regelung *m* / main spindle control
Haupt·stand *m* / primary status || ⁀-Standstraße *f* /
arterial street || ⁀startbahn *f* / main take-off
runway || ⁀station *f* / master station || ⁀-
Steigleitung *f* / rising mains || ⁀-
Steigleitungssammelschiene *f* / busbar rising
main, rising main busbars || ⁀-
Steigleitungsschacht *m* / main riser duct || ⁀stelle
f / center unit
Hauptsteller *m* (Bühnen-BT) / main dimmer, main
fader || ⁀ *m* / master dimmer, master fader
Haupt·steuerpult *m* / main desk || ⁀steuerschalter
m / master controller || ⁀steuerventil *n* / main
control valve || ⁀strahl *m* (Schallstrahl) / beam
axis || ⁀strahl *m* (Blitz) / return stroke || ⁀strang
m / backbone *n* || ⁀straße *f* / first-grade road, high
street || ⁀streukanal *m* / high-low space
Hauptstrom *m* / primary current, current in series
circuit, current in main circuit || ⁀ *m* / principal
current || ⁀anschluss *m* / main circuit connection ||
⁀bahn *f* / main circuit, main conducting path,
main current path || ⁀bahnbeschaltung *f* /
snubber electronic circuit || ⁀bahnverbindung *f* /
main conducting path connection || ~erregte
Erregermaschine / cascaded exciter || ⁀feld *n* /
series field || ⁀kabel *n* / main current cable ||

⁀kreis *m* / main conducting path || ⁀kreis *m* (SG)
VDE 0660,T.101 / main circuit IEC 157-1 ||
⁀kreis *m* (Leistungskreis) / power circuit, main
circuit || ⁀kreis *m* (el. Masch.,
Reihenschlusskreis) / primary series circuit, series
circuit || ⁀kreis aus / main circuit OFF || ⁀kreis
ein / main circuit ON || ⁀leiter *m* / main
conductor || ⁀motor *m* / series-wound motor,
series motor || ⁀-Regelanlasser *m* / series
controller || ⁀relais *n* / primary relay, power relay,
series relay
Haupt-Strom/Spannungs-Kennlinie *f* / principal
voltage-current characteristic
Hauptstrom·steller *m* / series field rheostat, primary
resistance starter, series controller || ⁀-
Steuerschalter *m* (Bahn) / power switchgroup
Hauptströmungsrichtung *f* / main direction of flow
Hauptstrom·verbindungen, Kontrolle der
⁀verbindungen / connection check IEC 700 ||
⁀wandler *m* / series transformer, main current
transformer
Haupt·stück *n* / master part || ⁀stückliste *f* / master
parts list (MPL) || ⁀stufe *f* / main stage || ⁀system
n (FWT) / main system || ⁀takt *m* / master clock ||
⁀taktgeber *m* / master clock (MCLK) ||
⁀taktgenerator *m* (Taktgenerator zur Steuerung
der Frequenz anderer Taktgeneratoren) / master
clock
Hauptteil *m* (CLDATA-Satz, Hauptelement) / major
element, major word || ⁀ *m* (Leuchte) DIN IEC
598, Steckdose / main part || ⁀ des Prüffalls / test
body || ⁀ einer Nachricht / body of a message
Haupt·text *m* (Formtext, Textschablone) / matrix
document, invoking document, matrix *n* ||
⁀thyristor *m* / principal thyristor, main thyristor ||
⁀träger *m* / main carrier the last carrier used in
multiple modulation) || ⁀trägheitsachse *f* /
principal inertia axis, mass axis, balance axis ||
⁀trägheitsmoment *n* / principal moment of
inertia || ⁀tragseil *n* (Fahrleitung) / main catenary
|| ⁀transformator *m* / main transformer || ⁀-
Trennkontakt *m* / main isolating contact ||
⁀trennschalter *m* / main circuit breaker
Haupt·uhr *f* / master clock, central clock, master
transmitter || ⁀- und NOT-AUS-Schalter *m* /
emergency main control switch || ⁀unterbrecher
m / main interrupter || ⁀ventil *n* / main valve ||
⁀verarbeitungseinheit *f* / main processing unit ||
⁀verband der gewerblichen
Berufsgenossenschaften (HVBG) / HVBG ||
⁀verbindung *f* / main connection
Hauptverkehrs·ader *f* / traffic artery ||
⁀durchgangsstraße *f* / arterial road, main
thoroughfare || ⁀straße *f* / trunk road (GB), major
road (GB), major highway (US), arterial highway
(US), major arterial, main road || innerstädtische
⁀straße / urban major arterial || ⁀stunde *f* / rush
hour || ⁀weg *m* / primary route || ⁀zeit *f* / rush hours
Hauptverschienung *f* / main conductor bars
Hauptverteiler *m* / main distribution switchboard,
main distribution board, main switchboard ||
⁀kanal *m* / distributor main || ⁀schrank *m* (BV) /
main distribution ACS || ⁀tafel *f* / main
distribution switchboard, main distribution board,
main switchboard
Hauptverteilung *f* / distribution centre, main
distribution board, main distribution system || ⁀ *f*

Hauptverteilungsleitung 390

(Tafel) / main distribution switchboard, main distribution board, main switchboard
Hauptverteilungsleitung f / distribution mains, distribution trunk line, primary distribution line
Haupt·verwaltung f / head office, central administration || ⁓**verzeichnis** n / main directory || ⁓**welle** f / main shaft || ⁓**wellengeber** m / main shaft encoder || ⁓**wendel** f (Kfz-Lampe) / driving filament, driving beam filament || ⁓**wendel** f (Lampe) / major filament, main filament || ⁓**wicklung** f (Einphasenmot.) / main winding || ⁓**wicklung** f (Primärwickl.) / primary winding || ⁓**wort** n (NC-Programm) / major word || ⁓**zählrichtung** f / main count direction || ⁓**zeichen** n (Schaltz.) / chief symbol || ⁓**zeichnungs-Sammelstückliste je Auftrag** f / list of order main drawings || ⁓**zeit** f / machining time, productive time, cutting time || ⁓**zeit** f (Ausnutzungszeit) / utilization time || **~zeitparallele Simulation** f / simulation in parallel with machining time || ⁓**zielrichtung** m / main purpose || ⁓**zugwalze (HZW)** f / main draw roller || ⁓**zweig** m (Zweig, der in die hauptsächliche Leistungsübertragung von einer Seite des Stromrichters oder elektronischen Schalters zu anderen einbezogen ist) / principal arm
Haus n / house n || ⁓**aggregat** n / house set
Hausanschluss, Freileitungs-⁓ m / overhead service || **Kabel-**⁓ m / underground service || ⁓**geräte** n pl / service equipment || ⁓**impedanz** f VDE 0838, T.1 / service connection impedance || ⁓**kabel** n / service cable, service lateral, incoming service cable || ⁓**kasten** m / service entrance box, service panel (US), incoming main feeder box, service box || ⁓**leitung** f / service line, service lateral, service tap, service n || ⁓**leitung** f (Erdkabel) / service cable, incoming service cable, lateral service (US) || ⁓**leitung** f (Freileitung) / incoming-service aerial cable, service drop (US) || ⁓**muffe** f / service junction box, service box || ⁓**raum** m / service entrance equipment room || ⁓**sicherung** f / service fuse
Hauseinführung f / service entrance, supply intake, house entry || ⁓ f (Kabel) / cable entry into building
Hauseinführungsleitung f (von Kabelnetzen) / service entrance conductors, service entrance cable, service cable || ⁓ f (von Freileitung) / service entrance conductors (NEC), service conductors
Haus·eingangsleuchte f / entrance luminaire || ⁓-**Elektronik-System** n (HES) EN 50090 / home electronic system (HES)
Häuserfront f / frontage of buildings
Hausgenerator m / house generator, stationservice generator
Hausgerät n / household appliance, domestic appliance || **Elektro-**⁓ n / electrical appliance, household electrical appliance, (electrical) domestic appliance
Hausgeräte·schalter m / domestic appliance switch || ⁓**schütz** n / domestic appliance contactor
Haushalt·-Automat m / miniature circuit-breaker for domestic purposes, miniature circuit-breaker for household use, household-type m.c.b. || ⁓**gerät** n / household appliance, domestic appliance, electrical appliance || **Elektro-**⁓**gerät** n / electrical appliance, household electrical appliance, (electrical) domestic appliance || ⁓-

Leitungsschutzschalter m (HLS-Schalter) / miniature circuit-breaker for domestic purposes, miniature circuit-breaker for household use, household-type m.c.b. || ⁓**sicherung** f / fuse for domestic purposes, fuse for household use || ⁓**tarif** m / domestic tariff || ⁓**verbraucher** m / domestic consumer
Haus·installation f VDE 0100, T.200 / domestic electrical installation, house wiring, house installation, building wiring system || **~internes Kommunikationssystem** / in-home communications system || ⁓**leitsystem** n / building services control (system), remote control of building services, building energy management system || ⁓**leittechnik** f / building services management system, building services management systems || ⁓**leitung** f (Telefon) / in-house line || ⁓**leitzentrale** f / central building-services control station, building automation control centre, energy management centre
Haus·netz n / in-house network || ⁓**netzwerk** n / home network || ⁓**nummernleuchte** f / house number luminaire, illuminated house number || ⁓**postanschrift** f / internal mail address || ⁓**steuersystem** n EN 50090 / home control system || ⁓**technik** f / building installation practice, domestic electrical installation practice
haustechnisch·e Funktion / technical facility in the home || **~e Geräte und Systeme** / technical in-home equipment and systems || **~e Produkte und Systeme** / technical products and systems for the household || **~es System** / technical system in buildings
Haustransformator m / house transformer, station-service transformer
Haut·kontakt m / skin contact || ⁓**riss** m / surface crack || ⁓**schutz** m / skin protection || ⁓**schutzsalbe** f / skin protective ointment || ⁓**tiefe** f / skin depth, penetration depth || ⁓**widerstand** m / film resistance || ⁓**wirkung** f / skin effect, Heaviside effect, Kelvin effect
Havarie·kommissar m / claims agent, accident commission || ⁓**kran** m / average crane
HAZOP / Hazard and Operability (HAZOP)
HB (Handbuch) / manual n, guide n || ⁓ f / High Brightness (HB)
HBA / Host Bus Adapter (HBA)
H-Bahn f / cabin taxi system, overhead cabin system
HBES / Home and Building Electronic Systems (HBES)
HBF (Hauptbedienfeld) n / main operator panel (MOP)
HC / hand computer (HC), hand-held computer (HHC), pocket computer, briefcase computer || ⁓-**Anteil** m / hydrogen carbon component
HCF f / HART Communication Foundation || ⁓ f / Hybrid Coordination Function (HCF) || ⁓-**Katalog** m / HCF library
HCI (Human Computer Interface) / Human Computer Interface (HCI)
HCS / high compression cylinder swirl (HCS)
HD (hard disk) / HD (hard disk) || ⁓ **(Harmonic Drive)** m / harmonic drive (HD)
HDA (Host-Daten-Aufbereitung) f / host data conditioning
HDCP / High-bandwidth Digital Content Protection (HDCP)

HD-Dampfreduzierventil *n* / high-pressure steam reducing and cooling station
HDI / High Density Interconnects (HDI)
HD·-Komponente laden/sichern / load/backup HD component || ⁀-**Lampe** *f* / high-pressure lamp
HDLC / High-level data link control (HDLC)
HDP / High Density Packaging (HDP)
HDPLD (High-Density Programmable Logic Device) / High-Density Programmable Logic Device (HDPLD)
HDR / high dynamic range (HDR)
HDS (Hybrid Direct Starter) *m* / Hybrid Direct Starter
HDTV / high definition television (HDTV)
HD-Unterlagen / harmonization documentation
HDX (Halfduplex) / HDX (half duplex)
HE / height module, vertical module || ⁀ (Höheneinheit) / HM (height module)
Header *m* / header *n* || ⁀-**Datei** *f* / header file || ⁀-**Dateiversion** *f* / header file revision
Headset *n* / headset *n*
Heaviside-Funktion *f* / Heaviside unit step
HEB / Home Electronic Bus (HEB)
Hebdrehwähler *m* / two-motion selector
Hebe·achse *f* / lifting axis || ⁀**anlage** *f* / lifting device || ⁀**bühne** *f* / lifting platform
Hebel *m* / lever *n* || ⁀, **Rastseite** / lever, detent side || ⁀**achse** *f* / lever axis || ⁀**anordnung** *f* / shaft arm with stem linkage || ⁀**antrieb** *m* / lever-operated mechanism, operating lever, lever-type actuator || ⁀**antrieb** *m* (Stellantrieb) / lever-operating actuator || ⁀**arm** *m* / lever arm, lever bar || **wirksamer** ⁀**arm** / effective lever arm || ⁀**armkinematik** *f* / lever arm kinematics || ⁀**armverhältnis** *n* / leverage ratio || ⁀**auflage** *f* / lever contact || ⁀**blech** *n* / lever plate || ⁀**bohrung** *f* / lever hole || ⁀**bürstenhalter** *m* / lever-type brush holder, cantilever-type brush holder || ⁀**chen** *n* / stalk *n* || ⁀**drehung** *f* / lever rotary motion || ⁀**dynamometer** *n* / lever dynamometer || ⁀**einschalter** *m* / lever switch, single-throw knife switch || ⁀**endpunkt** *m* / lever end point || ⁀**endschalter** *m* / lever-operated limit switch || ⁀**fehler** *m* / lever error || ⁀**gestänge** *n* / lever system || ⁀**getriebe** *n* / lever mechanism, lever system || ⁀**grenzschalter** *m* / lever-operated limit switch || ⁀**griff** *m* / lever handle || ⁀**lasche** *f* / linkage lever || ⁀**moment** *n* / leverage *n*
Hebel·schalter *m* / single-throw knife switch || ⁀**schalter** *m* (Messerschalter) / knife switch || ⁀**schalter** *m* (Kipphebelschalter) / lever switch IEC 131, toggle switch || ⁀**spiel** *n* / lever play || ⁀**stein** *m* / lever block, lever jewel || ⁀**trenner** *m* / vertical-break disconnector, knife disconnector, knife isolator || ⁀**trennschalter** *m* / vertical-break disconnector, knife disconnector, knife isolator || ⁀**übersetzung** *f* / linkage for translating motions, leverage *n* || ⁀**überwachung** *f* / lever monitoring || ⁀**umschalter** *m* / double-throw lever switch, knife switch || ⁀**verschluss** *m* / latch fastener || ⁀**waage** *f* / beam weighing machine || ⁀**werk** *n* / compound lever arrangement || ⁀**wirkung** *f* / leverage *n* || ⁀-**Zugriff** *m* / ejector/extracting lever
Hebemittel *n* / hoisting gear, hoisting tackle
heben *v* / lift *v* || **Einrichtungen zum** ⁀ **und Anfassen** / lifting and handling devices
Hebeöse *f* / eyebolt, lifting lug, eyebolt *n* || ⁀ *f* (spezielle Form einer Öse, die zum Heben von Lasten vorgesehen ist) / lifting eye
Heber *m* / lifting device || ⁀**schreiber** *m* (Morseschreiber, bei dem der Schreibstift über einen feinen Siphon mit Tinte versorgt wird) / siphon recorder
Hebe·schienen *f* / lifting brackets || ⁀**tisch** *m* / lifttable || ⁀**traverse** *f* / lifting beam || ⁀**vorrichtung** *f* / lifting means, lifting fitting, lifting lug, jacking pad, eyebolt *n*
Hebezeug *n* / hoisting gear, lifting tackle, hoisting tackle, crane *n*, hoist *n*, hoisting device, lifting gear || **flurbedientes** ⁀ / floor-controlled crane || ⁀**motor** *m* / crane-type motor, hoist-duty motor, hoisting-gear motor
Heck·klappe *f* / tail gate || ⁀**licht** *n* (Positionslicht) / stern light || ⁀**scheibenwischer** *m* / rear-window wiper
Heft·apparat *m* / stitching machine, stitcher || ⁀**folge** *f* (Reihenfolge, in der geheftet wird) / tacking sequence, tack sequence || ⁀**naht** *f* (Schweißnaht, mit der die zu fügenden Werkstücke oder Baugruppen in ihrer Zuordnung zueinander festgelegt werden) / tack weld || ⁀**plan** *m* (Plan, in dem die Heftstellen nach Lage und Maßen sowie in ihrer Heftfolge festgelegt sind) / tacking sequence plan || ⁀**schweißen** *n* / tack welding || ⁀**schweißnaht** *f* / tack weld || ⁀**stelle** *f* (Stelle am Werkstück, an der geheftet wird oder wurde) / location of tack weld
Heimat·hafen *m* / home gang, home port || ⁀**land** *n* / country of origin || ⁀**staat** *m* / country of origin
Heim·beleuchtung *f* / home lighting, domestic lighting || ⁀**elektronik-System** *n* (HES) / home electronic system (HES) || ⁀**lauffunktion** *f* / automatic return to rest position || ⁀**leuchte** *f* / domestic luminaire, domestic lighting fitting || ⁀- **und Gebäudeelektronik** / home and building electronics
heiß einbauen / to hot-place || **~ zu vergießende Masse** / hot-pouring compound
Heiß·dampf *m* / superheated system, superheated steam || ⁀**dampfleitung** *f* / superheated steam line || ⁀**dampfzylinderöl** *n* / superheated-steam cylinder oil || ⁀**drahtelektrodenschweißen** *n* / welding with hot wire addition
heiße Lötstelle (Thermoelement) / hot junction || **~ Redundanz** / hot stand-by, functional redundancy || **~ Reserve** / hot reserve || **~ Reserve** (Automatisierungsgeräte) / hot stand-by || **~ Späne** / hot chips || **~ Verbindungsstelle** (Thermoelement) / hot junction
Heißeinbaugemisch / hot mix
Heißfilm·-Luftmassenmesser *m* / hot-film air-mass meter, hot-film mass air flow sensor || ⁀- **Luftmassenmesser mit Pulsations-Kompensation** / hot-film mass air flow sensor with pulsation compensation || ⁀- **Luftmassensensor** / hot-film mass air flow || ⁀- **Technik** *f* / hot-film technology
heißgehende Elektrode / high-temperature electrode
heißgepresster Tafelpressspan / precompressed pressboard
heißhärtend *adj* / heat-hardening *adj*, hot-setting *adj*, heat-curing *adj*, thermo-setting *adj*
Heiß·isolation *f* / high-temperature insulation || ⁀**kanal** *m* / hot runner || ⁀**kanalsystem** *n* / hot

Heißleiter

runner system || ⭒kanal-Temperaturregelung *f* / hot runner temperature control || ⭒kanalwerkzeug *n* / hot runner mold || ⭒lagerfett *n* / high-temperature grease || ⭒laufen *v* / run hot, overheat *v*
Heißleiter *m* / negative temperature coefficient thermistor, NTC thermistor || ⭒-Temperaturfühler *m* / NTC thermistor detector || ⭒widerstand *m* / NTC thermistor (resistor)
heißluft·gelötet *adj* / soldered with hot air || ⭒verzinnung *f* / hot-air levelling
Heiß·mineral *n* / hot stone || ⭒mischanlage *f* / hot-mix plant, asphalt mix plant || ⭒prägen *n* / hot stamping || ⭒pressen *n* / hot pressing
Heißpunkt *m* / hot spot, hottest spot, heat concentration || ⭒temperatur *f* / hot-spot temperature, hottest-spot temperature || ⭒-Übertemperatur *f* / hot-spot temperature rise, temperature rise at winding hot spot
Heiß·reserve *f* / hot reserve || ⭒riss *m* / hot crack || ⭒rissprüfung *f* / hot cracking test || ⭒spritzen *n* (Spritzen eines Beschichtungsstoffes, dessen Viskosität durch Erwärmen anstelle durch Zugabe von Lösemitteln erniedrigt wird) / hot spraying || ⭒start *m* / hot restart || ⭒stelle *f* / hot spot, heat concentration || ⭒vergussmasse *f* / hot-pouring compound || ⭒wandepitaxie *f* / hot wall epitaxy (HWE) || ⭒wassererzeuger *m* / high-temperature water heating appliance || ⭒heizungsanlage *f* / high-temperature water heating system
Heizband *n* / strip-type heater, strip heater || ⭒age *f* / heating tape || ⭒anschluss *m* / strip-type heater connection
heizbare Heckscheibe / heated rear window
Heiz·dampfdruck *m* / heating steam pressure || ⭒dampfversorgung *f* / heating steam supply || ⭒decke *f* / electric blanket || ⭒deckenschalter *m* / blanket switch || ⭒element *n* / heating element
Heizer *m* / heater *n* || ⭒-Anheizzeit *f* / heater warm-up time || ⭒-Einschaltstrom *m* / heater starting current, filament starting current || ⭒gebläse *n* / heater fan || ⭒-Kathoden-Isolationsstrom *m* / heater-cathode insulation current, heater-cathode current
Heiz·faden *m* / heating filament, filament || ⭒feld *n* / heat emitter array || ⭒fläche *f* / heating surface || ⭒generator *m* (Bahn) / heating generator || ⭒gerät *n* / heater *n* || ⭒kabel *n* / heating cable, heater cable || ⭒kammer *f* (Zuckerkochapparat) / calandria *n* || ⭒katalysator *m* / heated catalyst || ⭒kissen *n* / heating pad || ⭒kondensationsturbosatz *m* / condensing cogenerating turbo-generator set
Heizkörper *m* / space heater, heater *n*, radiator *n* || ⭒ *m* / heating element IEC 380 || **eingebauter** ⭒ / incorporated heating element
Heiz·kraftwerk *n* / district heating power station, heating and power station || ⭒kupplung *f* (Bahn) / heating jumper || ⭒leistung *f* / heat output, heater rating || ⭒leiter *m* / heating conductor || ⭒leitung *f* / heating cable || ⭒lüfter *m* / fan heater || ⭒mikanit *n* / heater plate mica IEC 50(212), rigid mica material for heating equipment || ⭒patrone *f* / heating cartridge
Heiz·platte *f* / hot plate, heating plate, heater || ⭒presse *f* / hot press || ⭒regler (Temperaturkanal) *m* / heating controller || ⭒rohr *n* / heater tube, tubular heater, heating coil || ⭒spannung *f* (indirekt geheizte Kathode) / heater voltage || ⭒spannung *f* (ESR-Kathode) / filament voltage || ⭒spirale *f* / heater coil, heating coil || ⭒spule *f* / heater coil, heating coil || ⭒strahler *m* / heat emitter || ⭒strahlerfeld *n* / heat emitter array || ⭒strom *m* / heating current, heating power || ⭒strom *m* (Lampe) / filament current || ⭒strom *m* (indirekt beheizte Kathode) / heater current || ⭒stromerfassung (Temperaturkanal) *f* / heating current sensing || ⭒stromkreis *m* / heating circuit || ⭒stromüberwachung (Temperaturkanal) *f* / heating current monitoring || ⭒technik *f* / heating technology || ⭒transformator *m* / heater transformer, heating transformer || ⭒transformator *m* (Lampe) / filament transformer || ⭒- und Kühlregler (Temperaturkanal) *m* / heating and cooling controller
Heizung *f* / heating *n*, quick heat system || ⭒, **Klima, Lüftung** (HKL) / heating, ventilation and air-conditioning (HVAC)
Heizungs·-Fernschalter *m* / contactor for heating systems, heating remote switch || ⭒gebläse *n* / heating fan || ⭒-, **Lüftungs- und Klimatechnik** (HLK-Technik) / heating, ventilation and air conditioning (technology) || ⭒matrix *f* / heat emitter array || ⭒notschalter *m* / heating emergency switch || ⭒-Notschalter mit Kontrolllampe / heater emergency switch with signal lamp || ⭒-Reduktionsschema *n* DIN IEC 235, T.1 / heater schedule || ⭒regelung *f* / heating regulation || ⭒regler *m* (Programmschalter) / heating programmer || ⭒schütz *n* / heating system contactor || ⭒steuerung *f* / heater control, heating control || ⭒ventil *n* / heating valve || ⭒ventil-Stellantrieb *m* / heating valve actuator
Heiz·wechselprüfung *f* / heat cycling test || ⭒wendel *m* / heater coil || ⭒widerstand *m* / heating resistor || ⭒-Wiederzündung *f* (Lampe) / instantaneous restart, instant restart
Heldenhain-Geber *m* / Heldenhain encoder
Helfer *m* / mate *n*, helper *n*
helikal *adj* / helical *adj* || **~es Eintauchen** / helical immersion || ⭒interpolation *f* / helical interpolation || ⭒kompensation *f* / helical compensation
Helium·-Detektor *m* / helium leakage detector || ⭒-Lecksucher *m* / helium leakage detector || ⭒-Spüleinrichtung *f* / helium flushing device
Helix *f* / helix *n* || ⭒bahn *f* / helical path || **~förmige Schallführung** / helix-shaped ultrasonic signals || ⭒-Interpolation *f* / helical interpolation
hell *adj* (Körperfarbe) / light *adj* || **~** *adj* (Selbstleuchter) / bright *adj* || **~ schaltend** *adj* (Ausgang durchgeschaltet (Strom führend), wenn Licht auf den Empfänger trifft) / light-ON *adj* || **~ blank** *adj* / light bright || ⭒bronze *f* / light bronze || **~e Paste** *f* / light-colored paste
Hellempfindlichkeit, spektraler ⭒grad / spectral luminous efficiency || **spektrale** ⭒kurve / spectral luminous efficiency curve
Helligkeit *f* / brightness *n*, luminosity *n* || ⭒ *f* (einer Körperfarbe) / lightness *n*
Helligkeitsabfall *m* / decrease in brightness
helligkeitsabhängig *adj* / brightness dependent || **~e Beleuchtungssteuerung** / daylight-sensitive lighting control
Helligkeits·änderung *f* / brightness variation || ⭒einsteller *m* / brightness control || ⭒flimmern *n* /

brightness flicker || ⟨fühler *m* / brightness sensor
|| ⟨grenze *f* / brightness limit || ⟨-Kennwerte *m pl*
DIN IEC 151, T.14 / luminance characteristics ||
⟨kompensation *f* / luminance compensation ||
⟨regelung *f* / dimmer control
Helligkeitsregler *m* / dimmer *n*, dimmer switch,
mood setter || ⟨ **mit Schieberegler** / slide-type
dimmer, sliding-dolly dimmer || ⟨ **mit
Zeitvorwahl** / timable dimmer, timed mood setter
Helligkeits·schwelle *f* / brightness threshold ||
⟨sensor *m* / brightness controller, brightness
sensor || ⟨steuerbaustein *m* / dimmer control
block, light level control module || ⟨-
Steuerelektrode *f* / intensity modulation electrode
Helligkeitssteuerung *f* / brightness control, dimmer
control, light level control || ⟨ *f* / intensity
modulation, Z-modulation *n*
Helligkeits·stufe *f* / brightness level, intensity level ||
⟨verstärkung *f* / brightness amplification || ⟨wert
m / brightness value
Helling·anlagen *f pl* / launch ways || ⟨kran *m* /
slipway crane
Hell·phase *f* / brightness period || ~schaltend *adj* /
light-ON || **Synchronisier-⟨schaltung** *f* /
synchronizing-bright method || ⟨schreibersystem
n / Hell system || ⟨steuersignal *n* / unblanking
signal || ⟨steuerspannung *f* / grid/cathode driving
voltage, modulation voltage || ⟨strahler *m* /
halogen emitter || ⟨tastsignal *n* / unblanking
signal || ⟨tastung *f* / spot unblanking, trace
unblanking, spot bright-up || ~weiß *adj* / bright
white || ⟨widerstand *m* / resistance under
illumination || ⟨zeit *f* / light period
Helpmaske *f* / help form
HELP-Taste *f* / HELP key
Hemeralopie *f* / hemeralopia, night blindness
Hemm·fahne *f* / braking vane || ⟨rad *n* / escapement
wheel, ratchet wheel, balance wheel || ⟨stoff *m* /
inhibitor *n*
Hemmung *f* / retardation *n*
Hemmungsrad *n* / escapement wheel, ratchet
wheel, balance wheel
Hemmwerk *n* / escapement mechanism, inertia
mechanism || **mechanisches** ⟨ / mechanical time-
delay element
HEMT (spezielle Bauform des Feldeffekttransistors
für sehr hohe Frequenzen) / High Electron
Mobility Transistor (HEMT)
HEM-Verfahren *n* / heat exchanger method (HEM)
Heptode *f* / heptode *n*
herabbremsen *v* / brake *v*, slow down *v*
herabgesetzt *adj* / reduced *adj* || ~e **Arbeitsweise** /
graceful degradation
herabgesteuerter Betrieb / operation at high delay
angle
Herab·nahme *f* / reduction *n* || ⟨schaltung *f*
(Schutz, Übergreifschaltung) / zone reduction
(method) || ~setzen *v* / decrease *v* || ⟨setzung der
Betriebswerte *f* / derating *n*
Heraufschalten *n* / gearing up
Herausdrehen, Drehmoment für das ⟨ / remover
torque
herausfahren *v* / retract *v*, lift *v* || ⟨ *n* / tool retract,
retraction, tool recovery, automatic tool recovery ||
~ *v* (des Schaltwagens) / withdraw *v*
herausgeführt *adj* (Leiter) / brought out *adj*
herausgehen *v* / quit *v*, exit *v*

herausgelöst *adj* / separated *adj*
herausgezogene Position / raised position
heraushebbarer Teil / untanking part, core-and-coil
assembly
herausheben *v* / lift out *v*, untank *v* (transformer)
Herausnahme *f* / stripping *n*
herausnehmbar *adj* / removable *adj*, detachable
adj, withdrawable *adj* || ~er **Einbausatz** /
removable installation frame || ~er **Teil** VDE
0670, T.6 / removable part IEC 298, untanking
part, core-and-coil assembly || ~es **Teil** /
withdrawable part IEC 439-1, Amend.1,
removable part
Herausnehmen *n* (v. Programmteilen) / removal *n*,
extracting *n*
herausragen *v* / project from
herausspringen *v* / bounce out
Heraustrennen *n* (m. SG) / (selective) isolation *n*,
disconnection *n*
herausziehbar *adj* / withdrawable *adj*, retractable *adj*
Herdanschluss·dose *f* / cooker connector box (GB),
range connection box || ⟨gerät *n* / cooker control
unit (GB), electric range control unit
hergestellt in Deutschland *adj* / Made in Germany
adj
herkömmlich *adj* / conventional *adj* || ~e **Verfahren
für Regenprüfungen unter
Wechselspannungen** / traditional procedures for
wet tests with alternating voltages
Herkonrelais *n* / reed relay
Herkunft *f* / origin *n*
Herkunfts·adresse *f* / source address ISO 348,
calling address ISO 8208, originator address ||
⟨bestimmung *f* / genealogy *n* || ⟨bezeichnung *f*
(Meldung) / origin (o. source) tag || ⟨land *n* /
country of origin || ⟨schlüssel *m* / HS *n*, origin
code, OC *n*
Hermetik--Drosselspule *f* / sealed reactor || ⟨-
Kessel *m* / hermetically sealed tank || ⟨-
Transformator *m* IEC 50(421) / sealed transformer
hermetisch *adj* / hermetical *adj*, airtight *adj*
(impermeable by air) || ~ **abgedichtet** /
hermetically sealed, air-tight *adj* || ~
abgeschlossen / hermetically sealed, air-tight *adj*
|| ~ **abgeschlossenes Relais** / hermetically sealed
relay || ~ **dicht** / hermetically sealed || ~
geschlossener Transformator / hermetically
sealed transformer || ~ **geschlossener
Trockentransformator** / sealed dry-type
transformer || ~e **Dichtung** / hermetic seal || ~e
Kapselung (Ex h) / hermetically sealed enclosure
|| ~er **Steckverbinder** / hermetic connector
Hermite-Spline *m* / Hermite spline
Herrichten der Leiter / preparation of conductors
Herstellbarkeitsanalyse *f* / producibility analysis
herstellen *v* / make *v* || ⟨ **einer Zufallsordnung** /
randomization *n*
Hersteller *m* / manufacturer *n*, vendor *n*, producer *n*,
maker *n*, tenderer *n* || ⟨angabe *f* / manufacturer's
identification mark, information to be provided by
the manufacturer, manufacturer documentation ||
⟨angaben *f pl* / manufacturer documentation ||
⟨betreuung *f* / OEM support || ⟨betrieb *m* /
manufacturer *n* || ⟨code *m* / manufacturer's code ||
⟨dokumentation *f* / manufacturer documentation
|| ⟨erklärung *f* / manufacturer's declaration ||
⟨kennung *f* / manufacturer's ID || ⟨kennzeichen

herstellerspezifisch

n / manufacturer's identification mark || **⸰kennzeichnung** *f* / manufacturer marking || **⸰risiko** *n* / producer's risk
herstellerspezifisch *adj* / proprietary *adj*, manufacturer-specific *adj*, vendor-specific *adj* || **~er Alarm** / vendor-specific interrupt || **~es Protokoll** (üblicherweise ein firmenvertrauliches Kommunikationsverfahren, geschützt durch Urheberrechte) / proprietary protocol || **~es Telegramm** / manufacturer-specific telegram
hersteller·tolerant *adj* / vendor-tolerant *adj* || **~übergreifend** *adj* / cross-vendor *adj*, manufacturer spanning || **~unabhängig** *adj* / multi-vendor *adj*, independent from manufacturers
Hersteller··VReg/LG / OEM VReg/LG || **⸰werk** *n* / manufacturing plant || **⸰zyklus** *m* / manufacturer cycle
Herstell·grenzqualität *f* / manufacturing quality limit || **⸰kennzeichen** *n* / manufacturer's identification mark || **⸰kosten** *plt* / production costs || **~kostensensitiv** *adj* / manufacture-cost sensitive || **⸰ort** *m* / place of manufacture || **wahre durchschnittliche ⸰qualität** / true process average || **⸰stempel** *m* / manufacturing stamp
Herstellung *f* / manufacturing *n*, manufacture *n*, production *n*
Herstellungs·breite *f* / production width || **⸰datum** *n* / date of manufacture || **⸰kosten** *f* / production expenses || **⸰prozess** *m* / production process, manufacturing process || **⸰toleranz** *f* / manufacturing tolerance || **⸰überwachung** *f* / process inspection || **⸰wert** *m* / objective value
herunter·drücken *v* / press down || **~fahren** *v* / decelerate *v*, bring to a stop, ramp down *v*, shut down, de-energize *v* || **~klappbare Leiterplatte** / swing-down p.c.b. || **~laden** *v* / download *v* || **⸰laden** *n* / downloading, Download (button) || **⸰schalten** *n* / gearing down || **⸰takten** *n* / slowing down || **~transformieren** *v* / step down *v*
Hervorheben *n* (Betonen eines Darstellungselements durch Ändern seiner visuellen Attribute) / highlighting *n* || **⸰** *n* (BT) / emphasizing *n* || **~** *v* / highlight *v*, mark *v*
Hervorhebung *f* / highlight *n* || **optische ⸰** / visual emphasizing
Hervorhebungsbeleuchtung *f* / emphasis lighting, highlighting *n*
hervorragend *adj* / excellent *adj*
hervorstehen *v* / protrude *v*
Herzkammerflimmer·schwelle *f* / threshold of non-fibrillation || **⸰strom** *m* / fibrillating current
HES (Heimelektronik-System) / HES (home electronic system) || **⸰Anwendungsprotokoll** *n* / HES application protocol || **⸰Hausnetzwerk** *n* / HES home network
heterochrome Farbreize / heterochromatic stimuli || **~ Photometrie** / heterochromatic photometry
heterogen·e ebene Welle / heterogeneous plane wave || **~es Bauteil** / heterogeneous assembly || **~es Multiplex** (Multiplexsystem, in dem die Multiplexkanäle nicht mit mit der gleichen äquivalenten Bitrate arbeiten) / heterogeneous multiplex || **~es Rechnernetz** (ein Rechnernetz, in dem Rechner unterschiedliche Architektur haben und dennoch miteinander kommunizieren können) / heterogeneous computer network || **~es System** / heterogeneous system

Hetero·grenzfläche *f* / HJ *n* || **⸰junctionzelle** *f* / heterojunction cell || **⸰polarmaschine** *f* / heteropolar machine || **⸰schichtstruktur** *f* / heteroface structure || **⸰übergang** *m* / heterojunction *n* (junction formed at the interface of two dissimilar semiconductor material layers)
Heuristik *f* / heuristics *plt*
heuristisch·e Regel / heuristic rule (an ad hoc rule written to formalize the knowledge and experience an expert uses to solve a problem) || **~e Suche** (auf Erfahrung und Urteilsvermögen basierendes Suchverfahren, das dazu dient, akzeptable Ergebnisse - jedoch ohne Erfolgsgarantie - zu erreichen) / heuristic search || **~er Ansatz** / heuristic approach || **~es Lernen** / heuristic learning
Heuslersche Legierung / Heusler alloy
Hex / hex
Hexa-Code *m* / hexadecimal code
hexadezimal *adj* / hexadecimal *adj* || **⸰code** *m* / hexadecimal code || **⸰codeeingabe** *f* / hexadecimal code input || **⸰-Dual-Umwandlung** *f* / hexadecimal-to-binary conversion || **~er Wert** *m* / hexadecimal value || **⸰konstante** *f* / hexadecimal constant || **⸰muster** *n* / hexadecimal pattern || **⸰system** *n* / hexadecimal number system || **⸰zahl** *f* / hexadecimal number (o. figure) || **⸰ziffer** *f* / hexadecimal digit
hexagonales Ferrit / hexagonally centered ferrite
Hexa·konstante *f* / hexadecimal constant || **⸰pod** *m* / hexapod
Hex·code *m* / hexadecimal code || **⸰-Code** *m* / hex, hex code, hexadecimal code || **⸰-Darstellung** *f* / hex format || **⸰-Eingabe** *f* / Enter Hex Value
Hexode *f* / hexode *n*
Hex-Parameter *m* / hex parameter || **⸰-Parametrierung** *f* / hexadecimal parameter assignment || **⸰-Wert** *m* (hexadezimaler Wert) / hexadecimal value || **⸰zahl** *f* / hexadecimal number
Heyland·-Generator *m* / Heyland generator || **⸰-Kreis** *m* / Heyland diagram
Hezel-Zelle *f* / inversion layer solar cell
HF (Hochfrequenz) / high frequency (HF), radio frequency (RF) || **⸰** *f* / HF *n*, High Flexibility || **⸰-Anschluss** *m* / HF connection
HFC / High Frequency Converter (HFC)
HF-Dämpfungswiderstand *m* / RF shunt resistance
HFD-Drossel *f* / HFD commutating reactor
HF-·Eingangsleistung *f* / RF input power || **⸰-Entstörfilter** *n* / RFI suppression || **⸰-Feld** *n* / HF-field || **⸰-Gabel** *f* / HF hybrid || **Prüfung der ⸰-Güte** / RF resistance test || **⸰-Impuls** *m* / RF pulse || **⸰-Last** *f* / RF load || **⸰-Litze** *f* / HF litz wire
HF-Drossel *f* / HF commutating reactor
HFD-Widerstand *m* / HFD resistor
H-förmiger Mast / H support, H frame, portal support
HF-·Pegel *m* / HF level || **⸰-Pressschweißen** *n* / HF pressure welding || **⸰-Rauschen** *n* / parasitic RF noise
H-Frequenz *f* / horizontal frequency, line frequency
HFSS / High Frequency Structure Simulator (HFSS)
HF-Störung *f* / RF interference, radio-frequency interference
HFT (Hardwarefehler-Toleranz) *f* / HFT *n*
H-Funktion *f* / H function
HG (Hintergrundmagazin) / background magazine
HGK / HVDCT back-to-back link || **⸰** / HVDC back-to-back station

HGL (hochaufgelöste Lage) / HGL || ⟨-**Modul** *n* / HGL module
HG-Speicher *m* (Hintergrundspeicher) / background memory, backup memory
HGÜ (Hochspannungsgleichstromübertragung) / high-voltage DC transmission, HVDC transmission, teletransmission *n*, HVDCT (long range transmission) || ⟨-**Anlage** *f* / HVDC transmission system || ⟨-**Drossel** *f* / HVDC reactor || ⟨-**Fernübertragung** *f* / HVDC transmission system || ⟨-**Kurzkupplung** *f* / HVDC back-to-back link, HVDC back-to-back station, HVDC coupling system || ⟨-**Leitung** *f* / HVDC transmission line || ⟨-**Leitungspol** *m* / HVDC transmission line pole || ⟨-**Mehrpunkt-Fernübertragung** *f* / multi-terminal HVDC transmission system || ⟨-**Pol** *m* / HVDC system pole, HVDC pole || ⟨-**Station** *f* / HVDC substation || ⟨-**Stationsregelung** *f* / HVDC substation control || ⟨-**Stromrichtertransformator** *m* / HVDC converter transformer || ⟨-**System** *n* / HVDC system || ⟨-**Systemregelung** *f* / HVDC system control || ⟨-**Transformator** *m* / HVDC transformer || ⟨-**Übertragungsregelung** *f* / HVDC transmission control || ⟨-**Verbindung** *f* / HVDC link || ⟨-**Zweipunkt-Fernübertragung** *f* / two-terminal HVDC transmission system
Hgw / fabric-base laminate
H (Höhe (Maß)) *f* / H (height (dimension))
HH-·Sicherung *f* / HV HRC fuse, HV HBC fuse || ⟨-**Sicherung** *f* (Hochspannungs-Hochleistungssicherung) / h.v. h.b.c. fuse (high-voltage high-breaking-capacity fuse), h.v. h.r.c. fuse (high-voltage high-rupturing-capacity fuse) || ⟨-**Sicherungseinsatz** *m* / h.v. h.r.c. fuse link, HV HRC fuse link || ⟨-**Sicherungsunterteil** *m* / HV HRC fuse-base
Hi-B-Blech *n* / Hi-B sheet, high-induction magnetic sheet steel
HID / Human Interface Device (HDI) || ⟨ / High Intensity Discharge (HID) || ⟨-**Lampe** *f* (HID = high-intensity discharge) / HID lamp, high-intensity discharge lamp
Hierarchie *f* / hierarchy *n* || ⟨**daten** *plt* / hierarchy data || ⟨**ebene** *f* / hierarchical level, hierarchy level || ⟨**zweig** *m* / hierarchy branch || ⟨ **einer Regelung** (o. Steuerung) / control hierarchy
hierarchisch gegenseitig synchronisiertes Netz / hierarchic mutually synchronized network || **~ synchronisiertes Netz** / hierarchic synchronized network || **~e Adressierung** / hierarchical addressing || **~e Bildnummer** / hierarchical display number || **~e Ordnung** / hierarchical order || **~e Planung** / hierarchical planning || **~e Regelung** / hierarchical control || **~e Struktur** / hierarchical structure || **~er Plan** (CFC-Plan, der in einem anderen Plan (Basisplan oder hierarchischem Plan) eingebaut ist) / nested chart || **~es interaktives graphisches System für Programmierer** / Programmer's Hierarchical Interactive Graphics System || **~es Modell** (Datenmodell, dessen Bildungsmuster auf einer Baumstruktur beruht) / hierarchical model || **~es Netz** / hierarchical network || **~es Rechnernetz** (ein Rechnernetz, in dem die Steuerfunktionen hierarchisch organisiert sind und auf Datenverarbeitungsstationen verteilt sein können) / hierarchical computer network
hierzu gehört Stückliste / refers to parts list || **~ gehört Zeichnung** / refers to drawing
HIF *f* / host interface function (HIF)
HIFU (Hilfsfunktion) / AuxF (auxiliary function)
High-End-·Auswertegerät *n* / high-end evaluator || ⟨-**Lösung** *f* / high-end solution || ⟨-**Maschine** *f* / high-end machine
High-Performance-Werkzeugmaschinen *f pl* / high-performance machine tools
High-Speed / (high) speed || ⟨ **Bestückautomat** *m* / high-speed placer || ⟨ **Chipshooter** / high speed shooter || ⟨ **Flip-Chip-Bestückung** / high speed placement of flip chips || ⟨ **IC-Bestückung** *f* / high-speed placement of ICs || ⟨ **Interface (HSI)** / high-speed interface (HSI) || ⟨ **Pick & Place-Bestückung** / high-speed placement of ICs || ⟨-**6-Segment-Revolverkopf** *m* / 6-nozzle revolver head || ⟨ **SMD-Bestücksystem** / high-speed SMD placer
HIGHSTEP (Programmiersprache) / HIGHSTEP
High-Volume-Bauteil *n* / high-volume component
Highway Adressable Remote Transducer (HART) *m* (Standardprotokoll zur Übertragung von Informationen zwischen Feldgerät und Automatisierungssystem) / HART *n*
HiGraph (Programmiersprache zur komfortablen Beschreibung asynchroner, nicht sequentieller Vorgänge in Form von Zustandsgraphen) / HiGraph || ⟨-**Diagnose** *f* / HiGraph diagnosis || ⟨-**Quelle** *f* / HiGraph source file
HIL / Hardware in the Loop (HIL)
H-I-Lampe *f* / flame arc lamp
Hilfe *f* / help *n*, assistance *n*, aid *n* || ⟨ **beenden** / exit help || ⟨**aufruf** *m* / help call || ⟨**bild** *n* / help display, help screen || ⟨**bild zum Parametereingabefenster** / help display for parameter input window || ⟨**datei** *f* / help file || ⟨**fenster** *n* / help window || ⟨**funktion** *f* / help function || ⟨**stellung** *f* / support *n*, aid *n* || ⟨**system** *n* / help system || ⟨-**Taste** *f* / HELP key || ⟨**text** *m* / help text, infotext *n* || ⟨**thema** *n* / help topic || ⟨**themen** *n pl* / help topics || ⟨**zeile** *f* / help line
Hilfs·achse *f* / auxiliary axis || ⟨**achsenmodul** *n* / auxiliary axis group || ⟨**achsenprogramm** *n* / auxiliary axis program || ⟨**ader** *f* (Schutz, Prüfader) / pilot wire, pilot core || ⟨**aderdreier** *m* / triple pilot || ⟨**aderüberwachung** *f* / pilot-wire monitoring || ⟨**aderüberwachung** *n* / pilot supervision, pilot supervisory module, pilot-circuit supervision, pilot-wire supervisory arrangement || ⟨**aggregat** *n* / auxiliary generating set, stand-by generator set || ⟨**aggregate** *n pl* / common auxiliaries || ⟨-**Alarmschalter, Bausatz** / auxiliary/alarm switch, kit || ⟨**anschluss** *m* / auxiliary terminal, auxiliary circuit connection
Hilfsantrieb *m* (f. Wartung) / maintenance operating mechanism, maintenance closing device || ⟨ *m* (Motorantrieb) / auxiliary drive || ⟨ *m* / auxiliary operating mechanism, emergency operating mechanism || ⟨ **zum Bündigfahren** / micro-drive *n*
Hilfs·attribut *n* / help attribute || ⟨**auslöser** *m* / shunt release, shunt trip, auxiliary release, remote trip
Hilfs·baugruppe *f* / auxiliary assembly || ⟨**baustein**

Hilfs

m (Programmbaustein) / auxiliary block || ⁓**befehl** *m* / auxiliary command || ⁓**betrieb** *f* / auxiliary circuit || ⁓**betriebe** *m pl* / auxiliaries *plt* || ⁓**betriebsart** *f* DIN ISO 3309 / non-operational mode || ⁓**betriebsumformer** *m* (Generatorsatz) / auxiliary generator set || ⁓**-Bezugsposition** *f* / subreference position || ⁓**bürste** *f* / auxiliary brush, pilot brush || ⁓**bürste** *f* (Rosenberg-Masch.) / quadrature brush, cross brush || ⁓**datei** *f* / auxiliary file, auxiliary database
Hilfs·einrichtung *f* / auxiliary equipment || ⁓**einrichtungen** *f pl* / auxiliaries *plt* || ⁓**einrichtungen** *f pl* VDE 0670,2 / auxiliary equipment IEC 129 || ⁓**einschaltvorrichtung** *f* / maintenance closing device || ⁓**energie** *f* / auxiliary power, auxiliary power supply || ⁓**energieleitung** *f* / auxiliary supply cable || ⁓**energiezuführung** *f* / auxiliary power supply || ⁓**entladung** *f* (Lampe) / keep-alive arc || ⁓**entriegelung** *f* / auxiliary release || ⁓**erder** *m* / auxiliary earth electrode || ⁓**erdungsklemme** *f* / auxiliary earth terminal, auxiliary ground terminal || ⁓**erregermaschine** *f* / pilot exciter, auxiliary exciter || ⁓**erregungsgröße** *f* / auxiliary energizing quantity
Hilfs·frequenz *f* / auxiliary frequency || ⁓**funktion** *f* (HIFU a. NC) / auxiliary function (AuxF) || ⁓**schnelle** ⁓**funktion** / high-speed auxiliary function || ⁓**funktionen** *f pl* (Bussystem) / auxiliary functions, utilities *n pl* (MPSB) || ⁓**funktionsausgabe** *f* / auxiliary function output || ⁓**funktionsgruppe** *f* / auxiliary function group || ⁓**funktionssatz** *m* / auxiliary function block || ⁓**generator** *m* / auxiliary generator, stand-by generator || ⁓**geometrie** *f* / construction geometry || ~**geometrisches Element** / construction element
Hilfsgeräte *n pl* / auxiliary apparatus, auxiliary equipment, accessory hardware, auxiliary devices || ⁓**einbau** *m* / auxiliary equipment installation || ⁓**träger** *m* / auxiliary apparatus rack, auxiliary mounting frame || ⁓**verdrahtung** *f* / auxiliary equipment wiring
Hilfs·geschwindigkeit *f* / inching speed, low speed || ⁓**größe** *f* (Erregungsgröße) VDE 0435, T.110 / auxiliary energizing quantity || ⁓**hubwerk** *n* / auxiliary hoist || ⁓**information** *f* / auxiliary information || ⁓**kabel** *n* (Steuerkabel) / control cable || ⁓**kabel** *n* (f. Schutz) / pilot cable
Hilfskanal *m* DIN 44302 / backward channel || ⁓**-Empfangsdaten** *plt* DIN 66020, T.1 / received backward channel data || ⁓**-Empfangsgüte** *f* DIN 66020, T.1 / backward channel signal quality (detector) || ⁓**-Sendedaten** *plt* DIN 66020, T.1 / transmitted backward channel data
Hilfs·kathode *f* / auxiliary cathode || ⁓**klemme** *f* / auxiliary terminal, control-circuit terminal || ⁓**klemmenkasten** *m* / auxiliary terminal box || ⁓**konstruktion** *f* / subsidiary line || ⁓**kontakt** *m* / auxiliary contact || **voreilender** ⁓**kontakt** / leading auxiliary contact || ⁓**kontaktfeder** *f* / auxiliary contact spring || ⁓**kraft** *f* / mate *n*, helper *n* || ⁓**kreis** *m* VDE 0435, T.110 / auxiliary circuit
Hilfs·leiter *m* / auxiliary conductor, pilot wire, control-circuit conductor || ⁓**leiteranschluss** *m* / auxiliary conductor connection || ⁓**leiterklemme** *f* / auxiliary conductor terminal || ⁓**leitgerät** *n* / auxiliary control unit || ⁓**leitungsanschlüsse** *m pl* / control wire connections || ⁓**lineal** *n* / auxiliary

ruler || ⁓**linie** *f* (CAD) / extension line || **Maß~linie** *f* / projection line, witness line || ⁓**magnet** *m* / auxiliary magnet, auxiliary coil || ⁓**maschine** *f* / auxiliary machine, stand-by machine || **Prüfung mit geeichter** ⁓**maschine** / calibrated driving machine test || ⁓**maske** *f* / help form || ⁓**maß** *n* DIN 7182, T. 1 / temporary size || ⁓**meldung** *f* / auxiliary information || ⁓**merker** *m* (HM) / auxiliary flag || ⁓**merkerwort** *n* / scratch flag word || ⁓**messpunkt** *m* / auxiliary measuring point || ⁓**mittel** *n* / tool *n*, resource *n*, aid *n* || ⁓**modul** *n* / auxiliary module || ⁓**monogramm** *n* / auxiliary alignment chart || ⁓**motor** *m* / auxiliary motor, starting motor || ⁓**nase** *f* / auxiliary key || ⁓**netzwerk** *n* / auxiliary networks
Hilfs·öffner *m* / normally closed auxiliary contact, auxiliary NC contact || ⁓**-Öffnungskontakt** *m* / normally closed auxiliary contact, auxiliary NC contact
Hilfsphase *f* / auxiliary phase, auxiliary winding, split phase || **Anlauf durch** ⁓ / split-phase starting, capacitor starting
Hilfsphasen·generator *m* / monocyclic generator || ⁓**phasenwicklung** *f* / auxiliary winding, teaser winding
Hilfspol *m* / auxiliary pole, commutating pole || ⁓**motor** *m* / split-pole motor, shaded-pole motor
Hilfs·programm *n* / auxiliary program, utility program || ⁓**punkt** *m* / construction point || ⁓**rahmen** *m* / subframe *n* || ⁓**rechner** *m* / host computer || ⁓**-Regelgröße** *f* / secondary controlled variable, corrective variable || ⁓**register** *n* / auxiliary register || ⁓**-Reihenschlusswicklung** *f* / stabilizing series winding || **Nebenschlussgenerator mit** ⁓**-Reihenschlusswicklung** / stabilized shunt-wound generator || ⁓**relais** *n* / auxiliary relay ANSI C37.100, slave relay || ⁓**relaisbaugruppe** *f* / auxiliary relay module || ⁓**-Ruhekontakt** *m* / normally closed auxiliary contact, auxiliary NC contact || ⁓**sammelschiene** *f* / reserve busbar, auxiliary busbar, stand-by bus || ⁓**sammelschienentrenner** *m* / auxiliary busbar isolator || ⁓**satz** *m* / auxiliary block || ⁓**schaltblock** *m* / auxiliary contact block
Hilfsschalter *m* / auxiliary switch, control switch || **Bausatz** *m* / auxiliary switch kit || ⁓ **und Alarmschalter** *m* / auxiliary and alarm switch || ⁓**-Anbausatz** *m* / auxiliary switch mounting kit || ⁓**ankopplung** *f* / auxiliary switch interface || ⁓**bestückung** *f* / fitting of auxiliary switches || ⁓**block** *m* / auxiliary switch unit, auxiliary contact block, auxiliary switch block || **elektronisch verzögerter** ⁓**block** / solid-state time-delay auxiary switch block || **elektronischer** ⁓**block** / solid-state auxiliary contact block || **zeitverzögerter** ⁓**block** / time-delayed auxiliary contact block || **1-poliger** ⁓**block** *m* / 1-pole auxiliary switch block || ⁓**brücke** *f* / auxiliary switch jumper || ⁓**feder** *f* / auxiliary switch spring || ⁓**gestänge** *n* / linkage of auxiliary switch
Hilfs·schiene *f* / reserve busbar, auxiliary busbar, stand-by bus || ⁓**schiene** *f* (Umgehungsschiene) / transfer bar || ⁓**-Schließkontakt** *m* / auxiliary make contact, normally open auxiliary contact, auxiliary NO contact || ⁓**schütz** *n* / auxiliary contactor, VDE 0660, T.200 contactor relay IEC

337-1, control relay ‖ ~signal *n* / subsidiary signal ‖ ~sollwert *m* / correcting setpoint ‖ ~spannung *f* / auxiliary supply, auxiliary voltage ‖ ~spannung vorhanden *f* / auxiliary voltage present ‖ ~spannungsquelle *f* / auxiliary source, auxiliary power source ‖ ~spannungssegment *n* / auxiliary voltage segment ‖ ~spannungstransformator *m* / auxiliary transformer, control-power transformer ‖ ~speicher *m* / auxiliary memory, auxiliary storage, secondary storage, temporary storage, intermediate storage ‖ ~spindel *f* / auxiliary spindle ‖ ~stecker *m* / auxiliary connector ‖ ~steuerbus *m* / auxiliary controller bus (ACB) ‖ ~steuerschalter *m* / control switch ‖ handbetätigter ~steuerschalter (zur Betätigung eines normalerweise motorbetätigten Schaltwerks) / standby hand control ‖ ~stoffe *m pl* / auxiliary additives
Hilfsstrom *m* / auxiliary current ‖ ~bahn *f* VDE 0660,T.101 / auxiliary circuit, auxiliary conducting path ‖ ~kreis *m* / auxiliary circuit ‖ ~kreishöhe *f* / auxiliary circuit height ‖ ~kreisstecker *m* / auxiliary supply connector, auxiliary circuit plug ‖ ~kreisverdrahtung *f* / auxiliary circuit wiring ‖ ~leitersteckvorrichtung *f* / plug-in connector for auxiliary circuits ‖ **Hilfsschalt·feder** *f* / auxiliary switch spring ‖ ~glied *n* / auxiliary contact ‖ ~stift *m* / auxiliary contact pin, moving secondary contact ‖ ~strecke *f* (m. Einschaltwiderstand) / resistor interrupter ‖ ~stück *n* / auxiliary contact
Hilfsstromschalter *m* VDE 0660 T.200 / control switch IEC 337-1, auxiliary circuit switch ‖ ~ *m* (nicht handbetätigter H. als Begrenzer, Regler, Wächter) / pilot switch ‖ ~ *m* (HS) / auxiliary switch, control switch, SX ‖ ~ **als Begrenzer** / automatic control switch, loop controller, controller *n*, controlling means, regulator *n*, pilot switch, monitor *n* ‖ **automatischer** ~ **mit Pilotfunktion** (PS-Schalter) VDE 0660,T.200 / pilot switch IEC 337-1
Hilfsstrom·schaltglied *n* / auxiliary contact ‖ ~stecker *m* / auxiliary supply connector, auxiliary circuit plug ‖ ~steckverbinder *m* / auxiliary current plug-in connector ‖ ~trenner *m* VDE 0660,T.200 / isolating control switch IEC 337-1 ‖ ~trennschalter *m* EN 60947-5-1 / control switch suitable for isolation ‖ ~versorgung *f* / auxiliary supply, auxiliary power supply
Hilfs·taktgeber *m* / auxiliary clock ‖ ~tangente *f* / auxiliary tangent ‖ ~text *m* / help text ‖ ~texte zur Fehlerdiagnose / help text for diagnosing faults ‖ ~tragseil *n* (Fahrleitung) / auxiliary catenary ‖ ~trenner *m* / auxiliary disconnector ‖ ~trennkontakt *m* / auxiliary isolating contact ‖ ~trennschalter *m* / auxiliary disconnector ‖ ~übertrag *m* / auxiliary carry
Hilfs·variable *f* / auxiliary variable ‖ ~ventil *n* / servo-valve *n* ‖ ~verdichter *m* / auxiliary compressor ‖ ~wandler *m* (Schutz, Anpassungswandler) / matching transformer, interposing c.t.s. *n* ‖ ~werkzeug *n* / tool *n*, auxiliary tool
Hilfswicklung *f* (Transformatorwicklung, die eine (meist galvanisch von den anderen Spannungen getrennte) Hilfsspannung erzeugt) / auxiliary winding, (Mot. auch:) starting winding ‖ ~ *f* (Scott-Trafo) / teaser winding ‖ ~ **für**

Erdschlusserfassung / auxiliary winding for earth-fault detection, ground-leakage winding ‖ **Einphasenmotor mit** ~ / split-phase motor
Hilfs·wort *n* / auxiliary word ‖ ~zweig *m* / auxiliary arm ‖ ~zyklus *m* / auxiliary cycle
Himmel, bedeckter ~ / overcast sky
Himmelslicht *n* / skylight *n* ‖ ~anteil des Tageslichtquotienten / sky component of daylight factor ‖ ~quotient *m* / sky factor, configuration factor
Himmelsstrahlung *f* / sky radiation
hinaufladen *v* / upload
Hinaufschaltung *f* (Schutz, Übergreifschaltung) / zone extension (method), zone reach extension
hinauftransformieren *v* / step up *v*
Hinauskriechen *n* (Batterieelektrolyt) / creepage *n* IEC 50(481)
Hindernis *n* VDE 0100, T.200 / obstacle *n* ‖ ~begrenzung *f* / obstruction lighting ‖ ~begrenzung *f* / obstacle limitation ‖ ~begrenzungsfläche *f* / obstacle limitation surface ‖ ~beschränkung *f* / obstruction restriction ‖ ~beseitigung *f* (Flugsicherung) / clearing of obstructions ‖ ~feuer *n* / obstruction light, obstacle light ‖ ~-Freigrenze *f* (OCL) / obstacle clearance limit (OCL) ‖ ~gewinn *m* / obstacle gain
hinein·entworfene Qualität / designed-in quality ‖ **~fahren** *v* / move in *v* ‖ ~lehre *f* / GO gauge ‖ **~schieben** *v* / push in *v*
Hinkanal *m* / forward (LAN channel)
hinten *adv* / rear *adv* ‖ ~ (im Betriebrichtungssystem) / behind (viewing system) ‖ **nach** ~ (Bewegung) / backwards *adv*
Hinter·achsdifferential *n* / rear-axle differential ‖ ~achse *f* / rear axle ‖ ~achsgetriebeprüfstand *m* / rear-axle final-drive testbed ‖ **aktive** ~achskinematik (AHK) / allwheel steering system ‖ ~bliebener *m* / surviving dependent ‖ ~bohren *n* / back boring ‖ ~böschung *f* / backslope *n* ‖ ~drehen *n* / relief turning ‖ **~drehen** *v* / relief-turn *v*, back off *v*
hintere Außenkette / upwind wing bar ‖ **~ Stirnfläche** (Bürste) / back face, back *n* ‖ **~ Wellenfront** / backward wavefront
hintereinander schalten (in Reihe) / connect in series ‖ **hintereinander schalten** (Kaskade) / cascade *v*
Hintereinanderschaltung *f* / arrangement in series, in series ‖ ~ *f* (Reihenschaltung) / series connection, series circuit ‖ ~ *f* (Kaskade) / cascade connection, cascading *n*
hinterer Dammfuß *m* / heel *n* ‖ **~ Standort** / upwind position
Hinter·fräsen *n* / relief milling ‖ ~füllen *n* / backfilling *n* ‖ **~füllen** *v* / backfill *v* ‖ ~füllung *f* / backfill *n*
Hintergrund *m* / background *n* ‖ ~abfrage *f* (IEC 870-5-101) / background scan ‖ ~ausblendung *f* / background blanking, background suppression ‖ **~beleuchtet** *adj* / backlit *adj* ‖ **~beleuchtete LCD** / illuminated high resolution LCD ‖ ~beleuchtung *f* / back light ‖ ~bild *n* / background image, wallpaper ‖ ~design *n* / background design ‖ ~farbe *f* / background colour, background color ‖ ~funktion *f* / background function ‖ ~-GA / background GC ‖

⸺**geräusch** *n* / background noise || ⸺**grafik** *f* / background graphic || ⸺**helligkeit** *f* / background brightness || ⸺**informationen** *f* / background information || ⸺**kachel** *f* (Kachel, die zum Füllen von Regionen eines Fensters (1) dient, wenn der Inhalt des Fensters (1) verlorengegangen oder ungültig geworden ist) / background tile || ⸺**kommunikation** *f* / background communication || ⸺**ladung** *f* / background charge, bias charge || ⸺**leuchtdichte** *f* / background luminance || ⸺**licht** *n* / ambient light || ⸺**magazin** *n* / background magazine || ⸺**parameter** *m* / background parameter || ⸺**performance** *f* / background performance || ⸺**programm** *n* / background program || ⸺**prozess** *m* / background process || ⸺**rauschen** *n* / background noise || ⸺**schleier** *m* / background fog || ⸺**speicher** *m* / backup memory || ⸺**speicher** *m* (HG-Speicher) / backup memory, background memory || ⸺**test** *m* / background test || ⸺**verarbeitung** *f* / background processing
Hinterkante *f* / rear edge || ⸺ *f* (Bürste, Pol) / trailing edge, leaving edge
hinterlegen *v* (Daten in einer Datei) / store *v* || ~ *v* / deposit *v*, push onto || **Signale ~** / deposit signals
Hinterlegung *f* / consignment, deposit, notarization, storing
hinterleuchtet *adj* / backlit *adj* || **~e Anzeige** / backlit display || **~es Display** / backlit display
Hinterleuchtung *f* / backlighting *n*
Hinterlicht(beleuchtung) *f* (Rob.-Erkennungssystem) / rear illumination, backlighting *n*
Hinter·lüftung *f* / rear air circulation *n*, ventilation *n* || ⸺**maschine** *f* (Kaskade) / regulating machine, secondary machine, Scherbius machine || **Scherbius-**⸺**maschine** *f* / Scherbius phase advancer || ⸺**motor** *m* (Walzwerk) / rear motor || ⸺**schleifen** *n* / relief grinding || **~schleifen** *v* / relief-grind *v* || **~schneiden** *v* / undercut *v*, relief cutting || ⸺**schnitt** *m* / relief cut || ⸺**element** *n* / relief cut element || ⸺**vorschub** *m* / relief cut feed, relief cut feedrate || ⸺**seite** *f* / back, rear side || ⸺**senken** *n* / back counterboring || ⸺**stechen** *n* / grooving *n* || **~treten** *v* / step behind || ⸺**tretschutz** *m* / device to prevent stepping behind, area guarding || ⸺**tür** *f* / trapdoor || ⸺**wandzelle** *f* (Dünnschichtzelle mit durchsichtigem Substrat, Bestrahlung erfolgt durch das Substrat) / back wall cell
Hin- und Herbiegeversuch *m* / reverse bend test, flexure test
Hin-und Herpendeln des Spindelmotors / to and fro motion of the spindle motor
Hin- und Rücklaufzeit *f* / round trip propagation time
Hinweis *m* / note *n* || ⸺**adresse** *f* / pointer || ⸺**alarm** *m* / notification alarm
Hinweise *m pl* / instructions || ⸺ **zur Projektierung u. Installation des Produkts** / Guidelines for the Planning and Installation of the Product || ⸺ **zur Verwendung** / notes on usage || **allgemeine** ⸺ / general *n* || **technische** ⸺ / technical comments
Hinweis·leuchte *f* / illuminated sign || ⸺**linie** *f* / leader *n* || ⸺**liste** *f* / information list || ⸺**pfeil** *m* (Richtung) / direction arrow || ⸺**schild** *n* / reference plate, information plate || ⸺**schilder** *n pl* / reference plates || ⸺**zeile** *f* / reference line
hinzufügen *v* / add *v*
hinzugefügte Ausgangsleistung (Diode) / added output power
Hirth·-Korrektur *f* / Hirth offset || ⸺**-Verzahnung** *f* / Hirth tooth system
HISS (Human Interface Supervision System) / Human Interface Supervision System (HISS)
HIST / Host System Interoperability Testing (HIST)
Histogramm *n* / histogram *n*, frequency bar chart
historisierte Daten *f* (Daten, die auf einem Speichermedium auf unbestimmte Zeit aufgezeichnet sind) / historical data
Hitliste *f* / hit list
HIT-Struktur *f* / HIT structure
Hitzdraht·-Durchflussmesser *m* / hot-wire flowmeter || ⸺**instrument** *n* / hot-wire instrument || ⸺**-Luftmassensensor** *m* / MAF *n* || ⸺**-Technik** *f* / hot-wire technology
hitzebeständig *adj* / resistant to heat, heat-resistant *adj*, stable under heat || **~e Aderleitung** / heat-resistant non-sheathed cable, heat-resistant insulated wire || **~e Aderleitung mit zusätzlichem mechanischem Schutz** (m. Glasfaserbeflechtung) / glass-filament-braided heat-resistant (non-sheathed) cable || **~e Schlauchleitung** / heat-resistant sheathed flexible cable (o. cord)
Hitzedraht *m* / hot wire
hitzehärtbar *adj* / heat-setting *adj*, thermo-setting *adj*, hot-setting *adj*, heat-curing *adj* || **~er Kunststoff** / thermoplast *n*, thermosetting plastic
Hitze·schutzbetrieb *m* / heat protection mode || ⸺**stau** *m* / heat accumulation, heat storage
H-Kabel *n* / H-type cable, Höchstädter cable
HKL / HVAC (heating, ventilation and air-conditioning)
H-Kopf *m* / horizontal head
HLA / hydraulic linear drive (HLA)
HLA/ANA-Modul *n* / HLA/ANA module
HLA-Modul *n* / HLA module
HLG (Hochlaufgeber) / ramp function generator, ramp generator, RFG (ramp-function generator) || ⸺ **mit Verrundung** / RFG with smooth transitions || ⸺ **ohne Verrundung** / RFG with sharp transitions
HLGSS / RFG IS
HLI / heliport lighting (HLI)
HLL / high-level language (HLL)
HLLAPI / high-level language application program interface (HLLAPI)
HLR (home location register) *n* / home location register (HLR)
HLS·-Schalter *m* / miniature circuit-breaker for domestic purposes, miniature circuit-breaker for household use, household-type m.c.b. || ⸺**-Sicherungseinsatz** *m* / semi-conductor fuse link
HM / hydraulic-magnetic tripping (HM) || **HM** (Hilfsmerker) / auxiliary flag
HMI / human machine interface (HMI) || ⸺**-Auftragsfach** *n* / HMI command buffer || ⸺**-Bild** *n* / HMI screen || ⸺**-DOS** / HMI DOS || ⸺**-Ebene** *f* / HMI level || ⸺**-Funktionsumfang** *m* / range of HMI functions
H/min / str/min
HMI·-Parameterbereich *m* / HMI data || ⸺**-Programmierpaket** *n* / HMI programming package || ⸺**-Projektierpaket** *n* / HMI configuring package || ⸺**-Quittungsfach** *n* / HMI acknowledge buffer *n*
HMS *n* (hochauflösendes Messsystem) / high-

resolution measuring system (HMS) || ~ n /
Holonic Manufacturing System (HMS)
HNC / hand numerical control (HNC)
H-Netz n / in-house network
Hobel·maschine f / planer, planing machine || ~n n /
planing n || ~**werkzeug** n / planing tool
hoch adv / high adv || **~ abgestimmt** (Resonanz) /
set to above resonance || **~ auflösendes
Touchscreen** / high-resolution touchscreen || **~
beansprucht** adj / heavy duty adj || **~belastbar**
adj / heavy-duty adj || **ein Signal ~ setzen** /
initialize a signal to high
hoch·abgestimmte Auswuchtmaschine / above-
resonance balancing machine || **~absorptiv** adj /
highly absorptive adj, highly absorbent adj, highly
absorbing adj || **~aufgelöste Lage (HGL)** f / HGL
|| **~auflösend** adj / high-resolution adj, high-
definition adj || **~auflösendes Messsystem** / HMS
|| **~automatisiert** adj / highly automated ||
~**baukran** m / building construction crane ||
~bocken v / jack up v, support v || ~**bordstein** m /
raised curb || **~brilliant** adj / high-definition ||
~dotiert adj / heavily doped adj
Hochdruck·aufnehmer m / high-pressure pickup ||
~**behälter** m / high-pressure receiver || ~**dampf**
m / superheated steam, high pressure steam ||
~**dampferzeuger** m / high pressure boiler || ~-
Einschraub-Widerstandsthermometer n / high-
pressure screw-in resistance thermometer || ~-
Einschweiß-Widerstandsthermometer n / high-
pressure weldable resistance thermometer || ~-
Entladungslampe f / high-pressure discharge
lamp || ~**filter** m / high-pressure filter || ~-
Flüssigkeitschromatograph m (HPLC) / high-
pressure liquid chromatograph (HPLC) || ~-
Kesselspeisepumpe f / high pressure boiler feed
pump || ~**kontakt** m / high-pressure contact ||
~**lampe** f (HD-Lampe) / high-pressure lamp ||
~**leitung** f / high-pressure line || ~**maschine** f /
letterpress printing machine || ~**öl** n / extreme-
pressure oil (e.p. oil) || ~-**Ölkabel im Stahlrohr** /
high-pressure oil-filled pipe-type cable, oilostatic
cable || ~**pumpe** f / high-pressure pump ||
~**reinigungsgerät** n / high-pressure cleaning
device || ~**schmiermittel** n / extreme-pressure
lubricant (e.p. lubricant) || ~**strahl** m / high
pressure jet || ~-**Synthese-Anlage** f / high pressure
synthesis plant || ~**ventil** n / high-pressure valve ||
~**verfahren** n / relief printing technology ||
~**vorwärmer** m / high pressure feed water || ~-
Wasserkraftwerk n / high-head hydroelectric
power station || ~**wirkstoff** m (EP-Zusatz) /
extreme-pressure additive (e.p. additive)
hoch·dynamisch adj / highly dynamic adj, with high
dynamic response adj, high-dynamic adj ||
~empfindlich adj / high-sensitivity adj ||
~entwickelt adj / highly developed || **~entwickelte
Visionstechnologie** f / sophisticated vision
technology
hochfahren v / turn on, power up, switch on, run up
v, accelerate v, run up to speed, ramp up ||
Spannungs~ n / gradual increase of voltage
Hochfahrintegrator m / ramp-up integrator || ~ m /
starting converter
Hochfeld-Supraleiter m / high-field superconductor
hochfest adj / high-strength adj, high-tensile adj,
ultra-high-strength adj

hochflexibler Leiter / highly flexible conductor
Hochformat m / vertical format, n portrait n ||
Einstellung ~ / portrait setting || ~**-Skale** f /
straight vertical scale
hochfrequent adj / high-frequency adj, of high
frequency || **~e Beeinflussung** IEC 50(161) / radio-
frequency interference (RFI), RF interference || **~e
Störung** / radio frequency disturbance, RF
disturbance, radio disturbance || **~es Rauschen** /
RF noise, radio noise
Hochfrequenz f (HF) / high frequency (HF), radio
frequency (RF) || ~**abstrahlung** f / radio
frequency emission || ~**drossel** f / radio frequency
choke || ~**-EMK** f / radio e.m.f. || ~**festigkeit** f /
RFI immunity || ~**kabel** n (HF-Kabel) / radio-
frequency cable (RF cable) || ~**kapazität** f
(Kondensator) / high-frequency capacitance ||
~**kathodenzerstäubung** f / high frequency
sputtering || ~**leistung** f (HF-Leistung) / radio-
frequency power (RF power) || ~**litze** f / HF litz
wire || ~**prüfung** f (elektron. Rel.) / high-
frequency disturbance test, disturbance test IEC
255 || ~**relais** n / high-frequency relay ||
~**schweißen** n / high-frequency pressure welding,
HF welding, radio-frequency welding || ~**spindel**
f / high-frequency spindle || ~**-Steckverbinder** m /
radio-frequency connector || ~**-Störprüfung** f /
high-frequency disturbance test, disturbance test
IEC 255 || ~**störung** f / radio-frequency
interference (RFI), radio-frequency emission,
radio interference disturbance (RFD), RF
interference || ~**umformer** m / high-frequency
changer set || ~**verstärkerverteiler** m / high-
frequency repeater distribution frame (HFRDF) ||
~**-Widerstandsschweißen** n / HF resistance
welding
Hochführung f / riser n || **Sammelschienen-**~ f /
busbar riser
Hoch·führungsfeld n / riser panel || **~gefedert** adj /
upwardly sprung || **~gelegener Duct** / elevated
duct || **~genaue Abholposition** / high-precision
pick-up position || **~genaue Nocke** / high-
precision cam || ~**genauigkeitszentrum** n / high-
precision center || **~gerechnete Taktzeit** /
extrapolated cycle time || **~gerüstete Geräte** /
retrofitted units, revised units
Hochgeschwindigkeits·anwendung f / high-speed
application || ~**bearbeitung** f / high speed
machining (HSM), high speed operation ||
~**bearbeitungsmaschine** f / high speed cutting
machine || ~**-Bearbeitungszentrum** n / high-
speed machining center || ~**-Bohrmaschine** f / high-
speed drilling machine || ~**-Drehautomat** n / high-
speed automatic lathe || ~**-Ethernet (HSE)** n /
High Speed Ethernet (HSE) || ~**fräsen** n (HSC) /
high speed cutting (HSC) || ~**-Fräsmaschine** f /
high-speed cutting machine (HSC machine) || ~**-
IS** f / very-high-speed IC (VHSIC) || ~**kamera** f /
high-speed camera || ~**lichtleitering** m / high-
speed optical fiber ring || ~**netz** n / high-speed
network || ~**-Prozessor** m / high-speed processor ||
~**-Schleifmaschine** f / high-speed grinding
machine || ~**-Umformverfahren** n / high-energy-
rate forming || ~**zähler** m / high speed counter
hoch·gestelltes Zeichen / superscript character ||
~gezogene Füße (el. Masch.) / raised feet ||
~giftiger Stoff / highly toxic chemical

Hochglanz *m* / full gloss, mirror brightness, mirror finish || **~eloxiert** *adj* / high-gloss-anodized *adj* || **~poliert** *adj* / high-gloss polished
Hoch·glühen *n* / full annealing || ⚖**haus** *n* / high-rise building || ⚖**injektionszelle** *f* / high-level injection cell || ⚖**integration** *f* / large-scale integration || **~integriert** *adj* / LSI (large-scale integrated)
hochkant *adj* / on edge, edgewise *adj*, vertical *adj* || **~ biegen** / bend edgewise || **~ gewickelt** / wound on edge, edge-wound *adj*, wound edgewise || **~ gewickelte Wicklung** / strip-on-edge winding, edge-wound winding || ⚖**einsatz** *m* / vertical mount
hoch·koerziv *adj* / high-coercivity *adj* || ⚖**komma** *n* (Begrenzer in Programmier-Strings) / inverted comma, quoting character || **~konzentrierendes System** / HCPV system, high-concentration system || **~korrosionfest** *adj* / stainless *adj* || ⚖**laden** *n* / uploading *n*, upload || **~laden** *v* / upload *v* || **~laden/herunterladen** *v* / upload/download || ⚖**lader** *m* / standard pickup || ⚖**lastwiderstand** *m* / power resistor
Hochlauf *m* / acceleration *n*, running up, booting *n*, ramp up *n*, ramp-up *n*, power-up *n*, ramping up *n*, boot *n*, power up *n*, run-up *n* || ⚖ **an der Strombegrenzung** / current-limit acceleration || ⚖ **beendet** / run up to rated speed || ⚖ **und Shutdown-Verhalten** *m* / run-up and shutdown behavior || ⚖**anweisung** *f* / ramp-up instructions || ⚖**bild** *n* / boot screen, start-up screen, power-up display || ⚖**charakteristik** *f* / acceleration curve, ramp characteristic
Hochläufe, Anzahl der ⚖ **hintereinander** / number of starts in succession
hochlaufen *v* / ramp up, run up || ⚖ *n* (Magnetron) DIN IEC 235, T.1 / runaway *n*
Hochlauffunktion *f* / ramp function
Hochlaufgeber *m* / ramp-function generator, speed ramp, acceleration rate limiter, ramp function generator || ⚖ *m* (HLG) / ramp-function generator (RFG), ramp generator || ⚖ **mit Speicherverhalten** / latching-type ramp-function generator, latching ramp || ⚖**ausgang** *m* / ramp generator output || ⚖**freigabe** *f* / ramp-function generator follow-up, ramp-function generator release, ramp enabling || ⚖**möglichkeiten** *f* / ramp-function generator options || ⚖-**Nachführung** *f* / ramp correction module (o. circuit), ramp-function generator tracking || ⚖-**Schnellhalt** *m* / ramp-function generator fast stop
Hochlauf·geschwindigkeit *f* / rate of acceleration, ramp-up rate || ⚖**geschwindigkeit** *f* (Hochlaufgeber) / ramp-up rate || ⚖**integrator** *m* / ramp-function generator || ⚖**kennlinie** *f* / ramp-up characteristic || ⚖**konstante** *f* / ramp-up constant || ⚖**phase** *f* / ramp-up phase || ⚖**prüfung** *f* / run-up test || ⚖**rampe** *f* / acceleration ramp || ⚖**regler** *m* / acceleration control unit, ramp-function generator || ⚖**schaltung** *f* / ramp-up circuit, ramp-function circuit || ⚖**sicherheit** *f* (nach Netzstörung) / recovery stability || ⚖**sperre** *f* / acceleration lockout || ⚖**steilheit** *f* / ramp steepness || ⚖**steller** *m* (Erregung) / excitation build-up setter || ⚖**überbrückung** *f* / acceleration-time suppression || ⚖**umrichter** *m* (HU) / starting converter || ⚖**verhalten** *n* / run-up performance || ⚖**versuch** *m* / running-up test, acceleration test, starting test || ⚖**vorgang** *m* / ramp-up function || ⚖**zeit** *f* / power-up time, acceleration time, ramp time, ramp-up time || ⚖**zeit für PID-Sollwert** / ramp-up time for PID setpoint || ⚖**zeitkonstante** *f* / speed ramp constant || ⚖**zeitkonstante** *f* (Zeit für das Hochlaufen eines Antriebsmotors vom Stillstand auf eine bestimmte Drehzahl) / ramp-up time constant
hochlegiert *adj* / high-alloy || **~e Stahlspindel** / stem of stainless steel || **~es Elektroblech** / high-alloy magnetic sheet steel
Hochleistungs·befeuerung *f* / high-intensity lighting || ⚖**bestückung** *f* / high speed placement || ⚖-**Bestückung** *f* / placing standard components at high speed || ⚖-**Controller** *m* / high-performance controller || ⚖**feuer** *n* / high-intensity beacon || ⚖**fräsmaschine** *f* / heavy-duty milling machine || ⚖**kondensator** *m* / high-intensity capacitor, high power capacitor || ⚖**leuchte** *f* / high-intensity luminaire || ⚖-**Leuchtstofflampe** *f* / high-intensity fluorescent lamp, high-efficiency fluorescent lamp, high-output fluorescent lamp || ⚖-**Lichtfluter** *m* / high-capacity floodlight || ⚖**maschine** *f* / high-power machine, high-capacity machine, heavy-duty machine || ⚖**motor** *m* / high-output motor, high-power motor, heavy-duty motor || ⚖-**Motorspindel** *f* / high-performance motor spindle || ⚖**öl** *n* / heavy-duty oil || ⚖**programm** *n* / high-capacity product range || ⚖-**Revolverkopf** *m* / high speed revolver head
Hochleistungs·schalter *m* / heavy-duty circuit-breaker || **Transistor-**⚖**schalter** *m* / high-power transistor switch || ⚖**scheinwerfer** *m* / high-capacity floodlight || ⚖**sicherung** *f* / high-breaking-capacity fuse (HBC fuse), high-rupturing-capacity fuse (HRC fuse), high-interrupting-capacity fuse || ⚖**stanzmaschine** *f* / high-performance punching machine || ⚖**synthetik** *f* / high-power synthetic circuit || ⚖**technik** *f* / high-voltage switchgear || ⚖**verstärker** *m* / high-power amplifier (HPA) || ⚖**zelle** *f* / high efficiency solar cell
Hochmast *m* / high mast, tall column || ⚖**beleuchtung** *f* / high-mast lighting
Hoch·momentmotor *m* / high-torque motor || ⚖**ofen** *m* / steel furnace || ⚖**ofenschlacke** *m* / blast furnace slag || ⚖**ofenstaub** *m* / kiln dust
hochohmig *adj* / high-resistance *adj* || **~e Auskopplung** *f* / high-resistance isolation || **~er Differentialschutz** IEC 50(448) / high-impedance differential protection || **~er Kurzschluss** IEC 50 (448) / high-resistance fault
hochohmisch *adj* / high-resistance *adj*
Hoch·ohmwiderstand *m* / high resistance || ⚖**pass** *m* (HP) / high pass (HP), high-pass filter || ⚖**passfilter** *m* / high-pass filter || ⚖**pass-Filterkondensator** *m* / high-pass filter capacitor || ⚖**pegellogik** *f* / high-level logic (HLL) || ⚖**pegellogik** *f* (HTL) / High Threshold Logic (HTL) || ⚖**pegelsignal** *n* / high-level signal || **~permeabel** *adj* / high-permeability *adj*
hochpolig *adj* / multi-pin *adj* || **~e Wicklung** (polumschaltbarer Mot.) / low-speed winding || **~es Bauelement** / fine pitch component
Hochpräzisions·-Hartdrehen *n* / high-precision hard turning || ⚖**komponente** *f* / high-precision component || ⚖**zähler** *m* / high-precision meter
hoch·prior (Daten) *adj* / high-priority || **~rechnen** *v* / calculate *v* || ⚖**regal** *n* / high-bay racking ||

⟨regallager *n* / high-bay warehouse, stacker store, high-bay racking
hochrein *adj* / high-purity *adj*, ultrapure *adj* || **~e Produktionszelle** / highly sterile production cell || **~es Silizium** / high-purity silicon
Hochreißen *n* (Schwungradanlauf) / flywheel starting
Hoch-/Rücklauf / ramping *n* || ⟨zeit des PID-Grenzwerts / ramp-up/-down time of PID limit
Hochrüst·anleitung *f* / upgrade instructions || ⟨archiv *n* / upgrade archive || **~bar** *adj* / upgradable *adj* || ⟨en *n* / upgrade *n* (UG) || **~en** *v* / upgrade *v*, revise *v*, retrofit *v* || ⟨satz *m* / upgrade kit, upgrading kit || ⟨ung *f* / upgrade *n* (UG)
Hoch·schaltmoment *n* / shift-up torque || ⟨schaltspannung *f* / flashing voltage || ⟨schaltvorgang *m* / upchange *n*, upshift *n* || **~schleppen** *v* (Hochfahren über Anfahrstromrichter) / accelerate synchronously, pull up to speed || **~schmelzend** *adj* / high-melting *adj* || ⟨schulabschluss *m* / university degree || ⟨schulabsolvent *m* / college graduate || ⟨schulbildung *f* / university education || ⟨schulreife *f* / university entrance standard || ⟨schulter-Kugellager *n* / deep-groove ball bearing, Conrad bearing || ⟨setzsteller *m* / step-up converter, boost convertor || **~siedend** *adj* / high-boiling *adj* || **~siliziertes Dynamoblech** / high-silicon electrical sheet steel, high-silicon magnetic sheet || ⟨skale *f* / straight vertical scale || ⟨spannring *m* / spring washer
Hochspannung *f* (HS) / high voltage (h.v.), high tension (h.t.), high potential
Hochspannungs·abnehmer *m* / h.v. consumer || ⟨anlage *f* / h.v. switching station, h.v. compound, h.v. switchgear || ⟨anlage *f* (HS-Anlage) / h.v. installation, h.v. system || ⟨anschluss *m* (Wandler) / high-voltage terminal, high-voltage connection || ⟨aufnehmer *m* / h.v. pickup || ⟨-Elektronenkanone *f* / high voltage electron gun || ⟨festigkeit *f* / h.v. strength, h.v. endurance || ⟨freiluftschaltfeld *n* / outdoor HV switchpanel || ⟨generator *m* / high-voltage generator || ⟨gleichstromübertragung *f* (HGÜ) / high-voltage DC transmission (HVDCT), long range transmission (HVDCT), teletransmission, HVDC transmission || ⟨-Gleichstromübertragung *f* (HGÜ) / h.v. d.c. transmission (HVDCT) || ⟨gleichstromübertragungsdrossel (HGÜ-Drossel) *f* / HVDC reactor || ⟨-Gleichstrom-Übertragungs-Kurzkupplung *f* (HGK) / HVDCT back-to-back link || ⟨-Gleichstrom-Übertragungstransformator *m* (HGÜ-Transformator) / h.v. d.c. transmission transformer (HVDCT transformer) || ⟨-Hochleistungs-Sicherung *f* (HH-Sicherung) / h.v. high-breaking-capacity fuse (h.v. h.b.c. fuse), h.v. high-rupturing-capacity fuse (h.v. h.r.c. fuse) || ⟨-Hochleistungs-Sicherungseinsatz *m* (HH-Sicherungseinsatz) / h.v. high-breaking-capacity fuse-link (h.v. h.b.c. fuse link), h.v. h.r.c. fuse-link
Hochspannungs·kreis *m* / h.v. circuit || ⟨-Lastschalter *m* / h.v. switch || ⟨-Leistungsschalter *m* / h.v. circuit-breaker, h.v. power circuit-breaker || ⟨messer nach dem Generatorprinzip / generating voltmeter || ⟨-Messimpedanz *f* / h.v. measuring impedance || ⟨motor *m* / h.v. motor, h.t. motor, high-voltage motor || ⟨motor mittlerer Leistung / h.v. motor of medium-high rating || ⟨netz *n* / h.v. system, primary network || ⟨pfeil *m* / danger arrow || ⟨prüfer *m* / h.v. detector, high-voltage detector || ⟨-Prüffeld *n* / h.v. testing station || ⟨prüfgerät *n* / high voltage test device || ⟨-Prüftechnik *f* / h.v. test techniques || ⟨prüfung *f* / h.v. test, high-potential test, high voltage test, high-voltage test, dielectric test (relay) || ⟨raum *m* (Schrank) / h.v. compartment
Hochspannungs-Schaltanlage *f* / h.v. switching station, h.v. compound, h.v. switchgear, high-voltage switchgear || **isolierstoffgekapselte** ⟨ VDE 0670, T.7 / h.v. insulation-enclosed switchgear IEC 466 || **metallgekapselte** ⟨ VDE 0670, T.8 / h.v. metal-enclosed switchgear IEC 517
Hochspannungs'-Schalteinheit *f* / h.v. switchgear assembly, h.v. circuit-breaker unit || ⟨schalter *m* (Lastsch.) / h.v. switch, high-voltage switch || ⟨schalter *m* / h.v. circuit-breaker, h.v. power circuit-breaker || ⟨schalter *m* / h.v. disconnector || ⟨-Schaltgeräte *n pl* / h.v. switchgear and controlgear || ⟨-Schaltgeräteblock *m* / high-voltage switchgear section || ⟨-Schaltgerätekombination *f* / h.v. switchgear assembly || ⟨schalttechnik *f* / high-voltage switchgear and controlgear || ⟨seite *f* / h.v. side, high side, h.v. circuit
hochspannungs·seitig *adj* / on h.v. side, in h.v. circuit, high-voltage *adj* || **~sicher** *adj* / surge-proof *adj*
Hochspannungs·signal *n* / high-voltage signal || ⟨steuerung, Regeltransformator für ⟨steuerung / h.v. regulating transformer || ⟨tarif *m* / h.v. tariff || ⟨teil *m* / h.v. section, h.v. cubicle || ⟨testgerät *n* / high voltage insulation test equipment || ⟨transformator für Leuchtröhren / luminous-tube sign transformer || ⟨-Transformator-Zündgerät *n* / h.v. igniter || ⟨tür *f* / high-voltage door || ⟨-Vakuumschütz *n* / h.v. vacuum contactor || ⟨verteilung *f* / h.v. distribution, primary distribution || ⟨verzögerungszeit *f* / h.v. delay time || ⟨wicklung *f* / h.v. winding, higher-voltage winding || ⟨widerstand *m* / high-voltage resistor || ⟨zuleitung *f* (f. Gerät) / h.v. lead
hochsperrender Thyristor / high-blocking capability thyristor
Hochsprache *f* / high-level language (HLL) || ⟨ CNC / high-level CNC language || ⟨baustein *m* / high-level language block
Hochsprachen·erweiterung *f* / high-level language extension || ⟨programmierung *f* / programming in high-level languages
hochstabile Plattform *f* / highly stable platform
Hochstabläufer *m* / deep-bar rotor, deep-bar squirrel-cage motor
Höchstädter-Kabel *n* / Höchstädter cable, H-type cable
Höchst·anteil *m* / upper limiting proportion || ⟨bedarf *m* / maximum demand || ⟨belastung *f* / maximum load || ⟨betrag *m* / maximum amount || ⟨drehzahl *f* / maximum speed, top speed || ⟨druck *m* / maximum pressure, extra-high pressure || ⟨druckklampe *f* / extra-high-pressure lamp, super-pressure lamp
höchst·e Anlagenspannung / highest voltage for

Hochstellen 402

equipment ‖ ~e anwendbare Temperatur (TMAX) DIN 2401,T.1 / maximum allowable temperature ‖ ~e Arbeitstemperatur (TAMAX) DIN 2401,T.1 / maximum operating temperature ‖ ~e Bemessungs-Stufenspannung IEC 50(421) / maximum rated step voltage ‖ ~e Betriebsspannung eines Netzes / highest voltage of a system, system highest voltage, system maximum continuous operating voltage ‖ ~e Dauerleistung / maximum continuous rating (m.c.r.) ‖ ~e Entspannungstemperatur (Glas) / annealing temperature, annealing point ‖ ~e Erregerspannung / exciter ceiling voltage ‖ ~e lokale Schichttemperatur DIN 41848 / hot-spot temperature ‖ ~e nichtzündende Steuerspannung DIN 41786 / gate non-trigger voltage ‖ ~e PROFIBUS-Adresse (Parameter bei PROFIBUS) / highest station address ‖ ~e Schaltfrequenz des Näherungssensors / maximum-operating frequency of the proximity sensor ‖ ~e Segmentspannung (Kommutatormasch.) / maximum voltage between segments ‖ ~e Spannung eines Netzes VDE 0100, T.200 / highest system voltage, maximum system voltage, maximum voltage of network ‖ ~e Spannung für Betriebsmittel VDE 0111 / highest voltage for equipment IEC 71, IEC 76 ‖ ~e Teilnehmeradresse (PROFIBUS) / highest station address (HSA) ‖ ~e Versorgungsspannung / maximum power supply voltage ‖ ~e zulässige netzfrequente Spannung / maximum power-frequency voltage ‖ ~e zulässige Schwingungsbreite für die Ausgangsspannung (Verstärker) / maximum output voltage swing ‖ ~e zulässige Überspannung VDE 0670,T.3 / maximum permissible overvoltage IEC 265, assigned maximum overvoltage
Hochstellen *n* (Formatsteuerfunktion) / partial line up ‖ ~ *n* (Text) / superscripting *n*
Hochsteller *m* / step-up converter ‖ ~ *m* / raising gear
höchster Arbeitsdruck (PAMAX) DIN 2401, T.1 / maximum operating pressure ‖ ~ **Bemessungs-Durchgangsstrom** IEC 50(421) / maximum rated through-current IEC 214 ‖ ~ **nichtzündender Steuerstrom** DIN 41786 / gate non-trigger current ‖ ~ **Scheitelwert des unbeeinflussten Stroms** VDE 0660,T.101 / maximum prospective peak current IEC 157-1
Höchstfrequenz *f* / extra-high frequency (e.h.f.), maximum frequency ‖ ~**technik** *f* / microwave engineering ‖ ~**welle** *f* / microwave *n*
Höchst·geschwindigkeit *f* / maximum velocity ‖ ~**integrationsgrad** *m* / extra-large-scale integration (ELSI)
Höchstlast *f* / maximum load, maximum capacity ‖ **kurzzeitig gemittelte** ~ / maximum demand ‖ ~**anteil** *m* / effective demand ‖ ~**anteilfaktor** *m* / peak responsibility factor ‖ ~**anteilverfahren** *n* / peak responsibility method ‖ ~-**Optimierungsrechner** *m* / peak-load optimizing computer, peak-load optimizer
Höchstleistung *f* / maximum output, maximum power, peak output, maximum capacity ‖ ~ *f* / maximum demand ‖ ~**srechner** *m* / supercomputer
Höchstmaß *n* / maximum dimension ‖ ~ **an Produktivität** / highest productivity
Hoch-Stoßstrom *m* / high-current impulse, high current
Höchst·pegel *m* / maximum level ‖ ~**quantil** *n* (Statistik) DIN 55350, T.12 / upper limiting quartile
Hochstraße *f* / elevated road, stilted road, elevated highway, stilted highway, skyway *n*
Hochstrom *m* / high current, heavy current, extra-high current ‖ ~**klemme** *f* / high-current terminal ‖ ~-**Kohlebogenlampe** *f* / high-intensity carbon arc lamp ‖ ~**kontakt** *m* / high-current contact ‖ ~**kreis** *m* / high-current circuit, heavy-current circuit ‖ ~**modul** *n* / high-current module ‖ ~**programm** *n* / high-current product range ‖ ~**sammelschiene** *f* / high-current busbar, heavy-current bus ‖ ~**schalter** *m* / heavy-current disconnector, heavy-duty disconnector ‖ ~**schiene** *f* / high-current busbar, heavy-current bus ‖ ~**trennschalter** *m* / heavy-current disconnector, heavy-duty disconnector
Höchstspannung *f* / extra-high voltage (e.h.v.), very high voltage (v.h.v.), ultra-high voltage (u.h.v) ‖ ~ *f* (f. Gerät) / maximum voltage ‖ ~ *f* (Deckenspannung) / ceiling voltage
Höchstspannungs·netz *n* / e.h.v. system, supergrid *n* ‖ ~**prüfhalle** *f* / extra-high-voltage testing station, e.h.v. laboratory ‖ ~**schaltanlage** *f* / extra-high-voltage switchgear (e.h.v. switchgear) ‖ ~**transformator** *m* / extra-high-voltage transformer (e.h.v. transformer) ‖ ~**übertragung** *f* / e.h.v. transmission
höchstwertiges Byte / most significant byte
Höchst-Unterschreitungsanteil *m* (Statistik) DIN 55350,T.12 / upper limiting proportion ‖ **Höchst-Unterschreitungsanteil** *m* (größter zugelassener Unterschreitungsanteil der Merkmalswerte einer Verteilung unter dem zugehörigen Mindestquantil) / upper limiting fall below-proportion
Höchstwert *m* / maximum value, peak value, crest value, maximum limiting value ‖ ~ *m* DIN 55350, T.12 / upper limiting value ‖ ~ **des begrenzten Stroms** DIN 41745 / maximum limited current IEC 478-1 ‖ ~**begrenzung** *f* / clipping
höchstwertig *adj* / most significant ‖ ~e **Ziffer** / most significant digit (MSD) ‖ ~es **Bit** / most significant bit (MSB) (MSB)
höchstzulässig *adj* / maximum permissible, maximum allowed ‖ ~e **Formänderung** / maximum deformation ‖ ~e **Spaltweite** (zünddurchschlagsicherer Spalt) / maximum permitted gap ‖ ~e **Überspannung einer Kondensatorbatterie** VDE 0670,T.3 / assigned maximum capacitor bank overvoltage IEC 265 A, maximum permissible capacitor bank overvoltage ‖ ~**er Kurzschlussstrom** / maximum permissible short-circuit current, upper limit of overcurrent
Hochtarif *m* (HAT) / high tariff, normal rate, on-peak tariff ‖ ~**zählwerk** *n* / normal-rate register ‖ ~**zeit** *f* / high-load hours, normal-rate period, high cost period
Hochtemperatur *f* / high-temperature ‖ ~-**Datenspeicher** *m* / high-temperature resistant data memory ‖ ~**datenträger** *m* / high-temperature data medium ‖ ~-**Druckaufnehmer** *m* / high-temperature pressure pickup ‖ ~**fett** *n* / high temperature grease ‖ ~**isolierung** *f* / high-temperature insulation ‖ ~**kammer** *f* (Diffraktometer) / high-temperature cell ‖ ~**klemme** *f* / high-temperature clamp ‖ ~-

Röntgenbeugung f / high-temperature X-ray diffration
Hoch-Tief-Regelung f / high-low control || ⁓-**Verhalten** n / high-low action
hochtourig adj / high-speed adj
Hoch-und Rücklaufzeit f / ramping time
Hochvakuum n / high vacuum || ⁓**aufdampfung (HVA)** f / high-vacuum deposition || ⁓**pumpe** f / high-vacuum pump || ⁓**ventil** n / high vacuum valve || ⁓-**Ventilbauelement** n / high-vacuum valve device
hochverfügbar adj / high-availability, redundant adj, fault-tolerant, high-MTBF || ~ **und fehlersicher** (Automatisierungssystem) / fault-tolerant and fail-safe, redundant and fail-safe || **~es Automatisierungsgerät** / fault-tolerant (o. redundant) programmable controller || **~es Automatisierungssystem** / high-availability automation system || **~es Steuergerät** (m. einem 1-von-2-Aufbau) / hot standby controller || **~es System** / fault-tolerant system || ⁓**keit** f / high availability
hoch·verknüpfte Funktionsgruppe / highly complex functional group || **~viskos** adj / high-viscosity adj, of high viscosity || ⁓**voltschaltung** f / high-threshold circuit (IC) || **~warmfest** adj / high-temperature-resistant adj, heat-proof adj
hochwertig adj / high-quality, high-performance || **~er Werkstoff** / heavy duty material
hoch·zählen v / increment v || **~ziehen** v (beschleunigen) / pull up to speed, accelerate v, run up v || **~zugfest** adj / high-tensile adj || ⁓**zugrichtung** f / extrusion direction || ⁓-**Zustand** m (Signalpegel) / high state
Höcker·punkt m (Diode) / peak point || ⁓**spannung** f (Diode) / peak-point voltage || ⁓**strom** m (Diode) / peak-point current
Hofbildung f (Leiterplatte) / haloing n
Höhe f / height n || **Höhe** f (geograf.) / altitude n, elevation n
hohe Auflösung f / high resolution || ~ **Aussteuerung** / low delay angle setting, high control setting || ~ **Baugruppendichte** / high number of channels
Höhe der Prüfspannung / value of the test voltage || ⁓ **des Automatenfußes** / leg height || ⁓ **des Überdrucks** / level of overpressure
hohe Dotierung / heavy doping || ~ **Geschwindigkeit** / high speed
Höhe in nicht zusammengedrücktem Zustand (Feder) / uncompressed height (spring)
hohe Präzision / high precision || ~ **Rundlaufgüte** / minimal torque oscillations || ~ **Rundlaufqualität** / minimal torque oscillations
Höhe vereinheitlichen / unify height
hohe Verfügbarkeit / high availability (HI)
Höhe, Ausrichten nach der ⁓ / aligning to correct elevation, alignment in the vertical plane
Hoheit der QMB / realm of the QMR
höhen·abhängig adj / height dependent, as a function of height || ⁓**anpassung** f / height adjustment || ⁓**ausgleich** m / height compensation || ⁓**ausgleichsbolzen** m / height-compensating bolt || ⁓**ausgleichsrahmen** m / height adjustment frame, adaptor frame || ⁓**ausrichtung** f / vertical alignment, alignment in vertical plane || ⁓-**Azimut-Nachführstand** m / azimuth-elevation tracker ||

⁓**beanspruchung** f DIN 40040 / altitude rating || ⁓**bewegung** f / vertical movement || ⁓**einheit** f (HE) / height module (HM), vertical module || ⁓**führung** f / height allowance || ⁓**gewinn** m / height gain || ⁓**kote** f (über Bezugslinie) / elevation n || ⁓**kote** f / level n, altitude n (above sea level)
Höhen·lage f / altitude n, height n || ⁓**linie** f / contour line, contour n || ⁓**linienkarte** f / contour map || ⁓**marke** f / bench mark || **~mäßige Planung** / grading design || ⁓**messer-Kontrollpunkt** m / pre-flight altimeter checkpoint || ⁓**modul** n / height module, vertical module || ⁓**offset** n (Höhe der Pipette) / height offset || ⁓**planung** f / grading design || ⁓**profil** n / height profile || ⁓-**Referenzlauf** m (Offsetmessung) / height reference run (offset measurement) || ⁓**reißer** m / height gauge, marking gauge, surface gauge || ⁓**schichtlinie** f / contour line || ⁓**schnitt** m / vertical section || ⁓**sonne** f / erythemal lamp || ⁓**spiel** n / radial clearance || ⁓**stand** m / level n || ⁓**standsmessung** f / level measurement || ⁓**transformator** m / teaser transformer || ⁓**unterschied** m / altitude difference, difference of level || ⁓**unterschied** m (senkrechter Abstand zwischen zwei horizontalen Ebenen durch die Leiterbefestigungspunkte) / difference in levels || ⁓**verfahren** m (Chromatographie) / (peak) amplitude method || ⁓**vermessung** f (Offsetmessung) / height measurement (offset measurement)
höhenverstellbar adj / adjustable for height, adjustable adj || **~er Gurtförderer** / variable incline conveyor
Höhenverstellung f / height adjustment
Höhepunkt m / highlight n
hoher Frontring / raised front ring || ~ **Integrationsgrad** / Large Scale Integration (LSI)
höhere Fachschule / senior technical school || ~ **Messbedingungen** / tightened test conditions || ~ **Programmiersprache** / high-level language (HLL) || ~ **Schule** / high school, secondary school || ~ **Zuverlässigkeit** / higher degree of reliability
höher·frequent adj / higher-frequency adj || **~integrierte Schaltung** (MSI) / medium-scale integrated circuit (MSI) || **~prior** adj / higher priority adj || **~rangiger Fehler** / major fault || ⁓**sieder** m / higher-boiling component (o. substance) || ⁓-**Taste** f / increase button || ⁓-**tiefer-Befehle** m pl / incremental jogging control || ⁓-/**Tiefer-Steuern** n / up/down control || ⁓/**Tiefer-Taste** f / +/- button, increase/decrease button || ⁓**verkettung** f / sandwich arrangement || ⁓**versicherung** f / upgrading n
höherwertig adj / higher order || **~e Dekade** / more significant decade, higher-order decade || **~es Byte** / high-order byte
hohes Anlaufdrehmoment / high starting torque
Hohl·ader-Aufbau m / loose cable structure || ⁓**ader-Kabel** n / loose tube cable || ⁓**blockstein** m / hollow block, cavity block || ⁓**boden** m / cellular floor, rib-and-tile floor(ing system), hollow filler-block floor || ⁓**boden-Installationssystem** n / cellular-floor raceway (system)
HASOP / hazard and operability studies (HASOP)
hohl·bohren v (Probe) / trepan v || ⁓**bohrkrone** f / core bit || ⁓**bohrprobe** f / core specimen || ⁓**decke**

Höhleneffekt

f / cellular floor, rib-and-tile floor(ing system), hollow fillerblock floor
Höhleneffekt *m* / dungeon effect
Hohl·-Flachzange *f* / plier with longitudinal groove || **~gebohrte Welle** / hollow shaft, tubular shaft || **₂glas** *n* / hollow glass, Container glass || **₂glashersteller** *m* / hollow-glass manufacturer || **₂glasherstellung** *f* / hollow glass manufacturing || **₂glasindustrie** *f* / glass container ware industry || **₂isolator** *m* / hollow insulator || **₂kastenbauweise** *f* / box-type construction || **₂kathodenlampe** *f* / hollow-cathode lamp || **₂kehlfräser** *m* (Fräser zur konkaven Bearbeitung von Werkstückkanten) / cove bit || **₂kehlzange** *f* / longitudinal grooved and round nose plier || **₂keil** *m* / saddle key || **₂körper** *m* / hollow body || **₂kugel** *f* / hollow sphere || **~kugelige Laufbahn** / sphered raceway
Hohl·leiter *m* / hollow conductor, hollow-cored conductor, hollow-stranded conductor, hollow-core conductor || **₂leiter** *m* (Wellenleiter) / waveguide *n* || **₂meißel** *m* / gouge || **₂niet** *m* / tubular rivet || **₂profil** *n* / hollow section
Hohlraum *m* / hollow space, hollow *n*, void *n*, cavity *n* || **Decken~** *m* / ceiling plenum || **₂anteil** *m* / voidage *n* || **~arm** *adj* / low-voidage *adj* || **~frei** *adj* / void-free *adj* || **₂-Frequenzmesser** *m* / cavity frequency meter || **₂montage** *f* / cavity mounting
Hohl·schiene *f* / hollow rail, (mounting) channel || **₂seil** *n* / waveguide *n* || **₂sog** *m* / cavitation *n* || **₂stab** *m* / hollow bar, hollow rod || **₂teilleiter** *m* / hollow strand
Höhlung *f* / cavity *n*, hollow *n*
Hohl·wand *f* / hollow wall, cavity wall || **₂wandinstallation** *f* / wiring (o. installation) in hollow wall(s) || **₂wandkasten** *m* / hollow-wall box || **₂wandverteiler** *m* / hollow-wall distribution board || **₂welle** *f* / hollow shaft, tubular shaft || **elastische ₂welle** / quill shaft, quill *n* || **₂wellenantrieb** *m* / hollow-shaft motor drive, quill drive, hollow-shaft drive || **₂wellenapplikation** *f* / hollow shaft application || **₂wellendrehgeber** *n* / hollow shaft encoder || **₂wellengeber** *m* / hollow-shaft encoder || **₂wellenläufer** *m* / hollow-shaft rotor || **₂wellenmesssystem** *n* / hollow-shaft measuring system || **₂wellenmotor** *m* / hollow-shaft motor || **₂wellensystem** *n* / hollow shaft system || **₂zapfen** *m* (der Hohlwelle) / hollow shaft extension, hollow shaft || **₂ziehen** *n* / sinking || **₂zylinder** *m* / hollow cylinder
Holauftrag *m* / fetch request, fetch job
holen *v* / retrieve *v*, pop off the stack || **~** *v* (aus einem Speicher) / fetch *v* || **~** *v* (z.B. Bildschirmanzeige) / get *v*
Hole-Quittung *f* / fetch acknowledgement
Holm *m* / stay *n* || **₂** *m* (waagrecht) / bar *n*, (top) rail, transom *n*, brace *n*, tiebar *n* || **₂** *m* (senkrecht) / upright *n*, vertical *n*, side-piece *n* || **gelochter ₂** / perforated stay, perforated bar || **₂anbaulasche** *f* / stay attachment lug || **bei ₂anordnung**, / when arranging the stays
Holmgreenschaltung *f* / Holmgreen circuit
Holon / holon
Holonik / holonics
holonisch *adj* / holonic *adj* || **~es Fertigungssystem** / Holonic Manufacturing System (HMS)
Hol·prinzip *n* (Fertigung) / pull principle || **₂telegramm** *n* / fetching message

Holz·bearbeitung *f* / woodworking *n* || **₂bearbeitungsmaschine** *f* / woodworking machine || **₂bearbeitungszentrum** *n* / woodworking center || **₂boden** *m* / wooden base || **₂faser** *f* / wood fibre || **₂-Grundplatte** *f* / wooden base plate || **₂hammer** *m* / mallet *n* || **₂kufe** *f* / wooden skid || **₂leiste** *f* / wooden strip || **₂maschine** *f* / woodworking machine || **₂mast** *m* / wood pole, (wood) column *n* || **₂oberfräsen** *n* / surface wood milling || **₂pflasterbelag** *m* / wood block pavement || **₂spanplatte** *f* / coreboard *n* || **₂wasserwaage** *f* / wooden spirit level || **₂werkstoffpresse** *f* / wood material press || **₂wolle** *f* / excelsior *n*
Home Electronic Bus (Bus eines HES) / home electronic bus (HEB) || **₂ Electronic Systems** / Home Electronic System (HES)
homeotrope Orientierung *f* / homeotropic alignment
Home·page *f* / home page || **₂-Taste** *f* / HOME key *n*
homogen *adj* (physikalisches Medium, in dem die maßgebenden Eigenschaften ortsunabhängig sind) / homogeneous || **~e Baureihe** / homogeneous series || **~e ebene Welle** / homogeneous plane wave || **~e Reihe** / homogeneous series || **~e Zeit-Strom-Kennlinie** / homogenous time-current characteristic curve || **~es Automatisierungskonzept** / unified automation concept || **~es Feld** / homogeneous field, uniform field || **~es Multiplex** (Multiplexsystem, in dem alle Multiplexkanäle mit der gleichen äquivalenten Bitrate arbeiten) / homogeneous multiplex || **~es Rechnernetz** (ein Rechnernetz, in dem alle Rechner eine ähnliche oder die gleiche Architektur haben) / homogeneous computer network || **~es System** / homogeneous system
Homogenisierer *m* / homogenizer *n*
Homogenisiersilo *n* / homogenizing silo
Homogen-Verbindung *f* (PN-Halbleiterübergang) / homojunction *n*
Homologisierungen *f pl* / approvals
Homonym *n* / homonym *n*
homopolar *adj* / homopolar *adj*, unipolar *adj*, non-polar *adj* || **₂komponente** *f* / homopolar component, zero component || **₂maschine** *f* / homopolar machine || **₂maschine mit Flüssigkeitskontakten** / liquid-metal homopolar machine
Homoübergang *m* (bestehen n- und p-Teil aus demselben Material, spricht man von einer homojunction; sind sie aus verschiedenen Materialien, von einer heterojunction) / homojunction *n*
Honen *n* / honing *n*
Hon·maschine *f* / honing machine || **₂werkzeug** *n* / honing tool
Hookescher Schlüssel / Hooke's coupling, Hooke's joint, cardan joint, universe joint
Hopkinsonscher Streufaktor / Hopkinson leakage coefficient
Hör-Audio-Niederfrequenz *f* / voice frequency
hörbar *adj* / audible *adj* || **~es Signal** (Nachricht, die in Form von kontinuierlichen oder unterbrochenen Tönen, Frequenzen vermittelt wird, die von einer Geräuschquelle abgegeben werden) / acoustic signal || **~es Signal** / auditory signal (information conveyed by means of tone, frequency and intermittence, emanating from a sound source) ||

⸂keit *f* / audibility *n*
Hörempfindungspegel *m* (Pegeldifferenz, um die der Schalldruckpegel eines bestimmten Schallsignals die Hörschwelle eines Zuhörers für dieses Schallsignal überschreitet) / sensation level
hören *v* / listen *v* (ltn) IEC 625 || ~ **beenden** DIN IEC 625 / unlisten *v* (UNL) IEC 625
Hörer *m* / handset *n*, hand piece || ⸂ *m* / listener *n* || ⸂**adresse** *f* / listen address || ⸂**funktion** *f* / listener function (L function)
Hör·frequenz *f* / audio frequency (AF) || ⸂**frequenzspektrum** *n* / audible frequency spectrum || ⸂**funkkanal** *m* (Kanal, der ein Frequenzband bereitstellt, das für die Übertragung von Hörfunksignalen hoher Qualität gefordert wird) / sound programme channel || ⸂**grenze** *f* / limit of audibility
horizontal *adj* / horizontal *adj* || ~ **ausgerichtete Nachführung** / horizontal tracking
Horizontal·ablenkung *f* / horizontal deflection || ⸂**achse** *f* / horizontal axis || ⸂**auflösung** *f* / horizontal resolution || ⸂**bearbeitung** *f* / horizontal machining || ⸂**-Bearbeitungszentrum** *n* / horizontal machining center || ⸂**beleuchtungsstärke** *f* / horizontal-plane illuminance || ⸂**bieger** *m* / horizontal bending machine
Horizontale *f* / horizontal *n*, horizontal position
horizontal·e Anordnung (der Leiter einer Freiltg.) / horizontal configuration || ~**e Bauform** (el. Masch.) / horizontal type, horizontal-shaft type || ~**e Drehachse** / horizontal axis || ~**e Integration** / horizontal integration || ~**e Lichtverteilung** / horizontal light distribution || ~**e Montage** / landscape installation || ~**e Polarisation** / horizontal polarization || ~**e Softkeyleiste** / horizontal softkey bar || ~**e Tabulierung** / horizontal tabulation || ~**e Verbindung** / horizontal link element || ~**e Verzerrung** / horizontal distortion || ~**er Bilddurchlauf** / panning *n* || ~**er Softkey (HSK)** / horizontal softkey (HSK)
Horizontal·feldstärke *f* / horizontal field strength || ⸂**fräsmaschine** *f* / horizontal milling machine || ⸂**frequenz** *f* / horizontal frequency, line frequency || ⸂**kopf** *m* / horizontal head || ⸂**krümmer** *m* (IK) / horizontal bend || ⸂**maßstab** *m* / horizontal scale || ⸂**position** *f* / horizontal vertical position || ⸂**presse** *f* / horizontal press || ⸂**rücklauf** *m* / horizontal flyback || ⸂**spindel** *f* / horizontal spindle || ⸂**tabulator** *m* / horizontal tab || ⸂**tabulator** *m* (Formatsteuerzeichen, das die Druck- oder Anzeigeposition auf die nächste vorbestimmte Zeichenposition der gleichen Zeile vorrückt) / horizontal tabulator (HT) || ⸂**-Überkopfposition** *f* / horizontal overhead position || ⸂**verstärker** *m* / horizontal amplifier, z amplifier
Horizont·-Flutleuchte *f* / cyclorama floodlight || ⸂**leuchte** *f* / cyclorama luminaire
Hör·melder *m* / audible signal device (IEEE Dict.), audible indicator, sounder *n* || ⸂**meldung** *f* / audible signal, audible alarm
Horn *n* (Signalh.) / horn *n*
Hörner·funkenstrecke *f* / horn spark gap, horn gap || ⸂**schalter** *m* / horn-gap switch, horn-break switch
Hör·pegel *m* / sensation level || ⸂**schall** *m* / audible sound || ⸂**schwelle** *f* / threshold of audibility, threshold of hearing, threshold of detectability
Hosenrohr *n* / Y-pipe *n*, wye *n*, breeches piece
Host *m* / mainframe *n* || ⸂**-Computer** *m* / traffic control computer || ⸂**-Daten** *f* / host data || ⸂**-Daten-Aufbereitung (HDA)** *f* / host data conditioning || **~gesteuert** *adj* / controlled by remote host || ⸂**knoten** *m* / host node || ⸂**rechner** *m* / host computer || ⸂**system** *n* / host system
Hotlinevertrag *m* / hotline contract
hot-spot *m* / hot spot || ⸂**-Dauerprüfung** *f* / hot-spot endurance test || ⸂**-Effekt** *m* / hot spot
HotWin (Applikation, die es ermöglicht, bis zu 32 Ein-/Ausgabefenster auf der Bedienoberfläche zu projektieren) / HotWin
HOV *n* / high-occupancy vehicle (HOV)
Hp / paper-base laminate, laminated paper, bakelized paper, synthetic-resin-bonded paper (s.r.b.p.)
HP / high pass (HP), high-pass filter || ⸂ (Hauptprogramm) / master routine, MP (main program) || ⸂ / high performance (HP)
H-PAPI / heliport PAPI (H-PAPI)
H²-Papier *n* / paper-base laminate, laminated paper, bakelized paper, synthetic-resin-bonded paper (s.r.b.p.) || ⸂**-Parameter** *m* / H parameter || ⸂**-Passivierung** *f* / hydrogen passivation
HPC / high-performance cutting (HPC)
H-Pegel *m* (Signal) / high level, high state
HPI (Kohlenwasserstoff-Prozessindustrie) *f* / hydrocarbon processing industry (HPI)
HPLC / high-pressure liquid chromatograph (HPLC)
HPM (Hardware-Performance-Monitor) / Hardware Performance Monitor (HPM)
HPOF / high-pressure oil filled (HPOF), Oilostatic cable
H²-Potential *n* / high potential || ⸂**-Produkte** *n pl* / UHT products || ⸂**-Profil** *n* / H section, wide-flange section
HPS *m* (HPS) / High Performance Servo
H-Punkt *m* / hold point
HPV *m* (HPV) / High Performance Vector
HQE (Hubquereinheit) / lift crossing unit, lift transverse unit
HR (Handrad) / hand wheel, handwheel *n*, electronic handwheel, hand pulse generator, manual pulse encoder, MPG (manual pulse generator)
H & RA / hazard and risk analysis (H & RA)
HRR *f* / heat release rate (HRR)
HRS *m* / Hybrid Reverse Starter
HRV / High Response Valve (HRV)
HR-Ventil *n* / High Response Valve (HR valve)
HRV²-Regelventil / HRV valve || ⸂**-Ventil** / high response valve, HRV valve
HS / high voltage (h.v.), high tension (h.t.), high potential || ⸂ (Hilfsstromschalter) / auxiliary switch, control switch, pilot switch, SX || ⸂ (Kfz, Kabel) / AS *n*
HSA (Hauptspindelantrieb) / main spindle drive, MSD (Main Spindle Drive) || ⸂ *f* (Parameter bei PROFIBUS) / Highest Station Address || ⸂**-Betrieb** *m* / HSA mode
HSB / hand welding, *f* intermittent welding, non-automatic welding || ⸂ **(Hallsensor-Box)** *f* / Hall sensor box (HSB)
HSC (Hochgeschwindigkeitsfräsen) / high speed cutting (HSC) || ⸂**-Maschine** *f* / high-speed cutting machine (HSC machine) || ⸂-

HSCSD

Motorspindel *f* / HSC motor spindle
HSCSD (High-Speed Circuit Switched Data) / High-Speed Circuit Switched Data (HSCSD)
HSC·-Spindel *f* / HSC spindle || ⸺**-Steuerung** *f* / HSC control
HSDPA *m* / High-Speed Downlink Packet Access (HSDPA)
HSE (Hochgeschwindigkeits-Ethernet) / High Speed Ethernet (HSE)
HSI (High-Speed Interface) / high-speed interface (HSI)
H-Signalpegel *m* / high signal level
HSK *m* / HSK (horizontal softkey)
HS3L-Schnittstelle *f* / HS3L interface
HSM *m* / MSM (main spindle motor)
HSP / Hardware Support Package (HSP)
H-Spannungsbereich *m* / high-state voltage range
HSS / high-speed setting (HSS)
HSSM (die HSSM Meldekarte für Industrial Ethernet dient zur Diagnose von Netzen im Fertigungsbereich) / hub status supervisor module (HSSM), HSSM *n*
H·-Station *f* (hochverfügbare Station, die mindestens zwei Zentralbaugruppen (Master/Reserve) beinhaltet) / H station || ⸺**-Steg** *m* / H section, wide-flange section
HT / high tariff, normal rate, on-peak tariff || ⸺ / horizontal tabulator (HT), horizontal tab
HTB (Hantierungsbaustein) / organization block, data handling block (DHB)
HTGS / High Temperature Gate Stress (HTGS)
HTL (Hochpegellogik) *f* / HTL encoder || ⸺**-Geber** *m* / High Threshold Logic (HTL)
HTML / Hypertext Markup Language (HTML) || ⸺**-Browser** *m* / HTML-browser
HTRB / High Temperature Reverse Bias (HTRB)
HTTP / Hypertext Transfer Protocol (HTTP)
HU / starting converter || ⸺ (**Hochfahrumrichter**) / hardness instructions
Hub / travel *n*, plunger travel || ⸺ *m* (Abweichung) / deviation *n*, total travel || ⸺ / levitation height, lift *n* || ⸺ (Ventil) / travel *n* || ⸺ (Kolben) / stroke *n* || ⸺ (Exzenter) / throw *n* || ⸺ (Bereich) / range *n* || ⸺ *m* / hub *n* || ⸺ **der Z-Achse** *m* / stroke of Z-axis || **voller** ⸺ / full stroke || **Frequenz~** *m* (bei Frequenzmodulation) / frequency deviation || **Spannungs~** *m* (Abweichung) / voltage excursion **hub·abhängig** *adj* / depending on stroke || ⸺**achse** *f* / lifting axis || ⸺**antrieb** *m* / lift drive || ⸺**anzahl** *f* / stroke rate || ⸺**arbeitsbühne** *f* / aerial lift device || ⸺**auslösung** *f* / release of stroke || ⸺**balken** *m* / lifting bar || ⸺**begrenzung** *f* / stroke limiting, travel limitation, mechanical stop || ⸺**bereich** *m* / range of stroke || ⸺**bewegung** *f* / stroke *n*, lifting motion, bounce *n*, lifting movement || ⸺**-Bremskraft-Verhältnis** *n* / lift-to-drag ratio || ⸺**-Dreheinheit** *f* / lift-rotate unit || ⸺**gerät** *n* / lifting device || ⸺**geschwindigkeit** *f* / lifting speed || ⸺**hebel** *m* / stroke lever || ⸺**höhe** *f* / lifting height || ⸺**kolben** *m* (hydraul. Presse) / jacking piston, lifting cylinder || ⸺**kolben-Durchflussmesser** *m* / ball-prover flowmeter || ⸺**kolbenpumpe** *f* / plunger pump || ⸺**kolbenverdichter** *m* / piston compressor, reciprocating compressor || ⸺**kraft** *f* / hoisting force, lifting force || ⸺**kraft** *f* / levitation force, lift force || ⸺**lager** *n* / pin bearing || ⸺**länge** *f* / stroke length || ⸺**magnet** *m* / solenoid *n*, solenoid actuator, stroke magnet || ⸺**plattform** *f* / lift table || ⸺**quereinheit** *f* (HQE) / lift crossing unit, lift transverse unit || ⸺**raum** *m* / swept volume, displacement *n*, engine swept volume, engine size, cylinder capacity || ⸺**regelung** *f* / stroke control || ⸺**richtung** *f* / plunger axis || ⸺**säule** *f* / lifting column
Hubschrauber·lande-PAPI (H-PAPI) / heliport PAPI (H-PAPI) || ⸺**landeplatz** *m* / heliport *n* || ⸺**landeplatzbeleuchtung** *f* (HLI) / heliport lighting (HLI)
Hub·spannung *f* / lifting force || ⸺**spindel** *f* / jackscrew *n* || ⸺**station** *f* / lifting system || ⸺**system** *n* / lifting system || ⸺**tastatur** *f* / keyboard *n*, conventional keyboard || ⸺**tastentastatur** *f* (konventionelle Tastatur, vgl. Kurzhubtaste) / conventional keyboard || ⸺**tisch** *m* / lift table, elevating platform, stuff-up carousel, lifting table || ⸺**überlagerung** *f* / stroke override || ⸺**übersetzer** *m* / stroke converter || ⸺**- und Positioniereinheit** *f* / lift-position unit || ⸺**überwachung** *f* / stroke monitoring || ⸺**- und Senkantrieb des Scherenstromabnehmers** / pantograph cylinder || ⸺**ventil** *n* / globe valve || ⸺**verstellung** *f* / stroke adjustment || ⸺**wagen** *m* / fork-lift truck, lifting truck, fork lift || ⸺**werk** *n* / lifting gear, hoisting gear || ⸺**wert** *m* / stroke value || ⸺**winkel** *m* / lifting angle || ⸺**zahl** *f* (Presse) / stroke rate, strokes per minute, stroke number || ⸺**zähler** *m* / stroke counter || ⸺**zahlüberwachung** *f* / stroke number monitoring || ⸺**zylinder** *m* / lift cylinder, lifting cylinder
Huckepack·achse *f* / piggyback axis || ⸺**-Anordnung** *f* / piggyback module, piggyback arrangement || ⸺**-Bauweise** *f* / piggyback design || ⸺**-Platine** *f* / piggyback board, piggyback module || ⸺**zugriff** *m* / piggyback entry
Hufeisenmagnet *m* / horseshoe magnet
Hüll·baustein *m* / envelope block || ⸺**bedingung** *f* DIN 7182,T.1 / envelope condition || ⸺**dichtung** *f* / envelope sealing
Hülle *f* / envelope *n* || ⸺ *f* (Diskette) E DIN 66010 / jacket *n*
Hüll·flächenverfahren *n* / enveloping surface method, hemispherical surface method || ⸺**kolben** *m* (Lampe) / glass envelope, jacket *n* || ⸺**kreis** *m* / envelope circle, outer circle || ⸺**kurve** *f* / envelope curve, envelope *n* || ⸺**kurve des Pulsspektrums** / pulse spectrum envelope || ⸺**kurvenumformer** *m* (Messwertumformer) / envelope-curve transducer || ⸺**kurvenumrichter** *m* / envelope converter, cycloconverter *n* || ⸺**kurven-Umrichter** *m* / cycloconvertor *n* || ⸺**maße** *n pl* / overall dimensions || ⸺**trieb** *m* / flexible drive || ⸺**zyklus** *m* / shell cycle
Hülse *f* / sleeve *n*, bush *n*, shell *n*, bushing *n*, coupler *n*, joint *n* || ⸺ *f* (dünnes, kurzes Stück Rohr aus Kunststoff oder Metall) / sleeve *n* || ⸺ *f* (Wicklungsisol.) / cell *n*, armour *n*, trough *n*, wrapper *n* || ⸺ *f* (Reihenklemme) / sleeve *n* || ⸺ *f* (lötfreie Verbindung) / barrel *n* || ⸺ *f* (Lampensockel) / shell *n* || **Anschluss~** *f* / conductor barrel
Hülsen·fassung *f* (Starterfassung) / sleeve socket || ⸺**klemme** *f* / sleeve terminal || ⸺**passeinsatz** *m* / adaptor sleeve || ⸺**passeinsatzschlüssel** *m* / adapter sleeve fitter, key for adapter sleeve || ⸺**sockel** *m* (Lampe) / shell cap || ⸺**steuerung** *f* / sleeve control
Human- und Tiermedizin *f* / human and veterinary

medicine
HU´-Motor *m* / HU motor || ⸗**-Naht** *f* / single-J butt weld
hundertprozentiger Erdschlussschutz / one-hundred-percent earth-fault protection, unrestricted ground-fault protection
Hundertprozentprüfung *f* / one-hundred-percent inspection, 100% inspection, screening inspection
Hupe *f* / hooter *n*, horn *n*, alarm horn
Hupen·abstellung *f* / hooter silencing || ⸗**anregung** *f* / hooter sounding, hooter operation || ⸗**ansteuerung** *f* / horn control || ⸗**signal** *n* / hooter alarm
Hurenkind *n* (die letzte Zeile eines ausgehenden Absatzes, die allein am Anfang der nächsten Spalte oder Seite steht) / widow
Hut·mutter *f* / cap nut, acorn nut || ⸗**profilschiene** *f* / top-hat rail, DIN rail || ⸗**schiene** *f* / top-hat rail, rail *n*, standard mounting rail || ⸗**schiene** *f* (Nach DIN EN 50 022 ausgeführte Schiene, auf der entsprechend gestaltete Einbaugeräte (sog. Reiheneinbaugeräte) aufgeschnappt werden) / DIN rail
Hutschienen·abstand *m* / mounting rail spacing || ⸗**adapter** *m* / adapter for rail mounting, mounting rail adapter || ⸗**befestigung** *f* / standard rail mounting || ⸗**kontaktierung** *f* / track contact || ⸗**maß** *n* / rail size || ⸗**montage** *f* / mounting onto standard rail, attachment to DIN rail, snapping onto DIN rail, rail-mounting *n* || ⸗**netzteil** *n* / rail-mounted power supply || ⸗**reihenabstand** *m* / standard mounting rail tier spacing
Hütten *f pl* / iron and steel works || **Geräte für** ⸗ / mill-rating equipment (MR equipment) || ⸗**technik** *f* / iron and steel industry || ⸗**werkskran** *m* / crane for metallurgical plants
Hutze *f* / shroud *n*
HV *f* / high voltage *n*
HVA (Hochvakuumaufdampfung) *f* / high-vacuum deposition
HVBG (Hauptverband der gewerblichen Berufsgenossenschaften) *m* / HVBG
HVD-Option *f* / high voltage digital option (HVD option)
HV´-Feldbeschreibung *f* / HV field description || ⸗**-Projektbeschreibung** *f* / HV project description
HW (Hardware) / hardware *n* || ⸗**-Baureihe** *f* / hardware series || ⸗**-Eingang** *m* / hardware input
H-Welle *f* / TE wave, transverse electric wave
HW´-Endschalter (Hardware-Endschalter) *m* / hardware limit switch
HwO (Handwerksordnung) *f* / Handicrafts Regulation Act
H-Wort *n* / high-order word
HW´-Plattform *f* / hardware platform || ⸗**-Spezifikation** *f* / HW-specification || ⸗**-Tor** *n* / hardware gate || ⸗**-Uhr** *f* (Chip, der fortlaufend ohne Einwirkung der CPU Uhrzeit und Datum aktualisiert) / Universal High Resolution (UHR) || ⸗**-Upload** *m* / hw upload, hardware upload
HWX-Baum *m* / hwx tree
HW-Zuordnung *f* / hardware assignment
Hybrid Direct Starter (HDS) *m* / Hybrid Direct Starter || ⸗ **Reverse Starter (HRS)** *m* / Hybrid Reverse Starter || ⸗**anlage** *f* / hybrid system || ⸗**antrieb** *m* / hybrid drive || ⸗**automatisierung** *f* / hybrid automation || ⸗**-Doppelstockklemme** *f* /

hybrid two-tier terminal || ⸗**durchführung** *f* / hybrid panel feed-through || ⸗**-Durchgangsklemme** *f* / hybrid through-type terminal
hybrid·er USV-Schalter / hybrid UPS power switch || ~**es Datenerfassungssystem** / hybrid data acquisition system (HDAS) || ~**es System** / hybrid solar cell system || ~**es Zugriffsverfahren** / hybrid access method
Hybrid·feldbus *m* / hybrid field bus || ⸗**feldbusanbindung** *f* / hybrid field bus connection || ⸗**-Feldbusanschaltung** *f* / hybrid fieldbus interface || ⸗**feldbusleitung** *f* / hybrid field bus line || ⸗**generator** *m* / hybrid generator, combination wave generator || ⸗**integration** *f* / hybrid integration || ⸗**kabel** *n* / hybrid cable || ⸗**kinematik** *f* / hybrid kinematics || ⸗**klemme** *f* / hybrid terminal || ⸗**leitung** *f* / hybrid cable || ⸗**lösung** *f* / hybrid solution || ⸗**magazin** *n* / hybrid magazine || ⸗**maschine** *f* / hybrid machine || ⸗**-Messertrennklemme** *f* / hybrid isolating blade terminal || ⸗**modul** *n* / hybrid module || ⸗**motorstarter** *m* / hybrid motor starter || ⸗**motorsteuergerät** *n* / hybrid motor controller || ⸗**-Multimeter** *n* / hybrid multimeter
Hybrid·netz *n* (besteht aus jeweils für sich funktionstüchtigen Glasfaser- und Kupferleitungen) / hybrid network || ⸗**rechner** *m* / hybrid computer || ⸗**relais** *n* / hybrid relay || ⸗**schaltung** *f* / hybrid circuit || ⸗**schrittmotor** *m* / hybrid stepper motor || ⸗**schütz** *n* / hybrid semiconductor contactor || ⸗**-Slot** *m* / hybrid slot || ⸗**station** *f* / combined station, DIN 44302 balanced station, combined station || ⸗**struktur** *f* / hybrid structure || ⸗**system** *n* (m. analogen u. digitalen Teilsystemen) / hybrid system || ⸗**technik** *f* / hybrid technology || ⸗**transformator** *m* (Differentialkoppler, der einen Transformator mit mehreren Wicklungen enthält) / hybrid transformer || ⸗**-Trennklemme** *f* / hybrid isolating terminal || ⸗**waage** *f* / hybrid scale, hybrid weighing machine || ⸗**werkzeug** *n* / hybrid tool
Hydraulik *f* / hydraulics *n pl*, hydraulic system, hydraulic || ⸗**achse** *f* / hydraulic axis || ⸗**aggregat** *n* / hydraulic unit || ⸗**anlage** *f* / hydraulic system || ⸗**antrieb** *m* / hydraulic operating mechanism, hydraulic mechanism, electrohydraulic operating mechanism, hydraulic drive || ⸗**drucküberwachung** *f* / hydraulic pressure monitoring || ⸗**einheit** *f* / hydraulic unit || ⸗**flüssigkeit** *f* / hydraulic fluid, working fluid || ⸗**-Hub** *m* / hydraulic jack || ⸗**hubtisch** *f* / hydraulic lift table, hydraulic lifting table || ⸗**komponente** *f* / hydraulic component || ⸗**-Linearantrieb** *m* / hydraulic linear drive || ⸗**modul** *n* / hydraulics module || ⸗**motor** *m* / hydraulic motor || ⸗**öl** *n* (Druckflüssigkeiten, die Wirkstoffe beinhalten, die den Korrosionsschutz und die Alterungsbeständigkeit erhöhen) / hydraulic oil || ⸗**presse** *f* / hydraulic press || ⸗**pumpe** *f* / hydraulic pump || ⸗**schaltplan** *m* / hydraulic circuit diagram || ⸗**speicher** *m* / hydraulic storage cylinder, hydraulic accumulator || ⸗**ventil** *n* / hydraulic valve || ⸗**verbindung** *f* / hydraulic connection || ⸗**zylinder** *m* / hydraulic cylinder
hydraulisch *adj* / hydraulic *adj* || ~ **verzögerter Schutzschalter** / miniature circuit-breaker with

Hydrierung 408

hydraulic dashpot, m.c.b. with hydraulic delay feature || ~e **Antriebe** / hydraulic drives || ~e **Bürde** / hydraulic burden || ~e **Kraftwerkseinsatzoptimierung** / hydro optimization || ~e **Kraftwerkseinsatzplanung** / hydro scheduling || ~e **Kupplung** / fluid clutch, fluid coupling, hydraulic clutch, hydraulic coupling || ~e **Presse** (Hebevorr.) / hydraulic jack, hydraulic press || ~e **Reserve** / hydraulic reserve || ~er **Antrieb** / hydraulic operating mechanism, hydraulic mechanism, electrohydraulic operating mechanism || ~er **Binder** / hydraulic binder || ~er **Druck** / hydraulic thrust || ~er **Kolbenantrieb** / hydraulic piston actuator || ~er **Speicher** / hydraulic accumulator || ~er **Stellmotor** / hydraulically operated actuator || ~er **Volumenstrom** / hydraulic flow || ~es **Bindemittel** / hydraulic binder || ~es **Getriebe** / fluid power transmission, fluid drive, hydraulic transmission, hydraulic drive || ~-**magnetische Auslösung** (HM) / hydraulic-magnetic tripping (HM)
Hydrierung f (Isolieröl) / hydrogen treatment
hydro·dynamische Schmierung / hydrodynamic lubrication || ⸰**formen** n / hydroforming || ⸰**genisierung** f / hydrogenation n || ~**lisierbares Chlor** (Askarel) / hydrolyzable chlorine || ~**lytische Stabilität** / hydrolytic stability || ~**meteor** m / hydrometeors (water or ice particles which may exist in the atmosphere or be deposited on the ground) || ⸰**meter** n / hydrometer n, areometer n || ⸰**metrischer Flügel** / hydrometric vane || ⸰**motor** m / fluid motor, hydraulic motor || ⸰-**Optimierung** f / hydro optimization || ~**pneumatischer Speicher** / hydropneumatic accumulator || ⸰**speicher** m / hydraulic accumulator || ⸰**statik** f / hydrostatics n
hydrostatisch adj / hydrostatic adj || ~ **angetriebenes Straßenfahrzeug** / hydraulically driven road vehicle, fluid-power road vehicle, hydromotor road vehicle || ~e **Führung** / hydrostatic slideway
Hydrotherm, modulierende ⸰-**Mehrkesselanlage** / modular Hydrotherm multiple boiler system
Hyperbelrad n / hyperbolic gear, crossed-axis gear, skew-axes gear
hyperbolische Auslösekennlinie / hyperbolic tripping characteristic || ~ **Skale** / non-linear contracting scale
Hypoid·getriebe n (Kegelradgetriebe, dessen Wellen sich in geringem Abstand kreuzen) / hypoid gear || ⸰**rad** n / hypoid gear || ⸰**verzahnung** f / hypoid toothing
Hypozentrum n (Erdbeben) / hypocentre n
Hysterese f / hysteresis n, differential gap, differential travel || ⸰ f (Schaltumkehrspanne) / differential travel || ⸰**abweichung** f DIN IEC 770 / hysteresis error || ⸰-**Ansprechwert** / differential gap || ⸰**bereich** m / hysteresis range || ⸰**bremse** f / hysteresis brake || ⸰**fehler** m / hysteresis error || ⸰**freq. bei Überdrehzahl** / Hysterese freq. for overspeed || ⸰-**Frequenz** f / hysteresis frequency || ⸰-**frequenz bei Überdrehzahl** / hysteresis frequency for overspeed || ⸰-**Frequenz** f_{hys} f / hysteresis frequency f_{hys} || ⸰-**Frequenzabweichung** f / hysteresis frequency deviation || ⸰**kernkonstante** f / hysteresis core constant || ⸰**konstante** f / hysteretic constant,

hysteresis material constant || ⸰**kraft** f / hysteresis force || ⸰**kupplung** f / hysteresis coupling || ⸰**kupplung** f (Verwendung v.a. in Verschließanlagen der Getränkeindustrie etc.) / hysteresis clutch || ⸰-**Materialkonstante** f / hysteresis material constant || ⸰**moment** n / hysteretic drag || ⸰**motor** m / hysteresis motor || ⸰**scheibe** f / hysteresis disk || ⸰**schleife** f / hysteresis loop, magnetization loop || ⸰**schleife bei überlagertem Gleichfeld** / incremental hysteresis loop || ⸰-**Synchronmotor** m / synchronous hysteresis motor || ⸰**verhalten** n / hysteresis characteristic, hysteresis behavior || ⸰**verluste** m pl / hysteresis loss || ⸰**verlustzahl** f / hysteresis coefficient || ⸰**wärme** f / hysteretic heat
Hz / Hz
H-Zustand m / h state
HZW (Hauptzugwalze) f / main draw roller

I

IA (Inbetriebnahme-Anleitung) / installation & start-up guide, start-up guide, installation guide
i.A. / by order
IAD / integrated access device (IAD)
IAG (interaktive Arbeitsplan-Generierung) / interactive work schedule generation
I-Anteil m / integral-action component, amount of integral action || ⸰ m (Integralanteil) / I term, I component (integral component)
IAR (integrierte Antriebsregelung) / integrated drive control, IAR
IAS / Interactive Automation Solutions (IAS) || ⸰ / industrial application server (IAS)
IAWD (integrierter automatischer Wähldienst) m / integrated automatic dial-up service
I$_b$ / base-load current
IBA / Intermediate Bus Architecture (IBA)
IBD n / interface-based design (IBD)
I-Beiwert m / integral-action factor ANSI C85.1, integral-action coefficient IEC 546
IBF (Istwertbewertungsfaktor) / actual value weighting factor (AVWF), position-feedback scaling factor
IBIT n / Income before Income Taxes (IBIT)
IBN (Inbetriebnahme) / installation and startup, start-up n, installation n, activation n, commissioning n || ⸰-**Ablauf** m (Inbetriebnahmeablauf) / sequence of startup operations || ⸰-**Assistent** m (Inbetriebnahmeassistent) / parameterization wizard || ⸰-**Faktor** m / start-up factor || ⸰-**Mode** m / installation mode, start up, commissioning mode || ⸰-**Phase** f / commissioning phase || ⸰-**Tool** n / commissioning tool
IBS / internal viewing system (VSI) || ⸰ (Inbetriebsetzung) / installation and startup, start-up n, installation n, activation n, commissioning n || ⸰-**Kurs** m / commissioning training || ⸰-**Mode** m (Inbetriebsetzungsmode) / start-up mode, installation mode, commissioning mode, start up || ⸰-**Phase** f / start-up phase
IBV / industrial image processing || ⸰ (**Informations-, Bedien- und Verwaltungszentrum**) / IOM

(information, operating and management system) || ⁓-**System (industrielles Bildverarbeitungssystem)** *n* / industrial image processing system
IC / integrated circuit (IC)
ICA *f* / Independent Computing Architecture (ICA) || ⁓ / isotropic conductive adhesive
IC'-Anteil *m* / percentage of ICs || ⁓-**Bauelement** *n* / IC component || ⁓-**Baugruppe** *f* / IC module || ⁓-**Beinchenende** *n* / IC lead end || ⁓-**Beinchenstruktur** *f* / IC lead structure || ⁓-**Beinchenverbiegung** *f* / IC lead bending
ICC / inter-control centre (ICC)
IC/D-Achse *f* / IC/D-axis (D-axis (rotary axis) of the IC-head)
ICE *n* / in-car entertainment (ICE)
ICE-Modul (In-Circuit-Emulator-Modul) *n* / ICE module || ⁓-**RT-Logik** *f* / In-Circuit Emulator Real Time logic (ICE-RT logic)
IC'-Hersteller *m* / Integrated Device Manufacturer (IDM), IC manufacturer || ⁓-**Kamera** *f* / IC-camera || ⁓-**Karte** *f* / IC card || ⁓-**Kopf** *m* / IC head || ⁓-**Kopf Z-Achsen Klemmung** *f* / IC-head Z-axis clamping || ⁓-**Kopffunktionen** *f pl* (Einzelfunktionen des IC-Kopfes) / IC-head functions || ⁓-**Kopf-Pipettenwechsler** *m* / IC head nozzle changer, nozzle changer
I_{cm} / rated short-circuit making capacity
ICMB (Intelligent Chassis Management Bus) / Intelligent Chassis Management Bus (ICMB)
ICM-Baugruppe *f* / inverter control module
ICMP / Internet Control Message Protocol (ICMP)
I-Code *m* / I code
Icon *n* / icon *n*
Iconisierung *f* / iconizing *n*
I_{cs} / rated service short-circuit breaking capacity
ICS-Baugruppe *f* / inverter control system module
IC-Sockel *m* / IC socket
ICSP / in-circuit serial programming (ICSP)
ICT / In-Circuit Test (ICT), in-circuit testing (ICT), In-Circuit-Tester (ICT)
I_{cu} / rated ultimate short-circuit breaking capacity
ICU / Intelligent Controller Unit, ICU (icu) || ⁓-**Baugruppe** *f* / inverter control unit module
IC/Z-Achse *f* (Z-Achse des IC-Kopfes) / IC/Z-axis
ID (Identifikation) / identifier *n*, ID (identification)
IDA / IDA (Interface for Distributed Automation)
ID'-Code *m* / ID code || ⁓-**Codetext** *m* / ID code text
IDCS / Intelligent Dynamic Clock Switch (IDCS)
IDD (Integrierte Duplex-Deposition) *f* / IDD
IDE / integrated development environment
ideal *adj* / optimum *n* || ~e **Ausschaltung** / ideal breaking || ~e **elastische Verformung** / ideal elastic deformation, instantaneous deformation, Hookean deformation || ~e **Magnetisierungskurve** / anhysteretic curve, magnetization characteristic || ~e **Maschine** / ideal machine, idealized machine || ~e **Spule** / ideal inductor || ~er **Kondensator** / ideal capacitor || ~er **Leiter** / perfect conductor || ~er **Transformator** / ideal transformer || ~er **Widerstand** / ideal resistor || ~es **Dielektrikum** / perfect dielectric
Ideal·fall *m* / ideal case || ⁓**kristall** *m* / ideal crystal || ⁓**linie** *f* (linearer ADU o. DAU) / ideal straight line || ⁓**position** *f* / ideal position
ideell·e Ankerlänge / ideal length of armature, equivalent length of armature || ~e **Eisenlänge** /

ideal length of core || ~e **Gleichspannung** / controlled ideal no-load direct voltage || ~e **Gleichspannung** (Wechselrichter) / ideal no-load direct voltage EN 60146-1-1 || ~e **Gleichspannung bei Vollaussteuerung** / ideal no-load direct voltage || ~e **Kernlänge** / ideal length of core || ~e **Leerlauf-Gleichspannung** / ideal no-load direct voltage || ~e **Spannweite** / ruling span, equivalent span || ~e **Synchronreaktanz** / effective synchronous reactance || ~er **Kurzschluss** / virtual short circuit || ~er **Polbogen** / ideal pole arc, equivalent pole arc
Ident.-Nr. / identification number
Identblatt *n* / ID sheet || ⁓**vorlage** *f* / ID sheet template
Identdaten *plt* / ID data
Ident. dyn. Streuinduktivität / identified dyn.leak.induct. || ⁓ **Gesamt-Streuinduktivität** / ident. total leakage inductance
Identifikation *f* (ID; Verschlüsselung für eine Komponente (z. B. Adressbereich, Baugruppe) zur Identifikation) / identification *n* || ⁓ *f* (ID) / identifier *n* || ⁓ **und Rückverfolgbarkeit von Produkten** / identification and traceability
Identifikations·daten *plt* / identification data || ⁓**nummer** *f* / ID number || ⁓**parameter** *m* / identification parameter || ⁓**prüfung** *f* / identity verification || ⁓**stecker** *m* / identification connector || ⁓**strom** *m* / identification current || ⁓**system** *n* / identification system || ⁓**verfahren** *n* / identification process
Identifizieren *n* / identification *n* || ~ *v* / identify *v*
Identifizierte Durchlassspannung / identified on-state voltage || ⁓ **Läuferzeitkonst.** / identified rotor time constant || ⁓**r Ständerwiderst.** / identified stator resistance
Identifizierung *f* / identifier *n*, identification *n*, ID (identification) *n*
Identifizierungs·aufforderung *f* / identification request || ⁓**nummer** *f* DIN 6763,T.1 / identification number
Identfkator *m* / type identification
identisch *adj* / identical *adj*
Identität *f* / identity *n*
Identitäts·authentifizierung *f* (Durchführung von Prüfungen, die einem Rechensystem das Erkennen von Entitäten ermöglicht) / identity authentication || ⁓**prüfung** *f* / identity check || ⁓**token** *m* (Mittel zur Identitätsauthentifizierung) / identity token || ⁓**zeichen** *n* / identification mark
Ident·karte *f* / identity card || ⁓**nummer** *f* / identity number, ID number || **Werkzeug-⁓nummer** *f* (CLDATA-Wort) / tool number (NC, CLDATA word) ISO 3592
Identograph *m* / identograph *n*
Ident. Ständerinduktivität / identified stator inductance || ⁓ **Ständernenninduktivität** / ident. nom. stator inductance
Ident·-Stecker *m* / identification plug || ⁓**system** *n* / recognition system || **induktives ⁓system** / inductive identification system || ⁓**technik** *f* / ident technology
Ident. Totzeit IGBT-Ansteuerung / ident. gating unit dead time
Ideogrammeingabe *f* / ideogram entry
IDIS (Fahrer-Informationssystem) *n* / integrated driver information system (IDIS)
IDL / interface definition language

Idle-Schleife f / idle loop
Idling Time / idling time
IDM / Integrated Device Manufacturer (IDM)
IDN / integrated data network (IDN)
ID-Nr. f / ID no.
ID-Regler m / ID controller, integral-derivative controller
ID_S (Interne Doppelmeldung Störstellung 00) f / ID_S (internal double point indication, intermediate position 00)
IDT / Integrated Device Technology (IDT)
iDTV / integrated digital television (iDTV)
I$_e$ / ground current
IE m / Information Engineer (IE)
IEA (Import-Export-Assistent) m / import/export assistant
IEC f / IEC (International Electrotechnical Commission) || ⸿(-)**Adresse** f / IEC address || ⸿-**Bus** m / IEC bus || ⸿-**Buskabel** n / IEC bus cable || ⸿(-)**Kommunikationszweig** m / IEC communication branch || ⸿-**Schnittstellensystem** n / IEC interface system, IEC bus
IE-CT / Industrial Ethernet Communication Tester (IE-CT)
IED / Intelligent Electronic Device (IED)
IEE n / Interlink Electronic Engineering (IEE) n
IEEE / Institution of Electrical and Electronic Engineers (IEEE) || ⸿-**kompatible Interworking Standards** / IEEE compatible interworking standards
I-effektiv adj / r.m.s. current (root mean square value of the motor current)
I-Effektiv-Fehler m / r.m.s. current error (excessive current error of the axes)
IEGT / Injection Enhancement Gate Transistor (IEGT)
I-Element n / interface connector
IE/PB Link / IE/PB Link
IEP·-Kontrollanzeige f / IEP monitor || ⸿-**Parameter aktualisieren** / update IEP parameter
IEPS f / International Electronic Packaging Society (IEPS)
IEP·-Saldo m / IEP balance || ⸿-**System** n (diese Benennung verweist auf alle beschriebenen Beteiligten, Einrichtungen und Funktionen, die von EN 1546 behandelt werden) / IEP system
IETF (Internet Engineering Task Force) / Internet Engineering Task Force (IETF)
IETM / Interactive Electronic Technical Manual (IETM)
IE_W (Interne Meldung Wischer) / IS_F (internal indication transient)
IF n (Industrial Framework) / IF (Industrial Framework) || ⸿ (Impulsfreigabe) / PE (pulse enable for drive module)
IFAC / International Federation of Automatic Control (IFAC)
IF-Anweisung f / IF instruction, conditional jump instruction
IFC m (Machine Data Acquisition - Modul zur (automatischen) Datenerfassung und/oder Dialogführung mit dem Bediener) / Interface Client (IFC)
IFD / intelligent field devices
I-Formstahl m / I-sections plt
IFR / International Federation of Robotics (IFR)
IF-Steckplatz m (Interface-Steckplatz) / IF Slot
IGBT / insulated gate bipolar transistor (IGBT) || ⸿-

Modul n / IGBT module || ⸿-**Technologie** f / Insulated Gate Bipolar Transistor technology, IGBT technology || ⸿-**Thyristor** m / isolated gate bipolar thyristor || ⸿-**Transistor** m / insulated gate bipolar transistor
IGC m / integrated graphics chip (ICG)
IGCT (ein IGCT vereinigt einen vielseitigen Leistungs-Halbleiterschalter, den GCT, und den Ansteuerkreis in einem) / integrated gate commutated thyristor (IGCT) n
I-Gehäuse n / enclosure of insulating material
IGK-Verbund m / IRC combination
I-Glied n / I element || ⸿ n / integral-action element, integral-action element || **nachgeschaltetes** ⸿ / series-connected I element
IGMP / Internet Group Management Protocol (IGMP)
Ignitron n / ignitron n
ignorieren v / ignore v
IGW / IGSP (Interactive Graphic Shopfloor Programming)
I-Halbleiter m / I-type semiconductor, intrinsic semiconductor
IHU (Innenhochdruckumformen) / hydroforming n
IIC / inter-integrated circuit (IIC)
IK (globale Daten) / IC (implicit communication) (global data)
IKA (interpolarische Kompensation mit Absolutwerten) / interpolatory compensation with absolute values (ICA) || ⸿-**Beziehung** f / IKA relation || ⸿-**Tabelle** f / IKA table
I-Klemme f / I-Terminal, current terminal
Ikon n (Bildsymbol) / icon n || ⸿**menü** n / icon menue
Ikonoskop n / iconoscope n
Ikon-Symbol n / icon n
IKP (Internes Kontrollprogramm) n / ICP (Internal Control Program)
ILAC / International Laboratory Accreditation Conference (ILAC)
Ilgner·-Maschine f / Ilgner machine, buffer machine || ⸿-**Maschinensatz** m / Ilgner generator set, Ilgner system, Ilgner flywheel equalizing set, Ward-Leonard Ilgner set, equalized Ward-Leonard set
Illuminations·kette f / decorative chain, decorative string || ⸿**lampe** f / illumination lamp, decorative lamp
Illustrations·druck m / printing of illustrations || ⸿**druckmaschine** f / illustration printing machine || ⸿-**Offsetdruck** m / offset printing of illustrations
illustriert adj / illustrated adj
ILM / infrared link module (ILM) || ⸿ / Information Lifecycle Management (ILM)
ILS / instrument landing system (ILS)
IM (Interface Modul) / IM (interface module) || ⸿ (Information Manager) m / IM (Information Manager) n
I&M (Funktionen eines Automatisierungsgeräts, die über das Feldbussystem PROFIBUS benutzt werden können) / Identification & Maintenance (I&M)
im Anschluss an / in pursuance of || ~ **Ausland eingesetzter Mitarbeiter** / foreign service employee || ~ **Auslegungszustand** / at nominal data || ~ **Betrieb befindlich** / operating || ~ **Bremsbetrieb** / during braking || ~ **Feldeinsatz** / in service || ~ **Gegenuhrzeigersinn** / counter-clockwise adj (CCW), anti-clockwise adj, in the counterclockwise direction of rotation || ~ **Kreis**

geschaltete Verbindung / circuit-switched connection || **~ laufenden Betrieb** / during operation || **~ Lieferumfang** / included in delivery || **~ Lieferumfang enthalten** / included in delivery || **~ Lieferzustand** / delivered with, factory state || **~ Schadensfall** / in the event of a loss || **~ Schaltschrank** / in the control cabinet || **~ Sinne der Rechtsschraube** / like a right helix || **~ spannungslosen Zustand** / with the power turned off || **~ Uhrzeigersinn** / clockwise *adv* (CW), in the clockwise direction of rotation *n* || **~ Vorfeld** / in advance || **~ Wechsel** / being changed || **~ Winkel** / square *adj*, at correct angles, in true angularity || **~ Zeitmultiplex** / time-sliced
Imagekampagne *f* / image campaign
Imaginärteil des spezifischen Standwerts / specific acoustic reactance, unit-area acoustic reactance
Imap / IMap
IMAPS *f* / International Microelectronics and Packaging Society (IMAPS)
I_max / maximum current
Imax Regler·Integrationszeit / Imax controller integral time || ୨ **Prop. Verstärkung** / Imax controller prop. gain
I-max.-Regler *m* / I-max controller
Im-Beton-Dose *f* / semi-flush box, box embedded in concrete
IMC / instrument meteorological conditions (IMC) || ୨ *m* / Integrated Magneto-Concentrator (IMC) || ୨ / Industrial Mobile Communication (IMC)
IMEC / Interuniversity MicroElectronics Center (IMEC)
I-Mess (Strom, der bei Messung von Dioden mit dem CRDL-Gerät fließt) / current measurement
Imidpolyester *m* / imide polyester
immanent *adj* / intrinsic *adj*
immateriell·e Vermögensgegenstände *m pl* / intangibles *n*, intangible assets, noncurrent assets || **~es Produkt** / service, intangible product
Immersions·material *n* (f. LWL) / index matching material IEC 50(731) || ୨**-Strahlerzeuger** *m* / immersed gun
Immission *f* / immission *n*, ground level concentration (of pollutants)
Immissions·grenzwert *m* / immission standard, ambient air quality standard || ୨**schutzgesetz** *n* / Federal ambient pollution control act || ୨**schutz-Messgeräte** *n pl* / pollution instrumentation, measuring (o. monitoring) equipment for environmental protection
Immittanz *f* / immittance *n* || ୨**matrix** *f* / immittance matrix
Immunität *f* (auf Immunreaktionen beruhende Widerstandsfähigkeit oder Nichtfälligkeit höherer Lebewesen gegenüber Krankheitserregern oder Giften) / immunity *n*
IMOS / ion-implanted MOS circuit (IMOS)
IMP *f* / pulse suppression
Imp / pulse *n*
Impaktdrucker *m* / impact printer
Imparitäts-Element *n* / imparity element, odd element
IMPATT-Diode *f* (Lawinenlaufzeitdiode) / IMPATT diode (IMPATT = impact avalanche transit time)
Impedanz *f* / impedance *n* || ୨ **der Fehlerschleife** / earth-fault loop impedance, ground-fault loop impedance || ୨ **der Hausinstallation** VDE 0838, T.1 / house wiring impedance || ୨ **der internen Installation** IEC 50(161) / installation wiring impedance || ୨ **der Wechselstromversorgung** VDE 0558, T.5 / supply impedance IEC 146-4 || ୨ **des Gegensystems** / negative-sequence impedance, negative-sequence field impedance || ୨ **des Versorgungsnetzes** VDE 0838, T.1 / supply-system impedance
Impedanz·anregerelais *n* / impedance starting relay, impedance starter, underimpedance starter || ୨**anregung** *f* / impedance starting || ୨**belag** *m* / impedance per unit length || ୨**erdung** *f* / impedance earthing, I-scheme *n* || ୨**kopplung** *f* / impedance coupling, common-impedance coupling || ୨**kreis** *m* / impedance circle || ୨**matrix** *f* / impedance matrix || ୨**relais** *n* / impedance relay || ୨**schutz** *m* / impedance protection || ୨**verhältnis** *n* / impedance ratio, system impedance ratio
Impedanz·waage *f* / impedance balance relay, impedance differential relay || ୨**wandler** *m* / impedance transformer, impedance converter || ୨**wandler** *m* (Emitterfolger) / emitter follower || ୨**wandler** *m* (Kathodenfolger) / cathode follower
Impfkristall *n* / seed *n*
Implantat *n* / implant *n*
Implementationsabschnitt *m* / implementation section *n*
implementieren *v* / implement *v*
implementiert *adj* / implemented *adj* || **~e Strategie** / implemented strategy
Implementierung *f* / implementation *n* || **~sabhängig** *adj* / implementer defined || ୨**sbeziehung** *f* / implementation dependency
Implikation *f* (IF-THEN-Verknüpfung) / implication *n*, IF-THEN operation
implizit·e Darstellung *f* / implicit representation || **~e Daten** / implicit data || **~er Dezimalpunkt** DIN 66025,T.1 / implicit decimal sign (NC) ISO/DIS 6983/1
Import *m* / import *n* || ୨**-Datei** *f* (Datei in einem Datenaustauschformat (CSV)) / import file || ୨**-Directory** *n* / import directory || ୨**-Export-Assistent (IEA)** *m* / import/export assistant || **konfigurierbare** ୨**-/Export-Schnittstelle** / configurable import/export interface || ୨**filter** *m* / import filter || ୨**funktion** *f* / import function
importieren *v* / import *v*
Import-Verzeichnis *n* / import directory
imprägnieren *v* / impregnate *v*, saturate *v*
Imprägnier·harz *n* / impregnating resin || ୨**harzüberzug** *m* / impregnating resin coating || ୨**mittel** *n* / impregnant *n*, impregnating compound, impregnating agent, impregnating medium
imprägniert *adj* / impregnated *adj* || **~e Kohle** / impregnated carbon || **~e Papierisolierung** (Kabel) / impregnated paper insulation || **~es Papier-Dielektrikum** / lapped paper insulation
Imprägnierung *f* / impregnation *n*
Iprinter *m* / imprinter *n* || ୨**-Antrieb** *m* / drive *n*, imprinter drive || ୨**-SPS** / PLC, imprinter PLC
Impuls *m* / impuls *n* IEC 50(101), pulse *n* IEC 235, pulsed quantity || ୨ **mit einer Richtung** / unidirectional impulse || ୨ **mit zwei Richtungen** / bi-directional impulse || **verlängerter** ୨ / extended pulse timer

Impuls·abbild *n* / pulse waveshape || ⸰**abfallzeit** *f* / pulse fall time || ⸰**abfrage** *f* / pulse scanning, pulse scanner || ⸰**abstand** *m* / pulse spacing (time interval) || ⸰**amplitude** *f* / pulse amplitude || ⸰**amplitudenmodulation** *f* (PAM) / pulse-amplitude modulation (PAM) || ⸰**anfang** *m* / pulse start, initial pulse portion || **Steilheit des** ⸰**anstieges** / pulse rate of rise || ⸰**anstiegszeit** *f* / pulse rise time || ⸰**antwort** *f* DIN 19226 / impulse response, impulse-forced response, pulse response, unit pulse response || **~artiges Geräusch** / impulsive noise || ⸰**aufbereitung** *f* / pulse conditioning, pulse shaping || ⸰**ausgabe** *f* / pulse output || ⸰**ausgang** *f* / pulse output || ⸰**auswertung** *f* / pulse evaluation, pulse evaluator
Impuls·befehl *m* / pulse command || **~belastet** *adj* / pulse-loaded *adj* || ⸰**betrag** *m* / pulse magnitude || ⸰**betrieb** *m* / pulse operation, pulsing *n*, pulsed mode || ⸰**bewertung** *f* / pulse weight, pulse weighting || ⸰**bildner** *m* / pulse generator || ⸰**bildung** *f* (LE-Baugruppe für Zündimpulse) / firing pulse generator || ⸰**bildung** *f* (Baugruppe, Impulsgenerator) / pulse generator, pulse generating module || ⸰**breite** *f* / pulse width, pulse duration || ⸰**breitensteuerung** *f* / pulse duration control, pulse width control || ⸰**codemodulation** *f* (PCM) / pulse-code modulation (PCM) || ⸰**dach** *n* / pulse top || ⸰**daten** *plt* / pulse characteristics || ⸰**dauer** *f* (Lasergerät) VDE 0837 / pulse radiation IEC 825, pulse duration || ⸰**dauermodulation** *f* (PDM) / pulse-duration modulation (PDM), pulse-width modulation || ⸰**dehner** *m* / pulse expander, pulse stretcher || ⸰**dehnung** *f* / pulse stretching, pulse expansion || ⸰**diagramm** *n* / pulse timing diagram, timing diagram, pulse diagram || ⸰**drahtsensor** *m* / pulse-wire sensor, pulse wire sensor || ⸰**drehgeber** *m* / pulse encoder
Impuls·echo-Verfahren *n* / pulse echo method (o. technique), pulse reflection method || ⸰**ecke** *f* / pulse corner || ⸰**-Ein-/Ausverhältnis** *n* / pulse duty factor || ⸰**eingang** *m* / pulse input || ⸰**einzelheit** *f* / pulse waveform feature || ⸰**ende** *n* / pulse finish || ⸰**energie** *f* / pulse energy || ⸰**epoche** *f* / pulse epoch
Impulse pro Umdrehung / pulses/revolution
Impuls·erregung *f* (Schwingkreis) / impulse excitation, shock excitation || ⸰**-Fernzähler** *m* / impulse-type telemeter || ⸰**flanke** *f* / pulse edge
Impulsfolge *f* / pulse train, pulsed quantity IEC 50 (101), pulse string || ⸰ *f* / message *n* || **Ton~** *f* / tone burst || ⸰**frequenz** *f* / pulse repetition rate, pulse repetition frequency (PRF) || ⸰**periode** *f* / pulse repetition period, pulse interval
Impulsform *f* / pulse shape, pulse waveshape, pulse envelope
Impulsformen *n* / pulse shaping || **~der Kontakt** / pulse shaping contact
Impulsformer *m* / pulse shaper, pulse generator, pulse encoder, shaft-angle encoder, shaft encoder || ⸰**elektronik** *f* / integrated pulse shaper electronics, pulse shaper electronics, EXE
impuls·förmig *adj* / pulse-shaped || °**·formung** *f* / pulse shaping || ⸰**formungsverfahren** *n* / pulse shaping process || ⸰**freigabe** *f* / pulse enable, pulse release || ⸰**freigabe des Antriebsmoduls** / pulse enable for drive module (PE)
Impulsfrequenz *f* / pulse frequency, pulse rate, pulse repetition frequency, switching frequency || ⸰**modulation** *f* / pulse-frequency modulation (PFM) || ⸰**teiler** *m* / scaler *n* || ⸰**wandler** *m* / pulse frequency changer
Impuls·füllung *f* / pulse stuffing || ⸰**funktion** *f* / pulse function
Impulsgeber *m* / pulse generator, purser, pulse initiator, pulse encoder (NC), encoder *n* || ⸰ *m* / impulse device, impulsing transmitter, pulse transmitter, pulse initiator || **konventioneller** ⸰ / manual pulse generator (MPG), manual pulse encoder, hand pulse generator, handwheel *n*, hand wheel || ⸰**anschluss** *m* / pulse encoder connection || ⸰**ausgang** *m* / pulse generator output || ⸰**auswertung** *f* / pulse encoder evaluation || ⸰**baugruppe** *f* / sensor board pulse (SBP) || ⸰**nachbildung** *f* / pulse encoder emulation || ⸰**nachbildung** *f* / pulse encoder simulation || ⸰**zähler** *m* / impulsing meter, impulse meter
Impuls·generator *m* / pulse generator, pulse initiator, pulse encoder, shaft encoder, pulse shaper, shaft-angle encoder || ⸰**geräusch** *n* / impulse noise || **~geschweißt** *adj* / impulse welded || **~gesteuerter Widerstand** / pulse-controlled resistance || ⸰**gruppe** *f* / pulse run || ⸰**gruppenanzahl** *f* / pulse run count || ⸰**höhe** *f* / pulse height, pulse amplitude || ⸰**höhenanalysator** *m* / amplitude analyzer || ⸰**höhenanalyse** *f* (PHA) / pulse height analysis (PHA), (pulse) amplitude analysis || ⸰**höhendiskriminator** *m* / pulse height discriminator, pulse amplitude discriminator, amplitude discriminator || ⸰**intervallverfahren** *n* / pulse interval method || ⸰**kette** *f* / message *n*, pulse train || ⸰**koinzidenz** *f* / pulse coincidence || ⸰**konstante** *f* / pulse constant || ⸰**kontakt** *m* / pulse contact, passing contact || ⸰**kontakt** *m* (I-Kontakt) / impulse contact
Impuls·lagenmodulation *f* (PLM) / pulse position modulation (PPM), Pulse-Length Modulation || ⸰**lampe** *f* / pulsed lamp || ⸰**länge** *f* / pulse length, pulse duration || ⸰**längenmodulation** *f* (PLM) / pulse length modulation (PLM) || ⸰**laser** *m* / pulsed laser || ⸰**leitung** *f* / firing-circuit cable, control cable || ⸰**leitung** *f* / pulse cable || ⸰**löschung** *f* / disabling of pulses, pulse suppression, pulse interlocking || ⸰**löschung** *f* (Steuerimpuls) / trigger pulse suppression, firing-pulse turn-off (o. blocking) || ⸰**lücke** *f* / pulse gap, interpulse period || ⸰**magnetron** *n* / pulsed magnetron || ⸰**maßstab** *m* / pulse scale || ⸰**merker** *m* / pulse flag || ⸰**messmethode** *f* DIN IEC 469, T. 2 / method of pulse measurement || ⸰**messung** *f* / pulse measurement || ⸰**messverfahren** *n* DIN IEC 469, T.2 / pulse measurement process || ⸰**modulation** *f* / pulse modulation (PM) || **~moduliert** *adj* / pulse modulated || ⸰**-Nichtkoinzidenz** *f* / pulse non-coincidence
Impulspaket *n* / pulse burst, pulse string, pulse train || ⸰**prüfung** *f* / transient burst test, fast transient burst test || ⸰**steuerung** *f* / burst firing control
Impulspause *f* / interpulse period
Impuls-Pause Ausgang / pulse duration modulation output (PDM output)
Impuls-/Pausenverhältnis *n* (Rechtecksignal) / mark-to-space ratio
Impuls-Pause--Signal / pulse duration modulation signal (PDM signal) || ⸰**-Verhältnis** / pulse/pause ratio, pulse-duty factor, mark-to-space ratio (pulse

encoder), mark-space ratio
Impuls·pegelanpassung *f* / pulse level adaptor || ⟨periodendauer *f* / pulse repetition period, pulse interval || ⟨permeabilität *f* / pulse permeability || ⟨phasenmodulation *f* / pulse phase modulation (PPM), pulse position modulation || ⟨plan *m* / pulse diagram || ⟨platz *m* / pulse position || ⟨quadrant *m* / pulse quadrant || **PCM-⟨rahmen** *m* / PCM frame || ⟨raster *m* / code *n* IEC 1037, ripple control code || ⟨rate *f* / pulse rate || ⟨ratenmeter *n* / impulse rate meter || ⟨rauschen *n* / impulsive noise || ⟨reflektometer *n* / pulse reflectometer || **optisches** ⟨reflektometer / optical time-domain reflectometer || ⟨regeneration *f* / pulse regeneration || ⟨regenerator *m* (Schaltung, verwendet zur Impulsregeneration) / pulse regenerator || ⟨regler *m* / pulse controller || ⟨reihe *f* / pulse string, pulse train || ⟨relais *n* / repeat time-delay relay, impulse relay || ⟨sammelschiene *f* / pulse bus, pulse highway || ⟨schalldruckpegel *m* / impulse sound-power level || ⟨schallpegel *m* / impulse sound level || ⟨schalter *m* / momentary action switch || ⟨schalter *m* (Ölströmungssch.) / impulse circuit-breaker, impulse breaker || ⟨schaltung *f* / pulse circuit || ⟨scheibe *f* / impulse disk || ⟨schnittstelle *f* (Über diese Schnittstelle erfolgt z. B. die Ansteuerung der Leistungstransistoren und die Auswertung der Kühlkörpertemperatur) / pulse interface || ⟨schreiber *m* / pulse recorder || ⟨schritt *m* / pulse interval || ⟨schwingung *f* / pulse oscillation || ⟨signal *n* / pulse signal, sampled signal, pulsed signal || ⟨spannungsfestigkeit *f* / impulse withstand voltage || ⟨spektroskop *n* / pulse spectroscope || ⟨sperre *f* / pulse blocking, pulse disable || ⟨sperre *f* / pulse inhibitor, pulse interlocking || **sichere** ⟨sperre / safe pulse disabling || ⟨sperrhebel *m* / pulse blocking rocker || ⟨spitze *f* / pulse overshoot || ⟨spur *f* / pulse track || ⟨stabilität *f* / pulse stability || **stabilität bei Fehlanpassung** / pulse mismatch stability || ⟨stabilität bei Inbetriebnahme / pulse starting stability || ⟨startlinie *f* / pulse start line || ⟨startzeit *f* / pulse start time || ⟨stoplinie *f* / pulse stop line || ⟨stoppzeit *f* / pulse stop time || ⟨störung *f* / impulse noise, impulsive disturbance || ⟨strom *m* / power pulse current || ⟨stromunterbrechung *f* / interruption of power pulse current || ⟨summierrelais *n* / totalizing pulse relay

Impuls·tacho *m* / digital tacho || ⟨technik *f* DIN IEC 469, T.1 / pulse techniques || ⟨telegramm *n* / pulse message || ⟨transformator *m* / pulse transformer, gate pulse transformer || ⟨übersetzung *f* / pulse ratio || ⟨übertrager *m* / pulse transformer, gate pulse transformer || ⟨übertragerbaugruppe *f* / pulse transformer module, pulse transformer subassembly || ⟨übertragung *f* / pulse transmission || ⟨übertragungssystem *n* / pulse transmission system || ⟨umwerter *m* / pulse weight converter, pulse scaler || ⟨unterdrückung *f* / pulse suppression || ⟨untersetzer *m* / pulse scaler || ⟨verarbeitung *f* / pulse processing || ⟨verbreiterung *f* / pulse spreading || ⟨verhalten *n* / pulse response || ⟨verhältnis *n* / pulse ratio || ⟨verkürzung *f* / pulse shortening, pulse

contraction || ⟨verlängerung *f* / pulse stretching, pulse expansion || ⟨verschachtelung *f* / pulse interlacing || ⟨verschleifen *n* / pulse rounding || ⟨verschleppung *f* / pulse distortion || ⟨verstärker *m* / pulse amplifier || ⟨verstärker *m* (Steuerimpulse) / (trigger o. gate) pulse amplifier, firing pulse amplifier || ⟨verstärkerstufe *f* / pulse amplifier stage || ⟨verteiler *m* / pulse distributor || ⟨verteilerbaugruppe *f* / pulse distribution module, pulse distributor || ⟨verteillogik *f* / pulse distribution logic || ⟨vervielfachung *f* / pulse multiplication factor, pulse edge evaluation, pulse multiplication || ⟨verzerrung *f* / pulse waveform distortion, pulse distortion || ⟨verzögerungsdauer *f* / pulse delay interval || ⟨voreildauer *f* / pulse advance interval || ⟨vorlaufzeit *f* / set-up time IEC 147

Impuls·wahlverfahren *n* (IWV) / pulse dialing, pulse dialling || ⟨wärmewiderstand *m* DIN 41862 / thermal impedance for one single pulse, thermal impedance under pulse conditions || ⟨weiche *f* / pulse separating filter, pulse distributor, pulse gate, pulse gating circuit || ⟨welligkeit *f* / pulse ripple || ⟨wertigkeit *f* / pulse significance, pulse value, pulse weighting, increment per pulse, pulse weight || ⟨zahl *f* / pulse rate, number of pulses || ⟨zähler *m* / impulse counter, pulse counter, impulsing meter, impulsing meter, scaler *n* || **schreibender** ⟨zähler / pulse recorder || ⟨zahlprüfung *f* / pulse number check || ⟨zählspeicher *m* / pulse count store || ⟨zählung *f* / pulse counting || ⟨zeit *f* / pulse time || ⟨zeit *f* (Impulsrelais) / operate time, pulse duration || ⟨zeitberechnung *f* / pulse time calculation, pulse time calculator || ⟨zeitmodulation *f* / pulse time modulation (PTM)

Imputz *m* / semi-flush mounting || ⟨-**Installation** *f* / semi-flush installation, semi-recessed installation || ⟨-**Steckdose** *f* / semi-flush-type socket-outlet, semi-recessed receptacle || ⟨-**Verbindungsdose** *f* / semi-flush joint box, semi-recessed junction box

IMR / IMR (interface module receive)
IMS / IMS (interface module send) || ⟨ / IMS (Information Management System)
IMTS / Improved Mobile Telephone Service (IMTS)
IMU *f* / Inertial Measurement Unit (IMU)
in beiden Richtungen zeitverzögerter Wechsler / changeover contact delayed in both directions || ~ **Bereitschaft** IEC 50(191) / standby state || ~ **Betrieb** / operating state, operating status *adj*, status *adj*, operating mode *adj*, operational state *adj*, operational status *adj*, operating status condition *adj*, operation condition state *adj* || ~ **Betrieb nehmen** / place in service || ~ **Betrieb setzen** / commission *v* || ~ **Blocksatz ausrichten** / justify *v* || ~ **Brückenschaltung** / bridge-connected *adj* || ~ **den Apparaten fest werden** / congeal in the equipment || ~ **Dreieck geschaltet** / connected in delta || ~ **einem Zug einfüllen** / fill in one operation || ~ **3-facher Ausfertigung** / in triplicate || ~ **Freifeldaufstellung** / earth-mounted, earth-mounted structure || ~ **Kraft setzen** / implement, put into effect || ~ **ladbare Bausteine übersetzen** / compile into loadable blocks || ~ **Luft schaltend** / air-break *adj* || ~ **mehreren Schritten** / in several steps || ~ **Metall bündig einbaubarer Näherungsschalter** / metal-

embeddable proximity switch || ~ **Öl schaltend** / oil-break *adj*, oil-immersed break || ~ **organisatorischer und fachlicher Hinsicht** / be responsible for organizational and professional administration || ~ **Promille-Schritten** / in steps of one tenth of a percentage || ~ **Quadratur** / in quadrature || ~ **Reihe schalten** / connect in series || ~ **Rezeptfahrweise** / recipe-driven || ~ **Richtung abnehmender Durchmesser** / in direction of decrease of diameter || ~ **Selbsthaltung gehen** / remain locked in || ~ **Sockel einsetzen** / insert into socket || ~ **Stern geschaltet** / connected in star || ~ **Sternschaltung** / star-connected *adj*, wye connected *adj*, Y-connected *adj* || ~ **voller Breite Anwendung finden** / be widely used || ~ **Vorbereitung** / in preparation || ~ **Wechselrichterbetrieb ausgesteuert** / controlled for inverter operation || ~ **Zusammenhang stehen** / be related
INA / international standard atmosphere (ISA)
iNA / Intel Network Architecture (iNA)
I-Naht *f* / square weld, square butt weld
inaktiv *adj* / inactive *adj*, disabled *adj* || ~ **setzen** / deactivate *v* || **~er Zutand der Systemsteuerung DIN IEC 625** / system control not active state (SNAS) || **~es leitfähiges Teil** / exposed conductive part || **~es Teil** / inactive part
Inaktivierung *f* / deactivation *n*
Inaktivitätsüberwachung *f* (Datennetz) / inactivity control
Inbetriebnahme *f* / startup *n*, commissioning *n*, setup *n* || ₂*f* (Automatisierungssystem, Rechneranlage) / system start-up, start-up procedure || ₂*f* (IBN) / installation and startup, start-up *n*, installation *n*, activation *n*, commissioning *n* || ₂ **(IBN)** *f* / commissioning *n* || **zweite** ₂ / second installation || ₂ **ablauf (IBN-Ablauf)** *m* / sequence of startup operations || ₂**adaption** *f* (adaptive Reg.) / start-up adaptation || ₂**anleitung** *f* / installation & start-up guide, start-up manual, commissioning instructions, start-up guide, installation guide, commissioning guide || ₂-**Anweisung** *f* / installation instruction || ₂-**Anweisungen** *f pl* / installation instructions || ₂-**Anwenderspeichermodul** *n* / installation user memory submodule || ₂**assistent** *m* / parameterization wizard || ₂-**Assistent** *m* / Startup Wizard || ₂**assistent (IBN-Assistent)** *m* / parameterization wizard || ₂**daten** *f* / commissioning data || ₂**fenster** *n* / startup window || ₂**handbuch** *n* / Commissioning Manual || ₂**hilfe** *f* / setting-up aid || ₂**hilfe** *f* / start-up aid || ₂-**Listen** *f pl* / installation lists || ₂**maske** *f* / commissioning screen || ₂-**Menü** *n* / commissioning menu || ₂**modus** *m* / start-up mode, installation mode, commissioning mode, start up || ₂**parameterfilter** *n* / commissioning parameter filter || ₂**phase** *f* / commissioning phase || ₂**programm** *n* / startup program || ₂**protokoll** *n* (el. Masch.) / commissioning report, start-up record || ₂**prüfung** *f* / commissioning test || ₂**schritte** *m pl* / start-up flowchart || ₂**tool** *n* / IBN-Tool *n* || ₂- **und Montagehandbuch** *n* / Commissioning and Hardware Installation Manual || ₂**unterstützung** *f* / installation and startup support, start-up support || ₂**zeit** *f* / start-up time, commissioning time || ₂**zeiten** *f pl* / installation time

Inbetriebnehmen *n* / installation and startup, start-up *n*, installation *n*, activation *n*, commissioning *n*
Inbetriebnehmer *m* / system startup engineer, service engineers
Inbetriebsetzer *m* / startup engineer, commissioning engineer
Inbetriebsetzung *f* (IBS) / setup *n*, commissioning *n*, putting into service, putting into operation, installation and startup, start-up *n*, installation *n*, activation *n*
Inbetriebsetzungs·ingenieur *m* / commissioning engineer, start-up engineer || ₂**ladung** *f* / initial charge || ₂**leistung** *f* / start-up service || ₂**mode** *m* (IBS-Mode) / start-up mode, installation mode, commissioning mode, start up || ₂**modus** *m* / start-up mode, installation mode, commissioning mode, start up || ₂**personal** *n* / commissioning personnel, commissioning engineers || ₂**vorschrift** *f* / commissioning instruction
Inc / Inc (increment)
INC / incremental dimension (INC)
Inch *n* / inch *n*
inchromiert *adj* / chromized *adj*
In-circuit-Emulator *m* / in-circuit emulator (ICE) || ₂-**Modul (ICE-Modul)** *n* / ICE module
Inc Var / Inc Var
INDA (Fortschaltwinkel Parameter) / INDA (indexing angle)
Index *m* (Inhaltsverzeichnis) DIN 44300 / index *n*, subscript *n* || ₂ **[']** / prime *n* (subscript) || ₂**bolzen** *m* / index bolt || ₂**datei** *f* / index file || ₂**einbruch** *m* / index dip || ₂**filter** *m* / index filter
indexieren *v* / index *v*
Indexier·system *n* / indexing system || ₂**tisch** *m* / indexing table
Indexierung *f* / indexing *n*
Index·impuls *m* / index pulse || ₂**marke** *f* / index mark || ₂**nut** *f* / polarizing slot || ₂**register** *n* / index register || **~sequentieller Zugriff** / index-sequential access || ₂**tabelle** *f* DIN 44300 / index *n*
Indikator *m* (Datenelement, das abgefragt werden kann, um festzustellen, ob eine bestimmte Bedingung während der Programmausführung erfüllt worden ist) / indicator *n* ISO 2382 || **Tor~** *m* / gate monitor || ₂**lösung** *f* / indicator solution || ₂-**Messgerät** *n* (zur annähernden Messung einer Größe und/oder des Vorzeichens der Größe) / detecting instrument || ₂**register** *n* / indicator register, condition-code register || ₂**schaltung** *f* / indicator circuit || ₂**wort** *n* / indicator word, condition-code word
indirekt *adj* / indirect *adj* || ~ **angetriebenes Steuerschaltwerk** / motor-driven controller || ~ **beeinflusste Regelstrecke** (o. Steuerstrecke) / indirectly controlled system || ~ **beheizter Heißleiter** (NTC-I-Thermistor) / indirectly heated NTC thermistor (NTC-I) || ~ **beleuchtet** / backlit *adj* || ~ **gekoppelte Rechnersteuerung** / off-line computer control || ~ **gekühlte Wicklung** (el. Masch.) VDE 0530, T.1 / indirect cooled winding IEC 34-1 || ~ **geschalteter Kontakt** / snapaction contact (element) IEC 337-1, quick-make quick-break contact || ~ **wirkender Schreiber** / indirect recording instrument || ~ **wirkender Überstromauslöser** / indirect overcurrent release || **~e Adressierung** (Art, wie eine Variable angesprochen wird) / indirect addressing || **~e**

Aufzeichnung / indirect recording || **~e Auslösung** / indirect tripping, transformer-operated tripping || **~e Bandlücke** / indirect gap || **~e Beheizung** / indirect heating || **~e Beleuchtung** / indirect lighting || **~e Blendung** / indirect glare || **~e Diagnose** (Off-line-Diagnose) / off-line diagnosis || **~e Eigenerregung** / excitation from separately driven exciter || **~e Erdung** / indirect earthing || **~e inkrementelle Wegmessung** / indirect incremental position encoder || **~e Kommutierung** / indirect commutation || **~e Lageerfassung** / indirect position sensing || **~e Lichtzündung** / indirect light-pulse firing || **~e Parallelschaltung** (von Kommutierungsgruppen) / multiple connection (of commutating groups) || **~e Parallelschaltung von Kommutierungsgruppen** / multiple connection of commutating groups || **~e Prozesskopplung** / off-line process interface || **~e Prüfung** / indirect inspection and testing || **~e Sonnenenergienutzung** (Nutzung von Energieformen, die indirekt auf die Sonne zurückzuführen sind, wie z.B. Windenergie oder Erdwärme) / indirect use of solar energy || **~e Welle** (Funkwelle, die sich auf einem indirekten Strahlenweg ausbreitet) / indirect wave || **~e Wirkungsgradbestimmung** / indirect calculation of efficiency

indirekt·er Antrieb / indirect drive || **~er Ausbreitungsweg** / indirect propagation path || **~er Auslöser** / indirect release, indirect trip, indirect overcurrent release || **~er Bestellverkehr** / indirect ordering procedures || **~er Blitzeinschlag** / indirect lightning strike || **~er Blitzschlag** / indirect stroke || **~er Gleichstromumrichter** / indirect d.c. converter, a.c.-link d.c. converter || **~er Halbleiter** / indirect-gap semiconductor || **~er Lichtstrom** / indirect (luminous flux) || **~er MPP-Tracker** / indirect MPP tracker || **~er Spannungsregler** / indirect-acting voltage regulator || **~er Steckverbinder** / two-part connector || **~er Strahlenweg** (Strahlenweg, der sich durch erhebliche Brechung oder andere Phänomene wie Reflexion, Beugung oder Streuung auf dem Strahlenweg ergibt) / indirect ray path || **~er Überstromauslöser** VDE 0660,T. 101 / indirect overcurrent release IEC 157-1 || **~er Wechselstromumrichter** / indirect a.c. (power) converter, d.c. link converter || **~es adaptives Regelsystem** / indirect adaptive control system || **~es Berühren** VDE 0100, T.200 / indirect contact || **~es Einführen** (zu Anschlussstellen innerhalb eines Gehäuses) / indirect entry || **~es Kommutieren** / indirect commutation || **~es Punktschweißen** / indirect spot welding

Indirektleuchte f / indirect lighting luminaire

indirektluftgekühlte Maschine / indirectly air-cooled machine, machine indirectly cooled by air

Indium n / indium n || **⁓phosphid** n / indium phosphide || **⁓phosphidzelle** f / indium phosphide cell || **⁓-Zinn-Oxid** n / ITO, indium tin oxide

Individualverkehr / private motor traffic

individuell *adj* / individual *adj* || **~ gestaltbares Textdisplay** / user-customizable text display || **~e Kodierung** / individual coding || **~e Pensionszusage** / individual guaranteed pension payment

indiziert·e Leistung / declared power, indicated horsepower (i.h.p.) || **~e Operation** / indexed operation || **~er Parameter** / indexed parameter || **~er Wert** / subscribed value || **~er Zugriff** / indexed access || **~es Aufschlagen** / indexed access

Indizierung f / subscribing n || **⁓ von Befehlen** / command indexing

ind. Last / inductive load

Inductosyn n (analoges Wegmesssystem, das nach dem Resolverprinzip arbeitet) / Inductosyn n || **⁓-Adapter** m / Inductosyn adapter || **⁓-Maßstab** m / Inductosyn scale || **⁓-Reiter** m / Inductosyn cursor || **⁓-Umsetzer** m / Inductosyn converter || **⁓-Vorverstärker** m / Inductosyn preamplifier

Induktanz f / inductance n, inductive reactance

Induktion f / induction n (an inference which starts with given facts and concludes with general hypotheses), magnetic induction, flux density, inductance n || **⁓ aus der Kommutierungskurve** / normal induction || **elektromagnetische ⁓** / flux density

Induktionsapparat m / inductor n

induktionsarm *adj* / low-inductance *adj*

Induktions·belag m / inductance per unit length || **⁓brücke** f / variable-inductance transducer || **⁓empfindlichkeit** f (Hallplättchen) DIN 41863 / induction sensitivity || **⁓fluss** m / magnetic flux, flux of magnetic induction

induktionsfrei *adj* / non-inductive *adj* || **~e Belastung** / non-inductive load, non-reactive load

Induktions·-Frequenzumformer m / induction frequency converter || **⁓geber** m (Kfz-Zündschaltgerät) / induction-type pulse generator || **~gehärtet** *adj* / induction-hardened *adj* || **~gelötet** *adj* / induction-brazed *adj* || **⁓generator** m / induction generator || **⁓gesetz** n / Faraday's law, second circuital law || **⁓härteanlage** f / induction hardening plant || **⁓härten** n / induction hardening, surface induction hardening || **~härten** v / induction-harden v

Induktions·heizung f / induction heating || **⁓instrument** n / induction instrument || **⁓koeffizient** m / coefficient of self-induction || **⁓konstante** f / permeability of free space, space permeability, permeability of the vacuum || **⁓kupplung** f / induction coupling, electromagnetic clutch || **⁓leuchte** f / induction luminaire || **⁓linearmotor** m / linear induction motor (LIM) || **⁓löten** n / induction soldering || **⁓maschine** f / induction machine, asynchronous machine || **⁓messgerät** n / induction instrument || **⁓messverfahren** n (Leitfähigkeitsmessung) / induction (measuring) method, electrodeless measuring method || **⁓messwerk** n / induction measuring element

Induktionsmotor m / induction motor, asynchronous motor || **⁓ mit gewickeltem Läufer** / wound-rotor induction motor || **⁓ mit Repulsionsanlauf** / repulsion-start induction motor || **⁓-Wattstundenzähler** m / inductionmotor watthour meter, induction watthour meter || **⁓zähler** m / induction-motor meter, induction meter

Induktions·ofen m / induction furnace || **⁓periode** f (Isolierflüssigk.) / induction period || **⁓-Quotienten-Messgerät** n / induction quotientmeter || **⁓regler** m / induction regulator ||

⟵**relais** *n* / induction relay || ⟵**schutz** *m* / induction protection, inductive interference protection || ⟵**spannung** *f* / induced voltage
Induktionsspule *f* / induction coil, inductor *n*, Ruhmkorff coil || ⟵ *f* (Flussmessung) / magnetic test coil, exploring coil, search coil || ⟵ **mit Trennfunktion** / isolating inductor
Induktions·strom *m* / induced current, induction current, induction current || ⟵**tachogenerator** *m* / induction tacho-generator || ⟵**triebsystem** *n* / induction driving element || ⟵**verlagerungsfaktor** *m* / induction transient factor || ⟵**vermögen** *n* / inductivity *n* || ⟵**verteilung** *f* / flux distribution || ⟵**welle** *f* / flux-density wave, m.m.f. wave || ⟵**zähler** *m* / induction meter, induction motor meter || ⟵**zündung** *f* / induced ignition
induktiv *adj* / inductive *adj*, reactive *adj*, lagging *adj* || **~ arbeitender Geber** / inductively operating encoder || **~ aussteuerbares Schaltgerät** / inductive trigger box || **~ geerdet** / impedance-earthed *adj* (GB), reactance-grounded *adj* (US), resonant-grounded *adj*, resonant-grounded with Petersen coil || **~ gekoppelt** / inductively coupled || **~ geschaltete Leuchte** / luminaire with inductive circuit
induktiv·e Abschaltspannung / voltage induced on circuit interruption || **~e Beeinflussung** / inductive interference, inductive coupling || **~e Belastung** / inductive load, reactive load, lagging load || **~e Blindarbeit** / lagging reactive energy || **~e Blindleistung** / lagging reactive power || **~e Blindspannung** / lagging reactive voltage, reactive voltage || **~e Einstreuungen** / inductive interference || **~e Entkopplung** / inductance decoupling, reactor decoupling || **~e Erdung** / impedance earthing (GB), reactance grounding (US), resonance grounding || **~e Erwärmung** / induction heating || **~e Gleichspannungsänderung** / inductive direct voltage regulation || **~e Komponente** / reactive component || **~e Kopplung** / inductive coupling, inductance coupling, electromagnetic coupling, inductive exposure || **~e Last** / inductive load, reactive load || **~e Mitkopplung** / inductive coupling, inductance coupling, electromagnetic coupling, inductive exposure || **~e oder kapazitive Störung** / inductive and capacitive interference || **~e Restfläche** (Hallstromkreis) / effective induction area || **~e Schaltung** (L-Lampe) / lagging p.f. correction || **~e Störbeeinflussung** / inductive interference, inductive coupling || **~e Störspannung** / inductive interference voltage
induktiv·er Aufnehmer / inductive pickup || **~er Ausschaltstrom** / inductive breaking current || **~er BERO** / inductive BERO || **~er Blindleitwert** / inductive susceptance || **~er Blindstrom** / reactive current || **~er Blindwiderstand** / inductive reactance, reactance *n*, inductance *n*, magnetic reactance || **~er Durchflussaufnehmer** / magnetic flow transmitter || **~er Koppler** / inductive coupler || **~er Kopplungsgrad** / inductive coupling factor || **~er Leistungsfaktor** / lagging power factor, lagging p.f. || **~er Näherungsschalter** / inductive proximity switch, inductive proximity sensor || **~er Nebenschluss** / inductive shunt || **~er Nebenschlusssteller** / induction regulator for shunt-field circuits || **~er Nebenwiderstand** / inductive shunt || **~er Scheinwiderstand** / inductive impedance || **~er Spannungsabfall** / reactance drop, reactive voltage drop || **~er Spannungsregler** / induction voltage regulator, transformer-type voltage regulator || **~er Spannungswandler** / inductive voltage transformer, cascade potential transformer, electromagnetic voltage transformer, voltage transformer || **~er Steller** / induction regulator, rotary regulator, variable transformer || **~er Stromkreis** / inductive circuit || **~er Teil** (kapazitiver Spannungswandler) / electromagnetic unit (e.m.v.) || **~er Wandler** / inductive transformer, cascade transformer, electromagnetic transformer || **~er Wegabgriff** / inductive displacement pick-off, inductive position sensor || **~er Widerstand** / inductive reactance, reactance *n* || **~er Zweig** (Leuchtenschaltung) / lag circuit
induktiv·es Aufnehmerpaar / inductive pickup couple, pair of inductive sensors || **~es Hochfrequenz-Schweißen** / HF induction welding || **~es Indentsystem** / inductive identification system || **~es Lernen** / inductive learning || **~es Potentiometer** / inductive potentiometer || **~es Schaltvermögen** / inductive breaking capacity || **~es Vorschaltgerät** / inductive ballast || **~es Wegmessgerät** / inductive position sensing device, inductosyn *n*, inductive displacement sensing device
Induktiv·geber *m* / inductive sensor || ⟵**impuls-Umsetzung** *f* / pulse conversion by inductance
Induktivität *f* / inductance *n*, inductivity *n*, inductive reactance || ⟵ *f* (Stromkreiselement) / inductor *n* || ⟵ **des Versorgungsnetzes** (bezogen auf einen SR) / supply inductance
induktivitätsarm *adj* / low-inductance *adj* || **~er Drehstromkondensator** / low inductance three-phase capacitor
Induktivitäts·dekade *f* / decade inductor || ⟵**faktor** *m* IEC 50(221) / inductance factor || ⟵**messer** *m* / inductance meter, inductance bridge || ⟵**wert** *m* / inductance factor
Induktivkoppler *m* / inductive coupler
Induktor *m* / inductor *n*, induction coil, choke coil, reactor, coil || ⟵ *m* (Läufer) / generator rotor *n*, rotor *n* || ⟵**ballen** *m* (el. Masch.) / rotor body, inductor core || ⟵**-Dynamotor** *m* / inductor dynamotor || ⟵**-Frequenzumformer** *m* / inductor frequency converter || ⟵**generator** *m* / inductor generator || ⟵**kappe** *f* (el. Masch.) / rotor end-winding retaining ring, rotor end-bell || ⟵**kreis** *m* / rotor circuit, inductor circuit || ⟵**maschine** *f* / inductor machine || ⟵**pol** *m* / field pole || ⟵**-Synchronmotor** *m* / inductor-type synchronous motor
Induktosyn *m* / Inductosyn *n* || ⟵**-Maßstab** *m* / Inductosyn scale
Industrial and Operations Engineering (IOE) *n* / Industrial and Operations Engineering (IOE) || ⟵ **Automation Open Networking Alliance** *f* (Bündnis führender Automatisierungsmittelhersteller zur Verbreitung offener Netzwerkstandards der Informationstechnik wie Ethernet als weltweiten Standard für die Industriekommunikation) / Industrial Automation Open Networking Alliance *n* || ⟵ **Ethernet** / industrial ethernet (cell and area network conforming to IEEE 802.3 (ISO 8802-2))

|| ⁓ **Manufacturing Automation Protocol** / Industrial Ethernet Manufacturing Automation Protocol (Industrial Ethernet MAP) || ⁓ **MAP** / Industrial Ethernet MAP (Industrial Ethernet Manufacturing Automation Protocol) || ⁓ **Framework (IF)** / Industrial Framework (IF) || ⁓ **IT** *f* / Industrial Information Technology || ⁓ **Mobile Communication (IMC)** / IMC (Industrial Mobile Communication) || ⁓ **Twisted Pair (ITP)** *n* / ITP (industrial twisted pair) || **2/5 IATA 2/5 ~** (eine Codeart bei Barcodes) / 2/5 IATA 2/5 industrial
Industrie, leichte ⁓ / light industry || **verfahrenstechnische** ⁓ / process engineering industry || ⁓**anlage** *f* / industrial plant || ⁓**antrieb** *m* / industrial drive || ⁓**anwendung** *f* / industrial application || ⁓**atmosphäre** *f* / industrial atmosphere, industrial environment || ⁓**ausführung** *f* / industrial-type *adj*, industry standard || ⁓**automation** *f* / industrial automation || ⁓**automatisierung** *f* / industrial automation || ⁓**automatisierungssystem** *n* / industrial automation system || ⁓**bau** *m* / industrial buildings || ⁓**baugruppe** *f* / industrial module || ⁓**betrieb** *m* / industrial firm || ⁓**branche** *f* / industrial sector || ⁓**bus** *m* / industrial bus || ⁓**-Chassis** *f* / industrial chassis || ⁓**computer** *m* / industrial computer || ⁓**design** *n* / industrial design || ⁓**designer** *m* / industrial designer || ⁓**display** *n* / industrial display || ⁓**drucker** *m* / industrial printer || ⁓**einsatz** *m* / industrial *adj* || ⁓**elektronik** *f* / industrial electronics || ⁓**fachwirt** *m* / industrial economist || ⁓**feldgerät** *n* / industrial field device || ⁓**geber** *m* / industrial encoder || ⁓**gehäuse** *n* / industrial housing, industrial enclosure || ⁓**gelände** *n* / industrial premises
industriegerecht *adj* / industry-standard *adj*, industry-compatible *adj*, industrialized *adj*, industrial-strength *adj*
Industrie·getriebe *n* / industrial gearbox || ⁓**kabel** *n* / industrial cable || ⁓**kamera** *f* / industrial camera || ⁓**kommunikation** *f* / industrial communication || ⁓**kraftwerk** *n* / industrial power station, captive power plant || ⁓**kran** *m* / industrial crane || ⁓**laser** *m* / industrial laser || ⁓**-LCD-Monitor** *m* / industrial LCD monitor || ⁓**leuchte** *f* / industrial luminaire, industrial-type luminaire, industry-type lighting fitting, factory fitting
industriell *adj* / industrial *adj* || **~e Kommunikation** / industrial communication || **~es Bildverarbeitungssystem (IBV-System)** / industrial image processing system || **~es Netz** / industrial network || **~es WLAN (IWLAN)** / Industrial WLAN (IWLAN)
industrieluftbeständig *adj* / resistant to industrial atmospheres
Industrie·maschine *f* / industrial machine || ⁓**modem** *n* / industrial modem || ⁓**monitor** *m* / industrial monitor || ⁓**motor** *m* / industrial motor || ⁓**müll** *m* / industrial waste || ⁓**nähautomat** *m* / industrial sewing machine || ⁓**netz** *n* / industrial system, industrial network || ⁓**netzwerk** *n* / industrial network || ⁓**norm** *f* / industry standard || ⁓**-Panel-PC** *m* / industrial panel PC || ⁓**park** *m* / industrial park || ⁓**-PC** *m* / industrial PC (IPC) || ⁓**-PC-Plattform** *f* / industrial PC platform || ⁓**portal** *n* / industrial portal || ⁓**portal** *n* / industrial protocol || ⁓**regler** *m* / industrial controller ||

⁓**relais** *n* / industry-type relay, industrial relay || ⁓**roboter** *m* / industrial robot (IR) || ⁓**schalter** *m* / industrial switch || ⁓**sensorik** *f* / industrial sensors || ⁓**server** *m* / industrial server || ⁓**sicherung** *f* / industrial fuse || ⁓**software** *f* / industrial software || ⁓**standard** *m* / industry standard || ⁓**standardarchitektur (ISA)** *f* / Industry Standard Architecture (ISA) || ⁓**-Steckvorrichtungen** *f pl* / plugs, socket-outlets and couplers for industrial purposes, industrial socket-outlets and plugs, industrial plugs and sockets || ⁓**steuerungen** *f pl* / industrial control systems || ⁓**strahler** *m* / industrial radiator, factory lamp || ⁓**straße** *f* / commercial street || ⁓**system** *n* / industrial system || ⁓**tarif** *m* / industrial tariff || ⁓**tastatur** *f* / industrial keyboard
industrietauglich *adj* / industry-standard *adj*, industry-compatible *adj*, industrialized *adj*, industrial-strength *adj*
Industrie·tauglichkeit *f* / industrial capability, suitability for industrial use || ⁓**technik** *f* / industrial engineering || ⁓**umgebung** *m* / industrial environment || ⁓ **& Verkehr** *f* / industry and transportation || ⁓**version** *f* / industrial version || ⁓**verteiler** *m* / industry-type distribution board, distribution board for industrial purposes || ⁓**werkzeug** *n* / industrial tool || ⁓**zange** *f* / industrial design crimping tool
induzieren *v* / induce *v*
induziert·e magnetische Anisotropie / induced magnetic anisotropy || **~e Masse** / effective mass || **~e Restspannung** (Halleffekt-Bauelement) DIN 41863 / inductive residual voltage IEC 147-0C || **~e Seite des Leiters** / active part of conductor || **~e Spannung** / induced voltage, e.m.f. || **~e Ständerspannung** / stator e.m.f. || **~e Steuerspannung** (Halleffekt-Bauelement) DIN 41863 / induced control voltage IEC 147-0C || **~er Blitzschlag** / indirect stroke || **~er pn-Übergang** / induced p-n junction || **~es Fremdfeld** / induction field
ineinander·gewickelte Doppelspule / interleaved double coil, interwound coils, imbricated double coil || **~gewickelte Stränge** / interleaved phase windings || **~gleiten** *v* / interleave *v* || **~greifen** *v* / mesh *v*, engage *v*, intermesh *v* || **~greifende Getriebeelemente** / geering wheels || **~greifendes Getriebeelement** / geering wheel || **~passen** *v* / fit together, nest *v* || **~schieben** *n* / telescoping *n* || ⁓**stecken** *n* / insetting *n* || **~ stecken** / fit into each other
inertisieren *v* / inert *v* (cleaning procedure using gas; for example, N_2)
InES (Institut für Embedded Systems) / InES
Infeldblendung *f* / direct glare
Inferenz *f* (Schlussfolgern in der Weise, dass Konklusionen aus bekannten Prämissen abgeleitet werden) / inference *n* || **erwartungsgesteuerte** ⁓**en** / expectation-driven reasoning || ⁓**maschine** *f* / inference engine || ⁓**mechanismus** *m* / inference mechanism
Influenz, elektrische ⁓ / electrostatic induction, electric influence, electric induction phenomenon || ⁓**konstante** *f* / absolute permittivity, specific inductive capacity || ⁓**maschine** *f* / influence machine, continuous electrophorous, Wimshust machine, electrostatic generator, Pidgeon machine

|| **sektorlose ⁓maschine** / Bonetti machine ||
⁓spannung f / influence voltage
Info f / about, information item, info n || **⁓-board** n /
infoboard n || **⁓box** f / infobox n || **⁓-Management**
n / information management system || **⁓material**
n / information material || **⁓-Objekt** n /
information object
Informatik f / computer science
Information f (eine Aussage über einen Prozesswert
oder Zustand, die einem Datenpunkt zugeordnet
ist) / information n || **⁓ Engineer (IE)** m / IE
(Information Engineer) n || **⁓ Integration
Manager** m / information integration manager || **⁓
Manager (IM)** m / Information Manager (IM) || **⁓
über Markierungssteuerung** / tag control
information (TCI) || **⁓ und Pressewesen** / public
relations || **⁓ zur Verdrahtung** / cabling
information || **allgemeine ⁓** / general information ||
gemerkte ⁓ / memorized information ||
geometrische ⁓ / geometrical data || **positionierte
⁓** / positioned information || **technische ⁓** /
technical information sheet || **technologische ⁓** /
technological information, technological data,
process information
Informationsadresse f / information address
Informationsaustausch m / information exchange,
exchange of information || **⁓ Maschine-
Maschine** / machine-to-machine information
exchange || **⁓ Mensch-Maschine** / man-to-
machine information exchange
Informations·basis f / information base || **⁓-, Bedien-
und Verwaltungszentrum (IBV)** n / information,
operating and management system (IOM) ||
⁓beschaffung f / information supply || **⁓bit** n /
information bit || **⁓block** m / information block,
data block || **⁓byte** n / information byte, data byte ||
⁓darbietung f / presentation of information ||
⁓darstellung f / representation of information,
data representation || **⁓drehscheibe** f / information
exchange || **⁓einheit** f / information item ||
⁓elektroniker m / data and control electronics
fitter || **⁓element** n / information element || **⁓element
der Anwendungsschicht** n / application
information element || **⁓feld** n / information field ||
⁓feldlänge f / length of information field
Informationsfluss m / information flow || **nahtloser
⁓** / seamless information flow || **⁓überwachung** f /
communication control
Informations·gehalt m / information content ||
⁓geheimhaltung f / information secrecy,
nondisclosure of information || **⁓integration** f /
information integration || **⁓kanal** m / information
channel || **⁓kapazität** f / information capacity ||
⁓knoten m / information node || **⁓kreis** m (f.
Überwachungsaufgaben) / monitoring circuit ||
⁓management n / information management ||
⁓managementsystem m / information
management system || **⁓menge** f / quantity of
information, amount of information, information
set, information volume || **⁓objekt** n / information
object || **⁓parameter** m / signal parameter ||
⁓pflicht f / obligation to provide information n ||
⁓plattform f / information platform || **⁓quelle** f /
source of information || **⁓schnittstelle** f /
informative interface || **⁓schwall** m / avalanche
scenario || **⁓sicherung** f / information securing ||
⁓system n / information system, information

retrieval system || **⁓technik** f / information
technology (IT) || **⁓träger** m / information
medium, information carrier, data carrier ||
⁓trennzeichen n / information separator
Informations·übermittlung f / information transfer ||
⁓übermittlungsrate f / information transfer rate ||
⁓übertragung f / information transmission,
information transfer || **Schutzsystem mit
⁓übertragung** / protection system associated with
signalling system, pilot protection system ||
⁓übertragungsrate f / information transfer rate ||
⁓überwachung f / communications control ||
⁓umsetzung f / information translation || **⁓- und
Trainingscenter** n (ITC) / Information and
Training Center (ITC) || **⁓veranstaltung** f /
information events || **⁓verarbeitung** f (eine
Verarbeitung, bei der Operanden und Resultate der
Operationen Information sind) / information
processing, data processing ||
⁓verarbeitungssystem n / information processing
system || **⁓verbund** m / information networks,
distributed information system || **⁓verlust** m /
information loss || **⁓verlustrate** f / rate of
information loss || **⁓verteiler** m (Multiplexer) /
information multiplexer || **⁓verwaltungssystem** n
(IMS) / information management system (IMS) ||
⁓vorbereitung f / data preparation ||
⁓wiedergewinnung f (Aktionen, Methoden und
Verfahren, um aus gespeicherten Daten
Information zu einem bestimmten Thema zu
erlangen) / information retrieval || **⁓wissenschaft**
f / information science || **⁓wissenschaftler** m /
information scientist || **⁓wort** n / information word
|| **⁓zeile** f / information line
Info··Schild n / info label || **⁓tafel** f / information
board || **⁓text** m / info text
Infrared Data Association (IrDA) f (Standard für
einen Infrarot-Schnittstellentreiber) / Infrared Data
Association
Infrarot n / infra-red n || **⁓absorption** f / infrared
absorption || **⁓-Analysator** m / infra-red analyzer ||
⁓detektor m / infrared detector ||
⁓empfindlichkeit f (Fähigkeit einer Solarzelle,
Licht im infraroten Wellenlängenbereich zu
absorbieren) / infrared response || **⁓extinktion** f /
infrared absorbance || **⁓-Fernbedienung am
Punktschreiber** / infrared control on the dotted-
line recorder || **⁓-Fernbedienungssystem** n / infra-
red remote-control system || **⁓-Fernschalter** m /
infrared controller || **⁓lampe** f (IR-Lampe) /
infrared lamp || **⁓licht** n / infrared light ||
⁓monochromator m / infra-red monochromator
(IR monochromator), monochromator for infrared
radiation || **⁓-Schnittstelle** f / infrared interface ||
⁓spektroskopie f / infrared spectroscopy ||
⁓strahler m / infrared radiator, infrared lamp, heat
lamp || **⁓strahlung** f (Strahlung im
Wellenlängenbereich von 760 nm bis 1 mm) /
infrared radiation || **⁓thermometer** n / infrared
thermometer (IR thermometer) || **⁓übertragung** f
(IR-Übertragung) / infrared transmission ||
⁓weichgelötet adj / induction-soldered adj || **⁓-
Zentralverriegelung** f / central locking system
with IR remote control
Infraschallfrequenz f / infrasonic frequency,
ultralow frequency
Ingangsetzen n (sogenannter NOT-START) /

starting in an emergency situation
Ing. Grad. *m* / nongraduate engineer, school of engineering graduate
Inhaber *m* / holder *n*
Inhalt *m* / contents *n pl*, capacity *n*, content *n* || **Befehls~** *m* / meaning of command || ℓ **der messflächengleichen Halbkugelfläche** / area of equivalent hemisphere || ℓ **der Zustandsverknüpfung** / state linkage content || ℓ **des Datenfeldes** / data field content || **Merker~** *m* / flag contents || ℓ**bereich** *m* / content area
inhalts·adressierbarer Speicher / associative storage || ℓ**datei** *f* / content file || ℓ**fenster** *n* / contents window || ℓ**struktur** *f* / content structure || ℓ**verzeichnis** *n* (Datenträger) / directory *n*, contents *n*, table of contents, list of contents
inhärent *adj* IEC 50(191) / intrinsic *adj*, inherent *adj* || **~er Ausfall** / inherent weakness failure || **~es Gleichstromverhältnis** / inherent forward current transfer ratio
Inhibition *f* DIN 44300 / exclusion *n*
inhomogen *adj* (physikalisches Medium, in dem die maßgebenden Eigenschaften ortsabhängig sind) / inhomogeneous || **~es Feld** / inhomogenous field, non-uniform field, irregular field
INI·-Datei *f* / INI file || ℓ**-Daten** *f* (Initialisierungsdaten) / INI data (Initialization data) || ℓ**-File** *f* / INI file
Init-Befehl *m* / Init command
initialisieren *v* / initialize *v*
initialisierte Kontenstruktur / initialized account structure
Initialisierung *f* / initialization *n*
Initialisierungs·baustein *m* / initialization block || ℓ**-Befehlswort** *n* / initialization command word (ICW) || ℓ**daten (INI)** *plt* / initializing data (INI) || ℓ**ende** *n* / end of initialization || ℓ**fehler** *m* / initialization error || ℓ**konflikt** *m* / initialization conflict || ℓ**kontrolle** *f* / initialization control || ℓ**programm** *n* / initializer, initialization program || ℓ**schalter** *m* / initialization switch || ℓ**sequenz** *f* / initialization sequence || ℓ**string** *m* / initialization string || ℓ**wert** *m* / initial value
Initialzustand, definierter ℓ / defined initial state
Initiator *m* / initiator *n* || **Näherungs~** *m* / proximity switch, proximity sensor || ℓ**/Aktorklemme** *f* / initiator/actuator terminal
Initiierungskonflikt *m* / initiation conflict
INIT-Satz *m* / INIT block
Injektions·folgespannung *f* (Diode) DIN 41781 / post-injection voltage || ℓ**strahlerzeuger** *m* / injection gun
Injektor *m* / injector *n*
Inkassoprovision *f* / collection commission expenses
inklusive *adj* / including (incl.) || **~s ODER** / inclusive OR, disjunction *n*
inkompatibel *adj* / incompatible *adj*
inkompressibles Medium / incompressible fluid
inkonsistent *adj* / inconsistent *adj*
Inkonsistenz *f* / inconsistency *n*
Inkpunkt *m* (Markierung, die besagt, dass Bereiche einer Leiterplatte oder die ganze Leiterplatte von der Bestückung ausgenommen wird) / ink spot || ℓ**-Erkennung** *f* / ink spot recognition || ℓ**-Kontrolle** *f* / ink spot check || ℓ**-Kriterien** *n* (Markenformen, Abdeckmaterial, Größe der Markenabdeckung, Marken-Erkennungszeit) / ink spot criteria

Inkraftsetzungsdatum *n* / effective date
Inkreisradius *m* / inradius *n*
Inkrement *n* / increment *n*, path increment, command output step
inkremental *adj* / incremental *adj*, relative *adj*
Inkremental·befehl *m* / incremental command, transformer tap command (TTC) || ℓ**drehgeber** *m* / incremental rotary transducer
inkrementale Ausfallwahrscheinlichkeit DIN 40042 / incremental probability of failure || **~e Maßangabe** / incremental dimensioning || **~e Maßangaben** (Bildzeichen) / incremental program (symbol) || **~e Spur** / incremental track
Inkremental-Encoder sin/cos 1 Vss / incremental encoder sin/cos 1 Vpp || ℓ **TTL/HTL** *m* / incremental encoder TTL/HTL
inkremental·er rotatorischer Wegmessgeber / incremental rotary position encoder || **~er Vorschub** / incremental feed || **~er Weggeber** / incremental transmitter, incremental position encoder || **~er Wegmessgeber** / incremental position encoder (o. displacement) resolver, incremental encoder
Inkrementalgeber *m* / incremental encoder, incremental transmitter || ℓ **sin/cos 1 Vpp** *m* / incremental encoder sin/cos 1 Vpp || ℓ**-Achse** *f* / incremental encoder axis || ℓ**nachbildung** *f* / incremental encoder emulation
Inkrementalmaß *n* / incremental dimension (INC) || ℓ**eingabe** *f* / incremental data input || ℓ**programmierung** *f* DIN 66257 / incremental programming ISO 2806-1980, incremental data input
Inkremental·messsystem *m* / incremental measuring system || ℓ**signal** *n* / incremental signal || ℓ**spur** *f* / incremental signal, incremental track || ℓ**steuerung** *f* / incremental control || ℓ**wegmessgerät** *n* / incremental position measuring device || ℓ**-Wegmessgerät** *n* / incremental position measuring device, pulse-type transducer
Inkrementbewertung *f* / increment weighting || **variable** ℓ / variable increment weighting
Inkremente pro Geberumdrehung / increments/revolution
inkrementell *adj* / incremental *adj* || **~e Eingabe** / incremental edit mode || **~e Koordinate** (relative Koordinate, bei welcher der vorher adressierte Punkt der Bezugspunkt ist) / incremental coordinate || **~e Permeabilität** IEC 50(221) / incremental permeability || **~e Textselektion** / incremental text selection (Text selection made by positioning the cursor and then double or triple clicking) || **~e Vorgehensweise** / incremental procedure || **~er Prozess** / incremental process || **~er Übersetzer** / incremental compiler || **~es Lernen** / incremental learning || **~es Messsystem** / incremental measuring system || **~es Motormesssystem** / incremental motor measuring system
Inkrement·größe *f* (Abstand zwischen benachbarten adressierbaren Punkten auf der Darstellungsfläche) / increment size, incremental dimension || **~ieren** *v* / increment *v* || ℓ**meldung** *f* / incremental information || ℓ**taste** *f* / increment key || ℓ**vervielfachung** *f* / increment multiplication
Inktub *m* / ink tub

Inland *n* / domestic *adj*
inländisch *adj* / national *adj*, resident *adj*
Inlandsgeschäft *n* / domestic business
Inline *adj* / in-line || **⟨-Transport** *m* / in-line transport || **⟨-Transportsystem** *n* / inline conveyor system
innen / inside *n*, internal *adj* || ~ **glattes Rohr** / internally plain conduit || ~ **verkettete Zweiphasenschaltung** / internally linked two-phase four-wire connection || ~ **verripptes Gehäuse** / internally ribbed housing
Innen·abmessungen *f pl* / internal dimensions || **⟨anlage** *f* / indoor switchgear, indoor installation || **⟨aufträge** *m* / internal contracts || **⟨ausbau** *m* / internal configuration || **⟨ausschnitt** *m* / internal cutout || **⟨backe** *f* / inside jaws || **⟨bearbeitung** *f* / internal machining || **⟨beleuchtung** *f* / interior lighting, lighting of interiors, indoor lighting || **⟨beleuchtung** *f* / courtesy light(s) || **~belüftet** *adj* / ventilated *adj*
Innen·drehmeißel *m* / boring tool, inside tool || **⟨druck** *m* / inner pressure, pressure *n* || **~druckdichtende Verbindung** / self-sealing connection || **⟨durchmesser** *m* / inside diameter (i.d.), internal diameter || **⟨ecke** *f* / inside corner || **⟨eckwinkelstück** *n* / inside angle (unit), internal angle (unit), forward elbow || **⟨einstich** *f* / internal groove || **⟨faser** *f* / inner surface, inner layer || **⟨feinmessgerät** *n* / inside calipers || **⟨fertigdrehen** *n* / internal finish-turning || **⟨fläche** *f* / inside area
Innen·garnitur *f* / inner valve || **Ventil-⟨garnitur** *f* / valve trim || **⟨gefüge** *n* / subsurface structure || **~gekrümmt** *adj* / concave *adj* || **~gekühlte Maschine** / machine with open-circuit cooling, enclosed ventilated machine || **~gekühlte, eigenbelüftete Maschine** / enclosed self-ventilated machine || **⟨geometrie** *f* / internal geometry || **⟨gewinde** *n* / inside thread, internal thread, female thread || **⟨-Schlitzklemme** *f* / female screw terminal || **⟨gummierung** *f* / inside rubberizing || **⟨helligkeitssensor** *m* / indoor brightness sensor || **⟨hochdruckumformen (IHU)** *f* / hydroforming || **⟨impedanz** *f* / internal impedance || **⟨interpolator** *m* / internal interpolator || **⟨-Isolationswiderstand** *m* / volume resistance, internal insulation resistance || **spezifischer ⟨-Isolationswiderstand** / volume resistivity || **⟨joch** *n* / internal yoke
Innen·kabel *n* (Innenraumk.) / indoor cable, cable for indoor use || **⟨kante** *f* / inside edge, inner edge || **⟨kegel** *m* / female cone *n*, internal taper *n* || **⟨kegelbearbeitung** *f* / internal taper machining
Innenkontur *f* / inside contour || **⟨bearbeitung** *f* / inner contour machining || **Halbkreis-⟨-Bearbeitung** *f* / machining of internal semicircle, inner contour machining of a semicircle
Innenkonus *m* / inside cone
Innen·krümmung *f* / concave curve || **⟨kühlmittel** *n* (Primärkühlmittel) / primary coolant || **⟨kühlung** *f* / inner cooling, internal cooling || **⟨kühlung** *f* (rotierende el. Masch.) / open-circuit cooling, open-circuit ventilation, mixed ventilation, axial ventilation
Innen·läufer *m* / internal rotor, internal-rotor motor || **⟨laufring** *m* / inner bearing ring, inner ring, inner raceway, inner race || **⟨leiter** *m* / inner conductor || **⟨leiter** *m* (Koaxialkabel) / central carrier wire ||

⟨leuchtensystem *n* / interior lighting system
innenliegend *adj* / in the side || **~er Fehler** / subsurface defect || **~es Lager** / inboard bearing
Innen·lochsäge *f* / inner diameter saw || **⟨lochverfahren** *n* / inner diameter blade sawing || **⟨lüfter** *m* / internal fan || **⟨mantel** *m* (Kabel) / inner sheath || **⟨mantel und Füller** / inner coating and fuller || **⟨maß** *n* / inside dimension, internal dimension || **⟨maße** *n pl* / inner dimensions || **⟨mikrometer** *n* / inside micrometer || **⟨muffe** *f* (Kabelmuffe) / inner sleeve || **⟨polmaschine** *f* / revolving-field machine, stationary-armature machine, internal-field machine || **⟨profil** *n* / internal profile || **⟨rad** *n* / internal gear || **⟨radius** *m* / inside radius, inner radius || **⟨toleranz** *f* / tolerance of inside radius (t.i.r.) || **⟨raum** *m* / internal space
Innenraumanlage *f* VDE 0101 / indoor installation || **⟨** *f* (Station) / indoor station || **⟨** *f* / indoor switching station, indoor switchgear, indoor switchboard
Innenraum·aufstellung *f* / indoor installation, installation indoors || **⟨beleuchtung** *f* / interior lighting, lighting of interiors || **⟨durchführung** *f* / indoor bushing || **⟨eingetauchte Durchführung** / indoor-immersed bushing || **⟨-Erdungsschalter** *m* VDE 0670,T.2 / indoor earthing switch IEC 129 || **⟨-Kessel-Durchführung** *f* / indoor-immersed bushing || **⟨klima** *n* / indoor environment || **⟨-Lastschalter** *m* VDE 0670,T.3 / indoor switch IEC 265 || **⟨-Leistungsschalter** *m* / indoor circuit-breaker, indoor power circuit-breaker || **⟨-Schaltanlage** *f* / indoor switching station, indoor switchgear, indoor switchboard || **⟨-Schaltanlagen nach dem Bausteinsystem** / modular indoor switchgear, modular indoor switchboards || **⟨-Schaltgeräte** *n pl* / indoor switchgear and controlgear IEC 694, indoor switchgear || **⟨station** *f* / indoor substation || **⟨transformator** *m* / indoor transformer || **⟨-Trennschalter** *m* VDE 0670,T.2 / indoor disconnector IEC 129, indoor isolator
Innen·reflektor *m* / internal reflector || **⟨reflexionsanteil des Tageslichtquotienten** / internally reflected component of daylight factor || **⟨ring** *m* / inner ring, inner raceway || **⟨rohrgenerator** *m* / bulb-type generator || **⟨rundschleifen** *n* / internal cylindrical grinding || **⟨rundschleifmaschine** *f* / internal cylindrical grinding machine || **⟨schaltanlage** *f* / indoor switching station, indoor switchgear, indoor switchboard || **⟨schaltbild** *n* / internal circuit diagram || **⟨schirm** *m* / inner shield || **⟨schleifen** *n* / internal cylindrical grinding, internal grinding || **⟨schräge** *f* / inner bevel || **⟨sechskant** *m* / hexagon socket-head || **⟨sechskantschlüssel** *m* / hexagon socket spanner, Allen key || **⟨sechskantschraube** *f* / hexagon socket-head bolt, allen screw, hexagon socket-head screw || **⟨seele** *f* / inner lining
innensiliziert *adj* / inside silica-coated, internally siliconized
Innen·spule *f* / inner coil || **⟨stecher** *m* / internal grooving tool || **⟨strehler** *m* / internal thread chaser || **⟨taster** *m* / inside calipers || **⟨teile der Ventile** / valve trim || **⟨toleranz** *f* / inside tolerance || **⟨-TORX-Schraube** *f* / torx-slotted screw || **⟨- und Außenbeleuchtung** *f* / interior and exterior lighting || **⟨verdrahtung** *f* / internal wiring ||

⌂verpackung *f* / primary container || ⌂verzahnung *f* / internal teeth || ⌂viskosität *f* / intrinsic viscosity, internal viscosity, limiting viscosity index || ⌂werkzeug *n* / inner tool
Innenwiderstand *m* (der Innenwiderstand einer Stromversorgung ist definiert als das Verhältnis der Ausgangsspannungsänderung zu Ausgangsstromänderung) / inner flow resistance || ⌂ *m* DIN 41785 / output resistance IEC 478-1, output impedance || ⌂ *m* / internal resistance, internal impedance || ⌂ **der Pumpe** / inner (flow) resistance of the pump || **Elektroden-** ⌂ *m* / electrode a.c. resistance || **scheinbarer** ⌂ / apparent internal resistance
Innen·zahnrad *n* / internal gear || ⌂**zylinder** *m* / internal cylinder
innerbetrieblich *adj* / intercompany *adj*
inner·e Anflugfläche / inner approach surface || ~**e Elektrodenadmittanz** / electrode admittance || ~**e Elektrodenimpedanz** / electrode impedance || ~**e EMK** (el. Masch.) / voltage behind stator leakage reactance || ~**e Energie** / internal energy || ~**e Entladung** / internal discharge || ~**e Ersatztemperatur** DIN 41853, DIN 41786 / internal equivalent temperature, virtual temperature || ~**e Gleichspannungsänderung** / inherent direct voltage regulation || ~**e Horizontalfläche** / inner horizontal surface || ~**e Hystereseschleife** / minor hysteresis loop || ~**e Induktivität** / inner self-inductance || ~**e Isolation** (Trafo-Wickl.) / minor insulation || ~**e Isolierung** / internal insulation IEC 285 || ~**e Kapselung** (el. Masch.) / inner frame || ~**e Kennlinie** / internal characteristic || ~**e Leitschicht** (Kabel) / conductor screen || ~**e Mitkopplung** (Transduktor) / auto-self-excitation *n* (transductor), self-saturation *n* || ~**e Reaktanz** / internal reactance || ~**e Reflexion** / interflection *n*, inter-reflection *n*, multiple reflection || ~**e Reibung** / viscosity *n*, internal friction || ~**e remanente Restspannung** (Halleffekt-Bauelement) DIN 41863 / internal remanent residual voltage IEC 147-0C || ~**e Rückführung** / inherent feedback || ~**e Schutzhülle** / armour bedding, bedding of an armoured cable, bedding under the armour || ~**e Schwärzung** / internal optical density || ~**e Selbstinduktion** / inner self-inductance || ~**e Spannung** / internal voltage || ~**e Störfestigkeit** / internal immunity || ~**e Synchronspannung** / synchronous internal voltage || ~**e Temperatur** / internal equivalent temperature, virtual temperature || ~**e Transientspannung** / transient internal voltage || ~**e Übergangsfläche** / inner transitional surface || ~**e Überspannung** (transiente Ü. in einem Netz, die von einer Schalthandlung oder einem Fehler herrührt) / internal overvoltage || ~**e Verdrahtung** / internal wiring, inside plant || ~**e Zwischenabschirmung** / internal interposing screen
inner·er Elektrodenblindwiderstand / electrode reactance || ~**er Elektroden-Gleichstromwiderstand** / electrode d.c. resistance || ~**er Elektrodenwirkleitwert** / electrode conductance || ~**er Erdschluss** (Fehler innerhalb der Schutzzone) / internal earth fault, in-zone ground fault || ~**er Erdschluss** (Maschine, Gestellschluss) / winding-to-frame fault, short circuit to frame, frame leakage || ~**er Fehler** (Fehler innerhalb der Schutzzone) / internal fault, in-zone fault || ~**er Fehler** / subsurface defect || ~**er Fotoeffekt** / internal photoelectric effect, internal photoeffect || ~**er Kurzschluss** / internal short circuit, short circuit to frame || ~**er Lagerdeckel** / inside bearing cap, inner cap || ~**er Photoeffekt** / inner photoeffect || ~**er photoelektrischer Effekt** / internal photoeffect, internal photoelectric effect || ~**er Polradwinkel** / internal angle || ~**er Reibungskoeffizient** / dynamic viscosity, coefficient of viscosity || ~**er Spannungsabfall** / impedance drop, internal impedance drop || ~**er Störlichtbogen** / internal arcing fault || ~**er Stromverzögerungswinkel** / inherent delay angle || ~**er Überdruck** / pressurization level || ~**er Verlustwiderstand** / equivalent series resistance, extended stop and retract function || ~**er Wärmewiderstand** DIN 41858 / internal thermal resistance || ~**er Widerstand** / internal resistance, internal impedance, source resistance || ~**er Windungsdurchmesser** / inner turn diameter
inner·es Betrachtungssystem (IBS) / internal viewing system (VSI) || ~**es Bremsmoment** / inherent braking torque || ~**es Driftfeld** / internal drift-field || ~**es elektrisches Feld** (H L) / internal electric field || ~**es Material** / bulk material || ~**es Moment** / intrinsic moment || ~**es Produkt** / scalar product || ~**es Spannungsverhältnis** (Transistor) / intrinsic stand-off ratio || ~**es Verbindungsloch** / buried via
Innerortsstraße *f* / street *n*
innerstädtisch·e Hauptverkehrsstraße / urban major arterial, arterial street || ~**er Verkehr** / intracity traffic
inniger Kontakt / intimate contact
Innovations·flexibilität *f* / innovation flexibility || ⌂**güte** *f* / innovation quality
innovativ *adj* / innovative *adj* || ~**e Glasaufbereitung** / innovative glass processing plant || ~**es Peripheriesystem** / innovative I/O system
Inox-Crossal-Heizfläche *f* / Inox-Crossal heaters
Input *m* (Empfangene Meldung) / input || ⌂**taste** *f* / input key, enter key
Inrushstabilisierung *f* / inrush stabilizing
Insassen·-Rückhaltesystem *n* / passenger inertial restraint system, vehicle occupant restraint system || ⌂**schutz** *m* / passenger safety systems, occupant protection || ⌂**schutzsystem** *n* / occupant protection system
Insel *f* (dezentrales Automatisierungssystem) / island *n*, satellite *n* || ⌂ *f* (durch eine Kontur begrenzter und von einem Füllmuster umgebener Bereich) / island *n* || ⌂**baum** *m* / isolated menu tree
Inselbetrieb *m* / isolated operation, solitary operation, stand alone operation, stand-alone operation || **Generator im** ⌂ / generator in isolated operation || **Übergang eines Blockes in** ⌂ / isolation of a unit
Insel·bildung *f* (Netz) / network splitting, islanding *n* || ⌂**fertigung** *f* / cellular production || ⌂**kontur** *f* / isolated contour || ⌂**konzept** *n* / island concept || ⌂**lösung** *f* / isolated solution, stand-alone system || ⌂**lösungen** *f pl* / isolated solutions || ⌂**menü** *n* / isolated menu || ⌂**menübaum** *m* / isolated menu

tree || ⟳netz n / separate network || ⟳rechner m / cell computer || ⟳system n / stand-alone system
Inserat aufgeben / put in an advertisement
Inserter m / inserter, pick and place machine
Insert·-Mark f / insert mark || ⟳-Taste f / insert key
Inset n / inset n
ins Gewicht fallen / be mentionable
Inspektion f / inspection n
Inspektions·klappe f / hinged servicing cover || ⟳linie f / inspection line || ⟳maschine f / inspection machine || ⟳modus m / inspection mode || ⟳öffnung f / inspection window, gauge glass, glass n || ⟳schritt m / inspection step || ⟳tür f / servicing door
instabil adj / instable adj || ~er Bereich / unstable region, instable zone
Instabilität f / instability n || ⟳ DIN 43745 / stability error IEC 359 || ⟳ der Leuchtflecklage / instability of spot position || thermische ⟳ / thermal runaway
Instabilitätsfaktor m (der Permeabilität) IEC 50 (221) / instability factor
Instabus EIB Taster 4fach / Instabus EIB 4-way switch || ⟳-Gemeinschaft f / Instabus consortium || ⟳-Taster m / instabus pushbutton || ⟳-Tastsensor m / instabus sensor || ⟳-Tele-Control-Einrichtung f / Instabus telecontrol device
Insta-Klemme f / Insta terminal || ⟳niveau n / Insta terminal level
Installateur m / installation engineer
Installation f / installation n, wiring system, wiring n, electrical wiring system || ⟳ in Gartenbaubetrieben / horticultural installation || mechanische ⟳ / mechanical installation
Installations·anlage f / wiring system || ⟳anleitung f / installation guide (IG) || ⟳arbeit f / installation work || ⟳block m / installation block
Installationsbus m (IB) / installation bus (IB) || europäischer ⟳ (EIB) / European installation bus (EIB) || ⟳anlage f / EIB installation || ⟳-System EIB / EIB installation bus system
Installations·dose f / mounting box || ⟳einbaugerät n / modular installation device || ⟳einbaugeräte n pl / installation equipment, n modular installation device || ⟳einbaugeräteeinheit f / modular installation device || ⟳gerät n (Schalter, Steckdose, Sicherung u.ä.) / accessory n, device n, installation device || ⟳geräte n pl / installation equipment, wiring accessories || ⟳handbuch n / Software Installation Manual || ⟳kabel n / wiring cable || ⟳kanal m / (prefabricated) trunking, (prefabricated) ducting, busway n, wireway n (US), raceway n || ⟳kit n / installation kit || ⟳-Kleinverteiler m / small distribution board, consumer unit || ⟳klemme f / installation terminal || ⟳leitung f / installation cable || ⟳leitungen f pl / building wires and cables, cables for interior wiring || ⟳maßnahme f / installation procedure || ⟳material n / wiring accessories, installation material || ⟳netz n / wiring system, distribution system || ⟳ort m (einer Anlage (wird beim Aufruf von PROBAU abgeprüft)) / place of installation || ⟳paket n / screen kit, installation package || ⟳plan m VDE 0113 / installation drawing IEC 204 || ⟳plan m DIN 40719 / architectural diagram IEC 113-1 || ⟳-Reiheneinbaugerät n / installation device for DIN rail mounting || ⟳richtlinien f /

installation guidelines
Installationsrohr n / wiring conduit, conduit n || ⟳ für leichte Druckbeanspruchung / conduit for light mechanical stresses IEC 614-1, conduit with light protection (CEE 23) || ⟳ für mittlere Druckbeanspruchung / conduit for medium mechanical stresses IEC 614-1, conduit with medium protection (CEE 23) || ⟳ für schwere Druckbeanspruchung / conduit for heavy mechanical stresses IEC 614-1, conduit with heavy protection (CEE 23) || ⟳ für sehr leichte Druckbeanspruchung / conduit for very light mechanical stressing || ⟳ für sehr schwere Druckbeanspruchung / conduit for very heavy mechanical stresses || ⟳ mit hohem Schutz / conduit with high protection || ⟳-Armaturen f pl / conduit fittings, conduit accessories || ⟳-Zubehör n / conduit fittings, conduit accessories
Installations·schacht m / (vertical) wiring duct, (vertical) raceway || ⟳schalter m (I-Schalter) / switch n, installation switch || ⟳system n / installation system || ⟳technik f / wiring practice, installation practice, installation engineering, installation systems, installation technique || dezentrale und standardisierte ⟳technik (DESINA) / decentralized standardizing installation technology for machine tools (DESINA) || ⟳techniker m / installation technician || ⟳tool n / installation tool || ⟳- und Profil-Manager (IPM) m / Installation and Profile Manager (IPM)
Installationsverteiler m / distribution board, consumer unit (GB), distribution board for domestic purposes, panelboard n (US), switchboard n, lighting panel, power panel, distribution board || ⟳ mit Kleinselbstschaltern / miniature circuit-breaker board, m.c.b. board BS 5486 || fabrikfertiger ⟳ (FIV) / factory-built distribution board
Installations·vorschrift f / installation regulation || ⟳vorschriften f pl / wiring regulations || ⟳zeit f / installation time
Installed Base f / Installed Base
installieren adj / install adj
installiert·e Leistung / installed load, installed capacity, installed power || ~e Leistung / generating capacity || ~e Lichtleistung / installed lighting load, installed lamp watts (o. kW) || ~e Software / installed software || ~er Lichtstrom / installed luminous flux
Instance f (SPS-Programm) EN 61131-3 / instance n
Instandhaltbarkeit f / maintainability n, maintainability performance
Instandhaltbarkeits·aufteilung f IEC 50(191) / maintainability apportionment, maintainability allocation || ⟳konzept n / maintainability concept || ⟳maß n / maintainability || ⟳nachweis f / maintainability verification || ⟳nachweisprüfung f (Verifizierung der Instandhaltbarkeit, die in Form einer Nachweisprüfung ausgeführt wird) / maintainability demonstration || ⟳vorhersage f / maintainability prediction || ⟳zuordnung f IEC 50 (191) / maintainability allocation
Instandhaltebereich m EN 60950 / service access area
instandhalten v / maintain v, service v
Instandhalter m / maintenance staff
Instandhaltung f / maintenance n IEC 50(191), servicing n, upkeep n, preventative maintenance ||

⸰ **am Einsatzort** / on-site maintenance, in-situ maintenance, field maintenance (maintenance performed at the location where the item is used) || ⸰ **außerhalb des Einsatzorts** / off-site maintenance (maintenance performed at a location different from where the item is used) || ⸰ **im Einbauzustand** / field maintenance (maintenance performed at the location where the item is used), in-situ maintenance, on-site maintenance || ⸰ **ohne Funktionseinschränkung** IEC 50(191) / function-permitting maintenance (maintenance action during which none of the required functions of the item under maintenance are interrupted or degraded) || **der** ⸰ **unterzogene Einheit** IEC 50 (191) / maintenance entity || ⸰ **vor Ort** / on-site maintenance, in-situ maintenance, field maintenance (maintenance performed at the location where the item is used) || **gelenkte** ⸰ / controlled maintenance || **vorbeugende** ⸰ / maintenance *n*, servicing *n*
Instandhaltungs·abteilung *f* / service department, service location || ⸰**alarm** *m* / maintenance requirement || ⸰**anforderung** *f* / maintenance demand || ⸰**anforderungen** *f* / maintenance requirements || ⸰**aufgabe** *f* / maintenance action, maintenance task || ⸰**aufwand** *m* / maintenance costs, maintenance overhead || ⸰**baum** *m* / maintenance tree || ⸰**bedarf** *m* / maintenance requirement || ⸰**bereitschaft** *f* IEC 50(191) / maintenance support performance || ⸰**dauer** *f* IEC 50(191) / maintenance time, repair time, active maintenance time || ⸰**ebene** *f* (Instandhaltungtätigkeiten, die in einer festgelegten Gliederungsebene auszuführen sind) / level of maintenance || ⸰**element** *n* IEC 50(191) / elementary maintenance activity || ⸰**grundsätze** *m pl* IEC 50(191) / maintenance policy || ⸰**handbuch** *n* / maintenance manual || ⸰**konzept** *n* / maintenance concept || ⸰**kosten** *plt* / maintenance costs, service costs
Instandhaltungsmanagement *n* / maintenance management || ⸰**-System** *n* / maintenance management system (MMS), manufacturing message specification (MMS), manufacturing message service
Instandhaltungs·-Mannstunden *f pl* / maintenance man-hours (MMH) || ⸰**maßnahme** *f* / maintenance procedure || ⸰**modul** *n* / service module || ⸰**objekt** *n* / maintenance object || ⸰**plan** *m* / maintenance schedule || ⸰**planungs- und -steuerungssystem (IPS-System)** *n* / maintenance planning and control system || ⸰**-Planungstool** *n* / maintenance planning tool || ⸰**prozess** *m* / maintenance process || ⸰**-Service** *m* / maintenance service || ⸰**steuerung** *f* / maintenance control || ⸰**stufe** *f* (Stelle der Organisation, wo festgelegte Instandhaltungsebenen einer Einheit auszuführen sind) / line of maintenance, maintenance echelon || ⸰**systematik** *f* (Prinzipien für die Organisation und Durchführung der Instandhaltung) IEC 50 (191) / maintenance philosophy || ⸰**- und Planungssoftware (IPS)** *f* / maintenance planning and scheduling software || ⸰**vertrag** *m* / service contract (SC) || ⸰**vorgang** *m* / maintenance action, maintenance task || ⸰**zeit** *f* / maintenance time (time interval)
Instandsetzbarkeit *f* DIN 40042 / restorability *n*, serviceability *n* || ⸰**sgrad** *m* (Anteil der Fehlzustände einer Einheit, die erfolgreich behoben werden können) / repair coverage
instandsetzen *v* / repair *v*, restore *v*, recondition *v*
Instandsetzerkennzeichen *n* / repair mark
Instandsetzung *f* / repair *n* || ⸰ *f* IEC 50(191) / corrective maintenance || ⸰ *f* (Instandhaltung nach Fehlzustandserkennung mit der Absicht, eine Einheit in den funktionsfähigen Zustand zu versetzen) / service *n*, maintenance *n*
Instandsetzungs·arbeiten *f pl* / service work, repair *n*, maintenance work || ⸰**dauer** *f* IEC 50(191) / corrective maintenance time, repair time || **mittlere aktive** ⸰**dauer** / mean active corrective maintenance time (the expectation of the active corrective maintenance time) || ⸰**freiheit** *f* DIN 40042 / freedom from repairs, hardware reliability || ⸰**kosten** *plt* / repair costs || ⸰**rate** *f* / repair rate, instantaneous repair rate || **momentane** ⸰**rate** / instantaneous repair rate, repair rate || ⸰**stelle** *f* / repair shop || ⸰**zeit** *f* / corrective maintenance time
instandzusetzende Einheit *f* (instandsetzbare Einheit, die nach einem Ausfall tatsächlich instandgesetzt wird) / repaired item
instantiierte Klasse / instantiated class
Instantiierung *f* / instantiation *n*
Instanz *f* / instance *n* || ⸰ *f* (Kommunikationssystem, Vermittlungsinstanz) / entity *n* || ⸰ **einer Klasse** / instance of a class
Instanzdaten *plt* / instance data || ⸰**baustein** *m* (Instanz-DB) / instance DB, instDB
Instanz·-Datenbaustein *m* (Instanz-DB) / instance data block || **Instanz·-Datenbaustein** *m* / instance data area, (Instanzdatenbaustein) instance DB, instDB || ⸰**dienst** *m* / program invocation service
instanziiert / instanced
Instanziierung *f* / instantiation *n*
Instanzname *m* / instance name
Insta Schütz / Insta contactor || ⸰**-Schütz** *n* / insta-contactor
instationär *adj* / non-steady *adj*, unsteady *adj*, non-stationary *adj*, transient *adj*, non-steady-state *adj*, dynamic *adj* || **~e Strömung** / unsteady flow, non-stationary flow || ⸰**steuerung** / transient control
InstDB (Instanzdatenbaustein) / instance DB, instDB
Institut für Embedded Systems (InES) *n* / InES || ⸰ **für Schicht- und Ionentechnik (ISI)** *n* / Institute of Thin Film and Ion Technology (ISI) || ⸰ **für Solare Energieversorgungstechnik (ISET)** *n* / Institute for Solar Energy Supply Technologies (ISET) || ⸰ **für Solarenergieforschung GmbH Hameln/Emmerthal (ISFH)** *n* / Institute for Solar Energy Research Hameln/Emmerthal (ISFH)
Institutionen zur Förderung von Handel und Industrie / Institutions for Promotion of Trade and Industry
Instrument *n* / instrument *n* || ⸰ *n* / measuring instrument, meter *n*
Instrumenten·anflugfläche *f* / instrument approach surface || ⸰**anflugpiste** *f* / instrument approach runway || ⸰**brett** *n* / dashboard *n*, instrument panel, control panel || ⸰**front** *f* / instrument front || ⸰**gehäuse** *n* / instrument case || ⸰**halter** *m* / instrument holder || ⸰**koffer** *m* / instrument case || ⸰**kombination** *f* / instrument cluster || ⸰**landesystem** *n* (ILS) / instrument landing system (ILS) || ⸰**stelle** *f* / instrument department ||

⸰tafel f / instrument panel || ⸰träger m (MCC) / instrument panel || ⸰wetterbedingungen f pl (IMC) / instrument meteorological conditions (IMC)
Instrumentierung f / instrumentation n
Instrument-Nenn-Sicherheitsstrom m / rated instrument security current (I_{ps})
In-System-Programmierung (ISP) f / in-system programming (ISP)
INT / integer || ⸰ **Referenzpunkt anfahren** / INT approach reference point
Intaktzeit, mittlere ⸰ (MTBF) / mean time between failures (MTBF)
Integer m / integer n || ⸰**format** n / integer format || ⸰**-Konstante** f / integer constant || ⸰**wert** m / integer value || ⸰**zahl** f / integer n
integral wirkender Regler (I-Regler) / integral-action controller (I controller), I controller
Integral·anteil m / integral-action component, amount of integral action || ⸰**anteil** f (I-Anteil) / integral component (I component), I term || ⸰**-Differential-Regler** m / integral-and-derivative-action controller, integral-derivative controller, ID controller
integraler Bestandteil / integral component, integral part || ~ **Linearitätsfehler** / integral linearity error, integral non-linearity
Integral·getriebemotor m / integral gear motor || ⸰**regelung** f / integral-action control || ⸰**regler** m / integral-action controller, I-controller n || ⸰**verhalten** m / integral action, floating action, continuous floating action || ⸰**wert** m (Messwert) / integrated measurand || ~**wirkender Regler** / integral-action controller || ⸰**wirkung** f / integral action, floating action, continuous floating action || ⸰**zeit** f / integral-action time || ⸰**zweig** m / integral component
Integrated Engineering / Integrated Engineering || ⸰ **Manufacturing** f / Integrated Manufacturing || ⸰ **Services Digital Network** (ISDN) / integrated services digital network (ISDN)
Integration f / integration n || ⸰ **von Anwendungen der Elektrizitätsversorgung** / application integration at electric utilities
Integrations·-Baustein m / integration block || ⸰**dichte** f / integration level, n integration density || ⸰**einstellungen** f / integration settings || ⸰**grad** m / integration level || **extrem hoher** ⸰**grad** / super-LSI (SLSI) || ⸰**konstante** f / integral time constant, integration time constant || ⸰**lösung** f / integrated solution || ⸰**plattform** f / integration platform || ⸰**richtung** f / integration direction || ⸰**richtung Breite (Integr. Richt. Breite)** f / integration direction, width || ⸰**richtung Länge (Integr. Richt. Länge)** f / integration direction, length || ⸰**sperre** f / integrator disable || ⸰**stufe** f / integration level || ⸰**test** m / integration test || ⸰**test für Funktionseinheiten** / integration test for function units || ⸰**testkonzept** n / integration test concept (ITC) || ⸰**testprotokoll** n / integration test log (ITL) || ⸰**tiefe** f / integration depth || ⸰**umgebung** f / integration environment || ⸰**verfahren** n / integration method || ⸰**z. Feldschw. Regler** / Int. time field weak. controller
Integrationszeit f / integration time || ⸰ f (Zeit, über die eine veränderl. Größe gemittelt wird) / averaging time || ⸰ **Drehz.r.** (SLVC) / integral

time n-ctrl. (SLVC) || ⸰**konstante** f / integration time constant
Integrator m / integrator n || ⸰**rückführung** f / integrator feedback || ⸰**sperre** f / integrator disable, integrator blocking
integrierbar adj / integrable adj || ⸰**keit** f / ease of integration
Integrierbeiwert m / integral-action factor ANSI C85.1, integral-action coefficient IEC 546
integrieren v / integrate v
integrierend·er Schreiber / integrating recorder, integrating recording instrument IEC 258 || ~**er Zähler** / integrating meter, meter n || ~**es Messgerät** / integrating instrument || ~**es Verhalten** / integral action, floating action, continuous floating action
Integrierer m / integrator n
Integriermotor m / integrating motor
integriert adj / integrated adj || ~ adj (auf Leiterplatte) / on-board adj || ~**e Analogwertübertragung** / integrated analog value transmission || ~**e Anpasssteuerung** / integral interface control || ~**e Anpassungsschaltung** (Schnittstellensch.) / interface integrated circuit || ~**e Ausführung** / integrated version || ~**e Automation** / integrated automation, Totally Integrated Automation (TIA) || ~**e Dickschichtschaltung** / thick-film integrated circuit || ~**e Digitalschaltung** / digital integrated circuit || ~**e Dünnschichtschaltung** (o. Dünnfilmschaltung) / thin-film integrated circuit || ⸰**e Duplex-Deposition (IDD)** / IDD || ~**e Entwicklungsumgebung** (eine aus mehreren aufeinander abgestimmten Tools bestehende Entwicklungsplattform für die Entwicklung von Software oder Hardware) / Integrated Development Environment (DIE) || ~**e Fassung** (Lampe) / integral lampholder || ~**e Füllstandsüberwachung** / integrated level monitoring || ~**e Gleichstrombremse** / built-in dc injection brake || ~**e Halbleiterschaltung** / semiconductor integrated circuit || ~**e Hybridschaltung** / hybrid integrated circuit || ~**e Impulsformerelektronik** / integrated pulse shaper electronics, pulse shaper electronics, EXE || ⸰**e Logistik** / integrated logistics || ~**e Maschinenschnittstelle** / integrated machine interface || ~**e Mikroschaltung** / integrated microcircuit || ~**e Mikrowellenschaltung** / microwave integrated circuit (MIC) || ~**e Peripherie** / on-board I/O || ~**e Reglerschaltung** / integrated-circuit regulator, IC regulator || ~**e Schaltung** / integrated circuit (IC) || ~**e Schichtschaltung** / film integrated circuit, integrated film circuit || ~**e Schnittstellenschaltung** / interface integrated circuit (IIC) || ⸰**e Sicherheitstechnik (SI)** / Safety Integrated (SI) || ~**e Software** / integrated software || ~**e Softwareumgebung** / Integrated Software Environment || ~**e Speicherschaltung** / memory integrated circuit, integrated-circuit memory, IC memory || ~**e Systemdiagnose (ISD)** / integrated system diagnostic (ISD) || ~**e Technologie** / integrated technology || ~**e Uhr** / integrated clock
integriert·er Anwenderspeicher / integrated user memory || ~**er automatischer Wähldienst (IAWD)** / integrated automatic dial-up service || ~**er**

Busankoppler / integral bus coupler || **~er Datenbank-Beschleuniger** / integral database accelerator || **~er FB** / integrated function block, integral FB || **~er Grafik-Chip** / integrated graphics chip (IGC) || **~er Kinderschutz** / integrated child-proof || **~er Multichip** / multichip integrated circuit || ₂**er NOT-HALT** / integrated EMERGENCY STOP || **~er Operationsverstärker** / IC operational amplifier || **~er optischer Schaltkreis** / integrated optical circuit (IOC) || **~er Rückwandbus** / integral backplane bus || ₂**er Schaltkreis** / Integrated Circuit (IC) || **~es Bauteil** (auf Leiterplatte, Chip) / on-board component (o. device), on-chip component (o. device) || **~es Bedienfeld** / integrated operator panel || **~es Datennetz** (IDN) / integrated data network (IDN) || **~es Digitalnetz** / integrated digital network || **~es Fahrer-Informationssystem** / integrated driver information system (IDIS) || **~es Ferienprogramm** / built-in holiday program || **~es Gehäuse** / integral enclosure || **~es Licht-Klima-System** / integrated light-air system || **~es Luft-/Kraftstoffsystem** / integrated air/fuel system (IAFS) || ₂**es Management-System (IMS)** / Integrated Management System (IMS) || **~es Qualitätssystem** / integrated quality system || **~es rechnergestütztes Fertigungssystem** / integrated computer-aided manufacturing system (ICAM) || **~es RS** / integrated control || **~es Steuerungs- und Überwachungssystem (ISU)** / integrated control and monitoring system || **~es Text- und Datennetz** / IDN || **~es Ventil** / integral valve || **~es Wartungsfeld** / integrated service module
Integrier·verstärkung f / integral gain, integral action gain || ₂**zeit** f / integrating time || ₂**zeit** f / integral-action time ANSI C85.1, integral-action time constant IEC 50(351)
Integrität f / integrity n
Integr. Richt. Breite (Integrationsrichtung Breite) / integration direction, width || ₂ **Länge (Integrationsrichtung Länge)** / integration direction, length
intelligent·e Baugruppe (E/A-Baugruppe) / intelligent I/O module || **~e Bewegungsführung** / intelligent Motion Control || **~e Einbindung** / intelligent linking || **~e Feldgeräte** / Intelligent Electronic Devices (IED) || **~e Klemme** / smart terminator || **~e Peripherie** / intelligent I/Os || **~e Peripheriebaugruppe** (IP) / intelligent I/O module, smart I/O card || **~e Plattform Management-Schnittstelle** / Intelligent Platform Management Interface (IPMI) || **~e Squib** / smart squib || **~er DP-Slave** / intelligent DP slave || **~er Roboter** / intelligent robot, smart arm || **~er Vision-Sensor** / intelligent vision sensor || **~es Bedienfeld** / intelligent control panel || **~es Bus-System** / intelligent bus system || **~es Endgerät** (Benutzerendgerät, das über eigene Fähigkeiten zur Datenverarbeitung verfügt) / programmable terminal || **~es Feldgerät** / intelligent field device || **~es Gebäudesystem** / intelligent building system || **~es Leistungsmodul (IPM)** / intelligent power module (IPM) || **~es Schutz- und Überwachungssystem (IPMS)** / Intelligent Protection and Monitoring System (IPMS)
Intelligent Dynamic Clock Switch (IDCS) /
Intelligent Dynamic Clock Switch (IDCS) || ₂ **Electronic Device (IED)** m / Intelligent Electronic Device (IED) || ₂ **Field Devices (IFD)** / intelligent field devices || ₂ **Infeed** (berührungsloses Eintakten von Produkten bei hohen Geschwindigkeiten) / Intelligent Infeed || ₂ **Sensing Technology (I-S-T)** / Intelligent Sensing Technology (I-S-T)
IntelliTeach-Funktion f / IntelliTeach function
Intensität f / intensity n || ₂**spyrometer** n / intensity pyrometer
intensiver Lichtfleck / hot spot
interagieren v / interact v
Interaktion f / interaction n
Interaktions·ausdruck m / combined fragment || ₂**diagramm** n / interaction diagram || ₂**übersicht** f / interaction overview diagram || ₂**übersichtsdiagramm** n / interaction overview diagram
interaktiv adj / interactive adj, in interactive mode adj || **~e Arbeitsplan-Generierung (IAG)** / interactive work schedule generation || **~e grafische Datenverarbeitung** / interactive graphics || **~e grafische Werkstattprogrammierung (IGW)** / Interactive Graphic Shopfloor Programming (IGSP) || **~e graphische Datenverarbeitung** / interactive computer graphics || **~e Online-Schulung** / Interactive Online Training (IOT) || **~e Verarbeitung** / interactive mode, conversational mode || ₂**es Pilotprojekt (IPP)** / Interactive Pilot Project (IPP) || **~es Stromversorgungssystem** / grid-interactive system, utility interactive system
Interbus m / Interbus
Interessen·konflikt m / interference n || ₂**partner** m / stakeholder
Interface Definition Language (IDL) / interface definition language (IDL) || ₂ **für verteilte Intelligenz** / Interface for Distributed Automation (IDA) || ₂ **Module (IM)** / interface module (IM) || **synchron serielles** ₂ / synchronous serial interface (SSI) || ₂**abschnitt** m / interface section || ₂**-Board** n / interface board || ₂**-DB** n / Interface DB n || ₂**karte** f / interface card || ₂**modul (IM)** n / interface module (IM) || ₂**modul IM 151** n / interface module IM 151 || ₂**relais** n / interface relay
Interferenz f / interference n, phase interference || ₂**mikroskopie** f / interference microscopy || ₂**motor** m / subsynchronous reluctance motor || ₂**schwebung** f / interference beat || ₂**schwund** m (Schwund infolge der Interferenz von Funkwellen, deren relative Phasenwinkel sich ändern) / interference fading
Interferometer n / interferometer n
Interflexion f / interflection n, inter-reflection n, multiple reflection || ₂**swirkungsgrad** m / inter-reflection ratio
Inter·gerätekommunikation f / inter relay communication || ₂**kalationsverbindung** f / intercalated compound || **~kontinentale Leitung** (Leitung, die zwei Vermittlungsstellen in verschiedenen Ländern auf verschiedenen Kontinenten direkt verbindet) / intercontinental circuit
interkristalline Korrosion / intercrystalline corrosion || **~ Korrosionsbeständigkeit** / resistance to intergranular corrosion || **~ Rissbildung** / intercrystalline cracking || **~**

Verschiebung / intercrystalline slip
interleaved, 2/5 ~ *adj* (eine Codeart bei Barcodes) /
2/5 interleaved
intermittierend·e Bogenentladung
(Schauerentladung) / showering arc || **~e
Entladeprüfung** / intermittent service test || **~er
Ausfall** / intermittent failure || **~er Betrieb** /
intermittent operation || **~er Erdschluss** /
intermittent earth fault, intermittent arcing ground,
arcing ground || **~er Fehler** / intermittent fault || **~er
Fehlzustand** (Fehlzustand einer Einheit, der eine
beschränkte Dauer besteht und von dem ausgehend
die Einheit ihre Funktionsfähigkeit wiedererlangt,
ohne dass an ihr irgendeine
Instandsetzungsmaßnahme vorgenommen wurde)
IEC 50(191) / intermittent fault, *m* volatile fault,
transient fault || **~er Zyklus** / intermittent cycle
Intermodendispersion *f* / multimode dispersion
Intermodulation *f* / intermodulation *n* || ⁀**sgeräusch**
n (Geräusch, das Intermodulationsprodukten
zuzuschreiben ist, die nicht getrennt identifizierbar
sind) / intermodulation noise || ⁀**sprodukt** *n* /
intermodulation product || ⁀**sverzerrung** *f* /
intermodulation distortion
intern *adj* / internal *adj*
International Electrotechnical Commission (IEC)
f (internationales Normungsgremium) /
International Electrotechnical Commission (IEC) ||
⁀ **Standardization Organization** / International
Standardization Organization (ISO)
Internationale Automobil-Ausstellung (IAA) *f* /
Frankfurt Motor Show (IAA) || ⁀ **Elektrotechnik-
und Elektronikmesse (VIET)** / International
Electrical Engineering and Electronics Exhibition
(VIET) || ⁀ **Elektrotechnische Kommission
(IEC)** / International Electrotechnical Commission
(IEC) || ⁀ **Föderation für automatische
Steuerungen und Regelungen (IFAC)** /
International Federation of Automatic Control
(IFAC) || ⁀ **Gesellschaft für Messen und Steuern
(ISA)** / International Society for Measurement and
Control (ISA) || ⁀ **Hochspannungskonferenz** *f*
(Deutsches Komitee der CIGRÉ: VDE, Frankfurt
am Main) / International Council on Large (High
Voltage) Electric Systems (CIGRÉ) (Paris) || ⁀
Leitung (Leitung, die zwei Vermittlungsstellen in
verschiedenen Ländern direkt verbindet) /
international circuit || **~ Normalatmosphäre**
(INA) / international standard atmosphere (ISA) ||
⁀ **Organisation für Gesetzliches Messwesen** /
International Organization of Legal Metrology
(OIML) || ⁀ **Organisation für Normung (ISO)** *f* /
International Organization for Standards (ISO),
International Organisation for Standardization
(ISO) || ⁀ **relative Sonnenfleckenzahl** /
international relative sunspot number || ⁀
Temperaturskala / International Practical
Temperature Scale || ⁀ **Wahlfolge** (erste
Zeichenfolge in einer internationalen
Zweistufenwahl) / international selection sequence
|| ⁀ **Zweistufenwahl** / international two-stage
selection
internationaler Führerschein / international driving
licence || ⁀ **Verband von Fachkräften für
Unternehmenskommunikation** / International
Association of Business Communicators
Internationales Einheitensystem / International

System of Units (SI) || **~ Normal** / international
standard || **~ Normprofil** / international
standardized profile || ⁀ **Telegrafenalphabet Nr.
1** / International Telegraph Alphabet No. 1 || **~
Zertifizierungssystem** / international certification
system
intern·e Anpassteuerung / internal programmable
controller || **~e Befehlsableitung** / internal
command derivation || **~e Bestellung** / internal
purchase order || **~e Doppelmeldung** / internal
double point indication || **~e Ebene** / internal level
|| **~e Elektronik** / internal electronics || **~e
Hilfsinformation** / internal auxiliary information ||
~e Integrierbarkeit / internal integration
capability || **~e Luftkühlung** / internal air cooling ||
~e Masse / internal earth terminal, internal ground
terminal, chassis terminal || ⁀**e Meldung Wischer
(IE_W)** / internal indication transient (IS_F) || **~e
Nachricht DIN IEC 625** / local message IEC 625
|| **~e Nullmarke** / internal zero marker || **~e
Qualitätsaudits** / internal quality audits || **~e
Quanteneffizienz** / internal quantum efficiency
(IQE) || **~e Rechenfeinheit** / internal precision || **~e
Reflexion** / internal reflection || **~e
Stromversorgung VDE 0618,4** / self-contained
power system || **~e Synchronisierung** / internal
synchronization || **~e Systembeeinflussung IEC 50**
(161) / intra-system interference || **~e Triggerung** /
internal triggering || **~e Variable** (Variable ohne
Prozessanschluss) / internal tag || **~e
Vergleichstelle** / internal reference point || **~e
Vervielfachung (INTV)** / internal multiplication
(INTM)
intern·er Baustein / internal module || **~er Betrieb** /
local control || **~er Bezeichner** / internal identifier
|| **~er Datentransport** / internal data transport || **~er
Fehler** / internal failure, internal error || **~er
Netzfehlzustand** (Netz) / internal fault IEC 50
(448) || **~er PE** / internal PE || **~er
Qualitätsbericht** / internal quality record || **~er
Quantenwirkungsgrad** / internal quantum
efficiency (IQE) || **~es Geräusch** (Geräusch am
Ausgang eines gegebenen Geräts oder Systems,
das in diesem Gerät oder System entstanden ist) /
intrinsic noise || ⁀**es Kontrollprogramm (IKP)** /
Internal Control Program (ICP) || **~es Potentiometer
zur Drehzahlregelung** / internal speed control
potentiometer || **~es Qualitätsaudit** / internal
quality audit || **~es Schema** / internal schema || **~es
Umkopieren** / internal copying
Internet Pad *m* / Internet pad || ⁀ **Service Manager
(ISM)** / Internet Service Manager (ISM) ||
⁀**applikation** *f* / Internet application || ⁀**-Auftritt**
m / Internet presence || **~basiert** *adj* / Internet-
based || ⁀**-Betriebssystem** *n* / Internet Operating
System (IOS) || ⁀**browser** *m* / Internet browser ||
⁀**link** *m* / Internet link || ⁀**seite** *f* / Internet page ||
⁀**server** *m* / Internet server || ⁀**-steuerbare
Schnittstelle** / Internet-Reconfigurable Logic
(IRL) || ⁀**technologie** *f* / Internet technology ||
⁀**zugang** *m* / Internet access
Interoperabilität *f* (Fähigkeit zur effektiven
Zusammenarbeit von unterschiedlichen Geräten
verschiedener Hersteller) / interoperability *n*
**interpolarische Kompensation mit Absolutwerten
(IKA)** / interpolatory compensation with absolute
values (ICA)

Interpolation f / interpolation n (IPO) || **3D-**♁ f / 3D interpolation || **5-Achs-**♁ f / 5-axis interpolation || **dreidimensionale** ♁ / 3D interpolation
Interpolations·achse f / interpolation axis || ♁**art** f / interpolation type || ♁**bereich** m / interpolation range || ♁**ebene** f / interpolation plane || ♁**ende** n / end of interpolation || ♁**feinheit** f / interpolation resolution, interpolation sensitivity || ♁**intervall** n / interpolation interval || ♁**modus** m / interpolation mode || ♁**parameter** m / interpolation parameter || ♁**signal (IPO-Signal)** n / interpolation signal || ♁**software** f / interpolation software || ♁**takt** m (IPO-Takt) / interpolation cycle, interpolation time || ♁**verband** m / interpolation group || ♁**verfahren** n / interpolation technique || ♁**zeit** f / interpolation cycle, interpolation time || ♁**zyklus** m / interpolation cycle
Interpolator m / director n || ♁ m (IPO) / interpolator n (IPO) || ♁**-Takt** m (Zeittakt für den Interpolator) / Interpolator Cycle Clock
interpolieren v / interpolate v
interpolierend / interpolating || **~e Achse** / interpolating axis
interpolierter Sollwert / current value
Interpretation f / interpretation n
Interpreter m / interpreter n || ♁**status** m / interpreter status
interpretierbar adj / interpretable adj || **nicht ~er Befehl** / illegal operation
interpretieren v DIN 44300 / interpret v
interpretierend / interpretative || **~e Sprache** / interpretive language
Interpretierer m / interpreter n
Interprozess-Kommunikation f / inter-process communication (IPC)
Interrupt m / interrupt n, system interrupt, alarm n || ♁ **controller** / interrupt controller
interruptauslösend / interrupt triggering || **~e Flanke** / interrupt triggering edge
Interrupt·bearbeitung f / interrupt processing, interrupt handling || **~betriebenes und prioritätsorientiertes Multitasking-Betriebssystem mit präemptiven Taskswitching-Möglichkeiten** / interrupt-driven and priority-orientated multitasking operating system with preemptive task switching facilities || ♁**controller** m / interrupt controller || ♁**ebene** f / interrupt level || ♁**eingang** n / interrupt input || ♁**gebend** adj / interrupt-generating || **~gesteuerte Programmbearbeitung** f / system-interrupt-driven program processing || ♁**handler** m / interrupt handler || ♁**leitung** f / interrupt line || ♁**nummer** f / interrupt number || ♁**Priorität** f / interrupt priority || ♁**programm** n / interrupt service routine, interrupt handler || ♁**routine** f / interrupt routine || ♁**-System** n / interrupt system || ♁**Task** m / InterruptTask n || ♁**verarbeitung** f / interrupt processing, interrupt handling
Intersymbolinterferenz f / intersymbol interference
Intervall n / interval n || ♁**beginn** m / interval start || ♁**-Laden** n / charging in intervals || ♁**sprühen** n / interval spraying || ♁**ton** m / intermittent sound || ♁**uhr** f / interval timer || **programmierbare** ♁**uhr** / programmable interval timer (PLT) || ♁**schalter** m / windscreen wiper inittent switch || ♁**wischer** m / inittent windscreen wiper

INTF / internal error
intramodale Dispersion / intramodal dispersion
Intranet Response Datenbank (IRDB) f / Intranet Response Database (IRDB)
INT-Referenzpunkt anfahren / INT approach reference point, REFPO
Intrinsicdichte f / inversion density
intrinsisch adj (intrinsisch werden Schichten genannt, die nicht mit Fremdstoffen dotiert sind) / intrinsic adj
Intritt·fallen n / pulling into step, locking into step, falling into step, pulling into synchronism, pulling in || ♁**fallmoment** n / pull-in torque || ♁**fallprüfung** m / pull-in test || ♁**ziehen** n / pulling into synchronism
Intrusion f / intrusion n || ♁**sschutzanlage** f / intruder alarm system
intuitiv·e Bedienung f / intuitive operation || **~er Test** m / intuitive test
INTV (interne Vervielfachung) / INTM (internal multiplication)
Invalidität f / disablement n
Inventarnummer f / stock number
Inventur f / inventory n || ♁**gruppe** f / inventory group || ♁**wert** m / inventory value || ♁**zählliste** f / inventory list
Inverkehrbringen n / putting on the open market
invers darstellen / display in reverse video || **~e Darstellung** / inverse video, reverse video || **~e Fourier-Transformation** / inverse Fourier transform, Fourier integral || **~e Funktion** / inverse function || **~e Laplace-Transformation** / inverse Laplace transform || **~e Pyramiden** / inverted pyramids || **~er Betrieb** (Sperrschichttransistor) / inverse direction of operation || **~es Drehfeld** / negative phase-sequence field, negative-sequence system
Inversimpedanz f / negative phase-sequence impedance, negative-sequence impedance
Inversions·bremsung f / regenerative braking || ♁**schicht** f / inversion layer || ♁**schicht-Solarzelle** f / MIS/IL solar cell
Invers·komponentenrelais n / inverse-characteristic relay || ♁**reaktanz** f / negative phase-sequence reactance, negative-sequence reactance || ♁**strom** m / negative phase-sequence current, negative-sequence current, inverse current || ♁**stromrelais** n / negative-sequence relay || ♁**widerstand** m / negative phase-sequence resistance, negative-sequence resistance
Inverter m / inverter n, inverter unit, converter n, static frequency changer || ♁**schweißstromquelle** f / inverter welding power source
invertieren v / invert v
invertierender Verstärker / inverting amplifier
Invertiermaske f / inversion form, inversion mask
invertiert adj / inverted adj || **~e Pyramiden** / inverted pyramids || **~e Struktur** / nip structure || **~er Ausgang** / negated output || **~er Einzelbefehl** / inverted single command
Invertierung f / inversion n || ♁**sglied** n / reversing device
Investitions·güterindustrie f / capital goods industry || ♁**klima** n / climate for investment || ♁**sicherheit** f / security of investment
Involution f / involution n
Inzidenzmatrix f / incidence matrix

i. O. / in order
IOAC / I/O Acceleration Technology (IOAC)
I/O-Board *n* / I/O board
IO-Controller *m* / IO Controller *n*
IOCS / Input Output Consumer Status (IOCS)
IO-Device *m* / IO Device *n*
IOE / Industrial and Operations Engineering (IOE)
I/O-Kaskadierung *f* / I/O cascading
Ion *n* (Atom oder gebundene Gruppe von Atomen mit einer elektrischen Gesamtladung ungleich null) / ion *n*
Ionen·aktivität *f* / ion activity || ~**austausch-Chromatographie** *f* / ion exchange chromatography || ~**einbau** *m* / ion implantation || ~**falle** *f* / ion trap || ~**halbleiter** *m* / ionic semiconductor || ~**implantation** *f* (Dotieren eines Halbleiters durch Beschuss mit Ionen des Dotierungsstoffes (z.B. Bor)) / ion implantation || ~**konzentration** *f* / ion concentration || ~**leitung** *f* / ionic conduction
ionensensitiver FET (ISFET) / ion-sensitive FET (ISFET)
Ionen·stärke *f* / ionic strength || ~**trennungselektrode** *f* / ion-selective electrode || ~**-Ventilbauelement** *n* / ionic valve device, gas-filled valve device || ~**vervielfachung** *f* (in einem Gas) / gas multiplication || ~**wolke** *f* / corona cloud
Ionisation *f* / ionization *n*
Ionisations·detektor *m* / ionization detector || ~**einsetzspannung** *f* / ionization inception voltage || ~**energie** *f* (Mindestenergie für die Ionisierung eines Atoms oder Moleküls aus seinem Grundzustand) / ionization energy || ~**erscheinung** *f* / ionization phenomenon || ~**feuermelder** *m* / ionization fire detector || ~**geschwindigkeit** *f* / ionization rate || ~**grad** *m* / ionization rate || ~**knick** *m* / ionization threshold, break of ionization curve || ~**koeffizient** *m* / ionization coefficient || ~**löschspannung** *f* / ionization extinction voltage || ~**messröhre** *f* / ionization tube || ~**profil** *n* (Elektronendichte als Funktion der Höhe) / ionization profile || ~**rate** *f* / ionization rate || ~**rauchmelder** *m* / ionization smoke detector || ~**schwelle** *f* / ionization threshold || ~**überhang** *m* / ionization ledge || ~**wahrscheinlichkeit** *f* / ionization probability, probability of ionization
ionisierende Strahlung / ionizing radiation || ~ **Verunreinigung** / ionizing impurity
Ionisierungsereignis *n* / ionizing event
Iono·gramm *n* / ionogram *n* || ~**sphäre** *f* / ionosphere *n*
Ionosphären·index *m* / ionospheric index || ~**karte** *f* (geographische Karte) / ionospheric map || ~**lotung** *f* / ionospheric sounding || ~**lotung durch inkohärente Streuung** / incoherent scatter ionospheric sounding || ~**lotung von oben** (Senkrechtlotung, die von einem künstlichen Erdsatelliten oberhalb der maximalen Elektronendichte der F-Region durchgeführt wird) / top-side ionospheric sounding || ~**lotung von unten** (Senkrechtlotung, die von einer Bodenstation oder einer Station in Bodennähe durchgeführt wird) / bottom-side ionospheric sounding || ~**modifizierung** *f* (künstlich erzeugte Änderung der Eigenschaften der Ionosphäre und insbesondere der Elektronendichte) / ionospheric modification || ~**schicht** *f* (Teil eines Gebiets innerhalb der Ionosphäre, in dem das Ionisationsprofil einen Maximalwert oder einen Ionisationsüberhang hat) / ionospheric layer
ionosphärisch·e Absorption (Absorption von Funkwellen, die durch Zusammenstöße zwischen freien Elektronen und neutralen Atomen und Ionen in der Ionosphäre verursacht wird) / ionospheric absorption || ~**e Ausbreitung** (Funkwellenausbreitung, in die die Ionosphäre einbezogen ist) / ionospheric propagation || ~**e Defokussierung** / ionospheric defocussing || ~**e Fokussierung** / ionospheric focussing || ~**e Kreuzmodulation** / ionospheric cross modulation || ~**e Reflexion** / ionospheric reflection || ~**e Störung** (Schwankung der Ionisation der Ionosphäre, die deutlich die gewöhnlichen örtlichen, täglichen und jährlichen Schwankungen überschreitet) / ionospheric disturbance || ~**e Verzerrung** / ionospheric distortion || ~**e Welle** (Funkwelle, die durch ionosphärische Reflexion zur Erde zurückkehrt) / ionospheric wave || ~**er Sturm** (ionosphärische Störung) / ionospheric storm
IOPS / Input Output Producer Status (IOPS)
I/O-Register *n* / I/O register
IOS / Internet Operating System (IOS)
I/O-Signal *n* / I/O signal
IO-Supervisor *m* (PG, PC oder HMI-Gerät zu Inbetriebsetzungs- oder Diagnosezwecken) / IO Supervisor
I/O-Symbolbrowser *m* / I/O symbol browser
IO-System *n* (besteht aus einem IO-Controller und seinen zugeordneten IO-Devices) / IO System
IOT / Interactive Online Training (IOT)
I/O·-Variable *f* / I/O variable || ~**-Variable (Prozessabbild)** *f* / I/O variable (process image) || ~**-Zugriff** *m* / accessing I/O
i_p / maximum aperiodic short-circuit current, peak short-circuit current
IP / intelligent I/O module, smart I/O card, IP || ~**65** (Schutzart IP65: vollständiger Schutz gegen Staub und Schutz gegen Strahlwasser) / IP65 || ~**67** (IP67: vollständiger Schutz gegen Staub und Schutz gegen Wasser in 1 m Wassertiefe für eine Dauer von 30 min. bei konstanter Temperatur) / IP67 || ~**-Adresse** *f* (Internet-Protokolladresse) / IP address (Internet protocol address)
IPC / inter process communication (IPC), industrial PC (IPS) || ~ (anlageninterner Anschlusspunkt in einem Industrienetz) / in-plant point of coupling (IPC)
IPD / integrated product development (IPD) || ~**-Baugruppe** *f* / inverter pulse distributer module
IP-Kommunikation *f* / IP communication
IPM / Integrated Process Monitoring (IPM) || ~ **(Installations- und Profil-Manager)** *m* / IPM || ~ **(intelligentes Leistungsmodul)** / IPM (intelligent power module)
IPMB / Intelligent Platform Management Bus (IPMB)
IPMI (Intelligent Platform Management Interface) / IPMI (Intelligent Platform Management Interface)
IPMS (intelligentes Schutz- und Überwachungssystem) / IPMS (Intelligent Protection and Monitoring System)
IPO (Interpolator) / IPO || ~ (Interpolation) / IPO (interpolation) || ~**-Puffer-Steuerung** *f* / IPO buffer control || ~**-Signal (Interpolationssignal)**

n / interpolation signal || ℓ**SynchronousTask** *f* / IPOSynchronousTask || ℓ-**Takt** *m* (Interpolationstakt) / interpolation cycle, interpolation time, IPO cycle || ℓ-**Taktzeit** *f* / interpolation cycle, interpolation time
IPP (Interaktives Pilotprojekt) / Interactive Pilot Project (IPP)
IPPD / integrated product and process development (IPPD)
I-Profil *n* / I section, I beam
IP Router *m* / IP router
IPS (Instandhaltungs- und Planungssoftware) *f* / maintenance planning and scheduling software || ℓ-**Baugruppe** *f* / interface power supply module
IP-Schutzgrad *m* / degrees of protection IP
IPS-System (Instandhaltungsplanungs- und -steuerungssystem) *n* / maintenance planning and control system
IPT / Integrated Product Team (IPT)
IPZW / PMV (pulse metered value)
IQA / Institute of Quality Assurance (IQA)
IR (Industrieroboter) *m* / industrial robot (IR)
IrDA (Infrared Data Association) *f* / Infrared Data Association (IrDA)
IRDATA-Schnittstelle *f* / IRDATA interface (IRDATA = industrial robot data)
IRDB (Intranet Response Datenbank) *f* / Intranet Response Database (IRDB)
IR-Dekoder *m* / IR decoder
I-Regelung *f* / integral-action control
I-Regler *m* (integral wirkender Regler) / I controller (integral-action controller), integral-action controller
IR-Empfänger *m* / IR receiver
IRIG-B / Inter-Range Instrumentation Group (IRIG-B) (Time signal code of the Inter-Range Instrumentation Group)
Irisblende *f* / iris diaphragm
IR-Kompensation *f* / line drop compensation
IRL / Internet-Reconfigurable Logic (IRL)
IR·-Lampe *f* / infrared lamp || ℓ-**Licht (Infrarotlicht)** *n* / infrared light
IRQ *m* / interrupt request (IRQ)
irreführen *v* (tätig werden in der Absicht, einen Benutzer, einen Beobachter oder ein Lauscher) oder ein Betriebsmittel zu täuschen) / spoof *v*
Irrstrom *m* / stray current, parasitic current, tracking current
Irrtum *m* / error *n*
irrtümlich *adj* / mistaken *adj*
Irrtumswahrscheinlichkeit *f* (Komplement zu Eins des Vertrauensniveaus) / error probability, probability of error
Irrung *f* / clear entry (CE)
IRS / Interface Requirements Specification (IRS)
IR·-Schließsystem *n* / central locking system with IR remote control, IR locking system || ℓ-**Sender** *m* / IR transmitter
IRT / Isochronous Realtime (IRT)
IR·-Trockner *m* / infrared dryer || ℓ-**Übertragung** *f* (Infrarotübertragung) / infrared transmission
I²R-Verluste *m pl* / I²R loss, copper loss, load loss
IR-Wandsender *m* / wall-mounted IR transmitter, IR transmitter
IS (integrierte Schaltung) *f* / integrated circuit (IC)
ISA (Industriestandardarchitektur) / Industry Standard Architecture (ISA) || ℓ **(Internationale Gesellschaft für Messen und Steuern)** / International Society for Measurement and Control (ISA) || ℓ-**Adapter** *m* / ISA adapter || ℓ-**Bus** *m* / ISA bus
IS-Begrenzer *m* (Stoßstrombegrenzer) / impulse-current limiter
I-Schalter *n* / switch *n*, installation switch
ISCO / International Standard Classification of Occupations (ISCO)
ISD (integrierte Systemdiagnose) *f* / integrated system diagnostic (ISD)
i-s-Diagramm *n* / enthalpy-entropy chart
ISDN / integrated services digital network (ISDN) || ℓ-**Router** *m* / ISDN router
iSE (Fraunhofer-Institut für Solare Energiesysteme) *n* / Fraunhofer-Institute for Solar Energy Systems (ISE)
Isentropenexponent *m* / isentropic exponent
ISET (Institut für Solare Energieversorgungstechnik) *n* / Institute for Solar Energy Supply Technologies (ISET)
ISFET / ion-sensitive FET (ISFET), *m* ion-sensitive field-effect transistor (ISFET)
ISFH (Institut für Solarenergieforschung GmbH Hameln/Emmerthal) *n* / Institute for Solar Energy Research Hameln/Emmerthal (ISFH)
I-SFT / Industrial Siemens Flatpanel Technology (I-SFT)
ISHM / International Society of Hybrid Microelectronics (ISHM)
ISI (Institut für Schicht- und Ionentechnik) *n* / Institute of Thin Film and Ion Technology (ISI)
ISLV / intelligent sensorless vector control (ISLV)
ISM (Internet Service Manager) / internet service manager (ISM)
I. S. Maschine *f* / individual section machine
ISM-Frequenzband *n* / ISM frequency band (ISM = industrial, scientific, medical)
ISO / ISO (International Standardization Organization) || ℓ **Einbaugehäuse Schutzart IP55** / ISO housing degree of protection IP55 || ℓ **Satz** / ISO block || ℓ **7-Schichtenmodell** *n* / ISO 7 layer model || ℓ-**Abdeckung** *f* / insulating cover, plastic cover
Isoakuste *f* / isoacoustic curve
Isocandela-Diagramm *n* / isocandela diagram, isointensity diagram
isochrome Farbreize / isochromatic stimuli
isochron *adj* / isochronous || **~e Modulation** (Telegrafenmodulation, bei der jedes signifikante Intervall die Dauer der Einheitsschrittlänge oder eines Vielfachen von ihr hat) / isochronous modulation || **~e Realtime (IRT)** / Isochronous Realtime (IRT) || **~er Modus** (Konfiguration des DP-Zyklus mit konstanter Buszykluszeit) / isochrone mode || ℓ**ismus** *m* (Zustand, in dem eine zeitabhängige Erscheinung, ein Zeitraster oder ein Signal isochron ist) / isochronism || ℓ**regler** *m* / isochronous governor || ℓ**verzerrungsgrad** / degree of isochronous distortion
ISO·-Code *m* / ISO code || ℓ-**Dialekt** *m* / ISO dialect *n* || ℓ-**Drehen** *n* / ISO turning
Iso·dromregler *m* / isodromic governor || ℓ**dynregler** *m* / isodynamic governor
ISO·-Flansch *m* / ISO flange || ℓ-**Format** *n* / ISO format || ℓ-**Genauigkeitsgrad** *m* DIN 7182,T.1 / ISO tolerance grade || ℓ-**Grundtoleranzreihe** *f*

Isolation

DIN 7182,T.1 / ISO fundamental tolerance series
Isolation f / insulation n, isolation n || ≈ **gegen geerdete Teile** / system voltage insulation || ≈ **Phase-Erde** / phase-to-earth insulation || ≈ **zwischen den Windungen** / interturn insulation
Isolations·abstufung f / insulation coordination || ≈**anzeige und -warnungseinrichtung** f VDE 0168, T.1 / insulation monitoring and warning device IEC 71.4 || ≈**anzeiger** m / insulation resistance indicator || ≈**aufbau** m / insulation system, insulation structure || ≈**barriere** f / insulation barrier || ≈**beanspruchung** f / insulation stressing || ≈**behälter** m / isolation vessel || ≈**bemessung** f / insulation rating, design of insulation || ≈**diffusion** f / isolation diffusion || ≈**durchbruch** m / insulation breakdown, insulation puncture, insulation failure || ≈**durchschlagsfestigkeit** f / dielectric breakdown voltage || ≈**eigenschaft** f / dielectric property || ≈**eigenschaften** f pl / dielectric properties
Isolationsfehler m / insulation fault, insulation failure, insulation breakdown || ≈**-Messgerät** n / insulation-fault detecting instrument
Isolationsfestigkeit f / insulation resistance, dielectric strength, electric strength, disruptive strength, puncture strength, dielectric rigidity || ≈ **nach Feuchteeinwirkung** / insulation resistance under humidity conditions || **Prüfung der** ≈ / dielectric test, insulation test, voltage withstand insulation test, high-voltage test
isolationsgeprüft adj / dielectrically tested for insulation
Isolations·gruppe f / insulation group || ≈**halterung** f / insulation grip || ≈**klasse** f / insulation class, class of insulation system, class rating || ≈**koordination** f / coordination of insulation, insulation coordination
Isolations·material n / insulating material, insulation material, insulant n || ≈**messer** n / insulation resistance meter, insulation (resistance) tester, megger, ≈**messgerät** n / insulation resistance meter, insulation (resistance) tester, megger || ≈**minderung** f / reduction of dielectric strength || ≈**niveau** n / insulation level || ≈**pegel** m / insulation level || ≈**prüfer** m / insulation tester, megohmmeter n, megger n || ≈**prüfer** m (Kurbelinduktor) / megger n, megohmmeter n || ≈**prüfgerät** n / x kV insulation tester || ≈**prüfpegel** m / dielectric test level || ≈**prüfung** f / dielectric test, insulation test(ing), high-voltage test || ≈**prüfung** f / dielectric test (relay) IEC 255
Isolations·reihe f / insulation rating, insulation level || ≈**schicht** f / insulation layer || ≈**spannung** f / insulation voltage, isolation voltage || ≈**spannung** f (Spannung zwischen Messgerätekreis und Gehäuse, für welche der Stromkreis ausgelegt ist) / circuit insulation voltage || ≈**stop** m / insulation stop || ≈**strecke** f / isolating distance, insulating clearance, clearance n (in air) || ≈**strom** m / leakage current || ≈**system** n / insulation system, dielectric circuit || ≈**überwachung** f / insulation monitoring || ≈**-Überwachungseinrichtung** f VDE 0615, T.4 / insulation monitoring device || ≈**unterstützung** f / insulation support, insulation barrel || ≈**verkohlung** f / insulation charring || ≈**verstärker** m / isolation amplifier, buffer amplifier || ≈**wächter** m / earth-leakage monitor,

line isolation monitor, insulation monitor
Isolationswiderstand m / insulation resistance, dielectric resistance, insurance n, leakage resistance || **spezifischer** ≈ / insulativity n, dielectric resistivity || **Kehrwert des** ≈**es** / stray conductance, leakance n, leakage conductance, leakage permeance
Isolations·widerstandsanzeiger m / insulation resistance indicator || ≈**widerstandsbelag** m / insulation resistance per unit length || ≈**winkel** m / insulating bracket || ≈**zuordnung** f / insulation coordination || ≈**zustand** m / condition of insulation || ≈**zwischenlage** f / insulation insert
Isolator m / insulator n, isolator n || **optischer** ≈ / optical isolator, opto-isolator n, opto-coupler n
Isolator·abspannkette f / tension insulator set, dead-end (insulator) assembly, tension set, strain insulator string || ≈**anordnung** f (Kettenisolatoren) / insulator set
Isolatorengabel f / insulator fork
Isolator·kette f / insulator set IEC 50(466), insulator string || ≈**platte** f / insulator plate || ≈**rippe** f / insulator rain shed || ≈**scheibe** f / insulator shed, insulator disc || ≈**stütze** f / insulator spindle, insulator support || ≈**tragkette** f / suspension (insulator) set, suspension assembly
Isolier·abdeckung f / insulating cover || ≈**abstand** m / insulating clearance, clearance in air || ≈**anstrich** m / insulating coating || ≈**auskleidung** f / insulating lining || ≈**band** n / insulating tape, friction tape || ≈**barriere** f / insulating barrier || ≈**blatt** n / insulating sheet || ≈**buchse** f / insulating bushing || ≈**eigenschaft** f / insulating property || ≈**einlage-Stecker** m / insulating inlay connector || ≈**einsatz** m / insulating insert
isolieren v / insulate v
isolierend·e Abdeckung (f. Arbeiten unter Spannung) / insulating cover || **~e Arbeitshebebühne** / aerial lift device with insulating arm || **~e Schutzvorrichtung** / protective cover, shroud || **~er Ärmel** / insulating arm sleeve || **~er Verbinder** / isolation joint stack
Isolier·fähigkeit f / insulating ability, insulating power, insulating property || ≈**festigkeit** f / insulation resistance, dielectric strength, electric strength, disruptive strength, puncture strength, dielectric rigidity || ≈**flüssigkeit** f / insulating liquid, liquid insulant, dielectric liquid, liquid dielectric || **eingefüllte** ≈**flüssigkeit** f / filled insulating liquid || **gebrauchte** ≈**flüssigkeit** f / used insulating liquid || ≈**folie** f / insulating foil, insulating film, insulating sheet, foil insulant
Isolier·gas n / insulating gas, gaseous insulant || ≈**gefäß** n / insulating tank || ≈**gehäuse** n (Durchführung) / insulating envelope || **~gekapselt** adj / insulation-enclosed adj || ≈**gewebe** n / insulating fabric || ≈**glasherstellung** f / insulating glass manufacturing || ≈**glaslinie** f / insulation glass line || ≈**hülle** f / insulating covering || ≈**hülle** f (Isolierung, die auf einen blanken Leiter aufgebracht ist) / insulating sleeve || **Wanddicke der** ≈**hülle** (Kabel) / thickness of insulation, insulation thickness || ≈**hülse** f / insulating sleeve || ≈**hülse** f / slot cell, slot liner, armour n || ≈**käfig** m / insulating cage || ≈**kappe** f / insulating cover || ≈**kasten** m / insulation box || ≈**kitt** m / insulating cement, insulating compound || ≈**klebefolie** f /

adhesive insulating foil || ⁓**klotz** m / insulating block || ⁓**koppel** f / insulating connecting rod, insulated coupler
Isolierkörper m / insulator n, insulating (o. insulator) body || ⁓ m (Stützisolator) / solid insulating material || ⁓ m (Klemme) / insulating base || ⁓ **des Steckverbinders** / connector insert || ⁓ **einer Fassung** / socket body
Isolier·kragen m / insulating collar || ⁓**kupplung** f / insulated coupling || ⁓**lack** m / insulating enamel, insulating varnish || ⁓**leiste** f / insulating strip || ⁓**manschette** f / insulating collar, insulating sleeve || ⁓**mantel** m / insulating wrapper, insulating covering || ⁓**masse** f / insulating compound, insulating paste || ⁓**material** n / insulating material, insulation material, insulant n || ⁓**matraze** f / insulation mat || ⁓**matte** f / insulating mat || ⁓**mischung für Kabel** / insulating compound for cables || ⁓**mittel** n / insulant n, insulating material, insulating agent || ⁓**muffe** f (f. Kabel) / sectionalizing joint, insulating sleeve
Isolieröl n / insulating oil || ⁓ **auf Mineralölbasis** / mineral insulating oil || **inhibiertes** ⁓ / inhibited insulating oil
Isolier·papier n / insulating paper || ⁓**passfeder** f / insulating parallel key || ⁓**perle** f / insulating bead || ⁓**platte** f / insulating plate || ⁓**pressstoff** m / moulded insulating material || **Polspulen-**⁓**rahmen** m / field-coil flange || ⁓**ring** m / insulating ring || ⁓**rohr** n / insulating conduit IEC 614-1, plastic conduit, non-metallic conduit || ⁓**rohrwelle** f / insulating tubular shaft || ⁓**scheibe** f / insulating washer || ⁓**schemel** m / insulating stool
Isolierschicht f / insulating layer || ⁓-**Feldeffekttransistor** m (IG-FET) / insulated-gate field-effect transistor (IG FET) || ⁓**innenwand** f / inside wall of insulation
Isolier·schlauch m / insulation sleeving IEC 684, insulating tube, insulation sleeve, insulating tubing || **getränktes** ⁓**schlauchmaterial** / saturated sleeving || ⁓**schwinge** f / insulated rocker (arm) || ⁓**spannung** f DIN 41745 / isolation voltage || ⁓**stange** f / insulating pole, insulating stick || ⁓**stange mit Laufkatze** f. (f. Leitungsmontage) / trolley-pole assembly, trolley stick assembly || ⁓**steg** m / insulating web || ⁓**stift** m / insulating pin
Isolierstoff m / insulating material, insulant n, insulator n, insulating compound, moulded plastic, moulded-plastic n || **glasfaserverstärkter** ⁓ / glass fibre re-inforced insulating material || ⁓**abdeckung** f / insulating cover, plastic cover || ⁓-**Aufbaugehäuse** n / moulded-plastic enclosure for surface mounting, molded-plastic enclosure for surface mounting || ⁓-**Berührungsschutzabdeckung** f / plastic contact guard cover || ⁓**blende** f / plastic blanking plate, molded-plastic masking frame, molded-plastic cover || ⁓-**Blende** f / molded-plastic masking frame
isolierstoff-eingebettetes Bauteil / insulation-embedded component
Isolierstoff-·Fassung f / lampholder of insulating material IEC 238 || ⁓-**Feldabdeckung** f / plastic panel cover || ⁓-**Formteil** n / insulating moulding, moulded-plastic component || ⁓-**Frontplatte** f /

Isolierstoffgehäuse n / moulded-plastic housing, insulating case, moulded case, enclosure made of insulating material, molded-plastic enclosure, molded-plastic housing || ⁓ n (Leuchte) DIN IEC 598 / enclosure of insulating material || ⁓ n / moulded-plastic shell
isolierstoffgekapselt adj / insulation-enclosed adj, plastic-clad adj || ~**e Hochspannungs-Schaltanlage** VDE 0670, T.7 / h.v. insulation-enclosed switchgear IEC 466 || ~**e Schaltanlagen** VDE 0670, T.7 / insulation-enclosed switchgear and controlgear IEC 466 || ~**er Drucktaster** / insulation-enclosed pushbutton, plastic-clad pushbutton, thermoplastic enclosed pushbutton || ~**er Leistungsschalter** / molded-case circuit breaker (MCCB), moulded-case circuit breaker || ~**er Selbstschalter** / insulation-enclosed circuit-breaker, moulded-plastic-clad circuit-breaker || ~**er Verteiler** / insulation-enclosed distribution board || ~**es Verteilersystem** / insulation-enclosed modular distribution board system
Isolierstoff·gruppe f / insulating group || ⁓**kappe** f / moulded plastic cap, moulded-plastic cap || ⁓**kapselung** f VDE 0670,T.7 / insulation enclosure IEC 466, insulating enclosure, insulation-enclosed, insulated enclosure || ⁓**klasse** f / insulation class, class of insulation system, class rating, class of insulation || ⁓**rohr** n / insulating conduit IEC 614-1, plastic conduit, non-metallic conduit || ⁓-**Rückwand** f / moulded-plastic rear plate, molded-plastic rear plate || ⁓**schlauch** m / plastic tube || ⁓-**Sicherungskasten** m / moulded-plastic fuse box || ⁓**umhüllung** f / insulation enclosure IEC 466, insulating enclosure || ~**umschlossenes Gerät der Schutzklasse II** VDE 0730,1 / insulation-encased Class II appliance CEE 10,1 || ⁓**verkleidung** f / plastic cover || ⁓-**Verteiler** m / insulation-enclosed distribution board || ⁓-**Verteilersystem** n / molded-plastic distribution system, insulated distribution system
Isolier·stopfen m / insulating stopper || ⁓**stopp** m / insulating stop || ⁓**stopphülse** f / insulation stop sleeve || ⁓**strecke** f / isolating distance, insulating clearance, clearance n (in air) || ⁓**stützen** f / insulating supports || ⁓**system** n / insulation system, dielectric circuit
isoliert adj / isolated adj, insulated adj || ~ **aufgestellt** / installed on insulating mountings, insulated from the base || ~ **geblecht** / made of insulated laminations || **einpolig** ~ / single-bushing insulated || **zweipolig** ~ / two bushings insulated, two-bushing insulated || ~**e Steuerelektrode** / floating gate || ~**e Stromrückleitung** / insulated return system
Isolier·teil n / insulating part || ⁓**teppich** m / insulating mat
isoliert·er Freileitungsleiter IEC 50(461) / bundle-assembled aerial cable || ~**er Kopfeinsatz** (Bürste) / insulated top || ~**er Lagerbock** / insulated bearing pedestal || ~**er Leiter** / insulated conductor, insulated wire || ~**er Mittelleiter** / isolated neutral, insulated neutral mid-wire || ⁓**er PE** / isolated PE || ~**er Sternpunkt** / isolated neutral, insulated neutral || ~**es Freileitungsseil** / insulated conductor for overhead transmission lines || ~**es Lagergehäuse** / insulated bearing housing || ~**es Netz** / isolated-

Isolier 432

neutral system ‖ ~es **Thermoumformer-Messgerät** / insulated thermocouple instrument ‖ ~es **Werkzeug** / insulated tool
Isolier·topf *m* / insulating cup ‖ ⁓**träger** *m* / insulation block, insulation carrier ‖ ⁓**transformator** *m* / insulating transformer, isolating transformer, safety isolating transformer, one-to-one transformer ‖ ⁓**trennwand** *f* / insulating barrier ‖ ⁓**-Trennwand** *f* (Phasentrennwand) / phase barrier ‖ ⁓**trog** *m* / insulating pan
isolierumhülltes Gerät / insulation-encased apparatus
Isolierumhüllung *f* / insulation enclosure IEC 466, insulating enclosure
Isolierung *f* / cable insulation, dielectric *n*, insulation *n* ‖ ⁓ **Leitschiene** / insulation conducting rail ‖ ⁓ **zwischen Windungen** / interturn insulation
Isolierungsstopp *m* / insulation stop
Isolier- und Tragzylinder *m* / insulating and supporting cylinder, winding barrel
Isolier·unterlage *f* / insulating pad, insulating base, insulating layer, plastic base, insulating plate ‖ ⁓**verfahren** *n* / insulation method
Isoliervermögen *n* / insulating property, dielectric strength, insulation resistance, insulation capacity ‖ **Prüfung des** ⁓**s** / dielectric test, insulation test, voltage withstand insulation test, high-voltage test
Isolier·verstärker *m* / isolation amplifier, buffer amplifier ‖ ⁓**wand** *f* / insulate wall, insulating wall ‖ ⁓**welle** *f* / insulating shaft, rotary insulator ‖ ⁓**wickel** *m* / insulating serving ‖ ⁓**winkel** *m* / insulating shield ‖ ⁓**zange** *f* / insulating tongs, insulated fuse puller ‖ ⁓**zwischenlage** *f* / insulating layer, insulating spacer ‖ ⁓**zylinder** *m* (weites Isolierrohr) / insulation cylinder
Isolux-Linie *f* / isolux curve, isoilluminance curve, isophot curve
IsoM (isochronous mode) / isochronous mode IsoM
Isometrie *f* / isometry *n*
isometrisch *adj* / isometric *adj*
Iso-NH·-Sicherung *f* / plastic-enclosed l.v. h.b.c. fuse ‖ ⁓**-Sicherungseinsatz** *m* / moulded-plastic l.v. h.r.c. fuse-link
ISO·-Norm *f* / ISO standard ‖ ⁓**-on-TCP-Verbindung** *f* / ISO transport connection
ISO/OSI / International Organization for Standardization/Open Systems Interconnection (ISO/OSI) ‖ ⁓**-Schichtenmodell** / ISO/OSI-reference model
ISO·-Passsystem *n* / ISO system of fits ‖ ⁓**-Programm** *n* / ISO program ‖ ⁓**-Programmierung** *f* / ISO programming
Isopropylalkohol *m* / isopropyl alcohol
ISO·-Protokoll *n* / ISO protocol ‖ ⁓**-Referenzmodell** *n* (f. Kommunikation offener Systeme) / ISO reference model ‖ ⁓**-Standard-Toleranz** *f* / ISO standard tolerance ‖ ⁓**-System** *n* / ISO system
isothermischer Wirkungsgrad / isothermal efficiency
Isotherm-Regler *m* / isothermal controller
ISO·-Toleranzfaktor *m* DIN 7182,T.1 / ISO standard tolerance unit ‖ ⁓**-Toleranzfeld** *n* DIN 7182,T.1 / ISO tolerance class ‖ ⁓**-Toleranzkurzzeichen** *n* / ISO tolerance symbol
Isotop *n* (eine der Formen eines chemischen Elements, mit gleicher Kernladungszahl, aber unterschiedlichen Nukleonenzahlen) / isotope
ISO·-Tragblock / plastic supporting block ‖ ⁓**-Transportverbindung** *f* / FDL Connection
isotrop *adj* (physikalisches Medium, in dem die maßgebenden Eigenschaften richtungsunabhängig sind) / isotropic ‖ ~es **Ätzen** / isotropic etching ‖ ~es **Magnetmaterial** / magnetically isotropic material
ISO·-Zählertragplatte *f* / ISO meter support plate ‖ ⁓**-Zyklus** *m* / ISO cycle
ISP / Internet Service Provider (ISP) ‖ ⁓ **(In-System-Programmierung)** *f* / in-system programming (ISP)
ISPM *n* / inverter system power module (ISPM)
I_{sq} / torque generating current
ISQL / Interactive Structured Query Language (ISQL)
ISR / Interrupt Service Routine (ISR)
IS·-Reihenmaschine *f* / individual section machine (IS machine) ‖ ⁓**-Solarzelle** *f* / inversion layer solar cell
ISSP / Instant Silicon Solution Platform (ISSP) ‖ ⁓ / In-System Serial Programming (ISSP)
I-S-T / Intelligent Sensing Technology (I-S-T)
Ist *n* (tatsächlich gemessener, vorliegender Wert) / actual ‖ ⁓ **als Soll** / actual = setpoint
ist verwertbar / is allowable, can be tolerated
ist zu verzeichnen / there is
Ist, voraussichtliches ⁓ / prospective actual value
Istabmaß *n* / actual deviation
I-Stahl *m* / I-sections *plt*
Ist·anzeige *f* / true indication ‖ ⁓**arbeit** *f* / actual energy ‖ ⁓**arbeitszeit** *f* / actual working hours ‖ ⁓**ausbau** *m* / actual configuration ‖ ⁓**bahn** *f* / actual path ‖ ⁓**-Barcode** *m* / actual barcode
IST-Baugruppe / interface and signal transducer module
Ist·bohrung *f* / actual hole ‖ ⁓**daten** *plt* / actual data ‖ ⁓**-Rückmeldung** *f* / actual data feedback ‖ ⁓**-Drehrichtung** *f* / actual direction of rotation ‖ ⁓**drehzahl** *f* / actual speed ‖ ⁓**druck** *m* / actual pressure ‖ ⁓**-Durchmesser** *m* / ACTUAL diameter
ISTEA (Inodal Surface Transportation Efficiency Act) *m* / Inodal Surface Transportation Efficiency Act (ISTEA)
Ist·frequenz *f* / actual frequency ‖ ⁓**geschwindigkeit** *f* / actual velocity ‖ ⁓**geschwindigkeitsgrenze** *f* / actual speed limit ‖ ⁓**getriebestufe** *f* / actual gear stage ‖ ⁓**gleichzeichen** *n* / equals sign ‖ ⁓**konfiguration** *f* / actual configuration ‖ ⁓**kontur** *f* / actual generated contour ‖ ⁓**kosten** *plt* / actual costs ‖ ⁓**kurve** *f* / actual curve ‖ ⁓**lage** *f* / actual position ‖ ⁓**leistung** *f* / actual power ‖ ⁓**-Leistungsteil-Codenummer** *f* / act. power stack code number ‖ ⁓**maß** *n* / actual size, actual dimension ‖ ⁓**menge** *f* / actual quantity ‖ ⁓**mitte** *f* / actual center ‖ ⁓**nahtdicke** *f* / actual throat thickness ‖ ⁓**nut** *f* / actual groove ‖ ⁓**oberfläche** *f* / actual surface
ISTP-Baugruppe *f* / interface and signal transducer plus module
Ist·position *f* / actual position ‖ ⁓**quantil** *n* / actual quantil ‖ ⁓**-Raster** *m* / actual grid
ISTS-Baugruppe *f* / interface and signal transducer slave module
Ist/Soll-Analyse *f* / performance/target analysis
Ist-Sollwert-Vergleich *m* / comparison of actual and setpoint values, actual/setpoint comparison ‖ ⁓ **der Wegmessung** / comparison of actual and

commanded position
Ist·spannung f / actual voltage || ₂**spiel** n / actual clearance || ₂**spielübermaß** n / actual interference || ₂**strom** m / actual current || ₂**-Struktur** f / actual structure || ₂**temperatur** f / actual temperature value || ₂**termin** m / confirmed date || ₂**topologie** f / actual topology || ₂**übermaß** n / actual interference
Istwert m / actual value, instantaneous value, measured value, real value, process value || ₂ m (Prozessvariable) / process variable || ₂ m (Wert der Größe einer angezeigten MSR-Stelle in einer Prozessführungsanlage) / process variable || ₂ m (Relaisprüf.) / just value || ₂ m (Rückführwert) / feedback value || ₂ **der Ausfallrate** / observed failure rate || ₂ **der Zeitverzögerung** VDE 0435, T.110 / actual value of specified time || ₂ **setzen** / preset actual value memory, PRESET || ₂ **setzen rückgängig** (dieses bitcodierte Kommando setzt das Maßsystem in den ursprünglichen Zustand zurück) / undo set actual value || **Rückfall-**₂ m / just release value, measured dropout value (US) || **Weg-**₂ m / actual position
Istwert·abgleich m / actual value adjustment || ₂**anpassung** f / actual-value conditioner, actual value matching circuit || ₂**anzeige** f / actual-value indication, actual-value display (o. readout) || ₂**anzeige** f(Lage- o. Wegstellungsanzeige) / actual-position display (o. readout) || ₂**aufbereitung** f / processing of actual values
Istwert·bewertungsfaktor m (IBF) / actual value weighting factor (AVWF), position-feedback scaling factor || ₂**bildner** m / actual-value calculator (o. generator), feedback signal generator, speed signal generator || ₂**bildung** f (Baugruppe) / actual-value calculator (o. generator), feedback signal generator, speed signal generator || ₂**eingang** m / actual-value input || ₂**erfassung** f / actual-value acquisition, actual-value sensing || ₂**führung** f / actual-value based master axis || ₂**geber** m / actual-value sensor, primary detector, pick-up n, detector n || **analoger** ₂**geber** / analog position feedback encoder
istwertgekoppelt adj / actual-value-linked
Istwert·glättung f / smoothing (o. filtering) of actual-value signal || ₂**gleichrichter** m / actual-value signal rectifier, speed signal rectifier || ₂**kanal** m / actual value channel || ₂**koppelung** f / actual-value linkage || ₂**leitung** f / actual value cable || ₂**normierung** f / actual value normalization
Istwertsetzen rückgängig / undo set actual value || **fliegendes** ₂ / set actual value on the fly, on-the-fly actual value setting, position-feedback setting on the fly
Istwertspeicher m / actual-value memory || ₂ **setzen** / preset actual value memory, PRESET
Istwert·synchronisation f / actual value synchronization || ₂**system** n / actual value system || ₂**toleranz** f / actual value tolerance || ₂**überwachung** f / actual value monitoring || ₂**verteiler** m / actual value distributor, encoder multiplexer unit || ₂**zähler** m / actual value counter
Istzeit f / real time || ₂ f (Arbeitszeit) / clock hours
Istzustand (IZ) m / current state (CS)
ITAE-Kriterium n / integral of time multiplied absolute error
I²t-Berechnung f / I²t calculation

I²t-Bereich m / I²t range || ₂ m (eines Leistungsschalters) VDE 0660, T. 101 / I²t zone (of a circuit breaker) IEC 157-1
ITC / ITC (Information and Training Center)
I²t-Charakteristik f / I²t characteristic
ITE n / inspection, measuring and test equipment, inspection and test equipment (ITE)
Iteration f / iteration n
Iterationen $f pl$ / runs $n pl$
iterativ adj / in several steps
IT-Funktion f / IT function
I²t-Kennlinie f / I²t characteristic curve
I²t-Kennlinie f / I²t characteristic
IT·-Kommunikation f / IT communication || ₂-**Kommunikationsweg** m / IT communication channel || ₂-**Konzept** n / IT concept || ₂-**Landschaft** f / IT environment
I²t-Leistungsteilmodell n / I²t power section model
It-Material f / asbestos-base material
I²t·-Modell n / I²t model || ₂-**Motorschutz** m / I²t motor protection
IT-Netz n VDE 0100, T.300 A1 / IT system, IT protective system, IT supply
ITP / industrial twisted pair (ITP)
It-Platten $f pl$ / fibrous asbestos sheet, asbestos sealing material in plates
ITP-Stecker m / ITP connector
ITRS / International Roadmap for Semiconductors (ITRS)
ITS (Intelligent Transportation Systems) / Intelligent Transportation Systems (ITS)
IT·-Standardisierung f / IT standardization || ₂-**Strategie** f / IT strategy
ITU (International Telecommunications Union) / International Telecommunications Union (ITU)
I²t-Überwachung f / I²t monitoring
I²t-Überwachungsvorwarnung f / I²t alert
I²t-Wert m / I²t value, Joule integral
I-Übergabeelement f / interface connector
I/U-Hybrid (Strom-/Spannungswandlerhybrid) / I/V hybrid (current/voltage converter hybrid)
I-U-Kennlinie f / IV characteristic
IU-Kennlinie f DIN 41745 / constant voltage/ constant current curve (CVCC curve)
I-Umrichter m / current-source inverter, current-source d.c.-link converter
IUT f / implementation under test (IUT)
IV / distribution board, consumer unit (GB), distribution board for domestic purposes, panelboard n (US)
i.V. / available soon
I-Verhalten n / I-action n, integral action, integrating action, floating action || ₂- **mit einer festen Stellgeschwindigkeit** / single-speed floating action || ₂- **mit mehreren festen Stellgeschwindigkeiten** / multi-speed floating action
I-Verstärkung f / I gain (integral gain)
IVHS n / Intelligent Vehicles and Highways Systems (IVHS)
IW / Industrial Workstation (IW)
I²-Wert m / joule integral
IWLAN (industrielles WLAN) / Industrial WLAN (IWLAN)
IWLPC m / International Wafer-Level Packaging Congress (IWLPC)
IWV (Impulswahlverfahren) / pulse dialing, pulse

dialling
IxR-Kompensation *f* / IxR compensation
IZ (Istzustand) / current state (CS)
I-Zeit *f* / integral-action time

J

Jacquard-Weben *n* / Jacquard weaving
Jagdprozess *m* / hunter process
Jahres·beitrag zum Pensionsfonds / yearly pension levy || ♂**betriebsdauer** *f* / operating time per year || ♂**einkommen** *n* / annual income, annual compensation || ♂**höchstleistung** *f* / annual maximum demand || ♂**-Lastprognose** *f* / yearly load forecast (YLF) || ♂**maximum** *n* / annual maximum demand || ♂**schalter** *m* / twelve-month switch || ♂**schaltuhr** *f* / twelve-month time switch, year time switch || ♂**tarifumschaltung** *f* / annual price changing || **mittlere** ♂**temperatur** / mean temperature of the year, yearly mean temperature || ♂**überschuss** *m* / net income || ♂**wirkungsgrad** *m* / annual efficiency (annual efficiency = energy yield/irradiation sum) || ♂**zeichen** *n* / year mark || ♂**zeitschaltuhr** *f* / twelve-month time switch, annual time switch || ♂**zeittarif** *m* / seasonal tariff
Jahrgangsstufe *f* / grade level
Jalousie *f* / louvre *n*, shutter *n*, blind *n* || ♂**aktor** *m* / shutter/blind actuator || ♂**ausgang** *m* / shutter/blind output || ♂**befehl** *m* / solar protection command || ♂**drosselklappe** *f* / louver *n* || ♂**-Fernschalter** *m* / blind remote control switch || ♂**gruppenverteiler** *m* / shutter drive junction box || ♂**klappe** *f* / venetial damper, louver *n*, shutter damper || ♂**-Knebelschalter** *m* / shutter/blind knob-operated switch || ♂**lamellen** *f* / blind slat || ♂**motor** *m* / shutter drive || ♂**schalter** *m* / shutter switch, blind switch, venetian blind switch || ♂**-Schlüsselschalter** *m* / shutter/blind key-operated switch || ♂**steuerung** *f* / blind control, shutter control || ♂**taster** *m* / shutter/blind pushbutton || ♂**uhr Komfort** *m* / comfort shutter/blind clock
ja/nein / yes/no
Jansenschalter *m* / Jansen on-load tap changer
Japan·papier *n* / japanese tissue paper || ♂**seidenpapier** *n* / japanese tissue paper
jaulen *v* / whine *v*
JAVA Beans-Bibliothek *f* / JAVA Beans library
Java·-Laufzeitumgebung *f* / Java Runtime Environment (JRE)
J-Beinchen *n* / j-lead
JCPDS-Kartei *f* / JCPDS index (JCPDS = Joint Committee on Powder Diffraction Standards)
JDM / joint design manufacturer (JDM)
JEDEC / Joint Electronic Device Engineering Council (JEDEC) || ♂**-Flächenmagazin** *n* / JEDEC tray || ♂**-Magazin** *n* / JEDEC tray || ♂**-Standard** *m* / JEDEC standard || ♂**-Waffle-Pack** *m* / JEDEC tray
JEM *f* / Japanese Electrotechnical Manufacturers Association (JEM)
JFET *m* / JFET (Junction Field Effect Transistor) *n*
JFPC / Java for Process Control (JFPC)
J(H)-Kurve *f* / J(H) curve || ♂**-Schleife** / incremental J(H) loop
JIMTOF / Japan International Machine Tool Fair (JIMTOF)
JIS *m* / Japanese Industrial Standard (JIS)
JIT / just-in-time (JIT)
Jitter *m* (Differenz zwischen der tatsächlichen Zykluszeit und der konfigurierten Mindestzykluszeit) / jitter *n* || ♂ **der Zeitablenkung** / time-base jitter || ♂**ausgleich** *m* / alignment jitter || **~frei** *adj* / jitter-free || ♂**-Genauigkeit** *f* / jitter accuracy
JK-bistabiles Element, einflankengesteuertes ♂ / edge-triggered JK-bistable element
JK-Kippglied *n* (mit Einflankensteuerung) / JK bistable element || ♂ **mit Zweiflankensteuerung** / bistable element of master-slave type, master-slave bistable element
Job *m* (vom DV-Benutzer erteilter Auftrag) / job *n* || ♂**liste** *f* / job list || ♂**-Listen-Syntax** *f* / joblist syntax || ♂**nummer** *f* / job number || ♂**Shop-Fertigung** *f* / JobShop production || ♂**übertragung und -bearbeitung** *f* / transfer and manipulation
Joch *n* / yoke *n* || ♂**aufhängung** *f* / yoke mounting || ♂**balken** *m* / yoke section, side yoke || ♂**blech** *n* / yoke lamination, yoke punching, yoke plate || ♂**bügel** *m* / yoke bracket || ♂**bürstenträger** *m* / yoke-type brushgear || ♂**dämpfung** *f* / yoke damping || ♂**deckblech** *n* / yoke cover plate (Uppermost plate for covering the yoke. The yoke is the most mobile component of a fixed magnetic core.) || ♂**gestell** *n* / yoke frame || ♂**halter** *m* / yoke support || ♂**platte** *f* (das meist bewegliche Gegenstück zum einem feststehenden Magnetkern) / yoke plate || ♂**riegel** *m* / yoke bar || ♂**ringläufer** *m* / floating-type solid-rim rotor
Jodglühlampe *f* / tungsten iodine lamp, iodine lamp, quartz iodine lamp
JOG·-Betrieb / JOG mode || ♂**-Bewegung** *f* / JOG motion || ♂**-Daten** *f* / JOG data || ♂**-Frequenz links** / JOG frequency left || ♂**-Frequenz rechts** / JOG frequency right || ♂**-Hochlaufzeit** / JOG ramp-up time || ♂ **links** / JOG left || ♂**-Messen** *f* / measuring in JOG mode || ♂**-Rampenzeit** / jog ramp time || ♂ **rechts** / JOG right || ♂**-Rücklaufzeit** / JOG ramp-down time || ♂**-Taste** / JOG button || ♂**-Tastenblock** *m* / JOG keypad
Johanssonmaß *n* / Johansson gauge, gauge block
Joker *m* / wildcard *n*
Jordan·-Diagramm *n* / Jordan diagram || ♂**sche Nachwirkung** / Jordan lag, Jordan magnetic after-effect
JOT *n* / Job Order Tracking (JOT)
Joule·-Effekt *m* / Joule effect || ♂**-Integral** *n* / Joule integral, I^2t value || ♂**sche Wärme** / Joule heat, Joulean heat, resistance loss
JPL *n* / Jet Propulsion Laboratory (JPL)
JRT-Sitzung *f* / Joint Rapporteurs' Team Meeting
JSA / joint service agreement (JSA)
JTAG / Joint Test Access Group (JTAG)
Jubiläum *n* / jubilee *n*
Jumper *m* / jumper *n* || ♂ **für den Steuerstromkreis** / control circuit jumper || ♂ **zum Einstellen der Rampenzeit** / ramp time jumper
jungfräulich·e Kurve / initial magnetization curve, normal magnetization curve, virgin curve, neutral curve || **~er Zustand** (Magnetismus) / virgin state, thermally neutralized state

Jupiterlampe *f* / Klieg lamp
Jurismappe *f* / loose-leaf folder
Justage *f* / adjustment *n* || ⸸**parameter** *m* /
adjustment parameter || ⸸**ring** *n* / alignment ring
justierbarer Gurtumlenkpunkt / height adjustable
seatbelts
Justier·bereich *m* (Ultraschall-Prüfgerät) DIN
54119 / time-base range || ⸸**bild** *n* / adjustment
menu || ⸸**blech** *n* / adjustment plate
justieren *v* / adjust *v*, re-adjust *v*, align *v*, trim *v* || ⸸
n / adjustment *n*, adjusting *n*, calibration *n* || ⸸ *n* /
alignment *n*
Justier·gerät *n* / adjusting unit, aligning unit ||
⸸**getriebe** *n* (Volumenzähler) / calibrating gear,
gear-type calibrator, calibrator *n* || ⸸**hebel** *m* /
aligning lever || ⸸**knopf** *m* / adjustment knob ||
⸸**körper** *m* / adjusting block || ⸸**lampe** *f* /
adjustment lamp, adjustable lamp || ⸸**mikroskop**
n / adjusting microscope || ⸸**modus** *m* (eine
Betriebsart, die es einem Benutzer ermöglicht,
Text umzuformatieren, um eine festgelegte
Zeilenlänge und Seitenlänge einzuhalten) / adjust
text mode || ⸸**normal** *n* / working standard ||
⸸**potentiometer** *n* / trimming potentiometer ||
⸸**reflektor** *m* / calibration reflector || ⸸**schraube**
f / adjusting screw, setting screw, adjusting bolt ||
~t *adj* / adjusted || ⸸**teil** *n* / aligning part
Justierung *f* / calibration *n*, adjustment *n* || ⸸ **der
Nulllage** / readjustment of zero || ⸸ **des
Auslösers** / calibration of release
Justier·vorrichtung *f* / aligning unit || ⸸**widerstand**
m / trimming resistor
Just-in-time· (JIT) / just-in-time (JIT) || ⸸-
Philosophie *f* / just-in-time philosophy

K

K / kernel sequence || ⸸ / auxiliary contactor
K, Faktor ⸸ (Läuferlänge/Durchmesser) / output
factor
K, Maximumkonstante ⸸ / constant K of maximum-
demand indicator
KA (Kilo Anweisungen) / KI (kilo instruction)
Kabel *n* / insulated cable, cable *n*, electric cable, line
n, conductor *n* || ⸸ *n* (Kabelleitung im Erdreich) /
underground cable, low-smoke cable, low
corrosive gas emission cable, flame-retardant
cable, cable *n* || ⸸ **abgeschirmt** / shielded lead ||
⸸ **an Anschlussstelle** / cable connected || ⸸ **für
Erdverlegung** / direct-buried cable, cable for
burial in the ground, buried cable || ⸸ **mit einzeln
geschirmten Adern** (ein- oder mehradriges
Kabel, bei dem die Ader oder jede einzelne Ader
mit einer äußeren Leitschicht versehen ist) /
individually screened cable, radial-field cable || ⸸
mit Erderwirkung / cable acting as an earth
electrode || ⸸ **mit gemeinsamem Schirm**
(mehradriges Kabel, das einen Schirm besitzt, der
konzentrisch zur Kabelachse um die Adern
angeordnet ist) / collectively shielded cable || ⸸ **mit
konzentrischem Neutralleiter** / concentric-
neutral cable || ⸸ **seitlich abfangen** / secure cables
at the side || **angeschlagenes** ⸸ / cable with

connectors || **bewehrtes** ⸸ / armoured cable ||
einadriges ⸸ / single-conductor cable, single-core
cable || **einzelgeschirmtes** ⸸ / individually
screened cable, radial-field cable || **flammwidrige**
⸸ / flame-retardant cables
Kabel·abdeckstein *m* / cable tile || ⸸**abdeckung** *f* /
cable cover || ⸸**abfangschelle** *f* / cable clamp,
cable grip || ⸸**abfangschiene** *f* / cable propping
bar || ⸸**abfangung** *f* / cable clamp
Kabelabgang *m* / outgoing (feeder) cable, cable
outlet, cable feeder || ⸸ *m* (Einheit) / outgoing
cable unit || **gerader** ⸸ / vertical outgoing cable ||
schräger ⸸ / angular outgoing cable || ⸸**srichtung**
f / cable outlet direction
Kabel·ablängmaschine *f* / cable cutting machine ||
⸸**abschirmung** *f* / cable shield ||
⸸**abschlussgarnituren** *f pl* / cable terminal
fittings || ⸸**abstand** *m* / cable spacing ||
⸸**abwickelgerät** *n* / cable dereeler
Kabelabzweig *m* / cable branch line, outgoing cable
feeder, cable feeder || ⸸ *m* (SA-Einheit) / outgoing
cable unit || ⸸**klemme** *f* / cable tapping block,
branch terminal
Kabel·ader *f* / strand *n*, wire *n*, cable core ||
⸸**änderungen** *f* / cable data modifications ||
⸸**anlage** *f* (DIN V 44302-2) / cable storage ||
⸸**anlage** *f* (DIN V 44302-3) / cable plant ||
⸸**anpassung** *f* (Gerät f. Signalanpassung) / cable
signal conditioner
Kabelanschluss *m* / cable connection, cable terminal
|| **nicht verwendeter** ⸸ / redundant cable port ||
⸸**einheit** *f* / incoming cable unit, cable end unit,
cable terminal unit || ⸸**feld** *n* / cable terminal panel
(o. unit), incoming-cable panel, cable connection
panel || ⸸**kasten** *m* / cable terminal box, cable
connection box, cable box, terminal box, pothead
compartment || ⸸**platte** *f* / gland plate || ⸸**raum**
m / cable terminal compartment, cable
compartment, main lug compartment || ⸸**schiene**
f / cable connection bus || ⸸**stutzen** *m* / cable
gland, cable sealing end, pothead (US)
Kabel·armierung *f* / cable armour ||
⸸**aufsteckwandler** *m* / cable-type transformer ||
⸸**aufteilungsarmatur** *f* / spreader box ||
⸸**ausführung** *f* / cable version || ⸸**ausgang** *m* /
cable outlet, cable adaptor, output cable ||
⸸**ausgangs-Überwurfmutter** *f* / outlet nut ||
⸸**auslesegerät** *n* / cable identifying unit ||
⸸**ausschaltstrom** *m* VDE 0670,T.3 / cable-
charging breaking current IEC 265 ||
⸸**ausschaltvermögen** *n* VDE 0670, T.3 / cable-
charging breaking capacity IEC 265, cable off-
load breaking capacity
Kabel·bahn *f* / cable raceway, cable rack, cable tray
|| ⸸**band** *n* / cable band || ⸸**baum** *m* / wiring
harness, cable harness, wiring loom, vehicle loom,
vehicle wiring harness, cable assembly ||
⸸**baumform** *f* / cable harness loom ||
⸸**befestigung** *f* / cable fixing || ⸸**bett** *n* / cable
bedding || ⸸**bewehrung** *f* / cable armour, cable
armor || ⸸**biegevorrichtung** *f* / cable bending
facility || ⸸**binder** *m* / cable tie, cable truss ||
⸸**binder (KABI)** *m* / cable tie || ⸸**blindstecker**
m / dummy cable plug || ⸸**boden** *m* / cable
basement, cable gallery || ⸸-**Brenngerät** *n* / cable
burn-out unit || ⸸**bruch** *m* / cable break || ⸸**bündel**
n / combination *n*, combination of cables || ⸸**clip**

Kabel 436

m / cable clip
Kabel·dichtung *f* / cable seal || ⸲**dose** *f* / cable plug, cable with connector || ⸲**dose gewinkelt** / angle socket || ⸲**driller** *m* / cable twist || ⸲**daten** *f* / CABLES *n* || ⸲**defekt** *m* / cable fault
Kabeldurchführung *f* / bulkhead cable gland IEC 117-5, cable penetration, cable bushing, cable gland || ⸲ *f* (Stutzen) / cable gland
Kabeldurchschleifung *f* / looping through of cables
Kabeleinführung *f* / cable entry, cable entry fitting, cable inlet, cable lead-in, cable entry port, cable entries
Kabeleinführungs·armatur *f* / cable entrance fitting || **2-Komponenten-**⸲**flansch** *m* / 2-component flange for cable entry || ⸲**kasten** *m* / cable entry box || ⸲**platte** *f* / gland fixing plate || ⸲**stutzen** *m* / cable entry gland
Kabel·einheit *f* / incoming cable unit, cable end unit, cable terminal unit || ⸲**einspeisekasten** *m* / supply cable terminal box, service box, incoming cable connection unit || ⸲**eintritt** *m* / cable input || ⸲**einziehkasten** *m* / pull box || ⸲**ende** *n* / cablehead *n* || ⸲**endgestell** *n* / cable termination rack || ⸲**hülse** *f* / cable end sleeve || ⸲**endverschluss** *m* / cable sealing end, cable entrance fitting, cable sealing box, pothead *n* (US), cable box || ⸲**endverschraubung** *f* / cable gland || ⸲**entzerrer** *m* / cable equalizer
Kabel·fehler *m* / cable fault || ⸲**fehlerortung** *f* / cable fault locating || ⸲**fernsehanlage** *f* / cabled distribution TV system || ⸲**fernsehen** *n* / cable television (CATV) || ⸲**formstein** *m* / cable duct block, duct block || ⸲**führung** *f* / cable routing || ⸲**führungskette** *f* / cable guide chain || ⸲**gang** *m* / output cable || ⸲**garnitur** *f* / cable set, cable kit || ⸲**garnituren** *f pl* / cable fittings, cable accessories
kabelgebundenes Fernsehen / closed-circuit TV (CCTV)
Kabel·gerüst *n* / cable rack || ⸲**gesamtdatei** *f* / cable database || ⸲**graben** *m* / cable trench || ⸲**halter** *m* / cable holder || ⸲**häufung** *f* / cable bundling, cable grouping
Kabel-Hausanschluss *m* / underground service || ⸲**kasten** *m* / cable service box, service cable entrance box
Kabel·installationskanal *m* / cable conduit, cable trunking || ⸲**isolierung** *f* / cable insulation, dielectric *n*
Kabelkanal *m* IEC 50(826), Amend. 2 / cable channel, route wires || ⸲ *m* (offen) / cable trough, cable channel, troughing *n* || ⸲ *m* (Rohr) / cable conduit || ⸲ *m* (groß, begehbar) / cable gallery, cable tunnel || ⸲ *m* (geschlossen) / cable duct, cable trunking, wiring duct || ⸲**-Formstein** *m* / cable duct block, duct block
Kabel·kapazität *f* / cable capacitance || ⸲**kasten** *m* / cable terminal box || ⸲**keller** *m* / cable basement || ⸲**kennzeichen** *n* / cable identification || ⸲**kern** *m* / cable core || ⸲**kerze** *f* / cable cone || ⸲**klemme** *f* (f. Zugentlastung) / cable clamp, cord grip, flex grip, strain relief clamp, cable terminal || ⸲**klemmung** *f* / cable clamping || ⸲**kran** *m* / cable crane || ⸲**kupplung** *f* / cable coupler
Kabel·ladestrom *m* / cable charging current || ⸲**lagerverwaltungsprogramm** *n* / cable stock management program || ⸲**länge** *f* / cable length || **max.** ⸲**länge** / max. cable length || ⸲**last** *f* / cable load || ⸲**legung** *f* / laying of cables, cable installation || ⸲**leitung** *f* / underground line || **~los** *adj* / wireless || ⸲**mantel** *m* / cable sheath, cable jacket (US), cable *n*, sheath *n* || ⸲**markierer** *m* / ferrule *n* || ⸲**maschine** *f* / cable machine || ⸲**mengenliste** *f* / cable quantity list || ⸲**merkstein** *m* / cable marker || ⸲**messer** *n* / cable stripping knife, cable knife || ⸲**messwagen** *m* / cable test van, cable testing vehicle || ⸲**muffe** *f* / cable joint, cable junction box, cable box, splice box || ⸲**muffe** *f* (Maschinenanschluss) / cable coupler || ⸲**netz** *n* / cable system, underground network, cable network
Kabel·paket *n* / cable assembly, cable harness || ⸲**parameter** *m* / cable parameter || ⸲**plan** *m* / interconnection diagram IEC 113-1, external connection diagram, cable diagram || ⸲**pritsche** *f* / cable ladder IEC 50(826), Amend. 2, cable rack, cable tray, rack *n* || ⸲**pritschenbelegung** *f* / cable tray assignment || ⸲**prüfung** *f* / cable testing || ⸲**querabstützung** *f* / cable transverse brace || ⸲**querschnitt** *m* / cable cross-sectional area, conductor area || ⸲**raum** *m* / cable compartment, cable terminal housing, cable space || ⸲**raumabdeckung** *f* / cable compartment cover || ⸲**raumverkleidung** *f* / cable space cover || ⸲**restlänge** *f* / remaining cable length || ⸲**rohr** *n* / cable conduit, cable duct, conduit *n* || ⸲**rolle** *f* / cable reel || ⸲**rundfunk** *m* / cabled distribution
Kabel·salat *m* / spaghetti of cables, cable clutter, tangle of cables, mess of cables || ⸲**satz** *m* / cable assembly, cable set, cable harness, wiring loom || ⸲**satz für Schaltschrankmontage** / Panel Mounting Cable Kit || ⸲**schacht** *m* / cable pit, cable vault, cable jointing manhole || ⸲**schachtdeckel** *m* / cable duct cover || ⸲**-Schaltprüfung** *f* / cable switching test || ⸲**schelle** *f* / cable clamp, cable clip (o. cleat) || ⸲**schirm** *m* / cable shield, cable shielding, braided shield, shield *n*, shielding, screen *n*, screening *n* || ⸲**schirmung optional** / shielded cable option || ⸲**schlag** *m* / cable lay || ⸲**schlaufe** *f* / cable loop || ⸲**schlepp** *m* / cable trailing device, festoon cable system || ⸲**schlinge** *f* / cable loop
Kabelschuh *m* / cable lug, terminal end, cable eye, lug *n* || **vorisolierter** ⸲ / pre-insulated terminal end || ⸲**abdeckung** *f* / cable lug cover || ⸲**anschluss** *m* / cable lug connection, lug connection || ⸲**klemme** *f* / lug terminal, cable lug clamp || **~los** *adj* / without cable lugs || **~loser Anschluss** / (terminal) connection without cable lug
Kabel·schutzrohr *n* / cable conduit, conduit *n*, cable protection tube || ⸲**schutzsystem** *n* / cable protection system || ⸲**schwanz** *m* / cable end || ⸲**seele** *f* / cable core assembly, cable core || ⸲**set** *n* / cable set || ⸲**sicherung** *f* / cable safety device || ⸲**spleißstelle** *f* / cable splice || ⸲**spleißung** *f* / cable splice || ⸲**stecker** *m* / cable with coupler connector || ⸲**steckteil** *n* / male cable connector || ⸲**steckverbindung** *f* / cable connector || ⸲**steigetrasse** *f* / cable riser run, cable riser || ⸲**stollen** *n* / cable tunnel || ⸲**strang** *m* / cable strand, wiring harness || ⸲**strecke** *f* / cable run || ⸲**stutzen** *m* / cable gland || ⸲**suchgerät** *n* / cable detecting device (o. unit), cable locator || ⸲**system mit isoliertem Schirm** / insulated-shield cable system || **festverbundenes einadriges** ⸲**system** / solidly bonded single-core cable system || ⸲**text**

m / cabletex *n* || ⸺trageisen *n* / cable bracket || ⸺träger *m* / cable tray || ⸺trägersystem *n* / cable tray system || ⸺tragschiene *f* / cable support rail || ⸺transformator *m* / cable transformer || ⸺trasse *f* / cable route, cable run || ⸺trassenabschnitt *m* / cable run section || ⸺trenner *m* / cable disconnector (o. isolator), cable-circuit disconnector (o. isolator), cable-feeder disconnector || ⸺trennschalter *m* / cable disconnector (o. isolator), cable-circuit disconnector (o. isolator), cable-feeder disconnector || ⸺trennwand *f* / cable separator || ⸺trommel *f* / cable drum || ⸺typ *m* / cable type || ⸺umbauwandler *m* / cable-type current transformer, window-type current transformer, zero sequence c.t., split-core current transformer || ⸺umhüllung *f* / cable covering || ⸺- und Freileitungsausschaltvermögen unter Erdschlussbedingungen / cable and line charging breaking capacity under earth-fault conditions || ⸺- und Leitungseinführung / cable entry || ⸺- und Leitungssystem *f* VDE 0100, T.200 / wiring system (o. -anlage) || ⸺verbinder *m* / cable coupler, cable coupling, cable connector

Kabelverbindung *f* / cable joint, cable splice, splice *n*, cable connection || **Schutzsystem mit** ⸺ / pilot-wire protection system

Kabel·verbindungseinheit *f* / TCU (trunk coupling unit) || ⸺verbindungsmuffe *f* / cable junction box, cable box, splice box || ⸺verlegedaten *plt* / cable laying data || ⸺verlegung *f* / cable laying, cable installation (o. mounting), laying of cables || ⸺verschraubung *f* / screwed cable glands || ⸺verschraubung *f* (Stutzen) / cable gland || ⸺verseilmaschine *f* / cable stranding machine || ⸺verteiler *m* / cable distributor || ⸺verteiler *m* (Schrank) / cable distribution cabinet || ⸺verteilerraum *m* / cable spreading room || ⸺verteilerschrank *m* (KVS) / cable distribution cabinet || ⸺-Verteilungsanlage *f* / cabled distribution system || ⸺-Vorratsschleife *f* / (cable) compensating loop

Kabel·wanne *f* / cable tray, troughing *n*, cable gutter || ⸺weg *m* / cable route || ⸺widerstand *m* / resistance, surge impedance || ⸺winde *f* / cable winch || ⸺wirrwarr *m* / cable clutter, tangle of cables || ⸺ziehkarte *f* / cable pulling card || ⸺ziehkartenausgabeindex *m* (Index, der bei Mehrfachausgabe einer KZK gesetzt wird) / cable pulling card issue index || ⸺ziehstrumpf *m* / cable grip || ⸺zubehör *n* / cable accessories || ⸺zubehörteile *n pl* / cable accessories || **Steckverbinder mit** ⸺**zugentriegelung** / lanyard disconnect connector || ⸺zugstein *m* / cable duct block, duct block

KABI (Kabelbinder) *m* / cable fastener, cable truss **Kabine** *f* (Aufzug) / cabin *n*, car *n*, booth *n* || **Prüf~** *f* / test cell || ⸺nsteuerung *f* / cabin control

Kachel *f* / page *n* || **Kachel** *f* (Pixelmatrix, die in x- und y-Richtung wiederholt wird, um eine Region zu füllen) / tile || ⸺ *f* (Speicherbereich für eine Seite) / page frame || ⸺adresse *f* / page address || ⸺befehl *m* / page command || ⸺bereich *m* / page area || ⸺fenster *n* (ein durch Kachelfenstertechnik erzeugtes Fenster (1)) / tile || ⸺fenstertechnik *f* / tiling

Kachelung *f* / dual-port RAM addressing || ⸺ *f* /
page addressing

Kaderübung *f* / military exercise
kadmiumhaltig *adj* / cadmium-bearing
kA$_{eff}$ / kA$_{rms}$
Käfer *m* (DIL-Baugruppe) / dual-in-line package (DIL, DIP), bug
Kaffee-Verpackungsmaschine *f* / coffee packaging machine
Käfig *m* / cage *n* || ⸺ *m* / squirrel-cage, cage *n* || **Batterie~** / battery cradle || ⸺feder-Anschlusstechnik *f* / cage-clamp connection
Käfigläufer *m* / squirrel-cage motor, cage motor, squirrel-cage induction motor, squirrel-cage rotor, cage rotor || ⸺motor *m* / squirrel-cage motor, cage motor || ⸺motor mit Anlauf- und Betriebswicklung / double-deck squirrel-cage motor || ⸺motor mit getrennter Anlaufwicklung / double-deck squirrel-cage motor

Käfig·motor *m* / squirrel-cage motor, cage motor || ⸺mutter *f* / captive nut, caged nut || ⸺wicklung *f* / squirrel-cage winding, cage winding || ⸺zugfeder *f* / cage clamp || ⸺zugfederanschluss *m* / cage clamp terminal || ⸺zugklemme *f* / cage clamp terminal, cage strain terminal

Kaikran *m* / quay crane
Kaizen *n* / Kaizen
Kalender *m* / calendar || **~täglich** *adj* / daily *adj* || ⸺uhr *f* / calendar clock || ⸺werk *n* / calendar unit || ⸺woche *f* / calendar week (CW)
Kaliber *n* (Nenndurchmesser von Schlauchmaterial) / bore *n*
Kalibrator *m* / calibrator *n*, calibration device
Kalibrier·anweisung *f* / calibration instructions || ⸺anweisungen *f pl* / calibration instructions || ⸺daten *plt* / calibration data || ⸺dienst *m* / calibration service || ⸺einheit *f* / calibration unit || ⸺einrichtung für Durchflussmessgerät / prover flow measuring device

kalibrieren *v* / calibrate *v*, adjust *v*, verify *v* || **~** *v* (durch mech. Bearbeitung) / size *v* || ⸺ *n* / calibration *n*, adjustment *n*
Kalibrier·gas *n* (Gas das zur Kalibrierung eines Gasanalysators nötig ist) / calibration gas || ⸺größe *f* / calibrating quantity || ⸺intervall *n* / calibration interval || ⸺kit *n* / calibration kit || ⸺körper *m* / gauging block, calibration block || ⸺labor *n* / calibration laboratory || ⸺laboratorium *n* / calibration laboratory || ⸺lizenz *f* / calibration licence || ⸺markierung *f* / calibration mark || ⸺matrix *f* / calibrating matrix || ⸺nachweis *m* / documented verification of calibration || ⸺normal *n* / calibration standard || ⸺normale *f* / calibration standards || ⸺nut *f* / calibration groove || **~pflichtig** *adj* / subject to calibration || ⸺plakette *f* / calibration label, calibration sticker || ⸺protokoll *n* / calibration report || ⸺raum *m* / calibration room || ⸺ring *m* / calibration ring || ⸺rotor *m* / calibration rotor || ⸺status *m* / calibrate status || ⸺stelle *f* / calibration facility (US) || ⸺strom *m* / calibration current || ⸺system *n* / calibration system

kalibriert *adj* / calibrated *adj*
Kalibrier·termin *m* / calibration date || ⸺turnus *m* / calibration interval
Kalibrierung *f* / calibration *n* || ⸺ **des Auslösers** / calibration of overcurrent release || ⸺ **des Überstromauslösers** / calibration of overcurrent

Kalibrierungs 438

release || **Nach~** f / readjustments plt || **werkseitige** ⟨ / factory-calibrated adj
Kalibrierungs·funktion f / calibration function || ⟨**gas** n / calibration gas || ⟨**kurve** f / calibration curve, calibrating plot || ⟨**tabelle** f / calibration table || ⟨**vorgang** m / calibration process || ⟨**zyklus** m / calibration cycle
Kalibrier·verfahren n / test reference || ⟨**vorschrift** f / calibration specifications || ⟨**werkzeug** n / calibration tool, sizing die || ⟨**zulassung** f / calibration approval || ⟨**zustand** m / calibration status || ⟨**zyklus** m / calibration cycle
Kalilauge f / potassium hydroxide
Kalk·milch f / lime-milk n || ⟨**milchprobe** f / liquid penetrant inspection, Zyglo test || ⟨**-Natron-Glas** n / soda lime glass || ⟨**seifenfett** n / calcium-base grease || ⟨**stein** m / limestone n
Kalkulation f / costing n
Kalkulations·faktoren m pl / calculation factors || ⟨**grundlage** f / basis for calculation || ⟨**kurs** m / calculated exchange rate || ⟨**tabelle** f (Programm) / spreadsheet n || ⟨**werte** m / calculation values
Kalkulator m / estimator n || **~isch** adj / calculated adj || **~ische Leistung** / calculated power
Kalk- und Aktivkohlefilter m / calcium carbonate (lime) and activated charcoal (carbon) filter
kalligraphischer Bildschirm / calligraphic display device
kalorimetrische Verlustmessung VDE 0530, T.2 / calorimetric test IEC 34-2 || **~ Wirkungsgradbestimmung** / determination of efficiency by calorimetric method
Kalotte f (eine Kalotte ist eine abgeflachte Kugelkappe oder flache Kuppel. In der Technik werden Kalotten aus Metallblechen durch Treiben hergestellt) / bearing n || ⟨ f / collar n || ⟨ f (Thyristor-Kühlkörper, Leuchtmelder) / spherical cap
kalt anfahren / to start with the motor at ambient temperature, to start up cold || **~ aushärtend** (Kunststoff) / cold-setting adj, cold-hardening adj, cold-curing adj
Kalt·aufbau m / cold model || ⟨**auslagern** n / natural age hardening || ⟨**band** n / cold rolled strip || ⟨**bearbeitung** f / cold working
kaltbiegen v / cold bending
Kalt·brüchigkeit f / low-temperature brittleness || ⟨**dämpfung** f (Mikrowellenröhre) / cold loss || ⟨**dämpfung ohne Vorionisierung** (Mikrowellenröhre) / cold (or unprimed) insertion loss || ⟨**drahtschweißen** n / welding with cold wire addition || ⟨**druck** m / cold pressure || ⟨**druckfestigkeit** f / cold-crushing strength
Kälte f DIN IEC 68 / cold (testing) IEC 68
kalte Lötstelle / dry joint || **~ Lötstelle** (Thermoelement) / cold junction || **~ Redundanz** f / standby redundancy || **~ Reserve** f / cold reserve || **~ Verbindungsstelle** (Thermoelement) / cold junction
Kälte·anlage f / refrigerating plant || ⟨**bad** n / cryogenic bath || **~beständig** adj / non-freezing adj, cold-resisting adj || ⟨**beständigkeit** f / cold resistance, cold check resistance || ⟨**dehnung** f (gilt für Isolierhüllen und Mäntel von Kabeln und isolierten Leitungen) / cold elongation || ⟨**-Dehnungsprüfung** f VDE 0281 / cold elongation test || **~feste Leuchtstofflampe** f / low-temperature fluorescent lamp || ⟨**kompressor** m / refrigerating compressor || ⟨**kreislauf** m / refrigeration cycle
Kaltemission f / cold emission, autoelectronic emission
Kälte·mittel n / cryogen n, cryogenic fluid || ⟨**mittelrohr** n / refrigerant pipe || ⟨**öl** n / low-temperature oil || ⟨**prüfstrom** m / low-temperature test current || ⟨**re Rohrwandung** / inside of wall of pipe at lower temperature || ⟨**rissbeständigkeit** f / resistance to low-temperature brittleness || ⟨**rissprüfung** f / cold check test
kaltes Klima n (DIN IEC 721-2-1) / cold climate || ⟨ **Licht** / cold light
Kälte·-Schlagprüfung f (Kabel) / cold impact test || ⟨**technik** f / cryogenics pl, cryo-engineering n || ⟨**verhalten** n / low-temperature characteristics || ⟨**-Wickelprüfung** f (Kabel) / cold bending test || ⟨**zentrale** f / refrigeration control centre
Kalt·festigkeit f / strength at low temperatures || ⟨**fluss** m / cold flow, plastic flow || ⟨**formen** n / cold working || ⟨**formgebung** f / cold working || ⟨**formung** f / cold forming || ⟨**füllmasse** f / cold filling compound, cold pouring compound || **~gehärtet** adj / cold-hardened adj, cold-strained adj || **~gehende Elektrode** / low-temperature electrode || ⟨**gerätestecker** m / inlet connector for non-heating apparatus (o. appliances) || ⟨**gerätesteckvorrichtung** f / appliance coupler for non-heating apparatus (o. appliances) || **~gestaucht** adj / cold-upset adj
kaltgewalzt adj / cold-rolled adj || **~, kornorientiertes Blech** / cold-rolled, grain-oriented sheet (steel)
kalt·gezogen adj / cold-drawn adj, cold-reduced adj || **~hämmern** v / cold hammer || **~härtend** adj / cold-setting adj, cold-hardening adj, cold-curing adj || ⟨**härtung** f (Isolierstoff) / cold curing, cold setting || ⟨**kanal** m / cold runner || ⟨**kanalwerkzeug** n / cold runner mold
Kaltkathode f / cold cathode
Kaltkathoden·entladung f / cold-cathode discharge || ⟨**fluoreszenzröhre** f / cold cathode fluorescent lamp (CCFL) || ⟨**lampe** f / cold-cathode lamp || ⟨**-Leuchtstofflampe** f / cold cathode fluorescent lamp (CCFL) || ⟨**-Messgerät** n / cold-cathode gauge, magnetron gauge || ⟨**röhre** f / cold-cathode tube || ⟨**-Zählröhre** f / cold-cathode counting tube
Kaltkreissäge f / cold circular saw
Kaltleiter m / positive temperature coefficient (PTC), PTC thermistor (PTC = positive temperature coefficient), positive temperature coefficient thermistor || ⟨**-Auslöser** m / PTC thermistor-control unit || ⟨**auswertegerät** n / PTC thermistor evaluator || ⟨**fühler** m / PTC thermistor detector, PTC thermistor || ⟨**kette** f / chain of PTC thermistors || ⟨**-Motor** / thermistor n || ⟨**temperaturfühler** m / PTC thermistor detector, PTC sensor || ⟨**-Temperaturfühler** m / positive temperature coefficient sensor
Kalt·lichtspiegel m / cold-light mirror, cold mirror, dichroic mirror || ⟨**löten** n / cold soldering || ⟨**luftraum** m (el. Masch.) / cold-air space || ⟨**presse** f / cold molding press || ⟨**pressen** n (Kunststoff) / cold moulding || ⟨**pressstück** n (Metall) / cold pressing || ⟨**-Reflexionskoeffizient** m DIN IEC 235, T.1 / cold reflection coefficient || ⟨**reserve** f / cold reserve || ⟨**richtlinie** f / cold plate leveler || ⟨**riss** m / cold crack || ⟨**schlagen** n (Metall) / cold forging || ⟨**schlagen** n

(Kunststoff) / impact moulding || ~start *m* / cold start || ~start *m* / cold restart (program restarts from the beginning) || ~startlampe *f* / cold-start lamp, instant-start lamp || ~umformung *f* / cold working
Kalt·verfestigen *n* (Kunststoff) / cold-setting *n* || ~verfestigen *n* (Metall) / strain-hardening *n*, work-hardening *n* || ~verformen *n* / cold working || ~verformung *f* / cold working || ~vergussmasse *f* / cold filling compound, cold pouring compound || ~verschweißen *n* / cold welding || ~walzen *n* / cold rolling, cold reduction || ~walzwerk *n* / cold rolling mill || ~-**Welligkeitsfaktor** *m* DIN IEC 235,T.1 / cold reflection coefficient || ~widerstand *m* / cold resistance, resistance in the cold state || ~zerlegen / cold dismantling || ~ziehen *n* / cold drawing
Kalziumwolframat *n* / calcium tungstate
KÄM (Kostenänderungsmeldung) / cost change notification
Kamera *f* / camera *n* || ~bild *n* / video image, camera image || ~multiplexer *m* / camera multiplexer || ~-**PC** *m* / camera PC || ~röhre *f* / camera tube, image pick-up tube || ~spezifische **Anpassung** / camera-specific adjustment || ~typ *m* (Revolverkopfkamera, Flip-Chip-Kamera, IC-Kamera) / camera type
Kamm *m* / ridge *n* || ~ *m* (Codiereinr.) / polarization comb assembly || **Drucklager~** *m* / thrust-bearing collar || **Zungen~** *m* (Zungenfrequenzmesser) / row of reeds || ~artig ineinandergreifend / interleaved *adj* || ~aufhängung *f* (Pol) / interlocked-comb attachment
kämmen *v* (Zahnräder) / mesh *v*, engage *v*, be in mesh, gear *v* (into)
Kammer *f* / station *n*, chamber *n* || ~ *f* (Kamera) / camera *n* || **Kontakt~** *f* / contact cavity || **Transformator~** *f* / transformer cell, transformer compartment || ~einsatz *m* / chamber insert || ~hälfte *f* / chamber half || ~kabel *n* / grooved cable, slotted-core cable || ~rohr *n* / tubular chamber || ~schaltstück *n* / female contact || ~turbine *f* / diaphragm-type turbine
Kämmmaschine *f* / combing frame
Kamm·pol *m* / comb-shaped pole, comb-type pole || ~profilierter **Dichtring** / gasket profile similar to comb || ~relais *n* / cradle relay || ~ring *m* / multi-lip sealing ring
Kanal *m* / channel *n* || ~ *m* (Leitungskanal) / duct *n*, raceway *n*, trunking *n*, duct(ing) *n*, wireway *n*, busway *n* || ~ *m* (Kühlsystem einer el. Masch.) / duct *n* || ~ *m* (Datenkanal, E/A-Anschlüsse einer MPU) / port *n* || ~ **n** / channel n || ~ **Nr.** / channel no. || **einzügiger** ~ / single-duct raceway, single-way duct, single-compartment duct || ~**1 (K1)** / channel 1 (Ch1) || ~abstand *m* / channel spacing, channel separation || ~achsbezeichner *m* / channel axis identifier || ~achse *f* / channel axis || ~achsname *m* / channel axis name || ~anschaltgerät *n* / channel adapter || ~anschlussstück *n* / flanged connector, duct entry flange || ~anwenderdaten *f* / channel user data || ~art *f* / type of channel || ~ausführung *f* / channel version || ~bereich *m* / channel area || ~betrieb *m* / sewer maintenance || ~code *m* (EN 60870-5-1) / channel code || ~codierungsverfahren *n* (EN 60870-5-1) /

channel encoding method || ~diagnose *f* / channel diagnosis || ~dichte *f* / channel density || ~-**DLL** *f* / channel DLL || ~eigenschaften *f pl* / channel characteristics || ~eintrag *m* / channel entry || ~fehler *m* (kanalbezogener Fehler eines einzelnen Kanals - einer (F-)Peripherie mit Eingängen, z. B. Drahtbruch oder Kurzschluss) / channel fault || ~fehler **Empfangsr.** / channel error receive direction, channel error rec. dir. || ~**gebundene Signalisierung** (Signalisierungsverfahren, bei dem die Signale für den von einem einzelnen Übertragungskanal getragenen Verkehr über den Kanal selbst oder über einen Signalkanal übertragen werden, der ständig mit ihm verbunden ist) / channel associated signalling || ~**geführter Kühlkreis** (el. Masch.) / ducted circuit of cooling system || ~**genau** *adj* / channel-specific, channel-precise || ~**genaue Systemdiagnose** / system diagnosis for the individual channel, channel-specific system diagnosis || ~gerät *n* / line control unit || ~**granular** *adj* / channel-selective || ~gruppe *f* / channel group
Kanal·halbierer *m* / bisector || ~hülle *f* / raceway enclosure, duct enclosure, duct shell || **2-**~ig *adj* / two channels *adj* || **6-**~ig *adj* / 6-channel || ~kapazität *f* / channel capacity || ~kennlinie *f* / channel characteristic || ~kopf *m* / channel header || ~kupplung *f* / duct connector || ~liste *f* / channel list || ~lücke *f* / channel gap || ~menü *n* / channel menu || ~netz *n* / channel network || ~nummer *f* / channel number || ~oberteil *n* / trunking lid || ~orientiert *adj* / channel-oriented || ~parameter *m* / channel parameter || ~projektierung *f* / channel configuration || ~prozessor *m* / channel processor || **rechteckiger** ~querschnitt / rectangular cross section of duct || ~redundanz *f* / channel redundancy || ~schnittstelle *f* / channel interface || ~signal *n* / channel signal || ~sperrung *f* / channel block
kanalspezifisch *adj* / channel-specific *adj* || ~**e Anwenderdaten** / channel-specific user data || ~**er Wert** / channel-specific value || ~**es Signal** / channel-specific signal
Kanal·statusanzeige *f* / channel status display || ~steuerung *f* / channel control || ~stoßstelle *f* / duct joints || ~struktur *f* / channel structure || ~synchronisation *f* / channel synchronization || ~system *n* / trunking system || ~tor *n* / channel gate || ~-**Trägerfrequenzen** *f pl* / channel carrier frequencies || ~überlagerungsstörung *f* / interchannel interference || ~überwachung *f* / channel monitoring || ~umschaltung *f* / channel switchover || ~umsetzer *m* / channel translator, channel translating equipment || ~umsetzung *f* / channel translating || ~unterteil *n* / trunking base || ~verfahren *n* / in-duct method || ~verteiler *m* / distribution duct (system), trunking *n* || ~verzögerung *f* / channel delay || ~wähler (o. -wähleinrichtung) *m* / channel selector (CS) || ~wählersystem *n* / channel selecting system, common diagram system, channel selecting telecontrol system (IEV 371-07-10; IEC 870-1-3), common diagram telecontrol system (IEV 371-07-10; IEC 870-1-3) || ~**weise** *adj* / channel-by-channel || ~widerstand *m* (Transistor) DIN 41858 / channel resistance || ~zahl *f* / number of channels || ~zeitschlitz *m* (Zeitschlitz, der eine

Kanban

bestimmte Position im Rahmen belegt und der einem besonderen Zeitmultiplexkanal dauernd zugewiesen ist) / channel time slot || ⁓**zustand** *m* / channel status
Kanban / Kanban token, Kanban, rack-based system
KANBAN-Kasten *m* / KANBAN box
Kandidat *m* / candidate *n*
Kann-Angabe *f* / conditional
Kannenablagesteuerung *f* / capstan control
Kannlast *f* / load capability
Kann-Parameter *m* / optional parameter
kanonische Codierungsregel / canonical encoding rule (CER) (ISO/IEC 8825-1) || **~ Form der Eingabegeometrie** (CLDATA) / canonical form of input geometry
Kante *f* / edge *n*, flow *n*, activity edge || ⁓ *f* (Wickelverbindung) / corner *n* || ⁓**: zu groß** *f* / ring too large || ⁓**: zu klein** *f* / ring too small
Kanten *f pl* / cant *n*, turn on edge || ⁓**abschrägmaschine** *f* / edge-beveling machine || ⁓**absicherung** *f* / edge protection || ⁓**abstand** *m* / edge distance || ⁓**anhebung** *f* / edge enhancement || ⁓**anleimen** *n* / edge-gluing adj || ⁓**anleimmaschine** *f* / edge-glue machine || ⁓**ausbruch** *m* / edge break-out location || ⁓**bearbeitung** *f* / edge working, edge machining, edge trimming || ⁓**bearbeitungsmaschine** *f* / edge trimming machine || ⁓**beugung** *f* (troposphärische Ausbreitung infolge der Beugung durch ein querstehendes Hindernis wie einen Hügel oder einen Berg mit verhältnismäßig schroffem Profil, das zwischen dem Sende- und dem Empfangspunkt liegt) / edge diffraction
kantenbrechen / chamfer edges, bevel edges || ⁓ *n* / edge breaking
Kanten·bruch *m* (Bürste) / chamfer *n*, bevel *n* || ⁓**echo** *n* / edge echo || ⁓**effekt** *m* / edge effect || ⁓**einreißfestigkeit** *f* / edge tearing resistance || **~emittierende LED** / edge-emitting LED (ELED) || ⁓**erfassung** *f* / edge sensing || ⁓**erkennung** *f* / edge detection || ⁓**extraktion** *f* / edge extraction || ⁓**festigkeit** *f* / edge strength || ⁓**filter** *m* / edge filter || ⁓**form** *f* / edge contour || ⁓**fräser** *m* (Fräser zum Bearbeiten überstehender Kanten) / edge forming bit || ⁓**fräsmaschine** *f* / edge trimmer || **~geführtes Folienziehen** / edge-defined film-fed growth || ⁓**kontrast (EC)** *m* / edge contrast (EC)
Kanten·länge *f* / edge length || ⁓**messung** *f* / edge measurement || ⁓**modell** *n* / wire-frame representation || ⁓**nachzeichnung** *f* / edge tracing || ⁓**pressung** *f* / edge loading, bearing end pressure || ⁓**profil** *n* / edge profile, edge *n* || ⁓**prüfanlage** *f* / cutting edge testing system || ⁓**radius** *m* / edge radius || ⁓**schleifmaschine** *f* / edge grinding machine || ⁓**schutz** *m* / edge protector, edge protecting moulding, fairlead *n* || ⁓**schutzprofil** *n* / edge protection section, edge protector || ⁓**spannung** *f* / edge loading || ⁓**steuerung** *f* / edge control system
Kanten·taster *m* / edge probe || **~überlappt** adj / edge-lapped adj, with overlapping edges || ⁓**überwachung** *f* / edge monitoring || ⁓**verfolgung** *f* / edge following || ⁓**versatz** *m* / linear misalignment || ⁓**verstärkung** *f* / edge enhancement || ⁓**zähler** *m* / edge count || ⁓**zuführung** *f* / edge approach
Kantholz *n* / square timber, beam *n*

kantig adj / cornered adj
Kantine *f* / cafeteria *n*
Kantmaschine *f* / edge machine
Kanüle *f* / tube *n*
Kaolin *m* / kaolin *n*
Kapazitanz *f* / capacitance *n*, capacitive reactance
Kapazität *f* (Kapazitanz, Kondensator) / capacitance *n* || ⁓ *f* (Stromkreiselement, Kondensator) / capacitor *n* || ⁓ *f* (Leistungsvermögen, Fabrik) / capacity *n* || ⁓ *f* (Batterie, Akku) / (battery) capacity, ampere-hour capacity || ⁓ **bei hoher Frequenz** (Kondensator) / high-frequency capacitance || ⁓ **einer Gleichrichterplatte** / rectifier plate capacitance || ⁓ **gegen Erde** / capacitance to earth (GB), capacitance to ground (US) || ⁓ **in Ah** / ampere-hour capacity, Ah capacity || ⁓ **je Flächeneinheit** / unit-area capacitance || ⁓ **logische** ⁓ / logical capacity || **Kehrwert der** ⁓ / elastance *n* || **Prüfung der** ⁓**en** / capacitance test, capacity test (battery)
Kapazitäts·anpassung *f* / capacitance adjustment || **~arm** *f* / low-capacitance adj, anti-capacitance adj, low-capacity adj || ⁓**auslastung** *f* (Fabrik) / capacity (o. resources) utilization, capacity load || ⁓**bedarf** *m* (Fabrik, CIM) / manufacturing resources requirements, capacity requirements || ⁓**bedarfsplanung** *f* (Fabrik) / capacity requirements planning (CRP) || ⁓**belag** *m* / capacitance per unit length || ⁓**dekade** *f* / decade capacitor || ⁓**dichte** *f* / capacity density, volumic capacity IEC 50(481) || ⁓**diode** *f* / variable capacitance diode || ⁓**erweiterung** *f* / expanding of capacity || ⁓**-Gleichlauftoleranz** *f* / capacitance tracking error || ⁓**messbrücke** *f* / capacitance bridge || ⁓**messer** *m* / capacitance meter, capacitance bridge || ⁓**messung** *f* / capacitance measurement || ⁓**planung** *f* (Fabrik) / capacity planning, manufacturing resources planning || ⁓**prüfung** *f* / capacitance test, capacity test (battery) || ⁓**steuerung** *f* / capacitive control || ⁓**terminierung** *f* (Fabrik) / capacity (o. resources) scheduling || ⁓**toleranz** *f* (Kondensator) / capacitance tolerance || ⁓**variationsdiode** *f* / variable capacitance diode
kapazitiv adj / capacitive adj, leading adj || **~ gepuffert** / with capacitor back-up || **~ geschaltete Leuchte** / luminaire with capacitive circuit || **~ gesteuerte Durchführung** / capacitance-graded bushing || **~e Belastung** / capacitive load, leading reactive load || **~e Blindleistung** / leading reactive power || **~e Einkopplungen** / capacitive coupling, capacitive interference || **~e Erdschlusserfassung** / capacitive earth-fault sensing (o. measurement), earth-fault detection using line capacitance variation || **~e Erdung** / capacitance earth (GB), capacitance ground (US) || **~e Erwärmung** / dielectric heating || **~e Kopplung** / capacitive coupling, capacitance coupling || **~e Ladung** / capacitive charge || **~e Last** / capacitive load, leading reactive load || **~e Mitkopplung** / capacitive coupling, capacitance coupling || **~e Pufferung** / capacitor back-up (unit o. module) || **~e Ruftaste** / capacitive call button, (capacitive) touch control || **~e Schaltung** (L-Lamp) / leading p.f. correction || **~e Verzögerung erster Ordnung** / first-order capacitive lag || **~e Wegmessung** / capacitive position measurement

kapazitiv·er Ausschaltstrom / capacitive breaking current, capacitor breaking current || **~er BERO** / capacitive BERO || **~er Blindwiderstand** / capacitive reactance, capacitance n || **~er Filter** / capacitive filter || **~er Ladesprung** / capacitive charging step || **~er Leistungsfaktor** / leading power factor, leading p.f. || **~er Näherungsschalter** / capacitive proximity switch || **~er Prüfling** / capacitive test object || **~er Reststrom** / capacitive residual current || **~er Spannungsteiler** / capacitor voltage divider || **~er Spannungswandler** / capacitor voltage transformer, resonance capacitor transformer || **~er Strom** / capacitive current, capacitance current || **~er Stromkreis** / capacitive circuit || **~er Teil** (Wandler) / capacitor unit, capacitor divider unit || **~er Teiler** / capacitor voltage divider, capacitor divider || **~er Vorhalt 1. Ordnung** / first-order capacitive lead || **~er Wandler** / capacitor transformer, resonance capacitor transformer || **~er Widerstand** / capacitive reactance || **~er Zweig** (Leuchtenschaltung) / lead circuit || **~es Leitungsverhältnis** / capacitive line condition || **~es Schalten** / capacitive breaking, capacitor switching || **~es Schaltvermögen** / capacitive breaking capacity, capacitor switching capacity || **~es Vorschaltgerät** / capacitive ballast, leading-p.f. ballast, capacitive control gear || **~es Wegmessgerät** / capacitive position sensing device, capacitive position transducer
Kapillar·riss m / hairline crack || **⁀rohr** n / capillary tube, restrictor tube, capillary n || **⁀säule** f (Chromatograph) / capillary column || **⁀trennsäule** f / capillary separating column
Kapitaldienst der Anlagekosten / capacity cost || **⁀ der Anlagekosten für Spitzendeckung** / peak capacity cost
Kapitel n / chapter n || **⁀ende** n / end of section || **⁀übersicht** f / summary
Kaplanturbine f / Kaplan turbine
Kappe f / cap n, cover n, end bell, hood n || **⁀** f (Läufer) / end bell || **⁀** f (Sty) / cover n || **⁀** f (Zählergehäuse) / case front || **⁀** f / collar n, V-ring n || **⁀ für Berührungsschutz** / cover for shock protection || **⁀ schwarz** / cap, black
Kappen n / undercutting || **⁀** n (Abschneiden von Teilen einer Bildschirmdarstellung) / clipping n, scissoring n
Kappen·-Endplatte f (Läufer) / end plate || **⁀fräser** m / cap mill || **⁀isolator** m / cap-and-pin insulator || **⁀mutter** f / cap nut || **⁀rand** m / cover edge || **⁀ring** m (Läuferwickl.) / endwinding cover, retaining ring, supporting ring || **⁀rückseite** f / cap rear || **⁀seite** f / cap side || **⁀set** n / cap set
Kapp·lage f / sealing run || **⁀messer** n / cutting knife || **⁀säge** f / clamp saw, undercut swinging saw
Kappscher Vibrator / Kapp vibrator (o. Phasenschieber)
Kappspannung f / clamp(ing) voltage
Kapsel f / module holder, module casing || **⁀baugruppe** f / encapsulated subassembly, encapsulated module || **⁀baugruppenträger** m / subrack with protective module casings || **⁀federmesswerk** n / capsule-type element, diaphragm element
kapseln v / encapsulate v, enclose v || **~** v (vergießen) / pot v, encapsulate v

Kapselung f / enclosure n, encapsulation n || **⁀** f (el. Masch.) / housing n, casing n || **⁀** f VDE 0670, T. 6 / enclosure n IEC 298 || **⁀** f **2 Befehlsstellen** / enclosure, 2 command devices || **⁀smaterial** n / encapsulant n || **⁀smutter** f / encapsulated nut
Karabinerhaken m / snap hook
Karbonband n / carbon tape
Karbonitrieren n / carbonitriding n
karbonitriert adj / carbonitrided adj
Kardan / cardan n, driveshaft n || **⁀antrieb** m / cardan-shaft drive || **⁀gelenk** n / cardan joint, universal joint || **~ischer Arbeitskopf** / cardan work head || **~ischer Werkzeugkopf** / cardanic tool head || **⁀tunnel** m / transmission tunnel || **⁀welle** f / cardan shaft, articulated shaft, crankshaft n
kardinales Feuer / cardinal light || **~ Zeichen** / cardinal mark
Kardinalität f / cardinality n (the number of elements in a set)
kariert adj / checkered adj
Karkassenbruch m / carcass break-up
KARL-Kasten m / KARL box
Karossenband n / body line
Karosserie f / body n || **⁀aufnahme** f / body support || **⁀bau** m / body manufacturing, body making, body building || **⁀elektronik** f / vehicle body electronics, body electronics || **⁀rohbau** m / body-in-white n
Karte f / module n, submodule n, assembly n, PCB || **⁀** f (Schaltungskarte) / card n, (printed) board n || **⁀** f (Lochk.) / card n
Kartei f / card file || **JCPDS-⁀** f / JCPDS index (JCPDS = Joint Committee on Powder Diffraction Standards) || **⁀kasten** m / card box
Karten·ausgeber m (die Organisation, die für die Bereitstellung und den Vertrieb von ICCs zur Anwendung und in einem IEP-System verantwortlich ist) / card issuer || **⁀darstellung** f (Matrixformat zur Darstellung von Logikzuständen) / map n || **⁀druckwerk** n (Belegdrucker f. abgemessene Menge) / ticket printer || **⁀führung** f (Leiterplatte) / board (o. card) guide edge || **⁀leser** m (Lochkartenl.) / card reader (CR) || **⁀lesesystem** n / badge reader system || **⁀locher** m / card punch || **⁀magazin** m / mounting rack, rack n || **⁀niederhalter** m / card retainer, board retainer || **⁀prüfer** m (Lochkartenp.) / (card) verifier || **⁀relais** n / printed-board relay, p.b.c. relay || **⁀träger** m / mounting rack, rack n || **⁀-Ziehvorrichtung** f / card (o. board) extractor
kartesisch adj / Cartesian || **~e Koordinaten** / Cartesian coordinates, rectangular coordinates || **~er Schutzraum** / Cartesian protected zone || **~es Bewegungssystem** / Cartesian motion system (CMS) || **~es Koordinatensystem** / Cartesian coordinate system || **~es PTP-Fahren** / Cartesian PTP travel
Karton / carton n, box n || **⁀aufrichter** m / carton erector || **⁀-Aufrichtmaschine** f / cardboard box folding machine || **⁀einlage** f / box inlay
Kartonierer m / cartoning system, cartoner
Kartoniermaschine f / cartoning machine
Kartonverpackungsmaschine f / carton packaging machine
Kartusche f / adhesive cartridge || **⁀ quittieren** / reset cartridge || **⁀nwechsel** m / cartridge replacement

Karussell

Karussell·drehmaschine f / vertical boring and turning mill || **~presse** f / rotary press || **~schleifmaschine** f / vertical grinding mill
Kaschieranlage f / laminating system
kaschiert adj / foil-clad adj
Kaschierung f / concealment n || **~skasten** m (Leuchte) / box cover
Kaskade f / cascade n || **~** f (Maschinensatz) / cascaded machine set, cascade drive, cascade set || **Drehstrom-Gleichstrom-~** f / cascaded induction motor and d.c. machine || **Drehstrom-Kommutator-~** f / cascaded induction motor and commutator machine, Scherbius system, Scherbius motor control system || **Gleichstrom-Gleichstrom-~** f (Verstärkermaschine) / Rapidyne n || **Krämer-~** f / Kraemer system, Kraemer drive || **Krämer-Stromrichter-~** f / static Kraemer drive || **Scherbius-~** f / Scherbius system, Scherbius drive, Scherbius motor control system || **über- und untersynchrone Scherbius-~** / double-range Scherbius system
Kaskaden·anlasser m / cascade starter || **~brückenschaltung** f / bridges in cascade, cascaded bridges || **~fenster** n / cascaded windows || **~fenstertechnik** f / window cascading || **~hintermaschine** f / regulating machine, secondary machine, Scherbius machine || **~motor** m / cascade motor, concatenated motor || **~regelung** f (das Ausgangssignal oder der Ausgabewert des Führungsreglers wird als Sollwert für den oder die Folgeregler verwendet) / cascade control, cascade control system || **~regler** m / cascaded control system
Kaskadenschaltung f / cascade connection, concatenation n, cascade arrangement || **~** f (von SR-Schaltungen) / series connection || **Maschinen in ~** / machines in cascade, machines in tandem, machines in concatenation
Kaskaden·spannungswandler m / cascade voltage transformer || **~stromrichter** m / cascade converter || **~-Synchrondrehzahl** f / cascade synchronism || **~umformer** m / motor-converter n, cascade converter, La Cour converter || **~umsetzer** m / cascade-type converter, propagation-type converter, stage-by-stage converter
Kaskadier·barkeit f / cascadability n || **~eingang** m (Sicherer einkanaliger Eingang eines Sicherheitsschaltgerätes, der intern wie ein Sensorsignal ausgewertet wird: Logische UND-Verknüpfung mit den anderen Signalgebereingängen) / cascading input || **~en** n / cascading n || **~endes Menü** (Menü, das um zusätzliche Ebenen erweitert wird) / cascading menu || **~schnittstelle** f / cascade interface
kaskadiert adj / cascaded adj || **~er Übertrag** / cascaded carry
Kaskadiertiefe f / cascading depth
Kaskadierung f / cascading n, concatenation n, cascade arrangement || **~ssystem** n / cascading system
Kaskode-Verstärker m / cascode amplifier
Kasse f / checkout
Kassen·ausgabebeleg m / petty cash voucher || **~automat** m / ticket machine
Kassette f DIN 43350 / sub-drawer n || **~** f (Einschub) DIN IEC 547 / plug-in unit IEC 547 || **~** f (Magnetbandk.) / cartridge n, cassette n

Kassetten f pl / cassettes n pl || **~aufbau** m / cartridge construction || **~decke** f / coffered ceiling, cassette ceiling, rectangular-grid ceiling || **~gerät** n / cassette recorder, subdrawer n || **~laufwerk** n / cartridge-tape drive, magnetic tape cassette drive, cassette drive || **~leser** m / cassette reader || **~magazin** n / cartridge magazine || **~prinzip** n / cartridge principle || **~system** n / cassette system || **~wellendichtring** m / encased shaft sealing ring
Kassiergerät n / rent collector
Kasten m / box n, case n, enclosure n || **~** m (Spule) / spool n, insulating frame || **~bauform** f VDE 0660, T.500 / box-type assembly IEC 439-1 || **~bauform** f (el. Masch.) / box-frame type || **~bauweise** f / box-type construction || **~bürstenhalter** m / box-type brush holder || **~feder** f (Klemme) / quick-connect terminal || **~form** f (Bauform) / box-type assembly IEC 439-1 || **~gehäuse** n (el. Masch.) / box frame || **~größe** f / enclosure size || **~heizkörper** m / box-type heater || **~klemme** f / box terminal || **~konstruktion** f / box-frame construction, box-type construction || **~platte** f / box plate, box negative plate || **~rahmen** f / box-type frame || **~reflektor** m / box-type reflector || **~schloss** n / rim lock || **~träger** m / box girder || **~unterteil** n / box bottom part || **~verteiler** m / box-type distribution board || **~wicklung** f / spool winding
Kat. f / category n
Katalog m (KG) / catalog n, KG || **~fenster** n / catalog window || **~management** n / catalog management || **~-mäßig** adj / standard adj || **~profil** n / catalog profile || **~- und Online-Bestellsystem** n / catalog and online ordering system || **~versender** m / catalog mailing agents || **~ware** f / catalog goods
Katalysator m / catalytic converter (CC), catalyst n, converter n
katalytisch·e Verbrennung / catalytic combustion, surface combustion || **~es Gasanalysegerät** / catalytic gas analyzer
Kategorie f / category n, class n || **~ ia** / category ia || **~ ib** / category ib
kategorische Bezeichnung f / category term
Kathode f / cathode n, positive electrode
Kathoden·anheizgeschwindigkeit f / cathode heating rate || **~anheizzeit** f / cathode heating time || **~anschluss** m / cathode terminal || **~bogen** n / cathode arc || **~-Elektrolytkupfer** n / electrolytic cathode copper || **~emission** f / cathode emission || **~fall** m / cathode fall, cathode drop || **~fallableiter** m / valve-type arrester, valve-type surge diverter || **~folger** m / cathode follower || **~gebiet** n / cathode region || **~glimmlicht** n / cathodic glow, negative glow || **~glimmschicht** f / cathode sheath || **~halbbrücke** f / cathode half-bridge || **~lumineszenz** f / cathodoluminescence n || **~nähe** f / near-cathode region || **~oszilloskop** n (KO) / cathode-ray oscilloscope (CRO), cathode oscilloscope || **~polarisation** f / cathodic polarization || **~reaktion** f (Elektrodenreaktion, bei der Elektronen aus einem externen Stromkreis dem Elektrolyten zugeführt werden) / cathodic reaction
kathodenseitig steuerbarer Thyristor / P-gate thyristor || **~er Gleichstromanschluss** / cathode-side d.c. terminal
Kathodenstrahl·-Ladungsspeicherröhre f / cathode-

ray charge-storage tube ‖ ~-**Oszillograph** *m* / cathode-ray oscillograph (CRO) ‖ ~-**Oszilloskop** *n* / cathode-ray oscilloscope (CRO), cathode oscilloscope ‖ ~**röhre** *f* / cathode-ray tube (CRT) ‖ ~-**Speicherröhre** *f* / cathode-ray storage tube
Kathoden·verstärker *m* / cathode follower ‖ ~**vorheizung** *f* / cathode preheating ‖ ~**vorheizzeit** *f* / cathode preheating time ‖ ~**zerstäubung** *f* / cathode sputtering, sputtering *n* ‖ ~**zwischenschicht** *f* / cathode interface layer
kathodisch·e Bürste / cathodic brush, negative brush ‖ **~e Reinigung** / cathodic cleaning ‖ **~er Korrosionsschutz** / cathodic protection (CP) ‖ **~er Teilstrom** / cathodic partial current
Kathodolumineszenz *f* / cathodoluminescence *n*
Kation *n* / cation *n* (positively charged ion)
Katz·antrieb *m* / crab drive ‖ ~**ausleger** *m* / trolley jib ‖ ~**bahn** *f* / trolley track
Katze *f* / crab *n*, trolley *n*
Katzenauge *n* / rear red reflex reflector, reflex reflector
Katz·fahrseil *n* / trolley rope ‖ ~**fahrwerk** *n* / trolley drive ‖ ~**fahrwerksmotor** *m* / trolley motor
Kaufabsichterklärung *n* / purchasing declaration of intent
Käufermarkt *m* / purchaser market
Kaufmann *m* / commercial staff, management assistant
kaufmännisch *adj* / business administration ‖ **~er Bearbeiter** / commercial user
Kauf·preis *m* / price-to-pay *n* ‖ ~**vertrag** *m* / purchase contract, contract of sale
Kausalanalyse *f* / causal analysis
kautschuklackiert / lacquered with latex
Kavität *f* / cavity *n*
Kavitation *f* (Kavitation ist die Bildung von Dampfblasen in Flüssigkeiten bei niedrigem Druck) / cavitation *n*
Kavitations·angriff *m* / cavitation erosion ‖ ~**schutz** *m* / cavitation protection ‖ ~**verschleiss** *m* / cavitation erosion
KB (Kurzbeschreibung) / product brief
K-Bus *m* (Kommunikationsbus) / C bus (communication bus)
KBZ / notched impact strength, impact strength, impact value
KD (Koordinatendrehung) / COR (coordinate rotation)
KDV (Kreuzweiser Datenvergleich) / cross-checking *n*, DCC (data cross-check)
KEAG (kompaktes Ein-/Ausgabegerät) / compact input/output unit
Kederprofilgummi *m* / strip-section rubber
Kegel *m* / cone *n*, taper *n* ‖ ~**bearbeitung** *f* / taper machining ‖ ~**bremse** *f* / cone brake ‖ ~**bürstenpaar** *n* / conical brush pair ‖ ~**dorn** *m* (Zwischenstück, das die Verwendung von Bohrfuttern auf Bohrmaschinen mit Kegelantrieb ermöglicht) / taper mandrel ‖ ~**drehen** *n* / taper turning ‖ ~**fallpunkt** *m* (nach Seger) VDE 0335, T. 1 / pyrometric cone equivalent ‖ ~**feder** *f* / conical spring
kegelförmig *adj* / tapered *adj*, conical ‖ **~e Stirnfläche** / conical end face
Kegel·fräser *m* / taper cutter ‖ ~**getriebe** *n* / bevel gearing ‖ ~**gewinde** *n* / taper thread, tapered thread ‖ ~**gewindeschneiden** *n* / taper thread

cutting
kegelig *adj* / tapered ‖ **~er Gesenkfräser** / tapered die-sinking cutter ‖ **~es Gewinde** / tapered thread
Kegel·interpolation *f* / conical interpolation ‖ ~**kupplung** *f* / conical clutch, cone clutch ‖ ~**länge** *f* / length of taper (LT) ‖ ~**lehre** *f* / taper gauge ‖ ~**mantel** *m* / outside of the taper ‖ ~**mehrfacheinstechschleifen** *n* / taper multiple plunge-cut grinding ‖ ~**mutter** *f* / conical nut ‖ ~**pendelschleifen** *n* / taper reciprocating grinding, taper traverse grinding, conical reciprocating grinding ‖ ~**pfanne** *f* / conical socket, conical seat
Kegelrad *n* / bevel gear ‖ ~ **mit Achsversetzung** / hypoid gear ‖ **geradzahniges** ~ / straight bevel gear ‖ ~**fräser** *m* / bevel gear cutter ‖ ~**getriebe** *n* / bevel gear, bevel gearing, mitre gears ‖ ~**prüfmaschine** *f* / bevel gear tester ‖ ~**schleifmaschine** *f* / bevel gear grinding machine ‖ ~**segment** *n* / bevel gear segment ‖ ~**wälzfräser** *m* / bevel gear hob
Kegelrand, größter Kreis am ~ / crown circle
Kegel·reibahle *f* / taper reamer ‖ ~**reibungskupplung** *f* / cone friction clutch ‖ ~**richtung** *f* / taper direction ‖ ~**rollenlager** *n* / tapered-roller bearing ‖ ~**rutschkupplung** *f* / conical safety coupling, safety slip clutch ‖ ~**schaft** *f* / taper shank ‖ ~**scheitel** *m* / cone centre ‖ **scheitel bis Spindelnase** / apex to spindle nose ‖ **scheitel bis zur äußeren Kante des Kopfkegels** / cone apex to crown ‖ ~**schmiernippel** *m* / tapered lubrication nipple ‖ ~**schnitt** *m* / conic *m* ‖ ~**senker** *m* / countersink ‖ ~**stift** *m* / tapered pin, taper pin ‖ ~**stirnradgetriebe** *n* / bevel helical gearbox ‖ ~**stirnradgetriebemotor** *m* / bevel helical gearmotor ‖ ~**strahl** *m* (Kfz-Einspritzventil) / cone spray ‖ ~**strahldüse** *f* / swirl injector ‖ ~**strahler** *m* (IR-Gerät) / narrow-angle transmitter ‖ ~**stumpf** *m* / frustrum of cone ‖ ~**stumpffräser** *m* / bevel cutter ‖ ~**stumpffräser mit Eckenverrundung** / bevel cutter with corner rounding ‖ ~**ventil** *n* / plug valve ‖ ~**wicklung** *f* / tapered-overhang winding ‖ ~**winkel** *m* / taper angle
Kehlnaht *f* / fillet weld, fillet joint ‖ ~-**Güteprüfung** *f* / fillet soundness test
Kehrgut *n* / sweepings *plt*
Kehrrichtverbrennungsanlage *f* (KVA) / refuse incineration plant
Kehrverstärker *m* / inverting amplifier, sign-reversing amplifier
Kehrwert *m* / inverse value ‖ ~ **der Kapazität** / elastance *n* ‖ **~ der Permeabilität** / reluctivity *n* ‖ ~ **der Steifigkeit** / compliance *n*, mobility *n* ‖ ~ **des Isolationswiderstandes** / stray conductance, leakance *n*, leakage conductance, leakage permeance ‖ ~ **des Verminderungsfaktors** / depreciation factor
Keil *m* / wedge *n*, key *n*, spline *n* ‖ ~**isolation** *f* / insulating key sector, insulating cone ‖ ~**kupplung** *f* / wedge coupling ‖ ~**lager** *n* / fluidfilm bearing ‖ ~**leiste** *f* / wedge profile strip ‖ ~**messebene** *f* / wedge measurement plane ‖ ~**nabe** *f* / splined hub, keyed hub ‖ ~**nut** *f* / keyway *n*, keyseat *n* ‖ ~**nut** *f* (Keilverzahnung) / spline *n* ‖ ~**nutfräsen** *n* / keyway milling machine ‖ ~**relais** *n* (Wechselstrom-Gleichstromrelais) /

Keilriemen

a.c.-d.c. relay
Keilriemen *m* / V-belt *n* ‖ ⁓**rolle** *f* / V-belt pulley, V-belt sheave, V-groove pulley ‖ ⁓**scheibe** *f* / V-belt pulley, V-belt sheave, V-groove pulley
Keilseite *f* / wedge side
Keil·sperre *f* / key block ‖ ⁓**stabläufer** *m* / tapered deep-bar cage rotor, tapered deep-bar squirrel-cage rotor, keyed-bar cage rotor, deep-bar tapered-shoulder cage rotor ‖ ⁓**stift** *m* / tapered pin ‖ ⁓**stoßspannung** *f* / linearly rising front chopped impulse ‖ **Steilheit der** ⁓**stoßspannung** / steepness of ramp ‖ ⁓**stück** *n* / wedge *n* ‖ ⁓**stück** *n* (am Nutausgang) / tapered packing block
Keil·treiber *m* / key drift, key driver ‖ ⁓**verbinder** *m* / wedge-type connector ‖ ⁓**verbindung** *f* / keyed connection, keyed joint, keying *n*, wedging *n*
Keilverzahnung *f* / splining *n* ‖ **quadratische** ⁓ / square splines
Keil·welle *f* / spline shaft, integral-key shaft, splined shaft ‖ ⁓**wellenschleifmaschine** *f* / spline grinder ‖ ⁓**winkel** *m* / tooth angle, wedge angle ‖ ⁓**winkel des Spanbrechers** / chip breaker wedge angle
Keim·bildung *f* / nucleation *n* ‖ ⁓**kristall** *n* / seed crystal
kein Bohrzyklus aktiv / no drilling cycle active ‖ **~ Stromfluss** / no current flow ‖ **~ Zubehör für diese Erzeugernummer wählbar** / no accessories available for this product number ‖ **~e Aktivität** / quiet ‖ **~e Benennung festgelegt** (diffuse Kurven in bestimmten Ionogrammen, erzeugt durch Ungleichmäßigkeiten der Elektronendichte in der F-Region) / spread F ‖ **~e Betauung** / no condensation ‖ **~e Bindung** (die Werkstücke sind nicht miteinander vereinigt) / no weld ‖ **~e Diagnoseunterstützung** / no diagnosis support ‖ **~e D-Nummer ist aktiv** / no D number active ‖ ⁓**e Gewalt anwenden.** / Do not use force! ‖ **~e Kennzeichnung** / no marking ‖ **~e Kommunikation** / no communication ‖ **~e Sichtverbindung** / non-line of sight (NLOS) ‖ **~e Verschraubung** / no cable glands
Keller *m* / basement *n* ‖ ⁓**speicher** *m* / push-down storage, stack *n* ‖ ⁓**station** *f* / vault substation, basement substation ‖ ⁓**stationstransformator** *m* / vault transformer
Kelvin *n* (K) / Kelvin ‖ ⁓**-Brücke** *f* / Kelvin bridge
KEMA (Keuring van Electrotechnische Materialien - niederländisches Prüfinstitut für Elektromaterial) / Dutch electrical test authority (KEMA) ‖ ⁓**-Nr.** *f* / KEMA no.
Kenn·band *n* (Band, meist selbstklebend, zum Kennzeichnen von Kabeln, Leitungen und Anschlüssen) / identification band, ID band ‖ ⁓**bit** *n* / identifier bit, flag bit, condition code, status bit ‖ ⁓**buchstabe** *m* / letter symbol IEC 27, distinctive letter, classification letter, code letter, identification letter ‖ ⁓**buchstabe für Bedingung** (EN 721-1) / code of condition ‖ **Sachmerkmal-**⁓**buchstabe** *m* DIN 4000,T.1 / code letter of article characteristic ‖ ⁓**buchstaben** *m pl* / code *n* ‖ ⁓**daten** *plt* / rating *n* ‖ ⁓**daten** *plt* (DIN V 44302-2) / characteristics *n* ‖ ⁓**datensatz** *m* / data set ‖ ⁓**drehzahl** *f* / characteristic speed ‖ ⁓**faden** *m* (Kabel) / tracer thread, identification thread, marker thread ‖ ⁓**farbe** *f* / identification colour
Kennfeld *n* / family of characteristics, characteristic (s) *n (pl)*, map *n*, performance data, 2-dimensional map ‖ ⁓ *n* (der elektron. Kennfeldzündung) / ignition map, three-dimensional ignition map, engine characteristics map ‖ **Motor~** *n* / engine operating map, engine characteristic map ‖ ⁓**zündung** *f* / ignition-map (-based control), electronic ignition control with map, map ignition, ignition using an ignition map, electronic ignition using an ignition map
Kenn·feuer *n* / identification beacon (o. light), code beacon (o. light), character light ‖ ⁓**frequenz** *f* / characteristic frequency, undamped resonant frequency
Kenngröße *f* / parameter *n*, characteristic quantity, index quantity, characteristic *n* ‖ ⁓ *f* DIN 43745 / performance characteristic ‖ ⁓ *f* (Statistik) DIN 55350, T.23 / statistic *n* ‖ **beeinflussende** ⁓ / influencing characteristic ‖ **spezifische** ⁓ (Batt.) / specific characteristics ‖ **Stichproben-**⁓ *f* DIN 55350,T.23 / sample statistic, statistic *n*
Kenngrößen des Tests *f* / system test report (STR) ‖ **effektive** ⁓ **eines magnetischen Kreises** / effective dimensions of a magnetic circuit ‖ **auf den Anfangsbestand bezogene** ⁓ DIN 40042 / reliability characteristics with regard to initials ‖ **streckenspezifische** ⁓ / loop-specific values ‖ **Zuverlässigkeits~** *f pl* DIN 40042 / reliability characteristics
Kenn·impedanz *f* / characteristic impedance ‖ ⁓**leuchte** *f* / outline marker light, marker light
Kennlinie *f* / characteristic curve, characteristic *n*, flow characteristic ‖ ⁓ *f* / characteristic curve of a convertor ‖ ⁓ **bei Blindlast** (el. Masch.) / zero power-factor characteristic ‖ ⁓ **der absoluten spektralen Empfindlichkeit** / absolute-spectral-sensitivity characteristic ‖ ⁓ **der relativen spektralen Empfindlichkeit** / relative-spectral-sensitivity characteristic ‖ ⁓ **der spektralen Empfindlichkeit** / spectral-sensitivity characteristic ‖ ⁓ **einer Wägezelle** / calibration value ‖ ⁓ **eines Regelungssystems** / control characteristic (of a controlled system) ‖ ⁓ **eines Systems** / inherent characteristic of a system ‖ ⁓ **für die stabilisierte Ausgangsgröße** / stabilized output characteristic ‖ ⁓ **mit Kennliniensprung** / jumping characteristic ‖ ⁓ **nach Maß** / special adapted characteristic ‖ **fallende** ⁓ / falling characteristic ‖ **geknickte** ⁓ / knee-shaped characteristic ‖ **linearer Bereich der** ⁓ / linear rate of characteristic ‖ **quasi-stetige** ⁓ / semi-continuous characteristic ‖ **statische** ⁓ / flow characteristic
Kennlinien·abweichung *f* / non-conformity *n*, conformity error ‖ ⁓**anhebung** *f* / voltage boost ‖ ⁓**auswahl** *f* / characteristic selection
Kennlinien-Baugruppe *f* / curve generating module, curve generator, characteristic generator, characteristic module
Kennlinien·baustein *m* / characteristic block ‖ ⁓**bereich** *m* EN 60934 / operating zone ‖ **Zeit-Strom-**⁓**bereich** *m* / time-current zone ‖ ⁓**beständigkeit** *f* / consistency *n* ‖ ⁓**betrachtung** *f* / consideration of valve characteristic ‖ ⁓**Diagramm** *n* / engine map diagram
Kennlinienfeld *n* / family of characteristics ‖ ⁓ *n* / characteristics (display field)
Kennlinien·fläche *f* / characteristic surface ‖ ⁓**geber** *m* / function generator, signal characterizer ‖

⌑**korrektur** *f* / characteristic correction, taper grinding || **linearisierung** *f* / characteristic curve linearization || ⌑**maschine** *f* / booster *n*, droop exciter || ⌑**-Oszilloskop** *n* / characteristic-curve tracer || ⌑**regelung** *f* / function-generator control, predetermined control || ⌑**schar** *f* / family of characteristics || ⌑**schild** *n* / characteristic plate || ⌑**steigung** *f* (P-Grad) / offset coefficient || ⌑**steigung gleich Null** / absence of offset, zero offset || ⌑**-Tabelle** *f* / characteristics table || ⌑**toleranz** *f* / tolerance of characteristic || ⌑**typ** *m* / type of characteristic curve
Kennlinienübereinstimmung *f* (Messumformer) DIN IEC 770 / conformity *n* || ⌑ **bei Anfangspunkteinstellung** DIN IEC 770 / zero-based conformity || ⌑ **bei Grenzpunkteinstellung** DIN IEC 770 / terminal-based conformity || ⌑ **bei Kleinstwerteinstellung** DIN IEC 770 / independent conformity
Kennlinien·-Umschaltbereich *m* / crossover area || ⌑**-Umschaltpunkt** *m* / crossover point || ⌑**umschaltung** *f* / characteristics switchover || ⌑**-Wechsel** *m* / change of characteristic || ⌑**zone** *f* / operating zone
Kenn·loch im Papierstreifen / tape aligning hole || ⌑**marke** *f* / target *n* || ⌑**melder** *m* / indicator *n* || ⌑**melderdraht** *m* / indicator wire || ⌑**nummer** *f* / identification number || ⌑**-Nummer** *f* / identification number, ident number || ⌑**raum** *m* / map || ⌑**satz** *m* (Datenträger, Datei) / label *n* || ⌑**satzfamilie** *f* / label set || ⌑**schild** *n* / nameplate *n*
Kenntnis *f* / knowledge *n* || ⌑ **wenn nötig** / need-to-know
Kennung *f* / identification *n* (ID) || ⌑ *f* (Kommunikationssystem) / identifier *n* || ⌑ *f* / character *n* (of a beacon or light signal), characteristic *n* || ⌑ *f* / subindex *n* || ⌑ **der Netzzugangsverbindung** DIN ISO 8208 / logical channel identifier || ⌑ **des Adressierungsbereichs** DIN ISO 8348 / initial domain identifier (IDI) || ⌑ **des Markierungsprotokolls** *f* / tag protocol identifier (TPID) || ⌑ **eines virtuellen Kanals** / virtual channel identifier (VCI) || **erneuerte** ⌑ / updated identification || **Zeit~** *f* / time code
Kennungs·feuer *n* / identification beacon (o. light), code beacon (o. light), character light || ⌑**geber** *m* (Stationskennung) / station identification device, answer-back unit || ⌑**geber-Simulator** *m* / answer-back unit simulator
Kennwert *m* / characteristic value, characteristic *n*, parameter *n*, coefficient *n* || ⌑ *m* (Lebensdauer eines Relais) / final endurance value || **statistischer** ⌑ / statistic value || ⌑ *m* / characteristics || **Helligkeits-**⌑**e** *m pl* DIN IEC 151,T.14 / luminance characteristics
Kennwort *n* / key word, codeword *n*, reference *n*, project code (o. name), password *n* || **~geschützt** / password-protected || ⌑**liste** *f* / password list
Kennzahl *f* EN 50005 / distinctive number EN 50005, identification number, characteristic number, characteristics code, ident. no || ⌑ *f* DIN 6763,T.1 / classification figure || ⌑ *f* VDE 0532, T. 1 / phase angle IEC 76-1 || ⌑ *f* (Stundenzahl) / clock-hour figure || ⌑ **der Phasenwinkeldifferenz** / phase displacement index || **Ähnlichkeits~** *f* / similarity criterion, dimensionless group || ⌑**en** *f* / key data, key indicators

Kennzeichen *n* (Schaltplanzeichen) / qualifying symbol, identification (ID) *n*, identification code, license number, marking *n* || ⌑ *n* (SPS-Geräte) / identifier *n* || ⌑ **für das Geschäftsgebiet** / division identification || **Leistungs~** *n* / rating code designation || **Operanden~** *n* / operand identifier || **Takt~** *n* / clock qualifier || ⌑**beleuchtung** *f* / number-plate lighting, licence-plate lighting || ⌑**leuchte** *f* / number-plate light, licence-plate lamp, rear registration-plate light (US) || ⌑**satz** *m* (binäre Schaltelemente) / label *n* || ⌑**schema** *n* / classification code || ⌑**schild** *n* / license plate || ⌑**system** *n* (KS) / classification system
kennzeichnen *v* / mark *v*, designate *v*, characterize *v*, qualify *v*
kennzeichnend·e Werte / characterizing values || **~es Merkmal** / characteristic feature, characteristic *n*
Kennzeichner *m* / qualifier *n*
Kennzeichnung *f* / identifying marking, identification *n* || ⌑ *f* (Anwendung der Kennzeichnung auf einem Produkt oder einer Verpackung) / marking *n*, designation *n*, identifying markings, nomination *n* || ⌑ *f* DIN 40719,T.2 / designation *n* IEC 113-2 || ⌑ *f* (m. Schildern) / labelling *n* || ⌑ **der Anlaufart** (m. Merkern) / flagging the start-up mode || ⌑ **des Neutralleiters** / neutral conductor marking || ⌑ **des Schutzleiters** / protective conductor marking || ⌑ **und Rückverfolgbarkeit** / product identification and traceability || ⌑ **von Konturabschnitten für Gewindebearbeitung und Oberflächengüte** / identification of contour sections for thread cutting and surface quality || **Betriebsmittel-**⌑ *f* / item designation IEC 113-2 || **dauerhafte** ⌑ / durable marking || **identifizierende** ⌑ / identifying designation || **keine** ⌑ / no marking || **MSR-**⌑ *f* (MKZ Prozessführung) VDI/VDE 3695 / tag number || **Null~** *f* (Rechenoperation) / zero flag || **T-**⌑ *f* VDE 0700, T. 1 / T-marking *n* IEC 335-1
Kennzeichnungs·block *m* DIN 40719,T.2 / block of designation IEC 113-2, designation block || ⌑**buchstabe** *m* / identification letter || ⌑**druck** *m* / identification legend ⌑**gruppe** *f* / designation group IEC 113-2 ⌑**halter** *m* / ID holder || ⌑**schild** *n* / labelling plate, label *n* || ⌑**system** *n* / identification system || ⌑**system für Stromrichterschaltungen** / identification code for converter connections
Kennzeit *f* (Kernzeit) / core time
Kennziffer *f* / clock-hour figure || ⌑ *f* / characteristics code, (f. Schutzarten) characteristic numeral, characteristic number, identification number, distinctive number, ident. no || ⌑ *f* (Code) / code number
Kennzustand *m* / significant state
Keramik *f* / ceramic *n*, ceramics *n* || ⌑**bearbeitung** *f* / ceramics processing || ⌑**bearbeitungsmaschine** *f* / ceramics processing machine || ⌑**-DIP-Gehäuse** *n* (CERDIP) / ceramic DIP (CERDIP) || ⌑**durchführung** *f* / ceramic bushing || ⌑**gehäuse** *n* / ceramic case, ceramic package || ⌑**industrie** *f* / ceramics industry
Keramikisolation, Motor mit ⌑ / ceramic motor
Keramik·klemmenträger *m* / ceramic terminal support, ceramic terminal base || ⌑**kondensator** *m* / ceramic capacitor (CERAPAC) || ⌑**körper** *m* / ceramic cartridge (fuse) || ⌑**maschine** *f* / ceramic

keramisch 446

machine || ~-**Metall-Werkstoff** m (CERMET) / ceramic-metal material (CERMET) || ~**öse** f / ceramic lug || ~**pipette** f / ceramic nozzle || ~**sockel** m / ceramic fuse base, ceramic base, ceramic body || ~**stützer** m / ceramic pin insulator || ~**substrat** n (Leiterplatte aus Keramik) / ceramic substrate (Ceramic PCB) || ~**substrat-Zentrierung** f / ceramic substrate centering (button) || ~**welle** f / ceramic shaft
keramisch·e Glasur / ceramic glazing || **~er Isolierstoff** / ceramic insulating material || **~er Stützisolator** / ceramic post insulator
Kerbe f (durch Schweißen entstandene Vertiefung in der Schweißzone) / notch n, dent n, score n, undercut n
Kerb·einflusszahl f / notch factor || ~**empfindlichkeit** f / notch sensitivity
kerbgepresst adj / notch-pressed adj
Kerb·grund m / notch base, base of notch, root of notch, bottom of notch || ~**kabelschuh** m / crimping cable lug || ~**kraft** f / notching force, indentation strength || ~**nagel** m / grooved pin with round head, notched nail
kerbschlag·genietet adj / upset-riveted adj || **~gesichert** adj / secured by upsetting || ~**prüfung** f / notched-bar impact test. impact notch test, Izod test, Charpy test || ~**zähigkeit** f / notched bar impact strength, notched impact strength, impact strength, impact value || ~**zähigkeits-Temperaturkurve** f / notch toughness-temperature curve
Kerb·schraube f / notched screw || **~spröde** adj / notch-brittle adj || ~**sprödigkeit** f / notch brittleness, notch-brittle behaviour, susceptibility to notch-brittle fracture || ~**stelle** f / indentation n, notch n || ~**stift** m / grooved dowel, grooved pin, dowel pin || ~**verbinder** m / crimped connector, indented connector, notched connector, compression connector || ~**verzahnung** f / serration n, spline || ~**zähigkeit** f / notch toughness || ~**zähigkeitsprüfung** f / notched-bar impact test. impact notch test, Izod test, Charpy test || ~**zahnwelle** f / serrated shaft, splined shaft || ~**zange** f (Crimpwerkzeug) / crimping tool || ~**zugfestigkeit** f / notched-bar tensile strength || ~**zugprüfung** f / notched-bar tensile test
Kern m (Magnet) / core n, iron core, web n || ~ m / NC kernel || ~ m / core n || ~ m (Kabel) / centre n || ~ m (Betriebssystem, Programm) / kernel n || ~ **in Einzelblechschichtung** / (stacked) single-lamination core || ~ **in Paketschichtung** / pack-stacked core || **bolzenloser** ~ / boltless core || **fertiger** ~ / assembled core
Kern·anforderungen f / core requirements || ~**anlenkung** f (Erdungsverbindung) / core grounding connection(s), core earthing || ~**arbeitszeit** f / core time || ~**argument** n / argument || ~**argumentation** f / core argumentation || ~**aufbau** m / core design || ~**aussage** f / quintessence n || ~**balken** m / yoke n || ~**bandage** f / core bandage || ~**bauform** f / form, core type || ~**-Bauhöhe** f / overall core height || ~**bereich** m / core area || ~**blech** n / core lamination, core punching, core stamping || ~**blech** n (Rohmaterial, ungestanzt) / core sheet, magnetic sheet steel || ~**bohrer** m / core drill || ~**dicke** f / web thickness || ~**dickenzunahme** f / web taper ||

~**drosselspule** f / core-type reactor, iron-core reactor
Kerndurchmesser m / core diameter || **Nenn- oder** ~ **falsch programmiert** / nominal or core diameter incorrectly programmed
Kerneinlauf, zugentlasteter ~ (Kabel) / strain-bearing centre (HD 360)
Kerneisen n / core iron, core sheets, core laminations
Kernel n (enthält die Grundfunktionalität des Systems, z. B. Kommunikation, Programmierbarkeit, Ablaufebenen, Tasksystem etc.) / kernel n
Kernenergie f / nuclear energy
Kernfaktor C₁ / core factor C_1, cored inductance parameter || ~ **C₂** / core hysteresis parameter, core factor C_2
Kern·fenster n / core window || ~**festlegung** f / core definition || ~**fluss** m / core flux || ~**flussdichte** f / core flux density, core induction || ~**füllfaktor** m / core lamination factor, stacking factor || ~**gebiet** n / main department, staff division || ~**-Gesamtbauhöhe** f / total core height || ~**größe** f / core size || ~**hälfte** f / half of core || ~**härten** n / core hardening || ~**-Hystereseparameter** m / core hysteresis parameter, core factor C_2 || ~**induktion** f / core induction, core flux density || ~**induktion** f / armature induction || ~**-Induktivitätsparameter** m / core inductance parameter, core factor C_1 || ~**kompetenz** f / core competence || ~**komponente** f / core component
Kernkraft f / nuclear energy || ~**antrieb** m / nuclear drive, nuclear propulsion system || ~**werk** n / nuclear power station, nuclear power plant
Kern·kreis m / core circle || ~**-Kreisabweichung** f / non-circularity of core || ~**kreis-Füllfaktor** m / core-circle space factor || ~**ladungszahl** f / atomic charge, atomic number
Kernloch n / tap-drill hole, tap hole || ~**bohren** n / tap hole drilling || ~**bohrer** m / tap drill, tap hole drill || ~**-Durchmesser** m / tap-drill size, minor diameter of thread
Kern·logik f / core logic || ~**magnet** m / core magnet, core-type magnet || ~**/Mantel-Konzentrizitätsfehler** m / core/cladding concentricity error || ~**mitte** f / core centre || ~**mittelpunkt** m / core centre || ~**montage** f / core assembly || ~**netz** n / core network || ~**paket** n / core stack, core package || ~**presselemente** n pl / core clamps || ~**pressung** f / core clamping, degree of core compression || ~**prozess** m / core process || ~**prüfung** f (el. Masch.) / core test || ~**querschnitt** m / cross-sectional area of core, core cross section || ~**radius** m / core radius
Kernresonanz·spektrograph m / nuclear magnetic resonance spectrograph || ~**spektrometer** n / nuclear magnetic resonance spectrometer (NMRS) || ~**spektrometrie** f / nuclear magnetic resonance spectrometry
Kern·rückfeinen n / core refining || ~**sättigung** f / core saturation || ~**schirmzylinder** m / core grading cylinder || ~**schnitt** m / core sheet, magnetic sheet steel || ~**schnitt** m (Werkzeug) / blanking tool for core laminations || ~**sequenz** f / kernel sequence || ~**strahlung** f / nuclear radiation || ~**stück** n / core piece, essential item || **grafisches** ~**system** (GKS) / graphical kernel system (GKS) || ~**transformator** m / core-type transformer, core-form transformer || ~**typ** m / core type || ~**zahl** f /

number of cores || ⁓zeit f / core time || ⁓zeitmeldung f / illegal (terminal) entry during core time || ⁓zug m / core puller
Kerr-Effekt m / Kerr effect
Kerze f (Trafo-Durchführung) / bushing n
Kerzen·filter n / cartridge filter || ⁓lampe f / candle lamp || ⁓schaftfassung f / candle lampholder
Kessel m / boiler n, tank n || ⁓ **mit Eigenkondensatanlage** / boiler with patented system to get spray water by condensing steam || ⁓abschirmung f / tank shielding || ⁓boden m / tank bottom (plate), tank floor || ⁓bord m / tank flange || ⁓**-Erdschlussschutz** m / frame leakage protection, frame ground protection, case ground protection || ⁓haus n / boiler room || ⁓**-Kessel-Durchführung** f / completely immersed bushing
Kesselkühlfläche, wirksame ⁓ / effective tank cooling surface
Kessel·-Leistungsschalter m / dead-tank circuit-breaker || ⁓**-Ölschalter** m / dead-tank oil circuit-breaker, bulk-oil circuit-breaker || ⁓schalter m / dead-tank circuit-breaker || ⁓speisewasser n / boiler feedwater || ⁓verluste m pl / tank losses || ⁓wand f / tank wall
Kett·ablass m / warp let-off || ⁓baum m / beam n
Kette f / chain n || ⁓ f / cascade n, sequencer n || ⁓ f / cascaded machine set, cascade drive, cascade set || ⁓ f (Folge) / sequence n || **Ablauf~** f / sequence cascade, sequencer n || **einfache** ⁓ / single step || **Illuminations~** f / decorative chain, decorative string || **Impuls~** f / pulse train || **Isolator~** f / insulator string || **Licht~** m / lighting chain || **programmierbare logische** ⁓ (PLA) / programmable logic array (PLA) || **Prüf~** f / test chain || **Steuer~** f / open-loop control (system) || **Thermo~** f / thermocouple pile, thermopile n, series-connected thermocouples || **Wirkungs~** f / functional chain || **Zähl~** f / counting chain, counting decade || **Zeichen~** f / string of digits, string n
ketten v / concatenate v
Ketten von Gewinden / chaining of threads || ⁓ablauf m / sequence evolution || ⁓ablauf m (Ablaufkette) / sequence n, step sequence || ⁓baustein m / sequence block || ⁓abschieber m / chain pusher || ⁓anfang m (Ablaufkette) / sequence start || ⁓anfangsbaustein m / sequence start block || ⁓antrieb m / chain drive || ⁓anwahl f / sequencer selection || ⁓aufhänger m / chain hanger || ⁓aufhängung f / chain suspension || ⁓aufzug m / chain-driven lift (o. elevator) || ⁓auswahl m / sequence selection || ⁓beleuchtung f / catenary lighting || ⁓bemaßung f / incremental dimensioning || ⁓bremse f / chain brake || ⁓druck m / chain printing || ⁓element n / sequencer element, (sequence) cascade element || ⁓endbaustein m / sequence end block || ⁓ende n (Ablaufkette) / sequence end
Ketten·fahrzeug n / tracked vehicle || ⁓flaschenzug m / chain tackle, chain pulley block || ⁓förderer m / chain conveyor || ⁓fördersystem n / chain conveyor system || ⁓getriebe n / chain drive, chain transmission || ⁓hebezeug m (kompaktes Hebezeug mit Hand- oder Elektroantrieb, mit einer Rundstahlkette als Tragorgan) / chain hoist || ⁓impedanz f / iterative impedance || ⁓impulse m pl / pulse trains || ⁓isolator m / string insulator ||

⁓kasten m / chain locker || ⁓**kinematik** f / concatenation kinematics || ⁓**leiter** m / iterative network, recurrent network, lattice network || ⁓**leiter** m (Ableiterprüfung) / distributed-constant impulse generator || ⁓**linie** f (Freileitungsseil) / catenary n, catenary curve || ⁓**linienparameter** m / catenary constant IEC 50(466) || ⁓**magazin** n / chain magazine || ⁓**maschung** f / chain sampling plan
Kettenmaß n / INC (incremental dimension) || ⁓ n / incremental dimension, incremental coordinate || ⁓**angabe** f / incremental dimension, incremental dimensioning || ⁓**eingabe** f / incremental dimension data input, incremental data input || ⁓**fehler** m / incremental error, cumulative error || ⁓**programmierung** f / incremental programming ISO 2806-1980, incremental data input || ⁓**steuerung** f / incremental control || ⁓**system** n / incremental dimensioning system || ⁓**system** n (NC) / incremental dimensioning (system), floating-zero system, delta dimensioning
Ketten·oberleitung f / overhead contact line with catenary, catenary-type overhead traction wire || ⁓**pendel** n / chain pendant || ⁓**priorisierung** f / daisy chain || ⁓**rad** n / sprocket wheel, sprocket n || ⁓**rolle** f / chain pulley || ⁓**schaltung** f / ladder network, lattice network, iterative network, recurrent network || ⁓**schaltung** f / concatenation
Kettenschritt m (Ablaufkette) / sequence step || ⁓**baustein** m / sequence step block
Ketten·schutz m / chain guard || ⁓**spanner** m / chain tightener || ⁓**spannrad** n / roller chain idler sprocket || ⁓**steg** m / chain web || ⁓**stichprobenplan** m / chain sampling plan || ⁓**technik** f / chain technology || ⁓**trieb** m / chain drive, chain transmission || ⁓**verstärker** m / distributed amplifier || ⁓**verwaltung** f / cascade organization || ⁓**verzweigung** f / sequence branch || ⁓**verzweigungsbaustein** m / sequence branch block || ⁓**vorschub** m / chain feed || ⁓**wicklung** f / chain winding, basket winding, lattice winding || ⁓**widerstand** m / iterative impedance || ⁓**wirkmaschine** f / warp knitting machine || ⁓**zeiger** m / sequencer pointer
Kettenzug m / chain pulley block, chain hoist (block), chain tackle || **Elektro-**⁓ m / electric chain pulley block || ⁓**schalter** m / chain-operated switch
Kettung f / link n, chaining n || ⁓ f / sequential input, multiple input || ⁓ f (von Parametern) / chaining n, concatenation n
Kettungsprotokoll n / concatenated protocol
Keule f / lobe n || ⁓**nendverschluss** m / dividing box ination with stress cone
Key Performance Indicator (KPI) m / Key Performance Indicator (KPI) || ⁓ **Request Unit** (KYRU) / key request unit (KYRU)
KF (Kriechfaktor) / creepage factor (c.f.) || ⁓ (Koppelfaktor) / fixed-point format, coupling factor, KF ⁓ (ganze, mit Vorzeichen versehene Dualzahlen) / fixed-point number
KFA (Forschungszentrum Jülich GmbH) n / KFA (Research Center Jülich)
K-Fachwerk n (Gittermast) / K bracing, K panel
KF-Einstellung f (Einstellung bei konstantem Fluss) / c.f.r. (constant-flux regulation)
KFT (Kreisformtest) m / CT

Kfz-Bordmotor *m* / vehicle electrical motor
KG (Katalog) / catalog *n*, KG
KI (künstliche Intelligenz) *f* / AI (artificial intelligence)
Kiellinienbauweise *f* (Station) / in-line arrangement
Kiemen *f pl* / gills *n pl* || ⁓**werkzeug** *n* / gill tool
Kiesel·gel *n* / silica gel || **~grau** *adj* / pebble gray *adj* || ⁓**gur** *m* / infusorial earth, diatomaceous earth, kieselgur *n*
Kies·nest *n* / gravel pocket || ⁓**schüttung** *f* / gravel fill || ⁓**tragschicht** *f* / gravel base course || ⁓**werk** *n* / gravel works
Kilo Anweisungen (KA) / kilo instructions (KI) || ⁓**gramm** *n* (kg) / kilogram || ⁓**wattstundenzähler** *m* / kilowatt-hour meter, kWh meter
Kimme *f* / backsight *n*
Kinder·freibetrag *m* / children's allowance || **Gerät mit** ⁓**schutzsicherung** / child-proof device, tamper-proof device || ⁓**sitzbelegungserkennung** *f* / child seat / occupant detection || ⁓**sitzerkennung** *f* / child-seat detection
Kinematik *f* / kinematics *plt* || ⁓**daten** *plt* / kinematics data || ⁓**transformation** *f* / kinematics transformation
kinematisch·e Kette / train *n*, kinematic chain || **~e Kopplung** / kinematic link, kinematic linkage || **~e Verknüpfung** / kinematic link, kinematic linkage || **~e Viskosität** / kinematic viscosity, viscosity/density ratio || **~e Zähigkeit** / kinematic viscosity || **~er Zwang** / constraint *n* || **~s Getriebe** / kinematic gear
kinetisch·e Energie / kinetic energy || **~e Pufferung** / kinetic buffering, back-up by kinetic energy, flywheel back-up, kinetic back-up || **~e Wellenbahn** / shaft orbit || **~es Moment** / kinetic momentum
Kino·lampe *f* / cinema lamp || ⁓**leinwand** *f* / cinema screen
Kiosk *m* / kiosk *n* || ⁓**station** *f* / kiosk substation, packaged substation, integrated substation
Kipp·achse *f* / tilting axis || **~bar** *adj* / tiltable *adj* || ⁓**blech** *n* / tilting plate || ⁓**diode** *f* / break-over diode (BOD) || ⁓**drehzahl** *f* / breakdown-torque speed, pull-out speed, stall torque speed || ⁓**dübel** *m* / gravity toggle
kippen *v* / stall *v*, toggle *v*, tilt *v* || **~ *v*** (durch Kopflastigkeit) / topple *v* || **~ *v*** (el. Masch.) / pull out of step, fall out of synchronism, pull out *v*, become unstable || **~ *n*** (Synchronmasch.) / pulling out of step, pull-out *n* || **~ *n*** / commutation failure || **ein Bit ~** / invert a bit || **Wechselrichter~** *n* / conduction-through *n*, shoot-through *n*
Kipper *m* / dump truck
Kippfall und Umstürzen / drop and topple
Kippfrequenz *f* / sweep repetition rate || ⁓**generator** *m* / sweep frequency generator, sweep generator, swept-frequency signal generator
Kipp·fuß *m* / tilting footplate, tilting foot || ⁓**generator** *m* / relaxation oscillator, sweep generator, sweep oscillator || ⁓**geschwindigkeit** *f* / sweep rate
Kippglied *n* / flip-flop *n*, trigger circuit || ⁓ **mit Zweizustandssteuerung** / masterslave bistable element || **astabiles** ⁓ DIN 40700 / astable element IEC 117-15, multivibrator *n* || **bistabiles** ⁓ / bistable circuit, bistable element IEC 117-15, flipflop || **monostabiles** ⁓ DIN 40700 / monostable element IEC 117, monoflop *n*, single shot || **monostabiles** ⁓ (Multivibrator) / monostable multivibrator || **T-**⁓ *n* / binary scaler
Kippgrenze *f* (el. Masch.) / stability limit || **Wechselrichter-**⁓ *f* / limit of inverter stability, inverter stability limit
Kipphebel *m* / handle *n*, operating lever, actuating lever, extracting lever, extraction grip, toggle handle, rocking lever || ⁓ *m* (Schalterantrieb, Diesel) / rocker *n* (arm) || ⁓ *m* (Kippschalter) / toggle *n*, tumbler *n* || ⁓**antrieb** *m* / toggle actuator, toggle mechanism || ⁓**schalter** *m* / lever switch IEC 131, toggle switch || ⁓**umlegung** *f* / converting the toggle motion into a rotary motion || ⁓**verlängerung** *f* / toggle lever extension, toggle handle extension || ⁓**verriegelung** *f* / toggle interlock
Kipp·impedanz *f* / balance point impedance || ⁓**kratzrost** *m* / tipping scraping grate || ⁓**lastwagen** *m* / dump truck || ⁓**leistung** *f* / stall power || ⁓**leistung** *f* (Synchronmasch.) / pull-out power || ⁓**-Lkw** *m* / dump truck || ⁓**magnetverstärker** *m* / snap-action magnetic amplifier
Kippmoment *n* / stall torque || ⁓ *n* (Asynchronmot.) VDE 0530, T.1 / breakdown torque IEC 34-1, stalling torque || ⁓ *n* (Synchronmot.) VDE 0530, T. 1 / pull-out torque IEC 34-1 || ⁓ *n* (Schrittmot.) / run-stall torque, pull-over torque || ⁓ *n* / tilting moment || **relatives** ⁓ (el. Masch.) / breakdown factor || ⁓**momentreduktionsfaktor** *m* / breakdown torque reduction factor
Kipposzillator *m* / relaxation oscillator
Kipppunkt *m* (Kennlinie) / step-change point || ⁓ *m* (Synchronmasch.) / pull-out point, stability limit || ⁓ *m* / trigger point || ⁓ *m* / breakover point || **Spannung im** ⁓ / upper response threshold voltage
Kipp·relais *n* / balanced-beam relay, throw-over relay, all-or-nothing relay || **Quecksilber-**⁓**röhre** *f* / mercury tilt(ing) switch || ⁓**rücklauf** *m* / flyback *n*, retrace *n* || ⁓**schalensortierer** *m* / tipping-tray sorter
Kipp·schalter *m* / tumbler switch, toggle switch || ⁓**schaltung** *f* / flipflop *n*, toggle circuit, multivibrator *n*, trigger circuit || ⁓**schlupf** *m* / pullout slip, breakdown slip || ⁓**schlupffrequenz** *f* / pull-out slip frequency || ⁓**schutz** *m* (el. Masch.) / pull-out protection, stall protection, stalling protection, stall prevention || ⁓**schutzbereich** *m* / commutation failure range || ⁓**schwingungen** *f pl* / relaxation oscillations || ⁓**segment-Gleitlager** *n* / tilting-pad bearing, pivoted-pad bearing, pivoted segmental thrust bearing, Michell thrust bearing, Kingsbury thrust bearing
kippsicher *adj* / stable *adj* || **~er Betrieb** / stall-protected operation, stable operation || ⁓**heit** *f* / stability *n*, stall stability
Kippspannung *f* / sweep voltage || ⁓ *f* / breakover voltage || ⁓ *f* (Spannung an der oberen Ansprechschwelle) / upper response threshold voltage || **Unsymmetrie der** ⁓ / breakover voltage asymmetry
Kipp-Steuerknüppel *m* / displacement joystick
Kippstrom *m* / breakover current || ⁓ *m* / stalling current, stalled current || ⁓ *m* / pullout current
Kipp·stufe *f* / trigger circuit || ⁓**stufe** *f* (Flipflop) / flip-

flop n || ⟳**taster** m / momentary-contact tumbler switch || ⟳**tisch** m / tilting table
Kipp·verhalten n / triggering characteristic, bistable characteristic || ||⟳**verhalten** n / snap action || ⟳**verstärker** m / bistable amplifier || ⟳**versuch** m (el. Masch.) / pull-out test, breakdown test || ⟳**vorlauf** m / sweep advance || ⟳**winkel** m / pullout rotor angle, tilt angle || ⟳**zeit** f (Monoflop, Zeitstufe) / delay time, operating time
Kirchensteuer f / church tax
Kirchhoffsches Gesetz, erstes ⟳ / first Kirchhoff law, Kirchhoff's current law
Kirschbaum m / cherry n
Kissenverzeichnung f / pin-cushion distortion
Kiste f / wooden case, box n
Kitt m (Bindemittel) / cement n || ⟳ m (Spachtelmasse) / filling compound, filler n, lute n, mastic n, putty n, paste filler
kittloser Isolator / cementless insulator || ~ **Lampensockel** / mechanical lamp base
KJ (Kalendarjahr) / CY (calendar year)
KK (Kommandokanal) / command channel
K-Kanal m / plastic duct, plastic bunking
K-Kasten m / cross unit, cross n, crossover piece, double-T-member n, K unit n
KKF (Kreuzkorrelationsfunktion) / cross-correlation function
KKS / cathodic protection (CP) || ⟳ **(Kraftwerkkennzeichen)** n / power plant identifier code (PPIC)
KL (Klemme) / connection terminal, supply terminal, terminal n, clamp n
klaffen v / gape open, be forced apart
Klaffen n / gaping n
Klaffsicherheit f / parting strength
Klammer f (rund) / parenthesis n, round bracket, clamp n, clip n || ⟳ f (eckig) / bracket n || ⟳ **auf** / left bracket, left parethesis || ⟳ **zu** / right bracket, right parenthesis || **eckige** ⟳ / square bracket, bracket n || **runde** ⟳ / bracket n || **schließende** ⟳ / closing brackets || ⟳**affe** m / symbol @ || ⟳**anschluss** m / clamp-type terminal || ⟳**anweisung** f / parenthesized instruction || ⟳**-Auf-Anweisung** f / left-parenthesized instruction || ⟳**ausdruck** m / bracketed term (o. expression), parenthesized term, parenthesized expression
Klammer·befehl m / bracketed operation || ⟳**bildung** f / bracketing n || ⟳**diode** f / clamping diode || ⟳**ebene** f / bracket level || ⟳**ebene** f (NC) / nesting level, level of nesting, bracketing level || ⟳**entfernwerkzeug** n / unclipping tool
klammern v / clamp n
Klammer·speicher m / nesting stack || ⟳**stack** m / nesting stack || ⟳**stackpointer** m / nesting stack pointer || ⟳**stackzeiger** m / nesting stack pointer || ⟳**stift** m / clip post || ⟳**tiefe** f (Schachtelungstiefe) / nesting depth
Klammerung f / bracketing n
Klammerungstiefe f / nesting depth
Klammer·verbinder m / terminal with connection by clip, clip-connected terminal || ⟳**verbindung** f / spring-loaded connection || ⟳**wert** m / value in brackets || ⟳**-Zu-Anweisung** f / right-parenthesized instruction
Klang m / sound n, tone n || ⟳**probe** f / sounding test, stethoscopic test
Klappanker m / clapper-type armature, hinged armature || ⟳**-Magnetsystem** n / clapper armature system, hinged-armature magnet system || ⟳**relais** n / clapper-type relay, attracted-armature relay || ⟳**schütz** n / clapper-type contactor
klappbar adj / hinged adj || ~**er Baugruppenträger** / hinged subrack
Klappdeckel m / hinged cover, spring flap || ⟳ m (Steckdose) / hinged lid, spring flap cover
Klappe f / flap n, hinged cover, damper n, gate n, lid n, vane n, butterfly control valve, dump valve || ⟳ f (Stellklappe) / butterfly valve || ⟳ f (einfache Klappe zur Zugregelung) / damper n || ⟳ f (Blende) / shutter n || ⟳ f (Buchholzrelais) / flap n || **Auf-Zu-**⟳ f / on-off butterfly valve, seating butterfly valve || **profilierte** ⟳ / contoured damper || **Rückschlag~** f / non-return valve, swing valve, clapper valve || **Stell~** f / butterfly control valve, wafer butterfly valve, butterfly valve
klappen v / swing v, fold v, tilt v
Klappen·bauart f / type of louver || ⟳**blatt** n (Stellklappe) / (butterfly) disc n || ⟳**gestänge** n / butterfly (actuating) linkage || ⟳**steuerung** f / valve controls, jaw control, valve control || ⟳**ventil** n / flap valve || ⟳**verschluss** m (Schaltwageneinheit) / automatic shutter || ⟳**zylinder** m / jaw cylinder
Klapp·fenster n / hinged window, trap window, swing-up transparent cover || ⟳**ferrit** m / split toroidal core || ⟳**flügel** m / hinged vane || ⟳**griff** m / handle n || ⟳**hebel** m / flap lever || ⟳**kennmelder** m / end indicator || ⟳**kombinationsfeld** n (Kombination von Eingabefeld und Klappliste) / combo box || ⟳**liste** f / drop down list box || ⟳**magnet** m / hinged magnet || ⟳**muffe** f (Kabel) / hinged junction box || ⟳**rolle** f / snatch block || ⟳**scheinwerfersteuerung** f / headlamp raise-lower control || ⟳**schiene** f / hinged extension rail || ⟳**schraube** f / hinged bolt, latch screw, plain eyebolt || ⟳**spitze** f / folding jib
klar adj (Aussehen von Öl) / limpid adj, clear adj
Kläranlage f / water treatment plant
Klarbrennen n (luftleerer Lampen) / flashing out
Klardauer f IEC 50(191) / up time || **mittlere** ⟳ / MUT (mean up time)
klare Linse / clear lens
klären v / clarify v
klarer Himmel m (wolkenloser Himmel) / clear sky || **~ Himmel nach CIE** / CIE standard clear sky
Klarglas n (Abdeckung) / clear glass (cover) || ⟳**kolben** m / clear bulb, clear glass bulb || ⟳**lampe** f / clear lamp
Klär·punkt m (die Phasenübergangstemperatur eines Flüssigkristalles für den Übergang zu der isotropen Phase) / clearing point || ⟳**schlamm** m / primary sludge, sewage sludge
Klarschrift·erkennung f / optical character recognition (OCR) || ⟳**kodierer** m / character encoder || ⟳**lesen** n / optical character recognition (OCR)
Klarsicht·abdeckung f / transparent plate, transparent cover || ⟳**fenster** n / transparent window || ⟳**hülle** f / leaflet case || ⟳**kappe** f / transparent cap, transparent cover || ⟳**-Kunstfolie** f / transparent plastic foil || ⟳**scheibe** f / clear glass pane || ⟳**tür** f / transparent door
Klartext m / plain text, plain language, clear text || ⟳**angriff** m / chosen-plaintext attack, known-

Klärung 450

plaintext attack || anzeige f / clear text display, plain text display || **mehrsprachige** anzeige / multilingual clear text display || **ausgabe** f / plain text output, clear text output || **darstellung** f / plaintext display || **format** n / plain text format || **kommando** n / plaintext command || **meldung** f / plain-text message, alphanumeric text message || **meldung** f (Anzeige) / plain-text display, alphanumeric text display || **parametrierung** f / plaintext parameterization || **protokoll** n / plain text log, plain text and alphanumeric printout || **telegramm** n / plain-text message, alphanumeric text message
Klärung f / clarification || **der Aufgabenstellung** / task definition, clarification of design criteria
Klarvergussmodell n / transparent encapsulated model
Klärwerk n / purification plant
Klar·zeit f / up time (UT, the time interval during which an item is in an up state) || **zeitintervall** n / up time (time interval) || **zustand** m IEC 50 (191) / up state
Klasse f (Genauigkeitsklasse) / accuracy class || f (Statistik) DIN 55350, T.23 / class n (statistics), interval n || f (nach Belastbarkeit) / overcurrent class || **der Steuerungsverfahren** (DIN V 44302-2) / class of procedures || **des Nennbetriebes** (el. Masch.) / class of rating || **für Aufforderungsbetrieb** / unbalanced operation normal response mode class (UNC) || **für gleichberechtigten Spontanbetrieb** / balanced operation asynchronous balanced mode class (BAC) || **für Spontanbetrieb** / unbalanced operation asynchronous response mode class (UAC) || **Ansprech~** f (Brandmelder) / response grade || **Fremdschicht~** f (Isolator) / pollution severity level, pollution level || **-1-Master** m / class-1 master
Klassen·bibliothek f / class library || **bildung** f DIN 55350, T.23 / classification n (statistics), QA || **breite** f DIN 55350,T.23 / class interval, setting interval || **diagramm** n / class diagram || **einteilung** f / classification n || **genauigkeit** f / accuracy class rating || **grenze** f DIN 55350,T.23 / class limit, class boundary || **echte** **grenzen** (Statistik) / true class limits, class boundaries || **karte** f / CRC-Card || **kennzeichen** n / event class tag || **-Kennzeichnung** f (EN 721-3-3) / class notation || **leistung** f / class rating || **mitte** f DIN 55350,T.23 / midpoint of class, mid-value of class interval, class midpoint || **weite** f (obere minus untere Klassengrenze) / class width
Klassenzeichen n / class index, accuracy class index || **der Messgröße** / measuring class index || **der Zeitaufzeichnung** / time-keeping class index
Klassieren n / classifying n || **nach Gewicht** / grading according to mass
Klassierfolge f / grading rate
Klassierung f DIN 55350, T.23 / grouping n (statistics), categorization n
Klassifikations·gesellschaft f / classification society || **vorschrift** f / specifications of classification society, classification rules
klassifizieren v / classify v
klassifiziert adj / classified
Klassifizierung f / classification n || **fehlerhafter Einheiten** / classification of nonconforming

entities || **von Prüfungen** (DIN IEC 60-1) / classification of tests
Klassifizierungs·nummer f DIN 6763,T.1 / classification number || **system** n DIN 6763,T.1 / classification system
Klauen·konstruktion f (el. Masch.) / claw-type construction, claw-field type || **kupplung** f (ausrückbar) / jaw clutch, dog clutch, square-tooth clutch || **-Kupplung** f / claw coupling || **öl** n / neat's-foot oil || **polgenerator** m / claw-field generator, claw-pole generator
Klavier·saitendraht m / piano wire || **taste** f / piano key
Klebe·ablauf m / adhesive application process || **ablauf-Optimierung** f / optimization of the adhesive process || **band** n / adhesive tape || **bandrolle** f / adhesive tape roll || **blech** n / antifreeze plate, residual plate || **etikett** n / adhesive label || **fahne** f / splice tail || **folie** f / adhesive film, adhesive foil, adhesive label || **folie** f / bonding sheet || **fühler** m / stick-on sensor || **inhalt** m / adhesive content || **kitt** m / bonding cement, cement n || **kopf** m / dispensing head || **kopf 3-Mapping** / dispensing head 3 mapping || **magnetische** **kraft** / magnetic adhesion || **lack** m / sizing varnish, sizing n || **leistung** f / adhesive application rate
kleben v / cement v, bond v, stick v, glue v || n (Hängenbleiben beim Hochlauf) / cogging n || n (Kontakte) / sticking n || n (Relaisanker) / freezing n (relay) || **abbrechen** / abort gluing || **Aus**~ / gluing off || **Ein**~ / gluing on || **fortsetzen** / continue gluing || **Stillstands~** n / standstill locking
Klebe·parameter m / gluing parameter || **platte** f / adhesive plate || **position** f (Koordinaten in X- und Y-Richtung eines Klebepunktes) / adhesive position || **programm** n / adhesive program
Klebepunkt m / adhesive dot || **setzen** / Set gluing point, depositing of an adhesive dot || **-Durchmesser** m / adhesive dot diameter || **-Ergebnis** n / adhesive dot created || **-Feld** n / adhesive dot field || **~freier Führungsrand** / handling edge with no adhesive dots || **-Genauigkeitsangabe** f / adhesive dot placement accuracy || **-Größe** f / adhesive dot size || **-Kontrolle** f / checking of adhesive dots, checking the adhesive dots || **-Leistung** f / adhesive application rate || **-Position** f / adhesive dot position || **-Positioniergenauigkeit** f / adhesive dot positioning accuracy || **-Programmerstellung** f / creation of adhesive dot program || **-Qualität** f / adhesive dot quality || **-Reihenfolge** f / adhesive application sequence || **-Sicherheit** f / adhesive dot reliability || **-Sicherheitsangabe** f / adhesive dot placement reliability || **-Volumen** n (Klebstoffmenge pro Klebepunkt) / adhesive dot volume || **-Volumen Dosiereinheit 1/2/3** m / adhesive dot volume of dispensing units 1/2/3
Kleber m / adhesive n, glue n, bonding agent || **Kontakt~** m / contact adhesive || **abstreifrolle** f / glue cleaning pad || **auftrag** f / glue application || **einstellungen** f pl / gluing adjustments || **kennlinien** f pl / adhesive characteristics || **kennlinienliste** f / adhesive characteristics list || **problem** n / bonding problem || **programm** n / adhesive program || **schutzfolie** f / adhesive cover

foil || ⁓**typ** *m* / adhesive type
Klebe·schelle *f* / cementing clip || ⁓**schicht** *f* / adhesive coating (o. film), adhesive layer || ⁓**schild** *n* / adhesive label, sticker *n* || ⁓**spleiß** *m* / glue splice || ⁓**stelle** *f* / cemented joint, join *n*, splice || ⁓**steuerung** *f* / adhesive control || ⁓**stift** *m* / anti-freeze pin, residual stud || ⁓**streifen** *m* / adhesive strip || ⁓**symbol** *n* / adhesive symbol || ⁓**vorgang** *m* / adhesive process || ⁓**wachs** *n* / adhesive wax
Kleb·freiheit *f* (Kontakte) / absence of sticking || ⁓**fugenfläche** *f* / joint area || ⁓**schelle** *f* / cementing clip || ⁓**stelle** *f* / bonding surface
Klebstoff *m* / adhesive *n* || ⁓-**Abstreifvorrichtung** *f* / cleaning pad || ⁓-**Auftragsstation** *f* / adhesive application station || ⁓-**Auftragsystem** *n* / adhesive placement system, adhesive application system || ⁓-**Dosieren** *n* / dispense || ⁓**düse** *f* / adhesive needle || **~gesichert** *adj* / secured by adhesive || ⁓-**Inhalt** *m* / adhesive content || ⁓-**Kartusche** *f* (Kunststoffbehälter, der den Kleber enthält) / adhesive cartridge || ⁓**kennlinie** *f* / adhesive characteristic || ⁓**menge** *f* / amount of adhesive || ⁓**punkt** *m* / adhesive dot || ⁓**schicht** *f* / adhesive layer || ⁓-**Spektrum** *n* / adhesive spectrum || ⁓-**Temperatur** *f* / temperature of the adhesive || ⁓**temperierung** *f* / temperature regulation system || ⁓-**Typ** *m* / adhesive type || ⁓-**Wechsel** *m* / change of adhesive
Kleb·streifen *m* / adhesive tape || ⁓**vermögen** *n* / adhesiveness *n*
Kleeblattzapfen *m* / wobbler *n*
Klein·anstrahler *m* / miniature spotlight, minispot *n*, baby spot || ⁓**block** *m* / miniblock *n*, miniature potted block || ⁓**buchstabe** *m* / lower-case letter || ⁓**drucktaster** *m* / mini-pushbutton *n*
kleine Achshöhe / short shaft height || **~ Kontaktöffnungsweite** VDE 0630 / micro-gap construction (CEE 24) || **~ letzte Stromschwingung** / minor final loop || **~ Schwingungen** / incremental variations, small variations
Klein·-Einschraub-Widerstandsthermometer *n* / small screw-in resistance thermometer || ⁓**einschub** *m* / miniature withdrawable unit, withdrawable mini-unit || ⁓**endschalter** *m* / miniature position switch, miniature momentary-contact limit switch
kleiner *adj* / smaller *adj* || **~ Leistungsbereich** (SPS-Geräte) / low-end performance level || **~ gleich** DIN 19239 / less than or equal to || **~ Prüfstrom** / conventional non-fusing current || **~ Prüfstrom** VDE 0641 / conventional non-tripping current (CEE 19) || **~ Teilstrich** / minor tick marks || **~ Widerstand** / low resistance
kleines Hausgerät / small household appliance
Klein·-Gerätesteckdose *f* / miniature connector || ⁓**industrie** *f* / small industry || ⁓**klima** *n* / micro-climate *n* || ⁓**lampe** *f* / miniature lamp || ⁓**lasteinstellung** *f* / low-load adjustment || ⁓**lastenaufzug** *m* / dumbwaiter *n*, goods lift || ⁓**leistungs-Signaldiode** *f* / low-power signal diode || ⁓**leiterplatte** *f* / miniature p.c.b. || ⁓**leuchtmelder** *m* / miniature indicator light, miniature signal lamp || ⁓**leuchtstofflampe** *f* / miniature fluorescent lamp || ⁓**losfertigung** *f* / small batch production || ⁓**material** *n* / small

accessories || ⁓**motor** *m* / small-power motor, fractional-horsepower motor, f.h.p. motor, light-power motor, low-power motor || ⁓**pflasterdecke** *f* / small block pavement, small sett pavement || ⁓-**Positionsschalter** *m* / miniature position switch, miniature momentary-contact limit switch || ⁓**rad** *n* (Ritzel) / pinion *n* || ⁓**relais** *n* / miniature relay || ⁓**rundstecker** *m* / miniature round plug (o. connector), miniature round plug
Kleinschalt·anlage *f* (Tafel) / compact switchboard || ⁓**anlage** *f* (f. Netzstationen) / (compact) switchgear assembly, switchgear assembly for unit substations || ⁓**feld** *n* / compact switchpanel || ⁓**relais** *n* / miniature all-or-nothing relay || ⁓**uhr** *f* / miniature time switch
Klein·schleifkörper *m* / small grinding tool || **Klein·schütz** *n* / miniature contactor || ⁓**selbstschalter** *m* / miniature circuit-breaker, miniature overcurrent circuit-breaker, m.c.b., A. || ⁓**serie** *f* / small batch || ⁓**serienfertigung** *f* / small batch production, small-sized production, job lot production, low-volume production || ⁓**servoregler** *m* / mini servo controller
Kleinsignal *n* / small signal, low-level signal, low signal || ⁓-**Amplitudenfehler** *m* / small-signal amplitude error || ⁓**gerät** / low-power device || ⁓**kapazität** *f* (Diode) DIN 41853 / small-signal capacitance || ⁓-**Kenngrößen** *f pl* / small-signal characteristics || ⁓-**Kurzschlussstromverstärkung** *f* (Transistor) / small-signal short-circuit forward current transfer ratio || ⁓**schaltung** *f* (Niederpegelsch.) / low-level circuit || ⁓-**Spannungsteiler** *m* / low-power voltage transducer || ⁓-**Stromwandler** *m* / low-power current transducer || ⁓**technik** *f* / low-power instrument technology || ⁓**verhalten** *n* / small signal range || ⁓**verstärkung** *f* / small-signal gain || ⁓**wandler** *m* / low-power instrument transformer || ⁓**widerstand** *m* (Diode) DIN 41853 / small-signal resistance
Kleinspannung *f* / extra-low voltage (e.l.v.), low voltage
Kleinspannungs·beleuchtung *f* / extra-low-voltage lighting || ⁓**klemme** *f* / extra-low voltage terminal || ⁓**transformator** *m* / extra-low-voltage transformer || ⁓**wandler** *m* / extra-low-voltage transformer
Kleinstation *f* (Unterstation) / packaged substation
Kleinstbild *n* / thumbnail *n*
kleinste Abgabemenge / minimum totalled load || **~ Ableseentfernung** / minimum reading distance || **~ adressierbare Bewegung** (Plotter) / smallest programmable movement || **~ Leerlaufdrehzahl** / minimum idling speed || **~ Lötbandbreite** / minimum annular width || **⁓ Station Delay** / minimum station delay remote (min. TSDR), min. TSDR || **~ verkettete Spannung** / mesh voltage || **~ Zeit zwischen zwei Signalwechseln** (DIN V 44302-2) / code-bit cell
Klein·stecker *m* / subminiature connector || ⁓**steckverbinder** *m* / subminiature connector || ⁓**stellung** *f* / low setting
kleinster Augenblickswert (Schwingung) / valley value || **~ Ausschaltstrom** I_{min} / minimum breaking current || **~ Betriebsstrom** (kleinster Strom, der im durchgeschalteten Zustand fließt, um die Funktion aufrechtzuerhalten) / minimum

Kleinsteuer

operating current || ~ **Dosierschritt** / smallest application increment || ~ **Einzelistwert** / minimum value || ~ **negativer Wert** / least negative value || ~ **positiver Wert** / least positive value || ~ **Schaltschritt** / minimum movement step, minimum movement || ~ **Schmelzstrom** / minimum fusing current
Kleinsteuer·gerät n / mini programmable controller (mini PLC), mini-PC n || ⸿**schalter** m / miniature control switch, control switch
Kleinsteuerung f / small control system, mini programmable controller (mini PLC)
Kleinst·lampe f / subminiature lamp || ⸿**lampenfassung** f / subminiature lampholder || ⸿**maß** n DIN 7182,T.1 / minimum limit of size || ⸿**motor** m / sub-fractional-horsepower motor, sub-f.h.p. motor, miniature motor
Kleinstörgrad m / small interference level
Kleinst·passung f / minimum fit || ⸿**programmiergerät** n / micro programmer || ⸿**relais** n / subminiature relay
Kleinstromschalter m / light-duty switch
Kleinst·sicherung f / subminiature fuse || ⸿-**Sicherungseinsatz** m / subminiature fuselink || ⸿**spiel** n / minimum clearance || ⸿**steuerung** f / micro-controller n || ⸿**transformator** m / miniature transformer || ⸿**übermaß** n / minimum interference
Kleinstufenverfahren n / step-by-step method of heterochromatic comparison, cascade method of heterochromatic comparison
Kleinstwert m (Schwingung) / valley value
Klein·teile n pl / small accessories, small components, sundries n pl || ⸿**tier** n / small animal
Kleintieren, Einwirkung von ⸿ / attack by small creatures
Klein·transformator m / small transformer, miniature transformer || ⸿**verbraucher** m / lowrating load, small load || ⸿**verteiler** m / small distribution board, consumer unit, consumer unit || ⸿**verteiler SIMBOX 63** m / SIMBOX 63 small distribution board || ⸿**wandler für Niederspannung** / low-voltage potential transformer || ⸿**winkelgrenze** f (Kristall) / low-angle grain boundary || ⸿**winkelschalter** m / low-angle switch
Klemm·anschluss m / clamp connection || ⸿**backe** f / clamping jaw, clamp n || ⸿**bereich** m / clamping range || ⸿**bereich der Anschlüsse** / capacity of terminals || ⸿**block** m / terminal block, terminal strip || ⸿**bolzen** m (Stromanschluss) / stud terminal, terminal stud, binding post || ⸿**brille** f / bearing retainer || ⸿**brücke** f / terminal link || ⸿**bügel** m (Anschlussklemme) / wire clamp, terminal clamp, clamp connection || ⸿**bürstenhalter** m / clamp-type brush holder || ⸿**diode** f / d.c. clamp diode, d.c. restorer diode || ⸿**drucküberwachung** f / clamping pressure monitoring
Klemme f / clamp n, terminal n, connection terminal, supply terminal || ⸿ f (el. Anschluss) / terminal n || ⸿ f (Freileitungsseil) / clamp n || ⸿ **L** f / L terminal n || **isolationsdurchdringende** ⸿ / insulation piercing connecting device (i.p.c.d.) || **passive** ⸿ / passive terminal
Klemm·einheit f / clamping unit || ⸿**einrichtung** f / PCB clamping unit || ⸿**element** n / clamping element
klemmen v (klammern) / clamp v || ~ v (verklemmen, fressen) / jam v, become stuck, bind v || ⸿ n (NC-Zusatzfunktion) DIN 66025,T.2 / clamp (NC miscellaneous function) ISO 1056, clamping n || ⸿ **eines Schutzgitters** / jamming of a protective grille
Klemmen·abdeckhaube f / shrouding cover || ⸿**abdeckung** f / terminal shrouding, terminal cover || ⸿**abdeckung flach** / terminal cover, flat || ⸿**abdeckung hoch** / terminal cover, high || ⸿**abstand** m / clearance between terminals || ⸿**adapter** m / terminal adapter || **24-V-**⸿**adapter** m / 24 V terminal adapter || ⸿**anbau** m / terminal fitting || ⸿**anordnung** f / terminal layout || ⸿**anschluss** m / terminal connection || ⸿**anschlussplan** m / terminal diagram, terminal connection diagram, terminal tie-up plan, connection diagram || ⸿**anzugsdrehmoment** m / terminal tightening torque || ⸿**ausführung** f / terminal version
Klemmen·bausatz m / terminal assembly kit || ⸿**befestigung** f / terminal fixing || ⸿**belegung** f / terminal assignment, connector pin-out || ⸿**belegungsplan** m / terminal diagram IEC 113-1, terminal connection diagram || ⸿**bereich** m / terminal area || ⸿**beschreibung** f / terminal marking || ⸿**bezeichnung** f / terminal marking, terminal designation
Klemmenbezeichnungen f pl / terminal markings || **Prüfung der** ⸿ / verification of terminal markings
Klemmen·block m / terminal block, connection block, terminal strip || ⸿**bolzen** m / stud terminal, terminal stud, binding post, terminal bolt || ⸿**box** f (Bestandteil des Terminalmoduls, kann im Bedarfsfall ausgetauscht werden) / terminal box || ⸿**breite** f / terminal width || ⸿**brett** n / terminal board, connecting terminal plate IEC 23F.3, terminal block, terminal strip || ⸿**brücke** f / terminal link || ⸿**bügel** m (U-Scheibe) / terminal clip, U-shaped terminal washer || ⸿**bügel** m (Brücke) / terminal link, link n, terminal clip
Klemmen·deckel m / terminal cover, terminal shroud, terminal socket || ⸿**dom** m / terminal dome || ⸿**durchführung** f / terminal bushing, terminal gland || ⸿**ebene** f / terminal level || ⸿**eingang** m / terminal input || ⸿**einsatz** m / terminal insert || ⸿**-Endhalter** m / terminal end holder || ⸿**erdschluss** m / terminal-to-earth fault, terminal-to-ground fault || ⸿**erweiterung** f / terminal expansion || ⸿**erweiterungsmodul** n / terminal expansion module || ⸿**feld** n / terminal panel, terminal board || ⸿**folge** f / terminal sequence, phase sequence, terminal-phase association || ⸿**form** f / terminal shape || ⸿**funktion** f / terminal function || ⸿**gehäuse** n / terminal enclosure || ⸿**größe** f / terminal size || ⸿**halter** m / terminal holder, terminal base || ⸿**hilfsschalter** m / clamping auxiliary contact || ⸿**isolator** m / terminal insulator || ⸿**kapazität** f / terminal capacitance
Klemmenkasten m / terminal box, connection box, terminal housing || ⸿ **mit Außenleiterisolierung** / phase-insulated terminal box || ⸿ **mit Außenleitertrennung** / phase-separated terminal box || ⸿ **mit Druckausgleich** / pressure-relief terminal box || ⸿ **mit getrennten Klemmenzellen** / phase-segregated terminal box || ⸿ **mit Luftisolierung** / air-insulated terminal box || ⸿ **mit Phasenisolation** / phase-insulated terminal box || **drucksicherer** ⸿ / pressure-containing terminal box || ⸿**inneres** / interior of the terminal box || ⸿-

Oberteil *n* / top section of terminal box, terminal box cover || **~-Unterteil** *n* / bottom section of terminal box, terminal-box base
Klemmen·kontakt *m* / terminal contact || **~konzept** *n* / terminal concept || **~kopf** *m* / terminal top, terminal head || **~körper** *m* / terminal carrier, terminal insulator || **~körper** *m* (Teil aus Isolierstoff, das die elektrische Klemme aufnimmt) / clamp body || **~kugel** *f* / spherical terminal
Klemmenkurzschluss *m* / terminal fault, terminal short circuit, short-circuit between terminals || **~leistung** *f* / terminal short-circuit power
Klemmenleisten·-Kennzeichnungsschild *n* / terminal strip labeling plate
Klemmenleiste *f* / terminal strip, terminal box, terminal block || **elektronische ~** / electronic terminator || **Ausschnitt ~** / terminal strip cutout
Klemmenleistenplan *m* / terminal diagram IEC 113-1, terminal connection diagram || **~umsetzer** *m* (KLU) / terminal strip converter
Klemmen·leistung *f* / terminal power, output *n* || **~modul** *n* / terminal module || **~nische** *f* / terminal compartment || **~paar** *n* / pair of terminals, terminal pair || **~plan** *m* / terminal diagram IEC 113-1, terminal connection diagram || **~platte** *f* / terminal board, connecting terminal plate IEC 23F. 3 || **~raum** *m* / terminal compartment || **~reihe** *f* / terminal strip || **~rohrschelle** *f* / conduit clip || **~schaltplan** *m* / terminal diagram, cable connection plan || **~schiene** *f* / terminal rail || **~schraube** *f* / terminal screw, binding screw, connection screw || **~sockel** *m* / terminal mounting
Klemmenspannung *f* / terminal voltage, voltage across terminals || **unsymmetrische ~** / V-terminal voltage
Klemmen·-Stecksockel *m* / terminal plug-in socket || **~stecksockel** *m* / terminal socket || **~stein** *m* / terminal block, connector block, connector *n* || **~stützer** *m* / terminal post insulator || **~träger** *m* / terminal strip || **~träger** *m* (Isolator) / terminal insulator || **~träger** *m* (Brett) / terminal board || **~übersicht** *f* / overview of terminals || **~unterteil** *n* / terminal base || **~verdrahtung** *f* / terminal wiring || **~vorsetzer** *m* / terminal block || **~zelle** *f* / terminal enclosure || **~zug** *m* VDE 0670, T.2 / mechanical terminal load IEC 129 || **~zugriff** *m* / termination, terminal access || **~zuleitung** *f* / terminal lead
Klemm·feder *f* / clamping spring || **~flansch** *m* / supported flange joint || **~halter** *m* / clamp-type toolholder || **~hebel** *m* / clamping lever || **~hülse** *f* / terminal bushing || **~kabelschuh** *m* / clamp-type cable lug || **~kamm** *m* / clamping comb || **~kasten** *m* / terminal box || **~kontakt** *m* / clip contact || **~körper** *m* (Anschlussklemme) / clamping part || **~körper** *m* (Tragklemme) / body *n* || **~körper** *m* / terminal body || **~kupplung** *f* / clamp coupling || **~länge** *f* / clamping length || **~lasche** *f* (Anschlussklemme) / clamping lug, saddle *n*
Klemmleiste *f* / terminal strip, terminal block || **elektronische ~** / electronic terminator
Klemm·leistenmarker *m* / terminal strip marker || **~leistenmodul** *n* / terminal block module || **~leistenumsetzer** *m* (KLU) / terminal strip converter || **~moment** *n* / clamping torque ||

~montage *f* / clip-on fixing, installation by retaining clips || **~muffe** *f* / clamp-type coupler || **~mutter** *f* (Anschlussklemme) / clamping nut || **~mutter** *f* / lock nut || **~nabe** *f* / clamping hub || **~nase** *f* / clamping lug || **~platte** *f* (Anschlussklemme) / clamping plate, pressure plate || **~prüfspitze** *f* / clamp-type test prod || **~rahmen** *m* / clamping frame || **~ring** *m* / clamping ring, clamp ring || **~rollenkupplung** *f* / grip-roller clutch, clamp-roller clutch
Klemm·schale *f* / clamping shell || **~schalenkupplung** *f* / clamp coupling, muff coupling || **~schaltung** *f* / clamp circuit, clamp *n* || **~scheibe** *f* / clamping washer || **~schelle** *f* / clamp *n*, clip *n* || **~schiene** *f* / fixing strip, clamping rail || **~schraube** *f* / clamping screw, clamping nut, pinching screw, binding screw, setscrew *n*, terminal screw || **~steckleiste** *f* / clmp. mlt.-cont. strip || **~stein** *m* / terminal block, connector block, connector *n* || **~stein von Sensoren** / terminal block of sensors
Klemm·stelle *f* / connector *n*, terminal connection || **~stelle** *f* (Schraubklemme) VDE 0609, T.1 / clamping point, clamping unit IEC 685-2-1, terminal point || **~stück** *n* / clamp *n*, clamping piece, clamping unit || **~stück** *n* (Bürstenhalter) / clamp *n* || **~überwachung** *f* / terminal monitoring
Klemmung *f* (Impulse) / clamping *n* (pulses) || **~ betätigen** / Actuate Clamping || **~ lösen** / Release Clamping || **~ Z-Achse** *f* / clamping of Z-axis
Klemmungs·ablauf *m* / clamping operation || **~toleranz** *f* / clamping tolerance || **~überwachung** *f* / clamping monitoring
Klemm·verbinder *m* / clamp connector || **~verbindung** *f* / clamp connection || **Prüfung der ~wirkung** (Leitungseinführung) / test of clamping
Kletter·kran *m* / climbing crane *n* || **~schutz** *m* (Freileitungsmast) / anti-climbing guard
Klettverschluss *m* / Velco fastener
Klick *m* / click *n*
klicken *v* / click *v*, probe *v*
Klima für die Nachbehandlung DIN IEC 68 / recovery conditions || **eingeengtes ~ für die Nachbehandlung** DIN IEC 68 / controlled recovery conditions || **~aggregat** *n* / air conditioner || **~anlage** *f* / air conditioning system, climate control system || **~bereich** *m* / climatic range
klima·beständig *adj* / climate-proof *adj*, all-climate-proof *adj*, resistant to extreme climates || **~beständigkeit** *f* / climate-proofness *n*, resistance to climatic changes, resistance to extreme climates, climatic withstand capability, resistance to climate || **~decke** *f* / air-handling ceiling, ventilated ceiling || **~fest** *adj* / climate-proof *adj*, all-climate-proof *adj*, resistant to extreme climates, suitable for use in any climate || **~festigkeit** *f* / climate-proofness *n*, resistance to climatic changes, resistance to extreme climates, climatic withstand capability, **erhöhte ~festigkeit** / increased climate resistance || **~folge** *f* / climatic sequence || **~gebläse** *n* / airconditioning fan || **~gerät** *n* / air conditioner || **~klasse** *f* / climatic category || **~klasse** *f* (Klassifizierung von Einsatzorten nach klimatischen Umgebungsbedingungen) / climate class, climatic class || **~laboratorium** *n* / environmental

klimatische 454

laboratory, climate testing laboratory || ⁓**leuchte** f / air-handling luminaire, ventilated lighting fitting || ⁓**prüfung** f / climatic test, climatic robustness test || ⁓**regelung** f / air conditioning || ⁓**schutz** m / weatherproofing n, tropicalization n || ⁓**schutzverpackung** f / sealed weatherproofing packing || ⁓**stutzen** m / breather n
klimatische Beanspruchung / climatic stress || ⁓ **Prüfklasse** / climatic category || ⁓ **Prüfung** / climatic test, climatic robustness test || ⁓ **Umgebungsbedingungen** / climatic environmental conditions
klimatisieren v / air-condition v
klimatisierter Einsatzort / air-conditioned location
Klimatisierung f / air conditioning || ⁓**sautomatik** f / automatic climate control system
Klimaunabhängigkeit f / climatic independence, climate-proofness n, resistance to climatic changes, resistance to extreme climates, climatic withstand capability
Klima- und Ansaugsystem n / air-conditioning and air intake system
Klinge f / blade n
Klingel·anlage f / bell system || ⁓**draht** m / bell wire, ringing wire
klingeln v (an der Tür) / ring the bell, ring at someone's door || ⁓ v (Kfz-Mot.) / knock v
Klingel·signal n / knocking signal || ⁓**stegleitung** f / flat webbed bell wire(s) || ⁓**taster** m / bell pushbutton, bell button || ⁓**transformator** m / doorbell transformer, bell-ringing transformer, bell transformer || ⁓**- und Sprechanlage** f / bell and intercom unit || ⁓**zeichen** n / bell signal
Klingen·aufnahme f / blade holder || ⁓**breite** f / blade width || ⁓**länge** f / blade length
Klingerit n / Klingerit n, asbestos-base material
Klinke f / latch n, pawl n || ⁓ f (Buchsenkontakt) / jack n || ⁓ **für Zwangsöffnung** / lever for positive opening
Klinken·blech n / pawl plate || ⁓**hebel** m / latch n || ⁓**rad** n (Rastrad in Zusammenwirkung mit einer Sperrklinke, das durch die Geometrie der Zähne ein Drehen in nur einer Richtung zulässt) / ratchet wheel || ⁓**rolle** f / latch roller, pawl roller || ⁓**sperre** f / pawl-type lock || ⁓**stift** m / pawl pin || ⁓**überdeckung** f / latch overhang || ⁓**vorspannung** f / clearance of tripping latch
Klinkerpflasterdecke f / clinker block pavement
Klinkung f / cut square
Klinkwerk n / barring gear, ratchet gear
Klip-Menü n / pop-up menu
Klippen n (Entfernen von Teilen von Darstellungselementen) / clipping n
Klipper m (Begrenzer, verwendet zur Höchstwertbegrenzung eines Signals) / clipper n
Klippmaske f (durch eine Pixelmatrix oder eine Liste von Rechtecken definierte Region, außerhalb deren Berandung die angezeigten Daten abgeschnitten werden) / clip mask
klirrarm adj / low-distortion adj, of low harmonic factor
Klirren n (nichtlineare Verzerrung) / non-linear distortion
Klirr·faktor m / total harmonic distortion (THD), distortion factor, harmonic distortion, harmonic content, relative harmonic content || ⁓**faktor-Messbrücke** f / harmonic detector || ⁓**verzerrung**

f / amplitude distortion
Klopfen n (Kfz-Mot.) / knocking n
klopfende Verbrennung / pinking n, detonation n
Klopf·festigkeit f / fuel pinking factor, anti-knock quality || ⁓**grenze** f (Kfz-Mot.) / knock limit || ⁓**grenzregelung** f / knocking limit control || ⁓**grenzsensor** m / knocking limit sensor, knock sensor || ⁓**regelung** f / knock control || ⁓**regler** m / knock controller, anti-knock regulator || ⁓**sensor** m / knock sensor
Klöppel m (Isolator) / pin n || ⁓**isolator** m / pin insulator
Klöppelung f (Kabel) / braid n, braiding n
Klotoide f / bend with transition curve || ⁓**nparameter** m / transitional spiral parameter
Klotz·bremse f / shoe brake, block brake || ⁓**lager** n / pad-type bearing, segmental thrust bearing
KLU (Klemmenleistenumsetzer) / terminal strip converter
Klumpenprobenahme f (Probenahme, bei der die Auswahleinheiten jeweils aus mehreren zusammengehörigen Einheiten bestehen) / cluster sampling
Klystron n / klystron n || ⁓ **mit ausgedehnter Wechselwirkung** / extended-interaction klystron
KM (Konfigurationsmanagement) / CM (Configuration Management)
KMA / CWA (compensation with absolute values)
KM-SDE-Plan (KMP) m / CM/SDE-plan (CMP)
KM-Support m / CM-support
Kn / channel n
Knacken n / click n
Knack·rate f / click rate || ⁓**störung** f / click n
Knagge f (Mastfundament) / cleat n IEC 50(466)
knallartiges Geräusch / report-like noise, rip-rap noise
knattern v / rattle n
Knebel m / tommy bar, tommy n, crossbar n, cudgel n, knob n, twist switch, handle n || ⁓ m (Schaltergriff) / twist knob, knob n, grip n || ⁓ **für** / handle for || ⁓ **mit 2 Schaltstellungen** / selector switch with 2 switching positions || ⁓ **rastend** (KR) / twist switch latched || ⁓**antrieb** m / knob-operated mechanism, operating grip || ⁓**griff** m / locking handle || ⁓**griff** m (Knopfform) / knob n (handle), grip n || ⁓**kerbstift** m / grooved pin || ⁓**knopf** m / knob n || ⁓**mutter** f / tommy nut, grip nut || ⁓**schalter** m / knob-operated (control) switch, knob-operated rotary switch, twist switch, control switch, knob switch, knob-operated switch || ⁓**taster** m / knob-operated momentary-contact control switch || ⁓**verlängerung** f / toggle extension
Kneter m / mixer n
Knet·legierung f / wrought alloy || ⁓**maschine** f / kneading machine || ⁓**masse** f (zum Abdichten) / sealing compound
Knick m / kink n, knee n, break n, bend n, breakpoint n, breakover n || ⁓**armroboter** m / buckling arm robot, bending arm robot, articulated arm robot || ⁓**beanspruchung** f / buckling stress ||
Kommutierungs-⁓drehzahl f / speed at safe commutation limit
knicken v / buckle v, kink v || ⁓ v (Kabel) / kink v
Knickfestigkeit f / buckling strength, resistance to buckling
knickförmig adj / knee-shaped adj, angular adj
Knick·kompensation f / knee-point compensation ||

⌑kompensation Volumenstrom / knee compensation flow rate || ⌑last f / buckling load || ⌑punkt m (Kurve) / break point, knee n || ⌑punkt-EMK f / knee-point e.m.f. || ⌑punktspannung f / knee-point voltage || ⌑schutz m / anti-kink protection || ⌑schutztülle f / anti-kink sleeve, reinforcing sleeve || ⌑schwingung f / bending vibration || ⌑spannung f / buckling stress, buckling strain || ⌑steifigkeit f / buckling strength, resistance to buckling || ⌑stelle f / break point || ⌑verrundung f / knee-point smoothing || ⌑versuch m / buckling test, crippling test || ⌑zahl f / buckling factor
Knie n / knee bend, bend || ⌑ausführung f / edgewise || ⌑gelenk n / knuckle joint, hinged joint
Kniehebel m / toggle lever, toggle n || ⌑presse f / toggle press, toggle-lever press || ⌑schließeinheit f / toggle clamping unit || ⌑system n / toggle system || ⌑verschluss m / toggle fastener, toggle clamp
Knie·kasten m / vertical bend, knee n, vertical elbow || ⌑punkt m (Kurve) / knee point || ⌑punktspannung f / knee-point voltage || ⌑rohr n / pipe bend || ⌑spannung f / knee-point voltage
Knipskastenprogramm n / simulation program
Knockregelung f / knock control
Knopf m (Drehknopf) / knob n || ⌑ m (Taste) / button || ⌑ m / rotary button || **Markierungs~** m (Straße) / road stud (GB), raised pavement marker || ⌑dreher m / button key || ⌑griff m / knob handle || ⌑kasten m / pushbutton box || ⌑menü n / button menue || ⌑zelle f / button cell
Knoten m / bus || ⌑ m (Schwingung, Netz) / node n || ⌑ **des externen Netzes** / bus of external model || ⌑ **für die Zustandsestimation** / bus for state estimator || **passiver** ⌑ (Netz) / passive bus || **starrer** ⌑ (Netz) / infinite bus || ⌑admittanzmatrix f / admittance matrix, Y bus matrix, bus admittance matrix || ⌑blech n / gusset plate, junction plate, joining sheet || ⌑funktion f / node function || ⌑impedanzmatrix f / bus impedance matrix (the inverse bus admittance matrix), Z bus matrix || ⌑kette f / bead chain, beaded chain, knot chain || ⌑lastanpassung f / bus scheduling || ⌑lastanpassung und -zuweisung f / bus schedule || ⌑name m / node name || ⌑punkt m / nodal point, node n, junction n, clamping point || ⌑punktgerät n / junction box || ⌑punktregel von Kirchhoff / first Kirchhoff law, Kirchhoff's current law || ⌑schutz m / branch protection || ⌑station f / submaster station || ⌑vermittlung f / node routing || ⌑verteilung f / node routing || ⌑-Zugfestigkeit f / knotted tensile strength
Know-how, Branchen-⌑ / specialized know-how || ⌑-**Schutz** m / know-how protection
Knüllpapier n / crumpled paper
KO (Kathodenoszillokop) / cathode oscilloscope, CRO (cathode-ray oscilloscope)
Koaxial·buchse f / coaxial jack || ⌑-**Doppelkupplung** f / barrel connector || **~es Paar** (homogene Übertragungsleitung aus zwei koaxialen zylindrischen Leitern) / coaxial pair
Koaxialität f / concentricity n || ⌑sgenauigkeit f / concentricity n, coaxial precision
Koaxial·kabel n (ein Kabel, das ein oder mehrere Koaxialleiterpaare enthält) / coaxial cable || ⌑leiterpaar n / coaxial pair || ⌑leitung f / coaxial cable || ⌑paar n / coaxial pair || ⌑stecker m / coaxial connector, coaxial-entry plug || ⌑verlängerung f / coaxial extension
Kobalt·chlorür n / cobalt dichloride, cobalt (II chloride) || ⌑eisen n / cobalt steel
Ko-Baum m / co-tree n
Kobot (kooperierender Roboter) m / cobot
Köcher m / quiver n
Köcher-Bürstenhalter m / cartridge-type brush holder, tubular brush holder
Kochsalzsole f / salt solution, brine n
Kode m / code n
Kodier·brücke f / coding bridge, push-on jumper, plug-in jumper || ⌑buch n / coding book || ⌑einrichtung f / encoder || ⌑element n / coding key
kodieren v / encode v, code v || **~ mit Farbe** / color-coding v
Kodier·nagel m / coding spike || ⌑reiter m / coding slider, profiled coding key || ⌑schalter m / coding switch, encoding switch, coding element, DIP switch, DIL switch (dual-in-line switch) || ⌑set n / coding set || ⌑stecker m / coding plug, polarization plug || ⌑stift m / coding pin
kodiert v / coded v || **~er Drehgeber** / rotary encoder
Kodierung f / coding n, encoding n || ⌑ **des Grundes** f (DIN V 44302-2 E DIN 66323) / cause code
Kodierzapfen m / coding pin, polarization key, coding key
Koeffizient m / coefficient n
Koerzitiv·feldstärke f / coercive field strength, coercivity n IEC 50(221) || ⌑feldstärke bei Sättigung / coercivity || ⌑kraft f / coercive force
Koffer m (f. Messgeräte, Werkzeuge) / carrying case || **fahrbarer** ⌑ / transport case with castors || **bauweise** f / compact portable construction || ⌑raumhaube f / trunk lid || ⌑stammdaten plt / case master data || ⌑verzeichnis n / case listing
Kognitionswissenschaft f / cognitive science
kognitive Modellierung / cognitive modeling
kohärent·e Demodulation / coherent demodulation || **~e Modulation** / coherent modulation || **~e Strahlung** / coherent radiation || **~es Einheitensystem** / coherent system of units || **~es Faserbündel** / coherent (fibre) bundle
Kohärenz f / coherence n || ⌑bereich m (optische Strahlung) / coherent area
Kohle·bagger m / coal-face excavator || ⌑bogenlampe f / carbon arc lamp || ⌑bürste f / carbon brush || ⌑bürstenabrieb m / carbon dust || ⌑druckregler m / carbon-pile regulator || ⌑fadenlampe f / carbon filament lamp, carbon lamp || ⌑faserbürste f / carbon-fibre brush || ⌑graphitbürste f / carbon-graphite brush || ⌑kanister m / carbon canister, charcoal canister, charcoal-filled container || ⌑kraftwerk n / coal-fired power station, coal-fired power plant, coal-burning power plant, carbon-fired power station || ⌑lichtbogenschweißen n / carbon-arc welding
kohlenfaserverstärkter Kunststoff / carbon-fibre reinforced plastic
Kohlen·klausel f / fuel cost adjustment clause || ⌑monoxid n / carbon monoxide || ⌑säure f / carbonic acid || ⌑säurelampe f / carbon dioxide lamp || ⌑staub m / pulverized coal, coal dust
Kohlenstoff m / carbon n || ⌑analyse f (Isolieröl) / carbon-type analysis || ⌑monofluorid-Lithium-

Batterie *f* / carbon monofluoride-lithium battery ‖ **⁓-Nanoröhre** *f* / Carbon NanoTube (CNT) ‖ **⁓stahl** *m* / carbon steel ‖ **⁓-Zink-Batterie** *f* / carbon-zinc battery
Kohlenteer *m* / coal tar
Kohlenwasserstoffe, flüchtige ⁓ / volatile carbondioxide
Kohlenwasserstoff-Emission *f* / CH emission ‖ **⁓-Prozessindustrie (HPI)** *f* / hydrocarbon processing industry (HPI)
Kohle·rolle *f* (Kontakt) / carbon contact roller ‖ **⁓säulenregler** *m* / carbon-pile regulator ‖ **⁓schichtwiderstand** *m* / carbon film resistor ‖ **⁓staub** *m* (Bürste) / carbon dust ‖ **⁓staub** *m* (Bergwerk) / coal dust
Koinzidenz·-Gatter *n* / coincidence gate ‖ **⁓gerät** *n* (Vergleicher) / comparator *n* ‖ **⁓prüfung** *f* / coincidence check ‖ **⁓punkt** *m* / intersection *n* ‖ **⁓punkt** *m* / point of intersection
Kokillen-Transportkran *m* / ingot mould transport crane
Koko (Kundenspezifische Konstruktion) *f* / customer-specific design
Kokonisierung *f* / cocooning *n*, cocoonization *n*, cobwebbing *n*
Koksofen·gas *n* / coke oven gas ‖ **⁓unterfeuerungen** *f pl* / coke furnace undergrate firing
Kolben *m* (Pumpe) / piston *n*, plunger *n* ‖ ⁓ *m* (Lampe, Gefäß) / bulb *n* ‖ ⁓ *m* (Lötk.) / bit *n* ‖ ⁓ *f* / envelope *n* ‖ **⁓-** *m* / reciprocating *n* ‖ ⁓ **mit konischen Kerben** / spline plug ‖ **Mess~** *m* / metering piston, metering plug
Kolbenantrieb *m* / cylinder-operated mechanism ‖ ⁓ *m* (Stellantrieb) / piston actuator ‖ **federbelasteter** ⁓ / spring-opposed piston actuator ‖ **federloser** ⁓ / springless piston actuator
Kolben·bewegung *f* / piston-stroke ‖ **⁓bolzen** *m* / piston pin, gudgeon pin, wrist pin ‖ **⁓dichtung** *f* / piston ring ‖ **⁓durchmesser** *m* / piston diameter, bulb diameter ‖ **⁓fläche** *f* / piston area ‖ **wirksame ⁓fläche** / effective area of piston ‖ **⁓hals** *m* (Lampe) / bulb neck, lamp neck ‖ **⁓hemd** *n* / piston skirt ‖ **⁓hub** *m* / piston stroke
Kolben·käfig *m* (Schrittmot.) / cylinder box ‖ **⁓kammer** *f* (trennt Prozessflüssigkeit vom Messumformergehäuse, ohne die Druckmessung zu beeinflussen) / seal chamber ‖ **⁓kompressor** *m* / reciprocating compressor ‖ **⁓konstruktion** *f* / piston feature ‖ **⁓kraft** *f* / force of piston ‖ **⁓kraftmaschine** *f* / internal-combustion engine, diesel engine, petrol engine ‖ **⁓kuppe** *f* (Lampe) / bulb knob ‖ **⁓manometer** *n* / dead-weight tester ‖ **⁓mantelfläche** *f* / piston skirt surface ‖ **⁓maschinenfaktor** *m* / engine factor, compressor factor ‖ **⁓membranpumpe** *f* / reciprocating diaphragm pump
Kolben·ring *m* / piston ring, snap piston ring ‖ **⁓ringnut** *f* / piston ring groove ‖ **⁓schieber** *m* / piston valve ‖ **⁓stange** *f* / connecting rod, piston rod, stem *n*, plug *n*, con rod ‖ **⁓stange** *f* (Pumpe) / pump rod ‖ **einseitige ⁓stange** / single-ended piston rod ‖ **⁓steg** *m* / piston land ‖ **⁓stellantrieb** *m* / cylinder actuator ‖ **⁓überzug** *m* (Lampe) / bulb coating ‖ **⁓verdichter** *m* / displacement compressor, reciprocating compressor
Kollaborationsdiagramm *f* / collaboration diagram (used pre-UML 2.0)

Kollapsprüfung *f* VDE 0615,1 / collapse test
Kollektor *m* (Transistor) / collector *n* ‖ **⁓anschluss** *m* / collector terminal ‖ **⁓anwendung** *f* / collection application ‖ **⁓bahnwiderstand** *m* / collector series resistance ‖ **⁓-Basis-Gleichstromverhältnis** *n* / common-emitter forward current transfer ratio ‖ **⁓-Basis-Reststrom** *m* / collector-base cut-off current ‖ **⁓-Basis-Spannung** *f* / collector-base voltage ‖ **⁓-Basis-Zonenübergang** *m* / collector junction ‖ **⁓elektrode** *f* / collector electrode ‖ **⁓-Emitter-Haltespannung** *f* / collector-emitter sustaining voltage ‖ **⁓-Emitter-Reststrom** *m* / collector-emitter cut-off current ‖ **⁓-Emitter-Spannung** *f* / collector-emitter voltage
kollektorgekoppelte Logik (CCL) / collector-coupled logic (CCL) ‖ **~ Transistorlogik** (CCTL) / collector-coupled transistor logic (CCTL)
Kollektor·gleichstrom *m* / continuous collector current ‖ **⁓leitschicht** *f* (Transistor) / buried layer
kollektorloser Gleichstrommotor / brushless d.c. motor, commutatorless d.c. motor
Kollektor·-Netz-Elektrode *f* / collector mesh electrode ‖ **⁓-Reststrom** *m* / collector-base cut-off current ‖ **⁓schaltung** *f* (Transistor) / common collector ‖ **⁓sperrschicht** *f* / collector depletion layer, collector junction ‖ **⁓sperrschichtkapazität** *f* / collector depletion layer capacitance ‖ **⁓strom** *m* / collector current ‖ **⁓tiefdiffusion** *f* / collector sink diffusion ‖ **⁓übergang** *m* / collector junction ‖ **⁓zone** *f* / collector region, collector *n*
Kollimation *f* / collimation *n*
Kollimator *m* / collimator *n*, collimating lens ‖ **⁓linse** *f* / collimator (o. collimating) lens
Kollision *f* / concurrence *n*, simultaneity *n*, impact *n* ‖ ⁓ *f* (ein Zustand, der eintritt, wenn auf dem Übertragungsmedium konkurrierende Übertragungen stattfinden) / crash *n* ‖ ⁓ *f* / collision *n*
Kollisions·ausweitung *f* / collision enforcement ‖ **⁓bekräftigung** *f* / collision enforcement ‖ **⁓domäne** *f* / collision domain ‖ **⁓erkennung** *f* / hit detection, collision detection ‖ **⁓erkennung** *f* / collision detect (CD) ‖ **⁓erkennungsbaugruppe** *f* / collision detection module ‖ **⁓gefahr** *f* / risk of collision ‖ **⁓kurszone** *f* / collision course zone ‖ **⁓maß** *f* / collision dimension ‖ **⁓prüfung** *f* (CAD/CAM) / collision check ‖ **⁓schutz** *m* / collision protection ‖ **⁓schutzsystem** *n* / anti-collision system ‖ **⁓überwachung** *f* / collision detection ‖ **⁓verhinderung** *f* / collision avoidance (CA) ‖ **⁓vermeidung** *f* / collision avoidance ‖ **⁓schutz** *m* / collision protection
Kolonne *f* (Schriftzeilen untereinander in einer Spalte) / column *n*
Kolonnenübersprung *m* / column skip
Kolophonium *n* / colophony *n*, rosin *n*
kolumnar ausgerichtete Kornstruktur / columnar grains ‖ **~e Korngrenzen** / columnar grain structure
KOM (KOMMEN) / RAI (RAISED) ‖ ⁓ / COM
Koma *n* (Leuchtfleckverzerrung) / coma *n*
Kombi·ableiter *m* / combination arrester ‖ **⁓-Anschaltung** *f* (MC-System, zwei Flachbaugruppen zum Anschluss von Speicherlaufwerken) / combined interface module ‖ **⁓anwendung** *f* / combined application ‖ **⁓block** *m* / combined cycle unit (also: combined cycle plant) ‖ **⁓-Filter** *m* / combination filter ‖ **⁓gerät** *n* /

combination device, combination sensor, combination actuator || ≈**instrument** *n* / instrument cluster || ≈**kabel** *n* / combi cable || ≈**karte** *f* / combi card || ≈**kennmelder** *m* / combined indicator, combination indicator || ≈**klemme** *f* / combined terminal || ≈**leuchte** *f* / combination luminaire, unitized luminaire || ≈**maschine** *f* / multi-functional machining center || ≈**master** *m* / combimaster *n* || ≈**melder** *m* / combination actuator, combination alarm, combination sensor, integrated indicator || ≈**meldung** *f* (Meldung in einem Gerät) / derived indication || ≈**modul** *n* / combination module || ≈**mutter** *f* / combined nut

Kombination *f* / assembly *n*, combination || ≈ **elektronischer Betriebsmittel für Niederspannung** VDE 0660, T.50 / assembly of l.v. electronic switchgear and controlgear IEC 439 || ≈ **von Kontrollschalter und Steckdose** / switch pilot lamp and outlet unit

Kombinations·abdeckplatte *f* (f. I-Schalter) / multi-gang plate || ≈**antrieb** *m* / combination drive || ≈**ausrüster** *m* / systems engineering supplier || ≈**bearbeitung** *f* / combined machining || ≈**feld** *n* / combobox *n* || ≈**filter** *m* / combination filter || ≈**frequenz** *f* (Frequenz eines Intermodulationsprodukts) / combination frequency || ≈**gerät** *n* / combination unit || ≈**glied** *n* DIN 19237 / multi-function unit || ≈**leuchte** *f* / combination luminaire, unitized luminaire || ≈**maschine** *f* / multi-functional machining center || ≈**möglichkeiten** *f pl* / possible combinations || ≈**schaltung** *f* / combinatorial circuit || ≈**schwingung** *f* / combination oscillation || ≈**system** *n* / combination system, modular system || ≈**vorwahl** *f* / combinative preselection || ≈**zange** *f* / engineers pliers, engineers plier

Kombinator, LWL-≈ *m* / optical combiner
Kombinierer *m* / combiner *n*
kombiniert *adj* / combined *adj* || ~**e Analog-/Digitalanzeige** / semidigital readout || ~**e Bremsung** (Bahn) / composite braking || ~**e Prüfungen** DIN 41640 / combined tests IEC 512 || ~**e Sicherheits- und Funktionserdung** / combined protective and functional earthing || ~**e Wicklung** / mixed winding || ~**e Zug- und Scherfestigkeit** / combined tensile and shear strength || ~**e zweidimensionale Bewegung** / combined two-dimensional movement || ~**er Fehlzustand** IEC 50(448) / combination fault || ~**er Mess- und Schutzspannungswandler** / dual-purpose voltage transformer || ~**er Messwandler** / combined instrument transformer, combined transformer || ~**er Nebenwiderstand** / universal shunt || ~**er Schutz- und Neutralleiter** / combined protective and neutral conductor || ~**er Strom- und Spannungswandler** / combined instrument transformer || ~**er Überstrom-Rückleistungsschutz** / combined overcurrent and reverse-power protection (unit o. equipment) || ~**er Zahnrad- und Haftreibungsantrieb** / combined rack and adhesion drive || ~**es Ein-Ausschaltvermögen** DIN IEC 255 / limiting cycling capacity || ~**es Fragment** / combined fragment || ~**es Metall-Nichtmetall-Rohr** / composite conduit || ~**es Prüfbild** (Leiterplatte) / composite test pattern || ~**es Trag- und Führungslager** / combined thrust and guide bearing, Jordan bearing

Kombi·schraube *f* / screw with washer assembly || ≈**schutz** *m* / combined protection || ≈-**Schutzadapter** *m* / combination protective adapter || ≈-**Schutzgerät** *n* / combination protective device || ≈**sensor** *m* / dual sensor || ≈**stecker** *m* / combination plug || ≈**steckverbinder** *m* / combination connector || ≈-**Torx-Schraube** *f* / combo torx-slotted screw || ≈**versiegler** *m* / combisealer || ≈-**Wandler** *m* / combined instrument transformer || ≈**zange** *f* / combination pliers

Komfort *m* / convenience *n*, ease of operation
komfortabel *adj* / convenient *adj*, easy-to-use *adj*, easy-to-operate *adj*, operator-friendly *adj*, sophisticated *adj*, comfort *adj* || ~ *adj* (bediener-, anwenderfreundlich) / operator-friendly *adj*, user-friendly || ~**es digitales Bedienkonzept** / convenient digital operating procedure

Komfort·ausführung *f* / convenience version, convenience model, convenience design || ≈**ausführung** *f* (MCC) / enhanced version || ≈**baugruppe** *f* / convenience board || ≈**bedienfeld** *n* / advanced operator panel || ≈**betrieb** *m* / comfort mode || ≈**einrichtungen** *f* / safety and convenience, convenience products, convenience and comfort systems, convenience feature, comfort system, comfort systems || ≈**elektronik** *f* / convenience electronics, body electronics || ≈-**HLG** *m* / comfort RFG || ≈-**Hochlaufgeber** *m* / comfort ramp-function generator || ≈**komponente** *f* / comfort-related component || ≈-**Motorpotentiometer** *m* / comfort motor potentiometer || ≈**schalter** *m* / convenience switch, easy-to-use switch || ≈**sockel** *m* / comfort fuse base || ≈**systeme** *n pl* / convenience equipment

Kommando *n* (Befehl) / command *n*, instruction *n*, output command, control output || ≈**achse** *f* / command axis || ≈**ausführung** *f* / command execution || ≈**auslöser** *m* (RSA, Relais) / load switching relay || ≈**baustein** *m* / command block || ≈**bereich** *m* / command area || ≈**dauer** *f* / command duration, signal duration, pulse duration || ≈**eingang** *m* / command input || ≈**fähiger Kontakt** / command-compatible contact || ≈**feld** *n* / command field || ≈**format** *n* (MPU) / command instruction format || ≈**geber** *m* / command initiator, command output module || ≈**geber-Baugruppe** *f* / command (output) module || ≈**gerät** *n* / command unit || ≈**interpreter** *m* / command interpreter || ≈**kanal** *m* (KK) / command channel || ≈**karte** *f* / command p.c.b. || ≈**liste** *f* / command list || ≈**modus** *m* DIN 44300 / command mode || ≈**protokoll** *n* / command protocol || ≈**raum** *m* (Schaltwarte) / control room || ≈**register** *n* / command register || ≈**relais** *n* / command relay || ≈**relaisbaugruppe** *f* / command relay module || ≈-**Schnittstelle** *f* / command interface || ≈**sprache** *f* DIN 44300 / command language || ≈**stelle** *f* (Netz) / switching centre, remote control centre || ≈**stufe** *f* / operating module, command stage || ≈**stufe** *f* (f. Schaltungsabläufe) / sequential logic module (o. stage) || ≈**stufe** *f* (f. Umkehrschaltungen) / auto-reversing module || ≈**übersicht** *f* / keystroke overview || ≈**vollstreckung** *f* / command

KOMMEN 458

execution || ⁓**zeile** *f* / command line ||
⁓**zeilenparameter** *m* / command line parameter ||
⁓**zeilen-Schnittstelle** *f* / command line interface (CLI) || ⁓**zeit** *f* (Schutzrelais) VDE 0435, Zeit vom Auftreten der Störung bis zur Alarmauslösung oder Abschaltung / operating time, time to operate
KOMMEN (KOM) / RAI (RAISED)
kommen, auf Drehzahl ⁓ / run up to speed. accelerate *v*
kommend *adj* / first-up *adj*, appearing || **⁓** *adj* (Meldung) / rising || **⁓e Meldung** / incoming message, first-up *n*
Kommentar *m* / comment *n* || **nach** ⁓ / by comment || ⁓**baustein** *m* / comment block || ⁓**bereich** *m* / message field || ⁓**satz** *m* / comment block || ⁓**technik** *f* / simple dialog, remarks method, comment system, review systems || ⁓**zeile** *f* / comment line
Kommen-und-Gehen-Verhalten *n* (der Mitarbeiter) / arrival and leaving habits
kommerziell *adj* / commercial *adj* || **⁓e DV** / business management IT || **⁓es Strukturgespräch** / commercial structuring meeting
Kommissionier·einrichtung *f* / order picking system || ⁓**platz** *m* / commissioning area || ⁓**roboter** *m* / commissioning robot || ⁓**stufe** *f* / picking stage || ⁓**system** *n* / commissioning system
Kommissionierung *f* (v. Aufträgen in der Fertigungssteuerung) / order picking
Kommissions·nummer *f* / order No. || **⁓weise Fertigung** / manufacturing against orders
Komm.puffer (Feld, in dem die Kommandos gepuffert werden) / Comm. buffers
kommt / RAISED, RAI
Kommunikation *f* / communication *n*, COM *n* || ⁓ **offener Systeme** (Kommunikation von Rechensystemen gemäß ISO-Normen und CCITT-Empfehlungen für den Austausch von Daten) / open systems interconnection (OSI) || ⁓ **über globale Daten** / global data communication || **durchgängige** ⁓ / integrated communication
Kommunikations·ablauf *m* / communication flow || ⁓**abwicklung** *f* / handling communication || ⁓**adapter** *m* / communication adapter || ⁓**adresse** *f* / communication address || ⁓**alarm** *m* / communication interrupt || ⁓**anlage** *f* / communications system || ⁓**architektur für Versorgungsunternehmen** *f* / utility communications architecture (UCA)
Kommunikationsbaugruppe *f* / communication module, communication board (CB) || ⁓ **PROFIBUS** (CBP) / communication board PROFIBUS (CBP) || ⁓**-CAN-Bus** / communication board CAN (CBC)
Kommunikations·baustein *m* / communication module, communications chip || ⁓**beziehung** *f* / association *n* || ⁓**beziehungsliste** *f* (KBL) / communication relationship list (CRL) || ⁓**bus** *m* (K-Bus) / communications bus (C bus) || ⁓**-Chip** *m* / communications chip || ⁓**diagramm** *f* / communication diagram || ⁓**dienst** *m* / communication service || ⁓**-DLL** *f* (Kommunikations-Library) / communications DLL (Communications Library) || ⁓**eigenschaft** *f* / communication characteristic || ⁓**einheit** *f* (KE EN 60870-5-103) / communication unit (CU) || ⁓-

Erweiterungsmodul *n* / communication expansion module
kommunikationsfähig *adj* / communication-capable, with communications capability || **⁓es Schaltgerät** / communication-capable switchgear
Kommunikations·fähigkeit *f* / communication capability, intercommunication capability (OSI) || ⁓**fähigkeit** *f* / connectivity *n* || ⁓**fehler** *m* / communication error || ⁓**gerät** *n* / communication unit || ⁓**kanal** *m* / communication channel || ⁓**karte** *f* / communication card || ⁓**knoten** *m* / communications node || **⁓kompatibel** *adj* / compatible || ⁓**kontrolle** *f* / communication control || ⁓**konzept** *n* / communication concept || ⁓**maßnahmen** *f pl* / marketing communications activities || ⁓**mechanismen** *m* / communication mechanisms || ⁓**-NC** / communication NC || ⁓**netz** *n* / communications network, communication link, open system ISO 7498 || ⁓**objekt** *n* / communication object
Kommunikations·partner *m* / communication peer (networked devices or modules that exchange messages) || ⁓**pfad** *m* / communication path || ⁓**plan** *n* / marketing communications plan || ⁓**platte** *f* / communication board || ⁓**plattform** *f* / communication platform || ⁓**profil** *n* / communication profile || ⁓**programmierung** *f* / communication programming || ⁓**protokoll** *n* / communications protocol, communication protocol || ⁓**prozess** *m* / communication process || ⁓**prozessor** *m* / communications processor (CP), communication processor (CP) || ⁓**prozessormodul** *n* / communications processor module (CPM) || ⁓**rechner** *m* / communication computer || ⁓**referenz (KR)** *f* / communication reference || ⁓**ressource** *f* / communication resource || ⁓**richtung** *f* / communication direction || ⁓**router** *m* / communications router || ⁓**schicht** *f* / communication layer || ⁓**schnittstelle** *f* / communication port, communication interface (CIF), comms port, communications port || ⁓**-Schnittstelle** *f* / communication interface || ⁓**schnittstelle OLE** / OLE communications interface, object linking and embedding (OLE) || ⁓**-Schnittstellendienst** *m* / communication interface service || ⁓**sicherheit** *f* (auf die Datenübermittlung angewandte Computersicherheit) / communications security || ⁓**-Software** *f* / communications software || ⁓**speicher** *m* / communication memory || ⁓**standard** *m* / communication standard || ⁓**status** *m* / communication status || ⁓**statuswort** *n* / communication status word || ⁓**steuerung** *f* / communication control
Kommunikationssteuerungs·dienst *m* DIN ISO 7498 / session service || ⁓**protokoll** *n* / session protocol || ⁓**schicht** *f* DIN ISO 7498 / session layer
Kommunikations·-Steuerwort *n* / communication control word (CCW) || ⁓**system** *n* / communications system || ⁓**system für Versorgungsunternehmen** *n* / utility communication system (UCS) || **hausinternes** ⁓**system** / in-home communications system || ⁓**system, Nachrichtensystem** *n* (E DIN 44301-16) / communication system || ⁓**technik** *f* / communications technology || ⁓**theorie** *f* (E DIN 44301-16) / communication theory || ⁓**treiber** *m* /

communications driver, communication driver ||
⸿**übersicht** *f* / communication overview ||
⸿**überwachung** *f* / communication control ||
⸿**variable** *f* / communication variable ||
⸿**verbindung** *f* / communications link, communication link, connection *n* ||
⸿**verbindungen** *f* / communication links ||
⸿**verbund** *m* / open communications network, internetworking *n*, communication interlocking ||
⸿**verhalten** *n* / communication behavior ||
⸿**verzögerung** *f* / communications latency || ⸿**weg** *m* / communication path || ⸿**wege** *m* / communications channels || ⸿**zweig** *m* / communication branch || ⸿**zyklus** *m* / communication cycle
kommunizierende TEBIS-Produkte / TEBIS communicating products
Kommutation *f* / commutation *n*
Kommutator *m* / commutator *n*, collector *n*, pole changer || ⸿ **schleifen** / grind a commutator, resurface a commutator (by grinding) || ⸿ **überdrehen** / skim commutator || ⸿-**Abdrehvorrichtung** *f* / commutator skimming rig, commutator resurfacing device || ⸿-**Abschleifvorrichtung** *f* / commutator grinding rig || ⸿-**Anschlussfahne** *f* / commutator riser || ⸿**belag** *m* / commutator segment assembly || ⸿**buchse** *f* / commutator shell, commutator sleeve, commutator hub || ⸿**bürste** *f* / commutator brush || ⸿**bürstenhalter** *m* / commutator brush holder || ⸿-**Bürstenpotential** *n* / commutator-brush potential || ⸿-**Dreh- und Schleifvorrichtung** *f* / commutator skimming and grinding rig || ⸿-**Drehschleifer** *m* / rotary commutator grinder || ⸿-**Drehstromerregermaschine** *f* / commutatortype phase advancer || ⸿-**Druckring** *m* / commutator V-ring
Kommutator·fahne *f* / commutator lug, commutator riser || ⸿**fahnenverbinder** *m* / commutator riser || ⸿-**Festschleifer** *m* / fixed-stone commutator grinder || ⸿**feuer** *n* / commutator sparking, commutator flashing || ⸿-**Fräsapparat** *m* / mica undercutting machine, mica undercutter || ⸿-**Frequenzwandler** *m* / commutator-type frequency converter || ⸿**haube** *f* / commutator cover, commutator enclosure || ⸿-**Hintermaschine** *f* / cascaded commutator machine, Scherbius machine || ⸿**hülse** *f* / commutator sleeve, commutator shell, commutator tube, commutator bush || ⸿-**Isolierlamelle** *f* / commutator insulating segment, mica segment || ⸿**kappe** *f* / commutator collar, V-ring *n* || ⸿**kennziffer** *f* (KZ) / length of commutator || ⸿**körper** *m* / commutator shell, commutator hub, commutator spider || ⸿**lamelle** *f* / commutator segment, commutator bar || ⸿**laufbahn** *f* / commutator brush-track diameter, tracked commutator surface, commutator contact surface || ⸿**lauffläche** *f* / commutator brush-track diameter, tracked commutator surface, commutator contact surface
kommutatorlose Maschine / commutatorless machine, brushless machine
Kommutator·-Lufthaube *f* / ventilated commutator enclosure || ⸿**manschette** *f* / commutator collar || ⸿**maschine** *f* / commutator machine, commutator || ⸿**mikanit** *n* / commutator mica material IEC 50 (212), rigid mica material for commutator

separators || ⸿**motor** *m* / commutator motor
Kommutator·nabe *f* / commutator shell, commutator hub, commutator spider || ⸿-**Nebenschlussmotor** *m* / a.c. commutator shunt motor || ⸿**patina** *f* / commutator oxide film, commutator skin, tan film || ⸿-**Phasenschieber** *m* / commutatortype phase advancer || ⸿**pressring** *m* / commutator V-ring || ⸿**raum** *m* / commutator compartment || ⸿-**Reihenschlussmotor** *m* / a.c. commutator series motor || ⸿**ring** *m* / commutator ring || ⸿**rundfeuer** *n* / commutator flashing
Kommutator·schalter *m* (Anlasser) / commutator-type starter || ⸿**schleifer** *m* / commutator grinder, commutator grinding rig || ⸿**schleiffläche** *f* / commutator brush-track diameter, tracked commutator surface, commutator contact surface || ⸿-**Schmiermittel** *n* / commutator dressing || ⸿**schritt** *m* / commutator pitch || ⸿-**Schrumpfring** *m* / commutator shrink ring || ⸿**segment** *n* / commutator segment, commutator bar || ⸿**seite** *f* / commutator end || ⸿-**Spannbolzen** *m* / commutator clamping bolt || ⸿-**Spannring** *m* / commutator vee-ring, V-ring *n*, commutator shrink ring || ⸿**stab** *m* / commutator bar, commutator segment, commutator bar || ⸿**steg** *m* / commutator segment, commutator bar || **Prüfung zwischen** ⸿**stegen** / bar-to-bar test, segment-to-segment test || ⸿**teilung** *f* / commutator pitch || ⸿**töne** *m* *pl* / commutator ripple || ⸿**tragkörper** *m* / commutator shell, commutator core || ⸿**verschleißtiefe** *f* / wearing depth of commutator
kommutieren *v* / commutate *v*
kommutiert *adj* / commutated *adj*
Kommutierung *f* / commutation *n* || ⸿ *f* / guide *n*, guideway *n*, track *n* || ⸿ **durch direkt angeschlossenen Kondensator** / directly coupled capacitor commutation EN 60146-1-1 || ⸿ **durch induktiv angeschlossenen Kondensator** / inductively coupled capacitor commutation || ⸿ **in einem elektronischen Leistungsstromrichter** / commutation in an electric power convertor, commutation *n* || **direkte** ⸿ / direct commutation || **fremdgeführte** ⸿ / external commutation || **lastgeführte** ⸿ / load commutation || **netzgeführte** ⸿ (fremdgeführte Kommutierung, bei der die Kommutierungsspannung vom Netz geliefert wird) / line commutation || **selbstgeführte** ⸿ / self-commutation, self commutation
Kommutierungs·achse *f* / axis of commutation || ⸿-**Beschleunigungsfeld** *n* / reversing field || ⸿**blindleistung** *f* / commutation reactive power || ⸿**drossel** *f* / commutating choke, commutation reactor || ⸿**drossel** *f* / commutating reactor, commutation inductor || ⸿**einbruch** *n* / commutation notch, commutating dip || ⸿**fähigkeit** *f* / commutation capability || ⸿**fehler** *m* / commutation failure (excessive current error of the axis servo) || ⸿**feld** *n* / commutating field
Kommutierungsgrenzkurvenbereich *m* (el. Masch.) / black band || **Aufnahme des** ⸿**s** / black-band test
Kommutierungs·gruppe *f* / commutating group || ⸿**induktivität** *f* / commutation inductance || ⸿**intervall** *n* (Zeitintervall, innerhalb dessen zwei kommutierende Zweige gleichzeitig den Hauptstrom führen) / commutation interval || ⸿**kennwert** *m* / commutation coefficient || ⸿-

Knickdrehzahl f / speed at safe commutation limit || ⸰**kondensator** m (Kondensator im Kommutierungskreis, der die Kommutierungsspannung liefert) / commutation capacitor || ⸰**kreis** m / commutation circuit
Kommutierungskurve f (Hystereseschleifen) / commutation curve, normal magnetization curve || **Induktion aus der** ⸰ / normal induction
Kommutierungs·pol m / commutating pole, interpole n, compole n, auxiliary pole || ⸰**prüfung** f / commutation test || ⸰**reaktanz** f / commutating reactance || ⸰**schwingung** f / commutation repetitive transient EN 60146-1-1 || ⸰**spannung** n / commutation signal || ⸰**spannung** f / commutation voltage || ⸰**versager** m / commutation failure || ⸰**winkel** m / commutation angle, angle of overlap || ⸰**winkeloffset** m / commutation angle offset || ⸰**zahl** f / commutation number || ⸰**zeit** f / commutation interval IEC 146 || ⸰**zeit** f (el. Masch.) / commutating period, commutator short-circuit period || ⸰**zone** f / commutating zone, zone of commutation, reversing zone
kompakt adj / compact adj
Kompakt·abzweig m (in einem Kompaktabzweig ist die Funktion des Leistungsschalters und des Schützes in einem Gehäuse zusammengefasst.) / compact starter || ⸰**abzweig Direktstarter** / compact starter direct starter || ⸰**abzweig IO-Link** (in einem Kompaktabzweig ist die Funktion des Leistungsschalters und des Schützes in einem Gehäuse zusammengefasst.) / IO-Link compact starter || ⸰**abzweig IO-Link Direktstarter** / compact starter IO-Link direct starter || ⸰**abzweig IO-Link Wendestarter** / compact starter IO-Link reversing starter || ⸰**ader** f / composite buffered fiber || ⸰**anlage** f / compact system || ⸰**antrieb** m / packaged drive, compact drive || ⸰**Asynchronmotor** m / compact induction motor || ⸰**ausführung** f / compact version, compact model, compact design || ⸰**bag** m / Eurobag n || ⸰**bauform** f / compact design, moulded-case type, compact version || ⸰**bauform mit angegossener Leitung** / compact design with molded cable || ⸰**baugruppe** f / pluggable printed-board assembly, compact subassembly, plug-in p.c.b. || ⸰**baureihe** f / compact series || ⸰**bauweise** f / compact design || ⸰**bedienfeld** n / compact operator panel || ⸰**block** m (Schaltgeräteeinheit) / compact switchgear unit, compact switchgear assembly || ⸰**darstellung** f / compact representation || ⸰**diskette** f (DIN EN 61970-1) / compact disc (CD) || ⸰**drehmaschine** f / compact lathe
kompakt·e Bauform / moulded-case type, compact design || ~**e Stelleinrichtung** / final control unit || ~**er Boden** / firm soil || ~**er Leistungsschalter** / moulded-case circuit-breaker (M.c.c.b.), compact circuit breaker || ~**es Ein-/Ausgabegerät** / compact input/output unit
Kompakt·führung f / compact guide || ⸰**gehäuse** n / compact housing || ⸰**gerät** n / compact device, compact unit (CU), telecontrol compact unit, CU (compact unit) || ⸰**-Getriebemotor** m / compact geared motor || ⸰**heit** f / compactness || ⸰**information** f / compact information || **Kratky-**⸰**kammer** f / Kratky compact camera || ⸰**katalog** m / compact catalog || ⸰**lampe** f / compact lamp || ⸰**leistungsschalter** m (MCCB) / moulded-case circuit-breaker (M.c.c.b.), molded-case circuit breaker || ⸰**leuchte** f / compact luminaire || ⸰**modul** n / compact module || ⸰**motor** m / compact motor || ⸰**-PC** m / compact PC || ⸰**peripherie** f / compact I/O devices || ⸰**plattenspeicher** m / compact-disk memory (CD memory), CD RAM || ⸰**-Plus-Gerät** / compact plus unit || ⸰**-Plus-Umrichter** m / compact plus converter
Kompaktregler m / compact controller, miniaturized controller || **digitaler** ⸰ / compact digital controller
Kompakt·reihe f / compact range || ⸰**relais** n / miniature relay || ⸰**relais** n (f. gedruckte Schaltungen) / p.c.b.-type relay
Kompakt·schaltanlage, metallgekapselte SF₆-⸰**schaltanlage** / integrated SF$_6$ metal-clad switchgear || ⸰**schaltanlagen** $f pl$ / compact switchgear assemblies, compact switch panels || ⸰**schalter** m / compact switch || ⸰**schaltfeld** n / compact switchpanel || ⸰**servomotor** m / compact servomotor || ⸰**-SONAR-BERO** / compact SONAR BERO || ⸰**-SPS** / compact PLC || ⸰**starter** m / compact starter
Kompaktstation f / kiosk substation, packaged substation, integrated substation, compact station || **Transformator-**⸰ f / kiosk (transformer substation), packaged transformer substation, unit substation, integrated substation
Kompakt·steuerung f / compact control || ⸰**warte** f (Tafel) / miniaturized control board || ⸰**warte** f (Tafel m. Pultvorbau) / miniaturized benchboard || ⸰**warte** f (Pult) / miniaturized (control) console, miniaturized control desk || ⸰**wartenfeld** n / control board (o. console) tile || ⸰**wartenpult** n / miniaturized control desk || ⸰**wartensystem** n / miniaturized control-room system || ⸰**wendeschalter** m / compact reversing switch || ⸰**wendeschütz** m / compact-type reversing contactor, compact reversing contactor || ⸰**zelle** f / compact cell || ⸰**ziehmaschine** f / compact drawing machine
Kompander m / compandor n
kompandierender DAU / companding DAC
Kompandierung f (Kombination von Kompression und Expansion, nacheinander angewendet auf dasselbe Signal an zwei Punkten eines Übertragungskanals) / companding n
Komparator m / comparator n || ⸰ m (Schmitt-Trigger) / Schmitt trigger
Kompartmentbauweise f (MCC) / compartment design
kompatibel adj / compatible adj
Kompatibilität f / compatibility n
Kompatibilitäts·aussage f / compatibility statement || ⸰**kenner** m / device revision level || ⸰**liste** f / compatibility list || ⸰**regel** f / compatibility rule
kompatibler Bereich (genormter Wertebereich, der von allen Herstellern verwendet wird) / compatible range
Kompendium n / compendium n
Kompensation f / compensation n, mixing n, correction n || ⸰ f (von Blindleistung, Leistungsfaktorverbesserung) / reactive-power compensation, p.f. correction || ⸰ **des Leitungswiderstandes** / compensation of the line resistance || ⸰ **mit Absolutwerten** (KMA) / compensation with absolute values (CWA) ||

interpolarische ⚇ mit Absolutwerten (IKA) / interpolatory compensation with absolute values, IKA ‖ **Blindleistungs~** *f* / reactive-power compensation, power factor correction ‖ **Erdschluss~** *f* / earth-fault neutralization, ground-fault compensation ‖ **mit ⚇** / with correction
Kompensations·-Ampèrewindungen *f pl* / compensating ampere-turns ‖ ⚇**anlage** *f* (f. Blindleistung) / reactive-power compensation equipment, p.f. correction equipment, reactive-power compensation system ‖ ⚇**anlagen** *f pl* / power factor correction equipment ‖ ⚇**anzeiger** *m* / potentiometric indicator, servo-indicator *n* ‖ ⚇**aufschaltung** *f* (Schutz) / compensating current injection
Kompensations·baugruppe *f* / p.f. correction module ‖ ⚇**bügel** *m* / compensating connector ‖ ⚇**daten** *plt* / compensation data ‖ ⚇**dose** *f* / compensating box, compensation unit ‖ ⚇**dotierung** *f* / compensation doping ‖ ⚇**drosselspule** *f* (KpDr) VDE 0532,T.20 / shunt reactor IEC 289, shunt inductor ‖ ⚇**element** *n* / compensating element ‖ ⚇**element** *n* (Messvorrichtung) / indirect-acting measuring element ‖ ⚇**farbe** *f* / complementary colour, additive complementary colour ‖ ⚇**feld** *n* / p.f. correction panel ‖ ⚇**flag** *n* / compensation flag
Kompensations·gewinde *f* / compensation thread ‖ ⚇**glied** *n* / equalizer *n* IEC 50(351) ‖ ⚇**halbleiter** *m* / compensated semiconductor ‖ ⚇**kondensator** *m* / p.f. correction capacitor ‖ ⚇**leitung** *f* / compensating lead ‖ ⚇**magnet** *m* / compensating magnet ‖ ⚇**messbrücke** *f* / self-balancing bridge
Kompensationsmessgerät *n* / indirect-acting measuring instrument ‖ ⚇ **mit elektrischem Nullabgleich** / indirect-acting electrical balance instrument
Kompensations·-Messgerät mit mechanischem Nullabgleich / indirect-acting mechanical balance instrument ‖ ⚇**methode** *f* / potentiometer method, servo-method *n* ‖ ⚇**prinzip nach Poggendorf** (Schreiber) / Poggendorf servo-principle ‖ ⚇**punktschreiber** *m* / servo-type dotted-line recorder ‖ ⚇**ring** *m* / compensation ring ‖ ⚇**schrank** *m* / compensation cubicle ‖ ⚇**schreiber** *m* / indirect recording instrument, potentiometric recorder, servo-type recorder, servo-operated recorder ‖ ⚇**spule** *f* / compensating coil, neutralizing coil ‖ ⚇**transformator** *m* / neutralizing transformer ‖ ⚇**verfahren** *n* / two-part test
Kompensationswicklung *f* / compensating-field winding, compensating winding, neutralizing winding ‖ **Einphasen-Reihenschlussmotor mit ⚇** / single-phase commutator motor with series compensating winding ‖ **Motor mit ⚇** / compensated motor
Kompensationswiderstand *m* / offset resistance
kompensative Farbe / complementary colour, additive complementary colour ‖ **~ Wellenlänge** / complementary wavelength
Kompensator *m* (Spannungsmessgerät, in dem die zu messende Spannung mit einer bekannten Spannung gleicher Wellenform, Frequenz und Größe verglichen wird) / measuring potentiometer ‖ ⚇ *m* (Schwingungsisolierung) / compensator *n* ‖ ⚇ *m* (kompensiertes Mehrfach-Messgerät) / compensated multimeter ‖ ⚇ *m* (f. Ausdehnung) / expansion fitting
kompensieren *v* / compensate *v*
kompensiert *adj* / balanced *adj* ‖ **~ geregelt** (el. Masch.) / compensated regulated ‖ **~e Leuchte** / corrected luminaire, p.f.-corrected luminaire ‖ **~e Verstärkermaschine** / amplidyne *n* ‖ **~er Halbleiter** / compensated semiconductor ‖ **~er Induktionsmotor** / compensated induction motor ‖ **~er Motor** / compensated motor ‖ **~er Reihenschlussmotor** / compensated series-wound motor ‖ **~er Repulsionsmotor mit feststehendem Doppelbürstensatz** / compensated repulsion motor with fixed double set of brushes, Latour motor ‖ **~er Repulsionsmotor mit feststehendem Einfachbürstensatz** / compensated repulsion motor with fixed single set of brushes, Eichberg motor ‖ **~es Netz** / compensated network
Kompensograph *m* (Schreiber) / potentiometric recorder, indirect recorder, servo-operated recorder
kompetent *adj* / competent *adj*
Kompetenz *f* / authority, competence ‖ ⚇**zentrum** (KPZ) *n* / center of competence (CoC)
Kompilation *f* / compilation *n*
Kompilator *f* / compiler *n*
kompilieren *v* / compile *v*
Kompilierer *m* (Übersetzer) / compiler *n*
kompiliertes Wissen *n* (deklaratives Wissen, das in prozedurales Wissen umgesetzt worden ist, so dass es sich auf einem Rechner unmittelbar verarbeiten lässt) / compiled knowledge
Kompilierung *f* / compilation *n*
komplementär·e Farbreize / complementary colour stimuli ‖ **~e Wellenlänge** / complementary wavelength ‖ **~er Ausgang** / complementary output ‖ **~er Baum** / co-tree *n* ‖ **~er Metalloxid-Schaltkreis** (CMOS) / complementary metaloxide semiconductor circuit (CMOS) ‖ **~er Zustand** DIN 40700, T.14 / complementary state IEC 117-15
Komplementär·farbe *f* / complementary colour, additive complementary colour ‖ ⚇**messverfahren** *n* / complementary method of measurement, complementary measurement ‖ ⚇**-MOS** *m* (CMOS) / complementary MOS (CMOS) ‖ ⚇**wicklung** *f* / complementary winding
Komplement·bildung *f* / complementation *n* ‖ ⚇**bildungsoperation** *f* / instruction for forming the complement
komplett *adj* / complete *adj* ‖ **~ versandte Maschine** / machine shipped completely assembled
Komplett·abdeckung *f* / complete cover ‖ ⚇**anbieter** *m* / one-stop supplier ‖ ⚇**bearbeitung** *f* / complete machining
komplette Verdrahtung / complete wiring system
Komplett-Einbausatz *m* / complete assembly
komplettes Antriebsmodul / complete drive module (CDM)
Komplett·gehäuse *n* / complete housing, complete enclosure ‖ ⚇**gerät** *n* / complete unit, compact unit, complete assembly
komplettieren *v* / complete *v*
Komplettierung *f* / completeness, final assembly, completion, finalization ‖ **Überprüfung der ⚇** / check for completeness ‖ ⚇**sanleitung** *f* / assembly instructions
Komplett·lizenz *f* / complete license ‖ ⚇**lösung** *f* / integrated package solution, all-in package

Komplex 462

solution, complete solution || ⸿**lötung** *f* / mass soldering || ⸿**modernisierung** *f* / complete modernization || ⸿**motor** *m* / complete motor || ⸿**paket** *n* / complete package || ⸿**programm** *n* / complete program || ⸿**schleifen** *n* / complete grinding || ⸿**simulation** *f* / complete simulation || ⸿**station** *f* / complete station || ⸿**stecker** *m* / complete connector || ⸿**steuerungssystem** *n* / compact control system || ⸿**system** *n* / complete system || ⸿**-Torquemotor** *m* / complete torque motor || ⸿**überarbeitung** *f* / total revision || ⸿**verarbeitung** *f* / complete machining || ⸿**zerspanung** *f* / complete cutting
Komplex *m* / complex *n*
komplex·e Admittanz / complex admittance || **~e binäre Verknüpfung** / complex binary logic || **~e Brechungszahl** / complex refractive index || **~e Chemieanlage** / complex chemical plant || **~e Dielektrizitätskonstante** / relative complex dielectric constant, complex permittivity, complex capacitivity || **~e Größe** / complex quantity || **~e Kreisfrequenz** / complex angular frequency || **~e Leistung** / complex power, phasor power || **~e Permeabilität** / complex permeability || **~e Permeabilitätszahl** / relative complex permeability || **~e Permittivität** / complex permittivity || **~e Permittivitätszahl** / relative complex permittivity || **~e Synchronisierziffer** / complex synchronizing torque coefficient || **~er Baustein** / complex block || **~er Koeffizient** / complexor *n* || **~er Leitwert** / vector admittance, complex admittance || **~er Messwert** (DIN EN 61850-7-1, -7-3) / complex measured value || **~er Poynting-Vektor** / complex Poynting vector || **~er programmierbarer Logikbaustein** / Complex Programmable Logic Device (CPLD) || **~er Scheinleitwert** / complex admittance || **~er Scheinwiderstand** / complex impedance || **~er Widerstand** / vector impedance, complex impedance || **~es Amplitudenspektrum** / Fourier amplitude spectrum || **~es Glied** / complex element || **~es Sachmerkmal** DIN 4000, T.1 / complex article characteristic / **~es Schwingungsabbild** / complex waveform || **~es Spektrum** / spectral representation
Komplexfunktion *f* / complex function
Komplexität *f* / complexity *n*
Komplexitätsgrad *m* / degree of complexity
Komponente *f* / component *n*, unit *n* (e.g. of an installation bus), element *n* || ⸿ **der Lastspannung mit Frequenz der Vielperiodensteuerung** / cyclic operating frequency load voltage || ⸿ **des Netzstroms mit Frequenz der Vielperiodensteuerung** / cyclic operating frequency line current || **ergänzende** ⸿ / supplementary component
Komponenten des Transistorgeräts / components of the transistor unit || ⸿**architektur** *f* / component architecture || ⸿**aufbau** *m* / modular structure || **~-basiert** *adj* / component-based || **~basierte Automatisierung** / Component Based Automation (CBA)
Komponenten·bauweise *f* / modular design (o. construction), unitized construction || ⸿**bibliothek** *f* / component library || ⸿**bild** *n* / component diagram || ⸿**datei** *f* / component file || ⸿**daten-Editor** *m* / Machine Options Editor || ⸿**diagramm**

n (in einem Komponentendiagramm wird die Struktur eines Systems zur Laufzeit dargestellt) / component diagram || ⸿**ebene** *f* / component level || ⸿**familie** *f* / component family || ⸿**-Konfigurator** *m* / station configuration editor || ⸿**lieferung** *f* / component supply || ⸿**liste** *f* / component list || **nach** ⸿**namen** / by component name || ⸿**netzwerk** *n* / network in terms of components || ⸿**nummer** *f* / Component Number || ⸿**projekt** *n* / component project || ⸿**-Projekte** *m pl* / component-projects || ⸿**schnittstelle** *f* / component interface || ⸿**sicht** *f* / component view || ⸿**technologie** *f* / component engineering || **nach** ⸿**typ** / by component type || ⸿**-Verdrahtungsbaum** *m* / cabling tree || ⸿**-Verdrahtungsplan** *m* / component cabling diagram
Komposition *f* / composition *n*
Kompositions·aggregation *f* / composite aggregation || ⸿**konnektor** *m* / assembly connector || ⸿**strukturdiagramm** *n* / composite structure diagram
Kompounderregung *f* / compound excitation
kompoundieren *v* / compound *v*
kompoundiert gespeister statischer Erreger / compound-source static exciter || **~e Maschine** / compound-wound machine, compound machine || **~e Nebenschlussmaschine** / stabilized shunt-wound machine || **~er Stromwandler** / compound-wound current transformer || **~er Stromwandler in Sparschaltung** / auto-compound current transformer
Kompoundierung *f* / compounding *n*
Kompoundierungs·einsteller *m* / compounding setter || ⸿**kennlinien** *f pl* / compounding characteristics
Kompound·maschine *f* / compound-wound machine, compound machine || ⸿**wicklung** *f* / compound winding
Kompressibilitätszahl *f* / compressibility factor
Kompression *f* / compression *n*, compression ratio || **magnetische** ⸿ / pinch effect
Kompressions·druckprüfer *m* / compression gauge || ⸿**druckschreiber** *m* / compression recorder || ⸿**kraft** *f* / compressional force || ⸿**welle** *f* / compressional wave
Kompressor *m* / compressor *n* || ⸿**faktor** *m* / compressor factor || ⸿**funktion** *f* / compressor function || ⸿**schlepper** *m* / mobile air compressor
komprimieren *v* / compress *v* || ⸿ *n* / compression *n*
Komprimierung *f* / compress *n*
Kondensat *n* / condensate *n*, condensation water || ⸿**abteilung** *f* / return type steam traping || ⸿**film** *m* / film of condensate
Kondensation *f* / condensation *n* (collapse of steam cavities)
Kondensations·druck *m* / condensation pressure || ⸿**lötung** *f* / vapour-phase soldering, condensation soldering || ⸿**satz** *m* / condensing set || ⸿**satz mit Zwischenüberhitzung** / condensing set with reheat || ⸿**schutz** *m* / condensation protection || ⸿**turbine (nach IEV602)** *f* / condensing steam-turbine
Kondensator *m* / cap || ⸿ *m* / capacitor *n*, condenser *n* || ⸿ *m* (Dampf) / condenser *n* || ⸿ (**C**) *m* / capacitor *n*, condenser *n* || ⸿ **der Klasse X** VDE 0565, T.1 / capacitor of Class X IEC 161 || **im** ⸿ **eingebaute Sicherung** / internal fuse || ⸿ **mit gemischtem Dielektrikum** IEC 50(436) / mixed

dielectric capacitor || ⁓ mit metallisiertem Dielektrikum / metallized capacitor || luftgekühlter ⁓ / air-cooled condensator || thyristorgeschalteter ⁓ / thyristor switched capacitor (TSC)
Kondensator·ankopplung f / capacitor coupling, coupling by means of capacitors || ⁓anlage f / capacitor installation || ⁓anlage f VDE 0560, T.4 / capacitor equipment IEC 70 || Motor mit ⁓anlauf / capacitor-start motor || ⁓anpassung f / capacitor adaption || ⁓auslöser m / capacitor release || ⁓ausschaltstrom m / capacitor-bank breaking current || ⁓-Ausschaltstrom m VDE 0670, T.3 / single-capacitor-bank breaking current IEC 265 || ⁓-Ausschaltvermögen n VDE 0670,T.3 / single-capacitor-bank breaking capacity IEC 265, capacitor-bank breaking capacity, capacitance switching rating || ⁓bank f / capacitor bank
Kondensatorbatterie f / capacitor bank, bank of capacitors || auftragsgebundene ⁓ / order-specific capacitor bank
Kondensatorbaugruppe f / capacitor unit, capacitor module || unverdrosselte ⁓ / inductorless capacitor module || verdrosselte ⁓ / inductor capacitor module
Kondensator·belag m / capacitor foil || ⁓belastung f / capacitive load || ⁓block m / capacitor block || ⁓bremsung f / capacitor braking || ⁓durchführung f / capacitor bushing, condenser bushing || ⁓einheit f VDE 0560, T.4 / capacitor unit || ⁓einschaltstrom m / capacitor bank inrush making current || ⁓element n / capacitor element, element n || ⁓energiespeicher m / capacitor energy store || ⁓entladungsfeuer n / condenser discharge light || ⁓erregung f / capacitor excitation || ⁓feld n / capacitor panel
Kondensatorgerät, Arbeitsstromauslöser mit ⁓ (fc-Auslöser) / shunt release with capacitor unit, capacitor release
Kondensator·gruppe f / capacitor bank || ⁓-Hilfsphase f / capacitor auxiliary winding, capacitor starting winding || ⁓kette f / capacitor chain || ⁓-Kommutierung f / capacitor commutation
Kondensator-Lastschalter m (Lastschalter für Einzel-Kondensatorbatterien) VDE 0670,T.3 / single-capacitor-bank switch IEC 265 || ⁓ für eingeschränkte Verwendung VDE 0670, T.3 / (single-capacitor-bank) switch for restricted application IEC 265 A || ⁓ für uneingeschränkte Verwendung VDE 0670,T.3 / (single-capacitor-bank) switch for universal application IEC 265 A
Kondensator·leistung f / reactive power || ⁓-Leistungspuffer m / capacitor energy storage unit, capacitor power back-up unit || ⁓leistungspufferung f / capacitor back-up unit || ⁓-Leistungsschalter m / capacitor circuit-breaker, definite-purpose circuit-breaker || ⁓linse f / condenser lens || ⁓modul m / capacitor module (CM)
Kondensatormotor m / capacitor motor || ⁓ mit abschaltbarem Kondensator in der Hilfsphase / capacitor-start motor || ⁓ mit Anlauf- und Betriebskondensator / two-value capacitor motor || ⁓ mit Kondensator für Anlauf und Betrieb / capacitor-start-and-run motor (GB), permanent-split capacitor motor (US)
Kondensator·-Notausschaltgerät n / capacitor-operated emergency tripping device (o. mechanism) || ⁓parallelausschaltstrom m / back-to-back capacitor bank breaking current || ⁓-Parallelausschaltvermögen n / back-to-back capacitor bank breaking capacity || ⁓paralleleinschaltstrom m / capacitor bank inrush making current || ⁓puffer m / capacitor energy store, capacitor back-up unit || ⁓pufferung f / capacitor energy storage || ⁓-Regeleinheit f / capacitor control unit, VAr control unit, automatic p.f. correction unit || ⁓-Rückladeprinzip n / capacitor recharging principle || ⁓säule f / capacitor stack, capacitor column || ⁓schalter m / capacitor circuit-breaker, definite-purpose circuit-breaker || ⁓schaltvermögen n / capacitor switching capacity || ⁓schütz m / capacitor switching contactor, n capacitor contactor || ⁓schütz mit Vorladungswiderständen / capacitor switching contactor with precharging resistors (o. contacts) || ⁓siebung f / capacitor filtering || ⁓speicher m (Rechner) / capacitor store || ⁓speicher-Auslösegerät n / capacitor release || ⁓-Speichergerät n / capacitor store || ⁓stapel m / capacitor stack, capacitor column || ⁓stromauslöser m / capacitor release
Kondensator·teilkapazität f / capacitor element || ⁓verluste m pl / capacitor losses || ⁓verzögerung f / capacitor-introduced delay || ⁓-Verzögerungsgerät n (f. Auslöser) / capacitor (tripping) delay unit || ⁓wickel m / capacitor element || ⁓wickel m (Wickelkeule) / stress cone || ⁓zündsystem n / CDI (capacitor discharge ignition) n
Kondensatvorabscheider m / condensate remover
Kondensor m / capacitor n, cap n
Kondenswasser n / condensed water, condensate n || ⁓ablauf m / condensate drain || ⁓wasserbildung f / condensation of water || ⁓heizung f / space heater, anti-condensation heater || ⁓korrosion f / corrosion by condensed water || ⁓loch n / condensate drain hole, condensation water drain hole
Konditionieren n (Impulse) DIN IEC 469, T.1 / conditioning n IEC 469-1
konditioniertes Setzen / conditional set
Konditionierung f (Prüfling) IEC 50(212) / conditioning n || ⁓ f (Prüfling) / preconditioning n, burn-in n
Konduktanz f / conductance n, equivalent conductance || ⁓kreis m / conductance circle, mho circle || ⁓relais n / conductance relay || ⁓schutz m / mho protection, conductance protection
Konduktions·motor m / conduction motor, single-phase series motor || ⁓-Repulsionsmotor m / series repulsion motor, doubly fed motor
Konf. / configuration n
konfektionierbar adj / can be preassembled
konfektionieren v (Kabel) / prepare v, cut to length and terminate
konfektioniert adj / preassembled adj, prefabricated adj, pre-inated adj || ~e Leitung / prefabricated cable || ~er Kabelsatz / preassembled cable assembly, cable harness || ~er Stecker / (integrally) moulded plug || ~es Kabel / cable assembly, cable set, cable with integral connectors

Konfektionierung

(o. fittings), precut cable with connectors (o. plugs), cable with connectors, cable with integrated connectors || **~es Koaxial-Hochfrequenzkabel** / r.f. coaxial cable assembly || **~es LWL-Kabel** / optical cable assembly
Konfektionierung *f* (Konfektionierung von Baugruppen) / choice and assembly of system modules, packaging
Konfektionsware *f* / pre-manufactured *n*, prepared for connectors
Konferenz·schaltung *f* / conference call || **⁓verbindung** *f* (Rundsenden, bei dem die Signale von jeder der Endstellen gesendet und gleichzeitig von allen anderen Endstellen empfangen werden) / conference call || **⁓verkehr** *m* / conference traffic
Konfidenz·bereich *m* / confidence interval || **⁓intervall** *n* / confidence interval
Konfig. Drehzahlregelung / Configuration of speed control
Konfiguration *f* / configuration *n*, configuring *n* || **⁓ des Vdc-Reglers** / configuration of Vdc controller || **⁓ Drehzahlregelung** / configuration of speed control || **gerätetechnische ⁓** (Hardware) / hardware configuration
Konfigurations·alarm *m* / configuration alarm || **⁓änderung** *f* / configuration changed || **⁓beispiel** *n* / sample configuration, configuration example || **⁓bild** *n* / configuration display, configuration screen || **⁓datei** *f* (Datei, in der die Konfiguration der Maschinen definiert wird) / configuration file || **⁓daten** plt / configuration data || **⁓daten löschen** / delete configuration data || **⁓daten öffnen** / open configuration data || **⁓datenpuffer** *m* / configuration data buffer || **⁓datum** *n* / configuration data || **⁓dialog** *m* / configuration dialog || **⁓-Editor** *m* / configuration editor
Konfigurations·fehler *m* / configuration error || **⁓-Konsole** *f* / configuration console || **⁓makro** *n* / configuration macro || **⁓management (KM)** *n* / SP_S, STI, single point, short time, short-time indication, configuration management (CM) || **⁓managementplan** *m* / configuration management plan (CMP) || **⁓-Manager** *m* / configuration manager || **⁓modul** *n* / configuration module || **⁓modus** *m* / configuration mode || **⁓parameter** *m* / configuration parameter || **⁓schnittstelle** *f* / configuration interface || **⁓software** *f* / configuration software || **⁓steuerung** *f* (DIN V 44302-2) / configuration control || **⁓system** *n* / configuring system || **⁓tabelle** *f* / configuration table || **⁓telegramm** *n* / configuration frame || **⁓testanlage** *f* / configuration test installation || **⁓warnung** *f* / configuration warning || **⁓werkzeug** *n* / configuration means
Konfigurator *m* / configurator *n*, configuration tool || **⁓ m** (Schema) / configuration scheme
konfigurierbar adj / configurable adj || **~e Import-/Export-Schnittstelle** / configurable import/export interface || **~er Ein-/Ausgabeprozessor** / configurable I/O processor (CIOP) || **⁓keit** *f* / configurability
Konfigurieren *n* / configuration *n*, configuring *n* || **~** *v* / configure *v*
Konfigurier·tastatur *f* / configuration keyboard || **⁓tool** *n* / configuration tool
Konfigurierung *f* / configuration *n*, configuring *n*, configuration screen

Konfigurierungs·software *f* / configuration software || **⁓werkzeug** *n* / configuration tool || **⁓werkzeuge** *n pl* / configuration tools
Konflikt *m* / contention *n*, conflict || **⁓auflösung** *f* / contention control, arbitration *n* || **⁓buchung** *f* / conflicting (terminal) entry || **⁓lösung** *f* / conflict resolution || **⁓management** *n* / conflict management
konform adj / conforming to
Konformität *f* (Übereinstimmung, Erfüllung festgelegter Forderungen) / conformity *n*
Konformitäts·anforderung *f* (DIN EN 60870-6-702 EN 29646-1) / conformance requirement || **⁓baustein** *m* (EN 60870-6-503; DIN 66306-1 = ISO/IEC 9506-1) / conformance building block (CBB) || **⁓bescheinigung** *f* / certificates of conformity, certificate of conformity || **⁓bewertung** *f* (EN 29646-1) / conformity evaluation || **⁓bewertungsverfahren** *n* / conformity assessment procedure || **⁓erklärung** *f* / declaration of conformity (certification from the machine manufacturer that guarantees that the machine fulfills all relevant regulations and can be put into service), DoC *n*, declaration of attestation || **⁓erklärung von Anbietern** / suppliers' declaration || **⁓prüfreihe** *f* (DIN V 44302-2 E DIN ISO/IEC 8882-1) / conformance test suite || **⁓prüfung** *f* / conformance test || **⁓-Prüfverfahren** *n* (IEC/TR 870-6-1) / conformance testing procedures || **⁓test** *m* (E EN ISO/IEC 11172-4) / conformance test || **⁓test** *m* (E EN ISO/IEC 11172-5) / compliance testing || **⁓testaufzeichnung** *f* (EN 29646-1) / conformance log || **⁓zeichen** *n* / mark of conformity, listing mark, conformity mark || **⁓zertifikat** *n* / certificate of conformity
Konfusionsmatrix *f* / confusion matrix
königs·blau adj / royal blue adj || **⁓welle** *f* / line shaft, vertical shaft || **⁓zapfen** *m* / king pin
konischer Katalysator / conical catalyst || **~ Läufer** / conical rotor
Konizität innerhalb der zulässigen Toleranzen *f* / conicity within the permissible tolerances
konjugierte Pole / conjugate poles
Konjunktion *f* (UND-Verknüpfung) / AND operation
konkav adj / concave adj
konkret adj / concretized adj
konkrete Syntax / concrete syntax
Konkurrenz·betrieb *m* DIN 44302 / contention mode || **⁓situation** *f* / contention *n*, competitive situation || **⁓situation** *f* / contention situation || **⁓spiegel** *m* / table of competitors
konkurrierend adj (gleichzeitig) / concurrent adj, simultaneous adj, competing adj || **~e Achse** / concurrent axis || **~e Navigation** / competitive navigation || **~e Positionierachsen** / concurrent positioning axes
Konnektivität *f* (Eigenschaft eines Systems oder einer Einrichtung, sich ohne Änderungen an andere Systeme oder Einrichtungen anschließen zu lassen) / connectivity || **⁓smodell** *n* (DIN EN 61970-301) / connectivity model
Konnektor *m* (dient dem Signalaustausch zwischen den einzelnen FBs) / connector *n* || **⁓attribut** *n* / connector attribute || **⁓ausgang** *m* / connector output || **⁓eingang** *m* / connector input || **⁓liste** *f* / list of connectors || **⁓verlauf** *m* / connector route || **⁓wandler** *m* / connector converter

konsequentes Mehrachsprinzip / systematic multi-axis principle
konserviert *adj* / preserved *adj*
konsistent *adj* (Schmierst.) / thick *adj*, viscous *adj*, of high viscosity, consistent *adj* || **~e Generalisierung** / consistent generalization
Konsistenz *f* / consistency *n*
Konsole *f* (Tragelemene) / bracket *n*, support *n* || ⟨ *f* (Steuerpult) / console *n* || ⟨ *f* / stand *n*
Konsolfräsmaschine *f* / knee-and-column milling machine, knee-type milling machine
Konsolidierung *f* / consolidation *n*
konstant *adj* / constant *adj* || **~ abnehmende Steigung** (Gewindeschneiden) DIN 66025,T.2 / decreasing lead ISO 1056 || **~ zunehmende Steigung** (Gewindeschneiden) DIN 66025,T.2 / increasing lead ISO 1056
Konstant·bereich *m* / constant range || ⟨**drehzahlantrieb** *m* / constant-speed drive
Konstante *f* / constant *n* || ⟨ *f* (Parameter) / parameter *n* || ⟨ **der inneren Reibung** / coefficient of viscosity, dynamic viscosity
konstante Satzfolge / fixed sequential, constant block sequence || **~ Schnittgeschwindigkeit** / constant cutting rate || **~ Schnitttiefe** / constant cutting depth || **~ Spannungsabweichung** EN 61000-3-3 / steady-state voltage change || **~e Spannungsanhebung** / continuous boost || **~ Verluste** / fixed losses, constant losses
Konstanter *m* / voltage stabilizer, v stabilizer
konstant·er Degressionsbetrag / linear degression || **~es Drehmoment** / constant torque
Konstant·fahrphase *f* / constant velocity phase || ⟨**haltelast** *f* / holding load
Konstanthalter *m* (Konstantspannungsregler) / stabilizer *n*, constant-voltage transformer || **Spannungs-**⟨ *m* (Netz) / voltage regulator, IR drop compensator || **Spannungs-**⟨ *m* (f. elektron. Geräte) / voltage stabilizer
Konstant·haltung *f* / stabilization *n* || ⟨**kennlinie** *f* / stabilized output characteristic, stabilized current characteristic || ⟨**ladungsgenerator** *m* / constant-charge generator || ⟨**leistungsbereich** *m* / constant power range || ⟨**lichtregelung** *f* / constant-light control, constant light level control || ⟨**lichtregler** *m* / constant light level controller || ⟨**moment** *n* / constant torque || ⟨**momentantrieb** *m* / constant torque drive || ⟨**momentbereich** *m* / constant torque range || ⟨**moment-Last** *f* / constant torque load || ⟨**pumpe** *f* / constant flow pump || ⟨**spannung** *f* / constant voltage
Konstantspannungs·geber *m* / constant-voltage source || ⟨**generator** *m* / constant-voltage generator || ⟨**gerät** *n* / constant-voltage unit, (constant-voltage) excitation and control unit || ⟨**kennlinie** *f* / stabilized voltage characteristic || ⟨**kennlinie** *f* (erzwungene Kennlinie, bei der eine Ausgangsgröße in Bezug auf Änderungen bestimmter Einzelgrößen stabilisiert ist) / stabilized output characteristic || ⟨-**Konstantstrom-Kennlinienumschaltung** *f* / constant voltage/constant current crossover || ⟨-**Konstantstrom-Stromversorgungsgerät** *n* / constant voltage/constant current power supply, constant voltage/constant power supply || ⟨**ladung** *f* / constant-voltage charge || ⟨**netz** *n* (Parallelschaltsystem) / shunt (o. parallel) system

of distribution || ⟨**quelle** *f* / stabilized-voltage source, constant-voltage source || ⟨**regler** *m* / voltage stabilizer, constant-voltage transformer || ⟨-**Schweißstromquelle** *f* / constant voltage welding power source || ⟨-**Stromversorgungsgerät** *n* / constant voltage power supply || ⟨**transformator** *m* / constant-voltage transformer (CVT) || ⟨-**Verstärkermaschine** *f* / amplidyne *n* || ⟨-**Zwischenkreis** *m* / constant-voltage link
Konstantstrom *m* / constant current || ⟨**betrieb** *m* / constant current operation || ⟨**generator** *m* / constant-current generator || ⟨**kennlinie** *f* / stabilized output characteristic, stabilized current characteristic || ⟨**ladung** *f* / constant-current charge || **unkompensierte** ⟨**maschine** / metadyne *n* || ⟨**netz** *n* (Reihenschaltsystem) / series system of distribution || ⟨**quelle** *f* / constant-current source (CCS), stabilized power supply || ⟨**regler** *m* / current stabilizer, constant-current regulator || ⟨-**Stromversorgungsgerät** *n* (Stromversorgungsgerät, das die Ausgangsstromstärke in Bezug auf Änderungen der Einflussgrößen stabilisiert) / constant current power supply || ⟨**system** *n* / constant-current system, Austin system || ⟨-**Thyristorregler** *m* / thyristor current stabilizer, thyristor constant-current controller || ⟨**transformator** *m* / constant-current transformer, Boucherot transformer || ⟨-**Verstärkermaschine** *f* / metadyne *n*
Konstanz *f* / constancy *n*
Konst. Drehmomentanhebung (SLVC) / continuous torque boost (SLVC)
Konstellation *f* / constellation *n*
Konstrastverhältnis *n* / contrast ratio
Konstruieren, rechnerunterstütztes ⟨ / computer-aided design (CAD)
Konstrukt *n* / construct *n*
Konstrukteur *m* / design engineer, designer *n*
Konstruktion *f* / design *n* || ⟨ *f* (v. Bildschirmdarstellungen) / (display) building *n* || ⟨ *f* (Sprache) / construct *n* || **klassische** ⟨ / orthodox design || **rechnerunterstützte** ⟨ / computer-aided design (CAD) || **Überprüfung der** ⟨ / design review
Konstruktions·abteilung *f* / design department || ⟨**akte** *f* / construction file || ⟨**automatisierung** *f* (DA) / design automation (DA)
konstruktionsbedingter Ausfall / design failure || **~ Fehlzustand** / design fault
konstruktionsbegleitende Versuche / trials in the design phase
Konstruktions·blatt *n* / design sheet || ⟨**büro** *n* / design office || ⟨**druck** *m* / design pressure || ⟨**durchsicht** *f* / design review || ⟨**element** *n* / structural element, component *n*, constructional element || ⟨**entwurf** *m* / design draft || **automatische** ⟨**forschung** / automatic design engineering (ADE) || ⟨**merkmal** *n* / design characteristic || ⟨**muster** *n* / design sample || ⟨**nullpunkt** *m* / design zero || ⟨**prinzip** *n* / design principle || ⟨**qualität** *f* / quality of design || ⟨**richtlinie** *f* / design guide, design code || ⟨**stückliste (KSL)** *f* / design parts list || ⟨**teil** *n* / structural parts || ⟨**teile** *n pl* (z.B. SK) / structural parts || ⟨**temperatur** *f* / design temperature || ⟨**überprüfung** *f* / design review ||

konstruktiv

⸨überwachung *f* / design control (AQAP) || ⸨- und Schnittholz *n* / structural/sawn timber || ⸨unterlage *f* / design document || ⸨variante *f* / alternative of design || ⸨zeichnung *f* / design drawing, construction drawing || ⸨zeichnungen *f pl* / mechanical drawings
konstruktiv·e Ausführung / type *n* || ~e Ausführung (el. Gerät) / mechanical construction, mechanical details || ~e Bewehrung / temperature reinforcement, erection reinforcement, non-statical reinforcement || ~e Spaltweite (Ex-, Sch-Geräte) / constructional gap || ~er Aufbau / construction, mechanical construction, constructional details
Konsultation *f* (Online-Interaktion zwischen einem wissensbasierten System und einem hilfesuchenden Benutzer, üblicherweise in einem Frage-Antwort-Dialog) / consultation *n*
Konsument *m* / consumer *n*
Konsumenten·anschluss *m* / consumer's terminal || ⸨raum *m* (im Zählerschrank) / consumer's compartment
Kontakt *m* (Zustand des gegenseitigen Berührens) / contact *n* || ⸨ für Frontentriegelung / front-release contact || ⸨ für mittlere Belastung / medium-load contact || ⸨ machen / make contact || ⸨ mit (elektromagnetisch) beschleunigter Abhebung / repulsion-type contact || ⸨ öffnet / contact opens, contact parts || ⸨ schließt / contact closes, contacts make || ⸨ verschweißt / contact welded || einschaltwischender ⸨ / passing make contact || guter ⸨ / good contact, intimate contact || impulsformender ⸨ / pulse shaping contact || kommandofähiger ⸨ / command-compatible contact || überlappender ⸨ / overlapping contact || überschneidender ⸨ / overlapping contact || voreilender ⸨ / leading contact || weiblicher ⸨ / jack *n* || zwangsgeführter ⸨ / positive-action contact
Kontakt·abbrand *m* / contact erosion, contact pitting, contact wear || ⸨abdeckung *f* / contact cover || ⸨abfrage *f* / contact interrogation || ~abhebende Kraft / contact repulsion
Kontakt·ablauf *m* (Kontakttrennung) / contact separation (movement) || ⸨abnutzung *f* / contact wear || ⸨abscheidung *f* / contact plating, contact deposition || ⸨abstand *m* / contact gap, clearance between open contacts || ⸨abwicklung *f* / contact arrangement, operating sequence, contact configuration || ⸨achse *f* / contact axis || ⸨anbahnung *f* / making initial contacts || ⸨anfressung *f* / contact pitting, contact corrosion, crevice corrosion || ⸨anordnung *f* (Sty) / contact arrangement, contact configuration, insert arrangement (connector depr.) || ⸨anordnung *f* (Steckdose) / arrangement of contact tubes || ⸨anschrift *f* / contact address || ⸨apparat *m* / contact system || ⸨arm *m* / wiper *n* || ⸨art *f* / contact type || ⸨auflage *f* / contact facing || ⸨auflauf *m* / contact making (movement) || ⸨ausgang *m* / contact output, relay output || ⸨-Ausziehkraft *f* / contact extraction force
Kontakt·bahn *f* / contact deck || ⸨band *n* / contact strip || ⸨bank *f* / group of contacts, contact level, contact bank || ⸨baugruppe *f* / contact module || ⸨beben *n* / contact vibration
kontaktbehaftet *adj* (im Gegensatz zu einem statischen Gerät) / non-solid-state *adj*, conventional *adj*, with contacts || ~e

Schalthandlung / contact switching operation
Kontakt·belastbarkeit *f* / contact rating || ⸨belastung *f* / contact loading, contact rating, contact load || ⸨belegung *f* / contact assignments, contact assignment || ⸨belegungsplan *m* / terminal layout || ⸨belichtung *f* (GS) / contact printing || ⸨-Bemessungsspannung *f* VDE 0435, T.110 / rated contact voltage || ⸨bereich *m* / contact zone IEC 129, virtual contact width IEC 50(581) || ⸨berührung *f* / contact touch || ⸨bestückung *f* / contact complement, number of contacts, contact unit || ~blank *adj* / bright area for contacts || ⸨blech *n* / contact plate || ⸨block *m* / contact block, contact unit || ⸨bolzen *m* / contact stud || ⸨brücke *f* / contact bridge, contact cross-bar || ⸨buchse *f* / contact tube, jack *n*, contact socket, female contact || ⸨bügel *m* / contact bridge, contact cross-bar || ⸨codierer *m* / contacting-type encoder, commutator-type encoder
Kontakt·dichte *f* / contact density || Steckverbinder hoher ⸨dichte / high-density connector || ⸨diffusion *f* / contact diffusion (IC) || ⸨draht *m* / contact wire || ⸨druck *m* / contact pressure, contact force || ~druckbedingtes Fließen des Aluminiums / aluminium flow due to contact pressure || ⸨druckfeder *f* / contact pressure spring, contact compression spring || ⸨druckmesser *m* / contact pressure gauge || ⸨durchfederung *f* / contact follow-through travel
Kontakte mit Überschneidung / make-before-break contacts
Kontakt·ebene *f* / contact plane, contact level, contact area || ⸨einführung *f* / contact lead-in || ⸨eingang *m* / entry *n* || ⸨einsatz *m* / contact insert || ⸨einsetzkraft *f* / contact insertion force || ⸨einstellung *f* / contact gauging || ⸨elektrizität *f* / voltaic electricity || ⸨elektrode *f* / contact electrode || ⸨element *n* / contact *n* || ⸨-EMK *f* / contact e.m.f. || ⸨entfestigung *f* / contact softening || ⸨feder *f* / contact spring
Kontaktfehler *m* / contact fault || ⸨häufigkeit *f* / frequency of contact faults || ⸨-Suchgerät *n* / contact fault locator
Kontakt·festigkeit *f* / bond strength || ⸨finger *m* / contact finger, contact stripe || ⸨fingerkopf *m* / contact finger tip || ⸨fläche *f* / contact surface, contact area, faying surface || ⸨flattern *n* / contact chatter || ⸨fleck *m* / bonding pad, bonding island || ⸨folge *f* / succession of contacts, contact sequence || ⸨folie *f* / contact film || ⸨freigabekraft *f* / contact releasing force || ⸨fürst *m* / duke of contacts
Kontaktgabe *f* / contact making, contact closure, contacting *n*, contact connection || überlappende ⸨ / overlapping contacting, make-before-break contacting || überschneidende ⸨ / overlapping contacting || ⸨werk *n* / contact mechanism, retransmitting mechanism, contact making clock
kontaktgebend *adj* / contacting *adj* || ~es Messgerät / instrument with contacts IEC 51
Kontaktgeber *m* / contact maker, contact mechanism, contactor *n*, contacts *n* || ⸨ *m* (Sensor mit Kontaktausgang) / sensor with contact(s) || ⸨ *m* / contact mechanism, retransmitting mechanism, contact making clock || ⸨zähler *m* / impulsing meter, impulse meter
Kontakt·geometrie *f* / contact geometry || ⸨gerät *n* / contact device, contact-making device || ⸨gitter *n* /

lattice n
Kontaktglied n / contact member, contact element (relay) || ⸗**größe** f / contact size || ⸗**haltekraft** f / contact retention force || ⸗**halter** m / contact carrier, contact holder || ⸗**halterung** f / contact retention system, contact retainer || ⸗**hammer** m / trembler n, contact finger, hammer-type contact || ⸗**hub** m / contact travel || ⸗**hülse** f / contact tube || ⸗**hülse des Schutzkontakts** / earth contact tube, ground contact tube
Kontakt·grid m / collecting grid, grid n, contact grid, cell grid || ⸗**gruppe** f / contact group || ⸗**halter** m / contact holder || ⸗**hammer** m / contact area || ⸗**hülse** f / contact sleeve
Kontaktieren n / bonding n || ⸗ n (Kontaktgabe) / contacting n
Kontaktierung f / contacting n, contact n
Kontaktierungsschicht f / contact layer
Kontakt·instrument n / instrument with contacts || ⸗**isolierkörper** m / contact insulator || ⸗**kamm** m / contact comb || ⸗**kammer** f / contact cavity || ⸗**kleben** n / contact sticking || ⸗**klebstoff** m / pressure-sensitive adhesive || ⸗**klemme** f / contact clip || ⸗**korb** m / contact cage || ⸗**körper** m / contact body || ⸗**kraft** f / contact force || ⸗**kreis** m / contact circuit || ⸗**lage nach Betätigung** / operated contact position || ⸗**lager** n / contact bearing || ⸗**lamelle** f / contact lamination || ⸗**last** f / contact load(ing), contact rating || ⸗**leiste** f / contact strip || ⸗**linie** f / contact line || ⸗**loch** n / contact hole (IC)
kontaktlos adj / contactless adj, non-contacting adj, static adj, solid-state adj, open-loop adj || **~e Baugruppe** / static module || **~e Steuerung** / solid-state control, static control, contactless control || **~e Zeit** / no-contact interval, dead time
Kontaktlösekraft f / contact extraction force
kontaktlos·er Ausbreitungsweg / contact-less propagation path || **~er Kommutator** / electronic commutator || **~er Schnappschalter** / solid-state sensitive switch || **~es Schaltgerät** / solid state switching device, static switching device, semiconductor switching device || **~es Servosystem** (Schreiber) / contactless servosystem
Kontakt·macher m / contact making device, contacting device || ⸗**manometer** n / contact manometer, pressure gauge with contacts || ⸗**material** n / contact material || ⸗**messer** n / penetration blade || ⸗**messer** n (Steckverbinder) / contact pin, pin n || ⸗**messer** n / contact blade || ⸗**metallisierung** f / contact metallization || ⸗**mitgang** n / contact follow, contact follow-through travel || ⸗**mittel** n / electro-lubricant n, electrolube || ⸗**modul** n / contact module || ⸗**mutter** f / contact nut
Kontakt·-Nennspannung f VDE 0435, T.110 / nominal contact voltage || ⸗**niet** n / contact rivet || ⸗**oberfläche** f / contact surface || ⸗**öffnung** f / contact gap, clearance between open contacts || ⸗**öffnung** f / contact hole (IC) || **kleine** ⸗**öffnungsweite** VDE 0630 / micro-gap construction (CEE 24) || **normale** ⸗**öffnungsweite** VDE 0630 / normal-gap construction (CEE 24) || ⸗**öffnungszeit** f / contact parting time || ⸗**paar** n / pair of contacts || ⸗**papst** m / pope of contacts || ⸗**passivierung** f / contact passivation || ⸗**pflegemittel** n / contact cleaner

Kontaktplan m / ladder logic, ladder diagram, relay ladder diagram, LAD || ⸗**programmierung** f / ladder-diagram programming, ladder programming, ladder logic programming
Kontakt·plättchen n (Lampenfassung) / contact plate, base eyelet || ⸗**platte** f / contact plate || ⸗**potenzial** n / contact potential, contact potential difference || ⸗**differenz** f / contact potential difference || ⸗**präparation** f / contact preparation || ⸗**prellen** n / contact bounce, contact chatter, bouncing n || ⸗**prellzeit** f / contact bounce time || ⸗**profil** n / contact profile || ⸗**profilband** n / contact profile strip || ⸗**punkt** m / point of contact, contact point || ⸗**querschnitt** m / contact cross section || ⸗**rahmen** m (Klemme) DIN IEC 23F.3 / contact frame ⸗**rauschen** n / contact noise || ⸗**reiben** n / contact wipe || ⸗**reibweg** m / electrical engagement length || ⸗**reiniger** m / contact cleaner || ⸗**reinigungsblech** n / contact burnisher || ⸗**ring** m / contact ring || ⸗**rohrabstand** m / contact tube distance || ⸗**röhre** f (Quecksilberröhre) / mercury contact tube, mercury switch || ⸗**rolle** f / contact roller || **Stangenstromabnehmer-**⸗**rolle** f / trolley wheel || ⸗**rollen** n / contact roll || ⸗**rolleneinheit** f / contact roller unit
Kontakt·satz m VDE 0435,T.110 / contact assembly || **satz** m (Trafo-Stufenschalter) VDE 0532,T.30 / set of contacts IEC 214, contact set || ⸗**satzunterteil** n / contact set lower part || ⸗**schale** f / contact shell || ⸗**schalter** m (berührungsempfindlicher Sch.) / touch-sensitive switch, contact switch || ⸗**-Schaltzustand** m / contact-switching state || ⸗**scheibe** f / contact disc, contact washer, locking edge washer || ⸗**schieber** m / contact slide, contact slide || ⸗**schiene** f / contact bar || ⸗**schleifbügel** m / sliding contact arm || ⸗**schleifmaschine** f / abrasive belt grinding machine || ⸗**schraube** f (Anschlussklemme) / (wire) clamping screw, terminal screw
Kontaktschutz m / contact protection, protection against arcing, arc suppression || **mechanischer** ⸗ / shroud n IEC 50(581) || ⸗**fett** n / contact protective grease || ⸗**modul** n / arc suppression module, RC element
Kontakt·schweißmaschine f / contact welding machine || ⸗**segment** n / contact segment || ⸗**seite** f / contact side, contact circuit || **~sicher** adj / with high contact stability || ⸗**sicherheit** f / contact stability IEC 257, safe current transfer, good contact making || ⸗**sicherung** f / contactor code, contact lock || ⸗**spalt** m / contact gap, clearance between open contacts || ⸗**spannung** f (zwischen zwei Materialien) / contact potential difference || ⸗**spiel** n / contact float || ⸗**spitze** f / contact tip || ⸗**stab** m / contact rod || ⸗**steg** m / printed conductor || ⸗**stelle** f / point of contact, contact point || ⸗**stift** m / pin n, contact pin, connector pin || ⸗**stiftdiagramm** n / pinout diagram || ⸗**störung** f DIN 41640 / contact disturbance IEC 512, contact defect || ⸗**streifen** m / grid finger || ⸗**stück** n / contact piece, contact n || ⸗**stück eines Sicherungseinsatzes** / fuse-link contact || ⸗**symbol** n / contact symbol || ⸗**system** n / contact system
Kontakt·technik f / contact technique || ⸗**technologie** f / contact technology || **gedrucktes** ⸗**teil** / printed contact || ⸗**temperatur** f / contact

Kontakt

temperature || ~**thermometer** *n* / contact-making thermometer, contact thermometer || ~**träger** *m* / contact carrier, contact support || ~**trennung** *f* / contact separation, contact parting || ~**trennzeit** *f* / contact parting time || ~**überbrückung** *f* / contact shunt || ~**überdeckung** *f* (Überlappung) / contact overlap || ~**übergang** *m* / contact junction || ~**übergangswiderstand** *m* / contact resistance, transfer resistance || ~**überhub** *m* (Abbrandzugabe) / extra way of contact || ~**überlappung** *f* / contact overlap, make-before-break feature, break-before-make feature || ~**überwachung** *f* / perimeter sensing || ~**umschaltzeit** *f* (Netzumschaltzeit) / contact transfer time || ~**unterbrechung** *f* / contact separation, contact parting || ~**unterbrechung** *f* (Kontaktstörung) / contact disturbance IEC 512, contact defect

Kontakt·vergoldung *f* / gold-plated contacts || ~**verhalten** *n* / contact performance, contact behaviour || ~**verknüpfung** *f* / relay logic || ~**verlängerung** *f* / contact extension || ~**verschweißen** *n* / contact welding || ~**vervielfacher** *m* / contact multiplier || ~**vervielfachung** *f* / contact multiplication || ~**vorrichtung** *f* / contacting device, contact assembly || ~**walze** *f* / contact roller || ~**weg** *m* / contact travel || ~**weg** *m* / electrical engagement length || ~**wendel** *f* / contact helix || ~**werkstoff** *m* / contact material || ~**widerstand** *m* / contact resistance || ~**winkel** *m* / contact bracket || ~**zapfen** *m* / contact stud, contact pin || ~**zeigerthermometer** *n* / contact-making dial thermometer || ~**-Zeigerthermometer** *n* / contact-making dial-type thermometer || ~**zeit** *f* / contact time || ~**zeitdifferenz** *f* VDE 0435,T.110 / contact time difference || ~**zone** *f* / contact zone || ~**zuverlässigkeit** *f* / contact reliability

Kontamination *f* / contamination *n*
Kontaminierung *f* / contamination *n*
Konten·plan *m* / chart of accounts || ~**struktur** *f* / account structure

Konter·fahrschaltung *f* / counter-torque travelling control || ~**hubschaltung** *f* / counter-torque hoisting control || ~**mutter** *f* / lock nut, check nut, jam nut, prevailing-torque-type lock nut

Kontern *n* / plugging *n*, counter-torque control, counter-torque duty || ~ *v* / plug *v*, reverse *v* || ~ *v* (Schraube) / lock *v*, lock with a lock nut, check *v* || ~ *v* (Zeichnung) / reverse *v*

Konter·profil *n* / counter profile || ~**schaltung** *f* / plugging circuit, counter-torque control circuit || ~**schutz** *m* / anti-plugging protection

kontersicher *adj* / suitable for plugging, suitable for straight reversing
Kontersperrgewicht *n* / counter locking weight
Kontext *m* / context *n* || ~**bezogen** *adj* / contextual || ~**bezogene Hilfe** *f* / context-sensitive help || ~**-Management** *n* / Context Management (COMA) || ~**menü** *n* / context menu || ~**sensitiv** *adj* / context-sensitive *adj* || ~**sensitive Hilfe** *f* / context-sensitive help function || ~**sensitive Information** *f* / context-sensitive information

Kontierung *f* / reference *n*
Kontingenztafel *f* DIN 55350,T.23 / contingency table
kontinuierlich *adj* / continuous *adj*, uninterrupted *adj*, stepless *adj* || ~**e Drehzahlverstellung** / stepless speed variation, continuous speed control || ~**e Fertigung** / discrete manufacture || ~**e Kristallisation** / continuous crystallization || ~**e Qualitätsverbesserung** / CQI (continuous quality improvement) || ~**e Regelung** / continuous control || ~**e Steuerung** / continuous control, notchless control || ~**e Stromanhebung** / continuous boost || ~**e tiegelfreie Kristallisation** / continuous crucible-free crystallization || ~**e Welle** / continuous wave (c.w.) || ~**e Zufallsvariable** / continuous random variable || ~**er Fehler** / progressive error || ~**er Maschinenlauf** / uninterrupted machine operation || ~**er paralleler Erdungsleiter** / parallel earth-continuity conductor || ~**er Prozessregler** / continuous-action controller || ~**er Regler** (K-Regler) / continuous controller, continuous-action controller || ~**er Verbesserungsprozess (KVP)** / continuous improvement process (CIP) || ~**es Abrichten** / continuous dressing || ~**es Auskreuzen** (Kabelschirmverbindungen) / continuous cross-bonding || ~**es Bestücken** / continuous placement || ~**es Gasanalysegerät** / continuous gas analyzer || ~**es Geräusch** / continuous noise || ~**es Merkmal** DIN 55350, T. 12 / continuous characteristic || ~**es Spektrum** (Spektrum, dessen von Null verschiedene Werte ein oder mehrere kontinuierliche Frequenzbänder belegen) / continuous spectrum || ~**es Verhalten** / continuous action IEC 50(351)

Kontinuität *f* / continuity *n*
Kontinuitätskriterium *n* (Versorgungsnetz) / continuity criterion, supply continuity criterion
Kontinuum *n* / continuum *n* || ~ *n* (Spektrum) / continuous spectrum
Konto *n* / account *n*
kontrahierter Lichtbogen / constricted arc, contracted arc || ~**er Vakuumlichtbogen** / constricted vacuum arc
Kontraktionsziffer *f* / contraction coefficient, Carter's coefficient
Kontraktorschlüssel *m* (Datenfeld zur Abrechnung der verlegten Kabel mit de Kunden) / CC *n*
Kontrast *m* / contrast *n* || ~ *m* / (character) contrast to background || ~ **a.**= *m* / Contrast e.= || ~ **außen** *m* / external contrast || ~ **des Speicherbildes** / storage contrast ratio || ~ **i.**= *m* / Contrast i.= || ~ **innen** *m* / internal contrast
kontrastarm *adj* / poor in contrast
Kontrast·auflösung *f* / contrast resolution || ~**einsteller** *m* / contrast control || ~**einstellung** *f* / contrast setting || ~**empfindlichkeit** *f* / contrast sensitivity || ~**empfindungsgeschwindigkeit** *f* / speed of contrast perception || ~**fläche** *f* / backing plate || ~**fotometer** *n* / equality of contrast photometer || ~**glas** *n* / tinted contrast glass, dark glass || ~**minderung durch Reflexe** / veiling reflections || ~**reich** *adj* / high-contrast *adj* || ~**rot Nr. 2** / contrast red No. 2 || ~**schwelle** *f* / threshold contrast || ~**sehen** *n* / visual contrast || ~**taster** *m* / contrast sensor || ~**übertragung** *f* (Strahlungsmodulationsgrad) / beam modulation percentage || ~**verhältnis** *n* / (stored) contrast ratio || ~**wert** *m* / contrast value

Kontrastwiedergabe *f* / contrast rendering || ~**faktor** *m* / contrast rendering factor (CRF)
Kontroll- / control *n*, check *n*
Kontrollanlage, Wächter-~ *f* / watchman's reporting

system
Kontroll·befehl *m* / check command ‖ ⁓**bereich** *m* / controlled area ‖ ⁓**bericht** *m* / control report ‖ ⁓**bild** *n* / monitoring picture ‖ ⁓**block** *m* (DIN EN 61850-7-1) / control block ‖ ⁓**block für nicht gespeicherten Bericht** / unbuffered report control block (URCB) ‖ ⁓**block für Speicherbericht** / buffered report control block ‖ ⁓**bohrung** *f* / reference hole, inspection hole ‖ ⁓**dorn** *m* / mandrel gauge, control pin ‖ ⁓**dorn** *m* (Blechp.) / stacking gauge
Kontrolle *f* / check *n*, inspection *n*, verification *n*, watchdog *n* ‖ ⁓ *f* (Überwachung) IEC 50(191) / supervision *n*, monitoring *n* ‖ ⁓ **der Hauptstromverbindungen** / connection check IEC 700 ‖ ⁓ **der Stoßstromfestigkeit** / fault current capability check IEC 700 ‖ ⁓ **des Einschalt- und Ausschaltverhaltens** / turn-on/turn-off check IEC 700 ‖ **1 aus n-**⁓ / 1-out-of-n check ‖ **rechnerische** ⁓ / computational check
Kontroll·eingangsadresse *f* / control input address ‖ ⁓**empfänger** *m* / checkback receiver
Kontroller *m* / controller *n*
Kontroll·feld *n* (Teil eines Telegramms) / control field ‖ ⁓**fenster** *n* / control window ‖ ⁓**flussgraph** *m* / control-flow graph ‖ **~flussorientiert** *adj* / control-flow orientated ‖ **~flussorientierter Test** / control-flow oriented test ‖ ⁓**folge** *f* / checkweighing rate ‖ ⁓**frequenz** *f* / check-back frequency ‖ ⁓**funkenstrecke** *f* / tell-tale spark gap, auxiliary control gap ‖ ⁓**funktion** *f* / control function ‖ ⁓**gerät** *n* / control device ‖ **untere** ⁓**grenze** / lower control limit ‖ ⁓**heft** *n* / control file
kontrollieren *v* / control *v*, check *v*, verify *v*
kontrolliert·e Umgebungsbedingungen / controlled environment ‖ **~e Verfahrbewegung** / controlled travel movement ‖ **~es Spiel** / controlled backlash ‖ **~es Zugangssystem** (Mittel, um die physische Zugangskontrolle zu automatisieren) / controlled access system
Kontroll·kanal *m* / control channel ‖ ⁓**karte für kumulierte Werte** / consum chart ‖ ⁓**kartentechnik** *f* / use of quality control charts ‖ ⁓**kästchen** *n* / checkbox *n* ‖ ⁓**körper** *m* / calibration block
Kontrolllampe *f* / repeater lamp, pilot lamp, pilot light, indicator light, signaling light ‖ **Fernlicht~** *f* / main beam warning lamp
Kontroll·lasche *f* / indicator strip ‖ ⁓**-LED** *f* / control LED ‖ ⁓**lehre** *f* / standard gauge ‖ ⁓**linie** *f* / checking line ‖ ⁓**liste** *f* / checklist *n* ‖ ⁓**maß** *n* / reference dimension ‖ ⁓**messung** *f* / check measurement, gauging check, dimensional check ‖ ⁓**normalgerät** *n* / substandard *n* ‖ ⁓**nummer** *f* / control number
Kontroll·plan *m* / checklist, check diagram ‖ ⁓**polygon** *n* / check polygon ‖ ⁓**programm** *n* / supervisory routine, monitoring program, tracing program ‖ ⁓**prüfung** *f* / check test ‖ ⁓**prüfungen** *f pl* / control test ‖ ⁓**punkt** *m* / checkpoint *n*, control point ‖ ⁓**punktmarke** *f* / checkpoint marking ‖ ⁓**punktverfahren** *n* (DIN V 44302-2) / checkpointing ‖ ⁓**punktzeichen** *n* / checkpoint sign ‖ ⁓**riss** *m* / reference marking, reference line ‖ ⁓**rückführung** *f* / monitoring feedback
Kontroll·schalter *m* (I-Schalter m. Meldeleuchte) / switch with pilot lamp, switch with target-light indicator, control switch ‖ **Wechsel-**⁓**schalter** *m* / two-way switch with pilot lamp ‖ ⁓**schaltung** *f* / test circuit ‖ ⁓**schieber** *m* / control gate ‖ ⁓**signal** *n* / check-back signal ‖ ⁓**spur** *f* / checklist *n* ‖ ⁓**station** *f* / control station ‖ ⁓**stelle** *f* (Stelle, die für die Instandhaltung und Fehlerbeseitigung in einem Übertragungssystem verantwortlich ist) / system control station ‖ ⁓**stromkreis** *m* / calibration circuit ‖ ⁓**struktur** *f* / control structure ‖ ⁓**summe** *f* / total for control ‖ ⁓**system** *n* / control system ‖ ⁓**taster** *m* / control pushbutton ‖ ⁓**technik** *f* / control technology ‖ ⁓**uhr** *f* / time recorder ‖ ⁓**- und Überwachungseinheit** *f* (Mess- und Logikeinheit, die das Gesamtsystem durch Überwachung aller Teilsysteme kontrolliert) / monitor and control subsystem ‖ ⁓**versuch** *m* / check test ‖ ⁓**waage** *f* / check weigher ‖ ⁓**warte** *f* / control room ‖ ⁓**winkel** *m* / checking angle ‖ ⁓**zähler** *m* / control counter ‖ ⁓**zählung** *f* (Stromlieferung) / check metering ‖ ⁓**zählwerk** *n* / check register ‖ ⁓**zählwert** **(Kontrollzählwert)** *m* / control accumulator ‖ ⁓**zeichen** *n* / test mark ‖ ⁓**zeit** *f* / check time ‖ ⁓**zentrum** *n* / control centre, (Lastverteiler) load dispatch centre, control center

Kontur *f* / contour *n*, outline *n*, contour line, design *n*, profile *n* ‖ ⁓ **der Eingriff-Stirnfläche** (Stecker) / outline of engagement face ‖ ⁓ **der Insel eingeben** / enter island contour ‖ ⁓ **der Tasche eingeben** / enter pocket contour ‖ ⁓ **eines Parabolkegels** / shape of a lathe turned plug ‖ ⁓ **fräsen** / mill a contour ‖ ⁓ **schließen** / close contour ‖ ⁓ **umbennenen** / rename contour ‖ ⁓ **verwerfen** / reject contour ‖ ⁓ **wiederanfahren** / repositioning *n*, reposition *v* ‖ **abfallende** ⁓ / falling contour ‖ **freie** ⁓ / free contour ‖ **gerichtete** ⁓ / directed contour ‖ **neue** ⁓ / new contour ‖ **programmierte** ⁓ / programmed contour ‖ **verdeckte** ⁓ / concealed contours
Kontur·abschluss *m* / finish contour ‖ ⁓**abschnitt** *m* / section of the contour ‖ ⁓**abweichung** *f* / contour deviation ‖ ⁓**abweichung** *f* (NC) / deviation from contour ‖ ⁓**anfang** *m* / contour start ‖ ⁓**anfangspunkt** *m* / contour starting point ‖ ⁓**anzeigebereich** *m* / contour display range ‖ ⁓**aufmaß** *n* / contour allowance ‖ ⁓**bearbeitung** *f* / contour machining ‖ ⁓**bereich** *m* / contour range ‖ ⁓**beschreibung** *f* / contour definition ‖ ⁓**bild** *n* / outline figure ‖ ⁓**daten** *plt* / contour data ‖ ⁓**definition** *f* / contour definition ‖ ⁓**drehen** *n* / contour turning, contouring *n* ‖ ⁓**ebene** *f* / contour plane ‖ ⁓**ecke** *f* / contour corner ‖ ⁓**editor** *f* / contour editor ‖ ⁓**element** *n* / contour element, span *n*, segment *n* ‖ ⁓**element** *n* (graf. DV) / outline element ‖ ⁓**element anfügen** / add contour element ‖ ⁓**element einfügen** / insert contour element ‖ ⁓**element löschen** / delete contour element ‖ ⁓**elemente erstellen** / create contour elements
Konturen·ermittlung *f* / contour measurement ‖ **~scharf** *adj* / high-definition *adj* ‖ ⁓**stecker** *m* / two-pole plug for Class II apparatus ‖ ⁓**treue** *f* / definition *n* ‖ ⁓**übergang** *m* / contour transition
Kontur·erfassung *f* / recording the contour ‖ ⁓**erkennung** *f* / contour recognition ‖ ⁓**erstellung** *f* / contour generation ‖ ⁓**erzeugung** *f* / contour generation ‖ ⁓**fehler** *m* / contour violation ‖

Kontur

fräsen *n* / profiling *n*, contour milling, mill a contour || fräsen im Durchlauf / continuous contour milling || fräser *m* / contour milling machine || fräsmaschine *f* / contour milling machine

Kontur-genauigkeit *f* / contour precision, contour accuracy || handrad *n* / contour handwheel || kante *f* / contour edge || kantenanleimmaschine *f* / contour edge-glue machine || kantenbearbeitung *f* / contour-edge machining || kette *f* / contour chain || krümmung *f* / contour curvature || kurzbeschreibung *f* / contour definition programming || -Kurzbeschreibung *f* / contour format shorthand || -Kurzbeschreibung *f* (NC-Programmierung, Werte aus einer Zeichnung werden direkt ohne Umrechnung in die Steuerung eingegeben) / blueprint programming || kurzprogrammierung *f* / blueprint programming || makro *n* / contour macro || messung *f* / contour measurement || name *m* (CLDATA-Satz) / contour identifier, contour name || normale *f* / contour normal || offset *n* / contour offset

konturparallel *adj* / parallel to contour || **~es Ausräumen** / stock removal parallel to contour || **~es Schruppen** / roughing parallel to contour

Kontur-programm *n* / contour program || programmierung *f* / contour programming || punkt *m* / contour point || radius *m* / contour radius || rechner *m* / contour calculator || rechner für NC-Geometrieprogramme / contour calculator for NC geometry programs || richtung *f* / contour direction || schleifen *n* / profile grinding || schleifmaschine *f* / profile grinding machine || schneiden *n* / contour cutting || schneider *m* / contour cutter || schruppen *n* / contour roughing || simulation *f* / contour simulation || stechen *n* / contour-grooving || stück *n* / contour piece

Kontur-tabelle *f* / contour table || tangente *f* / contour tangent || tasche *f* / contour pocket || tasche schlichten / Finish contour pocket || taschenzyklus *m* / contour pocket cycle || teilstück *n* / contour piece || treue *f* / contour precision, contour accuracy || tunnelüberwachung *f* / contour tunnel monitoring || übergangselement *n* / contour transition element, contour transition || überwachung *f* / contour monitoring || unterprogramm *n* / contour subroutine || verfälschung *f* / contour error || verletzung *f* / contour violation || versatz *m* / contour offset || verschiebung *f* / contour shift, contour transfer || vorschub *m* / contour feed

Konturzug *m* / CON (contour definition), contour definition (CON), train of contour elements || *m* (graf. DV) / outline *n* || **Fase bei** / chamfer between two contour elements || kurzbeschreibung *f* / contour definition programming || programmierung *f* / contour definition programming, geometric contour programming, blueprint programming || winkel *m* / contour angle

Konturzyklus *m* / contour cycle

Konus *m* / cone *n* || fräsen *n* / conical milling || klemme *f* / conical terminal || kupplung *f* / cone clutch || läufer *m* / conical rotor || läufer-Bremsmotor *m* / conical rotor brake motor

Konvektion *f* / convection *n* || **freie** / natural convection

Konvektions-kühlung *f* / convectional cooling || strom *m* / convection current || zahl *f* / coefficient of convection

konventionell *adj* / conventional *adj* || **~ mit elektronischem Handrad** / jog with electronic handwheel || **~ mit NC** / jog via NC || **ohne NC** / jog independent of NC || **~ richtiger Wert** / conventional true value || **~e Achsgeschwindigkeit** / JOG axis velocity || **~e Drehmaschine** / conventional turning machine (CTM) || **~e Größen** / conventional quantities || **~e Leerlauf-Gleichspannung** (Gleichrichter o. Wechselrichter) / conventional no-load direct voltage || **~e maximale Blitzüberspannung** / conventional maximum lightning overvoltage || **~e maximale Schaltüberspannung** / conventional maximum switching overvoltage || **~e Meldeanlage** (festverdrahtete M.) / hard-wired annunciation (o. alarm) system || **~e Pegelsicherheit** / conventional safety factor || **~e Sicherheitstechnik** / conventional safety technology || **~e Spannungsgrenze** / conventional touch voltage limit || **~e Steh-Blitzstoßspannung** / conventional lightning impulse withstand voltage || **~e Steh-Schaltstoßspannung** / conventional switching impulse withstand voltage || **~e Steh-Stoßspannung** / conventional impulse withstand voltage || **~e Zeit** (GSS) / conventional time || **auf den ~en Wert bezogene Abweichung** DIN IEC 255, T. 1-00 / conventional error (relay) || **~er Betrieb** / manual mode of operation (NC) ISO 2806-1980, jog mode || **~er Pegelfaktor** VDE 0111,T.1 A1 / conventional safety factor || **~er Prüfstrom** / conventional test current || **~er richtiger Wert** / conventional true value || **~er thermischer Bemessungsstrom** VDE 0660,T.101, 107 / rated thermal current || **~er thermischer Läuferstrom** I_{thr} / conventional rotor thermal current || **~er thermischer Strom** / conventional thermal current || **~er thermischer Strom in freier Luft** / conventional free-air thermal current || **~er thermischer Strom von Geräten in Gehäusen** / conventional enclosed thermal current || **~er Vorschub** / feed in jog mode || **~er Wägewert** / conventional mass || **~es Fahren** / manually controlled traversing, traversing in jog mode || **~es thermisches Kraftwerk** / conventional thermal power station

Konvergenz *f* / convergence *n* || abgleich *m* / convergence correction || elektrode *f* / convergence electrode || faktor *m* / convergence factor || fläche *f* / convergence surface || gewinnmaß *n* / convergence gain (the convergence factor expressed in decibels) || korrektur *f* (Bildröhre) / convergence correction || magnet *m* / convergence magnet

Konversionsrate *f* / conversion rate

Konverter *m* / converter *n* || -Einfüllkran *m* / converter charging crane

konvertieren *v* / convert *v*

Konvertierung *f* / conversion *n*

Konvertierungs-datei *f* / conversion file || fenster *n* / conversion window || programm *n* /

conversion program || ⚬**rate** *f* / conversion rate *n* || ⚬**raten** *f pl* / conversion rates || ⚬**vorschrift** *f* / conversion specification
konvex *adj* / convex *adj*, crowned *adj*
Konzentration pro Volumeneinheit / concentration per volume unit
Konzentrations·faktor *m* / concentration ratio || ⚬**parameter** *m* / parameter of concentration || ⚬**polarisation** *f* / concentration polarization, mass-transfer polarization || ⚬**verhältnis** *n* / concentration factor *n*, CR *n*
Konzentrator *m* / concentrator *n*, data concentrator || ⚬ *m* (IEC/TR 870-1-4 Beiblatt 14 zu DIN EN 60870; Funktionseinheit, die physikalische oder logische Nachrichtenkanäle mehrerer Benutzer mit einer kleinen Anzahl von Übertragungskanälen verbindet; andere Bezeichnungen: Sternkoppler, Hub) / concentrator || ⚬**modul** *n* (Solarmodule, die in konzentriertem Sonnenlicht eingesetzt werden) / concentrator module || ⚬**-Station** *f* / concentrator station || ⚬**system** *n* / concentrating system || ⚬**zelle** *f* (Solarzellen, die in konzentriertem Sonnenlicht eingesetzt werden) / concentrator cell, concentrating cell
konzentrierendes System / concentrating system
konzentriert *adj* / focussed *adj* || **~e Impedanz** / lumped impedance || **~e Kapazitäten** / lumped capacitances || **~e Konstante** / lumped constant || **~e Schwefelsäure** / concentrated sulfuric acid || **~e Wicklung** / concentrated winding || **aus ~en Elementen aufgebauter Stromkreis** / lumped circuit || **~er Entstörwiderstand** / concentrated resistive suppressor || **~es Licht** / concentrated light
konzentrisch *adj* / concentric || **~e Spule** / concentric coil, cylindrical coil || **~e Spulenwicklung** / concentric coil winding, concentric winding || **~e Wicklung** / concentric winding, unbifurcated winding || **~e Wicklungsanordnung** / concentric windings IEC 50(421) || **~er Außenleiter** / concentric outer conductor, concentric conductor || **~er Kontakt** / concentric contact || **~er Leiter** / concentric conductor || **~er Neutralleiter** (Kabel) / concentric neutral (conductor) || **~er Schutzleiter** / concentric PE conductor, concentric neutral conductor
Konzentrizität *f* (DIN V 44302-2) / concentricity || ⚬**sfehler zwischen Kern und Mantel** / core/cladding concentricity error
Konzept *n* / design *n*, CON *n*, concept *n* || **3-Klemmen-**⚬ *n* / three-terminal concept, 3-terminal concept || ⚬**absicherung** *f* / confirmation of the concept || ⚬**beschreibung** *f* / concept description || ⚬**bildung** *f* / concept formation || ⚬**entwurf** *m* / conceptual design || ⚬**erstellung** *f* / specification creation || ⚬**findung** *f* / concept definition || ⚬**findungsphase** *f* / concept phase || ⚬**generalisierung** *f* (Erweiterung des Gültigkeitsbereichs einer Konzeptbeschreibung, um mehr Beispiele einzuschließen) / concept generalization
Konzeption *f* / design, conception || ⚬ **technisch/vertrieblich** / requirements definition technical/sales
konzeptionell·e Ausführung / design concept || **~e Clusterbildung** / conceptual clustering || **~e Ebene** / conceptual level || **~e Sprache** / conceptual schema language || **~es Modell** (Darstellung der Merkmale eines Weltausschnitts mit Hilfe von Entitäten und Entitätsbeziehungen) / conceptual model || **~es Schema** (konsistente Zusammenfassung von Sätzen, welche die für einen Weltausschnitt gültigen Aussagen ausdrücken) / conceptual schema || **~es Subschema** (Teil eines konzeptionellen Schemas für eine oder mehrere Anwendungen) / conceptual subschema || **~es Weisungsrecht** / right to issue instructions on project concept measures
Konzeptionsphase *f* / requirements definition
Konzept·lernen *n* / concept learning || ⚬**phase** *f* / concept phase || ⚬**prüfung** *f* / concept review || ⚬**spezialisierung** *f* / concept specialization || ⚬**validierung** *f* / concept validation || ⚬**vorteil** *m* / concept advantage
Konzerngesellschaft *f* / Group company, companies within Siemens, affiliated company
Konzessionsdruck *m* / design pressure
konzipieren *v* / design *v*
Konzipierung *f* / concept design
kooperatives Fertigungsmanagement *n* / Collaborative Manufacturing Management (CMM)
kooperierender Roboter (Kobot) *m* / collaborative robot
Koordinate *f* / coordinate *n* || ⚬ **einer vektoriellen Größe** / component of a vector quantity
Koordinate, rechtwinklige ⚬ / rectangular coordinates, Cartesian coordinates
Koordinaten·achse *f* / coordinate axis, axis of coordinate, axis *n* || ⚬**anfangspunkt** *m* / coordinate origin, coordinate datum || ⚬**bemaßung** *f* / coordinate dimensioning, ordinate dimensioning || ⚬**bezugspunkt** *m* / coordinate reference point
Koordinatendrehung *f* (KD) / coordinate rotation (COR) || ⚬ **und Maßstabfaktor** / coordinate rotation and scale factor (COA)
Koordinaten·-Feinbohrmaschine *f* / coordinate precision-drilling machine || ⚬**gitter** *n* / coordinate grid || ⚬**grafik** *f* (grafische Datenverarbeitung, bei der Bilder vollständig aus Liniensegmenten zusammengesetzt sind) / coordinate graphics || ⚬**maß** *n* / coordinate dimension || ⚬**maß-Befehl** *m* (Wort) / coordinate dimension word || ⚬**maße** *n pl* / coordinate dimensions || ⚬**messgerät** *n* / coordinate measuring machine || ⚬**messmaschine** *f* / coordinate measuring machine (CMM) || ⚬**-Messmaschine** *f* / coordinate inspection machine, coordinate gauging device, numerically controlled inspection machine || **3D-**⚬**messmaschine** *f* / 3D coordinate measuring machine || ⚬**netz** *n* / coordinate grid || ⚬**nullpunkt** *m* / zero point, point of origin, zero *n*, origin *n* || ⚬**-Nullpunkt** *m* / coordinate basic origin || ⚬**schalter** *m* / coordinate switch, coordination switch, joystick switch || ⚬**schleifen** *n* / coordinate grinding || ⚬**schleifmaschine** *f* / coordinate grinding machine || ⚬**schreiber** *m* / plotter *n*
Koordinatensystem *n* (KS) / coordinate system || **rechtsdrehendes** ⚬ / right-handed Cartesian coordinate system || **rechtwinkliges** ⚬ / rectangular coordinate system, rectangular Cartesian coordinate system || ⚬**drehung** *f* / coordinate system rotation
Koordinaten·tisch *m* / coordinate table, positioning table || ⚬**transformation** *f* / coordinate

Koordination 472

transformation || ⸗**transformationen definieren** / define coordinate transformations || ⸗**ursprung** *m* / zero point, point of origin, zero *n*, origin *n* || ⸗**ursprung** *m* / coordinate origin, coordinate datum || ⸗**wandler** *m* / coordinate converter || ⸗**wandler** *m* (Resolver) / resolver *n* || ⸗**werte** *m pl* / coordinate values, coordinate dimensions || ⸗**wort** *n* / dimension word
Koordination *f* / coordination *n*
Koordinations·ebene *f* DIN 30798, T.1 / coordination plane || ⸗**gerade** *f* DIN 30798, T.1 / coordination line || ⸗**punkt** *m* DIN 30798, T.1 / coordination point || ⸗**stelle westlicher Systeme** *f* / Western Systems Coordinating Council (WSCC)
Koordinator *m* / coordinator *n*, allocator *n* || ⸗**baugruppe** *f* / coordinator module
koordinieren *v* / coordinate *v*
koordinierende Stehspannung des Isolationspegels / coordinating withstand voltage of insulation level
koordinierte Antriebe/High-Performance Antriebe / coordinated drives/servo drives || **~e Weltzeit** / Coordinated Universal Time
Koordinierung *f* / coordination *n*
Koordinierungs·abstand *m* / co-ordination distance || ⸗**byte** *n* / coordination byte || ⸗**-Byte empfangen** / receive coordination byte || ⸗**-Byte senden** / send coordination byte || ⸗**gebiet** *n* (Fläche innerhalb einer Koordinierungskontur) / co-ordination area || ⸗**kontur** *f* (geometrischer Ort aller Punkte, die durch die Koordinierungsabstände einer Funkstelle in allen Richtungen gegeben sind) / co-ordination contour || ⸗**merker** *m* / coordination flag || ⸗**prozessor** *m* / coordination processor || ⸗**rechner** *m* / coordination computer || ⸗**steuerung** *f* / coordination control || ⸗**wort** *n* / coordination word
KOP (Kontaktplan) / ladder diagram, relay ladder diagram, LAD (ladder diagram) || ⸗**-AKTIV** (Kopplung aktiv) / ACTIVE LINK || ⸗**-AUS** / OFF LINK || ⸗**-EIN** / ON LINK
Kopf *m* / head || ⸗ *m* (Bürste) / top *n* || ⸗ *m* (PMG-Nachricht, SPS-Baustein) / header *n* || ⸗ *m* / heading *n* || **über ⸗ zündender Thyristor** / break-over thyristor || ⸗**achse** *f* / head axis || ⸗**aktivierungsmechanismus** *m* (Speicherlaufwerk) / head activating mechanism || ⸗**ankerrelais** *n* / front-armature relay, end-on armature relay || ⸗**ansatz** *m* (Bürste) / head *n* || ⸗**armatur** *f* (Bürste, führend) / guide clip || ⸗**armatur** *f* (Bürste, Verschleiß verhindernd) / hammer clip, finger clip
Kopf·balken *m* / top girder || ⸗**bauweise** *f* / MPC head module || ⸗**bauweise** *f* (Strom- und Spannungswandler) / top-assembly type, top-winding type || ⸗**bereich** *m* / header area || ⸗**beruhigungszeit** *f* (Speicherlaufwerk) / head settling time || ⸗**crash** *m* / head crash || ⸗**daten** *plt* / order header data
Köpfen *n* (Entfernen aller von der Oberfläche einer Beschichtung abstehenden kleinen Teilchen mit feinem Schleifpapier) / de-nibbing
Kopffläche *f* (Bürste) / top end, holder end || **teilweise geschrägte** ⸗ (Bürste) / partly beveling head
kopfgesteuerte Einspritzung / top-fed injection
Kopf·grundfunktion *f* (die eigentlichen Funktionen des Bestückkopfes wie Bauelement abholen und Bauelement bestücken) / basic head function || ⸗**höhe** *f* / head height || ⸗**information** *f* (PROFIBUS) / header *n*, header information || ⸗**kennung** *f* / top *n*, header *n*, head *n*, header identifier || ⸗**kontaktklemme** *f* / screw terminal || ⸗**kontaktschraube** *f* / screw head contact || ⸗**kreis** *m* (Zahnrad) / tip circle, addendum circle, crown circle || ⸗**kreisdurchmesser** *m* / outside diameter, tip circle diameter
Kopf·lager *n* / top bearing, upper pivot || ⸗**lampe** *f* / cap lamp || ⸗**länge** *f* / head length || ⸗**lastigkeit** *f* / top-heaviness, top heavy || ⸗**leiste** *f* / top rail, top bezel plate || ⸗**leiste** *f* (Schrank) / top (bracing) rail, top brace || ⸗**leuchte** *f* / cap lamp || ⸗**messumformer** *m* / head transmitter, head-mounted transmitter *n* || ⸗**modul** *n* / front module || ⸗**mulde** *f* (Bürste) / top groove || ⸗**niet** *m* / round-head rivet || ⸗**nut** *f* (Bürste) / top slot || ⸗**platine** *f* / head board (controller board of the placement head) || ⸗**platte** *f* / top plate || ⸗**prozessorplatine** *f* / head processor board || ⸗**raumausbau** *m* / top space expansion || ⸗**-Referenzlauf** *m* / head reference run
Kopf·satz *m* / header *n*, head *n*, top *n* || ⸗**schräge** *f* (Bürste) / top bevel || ⸗**schraube** *f* / machine screw, head screw, cap screw || ⸗**schraubenklemme** *f* / screw terminal || ⸗**schwenkung** *f* (CLDATA-Wort) / rotate head (CLDATA word) ISO 3592 || ⸗**schwenkung** *f* / head rotation || ⸗**segment für Nachrichtengruppe** / functional group header || ⸗**spiel** *n* / crest clearance, tip clearance || ⸗**station** *f* / head-end *n* || ⸗**station** *f* (in einem Breitband-LAN eine Einrichtung, die Signale von jeder Datenstation empfängt und diese an alle Datenstationen weitersendet) / header-end *n* || ⸗**stecker** *m* / jumper header, jumper comb, jumper header || ⸗**steinpflasterung** *f* / cobblestone pavement || ⸗**steuerung** *f* / master control, master controller, master PLC, process master unit, process master unit (PMU), head controller, head control || ⸗**steuerung** *f* (KST) / master control, process master unit (PMU) || ⸗**-Stromwandler** *m* / top-assembly current transformer, top-winding current transformer
Kopfstück *n* (Kopfleuchte) / head piece || ⸗ *n* (Bürste) / head *n*, top *n* || **Bürste mit** ⸗ / headed brush || **Spreizbürste mit** ⸗ / split brush with wedge top
Kopf·stütze *f* / head restraint || ⸗**teil** *n* / header section || ⸗**transmitter** *m* / head-mounted transmitter *n* || ⸗**typ** *m* / head type || ⸗**- und Fußzeile** *f* / header and footer || ⸗**winkel** *m* / addendum angle || ⸗**zeile** *f* / header *n*, headline *n*, title *n* || ⸗**zeile/Fußzeile** / header/footer || ⸗**zugversuch** *m* / U-tensile test, spot weld tensile test, slug test
Kopie *f* / copy *n* || ⸗ *f* (Nachahmung eines Fabrikats) / clone *n* || ⸗**empfänger** *m* / copy recipient || ⸗**n sortieren** / collate *n*
Kopier·bohrstange *f* / copy-boring rod || ⸗**-Cursor** *m* / copy cursor (cursor for copying objects per Drag-and-Drop) || ⸗**datenerfassung** *f* / photocopier data recording || ⸗**drehbank** *f* / copying lathe || ⸗**drehen** *n* / copy turning || ⸗**drehmaschine** *f* / copying lathe || ⸗**drehmeißel** *m* / copying tool || ⸗**einrichtung** *f* / copying device
kopieren *v* (DV) DIN 44300 / copy *v*

Kopierfehler *m* (Verstärker) / bounding error
Kopierfräsen *n* / copy milling || ~ *adj* (starre Verbindung von Abtast- und Frästechnologie im Gegensatz zum Digitalisieren) / profile *adj*, copy-mill *v*
Kopier·fräser *m* / copying cutter || ⸨fräsmaschine *f* / profile milling machine, toolroom machine, copy milling machine || ⸨fühler *m* / copying tracer, tracer *n* || ⸨funktion *f* / copy function || ⸨gerät *n* / photocopier *n* || ⸨lizenz *f* / copy license (CL), multi-user licence || ⸨schleifmaschine *f* / copy grinding machine || ⸨schutz *m* (Benutzung spezieller Verfahren, um das unerlaubte Kopieren von Daten, Software oder Firmware festzustellen oder zu verhindern) / copy protection || ⸨schutzstecker *m* / coding plug, polarization plug, dongle || ⸨schutzteil *n* / dongle *n* || ⸨steuerung *f* / copying control, tracer control, copying system || ⸨support *m* / duplicating slide || ⸨system *n* / copying system || ⸨verstärker *m* / unity-gain amplifier || ⸨vorlage *f* / copy template || ⸨werkschalter *m* (Nockenschaltwerk) / cam controller
Koplanarität *f* / coplanarity *n*
Koplanaritäts·daten *plt* / coplanarity data || ⸨fehler *m* (Fehler, der bei der Koplanaritätsmessung festgestellt wurde, z.B. verbogenes Beinchen, fehlendes Beinchen) / coplanarity error || ⸨- **Lasermodul** *n* / coplanarity laser module || ⸨messung *f* / coplanarity measurement || ⸨modul *n* / coplanarity module || ⸨-**Richtwert** *m* / standard value for coplanarity || ⸨toleranz *f* (Toleranzwerte, die für die Koplanaritätsmessung vorgegeben werden) / coplanarity positional tolerance
Koplan.lagetoleranz *f* (Koplanaritäts-Lagetoleranz) / coplanarity positional tolerance
Koppel *f* (Verbindungsstab) / connecting rod || ⸨ *f* (Getriebe) / link *n*, linkage *n*, coupler *n*
Koppelbaugruppe *f* / gateway *n*, link module || ⸨ *f* (Bussystem - Rechner) / interface module, interface card
Koppel·befehl *m* / coupling instruction || ⸨bereich *m* / communication area || ⸨betrieb *m* / data transfer || ⸨-**Boards** / routing control panels || ⸨bolzen *m* / coupling bolt || ⸨dämpfung *f* (LWL) / coupling loss, coupler loss || ⸨diode *f* / coupling diode || ⸨ebene *f* (Schnittstelle) / interface level, process interface level || ⸨elektrode *f* / coupling electrode
Koppelelement *n* / bridge *n* (layer 2), router *n* (layer 3), gateway *n* (layer 7) || optoelektronisches ⸨ / optocoupler *n*, optical coupler, optical isolator
Koppel·faktor *m* (KF) / coupling factor, fixed-point format, KF || ⸨feld *n* (Schaltmatrix) / switching matrix || **Relais-⸨feld** *n* (Platine) / relay connector board
Koppel·gelenk *n* / linkage *n*, coupler *n* || ⸨glied *n* / coupling device, coupling element, coupling link, interface *n* || ⸨impedanz *f* / coupling impedance || ⸨kapazität *f* / coupling capacitance || ⸨kondensator *m* / coupling capacitor || ⸨leitebene *f* / interface (o. coupling) control level || ⸨merker *m* / communication flag, inter-processor communication flag || ⸨modul *n* / communications input flag || ⸨modul *n* / interface module, coupling module, DC link

module || ⸨modus *m* / communications mode
Koppeln *n* (CLDATA-Wort) / couple ISO 3592 || ~ *v* / connect *v*, link *v*, couple *v*, interface *v*
Koppel·navigation *f* (Kfz-Navigationsgerät) / dead reckoning, dead-reckoning navigation || ⸨netzwerk *n* / switching network || ⸨netzwerk *n* (Rechner-Messelektronik) / interface *n* || ⸨objekt *n* / link object || ⸨operation *f* / interface operation || ⸨ortung *f* / dead-reckoning navigation || ⸨partner *m* / peer *n*, node *n*, link device || ⸨platte *f* / coupling plate || **verbundene ⸨produkte** / chlorine and associated products || ⸨prozessor *m* / interface (o. coupling) processor || ⸨rahmen *m* (Prozessleitsystem) / coupler frame || ⸨-**RAM** *n* / communications RAM, link RAM || ⸨raum *m* / interaction space || ⸨relais *n* / coupling relay, crosspoint relay, interposing relay
Koppel·-Schubgelenk *n* / thrust linkage mechanism, prismatic-joint linkage || ⸨-**Schubgelenk-Schaltsystem** *n* / thrust linkage tap changing system || ⸨schütz *n* / coupling relay, auxiliary contactor || ⸨schütz *n* (Hilfsschütz) / contactor relay, control relay || ⸨schwingung *f* / coupled mode || ⸨software *f* / communication software, interfacing software (e.g. bus - computer), linking software
Koppelspeicher *m* / communications buffer, memory area, mailbox *n*, sub-section *n* || ⸨modul *n* (RAM) / communications RAM
Koppel·strecke *f* / data link || ⸨strecke *f* (Datennetze) / (data) link *n* || ⸨struktur *f* / coupling structure || ⸨teil *n* / coupling section || ⸨treiber *m* / communications driver || ⸨trieb *m* (Wickler) / double drag-link gearing || ⸨verluste *m pl* / coupling loss || ⸨welle *f* / coupling shaft || ⸨wirkungsgrad *m* / coupling efficiency || ⸨zange *f* / clip-on coupling device, clamp *n*
Koppler *m* / coupler *n* || ⸨ *m* / gateway *n* || **LWL-⸨** *m* / optical-fibre coupler, optical coupler
Kopplung *f* / coupling *n*, interface *n*, connection *n*, communication *n* || ⸨ *f* / link *n*, linking *n* || ⸨ *f* (durch Schnittstelle) / interfacing *n* || ⸨ *f* (Datenverbindung) / data link || ⸨ *f* (Anschaltung, Prozess) / interfacing *n*, interface connection / ⸨ *f* / link-up *n* || ⸨ *f* (v. Datennetzen) / internetworking *n* || ⸨ **aktiv** (KOP-AKTIV) / ACTIVE LINK || ⸨ **aus** / OFF LINK || ⸨ **ein** / ON LINK || ⸨ **zum PROFIBUS-DP** / gateway to PROFIBUS-DP || ⸨ **zwischen Stufen** / interstage coupling || **digitale** ⸨ / digital link || ⸨**, fest** / coupling, fixed || ⸨**, lose** / coupling, loose || **magnetische** ⸨ / magnetic coupling, inductive coupling || **Moden~** *f* / mode locking || **Prozess~** *f* / process interfacing || **Punkt-zu-Punkt-⸨** *f* / point-to-point link(-up), peer-to-peer link, point-to-point connection || **sternförmige** ⸨ (Anschlüsse) / point-to-point connection
kopplungsarm *adj* / with low coupling inductance
Kopplungs·art *f* / type of connection || ⸨baugruppe *f* / communications module (o. card), communicator *n* || ⸨dämpfung *f* (Diode) DIN 41853 / isolation *n* (diode) || ⸨faktor *m* / mode of coupling, coupling factor, coefficient of inductive coupling || ⸨grad *m* / coupling factor, coefficient of inductive coupling
Kopplungsimpedanz *f* / mutual impedance || ⸨ **für Stoßwellen** / mutual surge impedance

Kopplungskapazität, Eingangs- ⟨ *f* / capacitance to source terminals
Kopplungs·kondensator *m* / coupling capacitor, injection capacitor || ⟨**kontakt** *m* / coupling contact
kopplungskritische Drehzahl / combined critical speed
Kopplungs·messer *m* / unbalance test set || ⟨**partner** *m* (Kommunikationsnetz) / peer *n* || ⟨**pfad** *m* / coupling path || ⟨**prinzip** *n* / coupling principle || ⟨**programm** *n* / communication(s) program, communications software, interfacing program || ⟨**programmpaket** *n* / communications software package || ⟨**protokoll** *n* / communications protocol || ⟨**schnittstelle** *f* / network interface || **~symmetrisches Zweitor** / reciprocal two-port network
Kopplungs·transformator *m* / coupling transformer || ⟨**treiber** *m* / link driver || ⟨**verluste** *m pl* / coupling loss || ⟨**vorrichtung** *f* / coupling device || ⟨**vorrichtung für Trägerfrequenz** / carrier-frequency coupling device || ⟨**widerstand** *m* / transfer impedance, surface transfer resistance (coaxial cable) || ⟨**wirkungsgrad** *m* / coupling efficiency
Koprozessor *m* / coprocessor *n* (COP)
KOP-Sprache *f* / LAD language
Korb *m* (einer Arbeitsbühne) / bucket *n* || ⟨**bildung** *f* / bird caging || ⟨**leuchte** *f* / guarded luminaire, luminaire with basket guard || ⟨**wicklung** *f* / chain winding, basket winding, lattice winding, diamond winding
Kordel·mutter *f* / knurled nut, milled nut || ⟨**schraube** *f* / knurled thumb screw
Kordelung *f* / knurling *n*, diamond knurling
Korkenzieherregel *f* / corkscrew rule
Korkschrot *m* / powdered cork
korn·abgestuft *adj* / graded *adj* || ⟨**abstufung** *f* / granulometric grading, gradation *n* || ⟨**aufbau** *m* / granulometric composition
körnen *v* / grain *v*
Körner *n pl* / prick punch, center punch
körnergesichert *adj* / secured by punched centres
Körnerschlag, durch ⟨ **markieren** / prick-punch *v* || **durch** ⟨ **sichern** / lock by a punch mark
kornförmig *adj* / granular *adj* || **Schutz gegen ~e Fremdkörper** / protection against solid bodies greater than 1 mm
Korn·grenze *f* / grain boundary, GB *n* || ⟨**grenzenausscheidung** *f* / separation at grain boundaries || ⟨**größe** *f* / particle size, grain size, size of granules || ⟨**größenaufteilung** *f* / grain classification || ⟨**größeneffekt** *m* / particle size effect, composition effect || ⟨**größeneinstufung** *f* / grain classification || ⟨**größenverteilung** *f* / particle distribution, grain size distribution, grading *n*, gradation *n* || ⟨**gruppe** *f* / particle size group, gradation group || ⟨**klasse** *f* / particle category || ⟨**korrosion** *f* / intercrystalline corrosion || ⟨**korrosionsprüfung** *f* / intercrystalline corrosion test, weld decay test
kornorientiert *adj* / grain-oriented *adj*
Kornorientierung *f* / grain orientation || **Blech ohne** ⟨ / non-oriented (sheet steel)
Körnung *f* / particle distribution, grain size distribution, graining *n*
Kornverteilung *f* / particle distribution
Korona·-Aussetzspannung *f* / partial-discharge extinction voltage, corona extinction voltage || ⟨**dämpfung** *f* / corona attenuation, corona damping || ⟨**-Einsetzfeldstärke** *f* / partial-discharge inception field strength, corona inception field strength || ⟨**-Einsetzspannung** *f* / partial-discharge inception voltage, corona inception voltage || ⟨**entladung** *f* / corona discharge, corona conduction, corona *n* || ⟨**entladungsröhre** *f* / corona discharge tube || ⟨**erscheinung** *f* / corona effect, corona *n* || ⟨**leistung** *f* / corona discharge power || ⟨**oberwellen** *f pl* / corona harmonics || ⟨**störspannung** *f* / corona interference voltage || ⟨**verlust** *m* / corona loss || ⟨**zündimpuls** *m* / initial corona pulse
Körper *m* (eines el. Betriebsmittels) VDE 0100, T.200 / exposed conductive part IEC 50(826) || ⟨ *m* (eines Leuchtmelders) / body *n* || ⟨ *m* (Festkörper) / solid *n* || ⟨ *m* / base *n* || **Dämpfungs~** *m* / damping element || **farbiger** ⟨ / coloured body || **graustreuender** ⟨ / neutral diffuser, non-selective diffuser || **Kontroll~** *m* / calibration block || **Prüf~** *m* / test block, test piece || **Vergleichs~** *m* / reference block || ⟨**erdung** *f* / frame earth (GB), frame ground (US) || ⟨**farbe** *f* / non-self-luminous colour, surface colour, non-luminous colour || ⟨**klemme** *f* / frame terminal || ⟨**lage des Beobachters** / posture of observer || ⟨**länge** *f* / length of body || ⟨**modell** *n* / solid model || ⟨**modellieren** *n* / solid modeling || ⟨**schaft** *f* / body *n*
Körperschall *m* / structure-borne noise, acoustic emission || ⟨**abtaster** *m* / direct-contact vibration pickup || **~isoliert** *adj* / insulated to prevent transmission of structure-borne noise || ⟨**sensor** *m* / AE sensor *n*, acoustic emission sensor || ⟨**übertragung** *f* / transmission of structure-borne noise
Körperschluss *m* VDE 0100, T.200 / short circuit to exposed conductive part, short circuit to frame, fault to frame || **mit Übergangswiderstand** / high-resistance fault to exposed conductive part, high-impedance fault to exposed conductive part
Körperstrom *m* / shock current, current flowing through the human body, body electrocution, electrocution || ⟨ *m* (Strom zu Masse) / fault current to frame, leakage current || **gefährlicher** ⟨ VDE 0100, T.200 / shock current IEC 50(826)
Körperströme, Schutz gegen gefährliche ⟨ DIN IEC 536 / protection against electric shock
Körperverletzung *f* / personal injury, body injury, injury *n*
Korpus *m* / body *n*
Korpuskel *m* (Teilchen mit einer Ruhemasse ungleich null) / corpuscle *n*
korrekt *adj* / correct *adj* || **~es Teil** / good part
Korrektion *f* (Impulsmessung) / correction *n*
korrektive Instandhaltung IEC 50(191) / corrective maintenance
Korrektor *f* / corrector *n*
Korrektur *f* / override *n*, overstore *n*, offset *n*, message collision, collision *n* || ⟨ *f* (automatisch) / compensation *n*, correction *n* || ⟨ *f* (durch Handeingriff) / manual override, manual correction || ⟨ **ermitteln** / determine compensation || ⟨ **ohne zusätzliches Signal** / correction from signals || **Programm~** / program patching, program debugging, program correction, program editing ||

⸾**algorithmus** *m* / correction algorithm || ⸾**bereich** *m* / offset range || ⸾**bericht** *m* / corrective action report || ⸾**betrag** *m* / amount of offset, offset *n* || ⸾**block** *m* / compensation (data) block || ⸾**buchung** *f* / correction cost transfer || ⸾**datei** *f* / correction file || ⸾**daten** *plt* / compensation data, correction data, offset data || ⸾**datenfenster** *n* / compensation data window || ⸾-**DAU** *m* / correction DAC (C-DAC) || ⸾**eingabe** *f* / compensating input || ⸾**eingriff** *m* / override *n*
Korrekturen *f pl* / compensations and overrides
Korrektur·faktor *m* / correction factor, rating factor, factoring *n* || ⸾**frame** *m* / offset frame || ⸾**größe** *f* / correcting quantity || ⸾**maßnahme** *f* (Korrekturmaßnahmen beseitigen die Ursachen von Abweichungen) / corrective measure || ⸾**maßnahmen** *f pl* (QS) / corrective action || ⸾**möglichkeit von Hand** / manual override feature || ⸾**möglichkeit von Hand** (NC) / manual correction feature || ⸾**nummer** *f* / offset number || ⸾**offset** *n* / correction offset || ⸾**parameter** *m* / compensation parameter || ⸾**position** *f* / compensation position, correction point || ⸾**rechner** *m* (f. Messumformer) / correction-values calculator || ⸾**rechnung** *f* / corrective calculation || ⸾**richtung** *f* / direction of compensation
Korrektur·satz *m* / compensation block || ⸾**satz** *m* / compensation (data) block || ⸾**schalter** *m* / offset switch, override switch || ⸾**schalter-Eckwerte bei Lookahead** / prepared override velocity characteristics with Look Ahead (NC) || ⸾**schaltung** *f* / correction circuit || ⸾**signal** *n* (spezielles Signal für die Synchronkorrektur in einem Synchronübertragungssystem.) / correction signal || ⸾**speicher** *m* / offset memory || ⸾**speicher** *m* / compensation memory, tool compensation storage || ⸾**stand** *m* / correction status || ⸾**steuerung** *f* / compensating control, override control, control of corrective action || ⸾**tabelle** *f* / correction table || ⸾**taste** *f* / correction key || ⸾**verfahren** *n* (Relaxationsmethode) / relaxation method || ⸾**version** *f* / update version || ⸾**weg** *m* / offset path || ⸾**wert** *m* / compensation value, correction value, offset value, offset *n* || ⸾**zeiger** *m* (Cursor) / cursor *n* || ⸾**zeigertaste** *f* / cursor key
Korrelation *f* (allgemeine Bezeichnung für den stochastischen Zusammenhang zwischen zwei oder mehreren Zufallsgrößen) / correlation *n*
Korrelations·diagramm *n* (Statistik) / scatter diagram || ⸾**funktion** *f* / correlation function || ⸾**koeffizient** *m* DIN 55350, T.23 / coefficient of correlation || ⸾**prinzip** *n* / correlation principle || ⸾**verfahren** *n* / correlation approach
Korrespondenz·drucker *m* / letter quality printer || **~fähiges Schriftbild** / near-letter-quality print (NLQ) || ⸾**qualität** *f* (unter der Schriftqualität einer elektrischen Büroschreibmaschine, jedoch geeignet für internen Schriftverkehr und Massendrucksachen) / near letter quality
korrespondierende Instanzen (Instanzen derselben Schicht, zwischen denen eine Verbindung auf der nächstniedrigeren Schicht besteht) / correspondent entities
korrespondiert mit / related to
korrigierbarer Fehler / recoverable error
korrigieren *v* / revise *v*, correct *v*

korrosionsbeständig *adj* / non-corroding *adj*, corrosion-resistant *adj*, stainless *adj*, resistant to corrosion *adj* || **~er Stahl** / stainless steel
Korrosionsbeständigkeit *f* / corrosion resistance, stain resistance, resistance to corrosion
Korrosions·element *n* / corrosion cell || ⸾**ermüdung** *f* / corrosion fatigue || **~fest** *adj* / corrosion-resistant *adj* || **~festes Wellrohr** / corrosion resistant bellow || ⸾**festigkeit** *f* / corrosion resistance || **~frei** *adj* / stainless *adj* || **~hemmend** *adj* / corrosion-inhibiting *adj* || ⸾**produkt** *n* / corrosion product
Korrosionsschutz *m* / corrosion protection, corrosion control, anti-corrosion serving, corrosion-resistant covering, anti-corrosion protection || **kathodischer** ⸾ / cathodic protection (CP) || **elektrische** ⸾**anlage** (EKS) / cathodic protection system || ⸾**anstrich** *m* / anti-corrosion coating || ⸾-**Beschichtungsstoff** *m* (ein Beschichtungsstoff zum Schutz von Metalloberflächen gegen Korrosion) / anti-corrosive paint
korrosionsschützende Überzüge / corrosion resistant cover, corrosion resistant protecting cover
Korrosionsschutz·farbe *f* / anticorrosion paint, anti-rust paint || ⸾**hülle** *f* / corrosion-resistant covering || ⸾**mittel** *n* / anticorrosion agent, corrosion preventive, anticorrosive || ⸾**öl** *n* / corrosion protection oil || ⸾**wirkstoff** *m* / corrosion inhibitor
Korrosions·strom *m* / corrosion current || ⸾-**Zeitfestigkeit** *f* / fatigue strength under corrosion for finite life, resistance to corrosion fatigue
korrosiv *adj* / corrosive *adj*
Korrosivität *f* / corrosivity *n*
Korund *n* / corundum *n* || **Sinter~** *m* / sintered alumina
korundgestrahlt *adj* / corundum blasted
kosmosgrau *adj* / cosmos gray *adj*
Kosten *plt* / cost *n* || ⸾ **der nicht gelieferten Energie** / cost of kWh lost || ⸾ **für Reservevorhaltung** / standby charge || **arbeitsabhängige** ⸾ / energy cost || ⸾**, Versicherung und Fracht** / cost, insurance and freight (CIF) || ⸾**abweichung** *f* / cost deviation || ⸾**änderungsmeldung (KÄM)** *f* / cost change notification || **~effektiv** *adj* / cost-effective || ⸾**einsparung** *f* / cost saving || ⸾**erfassung** *f* / costing, expenditure capturing || ⸾**erstattung** *f* / reimbursement *n* || ⸾**faktor** *m* / cost factor || ⸾**formel** *f* / cost formula || ⸾**führerschaft** *f* / price leadership || ⸾**funktion** *f* / cost function
kostengünstig *adj* / cost-effective *adj*, low-cost *adj*
Kosten·ingenieur und Abrechnungsingenieur *m* / quantity surveyor || ⸾**kalkulator** *m* / estimator *n* || ⸾**klärung** *f* / cost clarification
kostenlos *adj* / free of charge
Kosten·management *n* / cost management || ⸾**matrix** *f* / cost array || **~neutral** *adj* / neutral in terms of effects on costs || **~orientiert** *adj* / cost-directed *adj* || **~pflichtig** *adj* / will be charged || ⸾**position** *f* / cost position || ⸾**rechnung** *f* / cost accounting || ⸾**regelung** *f* / cost regulation, costing arrangement, accounting *n* || ⸾**regelungen** *f pl* / accounting || ⸾**sammlung** *f* / summary clarification of costs || ⸾**senkung** *f* / cost reduction || ⸾**situation** *f* / cost situation, level of costs || ⸾**stelle** *f* / cost center || ⸾**stellenbericht** *m* / cost center report || ⸾**teilung** *f* / cost sharing || ⸾**träger**

m / cost unit, invoiced partner, cost carrier || ⁓trägerkennung *f* / invoiced partner ID || ⁓übernahme *f* / cost assumption || ⁓überschreitung *f* / cost overrun || ⁓übersicht *f* / cost overviews || ⁓vergleich *m* / cost comparison || ⁓verteilung *f* / cost allocation || ⁓vorteil *m* / cost benefit || ⁓weitergabe *f* / cost invoicing || ⁓zuordnung *f* / cost allocation

Kote *f* (Höhenk.) / altitude *n*, elevation *n*, rating *n*, measurement on a drawing

Kovarianz *f* DIN 55350, T.23 / covariance *n*

Koverdampfung *f* / coevaporation *n*

KPI *m* / Key Performance Indicator (KPI)

kpl. (komplett) *adj* / complete *adj*

K-Preis *m* / C price *n* || ⁓-**Bildung** *f* / generating customer prices

KPZ (Kompetenzzentrum) *n* / CoC (center of competence)

KR (Knebel rastend) / twist switch latched

Krachen *n* (Elektronenstrom) / crackling *n*

Krachstörung *f* / buzz *n*

Kraft *f* / force *n* || ⁓ **zum Losbrechen** / initial break away force || **elektromotorische** ⁓ (EMK) / electromotive force (EMF) || **federgespeicherte** ⁓ / spring-stored energy || **gegenelektromotorische** ⁓ / back electromotive force, counter-e.m.f. *n* || **rückwirkende** ⁓ / reaction force || **~angetrieben** *adj* / power-operated *adj* || ⁓**angriffspunkt** *m* / Point Of Load (POL), pole *n*

Kraftantrieb *m* / power operated mechanism, power operating mechanism, powered mechanism || **Betätigung mit** ⁓ / power operation || **Schließen durch abhängigen** ⁓ / dependent power closing

Kraft·aufnehmer *m* / force sensor, weigh-bin *n* || ⁓**bedarf** *m* / force demand || ⁓**begrenzer** *m* / force limiter || **~begrenzter Antrieb** / limited drive IEC 337-2 || ⁓**begrenzung** *f* / force limitation || ⁓**begrenzungswelle** *f* / force limitation threshold || ⁓**begrenzungswert** *m* / force limitation value || ⁓**belag** *m* / force density per unit length || ⁓**belagsverteilung** *f* / force-density distribution || **~betätigt** *adj* / power-operated *adj* || ⁓**betätigung** *f* / power operation || ⁓**dichte** *f* / force density || ⁓**dichte im elektrischen Feld** / electric force density || ⁓**dichteverteilung** *f* / force-density distribution || ⁓-/**Druckbegrenzung** *f* / force limitation, force limiting || ⁓-/**Druckregelung** *f* / force control || ⁓-/**Druckregler** *m* / force controller || ⁓**einleitung** *f* / force introduction || ⁓**einleitungsrohr** *n* / force introduction pipe || ⁓**einleitungszapfen** *m* / force introduction neck || ⁓**einwirkung** *f* / application of force

Kräftepaar *n* / couple *n*

Krafterzeugung *f* / force generation, power generation

Kräftevektor *m* / force vector

Kraftfahrzeug *n* / motor vehicle, automobile *n*, motorcar *n*

Kraftfahrzeugausrüstung, elektrische und elektronische ⁓ / electrical and electronic automotive euipement

Kraftfahrzeug·beleuchtung *f* / motorcar lighting (o. illumination), automobile lighting, vehicle lighting || ⁓**elektronik** *f* / automotive electronics, car electronics || ⁓**prüfstand** *m* / chassis dynamometer, automobile performance tester, road-test simulator

Kraftfahrzeugverkehr *m* / motorized traffic

Kraftfeld *n* / field of force || ⁓**röhre** *f* / tube of force

Kraftfluss *m* / magnetic flux, induction flux || ⁓**dichte** *f* / magnetic flux density, magnetic induction || ⁓-**Messgerät** *n* / flux meter

kraftfrei *adj* / force-free

Kraft·gewinn *m* / mechanical advantage || ⁓**haus** *n* / powerhouse *n* || ⁓**installation** *f* / power circuit wiring, heavy-power wiring, motive-power wiring || ⁓-**Kondensatorpapier** *n* / kraft capacitor paper || ⁓**konstante** *f* / force constant || ⁓-**Längenänderungs-Kurve** *f* / stress-strain curve || ⁓**leitung** *f* / power cable || ⁓**leitung** *f* / power circuit, motive-power circuit || ⁓**leitung** *f* (Übertragungsleitung) / power line || ⁓-**Licht-Steckdose** *f* / combined power and lighting socket-outlets

Kraftlinie *f* / magnetic line of force, line of force, line of induction || ⁓ *f* (im Eisen) / line of induction

Kraftlinien, Anzahl der verketteten ⁓ / number of line linkages || ⁓**bild** *n* / magnetomotive force pattern, field pattern || ⁓**dichte** *f* / density of lines of force, flux density || ⁓**divergenz** *f* / fringing flux || ⁓**feld** *n* / field of force || **mittlere Länge** / mean length of magnetic path || ⁓**röhre** *f* / tube of force || ⁓**streuung** *f* / flux leakage || ⁓**weg** *m* / flux path, path of magnetic force || ⁓**zahl** *f* / number of lines of force

Kraft·maschine *f* / power engine, motor engine || ⁓**maschine** *f* (antreibende M.) / prime mover || ⁓**messdose** *f* / load cell, force transducer || ⁓**messer** *m* (Dynamometer) / dynamometer *n* || ⁓**messsystem** *n* / pressure gauge || ⁓**messwaage** *f* (Dynamometer) / dynamometer *n* || ⁓**moment** *n* / moment of force, moment of a force || ⁓-**Momenten-Sensor** *m* / force-moment sensor, torque sensor

Kraft·nachschub *m* / power boost || ⁓**nebenschluss** *m* / force bypass || ⁓**netz** *n* / power system || ⁓-**Papier** *n* / kraft paper || ⁓**parameter** *m* / force parameter || ⁓**profil** *f* / force profile || ⁓**ramme** *f* / power rammer || ⁓**regelung** *f* / force control || ⁓**regler** *m* / force controller || ⁓**röhre** *f* / tube of force || ⁓**schaltgerät** *n* / reversing contactor-type controller

Kraftschluss *m* (Rad-Fahrbahn) / adhesion *n*, power connection || ⁓**beiwert** *m* / adhesion coefficient || ⁓-**Diagramm** *n* / frictional connection diagram

kraftschlüssig befestigt / shrunk *adj*, mounted with an interference fit, friction-locked *adj* || **~ werden** / become solid || **~e Schraubverbindung** / interference fit bolted joint

Kraft·sensor *m* / force sensor, force transducer || ⁓**spannfutter** *n* / power chuck

Kraftspeicher *m* / energy store, energy storage mechanism || ⁓**antrieb** *m* / spring drive, spring mechanism || ⁓**antrieb** *m* / stored-energy mechanism || ⁓**betätigung** *f* VDE 0670, T.3 / stored-energy operation IEC 265 || ⁓-**Federbatterie** *f* / energy-storing spring assembly, operating spring assembly || ⁓**rückstellung** *f* (Feder) / spring return

Kraftspeicherung *f* / energy storage

Kraftspeicher-Zustandsanzeiger *m* / stored-energy indicator

Kraft·steckvorrichtung *f* / power socket outlet and plug, motive-power socket outlet and plug || ⁓**stellglied** *n* / power actuator || ⁓**steuerung** *f* / force control || ⁓**steuerung** *f* (in dauerndem Kontakt mit umliegenden Teilen) / compliance

motion
Kraftstoff·ansaugung *f* / induction of fuel, fuel management, fuel induction || ⁓**dosierung** *f* / fuel metering || ⁓**einspritzdruck** *m* / injection pressure || ⁓**-Luftgemisch** *n* / fuel/air mixture || ⁓**pumpenrelais** *n* / fuel pump relay || ⁓**steuerung** *f* / fuel management || ⁓**verteilerleiste** *f* / fuel rail || ⁓**waage** *f* / fuel balance || ⁓**wandfilm** *m* / fuel wall film || ⁓**zumessung** *f* / fuel metering
Kraftstrom *m* / electric power, motive power || ⁓**anlage** *f* / electrical power installation, power installation, power system || ⁓**kreis** *m* / power circuit, motive-power circuit || ⁓**kreis für motorische Verbraucher** / motive-power circuit || ⁓**verbraucher** *m* / power load, motive-power load || ⁓**verteiler** *m* / power distribution board, power panelboard
Kraft·tarif *m* / motive-power tariff || ⁓**übertragung** *f* / power transmission, transmission *n* || ⁓**übertragungselement** *n* / power transmission element || ⁓**- und Steuerleitung** *f* / power and control cable || ⁓**unwucht** *f* / static unbalance || ⁓**verbraucher** *m* / power load, motive-power load || ⁓**vergleichsverfahren** *n* / force-balance method || ⁓**verstärkermotor** *m* / amplifier motor || ⁓**verstärkung** *f* / mechanical advantage || **elektrische** ⁓**verteilung** / electric power distribution || ⁓**waage** *f* / force balance
Kraft-Wärme-Kopplung *f* / combined heat and power generation (CHP), combined heat and power (c.h.p.), cogeneration *n* (of power and heat)
Kraftwelle *f* / force wave, electromagnetic force wave
Kraftwerk *n* / power station, electrical generating station, power plant || **betriebseigenes** ⁓ / captive power plant || **einspeisendes** ⁓ / feeding power station || ⁓**kennzeichen (KKS)** *n* / PPIC (power plant identifier code) *n* || ⁓**leittechnik** *f* / power station control, power station management
Kraftwerks·anlage *f* / power plant || ⁓**block** *m* / power unit, power-station unit || ⁓**-Eigenverbrauch** *m* / station-service consumption, power station internal consumption || **hydraulische** ⁓**einsatzoptimierung** / hydro optimization || ⁓**-Einsatzplan** *m* / generation schedule || **hydraulische** ⁓**einsatzplanung** / hydro scheduling || ⁓**fahrplan** *m* / generation schedule || ⁓**führung** *f* / generation control and scheduling (GCS), power plant management, automatic generation control || ⁓**führungsfunktion** *f* / power application and monitoring function || ⁓**-Hilfsbetriebe** *m pl* / generating-station auxiliaries || ⁓**leittechnik** *f* / power-plant control system || ⁓**park** *m* / generation system (power plant) || ⁓**park-Prognose** *f* / generation mix forecast
Kraftzentrale *f* / power station, electrical generating station, power plant
Kragen *m* / collar *n*, edge *n*, shroud *n* || ⁓ *m* (StV-Fassung) / skirt *n*, lower shield || ⁓**bildung** *f* / collar formation || ⁓**schutzsteg** *m* / protective shroud bar || ⁓**steckdose** *f* / shrouded socket-outlet, shrouded receptacle || ⁓**steckvorrichtung** *f* / shrouded plug and socket-outlet, plug and socket outlet with shrouded contacts
K-Rahmen *m* (Mastkopf) / K frame, fork *n*
Krallen·befestigung *f* / claw fixing, claw fastening || ⁓**schraube** *f* / claw screw
Krämer-·Kaskade *f* / Kraemer system, Kraemer drive || **geänderte** ⁓**-Kaskade** / modified Kraemer system || ⁓**-Maschine** *f* (Dreifachmasch.) / three-winding constant-current generator, Kraemer three-winding generator || ⁓**-Stromrichter-Kaskade** *f* / static Kraemer drive
Krampe *f* / cramp *n* || ⁓ *f* (Schloss) / staple *n*, catch *n* || ⁓ **und Überwurf** / staple and hasp
Krampfschwelle *f* (Stromunfall) / freezing current
Kran *m* / crane *n* || **schienengeführter** ⁓ / rail-mounted crane || ⁓**anlage** *f* / crane system || **~bar** *adj* / lift by crane || ⁓**fahrmotor** *m* / crane travel motor || ⁓**fahrwerk** *n* / crane travelling gear, traversing gear || ⁓**führer** *m* / crane driver
Kran·haken *m* (am Kran) / crane hook || ⁓**haken** *m* (am zu hebenden Gerät) / lifting eye, eyebolt *n* || ⁓**hakenhöhe** *f* / crane-hook clearance, minimum crane-hook lift for untanking (transformer), untanking height (transformer), headroom || ⁓**kreuz** *n* / crane cross || ⁓**traverse** *f* / lifting beam || ⁓**waage** *f* / crane scale
Kranz *m* (Läufer eines Wasserkraftgen.) / rim *n*, spider rim
Krater *m* / crater *n* || ⁓ *m* (Narbe) / pinhole *n*, pock mark || ⁓**bildung** *f* / pinholing *n*, pitting *n* || ⁓**bildung** *f* (Lagerdefekt) / crater formation, pitting *n*
Kratky-Kompaktkammer *f* / Kratky compact camera
Kratzbandförderer *m* / scraping conveyor
Kratzer *m* / scratch *n*
kratzfest *adj* / mar-resistant *adj*, scratch-resistant *adj*, non-marring *adj*
Kratz·festigkeit *f* / mar resistance, scratch resistance || ⁓**härte** *f* / scratch hardness, scoring hardness || ⁓**maschine** *f* / carding machine || ⁓**probe** *f* / scratch test
Kräusel-·EMK *f* / ripple e.m.f. || ⁓**spannung** *f* / ripple voltage
Kreditkarten·bestellung *f* / credit card ordering || ⁓**format** *n* / credit-card format
K-Regler *m* / continuous controller, continuous-action controller
Kreis *m* / circle *n* || ⁓ *m* (Stromkreis, Kühlkreislauf) / circuit *n* || **im** ⁓ **geschaltete Verbindung** / circuit-switched connection || ⁓ **Polar** / circle polar || **dämpfungsarmer magnetischer** ⁓ (el. Masch.) / laminated magnetic circuit, magnetic circuit designed for high-speed flux response || **offener** ⁓ (Steuerkreis ohne Rückführung) / open loop || **Qualitäts~** *m* DIN 55350, T.11 / quality loop
Kreis·abschnitt *m* / circle segment, pie segment || ⁓**abweichung** *f* (Durchmesserunterschied) / non-circularity *n* || ⁓**anfangspunkt** *m* (Bahn) / starting point of circular path || ⁓**ausschnitt** *m* / sector *n*, sector of a circle
Kreisbahn *f* / circular path, circular span, circular element || ⁓**anfangspunkt** *m* / starting point of circular path || ⁓**programmierung** *f* / circular-path programming
Kreis·bewegung *f* / circular movement || ⁓**bild** *n* (eines Regelkreises) / loop display
Kreisblatt *n* (Schreiber) / disc chart, disc *n* || ⁓**schreiber** *m* / disc recorder, disc-chart recorder
Kreisbogen *m* / circular arc, arc *n* (CAD), circular element, circle arc, circular curve || ⁓ **im Gegenuhrzeigersinn** / counter-clockwise arc

kreischen

(ccw) ISO 2806-1980 ‖ ⟳ **im Uhrzeigersinn** / clockwise arc (cw) ISO 2806- 1980 ‖ ⟳**ebene** *f* / arc plane ‖ ⟳**gerade** *f* / arc-straight line ‖ ⟳-**Gerade** *f* (NC-Funktion) / circle-straight *n* ‖ ⟳-**Gerade-Kombination** *f* / circular arc-straight combination ‖ ⟳**konstante** *f* / arc constant ‖ ⟳-**Kreisbogen** *m* (NC-Funktion) / circular arc-circular arc, circle-circle *n*, arc-arc *n* ‖ ⟳**mittelpunkt** *m* / arc center ‖ ⟳**winkel** *m* / angle on circular arc
kreischen *v* (Bürsten) / screech *v*, shriek *v*
Kreis·daten *plt* / circle data ‖ ⟳**diagramm** *n* / circle diagram ‖ ⟳**diagramm** *n* (Grafikdarstellung) / pie diagram ‖ ⟳**durchmesser** *m* / circle diameter ‖ ⟳**ebene** *f* / circular plane
Kreisel *m* / gyroscope *n* ‖ ⟳**anlasser** *m* / centrifugal starter ‖ ⟳**brecher** *m* / gyratory crusher ‖ ⟳**moment** *n* / gyrostatic moment ‖ ⟳**ölpumpe** *f* / centrifugal oil pump ‖ ⟳**pumpe** *f* / centrifugal pump, rotary pump
Kreisendpunkt *m* / circle end position ‖ ⟳**fehler** *m* / error in end point of circle ‖ ⟳**koordinate** *f* / end-position coordinate of circle
Kreisfehlerkompensation *f* / circle error compensation (CEC)
kreisförmig *adj* / circular *adj* ‖ **~e Abdeckung** / circular cover ‖ **~e Leitfläche** / circular drive surface ‖ **~e Schwingung** / circular vibration
Kreis·formtest (KFT) *m* / circularity test ‖ ⟳**frequenz** *f* / angular frequency, radian frequency, pulsatance *n* ‖ ⟳**gleichung** *f* / circle equation, equation of a circle ‖ ⟳**grafik** *f* / pie graphics ‖ ⟳**güte** *f* / circuit quality (factor) ‖ ⟳**impedanz** *f* / circuit impedance
Kreisinterpolation *f* / circular interpolation (CIP) ‖ ⟳ **im Gegenuhrzeigersinn** (NC-Wegbedingung) DIN 66025,T.2 / circular interpolation arc CWW ISO 1056 ‖ ⟳ **im Uhrzeigersinn** (NC-Wegbedingung) DIN 66025,T.2 / circular interpolation arc CW ISO 1056
Kreisinterpolator *m* / circular interpolator
Kreiskontur *f* / circle contour ‖ ⟳**verletzung** *f* / circle contour violation
Kreislauf *m* / circuit *n*, circulation *n* ‖ **geschlossener** ⟳ / closed circuit, closed cycle ‖ ⟳**belüftung** *f* / closed-circuit ventilation ‖ **~gekühlte Maschine** / closed-circuit-cooled machine ‖ ⟳**kühler** *m* / heat exchanger ‖ ⟳**kühlung** *f* / closed-circuit cooling, closed-circuit ventilation
Kreis·messer *m* / circular knife ‖ ⟳**messung** *f* / cyclometry *n*, circle measurement ‖ ⟳**mittelpunkt** *m* / circle centre, centre of circle ‖ **tangentieller** ⟳**mittelpunkt** / tangential circle centre
Kreis·nut *f* / circumferential slot, circumferential groove ‖ ⟳**nut fräsen** / mill circumferential groove ‖ ⟳**öffnungswinkel** *m* / angle of aperture for programmed circle ‖ ⟳**parameter** *m* / circle parameter ‖ ⟳**programmierung** *f* (Bahn) / circular-path programming ‖ ⟳**punkt** *m* / point of a circle ‖ ⟳**querschnitt** *m* / circular area of crosscut
Kreisradius *m* / circle radius ‖ ⟳**programmierung** *f* / circle radius programming, arc radius programming, radius programming
Kreis·rauschen *n* / circuit noise, line noise ‖ ⟳**ring** *m* / annulus *n* ‖ **~ringförmig** *adj* / ring-shaped ‖ ⟳**säge** *f* / circular saw ‖ ⟳**sägeblatt** *n* / circular saw blade ‖ ⟳**sägemaschine** *f* / circular sawing

machine ‖ ⟳**satz** *m* / circular block ‖ ⟳**schaltung** *f* (el. Masch.) / loading-back method ‖ ⟳**schaltung** *f* (Datenkreis) / circuit switching ‖ ⟳**scheibe** *f* / rotary grating, circular disk ‖ ⟳**schere** *f* / rotary cutting blade ‖ ⟳**schneider** *m* / circular cutter, hole cutter, circle cutter ‖ ⟳**segment** *n* / circle segment, pie segment ‖ ⟳**sektor** *m* / sector *n* ‖ ⟳**sektorschaubild** *n* / sector chart ‖ ⟳**skale** *f* / circular scale
Kreisstrom *m* / circulating current, ring current ‖ **~behaftet** *adj* / carrying circulating current ‖ ⟳**drossel** *f* / circulating-current reactor ‖ **~freie Gegenparallelschaltung** / circulating-current-free inverse-parallel connection ‖ **~freie Schaltung** / circulating-current-free connection, suppressed-half connection, connection without circulating-current control ‖ **~führende Schaltung** / connection carrying circulating current
Kreis·tasche *f* / circular pocket ‖ ⟳**tasche fräsen mit beliebigem Fräser** / circular pocket milling using any cutter ‖ ⟳**tasche fräsen mit Stirnfräser** / circular pocket milling using a face cutter ‖ ⟳**taschenfräsen** *n* / circular pocket milling ‖ ⟳**teilmaschine** *f* / circular dividing machine ‖ ⟳**umfang** *m* / circumference *n*, periphery *n*, scope *n*, extent *n* ‖ ⟳**verkehr** *m* / roundabout traffic, rotary traffic, gyratory traffic ‖ ⟳**verstärkung** *f* / loop gain, closed-loop gain, operational gain, servo gain ‖ ⟳**verstärkungsfaktor** *m* (KV-Faktor) / servo gain factor, KV factor ‖ ⟳**vorschub** *m* / circular feedrate, circular feed ‖ ⟳**zapfen** *m* / circular spigot ‖ ⟳**zapfen fräsen** / circular spigot milling ‖ ⟳**zylinder** *m* / regular cylinder
Krempelmaschine *f* / carding machine
Kreppen *n* / creping *n*
Krepp·isoliermaterial *n* / creped insulating material ‖ **papier** *n* / crepe paper
Kreuz, Schrauben über ⟳ **anziehen** / tighten bolts in diagonally opposite sequence ‖ **Zähler~** *n* / cross bar for meter mounting, meter cross support ‖ ⟳**adapter** *m* / cross adapter ‖ ⟳**dose** *f* / four-way box, double-tee box, intersection box ‖ ⟳**drahtschweißen** *n* / cross-wire welding ‖ ⟳**eisen** *n* / cross iron
kreuzen *v* / cross *v*, transpose *v*
Kreuzfeld·röhre *f* / crossed-field tube, M-type tube ‖ ⟳-**Verstärkerröhre** *f* / crossed-field amplifier tube ‖ ⟳-**Verstärkerröhre mit in sich geschlossenem Strahl** / re-entrant beam crossed-field amplifier tube
kreuzförmig·e Ausstrahlung / cross-shaped radiation ‖ **~er Kern** / cruciform core
Kreuz·gelenk *n* / universal joint, Hooke's joint, cardan joint ‖ ⟳**griff** *m* / star handle ‖ ⟳**hebelschalter** *m* / joystick switch ‖ ⟳**kasten** *m* (K-Kasten) / cross unit, cross *n*, crossover piece, double-T-member *n* ‖ ⟳**kern** *m* / cross core, X core ‖ ⟳**klemmstück** *n* / cross clamp ‖ ⟳**kompilierung** *f* / cross compiling ‖ ⟳**kopf** *m* / cross-head *n*, star head, universal joint, cardan joint, Hooke's joint ‖ ⟳**kopplung** *f* / cross coupling ‖ ⟳**korrelationsfunktion** *f* / crosscorrelation function ‖ ⟳**kulissen-Fahrschalter** *m* / x-y joystick ‖ ⟳**lochschraube** *f* / capstan screw ‖ ⟳**modulation** *f* / crossmodulation ‖ ⟳**polarisation** *f* (im Verlauf einer Ausbreitung das Auftreten einer Polarisationskomponente, die orthogonal zu der gewünschten Polarisation liegt) / cross

polarization
Kreuzprofil *n* / cross profile || **⟨schließung** *f* / cross-profile tumbler arrangement || **⟨stab** *m* / cross-section bar || **⟨zylinder** *m* / cross-profile cylinder
Kreuz·ringwandler *m* / crossed-ring-core transformer || **⟨rollenlager** *n* / cross roller bearing, crossed roller bearing || **⟨schalter** *m* (Schalter 7) VDE 0632 / intermediate switch (CEE 24), two-way double-pole reversing switch || **⟨schalthebel** *m* / control stick
Kreuzschaltung *f* / cross connection || **⟨** *f* (m. Kreuzschalter) / intermediate switch circuit || **Zweitor in ⟨** / lattice network
Kreuzschienen·feld *n* / pin-board matrix || **⟨raster** *n* / cross-bar grid || **⟨verteiler** *m* / crossbar distributor
Kreuz·schlag *m* (Kabel) / ordinary lay, regular lay || **⟨schlitzschraubendreher** *m* / cross-tip screwdriver || **~schraffieren** *v* / cross-hatch *v* || **⟨schraffur** *f* / cross-hatching *n* || **⟨spulinstrument** *n* / crossed-coil instrument || **⟨stab** *m* (Stabwickl.) / crossed bar, transposed bar || **⟨stabstahl** *m* / cross-section bar || **⟨strom-Wärmetauscher** *m* / cross-flow heat exchanger || **⟨stück** *n* / cross piece, cross unit, cross *n*, crossover piece, double-T-member *n* || **⟨tisch** *m* / cross slide table
Kreuzung *f* (Starkstromleitung/Fernmeldeleitung) / crossing *n* || **⟨** *f* (von Leitern mit elektrischer Verbindung) / double junction || **⟨** *f* (von Leitern ohne elektrische Verbindung) / crossing *n* || **⟨** *f* (Straßen) / crossroads *plt*
Kreuzungs·anlage *f* / interchange *n* || **~freie Autostraße** / expressway *n* || **~freie Schienenführung** / non-crossing bars || **⟨punkt** *m* / crossover *n* (point), intersection *n*, intersection point, point of intersection || **⟨winkel** *m* / right angle
Kreuz·verbindung *f* / cross coupling || **⟨vergleich** *m* / cross-checking || **~vergleichen** *v* / cross-check *v* || **⟨vergleichsfehler** *m* / cross-checking error || **Schrauben ~weise anziehen** / tighten bolts in diagonally opposite sequence || **~weise schraffieren** / cross-hatch *v* || **~weiser Datenvergleich (KDV)** / data cross-check (DCC)
Kriech·anlasser *m* / slow-speed starter || **⟨drehzahl** *f* / creep speed
kriechen *v* / run at crawl speed || **⟨** *n* (Metall) / creep *n* || **⟨ der Abstimmeinrichtung** / tuner creep
kriechende Hysteresis / viscous hysteresis, magnetic creeping
Kriech·erholung *f* / recovery creep || **~fähig** *adj* / creep-capable || **⟨fehler** *m* / creep error, error due to drift || **⟨festigkeit** *f* (Material) / creep strength || **⟨gang** *m* / creep feed, creep feedrate, creep speed || **⟨gangschleifen** *n* / creep feed grinding || **⟨geschwindigkeit** *f* (Drehzahl) / creep speed, crawl speed || **⟨geschwindigkeit** *f* (Material) / creep rate || **⟨grenze** *f* / creep limit
Kriech·schutz *m* / anti-creep device || **⟨spur** *f* / track *n*, creepage path, creeper lane || **⟨spurbildung** *f* / tracking *n* || **⟨spuren** *f pl* / tracks *n pl* || **⟨spur-Ziehversuch** *m* / tracking test
Kriechstrecke *f* (Weg des Stroms auf nichtleitenden aber verschmutzten Oberflächen) / creepage distance, leakage path, creep section || **⟨ unter der Schutzschicht** / creepage distance under the coating

Kriechstreckenverlängerung *f* / insulation barrier
Kriechstreifen *m* / slow lane
Kriechstrom *m* / leakage current, creepage current || **⟨ gegen Erde** / earth leakage current
kriechstrombeständig *adj* / non-tracking *adj*, anti-tracking *adj*, creepage-proof *adj*
Kriechstrom·beständigkeit *f* / resistance to tracking, tracking resistance, resistance to creepage || **⟨beständigkeitsprüfung** *f* / tracking test
Kriechströme gegen Erde / earth leakage currents
kriechstromfest *adj* / non-tracking *adj*, anti-tracking *adj*, creepage-proof *adj* || **~er Formstoff** / non-tracking moulded plastic, non-tracking molded plastic
Kriechstrom·festigkeit *f* / resistance to tracking, tracking resistance, resistance to creepage, creepage resistance || **⟨schutz** *m* / leakage current screen || **⟨weg** *m* / creep current path || **⟨zahl** *f* (KZ) / comparative tracking index (CTI), tracking index || **⟨zeit** *f* / time-to-track *n*
Kriech- und Luftstrecken / creepage distances and clearances, creepage and clearances
Kriechweg *m* / creepage path, tracking path
Kriechwegbildung *f* / tracking *n* || **⟨ durch Gleitfunken** / spark tracking || **⟨ durch Lichtbogen** / arc tracking || **Prüfzahl der ⟨** VDE 0303, T.1 / proof tracking index (PTI) || **Vergleichszahl der ⟨** / comparative tracking index (CTI)
Kriechweg·faktor *m* (KE) / creepage factor (c.f.) || **⟨länge** *f* / creepage distance || **⟨verlängerung** *f* E DIN 41639, T.3 / insulation barrier
Kriechwert *m* / creep value
Krisen·management *n* / crisis management || **⟨meldung** *f* / crisis report
Kristall·baufehler *m* / crystal defect || **⟨defekt** *m* / crystal defect || **⟨fehler** *m* / crystal defect || **⟨gitter** *n* / crystal lattice, crystal grating, lattice *n* || **⟨glas** *n* / crystal glass || **⟨glasherstellung** *f* / crystal glass manufacturing
kristallin *adj* / crystalline *adj*
kristallin·e Film-Solarzelle auf Fremdsubstrat / c-Si film cell || **~e Silizium-Film-Solarzelle** *f* / crystalline silicon thin film cell || **~es Silizium (c-Si)** / c-Si (crystalline silicon) || **⟨ität** *f* / crystallinity *n*
Kristallisation *f* (Bildung fester Körper in Form von Kristallen) / crystallisation *n*
Kristallisierung *f* / crystallization *n*
Kristallit *n* (die kristallinen Bereiche in multikristallinem Material, die zueinander willkürlich angeordnet sind) / crystallite *n* || **⟨größe** *f* / grain size *n*, mesh *n*
Kristall·keim *m* / seed crystal || **⟨orientierung** *f* / crystal orientation, grain orientation || **⟨rohling** *m* / ingot *n* || **⟨sägen** *n* / dicing *n* || **⟨spektrometer** *n* / crystal spectrometer || **⟨stab** *m* / ingot *n* || **⟨störung** *f* / crystal defect || **⟨wachstum** *n* / crystal pulling, crystal growth || **⟨wachstum nach dem Czochralski-Verfahren** / Czochralski crystal growth || **⟨wachstum nach dem Schwebezonenverfahren** / floating zone crystal growth || **⟨wachstum nach dem Zonenschmelzverfahren** / float-zone crystal growth || **⟨ziehanlage** *f* / crystal growing equipment || **⟨ziehen** *n* / crystal growth || **⟨ziehgerät** *n* / crystal pulling machine, crystal

Kriterien

pulling equipment || züchtung nach dem **Czochralski-Verfahren** / Czochralski crystal growth || **züchtung nach dem FZ-Verfahren** / floating zone crystal growth || **züchtung nach dem Schwebezonenverfahren** / floating zone crystal growth || **züchtung nach dem Zonenschmelzverfahren** / floating zone crystal growth || **züchtungsanlage** *f* / crystal puller
Kriterien für Fehlerausschluss *f* / criteria for excluding faults || **analyse** *f* / criteria analysis || **analyse** *f* / condition analysis || **ausgang** *m* / condition output || **banktabelle** *f* / criteria base table || **textausgabe** *f* / criteria text display
Kriterium *n* / criterion *n* || **hinzufügen** *n* / add criterion || **löschen** *n* / remove criterion
Kritikalität *f* / criticality *n*
kritisch *adj* / critical *adj* || **~ fehlerhafte Einheit** / critical defective || **~ gedämpft** / critically damped || **~e Anodenzündspannung** / critical anode voltage || **~e Drehzahl** / critical speed, resonant speed, stalling speed || **~e Drehzahl für die Auferregung** / critical build-up speed || **~e Mitkopplung** (Transduktor) / critical self-excitation || **~e Selbsterregung** (el. Masch.) / critical self-excitation || **~e Selbsterregung** (Transduktor) / critical self-excitation (transductor) || **~e Selbsterregungsdrehzahl** / critical build-up speed || **~e Spannungssteilheit** / critical rate of rise of voltage || **~e Spannungssteilheit** (Thyr.) DIN 41786 / critical rate of rise of off-state voltage || **~e Stromsteilheit** / critical rate of rise of current || **~e Stromsteilheit** (Thyr.) DIN 41786 / critical rate of rise of on-state current || **~e Testschwerpunkte** / critical test emphases || **Verfahren des ~en Wegs** (Netzplantechnik) / critical-path method (CPM) || **~er Anschlusspunkt** / common coupling || **~er Ausfall** (Ausfall, der als Gefahr eingestuft wird, Personenschäden, beträchtliche Sachschäden oder andere unvertretbare Folgen zu verursachen) / critical failure || **~er Ausschaltstrom** VDE 0660,T. 101 / critical breaking current IEC 157-1 || **~er Bereich** (Statistik) DIN 55350, T.24 / critical region || **~er Druck** / critical pressure || **~er Fehler** / critical fault, critical nonconformity || **~er Fehler** DIN 55350, T.31 / critical defect, critical non-conformance || **~er Fehlzustand** (Fehlzustand, der als Gefahr eingestuft wird, Personenschäden, beträchtliche Sachschäden oder andere unvertretbare Folgen zu verursachen) IEC 50 (191) / critical fault || **~er Kurzschlussstrom** / critical short-circuit current || **~er Laststrom** / critical load current || **~er Schlupf** / maximum controllable slip || **~er Selbsterregungswiderstand** / critical build-up resistance || **~er Strom** (SR-Schaltung) / transition current (converter connection) || **~er Vergleichsdifferenzbetrag** (Statistik) DIN 55350, T.13 / reproducibility critical difference || **~er Wert** / critical value || **~er Widerstand für die Auferregung** / critical build-up resistance || **~er Wiederholdifferenzbetrag** (Statistik) DIN 55350, T.13 / repeatability critical difference || **~es Gerät** *n* / critical device
Krokodilklemme *f* / alligator clip
Kronleuchter *m* / chandelier *n*, electrolier *n*
kröpfen *v* / offset *v*
Kröpfstelle *f* (Gitterstab) / crossover *n*

Kröpfung *f* / offset *n*, crank *n*
Krümme *f* / curved section
krümmen *v* / bend *v*, curve *v*
Krümmer *m* / elbow *n*, bend *n*, knee *n*
Krümmung *f* (NC) / curvature *n*, curve *n*, bend *n*
Krümmungs·faktor *m* (Verhältnis des effektiven Erdradius zum tatsächlichen Erdradius) / effective earth-radius factor || **halbmesser** *m* / radius of curvature, bending radius || **mittelpunkt** *m* / center of curvature || **radius** *m* / radius of curvature, bending radius, bend radius || **steifigkeit** *f* / continuous curvature
krümmungsstetig *adj* / with constant curvature
Kryo·bearbeitung *f* / cryomachining *n* || **chemie** *f* / cryochemistry *n* || **flüssigkeit** *f* / cryogen *n* || **kabel** *n* / cryocable *n* || **leiter** *n* / cryoconductor *n*, hyperconductor *n* || **magnetspule** *f* / cryosolenoid *n*, cryocoil *n* || **maschine** *f* / cryomachine *n* || **motor** *m* / cryomotor *n* || **schutzmittel** *n* / cryoprotective agent || **sonde** *f* / cryoprobe *n* || **spule** *f* / cryocoil *n* || **technik** *f* / cryoengineering *n* || **treibstoff** *m* / cryogenic propellant || **-Turbogenerator** *m* / cryoturbogenerator *n*
Krypto·analyse *f* / cryptoanalysis *n* || **~analytischer Angriff** (Versuch, mittels analytischer Methoden einen Code zu brechen oder einen Schlüssel zu finden) / analytical attack || **box** *f* / cryptobox *n* || **graphie** *f* / cryptography || **~graphische Prüfsumme** / message authentication code
Kryptolampe *f* / krypton-filled lamp, krypton lamp
Kryptosystem *n* / cryptographic system
KS (Koordinatensystem) / coordinate system
KSE (Kurzschlusserkennung) / short-circuit identification, short-circuit detection
KSL (Konstruktionsstückliste) *f* / design parts list || **-Format** *n* / KSL format
KSS (Kühlschmierstoff) / coolant *n*
KS-System *n* / thrust linkage mechanism, prismatic-joint linkage
KST (Kopfsteuerung) / master control, PMU (process master unit)
KT / cabletex *n* || (Kundentastatur) / customer keyboard
KTA-Regel *f* / KTA nuclear safety standards
kT-Schätzer *m* / kT estimator
KTY·-Motortemperaturfühler *m* / KTY motor temperature sensor || **-Temperatursensor** *m* / KTY temperature sensor
KU / coordinate origin, coordinate datum || (Kurzunterbrechung) / auto-reclosure *n*, automatic reclosing, auto-reclosing *n*, rapid auto-reclosure (RAR)
KU-Auswahleinheit *f* / auto-reclosing selection module
kubisch *adj* / cubic *adj* || **~, glänzend** / cubic, gloss || **~, matt-schwarz** / cubic, matt black || **~, matt-weiß** / cubic, matt white || **~e natürliche Spline** / cubic natural spline || **~e Spline** / cubic spline || **~es Bornitrid** / cubic boronnitride
Kuchendiagramm *n* / pie diagram
Kufe *f* / skid *n*, skid bar *n*
Kufentransformator *m* / skid-mounted transformer
Kugel *f* / ball *n*, thrust ball, pellet *n* || *f* (CAD) / sphere *n* || **abschnitt** *m* / spherical segment || **abstand** *m* (Funkenstrecke) / sphere spacing || **anschlussbolzen** *n* / connection bolt ||

⟨ausschnitt m / spherical sector || ⟨bolzen m / locking ball-pin || ⟨bolzenlenker m / ball-pin-type guidance arm, round-head bolt guide || ⟨büchse f / linear bushing || ⟨drehmaschine f / ball lathe
Kugeldruck·härte f / ball indentation hardness || ⟨-**Prüfgerät** n / ball-pressure apparatus || ⟨prüfung f / ball thrust test, ball impression test || ⟨prüfung nach Brinell / Brinell hardness test
Kugel·eindruck m / ball indentation || ⟨endmaß n / spherical-end gauge, spherical gauge block || ⟨fallprobe f / falling ball test || ⟨fallviskosimeter n / falling-ball viscometer, falling-sphere viscometer || ⟨fläche f / spherical seat
kugelförmig adj / spherical adj
Kugel·fotometer n / globe photometer || ⟨fräser m / ball mill || ⟨funkenstrecke f / sphere gap || ⟨gelenk n / spherical joint, S-joint n, ball-and-socket joint, ball joint
kugelgestrahlt adj / shot-blasted adj
Kugel·gewinde n / ball groove thread || ⟨gewindespindel f / threaded spindle || ⟨gewindetrieb m / ball-and-screw spindle drive, ball screw || ⟨gewindetrieb m / ball screw drives || ⟨glas n (Leuchte) / glass globe || ⟨gleitverbindung f / spherical sliding joint || ⟨graphitguss m / ductile cast iron, nodular graphite cast iron, spheroidal graphite cast iron || ⟨griff m / ball handle, ball-lever handle, ball grip || ⟨griffantrieb m / ball handle mechanism || ⟨hahn m / ball valve || ⟨halter m / ball holder
kugelig adj / spherical adj / ~ **gelagertes Lager** / spherically seated bearing || ~**e Lagerhalterung** / spherical support seat || ~**e Muffe** / coned sleeve || **Lager mit** ~**em Sitz** / spherically seated bearing || ~**er Sitz** / spherical seat || ~**es Auflager** / spherical support seat
Kugel·käfig m / ball cage || ⟨kalotte f / spherical cup, calotte n || ⟨kette f / beaded chain || ⟨knopf m / ball knob || **Lampe mit** ⟨**kolben** / round bulb lamp || ⟨koordinate f / spherical coordinate || ⟨kopf m / spherical head || ⟨kopffräser m / ballhead cutter, ball end mill || ⟨kopfkabelschuh m / spherical-head cable connector, spherical-receptable connector || ⟨kopf-Optik f / ball optic || ⟨kopierfräser m / ball copying cutter
Kugel·lager n / ball bearing || ⟨lagerhebel m / ball bearing lever || ⟨laufbahn f / ball race || ⟨leuchte f / sphere luminaire, globe luminaire, bubble luminaire || ⟨öler m / ball-valve oiler, Winkley oiler || ⟨passfeder f / ball key, spherical key || ⟨pfanne f / ball cup || ⟨rastung f / ball latch || ⟨rollspindel f / feed screw || ⟨rollspindel f / ball screw || ⟨rollspindelsteigung f / leadscrew pitch || ⟨scharnier m / ball hinge || ⟨scheibe f / spherical disk || ⟨schienenführung f / ball rail system
Kugelschleifen n / ball grinding
Kugel·schmierkopf m / ball oiler || ⟨segment n / spherical segment || ⟨sektor m / spherical sector || ⟨sitz m / spherical seat || ⟨sitzventil n / ball seat valve || ⟨-**Solarzelle** f / spherical solar cell (t_m) || ⟨spiegel m (Leuchte) / spherical specular reflector || ⟨spurzapfen m / spherical spindle end || ⟨stange f / ball bar || ⟨steckgriff m / detachable ball-lever handle, ball plug handle || ⟨steckverbinder m / spherical connector || ⟨stehlager n / pedestal-type ball bearing, ball-bearing pillow block || ⟨strahler m / globe spotlight, spherical spotlight || ⟨-**Trübglas** n / opal glass globe || ⟨umlaufspindel f / feed screw, recirculating ball screw, ball screw || ⟨ventil n / ball valve, globe valve || ⟨verrastung f / ball latch || ⟨welle f (elektromagnetische Welle, bei der alle Wellenfronten konzentrische Kugeln sind) / spherical wave || ⟨zapfen m / ball pin n
Kühl·aggregat n / heat-exchanger unit, cooler n, radiator bank || ⟨anlage f / cooling system || ⟨anschlussadapter m / cooling connection adapter || ⟨art f / cooling method, method of ventilation || ⟨betrieb m / cooling operation || ⟨bett n / cooling bed || ⟨blech n / cooling plate, heat sink || ⟨dose f / cooling chamber
Kühleinheit f / cooling unit || ⟨einrichtung f / cooling system, cooling facility || ⟨element n / heat-exchanger element, cooler element, radiator n || ⟨emulsion f / cooling emulsion
Kühler m / cooler n, heat exchanger, radiator n || ⟨ **mit mehrfachem Wasserfluss** / multi-pass heat exchanger, multi-pass cooler || ⟨anbau m (el. Masch.) / machine-mounted heat exchanger, integral cooler || ⟨aufbau m (el. Masch.) / top-mounted heat exchanger, machine-mounted cooler || ⟨element n / heat-exchanger element, cooler element, radiator n || ⟨entlüftung f / heat-exchanger vent, cooler venting device || ⟨frostschutzmittel n / antifreeze n, radiator antifreeze || ⟨ventilator m / radiator fan
Kühl·fahne f / cooling fin, ventilating vane || ⟨falle f / cold trap, cryotrap n || ⟨flüssigkeit f / cooling liquid, liquid coolant || **Versuch mit veränderlicher** ⟨**gasdichte** / variable cooling gas density test || ⟨gebläse n / cooling fan || ⟨gerät n / refrigerator n, air-conditioner n || ⟨kanal m / cooling duct, oil duct || ⟨kanal m (el. Masch.) / ventilating duct, cooling-air duct || ⟨konzept n / cooling concept
Kühlkörper m / heat sink || ⟨ m / heat sink element || ⟨temperatur f / heat-sink temperature || ⟨wärmewiderstand m / thermal resistance of heat sink
Kühlkreis m / cooling circuit
Kühlkreislauf m / cooling circuit, cooling system, ventilation circuit || **geschlossener** ⟨ / closed-circuit cooling system, closed cooling circuit || **zweiseitig symmetrischer** ⟨ / double-ended symmetrical cooling circuit
Kühllast f / cooling load, heat load, heat gain
Kühlleistung f (Kühler) / heat-exchanger capacity, cooler efficiency, temperature difference rating || ⟨l f / heat removal capacity || ⟨f (Lüfter) / cooling capacity, fan capacity
Kühlluft f / cooling air, air coolant || ⟨bedarf m / rate of cooling air required, cooling air requirement || ⟨führung f / independent air cooling, air-ducting n || ⟨geschwindigkeit f / cooling air speed || ⟨kreislauf m / cooling air circulation || ⟨menge f / rate of cooling-air flow, cooling-air rate || ⟨strom m / cooling air flow, cooling air flow rate || ⟨weg m / cooling-air passage, ventilating passage
Kühlmantel m / coolant jacket, cooling jacket
Kühlmittel n / coolant n, cooling medium, cooling agent || ⟨anlage f / coolant system || ⟨behälter m / coolant reservoir || ⟨bewegung f / coolant circulation, method of coolant circulation || ⟨-

Kühl 482

Durchflussmenge f / rate of coolant flow, coolant rate || ⸳**eintrittstemperatur** f / coolant supply temperature || ⸳**führung** f (el. Masch.) / coolant guide || ⸳**kanal** m (el. Masch.) / core duct || ⸳**leitung** f / coolant pipe || ⸳**menge** f / rate of coolant flow, coolant rate || ⸳**pumpe** f / coolant pump, pumps and compressors, pumps and fans || ⸳**strom** m / coolant flow, coolant (flow) rate || ⸳**temperatur** f / coolant temperature, temperature of cooling medium || ⸳**-Temperatursensor** m / coolant temperature sensor || ⸳**umlauf** m / coolant circulation || ⸳**umwälzung** f / coolant circulation || ⸳**ventil** n / coolant valve || ⸳**zufuhr** f / coolant supply || ⸳**zulauftemperatur** f / coolant inlet temperature
Kühl·öl n / cooling oil || ⸳**platte** f / cooling plate || ⸳**profil** n / heatsink profile || ⸳**raum** m / cold-storage room || ⸳**regler** m / cooling controller || ⸳**reserve** f / reserve cooling capacity || ⸳**rippe** f (Gehäuse) / cooling rib, cooling fin, heatsink fin || ⸳**rippe** f (Rohr) / fin n || ⸳**rippen** f pl / cooling fins || ⸳**schiene** f / extruded profile || ⸳**schlange** f / cooling coil || ⸳**schlitz** m (el. Masch.) / ventilating duct, cooling duct, core duct, (Trafo auch:) oil duct, air slot || ⸳**schmiermittel** n / coolant n || ⸳**schmierstoff** m (KSS) / coolant n || ⸳**schmiersystem** n / cooling lubricant system || ⸳**schrank** m / refrigerator n || ⸳**strecke** f / cooling section || ⸳**strom** m / coolant flow, coolant flow rate
Kühlsystem n / cooling system || **Verluste im** ⸳ / ventilating and cooling loss
Kühltechnik f / cooling technology
Kühlung f / cooling n, heat dissipation || ⸳ f (el. Masch.) VDE 0530, T.1 / cooling n
Kühlungsart f / cooling method, method of ventilation, cooling system
Kühlvorrichtung f (el. Masch.) / circulating-circuit component, heat exchanger || **aufgebaute** ⸳ (el. Masch.) / machine-mounted circulating-circuit component || **eingebaute** ⸳ (el. Masch.) / integral circulating-circuit component
Kühlwasser n / cooling water || ⸳**abfluss** m / cooling-water outlet, cooling-water discharge || ⸳**anschluss** m / cooling-water connection || ⸳**-Austrittstemperatur** f / cooling-water outlet temperature || ⸳**durchflussmenge** f / cooling-water rate, flow rate of cooling water || ⸳**durchsatz** m / cooling water throughput || ⸳**eintrittstemperatur** f / inlet temperature of the cooling water || ⸳**-Eintrittstemperatur** f / cooling-water inlet temperature || ⸳**kreislauf** m / cooling-water circuit || ⸳**leitung vom Wärmekraftwerk** / cooling water pipe systems in thermal power station || ⸳**mantel** m / cooling-water jacket || ⸳**menge** f / cooling-water rate, flow rate of cooling water || ⸳**rohr** n / cooling water pipe || ⸳**strom** m / cooling-water flow, cooling-water flow rate || ⸳**umwälzpumpe** f / cooling-water circulating pump || ⸳**zufluss** m / cooling-water inlet
Kühl·werk n / cooling unit || ⸳**wertigkeit** f / heat-transfer index, heat-transfer coefficient || ⸳**wirkung** f / cooling effect || ⸳**zahl** f / heat-transfer coefficient || ⸳**zeit** f / cool time || ⸳**zone** f / cooling zone
Kulisse f (Steuerschalter) / gate n || ⸳ f (Verbindungselement) / link n || ⸳ f (Schalldämpfer) / silencer n

Kulissen·scheinwerfer m / wing reflector || ⸳**wickler** m / culisse winder
kumulative Wahrscheinlichkeit / cumulative probability
Kumulativzählwerk n / cumulative demand register || **Maximumzähler mit** ⸳ / cumulative demand meter
kumulierender Fehler / cumulative error
kumuliert adj / cumulated || ~**e Beobachtungszeit** / cumulated observation time
Kunde m (Anwender gelieferter el. Energie) / consumer n || ⸳ **oder seine Vertreter** / person performing the acceptance, persons performing the acceptance
Kunden·abnahme f / acceptance by customer || ⸳**akzeptanz** f / customer acceptance || ⸳**anfrage** f / customer request || ⸳**anlage** f / customer installation || ⸳**anlagen** f pl / customer installations || ⸳**anschlussseite** f / sides for customer to connect his wires || ⸳**bedientafel** f / customer operator panel || ⸳**begleitschein** m / customer note || ⸳**beistellung** f / purchaser supplied product || ⸳**beratung** f / customer advisory service, customer adviser || ⸳**besuch** m / call on customers || ⸳**betreuer** m / customer service engineer || ⸳**betreuung** f / after sales service, customer servicing || ⸳**beziehungsverwaltung** f / customer relationship management (CRM) || ⸳**block** m / customer assembly || ⸳**buchblatt** n / customer report sheet || ⸳**dienst** m / customer service || ⸳**dienstaufgaben** f / customer-support service tasks || ⸳**dienstvereinbarung** f / after-sales agreement || ⸳**display** n / customer display || ⸳**erwartungen** f pl / customer expectations || ⸳**forderung** f / customer requirement || ~**geeignet** adj / customer-friendly || ⸳**informationssystem** n / trouble call management || ⸳**kennung** f / customer ID || ⸳**kennzeichen** n / customer code || ⸳**klemmen** f pl / customer terminals || **verstärkte** ⸳**klemmleiste für IST** / reinforced customer terminal strip for IST || ⸳**konstruktion** f / customer-specific design || ⸳**lieferschein** m / customer delivery note || ⸳**lösung** f / customer solution || ⸳**maschine** m / customer machine || ⸳**maschinensteuertafel** f / customer machine control panel || ~**nah** adj / customer-related || ⸳**nähe** f / proximity to the customer, customer closeness || ~**naher Bereich** / customer-related area || ⸳**nutzen** m / customer benefit || ⸳**parametrierung** f / factory setting of customer-specific parameters || ⸳**präsentationen** f pl / customer presentations || ⸳**preis** m / customer price || ⸳**reklamation** f / customer complaint || ⸳**risiko** f / consumers risk || ⸳**-Rückwaren-Begleitschein** m / customer returned goods note || ~**seitige Beistellung** / to be provided by the customer || ⸳**sicht** f / customers view point
kundenspeziell adj / customized adj, custom made, for a specific customer
kundenspezifisch adj / customized adj, custom made, for a specific customer, customer-specific adj || ~**e Ausführung** / customized version || ~**e IS** / full-custom IC, dedicated IC || ~**e Konstruktion (Koko)** / customer-specific design || ~**e Software** / custom software || ~**er Anlagentest** / customer-specific installation test || ~**er Rechner** / user-specific production computer || ~**s Engineering**

(CAE) / customer application engineering (CAE) || **~es Fernwirkprotokoll** / customer specific telecontrol protocol
Kunden·stamm *m* / stock of customers, customer base || ~**storno** *n* / cancellation by customer || ~**tastatur** *f* / customer keyboard || ~**taste** *f* / user key || ~**tastenmodul** *n* / customer key module || ~**tastenstreifen** *m* / customer key strip || ~**termin** *m* / customer deadline || ~**vorgabe** *f* / customer specification || ~**vorteile** *m pl* / customer advantages || ~**zeichen** *n* / customer reference || ~**zufriedenheit** *f* / customer satisfaction
Kündigung *f* / notice *n* || ~**sgrund** *m* / reason for dismissal || ~**sschutzgesetz** *n* / Dismissals Protection Law
Kunst·faser *f* / man-made fibre, synthetic fibre || ~**gewebeband** *n* / synthetic-fabric tape
Kunstharz *n* / synthetic resin || ~**bindemittel** *n* / synthetic-resin binder || ~**bindung** *f* / synthetic-resin bond || **~gebundener Graphit** / resin-bonded graphite || **~getränkt** *adj* / synthetic-resin-impregnated *adj*, resin-impregnated *adj* || ~**lack** *m* / synthetic-resin varnish, synthetic resin lacquer || ~**tränkmittel** *n* / synthetic-resin impregnant
künstlich bewegte Luft / forced air || **~ erzeugter aktinischer Effekt** / artificially induced actinic effect || **~e Alterung** / artificial ageing, accelerated ageing, seasoning *n* || **~e Beleuchtung** / artificial lighting || **~e Erde** / counterpoise *n* || **~e Innenraumbeleuchtung** / artificial lighting of interiors || **~e Intelligenz (KI)** / artificial intelligence || **~e Kühlung** / forced cooling, artificial cooling, forced-air cooling, forced oil cooling || **~e Netzstabilität** / conditional stability of power system || **~e Sprache** / artificial language || **~e Verschmutzung** / artificial pollution || **~er Magnet** / artificial magnet || **~er Nullpunkt** / artificial neutral point || **~er Sternpunkt** / artificial neutral || **~es Altern** / artificial aging || **~es Dielektrikum** / artificial dielectric || **~es Geräusch** (elektromagnetisches Geräusch, das seinen Ursprung in technischen Geräten hat) / man-made noise || **~es Licht** / artificial light || **~es neuronales Netz** / artificial neural network || **~es Rauschen** IEC 50(161) / man-made noise
Kunst·licht *n* / artificial light || ~**phase** *f* (el. Masch., Hilfsphase) / auxiliary phase || ~**stab** *m* / transposed bar, Roebel bar, composite conductor || ~**stein** *m* / cast stone
Kunststoff *m* / plastic *n*, plastics material || **mit ~ ausgekleidet** / with plastic lining || **glasfaserverstärkter ~** / glass-fibre-reinforced plastic, glass-reinforced plastic || ~**abdeckung** *f* / plastic cover || ~**-Aderleitung** *f* (HO7V) / thermoplastic single-core non-sheathed cable, PVC single-core non-sheathed cable || ~**aufbereitung** *f* / plastics processing || ~**aufsatz** *m* (Klemme) / plastic top || ~**ausführung** *f* / plastic version || ~**außenhülle** *f* / protective sheath, protective sheathing, plastic oversheath, extruded oversheath, oversheath *n*, protective envelope || ~**außenmantel** *m* / outer sheath
Kunststoff·bearbeitung *f* / plastics processing || ~**bearbeitungsmaschine** *f* / plasticworking machine || **~beschichtet** *adj* / plastic-coated *adj* || ~**beschichtung** *f* / plastic laminating || ~**-Blende** *f* / moulded-plastic masking frame || ~**compounder** *m* / plastics compounder || ~**dichtteil** *n* / plastic sealing part || ~**drehriegel** *m* / plastic espagnolette || ~**element** *n* / plastic element || ~**erzeugung** *f* / plastics manufacturing || ~**extruder** *m* / plastic extruder
Kunststoff·fabrik *f* / plastics processing factory || ~**faser** *f* / plastic fiber, plastic fibre || ~**faserlichtleiter** *m* / plastic fiber-optic conductor || ~**faservorprodukte** *n pl* / intermediate plastic-fiber products || ~**folie** *f* / plastic film, plastic sheet, foil, film *n* || ~**front** *f* / plastic front || ~**führungsschiene** *f* / plastic guiding rail
Kunststoff·gehäuse *n* / enclosure of plastics material, plastic enclosure, plastic case, plastic casing, moulded case, insulated housing || ~**gehäuse** *n* / plastic package || ~**gitterrahmen** *m* / plastic grid frame || ~**glas** *n* (Leuchte) / plastic diffuser || ~**glaswanne** *f* (Leuchte) / synthetic glass diffuser, plexiglass diffuser || ~**herstellung** *f* / plastics manufacturing || ~**hülse** *f* / plastic sleeve
Kunststoffindustrie *f* / plastics industry || **Faserstoff- und ~** *f* / paper, rubber and plastics industries (PRP industries)
Kunststoff·isolierung *f* / thermoplastic insulation, plastic insulation || ~**-Isolierung** *f* (Isolierung aus einem thermoplastischen oder thermoelastischen Kunststoff) / polymeric insulation || ~**kabel** *n* / thermoplastic-insulated cable, plastic-insulated cable, plastic cable || ~**kanal** *m* (K-Kanal) / plastic duct, plastic bunking || ~**kappe** *f* / plastic cap || ~**kneten** *n* / plastic kneading || ~**kondensator** *m* IEC 50(436) / film capacitor
kunststofflamellierter Werkstoff / laminated plastic material
Kunststoff·leitung *f* / thermoplastic-insulated cable, plastic-insulated cable, plastic-covered wire || **wetterfeste ~leitung** / thermoplastic-insulated weather-resistant cable || ~**leuchte** *f* / plastic luminaire, all-plastic luminaire, sealed plastic luminaire || ~**lichtleiter** *m* / plastic fiber-optic conductor || ~**-Lichtwellenleiter** *m* (KWL) / all-plastic optical fibre, POF *n*, plastic optical fiber || ~**litze** *f* / plastic stranded wire || ~**lüfter** *m* / plastic fan || ~**magazin** *n* / plastic magazine || ~**manschette** *f* / sealing V-ring of synthetics || ~**mantel** *m* / non-metallic sheath, outer insulation, plastic sheath, jacket *n*, outer plastic sheath || ~**maschine** *f* / plastics machine, plastics processing machine || ~**niet** *m* / plastic rivet || ~**-Panzerrohr** *n* / heavy-gauge plastic conduit, high-strength plastic conduit || ~**-Pellets** *n pl* / plastic pellets || ~**presse** *f* / automolder *n*
Kunststoff·rohr *n* / plastic conduit, non-metallic conduit, PVC conduit || ~**rolle** *f* / plastic roller || ~**rückwand** *f* / plastic rear panel || ~**säule** *f* / plastic column || ~**schild** *n* / plastic label || ~**schlauch** *m* / plastic tube || ~**-Schlauchleitung** *f* / plastic-sheathed flexible cord, PVC-sheathed flexible cord || **mittlere ~-Schlauchleitung** / ordinary plastic-sheathed flexible cord (o. cable) || ~**spritzerei** *f* / plastic injection molding unit || ~**spritzgussmaschine** *f* / plastics injection molding machine || ~**stange** *f* / plastic rod || ~**stift** *m* / plastic dowel || ~**stößel** *m* / plastic plunger || ~**technik** *f* / plastics technology || ~**teil** *n* / plastic part || ~**-Tiefziehmaschine** *f* / plastics

kunststoffüberzogener thermoforming machine
kunststoffüberzogener Leiter / plastic-covered conductor
Kunststoff·umhüllung *f* / plastic sheath || **≈umspritzung** *f* / applying plastic coating || **≈verarbeiter** *m* / plastics processor || **≈verarbeitungsmaschine** *f* / plastics processing machine || **≈-Verdrahtungsleitung** *f* (HO5V) / thermoplastic non-sheathed cable for internal wiring, PVC (single-core non-sheathed cables for internal wiring)
Kupfer (CU) *n* / copper *n* || **≈ blank** / bare copper || **≈ für Leitzwecke** / high-conductivity copper || **halbhartes ≈** / one-half-hard copper || **hartblankgezogenes ≈** / hard bright-drawn copper || **hartgezogenes ≈** / hard-drawn copper || **≈ader** *f* / copper core || **≈aufnahme** *f* / copper picking || **≈band** *n* / Cu strip || **≈bandwendel** *f* / copper equalizing tape || **≈beilage** *f* / copper shim, copper pad || **≈boden** *m* / copper base || **≈brücke** *f* / copper link || **≈chlorid-Magnesium-Batterie** *f* / couprous chloride-magnesium battery || **≈dochtkohle** *f* / copper-cored carbon
Kupferdraht·seil *n* / stranded copper conductor, copper cable, copper wire rope || **≈umflechtung** *f* / copper wire braiding
Kupfer·einschluss *m* / copper inclusion || **≈füllfaktor** *m* / copper space factor || **≈geflecht** *n* (Kabel, Beflechtung) / copper braiding, copper braid || **≈-(Indium-, Gallium)-Diselenid** *n* / copper indium/gallium diselenide || **≈indiumdiselenid** *n* / copper-indium-diselenide || **≈indiumdisulfid (CuInS₂)** *n* / copper-indium-disulfide (CuInS₂) *n* || **≈-Indium-Galliumdiselenid** *n* / CIGS *n* || **≈indiumselenid** *n* / CIS || **≈kabel** *n* / copper cable
kupferkaschiert *adj* / copper-clad *adj* || **~er Schichtpressstoff** / copper-laminated plastic
Kupfer·kaschierung *f* / copper cladding, copper grid || **≈knetlegierung** *f* / wrought copper-base alloy || **≈-Konstantan-Thermoelement** *n* (Cu-Ko-Thermoelement) / copper-constantan thermocouple || **≈lackdraht** *m* / enamelled copper wire, varnished copper wire || **≈lasche** *f* / copper lug || **≈legierung** *f* / copper-base alloy, copper alloy || **≈leiter** *m* / copper conductor || **≈leitung** *f* / copper wire, copper cable, copper line || **≈litze** *f* / copper strand
Kupfer·manteldraht *m* / copper-clad wire, bimetallic wire || **≈notierung** *f* (CU-Notierung) / copper quotation || **≈oxid-Lithium-Batterie** *f* / copper oxide-lithium battery || **≈oxid-Zink-Batterie** *f* / copper oxide-zinc battery || **≈platte** *f* / copper plate || **≈profil** *n* / copper profile || **≈-Sandgusslegierung** *f* / sand-cast copper-base alloy || **≈schaltstück** *n* / copper contact piece || **≈schieben** *n* / copper dragging || **≈schiene** *f* / copper bar || **≈schiene für Anschlussschrauben M12** / copper terminal bars suitable for M12 terminal bolts || **≈schwamm** *m* / copper sponge || **≈seil** *n* / stranded copper conductor, copper cable || **≈-Spritzgusslegierung** *f* / die-cast copper-base alloy || **≈stäbe im Stranggussverfahren** / continuous-cast copper rod || **≈-Stahl-Kabel** *n* / steel-reinforced copper cable (SRCC), copper cable, steel-reinforced (CCSR) || **≈streifenprüfung** *f* / copper strip test || **≈sulfat** *n* / copper sulphate
Kupfer·umspinnung *f* / copper braiding || **≈verluste** *m pl* / copper loss, load loss(es), I²R loss || **≈-Wolfram-Sintermaterial** *n* / sintered tungsten-copper (material) || **≈zahl** *f* / copper number || **≈zuschlag** *m* / copper surcharge
Kuppe *f* / round end, summit curve, summit *n* || **≈** *f* (Kurve) / crest *n* || **≈** *f* (Lampe) / dome *n* || **Kolben~** *f* (Lampe) / bulb bowl || **Straßen~** *f* / hump *n*
Kuppelbolzen *m* / coupling bolt, coupling pin
Kuppelfeld *n* / coupler panel, bus coupler panel, bus-tie cubicle, coupler bay, bus coupler bay, bus-tie bay, bus-type breaker panel
Kuppel·flansch *m* / coupling flange || **≈gestänge** *n* / linkage *n* || **≈kasten** *m* / coupling unit || **≈kontakt** *m* / coupling contact || **≈leitung** *f* (Netz) / tie line
kuppeln *v* / couple *v* || **~ (Kupplung)** / engage *v*
Kuppelschalter *m* / bus coupler || **≈** *m* / tie switch || **≈** *m* / tie circuit-breaker, tie breaker, (bus) coupler circuit-breaker
Kuppel·schiene *f* / tie bus || **≈stück** *n* / coupling unit || **≈transformator** *m* / interconnecting transformer, coupling transformer, tie transformer, line transformer, network transformer, coupler *n* || **≈trenner** *m* / bus-coupler disconnector || **≈zapfen** *m* (Walzwerk) / wobbler *n*
Kuppen *n* / ball shaping || **≈stößel** *m* EN 50047 / rounded plunger, overtravel plunger || **≈stößelantrieb** *m* / overtravel plunger mechanism
kuppenverspiegelte Lampe / silver-bowl lamp, lamp with mirror-finished dome
Kuppler *m* / bus-tie *n*
Kupplung *f* (nicht schaltbar) / coupling *n* || **≈** *f* (schaltbar) / clutch *n* || **≈** *f* (Verteiler) / coupler unit || **≈** *f* / coupling *n* || **≈** *f* (Netz) / tie *n*, connection *n*, interconnection *n*, interlinking *n* || **≈ (allg. Maschinenbau)** *f* / clutch *n* || **≈ mit axialer Spielbegrenzung** / limited-end-float coupling, limited-end-play coupling || **≈ mit Rücklaufsperre** / backstopping clutch || **elektrische ≈** / electric coupler || **gelenkige ≈** / flexible coupling
Kupplungs·abtrieb *m* / coupling output || **≈antrieb** *m* / coupling drive || **≈automatik** *f* / automatic clutch control, clutch management || **≈belag** *m* / clutch lining, clutch facing || **≈bolzen** *m* / coupling pin, coupling bolt || **≈buchse** *f* / coupling socket || **≈dose** *f* / connector *n*, portable socket-outlet, coupling plug || **nichtwiederanschließbare ≈dose** / non-rewirable portable socket-outlet || **≈drehmoment** *n* / coupling torque
Kupplungs·einsatz *m* / coupling insert || **≈feder** *f* / clutch spring || **≈feld** *n* / coupler bay, bus coupler bay, bus-tie bay || **≈flansch** *m* / coupling flange || **≈flansch** *m* (angeschmiedet) / integral coupling, integrally forged coupling Flange || **≈gehäuse** *n* / coupling case, coupling enclosure || **≈glied** *n* / coupling element, link *n* || **≈hälfte** *f* / half-coupling *n*, coupling half, clutch half || **≈hülse** *f* / coupling bush, coupling sleeve || **≈kraft** *f* (Steckverbinder) / engaging force, connector mating and unmating force, separating force
Kupplungs·lager *n* / clutch release bearing || **≈lamelle** *f* / clutch plate || **≈leistung** *f* / power at coupling, shaft horsepower || **≈leitung** *f* (zur el. Verbindung zwischen mechanisch gekuppelten Fahrzeugen) / jumper cable || **≈mantelfläche** *f* /

lateral coupling surface || ⁀mitnehmer *m* / coupling driver, drive coupling || ⁀moment *n* / clutch torque || ⁀muffe *f* / coupling bush || ⁀planfläche *f* / coupling face || ⁀ring *m* (Sty) / coupling ring || ⁀schale *f* / coupling box, coupling half || ⁀scheibe *f* / clutch disk || ⁀seite *f* (el. Masch.) / coupling end || ⁀stange *f* / coupling rod, connecting rod (o. bar)

Kupplungs·steckdose *f* / portable socket-outlet, connector *n* || ⁀stecker *m* / coupler plug, plug *n*, connector *n*, free coupler connector, circular connector || ⁀steckverbinder *m* / coupler connector || ⁀steckvorrichtung *f* / cable coupler || ⁀stelle *f* / coupling point || ⁀stück *n* / coupling *n* || ⁀treffer *m* / coupling driver, wobbler *n* || ⁀verschalung *f* / coupling guard, clutch guard || ⁀vorrichtung für Endstück (Roboter) / end effector device || ⁀zapfen *m* (Bolzen) / coupling pin || ⁀zapfen *m* (Treffer) / wobbler *n* || ⁀zeit *f* / coupling time, clutch operation time

KU-Prüfeinheit *f* / auto-reclosing check module

Kurbel *f* / crank *n*, handcrank *n*, crank handle || ⁀ für Einfahrspindel / crank handle || ⁀ mit Außenvierkant / speed brace || ⁀antrieb *m* / crank-operated mechanism, crank drive, crank mechanism, crankshaft drive || ⁀arm *m* / lever *n*, shaft arm || ⁀drehung *f* / rotation of shaft arm, motion of shaft arm || ⁀gehäuse *n* / crankcase *n* || ⁀getriebe *n* / crank mechanism || ⁀griff *m* / crank handle || ⁀halbmesser *m* / crank radius || ⁀induktor *m* (f. Isolationsmessung) / megger *n*, hand-driven generator, ductor *n*, insulation tester with hand-drive generator || ⁀induktor *m* (f. Zündung) / magneto generator, magneto *n*, magneto inductor || ⁀interpolation *f* / crank interpolation (CRIP) || ⁀kette *f* / crank mechanism || ⁀lasche *f* / crank handle clip

kurbeln *v* / crank *v*, turn the crank *v*

Kurbel·schwinge *f* / rocker arm || ⁀stange *f* / connecting rod, pitman *n* || ⁀stellung *f* / crank position, crank angle || ⁀trieb *m* / crank mechanism, crank drive, crank drive gear || ⁀viereck *n* / four-bar linkage, link quadrangle || ⁀wangenatmung *f* / crank-web deflection || ⁀welle *f* / crankshaft *n* || ⁀wellendrehmaschine *f* / crankshaft lathe || ⁀wellenfräsmaschine *f* / crankshaft milling machine || ⁀wellengeber *m* / crankshaft sensor || ⁀wellenschleifmaschine *f* / crankshaft grinding machine || ⁀wellensensor *m* / camshaft angle sensor || ⁀winkel *m* / crank angle || ⁀zylinder *f* / crank shaft operator || **pneumatischer** ⁀zylinder / pneumatic crank shaft type operator

Kurs *m* / exchange rate, course *n*

Kursbüro *n* / training office

kursiv *adj* / in italics

Kursivschrift *f* / italic type, italics *plt*

Kurs·klausel *f* / rate clause, exchange rate clause || ⁀sicherung *f* / rate security || ⁀sicherungsmaßnahme *f* / forward rate measure

Kurtosis *f* DIN 55350,T.21 / kurtosis *n* (statistical distribution)

Kurve *f* / curve *n*, courbe *n*, characteristic *n*, bend *n*, trend *n* || ⁀ **der rückläufigen Schleife** / recoil curve, recoil line (o. loop) || ⁀ **für den mittleren Stichprobenumfang** / average sample number curve (ASNC) || ⁀ **gleicher Beleuchtungsstärke** / isoilluminance curve (GB), isoilluminance line (US), isolux curve (o. line) || ⁀ **gleicher Bestrahlungsstärke** / iso-irradiance curve || ⁀ **gleicher Lautstärke** / loudness contour, isoacoustic curve || ⁀ **gleicher Leuchtdichte** / isoluminance curve || ⁀ **gleicher Lichtstärke** / isointensity curve, isocandela curve || ⁀ **im Grundriss** / horizontal curve || ⁀ **löschen** / decurve *v* || ⁀ **mit Klotoide** / easement curve || **10-Sek-**⁀ / 10-sec-curve

Kurven·anzeige *f* / curve display, trend display || ⁀anzeige *f* (Bildobjekt für die Darstellung von Kurven) / trend view || ⁀archiv *n* / curve file, curve archive || ⁀band *n* / horizontal curvature diagram || ⁀bild *n* / graph *n*, plot *n* || ⁀bild *n* (am Bildschirm) / curve display, trend display || ⁀-**Bildschirmeinheit** *f* / curve display unit || ⁀blatt *n* / graph *n*, diagram *n* || ⁀darstellung *f* / curve display, trend display, plot *n* || ⁀element *n* / curve entity || ⁀fahrt *f* / travel along contours || ⁀feld *n* / curve display field || ⁀fenster *n* / curve window

Kurvenform *f* (Wellenform) / waveform *n*, waveshape *n* || ⁀ **der Netz-Wechselspannung** / waveform of a.c. supply voltage || ⁀ **der Referenzschwingung** DIN IEC 351, T.1 / reference waveform || ⁀ **der Spannung** / voltage waveform || ⁀ **der Spannungsschwankung** VDE 0838, T.1 / voltage fluctuation waveform || **Aufnahme der** ⁀ / waveform test || ⁀änderung einer Spannung VDE 0558, T.5 / subtransient voltage waveform deviation

kurvenförmig *adj* / curved *adj*

Kurvenform·speicher *m* / waveform buffer || ⁀stabilisierung *f* DIN 41745 / waveform stabilization

Kurven·fräsen *n* / curve milling || ⁀fräsmaschine *f* / cam forming machine || ⁀gängigkeit *f* / curve negotiability || ⁀generator *m* (Funktionseinheit, die eine codierte Darstellung einer Kurve in die graphische Darstellung dieser Kurve für die Anzeige umwandelt) / curve generator || ⁀gestaltparameter *m* / parameter of shape || **~gesteuert** *adj* / cam-controlled || **~getreu** *adj* / true-to-contour *adj*

Kurvengetriebe *n* / cam gear, cam mechanism || **nichtlineares** ⁀ / nonlinear cam gear || ⁀getriebeinterpolation *f* / cam gear interpolation

Kurven·gleichlauf *m* / curve synchronization || ⁀grafik *f* / curve diagram || ⁀gruppe *f* / curve group || ⁀knick *m* / curve bend, break in curve, curve inflection || ⁀lineal / spline *n*, curve *n* || ⁀linie *f* / spline curve || ⁀parameter *m* / curve parameter || ⁀radius *m* / curve radius || ⁀rolle *f* / cam roller

Kurven·schar *f* / family of curves, set of curves || ⁀scheibe *f* / cam disc, cam plate, cam *n* || ⁀scheibenfunktion *f* / cam function || ⁀scheibe/ **Kurbel** *f* / cam/crank || ⁀scheibengleichlauf *m* / camming *n* || ⁀scheiben-Tabelle *f* / cam table || ⁀scheitelpunkt *m* / peak of curve || ⁀schere *f* / curve-cutting shear || ⁀schleifmaschine *f* / cam grinding machine || ⁀schreiber *m* / graphic plotter, plotter *n*, curve plotter || ⁀sichtgerät *n* / curve display unit || ⁀speicher *m* / curve memory || ⁀speicherbaugruppe *f* / curve memory module || ⁀steigung *f* / slope || ⁀strecke *f* / chord *n*, link *n* || ⁀stück *n* / cam *n*, cam segment || ⁀tabelle *f* / curve table || ⁀tabelleninterpolation *f* / curve

table interpolation || ⸗tabellenpolynome *n pl* / curve table polynomials || ⸗trieb *m* / plane-motion direct-contact mechanism || ⸗trommel *f* / cam drum || ⸗typ *m* / curve type || ⸗überhöhung *f* / superrelevation *n*, banking *n*
Kurvenverlauf *m* / curve shape, curve characteristic, characteristic *n*, curve *n* || ⸗ *m* (Wellenform) / waveshape *n*, waveform *n* || **verschliffener** ⸗ / smooth characteristic || **wirklicher** ⸗ / real flow characteristic || ⸗recorder *m* / waveform recorder
Kurven·walze *f* / cam drum || **spezifischer** ⸗widerstand (Bahn) / specific train resistance due to curves
Kurvenzug *m* / curve trace || **Planckscher** ⸗ / Planckian locus
kurz gemittelte Belastung / demand *n*
Kurz·adresse *f* (Adresse mit weniger Zeichen als die übliche Adresse, z. B. für spezielle Dienste oder bestimmte Teilnehmer) / short address || ⸗angabe *f* (Bestell-Nr.) / order code || ⸗anleitung *f* / product brief, short description || ⸗anweisung *f* / short instruction || ⸗ausfall *m* / transient failure || ⸗ausschaltglied *n* / passing break contact, fleeting NC contact || ⸗balken *m* / barrette *n* || ⸗bauweise *f* / short design || ⸗befehl *m* / keyboard shortcut || ⸗beschreibung *f* (NC) / shorthand notation || ⸗beschreibung *f* (KB) / product brief, brief description, short description || ⸗betrieb *m* / short-time operation (CEE 10), short operation || ⸗bezeichnung *f* / order code, short designation || ⸗bogenlampe *f* / short-arc lamp, compressed-arc lamp, compact-source lamp || ⸗drehautomat *m* / short bed lathe
kurze Bauform / short design || **~ Taste** / short button IEC 337-2 || **~ Verkabelungswege** / short interconnections
Kurz·einschaltglied *n* DIN 40713 / passing make contact IEC 117-3, fleeting NO contact || ⸗einweisung *f* / brief instructions
Kürzel *n* / abbreviation *n*
kürzen *v* (DIN V 44302-2) / contract *v*
kurzer Druckknopf VDE 0660,T.201 / short button IEC 337-2 || **~ Impuls** / short pulse || **~ Spiralbohrer mit Zylinderschaft** / jobber series parallel shank twist drill
Kurzerläuterung *f* / product brief
kürzester Weg / shortest path
Kurzform *f* / short form
kurzfristige Grenzkosten / short-run marginal cost || **~ Kraftwerkseinsatzoptimierung** / Very Short Term UC/HS/HTC (VST) || **~ Laständerungsgeschwindigkeit** / transient loading rate || **~ Lastprognose** / short-term load forecast, short load forecast
kurzgeschlossen *adj* / short-circuited *adj*, shorted *adj*, shunted out, jumpered *adj*, linked together
Kurz·gewinde-Fräsmaschine *f* / plunge-cut thread milling machine || ⸗hilfe *f* / quick help || ⸗holzplatz *m* / short timber station || ⸗hubschalter *m* / short-stroke switch || ⸗hubtastatur *f* / short-stroke keyboard, short-stroke keypad || ⸗hubtaste *f* / short-stroke key || ⸗hubzylinder *m* / short-stroke cylinder || ⸗impuls *m* / short pulse, short-duration pulse || ⸗impulsbildung *f* / short pulse generating circuit || ⸗information *f* / tooltip *n* || ⸗katalog *m* / short catalog

Kurzkupplung *f* / back-to-back link || **HGÜ-**⸗ *f* / HVDC back-to-back link, HVDC back-to-back station, HVDC coupling system
Kurz·motor *m* / short frame motor || ⸗nachrichten *f pl* / news in brief || ⸗prüfung *f* / accelerated test || ⸗satz *m* (Telegramm) / short block || ⸗schließeinschub *m* / short-circuit withdrawable unit
Kurzschließen *n* / short-circuiting *n*, shorting *n*, shunting out || **~ v** / short-circuit *v*, short *v*, shunt out *v*
Kurz·schließer *m* / high-speed grounding switch, make-proof earthing switch, short-circuiter *n*, fault initiating switch || ⸗schließer *m* (Schutzeinrichtung zum schnellen Abbau von gefährlichen Spannungen bei Mittelspannungsumrichtern (Nennspannungen > 1 kV bis 36 kV) / crowbar *n* || ⸗schließstecker *f* / shorting circuit || ⸗schließstecker *m* / short-circuiting plug, shorting plug || ⸗schließung *f* / short-circuiting *n*, shorting *n*, shunting out
Kurzschluss *m* / short-circuit (s. c.), short *n* || ⸗ *m* (Netz) IEC 50(448) / shunt fault, short-circuit fault (USA) || ⸗ *m* (Netzfehler) / fault *n*, short circuit, shunt fault || ⸗ **gegen Schirm** / line-to-shield short || ⸗ **mit Lichtbogenbildung** / arcing short circuit || ⸗ **mit Übergangswiderstand** / high-resistance fault, high-impedance fault || ⸗ **nach L/L+** *m* (Kurzschluss der Signalleitungen mit L bei Wechselspannungssignalen) / short circuit to L/L+ || ⸗ **zwischen Phasen** / phase-to-phase short circuit || **Einschalten auf einen** ⸗ / fault throwing, making on a short circuit || **generatorferner** ⸗ / remote short circuit, short circuit remote from generator terminals || **generatornaher** ⸗ / short circuit close to generator terminals, close-up fault || **magnetischer** ⸗ / magnetic short-circuit || **satter 3-poliger** ⸗ / dead three-phase fault || **zweipoliger** ⸗ / phase-to-phase fault, line-to-line fault, double-phase fault || ⸗abschaltung *f* / short-circuit disconnection || ⸗anzeiger *m* / short-circuit indicator, fault indicator
Kurzschlussausgangs·admittanz *f* / short-circuit output admittance || ⸗admittanz **bei kleiner Aussteuerung** / small-signal short-circuit output admittance || ⸗admittanz **in Emitterschaltung** / common-emitter short-circuit output admittance || ⸗strom *m* / short-circuit output current
Kurzschlussauslöser *m* / short-circuit release, short-circuit trip || **kurzzeitverzögerter** ⸗ / short-time-delay short-circuit release || **unverzögerter** ⸗ / instantaneous short-circuit release
Kurzschluss·-Ausschaltleistung *f* / short-circuit breaking capacity IEC 157-1, short-circuit interrupting rating, fault interrupting rating (US) || ⸗**-Ausschaltprüfung** *f* / short-circuit breaking test, short-circuit interrupting test || ⸗ausschaltstrom *m* / short-circuit breaking current || ⸗-Ausschaltstrom *m* / short-circuit breaking current, short-circuit interrupting current || ⸗ausschaltung *f* / short-circuit breaking clearing, fault clearing, short-circuit breaking || ⸗ausschaltvermögen *n* / short-circuit breaking capacity || ⸗-Ausschaltvermögen *n* VDE 0660,T.101 / short-circuit breaking capacity IEC 157-1, short-circuit interrupting rating, fault interrupting rating (US) || ⸗beanspruchung *f* / short-circuit stress

kurzschlussbehaftet *adj* / short-circuited *adj*, faulted *adj*
Kurzschluss·belastung *f* / short-circuit load, short-circuit stress || ∼**berechnung** *f* / short-circuit calculation, fault-level analysis || ∼**betrieb** *m* / short-circuit operation || ∼**-Brandschutz** *m* / short-circuit fire protection || ∼**bremse** *f* (Bremsen durch Umpolen) / plug brake || ∼**bremsung** *f* (Bremsen durch Umpolen) / plug braking, braking by plugging || ∼**brücke** *f* / short-circuiting link, shorting jumper, short-circuit bridge || ∼**buchse** *f* / shorting jack, shorting socket || ∼**bügel** *m* / short-circuiting link, shorting jumper
Kurzschluss·charakteristik *f* / short-circuit characteristic || ∼**dauer** *f* / short-circuit time, short-circuit duration, overcurrent time, VDE 0103 duration of the first short-circuit current flow || ∼**-Dauerprüfung** *f* / sustained short-circuit test, heat run || ∼**dorn** *m* (Magnet) / keeper bar || ∼**-Draufschaltung** *f* / fault throwing, making on a short circuit || ∼**dreieck** *n* (Potier-Dreieck) / Potier reactance triangle || ∼**-Drosselspule** *f* / current limiting reactor
Kurzschlusseingangsadmittanz *f* / short-circuit input admittance || ∼ **bei kleiner Aussteuerung** / small-signal short-circuit input admittance || ∼ **in Emitterschaltung** / common-emitter short-circuit input admittance
Kurzschluss·eingangsimpedanz *f* / short-circuit input impedance || ∼**eingangsimpedanz bei kleiner Aussteuerung** / small-signal short-circuit input impedance || ∼**-Eingangskapazität** *f* / short-circuit input capacitance || ∼**- oder ausschaltvermögen** *n* / short-circuit make or break capacity || ∼**einschaltprüfung** *f* / short-circuit making test || ∼**-Einschaltstrom** *m* / short-circuit making current || ∼**einschaltvermögen** *n* VDE 0670,T.3 / short-circuit making capacity IEC 265 || ∼**erkennung** *f* (KSE) / short-circuit identification, short-circuit detection || ∼**erregerstrom** *m* (zum Ankerstrom) / excitation current corresponding to rated armature sustained short-circuit current, field current to produce rated armature current
kurzschlussfest *adj* VDE 0100, T.200 / short-circuit proof, short-circuit current resistant, mechanically short-circuit proof, resistant to short circuits, capable of withstanding short-circuits, fused *adj* || ~ *adj* (Halbleiter-Bauelemente) / surge-proof *adj* || ~ *adj* (elST-Geräte, durch Strombegrenzung) / current-limited *adj*, short-circuit resistant || ~ **und überlastfest** / short-circuit and overload resistant || ~**er Ausgang** / short-circuit-proof output, surge-proof output || ~**er Transformator** / short-circuit-proof transformer
Kurzschlussfestigkeit *f* (f. ein Bauelement für eine bestimmte Dauer zulässiger Teilkurzschlussstrom) / short-circuit capability, short circuit strength || ∼ *f* / short-circuit strength, fault withstand capability, short-circuit rating, fault withstandability (IEE Dict.) || ∼ *f* / short-circuit withstand capability, ability to withstand short circuits || ∼ *f* (Netz) / short-circuit current capability IEC 50(603) || **maximale** ∼ (Sicherungshalter) / peak withstand current || **Nachweis der** ∼ / verification of short-circuit strength || **Prüfung der** ∼ / short-circuit test ||

thermische ∼ / thermal short-circuit rating
Kurzschlussfortschaltung *f* (Abschaltung) / short-circuit clearing, fault clearing || ∼ *f* (Kurzunterbrechung) / automatic reclosing (under short-circuit conditions), open-close operation
kurzschlussfremde Spannung (Schutz, Auslösespannung) / externally generated short-circuit tripping current
Kurzschluss·generator *m* / short-circuit generator, lightning generator || ~**geschützer Transformator** / short-circuit protected transformer || ~**getreue Spannung** (Schutz, Auslösespannung) / actual short-circuit (tripping) current || ∼**impedanz** *f* / short-circuit impedance || ∼**induktivität** *f* / short-circuit inductance || ∼**käfig** *m* / squirrel-cage winding, cage winding, squirrel cage || ∼**kennlinie** *f* (Asynchronmasch.) / locked-rotor impedance characteristic || ∼**kennlinie** *f* (Synchronmasch.) / short-circuit characteristic (s.c.c.) || ∼**kraft** *f* / short-circuit force, electrodynamic short-circuit force, electromechanical short-circuit force || ∼**kreis** *m* / shorted circuit
Kurzschluss·lauf *m* (el. Masch.) / run with winding (s) short-circuited, heat run || ∼**läufer** *m* / squirrel-cage rotor || ∼**läufermotor** *m* / squirrel-cage motor, cage motor || ∼**leistung** *f* (Schalter) / short-circuit capacity || ∼**leistung** *f* (Netz) / short-circuit power, fault power, fault level || ∼**leistung** *f* (el. Masch.) / short-circuit power || ∼**leistungsfaktor** *m* / short-circuit power factor, X-R ratio || ∼**leistungskategorie** *f* VDE 0660,T.101 / short-circuit performance category IEC 157-1 || ∼**leistungsverhältnis** *n* / relative short-circuit power || ∼**lichtbogen** *m* / short-circuit arc || ∼**lichtbogenstrom** *m* / short-circuit arcing current || ∼**meldeschalter** *m* / short-circuit signaling contact, short-circuit signalling contact || ∼**moment** *n* / short-circuit torque, peak transient torque || ∼**motor** *m* / squirrel-cage motor, cage motor || ∼**-Prüfleistung** *f* / short-circuit testing power || ∼**prüftransformator** *m* / short-circuit testing transformer || ∼**prüfung** *f* / short-circuit test, short-circuit diagnostics || ∼**punkt** *m* / short-circuit point || ∼**reaktanz** *f* / short-circuit reactance
Kurzschlussring *m* / end ring, short-circuiting ring, cage ring || ∼ *m* (Spaltpolmot.) / shading ring, shading coil || ∼ *m* (Magnetschlussstück) / keeper ring || **aufgeschnittener** ∼ / end ring with gaps
Kurzschluss·risiko *n* / risk of short circuits || ∼**rückwirkungskapazität** *f* / short-circuit feedback capacitance (FET) || ∼**-Sanftanlaufschaltung** *f* / stator-resistance starting circuit || ∼**schalter** *m* / short-circuit switch || ∼**-Schaltvermögen** *n* / short-circuit capacity, short-circuit breaking (o. interrupting) capacity
Kurzschlussscheinleistung *f* / short-circuit apparent power, apparent short-circuit power || ∼ *f* (Drehstrom-Käfigläufermot.) / locked-rotor apparent power
Kurzschluss·schieber, verstellbarer ∼**schieber** / piston *n* || ∼**schnellauslöser** *m* / instantaneous short-circuit trip, instantaneous short-circuit release *n* || ∼**-Schnellauslöserelais** *n* / instantaneous short-circuit relay || ∼**schnellauslösung** *f* / instantaneous short-circuit release || ∼**schutz** *m* / short-circuit protection, back-up protection || ∼**schutz für**

kurzschlusssicher

mehrpolige Fehler IEC 50(448) / phase-fault protection || ⁓**schutzeinrichtung** f / short-circuit protective device (SCPD) || ⁓-**Schutzorgan** n (KSO) / short-circuit protective device (SCPD) || ⁓**seil** n / short-circuiting cable || ⁓-**Seilzugkraft** f VDE 0103 / short-circuit tensile force IEC 865-1
kurzschlusssicher adj / short-circuit proof, VDE 0100, T.200 inherently short-circuit-proof, short-circuit current resistant, current limited, fused adj || **unbedingt** ~ / inherently short-circuit proof || **~er Klemmenkasten** (Klemmenkasten m. Druckentlastung) / pressure-relief terminal box
Kurzschlusssicherung f / back-up fuse
Kurzschlussspannung f (Leistungstrafo) / impedance voltage, impedance drop, percent impedance, p.u. impedance || ⁓ f (Trenntrafo, Sicherheitstrafo, Wandler) / short-circuit voltage EN 60742 || **Bemessungs-**⁓ f / impedance voltage at rated current || **relative** ⁓ / relative short-circuit voltage
Kurzschluss·sperre f / reclosing lockout, short-circuit lock-out || ⁓**stabilität** f / short-circuit stability || ⁓**stecker** m / shorting plug, short-circuit plug || ⁓**stelle** f / short-circuit point || ⁓**stellung** f (Bürsten) / live neutral position
Kurzschlussstrom m / short-circuit current, fault current || ⁓ m / I_sc, short-circuit current || ⁓ m (Batt.) / flash current || ⁓ **an der Einbaustelle** / prospective short-circuit (o. fault) current || ⁓ **bei festgebremstem Läufer** / locked-rotor current || ⁓ **bei Verwendung eines Kurzschlussschutzes** / conditional short-circuit current || **unbeeinflusster** ⁓ I_cp / prospective short-circuit current || ⁓**anregung** f / short-circuit current starting || ⁓-**Ausschaltdauer** f IEC 50(448) / fault current interruption time || ⁓**begrenzung** f / short-circuit current limiting || ⁓**belastbarkeit** f / short-circuit current carrying capacity || ⁓**dichte** f / short-circuit current density || ⁓**empfindlichkeit** f (Diode) DIN 41853 / short-circuit current sensitivity || ⁓**festigkeit** f / short-circuit capability, short-circuit current strength, short-circuit withstand current || ⁓**kraft** f / short-circuit current force || ⁓**leistung** f / short-circuit current capacity || ⁓**sicherheit** f / protection against short-circuits || ⁓**tragfähigkeit** f / short-circuit current carrying capacity || ⁓**verstärkung** f (bei kurzgeschlossenem Ausgang) / current amplification with output short-circuited || ⁓**verstärkung** f (Transistor) DIN 41854 / short-circuit forward current transfer ratio || ⁓**verstärkung bei kleiner Aussteuerung** (Transistor) DIN 41854 / small-signal short-circuit forward current transfer ratio
Kurzschluss·suche f / faut location, fault location for outage and non-outage faults (FLOC) || ⁓**transformator** m / short-circuit-proof transformer || **~-/überlastfest** adj / short-circuit and overload resistant
Kurzschlussübertragungsadmittanz f / short-circuit transfer admittance || ⁓ **in Emitterschaltung** / common-emitter short-circuit transfer admittance || ⁓, **rückwärts** / short-circuit reverse transfer admittance || ⁓, **rückwärts bei kleiner Aussteuerung** / small-signal short-circuit reverse transfer admittance || ⁓, **vorwärts** / short-circuit forward transfer admittance || ⁓, **vorwärts bei kleiner Aussteuerung** / small-signal short-circuit

forward transfer admittance
kurzschluss- und überlastfest / short-circuit and overload resistant
Kurzschluss·unterbrechung f / short-circuit interruption, short-circuit breaking, fault clearing || ⁓**ventil** n / short-circuit valve || ⁓**verfahren** n / short-circuit method || ⁓**verhältnis** n / short-circuit ratio (s.c.r.) || **Bemessungslast-**⁓**verhältnis** n / rated-load short-circuit ratio, full-load short-circuit ratio || ⁓**verlust** m / load loss
Kurzschlussverluste m pl (el. Masch.) / short-circuit loss, copper loss, load loss || ⁓ m pl VDE 0532, T. 1 / load loss IEC 76-1, impedance loss, copper loss
Kurzschluss·vermögen n / short-circuit capacity || ⁓**verstärkung** f / closed-loop gain, operational gain || ⁓**verzögerung** f / short-circuit delay || ⁓**vorrichtung** f / short-circuiter
Kurzschluss·wechselstrom m / short-circuit current, symmetrical short-circuit current, prospective symmetrical r.m.s. short-circuit current || **subtransienter** ⁓-**Wechselstrom** / initial symmetrical short-circuit current || **Anfangs-**⁓-**wechselstromleistung** f / initial symmetrical short-circuit power
Kurzschluss·wicklung f / squirrel-cage winding, cage winding || ⁓**wicklung** f (Spaltpolmot.) / shading coil || ⁓**widerstand** m / short-circuit impedance || ⁓**widerstand** m (eines abgeschirmten Kabels) IEC 50(161) / transfer impedance || ⁓**widerstandszeit** f / short circuit withstand time (SCWT) || ⁓**windung** f / short-circuited turn || ⁓**winkel** m / short-circuit angle, fault angle, line impedance angle || ⁓**wischer** m / self-extinguishing fault
Kurzschlusszeit f / short-circuit time, short-circuit duration, overcurrent time
Kurzschlusszeitkonstante f / short-circuit time constant || ⁓ **der Ankerwicklung** / short-circuit time constant of armature winding, primary short-circuit time constant || ⁓ **der Dämpferwicklung in der Längsachse** / direct-axis short-circuit damper-winding time constant || ⁓ **der Dämpferwicklung in der Querachse** / quadrature-axis short-circuit damper-winding time constant || ⁓ **der Erregerwicklung** / direct-axis short-circuit excitation-winding time constant, direct-axis transient short-circuit time constant || ⁓ **der Längsdämpferwicklung** / direct-axis short-circuit damper-winding time constant || ⁓ **der Querdämpferwicklung** / quadrature-axis short-circuit damper-winding time constant
Kurz·schreibweise f (Programm) / shorthand notation, shorthand form || ⁓**schritt** m (Signalelement) / short-duration signal element || ⁓**spulenwicklung** f / short-coil winding || ⁓**stab-Leuchtstofflampe** f / miniature fluorescent lamp || ⁓**statortyp** m / short-stator type, short-primary type, long-secondary type || ⁓**telegramm** n / short message || ⁓**telegrammliste** f / key message list || ⁓**test** m / brief test
Kurzunterbrecher m / auto-recloser n, recloser n || ⁓-**Auswahleinheit** f (KU-Auswahleinheit) / auto-reclosing selection module || ⁓-**Prüfeinheit** f (KU-Prüfeinheit) / auto-reclosing check module || ⁓**relais** n / auto-reclose relay, auto-reclosing relay || ⁓**sperre** f (KU-Sperre) / auto-reclose lockout
Kurz·unterbrechung f / automatic reclosing, auto-

reclosing n, rapid auto-reclosure (RAR) || ⟲**unterbrechungseinrichtung** f IEC 50(448) / automatic reclosing equipment, automatic reclosing relay (USA) || ⟲**unterbrechungsfunktion** f / automatic reclosing function || ⟲**unterbrechungsprüfung** f / auto-reclosing test || ⟲**versuch** m / accelerated test **kurzverzögert** *adj* / short-time delayed || **~e und einstellbare unverzögerte Überstromauslöser** (zn-Auslöser f) / short-time-delay and adjustable instantaneous overcurrent releases || **~er Auslöser** / short-time-delay release, short-time-delay trip element ANSI C37.17 || **~er elektromagnetischer Überstromauslöser** (z-Auslöser) / short-time-delay electromagnetic release, short-delay electromagnetic release || **~er elektromagnetischer Überstromauslöser mit Verzögerung durch Zeitrelais** / relay-timed short-time delay overcurrent release, relay-triggered short-time delay overcurrent trip || **~er Überstromauslöser** (z-Auslöser) / short-time-delay overcurrent release, definite-time-delay overcurrent release || **~er Überstromauslöser mit Verzögerung durch mechanisches Hemmwerk** / mechanically short-time-delayed overcurrent release

Kurz·wahl f / abbreviated address calling, short code selection || ⟲**wangendrehmaschine** f / short bed lathe || ⟲**wegsignal** n (Funksignal, das zwischen Sende- und Empfangspunkt eine kürzere Strecke als den halben Erdumfang zurückgelegt hat) / short-path signal || ⟲**wellenschwund** m / short-wave fade-out || **~wellig** *adj* / short-wave *adj*

Kurzzeichen n / identification symbol, symbol n, composite symbol, short code, initialing n, abbreviation n, code n || **Toleranz~** n / tolerance symbol

Kurzzeit·archiv n / short-term archive || ⟲**beeinflussung** f VDE 0228 / short-time interference || ⟲**belastbarkeit** f / short-time current (o. load) carrying capacity, short-time load rating || ⟲**belastbarkeit** f / short-time withstand capability (o. value) || **thermische** ⟲**belastbarkeit durch eine Erregungsgröße** / limiting short-time thermal withstand value of an energizing quantity || ⟲**belastung** f / short-time loading

Kurzzeitbetrieb m VDE 0730 / short-time operation (CEE 10) || ⟲ m / short-time operation duty || ⟲ m (KB S 2, el. Masch.) VDE 0530, T.1 / short-time duty (S 2) IEC 34-2 || ⟲ m (Schütz) / temporary duty IEC 158-1, IEC 255-4 || ⟲ **S 2** VDE 0530, T. 1 / short-time duty-type (S 2)

Kurzzeit·bremsleistung f / short-time braking power || ⟲**drift** f / short-term drift || ⟲**einbruch** m / short-time dip, notch n || ⟲**ermüdung** f / low cycle fatigue || ⟲**faktor** m / short-time factor (s.t.f.) || ⟲-**Flicker** n / short-term flicker || ⟲**funktion** f / short-time function (release)

kurzzeitig *adj* / short-time *adj*, for short periods, transient *adj* || **~ gemittelte Höchstlast** / maximum demand || **~ gemittelte Leistung** / demand n IEC 50(25) || **~e Entladung** / snap-over n || **~e Kontaktgabe** / momentary contact making || **~e Störung** / transient disturbance || **~e Überlast** / short-time overload, momentary overload, transient overload || **~e Überspannungen** / transient overvoltages

Kurzzeit·leistung f / short-time rating, short-time power || ⟲**leistung in kVA** / short-time kVA rating || ⟲**meldung** f / fleeting information, fleeting indication, transient information || ⟲**prüfung** f / short-time test, accelerated test || ⟲**rückführung** f / short-time feedback || ⟲**schalter** m (f. Lampen-Zündgeräte) / time limiting switch || ⟲**stabilität** f / short-term (o. short-time) stability || ⟲**stabilität des Nullpunktes** / short-time stability of zero || ⟲**-Stabilitätsfehler** m / short-term stability error || ⟲**-Steh-Wechselspannung** f / short-duration power-frequency withstand voltage || ⟲**stillstand** m / short-duration organizational standstill

Kurzzeitstrom m (Relais-Kontaktkreis) DIN IEC 255 / limiting short-time current (of a contact circuit) IEC 255-0-20 || ⟲ m VDE 0660,T.101 / short-time current, short-time withstand current IEC 157-1 || **maximaler** ⟲ **für eine Halbwelle** (HL-Schütz) VDE 0660, T. 109 / maximum on-state current for one half cycle || **Prüfung mit** ⟲ VDE 0532,T.20 / short-circuit current test IEC 214 || **thermisch gleichwertiger** ⟲ / thermal equivalent short-time current || ⟲**belastbarkeit** f / short-time current-carrying capacity || ⟲**festigkeit** f / short-time withstand current

Kurzzeit-Stromfestigkeit f / short-time current carrying capacity

Kurzzeitstromprüfung f / short-time current test, thermal short-time current test

Kurzzeit·stufe f (Schutz, im Diagramm) / first-zone step, short-time step || ⟲**stufe** f (Multivibrator) / short-delay monostable multivibrator || ⟲**stufe** f (Auslöser) / instantaneous trip || ⟲**-Überlastbarkeit** f / short-time overload capacity || ⟲**-Überlaststrom** m / transient overload current || ⟲**uhr** f / timer n || ⟲**unterbrechung** f / short-time interrupt, short-term interruption || **Stromversorgung mit** ⟲**unterbrechung** / short-break power supply

kurzzeitverzögert *adj* / short-time delayed || **~er Kurzschlussauslöser** / short-time delay short-circuit release

Kurzzeit·verzögerung / short-time delay || ⟲**-Wechselspannungsprüfung** f / short-duration power-frequency test

KUSA-Schaltung f / stator-resistance starting circuit

KU-Sperre f / auto-reclose lockout

Küstenscheinwerfer m / coastal searchlight

Kuvertierer m / Envelopper n

Kuvertiermaschine f / inserter, enveloping machine

KVA (Kehrrichtverbrennungsanlage) / refuse incineration plant

kVArh-Zählwerk n / kVArh register

KV-Faktor m (Kreisverstärkungsfaktor) / servo gain factor, KV factor

Kv-Gerade f / straight line characterizing a Cv-coefficient

KVM-Switch m (Umschalter für Keyboard, Video und Maus) / KVM switch

KVP (kontinuierlicher Verbesserungsprozess) / CIP (continuous improvement process)

KVS / cable distribution cabinet

KV-Umschalter m / servo gain changeover switch

KW (Kalenderwoche) / CW (calender week)

kWh-Verbrauch m / kWh consumption

KWK / combined heat and power (c.h.p.),

cogeneration *n* (of power and heat)
KWL / all-plastic optical fibre
Kybernetik *f* / cybernetics *plt*
KYRU / KYRU (key request unit)
KZ / length of commutator || ⁓ / comparative tracking index (CTI) || ⁓ / cathode sputtering

L

L / L (letter symbol for askarel) || ⁓ / load instruction || ⁓ (Symbol für Spule oder Induktivität) / L || ⁓ / local data bit
L 0 / L 0 (length without load)
LA / logic analyzer (LA) || ⁓ (Leitachse) / master axis, LA (leading axis) || ⁓ **(Leistungsabgabe)** *f* / power output
Label *n* / label *n*, jump label, branch label, jump mark || ⁓ **aufbringen** / application of labels || ⁓**abschluss** *m* / end of label || ⁓**ausrichtung** *f* / label alignment || ⁓**farbe** *f* / label color || ⁓**maße** *f pl* / label dimensions || ⁓**schritt** *m* / labelling step || ⁓**tabelle** *f* / label table
LABIV-Verfahren (Lieferauftragsabwicklungs-, Bestandsführungs- und Informationssystem für die Vertriebe) / LABIV ordering system
Laboratorium-Bezugsnormal *n* / laboratory reference standard
Labor·baugruppe *f* / laboratory assembled PCB, lab assembled PCB || ⁓**bedingungen** *f pl* / laboratory conditions || ⁓**betrieb** *m* / laboratory mode || ⁓**entwicklung** *m* / laboratory development || ⁓**management** *n* / laboratory management || ⁓**managementsystem** *n* / laboratory management system || ⁓**mechaniker** *m* / calibration technician || ⁓**muster** *n* / lab samples, laboratory sample || ⁓**Oszilloskop** *n* / laboratory oscilloscope, lab scope || ⁓**probe** *f* / laboratory sample || ⁓**prüfung** *f* / laboratory test || ⁓**umgebung** *f* / environment of a laboratory
Labyrinth·dichtung *f* / labyrinth seal, labyrinth gland, labyrinth packing || ⁓**filter** *n* / labyrinth filter || ⁓**packung** *f* / labyrinth packing || ⁓**ring** *m* / labyrinth ring, labyrinth gland || ⁓**spalt** *m* / labyrinth joint
Lack *m* (Emaille, Drahtlack) / enamel *n* || ⁓ *m* / painting *n*, lake *n* || ⁓ *m* (Schellack) / shellac *n* || ⁓ *m* (Ölbasis) / varnish *n* || ⁓ *m* (Zellulosebasis) / lacquer *n* || ⁓**anstrich** *m* / paint of lake || ⁓**aufbau** *m* / paint system || ⁓**band** *n* / varnished-cambric tape, varnish-impregnated tape, varnished cambric, varnished sotton-cambric || ⁓**draht** *m* / enamel-insulated wire, enamelled wire || ⁓**einschluss** *f* / enclosed paint || ⁓**flachdraht** *m* / enamelled flat wire
lack·frei *adj* / paint-free *adj*, free of lacquer || ⁓**gesichert** *adj* / secured by lacquer
Lack·gewebe *n* / varnished fabric, varnish-impregnated cloth || ⁓**gewebeband** *n* / varnish-impregnated tape, varnished tape, impregnated tape || ⁓**glasband** *n* / varnished glass tape || ⁓**glasgewebe** *n* / varnished glass fabric || ⁓**harz** *n* / resin *n*
Lackier·anlage *f* / paint shop || ⁓**ereien** *f pl* / paint shops || ⁓**maschine** *f* / varnishing machine ||

⁓**roboter** *m* / painting robot || ⁓**straße** *f* / paint shop
lackiert *adj* / painted *adj* || ⁓**e Glasseidenbespinnung** / varnish-impregnated glass-filament braiding
Lackierung *f* / painting *n*
Lackisolation *f* / varnish insulation, enamel insulation
lackisoliert *adj* / insulated with lacquer || ⁓**er Draht** / enamel-insulated wire, enamelled wire
Lack·leinen *n* / varnished cambric || ⁓**leinenband** *n* / varnished cambric tape || ⁓**material** *n* / paint material || ⁓**papier** *n* / varnished paper || ⁓-**Profildraht** *m* / enamelled section wire || ⁓-**Runddrahtwicklung** *f* / enamelled round-wire winding || ⁓**schaden** *m* / paint damage || ⁓**set** *n* / paint set || ⁓-**Sprühdose** *f* / paint spray can || ⁓**stift** *m* / paint pen, paint stick || ⁓**straße** *f* / enameling line || ⁓**überzug** *m* / varnish coating, enamel coat
LAD / Ladder Diagram (LAD)
ladbar *adj* (programmierbar) / programmable *adj* || ⁓ *adj* (Programm) / loadable *adj*
Lade·achse *f* / loader axis || ⁓**aggregat** *n* / charging set || ⁓**anweisung** *f* / load instruction || ⁓**art** *f* / charging method, method of charging || ⁓**automatisierung** *f* / loading automation || ⁓**befehl** *m* / load instruction, load command || ⁓-**Blindleistung** *f* / reactive charging power, charging kVAr || ⁓**brücke** *f* / depressed platform || ⁓**bühnenpult** *n* / load platform console || **dielektrische** ⁓**charakteristik** / dielectric absorption characteristic || ⁓**druck** *m* (Turbo-Lader) / boost pressure || ⁓**einrichtung** *f* / loader *n* || ⁓**elektronik** *f* / recharging electronics || ⁓-**Entladebetrieb** *m* / cycle operation
ladefähig *adj* (Programm) / loadable *adj*
Lade·faktor *m* / charge factor || ⁓**funktion** *f* / load function, load instruction || ⁓**funktion** *f* / load operation, loading function || ⁓**gerät** *n* / charger *n*, charging unit || ⁓**grenze** *f* / charging limit || ⁓**grenzkennlinie** *f* / limiting charging characteristic
Lade·kennlinie *f* / charging characteristic || ⁓**kontakt** *m* / charging contact || ⁓**kontrolllampe** *f* (f. Batterieladung) / battery-charge warning lamp || ⁓**leistung** *f* / charging power, charging capacity || ⁓**liste** *f* / loading list || ⁓-**luftgekühlter Motor** / intercooler engine || ⁓**luftkühlung** *f* / charge-air intercooling || ⁓**magazin** *n* / loading magazine || ⁓**maschine** *f* / charging generator || ⁓**maschine** *f* (mech.) / loader *n* || ⁓**maß** *n* / loading gauge
Laden *n* / charging *n* || ⁓ *n* (Daten in einen Speicher übernehmen, um sie zur Verarbeitung bereitzustellen) / loading *n* || ⁓ *v* / charge *v* || ⁓ *v* (Programm) / download *v* IEC 1131-4 || ⁓ *v* (m. einem Programm) / load *v* || ⁓ **in Zielsystem** / download *n* || ⁓ **ins Zielgerät** / download *n* || ⁓ **vom Zielgerät** / upload *n* || **neu** ⁓ (Programm) / bootstrap *v*
Ladenetzteil *n* / charging unit
Ladentischbeleuchtung *f* / counter lighting
Lade·operation *f* / load operation, load instruction, load function, loading function, loading operation || ⁓**platz** *m* / loading station, loading point, load station, load location, load point || ⁓**portal** *n* / gantry loader, loading gantry || ⁓**pritsche** *f* / load platform || ⁓**profil** *n* / loading gauge
Lader *m* / loader *n*, supercharger *n* || ⁓**achse** *f* / loader axis
Lade·rampe *f* / loading ramp, loading platform ||

⌂antrieb *m* / loader drive || ⌂rate *f* / charge rate || ⌂raum *m* / cargo space
Lader-Bagger *m* / backhoe loader
Lade·regler *m* / charge regulator || ⌂schale *f* / charging cradle || ⌂schlitten *m* / loading skid || ⌂schlussspannung *f* / end-of-charge voltage, finishing rate, battery end-of-charge voltage || ⌂schlussstrom *m* / end-of-charge rate || ⌂schwingungen *f pl* / relaxation oscillations || ⌂software *f* / load software || ⌂spannung *f* / charging voltage || ⌂speicher *m* / loading memory, load memory || ⌂speicher *m* (NC) / loading buffer || ⌂speicherbedarf *m* / load memory requirement || ⌂sprung *m* / charging step || ⌂station *f* / loading station, charging station, loading point, load location, load area, load point || ⌂steckdose *f* / charging socket-outlet || ⌂stecker *m* / charging plug || ⌂stelle *f* / loading station, loading point, load point, load station, load location || ⌂steuergerät *n* / charge controller
Ladestrom *m* / charging current || ⌂ *m* (Isolation) / absorption current, charging current || **dielektrischer** ⌂ / dielectric absorption current || ⌂drossel *f* / shunt reactor
Lade·traverse *f* / loading beam || ⌂verlauf *m* / progress of charge || ⌂vorrichtung *f* / work feeder || ⌂widerstand *m* / charging resistor || ⌂-Wirkungsgrad *m* / charge efficiency, ampere-hour efficiency
Ladezeit *f* (Feder, Speicherantrieb) / charging time, winding time || ⌂-**Konstante** *f* / charge time constant || **nach** ⌂**punkten** / by time of loading
Ladezustand *m* / charging condition, state of charge (SOC) || ⌂ **der Batterie** / discharge degree of battery, charge of battery || ⌂ **der Pufferbatterie** / charging condition of backup battery
L2-Adresse *f* / L2 station address || **höchste** ⌂ / highest station address (HSA), main spindle drive (MSD)
Ladung *f* (elektrisch) / charge *n* || ⌂ *f* / load *n*, loading *n* || **längenbezogene** ⌂ / linear electric charge density || **volumenbezogene** ⌂ / volume charge density
Ladungs·ableiter *m* / charge bleeder || ⌂auffrischstufe *f* / charge regeneration stage || ⌂aufnahme *f* / charge acceptance || ⌂ausgleichsumsetzer *m* / charge balancing converter, quantized-feedback converter || ⌂ausgleichsverfahren *n* / charge balancing (method) || ⌂austauschumsetzung *f* / charge-replacement conversion || **elektrischer** ⌂**belag** / surface charge density || ⌂**bild** *n* / display (to be observed), recorded display
Ladungsdichte, elektrische ⌂ / electrical charge-density || ⌂**modulation** *f* / charge-density modulation
Ladungs·erhaltung *f* / charge retention, capacity retention || ⌂flusstransistor *m* (CFT) / charge-flow transistor (CFT)
ladungsgekoppelt·e Schaltung / Charge Coupled Device (CCD) || **~es Bauelement** (CCD) / charge-coupled device (CCD)
Ladungs·kompensationsverfahren *n* / charge compensation method || ⌂menge *f* / charge *n* || ⌂menge *f* (Elektrizitätsmenge) / quantity of electricity || ⌂-**Messgerät** *n* / coulometer *n* || ⌂paket *n* / charge packet || ⌂schichtung *f* / charge layering, charge stratification || ⌂speicherröhre *f* / charge-storage tube, electrostatic memory tube || ⌂speicherröhre mit Schreibstrahl / cathode-ray charge-storage tube || ⌂strom *m* / charging current || ⌂strom *m* (Elektrisierungsstrom) / electrification current
Ladungsträger *m* / charge carrier, carrier *n*, substation control, control technology, control system processor || ⌂beweglichkeit *f* / charge carrier mobility, carrier mobility || ⌂diffusion *f* / charge carrier diffusion || ⌂injektion *f* / charge carrier injection, carrier injection || ⌂laufzeit *f* / charge transit time || ⌂lebensdauer *f* / charge carrier lifetime || ⌂-**Sammelwirkungsgrad** *m* / collection efficiency || ⌂sammlung *f* / carrier collection, charge carrier collection || ⌂-**Sammlungswahrscheinlichkeit** *f* / carrier collection probability || ⌂speicherung *f* / charge carrier storage, carrier storage || ⌂trennung *f* / charge carrier separation
Ladungs·transport *m* / charge transfer || ⌂transportelement *n* / charge transfer device (CTD) || ⌂trennung *f* / charge separation || ⌂übertragung *f* / charge transfer || ⌂verschiebe-Bildabtaster *m* / charge-transfer image sensor || ⌂verschiebeverlust *m* / charge transfer loss || ⌂verschiebe-Wirkungsgrad *m* / charge transfer efficiency (CTE) || ⌂verschiebung *f* / charge transfer || ⌂verschiebungsschaltung *f* (CTD) / charge transfer device (CTD) || ⌂verstärker *m* / charge amplifier || ⌂zentrum *n* / charge centre
Lage *f* (Position) / position *n* || ⌂ *f* (verseilter Leiter) / layer *n* || ⌂ *f* (Überzug) / coat *n*, layer *n* || ⌂ *f* (der Elemente in integrierten Schaltungen) / topology *n* || ⌂ **der Leiterplatte (LP-Lage)** *f* / position of the PCB || **hinten** / rear system || ⌂ **Power Center** / power center system || **hochaufgelöste** ⌂ (HGL) / HGL || **räumliche** ⌂ / orientation *n*
Lageabweichung *f* / positional variation, misalignment *n*, positional deviation, position deviation, error in position || **zulässige** ⌂ / positional tolerance
Lage·beziehung *f* / relation *n*, topology *n* || ⌂bezug *m* / position reference || ⌂-**Bezugspunkt** *m* / position reference point || ⌂differenz *f* / positional deviation, misalignment *n*, position deviation || ⌂einflusseffekt *m* / variation due to position IEC 51 || ⌂energie *f* / potential energy
Lageerfassung *f* / position detection, position sensing, detection of the position, position measuring || **direkte** ⌂ / direct position sensing || **indirekte** ⌂ / indirect position sensing
Lage·erkennung *f* / position recognition || ⌂erkennung Förderer / feeder position recognition || ⌂extrapolator *m* / position extrapolator || ⌂fehler *m* / position error, position deviation || ⌂fehler *m* (Regler) / attitude *n* (controller) || ⌂geber *m* / actual position sensor, positional actual-value encoder || ⌂geber *m* (statisch) / position sensor, position encoder || ⌂genauigkeit *f* / positional accuracy, accuracy of position || ⌂genauigkeit *f* / registration *n*
lagegeregelt *adj* / position-controlled *adj* || **~e Positionieraufgabe** / position-control task || **es Positionieren** / controlled positioning
Lage·information *f* / position data || **Aufbereitung**

Lageistwert

der ⟨information / processing of position data ‖ geometrische ⟨information / geometric positioning data ‖ ⟨interpolator *m* / position interpolator
Lageistwert *m* / position actual value, position value, actual position, actual position value ‖ ⟨**bildung** *f* / actual position generation ‖ ⟨**geber** *m* / actual position encoder, positional actual-value encoder, actual position sensor ‖ ⟨**schnittstelle** *f* / interface for the actual value
Lage·karte *f* / situation map ‖ ⟨**korrektur** *f* / correcting the position ‖ ⟨**korrektursystem** *n* / position correction system ‖ ⟨**korrekturwert** *m* / position correction value ‖ ⟨**messgeber** *m* / position transducer, displacement transducer, position encoder, displacement measuring device, position measuring device ‖ ⟨**messgerät** *n* / position transducer, position (o. displacement) measuring device, displacement measuring device, position (o. displacement) transducer, position sensor, position encoder ‖ ⟨**messsystem** *n* (LMS) / position measuring system (PMS) ‖ ⟨**messumformer** *m* / position transducer, displacement transducer ‖ ⟨**messung** *f* / position measurement, displacement measurement
Lagen·abstand *m* (Leiterplatte) / layer-to-layer spacing ‖ ⟨**auskreuzung** *f* / layer transposition, crossover connection between layers, cross-connection of layers ‖ ⟨**bindefehler** *m* / lack of inter-run fusion ‖ ⟨**bindungsfestigkeit** *f* / bonding strength ‖ ⟨**-Erdkapazität** *f* / layer-to-earth capacitance ‖ ⟨**fenster** *n* / position box ‖ ⟨**isolation** *f* / layer insulation, interlayer insulation, intercoil insulation ‖ ⟨**spannung** *f* / voltage between layers, voltage per layer, interlayer voltage ‖ ⟨**spule** *f* / layered coil, wound coil ‖ ⟨**verbindung** *f* (gS) / interlayer connection
Lagenwicklung *f* / multi-layer winding, layer winding ‖ ⟨ in Doppellagenschaltung / front-to-front, back-to-back-connected multi-layer winding, externally connected multi-layer winding ‖ ⟨ in Einzellagenschaltung / back-to-front-connected multi-layer winding, internally connected multi-layer winding
Lagenzahl *f* / number of layers
Lage·offset *n* / position offset ‖ ⟨**parameter** *n* / parameter of position ‖ ⟨**plan** *m* / site plan ‖ ⟨**position** *f* / relative position
Lager *n* / bearing *n* ‖ ⟨ *n* (Materiallager) / warehouse *n*, store *n* ‖ **auf** ⟨ **halten** / stock *n* ‖ ⟨ **mit Dauerschmierung** / prelubricated bearing, greased-for-life bearing ‖ ⟨ **mit Dochtschmierung** / wick-lubricated bearing ‖ ⟨ **mit Drucköllentlastung** / oil-lift bearing, oil-jacked bearing ‖ ⟨ **mit Druckölschmierung** / pressure-lubricated bearing ‖ ⟨ **mit Federanstellung** / spring-loaded bearing ‖ ⟨ **mit festem Sitz** / straight-seated bearing ‖ ⟨ **mit Festringschmierung** / disc-and-wiper-lubricated bearing ‖ ⟨ **mit Fettschmierung** / grease-lubricated bearing ‖ ⟨ **mit kugeligem Sitz** / spherically seated bearing ‖ ⟨ **mit Nachschmiereinrichtung** / regreasable bearing ‖ ⟨ **mit Ölringschmierung** / oil-ring-lubricated bearing, ring-lubricated bearing ‖ ⟨ **mit Selbstölung** / self-oiling bearing, ring-lubricated bearing ‖ ⟨ **mit Selbstschmierung** / self-lubricated bearing, ring-lubricated bearing ‖ ⟨ **mit Spülölschmierung** / flood-lubricated bearing ‖ ⟨ **mit verstärkter Spülölschmierung** / forced-lubricated bearing ‖ ⟨ **mit Zwangsschmierung** / forced lubricated bearing ‖ ⟨ **ohne Nachschmiereinrichtung** / prelubricated bearing, greased-for-life bearing ‖ ⟨ **von Magnetringanschlag** / storage pin for magnet ring stamp ‖ ⟨**federverspanntes** ⟨ / spring-loaded bearing, preloaded bearing, prestressed bearing ‖ ⟨**kippbewegliches** ⟨ / self-aligning bearing, spherically seated bearing
Lager·abnutzung *f* / bearing wear ‖ ⟨**abstand** *m* / distance between bearings, bearing span ‖ ⟨**-Abziehwerkzeug** *n* / bearing extractor, bearing puller ‖ ⟨**anweisungen** *f pl* / storing instructions ‖ ⟨**armstern** *m* / bearing bracket
Lagerausguss *m* / bearing lining, white-metal lining, Babbit lining ‖ ⟨**metall** *n* / lining metal, lining alloy, lining white-metal, Babbit metal
Lager·auskleidung *f* / bearing lining, white-metal lining, Babbit lining ‖ ⟨**belastung** *f* / bearing load, bearing pressure ‖ ⟨**beleg** *m* / storage voucher ‖ ⟨**bereinigung** *f* / inventory rationalization
Lager·bestand *m* / stock *n*, inventory *n*, stores inventory ‖ ⟨**bestand** *f* (f. Ersatzteile) / stocks of spare parts
Lager·beständigkeit *f* / storage stability, shelf life ‖ ⟨**beständigkeit** *f* (in Dosen) / tin stability, can stability ‖ ⟨**blech** *n* / supporting plate, bearing plate
Lagerbock *m* / bearing pedestal, bearing block, pillow block, plummer *n*, bearing bracket
Lagerbohrung *f* / bearing hole ‖ ⟨ **für Träger Lichtbogenkammer** / bearing hole for arc chute carrier ‖ ⟨ **Lagerstück** / bearing hole for bearing piece
Lager·bolzen *m* / bearing bolt ‖ ⟨**bolzen Rasthebel** / bearing bolt of detent lever ‖ ⟨**bronze** *f* / bearing bronze, gun metal ‖ ⟨**brücke** *f* / end bracket, bearing bracket ‖ ⟨**brücke** *f* (f. Zwischenwelle) / bridge support, A-frame *n* ‖ ⟨**buchse** *f* / bearing shell, bearing bush, bearing lining, bearing socket ‖ ⟨**bügel** *m* / bearing bracket ‖ ⟨**bund** *m* / bearing collar, thrust collar
Lagerdauer *f* / storage life
Lager·deckel *m* / bearing cover, pedestal cap ‖ ⟨**deckel** *m* / bearing cap ‖ ⟨**deckel** *m* / end plate ‖ ⟨**dichtung** *f* / bearing seal, bearing gland ‖ ⟨**druck** *m* (Flächendruck) / bearing pressure, unit pressure
Lageregel·abtastzeit *f* / position control sampling time ‖ ⟨**baugruppe** *f* / positioning module ‖ ⟨**ebene** *f* / position control level ‖ ⟨**feinheit** *f* / position control resolution, positioning resolution, feedback resolution
Lageregelkreis *m* (LRK) / position control loop, position servo loop, position regulation, closed-loop position control, position feedback loop, position feedback control, position control ‖ **überlagerter** ⟨ / primary position control circuit
Lageregel·parameter *m* / position control parameter ‖ ⟨**sinn** *m* / position control direction ‖ ⟨**takt** *m* / position control cycle
Lageregelung *f* (LR) / closed-loop position control, position servo control, position regulation, position control loop, position feedback control, position feedback loop ‖ ⟨ **der Spindel** / spindle position control
Lageregelzyklus *m* / position control cycle

Lageregler *m* / position controller || ~ **aktiv** *adj* / position controller active || ~**abtastrate** *f* / position controller sampling rate || ~**abtastzeit** *f* / position controller sampling time || ~**ausgang** *m* / position controller output || ~**feinheit** *f* (in einem Lageregelkreis das kleinste Weginkrement, das vom Messkreis der numerischen Steuerung klar erkennbar ist) / positioning resolution, feedback resolution, position control resolution || ~**takt** *m* / position controller cycle || ~**-Takt** *m* / Position control cycle clock || ~**taktzeit** *f* / position controller cycle, position-control cycle || ~**verstärkung** *f* / position controller gain || ~**verstärkungsfaktor** *m* / position controller gain factor
Lager·einrichtungen *f* / storage facilities || ~**einsatz** *m* / bearing cartridge, active part of bearing, bearing *n*, active part, bearing bush || ~**einsatzring** *m* / bearing adapter ring || ~**entlastung** *f* / magnetic bearing flotation || ~**entlastung** *f* (dch. Drucköl) / high-pressure oil lift, hydrostatic oil lift, jacking-oil system, oil-lift system || ~**entlastungspumpe** *f* / oil-lift pump, jacking-oil pump || ~**fachkarte** *f* / stock card
lagerfähig *adj* / storable *adj*
Lagerfähigkeit *f* / storage stability, storage life || ~ *f* (in Dosen) / tin stability, can stability, package stability || ~ *f* / storage life, shelf life
Lagerfähigkeitsprüfung *f* / storage test, shelf test, delayed test IEC 50(481)
Lager·fett *n* / bearing grease || ~**flächenpressung** *f* / unit pressure, bearing pressure || ~**flansch** *m* / bearing flange || ~**freundlich** *adj* / modular system reduces stock-keeping || ~**fuß** *m* / pedestal foot, bearing pedestal || ~**futter** *n* / bearing lining || ~**gehäuse** *n* / bearing housing, bearing cartridge, bearing box || ~**gleitfläche** *f* / bearing lining, bearing surface || **obere** ~**hälfte** / top half-bearing || **untere** ~**hälfte** / bottom half-bearing || ~**hals** *m* / bearing neck || ~**haltung** *f* / stock keeping, warehousing, stockkeeping || ~**haltung** *f* (f. Ersatzteile) / spare-parts service, stocking of spare parts || ~**haltungstheorie** *f* / inventory theory || ~**hauskran** *m* / warehouse crane || ~**hinweisschild** *n* (f. Schmierung) / lubrication instruction plate
lagerichtige Anzeige / display in correct order || ~ **Darstellung** / topographical representation
Lager·isolierung *f* / bearing insulation || ~**konzept** *n* / bearing design || ~**kopf** *m* / bearing head || ~**korb** *m* / bearing carrier || ~**körper** *m* (Schale + Lagermetall) / bearing liner, bearing box || ~**körper** *m* (Lagergehäuse) / bearing housing, bearing cartridge || ~**körper** *m* (Lagerbock) / bearing block, pedestal body || ~**kosten** *plt* / stock costs || ~**kranz** *m* / bearing ring || ~**laufbahn** *f* / bearing race || ~**lauffläche** *f* / bearing surface, bearing lining || ~**lebensdauer** *f* / bearing service life || ~**lose Fertigung** / stockless (o. bufferless) production
Lagerluft *f* (radial) / radial clearance, crest clearance || ~ *f* (axial) / end float, end play, axial clearance || ~ *f* (innere) / bearing clearance
lagermäßig *adj* / on stock || ~**e Ausführung** / stock version
Lagermetall *n* / bearing metal, white metal, bearing brass, Babbit metal || ~**ausguss** *m* / bearing lining, white-metal lining, Babbitt lining
lagern *v* (speichern) / store *v* || ~ *v* (unterstützen) / support *v* || ~ *v* (altern) / season *v*
Lager·nabe *f* / bearing hub || ~**nachschub** *m* / restocking *n* || ~**nietbolzen** *m* / bearing rivet pin || ~**ölkühler** *m* / bearing-oil cooler || ~**ölpumpe** *f* / bearing-oil pump || ~**ölversorgungsanlage** *f* / bearing oil system || ~**ort** *m* / storage location || ~**platte** *f* / bearing plate || ~**platz** *m* / storage space || ~**platzkran** *m* / stockyard crane || ~**platzoptimierung** *f* / optimization of stock locations
Lager·raum *m* / storage room || ~**reibung** *f* / bearing friction, friction in bearings || ~**reibungsverluste** *m pl* / bearing friction loss || ~**ring** *m* / bearing ring || ~**rumpf** *m* / bearing block, pedestal body || ~**schale** *f* / bearing shell, bearing sleeve, liner backing
Lagerschalenhälfte, obere ~ / top half-shell || **untere** ~**schalenhälfte** / bottom half-shell
Lagerschalen·körper *m* / bearing shell, lining carrier, bearing bush || ~**-Oberteil** *n* / top half-shell || ~**-Übermaß** *n* / crush *n*, crush height || ~**-Unterteil** *n* / bottom half-shell
Lagerscheibe *f* / bearing disk
Lagerschild *m* / bearing shield || ~ *m* (Strebe) / bearing bracket, end bracket || ~ *m* (geschlossen) / end shield, end housing || ~**ausführung** *f* / bearing shield version || ~**zentrierung** *f* / endshield spigot
Lager·schraube *f* / bearing screw || ~**schulter** *f* / bearing collar, bearing thrust face || ~**sitz** *m* / bearing seat || ~**sitz Federseite** / bearing seat, spring side || ~**sitz Schlossseite** / bearing seat, lock side || ~**sockel** *m* / bearing pedestal || ~**sohlplatte** *f* / bearing rail, end rail || ~**spiel** *n* / bearing clearance, bearing play || ~**spiel** *n* (axial) / end float, end play, axial clearance || ~**spiel** *n* (radial) / radial clearance, crest clearance || ~**stein** *m* / bearing pad, bearing shoe || ~**stein** *m* (EZ) / bearing jewel, jewel *n* || ~**stelle** *f* (Welle) / journal *n* || ~**stelle** *f* / bearing *n* || ~**stern** *m* / bearing bracket || ~**strom** *m* / shaft current, bearing current, circulating current || ~**stück** *m* / bearing piece || ~**system** *n* / storage system
Lager·technik *f* / warehousing technology || ~**temperatur** *f* / storage temperature, non-operating temperature || ~**thermometer** *n* / bearing thermometer || ~**träger** *m* / bearing bracket || ~**-Transportverspannung** *f* / bearing shipping brace, bearing block || ~**typen** *m pl* / stock *n*
Lagerückführung *f* / position feedback
Lagerumschlag *m* / stock turnover, inventory turnover
Lager- und Transportbedingungen / conditions of storage and transport
Lagerung *f* / storage *n*, storing *n* || ~ *f* / bearing(s) *n (pl)*, bearing arrangement, bearing assembly || ~ **der Welle** / shaft bearing || ~ **von Chemikalien** / chemical storage
Lagerungs·bedingungen *f* (EN 721-3-1) / conditions of storage || ~**dauer** *f* / shelf life || ~**feder** *f* / suspension spring (spring that supports the contactor operating mechanism) || ~**prüfung** *f* / storage test || ~**temperatur** *f* / storage temperature || ~**temperaturbereich** *m* / storage temperature range || ~**umschlag** *m* / stock

Lager 494

turnover, inventory turnover || ⁓- **und Transportbedingungen** *f pl* / storage and transportation conditions || ⁓**zeitraum** *m* / period of storage
Lager·verpackung *f* / storage packaging || ⁓**verwalter** *m* / stores administrator || ⁓**verwaltung** *f* / stores management, warehouse management, inventory management || ⁓**verwaltungsrechner** *m* (LVR) / warehouse management computer || ⁓**verwaltungssystem** *n* / warehouse management system || ⁓**weißmetall** *n* / bearing metal, white metal, bearing brass, Babbit metal || ⁓**wertkorrektur** *f* / stock value correction || ⁓**wesen** *n* / inventory control || ⁓**winkel** *m* / bearing bracket
Lagerzapfen *m* / journal *n*, trunnion *n*, bearing pin, spindle end || ⁓**achse** *f* / journal axis
Lagesensor *m* / position sensor
Lagesollwert *m* / setpoint position || ⁓ *m* / position setpoint || ⁓**extrapolation** *f* / position setpoint extrapolation || ⁓**extrapolator** *m* / position setpoint extrapolator || ⁓**glättung** *f* / position setpoint signal filtering, position setpoint signal smoothing || ⁓-**Invertierung** *f* / position setpoint inversion || ⁓**schnittstelle** *f* / position setpoint interface
lagesynchron *adj* / in positional synchronism
Lage·synchronität *f* / positional synchronism || ⁓**test** *m* / position test || ⁓**toleranz** *f* / positional tolerance, tolerance of position || ⁓**unabhängigkeit** *f* / position insensitivity || ⁓**veränderung** *f* / shift position || ⁓**verfolgung** *f* / position tracking || ⁓**verschiebung** *f* / positional shift || **überlagerte** ⁓**verschiebung** / overlaid positional offset || ⁓**winkel** *m* / position angle || ⁓**winkel des Spanbrechers** / chip breaker angle || ⁓**zusatzbetrag** *m* / position allowance
Lagrange-Algorithmus *m* / Lagrangian decomposition algorithm
Lahn *m* (flacher Metalldraht) / tinsel *n* || ⁓**leiter** *m* / tinsel conductor || ⁓**litzenleitung** *f* / tinsel conductor
Laibung, obere ⁓ / top suffit
Laie *m* IEC 50(826), Amend. 2 / ordinary person
Lambda·-Regelung *f* / lambda controller || ⁓**sensor** *m* / oxygen sensor || ⁓**sonde** *f* / lambda probe || ⁓**sondenheizung** *f* / Lambda probe heater
Lambert·fläche *f* / uniform diffuser || ⁓**sches Kosinusgesetz** / Lambert's cosine law || ⁓-**Strahler** *m* / Lambertian source
Lamb-Welle *f* / Lamb wave
Lamelle *f* / lamella *n*, louvre element, louvre *n*, plate *n*, slat *n* || ⁓ *f* (Bremse) / disc *n* || ⁓ *f* / segment *n*, bar *n*
Lamellen·blenden *f pl* (Leuchte) / cross-louvre shielding || ⁓**bremse** *f* / multiple-disc brake, multi-plate brake || ⁓**clip** *m* / cross-louvre shielding || ⁓**decke** *f* / vertical strip ceiling || ⁓**dichtung** *f* / lamellar labyrinth seal, multi-disc labyrinth || ⁓-**Federdruckbremse** *f* / multi-disc spring-loaded brake, multi-disc fail-to-safety brake || ⁓**kontakt** *m* / laminated contact || ⁓**kupplung** *f* / multiple-disc clutch, multi-plate clutch, multi-disk clutch || ⁓**motor** *m* / lamellae air motor || ⁓**spannung** *f* / voltage between segments || ⁓**stellung** *f* / slat position || ⁓**teilung** *f* / segment pitch, commutator bar pitch, commutator pitch, unit interval at the commutator || ⁓**träger** *m* / hub *n* || ⁓**verschluss** *m* / louvered shutter, bladed shutter || ⁓-**Verstellzeit** *f* /

slat adjustment time || ⁓**wand** *f* / lamellar plate || ⁓**zeichnung** *f* / segment marking, bar marking
lamellieren *v* / laminate *v*
lamelliert·e Bürste / laminated brush || ⁓**er Kern** / laminated core, core stack
laminar·e Strömung / laminar flow || ⁓-**Kühlstrecke** *f* / laminar cooling line
Laminat *n* / laminate *n*
Lamination *f* / embedment *n*
laminiert *adj* / laminated *adj* || ⁓**es Hartpapier** / paper-base laminate, resin-bonded paper
Laminierung *f* / lamination *n*
Laminierwerk *n* / laminating unit
Lampe *f* / lamp *n* || ⁓ **für Starterbetrieb** / switch-start lamp, lamp operated with starter || ⁓ **mit eingebautem Vorschaltgerät** / self-ballasted lamp || ⁓ **mit Kugelkolben** / round bulb lamp || ⁓ **wird mitgeliefert** / lamp included in the scope of supply *n* || **deaktivierte** ⁓ / deactivated lamp || **foliengefüllte** ⁓ / foil-filled lamp || **innenmattierte** ⁓ / inside-frosted lamp, internally frosted lamp, pearl lamp || **innenopalisierte** ⁓ / lamp with internal diffusing coating || **innenverspiegelte** ⁓ / internal-mirror lamp, interior-reflected lamp || **innenweiße** ⁓ / inside white lamp, internally coated lamp
Lampen der Hauptreihe / standard lamps || ⁓**adapter** *m* / lamp adapter || ⁓**anschluss** *m* / lamp connection || ⁓**anschlüsse** *m pl* / lamp terminations, lamp connections || ⁓**ansteuerung** *f* / lamp control || ⁓**anzeige** *f* / indicator lamp || ⁓**blende** *f* / lamp shield, protective screen || ⁓**einsatz** *m* / lamp unit
Lampenfassung *f* / lampholder *n*, lamp socket || ⁓ **mit Edisongewinde** / Edison-screw lampholder || ⁓ **mit integrierter LED** / lampholder with integrated LED || ⁓ **mit Lötstiften** / lampholder with soldering pins || ⁓ **mit Schalter** / switch lampholder
Lampen·füllgas *n* / lamp filling gas || ⁓**fuß** *m* / lamp stand, stem *n* || ⁓**gestell** *n* / lamp foot, lamp mount || ⁓**greifer** *m* / lamp extractor, lamp grip(per), lamp installer || ⁓**last** *f* / lamp *n*, lamp load || ⁓**leistung** *f* / lamp wattage || ⁓**leitsystem** *n* / lamp guidance system || ⁓**lichtstrom** *m* / lumens per lamp || ⁓**nachbildung** *f* (f. Messzwecke) / dummy lamp
Lampen·prüfschaltung *f* / lamp test circuit || ⁓**prüftaste** *f* / push-to-test button (for lamp) || **Leuchtmelder mit** ⁓**prüftaste** / push-to-test indicator light, push-to-test pilot light || ⁓**prüfung** *f* / push-to-test facility || ⁓**rückleitung** *f* / lamp return || ⁓**schirm** *m* / lamp shade, shade *n* || ⁓**sockel** *m* / lamp cap, cap *n*, lamp base || ⁓**stabilität** *f* / lamp stability || ⁓**strom** *m* / lamp current || ⁓**tableau** *n* / window annunciator, back-lighted window annunciator || ⁓**test** *m* / lamp test || ⁓**träger** *m* (Leuchtstofll.) / spine *n* || ⁓**transformator** *m* / lamp transformer, handlamp transformer, isolation transformer || ⁓**treiber** *m* / lamp driver || ⁓- **und Leuchtentechnik** *f* / lamp and lighting technology
Lampion *m* / Chinese lantern
LAN (Local Area Network) / bus *n*, bus-type network, bus-type local area network, multipoint LAN, multidrop network, LAN (local area network) || ⁓-**Adresse** *f* / LAN multicast address || ⁓-**Anschluss** *m* / LAN supply
Landebahn *f* / runway *n*, landing runway ||

⸤verlängerung-Randbefeuerung *f* (ORE) / overrun edge lighting (ORE)
Landekurssender *m* (LOC) / localizer *n* (LOC)
Länder·gruppe *f* / country group || ⸤gruppeneinteilung *f* / country grouping
Landerichtungs·anzeiger *m* (LDI) / landing direction indicator (LDI) || ⸤feuer *n* / range lights
Länder·kennung *f* / National Identifier || ⸤kennzeichen *n* / country code || ⸤pass *m* / country profile
Landesarbeitsgericht *n* / regional labor court
Landesscheinwerfer *m* / landing light, board landing light
Landes·gesellschaft *f* / (Siemens) national company || ⸤lastverteiler *m* / national control center (NCC) || ~spezifische **Sonderdokumentation** / country-specific documentation
Landestrecke *f* / landing distance
Landeswährung *f* / local currency
Land·flucht *f* / emigration to the cities || ⸤kartendarstellung *f* (Kfz-Navigationssystem) / road-map display || ⸤nummer *f* / country number || ~schaflicher **Aussichtspunkt** / beauty spot
Landschafts·bauarbeit *f* / landscaping work || ⸤bild *n* / preservation of the natural scenery || ~gärtnerisch gestalten / landscape *v* || ⸤gestalter *m* / landscape architect || ⸤gestaltung in **Straßenrandgebieten** / roadside development || ⸤pflege *f* / landscape preservation || ⸤schutz *m* / landscape protection || ⸤schutzgebiet *n* / area of outstanding natural beauty (AONB), preserve *n*
Land·straße *f* / rural highway, highway *n* || **Verpackung für** ⸤transport / packing for land transport, packing for shipment by road or rail
Landwirtschaftstarif *m* / farm tariff
LAN-Einzeladresse *f* / LAN individual address (an address that identifies a particular data station on a local area network)
Lang·bettanlage *f* / long-bed installation || ⸤bettbearbeitung *f* / long-bed machining || ⸤bild *n* / roll display, roll-down display || ⸤bogenlampe *f* / long-arc lamp || ⸤drehen *n* / cylindrical turning, plain turning
Länge *f* / length *n* || ⸤ **Auto** / length auto || ⸤ **bei Geräteausführung mit** / length on version with || ⸤ **berechnen** / calculate length || ⸤ **der Verklebung** (Spalt) EN 50018 / width of cemented joint || ⸤ **der Zeitachse** / length of time axes, length of the time axis || ⸤ **des Datenbausteins** / length of data block || ⸤ **des zünddurchschlagsicheren Spalts** IEC 50(426) / length of flameproof joint, length of flame path, width of flameproof joint || ⸤ **eines Fehlerbündels** (Anzahl der Digits in Folge, beginnend mit dem ersten fehlerhaften Digit eines Fehlerbündels und endend mit dem letzten) / error burst length || ⸤ **eines Konturenelementes** / length of contour element (o. segment), span length || ⸤ **Manuell** / length manual || ⸤ **messen** / measure length || ⸤ **oder Breite = 0** / length or width = 0 || ⸤ **ohne Last** (L 0) / length without load (L 0)
lange Realzahl / long real
Länge, auf ⸤ **schneiden** / cut to length
lange Taste / extended button, long button IEC 337-2
Länge, belegte ⸤ / assigned length || **elektrische** ⸤ (Phasenverschiebung) / electrical length || **nutzbare** ⸤ / available length

Längen·abnützung *f* / length wear || ⸤-**Ausdehnungskoeffizient** *m* / coefficient of linear expansion || ⸤ausgleich *m* / length compensation || ⸤bemaßung *f* / linear dimensioning || ~bezogen *adj* / lineic || ~bezogene **Ladung** / linear electric charge density || ⸤dehnung *f* / linear expansion || ⸤einheit *f* / length unit *n* || ⸤gewicht *n* / weight per unit of length || ⸤inkrement *n* / length increment, increment of length || ⸤korrektur *f* / tool length compensation (TLC), tool length offset, length compensation || ⸤korrekturwert *m* / length offset value
Längenmaß *n* / length dimension, linear size || ⸤stab *m* / linear scale, measuring scale, horizontal scale || ⸤system *n* / linear measuring system, linear measurement system, digital linear measuring system
Längen·messer *m* / meter counter || ⸤messsystem *n* / length measuring system, linear measurement system, linear measuring system, digital linear measuring system || ⸤messung *f* / length measurement || ⸤profil *n* / longitudinal profile || ⸤schlüssel *m* / length code || ⸤verformung *f* / longitudinal deformation || ⸤versatz *m* / length offset || ⸤verschleiß *m* / linear wear || ~verstellbar *adj* / adjustable for length || ⸤wort *n* / length word
langer Druckknopf VDE 0660,T.201 / extended button, long button IEC 337-2 || ~ **Spiralbohrer mit Zylinderschaft** / long parallel shank twist drill
längere Ansprechzeit / slow response time
Langfräsmaschine *f* / planing-type milling machine, plano-milling machine
langfristig *adj* / long-term *adj* || ~e **Arbeitszeitvereinbarung** / long-term working hours agreement || ~e **Disposition** / long-term planning || ~e **Grenzkosten** / long-run marginal cost
langhalsige Ausführung / long stroke feature
Lang·holzplatz *m* / long timber station || ⸤hubtaste *f* / long-stroke key || ⸤impuls *m* / long pulse, long-duration pulse || ⸤läufer *m* / long-delivery equipment, long-term material, item with long lead-in time || ~lebig *adj* / long-lasting || ⸤lebigkeit *f* / longevity *n*
länglicher Einschluss / linear inclusion
Langloch *n* / oblong hole, elongated hole, slot *n*, longitudinal hole || ⸤abdeckung *f* / elongated hole cover || ⸤bohrmaschine *f* / longitudinal boring machine || ⸤fräser *m* / slotting end mill || ⸤schiene *f* / slotted busbar || ⸤tiefe *f* / elongated hole final drilling depth
Langpol *m* / oblong pole
LAN-Gruppenadresse *f* / LAN group address (an address that identifies a group of data stations on a local area network)
Längs·abstand *m* / longitudinal distance || ⸤achse *f* / direct axis, d-axis *n* || ⸤achse *f* / longitudinal axis
langsam anwachsende Spannung / creeping stress, creeping strain || ~ **fließende Elektrode** / slow-consuming electrode || ~ **laufende Getriebeseite** / low-rev end of the transmission || ~ **laufende Maschine** / low-speed machine
Langsamanlasser *m* / slow-motion starter
langsame Dynamik / slow response, slow characteristic || ~ **störsichere Logik** (LSL) / slow noise-proof logic, high-level logic (HLL) || ~ **Strecke** (Regelstrecke) / slow-response system || ~

Langsame

Tonfolge / slow-rate intermittent tone, slow-tone repetition rate || ~**e Welle** (elektromagnetische Welle, die sich in der Nähe von Grenzflächen eines homogenen Dielektrikums mit einer geringeren Phasengeschwindigkeit ausbreitet) / slow wave
Langsame, Trieb ins ⁓ / speed reducing transmission, gear-down drive || **Übersetzung ins** ⁓ / speed reduction, gearing down
langsamer Schwund (Schwund, dessen Schwundrate durch eine verhältnismäßig lange Periodendauer gekennzeichnet ist) / slow fading
langsames Ansprechen / sluggish response, slow response || ~ **Blinken** / slow flashing, low-frequency flashing || ~ **Relais** / slow relay || ~ **Rinnen** / seepage *n*
Langsam·läufer *m* / low-speed machine || ⁓**umschaltung** *f* / slow changeover
Längs·anteil *m* (el. Masch., Längsachsenwert) / direct-axis component || ⁓**antrieb** *m* (Bahn) / longitudinally arranged drive
Langsatz *m* (Telegramm) / long block
Längs·-Außen-Bearbeitung *f* / longitudinal external machining || ⁓**bearbeitung** *f* / longitudinal machining || ⁓**beeinflussung** *f* (Relaisprüf.) / longitudinal mode || ⁓**beeinflussung** *f* (Induktion) / longitudinal induction || ⁓**beschleunigung** *f* / longitudinal acceleration || ⁓**beschriftung** *f* / vertical inscription || ⁓**bewegung** *f* / longitudinal motion, longitudinal travel || ⁓**biegeprobe** *f* / longitudinal bend specimen || ⁓**Blindwiderstand** *m* (Netz) / series reactance || ⁓**bohrstange** *f* / longitudinal boring rod || ⁓**bruch** *m* / longitudinal crack || ⁓**bürste** *f* / direct-axis brush
Langschritt *m* / long-duration signal element
Längsdämpferwicklung, Kurzschluss-Zeitkonstante der ⁓ / direct-axis short-circuit damper-winding time constant || **Leerlauf-Zeitkonstante der** ⁓ / direct-axis open-circuit damper-circuit time constant || **Streufeld-Zeitkonstante der** ⁓ / direct-axis damper leakage time constant || **Streureaktanz der** ⁓ / direct-axis damper leakage reactance || **Widerstand der** ⁓ / direct-axis damper resistance
Längs·differentialschutz *m* / longitudinal differential protection, differential protection system || ⁓**drehen** *n* / longitudinal turning || ⁓**drehmeißel** *m* / longitudinal turning tool || ⁓**drosselspule** *f* / paralleling reactor, bus-section reactor || ⁓**durchflutung** *f* / direct-axis component of m.m.f. || ⁓**durchschallen** *n* / longitudinal sound testing || ⁓**dynamik** *f* / longitudinal vehicle dynamics || ⁓**ebene** *f* / longitudinal plane || ⁓**-EMK** *f* VDE 0228 / longitudinal e.m.f. || ⁓**-EMK** *f* (el. Masch.) / direct-axis component of e.m.f.
Längsfeld *n* / paraxial field || ⁓ *n* (el. Masch.) / direct-axis field || ⁓**-Ampèrewindungen** *f pl* / direct-axis ampere turns || ⁓**dämpfung** *f* / direct-axis field damping || ⁓**durchflutung** *f* / direct-axis m.m.f. || ⁓**induktivität** *f* / direct-axis inductance || ⁓**komponente** *f* / direct-axis component || ⁓**reaktanz** *f* / direct-axis reactance
Längs·fluss *m* / direct-axis magnetic flux, direct-axis flux || ⁓**fördereinheit** *f* / longitudinal conveyor || ⁓**fuge** *f* / longitudinal joint || ⁓**führung** *f* / longitudinal guide || **~geregelte Stromversorgung** *f* / in-phase power supply || ⁓**gewinde** *n* /

longitudinal thread || ⁓**gleichmäßigkeit** *f* / lengthwise uniformity ratio, longitudinal uniformity || ⁓**gleichmäßigkeit der Qualität** / longitudinal uniformity of quality || ⁓**größe** *f* / direct-axis quantity || ⁓**holm** *m* / longitudinal stay || ⁓**hub** *m* / longitudinal travel || ⁓**impedanz** *f* (Netz) / series impedance, longitudinal impedance || ⁓**induktion** *f* / longitudinal induction || ⁓**-Innen-Bearbeitung** *f* / longitudinal internal machining
Längs·kante *f* / longitudinal edge || **Geradheit der** ⁓**kante** (Blech) / edge camber || ⁓**kapazität** *f* / series capacitance || ⁓**keil** *m* / key *n*, taper key || ⁓**klappenschaltung** *f* / longitudinal flap || ⁓**kompensation** *f* / series compensation || ⁓**komponente** *f* / direct-axis component, longitudinal component || ⁓**kondensator** *m* / series capacitor || ⁓**kraft** *f* / longitudinal force
Längskuppel·feld *n* / bus sectionalizer bay, bus-tie bay, bus section panel BS 4727, G.06, sectionalizer panel, bus-tie cubicle, bus sectionalizer cubicle || ⁓**schalter** *m* / sectionalizing circuit-breaker, bus-tie circuit-breaker || ⁓**-Schaltfeld** *n* / bus sectionalizer panel
Längskuppler *m* / sectionalizing breaker
Längskupplung *f* / longitudinal coupling || ⁓ *f* (Kuppelschalter, der zwei Sammelschienen in Reihe schaltet) / sectionalization of busbars || ⁓ *f* (Einheit) / bus section panel, bus sectionalizer unit, bus-tie cubicle || ⁓ *f* (bus) sectionalizing point, bus-tie *n* || **Sammelschiene mit** ⁓ / switchable busbar
Längskupplungsfeld *n* / bus sectionalizer panel
Längs·last *f* / straight load || ⁓**leitwert** *m* / series admittance || ⁓**magazin** *n* / longitudinal magazine || ⁓**magnetisierung** *f* (Blech) / solenoidal magnetization, circuital magnetization || ⁓**magnetisierung** *f* (el. Masch.) / direct-axis magnetization || ⁓**motor** *m* (Bahnmot., Welle parallel zum Gleis) / longitudinally mounted motor || ⁓**naht** *f* / longitudinal weld || ⁓**naht-Siegelstation** *f* / length sealing station || ⁓**neigung** *f* / longitudinal gradient || ⁓**nut** *f* / longitudinal groove || ⁓**parität** *f* / longitudinal parity || ⁓**pendel** *n* / extensionsly oscillating pendulum || ⁓**profil** *n* / longitudinal section || ⁓**profile und Querprofile** / excavation according to grades and profiles on drawing || ⁓**reaktanz** *f* (el. Masch.) / direct-axis reactance || ⁓**reaktanz** *f* (Netz) / series reactance || ⁓**-Redundanzprüfung** *f* / longitudinal redundancy check (LRC) || ⁓**regelung** *f* (Spannungsregelung mittels einer zusätzlichen, variablen und phasengleichen Spannungskomponente) / in-phase control, in-phase voltage control || ⁓**register** *n* / longitudinal register || ⁓**regler** *m* / in-phase booster, in-phase regulator, transformer with in-phase regulation || ⁓**rekord** *m* / strip-type inlet grating || ⁓**riss** *m* / longitudinal crack || ⁓**rollenlager** *n* / axial roller bearing
Längs·schallen *n* / longitudinal sound testing || **Sammelschienen-**⁓**schalter** *m* / switched busbar circuit-breaker || ⁓**schaltklappe** *f* / longitudinal flap || ⁓**schieber** *m* / sliding spool || ⁓**schleifen** *n* / longitudinal grinding || ⁓**schlupf** *m* / longitudinal slip || ⁓**schneidanlage** *f* / longitudinal cutting line || ⁓**schneidbrücke** *f* / longitudinal cutter gantry || ⁓**schneider** *m* / length cutter, longitudinal cutter || ⁓**schnitt** *m* / longitudinal section
Längsschottung *f* / longitudinal partition ||

Sammelschienen-⌑ *f* / busbar (phase barriers), busbar phase separators
Längs·schrumpfung *f* / longitudinal shrinkage, axial contraction || ⌑**schruppen** *n* / longitudinal roughing || ⌑**schwingung** *f* / extensional vibration, longitudinal oscillation || ⌑**seite** *f* / longitudinal side, long side || ⌑**siegeleinheit** *f* / longitudinal sealing unit || ⌑**siegeln** *n* / longitudinal sealing || ⌑**siegelstation** *f* / longitudinal sealing station || ⌑**siegler** *m* / longitudinal sealing station
Längsspannung *f* / direct voltage || ⌑ *f* (Stromkreis) / longitudinal voltage || ⌑ *f* (el. Masch.) / direct-axis component of voltage, direct-axis voltage
Language Engineer (LE) *m* / language engineer (LE) *n* || ⌑ **Manager (LM)** *m* (Rolle, die den Übersetzungsprozes steuert und überwacht) / language manager (LM) || ⌑ **Operator** *m* / language operator (LO) || ⌑ **Token Table** *m* / Language Token Table
Längs·spule *f* / longitudinal coil || ⌑**stabilisierungskreis** *m* / series stabilizing circuit || ⌑**steifigkeit** *f* / longitudinal rigidity, resistance to expansion || ⌑**streufeld** *n* / direct-axis stray field, direct-axis leakage field || ⌑**strom** *m* (el. Masch.) / direct-axis component of current, direct-axis current || ⌑**summenbildung** *f* / aggregation processing, value aggregation || ⌑**summencheck** *m* / longitudinal redundancy check || ⌑**support** *m* / longitudinal slide rest
Langstabisolator *m* / long-rod insulator
Längstaktmaschine *f* / longitudinal indexing machine
Langstatortyp *m* / long-stator type, long-primary type, short-secondary type
Längs·teilmaschine *f* / longitudinal dividing machine || ⌑**thyristor** *m* / series-arm thyristor, series thyristor || ⌑**tragseil** *n* (Fahrleitung) / longitudinal catenary || ⌑**transformator** *m* / in-phase booster, in-phase regulator, transformer with in-phase regulation || ⌑**transmission** *f* / line-shaft transmission, line shafting
Langstreckenflug *m* / long haul flight
Längstrenner *m* (Lasttrenner) / sectionalizing switch-disconnector, bus-tie switch-disconnector || ⌑**trennklemme** *f* / sliding-link terminal || **Sammelschienen-**⌑**trennschalter** *m* / busbar section disconnector, bus sectionalizer, bus sectionalizing switch, bus-tie disconnector, bus section switch
Längstrennung *f* / sectionalizing feature || **Durchgangsklemme mit** ⌑ / sliding-link through-terminal || **Sammelschiene mit** ⌑ / disconnectable busbar, sectionalized busbar || **Sammelschienen-**⌑ *f* (Einheit) / bus-section panel, bus sectionalizing unit (o. cubicle), bus-tie unit
Längs- und Innenbearbeitung *f* / longitudinal and internal machining
Längs·verbindung *f* / longitudinal connection || ⌑**vergleichsschutz** *m* / longitudinal differential protection, differential protection system || ⌑**verstellung** *f* / longitudinal adjustment || ⌑**vorschub** *m* / longitudinal feedrate, longitudinal feed || ⌑**wälzlager** *n* / rolling-contact thrust bearing, rolling-element thrust bearing, rolling thrust bearing, antifriction thrust bearing || ⌑**wasserdichtigkeit** *f* (Kabel) / longitudinal water tightness || ⌑**welle** *f* / longitudinal wave || ⌑**welle** *f* (mech.) / line shaft || ⌑**wellendrehzahl** *f* / speed of line shaft || ⌑**wellensignal** *n* / line shaft signal || ⌑**wellenumdrehung** *f* / line shaft revolution || ⌑**widerstand** *m* (Netz) / series resistance || ⌑**widerstand** *m* (el. Masch.) / direct-axis resistance || ⌑**-Wirkwiderstand** *m* / series resistance || ⌑**zapfen** *m* (Welle) / locating journal, thrust journal || ⌑**zittern** *n* / longitudinal judder || ⌑**zweig** *m* / series arm
Langtext *m* / long text
Längung *f* / elongation *n*, expansion *n*
Langunterbrechung *f* / delayed auto-reclosure (DAR)
langverzögerter Auslöser (thermischer Auslöser) / thermally delayed release, long-delay release || ~ **Überstromauslöser** (thermisch o. stromabhängig verzögert) / thermally delayed overcurrent release, inverse-time overcurrent relase
Langwegsignal *n* (Funksignal, das zwischen Sende- und Empfangspunkt eine längere Strecke als den halben Erdumfang zurückgelegt hat) / long-path signal
Langwelle *f* / long wave, low-frequency wave
Langwellen--Ableitstoßstrom *m* / long-duration discharge current, rectangular-wave discharge current || ⌑**-Ableitstoßstromprüfung** *f* / long-duration current impulse test || ⌑**-Stoßstrom** *m* / long-duration discharge current, rectangular-wave discharge current
langwelliges Licht / long-wave light
Langwort *n* / long word (LWORD)
Langzeit- / long-term
Langzeit·alterung *f* / ageing after long-time service || ⌑**archiv im Endlosbetrieb** / long-term archive in continuous operation || ⌑**archivierung** *f* / long-term archiving || ⌑**aufgabe** *f* / long-term task || ⌑**aufzeichnung** *f* / long-time recording || ⌑**ausfallsatz** *m* / long-term failure rate || ⌑**beeinflussung** *f* VDE 0228 / long-time interference, prolonged interference || ⌑**datenerfassung** *f* / long-term data acquisition || ⌑**-Dauerversuch** *m* / extended time test || **thermisches** ⌑**diagramm** / thermal endurance graph, Arrhenius graph || ⌑**drift** *f* / long-term drift || ⌑**eigenschaft** *f* / endurance property || ⌑**fehler** *m* (Drift) / drift *n* || ⌑**festigkeit** *f* / endurance strength || ⌑**-Flicker** *n* / long-term flicker || ⌑**-funktion** *f* / long time function (release) || ⌑**-Geschäftsplan** *m* / long range business plan (LRBP) || ⌑**instabilität der Genauigkeit** / accuracy long-term instability || ⌑**konstanz** *f* / long-term stability || ⌑**-Korrosionsschutz** *m* / durable anti-corrosion coating || ⌑**nachführung** *f* / long-delay feedback
Langzeitprüfung *f* / long-duration test, long-duration creep rupture test, life test, long-run test, long-time creep test
Langzeit--Prüfwechselspannung *f* / long-duration power-frequency test voltage || ⌑**rückführung** *f* / long-time feedback, delayed feedback || ⌑**schwund** *m* / long-term shrinkage || ⌑**-Speichermodul** *n* / memory cartridge, memory module, memory submodule || ⌑**stabilität** *f* / long-term stability || ⌑**-Stabilitätsfehler** *m* / long-term stability error || ⌑**überlast** *f* / sustained overload || ⌑**verfügbarkeit** *f* / long-term availability
Langzeitverhalten *n* / service life, endurance

Langzeit

properties, long-time behaviour, endurance characteristic, behaviour under long-time test conditions
Langzeit·-Warmfestigkeit f / long-time thermal stability, thermal endurance || ⟨-**Wechselspannung** f / long-duration power-frequency voltage, sustained power-frequency voltage || ⟨-**Wechselspannungsprüfung** f / long-duration power-frequency test || ⟨**wirkung** f / long-time effect || ⟨**zuverlässigkeit** f / long-term reliability
LAN·-Hinkanal m (in einem Breitband-LAN der Kanal, der für Datenübertragung von der Kopfstation zu den Datenstationen zugewiesen ist) / forward LAN channel || ⟨-**Karte** f / LAN card || ⟨-**Modem** n / LAN modem || ⟨-**Netzübergangseinheit** f / LAN gateway || ⟨-**Rückkanal** m (in einem Breitband-LAN der Kanal, der für Datenübertragung von den Datenstationen zur Kopfstation zugewiesen ist) / reverse LAN channel, backward LAN channel || ⟨-**Rundrufadresse** f / LAN broadcast address || ⟨-**Sammellaufruf** m / LAN broadcast || ⟨-**Server** m / LAN server || ⟨-**Übergangseinheit** f (eine Funktionseinheit, die ein lokales Netz mit einem anderen Netz, das unterschiedliche Protokolle benutzt, verbindet) / LAN gateway, LAN bridge
Lanzen·katze f / lance trolley || ⟨**kran** m / lance crane || ⟨-**Transportkran** m / lance transport crane
LAP m / Locating Access Point (LAP)
Laplace·scher Operator / Laplacian n || ⟨-**Transformation** f / Laplace transform
Lappen m (Textil) / rag n, piece of cloth || ⟨ m / lug n, tab n, tongue n
läppen v / lap v || ⟨ n / lapping n
Lappenschraube f / thumb screw
Läpp·maschine f / lapping machine || ⟨**scheibe** f / lapping wheel || ⟨**strahlen** f / sanding n || ⟨**werkzeug** n / lapping tool
Laptop m / laptop computer
LARAM / line-addressable random-access memory (LARAM)
Lärm m / noise || **strömungstechnisch verursachter** ⟨ / noise caused by flow || ⟨**bekämpfung** f / noise control, noise abatement || ⟨**belästigung** f / offending noise || ⟨**belastung** f / noise pollution || ⟨**belastungsprognose** f / noise exposure forecast (NEF) || ⟨**bewertungskurve** f / noise rating curve (n.r.c.) || ⟨**bewertungszahl** f / noise rating number || ⟨**emission** f / noise emission, noise radiation || ⟨**immission** f / noise pollution || ⟨**minderung** f / noise reduction, noise muffling, silencing n || ⟨**pegel** m / noise level || ⟨**richtwerte** m pl / noise criteria || ⟨**schutz** m / noise control || ⟨**schutzhülle** f / acoustic enclosure || ⟨**schutzmauer** f / noise barrier || ⟨**schutzwall** m / noise protection embankment, noise barrier || ⟨**schutzwand** f / noise protection wall, sound wall || ⟨**zone** f / noise zone
LAS (Link Active Scheduler) / Link Active Scheduler (LAS)
Lasche f / clip n, lug n, strap n, link n, bond n, fishplate n, tongue n, shackle n || ⟨ f (Umschaltlasche, Klemmenlasche) / link n || ⟨ f (Anschlussklemme) / saddle n
Laschen für Schraubbefestigung / lugs for screw fastening || ⟨**abstand** m / lug spacing || ⟨**klemme**

f / saddle terminal || ⟨**nietung** f / butt-joint riveting || ⟨**probe** f / strapped butt joint specimen || ⟨**verbindung** f / strap(ped) joint, butt joint
Laser m / laser n (light amplification by stimulated emission of radiation) || **injektionsgesteuerter** ⟨ / injection-locked laser || ⟨-**Abstandswarnsystem** n / laser-based anti-collision system || ⟨**ausrichthilfe** f / laser alignment aid || ⟨**bearbeitung** f / laser machining || ⟨**bearbeitungsmaschine** f / laser machine || ⟨**bereich** m VDE 0837 / nominal ocular hazard area (NOHA) IEC 825
laserbeschriftet adj / laser-inscribed adj
Laser·beschriftung f / laser-based labeling || ⟨-**Beschriftungsanlage** f / laser-based labelling system || ⟨**bohren** n / laser drilling || ⟨**diode** f / laser diode || ⟨-**Diode** f (LD) / injection laser diode || ⟨**diodenmodul** n / laser diode module || ⟨**diodentreiber** m / laser diode driver || ⟨-**Direktstrukturierung (LDS)** f / LDS || ⟨-**Doppler-Vibrometrie (LDV)** f / laser Doppler vibrometry (LDV) || ⟨**drucker** m / laser printer || ⟨-**Einrichtung** f VDE 0837 / laser product IEC 825 || ⟨-**Einrichtung der Klasse I** VDE 0837 / Class I laser product || ⟨-**Energieversorgung** f / laser energy source
lasergefährlicher Bereich VDE 0837 / laser hazard area IEC 825
Laser·gerät n VDE 0837 / laser system IEC 825 || ⟨**grabenzelle** f / laser grooved buried contact cell (LGBC cell) || ⟨**gravieren** n / laser engraving || ⟨**graviermaschine** f / laser engraving machine || ⟨**gravur** f (Beschriftung) / laser labelling || ⟨**härten** n / laser hardening || ⟨**kerben** n / laser scribing, laser scoring || ⟨**klasse** f / laser class || ⟨**kopf** m / laser head || ⟨**leistung** f / laser power, laser capacity || ⟨**leistungssteuerung** f / laser power control || ⟨-**Lesegerät** n / laser scanner || ⟨**licht** n / laser light || ⟨**löten** n / laser soldering || ⟨**marker** m / laser marker || ⟨**maschine** f / laser machine || ⟨**messtaster** m / laser probe || ⟨**modul** n / laser module
Lasern n / laser machining
Laser·positionssensor m / laser position sensor || ⟨**radiusbahnkorrektur** f / laser radius path compensation || ⟨**ritzverfahren** n / laser patterning, laser grooving || ⟨**rückmeldung** f / laser checkback || ⟨**scanner** m / laser scanner || ⟨**schaltsignal** n / laser switching signal || ⟨**schild** n / laser label || ⟨**schneideinrichtung** f / laser cutting unit || ⟨**schneiden** n / laser beam cutting, laser cutting || ⟨**schneideverfahren** n / laser cutting || ⟨**schneidgerät** n / laser cutting unit || ⟨**schneidmaschine** f / laser cutting unit || ⟨**schneidzentrum** n / laser cutting center || ⟨**schnittbreite** f / laser cutting width || ⟨**schutzbeauftragter** m / laser protection officer || ⟨**schutzklasse** f / laser protection class
Laserschweißen n / laser welding
Laser·schweißgerät n / laser welding device || ⟨**schweißmaschine** f / laser welder || ⟨**schwelle** f / lasing threshold || ⟨**sensor** m / laser sensor || ⟨**signal** n / laser signal || **~sintern** / laser sintering || ⟨**status** m / laser status || ⟨**steuerung** f / laser control || ⟨**strahl** m / laser beam || ⟨**strahlabtragen** n / laser-assisted material removal || ⟨**strahlbohren** n / laser drilling ||

⚲strahlbrennschneiden *n* / laser beam cutting with oxygen || ⚲strahlhärten *n* / laser hardening || ⚲strahlmaschine *f* / laser beam machine || ⚲strahlschneiden *n* / laser cutting || ⚲strahlschneiden mit Gaszusatz / gas jet laser cutting || ⚲strahlschweißen *n* / laser welding || ⚲strahlung *f* / laser radiation || ⚲strahlungsquelle *f* / laser radiation source || ⚲-**Subtraktiv-Strukturierung (LSS)** *m* / laser subtractive structuring (LSS) || ⚲**system** *n* / laser system || ⚲**technik** *f* / laser technology || ⚲**trennverfahren** *n* / laser cutting || ⚲-**Triangulation** *f* / laser-based triangulation || ⚲-**Triangulationsprinzip** *n* / laser triangulation principle || ⚲-**Überwachungsbereich** *m* / laser controlled area || ⚲-**Vermessungssystem** *n* / laser-based scanning and ranging system || ⚲**werkzeugmaschine** *f* / laser machine tool || ⚲**zentrum** *n* / laser center || ⚲**zirpen** *n* / laser chirping || ⚲**zyklus** *m* / laser cycle
Lässigkeit *f* / leakage *n*
Last *f* (1) Von einer Maschine oder einem Schaltkreis verbrauchte Leistung / 2) Ein Widerstand oder eine Impedanz) / load *n* || ⚲ *f* (Wandler) / burden *n* || ⚲ **abschalten** / disconnect the load, throw off the load, shed the load || ⚲ **abwerfen** / throw off the load, shed the load || ⚲ **Dr** (Dauer) / constant load || ⚲ **zuschalten** / throw on the load, connect the load || **durchziehende** ⚲ / overhauling load || **fehlangepasste** ⚲ / mismatched load || **unter** ⚲ / on load, under load
lastabhängig *adj* / load-dependent *adj*, load-variant *adj*, as a function of load, load-controlled *adj* || ~**e Verluste** / load losses IEC 34-2, direct load loss || ~**e Zusatzverluste** / additional load losses IEC 34-2, stray load loss
Lastabhängigkeit *f* / load impact effect, effect (o. influence) of load variations, flow rate, dependence on load || ⚲ *f* / influence of load variation, effect of load variation
Last·abnahme *f* / load decrease, load decrement || ⚲**abschaltung** *f* / load interruption, load breaking, disconnection under load || ⚲**abschaltung** *f* (Gen.) / load rejection, disconnection of load, load shedding || ⚲**abschaltvermögen** *n* / load-breaking capacity, load-break rating, interrupting rating || ⚲**abschaltversuch** *m* / load rejection test, load shedding test || ⚲**absenkung** *f* / load reduction
Lastabwurf *m* / load shedding, load rejection, throwing off load || ⚲**automatik** *f* / automatic load-shedding control equipment || ⚲**einrichtung** *f* / load shedding equipment || ⚲**relais** *n* / load disconnecting relay, load shedding relay, loss-of-load relay || ⚲**schutz** *m* IEC 50(448) / load-shedding protection
Last·änderung *f* / load variation, load change, load fluctuation || ⚲**anforderungsautomatik** *f* / automatic demand matching unit || ⚲**anlauf** *m* / start under full load || ⚲**annahme** *f* (Planung) / design load || ⚲**annahmen** *f pl* / loading assumptions, design loads || ⚲**anschlagpunkt** *m* / load pick-up point || ⚲**anschluss** *m* / load terminal, load terminals, load circuit terminal, load line || ⚲**anstieg** *m* / load increase, load growth, load increment || ⚲**aufnahme** *f* / load handling || ⚲**aufnahmemittel** *f* / load carrying device, load suspension device || ⚲**aufnehmer** *m* / sensor *n* || ⚲**aufschaltung** *f* / connection of load, throwing on of load || **Funktionsbildner für** ⚲**aufschaltung** / load compensator || ⚲**aufschaltungsglied** *n* / load compensator
Lastaufteilung *f* / load sharing, load division, load distribution || ⚲ *f* (das Verteilen einer Last auf mehrere Einrichtungen, ggf. auch über ein Netz) / dispatch *n* || **optimale** ⚲ **mit Netzeinfluss** / emergency-constrained dispatch, emergency-constrained load flow || **wirtschaftlich optimale** ⚲ / economical dispatch
Last·ausgleich *m* / load equalization, load balancing, load compensation || ⚲**ausgleichsgerät** *n* / load equalizer || ⚲**ausgleichsregelung** *f* / load sharing control, load-balanced control || ⚲-**Ausschaltstrom** *m* VDE 0670,T.3 / load breaking current IEC 265 || ⚲-**Ausschaltvermögen** *n* VDE 0670,T.3 / mainly active load breaking capacity IEC 265
Lastbedämpfungskondensator *m* / load damping capacitor
Last·beeinflussung *f* / demand side management (DSM) || ⚲**begrenzung** *f* / load limitation, load limiting || ⚲**begrenzungsregler** *m* / load-limit changer || ⚲**beobachter** *m* / load monitor || ⚲**berührungslinie** *f* / line of action || ⚲**dauerlinie** *f* (Netz) / load duration curve || ⚲-**Deckenspannung des Erregersystems** (el. Masch.) / excitation system on-load ceiling voltage || ⚲**diagramm** *n* / load diagram || ⚲**dichte** *f* / load density || ⚲**drehmoment** *n* / load torque || ⚲**drehzahl** *f* / speed under load, load speed || ⚲**drehzahlregler** *m* / load speed controller || ⚲**einfluss** *m* / influence of load variation, effect of load variation || ⚲**einschwingzeit** *f* (IC-Regler) / load transient recovery time
Lasten·aufteilung *f* / load dispatch || ⚲**aufzug** *m* / goods lift, freight elevator || ⚲**entkopplung** *f* / load decoupling || ⚲**heft** *n* / specifications of work and services, tender specifications, specifications *n pl* || ⚲**heft (LH)** *n* (wird vom Auftraggeber formuliert, beschreibt die Gesamtheit der Forderungen an die Lieferungen und Leistungen eines Auftragnehmers (DIN 69905)) / performance specification || ⚲**heft/Pflichtenheft** / target specification customer specification (instead, use Requirement Specification and Development Specification)
Lastentkopplung *f* / load separation
Lasten·träger *m* / load carrier || ⚲- **und Pflichtenheft** *n* / set of specifications
Last·erfassungsgerät *n* / load sensing facility || ⚲**erregerstrom** *m* / on-load excitation current, rated-load field current || ⚲**ersatzprüfung** *f* / equivalent load test, equivalent heat-run test
Lastfaktor *m* / load factor || **Ausgangs-**⚲ *m* / fan-out *n*, drive *n* || **Eingangs-**⚲ *m* / fan-in *n*
Last·fall *m* (Kombination v. Lasten, die auf einen Bauteil einwirken) / loading case || ⚲-**Fernschalter** *m* / contactor *n*, remote load-break switch
Lastfluss *m* / load flow, power flow || ⚲**rechnung** *f* / load flow calculation || ⚲**regler** *m* / load-flow controller
Lastführung *f* / load management, load control, load commutation || ⚲ **mit Resonanzkreis** / resonant load commutation
Lastganglinie *f* (Netz) / load curve

Last/Geberspannung *f* / load/encoder voltage
lastgeführter Stromrichter / load-commutated converter
lastgemäße Energie / in-demand energy
Lastgenerator *m* / load generator
lastgesteuerter Stromrichter / load-clocked converter, load-commutated converter
lastgetakteter Stromrichter / load-clocked converter, load-commutated converter
Last·getriebe *n* / load gearbox || ⁓**grenzkurve** *f* / limit curve || ⁓**gruppe** *f* / load group || ⁓**gruppenbildung** *f* / load group formation || ⁓**impedanz** *f* / load impedance || ⁓**induktivität** *f* / load inductance, load-circuit inductance || ⁓**kennlinie** *f* / load characteristic || ⁓**klemme** *f* / load terminal || ⁓**klemmenanschluss** *m* / power terminal connection || ⁓**klemmenschraube** *f* / power terminal screw
lastkompensierte Dioden-Transistor-Logik (LCDTL) / load-compensated diode-transistor logic (LCDTL)
Last·kontrollrechner *m* / load control computer || ⁓**kreis** *m* / load circuit || ⁓**kurve** *f* / load curve || ⁓**laufschalter** *m* / reactor-type on-load tap changer, rotary load transfer switch || ⁓**leistung** *f* / load power || ⁓**management** *n* / load management, demand side management (DSM) || ⁓**management mit Maximumüberwachung** / load management with monitoring of maximum values || ⁓**maximum** *n* / peak load, maximum load || ⁓**messbolzen** *m* / load measurement pin || ⁓**messdose** *f* / load cell || ⁓**messung** *f* / load measurement
Lastmoment *n* / load torque, load moment || ⁓ *n* (Trägheitsmoment) / load inertia || ⁓ **bei voller Last** / full-load torque || ⁓**kompensation** / load torque compensation || ⁓**überw. Freq.schwelle 1** / belt threshold frequency 1 || ⁓**überwachung** *f* / belt failure detection mode
Lastnachbildung *f* (Lastkreis) / equivalent load circuit, load circuit
Lastnetzgerät *n* / power pack, power supply, power supply unit (PSU), external power supply, load power supply unit
Last·probelauf *m* / trial run under load || ⁓**prognose** *f* / load forecast || ⁓**prognose mit Trendberücksichtigung** *f* / very short term load forecast (VSTLF) || ⁓**punkt** *m* / load point, point of load (POL) || ⁓**punktschalter** *m* / load level (selector) switch || ⁓**rechner** *m* / load calculator || ⁓**regelfaktor** *m* (IC-Regler) / load regulation coefficient || ⁓**regelung** *f* / load control || ⁓**relais** *n* / load relay || ⁓**relais** *n* (Lastabwurfrelais) / load disconnecting relay, load shedding relay || ⁓**richtungswechsel** *m* / load reversal, reversal of stress || ⁓**rückwirkung** *f* / load reaction
Lastschalt·anlage *f* (m. Lasttrenner) / switch-disconnector unit (o. assembly), load-break switchgear || ⁓**anlage** *f* (Einheit f. Ringkabelnetze) / ring-main unit || ⁓**einheit** *f* (Hartgasschalter) / hard-gas interrupter unit || ⁓**element** *n* / power switch
Lastschalter *m* VDE 0660, T.107 / switch *n* IEC 408, mechanical switch, load interrupter switch ANSI C37-100, circuit-breaker *n*, load-break switch, load switch || ⁓ *m* / regulating switch (CEE 24), load transfer switch, diverter switch || ⁓ **für begrenzte Anwendung** / limited-purpose switch ||

⁓ **für Drosselspulen** / shunt reactor switch IEC 265-2 || ⁓ **für Mehrfach-Kondensatorbatterien** / back-to-back capacitor bank switch IEC 265-2 || ⁓ **für spezielle Anwendung** / special-purpose switch IEC 265-2 || ⁓ **für uneingeschränkte Verwendung** / switch for universal application || ⁓ **mit Sicherung** / switch-fuse *n*, load interrupter switch with fuse || ⁓ **mit Sicherungen** VDE 0660,T. 107 / switch-fuse *n* IEC 408 || **Transformator-**⁓ *m* (Lastschalter für unbelastete Transformatoren) VDE 0670,T.3 / transformer off-load switch IEC 265 || **USV-**⁓ *m* / UPS interrupter || **Vakuum-**⁓ *m* / vacuum switch, vacuum interrupter
Lastschalter·anlagen *f pl* / secondary distribution switchgear || ⁓**einheit** *f* / switch assembly, switch unit || ⁓**kessel** *m* (Lastumschalter) / diverter-switch tank, diverter-switch container
Last·schaltrelais *n* / load switching relay || ⁓**schwankung** *f* / load fluctuation, load variation || ⁓**schwerpunkt** *m* / load centre, centre of distribution || ⁓**seite** *f* / load side
lastseitig *adj* / load-side *adj*, in load circuit || **~er Leistungsfaktor** / load power factor, burden power factor || **~er Phasenwinkel** / load power-factor angle || **~er Stromrichter** / load-side converter, motor converter, output converter || **~er Verschiebungsfaktor** / output displacement factor, load displacement factor
Lastspannung *f* / load voltage, on-load voltage, closed-circuit voltage || ⁓ **Ein** / load voltage on
Lastspannungs·ebene *f* / load voltage level || ⁓**kreis** *m* / load voltage circuit || ⁓**versorgung** *f* / load power supply, load power supply unit, external power supply, load voltage supply
Lastsp. Ein / Load voltage on
Lastspiel *n* / load cycle, stress cycle || ⁓ *n* VDE 0160 / duty cycle || ⁓ *n* (Arbeitsspiel) / operational cycle || ⁓ *n* VDE 0536 / loading cycle, cyclic duty || **Tages~** *n* (Kabel) / 24-hour load cycle, 24-hour cyclic load (o. load-current cycle) || ⁓**dauer** *f* / t$_{cyc}$ || ⁓**frequenz** *f* / frequency of load cycles, frequency of stress cycles, frequency of loading, load-cycle frequency || ⁓**zahl** *f* / number of stress cycles || ⁓**zahl-Verhältnis** *n* / cycle ratio
Last·spitze *f* (Höchstwert während einer angegebenen Zeit) / peak load, maximum demand || ⁓**spitzenbegrenzung** *f* / peak load limitation || ⁓**sprung** *m* / step change in load, sudden load variation, load step || ⁓**stabilisierungsfaktor** *m* (IC-Regler) / load stabilization coefficient || ⁓**stabilität** *f* / load stability || ⁓**stecksicherungseinheit** *f* / plug-and-socket fused interrupter || ⁓**steckvorrichtung** *f* / plug-and-socket load interrupter
Laststeuerung *f* / load control || ⁓ *f* (Netzführung) / system demand control, switching of controllable devices || **zentrale** ⁓ / centralized telecontrol of loads
Last·steuerzentrale *f* / load control centre (LCC) || ⁓**störung** *f* / load disturbance || ⁓**stoß** *m* / load impulse, shock load, load surge, sudden load change, suddenly applied load
Laststrom *m* (der von einer elektrischen Last aufgenommene Strom) / load current, on-load current, load power, operational current || ⁓ *m* / heated flow || ⁓**kreis** *m* / load circuit || ⁓**überwachung** *f* / load current monitoring || ⁓**versorgung** *f* / load power supply, load power supply unit, external power supply, load current

supply ‖ **externe ⸰versorgung** / external load power supply ‖ **⸰versorgungsbaugruppe** *f* / load power supply module
Last·stufenschalter *m* / on-load tap changer, load tap changer (LTC), under-load tap changer ‖ **⸰tal** *n* / load trough ‖ **⸰test** *m* / load test ‖ **⸰träger** *m* / load bearing implement ‖ **⸰trägheitsmoment** *n* / load moment of inertia
Lasttrenner *m* / switch-disconnector *n* IEC 265, BS 4727, switch-isolator *n*, load-break switch, load interrupter, interrupter, interrupter switch, load break switch, quick break switch (an isolator capable of breaking the no-load current of a transformer or a line), load breaking switch ‖ **⸰ in Luft** / air-break switch-disconnector ‖ **⸰ mit Sicherungen** / switch-disconnector-fuse *n* ‖ **⸰abgang** *m* / outgoing switch-disconnector unit, switch-disconnector (feeder) unit ‖ **⸰abzweig** *m* / outgoing switch-disconnector unit, switch-disconnector (feeder) unit ‖ **⸰-Einschubanlage** *f* (Gerätekombination, Einzelfeld) / withdrawable switch-disconnector assembly (o. unit o. panel) ‖ **⸰-Einschubanlage** *f* (Tafel) / withdrawable switch-disconnector board ‖ **⸰-Festeinbauanlage** *f* (nicht ausziehbare Gerätekombination, Einzelfeld) / non-withdrawable switch-disconnector assembly (o. unit o. panel) ‖ **⸰-Festeinbauanlage** *f* (Tafel) / non-withdrawable switch-disconnector board ‖ **⸰wagen** *m* / switch-disconnector truck
Lasttrennleiste *f* / load isolating unit
Lasttrennschalter *m* VDE 0670,T.3 / switch-disconnector *n* IEC 265, BS 4727, switch-isolator *n*, load-break switch, load interrupter, interrupter, interrupter switch, quick-break switch ‖ **⸰ mit Sicherungen** / switch disconnector with fuses ‖ **⸰ mit Türkupplungs-Drehantrieb** / switch disconnector with rotary operating mechanism ‖ **⸰anlage** *f* / load-break switchgear ‖ **⸰anlage 8DJ** / ring-main unit 8DJ ‖ **⸰feld** *n* / switch-disconnector panel, switch-disconnector cubicle ‖ **⸰festeinbau** *m* / fixed-mounted switch-disconnector
Last·trennschaltfeld *n* / switch-disconnector panel ‖ **⸰trennumschalter** *m* / reversing switch-disconnector, transfer switch-disconnector ‖ **⸰trennverbinder** *m* / load-break connector ‖ **⸰übernahme** *f* / connection of load, load transfer ‖ **⸰überwachung** *f* / grading control, load monitoring ‖ **⸰umkehrung** *f* / load reversal
Lastumschalter *m* / load transfer switch, transfer circuit-breaker ‖ **⸰ m** / diverter switch, load transfer switch ‖ **⸰-Ausdehnungsgefäß** *n* / diverter-switch oil conservator (compartment) ‖ **⸰gefäß** *n* / diverter switch tank, diverter switch container
Lastumschaltung *f* / load transfer, power transfer ‖ **⸰ f** / on-load tap changing, power transfer
lastunabhängig *adj* / load-independent *adj*, load-insensitive *adj* ‖ **~e Verluste** / fixed losses, fundamental losses
Last·unabhängigkeitsbereich *m* / load insensitivity range ‖ **⸰unsymmetrie** *f* / unbalanced load, load unbalance ‖ **⸰verfolgung** *f* / load follow-up ‖ **⸰verhalten** *n* / load response ‖ **⸰verlagerung** *f* / load transfer ‖ **⸰verluste** *m pl* / load losses ‖ **Koeffizient der ⸰verschiebung** / distribution factor ‖ **⸰verstimmung** *f* (Änderung der Schwingfrequenz durch Änderung der Lastimpedanz, Frequenzziehen) / frequency pulling ‖ **⸰verstimmungsmaß** *n* / pulling figure
Lastverteiler *m* / load dispatch center, load-dispatching centre ‖ **⸰ m** / load control centre, control center ‖ **⸰ m** (Energieverteilertafel) / power distribution board ‖ **⸰ m** (Person) / load control engineer ‖ **⸰warte** *f* / load control centre, load-dispatching centre
Lastverteilung *f* / load distribution, load sharing, load dispatch ‖ **⸰ f** (durch Lastverteiler) / load dispatching ‖ **⸰ f** (Netzführung) / system capacity management ‖ **⸰ f** (durch Lastverteiler) / load control ‖ **wirtschaftliche ⸰** (Netz) / economic load schedule
Last·vorsteuerung *f* / loading precontrol ‖ **⸰wächter** *m* / load monitor ‖ **⸰wagen (Lkw)** *m* / truck *n* ‖ **⸰wähler** *m* / selector switch ‖ **⸰wechsel** *m* / stress reversal, stress cycle ‖ **⸰wechsel** *m* (el. Masch.) / load change, load variation, alternating load ‖ **⸰wechseleinrichtung** *f* (f. Zugbremse) / load compensator ‖ **⸰wegfall** *m* / loss of load ‖ **⸰wert** *m* / load value
Lastwiderstand *m* (Gerät) / load resistor, load resistance ‖ **⸰ m** (Impedanz) / load impedance ‖ **unplausibler ⸰** / implausible load resistance ‖ **⸰sbereich** *m* / load resistance range
Lastwiederkehr *f* / load recovery
Lastwinkel *m* / load angle, power angle, torque angle ‖ **dynamischer ⸰** (Schrittmot.) / dynamic lag angle ‖ **statischer ⸰winkel** (Schrittmot.) / angular displacement under static load ‖ **⸰begrenzer** *m* / load-angle limiter
Last·zunahme *f* / load increase ‖ **⸰zuschaltung** *f* / connecting the load, throwing on the load, load application ‖ **⸰zustand** *m* / load(ing) condition
Latch-Eingang *m* / latch input ‖ **⸰-Funktion** *f* / latch function
latent·e Kühllast / latent heat load ‖ **~er Fehlzustand** / latent fault (an existing fault that has not yet been recognized) IEC 50(191)
Latenzzeit *f* DIN 44300 / latency *n*
lateral *adj* / lateral *adj* ‖ **~e Welle** / lateral wave ‖ **~es Zeichen** (Seitenkennzeichnung eines Fahrwassers) / lateral mark
Laterne *f* / lantern *n* ‖ **⸰ f** (Anbauteil, Pumpe) / skirt *n*, intermediate bracket ‖ **Erreger~** *f* / exciter dome
Latex *m* / latex *n*
Lattenverschlag *m* / crate *n*
Laue-Diagramm *n* / Laue pattern
Lauf *m* / run *n*, running *n*, operation *n*, motion *n* ‖ **1-Phasen-⸰** *m* / single-phase operation ‖ **ruhiger rückfreier ⸰** / smooth rotation without undue torque pulsations ‖ **⸰anzeige** *f* / running indicator ‖ **⸰anzeige** *f* (Trafo-Umsteller) / tap-change-in-progress indication
Laufbahn *f* / commutator brush-track diameter, tracked commutator surface, commutator contact surface ‖ **⸰ f** / raceway *f*
Lauf·brücke *f* / gangway *n*, footbridge *n* ‖ **⸰buchse** *f* / bush *n*, liner *n* ‖ **⸰eigenschaft** *f* / quality of motion ‖ **⸰eigenschaft** *f* (Schleifringe) / contact property, current-transfer performance ‖ **⸰eigenschaften** *f pl* / performance *n*, running properties, antifriction performance ‖ **⸰eigenschaften** *f pl* (Fahrzeug) / riding quality
laufen *v* / run *v*, operate *v*, be in operation, be in motion, turn *v*, work *v*

laufend

laufend·e Bewertung / permanent rating || **~e Differentiation des Weges über die Zeit** / continuous differentiation of distance over time || **~e Fertigung** / standard production || **~e Nr.** (LNR) / serial number (SER) || **~e Nummer** / serial number, consecutive number, item || **~e Prüfung** / routine test, routine inspection || **~e Qualitätsprüfung** / continuous quality inspection || **~e Satznummer** (CLDATA-Wort) / sequence number (NC, CLDATA word) ISO 3592 || **~e Satznummer** / block (o. record) sequence number, current block number || **~e Wartung** / routine maintenance || **~e Welle** (Wanderwelle) / travelling wave || **~er Anschluss- und Netzkostenbeitrag** / connection charge || **~er Zählvorgang** / running count || **~es System** / current system
Läufer m (el. Masch.) / rotor n, inductor n || **♀ m** (Gleichstromanker) / armature n || **♀abstützung** f / shipping brace, shaft block, rotor locking arrangement, bearing block || **♀anlasser** m / rotor starter, rotor resistance starter || **♀ballen** m / rotor body, rotor forging || **♀bandage** f / rotor banding, armature end-turn banding || **♀bemessungsbetriebsspannung** U_{er} / rated rotor operational voltage || **♀bemessungsbetriebsstrom** I_{er} / rated rotor operational current || **♀bemessungsisolationsspannung** U_{ir} / rated rotor insulation voltage || **♀blech** n / rotor lamination || **♀blechpaket** n / laminated rotor core, rotor core, armature core, rotor lamination
Läufer·drehvorrichtung f / rotor turning gear, barring gear || **♀drehzahl** f / act. rotor speed || **♀druckring** m / rotor clamping ring, rotor end ring || **♀eisen** n / rotor core, armature core || **♀erdschlussschutz** m / rotor ground-fault protection || **♀-Erdschlussschutz** m / rotor earth-fault protection, rotor ground-fault protection
läufererregte Kommutatormaschine / commutator machine with inherent self-excitation || **~ Maschine** / rotor-excited machine, revolving-field machine
Läuferfelderregerkurve f / rotor m.m.f. curve
läuferfestes Bezugssystem / fixed rotor reference system
Läuferfluss m / rotor flux || **♀sollwert** m / rotor flux setpoint
läufergespeist·e Maschine / inverted machine, rotor-fed machine || **~er Drehstrom-Nebenschlussmotor** / rotor-fed three-phase commutator shunt motor, Schrage motor || **~er kompensierter Induktionsmotor** / self-compensated induction motor, rotor-fed self-compensated motor || **~er Nebenschluss-Kommutatormotor** / rotor-fed shunt-characteristic motor, a.c. commutator shunt motor with double set of brushes, Schrage motor
Läufer·haltevorrichtung f (Transportverspannung) / rotor shipping brace, shaft block || **♀hülse** f / rotor sleeve || **♀joch** n / rotor yoke || **♀käfig** m / rotor cage, squirrel-cage winding || **♀kaltwiderstand** m / rotor cold resistance || **♀kappe** f / rotor end-bell || **♀kappenring** m / rotor end-winding retaining ring, rotor end-bell || **♀keil** m (Nutverschlusskeil) / rotor slot wedge || **♀kennzahl** f / rotor resistance coefficient || **♀kennzahl k** / characteristic rotor resistance || **♀klasse** f / torque class || **♀klemmenkasten** m / secondary terminal box, rotor terminal box
Läufer·kranz m / rotor rim || **♀kranzblech** n / rotor rim punching, rotor rim segment || **♀kreis** m / rotor circuit, secondary circuit || **♀kreisüberwachung** f / rotor overload protection || **~kritisch** adj (die Läuferwicklung des Motors kann wärmer als dessen Ständerwicklung werden) / rotor-critical adj || **♀lagegeber** m / rotor position encoder, rotor position sensor (o. transducer) || **♀leitung** f / rotor cable || **♀marke** f / rotor mark, disc spot || **♀nabe** f / rotor spider, rotor hub || **♀paket** n / laminated rotor core, rotor core, armature core || **♀querwiderstand** m / rotor interbar resistance, rotor cross resistance
Läufer·scheibe f / rotor disc || **♀schütz** n / rotor contactor, rotor-circuit contactor || **♀spannung** f / rotor voltage, secondary voltage || **♀spindel** f / rotor shaft || **♀stab** m / cage bar || **♀starter** m / rotor starter, rotor resistance starter || **♀steg** m / spider web || **♀steller** m / rotor controller || **♀stellungsgeber** m / rotor position encoder, rotor position sensor (o. transducer) || **♀stern** m / rotor spider, field spider
Läufer-Stillstands·erwärmung f / locked-rotor temperature rise || **♀-prüfung** f / locked-rotor test || **♀-Spannung** f / maximum rotor standstill voltage, max. rotor standstill voltage, rotor standstill voltage, secondary open-circuit voltage, wound-rotor open-circuit voltage, secondary voltage, locked-rotor voltage
Läufer·stirn f / rotor (end) face || **♀-Streublindwiderstand** m / rotor leakage reactance, secondary leakage reactance || **♀streureaktanz** f / rotor leakage reactance || **♀strom** m / rotor current || **konventioneller thermischer ♀strom** I_{thr} / conventional rotor thermal current || **♀stromkreis** m / rotor circuit || **♀trägheitsmoment** n / rotor moment of inertia || **♀verfahren** n / rotating substandard method (r.s.s. method) || **♀-Vorwiderstand** m / rotor-circuit resistor, starting resistor || **♀welle** f / rotor shaft || **♀wicklung** f / rotor winding, secondary winding, inductor winding || **♀widerstand** m / rotor resistance || **Identifizierte ♀zeitkonst.** / identified rotor time constant || **♀zeitkonstante** f / rotor time constant
lauffähig adj / executable, can be run || **~ machen** (Rechner, Prozessor) / cold booting || **~ KM** / operational CM || **~es Programm** / executable program || **~es SDE** / operational SDE
Lauffläche f / commutator brush-track diameter, tracked commutator surface, commutator contact surface, tread n || **♀ f** (Bürste) / contact face, commutator end, contact surface || **♀ f** (Riemenscheibe) / face n || **♀ f** / bearing surface || **♀ Gesperrerollen** / running surface of locking mechanism rollers
Lauf·genauigkeit f / running smoothness, freedom from unbalance, freedom from vibration || **♀geräusch** n / running noise
Laufgüte f / balance quality, running smoothness, freedom from vibration, running characteristics, smooth running || **♀faktor** m / vibrational quality factor, vibrational Q || **♀messung** f / vibration test, balance test || **♀prüfung** f / vibration test, balance test
Lauf·karte f / routing card || **♀katze** f / crab n, trolley

n, traverser carriage, crane trolley || ⟋**kontakt** *m* / moving contact, movable contact || ⟋**kraftwerk** *m* / run-of-river power station || ⟋**lager** *n* / rotor bearing || ⟋**länge** *f* (Fernkopierer) / run length || ⟋**längencodierung** *f* / run-length encoding || ⟋**lastschalter** *m* / reactor-type on-load tap changer, rotary load transfer switch || ⟋-**LED** *f* / running-LED || ⟋**leistungsermittlung** *f* / determination of utilization || ⟋**licht** *n* / running light || ⟋**meldung** *f* / run signal, run message, RUN mode signal || ⟋**modell** *n* / operating model || ⟋**moment** *n* / running torque || ⟋**moment** *n* (Stellantrieb) / positioning torque

Lauf·parameter *m* / run-time parameter || ⟋**probe** *f* / trial ran, running test, routine test || ⟋**prüfmaschine** *f* / bevel gear running tester || ⟋**prüfung** *f* / running test || ⟋**rad** *n* (Pumpe) / runner *n*, impeller *n*, bogie wheel || ⟋**radspalt** *m* / runner clearance

Laufrichtung *f* / direction of travel, direction of motion || ⟋ *f* (Drehr.) / direction of rotation, sense of rotation

Laufrillen *f pl* (einzelne Rillen) / threads *n pl*, threading *n* || ⟋ *f pl* (über Bürstenbreite) / brush-track grooving

Laufring *m* (am VS-Kontaktstück) / arcing ring || ⟋ *m* (Kugellg.) / raceway *n*, race *n*, track *n* || ⟋ *m* (Traglg.) / runner ring, runner *n*, runner race

Lauf·rolle *f* / castor *n*, roller *n*, track roller || ⟋**rolle** *f* / running block || ⟋**rollenführung** *f* / cam roller guide || ⟋**ruhe** *f* (umlaufende Masch.) / balance quality, running smoothness, smooth running || ⟋**ruheprüfung** *f* / balance test, vibration test || ⟋**schaufel** *f* / rotor blade || ⟋**scheibe** *f* / washer disk || ⟋**schiene** *f* / guide rail || ⟋**schleife** *f* / serial loop || ⟋**schuh** *m* / follower *n* || ⟋**sitz** *m* / running fit, clearance fit || ⟋**spindel** *f* / work spindle || ⟋**steg** *m* / footbridge *n*

läuft *v* / busy *v*

Lauf·toleranz *f* / runout tolerance || ⟋**überwachung** *f* / run monitoring || ⟋**unruhe** *f* / unsteady running, irregular running, unbalance *n* || ⟋**variable** *f* (Veränderbare Größe einer Programmroutine, die bei jedem Durchlauf der Schleife automatisch um einen Wert (eins) erhöht wird) / control variable || ⟋**wagen** *m* / carriage *n* || ⟋**wasserkraftwerk** *n* / run-of-river power station, run-of-river power plant || ⟋**weg** *m* (Schall) / sound path

Laufwerk *n* (Datenträger) / drive *n* || ⟋ *n* (Antrieb) / drive *n*, propulsion gear || ⟋ *n* / timing gear, timing element || ⟋ *n* (Uhrwerk) / clockwork *n* || ⟋**anschaltung** *f* / drive controller || ⟋**block** *m* / drive block || ⟋**chassis** *n* / drive chassis || ⟋**sbaugruppe** *f* / floppy module || ⟋**steuerung** *f* / drive controller

Laufwinkel *m* (Ladungsträger) / transit angle

Laufzeit *f* / run(ning) time, operating time, runtime *n*, dead time || ⟋ *f* (Signal) / propagation delay time, propagation time, propagation delay, transport delay || ⟋ *f* / delay *n*, transfer time (telecontrol) || ⟋ *f* / distance-velocity lag || ⟋ *f* (seit Start einer Steuerung) / operation time || ⟋ *f* (Elektron) / transit time || ⟋ *f* (Trafo-Umsteller) / operating time || ⟋ *f* (Welle) / propagation time || ⟋ *f* / operating time || ⟋ *f* (Ultraschall-Prüf.) / echo time || ⟋ *f* (Ausführungszeit) / execution time || ⟋ *f* (Chromatograph) / development time || ⟋ *f* (Hochlaufintegrator) / ramp time || ⟋ **des Papierantriebs** (Schreiber) / running time of chart driving mechanism || **Gruppen~** *f* (Verstärker) / group delay time, envelope delay || **Ladungsträger~** *f* / charge transit time || **Paar~** *f* / pair delay (IC) || **Phasen~** *f* / phase delay time || **Schritt~** *f* / step running time || **Signal~** *f* / signal propagation delay, propagation delay, signal propagation time || **Stellglied~** *f* / actuating time, actuator operating time || **variable** ⟋ (Signal) / adjustable signal duration

Laufzeit·änderung *f* (Signal, z.B. durch Temperatureinfluss) / signal duration drift || ⟋**einstellung** *f* / operating time adjustment, operating time setting || ⟋**zeitmesser** *m* / timeout *n* (TO), scan time exceeded || ⟋**zeitfehler** *m* (Fehler, die während der Bearbeitung des Anwenderprogramms auftreten) / runtime error || ⟋-**Frequenz-Charakteristik** *f* (Gruppenlaufzeit zwischen Eingang und Ausgang eines linearen zeitinvarianten Zweitors als Funktion der Frequenz) / delay/frequency characteristic

Laufzeit·glied *n* / monostable multivibrator || ⟋**kette** *f* (Verzögerungsleitung) / delay line || ⟋**komponente** *f* / runtime component || ⟋**kontrolle** *f* / runtime monitoring || ⟋**messung** *f* / runtime measurement || ⟋**normal** *n* (Ultraschallprüf.) / transit time standard || ⟋**parameter** *m* / run-time parameter || ⟋-**Reflexionsmessung** *f* / time domain reflectometry || ⟋**relais** *n* (f. Trafo-Stufenschalter) / operating time monitoring relay || ⟋**röhre** *f* / space-charge-wave tube || ⟋-**Stabilität** *f* / runtime stability || ⟋**störung** *f* / run time fault || ⟋**system** *n* / runtime system, RT || ⟋**überschreitung** *f* / time-out || ⟋**überwachung** *f* / execution time monitoring, execution time check, runtime monitoring

Laufzeitumgebung *f* / runtime environment || ⟋- **und Antwortzeitverhalten** *n* / runtime and response-time behavior || ⟋**unterschied** *n* (Zeitdifferenz zwischen Eingangskanälen) / skew *n*, propagation-delay difference || ⟋**verhalten** *n* / runtime behavior || ⟋**verschiebung** *f* / skew *n* || ⟋-**Zähler** *m* / run time counter

Laufzettel *m* / accompanying slip, routing slip

Lauge *f* / alkali *n* || ⟋ *f* (Anlasser) / electrolyte *n*, soda solution

Lauschen *n* (unzulässiges Auffangen von Abstrahlung, die Information enthält) / eavesdropping

Lautheit *f* / loudness *n*, loudness level

Lautsprecher·anlage *f* / loudspeaker system, public-address system || ⟋**anschlussdose** *f* / loudspeaker outlet box || ⟋**stromkreis** *m* (f. Ansagen) / audio communication circuit

Lautstärke *f* / loudness level, sound level, loudness *n* || ⟋ *f* (Lautsprecher) / volume *n* || **Kurve gleicher** ⟋ / loudness contour, isoacoustic curve || ⟋**messer** *m* / sound-level meter, phonometer *n* || ⟋**pegel** *m* / loudness level

Lautstift *m* / audio pen, sonic pen

Laval-Druck *m* / critical pressure

Lawinen·durchbruch *m* / avalanche breakdown || ⟋**durchbruchspannung** *f* / avalanche voltage || **durch** ⟋**effekt ausgelöste Materialwanderung** / avalanche-induced migration || ⟋**fotodiode** *f*

(APD) / avalanche photodiode (APD) ‖ ∼-**Gleichrichterdiode** *f* / avalanche rectifier diode ‖ ∼**-Gleichrichterdiode mit eingegrenztem Durchbruchsbereich** / controlled-avalanche rectifier diode ‖ ∼**laufzeitdiode** *f* (IMPATT-Diode) / impact avalanche transit time diode (IMPATT diode) ‖ ∼**zustand** *m* (IEC/TR 870-1-4 ? Beiblatt 14 zu DIN EN 60870) / avalanche condition
Layer *m* / layer *n*
Layout *n* / layout *n* ‖ ∼ **speichern** *n* / store layout ‖ ∼**bild** *n* / layout screen ‖ ∼**objekt** *n* / layout object
LB *n* / local data byte
LBA / Logical Block Addressing (LBA) ‖ ∼ *m* / LBA (Local Bus Adapter)
LBG-Schweißen *n* / arc welding
LBS / read-write station
LBSF-Zelle *f* / LBSF cell
LBU *f* / Local Bus Unit (LBU)
L-Bus *m* / local bus
LCA / life cycle analysis (LCA) ‖ ∼ / logistic chain analyzer (LCA)
LC-Anzeige *f* / liquid crystal display (LCD), LCD display, LC display, LCD
LCC / Low Cost Computing (LCC)
LCD·(-Anzeige) *f* / Liquid Crystal Display (LCD), LC display, LCD display, LCD (liquid crystal display) ‖ ∼**-Bildschirm** *m* / LCD screen ‖ ∼**-Display** *n* / Liquid Crystal Display (LCD), LC display, LCD display, LCD ‖ ∼**-Industrie-Monitor** *m* / LCD industrial monitor
LC-Display *n* / liquid crystal display (LCD), LC display, LCD display, LCD
LCDTL / load-compensated diode-transistor logic (LCDTL)
LCIA (Low Cost Intelligent Automation) / LCIA (Low Cost Intelligent Automation)
LCL / light centre length (LCL) ‖ ∼ *f* / LCL (lower control limit)
LCM / Life Cycle Management (LCM) ‖ ∼ / Logic Control Modeler (LCM)
LCN / load classification number (LCN)
LCON (Low Cost Open Network) / LCON (Low Cost Open Network)
LCU *f* / LCU (Local Control Unit)
LCV *n* / long combination vehicle (LCV)
LC-Zelle *f* / line-contact solar cell
ld *n* / linking device (ld)
LD / light-emitting diode (LED) ‖ ∼ / injection laser diode ‖ ∼ *n* / LD
LDA / landing distance available (LDA)
LD-Anschluss *m* / LD - joint unit
LDAP / Lightweight Directory Access Protocol (LDAP)
LDI / landing direction indicator (LDI) ‖ ∼ / Laser Direct Imaging (LDI)
LDM *m* / Line Development Manager (LDM) ‖ ∼ **(Local Drive Mapping)** / Local Drive Mapping (LDM)
L-DM-Preis *m* / L-DM price
LDO / Low Dropout Operation (LDO)
LDP / Laser Direct Patterning (LDP)
LDPE / cross-linked low-density polyethylene
LDS / list of detected slaves ‖ ∼ **(Laser-Direktstrukturierung)** / LDS
LDT / Lightning Data Transport (LDT)
LDV (Laser-Doppler-Vibrometrie) / LDV (laser Doppler vibrometry)

LE (Language Engineer) *m* / LE (language engineer)
Lead·-driven *adj* (Algorithmustyp im BE-Visionmodul zur Ermittlung der X-/Y-Position und des Drehwinkels eines Bauelementes auf der Leiterplatte) / lead driven ‖ ∼ **Repair Center** *n* / Lead Repair Center
Leasinggeber *m* / lessor *n*
Lebensbit *n* / lifebeat bit, life bit, ready bit
Lebens-Byte *n* / ready byte
Lebensdauer *f* / lifetime *n*, longevity *n*, life *n*, service life ‖ ∼ *f* (Standfestigkeit) / endurance *n* ‖ ∼ *f* (Zeit bis zum Ausfall) / time to failure (TTF) ‖ ∼ *f* (Lg.) / rating life (bearings) ‖ **begrenzte** ∼ (im Lager) / limited shelf-life ‖ **elektrische** ∼ / electrical endurance, voltage life, voltage endurance ‖ **geforderte** ∼ (Isoliersystem) VDE 0302, T.1 / intended life IEC 505 ‖ **mechanische** ∼ / mechanical endurance, mechanical life ‖ **mittlere** ∼ / mean time between failures (MTBF) ‖ **Nachweis der elektrischen** ∼ / electrical endurance test ‖ **Nachweis der mechanischen** ∼ / mechanical endurance test ‖ **praktische** ∼ / useful life ‖ **Prüfung der** ∼ / test of mechanical and electrical endurance, endurance test ‖ **voraussichtliche** ∼ (Isoliersystem) VDE 0302, T.1 / estimated performance IEC 505 ‖ ∼**erwartung** *f* / life expectancy ‖ ∼**erwartungen** *f pl* / service life expectations ‖ **~geschmiert** *adj* / lubricated for life ‖ **gleichung** *f* / life formula ‖ ∼**kennlinie** *f* / service life characteristic curve ‖ ∼**kosten** *f* / life cycle costs (LCC), life cycle cost (LCC) ‖ ∼**perzentil Q** / Q-percentile life ‖ ∼**-Prüfmenge** *f* (LPM) / life test quantity (LTQ) ‖ ∼**prüfung** *f* / life test ‖ ∼**prüfung** *f* (HSS) / durability test ‖ ∼**-Richtwert** *m* DIN IEC 434 / objective life, design life ‖ ∼**schmierung** *f* / lubrication for entire service life ‖ ∼**überwachung** *f* / lifetime monitoring ‖ ∼**verbrauch** *m* / use of life, rate of using life ‖ **relativer** ∼**verbrauch** / relative rate of using life ‖ **spezifischer** ∼**verbrauch** / specific use of life ‖ ∼**verhalten** *n* VDE 0715 / life performance IEC 64, service life forecast ‖ ∼**verteilung** *f* / survival distribution
Lebens·erwartung *f* / life expectancy ‖ ∼**haltungskostenindex** *m* / cost of living index ‖ ∼**lauf** *m* / resume *n*, c.v. *n* ‖ ∼**linie** *f* / lifeline ‖ ∼**merker** *m* / ready flag ‖ ∼**mittelindustrie** *f* / food processing industry ‖ ∼**mittelmaschine** *f* / food production machine ‖ ∼**zeichen** *n* / sign of life ‖ ∼**zeichensignal** *n* / sign-of-life signal ‖ ∼**zeichenüberwachung** *f* / sign-of-life monitoring ‖ ∼**zeit** *f* / lifetime *n* ‖ ∼**zyklus** *m* / life cycle ‖ ∼**zykluskosten** *plt* / life-cycle costs ‖ ∼**zyklus-Management** *n* / Life Cycle Management
Leblanc·sche Schaltung / Leblanc connection ‖ ∼**scher Phasenschieber** / Leblanc phase advancer, Leblanc exciter, recuperator *n*
Leck *n* / leak *n*, seepage *n*, leakiness *n* ‖ **~ sein** / leak *v*
Leckageüberwachung *f* / leak monitoring
lecken *v* / leak *v*
Leck·erkennung *f* / leak detection ‖ ∼**leistung** *f* / leakage power ‖ ∼**leistung bei einem Zündelektrodenvorimpuls** / prepulsed leakage power ‖ ∼**luftfilter** *n* / make-up air filter ‖ ∼**luftstrom** *m* / leakage air rate ‖ ∼**moden** *f pl* / leakage modes ‖ ∼**ölleitung** *f* / leakage oil tube ‖

~ölstrom *m* / oil leakage current || ~rate *f* / leakage rate || ~ratenprüfung *f* / leak rate test || ~strom *m* / leakage current, residual current || ~strom im AUS-Zustand (HL-Schütz) VDE 0660, T.109 / OFF-state leakage current || ~strom im AUS-Zustand IL / OFF-state leakage current || ~stromdichte *f* / leakage current density || ~stromspitze *f* / leakage current spike || ~suche *f* / leak detection || ~suchgerät *n* / leakage detector, leak detector || ~suchspray *n* / leak detection spray || ~verlust *m* / leakage loss || ~wasser-Überwachungsgerät *n* / leakage-water detector || ~welle *f* (elektromagnetische Welle in Verbindung mit einer schnellen Welle, die entlang einer Grenzfläche wird und von dieser Energie abstrahlt) / leaky wave || ~wellenleiter *m* / leaky wave cable, leak-mode conductor || ~widerstand des Vorionisators / primer (or ignitor) leakage resistance
Leclanché-Batterie *f* / Leclanché battery
LED (Leuchtdiode) *f* / light emitting diode || **7-Segment-**~ *m* / 7-segment LED || ~**-Anzeige** *f* / LED display, communication lights || ~**-Anzeigebaustein** *m* / LED display module, LED display indicator module || ~**-Bandanzeige** *f* / LED strip display || ~**-Bargraph** *m* / LED bar chart || ~**-Betriebsanzeige** *f* / status LED || ~**-Deckel** *m* / LED cover || ~**-Feld** *n* / LED panel || ~**-Gehäuse** *n* / LED case || ~**-Halter** *m* / LED support || ~**-Lampe** *f* / LED *n* || ~**-Lampe BA9s** *f* / LED BA9s || ~**-Lampe W2x4,6d** *f* / LED W2x4.6d || ~**-Lampenfassung** *f* / LED lampholder || ~**-Leuchte** *f* / LED light || ~**-Meldeleuchte** *f* / LED signal lamp || ~**-Modul** *n* / LED module || ~**-Nummer** *f* / LED number || ~**-Platte** *f* / LED plate || ~**s zur Statusanzeige** *f* / status LEDs || ~**-Sockel** *m* / LED base || ~**-Verlängerung** *f* / LED extension || ~**-Zustandsanzeige** *f* / states of the LED
leer *adj* / empty *adj* || **~ abschalten** / disconnection at no load || **~ anlaufen** / start softly || **~ fahren** / no incoming pallets || **~ mitlaufende Reserve** / spinning reserve
Leeranlauf *m* / no-load starting, light start, starting at no load || ~zeit *f* / no-load acceleration time, no-load starting time
Leer·baustein *m* (Mosaikbaustein) / blank tile, module wrapper, module receptacle, non-active tile || ~box *f* / empty box || ~deckplatte *f* / blanking plate || ~diskette *f* / virgin diskette || ~durchlauf *m* / idle pass, non-cutting pass || ~durchlauf *m* (Programm) / idle run || ~e Spur (Spur der Bauelemente-Zuführung, in der keine Bauelemente mehr enthalten sind und die aufgefüllt werden muss) / empty track || ~einschub *m* / withdrawable blanking section
leeren *v* / empty *v* || **~ v** (Speicher) / clear *v*
leer·er Platz (eines SK-Feldes) / empty space (of a section) || **~es Band** / empty band || **~es Listenelement** / Not In List (NIL)
Leer·fach *n* / blank compartment || **~fahren** *n* / no-load traversing || **~fahren** *v* / empty *v* || ~federung des Aktors / off-load springing of the actuator
Leerfeld *n* / blank cubicle || ~ *n* (ST) / reserve panel, unequipped panel, reserve section || ~ *n* (IK) / reserve section (o. unit), unequipped section (o. unit) || ~abdeckung *f* / blank cubicle cover, reserve section cover, front cover for unequipped panels
Leer·folie *f* (Tastatur) / blank overlay || ~ganggetriebe *n* / lost-motion gear || ~gehäuse *n* / empty enclosure, empty case (o. housing) || ~gehäuse 2 Befehlsstellen *n* / empty enclosure, 2 command points || ~gurt *m* / empty tape || ~gurtabfall *m* / empties || ~kasten *m* / reserve box, unequipped box, empty box || ~kontakt *m* / unwired contact || ~kontrolle *f* / control when empty
Leerlast *f* / no-load *n* || ~anlauf *m* / starting at no load, light start, no-load starting
Leerlauf *m* (Mot.) / running at no load, no-load operation, idle running, idle *n*, idle speed || ~ *m* IEC 50(191) / idle state, free state || ~ *m* (Gen.) / operation in open circuit, idling *n* || ~ *m* (el. Masch.) VDE 0530, T.1 / no load IEC 34-1 || ~ *m* (Trafo) / no-load operation, operation in open circuit || ~ *m* (EZ) / running with no load, creep (ing) *n* || ~ *m* (elST) / idling *n* || **Ausgangsspannung bei** ~ / no-load output voltage, open-circuit secondary voltage || **Erwärmungsprüfung im** ~ (Trafo) / open-circuit temperature-rise test || **im** ~ / at no-load, idling *adj*, in open circuit || **Spannung bei** ~ (Gen.) / open-circuit voltage, no-load voltage || **Spannung bei** ~ (Mot.) / no-load voltage || ~**Anlaufhäufigkeit** *f* / no-load starting frequency || ~anreicherung *f* (Kfz) / idle enrichment || ~**Ausgangsadmittanz** *f* / open-circuit output admittance || ~**Ausgangsadmittanz bei kleiner Aussteuerung** / small-signal open circuit output admittance || ~**Ausgangsimpedanz** *f* / open-circuit output impedance || ~**Ausgangsimpedanz bei kleiner Aussteuerung** / small-signal open-circuit output impedance || ~**Ausgangsspannung** *f* (Trafo) / no-load output voltage || ~auslenkung *f* / off-load deflection
Leerlaufbetrieb *m* (Netz) / open-line operation, operation with open line end || ~ *m* (el. Masch.) VDE 0530, T.1 / no-load operation IEC 34-1
Leerlauf·charakteristik *f* / open-circuit characteristic (o.c.c.), no-load characteristic || ~dauer *f* (Dauer des betriebsfreien Klarzustands) IEC 50(191) / idle time, free time || ~**Deckenspannung des Erregersystems** (el. Masch.) / excitation-system no-load ceiling voltage || ~**drehzahl** *f* / no-load speed, idling speed, engine idling speed || ~**Eingangsimpedanz** *f* / open-circuit input impedance || ~**Eingangsimpedanz bei kleiner Aussteuerung** / small-signal open-circuit input impedance || ~**Eisenverluste** *m pl* / open-circuit core loss || ~**-EMK** *f* / open-circuit e.m.f., open-circuit voltage
leerlaufen *v* / operate at no load, run light, run in open circuit, idle *v*, creep *v*
leerlaufend *adj* / no-load *adj*, operating at no load, running light, idling *adj*, open-circuited *adj* || **~e Leitung** / unloaded line, open-ended line || **~e Maschine** / machine operating at no load, machine running idle, idling machine
Leerlauf-Erregerspannung *f* / no-load field voltage, open-circuit field voltage || ~**Erregerstrom** *m* (el. Masch.) / no-load field current || ~erregung *f* / open-circuit excitation, no-load excitation

leerlauffest adj / idling-proof adj, no-load proof || ~ adj / stable at no load
Leerlauf·festigkeit f / open-circuit protection || ⁓**füllungssteller** m / idle speed setter || **konventionelle ⁓-Gleichschaltung** / controlled conventional no-load direct voltage || ⁓-**Gleichspannung** f / no-load direct voltage || ⁓-**Gleichspannung** f (Transistor, Schwebespannung) / floating voltage || ⁓**güte** f (Elektronenröhre) DIN IEC 235, T.1 / unloaded Q || ⁓-**Hauptfeldzeitkonstante** f / open-circuit field time constant || ⁓**impedanz** f / open-circuit impedance || ⁓**kennlinie** f (el. Masch.) / open-circuit characteristic (o.c.c.), no-load characteristic || ⁓-**Kurzschlussverhältnis** n / short-circuit ratio (s.c.r.) || ⁓**leistung** f / open-circuit power, no-load power || ⁓**leistung** f (Trenntrafo, Sicherheitstrafo, Wandler) / no-load input EN 60742 || ⁓-**Magnetisierungsstrom** m / no-load magnetizing current || ⁓**messung** f / open-circuit test || ⁓-**Mittelspannung** f (Spannungsteiler) / open-circuit intermediate voltage || ⁓-**Nullimpedanz** f / no-load zero-sequence impedance
Leerlaufprüfung f (Gen.) / open-circuit test || ⁓ f (Mot.) / no-load test || ⁓ f (EZ) / creep test
Leerlauf·reaktanz f / synchronous reactance || ⁓**regelung** f (Kfz) / idle speed control || ⁓**rolle** f / idler pulley n, idler n || ⁓**scheinleistung** f / no-load apparent power || ⁓**schutz** m / open-circuit protection || ⁓-**Sekundärspannung** f (Wandler) / no-load output voltage (CEE 15)
Leerlaufspannung f (Batt.) / open circuit voltage, off-load voltage || ⁓ f (Mot.) / no-load voltage || ⁓ f (Gen.) / open-circuit voltage || **mittlere** ⁓ (kapazitiver Spannungsteiler) IEC 50(436) / open-circuit intermediate voltage
Leerlaufspannungsrückwirkung f (Transistor) DIN 41854 / open-circuit reverse voltage transfer ratio || ⁓ **bei kleiner Aussteuerung** / small-signal value of the open-circuit reverse voltage
Leerlaufspannungsverstärkung f / voltage amplification with output short-circuited || **Differenz-**⁓ f / open-loop gain
Leerlaufsteller m (Kfz) / idle speed actuator, idle speed control, idling control || ⁓**öffnungsgrad** m / idle-speed actuator opening angle
Leerlauf·stellung f (Kfz-Getriebe) / neutral n || ⁓**steuerung** f / idling control
Leerlaufstrom m / no-load current, idle current, open-circuit current || ⁓ m (Versorgungsstrom, den ein IC-Regler ohne Ausgangslast aufnimmt) / standby current || ⁓ m VDE 0532, T.1 / no-load current IEC 76-1, excitation current || ⁓ m / no-load supply current || ⁓ I_0 / no-load supply current || ⁓**aufnahme** f / open-circuit power consumption || ⁓**stärke** f / no-load current
Leerlauf·-Übersetzungsverhältnis n / no-load ratio || ⁓-**Umschalthäufigkeit** f / no-load reversing frequency || ⁓**verfahren** n / no-load method || ⁓**verluste** m pl (Trafo) VDE 0532, T.1 / no-load loss IEC 76-1, excitation losses, core loss, iron loss, constant losses || ⁓**verluste** m pl (Gen., Mot.) / open-circuit loss || ⁓**verstärkung** f / open-loop gain, open-circuit gain, open loop gain || ⁓**verstärkung** f (ESR) / amplification factor || ⁓**versuch** m / open-circuit test || ⁓**weg** m / pre-travel n, release travel || ⁓**widerstand** m / open-circuit impedance || ⁓**zeit** f / open-circuit time || ⁓**zeit** f (NC) / idle time, down time, non-cutting time
Leerlauf-Zeitkonstante f / open-circuit time constant, open-circuit transient time constant || ⁓ **der Dämpferwicklung in der Längsachse** / direct-axis open-circuit damper-circuit time constant || ⁓ **der Dämpferwicklung in der Querachse** / quadrature-axis open-circuit damper-winding time constant || ⁓ **der Erregerwicklung** / direct-axis open-circuit excitation-winding time constant, direct-axis transient open-circuit time constant || ⁓ **der Längsdämpferwicklung** / direct-axis open-circuit damper-circuit time constant || ⁓ **der Querdämpferwicklung** / quadrature-axis open-circuit damper-winding time constant
Leerlauf-Zwischenspannung f / open-circuit intermediate voltage
Leerleistungs-Steckverbinder m / dead-break disconnector
Leer·modul n / dummy module || ⁓**palette** f / empty pallet
Leerplatz m / empty location || ⁓ m / free space IEC 439-1, Amend. 1 || ⁓**abdeckung** f / blank location cover, blanking cover || ⁓**suche** f / location search, searching for empty location, empty location search
Leer·pult n / unequipped desk (o. console), steel structure (of desk) || ⁓**rahmen** m / empty border || ⁓**raum** m / void n || ⁓**rohranlage** f / reserve conduit system || ⁓**rücklauf** m / idle return travel || ⁓**satz** m / empty block, dummy record || ⁓**schalter** m / off-load switch, low-capacity switch || ⁓**schalthäufigkeit** f / no-load operating frequency, no-load operation frequency || ⁓**schaltung** f / no-load switching || ⁓**scheibe** f / idler pulley || ⁓**schild** n (unbeschriftetes Bezeichnungsschild) / blank legend plate, blank labeling plate || ⁓**schnitt** m / idle run, idle pass, noncut n || ⁓**schrank** m / reserve cubicle, empty cabinet, unequipped cubicle, unequipped board, unequipped distribution board || ⁓**schraube** f / vacant screw || ⁓**schritt** m / blank step || ⁓**schritt** m (Schreibschritt) / space n || ⁓**slot** m / empty slot || ⁓**spannung** f DIN IEC 81 / open-circuit voltage (o.c.v.), no-load output voltage || **Nenn-**⁓**spannung** f / no-load rated output voltage || ⁓**station** f / idle station
Leerstelle f / blank n, blank space, space n
Leerstellen·taste f / spacer bar, spacer key || ⁓**unterdrückung** f / blank suppression, space suppression
Leer·tafel f / unequipped board, steel structure (of board) || ⁓**takt** m / idle stroke || ⁓**taste** f / spacer bar, spacer key || ⁓**trenner** m / off-load disconnector, off-load isolator, off-circuit disconnector, low-capacity disconnector || ⁓**trennschalter** m / off-load disconnector, off-load isolator, off-circuit disconnector, low-capacity disconnector
Leertrum n (Riementrieb) / slack side, slack strand
Leer·verluste m pl / no-load loss IEC 76-1, excitation losses, core loss, iron loss, constant losses || ⁓**wandler BG 00 / 1,2,3** m / blank converter size 00 / 1,2,3 || ⁓**weg** m / lost motion, idle motion || ⁓**weg des Werkzeugs** / non-cutting tool path || ⁓**wegregister** n / compensating register || ⁓**wegvorrichtung** f / idle-motion mechanism || ⁓**zeichen** n / blank n, blank character ||

⌑zeichenoptimierung f / blanks optimization || ⌑zeichensignal n / space signal || ⌑zeichentaste f / spacer bar, spacer key || ⌑zeile f / space line, blank line || ⌑zeit f / non-productive time, standstill period
Legacy-Applikation f / Legacy application
Legeform f / laying form
Legende f / legend n
legiert·er Schmierstoff / doped (o. inhibited) lubricant || **~er Stahl** / alloyed steel || **~er Transistor** / alloyed transistor || **~er Zonenübergang** / alloyed junction || **~es Öl** / inhibited oil, doped oil
Legierungstechnik f / alloy technique
Legris-Steckverbinder m / Legris connector
Lehnenverstellung f / seat-back tilt adjustment
Lehr·baukasten m / instruction kit || ⌑**dorn** m / gauge plug, plug gauge, mandrel n
Lehre f (Messlehre) / gauge n || **mit** ⌑ **prüfen** / gauge v
Lehren·abmaß n / gauge deviation || ⌑**bohrmaschine** f / jig boring machine || ⌑**bohrwerk** n / jig boring machine || **~de Prüfung** f / comparison gauging || ⌑**-Dickennummer** f / gauge number
lehrenhaltig adj / true to gauge
Lehren·maß n / gauge dimension || ⌑**sollmaß** n / nominal gauge size || ⌑**werkzeug** n / sizing tool
Lehrer m / trainer, instructor
Lehr·gang m / course n || ⌑**gangsmappe** f / course file n || ⌑**gerüst** n / falsework n || ⌑**lingslernstrategie** f / learning-apprentice strategy || ⌑**programm** n / tutorial n || ⌑**ring** m / gauge ring || ⌑**werkstatt** f / craft training centre
Leibungsdruck m / bearing pressure, bearing stress
Leiche f / not used cable, obsolete cable
leicht angezogen (Schraube) / finger-tight adj || **~ bearbeitbar** / easy to machine || **~ entflammbares Material** / readily flammable material || **~ entzündliches Material** / readily flammable material || **~ erlernbar** adj / easy-to-learn || **~ lösbar** / easy-to-release adj || **~ trübes Glas** / translucent glass || **~ zugänglich** / easily accessible, easy of access
Leicht·bauweise f / light-weight construction || ⌑**benzin** n / low-boiling petrol
leicht·e Gummischlauchleitung / ordinary tough-rubber-sheated flexible cord || **~e Handhabung** / operator convenience || **~e Industrie** / light industry || **~e Kunststoff-Schlauchleitung** / light plastic-sheathed cord (o. cable) || **~e PVC-Mantelleitung** / light PVC-sheathed cable || **~e PVC-Schlauchleitung** (flach, HO3VVH2-F) VDE 0281 / light PVC-sheathed flexible cord (flat) || **~e PVC-Schlauchleitung** (rund, HO3VV-F) VDE 0281 / light PVC-sheathed flexible cord (round) || **~e Verletzung** / slight injury || **~e Zwillingsleitung** (HO3VH-Y) VDE 0281 / flat twin tinsel cord || **~e Zwillingsleitung mit Lahnlitzenleiter** / flat twin tinsel cord || **~er Betrieb** / light duty || **~er Gleitsitz** / free fit || **~er Lauf** / smooth running || **~er Laufsitz** / free clearance fit, free fit || **~ere Ausführung** / light-duty version || **~es Gummischlauchkabel** / ordinary tough-rubber-sheathed flexible cable
leichtgängige Taste / soft-touch button (o. control)
Leichtgängigkeit f / smooth running, easy movement, good moving property || **auf** ⌑ **prüfen** / check for easy movement
Leichtindustrie f / light industry || ⌑**umgebung** f / light industrial environment
Leichtmetall n / light metal || ⌑**-Druckguss** m / diecast light alloy || ⌑**gehäuse** n / light-alloy enclosure || ⌑**guss** m / cast light alloy, light-metal casting
leichtschneidend adj / soft-cutting
leichtsiedend adj / low-boiling adj
Leihwerkzeuge n pl / tools on loan, tool rentals
Leim m / glue || ⌑**angabe** f / apply glue || ⌑**holz** n / gluelam timber || ⌑**presse** f / size press
Leinen n (Batist) / cambric n
Leiste f (Lasche) / strap n || ⌑ f (Streifen) / strip n || ⌑ f (Vorsprung) / ledge n || **Sachmerkmal-**⌑ f DIN 4000,T.1 / line of subject characteristic, tabular layout of article characteristics || **Schutz~** f / barrier rail
leisten v / be rated at, perform v
Leisten·ausbau m / strip expansion || ⌑**bauform** f / in-line design || ⌑**technik** f / in-line type
Leistung f / performance n, capacity n, achievement n, power n || ⌑ f / power n, energy n, output n, rating n || ⌑ f (Arbeit) / work n, work done || ⌑ f (abgegebene) / output power, power output, output n || ⌑ f (aufgenommene) / input n, power input || ⌑ f (Betriebsverhalten, Leistungsfähigkeit) / performance n || ⌑ f (Ingenieursleistung, Dienstleistung) / service n || ⌑ f / demand n || ⌑ f (Lampe) / wattage n, lamp wattage || ⌑ f (Wirkungsgrad) / efficiency n || ⌑ f (Produktion) / output n, production n, production rate || ⌑ f (Lieferung) / delivery n, supplies plt || ⌑ f (Ausgabebaugruppe) / drive capability || ⌑ **abgeben** / supply power || ⌑ **am Radumfang** / output at the wheel rim || ⌑ **am Zughaken** / output at the draw-bar || ⌑ **bei Aussetzbetrieb** (AB-Leistung) / periodic rating, intermittent rating || ⌑ **bei erzwungener Luftkühlung** / forced-air-cooled rating || ⌑ **bei erzwungener Ölkühlung** / forced-oil-cooled rating || ⌑ **bei Selbstkühlung** / self-cooled rating || ⌑ **bei Wasserkühlung** / water-cooled rating || ⌑ **der Last** / load power, job performance || ⌑ **im Dauerbetrieb** / continuous rating, continuous output || **tatsächliche** ⌑ **in Prozent der Sollleistung** / efficiency rate || ⌑ **in Watt** / wattage n || ⌑ **melden** / confirmation of action || ⌑ **PKB/kW** / PST rating/kW || **abgerufene** ⌑ / demand set up || **angeforderte** ⌑ (Netz) / power demand (from the system), demand n || **angeforderte** ⌑ (Grenzwert der von einem Einzelverbraucher geforderten Leistung) / maximum demand required || **angekündigte** ⌑ (Stromlieferung) / indicated demand || **Arbeits~** f / performance n || **aufgenommene** ⌑ / power input, input n || **aufgenommene** ⌑ (kWh) / power consumption || **aufgenommene** ⌑ (Lampe) / wattage dissipated || **aufgenommene** ⌑ / accepted power, power acceptance || **Augenblickswert der** ⌑ / instantaneous power || **bereitgestellte** ⌑ / authorized maximum demand || **bestellte** ⌑ / subscribed demand || **betriebsbereite** ⌑ / net dependable capability || **Brutto~** f (Generatorsatz) / gross output || **Brutto~** f (KW) / gross installed capacity || **dauernd abführbare** ⌑ / continuous heat dissipating capacity,

continuous rating || **eingespeiste** ⚡ (Netz) / input to network || **elektrische** ⚡ (Arbeit je Zeiteinheit) / electrical energy || **erzeugte** ⚡ / power produced || **geplante** ⚡ / design power, design rating || **Gesamt~** *f* (Antrieb, Bruttoleistung) / gross output || **gesicherte** ⚡ / firm power, firm capacity || **Heiz~** *f* / heat output, heater rating || **in Anspruch genommene** ⚡ / demand set up || **indizierte** ⚡ / declared power, indicated horsepower (i.h.p.) || **installierte** ⚡ / installed load, installed capacity, installed power || **installierte** ⚡ (KW) / generating capacity || **korrigierte nutzbare** ⚡ (Verbrennungsmot.) / corrected effective output || **kurzzeitig gemittelte** ⚡ / demand *n* IEC 50(25) || **natürliche** ⚡ (Netz) / natural load (of a line) || **Netto~** *f* (Netz, bei durchschnittlichen Betriebsbedingungen) / net dependable capability || **Netto~** *f* (Netz, bei optimalen Betriebsbedingungen) / net capability, net output capacity || **Netto~** *f* (Generatorsatz) / net output || **nicht-vertragliche** ⚡ / non-contract service work, non-contract services || **n-Minuten~** ⚡ *f* / n-minute demand || **Rechen~** *f* / computing power, computing capacity || **Schein~** *f* / apparent power, complex power || **Seh~** *f* / visual performance, visual power || **Soll-**⚡ *f* / setpoint power, desired power, design power, required power || **Strahlungs~** *f* / radiant power, radiant flux, energy flux || **Stunden~** *f* / one-hour rating || **Stunden~** *f* / hourly demand || **Typen~** *f* / unit rating, kVA rating || **übertragbare** ⚡ / transmittable power, power capacity || **umgesetzte** ⚡ / through-rating || **verbrauchte** ⚡ / power consumed || **Verdichter~** *f* / compressor rating, delivery rate of compressor || **verfügbare** ⚡ / available capacity, available power || **verfügte** ⚡ / power produced, utilized capacity, operating capacity || **Verlust~** *f* / power loss, power dissipation, watts loss || **Vertrags~** *f* (Stromlieferung) / subscribed demand || **Wirk~** *f* / active power, real power, true power, effective power, watt output || **zugeführte** ⚡ / input power
Leistung-Geschwindigkeit-Produkt *n* / power-speed product, power-delay product
Leistung-Gewicht-Verhältnis *n* / power/weight ratio
Leistungklemmen *f pl* / power terminals
Leistung-Polradwinkelverhältnis *n* (Synchronmasch.) / synchronizing coefficient
Leistungs·abfall *m* / decrease in performance || ⚡**abgabe** *f* / power output, output *n* || ⚡**abgabe** *f* (Sicherungseinsatz) / power dissipation (fuse-link) || ⚡**abgabe (LA)** *f* / power dissipation || ⚡**abgrenzung** *f* / demarcation of performance || ⚡**abhängige Kosten** / demand-related cost || ⚡**abschluss** *m* / terminator *n*, terminating resistor || ⚡**abschluss** *m* (Abschlusswiderstand) / line termination || ⚡**absenkung** *f* / power reduction || ⚡**absenkung** *f* (SPS) / power down || ⚡**abzug** *m* / output reduction, derating *n* || ⚡**anbieter** *m* / service provider || ⚡**anforderung** *f* / performance requirements || ⚡**angabe** *f* / HP rating || ⚡**angaben** *f pl* / performance data || ⚡**angebot** *n* / range of products and services || ⚡**anschluss** *m* / power terminal, power connection || ⚡**anschlüsse** *m pl* / power circuit terminals, power terminals || ⚡**anschlussklemme** *f* / power connection terminal || ⚡**anschlussklemmen** *f pl* / power connection terminals || ⚡**ansteuerung** *f* / power control, power drive || ⚡**ansteuerung** *f* / power control unit, power activation || ⚡**antrieb** *m* / Power Module Data Set, power drive system || ⚡**anzeige** *f* / power rating display || **~arm** *adj* / low-power *adj* || ⚡**aufmaß** *n* / work measurement
Leistungsaufnahme *f* / power consumption, power input, input power, power absorbed, watts drawn || ⚡ *f* / accepted power, power acceptance || ⚡ *f* (Wattzahl) / wattage *n* || ⚡ *f* (kWh) / power consumption || ⚡ **in kVA bei festgebremstem Läufer** / locked-rotor kVA || ⚡**bereich** *m* / range input
Leistungs·ausgabe *f* / power output module || ⚡**ausgang** *m* / actuator output, driver output || ⚡**ausgang** *m* (BLE) VDE 0160 / power output terminal || ⚡**ausnutzung** *f* (eines Generatorsatzes) / load factor (of a set) || ⚡**baugruppe** *f* / power module, power electronics assembly, power thyristor assembly
Leistungsbedarf *m* / power requirement, required power, power demand, VDE 0100, T.311 maximum demand IEC 64-311, power requirements || ⚡ *m* (angetriebene Masch.) / drive power required, required drive power || ⚡ **bei Wiederzuschaltung** / cold load pickup
Leistungs·bedarfszahl *f* / power coefficient || ⚡**begrenzer** *m* / power limiter || ⚡**begrenzungsschutz nach oben** / over-power protection ⚡**begrenzungsschutz nach unten** / under-power protection
Leistungsbereich *m* / power range, range of ratings, performance range, specification *n* || **mittlerer** ⚡ / medium performance range || **mittlerer** ⚡ (elST-Geräte) / medium performance level || **oberer** ⚡ / upper performance range, upper performance level || **unterer** ⚡ / lower performance range, lower-end performance range, low-end performance range
Leistungs·beschreibung *f* / specification (document outlining detailed requirements), performance description || ⚡**betrieb** *m* / power operation, power regime, on-load running, on-load operation || ⚡**beurteilung** *f* / performance appraisal || ⚡**bewegung** *f* / power motion, power stroke || ⚡**bewertung** *f* / performance rating
leistungsbezogene Synchronisierziffer / synchronizing power coefficient, per-unit synchronizing power coefficient
Leistungs·bilanz *f* / power budget || ⚡**bremse** *f* / dynamometric brake, dynamometer *n* || ⚡**charakteristik** *f* / performance *n* || ⚡**daten** *plt* / performance data || ⚡**datenmanagement** *n* / performance data management || ⚡**diagramm** *n* / capability curve(s) || ⚡**dichte** *f* / power density, power/weight ratio || ⚡**dichtespektrum** *n* / power spectral density (PSD) || ⚡**differentialschutz** *m* / pilot-wire differential relay || ⚡**dimmer** *m* / power dimmer || ⚡**-Drehzahl-Diagramm** *n* / power-speed-diagram || ⚡**einbuße** *f* / loss of speed || ⚡**eingang** *m* / power input || ⚡**einheit** *f* / unit of demand, energy unit, power flow unit || ⚡**einstellung** *f* / power setting
Leistungselektronik *f* / power electronics || ⚡**kondensator** *m* / power electronics capacitor, power electronic capacitor
leistungselektronisch·er Gleichstromschalter / electronic d.c. power switch || **~er Schalter** / electronic power switch || **~er**

Wechselstromschalter / electronic a.c. power switch || **~es Schalten** / electronic power switching
Leistungs·element, NAND-⁓element *n* / NAND buffer || **⁓endschalter** *m* / power-circuit position switch || **⁓endstufe** *f* / power output stage, power amplifier || **⁓erbringer** *m* / service provider || **⁓erbringung** *f* / service provision || **⁓erfassung** *f* / rendered service recording || **⁓erfassungs- und Steuerungssystem** *n* / power acquisition and control system || **⁓ergebnis** *n* / output *n* || **⁓erhöhung** *f* / performance enhancement || **⁓erstellung** *f* / scope of services
leistungsfähig *adj* / powerful *adj*, high-capacity, high-performance *adj*, efficient *adj*, high performance
Leistungsfähigkeit *f* DIN IEC 351, T.1 / performance *n* || **⁓** *f* / performance capability || **⁓** *f* IEC 50191 / capability *n* || **⁓** *f* (Masch.) / load capacity, working capacity || **⁓** *f* (Masch.) / performance *n*, capacity *n*
Leistungsfähigkeitsprüfung *f* / performance verification test
Leistungsfaktor *m* (cos phi) / power factor, p.f. A || **⁓** *m* / dielectric power factor || **⁓ bei der Kurzschlussunterbrechung** / short-circuit breaking power factor || **⁓ der Grundwelle** / power factor of the fundamental || **⁓ der Last** / load power factor, burden power factor || **⁓ Eins** / unity power factor, unity p.f. || **⁓ im Kurzschlusskreis** / short-circuit power factor, X-R ratio || **⁓ Null** / zero power factor || **⁓anzeiger** *m* / power factor meter || **⁓korrektur (PFC)** *f* / power factor correction || **⁓messer** *m* / power-factor meter, p.f. meter || **⁓-Messgerät** *n* / power-factor meter, p.f. meter || **⁓regler** *m* / power-factor controller (p.f.c.) || **⁓schreiber** *m* / recording power-factor meter || **⁓verbesserung** *f* / power factor correction, power factor improvement
Leistungsfilter, elektronischer ⁓ (Stromrichter zum Filtern) / electronic power filter
Leistungsfluss *m* / energy flow, power flow || **⁓dichte** *f* / power flux density || **⁓richtung** *f* / direction of energy flow
Leistungs·fortschreibung *f* / services updating || **⁓freigabe** *f* / power enable || **⁓freigabesperrzeit** *f* / power enabling delay || **⁓-Frequenz-Charakteristik** *f* / power/frequency characteristic || **⁓-Frequenz-Regelung** *f* / load frequency control || **⁓frequenz-Regelung** *f* / power and frequency control || **⁓ganglinie** *f* / demand curve, load curve || **⁓garantie** *f* / performance guarantee || **⁓gatter** *n* / power gate
leistungsgepufferter Umrichter / converter with capacitor energy store
Leistungs·gewicht *n* / power/weight ratio, power-for-size ratio || **⁓-Gewichts-Verhältnis** *n* / power-to-weight ratio, capacity-to-weight ratio
Leistungsgleichrichten *n* / electronic power switching, electronic power rectification (electronic conversion from a.c. to d.c.), power switching, power rectification || **elektronisches ⁓** (elektronisches Umrichten von Wechselstrom in Gleichstrom) / electronic power switching, electronic power rectification (electronic conversion from a.c. to d.c.), power rectification, power switching
Leistungsgleichrichter *m* / power rectifier
Leistungs·glied für Gleichspannung (Treiber) / d.c. driver || **⁓glied für Wechselspannung** (Treiber) / a.c. driver || **⁓grad** *m* (Refa) / level of performance || **⁓gradabweichung** *f* / off-standard performance || **⁓gradschätzung** *f* (Refa) / performance rating || **⁓grenze** *f* / give up, limit of performance, power range, capacity limit, power limit, reach [its] limit || **⁓grenzschalter** *m* / power-circuit position switch || **⁓grenzwert** *m* / power limit || **⁓größen** *f* / performance variables
Leistungs·halbleiter *m* / power semiconductor || **⁓herabsetzung** *f* / derating *n* || **⁓induktor** *m* / performance inducer || **⁓integrität** *f* / power integrity || **⁓kabel** *n* / power cable || **⁓katalog** *m* / service catalog || **⁓kategorie** *f* / performance category || **Kurzschluss-⁓kategorie** *f* VDE 0660,T.101 / short-circuit performance category IEC 157-1 || **⁓kennlinie** *f* / performance characteristic || **⁓kennzahl** *f* / performance figure || **⁓kennzeichen** *n* / rating code designation || **⁓klasse** *f* / performance class || **⁓klassen** *f* / performance classes || **⁓klemme** *f* / power terminal || **⁓klemmenschraube** *f* / power terminal screw || **⁓klystron** *n* / high-power klystron || **⁓koeffizient eines Netzes** / regulation energy of a system, power/frequency characteristic || **⁓komponente** *f* / power component || **⁓kondensator** *m* / power capacitor, shunt capacitor (for a.c. power systems) || **⁓kontakt** *m* / power contact || **⁓konverter** *m* / power converter || **⁓kreis** *m* / power circuit || **⁓kühler** *m* / power cooler || **⁓leitung** *f* / power cable || **⁓linie** *f* (el. Masch.) / output line || **⁓mangel** *m* / power shortfall
leistungsmäßiger Mittelwert / power-rated average value
Leistungsmerkmal *n* / performance feature || **⁓** *n* DIN ISO 7498 u. DIN 44302 / user facility, facility || **⁓ Direktruf** / direct call facility || **⁓ virtuelle Wählverbindung** / virtual call facility || **⁓anforderung** *f* DIN 44302 / user facility request || **⁓anforderung** *f* / facility request signal, facility request || **⁓e** *n pl* / performance characteristics, performance criteria
Leistungs·messer *m* / wattmeter *n*, active-power meter, power meter || **⁓messkoffer** *m* / portable power-circuit power analyzer || **⁓messrelais** *n* / power measuring relay || **⁓minderung** *f* (durch Reduktionsfaktor) / derating *n* || **Zeit für ⁓mittelung** / demand integration period || **⁓mittelwert** *m* / average power, average power demand, average demand (value) || **⁓mittelwerte als Kennlinie** / demands as characteristic curve || **⁓nachweis** *m* / proof of operation, proficiency certificate || **⁓-NAND-Glied** *n* / NAND buffer || **⁓-NOR-Stufe** *f* / NOR driver || **⁓öffner** *m* / power NC contact || **⁓-Parallelkondensator** *m* / shunt power capacitor || **⁓parameter** *m* / performance parameter || **⁓pendeln** *n* / power swing || **⁓pfad** *m* / performance path || **⁓platine** *f* / power board || **⁓-Plattenspeichersteuerung** *f* / high-performance disk storage unit controller || **⁓positionsschalter** *m* / power-circuit position switch
Leistungspreis *m* / demand rate, price per kilowatt, price per kilovoltampere || **~frei** *adj* / free of demand charge || **⁓summe** *f* / demand charge, fixed charge || **⁓tarif** *m* / demand tariff
Leistungs·produkt *n* (B-H) / energy product, B-H product || **⁓profil** *n* (MCC-Geräte) / performance

Leistungsschalten

profile || ⸺**prüffeld** *n* / performance test bay || ⸺**prüfung** *f* / performance test || ⸺**prüfung am Aufstellungsort** / site performance test, field performance test || **Kondensator-**⸺**puffer** *m* / capacitor energy storage unit, capacitor power back-up unit || ⸺**rauschen** *n* / power noise || ⸺**reduktion** *f* / derating *n* || ⸺**reduzierung** *f* / derating *n*, power reduction || ⸺**regelung** *f* (Antrieb) / (automatic) load regulation || ⸺**regelungskoeffizient** *m* (einer Last) / power-regulation coefficient || ⸺**regler** *m* / output regulator, power regulator || ⸺**relais** *n* / power relay || ⸺**reserve** *f* / power reserve, power margin, reserve capacity, performance reserve || ⸺**richtungsrelais** *n* / directional power relay, power direction relay || ⸺**richtungsschutz** *m* / directional protection || ⸺**-Richtwirkungsgrad** *m* (Diode) / detector power efficiency IEC 147-1 || ⸺**rückgang** *m* / decrease in performance || ⸺**rückgewinnung** *f* / power recovery, regeneration *n*, power reclamation || ⸺**schalteinheit** *f* / motor starter protector unit

Leistungsschalten *n* / electronic power switching, electronic power rectification (electronic conversion from a.c. to d.c.), power switching, power rectification || **elektronisches** ⸺ (Schalten eines elektrischen Leistungs-Stromkreises mit Hilfe elektronischer Ventilbauelemente) / electronic power switching, electronic power rectification (electronic conversion from a.c. to d.c.), power switching, power rectification

Leistungsschalter *m* VDE 0660,T.101 / circuit-breaker *n* (c.b.) IEC 157-1, power circuit-breaker (US), power breaker || ⸺ *m* / circuit-breaker *n* (CB), m.c.b. || **(LS)** *m* / circuit breaker (CBR) || ⸺ **ausgelöst** / circuit breaker tripped || ⸺ **für den Anlagenschutz** / circuit breaker for line protection || ⸺ **für Kurzunterbrechung** / auto-reclosing circuit-breaker || ⸺ **für Sicherungsüberwachung** / circuit breaker for fuse monitoring || ⸺ **für Starter** / circuit breaker for starter || ⸺ **für Stecksockel** / circuit breaker for plug-in socket || ⸺ **in Einschubtechnik** / circuit breaker in withdrawable unit design || ⸺ **mit angebauten Sicherungen** / integrally fused circuit-breaker IEC 157-1 || ⸺ **mit bedingter Auslösung** VDE 0660,T. 101 / fixed-trip circuit-breaker IEC 1571 || ⸺ **mit bedingter Freiauslösung** / conditionally trip-free c.b. || ⸺ **mit Einschaltverriegelung** VDE 0660,T. 101 / circuit-breaker with lock-out device preventing closing IEC 157-1 || ⸺ **mit elektrischer Freiauslösung** / electrically release-free circuit-breaker, electrically trip-free circuit-breaker || ⸺ **mit Freiauslösung** VDE 0660, T.101 / trip-free circuit-breaker IEC 157-1, release-free circuit-breaker, circuit breaker with trip-free mechanism || ⸺ **mit integrierten Sicherungen** VDE 0660,T.101 / integrally fused circuit-breaker IEC 157-1 || ⸺ **mit Kessel an Erdpotential** / dead-tank circuit-breaker || ⸺ **mit Kessel an Hochspannungspotential** / live-tank circuit-breaker || ⸺ **mit magnetischer Blasung** / magnetic blow-out circuit-breaker || ⸺ **mit mechanischer Freiauslösung** / mechanically release-free circuit-breaker, mechanically trip-free circuit-breaker || ⸺ **mit Mehrfachunterbrechung** / multiple-break circuit-breaker || ⸺ **mit Nullpunktlöschung** / circuit breaker with current-zero interruption || ⸺ **mit selbsttätiger Wiedereinschaltung** / automatic reclosing circuit-breaker || ⸺ **mit Sicherungen** / fused circuit-breaker || ⸺ **mit stromabhängig verzögertem Auslöser** / inverse-time circuit-breaker || ⸺ **mit Wiedereinschaltvorrichtung** / automatic reclosing circuit-breaker || ⸺ **mit zwei magnetischen Auslösern** / dual magnetic circuit-breaker || ⸺ **nach dem Bausteinprinzip** / modular circuit-breaker || ⸺ **ohne Sicherungen** / unfused circuit-breaker || ⸺ **ausfahrbarer** ⸺ / withdrawable circuit-breaker || **elektronischer** ⸺ / electronic power switch || **isolierstoffgekapselter** ⸺ / moulded-case circuit-breaker, MCCB || **steckbarer** ⸺ / plug-in circuit-breaker || **USV-**⸺ *m* / UPS interrupter

Leistungsschalter·abgang *m* / outgoing circuit-breaker unit || ⸺**anlage** *f* / primary distribution switchgear || ⸺**antrieb** *m* / circuit-breaker operating mechanism || ⸺**ausfallschutz** *m* / circuit-breaker failure protection || ⸺**-Einschubanlage** *f* / withdrawable circuit-breaker switchgear || ⸺**element** *n* / power switching element || ⸺**fall** *m* / circuit-breaker tripping || ⸺**feld** *n* / circuit-breaker panel, circuit breaker field

Leistungsschalter-Festeinbauanlage *f* / fixed-mounted circuit-breaker switchgear || ⸺ *f* (Übergriff, Anlage) / non-withdrawable circuit-breaker switchgear, switchboard with non-withdrawable circuit-breakers, stationary-mounted circuit-breaker switchboard || ⸺ *f* (Gerätekombination, Einzelfeld) / non-withdrawable circuit-breaker assembly, non-withdrawable circuit-breaker panel, stationary-mounted circuit-breaker assembly

Leistungsschalter·-Gehäuse *n* / circuit-breaker housing || ⸺**-Größe** *f* / circuit breaker size || ⸺**kombination** *f* (Bahn, zur Herstellung von Verbindungen des Hauptstromkreises) / power switchgroup || ⸺**-Kompaktstation** *f* / compact circuit-breaker station (o. assembly) || ⸺**modul** *n* / module *n* (of a pole of a circuit-breaker), circuit-breaker module || ⸺**modulfeld** *n* / circuit-breaker module panel || ⸺**prüfstand** *m* / circuit-breaker testing facility || ⸺**raum** *m* / circuit-breaker compartment || ⸺**-Schütz-Kombination** *f* / circuit-breaker contactor combination || ⸺**technik** *f* / circuit breaker design || ⸺**träger** *m* / circuit-breaker frame || ⸺**versagerschutz** *m* / circuit-breaker failure protection || ⸺**-Wagenanlage** *f* (Überbegriff, Anlage) / truck-type circuit-breaker switchgear, switchgear with truck-mounted breakers || ⸺**-Wagenanlage** *f* (Gerätekombination, Einzelfeld) / truck-type circuit-breaker assembly (o. cubicle o. unit) || ⸺**zustand** *m* / circuit-breaker condition

Leistungs·schaltfeld *n* / power switchgear bay || ⸺**-Schaltgeräte** *n pl* / power switchgear, (mechanical) switching devices for power circuits || ⸺**schalttechnik** *f* / primary distribution switchgear || ⸺**schiene** *f* (Kontaktplan) / power rail

Leistungsschild *n* / rating plate, nameplate *n* || ⸺**angabe** *f* / rating plate data, nameplate specification || ⸺**angaben** *f pl* / rating plate markings, nameplate marking, rating-plate data

Leistungs·schutz *m* / power protection || ⸺**schütz** *n* / power contactor || ⸺**schutzschalter** *m* / miniature circuit-breaker || ⸺**schwankung** *f* / power fluctuation || ⸺**schwerpunkt** *m* / focus *n* || **~seitige**

Anschlussbedingungen / power-related conditions for the connection || ⁓**selbstschalter** *m* / circuit-breaker (c.b.), automatic circuit-breaker || ⁓**spektrum** *n* (Verteilung der Quadrate der Amplituden der Teilschwingungen eines Signals oder Geräuschs als Funktion der Frequenz) / power spectrum, output ratings range || ⁓**sperre** *f* / disabled power || ⁓**spitze** *f* / power peak || ⁓**sprung** *m* / sudden power variation || ⁓**sprungrelais** *n* / sudden-power-change relay
leistungsstark *adj* / powerful *adj*, high-capacity *adj*, high-performance *adj*, efficient *adj*
Leistungsstatistik für Maximumwächter *f* / statistics für maximum level monitoring
Leistungs·stecker *m* / power socket connector, power connector || ⁓**steckeranschluss** *m* / power connector || ⁓**steigerung** *f* / increase of performance, increase of output || ⁓**steller** *m* / power controller, power controller unit, drive actuator, power control, power control regulator || ⁓**stellglied** *n* / power controlling element || ⁓**steuerung** *f* / power control || **automatische** ⁓**steuerung** / automatic performance control (APC) || ⁓**stromkreis** *m* VDE 0660, T.50 / power circuit IEC 439
Leistungsstufe *f* / rating class, power range || ⁓ *f* (Treiber) / driver *n* || ⁓ *f* (Ausgangsglied einer Steuerung) / power output element || **GKS-**⁓ *f* / GKS level
Leistungs·-Synchro *n* / torque-synchro *n* || ⁓**tarif** *m* / demand tariff, capaticy tariff
Leistungsteil *n* / power module, power section (PS), power stack (PS), power handling section || ⁓ *m* (Stromkreis) / power circuit, power circuitry || ⁓ *m* (BLE) / power section || ⁓ **(LT)** *n* / power unit || ⁓ **IPM25 (ET200)** / Converter Power Module IPM25 || ⁓**ansteuerung** *f* / power section control || ⁓**baugruppe** *f* / submodule on a power module || ⁓**datensatz** *m* / PDS (Power Unit Data Set) *n* || ⁓**definition** *f* / power section definition || ⁓-**Merkmale** *f* / power stack features || ⁓**modell** *n* / power section model || ⁓**strom** *m* / power module current
Leistungs·transduktor *m* / power transductor, power amplifier || ⁓**transformator** *m* / power transformer || ⁓**transistor** *m* (LTR) / power transistor || ⁓**trenner** *m* / non-automatic circuit-breaker, load interrupter, circuit interrupter, load interrupter switch, isolating circuit-breaker || ⁓**trenner mit Sicherungen** / power circuit protector || ⁓**trennschalter** *m* / non-automatic circuit-breaker, load interrupter, circuit interrupter, load interrupter switch, isolating circuit-breaker, non-automatic air circuit breaker || ⁓**tunneldiode** *f* / tunnel power diode || ⁓**turm** *m* / power circuit assembly
Leistungs·übertragung *f* / power transfer || ⁓**übertragungsfaktor** *m* / power transmission factor || ⁓**umfang** *m* / performance range, range of services, increments of the functionality || ⁓**umformer** *m* / power converter, power conditioning unit (PCU) || ⁓**umformer** *m* (Messumformer) / power transducer || ⁓**umkehr** *f* / power reversal || ⁓-**Umkehrsteller** *m* / reversing power controller
Leistungsumrichten *n* / direct power conversion (electronic conversion without an intermediate d.c. or a.c. link) || ⁓ *n* / power conversion || **direktes** ⁓ / direct power conversion (electronic conversion without an intermediate d.c. or a.c. link), power conversion
Leistungsumrichter *m* / power conditioning unit (PCU)
Leistungs- und Frequenzregelung *f* / power and frequency control
Leistungs·vektor *m* / power vector || ~**verbessert** *adj* / vastly improved, strongly improved || ⁓**verbrauch** *m* / power consumption || ⁓**verdrahtung** *f* / power cabling || ⁓**vergleich** *m* (Kfz-Motortester) / power comparison || ⁓**vergleichsschutz** *m* / power differential protection || ⁓**verhältnis** *n* / power ratio || ⁓**verhältnis im Abstimmbereich** (Oszillatorröhre) DIN IEC 235, T.1 / tuning-range power ratio || ⁓**verlauf** *m* / power characteristic, power variation curve || ⁓**verlust** *m* / power loss, energy loss, heat loss, power losses, heat dissipation, power dissipation || ⁓**verluste** *m pl* (Netz) / power losses || ⁓**verlustkurve** *f* / derating curve || ⁓**verminderung** *f* (durch Reduktionsfaktor) / derating *n* || ⁓**verminderungskurve** *f* / derating curve || ⁓**vermögen** *n* / capacity *n*, power capability
Leistungsverstärker *m* / power amplifier, power converter, booster relay, repeater || ⁓**teil** *n* (LV-Teil) / power amplifier section (PA section)
Leistungs·verstärkung *f* / power gain || ⁓**verzeichnis** *n* / specifications of work and services, tender specifications, specifications *n pl* || ⁓-**Verzögerungs-Produkt** *n* / power delay product (IC) || ⁓**vorausschau** *f* / energy demand anticipation || ⁓**wächter** *m* (Maximumwächter) / maximum-demand monitor
Leistungswechselrichten *n* / electronic power inversion (electronic conversion from d.c. to a.c.) || ⁓ *n* / power inversion || **elektronisches** ⁓ / electronic power inversion (electronic conversion from d.c. to a.c.), power inversion
Leistungs·wicklung *f* / power winding || ⁓**zahl** *f* / rating number || ⁓**zähler** *m* / demand meter, energy meter || ⁓**zulage** *f* / incentive bonus, merit increase || ⁓**zusatz** *m* / booster *n* || ⁓**zweig** *m* / power arm, principal arm
Leitachse *f* / leading axis (LA), master axis || **fiktive** ⁓ / fictitious leading axis || **reale** ⁓ / real leading axis || **virtuelle** ⁓ / virtual master axis
Leit·aluminium *n* (EC-Aluminium) / electrical conductor grade aluminium (EC aluminium), high-conductivity aluminium || ⁓**anlage** *f* / guidance system, process control and instrumentation system, process control system || ⁓**anlage** *f* / control system, instrumentation and control system || ⁓**antrieb** *m* / master drive || ⁓**apparat** *m* / guide-vane system || ⁓**bake** *f* (Verkehrsleitsystem) / guide beacon, vehicle beacon, sign post, roadside beacon || ⁓**band** *n* / conductive tape, semi-conductive tape || ⁓**bewegung** *f* / leading motion
Leitblech *n* (f. Luft) / air guide, baffle *n*, guide plate || **Lichtbogen-**⁓ *n* / arc runner, arc splitter
Leitdaten *plt* / control data || ⁓**verarbeitung** *f* / control data processing
Leitebene *f* / management level, coordinating level, command level, control level, MES level || ⁓ *f*

Leit 512

(PROFIBUS) / factory level ‖ ~ f / process control level, process management level ‖ ~ f / plant and process supervision level, plant management level ‖ **Fertigungs~** f / production (o. plant) management level, operations management level ‖ **Unternehmens~** f / corporate management level
Leit·eingriff m / control action, operator's input ‖ ~einrichtung f (System) / controlling system
Leiten n (z.B. Prozess) / control n ‖ ~ v / conduct v, manage v
leiten, Wärme ~ / conduct heat
leitend adj / conductive adj, conducting adj ‖ ~ **mit dem Netz verbundenes Teil** / part conductively connected to supply mains ‖ **~e Folie** / conductive foil ‖ **~er Belag** / conductive layer, conductive facing ‖ **~er Zustand** / conducting state ‖ **~es Band** (Kabel) / conductive tape, semi-conductive tape ‖ **~es Erdreich** / conductive mass of soil ‖ **~es Gerät** / control station ‖ **~es Medium** / conducting medium
Leiter m / conductor n ‖ ~ m (Station, die einen Daten-Highway leiten kann) / manager n ‖ ~ **des Nomogrammes** / scale of chart ‖ ~ **mit direkter Kühlung** / inner-cooled conductor, direct-cooled conductor ‖ ~ **mit glatter Oberfläche** / segmental coil conductor, locked-coil conductor ‖ ~ **Service & Support (LSS)** m / head of Service and Support (LSS) ‖ **3-~** m / three-wire ‖ **blanker** ~ / plain conductor ‖ **massiver** ~ / solid conductor
Leiter·abstand m / interspace between conductors ‖ ~abstand m (gS) / conductor spacing ‖ ~abstand m / phase-to-phase spacing IEC 50(466) ‖ ~anordnung f / conductor configuration ‖ ~anschluss m / conductor connections, conductor terminal(s), conductor cross-section, conductor connection, wire connection ‖ ~anschluss m (Klemme) / terminal n ‖ ~anschluss m (Netz) VDE 0532, T.1 / line terminal IEC 76-1 ‖ **4-**~anschluss m / 4-wire connection ‖ ~anschlusstechnik f / wire connection system ‖ ~**Ausziehkraft** f / conductor tensile force, conductor pull-out force
Leiterbahn f (Induktosyn) / bar n ‖ ~ f (gedruckte Schaltung) EN 50020 / circuit-board conductor, printed conductor, printed circuit board conductor ‖ **entflochtene** ~ / printed conductor, circuit board conductor ‖ ~**führungen** f / PCB circuit track paths ‖ ~**paste** f / circuit board paste
Leiter·bereich m / wire range ‖ ~**bereich der Dichtung** / grommet wire range ‖ **Prüfung auf** ~**berührung** / test for the absence of short circuits ‖ ~**bett** n / matrix n ‖ ~**bild** n (Leiterplatte) / conductor layout ‖ ~**bild** n / conductive pattern ‖ ~**bildgalvanisieren** n / pattern plating ‖ ~**breite** f / width of conductor ‖ ~**breite** f (gS) / conductor width ‖ ~**bruch** m (Schutzsystem) / series fault IEC 50(448) ‖ ~**bruchschutz** m / phase-failure protection, open-phase protection ‖ ~**bruchsicherung** f / broken-wire interlock ‖ ~**bruchüberwachung** f / open-circuit monitoring ‖ ~**bündel** n / conductor bundle, conductor assembly ‖ ~**durchhang** m / conductor sag
Leiter-Erde, Abstand ~ / phase-to-earth clearance, phase-to-ground clearance ‖ ~-**Impedanz** f / phase-to-earth impedance ‖ ~-**Isolierung** f / phase-to-earth insulation ‖ ~-**Isolierung** f (el. Masch) / main insulation ‖ ~-**Kapazität** f / capacitance between conductor and earth, phase-to-earth capacitance ‖ ~-**Spannung** f / phase-to-earth voltage, line-to-ground voltage (US) ‖ ~-**Überspannung** f / phase-to-earth overvoltage, line-to-ground overvoltage (US) ‖ **relative** ~-**Überspannung** / phase-to-earth overvoltage per unit, phase-to-earth per-unit overvoltage
Leiter·folge f / phase sequence, polarity n ‖ ~**funktion** f (aktive Leitstation) / manager function ‖ ~**isolierung** f / conductor insulation ‖ ~**kapazität gegen Erde** / phase-to-earth capacitance ‖ ~**kontaktbahn** f / printed circuit board conductor ‖ ~**lehre** f / conductor gauge
Leiter-Leiter, Abstand ~ / phase-to-phase clearance, interspace between conductors ‖ ~-**Isolationskoordination** f / phase-to-phase insulation coordination ‖ ~-**Isolierung** f / phase-to-phase insulation ‖ ~-**Kapazität** f / capacitance between conductors, phase-to-phase capacitance ‖ ~-**Netzspannung** f / phase-to-phase system voltage, line-to-line system voltage ‖ ~-**Spannung** f / phase-to-phase voltage
Leiter·material n / conductor material ‖ ~**mittenabstand** m / centre-line distance between conductors ‖ ~**netzwerk** n / ladder network ‖ ~**paar, verdrilltes** ~ / twisted-pair wires
Leiterplatte f (LP) / printed board, printed circuit board (pcb), printed-circuit board (PCB), board n, card n, PC board ‖ ~ f (LP) / substation processor module ‖ ~ **entfernen (LP entfernen)** / remove PCB ‖ ~ **mit Leiterbild auf einer Seite** / single-sided printed board ‖ ~ **mit Leiterbildern auf beiden Seiten** / double-sided printed board ‖ **bestückte** ~ / printed board assembly
Leiterplatten--Abmessungen f / PCB dimensions ‖ ~-**Ausgabe (LP-Ausgabe)** f / PCB output ‖ ~-**Barcode (LP-Barcode)** m / PCB barcode ‖ ~-**Barcode oben (LP-Barcode oben)** / PCB barcode (top) ‖ ~-**Barcode unten (LP-Barcode unten)** / PCB barcode (bottom) ‖ ~-**Barcodeleser (LP-Barcodeleser)** m / PCB barcode reader (reader mounted at the input conveyor and reading the PCB barcode) ‖ ~**befestigung** f / PCB mounting ‖ ~-**Beschreibung (LP-Beschreibung)** f / PCB description ‖ ~-**Bestückung (LP-Bestückung)** f / population of a PCB ‖ ~-**Breite (LP-Breite)** f / PCB width ‖ ~-**Breitenanpassung (LP-Breitenanpassung)** f / PCB width adjustment ‖ ~-**Dicke (LP-Dicke)** f / PCB thickness ‖ ~-**Durchbiegung** f / PCB sagging
Leiterplatten--Editor (LP-Editor) m / PCB editor ‖ ~-**Eingabe (LP-Eingabe)** f / PCB input ‖ ~**entflechter** n / person responsible for PCB assembly layout ‖ ~**entflechtung** f / artwork design, routing n ‖ ~**entwicklung** f / board design ‖ ~-**Entwicklung** f (Abteilung) / pcb development ‖ ~**fertigung** f / PCB production ‖ ~-**Fixierung (LP-Fixierung)** f / centering of PCBs in position ‖ ~**fläche** f / PCB area ‖ ~-**Format (LP-Format)** n / PCB format ‖ ~**führung** f / PCB guide ‖ ~-**Größe (LP-Größe)** f / PCB size ‖ ~**halter** m / PCB holder ‖ ~**halterung** f / PCB holder ‖ ~-**Handling (LP-Handling)** n / PCB handling ‖ ~-**Kamera (LP-Kamera)** f / PCB camera ‖ ~**kante** f / PCB edge ‖ ~**klemme** f / PCB terminal ‖ ~-**Klemmung** f / jamming n ‖ ~**lage** f / (printed-board) layer n ‖ ~-**Lage** f / position of the

PCB || ⟶-Lageabweichung (LP-Lageabweichung) f / deviation in the position of the PCB || ⟶-Lageerkennung (LP-Lageerkennung) f / PCB position recognition || ⟶-Lageerkennungssystem (LP-Lageerkennungssystem) n / PCB position recognition system || ⟶-Lagekorrektur (LP-Lagekorrektur) f / PCB position correction || ⟶lampenfassung f / printed board lamp socket || ⟶-Magazin (LP-Magazin) n / PCB magazine || ⟶-Mapping (LP-Mapping) n / PCB mapping || ⟶-Marke (LP-Marke) f / PCB fiducial || ⟶-Maße (LP-Maße) f / PCB dimensions || ⟶-Oberseite (LP-Oberseite) f / PCB topside || ⟶-Puffer (LP-Puffer) m / PCB puffer
Leiterplatten·rahmen m / pcb frame || ⟶steckverbinder m / printed-board connector || ⟶-Stopper (LP-Stopper) m / stopper n || ⟶tiefe f / PCB depth || ⟶träger m / holder for printed circuit board || ⟶-Transport (LP-Transport) m / PCB conveyor || ⟶-Transportbereich (LP-Transportbereich) m / PCB transport system || ⟶-Transportbreite (LP-Transportbreite) f / PCB conveyor width || ⟶-Transportfunktionen (LP-Transportfunktionen) f (Einzelfunktionen zum Testen des Leiterplattentransportes) / PCB transport functions || ⟶-Transporthöhe (LP-Transporthöhe) f / PCB conveyor height || ⟶-Transportrichtung (LP-Transportrichtung) f / PCB transport direction || ⟶-Transportschnittstelle (LP-Transportschnittstelle) f / PCB transport signal interface || ⟶-Transportverlängerung (LP-Transportverlängerung) f / PCB transport extension || ⟶-Typ (LP-Typ) m / PCB type || ⟶-Unebenheit (LP-Unebenheit) f / irregularity in the PCB || ⟶-Unterseite (LP-Unterseite) f / PCB underside || ⟶verbinder m / PCB connector, PCB coupler || ⟶-Versatz m / PCB offset || ⟶-Vision (LP-Vision) f / PCB vision system || ⟶-Visionsystem (LP-Visionsystem) n / PCB vision system || ⟶-Wechselzeit (LP-Wechselzeit) f / PC board changeover time || ⟶-Werkstückträger m / carrier tray || ⟶-Wölbung (LP-Wölbung) f (maximal zulässige Durchbiegung der Leiterplatte, die noch ein Verarbeiten der Leiterplatte durch den Automaten ermöglicht) / PCB arching || ⟶zeichnung f / printed circuit board layout || ⟶-Zentrierung (LP-Zentrierung) f / PCB centering
Leiterquerschnitt m (Flächeninhalt bei Rund- und Flachleitern (Leiter)) / conductor cross-section, cross-sectional area of conductor, conductor area || **anschließbare** ⟶e / wire range, connectable (conductor) cross-sections
Leiter·raum m (Anschlussklemme) / conductor space || ⟶rohr n / conductor tube, tubular conductor || ⟶schaltung f / wire circuit || ⟶schleife f / conductor loop ⟶schluss m VDE 0100, T. 200 / conductor fault, conductor-to-conductor short circuit || ⟶schwingung f / conductor vibration
Leiterseil n / cable n, stranded conductor, (bare) copper cable || ⟶ n / overhead conductor || **mit Tragseil** / messenger-supported cable || ⟶lehre f / conductor gauge
Leiterspannung f (Phasensp.) / phase voltage || ⟶ f (Spannung Phase-Phase) / phase-to-phase voltage, line-to-line voltage || ⟶ **gegen Erde** / line-to-earth voltage, line-to-ground voltage (US), phase-to-earth voltage
Leiter·-Sternpunktspannung f / line-to-neutral voltage, phase-to-neutral voltage, voltage to neutral || ⟶strom m / phase current || ⟶tanzen n / conductor galloping || ⟶technik f / cable technology, wire method || ⟶teilung f / conductor splitting || ⟶verband m / conductor assembly, strand group || ⟶verbindung f / conductor connection || ⟶verbindungsmaterial n / cable connection material || ⟶zahl f / number of conductors, number of conductor strands || ⟶zug m / bar n || ⟶-Zugfestigkeitskraft f DIN 41639 / conductor tensile force, conductor pull-out force
Leitfabrikat n / leading product
Leitfaden m / guideline n, guide n, code of practice || ⟶ **für das Audit von Qualitätssicherungssystemen** / Guidelines for Auditing Quality Systems || ⟶ **Wäge- und Dosiertechnik** m / Weighing and Feeding Guide
leitfähig adj / conductive adj, electroconductive adj, electrically conductive || ~**e Mischung** (Mischung auf der Basis von Plastomeren oder Elastomeren, die durch Zusatz von Ruß, Graphit und anderen leitfähigen Stoffen leitfähig ist) / semiconducting compound || ~**e Schutzkleidung** / conductive clothing || ~**es Band** (Band aus Kunststoff, Textilgewebe oder Papier, das durch Zusätze leitfähig gemacht wurde) / semiconducting tape || ~**es Teil** / conductive part
Leitfähigkeit f / conductivity n, specific conductance, conductance n || ⟶ / normal / normal conductivity || **dielektrische** ⟶ / permittivity n, inductivity n || **elektrische** ⟶ / electrical conductivity || **magnetische** ⟶ / permeability n
Leitfähigkeits·-Aufnehmer m / conductivity sensor || ⟶band n / conduction band || ⟶kupfer n / high-conductivity copper || ⟶-Messeinrichtung für hohe Konzentrationen / conductivity measuring system for high concentrations || ⟶-Messeinrichtung für niedrige Konzentrationen / conductivity measuring system for low concentrations || ⟶-Messgerät n / conductivity meter || ⟶messung f / electric conductivity measurement, conductivity measurement || ⟶messverfahren n / conductivity measurement methods || ⟶modulation f / conductivity modulation
leitfähigkeitsmodulierte Schaltung / conductivity-modulated device (CMD) || ~**er Feldeffekttransistor** / conductivity-modulated field-effect transistor (COMFET)
Leitfeld n (Steuerfeld einer Tafel) / control panel || ⟶ n (zur Bildkonstruktion) / control field || ⟶ n (Kompaktwarte) / control tile || ⟶ **Hand** f / control field manual
Leit·feuer n / leading light || ⟶feuer n (f. eine Richtung) / direction light || ⟶fläche f DIN 66215, T.1 / drive surface ISO 3592 || ⟶-Folge-Antrieb m / master-slave drive
Leitfrequenz f / primary frequency, pilot frequency || ⟶geber m (LFG) / pilot frequency generator || ⟶steuerung f / primary frequency control
Leit·gabel f (f. Riementrieb) / belt guide, belt fork || ⟶geber m / master sensor || ⟶gedanke m / basic idea, motto n, guiding principle
Leitgerät n DIN 19226 / control station, station

Leit 514

control unit, basic unit || ⁓ *n* (Automatik-Handbetrieb) / AUTOMATIC/MANUAL station (A/M station), manual/automatic control-station || ⁓ *n* (PLT) / manual/automatic control station, M/A control station, control station || ⁓ *n* (Rechner-Automatik-/Handbetrieb) / computer auto-manual station
Leit·größe *f* / reference value, control value || **⁓gruppe** *f* (Mehrmotorenantrieb) / master group || **⁓gummi** *m* / conductive rubber || **⁓impulsgeber** *m* / master pulse encoder || **⁓kegel** *m* (Lübecker Hüte) / traffic cones || **⁓kitt** *m* / conductive cement, semi-conductive cement || **⁓kleber** *m* / conductive adhesive || **⁓klebetechnik** *f* / conductive adhesive technology || **⁓lack** *m* (äußere Leitschicht auf der Oberfläche von Kunststoff-Isolierhüllen aus Graphit oder Rußdispersion) / conducting varnish, semi-conducting varnish, graphite-type conducting varnish || **⁓lackgrat** *m* / gurr of semi-conductive varnish || **⁓linie** *f* / guideline *n*, directive *n*, lane line *n*, DIR *n* || **⁓linie am Fahrbahnrand** / side-of-pavement line
Leit·maschine *f* / master synchro, master selsyn || **⁓motor** *m* / master motor, master drive || **⁓- oder Laufschaufelverstellung** *f* / adjusting of guide vanes or blades of the rotor || **⁓planke** *f* / crash barrier || **⁓plastikpotentiometer** *n* / conductive plastic potentiometer || **⁓plastikpoti** *n* (LPP) / conductive plastic track poti || **⁓platz** *m* / operator station, station control centre, man-machine-interface, operator console || **⁓-PLC** / master PLC || **⁓programm** *n* / executive routine, coordinating program, control program || **⁓projekte** *n* / control projects
Leitrad *n* / guide wheel, leading wheel || **⁓-Servomotor** *m* / guide-vane servomotor
Leitrechner *m* (LR) / master computer, supervisory computer, mainframe *n*, host computer, host *n*
Leitrichtung *f* / reference direction
leitrig, 2-⁓ *adj* / two-core *adj*, 2-wire *adj*
Leit·ring *m* / guide ring || **⁓rolle** *f* (Riementrieb) / idler pulley, jockey pulley || **⁓satz** *m* / principle *n* || **⁓sätze** *m pl* VDE / directives *n pl* || **⁓schaufel** *f* / guide vane || **⁓schaufelträger** *m* / vane support
Leitschicht *f* (Kabel zur Steuerung der elektrischen Felder in der Isolierung) / screen *n*, semi-conducting layer || **⁓** *f* (leitende Schicht zur Steuerung des elektrischen Feldes in der Isolierhülle und zur Vermeidung von Hohlräumen an den Grenzen der Isolierhülle) / shielding *n* || **äußere ⁓** (Kabel) / outer semi-conductive layer, screen *n*
Leit·schiene *f* / conducting bar || **⁓schiene** *f* (Bus) / control bus || **⁓sollwert** *m* / reference input variable IEC 272A, reference variable IEC 380 (351), command variable, master setpoint || **⁓spannung** *f* / master reference voltage
Leitspindel *f* / master spindle, leading spindle (LS), screw spindle, leadscrew *n* || **⁓steigung** *f* / leadscrew pitch
Leit-SPS *f* / master PLC
Leitstand *m* (Raum) / control room || **⁓** *m* / control post || **⁓** *m* (Pult) / control desk, console *n* || **⁓** *m* (FFS) / control centre || **⁓** *m* (Tafel) / control board || **⁓ und Dispatcher** (in der Fabrik, Fertigungssteuerung) / shopfloor control office || **Prozess⁓** *m* / process engineer's console || **⁓fahrer**

m / control-room attendant, control-room engineer, shift engineer, operator *n*
Leitstation *f* / master terminal, supervisory terminal, master control station || **⁓** *f* (Unterwerk) / master substation || **⁓** *f* DIN 44302 / control station || **⁓** *f* (zur Steuerung eines Datennetzes) / director *n*
Leitstelle *f* / system control centre, technical coordination center, conducting equipment || **⁓** *f* (Kompaktwartenbaustein) / control tile || **⁓** *f* / control centre || **Netz⁓** *f* / system (o. network) control centre, load dispatching centre || **regionale ⁓** / district control centre
Leitstellen·ebene *f* / control center level || **⁓-Koppelbaugruppe** *f* / control centre coupling module || **⁓kopplung** *f* (LK) / network control centre coupling module, control centre coupling, CM || **⁓kopplungsbaugruppe** *f* / network control centre coupling module, control centre coupling, CM || **⁓system** *n* (Netzautomatisierung) / centralized control system, supervisory control system, control center system || **⁓verbund** *m* / control center network (also: interconnection of control centers, multisite system)
Leitsteuerstation *f* / primary station
Leitsteuerung *f* DIN 19237 / coordinating control, primary, primary station || **⁓** *f* / primary control
Leit·strahl *m* (Blitz) / leader stroke, pilot leader || **⁓streifen** *m* / marginal strip || **⁓substanzen** *f pl* / main substances
Leitsystem *n* / control system, power-system control system, I&C system, traffic guidance system || **⁓** *n* (z.B. Hausleittechnik) / management system || **⁓** *n* / guidance system || **⁓ für Gebäudeheizung** / fuel cost management system (FMS) || **Fahrer-⁓** *n* / navigation and travel control system, guidance system || **Gebäude⁓** *n* / building services control system || **Park⁓** *n* / car-park routing system || **Prozess⁓** *n* / process control system || **Verkehrs-⁓** *n* / traffic guidance system || **⁓-Prozessorbaugruppe (LP)** *f* / substation processor module
Leittechnik *f* / control and protection system, hosting *n*, I&C || **⁓** *f* (Prozess) / control and instrumentation technology || **⁓** *f* (Kfz) / instrumentation and control || **⁓ für Schaltanlagen** (LSA) / substation control and protection system, substation control and protection, substation automation, substation automation technology || **Gebäude⁓** *f* / building services management system || **mikroprozessorgeführte ⁓** (f. Schaltanlagen) / microprocessor-based (integrated) protection and control || **Netz⁓** *f* / power system management, power system control ||
Produktions-⁓ *f* / production management || **Sicherheits-⁓** *f* / (reactor) safety instrumentation and control, safety I&C
Leittechnikfehler *m* / control system fault, I&C fault || **⁓meldung** *f* / control system fault message, I&C fault message, control system alarm, I&C alarm || **⁓protokoll** *n* / control system fault log, I&C fault log || **⁓zustandsprotokoll** *n* / control system fault status log, I&C fault status log
Leittechnikfunktionsfehler *m* / control system malfunction, I&C malfunction, control system malfunction alarm, I&C malfunction alarm
Leittechnik·meldetelegramm *n* / control system message, I&C message || **⁓meldung** *f* / I&C

system message || ⌑-**Prozessorbaugruppe** f / microcomputer-module || ⌑-**Sammelstörungsanzeige** f / control system group alarm display, I&C centralized alarm display || ⌑-**Signalverarbeitung** f / signal processing
Leittechnikstörung f / control system malfunction, control system fault, control system malfunction alarm, I&C malfunction, I&C fault, I&C malfunction alarm
Leittechniksystem, prozessübergreifendes ⌑ / cross process control system
Leittechnik-Zentralgerät n (LZG) / central controller (CC), substation master unit, master control unit (MCU), control system main module, substation-control master-unit, control master unit (CMU), central control unit, substation control central device || ⌑ **(LZG)** n / central device
leittechnische Anlage / control system, instrumentation and control system || ~ **Bibliotheken** / control libraries
Leitterminal n / director n
Leit- und Datenerfassungsebene f (Fertigungssteuerung) / production management and data acquisition level
Leit- und Visualisierungssystem n / control and visualisation system
Leitung f (Energieübertragungsleitung) / electric line, line n || ⌑ f (Speiseltg.) / feeder n, supply line || ⌑ f (Fortleitung) / conduction n, transmission n || ⌑ f (isoliert, Kabel) / cable n, lead n || ⌑ f (Leiter) / conductor n, lead n, wire n || ⌑ f (isolierter Leiter) / insulated wire || ⌑ f (flexibel, z.B. PVC-Schlauchleitung) / cord n || ⌑ f (Stromkreis) / circuit n, line n || ⌑ **der Organisation** / top management || ⌑ **in Gas** / gas conduction || ⌑ **Magnetventil** / solenoid valve lead || **einadrige** ⌑ **mit Mantel** VDE 0281 / single-core sheathed cable || **3-adrige** ⌑ / three-core cable || **einadrige** ⌑ / single-core cable (o. cord) || **Einziehen der** ⌑ / reduction of pipe size to connections of valve || **elektrische** ⌑ / electric line || **grenzüberschreitende** ⌑ / international interconnection line || **HGÜ-**⌑ f / HVDC transmission line || **zugehende** ⌑ / input lead
Leitungen auf Putz / surface wiring, wiring on the surface, exposed wiring || ⌑ **unter Putz** / concealed wiring, underplaster wiring, embedded wiring, wiring under the surface || **äußere** ⌑ (f. Leuchten) / external wiring IEC 598
Leitungs·abbauzeit f / release delay, connection clearance time || ⌑**abfrage** f / carrier sense || ⌑**abgang** m / outgoing feeder, cable outlet || ⌑**abgleich** m / line compensation, line balance || ⌑**abschluss** m / line termination, terminator, terminating resistance, terminating resistor, line terminator, cable termination || ⌑**abschnitt** m / line section, line link || ⌑**abstandshalter** m / line spacer || ⌑**abzweigschutz** m / line protection || ⌑**adapter** m / cable adapter || ⌑**anfang** m (Übertragungsleitung) / sending end || ⌑**anschluss** m (Ausgang) / outgoing line terminal, output terminal, load terminal, wiring connection, line terminal || ⌑**anschluss** m (Eingang) / incoming line terminal, input terminal, supply terminal || ⌑**antwortzeit** f (Messeinrichtung) / lead response time || ⌑**aufbau** m / cable construction || ⌑**aufbauzeit** f / (connection) establishment delay ||

⌑**ausführung** f / end lead (arrangement), terminal lead, brought-out lead || ⌑**ausgang** m / output cable
Leitungs·band n / conduction band || ⌑**bauteil** m (DIN EN 61970-301) / conducting equipment object || ⌑**bruch** m / open circuit || ⌑**bruchüberwachung** f / open-circuit detection, open-circuit monitoring || ⌑**brücke** f / cable link, jumper link || ⌑**bündel** n / set of circuits || ⌑**clip** m / cable clip || ⌑**code** m (Code, der den Eigenschaften eines Übertragungskanals angepasst ist) / line code || ⌑**codierung** f / line encoding || ⌑**dämpfung** f / line attenuation || ⌑**diagnose** f / line diagnostics || ⌑**differentialschutz** m / line differential protection (system o. relay), feeder differential protection, pilot-wire differential protection || ⌑**digitrate** f / line digit rate || ⌑**durchführung** f / bulkhead cable gland IEC 117-5, cable penetration, cable bushing, cable gland, cable duct, implementation n || ⌑**durchmesser** m / pipe/hose diameter
Leitungseinführung f / cable entry, entry fitting, cable gland (o. bushing), wiring entry || ⌑ **von oben** / cable entry from above || ⌑ **von unten** / cable entry from below || **Gummi-**⌑ f / rubber grommet, rubber gland
Leitungs·elektron n / conduction electron (electron of a conduction band) || ⌑**empfänger** m / line receiver || ⌑**empfänger** m DIN IEC 625 / receiver n
Leitungsende n / dine end, cable end, lead end, conductor end, cable termination || ⌑ n (Empfangsseite) / receiving end || ⌑ n (einer Stichleitung) / tail n || ⌑ n / end of the cable || ⌑ **mit Spannungsüberwachung** / voltage-monitored line end || ⌑ **mit Synchronüberwachung** / synchro-checked line end || **freies** ⌑ / lead tail, free lead end
Leitungs·endstück n / cable end terminator, end cover || ⌑**entladungsklasse** f / line discharge class || ⌑**entladungsprüfung** f / line discharge test || ⌑**erdschluss** m / line-to-earth fault, line-to-ground fault || ⌑-**Erdungsschalter** m / line earthing switch, line grounding switch || ⌑**fehler** m / line fault || ⌑**filter** n / line filter || ⌑**fixierung** f / cable holder || ⌑**flanschplatte** f / wiring flange plate
Leitungsführung f / wiring arrangement, wiring and cabling, conductor arrangement || ⌑ f (Weg) / conductor routing, cable routing || ⌑ **außerhalb von Gebäuden** / cabling outside buildings || **in der** ⌑ **eingebaut** (Wandler) / fitted in the conductor, fitted on the busbar || ⌑ **innerhalb von Gebäuden** / cabling inside buildings || **zwangsweise** ⌑ / forced guidance of cable
Leitungsgebilde n / line configuration
leitungsgebunden adj / conducted adj || ~**e Emission** / conducted emission || ~**e Störeinkopplung** / conducted interference || ~**e Störspannung** / conducted interference || ~**e Störung** / noise fault, conducted noise
Leitungsgeräusch n / line noise
leitungsgesteuert adj / line-controlled adj
Leitungs·girlande f / festooned cable || ⌑**graben** f / utility trench || ⌑**gut** n / cables and wiring || ⌑**halter** m / cable holder, cable bracket, cable clip, cable grip, cable stay, wiring clips || ⌑**haltesteg** m / wire locator || ⌑**häufung** f / cable bundling, cable grouping || ⌑**impedanz** f / line impedance ||

Leitungskonstante 516

~kammer *f* / cable guide || ~kanal *m* / cable channel, cable duct, cable routing, cable conduit || ~kanal *m* (elST-Geräte) / wiring duct || ~kapazität *f* / line capacity || ~klemme *f* / line terminal, circuit terminal || ~knoten *m* / line node || ~konfiguration *f* / line configuration
Leitungskonstante *f* / circuit constant || **gleichmäßig verteilte** ~ / distributed constant || **punktförmig verteilte** ~ / lumped constant
Leitungs·korb *m* / cable basket || ~kreis *m* / management group || ~kupplung *f* / cable coupler || ~kurzschluss *m* / short-line fault, kilometric fault, close-up fault || ~länge *f* / pipe length, lead length, cable length, wire length || ~mantel *m* / sheath *n* || ~markierer *m* / cable marker || ~material *n* / cable and pipework materials || ~modell *n* (DIN EN 61970-301) / connectivity model || ~monteur *m* / lineman *n* || ~nachbildung *f* / equivalent line || ~nachbildung *f* (Eintor, das die Zweidraht-Impedanz simuliert, um die Anpassung eines Differentialkopplers sicherzustellen) / balancing network || ~netz *n* / network *n* IEC 50(25), conductor system, supply system || ~netz *n* (Installationsnetz) / wiring system || ~pol *m* / transmission line pole, line pole || ~protokoll *n* / line protocol || ~querschnitt *m* / conductor cross-section, cable cross-section || ~rahmen *m* / line frame || ~rechen *m* / cable rake || ~richtung eines elektronischen Ventilbauelements oder eines Zweiges (Richtung, in der das Ventilbauelement oder der Zweig Strom leiten kann) / conducting direction of an electronic valve device or an arm || ~rohr *n* / conduit *n* || ~roller *m* / cable reel, cord reel(er)
Leitungs·satz *m* / cable set, cable harness, wiring harness, set of links, appliance coupler IEC 598, set of cables, auto wiring harness, car wiring loom, wiring harness assembly, cable assembly, wiring set || ~satz eingangsseitig / wiring unit input side || ~satz für Reversierstarter / reversing switch wiring unit || ~satz für YD Kombination / set of cables for star-delta combination || ~satz für YD-Starter / YD starter wiring unit || ~satz nicht phasengleich / wiring unit out of phase || ~satz phasengleich / wiring unit in phase || ~schalter *m* / wire circuit breaker, line protection circuit-breaker, feeder circuit-breaker, line circuit-breaker || ~schaltung *f* (Kommunikationssystem) / circuit switching || ~schirm *m* / cable shield || ~schnittstelle *f* / line interface || ~schnur *f* / cord *n*, flexible cord || ~schuh *m* / cable lug || ~schuhanschluss *m* / cable lug connection || ~schuhlos *adj* / without cable lug || ~schuss *m* / trunking section, busway section
Leitungsschutz *m* / line protection, conductor protection || ~abschaltung *f* / line protection tripping || ~schutzrohr *n* / conduit *n* || ~schalter *m* / circuit-breaker *n*, miniature circuit-breaker, m.c.b., MCB- no period || **~schalter mit Differenzstromauslöser** (LS/DI-Schalter) / r.c.d.-operated circuit-breaker, residual-current-operated circuit-breaker || ~schalter mit Freiauslösung *f* / trip-free circuit-breaker IEC 157-1, release-free circuit-breaker || ~sicherung *f* / cable protection fuse || ~schutzsicherung *f* / fuse *n*
Leitungs·schwingung *f* / line oscillation, line transient || ~seil *n* / stranded conductor || **~seitiges**

Ende / line end || ~signal *n* (Signal, das tatsächlich in einem Übertragungskanal übertragen wird) / line signal
Leitungsstecker *m* / cable connector, connector *n*, cord connector, cable-attached connector, cable connection, plug connector || ~ *m* (an Leiterplatte) / front plug
Leitungs·strecke *f* / line section, line run || ~strom *m* / conduction current || **elementarer** ~strom / elementary conduction current || ~stromdichte *f* / conduction current density || ~stutzen *m* / conductor gland || ~sucher *m* / line detector, cable locator
Leitungssystem *n* / wiring system || ~ *n* / pipe line, pipe system || ~ **mit geerdetem konzentrischem Außenleiter** / earthed concentric wiring system, grounded concentric wiring system || **elektrisches** ~ / electrical power system || **Kabel- und** ~ VDE 0100, T.200 / wiring system (o. -anlage)
Leitungs·tender *m* / trailing cable system || ~träger *m* / cable cleat, cable hanger || ~träger *m* (Freil.) / conductor support || ~trasse *f* / transmission route, right of way || ~treiber *m* / line driver, line transmitter, output driver || ~trenner *m* / feeder disconnector, line disconnector || ~trennschalter *m* / feeder disconnector, line disconnector || ~trosse *f* / trailing cable || ~tülle *f* / cable grommet, wire grommet
Leitungs·-Überlastschutzsystem *f* / feeder overload protection system || ~übertrager *m* / line transmitter || ~umkehrung *f* (Informationsübertragung) / line turnaround || ~umweg *m* / indirect wire routing || ~unterbrechung *f* / line interruption, open circuit, wire breakage || ~unterstützung *f* / pipe support || ~verbinder *m* / cable link || ~verbindung *f* IEC 50 (794) / line link || ~verbindung *f* (mehradrige, lose verlegte Verbindung zwischen zwei elektrischen oder elektronischen Anschlüssen) / line port || ~verbindung in Crimptechnik ausgeführt / crimped cable connection || ~verlegung *f* / cable installation || ~verlust *m* (Stromdurchleitung) / conduction loss || ~verluste *m pl* (Übertragungsleitung) / line losses, transmission losses || **~vermittelnde Verbindung** / circuit-switched connection || **~vermittelndes Datennetz** (CSDN DIN V 44302-2) / circuit switched data network (CSDN) || **~vermittelndes Netz** / circuit-switched network || **~vermittelndes öffentliches Datennetz** / circuit switched public data network (CSPDN) || **~vermittelte Übertragung** / circuit-switching transmission || **~vermittelte Verbindung** (DIN V 44302-2) / circuit-switched connection || ~vermittlung *f* DIN 44302 / circuit switching || ~vermittlungsstelle *f* / circuit switching exchange || ~verstärker *m* / repeater *n*, telegraph repeater || ~verzweigung *f* DIN 40717 / junction of conductors IEC 117-1 || ~vorsatz *m* / line adaptor || ~wächter *m* / earth-leakage monitor || ~wandler *m* / cable converter || ~wanne *f* / cable gutter, wiring gutter, cable trough || ~wasser *n* / tap water, water from the main || ~widerstand *m* (Wirkwiderstand der zweiadrigen Verbindungsleitung zwischen Schaltverstärker und Näherungssensor) / line resistance || ~winkel *m* (auf Leitungsimpedanz bezogen) / line impedance angle || ~winkel *m* (Winkeländerung in der

Richtung einer Freileitung) / line angle ‖ ⟂**zug** *m* / wiring run, cable run, busbar run ‖ ⟂**zugriffsteuerung** *f* / line access control

Leit·vermögen *n* / conductivity *n*, specific conductance, conductance *n* ‖ ⟂**vorschub** *m* / leading feedrate, leading feed ‖ ⟂**walze** *f* / guide roller ‖ ⟂**warte** *f* / control desk, control post, master display ‖ ⟂**warte** *f* (Raum) / control room ‖ ⟂**warte** *f* (Pult) / supervisory console ‖ **zentrale** ⟂**warte** / central control room ‖ ⟂**weg** *m* / route *n* ‖ ⟂**wegbestimmung** *f* / routing *n*

Leitwerk *n* DIN 44300 / control unit ISO 2382, instruction control unit

Leitwert *m* / master value, command value ‖ ⟂ *m* (Scheinleitwert) / admittance *n* ‖ ⟂ *m* (Wirkleitwert) / conductance *n* ‖ ⟂ *m* (spezifischer Wert) / conductivity *n* ‖ **externer** ⟂ / external master value ‖ **geometrischer** ⟂ (eines Strahlenbündels) / geometric extent ‖ **Luftspalt~** *m* / air-gap permeance ‖ **magnetischer** ⟂ / permeance *n* ‖ ⟂**achse** *f* / master value axis ‖ ⟂**belag** *m* / per-unit admittance ‖ ⟂**folgeachse** *f* / master value following axis ‖ ⟂**kopplung** *f* / master/ slave coupling, master value coupling ‖ ⟂**quelle** *f* / master value source

Leitzahl *f* (Stadtplan) / digital reference ‖ ⟂ *f* / clock-hour figure ‖ **Temperatur~ des Bodens** (thermische Diffusivität) / soil thermal diffusivity

Leitzentrale *f* / supervisory control room, control room

Leitzwecke, Kupfer für ⟂ / high-conductivity copper

LEM-Stromwandler *m* / electronic CTs

Lenkeinschlag *m* / steering angle, steer angle

lenken *v* (Licht) / concentrate *v*, focus *v* ‖ ⟂ *n* / steering *n*

Lenker *m* / guidance arm, guide rod

Lenk·hilfe *f* / steering aid ‖ ⟂**radschloss** *n* / steering-wheel lock ‖ ⟂**rolle** *f* / training idler ‖ ⟂**säule** *f* / steering column ‖ ⟂**stockhebel** *m* / drop arm

Lenkung *f* (Bauteile) / steering assembly ‖ ⟂ *f* / steering *n* ‖ ⟂ **der Dokumentation** (QS-Begriff) / document control ‖ ⟂ **fehlerhafter Einheiten** / control of non-conforming items ‖ ⟂ **fehlerhafter Produkte** / control of nonconforming product

Lenkungs·ausschuss *m* (CENELEC) / council *n* ‖ ⟂**maßnahmen** *f* / controls

Lenkwinkel *m* / steer(ing) angle *n* ‖ ⟂**sensor** *m* / steer angle sensor

Leonard·antrieb *m* / Ward-Leonard drive, Ward-Leonard system ‖ ⟂**schaltung** *f* / Ward-Leonard control system ‖ ⟂**-Schwungradumformer** *m* / Ward-Leonard-Ilgner set ‖ ⟂**umformer** *m* / Ward-Leonard set, Ward-Leonard converter

Lernen *n* / learning *n* ‖ ⟂ **aus Beispielen** / learning from examples ‖ ⟂ **aus Lösungspfaden** / learning from solution paths ‖ ⟂ **durch Analogiebildung** / learning by analogy ‖ ⟂ **durch Entdecken** / learning by discovery ‖ ⟂ **durch Handeln** / learning while doing ‖ ⟂ **durch Mitteilung** / learning by being told

lernend *adj* / adaptive *adj*

Lern·funktion *f* / learning function ‖ ⟂**funktion der Aufsetzebene** *f* / self-learning function of the placement plane ‖ ⟂**lauf** *m* / training run ‖ ⟂**modus** *m* / learning mode ‖ ⟂**plattform** *f* / training platform ‖ ⟂**programm** *n* / tutorial program, tutorial *n* ‖ ⟂**prozess** *m* (Erfahrungszuwachs des Personals, der zur Verbesserung der Funktionsfähigkeit einer Einheit führt) / learning process ‖ ⟂**strategie** *f* (Plan für die Nutzung von Lerntechniken vor ihrer tatsächlichen Anwendung) / learning stragegy

LES / Logistics Execution System (LES)

lesbare und dauerhafte Kennzeichnung / legible and durable marking

Lesbarkeit *n* / readability *n*

Lese·abstand *m* / reading distance ‖ ⟂**aufforderung** *f* / read request ‖ ⟂**auftrag** *m* / read request, read job ‖ ⟂**berechtigung** *f* / read authorization ‖ ⟂**-/Beschriftungsstation** *f* / reading/labeling station ‖ ⟂**dauer** *f* (durch den Speicher) / persistence *n* ‖ ⟂**erholzeit** *f* / sense recovery time ‖ ⟂**fehler** *m* / read (ing) error, read parity error ‖ ⟂**fenster** *n* / reading window ‖ ⟂**gerät** *n* / reader unit, reader *n*, read device ‖ **Laser-**⟂**gerät** *n* / laser scanner ‖ ⟂**geschwindigkeit** *f* / reading speed, reading rate, characters per second *v* (cps) ‖ ⟂**hinweis** *m* / Note for the Reader ‖ ⟂**kopf** *m* / reader head ‖ ⟂**lampe** *f* / reading lamp ‖ ⟂**modul** *n* / read module

Lesen *n* / reading *n*, read mode ‖ ~ *v* (DV) / read *v* ‖ ⟂ **mit modifiziertem Rückschreiben** / read-modify-write mode ‖ ⟂**/Schreiben** (L/S) / read/ write (R/W) ‖ ⟂**-Schreiben** *n* / read-write mode

Leser *m* / reader *n*, reading device ‖ ⟂ *m* (OCR-Handleser) / scanner *n* ‖ **Strichcode~** *m* / bar-code scanner, bar-code reader

Leserechte *n pl* / read access

leserlich *adj* / legible *adj*

Leser·schnittstelle *f* / reader interface ‖ ⟂**spule** *f* / reader coil ‖ ⟂**-Stanzer-Einheit** *f* / reader-punch unit

Lese-/Schreib·-Speicher *m* / read/write memory (RWM) ‖ ⟂**zyklus** *m* / read/write cycle

Lese·signal *n* / read signal, memory read (signal) ‖ ⟂**speicher** *m* / read-only memory (ROM) ‖ ⟂**station** *f* / reader station ‖ ⟂**stift** *m* (f. Strichcode) / reading wand, pen scanner ‖ ⟂**strahlerzeuger** *m* / reading gun ‖ ⟂**strom** *m* / read current ‖ ⟂**telegramm** *n* / read message ‖ ⟂**verstärker** *m* / sense amplifier, memory sense amplifier ‖ ⟂**vorgang** *m* / read action, reading operation ‖ ⟂**zeichen** *n* / bookmark *n* ‖ ⟂**zeiger** *m* / cursor *n*, cursor fine ‖ ⟂**zeit** *f* / persistence *n* ‖ ⟂**zeit** *f* (Osz.) / reading time, display time ‖ ⟂**zugriff** *m* / read access ‖ ⟂**zugriffszeit** *f* / read access time ‖ ⟂**zyklus** *m* / read cycle

letzt·e Fehlermeldung / last fault code ‖ **~en gültigen Wert bereitstellen** / provide last valid value ‖ **~er Basispunkt** (Impulsepoche) / last base point ‖ **~er Fehlercode** / most recent fault code ‖ **~er Satz** / termination record, last block ‖ **~er Verrechnungszeitraum** / recent billing period ‖ **~es Kühlmittel** (el. Masch.) / final coolant IEC 50 (411) ‖ **~öffnender Pol** / last pole to clear ‖ **~schließender Pol** / last pole to close

Letzt·übergangsdauer *f* (Impulsabbild) DIN IEC 469, T.1 / last transition duration ‖ ⟂**verbraucher** *m* / ultimate consumer ‖ ⟂**wertmeldung** *f* / last-up message

Leucht·anzeige *f* (durch Leuchtdioden) / LED display, illuminated display ‖ ⟂**bake** *f* / ground light ‖ ⟂**balken** *m* / luminous bar ‖ ⟂**balken-Messgerät** *n* / shadow-column instrument ‖ ⟂**band** *n* / continuous row of luminaires, line of

fluorescent luminaires, long row of luminaires, lighting trunking || ⸔**bandanzeiger** *m* / light-strip indicator || ⸔**baustein** *m* (Mosaikbaustein) / illuminated tile || ⸔**boje** *f* / lighted buoy || ⸔**decke** *f* / luminous ceiling, over-all luminous ceiling
Leuchtdichte *f* / luminance *n*, radiant excitance, radiant emittance || ⸔ *f* (durch Flicker erzeugt) / fluctuating luminance || ⸔ *f* (LWL) / radiant luminance || ⸔ **der gespeicherten Strahlspur** / stored luminance || ⸔ **des Leuchtschirm-Hintergrundes** / background luminance || **Kurve gleicher** ⸔ / isoluminance curve || **spektraler** ⸔**anteil** / colorimetric purity || ⸔**faktor** *m* / luminance factor || ⸔**gleichmäßigkeit** *f* / luminance uniformity || ⸔**grenzkurve** *f* / luminance limiting curve || ⸔**koeffizient** *m* / luminance coefficient || ⸔**koeffizient bei Retroreflexion** / coefficient of retroreflective luminance || ⸔**kontrast** *m* / illuminance contrast || ⸔**messgerät** *n* / luminance meter, photometer *n* || ⸔**messgerät nach IEC DIN IEC 351, T.2** / CIE standard photometric observer || ⸔**niveau** *n* / luminance level || ⸔**verfahren** *n* / luminance method || ⸔**verhältnis** *n* / illuminance contrast || ⸔**verteilung** *f* / luminance distribution || ⸔**verteilungsfaktor** *m* (LVF) / obscuring power factor (OPF)
Leuchtdiode *f* (LD) / light-emitting diode (LED)
Leuchtdioden·anzeige *f* / LED display || ⸔**band** *n* / LED strip || ⸔**kette** *f* / LED array
Leucht·draht *m* (Lampe) / (lamp) filament *n* || ⸔**druckknopf** *m* / illuminated pushbutton IEC 337-1, luminous pushbutton IEC 117-7, lighted pushbutton switch || ⸔**druckschalter** *m* / illuminated pushbutton switch, latching *n* || ⸔**drucktaste** *f* / illuminated key || ⸔**drucktaster** *m* / illuminated pushbutton IEC 337-2, luminous pushbutton IEC 117-7, lighted pushbutton switch, illuminated pushbutton unit
Leuchte *f* / light *n*, luminaire *n*, lighting fitting, light fixture (US), fitting || ⸔ *f* (an Lichtmast) / lantern *n* EN 40 || ⸔ *f* / (target) illuminator *n* || ⸔ **der Schutzklasse O** / class O luminaire || ⸔ **für Allgemeinbeleuchtung** / general-purpose luminaire || ⸔ **für Hochleistungslampen** / high-intensity luminaire || ⸔ **für hohe mechanische Beanspruchungen** / rough-service luminaire || ⸔ **für rauhen Betrieb** / rough-service luminaire || ⸔ **mit Vorschaltgerät** / ballasted luminaire, luminaire with control gear || ⸔ **ohne Vorschaltgerät** / uncorrected luminaire, gearless luminaire || **Signal~** *f* / signal light, signal lamp **leuchten** *v* / illuminate *v*, light up, go bright
Leuchten·anordnung *f* / luminaire arrangement, luminaire configuration || ⸔**anschluss** *m* (Lichtmast) / lantern fixing EN 40 || ⸔**anschlussdose** *f* / luminaire outlet box with terminals, luminaire outlet box || ⸔**aufhänger** *m* / luminaire hanger || ⸔**band** *n* / continuous row of luminaires, line of fluorescent luminaires, long row of luminaires, lighting trunking, lighting panel || ⸔**befestigungsgerät** *n* / hickey *n* || ⸔**bestückung** *f* / lamp complement (of luminaire), number of lamps per luminaire || ⸔**betriebswirkungsgrad** *m* / (luminaire) light output ratio, luminaire efficiency **leuchtdich·e Dichtung** / illuminating seal || **~e Fläche** (Elektronenröhre) / luminous area IEC 151-14 || **~es Bedienteil** / illuminated actuator

Leuchten·einsatz *m* (Lichtleiste) / basic batten, base unit || ⸔**gehäuse** *n* / luminaire housing || ⸔**glocke** *f* / globe *n* || ⸔**höhe** *f* / luminaire mounting height, mounting height || ⸔**klemme** *f* / luminaire terminal || ⸔**mast** *m* / luminaire post, luminaire column || ⸔**schale** *f* / luminaire bowl || ⸔**schirm** *m* / lamp shade, shade *n* || ⸔**träger** *m* / lighting support || ⸔**wanne** *f* / luminaire trough || ⸔**wirkungsgrad** *m* / (luminaire) light output ratio, luminaire efficiency
Leuchtfeld *n* / illuminated section || ⸔ *n* (Mosaiktechnik, Kompaktwarte) / backlit tile, luminous tile
Leuchtfeuer *n* / beacon *n*, beacon light, lighthouse beacon, light signal || **Luftfahrt~** *n* / aeronautical beacon
Leuchtfläche *f* / illuminated screen
Leuchtfleck *m* / spot *n*, light spot || ⸔**geschwindigkeit** *f* / spot speed, spot velocity || ⸔**helligkeit** *f* / spot brightness || ⸔**lage** *f* / spot position || ⸔**verzerrung** *f* / spot distortion
Leucht·floß *n* / lighted float || ⸔**fontäne** *f* / illuminated fountain || ⸔**kappe** *f* / illumination cap || ⸔**knebel** *m* / illuminated knob || ⸔**kondensator** *m* (Elektrolumineszenzquelle) / electroluminescent source || ⸔**körper** *m* / luminous element, filament *n* || ⸔**körperabstand** *m* / filament centre length || ⸔**kraft** *f* / luminosity *n* || ⸔**meldeeinheit** *f* / illuminated indicator module, illuminated annunciator module
Leuchtmelder *m* VDE 0660,T.205 / indicator light IEC 337-2C, illuminated indicator, pilot light, signal lamp || ⸔ **für direkten Anschluss** / full-voltage indicator light, full-voltage pilot light || ⸔ **für Kapselung** / indicator light for encapsulation || ⸔ **mit eingebauter Einrichtung zur Spannungsreduzierung** VDE 0660,T.205 / indicator light with built-in voltage-reducing device IEC 337-2C || ⸔ **mit glatter Linse** / indicator light with smooth lens || ⸔ **mit Lampenprüftaste** / push-to-test indicator light, push-to-test pilot light || ⸔ **mit Transformator** / transformer-type indicator light || ⸔**ausgabe** *f* / indicator lamp output
Leucht·mitte *f* / light centre || ⸔**mittelausfall** *m* / lamp failure || ⸔**pilz** *m* / luminous mushroom, illuminated mushroom (button) || ⸔**pilztaster** *m* / luminous mushroom pushbutton, illuminated mushroom pushbutton || ⸔**platte** *f* / electroluminescent panel || ⸔**punkt-Suchvorrichtung** *f* / beam finder || ⸔**röhre** *f* / neon tube, tubular discharge lamp, fluorescent tube || ⸔**röhrenleitung** *f* / neon lighting cable, fluorescent tube cable || ⸔**röhrentransformator** *m* / transformer for tubular discharge lamps, neon transformer
Leucht·säule *f* / illuminated bollard, guard post, signal column || ⸔**schaltbild** *n* / illuminated mimic diagram || ⸔**schalter** *m* / illuminated switch, illuminated control switch, luminous switch || ⸔**schaltwarte** *f* / (illuminated) mimic-diagram control board || ⸔**schild** *n* / illuminated sign
Leuchtschirm *m* / luminescent screen, fluorescent screen, screen *n* || ⸔**betrachtung** *f* / roentgenoscopy *n*, fluoroscopy *n*, fluoroscopic examination || ⸔**bild** *n* / fluorescent image, screen display || ⸔**fotografie** *f* / photofluorography *n*, photoroentgenography *n* || **Leuchtdichte des** ⸔-

Hintergrundes / background luminance
Leucht·schrifttafel *f* / luminous annunciator panel || ⁓**spur** *f* / trace *n* || ⁓**stärke** *f* / luminosity *n* || ⁓**stelle** *f* / lighting point || ⁓**steuertaste** *f* / illuminated pushbutton IEC 337-2, luminous pushbutton IEC 117-7, lighted pushbutton switch
Leuchtstoff *m* / fluorescent material, luminescent material, phosphor *n* || **Quecksilberdampf-Hochdrucklampe mit** ⁓ / colour-corrected high-pressure mercury-vapour lamp || **~beschichtete Lampe** / fluorescent-coated lamp || ⁓**beschichtung** *f* / fluorescent coating || ⁓**Halbringlampe** *f* / circlarc fluorescent lamp
Leuchtstofflampe *f* (L-Lampe) / fluorescent lamp (FL) || ⁓ **für Fluoreszenzanregung** / indium-amalgam fluorescent lamp || ⁓ **für Starterbetrieb** / switch-start fluorescent lamp || ⁓ **in Stabform** / linear fluorescent lamp, tubular fluorescent lamp
Leuchtstofflampen·beleuchtung *f* / fluorescent lighting || ⁓**-Dimmer** *m* / dimmer for fluorescent lamps || ⁓**last** *f* / fluorescent lamp load || ⁓**leuchte** *f* / fluorescent luminaire, fluorescent fitting, fluorescent fixture (US) || ⁓**licht** *n* / fluorescent light
Leuchtstoff·mischung *f* / phosphor blend || ⁓**röhre** *f* / fluorescent tube, tubular fluorescent lamp
Leucht·taste *f* / illuminated key || ⁓**taster** *m* VDE 0660,201 / lighted pushbutton switch, illuminated pushbutton IEC 337-2, luminous pushbutton IEC 117-7 || ⁓**taster** *m* / illuminated pushbutton unit, illuminated key || ⁓**tastschalter** *m* / illuminated pushbutton IEC 337-2, luminous pushbutton IEC 117-7, lighted pushbutton switch || ⁓**technik** *f* / lighting engineering, lighting technology || ⁓**tonne** *f* / lighted buoy || ⁓**turm** *m* / lighthouse *n*
Leucht·vorsatz *m* / lens assembly, indicator light, lens assemblies || ⁓**wanne** *f* / trough luminaire, trough fitting || ⁓**warte** *f* / (illuminated) mimic-diagram control board || ⁓**weitenregelung** *f* / headlamp beam adjustment, headlight range adjustment || ⁓**zeit** *f* (reine Brennzeit) / lighted time || ⁓**zifferblatt** *n* / illuminated dial
Leuchtziffernanzeige *f* / illuminated digital display, electroluminescent digital display, LED digital display
LEV *n* / low emission vehicle (LEV)
lexikalische Regel / lexical rule
LF (Lieferfreigabe) / delivery approval, release for general availability
LFCSP / Lead Frame Chip Scale Package (LFCSP)
lfd. Konto / current account || ⁓ **Nr.** / item *n*
LFG / pilot frequency generator
LFH / low fire hazard (LFH)
LG (logisches Gerät) / logical device
LGBC-Zelle *f* / laser grooved buried contact cell (LGBC cell)
LGDT *m* / Linear Gap Displacement Transducer (LGDT)
LGU / logical device - substation
LGZ (logisches Gerät - Zentrale) / logical device - master station
LH (Lastenheft) *n* / requirement specification
LHC / Large Hadron Collider (LHC)
LI *n* / Lithium Ion (LI)
Licht *n* / light *n*, visible radiation || ⁓ **werfen** (auf) / shed light upon || **irreführendes** ⁓ / confusing light
Licht·abfall *m* / drop in light output || ⁓**abfallkurve** *f* / lumen maintenance curve || ⁓**ablenkung** *f* / deflection of light || **~absorbierend** *adj* / light absorbent || ⁓**alterung** *f* / light-induced degradation || ⁓**art** *f* / illuminant *n* || ⁓**aufnehmer** *m* / light sensor || ⁓**ausbeute** *f* / luminous efficacy, luminous efficiency || ⁓**ausbeute während der Lebensdauer** / efficiency during life (EDL) || **Norm-Vergleichs-**⁓**ausbeute** *f* / standard comparison efficiency (SCE) || ⁓**ausbreitung** *f* / light propagation, propagation of light || ⁓**ausstrahlung** *f* / light radiation, light output || **spezifische** ⁓**ausstrahlung** / luminous excitance, luminous emittance || ⁓**ausstrahlungswinkel** *m* / light radiation angle, angle of light emission || ⁓**austritt** *m* / light outlet || ⁓**austrittsfläche** *f* / effective reflex surface, light-exit surface || ⁓**austrittshülse** *f* / light outlet sheath || **biegsame** ⁓**austrittshülse** / flexible light outlet sheath || ⁓**austrittsort** *m* / light emission location
Lichtband *n* / continuous row of luminaires, line of fluorescent luminaires, long row of luminaires, lighting trunking || ⁓ *n* (in der Decke versenkt) / troffer *n* || ⁓ *n* (rings um die Raumdecke angeordnet) / perimeter lighting || ⁓**steuerung** *f* / strip lighting control
lichtbeständig *adj* / resistant to light, photostable *adj*, fast to light || ⁓**keit** *f* / light resistance, photostability *n*
Lichtblitzstroboskop *n* / discharge-tube stroboscope
Lichtbogen *m* / arc *n*, electric arc || ⁓**abdeckung** *f* / arc chute cover || ⁓**abfall** *m* / arc drop || ⁓**ansatzpunkt** *m* / root point of arc || ⁓**arbeit** *f* / arc energy || ⁓**aureole** *f* / arc flame || ⁓**ausblasraum** *m* / arcing space || ⁓**barriere** *f* / arc barrier || **~beständig** *adj* / arc-resistant *adj*, arcing-resistant *adj* || ⁓**beständigkeit** *f* / arc resistance || ⁓**bildung** *f* / arcing *n* || **magnetische** ⁓**blasung** / magnetic blowout || ⁓**blende** *f* / arc barrier || ⁓**bolzenschweißen** *n* / arc stud welding || **Plasma-**⁓**brenner** *m* / plasma torch || ⁓**dauer** *f* / arcing time || ⁓**einsatz** *m* / initiation of arcing || ⁓**energie** *f* / arc power || ⁓**entladung** *f* / arc discharge, electric arc || ⁓**entwicklungszeit** *f* / pre-arcing time || ⁓**-Erdschluss** *m* / arc over earth fault, arcing ground || ⁓**fenster** *n* / arc window || **~fest** *adj* / arc-resistant *adj*, arcing-resistant *adj* || ⁓**festigkeit** *f* / arc resistance || ⁓**fugen** *n* / arc gouging || ⁓**grenzkurve** *f* / limit curve for arc-free operation || ⁓**handschweißen** *n* / manual metal-arc welding || ⁓**horn** *n* / arcing horn || **federndes** ⁓**horn** / spring-loaded arcing horn, floating arcing horn || ⁓**intervall** *n* / period of arcing || ⁓**kamin** *m* / arc flue
Lichtbogenkammer *f* / arc chute, arcing chamber, extinction chamber, arc control pot || ⁓**aufsatz** *m* / arc chute extension
Lichtbogen·kontakt *m* / arcing contact, moving arcing contact || **Lichtbogen, federnder** ⁓**kontakt** / spring-loaded arcing contact || ⁓**kurzschluss** *m* / short circuit through an arc || ⁓**länge** *f* / arc length || ⁓**leitblech** *n* / arc guide plate || ⁓**-Leitblech** *n* / arc runner, arc splitter || ⁓**-Leitfähigkeit** *f* / arc conductivity || ⁓**-Löschblech** *n* / arc splitter, deion plate || ⁓**löschblecheinsatz** *m* / arc splitter insert || ⁓**löschblechhalter** *m* / arc splitter bracket || ⁓**-Löschblechkammer** *f* / arc splitter chamber || ⁓**-Löschdüse** *f* / arc quenching

Lichtbogen

nozzle || 2-**Löscheinrichtung** f / arc control device, arc quenching system, internal arc control device || 2**löscher** m / arc quencher || 2**löschkorb** m / arc splitter basket || 2-**Löschmantel** m / arc-quenching sleeve || 2-**Löschmittel** n / arc extinguishing medium, arc quenching medium || 2-**Löschtopf** m / arc control pot || 2**löschung** f / arc extinction, arc quenching || 2**löschung durch Gasbeblasung** / gas-blast arc extinction || 2-**Löschvermögen** n / arc control capability, arc quenching capability || 2-**Löschzeit** f / arcing time, arc extinction time || 2**messer** n / arcing blade
Lichtbogen·plasma n / arc plasma || 2**pressschweißen mit magnetisch bewegtem Lichtbogen** / MIAB welding || 2**prüfung** f / arcing test, arc test || 2**punktschweißen** n / arc spot welding || 2**reserve** f / arcing reserve || 2**ring** m / arcing ring || 2-**Rückzündung** f / arc-back n || 2-**Sauerstoffschneidelektrode** f (Metallrohrelektrode, durch die Sauerstoff für den Schneidprozess zugeführt wird) / oxy-arc cutting electrode || 2**sauerstoffschneiden** n / oxygen-arc cutting || 2**schaltstück** n / arcing contact, arc contact piece || 2**schneidelektrode** f (Elektrode in Form eines Stabes, Drahtes oder Rohres, von welcher der Strom zum Lichtbogen für Schneidzwecke fließt) / arc cutting electrode || 2-**Schneidemaschine** f / arc cutting machine || 2**schneiden mit Luft** / air-arc cutting || 2**schutz** m / arc barrier, flash barrier || 2-**Schutzarmatur** f (Schutzring) / guard ring || 2-**Schutzdecke** f / horizontal arc barrier || 2**schweißelektrode** f (Elektrode in Form eines Stabes, Drahtes, Streifens oder Rohres, von welcher der Schweißstrom zum Lichtbogen fließt) / arc welding electrode || 2**schweißen** n / arc welding (fusion welding in which the heat for welding is obtained from an electric arc or arcs) || 2-**Schweißgenerator** m / arc-welding generator || 2**schweißmaschine** f / arc welding machine || 2-**Schweißstromquelle** f / arc welding power source || 2-**Schweißtransformator** m / arc-welding transformer || 2-**Schweißumformer** m / arc-welding set || 2**sensor** m / arc sensor
Lichtbogenspannung f / arc voltage || 2 f / arc-drop voltage, arc drop || 2 f (Spitzenwert) / peak arc voltage
Lichtbogen·spur f / arc trace || 2**stabilisierungseinrichtung** f (Einrichtung zur Stabilisierung des Lichtbogens während des Schweißens) / arc maintenance device || 2-**Stehzeit** f / arcing time || 2**strecke** f / arc gap || 2**strom** m / arc current, arcing current, current in arc || 2-**Trennwand** f / arc barrier || 2**überschlag** m / flashover n, arc flashover || 2**umlauf** m / arc revolution || 2**verluste** m pl / arc-drop losses || 2**wächter** m / arc monitor (o. detector) || 2**wärme** f / arc heat, heat due to arcing || 2**widerstand** m / arc resistance || 2-**Wiederzündung** f / arc restriking || 2**zeit** f / arcing time || 2**zündeinrichtung** f (Einrichtung, um einen Lichtbogen zwischen Elektrode und Werkstück berührungslos zu zünden) / arc initiation device || 2**zündung** f / arc initiation, striking of an arc
lichtbrechend·e Fläche / refracting surface || ~**er Körper** / refractor n
Licht·bündel n / light beam, beam of light || 2**bus**

m / fibre-optic bus, optical bus || 2**decke** f / luminous ceiling, over-all luminous ceiling
lichtdicht adj / opaque adj, light-proof adj
Lichtdrücker m / light button
lichtdurchlässig adj / light-transmitting adj, transparent adj, translucent adj, transmissive adj || **~e Abdeckung** (Leuchte) / translucent cover || **~e Anzeige** (ein Anzeigebauelement, das Licht von einer äußeren Quelle durch Lichtdurchlässigkeit moduliert) / transmissive display
Lichtdurchlässigkeitszahl f / light transmission value
lichte Breite / inside width, clear width || **~ Einbautiefe** (in Wand) / depth of wall recess || **~ Höhe** / clear height || **~ Höhe** (zum Anheben) / headroom n || **~ Höhe** (Innenhöhe) / inside height || **~ Weite** / inside width, clear width, inside diameter
lichtecht adj / fast to light
Lichteffektgenerator m / light effects generator
Lichteinfall m / light incidence, incidence of light || 2**ebene** f / incident light plane || 2**winkel** m / angle of light incidence || 2**winkel** m (eines Rückstrahlers) / entrance angle
Licht·einheit f (Primärnormal) / primary standard of light || 2**einkopplung** f / amount of light coupled into the cell || 2**einstrahlung** f / illumination n || 2**eintritt** m / light entrance || 2**eintrittsfenster** n / window n, skylight n || 2**eintrittsfläche** f / light-entry surface, light-sensitive surface
lichtelektrisch·e Erzeugung / photogeneration n || **~e Prüfung** / photoelectric test, stroboscopic test || **~er Effekt** / photoelectric effect || **~er Empfänger** / photoreceiver n, photo-detector n, photoelectric detector || **~es Abtastgerät** / photoelectric scanner || **~es Fotometer** / photoelectric photometer
Licht·element n / light element || 2**empfänger** m / opto-receiver n
lichtempfindlich adj / light-sensitive adj, sensitive to light, photo-sensitive adj
Lichtempfindlichkeit f / sensitivity to light, luminous sensitivity, photosensitivity n
lichter Abstand / clearance n || **~ Durchmesser** / inside diameter
Licht·ergiebigkeit f / emissivity n IEC 50(731) || 2**falle** f / light trap || 2**fallentechnik** f / light trapping || 2**farbe** f / luminous colour, luminous perceived colour, colour of light || 2**feld** n / light field || 2**fleck** m / light spot, spot of light, spot n || 2**flimmern** n / light flicker, flicker n || 2**fluter** m / floodlight n || 2**fühler** n / light sensor n || 2**fühler** m / photo-sensor n, photo-electric cell || 2**geschwindigkeit** f / velocity of light, light velocity, speed of light || **~gesteuert** adj / light-activated adj, light-controlled || 2**gitter** n / light array || **~grau** adj / light gray
Lichtgriffel m (lichtempfindlicher Picker oder Lokalisierer, der durch Zeigen auf die Darstellungsfläche verwendet wird) / light pen, stylus input device || 2**ablage** f / lightpen holder || 2**eingabe** f / light-pen hit, light-pen detection || 2**erkennung** f / light-pen detection
Licht·hof m / halation n, halo n || 2**hupe** f / flash light, main beam flasher || 2**impuls** f / light-induced pulse || **~induzierte Degradation** (Abnahme des Wirkungsgrades von a-Si:H-Zellen unter langandauernder Lichteinstrahlung) / photo-degradation n || 2**intensität** f / light intensity || 2**kanal** m / light beam || 2**kante** f / light edge ||

⌀kappe f / light cap ‖ ⌀kegel m / light cone, cone of light ‖ asymmetrischer ⌀kegel / asymmetrical beam ‖ ⌀kette m / lighting chain ‖ **integriertes ⌀-Klima-System** / integrated light-air system ‖ ⌀kreis m / circle of light ‖ ⌀leiste f / batten luminaire
Lichtleistung f / luminous efficacy, luminous efficiency, light output (ratio), optical output ‖ ⌀ f / emissivity n ‖ **installierte** ⌀ / installed lighting load, installed lamp watts (o. kW)
Lichtleitbündel n / fibre optic, optical fibre
Lichtleiter m / fiber-optic conductor, optical fibre, light guide, FO cable ‖ ⌀-**Bedienbaustein** m / fiber-optic conductor operator unit ‖ ⌀**bus** m / fibre-optic bus ‖ ⌀-**Fernbus** m / fibre-optic data highway
Licht·leitkabel n / optical-fibre cable, fibre-optics cable, optical cable ‖ ⌀**leitstab** m / rigid optical fibre rod ‖ ⌀**leitung** f / lighting circuit, lighting subcircuit
lichtlenkend·e Umkleidung / optical controller ‖ ~**es System** / optical system
Lichtlenkung f / light directing
Lichtmarke f / light spot, spot n ‖ ⌀ f / cursor n
Lichtmarken·-Galvanometer n / optical-index galvanometer, optical-pointer galvanometer ‖ ⌀-**Messgerät** n / instrument with optical index IEC 50 (302), light-spot instrument
Licht·maschine f / generator n, electric generator ‖ ⌀**maschine** f (Bahn) / lighting dynamo, train lighting generator ‖ ⌀**maß** n / inside dimension, clear dimension ‖ ⌀**mast** m / lighting column, lamp pole, lighting pole, lightpole n, light column ‖ ⌀**mastempfänger** m VDE 0420 / street lighting receiver ‖ ⌀**menge** f / quantity of light ‖ ⌀**messtechnik** f / photometry and colorimetry ‖ ⌀**messung** f / photometry n, photometric measurement, light measurement ‖ ⌀**netz** n / lighting mains, mains n, lighting system
Licht·pause f / photocopy n, blueprint n ‖ ⌀**pauslampe** f / photocopying lamp, blueprinting lamp, copying lamp
Lichtpunkt m / spot n, light spot ‖ ⌀**abtaströhre** f / flying-spot scanner tube ‖ ⌀**höhe** f (Montagehöhe f. Leuchten) / mounting height (of luminaire), suspension height
Licht·quant n / photon n, light quantum ‖ ⌀**quelle** f / light source
Lichtraum m (Bahn) / structure gauge ‖ ⌀**profil** n / obstruction gauge ‖ ⌀**profil der Straße** / road clearance ‖ ⌀**profil für Oberleitung** / overhead system gauge ‖ ⌀**profil für Stromabnehmer** / pantograph clearance gauge ‖ ⌀**profil für Stromschienen** / conductor rail gauge
Licht·reflex m / reflected glare ‖ ⌀**reflexionseigenschaft** f / light reflection property ‖ ⌀**reflexionsgrad** m / luminous reflectance ‖ ⌀**regie** f / lighting control ‖ ⌀**regieplatte** f / lighting control tableau ‖ ⌀**regiepult** n / lighting control console, stage lighter's console ‖ ⌀**reiz** m / light stimulus ‖ ⌀**relais** n / photoelectric relay ‖ ⌀**richtung** f / direction of light, direction of lighting ‖ ⌀**rohrsystem** n / tubetrack system ‖ ⌀**rufanlage** f / luminous call system, visual call system ‖ ⌀**ruheanlagen** f / quiescent state of FO cables
Licht·schacht m / lighting well ‖ ⌀**schalter** m / light switch ‖ ⌀**schiene** f / luminaire track, supply track system for luminaires, lighting busway, lighting trunking
Lichtschnitt·-Sensor m / light-section sensor ‖ ⌀**verfahren** n / split-beam method ‖ ⌀-**Verfahren** n / split-beam method, light-intersection procedure
Licht·schranke f / photoelectric barrier, light barrier, opto-electronic machine guard, light-beam curtain, photoelectric light barrier ‖ ⌀**schreiber** m / light-spot recorder ‖ ⌀**schutzfilter** n / safelight filter ‖ ⌀**schwerpunkt** m / light centre ‖ ⌀**schwerpunktabstand** m (LCL) / light centre length (LCL) ‖ ⌀**sender** m / opto-transmitter n ‖ ⌀**sensor** m / light sensor ‖ ⌀**signal** n / light signal, illuminated indicator, pilot light, indicator light IEC 337-2C ‖ ⌀**signal** n (Meldeleuchte) / signal lamp, pilot lamp ‖ ⌀**signalanlage** f / traffic lights, traffic light, traffic signals ‖ ⌀**spur** f (Lichtschreiber) / light-spot trace ‖ ⌀**schrankenüberwachung** f / monitoring of photoelectric light barriers
lichtstark adj / high-intensity adj
Lichtstärke f / luminous intensity, light intensity, intensity n ‖ ⌀ f / emissivity n ‖ ⌀ f (in Candela) / candlepower n (CP) ‖ **Kurve gleicher** ⌀ / isointensity curve, isocandela curve ‖ **normal** n / intensity standard, standard lamp for luminous intensity ‖ ⌀**regelung** f / (light) intensity control ‖ **Natriumlampe mit** ⌀**steuerung** / dimmable sodium lamp, sodium lamp with intensity control ‖ ⌀**verteilung** f / luminous (o. light) intensity distribution ‖ ⌀**verteilungsdiagramm** n / polar diagram of light distribution ‖ ⌀**verteilungsfläche** f / surface of luminous intensity distribution ‖ ⌀**verteilungskörper** m / surface of luminous intensity distribution ‖ ⌀**verteilungskurve** f / luminous intensity distribution curve
Licht·stellanlage f / lighting control system ‖ ⌀**steller** m / dimmer n, fader n ‖ ⌀**stellwarte** f / lighting console ‖ ⌀**steueranlage** f / lighting control system ‖ ⌀**steuergerät** n / dimmer n, fader n, light control circuit device ‖ ⌀**steuerung** f / light control function ‖ ⌀**stift** m / light pen, stylus input device ‖ ⌀**stimmung** f / lighting scene, lighting cue
Lichtstrahl m / light beam, beam of light ‖ ⌀ m (LWL) / light ray ‖ ⌀-**Galvanometerschreiber** m / light-beam galvanometric recorder ‖ ⌀-**Oszillograph** m / light-beam oscillograph ‖ ⌀**schweißen** n / light radiation welding
lichtstreuend·e Leuchte / diffuser luminaire, diffusing fitting ‖ ~**er Reflektor** / dispersive reflector ‖ ~**er Überzug** / diffusing coating ‖ ~**es Medium** / diffuser n
Lichtstreuung f / diffusion of light, light scatter
Lichtstrom m / luminous flux, light flux, lumens plt ‖ **Lampen**~ m / lumens per lamp ‖ ⌀**abfallkurve** f / lumen maintenance curve ‖ ⌀**abnahme** f / light depreciation, degradation n ‖ ⌀**anteil** m / luminous flux fraction ‖ **angegebener** ⌀**faktor** / declared light output ‖ ⌀**gewinn** m / luminous flux gain, lumen gain ‖ ⌀**kreis** m / lighting circuit, lighting sub-circuit ‖ ⌀**lenkung** f / concentration of luminous flux, luminous flux focussing ‖ ⌀**messer** m / integrating photometer ‖ ⌀**verfahren** n / luminous-flux method, lumen method ‖ ⌀**verhältnis** n / lumen maintenance, luminous flux ratio
Licht·system n / supply track system for luminaires,

Licht

lighting busway, lighting trunking system || ⸴szenario *n* / lighting effect
Licht·tarif *m* / lighting tariff || ⸴taster *m* / light pushbutton, light scanner || ⸴technik *f* / lighting engineering, lighting technology
lichttechnische Anfangswerte / initial luminous characteristics || ~ **Eigenschaften** / luminous characteristics || ~ **Größe** / photometric quantity
Licht·transformator *m* / lighting transformer || ⸴transmission *f* / light transmission
lichtumlenkend *adj* / deflecting *adj* || ~**e Solarzellenabdeckung** / deflecting solar cell cover
lichtunempfindlich *adj* / insensitive to light
Licht·vektor *m* / illuminance vector || ⸴verhalten *n* / lumen maintenance, luminous flux ratio || ⸴verhalten *n* (einer Lampe während der Lebensdauer) / lumen maintenance, lumen output || ⸴verhältnis *n* / lumen maintenance, luminous flux ratio || ⸴verhältnisse *plt* / lighting conditions || ⸴verlust *m* / light depreciation, degradation *n* || ⸴verstärkung *f* / light amplification || ⸴verteiler *m* / lighting distribution board, lighting panelboard (US) || ⸴verteilerkasten *m* / lighting distribution box, lighting distribution unit
Lichtverteilung *f* / light distribution || ⸴ *f* (Installationssystem) / lighting distribution system || ⸴ *f* (Tafel) / lighting distribution board, lighting panelboard || **bündelnde** ⸴ / concentrating light distribution
Lichtverteilungs·kurve *f* (LVK) / light distribution curve (LDC), polar curve (p.c.) || ⸴messgerät *n* / goniophotometer *n*
Licht·verzögerung *f* (Kfz-Innenbeleuchtung) / courtesy light delay || ⸴vorhang *m* / light curtain || ⸴vorhanggitter *n* / light curtain grid || ⸴weg *m* / optical path length || ⸴wegverlängerung *f* / optical confinement
Lichtwellenleiter *m* (LWL) / optical fibre, optical waveguide, fiber-optic cable, optical fiber, fiber optic conductor (FO conductor), fiber-optic conductor || **Schutzsystem mit** ⸴ / optical-link pilot wire system || ⸴anschluss *m* / fiber-optic cable connection || ⸴bus *m* / fibre-optic bus, optical bus || ⸴kabel *n* / optical fiber cable, fiber-optic cable, fiber optic cable, fibre optic cable || ⸴-LAN *n* / fibre-optic LAN || ⸴ring *m* / fiber optic ring || ⸴strecke *f* / fibre-optic transmission system || ⸴system *n* / optical waveguide system || ⸴technik *f* / fiber-optic technology || ⸴-Übertragungssystem *n* / fibre-optic transmission system (FOTS)
Lichtwellenleitung *f* / optical-fibre cable, fibre-optics cable, optical cable
Licht·welligkeit *f* / luminous ripple, fluctuation of luminous intensity || ⸴wertschalter *m* / light value switch || ⸴würfel *m* / light cube, light box || ⸴wurflampe *f* / projector lamp, projection lamp || ⸴zeichenmaschine *f* / photoplotter *n*, (graphic) film recorder || ⸴zeiger *m* / light pointer || ⸴zeiger *m* (Schreibstrahl) / recording beam || ⸴zündung *f* / light pulse firing
Lidschlussreflex *m* / lid closing reflex
Lieferadresse *f* / delivery address
Lieferant *m* (Organisation, die dem Kunden ein Produkt bereitstellt) / supplier *n*
Lieferanten·audit *n* / supplier audit || ⸴betreuung *f* / supplier support, vendor support || ⸴beurteilung *f* (Qualitätsfähigkeit des Lieferanten vor Auftragserteilung) DIN 55350,T.11 / vendor appraisal || ⸴beurteilung *f* (durch Prüfung durch den Abnehmer im Herstellerwerk) DIN 55350,T.11 / vendor inspection || ⸴beurteilung *f* (laufende Bewertung der Qualitätsfähigkeit des Lieferanten) DIN 55350,T.11 / vendor rating || ⸴bewertung *f* / vendor rating || ⸴beziehungsmanagement *n* / Supplier Relationship Management (SRM) || ⸴datei *f* / supplier base || ⸴dokumentation *f* / supplier documentation || ⸴erklärung *f* / supplier's declaration || ⸴liste *f* / list of suppliers || ⸴nummer *f* / supplier number || ⸴qualifizierung und -beurteilung *f* / qualification and evaluation of suppliers || **Überwachung der** ⸴**qualitätssicherung** / quality control surveillance || ⸴risiko *n* DIN 55350,T.31 / producer's risk || ⸴tabelle *f* / table of suppliers || ⸴überwachung *f* / vendor monitoring, monitoring of suppliers
Liefer·art *f* / type of delivery || ⸴auftragsabwicklungs-, Bestandsführungs- und Informationssystem für die Vertriebe (LABIV) / LABIV ordering system
lieferbar *adj* / available *adj* || **eingebaut** ~ / available factory-fitted || ⸴keit *f* / availability
Liefer·bedingungen *f pl* / terms of supply, *f* delivery conditions, delivery terms || ⸴beleg *m* / delivery voucher || ⸴bescheinigung *f* / delivery certificate || ⸴datum *n* / delivery date || ⸴druck *m* (Pumpe) / delivery pressure, discharge pressure, as supplied pressure, pressure in transformer as supplied || ⸴eingangsdatum *n* / delivery arrival date || ⸴einheit *f* / consignment *n*, item delivered, delivery unit || ⸴einsatz *m* / start of delivery, delivery deployment || ⸴einsatz: ... / delivery as of ... || ⸴einschränkungen *f* / delivery restrictions || ~**fähiges Produkt** / product for delivery || ⸴fähigkeit *f* / ability to deliver || ⸴form *f* / type of delivery, delivery form || ⸴form **Flat Pack** / flat pack delivery || ⸴freigabe (LF) / delivery approval, release for general availability, DR *n* (delivery release), delivery go-ahead, release for delivery || ⸴freigabe (LF) *f* / delivery release (DR) (DR) || ⸴freigabedokument *n* / delivery release document || ⸴freigabetermin *m* / delivery release date || ⸴frist *f* / delivery time, delivery period || ⸴grad *m* (Pumpe) / volumetric efficiency || ⸴grenze *f* / limit of supplies || ⸴komponente *f* / deliverable component || ⸴liste *f* / delivery list, table of deliveries || ⸴los *n* (ein oder mehrere Lose, die zu einem Zeitpunkt als Ganzes geliefert werden) / delivery batch, delivery lot
Liefer·management *n* / supply management || ⸴menge (Pumpe) / delivery rate, supply quantity || ⸴menge *f* (Gas, Öl) / total quantity supplied || ⸴objekt *n* / deliverable article || ⸴ort *m* / order address || ⸴planabstimmungssystem (LIEPLAS) *n* / delivery forecast coordination system || ⸴posten *m* / batch *n* || ⸴programm *n* / versions available || ⸴qualität *f* / delivery quality || ⸴rückstand *m* / delivery backlog || ⸴schein *m* / delivery note || ⸴scheinsatz *m* / delivery note set || ⸴sollltermin *m* / specified delivery date || ⸴spektrum *n* / delivery spectrum || ⸴sperre *f* / delivery suspension || ⸴stelle *f* / delivery department || ⸴stellung *f* / factory setting || ⸴stopp *m* / delivery stop || ⸴stufe *f* / deliverable *n* ||

522

⟨termin *m* / delivery date ‖ ⟨termine *m pl* / dates of delivery ‖ ⟨treue *f* / delivery dependability, supplier's reliability, delivery reliability, ability to keep to a stipulated delivery date ‖ ⟨umfang *m* / scope of supply, scope of delivery ‖ ⟨- und Leistungsaufstellung *f* / list of supplies and services
Lieferung *f* / delivery *n*, assignment *n* ‖ ⟨*f* (von Strom) / supply (o. export) of power ‖ ⟨*f* (QE) / consignment *n* ‖ getrennte ⟨ der Baugruppen aus dem Baugruppenträger / boards supplied separately from the subrack ‖ ⟨ direkt in das Lager / ship to stock ‖ ⟨ direkt in die Fertigung / ship to process ‖ ⟨ mit 2 Schlüsseln / supplied with 2 keys ‖ ⟨en und Leistungen / supplies and services
Lieferungsbeurteilung *f* / consignment appraisal
Liefer·unterlagen *f pl* / delivery documents ‖ ⟨variante *f* / delivered version ‖ ⟨vereinbarung *f* / delivery agreement ‖ ⟨vertrag *m* / supply agreement ‖ ⟨vertragsreferenz *m* / supply agreement reference ‖ ⟨verzeichnis *n* / supply list ‖ ⟨vorschrift *f* / delivery specification, delivery specifications ‖ ⟨weg *m* / delivery method ‖ ⟨werk *n* / supplying factory, supplier's manufacturing plant
Lieferzeichnung *f* / delivery drawing, as-delivered drawing, as-made drawing
Liefer·zeit *f* / delivery period, delivery time, time of delivery ‖ ⟨zentrum Nürnberg (LZN) / Logistic Center Nuremberg ‖ ⟨zertifikat *n* / delivery certificate ‖ ⟨zustand *m* / as-supplied state, as delivered
liegende Maschine / horizontal machine, horizontalshaft machine
Liegezeit *f* (ablaufbedingte o. störungsbedingte Unterbrechung beim Verändern u. Prüfen von Arbeitsgegenständen) / idle time, idle period
LIEPLAS (Lieferplanabstimmungssystem) / delivery forecast coordination system
Liesmich / Readme ‖ ⟨-Datei *f* / Read Me
life-Kontakt *m* / sign-of-life contact
LIFO (Letzter-Rein-Erster-Raus-Prioritätssteuerung) / LIFO (last-in-first-out) ‖ ⟨-Liste *f* / push-down list, LIFO list ‖ ⟨-Speicher *m* / last-in-first-out memory, LIFO memory ‖ ⟨-Stapel *m* / LIFO stack
Lift *m* / elevator *n*
Lifthebel *m* / elevator lever
Lift-off-Technik *f* / lift-off technique ‖ ⟨-Verfahren *n* / lift-off technique
Ligatur *f* / ligature *n*
Light-Confinement *n* / optical confinement ‖ ⟨-Off-Temperatur *f* / light-off temperature ‖ ⟨ & Rollos / light & blinds
Li-Ionen-Akku *m* / lithium ion battery
Limiter *n* / limiter *n*
LIMS *n* / Laboratory Information Management Systems (LIMS)
LIN (Linearmotor) *m* / linear motor (LIN) *n*
Lineal *n* / work blade ‖ ⟨ *n* (Richtlatte) / straightedge *f* ‖ ⟨ *n* (Maßstab) / rule *n*, ruler *n*
linear *adj* / linear *adj* ‖ ~ abnehmende Steigung (Gewinde) / linearly degressive lead ‖ ~ ansteigende Steigung (Gewinde) / linearly progressive lead ‖ ~ einstellen / set to be linear ‖ ~ polarisierte Mode (LP-Mode) / linearly polarized mode (LP mode)
Linear·achse *f* / linear axis ‖ ⟨achssystem *n* / linear axis system ‖ ⟨antrieb *m* / linear-motion drive, linear drive ‖ ⟨antriebselement *n* / linear drive element ‖ ⟨antriebssystem *n* / linear drive system ‖ ⟨beschleunigung *f* / linear acceleration ‖ ⟨bewegung *f* / linear motion, straight motion, linear movement ‖ ⟨bremse *f* / linear brake ‖ ⟨bremssystem *n* (Brems- und Halteeinrichtung für Linearantriebe) / linear brake system
linear·e Adressierung / linear addressing ‖ ~e Ankerbelastung / electric loading, average ampere conductors per unit length, average ampere conductors per cm of air-gap periphery, effective kiloampere conductors, specific loading ‖ ~e Demodulation / linear demodulation ‖ ~e elektrische Maschine / linear-motion electrical machine (LEM) ‖ ~e Förderstrecke / linear conveyor system ‖ ~e Interpolation / linear interpolation ‖ ~e Mehrphasengröße / polyphase linear quantity ‖ ~e Messung / linear measurement, direct measurement ‖ ~e Modulation / linear modulation ‖ ~e Öffnungskennlinie / linear flow characteristic ‖ ~e Polarisation / linear polarization ‖ ~e Schwebemaschine / linear levitation machine (LLM) ‖ ~e Schwebemaschine nach dem Prinzip der magnetischen Abstoßung / repulsion-type linear levitation machine ‖ ~e Schwebemaschine nach dem Prinzip der magnetischen Anziehung / attraction-type linear levitation machine ‖ ~e Schwingung / rectilinear vibration, linear vibration ‖ ~e Teilung / linear scale ‖ ~e Transformation / linear transformation ‖ ~e U/f-Steuerung / linear V/f control ‖ ~e Verzerrung / linear distortion ‖ ~e Wärmedehnzahl / coefficient of linear thermal expansion ‖ ~er Anstiegsvorgang / unit ramp ‖ ~er Asynchronmotor / linear induction motor (LIM) ‖ ~er Bereich der Kennlinie / linear rate of characteristic ‖ ~er Funktionsdrehmelder (induktiver Steller) / inductive potentiometer (IPOT) ‖ ~er Geber / linear encoder ‖ ~er Inkrementalmaßstab / linear incremental scale ‖ ~er Interpolator / linear interpolator ‖ ~er Maßstab / linear scale ‖ ~er Verbraucher / linear load ‖ ~er Weg-Spannungs-Umformer / linear voltage displacement transformer (LVDT) ‖ ~er Zusammenhang / linear relation ‖ ~es Axiom / linear axiom ‖ ~es Netz (ein Netz mit genau zwei Endknoten, beliebig vielen Zwischenknoten und nur einem Pfad zwischen je zwei Knoten) / linear network ‖ ~es Programm / sequential program ‖ ~es Schaubild / rectilinear graph ‖ ~es Stromkreiselement / linear circuit element ‖ ~es System / linear system ‖ ~es Wirtschaftsmodell / linear economic model
Linear·förderer *m* / vibratory stick feeder ‖ ⟨förderer rütteln / linear feeder vibrate ‖ ⟨führung *f* / linear guide ‖ ⟨führungsschiene *f* / linear guide rail ‖ ⟨führungssystem *n* / linear guide system ‖ ⟨geschwindigkeit *f* / linear speed ‖ ⟨-Inductosyn *n* / linear Inductosyn ‖ ⟨interpolation *f* / linear interpolation
linearisieren *v* / linearize *v*
Linearisierung *f* / linearization *n* ‖ ⟨stoleranz *f* (CLDATA-Wort) / linearization tolerance

Linearität

Linearität *f* / linearity *n* ‖ ⁓ **bei Festpunkteinstellung** / terminal-based linearity ‖ ⁓ **bei Nullpunkteinstellung** / zero-based linearity ‖ ⁓ **bei Toleranzbandeinstellung** / independent linearity ‖ ⁓ **der Verstärkung** / gain linearity, gain constancy ‖ **Ablenk⁓** *f* DIN IEC 151, T.14 / deflection uniformity factor IEC 151-14 ‖ **endpunktbezogene** ⁓ / terminal-based linearity
Linearitäts·abweichung *f* / non-linearity ‖ ⁓**fehler** *m* / linearity error, non-linearity *n*, error of linearity ‖ ⁓**fehler bezogen auf eine beste Gerade** / best-straight-line linearity error ‖ ⁓**reserve** *f* (Überlastfaktor) IEC 50(902) / overload factor
Linear·kern *m* / linearized core, linear-characteristic core ‖ ⁓**kette** *f* / linear sequencer ‖ ⁓**kinematik** *f* / linear kinematics ‖ ⁓**konzentrator** *m* / linear concentrator ‖ ⁓**lager** *n* (für lineare Bewegungen ausgelegtes Kugel- oder Gleitlager) / linear bearing ‖ ⁓**-Induktionsmotor** *m* / linear induction motor (LIM) ‖ ⁓**magazin** *n* / linear magazine ‖ ⁓**-Magnetschwebemaschine** *f* / linear levitation machine (LLM) ‖ ⁓**maschine** *f* / linear-motion machine, linear machine ‖ ⁓**maßstab** *m* / linear scale, measuring scale, horizontal scale, linear position encoder ‖ ⁓**messsystem** *n* (NC) / linear measuring system ‖ ⁓**messsystem** *n* / linear measurement system, digital linear measuring system ‖ ⁓**modul** *n* / linear module ‖ ⁓**motor (LIN)** *m* / linear motor (LIN) ‖ ⁓**motortisch** *m* / linear motor table ‖ ⁓**positionierung** *f* / linear positioning ‖ ⁓**programm** *n* / linear program ‖ ⁓**programm mit Wiederholung** / linear program with rerun ‖ ⁓**regler** *m* / linear controller ‖ ⁓**-Reluktanzmotor** *m* / linear reluctance motor (LRM) ‖ ⁓**roboter** *m* / linear robot ‖ ⁓**ruck** *m* / linear jerk ‖ ⁓**schlitten** *m* / linear slide ‖ ⁓**-Schrittmotor** *m* / linear stepper motor ‖ ⁓**servomotor** *m* / linear servo motor ‖ ⁓**spektrometer** *n* / linear spectrometer ‖ ⁓**strahlröhre** *f* / linear-beam tube, O-type tube ‖ ⁓**-Synchron-Homopolarmotor** *m* / linear synchronous homopolar motor (LSHM) ‖ ⁓**synchronmotor (LSM)** *m* / linear synchronous motor (LSM) ‖ ⁓**technik** *f* / linear technology ‖ ⁓**tisch** *m* / linear table ‖ ⁓**umsteller** *m* / linear-motion tap changer, linear-motion tapping switch
Line⁓-Balancing-Funktion *f* / line balancing program ‖ ⁓**-Drop-Kompensation** *f* / line drop compensation
Linie *f* / connection line, connecting line, connection cables, connecting lead, interconnecting cable ‖ ⁓ *f* / line ‖ ⁓ **der rückläufigen Schleife** (Hystereseschleife oder ein Teil davon, die von einem Dauermagneten im Zustand der rückläufigen Schleife durchlaufen wird) / recoil line
linienadressierbarer Speicher mit wahlfreiem Zugriff (LARAM) / line-addressable random-access memory (LARAM)
Linien·art *f* / type of line ‖ ⁓**artauswahl** *f* / line style selection ‖ ⁓**aufdruck** *m* (Registrierpapier) / chart lines ‖ ⁓**auslastung** *f* / line capacity utilization ‖ ⁓**austaktung** *f* / clocking *n* ‖ ⁓**auswahl** *f* / line selection ‖ ⁓**-Bereichskoppler** *m* / backbone coupler, line coupler, line backbone coupler ‖ ⁓**-/Bereichskoppler** *m* / line/backbone coupler ‖ ⁓**bezifferung** *f* (Registrierpapier) / chart numbering ‖ ⁓**breite** *f* / line weight ‖ ⁓**breite** *f* (spektrale Breite des abgestrahlten Lichts) / line width ‖ ⁓**dichte** *f* / wire density ‖ ⁓**einschub** *m* (Feuermeldeanl.) / (withdrawable) zone module ‖ ⁓**element** *n* (GKS) / line primitive
Linien·fokus *m* (eine Form der Konzentration von Licht (für Konzentratoranwendungen), im Gegensatz zu Punktfokus) / line focus ‖ **⁓fokussierend** *adj* / line-focussing *adj* ‖ **⁓förmiger Leuchtkörper** / line filament ‖ ⁓**formtoleranz** *f* DIN 7184,T.1 / profile tolerance ‖ ⁓**führung** *f* / alignment *n* ‖ ⁓**führung im Aufriss** / alignment in elevation, vertical alignment ‖ ⁓**führung im Grundriss** / horizontal alignment, alignment in plan ‖ ⁓**geber** *m* (Eingabeeinheit, die eine Menge von Koordinaten zur Aufzeichnung des Weges der Eingabeeinheit liefert) / stroke device ‖ ⁓**grafik** *f* / line graphics, coordinate graphics ‖ ⁓**integral** *n* / line integral ‖ ⁓**kamera** *f* / line scan(ning) camera, line camera, linear-array camera ‖ ⁓**konfiguration** *f* / multipoint partyline network, partyline network ‖ ⁓**-Konfiguration** *f* / line configuration ‖ ⁓**kontakt** *m* / line contact ‖ ⁓**kontakt-Solarzelle** *f* / line-contact solar cell ‖ ⁓**kontaktzelle** *f* / line-contact solar cell ‖ ⁓**konzept** *n* / line concept ‖ ⁓**koppler** *m* (Installationsbus, Brandschutzanl.) / line coupling unit, line coupler, coupling unit ‖ ⁓**-Lasttrenner** *m* / in-line switch-disconnector
Linien·messung *f* / line measurement ‖ ⁓**modell** *n* / wire-frame representation ‖ ⁓**netz** *n* / multipoint partyline network, partyline network ‖ ⁓**organisation** *f* / line organization, operating organization ‖ ⁓**parameter** *m pl* / line parameters ‖ ⁓**rasterendflechter** *m* / line-search router, line-probe router ‖ ⁓**rechner (LR)** *m* / line computer ‖ ⁓**rechner Receive Task (LRR)** / line computer, receive task ‖ ⁓**rechner Sende Task (LRS)** / line computer, send task ‖ ⁓**rechner-Anwendungssoftware** *f* / line computer user software ‖ ⁓**rechner-Software (Linienrechner-SW)** *f* / line software ‖ ⁓**schreiber** *m* / continuous-line recorder, continuous-line recording instrument IEC 258 ‖ ⁓**software** *f* / line software ‖ ⁓**speicher** *m* / line store ‖ ⁓**spektrum** *n* / line spectrum ‖ ⁓**stärke** *f* / line weight, line thickness ‖ ⁓**steuerung** *f* / line control ‖ ⁓**stil** *m* / line style ‖ ⁓**strom** *m* (Peripheriegeräte) / current loop ‖ ⁓**strom-Schnittstelle** *f* / current-loop interface
Linienstruktur *f* / bus topology, linear bus structure, linear bus topology, linear topology ‖ ⁓ *f* (PROFIBUS) / line structure
Linien·topologie *f* / line topology ‖ ⁓**trenner** *m* / in-line disconnector, linear-action disconnector (o. sectionalizer) ‖ ⁓**trennschalter** *m* / in-line disconnector, linear-action disconnector (o. sectionalizer) ‖ ⁓**überlagerung** *f* / overlapping of lines ‖ ⁓**überwachung** *f* / line monitoring ‖ ⁓**-Untergrund-Verhältnis** *n* / line-to-background ratio ‖ ⁓**verbindung** *f* / partyline link ‖ ⁓**verbindungen mit Gemeinschaftsverkehr** / partyline system with multi-point traffic ‖ ⁓**verkehr** *m* / partyline traffic ‖ ⁓**vermessung** *f* / line survey ‖ ⁓**verstärker** *m* (Installationsbus) / repeater *n* ‖ ⁓**verteiler** *m* / busbar trunking (system), overhead busbar trunking, busway (system), bus duct (system) ‖ ⁓**vorgesetzter** *m* / immediate supervisor ‖ ⁓**zug** *m* (GKS) / polyline *n*

|| **Zwei-Parameter-**~ *m pl* / two-parameter reference lines || ~**bündeltabelle** *f* (GKS) / polyline bundle table || ~**zugehörigkeit** *f* / organizational chain of authority
Link *m* (Verweis) / link *n* || ~**-Achse** *f* / link axis || ~**adresse** *f* (gibt die Adresse eines V3/V2-Gerätes an) / link address || ~**-Cursor** *m* / link cursor (cursor for linking objects per Drag-and-Drop)
linke Fertigteilseite / left-hand side of part || ~ **Maustaste** (das Klicken mit der linken Maustaste bezeichnet man als Anklicken) / left mouse button || ~ **Maustaste drücken, festhalten und ziehen.** / Press left mouse key, hold and drag. || ~ **Seite** (Menge der Fakten oder Aussagen im Wenn-Teil einer Wenn-Dann-Regel) / left-hand side
Linke-Hand-Regel *f* / left-hand rule, Fleming's left-hand rule
Link·-Interface *n* / link interface || ~**-Kommunikation** *f* / link communication || ~**-Koppler** *m* / link coupler || ~**-Modul** *n* / link module
links schieben (Befehl) / shift left (SL) || ~ **verrastend** / left latching || **nach** ~ (Bewegung) / to the left
Links·abbiegespur *f* / left-turn lane || ~**abbiegestreifen** *m* / left-turn lane || ~**anbieb** *m* / left-hand drive || ~**anschlag** *m* / hinged left, leftmost position (e.g.: in leftmost position) || ~**ausführung** *f* / left-orientated execution
linksbündig *adj* / left-justified *adj*, left-aligned *adj* || ~ **ausrichten** / left-justify *v* || ~ **machen** / justify to the left margin
Linksbündigkeit *f* / left justification
linksdrehend *adj* / rotating anti-clockwise, counterclockwise *adj*, anti-clockwise *adj* || ~**e Polarisation** / left-hand polarization || ~**es Feld** / anti-clockwise rotating field, anti-clockwise phase sequence
Linksdrehfeld *n* / counter-clockwise phase sequence (CCW) (ccw phase sequence), left rotating field, ccw phase sequence
Linksdrehung *f* / left-hand rotation, anti-clockwise rotation, counterclockwise rotation (CCW rotation), CCW rotation
linksgängig *adj* / left-handed *adj*, anti-clockwise *adj*, counter-clockwise *adj* || ~**e Wicklung** / left-handed winding || ~**es Gewinde** / left-hand thread
Links·gewinde *n* / left-hand thread || ~**koordinatensystem** *n* / left-handed coordinate system || ~**kreisbewegung** *f* / left-hand circular movement || ~**kurve** *f* / lefthand turn || ~**kurvenbewegung** *f* / left-hand movement in a curve || ~**lauf** *m* / anti-clockwise rotation, counterclockwise rotation (CCW rotation) || ~**lauf aus/ein** *m* / counter-clockwise rotation OFF/ON || ~**lenker** *m* / left-hand drive || ~**punktzahl** *f* / fractional number || ~**schlag** *m* (S-Schlag-Kabelverseilung) / left-hand lay || ~**schneidender Spiralbohrer** / left-hand cutting drill || ~**schraubbewegung** *f* / left-hand screw motion || ~**seitig versetzter Aufprall** / 30-50% overlap asymmetrical left || ~**system** *n* / anti-clockwise rotating system || ~**system** *n* (NC) / left-handed system || ~**umlaufende Wicklung** / left-hand winding || ~**wendiges System** / left-handed system || ~**wicklung** *f* / left-hand winding
Link-Variable *f* / link variable
Linse *f* (Leuchtmelder) / lens *n*

Linsen *f pl* / lenses *n pl* || ~**durchmeser zu klein/zu groß** / nugget diameter too small/too large || ~**fräsen** *n* / lens milling || ~**halterung** *f* (Leuchtmelder) VDE 0660,T.205 / lens bezel, bezel *n* IEC 337-2C || ~**kopfschraube** *f* / lens screw, oval head || ~- **oder Schweißnaht-Maßabweichungen** *f pl* / imperfect nugget or weld seam dimensions || ~- **oder Wulst- bzw. Gratausbildung** *f* / asymmetrical nugget or weld upset (asymmetry in shape and/or position of the nugget or amount of upset metal) || ~**scheinwerfer** *m* / lens spotlight || ~**schraube** *f* / lens screw, oval head
Lippe *f* / land *n*
Lippendichtung *f* / lip seal
Liquid Crystal Display *n* / Liquid Crystal Display || ~ **phase epitaxy etchback regrowth-Prozess (LPE-ER-Prozess)** *m* / liquid phase epitaxy etchback regrowth method
Lisb (Leit- und Informationssystem Berlin) / traffic guidance and information system
Liste *f* / list *n*, listing *n* || ~ *f* (vertikale Anordnung von Elementen, die durch einen Titel überschrieben ist) / selection list || ~ *f* (Verarbeitungsergebnisse) / report *n* || ~ **der Abkürzungen** *f* / list of abbreviations || ~ **der Prüfungen** / list of inspections || ~ **NC** / list AC || ~ **offener Punkte (LOP)** *f* / list of open points || ~ **zugelassener Lieferanten** / approved vendor list (AVL)
Listen·adresse einer Messperiode *f* / record address of integration period (identification of particular integration periods) || ~**ansicht** *f* / list view || ~**art** *f* / report type || ~**baustein** *m* / list block || ~**bewehrung** *f* / standard reinforcement || ~**bild** *n* / report layout || ~**box** *f* / list box || ~**daten** *plt* / standard data || ~**editor** *m* / list editor || ~**element** *n* / list element || ~**er-Anwendung** *f* / Listener application || ~**feld** *n* / list box || ~**generator** *m* / list generator, report generator || ~**handbuch** *n* / Parameter Manual, Lists Manual
listenmäßig verfügbar / available from lists || ~**es Erzeugnis** / standard product || ~**es Gerät** z.B. in DIN EN 61131-1 / catalogued device
Listen·matte *f* / standard mat || ~**motor** *m* / listed motor || ~**parametrierung** *f* / list-based parameterization || ~**preis** *m* / list price, L price || ~**protokoll** *n* / listing *n* || ~**sortierung** *f* / list sort definition || ~**steuerkarte** *f* (steuert den Listendruck) / list definition card || ~**ventil** *n* / listed valve
Literal *n* (Programmiersprache) / literal *n* || ~ **ganzzahliges** ~ / integer literal
literale Sprache / literal language
Literatur *f* / references *n pl*, literature || ~**verzeichnis** *n* / literature *n*, references *n*
Lithium·batterie *f* / lithium battery || ~**chlorid-Feuchtaufnehmer** *m* / lithium-chloride humidity detector || ~**-Ion (LI)** *n* / Lithium Ion (LI) || ~**-Ionen-Akkumulator** *m* / lithium ion battery || ~**verseiftes Fett** / lithium-soap grease
Litze *f* / litz wire, flexible lead, flexible *n*, stranded *n* || ~ *f* (in einem Bündel zusammengeführte Einzeldrähte eines Leiters) / stranded wire || ~ *f* (Bürste) / shunt *n*, pigtail lead, flexible lead || **Faser~** / fibre bundle
Litzenleiter *m* / litz wire, stranded conductor

Live-Kontakt *m* / sign-of-life contact
LI-Verschienung *f* / low inductive busbars
Live-Zero-Überwachung *f* / live-zero monitoring
Lizensierung *f* / licensing *n* || ⸰**sdatei** *f* / licensing file
Lizenz, einfache ⸰ / single-user license, single license || ⸰**aufkleber** *m* / license label || ⸰**bestimmung** *f* / term of a license || ⸰**datenbank** *f* / license database || ⸰**etikett** *n* / license label || ⸰**fertigung** *f* / manufacture under license || **~frei** *adj* / license-free || ⸰**geber** *m* / licenser *n* || ⸰**management** *n* / license management || ⸰**manager** *m* / License Manager || ⸰**nehmer** *m* / licensee *n pl* || ⸰**nummer** *f* / license number || ⸰**paket** *n* / licence package || ⸰**software** *f* / licensed software || ⸰**vertrag** *m* / license contract, license agreement
LK (Längenkorrektur) / tool length compensation, tool length offset, TLC (tool length compensation) || ⸰ (Leitstellenkopplung) / network control centre coupling module, control centre coupling, CM
L-Kasten *m* / horizontal right-angle bend, horizontal bend, horizontal angle (unit), L unit
LKL-Drehübertrager *m* / commutating device for fibre-optic cable
LKW *m* / truck *n* || ⸰**-Plane** *f* / truck tarpaulin
LLC / LLC, logical link control (LLC)
LLCCC / Leadless Ceramic Chip Carrier (LLCCC)
LLC'-Protokoll *n* / logical link control protocol || ⸰**-Teilschicht** *f* / logical link control sublayer
L-Leiter *m* / L-conductor *n*
LLI / LLI (lower layer interface)
LM *m* / language manager (LM) || ⸰ **(Lüftermodul)** *n* / fan module
LMES *n* / Logistics and Manufacturing Execution System (LMES)
L-Messung *f* / inductance measurement
L-Modul *n* / elbow || ⸰**, Knie nach oben/unten** / edgewise elbow up/down || ⸰**, Winkel nach links/rechts** / flatwise elbow left/right
LMS / LMS (Linear Motor Systems) || ⸰ (Lagemesssystem) / PMS (position measuring system)
LNR (laufende Nr.) / SER (serial number)
LO *m* / language operator (LO)
Loader *m* / Loader *n*
LOC / localizer *n* (LOC)
Local Area Network / local area network (LAN), bus-type network, bus-type local area network, multidrop network, multipoint LAN, bus *n* || ⸰ **Interconnect Network** *n* (Sub-Bussystem für industrielle Steuerungen) / Local Interconnect Network || ⸰**-Repeater** *m* / local repeater
Location-Cursor *m* / location cursor (cursor to select elements (e.g. buttons, list items) within an area)
Loch *n* / hole || ⸰ *n* (unbesetzte Stelle in einem nahezu gefüllten Energieband, die sich wie ein Ladungsträger mit einer positiven Elementarladung verhält) / defect electron || ⸰**abstand** *m* / distance between hole centres, fixing centres, hole spacing, hole pitch || ⸰**band** *n* / paper tape, tape *n* || ⸰**barkeit** *f* / punching quality || ⸰**bild** *n* / hole pattern || ⸰**blech** *n* / perforated sheet, perforated plate || ⸰**blende** *f* / aperture plate || ⸰**blendenkammer** *f* / pinhole camera, apertured-diaphragm camera || ⸰**boden** *m* (Kühler) / tube plate, tube sheet || ⸰**drosselkörper** *m* / multi-orifice restriction plate, perforated restriction plate || ⸰**durchmesser** *m* / diameter of hole || ⸰**eisen** *n* / hollow punch
lochen *v* / perforate *v*, punch *v* || **~** *v* (stanzen) / pierce *v*
lochendes Maximumwerk / punching maximum-demand mechanism
Locher *m* / hole punch, punch *n*
Löcher·dichte *f* / hole density || ⸰**halbleiter** *m* / hole semiconductor, P-type semiconductor || ⸰**leitfähigkeit** *f* / hole-type conductivity, P-type conductivity || ⸰**leitung** *f* / hole conduction, P-type conduction
Loch·flansch *m* / slotted flange || ⸰**folge** *f* / hole pattern || ⸰**fraß** *m* / pitting *n* || ⸰**fraßpotential** *n* / pitting potential || ⸰**gitter** *n* / grid of holes, hole matrix, hole spacing || ⸰**grund** *m* / base of hole
Lochkarte *f* / punched card, punchcard *n*
Loch·kartenleser *m* / card reader (CR) || ⸰**korrosion** *f* / pitting corrosion
Lochkreis *m* / bolt pitch circle, hole circle, bolt hole circle, hole pattern, drilling pattern, circle of holes, drill pattern || ⸰ **bearbeiten** / machining a circle of holes || ⸰**bogen** *m* / arc of holes || ⸰**bohren** *n* / hole circle drilling || ⸰**durchmesser** *m* / hole-circle diameter
Loch·leibung *f* / bearing stress || ⸰**leibungsdruck** *m* / bearing pressure, bolt bearing pressure, bearing stress || ⸰**leiste** *f* / punched strap || ⸰**maske** *f* / shadow mask, dot mask || ⸰**muster** *n* / pattern of holes || ⸰**naht** *f* / plug weld || ⸰**prägung** *f* / hole mark || ⸰**profil** *n* / perforated section || ⸰**prüfer** *m* (Lochkartenp.) / (card) verifier
Loch·rahmen *m* / hole frame || ⸰**raster** *n* / hole matrix, grid of holes, hole spacing || ⸰**reihe** *f* / line of holes, row of holes || ⸰**reihe bearbeiten** / machining a row of holes || ⸰**säge** *f* / keyhole hacksaw || ⸰**schablone** *f* / hole template || ⸰**scheibe** *f* / perforated disk, scanning disk || ⸰**scheibe** *f* (Kuppl.) / holed coupling half, hole half || ⸰**scheibenpaket** / assembly of perforated disks || ⸰**schnitt** *m* / piercing tool || ⸰**stanzer** *m* / hollow punch || ⸰**stein** *m* / bearing jewel, jewel *n*
Lochstreifen *m* (gestanzt) / punched paper tape, punched tape || ⸰ *m* / perforated tape, tape *n* || ⸰ *m* (ungestanzt) / paper tape || ⸰**ausgabe** *f* / tape output || ⸰**code** *m* / punched-tape code || ⸰**eingabe** *f* / tape input || ⸰**ende** *n* (NC-Zusatzfunktion nach DIN 66025) / end of tape || ⸰**-Fallschacht** *m* / tape tumble box || ⸰**format** *n* / punched tape format
lochstreifengesteuert *adj* / tape-controlled *adj*
Lochstreifen·länge *f* / tape length || ⸰**leser** *m* / paper tape reader (PTA), punched-tape reader, tape reader, paper-tape reader || ⸰**leser-/-stanzereinheit** *f* / tape reader/punch unit || ⸰**lesereinheit** *f* / tape reader unit || ⸰**locher** *m* / paper tape punch, tape punch, keyboard perforator
lochstreifenlose numerische Steuerung / tapeless numerical control
Lochstreifen·rolle *f* / roll of unpunched tape || ⸰**rücklauf** *m* / tape rewind || ⸰**stanzer** *m* / paper tape punch, tape punch, keyboard perforator || ⸰**stanzereinheit** *f* / tape punch unit || ⸰**steuerung** *f* / tape control || ⸰**vermittlung** *f* / reperforator switching || ⸰**weitersender** *m* / perforated-tape retransmitter || ⸰**wickler** *m* / tape winder || ⸰**zeichen** *n* / tape character
Loch·teilung *f* / hole spacing, hole pitch ||

⁂teilungsmaß *n* / hole spacing, hole pitch || ⁂wandreinigung *f* / hole cleaning || ⁂zahl *f* / number of holes
Lockbyte *n* / lock byte
locker werden / work loose, become slack
lockern *v* (Passung, Sitz) / ease *v* || **lockern** *v* (Schraube) / slacken *v*, loosen *v* || ⁂ *n* / slackening || **sich ~** / work loose, become slack
Lockerungsschutz, Anschlussklemme mit ⁂ / locked terminal, self-locking terminal
LODI-Bild *n* / tabular display
Löffelbagger *m* / shovel excavator
Logarithmierer *m* (Baugruppe) / logarithmation module, log module
logarithmisch·e Normalverteilung DIN 55350,T.22 / log-normal distribution || **~e Spirale** / logarithmic spiral || **~e Teilung** / logarithmic scale || **~er Digital-Analog-Umsetzer** (LOGDAC) / logarithmic digital-to-analog converter (LOGDAC) || **~es Amplitudenverhältnis** / logarithmic gain
Logarithmus *m* / logarithm *n*
Logbuch *n* / log book, logbook *n*, fault log || ⁂auswertung *f* / logbook evaluation
LOGDAC / logarithmic digital-to-analog converter (LOGDAC)
Log·datei *f* / log file || ⁂**daten** *plt* / log data || **alte** ⁂**daten** / old log data
Logik *f* / logic *n*, logics *n*, logic circuit (o. circuity) || ⁂ **mit hoher Störschwelle** / high-threshold logic (HTL) || ⁂ **mit Stromsteuerung** / current-mode logic (CML) || ⁂ **mit variabler Schwelle** / variable-threshold logic (VTL) || **Algebra der** ⁂ / logical algebra || **Boolesche** ⁂ / boolean logic || **pneumatische** ⁂ (Fluidik) / fluidic logic, fluidics *plt* || **sichere programmierbare** ⁂ (SPL) / safe programmable logic (SPL) || ⁂**ablaufplan** *m* / logic sequence diagram, logic flow chart || ⁂**analysator** *m* (LA) / logic analyzer (LA) || ⁂**baugruppe** *f* / logic module || ⁂**baustein** *m* / logic module || ⁂**bedientafel** *f* / logic control panel || ⁂**-Bedienungstafel** *f* / logic control panel || ⁂**element** *n* / logic element || ⁂**funktion** *f* / logic function || ⁂**gatter** *n* / logic gate || ⁂**glied** *n* / logic element, logic operator || ⁂**komponente** *f* / component, logic section || ⁂**konverter** *m* / logic converter || ⁂**konzept** *n* / logic concept || ⁂**modul** *n* / logic module, logic submodule || ⁂**plan** *m* / logic diagram || ⁂**polarität** *f* / logic polarity || ⁂**raster** *m* / logic grid || ⁂**schaltung** *f* / logic circuit, logic array || ⁂**softwarebaustein** *m* / logic software module || ⁂**spannung** *f* / voltage *n* || ⁂**system** *n* / logic system || ⁂**wandler** *m* / logic converter || ⁂**werk** *n* / logic module, logic unit, arithmetic and logic unit, arithmetic logic unit, arithmetic unit, ALU (arithmetic logic unit) || ⁂**werk** *n* (Decodierer) / logic decoder
Login-Maske *f* / login screen
logisch *adj* / logical *adj* || **~ eins** / logical one || **~ Null** / logical zero || **~ unverknüpft** / not logically combined || **~ verknüpft** / logically combined || **~ verknüpfte Einzelstörmeldungen** / separate alarms linked by Boolean logic || **~e Bombe** (arglistige Logik, die an einem Rechensystem Schaden verursacht, wenn sie durch eine bestimmte Bedingung im System ausgelöst wird) / logic bomb || **~e Ebene** / logical level || **~e**

Grundfunktion / basic logic function || **~e Gruppe** **(Funktionsbaustein)** / logical group || **~e Kapazität** / logical capacity || **~e Kette** (Operationspfad) / operation path || **~e Kombination** / logical combination || **~e Masse** (Erde) / logic earth, logic ground IEC 625 || **~e Masse-Rückleitung** / logic earth return, logic ground return || **~e Prüfung** / logic test, logical test || **~e Rückwirkungsfreiheit** / absence of logic interaction (or of feedback) || **~e Schaltung** / logic circuit, logic array || **unspezifische ~e Schaltung** / uncommitted logic array || **~e Schnittstelle** (CP-Schnittstelle) / CP interface || **~e Schnittstellennummer** / logical interface number || **~e Steuerung** / logic control || **~e Verbindung** / logical link || **~e Verknüpfung** / logic operation, logic combination, logical interlock || **~e Verknüpfungskette** / sequence of logic operations, logic operations sequence || **~e Verriegelung** (Benutzung spezieller Verfahren, um Daten oder Software gegen unerlaubtes Kopieren zu schützen) / padlocking || **~e Wahrscheinlichkeit** / logical probability || **~e Zugangskontrolle** (Benutzung von auf Daten oder Information bezogene Mechanismen zur Zugangskontrolle) / logical access control || **~er Baustein** / logic module || **~er Bus** / logical bus || **~er Knoten** (IEC 61850: eine Einheit, die eine typische Funktion einer Unterstation darstellt) / logical node (LN) (IEC 61850) || **~er Ring** / logical ring || **~er Schaltplan** / logic diagram || **~er Zustand** / state, signal logic state || **~es Eingabegerät** / logical input device || **~es Gerät** / Logical Device (LD) || **~es Gerät - Unterstation** (LGU) / logical device - substation || **~es Gerät - Zentrale (LGZ)** / logical device - master station || **~es Objekt** / logical object || **~es Schema** / logical schema || **~es System** / logic system || **~es Zweigende** / logic branch end
Logistik *f* / logistics *n* || **integrierte** ⁂ / integrated logistics || ⁂**betriebsmittel** *plt* / logistical resources || ⁂**leistung** *f* / logistical output (o. performance) || ⁂**prozess** *m* / logistics process || ⁂**zentrum** (LZ) *n* / Logistics Center
logistische Kette (CIM) / integrated logistic services || **~ Verzugsdauer** *f* / logistic delay
Lognormalverteilung *f* DIN 55350,T.22 / lognormal distribution
Lohn für An- und Abfahrtszeit *m* / portal-to-portal pay || ⁂**buchhalter** *m* / wages clerk || ⁂**empfänger** *m* / wage earner || ⁂**endmeldung** *f* / wage end confirmation || ⁂**fertiger** *m* (Unternehmen, das im Auftrag eines anderen Unternehmens fertigt/ produziert) / job shop || ⁂**fräsen** / milling on a job-contract basis || ⁂**meldung** *f* / wage confirmation || ⁂**pfändungsbeschluss** *m* / garnishment rulling || ⁂**schein** *m* / wage slip || ⁂**steuer** *f* / tax on wages || ⁂**verhandlungen** *f pl* / wage talks
lokal *adj* / local *adj*, at machine level, machine-related, direct at the machine || **~ operierendes Netz** (LON) / locally operating network (LON) || **~, vor Ort** *adj* / local
Lokal·adressverwaltung *f* (Adressverwaltung, bei der alle LAN-Einzeladressen innerhalb desselben lokalen Netzes eindeutig sind) / local address administration || ⁂**betrieb** *m* / in-local (Operating a terminal without transmitting signals to line, e.g.

Lokaldaten

to produce a record of a message to be transmitted at automatic speed at a later time) || ~bus *m* (L-Bus) / local bus || ~bussegment *n* / local bus segment
Lokaldaten *plt* / local data || **dynamische ~** / dynamic local data || **~bedarf** *m* / local data requirement || **~bit** *n* / local data bit || **~byte** *n* / local data byte || **~-Doppelwort** *n* / local data double word || **~netz** *n* / local area network (LAN) || **~-Stack (L-Stack)** *m* / local data stack || **~wort (LW)** *n* / temporary local data word
lokale Anwenderdaten (LUD) / local user data (LUD) || **~ Anwendervariable** / local user variable || **~ Bezeichnung** (Kommunikationsnetz) DIN ISO 7498 / local title || **~ Navigation** / local navigation || **~ Probe** / spot sample || **~ PROFIBUS-Adresse** / local PROFIBUS address || **~ Steuereinheit** / Local Control Unit (LCU) || **~ Variable** / local variable || **~ Vorrangbedien-/Anzeigeeinrichtung** / local override/indication device
Lokalelement *n* (Korrosionselement) / local cell
lokal·er Anwendungsprozess EN 50090-2-1 / local application process || **~er Anzeiger und Bedienung** / Local Display and Operation || **~er Emitter** / local emitter || **~er Geltungsbereich** (SPS-Programm) / local scope || **~er Navigationspunkt** / local navigation element || **~er Parameter** / local parameter || **~er Sprungschritt** / local jump step || **~er Wert** (Welle) / local value (of a wave) || **~es Bedienen und Beobachten** / local operator control and process monitoring (O&M) || **~es Datennetz** / local area network (LAN) || **~es Industrie-Datennetz** / industrial local area network (ILAN) || **~es Netz** / local area network (LAN) || **~es Netzwerk** / local area network (LAN) || **~es Niveau** / local level
Lokalfeld *n* / local field
Lokalisierer *m* (GKS-Eingabeelement) / locator device
Lokalisierung *f* / localization *n*
Lokalisierungs-Digitaleingang/-ausgang *m* / locating digital input/output
Lokomotiv·-Hebekran *m* / locomotive hoisting crane || **~leuchte** *f* / locomotive headlight || **~transformator** *m* / locomotive transformer
LOLP *f* / loss-of-load probability (LOLP)
LON / locally operating network (LON)
longitudinale Ausbreitung / longitudinal propagation || **~ Komponente** (Projektion eines der Vektoren eines elektromagnetischen Feldes auf die Ausbreitungsrichtung) / longitudinal component || **~ Last** / longitudinal load || **~ Welle** / longitudinal wave
Look-Ahead-Satz *m* / Look Ahead block
LOOP / Loop control
LOP (Liste offener Punkte) / list of open points
Lorentz·-Konstante *f* / Lorentz number || **~-Kraft** *f* / Lorentz force, electrodynamic force || **~sches Lokalfeld** / Lorentz local field
Los *n* / lot *n*, batch *n* || **~ von Normwerkstoffen** / batch of standard material
lösbar *adj* (abnehmbar) / detachable *adj*, removable *adj* || **~e Flachsteckverbindung** / flat quick-connect termination || **~e Kupplung** / clutch *n* || **~e Verbindung** / disconnectable connection, detachable assembly
Losbrechdrehmoment / breakaway torque, friction torque at standstill
Losbrechen *n* (el. Masch.) / breakaway *n*
Losbrech·impuls *m* / breakaway pulse || **~moment** *n* / breakaway torque, friction torque at standstill || **~reibung** *f* / break-away friction || **~spannung** *f* / breakaway voltage
Lösch·anlage *f* (Feuerlöschanl.) / extinguishing system || **~anweisung** *f* / clear file (CLF)
löschbar *adj* / erasable *adj* || **~er programmierbarer Festwertspeicher** (EPROM) / erasable programmable read-only memory (EPROM) || **~er Speicher** / erasable memory, UV-erasable store || **~er Thyristor** / turn-off thyristor || **~es PROM** (EPROM) / erasable PROM (EPROM)
Löschbeschaltung *f* / quenching circuit, suppressor circuit
Löschblech *n* / arc splitter, quenching plate || **Lichtbogen-~** *n* / arc splitter, deign plate || **~einsatz** *m* / arc splitter insert || **~halter** *m* / arc splitter support || **Lichtbogen-~kammer** *f* / arc splitter chamber
Lösch·block *m* / delete block || **~dauer** *f* / erasing rate, time rate of erasing || **~diode** *f* / suppressor diode, anti-surge diode, arc suppression diode || **~drossel** *f* (Kommutierungsdrossel) / commutating reactor || **Lichtbogen-~düse** *f* / arc quenching nozzle
Lösch·eigenschaften *f pl* (Lichtbogenlöschung) / arc-extinguishing properties, arc control characteristics || **~eingang** *m* / resetting input, reset input, it-input *n*, clear input || **~einheit** *f* / erasing facility || **~einrichtung** *f* (Speicher) / erasing facility || **UV-~einrichtung** *f* / UV eraser || **~einsatzsteuerung** *f* / turn-off phase control, termination phase control
Löschen *n* / backspace || **~** *n* (Strom) / extinction *n* (of current), clearing *n* || **~** *n* / turning off *n*, turn-off *n* || **~** *v* / annul *v* || **~** *v* (Lichtbogen) / extinguish *v*, quench *v* || **~** *v* (CAD-Befehl) / undefine *v* || **~** *v* (Anzeige) / cancel *v*, acknowledge *v* || **~** *v* (Text) / delete *v* || **~** *v* (Bildschirmanzeige) / clear *v* || **~** *v* (Daten auf Datenträger) / erase *v* || **~** *v* (Zähler, rückstellen) / reset *v* || **~** *v* (Impuls) / suppress *v* || **~ Basis-NPV** / delete base ZO || **~ Umsetzung** / delete mapping || **den Speicherinhalt ~** / delete the store contents, erase the store contents || **Eingabe ~** / clear entry (CE) || **Kurve ~** / decurve *v*
löschendes Lesen / destructive readout (DRO)
Löschenergie *f* / purge energy
Löschen-Taste *f* / cancel key
Lösch·farbe *f* / erase color || **~funkenstrecke** *f* / spark gap, quench gap, series gap || **~gas** *n* / quenching gas, arc extinguishing gas || **~generator** *m* / erase generator || **~geschwindigkeit** *f* (Speicher) / erasing speed || **~gleichrichter** *m* / quench-circuit rectifier || **~glied** *n* / quenching element || **~glied** *n* (Sicherung) / fuse *n* || **~grenze** *f* / extinction limit || **~grenze für den Fehlerstrom** / self-extinguishing current limit || **~hilfe** *f* / quenching aid || **~hub** *m* / extinction stroke || **~impuls** *m* / turn-off pulse || **~-I²-Wert** *m* / clearing I²
Löschkammer *f* / interrupter chamber || **~** *f* / arcing chamber, arc-chute *n*, extinction chamber, arc control pot || **~blech** *n* / de-ion plate || **~einsatz** *m* / arc-splitter assembly || **~gehäuse** *n* / arcing chamber enclosure
Lösch·kondensator *m* (f. Spannungsspitzen) / surge absorbing capacitor || **~kondensator** *m* / turn-off

capacitor || ⁓kopf m (Magnetkopf) / erasing head || ⁓korb m / quenching basket || ⁓kreis m / quenching circuit || ⁓kriterium n / cancel criterion || **Lichtbogen-⁓mantel** m / arc-quenching sleeve || ⁓**mittel** n / arc extinguishing medium, fuse filler || ⁓**papier** n / blotting paper || ⁓**phase** f (Lichtbogen) / arc-quenching phase || ⁓**rohrableiter** m / expulsion-type arrester, expulsion-tube arrester || ⁓**rohrsicherung** f / expulsion fuse || ⁓**routine** f / clear routine
Lösch·satz m / deletion block || ⁓**schieber** m / (sliding) contact separator, arc interrupting slide || ⁓**signal** n (Speicher) / erase signal, delete (o. deleting) signal || ⁓**signal** n (Signal zum Ungültigmachen eines vorhergehenden Signals) / erasure signal || ⁓**spannung** f / extinction voltage || ⁓**spannung** f / rated voltage, reseal voltage || ⁓**spitze des Schalters** / arc-quenching peak of breaker
Löschspule f / arc suppression coil, arc extinction coil, earth-(o. ground-)fault neutralizer || **Netz mit über** ⁓ **geerdetem Sternpunkt** / earth-fault-neutralizer-grounded system, ground-fault-neutralizer-grounded system, system earthed through an arc-suppression coil, resonant-earthed system || **Erdschluss~** f (ESP) VDE 0532, T.20 / arc suppression coil IEC 289, earth-fault neutralizer, ground-fault neutralizer (US), arc extinction coil
Lösch·stellung f / standard position, basic position, initial setting, initial state || ⁓**stellung** f / reset position, reset state || ⁓**steuerung** f / turn-off phase control, termination phase control || ⁓**strom** m / extinction current
Lösch·taste f / cancelling button, cancelling key, cancel key, clear key, delete key || ⁓**telegramm** n / deletion message || ⁓**thyristor** m / turn-off-thyristor || **Lichtbogen-⁓topf** m / arc control pot || ⁓**transformator** m / neutral autotransformer, neutral earthing transformer
Löschung rückgängig machen / undelete
Löschvermögen, Lichtbogen-⁓ n / arc control capability, arc quenching capability
Lösch·verzögerung f (Ablaufglieder) / resetting delay || ⁓**wasserreserve** f / water reserve for fire fighting || ⁓**winkel** m / extinction angle, margin angle, margin of commutation || ⁓**winkelregelung** f / extinction-angle control || ⁓**zeichen** n E DIN 66257 / delete character (NC) ISO 2806-1980 || ⁓**zeit** f (Speicher, Löschgeschwindigkeit) / erasing rate, time rate of erasing || ⁓**zeit** f (Lichtbogen) / arcing time, arc extinction time || ⁓**zeit** f (Abschaltthyristor) DIN 41786 / gate-controlled turn-off time || ⁓**zweig** m / turn-off arm
Lose f (die relative Bewegung von ineinandergreifenden mechanischen Teilen, die durch unerwünschtes Spiel hervorgerufen wird) / backlash n, internal clearance, clearance n || ⁓ f / windup n (relative movement due to deflection under load) || ⁓ / hysteresis n
lose beiliegend / enclosed separately, supplied separately packed || **~ Bindungen** / dangling bonds
Loseausgleich m / blacklash compensation, reversal error compensation
Löse·einheit f / release unit || ⁓**hebel** m / release lever
Losekompensation f / backlash compensation, reversal error compensation

Löse·kraft f DIN 7182, T.3 / releasing force || ⁓**kraft** f (Steckverbinderkontakte) / extraction force || ⁓**moment** n DIN 7182, T.3 / release torque
lösen v / unplug v, invalidate v || ~ v (abnehmen) / detach v, undo v || ~ v (el. Verbindg.) / disconnect v || ~ v (Bremse) / release v || ~ v (Schraube, Befestigung) / slacken v, loosen v, undo v, untie v || ~ n (Zusatzfunktion) DIN 66025, T.2 / unclamp (NC miscellaneous function) ISO 1056 || ⁓ n / invalidation n, disconnection n
loser Flansch / loose flange || **~ Schmierring** / oil-ring n, ring oiler
Löse·verzögerung f / opentime n || ⁓**werkzeug** n / extraction tool, extractor n
Los·fertigung f / batch production || ⁓**flansch** m / loose flange || ⁓**größe** f / lot size, batch size || ⁓**lager** n / loose bearing || ⁓**lager** n (axial nicht geführt) / floating bearing, non-locating bearing, guide bearing || ⁓**lager** n (Einstelllager) / self-aligning bearing
loslassen v / release v
Loslassschwelle f (Körperstrom) / releasing current, let-go current
Los·menge f / batch quantity || ⁓**nummer** f / batch number || ⁓**prüfung** f / batch test || ⁓**punkt** m (Auflager) / sliding support || ⁓**ring** m (Schmierring) / oil-ring n, ring oiler
Losringschmierung f / oil-ring lubrication, ring oiling, ring lubrication
Losscheibe f / idler pulley
Loss-of-load-probability (LOLP) f / loss-of-load probability (LOLP)
Losumfang m (Anzahl der Einheiten im Los) / lot size
Lösung f / solution n || ⁓ **des Zugangskonflikts** / recovery procedure
Lösungs·findung f / resolution of the problem || ⁓**glühen** n / solution annealing || ⁓**kontrolle** f / solution control || ⁓**konzept** n / solution concept || ⁓**maßnahme** f / solution n || ⁓**mittel** n / solvent n || ⁓**mittelbeständigkeit** f / solvent resistance || ⁓**mitteldampf** m / solvent fumes || ⁓ **mittelfrei** adj / solventless adj, solvent-free adj || ⁓**paket** n / solution package || ⁓**raum** m / solution space || ⁓**weg** m / solution approach, solution path
Loswechsel m / batch changeover
losweise Prüfung / lot-by-lot inspection
Lot n / brazing filler metal || ⁓ n (Lötung) / solder n || ⁓ n (Senklot) / plumb bob, plummet n, bob n || **schmelzflüssiges** ⁓ / molten filler metal
Löt·abdecklack m / solder resist || ⁓**abweichung** f / plumb-line deviation, deviation from the vertical || ⁓**adapter** m / solder adapter || ⁓**lage** f / soldering machine || ⁓**anschluss** m / solder termination IEC 603-1, soldered connection, soldered joint, solder pad || ⁓**anschluss** m (Klemme) / solder terminal, solder lug terminal || ⁓**anschluss für gedruckte Schaltungen** / printed-circuit pin terminal || **Ausgleich des** ⁓**auftrags** / solder levelling || ⁓**auge** n / soldering eyelet
lötaugenloses Loch / landless hole
Lötbad n / solder bath
lötbar adj / solderable adj, suitable for soldering, can be soldered
Löt·barkeit f / solderability n, suitability for soldering || ⁓**barkeitsprüfung** f / soldering test || ⁓**bein** n / soldering post || ⁓**brücke** f / soldering jumper || ⁓**brücken** f pl / soldering link ||

löten 530

♦brückenverbindung *f* / wire bonding ‖ ♦bügel *m* / soldering iron ‖ ♦draht *m* / soldering wire, solder wire
löten *v* / solder *v*, soft-solder *v* ‖ ~ *v* / rewire *v* ‖ ♦ *n* / soldering
Löt·fahne *f* / soldering tag, solder lug ‖ ♦folie *f* / soldering foil
lötfrei *adj* / solderless ‖ ~e Verbindung / solderless connection, wrapped connection, wire-wrap *n* ‖ ~e Wickelverbindung / solderless wrapped connection ‖ ~er Verbinder / solderless connector
Löt·hülse *f* / soldering sleeve ‖ ♦kegelhöhe *f* / solder cone hight ‖ ♦kolben *m* / soldering iron, soldering copper ‖ ~kolbenfreie Handhabung / handling without soldering iron ‖ ♦kontakt *m* / solder contact ‖ ♦kugel *f* / soldering globule, solder ball ‖ ♦länge *f* / soldering length ‖ ♦lasche *f* / soldering lug, soldering tag ‖ ♦leiste *f* / solder tag strip, tag block, tag-end connector block, soldering strip ‖ ♦leistenplan *m* / terminal diagram IEC 113-1, terminal connection diagram
lötlose Verbindung / solderless connection, wrapped connection, wire-wrap *n*
Löt·maschine *f* / soldering machine ‖ ♦maske *f* / solder mask ‖ ♦mittel *n* / soldering flux, solder ‖ ♦muffe *f* / wiping gland, wiping sleeve ‖ ♦ofen *m* / soldering oven ‖ ♦öse *f* / soldering tag, soldering tab, solder lug ‖ ♦ösenbaugruppe *f* (Leiterplatte) / bare module board ‖ ♦ösenbrett *n* / tagboard *n* ‖ ♦ösenleiste *f* / solder tag strip, tag block, tag-end connector block
Lotpaste *f* / soldering paste, solder paste
Löt·paste *f* / solder paste ‖ ♦pasten-Applikation *f* / application of solder paste ‖ ♦plombe *f* (Verbindung Kabelmantel- Kabeleinführung) / wiped solder joint ‖ ♦prüfung *f* / soldering test ‖ ♦punkt *m* / soldering point ‖ ♦randbreite *f* / annular width ‖ ♦randunterbrechung *f* / hole breakout
lotrecht *adj* / truly vertical, perpendicular *adj* ‖ ~ ausrichten / align vertically, align perpendicularly
Lotrechte *f* / vertical *n* (line), plumb line
Lotrichtung *f* / plumb-line direction, perpendicular direction
Löt·roboter *m* / soldering robot ‖ ♦scheibe *f* / soldering disc ‖ ♦schraubklemme *f* / soldering screwed terminal ‖ ♦schuh *m* / soldering lug, sweating thimble ‖ ♦seigerung *f* / segregation ‖ ♦seite *f* / solder side, soldering side ‖ ♦sicherung *f* / rewirable fuse ‖ ♦sockel *m* / soldering base, soldering socket ‖ ♦spitze *f* / soldering tip ‖ ♦station *f* / soldering station ‖ ♦stecksockel *m* / soldering plug-in socket ‖ ♦stelle *f* / soldered joint, soldered connection, soldering point, solder joint ‖ ♦stelle *f* (Thermoelement) / soldered junction, junction *n*
Löt·stellenprüfung *f* / soldered joint inspection ‖ ♦stift *m* / solder pin, terminal pin, soldering pin ‖ ♦stiftadapter *m* / solder pin adapter, solder pin connection ‖ ♦stiftanschluss *m* / solder pin adapter, solder pin connection ‖ ♦stopplack *m* / solder resist ‖ ♦streifen *f* / solder tag strip, tag block, tag-end connector block ‖ ♦stützfahne *f* / soldering flag ‖ ♦stützfahnen *f pl* / soldering flags ‖ ♦stützpunkt *m* / solder tag, soldering terminal, soldering tab ‖ ♦stützpunkte *m pl* / soldering tabs ‖ ♦system *n* / soldering system ‖ ♦technik *f* /

soldering technique ‖ ♦teil mit Passsitz / snugly fitting part ‖ ♦temperatur *f* / soldering temperature ‖ ♦temperatur *f* / brazing temperature
Lötung *f* / soldering *n* ‖ ♦ Ende Cu-Bänder / soldering of end of Cu strips ‖ ♦ Lagerstück / bearing piece soldering ‖ freie ♦ (Verdrahtung) / point-to-point soldered wiring
Löt·verbinder *m* / solder connector ‖ ♦verbindung *f* / soldered connection, solder(ing) joint, soldering terminal
Lotverfahren *n* (Chromatographie) / perpendicular method
Löt·verteiler *m* / tag block, solder tag distributor ‖ ♦verteilerplan *m* / terminal diagram IEC 113-1, terminal connection diagram ‖ ♦wärmebeständigkeit *f* / resistance to soldering heat ‖ ♦welle *f* / soldering shaft ‖ ♦werkzeug *n* / soldering tool ‖ ♦zinn *m* / tin-lead solder, tinman's solder
Low-·Byte *n* / low byte ‖ ♦-Cost-Variante *f* / low-cost version ‖ ♦-End-Schutz *m* / low-end protection ‖ ♦ Speed Version 2 (LSV2) / low speed version 2 (LSV2)
LP (Leiterplatte) / PC board (printed circuit board), board *n*, pcb (printed circuit board), circuit board ‖ ♦ / substation processor module ‖ ♦ entfernen (Leiterplatte entfernen) / Remove PCB ‖ ♦ ins Ausgabeband / PCB to Output Conveyor ‖ ♦ ins Mittenband / PCB to Center Conveyor ‖ ♦-Abmessungen / PCB dimensions ‖ ♦-Ausgabe (Leiterplatten-Ausgabe) *f* / PCB output ‖ ♦-Barcode (Leiterplatten-Barcode) *m* / PCB barcode ‖ ♦-Barcode oben (Leiterplatten-Barcode oben) *m* / PCB barcode (top) ‖ ♦-Barcode unten (Leiterplatten-Barcode unten) *m* / PCB barcode (bottom) ‖ ♦-Barcodelesebetrieb *m* / PCB barcode reading process ‖ ♦-Barcodeleser (Leiterplatten-Barcodeleser) *m* / PCB barcode reader (reader mounted at the input conveyor and reading the PCB barcode) ‖ ♦-Beschreibung (Leiterplatten-Beschreibung) *f* / PCB description ‖ ♦-Bestückung (Leiterplatten-Bestückung) *f* / population of a PCB ‖ ♦-Breite (Leiterplatten-Breite) *f* / PCB width ‖ ♦-Breitenanpassung (Leiterplatten-Breitenanpassung) *f* / PCB width adjustment
L-Pegel *m* (Signal) / low level, low state ‖ auf L-Pegel setzen / drive to low level, drive low ‖ ♦-Ladung *f* / low-level charge, fat zero
LP-Eingabe (Leiterplatten-Eingabe) *f* / PCB input
LPF / list of peripheral faults
LP-·Fixierung (Leiterplatten-Fixierung) *f* / centering of PCBs in position ‖ ♦-Folienlayout bzw. Layout auf Spritzgussteil / PCB layout, foil layout or layout of injection die cast ‖ ♦-Format (Leiterplatten-Format) *n* / PCB format ‖ ♦-Größe (Leiterplatten-Größe) *f* / PCB size ‖ ♦-Handling (Leiterplatten-Handling) *n* / PCB handling ‖ ♦-Kamera (Leiterplatten-Kamera) *f* / PCB camera ‖ ♦-Lage (Lage der Leiterplatte) *f* / position of the PCB ‖ ♦-Lageabweichung (Leiterplatten-Lageabweichung) *f* / deviation in the position of the PCB ‖ ♦-Lageerkennung (Leiterplatten-Lageerkennung) *f* / PCB position recognition ‖ ♦-Lageerkennungssystem (Leiterplatten-Lageerkennungssystem) *n* / PCB position recognition system ‖ ♦-Lagekorrektur

(Leiterplatten-Lagekorrektur) *f* / PCB position correction
LPM (Lebensdauer-Prüfmenge) / LTQ (life test quality)
LP'-Magazin (Leiterplatten-Magazin) *n* / PCB magazine || ⁓-**Mapping (Leiterplatten-Mapping)** *n* / PCB mapping || ⁓-**Marke (Leiterplatten-Marke)** *f* / PCB fiducial || ⁓-**Maße (Leiterplatten-Maße)** *f* / PCB dimensions || ⁓-**Oberseite (Leiterplatten-Oberseite)** *f* / PCB topside
L-Potential *n* / low potential
LPP (Leitplastikpoti) / conductive plastic track poti || ⁓ / conductive plastic potentiometer
LP-Puffer (Leiterplatten-Puffer) *m* / PCB puffer
L-Preis *m* / list price, L price
LPS / list of projected slaves (LPS)
LP-Stopper (Leiterplatten-Stopper) *m* / stopper *n*
LPT / LPT (line print terminal)
LP'-Transport (Leiterplatten-Transport) *m* / PCB conveyor || ⁓-**Transportbereich (Leiterplatten-Transportbereich)** *m* / PCB transport system || ⁓-**Transportbreite (Leiterplatten-Transportbreite)** *f* / PCB conveyor width || ⁓-**Transportfunktionen (Leiterplatten-Transportfunktionen)** *f* / PCB transport functions || ⁓-**Transporthöhe (Leiterplatten-Transporthöhe)** *f* / PCB conveyor height || ⁓-**Transportrichtung (Leiterplatten-Transportrichtung)** *f* / PCB transport direction || ⁓-**Transportschnittstelle (Leiterplatten-Transportschnittstelle)** *f* / PCB transport signal interface || ⁓-**Transportseite** *f* / side of the PCB conveyor || ⁓-**Transportverlängerung (Leiterplatten-Transportverlängerung)** *f* / PCB transport extension || ⁓-**Typ (Leiterplatten-Typ)** *m* / PCB type || ⁓-**Unebenheit (Leiterplatten-Unebenheit)** *f* / irregularity in the PCB || ⁓-**Unterseite (Leiterplatten-Unterseite)** *f* / PCB underside || ⁓-**Vision (Leiterplatten-Vision)** *f* / PCB vision system || ⁓-**Visionsystem (Leiterplatten-Visionsystem)** *n* / PCB vision system || ⁓-**Wechselzeit (Leiterplatten-Wechselzeit)** *f* / PC board changeover time || ⁓-**Wölbung (Leiterplatten-Wölbung)** *f* / irregular PCB surface, PCB warpage, warping || ⁓-**Zeichnung** *f* / PCB-drawing || ⁓-**Zentrierung (Leiterplatten-Zentrierung)** *f* / PCB centering
LQ / limiting quality level (LQL), rejectable quality level (RQL)
LQL / limiting quality level (LQL), rejectable quality level (RQL)
LR (Lageregelung) / position feedback control, position feedback loop, position control loop, position control || ⁓ (Lageregelkreis) / position feedback control, position feedback loop, position control loop, position control || ⁓ (**Leitrechner**) *m* / host *n* (higher-level computer) || ⁓ (**Linienrechner**) *m* / line computer || ⁓-**Empfang** *m* / LC reception (receive task for messages from the line computer)
LRK (Lageregelkreis) / PCL (Position Control Loop)
LRR (Linienrechner Receive Task) / line computer, receive task
LRS (Linienrechner Sende Task) / line computer, send task
LR-UNIX (UNIX-Linienrechner) *m* / UNIX line computer

LRV 92 (Schweizerische Luftreinhalteverordnung) / LRV 92 (Swiss Emission Control Law)
LS (Leistungsschalter) / CB (circuit-breaker), m.c.b. || ⁓ (Leitspindel) / master spindle, screw spindle, LS (leading spindle) || ⁓ (**Leistungsschalter**) *m* / circuit breaker (CBR)
L/S (Lesen/Schreiben) / R/W (Read/Write)
LSA (Leittechnik für Schaltanlagen) / substation control and protection, substation automation
LSB / least significant bit (LSB)
LSC *m* / line-side converter (LSC)
LSCG / low evolution of smoke and corrosive gases (LSCG)
L-Schaltung, Zweitor in ⁓ / L-network *n*
LS/DI-Schalter *m* / r.c.d.-operated circuit-breaker, residual-current-operated circuit-breaker
LSEN / low side enable
LSF / low evolution of smoke and corrosive gases || ⁓ / LSF (low smoke and fume)
LS-Format *n* / tape format
LSI / Large Scale Integration (LSI)
L-Signalpegel *m* / low signal level
LSL / slow noise-proof logic, high-level logic (HLL) || ⁓ / lower specification limit (LSL)
LSM (Linearsynchronmotor) / linear synchronous motor (LSM)
LSOH / low smoke and zero halogen (LSOH)
L-Spannungsbereich *m* / low-state voltage range
LSPM (ASICs für PROFIBUS, Bsp: LSPM2 für einfache Slave-Anwendungen) / LSPM *n*
LSR *m* / line-side rectifier (LSR)
LSS *m* / laser subtractive structuring (LSS)
LS-Schalter *m* / circuit-breaker *n*, miniature circuit-breaker, m.c.b.
L-Stack (Lokaldaten-Stack) *m* / local data stack
LSV2 / LSV2 (low speed version 2)
L-System *n* / busbar trunking (system), overhead busbar trunking, busway (system), bus duct (system)
LT (Leistungstransformator) / power transformer || ⁓ (**Leuchttaster**) / illuminated pushbutton, illuminated pushbutton unit, illuminated key, luminous pushbutton || ⁓ (Leistungsteil) / PS (power stack), PS (power section), power module, power handling section, power section || ⁓ *f* (**Leittechnik**) / process control || ⁓ *m* (**Leuchttaster**) / illuminated key
L-Tastung *f* / L-momentary *n*
LTCC / LTCC (low-temperature co-fired ceramic)
LTG (Leitung) *f* / cable *n*
LTR / power transistor, lamp transformer
LT-Überlastwarnung *f* / inverter overload warning
LU (Langunterbrechung) / DAR (delayed auto-reclosure)
Lubrizität *f* / lubricity *n*
Lückbetrieb *m* (Gleichstrom) / intermittent flow, pulsating d.c. operation, intermittent flow of direct current
Lücke *f* / interval *n*, spacing *n*, vacancy *n*, clearance *n*, space *n* || ⁓ *f* (Energielücke) / gap *n*
Lückenbildung *f* / gap formation
lückender Gleichstrom / pulsating d.c., intermittent d.c., rippled d.c. || **~ Strom** / intermittend flow of DC
lückenlos *adj* (ohne Trennung, DV-Speicher) / contiguous *adj* || **~er Nachweis** / full evidence, complete evidence, fully documented verification

Lückenweite

|| **~es Netz** / air-tight network || **~es Qualitätssicherungs-System** / fully documented quality system
Lückenweite f / gap width
lückfreier Gleichstrom / ripple free d.c., filtered d.c.
Lückstrom m / pulsating current, intermittent current || ⁓**anpassung** f (Verstärker) / discontinuous current gain adaptation || **Stromregler mit** ⁓**anpassung** / pulsating-current-compensating current controller || ⁓**prüfung** f / intermittent direct current test IEC 700
Lückverhalten n / pulsating characteristic
LUD (lokale Anwenderdaten) / local user data (LUD)
Luft f / duty cycle IEC 50(411), internal clearance, clearance n, backlash n || **in** ⁓ **angeordnet** / installed in free air, externally mounted, exposed adj || **in** ⁓ **schaltend** / air-break adj || ⁓ **und Druckluft** / industrial air and compressed air || **Schaltstücke in** ⁓ / air-break contacts BS 4752, contacts in air IEC 129, contact pieces in air || ⁓**abscheider** m / air separator || ⁓**abstand** f / clearance n, clearance in air, air clearance || ⁓**abzug** m / air extraction || ⁓**abzugshaube** f / air extraction hood || ⁓-**Ampèrewindungen** $f pl$ / air-gap ampere turns || ⁓**anschluss** m / connection in air || ⁓**anschluss** m (luftisolierte Kabeleinführung einer Schalteinheit) / air-insulated termination || ⁓**auftrieb** m / buoyancy of the air || ⁓**ausströmer** m / air outlet
Luftaustritt m / air outlet (an aperture in the housing through which air can escape), air discharge, discharged air || ⁓**sdüse** f / air outlet, air vent || ⁓**seite** f / air outlet end, exhaust side
Luftaustritts·gitter n / air-outlet grille || ⁓**öffnung** f / air outlet opening, air outlet, air exhaust, air discharge, air outlet point || ⁓**stutzen** m (el. Masch.) / air discharge adaptor
Luft·bedarf m (f. Kühlung) / air rate required || ⁓**behälter** m / air reservoir || ⁓**bohrungen** $f pl$ / air holes
luftdicht adj / air-tight adj, hermetically sealed, hermetic adj || **~ abgeschlossener Transformator** / hermetically sealed transformer
Luftdichte f / air density || ⁓ **in Meereshöhe** / sea level atmospheric density || ⁓-**Korrekturfaktor** m / air-density correction factor
luftdichter Abschluss / hermetical seal
Luftdrosselspule f / air-core(d) reactor, air-core inductor
Luftdruck m / air pressure, atmospheric pressure || ⁓ **in Meereshöhe** / sea level atmospheric pressure || ⁓**bremse** f / air brake, pneumatic brake || ⁓**messer** m / air pressure gauge || ⁓**minderer** m / air pressure reducer
Luft·durchflussmenge f / rate of air flow, air flow rate, air rate || ⁓**durchsatz** m / rate of air flow, air flow rate, air rate || ⁓**einlass** f / air inlet, air intake, air port || ⁓**einschluss** m / air inclusion, air void, air pocket, trapped air || ⁓**eintritt** m / air inlet, air intake, air port || ⁓**eintrittsgitter** n / air-inlet grille || ⁓**eintrittshaube** f / air inlet cover || ⁓**eintrittsöffnung** f / air inlet point
luftelektrisches Feld / electric field in air || **~ Potential** / electric potential in air
lüften v / vent v, release v
Luftentfeuchter m / dehydrating breather, air drier, dessicant breather, dessicator n

Lüfter m / fan n || ⁓**abdeckhaube** f / fan cowl, fan shroud, fan cover || ⁓**abdeckung** f / fan cover || ⁓**aggregat** n / fan set (o. unit) || ⁓**anschlussspannung** f / motor fan ratings || ⁓**ansteuerung** f / fan control || ⁓**antrieb** m / fan drive || ⁓**aufbau** m / top-mounted fan || ⁓**baugruppe** f / fan unit, fan subassembly (PC hardware), fan module, fan assembly || ⁓**blech** n / fan tray || ⁓**charakteristik** f / square-law torque characteristic, square-law characteristic, fan characteristic || ⁓**einheit** f / fan unit || ⁓**einschub** m / fan module, fan subassembly || ⁓**flügel** m / fan blade, blower blade
Lüfter·gehäuse f / fan housing || ⁓**geräusch** n / fan noise || ⁓**haube** f / fan cowl, fan shroud, fan cover || ⁓**jalousie** f / fan louvre || ⁓**kabel** n / fan cable || ⁓**kragen** m / fan shroud || ⁓**kranz** m / fan impeller || ⁓**leistung** f / ventilator power
lüfterlos adj / without fans || **~ betreibbar** adj / fanless mode adj || **~er Aufbau** / fanless design || **~er Betrieb** / fanless operation
Lüfter·management n / fan management || ⁓**modul (LM)** n / fan module || ⁓**motor** m / fan motor || ⁓**nachlauf** m / fan run-on (time), fan delay time || ⁓**rad** n / fan impeller, fan n || ⁓**relais** n / fan relay || ⁓**schaufel** f / fan blade || ⁓**schrank** m / fan control cabinet || ⁓**steuerung** f / fan control, fan control gear, fan control module (FCM) || ⁓**strom** m / fan current || ⁓**stutzen** m / fan cowl, fan shroud || ⁓**tausch** m / fan replacement || ⁓**träger** m / fan support || ⁓**überwachung** f (Gerät) / fan monitor || ⁓**vorlauf** m / fan pre-start (time) || ⁓-**Vorlauf** f / fan lead time || ⁓**wirkung** f (Läufer) / fanning action || ⁓**zeile** f / fan module || ⁓**zeile** f (ET, elST) / fan subassembly
Luftfahnenrelais n / air-vane relay
Luftfahrt·bodenfeuer n / aeronautical ground light || ⁓**industrie** f / aircraft industry || ⁓**leuchtfeuer** n / aeronautical beacon
Luftfahrzeug n / aircraft n || ⁓-**Abstellplatz** m / aircraft parking position || ⁓-**Standplatz** m / aircraft stand
Luft·federung f / air suspension || ⁓-**Feststoff-Isolierung** f / air-and-solid insulation
Luftfeuchte f / air humidity, humidity n || **relative** ⁓ / relative humidity || ⁓-**Korrekturfaktor** m / humidity correction factor
Luftfeuchtigkeit f / air humidity, atmospheric humidity, humidity n || **relative** ⁓ / humidity range
Luft·feuchtigkeitsmesser m / hygrometer || ⁓**filter** n / air filter, air cleaner assembly || ⁓**filter** n (Kfz) / air cleaner || ⁓**förderleistung** f / air discharge rate || ⁓**fördermenge** f / air discharge rate || ⁓**fracht** f / air freight
luftfrei adj / free from air inclusions, air-free adj || **~ machen** / evacuate v, to suppress air voids
Luftführung f (Luftkreislauf) / air circuit, ventilation circuit, air outlet(s) || ⁓ f (Teil) / air guide
Luftführungs·blech n / air guide, air baffle, air baffle plate || ⁓**einsatz** m / air guide insert || ⁓**haube** f (m. Kühler) / air inlet-outlet housing, heat-exchanger enclosure || ⁓**mantel** m (el. Masch.) / air housing, air jacket, air-circuit enclosure || ⁓**ring** m / air guide ring, air baffle ring || ⁓**schild** m / air shield || ⁓**wand** f / air guide panel || ⁓**wand** f / air guide wall
Luft·funkenstrecke f / spark gap in air ||

⟨gefrierindex *m* / air freezing index
luftgefüllte Maschine / air-filled machine
luftgehärtet *adj* / air-hardened *adj*
luftgekühlt *adj* / air-cooled *adj*, ventilated *adj* || **~er Kondensator** / air-cooled condensator
Luft·geräusch *n* / air noise, aerodynamic noise, windage noise, fan noise || ⟨geschwindigkeit *f* / air velocity
luftgetrocknet *adj* / air-dried *adj*
Luft·gütesensor *m* / air quality sensor || ⟨gütesensorsystem *n* / air quality sensor system || ⟨härten *n* / air hardening || ⟨hebeverfahren *n* / air lift pumping || ⟨hose *f* (el. Masch.) / intake air shield, air shield || ⟨hose *n* (Luftstutzen) / air-duct adaptor || ⟨hutze *f* / air scoop || ⟨induktion *f* / air-gap induction, air-gap flux density
luftisoliert *adj* / air-insulated *adj* || **~e Schaltanlage mit Vakuum-Leistungsschaltern** / air-insulated vacuum-breaker switchgear, air-insulated switchpanels with vacuum circuit-breakers || **~er Kondensator** / air capacitor || **~er Schalter** / air-insulated breaker || **~es Schaltgerät** / air-insulated switchgear (AIS) (IEC/TR 61850-1, IEC/TS 61850-2)
Luft·kabel *n* / aerial cable || ⟨kalometrie *f* / air calometry
luftkalorimetrisches Verfahren / air-calorimetric method
Luftkanal *m* / air duct, ventilating duct || **Maschine für** ⟨anschluss / duct-ventilated machine
Luft·kasten *m* (Leuchte) / boot *n* || ⟨kennlinie *f* / air-gap characteristic || ⟨kernspule *f* / air-core(d) reactor, air-core inductor || ⟨kissen *n* / aircushion || ⟨klappe *f* / air damper || ⟨klappenschalter *m* / air-vane relay || ⟨kondensator *m* / air capacitor || ⟨korrosion *f* / atmospheric corrosion || ⟨-Kraftstoff-Gemisch *n* / air-fuel mixture || ⟨kreislauf *m* / air circuit, ventilation circuit || ⟨kühler *m* / air-to-air heat exchanger, air cooler, air-to-air radiator, radiator *n* || ⟨kühlung *f* / air cooling, ventilation *n*, air natural cooling
Luft·lager *n* / aircushion bearing, air-lubricated bearing, air bearing || ⟨-Lasttrenner *m* / air-break switch-disconnector || ⟨-Lasttrennschalter *m* / air-break switch-disconnector || ⟨leiste *f* / air bar || ⟨leistungsschalter *m* / air circuit-breaker, air circuit breaker || ⟨-Leistungsschalter *m* / air circuit-breaker, air-break circuit-breaker || ⟨leitblech *n* / air guide, air baffle, air deflector || ⟨leitblech *n* (Lüfter) / cowl *n*, shroud *n* || ⟨element *n* / air deflection element || ⟨leiter *m* / aerial conductor, aerial *n* || ⟨leitfläche *f* / air guide || ⟨körper *m* / air deflector || ⟨leitung *f* / air duct, air pipe || ⟨linie *f* / air line, bee line || ⟨linieentfernung *f* / point-to-point distance || ⟨-Luft-Kühlung *f* (el. Masch.) / air-to-air cooling || ⟨-Luft-Wärmetauscher *m* / air-to-air heat exchanger, air-to-air cooler
Luft·masse *f* / air-flow *n* || ⟨massenmesser *m* / air flow meter || ⟨massensensor *m* / air-flow sensor, mass air-flow sensor || ⟨menge *f* / rate of air flow, air flow rate, air rate, air flow || ⟨mengenprüfstand *m* / mass airflow test bed || ⟨messnetz *n* / air pollution monitoring system || ⟨-Metall-Batterie *f* / air-metal battery || ⟨patentieren *n* / air patenting || ⟨polster *n* / air pocket || ⟨polsterbeutel *m* / air-cushion bag ||

⟨presser *m* / air compressor, compressor *n* || ⟨pressersatz *m* / compressor unit || ⟨querschnitt *m* / air-gap area || ⟨rauschen *n* / windage noise, fan noise || ⟨regelventil *n* / air control valve || ⟨reibung *f* / windage *n* || ⟨reibungsverluste *m pl* / windage loss || ⟨reinhaltung *f* / air pollution control || ⟨richtung *f* / direction of air flow || ⟨ringkühlung *f* / closed-circuit air cooling, closed-circuit ventilation || ⟨rohr *n* / air tube
Luftsack *m* / airbag *n* || ⟨steuergerät *n* / airbag collision safety system
Luft·sammelkammer *f* / air collector || ⟨säule *f* / air column || ⟨schacht *m* / (vertical) air duct || ⟨schall *m* / air-borne noise || ⟨schallemission *f* / air-borne acoustic noise emission || ⟨schalter *m* / air-break circuit-breaker, air circuit-breaker, power air circuit-breaker || ⟨schleife *f* / air grinding || ⟨schleuse *f* / air lock || ⟨schlitz *m* / ventilating duct, air duct || ⟨schnittverkürzung *f* / gap control
Luftschütz *n* / air-break contactor || ⟨-Anlasser *m* / contactor-type starter, contactor starter || ⟨-Sterndreieckschalter *m* / contactor type star-delta starter
Luft·schwingungen *f pl* / air fluctuations || ⟨seite *f* / downstream side, tailwater side || ⟨-Selbstkühlung *f* / air natural cooling, natural air cooling, cooling by natural convection
Luftspalt *m* / ventilation space || ⟨ *m* / radial clearance || ⟨ *m* (el. Masch.) / air gap, crest clearance, gap *n* || ⟨abstufung *f* / air-gap grading || ⟨breite *f* / width of air gap, air-gap clearance || ⟨drossel *f* / air-gap reactor || ⟨durchflutung *f* / ampere turns across air gap, air-gap m.m.f. || ⟨-Erregerspannung *f* (el. Masch.) / air-gap field voltage || ⟨-Erregerstrom *m* (el. Masch.) / air-gap field current || ⟨faktor *m* / air-gap factor, fringing coefficient || ⟨feld *n* / air-gap field || **EMK des** ⟨felds / Potier e.m.f.
Luftspaltfluss *m* / air-gap flux || ⟨dichte *f* / air-gap flux density, gap density
Luftspalt-Flussdichteverteilung *f* / air-gap flux-density distribution, gap density distribution
Luftspalt·gerade *f* / air-gap line || ⟨induktion *f* / air-gap induction, air-gap flux density || **mittlere** ⟨induktion / magnetic loading || ⟨kennlinie *f* / air-gap characteristic || ⟨kerndrossel *f* / gapped-core inductor || ⟨lehre *f* / air-gap gauge || ⟨leistung *f* / air-gap power, rotor power input, secondary power input || ⟨leitwert *m* / air-gap permeance
luftspaltloser Magnetkreis / closed magnetic circuit
Luftspalt·magnetometer *f* / flux-gate magnetometer || ⟨spaltmitte *f* / middle of air gap || ⟨querschnitt *m* / air-gap area || **magnetische** ⟨spannung / magnetic potential difference across air gap || ⟨streufluss *m* / air-gap leakage flux || ⟨streuung *f* / gap leakage, circumferential gap leakage, peripheral dispersion, main leakage || ⟨wicklung *f* / air gap winding || ⟨widerstand *m* / air-gap reluctance, gap reluctance
Luft·speicherkraftwerk *n* / compressed-air power station || ⟨spule *f* / air-core(d) reactor, air-core inductor, air-cored coil || ⟨stickstoff *m* / atmospheric nitrogen
Luftstrecke *f* / clearance *n*, clearance in air, air gap, air clearance || ⟨ **zur Erde** VDE 0660, T.101 / clearance to earth IEC 157-1 || ⟨ **zwischen den**

Luftstrom 534

Polen VDE 0660, T.101 / clearance between poles IEC 157-1 || ⁓ **zwischen offenen Schaltstücken** VDE 0660, T.101 / clearance between open contacts IEC 157, (contact) gap *n*
Luftstrom *m* / air flow, air stream, air flow rate, airflow *n*
Lüftstrom *m* / release current
Luftstromgeschwindigkeit *f* / air flow velocity
Luft·strömungsmelder *m* / air-flow indicator || ⁓**strömungswächter** *m* / air-flow indicator, airflow monitor, air-flow proving switch, air-flow monitor || ⁓**stromwächter** *m* / air-flow monitor || ⁓**stutzen** *m* (IPR 44) / air-trunking adaptor, air-duct adaptor, air-pipe connector
Luft·technik *f* / air-break technology || ⁓**transformator** *m* (luftgekühlt) / air-cooled transformer || ⁓**trenner** *m* / air-break disconnector || ⁓-**Trennschalter** *m* / air-break disconnector || ⁓**trennwand** *f* / air guiding partition || ~**trocknend** *adj* / air-drying *adj* || ⁓**trockner** *m* / air drier || ⁓**überwachung** *f* (Umweltschutz) / air pollution monitoring, air quality monitoring || **Messeinrichtungen zur** ⁓**überwachung** / air pollution instrumentation || ~**umfasst** *adj* / air-assisted (injection valve) *adj* || ⁓**umwälzung** *f* / forced air circulation, air circulation, forced air ventilation || ⁓-**Umwälz-Wasserkühlung** *f* (LUW) / closed-circuit air-water cooling, recirculating air-to-water cooling || ⁓- **und Kriechstrecken** *f* / clearance and creepage distances || ⁓- **und Lagerreibungsverluste** *f* / friction and windage loss
Lüftung *f* / ventilation *n*, air cooling
Lüftungs·dach *n* / venting roof || ⁓**flügel** *m* / ventilation wing || ⁓**freiraum** *m* / ventilation space || ⁓**gitter** *n* / ventilation grille, air grille || ⁓**kiemen** *f pl* / ventilation gills || ⁓**schlitz** *m* / ventilation slot, venting slot || ⁓**verluste** *m pl* / windage loss, internal windage loss || ⁓**zentrale** *f* / ventilation control centre
Luft·ventil *n* / air valve || ⁓**verdichter** *m* / air compressor, compressor *n* || ⁓**vergüten** *n* / tempering in air || ⁓**verkehr** *m* / air traffic, air transport || ⁓**verschmutzung** *f* / air pollution, atmospheric pollution || ⁓**versorgung** *f* / air supply || ⁓**versorgungsanlage** *f* / air supply equipment
luftverunreinigender Stoff / air pollutant, airpolluting substance
Luft·verunreinigung *f* / air pollution || ⁓**verunreinigung** *f* (EN 721-3-3) / contamination *n* || ⁓**vorrat** *m* / stored air volume, air reserve || ⁓**wandler** *m* / air-core transformer, air-insulated transformer || ⁓/**Wasserkühler** *m* / air/water cooler || ⁓-**Wasser-Kühlung** *f* (el. Masch.) / air-to-water cooling || ⁓-**Wasser-Wärmetauscher** *m* / air-to-water heat exchanger, air-to-water cooler || ⁓**wechsel pro Stunde** / air changes per hour || ⁓**weg** *m* (el. Masch.) / ventilating passage, ventilating path || ⁓**widerstand** *m* / air resistance, aerodynamic drag || ⁓**widerstandsbeiwert** *m* / coefficient of drag
Lüftzeit *f* / release time
Luft·zerlegung *f* / air fractionation, air separation || ⁓**zuführung** *f* / air inlet, air induction || ⁓**zuführungskanal** *m* / air supply duct, air inlet duct || ⁓**zug** *m* / ventilation *n*, draft *n*
LPCVD / LPCVD (low-pressure chemical vapor deposition)
LP'-Dicke (Leiterplatten-Dicke) *f* / PCB thickness || ⁓-**Doppeltransport** *m* / dual conveyor || ⁓-**Durchbiegung** *f* / sagging *n*
LPE / LPE (liquid phase epitaxy), solution growth
LP-Editor (Leiterplatten-Editor) *m* / PCB editor
LPE-ER-Prozess (liquid phase epitaxy etchback regrowth-Prozess) *m* / liquid phase epitaxy etchback regrowth method
Lumen *n* / lumen *n* || ⁓**sekunde** *f* / lumen-second *n*
Lumineszenz *f* / luminescence *n* || ⁓**ausbeute** *f* / quantum efficiency, quantum yield, luminescence efficiency || ⁓**diode** *f* / luminescent diode, light emitting diode (LED) || ⁓-**Emissionsspektrum** *n* / luminescence emission spectrum || ~**emittierende Diode** (LED) / light emitting diode (LED) || ⁓**leuchte** *f* / self-luminous sign
Luminiphor *m* (luminesziserendes Material) / luminiphor *n*, phosphor *n*, fluorophor *n*
Lünette *f* / steady *n*, steadyrest *n*, end support
Lunker *m* / shrink hole, contraction cavity || ⁓ *m* (Hohlraum infolge Erstarrungsschwindung) / shrinkage cavity, cavity *n*
lunkerfrei *adj* / free from shrink holes, free of shrink holes
Lupe *f* / magnifying glass, magnifying lens, detail function, zoom-in function, zoom in, zoom *n*
Lupen, die ⁓ **besser anordnen** / improve the zoom arrangement
Lupen·anzeige *f* / zoom display, zoom-in *n* || ⁓-**Ausgabe** *f* / zoom output || ⁓**darstellung** *f* / zoom-in *n* || ⁓**darstellung** *f* / zoom display, close-up *n*, detail representation || ⁓**funktion** *f* / magnifying glass, magnifying lens, zoom in, zoom *n* || ⁓**funktion** *f* (Grafikbildschirm) / detail function, zoom-in function || ⁓**inhalte** *m pl* / zoom contents || ⁓**sprache** *f* / zoom language || ⁓**sprachenparser** *m* / zoom language parser || ⁓**teil** *n* / zoom section || ⁓**wirkung** *f* / magnifying effect
Lüsterklemme *f* / lamp-wire connector, terminal block
LUW / closed-circuit air-water cooling, recirculating air-to-water cooling
Lux *n* (Lumen je Quadratmeter) / lux *n* || ⁓**meter** *n* / illumination photometer, illumination meter || ⁓**sekunde** *f* / lux-second *n*
LV (Leistungsverzeichnis) / tender specifications, LV
LVDT Differential-Transformator *m* / LVDT *n* || ⁓-**Ferritkern** *m* / linear variable differential transducer ferrite core (LVDT ferrite core)
LVF / obscuring power factor (OPF)
LVK / light distribution curve (LDC), polar curve (p.c.)
LVL / limited variability language (LVL)
LV-Teil (Leistungsverstärkerteil) / PA section (power amplifier section)
LW *n* (Lokaldatenwort) / temporary local data word
L-Wert *m* / L-value *n*
LWL (Lichtwellenleiter) / optical fibre, optical waveguide, fiber-optic cable, FO conductor (fiber optic conductor) || ⁓ (Lichtwellenleiterkabel) / fiber optic cable, optical fiber cable || ⁓-**Absorber** *m* / optical-fibre absorber || ⁓-**Aufbau** *m* / fiber-optic configuration || ⁓-**Datenbus** *m* / optical data bus || ⁓-**Kabel** *n* / optical fiber || ⁓-**Kombinator** *m* / optical combiner || ⁓-**Koppler** *m* / optical-fibre coupler, optical coupler || ⁓-**Kopplung** *f* / FO link || ⁓-**Reflektometer** *n* / fibre-optic reflectometer || ⁓-

Schnittstelle *f* / optical-fibre interface || ⁨⟋⟍⟍⟨-⁩
Schweißverbindung *f* / fused fibre splice || ⁨⟋⟍⟍⟨-⁩
Spleiß *m* / optical-fibre splice || **mechanischer** ⁨⟋⟍⟍⟨-⁩
Spleiß / mechanical splice || ⁨⟋⟍⟍⟨-⁩**Spleißverbindung**
f / fibre splice || ⁨⟋⟍⟍⟨-⁩**Steckverbinder** *m* / optical-
fibre connector || ⁨⟋⟍⟍⟨-⁩**Technik** *f* / fiber-optic
technology || ⁨⟋⟍⟍⟨-⁩**Technologie** *f* / optical fiber
technology || ⁨⟋⟍⟍⟨-⁩**Übertragungseinrichtung** *f* /
transmit fibre optic terminal device || ⁨⟋⟍⟍⟨-⁩
Übertragungsleitung *f* / optical fibre link IEC 50
(731)
L-Wort *n* / low-order word
LWU-Kühlung *f* / closed-circuit air-water cooling
(CAW)
LXI / LXI (LAN Extensions for Instrumentation)
Lydallmaschine *f* / Lydall machine, Siemens-Lydall
machine
Lyra *f* / lyre *n* || ⁨⟋⟍⟍⟨abdeckung *f* / lyre-shaped cover ||
⁨⟋⟍⟍⟨feder *f* / lyre-shaped spring || ⁨⟋⟍⟍⟨kontakt *m* / lyre-
shaped contact || ⁨⟋⟍⟍⟨-Kontakt *m* / contact clip, lyre
contact || ⁨⟋⟍⟍⟨kontakte *m pl* / lyre-shaped contacts ||
⁨⟋⟍⟍⟨winkel *m* / lyre-shaped bracket
LZ (Logistikzentrum) / logistics center
LZG (Leittechnik-Zentralgerät) / CC (central
controller), cebtral rack
LZN (Lieferzentrum Nürnberg) / LZN

M

M / flag *n* (F), marker *n* || ⁨⟋⟍⟍⟨ (Masse) / frame *n*,
ground *n*, chassis *n*, chassis ground, 0V reference
potential, M (mass) || ⁨⟋⟍⟍⟨ (Markierungszeichen) /
marker *n*, bit memory, F (flag) || ⁨⟋⟍⟍⟨ (Merker) /
marker *n*, bit memory, F (flag) || ⁨⟋⟍⟍⟨ / memory bit ||
⁨⟋⟍⟍⟨ (Maschinennullpunkt) / machine zero (M) || ⁨⟋⟍⟍⟨
(Meilenstein) *m* / milestone *n* || **nach** ⁨⟋⟍⟍⟨
schaltend / current-sinking *adj* (the act of
receiving current) || **nach** ⁨⟋⟍⟍⟨ **schaltende Logik** /
current sinking logic || ⁨⟋⟍⟍⟨**19 über mehrere**
Umdrehungen (M19ümU) / M19 through several
revolutions (M19tsr) || ⁨⟋⟍⟍⟨ **zu N** / M:N
m aus n-Glied / m and only m (correct notation: (m
and only m))
MA / master station (MA) || ⁨⟋⟍⟍⟨ / multiple access (MA)
mäanderförmiger konzentrischer
Aluminiumleiter / wave-form concentric
aluminium conductor
MAC (Media Access Control) (Zugriffssteuerung
auf ein Übertragungsmedium) / Media Access
Control || ⁨⟋⟍⟍⟨-**Adresse** *f* / mac address
Machbarkeits·studie *f* / feasibility study || ⁨⟋⟍⟍⟨**test** *m* /
feasibility test
Machine *f* / machine *n* || ⁨⟋⟍⟍⟨ **Control Panel Adapter**
(MCPA) / Machine Control Panel Adapter
(MCPA) || ⁨⟋⟍⟍⟨ **Handler** *m* / machine handler || ⁨⟋⟍⟍⟨
Simulator *m* (Simulations-Software) / Machine
Simulator || ⁨⟋⟍⟍⟨ **Vision** (Bildverarbeitungssystem) /
Machine Vision
Macht *f* (eines Tests, Statistik) / power *n* ||
⁨⟋⟍⟍⟨**funktion** *f* / power function
MACRO / Motion and Control Ring Optical
(MACRO)
MAC-Übergangseinheit *f* / bridge *n*

MaDaMaS (Maschinen-Daten-Management-
System) *n* / MaDaMaS (machine data
management system)
MA-Daten *f* (Maschinendaten) / MA-data *n*
Madenschraube *f* / setscrew *n*
MA-Dlg (Mitarbeiterdialog) *m* / EmpDlg *n*
MAE *m* / Market Application Engineer (MAE)
MAG (Magazin) / tool-holding magazine, tool
storage magazine, tool magazine, magazine *n*,
MAG
Magazin *n* / mounting rack, rack *n* || ⁨⟋⟍⟍⟨ *n* (MAG) /
tool holding magazine, tool storage magazine, tool
magazine, magazine *n* (MAG) || ⁨⟋⟍⟍⟨ **beladen** / load
a magazine || **gekettetes** ⁨⟋⟍⟍⟨ / chained magazine ||
reales ⁨⟋⟍⟍⟨ / real magazine || **verkettetes** ⁨⟋⟍⟍⟨ / chained
magazine || ⁨⟋⟍⟍⟨**achse** *f* / magazine axis || ⁨⟋⟍⟍⟨**antrieb**
m / magazine drive || ⁨⟋⟍⟍⟨**baustein** *n* / magazine
module || ⁨⟋⟍⟍⟨**bausteindaten** *plt* / magazine module
data || ⁨⟋⟍⟍⟨**bausteinparameter** *m* / magazine module
parameter || ⁨⟋⟍⟍⟨**belegung** *f* / magazine loading ||
⁨⟋⟍⟍⟨**beschreibungsdaten** *plt* / magazine description
data || ⁨⟋⟍⟍⟨**bezeichner** *m* / magazine identifier ||
⁨⟋⟍⟍⟨**daten** *plt* / magazine data || ⁨⟋⟍⟍⟨**distanz zu**
Spindeln / magazine distance to spindles
Magazine *n pl* / mounting rack
Magazin·größe *f* / magazine size || ⁨⟋⟍⟍⟨**höhe** *f* /
magazine height
Magazinierer *m* / magazine system
Magaziniersystem *n* / magazine system
Magazin·information *f* / magazine information ||
⁨⟋⟍⟍⟨**kapazität** *f* / magazine capacity || ⁨⟋⟍⟍⟨**kette** *f* /
magazine chain || ⁨⟋⟍⟍⟨**konfiguration** *f*
(Zusammenfassung von einem oder mehreren an
der Maschine vorhandenen realen Magazinen zu
einem einzigen Magazin) / magazine
configuration || ⁨⟋⟍⟍⟨**liste** *f* / magazine list
Magazinplatz *m* / magazine location ||
⁨⟋⟍⟍⟨**anwenderdaten** *plt* / magazine location user
data || ⁨⟋⟍⟍⟨**definition** *f* / location definition, magazine
location definition
Magazin·plätze verwalten / manage magazine
locations || ⁨⟋⟍⟍⟨**platzparameter** *m* / magazine
location parameter || ⁨⟋⟍⟍⟨-**Platzsperre** *f* / magazine
location inhibit || ⁨⟋⟍⟍⟨**platztypenhierarchie** *f* /
magazine location type hierarchy || ⁨⟋⟍⟍⟨**platztyp-**
Hierarchiebeziehungen *f pl* / magazine location
type hierarchy structure || ⁨⟋⟍⟍⟨**position** *f* / magazine
position || ⁨⟋⟍⟍⟨**teller** *m* / magazine revolver || ⁨⟋⟍⟍⟨**träger**
m / waffle pack tray carrier || ⁨⟋⟍⟍⟨**träger füllen** / Fill
magazine carrier || ⁨⟋⟍⟍⟨**verwaltung** *f* / magazine
management || ⁨⟋⟍⟍⟨**wechsel** *m* / magazine change ||
⁨⟋⟍⟍⟨**werkzeug** *n* / magazine tool
Magen- und Darmerkrankungen / diseases of the
gastro-intestinal tract
mager *adj* / lean *adj* || **~es Gemisch** / lean mixture ||
⁨⟋⟍⟍⟨**konzept** *n* / lean mixture model
magisches Auge / magic eye
Magnesium·druckguss *m* / magnesium die-casting ||
⁨⟋⟍⟍⟨-**Druckguss-Gehäuse** *n* / magnesium die-cast
housing
Magnet *m* / magnet *n* || ⁨⟋⟍⟍⟨ *m* (Betätigungsspule) / coil
n, solenoid *n*, magnet *n* || ⁨⟋⟍⟍⟨ *m* / electromagnet *n* ||
⁨⟋⟍⟍⟨**abgriff** *m* / magnetic pickup || ⁨⟋⟍⟍⟨**abscheider** *m* /
magnetic separator || ⁨⟋⟍⟍⟨-**Ampèrewindungszahl** *f* /
number of exciting ampere turns || ⁨⟋⟍⟍⟨**anker** *m* /
magnet armature, armature *n*, solenoid armature ||
⁨⟋⟍⟍⟨**antrieb** *m* / solenoid operation || ⁨⟋⟍⟍⟨**antrieb** *m* /

Magnetband 536

electromagnetically operated mechanism, electromagnetic operating mechanism, solenoid-operated mechanism || ⁓**antrieb** *m* (Stellantrieb) / solenoid actuator
Magnetband *n* / magnetic tape || ⁓**aufzeichnung** *f* / tape recording || ⁓**auswerter** *m* / magnetic tape evaluator (o. analyzer) || ⁓**gerät** *n* / magnetic tape recorder, magnetic tape unit (MTU) || ⁓**kassette** *f* (MBK) / magnetic tape cassette, tape cartridge || ⁓**kassettenlaufwerk** *n* / cartridge-tape drive, magnetic tape cassette drive || ⁓**laufwerk** *n* / magnetic-tape drive
Magnet·betätigung, direkte ⁓**betätigung** / direct solenoid actuation || ⁓**blasenspeicher** *m* / magnetic bubble memory (MBM), bubble memory || ⁓**blasenspeichersteuerung** *f* / bubble memory controller (BMC) || ⁓**blasschalter** *m* / air magnetic circuit-breaker, magnetic blowout circuit-breaker, de-ion air circuit-breaker || ⁓**blech** *n* / magnetic sheet steel, magnetic steel sheet, electrical sheet steel, electrical steel || ⁓**bohrständer** *m* (Bohrständer, welcher durch einen Magnetfuß auf Eisenmetallen befestigt wird) / magnetic drill stand || ⁓**bremse** *f* / solenoid brake || ⁓**bremslüfter** *m* / brake releasing magnet, magnetic brake thrustor || ⁓**durchflutung** *f* / ampere turns, magnetomotive force (m.m.f.), magnetic potential || ⁓**eisen** *n* (Kern) / magnet core || ⁓**eisen** *n* / magnetite *n* || ⁓**eisenstein** *m* / magnetite *n*
magnetelektrischer Generator / magneto-electric generator
Magnet·erregung *f* / electromagnetic excitation || ⁓**etalon** *m* / standard magnet
Magnetfeld *n* / magnetic field || ⁓**abhängiger Widerstand** / magnetoresistor *n* || ⁓**-Czochralski-Verfahren** *n* / MCZ growth *n*, magnetic confinement growth, magnetic field Czochralski technique || ⁓**dichte** *f* / magnetic flux density, magnetic induction
magnetfeldfest *adj* / insensitive against magnetic fields
Magnetfeld·glühen *n* / magnetic annealing || ⁓**linie** *f* / magnetic line of force || ⁓**sonde** *f* / magnetic field probe, magnetic test coil || ⁓**stärke** *f* / magnetic field strength, magnetic field intensity, magnetizing force || ⁓**verlauf** *m* / magnetic field distribution || ⁓**verteilung** *f* / magnetic field distribution
Magnet·fluss *m* / magnetic flux || ⁓**flusszähler** *m* / fluxmeter *n* || ⁓**fuß** *m* / magnetic base || ⁓**gehänge** *n* / magnet hangers || ⁓**gestell** *n* (el. Masch.) / magnet frame, field frame, frame yoke || ⁓**griffel** *m* / magnetic pen || ⁓**halterung** *f* / magnetic mount || ⁓**hydrodynamisches Kraftwerk (MHD-Kraftwerk)** / magnetohydrodynamic power plant || ⁓**induktor** *m* / magneto-inductor *n*
magnetisch *adj* / magnetic *adj* || ⁓ **angetriebenes Gerät** / magnetically driven appliance || ⁓ **anisotrope Substanz** / magnetically anisotropic substance || ⁓ **betätigt** / solenoid-operated *adj* || ⁓ **entlastetes Lager** / magnetically floated bearing || ⁓ **geschirmt** / screened against magnetic effects, astatic *adj* || ⁓ **harter Werkstoff** / magnetically hard material || ⁓ **isolierte Stelle** / magnetic discontinuity || ⁓ **isotrope Substanz** / magnetically isotropic substance || ⁓ **neutraler Zustand** / neutral state || ⁓ **weicher Werkstoff** / magnetically

soft material || ⁓**e Ablenkung** / magnetic deflection || ⁓**e Abschirmung** / magnetic shielding, magnetic screen || ⁓**e Abstoßung** / magnetic repulsion || ⁓**e Abstoßungskraft** / force of magnetic repulsion || ⁓**e Achse** / magnetic axis || ⁓**e Alterung** / magnetic ageing || ⁓**e Anisotropie** / magnetic anisotropy || ⁓**e Anziehung** / magnetic attraction || ⁓**e Anziehungskraft** / force of magnetic attraction, magnetic pull || ⁓**e Arbeitsgerade** / magnetic load line || ⁓**e Aufhängung** / magnetic suspension (assembly) || ⁓**e Aufnahmefähigkeit** / (magnetic) susceptibility *n*, magnetisability *n* || ⁓**e Aufzeichnung** / magnetic recording || ⁓**e Auslösung** / magnetic tripping || ⁓**e Beanspruchung** / magnetic loading || ⁓**e Beblasung** / magnetic blow-out || ⁓**e Beeinflussung** / magnetic effects || ⁓**e Drehung** / magnetic rotation || ⁓**e Durchflutung** / ampere turns, magnetomotive force, magnetic potential || ⁓**e Durchlässigkeit** / permeability *n* || ⁓**e Eigenschaft** / magnetic property || ⁓**e Eigenschaften im Gleichfeld** / d.c. magnetic properties || ⁓**e Einschnürung** / magnetic pinch, magnetic contraction || ⁓**e Empfindlichkeit** (Halleffekt-Bauelement) DIN 41863 / magnetic sensitivity IEC 147-0C || ⁓**e Energie** / magnetic energy || ⁓**e Energiedichte** / density of magnetic energy || ⁓**e Entkopplung** / magnetic decoupling || ⁓**e Entlastung** / magnetic flotation || ⁓**e Feldenergie** / magnetic energy || ⁓**e Feldkonstante** / magnetic constant || ⁓**e Feldkraft** / magnetic force acting in a field || ⁓**e Feldlinie** / magnetic line of force, line of induction || ⁓**e Feldstärke** / magnetic field strength, magnetic field intensity, magnetic force, magnetic intensity, magnetizing force, H-vector *n* || ⁓**e Flächendichte** / magnetic surface density || ⁓**e Flächenladung** / magnetic surface charge || ⁓**e Flussdichte** / magnetic flux density, magnetic induction || ⁓**e Fokussierung** / magnetic focusing || ⁓**e Grundgesetze** / circuital laws || ⁓**e Güteziffer** / magnetic figure of merit || ⁓**e Haftung** / magnetic cohesion, magnetocohesion *n* || ⁓**e Haftung** (SG) / magnetic latching || ⁓**e Hysteresis** / magnetic hysteresis || ⁓**e Idealisierung** IEC 50(221) / magnetic conditioning || ⁓**e Induktion** / magnetic induction, magnetic flux density || ⁓**e Induktionslinie** / magnetic line of induction, line of induction || ⁓**e Klebekraft** / magnetic adhesion || ⁓**e Kompression** / pinch effect || ⁓**e Konditionierung** / magnetic conditioning || ⁓**e Kopplung** / magnetic coupling, inductive coupling || ⁓**e Kraftlinien** / magnetic lines of force || ⁓**e Kraftliniendichte** / magnetic flux density, magnetic induction || ⁓**e Kraftröhre** / magnetic tube of force || ⁓**e Kupplung** / magnetic clutch || ⁓**e Ladung** / magnetic charge || ⁓**e Lagerentlastung** / magnetic bearing flotation || ⁓**e Leistung** / magnetic power || ⁓**e Leitfähigkeit** / permeability *n* || ⁓**e Lichtbogenblasung** / magnetic blowout || ⁓**e Luftspaltspannung** / magnetic potential difference across air gap || ⁓**e Menge** / magnetic mass || ⁓**e Missweisung** / magnetic declination || ⁓**e Mitnahme** / magnetic coupling || ⁓**e Mitte** / magnetic centre || ⁓**e Nachwirkung** / magnetic after-effect || ⁓**e Polarisation** / magnetic polarization, polarization *n* || ⁓**e Polspannung** (el. Masch.) /

magnetic potential difference across poles and yoke || ~e **Polstärke** / magnetic pole strength, magnetic mass || ~e **Potentialdifferenz** / magnetic potential difference || ~e **Prüfung** / magnetic testing, magnetic inspection, non-destructive magnetic testing || ~e **Randspannung** / magnetic potential difference along a closed path, line integral of magnetic field strength along a closed path || ~e **Raststellung** (Schrittmot.) / magnetic rest position || ~e **Reibungskupplung** / magnetic friction clutch || ~e **Relaxation** / magnetic relaxation || ~e **Remanenz** / magnetic remanence || ~e **Remanenzflussdichte** / remanent flux density, remanent magnetic polarization, remanent magnetization || ~e **Remanenzpolarisation** / remanent magnetic polarization, remanent flux density, remanent magnetization || ~e **Rückleitung** / magnetic keeper || ~e **Sättigung** / magnetic saturation || ~e **Sättigungspolarisation** / saturation magnetic polarization || ~e **Scherung** / magnetic shearing, anisotropy of form || ~e **Schirmung** / magnetic screen || ~e **Schleppe** / magnetic drag || ~e **Schubkraft** (Tangentialkraft) / magnetic tangential force || ~e **Schwebung** / magnetic levitation, electrodynamic suspension || ~e **Setzung** / core seasoning || ~e **Spannung** / magnetic potential, magnetic potential difference || ~e **Steifigkeit** / magnetic rigidity || ~e **Störung** / magnetic interference || ~e **Streuung** / magnetic leakage || ~e **Suszeptibilität** / magnetic susceptibility || ~e **Textur** / magnetic texture || ~e **Trägheit** / magnetic viscosity, viscous hysteresis, magnetic creeping || ~e **Umlaufspannung** / magnetic potential difference along a closed path, line integral of magnetic field strength along a closed path || ~e **Unterbrechung** / magnetic discontinuity || ~e **Variabilität** IEC 50(221) / magnetic variability || ~e **Verkettung** / magnetic linkage || ~e **Verklinkung** / electromagnetic latching || ~e **Verluste** / magnetic losses || ~e **Verlustziffer** / hysteresis loss coefficient || ~e **Verschiebung** / magnetic displacement, magnetic bias || ~e **Viskosität** / magnetic viscosity || ~e **Vorzugsrichtung** / preferred direction of magnetization, easy axis of magnetization || ~e **Zahnspannung** / magnetic potential difference along teeth || ~e **Zugkraft** / magnetic tractive force, magnetic pulling force || ~e **Zustandskurve** / magnetization curve, B-H curve
magnetisch·er Abschirmeffekt / magnetic screening effect || ~er **Antrieb** / solenoid actuator || ~er **Auslöser** / electromagnetic release (o. trip) || ~er **Bandkern** / strip-wound magnetic core || ~er **Dipol** / magnetic dipole, magnetic doublet, magnetic doublet radiator || ~er **Drehschub** / magnetic tangential force || ~er **Durchflussmessumformer** / magnetic flow transducer || ~er **Durchgang** / magnetic continuity || ~er **Einfluss** / magnetic influence, magnetic interference || ~er **Einschnüreffekt** / pinch effect || ~er **Fluss** / magnetic flux || ~er **Gütefaktor** / magnetic quality factor || ~er **Induktionsfluss** / magnetic flux, flux of magnetic induction || ~er **Informationsträger** / magnetic information medium || ~er **Isthmus** / magnetic isthmus || ~er **Kern** / magnetic core || ~er **Kraftfluss** / magnetic flux, induction flux || ~er **Kreis** / magnetic circuit || ~er **Leitwert** / permeance n || ~er **Luftspaltwiderstand** / air-gap reluctance, gap reluctance || ~er **Nebenschluss** / magnetic shunt || ~er **Nordpol** / north magnetic pole, magnetic northpole || ~er **Nutverschluss** / magnetic slot seal || ~er **Nutverschlusskeil** / magnetic slot wedge || ~er **Phasenschieber** / magnetic phase shifter || ~er **Pol** / magnetic pole || ~er **Pulverkern** / magnetic powder core || ~er **Punktpol** / magnetic point pole || ~er **Rückschluss** / magnetic return path, magnet yoke || ~er **Rückschluss** (LM) / magnetic keeper || ~er **Schirm** / magnetic screen || ~er **Schub** / magnetic thrust, tangential thrust || ~er **Schweif** / magnetic drag || ~er **Schwund** / magnetic decay || ~er **Spannungskonstanthalter** / magnetic-type voltage regulator || ~er **Speicher** / magnetic storage || ~er **Stellantrieb** / solenoid actuator, electric-solenoid actuator || ~er **Streufaktor** / magnetic leakage factor || ~er **Streuweg** / magnetic leakage path || ~er **Streuwiderstand** / reluctance of magnetic path || ~er **Sturm** / magnetic storm || ~er **Südpol** / south magnetic pole || ~er **Überlastauslöser** / magnetic overload release || ~er **Verlust** / magnetic loss || ~er **Verlustfaktor** / magnetic loss factor || ~er **Verlustwiderstand** / magnetic loss resistance || ~er **Verlustwinkel** / magnetic loss angle, hysteresis loss angle || ~er **Weg** / magnetic path || ~er **Werkstoff** / magnetic material, magnetic n || ~er **Widerstand** / reluctance n, magnetic resistance || ~er **Widerstand** (Feldplatte) / magnetoresistor n || ~er **Zug** / magnetic pull, magnetic drag
magnetisch·es Blasfeld / magnetic blow(out) field || ~es **Brummen** / magnetic hum || ~es **Dipolmoment** / magnetic dipole moment || ~es **Drehfeld** / rotating magnetic field || ~es **Eigenmoment** / intrinsic magnetic moment || ~es **Erdfeld** / geomagnetic field || ~es **Feld** / magnetic field, electro-magnetic field || ~es **Feldbild** / magnetic figure || ~es **Flussquant** / fluxon n || ~es **Fremdfeld** / external magnetic field, magnetic field of external origin, external magnetic induction || ~es **Geräusch** / magnetic noise || ~es **Gleichfeld** / direct-current magnetic field, constant magnetic field || ~es **Haftrelais** / magnetically latched relay || ~es **Moment** / magnetic moment, magnetic couple || ~es **Moment** (Ampèresches) / magnetic area moment || ~es **Moment** (Coulombsches) / magnetic dipole moment || ~es **Moment pro Volumeneinheit** / magnetic moment per unit volume, magnetic moment density || ~es **Rauschen** / magnetic noise || ~es **Restfeld** / remanent magnetic field || ~es **Spannungsgefälle** / magnetic potential difference, magnetic field-strength || ~es **Störfeld** / magnetic interference field || ~es **Streufeld** / stray magnetic field || ~es **Vektorpotential** / magnetic vector potential || ~es **Zeitrelais** / magnetic time-delay relay
magnetisierbar *adj* / magnetizable *adj*
Magnetisierbarkeit *f* / magnetizability n, susceptibility n
magnetisieren *v* / magnetize *v*
magnetisierend·er Strom / magnetizing current || ~es **Feld** / magnetizing field
Magnetisierstrom *m* / magnetising current

magnetisiert *adj* / magnetized *adj*
Magnetisierung *f* / magnetization *n*
Magnetisierungs·arbeit *f* / magnetization energy || ~-**Blindleistung** *f* / magnetizing reactive power, magnetizing VA (o. kVA) || ~**charakteristik** *f* / open-circuit characteristic (o.c.c.), no-load characteristic || ~**dichte** *f* / volume density of magnetization || ~**feld** *n* / magnetizing field, magnetization field || ~**feldstärke** *f* / magnetizing force || ~**fluss** *m* / magnetizing flux || ~**geräusch** *n* / magnetic noise || ~**kennlinie** *f* (el. Masch.) / magnetization characteristic || ~**kraft** *f* / magnetizing force
Magnetisierungskurve *f* / magnetization curve, magnetization characteristic || **ideale** ~ / anhysteretic curve, magnetization characteristic || **normale** ~ / commutation curve, normal magnetization curve
Magnetisierungs·leistung *f* / magnetizing power || ~**reaktanz** *f* / magnetizing reactance, mutual reactance, air-gap reactance || ~**richtung** *f* / direction of magnetization, direction of magnetizing || ~**schleife** *f* / hysteresis loop, B-H loop, magnetization loop || ~**stärke** *f* / magnetization intensity, intrinsic induction || ~**stoßstrom** *m* / magnetizing inrush current || ~**strom** *m* / magnetizing current, exciting current || ~**stromstoß** *m* / magnetizing inrush || ~**verlust** *m* / magnetic loss || ~**windungen** *f pl* / magnetizing ampere-turns || ~**zeit** *f* / magnetization time || ~**zustand** *m* / state of magnetic flux saturation
Magnetismus *m* / magnetism *n* || ~ *m* (Lehre) / magnetics *plt*
Magnetit *m* / magnetite *n*
Magnet·joch *n* / magnet yoke || ~**kammer** *f* / magnetic chamber || ~**karte** *f* / magnetic stripe card, magnetic card || ~**kartenausweis** *m* / magnetic stripe identity card || ~**kartenleser** *m* / magnetic stripe ID card reader || ~**kern** *m* / magnet core || ~**kern** *m* (Speicher) / magnetic core || ~**kissen** *n* / magnetic cushion || ~**kissenverfahren** *n* / electromagnetic levitation || ~**körper** *m* / magnet body, magnet *n*
Magnetkraft *f* / magnetic force, magnetic field strength || **~verriegelt** *adj* / solenoid-locked *adj* || ~**verriegelung** *f* / locking with electro-magnetic force
Magnet·kreis *m* / magnetic circuit || ~**kupplung** *f* / magnetic clutch, magnetic coupling || ~**lager** *n* (EZ) / magnetic suspension bearing, magnet bearing || ~**läufer-Synchronmotor** *m* / permanent-magnet synchronous motor || ~**legierung** *f* / magnetic alloy || ~**material** *m* / magnet material || ~**motorzähler** *m* / commutator motor meter || ~**nest** *n* / residual local magnetic field || ~**nockenschütz** *n* / cam-operated contactor, contactor with coil-operated cam mechanism || ~**nut** *f* / magnet slot || ~**oberlager** *n* / top magnet bearing
magnetodynamisches Relais / magneto-electric relay
magnetohydrodynamisch·er Generator / magnetohydrodynamic generator (MHD generator) || **~es Kraftwerk** (MHD-Kraftwerk) / magnetohydrodynamic thermal power station (MHD thermal power station)
magneto-ionische Doppelbrechung / magneto-ionic double refraction || **~ Komponente** (eine der beiden getrennten Funkwellen, in die eine sich in der Ionosphäre ausbreitende Funkwelle infolge der Wirkung des Erdmagnetfeldes aufgeteilt wird) / magneto-ionic component
Magnetöl *n* (Öl, mit dem die Polflächen der Magnetkerne bei Schützen geölt werden) / magnet oil
magnetomechanische Hysteresis / magnetomechanical hysteresis, magnetoelastic hysteresis
Magnetometer *n* / magnetometer *n*, magnetic tester
magnetomotorische Kraft (MMK) / magnetomotive force (m.m.f.)
magneto·optisch *adj* / magneto-optic *adj* || ~**pause** *f* (äußere Grenze der Magnetosphäre) / magnetopause || **~plasmadynamischer Generator** / magnetoplasmadynamic generator (m.p.d. generator) || **~restriktiver Sensor** / magnetorestrictive sensor || ~**sphäre** *f* / magnetosphere
Magnetostabilität *f* / magnetic stability, magnetostability *n*
magnetostatisch *adj* / magnetostatic *adj* || **~es Potential** / scalar magnetic potential
Magnetostriktion *f* / magnetostriction *n*
magnetostriktiv *adj* / magnetostrictive *adj* || **~e Verlängerung** / magnetic elongation || **~er Effekt** / magnetostrictive effect || **~er Wandler** / magnetostrictive transducer
magnetothermische Stabilität / magneto-thermal stability
Magnetowiderstands·effekt *m* / magnetoresistive effect || ~**koeffizient** *m* / magnetoresistive coefficient
Magnet·periode *f* / magnetic period || ~**pfad** *m* / magnetic path || ~**platte** *f* / magnetic disc, magnetic disk || ~**pol** *m* / magnet pole, main pole, pole of a magnet || ~**polfläche** *f* / magnet pole face, pole face of magnet coil
Magnetpulver *n* / magnetic powder, ferromagnetic powder, ferrous powder || ~**bremse** *f* / magnetic powder brake || ~**kupplung** *f* / magnetic-particle coupling || ~**prüfung** *f* / magnetic-particle test, magnetic-particle inspection, magnetic testing, magnetic inspection, electromagnetic testing
Magnet·rad *n* (Läufer, Polrad) / rotor *n*, magnet wheel, pole wheel || ~**relais** *n* / magnetic relay, electromagnetic relay || ~**ring** *m* / magnetic ring
Magnetringanschlag *m* / magnet ring stamp | **Lager von** ~ / storage pin for magnet ring stamp
Magnetron *n* / magnetron *n* || ~ **mit Spannungsdurchstimmung** / voltage-tunable magnetron, injected-beam magnetron || ~-**Injektionsstrahlerzeuger** *m* / magnetron injection gun
Magnetrührer *m* / magnetic stirrer (o. agitator)
Magnetschalter *m* / electromagnetic switch, solenoid-operated switch, contactor *n*, magnetically operated switch, magnetic switch || ~ *m* (LS) / electromagnetic circuit-breaker, magnetic circuit-breaker || ~ *m* (betätigt beim Vorbeiführen eines Magneten) / magnet-operated switch, magnet-operated proximity switch || ~ *m* / magnetically operated position switch, proximity position switch
Magnet·scheibe *f* / magnet disc || ~**schenkel** *m* / pole piece, pole *n* || ~**schlussstück** *n* / keeper *n* || ~**schnellschalter** *m* / high-speed air magnetic

breaker || ⸿**schütz** n / electro-magnetic contactor, magnetic contactor, solenoid contactor, contactor n || ⸿**schwebebahn** f / magnetic-levitation transport system, MAGLEV transportation system || ⸿**schwebefahrzeug** n / magnetically levitated vehicle, MAGLEV vehicle || ⸿**schwebesystem** n / magnetic levitation system || ⸿**speichertechnik** f / magnetic storage technology || ⸿**spule** f / magnet coil, solenoid n, coil n || ⸿**stab** m / magnetic bar, magnetic strip || ⸿**stahl** m / magnet steel || ⸿**ständer** m (f. Messuhr) / magnetic mounting adaptor, magnet bracket || ⸿**ständer** m (Masch.) / magnet frame || ⸿**stativ** n / magnetic mount || ⸿**streufeld** n / stray magnetic field || ⸿**system** n / magnetic system

Magnet·tauchsonde f / magnetic plunger probe || ⸿**träger** m / magnet holder || ⸿**trommel** f / magnetic drum || ⸿**überwachungssystem** n / magnetic monitoring system || ⸿**umformung** f / magnetic forming || ⸿**unterlager** n / bottom magnet bearing || **~unterstützte Gleichspannungs-Kathodenzerstäubung** f / DC-magnetron sputtering || ⸿**ventil** n / solenoid valve, electromagnetic valve || ⸿**ventil, ohne Grundplatte** / solenoid valve, without baseplate || ⸿**ventilgrundplatte** f / solenoid valve base plate || ⸿**ventilleitung** f / solenoid valve lead || ⸿**verschluss** m / magnetic catch || ⸿**verstärker-Spannungsregler** m / magnetic-amplifier voltage regulator || ⸿**werkzeug** n / magnetic tool || ⸿**wicklung** f / field winding, excitation winding || ⸿**zünder** m / magneto n

Magnumklemmen f / magnum terminals
Mail·box f / mailbox n || ⸿**kennzeichen** n / mail indicator || ⸿**-System DLL ist ungültig** / Mail System DLL Invalid
Main Program (MP) / master routine
Mainssignalling / Mains signalling
Maintenance Station f / Maintenance Station
Majoritäts·glied n DIN 40700, T.14 / majority n IEC 117-15 || ⸿**ladungsträger** m / majority carrier || ⸿**träger** m / majority carrier || ⸿**wechsel** m / majority transition
Makadamdecke f / macadam pavement
Makro n / macro n || ⸿ **auflösen** / dissolve macro || ⸿**ätzung** f / macro-etching || ⸿**aufnahme** f / photomacrograph n, macrograph n || ⸿**baustein** m / macro block || ⸿**befehl** m / macro-instruction n, programmed instruction || ⸿**beschreibung** f / macro description || ⸿**bibliothek** f / macro-library n || ⸿**biegung** f / macro-bending n || ⸿**datei** f / macro file || ⸿**definition** f / macro definition || ⸿**element** n (Korrosionselement) / macrocell n || ⸿**fenster** n / macro window || ⸿**funktion** f / macro function || ⸿**impuls** m / macropulse n || ⸿**krümmung** f / macro-bending n || ⸿**krümmungsverlust** m / macrobend loss
Makrolon·abdeckung f / macrolon cover || ⸿**scheibe** f / macrolon plate
makropräparative Chromatographie / macropreparative chromatography
Makro·programmierung f / macroprogramming n || ⸿**prüfung** f / macro-examination n || ⸿**schliffbild** n / macrosection n, macrograph n
makroskopische Prüfung / macroscopic test
Makro·sprache f / macro language || ⸿**struktur** f / macrostructure n || ⸿**technik** f / macro technique ||

⸿**umgebung** f / macro-environment n
MAK-Wert m (maximale Arbeitsplatzkonzentration) / MAC value (maximum allowable concentration), TLV (threshold limit value at place of work)
Maltesergetriebe n / Geneva gearing
MAM / Memory Accelerator Module (MAM)
MAN n / Metropolitan Area Network (MAN)
Management n / management n || ⸿**aufgabe** f / management assignment || ⸿**aufgaben** f / management responsibility || ⸿**-Bewertung** f / management review || ⸿**dienste** f / management services || ⸿**ebene** f / enterprise resources planning level (ERP level), ERP level (enterprise resources planning level), management level || ⸿**funktion** f / management function || ⸿**informationssystem** n / management information system || ⸿**-Netzwerk** n / management network || ⸿**objekt** n / management object || ⸿**-Review** f / management review
Manchester·codierung f (Codierungsverfahren, bei dem die binären Informationen durch Spannungswechsel innerhalb der Bitzeit dargestellt werden) / Manchester encoding || ⸿**-Differenzcodierung** f (binäre Phasencodierung) / differential Manchester encoding || ⸿**-Encoder/Decoder** m / Manchester encoder/decoder
Mandant n / client n || ⸿**enfähigkeit** f / multi-client capability
MANET (mobiles Ad-hoc-Netzwerk) n / MANET (Mobile AdHoc Network)
Maneuvering n / manoeuvre n
Mangandioxid-Lithium-Batterie f / manganese dioxide lithium battery
Manganoxid-Magnesium-Batterie f / manganese dioxide-magnesium battery
Mangel m / energy shortfall, energy shortage, defect || ⸿ m DIN 55350, T.11 / deficiency n
Mängel beheben / correct deficiencies || ⸿**bericht** m / non-conformance report, defect report, defect note || ⸿**haftung** f / warranty conditions, liability for defects
Mangelleitung f / hole conduction, P-type conduction
Mängelmeldung f / defect notification
mangelnde Schmierfähigkeit / lacking lubricity
Mängelrüge f / notification of defects, notification of deficiencies, notification of non-conformance, nonconformance report, defect report
Manilapapier n / manila paper
Manipulation f / manipulation
Manipulations·einheit f / manipulator unit || ⸿**erkennung** f / manipulation detection || ⸿**erkennungszusatz** m / manipulation detection code || ⸿**prozess** m / manipulation process || **~sicher** adj / tamper-proof adj
Manipulatorsteuerung f / manipulator control
männlicher Kontakt / male contact, pin contact
Mannloch n / manhole n, inspection opening || ⸿**deckel** m / manhole cover || ⸿**fahren** n / manhole positioning, inching n
Mannstunden, mittlere ⸿ **für Instandhaltung** / mean maintenance man-hours (the expectation of the maintenance man-hours)
Manometer n / manometer n, pressure gauge, gauge n, pressure indicator || **McLeod-**⸿ m / McLeod vacuum gauge || ⸿**-Prüfpumpe** f / pressure-gauge test pump

Mano-Tachometer *m* / manometric tachometer
Manschette *f* / prefabricated V-rings || **Dichtungs~** / seal V-ring
Manschettendichtung *f* / cup packing, U packing ring, lip seal || ~ **aus Gummimischung** / sealing with rubber preformed rings, sealing with rubber preformed V-rings
Manschettenstopfbuchse *f* / stuffing box with molded V-rings
Mantel *m* (Gehäuse) / housing *n*, enclosure *n* || ~ *m* (geschlossene Hülle zum Schutz der darunterliegenden Aufbauelemente) / covering *n* || ~ *m* (Kabel) / sheath *n*, jacket *n* (US) || ~ *m* (LWL) / cladding *n* || ~ *m* (Einbaumot.) / shell *n* || ~ *m* (StV-Fassung) / skirt *n*, lower shield || ~ *m* (Zylinder) / envelope *n*, lateral surface || ~ *m* (Batt.) / jacket *n* || ~**bandagierung** *f* / sheath reinforcing tape || ~**bauform** *f* (Trafo) / shell form, shell type || ~**blech** *n* (el. Masch.) / jacket plate, shell plate || ~**drosselspule** *f* / shell-type reactor || ~**druckkabel** *n* / self-contained pressure cable || ~**durchmesser** *m* (LWL) / cladding diameter || ~**elektrode** *f* (Lampe) / sheathed electrode || ~**elektrode** *f* (Schweißelektrode) / coated electrode || ~**fläche** *f* / lateral surface, peripheral surface, jacket surface || ~**flächenbearbeitung** *f* / peripheral surface machining || ~**flächentransformation** *f* / peripheral surface transformation || ~**flächig** *adj* / over a peripheral surface *adj* || ~**gewinde** *n* / barrel thread || ~**keilklemme** *f* / tapered mantle terminal || ~**kern** *m* / sleeve core, M-core *n* || ~**klemme** *f* / mantle terminal, sheath clamp || ~**-Kreisabweichung** *f* / non-circularity of cladding || ~**kühlung** *f* / jacket cooling || **Maschine mit** ~**kühlung** / ventilated totally enclosed machine, double-casing machine || ~**kurventransformation** *f* / peripheral curve transformation
Mantelleitung *f* / light plastic-sheathed cable, non-metallic-sheathed cable || **leichte PVC-**~ / light PVC-sheathed cable
Mantel·linie *f* / side line, envelope line || ~**linientransformation** *f* / envelope line transformation || ~**magnet** *m* / shell-type magnet || ~**mischung** *f* (f. Kabel) / sheathing compound || ~**mitte** *f* / cladding centre || ~**mittelpunkt** *m* / cladding centre || ~**mode** *m* / cladding mode || ~**moden-Abstreifer** *m* / cladding-mode stripper || ~**polmaschine** *f* / cylindrical-rotor machine || ~**prüfgerät** *n* / sheath testing unit || ~**rohr** *n* (Rohrleiter) / enclosing tube, tubular jacket || ~**schneidzange** *f* / sheath cutter
Mantelschutzhülle *f* / protective sheath, protective envelope, protective sheathing, plastic overshath, extruded overshath, oversheath *n*
Mantel·seite *f* / peripheral side || ~**-Thermoelement** *n* / sheathed thermocouple || ~**transformator** *m* / shell-type transformer, shell-form transformer || ~**verluste** *m pl* (el. Masch.) / can loss || ~**verlustfaktor** *m* (Kabel) / sheath loss factor IEC 287 || ~**wicklung** *f* / concentric winding, cylindrical winding
Mantisse *f* (Logarithmusnotierung) / mantissa *n* || ~ *f* (in Radixschreibweise dargestellte Zahl) / fixed-point part
Mantissenziffer *f* / mantissa digit
manuell *adj* / manual *adj* || ~ **programmierbar** / manually programmable, keystroke-programmable *adj* || ~**e Ausrichtung** / manual alignment || ~**e Barcodeeingabe** / manual entry of barcode || ~**e Dateneingabe** / manual data input (MDI) || ~**e Eingabe** / manual input || ~**e Programmierung** / manual programming || ~**e Reinigung** / manual cleaning || ~**e Rufbeantwortung** / manual answering (answering in which a call is established only if the called user signals his readiness to receive it by means of a manual operation) || ~**e Zuordnung** / manual allocation || ~**er Betrieb** / manual mode of operation (NC) ISO 2806-1980 || ~**er Eingriff** / manual override, override *n* || ~**er Flächenmagazinträger** / manual waffle tray holder || ~**er Magazinwechsel** / manual tray change || ~**er Neustart** / manual cold restart || ~**er Ruf** / manual calling || ~**er Wert** / manual value || ~**er Wiederanlauf bei geschützten Ausgängen DIN EN 61131-1** / manual restart with protected outputs || ~**es Beladen** / manual loading || ~**es Übersteuern der automatischen Funktionen** / manual overriding of automatic control function
Manufacturing Automation Protocol (MAP) / manufacturing automation protocol (MAP), MAP protocol
Manufacturing Message Format Standard (MMFS) / manufacturing message format standard (MMFS)
Manufacturing Message Specification (MMS) / manufacturing message specification (MMS)
MAP (Manufacturing Automation Protocol) / MAP protocol, MAP (Manufacturing Automation Protocol) || ~ *n* / multi-axis package || ~ *n* / mobile application part || ~ *n* / Modified Atmosphere Packaging
Map-Kommando *n* / map command
Mapping·-Datei *f* / mapping file || ~**daten** *f* / mapping data || ~**korrektur** *f* / mapping plate correction || ~**platte** *f* / mapping plate || ~**verfahren** *n* (das Mappingverfahren dient zur Vermessung der X- und Y-Positionierachsen) / mapping process || ~**-Verfahren** *n* / mapping process
MAP-Protokoll *n* / manufacturing automation protocol (MAP)
Marke *f* / brand *n*, mark *n*, trademark *n* || ~ *f* (Bürste) / type *n*, grade *n* || ~ *f* (SPS-Programm) / label *n* EN 61131-3 || ~ *f* DIN 44300 / label *n*, tag *n* || ~ *f* / marking *n* || ~ *f* (GKS) / marker *n* || ~ **erzeugen** / Define new fiducial (button), define a new fiducial || ~ **laden** / Load fiducial, load fiducial data || ~**setzen** / set a mark || ~ **teachen** / teach the fiducial, Teach fiducial || ~ **testen** / Test fiducial, test the fiducial || ~ **und Name** / brand and name || ~ **zentrieren** / center the fiducial, Center fiducial || **Läufer~** *f* / rotor mark, disc spot || **Zeit~** *f* / time mark
Marken·abdeckung *f* / fiducial masking || ~**art** *f* / type of fiducial || ~**auswahl** *f* (Fenster, in dem die Marke ausgewählt wird, die editiert werden soll) / Select fiducial, select fiducial || ~**datei** *f* / fiducial file || ~**-Datei** *f* (Datei, die alle Daten der Passmarken enthält) / fiducial file || ~**daten** *f* / fiducial data (All data describing a fiducial) || ~**empfehlung** *f* / fiducial mark recommendation || ~**erkennung** *f* / fiducial recognition || ~**-Erkennungszeit** *f* / fiducial recognition time ||

⁓fehler *m* (Fehler, der bei der Markenerkennung durch das Visionsystem aufgetreten ist) / fiducial error || ⁓feld *n* / template window || ⁓form *f* / fiducial shape || ⁓geber *m* (Schreiber) / marking generator || ⁓generator *m* / marking generator || ⁓kriterium *n* / fiducial mark criterion || ⁓liste *f* / fiducial list || ⁓listen-Datei *f* / fiducial list file (local file containing the fiducial list) || ⁓maß *n* / fiducial dimension || ⁓maße *f pl* / fiducial dimensions

Marken·name *m* / fiducial name (Name of a fiducial) || ⁓nummer *f* / fiducial number || ⁓oberfläche *f* / fiducial surface || ⁓öl *n* / trademarked oil, branded oil || ⁓persönlichkeit *f* / trade-mark personality || ⁓position *f* / fiducial position || ⁓profil *n* (beim Zentrieren einer Passmarke wird ihr Helligkeitsprofil von allen vier Seiten im Videobild dargestellt) / fiducial profile || ⁓-Nr. *f* / fiducial number || ⁓struktur *f* / fiducial structure || ⁓telegramm *n* (Telegramm vom Linienrechner, das kennzeichnet, dass Markendaten folgen) / fiducial message || ⁓umgebung *f* / fiducial surroundings || ⁓zeichen *n* / brand name, trademark || ⁓-Zentrierparameter *n* (die X-/Y-Offsets einer Markenbeschreibung) / fiducial centering parameter

Marker *m* / marker *n* || ⁓funktion *f* / marker function

Marketing Navigator *m* / Marketing Navigator

Markier·anweisung *f* / flag setting instruction || ⁓befehl *m* / sheet moulding compound (SMC), marker command || ⁓brücke *f* / marker bridge

markieren *v* / mark *v*, earmark *v*, highlight *v*, select *v* || ⁓ *n* / flag setting || **Alles ~** / select all

Markier·koppler *m* / marking coupler || ⁓maschine *f* / marking machine || ⁓motor *m* / prefix-printing motor || ⁓schritt *m* / flag setting step, tagging step, marker step || ⁓system *n* (Schreiber) / marking system

markiert *adj* / tagged

Markierung *f* / marking *n*, mark *n* || ⁓ *f* / identification *n* || ⁓ *f* (Datenidentifizierung) / label *n* || ⁓ *f* (Merker) / flag *n* || ⁓ *f* (mit Merkern) / flag setting || ⁓ *f* (v. Proben, z. B. Fünfermarkierung) / score *n*, tally *n* || **Tarif~** *f* / tariff identifier, tariff code

Markierungen *f pl* (Schreiber, Punktmarkierungen) / point impressions

Markierungs·beton *m* / concrete for roadway marking || ⁓bit *n* / flag bit || ⁓hilfe *f* / marking aid || ⁓knopf *m* (Straße) / road stud (GB), raised pavement marker || ⁓linie *f* / marker line || ⁓liste *f* / tag summary || ⁓zeichen *n* (M) / marker *n*, flag *n* (F), bit memory

Markise *f* / canopy *n*

Markoffsche-Minimalschnitte-Verfahren *n* / Markovian minimal cut-set procedure

Markt·anteil *m* / market share || ⁓anteilsziele *n pl* / target market share || ⁓bearbeitung *f* / marketing *n*, go-to-market-activities *n*, go-to-market-approach || ⁓einführung *f* / market introduction, market launch || ⁓einführungsbericht *m* / market entry concept || ⁓einführungskurzbericht *m* / market introduction short report, market launch short report || ⁓einführungsmaßnahmen *f pl* / market launch activities, market entry activities ||

⁓einführungsphase *f* / market introduction phase, market entry phase || ⁓einführungs-unterlage/handbuch/blatt *n* / Market Introduction Document/Manual/Sheet || ⁓erschließung *f* / market development || ⁓information (MI) *f* / market information (MI) || ⁓informationen-Pool (MI-Pool) *m* / market information pool (MI pool) || **~orientierte Kraftwerkseinsatzplanung** / Trade Optimized Scheduling (TOS) || ⁓platz für Regelenergie / Ancillary Service Bid Clearing (ASBC) || ⁓plätze *m* / market places || ⁓präsenz *f* / market presence || ⁓preis *m* / market price || **~reifes Messsystem** / fully-developed measuring system || ⁓situation *f* / market situation || **~spezifische Zulassungen** / market specific certifications || ⁓strategie *f* / market strategy || ⁓studie *f* / market study || ⁓- und **Umsatzentwicklung im Marktsegment** / tendency of market volume and sales in the market segment || ⁓untersuchung *f* / market study || ⁓vorbau *m* / market profile

Marmorieren *n* (Nachahmen des Erscheinungsbildes von poliertem Marmor mit geeigneten Werkzeugen und Beschichtungsstoffen) / marbling *n*

Marshalling *n* / marshalling *n*

Martens, Wärmefestigkeit nach ⁓ / Martens thermostability

MAS (Motor-Aggregate-Steuergerät) *n* / engine subassemblies control unit

Masche *f* (Netzwerk) / mesh *n*

Maschen·bild *n* / mesh structure || ⁓erder *m* / grid-type earth electrode, mesh earth electrode || ⁓impedanzmatrix *f* / mesh impedance matrix

Maschennetz *n* / meshed system, meshed network || ⁓ *n* (ein Netz mit mindestens zwei Knoten, zwischen denen es zwei oder mehr Pfade gibt) / mesh network || ⁓auslöser *m* (fc-Auslöser) / capacitor-delayed shunt release for network c.b., shunt release with capacitor unit || ⁓relais *n* (Schutzrelais f. Maschennetzschalter) / network master relay ANSI C37.100, meshed network relay || ⁓schalter *m* / circuit-breaker for mesh-connected systems, network c.b., network protector, circuit-breaker with time-delayed shunt release, circuit breaker for meshed network, circuit breaker for mesh-connected systems || ⁓transformator *m* / network transformer

Maschen·regel *f* (v. Kirchhoff) / Kirchhoffs voltage law || ⁓schaltung *f* / mesh connection || ⁓strom *m* / mesh current || ⁓weite *f* / mesh size

Maschine *f* / machine *n* || ⁓ **aus** / Machine off || ⁓ **Auto** / machine auto || ⁓ **ein** / Machine on || ⁓ **für eine Drehrichtung** / non-reversing machine || ⁓ **für indirekten Antrieb** / indirect-drive machine || ⁓ **für Luftkanalanschluss** / duct-ventilated machine || ⁓ **für Rohranschluss** / pipe-ventilated machine || ⁓ **für zwei Drehrichtungen** / reversible machine, reversing machine || ⁓ **in senkrechter Anordnung** / vertical machine, vertical-shaft machine || ⁓ **Manuell** / machine manual || ⁓ **mit abgedichteten Gehäuse** / canned machine || ⁓ **mit abgedichteten Bauteilen** / canned machine || ⁓ **mit abgestuftem Luftspalt** / graded-gap machine || ⁓ **mit ausgeprägten Polen** / salient-pole machine || ⁓ **mit belüftetem Rippengehäuse** / ventilated ribbed-surface machine || ⁓ **mit belüftetem,**

maschinell

abgedecktem Gehäuse / ventilated totally enclosed machine, double-casing machine || ≈ mit **Berührungsschutz** / screen-protected machine || ≈ **mit direkter Wasserkühlung** / direct water-cooled machine || ≈ **mit Durchzugsbelüftung** (IPR 44) / duct-ventilated machine, pipe-ventilated machine || ≈ **mit Durchzugsbelüftung** (IP 23) / open-circuit air-cooled machine, enclosed ventilated machine || ≈ **mit Durchzugskühlung** (Ex p) / pressurized machine || ≈ **mit Eigen- und Fremdbelüftung** / machine with combined ventilation || ≈ **mit Eigenerregung** / machine with direct-coupled exciter, self-excited machine || ≈ **mit Eigenkühlung** / self-cooled machine || ≈ **mit Eigenkühlung durch Luft in geschlossenem Kreislauf** / closed air-circuit fan-ventilated air-cooled machine || ≈ **mit feldschwächender Verbunderregung** / differential-compounded machine || ≈ **mit Flüssigmetallkontakten** / liquid-metal machine || ≈ **mit Fremderregung** / separately excited machine || ≈ **mit Fremderregung und Selbstregelung** / compensated self-regulating machine, compensated regulated machine || ≈ **mit Fremdkühlung durch Luft in geschlossenem Kreislauf** / closed-air-circuit separately fan-ventilated air-cooled machine || ≈ **mit geschlossenem Luftkreislauf** / closed-air-circuit machine || ≈ **mit geschlossenem Luftkreislauf und Rückkühlung durch Wasser** / closed-air-circuit water-cooled machine || ≈ **mit innerem Überdruck** / pressurized machine || ≈ **mit konischem Läufer** / conical-rotor machine || ≈ **mit Luft-Luft-Kühlung** / air-to-air cooled machine || ≈ **mit Luft-Wasser-Kühlung** / air-to-water cooled machine || ≈ **mit Mantelkühlung** / ventilated totally enclosed machine, double-casing machine || ≈ **mit massiven Polschuhen** / solid pole shoe machine || ≈ **mit Nebenschlusserregung** / shunt-wound machine, shunt machine || ≈ **mit Permanentmagneterregung** / permanent magnet machine || ≈ **mit Plattenschutzkapselung** / flange-protected machine || ≈ **mit Reihenschlusserregung** / series-wound machine, series machine || ≈ **mit Rippengehäuse** / ribbed-surface machine, ribbed-frame machine || ≈ **mit Selbsterregung** / self-excited machine || ≈ **mit Selbstkühlung** / non-ventilated machine, machine with natural ventilation || ≈ **mit Selbstregelung** / self-regulated machine || ≈ **mit senkrechter Welle** / vertical-shaft machine, vertical machine || ≈ **mit Strahlwasserschutz** / hose-proof machine || ≈ **mit Umlaufkühlung** / closed air-circuit-cooled machine, machine with closed-circuit cooling || ≈ **mit Umlaufkühlung und Luft-Luft-Kühler** / closed air-circuit air-to-air-cooled machine, air-to-air-cooled machine || ≈ **mit Umlaufkühlung und Wasserkühler** / closed air-circuit water-cooled machine, water-air-cooled machine, air-to-water-cooled machine || ≈ **mit Verbunderregung** / compound-wound machine, compound machine || ≈ **mit vergossener Wicklung** / encapsulated machine || ≈ **mit Vollpolläufer** / cylindrical rotor machine || ≈ **mit zusammengesetzter Erregung** / compositely excited machine || ≈ **mit zwei Wellenenden** / double-ended machine || ≈ **mit mittlerer Leistung** / machine of medium-high rating || ≈ **ohne Wendepole** / non-commutating-pole machine ||

dauermagneterregte ≈ / permanent-field machine || **eigenbelüftete** ≈ / self-ventilated machine || **einzelgefertigte** ≈ / custom-built machine, non-standard machine || **gleitgelagerte** ≈ / sleeve-bearing machine || **läuferkritische** ≈ / machine with thermally critical rotor || **nichtspanabhebende** ≈ / non-cutting machine

maschinell bearbeiten / machine v || ~ **bearbeitete Fläche** / machined surface || ~ **bedruckbar** adj / machine-printable || ~ **fertigbearbeiten** / finish-machine v || ~ **vorbearbeiten** / premachine v || ~e **Bearbeitbarkeit** / machinability n || ~e **Bearbeitung** / machining n || ~e **Programmierung** / computer programming || ~e **Werkzeugverwaltung, Etatüberwachung und Terminverfolgung im Dialog (MAWET)** / interactive tool management, budget monitoring and progressing system || ~es **Entdecken** / machine discovery || ~es **Entfetten** / mechanical degreasing, machine-degreasing n || ~es **Lernen** / machine learning || ~es **Sehen** / machine vision

Maschinen f pl / machinery || ≈ **in Kaskadenschaltung** / machines in cascade, machines in tandem, machines in concatenation || ≈**ablauf** m / machine sequence || ≈**abläufe** m pl / machine sequences || ≈**ableiter** m / machine arrester, lightning arrester, surge diverter || ≈**abnahme** f / machine acceptance || ≈**achsbezeichner** m / machine axis identifier || ≈**achse** f / machine axis || ≈**achsnummer** f / machine axis number || ≈**adresse** f / machine address, physical address, actual address, absolute address || ≈**alarm** m / machine alarm || ≈**analysator** m / machine analyzer || ≈**anfang** m / machine infeed point || ≈**anpassung** f / adaptation to the machine, machine adaptation || ≈**ansteuerung** f / machine control || ≈**antrieb** m / machine drive || ≈**antriebselement** n / machine drive element || ≈**anwendung** f / machine application || ≈**anzeige** f / machine display || ≈**aufbau** m / machine design || ≈**ausfall** m / machine failure || ≈**-Ausfallzeit** f / machine downtime (due to a technical fault) || ≈**ausführung** f / machine design || ≈**auslastung** f / machine utilization || ≈**ausnutzung** f / machine utilization || ≈**ausrüstung** f / machine equipment || ≈**ausrüstungen** f pl / equipment for machines

Maschinen·basis f / machine basis || ≈**bau** m / machine building industry, machine building, machine construction, mechanical engineering, mechanical equipment manufacturing industry || ≈**bauer** m / machine manufacturer, machine OEM || ≈**baumontage-Kran** m / machinery assembly crane || ≈**baustahl** m / machine steel || ≈**beanspruchung** f / machine load || ≈**bediener** m / machine operator || ≈**bedienfeld** n / machine control panel (MCP) || ≈**bedienfunktion** f / machine control function || ≈**bedienkonzept** n / machine control concept || ≈**bedienpult** n / machine control panel (MCP) || ≈**bedientafel** f / machine control panel (MCP) || ≈**bedienung** f (eine Funktion des Stationsrechners) / machine operation || ≈**bedienungselemente** n pl / machine controls || ≈**bedienungspult** n / machine control panel (MCP) || ≈**bedienungstafel** f / machine control panel (MCP) || ≈**befehl** m / machine instruction, unit command || ≈**belastung** f /

machine load, machine loading || ⸺**belegungszeit** *f* / machine occupation time || ⸺**bereich** *m* / machine area || ⸺**bereichstaste** *f* / machine area key || ⸺**beschickung** *f* / machine loading || ⸺**beschreibung** *f* / machine description, machine specification || ⸺**betrieb** *m* / operation of the machine || ⸺**betriebsdiagramm** *n* / unit operation curve || ⸺**bett** *n* / machine base

maschinenbezogen *adj* / machine-related *adj* / ~**er Istwert** / machine-related actual value || ~**er Zyklus** / machine-related cycle, customized cycle

Maschinen·bezugspunkt *m* / machine reference point, M *n* || ⸺**buch** *n* / machine logbook || ⸺**bus** *m* / machine bus || ⸺**code** *m* (MC) / machine code (MC) || ⸺**-Controller (MC)** *m* / machine controller

Maschinendaten *plt* / machine data, MA-data || ⸺ **& Assistent** / parameterization & wizard || ⸺ **aktivieren** / activate machine data || ⸺**baum** *m* / machine data tree || ⸺**belegung** *f* / machine data (MD) || ⸺**bit** *n* / machine data bit || ⸺**erfassung** *f* (MDE) / machine data acquisition (MDA) || ⸺**erfassung (MDE)** *f* / Machine Data Acquisition (MDA) || ⸺**erfassungsstation** *f* (MDE Terminal) / machine data acquisition terminal (MDAT) || ⸺**-Erfassungssystem** *n* / machine data acquisition system || ⸺**liste** *f* / list of machine data || ⸺**management** *n* / machine data management || ⸺**-Daten-Management-System (MaDaMaS)** *n* / machine data management system (MaDaMaS) || ⸺**satz** *m* / machine data block, set of machine data, machine data record || ⸺**speicher** *m* / machine data memory || ⸺**wort** *n* / machine data word

Maschinen·datum *n* (MD) / machine data (MD) || ⸺**design** *n* / machine design || ⸺**drehzahl** *f* / machine speed || ⸺**durchsatz** *m* / machine throughput || ⸺**dynamik** *f* / machine dynamics || ⸺**ebene** *f* / machine level || ⸺**einheit** *f* / machine unit || ⸺**einrichtedatum** *n* / machine data (MD), MA-data *n* || ⸺**einrichter** *m* / machine setter || ⸺**einsatzkosten** *plt* / unit cost data || ⸺**einsatzplan** *m* / commitment schedule || ⸺**element** *n* / machine element || ⸺**ende** *n* / machine output point || ⸺**ereignis** *n* / machine event || ⸺**erfassung** *f* / machine input || ⸺**fabrikant** *n* / machine manufacturer || ⸺**fähigkeit** *f* / machinery capability || ⸺**fähigkeitsuntersuchung** *f* / machinery capability test, machinery capability analysis (MCA) || ⸺**fehler** *m* (Fehler, der während des Bestückens an einem Maschinenteil aufgetreten ist) / machine error || ⸺**fertigung** *f* / machine production || ⸺**festpunkt** *m* / machine fixed point || ⸺**file** *n* / machine file || ⸺**flexibilität** *f* / machine flexibility || ⸺**führer** *m* / machine operator || ⸺**führung** *f* / motor commutation, machine guideway || ⸺**führung** *f* (SR) / machine commutation || ⸺**führungbetriebsbereich** *m* / machine-commutated operating range || ⸺**funktion** *f* / machine function || ⸺**funktion** *f* (M-Funktion) / special function, M function (Instructions which primarily control on/off functions of the machine or NC system) || ⸺**funktionssatz** *m* / set of machine functions || ⸺**fußschraube** *f* / holding-down bolt || ⸺**gattung** *f* / machine group || ⸺**geber** *m* / externally mounted encoder, external encoder, mounted encoder, built-on encoder

maschinengeführter Stromrichter / machine-commutated converter, load-commutated converter, motor-commutated converter

Maschinengehäuse *n* / machine frame, machine housing

Maschinengestell *n* / machine frame

maschinengetakteter Stromrichter / machine-clocked converter, machine-commutated converter

Maschinen·-Glasthermometer *n* / industry-type liquid-in-glass thermometer, straight-stem mercury thermometer || ⸺**griff** *m* / machine-tool handle, ball handle, ball-lever handle || ⸺**halle** *f* / machine hall, machine room || ⸺**handgriff** *m* (Steuerschalter) / machine-tool handle, ball handle, ball-lever handle || ⸺**haube** *f* / machine jacket, machine cover || ⸺**haus** *n* / power house || ⸺**hauskran** *m* / power house crane || ⸺**hersteller** *m* / machine manufacturer, machine OEM, machine builder, mechanical equipment manufacturer || ⸺**herstellerbetreuung** *f* / machine OEM support || ⸺**identität** *f* / machine identity || ⸺**inbetriebnahme** *f* / commissioning *n*, installation and start-up || ⸺**infrastruktur** *f* / infrastructure of the machine || ⸺**interface** *n* / machine interface

Maschinen·-kanal *m* / machine channel || ⸺**kette** *f* / machine system || ⸺**kinematik** *f* / machine kinematics || ⸺**kommando** *n* / machine command || ⸺**komponente** *f* / machine component, machine part || ⸺**konfiguration** *f* / machine configuration || ⸺**konfigurationsdatei** *f* / machine configuration file || ⸺**konfigurations-Tool** *n* / machine configuration tool || ⸺**konfigurator** *m* / machine configurator || ⸺**konstante** *f* (el. Masch.) / output constant || ⸺**konstantendatei** *f* / machine constant file *n* || ⸺**konstruktion** *f* / machine design || ⸺**konzept** *n* / machine concept *n* || ⸺**durchgängiges Konzept** / integrated machine concept || ⸺**koordinatensystem** *n* (MKS) / machine coordinate system (MCS) || ⸺**körper** *m* / machine frame || ⸺**kriterien** *n pl* / machine criteria || ⸺**lauf** *m* / machine operation || ⸺**laufzeit** *f* / machine run time, machine utilization time, machine time (MT), machine running time || ⸺**lebensdauer** *f* / life of the system || ⸺**leistung** *f* / machine output, machine power || ⸺**leistungsgrenze** *f* / unit generation limit || ⸺**-Leistungszahl** *f* / unit bias

maschinenlesbare Fabrikatbezeichnung (MLFB) / machine-readable product code, machine-readable product designation, item number, order code, order number (order no.), ordering code || ~ **Fabrikatebezeichnung** (MLFB) / machine-readable product identification

Maschinen·leuchte *f* / machine lamp || ⸺**linie** *f* / machine line *n* || ⸺**logbuch** *n* / machine logbook || ⸺**management** *n* / machine management || ⸺**maße** *n pl* / machine dimensions || ⸺**mitte** *f* / machine center || ⸺**modell** *n* / machine model || ⸺**modul** *n* / machine module || ⸺**moment** *n* / machine torque || ⸺**montage** *f* / machine mounting

maschinennah *adj* / machine-related *adj*, at machine level, direct at the machine, local *adj*, machine-level use || ~**er Bereich** (Fabrik) / plant-floor environment, industrial control environment || ~**er Einsatz** / use at machine level || ~**es B&B** / machine-level HMI || ~**es Bedienen und Beobachten** / local operator control and (process) monitoring

Maschinen

Maschinen·nullpunkt *m* (M) / machine zero (M) || ⁓-**Nullpunkt** *m* (CLDATA-Wort) / origin ISO 3592, machine reference point, absolute zero point, control zero, machine absolute zero position || ⁓-**Nullpunkt** *m* / machine datum, machine origin, machine zero point, machine zero || ⁓**nummer** *f* (Fabrik-Nr.) / serial number, serial No., machine number (machine no.) || ⁓**nutzung** *f* / machine utilization || ⁓-**Nutzungsdauer** *f* / machine utilization rate || ⁓**option** *f* / machine option
maschinenorientiert *adj* / machine-oriented *adj* || ~e **Programmiersprache** / computer-oriented language, machine-oriented language
Maschinen·-Panel *n* / machine panel || ⁓**parameter** *m* / machine parameter || ⁓**parametrierung** *f* / machine parameters || ⁓**park** *m* / machinery *n* || ⁓**pendel** *n* (Bedienpendel) / machine control pendant || ⁓**performance** *f* / machine performance
Maschinenperipherie, dezentrale ⁓ (DMP) / distributed machine I/O devices, distributed I/O devices, distributed I/Os, distributed I/O, DMP, dp
Maschinen·plattform *f* / machine platform || ⁓**platz** *m* / machine station || ⁓**portal** *n* / machine gantry || ⁓-**Portalsystem** *n* / machine gantry system || ⁓**programm** *n* (Programm in einer Maschinensprache) / machine program, machine-code program, computer program || ⁓**rahmen** *m* / machine frame || ⁓-**Referenzpunkt** *m* / machine reference point, machine home position || ⁓**regelung** *f* / machine control || ⁓**reihe** *f* / machine series || ⁓**richtlinie** *f* / machinery directive || ⁓**richtlinie** *f* (MRL) / machine directive, machinery directive || ⁓**rüstung** *f* / machine set-up || ⁓**satz** *m* / machine set, machine unit, set *n*, unit *n*, composite machine || **Wasserkraft-**⁓**satz** *m* / hydroelectric set || ⁓**schaden** *m* / mechanical breakdown || ⁓**schalttafel** *f* / machine control panel (MCP) || ⁓**schlitten** *n* / machine slide || ⁓**schlosser** *m* / machinery fitter || ⁓**schnittstelle** *f* / machine interface
maschinenschonend *adj* / machine-friendly *adj* || ~e **Gewindebearbeitung** / machine-friendly threading
Maschinen·schraube *f* / machine screw, machine bolt || ⁓**schraubstock** *m* / machine vise || ⁓**schutz** *m* / machine protection, generator-transformer protection, generator protection package, protection against damage to the machine, generator protection || ⁓**schutzrichtlinie** *f* / machine protection guideline || ⁓**schutzstufe** *f* / machine protection level || ⁓**seite** *f* (A- oder B-Seite) / machine end
maschinenseitiger Stromrichter / load-side converter, output (o. motor) converter
Maschinen·sequenz *f* / machine sequence || ⁓**sicherheit** *f* (EN954, IEC 61508) / machinery safety || ⁓-**Sicherheitssignal** *n* / machine safety signal || ⁓**sicherheitstechnik** *f* / machine safety technology || ⁓**signal** *n* / machine signal || ⁓**simulation** *f* / machine simulation || ⁓**simulator** *m* / machine simulator || ⁓**sockel** *m* / machine base, machine pedestal || ⁓**sperre** *f* / machine lock, machine lockout
maschinenspezifisch *adj* / machine-specific || ~e **Funktion** / machine-specific function
Maschinen·spiegel *m* / machine inventory list || ⁓**sprache** *f* (MC-Sprache) / machine language, machine code (MC), computer language, object language || ⁓**ständer** *m* / machine tool table, milling machine column, stator *n*, machine base || ⁓**station** *f* / station within machine || ⁓**status** *m* / unit status || ⁓**steifigkeit** *f* / machine stiffness
Maschinensteuertafel *f* (MSTT) / machine control panel (MCP) || ⁓ *f* (MPP) / Machine Pushbutton Panel (MPP) || **Elemente der** ⁓ / elements on machine control panel || ⁓**funktion** *f* / machine control panel function
Maschinen·steuertaste *f* / machine control button || ⁓**steuerung** *f* / machine control, machine control system || ⁓**stillstand** *m* / machine standstill, machine breakdown, machine downtime || ⁓**stillstandszeit** *f* / machine downtime || ⁓**straße** *f* / machine line || ⁓**stundensatz** *m* / hourly machine rate || ⁓**takt** *m* / machine clock/cycle || ⁓**taktung** *f* / machine clock/cycle || ⁓**taktzeit** *f* / machine cycle time || ⁓**teil** *n* / machine part, machine component, machine element || ⁓**telegraf** *m* (Schiff) / engine-room telegraph || ⁓**terminal** *n* / machine terminal || ⁓**test** *m* / machine test || ⁓**thermometer mit Analogausgang** / machine thermometer with analog output || ⁓**toleranz** *f* / machine tolerance || ⁓**topologie** *f* / machine topology || ⁓**trägheitsmoment** *n* / moment of inertia of the machine || ⁓**transformator** *m* / generator transformer, unit generator transformer, set transformer || ⁓**typ** *m* / machine type
Maschinen·überwachung *f* (eine Funktion des Stationsrechners) / machine monitoring || ⁓**umformer** *m* / motor-generator set || ⁓**- und Betriebsdaten** *plt* / machine and production data || ⁓**unterbau** *m* / machine base || ⁓**verlustkurve** *f* / unit loss curve || ⁓**verwaltung** *f* / machine management || ⁓**visualisierung** *f* / machine visualization || ⁓**wagen** *m* / machine wagon || ⁓**wartung** *f* / machine maintenance || ⁓**welle** *f* / machine shaft || ⁓**werkzeug** *n* / machine cutting tool || ⁓**wesen** *n* / mechanical engineering || ⁓**wort** *n* (ein Wort, dessen Länge durch den technischen Aufbau einer digitalen Rechenanlage bestimmt ist) / computer word, machine word || ⁓**zeit** *f* (Rechnerzeit) / computer time, processing time, machining time || ⁓**zelle** *f* / machine cell || ⁓**zustand** *m* / machine status, machine state || ⁓**zustandsanzeige** *f* / machine status display || ⁓-**Zustandsdaten** *plt* / machine status data || ⁓**zustandsüberwachung** *f* / machine condition monitoring || ⁓**zyklus** *m* / machine cycle (sequence of operations in a CPU), machine cycle time
Maser *m* / maser *n* (microwave amplification by stimulated emission of radiation)
Maserieren *n* (Nachahmen des Erscheinungsbildes von Holzoberflächen etc. mit geeigneten Werkzeugen und Beschichtungsstoffen) / graining *n*
Masern *n* / measling *n*
Maske *f* / mask *n*, screen *n*, screen display || ⁓ *f* (Bildschirm) / (screen) form *n* || ⁓ *f* (IC) / mask *n*, photomask *n* || ⁓ **zurück** / screenform back
Masken·anzeige *f* / screen display || ⁓**dialogsystem** *n* / interactive forms system || ⁓**editor** *n* / screen editor || ⁓**element** *n* / form element || ⁓**feld** *n* / mask field || ⁓**führung** *f* / using interactive screen forms || **~geführt** *adj* / using interactive screen forms, using interactive masks || ⁓**layout** *n* / mask layout || **~programmierbar** *adj* / mask-

programmable *adj* ‖ **~programmierter Festwertspeicher** (MPROM) / mask-programmed read-only memory (MPROM) ‖ ⨀**programmierung** *f* / mask programming ‖ ⨀**start** *m* / mask start ‖ ⨀**text** *f* / mask text ‖ ⨀**tool** *n* / masking tool ‖ ⨀**- und Formulareditor** *m* / screen and form editor, screen forms editor ‖ ⨀**vorlage** *f* / mask pattern
Maskerade *f* / masquerade *n*
maskieren *v* / mask *v*
Maß *n* / setting *n*, dim. ‖ ⨀ *n* (Maßgröße) / measure *n* ‖ ⨀ *n* (Abmessung) / dimension *n* ‖ ⨀ *n* (Lehre) / gauge *n* ‖ ⨀ *n* (Toleranzsystem, Größenangabe) DIN 7182,T.1 / size *n* ‖ ⨀ *n* / dimension on a drawing ‖ ⨀ **Rasthebel** / dimension detent lever ‖ ⨀ **Zugstange** / dimension tension rod ‖ ⨀**abweichung** *f* / dimensional deviation, deviation *n*, measured error IEC 770, dimensional variability ‖ ⨀**analyse** *f* / dimensional analysis
Maßangabe *f* / dimensions *n pl* ‖ ⨀ *f* / dimensional notation, size notation ‖ ⨀ **auf einer Zeichnung** / measurement on a drawing ‖ ⨀ **in Winkelgraden** / angular dimension ‖ ⨀ **Kugel** / dimensional detail, sphere ‖ ⨀ **metrisch und inch** / dimensions in metric and inch systems ‖ ⨀ **Seite x mm** / dimensional detail side ‖ **inkrementale** ⨀ / incremental dimension, incremental dimensioning
Maßangaben *f pl* / dimensions *n pl*, dimensional details ‖ **relative** ⨀ (NC-Wegbedingung) DIN 66025,T.2 / incremental dimensions ISO 1056, incremental program data
Maß-Befehl *m* (Wort) / dimension word ‖ ⨀**beständigkeit** *f* / dimensional stability, thermostability *n* ‖ ⨀**bezeichnung** *f* / dimension symbol ‖ ⨀**bezugsfläche** *f* / reference surface ‖ ⨀**bild** *n* / dimension drawing, dimensioned drawing, dimension diagram, outline drawing, dimensional drawing, drawing *n*, simplified drawing, dimension sheet ‖ ⨀**blatt** *n* / dimension drawing, dimensioned drawing, dimension diagram, outline drawing ‖ ⨀**blätter** *n pl* / outline drawings ‖ ⨀**differenz** *f* / dimensional difference
Maße *n pl* / dimensions *n pl*
Masse *f* (M) / mass *n* (M), ground *n*, frame *n*, chassis ground, chassis *n*, 0V reference potential, base *n* ‖ ⨀ *f* (Gerüst, Erdung) / earth *n* ‖ ⨀ *f* (Positive additive skalare Größe, die eine Materieprobe in den physikalischen Phänomenen Trägheit und Gravitation beschreibt) / mass *n* ‖ ⨀ *f* (Gerüst, Erdung) / frame *n* ‖ ⨀ *f* (Bezugspotenzial) / reference potential, zero potential ‖ ⨀ *f* (SPS-Geräte) / chassis ground, zero V reference potential ‖ ⨀ **der Kalibriergewichte** (Wäg.) / calibration weight mass ‖ ⨀ **bewegter Teile** / inertia or mass force ‖ **an** ⨀ **legen** / connect to frame, connect to ground ‖ **mit** ⨀ **vergießen** / fill with compound, seal with compound, seal *v* ‖ **aktive** ⨀ (Batt.) / active material ‖ **bewegte** ⨀ / dynamic mass ‖ **Bezugs~** *f* / earth (o. ground) reference ‖ **gegen** ⨀ / relative to frame ‖ **interne** ⨀ / internal earth terminal, internal ground terminal, chassis terminal ‖ **logische** ⨀ (Erde) / logic earth, logic ground IEC 625 ‖ **Mess~** *f* / signal ground
Masseanschluss *m* / (electrical) bonding, bonding to frame (o. chassis) ‖ ⨀ *m* (Klemme) / frame terminal, chassis terminal, frame earth terminal

massearme Isolierung / mass-impregnated and drained insulation
Masse·aufbereitung *f* / compound preparation ‖ ⨀**band** *n* (Erdungsb.) / earthing (o. grounding) strip, bonding strip
massebezogen *adj* / single-ended ‖ **~e Messung** / common-reference measurement ‖ **~e Scheinleistungsdichte** / apparent power mass density ‖ **~e Spannung** / voltage to ground, voltage to reference bus ‖ **~er Analogeingang** / single-ended analog input
Masse·durchflussmesser *n* / mass flow meter ‖ ⨀**einheit** *f* / unit of mass ‖ ⨀**-Elektronik** *f* / electronics frame terminal ‖ ⨀**-Elektronik-Klemme** *f* / electronics frame terminal ‖ ⨀**feder** *f* / ground spring ‖ ⨀**fläche** *f* / ground area ‖ **~frei** *adj* (nicht geerdet) / floating-ground *adj*, floating *adj*, unearthed *adj* ‖ **~getränkte Papierisolierung** / mass-impregnated paper insulation ‖ **~getränktes papierisoliertes Kabel** / mass-impregnated paper-insulated cable ‖ **~imprägnierte Papierisolierung** / mass-impregnated paper insulation
Maßeinheit *f* / unit *n*, unit of measurement ‖ ⨀**einheit einstellen** / set unit
Masse·isolation *f* / mass-impregnated insulation ‖ ⨀**isolation** *f* (Isolation gegen Masse) / ground insulation, main insulation ‖ ⨀**isolierung** *f* (massegetränkt) / mass-impregnated insulation ‖ ⨀**kabel** *n* / paper-insulated mass-impregnated cable ‖ ⨀**kabel** *n* (Erdungsk.) / earthing (o. grounding) cable, chassis (o. frame) grounding cable, underground cable ‖ ⨀**leitung** *f* / ground cable
Massen·absorptionskoeffizient *m* / mass absorption coefficient ‖ ⨀**achse** *f* / mass axis, principal inertia axis, balance axis ‖ ⨀**anschluss** *m* / ground connection ‖ ⨀**anteil** *m* / mass fraction, mass by mass ‖ ⨀**auffahrunfall** *m* / pileup *n* ‖ ⨀**ausgleich** *m* / balanced cut and fill, balanced excavation ‖ ⨀**behang** *m* / mass per unit length ‖ ⨀**belag** *m* / mass per unit area ‖ ⨀**belag** *m* (el. Leiter) / mass per unit length ‖ ⨀**berechnung** *f* / calculation of mass, quantity calculation ‖ **~bezogen** *adj* / massic *adj* ‖ ⨀**daten** *plt* / mass data ‖ ⨀**druck** *m* / inertial force ‖ ⨀**durchfluss** *m* / mass rate of flow ‖ ⨀**ermittlung** *f* / quantity takeoff, quantity survey, taking off quantities ‖ ⨀**fertigung** *f* / mass production, quantity production, large-scale production ‖ ⨀**fluss** *m* / mass flow ‖ ⨀**gütertransport** *m* / bulk transport and handling ‖ ⨀**karambolage** *f* / pileup *n* ‖ ⨀**konzentration** *f* / mass concentration, concentration by mass, mass abundance ‖ ⨀**kraft** *f* / inertial force ‖ ⨀**liste und Angebotsliste** / list of quantities and prices
Massen·mittelpunkt *m* / centre of mass, centre of gravity ‖ ⨀**moment** *n* / moment of inertia, mass moment of inertia ‖ ⨀**punkt** *m* / mass point, material point ‖ ⨀**schluss** *m* / short-circuit to frame ‖ ⨀**schwächungskoeffizient** *m* / mass attenuation coefficient ‖ ⨀**speicher** *m* / bulk storage (device), mass storage ‖ ⨀**spektrometer** *n* / mass spectrometer ‖ ⨀**spektrometrie** *f* / mass spectrometry ‖ ⨀**streukoeffizient** *m* / mass scattering coefficient ‖ ⨀**strom** *m* / mass flow ‖ ⨀**teil** *m* / mass production component ‖ ⨀**trägheit** *f* / mass inertia ‖ ⨀**trägheitsmoment** *n* / moment of inertia, inertia *n* ‖ ⨀**voltameter** *n* / weight

Masse 546

voltameter || ⸰zunahme f / material increase
Masse·polster n / cushion n || ⸰potential n / frame potential || ⸰reduzierung f / reduction of mass || ⸰rohr n / stilling well || ⸰-Rückleitung f (Erdrückleitung) / earth return, ground return || ⸰schiene f (Erdungsschiene) / earthing (o. grounding) bar || ⸰schluss m / short circuit to ground, short circuit to chassis (o. to frame), fault to earth || ⸰verbindung f / earth connection, bonding point, ground connection || ⸰verbindung f (Chassis) / chassis earth connection, chassis ground
Masseverlust m / weight loss, material consumption (by corrosion) || ⸰prüfung f VDE 0281 / weight loss test || ⸰rate f (Korrosion) / material consumption rate
Masse·verteilung f / mass distribution || ⸰zunahme f / material increase
Maß·fertigung f / custom-made design, tailor-made model || ~gebend adj / appropriate, decisive || ⸰gedeck n / place setting || ~genau adj / dimensionally accurate || ~genaue Glasplatte / dimensionally accurate glass mapping plate || ⸰genauigkeit f / dimensional accuracy, accuracy to size, accuracy n
maßgerecht / dimensionally stable, thermostable adj
Maßgröße f (Wahrscheinlichkeitsrechnung: Funktion oder Größe zur Beschreibung einer Zufallsvariablen oder eines Zufallsprozesses) / measure n IEC 50(191)
maßhaltig adj / dimensionally correct, dimensionally true, true to size || ~ adj (formbeständig) / dimensionally stable, thermostable adj || nicht ~ / off gauge
Maß·haltigkeit f / dimensional stability, thermostability n, accuracy n || ⸰haltigkeit f (Maßgenauigkeit) / dimensional accuracy, accuracy to size, trueness n || ⸰haltigkeitsprüfung f / dimensional inspection || ⸰hilfslinie f / projection line, witness line
massiv adj (stabil) / strong adj, rugged adj || ~ adj (volles Material) / solid adj
Massiv·bandelektrodenschweißen n / solid strip electrode welding || ⸰brücke f / solid bridge || ⸰bürste f / solid brush || ⸰drahtelektrodenschweißen n / solid wire electrode welding
massiv·e Welle / solid shaft || ~er Leiter / solid conductor || ~er Stift (Stecker) / solid pin || ~es Joch / solid yoke, unlaminated yoke || ~es Silizium / bulk silicon
Massiv·gehäuse n (el. Masch.) / solid frame || ⸰holz n / solid wood || ⸰läufer m / solid rotor, solid-iron rotor, unlaminated rotor, solid-rotor machine || ⸰leiter m / solid conductor || ⸰pol m / solid pole || ⸰pol-Synchronmotor m / solid-pole synchronous motor || ⸰ringläufer m / solid-rim rotor || ⸰silberauflage f (Kontakte) / solid-silver facing || ⸰stab m / solid bar || ⸰umformung f / massive forming
Maß·kontrolle f / dimensional inspection, dimensional check || ⸰konzept n / dimensional concept || ~liche Überbestimmung vermeiden / avoid specification of over-defined dimensions || ⸰linie f / dimension line || ⸰nahme f / measure n, m action n || ⸰nahmen f pl (QS-Verfahrensanweisung) / actions n pl (QA procedure), measures n pl || ⸰nahmen zur Qualitätsförderung / quality promoting action || ⸰nahmenfestlegung f / establishing measures || ⸰nahmenmanagement n / corrective and preventive actions || ⸰nahmenplan m / activity schedule || ⸰ordnung f / dimensional coordination || ⸰pfeil m / (dimension) arrowhead n, dimension-line arrow || ⸰protokoll n / dimension certificate || ⸰prüfung f / dimensional inspection, dimensional check, size check || ⸰qualität f / dimensional accuracy || ⸰reihe f / dimension series
maßschlagen v (stanzen) / size v
Maß·skizze f / dimensioned sketch, dimension sketch || ⸰sprung m / dimensional increment, dimensional unit
Maßstab m (Meterstab) / rule n || ⸰ m / graduated scale, divided scale, scale n || ⸰ m (einer Zeichnung) / scale n || binärcodierter ⸰ / binary-coded scale || ⸰änderung f / scaling n, scale modification || ⸰faktor m / scale factor
maßstabgerecht adj / true to scale || ~ vergrößern / scale up v || ~e Zeichnung / drawing to scale, scale drawing || ~es Modell / scale model
Maßstabgitter n / grating n
Maßstabilität f / dimensional stability
Maßstableiste f / bar scale
maßstäblich adj / to scale, true to scale || ~ gezeichnet / drawn to scale || nicht ~ / not to scale (n.t.s.), out of scale
Maßstabraster m / grating n
Maßstabs·änderung f / scale modification, scaling n || ⸰faktor m / scale factor || ⸰faktor ist aktiv / scaling factor is active || ~gerecht adj / true-to-scale adj || prozentuale ⸰transformation / percentage scale factor
Maßstab·teilung f / grating pitch, line structure of grating || ⸰umschaltung f / translation and rotation || ⸰verhältnis n / fractional scale || ⸰verzerrung f / scale error
Maß·system n / system of units, measuring system || ⸰systemraster n (MSR) / dimension system grid (DSG) || ⸰tabelle f / dimension table || ⸰teilung f / graduation n, division n || ⸰toleranz f / dimensional tolerance, size tolerance || ⸰- und Gewichtsprüfung f / examination of dimensions and mass
Massung f / connection to frame
Maß·verkörperung f / material measure || ⸰wert m (eines logischen Eingabegeräts) / measure n || aktueller ⸰wert (logischer Eingabewert) / current value of measure
Maßzahl f / dimension n, size on a drawing || statistische ⸰ / statistic n
Maß·zeichnung f / dimensioned drawing, dimension drawing, drawing n, dimensional drawing n || ⸰zugabe f / dimensional allowance, size allowance || ⸰zuschnitt m / tailor-made, customised, tailored
Mast m (Holz, Stahlrohr, Beton) / pole n, column n, post n || ⸰ m (Lichtmast) / column n || ⸰ m (Stahlgitterm.) / tower, steel tower, lattice(d) tower || einstieliger ⸰ / pole n || ⸰anker m / stay n (tower), pole || ⸰ansatzleuchte f / side-entry luminaire, slip-fitter luminaire || ⸰aufsatzleuchte f / post-top luminaire || ⸰aufsatz-Spiegelleuchte f / post-top specular-reflector luminaire || ⸰aufsatzstück n / column socket || ⸰austeilung f (Auswählen der Standorte von Freileitungsmasten) / tower spotting ||

⚲befestigung *f* / mast mounting
Master *m* (Funktionseinheit zur Einleitung von Datenübertragungen) / master *n* || ⚲ **im Stop-Modus** / master in stop mode || **~abhängig** *adj* / dependent on the master || ⚲**achse** *f* / master axis, leading axis (LA) || ⚲**-Adresse** *f* / master address || ⚲**anforderung** *f* / master request || ⚲**-Anschaltungsbaugruppe** *f* / interface module, master interface module || ⚲**-Anschluss** *m* / master connection || ⚲**-Anwendung** *f* / master application || ⚲**aufruf** *m* / master call || ⚲**baugruppe** *f* / master module || ⚲**-Betrieb** *m* / master mode || ⚲ **Control Relay (MCR)** *n* / Master Control Relay || ⚲ **Control Relay Bereich (MCR-Bereich)** *m* / Master Control Relay Area (MCR area), MCR zone || ⚲**funktion** *f* / master function || ⚲**funktionalität** *f* / master functionality || ⚲**-Gerät** *n* / master device || ⚲**kanal** *m* / master channel || ⚲**liste** *f* / master list || ⚲**lizenz** *f* (Programme) / master licence
Master·profil *n* / master profile || ⚲**projekt** *n* / master project || ⚲**projektierung** *f* / master configuration || ⚲**regelung** *f* / master control || ⚲**-Reserve-Umschaltung** *f* / master-slave switchover || ⚲**-Sätze** *m pl* / master sets || ⚲**schaftsübergabe** *f* (Bussystem) / master transfer || ⚲**/Slave** / master/slave || ⚲**-Slave** *m* / master-slave *n* || ⚲**-Slave-Antrieb** *m* / master-slave drive || ⚲**-Slave-Betrieb** *m* / master-slave operation, slave operation, master slave operation || ⚲**-Slave-Bussystem** *n* / master-slave bus system || ⚲**-Slave-Kopplung** / master/slave link || ⚲**-Slave-Verfahren** / master-slave mode || ⚲**-Slave-Zugriffverfahren** *n* / master slave access method || ⚲**sollwert** *m* / master setpoint || ⚲**spindel** *f* / master spindle, leading spindle (LS), screw spindle || ⚲**-Subsystem** *n* / master subsystem || ⚲**system** *n* / master system || ⚲**tree** *m* / root *n* || ⚲**uhr** *f* / master clock || ⚲**zyklus** *m* / master cycle
Mast·fundament *n* (Gittermast) / tower footing || ⚲**fuß** *m* (Verbindung Eckstiel-Gründung) / stub *n* || ⚲**fußstation** *f* / tower base station || ⚲**gründung** *f* (Fundament des Mastes) / tower footing || ⚲**hörnerschalter** *m* / pole-type horn-gap switch || ⚲**kopf** *m* (Gittermast) / top hamper || ⚲**licht** *n* / mast-head light || ⚲**schaft** *m* (einsteiliger Mast) / pole shaft, column shaft || ⚲**schaft** *m* (Gittermast) / tower body || ⚲**schalter** *m* / pole-mounted switch || ⚲**station** *f* (m. Trafo) / pole-mounted transformer || ⚲**transformator** *m* / pole-type transformer, tower-mounted transformer || ⚲**verlängerung** *f* (Freileitungsmast) / (tower) body extension || ⚲**zopf** *m* / column spigot
Material *n* / material *n* || ⚲ **des Aufzeichnungsträgers** / recording medium || ⚲ **des Gehäuses** / housing material || **technisch überholtes** ⚲ / not up to date material || ⚲**abtrag** *m* / material removal || ⚲**anstellfläche** *f* / material load area || ⚲**aufgabe** *f* / inlet *n* || ⚲**aufwendungen** *f pl* / cost of materials || ⚲**bahn** *f* / web *n* || ⚲**beanspruchung** *f* / material stressing || ⚲**bedarfsplanung** *f* / materials requirements planning (MRP) || ⚲**bedarfsplanung (MRP)** *f* / Materials Resource Planning || **Maximum-**⚲**-Bedingung** *f* / maximum material condition || ⚲**behälter** *m* / bin *n* || ⚲**beschaffung** *f* / procurement of materials || ⚲**bestand** *m* / material inventory, stock *n* (of materials) ||
⚲**bestandssummenliste** *f* / complete material stock list || ⚲**bewegung** *f* / material movement || ⚲**bewertung** *f* / material evaluation || ⚲**bilanz** *f* / material input-output statements || ⚲**datenblatt** *n* / material data sheet || ⚲**dispersionsparameter** *m* / material dispersion parameter || ⚲**disposition** *f* / materials ordering, material planning, inventory planning || ⚲**eigenschaften** *f pl* / physical properties, material properties || ⚲**eingangsmeldung** *f* / materials receipt notification || ⚲**eintrittskoordinate** *f* / material entering coordinate || ⚲**eintrittspunkt** *m* / material entering point || ⚲**entnahme** *f* / material issued, issuing of material || ⚲**entnahmeschein** *m* / materials requisition note || ⚲**ermüdung** *f* / fatigue *n*, fatigue phenomenon || ⚲**erweichung** *f* / softening of material || ⚲**fehler** *m* / defect of material || ⚲**festigkeit** *f* / material strength
Materialfluss *m* / flow of material, material flow, flow of materials || ⚲**- und Störungsüberwachungssystem (MAUS)** *n* / material flow and fault monitoring system || ⚲**kette** *f* / supply chain || ⚲**management** *n* / material flow management || ⚲**steuerung** *f* / material flow control, material handling control || ⚲**technik** *f* / material handling engineering || ⚲**überwachung** *f* / material flow monitoring
Material·freigabe *f* / material release || ⚲**freisparung nach Angaben des Herstellers** *f* / material recess according to manufacturer's instructions || ⚲**gemeinkosten** *plt* / material overheads, indirect material costs || ⚲**gewährleistung** *f* / material warranty || ⚲**gewährleistungszeit** *f* / material warranty time || ⚲**handhabung** *f* / material handling || ⚲**kennzeichnung** *f* / material identification, material identifier || ⚲**konstante** *f* / matter constant || ⚲**kosten** *plt* / materials costs, material costs || ⚲**liste** *f* / list of material, bill of materials, material specification, material list || ⚲**mangel** *m* / shortage of material || **Maximum-**⚲**-Maß** *n* DIN 7182 / maximum material size || ⚲**preisveränderung** *f* / purchase price change (PPC), material price change || ⚲**prüfanstalt** *f* / material testing institute, materials testing institute || ⚲**prüfstelle** *f* / material testing department || ⚲**prüfung** *f* / testing of material, materials testing, materials inspection
Material·revision *f* / materials inspection || ⚲**schwächung** *f* / material fatigue || ⚲**stärke** *f* / material thickness || ⚲**streuung** *f* / material scattering || ⚲**- und Leistungsanforderung** *f* / material and service requirements || ⚲**- und Teilewirtschaft** / materials and parts management || ⚲**verarbeitung** *f* / material processing || ⚲**verbrauch** *m* / material consumption || ⚲**verdrängung** *f* (Stanzen) / crowding *n* || ⚲**verfügungsausschuss** *m* / material review board (MRB) || ⚲**vergleichsliste** *f* / material comparison list || ⚲**verspannung** *f* / material strain || ⚲**verwaltung** *f* / material management || ⚲**wanderung** *f* / material transfer, material migration, creep *n* || ⚲**wesen** *n* / materials management || ⚲**wirtschaft** *f* / materials management || ⚲**zerrung** *f* / strain on material || ⚲**zeugnis** *n* / materials certificate || ⚲**zufuhr** *f* / infeed *n* || ⚲**zuführung** *f* / provision of material
mathematische Funktion / mathematic function

Matrix

Matrix *f* / matrix *n*, matrix array, array *n* (sensor) || ⁓ *f* (Punktm.) / dot matrix || **Sensor~** *f* / sensor array || **Zell~** *f* (Darstellungselement) / cell array || **⁓adressierung** *f* / matrix addressing || **⁓-Anzeige** *f* / matrix display || **⁓ausgabe** *f* (Gerät) / matrix output unit || **⁓baugruppe** *f* / matrix module || **⁓drucker** *m* / matrix printer, dot-matrix printer || **⁓einfluss** *m* / matrix effect || **⁓größe** *f* / matrix size || **⁓kamera** *f* / matrix camera || **⁓-Nadeldrucker** *m* / impact matrix printer || **⁓oberfläche** *f* / matrix interface || **⁓schema** *n* / matrix pattern || **⁓-Strahlungsbrenner** *m* / matrix radiant burner || **⁓-Tintendrucker** *m* / ink-jet matrix printer || **⁓zeichen** *n* / matrix sign
Matrize *f* (Vervielfältigungsm) / stencil *n* || ⁓ *f* (Stanzwerkz.) / die *n*, female die, bottom die
Matrizen·halter *m* (Werkzeughalter) / die holder || **⁓rechnung** *f* / matrix calculus
matt *adj* / dull *adj*, matt *adj*, lusterless *adj*, flat *adj* || **~ dunkel** *adj* / matt dark || **~ schwarz** *adj* / dull black || **~ weiß** *adj* / dull white
Matte *f* (Isoliermaterial) / mat *n*
Matten·isolierung *f* / blanket-type insulation, insulation matting || **⁓liste** *f* / mat schedule || **⁓-Tastatur** *f* / silicone elastomer keyboard, elastomer rubber keyboard, elastomer keyboard || **⁓verdrahtung** *f* / mat wiring
Mattglas *n* / frosted glass, depolished glass || **⁓scheibe** *f* / frosted-glass pane, frosted-glass window
mattiert *adj* / mat finished || **~e Lampe** / frosted lamp || **~e Oberfläche** (gS) / matt finish || **~er Kolben** (Lampe) / frosted bulb
Mattierung, körnige ⁓ / grainy frost
Mauer·anker *m* / wall-anchor *n* || **⁓durchführung** *f* / wall penetration, wall bushing || **⁓einputz** *m* / wall recessed || **⁓einputzkasten** *m* / (wall-)recessed case, wall box, wall-recessed box || **⁓stärke** *f* / wall thickness
Maul·klemme *f* / claw-type terminal || **⁓kontakt** *m* / claw contact
Maulwurf-Motor *m* / mole motor
Maus *f* / mouse *n* || **⁓bedienung** *f* / mouse control || **⁓klick** *m* / mouse click || **~kompatibel** *adj* / mouse compatible || **~kompatibles Touchpad** / mouse compatible touchpad || **⁓-orientierte Bedienung** / mouse operation || **⁓schnittstelle** *f* / mouse interface || **⁓support** *m* / mouse support || **⁓taste** *f* / mouse key, mouse button || **⁓treiber** *m* / mouse driver || **⁓zeiger** *m* / cursor *n* || **⁓straße** *f* / turnpike *n*, tollroad *n*
MAWET (maschinelle Werkzeugverwaltung, Etatüberwachung und Terminverfolgung im Dialog) / MAWET, MAWET system
max. / max.
Maxi-Erweiterungsgerät *n* / maxi-expansion unit
maximal *adj* / dull *adj*, maximum *adj* || **~ angesteuert** *adj* / fully open || **~ geöffnet** *adj* / in open position || **~ mögliche Leistung** / maximum capacity, maximum electric capacity || **~ steckbar** *adj* / maximum pluggable || **~ zulässige Bestrahlung** (MZB) / maximum permissible exposure (MPE) || **~ zulässige Bestückung** / max. permissible number of components || **~ zulässige Betriebsspannung** (Messkreis) / nominal circuit voltage || **~ zulässige Betriebsspannung** (Messwiderstand, Kondensator) / temperature-rise voltage || **~ zulässige Nenn-Ansprechtemperatur des Systems** (max. TFS) / maximum permissible rated system operating temperature (max. TFS) || **~ zulässige Umgebungstemperatur** / maximum ambient temperature || **~ zulässiger Stoßstrom** (ESR-Elektrode) / surge current
Maximal·amplitude *f* / maximum amplitude || **⁓ausbau** *m* / maximum configuration || **⁓ausbau** *m* (elST) / maximum complement, ultimate configuration || **⁓ausschlag** *m* / maximum deflection || **⁓auswahl** *f* / maximum selector || **⁓auswertung** *f* / maximum evaluation || **⁓bedarf** *m* / maximum requirement || **⁓byte** *n* / maximum byte || **⁓drehmoment** *n* (Mot.) / maximum torque || **⁓drehzahl** *f* / maximum speed
maximal·e Änderungsgeschwindigkeit (der Ausgangsspannung eines Stromreglers) / slewing rate || **~e Anlauffrequenz** (Schrittmot.) / maximum start-stop stepping rate (at no external load) || **~e Anzahl der Zeilen** / maximum number of lines || **~e Arbeitsplatzkonzentration** (MAK-Wert) / maximum allowable concentration (MAC), threshold limit value at place of work (TLV) || **~e Ausführungslast** (maximaler Prozentsatz der CPU-Auslastung für den Controller) / maximum execution load || **~e Ausführungszeit** / execution time limit || **~e Ausgangsfrequenz** (A-D-Umsetzer) / full-scale output frequency || **~e Ausgangsstrahlung** (Lasergerät) VDE 0837 / maximum output IEC 825 || **~e Bemessungs-Stufenspannung** HD 367 / maximum rated step voltage IEC 214 || **~e beobachtete Frequenz** / maximum observed frequency || **~e betrieblich zugelassene Gleichtakt-Störspannung** / maximum operating common-mode voltage || **~e Betriebsfrequenz** (Schrittmot.) / maximum slew rate (at no external load) || **~e Erregung** (el. Masch.) / maximum field || **~e Kurzschlussfestigkeit** (Sicherungshalter) / peak withstand current || **~e Lastspielfrequenz** / max. load-cycle frequency || **~e Leistung** / P_{max} || **~e Motordrehzahl** / maximum motor speed || **~e Motorfrequenz** / maximum motor frequency || **~e Oberflächentemperatur** (explosionsgeschützte Geräte) / maximum surface temperature || **~e Stopfquote** / maximum justification ratio || **~e Stromstärke in Abhängigkeit vom Leiterquerschnitt** / cross section/current relationship || **~e Übermittlungszeit** / maximum transfer time || **~e Verwendung** / maximum use
maximal·er Auslösestrom / max. tripping current || **~er Belastungsstrom** / maximum load current || **~er Bemessungs-Dauerstrom** / rated maximum uninterrupted current || **~er Bemessungs-Durchgangsstrom** (Trafo-Stufenschalter) HD 367 / maximum rated through-current IEC 214 || **~er Betriebsdruck** / maximum operating pressure || **~er Durchschlupf** DIN 55350, T.31 / average outgoing quality limit (AOQL) || **~er Frequenzsollwert** / Max. frequency setpoint || **~er Kurzzeitstrom für eine Halbwelle** (HL-Schütz) VDE 0660, T. 109 / maximum on-state current for one half cycle || **~er Leistungspunkt** / maximum power point || **~er PID-Istwert** / Max. value for PID feedback || **~er Pulsjitter** / peak-to-peak pulse jitter || **~er Sitzquerschnitt** / maximal port area || **~er Speicherausbau** / maximum memory

configuration, maximum memory capacity || **~er unbeeinflusster Stoßstrom** VDE 0670,T.2 / maximum prospective peak current IEC 129 || **~er Wechselrichterstrom** / maximum inverter current || **~er Wert** / maximum value || **~es Ausgangssignal** / maximum signal output IEC 147-1E || **~es Drehmoment bei Anschlag der Abstimmeinrichtung** / maximum tuner stop torque || **~es Motormoment** / maximum motor torque || **~es Pulszittern** / peak-to-peak pulse jitter
Maximal·format n / maximum format || ⚹**frequenz** f / maximum frequency || ⚹**geschwindigkeit** f / maximum velocity || ⚹**kontrast** m (Verhältnis der Leuchtdichte des hellsten Teils eines Bildes zu der des dunkelsten Teils) / maximum contrast || ⚹**leistung** f / P_{max} || **generatorische** ⚹**leistung** / maximum regenerative power || ⚹**leistungsregelung** f / maximum power point tracking || ⚹**leistungsspannung** f / voltage at maximum power (V_{mp}) || ⚹**leistungsstrom** m / current at maximum power || ⚹**melder** m (Brandmelder) EN 54 / static detector EN 54 || ⚹**menge** f / maximum flow rate || ⚹-**Minimalrelais** n / over-and-under...relay || ⚹**permeabilität** f / maximum permeability || ⚹**relais** n / over...relay || ⚹**schalter** m / excess-current circuit-breaker || ⚹**spannung** f / maximum voltage || ⚹**stand** m / maximum n
Maximalstrom m / I_max n || **unabhängiges** ⚹**Zeitrelais** (UMZ-Relais) / definite-time overcurrent-time relay, definite-time overcurrent relay, DMT overcurrent relay
Maximal·-Verlustleistung f (EB) VDE 0160 / maximum power loss (EE) || ⚹**verzögerung** f / maximum deceleration || ⚹**wert PID-Ausgang** / PID output upper limit
maximieren v (bildschirmfüllendes Darstellen von Fenstern) / maximize v
Maximum n / maximum demand (m.d.) || ⚹**ausblendung** f / maximum-demand bypass || ⚹**auslöser** m / maximum-demand trip || ⚹**drucker** m / maximum-demand printer || ⚹**einrichtung** f / maximum-demand element || ⚹**erfassung** f / maximum-demand metering || ⚹**konstante K** / constant K of maximum-demand indicator || ⚹**kontakt** m / maximum-demand contact || ⚹-**Laufwerk** n / maximum-demand timing element, maximum-demand timer || ⚹-**Material-Bedingung** f / maximum material condition || ⚹-**Material-Maß** n DIN 7182 / maximum material size || ⚹-**Messperiode** f / demand integration period || ⚹-**Messrelais** n / maximum measuring relay || ⚹**messung** f / maximum-demand measurement (o. metering) || ⚹-**Power-Point-Regler** m / MPPT n || ⚹-**Power-Point Tracking** n / maximum power tracking || ⚹**rechner** m / maximum-demand calculator || ⚹**register** n / maximum-demand register || ⚹**relais** n / maximum-demand relay || ⚹**relais** n (Messrelais f. Schutz) / maximum measuring relay || ⚹**rolle** f / maximum-demand drum || ⚹-**Rückstelleinrichtung** f / maximum-demand zero resetting device || ⚹-**Rückstellung** f / maximum-demand zero resetting, maximum-demand resetter || ⚹**schalter** m / maximum-demand resetting switch, maximum-demand switch (MD switch) || ⚹**scheibe** f / maximum-demand dial || ⚹-**Schleppzeiger** m /

maximum indicator || ⚹**skale** f / maximum-demand scale || ⚹**speicher** m / maximum-demand memory || ⚹**tarif** m / demand tariff || ⚹-**Überwachungsanlage** f / maximum-demand monitoring system || ⚹-**Umschaltkontakt** m / maximum-demand changeover contact || ⚹**wächter** m / maximum-demand monitor, maximum-demand indicator, peak load limiter || ⚹**wächter zum Optimum** / optimizing maximum monitor
Maximumwerk n / maximum-demand mechanism, maximum-demand element || ⚹ n (elektron.) / maximum-demand module (o. unit), maximum-demand calculator (o. module)
Maximumzähler m / maximum-demand meter, demand meter, kilowatt maximum-demand meter || ⚹ **mit Kumulativzählwerk** / cumulative demand meter || **schreibender** ⚹ / recording maximum-demand meter, meter with maximum-demand recorder
Maximumzeiger m / maximum-demand pointer, friction pointer of demand meter
Maxi-Termi-Point m / maxi-termi-point
Max. Kabellänge / Max. cable length
max. unbeeinflusster Stossstrom / maximum prospective peak current
Maxwells che Einflusszahl / influence coefficient || ⚹ **Gleichungen** / Maxwell's equations || ⚹ **Spannung** / Maxwell stress
MB (Merkerbyte) / MB (memory byte) || ⚹ (Menüblock) / MB (menu block)
MBA m (Messbereichsanfang) / LRV n
MB (Merkerbyte) / flag byte (FB)
MBC / model-based control (MBC) || ⚹ m / Mobile Building Controller (MBC)
MBD (modellbasiertes Design) n / model-based design (MBD)
MBE (Molekularstrahlepitaxie) f / molecular beam epitaxy
M-Befehl m / M function (Instructions which primarily control on/off functions of the machine or NC system), special function
MBK / magnetic tape cassette, tape cartridge
MBNQA m / Malcolm Baldridge National Quality Award (MBNQA)
M12-Buchse f / M12 socket
MBV (Mitglied des Bereichsvorstandes) n / Group Vice President
Mbyte n / MB n
MC / microcomputer n (MC) || ⚹ (Machinencode) / MC (machine code) || ⚹ (**Maschinen-Controller**) m / MC n
MC anzeigen / Display MC
MC5-Code m / MC5 code
MCAD (mechanisches CAD) / MCAD (Mechanical CAD)
MCALL / MCALL (modal subroutine call)
MCB / microcomputer board (MCB)
MCBF / MCBF (mean cycles between failures)
McBSP / multichannel buffered serial port (McBSP)
MCC / Measurement Current Control (MCC), Motion Control Chart (MCC) || ⚹ (**Motor Control Center**) n / MCC (Motor Control Center) n
MCCB (Kompaktleistungsschalter) m (Molded Case Circuit Breaker = Leistungsschalter in Kompaktbauweise, wobei das Schaltergehäuse aus Formstoff ist) / MCCB (molded-case circuit

breaker)
MCC'-Editor *m* / MCC editor || ৎ-**Einschub** *m* / MCC withdrawable unit, MCC drawout unit || ৎ-**Kommando** *n* / MCC command || ৎ-**Modul** *n* / MCC module || ৎ-**Programm** *n* / MCC program || ৎ-**Schrank** *m* / MCC cabinet || ৎ-**Symbol** *n* / MCC symbol
McEdit-Control *f* / McEdit-Control
MCI / MCI (Motion Control Interface) || ৎ-**Board** *n* / MCI board || ৎ-**Board-Extension** *f* / MCI board extension
MCIS (Motion Control Information System) *n* / MCIS (Motion Control Information System)
McLeod-Manometer *m* / McLeod vacuum gauge
MCM (Mehrchipmodul) / Multi-Chip Module (MCM)
MC-Motor *m* / MC motor
MCO / meteorological ceilometer (MCO)
MCPA (Machine Control Panel Adapter) / MCPA (Machine Control Panel Adapter)
McPherson-Federbein *n* / McPherson strut axle
MCR (Master Control Relay) *m* / Master Control Relay || ৎ-**Bereich (Master Control Relay Bereich)** *m* / MCR area (Master Control Relay Area)
MCRTX (Motion Control Realtime Extension) / MCRTX (Motion Control Realtime Extension)
MC-Server *m* (Softwarefunktionalität zum Einlesen von Maschinendaten in Softwarestrukturen) / MC-server
mc-Si *n* / mc-Si *n*
MC-Si *n* / multicrystalline silicon
MC-Software *f* / MC software
MC-Sprache *f* / machine language, machine code (MC), computer language, object language
MCSS *n* / Multi Carrier Spread Spectrum (MCSS)
MCU / Motion Control Unit (MCU) || ৎ-**Programm** *n* / MCU program
MD / flag data (FD) || ৎ (Maschinendatum) / MD (machine data) || ৎ (**Merkerdoppelwort**) *n* / memory double word
Md Regelung / Mconstant control
MDA (Manual Data Automatic) / Manual Data Automatic (MDA) || ৎ *f* / Manufacturing Defect Analysis (MDA) || ৎ-**Betrieb** *m* / MDA mode || ৎ-**Cell** *f* / MDA Cell (higher-level evaluation computer) || ৎ IFC / MDA IFC || ৎ-**Kanal** *m* / MDA channel || ৎ-**Machine** *f* / MDA Machine || ৎ-**Plant** *f* / MDA Plant || ৎ-**Programm** *n* / MDA program || ৎ-**Puffer** *m* / MDA buffer
MD-Array / MD array
MDA'-Server *m* / MDA server || ৎ-**Speicher** *m* / MDA memory
MDB / Marketing Database (MDB)
MD-Bit *n* / MD bit
MDD (modularer Gerätetreiber) *m* / MDD (Module Device Driver)
M7-DDE-Server *m* (Software für die Anbindung von dem SIMATIC M7-Automatisierungsrechner an Windows-Applikationen) / M7 DDE server
MDDI *n* / mobile display digital interface (MDDI)
MDE / MDA (Machine Data Acquisition)
MDE/BDE-Information *f* / MDA/PDA data
MD-Einstellung *f* / MD setting
MDE-Leitstation *f* / MDA master terminal
MDEP (Mindestbohrtiefe Parameter) / MDEP (minimum drilling depth)
MDT / MDT (mean down time) || ৎ / master data telegram (MDT)
MDE-Terminal / machine data acquisition terminal (MDAT)
MDI (manuelle Dateneingabe Punkt-zu-Punkt Positionieren) / manual input || ৎ / MDI (manual data input) || ৎ **(Multiple Document Interface)** *n* / multiple document interface (MDI) || ৎ-**Verfahrsatz** *m* / manual data input (MDI), manual input
MDS (mobiler Datenspeicher) / mobile transponder, mobile data memory || ৎ / MDS (Mobile Data Storage) || ৎ **(Motordatensatz)** *m* / MDS (Motor Data Set)
MDZ / cycle machine data (MDC)
ME / synchronization/signal conversion input
MEAM / Mechanical Engineering and Applied Mechanics
Mean Time Between Failures (MTBF) *f* / Mean Time Between Failures (MTBF) *n* (the expectation of the time between failures) || ৎ **Time to Repair (MTTR)** (mittlere Reparaturdauer) / mean time to repair
MEAS / MEAS (measure and delete distance-to-go)
Measling *n* / measling *n*
Measurement OCX / Measurement OCX
measuringInputType *m* / measuringInputType
Mechanik *f* / mechanical components, mechanical components || ৎ **mit Aufhebung des Auslösemechanismus** / cancelling release mechanical system || ৎ **mit Doppelbetätigungsauslösung** / double-pressure locking mechanical system || ৎ **mit gegenseitiger Auslösung** / inter-dependent mechanical system || ৎ **mit gegenseitiger Sperrung** / locking mechanical system || **blockierende** ৎ / blocked mechanical system, blocking mechanical system || **Druckknopfschalter-**ৎ *f* / mechanical system of a pushbutton switch || **Rast~** *f* / single-pressure maintained mechanical system IEC 50(581) || **Tast~** *f* / momentary mechanical system, single-pressure non-locking mechanical system || **unverriegelte** ৎ / independent mechanical system || ৎ**entwürfe** *m* / mechanical drafts
Mechaniker *m* / fitter *n*
Mechanik-komponente *f* / mechanical component || ৎ-**Konstruktion** *f* / mechanical design || ৎ**muster** *n* / mechanical prototype || ৎ**presse** *f* / mechanical press || ৎ**tests** *m pl* / mechanical testing
mechanisch *adj* / mechanical *adj* || **~ austauschbar** / intermountable *adj* || **~ gekuppelt** / ganged *adj*, linked *adj* || **~ gestapelte Mehrfachzelle** / mechanically stacked tandem cell || **~ gestapelte Tandemzelle** / mechanically stacked tandem cell || **~ verzögerter Auslöser** / mechanically delayed release
mechanisch·e Antriebsleistung / mechanical input || **~e Arbeit** / mechanical work || **~e Aufbauten** (MSR-Geräte) / constructional hardware || **~e Ausführung** / mechanical design || **~e Beanspruchung** / mechanical stress || **~e Belastung** / mechanical load, mechanical stress || **~e Belastungsprüfung** / mechanical loading, mechanical load test, mechanical loading test || **~e Betätigung** / mechanical actuation || **~e Bruchkraft** VDE 0446, T.1 / mechanical failing load IEC 383 || **~e Bürde** / mechanical burden || **~e Checkliste** / mechanical checklist || **~e Dämpfung**

(Dämpfung bzw. Pufferung durch Reibung oder federnde Bauteile) / mechanical damping || **~e Dauerfestigkeit** / mechanical endurance, time-load withstand strength || **~e Dauerprüfung** / mechanical endurance test || **~e Druckmessung** / mechanical pressure test || **~e Empfangseinrichtung** / mechanical receiving device || **~e Endbegrenzung** (Trafo-Stufenschalter) / mechanical end stop IEC 214 || **~e Festigkeit** (Material) / mechanical strength || **~e Festigkeit** (Gerät) / mechanical stability || **~e Festigkeit** / strain resistance || **~e Freiauslösung** / mechanical release-free mechanism, mechanical trip-free mechanism || **~e Funktionsprüfung** / mechanical operation test, verification of mechanical operation || **~e Installation** / mechanical installation || **~e Komponente** / mechanical component || **~e Kopplung** / mechanical coupling || **~e Lebensdauer** / mechanical endurance, mechanical life, mechanical durability || **~e Magnetbremsung** IEC 50(411) / electromagnetic braking || **~e Mindest-Bruchfestigkeit** / specified mechanical failing load || **~e Rückführung** / mechanical feedback || **~e Schwingungsprüfung** (el. Masch.) / vibration test || **~e Spannungsspitze** / mechanical tension peak || **~e Sperre** / mechanical lockout, mechanical latch || **~e Standfestigkeit** / mechanical endurance || **~e Taste** / hard key || **~e Trägheit** / mechanical inertia || **~e Verklinkung** / mechanical latch(ing) || **~e Verletzung** / scratch || **~e Verriegelung** / mechanical interlock || **~e Verriegelung - Drehantrieb** / mech. interlocks-rotary handles || **~e Verriegelung - Wippe über Auslösestift** / mechanical interlocks-walking beam || **~e Widerstandsfähigkeit** / robustness, mechanical endurance || **~e Widerstandsfähigkeit der Anschlüsse** DIN IEC 68 / robustness of terminations || **~e Wiedereinschaltsperre** / mechanical reclosing lockout || **~e Winkelgeschwindigkeit** / angular velocity of rotation || **~e Wirkverbindungslinie** / mechanical linkage line || **~e Zeitkonstante** (Anzeigegerät) / mechanical time constant || **~e Zentrierstation** / mechanical centering station || **~e Zentrierung** / mechanical centering || **~e Zündsperre** EN 50018 / stopping box EN 50018 || **~e Zündsperre mit Vergussmasse** / stopping box with setting compound

mechanisch·er Abgleich / mechanical balance || **~er Abruf** / mechanical closing || **~er Anzeiger** / mechanical indicator || **~er Aufbau** / mechanical design, mechanical construction || **~er Auslösepunkt** / mechanical tripping point || **~er Drucker** / impact printer || **~er Durchstimmbereich** / mechanical tuning range || **~er einstellbarer Anschlag** / mechanical adjustable stop || **~er Impulsgeber** / mechanical impulse device, contact mechanism || **~er Kontaktschutz** / shroud *n* IEC 50(581) || **~er Leitungsschutzschalter** / mechanical circuit-breaker || **~er LWL-Spleiß** / mechanical splice || **~er Nullpunkt** / mechanical zero || **~er Nullpunkteinsteller** / mechanical zero adjuster || **~er Reset** / mechanical reset || **~er Schalter** / mechanical switch || **~er USV-Schalter** / mechanical UPS power switch (MPS) || **~er Werkzeugmesstaster** / mechanical tool probe

mechanisch·es Abschleifen / abrading || **~es CAD (MCAD)** / Mechanical CAD (MCAD) || **~es Druckverfahren** (Fernkopierer) / impact recording || **~es Getriebe** / linkage system, cam gear || **~es Hemmwerk** / mechanical time-delay element || **~es Lernen** / rote learning || **~es Merkmal** / mechanical feature || **~es Modul** / mechanical module || **~es Rückarbeitsverfahren** / mechanical back-to-back test, pump-back method || **~es Schaltgerät** / mechanical switching device || **~es Schaltgerät mit bedingter Auslösung** / fixed-trip mechanical switching device || **~es Schaltgerät mit Freiauslösung** / trip-free mechanical switching device || **~es Schütz** / mechanical contactor || **~es Schweißen** / mechanized welding || **~es Sperrglied** / mechanical interlocking || **~es Übertragungselement** / mechanical transmission element || **~es Übertragungsglied** / transmission elements || **~es Wärmeäquivalent** / mechanical equivalent of heat || **~es Zeitrelais** / mechanically timed relay || **~es Zentrieren** / mechanical centering

mechanisierte Prüfung / remote-controlled testing

Mechanismus *m* / mechanism || **≈ zum Ausgleich der Bandbreite** (DIN V 44302-2) / bandwidth balancing mechanism

mechan. Zentrierung 1/2 / Mech. Centering 1/2

Mechatronic Support / mechatronic support

Mechatronik *f* (= Mechanik + Elektrik + Elektronik) / mechatronics *n* || **≈einheit** *f* / mechatronic unit

mechatronisch *adj* / mechatronic || **≈es Maschinenkonzept** / mechatronic machine design

Median *m* (Statistik) DIN 55350, T.23 / median *n* || **≈** *m* (Bereich zwischen dem proximalen und distalen Bereich) DIN IEC 469, T.1 / mesial *n* || **≈linie** *f* DIN IEC 469, T.1 / mesial line || **≈punkt** *m* DIN IEC 469, T.1 / mesial point || **≈wert** *m* / median value, median *n* || **≈wert einer Stichprobe** / sample median

Medien ein/aus / media on/off || **≈konverter** *m* / media converter || **≈modul** *n* / fiber optic module || **≈name** *m* / utility name

Medium *n* / medium *n*, contained fluid || **≈ für Sammelaufruf** *n* (DIN V 44302-2) / broadcast medium || **dispergierendes ≈** / dispersive medium || **entferntes ≈** (einer el. Masch.) / remote medium || **≈, in dem der Strom unterbrochen wird** / interrupting medium || **inkompressibles ≈** / incompressible fluid || **lichtundurchlässiges ≈** / opaque medium || **≈anschlusseinheit** *f* / medium attachment unit (MAU) || **≈anschlusspunkt** *m* / medium attachment point || **≈ Management Unit** *f* / medium management unit || **≈schnittstelle** *f* / medium dependent interface || **≈steckerverbindung** *m* / medium interface connector || **≈zugriffsprotokoll** *n* / medium access control protocol || **≈zugriffssteuerung** *f* (ein Verfahren, das die Reihenfolge bestimmt, in der die Datenstationen vorübergehend über das Übertragungsmedium verfügen) / medium access control

medizinisches Weißöl / medical white oil

Meeres·höhe *f* / altitude above sea level || **≈wärme-Kraftwerk** *n* / ocean (or sea) temperature gradient power station, ocean thermal power plant || **≈wellenenergie** *f* / wave energy

Meerwasserentsalzungsanlage

Meerwasserentsalzungsanlage *f* / seawater desalination plant
Megabyte *n* / megabyte *n*
Megaflops (Maßeinheit für die Verarbeitungsleistung, wobei 1 Megaflops einer Million Gleitpunktoperationen pro Sekunde entspricht) / MFLOPS
Mehrachs·antrieb *m* (Bahn) / coupled axle drive, multiple-axle drive, multi-axis drive || ~**antriebssystem** *n* / multi-axis drive system || ~**anwendung** *f* / multi-axis application || ~**bewegung** *f* / multi-axis movement
Mehrachsen *f pl* / multiple axes || ~**-Bahnsteuerung** *f* / multi-axis continuous-path control, multi-axis contouring control || **Angaben für** ~**bewegung** / multi-axis information set || ~**interpolation** *f* / multi-axis interpolation || ~**koordination** *f* / multi-axis coordination || ~**-Punkt-zu-Punkt-Positioniersteuerung** / multi-axis point-to-point positioning control || ~**steuerung** *f* / multi-axis control || ~**-Streckensteuerung** *f* / multi-axis straight-line control
Mehrachs·gerät *n* / multi-axis unit || ~**interpolation** *f* / multi-axis interpolation || ~**leistungsteile** *n pl* / power modules with multiple axes || ~**linearsystem** *n* / multi-axis linear system || ~**option** *f* / multi-axis option || ~**-Portalsystem** *n* / multi-axis gantry system || **konsequentes** ~**prinzip** / systematic multi-axis principle || ~**steuerung** *f* / multi-axis control
Mehraderkabel *n* / multi-strand cable
mehradrig *adj* / multi-core *adj* || ~**es Flachkabel** / flat multi-core cable || ~**es Kabel** / multi-strand cable, multi-conductor cable, multicore cable
Mehr·ankermotor *m* / multi-armature motor || ~**anodenventil** *n* / multi-anode valve || ~**anoden-Ventilbauelement** *n* / multi-anode valve device || ~**arbeitsstand** *m* / additional work level || ~**bahniges Schieberegister** / multi-channel shift register || ~**bahnigkeit** *f* / multi-path technology || ~**benutzersystem** *n* / multi-user system, shared-resources system || ~**bereich** *m* / multi-range *adj* || ~**bereichs-Messgerät** *n* / multi-range instrument || ~**bereichsöl** *n* / multigrade oil || ~**bereichsspannung** *f* / multi-range voltage || ~**bereichswandler** *m* / multifunction interface converter || ~**chipmodul (MCM)** *n* / Multi-Chip Module (MCM)
mehrdimensional *adj* / multidimensional *adj* || ~**e Bahnsteuerung** / multidimensional continuous-path control, multi-motion contouring control || ~**e Steuerung** / multi-dimensional control, 3D control
mehrdrähtig *adj* / stranded *adj* || ~**e Zuleitung** / stranded feeder conductor || ~**er Leiter** / stranded conductor, stranded copper conductor || ~**er Rundleiter** / stranded circular conductor || ~**er Sektorleiter** (Profilleiter, dessen Querschnitt annähernd einem Kreissektor entspricht) / sector strand || ~**er verdichteter Sektorleiter** / stranded sector conductor
Mehr·drahtnachricht *f* DIN IEC 625 / multiline message || ~**ebenen-Prozessführung** *f* / multilevel process control || ~**einheiten-Schalter** *m* / multi-cell switch
mehrere Eintauchpunkte erforderlich / several insertion points required || ~ **Programme blockweise markieren** / mark several programs block by block || ~ **Programme markieren** / mark several programs
mehrfach geschlossene Wicklung / multiplex winding || ~ **gespeistes Netz** / multiply fed system, multi-end-fed system || ~ **parallelgeschaltete Wicklung** / multiplex parallel winding || ~ **programmierbarer Festwertspeicher (REPROM)** / reprogrammable read-only memory (REPROM) || ~ **stabilisiertes Relais** / multi-restraint relay || ~ **verseilter Leiter** / multiple stranded conductor || ~ **wiedereintretende Wicklung** / multiply re-entrant winding
Mehrfach·anordnung *f* / arrange differently || ~**anregung** *f* / multiple excitation || ~**anschaltung** *f* / multiple interfacing, multi-channel interface, multiple-interface module || ~**anschlag** *m* / multi-position stop || ~**anschluss** *m* / multiple connection || ~**anweisung** *f* / compound statement || ~**aufrufe** *m pl* / multiple calls || ~**aufspannung** *f* / multiple clamping || ~**ausfall** *m* / multiple failures || ~**auslösung** *f* / multiple firing (firing a rule more than once for accessing knowledge over and over in the same consultation) || ~**auswahl** *f* / multiple selection, multiple option || ~**auswahlknopf** *m* / multiple option button || ~**auswahlliste** *f* / multiple option list || ~**-Batchsystem** *n* / multi-batch system || ~**baugruppe** *f* / multi-module || ~**bearbeitung** *f* / multiple operation || ~**bearbeitungsmaschine** *f* / multiple-operation machine (woodworking) || ~**befehl** *m* / broadcast command || ~**belegung** *f* / multiple assignment || ~**bestimmung** *f* / multiple analysis || ~**betätigung** *f* (Eingabetastatur) / rollover *n* || ~**bild** *n* / multiple pattern || ~**blitz** *m* / multiple lightning stroke || ~**blitzentladung** *f* / multiple-stroke flash || ~**bürstenhalter** *m* / multi-brush holder || ~**-Codierung** *f* / multiple coding || ~**dekadenwiderstand** *m* / multi-decade resistor || ~**dialog** *m* / multiple dialog || ~**drehwiderstand** *m* / multi-gang rotary resistor || ~**durchführung** *f* / multiple bushing
mehrfache Schleifenwicklung / multiplex lap winding || ~ **Wellenwicklung** / multiplex wave winding || ~ **Wiederzündung** / multiple restrikes
Mehrfach·einscherung *f* / multiple reeving || ~**einspeiseklemme** *f* / multiple feed-in terminal || ~**einstechen** *n* / multiple grooving || ~**einstiche** *m pl* / multiple grooves || ~**-End-End-Konfiguration** *n* / multiple point-to-point configuration || ~**erdschluss** *m* / multiple fault, cross-country fault || ~**erregung** *f* / multiple excitation
mehrfaches Messen DIN 41640 / repetition of measurements IEC 512
Mehrfach·-Faserverbinder *m* / multifibre joint || ~**Fehlzustand** *m* / cross-country fault (USA) IEC 50 (448) || ~**fenstertechnik** *f* / multi-windowing feature || ~**getriebe** *n* / multi-stage gearing || ~**gewinde** *n* / multiple-start thread, multiple thread || ~**gewindeschneiden** *n* / multiple-thread cutting || ~**käfigläufermotor** *m* / multi-cage motor || ~**Kastenbauform** *f* VDE 0660, T.500 / multi-box-type assembly IEC 439-1 || ~**kette** *f* (Isolatoren) / multiple (insulator) string || ~**kondensator** *m* / ganged capacitor || ~**-Kondensatorbatterie** *f* VDE 0670, T.3 / multiple capacitor bank IEC 265 || ~**koppler** *m* / multiplexer *n* (MUX) || ~**kopplung** *f* / multilink *n* (module) || ~**-Kurzunterbrechung** *f* / multiple-shot reclosing

Mehrfach·leuchte *f* / multiple light || ⟨-⟩**leuchtmelder** *m* / multiple indicator light, multi-element indicator light, annunciator unit || ⟨-⟩**Leuchtmelder** *m* / multiple indicator lights || ⟨-⟩**Messgerät** *n* / multiple instrument || ⟨-⟩**Messumformer** *m* / multi-section transducer || ⟨-⟩**messung** *f* / multiple measurement || ⟨-⟩**modulation** *f* / multiple modulation || ⟨-⟩**motor** *m* (mehrere Anker) / multiple-armature motor || ⟨-⟩**Nebenwiderstand** *m* / universal shunt
Mehrfach·nutzen *m* / multiple printed panel || ⟨-⟩**nutzen-Druckwerkzeug** *n* / multiple image production master || ⟨-⟩**nutzung** *f* / multiple use || ⟨-⟩**Oszilloskop** *n* / multirace oscilloscope || ⟨-⟩**Paletten-Speicher** *m* (MPS) / multi-pallet storage (MPS) || ⟨-⟩**potentiometer** *n* / ganged potentiometer || ⟨-⟩**Primärausfall** *m* / common-mode failure || ⟨-⟩**programm** *n* / multiple program || ⟨-⟩**Programmiergerät** *n* / gang programmer || ⟨-⟩**Prozessrechnersystem** *n* / multiple-computer system || ⟨-⟩**Punkt-zu-Punkt-Netz** *n* / multiple point-to-point configuration || ⟨-⟩**rahmen** *m* / multiframe || ⟨-⟩**rahmen-Synchronisiersignal** *n* / multiframe alignment signal || ⟨-⟩**rastergleichlauf** *m* / multiframe alignment || ⟨-⟩**rechneranlage** *f* / multi-computer configuration (o. installation) || ⟨-⟩**rechner-Überwachungssystem** *n* / multi-computer monitoring system || ⟨-⟩**reflexionen** *f pl* / interreflection (GB), interflection *n* (US), multiple reflections || ⟨-⟩**regelung** *f* / multi-loop control, multiloop control system || ⟨-⟩**regelung** *f* (Mehrgrößenr.) / multi-variable control || ⟨-⟩**Rollfederbürstenhalter** *m* / multiple coil spring brush holder
Mehrfach·sammelschiene *f* / multiple busbars || ⟨-⟩**schalter** *m* (gekuppelter Sch.) / ganged switch || ⟨-⟩**schelle** *f* / multiple saddle || ⟨-⟩**schleifen** *n* / multiple grinding || ⟨-⟩**Schrankbauform** *f* VDE 0660, T.500 / multi-cubicle-type assembly, multi-cabinet type || ⟨-⟩**schreiber** *m* / recording multiple-element instrument, multi-channel recorder, multicorder *n*, multi-record instrument || ⟨-⟩**sitzungen** *f pl* / multiple sessions || ⟨-⟩**speisung** *f* / multiple-feeder system || ⟨-⟩**spule** *f* / multi-section coil, multiple coil || ⟨-⟩**steckdose** *f* / multiple socket-outlet, multiple receptacle || ⟨-⟩**stecker** *m* / multiway adaptor, multiple plug, cube tap (US), plural tap (US) || ⟨-⟩**steckverbinder** *m* / multiway connector, multiple connector || ⟨-⟩**steuerung** *f* (Mehrplatzsystem) / cluster controller || ⟨-⟩**stichprobenentnahme** *f* / multiple sampling || ⟨-⟩**stichprobenprüfplan** *m* / multiple sampling plan || ⟨-⟩**Stichprobenprüfung** *f* (Annahmestichprobenprüfung anhand von maximal m Stichproben, wobei m > 3 ist) / multiple sampling inspection || ⟨-⟩**stockklemmen** *f pl* / multi-tiered terminals || ⟨-⟩**system** *n* (Schutz) / redundant system
Mehrfach·tarif *m* / multiple tariff || ⟨-⟩**tarifzähler** *m* / multi-rate meter || ⟨-⟩**tonsirene** *f* / multi-tone siren || ⟨-⟩**Triplett** *n* / multiple triplet || ⟨-⟩**übertragung** *f* / multiple transmission || ⟨-⟩**unterbrechung** *f* / multiple break (operation), multiple break feature || ⟨-⟩**ventil** *n* / multiple valve unit IEC 633 || ⟨-⟩**verbindung** *f* (Verbundnetz) / multiple transmission link, multiple link || ⟨-⟩**verseilung** *f* / multiple stranding || ⟨-⟩**Wegeventil** *n* / multiple-

way valve || ⟨-⟩**werkzeug** *n* (MFW) / multiple tool || ⟨-⟩**widerstand** *m* / multiple resistor || ⟨-⟩**zeitglied** *n* (Monoflop) / multi-function monoflop || ⟨-⟩**zelle** *f* / multijunction cell, multilayer multijunction cell, multiple junction cell, stacked junction device || ⟨-⟩**zugriffverfahren mit Trägerabfrage und Kollisionserkennung** (CSMA-CD) / carrier sense multiple-access/collision detect (CSMA/CD) || ⟨-⟩**zuordnung** *f* / multiple assignment
Mehr·farbenscheinwerfer *m* / multi-colour floodlight || ⟨-⟩**fasen-Stufenbohrer mit Morsekegelschaft** / subland drill with Morse taper shank || ⟨-⟩**fasen-Stufenbohrer mit Zylinderschaft** / subland drill with parallel shank || ⟨-⟩**flächen-Gleitlager** *n* / sectionalized-surface sleeve bearing
mehrflutiger Kühler / multi-pass heat exchanger
mehrfrequent *adj* / multi-frequency add
Mehrfrequenz·verfahren *n* (MFV) / multifrequency dialing, tone dialing, dual tone multi-frequency (DTMF) || ⟨-⟩**Wahlverfahren** *n* / multifrequency dialing, tone dialing, dual tone multi-frequency (DTMF)
Mehr·funktion-Schaltgeräte - Steuer- und Schutzschaltgeräte / multiple functions equipment - Control and protective switching devices || ⟨-⟩**funktionsschaltgerät** *n* / multi-function equipment per EN 60950/A2 || ⟨-⟩**ganggewinde** *n* / multiple thread, multiple-start thread
mehrgängig gewickelt / wound interleaved || ~**e Labyrinthdichtung** / multiple labyrinth seal || ~**e Parallelwicklung** / multiplex parallel winding, multiple parallel winding || ~**e Schleifenwicklung** / multiplex lap winding || ~**e Wellenwicklung** / multiplex wave winding, multiple two-circuit winding || ~**e Wicklung** / multi-strand winding, interleaved winding, multiplex winding || ~**es Gewinde** / multiple thread, multiple-start thread, multi-thread *n*
Mehrgängigkeit *f* / multiplicity *n*
mehrgipflige Verteilung / multimodal distribution
mehrgliedriger Tarif / multi-part tariff
Mehrgrößenregelung *f* / multi-variable control, multi-input/multi-output control, multivariable control system || **entkoppelte** ⟨-⟩ / non-interacting control
Mehrheitsbewertung *f* (redundantes System) / voter function, voter-basis evaluation
Mehrkammerklystron *n* / multi-cavity klystron
Mehrkanal·anzeige *f* (MKA) / multi-channel display || ⟨-⟩**betrieb** *m* / multi-channel mode, multichannel operation || ⟨-⟩**Editor** *m* / multi-channel editor || ~**ig** *adj* / multi-channel *adj* || ⟨-⟩**Modul** *n* / multi-channel module || ⟨-⟩**-PCM-Übertragung** *f* / multichannel PCM transmission || ⟨-⟩**register** *n* / multiport register || ⟨-⟩**rohr** *n* / multiple-duct conduit || ⟨-⟩**Röntgenanalysegerät** *n* / multi-channel X-ray analyzer, multi-stream X-ray analyzer || ⟨-⟩**Röntgenspektrometer** *m* (MRS) / multi-channel X-ray spectrometer || ⟨-⟩**Schrittkettenprogrammierung** *f* / multi-channel step sequence programming || ⟨-⟩**Trägerfrequenzübertragung** *f* / multichannel carrier transmission || ⟨-⟩**Verstärker** *m* / multi-channel amplifier
Mehrkant / multi-edge, polyhedron || ⟨-⟩**bearbeitung**

f / multi-edge machining || ⸗**drehen** *n* / multi-edge turning, polygon turning || ⸗**drehmaschine** *f* / polygonal lathe || ⸗**fräsen** *n* / multi-edge milling || ⸗**schleifen** *n* / polygon grinding
Mehrkern-Stromwandler *m* / multi-core-type current transformer, multi-core current transformer
Mehrkomponenten·-Dosierwaage *f* / multicomponent proportioning scale || ⸗**Gasanalysator** *m* / multi-component gas analyzer || ⸗**regelung** *f* / multicomponent control
Mehrkörpersystem *n* / multi-body system (MBS) *n*
Mehrkosten *plt* / extra costs, supplementary charges, excess costs || ⸗**beleg** *m* / supplementary charge voucher || ⸗**bericht** *m* / supplementary charges report
Mehrlagen·-Leiterplatte *f* / multi-layer printed board, multi-layer board (MLB) || ⸗**schweißen** *n* / multi-pass welding || ⸗**verdrahtung** *f* / multi-layer metallization
Mehrlager-Schleifmaschine *f* / multiple bearing grinding machine
mehrlagig *adj* / multi-layer *adj* || **~e Spule** / multiple-layer coil, multi-layer coil || **~e Wicklung** / multiple-layer winding, multi-layer winding
mehrlampige Leuchte / multi-lamp luminaire
Mehrleiter·-Abzweigstromkreis *m* / multi-wire branch circuit || ⸗**anschluss** *m* / multi-conductor connection || ⸗**kabel** *n* / multi-conductor cable, multiple-conductor cable || ⸗**klemme** *f* / multiconductor terminal || ⸗**stromkreis** *m* / multi-wire circuit, multi-wire branch circuit
mehrlösige Bremse / graduated brake
mehrmalige Biegung / permanent bend || **~ Wiedereinschaltung** *f* / automatic multiple shot reclosing
Mehrmodenfaser *f* / multi-mode fibre
Mehrmotoren·antrieb *m* / sectional drive, multi-motor drive || ⸗**anwendung** *f* / multi-motor application || ⸗**Auslösegerät** *n* / multi-motor tripping unit, multi-motor control unit || ⸗**schutz** *m* / multi-motor protection || ⸗**Schutzschalter** *m* / multi-motor circuit-breaker assembly || ⸗**Schutzschalter** *m* (Schütze) / multi-motor contactor assembly || ⸗**Steuertafel** *f* / multi-motor control centre, motor control centre (MCC) || ⸗**system** *n* / multi-motor system
Mehrphasen·knoten *m* / polyphase node || ⸗**maschine** *f* / polyphase machine || ⸗**schreiber** *m* / recording polyphase instrument || ⸗**Spannungsquelle** *f* / polyphase voltage source || ⸗**strom** *m* / multi-phase current || ⸗**Stromkreis** *m* / polyphase circuit, m-phase circuit || ⸗**system** *n* / polyphase system, m-phase system, multi-phase system || ⸗**tor** *n* / polyphase port || ⸗**wechselstrom** *m* / multiphase alternating current
mehrphasig *adj* / polyphase *adj*, multi-phase *adj*, m-phase *adj* || **~es Messgerät** / polyphase instrument || **~es Messgerät für symmetrisches Netz** / balanced-load polyphase instrument || **~es Mitsystem** / positive-sequence polyphase system
Mehrplatz·bedienung *f* / multi-user operation || ⸗**system** *n* / shared-resources system, multi-user system, multiple node system || ⸗**system mit Server-Diensten** / multi-user system with server utilities || ⸗**variante** *f* / multi-terminal version
Mehrpol *m* / n-terminal circuit
mehrpolig *adj* / multipole *adj*, multi-polar *adj*, multi-way *adj* || **~e Darstellung** / multi-line representation || **~er Leistungsschalter** / multipole circuit-breaker || **~er Resolver** / multi-pole resolver || **~er Schalter in gemeinsamem Gehäuse** / multipole single-enclosure switch || **~er Schalter mit getrennten Polen** / multi-enclosure switch || **~er Steckverbinder** / multipole (o. multiway o. multi-pin) connector || **~es Schaltgerät** / multipole switching device
Mehrpol-Netzwerk *n* / n-terminal network, n-port network
Mehrpreis *m* / additional price
Mehrprodukt-Batch-Anlage *f* / multi-product batch plant
Mehrprogrammbetrieb *m* / multiprogramming *n*, multi-job operation
Mehrprozessbetrieb *m* / multitasking *n*
Mehrprozessor / multiprocessor, multiple processor || ⸗**betrieb** *m* / multiprocessor mode || ⸗**Datenübertragungszusatz** *m* / multiprocessor communications adapter (MCA)
mehrprozessorfähig / with multiprocessor capability
Mehrprozessor·steuerung *f* (MPST) / multiprocessor-based control || ⸗**struktur** *f* / multiprocessor structure || ⸗**system** *n* / multiprocessor *n*, multiprocessor system
Mehrpunkt-Beziehung *f* / multipoint relationship
Mehrpunktzug *m* / multi-point definition, multi-point cycle
mehrpunktfähig *adj* / with multipoint capability, multi-point || ⸗**e Schnittstelle** / Multi-Point Interface (MPI)
Mehrpunkt, HGÜ-⸗-Fernübertragung *f* / multi-terminal HVDC transmission system || ⸗**melder** *m* / multi-point detector || ⸗**messung** *f* / multi-point measurement || ⸗**messung achsparallel** / paraxial multi-point measurement || ⸗**regelung** *f* / multi-point step control || ⸗**regler** *m* / multi-position controller, multi-step controller || ⸗**schnittstelle** *f* / multi-point interface (MPI) || ⸗**schreiber** *m* / multi-point recorder || ⸗**U/f-Steuerung** *f* / multi-point V/f control
Mehrpunktverbindung *f* DIN ISO 7498 / multi-endpoint connection || ⸗ *f* / multi-point connection || ⸗ **mit zentraler Steuerung** DIN ISO 7498 / centralized multi-endpoint connection || ⸗ **ohne zentrale Steuerung** DIN ISO 7498 / decentralized multi-endpoint connection
Mehrpunktverhalten *n* / step control action, multi-step action, multi-level action
Mehr·quadrantenantrieb *m* / multi-quadrant drive || ⸗**quadrantenbetrieb** *m* (SR-Antrieb) / multi-quadrant operation || ⸗**rahmensystem** *n* / multi-crate system IEC 552 || ⸗**rechnersystem** *n* / multicomputer system || ⸗**rechner-Überwachungssystem** *n* / multicomputer monitoring system || ⸗**röhren-Oszilloskop** *n* / multi-tube oscilloscope || ⸗**scheibenkupplung** *f* / multiple-disc clutch, multi-plate clutch
mehrschichtige Einbauweise / multicourse construction || **~ Software-Architektur** / multi-layer software architecture
Mehrschicht·-Isolierstoff *m* / combined insulating material || ⸗**Leiterplatte** *f* / multi-layer printed board, multi-layer board (MLB) || ⸗**wicklung** *f* / multiple-layer winding, multi-layer winding || ⸗**zelle** *f* / multilayer cell

Mehr·schlittendrehmaschine *f* / multi-slide lathe || ⸲**schneiden-Dichtungsring** *m* / multi-lip sealing ring || ⸲**schneidenfräser** *m* / multicutter || ⸲**schneidenwerkzeug** *n* / multi-edge tool, multiple-edge tool || ⸲**schneider** *m* / multiple cutter
mehrschneidiges Werkzeug / multiple-edge tool, multi-edge tool
Mehrseitenbearbeitung *f* / multiface machining
mehrseitig *adj* / multiface || ~ **gespeistes Netz** / multiply fed system, multi-end-fed system
Mehr·sichtfenstertechnik *f* / multi-window technique X (o. display) || ⸲**signal-Messgerät** *n* / multiple-channel instrument
Mehrspannung *f* / multi-voltage
Mehrspannungs·anschluss *m* / multi-voltage mains connection || ⸲**ausführung** *f* / multi-voltage version || ⸲**netzgerät** *n* / multi-voltage power supply unit || ⸲**trafo** *m* / multi-voltage transformer || ⸲**transformator** *m* / multi-voltage transformer
Mehrspindel·-Bohrmaschine *f* / multiple drill || ⸲**drehautomat** *m* / automatic multi-spindle lathe || ⸲**fräsmaschine** *f* / multi-spindle milling machine || ⸲**kopf** *m* / multi-spindle head || ⸲**Stangendrehautomat** *m* / multi-spindle automatic bar turning machine
Mehrspindler *m* / multi-spindle, multi-spindle machine
mehrsprachig *adj* / multilingual *adj* || ~e **Bedienoberfläche** / Multilanguage User Interface (MUI) || ~e **Klartextanzeige** / multilingual clear text display
mehrspurige Straße / multi-lane highway
Mehrstationenmaschine *f* / multi-station machine
Mehrstellen·schalter *m* / multi-position switch, multiway switch || ⸲**schweißstromquelle** *f* (Stromquelle zum Speisen mehrerer Schweißstellen mit Schweißstromstellern) / multiple operator power source || ⸲**-TE-Eichung** *f* / multi-terminal PD calibration || ⸲**-TE-Messung** *f* / multi-terminal PD measurement
mehrstellig *adj* (Ziffernanzeige) / multi-digit *adj*
mehrstieliger Mast / tower *n*
Mehr·stofflegierung *f* / multi-compound alloy || ⸲**strahler** *m* / multi-beam oscilloscope, multi-trace oscilloscope || ⸲**strahl-Oszilloskop** *n* / multi-beam oscilloscope, multi-trace oscilloscope
Mehrstrahlröhre *f* / multi-beam tube || ⸲ *f* (mit einem Elektronenstrahlerzeuger) / split-beam cathoderay tube, double-beam CRT || ⸲ *f* (mit getrennten Elektronenstrahlerzeugern) / multiple-gun CRT
mehrsträngig *adj* (mehrphasig) / multi-phase *adj*, polyphase *adj*
Mehr·strecken-Stabilisatorröhre *f* / multi-electrode voltage stabilizing tube || ⸲**strom-Generator** *m* / multiple-current generator || ⸲**stückläufer** *m* / built-up rotor, sectionalized flywheel || ⸲**stück-/Mehrwegverpackung** *f* / multi-unit/recyclable packaging || ⸲**stückverpackung** *f* / multi-unit packing, multi-unit packaging || ⸲**stufenbohrer** *m* / multiple diameter drill
mehrstufig *adj* (Spannmittel) / multi-level || ~e **Einrichtung** (Funktionseinheit, die Daten zweier oder mehrerer Sicherheitsstufen simultan verarbeiten kann, ohne die Computersicherheit zu gefährden) / multilevel device || ~e **Probeentnahme** / multi-stage sampling || ~e

Stichprobenentnahme / multi-stage sampling, nested sampling || ~**es Relais** / multi-step relay
Mehrsystem·leitung *f* / multiple-circuit line || ⸲**-Messumformer** *m* / multi-element transducer
Mehr·tarifzähler *m* / multi-rate meter, variable-tariff meter || ⸲**tastenausblendung** *f* / n-key lockout || ⸲**tastensperre** *f* (Eingabetastenverriegelung) / n-key lockout || ⸲**tastentrennung** *f* / n-key rollover (NKRO)
mehrteilig *adj* / several parts / ~**er Ständer** / sectionalized stator
Mehr·tonsirene *f* / multi-tone siren || ⸲**tor** *n* / n-port network || ⸲**ventilbaueinheit** *f* / multiple valve unit (MVU) || ⸲**verbrauchsaufwendungen** *f pl* / additional costs || ⸲**verweisfähigkeit** *f* / multi-reference capability
Mehrwege·ausbreitung *f* (gleichzeitige Ausbreitung zwischen einem Sende- und einem Empfangspunkt über mehrere verschiedene Strahlenwege) / multipath propagation || ⸲**maschine** *f* / multiple axis machine || ⸲**Schieberventil** *n* / multiway slide valve || ⸲**ventil** *n* / manifold valve
Mehrweg·schalter *m* / multiway switch || ⸲**verpackung** *f* / recyclable packaging, reusable packing, reusable packaging
Mehrwertdigitalsignal *n* / multivalue digital signal
mehrwertig *adj* / multi-valued *adj* || ~e **Logik** / majority logic || ~e **Phasenumtastung** (Phasenumtastung, bei welcher der Phasensprung n verschiedene Werte annimmt, im allgemeinen Vielfache von 2 Pi/n rad) / multiple phase shift keying
Mehr·wertthemen *n* / Added-Value Topics || ⸲**wicklungstransformator** *m* / multi-winding transformer || ⸲**wortbefehl** *m* / multi-word instruction
mehrzeilig *adj* / multi-tier *adj* || ~ *adj* / multi-line *adj*
Mehrzonenregler *m* / multi-zone controller
mehrzügiger Kanal / multiple-duct conduit, multiple-compartment trunking
Mehrzweck·anlage *f* / multi-purpose system || ⸲**apparatur** *f* / multi-purpose equipment || ⸲**baustein** *m* (Chip) / multi-purpose chip || ⸲**Lastschalter** *m* VDE 0670,T.3 / general-purpose switch IEC 265 || ⸲**leuchte** *f* / multi-purpose luminaire || ⸲**-Messgerät** *n* / multi-purpose instrument || ⸲**roboter** *m* / multi-task robot || ⸲**Schnittstellenbus** *m* / general-purpose interface bus (GPIB) || ⸲**werkzeugmaschine** *f* / multiple machine-tool || ⸲**zangen** *f* / multi-purpose pliers
Meilenstein (M) *m* / milestone *n* || ⸲**e des Testplanes** / milestones of test plan || ⸲**erklärung** *f* / milestone || ⸲**erreichung** *f* / achieving milestones || ⸲**inhalt** *f* / milestone content || ⸲**kriterien** *n pl* / milestone criteria || ⸲**technik** *f* / milestone technology || ⸲**terminetreue** *f* / adherence to milestones || ⸲**trendanalyse (MTA)** *f* / milestone trend analysis (MTA) || ~**übergreifende Prozessschritte** / overlapping milestone process steps
M-Einheit *f* (Einheit, in welcher der modifizierte Brechwert ausgedrückt wird) / M-unit
M-Einstellung *f* / mixed regulation (m.r.)
Meinungs·bildung *f* / creation of opinion || ⸲**verschiedenheit** *f* / dispute *n*
Meißel *m* / lathe tool, turning tool || ⸲ *m*

Meister

(Schneidstahl) / cutting tool || ~**halter** *m* / tool holder
Meister *m* (Werkstattmeister) / foreman *n* || ~**funktion** *f* (Bus) / master function || ~**schalter** *m* VDE 0660,T.201 / master controller || ~**schalter** *m* EN 60947-5-1 / joy-stick || ~**walze** *f* / drum-type master controller
Melamin *n* / melamine *n* || ~**-Glashartgewebe** *n* / melamin-glass-fibre laminated fabric
Meldeanlage *f* / signalling system, event signalling system, event signalling and annunciation system, alarm (annunciation) system
Melde·anreiz *m* / signal prompting || ~**anzeige** *f* / change-of-state announcement || ~**anzeige** *f* (Bildobjekt zur Anzeige des flüchtigen Meldepuffers und/oder des Meldearchivs) / alarm view || ~**archiv** *n* / Alarm log || ~**archivprotokoll** *n* / message archive report || ~**art** *f* / message template || ~**ausgang** *m* / signaling output, message output || ~**baugruppe** *f* / signalling module, alarm module, message module || ~**baustein** *m* / event (o. alarm) signalling block, alarming block, signalling module, alarm signaling block || ~**baustein** *m* / annunciator block || ~**bereich** *m* / indication area || ~**bereichsbild** *n* (Prozessmonitor) / event area display || ~**beschreibung** *f* / message description || ~**bild** *n* / message diagram, mapboard *n* || **dynamisches** ~**bild** / dynamic mimic board || ~**bildausgabe** *f* / mimic diagram output || ~**bildserver** *m* / mimic board controller (MBC) || ~**bit** *n* / event bit || ~**block** *m* / message record || ~**box** *f* / signal box || ~**byte** *n* / message byte
Melde·daten *plt* / signaling data || ~**dialog** *m* (Dialogfeld, das von der Software automatisch geöffnet wird, und das Hinweise oder Fehlermeldungen ausgibt, auf die der Benutzer reagieren soll) / event dialog box || ~**diode** *f* / signalling diode || ~**drucker** *m* / event recorder, fault recorder || ~**druckersystem** *n* / event recording system, sequential events recording system (SERS) || ~**ebene** *f* / basic display || ~**eingang** *m* / signal input, message input, indicator input || ~**einheit** *f* / signalling module, indicator module || ~**einrichtung** *f* / annunciator *n*, signalling equipment, signalling device || ~**element** *n* / indicator *n* || ~**entfernung** *f* / signalling distance || ~**ereignis** *n* / alarm event
meldefähige Baustein / message-type block (block used to call one or several message blocks)
Meldefeld *n* / annunciator panel, indicator panel || ~ *n* (Mosaiktechnik, Kompaktwarte) / signalling tile || ~ *n* (Prozessmonitor) / alarm display field, event display field
Meldefenster *n* / message window, alarm window || ~**-Vorlage** *f* / message window template
Meldefolge *f* / event sequence, alarm sequence || ~**protokoll** *n* / message sequence report || ~**speicher** *m* / sequence-of-events memory, wrap-around list (in which the most recent event replaces the oldest one)
Meldefunktion *f* / signalling function, message function
Melde-Funktionsbaustein *m* / signalling function block
Melde·gerät *n* / signalling unit, signalling device || ~**getriebe** *n* / speed reducer || ~**getriebe** *n*

556

(Stellantrieb, Untersetzungsgetriebe f. Meldeelement) / speed reducer for position signalling device || ~**gruppe** *f* / message group (MG), Alarm Group || ~**gruppenbild** *n* (Prozessmonitor) / event group display || ~**gruppenterminal** *n* / detector group terminal || ~**kabel** *n* / signalling cable, communications cable || ~**kanal** *m* / signaling channel || ~**kanalliste** *f* / signaling channel list || ~**kanalverwaltung** *f* / signaling channel management || ~**kennzeichen** *n* / alarm tag, event tag || ~**klasse** *f* / message class, indication class, alarm class ||
~**klassenkennzeichen** *n* / event class tag || ~**klemme** *f* / signaling terminal || ~**knopf** *m* / indicator button || ~**kombination** *f* / signalling combination, indicator unit || ~**konnektor** *m* / message connector || ~**kontakt** *m* / signalling contact, signal contact || ~**kontakt** *m* (Warnung) / alarm contact || ~**konzept** *n* / process fault diagnosis || ~**koppelempfangsbaustein** *m* / signal linking and receiver block ||
~**koppelsendebaustein** *m* / signal linking and transmitter block || ~**kreis** *m* / signalling circuit, signaling circuit || ~**kreisspannung** *f* / signaling-circuit voltage (U_{sx}) || ~**lampe** *f* / signal lamp, pilot lamp
Meldeleitung, Netzausfall-~ *f* (Treiber, MPSB) / a.c. fail driver
Melde·leuchte *f* / indicator light, pilot lamp, signalling light, light indicator, contact indicator light || ~**liste** *f* (Rundsteueranlage) / information list, signal list || ~**logik** *f* / signal logic, alarm logic || ~**maske** *f* / message screen form || ~**merker** *m* / message flag || ~**modul** *n* / signalling module
melden *v* / report *v*, indicate *v*, flag *v* || ~ *n* / signalling *n*, event signalling, alarming *n*
Melde-Nahtstelle *f* / message interface
meldende Station / beaconing station
Melde·nummer *f* / signal number, message number || ~**organ** *n* / indicating device, annunciator element
meldepflichtige Abweichung / reportable non-conformance
Melde·position *f* / signal position || ~**protokoll** *n* / event log, alarm log, event listing, message listing, report *n*, log *n*, printout *n*, listing *n*, message report || ~**protokollierung** *f* (Meldungen werden parallel zur Anzeige am Bediengerät am Drucker ausgegeben) / alarm logging || ~**puffer** *m* (Speicherbereich im Bediengerät) / alarm buffer || ~**puffer** *m* / message buffer, event buffer || ~**quelle** *f* / message source || ~**-/Quittierspeicher (MQS)** *m* / message/acknowledge memory *n*
Melder *m* / signalling device || ~ *m* (Brandmelder, automatisch) / detector *n* || ~ *m* (Brandmelder, handbetätigt) / call point || **akustischer** ~ / audible signal device (IEEE Dict.), audible indicator, sounder *n* || **Luftströmungs~** *m* / air-flow indicator || **Strömungs~** *m* / flow indicator || ~**austauscher** *m* (Brandmeldeanl.) / exchanger *n*
Melderelais *n* / pilot relay, signalling relay, annunciator relay, alarm relay, indicator relay, signalling device || ~ **220V AC Arbeitsstrom** / alarm relay 220 V AC operating current || ~**funktion** *f* / annunciator relay
Meldergruppenterminal *m* / detector group terminal
Melderichtung *f* / monitoring direction
Melder·kappe *f* / indicator cap || ~**kontrolle** *f* /

signalling unit check || ~**linie** *f* (Brandmeldeanl.) / detector zone || ~**sockel** *m* (Brandmelder) / detector base || ~**system** *n* (Brandmeldeanl.) / detector system

Melde·schalter *m* / pilot switch, signalling switch, signaling switch || ~**schalter** *m* / alarm switch || ~**schauer** *m* / burst of alarms, burst of messages || ~**schein** *m* / notification voucher || ~**schwall** *m* (große Anzahl gleichzeitig anstehender Meldungen) / message burst || ~**server** *m* / message server || ~**signal** *n* / message signal, alarm signal || ~**spannung** *f* / signalling-circuit voltage, pilot voltage, signalling voltage, indicator power supply || ~**speicherbyte** *n* / message memory byte || ~**sperre** *f* / message lock || ~**stack** *m* / message stack || ~**status** *m* / signalling status, state of signalling contacts || ~**steuerung** *f* / signalling and annunciation system, signalling system || ~**stromkreis** *m* / signalling circuit IEC 439, IEC 204, indication (o. indicator) circuit, pilot circuit || ~**system** *n* / signalling system, event signalling system || ~**system** *n* (dient dazu, sporadisch dezentral auftretende Ereignisse an zentraler Stelle chronologisch zu signalisieren) / alarm logging || **druckendes** ~**system** / event recording system

Melde·tableau *n* / signaling board || ~**tafel** *f* / annunciator panel, annunciator *n* || ~**teil** *m* / signalling section || ~**telegramm** *n* / message *n* || ~**text** *m* / message text, information text, display function || ~**textadresse** *f* / message text address || ~**textausgabe** *f* / message text display || ~**- und Begleitbeleg** *m* / notification and accompanying note || ~**- und Protokolliersystem** *n* / alarm annunciation and logging system || ~**- und Überwachungseinrichtungen** *f pl* / signaling and monitoring equipment || ~**vervielfachungsrelais** *n* (MV-Relais) / signal multiplication relay || ~**wort** *n* / signal word || ~**zählwerk** *n* (Impulsz.) / impulsing register || ~**zeile** *f* / message line || ~**zeilenformat** *n* / indication line format || ~**zentrale** *f* (Brandmeldungen) / (fire alarm) receiving station, dispatch room || ~**zustand** *m* / event status, alarm status, signalling state || ~**zweck** *m* / signalling purpose, signaling purpose

Meldung *f* / status indication, status input, status data, note *n*, telegram *n*, status report, status message || ~ *f* (Signal) / signal *n*, (Anzeige) indication *n*, annunciation *n* || ~ *f* (mit Textinhalt, Nachricht) / message (MSG) *n* || ~ *f* / monitored information, monitored binary information, information *n* || ~ *f* (Alarm) / alarm *n*, alarm signal, alarm display || ~ *f* (des Zustands o. der Zustandsänderung) DIN 19237 / status signal || ~ *f* (Ereignis, a. Zustandsänderung) / event *n*, event signal, event display || ~ *f* DIN ISO 3309 / response *n* || ~ *f* (aus einem System o. Rechner an den Bediener) / message *n* || **voreilende** ~ **'a' Auslösung** / leading signal of 'a' tripping || ~ **Abzweig nicht verfügbar und Teststellung** / signal feeder not available and test position || ~**: betriebsbereit** / message: Ready to Operate || ~ **eines spontanen Ereignisses vom verwalteten Knoten an einen NOS** / traps || ~ **mit Zahlenwert** / indication with numerical value || ~ **ohne Folgenummer** DIN ISO 3309 / unnumbered response (U response) || **allgemeine** ~

(Prozessleitsystem) / broadcast message || **asynchrone** ~ / sporadic message || **gehende** ~ / back-to-normal message || **Global~** *f* / global message || **quittierungspflichtige** ~ / alarm requiring acknowledgement

Meldungen Alarme / messages alarms || ~ **und Ereignisse** / alarms and events (AE) || **frei wählbare** ~ / freely selectable signals

Meldungs·anzeige *f* (Prozessmonitor) / event display, alarm display || ~**art** *f* (Kennzeichnung der Behandlung einer Meldung im Fernwirksystem) / type of monitored binary information || ~**aufbau** *m* / message structure || ~**aufbereitung** *f* / message processing || ~**ausgabe** *f* / indication output, information output, information display || ~**ausgabe** *f* (zum Bildschirm u. Drucker) / event display and recording || ~**ausgabe** *f* / message output || ~**bearbeitung** *f* / indication processing || ~**block** *m* DIN ISO 3309 / response frame, message block || ~**dauer** *f* / duration of binary information || ~**eingabe** *f* / signal input || ~**erfassung** *f* / event-signal collection, event acquisition, alarm acquisition, indication acquisition || ~**erzeugung** *f* / alarm generation || ~**export** *m* / message export

Meldungs·folge *f* / event sequence, alarm sequence || ~**folgeanzeige** *f* / sequence-of-event display, sequential event display || ~**folgeprotokoll** *n* / sequence-of-events log, sequential event log, last-in first-out listing || ~**hysterese** *f* / differential gap || ~**inhalt** *m* / meaning of binary information || ~**merker** *m* / event flag || ~**name** *m* / message name || ~**nummer** *f* / message number || ~**projektierung** *f* / message configuration || ~**protokoll** *n* / event log || ~**puffer** *m* / message buffer || ~**rangierung** *f* (Anzeigen) / indication routing || ~**schauer** *m* / burst of messages, event-signal burst

Meldungs·telegramm *n* / message *n* || ~**text** *m* / information text, message text || ~**textlänge** *f* / event information text length, message text length || ~**übersicht** *f* / message overview || ~**überwachung** *f* / message monitoring || ~**unterdrückung** *f* / signal suppression, message suppression || ~**verarbeitung** *f* / alarm processing, event processing, signal processing, status processing system || ~**verfolgung** *f* / alarm indication || ~**verknüpfung** *f* / signal logic, event logic, indication logic, alarm logic || ~**verzögerung** *f* / message delay || ~**verzweigung** *f* / information sorting || ~**vorverarbeitung** *f* / indication preprocessing, analog value preprocessing, measured value preprocessing, metered value preprocessing || ~**wort** *n* / message word || ~**zähler** *m* / signal counter || ~**zeile** *f* / status line

Meldungszustand *m* / event status, alarm status

Meldungszustands·anzeige *f* / event status display, alarm status display || ~**protokoll** *n* / event status log, alarm status log, non-acknowledged alarm log

MELF (Bauelement zur Oberflächenmontage) / metal electrode, leadless face (MELF), Metal Electrode Face Bonding || ~**-Bauelement** *n* / MELF component || ~**-Widerstand** *m* / MELF resistor

Membran *f* / diaphragm *n* || ~**antrieb** *m* / diaphragm actuator || **federbelasteter** ~**antrieb** / spring

Memory

diaphragm actuator, spring-opposed diaphragm actuator, spring-loaded diaphragm actuator || ⸺**dichtung** *f* / diaphragm seal, diaphragm || ⸺**DMS** *m* / diaphragm strain gauge || ⸺**e mit Rahmen** / membrane with frame || ⸺**filter** *n* / diaphragm filter || ⸺**gehäuse** *n* / diaphragm housing || ⸺**kolben** *m* / cylinder actuator || ⸺**manometer** *n* / diaphragm pressure gauge || ⸺**messwerk** *n* / diaphragm element || ⸺**motor** *m* / diaphragm motor || ⸺**pumpe** *f* / diaphragm pump || ⸺**schwingungsdämpfer** *m* / diaphragm vibration damper || ⸺**schwingungsdämpfer** *m* (Kfz) / diaphragm pressure damper || ⸺**stellventil** *n* / diaphragm operated valve || ⸺**teller** *m* / diaphragm plate || ⸺**ventil** *n* / diaphragm valve
Memory Card *f* / memory card || ⸺ **Card-Schnittstelle** *f* / memory card port, memory card interface || ⸺**-Modul** *n* / memory module
MEMS *n* / micro-electromechanical systems (MEMS)
Mendelsohnsches Schwammodell / Mendelsohn sponge model
Menge *f* / quantity *n*, set *n* || ⸺ *f* (Stoffmenge) / amount of substance || **Informations~** *f* / quantity of information, amount of information, information set || **magnetische** ⸺ / magnetic mass || **Wert~** *f* / set of values
mengenabhängige Druckänderung / change in pressure depending on flow
Mengen·beanstandung *f* / Quantity incorrect || ⸺**durchfluss** *m* / mass rate of flow || ⸺**durchsatz** *m* / mass rate of flow || ⸺**einheit** *f* / quantity unit || ⸺**einstellwerk** *n* / quantity preset counter || ⸺**fluss** *m* (Massenfluss) / mass flow || ⸺**flussregelgerät** *n* / mass-flow controller || ⸺**flussregelung** *f* / mass-flow control (MFC) || ⸺**fortschreibung** *f* / quantity update || ⸺**gerüst** *n* / quantity framework, project scope, capacity *n*, quantity structure, estimated quantities, functional scope, hardware-function quantity || ⸺**gerüst** *n* (mengenmäßig detaillierter Planungsumfang) / quantified project specification (s), volume of project data || ⸺**gerüstbeschränkung** *f* / configuration limit || ⸺**lehre** *f* / theory of sets
mengenmäßig bestimmen / quantify *v*
Mengen·messer *m* / flow meter, flow-rate meter, rate meter || ⸺**messung** *f* / flow measurement, flow-rate measurement || **~proportionale Steuerung** / flow ratio control || ⸺**prüfung** *f* / quantity check || ⸺**rabatt** *m* / bulk discount || ⸺**register** *n* / totalized-delivery register, quantity register || ⸺**regler** *m* / rate regulator, flux controller || ⸺**strom** *m* / mass flow || ⸺**stromdichte** *f* / mass velocity || ⸺**strommessung** *f* / flow-rate measurement || **~unabhängige Druckänderung** / change of pressure independent of flow || ⸺**verhältnisse** *n pl* / batch composition || ⸺**voreinsteller** *m* / volume preset register || ⸺**zähler** *m* / volumetric meter || ⸺**zählwerk** *n* / volume flow counter, totalizing register, summator *n*
menschliches Fehlverhalten / human error || **~ Versagen** / mistake *n*, human failure
Mensch-Maschine, Informationsaustausch ⸺ / man-to-machine information exchange || ⸺**-Dialog** *m* / man-machine dialog || ⸺**-Kommunikation** *f* / man-machine communication (MMC), HMI communication || ⸺**-Schnittstelle** *f* (MMS) / user interface (UI), human-machine interface (HMI), man-machine interface (MMI)
Mensch-System-Schnittstelle *f* / human system interface
Mensch-Technik-Interaktion *f* / human-machine interaction
Menü *n* / menu *n* || ⸺ **Ausrichten** / align menu || ⸺ **Bearbeiten** / edit menu || **~basiert** *adj* / menu-based || ⸺**baum** *m* / menu tree || ⸺**baumstruktur** *f* / menu tree structure || ⸺**bedienung** *f* / menu operation, menu selection || ⸺**befehl** *m* / menu command || ⸺**beschreibung** *f* / menu description || ⸺**bild** *n* / menu image, menu display || ⸺**block** *m* (MB) / menu block (MB) || ⸺**datei** *f* / menu file || ⸺**dateiabschnitt** *m* / menu file section || ⸺**eintrag** *m* / menu item || ⸺**eintrag** *n* (kann ein Menübefehl sein oder ein Titel für ein kaskadiertes Menü) / menu entry || ⸺**erweiterung** *f* / menu extension || ⸺**feld** *n* / menu field || ⸺**fenster** *n* / menu window || ⸺**führung** *f* / menu assistance, menu navigation || ⸺**funktion** *f* / menu function
menügeführt *adj* / menu-assisted *adj*, menu-driven *adj*, menu-prompted *adj* || **~e Programmierung** / menu-assisted programming
menügesteuert *adj* / menu-assisted *adj*, menu-driven *adj*, menu-prompted *adj*
Menü·leiste *f* / menu bar || ⸺**punkt** *m* / menu option || ⸺**punkt Nebeneinander** / tile option || ⸺**punkt Überlappend** / cascade option || ⸺**punkt Verschieben** / move option || ⸺**raster** *m* / menue lattice || ⸺**struktur** *f* / menu structure || ⸺**technik** *f* / menu technique || ⸺**titel** *m* (soll dem Benutzer ein möglichst klares Bild von den darunter gruppierten Menüeinträgen vermitteln) / menu title || ⸺**verfahren** *n* / menue method || ⸺**zeile** *f* / menu line
Mergefunktion *f* / merge function
Meridionalstrahl *m* / meridional ray
Merkbaustein *m* (Mosaikb.) / marker tile
Merkblatt *n* / information leaflet, instructional pamphlet
Merker *m* (M) / flag *n* (F), bit memory, marker *n* || ⸺ **Datum** (MD) / flag data (FD) || **Fehler~** *m* (Register) / error flag register || **kippbarer** ⸺ / invertible flag || **remanenter** ⸺ / retentive flag, retentive latch (o. marker) || **speichernder** ⸺ / retentive flag || ⸺**abbild** *n* / flag image || ⸺**abfrage** *f* / flag scan(ning) || ⸺**belegung** *m* / flag assignment (s) || ⸺**bereich** *m* / flag memory area, memory area, bit memory address area || ⸺**bereich** *m* (SPS) / flag area, flag address area || ⸺**bit** *n* / flag bit, memory bit || ⸺**byte** *n* (MB) / flag byte (FY), memory byte (MB) || ⸺**-Byte** *n* (MB) / flag byte (FB), memory byte || ⸺**datum** *n* / flag data || ⸺**-Doppelwort** *n* (MD) / flag double word || ⸺**feld** *n* / flag field, indicator *n* || ⸺**inhalt** *m* / flag contents || ⸺**kapazität** *f* / number of flags || ⸺**schmierbereich** *m* / scratch flag area || ⸺**schnittstelle** *f* / flag interface || ⸺**speicher** *m* / flag memory || ⸺**spur** *f* / bit track || ⸺**stack** *m* / flag stack || ⸺**variable** *f* / flag variable || ⸺**wort** *n* (MW) / flag word (FW), memory word || ⸺**zelle** *f* / flag location
Merkliste *f* / checklist *n*
Merkmal *n* DIN 4000,T.1, DIN 55350,T.12 / characteristic *n*, property *n*, feature *n*, quality *n* || **Güte~** *n* / quality criterion || **kennzeichnendes** ⸺ / characteristic feature, characteristic *n* || **qualitatives** ⸺ / qualitative characteristic, attribute *n*

Merkmale unter Kurzschlussbedingungen / short-circuit characteristics
Merkmals·ausprägung *f* / performance feature || ~**fehler** *m* / defect *n* || ~**wert** *m* / characteristic value, feature of a characteristic
Merk·scheibe *f* / dial *n* || ~**stein** *m* (Kabel) / (cable) marker *n*, marker block || ~**zeichen** *n* / flag *n*, marker *n*
MES / microcomputer development system (MDS), microprocessor development system (MDS) || ~ / Manufacturing Execution System (MES)
MESA / Manufacturing Execution Systems Association (MESA)
Mesa-Technik *f* / mesa technique
Mesatransistor *m* / mesa transistor
MES-Ebene *f* / MES level
MESFET / MESFET (metal-semiconductor field-effect transistor o. metal-gate field-effect transistor)
MESG / maximum experimental safe gap (MESG)
Meso·pause *f* (obere Grenze der Mesosphäre) / mesopause *n* || ~**phase** *f* / mesophase *n* || ~**sphäre** *f* / mesosphere *n*
Mess·ablauf *m* / test sequence || ~**abstand** *m* / test distance
Messabweichung *f* (Statistik) / error of measurement, error, deviation of measurement || ~ einer Waage / error of a balance || **relative** ~ / relative error of measurement || **systematische** ~ / systematic error || **zufällige** ~ / random error
Mess·achse *f* / measuring axis || ~**achse** *f* / metering shaft, metering spindle
Message Digest 5 (Security Hash Algorithm) (MD5 ist ein Algorithmus, der in vielen sicherheitsrelevanten Anwendungen verwendet wird. Dateien können auf ihre Sicherheit geprüft werden.) / Message Digest 5 (Security Hash Algorithm) (MD5) || ~**verwaltung** *f* / message management
Mess·anfang *m* / initial value || ~**anfang** *m* (Skalenanfang) / start of scale, start of scale value || ~**anfang und -spanne** / zero and span || ~**anlage** *f* / measuring system, measurement system (US) || ~**anordnung** *f* / measuring set-up, measuring arrangement, measuring system, measurement setup || ~**anordnung für die elektrische Messung nichtelektrischer Größen** / electrically operated measuring equipment || ~**anschlussleitungen** *f pl* / measuring leads, test leads || ~**anzapfung** *f* / measuring tap || ~**apertur** *f* (Lasergerät) / aperture stop || ~**art** *f* / measurement type, measuring type || ~**artschalter** *m* / measuring mode switch || ~**aufgabe** *f* / measuring task || ~**aufnehmer** *m* / measuring sensor, pickup *n* || ~**auftrag** *m* / measurement job || ~**auslöser** *m* / sensor-operated release, measuring release
messbar *adj* / measurable *adj*, detectable *adj* || **~e Größe** / measurable quantity || ~**keit** *f* / measurability
Mess·batterie *f* / test battery || ~**baustein** *m* / measuring module, metering module || ~**bedingungen** *f pl* / measurement conditions || ~**befehl** *m* / measuring command || ~**belag** *m* / tapping layer
Messbereich *m* (Effektivbereich) / effective range IEC 51, 258 || ~ *m* (allg., Messumformer) / measuring range IEC 688-1, instrument range || ~ *m* (Bildschirm, Skale) / measuring area || ~ *m* VDE 0418 / specified measuring range IEC 1036 || ~ *m* / effective range IEC 50(446) || **Bezugs~** *m* / reference range || **primärer** ~ DIN IEC 651 / primary indicating range
Messbereichs-Anfangswert *m* DIN 43781,T.1 / lower limit of effective range IEC 51 || **kleinster** ~ / lower range limit
Messbereichs-Endwert *m* DIN 43781,T.1 / upper limit of effective range IEC 51 || ~ *m* (in Einheiten der Messgröße) DIN 43782 / rating *n* IEC 484 || **größter** ~ / upper range limit
Messbereichs·grenzen *f pl* / limits of measuring range || ~**modul** *n* / effective range module, range card || ~**schalter** *m* / range selector switch, scale switch || ~**umfang** *m* DIN 43782 / span *n*
Mess·betrieb *m* / metering mode || ~**blättchen** *n* / feeler blade || ~**blende** *f* / orifice *n*, orifice plate, aperture stop, metering orifice || ~**brücke** *f* / measuring bridge || ~**buchse** *f* / measuring socket, test socket, test jack, test connector || ~**bürste** *f* / pickup brush
Mess·datei *f* / measurements file || ~**daten** *plt* / measurement data || ~**dauer** *f* / measurement duration, measuring duration, measuring period || ~**dauerhaftigkeit** *f* / long-term measuring (o. metering) accuracy, long-term accuracy || ~**distanz** *f* / measuring distance || ~**dose** *f* / measuring box, dynamometer *n* || **Bodenwiderstands-~dose** *f* / soil-box *n* || ~**draht** *m* (Lehre) / gauging wire, measuring wire || ~**draht** *m* (zu Instrument) / instrument wire (o. lead) || ~**düse** *f* (Durchflussgeber) / flow nozzle
Messe *f* / trade fair, trade show, exhibition *n* || ~**auftritt** *m* / trade fair presentation || ~**bau** *m* / booth builder
Mess·ebene *f* / measurement plane, measuring plane || ~**ebene** *f* / reference surface || ~**eingang** *m* / measurement input, measuring input || ~**einheit** *f* / unit of measurement, unit *n* || ~**einheit** *f* / metering unit, metering cubicle (o. cabinet), metering section
Messeinrichtung *f* / measuring device, measuring instrument, measuring system || ~ *f* (BV) EN 60 439-4 / metering unit || **elektrische** ~ **für nichtelektrische Größen** / electrically operated measuring equipment IEC 51
Messeinrichtungen für Garagen- und Tunnelüberwachung / monitoring equipment for garages and tunnels || ~ **zur Luftüberwachung** / air pollution instrumentation || ~ **zur Wasserüberwachung** / water pollution instrumentation
Mess·einsatzlänge *f* (Widerstandsthermometer) / (measuring) element length || ~**elektrode** *f* / measuring electrode || ~**element** *n* / measuring element || ~**empfindlichkeit** *f* / measuring sensitivity
messen *v* / measure *v* || **~** *v* (m. Lehre) / gauge *v* || ~ *n* / measuring *n*, measurement *n* || ~ **in Prozessen** / process measurement || ~ **während der Fertigung** / in-process measurement || **bereichsgenaues** ~ / measurement area selection || **fliegendes** ~ / in-process gauging || **mehrfaches** ~ DIN 41640 / repetition of measurements IEC 512 || **prozessnahes** ~ / in-process gauging || **schnelles** ~ / high-speed measurement || ~, **Steuern, Regeln** *n* / Instrumentation and Control

Messende *n* / target *n*, full scale value *n* ‖ ⟲ *n* (Skalenende) / full scale
messende Stichprobenprüfung *f* / sampling inspection by variables
Messeneuheiten *f pl* / trade fair firsts
Messentfernung *f* / test distance, measuring distance
Messer *n* / blade *n*, knife *n*
Mess·erdanschluss *m* / measuring earth terminal ‖ ⟲**ergebnis** *n* (Ermittlungsergebnis bei Anwendung eines Messverfahrens) / result of a measurement, measurement result, test result ‖ ⟲**ergebnisbild** *n* / measurement result screen
Messer·kontakt *m* / knife-blade contact, V-type contact, knife blade contact/V-type ‖ ⟲**kontakt** *m* (an Steckverbinder) / blade contact ‖ ⟲**kontaktstück** *n* / blade contact, knife-blade contact ‖ ⟲**leiste** *f* / plug connector, male multipoint connector, male connector, multiple plug, push-on terminal strip, pin connector, pin contact strip ‖ ⟲**lineal** *n* / hairline gauge ‖ ⟲**schalter** *m* / knife switch ‖ ⟲**schutz** *m* / blade guard ‖ ⟲**trennklemme** *f* / isolating blade terminal
Messerundbrief *m* / Trade Fair Circular
Messerzylinder *m* / blade cylinder, knife cylinder
Mess·fahne *f* / measuring tag ‖ ⟲**fahrt** *f* / test run
Messfehler *m* / measuring error ‖ **geringer** ⟲ / slight measuring error ‖ ⟲**kompensation** *f* / measuring error compensation ‖ ⟲**kompensation der Achsen** / axis recalibration, axis calibration
Mess·feinheit *f* / resolution *n* ‖ ⟲**feld** *n* / metering panel, busbar metering panel, metering section, measuring field ‖ ⟲**feld** *n* (Pyrometrie) / target *n*
Messfläche *f* (Akustik) / measuring surface, test hemisphere ‖ ⟲ *f* / reference surface ‖ ⟲ *f* (Oszilloskop) / measuring area IEC 351 ‖ ⟲ *f* (auf Folienmaterial) / measuring face
messflächengleiche Halbkugelfläche / equivalent hemisphere
Messflächen·inhalt *m* / area of measuring surface, surface of test hemisphere, area of prescribed measuring surface ‖ ⟲**leuchte** *f* (Pyrometer) / target illuminator ‖ ⟲**maß** *n* / level of measuring surface, measuring-surface level ‖ ⟲**-Schalldruckpegel** *m* / measuring-surface sound-pressure level
Mess·flanke *f* / measuring edge ‖ ⟲**flansch** *m* / measuring flange ‖ ⟲**fleck** *m* / measuring spot ‖ ⟲**fleckdurchmesser** *m* / measuring spot diameter ‖ ⟲**flügel** *m* / measuring vane
Messfolge *f* / measurement sequence ‖ ⟲ *f* (Messungen pro Zeiteinheit) / reading rate
Messfühler *m* / detecting element, sensor *n*, detector *n*, probe *n*, metering sensor, sensing probe, sensor probe, touch probe, touch trigger probe ‖ ⟲ **schaltet nicht** / probe is not responding ‖ **schaltender** ⟲ / sensor *n*, sensor probe, sensing probe, touch trigger probe, touch probe, detecting element, probe *n* ‖ ⟲**-Kollision** *f* / probe collision ‖ ⟲**versatz** *m* / sensor offset
Messfunkenstrecke *f* / measuring spark gap, measuring gap, standard gap
Messfunktion *f* / measuring function
Messgas *n* / measuring gas, gas to be analyzed, sampled gas, measured gas ‖ ⟲ *n* (aus einem Prozess entnommenes, zu analysierendes Gas) / sample gas ‖ ⟲**leitung** *f* / sample gas tube ‖ **verriegelte** ⟲**pumpe** / sample gas pump with interlocking

Messgeber *m* / measuring transducer, measuring encoder ‖ ⟲ *m* / pickup *n*, transducer *n*, (electrical) measuring sensor, transmitter, displacement measuring device, position measuring device, position encoder ‖ ⟲ *m* (Codierer) / encoder *n* ‖ ⟲**stecker** *m* / encoder connector
Mess·gefäß *n* / graduated vessel ‖ ⟲**gegenstand** *m* / measuring object ‖ ⟲**gelände** *n* / test site ‖ ⟲**genauigkeit** *f* / measuring accuracy, accuracy of measurements, measuring precision ‖ ⟲**generator** *m* (Signalgenerator) / signal generator ‖ **Gleichstrom~generator** *m* / d.c. measuring generator
Messgerät *n* / measuring instrument, meter *n*, measuring device ‖ ⟲ **für eine Messgröße** / single-function instrument IEC 51 ‖ ⟲ **für Schalttafelmontage** / panel-mounting measuring instrument ‖ ⟲ **mit Abgriff** / instrument with contacts IEC 51 ‖ ⟲ **mit Abschirmung** / instrument with magnetic screen, astatic instrument ‖ ⟲ **mit analoger Ausgabe** / analog measuring instrument ‖ ⟲ **mit beweglicher Skale** / moving-scale instrument ‖ ⟲ **mit elektrisch unterdrücktem Nullpunkt** / instrument with electrically suppressed zero IEC 51 ‖ ⟲ **mit elektrischem Nullabgleich** / electrical balance instrument ‖ ⟲ **mit elektromechanischer Rückführung** / mechanical feedback instrument ‖ ⟲ **mit elektrostatischer Schirmung** / instrument with electric screen ‖ ⟲ **mit magnetischer Schirmung** / instrument with magnetic screen, astatic instrument ‖ ⟲ **mit mechanisch unterdrücktem Nullpunkt** / instrument with mechanically suppressed zero IEC 51 ‖ ⟲ **mit mechanischem Nullabgleich** / mechanical balance instrument ‖ ⟲ **mit mehreren Skalen** / multi-scale instrument ‖ ⟲ **mit Reihenwiderstand** / instrument used with series resistor ‖ ⟲ **mit Signalgeber** / measuring instrument with circuit control devices IEC 50(301) ‖ ⟲ **mit Spannungsteiler** / instrument used with voltage divider ‖ ⟲ **mit Totzeit** / measuring instrument with dead time ‖ ⟲ **mit unterdrücktem Nullpunkt** / suppressed-zero instrument ‖ ⟲ **mit Zeigerarretierung** / instrument with locking device ‖ ⟲ **mit Ziffernanzeige** / digital meter ‖ ⟲ **nicht konfiguriert** (Fehlermeldung: Das Messgerät ist in den Maschinenoptionen nicht konfiguriert) / measuring device not configured ‖ **anzeigendes** ⟲ / indicating instrument, indicator *n* ‖ **elektrisches** ⟲ / electrical measuring instrument IEC 51 ‖ **elektronisches** ⟲ / electronic measurement equipment ‖ **Oberschwingungs-** ⟲ *n* / harmonic analyzer, wave analyzer ‖ **programmierbares** ⟲ DIN IEC 625 / programmable measuring apparatus ‖ **schreibendes** ⟲ / recording instrument, recorder *n* ‖ **Temperatur~** *n* / temperature meter, thermometer *n* ‖ **zählendes** ⟲ / metering instrument, integrating instrument, meter *n*
Messgeräte *n pl* / measuring instruments, instrumentation *n* ‖ ⟲**feld** *n* / measuring instrument panel ‖ ⟲**front** *f* / instrument front ‖ ⟲**wagen** *m* / instrument trolley
Mess·geschwindigkeit *f* / measuring velocity ‖ ⟲**getriebe** *n* / measuring gearbox ‖ **Drehmelder-** ⟲**getriebe** *n* / resolver gearbox ‖ ⟲**glied** *n* / measuring element, element *n* ‖ ⟲**glied** *n*

(Messkette) VDI/VDE 2600 / measuring chain ‖ ⁓glied n (Schutz) / discriminating element IEC 50 (16) ‖ ⁓gitter n (DMS) / rosette n ‖ ⁓grenze f / measuring limit

Messgröße f / measured quantity, measured variable, measuring variable, size n, measured value, measurand n ‖ **Klassenzeichen der** ⁓ / measuring class index

Messgrößenaufzeichnung f / recorded measured quantity, measured quantity

Mess·gut n / measuring object, material to be analyzed, material under analysis ‖ ⁓**hub** m / measuring stroke ‖ ⁓**impedanz** f / measuring impedance

Messing n / brass n ‖ **verchromtes** ⁓ / chrome-plated brass

messinglöten v / braze v

Messingscheibe f / brass washer

Messinstrument n / measuring instrument, meter n

Mess·kabel n / measurement cable ‖ ⁓**kammer** f (Gasanalysegerät) / measuring cell, measuring chamber ‖ ⁓**kanal** m / measuring channel, signal channel, measurement channel ‖ ⁓**kapazität** f / measurement capacity ‖ ⁓**karte** f / measuring card ‖ ⁓**kennblatt (MKB)** n / measurements sheet ‖ ⁓**kern** m / measuring core, core n ‖ ⁓**kette** f / measuring chain ‖ ⁓**klemme** f / test terminal, measuring terminal ‖ ⁓**koffer** m / portable testing set ‖ **NF-**⁓**koffer** m (Nachrichtenmessung) / AF portable telecommunications test set ‖ ⁓**kolben** m / measuring piston, metering plug ‖ ⁓**komponente** f / measuring element ‖ ⁓**kondensator** m / measuring capacitor ‖ ⁓**konstante** f / constant of measuring instrument, measuring-instrument constant ‖ ⁓**kontakt** m / measuring contact ‖ ⁓**kontakter** m / measuring instrument with contacts, contacting instrument ‖ ⁓**kopf** m / measuring head ‖ ⁓**körper** m / measuring body

Messkreis m (MK) / measuring circuit, instrument circuit, measurement circuit, feedback loop ‖ ⁓**baugruppe** f / measuring circuit module ‖ ⁓**belastung** f / circuit burden ‖ ⁓**durchschaltung** f / measuring-circuit multiplexing ‖ ⁓**gruppe** f / measuring circuit module ‖ ⁓**hardware** f / measuring circuit hardware ‖ ⁓**kabel** n / measuring circuit cable ‖ ⁓**karte** f / measuring circuit board ‖ ⁓**kurzschlussstecker** m / measuring circuit short-circuit connector ‖ ⁓**modul** n / measuring circuit module ‖ ⁓**nummer** f / measuring circuit number ‖ ⁓**prozessor** m / measuring-circuit processor ‖ ⁓**schnittstelle** f / measuring circuit interface ‖ ⁓**stecker** m / measuring circuit connector ‖ ⁓**überwachung** f / measuring circuit monitoring

Mess·krümmer m (Durchflussgeber) / flow elbow ‖ ⁓**kugelfunkenstrecke** f / measuring sphere gap, standard sphere gap ‖ ⁓**kurve** f / gradient n, measuring curve ‖ ⁓**lage** f / measuring position ‖ ⁓**länge** f / measuring length, measured length ‖ ⁓**länge** f (Lehre) / gauge length ‖ ⁓**latte** f / surveyor's staff, surveyor's rod ‖ ⁓**lehre** f / gauge n ‖ ⁓**leiste** f / measuring block ‖ ⁓**leistung** f (Eigenverbrauch) VDI/VDE 2600 / intrinsic consumption ‖ ⁓**leitung** f / instrument lead, measuring circuit, measuring lead ‖ ⁓**marke** f / measuring mark

Messmaschine f / measuring machine, inspection machine ‖ **3D-**⁓ f / 3D measuring machine ‖ **Koordinaten-**⁓ f / coordinate inspection machine, coordinate gauging device, numerically controlled inspection machine

Mess·masse f / signal ground ‖ ⁓**matrix** f / measuring matrix ‖ ⁓**methode** f / measuring method

Messmittel n / measuring device, measuring instrument, measuring equipment ‖ **Prüf- und** ⁓ / measuring and test equipment

Mess·modul n / measuring module ‖ ⁓**modus** m / measurement mode, measuring mode ‖ ⁓**motor** m / integrating motor, messmotor n ‖ ⁓**nabe** f / measuring flange, measuring hub ‖ ⁓**-Nebenwiderstand** m / measuring shunt ‖ ⁓**netz** n / measuring network, monitoring network ‖ ⁓**normale** f / standard measure ‖ ⁓**objekt** n / device under test ‖ ⁓**objekt** n (Pyrometrie) / radiating surface, target n ‖ ⁓**objekt** n (Einheit, die Träger der Messgrösse ist) / measuring object ‖ ⁓**optik** f / measuring optics ‖ ⁓**ort** m / measuring point, measuring place, monitoring point, measuring location ‖ ⁓**ort der Regelgröße** / point of measurement of controlled variable ‖ ⁓**öse** f / hook gauge ‖ ⁓**-Oszilloskop** n / measuring oscilloscope ‖ ⁓ m / measurement parameter

Messperiode f / integration period, demand integration period ‖ ⁓ f (Drehmelder, Induktosyn) / cyclic pitch

Messperioden·steuerung f / measuring period control ‖ ⁓**takt** m / demand interval clock signal ‖ ⁓**zähler** m / integration period counter ‖ ⁓**-Zeitlaufwerk** n / integration period timer (o. timing element)

Mess·pfad m / measuring path, prescribed path ‖ ⁓**pistole** f / test gun ‖ ⁓**platte** (NS) / target n ‖ ⁓**platte** f / meter-element board ‖ ⁓**plattform** f / measurement platform ‖ ⁓**platz** m / measuring station, measuring apparatus ‖ ⁓**platz** m (Prüfplatz) / test stand, test bench ‖ ⁓**preis** m / meter rent ‖ ⁓**prinzip** n / measuring principle, principle of measurement ‖ ⁓**probe** f / test sample ‖ ⁓**programm** n / measurement program ‖ ⁓**protokoll** n / test record, test certificate, measuring report ‖ ⁓**protokolle** n pl / measuring logs ‖ ⁓**prozess** m / measurement process ‖ ⁓**punkt** m / measuring junction ‖ ⁓**punkt** m (MP) / neutral point, measuring point (MP), measurement point (MP), neutral n ‖ ⁓**quelle** f / measuring source ‖ ⁓**querschnitt** m / position encoder n ‖ ⁓**rad** n / odometer n ‖ ⁓**rahmen** m / measuring rack ‖ ⁓**rate** f / measuring rate ‖ ⁓**raumklima** n / laboratory environment ‖ ⁓**reihe** f / series of measurements, test series, measuring series

Messrelais n / measuring relay ‖ ⁓ **mit abhängiger Zeitkennlinie** / dependent-time measuring relay ‖ ⁓ **mit einer Eingangsgröße** / single-input-energizing-quantity measuring relay ‖ ⁓ **mit mehreren Eingangsgrößen** / measuring relay with more than one input energizing quantity ‖ ⁓ **mit unabhängiger Zeitkennlinie** / independent-time measuring relay ‖ ⁓ **zum Schutz gegen thermische Überlastung** / thermal electrical relay

Mess·richtung f / direction of measurement, measuring direction ‖ ⁓**rohr** n / stilling well ‖

Mess 562

⟨rohrauskleidung f / measuring tube lining ‖ ⟨röhre f / measuring tube ‖ ⟨satz m / measuring block, instrument set ‖ ⟨säule f / gauging column, measuring column ‖ ⟨schaltung f / measuring circuit, measuring arrangement ‖ ⟨scheibe f (Blende) / orifice plate, measuring disk ‖ ⟨schieber m / caliper gauge, vernier caliper ‖ ⟨schleife f / measuring loop ‖ ⟨schleifring m / auxiliary slipring, slipring for measuring circuit ‖ ⟨schlitten m / measuring slide ‖ ⟨schnur f / instrument cord, instrument leads ‖ ⟨schrank m / metering cubicle, metering cabinet ‖ ⟨schraube f / micrometer (screw) ‖ ⟨schreiber m / recording instrument ‖ ⟨schrieb m / record ‖ ⟨schritt m / measuring step, measuring pitch ‖ ⟨segment n / measuring segment ‖ ⟨sender m (Signalgenerator) / signal generator ‖ ⟨sensor m / measuring sensor ‖ ⟨sicherheit f / measuring accuracy ‖ ⟨skala f / measuring scale ‖ ⟨sonde f / measuring probe

Mess·spanne f / measuring span, span n ‖ ⟨spannenfehler m / span error ‖ ⟨spannenverschiebung f / span shift ‖ ⟨spannung f / measuring-circuit voltage, measurement voltage ‖ ⟨-Spannung f / measuring voltage ‖ ⟨-Spannungsteiler m / measurement voltage divider, voltage ratio box (v.r.b.), volt box ‖ ⟨-Spannungswandler m / measuring voltage transformer, measuring potential transformer ‖ ⟨-Sparwandler m / instrument autotransformer ‖ ⟨stange f / measuring pole, measuring rod ‖ ⟨station f / measuring station

Messstelle f / measuring point (location where a process tag can be placed), metering point, monitoring point, gauging point, process tag ‖ ⟨ f (Fühler) / sensor n, detector n ‖ ⟨ f (Thermopaar) / measuring junction

Messstellen·beschreibung f / tag description ‖ ⟨schild n / measuring-point tag ‖ ⟨-Steckbrief m / measuring-point identifier (o. tag) ‖ ⟨typ m / process tag type ‖ ⟨umschalter m DIN 43782 / external measuring-circuit selector, measuring-point selector, multiplexer n ‖ ⟨wähler m / measuring-point selector (switch)

Mess-, Steuer- und Regelgeräte n pl (MSR-Geräte) / measuring and control equipment

Messsteuerung f / measurement control, size control, dimensional control

Mess-, Steuerungs- und Regelungstechnik f (MSR-Technik) / measuring and control technology, instrumentation and control engineering

Messstoff m / measured medium, medium n ‖ ⟨bedingung f / process condition, medium condition ‖ **~berührt** adj / in contact with the measured substance, wetted adj ‖ **~berührtes Teil** / wetted part

Messstrategie f / measuring strategy

Messstrecke f / traverse length ‖ ⟨ f / measuring distance, measured distance ‖ ⟨ f (Probe) / gauge length ‖ ⟨ f / metering pipe (with orifice plate or flow nozzle)

Mess·streifen m / strain gauge, measuring tape ‖ ⟨-Streubreite f / measuring scatterband ‖ ⟨strom m (gemessener Strom) / measured current, measurement current ‖ ⟨stromkreis m / measuring circuit, instrument circuit ‖ ⟨-Stromwandler m / measuring current transformer ‖ ⟨stück n / gauge block, gauge rod ‖ ⟨stutzen m / instrument gland

Messsystem n (MS) / measuring system (MS), measurement system (US) ‖ ⟨ n (Messumformer) / measuring element ‖ **digitales lineares** ⟨ / linear measurement system, digital linear measuring system, linear measuring system ‖ **digital-lineares** ⟨ / digital linear measuring system, linear measuring system, linear measurement system ‖ **direktes** ⟨ (DMS) / direct measuring system, direct measuring ‖ **hochauflösendes** ⟨ (HMS) / high-resolution measuring system (HMS) ‖ **lineares** ⟨ / digital linear measuring system, linear measuring system, linear measurement system ‖ **marktreifes** ⟨ / fully-developed measuring system ‖ **rotatorisches** ⟨ / rotary measuring system ‖ **zyklisches absolutes** ⟨ / cyclical absolute measuring system ‖ ⟨anschluss / measuring system connection ‖ ⟨auflösung f / measuring system resolution ‖ ⟨daten f / measuring system data ‖ ⟨eingang m / measuring system input ‖ ⟨fehler m / measuring system error ‖ ⟨fehlerkompensation f (MSFK) / measuring system error compensation (MSEC) ‖ ⟨feinheit f / resolution of measuring system, measuring system resolution ‖ ⟨kabel n / measuring system cable ‖ ⟨-Nullpunkt m / zero point of measuring system ‖ ⟨-Schnittstelle f / measuring system interface

Messtafel f / instrument panel

Messtaste f / scanner n

Messtaster m / tracer n, sensing probe, sensor probe, probe n, sensor n, touch trigger probe, detecting element, touch probe ‖ ⟨kugel f / probe ball ‖ ⟨länge f / probe length ‖ ⟨signal n / probe signal

Messtechnik f / measurement technique(s), metrology n, instrumentation n ‖ **Licht~** f / photometry and colorimetry

messtechnisch adj / by measurement ‖ **~e Eigenschaften** / metrological characteristics ‖ **~e Eigenschaften einer Waage** / metrological properties of a weighing machine ‖ **~e Prüfung** / metrological examination

Mess·teiler m / measurement divider ‖ **⟨-, Test- und Prüfeinrichtungen** / measuring and testing equipment ‖ ⟨tisch m / plane table ‖ ⟨toleranz f / measuring tolerance ‖ ⟨transduktor m / measuring transducer ‖ ⟨trennklemme f / disconnect test terminal, isolating measuring terminal, instrument isolating terminal ‖ ⟨übertrager m / measuring transformer ‖ ⟨uhr f / dial gauge, clock gauge, dial indicator ‖ ⟨uhrständer m / dial-gauge mounting adaptor, dial-gauge bracket

Messumformer m / measuring transducer, transducer n, transmitter, measuring transmitter ‖ ⟨ **für Absolutdruck** / transmitter for absolute pressure ‖ ⟨ **für Fühlerkopfmontage** / transmitter for mounting in sensor head ‖ ⟨ **für Temperatur** / temperature transmitter ‖ ⟨ **mit fester Ausgangsbürde** / fixed-output-load transducer ‖ ⟨ **mit veränderlicher Ausgangsbürde** / variable-output-load transducer ‖ ⟨ **mit Verdrängerkörper** / displacer-type transducer ‖ **2-Draht-**⟨ m / 2-wire transducer ‖ **4-Draht-**⟨ m / 4-wire transducer ‖ **Drehwinkel-**⟨ m / angle resolver, angle-of-rotation transducer, shaft encoder, position sensing transducer ‖ ⟨**-Ausgang** m / transducer output ‖ ⟨**typ** m / transmitter type

Messumformung f / measured-value conversion
Mess·umsetzer m / measuring converter || **≈umwandler** m / transducer n || **≈- und Prozesstechnik** / instrumentation and process control engineering || **≈- und Prüfeinrichtungen** f pl / measuring and test equipment || **≈- und Prüfmittel (MPM)** n pl / measuring and testing equipment || **≈- und Registriergeräte** n pl / meters and recorders
Messung f / measurement n, measuring n, test n || **≈** f / reading n || **≈** f (umfassende M. im Sinne von Prüfung) / test n || **≈ bei ausgebautem Läufer** / applied-voltage test with rotor removed || **≈ bei gegenläufigem Drehfeld** / negative phase-sequence test || **≈ der Entladungsenergie** / discharge energy test || **≈ der Schadstoffanteile im Abgas** / determination of exhaust-gas pollutants, determination of harmful exhaust-gas emission || **≈ der Wellenspannung** / shaft-voltage test || **≈ des Geräuschpegels** / noise-level test || **≈ des Isolationswiderstands** / insulation resistance test || **≈ des Wicklungswiderstands mit Gleichstrom** / direct-current winding-resistance measurement || **≈ durch gleichsinnige Speisung der Wicklungsstränge** / test by single-phase voltage applications to the three phases || **≈ durch Nullabgleich** / null measurement IEC 50(301), null method of measurement || **≈ mechanischer Schwingungen** / vibration test || **≈ mit einstellbarem Läufer** / applied-voltage test with rotor in adjustable position || **≈ mit nicht einstellbarem Läufer** / applied-voltage test with rotor locked || **≈ während der Bearbeitung** / in-process measurement (o. gauging) || **1-Punkt-≈** f / 1-point measurement || **1-Winkel-≈** f / 1-angle measurement || **3-polige ≈** / 3-pole measurement || **indirekte ≈** / indirect measuring || **orientierende ≈** / rough measurement
Messunsicherheit f / measurement uncertainty (IEEE Dict.), uncertainty in measurement, measuring uncertainty, uncertainty || **≈ des Wägeergebnisses** / uncertainty of the result
Mess·valenzen f pl / matching stimuli, instrumental stimuli, primaries n pl || **≈variante** f / measurement variant || **≈vektor** m / measuring vector
Messverfahren n / method of measurement, measuring procedure || **≈ mit schmalem Spalt** / narrow-slit method || **indirektes ≈** / indirect measuring
Mess·verkörperung f / material measure || **≈verstärker** m / instrument amplifier, measuring amplifier || **≈verstärker-Einschub** m / instrument amplifier plug-in || **≈vierpol** m / measuring four-terminal network || **≈vorbereitungszeit** f / pre-conditioning time || **≈vorgang** m / measurement n, measuring process || **≈vorsatz** m / measuring adapter || **≈vorschub** m / measuring feedrate, measuring feed
Messwagen m (Fahrzeug) / test van, laboratory van || **≈** m / instrument-transformer truck || **Umweltschutz-≈** m / laboratory van for pollution and radiation monitoring, mobile laboratory for pollution monitoring
Messwalze f / measuring cylinder
Messwandler m / instrument transformer, measuring transformer, measuring transducer, transducer n, transmitter || **≈ in Sparschaltung** / instrument autotransformer || **Elektrizitätszähler für ≈anschluss** / transformer-operated electricity meter || **≈zähler** m / transformer-operated electricity meter
Messwarte f / control panel || **≈** f (Raum) / control room, instrument room || **≈** f (Tafel) / instrument board
Mess·weg m / measurement path || **≈wegzylinder** m / measuring cylinder || **≈welle** f / metering shaft, metering spindle || **≈werk** n / measuring element, measurement mechanism (US), measuring equipment || **≈werk** n / energy element || **≈werkträger** m / meter frame || **≈werkzeug** n / measuring tool, gauge n, measuring device
Messwert m (zu messender Wert) / measurand n || **≈** m (vom Messgerät angezeigter Wert) / indication n IEC 50(301) || **≈** (gemessener Wert) / measured value, indicated value || **≈** m (MW) / scanned analog data, analog n, MV n, telemetered analog || **≈ mit Zeit (MWZ)** / measured value with time (MVT) || **≈anpassung** f / measured-value conditioning, measuring data processing || **≈aufbereitung** f / measured value signal conditioning, measuring data processing || **≈auflösung** f / measured-value resolution || **≈aufnehmer** m / pickup n, (electrical) measuring sensor, feedback device, sensor n, encoder n, transducer n || **≈ausgabe** f / release n, measured value output || **≈bearbeitung** f / machining n, analog value processing || **≈begrenzer** m / measured-value limiter || **≈bezeichnung** f / measured-value designation || **≈darstellung** f / measured-value representation, measured-value display || **≈differenz** f / analog value difference || **≈eingabegruppe** f / measured-value input module || **≈eingang** m / measured-value input || **≈erfassung** f / measured-value acquisition, measured-data acquisition, analog value acquisition, measured value acquisition || **≈erfassungsgerät** n / measured-value logger || **≈export** m / measured value export
Messwertgeber m / sensor n, detecting element, detector n, pick-up n, transmitter, pickup n, measuring transducer, (electrical) measuring sensor, feedback device, scanner n, transducer n, measured-value transmitter, encoder n
Messwert·gruppe f / measurand group || **≈kanal** m / measured value channel || **≈lesen** n / measured value read function || **≈linearisierer** m / measured-value linearizer || **≈linien** f pl / chart scale lines || **≈nummer** f / measured-value number || **≈protokoll** n / measured-data log, measurement log || **≈prüfung** f (DIN EN 61968-1) / compliance management (CMPL) || **≈rechner** m / measured value computer || **≈schnappschuss** m / analog value snapshot, measured value snapshot || **≈schreiber** f / measured-value log || **≈-Skalierung** f / process value scale || **≈speicher** m / measured value memory || **≈spur** f / measured value track || **≈streuung** f / scattering of measured values || **≈telegramm** n / measured-value message, telemeter message || **≈übergabe** f (an einen Bus) / measured-data transfer || **≈umformer** m / measuring transducer, transducer n, transmitter, feedback device, measuring transmitter
Messwert·verarbeitung f / measured-value processing, analog value processing || **≈-**

Mess

Verarbeitungstypen *m pl* / measured-value processing types || ⟨-**Vergleichsschutz** *m* / differential protection (scheme), differential relay system || ⟨**verstärker** *m* / measuring amplifier || ⟨**vorverarbeitung** *f* / measured value preprocessing, analog value preprocessing, metered value preprocessing, indication preprocessing || ⟨**wandler** *m* (Umformer) / measuring transducer, transducer *n*
Mess·wicklung *f* / measuring winding || ⟨**widerstand** *m* DIN IEC 477 / laboratory resistor, measure resistance || ⟨**widerstand** *m* (Shunt) / measuring shunt, shunt *n* || ⟨**winkel** *m* / measuring angle || ⟨**zange** *f* / calipers *n*, H-jaw *n*, measuring jaw || ⟨**zangensteuerung** *f* / calipers control || ⟨**zeit** *f* / sample time, measurement time || ⟨**zeit** *f* (Messperiode) / integration period, demand integration period
Messzelle *f* / measuring cell || ⟨ **für Absolutdruck** *f* / measuring cell for absolute pressure || ⟨ **für Relativdruck** *f* / measuring cell for gauge pressure || **elektrochemische** ⟨ / electro-chemical measuring cell || ⟨**nfüllung** *f* / measuring cell filling
Mess·zeug *n* / measuring tools and gauges || ⟨**zusatz** *m* / measuring adaptor, measurement adapter || ⟨**zustelltiefe** *f* / measurement infeed depth || ⟨**zweck** *m* / measurement purpose
Messzwecke *m pl* / measurement purposes || **Spannungswandler für** ⟨ / measuring voltage transformer, measuring potential transformer
Messzyklen *m pl* / measuring cycles || ⟨: - **Allgemein - Drehen - Fräsen** / measuring cycles: - general - turning - milling || ⟨**daten** *f* / measuring cycle data || ⟨**funktion** *f* / measuring cycle function || ⟨**oberfläche** *f* / measuring cycle interface || ⟨**unterprogramm** *n* / measuring cycle subroutine || ⟨**unterstützung** *f* / measuring cycle support
Messzyklus *m* / probing cycle, measuring cycle (MC), sensing cycle
Metadaten *plt* / metadata *plt*
Metadyne *n* / metadyne *n*
Metadyn·generator *m* / metadyne generator || ⟨**maschine** *f* / metadyne machine, cross-field machine || ⟨**umformer** *m* / metadyne converter, metadyne transformer
Metall *n* / metal *n* || ⟨**abscheidung** *f* / metal deposition || ⟨-**Aktivgasschweißen** *n* / MAG welding || ⟨**anlasser** *m* / rheostatic starter, resistor starter || ⟨**armatur** *f* (Isolator) / metal part || ⟨**ausführung** *f* / metal version || ⟨**balgkupplung** *f* / metal bellows coupling || **gewendeltes** ⟨**band** / spiralled metal strip
metallbearbeitende Maschine / metal-working machine
Metall·bearbeitung *f* / metalworking *n* || ⟨**bearbeitungsmaschine** *f* / metal-working machine || ⟨**beeinflussung** *f* / influence of metal || ⟨**befestiger** *m* / metal fastener || ~**beschichteter Leiter** / metal-coated conductor || ⟨**bewehrung** *f* (Beton) / metallic reinforcement || ⟨**bügel** *m* (Bürste) / metal top || ⟨**bürste** *f* / metal brush
Metalldampf *m* / metal vapour || ⟨**bogen** *m* / metal vapour arc || ⟨**bogenentladung** *f* / metal-vapour arc discharge || ⟨**lampe** *f* / metal-vapour lamp || ⟨**plasma** *n* / metal-vapour plasma, conductive metal vapour
Metall·dochtkohle *f* / metal-cored carbon || ⟨**drahtlampe** *f* / metal-filament lamp || ⟨-**Elektrode-Feldeffekttransistor** *m* (MES-FET) / metal-gate field-effect transistor (MES FET) || ~**ener Kabelmantel** / cable sheath || ⟨**faltenbelag** *m* / metal bellows || ⟨**filmwiderstand** *m* / metallic-film resistor, metal film resistor || ⟨**folie** *f* / metal foil || ⟨**folienkondensator** *m* / metal foil capacitor || ⟨**geflecht** *n* / metal braiding || ~**gefüllte Drahtelektrode** / metal cored electrode || ⟨**gehäuse** *n* / metallic enclosure, metal enclosure
metallgekapselt *adj* / metal-clad *adj*, metal-enclosed *adj*, metal-encased *adj*, with metal enclosure || ~**e Betriebsmittel** DIN IEC 536 / metal-encased equipment || ~**e gasisolierte Schaltanlage** / metal-enclosed gas-filled switchgear IEC 517, A2 || ~**e Hochspannungs-Schaltanlage** VDE 0670,T.8 / h.v. metal-enclosed switchgear IEC 517 || ~**e Schaltanlagen** VDE 0670,T.6 / metal-enclosed switchgear and controlgear IEC 298, metal-enclosed cubicle switchgear or controlgear BS 4727, G.06 || ~**e Schaltwagenanlage** / metal-enclosed truck-type switchgear || ~**e SF₆-isolierte Schaltanlage** / SF₆ metal-enclosed switchgear, SF₆ metal-clad substation || ~**e SF₆-Kompaktschaltanlage** / integrated SF₆ metal-clad switchgear || ~**es RS** / metal-encased control || ~**es Schaltfeld** / metal-enclosed switchpanel
metallgeschottet *adj* / metal-clad *adj*
metallgespritzt *adj* / metal-sprayed *adj*
Metallgewebeeinlage, Bürste mit ⟨ / metal-gauze-insert brush
Metall·gitter *n* / metal grid || ⟨**graphit-Bürste** *f* / metal-graphite brush, metallized brush || ⟨**gummischiene** *f* / metal-rubber rail || ⟨-**Halbleiter-Feldeffekt-Transistor (MESFET)** *m* / metal semiconductor field effect transistor (MESFET) || ⟨-**Halbleiter-FET** *m* / metal-semiconductor FET (MESFET) || ⟨-**Halbleiter-Kontaktfläche** *f* / metal-semiconductor contact area || ~**haltige Bürste** / metallized brush, metal-graphite brush || ⟨-**Handsäge** *f* / handsaw for metal || ⟨**hebel** *m* / metal lever || ~**hinterlegter Schirm** / metallized screen (o. Leuchtschirm) || ~**icsilber** *adj* / metallic silver || ~**imprägnierter Graphit** / metal-impregnated graphite || ⟨**industrie** *f* / metalworking industry
Metall-Inertgas·punktschweißen *n* / MIG spot welding || ⟨**schweißen** *n* / MIG welding || ⟨**schweißen mit Impulslichtbogen** / MIG pulsed-arc welding || ⟨-**Verfahren** *n* (MIG-Verfahren) / metal-inert-gas method
metallisch blank / bright *adj* || ~**e Umhüllung** (Kabel) / metal covering || ~**er Kabelmantel** / metallic sheath || ~**er Kurzschluss** / dead short circuit, bolted short circuit || ~**er Stromkreis** / metallic circuit
Metallisieren *n* / plating *n*, plating up
metallisiert *adj* / metallized *adj* || ~**e Kohlefaserbürste** / metal-plated carbon-fibre brush || ~**er Kondensator** IEC 50(436) / metallized capacitor || ~**es Loch** / plated-through hole, plated hole
Metallisierung *f* / metallic coating, metallizing *n*, metallization *n*
Metall-Isolator-Halbleiter-·Feldeffekt-Transistor (MISFET) *m* / Metal Insulator Semiconductor Field Effect Transistor (MISFET) || ⟨-**FET** *m* /

metal-insulator-semiconductor FET (MISFET)
Metall·kapsel *f* (f. elST-Baugruppen) / metal casing, die-cast metal casing || ⟨**kapselung** *f* / metal enclosure || **~kaschiertes Basismaterial** / metal-clad base material || ⟨**keramik** *f* / powder metallurgy
Metallkern·-Basismaterial *n* / metal-core base material || ⟨**-Leiterplatte** *f* / metal-core printed board
Metall·kohlebürste *f* / compound brush || ⟨**kompensator** *m* / metal bellow-type compensator || ⟨**-Lichtbogen** *m* / metallic arc || ⟨**-Lichtbogen-Punktschweißen** *n* / metal-arc spot welding || ⟨**-Lichtbogenschweißen** *n* / metal-arc welding || ⟨**mantel** *m* / metal sheath || ⟨**mantelkabel** *n* / metal-sheathed cable, metal-clad cable || ⟨**maßstab** *m* / metal scale || ⟨**mast** *m* (Lichtmast) / metal column
Metall-Nichtmetall-Rohr, kombiniertes ⟨ / composite conduit
Metall-Nitrid-Oxid-Halbleiterspeicher *m* (MNOS-Speicher) / metal-nitride-oxide semiconductor memory (MNOS memory)
metallorganische Gasphasenabscheidung / metal organic vapor deposition (MOCVD) || **~ Gasphasenepitaxie** / metal organic vapor phase epitaxy (MOVPE)
Metalloxidableiter *m* (MO-Ableiter) / metal-oxide (surge arrester), metal-oxide arrester
Metall-Oxid-Halbleiter *m* / metal-oxide semiconductor (MOS) || **komplementärer** ⟨ / complementary metal-oxide semiconductor (CMOS) || ⟨**-speicher mit schwebendem Gate und Lawineninjektion** (FAMOS-Speicher) / floating-gate avalanche-injection metal-oxide semiconductor memory (FAMOS memory)
Metalloxidschicht-Halbleiterschaltung *f* (MOS) / metal-oxide semiconductor circuit (MOS)
Metall-Oxid-Semiconductor *m* (MOS) / metal-oxide semiconductor (MOS)
Metalloxid-Varistor *m* (MOV) / metal-oxide varistor (MOV) || ⟨**-Ableiter** *m* / metal-oxide-varistor (surge arrester)
Metall·papier *n* / metallized paper || ⟨**papierdruckwerk** *n* / metallized-paper printer || ⟨**-Papier-Kondensator** *m* / metallized-paper capacitor || ⟨**raster** *m* (Leuchte) / metal louvre
Metallrohr *n* / metal conduit || ⟨ **mit beständigen elektrischen Leiterfähigkeit** / conduit with electrical continuity || ⟨ **ohne beständige elektrische Leiterfähigkeiten** / conduit without electrical continuity || ⟨**-Federmanometer** *n* / metal-tube spring-type pressure gauge
Metall·-Rückwand *f* / metal back plate || ⟨**schichtwiderstand** *m* / metal film resistor, metal foil resistor || ⟨**schirm** *m* / metal screen || ⟨**schlauch** *m* / flexible metal tube (o. tubing), metal tube, metal tubing || ⟨**-Schnappscheiben** *f pl* / metal snap-action contacts || ⟨**schottung** *f* / metal-clad design || ⟨**-Schutzgasschweißen** *n* / gas-shielded metal-arc welding || ⟨**sockel** *m* / metal base || ⟨**spritzen** *n* / metallization *n* || ⟨**tragschiene** *f* / metal support rail || ⟨**umformung** *f* / metal forming
metallumhüllt·e zusammendrückbare Dichtung / metal-clad compressible sealing gasket || **~er Leiter** / metal-clad conductor || **~es Gerät** / metal-encased apparatus
metallumschlossenes Gerät / metal-encased apparatus || **~ Gerät der Schutzklasse II** / metal-encased Class II appliance
metallurgisch·e Abweichung / metallurgical deviation || **~es Silizium** / metallurgical-grade silicon
Metall·verarbeitung *f* / metalworking *n* || ⟨**wendel** *f* / helical metal spring || ⟨**widerstand** *m* / metallic resistor
Metallwinkel *m* (Bürste) / metal clip, metal top || **Bürste mit überstehendem** ⟨ / cantilever brush || **überstehender** ⟨ (Bürste) / cantilever top
Metallzerspanung *f* / metal cutting
Metamagnetismus *m* / metamagnetism *n*
metamere Farbreize / metameric colour stimuli, metamers *plt*
Meta·regel *f* / metarule || **~stabiler Zustand** (angeregter Zustand eines physikalischen Systems, von dem aus ein Übergang in einen Zustand niedrigerer Energie im allgemeinen verboten ist) / metastable state || ⟨**-System** *n* / expert system shell
Metawissen *n* / metaknowledge (knowledge about the structure, use, and control of knowledge)
meteorologisch optische Sichtweite / meteorological optical range || **~e Messwertaufnehmer** / meteorological sensors and gauges || **~es Wolkenhöhen-Messgerät** (MCO) / meteorological ceilometer (MCO)
Meter *m* (m) / meter *n* || ⟨**ware** *f* / sold by the meter, cut-to-length, cabling sold by the meter or reeled cable || **als** ⟨**ware** / by the meter
Methanol *n* / methanol *n* || ⟨**sensor** *m* / methanol (methyl alcohol) sensor *n*
Methode *f* / procedure *n* || ⟨ (**Verfahren**) *f* / method || ⟨ **der Grenzkosten** / marginal cost method || **4-M**⟨ *f* / 4-M method
Methylalkohol *m* / methylated spirit
metrisch *adj* / metric *adj* || **~e Kabeldurchführung** / metric cable gland || **~e Verschraubung** / metric screw connection || **~es Gewinde** / metric thread || **~es System** / metric system
Metrisch-Zoll-Umschaltung *f* / metric-inch (input) changeover
Metrisch/Zoll-Umschaltung *f* / metric/inch changeover
Metrologie *f* / metrology *n*
metrologisch·e Bestätigung *f* / metrological confirmation || **~e Sicherheit eines Messgerätes** / metrological integrity of a measuring instrument || **~es Merkmal** / metrological characteristic
μF / μF (microfarad)
MF / medium frequency (MF), medium-high frequency
MFA (Mehrfachaufspannung) *f* / multiple clamping
μ-Faktor *m* / voltage factor (EBT), mu factor
MFDT / MFDT (mean failure detection time)
M-Fehler *m* / m error
MFP / mini flat package (MFP)
MFT (Multifunktionstest) *m* / multi-function test (MFT)
MFU (Multifunktionseinheit) *f* / multifunction unit (MFU)
M-Funktion *f* (Maschinenfunktion: Anweisungen, mit denen überwiegend Schaltfunktionen der

Maschine oder Steuerung programmiert werden) / special function, M function || **schnelle** ⸺ (Funktion zum Lesen von schnellen NC-Eingängen und zum Ansteuern von schnellen NC-Ausgängen) / rapid M function || **vorbereitende** ⸺ / initial M function
MFV (Mehrfrequenzverfahren) / multifrequency dialing, tone dialing, DTMF (dual tone multifrequency) || ⸺**-Handsender** *m* / DTMF pocket dialler
MFW (Mehrfachwerkzeug) / multiple tool
MG (Meldegruppe) / MG (message group)
MGP / Modular Graphical Programming (MGP)
MGPESC-Zelle *f* / microgrooved passivated emitter solar cell (MGPESC cell), microgrooved PESC cell
MG-Si *n* / MG-Si
MG-Silizium *n* / MG silicon
μH / μH (microhenry)
MHD-Kraftwerk (magnetohydrodynamisches Kraftwerk) *n* / magnetohydrodynamic thermal power station (MHD thermal power station), magnetohydrodynamic power plant
M(H)-Kurve *f* / M(H) curve
MHO·-Kreis *m* / mho circle, conductance circle || ⸺**-Relais** *n* / mho relay, admittance relay || ⸺**-Schutz** *m* / mho protection
M(H)-Schleife *f* / M(H) loop || ⸺ **bei überlagertem Gleichfeld** / incremental M(H) loop
MIB / management information base (MIB)
MIC / microcomputer *n* (MC) || ⸺ / minimum ignition current (MIC) || ⸺ / machine-integrated cabinet (MIC)
MICC / mineral insulated copper covered (MICC)
Micro Automation Set / Micro Automation Set || ⸺**controller** *m* / microcontroller *adj* || ⸺**-Drip-System** *n* / micro-drip system || ⸺**meilensteincontrolling** *n* / earned value controlling || ⸺ **Memory Card (MMC)** *f* / micro memory card (compact memory card for SIMATIC) || ⸺ **Panel** *n* / Micro Panel || ⸺**starter** *m* / micro starter
MID / molded interconnect device (MID)
Middleware *f* / middleware *n*
Midiwickeltechnik *f* / midi-wire-wrap technique
MID-Technik *f* / Molded Interconnect Devices Technology (MID technology)
mieden *v* / sad *v*
Miet·anlagenunterhaltung *f* / leased system maintenance || ⸺**er** *m* / lessee *n* || ⸺**gebühr** *f* / leasing charges || ⸺**leitung** *f* / leased line, private-wire circuit || ⸺**wagen** *m* / rented car || ⸺**zuschuss** *m* / rent allowance
MIG/MAG-Brenner *m* (Pistole oder Brenner mit abschmelzendem Lichtbogenschweißelektrodendraht) / MIG/MAG gun
Mig-Mag·-Schweißen *n* / MIG/MAG welding || ⸺**-Schweißgerät** *n* / MIG/MAG welding unit
Mignon·-Schraubfassung *f* / miniature screw holder || ⸺**sockel** *m* (E 14) / small cap
Migrations·konzept *n* / migration concept || ⸺**strategie** *f* / migration strategy || ⸺**test** *m* / migration test
MIG-Verfahren *n* / metal-inert-gas method
Migration *f* / migration *n*
Mikafolium *n* / mica folium, mica foil
Mikanit *n* / micanite *n*, reconstructed mica, reconstructed mica, built-up mica || ⸺ **mit wärmehärtendem Bindemittel** / heat-bondable mica material || ⸺**gewebe** *n* / mica-backed fabric
Mikartit *n* / micarta *n*
Mikro·abschaltung *f* / micro-disconnection *n* || ⸺**ampèremeter** *n* / micro-ammeter || ⸺**analyse** *f* / microanalysis *n*, micro-chemical analysis || ⸺**architektur** *f* / microarchitecture || ⸺**aufnahme** *f* / photo-micrograph *n*, micrograph *n* || ⸺**baustein** *m* (Chip) / micro-chip *n* || ⸺**baustein** *m* / micro-assembly *n* || ⸺**bearbeitung** *f* / micro-machining || ⸺**bearbeitungszentrum** *n* / micro-machining center || ⸺**befehl** *m* / micro-instruction *n* || ⸺**biegung** *f* / micro-bending *n* || ⸺**bogen** *m* / micro-arc *n* || ⸺**bohren** *n* / microdrilling *n*
Mikrocomputer *m* (MC) / microcomputer *n* (MC) || ⸺**-Entwicklungssystem** *n* (MES) / microcomputer development system (MDS) || ⸺**-Platine** *f* (MCB) / microcomputer board (MCB)
Mikro·controller (μC) *m* / Mikrocontroller (μC) *n* || ⸺**drehen** *n* / microturning *n* || ⸺**düse** *f* / micronozzle || ⸺**elektronik** *f* / micro-electronics *plt* || ~**elektronisch** *adj* / microelectronic *adj* || ⸺**fabrik** *f* / micro-factory || ⸺**fertigung** *f* / micromanufacturing || ⸺**fonie** *f* (Geräusch, das infolge mechanischer Stöße oder Vibrationen im Gerät verursacht wird) / microphonics || ⸺**fräsen** *n* / micromilling *n* || ⸺**fügen** *n* / joining of microparts || ⸺**funkenerosion** *f* / micro electro-discharge machining || ⸺**graben** *m* / microgroove *n* || ⸺**-Greifer** *m* / micro-gripper *n* || ⸺**härte** *f* / micro-hardness *n* || ⸺**integration** *f* / micro-integration *n* || ⸺**kanal** *m* / micro channel || ⸺**komponente** *f* / microcomponent *n* || ~**kristallines Silizium** / microcrystalline silicon || ⸺**krümmung** *f* / micro-bending *n* || ⸺**legierungstechnik** *f* / micro-alloy technique || ⸺**legierungstransistor** *m* / micro-alloy transistor *m* || ⸺**lunker** *m* / micro-shrinkhole *n* || ⸺**mechanik** *f* / micromechanics *n* || ~**mechanisch** *adj* / micromechanical *adj*
Mikrometer *n* / micrometer *n*, micrometer calipers || ⸺**nachstellung** *f* / micrometer adjustment
Mikro·montage *f* / micro-assembly || ⸺**motor** *m* / micromotor *n* || ~**-opto-elektromechanisches System** / micro-opto electronic mechanical system (MOEMS) || ⸺**phonie** *f* / microphony *n*, microphonic effect || ⸺**plasmaschweißen** *n* / micro-plasma arc welding || ⸺**positioniertisch** *m* / micropositioning table || ⸺**produkt** *n* / micro product || ⸺**produktion** *n* / micro production || ⸺**programm** *n* / microprogram *n* || ~**programmgesteuert** *adj* / microprogrammed *adj*, micro-coded *adj* || ~**programmierbare Steuerung** (MPS) / microprogrammable control (MPC) || ~**programmiert** *adj* / microprogrammed *adj*, micro-coded *adj* || ⸺**programmspeicher** *m* / microprogram memory, control read only memory (CROM), control memory
Mikroprozessor *m* (MP) / microprocessor *n* (MP) || ⸺**bahnsteuerung** *f* / microprocessor path control || ⸺**-Betriebssystem** *n* / microprocessor operating system (MOS) || ⸺**-CNC-Bahnsteuerung** *f* / microprocessor CNC path control || ⸺**einheit** *f* (MPU) / microprocessor unit (MPU) || ⸺**-Entwicklungssystem** *n* (MES) / microprocessor development system (MDS)
mikroprozessorgeführt *adj* / microprocessor-based

adj ‖ ~**e Leittechnik** (f. Schaltanlagen) / microprocessor-based (integrated) protection and control
Mikroprozessor--Messgerät *n* / microprocessor-based measuring instrument ‖ **⁓modul** *n* / microprocessor-module *n* ‖ **⁓-Motorsteuerung** *f* / microprocessor-based electronic engine control ‖ **⁓-Programmiersprache** *f* (MPL) / microprocessor language (MPL) ‖ **⁓steuerung** *f* / microprocessor-controlling ‖ **⁓steuerung** *f* / microprocessor-based control, microprocessor control ‖ **⁓-Systembus** *m* (MPSB) / microprocessor system bus (MPSB) ‖ **⁓technik** *f* / microprocessor technology
Mikro·prüfung *f* / micro-examination *n* ‖ **⁓rechner** *m* / microcomputer *n* (MC) ‖ **⁓rille** *f* / microgroove *n* ‖ **⁓riss** *m* / microcrack *n* ‖ **⁓schalter** *m* / microswitch *n*, micro-gap switch, mini-gap switch, sensitive micro-switch, sensitive switch IEC 163, quick-make-quick-break switch
Mikroschaltung *f* DIN 41848 / microcircuit *n* ‖ **zusammengesetzte ⁓** DIN 41848 / micro-assembly *n*
Mikro·schleifen *n* / microgrinding *n* ‖ **⁓schliffbild** *n* / microsection *n*, micrograph *n* ‖ **⁓-Schnappschalter** *m* / sensitive micro-switch ‖ **⁓schrittverfahren** *n* / microstep procedure, microstepping ‖ **3-Phasen-⁓schrittverfahren** *n* / 3-phase microstep procedure
Mikroskop *n* / microscope *n*
mikroskopische Prüfung *f* / microscopic inspection
Mikro·sonde *f* / microprobe *n* ‖ **⁓spritzgießen** *n* / micro injection molding ‖ **⁓-SPS** / micro PLC ‖ **⁓streifenleitung** *f* / microstrip line ‖ **⁓strömungsfühler** *m* / microflow sensor ‖ **⁓struktur** *f* / microstructure *n* ‖ **⁓system** *n* / micro-system ‖ **⁓systemtechnik (MST)** *f* / micro-systems technology (MST) ‖ **⁓taster** *m* (Druckknopf, Taste) / micro pushbutton, micro key ‖ **⁓technik** *f* / micromechanics *n* ‖ **⁓umgebung** *f* / micro-environment *n* ‖ **⁓-Umschalter** *m* / micro changeover switch ‖ **⁓-Unterbrechung** *f* / micro-interruption *n*
Mikrovoltbereich, elektrischer Durchgang im ⁓ / circuit continuity at microvolt level
Mikrowellen·erkennungssystem *n* / microwave reader system ‖ **⁓-Gyrator** *m* / microwave gyrator ‖ **⁓-Isolator** *m* / microwave isolator ‖ **⁓laser** *m* / maser *n* (microwave amplification by stimulated emission of radiation) ‖ **⁓röhre** *f* / microwave tube, microwave valve
Mikro·werkstück *n* / microworkpiece *n* ‖ **⁓werkzeug** *n* / micro-tool *n* ‖ **⁓zerspanung** *f* / microcutting
MIK-Wert *m* / TLV (threshold limit value in the free environment) ‖ **⁓ *m*** / MAC (maximum allowable concentration in the free environment)
Milliken--Leiter *m* / Milliken conductor ‖ **⁓-Segmentleiter** *m* / Milliken-type segmental conductor
Millimeter Quecksilbersäule / millimetres of mercury ‖ **⁓papier** *n* / millimetre-square graph paper
Million *f* (Mio) / million (mill.), million (M)
Millionen Befehle pro Sekunde / Millions of Instructions Per Second (MIPS)
Millisekunde (ms) *f* / millisecond *n*
Millivoltmethode *f* / millivolt level method, millivolt method
Millmotor *m* / mill motor, armoured motor
min. / min. ‖ **~ (minimal)** *adj* / min. (minimum)
min⁻¹ (Notierung für Umdrehungen pro Minute) / rev/ min., r.p.m.
min. TSDR / min. TSDR (minimum station delay remote)
Minder·erzeugung *f* / undergeneration *n* ‖ **⁓güte** *f* / substandard grade ‖ **⁓gutschrift** *f* / reduced credit ‖ **⁓gutschriften** *f pl* / reduced credits ‖ **⁓heitsbeteiligung** *f* / net operating profit after taxes (NOPAT)
Minderungsfaktor *m* / reduction factor, aerating factor
Mindest·abnahmeklausel *f* / minimum payment clause ‖ **⁓abschaltspannung** *f* DIN 41786 / gate turn-off voltage ‖ **⁓abschaltstrom** *m* (Abschaltthyristor) DIN 41786 / gate turn-off current ‖ **⁓abschirmwinkel** *m* / minimum cut-off angle
Mindestabstand *m* / minimum clearance, minimum distance ‖ **⁓ gegen Erde** (Außenleiter-Erde) / phase-to-earth clearance, phase-to-ground clearance ‖ **⁓ in Luft** / minimum clearance in air ‖ **⁓ von benachbarten Bauteilen** / minimum clearance from adjacent components
Mindest--Anfangskraft *f* (HSS-Betätigung) EN 60947-5-1 / minimum starting force ‖ **⁓-Anfangsmoment** *n* (HSS-Betätigung) EN 60947-5-1 / minimum starting moment ‖ **⁓annahmewahrscheinlichkeit** *f* / minimum probability of acceptance ‖ **⁓-Annahmewahrscheinlichkeit** *f* / minimum (value of) probability of acceptance ‖ **⁓-Anschlussquerschnitt** *m* / minimum conductor cross-section ‖ **⁓ansprechstrom** *m* / minimum tripping current ‖ **⁓anteil** *n* / lower limiting proportion ‖ **⁓ausschaltstrom** *m* / minimum operating current ‖ **⁓-Ausschaltstrom** *m* / minimum breaking current ‖ **⁓befehlsdauer** *f* / minimum command time ‖ **⁓bestellmenge** *f* / minimum order quantity ‖ **⁓-Betätigungskraft** *f* EN 60947-5-1 / minimum actuating force ‖ **⁓-Betätigungsmoment** *n* EN 60947-5-1 / minimum actuating moment ‖ **⁓-Betriebsdichte des Isoliergases** / minimum operating density of insulating gas ‖ **⁓-Betriebsdruck** *m* / minimum operating pressure ‖ **⁓-Betriebsspannung** *f* (Starterprüfung) / stability voltage (starter) ‖ **mechanische ⁓-Bruchfestigkeit** / specified mechanical failing load ‖ **⁓-Bruchkraft** *f* / specified failing load ‖ **Befehls~dauer** *f* / minimum command time
Mindestdruck *m* / minimum pressure ‖ **⁓sperre** *f* / minimum-pressure lockout, power-on disable, closing lockout ‖ **⁓verriegelung** *f* / minimum-pressure lockout
Mindest·einschaltdauer *f* / minimum on-time, minimum ON period ‖ **⁓einstellung** *f* / minimum setting
mindestens *adj* / at least
Mindest·feldstärke *f* (Wert der nutzbaren Feldstärke, wenn keine Störung vorhanden ist) / minimum usable field strength ‖ **⁓forderungen** *f pl* / minimum requirements ‖ **⁓frequenz** *f* / minimum frequency ‖ **⁓funktionalität** *f* /

Mindestlast

minimum functionality || ⸺**gebrauchsdauer** *f* / endurance *n* || ⸺**Haltewert** *m* / minimum withstand value || ⸺**impulsbreite** *f* / minimum pulse width || ⸺**impulsdauer** *f* / minimum pulse time || ⸺**impulszeit** *f* / minimum pulse time || ⸺**kraftbedarf in Hubrichtung** / minimum force required along plunger axis || ⸺**kriterien** *f pl* / minimum criteria
Mindestlast *f* / minimum load, minimum capacity || **Betrieb mit** ⸺ / minimum stable operation || ⸺**strom** *m* / minimum load current || ⸺**strom** *m* / minimum operational current
Mindestleerspannung *f* (Lampe) / minimum open-circuit voltage
Mindestleistung *f* / minimum demand || **Betrieb eines Blocks mit** ⸺ / minimum safe running of a unit || **technische** ⸺ / minimum stable capacity, minimum stable generation
Mindest·maß *n* / minimum dimension || ⸺**meldungsanstehdauer** *f* / minimum message activation duration || ⸺**pause** *f* / minimum interval || ⸺**pausendauer** *f* / minimum break time, minimum pause time || ⸺**quantil** *n* (Statistik) DIN 55350,T.12 / lower limiting quartile || ⸺**querschnitt** *m* / minimum area || ⸺**reparaturvolumen** *n* / minimum repair volume || ⸺**ruhezeit** *f* / minimum sleep time || ⸺**schaltabstand** *m* / minimum operating distance || ⸺**schaltdruck** *m* / minimum switching pressure || ⸺**sicherheitshöhe** *f* EN 50017 / minimum safe height EN 50017 || ⸺**signalzeit** *f* / minimum pulse time || ⸺**spannung** *f* / minimum voltage || ⸺**spantiefe** *f* / minimum depth of cut || ⸺**stromrelais** *n* / minimum-current relay || ⸺**teilnehmer** *m* / minimal participants || ⸺**Toleranzzeit** *f* / minimum tolerance time || ⸺**umschaltzeit** *f* / minimum switchover time || ⸺**Unterschreitungsanteil** *m* (Statistik) DIN 55350, T.12 / lower limiting proportion || ⸺**Unterschreitungsanteil** *m* (kleinster geforderter Unterschreitungsanteil der Merkmalswerte einer Verteilung unter dem zugehörigen Höchstquantil) / lower limiting fall below-proportion || ⸺**wert** *m* DIN 55350,T.12 / lower limiting value || ⸺**wert** *m* (kleinster zugelassener Wert eines quantitativen Merkmals (quantitatives Merkmal)) / minimum limiting value || ⸺**zahlungsklausel** *f* / minimum payment clause || ⸺**zeitdauer** *f* / minimum duration || ⸺**zündstrom** *m* (MIC) / minimum ignition current (MIC) || ⸺**zykluszeit** *f* / minimum scan cycle time, minimum cycle time (CPU parameter for the guaranteed minimum cycle time)
Mineralbeton *m* / premixed graded mineral aggregate
Mineralfaser *f* / mineral fibre || ⸺**herstellung** *f* / mineral fiber manufacturing || ⸺**Matten** *f pl* / mat of fibrous minerals || ⸺**Schale** *f* / formed section of fibrous minerals || ⸺**Stopfisolierung** *f* / stuffed insulation of fibrous minerals
Mineral·fett *n* / mineral grease || ⸺**gemisch** *n* / aggregate *n* || ⸺**gerüst** *n* / mineral skeleton structure, granular framework, mineral aggregate || **~isolierte Leitung** / mineral-insulated cable || ⸺**isolierung** *f* / mineral insulation || ⸺**öl** *n* / mineral oil || **~ölbeständig** *adj* / POL-resistant *adj* || **~ölbeständige Fugeneinlage** *f* / POL-resistant joint filler || ⸺**verarbeitung** *f* / mineral processing
Miniaturbild *f* / thumbnail *n*

miniaturisieren *v* / miniaturize *v*
Miniaturisierung *f* / miniaturization *n*
Miniatur·-Leuchtstofflampe *f* / miniature fluorescent lamp || ⸺**schalter** *m* / micro-switch *n*, miniature switch || ⸺**sockel** *m* / miniature cap || ⸺**stecker** *m* (D-Reihe) / (subminiature) cannon connector || ⸺**-Stecker der D-Reihe** / subminiature D connector (sub D connector), sub D plug, male sub D connector
Mini·-Bedienhandgerät *n* / mini-handheld unit (mini HHU) || ⸺**-BHG** / mini HHU || ⸺**blockrelais** *n* / miniblock relay ⸺**computer** *m* / minicomputer *n* || ⸺**diskette** *f* / mini-diskette *n*, mini-floppy *n* (disk), mini floppy disk || ⸺**erweiterungsgerät** *n* / mini-expansion unit || ⸺**floppy** *f* / mini-diskette *n*, mini-floppy *n* (disk) || ⸺**kompaktgerät** *n* (MKG) / mini compact unit
minimal *adj* / minimal *adj* || **~ (min.)** *adj* / minimum (min.) || ⸺**amplitude** *f* / minimum amplitude || ⸺**drehzahl** *f* / minimum speed
minimal·e Anfangskraft / minimum starting force || **~e Erregung** (el. Masch.) / minimum field || **~e Größe** / minimized *adj*, minimum size || **~e Lastspielzahl** / min. load-cycle frequency || **~e Motorfrequenz** / minimal motor frequency || **~e Stopfquote** / minimum justification ratio || **~er Abstand zu Objekten** IEC 50(466) / clearance to obstacles || **~er Abstand zwischen Teilen unter Spannung und geerdeten Teilen** / phase-to-earth clearance IEC 50(466) || **~er Bodenabstand** / ground clearance IEC 50(466) || **~er Frequenzschwellwert** / min. threshold for freq. setp. || **~er Laststrom** / minimum load current || **~er Schutzwinkel** IEC 50(466) / minimum angle of shade, minimum shielding angle || **~er statischer Biegeradius** (Kabel) EN 60966-1 / minimum static bending radius || **~er Wert** / minimum value || **~es Anfangsmoment** / minimum starting moment
Minimal·frequenz *f* / minimum frequency, min. frequency || ⸺**/Maximal-Auswahl** *f* / minimum/maximum selection || ⸺**mengenschmierung** *f* / minimum lubrication || ⸺**-NCK-SPL** *f* / minimum NCK-SPL || ⸺**privileg** *n* (Einschränkung der Zugriffsrechte eines Subjekts nur auf solche Rechte, die für die Ausführung von zulässigen Aufgaben erforderlich sind) / minimum privilege || ⸺**relais** *n* / under...relay || ⸺**schmiertechnik** *f* / minimum lubrication technology || ⸺**schnitt** *m* / minimal-cut set || ⸺**spannungsauslöser** *m* / undervoltage release IEC 157-1, undervoltage opening release, low-volt release || ⸺**steuerung** *f* / minimum control || ⸺**- und Maximalwert** / minimum/maximum value || ⸺**wert** PID-Ausgang / PID output lower limit
minimieren *v* (Verkleinern eines Fensters auf Icongröße) / minimize *v*, iconize *v*
Minimierung *f* / minimization *n* || ⸺ **von Gefahren** / minimization of danger
Minimaler PID-Istwert / Min. value for PID feedback
Minimotor *m* / miniature motor, minimotor *n*
Minimum·auswahl *f* / minimum selector || ⸺**Bedingung** *f* DIN 7184,T.1 / minimum condition || ⸺**-Material-Maß** *n* DIN 7182,T.1 / minimum material size || ⸺**Messrelais** *n* / minimum measuring relay || ⸺**phasen-Netzwerk** *n* / minimum-phase network

Minimum Station Delay Remote (min. TSDR) / minimum station delay remote (min. TSDR)
MINI OTDE (optischer Buskoppler (Transceiver) für Industrial Ethernet zum Anschluss eines Endgerätes an ein optisches Netz) / MINI OTDE
Mini·pattern *n* / minipattern *n* || ⸺**polrelais** *n* / subminiature polarized relay || ⸺**portal** *n* / mini-gantry || ⸺**-Portalachse** *f* / mini-gantry axis || ⸺**portal-Korrekturwert** *m* / mini-gantry correction value || ⸺**portal-Mapping** *n* / mini-gantry mapping || ⸺**portal-Mappingablauf** *m* / mini-gantry mapping sequence || ⸺**schlitten** *m* / minislide
Ministerialblatt, allgemeines ⸺ / general ministerial gazette
Ministerium für Heimatschutz *n* / DHS (Department of Homeland Security) *n*
Mini·technik *f* / mini-wire-wrap technique || ⸺**Web Server Language** *f* (bietet die Möglichkeit, Variablen oder Templates zu HTML-Seiten hinzuzufügen) / MiniWeb Server Language (MWSL) || ⸺**wickeltechnik** *f* / mini-wire-wrap technique || ⸺**zeitschaltuhr** *f* / miniature time switch
min⁻¹ / r.p.m.
Min-Max-Strommesser *m* / min.-max. ammeter
Minoritätsträger *m* / minority carrier || ⸺**beweglichkeit** *f* / minority carrier mobility
MINP-Zelle *f* / MINP cell
Minuend *m* / minuend *n* || ⸺ **L-Wort** / minuend low word
Minus·abweichung *f* / negative deviation || ⸺**anschluss** *m* / negative terminal || ⸺**anschluss für Meldeausgang** / negative terminal for signalling output, negative terminal for signaling output || ⸺**anzapfung** *f* / minus tapping || ⸺**bereich** *m* / minus region || ⸺**nocken** *m* / minus cam || ⸺**pol** *m* / negative pole || ⸺**richtung** *f* / negative direction || **Bewegung in** ⸺**richtung** (NC-Zusatzfunktion) DIN 66025,T.2 / motion - (NC miscellaneous function) ISO 1056 || ⸺**toleranz** *f* / negative tolerance || ⸺**zeichen** *n* / minus sign, negative sign
Minuten·reserve *f* / minutes reserve || ⸺**scheibe** *f* (Zeitschalter) / minute dial || ⸺**-Stehspannung** *f* / minute value of electric strength
MIO *n* / multi I/O interface (MIO)
Mio (Million) / mill. (million), M (million)
MI-Pool (Marktinformationen-Pool) *m* / market information pool (MI pool)
MIPS (Maßeinheit für die Verarbeitungsleistung, wobei 1 MIPS einer Million Befehle pro Sekunde entspricht) / Millions of Instructions Per Second (MIPS)
MIRA *f* / UK Motor Industry Research Association (MIRA)
MIS / Management Information System (MIS)
Mischanlage *f* / mixing plant, mechanical mixture system, batch plant || ⸺**nbelag** *m* / plant-mixed or premixed pavement
mischbar *adj* / miscible *adj*
Misch·barkeit *f* / miscibility *n* || ⸺**baugruppe** *f* / hybrid module || ⸺**belag** *m* / plant-mixed or premixed pavement *n* || ⸺**bestückung** *f* (Chips) / chip mix || ⸺**betrieb** *m* (PROFIBUS) / mixed operation || ⸺**betrieb** *m* / mix mode || ⸺**betrieb** *m* / asynchronous balanced mode (ABM) || ⸺**betriebsoptimierung** *f* / cogeneration optimization || ⸺**bruch** *m* / mixed fracture || ⸺**bruch** *m* (Kerbschlag) / intermediate case of fracture || ⸺**dämpfung** *f* (Diode) DIN 41853 / conversion loss || ⸺**decke** *f* / plant-mixed or premixed pavement || ⸺**diode** *f* / mixer diode || ⸺**einfügungsdämpfung** *f* / conversion insertion loss || ⸺**eingangswandler** *m* / input summation current transformer, input mixing transformer
mischen *v* (gleichartig geordnete Datenobjekte in einer geordneten Menge vereinigen) DIN 44300 / merge *v* || ~ *v* (Daten, mit gleichzeitigem Trennen) DIN 66001 / collate *v*
Mischer *m* / mixer || ⸺**kran** *m* / mixer crane || ⸺**waage** *f* / mixer weighing machine
Misch·fällung *f* / mixed precipitation || ⸺**farbe** *f* / secondary colour || ⸺**-Federleiste** *f* / hybrid socket connector || **SF₆-**⸺**gasschalter** *m* / SF_6/N_2 circuit-breaker || ⸺**geflecht** *n* / compound braid || ⸺**größe** *f* / pulsating quantity || ⸺**impedanz** *f* / modified impedance || ⸺**klappe** *f* / mixing valve || ⸺**konfiguration** *f* / hybrid configuration || ⸺**kristall** *m* / mixed crystal || ⸺**last** *f* / mixed load
Mischleiste *f* / hybrid connector, mixed strip
Mischleisten--Federleiste *f* / hybrid socket connector || ⸺**-Messerleiste** *f* / hybrid plug connector || ⸺**-Prüfadapter** *m* / hybrid adaptor || ⸺**-Steckverbinder** *m* / hybrid connector
Misch·leistungsrelais *n* / arbitrary phase-angle power relay || ⸺**lichtlampe** *f* / mixed-light lamp, blended lamp, self-ballasted mercury lamp, mercury-tungsten lamp, incandescent-arc lamp || ⸺**luftheizung** *f* / secondary-air heating system, air-mixing type of heater
Misch·-Makadamdecke *f* / mixed macadam pavement, pre-mixed macadam pavement || ⸺**modul** *n* / hybrid module || ⸺**potential** *n* / mixed potential || ⸺**reibung** *f* / mixed friction, semi-fluid friction || ⸺**restdämpfung** *f* / conversion insertion loss || ⸺**rezept** *n* / mix formula || ⸺**röhre** *f* / mixer tube || ⸺**schaltung** *f* / hybrid circuit, non-uniform connection || ⸺**schmierung** *f* / mixed lubrication, semi-fluid lubrication || ⸺**spannung** *f* / pulsating voltage, undulating voltage || ⸺**steckerleiste** *f* / hybrid plug connector || ⸺**steilheit** *f* / conversion transconductance || ⸺**strahlung** *f* / complex radiation
Misch·strom *m* / pulsating current, undulating current, pulsating d.c., rippled d.c. || ⸺**strommotor** *m* / pulsating-current motor, undulating-current motor || ⸺**technik** *f* / mixing technology || ⸺ **und Oszillatorröhre** *f* / frequency-converter tube || ⸺**übertrager** *m* / summation current transformer, mixing transformer
Mischung *f* / sheathing compound
Mischungs·formel *f* / mix formula || ⸺**regelung** *f* / blending control || ⸺**typ** *m* (Kabel) VDE 0281 / type of compound, class of compound
Misch·ventil *n* / mixing valve, valve for mixing service || ⸺**verdrahtung** *f* / combined wiring || ⸺**wandler** *m* / summation current transformer, mixing transformer, summation CT || ⸺**werkzeug** *n* / mixing tool || ⸺**widerstand** *m* / modified impedance || ⸺**zustand** *m* / mixed state
MISFET (Metall-Isolator-Halbleiter-Feldeffekt-Transistor) *m* / MISFET (Metal Insulator Semiconductor Field Effect Transistor) *n*
MIS--Inversionsschicht-Solarzelle *f* / metal-insulator-semiconductor inversion layer solar cell

(MISI cell) ‖ ⟨-I-Zelle f / MIS inversion layer solar cell
Mismatch-Verluste / mismatch losses
Missachtung f / non-compliance
Missbrauch m / unauthorized use
missbrauchsicher adj / tamper-proof adj
Missweisung, magnetische ⟨ / magnetic declination
MIS-Zelle f / MIS cell
mit Ausgleich / self regulating ‖ ~ automatischer Zuschaltung / that are switched in automatically ‖ ~ Beanstandung / nonconformance, no go ‖ ~ Besenstrich versehene Straßenoberfläche / broom-roughened surface ‖ ~ Blindstopfen / blanked off v ‖ ~ Dichtleiste / raised face ‖ ~ frei wählbarer Außenleiterzuordnung / with free assignment of outer conductors ‖ ~ Zinnen / castellated n
Mitarbeiter m / staff member, employee n ‖ ⟨beurteilung f / performance evaluation ‖ ⟨einsatzplan m / personnel deployment plan ‖ ⟨gespräch n / staff dialogue, company personnel interview ‖ ⟨gruppe f / group of staff members ‖ ⟨kontokorrentkonto n / employee's customer account ‖ ⟨schulung f / employee training session ‖ ⟨-Vorausschau f / personnel forecast
MitbestG n / German Codeterminaton Act
Mitbewerber m / competitor n
Mitbewerbsvergleich m / comparison n
Mitblindwiderstand m / positive phase-sequence reactance, positive-sequence reactance
Mitdenkprozess der Arbeitnehmer / employee participation process, employee involvement in the thinking process of the firm
Mitfahren n / coupled motion
Mitführachse f / coupled-motion axis
Mitführen n / coupled motion ‖ ~ v / hold v
Mitgang m (Kontakte) / contact follow, follow-through travel
mitgeführter Gasschutz / trailing gas shield ‖ ~ Schutzleiter (i. Kabel) / protective conductor incorporated in cable, earth continuity conductor incorporated in cable(s)
mitgeliefert adj / enclosed adj
mitgeltende Norm / reference standard
mitgerichtet adj (EN 60834-1) / co-directional adj
mitgerissener Staub / entrained dust
mitgeschleppt·e Achse / coupled axis, axis under coupled motion ‖ ~er Fehler / inherited error, inherent error ‖ ~es Gas / entrained gas
mithören v / listen in
Mitimpedanz f / positive-phase-sequence impedance, positive-sequence impedance
Mitkalkulation f / concurrent costs, running estimates
Mitkomponente f (eines Dreiphasensystems) / positive-sequence component, positive component
mitkompoundierende Wicklung / cumulative compound winding
Mitkompoundierung f / cumulative compounding
Mitkopplung f / positive feedback, direct feedback ‖ äußere ⟨ (Transduktor) / separate self-excitation ‖ innere ⟨ (Transduktor) / auto-self-excitation (transduktor), self-saturation ‖ kritische ⟨ (Transduktor) / critical self-excitation (transduktor)
Mitlaufbetrieb m (Programm) / parallel program run, hot-standby mode
mitlaufend·e Reserve / spinning reserve ‖ ~e Reserve mit langsamer Lastaufnahme / slow-response spinning reserve ‖ ~e Reserve mit schneller Lastaufnahme / quick-response spinning reserve ‖ ~e Triggerquelle / tracked trigger source ‖ ~es System / positive phase-sequence system, positive-sequence system
Mitlauffilter n / tracking filter
mitläufige Bürste / trailing brush ‖ ~ Bürstenverschiebung / forward brush shift
Mitlauftransformator m / trailer transformer, follower transformer
Mit-Leistung f / positive-sequence power, power of positive-sequence system
Mitlesen n / passive monitoring
mitliefern v / enclose v
Mitnahme f / intertrip n ‖ ⟨ f (Schwingung) / harmonic excitation ‖ magnetische ⟨ / magnetic coupling ‖ Schalter~ f / breaker intertripping, transfer tripping ‖ ⟨einrichtung f / engaging (driving) device ‖ ⟨gerät n (Schutzauslösung) / intertripping unit, transfer trip device ‖ ⟨geschäft n / accompanying business, cash-and-carry service ‖ ⟨relais n / transfer trip relay ‖ ⟨schaltung f / intertripping circuit ‖ ⟨schaltung f (Schutzsystem) / intertripping n, transfer tripping ‖ ⟨schaltung mit HF / intertripping carrier scheme ‖ ⟨schutzrelais n / transfer trip relay
Mitnehmer m / driver n, driver pin, driver ring, dog n, catch n, driving feature, coupling n, pusher dog, pusher n, driving element ‖ ⟨bolzen m / driver bolt ‖ ⟨hebel m / driver lever ‖ ⟨lappen m / tenon n ‖ ⟨nase f / trailing hub ‖ ⟨nase f / driver lug ‖ ⟨-Rückstelleinrichtung f / driver restoring element, driver resetting mechanism ‖ ⟨scheibe f / driver disk, driving plate, follower disk ‖ ⟨scheibe f (EZ) / driver (o. driving) disc, follower disc ‖ ⟨welle f / driver pin shaft ‖ ⟨zeiger m / drive pointer
Mitreaktanz f / positive phase-sequence reactance, positive-sequence reactance
Mitschleppachse f / coupled axis, axis under coupled motion, coupled-motion axis
Mitschleppen n / coupled motion ‖ ~ v / trail v ‖ ⟨ und Leitwertkopplung / coupled motion and master/slave couplings ‖ ⟨ von Gas / gas entrainment
Mitschlepp·kombination f / coupled-motion combination ‖ ⟨verband m / coupled axis combination, coupled axis grouping, coupled-axis grouping
Mitschnitt m (Daten, die für eine mögliche Verwendung in einem Sicherheitsaudit gesammelt werden) / audit trail
Mitschreib·betrieb m / shadow mode ‖ ⟨diskette f / shadow diskette
Mitschreiben n (protokollieren) / (real-time) logging n
Mitschreibschleife f / echo loop
mitschwingen v / resonate v
Mitsystem n / positive phase-sequence system, positive-sequence system, positive-sequence network ‖ mehrphasiges ⟨ / positive-sequence polyphase system ‖ ~-Leistung f / positive-sequence power, power of positive-sequence system ‖ ⟨spannung f / positive-sequence voltage ‖ ⟨strom m / positive sequence current
Mittagspause f / lunch break
Mitte f / center n ‖ über ⟨ schneiden / cut across center
Mitteilung über die Änderung der Zieladresse (DIN V 44302-2) / called line address modified

notification || ⟳ **über erfolgte Rufumleitung** (DIN V 44302-2 E DIN 66323) / call redirection notification || **technische** ⟳ / technical information sheet || **technische** ⟳**en** / technical bulletins
Mittel.... / mean *n*, average *n*
Mittel *n* / mean *n*, mean value || **24-Std.-**⟳ *n* / average over 24 hours
Mittel·abgriff *m* / centre tap, mid-tap *n* || ⟳**abschirmung** *f* / centre shield || ⟳**abstand** *m* / centre spacing || ⟳**anschlag** *m* / middle stop || ⟳**anschluss** *m* (eines Zweigpaares) / centre terminal || ⟳**anschluss eines Zweigpaars** / center terminal of a pair of arms || ⟳**antrieb** *m* / center operating mechanism || ⟳**anzapfung** *f* / centre tap, mid-tap *n* || **Drosselspule mit** ⟳**anzapfung** / centre-tapped reactor
mittelbar gespeister Kommutatormotor / rotor-excited commutator motor || **~e Betriebserdung** VDE 0100, T.200 / indirect functional earthing || **~e Erdung** / indirect earthing || **~e Qualitätslenkung** / indirect quality control || **~er Antrieb** (Kraftspeicherantrieb) / stored-energy (operating) mechanism
Mittelbohrung *f* / middle hole
mittelbündig *adj* / centered *adj*
Mittel·druck-Axialventilator *m* / medium-pressure axial fan || ⟳**einsatz** *m* / use of resources || ⟳**feld** *n* / intermediate panel
Mittelfrequenz *f* (MF) / medium-high frequency, medium frequency (MF) || ⟳**generator** *m* / medium-frequency generator || ⟳**umformer** *m* / medium-frequency motor-generator set, medium-frequency converter
mittelfristig *adj* / medium-term *adj*, middle- *adj*
Mittel·gang *m* / normal speed || ⟳**klasseanwendung** *f* / mid-range application || ⟳**klassewagen** *m* / mid-range *n* || ⟳**kontakt** *m* (Fassung) / central contact (lampholder) || ⟳**kontakt** *m* / mid-position contact || ⟳**lage** *f* / mean position, medial layer || ⟳**lager** *n* / centre bearing || ⟳**länge** *f* (GKS) / halfline *n*
mittellanger Impuls / medium pulse
Mittellast-Generatorsatz *m* / controllable set IEC 50 (603)
Mittelleistungs·feuer *n* / medium-intensity light || ⟳**transformator** *m* / medium-power transformer
Mittelleiter *m* (Neutralleiter) / neutral conductor, neutral *n* || ⟳ *m* (Gleichstrom) / middle conductor, M conductor, third wire, inner main || ⟳ *m* (mit Schutzfunktion) / protective neutral conductor, PEN conductor, combined protective and neutral conductor || ⟳ *m* (ohne Schutzfunktion) / neutral conductor, N conductor || ⟳ *m* (SR-Schaltung) / mid-wire conductor || ⟳**-Abgangsklemme** *f* / neutral branch terminal, secondary neutral terminal || ⟳**kontakt** *m* / neutral contact || ⟳**-Kontaktstift** *m* / neutral pin || ⟳**schiene** *f* / neutral bar || ⟳**-Trennklemme** *f* / isolating neutral terminal
Mittellinie *f* (GKS-System) / centre line || ⟳ **der unbemaßten Schriftbreiten** / centerline of the non-dimensioned font widths
Mittellinien·feuer *n* / centre-line light || ⟳**führung** *f* / centre-line guidance || ⟳**-Kurzbalken** *m* / centre-line barrette || ⟳**marke** *f* / centre-line marking || ⟳**-Unterflurbefeuerung** *f* / centre-line flush-marker lighting
Mittel·maschine *f* / machine of medium-high rating, medium-size machine || ⟳**maß** *n* / mean size ||

⟳**maß** *n* / mean dimension
mitteln *v* / average *v*
Mittel·oberfläche *f* / mean surface || ⟳**position** *f* / center position, central position, neutral position, mid-position || ⟳**potential** *n* / mid-potential *n* || ⟳**profil** *n* / medium section
Mittelpunkt *m* (MP) / center point || ⟳ *m* (Sternpunkt) / neutral point, star point, neutral *n* || ⟳ *m* (geometr.) / centre point, midpoint *n* (CAD) || ⟳**bahn** *f* / centre-point path || ⟳**-Bohrung** *f* / center-point hole || ⟳**leiter** *m* / neutral conductor, neutral *n*, return ground
Mittelpunktsbahn *f* / center-point path
Mittelpunktschaltung *f* (mehrpulsig) / star connection || ⟳ *f* (ein- o. zweipulsig) / centre-tap connection
Mittelpunkts·farbart *f* / basic stimulus || ⟳**koordinate** *f* / center point coordinate || ⟳**valenz** *f* / basic stimulus
Mittelpunkt·-Transformator *m* / static balancer || ⟳**-Verlagerungsdrossel** *f* / (earth current limiting) neutral displacement reactor, zero-sequence reactor
Mittel·rauhtiefe *f* / centre-line average (c.l.a.) || ⟳**schenkel** *m* (Trafo-Kern) / centre limb, center leg || ⟳**schnelläufer** *m* / medium-high-speed machine
mittelschnelle Informationsverarbeitung / medium-fast information processing
Mittelspannung *f* / medium-high voltage, distribution voltage, average voltage, mean voltage, primary distribution voltage || ⟳ *f* (MS) / medium voltage (MV) || ⟳ *f* (Spannungsteiler) / intermediate voltage || ⟳ *f* / mean stress || ⟳ **einer Gruppenspannung** / volt centre
Mittelspannungs·abnehmer *m* / medium-voltage consumer || ⟳**einspeisung** *f* / medium-voltage supply || ⟳**-Elektronenkanone** *f* / medium voltage electron gun || ⟳**kondensator** *m* (Spannungsteiler) / intermediate-voltage capacitor || ⟳**-Leistungsschalter** *m* / distribution-voltage circuit-breaker, medium-voltage circuit-breaker || ⟳**netz** *n* / primary distribution network, medium-voltage system (US, 1 - 72,5 kV), high-voltage system || ⟳**-Schaltanlage** *f* / primary distribution switchgear, medium-voltage switchgear || ⟳**seite** *f* / intermediate-voltage circuit || ⟳**tarif** *m* / medium-voltage tariff || ⟳**teil** *m* / medium-voltage section || ⟳**wicklung** *f* (MS-Wicklung Trafo) / intermediate-voltage winding
mittelständische Betriebe *n* / small to medium-sized enterprises (SME)
Mittelständler *m* / middle-class company
Mittelsteg *m* / middle plate
Mittelstellung *f* (MS) / center position, central position, mid-position, middle position || ⟳ *f* / centre position, neutral position || ⟳ *f* (Trafo-Stufenschalter) / centre tap, mid-tap *n*
Mittelstellungs·kontakt *m* / centre-position contact, centre contact, neutral contact || ⟳**relais** *n* / centre-stable relay || ⟳**spannung** *f* / mid-tap voltage
Mittel·stellzylinder *m* / centering cylinder || ⟳**streifen** *m* (Autobahn) / central reservation, central reserve, median strip || ⟳**streifenbepflanzung** *f* / central reserve planting, median planting || ⟳**stromschiene** *f* / centre conductor rail
Mittelstück *n* / middle piece, central piece

mittelträge   572

mittelträge Sicherung VDE 0820, T.1 / medium time-lag fuse IEC 127
Mitteltransformator *m* / medium-power transformer, medium-rating transformer
mitteltrübes Glas / opalescent glass
Mittel- und Niederspannungsanteile *m pl* / l.v. and m.v. components
Mittelung *f* / averaging *f*
Mittelungs·pegel *m* (des Schalldrucks) / time-average sound pressure level, equivalent continuous sound-pressure level || ≈**schaltung** *f* / averaging circuit || ≈**zeit** *f* / averaging time
mittelviskos *adj* / of medium-high viscosity
Mittelwert *m* / mean value, average *n*, mean *n*, arithmetic mean || ≈ *m* (MW) / average value || ≈ *m* (Wechsellast) / mean stress || ≈ **der Abweichung** / mean error || ≈ **der Abweichung unter Bezugsbedingungen** VDE 0435, T.110 / reference mean error || ≈ **der Ausfalldauer** / MDT (mean down time) || ≈ **der Leistung** / mean value of power || ≈ **der Stichprobe** / sample mean || ≈ **des Eingangsruhestroms** / average bias current, mean input bias current || ≈ **des gleichgerichteten Eingangssignals** / rectified mean || ≈ **einer Zufallsgröße** DIN 55350,T.21 / mean value of a variate || **10-Sek-/15-Min-/1-Std-/1-Tag-**≈ *m* / 10-sec-/15-min-/1-hour-/1-day-demand *n* || **gewichteter** ≈ / weighted average || **leistungsmäßiger** ≈ / power-rated average value || **quadratischer** ≈ / root-mean-square value (r.m.s. value), virtual value || **zeitlicher** ≈ / time average
Mittelwert·abweichung *f* / mean value deviation, mean value tolerance || ≈**baustein** *m* / averaging block || ≈**bilder** *m* / averaging unit (o. device) || ≈**bildung** *f* / averaging *n*, mean-value generation || ≈**bildungs-Baustein** *m* / averaging block
Mittelwert·detektor *m* IEC 50(161) / average detector || ≈**drucker** *m* / average-demand printer, printometer || ≈**-Gleichrichterkreis** *m* / average detector || ≈**messer** *m* / ratemeter *n* || ≈**optimierung** *f* / demand optimization || ≈**register** *n* / average register || ≈**speicher** *m* (MW-SP) / mean value memory || ≈**umformer** *m* (Messwertumformer) / mean-value transducer || ≈**vorgabe** *f* / demand setting
Mittel-Ziel-Analyse *f* / means-ends analysis
mittelzugfest *adj* / of medium-high tensile strength
Mitten·abstand *m* DIN 43601 / centreline spacing, centre-to-centre distance, distance between centres || ≈**abweichung** *f* / median deviation || ≈**anriss** *m* / centre marking, centreline marking || ≈**ausrichtung** *f* / center alignment || ≈**band** *n* / center conveyor || ≈**bandsensor** *m* / center conveyor sensor || ≈**bereich** *m* (statistische Tolerierung) / mean range ≈**einspeisung** *f* / centre infeed, centre feed || ≈**frequenz** *f* / centre frequency, mid-frequency *n* || ≈**inhalt** *n* (statistische Tolerierung) / mean population || ≈**kennmelder** *m* / centre indicator || ≈**maß** *n* DIN 7182,T.1 / mean size || ≈**position** *f* / central position || ≈**positionieren** *n* / position in center || ≈**positionierer** *m* / central positioner || ≈**rauhigkeit** *f* / centre-line average (c.l.a.) || ≈**rauhwert** *m* / mean roughness index, average roughness || ≈**schutzkontakt** *m* / centre earthing contact, (central) earthing pin, grounding pin || ≈**spannung** *f* / mean voltage || ≈**spiel** *n* DIN 7182,T.

1 / mean clearance || ≈**übermaß** *n* DIN 7182,T.1 / mean interference || ≈**umsteller** *m* / bridge-type off-load tap changer, middle-of-line tapping switch, centre off-load tap changer || ≈**versatz** *m* / eccentricity *n*, centre offset, off-centre condition
mittig *adj* / centric *adj*, in centre, center *adj*, middle *adj*
Mittigkeit *f* / centricity *n*, concentricity *n*
Mittigkeitsabweichung *f* / eccentricity *n*
mittler·e Abweichung / mean deviation || ~**e addierte Unklardauer** IEC 50(191) / mean accumulated down time (MADT) || ~**e administrative Verzugsdauer** IEC 50(191) / mean administrative delay (MAD) (the expectation of the administrative delay) || ~**e akkumulierte Unklardauer** / mean accumulated down time (MADT) (the expectation of the accumulated down time over a given time interval) || ~**e aktive Instandsetzungsdauer** / mean active corrective maintenance time (the expectation of the active corrective maintenance time) || ~**e Anzahl der Arbeitszyklen bis zum Ausfall** / mean cycles between failures (MCBF) || ~**e Aufenthaltszeit** / mean abode time (MAT) || ~**e Auflösung** / medium resolution || ~**e Ausfalldauer** / mean down time (MDT) || ~**e Ausfalldichte** (Mittelwert der momentanen Ausfalldichte während eines gegebenen Zeitintervalls (t1, t2)) IEC 50(191) / mean failure intensity || ~**e Ausfallrate** (Mittelwert der momentanen Ausfallrate während eines gegebenen Zeitintervalls (t1, t2)) / mean failure rate || ~**e Ausschaltdauer** / equivalent interruption duration, load-weighted equivalent interruption duration || ~**e Außenabmessungen** (Leitungen) VDE 0281 / mean overall dimensions || ~**e Außenkette** / middle wing bar || ~**e Bearbeitungszeit** / average machining time || ~**e Bearbeitungszeit** (Programme) / average processing time || ~**e Belastung** / average load, mean load, medium load || ~**e Beleuchtungsstärke** / mean illuminance || ~**e beobachtete Zeit zwischen zwei Ausfällen** / observed mean time between failures || ~**e Betriebsdauer zwischen zwei Ausfällen** IEC 50 (191) / mean operating time between failures (MOBF) || ~**e Betriebsdauer zwischen Ausfällen** (Erwartungswert der Verteilung der Betriebsdauern zwischen zwei aufeinanderfolgenden Ausfällen) / mean time between failures (MTBF) || ~**e Bezugsleistung** / mean power demand || ~**e Dauer bis zum Ausfall** (Erwartungswert der Verteilung der Dauern bis zum Ausfall) / mean time to failure (MTTF) || ~**e Dauer bis zum ersten Ausfall** (Erwartungswert der Verteilung der Dauern bis zum ersten Ausfall) / mean time to first failure (MTTFF) || ~**e Dauer bis zur Wiederherstellung** / mean time to restoration (MTTR) (the expectation of the time to restoration), mean time to recovery (MTTR) || ~**e Dauer des ausgeschalteten Zustands** (Netz) / equivalent interruption duration, load-weighted equivalent interruption duration || ~**e Dauer einer Versorgungsunterbrechung eines Abnehmers** / mean duration of a customer interruption || ~**e Dauerleistung** / mean continuous output || ~**e Durchlassverlustleistung** (Diode) DIN 41781 / mean conducting-state power loss || ~**e**

Durchlassverlustleistung DIN 41786 / mean on-state power loss || **~e Entladespannung** / mean (o. average) discharge voltage || **~e Erregungsgeschwindigkeit** / excitation response ratio || **~e Erzeugung eines Kraftwerks** / mean energy production of a power station || **~e Fahrbahnleuchtdichte** / average maintained road-surface luminance || **~e Fehlererkennungszeit** / mean failure detection time (MFDT) || **~e fehlerfreie Betriebszeit** / mean time between failures (MTBF) || **~e Flankensteilheit der Ausgangsspannung** (Verstärker) / average rate of change of output voltage || **~e freie Weglänge** (in einem gegebenen Medium die durchschnittliche Strecke, die Teilchen einer bestimmten Art zwischen Wechselwirkungen einer bestimmten Art zurücklegen) / mean free path || **~e Genaugkeit** / accuracy in the mean || **~e Grundabweichung** DIN IEC 255, T.100 / reference mean error (relay) || **~e Gummischlauchleitung** / ordinary tough-rubber-sheathed cable || **~e horizontale Lichtstärke** / mean horizontal intensity || **~e Instandsetzungsrate** (Mittelwert der momentanen Instandsetzungsrate während eines gegebenen Zeitintervalls (t1, t2)) / mean repair rate || **~e Intaktzeit** (MTBF) / mean time between failures (MTBF) || **~e Jahrestemperatur** / mean temperature of the year, yearly mean temperature || **~e Klardauer** (Erwartungswert der Verteilung der Dauern der Klarzeitintervalle) IEC 50(191) / mean up time (MUT) || **~e Kraftlinienlänge** / mean length of magnetic path || **~e Kunststoff-Schlauchleitung** / ordinary plastic-sheathed flexible cord (o. cable) || **~e Ladespannung** / mean charging voltage || **~e Lebensdauer** DIN 40042 / mean life, average life IEC 64 || **~e Lebensdauer** / mean time between failures (MTBF) || **~e Leckstromdichte** / average leakage-current density || **~e Leerlaufspannung** (kapazitiver Spannungsteiler) IEC 50(436) / open-circuit intermediate voltage || **~e Leistung** / mean power, average output, average power || **~e logistische Verzugsdauer** (Erwartungswert der Verteilung der logistischen Verzugsdauern) IEC 50 (191) / mean logistic delay (MLD) || **~e Luftspaltinduktion** / magnetic loading || **~e Mannstunden für Instandhaltung** / mean maintenance man-hours (the expectation of the maintenance man-hours) || **~e Nichtverfügbarkeit** (Mittelwert der momentanen Nichtverfügbarkeit während eines gegebenen Zeitintervalls (t1, t2)) / mean unavailability || **~e Position** / mid-position || **~e Positioniergenauigkeit** / normal positioning accuracy || **~e PVC-Schlauchleitung** (H05VV) VDE 0281 / ordinary PVC-sheathed flexible cord || **~e quadratische Abweichung** / root-mean-square deviation (r.m.s.d.) || **~e Quadratwurzel** / root-mean-square value (r.m.s. value), virtual value || **~e Qualitätslage** (Mittelwert der Qualitätslagen aus einer Serie von Losen) DIN 55350, T.31 / process average || **~e Rauhtiefe** / centre-line average (c.l.a.) || **~e räumliche Lichtstärke** / mean spherical intensity, mean spherical candle power || **~e Rauschzahl** / average noise figure || **~e Reife** / secondary modern school leaving certificate || **~e Reparaturdauer** / mean time to repair (MTTR), mean repair time (MRT) (the expectation of the repair time) || **~e Rückwärtsverlustleistung** (Diode) DIN 41781 / mean reverse power dissipation || **~e Segmentspannung** (Kommutatormasch.) / mean voltage between segments || **~e sicherheitsbezogene Ausfallwahrscheinlichkeit** / mean safety related failure probability || **~e sicherheitsbezogene Lebensdauer** / mean safety related life time || **~e sicherheitsbezogene Überlebenswahrscheinlichkeit** / mean safety related survival probability || **~e sicherheitsbezogene Unverfügbarkeit** / mean safety related unavailability || **~e sicherheitsbezogene Verfügbarkeit** / mean safety related availability || **~e Spannung** / mean voltage || **~e Spannweite** / mean range || **~e sphärische Lichtstärke** / mean spherical luminous intensity || **~e Stellgröße** / average output value || **~e Störungsdauer** (z.B. störungsbedingte Stillstandszeit einer Produktionsanlage) / mean down time (MDT) || **~e Tagestemperatur** / mean temperature of the day, daily mean temperature, diurnal mean of temperature || **~e Tendenz** / central tendency || **~e Übermittlungszeit** / average transfer time || **~e Unklardauer** IEC 50(191) / mean down time (MDT) (the expectation of the down time) || **~e Unterbrechungsdauer** / mean interruption duration (the expectation of the interruption duration) || **~e veranschlagte Zeit zwischen zwei Ausfällen** / assessed mean time between failures || **~e Verfügbarkeit** / mean availability || **~e Verzögerungszeit** / propagation delay || **~e Vorwärtsverlustleistung** (Diode) DIN 41781 / mean forward power loss || **~e Wahrscheinlichkeit** / average probability || **~e Wartedauer** (auf einen Dienst) IEC 50(191) / mean service provisioning time || **~e Wellenlänge** (DIN V 44302-2) / centre wavelength || **~e Wertedauer** / means service provisioning time || **~e Windungslänge** / mean length of turn || **~e Zahl fehlerfreier Zyklen** / mean cycles between failures (MCBF) || **~e Zeit bis zur Wiederherstellung** / mean time to restoration (MTTR), mean time to recovery (MTTR) || **~e Zeit zur Wiederherstellung des betriebsfähigen Zustands** / mean time to restore (MTTR), mean time to repair (MTTR) || **~e Zeit zwischen sicherheitsbezogenen Ausfällen** / mean time between safety related failures || **~e Zeit zwischen Wartungsarbeiten** (MTBM) || **~e Zeit zwischen zwei Ausfällen** / mean time between failures (MTBF) || **~e Zeitspanne bis zu einem gefährlichen Ausfall** / mean time to dangerous failure (MTTFd) || **~e Zeitspanne bis zum Ausfall** / mean time to failure (MTTF) || **~e Zeitspanne bis zum ersten Ausfall** / mean time to first failure (MTTFF)

mittler·er Absolutwert DIN IEC 469, T.1 / average absolute || **~er Abweichungsbetrag** (Statistik) DIN 55350, T.23 / mean deviation || **~er Ausfallabstand** DIN 40042 / mean time between failures (MTBF) (the expectation of the time between failures) || **~er bedingter**

Informationsgehalt / average conditional information content || **~er Dienstzugangsverzug** / mean service access delay (the expectation of the time duration between an initial bid by the user for the acquisition of a service and the instant of time the user has access to the service) || **~er Drehschub** / specific tangential force || **~er Fehleranteil der Fertigung** / process average defective, process average || **~er Gesamtprüfumfang je Los** / average total inspection || **~er Informationsbelag** (E DIN 44301-16) / character information rate, character mean information content, character mean entropy, average information content, character average information content || **~er Informationsfluss** / average information rate || **~er Integrationsgrad** / medium-scale integration (MSI) || **~er Ladungsverschiebe-Wirkungsgrad** / average charge-transfer efficiency || **~er Laufsitz** / medium clearance fit, medium fit || **~er Leistungsbereich** (elST-Geräte) / medium performance level || **~er Polkraftlinienweg** / mean length of magnetic path || **~er Prüfumfang** / average amount of inspection || **~er Rauschfaktor** / average noise factor || **~er solarer Rauschfluss** / monthly mean solar radio-noise flux || **~er Stichprobenumfang** DIN 55350, T.31 / average sample number (ASN) || **~er Temperaturkoeffizient der Ausgangsspannung** (Halleffekt-Bauelement) DIN 41863 / mean temperature coefficient of output voltage IEC 147-0C || **~er Transinformationsbelag** (E DIN 44301-16) / character mean transinformation content || **~er Transinformationsgehalt** / average transinformation content || **~er Unterbrechungsabstand** / mean time between interruptions (the expectation of the time between interruptions) || **~er Verbindungsaufbauverzug** / mean access delay (the expectation of the time duration between the first call attempt made by a user of a telecommunication network to reach another user or a service and the instant of time the user reaches the wanted other user or service) || **~er Verzug** / mean distortion || **~er wechselseitiger Informationsgehalt** / synentropy, average transinformation content || **~es Arbeitsvermögen** / mean energy capability || **~es Molekulargewicht in Meereshöhe** / sea level mean molecular weight
mitverantwortlich *adj* / partially responsible
Mitverbunderregung *f* / cumulative compound excitation
mitverfolgen *v* / track *v* || ℓ *n* / tracking *n*
Mitvertriebsprodukt *n* / co-distributed product
Mitverwender *m pl* / all users
Mitwiderstand *m* / positive phase-sequence resistance, positive-sequence resistance
Mitwindteil *m* (Flp.-Markierung) / downwind leg
Mitwirkung bei / assisting with
mitzeichnen *v* / simultaneous recording
mitzuliefernde technische Unterlage (MTU)
mitzuliefernde technische Unterlage (MTU) / accompanying technical document || **~ technische Unterlage (MTU)** / technical documentation to be supplied with (TDS), accompanying technical documentation
MIX I/O Baugruppe / mixed I/O module
MIX I/O Karte / mixed I/O module
MK (Messkreis) / measuring circuit, measurement circuit, feedback loop
MKA (Mehrkanalanzeige) / multi-channel display
MKB (Messkennblatt) / measurements sheet
MKG (Minikompaktgerät) / mini compact unit
MKL-Kondensator *m* (metallisierte Kunststofffolie u. Lackfolie) / metallized-plastic capacitor
MKS (Maschinenkoordinatensystem) / Machine Coordinate System (MCS)
MKS-Kopplung *f* / MCS coupling
MKS/WKS / MCS/WCS, Machine/Work
MKT-Kondensator *m* / MKT capacitor
MKV-Kondensator *m* (metallisiertes Papier, Kunststoffdielektrikum, verluststarm) / low-loss metallized-dielectric capacitor, metallized-dielectric capacitor
MKZ / tag number
MLA (multilinguales Schreiben) / MLA (multilingual authoring)
MLC / Motion Logic Control (MLC)
M-Leiter *m* / reference conductor, reference bus
M-lesend *adj* / active low, source input
MLFB (Maschinenlesbare Fabrikationsbezeichnung) / machine-readable product designation, machine-readable product code, item number, order code, order no. (order number), MLFB || ℓ**-Nummer** *f* (Maschinenlesbare Fabrikatebezeichnung) / Machine-Readable Product Code || ℓ**-Schild** *n* / order label, ordering code label, order number label
MMC / multi-microcomputer *n* (MMC), micro memory card (MMC) || ℓ**-Bereich** *m* / MMC area || ℓ**-Controls** / MMC-Controls || ℓ**-Festplatte** *f* / MMC hard disk || ℓ**-Modul** *n* / MMC module || ℓ**-Oberfläche** *f* / MMC interface || ℓ**-Rahmen** *m* / MMC rack || ℓ**-Version** *f* / MMC version
MMFS / MMFS (manufacturing message format standard)
MMK / middle marker (MMK) || ℓ / magnetomotive force (m.m.f.)
MMP (Multi-Mediale Produktdatenbank) *f* / MMP (MultiMedia Product database)
MMPP *m* / MMPP (Marketing Materials Production Process)
MMS / human-machine interface (HMI), man-machine interface (MMI) || ℓ / MMS (manufacturing message specification)
mm/Skt. (mm pro Skalenteilung) / mm/graduation
MMU (Speicherverwaltungseinheit) / MMU (Memory Management Unit)
M:N / M:N
Mnemonik *f* (SW-Oberfläche) / mnemonic set
mnemotechnisch *adj* / mnemonic *adj* || **~er Code** / mnemonic code || **~er Gerätename** / mnemonic device designation
M:N-Konfiguration *f* / M:N configuration
MNOS-Speicher *m* (Metall-Nitrid-Oxid-Halbleiterspeicher) / MNOS memory (metal-nitride-oxide semiconductor memory)
MNS-FET / MNS FET (metal-nitride semiconductor field-effect transistor)
Mo *n* / molybdenum *n*
MO-Ableiter *m* / metal-oxide (surge) arrester
Möbelindustrie *f* / furniture-making industry
Mobile Industrial Communicator *m* / Mobile Industrial Communicator
mobile Phase / moving phase, mobile phase
Mobilendatenspeichersystem *n* / read-write device

mobil·er Brecher / mobile crusher || **~er Datenträger** / mobile data carrier, MDS || **~es Ad-hoc-Netzwerk (MANET)** / Mobile AdHoc Network (MANET) || **~es Kommunikationssystem** / mobile communications system
Mobil·funktelefon *n* / mobile radio telephone *n* || ⸸**funknetz** *n* / cellular network || **900-MHz-⸸funknetz** *n* / D-network *n* || ⸸**-Hafenkran** *m* / mobile harbour crane || ⸸**-Montagekran** *m* / mobile assembly crane || ⸸**telefon** *n* / mobile phone, transverse electromagnetic mode (cell) (TEM), transmobile phone, transportable phone
Moby / read-write device
MOBY Identsystem *n* / MOBY identification system
MOCVD *f* / MOCVD (metal organic vapor deposition)
MOD / Magnetic Optical Disk (MOD)
modal wirksamer Sprachbefehl / modal language command || **nicht ~** (Eigenschaft eines Wortes oder einer Anweisung, die nur in dem Satz wirksam ist, in dem sie programmiert wurde) / non-modal *adj* || **~e Anweisung** / modal instruction || **~e Bandbreite** / modal bandwidth || **~e Regelung** / modal control || **~er Aufruf** / modal call
Modalwert *m* DIN 55350,T.21 / mode *n* (statistics)
Modbus / MODBUS *n*
Modell *n* (Muster) / model *n* || ⸸ *n* (Gießmuster) / pattern *n* || ⸸ **der Qualitätssicherung** / model for quality assurance || ⸸ **für Betriebsmittelobjekte** (DIN EN 61970-1; DIN EN 61970-401, anpassen) / component object model || ⸸ **zur Qualitätssicherung** / model for quality assurance || **~abhängig** *adj* / depending on variant || ⸸**aufbau** *m* / model building
modellbasiert·e Regelung / model-based control (MBC) || **~es Anforderungsmanagement (MoRE)** / Model-based Requirements Engineering (MoRE) || **~es Design (MBD)** / model-based design (MBD) || **~es Expertensystem** (Expertensystem, das die Struktur und Funktion eines Domänenmodells integriert) / model-based expert system
Modell·bau *n* / model making || ⸸**-Datei** *f* / model-file *n* || ⸸**-Definition** *f* / model definition || ⸸**einsatz** *m* / dummy fuse link || ⸸**leistung** *f* / frame rating || **~gesteuerte Inferenz** / model-driven inference (an inference that uses a domain model) || **~gestützte prädiktive Regelung** / Model Predictive Control (MPC)
Modellierung *f* / modeling *n* || ⸸**sphase** *f* / modeling phase
Modell·klasse *f* / class of models || ⸸**netz** *n* / model network || ⸸**nummer (Modellnr.)** *f* / model number (model Nr.) || ⸸**lösung** *f* / model solution || ⸸**prüfung** *f* / prototype test || ⸸**schaltung** *f* / modelling circuit || ⸸**struktur** *f* / model structure || ⸸**teilung** *f* / pattern partition || ⸸**theorie** *f* / theory of models || ⸸**zeichnung** *f* / pattern drawing
Modem *m* / modem *n* (modulator/demodulator) || ⸸ *m* (Modulator/Demodulator) / data set || ⸸**begleitsignal** *n* / modem control signal || ⸸**profil** *n* / modem profile || ⸸**s** (in diesem Objekttyp werden Modemprofile für eine Modemverbindung gespeichert) / modems || ⸸**signal** *n* / modem signal || ⸸**verbindung** *f* / modem connection
Moden·abstreifer *m* / mode stripper || ⸸-**Dämpfungsunterschied** *m* / differential mode attenuation || ⸸**dispersion** *f* / multimode dispersion || ⸸**filter** *n* / mode filter || ⸸-**Gleichgewichtsverteilung** *f* / equilibrium mode distribution || ⸸**gleichverteilung** *f* / fully filled mode distribution || ⸸**kopplung** *f* / mode coupling, mode locking || ⸸**mischer** *m* / mode mixer, mode scrambler || ⸸**rauschen** *n* / modal noise || ⸸-**Scrambler** *m* / mode mixer, mode scrambler || ⸸**springen** *n* / mode hopping, mode jumping || ⸸**verteilung** *f* / mode distribution || ⸸**verteilungsrauschen** *n* / mode partition noise || ⸸**wandler** *m* / mode converter || ⸸**wandlung** *f* / mode conversion
Moderation *f* / refereeing of a review
moderiert·e Konferenz / moderated conference || **~es Review** / refereed review
modernste *adj* / state-of-the-art *adj*
Modifikation *f* (adaptive Reg.) / modification *n*
Modifikator *m* / modifier *n*
modifizieren *v* / modify *v*
Modifizierfaktor *m* / modifier *n*
modifiziert·e Brechzahl (Summe aus der Brechzahl n der Luft in der Höhe h und dem Verhältnis dieser Höhe zum Erdradius a: n + h/a) / modified refractive index || **~e Konstantspannungsladung** / modified constant-voltage charge || **~e Wickelverbindung** / modified wrapped connection || **~er AMI-Code** (Leitungscode, der auf einem AMI-Code basiert und in dem AMI-Verletzungen nach einem bestimmten Satz von Regeln auftreten) / modified alternate mark inversion code || **~er Brechwert** / refractive modulus
Mod-Instabilität *f* / moding *n*
Modmitte *f* / mode centre, mode tip
Modul *n* (Baugruppe) DIN 30798, T.1 / module *n* || ⸸ (Funktionseinheit) / assembly *n*, board *n*, card *n*, PCB || ⸸ (absoluter Wert einer komplexen Zahl) / modulus *n*, absolute value || ⸸ (QS-Programm Funktionseinheit) / module *n* || ⸸ *n* (z. B. EPROM Funktionseinheit) / submodule *n* || ⸸ **Analog Basic** / module analog basic || ⸸ **Basic** / module basic || ⸸ **defekt** / board defective || ⸸ **der Untergrundreaktion** / modulus of subgrade reaction || ⸸ **für Erdschlusserkennung** / earth-fault detection module || ⸸ **für Leiterplatte** / module for mounting on printed-circuit boards || **3-Phasen-⸸ mit Einspeisung von links** / 3-phase module with infeed from the left || **3-Phasen-⸸ mit Einspeisung von rechts** / 3-phase module with infeed from the right || ⸸ **nicht adressiert** / module not addressed || ⸸ **Zähler** / counter module || ⸸ **ziehen** / remove module || ⸸ **zur Signalvorverarbeitung** / module for signal preprocessing || **1-kanaliges ⸸** / single-channel module || ⸸**abdeckung** *f* / module cover, cap *n* || ⸸**abschnitt** *m* / module section, section || ⸸**anschluss** *m* / module connection || ⸸**anzeige** *f* / identify module
modular *adj* / modular *adj* || **~ aufgebaut** / designed to modular principles || **~ ausbaubar** *adj* / modular expandability || ⸸ **PID Control** (Runtime Software für regelungstechnische Anwendungen des mittleren und oberen Leistungsbereichs und der Verfahrenstechnik) / modular PID control || **~e Architektur** / modular architecture || **~e**

Basisvariante / modular basic variant || **~e Erweiterungsvariante** / modular expansion module || **~e Fertigungslinie** / modular production line || **~e Peripherie** / modular I/O || **~e Regelung** / modular closed-loop control || **~e SIPLACE Bestücklinie** / modular SIPLACE placement line || **~er Aufbau** / modular design || **~er Bauelemente-Wechseltisch** / modular feeder changeover table || **~er Flächenraster** DIN 30798, T.1 / modular surface-area grid || **~er Gerätetreiber (MDD)** / Module Device Driver (MDD) || **~er Leitungssatz** / harness module || **~er Raster** DIN 30798, T.1 / modular grid || **~er Raumraster** / modular space grid || **~er Slave** / modular slave || **~er Wechseltisch** / modular feeder changeover table || **~es Antriebskonzept** / modular drive configuration || **~es Bordnetz** / modular harness system || **~es Gerätetragblech** / modular equipment mounting plate
Modularisierung f / modularization n
Modularität f / modularity n
Modularsteuerung f / modular control
Modulation f / Modulation n || ϱ f (Veränderung einer Trägerschwingung gemäß der zu übertragenden Information) / modulation || ϱ **der Ausgangsspannung** (periodische Spannungsabweichung) VDE 0558, T.2 / periodic output voltage modulation IEC 411-3 || ϱ **durch Impulse** / modulation by pulses
Modulations·dreieck n / modulation sawtooth voltage || ϱ**geschwindigkeit** f / modulation rate (the reciprocal of the nominal significant interval of the modulated signal) || ϱ**grad** m / modulation depth, modulation factor || ϱ**index** m / modulation index || ϱ**spannung** f / modulation voltage || ϱ**spannung** f (ESR) / grid/cathode driving voltage, modulation voltage || ϱ**übertragungsfunktion** f / modulation transfer function, square-wave response characteristic || ϱ**umsetzer** m / modulation converter || ϱ**verhalten** n / modulating action
Modulator m / modulator n || **Motor~** m (Pyrometer) / motor-driven modulator, motor-driven chopper, rotating modulator (o. chopper) || ϱ**-Ausklingzeit** f (Zeit, die ein sendender Teilnehmer nach Telegrammende für das Umstellen von Senden auf Empfangen benötigt) / modulator quiet time
Modul·aufbauprinzip n / modular design principle || ϱ**aufruf** m / module call || ϱ**ausbau** m / module expansion || ϱ**baukasten** m / module spectrum || ϱ**bauweise** f / modular design, compact design || ϱ**bereich** m / module range || ϱ**beschreibung** f / module description || ϱ**breite** f / module width || ϱ**bus** m / module bus || ϱ**einkapselung** f / module encapsulation || ϱ**einsatz** m / module insert || ϱ**fehler** m / module fault || ϱ**feld** n / module panel, solar array || ϱ**fixierung** f / module fixing || ϱ**fläche** f / module area || ϱ**gehäuse** n / module case || **~genau** adj / module-specific || ϱ**gewinde** n / module thread, module pitch thread || ϱ**gruppe** f / module array || ϱ**gruppen-Fläche** f / array area || ϱ**handler** m (MH) / submodule handler || ϱ**haube** f / module cover || ϱ**haubenschraube** f / module cover screw || ϱ**identifikation** f / module identification
modulieren v / modulate || **~de Hydrotherm-**

Mehrkesselanlage / modular Hydrotherm multiple boiler system || **~des Signal** (Signal, Schwingung oder Welle, deren Verlauf der Träger durch Modulation folgt) / modulating signal
moduliertes Signal / modulated signal (an oscillation or wave produced by modulation)
Modul·integration f / module integration || ϱ**kennung** f / module coding, module ID || ϱ**kupplung** f / module coupling || ϱ**länge** f / length of the module || ϱ**leistung** f / module performance || ϱ**maß** n / module width, module size, module n || ϱ**name** m / module name
Modulo n / modulo n || ϱ**achse** f / modulo axis || ϱ**anzeige** f / modulo display
Moduloberflächentemperatur f / module surface temperature
Modulo·grenze f / modulo limit || ϱ**korrektur** f / modulo offset || ϱ**nocken** m / module cam || ϱ**-N-Zähler** m (ein Zähler, bei dem die Addition modulo N verstanden wird) / modulo-n counter || ϱ**-Operation** f / modulo operation
Modulordnung f DIN 30798, T.1 / modular coordination
Modulo·-Rundachse f / modulo rotary axis || ϱ**wandlung** f / modulo conversion || ϱ**wert** m / modulo value || ϱ**zahl** f / modulo number
Modul·packungsdichte f / module packing efficiency, module packing efficiency, module packing factor || ϱ**programmierung** f / programming/reading EPROM || ϱ**rahmen** m / module frame || ϱ**raster** n / module grid || ϱ**raum** m / module compartment || ϱ**reihenfolge** f / sequence of modules || ϱ**schacht** m / module receptacle, submodule socket, slot n, receptacle n || ϱ**schnittstelle** f / interface for memory submodules || **~seitiger Leistungsstecker** / modul-side power connector || **~spezifisch** adj / module-specific adj || ϱ**status** m (gibt den Status der projektierten Baugruppen bzw. Module des DP-Slaves wieder und stellt eine Detaillierung der kennungsbezogenen Diagnose bezüglich der Konfiguration dar.) / module status || ϱ**stecker** m / module connector || ϱ**steckplatz** m / module slot (slot: a receptacle for additional printed circuit boards) || ϱ**störmeldung** f / module fault indication || ϱ**störung** f / module error || ϱ**system** n / modular system
Modul·tausch im laufenden Betrieb / hot swapping || ϱ**technik** f / modular construction, modular design || ϱ**test** m / module test || ϱ**testkonzept/ Modultestmemo** n / module test concept (MTL) || ϱ**testmemos** n / module test log (MTL) || ϱ**testprotokoll/Modultestmemo** n / module test log (MTL) || ϱ**tragegestell** n / module rack || ϱ**träger** m / module carrier || ϱ**tür** f / module door || ϱ**typ** m / module type || ϱ**typanzeige** f / module type display || ϱ**übergangsverbinder** m / module connector || ϱ**übersicht** f / overview of modules || ϱ**-Untergruppe** f / subarray n || ϱ**verkabelung** f / module cabling || ϱ**version** f / module version || ϱ**verteiler** m / module junction box || **~weise** adj / by module
Modus m (LWL) / mode n, operating mode || ϱ m (CLDATA-Wort) / mode ISO 3592
MOEMS / MOEMS (micro-opto electronic mechanical system)
MOG f / MOG (Marketing Operations Group)

möglich·e Barcodes / acceptable barcodes (button) ||
~e Gesamtbelastung / total capability for load ||
~e Sonnenscheindauer / possible sunshine
duration || **~e Zündquelle** / potential ignition
source || **Anzahl der ~en Stellungen** (Trafo-
Stufenschalter) VDE 0532,T.30 / number of
inherent tapping positions IEC 214 || **~er
Erdungspunkt** VDE 0168, T.1 / earthable point
IEC 71.4
Möglichkeit der Inbetriebsetzung / startup facility
|| ⸲ **der Kaskadierung** / cascade option
Mohm / megohm, Mohm
Moiré n (Störungsmuster) / moiré n || ⸲-**Muster** n /
moiré fringes
Mol n / mole n
Molalität f / molality n
Moldflow m / moldflow n
Molekül n / molecule n
Molekular·filter n / molecular filter || ⸲**gewicht** n /
molecular weight || ⸲**strahlepitaxie (MBE)** f /
molecular beam epitaxy (MBE)
Molenbaukran m / pier construction crane
Molybdän n / Mo n || ⸲**disulfid** n (MoS$_2$) /
molybdenite n
Molykotpaste f / MOLYKOTE grease
Moment n / moment of force, moment of torsion,
torque management || ⸲ n (zeitlich) / instant n || ⸲
n / moment n, momentum n || ⸲ n / torque n,
angular momentum || ⸲ **der Ordnung q** DIN
55350, T.23 / moment of order q || ⸲ **der Ordnung
q bezüglich a** DIN 55350, T.23 / moment of order
q about an origin a || ⸲ **der Ordnungen q$_1$ und q$_2$**
DIN 55350, T.23 / joint moment of orders q$_1$ and
q$_2$ || ⸲ **der Ordnungen q$_1$ und q$_2$ bezüglich a, b**
DIN 55350, T.23 / joint moment of orders q$_1$ and
q$_2$ about an origin a, b || ⸲ **der Unwuchtkraft** /
unbalance moment || ⸲ **einer
Wahrscheinlichkeitsverteilung** DIN 55350,T.
21 / moment of a probability distribution ||
generatorisches ⸲ / generator torque, generator-
mode torque || **motorisches** ⸲ / motor torque
momentan adj / instantaneous adj || **~e
Ausfalldichte** / instantaneous failure intensity || **~e
Ausfallrate** / outage rate, instantaneous failure
rate || **~e Instandsetzungsrate** / repair rate || **~e
Nichtverfügbarkeit** IEC 50(191) / instantaneous
unavailability || **~e Probe** / spot sample || **~e
Verfügbarkeit** IEC 50(191) / instantaneous
availability || **~er Arbeitspunkt** / instantaneous
operating point
Moment-Anregelzeit f / torque rise time
Momentanverbrauch m / current rate of fuel
consumption
Momentanwert m / instantaneous value, actual
value, current value || ⸲**erfassungsbaugruppe** f /
system overview, instantaneous-value acquisition
module || ⸲-**Störschreiber** m / oscillographic fault
recorder || ⸲-**Störschrieb** m / oscillographic fault
record
Momentaufnahme f / momentary n || ⸲ f / one-shot
display
Momenten·ausgleichsregler m / torque
compensatory controller || ⸲**begrenzung** f / torque
limit, torque limiting || ⸲**belastung** f / moment of
force
momentenbildend adj / torque-producing adj,
determining the torque

Momentenfluss m / torque flow
momentenfreie Pause / zero-torque interval
Momenten·genauigkeit f / torque accuracy ||
~gesteuerter Betrieb / torque-controlled mode ||
⸲**gewichtung** f / torque weighting || ⸲**grenzwert**
m / torque limit || ⸲**klasse** f / torque class, class n ||
⸲**kupplung** f / torque clutch || ⸲**motor** m / torque
motor || ⸲**reduzierung** n / torque reduction ||
⸲**regelung** f / torque control || ⸲**richtung** f (SR-
Antrieb) / torque direction, driving direction || ⸲-
Schleppregelung f / anti-slip control || ⸲**schlüssel**
m / torque spanner, torque limiting wrench ||
⸲**sollwert** m / torque setpoint, torque speed value
|| ⸲**sollwertbegrenzung** f / torque setpoint
limitation || ⸲**sollwertüberwachung** f / torque
setpoint monitoring || ⸲**stoß** m / torque surge ||
⸲**umkehr** f / torque reversal, reversal of torque
direction || ⸲**unwucht** f / couple unbalance ||
⸲**verlauf** m / torque characteristic, speed-torque
characteristic, torque curve || ⸲**vorsteuerung** f /
torque feedforward control || ⸲**waage** f /
dynamometer n, torque meter || ⸲**wandler** m /
converter n, torque converter || ⸲**welligkeit** f /
torque ripple
momentgeschaltete Kupplung / limit-torque clutch,
torque clutch
Moment·koeffizient m / torsional coefficient ||
⸲**kontakt** m / momentary contact || ⸲**rampe** f /
torque ramp || ⸲**relais** n / instantaneous relay, non-
delayed relay, high-speed relay || ⸲**sollwertkanal**
m / torque setpoint channel
Monats·abschluss m / month-end closing ||
⸲**höchstleistung** f / monthly maximum demand ||
⸲**kurzmeldung** f / monthly short notice ||
⸲**maximum** n / monthly maximum demand ||
⸲**menge** f / monthly quantity, monthly rate (o.
delivery), total rate (o. delivery) per month || ⸲-
Rückstellschalter m / monthly resetter || ⸲-
Rückstellzeitlaufwerk n / monthly resetting timer
Monitor m (Anzeigegerät) / monitor n, CRT unit,
visual display unit || ⸲**anschaltbaugruppe** f /
monitor interface module || ⸲**bedienfeld** n /
monitor control panel || ⸲**einschub** m / monitor
insert || ⸲**größe** f / monitor size ||
⸲**konfigurierung** f / monitor configuration ||
⸲**lader** m / monitor loader || ⸲**system** n / monitor
system
Monoblock m / monoblock n
monochrom adj / monochrome adj
monochromatisch adj / monochromatic adj || **~e
Strahlung** / monochromatic radiation
Monochromator m / monochromator n
Monochrom-Sichtgerät n / monochrome video
display unit, monochrome CRT
monodirektional adj / monodirectional adj
monofacial adj / monofacial adj || ⸲**e Anwendung** /
monofacial operation
Mono-Filament n / mono filament
Monoflopzeit f / monoflop time
monokristallin adj / single-crystal || **~es Silizium** /
single crystal silicon
monolithisch integrierte Schaltung / monolithic
integrated circuit (MIC), integrated circuit || **~e
integrierte Halbleiterschaltung** / semiconductor
monolithic integrated circuit || **~e Stapelzelle** / two-
inal device
Monomarke f / single trademark

Monomasterfähigkeit f / monomaster capability (o. facility)
Monomode-Faser f / monomode fibre, single-mode fibre
monomolekulare Schicht / monolayer n
monopolar·e Leitung / monopolar line || ~**es HGÜ-System** / monopolar (o. unipolar) HVDC system
Mono·schaltung f (1 Trafo in Kraftwerksblock) / single-transformer circuit || ⸺**schicht** f / monolayer n, monomolecular layer || ⸺**-Silizium** n / monocrystalline silicon || ⸺**skop** n / monoscope n
monostabil adj / monostable adj || ~**e Speicherröhre** / half-tone storage CRT, half-tone tube || ~**er Multivibrator** / monostable multivibrator || ~**es Kippglied** DIN 40700 / monostable element IEC 117, monoflop n, single shot || ~**es Kippglied** (Multivibrator) / monostable multivibrator || ~**es Kippglied mit Verzögerung** / delayed monostable element, delayed single shot || ~**es Relais** / monostable relay
Monotaster m / mono probe
Monotonie f DIN 44472 / monoticity n, monotony n
Monotonität f / monotonicity n
Montage f / installation n, assembly n, erection n, mounting n || ⸺ f / erection n || ⸺ f / assembly n (IC) || ⸺ f / construction n || ⸺ **am Einbauort** / field mounting, installation at site || ⸺ **Inbetriebsetzung** / Installation Commissioning || ⸺ **nebeneinander** / mounting side by side, butt mounting || ⸺ **und Demontage** / assembling disassembling || ⸺ **untereinander** / mounting one above the other, stacked arrangement || **teilversenkte** ⸺ / partly-recessed mounting
Montage·abstand m / installation clearance, working clearance, safe working clearance || ⸺**abteilungsleiter** m / installation manager || ⸺**adapter** m / adapter n, adaptor n, adapter block, mounting adapter || ⸺**-Aggregat-Träger (MAT)** m / MAT parts carrier || ⸺**anlage** f / assembly system || ⸺**anleitung** f / installation instructions, erection instructions || ⸺**anleitung** f (für Zusammenbau) / assembly/mounting instructions || ⸺**anleitung (kompakt)** f / Hardware Installation Instructions (Compact) || ⸺**arbeit** f / installation work, erection work || ⸺**arbeit** f (für Zusammenbau) / assembly work || ⸺**arbeitsplatz** m / assembly workstation || ⸺**armierung** f / erection reinforcement || ⸺**art** f / mounting type || ⸺**aufwand** m / installation costs || ⸺**ausschnitt** m / panel cutout, mounting cutout || **Dichtung am ⸺ausschnitt** / panel seal || ⸺**automat** m / automatic assembly machine || ⸺**automation** f / assembly automation
Montage·band n / assembly conveyor, assembly line, assembly area conveyor track || ⸺**baukasten** m / modular assembly system || ⸺**bausatz** m / installation kit, assembly kit || ⸺**bedingung** f / installation and erection condition || ⸺**bedingungen** f pl / installation and erection conditions || ⸺**bericht** m / installation report || ⸺**betrieb** m / assembler n || ⸺**bewehrung** f / erection reinforcement || ⸺**blech** n / mounting plate || ⸺**bock** m / assembly support, horse n, jackstay n, assembly stand, support n || ⸺**bohrung** f / mounting hole || ⸺**bügel** m / mounting bracket || ⸺**bühne** f / assembly platform || ⸺**deckel** m / assembly opening cover, hinged assembly cover,

servicing cover || ⸺**ebene** f / installation level, mounting surface || ⸺**einrichtung** f / installation equipment || ⸺**eisen** n pl / reinforcing bars || ⸺**fehler** m / installation fault
montagefertige Baugruppe / ready-to-fit assembly, preassembled unit
Montage·fläche f / mounting surface || ⸺**flansch** m / mounting flange || ⸺**folge** f / assembly sequence, sequence of erection operations || ⸺**folge der mitgelieferten Teile** f / installation sequence of the supplied parts || ⸺**freiraum** m / working clearance || ~**freundlich** adj / easy to install || ⸺**freundlichkeit** f / installation friendliness || ⸺**front** f / mounting front
Montage·gerüst n / scaffold n, temporary framework, installation scaffolding || ⸺**größtes gewicht** / heaviest part to be lifted, heaviest part to be assembled || ⸺**grube** f / assembly pit || ⸺**haken** m / mounting hook || ⸺**halterung** f / mounting bracket || ⸺**handbuch** n / Hardware Installation Manual || ⸺**hilfe** f / assembly aid, mounting tool, mounting aid || ⸺**hilfsmittel** n / assembly aids, auxiliary devices || ⸺**hilfsschweißnaht** f (Schweißnaht zum Befestigen einer Montagehilfe, die nach der Montage wieder entfernt wird) / pretacking site weld || ⸺**hinweise** m pl / installation instructions, assembly instructions || ⸺**höhe** f / assembly height || ⸺**ingenieur** m / field engineer || ⸺**kit** n / installation kit, mounting set, kit n, assembly set, assembly || ⸺**kleber** m / mounting adhesive || ⸺**kontrolle** f / assembly control || ⸺**kosten** f / installation costs || ⸺**kran** m / installation crane
Montage·leistung f / installation service || ⸺**leiterplatte** f / mounting PCB, mounting card || ⸺**linie** f / assembly line, production line || ⸺**maschine** f / assembly machine || ⸺**material** n / installation material, fitting accessories, erection material, mounting hardware || ⸺**öffnung** f / mounting opening || ⸺**ort** m / site of installation, installation site, erection site, place of installation, site n || ⸺**paste** f / mounting paste || ⸺**personal** n / mounting staff || ⸺**phase** f / assembly phase || ⸺**plan** m / erection schedule, installation schedule || ⸺**platte** f / supporting plate, mounting plate || ⸺**plattform** f / launch platform || ⸺**platz** m / assembly area, assembly bay, place of installation, assembly station || ⸺**presse** f / mounting press || ⸺**protokoll** n / erection inspection certificate || ⸺**prüfung** f / assembly inspection
Montage·rahmen m / installation frame, assembly center || ⸺**raster** m / mounting grid || ⸺**raster** m (f. Leiterplatten) / drilling plan (f. printed-circuit boards) || ⸺**revision** f (MRV) / assembly inspection, inspection of completed installation (o. erection) work || ⸺**revision (MRV)** f / assembly inspection || ⸺**ring** m / mounting ring || ⸺**roboter** m / assembly robot || ⸺**satz** m / installation kit, mounting set, kit n, assembly set, assembly || ⸺**schacht** m / mounting ducts
Montageschiene f / mounting rail, mounting rack (PC units), rack n, rail n || ⸺ f (f. Leuchten) / mounting channel, trunking n
Montage·schlüssel m / installation key || ⸺**schraube** f / mounting screw || ⸺**schrift** f / installation instructions || ⸺**station** f / assembly station || ⸺**steg** m / mounting strap || ⸺**steuerung** f (in der Fabrik) /

assembly control || ⸺**straße** f / assembly line || **schwerstes** ⸺**stück** / heaviest part to be lifted, heaviest component to be assembled || ⸺**stückliste (MSL)** f / assembly parts list || ⸺**stutzen** m / nozzle n || ⸺**system** n (Einbausystem) / rack system, packaging system, assembly system, assembly and wiring system, mounting system || ⸺**technik** f / assembly technology || **~technische Auswechselbarkeit** / intermountability n || ⸺**teil** n / fixing part, mounting part || ⸺**- und Bedienanleitung (kompakt)** f / Hardware Installation and User Manual || ⸺**- und Bedienhandbuch** / Hardware Installation and Operating Manual || ⸺**- und Bedienungsanleitungen** f pl / installation and operating instructions || ⸺**unterweisungen (MU)** f / assembly instructions
Montage·verbrauchsmaterial n / expendable material, expendables plt || ⸺**versicherung** f / mounting insurance || ⸺**vorrichtung** f / fitting device, assembly appliance, mounting device || ⸺**wagen** m / trolley n, assembly vehicle, assembly trolley || ⸺**wand** f / mounting wall || ⸺**werk** n / assembly works, assembly facility || ⸺**werkstatt** f / assembly shop || ⸺**werkzeug** n / assembly tool, mounting tool, installation tool || ⸺**werkzeug für Stecker** / assembly tools for connectors || ⸺**winkel** m (zur nachträglichen Montage geeigneter Winkel) / mounting bracket || ⸺**zeichnung** f / assembly drawing, erection drawing, installation diagram, installation drawing || ⸺**zeichnungen** f / installation drawings || ⸺**zeit** f / mounting time, assembly time || ⸺**zelle** f / assembly cell || ⸺**zubehör** n / mounting accessories
Monteur m / fitter n, mechanic n, skilled laborer
montieren v / integrate in || ~ v (aufbauen) / install v, erect v, set up v, mount v || ~ v (zusammenbauen) / assemble v, fit v || ~ v (Text) / cut and paste || ⸺ n / assembly n
montiert / assembled, mounted
Moorelichtlampe f / Moore lamp (o. tube)
Moosgummi m / cellular rubber || ⸺**dichtung** f / cellular-rubber seal
MOP (Motorpotenziometer) n / motorized potentiometer || ⸺ **höher** / MOP up || ⸺ **tiefer** / MOP down || **MOP-Reversierfunktion sperren** / inhibit reverse direction of MOP || ⸺**-Sollwertspeicher** m / setpoint memory of the MOP
MoRE (modellbasiertes Anforderungsmanagement) / Model-based Requirements Engineering (MoRE)
Morphose f / morphing n || ⸺**bild** n (ein durch Morphose erzeugtes Bild) / morph n
Morse·code m / Morse code || ⸺**kegel** m / Morse taper || ⸺**schreiber** m / Morse undulator || ⸺**taste** f (Gerät zur Bildung von Morsetelegrafiesignalen durch manuelle Betätigung) / Morse key || ⸺**telegrafie** f / Morse telegraphy (alphabetic telegraphy using the Morse code)
MOS (Metall-Oxid-Semiconductor) / MOS (metal-oxide semiconductor) || ⸺ **hoher Dichte** / high-density MOS (HMOS)
MoS₂ (Molybdändisulfid) / molybdenite n
Mosaik·baustein m / mosaic tile || ⸺**-Befehlsgerät** n / mosaic-type pilot device, mosaic-type control switch || ⸺**bild** n / mosaic(-type) mimic diagram, mosaic diagram || ⸺**-Blindschaltbild** n / mosaic(-type) mimic diagram || ⸺**druck** m / dot-matrix print || ⸺**drucker** m / matrix printer, dot-matrix printer || ⸺**-Kunststoffsystem** n / plastic mosaic tile system || ⸺**-Leuchtschaltbild** n / mosaic-type illuminated mimic diagram || ⸺**-Leuchtschaltwarte** f / mosaic-type mimic-diagram control board || ⸺**-Meldetafel** f / mosaic annunciator board, mosaic display panel || ⸺**-Rastereinheit** f / mosaic standard square || ⸺**-Schaltwarte** f (Tafel) / mosaic control board || ⸺**-Stecksystem** n / mosaic-tile system || ⸺**stein** m / mosaic tile || ⸺**steinbild** n / mosaic diagram, mosaic mimic diagram || ⸺**steintechnik** f / mosaic tile (type of) construction, mosaic tile design || ⸺**-Steuerquittierschalter** m / mosaic-panel control-discrepancy switch || ⸺**-Steuertafel** f (groß) / mosaic control board || ⸺**-Steuertafel** f (klein) / mosaic control panel || ⸺**technik** f / mosaic system || ⸺**telegrafie** f / mosaic telegraphy
MOS·-Feldeffekttransistor (MOS-FET) (Feldeffekttransistor mit Metalloxid-Halbleiteraufbau) / Metal-Oxide Semiconductor Field-Effect Transistor (MOS-FET) || ⸺**-Kapazitätsdiode** f / MOS variable-capacitance diode || ⸺**-Ladungsspeicher** m / MOS electrostatic memory || ⸺**-Schaltkreis** m / MOS integrated circuit || **ionenimplantierte** ⸺**-Schaltung** (IMOS) / ion-implanted MOS circuit (IMOS)
MOST / MOS transistor (MOST)
MOS-Transistor m (MOST) / MOS transistor (MOST)
Motiv / motif n, theme n || ⸺**art** f / image type || ⸺**knoten** m / motif n, image n || ⸺**variante** f (bezeichnet genau eine bestimmte Format- und Sprachkombination eines Motivs; Beispiel: das Format PNG in der Sprache Deutsch) / image variant || ⸺**variantenversion** f / image variant revision || ⸺**version** f / image revision
Motor m (Verbrennungsmot.) / engine n, motor n || ⸺ **ein** / motor on n || ⸺ **für Achsaufhängung** / axle-hung motor || ⸺ **für allgemeine Anwendungen** / general-purpose motor || ⸺ **für bestimmte Anwendungen** / definite-purpose motor || ⸺ **für eine Drehrichtung** / non-reversing motor || ⸺ **für Luftkanalanschluss** / duct-ventilated motor || ⸺ **für Spezialanwendungen** / special-purpose motor || ⸺ **für zwei Drehrichtungen** / reversing motor, reversible motor || ⸺ **mit angebautem Getriebe** / geared motor, gearmotor n || ⸺ **mit Anlauf- und Betriebskondensator** / two-value capacitor motor || ⸺ **mit Anlaufkondensator** / capacitor-start motor || ⸺ **mit beiderseitigem Antrieb** / motor for double-ended drive || ⸺ **mit Betriebskondensator** IEC 50(411) / capacitor start and run motor || ⸺ **mit Drehzahleinstellung** / adjustable-speed motor, variable-speed motor || ⸺ **mit Drehzahleinstellung** (n etwa konstant) / adjustable-constant-speed motor || ⸺ **mit Drehzahleinstellung** (n veränderlich) / multi-varying-speed motor || ⸺ **mit Drehzahlregelung** / variable-speed motor, adjustable-speed motor || ⸺ **mit DRIVE-CLiQ** / Motor with DRIVE-CLiQ || ⸺ **mit Drosselanlasser** / reactor-start motor || ⸺ **mit einseitigem Abtrieb** / motor for single-ended drive || ⸺ **mit eisenloser Wicklung** / motor with ironless winding, moving-coil motor || ⸺ **mit**

Motor

elektronischem Kommutator / electronically commutated motor, electronic motor || ⁀ **mit fast gleichbleibender Drehzahl** (Nebenschlussverhalten) / shunt-characteristic motor || ⁀ **mit freitragender Wicklung** / motor with ironless winding, moving-coil motor || ⁀ **mit geblechtem Gehäuse** / laminated-frame motor || ⁀ **mit Gegennebenschlusserregung** / differential-shunt motor || ⁀ **mit gleichbleibender Drehzahl** / constant-speed motor || ⁀ **mit kapazitiver Hilfsphase** / capacitor-start motor || ⁀ **mit Keramikisolation** / ceramic motor || ⁀ **mit Kompensationswicklung** / compensated motor || ⁀ **mit Kondensatoranlauf** / capacitor-start motor || ⁀ **mit konstanter Drehzahl** / constant-speed motor || ⁀ **mit konstanter Leistung** / constant-power motor, constant-horsepower motor || ⁀ **mit mehreren Drehzahlen** / multi-speed motor || ⁀ **mit mehreren Drehzahlstufen** / change-speed motor, multi-speed motor || ⁀ **mit mehreren konstanten Drehzahlen** / multi-constant-speed motor || ⁀ **mit mehreren Nenndrehzahlen** (n veränderlich, z.B. SL) / multi-varying-speed motor || ⁀ **mit mehreren Nenndrehzahlen** (n etwa konstant) / multi-constant-speed motor || ⁀ **mit mehreren veränderlichen Drehzahlen** / multi-varying-speed motor || ⁀ **mit Nebenschlussverhalten** / shunt-characteristic motor || ⁀ **mit Nebenschlusswicklung** / shunt-wound motor, shunt motor || ⁀ **mit Polumschaltung** / pole-changing motor, change-pole motor, pole-changing multispeed motor, change-speed motor || ⁀ **mit rechteckigem Gehäuse** / square-frame motor || ⁀ **mit Reihenschlussverhalten** / series-characteristic motor, inverse-speed motor || ⁀ **mit Reihenschlusswicklung** / series-wound motor, series motor || ⁀ **mit schwacher Verbundwicklung** / light compound-wound motor || ⁀ **mit Spindellagerung** / spindle-drive motor || ⁀ **mit stark veränderlicher Drehzahl** (Reihenschlussverhalten) / varying-speed motor, series-characteristic motor || ⁀ **mit stellbaren konstanten Drehzahlen** / adjustable-constant-speed motor || ⁀ **mit stellbaren veränderlichen Drehzahlen** / adjustable-varying-speed motor || ⁀ **mit stellbarer Drehzahl** / adjustable-speed motor || ⁀ **mit Untersetzungsgetriebe** / back-geared motor || ⁀ **mit veränderlicher Drehzahl** (Drehz. einstellbar) / adjustable-speed motor || ⁀ **mit veränderlicher Drehzahl** (Drehz. regelbar) / variable-speed motor || ⁀ **mit veränderlicher Drehzahl** (Reihenschlussverhalten) / varying-speed motor || ⁀ **mit Verbundwicklung** / compound-wound motor, compound motor || ⁀ **mit Vordertransformator** / motor with main-circuit transformer || ⁀ **mit wenig veränderlicher Drehzahl** (Doppelschlussverhalten) / compound-characteristic motor || ⁀ **mit Widerstandsanlasser** / resistance-start motor || ⁀ **mit Winkelgetriebe** / right-angle gear motor || ⁀ **mit Zündung-, Einspritzung- und Getriebesteuerung** / powertrain control || ⁀ **mit Zwischentransformator** / motor with rotor-circuit transformer
Motor, blockierter ⁀ / locked-rotor motor, blocked motor || **gepanzerter** ⁀ / armoured motor
Motorabgang *m* (Steuereinheit) / motor control unit, combination motor control unit || ⁀ *m* / motor outgoing feeder || ⁀ *m* (Stromkreis) / motor circuit, motor feeder
Motorabgangsschalter *m* / motor-circuit switch, disconnect switch
Motorabzweig *m* / motor feeder, motor branch circuit, motor circuit || **sicherungsloser** ⁀ / fuseless motor branch || ⁀**verteiler** *m* (Tafel) / motor control board, motor control centre || ⁀**verteiler** *m* (Feld) / motor control panel
Motor·achse *f* / motor axis || ⁀**-Aggregate-Steuergerät (MAS)** *n* / MAS *n* || ⁀**aktivteil** *m* / active part of the motor || ⁀**anker** *m* / motor armature || ⁀**anlasser** *m* / motor starter || ⁀**-Anlaufzeit** *f* / motor start-up time
Motoranschluss *m* / motor connection || ⁀**kasten** *m* (f. Leitungsschutzrohr) / motor junction box || ⁀**klemmen** *f pl* / motor terminals || ⁀**leitung** *f* / motor connection cable || ⁀**- und Steuerkasten** *m* / motor control box || ⁀**- und Steuerkastenkombination** / motor control unit
Motoransteuergerät *n* / motor control unit
Motoransteuerung *f* / motor control
Motorantrieb *m* / motorized operating mechanism || ⁀ *m* (el. Antrieb f. Arbeitsmaschine) / motor drive || ⁀ *m* (Trafo-Stufenschalter) VDE 0532,T.30 / motor-drive mechanism IEC 214 || ⁀ *m* / motor-operated mechanism || ⁀ *m* (Verbrennungsmaschine) / engine drive, engine prime mover || ⁀ **mit Federspeicher (mit mechanischem und elektrischem Abruf)** / stored energy operator || ⁀ **mit Schloss** / motorized operating mechanism and lock || ⁀ **mit Speicher** / stored energy motorized operating mechanism || **mit** ⁀ / motor-driven *adj*, motorized *adj*, motor-operated *adj*, motor-actuated *adj*, powered *adj*
Motor·antriebsgehäuse *n* / motor-drive cubicle IEC 214 || ⁀**art** *f* / type of motor || ⁀**assistent** *m* / motor wizard || ⁀**aufhängung** *f* / motor suspension || **Antrieb mit** ⁀**aufzug** / motor-loaded mechanism || ⁀**auslastung** *f* / motor load, load on motor || ⁀**auslaufverfahren** *n* / retardation method || ⁀**baustein** *m* / motor block (FB type for controlling motors with different functionality) || ⁀**belastung** *f* / loading on motor || ⁀**beleuchtung** *f* / underhood light || ⁀**bemessungsdaten** *plt* / motor rating data || ⁀**bemessungsfrequenz** *f* / rated motor frequency || ⁀**bemessungsleistung** *f* / motor rated output || ⁀**bemessungsstrom** *f* / motor rated current || ⁀**berechnung** *f* / motor calculation || ⁀**-Bestell-Nr.** *f* / motor order no. || **~betätigter Steuerschalter** (Bahn) / motor-driven switchgroup || ⁀**betrieb** *m* / motor operation, motoring *n* || **~betriebene Systeme** / motor-driven systems || **~betriebenes Gerät** / motor-driven apparatus || ⁀**betriebsfaktor** *m* / motor duty factor || ⁀**betriebslinie** *f* / engine operating curve || ⁀**bezeichnung** *f* / motor designation || ⁀**block** *m* / engine block || ⁀**blockierung Abschaltung** / motor block tripping || **Umschalter für** ⁀**-/Bremsbetrieb** / power/brake changeover switch || ⁀**bremse** *f* (Auspuffb.) / exhaust brake, exhaust brake control, motor brake || ⁀**-Bremsgerät** *n* / motor braking unit || ⁀**code** *m* / motor code || ⁀**Control Center (MCC)** *n* / Motor Control Center (MCC)
Motor·datei *f* / motor file || ⁀**daten** *plt* / motor data ||

⌀**datenerfassung** *f* / motor data identification ||
⌀**datensatz (MDS)** *m* / Motor Data Set (MDS) ||
⌀**dauerstrom** *m* / continuous motor current ||
⌀**deklassierung** *f* / motor derating ||
⌀**drehmoment** *n* / motor torque || ⌀**drehzahl** *f* / motor speed, engine speed || ⌀**drossel** *f* / motor reactor || ⌀**drücker** *m* (elektro-mechanischer Bremslüfter) / centrifugal brake operator || ⌀**drücker** *m* (hydraulischer Bremslüfter) / centrifugal thrustor, thrustor *n* ||
⌀**eigenträgheitsmoment** *m* / motor moment of inertia || ⌀**einbauspindel** *f* / integrated motor spindle || ⌀**einschaltstrom** *m* / motor starting current, motor inrush current || ⌀**einschub** *m* / motor-operated withdrawable section ||
⌀**einstellung** *f* / motor setting || ⌀**elektronik** *f* / engine electronics
Motoren, überdimensionierte ⌀ / oversized motors || ⌀**auswahl** *f* / motors selected
Motorenergiesparer *m* (elektron. Leistungsfaktorregler) / power-factor controller (p.f.c.)
Motoren·palette *f* / range of motors || ⌀**prüfstand** *m* / engine test cell, engine testbed || ⌀**regelung** *f* / closed-loop motor control || ⌀**service** *m* / motor service || ⌀**stecker** *m* / motor connector || ⌀**steuerung** *f* / open-loop motor control || ⌀**stromkreis** *m* / motor circuit
Motor·entmagnetisierung *f* / motor demagnetizing || ⌀**erkennung** *f* / motor recognition || ⌀**erregung** *f* / motor excitation
Motorette *f* / motorette *n*
Motor·-Fernantrieb *m* / remote motorized operating mechanism || ⌀**filter** *m* / motor filter || ⌀**-Freigabe** / Motor Enable || ⌀**fremdlüfter** *m* / external motor fan || ⌀**frequenz** *f* / motor frequency || **maximale** ⌀**frequenz** *f* / maximal motor frequency || ⌀**führung** *f* / motor commutation || ⌀**fuß** *m* / motor foot || ⌀**geber** *m* / motor encoder || ⌀**geberleitung** *f* / motor encoder cable || ⌀**gehäuse** *n* / motor housing, motor enclosure, motor frame, motor casing, engine casing || ⌀**-Generator** *m* / motor-generator set, m.-g. set, converter set || **synchroner** ⌀**-Generator** / synchronous converter || ⌀**geräusch** *n* / motor noise level || ⌀**gestell** *n* / motor frame || ⌀**-Getriebe** *n* / motor/gearbox || ⌀**-Getriebe-Management** *n* / engine-gearbox management || **~getriebene Tastatur** / motorized keyboard || ⌀**gewicht** *n* / motor weight || ⌀**gleichlauf** *m* / synchronous motor operation || ⌀**haltebremse** *f* / motor holding brake || ⌀**haube** *f* / motor jacket, motor cover || ⌀**identifizierung** *f* / motor identification || ⌀**indiziereinrichtung** *f* / engine indicator system
motorisch *adj* / motorized *adj*, moved by a motor || ~ **angetrieben** / motor-driven *adj*, motorized *adj*, motor-operated *adj*, motor-actuated *adj* || ~ **angetriebenes Nockenschaltwerk** / motor-driven camshaft equipment || ~ **angetriebenes Steuerschaltwerk** / motor-driven controller || **~e Antriebe** / motor actuators || **~e Breitenverstellung** / motor-driven width adjustment || **~er Antrieb** / engine drive, engine prime mover, motor actuator || **~er Sollwertgeber (Potentiometer)** / motorized potentiometer || **~er Stellantrieb** / control-motor actuator, motorized actuator || **~er Steuerschalter** / motor-driven switchgroup || **~er Verbraucher** / motive power load || **~es Moment** / motor torque || **~es Relais** / motor-driven relay, induction relay || **~es Sollwertpotentiometer** / motorized setpoint potentiometer || **~es Zeitrelais** / motor-driven time-delay relay, motor-driven time (o. timing) relay
Motoristdrehzahl *f* / actual motor speed
Motor·kabel *n* / motor wire, motor cable || ⌀**kennfeld** *n* / engine operating map, engine characteristic map, map of the engine, engine characteristics map, 3-dimensional map || ⌀**kippgrenze** *f* / motor stalling limit || ⌀**klemme** *f* / motor terminal || ⌀**klemmenkasten** *m* / motor terminal box || ⌀**klemmkasten** *f* / motor terminal board || ⌀**komponente** *f* / motor component || ⌀**kondensator** *m* / motor capacitor, motor starting capacitor || ⌀**konstante** *f* / motor constant || ⌀**kühlkreislauf** *m* / motor cooling circuit || ⌀**kühlluftgebläse** *n* / engine cooling fan, radiator cooling fan || ⌀**kühlung** *f* / motor cooling || ⌀**-Lastschalter** *m* VDE 0670,T.3 / motor switch IEC 265 || ⌀**laufrichtung** *f* / motor running direction, motor direction || ⌀**laufzeit** *f* / motor runtime || ⌀**leerlaufspannung** *f* / motor no-load voltage || ⌀**leerlaufstrom** *m* / motor no-load current || ⌀**leistung** *f* / motor output, motor rating, motor output rating, motor power || ⌀**leistungsfaktor** *m* / motor power factor || **elektronische** ⌀**leistungsregelung** / electronic engine management, electronic engine power control || ⌀**leistungsschild** *n* / motor rating plate || ⌀**leitung** *f* / motor wire, motor cable || ⌀**-LINKS** *m* / motor CCW (ccw = counter-clockwise) || ⌀**lüfter** *m* / motor fan
Motor·magnetisierungsstrom *m* / motor magnetizing current || ⌀**management** *n* / engine management, motor management || ⌀**managementsystem** *n* / engine management system, motor management system || ⌀**maximaldrehzahl** *f* / maximum motor speed || ⌀**modell** *n* / motor model || ⌀**modulator** *m* (Pyrometer) / motor-driven modulator, motor-driven chopper, rotating modulator (o. chopper) || ⌀**-Modul** *n* / Motor Module || ⌀**-Modul AC-AC** *n* / Motor Module AC-AC || ⌀**moment** *n* / motor torque
motornah *adj* / close-coupled *adj* || **~er Katalysator** / close-coupled catalyst
Motor·nenndrehmoment *n* / rated motor torque || ⌀**nenndrehzahl** *f* / rated motor speed, motor speed rating, nominal motor speed || ⌀**nennfrequenz** *f* / rated motor frequency || ⌀**nenngeschwindigkeit** *f* / rated motor velocity || ⌀**nennleistung** *f* / rated motor output, motor rating, rated motor power, rated motor, motor output rating || ⌀**nennleistungsfaktor** *m* / motor cosΦ || ⌀**nennmoment** *n* / rated motor torque || ⌀**nennschlupf** *m* / rated motor slip || ⌀**nennspannung** *f* / rated motor voltage || ⌀**nennstrom** *m* / rated motor current || ⌀**nennwirkungsgrad** *m* / rated motor efficiency || ⌀**nutzdrehzahl** *f* / useful motor speed || ⌀**nutzgeschwindigkeit** *f* / useful motor velocity
motor-operated potentiometer / motorized potentiometer, MOP (motor-operated potentiometer)

Motor

Motor·parameter m / motor parameter || ₂**phase** f / motor phase || ₂**polpaar** n / motor pole pair || ₂**polpaare** n / motor pole pairs || ₂**potentiometer** n / motor-actuated potentiometer, motorized potentiometer || ₂**potentiometersollwert** m / Setpoint of the MOP, motor potentiometer setpoint || ₂**potentiometer-Sollwert** / setpoint of the MOP, motor potentiometer setpoint || ₂**prüfstand** m (Kfz-Mot.) / engine test bed, engine test stand || ₂**raum** m / engine compartment, motor cabinet || ₂**raumlüfter** m / motor cabinet fan || ₂**-RECHTS** m / Motor CW || ₂**regelung** f / motor control || ₂**regelungsaufgabe** f / motor control application || ₂**relais** n / motor-driven relay, induction relay || ₂**reparatur** f / motor repair || ₂**restwärmenutzung** f / residual engine heat utilization

Motor·satz m / motor set || ₂**-Schaltanlage** f (MCC) / motor control centre || ₂**schalter** m / starting circuit-breaker, motor protecting switch (CEE 19), motor circuit-breaker || ₂**schalter** m (f. Abschalten der Betriebsüberlast) / motor-circuit switch, on-load motor isolator || ₂**schalter** m (Steuerschalter) / motor control switch || ₂**schaltgeräte** n pl / motor control gear || ₂**schaltschrank** m / motor control centre (MCC) || ₂**scheibe** f / drive disc || ₂**schild** m / motor shield || ₂**schleppmomentregelung** f / engine drag control || ₂**schlupfbereich** m / motor slip range || ₂**schnellreparatur** f / fast motor repair || ₂**schutz** m / motor protection (feature to prevent a motor against overloading), motor overload protection, integral overcurrent protection, integral short-circuit protection || ₂**schutz** m (am Schalter) / integral overcurrent protection, integral short-circuit protection, motor protection feature || ₂**schütz** n / motor contactor, contactor-type starter || ₂**schutz- und Steuergerät** / motor protection and control device || **Schütz mit** ₂**schutz** / contactor with integral motor overload protection, contactor with integral short-circuit protection || ₂**schutzfunktion** f / motor protection function || ₂**schutzrelais** n / motor protective relay, thermistor motor protection relay || ₂**schutzschalter** m / motor protecting switch (CEE 19), motor circuit-breaker || ₂**schutzsicherung** f / motor protection fuse

Motorseite f (A- oder B-Seite) / motor end

motorseitig adj / on load side, motor-side || **~e Leistungskomponenten** / motor side power components || **~er Leistungsstecker** / motor-side power connector || **~er Stromrichter** / engine friction torque control, mobile services switching center, motor-side converter (MSC) || **~er Wechselrichter** / motor-side inverter

Motor·spannung f / motor voltage || ₂**spannungskreis** m / motor voltage circuit || ₂**-Speicherantrieb** m / motor-charged stored-energy mechanism || ₂**speicherantrieb synchronisierfähig** m / stored energy operator, synchronizable || ₂**speiseleitung** f / motor feeder || ₂**sperre** f / motor lockout, motor blocking circuit || **~spezifisch** adj / motor-specific || ₂**spindel** f / motor spindle || ₂**spindeleinheit** f / motor spindle unit || ₂**spindeltechnologie** f / motor spindle technology || ₂**sprungantrieb** m / motor-charged spring operating mechanism, motor-operated snap-action mechanism || ₂**stabilitätssensor** m / engine stability sensor

Motorstarter m VDE 0660,T.104 / starter n IEC 292-1, motor starter || ₂ **(MS)** m / motor starter (ms) || ₂ **mit Druckluftantrieb** VDE 0660,T.104 / pneumatic starter IEC 292-1 || ₂ **mit elektrisch betätigtem Druckluftantrieb** / electro-pneumatic starter || ₂ **mit elektromagnetischem Antrieb** / electromagnetic starter || ₂ **mit Freiauslösung** / trip-free motor starter || ₂ **mit Handantrieb** / manual starter || ₂ **mit Lichtbogenlöschung in Luft** / air-break starter || ₂ **mit Lichtbogenlöschung in Öl** / oil-immersed-break starter || ₂ **mit Motorantrieb** / motor-operated starter || ₂ **zum direkten Einschalten** / direct-on-line starter, full-voltage starter || ₂ **zur Drehrichtungsumkehr** / reversing starter || ₂**funktion** f / motor starter function || ₂**modul** n / motor starter module

Motor·stecker m / motor connector || ₂**steller** m / motor controller, motorized rheostat, motor actuated rheostat || ₂**stellzeit** f / motor actuating time || ₂**steuerfunktion** f / motor control function || ₂**steuergerät** m / motor control device, motor control unit, combination motor control unit || ₂**steuerkarte** f / motor control card || ₂**steuerkreis** m / motor control circuit || ₂**steuerschalter** m / motor control switch || ₂**steuerschrank** m / motor control centre (MCC) || ₂**steuer- und Verteilertafel** f / motor control and distribution board, motor control and distribution centre, control centre

Motorsteuerung f (elektron.) / engine management || ₂ f / engine management system, engine control module (ECM), motor control, engine control || ₂ f (Geräteeinheit) / motor control unit, motor starter combination || **drehmomentbasierte** ₂ / torque-based engine control structure || **Mikroprozessor-**₂ / microprocessor-based electronic engine control

Motor·steuerungen f pl (Geräte) / motor control gear || ₂**steuerungsgerät** n / control unit for engine management || ₂**stillstandsstrom ILRP** / prospective locked rotor current || ₂**strangstrom** m / motor phase current || ₂**straßenhobel** m / self-propelled grader, tractor grader || ₂**strom** m / motor current || ₂**strom: Fangen** / Motor-current: Flying start || ₂**strombegrenzung** f / motor current limit || ₂**stromvorgabe** f / motor current input || ₂**synchronisieren** / motor synchronizing || ₂**system** / motor system || ₂**taktung** f / motor commutation || ₂**tausch** m / motor replacement || ₂**temperatur** f / motor temperature || ₂**temperaturerfassung** f / motor temperature sensing || ₂**-Temperaturfühler** m / motor temperature sensor || ₂**temperaturüberwachung** f / motor temperature monitoring || ₂**tester** m (Kfz-Mot.) / engine tester || ₂**-Thermistorauswertung** f / motor thermistor analysis || ₂**topf** m / motor can || ₂**träger** m / engine mount(ing) || ₂**trägheitsmoment** n / motor moment of inertia || ₂**trägheitsmoment [kg*m²]** / Motor inertia [kg*m²] || ₂**treiber** m / motor driver || ₂**trenner** m / motor disconnector, (motor) disconnect switch, on-load motor isolator || ₂**typ** m / motor type || ₂**typenschild** n / motor rating plate || ₂**überhitzung** f / overheating of motor || ₂**überhitzungsschutz** m / motor thermal overload protection

Motorüberlast·faktor *m* / max. output current ‖ ♂**faktor [%]** / motor overload factor [%] ‖ **geforderter ♂faktor** / overload factor required for motor torque ‖ ♂**schutz** *m* / motor overload protection, integral short-circuit protection, integral overcurrent protection, motor protection feature
Motor·überlastung *f* / motor overload ‖ ♂**übertemperatur** *f* / motor overtemperature ‖ ♂**übertemperaturabschaltung** *f* / motor overtemperature trip ‖ ♂**überwachungsschutz** *m* / motor monitoring protection ‖ ♂**umschaltung** *f* / motor changeover ‖ ♂**- und Antriebssteuerung** *f* / engine and powertrain control ‖ ♂**verfahren** *n* / input-output test ‖ ♂**verteiler** *m* (Tafel) / motor control board, motor control centre ‖ ♂**verteiler** *m* (Feld) / motor control panel ‖ ♂**vollschutz** *m* / full motor protection ‖ ♂**-Vollschutz** *m* (m. Thermistoren) / thermistor type motor protection ‖ ♂**wächter** *m* / engine monitor ‖ ♂**wärmung** *f* / heating of the motor ‖ ♂**warngrenzwert** *m* / motor warning level ‖ ♂**welle** *f* / motor shaft ‖ ♂**wicklung** *f* / motor winding ‖ ♂**wippe** *f* / motor switch armature ‖ ♂**wirkungsgrad** *m* / motor efficiency ‖ ♂**zähler** *m* / motor meter ‖ ♂**zuordnung** *f* / motor assignment
MouseOver-Klappbox *f* / MouseOver pop-up menu
MOV / metal-oxide varistor (MOV)
MOVPE *f* / metal organic vapor phase epitaxy (MOVPE) *n*
MP (µP) / microprocessor *n* (MP) ‖ ♂ / master routine (Main Program) ‖ ♂ (Messpunkt) / measuring point (MP), center point
MPBS / multiprocessor operating system (MPOS)
MPC / multiport controller (MPC) ‖ ♂ / multi-position cylinder (MPC) ‖ ♂ / model predictive control (MPC)
MPCE / machine primary control element
MPC'-Kopfbaugruppe *f* / MPC head module ‖ ♂**-Kopfmodul** *n* / MPC head module ‖ ♂ **-Schnittstelle** / multi port controller (MPC) interface ‖ ♂**-Teilstrang** *m* / MPC subline
Mp-Durchführung *f* / neutral bushing
MPF / main program file (MPF)
MPG / manual pulse generator (MPG), manual pulse encoder, hand pulse generator, electronic handwheel, handwheel *n*, hand wheel, MPG
m-Phasen'-Polygonschaltung *f* / polygon (-connected) m-phase winding ‖ **~-Spannungsquelle** *f* / m-phase voltage source ‖ **~-Sternschaltung** *f* / star-connected m-phase winding ‖ **~stromkreis** *m* / m-phase circuit, polyphase circuit
MPI / multi-point interface (MPI) ‖ ♂ **Adr.** (MPI Adresse) / MPI addr. (MPI address) ‖ ♂ **Schnittstellenleitung** / MPI interface cable ‖ ♂**-Adresse** (MPI Adr.) / MPI address (MPI addr.) ‖ ♂**-Bus** *m* / MPI bus ‖ ♂**-Busleitung** *f* / MPI bus cable ‖ ♂**-Bussegment** *n* / MPI bus segment ‖ ♂**-Kabel** *n* / MPI cable ‖ ♂**-Karte** *f* / MPI card ‖ ♂**-Konfiguration** *f* / MPI configuration ‖ ♂**-Leitung** *f* / MPI cable ‖ ♂**-Master** *m* / MPI master ‖ ♂**-Parameter** *m* / MPI parameter ‖ ♂**-Schnittstelle** *f* / MPI (Multi-Point Interface) ‖ ♂**-Slave** *m* / MPI slave
MPIT (Gewindegröße/-wert Parameter) / MPIT (thread size/value)

MPI-Treiber *m* / MPI driver
MP-Kondensator *m* / metallized-paper capacitor
MPL / microprocessor language (MPL)
Mp-Leiter *m* / neutral conductor, neutral *n*
MPM / Manufacturing Process Management (MPM) ‖ ♂ **(Mess- und Prüfmittel)** / measuring and testing equipment
MPP *f* / Machine Pushbutton Panel (MPP) ‖ ♂**-Regelung** *f* / maximum power tracking
MPPT (Maximum-Power-Point-Tracker) *m* / maximum power point tracker (MPP tracker)
MPP-Tracker (Maximum-Power-Point-Tracker) *m* / MPP tracker (maximum power point tracker)
MPP-Tracking *n* / maximum power point tracking
MPR (Multi-Port-RAM) / MPR (multiport RAM)
MPROM / mask-programmed read-only memory (MPROM)
MPS / microprogrammable control (MPC) ‖ ♂ (Mehrfach-Paletten-Speicher) / MPS (multi-pallet storage)
MPSB / microprocessor system bus (MPSB)
MPS-Baugruppe *f* / Main Power Supply Module
Mp-Schiene *f* / neutral bar
MPST (Mehrprozessorsteuerung) / multiprocessor-based control
M-PT *m* / multi-plate transfer, step towards automatic 4WD
Mp-Trennklemme *f* / neutral isolating terminal
MPU / microprocessor unit (MPU) ‖ ♂ / Memory Protection Unit (MPU)
MPXADR (Multiplexadresse) / MPXADR (multiplex address)
MPZ *m* (Multi-Positions-Zylinder) / multi-position cylinder (MPC)
MQS *m* (Melde-/Quittierspeicher) / message/ acknowledge memory
M-Reflexion *f* (Strahlenweg mit einem einzigen Sprung, schematisch dargestellt durch ionosphärische Reflexion in der F-Region, Reflexion an der Oberseite einer niedrigeren Schicht, im allgemeinen in der E-Region, und einer weiteren Reflexion in der F-Region) / M reflection
MRES *n* / memory reset
MRL (Maschinenrichtlinie) / machine directive, machinery directive
MRP / MRP (Manufacturing Resource Planning)
MRR *f* / MRR (metal removal rate)
MRS / multi-channel X-ray spectrometer
M-rücklesend *adj* / source readback
MRV (Montagerevision) / assembly inspection, inspection of completed installation (o. erection) work
ms *f* (Millisekunde) / millisecond *n*
MS (Mittelspannung) / medium-high voltage, MV (medium voltage) ‖ ♂ (Messsystem) / MS (measuring system) ‖ ♂ *f* (Mittelstellung) / intermediate position ‖ ♂ *m* (Motorstarter) / motor starter (MS)
MSB *n* (höchstwertiges Bit) / most significant bit (MSB)
MSC / Measurement Speed Control (MSC) ‖ ♂ *m* / motor-side converter (MSC)
MSCE *n* / machine secondary control element (MSCE)
M·-schaltend *adj* / sink output, current sinking (the act of receiving current) ‖ ♂**-Schiene** *f* / reference

M8-Schraube 584

bus, ground bar || ᴏ-**Schluss** *m* / short circuit to ground, short circuit to chassis (o. to frame)
M8-Schraube *f* / M8 screw
MS-Client *m* (OS-Client, der die Funktionalität einer Maintenance Station (MS) enthält) / MS client
MSDE (Microsoft SQL Server Desktop Edition) *f* / MSDE (Microsoft SQL Server Desktop Edition)
MS-DOS-Diskette *f* / MS-DOS disk
MSE / monitoring switching element (MSE)
MS-Einheit *f* / measuring system unit
MSFK (Messsystemfehlerkompensation) / MSEC (Measuring System Error Compensation)
MSK *n* (Modulationsverfahren; Sonderfall der Frequenzumtastung (FSK)) / Minimum Shift Keying (MSK)
MSL (Montagestückliste) *f* / assembly parts list
MSM *m* (Baugruppe, die an einen Automatisierungsrechner angebaut werden kann und mit der eine Festplatte, ein Diskettenlaufwerk oder weitere Schächte für Memory Cards zur Verfügung gestellt werden) / MSM *n*
Msoll-Glätt. / M setpoint smoothing
MSR (Maßsystemraster) / DSG (dimension system grid) || ᴏ-**Geräte** *n pl* / measuring and control equipment || ᴏ-**Kennzeichnung** *f* (MKZ Prozessführung) VDI/VDE 3695 / tag number || ᴏ-**Leitung** *f* / instrumentation and control cable || ᴏ-**Schutzeinrichtungen - Anforderungen und Maßnahmen zur gesicherten Funktion** / Instrumentation and control protective devices - requirements and measures for safe functioning || ᴏ-**Stellen-Name** *m* (Prozessführung) VDI/VDE 3695 / tag identification || ᴏ-**Technik** *f* / measuring and control technology, instrumentation and control engineering, I&C technology, control and instrumentation technology, instrumentation and control (I&C)
MS-Server *m* (OS-Server, der die Funktionalität einer Maintenance Station (MS) enthält) / MS-Server
MST (Mikrosystemtechnik) / micro-systems technology (MST)
MSTT (Maschinensteuertafel) / MCP (Machine Control Panel) || ᴏ-**Schnittstelle** / MCP interface
MS-Wicklung *f* / intermediate-voltage winding
mSWV / mobile Super Wide View (mSWV)
MT / multitasking (MT) || ᴏ *m* / multiturn (MT)
MTA / message transfer agent (MTA)
MTA (Meilensteintrendanalyse) / milestone trend analysis (MTA)
MTB / Machine Tool Builder (MTB)
MTBF / mean time between failures (the expectation of the time between failures), MTBF, mean failure rate
MTBM / MTBM (main time between maintenance)
MTBMA / mean time between maintenance actions (MTBMA)
MTBR / mean time between repair (MTBR)
MTC *m* / matrix-tray changer (MTC)
MtF / motion to the future (MtF)
MTO / Make-to-Order (MTO)
MTS / Mobile Telephone Service (MTS)
MTTA / mean time to assist (MTTA)
MTTF / mean time to failure (MTTF) || ᴏ-**Berechnung** *f* / MTTF calculation
MTTFd *f* / mean time to dangerous failure (MTTFd)
MTTFF *f* / mean time to first failure (MTTFF)

MTTR (mittlere Reparaturdauer) / mean time to repair (MTTR), mean repair time (MRT), main time to restore (MTTR)
MtU (mitzuliefernde technische Unterlagen) / technical documentation to be supplied with (TDS), documentation to be supplied, technical documentation to be attached
M-Typ-Röhre *f* / M-type tube, crossed-field tube
MU *f* / assembly instructions
Muffe *f* / sleeve *n*, shell *n*, bush *n* || ᴏ *f* (Bauteil zur unterbrechungsfreien Verbindung zweier Rohre oder Kabel) / coupling sleeve || ᴏ *f* (Kabelverbindung) / joint *n*, junction box, splice box || ᴏ *f* / coupler *n*, coupling *n*, bushing *n* || ᴏ *f* (Steckverbinder) / boot *n* || ᴏ *f* (Rohrverb.) / (pipe) coupling, union *n* || ᴏ **mit Deckel** / inspection coupling || ᴏ **mit Innengewinde** / internally screwed coupler || **geschlitzte** ᴏ / slotted sleeve
Muffen·bunker *m* / cable pit, cable vault, cable jointing manhole || ᴏ**flügel** *m* / boot shaped vane || ᴏ**gehäuseisolierung** *f* (Kabelmuffe) / joint-sleeve insulation || ᴏ**kupplung** *f* / sleeve coupling || ᴏ**rohrverbindung** *f* / spigot joint || ᴏ**transformator** *m* / joint-box transformer || ᴏ**verbindung** (Rohr) / spigot joint
MUI / Multilanguage User Interface (MUI)
Mulde *f* (Höhlung) / cavity *n*, depression *n*, hollow *n*, trough *n* || ᴏ *f* (Lagerdefekt) / cavity *n* || ᴏ *f* (Narbe) / crater *n*, pit *n* || **Potenzial~** *f* / potential well
Muldem / muldex *n*, muldem *n*
Mulden *f pl* DIN 4761 / pits *n pl* || ᴏ-**Chargierkran** *m* / skip charging crane || ᴏ**form** *f* / depression type || **~förmige Rollenstation** / troughed idler || ᴏ**kippkran** *m* / skip tilting crane || ᴏ**reflektor** *m* / troffer *n* || ᴏ**schale** *f* / swale section || ᴏ**stein** *n* / swale block || ᴏ-**Transportkran** *m* / skip transport crane
Muldex (Multiplexer/Demultiplexer) / muldex *n*, muldem *n*
Muldung *f* / troughing *n*
Müll *m* / waste || ᴏ**container** *m* / waste skip, dumpster *n* || ᴏ**entsorgung** *f* / waste disposal || ᴏ**heizkraftwerk** *n* / refuse incineration and heating power station || ᴏ**tourismus** *m* / waste disposal abroad || ᴏ**verbrennungsanlage** *f* / refuse incineration plant || ᴏ**verbrennungskran** *m* / waste incineration crane
Multgain / multgain
Multi·-Agenten-System (MAS) *n* / multi-agent system (MAS) || ᴏ**Axes Package** *n* / MultiAxes Package || ᴏ**bus** *f* / multibus *n* || ᴏ**cast** / multicast (LAN) *n* || ᴏ**cast-Funktion** *f* / multicast function || ᴏ**chip** *n* / multichip *n* || ᴏ-**Chip-Modul** *n* / hybrid module || ᴏ-**Client-Architektur** *f* / multi-client architecture || ᴏ**computing** *n* / multicomputing *n* || ᴏ**computingalarm** *m* / multicomputing interrupt || **~dimensionales Feld** / multidimensional field || **~direktional** *adj* / multidirectional *adj* || ᴏ**drahtsäge** *f* / multi-wire saw || ᴏ**drop-Fähigkeit** *f* / multidrop capability || ᴏ**funktion** *f* / multifunction *n* || **~funktional** *adj* / multifunctional *adj* || **~funktionale Plattform** / multifunctional platform || ᴏ**funktionseinheit (MFU)** *f* / multifunction unit (MFU) || ᴏ**funktionsgerät** *n* / multifunctional unit || ᴏ**funktionskarte** *f* / multifunctional board || ᴏ**funktionsmodul** *n* / multifunctional module || ᴏ**funktionsrelais** *n* /

multifunctional relay || ⟶**funktionstastatur** *f* /
multifunctional keyboard || ⟶**funktionstaster** *m* /
multifunction pushbutton || ⟶**funktionstest**
(MFT) *m* / multi-function test (MFT) || ⟶**funktions-Zeitschalter** *m* / multifunction timer || ⟶-**Glühlampe** *f* / multi-incandescent lamp ||
⟶**inalzelle** *f* / multi inal device || ⟶**instanz** *f* / multi-instance || ⟶**instanz-DB** / multi-instance DB ||
⟶**kanalstruktur** *f* / multi-channel structure ||
~**kristallines Silizium** / polysilicon *n* ||
⟶**kupplung** *f* / multiple connector
multimasterfähig *adj* / multi-master capability || ~**er Bus** / bus with multi-master capability
multimedial *adj* / multi-media
Multi-Mediale Produktdatenbank (MMP) *f* /
MultiMedia Product database (MMP)
Multi·meter *n* / multimeter *n*, multi-function instrument, circuit analyzer || ⟶**mikrocomputer** *m*
(MMC) / multi-microcomputer *n* (MMC) ||
⟶**mikroprozessor** *m* / multi-microprocessor
Multimode·-Faser *f* / multi-mode fibre || ⟶**laser** *m* /
multimode laser || ⟶-**Lichtwellenleiter** *m* /
multimode fibre
Multimoden-Laufzeitunterschied *m* / multimode group delay, differential mode delay
Multimode-Wellenleiter *m* / multimode waveguide
Multi·modul *n* (MM) DIN 30798, T.1 /
multimodule *n* (MM) || ⟶**nomialverteilung** *f* DIN 55350,T.22 / multinomial distribution ||
⟶**nominalverteilung** *f* (Näherung) / multivariate probability distribution || ⟶ **Panel** *n* / Multi Panel ||
⟶**partikelschicht** *f* / multi-particle layer
Multiple Document Interface (MDI) *n* / multiple document interface (MDI) *n*
Multiplex / multiplex *n*, *n* multiplexing *n*,
multiplexing system || ⟶**adresse** *f* (MPXADR) /
multiplex address (MPXADR) || ⟶-**Adressierung**
f / multiplexed addressing || ⟶**betrieb** *m* /
multiplex operation, multiplex mode
Multiplexen *n* / multiplexing *n*
Multiplexer *m* / multiplexer (MUX) *n* ||
⟶**adressierung** *f* / multiplexer addressing
Multiplex·funktion *f* / multiplex function || ⟶-**Gesamtbitrate** *f* / multiplex aggregate bit rate ||
⟶**kanal** *m* (Einzelkanal, der durch Multiplexen entsteht) / derived channel || ⟶**rate** *f* / duty ratio ||
⟶**signal** *n* (zusammengesetztes Signal, das durch Multiplexen mehrerer Signale entsteht) / multiplex signal || ⟶**signal 1. Ordnung** / primary digital group || ⟶**signal 2. Ordnung** / secondary digital group || ⟶**signal 3. Ordnung** / tertiary digital group || ⟶**signal 4. Ordnung** / quarternary digital group || ⟶**steuerung** *f* / multiplex driving ||
⟶**übertragung** *f* / multiplex transmission, multiplexed transmission
Multiplikand *m* / multiplicand *n*
Multiplikation *f* / multiplication *n*
multiplikativer DAU / multiplying DAC
Multiplikator *m* / multiplier *n* || ⟶**aggregat** *m* /
booster set
multiplizierender DAU / multiplying DAC
Multiplizierer *m* / multiplier *n*
Multiplizität *f* / multiplicity *n*
Multi Point Interface *n* / Multi-Point Interface
Multi·-Port Controller (MPC) / multiport controller (MPC) || ⟶-**Port-RAM** *n* (MPR) / multiport RAM (MPR) || ⟶-**Positions-Zylinder (MPZ)** *m* / multi-position cylinder (MPC) || ⟶**processing** *n* /
multiprocessing *n* || ⟶**programmbetrieb** *m* /
multiprogramming *n*, multi-job operation ||
⟶**projekt** *n* / multiproject *n* || ~**protokollfähig**
adj / multi-protocol-capable || ⟶**prozessing** *f*
(gleichzeitige Ausführung von mehreren Programmen auf einem Computer, die sich gegenseitig nicht stören) / multiprocessing *n*
Multiprozessor *m* / multiprocessor *n* || ⟶**betrieb** *m* /
multiprocessor mode || ⟶-**Betriebssystem** *n*
(MPBS) / multiprocessor operating system
(MPOS) || ~**fähig** *adj* / with multiprocessor capability || ⟶**maschine** *f* / multiprocessor machine
Multi·punkt *m* / multi-point *n* || ⟶**schichtzelle** *f* /
silicon multilayer thin film solar cell || ⟶**sensor**
m / multisensor *n* || ⟶**server** *m* / multiserver ||
⟶**spektralzelle** *f* / multigap cell
Multitag *m* / multitag *n* || ⟶**betrieb** *m* / multitag mode || ⟶**funktion** *f* / multitag function
Multitasking *n* / multitasking *n* || ⟶-**Betriebssystem**
n / multi-tasking operating system (MOS) || ⟶-**Fähigkeit** *f* / multi-tasking capability
Multi·taster *m* / multiprobe || ⟶**threading** *n*
(Fähigkeit eines Programms, Programme mit mehreren Strängen (threads) ausführen zu können) / multithreading *n* || ⟶**tool** *n* / multitool *n*
Multiturn / multiturn (MT) *n* || ⟶-**Geber** *m* /
multiturn encoder || ⟶**geberauswertung** *f* /
sensor board multiturn encoder, sensor board Multiturn (SBM)
multivariate diskrete Wahrscheinlichkeitsverteilung DIN 55350,T.
22 / multivariate discrete probability distribution ||
~ **stetige Wahrscheinlichkeitsverteilung** DIN 55350,T.22 / multivariate steady probability distribution || ~ **Wahrscheinlichkeitsverteilung**
DIN 55350,T.21 / multivariate probability distribution
Multi·vibrator *m* / multivibrator *n* (MV) || ⟶-**Vollabgleich** *m* / multispan *n* || ⟶**zähler** *m* /
multicounter *n*
MUMETALL *n* (Nickeleisen) / nickel iron
Muntzmetall *n* / Muntz metal
Münz·-Betätigungselement *n* / coin-slot actuator (o. operator) || ⟶**prägemaschine** *f* / minting machine
|| ⟶**zähler** *m* / prepayment meter, slot meter
Muscheldiagramm *n* / contour curve diagram, output contour diagram
Muskovit *n* (Aluminium-Kalium-Glimmer) /
muscovite *n* (aluminium-potash mica)
Muss·-Angabe *f* / mandatory || ⟶-**Anweisung** *f* /
mandatory instruction, MUST instruction || ⟶**feld**
n / mandatory field || ⟶**parameter** *m* / mandatory parameter
Muster *n* (Modell) / pattern *n*, sample *n* || ⟶ *n* /
specimen *n* || ⟶ **für die Projektierung** / planning example || ⟶ **von Formularen** / Samples of Forms and Records SQA 4.01. || **Moiré-**⟶ *n* / moiré fringes || ⟶**ablauf** *m* / model sequence || ⟶**antrieb**
m / drive system for tests || ⟶**aufbauten** *m pl* /
prototypes || ⟶**ausgabe** *f* / needle selection || ⟶**bau**
m / prototype production, prototype construction ||
⟶**baufirma** *f* / pattern-making company ||
⟶**baugruppe** *f* / sample module || ⟶**begutachtung**
f / sample evaluation || ⟶**bestückung** *f* / sample equipment || ⟶**entflechter** *m* (Schaltungsentwurf) /
pattern router || ⟶**erkennung** *f* / pattern

Muster

recognition || ⸿erstellung f / prototyping || ⸿feld n / panel specimen || ⸿fertigung f / prototype n, pilot production, pilot series || ⸿gerät n / sample device || ⸿handbuch n / sample manual || ⸿identifikation f (Bildauswertesystem) / pattern identification .
Muster·kennblatt n / sample data sheet || ⸿koffer m / sample case n || ⸿leiterplatte f / PCB prototype || ⸿los n / pilot lot || ⸿lösung f / model n || ⸿-Pressensteuerung f / prototype press control || ⸿prüfbericht m / sample test report || ⸿prüfung f (Qualitätsprüfung an einem Muster) / testing of samples, sample test || ⸿rechner m / pattern computer || ⸿steuerung f / prototype control || ⸿suche f / pattern recognition || ⸿teil m / sample part || ⸿text m / sample text || ⸿textvorlage f / sample text template || ⸿treue f / quality of manufacture || ⸿ung f / selection || ⸿vereinbarung f / pattern-setting model || ⸿vergleich m / pattern matching || ⸿verpackung f / packaging prototype || ⸿verwaltung f / pattern management || ⸿vorbereitung f / pattern preparation system || ⸿vorgabe f / pattern input || ⸿vorlage f / master document || ⸿wiederholung f / pattern repetition
MUT (Mutter) / nut n
Muting n / muting n || ⸿funktion f / muting function || ⸿lampe f / muting lamp || ⸿sensor / muting sensor || ⸿sequenz f / muting sequence || ⸿signal n / muting signal
Mutter f / nut n || **4-kant-**⸿ **mitgeliefert** f / square nut supplied || **6-kant-**⸿ f / hex nut || ⸿gewinde n / nut thread || ⸿maske f / master mask || ⸿rolle f / parent reel, parent roll || ⸿scheibe f / washer n, plain washer || ⸿schraube f / bolt n, stud n, gudgeon n || ⸿sprachler m / native speaker || ⸿steckverbinder m / female connector || ⸿stück n / nut element || ⸿-**Tochter-Leiterplatte** f / mother-daughter board || ⸿uhr f / master clock
MUX (Multiplexer) m / Multiplexer (MUX)
MVA-Verfahren n / multi-domain vertical alignment method (MVA method)
MVI / MVI (Mains Power Variance Immunity)
m-von-n·-Prinzip n / m-out-of-n redundancy principle || ⸿-**Struktur** f (redundantes System) / m-out-of-n configuration
MV-Relais n / signal multiplication relay
MVS n (Visionsystem) / machine vision system (MVS) || ⸿-**Bild** n / MVS image (video image of the vision system) || ⸿-**Initialisierung** f (das Visionsystem wird mit Daten versorgt) / MVS initialization || ⸿-**Visionsystem 1/2** n / MVS vision system 1/2 (vision system at gantry 1 or 2)
MW (Merkerwort) / flag word (FW) || ⸿ (Mittelwert) / mean value, average value || ⸿ m (Messwert) / analog value
M/W / Service/maintenance
MWB m (benutzerdefinierter Messwert) / user-defined measured value (MVU)
M-Wort n / M word
MW-SP (Mittelwertspeicher) / mean value memory
M-Wurzelung f / connected to common 0V potential
MWZ m (Messwert mit Zeit) / measured value with time (MVT)
MWZW / MVMW
MZ (Messzyklus) / sensing cycle, probing cycle, MC (measuring cycle)

N

N / neutral conductor, neutral n || ⸿ / N (letter symbol for natural coolant circulation) || ⸿ (Neutralleiter) / N (neutral conductor) || ⸿ (ein mit dem Mittelbzw. Sternpunkt des Netzes verbundener Leiter, der geeignet ist, elektrische Energie fortzuleiten) / N connection || ⸿ **(Nutzungsziffer)** / N
NA (Netzanalyse) / NA (network analysis)
Nabe f / hub n, nave n || ⸿ f (Läufer einer el. Masch.) / spider n
Nabel-Steckverbinder m / umbilical connector
Naben·arm m (Maschinenläufer) / spider arm, hub arm, spoke n || ⸿**diffuser** m / hub diffuser || ⸿lagerung f / hub bearing || ⸿länge f / hub length || ⸿stern m (Maschinenläufer) / hub spider, spider n || ⸿zylinder m / hub cylinder, shell n
N-Abgangsklemme f / neutral branch terminal, secondary neutral terminal
NACCB / National Accreditation Council for Certification Bodies (NACCB)
nach adj / according to || ~ **Ablauf der Zeitüberwachung** / after time out || ~ **Bedarf gebaute Schaltgerätekombination für Niederspannung (CSK)** VDE 0660, T.61 / custom-built assembly of l.v. switchgear and controlgear (CBA) IEC 431 || ~ **dem Czochralski-Verfahren gezüchtet** / CZ-grown, Czochralski-grown || ~ **dem Czochralski-Verfahren gezüchtetes Silizium** / CZ-Si || ~ **DIN** / in accordance with DIN || ⸿ **Entfernen des Gehäuses bzw. Berührungsschutzes oder nach Öffnen des Systemschranks werden bestimmte Teile dieser Geräte / Systeme zugänglich, die unter gefährlicher Spannung stehen können.** / After the housing or the protective cover is opened or after the system cabinet is opened, certain parts of this equipment/system will be accessible, which could have a dangerously high voltage level. || ~ **hinten** (Bewegung) / backwards adv || ~ **links** (Bewegung) / to the left || ~ **links durchverbunden** / connected through to the left || ~ **links unterbrochen** / interrupted to the left || ~ **M schaltend** / current-sinking (the act of receiving current) || ~ **oben** (Bewegung) / upwards adv || ~ **P schaltend** / current-sourcing (the act of supplying current) || ~ **rechts** (Bewegung) / to the right || ~ **UND verknüpfen** / AND v, combine for logic AND || ~ **unten** (Bewegung) / downwards adv (movement) || ~ **vorn** (Bewegung) / forwards adv (movement) || ~ **Wunsch** / customized
Nach·abbild n (Kopie eines Blocks oder eines Datensatzes nach einer Änderung) / after-image || ⸿ahmung f (eines Fabrikats) / clone n
Nacharbeit f / re-working n, follow-up n, after treatment, remachining n, post-editing n, retouch n, refinish n, reprocessing n, rework n
nacharbeiten v / re-work v, re-finish v, remachine v, correct v, dress v
Nacharbeits·daten plt / refinish data || ⸿information f / refinish information
Nacharbeitungs·station f / remachining station || ~**steuerung** f / rework control
Nach·audit n / re-audit n || ~**auditieren** v / reaudit v || ⸿auskiesung f / subsequent gravel dredging
Nachbar·antrieb m / neighboring drive || **Zustands-**

⌂diagramm n / adjacency table || beim ⌂-EVU durchleiten / take from neighbouring utlity || ⌂kanal m / adjacent channel || ⌂platz m / adjacent location || ⌂roboter m / neighbour robot || ⌂schaftshilfe f / support for neighboring regions || ⌂struktur f / neighboring structure || ⌂unterrichtung m / neighbor notification || ⌂-VReg/LG / neighboring VReg/LG
Nachbau m / replicate n, replication n, reproduction n, manufacturing under license || ⌂maschine f / duplicate machine || ⌂partner m / licensed manufacturer || ⌂prüfungen f pl / duplicate tests || ⌂schutz m / reverse-engineering protection
nachbearbeitet adj / post-worked adj
Nachbearbeitung f / post-editing n, post processing, follow-up work, re-working n, follow-up n, remachining n || ⌂s-Drehbank f / finishing lathe
Nach·behandlung f / post-treatment n, after-treatment n || ⌂behandlung f (Prüfling) DIN IEC 68 / recovery n || ⌂smittel n / concrete curing agent || ⌂berechnungen f pl / recalculation n || ⌂beschleunigung f / post-deflection acceleration (PDA) || ⌂beschleunigungselektrode f / post-deflection accelerator, intensifier electrode (US) || ⌂beschleunigungsverhältnis n / post-deflection acceleration ratio
Nachbestücken n / retrofitting n || ~ v / retro-fit v, expand v, upgrade v, rework v, repair v
Nachbetreuung f / vendor support
nachbilden v / emulate v, simulate v
Nachbildung f / simulation n, copy n || ⌂ f (Ersatzschaltbild) / equivalent circuit || ⌂ f (Netzwerk) / simulating network || ⌂ f (f. Impedanzen) / impedance simulating network, balancing network || ⌂ f (Emulation) / emulation n || ⌂ f / artificial network || ⌂ f (der Belastungen / simulation of the stresses || **definierte ⌂ der Belastungen** / defined simulation of the stresses || **Erwärmungsprüfung mit ⌂ durch Widerstände** / temperature-rise test using heating resistors with an equivalent power loss || **⌂ eines Fehlers** / fault simulation || **Hand~** f / artificial hand || **Last~** f (Lastkreis) / equivalent load circuit, load circuit || **Netz~** f / artificial mains network, line impedance stabilization network, standard artificial mains network || **Sammelschienen-⌂** f / analog of busbar || **Sammelschienen-Spannungs-⌂** f / bus voltage simulator, bus voltage replicator
Nachblaseeinrichtung f (CO_2-Feuerschutz) / delayed discharge equipment, follow-up device
nachbohren v / rebore v
Nachdosierung f / follow-up dosing
nachdrehen v / resurface by skimming, skim v
Nachdrehmaschine f / second-operation lathe
Nachdruck m / holding pressure, downstream pressure, hold n
nachdrücken, Öl ~ / to top up (oil by pumping)
nacheichen v / recalibrate v
Nacheichung f / subsequent verification
nacheilen v / lag behind, lag v || **⌂ der Phase** / lag of phase
nacheilend adj / lagging adj, inductive adj, reactive adj || **~ einschaltend** / delayed switch-on || **~ verschoben** / lag by angle || **~e Kontaktgabe** / late closing, lagging contact operation || **~er Hilfsschalter** / late (closing o. opening) auxiliary switch, lagging auxiliary switch || **~er Leistungsfaktor** / lagging power factor, lagging p.f., reactive power factor || **~er Öffner** / late opening NC contact (LONC contact)
Nacheilung f / lagging n, lag n
Nacheilwinkel m / angle of lag || **Phasen~** m / lagging phase angle, phase lag
nacheinander adv / in succession
Nach·entladestrom m / discharge current || ⌂entwicklungskosten plt / post development costs || ⌂falz f / underfolding || ⌂fertigung f / post-manufacturing || **~fetten** v / regrease v || **~folgende Station** / downstream station
Nachfolge·produkt n / follow-on product || ⌂r m / successor n || ⌂regelung f / successor ruling || ⌂rschaden m / damage further down the line || ⌂rschritt m / successor step || ⌂station f / following station || ⌂typ m (Gerät, das für ein nicht mehr hergestelltes Gerät als Ersatz gefertigt wird) / replacement type
Nachforderung f / additional claim || ⌂ f (Telegramm) / repeat command, supplemental claim
Nachformfräsen n / copy milling
Nachformieren n (Kondensator, Gleichrichterplatte) / reforming n || ~ v / reform v
Nachformsteuerung f / copying control, tracer control, copying system
Nachfrage f / demand n, inquiry n, request n || ⌂prognose f / demand forecast, sales forecast
Nachführ·befehl m / correction command, substitution command || ⌂betrieb m / tracking mode, follow-up operation, follow-up control, follow-up mode || ⌂eingang m / correcting input, follow-up input
Nachführen n / substitution n, follow-up n || ⌂ n (graf. DV) / tracking n || ⌂ n (Korrektur) / correction n || ~ v / control as a dependent variable || **~ und ausregeln** / control voltage as a dependent variable of the frequency || **auf den Sollwert ~** / correct to the setpoint || **den Sollwert ~** / correct the setpoint, match the setpoint || **geregeltes ⌂** / automatically controlled correction
Nachführ·geschwindigkeit f / slewing rate, rate of change (of output signal) || ⌂glied n / tracking element || ⌂grenze f / tracking limit || ⌂regelung f / compensating control, follow-up control || ⌂regler m / compensating controller, follow-up controller || ⌂/Speicherglieder n pl / tracking/ storage elements || ⌂schritt m / substitution step, correction step, updating step || ⌂stand m / sun tracker || ⌂symbol n / tracking symbol || ⌂system n / tracking system
Nachführung f / substitution n || ⌂ f (Spannung, Frequenz) / correction n, adjustment n, compensation n || ⌂ f / tracking n || ⌂ f / compensator n, follow-up (control) || ⌂ f um eine polare Achse / polar-axis tracker || **Frequenz~** f / frequency adjustment, frequency correction || **Quelldaten~** f / source-data updating || **Stromregler-⌂** f / current-controller correcting circuit (o. module)
Nachführwert m / compensating value, follow-up value, correction value
nachfüllen v / top up v, refill v, make up v || ⌂ n / replenishment n || ⌂ **von Bauelementen** n / replenish components, component refill operation

Nachfüll 588

|| ⟲ **von SF₆** / SF₆-filling
Nachfüll·kontrolle f / refill check || ⟲**menge** f / make-up quantity || ⟲**position** f (Die Hubachse des Waffle-Pack-Wechslers wird in die Nachfüllposition gefahren. In dieser Position sind alle Flächenmagazine gut zugänglich.) / refill position || ⟲**position anfahren (Flussmittel)** / Go to refill position (FLUX) || ⟲**position beenden** / End refilling position || ⟲**zeitpunkt** m / time to refill
nachgeben v / yield v || **flexibles** ⟲ (FLN) / flexible response (FLR)
nachgebesserte Betrachtungseinheit / reworked item
nachgeforstet adj / sustainable adj
nachgebend·e Rückführung / elastic feedback || **~e Störaufschaltung** / elastic feedforward compensation || **~es Verhalten** / derivative action, D action with delayed decay (derivative action with delayed decay)
nachgeführt adj / tracked adj || **~e Modulgruppe** / tracking array
nachgeordnet adj / downstream adj || **~e Sicherung** / downstream fuse || **~er Leistungsschalter** / downstream circuit breaker
nachgerüstet adj / updated adj, retrofitted adj
nachgeschaltet adj (in Reihe) / connected in series, series-connected adj || **~** adj (nachgeordnet) / downstream adj || **~es Getriebe** / follow-up gear
Nachgeschichte, Ereignis-⟲ f / post-event history
nachgespannt adj / post-stressed adj
nachgiebig adj / flexible adj, compliant adj || **~er Rotor** / flexible rotor
Nachgiebigkeit f (Kehrwert der Steifigkeit) / compliance n, mobility n
Nach·glimmen n / after-glow n || ⟲**glühen** n / afterglow n
Nachhall m / reverberation n
nachhallend adj / reverberant adj
Nachhall·kurve f / echo characteristic || ⟲**raum** m / reverberation chamber, reverberation room || ⟲**zeit** m / reverberation time
Nachhaltezeit f / dwell time
nachhaltige Abstellung / permanent correction || **~ Entwicklung** / sustainable development
Nachhaltigkeit f / sustainability n
Nach·härtung f / after-curing n, post-hardening n || ⟲**imprägnieren** v / re-impregnate v || ⟲**impuls** m / re-ignition n || ⟲**installation** f (im Gebäude) / rewiring n, extension of (wiring) system || **~installieren** v / post-install v || **~justieren** v / readjust v, reset v || **~kalibrieren** v / recalibrate v || **~kalibrieren** v (auf Maß bringen) / size v
Nachkalibrierung f / recalibration n || ⟲ f / readjustments n pl
Nachkalibrierungs·bereich m / recalibration range || ⟲**wert** m (Messumformer) / recalibration value
Nach·kalkulation f / subsequent calculation, recalculating contract costs, recosting, ex-post calculation || ⟲**klärbecken** n / secondary clarifier || ⟲**kommastelle** f / decimal position, decimal place, place after the decimal point || ⟲**kommastellen** f pl / decimal places, number of places after the decimal point, number of decimal places || ⟲**kühler** m / downstream cooler, after-cooler n || ⟲**ladeimpuls** m / re-charging pulse
Nachladen n / reloading n, add-on loading n || **~** v / reload v, delta-load v || ⟲ **des Werkstücks** / workpiece reloading

Nachlade·puffer m / reload buffer || ⟲**ladestrom** m / absorption current, capacitive charging current || ⟲**ladeteil** m / swap file || ⟲**ladezahl** f (Polarisationsindex) / polarization index
Nachlauf m / slowing down, coasting n, caster n || ⟲ m / overtravel n ANSI C37.90, overshoot n || ⟲ m (linear) / overriding n, overtravel n || ⟲ m (Dieselsatz) / running on n, dieseling n, after-run n || ⟲ m (Chem., Rückstandsfraktion) / tail fraction, tails n pl || ⟲ m (v. Material beim Dosieren) / dribbling n || ⟲ **des Bedienteils** VDE 0660,T.201 / overtravel of actuator IEC 337-2 || **ohne** ⟲ / direct adj || ⟲**-ADU** m / tracking ADC || ⟲**betrieb** m DIN 41745 / slave tracking operation
Nachlauf·gerät n / automatic curve follower, curve follower, line tracer || ⟲**grenze** f / overtravel limit position || ⟲**-Halte-Umsetzer** m / track-and-hold converter || ⟲**-Halte-Verstärker** m / track-and-hold amplifier || ⟲**messung** f / caster measurement || ⟲**regelung** f / servo-control n || ⟲**regler** n / follow-up controller || ⟲**rückführsystem** n / servo feedback system
Nachlauf·schalter m / after-run timing relay, operating time relay, delay timer || ⟲**steuerung** f / follow-up control, servo control, slave control, cascade control, follow-up controller || ⟲**system** n (Netz) / automatic compensator || ⟲**umsetzer** m / tracking converter || ⟲**wandler** m / tracking converter
Nachlaufweg m / overtravel n, follow-on distance || ⟲ m (Schaltglied) / dribbling n || ⟲**-Prüfgerät** n / slowing-down test apparatus
Nachlaufzähler m / follow-up counter
Nachlaufzeit f / follow-on time, overrun time, delay time, after-running time || ⟲ f / overtravel time ANSI C37.90, overshoot time || **Sender-**⟲ f / transmitter reset time
Nach·leitfähigkeit f / post-arc conductivity || ⟲**leuchtdauer** f (Bildschirm) / time of persistence, persistence n || ⟲**leuchten** n (Bildschirm) / persistence n || ⟲**leuchten** n (abklingende Lumineszenz) / after-glow n || ⟲**leuchtkennlinie** f (Bildschirm) / persistence characteristic, decay characteristic || ⟲**leuchtzeit** f / time of persistence, persistence n || ⟲**lieferung** f / subsequent supply || ⟲**linksschweißen** n (Gasschweißen mit der Flamme vorausgeführtem Schweißzusatz) / leftward welding
nachlöten v / resolder n
nachmessen v / check v, re-measure v
Nachname m / last name
Nach·pendeln n (el. Masch.) / back-swing n, oscillating after shutdown || **~pressen** v (Trafo-Kern) / re-clamp v || ⟲**presskraft** f / forging force || ⟲**press-Verzögerungszeit** f / forge delay time || ⟲**presszeit** f / forging time || ⟲**projektieren** n (automatischer Ablauf früher gespeicherter Eingaben) / auto-design n || ⟲**projektieren** n (Neukonfigurieren) / reconfiguration n, reconfiguring n || ⟲**prüfung** f / retest n, check test, verification n, inspection n || ⟲**prüfung des erreichten Qualitätsstandes** / verification of the product quality level attained, verification of the attained product quality level || **~rechnen** v / re-calculate v, check the calculation || ⟲**rechner** m / back-end computer || ⟲**rechtsschweißen** n (Gasschweißen mit der Flamme folgendem

Schweißzusatz) / rightward welding ‖ ⸺**referenzieren** *n* / post-referencing ‖ **~regeln** *v* / re-adjust *v*, correct *v* ‖ **~reiben** *v* (m. Reibahle) / re-ream *v*, finish-ream *v*
Nachricht *f* / message *n* (a. PROFIBUS), announcement ‖ ⸺ **an alle** / broadcast ‖ ⸺ **an sich selbst** / self-addressed message ‖ **empfangbare** ⸺ / receivable message ‖ **sendbare** ⸺ / transmittable message
nachrichten *v* / re-align *v*
Nachrichten·abruf *m* / message retrieval ‖ ⸺**aufbau-Diagramm** *n* / branching diagram ‖ ⸺**aufgeber** *m* / originator *n* ‖ ⸺**authentifizierung** *f* / message authentication ‖ ⸺**beantworter** *m* / responder *n* (station transmitting a specific response to a message received over a data highway) ‖ ⸺**-Beschreibung** *f* / message specification ‖ ⸺**codierung** *f* / message coding ‖ ⸺**einheit** *f* / message unit ‖ ⸺**-Endesegment** *n* (das Service-Segment, das eine Nachricht beendet (ISO 9735)) / message trailer ‖ ⸺**-Entwicklungsgruppe** *f* / message development group ‖ ⸺**format** *n* / message format ‖ ⸺**gerätemechaniker** *n* / communication equipment electrical fitter ‖ ⸺**gruppe** *f* / functional group ‖ ⸺**inhalt** *m* / message content ‖ ⸺**kabel** *n* / telecommunication cable ‖ ⸺**-Kopfsegment** *n* (das Service-Segment, das eine Nachricht eröffnet und eindeutig identifiziert (ISO 9735)) / message header ‖ ⸺**leiter** *m* / initiator *n* (station which can nominate and ensure data transfer to a responder over a data highway) ‖ ⸺**messgerät** *n* / telecommunications test set, communications testing unit ‖ ⸺**operand** *m* / message operand ‖ ⸺**operator** *m* / message operator ‖ ⸺**paar** *n* (ein Nachrichtenpaar besteht aus einer Nachricht und einer Antwortnachricht, die aufgrund des jeweiligen Szenarios im Allgemeinen erforderlich sind) / message couple ‖ ⸺**rahmen** *m* (eine Schablone, die eine Sammlung aller Segmentgruppen/Segmente einer funktionalen (oder multi-funktionalen) Geschäftsbereichs enthält und auf alle für diesen Bereich definierten Nachrichten anzuwenden ist (TRADE/WP.4/R.633)) / message framework ‖ ⸺**rate** *f* (PROFIBUS) / message rate ‖ ⸺**satellit** *m* / communication satellite ‖ ⸺**system** *n* / communication system ‖ ⸺**technik** *f* / telecommunications engineering, communications engineering ‖ ⸺**typ** *m* / message type ‖ ⸺**typ-Beschreibung** *f* / boilerplate ‖ ⸺**übermittlung** *f* / telecommunication *n*, information transmission, message transmission ‖ ⸺**übermittlungsdienst** *m* / message handling service
Nachrichtenübertragung *f* / telecommunication *n*, information transmission, message transmission, transmit message ‖ **bidirektionale** ⸺ / bidirectional message transfer
Nachrichtenübertragungs·leitung *f* / telecommunication line ‖ ⸺**vorschriften** *f pl* / message transfer conventions ‖ ⸺**weg** *m* DIN IEC 625 / message route
Nachrichten·umschaltung *f* / message switching ‖ ⸺**variable** *f* / message variable ‖ ⸺**verbindung** *f* / communication link ‖ ⸺**vermittlung** *f* / message switching ‖ ⸺**vermittlungsstelle** *f* / message switching exchange ‖ ⸺**verschlüsselung** *f* / message coding ‖ ⸺**-Verzeichnis** *n* / message

directory ‖ ⸺**weg** *m* / message path, (tele) communication link ‖ ⸺**wege bei Fern-/Eigensteuerung** / remote/local message paths ‖ ⸺**wiederholung** *f* (PROFIBUS) / retry *n* ‖ ⸺**ziel** *n* / destination *n* (station which is the data sink of a message) ‖ ⸺**zyklus** *m* (PROFIBUS) / message cycle (MC)
Nachrüst·anweisung (NAW) *f* / retrofitting instructions ‖ ⸺**en** *n* / upgrade *n*, retrofitting *n* ‖ **~en** *v* / retrofit *v* ‖ ⸺**satz** *m* / add-on kit, retrofit assembly, retrofit kit, mounting kit ‖ ⸺**ung** *f* / updating *n*, retrofitting *n*
Nach·satz *m* / trailer *n* ‖ ⸺**schalldämpfer** *m* / resonator *n* ‖ ⸺**schaltanlage** *f* / secondary switchgear, load-side switchgear, distribution switchgear ‖ **~schalten** *v* / connect on load side, connect in outgoing circuit, connect in series ‖ ⸺**schaltgerät** *n* / series-connection switching device ‖ ⸺**schaltgruppe** *f* / rear-mounted spliter box ‖ ⸺**schaltung** *f* (Zeitschalter) / resetting *n* ‖ ⸺**schärfen** *n* / resharpening ‖ ⸺**schlagedaten** *plt* / reference data ‖ **~schlagen** *v* / refer to, look up, consult ‖ ⸺**schlagewerk** *n* / Reference Manual ‖ ⸺**schleifen** *n* / regrinding ‖ ⸺**schleuszeit** *f* (Verdichter) / repressurizing time
nachschmierbar *adj* / relubricatable *adj*
Nachschmiereinrichtung *f* / regreasing device, relubricating device, equipment for regreasing ‖ **Lager mit** ⸺ / regreasable bearing ‖ **Lager ohne** ⸺ / prelubricated bearing, greased-for-life bearing
nachschmieren *v* / regrease *v*, relubricate *v*
Nachschmierfrist *f* / regreasing interval, relubrication interval
Nachschmierung *f* / regreasing *n*
Nachschneiden *n* / recutting *n*, finishing *n*, shaving *n* ‖ ⸺ *n* / re-cutting *n* ‖ ⸺ *n* (Gewinde) / (thread) finishing *n* ‖ **~** *v* (stanzen) / shave *v*
Nach·schneidewerkzeug *n* / shaving die ‖ ⸺**schnitt** *m* / shaving *n* ‖ ⸺**schrumpfung** *f* / after-shrinkage *n* ‖ ⸺**schulung** *f* / refresher course ‖ ⸺**schwindung** *f* / after-shrinkage *n* ‖ ⸺**schwingen** *n* (Impuls) / post-pulse oscillation ‖ ⸺**schwingen** *n* (Schwingungsverzerrung) / ringing *n* (waveform distortion) ‖ ⸺**schwingzeit** *f* (Schalldruckamplitude) / reverberation time ‖ ⸺**setzen der Elektroden** / electrode slipping ‖ ⸺**setzlüfter** *m* / make-up fan
Nachsetz- und Regulierbühne, Elektroden- ⸺ / electrode slipping and regulating floor
Nach·setzzeichen *n* / suffix *n* ‖ ⸺**signal** *n* (Benutzerklassenkennzeichen, das nach der Digitfolge übertragen wird, welche die gerufene Endstelle kennzeichnet) / post-signal ‖ ⸺**spann** *m* / trailer *n*
nachspannen *v* / re-tighten *v*, re-clamp *v* ‖ **~** *v* (Schrauben) / retighten *v* ‖ **~** *v* (Feder eines SG-Antriebs) / re-wind *v*, re-charge *v*
Nachspann·oktett *n* / trailer nibble ‖ ⸺**schraube** *f* (Trafo-Kern) / pressure adjusting screw, reclamping bolt ‖ ⸺**-Semioktett** *n* / trailer nibble ‖ ⸺**vorrichtung** *n* / reclamping device ‖ ⸺**vorrichtung** *f* (Trafo-Kern) / retightening device
Nachspeichern *n* / put into memory
nachstehend *adj* / below *adj*
nachstellbares Lager / adjustable bearing
Nachstell·bewegung *f* DIN 6580 / corrective motion

|| ₂**potentiometer** *n* / trimming potentiometer, resetting potentiometer || ₂**zeit** *f* / integrator time, integral time, reset time, integral-action time
Nach·strom *m* / material in flight || ₂**strom** *m* (nach Lichtbogen) / post-arc current || ₂**strömeinrichtung** *f* / delayed-discharge device || ₂**stromgebiet** *n* / period of post-arc current || ₂**stromleitfähigkeit** *f* / post-arc conductivity
Nacht·absenkung *f* / nighttime reduction || ₂**ankerkennung** *f* / fuel-low warning || ₂**belastung** *f* / off-peak load || ₂**betrieb** *m* / night mode || ₂**blindheit** *f* / night blindness, hemeralopia *n*
Nachtest *m* / re-testing
Nachtpost *f* / overnight delivery
Nachtrag *m* / supplement to the order, addition
nachträglich *adj* / subsequent *adj*, can be retrofitted || ~ **isolierte Verbindung** / post-insulated connection || **~e Änderung** (am Einbauort) / field modification || **~e Automatisierung** / retro-automation *n* || **~e Belastung** / charging afterwards || **~e Fehleranalyse** / after-the-fact error analysis || **~er Einbau** / retro-fitting *n*, installation at site (o. by customer), installation by customer, upgrade *n*
Nachtragsangebot *n* / follow-on order offer
nachtrigger·bar *adj* / can be retriggered || **~n** *v* / retrigger *v*, trigger again || ₂**ung** *f* / retriggering *n*, post-trigger *n* || ₂**zeit** *f* / retrigger time
Nachtrocknung *f* / after-drying *n*, post-drying *n*
Nacht·sehen *n* / scotopic vision || ₂**speicherheizung** *f* / off-peak storage heating, night storage heating || ₂**strom** *m* / off-peak power || ₂**tarif** *m* / night tariff || ₂**tourendienst** *m* / overnight courier service || ₂**tourenservice** *m* / overnight courier service || ₂**verbrauch** *m* / night consumption || ₂**warnbefeuerung** *f* / night warning light
Nachverbrennungsanlage *f* / afterburning plant
nachverfolgen *v* / track *v*
Nach·verfolgung *f* / tracking *n* || ₂**verknüpfung** *f* / subsequent logic operation || ₂**versorgung mit Bauelementen** / replenish components || ₂**verstärkung** *f* / post-amplification *n*
Nachvollziehbarkeit *f* / traceability *n* || ₂ **der Eichung** (o. Kalibrierung) / calibration traceability
nachwachsender Rohstoff / regenerable material
Nachweis *m* / verification *n*, test *n*, detection *n*, proof *n*, evidence *n*, objective evidence, certificate *n* || ₂ **der elektrischen Standfestigkeit** / electrical endurance test || ₂ **der Fähigkeit** / demonstration of capability || ₂ **der Festigkeit gegen äußere elektrische Störgrößen** / verification of ability to withstand external electrical influences || ₂ **der Isolationsfestigkeit** / verification of dielectric properties, dielectric test || ₂ **der Lieferfähigkeit** / evidence regarding the ability to supply || ₂ **des Schaltvermögens** VDE 0660,200 / switching performance test || ₂ **von QS-Maßnahmen** / verification of QA measures, product verification || **Qualifikations~** *m* / qualification statement, qualification records || ₂**aufzeichnungen** *f pl* / verification records || ₂**barkeit** *f* (durch Analyse) / detectability *n* || ₂**empfindlichkeit** *f* / detection sensitivity
nachweisen *v* / substantiate *v*, verify *v*, detect *v*, demonstrate *v* || **neu ~** / re-prove *v*, re-test *v*
Nachweis·forderung *f* / verification requirement || ₂**führung** *f* / quality assurance || ₂**grenze** *f* / verifiable limit, detection limit, detectability *n*, limit of detectability, minimum detectable quantity || ₂**material** *n* / evidential material || **~pflichtig** *adj* / requiring verification || ₂**prüfung** *f* IEC 50 (191) / compliance test, verification inspection || ₂**prüfung** *f* (IEV 191) / compliance test || ₂**prüfungen** *f* / provision of evidence || ₂**punkt** *m* / witness point || ₂**punkt (N-Punkt)** *m* / W-point || ₂**wirkungsgrad** *m* / detection efficiency
Nachwirkung *f* / after-effect *n* || ₂ **der Permeabilität** / time decrease of permeability, magnetic disaccommodation || **dielektrische** ₂ / dielectric fatigue, dielectric absorption, dielectric remanence || **elastische** ₂ / creep recovery, elastic hysteresis || **Jordansche** ₂ / Jordan lag, Jordan magnetic after-effect || **magnetische** ₂ / magnetic after-effect, magnetic creep, magnetic viscosity || **Richtersche** ₂ / Richter lag, Richter's residual induction
Nachwirkungs·beiwert *m* (der Restinduktion) / coefficient of residual induction || ₂**permeabilität** *f* / remanent permeability
Nachwirkungsverlust *m* / remanence loss, residual-induction loss || **dielektrischer** ₂ / dielectric residual loss
Nachwirkungszeit *f* (Flicker) EN 61000-3-3 / impression time
Nachwuchskräfte *f* / young people
nachwuchten *v* / rebalance *v*
Nachzieheffekt *m* / smearing effect
nachziehen *v* (Schrauben) / re-tighten *v*, repaint *v* || ₂ *n* / rounding *n*, tailing *n* || ₂ *n* / tracking *n*
Nachzugswinkel *m* / rounding angle
nach·zurüstende Achsen / axes to be retrofitted || **~zuweisende Qualifikation** / verifiable qualification
Nacktchip *m* / bare chip
Nadel *f* (Impulsabbild) / spike *n* || **Proben~** *f* / sample syringe || ₂**adapter** *m* / needle adapter || ₂**ansteuerung** *f* / needle control || ₂**ausleger** *m* / luffing jib || ₂**auswahl** *f* / needle selection || ₂**auswahlsystem** *n* / piezo actuator, piezoceramic actuator, piezoceramic pending element || ₂**bewegung** *f* / needle movement || ₂**büchse** *f* / drawn cup needle roller bearing with closed ends || ₂**drucker** *m* / wire matrix printer, wire printer, needle printer, impact printer || ₂**druckkopf** *m* / matrix print head, needle print head || ₂**druck-Schreibkopf** / matrix print head, needle print head || ₂**druckwerk** *n* / wire matrix printing mechanism, needle printing element || ₂**durchmesser** *m* / plug diameter, needle plug diameter || ₂**flammenprüfung** *f* / needle-flame test || ₂**greifer** *m* / needle gripper || ₂**hülse** *f* / drawn cup needle roller bearing with open ends || ₂**impuls** *m* / needle pulse, spike *n* || ₂**kranz** *m* / needle-roller assembly, needle roller and cage assembly || ₂**kristall** *n* / whisker *n* || ₂**lager** *n* / needle bearing, needle-roller bearing || ₂**loch** *n* / pinhole *n* || ₂**maschine** *f* / needling machine || ₂**rolle** *f* / needle roller || ₂**rollenlager** *n* / needle roller bearing || ₂**schreiber** *f* / stylus recorder || ₂**sensor** *m* / needle sensor || ₂**stichbildung** *f* / pinholing *n*, pitting *n* || ₂**ventil** *n* / needle valve || ₂**zählrohr** *n* / needle counter tube || ₂**zylinder** *m* / needle cylinder
Nadir *m* / nadir *n*

Nagel'-Abzweigdose f / nail-fixing junction box || ⚇-**Doppelschelle** f / nailing saddle || ⚇**kopfbildung** f / nail heading || ⚇-**Schalterdose** f / nail-fixing switch box || ⚇**schelle** f / nailing clip, nailing cleat || ⚇**tierschutz** m / vermin protection
Nahansicht f / close-up view
Nahbereich m / close range || ⚇ m / local range || ⚇ m (Gerätebereich) / hardware environment, local environment
Nahbereichsnetz n / local area network (LAN)
Nahbus m / local bus || ⚇ m (20 - 100 m) / hardware bus, cabinet bus, panel bus, module bus || ⚇**anschaltbaugruppe** f / local bus interface module, hardware bus interface module || ⚇**anschaltung** f / local bus interface, hardware bus interface || ⚇**kabel** n / drop cable || ⚇**schnittstelle** f / local bus interface, hardware bus interface
Nähe f / vicinity n || ⚇**detektor** m / proximity detector
Nah·einschlag m (Blitz) / close-up strike || ⚇-**Entstörung** f / short-distance interference suppression
Näherung f VDE 0228, Anordnung Starkstromleitung/Fernmeldeleitung / exposure n, approach n || ⚇ f / approximation n || **parallele** ⚇ (von Leitern, deren Abstand um nicht mehr als 5% schwankt) / parallelism n || **stufenweise** ⚇ / successive approximation
Näherungs·abschnitt m VDE 0228 / elemental section of an exposure || ⚇**abstand** m VDE 0228 / distance between lines, separation n (of lines) || ⚇**effekt** m (Stromverdrängung durch benachbarte Leiter) / proximity effect || ⚇**ende** n / extremity of exposure || ⚇**folge** f VDE 0228 / series of exposures || ⚇**fühler** m / proximity sensor || ⚇**funktion** f / approximation function || ⚇**geschwindigkeit** f / approach speed || ⚇**initiator** m / proximity switch, proximity sensor || ⚇**länge** f VDE 0228 / exposure section, length of exposed section || ⚇**schalter** m / BERO || ⚇**schalter** m (nach NAMUR und DIN 19234: induktive, kapazitive und Ultraschall-Näherungsschalter für Gleichspannung) / proximity switch || ⚇**schalter in Schlitzausführung** / slotted proximity switch || ⚇**schalter mit definiertem Verhalten unter Fehlerbedingungen (PDF)** / Proximity Devices with defined behaviour under Fault conditions (PDF) || **photoelektrischer** ⚇**schalter** / photoelectric proximity switch || ⚇**schaltereinstellung** f / proximity switch setting || ⚇**sensor** m / proximity sensor
näherungsweise adj / approximately adj
Näherungswert m / approximate value
Nahewirkungstheorie f / proximity theory, Maxwell theory
Nahezu-Dauerstörung f / semi-continuous noise
Nahfeld n / near field || ⚇-**Beugungsmuster** n / near-field diffraction pattern || ⚇-**Brechungsmethode** f / refracted near-field method || ⚇**länge** f / near field length
Nah·kanalselektion f / adjacent channel selectivity || ⚇**kopplung** f (Netzwerk) / local link || ⚇**kurzschluss** m / short-line fault, close-up fault, short circuit close to generator terminals
Nähmaschine f / sewing machine
Nah'-Modem n / local modem, short-range modem || ⚇-**Nebensprechen** n / Near-End Crosstalk (NEXT) || ⚇**ordnung** f / short-range order ||

⚇**reflektor** m / proximity reflector
Nahrungs·mittelkontrolle f / food inspection || ⚇- **und Genussmittel (NuG)** / food and beverage || ⚇- **und Genußmittelindustrie** f / food, beverages and tobacco industries
Nah·steuerbefehl m / local control command || ⚇**steuereinrichtungen** f pl / centralized local control equipment || ⚇**steuerung** f / centralized local control (system), local control, station control || ⚇**steuerung** f (Stationsleitebene) / station control || ⚇**steuerwarte** f / local control centre, local control room || ⚇**strahl** m / low-angle ray
Naht f / welded seam, weld n || ⚇**breite** f / weld width || ⚇**drehung** f / weld rotation || ⚇**fläche** f / joint area || ⚇**instandsetzungserwärmer** m / joint repair heater || **~loses Diagonalschnittgewebe** / seamless bias-cut fabric || ⚇**neigung** f / weld slope || ⚇**schweißen** n / seam welding
Nahtstelle f / joint n || ⚇ f / interface n (IS), control interface || ⚇ **zur Anpasssteuerung** / NC interface, connections to interface control
Nahtstellen·beschreibung f / interface description, description of control interface || ⚇**beschreibung Teil 1: Signale Teil 2: Anschlussbedingungen** / interface description part 1: signals part 2: connection conditions || ⚇**diagnose** f / interface diagnosis || ⚇**kanal** m / interface channel || ⚇**modul** m / interface submodule, interface module || ⚇**schwierigkeit** f / interface problem || ⚇**signal** n (NST) / interface signal || **diverse** ⚇**signale** / various interface signals || ⚇**umsetzer** m (NSU) / interface converter
Naht·überhöhung f / reinforcement n || ⚇**verfolgung** f (Schweißrob.) / weld following, seam tracking || ⚇**versatz** m / misaligned weld
Nähwirkmaschine f / stitch-bonding machine
Nah·wirktechnik f / centralized local control || ⚇**wirkungseffekt** m / proximity effect || ⚇**zone** f / local zone
NAK (negative Rückmeldung) (negatives Acknowledgement, negative Rückmeldung) / NAK (negative acknowledgement), NACK (negative acknowledgement)
N-Allstromautomat m / N-type universal current miniature circuit-breaker
NAMAS / National Accreditation Measurement Service (NAMAS)
Name m / name n || ⚇ **des Gültigkeitsbereichs einer Bezeichnung** DIN ISO 7498 / title domain name || ⚇ **des Konturelements** (CLDATA-Satz) / contour identifier
Namens·feld einer allgemeinen Datenklasse / common data class name space (cdcNs) (IEC/TS 61850-2, EN 61850-7-1, -7-3) || ⚇**konvention** f / naming convention || ⚇**kürzel** n / name abbreviation || ⚇**raum** m / namespace
Namenzweig m / by-pass arm
Nämlichkeitsreparatur f / repair and return of equipment, identified repair
NAMO (North American Motor Operations Division) f / North American Motor Operations Division (NAMO)
NAMUR (Normenausschuss für Mess- und Regelungstechnik) / Standardization association for measurement and control in chemical industries (NAMUR) || ⚇-**Anbausatz** m / NAMUR mounting kit || ⚇-

Anschlussbezeichnung f / NAMUR terminal designation || ⍺-**Verstärker** m (NAMUR = Normenausschuss für Mess- und Regelungstechnik) / NAMUR amplifier
NAND n / NAND n, non-conjunction n || ⍺-**Glied** n / NAND element, NAND n, NAND gate || ⍺-**Leistungselement** n / NAND buffer || ⍺-**Tor** n / NAND gate || ⍺-**Torschaltung** f / NAND gate || ⍺-**Verknüpfung** f / NAND operation, NAND function, Sheffer function
nano·elektromechanisches System (NEMS) / nano electro mechanical system (NEMS) || **~kristallin** *adj* / nanocrystalline *adj* || **~kristalline farbstoffsensibilisierte Solarzelle** / nanocrystalline dye sensitized electrochemical cell || ⍺**positionierung** f (atomgenaue Positionierung) / nanopositioning n || ⍺**solarzelle** f / dye-sensitized cell || ⍺**technologie** f / nanotechnology n
NAP / network analysis program (NAP)
Näpfchen n / bezel n
Narbe f / dock mark, pinhole n
Narbenkorrosion f / tuberculation n, honeycombing n
n-äre Digitrate (Anzahl der je Sekunde übertragenen n-ären Digits) / n-ary digit rate || **~ Frequenzumtastung** / n-condition frequency shift keying || **~ Ziffer** (Element aus einer Menge von n Digits) / n-ary digit || **~s Digit** (Element aus einer Menge von n Digits) / n-ary digit
NAS (Network Attached Storage) / Network Attached Storage (NAS)
Nase f (Ansatz) / lug n, nose n || ⍺ f / end loop
Nasenkeil m / gib-head key
nass gewickelt / wet-taped *adj*, wet-wound *adj*
Nass·bearbeitung f / wet machining || ⍺**betrieb** m / wet operation || ⍺**dampf** m / wet steam || ⍺**festigkeit** f / wet strength || ⍺**filter** n / viscous filter, wet filter
nassgemahlener Glimmer / wet-ground mica, waterground mica
Nass-in-nass-Lackieren n / wet-on-wet application
Nass·läufermotor m / wet-rotor motor || ⍺-**Primärbatterie** f / wet primary battery || ⍺**prüfung** f / wet test
nasssandgestrahlt *adj* / wet sandblasted
Nass·schleifen n / wet grinding || ⍺**schneewalze** f (auf Freileitung) / wet-ice coating || ⍺**thermometer** n / wet-bulb thermometer || ⍺**überschlagsprüfung** f / wet flashover test || ⍺**warenlager** n / wet goods store || ⍺**ziehmaschine** f / wet-drawing machine
NAT / Network Address Translation (NAT)
National Plastics Exhibition (NPE) (Amerikanische Leitmesse für Kunststoffmaschinen) / National Plastics Exhibition (NPE) || ⍺ **Supervision and Inspection Center for Explosion Protection and Safety of Instrumentation** / National Supervision and Inspection Center for Explosion Protection and Safety of Instrumentation
national·e Telexanschlussnummer / national subscriber's telex number || **~es Normal** / national standard || **~es Organ für Normung** / national standards body
native Treiber / native drivers
NATO-Standardisierungsübereinkommen n / NATO Standardization Agreement (STANAG)
Natrium·dampf-Hochdrucklampe f / high-pressure sodium(-vapour) lamp || ⍺**dampflampe** f / sodium-vapour lamp, sodium lamp || ⍺**dampf-Niederdrucklampe** f / low-pressure sodium-vapour lamp, low-pressure sodium lamp || ⍺-**Entladungslampe** f / sodium discharge lamp || ⍺-**Kalk-Glas** n / soda lime glass || ⍺**karbonat** n / sodium carbonate || ⍺**lampe mit Lichtstärkesteuerung** / dimmable sodium lamp, sodium lamp with intensity control || ⍺**licht** n / sodium light || ⍺**phosphat** n / sodium phosphate || ⍺-**Schwefel-Batterie** f / sodium-sulphur battery, beta battery || ⍺**sulfat** n / sodium sulphate
natriumverseiftes Fett / sodium-soap grease
Natron·lauge f / sodium hydroxide, caustic soda || ⍺**seifenfett** n / sodium-soap grease
Natur·faserindustrie f / natural fiber industry || **~gegebene Funkstörung** / natural noise || ⍺**glimmer** m / natural mica, block mica || ⍺**graphitbürste** f / natural-graphite brush
natürlich bewegtes Kühlmittel / naturally circulated coolant || **~e Belüftung** / natural ventilation || **~e Beschleunigung** / inherent acceleration || **~e Bewegung** (Kühlmittel) / natural circulation || **~e dynamische Stabilität** / inherent transient stability || **~e Erregung** / natural excitation || **~e Kennlinie** / natural characteristic || **~e Kennlinie eines netzgeführten Stromrichters** / natural characteristic of a line commutated convertor || **~e Kommutierung** / natural commutation, phase commutation || **~e Leistung** (Netz) / natural load || **~e Luftbewegung** / natural air circulation || **~e Luftkühlung** / natural air cooling || **~e Luftumwälzung** / natural air circulation || **~e Netzstabilität** / inherent stability of power system || **~e Ölströmung** / natural oil flow (o. circulation) || **~e Spannungsregelung** / inherent voltage regulation || **~e Sprache** / natural language || **~e Stabilität** / natural stability || **~er aktinischer Effekt** / natural actinic effect || **~er Auslauf** / coasting n, unbraked deceleration || **~er Erder** VDE 0100, T.200 / fortuitous earth electrode, natural earth electrode, structural earth || **~er Logarithmus** / natural logarithm, Napierian logarithm || **~er Magnet** / natural magnet || **~er Nulldurchgang** / natural zero || **~er Ölumlauf** / natural oil circulation || **~er Spline** / natural spline || **~es Altern** / natural aging || **~es Rauschen** (elektromagnetisches Geräusch, das seinen Ursprung in natürlichen Erscheinungen hat und nicht durch technische Geräte erzeugt wird) IEC 50 (161) / natural noise
Natur·pflasterplatte f / natural paving flag || ⍺**pflasterstein** m / natural sett, natural paving block || ⍺**sand** n / natural sand
N-Aufreihklemme f / channel-mounting neutral terminal, neutral-bar-mounting terminal
n-Auslöser m / n-release n (Siemens type, instantaneous overcurrent release o. non-adjustable overcurrent release) || **~ m** (Kurzbezeichnung für unverzögerten elektromagnetischen Überstromauslöser (Kurzschlusssperre)) / short-circuit release
n-Auslösung f / n-release n
N-Automat 16A 1pol Typ C / N-type MCB 16 A 1-pole type C
Navigation f / inertial navigation
Navigations·baum m / navigation tree || ⍺**bereich**

m / navigation area || ⁓**ebene** *f* / navigation level || ⁓**feld** *n* / navigation field || ⁓**fenster** *n* / navigation pane || ⁓**gerät** *n* / in-car navigation system, neutral wire, navigational device, N *n* || ⁓**punkt** *m* / navigation element || ⁓**struktur** *f* / navigation structure || ⁓**system** *n* / navigation system, travel control system || ⁓**zeichen** *n* / navigation mark
Navigator *m* / navigator *n*
Navigierbarkeit *f* / navigability *n*
NAW (Nachrüstanweisung) / retrofitting instructions
NB (nicht belegt) / not assigned, unassigned *adj*, not occupied, enabled *adj*, free *adj* || ⁓ **(Nebenbetrieb)** / satellite plant || ⁓ **(Normenbuch)** / set of standards
n-Bit·-Byte *n* / n-bit byte (an ordered set of a specified number of binary digits operated upon as an entity) || **~-Rate** *f* / multiplet *n*, n-uplet *n* || **~-Bit-Zeichen** *n* / n-bit character, binary word
Nb₃Sn-Gasphasenband *n* / vapour-deposited Nb₃Sn tape
NBÜ / two-way mains signalling
NC / numerical control (NC) || ⁓ / normally closed contact (NC contact)
NCA / non-conductive adhesive (NCA)
NC·-Achse *f* / NC axis || ⁓**-Archiv** *n* / NC archive || ⁓**-Ausgang** *m* / NC output || **schneller** ⁓**-Ausgang** (Ausgang, der die Anpasssteuerung umgeht) / rapid NC output || ⁓**-Baugruppe** *f* / NC module || ⁓**-BB** / NC-Ready || ⁓**-Bedienungstafel** *f* / operator panel (OP) || ⁓**-Bereitschaftssignal** *n* / NC ready signal || ⁓**-Betrieb** *m* / NC mode || ⁓**betriebsbereit** / NC-Ready || ⁓**-Bild** *n* / NC display || ⁓**-Card** / NC-Card || ⁓**-Code** *m* / NC code || ⁓**-Daten** *plt* / NC data || ⁓**-Datenpuffer** *m* / NC data buffer || ⁓**-Drehmaschine** *f* / NC lathe
nc-dye-Zelle *f* / dye-sensitized cell
NC·-Editor *m* / NC editor || ⁓**-Eingang** *m* / NC input || ⁓**-Funktion** *f* / NC function || ⁓**-geführt** / numerically controlled || ⁓**-gesteuert** *adj* / NC-controlled
NCK (NC-Kern) / NCK (numerical control kernel) || ⁓**-Adresse** *f* / NCK address || ⁓**-Alarm** *m* / NCK alarm
NC-Kanal *m* / NC channel
NCK·-Bereich *m* / NCK area || ⁓**-Daten** *plt* / NCK data || ⁓**--Eingang** *plt* / NCK input
NC-Kern (NCK) / NC kernel, NCK (numerical control kernel)
NCK·-Funktion *f* / NCK function || ⁓**-HW-Ausgang** *m* / NCK hardware output || ⁓**-HW-Eingang** *m* / NCK hardware input
NC-Komponente *f* / NC component
NCK·-Peripherie *f* / NCK I/Os || ⁓**-Reset** / NCK reset || ⁓**-Schnittstelle** *f* / NCK interface || ⁓**-SGE/SGA-Nahtstelle** *f* / NCK-SGE/SGA interface || ⁓**-SPL** / NCK-SPL || ⁓**-Stop** *m* / NCK stop || ⁓**-Überwachungskanal** *m* / NCK monitoring channel || ⁓**-Version** *f* / NCK version || ⁓**-Watchdog** *m* / NCK watchdog
NC-Lebenszeichen *n* / NC sign of life
NCM / NCM (Network and Communication Management) || ⁓ *f* / numerically controlled machine (NCM)
NC·-Maschine *f* / numerically controlled machine, NC machine || ⁓**-Maschinendatum** *n* (NC-MD) / NC machine data (NC MD) || ⁓**-MD** (NC-

Maschinendatum) / NC MD (NC machine data) || ⁓**-Meldung** *f* / NC message || ⁓**-Monitor** *m* / NC monitor || ⁓**-Nahtstelle** *f* / NC interface
NCO / Numerically Controlled Oscillator (NCO)
NC-Parameter *m* / NC parameter
NC/PLC-Nahtstelle *f* / NC/PLC interface
NC·-Programm *n* / NC program || ⁓**-Programmierplatz** *m* / NC programming workstation || ⁓**-Programmierung** *f* / NC programming || ⁓**-Programmsimulation** *f* / NC program simulation || ⁓**-Programmspeicher** *m* / part program memory, part program storage, parts memory, NC program memory || ⁓**-Programm-Verwaltung** *f* / NC program administration || ⁓**-Prozessor** *m* DIN 66257 / general-purpose processor (NC) ISO 2806-1980 || ⁓**-Ready-Ausgang** *m* / NC-Ready output || ⁓**-Reset** / NC reset || ⁓**-Rundtisch** *m* / NC rotary table
NCS (berührungsloser Stellungssensor) *m* / non-contacting position sensor
NC·-Satz *m* / NC block || ⁓**-Satzzeiger** *m* / NC block pointer
NCSD·-Konfigurator *m* / NCSD configurator || ⁓**-Version** *f* / NCSD version
NC·-seitiges Signal / NC signal || ⁓**-Shuttle** *n* / NC shuttle || ⁓**-Simulation** *f* / NC simulation || ⁓**-Speicher** *m* / NC memory || ⁓**-Speicherkonstante** *f* / NC memory constant || ⁓**-Spindelsteuerung** *f* / NC spindle control || ⁓**-Sprache** *f* / NC programming language, NC language || **einheitliche** ⁓**-Sprache** / standard NC language || ⁓**-Stand** *m* / NC version || ⁓**-Start** *m* / NC start || ⁓**-Steuerung** *f* / numerical control, computerized numerical control (CNC) || ⁓**-Stop** *m* / NC stop || ⁓**-Stop-Zustand** *m* / NC Stop condition || ⁓**-Syntax** *f* / NC syntax || ⁓**-System** *n* / NC system || ⁓**-Technik** *f* / numerical control || ⁓**-Technologie** *f* / NC technology || ⁓**-Teileprogramm** *n* / main program file (MPF) || ⁓**-Teileprogrammspeicher** *m* / NC part program memory
NCU *f* / Numerical Control Unit (NCU) || ⁓**-Baugruppe** *f* / NCU module || ⁓**-Link** *m* / NCU-link || ⁓**-Link-Modul** *n* / NCU-Link module || ⁓**-Software** *f* / NCU software || ⁓**-System** *n* / NCU system || ⁓**-Terminalblock** *m* / NCU terminal block || ⁓**-übergreifende Sollwertkopplung** / setpoint linkage spanning NCUs
NC·-Variable *f* / NC variable || ⁓**-Verfahrbefehl** *m* / NC motion command || ⁓**-Version** *f* / NC version
NCW / Network Centric Warfare (NCW)
NC·-Werkzeugmaschine *f* / NC machine tool || ⁓**-Wort** *n* / NC word || ⁓**-Zentralprozessor** *m* / NC central processor || ⁓**-Zustandsdaten** *f* / NC status data || ⁓**-Zyklus** *m* / NC cycle
ND (Nenndruck) / nominal pressure, rated pressure
NDC-Modus *m* (NDC = normalized device coordinate - normierte Gerätekoordinate) / NDC mode
NDIR / non-dispersive infrared absorption (NDIR)
ND-Lampe *f* / low-pressure lamp, low-pressure discharge lamp
nd-Masse *f* / non-draining compound (nd compound)
NDMP (Network Data Management Protocol) / Network Data Management Protocol (NDMP)
n-dotiert *adj* / n-type *adj*
n-Dotierung *f* (Dotierung mit geeigneten Elementen des Periodensystems, so dass Elektronen als freie

Ladungsträger zur Verfügung stehen) / n-type doping
n-Drahtsensor *m* / n-conduct sensor
NDUV / non-dispersive ultraviolet absorption (NDUV)
NE (Netzeinspeisung) / system supply, MS (mains supply), grid connection
Nebel·kappenisolator *m* / insulator with anti-fog sheds || ⁓**leuchtdichte** *f* / fog luminance || **Durchführung aus** ⁓**porzellan** / bushing with anti-fog sheds || ⁓**scheinwerfer** *m* / front fog light, fog headlight, adverse-weather lamp || ⁓**schlussleuchte** *f* / rear fog light, rear fog lamp || ⁓**schmierung** *f* / oil-mist lubrication || ⁓**sichtweite** *f* / visibility in fog
Neben·achse *f* / secondary axis || ⁓**anlage** *f* / ancillary system, appurtenant work, appurtenant structure, appurtenance *n* || ⁓**anschluss** *m* / secondary connection || **elektrischer** ⁓**anschluss** / secondary electrical connection (SEC) || ⁓**antrieb** *m* / auxiliary operating mechanism, auxiliary drive || ⁓**anzeige** *f* / auxiliary indication || ⁓**ausfall** *m* / minor failure || ⁓**bandaussendung** *f* / out-of-band emission || ⁓**bedienfeld** *n* / secondary control panel || ⁓**bedingung** *f* / constraint *n*, secondary condition || ⁓**beschäftigung** *f* / second job, moonlighting *n* || ⁓**betrieb (NB)** *m* / satellite plant
nebeneinander *adv* / side by side, parallel *adj* || **~ schalten** / connect in parallel, shunt *v* || **Montage ~** / mounting side by side, butt mounting
Neben·einflüsse *m pl* / disturbances *n pl* || ⁓**einkünfte** *f pl* / perquisites *n pl* || ⁓**einrichtungen** *f pl* / auxiliaries *plt*, secondary equipment, auxiliary equipment || ⁓**einspeisung** *f* / subfeeder *n* || ⁓**element** *n* (NC-Satz) / minor element || ⁓**fehler** *m* DIN 55350, T.31 / minor non-conformance || ⁓**fehler** *m* (Fehler, der nicht Hauptfehler ist und bei dessen Entstehen für die betroffene Umgebung voraussichtlich keine wesentlichen Folgen wirksam werden) / minor nonconformity, minor defect || ⁓**fehlereinheit** *f* / minor defective || ⁓**fenster** *n* / side window || ⁓**gebäude** *n* / outbuilding *n* || ⁓**kanal** *m* / secondary channel || ⁓**keule** *f* / side lobe || ⁓**kopplung** *f* / stray coupling || ⁓**kosten** *plt* / secondary costs
nebenlaufende Verarbeitung / concurrent processing, multitasking *n*, multijob operation
nebenläufig *adj* / asynchronous *adj*
Neben·läufigkeit *f* / concurrence *n* || ⁓**leitstand** *m* (Tafel, m. Pultvorbau) / auxiliary control board, auxiliary benchboard || ⁓**leitungssatz** *m* / secondary wiring harness, secondary wiring harness assembly || ⁓**leuchtkörper** *m* / auxiliary filament, minor filament || ⁓**licht** *n* / ambient light || ⁓**linie** *f* / auxiliary production line || ⁓**luft** *f* / draft *n*, secondary air || ⁓**melderzentrale** *f* (Brandmelderzentrale) / control and indicating equipment EN 54 || ⁓**platz** *m* / adjacent location || ⁓**reaktion** *f* / side reaction, secondary reaction || ⁓**reihe** *f* / parallel range, secondary series
nebensächlicher Fehler / incidental defect
Neben·satz *m* / subordinate block, subblock *n* || ⁓**scheinwerfer** *m* / supplementary driving lamp || ⁓**schleife** *f* / minor loop
nebenschließen *v* / shunt *v*
Nebenschluss *m* / shunt *n*, bypass *n*, shunt circuit,

parallel connection || **im** ⁓ **liegen** / be connected in parallel, be shunt-connected, shunted *adj* || **im** ⁓ **liegend** / shunt-connected *adj*, shunted *adj*, parallel *adj* || ⁓**-Bogenlampe** *f* / shunt arc lamp || ⁓**-Drosselspule** *f* / shunt reactor || ⁓**-Erregerwicklung** *f* / shunt field winding || ⁓**erregung** *f* / shunt excitation || **Maschine mit** ⁓**erregung** / shunt-wound machine, shunt machine || ⁓**feld** *n* / shunt field || ⁓**-Feldschwächung** *f* / field shunting
Nebenschlussgenerator *m* / shunt-wound generator, shunt generator || ⁓ **mit Hilfs-Reihenschlusswicklung** / stabilized shunt-wound generator
Nebenschluss-Kommutatormotor *m* / a.c. commutator shunt motor || **läufergespeister** ⁓ / rotor-fed shunt-characteristic motor, a.c. commutator shunt motor with double set of brushes, Schrage motor
Nebenschluss-Konduktionsmotor *m* / shunt conduction motor
Nebenschluss·kreis *m* / shunt circuit, parallel circuit || ⁓**leitung** *f* (Ölsystem) / bypass line || ⁓**leuchte** *f* / rear fog lamp, fog warning lamp || ⁓**maschine** *f* / shunt-wound machine, shunt machine || ⁓**maschine mit Stabilisierungswicklung** / stabilized shunt-wound machine
Nebenschlussmotor *m* / shunt-wound motor, shunt motor || ⁓ **mit Hilfs-Reihenschlusswicklung** / stabilized shunt-wound motor, plain shunt motor
Nebenschluss·regelung *f* / shunt control, shunt regulation || ⁓**regelwerk** *n* / shunt arc regulator || ⁓**relais** *n* / shunt relay || ⁓**schaltung** *f* / shunt circuit, parallel connection, parallel circuit, shunting *n* || ⁓**spule** *f* / shunt coil || ⁓**steller** *m* / field diverter rheostat, shunt-field rheostat || ⁓**-Übergangsschaltung** *f* / shunt transition || ⁓**umschaltung** *f* / shunt transition || ⁓**verhalten** *n* (Drehzahl fällt mit zunehmender Belastung leicht ab) / shunt characteristic || **Motor mit** ⁓**verhalten** / shunt-characteristic motor || ⁓**verhältnis** *n* / shunt ratio, ratio of shunt to total ampere turns || ⁓**verlust** *m* / insertion loss
Nebenschlusswicklung *f* / shunt winding, parallel winding || **Motor mit** ⁓ / shunt-wound motor, shunt motor
Nebenschlusswiderstand *m* / shunt resistor, diverter resistor, shunt *n*
Neben·schneide *f* (die durch die Schnittstelle einer Fase und einer Spannnut gebildete Kante) / secondary cutting edge, leading edge of a land || ⁓**schnittfläche** *f* DIN 658 / secondary cut surface || ⁓**schwingung** *f* / spurious oscillation, parasitic oscillation || ⁓**speiseleitung** *f* / subfeeder *n* || ⁓**spindel** *f* / secondary spindle || ⁓**sprechen** *n* / crosstalk *n*, feedover *n* || ⁓**stelle** *f* / extension unit, extension *n* || **elektronische** ⁓**stelle** (zur Fernbedienung eines elektron. Schalters) / electronic extension unit || ⁓**stellenbetrieb** *m* / secondary operation || ⁓**stelleneingang** *m* / secondary input || ⁓**stelleneinsatz** *m* / extension unit insert || ⁓**straße** *f* / minor road (GB), minor highway (US), local street, second-grade road || ⁓**stromkreis** *m* / auxiliary circuit, shunt circuit || ⁓**system** *n* / ancillary system || ⁓**tätigkeit** *f* / subsidiary activity || ⁓**teil** *m* (NC-Satz) / minor

element || ⟶uhr ƒ / slave clock, secondary dial ||
⟶verluste m pl / stray loss, stray load loss,
additional loss, non-fundamental loss ||
⟶viererkopplung ƒ / quad-to-quad coupling
Nebenweg m / by-pass path || ⟶paar n / by-pass pair
|| ⟶schalter m / bypass switch || ⟶schalter m
(LS) / bypass circuit-breaker || ⟶ventil n / by-pass
valve || ⟶zweig m / by-pass arm
Neben·wendel ƒ / auxiliary filament, minor filament
|| ⟶wellenaussendung ƒ (Sender) / spurious
emission
Nebenwiderstand m / shunt resistor, diverter
resistor, shunt n || **Mehrfach-**⟶ m / universal shunt
|| **Mess-**⟶ m / measuring shunt
Neben·wirkung ƒ / secondary effect || ⟶wirkungen ƒ
pl / side-effects n pl || ⟶zeit ƒ (TN) / down time,
(Leerlaufzeit) idle time || ⟶zeit ƒ / mean time to
repair (MTTR) || ⟶zeit ƒ (Leerlaufzeit) / non-
cutting time, non-productive time || ⟶zweig m / by-
pass arm
NEC ƒ / Network Enabled Connectivity (NEC)
n-Eck n / n-corner n || **~-nut** ƒ / groove n-corner, slot
n-corner
Néel'-Punkt m / Néel point, Néel temperature || ⟶-
Temperatur ƒ / Néel point, Néel temperature || ⟶-
Wand ƒ / Néel wall
Neg. (**Negativ**) adj / negative (neg.)
Negation ƒ / negation n || ⟶ ƒ (logische N.) / logic
negation
Negationsabhängigkeit ƒ / negate dependency, N-
dependency n
Negativ n / negative n || **~ (Neg.)** adj / negative
(neg.) || ⟶bescheinigung ƒ / embargo-exempt
certificate
negativ·e Abstrichtung / negative scanning shift ||
~e Ader / negative wire || **~e Ansprech-
Schaltstoßspannung** / negative let-through level
|| **~e Binomialverteilung** DIN 55350,T.22 /
negative binomial distribution, minor binomial
distribution || **~e Flanke** / negative edge (pulse),
falling signal edge, negative-going signal edge,
negative-going edge, trailing signal edge || **~e
Logik** / negative logic || **~e Platte** / negative plate
|| **~e Quittung** / negative acknowledgement
(NAK) || **~e Rückkopplung** / negative feedback,
degenerative feedback || **~e Rückmeldung** /
negative acknowledge || **~e Rückmeldung (NAK)**
(Übertragungssteuerfunktion zur Abgabe einer
negativen Antwort durch eine Endstelle) /
negative acknowledgement (NAK) || **~e
Scheitelsperrspannung** / peak working reverse
voltage, crest working reverse voltage || **~e
Signalflanke** / negative-going signal edge, trailing
edge, falling signal edge || **~e Sollwertsperre** /
inhibit negative setpoint || **~e Spannung** (Diode) /
reverse voltage || **~e Sperrspannung** / reverse
blocking voltage || **~e Spitzensperrspannung** /
repetitive peak reverse voltage, maximum
recurrent reverse voltage || **~e Stirn-Ansprech-
Schaltstoßspannung** / negative 1.3 overvoltage
sparkover voltage || **~e Stoßspitzensspannung** /
non-repetitive peak reverse voltage || **~er
Blindverbrauch** / lagging reactive-power
consumption || **~er Festwiderstand** / negative
fixed virtual flow resistance || **~er Pol** / negative
pole || **~er Pol** (Batt.) / negative terminal || **~er
Scheitel** / negative peak || **~er Sperrstrom** /
negative off-state current || **~er Stoß** / negative
impulse || **~er Strom** (Diode) / reverse current ||
~er Temperaturkoeffizient (NTC) / negative
temperature coefficient (NTC) || **~er Verlust** /
negative loss || **~er Winkel der Kopfschräge**
(Bürste) / negative top bevel angle || **~er Wolke-
Erd-Blitz** / negative downward flash || **~es
Beispiel** (Gegenbeispiel eines zu lernenden
Konzepts, das den Gültigkeitsbereich der
Konzeptbeschreibung einengen kann) / negative
example || **~es Bild** / negative pattern || **~es
Skalenende** / negative full scale || **~es Stopfen** /
negative justification || **~es Vorzeichen** / negative
sign
Negativ'-Impedanz-Wandler m / negative
impedance converter (NIC) || ⟶lack m / negative
resist || ⟶marke ƒ / negative fiducial (With
negative fiducials the fiducial is etched into the
PCBbase material.) || ⟶spannungsdauer ƒ /
reverse blocking interval, inverse period || ⟶tests
m / negative tests
negieren v / invert v || **~der Verstärker** DIN 40700,
T. 14 / amplifier with negation indicator IEC 117-15
Neigekonsole ƒ / tilting stand
neigen v / incline v
Neigung ƒ / inclination n, gradient n, slope n, incline
n, descending gradient, downward slope, descent
n || ⟶ **des Eckstiels** (Gittermast) / leg slope
Neigungs·band n / transition curvature cross slope ||
⟶bereich m / range of self-indication || ⟶schalter
m / tilt switch || ⟶sensor m / inclination sensor ||
⟶toleranz ƒ / angularity tolerance || ⟶verstellung
ƒ / rake adjustment of seat back || ⟶winkel m /
angle of inclination, slope angle, pretilt angle ||
⟶winkel m (Bürste) / contact bevel angle || ⟶winkel
des Leuchtenanschlusses (Lichtmast) / lantern
fixing angle EN 40
nein adv / no adv
N-Einheit ƒ (Einheit, in welcher der Brechwert
ausgedrückt wird) / N-unit
NEMA ƒ / National Electrical Manufacturers
Association (NEMA)
nematische Phase / nematic phase
NE-Metall n / non-ferrous metal || ⟶ n
(Netzeinspeisemodul) / mains supply module
NEMP / nuclear electromagnetic pulse (NEMP)
NEMS (**nanoelektromechanisches System**) n /
NEMS (nano electro mechanical system)
Nenn- / rated
Nenn·ableitstoßstrom m / rated discharge current ||
⟶abmaß n / nominal deviation, nominal
allowance || ⟶abstand m / rated distance || ⟶-
Ankerspannung ƒ / rated armature voltage ||
⟶ankerstrom m / rated armature current ||
⟶antriebsleistung ƒ / rated drive power ||
⟶antriebsstrom m / rated drive current || ⟶arbeit
ƒ / nominal generation, nominal production ||
⟶arbeitspunkt m / nominal working point ||
⟶aufnahme ƒ / rated input || ⟶ausgangsspannung
ƒ (Trenntrafo, Sicherheitstrafo) EN 60742 / rated
output voltage || ⟶ausgangsstrom m (Trenntrafo,
Sicherheitstrafo) EN 60742 / rated output current
|| ⟶ausschaltleistung ƒ / rated cut-off power ||
⟶ausschaltvermögen n / rated breaking capacity ||
⟶bedingungen ƒ pl / reference conditions ||
⟶beginn m (Stoßwelle) / virtual origin ||
⟶beleuchtungsstärke ƒ / service illuminance,

Nenndrehzahl

average working plane illuminance, nominal illuminance || ₰bereich *m* / nominal range || ₰betrieb *m* / operation at nominal value, nominal operation, rated operation || ₰betriebsbedingungen *f pl* (EZ) VDE 0418 / rated operating conditions IEC 1036 || ₰betriebsdauer *f* VDE 0700, T.1 / nominal operating time || ₰betriebsdruck *m* / rated operating pressure || ₰betriebsstrom *m* / rated operational current, rated normal current || ₰betriebs-Zellentemperatur *f* / nominal operating cell temperature (NOCT) || ₰-**Bohrzyklus** *m* DIN 66025 / standard drilling cycle || ₰**breite eines Leiters** / design width of conductor || ₰**daten** *plt* / rated data || ₰**dauerstrom** *m* / rated continuous current, continuous current rating, rated uninterrupted current
Nenndrehzahl *f* / rated speed, basic speed || ₰**einstellung** *f* / basic speed adjustment, full-load adjustment
Nenndruck *m* (PN) DIN 2401,T.1 / nominal pressure (PN) || ₰ *m* (ND) / nominal pressure, rated pressure || ₰ **der Druckgasversorgung für die Betätigung** / nominal pressure of compressed-gas supply for operation, nominal operating air pressure
Nenn·durchfluss *m* / rated flowrate, rated flow || ₰**durchmesser** *m* / nominal diameter, mounting diameter, nominal thread diameter || ₰**durchschlagfestigkeit** *f* / specified puncture voltage || ₰**eingangsspannung** *f* (Trenntrafo, Sicherheitstrafo) EN 60742 / rated supply voltage || ₰**eingangsspannungsbereich** *m* (Trenntrafo, Sicherheitstrafo) EN 60742 / rated supply voltage range || ₰**eingangsstrom** *m* / nominal input current || ₰**einspeiseleistung** *f* / nominal connected load
nennenswert *adj* / significant *adj*
Nenner *m* / denominator *n* || ₰**bandbreite** *f* / denominator bandwidth || ₰**frequenz** *f* / denominator frequency
Nenn·erregergeschwindigkeit *f* / nominal exciter response, main exciter response ratio || ₰**fehlerstrom** *m* / rated fault current || ₰**festigkeit** *f* / nominal strength || ₰**frequenz** *f* / nominal frequency || ₰**frequenz** *f* VDE 0418 / reference frequency IEC 1036 || ₰**frequenz** *f* (Kondensator, Trenntrafo, Sicherheitstrafo) IEC 50(436); EN 60742 / rated frequency || ₰-**Geräteşpannung** *f* / rated unit voltage || ₰**geschwindigkeit** *f* / rated speed || ₰**gleichspannung** *f* / rated voltage (DC) (DC) || ₰**gleichspannung** *f* VDE 0558 / nominal direct voltage || ₰**gleichsperrspannung** *f* / nominal d.c. reverse voltage || ₰**gleichstrom** *m* / rated direct current (DC) (DC) || ₰**gleichstrom** *m* VDE 0558 / nominal direct current || **reduzierter** ₰-/ **Gleichstrom** / reduced rated or maximum current || ₰**grädigkeit** *f* (Wärmeaustauscher) / temperature difference rating
Nenngröße *f* / nominal quantity, nominal value, rated quantity || ₰ *f* (NG mech. Teil) / nominal size
Nenn·-Handschweißbetrieb *m* / nominal intermittent duty || ₰-**HSB** / nominal intermittent duty || ₰**hub** *m* (Ventil) / nominal travel || ₰**induktivität** *f* / nominal inductance
Nennisolationsspannung *f* / insulation level, insulation voltage rating, nominal circuit voltage, circuit insulation voltage
Nennisolationswechselspannung *f* / AC insulation rating, rated AC insulation voltage
Nenn·kapazität *f* / rated capacity, nominal capacity || ₰**kapazität** *f* (Kondensator) IEC 50(436) / rated capacitance || ₰**kennlinie** *f* / specified characteristic curve, nominal characteristic || ₰**kurzschlussausschaltstrom** *m* / rated short-circuit breaking current
Nennlast *f* / rated load, rating *n* || ₰ *f* / nominal stress || ₰**ausschaltstrom** *m* VDE 0670, T.3 / rated mainly active load breaking capacity IEC 265 || ₰**betrieb** *m* (bei Beanspruchung in Zuverlässigkeitsprüf) / operation at nominal stress || ₰-**Ersatzwiderstand** *m* / normal-load equivalent resistance || ₰**strom** *m* / rated load current
Nenn·-Leerlauf-Zwischenspannung *f* / nominal open-circuit intermediate voltage || ₰**leerspannung** *f* / no-load rated output voltage
Nennleistung *f* DIN 40200 / nominal power, nominal output || ₰ *f* (Kondensator, Trenntrafo, Sicherheitstrafo) IEC 50(436); EN 60742 / rated output || ₰ *f* (el. Anlage) / nominal capacity || ₰ *f* (Lampe) / nominal wattage || ₰ *f* (eines Erregungskreises) VDE 0435, T.110 / nominal power, nominal burden || ₰ *f* / rated wattage
Nennleistungsfaktor *m* / nominal power factor, nominal p.f., rated power factor || ₰ *m* (Leistungs-Messgerät) DIN 43782 / rated active power factor IEC 484
Nenn·lichtstrom *m* / nominal luminous flux, nominal flux, nominal lumens || ₰**magnetisierungsstrom** *m* / rated magnetization current || ₰**maß** *n* DIN 7182,T.1 / nominal size, basic size || ₰**maß der Oszilloskop-Röhre** DIN IEC 351, T.1 / cathode ray tube size IEC 351-1 || ₰**maßbereich** *m* DIN 7182,T.1 / range of nominal sizes || ₰**moment** *n* / rated torque || ₰-**Netzspannung** *f* / system nominal voltage || ₰-**Netzspannung** *f* (Speisespannung) / nominal supply voltage || ₰-**Nullwiderstand** *m* DIN 43783, T.1 / nominal residual resistance IEC 477 || ₰- **oder Kerndurchmesser falsch programmiert** / nominal or core diameter incorrectly programmed || ₰**punkt** *m* / nominal working point || ₰**querschnitt** *m* (el. Leiter) / nominal cross-sectional area, nominal cross section, nominal conductor area, nominal area
Nennquerschnitte, klemmbare ₰ / range of nominal cross-sections to be clamped, wire range
Nenn·-Querschnittsbereich *m* (Leiter) / range of nominal areas || ₰-**Schaltpunkt** *m* / nominal set point || ₰**schaltweg** *m* / nominal travel || ₰**schlupf** *m* / rated slip || ₰**schlupffrequenz** *f* / rated slip frequency || ₰**sicherheitsstrom für Messgeräte** / rated instrument security current (Ips)
Nennspannung *f* / nominal voltage || ₰ *f* (Kondensator, Trenntrafo, Sicherheitstrafo) IEC 50 (436); EN 60742 / rated voltage || ₰ *f* / reference voltage || ₰ *f* / nominal stress || ₰ **eines Netzes** VDE 0100, T.200 / system nominal voltage
Nennspeisespannung *f* / nominal supply voltage
Nennsperrspannung *f* (Diode) DIN 41781 / recommended crest working reverse voltage, recommended nominal crest working voltage || ₰ *f* / nominal crest working off-state voltage || ₰ *f* DIN 4176 / nominal reverse voltage
Nennstand des Elektrolyten / normal electrolyte level
Nenn·-Steh-Salzgehalt *m* / specified withstand salinity || ₰-**Steh-Schichtleitfähigkeit** *f* / specified

withstand layer conductivity || ⸰-**Stehspannung** *f* / rated withstand voltage || ⸰**steilheit der Wellenfront** / nominal steepness of wavefront || ⸰-**Stopfquote** *f* / nominal justification ratio || ⸰-**Stopfrate** *f* / nominal justification rate || ⸰**stoßwert** *m* (einer Eingangsgröße) DIN IEC 255, T.100 / limiting dynamic value
Nennstrom *m* / nominal current || ⸰ *m* (Kondensator, Trenntrafo, Sicherheitstrafo) IEC 50 (436); EN 60742 / rated current || ⸰ *m* (Diode) DIN 41781 / nominal value of mean forward current, nominal recommended value of mean forward current || ⸰ *m* DIN 41760 / nominal forward current || ⸰ *m* / basic current || ⸰ *m* (eines Stromkreises) IEC 50(826), Amend. 1 / design current || ⸰**bereich** *m* / rated current range || ⸰**stärke** *f* / design current, nominal rating
Nenn·temperatur *f* / reference temperature || ⸰**temperatur** *f* / nominal temperature || ⸰**temperaturklasse** *f* (Kondensator) IEC 50 (436) / rated temperature category || ⸰**tragweite** *f* (eines Feuers) / nominal range || ⸰**überdruck der Druckgasversorgung** / nominal pressure of compressed gas supply || ⸰**überstromziffer** *f* (Wandler) / rated accuracy limit factor, rated overcurrent factor, rated saturation factor || ⸰**unschärfebereich** *m* / nominal zone of indecision || ⸰**versorgungsspannung** *f* / nominal supply voltage || ⸰**volumenstrom** *m* / rated flowrate, rated flow || ⸰**weite** *f* (DN) DIN 2402 / nominal size (DN), nominal diameter (DN) || ⸰**weite** *f* (NW) / nominal diameter, nominal size, inside nominal diameter || ⸰**weite des Flansches** / flange size
Nennwert *m* DIN 40200, Okt.81 / nominal value, rated value || ⸰ *m* (Bezugsgröße im per-Unit-System) / base value || ⸰ *m* (Isolator) VDE 0446, T.1 / specified characteristic IEC 383 || ⸰ **der Erregungsgeschwindigkeit des Erregersystems** (el. Masch.) / excitation system nominal response || ⸰ **einer Erregungsgröße** VDE 0435,T.110 / nominal value of an energizing quantity || ⸰-**Prüfmenge** *f* (NPM) VDE 0715,2 / rating test quantity (RTQ) IEC 64 || ⸰**prüfung** *f* (Lampe) / rating test
Nenn·wirkleistung *f* / nominal active power, nominal power || ⸰**wirkungsgrad** *m* / nominal efficiency || ⸰**zeit** *f* (Summe aus Verfügbarkeits- und Nichtverfügbarkeitszeit) / reference period || ⸰**zuverlässigkeit** *f* / nominal reliability
Neonanzeigeröhre *f* / neon indicator tube
NEP / Network Equipment Provider (NEP)
Neper *m* (Einheit Np; dient dazu, das Verhältnis zweier Feldgrößen durch den natürlichen Logarithmus dieses Verhältnisses auszudrücken) / neper
Nestnummer *f* / nest number
NET / New Emulation Technology (NET)
Netto·aufwände *m pl* / net efforts || ⸰**daten** *plt* / net data, user data || ⸰**einkommen nach Steuerabzug** / net after tax income || ⸰-**Empfangsspielraum** *m* (Empfangsspielraum einer Endstelle, wenn die Modulationsgeschwindigkeit am Eingang ihren Nennwert hat) / net margin || ⸰**energie** *f* / net energy || ⸰**erzeugung** *f* / net generation, electricity supplied || ⸰**fallhöhe** *f* / net head || ⸰**gewicht** *n* /

net weight || ⸰**information** *f* / net information || ⸰**intensität** *f* / net intensity || ⸰**intensität der Linie** / net line intensity || ⸰**istwert** *m* / net present value (NPV) || ⸰**kapazität** *f* (Datenspeicher) / formatted capacity || ⸰**leistung** *f* / useful output power, load power || ⸰**leistung** *f* (Netz, bei optimalen Betriebsbedingungen) / net capability, net output capacity || ⸰**leistung** *f* (Netz, bei durchschnittlichen Betriebsbedingungen) / net dependable capability || ⸰**leistung** *f* (Generatorsatz) / net output || ⸰**schwundreserve** *f* / net fade margin || ⸰**wertzählung** *f* / net registering || **thermischer** ⸰**wirkungsgrad** / net thermal efficiency (of a set)
Netz *n* / network *n* || ⸰ *n* / system *n*, network *n*, power system, grid *n*, line *n*, a.c. line, power grid, segment *n*, supply *n*, line or mains or supply system || ⸰ *n* / electrical power system, electricity supply system || ⸰ *n* (Versorgungsnetz) / supply system, supply line, mains *n*, electrical power network, power mains || ⸰ **(gelöschtes)** *n* / compensated system || ⸰ **Ein/Aus** *n* / Power On/Off (deactivation of power supply) || ⸰**für Vielfachzugriff mit Aktivitäts- und Kollisionserkennung** / carrier sense multiple access with collision detection network (CSMA/CD network) || ⸰ **für Vielfachzugriff mit Aktivitätserkennung und Kollisionsvermeidung** / carrier sense multiple access with collision avoidance network || ⸰ **mit Erde als Rückleitung** / earth return system, ground return system (US) || ⸰ **mit Erdschlusskompensation** / resonant-earthed system, system earthed through an arc-suppression coil, ground-fault-neutralizer-grounded system, system earthed with arc-extinction coil || ⸰ **mit FI-Schutzeinrichtung** / system with ELCBs || ⸰ **mit geerdetem Sternpunkt** / earthed-neutral system, grounded-neutral system (US) || ⸰ **mit isoliertem Sternpunkt** (o. Nullpunkt o. Mittelpunkt) / isolated-neutral system || ⸰ **mit nicht wirksam geerdetem Sternpunkt** / system with non-effectively earthed neutral, non-effectively earthed neutral system || ⸰ **mit niederohmiger Sternpunkterdung** / impedance-earthed system || ⸰ **mit starrer Sternpunkterdung** / system with solidly earthed (o. grounded) neutral, solidly earthed (o. grounded) system || ⸰ **mit über Löschspule geerdetem Sternpunkt** / earth-fault-neutralizer-grounded system, ground-fault-neutralizer-grounded system, system earthed through an arc-suppression coil, resonant-earthed system || ⸰ **mit wirksam geerdetem Sternpunkt** / effectively earthed neutral system, system with effectively earthed neutral || **vom** ⸰ **trennen** / isolate from the supply, disconnect from the supply | **Speicher~** *n* / storage mesh
Netz·abbild *n* / PI table || ⸰**ableitkapazität** *f* / leakage capacitance || ⸰**abschaltung** *f* (Abschaltung des Netzes) / line disconnection, network shutdown || ⸰**abschaltung** *f* (Abschaltung vom Netz) / disconnection from line, disconnection from supply || ⸰**abschluss** *m* / network termination || ⸰**abschlusseinheit** *f* / network termination unit || ⸰**adapter** *m* / line adapter, line adapter connector || ⸰**aderbildung** *f* / checking *n* || ⸰**administrator** *m* / network

Netzanschluss 598

administrator || ₂**analysator** *m* / network analyzer || ₂**analyse** *f* (NA) / network analysis (NA) || ₂**anbindung** *f* / power link || ₂**ankopplung** *f* / grid-connected operation || ₂**anomalie** *f* IEC 50(448) / power system abnormality || ₂**anpasstransformator** *m* / matching transformer || ₂**anpassung** *f* / matching purpose || ₂**anschaltung** *f* / mains supply interface, mains supply

Netzanschluss *m* / supply connection, connection to supply system, connection to power supply, mains connection, system connection, network connection || ₂ *m* (Endpunkt, durch den Signale in ein Netz eintreten oder es verlassen können) / port || ₂ *m* (Klemme) / mains terminal, line terminal || ₂ **Stromversorgung** / power supply || **direkter** ₂ / direct line connection || **dreiphasiger** ₂ / three-phase mains connection || **einphasiger** ₂ / single-phase mains connection || **mit** ₂ / mains-operated *adj* || ₂**gerät** *n* / power pack, power supply unit || ₂**klemme** *f* / mains terminal, line terminal || ₂**klemme** *f* (HG) / terminal for external conductors || ₂**leitung** *f* (z.B. f. Trenntrafo, Sicherheitstrafo) EN 60742 / power supply cord || ₂**spannung** *f* / supply voltage, system voltage, mains voltage || ₂**teil für batteriebetriebene Geräte** VDE 0860 / battery eliminator IEC 65

Netz·architektur *f* / network architecture || ~**artige Struktur** / network structure || ₂**aufbau** *m* / network topology, network configuration || ₂**auftrennung** *f* / network splitting, islanding *n* || ₂**ausdehnung** *f* / length of the network, network span

Netzausfall *m* / mains failure, power failure, supply failure, powerfail *n* (computer system), voltage failure, power outage || ₂**-Meldeleitung** *f* (Treiber, MPSB) / a.c. fail driver || ₂**prüfung** *f* / a.c. input failure test || ₂**pufferung** *f* / mains buffering || ₂**schutz** *m* / power failure protection, battery backup || ~**sicher** *adj* / powerfail-proof *adj* || ₂**überbrückung** *f* / mains buffering, power loss ride-through || ₂**brückungszeit** *f* / mains buffering time

Netz·ausläufer *m* / dead-end feeder || ₂**ausschaltablauf** *m* (MPSB) / power-down sequence || ₂**-Ausschaltvermögen** *n* / mainly active load breaking capacity IEC 265 || ₂**automatisierung** *f* / network automation

Netz·basismodul *n* / basic network module || ₂**bedingungen** *f pl* / system conditions || ₂**beeinflussung** *f* / starting inrush || ₂**benutzungsgebühr** *f* / transit charge || ₂**berechnung** *f* / network calculation || ₂**betreiber** *m* (Kommunikationsnetz) / operating agency, network operator || ₂**betrieb** *m* / operation in parallel to the public supply

netzbetrieben *adj* / mains-operated *adj*

Netz·betriebsführung *f* / power system management, network control || ₂**bilddarstellung** *f* / network representation || ₂**bremsung** *f* (el. Masch.) IEC 50(411) / dynamic braking || ₂**brummen** *n* / system hum || ₂**darstellung** *f* / network representation || ₂**datenmodell** *n* (Datenmodell, dessen Bildungsmuster auf einer Netzstruktur beruht) / network model

Netzdrossel *f* / line reactor, compensating reactor, input reactor, a.c. reactor || ₂ **erforderlich** / chokes are required || ₂ **für Frequenzumrichter** / mains reactor for frequency converter

Netz·durchführung *f* / line input loopthrough || ₂**durchführungsbaugruppe** *f* / line input loopthrough board || ₂**ebene** *f* / network level || ₂**-Ein** / power up, power on switch || ₂**einbruch** *m* / system voltage dip, supply voltage dip, system voltage depression, voltage dip || ₂**eingang** *m* / supply input || ₂**einkopplung** *f* / networking *n* || ₂**-Ein-Modul** *n* / power on module || ₂**einschaltablauf** *m* (MPSB) / power-up sequence || ₂**-Ein-Schalter** *m* / power on switch, power up || ₂**einschalttest** *n* / check on power up || ₂**einschub** *m* / plug-in (o. withdrawable) power-supply module || ₂**einspeisemodul** *n* (NE-Modul) / mains supply module || ₂**einspeiseregelung (VIC)** *f* / Vector Infeed Control (VIC) || ₂**einspeisung** *f* (NE) / system supply, mains supply (MS) || ₂**einspeisung** *f* (ins Netz eingespeiste Leistung) / input to network || ₂**einspeisung (NE)** *f* / feeding into the grid || ₂**einstellung** *f* / network setting || ₂**elektrode** *f* / mesh electrode, field mesh || ₂**entkopplungsfaktor** *m* / mains decoupling factor || ₂**entkopplungsmaß** *n* / mains decoupling factor || ₂**entstörung** *f* / interference suppression || ₂**erdungspunkt** *m* / source earth, power system earthable point

netzerregtes Relais / mains-held relay

Netzersatzaggregat *n* / stand-by generating set, emergency generating unit

netzfähig *adj* / with networking capability || **nicht ~** / with no networking capability

Netzf·ehler *m* / supply failure || ₂**fehlzustand** *m* IEC 50(448) / power system fault

netzferne Anlage / stand-alone system

Netzfilter *n* / line filter, mains filter, network filter || ₂**baustein** *m* / system filter module, line filter module

Netz·filterpaket *n* / mains filter kit || ₂**flusstheorie** *f* / network flow theory || ₂**folgestrom** *m* / follow current || ₂**form** *f* / network configuration, system configuration, line system configuration, system type

netzfrequent *adj* / at system frequency, power-frequency *adj*, line-frequency *adj* || ~**e Einschaltdauer** / ON time at power frequency || ~**e Komponente der Netzspannung** DIN IEC 22B (CO)40 / line-frequency line voltage || ~**e Komponente des Netzstroms** DIN IEC 22B(CO) 40 / line-frequency line current || ~**e wiederkehrende Spannung** / power-frequency recovery voltage, normal-frequency recovery voltage || ~**e Zusatzverluste** / fundamental-frequency stray-load loss || ~**er Nennstrom** / nominal power-frequency current, nominal current at system frequency

Netzfrequenz *f* / system frequency, line frequency, power-line frequency, power frequency, power supply frequency || ₂**abhängigkeit** *f* / line-frequency sensitivity, frequency sensitivity || ₂**abweichung** *f* (zul. Normenwert) / variation from rated system frequency || ₂**schwankung** *f* / fluctuation of the frequency of the mains

Netzführung *f* / power system management, network control || ₂ *f* / line commutation, natural commutation || ₂ **der elektrischen Energieversorgung** / network management,

administration of electric power systems
Netzführungsplanung *f* / management forecast of a system IEC 50(603)
Netzgebilde *n* / network configuration, system configuration
netzgebundene bidirektionale Übertragung (NBÜ) / two-way mains signalling
netzgeführt *adj* / line-commutated *adj* || **~er Stromrichter** / line-commutated converter, phase-commutated converter || **~er Wechselrichter** / line-commutated inverter
Netz·gegenparallelschaltung (NGP) / line-side inverse-parallel connection || **~gekoppelte Anlage** / grid-linked system || **₂-Geländeplan** *m* / network map
netzgelöschter elektronischer Schalter / line-commutated electronic switch (LCE)
Netzgerät *n* (NG) / power supply unit (PSU), power pack, power supply, load power supply unit || **geregeltes ₂** / stabilized power supply unit || **getaktetes ₂** / switched-mode power supply unit || **ungeregeltes ₂** / non-stabilized power supply || **₂komponente** *f* / power supply unit (PSU), power pack, power supply, load power supply unit
netzgespeist *adj* / mains-operated *adj* || **~er statischer Erreger** / potential-source static exciter
Netz·gestaltung *f* / system configuration || **₂gleichrichter** *m* / power rectifier || **₂grundschwingung** *f* / system fundamental power || **₂grundschwingungsleistungsfaktor** *m* / line-side fundamental power factor, system fundamental power factor || **₂gruppe** *f* / network cluster || **₂impedanz** *f* / system (o. network) impedance, supply impedance || **₂infrastruktur** *f* / network infrastructure || **₂insel** *f* / network island
Netz·kabel *n* / power cable, line supply cable || **₂kapazität** *f* / system capacitance || **₂karte** *f* / network card || **₂kennzahl** *f* / destination code || **₂klemme** *f* / line terminal, supply terminal, power supply terminal || **₂knoten** *m* / network node, network junction, node *n* || **₂knotenschnittstelle** *f* / network node interface (NNI) || **₂kommandostelle** *f* / system control centre || **₂kommutierung** *f* / line commutation, natural commutation || **₂kommutierungsdrossel** *f* / line commutating reactor, line reactor, line-side commutation reactor || **₂kompensation** *f* / static var compensation system || **₂komponente** *f* / network component || **₂konfiguration** *f* / network configuration, system configuration || **₂konfigurator** *m* / network topology, network status processor || **₂konstante** *f* / system constant || **₂koppelung** *f* / inter-network connection || **₂koppler** *m* (zur Verbindung verschiedenartiger Systeme) / gateway *n* (GWY), network coupler || **₂kopplung** *f* / grid-linked operation || **₂kopplungsgerät** *n* / invertor *n* || **₂kopplungsmaß** *n* / mains coupling factor || **₂kostenbeitrag** *m* / capital contribution to network costs
Netzkuppel·leitung *f* / tie-line *n*, interconnection line || **₂schalter** *m* / system-tie circuit-breaker, mains tie circuit-breaker, tie-point circuit-breaker || **₂transformator** *m* / system interconnecting transformer, network interconnecting transformer, line transformer, grid coupling transformer, grid coupler

Netz·kupplung *f* / system tie, network interconnection, system interconnection || **₂kupplungsstelle** *f* / tie point || **₂kupplungsumformer** *m* / system-tie frequency converter || **₂kurzschlussleistung** *f* / system fault level, network short-circuit power, fault level, supply short circuit power || **₂ladeleistung** *f* / line charging capacity || **₂lampe** *f* (f. eingeschaltetes Netz) / POWER-ON lamp
Netzlast *f* / network loading, network load, load in a system, system load || **₂** *f* (überwiegend Wirklast) VDE 0670,T.3 / mainly active load IEC 295 || **₂-Ausschaltvermögen** *n* VDE 0670, T.3 / mainly active load breaking capacity IEC 265
Netz·laufzeit *f* (zweimal die Zeitspanne, die ein Bit braucht, um in einem Busnetz zwischen den zwei am weitesten voneinander entfernten Datenstationen übertragen zu werden) / round-trip propagation time || **₂leistungsfaktor** *m* / line power factor || **₂leistungszahl** *f* / power rating number || **₂leistungszahlkompensation** *f* / bias offset || **₂leiter** *m* (Anschlusskabel) / supply-cable conductor, phase conductor || **₂leitrechner** *m* / network control computer || **₂leitstelle** *f* / power system control centre, system (o. network) control centre, load dispatching centre, technical coordination center, system control centre || **₂leitstelle (NLS)** *f* (Ort, an dem sich ein Leitgerät befindet) / control center || **₂leitsystem** *n* / power system control system, power management system || **₂leittechnik** *f* / power system management, power system control, network control technology, power systems control || **₂leitung** *f* / mains cable, power cable, line supply cable || **₂leitungsfilter** *m* / interference suppression device || **₂leitwarte** *f* / load dispatch center, control center || **₂löschen** *n* / Power On Reset (PORESET) || **₂löschung** *f* (Kommutierung) / line commutation || **₂management** *n* / administration *n* || **₂managementfunktion** *f* / network management function || **₂managementsystem (NMS)** *n* / Network Management System (NMS) || **₂manteldrahtelektrodenschweißen** *n* / spiral-wound coated wire electrode welding || **₂maschine** *f* / web machine || **₂mittel** *n* / wetting agent, spreading agent
Netzmodell *n* / network analyzer || **dynamisches ₂** / transient network analyzer (TNA), transient analyzer || **₂tests** *m pl* / net model tests
Netz·modul *n* / mains module, power pack || **₂nachbildung** *f* / artificial mains network, line impedance stabilization network, standard artificial mains network || **₂nennspannung** *f* / mains/line rated voltage, line rated voltage || **₂nummer** *f* / network number || **₂oberwellen** *f pl* / supply harmonics || **₂objekt** *n* / network object || **₂parallelbetrieb** *n* / networking *n* || **~parallele Anlage** / utility connected system || **₂-Parallellauf** *m* / operation in parallel with system || **₂parameter** *m* / system parameter, network parameters, network parameter || **₂pendeln** *n* / power swing || **₂performance** *f* / network performance
Netzplan *m* / network plan, network diagram || **topologischer ₂** / topological diagram of network || **₂technik** *f* (NPT) / network planning, network planning technique

Netz·planung *f* / power system planning || ~**protokoll** *n* / network protocol || ~**protokoll für Fertigungsautomatisierung** / manufacturing automation protocol (MAP) || ~**prüfer** *m* / mains tester (o. analyzer) || ~**rahmen** *m* / network frame || ~**/Relais-Platine** *f* / network/relay board || ~**rechner** *m* / network control computer || **externe** ~**reduktion** / external network reduction || ~**regler** *m* / system regulator || ~**rückruf** *m* (Rückruf eines Teilnehmers an das Netz während der Sendungsphase des Anrufs, um Leistungsmerkmale anzufordern) / network recall || ~**rückschalteinheit** *n* (NRE) / static bypass switch (SBS)
Netzrückspeisung *f* / power recovery (to system), energy regeneration, regeneration of energy, regenerative feedback, regeneration to the system, energy feedback to the power supply, regeneration
Netzrückspeisungsunterwerk *n* / receptive substation
Netzrückwirkung *f* / system perturbation, reaction on system, mains pollution, phase effect, phase effects on the system, line harmonic distortion || ~ *f* (durch Mot.-Einschaltung) / starting inrush
Netzschalter *m* / mains switch, line switch, mains breaker, main switch, line side switch || ~ *m* (am Gerät) / power switch || **allpoliger** ~ VDE 0860 / all-pole mains switch IEC 65
Netz·schema *n* / system diagram || **Betriebs-**~**schema** *n* / system operational diagram || ~**schnittstelle** *f* / PV system/utility interface, utility interface || ~**schnittstellensteuerung** *f* / network interface controller (NIC) || ~**schonend** *adj* / with low supply stressing || ~**schutz** *m* / power system protection, line protection, network protection, line contactor || ~**schütz** *n* / line contactor, mains contactor || ~**schutzeinrichtung** *f* / mains-protection equipment || ~**schutzsignal** *n* / teleprotection signal || ~**schwankung** *f* / mains power variance || ~**schwankungsunempfindlichkeit** *f* / Mains Power Variance Immunity (MVI) || ~**segment** *n* (z.B. eines ESHG-Netzes) / network segment || ~**seite** *f* / line side, supply side, input end
netzseitig *adj* / line side, on line side || ~ **ungesteuerter Stromrichter** / uncontrolled line-side rectifier || ~**e Leistungskomponenten** / line-side power components || ~**e Wicklung** (SR-Trafo) VDE 0558,T.1 / line winding IEC 146 || ~**er gesteuerter Umrichter** / controlled line-side converter || ~**er Gleichrichter (LSR)** / line-side rectifier (LSR) || ~**er Stromrichter (LSC)** / line-side converter (LSC) || ~**er Umrichter** / controlled line-side converter || ~**er ungesteuerter Umrichter** / uncontrolled line-side converter || ~**er Verschiebungsfaktor** / input displacement factor
Netzsicherheit *f* / system (o. grid o. network) security, supply continuity
netzsicherheits·kontrolliertes Schalten / clock control, Security Checked Switching || **dynamische** ~**rechnung** / dynamic security analysis
Netz·sicherung *f* / line fuse, mains fuse || ~**sicht** *f* / network view || ~**simulation** *f* / power system simulation (PSS)
Netzspannung *f* / system voltage, line voltage, mains voltage, supply voltage, a.c. line voltage || **periodischer Spitzenwert der** ~ / repetitive peak line voltage (ULRM)
Netzspannungsabfall *m* / system voltage drop, line drop
netzspannungsabhängig·e Auslösung / tripping dependent on line voltage || ~**er Fehlerstromschutzschalter** (DI-Schalter) / r.c.c.b. functionally dependent on line voltage
Netzspannungs·abweichung *f* (zul. Normenwert) / variation from rated system voltage || ~**ausfall** *m* / power failure, mains failure, line voltage dropout, line voltage failure || ~**einbruch** *f* / voltage dip, power dip || ~**erfassung** *f* / Voltage Sensing Unit (VSU) || ~**konstanthalter** *m* / mains voltage stabilizer || ~**schwankung** *f* / line voltage fluctuation || ~**schwankungen** *f pl* / line voltage fluctuations || ~**störung** *f* / supply fault || ~**unabhängige Auslösung** / tripping independent of line voltage || ~**unabhängiger Fl-Schutzschalter** / r.c.c.b. functionally independent on line voltage || ~**wiederkehr** *f* / system voltage recovery
Netz·-Speicher-Röhre *f* / mesh storage tube || ~**spezifischer Parameter** / network-specific parameter || ~**springen** *f* / network weaving || ~**stabilisiergerät** *n* / power system stabilizer || ~**stabilität** *f* / power system stability, network stability || ~**statik** *f* / droop of system, network statics
Netzstation *f* / substation *n*, unit substation || ~ **mit niederspannungsseitiger Selektivität** / secondary selective substation || ~ **mit oberspannungsseitiger Selektivität** / primary selective substation
Netz·steckdose *f* / mains socket-outlet, power receptacle || ~**stecker** *m* / mains plug, power plug || ~**sternpunkt** *m* / system neutral || ~**steuerphase** *f* / network control phase || ~**steuersatz** *m* / line-side converter firing circuit || ~**steuersatzsoftware** *f* / line trigger circuitry set || ~**steuervorgang** *m* / control action || ~**störfestigkeit** *f* / mains immunity || ~**störfestigkeitsfaktor** *m* / mains-interference immunity factor, mains-interference ratio || ~**störung** *f* / system disturbance, line fault, system trouble || ~**störung** *f* (Störung, die zu einem totalen oder teilweisen Ausfall eines Netzes führt) / system incident || ~**störungsmanagement** *n* / outage management (OMS) || ~**störunterdrückung** *f* (Unterdrückung vom Netz herrührender Störgrößen) / Power Supply Rejection (PSR)
Netzstrom *m* / line current || ~**richter** *m* / line-side rectifier, power supply || ~**richter, ungesteuert** (NSU) / uncontrolled line-side rectifier || **selbstgeführter** ~**richter** / self-controlled power supply PWM || ~**versorgung** *f* / connection *n* || ~**wandler** *m* / line current transformer
Netzstruktur *f* / network configuration, system configuration, network topology, network structure || ~ **ohne Leitungsabschluss** / network structure without line termination
Netz-Strukturelement *n* / system pattern
Netztechnologie *f* / network technology
Netzteil *n* (Netzanschlussgerät) / power supply unit, power pack, power supply (PS), power supply module, power section, power supply module SV || ~ **mit Datenentkopplung** / power pack unit with data decoupling circuit, power supply unit with data decoupling, power supply unit with data decoupling circuit || **externes** ~ / external power-

supply unit, external power pack || **getaktetes** ⚔ / switched-mode power supply unit || **Schalt~** / switched-mode power supply (SMPS), chopper-type power supply unit

Netz·teilnehmer *m* / network station, network node || ⚔**teil-Übertrager** *m* / power transformer, power unit transformer || ⚔**-Terminator Basisanschluss (NTBA)** / network termination basic access (NTBA) || ⚔**topologie** *f* / network topology, topology of the network || ⚔**transformator** *m* / transmission transformer mains transformer, power transformer, line transformer || ⚔**transformator** *m* (Haupttransformator) / main transformer || ⚔**transformator** *m* (Maschennetz) / network transformer || ⚔**trenneinrichtung** *f* / mains disconnection device, disconnector unit || ⚔**trennschalter** *m* / main line disconnect switch || ⚔**trennung** *f* / system decoupling || ⚔**übergang** *m* / network transition, gateway *n* || ⚔**übergangseinheit** *f* (eine Funktionseinheit, die zwei Rechnernetze mit unterschiedlicher Netzarchitektur miteinander verbindet) / gateway *n* || ⚔**übergangskomponente** *f* / gateway component || ⚔**übersichtsbild** *n* / network overview map, system overview display || ⚔**überspannung** *f* / high voltage rating, overvoltage *n* || ⚔**überwachung** *f* / line monitoring || ⚔**überwachungsmodem** *n* / master modem || ⚔**überwachungsrelais** *n* / line monitoring relay || ⚔**umschalter** *m* / system selector switch, load transfer switch (o. breaker) || ⚔**umschaltgerät** *n* / transfer switching device, transfer switch || ⚔**umschaltsteuergerät** *n* / transfer control device || ⚔**umschaltung** *f* / system transfer || ⚔**umwandlung** *f* / network conversion, network transformation || **~unabhängige Anlage** / stand-alone system || **~unabhängiger Betrieb** / off-mains operation || ⚔**unterbrechung** *f* / mains break, instantaneous power failure, line interruption, supply interruption || ⚔**unterspannung** *f* / low voltage supply, low voltage rating, undervoltage *n*

Netz·variable *f* / system state variable || ⚔**verbund** *m* / network (o. system) interconnection, internetworking *n*, grid *n* || **~verbundene Anlage** / grid-connected system || ⚔**verhalten** *n* / system reaction || ⚔**verhältnisse** *n pl* / power supply conditions || ⚔**verluste** *m pl* / network losses, system losses, transmission and distribution losses || ⚔**versorgung** *f* VDE 0558, T.5 / prime power || ⚔**versuch** *m* (Hochspannungs-Lastschalter) / field test (high-voltage switches) || ⚔**verträglichkeit** *f* / grid compatibility || ⚔**verwaltung** *f* / administration *n* || ⚔**wächter** *m* / line monitor || ⚔**warte** *f* / system (o. network) control centre || ⚔**-Wechselspannung** *f* / a.c. supply voltage

netzweiter Dateizugriff / remote file access

Netzwerk *n* / network *n* || ⚔ *n* (NW) / network *n* || ⚔ *n* / mesh *n* || ⚔ **für multifunktionale Mikrosysteme (NEXUS)** *n* / Network of Excellence in Multifunctional Microsystems (NEXUS) || ⚔ **mit vier Klemmen** / four-terminal network || **faseroptisches** ⚔ / fibre-optic network || **induktiv-kapazitives** ⚔ / inductance-capacitance network || **lokales** ⚔ / local area network (LAN), bus-type local area network, bus-type network, multipoint LAN, multidrop network, bus *n*, LAN ||

⚔**analysator** *m* / network analyzer || ⚔**analyse** *f* / network analysis || ⚔**analyseprogramm** *n* (NAP) / network analysis program (NAP) || ⚔**anschaltung** *f* / network connection, network interface connection || ⚔**anschluss** *m* / network connection || ⚔**anschlusseinheit** *f* / network access unit (NAU) || ⚔**architektur** *f* / network architecture || ⚔**ausstatter** *m* / Network Equipment Provider (NEP) || ⚔**belastung** *f* / network load || ⚔**betrieb** *m* / network operation || ⚔**drucker** *m* / network printer || ⚔**ende** *n* / end of segment, end of the network || ⚔**-Entwicklungssystem** *n* / network development system (NDS)

netzwerkfähig *adj* / network-capable

Netzwerk·-gespeistes Gerät *n* (Gerät, das seine Leistung vom Netzwerk oder Bus bezieht (im Unterschied zu einem stromnetzgespeisten Gerät)) / network-powered device || ⚔**karte** *f* / network card || ⚔**komponente** *f* / network component, LAN component || ⚔**koppler** *m* / network coupler || ⚔**leitung** *f* / network line || ⚔**management** *n* / network management || ⚔**managementmodul** *n* / network management module || ⚔**management-Tool** *n* / network management tool || ⚔**-Manager** *m* / network manager || ⚔**nummer** *f* / network number || ⚔**protokoll** *n* / network protocol || ⚔**rahmen** *m* / network frame || ⚔**rechner** *m* / network computer || ⚔**regeln** *f pl* / netiquette *n* || ⚔**schnittstelle** *f* / network interface || ⚔**-Schnittstellenkarte** *f* / network interface card (NIC) || ⚔**struktur** *f* / network structure || ⚔**synthese** *f* / network synthesis || ⚔**technik** *f* / network technology, network engineering || ⚔**theorie** *f* / network theory || ⚔**topologie** *f* / topology *n* || ⚔**übergang** *m* / network-interworking || **~übergreifend** *adj* / cross-network, network-wide || ⚔**überwachung** *f* / network monitoring || ⚔**umleitung** *f* / network redirection || ⚔**-Variable** *f* / network variable || ⚔**verbindung** *f* / network *n*, network connection || ⚔**vorlage** *f* / network model

Netz·wicklung *f* / line winding, power-system winding, primary winding || ⚔**wiederkehr** *f* / resumption of power supply, system recovery, power restoration, restoration of supply (o. power), power recovery || ⚔**wirkverbrauch** *m* / active network load || ⚔**wirkverluste** *m* / active network losses || ⚔**wischer** *m* / transient system fault

Netz·zugang *m* / user-network access || ⚔**zugangsprotokoll** *n* (E DIN IEC 1(CO) 1324-716) / access protocol || ⚔**zugangspunkt** *m* / network access point, TAP (terminal access point) || ⚔**zugangspunkt** *m* (LAN) / terminal access point || ⚔**zugangsverbindung** *f* DIN ISO 8208 / logical channel || ⚔**zugangsverbindung für ankommende und abgehende Rufe** / two-way channel || ⚔**zugriffseinheit** *f* (NZE) / network access unit (NAU) || ⚔**zugriffspunkt** *m* / network access point || ⚔**zuleitung** *f* / mains power input, main supply conductor || ⚔**zusammenbruch** *m* / system collapse, blackout *n* || ⚔**zusammenschluss** *m* / network (o. system) interconnection || ⚔**zuschaltung** *f* / power up || ⚔**zweig** *m* / network branch, system branch

neu *adv* / new || ~ *adv* (Speicher) / warm boot || **~ ausgießen** / re-line, re-metal *v* || **~ auswuchten** / re-balance *v* || **~ belegen** / replace the segment

Neu 602

assembly || ~ **eingeben** / re-enter v || ~ **im Web** / What's New || ~ **laden** / reboot n, warm boot || ~ **laden** (Programm) / bootstrap v || ~ **nachweisen** / re-prove v, re-test v || ~ **nummerieren** / renumber n || ~ **schreiben** / re-write v || ~ **starten** / restart n, boot v || ~ **vermessen** / re-measure v || ~ **wickeln** / re-wind v || ~ **zeichnen** / redraw v
Neu·abgleich m / readjustment n || ⸗**anlauf** m / cold restart (program restarts from the beginning), restart n, warm restart, new ramp-up || ⸗**anschaffung** f / new purchase || ⸗**aufbau** m / (screen) refresh, regeneration n || ⸗**auflage** f / new edition || ⸗**ausgabe** f / reissue n || ⸗**bescheinigung** f / re-certification n
neue Ausführung f / new version || ~ **Isolierflüssigkeit** / unused insulating liquid || ⸗ **Kontur anlegen** / Create new contour || ⸗ **Nachrichten verwerfen** / Ignore message, Discard new messages
Neu·einschreiben n / re-write n || ⸗**einstufung** f / re-grade n || ⸗**entflechtung** f / redesign n || ⸗**entwicklung** f / new development
Neuer Füllstand / New filling level || ⸗ **Nutzen** / New cluster
Neuerzeugung f / new creation
Neues Programm anlegen / Create new program || ⸗ **Werkzeug anlegen** / Create new tool || ⸗ **Werkzeug einwechseln** / Load new tool
Neu·grad m / gon n, new degrees || ⸗**heit** f pl / news plt || ⸗**inbetriebnahme** f / recommissioning n || ⸗**initialisierung** f / re-initialization n || ⸗**installation** f / installation for the first time || ⸗**kalibrierung** f / re-calibration n || ⸗**konstruktion** f / re-design n || ⸗**konstruktion-Mitteilung** f / production release || ⸗**konstruktionsbesprechung** f / mechanical design meeting || ⸗**kurve** f / initial magnetization curve, virgin curve || ⸗**magazin** n / new magazine || ⸗**metall** n / virgin metal || ⸗**öl** n / unused metal, new oil || ⸗**parametrierung** f / new parameterization || ⸗**positionierung** f / repositioning n || ⸗**projektierung** f / re-engineering n || ⸗**prüfung** f / re-inspection
neuronal adj / neural, neuronal || ~**e Quadrantenfehler-Kompensation (NQFK)** / neural quadrant error compensation (NQEC) || ~**es Netz** / ANN, neuronal net, neural network, Artificial Neural Net
Neu·seite f (Bildschirm) / new page || ⸗**silber** n / German silver || ⸗**spindel** f / new spindle
Neustart m / restart n || ⸗ m / cold restart (program restarts from the beginning) || **manueller** ⸗ / manual cold restart || ⸗**merker** m / cold start flag || ⸗**zweig** m (NZ) / cold restart branch (CRB)
Neu·system n / new system || ⸗**teil** n / new part || ⸗**teilebezug** m / purchase of new parts || ⸗**teilelager** n / new parts store
neutral adj / neutral adj, non-polarized, mean adj || ~ **streuender Körper** / neutral diffuser, non-selective diffuser || ~**e Faser** / neutral axis || ~**e Flamme** / neutral flame || ~**e Raumladung** / neutral space charge, zero space charge || ~**e Schicht** / neutral plane, neutral surface, neutral layer || ~**e Stellung** (Bürsten) / neutral position || ~**e Zone** / neutral region || ~**e Zone** (Kommutatormasch.) / neutral zone, neutral plane
Neutralelektrolyt-Luft-Zink-Batterie f / neutral-electrolyte air-zinc battery

neutral·er Zustand / neutral state || ~**es Relais** / non-polarized relay, neutral relay, non-directional relay
Neutralfilter n / neutral filter
Neutralisationszahl f / neutralization value, neutralization number
neutralisieren v / neutralize v
Neutralleiter m (N) / neutral conductor (N), neutral n ⸗ m (ein mit dem Mittelpunkt bzw. Sternpunkt des Netzes verbundener Leiter, der geeignet ist, zur Übertragung elektrischer Energie beizutragen) / neutral conductor || ⸗ **mit Schutzfunktion** / protective neutral conductor || ⸗**anschluss** m / neutral terminal || ⸗**-Anschluss** m / N conductor || ⸗**-Anschlussstelle** f / neutral conductor terminal || ⸗**schutz** m / neutral conductor protection || ⸗**strom** m / neutral conductor current || ⸗**-Trennklemme** f / isolating neutral terminal
Neutral·linie f (Magnet) / neutral line IEC 50(221) || ⸗**stellung** f / zero position, neutral n
neutralweiß adj / intermediate white, intermediate adj
Neutron n / neutron n
Neu- und Weiterentwicklungen / new development and upgrades
Neuwert m / value n || ⸗**meldung** f / new-value message (o. signal)
neuzeichnen v / redraw v
Neu·ziel n / next address || ⸗**zündung** f / re-ignition n IEC 56-1 || ⸗**zuordnung** f / reassignment n
NewDrive m / NewDrive
News·center n / Newscenter || ⸗**-Center-Applikation** f / News Center application
New Servo Drive (NSD) / New Servo Drive (NSD)
Newsletter·abbonierung f / newsletter subscription || ⸗**-Zentrale** f / Newsletter Center
Newton·meter m / newton meter || ⸗**sche Flüssigkeit** / newtonian liquid
NEXT / Near-End Crosstalk (NEXT)
NEXUS (Netzwerk für multifunktionale Mikrosysteme) n / Network of Excellence in Multifunctional Microsystems (NEXUS)
NF / low frequency || ⸗ (Niederfrequenz) / AF (audio frequency), LF (low frequency), VF (voice frequency) || ⸗**-Bereich** m (Tonfrequenzbereich) / AF range || ⸗**-Generator** m / low-frequency generator
N-FID / nitrogen-selective flame ionization detector (N-FID)
NFI-Schalter m / monitoring circuit-breaker
NF·-Kanal m / audio-frequency channel || ⸗**Leitung** f / VF line || ⸗**-Messkoffer** m (Nachrichtenmessung) / AF portable telecommunications test set
n-for / n-port network
NF·-PCM-Messgerät n / VF PCM test set || ⸗**-Pegel** m / VF level || ⸗**-Pegelmesser** m / AF level meter || ⸗**-Pegelsender** m / AF level oscillator
NFS / network file system (NFS)
NF-Strom m / low-frequency current (LF current)
NFU-Schalter m / voltage-operated neutral-monitoring e.l.c.b., (voltage-operated) neutral ground fault circuit interrupter (US)
NG / nominal size || ⸗ (Netzgerät) / power supply, power pack, load power supply unit, PSU (power supply unit)
NGH-Schaltung f (nach N.G. Hingorani) / NGH scheme

NGN *n* / next generation network (NGN)
NGP (Netzgegenparallelschaltung) / line-side inverse-parallel connection
n-grädiger Kühler / heat exchanger for a temperature difference of n
NH / LV HRC || **⁓-Abdeckhaube** *f* / LV HRC cover
N-Halbleiter *m* / N-type semiconductor, electron semiconductor
NH-Kontaktabdeckung *f* / LV HRC contact cover || **⁓-Leitungsschutzsicherung** *f* / LV HRC fuse || **⁓-Reitersicherungsunterteil** / LV HRC bus-mounting fuse base || **⁓-Reiterunterteil** *n* / LV HRC bus-mounting base || **⁓-Schutzabdeckung** *f* / LV HRC protective cover || **⁓-Sicherung** *f* (Niederspannungs-Hochleistungssicherung) / l.v. h.b.c. fuse (low-voltage high-breaking-capacity fuse), l.v. h.r.c. fuse (low-voltage high-rupturing-capacity fuse) || **⁓-Sicherung 35A** / LVHRC fuse 35A || **⁓-Sicherungseinsatz** *m* / l.v. h.b.c. fuse-link, l.v. h.r.c. fuse-unit || **⁓-Sicherungsgriffzange** *f* / LVHRC fuse grippers || **⁓-Sicherungs-Lasttrennleiste** *f* / lv hrc in-line fuse switch disconnector || **⁓-Sicherungs-Lasttrennschalter** *m* / LV HRC fuse switch disconnector || **⁓-Sicherungsunterteil** *n* / LV HRC fuse base || **⁓-Signalmelder** *m* / LV HRC signal detector || **⁓-System** *n* (Niederspannungs-Hochleistungssicherungssystem) / l.v. h.b.c. fuse system (low-voltage high-breaking-capacity fusegear system) || **⁓-Trennwand** *f* / LV HRC partition || **⁓-Unterteil** *n* / LV HRC fuse base
Nibbel·funktion *f* / nibbling function || **⁓maschine** / nibbling machine || **~n** *v* / nibble *v* || **⁓n** / nibbling *n*
Nibbel-/Stanzsteuerung *f* / nibble/punch control
Nibbelwerkzeug *n* / nibbling tool
NIC / network interface card (NIC) || **⁓/LOM** / network interface card/LAN-on-motherboard (NIC/LOM)
NiCd-Akku *m* / NiCd battery
nicht abdruckbares Zeichen / non-printable (o. non-printing) character || **~ abgeglichen** / non-adjusted || **~ abgesättigte Bindungen** / dangling bonds || **~ abgestuft isolierte Wicklung** / non-graded-insulated winding, uniformly insulated winding || **~ abgestufte Isolation** / non-graded insulation || **~ abnehmbar** *adj* / non-detachable *adj* || **~ abschmelzende Elektrode** / non-consumable electrode || **~ absorbierte Standardfeldstärke** / standard unabsorbed field strength || **~ aktive Bedingungen** / non-active conditions || **~ angewählte Punkte** / not selected elements || **~ anlaufen** / fail to start || **~ ausführbare Anweisung** / non-executable statement || **~ austauschbares Zubehör** / non-interchangeable accessory || **~ ausziehbarer Leistungsschalter** / non-withdrawable circuit-breaker BS 4377, non-drawout circuit-breaker || **~ bedingungsgemäß** *adj* / nonconforming *adj*
nicht begrenzter Stoßkurzschlussstrom / prospective symmetrical r.m.s. let-through current || **~ begrenzter Strom** / prospective current (of a circuit) IEC 265, available current (US) || **~ beherrschte Fertigung** / process out of control || **~ belegt** / idle *adj* || **~ bereit** *adj* / not ready || **~ beschichteter Gewebeschlauch** / uncoated textile-fibre sleeving || **~ bleibender Einlegerung** /

temporary backing ring || **~ blockend** *adj* / non-blocking || **~ brennbar** / fireproof *adj* || **~ brennbares Material** / non-combustible material || **~ bündig einbaubarer Näherungsschalter** / non-embeddable proximity switch || **~ decodierbarer Befehl** / statement not decodable || **~ definierter Zustand** (FWT-Meldung) / indeterminate state (telecontrol message) || **~ deterministisches Verhalten** (fehlende Vorhersagbarkeit von Ausführungszeit und Ansprechverhalten mit Auftreten von Jitter) / non-deterministic behavior || **~ durchlaufende Einbrandkerbe** / intermittent undercut || **~ eigensichere Version** / non-intrinsically-safe version || **~ eindeutiger Fehlzustand** (Fehlzustand, in dem die Einheit in Abhängigkeit von der Art der Inanspruchnahme mit unterschiedlichem Ergebnis versagt) / indeterminate fault || **~ einstellbarer Auslöser** / nonadjustable release || **~ erfolgreicher Anruf** (Anrufversuch, der nicht zum Aufbau einer vollständigen Verbindung führt) / unsuccessful call || **~ erkannte Störungsdauer** / undetected fault time || **~ fabrikfertige Schaltgerätekombination** / custom-built assembly of l.v. switchgear and controlgear (CBA) IEC 431 || **~ fabrikfertiger Verteiler** / custom-built distribution board || **~ flüchtig** *adj* (Speicher, dessen Inhalt erhalten bleibt, wenn die Stromversorgung ausfällt) / non-volatile *adj* || **~ flüchtiger Speicher** / non-volatile memory || **~ funkend** (Lüfter) / non-sparking *adj* || **~ funktionsbeteiligte Redundanz** / standby redundancy || **~ funktionsfähige Maschine** / non-functioning machine || **~ gelieferte Energie** (E., die das Elektrizitätsversorgungsunternehmen wegen und während des ausgeschalteten Zustands nicht liefern konnte) / energy not supplied || **~ hinterlüftet** / non-ventilated || **~ in Betrieb** IEC 50 (191) / non-operating state || **~ instandzusetzende Einheit** / non-repaired item (an item which is not repaired after a failure) || **~ interpretierbarer Befehl** / illegal operation || **~ kippbarer Merkerzustand** / non-invertible flag || **~ kurzschlussfester Transformator** / non-short-circuit-proof transformer || **~ leiterselektiver Schutz** IEC 50(448) / non-phase-segregated protection
nicht maskierbarer Interrupt (NMI) / non-maskable interrupt (NMI) || **~ maßhaltig** / off gauge || **~ maßstäblich** / not to scale (n.t.s.), out of scale || **~ modales Dialogfeld** / non-modal dialog box || **~ näher beschriebener Fehler** / undefined error || **~ normgerecht** / non-standard *adj*, not to standards || **~ potentialbezogener Ausgang** (Mikroschaltung) DIN 41855 / output not referred to a potential || **~ potentialbezogener Eingang** (Mikroschaltung) DIN 41855 / input not referred to a potential || **~ projektierte Verbindung** / non-configured connection || **~ prozesskonformes Tailoring** / tailoring with process non conformity || **~ qualitätsfähig** / incapable of quality || **~ qualitätsfähiger Lieferant** / supplier incapable of quality || **~ schlussgeglühter, weichmagnetischer Stahl** IEC 50(221) / semi-processed electrical steel || **~ selbsthaltend** (Eigenschaft eines Wortes oder einer Anweisung, die nur in dem Satz wirksam ist,

nicht

in dem sie programmiert wurde) / non-modal *adj* || **~ selbsthaltendes Lager** / separable bearing || **~ selbsthemmende Antriebe** / non selfblocking actuators || **~ selbstmeldender Fehler** / not self-reporting fault, not self-signalling fault, latent fault || **~ selbsttätig rückstellender Schutz-Temperaturbegrenzer** VDE 0700, T.1 / non-self-resetting thermal cutout IEC 335-1 || **~ selbsttätig zurückstellender Temperaturbegrenzer** EN 60742 / non-self-resetting thermal cut-out || **~ sinusförmig** / non-sinusoidal *adj* || **~ stabilisiertes Differentialrelais** / unbiased differential relay, unrestrained differential relay || **~ stabilisiertes Stromversorgungsgerät** / non-stabilized power supply unit || **~ starre Sternpunkterdung** / non-solid earthing (GB), non-solid grounding (US) || **~ steuerbarer Stromrichterzweig** / non-controllable converter arm
nicht temperaturkompensiertes Überlastrelais / overload relay not compensated for ambient temperature || **~ trennende Schutzeinrichtung** / non-isolating protective equipment || **~ übereinstimmend** *adj* / nonconforming *adj* || **~ überlappender Kontakt** / non-shorting contact || **~ übertragener Lichtbogen** / non-transferred arc || **~ umkehrbarer Motor** / non-reversible motor, non-reversing motor || **~ unter Last ziehen oder stecken** / do not operate under load || **~ verbleibende Unterlage** / temporary backing || **~ verfügbar** / not available || **~ verfügbarer Zustand** / outage, disabled state || **~ verfügbarer Zustand wegen externer Ursachen** / external disabled state || **~ verfügbarer Zustand wegen interner Ursachen** (Fehlzustand einer Einheit oder Funktionsunfähigkeit einer Einheit während der Wartung) / down state || **~ verriegelbar** / non-interlocking *adj* || **~ verstopfend** / non-clogging *adj* || **~ vertragsgemäß** *adj* / not in conformance with the contract || **~ verwendet** / not used || **~ verwendeter Kabelanschluss** / redundant cable port || **~ verwendungsfähig** / unfit for use || **~ voll durchgeschweißte Naht** *f* / partial penetration weld || **~ vorgabekonform** *adj* / nonconforming *adj* || **~ vorhanden** *adj* / not available || **~ wahrnehmbar** / unnoticeable *adj* || **~ wertbarer Ausfall** / non-relevant failure || **~ zerlegbares Lager** / non-separable bearing || **~ zu wertender Ausfall** IEC 50(191) / non-relevant failure || **~ zulässiger Baustein** / illegal block || **~ zusammenhängendes Netzwerk** / unconnected network || **~ zwangsläufiger Antrieb** / limited drive
nicht-abbildender Konzentrator / non-imaging concentrator
nichtabklemmbarer Schnurschalter VDE 0630 / non-rewirable cord switch (CEE 24) || **~ Stecker** / non-rewirable plug, attachment plug
nicht·abnehmbarer Melder (Brandmelder) / non-detachable detector || **~abschaltbare Steckdose** / unswitched socket-outlet || **~abschmelzende Lichtbogenschweißelektrode** / non-consumable arc welding electrode (arc welding electrode that does not provide filler metal) || ⟂**abwurfspannung** *f* / non-reverse-operate voltage || **~agressive Flüssigkeit** / non-corrosive liquid || **~aktivierte Batterie** IEC 50(191) / unactivated battery || ⟂**anlauf** *m* / failure to start
Nichtansprech·erregung *f* / specified non-pickup

604

value, non-pickup value || ⟂**-Prüfwert** *m* / must non-operate value, specified non-pickup value (US) || ⟂**-Schaltstoßspannung** *f* / switching impulse voltage sparkover withstand, minimum switching-impulse sparkover voltage || **Prüfung der** ⟂**-Schaltstoßspannung** / minimum switching-impulse voltage sparkover test || ⟂**-Stoßspannung** *f* / minimum sparkover level || ⟂**-Wechselspannung** *f* / minimum power-frequency sparkover voltage || ⟂**wert** *m* / non-operate value, non-pickup value (US)
Nicht·antriebsseite *f* / non-drive end, N-end *n*, front *n* (US) || ⟂**antriebsseite einer Maschine** *f* / non-drive end of the machine || **~antriebsseitig** *adj* / non-drive-end *adj*, N-end *adj*, front-end *adj* || ⟂**anzeigen** *n* (Unterdrückung der Anzeige eines oder mehrerer Darstellungselemente) / blanking || ⟂**anzugsspannung** *f* / non-pickup voltage, non-operate voltage || ⟂**arbeitswert** *m* / non-operate value, non-pickup value (US)
nichtatmend *adj* / non-breathing *adj*
Nichtauslöse·fehlerstrom *m* (FI-Schutzschalter) / residual non-operating current || ⟂**kennlinie** *f* / non-tripping characteristic || ⟂**spannung** *f* / non-tripping voltage, non-operating voltage || ⟂**strom** *m* VDE 0660,T.101 / non-tripping current, conventional non-tripping current IEC 157-1, non-operating current || ⟂**-Überstrom** *m* / non-operating overcurrent || ⟂**zeit** *f* / non-tripping (o. non-operating) time, non-actuating time
nichtaustauschbar *adj* / non-interchangeable *adj* || ⟂**keit** *f* / non-interchangeability ||
nichtausziehbare Einheit / non-drawout unit, stationary-mounted assembly, fixed unit
nichtautomatisch·er Brandmelder / manual call point, manual alarm box || **~er Motorstarter** VDE 0660,T.104 / non-automatic starter IEC 292-1 || **~er Nebenmelder** / manual call point, manual alarm box || **~es Umschalten** VDE 0660,T.301 / non-automatic changeover IEC 292-3
Nicht·befolgen *n* / failure to follow || ⟂**befolgung der Vorschriften** / failure to comply with the regulations
nicht·begrenzte Einwirkung (über eine Verbindung zwischen Bedienteil und Schaltglied) / positive drive || **~beherrschte Fertigung** / process out of control || ⟂**benetzen** *n* (Lötung) / non-wetting *n* || ⟂**bereitzustand der Senke** DIN IEC 625 / acceptor not ready state (ANRS) || **~bestätigter Dienst** / non-confirmed service || **~betätigt** *adj* / unoperated *adj*
Nichtbetriebs·dauer *f* IEC 50(191) / non-operating time || ⟂**zeit** *f* (Zeitintervall, während dessen eine Einheit nicht in Betrieb ist) / non-operating time (time interval) || ⟂**zeitintervall** *n* / non-operating time (time interval) || ⟂**zustand** *m* (Zustand, in dem eine Einheit keine geforderte Funktion ausführt) / non operating state
nicht·bewehrtes Kabel / non-armoured cable || **~bindiger Boden** / cohesionless soil || **~bündiger Einbau** / non-flush mounting || **~busgekoppelt** *adj* / unbused *adj* || **~dämpfender Werkstoff** / non-damping material || **~dispersive Infrarotabsorption** (NDIR) / non-dispersive infrared absorption (NDIR) || **~dispersive Ultraviolettabsorption** (NDUV) / non-dispersive ultraviolet absorption (NDUV) || **~eigensicher**

adj / non-intrinsically safe || **~eindeutiger Fehlzustand** IEC 50(191) / indeterminate fault || ⌁**einhalten** *n* / failure to comply || ⌁**einhaltung der Anweisungen** *f* / noncompliance with the instructions
nichteinstellbar·e Verzögerung (Schaltglied) / fixed delay, nonadjustable delay || **~e Wicklung** / untapped winding || **~er Auslöser** / non-adjustable release (o. trip), fixed-setting release (o. trip)
Nichteisenmetall *n* (NE-Metall) / non-ferrous metal
nichtelastisch *adj* / non-elastic *adj* || **~e Verformung** / plastic deformation, permanent set
nichtelektrisch *adj* / non-electric *adj* (al) || **elektrische Messeinrichtung für ~e Größen** / electrically operated measuring equipment IEC 51 || **~es Kompensationsmessgerät** / indirect-acting instrument actuated by non-electrical energy
NICHT-Element *n* / negator *n*, inverter *n*
Nicht·erfüllung *f* (QS) DIN 55350,T.11 / noncompliance *n*, nonfulfilment *n* || **~explosionsgefährdeter Bereich** / non-hazardous area || ⌁**-Ex-Variante** *f* / non-Ex variant || **~faserndd** *adj* / non-linting *adj* || **~fluchtend** *adj* / misaligned *adj*
nichtflüchtig·er Speicher / non-volatile memory (NVM) || **~es RAM** / non-volatile RAM (NVRAM)
Nicht-FSK / custom-built assembly of l.v. switchgear and controlgear (CBA) IEC 431
nicht·funkender Lüfter / non-sparking fan || **~funkengebendes Betriebsmittel** (Ex nA) / non-sparking apparatus || **~-funktionsbeteiligte Redundanz** / passive redundancy, non-functional redundancy, standby redundancy
Nichtfunktions·prüfung *f* / non-operating test || ⌁**spannung** *f* / non-operate voltage
nicht·fusselnd *adj* / non-liming *adj* || **~gefährdeter Bereich** / non-hazardous area
nichtgeführt·e Drucktaste / free pushbutton IEC 337-2 || **~e Lagerstelle** / floating journal, non-located journal || **~er Druckknopf** VDE 0660,T. 201 / free pushbutton IEC 337-2
nicht·geladener Baustein / unprogrammed block || **~gepufferte Variable** / non-retentive variable || **~gleichberechtigte SAP** / subordinate welding supervisor
NICHT-Glied *n* / NOT element, NOT *n* IEC 117-15, NOT gate
nichtharmonisch *adj* / enharmonic *adj*
nichtharzend *adj* / non-resinifying *adj*, non-gumming *adj* || **~es Öl** / non-gumming oil
nichthierarchische Planung / nonhierarchical planning
Nicht·hinein-Lehre *f* / NO-GO gauge || **~idealer Regler** / actual controller || **~inhibiertes Isolieröl** / uninhibited insulating oil || **~intelligent** *adj* (z.B. Datenendstation, Datensichtgerät) / dumb *adj* || **~interpolierende Steuerung** / non-interpolation control (system) || **~interpretierbarer Befehl** / illegal operation || **~invertierender Verstärker** / non-inverting amplifier || **~ kalibrierpflichtig** / not subject to calibration || **~kartesisch** *adj* / non-Cartesian || ⌁**konformität** *f* / fault *n* || **~kornorientiertes Elektroblech** / non-oriented magnetic steel sheet
nichtkorrigierbarer Fehler / non-recoverable error, unrecoverable error
nichtleitend *adj* / non-conductive *adj*, non-conducting *adj* || **~er Raum** / non-conducting location || **~er Zustand** (HL-Ventil) / non-conducting state
Nichtleiter *m* / dielectric *n* || ⌁**bild** *n* / non-conductive pattern
nichtlinear *adj* / nonlinear *adj*, non-linear || **~e Betätigung** / nonlinear operating || **~e Entzerrung** / non-linearity correction || **~e Funktionsbaugruppe** / non-linear (o. translinear) function module || **~e gedrängte Skale** / non-linear contracting scale || **~e Gestängeanordnung** / nonlinear lever system || **~e Stellgliedbewegung** / nonlinear actuating || **~e Umsetzung** / non-linear conversion || **~e Verzerrung** / non-linear distortion, harmonic distortion, non-linearity distortion || **~es Kurvengetriebe** / non-linear cam gear
Nichtlinearität *f* / non-linearity *n* || ⌁ **der elektronischen Abstimmung** / electronic tuning non-linearity
nicht·listenmäßig *adj* / special *adj*, non-standard *adj* || **~-logische Verbindung** / non-logic connection || **~löschendes Lesen** / non-destructive read-out (NDRO) || **~lückender Betrieb** (Gleichstrom) / non-pulsating current operation, continuous flow, continuous flow of direct current || **~lückender Strom** / non-pulsating current, continuous current
nicht·magnetisch *adj* / non-magnetic *adj* || **~mechanischer Impulsgeber** / non-mechanical impulse device || **~metallisch** *adj* / non-metallic *adj* || ⌁**metall-Rohr** *n* / non-metallic conduit || **~monoton** *adj* / non-monotonic *adj* || ⌁**monotonie** *f* / non-monoticity *n*, non-monotony *n* || **~motorischer Verbraucher** / non-motor load || ⌁**negativitätsbedingung** *f* / non-negativity condition || **~-netzfähig** *adj* (Bussystem) / without network(ing) capacity
nicht-netzfrequent·e Komponenten / non-line-frequency components || **~-er Anteil** / non-line-frequency content || **~-er Gehalt** / relative non-line-frequency content
nicht-normalisierte Mantisse mit Vorzeichen / signed non-normalized mantissa
NICHT-Operator *m* / NOT operator
nichtpaarige Bindungen / dangling bonds
nichtparametrisch *adj* / non-parametric *adj*, distribution-free *adj* || **~er Test** DIN 55350,T.24 / distribution-free test
nichtperiodisch *adj* / non-periodic *adj*, aperiodic *adj*, non-repetitive *adj* || **~e Rückwärts-Spitzensperrspannung** / circuit non-repetitive peak reverse voltage || **~e Rückwärts-Stoßspitzensperrspannung** / non-repetitive peak reverse voltage || **~e Sperrspannung** / non-repetitive peak off-state voltage || **~e Überspannung** / transient overvoltage || **~er Spitzenwert der Netzspannung** / non-repetitive peak line voltage || **~er Vorgang** / non-periodic phenomenon, transient *n*, transient phenomenon
nichtpolarisiert *adj* / non-polarized *adj*
nicht·quellende Fugeneinlage / non-extruding joint filter || **~rastend** *adj* / non-latching *adj* || **~remanent** *adj* / non-latching *adj*, non-retentive *adj* || **~remanenter Merker** / non-retentive flag || **~reziproker Phasenschieber** / non-reciprocal phase shifter || **~reziproker Polarisationsrotator** / non-reciprocal polarization

nichtrostend 606

rotator, non-reciprocal wave rotator
nichtrostend *adj* / rustproof *adj*, non-rusting *adj*, stainless *adj* || **~er Stahl** / stainless steel
nicht-rotierend *adj* / non-rotating
Nichtrücksetzzustand *m* (Systemsteuerung) / clear not active state IEC 625 || **~ der Systemsteuerung** DIN IEC 625 / system control interface clear not active state (SINS)
nichtrückstellbarer Melder EN 54 / non-resettable detector
nichtschaltbar *adj* (Geber) / non-deactivatable *adj*, fast coupling || **~e Kupplung** / permanent coupling, fast coupling || **~e Steckdose** / unswitched socket-outlet
nicht schaltend *adj* / non-switching *adj* || **~schaltseite** *f* (el. Masch.) / back end, back *n* || **~schäumend** *adj* / non-foaming *adj* || **~schleifende Dichtung** / non-rubbing seal || **~schneidende Wellenanordnung** / non-intersecting shafting || **~selbstheilende Isolierung** VDE 0670, T.2 / non-self-restoring insulation IEC 129 || **~selbstheilender Kondensator** / non-self-healing capacitor || **~selbstmeldender Fehler** / non-self-revealing fault, latent fault
nichtselektiv absorbierender Körper / neutral absorber, non-selective absorber, neutral filter || **~ streuender Körper** / non-selective diffuser, neutral diffuser || **~er Strahler** / nonselective radiator
Nicht-Siemensmotor *m* / non-Siemens motor
nicht·sinusförmig *adj* / non-sinusoidal || **~spanabhebende Maschine** / non-cutting machine || **~spanend** *adj* / non-cutting *adj*
nichtspeichernd *adj* / non-latching *adj* || **~ *adj* (nichtremanent) / non-retentive *adj* || **~er Befehl** / non-holding instruction, non-latching instruction
nicht·staatliche Organisation / non-governmental organization || **~stabilisierte Stromversorgung** / non-stabilized power supply || **~starre Decke** / non-rigid pavement
nichtstationär *adj* / non-steady *adj*, transient *adj*, varying with time || **~e Strömung** / unsteady flow, non-stationary flow || **~er Zustand** / transient condition
nicht·steuerbare Schaltung / non-controllable connection || **~störanfälliges Bauteil** / infallible component || **~strahlende Rekombination** / non-radiative recombination || **~strombegrenzender Schalter** / non-current-limiting switch || **~synchron** *adj* / non-synchronous || **~synchroner Betrieb** / non-synchronous operation || **~tangentialer Bahnübergang** / acute change of contour, atangent path transition
NICHT-Tor *n* / NOT gate
nichttragend *adj* / non-load-bearing *adj*
Nichtübereinstimmung *f* / nonconformance, nonconforming
nicht·überlappender Kontakt / non-shorting contact, break before make contact || **~ überspannungsgefährdetes Netz** / non-exposed installation || **~umkehrbar** *adj* / non-reversible *adj* || **~umkehrbarer Phasenschieber** / non-reciprocal phase shifter
Nichtverfügbarkeit *f* / unavailability *n*, non-availability *n*, outage *n*, lack of availability || **~ je beliefertem Abnehmer** / service unavailability per customer served || **geplante ~** / scheduled outage,

planned outage || **mittlere ~** (Mittelwert der momentanen Nichtverfügbarkeit während eines gegebenen Zeitintervalls (t1, t2)) / mean unavailability || **stationäre ~** (Mittelwert der momentanen Nichtverfügbarkeit unter stationären Bedingungen während eines gegebenen Zeitintervalls) / steady-state unavailability, unvailability *n* || **störungsbedingte ~** / forced outage
Nichtverfügbarkeits·dauer *f* / down duration, outage duration || **wartungsbedingte ~dauer** / maintenance duration || **~grad** *m* / unavailability factor || **~rate** *f* / outage rate
Nichtverfügbarkeitszeit *f* / unavailability time, non-availability time, outage time, down time || **~** *f* (Zeitintervall, während dessen eine Einheit im nicht verfügbaren Zustand ist) / disabled time (time interval) || **extern bedingte ~** (Zeitintervall, während dessen eine Einheit im nicht verfügbaren Zustand wegen externer Ursachen ist) / external loss time, external disabled time (time interval) || **~intervall** *n* / disabled time (time interval) || **extern bedingtes ~intervall** / external loss time, external disabled time (time interval)
NICHT-Verknüpfung *f* / NOT function
nicht·verlagerter Kurzschluss / symmetrical short circuit || **~verzögert** *adj* / undelayed *adj*, non-delayed, instantaneous *adj* || **~vorberechtigter Aufruf** / non-preemptive scheduling || **~wärmeabgebender Prüfling** / non-heat-dissipating specimen
nichtwässrige Elektrolytbatterie / non-aqueous battery || **~ Lithiumbatterie** / non-aqueous lithium battery
nichtwiederanschließbar·e Drehklemme / non-reusable t.o.c.d. || **~e Kupplungsdose** / non-rewirable portable socket-outlet || **~e Schneidklemme** / non-reusable i.p.c.d. || **~er Stecker** / non-rewirable plug, attachment plug
Nicht·wiederansprechwert *m* / non-revert-reverse value || **~wiederrückfallwert** *m* / non-revert value || **~wiederschließspannung** *f* (Lampe) / non-reclosure voltage (lamp)
nichtzerstreuendes Infrarot-Gasanalysegerät / non-dispersive infra-red gas analyzer (NDIR)
nichtzündend·e Spannung / non-trigger voltage || **~er Steuerstrom** / non-trigger current, gate non-trigger current
nicht·zundernd *adj* / non-scaling *adj* || **~-zündfähiges Bauteil** / non-incentive component || **~ zwangsläufige Einwirkung** EN 60947-5-1 / limited drive || **~-Zwangsläufigkeit** *f* / limited drive
Nickel-Cadmium-Akkumulator *m* / nickel-cadmium battery || **~-Eisen-Akkumulator** *m* / nickel-iron battery || **~-Eisen-Blech** *n* / nickel-iron sheet, nickel-alloyed sheet steel || **~stahl** *m* / nickel-steel *n* || **~-Zink-Akkumulator** *m* / nickel-zinc battery
Nicken *n* / pitching *n*, pitch *n*
Nickschwingung *f* / pitching oscillation
Niederbrennen *n* (Kabelfehler) / burning out
Niederdruck·-Axialventilator *m* / low-pressure axial fan || **~behälter** *m* / low-pressure receiver, low-pressure tank || **~-Einschraub-Widerstandsthermometer** *m* / low-pressure screw-in resistance thermometer || **~druckeinspritzung** *f* / throttle body injection || **~-Entladungslampe** *f* / low-pressure discharge lamp || **~druck-**

Gasphasenabscheidung f / low-pressure chemical vapor deposition (LPCVD) || ⟨-**lampe** f (ND-Lampe) / low-pressure lamp, low-pressure discharge lamp || ⟨-**säule** f / low-pressure column || ⟨-**druckstrahl** m / low pressure jet || ⟨-**Wasserkraftwerk** n / low-head hydroelectric power station
Niederfeldmagnet m / low-field magnet
niederfrequent *adj* / low-frequency *adj*
Niederfrequenz f (NF) / low frequency (LF), voice frequency (VF) || ⟨ f (NF Audiofrequenz) / audio frequency (AF) || ⟨ f (NF) / low frequency || ⟨-**bereich** m (Audiofrequenz) / audio-frequency range, AF range || ⟨-**generator** m (NF-Generator) / low-frequency generator || ⟨-**kanal** m (NF-Kanal) / audio-frequency channel || ⟨-**strom** m (NF-Strom) / low-frequency current (LF current) || ⟨-**Überschlagspannung** f / low-frequency flashover voltage
Niederhalter m / hold-down clamp, holding-down device, retainer n, clamp n
Niederhaltezeit f / down holding time
niederimpedantes Auflegen / low-impedance application
Niederleistungs·befeuerung f / low-intensity lighting || ⟨-**teil** m / low-intensity section
niederohmig *adj* / low-resistance *adj* || ~**e Erdung** / impedance earthing, impedance grounding, low resistance earthing, low-resistance grounding, resonant earthing, resonance grounding, dead earth || ~**e Kathode** / low-resistance cathode || ~**e Sternerdung** / low-resistance star-head earthing switch || ~**er Differentialschutz** IEC 50(448) / low-impedance differential protection || ~**er Widerstand** / low-value resistor
Niederpegel·schaltung f / low-level circuit || ⟨-**signal** n / low-level signal
nieder·polig *adj* / with a low pin count || ⟨-**querschnittreifen** m / low-profile tyre || ⟨-**rangiger Fehler** / minor fault
Niederschlag m (Ablagerung) / deposit n ⟨ m (elektrolytischer) / electrodeposit n, electroplated coating || ⟨ m (Kondensation) / condensate n, precipitate n || ⟨ m (Regen) / rain n, rainfall n || ⟨-**Messgerät** n / rainfall gauge || ⟨-**intensität** f (Maß für die Intensität eines Niederschlags, ausgedrückt durch den Quotienten Wasserstandshöhe des Wassers, das den Boden innerhalb eines gegebenen Zeitintervalls erreicht, durch Dauer dieses Zeitintervalls) / precipitation rate
Niederspannung f / low voltage (l.v.), low tension (l.t.), low potential, secondary voltage
Niederspannungs·abnehmer m / l.v. consumer || ⟨-**anlage** f (ET) / l.v. system, low-voltage system || ⟨-**anlage** f / l.v. installation || ⟨-**anlage** f (SA) / l.v. switchboard, l.v. distribution switchboard || ⟨-**anschluss** m / l.v. terminal || ⟨-**anschlussklemme** f / l.v. terminal || ⟨-**anschlussraum** m / l.v. terminal compartment, l.v. compartment
Niederspannung-Schaltgerätekombination f / LV switchgear and controlgear assembly || **typgeprüfte** ⟨ / type-tested low-voltage switchgear and controlgear assembly, type-tested LV switchgear and controlgear assembly, type-tested switchgear and controlgear assemblies (TTA) || ⟨-**en - Typgeprüfte und partiell typgeprüfte Kombinationen** / low-voltage switchgear and controlgear assemblies - Type-tested and partially type-tested assemblies
Niederspannungs·-Elektronenkanone f / low voltage electron gun || ⟨-**Energieverteilung** f / low-voltage power distribution || ⟨-**generator** m / low-voltage generator || ⟨-**Hauptverteilung** f (Tafel) / l.v. main distribution board, l.v. main distribution switchboard, l.v. distribution centre || ⟨-**Hauptverteilungsleitung** f / l.v. distribution mains, secondary distribution mains
Niederspannungs-Hochleistungssicherung f (NH-Sicherung) / low-voltage high-breaking-capacity fuse (l.v. h.b.c. fuse), low-voltage high-rupturing-capacity fuse (l.v. h.r.c. fuse)
Niederspannungs-Hochleistungs-Sicherungseinsatz (NH-Sicherungseinsatz) m / low-voltage HRC fuse link (LV HRC fuse link)
Niederspannungs·kreis m / l.v. circuit || ⟨-**lampe** f / low-volt lamp, l.v. lamp, l.t. lamp || ⟨-**Leistungsschalter** m / l.v. circuit-breaker, l.v. power circuit-breaker || ⟨-**Leistungsschalter mit angebauten Sicherungen** / l.v. integrally fused circuit-breaker || ⟨-**motor** m / low-voltage motor || ⟨-**Motorschaltschrank** m / low-voltage motor circuit cabinet || ⟨-**netz** n / low-voltage system || ⟨-**nische** f / low-voltage niche || ⟨-**raum** m (Schrank) / l.v. compartment, compartment for l.v. equipment || ⟨-**richtlinie** f (NSR) / low-voltage directive
Niederspannungsschaltanlage f / low-voltage switchboard
Niederspannungs-Schaltanlage f / low-voltage switchgear, l.v. switching station, l.v. switchgear || ⟨ f (FSK) / l.v. switchgear assembly || ⟨ f (Tafel) / l.v. switchboard, l.v. distribution switchboard || ⟨ f / l.v. switchgear and controlgear, l.v. switchgear assembly
Niederspannungs-Schaltgerät n / low-voltage control
Niederspannungs·-Schaltgeräte n pl / l.v. switchgear and controlgear, l.v. switchgear, l.v. controlgear || ⟨-**schaltgeräte - Allgemeine Festlegungen** / low-voltage switchgear and controlgear - General rules || ⟨-**Schaltgeräte für Verbraucherabzweige** / low-voltage controlgear
Niederspannungs-Schaltgerätekombination f VDE 0660, T.500 / l.v. switchgear assembly, l.v. controlgear assembly || **partiell typgeprüfte** ⟨ **xdPTSK** / partially type-tested LV switchgear and controlgear assembly xePTTA || **partiell typgeprüfte** ⟨ / partially type-tested low-voltage switchgear and controlgear, partially type-tested low-voltage switchgear and controlgear assembly (PTTA) || **partielle typgeprüfte** ⟨ (PTSK) / partially type-tested low-voltage switchgear and controlgear assembly (PTTA), partially type-tested low-voltage switchgear and controlgear || **typgeprüfte** ⟨ (TSK) / type-tested low-voltage switchgear and controlgear assembly
Niederspannungs·-Schalttechnik f / Low Voltage Controls and Distributions, low-voltage controlgear, switchgear and systems || ⟨-**Schalttechnik NS K** / Low-voltage Switchgear NS K || ⟨-**schrankausrüstung** f / equipment of low voltage compartment || ⟨-**sicherung** f / low-voltage fuse || ⟨-**Speiseleitung** f / l.v. feeder, secondary feeder || ⟨-**steckvorrichtung** f / low-voltage plug connector || ⟨-**Steckvorrichtung** f /

Niederspannungs

l.v. connector || ⟨-Steuerung *f* / low-voltage controller || **Regeltransformator für** ⟨steuerung / l.v. regulating transformer || ⟨strom *m* / low-voltage current || ⟨-System *n* / low-voltage system || ⟨tarif *m* / l.v. tariff || ⟨teil *m* / l.v. section, l.v. cubicle || ⟨umrichter *m* / low-voltage converter
Niederspannungs·verdrahtung *f* / low-voltage wiring || ⟨-**Versorgungsnetz** *n* / l.v. distribution network, l.v. distribution system, secondary distribution network || ⟨verteiler *m* / low-voltage distributor, low-voltage distribution board, l.v. distribution board || ⟨-**Verteiler** *m* / low-voltage distribution board, low-voltage distributor, l.v. distribution board, l.v. distribution unit, l.v. distribution cabinet, secondary distribution board || ⟨-**Verteiler** *m* (Installationsverteiler) / distribution board, consumer unit, panelboard *n* (US) || ⟨verteilerschrank *m* / l.v. distribution cabinet, consumer unit, panelboard *n* || ⟨-**Verteilersystem** *n* / factory-built l.v. distribution boards, modular system of l.v. distribution boards || ⟨-**Verteilertafel** *f* / l.v. distribution board
Niederspannungsverteilung *f* / l.v. distribution, distribution board, panelboard *n* (US), consumer unit, secondary distribution || ⟨ *f* (einer Netzstation) / outgoing unit, outgoing section || ⟨en *f pl* / low-voltage distribution equipment
Niederspannungs·-Verteilungsleitung *f* / l.v. distribution line, secondary distribution mains || ⟨-**Verteilungsnetz** *n* / l.v. distribution network, l.v. distribution system, secondary distribution network || ⟨wandler *m* / l.v. instrument transformer || ⟨-**Wechselstrom-Motorstarter** *m* VDE 0660,T.106 / l.v. a.c. starter IEC 292-2 || ⟨wicklung *f* / l.v. winding || ⟨zweig *m* (z.B. Spannungsteiler) / l.v. arm
Niederstwertiges Bit (Bit an der niederstwertigen Stelle in einem Datenwort) / Least Significant Bit (LSB)
Niedertarif *m* (NT) / white tariff, low tariff, off-peak tariff || ⟨maximum *n* / white-tariff maximum (demand), low-tariff maximum (demand) || ⟨zählwerk *n* / white-tariff register || ⟨zeit *f* / low-load hours, low cost period
Niedertemperatur·abscheidung *f* / low temperature deposition || ⟨prozess *m* / low temperature process
niedertourige Maschine / low-speed machine
niederviskos *adj* / low-viscosity *adj*, of low viscosity, low-bodied *adj*
Niedervolt·bogen *m* / l.v. arc || ⟨-**Halogenlampe** *f* / low-voltage halogen lamp || ⟨lampe *f* (NV-Lampe) / low-volt lamp, l.v. lamp, l.t. lamp || ⟨-**Linsenscheinwerfer** *m* / low-volt lens spotlight || ⟨-**Schaltkreis** *m* / low-threshold circuit || ⟨-**Vielschichtaktor** *m* / multilayer stack
niederwertig *adj* / low-order *adj*, least significant || ~e **Dekade** / less significant decade, low(er)-order decade || ~e **Ziffer** / low-order digit
niederwertigst·e Ziffer / least significant digit (LSD) || ~**es Bit** / least significant bit (LSB)
niedrig *adj* / thin *adj* || ~**auflösend** *adj* / low-resolution *adj* || ~**e Hilfsgeschwindigkeit** / inching speed || ~**e Sechskantmutter** / thin hexagon nut || ~**er Integrationsgrad** / small-scale integration (SSI) || **Oberwellen** ~**er Ordnung** / low-order harmonics
Niedriginjektionszelle *f* / low-level injection cell

niedrig·siedend *adj* / low-boiling *adj* || ~**siliziertes Stahlblech** / low-silicon sheet steel
Niedrigstation *f* / compact substation
niedrigst·e Betriebsspannung eines Netzes / lowest voltage of a system || ~**e Entspannungstemperatur** (Gras) / strain temperature || ~**e nutzbare Frequenz** / lowest usable frequency || ~**e Versorgungsspannung** / minimum power supply voltage || ~**er Arbeitsdruck** (PAMIN) DIN 2401,T.1 / minimum operating pressure (PAMIN)
Niedrigst·frequenz *f* / very low frequency (v.l.f.), extremely low frequency (e.l.f.) || ⟨last *f* (Grundlast) / base load
niedrigviskoses Flussmittel / low-viscosity flux
Niedrig-Zustand *m* (Signalpegel) / low state
Niet *m* (Bolzen aus einem leicht verformbaren Material (weicher Stahl, Leichtmetall, Kupfer, Messing u.a.) zum unlösbaren, form- und teilweise auch kraftschlüssigen Verbinden von Bauteilen) / rivet *n* || ⟨achse *f* / rivet axis || ⟨blech *n* / rivet sheet metal || ⟨bolzen *m* / riveting bolt || ⟨bolzen *m* / rivet pin || ⟨durchmesser *m* / rivet diameter
Niete *f* / rivet *n*
Nieten *n* / riveting *n*
Niet·gerät *n* / riveter *n* || ⟨hebel *m* / rivetted lever || ⟨kontakt *m* / stake contact || ⟨kontakt *m* (Bürste) / riveted connection || ⟨kopf *m* / rivet head || ⟨kragen *m* / rivet collar || ⟨maschine *f* / riveting machine || ⟨mutter *f* / rivet nut || ⟨pistole *f* / rivet gun || ⟨schaft *f* / rivet shank || ⟨schild *n* / rivetted label || ⟨stauchung *f* / rivet compression || ⟨stift *m* / rivet pin || ⟨streifen *m* (speziell geformter Blechstreifen zum Verbinden von Materialien mit Hilfe eines Nietwerkzeuges) / rivet strip
Nietung *f* / riveting *n* || ⟨ **Auskleidungsplatte** / lining plate riveting || ⟨ **Löschbleche** / quenching plate riveting || ⟨ **Seitenplatte** / side plate riveting
Niet·verbindung *f* / rivet connection || ⟨vorrichtung *f* / riveting fixture || ⟨werkzeug *n* / hand-riveting tongs
NIL / Not in List (NIL)
n.i.O. (nicht in Ordnung) / N.O.K.
Niobium-Zinn-Gasphasenband *n* / vapour-deposited niobium-tin tape
NIOS / network input-output system (NIOS)
Nippel *m* / nipple *n* || ⟨ *m* (Rohrstück mit Innen- oder Außengewinde) / fitting *n* || ⟨fassung *f* / nipple lampholder || ⟨gewinde *n* / nipple thread || ⟨mutter *f* / female nipple
nip-Struktur *f* / inverted structure
Nische *f* / recess *n*, niche *n*, wall recess, cavity *n*
Nischen·beleuchtung *f* / niches lighting || ⟨-**Zählerverteiler** *m* / recessed meter distribution board
Nitridpassivierung *f* / nitride passivation
Nitrieren *n* / nitriding *n*
Nitrierstahl *m* / nitrosteel *n*
nitriert *adj* / nitrided *adj*
Nitrophyl *n* / nitrophyl *n*
Nitro·stahl *m* / stainless steel || ⟨verdünnung *f* / nitro-cellulose combi thinner
Niveau *n* / level *n*
niveaugleich·e Kreuzung / intersection at grade || ~**er Bahnübergang** (Straße - Bahnlinie) / level crossing, grade crossing

Niveau·messung *f* / level measurement || ⟨regelung *f* / ride-height control, levelling control (system), self-levelling suspension, level control, ride control system || ⟨regelung ohne Ausgleich / no self-regulation level control || ⟨regler *m* / level controller, liquid-level controller || ⟨regulierung *f* / liquid-level control, self-levelling rear suspension, levelling control, ride-height adjustment, ride-height control || ⟨relais *n* / level relay || ⟨schaltgerät *n* / ride-height control unit || ⟨schema *n* / energy level diagram || ⟨wächter *m* / level switch, float switch, liquid-level switch
Nivelierspindel *f* / levelling spindle
Nivellementfestpunkt *m* / bench mark
Nivellierbohle *f* / levelling beam
nivellieren *v* / level *v*
Nivellier·gerät *n* / levelling instrument, levelling device || ⟨laser *m* / levelling laser product IEC 825 || ⟨latte *f* / levelling staff, levelling rod || ⟨spindel *f* / levelling spindle, levelling screw
NK / normalized device coordinate (NDC) || ⟨ (Neukonstruktion) *f* / re-design
N·-Kanal-Feldeffekttransistor *m* / N-channel field-effect transistor, N-channel FET || ⟨-Klemme *f* / neutral terminal, N terminal, N-terminal *n*
n-Klemmenpaar *n* / n-terminal-pair network
N·-Klingeltransformator *m* / N-type bell transformer || ⟨-Koaxialstecker *m* / coaxial cable connector
Nkw (Nutzkraftwagen) *m* / heavy goods vehicle (HGV)
n-leitend *adj* / n-type *adj*
N-leitendes Silizium / N-type silicon
N-Leiter *m* / N-conductor *n*, neutral conductor || ⟨anschluss *m* / N-conductor connection || ⟨bruch *m* / N-conductor break || ⟨schiene *f* / neutral busbar || ⟨stromwandler *m* / neutral current transformer || ⟨überwachung *f* / N-conductor monitoring, ⟨-Verbinder *m* / N-conductor connector || ⟨wächter *m* / N-conductor monitor
n-Leitfähigkeit *f* / n-type conductivity, electron conductivity, n-type conduction
N-Leitung *f* / N-type conduction, electron conduction
NL/min (Normliter/Minute) / NL/minute
NLOS / non-line of sight (NLOS)
NLS (Netzleitstelle) / master terminal, Network Control Centre (NCC), system control centre, technical coordination center
NLTL / Non-Linear Transmission Line (NLTL)
NM (Newtonmeter, torque) / NM
NMI (nicht maskierbarer Interrupt) / NMI (non-maskable interrupt)
n-Minuten-Leistung *f* / n-minute demand
NMS *n* / NMS (Network Management System)
NMT / Network Management (NMT) || ⟨-Objekt *n* / Network Management object (NMT object)
NN (neuronales Netz / Netzwerk) / NN (neural network)
NO / NOC *n*
NoBL / No Bus Latency (NoBL)
NOC / network-on-card (NOC)
Nocke *f* / lug *n*
Nocken *m* / cam *n*, Output Cam || ⟨ **AUS** / cam OFF || ⟨ **EIN** / cam ON || **sicherer** ⟨ (SN) / safe cam || ⟨, **Zähler** / cam, operations counter || ⟨anfang *m* / begin of output cam || ⟨antrieb *m* / cam-operated mechanism, cam-operated control ||

⟨ausgabe *f* / cam output || ⟨bahn *f* / cam track || ⟨bearbeitung *f* / machining of cams || ⟨bereich *m* / cam range || ⟨ende *n* / end of output cam || ⟨-Endschalter *m* / cam limit switch, rotating-cam limit switch, cam-operated limit switch || ⟨-Fahrschalter *m* / cam controller, camshaft controller || ⟨-Fahr-Steuerschalter *m* / cam-operated master controller || ⟨form *f* / cam contour || ⟨formschleifen *n* / cam contour grinding || ⟨klemme *f* / lug-type terminal || ⟨kontur *f* / cam contour || ⟨leiste *f* / cam *n* || ⟨-Meisterschalter *m* / cam-operated master controller || ⟨paar *n* / cam pair || ⟨parameter *m* / cam parameter || ⟨parameterblock *m* / cam parameter block || ⟨position *f* (Nockenpositionen werden über Settingdaten definiert) / cam position || ⟨schaltelement *n* / cam-operated switching element, camshaft switch, cam switch (unit)
Nockenschalter *m* / cam switch, cam-operated switch || ⟨ *m* (Fahrschalter, Meisterschalter) / cam-operated controller, camshaft controller || ⟨ *m* (Schütz) / cam contactor, camshaft contactor
Nockenschaltwerk *n* / cam-operated switchgroup, cam group, camshaft controller, cam-contactor group || ⟨ *n* (schaltet digitale Ausgänge bei Erreichen von parametrierbaren Positionen ein und aus) / cam controller, camshaft gear
Nockenscheibe *f* / cam disc, cam plate, cam *n* || **geteilte** ⟨ / split cam || ⟨, **Kombination** / cam plate, combination
Nocken·schleifen *n* / cam grinding || ⟨schleifmaschine *f* / cam grinding machine || ⟨schütz *n* / cam contactor, camshaft contactor || ⟨segment *n* / cam segment || ⟨signal *n* / cam signal || ⟨steuerschalter *m* / cam controller, camshaft controller || ⟨steuerung mit Hilfsmotor / motor-driven camshaft equipment || ⟨steuerwerk *n* / cam control, camshaft gear, cam controller || ⟨stößel *m* / cam follower || ⟨synchronisation *f* / camshaft synchronization || ⟨tool *n* / cam tool || ⟨trieb *m* / cam drive, cam drive assembly *n* || ⟨weg *m* (Betätigungsweg) / dwell angle, cam angle, dwell *n* (cam)
Nockenwelle *f* / camshaft *n*
Nockenwellen·drehmaschine *f* / camshaft lathe || ⟨fräsmaschine *f* / camshaft milling machine || ⟨geber *m* / camshaft sensor || ⟨schleifmaschine *f* / camshaft grinding machine || ⟨schleifzyklus *m* / camshaft grinding cycle || ⟨schütz *n* / camshaft contactor || ⟨steller *m* / camshaft actuator || ⟨steuerung *f* / camshaft control
Nockenzykluszeit *f* / cam cycle time
NOCT (nominaler Arbeitspunkt) *f* / nominal operating cell temperature (NOCT)
Node-ID *f* / node ID
nominaler Arbeitspunkt (NOCT) / nominal operating cell temperature (NOCT) || **~ Schrittmittenwert** (ADU) / nominal midstep value || **~ Skalenendwert** / nominal fullscale value || **~ voller Skalenbereich** / nominal full scale range
Nominal·größe *f* / nominal size || ⟨merkmal *n* (Statistik) DIN 55350,T.12 / nominal characteristic || ⟨schwarz *n* / nominal black || ⟨weiß *n* / nominal white || ⟨wirkungsgrad *m* / standard efficiency (efficiency at standard test conditions)

Nomogramm *n* / nomogram *n*, chart diagram, alignment chart, straight-line chart
Nonius *m* / vernier *n*, vernier scale || ⁓**skale** *f* / vernier scale, vernier dial
Non-·Recurring Engineering (NRE) *n* / Non-Recurring Engineering (NRE) || ⁓**-Standard-Bauelement** *n* / odd-shaped component (OSC) || ⁓**-Standard-Gehäuseform** *f* / non-standard package form
NOP (Nulloperation) / NOP (null instruction) || ⁓**-Befehl** *m* / no-operation instruction (NOP instruction), skip instruction, blank instruction || ⁓**-Operation** *f* / null instruction, NOP || ⁓**-Schritt** *m* / NOP step || ⁓**-Transition** *f* / NOP transition
Nordpol *m* / north pole, north-seeking pole, marked pole || **magnetischer** ⁓ / north magnetic pole, magnetic north pole || ⁓**fläche** *f* / north pole face
NOR-Glied *n* / NOR element, NOR *n*, NOR gate || ⁓ **mit einem negierten Eingang** / NOR with one negated input
Norm *f* / standard *n*, standard specifications, normative document || ⁓ **für Prüfmaßnahmen** / test procedure standard || **basieren auf einer** ⁓ / comply with a standard, conform to a standard
Normal *n* / measurement standard, standard *n*
normal entflammbares Material / normally flammable material
Normal, amtliches ⁓ / standard of authenticated accuracy, nationally recognized standard || **nationales** ⁓ / national standard
Normal·achse *f* / normal axis || ⁓**anlauf** *m* / normal starting || **Direkt-**⁓**anlauf** / direct normal starting || ⁓**anstrich** *m* / normal paint finish || ⁓**arbeitszeit** *f* / regular working hours
Normalatmosphäre *f* (Bezugsatmosphäre) VDE 0432, T.1 / standard reference atmosphere || ⁓ *f* (physikalische A.) / standard atmosphere, International Standard Atmosphere (ISA) || **internationale** ⁓ (INA) / international standard atmosphere (ISA)
Normalausführung *f* / standard type, standard version, standard *n*
Normalbedingungen *f pl* (Betriebsbedingungen) / normal service conditions, standard conditions of service, standard conditions, normal operation || **atmosphärische** ⁓ / standard atmospheric conditions
Normal·belastung *f* / standard load, nominal loading || ⁓**beleuchtung** *f* / standard lighting || **fotometrischer** ⁓**beobachter** / standard photometric observer || ⁓**beschleunigung** *f* / normal acceleration, centripedal acceleration
Normalbetrieb *m* / normal operation, normal service, normal duty, operation under normal conditions, normal mode || **Gerät für** ⁓ / standard-duty device
Normal·betriebsbedingungen *f pl* / normal conditions of use || ⁓**bild** *n* / normal operation || ⁓**bogen** *m* / normal bend || ⁓**druck und -temperatur** / normal temperature and pressure (n.p.t.)
Normale *f* / normal *n*
normale Arbeitstemperaturen, Wirkungsgrad bei ~n Arbeitstemperaturen / NOCT efficiency
normal·e atmosphärische Bedingungen / standard atmospheric conditions || **~e B(H)-Schleife** / normal B(H) loop || **für ~e Beanspruchung** / for normal use || **~e Betriebsbedingungen** / normal operating conditions, useful service conditions || **~e Betriebslast** / normal running load (n.r.l.) || **~e Gebrauchsbedingungen** / normal conditions of use || **~e Genauigkeitsklassen** / standard accuracy classes || **~e Hystereseschleife** / normal hysteresis loop || **~e Kontaktöffnungsweite** VDE 0630 / normal-gap construction (CEE 24) || **~e Magnetisierungskurve** / commutation curve, normal magnetization curve || **~e Prüfung** / standard inspection || **~e Schalthäufigkeit** VDE 0630 / infrequent operation (CEE 24) || **~e Speicher-Schreibgeschwindigkeit** / normal stored writing speed || **~e Summenverteilung** / cumulative normal distribution
Normal·fallspyrheliometer *n* / normal incidence pyrheliometer (NIP) || ⁓**einheitsvektor** *m* / perpendicular unit vector || ⁓**einstellung** *f* / normal position || ⁓**element** *n* / standard cell, voltage reference cell || ⁓**-EMK** *f* / standard electromotive force, standard e.m.f.
Normalen·länge *f* (Kurve) / length of normal || ⁓**stellung** *f* / normal position
normal·er Bajonettsockel (B 22) / normal bayonet cap || **~er Betrieb** / normal operation, normal service, normal duty, operation under normal conditions || **~es Band** / normal band || **~es Belastungsspiel** / normal cyclic duty
Normal·fall *m* / normal condition || ⁓**Fallbeschleunigung** *f* / gravity constant || ⁓**faltversuch** *m* / normal bend test, face bend test || ⁓**farbe** *f* / standard colour || ⁓**flusssystem** *n* / normal-flux system || ⁓**format** *n* / standard format || ⁓**Freiwinkel** *m* / normal clearance of the major cutting edge
normalgeglüht *adj* / normalized *adj*
Normal·gehäuse *n* / standard enclosure || ⁓**gerät** *n* (Eichgerät) / standard *n* || ⁓**glühen** *n* / normalizing *n*
Normalien-Stelle *f* / standards laboratory, calibration facility
Normalinstrument *n* / standard instrument
normalisieren *v* / normalize *v*
Normalisierofen *m* / normalizing furnace
normalisiert·e Größe (p.u.-System) / per-unit quantity || **~e Koordinate** / normalized device coordinate (NDC)
Normalisierung *f* / normalization *n* || ⁓**stransformation** *f* / normalization transformation
Normal·klima *n* / standard atmospheric conditions, standard atmosphere || ⁓**klima für Prüfungen** / standard atmospheric conditions for testing || ⁓**klima für Schiedsmessungen** / standard atmospheric conditions for referee tests || ⁓**klima für zusätzliche Trocknung** / standard conditions for assisted drying || ⁓**kraft** *f* / normal force || ⁓**lagerung** *f* / normal storage || ⁓**lampe** *f* / standard lamp
Normallast *f* / normal load, primary load (electric line), standard load || ⁓ **- und Überlastmerkmale** *n pl* / normal load and overload characteristics
Normal·lehre *f* / standard gauge || ⁓**leistung** *f* (Refa) / normal performance || **~leitend** *adj* / normal-conducting *adj* || ⁓**leiter** *m* / normal conductor, cryoresistive conductor || ⁓**lichtarten** *f pl* / standard illuminants || ⁓**lichtquelle** *f* / standard light source || ⁓**lieferung** *f* / standard delivery ||

⌂lohn *m* / regular rate || ⌂modus *m* / normal operation, normal mode || ⌂netzeinspeisung *f* / standard-network supply
Normalnull *n* (Seehöhe) / mean sea level, sea level || ⌂ *n* (Bezugslinie) / datum line, reference line
Normal·pflicht-Zyklusprüfung *f* / standard operating duty cycle test || ⌂probe *f* / standard-size specimen, standard test specimen || ⌂profil *n* / standard section || ⌂prüffinger *m* / standard test finger || **Schwankungsspannung im** ⌂punkt / gauge-point fluctuation voltage || ⌂reihe *f* / standard range || ⌂schaltung *f* / standard circuit (arrangement) || ⌂scheibe *f* / normal washer || ⌂schließungen *f pl* / standard locking arrangement || ⌂schmieröle *n pl* / standard-viscosity lubricants || ⌂schrift *f* / standard print || ⌂schwingung *f* / normal mode || ⌂spannungswandler *m* / standard voltage transformer || ⌂-Spanwinkel *m* / normal rake || ⌂spektralwerte *m pl* (CIE) / CIE spectral tristimulus values || ⌂stellung *f* (Hauptkontakte eines Netzumschaltgerätes) / normal position || ⌂störgrad *m* / normal interference level || ⌂strahler *m* / standard radiator || ⌂tarif *m* / normal tariff, published tariff || ⌂-und Ex-Ausführung *f* / standard and Ex models
Normal·valenzsystem *n* / standard colorimetric system || ⌂vektor *m* / normal vector || ⌂verpackung *f* / standard packing || ⌂verteilung *f* DIN 55350,T.22 / normal distribution || ⌂-Wasserstoffelektrode *f* / standard hydrogen electrode || ⌂werkzeug *n* / normal tools, standard tool || ⌂werte der Fehlergrenzfaktoren / standard accuracy limit factors || ⌂widerstand *m* / standard resistor, measurement standard resistor IEC 477
Normal·zähler *m* / standard meter, standard watthour meter, substandard meter, substandard *n* || ⌂zähler *m* (m. Ferrariswerk) / rotating substandard || ⌂zeit *f* / standard time, absolute time
Norm·antrieb *m* / standard actuator || ⌂asynchronmotor *m* / standard asynchronous motor, standard induction motor || ⌂ausschnitt *m* / standard cutout || ⌂baustein *m* / standard module, standardized assembly, standard subassembly || ⌂bedingungen *f pl* / standard conditions, rated operating conditions || ⌂beleuchtung *f* / standard lighting || ⌂-Betätigungsplatte *f* / standard target || ⌂-Bezugswert *m* / standard reference value || ⌂blende *f* / standard orifice || ⌂diagnosemeldung *f* / standard diagnostics message || ⌂druck *m* / standard pressure || ⌂durchmesser *m* / standard diameter || ⌂düse *f* / standard flow nozzle
normen *v* / standardize *v*
Normen und Bestimmungen / standards and specifications || ⌂ **und Vorschriften** / standards and regulations || ⌂anforderungen *f pl* / requirements from standards || ⌂arbeitsgemeinschaft *f* / standardization association || ⌂arbeitsgemeinschaft für Mess- und Regelungstechnik in der chemischen Industrie (NAMUR) *f* / NAMUR || ⌂ausschuss für Mess- und Regelungstechnik (NAMUR) / NAMUR || ⌂buch (NB) *n* / set of standards || ⌂büro *n* / standards office || **Prüfung auf** ⌂einhaltung / conformance test || ⌂entwurf *m* / draft standard || ⌂komitee *n* / Standards Committee

Normentwurf *m* / draft standard
Normen·vorschrift *m* / standard *n*, standard specification || ⌂werk *n* (Verzeichnis von festgelegten Standards) / set of standards and regulations
Norm·-Farbwertanteile, CIE-⌂-Farbwertanteile / CIE chromaticity coordinates || ⌂farbwerte *m pl* / tristimulus values
normgerecht *adj* / conforming to standards, in conformance with standards, conforming with standards || **nicht ~** / non-standard *adj*, not to standards
Norm-Grenz·genauigkeitsfaktoren *m pl* / standard accuracy limit factors || ⌂wert *m* / standard limiting value
normieren *v* / normalize *v*, standardize *v*
normiert *adj* (Gebersignal) / scaled *adj*, normalized, per-unit quantity *adj* || **~e äquivalente Leitfähigkeit** / normalized equivalent conductance || **~e Bestückung** / standardized complement || **~e Busschnittstelle** / standard bus interface || **~e Darstellung** / standardized display || **~e Detektivität** (Strahlungsempfänger) / normalized defectivity || **~e Frequenz** / normalized frequency || **~e Gerätekoordinate** (eine in einem Hilfs-Koordinatensystem festgelegte Gerätekoordinate, die typischerweise auf Werte in einem Bereich zwischen 0 und 1 normiert ist) / normalized device coordinate || **~e Gleitpunktzahl** / normalized floating-point number || **~e Komponenten** / normalized components || **~e Koordinate** (NK GKS) / normalized device coordinate (NDC) || **~e Kraft** / normalized force || **~e Schnittstelle** / standardized interface || **~e Spannung** / standardized voltage, nominal voltage || **~e symmetrische Komponenten** / symmetrical normalized components || **~er Drehzahlistwert** / rated actual value || **~er Frequenzgang** / normalized frequency response || **~er Impuls** / standard pulse
Normierung *f* / normalizing *n*, normalization *n* || ⌂ *f* (Analog-Digital-Umsetzung) / scaling *n* || ⌂ *f* / standardization *n* || ⌂ DAU / DAC standardization
Normierungs·faktor *m* / scale factor, standardizing factor || ⌂-Faktor *m* / normalization factor || ⌂kärtchen *n* / scaling card || ⌂-Offset *n* / normalization offset || ⌂-Parameter *m* / standardizing parameter || ⌂prozedur *f* (Kommunikationssystem) / reset procedure || ⌂transformation *f* / normalization transformation, normalized transformation
Norm·-Inhalt *m* (DIN 820-2) / body of a standard || ⌂-Kathodenkreis *m* / standard cathode circuit || ⌂-Kugelfunkenstrecke *f* / standard sphere gap || ⌂lichtart *f* / standard illuminant, colorimetric standard illuminant || ⌂lichtquelle *f* / standard source || ⌂liter/Minute / NL/minute || ⌂messplatte *f* (fotoelektr. NS) / standard target
Normmeter, geopotentieller ⌂ / standard geopotential metre
Normmotor *m* / standard-dimensioned motor, standard motor
Normprofilschiene *f* / standard mounting rail || ⌂ *f* (Hutschiene) / top-hat rail, DIN rail
Norm·prüfung *f* / review for conformance with standards || ⌂-Rauschtemperatur *f* / standard noise temperature || ⌂schnittstelle *f* / standard

Normung

interface || ⁓**schraubendreher** *m* / screw driver, standard screw driver || ⁓**signal** *n* / normalized signal || ⁓**spaltweite** *f* IEC 50(426) / maximum experimental safe gap (MESG) || ⁓**spannungen** *f pl* / standard voltages || ⁓**spektralwertfunktionen** *f pl* (CIE) / CIE colour matching functions || ⁓**stand** *m* / date of standard || ⁓**teil** *n* / standard part, standard component || ⁓**teile** *n pl* / standard parts || ⁓**toleranz** *f* / standard tolerance
Normung *f* / standardization *n*
Norm·valenz-System *n* / standard colorimetric system || ⁓**-Venturidüse** *f* / standard venturi tube || ⁓**-Vergleichs-Lichtausbeute** *f* / standard comparison efficiency (SCE) || ⁓**vorschrift** *f* / standard *n*, standard specification || ⁓**werkstoff** *m* / standard material || ⁓**werkzeug** *n* / standard tool || ⁓**wert** *m* / standard value || ⁓**wert** *m* (genormter Wert für einen Parameter zum Vergleichen, Eichen, Prüfen usw.) / conventional value || ⁓**wirkungsgrad** *m* / nominal efficiency || ⁓**zahl** *f* (NZ) DIN 323,T.1 / preferred number || ⁓**zustand** *m* / standard state || ⁓**zustand** *m* (Normaltemperatur und -druck) / normal temperature and pressure (n.t.p.), standard temperature and pressure (s.t.p.)
NOR·-Stufe *f* / NOR gate || ⁓**-Tor** *n* / NOR gate || ⁓**-Torschaltung** *f* / NOR gate || ⁓**-Verknüpfung** *f* / NOR operation, NOR function, Peirce function
Not·ablass *m* / emercency drainage || ⁓**abschaltsystem** *n* / emergency shutdown system (ESD), ESD system || ⁓**abschaltung** *f* / emergency stop, emergency shutdown || ⁓**abschaltung (ESD)** *f* / emergency shutdown (ESD) || ⁓**abschaltventil** *n* / emergency shutdown valve (ESD)
Notation Eins für darstellungsunabhängige Syntax (eine von der OSI definierte Datenpräsentationssprache zur Beschreibung abstrakter Syntax (ntz-Glossar; EN 60870-6-802 DIN EN 61850-7-1, -9-1) / abstract syntax notation one (ASN.1)
NOT-AUS / EMERGENCY STOP, EMERGENCY OFF || ⁓ **gekapselt** / emergency stop, enclosed || ⁓ **mit Schloss** / emergency stop with lock
Not-Aus-Anschluss *m* / emergency stop connection
NOT-AUS·-Antrieb *m* / EMERGENCY-STOP operating mechanism || ⁓**-Befehlsgerät** *n* / EMERGENCY-STOP control device
Not-Aus-Drucktaste *f* / emergency stop button
NOT-AUS-Einrichtung *f* (Nach DIN VDE 0100 Teil 460 dient die NOT-AUS-Einrichtung zur Abschaltung der speisenden Spannung (NOT-AUS-Schalter)) / EMERGENCY-STOP apparatus
Not-Aus-Einrichtung *f* / emergency OFF device, emergency stopping device, emergency stop mechanism
NOT-AUS·-Einrichtung *f* / EMERGENCY OFF facility || ⁓**-Erweiterungsgerät** *n* / EMERGENCY STOP expansion unit
Notausgang *m* / emergency exit
NOT-Aus·-Handhabe *f* / emergency stop handle
Not-Aus·-Kette *f* / emergency stop circuit || ⁓**-Knopf** *m* / emergency OFF button
NOT-AUS-Konzept *n* / emergency stop concept
Not-Aus-Kreis *m* VDE 0168,4 / emergency stopping circuit, emergency stop circuit || ⁓**-Überwachung** *f* / emergency stop circuit monitor
Notauslösung *f* (Trafo-Stufenschalter) / emergency tripping device
Not-Aus-Modul *n* / emergency stop module
NOT-AUS·-Modul *n* / EMERGENCY-STOP module || ⁓**/NOT-HALT-Gerät** *n* / EMERGENCY OFF / EMERGENCY STOP DEVICE || ⁓**-Pilzdrucktaster** *m* / emergency stop mushroom pushbutton
Not-Aus·-Rasttaster *m* / latched emergency stop button || ⁓**-Rückmeldung LOOP DW** *f* / e-stop feedback loop PU || ⁓**-Schalteinrichtungen** *f pl* VDE 0168,4 / emergency devices
Notausschalter *m* / emergency stop switch, emergency stop button
NOT-AUS-Schalter *m* / emergency stop push button
Not-Aus-Schalter *m* / emergency stop circuit-breaker, emergency stop switch
Not·ausschaltgerät *n* (f. SG) / emergency tripping device, emergency operating mechanism || ⁓**-Ausschaltung** *f* IEC 50(826), Amend. 1 / emergency switching
Not-Aus·-Schleife *f* / emergency stop(ping) circuit || ⁓**-Signal** / emergency off signal, *n* emergency stop signal
NOT-AUS·-Taster *m* / EMERGENCY STOP button, emergency stop pushbutton || ⁓**-Türkupplungsdrehantrieb** *m* / EMERGENCY STOP door coupling rotary mechanism
Not-Aus-Zustand *m* / emergency-stop situation
Not·befeuerung *f* / emergency lighting || ⁓**beleuchtung** *f* / emergency lighting || ⁓**bestätigung** *f* / emergency procedure, emergency stop || ⁓**betätigung** *f* / emergency operation, emergency actuation || ⁓**betrieb** *m* / emergency operation, emergency loading || **handbedienter** ⁓**betrieb** / emergency manual operation || ⁓**bremsschalter** *m* / emergency braking switch || ⁓**bremsung** *f* / emergency braking || ⁓**-Druckknopfschalter** *m* / emergency pushbutton switch
Notch·filter *n* / notch filter || ⁓**-Frequenz** *f* / notch frequency || ⁓**-Tiefe** *f* / notch depth
NOT-EIN (Einschalten im Notfall) / EMERGENCY SWITCHING ON
Not·einschalten *n* / emergency closing, manual closing (under emergency conditions) || ⁓**endlage** *f* / emergency limit || ⁓**-Endschalter** *m* / emergency limit switch, emergency position switch || ⁓**entriegelung** *f* / emergency release || ⁓**entsperrung** *f* / emergency release || ⁓**fahreigenschaft** *f* / limp-home capability || ⁓**fahrprogramm** *n* / limp-home program, fail-soft mode || ⁓**fall** *m* / emergency || ⁓**fallplan** *m* (Plan für Sicherungsanweisungen, Verhalten im Notfall und Wiederherstellung nach einer Katastrophe) / contingency plan || ⁓**fallverfahren** *n* / contingency procedure || ⁓**generator** *m* / emergency generator, stand-by generator
Not-Halt *m* (stellt die Arbeitseinheit schnellstmöglich in gefahrlosen Zustand) / emergency stop || ⁓ *m* / emergency stop button, emergency stopping || ⁓**-Einrichtung** *f* / emergency stop facility || ⁓**konzept** *n* / emergency stop concept || ⁓**-Kreis** *m* / emergency stop circuit || ⁓**-Schalter** *m* / emergency stopping switch || ⁓**-Schütz** *m* / emergency stop contactor || ⁓**-Taster** *m* / emergency stop button
Nothammer *m* / emergency hammer

Notierung *f* / quotation *n*
Notiz *f* / note *n* || ⁓**blockspeicher** *m* / scratchpad memory || ⁓**buch** *n* / note-book *n*, notepad *n* || ⁓**feld** *n* (Prozessmonitor) / memo field
Notkühlung *f* / standby cooling, emergency cooling
Notlauf *m* / operation under emergency conditions, operation after failure of lubricant supply || ⁓**betrieb** *m* / limp home mode || ⁓**eigenschaft** *f* / properties on lubrication failure || ⁓**eigenschaften** *f pl* / anti-seizure performance, performance after failure of lubricant supply || ~**lauffähig** *adj* / limp home mode || ⁓**fähigkeit** *f* / limp-home capability || ⁓**schmierung** *f* / emergency lubrication
Not·leistung *f* / emergency rating || ⁓**leuchte** *f* / emergency luminaire, danger lamp
Notlicht *n* / emergency light || ⁓**fassung** *f* / emergency lampholder || ⁓**leuchte** *f* / emergency luminaire, danger lamp
Not·melder *m* / emergency telephone || ⁓**netzeinspeisung** *f* / emergency-network supply
NOT-Operator *m* / NOT operator
Notrückzug *m* / emergency retraction || **externer** ⁓ / external emergency retraction || ⁓**reaktion** *f* / emergency retraction reaction || ⁓**schwelle** *f* / emergency retraction threshold || ⁓**überwachung** *f* / emergency retraction monitoring
Notruf *m* / emergency call || ⁓**anlage** *f* / emergency telephone
Not·-Schalteinrichtung *f* VDE 0100, T.46 / emergency switching device, emergency stop device || ⁓**schalter** *m* / emergency switch || ⁓**schalter** *m* / emergency pushbutton || ⁓**schalthebel** *m* / emergency handle || ⁓**schütz** *n* / emergency contactor || ⁓**signal** *n* / alarm signal || ⁓**start** *m* / emergency start
NOT-START / EMERGENCY START
Not·startfunktion *f* / emergency start function || ⁓**steuereinrichtung** *f* / stand-by control system || ⁓**stop-Funktion** *f* / emergency stop function
Notstrom·aggregat *n* / emergency generating set, stand-by generating set || ⁓**batterie** *f* / emergency battery || ⁓**erzeugung** *f* / emergency generation, stand-by generating duty || ⁓**generator** *m* / emergency generator, stand-by generator || ⁓**schiene** *f* / emergency supply bus, stand-by bus || ⁓**versorgung** *f* / emergency power supply, standby power supply
Notsystem *n* / emergency backup system, backup system
notwendiges Arbeiten (Schutz) / necessary operation
Notzugentriegelung, Steckverbinder mit ⁓ / snatch-disconnect connector, break-away connector
Not-Zurück-Taste *f* / emergency return button
NPE / Network Processor Engine (NPE) || ⁓ / National Plastics Exhibition (NPE)
N/PE / N/PE
NPFK (niederpriorer Frequenzkanal) / LPFC (low-priority frequency channel)
NPI / new product introduction (NPI)
NPM (Nennwerte-Prüfmenge) *f* / rating test quality (RTQ)
NPO *m* / new platform oscillator (NPO)
n-polig *adj* / n-core *adj*, n-pole *adj*, n-way *adj*, n-pin *adj*
n-Pol-Netzwerk *n* / n-terminal network, n-port network
NP-Schiene *f* / NP busbar

NPT / network planning technique || ⁓**-Gewinde** *n* / NPT thread
NPU / Network Processing Unit (NPU)
N-Punkt (Nachweispunkt) *m* / W-point
NPV (Nullpunktverschiebung) / reference offset, zero shift, offset shifting, datum offset, ZO (zero offset)
NQFK (neuronale Quadrantenfehlerkompensation) / NQEC (neural quadrant error compensation)
Nr. / no.
NRE / static bypass switch (SBS) || ⁓ / Non-Recurring Engineering (NRE)
NREG / tacho *n*
n-Regelung *f* / speed control
n-Regler *m* / speed controller || ~**ausgang** *m* / speed controller output
NREL *n* / National Renewable Energy Laboratory (NREL)
NRS (Neues Regel-System) / NRS (New Regulatory System)
NRTL *n* / Nationally Recognized Testing Laboratory (NRTL)
NRZ / Non return to zero (NRZ) || ⁓**-code** *m* / NRZ code || ⁓**-Schrift** *f* / change-on-ones recording non-return-to-zero recording
NS (Niederspannung) / low voltage (l.v.), low tension (l.t.), low potential, secondary voltage || ⁓ (Nahtstelle) / joint *n*, IS (interface)
N·-Sammelschiene *f* / neutral busbar || ⁓**-Sammelschienenendstück** *n* / neutral busbar end || ⁓**-Sammelschienenträger** *m* / neutral busbar support || ⁓**-Scheibenthyristor** *m* / N-type flat-pack thyristor
n-Schicht *f* / n-layer *n* (n-type layer of a solar cell)
N-Schiene *f* / neutral bar, N-busbar *n*, N bar
n-Schritt-Code *m* (Gleichschrittiger Code, bei dem die Zeichensignale aus jeweils n Einheitsschritten zusammengesetzt sind) / n-unit code || ⁓**-Alphabet** *n* / n-unit code alphabet
NSD / New Servo Drive (NSD)
N-Seite *f* / N side, cathode side
Nsoll / Nspeed value, Nspeed command
NSOLL_B / speed setpoint B
NSR (Niederspannungsrichtlinie) / Low-Voltage Directive
NS-Stecker gezogen / LV connector pulled
NST (Nahtstellensignal) / interface signal || ⁓ (Neustart) / cold restart (program restarts from the beginning) || ⁓ (Nahtstelle) / joint *n*, IS (interface)
n-stellig *adj* / n-digit *adj*
n-strahlig *adj* / n beams
NSU / interface converter || ⁓ (Netzstromrichter ungesteuert) / uncontrolled line-side rectifier
NT / white tariff, low tariff, off-peak tariff
N-Tastung *f* / N-momentary *n*
NTBA (Netz-Terminator Basisanschluss) / network termination basic access (NTBA)
NTC (negativer Temperaturkoeffizient) / NTC (negative temperature coefficient) || ⁓**-Halbleiterfühler** *m* (NTC = negative temperature coefficient) / NTC thermistor detector || ⁓**-Widerstand** *m* / NTC thermistor (NTC = negative temperature coefficient)
n-te Harmonische / nth harmonic
n-tes Oberschwingungsverhältnis / nth harmonic ratio
N-Thyristor *m* / N-gate thyristor

n-Tor *n* (elektrisches Netzwerk oder Bauteil mit einer vorgegebenen Anzahl n von Zugängen, durch die Signale ein- oder austreten können) / n-port
NTP / Network Time Protocol (NTP)
NTR / notification of test results (NTR)
N-Trennklemme *f* / neutral isolating terminal
NU-Daten (Nutzen-Daten) *f* / cluster data
NuG (Nahrungs- und Genussmittel) / food and beverage
Nukem-Zelle *f* / inversion layer solar cell
nuklearer elektromagnetischer Impuls (NEMP) / nuclear electromagnetic pulse (NEMP)
Nukleon *n* / nucleon (constituent of an atomic nucleus, either a proton or a neutron) || ⟲**enzahl** *f* (Anzahl der Nukleonen in einem Atomkern) / mass number
Nuklid *n* (Atomart, die durch ihre Nukleonenzahl und ihre Kernladungszahl gekennzeichnet ist) / nuclide
Nullabgleich *m* DIN 43782 / balance *n* || ⟲ *m* (Kalibrierung) / zero calibration, zeroing *n* || Messgerät mit elektrischem ⟲ / electrical balance instrument || **Messung durch** ⟲ / null measurement IEC 50(301), null method of measurement || ⟲**methode** *f* / null method, zero method
Null·achse *f* / zero axis || ⟲**bereich** *m* / zero range || ⟲**bestand** *m* (z. B. im Ersatzteillager) / zero inventory || ⟲**bestandsauffüllung** *f* / zero inventory stock-up, zero inventory replenishment, replenishment of zero stocks || ⟲**bestellungsauffüllung** *f* / refilling stock
Nulldurchgang *m* / zero passage, zero crossover, zero crossing || ⟲ *m* (Strom) / zero crossing, passage through zero, current zero || ⟲ **der Spannung** / voltage zero || ⟲**szeit** *f* / time to zero
Null·ebene *f* / datum level, zero plane || ⟲**effekt** *m* / background *n* || ⟲**einsteller** *f* / zero adjuster IEC 51 || ⟲**einstellung** *f* / zero setting
nullen *v* / reset to zero, zero, set to zero
Nullen, nachfolgende ⟲ / trailing zeros
Null-Fehler-Fertigung *f* / zero defect production
Null·fehlerprogramm *n* / zero defects program || ⟲**fehlerqualität** *f* / zero-defect quality || ⟲**fehlerstrategie** *f* / zero defect strategy || ⟲**feld-Restspannung** *f* / zero-field residual voltage || ⟲**flusssystem** *n* / null-flux system || ⟲**gas** *n* (zum Justieren des Nullpunkts eines Gasanalysegeräts) / zero gas || ⟲**hypothese** *f* DIN 55350,T.24 / null hypothesis || ⟲**impedanz** *f* / zero phase-sequence impedance, zero-sequence impedance, zero-sequence field impedance || ⟲**impedanz** *f* (Impedanz je Leiter von der Fehlerstelle aus gesehen im Nullsystem) / zero impedance || ⟲**impuls** *m* / zero pulse, reset pulse || ⟲**impuls anfahren** / Go to zero pulse || ⟲**impulse** *m pl* (Winkelschrittgeber) / index signal || ⟲**indikator** *m* / null indicator, null detector
Null·kapazität *f* DIN 41760 / zero capacitance || ⟲**kapazität** *f* (Eigenk.) / self-capacitance *n* || ⟲**kennzeichnung** *f* (Rechenoperation) / zero flag || ⟲**komponente** *f* (Mehrphasenstromkreis) / zero component, homopolar component || ⟲**komponente** *f* (eines Dreiphasensystems) / zero-sequence component || ⟲-**Kontakt** *m* / zero contact || ⟲**kontrolle** *f* / zero control || ⟲**korrekturbereich** *m* / zero offset area || ⟲**kraftsockel** *m* / zero force socket

Null·-Ladung *f* (Ladungsverschiebeschaltung) / empty zero (CTD), real zero (CTD) || ⟲**lage** *f* / zero position || ⟲**lage** *f* (Schreibmarke) / home position || ⟲**lage** *f* (MG) / zero *n* || ⟲**lage** *f* (PS) / position of rest || ⟲**lastrelais** *n* / underpower relay || ⟲**leistung** *f* / zero power, homopolar power
Nullleiter *m* (PEN, direkt geerdeter Leiter) / PEN conductor, directly earthed conductor || ⟲ *m* / neutral conductor, neutral *n* || ⟲-**Fehlerspannungsschutzschalter** *m* (NFU-Schalter) / voltage-operated neutral-monitoring e.l.c.b., (voltage-operated) neutral ground fault circuit interrupter (US || ⟲-**Fehlerstromschutzschalter** *m* (NFI-Schalter m) / monitoring circuit-breaker || ⟲**klemme** *f* / neutral terminal || ⟲-**Kontakthülse** *f* / neutral contact-tube || ⟲**überwachung** *f* / PEN conductor monitoring
Nulllinie *f* DIN 7182,T.1 / zero line || ⟲ *f* (Bezugslinie) / datum line || ⟲ *f* (neutrale L.) / neutral line, neutral axis, elastic axis, reference line
Nullmarke *f* / zero reference mark, zero mark, marker pulse, zero marker, zero scale mark, index pulse, position control loop (PCL) *n* || ⟲ *f* (Inkrementalgeber) / zero mark, marker pulse || ⟲ **des Messsystems** / zero mark of measuring system || **interne** ⟲ / internal zero marker
Nullmarken·erkennungsbandbreite *f* / zero mark bandwidth || ⟲**ersatz** *m* / equivalent zero mark || ⟲**überwachung** *f* / zero mark monitoring
Null·methode *f* / null method, zero method || ⟲**modem** *n* / null modem || ⟲-**Modem-Kabel** *n* / null modem cable || ⟲**operation** *f* (NOP) DIN 19239 / no-operation *n* (NOP), do-nothing operation, null instruction (NOP) || ⟲**operation** (NOP) *f* / null instruction || ⟲**operationsbefehl** *m* (NOP-Befehl) / no-operation instruction (NOP instruction), skip instruction, blank instruction || ⟲**pegel** *m* / zero level || ⟲**periodenbeschleunigung** *f* / zero period acceleration (ZPA) || ⟲**phasenwinkel** *m* / zero phase angle || ⟲**pkt berechnen** / Calculate zero pt. || ⟲**potential** *n* / zero potential
Nullpunkt *m* / zero point, zero *n*, point of origin, origin *n* || ⟲ *m* (Sternpunkt) / neutral point, star point, neutral *n*, zero point of star, reference point || ⟲ *m* / origin *n* || ⟲ *m* (Koordinatensystem) / zero reference point, datum *n* || ⟲ *m* / zero scale mark IEC 51, zero mark, instrument zero || ⟲ *m* (Ausgangssignal bei Messwert Null) / zero output || ⟲ **berechnen** / calculate zero pt. || **echter** ⟲ / true zero || **elektrischer** ⟲ / electrical zero || **Koordinaten-**⟲ *m* / coordinate basic origin || **lebender** ⟲ / live zero || **Maschinen-**⟲ *m* / machine datum, machine origin, machine point, machine zero || **Maschinen-**⟲ *m* (CLDATA-Wort) / origin ISO 3592 || **mechanischer** ⟲ / mechanical zero || **Programm~** *m* / program start || **Skalen~** *m* / zero scale mark || **Steuerungs-**⟲ *m* / control zero
Nullpunktabgleich *m* / zero offset || ⟲ *m* (Maßnahmen an einem Sensor oder Regler, bei dem die Messgröße Null und das Ausgangssignal Null nicht übereinstimmen) / zero point adjustment, zero point calibration
Nullpunktabweichung *f* / zero error || ⟲ *f* (Offsetfehler) / offset error || ⟲ *f* / residual deflection IEC 51 || **bleibende** ⟲ DIN 43782 /

residual deflection IEC 484
Nullpunkt·anhebung *f* / zero elevation || **⁓anschluss** *m* / neutral terminal || **⁓bestätigung** *f* / stability of zero || **⁓bildner** *m* / neutral earthing transformer (GB), grounding transformer (US) || **⁓dämpfung** *f* / zero attenuation || **⁓drift** *f* / zero drift, zero shift || **⁓durchführung** *f* / neutral bushing || **⁓einsteller** *m* / zero adjuster IEC 51 || **⁓einstellung** *f* / zero setting || **⁓einstellung** *f* (Einrichtung zur Nullpunkteinstellung der Messgröße (Hub oder Stellwinkel)) / zero balancing
Nullpunkt·fehler *m* / zero-point error, zero point error || **⁓fehler** *m* / zero error || **⁓korrektur** *f* / zero offset
nullpunktlöschender Leistungsschalter / current-zero cut-off circuit-breaker
Nullpunkt·löscher *m* / zero-current interrupter || **⁓löschung** *f* / current-zero interruption || **⁓marke** *m* (Markierungen auf den Achsensystemen der Achsen. Beim Referenzlauf der Achsen werden diese Markierungen als Nullpunkte angefahren.) / zero point fiducial, zero pulse mark || **⁓prüfung** *f* / zero check || **⁓spannung** *f* / neutral voltage || **⁓stabilität** *f* (Eigenschaft eines Messgerätes, seinen Nullpunkt unter äußeren Einflüssen (z. B. Temperatur) auch längerfristig nicht zu verändern) / stability of zero || **⁓suche** *f* / zero point search || **⁓synchronisierung** *f* / zero synchronization || **einstellbares ⁓system** (ENS) / settable zero system (SZS) || **⁓tangente** *f* / air-gap line || **⁓unterdrückung** *f* / zero suppression, range suppression, zero point supression || **⁓versatz** *m* / zero offset
Nullpunktverschiebung *f* / zero shift IEC 550, zero offset (ZO), datum offset || **⁓** *f* (NV, NPV) / zero displacement, offset shifting, reference offset, datum offset || **⁓ wirksam** / zero offset active (ZOA) || **einstellbare ⁓** / settable zero offset || **externe ⁓** / zero offset external (ZOE) || **programmierbare ⁓** / programmable zero offset, programmable offset || **⁓skorrektur (NV-Korrektur)** *f* / work offset compensation (WO compensation)
Nullpunktwanderung *f* / zero shift IEC 351-1
Null·-Rad *n* (ohne Profilverschiebung) / gear with equal-addendum teeth, unmodified gear, standard gear || **⁓raumladung** *f* / zero space charge, neutral space charge || **⁓reaktanz** *f* / zero phase-sequence reactance, zero-sequence reactance || **⁓referenzpunkt** *m* / zero reference point || **⁓rückstellung** *f* / zero reset
Null·schicht *f* / neutral plane, neutral surface, neutral layer || **⁓schiene** *f* / neutral bar || **⁓schnitt** *m* / zero overlap || **⁓schnittqualität** *f* / zero overlap quality || **⁓serie** *f* DIN 55350,T.11 / pilot lot, prototype, pilot production, pilot series, experimental lot || **⁓serienbaugruppe** *f* / pilot lot || **⁓serienfertigung** *f* / pilot-lot production || **⁓seriengerät** *n* / pilot lot device || **⁓serienmuster** *n* / pilot lot sample || **⁓serienprodukte** *n* / zero-series product || **⁓serienreview** *n* / pilot-lot review || **⁓serie- oder Standardaufträge** / pilot lot or standard orders || **⁓setzen** *n* / setting to zero, zeroing *n*, resetting *n*, zero setting || **⁓setzen beim Einschalten der Stromversorgung** / power-on reset
Nullspannung *f* / zero voltage, zero potential || **⁓** *f* (Spannung des Nullsystems) / zero-sequence voltage
Nullspannungs·auslöser *m* / no-volt release, undervoltage release || **⁓auslösung** *f* / no-volt tripping, undervoltage tripping
nullspannungsgesichert *adj* (Speicher) / non-volatile *adj* || **~e Steuerung** / retentive-memory control, non-volatile control || **~er Merker** / retentive flag
Nullspannungs·pfad *m* (Schutzwandler) / residual-voltage circuit || **⁓relais** *n* / zero-sequence voltage relay || **⁓schalten** *n* / Zero Voltage Switching (ZVS) || **⁓schalter** *m* / zero voltage switch
nullspannungssicher *adj* / non-volatile *adj* || **~** *adj* (Zeitrel.) / non-resetting on voltage failure, holding on supply failure
Nullspannungssicherheit *f* / protection against voltage failure
Null·spindel *f* / zero spindle || **⁓spur** *f* / zero track || **⁓spurauswertung** *f* / zero track evaluation || **⁓stellbereich** *m* / range of zero setting device || **⁓stelle** *f* / zero point
nullstellen *v* / set to zero || **⁓** *n* / setting to zero, zeroing *n*, resetting *n* || **⁓ des Zählers** / resetting the counter, counter reset
Nullstellung *f* / zero position, neutral position, home position, OFF position || **⁓** *f* (Bürsten) / dead neutral position
Nullstrom *m* / zero current || **⁓** *m* (Strom des Nullsystems) / zero phase-sequence current, zero-sequence current || **⁓** *m* (Wandler) / residual current || **⁓** *m* (Differentialstrom) / zero residual current || **⁓-Differentialschutz** *m* IEC 50(448) / restricted earth-fault protection, ground differential protection (USA) || **Stromwandler für ⁓erfassung** / residual current transformer || **⁓pfad** *m* (Schutzwandler) / residual-current circuit || **⁓schalten** / zero current and voltage switching || **⁓schaltung** *f* / Zero Current Switching (ZCS) || **⁓schutz** *m* / zero-current protection
Nullsystem *n* / zero phase-sequence system, zero-sequence network || **⁓schutz** *m* / zero-sequence protection || **⁓spannung** *f* / zero sequence voltage || **⁓strom** *m* / zero sequence current
Nullüberdeckung *f* / zero overlap || **⁓ in der Mittelstellung** / zero overlap in mid-position
Nullung *f* / TN system, protective multiple earthing, neutralization *n* || **schnelle ⁓** / fast TN scheme
Null·verschiebung *f* / zero shift IEC 550, zero offset, datum offset || **⁓verstärker** *m* / null-balance amplifier
Nullwiderstand *m* DIN 43783,T.1 / residual resistance IEC 477 || **⁓** *m* (Nullsystem) / zero phase-sequence resistance, zero-sequence resistance || **Nenn-⁓** *m* DIN 43783, T.1 / nominal residual resistance IEC 477
Null·wort *n* / zero word || **⁓zelle** *f* (zur Parametrierung eines Eingangs mit Null) / zero cell || **⁓zone** *f* / neutral zone || **⁓zweig** *m* / idle circuit, dead branch
NUM / NUM (number of holes)
Num (Nummerntaste) *f* (Nummerntaste auf der Tastatur) / Num (number key)
Numeral *n* (ein Wort zur Darstellung einer Zahl) / numeral *n*
Numerical Control (NC) *f* / numerical control (NC) || **⁓ Control Kernel (NCK)** *m* / NC kernel, numerical control kernel (NCK) || **⁓ Control Unit**

numerieren — 616

(NCU) f / Numerical Control Unit (NCU)
numerieren v / allocate numbers
Numerierung f / numbering n
Numerik·block m / numeric pad || ⁓-**Maschine** f / numerically controlled machine (NC machine), NC machine
numerisch adj / numeric adj, numerical adj || ⁓ **gesteuerte Maschine** (NC-Maschine) / numerically controlled machine (NC machine), NC machine || ⁓ **gesteuerte Messmaschine** / numerically controlled inspection machine, NC gauging device, coordinate inspection machine || ⁓ **gesteuerte Prüfung** / numerically controlled inspection || ⁓ **gesteuerter Werkzeugwechsel** / numerically controlled tool change || ⁓ **gesteuertes Bearbeitungszentrum** / NC machining centre, numerically controlled machining center || ⁓**e Apertur** / numerical aperture || ⁓**e Apertur der Einkopplung** / launch numerical aperture || ⁓**e Darstellung** / numerical representation (NR) || ⁓**e Eingabe** / numerical input || ⁓**e Erweiterung** / numeric extension (NX) || ⁓**e Information** / numeric information, digital information || ⁓**e Ionosphärenkarte** (Numerische Darstellung eines charakteristischen Parameters der Ionosphäre als Funktion geographischer Koordinaten und der Zeit) / numerical ionospheric map || ⁓**e Nummer** / numerical number || ⁓**e Ortskennzeichnung** DIN 40719,T.2 / numeric location IEC 113-2 || ⁓**e Steuerung** / numerical control || ⁓**e Tastatur** / numerical keyboard || ⁓**er Code** / numeric code, numerical code || ⁓**er Schalter** / numeric switch || ⁓**es Addierwerk** / numerical adder || ⁓**es Messverfahren** / numerical measuring system || ⁓**es Rechenwerk** / arithmetic unit, digital computer || ⁓**es Tastenfeld** / numerical keypad, numerical pad
Nummer f / number n || ⁓ **der identifizierten Phase** / No. of phase to be identified || ⁓ **des Datenbausteins** / data block number
nummerieren v / number v
Nummerierung f / numbering n
Nummern·bereich m DIN 6763,T.1 / range of numbers, number range || ⁓**block** m / numeric keypad || ⁓**kreis** m / range of numbers || ⁓**plan** m DIN 6763,T.1 / numbering plan || ⁓**protokoll** n / numerical printout (o. log) || ⁓**protokollgerät** n (Drucker) / numerical log printer || ⁓**schema** n DIN 6763,T.1 / numbering scheme || ⁓**schild** n / number-place n || ⁓**schlüssel** m DIN 6763,Bl.1 / code n || ⁓**serie** f / range of numbers || ⁓**stelle** f DIN 6763,T.1 / number position || ⁓**system** n DIN 6763,T.1 / numbering system || ⁓**taste (Num)** f / number key (Num) || ⁓**teil** m DIN 6763, T.1 / part of number || ⁓**vergabe** f / creation of serial numbers
Nummerung f DIN 6763,T.1 / numbering n
Nummerungs·objekt n DIN 6763,T.1 / numbering object || ⁓**technik** f DIN 6763,T.1 / numbering technique
nur hören / listen only (ion) IEC 625
nur lesend / read-only adj
NURBS / NURBS (non-uniform, rational basis spline)
Nur·glas-Deckenleuchte f / all-glass ceiling luminaire || ⁓-**Lese-Parameter** m / read only parameter || ⁓**lesespeicher** m / read-only memory (ROM) || ⁓-**Lese-Speicher** m (ROM) / read-only memory (ROM), read-only storage (ROS) || **programmierbarer** ⁓-**Lese-Speicher** /

programmable read-only memory
Nuss f / spanner socket || ⁓**isolator** m / strain insulator
Nut f / slot n, groove n || ⁓ f (Keil) / keyway n || ⁓ **für Sicherungsring** / groove for retaining ring || **Ölsammel~** f / oil collecting groove, oil collecting flute
Nutating Head m / nutating head
Nutationswinkel m / nutation angle
Nutator m / nutator n
Nut·ausgang m / slot end || ⁓**auskleidung** f / slot liner, slot lining, slot cell, trough n || ⁓**austritt** m / slot end || ⁓**beilage** f / slot packing || ⁓**breite** f / groove width || ⁓**brücke** f / slot bridge
Nuten n / grooving n
Nuten pro Pol und Phase / slots per pole per phase
Nuten·anker m / slotted armature || ⁓**beilage** f / slot packing || ⁓**drehen** n / slot turning, keyway turning || ⁓**fenster** n / slot opening || ⁓**fräsmaschine** f / slot milling machine || ⁓**füllstück** n / slot packing || ⁓**grundzahl** f / fundamental number of slots || ⁓**harmonische** / slot harmonics, slot ripple || ⁓**keil** m / slot wedge
nutenloser Anker / unslotted armature (o. rotor)
Nuten·meißel m / keyseating chisel || ⁓**platte** f / slotted plate || ⁓**querfeld** n / slot cross field, slot quadrature field || ⁓**schritt** m / slot pitch || ⁓**schritt** m (Spulenweite in Nutteilungen) / coil pitch || ⁓**stein** m / sliding block, vee nut || ⁓**streufluss** m / slot leakage flux || ⁓**streuung** f / slot leakage || ⁓**thermometer** n / embedded thermometer, slot thermometer || ⁓**zahl pro Pol und Strang** / number of slots per pole and phase
Nut·feder f (f. Blechpaketnut) / resilient corrugated packing strip || ⁓**form** f / groove shape || ⁓**fräsen** n / groove milling || ⁓**fräser** m / groove cutter || ⁓**frequenz** f / tooth pulsation frequency || ⁓**füllfaktor** m / slot space factor, coil space factor || ⁓**füllstreifen** m / slot packing strip || ⁓**füllung** f (Querschnittsbild) / slot cross section || ⁓**füllung** f / conductor assembly in slot || ⁓**grund** m / slot bottom, slot base, groove base || ⁓**grundstreifen** m / slot-bottom packing strip, bottom strip || ⁓**gruppe** f / slot group
Nut·hülse f / slot cell, slot armour, trough n || ⁓**kasten** m / slot cell, slot armour, trough n || ⁓**keil** m / slot wedge, retaining wedge
Nutkopf m / slot end, slot top || ⁓**einlage** f / slot-top packing || ⁓**feder** f / corrugated top locking strip
Nut·kreis m / radial slot, radial groove || ⁓**leitwert** m / slot permeance || ⁓**mutter** f / locknut n || ⁓**nachbildung** f / slot model, slot form || ⁓**oberschwingungen** f pl / slot harmonics, slot ripple || ⁓**oberwellen** f pl / slot harmonics, slot ripple || ⁓**öffnung** f / slot opening
Nutquerfeld n / slot cross field, slot quadrature field || ⁓**spannung** f / slot cross-field voltage, slot quadrature-field voltage
Nut·raumentladung f / slot discharge || ⁓**raumentladungsmesser** m / slot-discharge analyzer || ⁓**ring** m / grooved ring || ⁓**ringdichtung** f (elastische Dichtung) / grooved ring seal || ⁓**säge** f / slotting saw || ⁓**sägen** n / groove sawing || ⁓**schenkel** m / coil side || ⁓**schleifen** n / groove grinding || ⁓**schlitz** m / slot opening || ⁓**schlitzfaktor** m / slot factor, fringing coefficient || ⁓**schnitt** m / slot die || ⁓**schrägung** f / slot skewing || ⁓**schrägungsfaktor** m / slot

skewing factor || ⸲seite *f* (Spule) / coil side, slot portion of coil || ⸲stechen *n* / grooving || ⸲streufluss *m* / slot leakage flux || ⸲streuinduktivität *f* / slot leakage inductance || ⸲streuleitfähigkeit *f* / slot leakage conductance, slot leakance || ⸲streuleitwert *m* / slot leakage coefficient || ⸲streuung *f* / slot leakage || **Reaktanz der** ⸲**streuung** / slot leakage reactance || ⸲**strombelag** *m* / ampere conductors per slot
Nut·teil *m* (Spule) / slot portion, coil side, slot section || ⸲**teilung** *f* / tooth pitch, slot pitch || ⸲**temperaturfühler** *m* / embedded temperature detector || ⸲**thermometer** *n* / embedded thermometer, slot thermometer || ⸲**tiefe** *f* (el. Masch.) / slot depth, groove depth
Nutung *f* / slotting *n*
Nutungsfaktor *m* / fringing coefficient, contraction coefficient, Carter's coefficient
Nutverdrehung *f* / slot twist
Nutverschluss *m* / slot seal, slot wedge || ⸲**feder** *f* / preloading slot closing strip || ⸲**kappe** *f* / slot cap || ⸲**keil** *m* / slot wedge, retaining wedge, slot-termination wedge || ⸲**stab** *m* / slot closing strip || ⸲**streifen** *m* / slot cap
Nut·voreilung *f* / slot skew factor || ⸲**wand** *f* / slot side, groove side || ⸲**wandbelastung** *f* / slot-side loading, magnetic loading of slot side || ⸲**wandkorrektur** *f* / groove side offset || ⸲**wellen** *f pl* / slot harmonics, slot ripple || ⸲**wicklung** *f* / slot winding || **mit** ⸲**wicklung** / slot-wound *adj* || ⸲**zahlverhältnis** *n* / stator/rotor slot number ratio
Nutz·arbeit *f* / useful work || ⸲**arbeitsraum** *m* (Roboter) / application working space
nutzbar *adj* / usable *adj* || **~e Feldhöhe** (MCC) / useful section height || **~e Feldstärke** / usable field strength || **~e Leistung** (Verbrennungsmot.) / effective output || **~e Lesezeit** / usable reading time || **~e Schreibgeschwindigkeit** / usable writing speed || **~e Skale** / effective scale || **~e Überlastleistung** (Verbrennungsmot.) / overload effective output || **~er Bildschirmbereich** / effective screen area
Nutz·blindwiderstand *m* / magnetizing reactance, armature-reaction reactance, air-gap reactance || ⸲**bremse** *f* / regenerative brake || ⸲**bremsung** *f* / regenerative braking || ⸲**brenndauer** *f* / useful life (lamp)
Nutzdaten *plt* / user data, useful data, net data || ⸲ **der DEE beim Auslösen** / clear user data || ⸲ **der gerufenen DEE beim Verbindungsaufbau** (DIN V 44302-2) / called user data || ⸲ **der rufenden DEE beim Verbindungsaufbau** (DIN V 44302-2 E DIN 66323) / call user data || ⸲ **austausch** *m* / exchange of useful data || ⸲**bereich** *m* / user data range || ⸲**kennung** *f* / user data identifier || ⸲**-Segment** *n* / user data segment || ⸲**struktur** *f* / useful data structure
Nutz·dauer *f* / service life || ⸲**drehmoment** *n* / useful torque, working torque, net torque || ⸲**ebene** *f* / working plane, work plane
Nutzeffekt *m* / efficiency *n* || **optischer** ⸲ / optical efficiency
Nutzen *m* / benefit *n*, profit *n* || ⸲ *m* (Menge) / panel *n* || ⸲ **von Schildern** / label sheet || ⸲**daten** (**NU-Daten**) (alle Daten (Abmessungen der Leiterplatte, Passmarkenpositionen, Bestückpositionen), die den Nutzen beschreiben) /

cluster data || ⸲-**Editor** *m* / cluster editor
Nutzenergie *f* / useful energy, net energy
Nutzen·maßstab *m* / utility measure, measure of utility || ⸲**technik** *f* (Nutzentechnik ist die Anordnung von mehreren Einzelschaltungen zu einer Gesamtleiterplatte) / cluster technology || ⸲**trenner** *m* / depaneling machine || ⸲**trennmaschine** *f* / depaneling machine || ⸲**-Trennvorrichtung** *f* / panel cutter || ⸲**versprechen** *n* / promise of benefits || ⸲**zeichnung** *f* / panel drawing
Nutzer *m* / user *n* || ⸲**element** *n* / user-element || ⸲**identität** *f* / user identity || ⸲**organisation** / User Organization || ⸲**sicht** *f* / user view
Nutz·fahrzeug *n* / commercial vehicle || ⸲**fahrzeug** *n* (NFZ) / heavy goods vehicle (HGV) *n* || ⸲**fallhöhe** *f* / net head || ⸲**feldspannung** *f* / voltage due to net air-gap flux, virtual voltage, voltage behind leakage reactance
Nützfläche *f* / usable space
Nutz·fluss *m* / useful flux, working flux || ⸲**frequenz** *f* / fundamental frequency || ⸲**information** *f* / use information || ⸲**kraft** *f* / available force || ⸲**kraftwagen** (**nkw**) *m* / truck *n* || ⸲**last** *f* (Statik) / useful load, live load, commercial load || ⸲**last** *f* (Bahn, Zuladung) / payload *n* || ⸲**lebensdauer** *f* / economic life || ⸲**leistung** *f* / useful output power, load power || ⸲**leistung** *f* (Antrieb) / effective output, useful power, useful horsepower, brake horsepower || ⸲**lichtstrom** *m* / utilized flux, effective luminous flux || ⸲**moment** *n* / useful torque, net torque, working torque || ⸲**nießer** *m* / beneficiary
Nutz·pegel *m* (Signale) / useful signal level || ⸲**raum** *m* (Prüfkammer) DIN IEC 68 / working space IEC 68, usable water capacity, working space || ⸲**raum eines Speichers** (Pumpspeicherwerk) / useful water capacity of a reservoir || ⸲-/**Rauschsignal-Verhältnis** *n* / signal-to-noise ratio || ⸲**reaktanz** *f* / magnetizing reactance, armature-reaction reactance, air-gap reactance || ⸲**schaltabstand** *m* / usable operation distance, usable sensing distance || ⸲**schaltabstand su** *m* (Schaltabstand, der innerhalb des zulässigen Temperatur- und Spannungsbereiches gewährleistet ist) / usable operating distance || ⸲**signal** *n* / wanted signal || ⸲**spannung** *f* / useful voltage || ⸲-/**Störsignal-Verhältnis** *n* / signal-to-disturbance ratio || ⸲**strombremsung** *f* / regenerative braking || ⸲**tiefe** *f* / useful depth
Nutzung *f* / utilization || ⸲ **elektrischer Energie** / utilization of electrical energy
Nutzungsdauer *f* / service life, utilization period at maximum capacity || **durchschnittliche** ⸲ / average life || **technische** ⸲ / physical life || **voraussichtliche** ⸲ / expected life
Nutzungs·gebühr *f* / royalty *n* || ⸲**grad** *m* / utilization rate || **~invariant** *adj* (Programm, Prozedur) / reusable *adj* || ⸲**phase** *f* / constant failure period || ⸲**rate** *f* / utilization rate || ⸲**verhältnis Ersatzbetrieb** / service ratio duty backup || ⸲**verhältnis Staffel** / service ratio duty assist || ⸲**zeit** *f* (Refa) / machine time || ⸲**ziffer** (**N**) *f* / utilization rate, utilization ratio
Nutzzone *f* / working section
Nutz- zu Rausch-Signal-Verhältnis *n* / signal-to-noise ratio (SNR), noise margin

NV (Nullpunktverschiebung) / zero shift, reference offset, offset shifting, datum offset, ZO (zero offset)
nv-Auslöser *m* / nv-relase *n* (instantaneous release with (mechanical) reclosing lockout)
NV·-Dimmer *m* / low-voltage dimmer || ♃-**Ermittlung** *f* / WO determination, ZO determination || ♃-**Halogenlampe** *f* / low-voltage halogen lamp, LV halogen lamp || ♃-**Korrektur** (Nullpunktverschiebungskorrektur) *f* / WO compensation (work offset compensation) || ♃-**Lampe** *f* / low-volt lamp, l.v. lamp, l.t. lamp
NV·-RAM *n* (NVRAM) / non-volatile RAM (NVRAM) || ♃-**Translation** *f* / WO translation || ♃-**Wert** *m* / WO value
NW (Netzwerk) / network *n*, NW || ♃ (Nennweite) / nominal size, nominal diameter, inside nominal diameter
N-Wächter *m* (Netzw.) / line monitor
n-wertige Codierung / n-ary encoding
Nylosring *m* / NYLOS radial sealing ring
Nyquist·-Ortskurve *f* / Nyquist plot || ♃-**Theorem** *n* / Nyquist theorem
NZ (Neustartzweig) / CRB (cold restart branch)

O

O / O (letter symbol for mineral oil) || ♃ (**ODER**) *Koj.* / or *Konj.*
Ö (Öffner) / break-contact element, NC contact (normally closed contact), NC (normally-closed contact) || **1** ♃ / 1NC *n*
OA (OA cooling, Ölkühlung mit natürlicher Luftumwälzung) / OA (oil-air cooling) || ♃ (offene Architektur) / OA (Open Architecture) || ♃-**Daten** *f* / OA data
OA/FA (OA/FA-cooling, natürliche Öl-Luftkühlung mit zusätzlicher erzwungener Luftkühlung) / OA/FA (oil-air/forced-air cooling)
OA/FA/FA (oil-air/forced-air/forced-air cooling, natürliche Öl-Luftkühlung mit zweistufiger erzwungener Luftkühlung, f. Transformatoren mit 3 Leistungsstufen) / OA/FA/FA (oil-air/forced-air/forced-air cooling)
OA/FOA (oil-air/forced-oil-air/forced-oil-air cooling, Öl-Luft-Selbstkühlung mit zusätzlicher zweistufiger erzwungener Luft- und Öl-Luft-Kühlung, f. Transformatoren mit 3 Leistungsstufen) / OA/FOA (oil-air/forced-oil-air/forced-oil-air cooling)
OA/FOA/FOA (oil-air/forced-oil-air/forced-oil-air cooling, ähnlich OA/FA/FOA, mit zweistufiger erzwungener Öl- und Luftkühlung, f. Transformatoren mit 3 Leistungsstufen) / OA/FOA/FOA (oil-air/forced-oil-air/forced-oil-air cooling)
OAM / Operation, Administration and Maintenance (OAM)
O-Anordnung *f* (paarweiser Einbau) / back-to-back arrangement
OA-Paket *n* / OA package
OAP/IC (**Outdoor Access Point / Indoor Controller**) / Outdoor Access Point / Indoor Controller (OAP/IC)
OA·-spezifisch *adj* / OA-specific || ♃-**Tool** *n* / OA tool

OB / OB || ♃ / OB (oil natural/air-blast cooling) || ♃ (**Organisationsbaustein**) *m* / organization block (OB)
ob. Drehmomentschwellwert M_ob / Upper torque threshold
OBE (On-Board-Elektronik) / OBE (On-Board Electronics)
oben *adv* / at the top, at top || **~** (im Betrachtungssystem) / above, up || **nach ~** (Bewegung) / upwards *adv* || **~drehend** *adj* / top-slewing *adj* || **~liegende Nockenwelle** / single overhead camshaft (SOHC) || ♃**probe** *f* / top sample
Ober·arm *m* / upper arm || ♃**baugruppe** *f* / upper-assembly || ♃**bauschichten** *f* / surfacing courses || ♃**begriff** *m* / generic term || ♃**beleuchtung** *f* / overhead lighting || ♃**deckmotor** *m* / deckwater-proof motor
ober·e Bemessungs-Grenzfrequenz (Schreiber) / rated upper limit of frequency response || **~e Bereichsgrenze** (Signal) DIN IEC 381 / upper limit IEC 381 || **~e Eingabegrenze** / upper input limit || **~e Endstellung** / upper extreme position || **~e Entscheidungsgrenze** / upper control limit (UCL) || **~e Explosionsgrenze** (OEG) VDE 0165, T.102 / upper explosive limit (UEL) || **~e Falzbekleidung** / top rebate trim || **~e Gefahrengrenze** / upper alarm limit || **~e Grenzabweichung** (Höchstwert minus Bezugswert) DIN 55350,T.12 / upper limiting deviation || **~e Grenze** / upper limit || **~e Grenze des Vertrauensbereichs** / upper confidence limit || **~e Grenzfrequenz des Proportionalverhaltens** / high-frequency cut-off of proportional action || **~e Kontrollgrenze** / upper control limit (UCL) || **~e Kriechdrehzahl** / high creep speed || **~e Lagerhälfte** / top half-bearing || **~e Lagerschalenhälfte** / top half-shell || **~e Laibung** / top suffit || **~e Messunsicherheit** / upper uncertainty of measurement || **~e Toleranzgrenze** / upper tolerance limit, maximum limiting value, upper limit, upper limit value, upper limiting value || **~e Warngrenze** / upper warning limit || **~e Zählgrenze** / upper count limit
ober·er Anrampungsknick / ramp slope breakover || ♃**er Drehmoment-Schwellwert** / Torque threshold T_thresh || **~er Grenzwert** / upper (o. maximum) limiting value, upper limit, high limit || **~er Grenzwert des Nenn-Gebrauchsbereichs** / upper limit of nominal range of use || **~er halbräumlicher Lichtstrom** / upward flux, upper hemispherical luminous flux || **~er Leistungsbereich** (elST-Geräte) / high performance level || **~er Mittelklassewagen** / upper middle class, top of the middle-class || **~er Schaltpunkt** / upper limit (value), higher switching value || **~er Spezifikationsgrenzwert** / USL (upper specification limit), upper spec limit (USL) || **~er Stoßpegel** / upper impulse insulation level, chopped-wave impulse insulation level, chopped-wave impulse level || **~er Tester** / upper tester || **~er Totpunkt** (OT Kfz-Mot.) / top dead centre (TDC) || **~er Totpunktmarkensensor** (OT-Sensor) / TDC sensor || **~es Abmaß** / upper deviation || **~es Grenzmaß** / high limit of size, upper limit || **~es Seitenband** (Seitenband, das die Teilschwingungen enthält, deren Frequenzen oberhalb der Trägerfrequenz liegen) / upper

sideband
Oberfeld *n* / harmonic field
Oberfläche *f* / surface *n* ‖ ⸺ **fachgerecht abziehen** / to screen, pull *n*, pull off, remove *n* ‖ ⸺ **trowalisiert** / surface barrel-finished *n* ‖ **vollgraphische** ⸺ / pixel graphics interface
Oberflächen·abfluss *m* / run-off *n* ‖ ⸺**abflüsse** *m* / surface run-offs ‖ ⸺**aufstülpung** *f* / surface protusions (upstand of material as upset or flash next to the electrode indentation) ‖ ⸺**band** *n* / surface band ‖ ⸺**-Bearbeitungszeichen** *n* / surface finish symbol, finish mark ‖ ⸺**behandlung** *f* / surface treatment, surface machining ‖ ⸺**behandlungsmaterial** *n* / surface treatment material
oberflächenbelüftete Maschine / totally enclosed fan-cooled machine, t.e.f.c. machine, fan-cooled machine, frame-cooled machine, ventilated-frame machine
Oberflächen·belüftung *f* / surface ventilation ‖ ⸺**beschaffenheit** *f* / condition of the surface ‖ **Bauelement für** ⸺**bestückung** / surface-mounting device (SMD) ‖ **~bezogen** *adj* / areic ‖ ⸺**-Blindwiderstand** *m* / surface reactance ‖ ⸺**daten** *f* / surface data ‖ ⸺**dichte des Stroms** / surface current density ‖ ⸺**einheit** *f* / unit area, unit surface ‖ ⸺**entladung** *f* / surface discharge ‖ ⸺**entwässerung** *f* / storm drainage ‖ ⸺**erder** *m* / conductor earth electrode, strip electrode, conductor electrode ‖ ⸺**ergebnis** *n* / surface finish result ‖ ⸺**fehler** *m* / surface imperfection ‖ ⸺**feldstärke** *f* / surface field intensity ‖ ⸺**fühler** *m* / surface sensor (o. probe) ‖ **~gasdicht** *adj* / gas-tight *adj*, sealed *adj*
oberflächengekühlt *adj* / surface-cooled ‖ **~e Maschine** / frame surface cooled machine, ventilated-frame machine
Oberflächen·glanz *m* (auf Papier o. Pappe) / glaze *n* ‖ ⸺**gleichheit** *f* / coplanarity *n* ‖ ⸺**güte** *f* / surface quality, quality of surface finish, surface finish ‖ ⸺**Gütezeichen** *n* / surface quality symbol ‖ ⸺**härten** *n* / surface hardening ‖ ⸺**inspektion** *f* / surface inspection ‖ ⸺**-Isolationswiderstand** *m* / surface insulation resistance ‖ ⸺**isolierung** *f* / surface insulation
Oberflächen·kanal *m* (Ladungsverschiebeschaltung) / surface channel (CTD) ‖ ⸺**koppelung** *f* / surface coupling ‖ ⸺**kühlung** *f* / surface cooling ‖ ⸺**ladung** *f* / surface charge ‖ ⸺**ladungsdichte** *f* / surface charge density ‖ ⸺**ladungstransistor** *m* / surface-charged transistor (SCT) ‖ ⸺**leckstrom** *m* / surface leakage current ‖ ⸺**leitung** *f* / surface conduction ‖ ⸺**Leitwert** *m* / surface conductance ‖ ⸺**marken** *f pl* / surface markings ‖ ⸺**messung** *f* / surface measurement ‖ ⸺**montage** *f* / surface mounting ‖ ⸺**montagetechnik** *f* / SMT
oberflächenmontierbares Bauelement / surface-mounting device (SMD) ‖ **~ Bauteil** / surface-mounting device, surface-mount device
Oberflächen·niveau *n* / surface level ‖ ⸺**passivierung** *f* / surface passivation ‖ ⸺**photospannung** *f* / surface photovoltage (SPV) ‖ ⸺**porosität** *f* / surface porosity ‖ ⸺**profil** *n* / surface profile ‖ ⸺**prüfung** *f* / surface inspection ‖ ⸺**qualität** *f* / surface quality, surface finish ‖ ⸺**rauheit** *f* / surface roughness, surface texture ‖

⸺**rauhigkeit** *f* / surface roughness ‖ ⸺**rauhtiefe** *f* / peak-to-valley height, height of cusp ‖ ⸺**reaktanz** *f* / surface reactance ‖ ⸺**reflexion** *f* / top-surface reflection ‖ ⸺**reibung** *f* / skin friction, surface friction ‖ ⸺**-Reibungsverluste** *m pl* (el. Masch.) / windage loss ‖ ⸺**rekombination** *f* / surface recombination ‖ ⸺**rekombinationsgeschwindigkeit** *f* / surface recombination velocity (SRV) ‖ ⸺**riss** *m* / surface crack ‖ ⸺**riss** *m* (zur Werkstückoberfläche offener Riss in der Schweißzone) / surface breaking crack
Oberflächen·schicht *f* (Fremdschicht) / surface layer ‖ ⸺**-Schlussbearbeitung** *f* / surface finishing, finishing *n* ‖ ⸺**schnitt** *m* DIN 4760 / surface section ‖ ⸺**schutz** *m* / surface protective coating, surface protection ‖ ⸺**segment** *n* / surface patch ‖ ⸺**spannung** *f* / surface tension ‖ ⸺**spiegel** *m* / front-surface mirror, first-surface mirror ‖ ⸺**strom** *m* / surface current ‖ ⸺**struktur** *f* / texture *n* ‖ ⸺**strukturierung** *f* / surface structuring ‖ ⸺**strukturierung durch Gräben** / surface grooving ‖ ⸺**strukturierung mittels paralleler Drähte** / surface structuring by parallel wires ‖ ⸺**technik** *f* / surface-mount technology (SMT) ‖ ⸺**temperatur** *f* / surface temperature ‖ **maximale** ⸺**temperatur** (mittlere Temperatur der Rückseite des Moduls) / maximum safe temperature ‖ ⸺**texturierung** *f* / surface texturing
oberflächentrocken *adj* (Anstrich) / surface-dry *adj*, print-free *adj*
Oberflächen·überschlag *m* / surface flashover ‖ ⸺**überschlag** *m* (Durchschlag über die Oberfläche eines Isolierstoffes in einer gasförmigen oder flüssigen Umgebung) / contouring ‖ ⸺**überzug** *m* / surface coating, sealing coat ‖ ⸺**unregelmäßigkeit** *f* / surface imperfection ‖ ⸺**veredelung** *f* / finishing *n* ‖ ⸺**-Vergleichsnormal** *n* / standard surface
oberflächenvergoldet *adj* / gold-plated *adj*
Oberflächen·verluste *m pl* (el. Masch.) / surface loss, loss due to slot harmonic fields, can loss ‖ ⸺**-Wärmetauscher** *m* / surface-type heat exchanger ‖ ⸺**wasser** *n* / rainwater *n* ‖ ⸺**welle** *f* (entlang einer Grenzfläche geführte langsame Welle) / surface wave ‖ ⸺**wellenfilter** (OFW-Filter) *m* / surface wave filter ‖ ⸺**wellenleiter** *m* / surface waveguide ‖ ⸺**welligkeit** *f* / texture waviness, secondary texture waviness
Oberflächenwiderstand *m* / surface resistance, surface insulation resistance ‖ **spezifischer** ⸺ / surface resistivity, specific surface insulation resistance ‖ **Prüfung des** ⸺**s** EN 50014 / insulation resistance test EN 50014
Oberflächenzustandsdichte *f* / surface state density
oberflächlich, Beständigkeit gegen ~e Beschädigungen / mar resistance ‖ **~e Rissbildung** / checking *n*
Ober·fräse *f* / routing cutter ‖ ⸺**fräsen** *n* / top milling, routing machines, routing cutters ‖ ⸺**grenze** *f* (OGR) / upper limit, upper limit value, high limit
oberirdisch *adj* / aboveground ‖ **~e Leitung** / overhead line, overhead power transmission line, open line ‖ **~er Abfluss** / surface runoff
Ober·kante *f* / top edge, upper edge ‖ ⸺**kante** *f* (Bahnschiene) / top *n* (of rail) ‖ ⸺**klasse** *f* / superclass ‖ ⸺**lager** *n* (EZ) / top bearing, upper

Oberschwingung

bearing || ⁓**länge** f (Buchstabe) / ascender n || ⁓**leitung** f / overhead wires, overhead lines, overhead line (o. system) || ⁓**leitung** f (Fahrleitung) / overhead contact line, overhead traction wire, overhead trolley wire || ⁓**licht** n / skylight n, rooflight n, overhead light || ⁓**licht** n (Bühne) / border light || ⁓**rampe** f / overhead lighting batten || ⁓**matrize** f / upper die || ⁓**messer** m / upper knife || ⁓**monteur** m / senior field service engineer, senior engineer || ⁓**motor** m (Walzwerk) / top-roll motor, upper motor || ⁓**rahmen** m / top frame, upper end frame || ⁓**schale** f / top bearing shell, top shell half, top shell || ⁓**schicht** f / top layer, outer layer || ⁓**schlitten** m / upper slide || ⁓**schwingung** f / harmonic n, harmonic component

Oberschwingung, geradzahlige ⁓ / even-order harmonic

Oberschwingungs·analysator m / harmonics analyzer, wave analyzer, Fourier analyzer || ⁓**anteil** m / harmonic component, harmonic content || ⁓**anteile** m pl / harmonic content || ⁓**schwingungsdrossel** f / harmonic choke || ⁓**feld** n / harmonic field || ⁓**gehalt** m / harmonic content, harmonic distortion, relative harmonic content || ⁓**gehalt** m (Klirrfaktor) VDE 0838,T.1 / total harmonic distortion (THD) || **Ermittlung des** ⁓**gehalts** / harmonic test || ⁓**kompensation** f / harmonic compensation, harmonic suppression || ⁓**leistung** f / harmonic power, distortive power || ⁓-**Messgerät** n / harmonic analyzer, wave analyzer || ⁓**quarz** n / overtone-mode crystal || ⁓**spannung** f / voltage harmonic content, harmonic e.m.f., harmonic voltage || ⁓**spektrum** n / harmonic spectrum, harmonic components || ⁓**strom** m (OS-Strom) / harmonic current || ~**schwingungsunempfindlich** adj / immune to harmonics || ⁓**verhältnis** n VDE 0838, T.1 / harmonic ratio || ⁓-**Zusatzverluste** m pl / harmonic loss, higher-frequency stray-load loss

oberseitiger Biegeversuch / face bend test

Oberspannung f (OS) / high voltage, higher voltage, high tension || ⁓ f / maximum stress || **Grenzlinie der** ⁓ / maximum stress limit

Oberspannungs·anschluss m / h.v. terminal || ⁓**anzapfung** f (OS-Anzapfung) / h.v. tap(ping) || ⁓**durchführung** f / h.v. bushing || ⁓**klemme** f / h.v. terminal || ⁓**kondensator** m (kapazitiver Spannungsteiler) / high-voltage capacitor || ⁓-**Kondensatordurchführung** f (OS-Kondensatordurchführung) / h.v. condenser bushing || ⁓**seite** f / h.v. side, high side, h.v. circuit, upper voltage side

oberspannungsseitig adj / on high-voltage side, in high-voltage circuit, high-voltage adj

Oberspannungs·-Stammwicklung f / h.v. main winding || ⁓-**Sternpunktdurchführung** f (OS-Mp-Durchführung) / h.v. neutral bushing || ⁓-**Stufenwicklung** f / h.v tapped winding, h.v. regulating winding || ⁓**wicklung** f (OS-Wicklung) / h.v. winding, higher-voltage winding

Oberstab m / top bar, outer bar

oberständiger Generator / overtype generator

Oberste Leitung / management with executive responsibility || **~ Ölschicht** / top oil

Ober·strom m / harmonic current || ⁓**support** m / upper slide rest || ⁓**teil** n (Ventil) / bonnet n, top side, upper part || ⁓**teil** n / upper part enclosure || ⁓**wagen** m / top carriage

Oberwasser n (OW) / headwater n, head race || ⁓**pegel** m / forebay elevations || ~**seitig** adj / on headwater side, upstream add || ⁓**wasserspeicher** m / upstream reservoir

Oberwelle f / harmonic n, harmonic wave, harmonic component || ⁓ **des Strombelags** / m.m.f. harmonic || ⁓ **dritter Ordnung** / third harmonic, triplen n

Oberwellen höherer Ordnung / high-order harmonics, harmonics of higher order, higher harmonics || ⁓ **niedriger Ordnung** / low-order harmonics || **Anteil an** ⁓ / harmonic content || ⁓**analysator** m / harmonics analyzer, wave analyzer, Fourier analyzer || ⁓**anteil** m / harmonic component, harmonic content || ⁓-**Ausgangsleistung** f / harmonic output power || ⁓-**Drehmoment** n / harmonic torque, distortive torque, parasitic torque, stray-load torque || ⁓**echo** n / harmonic echo || ⁓**feld** n / harmonic field || ⁓**filter** n / harmonic filter, harmonic absorber, ripple filter, m harmonics filter || ~**frei** adj / harmonic-free adj || ⁓**freiheit** f / freedom from harmonics || ⁓**generator** m / harmonic generator || ⁓**leistung** f / harmonic power, distortive power || ⁓**moment** n / harmonic torque, distortive torque, parasitic torque, stray-load torque || ⁓**sieb** n / harmonic filter, harmonic absorber, ripple filter || ⁓**spannung** f / harmonic m.m.f., harmonic voltage, voltage harmonic content, ripple voltage || ⁓**sperre** f / harmonic suppressor, harmonic absorber || ⁓**stabilisierung** f (Schutz) / harmonic restraint || ⁓-**Streufaktor** m / harmonic leakage factor || **Reaktanz der** ⁓**streuung** / harmonic leakage reactance || ⁓**strom** m / harmonic current || ⁓**unterdrückung** f / harmonics suppression, harmonic control, harmonics neutralization, harmonic cancellation || ⁓**verhältnis** n / harmonic ratio || ⁓**verluste** m pl / harmonic loss || ⁓**zerlegung** f / harmonic analysis || ⁓-**Zusatzmoment** n / harmonic torque, distortive torque, parasitic torque, stray-load torque || ⁓-**Zusatzverluste** m pl / harmonic loss, higher-frequency stray-load loss

Ober·welligkeit f / harmonic content, ripple content || ⁓**werkzeug** n / upper die

object n (Datensatz mit verbundenen, auf ihn anwendbaren Funktionen) / object n || ⁓ **Library** / Object Library

Objekt n / object n || ⁓ n / entity n || ⁓ n DIN 4000,T.1 / article n || ⁓ **ID** / object ID || ⁓ **Linking and Embedding** (OLE) / object linking and embedding (OLE), OLE communications interface || ⁓ **öffnen** / open object || **eingebettetes** ⁓ / embedded object || **verwaistes** ⁓ / orphaned object || ⁓**beleuchtung** f / spotlighting system || ⁓**beziehung** f / link n || ⁓**bibliothek** f / object library || ⁓-**Boden-Potential** n / structure-to-soil potential || ⁓**codeprogramm** n / object code program, program in object code || ⁓**diagramm** n / object diagram || ⁓**eigenschaft** f / object property || ⁓**eigenschaften** f / object properties || ⁓**erfassung** f / object sensing || ⁓**erkennung** f / object detection || ⁓**erkennungssystem** n / object detection system || ⁓**erzeugung** f / entity generation || ⁓**fenster** n / object view ||

⸚folgeabstand *m* / distance between objects || ⸚geflecht *n* / object web || ⸚geschäft *n* / projects business || ⸚gruppe *f* / object group || ⸚-Handling *n* / object handling || ⸚-Identifizierer *m* / object identifier
Objektiv *n* / objective *n*, lens system || **~er Befund** / objective evidence || **~er Nachweis** / objective evidence || ⸚länge *f* / length of lens, objective length
Objekt·kante *f* / object edge || ⸚knoten *m* / object node || ⸚leuchtdichte *f* / luminance of object || ⸚leuchte *f* / spotlight *n* || ⸚liste *f* / Object List || ⸚manager *m* / object manager || ⸚modell *n* / object model || ⸚name *m* / object name
objektorientiert *adj* / object-oriented *adj* || ⸚e **Analyse (OOA)** / Object-Oriented Analysis (OOA) || ⸚e **Modellierungstechnologie (OMT)** / OMT || **~e Programmierung (OOP)** / Object-Oriented Programming (OOP) || **~e Schnittstelle** / object-oriented interface || **~e Software-Entwicklung (OOSE)** / Object Oriented Software Engineering (OOSE) || ⸚es **Design (OOD)** *n* / Object-Oriented Design (OOD)
Objekt·orientierung / object orientation || ⸚schutz *m* / guarding *n* || ⸚schutzleuchte *f* / security lighting fixture, security light fixture, security luminaire || ⸚-Screenshot *m* (Screenshot-Typ, der ein ganzes Objekt wie z. B. ein Dialogfeld, Teil eines Dialogfeldes, ein Listenfeld, ein Eingabefeld usw. beinhaltet) / object screenshot || ⸚sonde *f* / object probe || **~spezifischer Parameter** *m* / object-specific parameter || ⸚trennung *f* / object separation || ⸚typ *m* / object type || ⸚verwaltungssystem *n* (OVS) / object management system || ⸚verzeichnis *n* (OV) / object dictionary (OD), object directory
obligatorisch *adj* / mandatory *adj*
OB·-Makro *m* / OB macro || ⸚-Nummer *f* / OB number
OBU *f* / on board unit (OBU)
OCC / One Cycle Control (OCC)
OCDS / On Chip Debugging Systems (OCDS)
OCI / online curve interpolator (OCI)
OC-Kurve *f* / operating characteristic curve (OC curve) || **50%-Punkt der** ⸚ / point of control
OCL / obstacle clearance limit (OCL)
OCP / Open Core Protocol (OCP)
OCR / optical character recognition (OCR) || ⸚-**Handleser** *m* / hand-held OCR scanner
OCS / Open Control System (OCS) || ⸚ **(Open Control Software)** *f* / Open Control Software (OCS)
Octet (Einheit, bestehend aus 8 Bit) / Octet
OCXO / Oven-Controlled Crystal Oscillator (OCXO)
ODA / open distributed automation (ODA)
ODBC (offene Datenbankverbindung) / Open Database Connectivity (ODBC)
oder *Konj.* / or *Konj.*
ODER, nach ⸚ **verknüpfen** / combine for logic OR, OR-gate *n*, OR || **verdrahtetes** ⸚ / wired OR || ⸚-**Abhängigkeit** *f* / OR dependency, V-dependency || ⸚-**Aufspaltung** *f* DIN 19237 / OR branch || ⸚-**Baustein** *m* / ORing block, OR function block || ⸚-**Bedingung** *f* / OR-condition || ⸚-**Eingang** *m* / OR input || ⸚-**Eingangsstufe** *f* / OR input converter || ⸚-**Funktion** *f* / OR function
ODER-Glied *n* / OR element, OR *n* || ⸚ **mit negiertem Ausgang** / OR with negated output, NOR *n* || ⸚ **mit negiertem Sperreingang** / OR with negated inhibiting input || ⸚ **mit Sperreingang** / OR with inhibiting input
ODER-·Matrix *f* / OR matrix || ⸚-**NICHT-Verknüpfung** *f* / NOR logic, negated OR operation, NOR gate || ⸚-**Operator** *m* / OR operator || ⸚-**Schaltung** *f* / OR element, OR gate || ⸚-**verknüpfte Worterkennung** / OR'd word recognition || ⸚-**Verknüpfung** *f* / OR operation, OR logic, ORing *n*, OR gate, OR logic operation || ⸚-**Verknüpfungsfunktion** *f* / OR binary gating operation || ⸚-**Verzweigung** *f* / OR branch || ⸚-**Vorsatz** *m* (m. Diode) / diode OR input gate || ⸚-**vor-UND-Verknüpfung** *f* / OR-before-AND logic, OR-before-AND logic operation
ODK / Open Development Kit
ODM / ODM (Original Design Manufacturer)
ODS / Operational Data Store (ODS)
ODVA / Open DeviceNet Vendor Association (ODVA)
OE (Öffner) / break-contact element, NC contact (normally closed contact), NC (normally-closed contact) || ⸚ **(Organisationseinheit)** *f* / organizational unit
OEE / overall equipment effectiveness (OEE)
OEM / OEM (Original Equipment Manufacturer) || ⸚-**Adresse** *f* / OEM address || ⸚-**Anwendung** *f* / OEM application || ⸚-**Frame-Applikation** *f* / OEM Frame application || ⸚-**Interpolation** *f* / OEM interpolation || ⸚-**Schnittstelle** *f* (Softwareschnittstelle zur Erstellung und Einbettung von kundenspezifischer Software durch einen Original Equipment Manufacturer (OEM)) / OEM interface || ⸚-**Text** *m* / OEM text
OEO / optical-electronic-optical (OEO) (conversion method)
OFAF / OFAF (oil-forced, air-forced cooling)
OFB (forced-oil/air-blast cooling, Öl-Zwangskühlung mit Anblasekühlung) / OFB (forced-oil/air-blast cooling)
Ofen *m* / oven *n* || ⸚ **für Kristallzüchtung** / crystal growing furnace || ⸚beschickung *f* / kiln charging || ⸚beschickungskran *m* / kiln charging crane || ⸚mantel *m* / furnace shell || ⸚temperatur *f* / furnace temperature || ⸚transformator *m* / furnace transformer, arc furnace transformer
off-Board-Diagnosesystem *n* / service bag diagnostic system, dealership diagnostic link to vehicle computer, off-car diagnostics, off-board diagnostics
offen abgestuft *adj* / open-graded (OGA) *adj* || **~e Ankerwicklung** / open-coil armature winding, open-circuit armature winding || **~e Ausführung** / open type, non-enclosed type, open-type of construction || **~e Bauform** VDE 0660, T.500 / open-type assembly IEC 439-1 || **~e Bebauung** / sparsely built-up areas || **~e Bewehrung** / armouring with an open lay || **~e Brückenschaltung** / open bridge connection || **~e Dämpferwicklung** / non-connected damper winding || **~e Datenbankverbindung (ODBC)** / Open Database Connectivity (ODBC) || **~e Drehstrom-Brückenschaltung** / open three-phase bridge connection || **~e Dreieckschaltung** / open delta connection, V-connection *n* || **~e Heizungsanlage** / open type heating system || **~e Installation** (Leitungsverlegung) / exposed wiring

Offener-Eingang-Effekt

|| **~e Leitungsverlegung** / exposed wiring || **~e Leitungsverlegung mit Schellenbefestigung** / cleat wiring || **~e Maschine** / open machine, open-type machine, non-protected machine || **~e Regelschleife** / open loop || **~e Schaltanlage** / open-type switchgear || **~e Schaltung** / open connection || **~e Sicherung** / open-wire fuse || **~e Spule** / open-ended coil || **~e Stellung** / open position || **~e Steuerkette** / open-loop control system, open-loop system || **~e Trennstrecke** / open isolating distance || **~e Verkaufsstelle** / direct selling to the public || **~e Vermarktung** / open marketing || **~e verteilte Automatisierung (OVA)** / open distributed automation (ODA) || **~e Wicklung** / open winding || **~e Wicklung** (abgeschaltete W.) / open-circuit winding || **~e Zelle** / open cell, open-type cell || **~er Ausgang** / open-circuit output || **~er Graben** / ditch n || **~er Kollektor** / open collector || **~er Kreis** (Steuerkreis ohne Rückführung) / open loop || **~er Kreislauf** / open circuit, open cycle || **~er Kühlkreis** / open cooling circuit || **~er Leistungsschalter** / air circuit breaker || **~er Sicherheitsbereich** / open-security environment || **~er Sternpunkt** / open star point, open neutral point, open neutral || **~er Stromkreis** / open circuit || **~er Trockentransformator** / non-enclosed dry-type transformer || **~er Verstärker** / amplifier without feedback || **~er Wirkungsweg** (Steuerkreis) / open loop
Offener-Eingang-Effekt m / floating input effect
offenes Betriebsmittel / open component || **~ Endsystem** / end open system || **~ Feuer** / open flame, open fire || **~ Kommunikationssystem** / open system ISO 7498 || **~ Licht** / naked light || **~ Schütz** / open-type contactor, non-enclosed contactor || **₂ System** n / open system
Offenheit f / open system, open structure, open architecture, compatibility n, openness n
Offen·legung f (Verletzung der Computersicherheit, wodurch Daten nicht autorisierten Entitäten zugänglich gemacht worden sind) / disclosure n || **₂-Stellung** f / open position
Öffentlich bestellter Wäger / officially appointed operator
öffentlich·e Beleuchtung / public lighting || **~e Straße** / all-purpose road || **~e Stromversorgung** / public electricity supply || **~e Telexstelle** / public telex booth || **~e Versorgungsbetriebe** / public services, public utilities (US) || **~er Schlüssel** (Schlüssel, der von jeder Entität zur verschlüsselten Kommunikation mit dem Besitzer des zugehörigen privaten Schlüssels zu benutzen ist) / public key || **~es Datennetz** / public data network || **~es Fernsprechnetz** / public (switched telephone network) || **~es Netz** / public supply || **~es Telegrammnetz** / public telegram network || **~es Versorgungsunternehmen** / public supply undertaking, public utility company || **~es Wählnetz** / public switched system, public switched telephone network (PSTN)
Öffentlichkeitsarbeit f / public relations work
offenzelliger Schaumstoff / plastic sponge material, open-cell material
offizieller Schwarzmarkt / official black market || **~ Systemteststart** / official system-test start
off·line adj / off-line adj, offline adj || **₂line ISO-Dialekt** / CNC Umsetzer / offline ISO dialect / CNC converter || **₂line-Betrieb** m / off-line operation, offline mode || **₂line-Datenbasis** f / offline database || **₂line-Editor** m / Offline Editor || **₂line-Programmiersystem** n / off-line programming system || **~line-Programmierung** f / offline programming || **₂-line-Rechnersteuerung** f / off-line computer control || **₂line-Verifikation** f / off-line verification
Öffne als Projekt / open as project
Öffnen n / opening operation || **~** v / open v || **~d** adj / opening angle
Öffner m VDE 0660,T.200 / break contact, break contact element IEC 337-1, b-contact, NC contact || **₂ m (Ö)** / normally closed contact (NC contact), break-contact element || **₂ mit Doppelunterbrechung** / double-gap break contact (element) || **₂ mit Einfachunterbrechung** / single-gap break contact (element) || **₂ mit Überschneidung** / NC with make-before-break || **₂ mit zeitverzögerter Schließung** / break contact delayed on closing || **₂ und Schließer** / NC contact and NO contact || **1 ₂ m** / 1NC n || **₂funktion** f / break function || **₂kontakt** m / form B contact, normally closed contact (NC) || **₂verriegelung** f / NC contact interlock || **₂-vor-Schließer** m / break-before-make contact
Öffnung f / flow area, net orifice, pening n, opening n, orifice n || **₂** f / aperture n || **wirksame ₂** f / effective net orifice, effective area, effective flow area, net orifice
Öffnungs·begrenzer m / load limiter || **₂begrenzung** f / load limit device || **₂bewegung** f / opening operation || **zwangsläufige ₂bewegung** VDE 0660, T.200 / positive opening operation, positive opening || **₂charakteristik** f / flow characteristic, area characteristic || **₂druck** m / opening pressure || **₂durchmesser** m / diameter of opening || **₂fehler** m (Fokussierungsfehler) / spherical aberration || **₂funke** m / contact breaker spark || **₂grad** m / relative stroke || **₂grad** m (Leerlaufstelller) / opening angle || **₂hub** m / opening stroke || **₂kegel** m / acceptance cone || **₂kennlinie** f / valve characteristic, flow characteristic, area characteristic || **lineare ₂kennlinie** / linear flow characteristic || **₂kontakt** m / break contact, break contact element IEC 337-1, b-contact, NC contact || **₂kontakt** m (Relaiskontakt, der bei nicht angelegter Spannung geschlossen ist) / normally closed contact || **₂querschnitt** m / flow area, net orifice || **wirksamer ₂querschnitt** / effective flow area, effective net orifice || **₂schaltung** f / break circuit, closed-circuit-to-reset arrangement || **₂stellung** f / open position || **₂temperatur** f / opening temperature || **₂unsicherheit** f / aperture uncertainty, aperture jitter || **₂verhältnis** n (Messblende) / orifice ratio || **₂verzögerungszeit** f / aperture delay time || **₂verzug** m (von Befehlsgabe bis zum Beginn des Öffnens der Schaltstücke) / time to contact parting, contact parting time || **₂weg** m (Kontakte) / opening travel, parting travel || **₂weite** f (Kontakthülse) / maximum opening (contact tube) || **₂weite Werkzeug** / mold stroke
Öffnungswinkel m / acceptance angle, opening angle, beam angle, inlet angle, included angle || **₂** m / angle of opening, aperture angle, aperture port angle, angle of aperture || **₂ der Einkopplung** /

launch numerical angle || ~ des **Strahls** (Ultraschall-NS) / total beam angle || ~ **einer Nut** / angle of aperture of a groove || **Strahl~** *m* / beam angle || **Tür~** *m* / door opening angle, door swing

Öffnungs·zeit *f* (Auslösezeit) / tripping time || **~zeit** *f* / aperture time || **~zeit** *f* / opening time || **~zeit eines Leistungsschalters** / opening time of a circuit breaker || **~zittern** *n* / aperture jitter

Offset *n* / stagger *n* || ~ *n* (Versatz) DIN IEC 469, T. 1 / offset *n* IEC 469-1 || ~ **(1/100 mm)** / offset (1/1000 mm) (column and table heading: Nozzle height at the segments) || **~druck** *m* / offsetdruck *n* || **~-Fehler des Abtast-Halte-Verstärkers** / sample-to-hold offset error || **~kompensation** *f* / offset compensation || **~maschine** *f* / offset machine || **~messung** *f* (Messung der Pipettenhöhe an den Segmenten) / offset measurement || **~rotation** *f* / web offset press || **~spannung** *f* / offset voltage || **~vektor** *m* / offset vector || **~verhalten** *n* / drift *n* || **~wert** *m* / offset value

Offshore-Kran *m* / offshore crane

OFK (oberer Führungskreis) *m* / senior manager

OFSP / Open Frame Smart Panel (OFSP)

OFWF (forced-oil/forced-water cooling, Kühlung durch erzwungenen Ölumlauf mit Öl-Wasserkühler) / OFWF (forced-oil/forced-water cooling)

OFW-Filter (Oberflächenwellenfilter) *m* / surface wave filter

OG (Organisationsanweisung) / organizational instructions

OGR (oberer Grenzwert) / upper limit, high limit, upper limit value

OGS *n* / Operator Guidance System (OGS)

OGSI / Open Grid Services Infrastructure (OGSI)

OHCI *n* / open host controller interface (OHCI)

OHLS / zero halogen and low smoke cable (OHLS), zero halogen and low smoke (OHLS)

Ohm *n* / ohm (the unit of resistance) || **~meter** *n* / ohmmeter *n*

ohmsch *adj* / ohmic *adj*, resistive *adj* || **~e Beeinflussung** / resistive interference, conductive coupling || **~e Belastung** / resistive load, ohmic load, non-inductive load, non-reactive load, purely resistive load || **~e Dauerlast** / resistive continuous load || **~e Erdschlusserfassung** / wattmetric earth-fault detection || **~e Gleichspannungsänderung** / resistive direct voltage regulation || **~e Komponente** / resistive component || **~e Kopplung** / resistive coupling || **~e Last** / resistive load, ohmic load, non-inductive load, non-reactive load, purely resistive load || **~e Nennbürde** / rated resistive burden || **~e Verluste** / ohmic loss || **~er Kontakt** / ohmic contact || **~er Shunt** / shunt resistor, diverter resistor, shunt || **~er Spannungsabfall** / ohmic voltage drop, IR drop, ohmic drop, resistance drop, resistive voltage drop || **~er Spannungsfall VDE 0532, T.1** / resistance voltage IEC 76-1 || **~er Spannungsteiler** / potentiometer-type resistor || **~er Streuspannungsabfall** / resistance voltage drop || **~er Stromkreis** / resistive circuit || **~er Teiler** / resistor divider, resistive volt ratio box || **~er Verlust** / I²R loss, ohmic loss, resistance loss, resistive loss || **~er Widerstand** / ohmic resistance, resistance *n*, ohmic resistor || **~er**

Widerstand des Mitsystems / positive phase-sequence resistance, positive-sequence resistance

Ohm-Wert *m* / Ohm-value *n*, ohmage *n*, resistance value

ohne / without || **~ Änderung Zchg. bildl. und maßl. geändert** / dimensions modified without drawing modifications || **~ Anschlussklemme** / without terminal || **~ Anschlussstecker für PROFIBUS-DP** / without PROFIBUS-DP connector || **~ Anstrich** / unpainted *n* || **~ Aufschrift** / without inscription || **~ Beanstandung** / Go, OK || **~ Befund** / satisfactory || **~ Betauung** / no condensation, non-condensing *n* || **~ Bewertung** / don't care (DC) || **~ Hilfsspannung** / without auxiliary voltage || **~ Hinterlüftung** / without ventilation behind the panel || **~ Konfektionierung** / unprepared || **~ Montageplatte** / without mounting plate || **~ Nachlauf** / direct || **~ Rückwirkung** / without affecting || **~ Unterbrechung** / with make-before-break feature || **~ Unterbrechung schaltend** / bridging (contact operation) || **~ Unterbrechung schaltende Kontakte** / bridging contacts

Oilostatic-Kabel *n* (Hochdruck-Ölkabel im Stahlrohr) / oilostatic cable

OIML / OIML (International Organization of Legal Metrology) || **~-Empfehlungen für Messgeräte** / OIML Recommendation for measuring instruments

OIS *n* / Operator Information System (OIS)

Ökokennziffer *f* / ecological characteristics code

ÖKO-Modus *m* / ECO mode

Ö-Kontakt *m* / NC contact

oktal *adj* / octal *adj*

Oktal·system *n* / octal system || **~zahl** *f* / octal number || **~ziffer** *f* / octal digit

Oktav·mittenfrequenz *f* / octave mid frequency, midfrequency of octave band, octave centre frequency || **~-Schalldruckpegel** *m* / octave sound-pressure level

Oktett *n* (ein Byte aus acht Bits) / octet *n*, eight-bit byte (8-bit byte) || **~reihung** *f* / octet string || **~schlupf** *m* (nicht korrigierbarer Verlust oder Gewinn von acht aufeinanderfolgenden Digit-Zeitschlitzen, die von einem Oktett in einem digitalen Signal belegt sind) / octet slip

Oktode *f* / octode *n*

OKZ (Ortskennzeichen) *n* / location designation

OL / free operand

Öl, in ~ **schaltend** / oil-break *adj*, oil-immersed break

Ölabfluss *m* / oil discharge, oil outlet

Ölablass *m* / oil drain, oil outlet || **~bohrung** *f* / oil discharge hole (o. port) || **~hahn** *m* / oil drain cock, oil drain valve || **~schraube** *f* / oil drain plug || **~schraubenbohrung** *f* / thread hole for the oil drain plug || **~ventil** *n* / oil drain valve || **~vorrichtung** *f* / oil drain device, oil drain

Öl·ablauf *m* / oil outlet || **~ablaufbohrung** *f* / oil drain hole || **~absaugvorrichtung** *f* / oil extraction device || **~abschluss** *m* / tank-and-conservator system, oil seal, (method of) oil preservation || **~abstreifer** *m* / oil wiper, oil retainer || **~anlasser** *m* / oil-cooled starter, oil-immersed starter || **~anlasswalze** *f* / oil-immersed drum starter || **~anschluss** *m* / oil connector || **~anschlussgewinde** *n* / oil connector thread

ölarmer Leistungsschalter / small-oil-volume circuit-breaker (s.o.v.c.b.), low-oil-content circuit-

breaker, minimum-oil-content circuit breaker, minimum-oil circuit-breaker, s.o.v.c.b.
Öl·aufbereitung f / oil treatment, oil conditioning || **~aufbereitungsanlage** f / oil treatment plant (o. unit), oil conditioning equipment || **~auffanggrube** f / oil sump || **~auffangkammer** f / oil trap || **~auffangwanne** f / oil sump, oil collecting trough || **~aufnahme** f / oil absorption, oil absorption value, oil absorption number || **~auge** n / oil gauge glass, gauge glass, oil sight glass || **~ausdehnungsgefäß** n / oil conservator, oil expansion vessel || **Stellmotor mit ~ausgleich** / balanced-flow servomotor || **~auslass** m / oil outlet, oil drain || **~austausch** m / oil change || **~austritt** m / oil discharge, oil outlet || **~austritt** m (durch Leck) / oil leakage
Öl·bad n / oil bath || **~bad-Luftfilter** n / oil-bath air filter || **~badschmierung** f / oil-bath lubrication, bath lubrication || **~barriere** f / oil barrier || **~behälter** m / oil reservoir, oil tank || **~belüfter** m / oil breather
ölbenetztes Filter / viscous filter, oil-wetted filter
Ölberieselung, Schmierung durch ~ / flood lubrication, cascade lubrication
Öl·beruhigungswand f / oil distributor || **~beständig** adj / oil-resisting adj, resistant to oil || **~beständigkeit** f / resistance to oil || **~bremse** f / dashpot n || **~bremszylinder** m / oil brake cylinder || **~büchse** f / oil cup || **~dampf** m / oil vapour, oil fume
öldicht adj / oil-proof adj, oil-tight adj || **~er Drucktaster** VDE 0660,T.201 / oil-tight pushbutton IEC 337-2
Öl·dichtung f / oil seal || **~dichtungsring** m / oil sealing ring, oil retainer || **~drosselspule** f / oil-immersed reactor, oil-immersed type reactor IEC 50 (421), oil-filled inductor
Öldruck m / oil pressure || **~-Ausgleichsgefäß** n (Kabel) / oil expansion tank, compensator n || **~kabel** n / oil pressure cable, pressure-assisted oil-filled cable || **~leitung** f / oil pressure line, oil pressure pipe || **~-Rohrkabel** n / oil-pressure pipe-type cable || **~wächter** m / oil-pressure switch
Öldunst m / oil vapour, oil fume || **~absaugung** f / oil vapour extraction, oil fume extraction
Öldurchflussmenge f / oil flow rate
OLE / object linking and embedding (OLE)
OLED f / Organic Light Emitting Diode (OLED)
OLE-Schnittstelle / OLE (communications) interface
Öl·einfüllflansch m / oil filler flange || **~einfüllrohr** n / oil filler tube || **~einfüllschraube** f / oil-filler plug || **~einfüllstutzen** m / oil filler, oil-filling stub || **~einspritzschmierung** f / oil jet lubrication || **~en** v / oil n || **~entlüfter** m / oil breather
Öler m / oiler n, lubricator n, oil cup
Ölfang·kragen m / oil thrower, oil slinger, retaining collar || **~ring** m / oil retainer ring || **~schale** f / oil pan, oil tray, oil collecting tray || **~wanne** f / oil collecting trough
ölfest adj / oil-resisting adj, resistant to oil
Öl·film m / oil film || **~filter** n / oil filter || **~filterkühler** m / combined oil filter and cooler || **~förderbohrung** f / oil-pumping hole || **~förderpumpe** f / oil pump || **~förderscheibe** f / disc oiler, oiling disc || **~frei** adj / oil-free || **nichtgerichtete ~führung** / non-directed oil circulation || **~gefüllt** adj / oil-filled adj, oil-immersed adj || **~gehalt** n / oil content || **~gehärtet** adj / oil-hardened adj
ölgekühlt adj / oil-cooled adj, oil-immersed adj || **~er Motorstarter** / oil-cooled starter, oil-immersed starter
öl·geschwängerte Luft / oil-laden air || **~gesteuerter Regler** / oil-relayed governor || **~getränkt** adj / oil-impregnated adj, oil-saturated adj || **~getränkte Papierisolierung** / paper insulation || **~gewicht** n / mass of (insulating oil) || **~härten** n / oil hardening || **~-Hochdruck-Kabel** n / high-pressure oil-filled cable
Öligkeit f / oiliness n
ölimprägniert·e Papierisolierung / paper insulation || **~es Papierdielektrikum** / paper insulation
Öl·inhalt m / oil content, oil volume, oil filling || **~isoliert** adj / oil-insulated adj, oil-immersed adj, oil-filled adj
Oliven-Bohrungen f pl / olive holes
Öl·kabel n / oil-filled cable || **~kammer** f / oil-well n || **~kanal** m / oil duct, oil channel, oil flute || **~kanal** m (Kfz) / main gallery || **~kapselung** f / oil immersion || **~kesselschalter** m / dead-tank oil circuit-breaker, bulk-oil circuit-breaker || **~kochprobe** f / boiling-oil penetrant inspection, oil-and-whiting inspection, liquid-penetrant test || **~kohlebildung** f / carbonized-oil formation || **~kompressibilität** f / oil compressibility || **~kondensator** m / oil-impregnated capacitor || **~kühler** m / oil cooler || **~kühlung** f / oil cooling
Öl·lager n / oil-lubricated bearing || **~leckage** f / oil leak || **~-Leistungsschalter** m / oil circuit-breaker, oil power circuit-breaker, oil-break circuit-breaker, oil-immersed breaker || **~leitblech** n / oil baffle || **~leitring** m / oil retainer || **~leitung** f / oil tubing, oil line || **~-Luft-Kühler** m / oil-to-air heat exchanger, oil-to-air cooler || **~-Luft-Wärmetauscher** m / oil-to-air heat exchanger
OLM / OLM (optical link module)
Öl·mangel m / oil low level || **~menge** f (stehend) / oil quantity, oil volume || **~menge** f (Durchflussmenge) / rate of oil flow, oil flow rate, oil rate || **~mengen-Reduzierventil** n / oil-flow regulating valve || **~messstab** m / dipstick n
ölmodifiziert adj / oil-modified adj
Öl·nebel m / oil mist, oil spray || **~nebelschmierung** f / oil-mist lubrication || **~nut** f / oil groove, oil flute
OLP / OLP (optical link plug)
Öl·papier n / oil-impregnated paper || **~-Papier-Dielektrikum** n / oil-impregnated paper dielectric, oil-paper dielectric || **~papierisoliert** adj / oil-paper-insulated adj, insulated with oil-impregnated paper || **~-Papier-Isolierung** f / paper insulation || **~presspumpe** f / oil-lift pump, oil Jacking pump, Jacking pump || **~-Pressspan-Dielektrikum** n / oil-pressboard dielectric || **~pressverfahren** n / oil-injection expansion method, oil hydraulic fitting method || **~probe** f / oil sample, oil-and-whiting inspection, liquid-penetrant test, boiling-oil penetrant inspection || **~probenentnahme** f / oil sampling || **~probenentnahmeventil** n / oil sampling valve || **~probenventil** n / oil sampling valve || **~-Prüftransformator** m / oil-immersed testing transformer || **~pumpe** f / oil pump, lubricating-oil pump, lubricating pump || **~pumpenmotor** m / oil pump motor
Öl·rauch m / oil smoke || **~raum** m / oil well, oil

reservoir || ⸚reinigungsanlage f / oil purifying equipment, oil purifier, oil conditioning plant
Ölringschmierung f / oil-ring lubrication, ring lubrication || Lager mit ⸚ / oil-ring-lubricated bearing, ring-lubricated bearing
Öl·-Rohrdruckkabel n / oil-filled pipe-type cable || ⸚rückkühlaggregat n / oil recooling unit || ⸚rückkühler m / oil cooler || ⸚rückkühlung f / oil cooling || ⸚rücklauf m / oil return || ⸚rücklaufleitung f / oil return line, oil return pipe || ⸚rückstände m pl / oil residues
Öl·sammelgrube f / oil collecting pit, oil sump || ⸚sammelnut f / oil collecting groove, oil collecting flute || ⸚säule f / oil column || ⸚schalter m / oil circuit-breaker, oil power circuit-breaker, oil-break circuit-breaker, oil-immersed breaker || ⸚schauglas n / oil sight glass, oil-level sight glass, oil-level gauge glass, oil gauge || ⸚schauglasbohrungen f pl / thread holes for the oil level sight glass || unterste ⸚schicht / bottom oil || ⸚schlamm m / oil sludge, oily deposit || ⸚schleuderring m / oil thrower, oil slinger, flinger n || ⸚schlitz m / oil duct, oil port || ⸚-Schnell-Lastumschalter m / oil-filled spring-operated diverter switch, oil-filled high-speed diverter switch || ⸚schmierung f / oil lubrication || ⸚schutzwand f / oil retaining wall || ⸚schwall m / oil surge || ⸚schwenktaster m / oil-immersed twist switch || ⸚schwingung f / oil whip || ⸚senke f / oil cone || ⸚sichttopf m / oil-leakage indicating pot, oil sight glass || ⸚sieb n / oil strainer || ⸚sorte f / oil grade || ⸚sperre f / oil barrier || ⸚spiegel m / oil level || ⸚spritzring m / oil thrower || ⸚stand m / oil level
Ölstands·anzeiger m / oil level indicator, oil level gauge, oil gauge || ⸚auge n / oil-level lens || ⸚glas n / oil gauge glass || ⸚marke f / oil level mark || ⸚melder m / oil level monitor
Öl·stand-Warnkontakt m / oil level alarm contact || ⸚steignut f / oil feed groove || ⸚stein m / oilstone n || ⸚strahler m / oil injector || ⸚strahlschmierung f / oil splash lubrication || ⸚strom m (l/min) / oil flow rate || ⸚strom m / oil flow
Ölströmung, natürliche ⸚ / natural oil flow (o. circulation)
Ölströmungs·anzeiger m / oil flow indicator || ⸚melder m / oil flow indicator || ⸚schalter m / oil-blast circuit-breaker || ⸚wächter m / oil-flow monitor (o. indicator)
Öl·stutzen m / oil filler || ⸚sumpf m / oil sump || ⸚tasche f / oil distribution groove, oil flute || ⸚tauchschmierung f / oil splash lubrication || ⸚thermometer n / oil thermometer || ⸚topf m / oil pot, oil reservoir
Öltransformator m / oil-immersed transformer, oil immersed type transformer IEC 50(421), oil-filled transformer, oil-insulated transformer || ⸚ mit erzwungener Ölkühlung mit Öl-Luftkühler (Kühlungsart FOA) / oil-immersed forced-oil-cooled transformer with forced-air cooler (Class FOA) || ⸚ mit erzwungener Ölkühlung und Wasser-Öl-Kühler (Kühlungsart FOW) / oil-immersed forced-oil-cooled transformer with forced water cooler (Class FOW) || ⸚ mit natürlicher Luftkühlung / oil-immersed self-cooled transformer (Class OA) || ⸚ mit natürlicher

Öl-Luftkühlung und zweistufiger erzwungener Luftkühlung (Kühlungsart OA/FA/FA, Transformator mit 3 Leistungsstufen) / oil-immersed self-cooled/forced-air cooled/forced-air-cooled transformer (Class OA/FA/FA) || ⸚ mit Selbstkühlung und zusätzlicher Zwangskühlung durch Luft (Kühlungsart OA/FA) / oil-immersed self cooled/forced-air-cooled transformer (Class OA/FA) || ⸚ mit Selbstkühlung und zweistufiger erzwungener Öl- und Luftkühlung FOA/FOA/FOA (Kühlungsart OA/FOA/FOA, Transformator mit 3 Leistungsstufen) / oil immersed self-cooled/forced-air,forced-oil cooled/forced-air,forced-oil-cooled transformer (Class OA/FOA/FOA) || ⸚ mit Selbstkühlung und zweistufiger Luft- und Öl-Luftkühlung (Kühlungsart OA/FA/FA, Transformator mit 3 Leistungsstufen) / oil-immersed self cooled/forced-air cooled/forced-oil-cooled transformer (Class OA/FA/FOA) || ⸚ mit Wasserkühlung (Kühlungsart OW) / oil-immersed water-cooled transformer (Class OW) || ⸚ mit Wasserkühlung und Ölumlauf (Kühlungsart FOW) / oil-immersed forced-oil-cooled transformer with forced-water cooler (Class FOW) || ⸚ mit Wasserkühlung und Selbstkühlung durch Luft (Kühlungsart OW/A) / oil-immersed water-cooled/self-cooled transformer (Class OW/A) || selbstgekühlter ⸚ (Kühlungsart OA) / oil immersed self-cooled transformer (Class OA)
Öl·trocknung f / oil drying || ⸚trocknungsanlage f (OTA) / oil drying system || ⸚trocknungs- und Entgasungsanlage f / oil drying and degasing system || ⸚tropfapparat m / drip-feed oil lubricator, drop-feed oiler, drop-oiler n, gravity-feed oiler
OLTS / Optical Loss Test Set (OLTS)
Ölübertemperatur f / temperature rise of oil || ⸚ in der obersten Schicht / top oil temperature rise
Ölumlauf m / oil circulation || Wasserkühlung mit ⸚ / forced-oil water cooling || ⸚filter n / circulating-oil filter || ⸚führung f / oil circulation guide || ⸚pumpe f / oil circulating pump, forced-oil pump || ⸚schmierung f / circulating-oil lubrication, forced oil lubrication, forced-circulation oil lubrication, closed-circuit lubrication, circulatory lubrication || ⸚-Wasserkühlung f (OUW-Kühlung) / closed-circuit oil-water cooling (COW)
Öl·umwälzung f / oil circulation || ⸚- und Gassuche f / crude and gas prospecting || ⸚- und schneidflüssigkeitsdichter Drucktaster VDE 0660,T.201 / oil- and cutting-fluid-tight pushbutton IEC 337-2 || emissionsarme ⸚verbrennung / low-emission oil firing
Öl·verdrängung f / oil displacement || ⸚vergüten n / tempering in oil || ⸚verschmutzung f / oil contamination || ⸚verteilernut f / oil distributing flute, oil distributing groove || ⸚vorlage f / head of oil, oil seal || ⸚vorlauf m / oil supply (circuit) || ⸚walze f / oil-immersed drum controller || ⸚wanne f / oil tray, oil pan || ⸚wanne f (Trafo) / oil sump || ⸚-Wasserkühler m / oil-to-water cooler || ⸚-Wasser-Wärmetauscher m / oil-to-water heat exchanger || ⸚wechsel m / oil change || ⸚zahl f / oil absorption value, oil absorption number || ⸚-Zellulose-Dielektrikum n / oil-cellulose dielectric || ⸚zersetzung f / oil

decomposition || ⟡**zufluss** *m* / oil inlet, oil supply tube || ⟡**zuflusskanal** *m* / oil inlet duct, oil supply duct || ⟡**zulauf** *m* / oil inlet, oil supply (connection), oil feed || ⟡**zuleitung** *f* / oil supply line, oil supply tube (o. pipe) || ⟡**-Zwangsumlauf** *m* / forced-oil circulation
OMAC (Open Modular Architecture Controls) (Nordamerikanische Nutzerorganisation: Zusammenschluss namhafter Betreiber von Verpackungsmaschinen) / Open Modular Architecture Controls (OMAC)
OMF *n* / object module format (OMF)
OMG *f* (Gremium zur Standardisierung von Objekttechnologien) / object management group (OMG)
OMK / outer marker (OMK)
OML / Operating Mode Library (OML)
OMM / Outside Machine Maintenance (OMM)
Omnibus-Konfiguration *f* / omnibus configuration
OMS / Order Management System (OMS) || ⟡ *n* / outage management (OMS)
OMT (Objektorientierte Modellierungstechnologie) *f* / OMT
OMTP *f* / Open Mobile Terminal Platform (OMTP)
ONAF / ONAF (oil-natural, air-forced cooling)
ONAN / ONAN (oil-natural, air-natural cooling)
On¹-Board Elektronik *f* / On-Board Electronics || ⟡**board Silicon Disk (OSD)** / onboard silicon disk (OSD) || ⟡**board-Ausgang** *m* / integrated output, on-board output || ⟡**-Board-Diagnose (OBD)** *f* / on-board diagnostics (OBD) || ⟡**-Board-Diagnosesystem** *n* / on-board diagnostic system || ⟡**-Board-Elektronik (OBE)** / on-board electronics (OBE) || ⟡**board-Peripherie** *f* / integrated I/Os
ONC / Open Network Computing (ONC)
online arbeiten / work online || ⟡**-Adaption** *f* / online adaptation || ⟡**-Anbindung** *f* / online link || ⟡**-Auftrag** *m* / online job || ⟡**-Betrieb** *m* / online operation, online mode || ⟡**-Datenbank-Administrationssystem** *n* / online data management system || ⟡**-Datenbasis** *f* / online database || ⟡**-Dokumentation** *f* / online documentation || ⟡**-Handbuch** *n* / online manual || ⟡**-Hilfe** *f* (ermöglicht Verwendung von Hilfe Informationen in Echtzeit aus jedem Anwendungsprogramm heraus) / online help || ⟡**-Hilfe & Diagnose** *f* / on-line help & diagnostics || ⟡**-Hilfesystem** *n* / on-line help system || ⟡**-Informations- und Hilfesystem** *n* / on-line information and help system || ⟡**-Informationssystem** *n* / online information system || ⟡**-ISO-Dialekt-Interpreter** / online ISO dialect interpreter || ⟡**-Kalibrierfunktion** *f* / on-line calibration
On-line-Messfunktion / on-line measuring function
Online¹-Messfunktion *f* / online measuring function || ⟡**-Monitor** *m* / online monitor || ~-**Programmierung** *f* / online programming
On-line¹-Prozessgaschromatograph *m* / on-line process gas chromatograph || ⟡**-Rechnersteuerung** *f* / online computer control
Online¹-Sprache *f* / online language || ⟡**-Status** *m* / online status || ⟡**-Support** *m* / online support || ⟡**-Verbindung** *f* / online connection || ⟡**-Werkzeugkorrektur** *f* / online tool offset || ⟡**-Zugriff** *m* / online access
On-The-Go (OTG) / On-The-Go (OTG)

OO (objektorientiert) / OO (object-oriented)
OOA (Objektorientierte Analyse) / OOA (Object-Oriented Analysis)
OOD (Objektorientiertes Design) / OOD (Object-Oriented Design)
OOP (objektorientierte Programmierung) / OOP (Object-Oriented Programming)
OOSE (objektorientierte Software-Entwicklung) / OOSE (Object Oriented Software Engineering)
OOT *f* / output operating time (OOT)
OP (Operator Panel) / OP (operator panel) || ⟡ (Objektpfad) / OP (object path) || **projektiertes** ⟡ / configured OP
opak *adj* / opaque *adj* (incapable of transmitting radiant energy)
Opal·folie / opal foil sheet || ⟡**glas** *n* / opal glass || ⟡**glaskolben** *m* / opal bulb || ⟡**lampe** *f* / opal lamp
opalüberfangen *adj* / flashed-opal add
OPC / open process control (OPC) || ⟡ **UA** *f* / OPC Unified Architecture (OPC UA)
OPCC / OPC Client
OPC¹-Client *m* / OPC client || ⟡**-DA-Server** *m* / OPC-DA-Server *n* || ⟡**-Item** *n* / OPC item
Opcode / Opcode
OPC¹-Schnittstelle *f* / OPC interface || ⟡**-Server** *m* / OPC server
OPE *f* / Operational Performance Efficiency (OPE)
Open Systems Interconnection (OSI) / open systems interconnection (OSI)
Operand *m* / operand *n*, address *n*, absolute address || ⟡ *m* (Parameter) / parameter *n* || ⟡ *m* / control instruction, control statement || **freier** ⟡ (FO) / free operand
Operanden·adresse *f* / memory location, operand address || ⟡**art** *f* / address type, type of address || ⟡**bereich** *m* / operand area, address area, operand range || ⟡**feldbreite** *f* / address field width || ⟡**kennzeichen** *n* (OPKZ) / operand identifier, address identifier || ⟡**kennzeichnung** *f* / address identification || ⟡**kommentar** *m* / operand comment, address comment || ⟡**maske** *f* / operand screen || ⟡**stack** *m* / operand stack || ⟡**teil** *m* DIN 19237 / operand field, operand part || ⟡**typ** *m* / address type || ⟡**überwachung** *f* / operand monitoring, address monitoring || ⟡**vorrang** *m* / address priority || ⟡**wert** *m* / operand value
Operating-Leasing *n* / operating lease *n*
Operation *f* / operation *n*, instruction *n* || ⟡ **ODER** *f* / OR
Operationalisierung *f* / operationalization
Operations·ausführung *f* / operation execution || ⟡**-Befehlswort** *n* / operation command word (OCW) || ⟡**charakteristik** *f* DIN 55350, T.31 / operating characteristic curve
Operationscode *m* (eine Vorschrift für die eindeutige Zuordnung der Operationen eines Operationsvorrats zu den Operationsteilen der zulässigen Befehlswörter) / operation code, opcode *n* || ⟡**-Decoder** *m* / operations code decoder, opcode decoder
Operations·gruppe *f* / operation group || ⟡**kosten** *f* / surgical expense || ⟡**leuchte** *f* / surgical luminaire || ⟡**liste** *f* / operation list || ⟡**nummer** *f* / operation number || ⟡**pfad** *m* DIN 40042 / operation path || ⟡**teil** *m* / operation field || ⟡**teil** *m* (Teil eines Befehlsworts o. einer Steuerungsanweisung) DIN 44300 u. 19237 / operation part || ⟡**übersicht** *f* /

operation overview || ⟶übersicht *f* (SPS) / summary (o. overview) of operations
Operationsverstärker *m* (OPV) / operational amplifier (OPA) || ⟶ **(OPV)** *m* / operational amplifier (OPAMP) || ⟶ **mit einstellbarer Vorwärtssteilheit** / operational transconductance amplifier (OTA)
Operations·vorrat *m* / operation set, operation repertoire, instruction set || ⟶**zahl** *f* / operation number || ⟶**zeit** *f* / operation execution time, statement (o. instruction) execution time || ⟶**zeit** *f* (NC) / action time, processing time
Operator *m* (eine Operation beschreibendes Symbol) / operator *n*, complexor *n*, phasor *n* || ⟶ **Panel** *n* (OP) / operator panel (OP)
Operatorenrechnung *f* / operator calculus
Operatorimpedanz *f* / operational impedance
OPF / optimizing power flow (OPF) *n*
OP-Kommunikation *f* / op communication
OPKZ (Operandenkennzeichen) / operand identifier, address identifier
OPR / object position recognition (OPR)
OPT (Option, Optionen) / OPT (option, options) || ⟶ *n* (Optimieren) / OPT (Optimize)
opt. Br. (optische Breite) *f* / optical width (sensor-visible width measured by the camera in mm) || ~ **[mm]**= (optische Breite in mm: die von der Kamera gemessene Breite) / opt.w.[mm]=
optical confinement / optical confinement || ⟶ **Link Module** / optical link module (OLM) (OLM for building fiber-optic networks for PROFIBUS) || ⟶ **Plug** (OLP) / optical link plug (OLP) || ⟶ **Loss Test Set** / Optical Loss Test Set (OLTS) || ⟶ **Switch Module** (OSM) / Optical Switch Module (OSM) || ⟶ **Time Domain Reflectometer** (OTDR) / OTDR (Optical Time Domain Reflectometer)
Optik *f* / optics *plt* || ⟶ *f* (Linsensystem) / optical system || **Rückstrahl~** *f* / retro-reflecting optical unit || ⟶**dichtung** *f* / optical seal || ⟶**maschine** *f* / optics machine || ⟶**träger** *m* / optical support
optimal·e Ausgangsleistung / optimum output power || **~e Lastaufteilung mit Netzeinfluss** / emergency-constrained dispatch, emergency-constrained load flow || **~e Nutzung** / optimum use || **~e Regelung und Steuerung** / optimal control || **~er Belastungswiderstand** (Halleffekt-Element) DIN 41863 / optimum load resistance IEC 147-0C || **~er Betriebspunkt** / optimum working point
Optimalfarbe *f* / optimal colour stimulus
optimieren *v* / optimize *v* || ⟶ **der Klebepunktreihenfolge** (Optimierung des Klebeablaufs zur Erreichung maximaler Klebepunktleistung) / Optimization of gluing point sequence
optimiert *adj* / optimized || **~e Anordnung** / optimized layout || **~e Pulsmuster** / optimized pulse patterns || **~e Reihenfolge** / optimized sequence
Optimierung *f* / optimization *n* || ⟶ **Wirkungsgrad** / efficiency optimization
Optimierungs·aufgabe *f* / optimization task || ⟶**funktion** *f* / optimization function || ⟶**kern für den Einsatz von Regelenergie** / Ancillary Services Optimization Kernel (ASOK) || ⟶**lauf** *m* / optimization step || ⟶**modell** *n* / optimization model || ⟶**potenzial** *n* / optimization

potential || ⟶**theorie für Großsysteme** / theory of optimization of major systems
Option *f* / option *n*, extension *n* || ⟶ *f* (OPT) / option *n* || ⟶ **Board** *n* / Option Board || ⟶ **Module Interface** (Hard- und Software-Schnittstelle zur Ankopplung eines intelligenten Optionsmodules. Das Modul kann in den Options-Steckplatz einer Control Unit gesteckt werden.) / Option Module Interface || ⟶ **MPC** / option MPC || ⟶ **Slot** *m* / option slot
optional *adj* / optional *adj* || **~er Doppeltransport** / optional dual conveyor || **~es Zubehör** / optional accessories
Options·baugruppe *f* / optional board || ⟶**bit** *f* / option bit
Option-Schild *n* / option label
Options·daten *f* / option data || ⟶**einschub** *m* / optional plug-in unit || ⟶**feld** *n* / option button || ⟶**handling** *n* / option handling || ⟶**kästchen** *n* / check box || ⟶**modul** *n* / optional module, option module, optional board, option board || ⟶**modul-Hardware** *f* / option module hardware || ⟶**paket** *n* / option package, option kit || ⟶**paket Akku** *m* / optional accumulator package || ⟶**schaltfläche** *f* / radio button || ⟶**software** *f* / optional software || ⟶**spektrum** *n* / range of options
optisch *adj* / optically *adj* || **~e Abfrage** / optical scanning || **~e Absorption** / optical absorption || **~e Absorptionskante** / absorption edge || **~e Abtastung** / optical scanning || **~e Achse** / optical axis IEC 50(731) || **~e Bezugsebene** / optical reference plane || **~e Breite (opt.Br.)** / optical width (sensor-visible width measured by the camera in mm) || **~e Dämpfung** / damping *n*, optical loss || **~e Dichte** / transmission density, transmission optical density || **~e Dichte bei Reflexion** / reflection optical density || **~e Gleitweganzeige** (VASIS) / visual approach slope indicator system (VASIS) || **~e Hervorhebung** / visual emphasizing || **~e Hilfen** / visual aids || **~e Klebepunktkontrolle** / optical adhesive dot check || **~e Kontrolle** / visual inspection, visual examination || **~e Kontrolle der Klebepunkte** / optical adhesive dot check || **~e Lageerkennung** / optical position recognition || **~e Länge (opt.L.)** / optical length || **~e Leistung** / optical power || **~e Luftmasse** / optical air mass (ISO/TC 180, S.14), amplitude modulation || **~e Markierung** / visual marking || **~e Meldeeinrichtung** / optical signaling device || **~e Meldung** / visual indication || **~e Messmaschine** / measuring machine || **~e Passivierung** / optical passivation || **~e Prüfsequenz** (Abfolge von Prüfschritten für LP-Mapping) / optical testing sequence || **~e Prüfung** / visual check || **~e Qualitätskontrolle** / optical quality control || **~e Ringstrecke** / optical ring circuit || **~e Spannungsmessung** / optical strain measurement || **~e Täuschung** / visual illusion, optical illusion || **~e Verluste** / optical losses || **~e Weglänge** / optical path length || **~e Zeichenerkennung** (OCR) / optical character recognition (OCR) || **~e Zentrierung** / optical centering || **~er Abgriff** / optical sensor, optical scanner || **~er Absorptionskoeffizient** / optical absorption coefficient || **~er Codierer** / optical encoder || **~er Eindruck** / visual impression || **~er Empfänger** / optical detector || **~er**

Halbleiterverstärker / Semiconductor Optical Amplifier (SOA) || **~er Impulsgeber** / optoelectronic impulsing transmitter || **~er Isolator** / optical isolator, opto-isolator n, optocoupler n || **~er Koppler** / optical coupler, optocoupler n, optical isolator || **~er Näherungsschalter** / photoelectric proximity switch || **~er Näherungsschalter BERO** / optical BERO promixity switch n || **~er Nutzeffekt** / optical efficiency || **~er Raster** / optical grating || **~er Rauchmelder** / optical smoke detector || **~er Sender** / optical transmitter || **~er Sensor** / optical sensor, vision sensor, robot optical sensor (ROS) || **~er Weg** / optical path length || **~er Wirkungsgrad** / optical light output ratio, optical efficiency || **~es Confinement** / optical confinement || **~es Gitter** / optical grating || **~es Impulsreflektometer** / optical time-domain reflectometer || **~es Kabel** / glass fiber cable || **~es Lokalbereichsnetz** / fibre-optic local-area network || **~es Modul** / optical module || **~es Pyrometer** / optical pyrometer, disappearing-filament pyrometer, brightness pyrometer || **~es Signal** / visual signal || **~es Vermessen** / optical gauging || **~es Zentrieren** / optical centering
opt. L. (optische Länge) (optische Länge in mm: die von der Kamera gemessene Breite) / optical length || **~ [mm]**= / opt.l.[mm]= (sensor-visible length in mm: the length measured by the camera)
Opto-BERO n / Opto-BERO n
Optoelektronik f / optoelectronics plt
optoelektronisch adj / optoelectronic adj || **~e Schutzeinrichtung zur Flächenüberwachung** / active opto-electronic protective device responsive to diffuse reflection (AOPDDR) || **~e Sicherungsüberwachung** / optoelectronic fuse monitor || **~es Koppelelement** / optocoupler n, optical coupler, optical isolator
opto·gekoppelt adj / opto-coupled adj || **₂koppler** m / optocoupler n, optical coupler, optical isolator || **bescheinigte ₂koppler** / certified optokoppler || **₂mechanik** f / optomechanics || **₂sensor** m / optic sensor || **~voltaisch** adj / optovoltaic
OPV / operational amplifier (Op Amp) (OPA)
OR (ODER) / OR
o.R. (of Reading) / o.R. (of reading)
orange adj / orange adj || **₂linie** f / orange boundary
ORB (Protokoll für die Verbindung zwischen PC und Steuerung) / Object Request Broker (ORB)
ORD (Ordnungszahl) / ORD
Order f / job order || **₂ Management System (OMS)** n / Order Management System (OMS) n || **₂ nachtrag** m / supplementary order
Ordinalmerkmal n (Statistik) DIN 55350, T.12 / ordinal characteristic
Ordinate f / ordinate n, perpendicular axis
Ordinatenskala f / scale of ordinates
ordnen v (Programmbausteine) / sort v
Ordner m / file n || **₂** m (Symbol auf einer grafischen Benutzeroberfläche, das weitere Ordner bzw. Objekte enthalten kann) / folder n
Ordnung f (DV) / order n || **₂** f / environment n || **₂ eines Intermodulationsprodukts** / intermodulation product order
Ordnungs·begriff m / identifier n || **~gemäß** adj / functions properly || **~gemäße Durchführung** / proper execution || **~gemäßes Zusammenwirken** / proper interaction || **₂nummer** f / classification number
Ordnungszahl f / ordinal number || **₂** f (Chem.) / atomic number || **₂** f (ORD) / ordinal number (ORD) || **₂ der Oberschwingung** / harmonic number, order of harmonic component, harmonic order, mode number
Ordnungsziffer f EN 50005 / sequence number EN 50005, identification number, digit n || **₂** f (f. Kontakte) / contact designator
ORE / overrun edge lighting (ORE)
ORG / executive control program, executive program
Organisation f / organization n || **₂ für Handelserleichterung** / Trade Facilitation Organisation
Organisations·abläufe m / system functions || **₂anweisung (OG)** f / organizational instructions || **₂anweisungen (OGs)** / organizational instructions
Organisationsbaustein m / data handling block (DHB), OB || **₂** m / organization(al) block (OB), executive block (EB) || **₂-Aufruf** m / organizational block call
organisationsbedingt adj / based on the organization
Organisations·einheiten und Module / organizational units and documentation modules || **₂programm** n (ORG) / executive control program, executive program || **₂projekt** n / organization project || **₂schritt** m / organization step || **₂-Teileinheit (OTE)** f / organizational sub-unit || **₂vorschriften (UL)** $f pl$ / organizational regulations
organisatorisch adj / organizational adj || **~e Abgrenzung** / organizational structure || **~e Ausfallrate** / organizational failure rate || **~e Funktion** / organizational function, executive function || **~e Liste** / organizational list || **~e Operation** / organizational operation, executive operation || **~e Sicherheitsmaßnahmen** VDE 0837 / administrative control IEC 825 || **~er Aufbau** / organizational structure || **~er Aufruf** / executive call routine || **~es Umfeld** / organizational environment
organisch·e Isolierstoffe / organic insulating materials || **~e Leuchtdiode** / Organic Light Emitting Diode (OLED) || **~er Chip** / big-chip n || **~er Ester** / organic ester
organisieren v / organize v
Organometallverbindung f / organometallic compound, metallocene n, metalorganic compound
Orgplan m / organization chart
Orient. Ein / Orient. on
orientierbar adj / with orientation capability
orientieren v / orient v
orientierende Messung / rough measurement
orientiert·e Gerade / oriented line || **~er Halt** / oriented stop || **~er Messtaster** / oriented probe || **~er Spindel-Halt** / oriented spindle stop ISO 1056 || **₂er Werkzeugrückzug** / oriented tool retraction
Orientierung f (StV) / orientation n || **₂ durch Verdrehen des Einsatzes** / orientation by alternative insert position
Orientierungs·achse f / orientation axis || **₂beleuchtung** f / pilot lighting || **₂bereich** m (Grenzen der Orientierung nach beiden Richtungen, die mit der korrekten Übersetzung der Signale noch verträglich sind) / orientation range || **₂interpolation** f (Roboter) / orientation

interpolation || ⟳**lampe** *f* / locating lamp, locator *n*, pilot light, orientation light || ⟳**licht** *n* / orientation light || ⟳**lichteinsatz** *m* / orientation light fixed part || ⟳**polarisation** *f* / molecular polarization, orientation polarization || ⟳**schicht** *f* / aligment layer || ⟳**system** *n* / guidance system || ⟳**transformation** *f* / orientation transformation || ⟳**vektor** *m* / orientation vector || ⟳**winkel** *m* / orientation angle
Origin / last address
Original *n* (Zeichnung) / original *n* (drawing) || ⟳ **Design Manufacturer (ODM)** *m* / Original Design Manufacturer (ODM) || ⟳ **Equipment Manufacturer (OEM)** *m* / original equipment manufacturer (OEM) || ~**breites Material** / full-width material || ⟳**datei** *f* / original file || ⟳**hersteller** *m* / Original Equipment Manufacturer (OEM) || ⟳**kontur** *f* / original contour || ⟳**leitung** *f* / original cable || ⟳**-Spline** *n* / original spline || ⟳**sprache** *f* / source language, original language, creation language || ~**verpackt** *adj* / in original packaging || ⟳**verpackung** *f* / original packaging || ⟳**-Vollfenster-Screenshot** *m* (Screenshot-Typ, der ein komplettes Anwendungsfenster beinhaltet) / screenshot type 4C || ⟳**werkzeug** *n* / original tool || ⟳**zustand** *m* / original status, original condition, original state
O-Ring *m* / O-ring *n*, conical nipple
Ornamentglas *n* (Leuchte) / decorative glass, figured glass
OR-Operator *m* / OR operator
Ort *m* DIN 40719,T.2 / location *n* IEC 113-2, location of item || **geometrischer** ⟳ / geometrical locus || **Prüf~** *m* / place of inspection || **Steuerung vor** ⟳ / local control || **vor** ⟳ / on site, local *adj*, locally *adj*, in-plant *adj*
Ortbeton *m* / in-situ concrete
Orten von Störungen / fault localization, fault tracing
Ort-Fern·-Umschalter *m* / local-remote selector (switch), local-remote switch || ⟳**-Umschaltung** *f* / local-remote changeover (o. selection)
Orth.[Gr]= (Orthogonalität (Rechtwinkligkeit) des gemessenen Bauelementes) / Orthogon.=
Orthikon *n* / orthicon *n*
Orthoferrit *n* / orthoferrite *n*
orthogonal *adj* / orthogonal (intersecting or lying at right angles) || ~**e Polarisation** / orthogonal polarization || ~**e Störstruktur** / disruptive orthogonal structure
Orthogonalität *f* / orthogonality, perpendicularity || ⟳**sfehler** *m* (nicht exakt rechtwinklig) / orthogonality error
örtlich *adj* / local *adj* || ~ **abgeleitetes Synchronisationssignal** / locally derived synchronization signal || ~ **getrennt** *adj* / physically separated || ~ **rückstellbarer Melder** EN 54 / locally resettable detector || ~**e Aufzeichnung** (Anzeige einer gesendeten Nachricht auf einem mit dem Sendegerät verbundenen Empfänger) / local record || ~**e Bedingungen** / local conditions, environmental conditions, environment || ~**e Berechtigung** / location authorization, authorization to enter a particular location || ~**e Betätigung** / local control || ~ **e Parameteränderung** / local parameter change (LPC) || ~**e Schwerpunktverlagerung** / local mass eccentricity || ~**e Steuerung** / local control || ~**e technische Belüftung** IEC 50(426) / local artificial ventilation || ~**e Telexanschlussnummer** / local telex number || ~**er Leitstand** / local control station || ~**er Mitarbeiter** / local national || ~**er Reserveschutz** (in der Station) / substation local back-up protection IEC 50(448), local back-up protection || ~**er Reserveschutz** (im Feld) / circuit local back-up protection IEC 50(448), local back-up protection || ~**er Wert** (Welle) / local value || ~**es Niveau** / local level
ortsabhängige Korrekturen / local offsets
Orts·anschlussleitung *f* / local line || ⟳**auflösung** *f* / resolution *n*, high-sensitivity resolution, local resolution || ⟳**batterie** *f* / local battery (LB) || ⟳**berechtigung** *f* / location authorization, authorization to enter a particular location || ⟳**beton** *m* / insitu concrete
ortsbeweglich *adj* / transportable *adj*, portable *adj*, mobile *adj*
orts·empfindlicher Detektor / precision-sensitive detector (PSD) || ⟳**erde** *f* / building ground, station earth, chassis ground || ⟳**fahrbahn** *f* / service road (GB), frontage road (US)
ortsfest *adj* / stationary *adj*, permanently installed || ~**e Aufstellung** / stationary installation || ~**e Batterie** / stationary battery || ~**e Betriebsmittel** VDE 0100, T.200 / stationary equipment IEC 50 (826) || ~**e Büromaschine** / stationary office machine || ~**e elektrische Betriebsmittel** / stationary electrical equipment || ~**e elektrische Installation** / fixed electrical installation || ~**e Leitung** VDE 0100, T.200 / fixed wiring, permanently installed wiring || ~**e Leuchte** / fixed luminaire || ~**e Schaltgerätekombination** VDE 0660, T.500 / stationary assembly IEC 439-1 || ~**e Schutzeinrichtungen** / fixed-location protective devices || ~**e Steckdose** / fixed socket-outlet, fixed receptacle || ~**er Transformator** / stationary transformer || ~**es Gerät** / stationary appliance, fixed apparatus
Orts·kabelleitung *f* / local cable || ⟳**kennzeichen** *n* DIN 40719 / location designation, location code || **alphanumerische** ⟳**kennzeichnung** DIN 40719,T.2 / alphanumeric location IEC 113-2 || **numerische** ⟳**kennzeichnung** DIN 40719,T.2 / numeric location IEC 113-2 || ⟳**kreisüberwachung** *f* (OÜ) / local circuit monitoring, local circuit monitor || ⟳**kurve** *f* / circle diagram, locus diagram || ⟳**kurve des Frequenzganges** / frequency response locus, polar plot || **Nyquist-**⟳**kurve** *f* / Nyquist plot
Orts·leuchte *f* (Grubenl.) / face luminaire || ⟳**netz** *n* / secondary distribution network, urban network || ⟳**netzstation** *f* / secondary (unit substation), h.v./l.v. transforming station, secondary substation || ⟳**netztransformator** *m* / distribution transformer || ⟳**parameter** *m* / localization parameter || ⟳**steuergerät** *n* / local control station || ⟳**steuerschalter** *m* / local control switch || ⟳**steuerschrank** *m* / local control cabinet || ⟳**steuerstelle** *f* / local control station
Ort·-Stahlbeton *m* / in-situ reinforced concrete || ⟳**steuerung** *f* / local control
Ortsumgehungsstraße *f* / ring road (GB), belt highway (US)
ortsungebundene Datenerfassung / mobile data

acquisition
ortsveränderbare Aufstellung / movable installation || ~ **Schaltgerätekombination** VDE 0660, T.500 / movable assembly IEC 439-1, transportable FBA
ortsveränderlich *adj* / portable *adj*, mobile *adj* || **~e Betriebsmittel** VDE 0100, T.200 / portable equipment IEC 50(826) || **~e Büromaschine** / portable office machine || **~e Differenzstrom-Schutzeinrichtung** / portable residual-current device (PRCD) || **~e elektrische Betriebsmittel** / portable electrical equipment, movable electrical equipment || **~e Fehlerstrom-Schutzeinrichtung** / portable residual overcurrent device (PRCD) || **~e Verteilungsleitung** VDE 0168,T.1 / movable distribution cable IEC 71.4 || **~er Transformator** / transportable transformer (power transformer), portable transformer (small transformer) EN 60742 || **~es Gerät** VDE 0700, T.1 / portable appliance IEC 335-1 || **~es Unterwerk** / mobile substation
Ortsvorwahl *f* / area code
Ortung *f* (Fehler, Erdschluss) / localization *n*, locating *n*
Ortungs·gerät *n* / locator *n*, detector *n*, locating device || ⌾**hilfen** *f pl* / aids to location || ⌾**rechner** *m* / locating computer
OS / maximum stress || ⌾ (Overflow speichernd) / overflow stored || ⌾ / stored overflow bit of the status word *n*
O&S / Operation and Support (O&S) || ⌾ **(Operation and Support)** / O&S (Operation and Support)
OSACA / Open System Architecture for Controls within Automation Systems (OSACA)
OS-·Anzapfung *f* / h.v. tap(ping) || ⌾**-Bereich** *m* / OS area
OSC *n* / odd-shaped component (OSC)
OSD / onboard silicon disk (OSD)
OSDL (Organisation) / Open Source Development Lab (OSDL)
Öse *f* / eye *n*, ring *n*, loop *n*, lug *n*
Ösen bzw. Hakenöffnungen gegeneinander versetzt um / eye or hook openings offset from each other by || ⌾ **nach DIN** *f* / eyes to DIN || ⌾**form und Ösenstellung** / eye shape and eye position || ⌾**mutter** *f* / lifting eye nut, eye nut || ⌾**schraube** *f* / eye-bolt *n*, ring-bolt *n*, eyelet bolt || ⌾**stellung** *f* / eye position || ⌾**überstand** *m* / eye projection
OSF / open software foundation (OSF) || ⌾**-Programm** *n* / OSF program
OSGi *f* (Allianz aus über 50 Firmen, die sich die Standardisierung eines offenen Plattformdesigns zum Ziel gesetzt haben) / Open Services Gateway Initiative (OSGi)
OSHA / Occupational Safety and Health Administration (OSHA)
OSI / open systems interconnection (OSI) || ⌾**-Betriebsmittel** *n pl* / OSI resources || ⌾**-Management** *n* (die Einrichtungen zur Steuerung, Koordinierung und Überwachung der Betriebsmittel, die Kommunikation in der OSI-Umgebung ermöglichen) / OSI management || ⌾**-Referenzmodell** *n* / open systems interconnection reference model || ⌾**-Umgebung** *f* (OSIU) / OSI environment (OSIE)
OSM / Optical Switch Module (OSM)
Osmiumlampe *f* / osmium lamp
OS-Mp-Durchführung *f* / h.v. neutral bushing

OSP *f* / Organic Surface Protection (OSP)
OSS / Operation Support System (OSS)
Ossannasches Kreisdiagramm / Ossanna's circle diagram
OS-Strom *m* / harmonic current
östliche Sonderzeichen / eastern special characters
Ost-West-Verzerrung *f* / horizontal distortion
OS-Wicklung *f* / h.v. winding, higher-voltage winding
Oszillation *f* / oscillation *n*, reciprocation *n*, oscillate *n* || ⌾**sschleifen** *n* / grinding by oscillation
Oszillator *m* / oscillator *n* || ⌾**röhre mit ausgedehnter Wechselwirkung** / extended-interaction oscillator tube
oszillieren *v* / oscillate *v* || ⌾ *n* / oscillation *n*, reciprocation *n*
oszillierend·e Verdrängerpumpe *f* / oscillating positive displacement pump || **~er Linearmotor** / linear oscillating motor (LOM) || **~er Zähler** / oscillating meter
Oszilliergeschwindigkeit *f* / oscillating speed
Oszillograf *m* / cathode oscilloscope, cathode-ray oscilloscope (CRO)
Oszillogramm *n* / oscillogram *n*
Oszillograph *m* / oscillograph *n*
Oszilloskop *n* / oscilloscope *n* || ⌾ **mit radialer Ablenkung** / radial-deflector oscilloscope || ⌾**-Röhre** *f* / cathode-ray tube (CRT)
OT / top dead centre (TDC) || ⌾ (oberer Totpunkt) / TDC (top dead center)
OTA / oil drying system
OTDR (Optical Time Domain Reflectometer) *n* / optical time domain reflectometry
OTE (Organisations-Teileinheit) *f* / organizational sub-unit
OTG / On-The-Go (OTG)
OT-Halt *m* / top dead center stop (TDC stop)
OTP / one time programmable (OTP) || ⌾**-EEPROM-Speicher** *m* / OTP-EEPROM
OTS / Operator Training System
OT-Sensor *m* / OT sensor
Ottomotor *m* / spark-ignition engine
OTW-Kühlung *f* / closed-circuit oil-water cooling (COW)
O-Typ-Röhre *f* / O-type tube, linear-beam tube
OÜ (Ortskreisüberwachung) / local circuit monitor
OUT-Anf / OUT Start
Outdoor-Test *m* / outdoor exposure test
Output Disable *m* / command output disable, output disable || **~CamType** *m* / outputCamType
OV / overflow (OV) || ⌾ **(Überlauf)** *m* (Bit im Statuswort) / overflow bit
OVA / open distributed automation (ODA)
Ovaldrehmaschine *f* / oval-turning lathe
ovaler Leiter (mehrdrähtiger Leiter mit ovalem Querschnitt) / oval-shaped stranded conductor
Ovalität *f* / ellipticity *n*, ovality *n* || ⌾ *f* (Unrundheit) / out-of-round *n*
Oval·leiter *m* / oval-shaped stranded conductor || ⌾**leuchte** *f* (Wandleuchte) / bulkhead luminaire, bulkhead unit || ⌾**rad-Durchflussmesser** *m* / oval-wheel flowmeter || ⌾**relais** *n* / oval-core relay || ⌾**rohr** *n* / oval conduit || ⌾**schleifmaschine** *f* / oval grinding machine || ⌾**spiegelleuchte** *f* / oval specular reflector luminaire || ⌾**spule** *f* / oval coil
Overflow *n* (OV) / overflow *n* (OV) || ⌾ **speichernd** (OS) / overflow stored
Overhead·-Folie *f* / overhead transparency, slide *n* ||

⌕-Projektor *m* / overhead projector
Overlay *n* / overlay *n*
Override *m* (Geschwindigkeits- oder Beschleunigungs-Override) / override *n* ‖ ⌕-**Drehschalter** *m* / rotary override switch ‖ ⌕**faktor** *m* / override factor ‖ ⌕-**Regelung** *f* / override control, override *n* ‖ ⌕-**Schalter** *m* / override switch ‖ ⌕-**Stufenschalter** *m* / override stage switch
Overspray *m* / overspray *n*
OVHM / Oblique Vision at High Magnification (OVHM)
OVR / Ins (Insert key on keyboard), OVR (Overwrite: Insert key on keyboard)
OVS (Objektverwaltungssystem) / object management system ‖ ⌕ **mit erweitertem Schutzumfang und Sicherstellung der bestimmungsgemäßen Nutzbarkeit des Schutzleiters** / portable residual current protective device-safety (PRCD-S)
OV-Schiene *f* / 0 ground bar, 0 volts bar (zero volts bar), zero volts bar
OW / headwater *n*, head race ‖ ⌕ / OW (oil-water cooling, water cooling with natural circulation of oil)
OW/A / OW/A (oil-water/air cooling, water cooling with natural circulation of oil and air)
OW-Verzerrung *f* / horizontal distortion
Oxidation *f* / oxidation *n*
Oxidationsinhibitor *m* / oxydation inhibitor, antioxidant additive, anti-ageing dope, antioxidant *n*, antioxydant *n*, oxidation inhibitor, antioxidant additive
Oxidations·katalysator *m* / oxidation catalytic converter, oxidation catalyst ‖ ⌕**stabilität** *f* / oxidation stability
Oxideinschluss *m* (dünne Einlagerungen von Metalloxiden in der Schweißverbindung, einzeln oder gehäuft auftretend) / oxide inclusion
oxidieren *v* / oxidize *v* ‖ **~de Flamme** *f* / oxidizing flame
oxidiert *adj* / oxidized *adj*
Oxid·isolation *f* / oxide isolation ‖ **~isolierte Schaltung** / oxide-isolated circuit ‖ ⌕**kathode** *f* / oxide cathode, oxide-coated cathode ‖ ⌕**maskierung** *f* / oxide masking ‖ ⌕**passivierung** *f* / oxide passivation *n* ‖ ⌕**patina** *f* / oxide skin, oxide film, tan film ‖ ⌕**schicht** *f* / oxide film, oxide layer ‖ ⌕**schichtkathode** *f* / oxide-coated cathode, oxide cathode ‖ **~verstärkter Verbundwerkstoff** / oxide-reinforced compound material
Oxygenschneiden *n* / oxygen cutting
Ozonbeständigkeit *f* / ozone resistance
Ozonierung *f* (Verfahren der Entkeimung und Desinfektion durch Zugabe von Ozon als Oxidationsmittel) / ozonation *n*
O-Zustand *m* / O state

P

P, nach ⌕ **schaltend** / current-sourcing *adj* (the act of supplying current), source output, switching to P potential ‖ **nach** ⌕ **schaltende Logik** / current-sourcing logic
P-24 / parameter 24, positive 24 volts
PA (Programmieranleitung) / PG (Programming Guide) ‖ ⌕ (Anschlussbezeichnung bei elektrischen Betriebsmitteln, die im explosionsgefährdeten Bereich eingesetzt werden und an denen der Potenzialausgleich nach EN 50079-14 anzuschließen ist) / PA *n* ‖ ⌕ (Prozessabbild) / PI (process image), process image register ‖ ⌕ (Peripheriebereich der Ausgänge) / peripheral output
PAA / process output image (PIO, PIQ)
PA-Anschlussklemme *f* / terminal for potential equalizing circuit, bonding terminal
Paar *n* / mated set ‖ ⌕**bildung** *f* / pair production, pair generation, formation of pairs ‖ ⌕-**Disparitätscode** *m* / paired disparity code
paarig verseilte Adern / twisted-pair wires ‖ **~ verseiltes Kabel** / paired cable, non-quadded cable
Paarlaufzeit *f* / pair delay
Paarung *f* DIN 7182,T.1 / mating *n*, combination *n*
Paar-Ungleichheitscode *m* / paired disparity code
Paarungs·abmaß *n* / mating deviation, mating allowance ‖ ⌕**maß** *n* / mating size
paarverseiltes Kabel / paired cable, non-quadded cable
paarweise *adj* / in pairs *adj* ‖ **~ überlappt** / overlapped in pairs ‖ **~ verdrillt** / twisted-pair cable
PAB (Peripherieausgangsbyte) *n* / peripheral output byte
PABADiS / Plant Automation Based on Distributed Systems (PABADiS)
P-Abweichung *f* / P offset, proportional offset
PABX (Private Automatic Branch Exchange, (Telefon)nebenstellenanlage) / PABX
PAC (Programmierbarer Automatisierungscontroller) / Programmable Automation Controller (PAC) ‖ ⌕-**Architektur** *f* / PAC architecture
PACCO-Schalter *m* / PACCO control switch, packet-type switch, rotary packet switch ‖ ⌕-**Umschalter** *m* / packet-type selector switch
Package on Package (PoP) / Package on Package (PoP)
Pack·dorn *m* / building bar, stacking mandrel ‖ ⌕**einheit** *f* / packaging unit
packen *v* / pack *v*
Packerei *f* / packing department
Pack·gutpass *m* / packing materials certificate ‖ ⌕**meister** *m* / packing foreman ‖ ⌕**platz** *m* / packing area ‖ ⌕**schein** *m* / packing note
Packung *f* / package *n*, packing *n*, standard packing
Packungs·dichte *f* / packing density, packaging density ‖ ⌕**dichte** *f* (LWL) / packing fraction ‖ ⌕**dichte** *f* (IC) / component density ‖ ⌕**dichte** *f* (Faserbündel) / packing fraction IEC 50(731) ‖ ⌕**einheit** *f* (PE) / packing unit (PU) ‖ ⌕**größe** *f* / pack size ‖ ⌕**höhe** *f* / packing depth ‖ ⌕**inhalt** *m* / package contents ‖ **~lose Ventilspindel-Durchführung** / bellows seal ‖ **elastisches** ⌕**material** / soft material for packing ‖ ⌕**stopfbuchse** *f* / stuffing box with packing of yarn ‖ ⌕**werkstoff** *m* / packing material
Pack·vorrichtung *f* / building jig, core building frame, stacking frame ‖ ⌕**zettel** *m* / packing slip
PAC-System *n* / PAC system

PACT *n* / Process Automation Configuration Tool (PACT)
PAC-Technologie *f* / PAC technology
PAD / programmable address decoder (PAD) ‖ ~ **(Peripherieausgangsdoppelwort)** *n* / peripheral output double word
P-Ader *f* / P potential core
PAE / PII (process input image)
PA/EB (panamerikanisches EDIFACT Board) / Pan American EDIFACT Board
PAF / PAF (pulse accumulator freeze)
PAFE (Parametrierfehler, Parameterfehler) / parameter error, parameterization error, parameter assignment error
Pager *m* (Funkrufgerät zum Empfang von akustischen als auch alphanumerischen Informationen) / pager
Paging-Taste *f* / paging key
Pagodenspiegel *m* (Leuchte) / pagoda reflector
Paket *n* / package *n*, kit *n*, frame *n* ‖ ~ *n* (Kern) / packet *n*, pack *n*, stack *n*, laminated core ‖ ~ *n* (Daten u. Steuerbits) / packet *n* ‖ **Ladungs~** *n* / charge packet ‖ **Programm~** *n* / program package ‖ **Schwingungs~** *n* (sinusförmig amplitudenmodulierte Sinusschwingung) / sine beat ‖ ~**anwahl** *f* / package selection ‖ ~**aufrechnung** *f* (Datenpakete) / packet sequencing ‖ ~**betriebsart** *f* / packet mode ‖ ~**diagramm** *n* / packet diagram, package diagram ‖ **~fähige Endstelle** (Datenendeinrichtung, die Pakete steuern, formatieren, senden und empfangen kann) / packet mode terminal ‖ ~**format** *n* / packet format
Paketier-Depaketierung(seinrichtung) *f* (Datenpakete) / packet assembly/disassembly (PAD)
paketieren *v* / pack *v*, stack *v*
Paketierpresse *f* / baling press
Paketierung *f* (Datenpakete) / packet assembly ‖ ~**-/Depaketierungseinrichtung** *f* / packet assembler/disassembler
paketorientierte Datenendeinrichtung / packet mode terminal (data terminal equipment that can control, format, transmit, and receive packets)
Paket·presse *f* / packaging press ‖ ~**reihung** *f* / packet sequencing ‖ ~**schalter** *m* / packet-type switch, rotary packet switch, ganged control switch, gang switch ‖ **Kern in** ~**schichtung** / pack-stacked core ‖ ~**schneiden** *n* / stack cutting ‖ ~**übertragungsmodus** *m* / packet transfer mode ‖ ~**-Umschalter** *m* / packet-type selector switch ‖ **~vermittelndes Datennetz** / packet switching data network ‖ **~vermittelndes Netz** / packet-switched network ‖ **~vermittelte Übertragung** / packet-switching transmission ‖ ~**vermittlung** *f* (Datenpakete) / packet switching ‖ ~**vermittlungsprotokoll** *n* DIN ISO 8208 / packet level protocol (PLP) ‖ ~**vermittlungssystem** *n* / packet switching system (PSS) ‖ ~**verteilanlage** *f* / parcel sorting centre
PAL (Potenzialausgleichleiter) / equipotential bonding
PA-Leitung *f* / equipotential bonding conductor, bonding jumper
Palette *f* / pallet *n*, workholder *n*, workpiece carrier (WPC), workholding pallet, palette *n*
Paletten·anordnung *f* / arrangement of pallets ‖ ~**daten** *plt* / pallet data ‖ ~**fenster** *n* / pallet box ‖ ~**greifer** *m* / pallet gripper ‖ ~**größe** *f* / workholder size ‖ ~**lader** *f* / pallet loader ‖ **3-~lader** *f* / 3-pallet loader ‖ ~**lager** *n* (FFS) / pallet store, fixture store ‖ ~**speicher** *m* / pallet storage ‖ ~**system** *n* / pallet system ‖ ~**umlaufband** *n* / pallets conveyor ‖ ~**wechsel** *m* / pallet changing, pallet change ‖ ~**wechselzyklus** *m* / pallet change cycle ‖ ~**wechsler** *m* / pallet changer, automatic pallet changer
Palettier·achse *f* / palletizing axis ‖ ~**betrieb** *m* / palletizing mode
Palettieren *n* / palleting *n*, palletizing *n*
Palettierer *m* / palletizer *n*, palletizing machine
Palettier·linie *f* / palletizing line ‖ ~**maschine** *f* / palletizer *n*, palletizing machine ‖ ~**roboter** *m* / palletizing robot ‖ ~**roboterzelle** *f* / palletizing robot cell ‖ ~**system** *n* / palletizing system
Palettierung *f* / palletizing *n*
PAM / pulse-amplitude modulation (PAM)
PAM-Schaltung *f* / PAM circuit (pulse amplitude modulation circuit)
PAN *n* / Personal Area Network (PAN)
Panchrongenerator *m* / panchronous generator
Paneel *n* / PV module ‖ ~**leuchte** *f* / strip ceiling luminaire
Panel *n* / panel *n* ‖ ~**ausführung** *f* / panel-mounted version ‖ ~**-basiert** / panel-based ‖ ~**-Familie** *f* / panel family ‖ ~**fläche** *f* / panel area ‖ ~**front** *f* / panel front ‖ ~**größe** *f* / panel size
paneuropäische Anwendergruppe *f* / Pan European User Group
Panhardstab *m* / panhard rod
Panik·-Druckknopf *m* / panic button ‖ ~**schaltung** *f* / panic switch
Panne *f* / breakdown *n*, fault *n*, disturbance *n*
Panoramierung *f* (Kamera) / panning *n*, traversing *n*
Pantal *n* / wrought aluminium-manganese-silicon alloy
P-Anteil *m* / proportional component, P component, gain
Panzer·gewinde-Veschraubung *f* (Pg-Gewinde) / heavy-gauge threaded joint, Pg screwed cable gland ‖ ~**muffe** *f* / heavy-gauge conduit coupler ‖ ~**platte** *f* / iron-clad plate, tubular plate
Panzerrohr *n* / armored conduit ‖ ~ *n* (PVC) / hard PVC conduit ‖ ~ *n* / heavy-gauge conduit, high-strength conduit, conduit for heavy mechanical stresses ‖ **Kunststoff-**~ *n* / heavy-gauge plastic conduit, high-strength plastic conduit ‖ **Stahl-**~ *n* / heavy-gauge steel conduit ‖ ~**gewinde** *n* (Pg) / heavy-gauge conduit thread, conduit thread ‖ ~**muffe** *f* / heavy-gauge conduit coupler
Panzerrolle *f* / reinforced roller
Panzerung *f* / armouring *n*, armour *n*, cable armour, metallic armour
PAP (Programmablaufplan) / program flowchart
Papier *n* / paper *n* ‖ ~ *n* (f. Schreiber) / chart paper, chart *n* ‖ **ölimprägniertes** ~ / oil-impregnated paper ‖ ~**ablage** *f* (Drucker) / (paper) stacker *n* ‖ ~**ablagekorb** *m* (Drucker) / paper stacker ‖ ~**antrieb** *m* (Schreiber) / chart driving mechanism ‖ ~**auflage** *f* (Drucker) / paper support plate ‖ ~**aufwickelwerk** *n* (Schreiber) / chart winding mechanism, chart take-up ‖ ~**bahn** *f* / paper web ‖ ~**bahnbreite** *f* / web width ‖ ~**bahngeschwindigkeit** *f* / paper web speed ‖

⸺bahnstillsetzung f / paper web standstill || **⸺breite** f (Schreiber) / chart width, paper width || **⸺bruch** m / web break || **⸺chromatographie** f / paper chromatography || **⸺decklage** f / paper top layer, paper facing || **⸺dielektrikum** n / paper insulation || **⸺einlage** f / paper liner || **⸺einschlagmaschine** f / paper wrapping machine || **⸺einzug** m / paper infeed || **⸺etikett** n / paper label || **⸺format** n / paper format || **⸺geschwindigkeit** f (Schreiber) / chart speed || **⸺gewicht** n / paper weight || **⸺größe** f / paper size || **⸺gurt** m / paper tape || **⸺-Haftmasseisolierung** f (Papierisolierung mit Haftmasse getränkt, die bei der zulässigen Betriebstemperatur nicht flüssig wird) / mass-impregnated non-draining paper insulation, MIND insulation || **⸺handlingskran** m / paper handling crane || **⸺-Harz-Laminat** n / resin-bonded paper || **⸺herstellung** f / paper manufacture || **⸺industrie** f / paper industry
papierisoliert adj / paper-insulated adj || **~es Bleimantelkabel** / paper-insulated lead-sheathed cable, paper-insulated lead-covered cable (PILC cable)
Papierisolierung f / paper insulation
papierkaschiert adj / paper-backed adj || **~er Kunststoff-Lochstreifen** / paper-backed plastic tape
Papier·klemmfeder f (Schreiber) / chart holding spring, chart clip || **⸺kondensator** m / paper capacitor || **⸺länge** f / paper length || **⸺lauf** m / web run || **⸺laufrichtung** f / web direction || **⸺leitblech** n / paper guide plate || **⸺leitwalze** f / paper guide roller || **⸺leitwalzenbremse** f / paper guide roller brake || **~los** adj / paperless adj || **⸺maschine** f / papermaking machine || **⸺-Masse-Dielektrikum** n / solid-type insulation || **⸺-Masse-Isolierung** f (imprägnierte Papierisolierung, bei der die Papierbänder nach dem Bewickeln imprägniert werden) / solid-type insulation || **⸺-Masse-Kabel** n / paper-insulated mass-impregnated cable || **⸺-Öl-Isolierung** f / paper insulation || **⸺pappe** f / paper board, board n || **⸺pelz** m / paper fleece || **⸺reissschalter** m / paper break switch || **⸺rissüberwachung** f / web break monitoring || **⸺rolle** f (f. Drucker) / paper roll, paper reel || **⸺sorte** f / paper grade || **⸺spannbügel** m (Schreiber) / chart tightening roll || **⸺stärke** f / paper thickness || **⸺stau** m / paper jam || **⸺stranghaftung** f / paper adhesion || **⸺streifen** m / papertape n
Papiertransport m (Drucker) / paper transport, paper feed || **⸺walze** f (Schreiber) / chart feed roll, chart advancing roll
Papier·tuch n / paper towel || **⸺überwachung** f / paper monitoring || **⸺- und Druckmaschine** / papermaking and printing machine || **⸺verarbeitung** f / paper processing || **⸺veredelungsmaschine** f / paper finishing machine || **⸺version** f / paper version || **⸺vorschub** m / paper feed || **⸺vorschub Abstreifrolle** / paper feed cleaning pad || **⸺-Vorschubgeschwindigkeit** f (Schreiber) / chart speed || **⸺weg** m / paperway || **⸺wickel** m / paper wrapper || **⸺zufuhr** f / paper feed
PAPI-System n / precision approach path indicator system (PAPI system)
Pappe f / paper board, board n
Papp·karton m / cardboard box || **⸺umhüllung** f / jacket of pasteboard
PAPS (Standardprüfablaufplan) m / standard inspection and test plan (SITP)
PAR / pulse accumulator request (PAR)
Parabel f / parabola n || **⸺abschnitt** m / parabolic span || **⸺interpolation** f / parabolic interpolation
Parabolantenne f / parabolic antenna
Parabolic Concentrator, 3D-Compound ⸺ **Concentrator** m / 3D-compound parabolic concentrator
parabolisch·e U/f-Steuerung / parabolic V/f control || **~er Drosselkörper** / lathe turned plug || **~er Verbundkonzentrator** / compound parabolic concentrator (CPC)
Parabol·kegel m / lathe turned plug, contoured plug || **⸺oid** m / lathe turned plug || **⸺reflektor** m / parabolic reflector || **⸺rinnenspiegel** m (Leuchte) / parabolic fluted reflector || **⸺spiegel** m (Leuchte) / parabolic specular reflector, parabolic mirror || **⸺spiegelkörper** m / parabolic reflector body || **⸺spiegellampe** f / parabolic specular reflector lamp
paraelektrisch adj / paraelectric adj
paraffinbasisches Isolieröl / paraffinic insulating oil
paraffiniert adj / paraffined adj || **~es Papier** / paraffin paper
Paraffinwachs n / paraffin wax
Paragraph m (Vorschrift) / clause n, paragraph n, section n
paragraphbündig adj / paragraph-aligned adj
parallaxefreie Linse (o. Lupe) / anti-parallax lens
parallel adj (Ablauf von mehreren Prozessen) / parallel adj || **~ geschaltet** / switched parallel || **~ geschaltete Multischichtzelle** / silicon multilayer thin film solar cell || **~ gewickelt** / parallel-wound adj || **~ schaltbar** adj / parallel switching adj
Parallelabfrage f DIN IEC 625 / parallel poll (pp) || **⸺ abbauen** DIN IEC 625 / parallel poll unconfigure (PPU) || **⸺ fordern** DIN IEC 625 / request parallel poll (rpp) || **⸺ sperren** DIN IEC 625 / parallel poll disable (PPD) || **⸺-Antwort** f / parallel poll response || **⸺-Wartezustand der Steuerfunktion** DIN IEC 625 / controller parallel poll wait state (CPWS) || **⸺zustand der Steuerfunktion** DIN IEC 625 / controller parallel poll state (CPPS)
Parallel·abtastung f / parallel scanning || **⸺achse** f / parallel axis || **⸺-ADU** m / parallel-type ADC, flash ADC || **⸺ankopplung** f / parallel coupling, parallel injection || **⸺aufsatz** m / parallel top || **⸺befehl** m / broadcast command || **⸺befehlsschritt** m / broadcast command step || **⸺betrieb** m / parallel operation, parallel mode, transformer parallel operation mode || **⸺betrieb** m (Netz) / parallel operation, operation in parallel, parallel running || **⸺bogen** m / parallel edge || **⸺bus** m / parallel bus || **⸺darstellung** f / parallel representation || **⸺drossel** f / shunt inductor
parallele Adressierung / parallel addressing || **~ Bemaßung** / parallel dimensioning || **~ Näherung** (von Leitern, deren Abstand um nicht mehr als 5% schwankt) / parallelism || **~ Schnittstelle** / parallel interface || **~ Übertragung** (gleichzeitige Übertragung der Signalelemente einer Gruppe über getrennte Übertragungskanäle) / parallel transmission || **⸺ Virtuelle Maschine (PVM)** / parallel virtual machine (PVM)
Parallel·-E/A m / parallel input/output (PIO) ||

parallelgeschaltet

⟶**eingabe** *f* / parallel input || ⟶**einspeisung** *f* / parallel injection, parallel coupling || ⟶**einspeisung von Rundsteuersignalen** / parallel injection of ripple-control signals || ⟶**elektrode** *f* / dynode *n* || ⟶**endmaß** *n* / parallel gauge block, gauge block, slip gauge, Johansson gauge || ⟶**epiped** *n* / parallelepiped, block *n*, frame *n* || ⟶**erder** *m* / parallel-contact earthing switch || ⟶-**Erdungsschalter** *f* / parallel-contact earthing switch || ⟶-**Ersatzkapazität** *f* / equivalent parallel capacitance || ⟶-**Ersatzwiderstand** *m* / equivalent parallel resistance || ~**es Abrichten** / parallel dressing || ⟶**fertigung** *f* / parallel production || ⟶**flach** *n* / parallelepiped || ⟶-**Funkenstrecke** *f* (Funkenhorn) / arcing horn

parallelgeschaltet *adj* / connected in parallel, parallel *adj*, shunt connected *adj*, shunted *adj*, paralleled *adj*

Parallel·greifer *m* / parallel gripper || ⟶**impedanz** *f* / shunt impedance, leak impedance || ⟶**induktivitätskoeffizient** *m* / parallel reactance coefficient

Parallelität *f* / parallelism *n*

Parallelitäts·fehler *m* (Osz.) / parallelism error || ⟶**toleranz** *f* / parallelism tolerance

Parallel·kante *f* / parallel edge || ⟶**kapazität** *f* / parallel capacitance, shunt capacitance || ⟶**kinematik** *f* / parallel kinematics || ⟶-**Kinematik-Maschine** *f* / parallel kinematics machine (PKM) || ⟶**kode** *m* / parallel code || ⟶**kompensation** *f* (Leistungsfaktor) / parallel p.f. correction, shunt p.f. correction, parallel correction || ⟶**kompensation** *f* (Netz) / shunt compensation || ⟶-**Kompensation** *f* / parallel correction || ⟶**kondensator** *m* / shunt capacitor || ⟶-**Kondensatorbatterie** *f* VDE 0670,T.3 / parallel capacitor bank IEC 265 || ⟶**kopplung** *f* / parallel interface, parallel link || ⟶**kopplung** *f* (SPS) / parallel interface || ⟶**kreis** *m* / parallel circuit || ⟶**kreiskopplung** *f* / parallel coupling, parallel injection

Parallellauf *m* / parallel operation || **Netz-**⟶ *m* / operation in parallel with system || ⟶-**Drosselspule** *f* / load-sharing reactor IEC 289, paralleling reactor ANSI C37.12, series reactor in parallel operation || ⟶**einrichtung** *f* (Trafo-Stufenschalter) VDE 0530,T. 30 / parallel control device IEC 214

Parallelläufer *m* / transformers operating in parallel, parallel transformer

Parallellauf·relais *n* / paralleling control relay || ⟶**steuerung** *f* / paralleling control, paralleling *n* || ⟶-**Überwachung** *f* DIN 41745 / parallel operation monitoring

Parallelleitungskompensation *f* / parallel cable compensation

Parallel-Manipulator *m* / master-slave manipulator || ⟶**muster** *n* (Staubsauger) / parallel pattern || ⟶**nahtstelle** *f* / parallel interface || ⟶-**Nummernsystem** *n* DIN 6763,T.1 / parallel numbering system

Parallel·maschine *f* / parallel machine || ⟶**modell** *n* / parallel model || ⟶-**Muting** *n* / parallel muting

Parallelo·eder *m* / parallelohedron *n* || ⟶**grammdesign** *n* / parallelogram style || ⟶**gramm-Kinematik** *f* / parallelogram kinematics || ⟶**top** *n* / parallelotope *n*

Parallel·profil *n* / offset profile IEC 50(466) || ⟶-

Programmer *m* / parallel programmer || ⟶**programmierung** *f* / parallel programming || ⟶**pult** *n* / parallel operator panel || ⟶**rechner** *m* / parallel computer

parallelredundante USV / parallel-redundant UPS

Parallel·register *n* / parallel register || ⟶**regler** *m* / shunt regulator || ⟶**reißer** *m* / surface gauge || ⟶**resonanz** *f* / parallel resonance || ⟶**resonanzkreis** *m* / parallel resonant circuit || ⟶**roboter** *m* / parallel robot

Parallelschalten *n* / paralleling *n*, shunting *n*, connection in parallel || ⟶ *n* (Synchronisieren und Zusammenschalten) / synchronize and close, paralleling *n* || ~ *v* / shunt *v*, connect in parallel, shunt *v* || **angenähertes** ⟶ / random paralleling

Parallelschalter *m* / parallel switch

Parallelschalt·gerät *n* / automatic synchronizer, check synchronizer, automatic coupler, synchrocheck relay, check synchronizing relay, paralleling device, synchronizer || ⟶**gestänge** *n* / shifting linkage for parallel switching || ⟶**relais** *n* / synchro check relay, check synchronizing relay || ⟶**sperre** *f* / paralleling lockout || ⟶**system** *n* / shunt (o. parallel) system of distribution

Parallelschaltung *f* / parallel connection, connection in parallel, shunt connection, shunting *n*, parallel switching, parallel configuration, parallel circuit

Parallel·schaltverbindung *f* / link for paralleling || ⟶**schlag** *m* (Kabel) / equal lay || ⟶**schnittgewebe** *f* / straight-cut fabric || ⟶**schnittstelle** *f* / parallel interface || ⟶-**Schutzwiderstand** *m* / protective shunt resistor || ⟶**schweißen** *n* / parallel welding || ⟶**schwingkreis** *m* / anti-resonant circuit, rejector *n* || ⟶**schwingkreisumrichter** *m* / parallel tuned converter || ⟶**seitengehäuse** *n* / dual in-line package (DIP) || ⟶-**Seriell-Umsetzer** *m* / parallel-to-serial converter, serializer *n* || ⟶-**Seriell-Umsetzung** *f* / parallel-serial conversion || ⟶-**Serien-Schaltung** *f* / parallel-series connection || ⟶-**Serien-Umsetzer** *m* / parallel-to-serial converter, serializer || ⟶**steuerung** *f* / paralleling control, paralleling *n* || ⟶**stoß** *m* / edge joint || ⟶**stromkreis** *m* / parallel circuit, shunt circuit || ⟶**stück** *n* / parallel block

Parallel·übergabe *f* DIN 44302 / parallel transmission || ⟶**übertrag** *m* / carry lookahead || ⟶**übertragung** *f* / parallel transmission || ⟶**übertragungssignal** *n* DIN 19237 / parallel transfer signal || ⟶**umsetzer** *m* / parallel-type converter, flash converter, deserializer || ⟶**umsetzung** *f* (ADU) / parallel conversion, flash conversion || ⟶-**USV** / parallel UPS || ⟶**verarbeitung** *f* / parallel processing || ⟶**verbinder** *m* / parallel-conductor coupling, parallel connector || ⟶**verlagerung** *f* / parallel misalignment, non-parallelism *n*

parallelversetzt (Maschinenwellen) / in parallel misalignment

Parallel·wandler *m* / parallel-type converter, flash converter || ⟶**welle** *f* / parallel shaft || ⟶**wellengetriebe** *n* / parallel shaft gearbox || ⟶**wicklung** *f* / parallel winding, shunt winding || ⟶**wicklung** *f* (Spartransformator) VDE 0532,T.1 / common winding IEC 76-1 || ⟶**widerstand** *m* (Gerät) / shunt resistor, shunt *n*, diverter resistor, shunt resistance || ⟶**widerstandskoeffizient** *m* / parallel resistance coefficient || ⟶**zähler** *m* /

parallel counter || ≈zweig m / parallel circuit ||
≈zweig m (SPS) / parallel branch
paramagnetisch·er Werkstoff / paramagnetic
material || ~es **Sauerstoffanalysegerät** /
paramagnetic oxygen analyzer
Paramagnetismus m / paramagnetism n
Parameter m / parameter n || ≈ m (einer
Anweisung) / operand n (of a statement) || ≈
änderbar über / parameter changeable via || ≈ **der
Grundgesamtheit** (Statistik) / population
parameter || ≈ **der Kernhysteresis** / core
hysteresis parameter, core factor C_2 || ≈ **der
Kerninduktion** / core inductance parameter, core
factor C_1 || ≈ **der Streuung** / parameter of
dispersion || **Alle** ≈ / all parameters || **dynamische**
≈ / dynamic parameters || **formaler** ≈ / formal
parameter, dummy parameter || **globaler** ≈ /
global parameter || **lokaler** ≈ / local parameter ||
veränderbarer ≈ / adjustable parameter
parameter-adaptives Regelsystem / parameter-
adaptive control system
Parameter·änderung f / parameter change ||
≈**anschlusspunkt** m / parameter connection point
(block connector in the CFC chart with the IEA-
Para attribute) || ≈**art** f / type of parameter ||
≈**auszug** m / parameter excerpt || ≈**-Bedien-DB** /
parameter entry DB, parameter control DB ||
≈**bedienung** f / operators parameter input,
parameter assignment (by operator) || ≈**bereich**
m / parameter area || ≈**beschreibung** f / parameter
description || ≈**bezeichnung** f / parameter name ||
≈**bild** n / parameter screen || ≈**block** m / parameter
block, parameter field || ≈**box** f / parameter box ||
≈**-Datei** f / parameter file || ≈**daten** plt / parameter
data || ≈**deklaration** f / declaration of parameters
Parameter·ebene f / parameters level || ≈**eingabe** f /
parameter entry, parameter notation || ≈-
Eingabefeld n / parameter input field ||
≈**eingabefenster** n / parameter input window ||
≈**einstellung** f / parameter setting ||
≈**empfindlichkeit** f / parameter sensitivity ||
≈**fehler** m / parameter assignment error,
parameterization error, parameter error || ≈**feld** n /
parameter field || ≈**filter** m / parameter filter ||
~**frei** adj / non-parametric adj || ≈**funktion** f /
parameter function || ≈**grenze** f / parameter limit ||
≈**haltung** f / parameter management
parameteriert als / parameterized for
Parameter·index m / parameter index || ≈**kanal** m /
parameter channel || ≈**kennung** f / parameter
identifier || ≈**kennwert** m (PKW) / parameter
characteristics, parameter ID value || ≈**liste** f /
parameter list || ≈**makro** n / parameter macro ||
≈**maske** f / parameterization screenform || ≈**name**
n / parameter name || ≈**-Nr.** f / parameter no. ||
≈**nummer** f / parameter number || ≈**-Prozessdaten-
Objekt** n / Parameter-Process Data-object (PPO) ||
≈**rechnung** f / parameter calculation || **Art des**
≈**s** / type of parameter
Parametersatz m / parameter set, set of parameters
|| ≈**umschaltung** f / parameter set changeover
Parameter·schlüssel für P0013 / key for user
defined parameter || ≈**schreibweise** f / parameter
notation || ≈**schreibweise** f (Programmierung) /
parametric programming, parameter programming
|| ≈**speicher** m / parameter storage, parameter
memory || ≈**sperre für P0013** / lock for user

defined parameter || ≈**sperre-DP** f / block DP
parameter || ≈**steuerung** f / parameter control ||
≈**substitution** f / substitution of parameters ||
≈**tabelle** f / parameter table || ≈**technik** f /
parameter technique || ≈**typ** m / parameter type,
type of data
Parameter·übergabe f / parameter transfer ||
≈**übersicht** f / parameter overview, overview of
parameters || ≈**verknüpfung** f / parameter linking
|| ≈**versorgung** f / parameterization,
parameterizing, parameter initialization
(assignment of values to parameters), initialization
n, parameter assignment, parameter setting,
calibration n || ≈**verwaltung** f / parameter
management || ≈**voreinstellung** f / parameter
setting || ≈**-Voreinstellwert** m / default parameter
value
Parametervorgabe f / parameter setting || **adaptive**
≈ / adaptive parameter entry || **dynamische** ≈ /
dynamic parameter definition
Parameter·wandler m / parameter converter ||
≈**wandlung** f / parameter conversion || ≈**wert** m /
parameter value || ≈**wertänderungsebene** f /
parameter value changing level || ≈**wertebene** f /
parameter value level || ≈**wertebeschreibung** f /
description of parameter values || ≈**zugriff** m /
access parameter, parameter access || ≈**zuweisung**
f (Versorgung von Parametern mit Werten) /
parameterization, parameterizing, parameter
initialization (assignment of values to parameters),
initialization n, parameter assignment, calibration
n, parameter setting
Parametrieradresse f / parameter address
parametrierbar adj / parameterizable adj,
configurable adj || ~ adj (programmierbar) /
programmable adj || ~**er Endwert** / programmable
end value || ~**er Startwert** / programmable
starting value
Parametrier·baugruppe f / parameterization
module, parameter assignment module, n
parameter input module || ≈**baustein** m /
parameter assignment block || ≈**befehl** m /
parameterization command || ≈**bild** n /
parameterization display || ≈**daten** plt / parameter
assignment data, parameterization data ||
≈**datenbaustein** m / parameter assignment data
block || ≈**einheit** f (PMU) / parameterizing unit
(PMU), master control || ≈**einrichtung** f / means
for parameterizing
Parametrieren n / parameter assignment,
parameterization n, parameter input || ~ v /
parameterize v, assign parameters, set parameters,
input parameters, configure v, parameterise v
Parametrier·fehler m (PAFE) / parameter
assignment error, parameter error,
parameterization error || ≈**fenster** n /
parameterization window || ≈**freigabe** f /
parameterizing enable || ≈**gerät** n /
parameterization panel || ≈**liste** f / parameter list ||
≈**maske** f / parameterization screenform,
parameterization mask || ≈**methode** f / parameter
assignment mode || ≈**oberfläche** f /
parameterization interface || ≈**platz** m /
parameterization terminal, parameterization
station || ≈**schleife** f / parameterization loop ||
≈**software** f / parameterization software,
parameter assignment software, calibration

Parametrierung

software || ⟨-**Software** f / parameterization software, parameter assignment software || ⟨**sperre-CPU/Master** m / parameters disabled CPU/master || ~**te Maximaldrehzahl** / parameterized maximum speed || ~**te Schaltfolge** / parameterized operating sequence || ~**te Sicherheitsstellung** / configured safety position || ~**ter Zählbereich** / programmed counting range || ⟨**tool** n / parameterization tool || ⟨**umgebung** f / parameterization environment
Parametrierung f / parametrization n, parameter assignment, parameter initialization (assignment of values to parameters), parameterizing n, parameter setting, calibration n, initialization n, configuration n, setting parameters || ⟨ **(Erstellung)** f / parameter configuration || ⟨ **(Parametersatz)** f / parameter settings || ⟨**en** f / parameters
Parametrierungsdatenbaustein m / parameter assignment data block
Parametrierwerkzeug n / parameterizing tool, parameterization tool
parametrisch·e Programmierung / parametric programming || ~**er Test** DIN 55350, T.24 / parametric test || ~**er Verstärker** / parametric amplifier (PARAMP)
parametrisierbare Klasse / parameterized element
parametrisierte Klasse / parameterized class, bound element
Parametron / parametric amplifier (PARAMP)
parasitäre Elemente / parasitics plt || ~ **Kopplung** / stray coupling || ~ **Schwingung** IEC 50(161) / parasitic oscillation
Pareto-Analyse f / pareto analysis
Parität f / parity n
Paritäts·baugruppe f / parity-check module || ⟨**bit** n / parity bit || ⟨**code** m / parity code || ⟨**digit** n / parity digit || ⟨-**Element** n / parity element, EVEN element || ⟨**fehler** m / parity error (PE) || ⟨**generator/-Prüfer** m / parity generator/checker || ⟨**prüfung** f (Fehlerüberwachung, bei der geprüft wird, ob die Regeln für die Bildung des Paritätsbits eingehalten sind) / parity check, odd-even check || ⟨**ziffer** f / parity digit
Parity f / parity n || ⟨-**Bit** n (Prüfbit, das am Ende einer Reihe von Bits angehängt wird, um die Quersumme der Bits immer gerade oder ungerade zu machen) / parity-bit n, parity check bit || ⟨**kontrolle** f / parity check
Parkbucht f / parking berth
parkende Achse/Spindel / parking axis/spindle
Parkett·herstellung f / parquet manufacturing || ⟨**versiegelungen** f pl / parquet floor seals
Park·flächenbeleuchtung f / parking area lighting || ⟨**haus** n / multi-storey car park || ⟨**leitsystem** n / car-park routing system || ⟨**leuchte** f / parking light (o. lamp)
Parkplatz m / parking area, parking lot (GB), car park (US), parking stall || ⟨**angebot** n / parking space || ⟨**anlage** f / parking lot, parking area, carpark n
Parkplätze für Schrägaufstellung im Winkel von 30°/45°/60° zur Fahrgasse / angle-parking stalls at 30/45/60 degrees to aisle || ⟨ **für Senkrechtaufstellung** / angle-parking stalls at 90 degrees (to aisle)
Park·platzfläche f / parking space || ⟨**position** f / parking position || ⟨**stand** m / parking stall || ⟨**stellung** f / parking position || ⟨**streifen** n /

parking lane
Park-Transformation f / Park transformation, synchronously rotating reference-frame transformation, d-q transformation
Parole f / password n || **mitarbeiterspezifische** ⟨ / specific password
Parsing n / parsing n
Partial·druck m / partial pressure || ⟨**schwingung** f / harmonic n || ⟨-**Stroke-Test** m (die fehlerfreie Funktion jedes ESD-Ventils muss durch regelmäßige Prüfungen gewährleistet sein) / PST n, partial stroke test
Partiekontrolle durch Stichproben / batch inspection by samples
partiell typgeprüfte Niederspannungs-Schaltgerätekombination (PTSK) (eine Schaltgerätekombination, die typgeprüfte und/oder nicht typgeprüfte Baugruppen enthält) VDE 0660, T.500 / partially type-tested low-voltage controlgear assembly (PTTA), partially type-tested low-voltage switchgear assembly (PTTA) || ~ **typgeprüfte Schaltgerätekombination** / partially type-tested switchgear and controlgear assembly || ~**e Verschattung** / partial shading || ~**er Fehlzustand** (Fehlzustand, der nicht alle Funktionen einer Einheit betrifft) IEC 50(191) / partial fault
Partikel m / particulate matter PM
partikeldurchschlagsichere Kapselung / flameproof enclosure EN 50018, explosion-proof enclosure
Partikel·messanlage f / particulate emission measuring equipment || ⟨**sperre** f / particle barrier
partikelzünddurchschlagsicher adj / flameproof for safety from particle ignition, dust-ignitionproof adj
Partition f / activity partition
Partner m (PC-Gerät) / partner n || ⟨ m (Kommunikationssystem) / peer n || ⟨ **für die Erstellung der Übergabefahrpläne** / entity for interchange scheduling || ⟨-**AG** f / partner n || ⟨**beziehungsmanagement** n / Partner Relationship Management (PRM) || ⟨**installateur** m / fitter n || ⟨**instanz** f DIN ISO 8348 / peer entity || ⟨**instanzen** f (Instanzen der gleichen Schicht in selben oder in einem anderen offenen Kommunikationssystem) / peer entities || ⟨**lösung** f / partner solution || ⟨-**Partner-Protokoll** n / peer-to-peer protocol (protocol between entities within the same layer of an open system) || ~**schaftliche Ziel-Vereinbarung** / partnership target agreement || ⟨**schutz** m / protection of other traffic participants || ⟨**störung** f / fault in switchyard, pulse error, partner in error || ⟨**system** n / remote PLC system
Partyline f / party line || ⟨-**Bussystem** n / party-line bus system
PAS (Potentialausgleichsschiene) f / PAS n
Pass·bohrung f / locating hole || ⟨**bolzen** m / reamed bolt, fitted bolt, barrel bolt || ⟨**buchse** f / fitting sleeve || ⟨**durchmesser** m / fitting diameter || ⟨**einsatz** m / adapter sleeve, sleeve n || ⟨**einsatz** f / (Sich.) / gauge piece
Passfeder f / featherkey n, parallel key, fitted key, spline n, fitter key, key n || ⟨**nut** f / featherkey way, keyway n
Pass·fehler m / form error || ⟨**fläche** f / fit surface, fitting surface, mating surface, locating surface ||

⌒hülse *f* / adapter sleeve
passiv *adj* / passive *adj* || ~ **wahr senden** / send passive true
Passivator *m* (zur Erhöhung der Alterungsbeständikeit) / passivator *n*
passiv·e Bedrohung / passive threat || **~e Klemme** / passive terminal || **~e Linienstromschnittstelle** / passive current loop interface || **~e Nachführung** (passive Nachführsysteme nutzen die Sonne direkt zum Antrieb ohne zusätzliche externe Energie) / passive tracking || **~e Nutzung der Solarenergie** / passive use of solar energy || **~e Redundanz** / passive redundancy || **~e Sicherheit** / passive safety || **~e Sonnenenergienutzung** / passive use of solar energy || **~e Übertragung** / passive transfer || **~e Visualisierungssoftware** / passive visualization software || **~er Basisableitwiderstand** (TTL-Schaltung) / passive pull-down || **~er Bereitschaftsbetrieb** / passive standby operation || **~er Fehler** / passive fault || **~er Knoten** (Netz) / passive bus, passive node || **~er Stromkreis** / passive circuit || **~er Teilnehmer** / passive node || **~er Teilnehmer** (PROFIBUS) / passive station, slave *n* || **~er thermohydraulischer Antrieb** / passive thermohydraulic drive (PTD) || **~er Zustand** (System) / passive status || **~es Abhören** (Abhören beschränkt auf des Aneignen von Daten) / passive wiretapping || **~es Bauelement** / passive component || **~es Ersatznetz** / passive equivalent network || **~es Fenster** / pushed window || **~es Filesystem** / passive file system || **~es Filter** / passive filter, multiple passive filter || **~es Netz** / passive network || **~es Signal** (Information, die von einer Einrichtung zur Verfügung gestellt wird, die ständig Auskunft über die Maschine oder deren Umgebung gibt) / passive signal || **~es Stromkreiselement** / passive circuit element
Passivierschicht *f* / passivation layer
passiviert *adj* / passivated *adj* || **~es Isolieröl** / passivated insulating oil
Passivierung *f* / passivation *n* || ⌒ **der Korngrenzen** / grain boundary passivation || ⌒ **des Halbleitervolumens** / bulk defect passivation
Passivierungsmittel *n* / passivator *n*
Passiv·-Infrarot-Melder *m* / passive infrared detector || ⌒**matrix-Bildschirm** *m* (Flüssigkristall-Anzeigegerät, bei dem nur ein Transistor zur Steuerung einer Zeile von Pixeln verwendet wird) / passive matrix display device || ⌒**trenner** *m* / loop power isolator || ⌒**zustand** *m* / passive status
Pass·lager *n* / thrust bearing || ⌒**länge** *f* / custom length || ⌒**lehre** *f* / setting gauge || ⌒**marke** *f* / fiducial *n*, label *n*, tag *n* (binary signal which is recorded and transmitted within the transmission of disturbance data) || ⌒**markenform** *f* / fiducial shape || ⌒**marken-Kriterium** *n* / criterion for reference fiducials || ⌒**markenposition** *f* / fiducial position || ⌒**markensatz** *m* / fiducial set || ⌒**markentyp** *m* / type of fiducial marks || ⌒**maß** *n* DIN 7182,T.1 / size of fit || ⌒**pfropfen** *n* / adaptor plug (fuse) || ⌒**ring** *m* / gauge ring, adaptor ring (fuse) || ⌒**schraube** *f* / fit bolt, reamed bolt, fitting screw, screw adapter || ⌒**schraube** *f* (Sich.) / adaptor screw (fuse) || ⌒**schraubenschlüssel** *m* / adaptor screw fitter || ⌒**sitz** *m* / snug fit, machined seat || ⌒**stift** *m* / alignment pin, locating pin, dowel *n*, fitted pin, prisoner *n*, set-pin *n*, dowel pin || ⌒**system** *n* / system of fits, fit system || ⌒**teil** *n* DIN 7182,T.1 / fit component || ⌒**toleranz** *f* / fit tolerance
Passung *f* / fit *n*
Passungs·grundmaß *n* / basic size || ⌒**klasse** *f* / class of fit || ⌒**länge** *f* / fitting length || ⌒**rost** *m* / fretting rust || ⌒**system** *n* / system of fits, fit system || ⌒**toleranz** *f* / fitting tolerance
Passwort *n* / password *n* || ⌒**schutz** *m* / password protection || ⌒**verwaltung** *f* / password management
pastelltürkis *adj* / pastel turquoise *adj*
Pasten·aufkohlen *n* / paste carburizing || ⌒**zelle** *f* / paste-lined cell
PA-Strang *m* / equipotential bonding line
PAT / PAT (pulse accumulator thaw)
Patch *m* / patch *n* || ⌒**feld** *n* / patch field || ⌒**leitung** *f* / patch cable || ⌒**-Technik** *f* / patch method
Pate *n* / mentor *n*
Patenservicestelle *f* / standby service department
Patent·amt *n* / patent office || ⌒**erteilung** *f* / patent grant || ⌒**fähigkeit** *f* / possible patenting || ⌒**ieren** *n* / patenting || ⌒**situation** *f* / patent situation
Paternoster *m* / paternoster *n* || ⌒**magazin** *n* / rotary-type magazine
PATH *n* / California Program on Advanced Technology for the Highway (PATH)
Patina *f* / skin *n*, oxide film, tan film, film *n*
Patrone *f* / cartridge *n*
Patronen·anlasser *m* / cartridge starter || ⌒**sicherung** *f* / cartridge fuse
Pattern duplizieren / duplicate pattern || ⌒**bearbeitung** *f* / pattern machining || ⌒**befehl** *m* / pattern instruction || ⌒**programmierung** *f* / pattern programming || ⌒**teil** *m* / pattern part
Pauschal·abrechnung *f* / per-diem / flat-rate accounting || ⌒**enwertung** *f* / per-diem valuation || ⌒**genehmigung** *f* / blanket authorization || ⌒**gutschrift** *f* / fixed-price credit || ⌒**tarif** *m* / fixed payment tariff
Pause *f* / interrupt *n*, interruption *n*, interval *n* || ⌒ *f* (el. Masch.) VDE 0530, T.1 / machine at rest and de-energized || ⌒ *f* (Verzögerung) / delay *n*, time delay || ⌒ *f* (Lichtpause) / print *n*, blueprint *n* || ⌒ *f* (Arbeitszeit) / break *n* || ⌒ *f* (in einem Dienst) IEC 50(191) / break *n* || ⌒ *f* / delay *n* || **Impuls~** *f* / interpulse period || **spannungslose** ⌒ / dead time, dead interval, idle period, reclosing interval
pausen *v* / blueprint *v*, copy *v* || ~ *v* (durchzeichnen) / trace *v* || ⌒ *n* (Blaup.) / blueprinting *n* || ⌒ *n* (m. Kohlepapier) / tracing *n*, copying *n*
Pausen·beginn *m* / start of break || ⌒**betrieb** *m* / break mode || ⌒**ende** *n* / end of break || ⌒**signal** *n* / break signal || ⌒**stellung** *f* / break position || ⌒**temperatur** *f* / break temperature
Pausenzeit *f* / time interval, rest period, dead time, idle time, off period, interval time || ⌒ *f* (bei Kurzunterbrechung) / dead time || ⌒ **aktiv** / idle time active || ⌒ **zwischen Blitzentladungen** / inter-stroke interval || ⌒**glied** *n* / dead timer
PAW (**Peripherieausgangswort**) *n* / peripheral output word (PQW)
PAZ / pulse accumulator freeze and reset (PAZ)
PB / maximum allowable working pressure || ⌒ (Programmbaustein) / PB (program block)

PBD (plattformbasiertes Design) / platform-based design (PBD)
P-Beiwert *m* / proportional gain
P-Bereich *m* / proportional band || ⁓ *m* (Peripheriebereich) / I/O area
PBGA (Plastic-BGA) *m* / plastic ball grid array (PBGA)
PBK (programmierbare Bausteinkommunikation) / PBC (programmable block communication)
PBL / PBL (Parameter Basic List)
PBM (pulsbreitenmoduliert) / PWM (pulse-width-modulated), PAM (pulse amplitude modulated)
PBP / Push Button Panel (PBP)
PBT / process control keyboard || ⁓ **(Polybuthylenptherephtalat)** / polybuteneterephthalate (PBT) *n*
P-Bus *m* (Peripheriebus) / peripheral bus, I/O bus, process bus
PB-Vektorrechner *m* (Pulsbreiten-Vektorrechner) / pulse width vector calculator
PC / polycarbonate *n* || ⁓ **(Personal Computer)** *m* / personal computer (PC) || ⁓ **Anschaltung** / PC interface module
PCAC *n* / PC-based Automation Center (PCAC)
PC·-Adapter *m* / PC adapter || ⁓-**Applikation** *f* / PC application
PCB / polychlorinated biphenyls (PCB)
PC-basiert *adj* / PC-based || ⁓**e Plattform** / PC-based platform || ⁓**e Systeme** / PC-based systems || ⁓**er Controller** / PC-based controller
PC-Bus *m* / PC bus
PCC / process capability control (PCC)
PCD / polycrystalline diamond cutting (PCD)
PCF / polymer-cladded silica fiber (PCF), polymer-cladded fiber (PCF)
PC·-Format *n* / PC format || ⁓-**Funktion** *f* / PC function
PCI / PCI (Peripheral Component Interconnect) || ⁓ / PCI (Protocol Control Information) || ⁓ / PCI (Peripheral Connect Interface) || ⁓-**Adapter** *m* / PCI adapter || ⁓-**basiert** *adj* / PCI-based || ⁓-**Box** *f* / PCI box || ⁓-**Bus** *m* / Peripheral Component Interconnection bus, PCI bus || ⁓-**Embedded** *adj* / PCI-Embedded || ⁓-**Erweiterung** *f* / PCI extension || ⁓-**Express** *m* / PCI-Express || ⁓/**ISA-Box** *f* / PCI/ISA box || ⁓/**ISA-Steckplatz** *m* / PCI/ISA slot || ⁓-**Karte** *f* / PCI card
PC-Interface *n* / PC interface || ⁓ **SONPROG** *n* / PC-Interface SONPROG
PCI·-Schnittstelle *f* / PCI interface || ⁓-**Steckplatz** *m* / PCI slot
PC·-Kabel *n* / PC cable || ⁓-**Karte** *f* / PC card || ⁓-**Kommunikation** *f* / PC communication || ⁓-**Kommunikationskarte** *f* / PC communication card || ⁓-**Konfiguration** *f* / PC configuration || ⁓-**Leitplatz** *m* / PC control centre || ⁓-**Link** *m* / PCLink
PCM / pulse-code modulation (PCM) || ⁓ / Phase Change Material (PCM) || ⁓ / parts count method || ⁓ *n* / Porsche Communication Management (PCM) || ⁓-**Binärcode** *m* / PCM binary code || ⁓-**Bitfehlerquoten und Codeverletzungsmesser** / PCM bit error rate and code violation meter
PCMCIA *f* / Personal Computer Memory Card International Association (PCMCIA) || ⁓-**Anschluss** *m* / PCMCIA interface || ⁓-**Funkschnittstelle** *f* / PCMCIA radio interface
PCM·-Codec (Anordnung aus einem PCM-Codierer und einem PCM-Decodierer, die in entgegengesetzten Richtungen im gleichen Gerät arbeiten) / PCM codec || ⁓-**Codierer** *m* (Gerät zur Codierung bei der Pulscodemodulation) / PCM encoder || ⁓-**Decodierer** *m* (Gerät zur Decodierung bei der Pulscodemodulation) / PCM decoder
PCME *n* / Pulsed Current Modulated Encoding (PCME)
PC·-Memory-Card *f* / PC memory card || ⁓-**Memory-Card-Schnittstelle** *f* / PC memory card interface || ⁓-**Messgerät** *n* / PC-based measuring instrument
PCM·-Impulsrahmen *m* / PCM frame || ⁓-**Messplatz** *m* / PCM test set || ⁓-**Multiplexeinrichtung** *f* / PCM multiplex equipment || ⁓-**System-Analysator** *m* / PCM system analyzer || ⁓-**Übertragungsstrecke** *f* / PCM transmission link, PCM link
PCN *n* / process control network || ⁓ *n* / personal communicator network, personal communication network
PCO / Points of Control & Observation (PCO)
PCP / programmable controller program (PCP) || ⁓ / Peripheral Control Processor (PCP)
PC-Plattform *f* / PC platform
PC/PPI-Kabel *n* / PC/PPI cable
PCS / Process Control System (PCS) || ⁓-**Faser** *f* / PCS fibre (PCS = plastic-coated silicon)
PC·-Simulationsumgebung *f* / PC-simulation environment || ⁓-**Slaveboard** *n* / PC slave board || ⁓-**spezifisch** *adj* / PC-specific || ⁓-**Standardtastatur** *f* / standard PC keyboard || ⁓-**System** *n* / PC system
PCT *f* / Platform Constructor Technology (PCT)
PC·-Testumgebung *f* / PC test environment || ⁓-**Tool** *n* / PC tool || ⁓-**Trägerboard** *n* / PC carrier board
PCU / position and control unit (PCU), process control unit (PCU), panel control unit (PCU) || ⁓ *f* / Personal Computer Unit (PCU)
PC·-Unit *f* / Personal Computer Unit (PCU) || ⁓-**unterstützte Funktionsblockbibliothek** / library of function blocks based on a PC
PC/XT / Personal Computer Extended Technology (PC/XT)
PC-Zentraleinheit *f* / PC central unit
PDA (Prozessdaten-Aufzeichnung) *f* / Process Data Acquisition (PDA)
PDC / Production Data Cluster (PDC) || ⁓ (Gehäuseform, deren Anschlussbereichen nicht voll beschrieben werden. (z.B. Chip oder MELF)) / partially defined component
PDCA / plan, do, check, act (PDCA)
PDC-Bauelemente (Bauelemente mit der Gehäuseform PDC) / PDC components
PDE / personal data acquisition (PDA)
PDefM / Product Definition Manager (PDefM)
PDE-Terminal / process data acquisition terminal (PDA terminal)
PDF (Näherungsschalter mit definiertem Verhalten unter Fehlerbedingungen) *m* / Proximity Device with defined behaviour under Fault conditions (PDF) || ⁓ **Portable Document Format)** *n* / PDF (Portable Document Format)
PD-Glied *n* / PD element, proportional-plus-derivative-action element
PDI / Portable Display Interface (PDI)
PDK / Process Design Kit (PDK)
PDM / pulse-duration modulation (PDM), pulse-

width modulation || ⟨⟩ / Product Data Management (PDM) || ⟨⟩ / PDM (Process Device Manager)
PDO / process data organization (PDO) || ⟨⟩ **(Prozessdatenobjekt)** / Process Data Object (PDO)
p-dotiert *adj* / p-type *adj*
p-Dotierung *f* / p-type doping *n*
PDP *f* / positive displacement pump (PDP) *n*
PD'-Regelung *f* / PD control, proportional-plus-derivative control, rate-action control || ⟨⟩**-Regler** *m* (proportional-differential wirkender Regler) / PD controller || ⟨⟩**-Regler** *m* / proportional-plus-derivative controller, rate-action controller
PDS *n* / Power Unit Data Set (PDS)
PDU / PDU (protocol data unit)
PDUID / PDUID (protocol data unit identifier)
PDUREF / PDUREF (protocol data unit reference)
PDV / process data processing (PDP)
PD-Verhalten *n* / PD action, proportional-plus-derivative action
PE / protective conductor, protective ground conductor, protective earth conductor, equipment grounding conductor, PE conductor, protective earth || ⟨⟩ / polyethylene *n* (PE) || ⟨⟩ *f* (Packungseinheit) / PU *n* (packing unit) || ⟨⟩ **(Peripheriebereich der Eingänge)** *m* / I/O: external input || ⟨⟩**-Abgriff** *m* / PE tap
Peak·erkennung *f* (Chromatographie) / peak detection || ⟨⟩**fenster** *n* (Chromatographie) / peak window || ⟨⟩**fläche** *f* / peak area || ⟨⟩**höhe** *f* / peak height, peak amplitude || ⟨⟩**trennung** *f* / peak separation, time of peak maxima
PE'-Anschluss *m* / PE connection || **PE'-Aufreihklemme** *f* / channel-mounting PE (o. earth) terminal
PEB (Peripherieeingangsbyte) *n* / PIB (peripheral input byte)
PE-Baustein *m* / PE module
PEBB (Power Electronics Building Block) / PEBB (Power Electronics Building Block)
PECOM *n* / Process Electronic Control, Organization and Management (PECOM)
PECVD *n* / Plasma-CVD
PED (Peripherieeingangsdoppelwort) *n* / peripheral input double word (PID)
Pedal·taster *m* / pedal switch || ⟨⟩**taster mit Schutzhaube** *m* / pedal switch with protective cover || ⟨⟩**wertgeber** *m* / pedal sensor
Pedestalisolator *m* / pedestal insulator
PE'-Doppelstockklemme *f* / PE two-tier terminal || ⟨⟩**-Durchgangsklemme** *f* / through-type PE terminal || ⟨⟩**-Einspeisung** *f* / PE infeed
Peer-to-Peer / peer-to-peer (communications model in which each peer entity has the same capability and either entity can initiate acommunication session) || ⟨⟩**-Funktionalität** *f* / peer-to-peer functionality || ⟨⟩**-Kopplung** *f* / peer-to-peer link || ⟨⟩**-Verbindung** *f* / peer-to-peer link
PE-Erweiterungsstecker *m* / PE extension connector
PEG (Produktentwicklungsgruppe) *f* / product development group
PEGASUS (Planung und Erfassung von Geschäftsbewegungs-, Auftragsbestandsdaten und Statistik) *f* / PEGASUS
Pegel *m* / level *n*, signal level || ⟨⟩**abnahme** *f* (Schalldruck) / decay rate || ⟨⟩**anpassstufe** *f* / level adaptor || ⟨⟩**arbeitsweise** *f* (Schaltnetz) / fundamental mode || ⟨⟩**bildgerät** *n* / level tracer ||

⟨⟩**faktor** *m* VDE 0111,T.1 / protective ratio || ⟨⟩**funkenstrecke** *f* / coordinating spark gap, standard sphere gap || **gesamt-hörfrequenter** ⟨⟩ / overall level
pegelgetriggert *adj* / level-triggered *adj*
Pegel·kurve *f* / tailwater level curve || ⟨⟩**linearität** *f* / level linearity || ⟨⟩**messer** *m* / level meter || ⟨⟩**messplatz** *m* / level measuring set, level meter || ⟨⟩**messung** *f* / level measurement || ⟨⟩**regelung** *f* / level control || ⟨⟩**rohr** *n* / stilling well || ⟨⟩**schwankung** *f* / level fluctuation || ⟨⟩**sender** *m* / level oscillator || ⟨⟩**sicherheit** *f* / protective ratio || ⟨⟩**stand** *m* / level *n* || ⟨⟩**-Streckenmessung** *f* / end-to-end level measurement || ⟨⟩**überwachung** *f* (PÜ) / level monitor, level monitoring || ⟨⟩**umsetzer** *m* / (signal) level converter, level shifter
PEH / DRS (destination reached and stationary)
PEHLA (Prüfung elektrischer Hochleistungsapparate) / Association for High-Power Electrical Testing
PE'-Hochstromklemme *f* / high-current PE terminal || ⟨⟩**-HSA** / PE-MSD (permanently excited main spindle drive) || ⟨⟩**-Hybrid-Durchgangsklemme** *f* / hybrid through-type PE terminal || ⟨⟩**-Zeitüberwachung** *f* / PEH time monitoring
Peil·antenne *f* / direction-finding aerial || ⟨⟩**stelle** *f* / direction-finding station
Peirce-Funktion *f* / Peirce function, NOR operation
Peitschen·ausleger *m* / davit arm, upsweep arm || ⟨⟩**mast** *m* / davit arm column, whiplash column, outriggered lightpole
PE'-Kennzeichnung *f* / PE/ground identification || ⟨⟩**-Klemme** *f* / PE terminal || ⟨⟩**-Klemmenleiste** *f* / PE terminal strip || ⟨⟩**-Kreis** *m* / PE circuit || ⟨⟩**-Leiter** *m* / protective conductor, protective ground conductor, equipment grounding conductor, protective earth conductor, PE || ⟨⟩**-Leiter** *m* (geerdeter Schutzleiter) / PE conductor (protective earth conductor) || ⟨⟩**-Leiteranschluss** *m* / PE conductor connection
Pellet *n* / pellet *n*
Peltier-Effekt *m* / Peltier effect
Pelton-Turbine *f* / Pelton turbine
PELV / protective extra-low voltage (PELV)
PEM *n* / Power Entry Module (PEM)
PEMCO / Passive Electromechanical Connectors (PEMCO)
PEN-Anschluss *m* / PEN connection
Pendel *n* (Leuchte) / pendant *n*, stem *n* || ⟨⟩ *n* (Hängebedieneinheit) / pendant control unit || ⟨⟩**achse** *f* / reciprocating axis, oscillating axis || ⟨⟩**aufhänger** *m* (Leuchte) / stem hanger || ⟨⟩**ausfeuerzeit** *f* / reciprocating sparking out time || ⟨⟩**ausschlag** *m* (SchwT) / width of weaving || ⟨⟩**ausschlag** *m* (des Schweißzusatzes bzw. Schweißwerkzeugs) / weaving amplitude || ⟨⟩**betrieb** *m* / eine Spindelbetriebsart, bei der die Spindel drehzahlgesteuert mit konstantem Motorsollwert dreht) / oscillation mode || ⟨⟩**bewegung** *f* / oscillating motion, reciprocating movement, oscillating movement || ⟨⟩**bolzen** *m* / pendulum bolt, bolt *n* || ⟨⟩**breite** *f* / oscillation width, weaving width || ⟨⟩**bremse** *f* / governor generator, pendulum generator || ⟨⟩**dämpfer** *m* (Netz) / power system stabilizer (PSS), oscillation suppressor || ⟨⟩**dämpfung** *f* (Netz) / oscillation damping, power stabilization || ⟨⟩**drehzahl** *f* /

Pendel

oscillation speed ‖ ⁓-**EMK** f / e.m.f. of pulsation ‖ ⁓**erfassung** f / oscillation detection ‖ ⁓**frequenz** f / oscillation frequency ‖ ⁓**frequenz** f (Anzahl von Pendelschwingungen des Schweißzusatzes bzw. Schweißwerkzeugs, z. B. Schweißbrenner, je Zeiteinheit) / weaving frequency ‖ ⁓**funktion** f / oscillation function ‖ ⁓**futter** n / floating toolholder
Pendel·generator m (Drehmomentmessung) / cradle dynamometer, swinging-frame dynamometer, swinging-stator dynamometer, dynamometric dynamo ‖ ⁓**generator** m (Turb.-Regler) / governor generator, pendulum generator ‖ ⁓**halter** m / floating holder ‖ ⁓**hemmung** f (Uhrwerk) / pendulum escapement ‖ ⁓**hubschleifen** n / reciprocating grinding ‖ ⁓**hubschleifmaschine** f / oscillating grinding machine ‖ ⁓**intervallzeit** f / oscillation cycle time ‖ ⁓**kugellager** n / self-aligning ball bearing ‖ ⁓**lager** n / self-aligning bearing, pendulum bearing, loose bearing, floating bearing ‖ ⁓**lagersitz** m / self-aligning bearing seat ‖ ⁓**leuchte** f / pendant luminaire, pendant fitting, pendulum luminaire, suspended luminaire ‖ ⁓**maschine** f / cradle dynamometer ‖ ⁓**maschine** q.v. f / swinging-frame dynamometer, equi-loading synchronous dynamometer, electrical dynamometer ‖ ⁓**moment** n (el. Masch.) / oscillating torque, pulsating torque ‖ ⁓**montage** f (Leuchte) / pendant mounting, stem mounting ‖ ⁓**montageschiene** f / pendant mounting channel (o. rail), pendant track ‖ ⁓**motor** m / governor motor, pendulum motor
Pendeln n (Netz) / power swing ‖ ⁓ n (Synchronmasch.) / hunting n, oscillation n ‖ ⁓ n (zur Überwindung der Anlaufreibung) / dithering n ‖ ⁓ n (Schleifscheibe) / oscillating n ‖ ⁓ n (Schweißgerät) / weaving n ‖ ⁓ n (Schweißroboter) / reciprocating n, reciprocation n ‖ ⁓ n (z.B. Spindel) / oscillation n ‖ ~ v / oscillate v ‖ ⁓ **um die Nenndrehzahl** / phase swinging ‖ **Spindel~** n (zum Einrücken des Getriebes) / spindle-gear meshing (movement)
pendelnd aufgehängtes Gehäuse (Pendelmasch.) / swinging frame, cradle-mounted frame ‖ **~e Bearbeitung** / machining by oscillation mode ‖ **~e Freiauslösung** / cycling trip-free operation ‖ **~es Schweißen** / weave welding
Pendel·oszillator m / self-quenching oscillator, squegging oscillator, squegger n ‖ ⁓**raupe** f (Raupe, geschweißt mit quer zur Schweißrichtung pendelndem Schweißzusatz bzw. Schweißwerkzeug, z. B. Schweißbrenner) / weave bead ‖ ⁓**reaktanz** f / reactance of pulsation, internal reactance ‖ ⁓**regelung** f / pendulum control ‖ ⁓**regler** m / centrifugal governor ‖ ⁓**rollenlager** n / self-aligning roller bearing, spherical roller bearing, floating bearing ‖ ⁓**rückzugsweg** m / reciprocation return path ‖ ⁓**schlaggerät** n / spring-operated impact test apparatus, impact tester, pendulum impact testing machine ‖ ⁓**schleifen** n / swing-frame grinding, reciprocation grinding, complete traverse grinding ‖ ⁓**schleifmaschine** f / swing frame grinder ‖ ⁓**schnur** f (Leuchte) / pendant cord, pendant n ‖ ⁓**schutz** m (Außertrittfallsch.) / out-of-step protection ‖ ⁓**schweißen** n / wash welding, weaving n ‖ ⁓**sollwert** m / oscillation setpoint, oscillating speed value ‖ ⁓**sperre** f / power swing blocking ‖ ⁓**sperre** f (Netz) / out-of-step blocking device, anti-hunt device ‖ ⁓**sperre** f (Spannungsreg.) / anti-hunt device ‖ ⁓**steuerung** f / pendulum control ‖ ⁓**stichsäge** f / orbital-action jigsaw ‖ ⁓**stütze** f / pendulum support
Pendelung f / hunting n ‖ ⁓ f / oscillation n ‖ **freie** ⁓ / free oscillation
Pendelungen, selbsterregte ⁓ / hunting n ‖ **Spannungs~** f pl / voltage oscillations
Pendelungskurve f / swing curve IEC 50(603)
Pendel·verkehr m / shuttle traffic ‖ ⁓**verpackung** f / returnable packaging ‖ ⁓**walze** f / oscillating roller, dancer roller, dancer ‖ ⁓**weg** m / oscillation distance ‖ ⁓**werkzeug** n / floating tool ‖ ⁓**winkel** m / swing angle ‖ ⁓**zähler** m / pendulum meter ‖ ⁓**zusatz** m / anti-hunt device
PEN-Durchgangsklemme f / through-type PEN terminal
Penetration f (unberechtigter Zugriff auf ein oder Zugang zu einem Rechensystem) / penetration n ‖ ⁓**stest** m (Überprüfen der Funktionen eines Rechensystems, um eine Möglichkeit zum Umgehen der Computersicherheit zu finden) / penetration testing
Penetrieröl n / oil penetrant
Penetrometer n / penetrometer n
PEN-Klemme f / PEN terminal
Pen-Knopf m / barrel button
PEN·-Leiter m (geerdeter Sternpunktleiter mit Schutzfunktion im Drehstromsystem (früher als Nullleiter definiert)) VDE 0100, T.200, geerdeter Leiter, der die Funktionen des Schutzleiters und des Neutralleiters erfüllt / PEN conductor ‖ ⁓-**Leitschiene** f / pen conductor bar
PE/N-Schiene f / PE/N bar
PEN-Schiene f / PEN bar, PE/N bar
Pensions·kasse f / superannuation fund ‖ ⁓**rückstellung** f / pension accrual ‖ ⁓**zusage** f / pension entitlement, pension commitment
Pensky-Martens, Flammpunktprüfgerät nach ⁓ (geschlossener Tiegel) / Pensky-Martens closed flash tester
Pentode f / pentode n
PER (Peripherie) / I/O devices
per Knopfdruck / at the touch of a button
Perchlorethylen n / perchlorethylene n, tetrachloroethylene n
PERC-Zelle f / passivated emitter and rear cell (PERC), PERC cell
Perforiermaschine f / perforating machine
perforiert adj / perforated adj, punched adj
Perforierwerk n / perforation unit
Performance f / performance n ‖ ⁓**card** f / performance card ‖ ⁓-**Klasse** f / performance class ‖ ⁓ **Level** n / Performance Level ‖ ⁓- **oder Speicherplatzprobleme** / performance and memory space problems ‖ ⁓-**Ratio** / performance ratio ‖ ⁓-**Regelung** f / performance control ‖ ⁓**schwächen** f pl / performance weaknesses ‖ ⁓-**Spindel** f / performance spindle ‖ ⁓**steigerung** f / increase of performance
performante Einzelantriebe / high-performance single drives
Performanz f / PR n
Periode f / period n ‖ ⁓ f (Schwingungen) / cycle n, period n, AC-cycle n ‖ ⁓ **außerhalb der Spitzenzeit** / off-peak period ‖ ⁓ **der**

Eigenschwingung / natural period of oscillation || ≈ **konstanter Ausfallrate** / constant failure-rate period, constant failure period
Periodendauer *f* / period *n*, period of oscillation || ≈ **der Netzspannung** / line period || ≈ **der Vielperiodensteuerung** / cyclic operating period || ≈ **des Taktsignals** / period of clock signal || ≈ **eines Pulsbursts** / pulse burst repetition period || ≈**messung** *f* / period duration measurement, period measurement || ≈**zähleingang** *m* / period duration counter input
Periodenfrequenz *f* / frequency *n*
periodengenau *adj* / accurate within one cycle
Perioden·wandler *m* / frequency converter, frequency changer, frequency changer set || ≈**zahl** *f* / frequency *n* || ≈**zähler** *m* / cycle counter
periodisch *adj* IEC 50(101) / periodic *adj*, periodical *adj* || ~ **abgetastete Echtzeitdarstellung** (Impulsmessung) DIN IEC 469, T.2 / periodically sampled real-time format || ~ **zählen** / periodic counting || ~ **zulässiger Einschaltstrom für RC-Entladung** / repetitive turn-on current with RC discharge || ~**e Ausgangsspannungsmodulation** / periodic output voltage modulation || ~**e Berechnung** / periodic calculation || ~**e Berechnungen** / periodic calculations || ~**e Betätigung** / cyclic actuation || ~**e Datenübertragung** (Übertragung von Datengruppen, die in gleichen Zeitabschnitten wiederholt werden) / periodic data transmission || ~**e Dauerentladeprüfung** / periodic continuous service test || ~**e Ein-Aus-Steuerung** VDE 0838, T.1 / cyclic on/off switching control || ~**e EMK** / periodic e.m.f. || ~**e Frequenzmodulation** / periodic frequency modulation, frequency modulation || ~**e Größe** / periodic quantity || ~**e Kontrollen** / periodic inspection || ~**e Rückwärts-Spitzensperrpannung** DIN 41786 / repetitive peak reverse voltage, maximum recurrent reverse voltage || ~**e Rückwärts-Spitzensperrspannung** / circuit crest peak off-stage voltage || ~**e Rückwärts-Spitzensperrspannung** (am Zweig) / circuit repetitive peak reverse voltage || ~**e Schwankung** / periodic variation || ~**e Spitzen-Rückwärtsverlustleistung** (Lawinen-Gleichrichterdiode) DIN 41781 / repetitive peak reverse power dissipation || ~**e Spitzenspannung** HD 625.1 S1 / recurring peak voltage IEC 664-1 || ~**e Spitzenspannung in Rückwärtsrichtung** / repetitive peak reverse voltage, maximum recurrent reverse voltage || ~**e Spitzensperrspannung** DIN 41786 / repetitive peak off-state voltage || ~**e Spitzensperrspannung** (Diode) DIN 41781 / repetitive peak reverse voltage || ~**e Spitzensperrspannung in Vorwärtsrichtung** / repetitive peak forward off-state voltage || ~**e Steh-Spitzenspannung** HD 625.1, S1 / recurring peak withstand voltage IEC 664-1 || ~**e systematische Probenahme** / periodic systematic sampling || ~**e Überarbeitung** / periodic review || ~**e und/oder regellose Abweichungen** / periodic and/or random deviations (PARD) || ~**e Vorwärts-Scheitelsperrspannung** / circuit repetitive peak off-stage voltage || ~**e Vorwärts-Spitzenspannung des Stromkreises** / circuit repetitive peak off-state voltage || ~**e Vorwärts-Spitzensperrspannung** DIN 41786 / repetitive peak forward off-state voltage || ~**er Aussetzbetrieb** S3, EN 60034-1 / periodic duty IEC 34-1, intermittent periodic duty, intermittent duty || ~**er Aussetzbetrieb mit Einfluss des Anlaufvorganges** S 4, EN 60034-1 / intermittent periodic duty with starting IEC 34-1 || ~**er Aussetzbetrieb mit elektrischer Bremsung** S 5, EN 60034-1 / intermittent periodic duty with electric braking IEC 34-1 || ~**er Betrieb** / periodic duty || ~**er Spitzenstrom** DIN 41786 / repetitive peak on-state current || ~**er Spitzenstrom** (Diode) DIN 41781 / repetitive peak forward current || ~**er Spitzenwert der Netzspannung** / repetitive peak line voltage || ~**es automatisches Umschalten** / commutation *n*
Periodizität *f* / periodicity *n*, periodic occurrence
Peripheral Component Interconnect / Peripheral Connect Interface (PCI) || ≈ **Control Processor** / Peripheral Control Processor (PCP) || ≈**FaultTask** / PeripheralFaultTask
peripher·e Einheit DIN 44300 / peripheral unit || ~**e Einrichtungen** / peripheral equipment (o. devices), peripherals *plt* || ~**er Schnittstellenadapter** / peripheral interface adapter (PIA) || ~**er Speicher** / peripheral storage || ~**es Gerät** / peripheral equipment
Peripherie *f* (periphere Einheiten eines Rechnersystems) / peripherals *plt* || ≈ *f* (PER) / I/O devices, I/O *n* || ≈ *f* (E/A-Baugruppen) / I/O modules, I/Os || ≈ *f* (Schnittstellensystem, Prozessperipherie) / interface system || **dezentrale** ≈ (DP) / distributed I/O devices, distributed I/O, distributed I/Os, distributed machine I/O devices, DMP, dp || **erweiterte** ≈ / extended I/O area || **erweiterte** ≈ / extended I/O memory area || **globale** ≈ / global I/O, GP || **intelligente** ≈ / intelligent I/Os || **zentrale** ≈ / centralized I/O || **zyklische** ≈ (ZP) / cyclic I/O
Peripherie·adapter *m* (Bus) / I/O adapter || ≈**adressierung** *f* / I/O addressing || ≈**anschaltung** *f* / I/O interface || ≈**ausgang** *m* / peripheral output || ≈**ausgangsbyte (PAB)** *n* / peripheral output byte || ≈**ausgangsdoppelwort (PAD)** *n* / peripheral output double word || ≈**ausgangswort (PAW)** *n* / peripheral output word (PQW) || ≈**baugruppe** *f* (E/A-B.) / I/O module || ≈**baugruppe** *f* (Schnittstellenb.) / interface module, I/O module || ≈**baugruppenträger** *m* / I/O rack || ≈**bearbeitung** *f* / peripheral interchange program (PIP)
Peripheriebereich *m* (E/A-B.) / I/O area || ≈ **der Ausgänge (PA)** / peripheral output || ≈ **der Eingänge (PE)** / I/O: external input || **erweiterter** ≈ / extended I/O memory area, extended I/O area
Peripherie·bus *m* (P-Bus) / I/O bus, peripheral bus, interface bus || ≈**byte** *m* (PY) / peripheral byte (PY), I/O byte || ≈**-Datenaustauschprogramm** *n* / peripheral interchange program (PIP) || ≈**eingang** *m* / peripheral input || ≈**eingangsbyte (PEB)** *n* / peripheral input byte (PIB) || ≈**eingangsdoppelwort (PED)** *n* / peripheral input double word (PID) || ≈**eingangswort** *n* / peripheral input word || ≈**fehler** *m* / I/O error, F-I/O fault, peripheral fault || ≈**funktion** *m* / peripheral function
Peripheriegerät *n* / peripheral device, I/O device, I/O station, peripheral unit || ≈ *n* (E/A-Gerät) /

peripheral I/O rack || ⟲ n DIN EN 61131-1 /
peripheral n IEC 1131-1 || **dezentrales** ⟲ /
distributed I/O device
Peripherie·geräte n pl / peripheral equipment (o.
devices), peripherals plt || ⟲**haltezeit** f / I/O
retention time || ⟲**karte** f / I/O card ||
⟲**komponente** f / I/O component || ⟲**kopplung** f /
periphery (o. peripheral) link, I/O interface ||
⟲**modul** n / peripheral module || ⟲**netzwerk** n /
peripheral network || ⟲**schaltung** f / I/O circuit ||
⟲**schnittstelle** f / periphery interface || ⟲**sicht** f /
peripheral view || ⟲**signal** n / I/O signal
Peripheriespeicher m / peripheral storage, I/O
memory, add-on memory || ⟲**anschaltung** f /
peripheral storage controller
Peripherie-Speicher-Umschaltung f / memory I/O
select || ⟲ f (PESP) / memory I/O select
Peripherie·spektrum n / I/O range || ⟲**station** f / I/O
station || ⟲**stecker** m (Rückwandkarte) / non-bus
edge connector || ⟲**steckplatz** m / I/O slot (o.
location) || ⟲**steuerung** f / I/O control
Peripheriesystem n / I/O system || **dezentrales** ⟲ /
distributed I/O system
Peripherie·treiber m / peripheral driver, interface
driver || ⟲**wort** n (PW) / peripheral word (PW), I/O
word || ⟲**zugriff** m / I/O access || **direkter**
⟲**zugriff** / direct I/O access || **schreibender**
⟲**zugriff** / I/O write access || ⟲**zugriffsfehler** m
(PZF) / I/O access error, I/O area access error
Perkussions·bohren n / percussion drilling ||
⟲**schweißen** n / percussion welding
Perlfeuer n (Bürsten) / brush sparking, slight sparking
perlgemustert adj / bead-patterned adj, beaded adj
Perl·glas n / pearl glass || **~grau** adj / pearl grey adj
Perlitisieren n / pearlitizing
Perlwand f / pearl screen, glass-beaded screen,
beaded screen
PERL-Zelle f / PERL cell
permanent adj / permanent adj || **~ erregte Spindel** /
permanently excited spindle || **~ erregte**
Synchronmaschine / permanently excited
synchronous machine || **~ erregter**
Hauptspindelantrieb (PE-HSA) / permanently
excited main spindle drive || ⟲ **Mounted**
Transducer (PMT) / Permanent Mounted
Transducer (PMT) || **~e Anweisung** / permanent
instruction || **~er Fehlzustand** / persistent (o.
permanent o. solid) fault || **~er Vierradantrieb** /
full-time drive
permanenterregt adj / permanently-excited ||
~erregte Maschine / permanent-field machine,
permanent-magnet machine || **~er Drehstrom-**
Synchronmotor / permanently excited
synchronous AC motor || **~er Motor (PM-**
Motor) / permanent-field motor (PM motor) || **~er**
Synchronmotor / permanent-magnet synchronous
motor || **~er Synchronmotor mit**
Feldschwächung / permanent-magnet
synchronous motor with field weakening
Permanent·erregtmotor m / permanent-magnet
motor || ⟲**fenster** n / permanent window ||
⟲**magnet** m / permanent magnet (PM) ||
⟲**magnetbremse** f / permanent magnet brake ||
~magnet-erregt adj (Synchronmotor mit auf dem
Läufer aufgebrachten Permamentmagneten) /
permanent-magnet-excited adj || ⟲**magnetfluss** m /
permanent magnetic flux || ⟲**magnetmotor** m

(Einphasen-Synchronmotor kleinster Leistung,
dessen Läuferkörper aus einem heteropolar
magnetisierten Permanentmagneten besteht) /
permanent magnet motor ||
⟲**magnetsynchronmotor (PMSM)** m / permanent
magnet synchronous motor (PMSM) || ⟲**pol** m /
permanent-magnet pole || ⟲**pol-Maschine** f /
permanent-magnet machine, permanent-field
machine || ⟲**speicher** m / permanent memory ||
⟲**strom** m / persistent current
Permeabilität f / permeability n || ⟲ **der rückläufigen**
Schleife / recoil permeability || ⟲ **des leeren**
Raums / permeability of free space, space
permeability, permeability of the vacuum || ⟲ **des**
Vakuums / permeability of free space, space
permeability, permeability of the vacuum ||
Kehrwert der ⟲ / reluctivity n
Permeabilitäts·abfall, zeitlicher ⟲**abfall** / time
decrease of permeability, disaccommodation of
permeability || ⟲**anstieg** m / permeability rise
factor || ⟲**konstante** f / electric constant,
permittivity n, capacitivity of free space,
permittivity of the vacuum || ⟲**tensor** m / tensor
permeability || ⟲**tensor für ein magnetostatisch**
gesättigtes Medium / tensor permeability for a
magnetostatically saturated medium || ⟲-
Verlustwinkel m / magnetic loss angle || ⟲**zahl** f
(Quotient absolute Permeabilität eines Mediums
durch magnetische Feldkonstante) IEC 50(221) /
relative permeability
Permeameter n / permeameter n
Permeanz f / permeance n
Permittivität f / permittivity n, absolute permittivity
IEC 50(212)
Permittivitäts·-Verlustfaktor m IEC 50(212) /
dielectric dissipation factor, loss tangent || ⟲-
Verlustwinkel m / dielectric loss angle || ⟲**zahl** f
(Quotient absolute Permittivität eines Mediums
durch elektrische Feldkonstante) / relative
permittivity
Personal n / employees n pl, personnel n, field
service network staff, staff n, staff members ||
qualifiziertes ⟲ / qualified personnel ||
⟲**abmeldung** f / personnel leave || ⟲**abteilung**
Betreuung / personnel department servicing and
administration, department servicing of personnel
|| ⟲**anmeldung** f / personnel registration
Personal Area Network (PAN) / Personal Area
Network (PAN)
Personal·aufwand m / personnel expenses ||
⟲**bereitstellung** f / provision of personnel ||
⟲**beschaffung** f / recruitment || ⟲**betreuung** f /
personnel administration || ⟲**beurteilung** f /
personnel appraisal || ⟲**-Computer** m
(Mikrocomputer, der hauptsächlich für die
eigenständige Benutzung durch eine einzelne
Person vorgesehen ist) / personal computer
Personal Computer (PC) m / Personal Computer (PC)
Personal·daten plt / personnel data, human-based
data, personal particulars || ⟲**datenerfassung** f /
personnel data recording ||
⟲**datenerfassungssystem** n / attendance and
security access control system, human-based data
acquisition system || ⟲**datensatz** m / personnel data
record
Personal Digital Assistant / Personal Digital Assistant
Personal·einsatz m / manning n || ⟲**einsparung** f /

reduction of human resources ‖ ⟨entsendung *f* / personnel assignment ‖ ⟨führung *f* / personnel management ‖ ⟨isierung *m* / personalization ‖ ⟨isierungslösung *m* / personalization solution ‖ ⟨kosten *plt* / personnel costs
Personal Measurement Device *m* / Personal Measurement Device
Personal'-Nr. *f* / employee no. ‖ ⟨nummer *f* / employee number, personal number, personnel number ‖ ⟨planung *f* / personnel planning ‖ ⟨referent *m* / Personnel Officer ‖ ⟨stamm *m* / personnel master ‖ ⟨stammdaten *plt* / personnel master data ‖ ⟨- und **Materialkosten** / personnel and material costs ‖ ⟨verwaltung *f* / personnel administration, personnel management ‖ ⟨vorhaltung *f* / maintaining personnel ‖ ⟨wirtschaft *f* / Human Resources ‖ ⟨zeiterfassung *f* (PZE) / time and attendance recording (PZE), employee time collection (PZE) ‖ ⟨zuordnung *f* / personnel assignment
Personen·aufzug *m* / passenger lift, passenger elevator (US) ‖ ⟨-**Ausweis-System** *n* / personnel badge system
personenbezogen·e QS / person-related quality system ‖ **~er Aufkleber** / inspector's personal sticker ‖ **~er Datumstempel** / personally identifiable date stamp ‖ **~er Prüfaufkleber** / inspector's personal sticker ‖ **~er Stempel** / personal stamp
Personen·datenerfassung *f* (PDE) / personal data acquisition (PDA) ‖ ⟨gefährdung *f* / endangerment to individuals ‖ ⟨gesellschaft *f* / joint partnership ‖ ⟨nummer *f* DIN 6763,T.1 / personal identity number ‖ ⟨rufanlage *f* / paging system ‖ ⟨schaden *m* / personal injury ‖ ⟨schutz *m* / protection against personal injury, operator protection ‖ **praxisgerechter** ⟨schutz **und Maschinenschutz** / practical protective measures for operating personnel and machinery ‖ ⟨schutzfunktion *f* / operator protection function ‖ ⟨sicherheit *f* (Betriebspersonal) / operator safety ‖ ⟨steuer *f* / poll tax, personal taxation ‖ ⟨suchanlage *f* / staff locating system ‖ ⟨wärme *f* / heat loss from man, heat from occupants
persönlich *adj* / personal *adj* ‖ **~e Ausstrahlung** / personality impact ‖ **~e Bergmannsleuchte** / miner's personal lamp ‖ **~e Identifikationsnummer** / personal identification number ‖ **~e Schutzeinrichtung** / personal protective gear ‖ **~er Steuerfreibetrag** / personal exemption
perspektivische Ansicht / perspective view
PERT / Project Evaluation and Revue Technique (PERT)
Perveanz *f* / perveance *n*
Perzentile *f* / percentile *n*
Perzentilwert *m* / percentile *n*
PES (programmierbares elektronisches System) *n* / PES *n*
PE-Schiene *f* / PE bar
PESC-Zelle *f* / PESC *n*, passivated emitter solar cell, PESC cell
PE-Spindel *f* / PE spindle
PES-Protokoll *n* / MDM minutes
PE-Stecker *m* / PE plug
Petersenspule *f* / earthing reactor
PETP / polyethylene-terephthalate *n* (PETP)

PETRA (Projekt- und transferorientierte Ausbildung) / PETRA (project- and transfer-oriented training)
Petri-Netz *n* / Petri network ‖ ⟨-**Methode** *f* / Petri's network method
Petrochemie·anlage *f* / petrochemical plant ‖ ⟨-**Produkte** / petrochemical products
Petrolat *n* / petrolatum *n* ‖ ⟨beständigkeit *f* / resistance to petrolatum
Petroleum *n* / kerosene *n*
PE'-Verbindung *f* / protective earth (PE), PE connection ‖ ⟨-**Verlängerungsstecker** *m* / PE extension plug ‖ ⟨-**Verschienung** *f* / PE busbars
pF / picofarad (pF)
PFA-Beschichtung *f* / PFA jacket
Pfad *m* / path *n* (in a network, any route between any two nodes) ‖ ⟨ *m* (Schaltplan) / circuit *n* ‖ ⟨ *m* / phase *n* ‖ ⟨ **löschen** / delete path ‖ **Spannungs~** *m* / voltage circuit, shunt circuit ‖ **Strom~** *m* / current path, current circuit, series circuit ‖ ⟨abdeckung *f* / path coverage ‖ ⟨angabe / path name ‖ ⟨datei *f* / path file ‖ ⟨generator *m* / path generator ‖ ⟨komponente / path component ‖ ⟨leiste / path bar ‖ ⟨makro *n* / path macro ‖ ⟨name *m* / path name
PFAD Plus / PFAD Plus ‖ ⟨-**Projekt** *n* / PFAD project
Pfahl mit Birne (Bohrpfahl) / bulb pile, underreamed pile, expanded pile ‖ ⟨aufprall *m* / pole crash ‖ ⟨gründung *f* / pile foundation
Pfändungsschutz *m* / garnishment exemption
Pfannen-Reparaturkran *m* / ladle repair crane
PFB (Programmfolgebetrieb) / program sequencing, OPS
PFC (Leistungsfaktorkorrektur) *f* / Power Factor Correction (PFC)
PFCC (Schaltung zur Leistungsfaktorkorrektur) / Power Factor Correction Circuit (PFCC)
PFD (Wahrscheinlichkeit eines Ausfalls bei Anforderung) *f* / PFD *n*
PFDa *f* / Probability of Failure on Demand, average (PFDa)
Pfeifpunkt *m* (Schwellenwert der Betriebsmerkmale eines Geräts oder Übertragungskanals, bei dem Rückkopplungspfeifen durch eine geringe Erhöhung der Mitkopplung erzeugt wird) / singing point
Pfeil *m* (Warnsymbol) / flash *n* ‖ ⟨ **nach links** / arrow pointing left ‖ ⟨kennzeichnung / direction arrow ‖ ⟨rad *n* / double helical gear, herringbone gear ‖ **Ansicht in** ⟨richtung / view in direction of arrow ‖ ⟨scheibe *f* / collar with arrow ‖ ⟨schnitt *m* / pointed mitre cut ‖ ⟨spitze *f* / tip of an arrow ‖ ⟨taste *f* / arrow key ‖ ⟨tastenbefehl *m* / arrow key command ‖ ⟨verzahnung *f* / double helical gearing, herringbone gearing
Pferdestärke *f* / horsepower *n* (h.p.), metric horsepower
PFG (programmierbares Feldgerät) / PFD (programmable field device)
PFH / PFH (probability of failure per hour)
P-FID / phosphorus-selective flame ionization detector (P-FID)
Pflanzen·bestrahlungslampe *f* / plant-growth lamp ‖ ⟨schutz *m* / plant protection
Pflaster·decke *f* / block pavement ‖ ⟨rinne *f* / paved

Pflegbarkeit 644

gutter, paved channel || ⁓sand *m* / paving sand || ⁓stein *m* / paving block, sett *n*
Pflegbarkeit *f* (Programme) / maintainability *n*
Pflege *f* / servicing *n*, updating *n*, maintenance *n* || ⁓aufwand *m* / update costs, maintenance efforts
pflegen *v* / service *v*, maintain *v*, tend *v* || **einen Programmbaustein** ⁓ / update (o. maintain a program block)
Pflege·-PL / maintenance-PM || ⁓projekt *n* / maintenance project || ⁓service *m* / update service || ⁓versicherung *f* / nursing insurance || ⁓versionen *f pl* / maintenance versions
Pflicht·abfrage *f* / mandatory questionnaire || ⁓anforderung für die Implementierung (GKS) / implementation mandatory || **Arbeitsplatz-anforderung** *f* / workstation mandatory || ⁓-**Arbeitszeit** *f* / mandatory attendance
Pflichtenheft (PH) *n* (z.B. für Installationsbus) / performance specification, skeleton functional specification, final specification, functional development, requirement specification, FS, frame specifications || ⁓bedingungen *f* / specification requirements || ⁓e *n pl* / specifications
Pflichtfeld *n* / obligatory field
pflichtig *adj* / mandatory *adj*
Pflicht·parameter *m* / obligatory parameter, mandatory parameter || ⁓review *n* / mandatory review
Pflug·abstreifer *m* / belt ploughs || ⁓scharmischer *m* / plowshare mixer
PFM / pulse frequency modulation (PFM)
PFMEA *f* / Process Failure Mode Effects Analysis (PFMEA)
Pforte *f* / entrance gate
Pförtner *m* / doorman *n*
Pfropfen *m* (Probe) / trepanned plug, plug *n* || ⁓entnahme *f* (Probe) / trepanning *n* || ⁓probe *f* / trepanned plug test
PFT / Pipelined Frequency Transformation (PFT)
PFU (programmierbare Funktionseinheit) *f* / programmable function unit (PFU)
PFVP (Funktionsnachweisverfahren) / Proper Functioning Verification Procedures (PFVP)
PG / programming unit (PU), programming terminal, program panel || ⁓ (Programmiergerät) / programming device, programmer *n*, PG
Pg / heavy-gauge conduit thread, conduit thread
PG·-Abfüllung *f* / preinstalled software on programming device || ⁓-**Abzweig** *m* / PG branch || ⁓-**Anschaltung** *f* (Baugruppe) / PU interface module || ⁓-**Anschlussbuchse** *f* / programming device socket, PG connecting socket, programming device connection
Pg-Einführung *f* / screwed conduit entry
PG-Funktion *f* / PG function
Pg-Gewinde *n* (Panzergewinde-Verschraubung) / heavy-gauge threaded joint, Pg screwed cable gland
PG·-Kabel *n* / programmer cable || ⁓-**Kommunikation** *f* / pg communication, programming device communication
P-Glied *n* / P element, proportional-action element
PG/OP·-Buchse *f* / PG/OP socket || ⁓-**Kommunikation** *f* / PG/OP communication || ⁓/ **programmgesteuerte Kommunikation** / PG/OP/ program-controlled communication
PG/PC·-Schnittstelle *f* / PG/PC interface || ⁓-**Schnittstelle einstellen** / Set PG/PC interface

PG-PC-Schnittstelle einstellen / set PG-PC interface
P-Grad *m* / statics *n pl*, stress analysis || ⁓ **der Regelung** / offset coefficient || ⁓ **gleich Null** / absence of offset, zero offset
PG·-Schnittstelle *f* (Programmiergeräteschnittstelle) / programming device port, programmer interface, programmer port || ⁓-**Schnittstelle** *f* (serielle Schnittstelle) / programming device interface || ⁓-**Steckdose** *f* / programmer connector, PG socket outlet
PGV (programmgesteuerter Verteiler) / program-controlled distribution board
PG-Verbindung *f* / programming device connection
Pg-Verprägung *f* / Pg knockout
PG-Verschraubung *f* / cable gland, heavy-gauge threaded joint, heavy-duty threaded joint, Pg screwed cable gland
PH (Pflichtenheft) *n* / functional specification
PHA / pulse height analysis (PHA), (pulse) amplitude analysis
P-Halbleiter *m* / P-type semiconductor, hole semiconductor
Phänomen *n* / phenomenon *n*
Phantom·echo *n* / phantom echo || ⁓kreis *m* (Kabel) VDE 0816 / phantom circuit (cable), superimposed circuit, phantom circuit || ⁓kreis mit **Erdrückleitung** / earth phantom circuit, ground phantom circuit || ⁓licht *n* / sun phantom || ⁓-**ODER** *n* / wired OR, dot OR || ⁓-**ODER-Verknüpfung** *f* DIN 40700, T.14 / distributed OR connection IEC 117-15, dot OR, wired OR || ⁓-**Schaltung** *f* / distributed connection, phantom circuit || ⁓-**UND** *n* / wired AND, dot AND || ⁓-**UND-Verknüpfung** *f* DIN 40700, T.14 / distributed AND connection IEC 117-15, dot AND, wired AND || ⁓-**Verknüpfung** *f* / distributed connection, phantom circuit
Pharmaindustrie *f* / pharmaceutical industry
Phase *f* / phase *n* || ⁓ **der Kinderkrankheiten** / infant mortality period || ⁓ **fehlt** / phase dead, phase failure || ⁓ **gegen Phase** / phase against phase || ⁓ **konstanter Ausfalldichte** (Phase in der Lebenszeit einer instandzusetzenden Einheit mit nahezu gleichbleibender Ausfalldichte) IEC 50 (191) / constant failure intensity period || ⁓ **konstanter Ausfallrate** (Phase in der Lebenszeit einer nicht instandzusetzenden Einheit mit nahezu gleichbleibender Ausfallrate) IEC 50(191) / constant failure rate period || **in** ⁓ **sein** / be in phase, be in step || **außer** ⁓ / out of phase || **Nummer der identifizierten** ⁓ / No. of phase to be identified || ⁓-**Erde-Ableiter** *m* / phase-to-earth arrester || ⁓-**Isolation** *f* / phase-to-earth insulation || ⁓-**Mittelleiter-Schleife** *f* / phase-neutral loop
Phasen R, S, T / phases L1, L2, L3, phases R (red), Y (yellow), B (blue)
Phasenabgleich *m* / quadrature adjustment, quadrature compensation, quadrature correction, inductive-load adjustment, phase-angle adjustment || ⁓ *m* (Leistungsfaktoreinstellung) / power-factor adjustment || ⁓**klasse** *f* / quadrature compensation class || ⁓**spule** *f* / quadrature coil
Phasen·abgleichung auf 90° / quadrature adjustment, quadrature compensation || ⁓**abschnitt** *m* / phase section || ⁓**abschnitt-Dimmer** *m* / trailing-edge phase dimmer || ⁓**abschnittsteuerung** *f* / generalized phase control || ⁓**abstand** *m* /

clearance between phases, phase spacing || ~abweichung f / phase displacement, phase difference || ~-Amplituden-Verzerrung f / phase/amplitude distortion || ~analyse f / phase analysis || ~anordnung f / phase grouping || ~anpassung f (Relaiseinstellung) / phase-angle adjustment, phase matching || ~anschnitt m / phase shift, leading-edge phase || ~anschnittprinzip n / generalized phase control principle || ~anschnittsteuerung f / generalized phase control IEC 555-1, phase control, phase-fired control || ~anzeige f / phase indicator || ~asymmetrie f / phase asymmetry

Phasenausfall m / phase failure || **~empfindlicher Auslöser** / phase-loss sensitive release || **~empfindliches Relais** / phase-loss sensitive relay || ~erkennung f / phase failure detection || ~relais n / open-phase relay, phase-failure relay || ~schutz m / phase-failure protection, open-phase protection, phase loss protection, dead-pole protection || ~überwachung f / phase-failure monitoring

Phasen·ausgleich m (Leistungsfaktorverbesserung) / power-factor correction, phase compensation || ~auswahlrelais n / phase selection relay || ~baustein m / phase module || ~berechnung f / phase calculation || ~betrieb m / phase operation || ~beziehung f / phase relationship || ~bruch m / phase open-circuit, phase failure || ~bruchrelais n / open-phase relay, phase-failure relay || ~codierung f (Codierung, bei der die Phase eines periodischen Signals zum Codieren digitaler Daten benutzt wird) / phase encoding || ~dauer f / phase duration

Phasendefokussierung f / debunching n || ~ **durch Raumladung** / space-charge debunching

Phasen·dehnung f / phase stretching || ~demodulation f / phase demodulation || ~detektor m / phase detector || ~differenz f / phase difference || ~differenzumtastung f / differential phase shift keying || **~drehendes Glied** / phase displacing (o. shifting) element || ~dreher m / phase shifter || ~drehung f / phase rotation, phase displacement || ~durchgang m / phase crossover || ~ebene f / phase plane || ~einstellung f / phasing n || ~entscheidung f / phase decision || ~entscheidungssitzung f / phase decision meeting || ~entscheidungssitzungsprotokoll n / minutes of milestone decision meeting (MDM) || ~entzerrung f / phase equalization || **~-Erde-Kapazität** f / phase-to-earth capacitance || ~faktor m VDE 0532, T.1 / phase factor IEC 76-1 || ~fehler m (Meldung, die angibt, dass die Signale vom Wegmesssystem des Tasters oder der Maschine fehlerhaft sind) / phase error || ~fehlerkorrektur f / phase error compensation || ~festpunkt m / phase fixed point || ~fläche f / equiphase surface || ~fokussierung f / bunching n

Phasenfolge f / phase sequence, sequential order of phases, phase consequence || **Einfluss vertauschter** ~ / influence of reversed phase sequence || **Prüfung der** ~ / phase-sequence test || ~anzeiger m / phase-sequence indicator, phase-rotation indicator || ~-**Kommutierung** f / auto-sequential commutation || ~löschung f / autosequential commutation || ~löschung f (LE) / interphase commutation || ~relais n / phase-sequence relay, phase rotation relay || ~überwachung f / phase-sequence monitoring || ~-**Umkehrschutz** m / phase-sequence reversal protection

Phasen·-Frequenz-Charakteristik f / phase/frequency characteristic || ~-**Frequenzgang** m / phase-frequency response || ~gang m / phase response, phase-frequency characteristic, phase frequency curve || **~gemeinsame Anzeige** / common annunciation for all phases || ~geschwindigkeit f / phase velocity

phasen·getrennt adj / phase-separated adj, phase-segregated adj || **~gleich** adj / cophasal adj, in phase || **~gleicher Anschluss** / in-phase connection

Phasengleichheit f / in-phase condition, phase coincidence, be in-phase, phase balance || ~ f (Klemme-Phasenleiter) / correct terminal-phase association, correct terminal-phase connections || **Prüfung auf** ~ (Anschlüsse) / verification of terminal connections

Phasen·gleichlauf m / phase locking || ~grenze f / interface n || ~größe f / phase quantity || ~gruppierung f / phase grouping, phase-coil grouping || ~hub m / (maximum) phase-angle deviation || ~isolation f / interphase insulation, phase-coil insulation || **Klemmenkasten mit** ~**isolation** / phase-insulated terminal box || ~jitter m / phase jitter (jitter expressed as a fraction of the significant interval) || ~klemme f / line terminal || ~koeffizient m (Imaginärteil des Ausbreitungskoeffizienten) / phase change coefficient || **~kohärente Frequenzumtastung** / phase coherent frequency shift keying || ~kompensation f / phase compensation || ~kompensator m / synchronous condenser, synchronous compensator

phasenkompensierter Asynchronmotor / all-Watt motor

Phasen·konstante f / phase-change coefficient, phase constant, phase coefficient || ~kopf m (Rezeptverarbeitung) / phase header || ~**kosten incl. Nachentwicklungskosten** f / phase costs incl. post development costs || ~kurve f / phase-plane diagram, state-phase diagram || ~kurzschluss m / phase-to-phase short circuit, line-to-line fault

Phasen·lage f / phase angle, phase relation || ~lampe f (Synchronisierlampe) / synchronizing lamp || ~laufzeit f / phase delay time, phase delay || ~leiter m / phase conductor, outer conductor, L conductor, external line, external conductor || ~leitung f / phase cable || ~manager m / phase manager || ~maß n / phase difference || ~maß n IEC 50(731) / phase coefficient || ~messgerät n / phasemeter n || ~mitte f / phase centre || ~modulation f / phase modulation (PMG) || ~nacheilung f / phase lag, lagging phase angle, lag n || ~nacheilwinkel m / lagging phase angle, phase lag || ~opposition f / phase opposition || ~plan m / project phase schedule || ~prüfer m / phasing tester || ~rand m / phase margin || ~raum m / phase space || ~rauschen n / phase noise || ~regelkreis m / Phase Locked Loop (PLL), phase-locking loop || **automatische** ~**regelung** / automatic phase control (APC) || ~regler m (Phasenschieber) / phase shifter || ~regler m / quadrature correction device, inductive-load adjustment device, phase-angle adjustment device

|| ~reiner Widerstand / ohmic resistance ||
⁓reserve f / phase margin
phasenrichtig adj / in-phase adj, in correct phase relation, in correct phase sequence || ~ anschließen / connect in correct phase sequence (o. phase relation) || ~e Zuordnung für Rechtsdrehfeld / correct phase relation for clockwise rotating field || ~er Anschluss / in-phase connection
Phasenschieben n / phase shifting, phase advancing, power-factor correction
Phasenschieber m / synchronous compensator IEC 50 (411), phase shifter, phase advancer, phase modifier || ⁓ m (asynchrone Blindleistungsmasch.) / asynchronous condenser, asynchronous compensator, asynchronous phase modifier || ⁓ m (synchrone Blindleistungsmasch) / synchronous condenser, synchronous compensator || **Kappscher** ⁓ / Kapp vibrator || **Leblancscher** ⁓ / Leblanc phase advancer, Leblanc exciter, recuperator n || ⁓-**Drehtransformator** m / rotatable phase-shifting transformer || ⁓**kondensator** m / power-factor correction capacitor || ⁓**röhre** f / phase shifter tube || ⁓**transformator** m / phase-shifting transformer, quadrature transformer || ⁓**umrichter** m (PHU) / phase-shifting converter || ⁓**wicklung** f / phaseshifting winding || ⁓-**Zirkulator** m / phaseshift circulator
Phasen·schluss m / inter-phase short circuit, phase-to-phase short circuit, phase-to-frame short circuit || ⁓**schnittkreisfrequenz** f / phase crossover frequency || ⁓**schnittpunkt** m / phase intersection point || ⁓**schottung** f / phase segregation, phase-separating partition, phase barrier || ⁓**schreiber** m / recording phasemeter || ⁓**schwankung** f / phase shifting, phase change || ⁓**sicherheit** f / phase margin || ⁓**signal** n / phase signal || ⁓**sollwert** m / phase setpoint
Phasenspannung f / line-to-line voltage, phase-to-phase voltage, voltage between phases, phase-to-neutral voltage || ⁓ f (Strangspannung) / phase voltage || ⁓ **gegen Erde** / line-to-earth voltage, line-to-ground voltage (US), phase-to-earth voltage
Phasenspektrum n / phase spectrum, Fourier phase spectrum
Phasensprung m / sudden phase change, sudden phase shift, phase shift || ⁓ m (el. Masch.) / belt pitch, phase-coil interface || ⁓**modulation** f / phase shift keying (PSK)
phasenstarrer Oszillator / phase-locked oscillator
phasenstetige Frequenzumtastung / phase-continuous frequency shift keying
Phasen·störung f / jitter || ⁓**strom** m / phase current || ⁓**strom IL1 akt** m / phase current IL1 pres.
phasensynchronisiert·e Regelschleife / phase-locked control loop (PLCL) || ~e Schleife (PLL-Schaltung) / phase-locked loop (PLL)
Phasen·teiler m / phase splitter || ⁓**trenner** m / phase separator
Phasentrennung f (Klemmenkasten) / phase separation, phase segregation || ⁓ f (Wickl.) / phase separator, inter-phase insulation || ⁓ f / phase segregation, phase-separating partition, phase barrier
Phasentrennwand f / phase barrier, interphase barrier
Phasenüberschlag m / inter-phase arcing

Phasenüberwachung f / open-phase protection, phase-failure protection || ⁓ **beim Anlauf** / starting open-phase protection
Phasenüberwachungsrelais n / phase monitoring relay, phase-failure relay
Phasen·umformer m / phase converter, phase splitter, phase transformer, phase modifier || ⁓**umkehr** f / phase reversal, phase inversion || ⁓**umkehrmodulation** f / phase inverse modulation || ⁓**umkehrschutz** m / phase reversal protection || ⁓**umrichter** m / phase converter || ⁓**umtastung** f / phase shift keying (PSK) || ⁓**umwandlung** f (Chem.) / phase transformation || ⁓**ungleichheit** f / phase unbalance, difference of phase || ⁓**ungleichheit** f (Phasenwinkelverschiebung) / phase-angle displacement || ⁓**unsymmetrie** f / phase unbalance, phase imbalance || ⁓**unsymmetrierelais** n / phase unbalance relay || ⁓**unterschied** m / phase difference, difference of phase || ⁓**unterspannungsschutz** m / phase undervoltage protection
Phasen·vergleich m / phase comparison || ⁓**vergleicher** m / phase-sequence indicator || ⁓**vergleichs-Distanzschutz** m / phase-comparison distance protection || ⁓**vergleichsgerät** n / phase comparator device || ⁓**vergleichsmessgerät** n / phase comparator meter || ⁓**vergleichsrelais** n / phase comparator relay
Phasenvergleichsschutz m / phase comparison protection || ⁓ **mit Messung in jeder Halbwelle** IEC 50(448) / full-wave phase comparison protection, dual-comparer phase comparison protection (USA) || ⁓ **mit Messung in jeder zweiten Halbwelle** IEC 50(448) / half-wave phase comparison protection, single comparator phase comparison protection (USA)
Phasen·verhältnis n / phase relationship || ⁓**verlauf** m / phase response, phase angle
phasenverriegelt adj / phase-locked adj
Phasenverschiebung f / phase displacement, phase shift(ing), phase angle, phase offset n || ⁓ **um 180°** / phase opposition || ⁓ **um 90°** / phase quadrature || **dielektrische** ⁓ / dielectric phase angle || **Einstellung der** ⁓ (Relaisabgleichung) / phase angle adjustment
Phasenverschiebungs·differenz (eines nichtreziproken Phasenschiebers) IEC 50(221) / differential phase shift || ⁓**faktor** m / phase differential factor, phase displacement factor, phase factor || ⁓**winkel** m / phase difference IEC 50 (101), phase displacement angle, phase angle, power factor angle
phasenverschoben adj / out of phase || **um 180°** ~ / in phase opposition || **um 90°** ~ / in quadrature, by 90° out of phase || ~**er Impuls** / phase-displaced pulse
Phasen·verstellung f / phase adjustment || ⁓**vertauschung** f / phase transposition || ⁓**verzerrung** f / phase distortion, frequency distortion || ⁓**verzögerung** f / phase lag, lagging phase angle || ⁓**voreilung** f / phase lead, leading phase angle, lead n || ⁓**voreilwinkel** m / phase-angle lead, phase lead || ⁓**wächter** m / phase monitor || ⁓**wandler** m / phase converter, phase transformer || ⁓**wechsel** m / phase reversal, phase change || ⁓**wechselkasten** m / phase transition unit || ⁓**wechselspeicher** m / phase change memory

(PCM) || ⁓wechsler *m* / phase rotation || ⁓wicklung *f* / phase winding
Phasenwinkel *m* / phase angle, phase *n* IEC 50 (101), phase displacement angle, power-factor angle, electrical angle || ⁓ **der Last** / load power-factor angle || ⁓ **der Last** (Wechselstromsteller) / characteristic angle of output load || ⁓**berechnung** *f* / phase angle calculation || ⁓**messer** *m* / phase-angle meter || ⁓**messumformer** *m* / phase-angle transducer || ⁓**spektrum** *n* / Fourier phase spectrum || ⁓**spektrum** *n* (Verteilung der Nullphasenwinkel der Teilschwingungen eines Signals oder Geräuschs als eine Funktion der Frequenz) / phase spectrum || ⁓**stabilisierung** *f* DIN 41745 / phase-angle stabilization || ⁓**vergleichsschutz** *m* / phase comparison protection
Phasen·zahl *f* / number of phases || ⁓**zahlumrichter** *m* / phase converter || ⁓**zittern** *n* / phase jitter || ⁓**zuordnung** *f* / phase assignment || ⁓**zyklus** *m* (Prozessführung) VDI/VDE 3695 / number of phase cycles
Phase-Phase-Ableiter *m* / phase-to-phase arrester
phasig, 2-⁓ *adj* / 2-phase *adj*, two-phase *adj* || **3-⁓** *adj* / 3-phase *adj*
Phasor Measurement Unit *f* / Phasor Measurement Unit (PMU)
pH·-Durchlaufarmatur *f* / flow-type pH electrode assembly || **⁓-Elektrodenbaugruppe** *f* / pH electrode assembly
Phenol·aldehydharz *n* / phenol-aldehyde resin || ⁓**formaldehyd** *n* / phenol-formaldehyde *n* || ⁓**-Furfurol-Harz** *n* / phenol-furfural resin || ⁓**harz** *n* / phenolic resin, phenol-aldehyde resin || ⁓**harzkleber** *m* / phenolic cement
PHG / programmable manipulator (PM), programmable robot || ⁓ / hand-held programmer || ⁓ (Programmierhandgerät) / handheld programmer, handheld *n*, HPU (handheld programming unit) || ⁓ **Anschluss** / HPU interface
Phi / phi
Phlogopit *n* (Aluminium-Magnesium-Kalium-Glimmer) / phlogopite *n* (aluminium-magnesium-potash mica)
pH-Messgerät *n* / pH meter
Phong-Schattierung *f* (glatte Schattierung eines geschlossenen, mehrseitigen Bereichs durch lineare Interpolation der Intensitäten von einem inneren Punkt entlang der Senkrechten zu den Kanten) / Phong shading
Phonon *n* (ein Quant der thermischen Schwingungsenergie der Bausteine von Kristallen) / phonon *n*
Phonzahl *f* / noise level in phons
phosphatieren *v* / phosphatize *v*, phosphor-treat *v* || **⁓** *v* (bondern) / bonderize *v* || ⁓ *n* (chemische Vorbehandlung von Oberflächen bestimmter Metalle mit Lösungen, die vor allem Phosphorsäure und/oder Phosphate enthalten) / phosphating *n*
Phosphor *n* / phosphorus *n* || ⁓**bronze** *f* / phosphor-bronze *n* || ⁓**eszenz** *f* / phosphorescence *n* || ⁓**säure** *f* / phosphoric acid || **~selektiver Flammenionisationsdetektor** (P-FID) / phosphorus-selective flame ionization detector (P-FID) || ⁓**silikatglas** *n* / phosphosilicate glass *n*, phosphorus silicate glass *n*

photo·aktiv *adj* / photoactive *adj* || **~chemische CVD** / photochemical CVD || ⁓**-CVD** *f* / photo-CVD *n* || ⁓**effekt** *m* / photoeffect *n* || **~elektrisch** *adj* / photoelectric *adj* || **~elektrische Emission** / photoemissive effect (electron emission caused by incident radiant energy) || **~elektrische Erzeugung** / photogeneration *n* || **~elektrischer Effekt** / photoeffect *n* || **~elektrischer Näherungsschalter** / photoelectric proximity switch || **~elektrochemische Solarzelle** / PEC cell (photoelectrochemical cell), photoelectrochemical cell (PEC cell) || ⁓**element** *n* / photocouple || ⁓**emission** *f* / photoelectric emission || **~empfindlich** *adj* / photosensitive *adj* || ⁓**generation** *f* / photogeneration *n* || **~inaktiv** *adj* / nonphotoactive *adj* || ⁓**ionisation** *f* (Ionisation von Atomen oder Molekülen durch die Wirkung elektromagnetischer Strahlung wie ultravioletter oder Röntgenstrahlung) / photo-ionization *n* || ⁓**lithographie** *f* / photolitography *n*
Photon *n* / photon *n*, monocrystalline *n*
Photonen·, spezifische ⁓ausstrahlung / photon excitance || ⁓**bestrahlung** *f* / photon exposure || ⁓**falle** *f* / photon trap || **⁓-Recycling** *n* / photon recycling || ⁓**strahlstärke** *f* / photon intensity || ⁓**strom** *m* / photon flux || ⁓**zähler** *m* / photon counter
Photo·resist / photoresist *n* || ⁓**resistmaske** *f* / photoresist mask || ⁓**resisttechnik** *f* / photolitography || ⁓**spannung** *f* / photovoltage *n* || ⁓**strom** *m* / photocurrent *n*
Photovoltaik (PV) *f* / photovoltaics (PV) *n* || ⁓**anlage** *f* / photovoltaic power generating system (PVPGS) || **⁓-Kraftwerk** *n* / photovoltaic power station || ⁓**modul** *n* / photovoltaic module || **⁓-System** *n* / PV system
photovoltaisch·e Bauelemente / photovoltaics *n*, PVs *n*, photovoltaic devices || **~e Konversion** / photovoltaic energy conversion (PVEC) || **~e Umwandlung** / PVEC (photovoltaic energy conversion), photovoltaic conversion || **~e Zelle** / solar photovoltaic cell || **~er Effekt** / PV effect (photovoltaic effect) || **~er Generator** (DIN EN 60904-3) / photovoltaic generator || **~es Bauelement** / PV device, photovoltaic device || **~es Stromerzeugungssystem** / photovoltaic system || **~es System** / photovoltaic power supply system, PV installation
Photozelle *f* / photocell *n*
Phthalat-Ester *m* / phthalic ester
PHU / phase-shifting converter
pH-Wert *m* / pH value, pH
Physical Layer / physical layer
Physik *f* / physics *n*
physikalisch aktive Schnittstelle / physically active interface || **~ passive Schnittstelle** / physically passive interface || **~e Adresse** / physical address || **~e Anbindung** / physical connection || **~e Atmosphäre** / standard atmosphere, International Standard Atmosphere (ISA) || **~e Einheit** VDI/VDE 3695 / engineering unit || **~e Größe** / physical quantity || **~e Kommunikationsverbindung** / physical communication connection || **~e Rückwirkungsfreiheit** / absence of physical interaction (or of feedback) || **~e Schicht** / physical layer || **~e Schnittstelle** / physical

interface || ~er **Empfänger** / physical receptor
Physikalisch-Technische Bundesanstalt (PTB) f /
German Federal Testing Laboratory
physiologische Blendung / disability glare
physisch·e Ebene / physical level || ~e
Zugangskontrolle (Benutzung von physischen Mechanismen zur Zugangskontrolle) / physical access control || ~es **Schema** / physical schema
PI / polyimide n (PI) || ♂ (proportional-integral) / PI (proportional and integral) || ♂ (**Programm-Instanz**) / PI (program invocation) || ♂ (**Prozessinstrumentierung**) f / PI n
PIA (parallel interface adapter) m / PIA (parallel interface adapter)
PI·-Algorithmus m / PI algorithm || ♂-**Ausgang** / PI output
PIC / peripheral interface controller (PIC)
Picker m (logisches GKS-Eingabegerät) / pick device || ♂**funktion** f / picker function || ♂**kennzeichnung** f / pick identifier
Pick & Place / pick & place || ♂-**Bestückprinzip** n / pick & place placement principle || ♂-**Kopf** m / pick & place head || ♂-**Kopffunktionen** f pl / IC-head functions || ♂-**Prinzip** n / pick & place placement principle || ♂-**System** n / pick & place system
Pick-up·-Bereich m / pick-up area || ♂-**Drehmaschine** f / pick-up turning machine || ♂-**Magazin** n / pick-up magazine || ♂-**Position** f / pick-up position || ♂-**Prinzip** n / pick-up principle || ♂-**Spindel** f / pick-up spindle
Pick-Vorschub m / peck feed, Woodpecker feed
PICMG / PCI Industrial Computer Manufacturers Group (PICMG)
PID (proportional-integral-differential) / PID (proportional-integral differential) || ♂-**Algorithmus** m / PID algorithm || **Maximalwert** ♂-**Ausgang** / PID output upper limit || ♂ **Autotuning Offset** / PID tuning offset || ♂ **Autotuning Überwachungszeit** / PID tuning timeout length || ♂-**Differenzierzeitkonstante** / PID derivative time || ♂-**Festsollwert** m / fixed PID setpoint || ♂-**Festsollwert 1** / Fixed PID setpoint 1 || ♂-**Festsollwert-Modus** m / Fixed PID setpoint mode || ♂-**Festsollwert-Modus - Bit 0** / Fixed PID setpoint mode - Bit 0 || ♂-**Gebertyp** m / PID tranducer type || ♂-**Geschwindigkeitsalgorithmus** m / PID velocity algorithm, PID control velocity algorithm
PI-Dienst m / PI service
PID-Integrationszeit / PID integral time
PID-Istwert m / PID feedback || **maximaler** ♂ / max. value for PID feedback || **minimaler** ♂ / min. value for PID feedback || ♂-**Filterzeitkonstante** f / PID feedback filter time constant, PID feedback filter timeconstant || ♂-**Funktionswahl** f / PID feedback function selector
PID·-MOP / PID-MOP || ♂-**Parameter** m / pid parameters, PID parameter || ♂-**Proportionalverstärkung** f / PID proportional gain || ♂-**Regelalgorithmus** m (PID = Proportional-Integral-Differentialverhalten) / PID control(ler) algorithm || ♂-**Regelung** f / PID closed-loop control, proportional-plus-integral-plus-derivative-action control, PID control || ♂-**Regler** m / PID controller, proportional-plus-integral-plus-derivative controller || ♂-**Reglerabweichung** f /

PID error deviation || ♂-**Reglertyp** m / PID controller type || ♂-**Schrittregler** m / PID step controller || ♂-**Self-Tuner** m / PID Self-Tuner || ♂-**Sollwert** m / PID setpoint || ♂-**Sollwert-Verstärkung** f / PID setpoint gain factor || ♂-**Verhalten** n / PID action, proportional-plus-integral-plus-derivative action || ♂-**Zus.sollwert-Verstärkung** f / PID trim gain factor || ♂-**Zusatzsollwert** m / PID trim
Pierce-Strahlerzeuger m / Pierce gun
Piezo·aktor m / ceramic actuator || ♂**effekt** m / piezo effect
piezoelektrisch adj / piezoelectric adj || ~e **Drucktaste** / piezoelectric switch, piezoelectric control, piezoelectric pushbutton || ~e **Ruftaste** / piezoelectric call button || ~er **Aufnehmer** / piezoelectric pickup || ~er **Druckwandler** / piezoelectric pressure transducer (o. Druckaufnehmer) || ~er **Effekt** / piezoelectric effect || ~er **Taster** / piezoelectric switch, piezoelectric control, piezoelectric pushbutton || ~er **Wandler** / piezoelectric transducer
Piezokeramik f / piezoceramic n
piezokeramisch adj / piezoceramic adj, piezo-ceramic || ~er **Schwinger** / piezoceramic oscillator
Piezo·-Lagerkraft f / piezo mounting force || ♂-**Modul** n / piezo module || ~**resistiv** adj / piezo-resistive || ♂-**Ruftaste** f / piezoelectric call button || ♂**taster** m / piezoelectric switch, piezoelectric control, piezoelectric pushbutton || ♂**ventil** n / piezovalve n || ♂**widerstandseffekt** m / piezoresistive effect
PI·-Fehler m / PI error || ♂-**Festsollwert** m / fixed PI setpoint || ♂-**Frequenz** f / PI frequency
PIGFET / P-channel isolated-gate field-effect transistor (PIGFET)
Pigtail-Set n / pigtail set
Piktogramm n / icon n, pictograph n || ♂**bogen** m / sheet of pictographs
PIL / Processor in the loop (PIL)
Pilgerschritt·folge f / back-step sequence || ♂**schweißen** n / step-back welding, back-step welding
Pilot m (Pilotsignal) / pilot signal || ♂**anlage** f / pilot plant, pilot installation || ♂**anlagen** f pl / pilot installations || ♂**anwendung** f / pilot application || ♂**auftrag** m / pilot order || ♂**einsatz** m / pilot phase || **automatischer Hilfsstromschalter mit** ♂**funktion** (PS-Schalter) (PS-Schalter) VDE 0660,T.200 / pilot switch IEC 337-1 || ♂**generator** m / pilot generator, pilot signal generator || ♂**ierung** f / piloting n, customer-specific release || ♂**kontakt** m / pilot contact, pilot n || ♂**kundenbetreuung** f / pilot customer support || ♂**kundengerät** n / pilot customer device || ♂**kundenliste** f / pilot customer list (PCL) || ♂**kundenvereinbarung** f / pilot customer agreement (PCA) || ♂**leitung** f / pilot n || ♂**lichtbogen** m / pilot arc || ♂**loch** n / pilot hole || ♂**maschine** f / pilot machine || ♂**muster** n / manufacturing prototype || ♂**projekt** n / pilot project || ♂**signal** n / pilot signal || ♂**stand** m / pilot version || ♂**ton** m / (audible) pilot signal || ♂**ventil** n / pilot valve || ♂**zelle** f / pilot cell
Pilz m / mushroom button IEC 337-2, mushroom-head tool, button tool || ♂**befall** m / attack by fungi || ♂**deckel** m / mushroom cover

Pilzdruck·knopf *m* VDE 0660, T.201 / mushroom button IEC 337-2 || ♃**knopf mit Rastung** / latched mushroom button, mushroom button with latch || ♃**knopf mit Schloss** / locking-type mushroom button || **großer** ♃**knopf** / palm-type pushbutton, jumbo mushroom button || ♃**knopfschalter** *m* / mushroom-head pushbutton switch || ♃**taster** *m* / mushroom-head pushbutton switch, mushroom pushbutton, mushroom-head pushbutton, mushroom-shaped pushbutton unit || ♃**zug** *m* / mushroom push-pull
Pilz-Druck-Zug-Schalter *m* / mushroom push-pull latching
Pilz·durchmesser *m* / mushroom diameter || ♃**formlampe** *f* / mushroom-shaped lamp || ♃**gründung** *f* (Freileitungsmast) IEC 50(466) / spread footing with pier, pad-and-chimney foundation || ♃**-Notdrucktaster** *m* / mushroom-head emergency pushbutton || ♃**-Rastdruckknopf** *m* / mushroom latched pushbutton || ♃**-Rastschloss** *n* / mushroom latched lock || ♃**-Schlagtaster** *m* / mushroom-head emergency pushbutton, mushroom-head slam button || ♃**taste** *f* / mushroom button IEC 337-2 || ♃**taster** *m* / mushroom button IEC 337-2
PIM *n* / Program in Manufacturing (PIM) || ♃ *n* / Plant Information Management (PIM)
PIMS / Plant Information Management System (PIMS) (plant information management system) || ♃ / Process Information Management System (PIMS)
Pin *m* / pin *n* || ♃**anzahl** *f* / number of pins || ♃**belegung** *f* / pin assignment
Pinch-Effekt *m* / pinch effect
PIN-Diode *f* / PIN diode (PIN = positive-intrinsic-negative)
Ping-Server *m* / ping server
pinkompatibel *adj* / pin-compatible *adj*
Pinnummer *f* / pin number
Pinole *f* / sleeve *n*, quill *n* || ♃ **einschieben** / Insert tube || ♃ **mit Pipette** / sleeve with nozzle || ♃**nachse** *f* / quill axis || ♃**nhub** *m* / quill stroke
Pinsel *m* / brush *n* || ♃**patrone** *f* / brush cartridge
pin-Struktur *f* (Schichtfolge von p-dotiertem, intrinsischem und n-dotiertem Halbleiaterial) / p-i-n structure
PIP / programmable integrated processor (PIP) || ♃ / Partner Interface Process (PIP)
Pipeline·register *n* / pipeline register || ♃**-Technik** *f* / pipeline technology
Pipette *f* (Medium zum Abholen und Bestücken von Bauelementen) / nozzle *n* || ♃ **ablegen** / Return (nozzle) || ♃ **aufnehmen** / Pick up nozzle (button)
Pipetten ablegen / Return (nozzles) (button) || ♃ **wegwerfen** / Remove nozzles || ♃**belegung** *f* / nozzle assignment || ♃**-Entnahmewerkzeug** *n* / nozzle removal tool, nozzle extraction tool || ♃**garage** *f* / nozzle holder || ♃**höhe** *f* / nozzle height || ♃**-Konfiguration** *f* (die Belegung der einzelnen Segmente eines Revolverkopfes mit bestimmten Pipetten) / nozzle configuration || ♃**kontrolle** *f* (Nach dem Pipettenwechsel kontrolliert die Software, ob alle Pipetten am Kopf sind) / nozzle check || ♃**länge** *f* / nozzle length || ♃**magazin** *n* / nozzle magazine || ♃**mitte** *f* / nozzle center || ♃**nummer** *f* / nozzle number || ♃**offset** *n* / nozzle offset || ♃**-Sonderkonstruktion** *f* / special nozzle type || ♃**spektrum** *n* / range of nozzle types || ♃**typ** *m* / nozzle type || ♃**typ-Zuordnung** *f* / allocation of nozzle types || ♃**wechsel** *m* / nozzle exchange || ♃**-Wechselzeit** *f* / nozzle changing time || ♃**wechsler** *m* / nozzle changer || ♃**wechsler-Konfiguration** *f* / nozzle changer configuration || ♃**wechsler-Steuerung** *f* (Baugruppe zum Öffnen und Schließen der Pipettengaragen vom Pipettenwechsler des Revolverkopfes) / nozzle changer control || ♃**wechsler-Typ** *m* / nozzle changer type || ♃**werkstoff** *m* / nozzle material || ♃**zahl** *f* / number of nozzles
Pirani-Druckmesser *m* / Pirani vacuum gauge
PI·-Regelfunktion (Proportional-Integral-Regelfunktion) / PI control loop function (proportional, integral control loop function), *f* proportional/integral control loop function || ♃**-Regelung** *f* (PI = Proportional-Integralverhalten) / PI control, proportional-plus-integral control, reset-action control, closed loop PI control || ♃**-Regler** *m* / PI controller, proportional-plus-integral controller, closed-loop PI controller, proportional-plus-integral-action controller || ♃**-Rückführung** *f* / PI feedback || ♃**-Rückführungssignal** *n* / PI feedback signal || ♃**-Sättigung** *f* / PI saturation || ♃**-Sollwert** *m* / PI setpoint
Piste *f* / runway *n*
Pisten·befeuerung *f* / runway lighting || ♃**bezeichnungsmarke** *f* / runway designation marking || ♃**endbefeuerung** *f* / runway end lighting || ♃**ende** *n* (RWE) / runway end (RWE) || ♃**feuer** *n* / runway light || ♃**grundlänge** *f* / runway basic length || ♃**-Hochleistungsfeuer** *n* / high-intensity runway light || ♃**-Mittelleistungs-Randbefeuerung** *f* (REM) / runway edge lighting medium-intensity (REM) || ♃**mittellinie** *f* (RCL) / runway centre line (RCL) || ♃**mittellinienbefeuerung** *f* / runway centre-line lighting || ♃**mittellinienmarke** *f* / runway centreline marking
Pistenrand *m* / runway edge || ♃**feuer** *n* / runway edge light(s) || ♃**-Hochleistungsbefeuerung** *f* (REH) / high-intensity runway edge lighting || ♃**markierung** *f* / runway edge markings || ♃**-Niederleistungsbefeuerung** *f* (REL) / low-intensity runway edge lighting (REL)
Pisten·richtungsanzeiger *m* / runway alignment indicator || ♃**schulter** *f* / runway shoulder || ♃**seitenlinienmarke** *f* / runway side stripe marking || ♃**sichtweite** *f* (RVR) / runway visual range (RVR) || ♃**streifen** *m* / runway strip
PiT-Copy *f* (Systemverwalter frieren den Augenblickszustand der zu sichernden Daten mit einem Schnappschuss (Snapshot) ein) / PiT copy
Pitot-Rohr *n* / Pitot tube
PI-Verhalten *n* / PI action, PI behaviour, proportional-plus-integral action
PIWS / internal program queue
Pixel *n* / pixel *n* || ♃**frequenz** *f* / pixel frequency || ♃**intensität** *f* / pixel intensity || ♃**matrix** *f* / pixel matrix, pixel map || ♃**vergleich** *m* / pixel-by-pixel comparison || ♃**wert** *m* (diskreter Wert, der Farbe, Intensität oder andere Attribute eines Pixels angibt) / pixel value
PIXIT / Protocol Implementation eXTRA Information for Testing (PIXIT)

PJ (Projektierungsanleitung) / planning guide, configuring guide, PJ
P-Kanal'-Feldeffekttransistor *m* / P-channel field effect transistor, P-channel FET || **⁓-Feldeffekt-Transistor** *m* (PIGFET) / P-channel isolated-gate field-effect transistor (PIGFET) || **⁓-MOS** *m* (P-MOS) / P-channel MOS (P-MOS) || **⁓-Transistor mit niedriger Schwelle** / low-threshold P-channel transistor
PKI / Public Key Infrastructure (PKI)
PKM (Parallel-Kinematik-Maschine, parallelkinematische Maschine) / PKM (parallel-kinematics machine)
PKW (Parameterkennwert) / parameter characteristics, parameter ID value (PIV), parameter identifier value (PIV), parameter characteristic || **⁓-Auftrag** *m* / PKW task || **⁓-Bereich** *m* (Parameterkennwert) / PIV area || **⁓-Kanal** *m* / PIV channel
PL / PL (power line)
Plakatschrift *f* / large-character print
Plan *m* (Anordnung) / layout *n* || **⁓** *m* (Entwurf) / plan *n*, design *n*, chart *n* || **⁓** *m* (Planung) / plan *n*, scheme *n*, schedule *n* || **⁓** *m* (Projekt) / project *n*, scheme *n* || **⁓** *m* (Zeitplan) / schedule *n*, time table || **⁓** *m* (Zeichnung) / drawing *n*
plan *adj* / plane *adj*, even *adj*, flat *adj*, planar *adj*
Plan·achsbezeichner *m* / transverse axis identifier || **⁓achse** *f* / transverse axis, traverse axis, facing axis || **⁓anschluss** *m* (Plananschlüsse sind Ein- und Ausgänge an einem CFC-Plan, um diesen mit anderen Plänen oder Bausteinen zu verschalten) / chart I/O || **⁓ansicht** *f* / outline view (Overview of a CFC chart) || **⁓anteil der Nichtverfügbarkeitszeit** / scheduled outage time, planned outage time, planned unavailability time
Planarantrieb *m* (Direktantrieb in zwei Dimensionen, d.h. Flächenantrieb) / planar drive
planar·e Orientierung / planar alignment || **~er Graph** / planar graph
Planar·struktur *f* / planar structure || **⁓system** *n* / planar system || **⁓technik** *f* / planar technique || **⁓transistor** *m* / planar transistor
Plan-Außenbearbeitung *f* / transverse external machining
planbearbeiten *v* / face *v*, surface *v*
Plan·bearbeitung *f* / face cutting || **⁓bewegung** *f* / cross travel, transverse motion || **⁓bohrstange** *f* / face boring rod
Planck·scher Kurvenzug / Planckian locus || **⁓scher Strahler** / Planckian radiator || **⁓sches Gesetz** / Planck's law
Plandrehen *n* / facing *n*, face turning
Plan·drehkopf *m* / surfacing head || **⁓drehmaschine** *f* / facing lathe || **⁓drehmeißel** *m* / facing tool || **⁓ebener Übergang** / level transition || **⁓eckfräser** *m* / face milling cutter || **⁓einstechen** *n* / face grooving || **⁓einstich** *m* / face groove
Planen *n* / planning *n*
Planer *m* / planner *n*
Planeten·getriebe *n* (PLG) / planetary gearing, epicyclic gearing, planetary gear, planetary gearbox || **⁓getriebewelle** *f* / planetary gear shaft || **⁓rad** *n* / star-wheel idler, planet pinion, planet wheel || **⁓rollspindel** *f* / planetary roller screw || **⁓spindel** *f* / planetary spindle || **⁓träger** *m* / planet carrier, pinion cage

Plan·fläche *f* / plane surface, end face, face *n* || **⁓fräsen** *n* / face milling || **⁓fräser** *n* / facing tool || **⁓generator** *m* / diagram generator, flowchart generator || **⁓gewinde** *n* / transversal thread, face thread || **~gleiche Kreuzung** / level crossing || **⁓heit** *f* / planeness *n*, flatness *n* || **⁓heitsregelung** *f* / flatness control
planieren *v* (stanzen) / planish *v* || **⁓ und Verziehen** / grading and levelling
Planier·gerät *n* / bulldozer *n* || **⁓-Gleiskettengerät** *n* / trailbuilder *n*, gradebuilder *n* || **⁓raupe** *f* / dozer *n*
planiert *adj* / smoothed *adj*
Planimeter *m* / planimeter *n*
Plan-Innen-Bearbeitung *f* / transverse internal machining
Plan-in-Plan / chart-in-chart
Plan·interface *n* (Anschlüsse (Ein-/Ausgänge) eines im CFC-Plan instanziierten Plans) / plan interface || **⁓kupplung** *f* / face clutch || **⁓kurve** *f* / planning curve || **⁓kurvenfräsmaschine** *f* / face cam profiling machine
Planlauf *m* / linear movement || **⁓abweichung** *f* (Maschinenwelle) / axial eccentricity, axial runout || **⁓toleranz** *f* / linear movement tolerance
planmäßig *adj* / scheduled || **~e Instandhaltung** / scheduled maintenance || **~e Materialerhaltung** / scheduled maintenance || **~es Audit** / scheduled audit
Planning & Execution-Ebene *f* / planning & execution level
planorientiertes Ablaufmodell / plan-oriented execution model
planparallel *adj* / plane-parallel *adj* || **⁓-Schleifmaschine** *f* / parallel plane grinding machine
Plan·rad *n* / contrate gear, face gear || **⁓-Referenzdaten** *plt* / chart reference data || **⁓revision** *f* / scheduled inspection
planrichten *v* / straighten *v*
Plan·scheibe *f* / face plate, facing wheel || **⁓scheibengeber** *m* / faceplate encoder || **⁓schieber** *m* / cross slide, facing slide || **⁓schieberachse** *f* / cross slide axis, facing slide axis || **⁓schlag** *m* / axial eccentricity, axial runout || **⁓schleifen** *n* / face grinding || **⁓schleifmaschine** *f* / surface grinding machine, face grinding machine || **⁓schleifscheibe** *f* / face grinding wheel || **⁓schlichten** *n* / face finishing || **⁓schlitten** *n* / cross slide, facing slide || **⁓schnitt** *m* / facing cut, transverse cut || **⁓schruppen** *n* / rough facing, transverse roughing, face roughing || **⁓senken** *n* / spot facing, counterbore *n*, counterboring *n* || **⁓senker** *m* / counterbore *n* || **⁓spannrahmen** *m* / flat stenter frame || **⁓spiegel** *m* / plane mirror
Plantafel *f* / planning board
Planté-Platte *f* / Planté plate
Plant-Rechner *m* / plant computer
plants, property and equipment (PP&E) / plants, property and equipment (PP&E)
Planübersicht *f* / chart overview
Planum *n* / finished grade, subgrade *n*, formation *n* || **⁓fertiger** *m* / formation grader, subgrade grader || **⁓herstellung** *f* / subgrading *n*, construction of formation, preparation of subgrade
Plan- und Längsdrehmeißel *m* / facing and longitudinal turning tool
Planung *f* / planning *n*, construction design || **⁓ des QS-**

Systems / planning the quality control system || ⸺
und Erfassung von Geschäftsbewegungs-, Auftragsbestandsdaten und Statistik (PEGASUS) / planning and recording of business transactions, order state data and statistics, PEGASUS system
planungsbegleitende Unterlage / planning procedure document, planning-related document
Planungs·büro *n* / planning department || ⸺**ebene** *f* / plant management level || ⸺**faktor** *m* / depreciation factor || ⸺**fortschreibung** *f* / planning updating || ⸺**instrument** *n* / planning instrument || ⸺**periode** *f* / planning interval, planning period || ⸺**qualität** *f* DIN 55350 / quality of planning || ⸺**runde** *f* / forecast staff || ⸺**sicherheit** *f* / planning assurance || ⸺**-Software** *f* / design software || ⸺**stand** *m* / issue of planning || ⸺**studie** *f* / feasibility study || ⸺**system** *n* / planning system || ⸺**theorie** *f* / planning theory || ⸺**-Tool** *n* / planning tool || ⸺**- und Dispositionsebene** / planning level || ⸺**- und Dispositionsrechner** / planning computer || ⸺**unterlage (PLU)** *f* / planning specification, Planning document (PLD) || ⸺**unterlage Definitionsphase** *f* / Planning document (PLD) || ⸺**wert der Beleuchtungsstärke** / design illuminance || ⸺**zeitraum** *m* / design period
Plan·vorschub *m* / transverse feed, cross feed || ⸺**wert** *m* / targeted value, key plan value || ⸺**zahlen** *f pl* / figures forecasted || ⸺**zug** *m* / cross-feed *n* || ⸺**zugeinrichtung** *f* / cross-feed device || ⸺**zugmotor** *m* / cross-feed motor
Plasma *m* (leitendes Medium aus freien Elektronen, Ionen und neutralen Atomen oder Molekülen) / plasma || ⸺**abscheidung** *f* / plasma deposition || ⸺**ätzen** *n* / plasma etch || ⸺**ätzung** *f* / plasma etching || ⸺**bildschirm** *m* / gas plasma panel, plasma panel || ⸺**brenner** *m* (Brenner oder Pistole mit nichtschmelzender Lichtbogenschweißelektrode und Gasdüse zur Erzeugung eines gebündelten Plasmastrahls) / plasma torch || ⸺**-CVD-Abscheidung** *f* / plasma-enhanced chemical vapor deposition (PECVD) || **~dynamischer Generator** / magnetoplasmadynamic generator (m.p.d. generator) || ⸺**-Flachbildschirm** *m* / plasma flat-screen || ⸺**gas** *n* / plasma gas
plasmageschweißt *adj* / plasma-arc-welded *adj*
Plasma·-Lichtbogenbrenner *m* / plasma torch || ⸺**pause** *f* (äußere Grenze der Plasmasphäre, gekennzeichnet durch einen steilen Abfall der Elektronendichte) / plasmapause *n* || ⸺**schneiden** *n* / plasma arc cutting || ⸺**schneidmaschine** *f* / plasma arc cutter || ⸺**schweißen** *n* / plasma-arc welding || ⸺**sphäre** *f* (ringförmige ionisierte Region, die am Äquator die Erde umschließt und der Erdrotation folgt) / plasmasphere *n* || ⸺**spritzen** *n* / plasma spraying || ⸺**strahl** *m* / plasma jet, plasma beam || ⸺**strömung** *f* / plasma flow || ⸺**technik** *f* / plasma technology || ⸺**unterstützte Abscheidung aus der Gasphase** / plasma-enhanced chemical vapor deposition (PECVD) || ⸺**unterstützte chemische Gasphasenabscheidung** / plasma-enhanced chemical vapor deposition (PECVD) || ⸺**-Wanderfeldröhre** *f* / extended-interaction plasma tube

Plast *m* (Kunststoff) / plastic *n*, plastic material
Plastic·-BGA (PBGA) *m* / plastic ball grid array (PBGA) || ⸺ **Optical Fibre** (POF) / plastic optical fibre (POF), polymer optical fiber (POF)
Plastik·gehäuse *n* / plastic case, plastic encapsulation || ⸺**-LWL** / all-plastic optical fibre, plastic fiber optic cable || ⸺**mantel-Glasfaser** *f* / plastic-clad silica fibre (PCS fibre)
plastisch·e Formgebung / plastic shaping, reforming *n* / **~e Verformung** / plastic deformation, permanent set || **~-elastische Verformung** / plasto-elastic deformation
Plastizitätszahl *f* / plasticity index, plasticity coefficient
Plastmanschette *f* / sealing from plastics, V-ring from plastics, plastics sleeve
Plateau·-Schwellenspannung *f* / plateau threshold voltage || ⸺**steilheit** *f* (Zählrate/Volt) / plateau slope
Platin *n* / platinum *n*
Platine *f* / printed circuit board (pcb), substation processor module, PC board || ⸺ *f* (Leiterplatte) / board *n*, printed circuit board, card *n* || ⸺ *f* (Vielfachschalter) / wafer *n* || ⸺ *f* / platen *n* || **Bus~** *f* / bus p.c.b., wiring backplane
Platinen·größe *f* / motherboard size || ⸺**stapler** *f* / PCB stacker || ⸺**stecker** *m* / edge-socket connector || ⸺**verbindung** *f* / PCB connection, printed circuit board connection
platingrau *adj* / platinum gray
platinieren *v* / platinize *v*
Platin·-Messwiderstand *m* / platinum resistance element || ⸺**-Rhodium-Thermoelement** *n* (PtRh-Thermopaar) / platinum-rhodium thermocouple || ⸺**-Widerstandsthermometer** *n* (Pt-Widerstandsthermometer) / platinum resistance thermometer
Platte *f* (Kunststoff) / board *n*, sheet *n*, tip cutter, harddisk *n* || ⸺ *f* / plate *n*, slide damper, insert *n*, cutting tip || ⸺ *f* (Speicher) / disc *n* || ⸺ *f* / plate *n* || ⸺ **für Werkzeughalter** / tip for tool holder || **feldhohe** ⸺ / cubicle-height plate || **Schutz~** *f* (f. Monteur) / barrier *n*
Platten·abstand *m* / distance of disks || ⸺**anode** *f* / plate anode || ⸺**aufteilsäge** *f* / panel divider, board sectionizing saw, panel sizing machine, board dividing saw || ⸺**bandförderer** *m* / apron conveyor (o. feeder) || ⸺**bandmontage** *f* / slat conveyor assembly || ⸺**bearbeitung** *f* / board working, board machining || ⸺**betriebssystem** *n* / disk operating system (DOS) || ⸺**block** *m* / plate pack || ⸺**breite** *f* / tip width || ⸺**dicke** *f* / board thickness || ⸺**elektrode** *f* / plate electrode || ⸺**erder** *m* / earth plate, ground plate || ⸺**extrusionsmaschine** *f* / board extrusion machine || ⸺**fahne** *f* / current-carrying lug
Plattenfeder·antrieb *m* / diaphragm actuator || ⸺**manometer** *n* / diaphragm pressure gauge || ⸺**messwerk** *n* / diaphragm element || ⸺**-Stellantrieb** *m* / spring diaphragm actuator
Platten·filter *m* / plate filter || ⸺**funkenstrecke** *f* / plate-type series gap || ⸺**füßchen** *n* / bottom lug || ⸺**gitter** *n* / plate grid || ⸺**glimmer** *m* / mica slab, mica laminate || ⸺**-Grundbetriebssystem** *n* / basic disk operating system (BDOS) || ⸺**/Gurtförderer** *m* / slat conveyor || ⸺**heizkörper** *m* / panel-type radiator || ⸺**hochregallager** *n* / high-bay pallet warehouse || ⸺**kassette** *f* / plate cassette

Platten

Platten·länge f / tip length || ♎**läufer** m / disc-type rotor, disc rotor || ♎**paar** n / plate pair, plate couple || ♎**pumpen** n / slab pumping || ♎**rahmen** m / plate frame || ♎**satz** m / plate group || ♎**schieber** m / sliding ports valve, gate valve, sliding port valve || ♎**schleifen** n / board grinding || ♎**schluss** m / short-circuit between plates || **Maschine mit** ♎**schutzkapselung,** / flange-protected machine
Plattenspeicher m / disk storage, magnetic disk storage || ♎**laufwerk** n / disk memory drive || ♎**steuerung** f / disk storage controller
Platten·temperatur f / plate temperature || ♎**welle** f / Lamb wave || ♎**winkel** m / insert angle
Plattform f / platform n || **~basiert** adj / platform-based || **~basiertes Design (PBD)** / platform-based design (PBD) || ♎**konzept** n / platform concept || ♎**produkt** n / platform product || **~spezifisch** adj / platform-specific || ♎**system** n / platform system || ♎**formwaage** f / weighbridge, platform weighing machine || ♎**wägezelle** f / platform load cell
Plattieren n / lining, cladding
plattiert adj / cladded adj / **~e Seite** / cladded side, plated side
Platz m (auf Leiterplatte) / location n || ♎ m (Baugruppenträger) / position n || **fester** ♎ / permanent location || ♎**abstand** m / distance between locations || ♎**art** f / location type, type of location || ♎**artindex** m / location kind index || ♎**bedarf** m / space requirements, space required, floor area required
Platzbelegung f / assignment of locations || **feste** ♎ / fixed location assignment || **flexible** ♎ / flexible assignment of locations
Platz·beleuchtung f / local lighting, localized lighting || ♎**berechnung** f / location calculation || ♎**codierschalter** m / location encoding switch || ♎**codierung** f (NC) / total location coding, location coding || ♎**codierung** f / tool location coding || **flexible** ♎**codierung** / flexible location coding || ♎**definition** f / magazine location definition, location definition || ♎**einsparung** f / reduction in space, space saving || ♎**ersparnis** n / space saving
Platzhalter m / dummy n, place holder || ♎ m / wildcard n || ♎**baugruppe** f / dummy module || ♎-**Tabelle** f / wildcard table
Platzkodierung f / location coding, tool location coding || **variable** ♎ / variable location coding
platzkompatibel adj (elektron. Geräte, MG-Einheiten) / interchangeable adj
Platz·mangel m / lack of space || ♎-**Nr.** f / location no. n || ♎**nummer** f (Bildschirmaufteilung) / tag number, location number || ♎**runden-Führungsfeuer** f / circling guidance lights || **~sparend** adj / space saving, compact adj, with minimum space requirement || ♎**sperre** f / location disable
Plausibilität f / plausibility n
Plausibilitätsfehler m / plausibility error || ♎**kontrolle** f / validity check, plausibility check || ♎**prüfung** f / plausibility check, validity check, gradient check || ♎**untersuchung** f / plausibility analysis (o. check) || ♎**vergleich** m / validity check
PLB / Processor Local Bus (PLB)
PLC m / Programmable Logic Circuit (PLC) || ♎ **(Power Line Conditioner)** / power line conditioner || ♎-**Abbild** n / PLC image || ♎-**Achse** f / PLC axis || ♎-**Adresse** f / PLC address || ♎-**Agent** m / PLC Agent || ♎-**Alarm** m / PLC alarm || ♎-**Antriebsnahtstelle** f / PLC drive interface || ♎-**Anwender** m / PLC user || ♎-**Anwenderalarm** m / PLC user alarm || ♎-**Anwendermeldung** f / PLC user message || ♎-**Anwenderprogramm** n / PLC user program || ♎-**Anwenderspeicher** m / PLC user memory || ♎-**Architektur** f / PLC architecture || ♎-**Archiv** n / PLC archive || ♎-**Ausgangssignal** n / PLC output signal || ♎-**Ausgangssignale an NC** / PLC output signals to NC || ♎-**Baugruppe** f / PLC module || ♎-**Bereich** m / PLC area || ♎-**Betriebssystem** n / PLC operating system || ♎-**Bilder** n pl / PLC displays || ♎-**Bit** n / PLC bit || ♎-**Browser** m / PLC Browser
PLCC / PLCC || ♎-**Bauelement** n / PLCC component
PLC-CPU f / PLC-CPU
PLCC-Sockel m / PLCC socket
PLC·-Daten f / PLC data || ♎-**Displaykoordinierung** f / PLC display coordination
PLCD-Wegsensor m / Permanent-magnetic Linear Contactless Displacement Sensor (PLCD sensor)
PLC·-Eingang m / PLC input || ♎-**Eingangssignal** n / PLC input signal || ♎-**Eingangssignale von NC** / PLC input signals from NC || ♎-**Erweiterungsgerät** n / PLC expansion unit || ♎-**Ferndiagnose** f / PLC remote diagnostics || ♎-**Funktion** f / PLC function || ♎-**Funktionalität** f / PLC functionality || ♎-**Grundparameter** m / basic PLC parameter || ♎-**Grundprogramm** n / basic PLC program || **schneller** ♎-**Kanal** / high-speed PLC channel || ♎-**Klemme** f / PLC terminal || ♎-**Kommando** n / PLC command || ♎-**Komponente** f / PLC component || ♎-**Logik** f / PLC logic || ♎-**Machinendatum** n (PLC-MD) / PLC machine data (PLC MD) || ♎-**Maschinendatenwort** n / PLC machine data word || ♎-**MD** (PLC-Machinendatum) / PLC MD (PLC machine data) || ♎-**MD-Bit** n / PLC MD bit || ♎-**Meldung** f / PLC message || ♎-**Monitor** m / PLC monitor || ♎-**Nahtstelle** f / PLC interface || ♎**open** / PLCopen || ♎-**Open** (Vereinigung von Herstellern und Anwendern von SPS-Steuerungs- und Programmiersystemen) / PLC-Open || ♎-**Programmspeicher** m / PLC program memory || ♎-**Projekt** n / PLC project || ♎-**Quittung** f / PLC acknowledgement || ♎-**Schnittstelle** f / PLC interface || ♎-**Speicher** m / PLC memory || ♎-**SPL** / PLC-SPL || ♎-**Standard** m / PLC standard || ♎-**Status** m / PLC status || ♎-**Stop** m / PLC Stop || ♎-**System** n (ein System mit CFC nach IEC 611131) / programmable controller system (PLC system) || ♎-**Template** n / PLC template || ♎-**Toolbox** f / PLC toolbox || ♎-**Update** n / PLC update || ♎-**Urlöschen** n / general PLC reset || ♎-**Variable** f / PLC variable || ♎-**Zustand** m / PLC state || ♎-**Zykluszeit** f / PLC cycle time
PLD (programmierbarer logischer Schaltkreis) / PLD (programmable logic device)
PLED (Polymer LED) / PLED (Polymer LED)
p-leitend adj / p-type adj
P·-Leitfähigkeit f / P-type conduction, hole-type conduction || ♎-**Leitung** f / P-type conduction, hole conduction
PL-Ernennung f / PM appointment (PM)
P-lesend adj / active high, sink input
plesiochron adj / plesiochronous adj || **~es Netzwerk** (Nichtsynchrones Netz, in dem die Taktgeber eine

hohe Genauigkeit und Stabilität haben, so dass die Signale plesiochron sind) / plesiochronous network
Pleuelstange *f* / connecting rod, stem *n*, inner connecting rod, piston rod, plug *n*
Plexiaufsteller *m* / plexiglass display
Plexiglas *n* / plexiglass *n*, perspex *n* || ⸺**abdeckung** *f* / plexiglass cover || ⸺**scheibe** *f* / plexiglass panel || ⸺**wanne** *f* (Leuchte) / plexiglass diffuser
PLG (Planetengetriebe) / planetary gear, PLG (planetary gearing)
PLL (Phase Locked Loop) *m* / PLL (phase-locked loop) *n* || ⸺**-Schaltung** *f* / phase-locked loop (PLL)
PLM (Impulslagenmodulation) / PLM (pulse-length modulation) || ⸺ (Impulslängenmodulation) / PPM (pulse-position modulation) || ⸺ *n* / Product Lifecycle Management (PLM) *n*
Plombe *f* / lead seal, seal *n* || **Zähler~** *f* / meter seal
Plombendraht *m* / seal wire
Plombierabdeckung *f* / cover sealing
plombierbar *adj* / sealed *adj*, sealable *adj* || **~e Abdeckkappe** / sealable cover plate || **~e Kappe** / sealing cap
Plombiereinrichtung *f* / sealing device
plombieren *v* / seal *v*
Plombier·kappe *f* / sealing cap || ⸺**lasche** *f* / sealing tag || ⸺**möglichkeit** *f* / sealable *adj* || ⸺**öse** *f* / eye for lead seal || ⸺**schraube** *f* / sealing screw || ⸺**schraube** *f* / sealed terminal cover screw
plombiert *adj* / sealed with lead
Plombiervorrichtung *f* / sealing device
Plotspuler *m* / plot spooler
Plotter *m* / plotter *n* || ⸺ **mit Reibungsantrieb** / friction-drive plotter || **Foto~** *m* / film recorder, photoplotter *n*, graphic recorder || ⸺**kopf** *m* / plotting head || ⸺**programm** *n* / plotter program
plötzlich·e Änderung / sudden change, step change || **~e ionosphärische Störung** (ionosphärische Störung) / sudden ionospheric disturbance || **~er Lastabwurf** / sudden load rejection
PLR (Prüfstandsleit-Rechner) / TBC (testbed computer) *n*
PL-Runde *f* / management meeting
PLS (Prozessleitsystem) / process control system, process instrumentation and control system
PLT (Prozessleittechnik) / computer-integrated process control, computerbased process control, *f* process instrumentation and control system (PIC)
PLU *f* (Planungsunterlage) / planning documentation, PLD (planning document)
Plünderung *f* / pilferage *n*
Plus·-Anzapfung *f* / plus tapping || ⸺**bereich** *m* / plus region || ⸺**-Minus-Anzeige** *f* / display with sign, bidirectional readout || ⸺**-/Minuszeichen** *n* / plus/minus sign, sign *n* (SG) || ⸺**nocken** *m* / plus cam || ⸺**pol** *m* / positive pole || ⸺**richtung** *f* / positive direction || **Bewegung in** ⸺**richtung** (NC-Zusatzfunktion) DIN 66025,T.2 / motion + (NC miscellaneous function) ISO 1056 || ⸺**sammelschiene** *f* / positive busbar || ⸺**toleranz** *f* / positive tolerance || ⸺**-und-Minus-Programmierung** *f* / plus-and-minus programming, four-quadrant programming || ⸺**wechselrichter** *m* / plus inverter || ⸺**zeichen** *n* / plus sign, positive sign
PM / phase modulation (PM) || ⸺ *n* (Produktmanagement) / product management (PM)
PMC *n* / PMC (Power Modular Concept) || ⸺-**Modul** *n* / PMC module
PMD *f* / Product Master Data (PMD)
PM·-HPS (ProduktionsMaschinen HighPerformanceServo) / PM-HPS || ⸺**-HPV** (ProduktionsMaschinen HighPerformanceVector) / PM-HPV
PMIG *m* / Process Management Implementation Guide (PMIG)
PMIS / Production Management and Information System (PMIS)
PMM / PMM (Power Management Module)
PMMA *n* / Process Management Maturity Assessment (PMMA) || ⸺ **(Polymethylmethacrylat)** / polymethyl methacrylate
PMMI / Packaging Machinery Manufacture Institute (PMMI)
PM-Motor *m* / PM motor (permanent-field motor)
PMMS / PMMS (Plant Maintenance Management System)
P-MOS / P-channel MOS (P-MOS)
PMP / Personal Media Player (PMP)
PMS *n* (Produktionsmanagementsystem) / PMS (production managment system)
PMSM (Permanentmagnetsynchronmotor) / PMSM (permanent magnet synchronous motor)
PMT / PMT (Parts Monitoring & Tracking) || ⸺ / PMT (Permanent Mounted Transducer)
PMU (Parametriereinheit) / master control, PMU (parameterizing unit) || ⸺ *f* / PMU (process master unit) || ⸺ *f* / PMU (power management unit) || ⸺**-Parametriereinheit** / PMU parameterizing unit
PN (PROFINET) / PN (PROFINET)
P-NET (Feldbus für die Prozessautomation) / P-NET
Pneumatic-Modul *n* / pneumatic module
Pneumatik *f* / pneumatics, pneumatic technology || ⸺**anschluss** *m* / pneumatic connection || ⸺**antrieb** *m* / pneumatic drive || ⸺**einheit** *f* / pneumatic unit || ⸺**greifer** *m* / pneumatic gripper || ⸺**-Interface** *n* / pneumatic interface || ⸺**-Interface-Modul** *n* / pneumatic interface module || ⸺**kolben** *m* / pneumatic piston || ⸺**modul** *n* / pneumatic module || ⸺**motor** *m* / pneumatic motor || ⸺**presse** *f* / pneumatic press || ⸺**schlauch** *m* / pneumatic hose || ⸺**ventil** *n* / pneumatic valve || ⸺**zylinder** *m* / pneumatic cylinder
pneumatisch *adj* / pneumatic *adj* || **~e Bürde** / pneumatic burden || **~e Förderanlage** / pneumatic conveyor || **~e Logik** (Fluidik) / fluidic logic, fluidics *plt* || **~e Steuerung** / pneumatic control || **~er Anschluss** (Anschlussgewinde für die Verrohrung (Verschlauchung) der pneumatischen Ein-/Ausgänge) / pneumatic connection || **~er Antrieb** / pneumatic actuator || **~er Empfänger** / pneumatic receptor || **~er Kolbenantrieb** / pneumatic piston actuator || **~er Kurbelzylinder** / pneumatic crank shaft type actuator || **~er Repetierantrieb** / pneumatic repeater drive || **~er Rückmelder** / pneumatic indicator || **~er Speicher** (Druckgefäß) / gas receiver || **~er Stellantrieb** / pneumatic actuator, piston actuator || **~er Stellungsregler** / pneumatic positioner || **~er Timer** / pneumatic timer || **~es Zeitrelais** / pneumatic time-delay relay
pneumatisch-hydraulischer Antrieb / pneumohydraulic operating mechanism
pneumohydraulisch *adj* / pneumohydraulic

PN--FET / PN FET (junction-gate field-effect transistor) || ₂-**Gerät (PROFINET-Gerät)** / PROFINET device || ₂-**Grenzfläche** *f* / PN boundary
p-n-Heteroübergang *m* / heterojunction *n*
PNO (PROFIBUS Nutzerorganisation) / PROFIBUS user organization, PI (PROFIBUS International) || ₂-**Prüflabor** *n* / PI test lab || ₂-**Richtlinie** *f* / PNO Guideline || ₂-**Zertifikat** *n* / PI certificate
p-n-Photoeffekt *m* / photovoltaic effect (PVE)
PNP / NPN Digitaleingänge / PNP / NPN digital inputs
PN-Übergang *m* / PN junction || **Feldeffekttransistor mit** ₂ (PN-FET) / junction-gate field-effect transistor (PN FET)
PO / polyolefin oil, PO *n*
POC / POC (Power ON Circuit)
Pöckchen *n* / pock mark, pinhole *n*
Pockels-Effekt *m* / Pockels effect
Pocketterminal *m* / pocket terminal
POD / POD (Printing on Demand)
Podest *n* / platform *n*
Podium·diskussion *f* / panel discussion || ₂**s- und Plenumsdiskussionen** / podium or plenum reviews
PoE *f* / PoE (Power over Ethernet)
POE (Programmorganisationseinheit) *f* / program organization unitn (POU)
POF / plastic optical fibre (POF)
Pointer *m* (Variable, die auf eine Adresse verweist) / pointer *n*
Point-in-Time copy *f* / Point-in-Time copy
Points of Control & Observation (PCO) / Points of Control & Observation (PCO) || ₂-**to-Point Protokoll (PPP)** *n* / point-to-point protocol (PPP) || ₂-**To-Point-Fahren** *n* / point-to-point travel || ₂-**to-Point-Kommunikation** *f* / point-to-point communication
Poisson·sche Konstante / Poisson's ratio || ₂**verteilung** *f* / Poisson distribution
POL *m* / POL (Point Of Load) *n*
Pol *m* (el. Masch.) / pole *n*, field pole, pin *n* || ₂ *m* / pole *n*, pole unit || ₂ *m* (Netzwerk) / terminal *n*, port *n* || ₂ *m* (Anschlusspunkt eines Stromkreises) / terminal *n* || ₂ **eines Schaltgerätes** / pole of a switching device || **4.** ₂ **schaltbar für** / 4th pole switched for || **Transformator~** *m* (einpolige Trafoeinheit) / single-phase transformer
Pol·abstand *m* / phase spacing ANSI C37.100, distance between pole centres, pole centres || ₂**achse** *f* / polar axis || ₂**amplitudenmodulation** *f* / pole-amplitude modulation (p.a.m.) || **~amplitudenmodulierte Wicklung** / poleamplitude-modulated winding, PAM winding
polar *adj* / polar *adj* || **~ ausgerichtete Drehachse** / polar axis || **~ ausgerichtige einachsige Nachführung** / polar-axis tracker
Polarisation *f* / polarization *n*
Polarisations·dispersion *f* / polarization dispersion || ₂**ebene** *f* / plane of polarization (the plane containing the polarization ellipse), polarization plane || ₂**ellipse** *f* / polarization ellipse || **~erhaltende Faser** / polarization-maintaining fibre || ₂**filter** *m* / polarization filter || ₂**grad** *m* / polarization factor || ₂**ladung** *f* / polarisation charge || ₂**rotator** *m* / polarization rotator, wave rotator || ₂**scheinwerfer** *m* / polarized headlight || ₂**spannung** *f* (Spannung, die an zwei gegenüberliegenden Elektroden zur Bildung eines elektrischen Feldes angelegt wird) / polarization voltage || ₂**strom** *m* / polarization current || ₂**widerstand** *m* / polarization resistance || ₂**zahl** *f* / polarization index || **Bestimmung der** ₂**zahl** / polarization index test
Polarisator *m* / polarizer *n*
Polarisierbarkeit *f* / polarisability *n*
polarisiert *adj* / polarized *adj* || **~e Strahlung** / polarized radiation || **~er Kondensator** / polarized capacitor || **~es Relais** / polarized relay, polar relay (US)
Polarität *f* / polarity *n*
Polaritäts·anzeiger *m* / polarity indicator || **~behaftet** *adj* / with polarity || ₂**indikator** *m* / polarity indicator || ₂**umkehr** *f* / polarity reversal, changing polarity || ₂**umschaltung** *f* / polarity switchover || ₂**wahlschalter** *m* / polarity selector switch || ₂**wechsel** *m* / polarity reversal || **Fehler durch** ₂**wechsel** (ADU) / roll-over error
Polar·kappe *f* / polar cap (polar region bounded by an auroral zone) || ₂**kappenabsorption** (starke Absorption von Funkwellen in der Region einer Polarkappe) / polar cap absorption || ₂**koordinate** *f* / polar coordinate || ₂**koordination** *f pl* / polar coordinates || ₂**koordinatenprogrammierung** *f* / polar coordinate programming || ₂**koordinatensystem** *n* / polar coordinate system || ₂**radius** *m* / polar radius || ₂/**Radius Programmierung** *f* / polar/radius programming || ₂**winkel** *m* / polar angle
Pol·ausgleichblech *n* / pole shim || ₂**bedeckungsfaktor** *m* / pole-pitch factor || ₂**bedeckungsverhältnis** *n* / pole arc/pole pitch ratio || ₂**bild** *n* / pole pattern || ₂**blech** *n* (el. Masch.) / pole lamination, pole punching, pole stamping || ₂**bogen** *m* / pole arc, pole span, polar arc, pole-pitch percentage || ₂**breite** *f* (Polbogen) / width of pole-face arc || ₂**brücke** *f* / strap *n*, jumper *n* || ₂**dehnung** *f* / pole stretching
Polderscher Permeabilitätstensor / Polder's tensor permeability
Poldichte, Steckverbinder hoher ₂ / high-density connector
Pole, gleichnamige ₂ / poles of same polarity, like poles
Poleisen *n* / pole core
polen *v* / polarize *v*, pole *v*
Pol·ende *n* / pole tip || ₂**endplatte** *f* / pole end plate || ₂**faktor** *m* VDE 0670, T.101 / first-pole-to-clear factor IEC 56-1 || ₂**fläche** *f* / pole face || ₂**flächenabschrägung** *f* / pole-face bevel || ₂**flächenaufweitung** *f* / pole-face shaping || ₂**gehäuse** *n* / field frame
polgeschützt *adj* / with pole protection, pole protection
Pol·gestell *n* / yoke frame || ₂**gitter** *n* / pole damping grid || ₂**gruppierung** *f* / pole grouping, pole-coil grouping || ₂**höhe** *f* (Viskositätsindex) / pole height || ₂**horn** *n* / pole horn, pole tip
polieren *v* / polish *v* || ₂ *n* / polishing *n*
Polierer *m* / polisher *n*
Polier·fräsmaschine *f* / polishing and milling machine || ₂**maschine** *f* / polishing machine, polisher *n* || ₂**scheibe** *f* / polishing wheel
poliert *adj* / polished *adj*
Polierwerkzeug *n* / polishing tool
Poliflex-Hammer, Durchmesser 32 mm / poliflex hammer, diameter 32 mm

polig *adj* / -pole, -way, -pin, -core || **n-~** *adj* / n-pole *adj*, n-way *adj*, n-pin *adj* || **4-~** *adj* / fourpole *adj* || **10-~** *adj* / 10-pole *adj* || **2-~** *adj* / two-terminal *adj* || **3-~** *adj* / three-pole *adj*
polizeiliches Kennzeichen / registration number
Pol·kern *m* / pole core, pole body || ⁓**kinematik** *f* / pole operating linkage || ⁓**klemme** *f* / pole terminal || ⁓**konverter** *m* / pole converter || ⁓**kopf** *m* / pole head || ⁓**körper** *m* / pole body
Polkraftlinienweg, mittlerer ⁓ / mean length of magnetic path
Pol·lage *f* / pole position || ⁓**lageidentifikation** *f* / identification of pole position, pole position identification || ⁓**lagewinkel** *n* / pole position angle || ⁓**leistung** *f* / power per pole
Poller *m* (zum Anheben) / lifting post
Polling *n* (periodische Abfrage aller Teilnehmer mittels zentraler Steuerung) / polling *n*
Pollücke *f* / pole gap, magnet gap || **Achse der** ⁓ / quadrature axis, q-axis *n*, interpolar axis || ⁓**nmagnet** *m* / pole-space magnet
Poll-Zykluszeit *f* (Zeitintervall für zyklische Abfrage) / poll cycle time
Pol·magnet *m* / pole magnet, direct-axis magnet || ⁓**mittenabstand** *m* / phase spacing ANSI C37.100, distance between pole centres || ⁓**modulation** *f* / pole modulation || ⁓**Nullstellung** *f* (Schallpegelmesser) / pole zero
Polpaar *n* / pair of poles, pole pair || ⁓**anzahl** *f* / pole pair number || ⁓**teilung** *f* / pole pair pitch || ⁓**verhältnis** *n* / pole-pair ratio, pole ratio || ⁓**versetzung** *f* / pole-pair staggering || ⁓**zahl** *f* / number of pole pairs, pole pair number || **Produkt aus Drehzahl und** ⁓**zahl** / speed-frequency *n*
Pol·platte *f* / pole sheet metal || ⁓**programmierung** *f* / pole programming || ⁓**prüfer** *m* / pole indicator
Polrad *n* / rotor *n*, magnet wheel, inductor *n* || ⁓**-EMK** *f* / field e.m.f. || ⁓**fluss** *m* / field-linked direct-axis flux || ⁓**kranz** *m* / rotor rim || ⁓**lagegeber** *m* / rotor position encoder, rotor position sensor (o. transducer) || ⁓**nabe** *f* / rotor hub, magnet-wheel hub || ⁓**pendelung** *f* / phase swinging || ⁓**scheibe** *f* / rotor disk || ⁓**spannung** *f* / synchronous generated voltage, synchronous internal voltage, internal voltage, field e.m.f. || ⁓**stern** *m* / rotor spider, field spider, magnet-wheel spider || ⁓**wicklung** *f* / field winding
Polradwinkel *m* (Synchrongen.) / angular displacement IEC 50(411), rotor angle, rotor displacement angle, electrical angle || **Gesamt~ zwischen zwei Spannungsquellen** / angle of deviation between two e.m.f's IEC 50(603) || **innerer** ⁓ / internal angle || ⁓**änderung** *f* / angular variation, angular pulsation || ⁓**begrenzer** *m* / load-angle limiter || ⁓**-Kennlinie** *f* / load-angle characteristic || ⁓**-Messeinrichtung** *f* / rotor angle detection system || ⁓**pendelung** *f* / angular pulsation, swing *n*, oscillatory component of rotor angle
Pol·regelung *f* (HGÜ) / pole control || ⁓**relais** *n* / polarized relay, polar relay (US) || ⁓**säule** *f* / pole column, pole turret, pole pillar || ⁓**schaft** *m* / pole shaft, pole body, pole shank || ⁓**schaftisolierung** *f* / pole body insulation || ⁓**schale** *f* / pole shell || ⁓**scheitelpunkt** *m* / pole-face vertex, pole tip || ⁓**schenkel** *m* / pole shank, pole core || ⁓**schlüpfen** *n* / pole slipping || ⁓**schlussring** *m* / pole keeper ring || ⁓**schrägung** *f* / pole-face bevel || ⁓**schraube und Polmutter** / connection screw || ⁓**schritt** *m* / pole pitch
Polschuh *m* / pole shoe || ⁓**faktor** *m* / pole-face factor || ⁓**fläche** *f* / pole face || ⁓**linse** *f* / pole-piece lens || ⁓**schrägung** *f* / pole-face bevel, pole-shoe skewing || ⁓**streuung** *f* / peripheral air-gap leakage
Polschutz *m* / terminal protector
Polspannung *f* / pole voltage, voltage across a pole || **magnetische** ⁓ (el. Masch.) / magnetic potential difference across poles and yoke || **wiederkehrende** ⁓ / recovery voltage across a pole, phase recovery voltage
Polspannungsfaktor *m* / first-pole-to-clear factor IEC 56-1
Pol·spitze *f* / pole tip, pole horn || ⁓**spule** *f* / field coil || ⁓**spulen-Isolierrahmen** *m* / field-coil flange || ⁓**spulenträger** *m* / field spool || ⁓**stärke** *f* / pole strength, quantity of magnetism, magnetic mass || ⁓**stärkeeinheit** *f* / unit magnetic mass || ⁓**stelle** *f* / pole position
Polster *n* (Kabel) / bedding *n*, pad *n* || **Stickstoff~** *n* / nitrogen blanket, nitrogen cushion || ⁓**korrektur** *f* / cushion correction
Polstern *m* / field spider
Polsterung *f* / extruded bedding, carbon crepe paper bedding tape, tape bedding, bedding for armour
Polstreuung *f* / peripheral air-gap leakage || ⁓**stück** *n* (Polunterlegblech) / pole piece || ⁓**stück** *n* (Feldpol) / field pole
Polteilung *f* (el. Masch.) / pole pitch || ⁓ *f* / phase spacing ANSI C37.100, distance between pole centres, pole centres
Polter *m* / log deck
Pol·träger *m* / pole support, pole base || ⁓**überdeckungsverhältnis** *n* / pole arc/pole pitch ratio || ⁓**umgruppierung** *f* / pole regrouping, pole-coil grouping || ⁓**umkehr** *f* / polarity reversal || ⁓**umkehrung** *f* / reversal of poles
polumschaltbar *adj* / pole-changing *adj* || **~e Wicklung** / pole-changing winding, change-pole winding, change-speed winding || **~er Dreiphasenmotor nach Auinger** / Auinger three-phase single-winding multispeed motor || **~er Motor** / pole-changing motor, change-pole motor, pole-changing multispeed motor, change-speed motor || **~er Motor mit einer Wicklung** / single-winding multi-speed motor, single-winding dual-speed motor || **dreifach ~er Motor** / three-phase pole-changing motor || **~er Spaltpolmotor** / pole-changing shaded-pole motor
Polumschalter *m* / pole changing switch, change-pole switch, pole changer || ⁓ **für drei Drehzahlen** / three-speed pole-changing switch || ⁓ **für zwei Drehzahlen** / two-speed pole-changing switch
Polumschaltschütz *n* / pole-changing contactor, contactor-type pole changer (o. pole-changing starter) || ⁓**kombination** *f* / pole-changing contactor combination, contact-type pole-changing starter
Polumschaltung *f* / pole-changing *n*, pole-changing control, pole reconnection, polarity changing || **Motor mit** ⁓ / pole-changing motor, change-pole motor, pole-changing multispeed motor, change-speed motor
Polung *f* / polarization *n*, poling *n*, polarity *n*

polungeschützt *adj* / without pole protection, pole not protected
Polungs·lage *f* / polarity attitude || **~unabhängig** *adj* / polarity independent
Pol·unterlegblech *n* / pole shim, pole piece || **~unverwechselbar** *adj* / non-reversible *adj*, polarized *adj* || **verhältnis** *n* / pole-number ratio, speed ratio || **verstellwinkel** *m* / angular displacement IEC 50(411)
Pol·wahlschalter *m* / pole changing switch, change-pole switch, pole changer || **wechsel** *m* (Polzahl) / pole changing || **wechsler** *m* (Polzahl) / pole changer, pole-changing switch, change-pole controller || **wechsler** *m* (Umpolung) / polarity reverser || **weite** *f* / polar distance || **wender** *m* / polarity reverser || **wicklung** *f* (einzelner Pol) / pole winding || **wicklung** *f* (Erregerwickl.) / field winding || **wicklungsstütze** *f* / field coil support, field winding brace || **windungszahl** *f* / number of field turns
Polyamid *n* / polyamide *n* || **harz** *n* / polyamide resin
Polyäthylen *n* / polyethylene
Polybuthylenptherephtalat (PBT) *n* / polybuteneterephthalate (PBT)
Polycarbonat *n* (PC) / polycarbonate *n*
polychlorierte Benzole / polychlorinated benzenes || **~ Biphenyle** (PCB) / polychlorinated biphenyls (PCB)
Polyeder *m* / polyhedron *n*, multi-edge || **ecke** *f* / polyhedral angle
Polyester *m* / polyester *n* || **band** *n* / polyester film tape (PETP) || **folie** *f* / polyester foil || **glas** *n* / glass-fibre-reinforced polyester || **-Glasfaser** *f* / glass-fibre reinforced polyester || **harz** *n* / polyester resin || **~harzgetränkt** *adj* / polyester-resin-impregnated *adj* || **harzmatte** *f* / polyester-resin-impregnated prepreg || **glasmattenverstärkte -Pressmasse** / glass-fibre-mat-reinforced polyester moulding material || **urethan** *n* / polyester urethane || **vlies** *n* / polyester fleece
Polyethan *n* / polyethane *n*
Polyethylen *n* (PE) / polyethylene *n* (PE) || **folie** *f* / polyethylene sheet(ing) || **terephtalat** *n* (PETP) / polyethylene-terephthalate (PETH)
Polygon *n* / polygon *n*
polygonale Auslösecharakteristik / polygonal tripping characteristic, quadrilateral characteristic, quadrilateral polar characteristic || **~ Auslösefläche** / polygonal tripping area, quadrilateral tripping area
Polygon·baustein *m* / polygon-curve block, polyline function block || **charakteristik** *f* (Schutz) / quadrilateral characteristic || **charakteristik** *f* / polygon characteristic || **drehen** *n* / polygon turning, multi-edge turning || **füllen** *n* (Ausbreitung eines Füllmusters über einen ganzen Polygonbereich einer durch Programm definierten Fläche) / polygon fill || **masche** *f* / polygon mesh || **netz** *n* / polygon mesh || **rad** *n* / polygonal wheel || **schaltung** *f* / polygon connection, mesh connection || **m-Phasen-schaltung** *f* / polygon(-connected) m-phase winding || **-Schleifmaschine** *f* / polygon grinding machine || **schutz** *m* / transverse differential protecion || **system** *n* / polygon system
Polygonzug *m* / polygon definition, polygon function || *m* (graf. DV) / polygon *n*, polyline *n* ||

baustein *m* / (polygon-based) interpolation block
Polyhydantoin *n* / polyhydantoin *n*, polyimidazoledione *n*
Polyimid *n* (PI) / polyimide *n* (PI)
Polykristallin *n* / polycrystalline *n* || **~es Silizium** / polycrystalline silicon
Polylinie *f* / polyline *n*
Polymarke *f* (graf. Darstellungselement) / polymarker *n*
Polymarkenbündeltabelle *f* / polymarker bundle table
Polymer LED (PLED) / Polymer LED (PLED) || **-Cladded Fiber (PCF)** / polymer-cladded silica fiber || **-Cladded Fiber (PCF)** *m* (kunststoffummantelte Quarzglasfaser) / polymer-cladded fiber (PCF), polymer-clad silica fiber (PCS)
Polymerisations·anlage *f* / polymerization plant || **grad** *m* / degree of polymerization
Polymethacrylat *n* / polymethacrylate *n*
Polymethylmethacrylat (PMMA) / polymethyl methacrylate
Polynom *n* / polynomial *n* || **code** *m* / polynominal code || **funktion** *f* / polynomial function || **-Interpolation** *f* / polynomial interpolation || **koeffizient** *m* / polynomial coefficient || **kompensation** *f* / polynomial compensation || **schnittstelle** *f* / polynomial interface || **sicherung** *f* / cyclic redundancy check (CRC)
Poly·olefin *n* (PO) / polyolefin oil, polyolefin || **oxymethylen (POM)** *n* / polyoxymethylene *n* || **propylen** *n* (PP) / polypropylene *n* (PP) || **~-Si** *n* / poly-Si *n* || **siliziumfilmzüchtung** *f* / polysilicon film growth || **silizium-Sicherung** *f* / polysilicon fuse || **solenoidmotor** *m* / round-rod linear motor
Polystyrol *n* / polystyrene *n* || **harz** *n* / polystyrene resin
Poly·terephthalat *n* / polyterephthalate *n* || **tetrafluoräthylen** *n* / polytetrafluoroethylene *n* || **trope** *n* / polytropic change of state
Polyurethan (PUR) *n* / polyurethane *n* || **Beschichtung** / polyester urethane powder paint || **-Hartintegralschaum** *m* / polyurethane ebonite || **schaum** *m* / polyurethane foam
Polyvinyl·acetal *n* / polyvinyl acetal || **acetat** *n* / polyvinyl acetate || **butyral (PVB)** *n* / PVB (polyvinyl buteral) || **chlorid** *n* (PVC) / polyvinyl chloride (PVC) || **fluorid (PVF)** *n* / Tedlar *n*
Pol·zacke *f* / pole tip, pole horn || **zahl** *n* / number of poles, pole number || **zwickel** *m* / interpolar gap
POM (Polyoxymethylen) *n* / polyoxymethylene *n*
pönalisierter Termin / penalized deadline
PONQ *m* / price of non-quality (PONQ)
Ponymotor *m* / pony motor, starting motor
Poolverwaltungssystem *n* / pool management system
PoP (Package on Package) / PoP (Package on Package)
Popup-Fenster *n* / popup window
Pore *f* / gas pore
poren·frei *adj* / free of pores || **nest** *n* / localised porosity || **zeile** *f* / linear porosity
PORESET / PORESET (Power On Reset)
Poroloy *n* / poroloy *n*
Porosität *f* / porosity *n* || **sprüfung** *f* / porosity test
Port *m* / port *n* || *m* (MPU) / duct *n*
Portabilität *f* (Programme) / portability *n*
Portable Document Format (PDF) *n* / PDF *n*
portables Mobiltelefon / transmobile car telephone

Portal *n* / portal *n*, gantry *n* ‖ ~ **1/2** *n* / Gantry 1/2 ‖ ~**abstand** *m* (der minimale Abstand der Portale zueinander) / gantry distance ‖ ~**achse** *f* / gantry axis ‖ ~**aufbau** *m* / gantry construction ‖ **~bedingte Abweichung** / deviation due to gantry ‖ ~**bewegung** *f* / gantry movement ‖ ~-**Bohrmaschine** *f* / gantry-type drilling machine ‖ ~**drehkran** *m* / gantry slewing crane ‖ ~-**Endabschalter** *m* (Sensor, der meldet, dass die Endposition des Portals erreicht worden ist) / Gantry: limit switch ‖ ~**er** *m* / gantry unit ‖ ~**fahrwerk** *n* / gantry traversing gear ‖ ~**fräsmaschine** *f* / gantry-type milling machine ‖ ~**funktionen** *f* (Einzelfunktionen des Portals) / gantry functions ‖ ~-**ID** *f* / Gantry ID (gantry identification (gantry number)) ‖ ~**identifikation** *n* / gantry identification ‖ ~**kinematik** *f* / gantry kinematics ‖ ~**kran** *m* / gantry crane, portal crane ‖ ~**lader** *f* / loading gantry, gantry loader ‖ ~**lösung** *f* / gantry solution ‖ ~**maschine** *f* / two-column machine ‖ ~**nummer** *f* (Portalidentifikation) / gantry number (Gantry identification) ‖ ~**positioniereinrichtung** *f* / gantry positioning unit ‖ ~-**Referenzlauf** *m* / gantry reference run ‖ ~**roboter** *m* / gantry robot ‖ ~**robotersteuerung** *f* / gantry robot control ‖ ~**scheinwerfer** *m* (Bühnen-BT) / proscenium bridge spotlight ‖ ~**schlitten** *m* / gantry slide ‖ ~**stapler** *m* / straddle carrier ‖ ~**stützpunkt** *m* / portal support, H frame, H support ‖ ~**system** *n* / gantry system ‖ ~- **und Drehachse** / gantry and rotational axes ‖ ~**verzug** *m* / gantry warp
Portierbarkeit *f* / portability *n*
portieren *v* / port *v*
Portlandzement *n* / portland cement
Porzellan *n* / porcelain *n* ‖ ~**durchführung** *f* / porcelain bushing ‖ ~**halter** *m* / porcelain support
POS-Achse *f* / position axis (POS axis)
Position *f* / position *n* ‖ ~ **berechnen** / calculate position ‖ ~ **erreicht und Halt (PEH)** / destination reached and stationary (DRS) ‖ ~ **noch nicht erreicht** / axes not in position ‖ ~ **Werkzeugspitze ändern** / Change tool tip position ‖ ~ **wiederholen** / Repeat position ‖ **sichere** ~ / safe position ‖ ~ **mit gleichem Abstand** / positions spaced at the same distance ‖ ~ **wiederh.** / repeat positions
Positionier·achse *f* / positioning axis ‖ **konkurrierende** ~**achsen** / concurrent positioning axes ‖ ~**antrieb** *m* / positioning drive ‖ ~**art** *f* / positioning type (way of positioning the axis) ‖ ~**aufgabe** *f* / positioning task ‖ ~**auftrag** *m* / positioning job ‖ ~**baugruppe** *f* / positioning control module, positioning module ‖ ~**baustein** *m* / positioning block ‖ ~**befehl** *m* / positioning command ‖ ~**bereich** *m* / positioning range ‖ ~**betrieb** *m* (eine Spindelbetriebsart, bei der die Spindel auf eine vorgegebene Position positioniert wird) / positioning mode, positioning *n* ‖ ~**bewegung** *f* / positioning movement ‖ ~**ebene** *f* / positioning plane ‖ **hat** ~**eigenschaft** / operates as positioner ‖ ~**einheit** *f* / positioning unit ‖ ~**einrichtung** *f* / positioning unit ‖ ~**element** *n* / positioning element
Positionieren *n* / positioning *n* ‖ ~ *n* (Läufer einer el. Masch.) / inching *n* ‖ **~** *v* / pick & place *v*, position ‖ ~ **absolut** / absolute incremental mode ‖ ~ **aus einer Richtung** / unidirectional positioning ‖ ~ **relativ** / relative incremental mode ‖ **relatives** ~ / relative positioning
positionierende Rücklauframpe / Positioning ramp down
Positionierer *m* / positioner *n*
Positionier·erfassung *f* / position detection ‖ ~**fehler** *m* / positioning error ‖ ~**fehler Spindel** / spindle positioning error ‖ ~**fenster** *n* / positioning window ‖ ~**funktion** *f* / positioning function ‖ ~**funktionalität** *f* / positioning functionality ‖ ~**genauigkeit** *f* / positioning accuracy ‖ ~**geschwindigkeit** *f* / positioning speed ‖ ~**kommando** *n* / positioning command ‖ ~**marke** *f* / positioning mark ‖ ~**modul** *n* / positioning module ‖ ~**motor** *m* / positioning motor ‖ ~**regelung** *f* / position control ‖ ~**regler** *m* / positioning controller ‖ ~**satz** *m* / positioning block ‖ ~**schnittstelle** *f* / positioning interface ‖ ~**sensor** *m* / positioning sensor ‖ ~**steuerung** *f* / positioning control, point-to-point control, position controller, position control ‖ **1-Achs**-~**steuerung** *f* / single-axis positioning control ‖ ~**steuerwort** *f* / positioning control word ‖ ~**stift** *m* / locating pin ‖ ~**stück** *n* (Crimpwerkzeug) / positioner *n* ‖ ~**system** *n* / positioning system ‖ ~**taste** *f* / cursor control key ‖ ~**taste** *f* (f. Positionier- o. Schreibmarke) / cursor key ‖ **Zeiger**-~**taste** *f* / cursor control key ‖ **~te Information** / positioned information ‖ ~**tisch** *m* / positioning table ‖ ~**toleranz** *f* / positioning tolerance, positioning accuracy ‖ ~**überwachung** *f* / position control system, position monitoring
Positionierung *f* / positioning *n*, position *n* ‖ ~ *f* (Speicherlaufwerk) / seek *n* ‖ **relative** ~ / incremental positioning ‖ ~**shilfe** *f* / positioning aid ‖ ~**ssoftware** *f* / positioning software
Positionier·verfahren *n* / positioning process ‖ ~-**Verfahrsatz** *m* / positioning block ‖ ~**verstärker** *m* / positioning amplifier ‖ ~**vorgang** *m* / positioning operation, positioning action ‖ ~**vorschub** *m* / positioning feedrate, positioning feed ‖ ~**wechsel** *m* / position change ‖ ~**weg** *m* / positioning distance ‖ ~**winkel** *m* / positioning angle ‖ ~**zeit** *f* (Schreib- o. Leseeinrichtung eines Speichers) / positioning time ‖ ~**zustandswort** *n* / positioning status word
Positions·abfrage *f* / position sensing ‖ **~abhängig** *adj* / position-dependent ‖ ~**abweichung** *f* / position deviation, positional deviation, deviation in position ‖ ~**angabe** *f* / position data, positional data, dimensional data ‖ ~**anwahl** *f* / position selection ‖ ~**anzeige** *f* / position display ‖ ~**anzeiger** *m* / cursor *n*, cursor fine ‖ ~**art** *f* / position type (definition of the precontrol profile and the travel limiting criterion) ‖ ~**auswahl** *f* / position selection ‖ ~**befehl** *m* / position command ‖ ~**begrenzung** *f* / position limitation ‖ ~**bestimmung** *f* / determination of position, definition of position ‖ ~**endschalter** *m* / position limit switch ‖ ~**erfassung** *f* / position detection, position sensing, position measuring, detection of the position ‖ ~**erkennung** *f* / position detection
Positions·fehler *m* / position error, position deviation ‖ ~**geber** *m* / displacement measuring device, position measuring device, position encoder, locator *m* ‖ ~**genauigkeit** *f* / positioning

accuracy || ⟨istwert *m* / actual position value || ⟨-
Istwert *m* / actual position (value)
Positions·kontrolle *f* / position control ||
⟨koordinaten *f* / positional coordinates ||
⟨korrektur *f* / position correction || ⟨laterne *f*
(Schiff) / navigation light || ⟨licht *n* (Schiff,
Flugzeug) / navigation light || ⟨logik *f* / position
logic || ⟨lupe *f* / puck *n* || ⟨marke *f* / positioning
mark || ⟨marke *f* (Bildschirm) / cursor *n* ||
⟨meldeschalter *m* / position signalling switch ||
⟨messgerät *n* / position measuring device ||
⟨messsystem *n* / position measurement system
(PMS) || ⟨muster *n* / position pattern ||
⟨musternummer *f* / position pattern number ||
⟨niet *m* / position rivet || ⟨nocke *f* / position cam ||
⟨nummer *f* / item number || ⟨papier *n* / profile *n*
|| ⟨regler *m* / positioning control system || ⟨satz
m / position block
Positionsschalter *m* VDE 0660,T.200 / position
switch IEC 337-1 || ⟨ **für Explosionsschutz** /
position switch for protection against explosion || ⟨
mit AS-i F / position switch with AS-i F || ⟨ **mit
getrenntem Betätiger** / position switch with
separate actuator || ⟨ **mit getrenntem Betätiger und
Zuhaltung** / position switch with separate actuator
and with tumbler || ⟨ **mit Schutzrohrkontakt** /
sealed-contact position switch || ⟨ **mit Zuhaltung** /
position switch with tumbler || ⟨ **mit
Zwangsöffnung** / position switch with positive
opening operation || ⟨**einheit** *f* / position switch unit
Positions·sensor *m* / position sensor || ⟨**signal** *n* /
position signal
Positions-Sollwert *m* / setpoint position, position
setpoint, target position || **programmierter** ⟨ /
programmed position
Positions·speicher *m* / position memory || ⟨**stabilität**
f / position stability || ⟨**steuerung** *f* / positioning
control, point-to-point control || ⟨-
Stillstandüberwachung *f* / position/zero-speed
monitoring || ⟨**streubreite** *f* / position dispersion
range, position spread || ⟨**teil** *m* (der eigentliche
Hauptteil der geschäftlichen Transaktion, der
sämtliche detaillierten Positionsdaten der
Nachricht enthält) / detail section || ⟨**toleranz** *f*
DIN 7184,T.1 / positional tolerance, tolerance of
position || ⟨**überwachung** *f* / position alarm,
position monitoring || ⟨**verschiebung** *f* / positional
shift || ⟨**vorschub** *m* / position feedrate,
positioning feedrate, position feed, positioning
feed || ⟨**wert** *m* / position value || ⟨**zeiger** *m*
(Cursor) / cursor *n* || ⟨**zyklus** *n* / position cycle
Positiv *n* (gS) / positive *n* || **~e Abtastrichtung** /
positive scanning shift || **~e Ader** / positive wire ||
~e Ansprech-Schaltstoßspannung / positive let-
through level || **~e Beurteilung** / positive recall || **~e
Festkommazahl** / unsigned fixed point number ||
~e Flanke (Impuls) / positive edge || **~e ganze BCD-
Zahl** / unsigned binary coded decimal integer || **~e
ganze Dualzahl** / unsigned binary integer || **~e ganze
Zahl** (ganze Zahl ohne Vorzeichen) / positive
integer, unsigned integer (UI) || **~e Logik** / positive
logic || **~e Platte** / positive plate || **~e
Qualitätsbeeinflussung** / that positively affect
quality || **~e Rückkopplung** / positive feedback,
direct feedback || **~e Rückmeldung** / acknowledge
n || **~e Spannung** (Diode) / forward voltage || **~e
Sperrspannung** / off-state forward voltage, off-
state voltage, DIN 41786 positive off-state voltage
|| **~e Spitzensperrspannung** / repetitive peak
forward off-state voltage || **~e Stirn-Ansprech-
Schaltstoßspannung** / positive 1.3 overvoltage
sparkover || **~e Stoßspitzenspannung** / non-
repetitive peak forward off-state voltage, non-
repetitive peak forward voltage || **~er
Blindleistungsverbrauch** / leading reactive-power
consumption || **~er Flankenwechsel** / positive-
going edge (of signal) || **~er Pol** / positive terminal
|| **~er Scheitel** / positive peak, positive crest || **~er
Sperrstrom** / off-state forward current, off-state
current || **~er Temperaturkoeffizient** / PTC || **~er
Winkel der Kopfschräge** (Bürste) / positive top
bevel angle || **~er Wolke-Erde-Blitz** / positive
downward flash || **~es Beispiel** / positive example ||
~es Bild / positive pattern || **~es Kriechen** (des
Sperrstroms) / positive creep || **~es Stopfen** /
positive justification || **~es Vorzeichen** / positive
sign
Positiv-Impedanz-Wandler *m* / positive impedance
converter (PIC)
Positiv·lack *m* / positive resist || ⟨**marke** *f* / positive
fiducial || ⟨**-Negativ·-Dreipunktverhalten** *n* /
positive-negative three-step action || ⟨**-Negativ-
Verhalten** *n* / positive-negative action || ⟨**-Null-
Negativ-Stopfen** *n* / positive/zero/negative
justification
Positron *n* (Elementarteilchen mit einer positiven
Elementarladung und gleicher Ruhemasse wie das
Elektron) / positron
POSMO·-Antrieb *m* / POSMO drive || ⟨ **Format** *n* /
POSMO format
POSS (Spindelposition (Parameter)) / POSS (spindle
position)
Postaldrehkran *m* / slewing gantry crane
Post·anschlusskasten *m* / telephone service box ||
⟨**anschrift** *f* / postal address, mailing address ||
⟨**ausgangsfach** *n* (Mailbox, die ausgehende und
gegebenenfalls bereits abgesandte E-Mail enthält) /
out basket || ⟨**eingangsfach** *n* (Mailbox, die nur
eingehende E-Mail enthält) / in-basket
Posten *m* (Fertigungslos) / lot *n*, batch *n*
Post·leitung *f* / post office line || ⟨**leitzahl** *f* /
postcode *n* || ⟨**optimalitätsanalyse** *f* /
postoptimality analysis
Postprint-Pattern-Modifikation *f* / process
performance management, parts per million, ppm
Postprozessor *m* / postprocessor *n* || **generalisierter**
⟨ / generalized postprocessor || ⟨**-Anweisung** *f* /
postprocessor instruction || ⟨**-Ausdruck** *m*
(CLDATA-Wort) / postprocessor print || ⟨**-
Zeichnung** *f* (CLDATA-Wort) / postprocessor plot
ISO 3592
POT (Übertragung PLC-Bedientafel) / PLC-operator
panel transfer (POT)
Potential *n* / potential *n*, electric potential ||
elektrisches ⟨ / electric potential || ⟨**anschluss** *m* /
potential connection, potential tap || ⟨**anschluss**
m / bonding lead
Potentialausgleich *m* (PA) VDE 0100, T.200 /
equipotential bonding || ⟨ *m* (elektrische
Verbindung (Potenzialausgleichsleiter), die die
Körper elektrischer Betriebsmittel und fremde
leitfähige Körper auf gleiches oder annähernd
gleiches Potenzial bringt, um störende oder
gefährliche Spannungen zwischen diesen Teilen zu

verhindern) / potential equalization || ≈ **ohne Erdungsanschluss** / non-earthed equipotential bonding, earth-free equipotential bonding || **erdfreier** ≈ / earth-free (o. non-earthed) equipotential bonding || **Erdung mit** ≈ / equipotential earthing (o. grounding)
Potentialausgleichs·anlage *f* / equipotential bonding system, equipotential bonding system || ≈**kabel** *n* / potential equalising cable || ≈**leiter** *m* / bonding jumper || ≈**leiter** *m* (PL) VDE 0100, T.200 / equipotential bonding conductor, bonding conductor || ≈**leiter** *m* (PAL) / equipotential bonding || ≈**leitung** *f* / equipotential bonding conductor, earth equalizing cable, equipotential bonding || ≈**prüfung** *f* / bonding-conductor test || ≈**schiene** *f* / equipotential bonding strip, bonding jumper, earth-circuit connector || ≈**strom** *m* / equipotential bonding current || ≈**verbindung** *f* / equipotential bonding (o. connection), bonding *n* || ≈**vorrichtung** *f* / potentializer *n*, equalizer *n* || ≈**zone** *f* / equipotential zone
Potential·aussage *f* / potential assessment || ≈**barriere** *f* / potential barrier || **~bezogener Ausgang** DIN 41855 / output referred to a potential || **~bezogener Eingang** DIN 41855 / input referred to a potential || ≈**bindungsmodul** *n* / non-isolating submodule || ≈**differenz** *f* / potential difference || ≈**ebene** *f* / ground plane || ≈**federring** *m* / grading ring || ≈**fläche** *f* / potential surface, equipotential surface
potentialfrei *adj* / floating *adj*, potential-free *adj*, voltageless *adj*, isolated *adj*, floating potential || **~e bzw. potentialbehaftete Ansteuerung** / floating potential or electrically non-isolated control || **Element zur ~en Übertragung der Steuerimpulse** / element to isolate the firing-pulse circuit || **~er Ausgang** / isolated output, floating output || **~er Eingang** / isolated input, floating input || **~er Kontakt** / floating contact, dry contact || ≈**heit des Signals** DIN IEC 381,T.2 / signal isolation || **~messen** / measure in an isolated circuit
potential·gebunden *adj* / non-floating *adj*, non-isolated *adj* || ≈**gefälle** *n* / potential gradient || **~getrennt** *adj* / isolated *adj*, electrically isolated, floating *adj*, optically isolated *adj* || ≈**gleichheit** *f* / potential equality, equalized potential || ≈**gradient** *m* / potential gradient || ≈**gruppe** *f* / potential group
Potential·knoten *m* (Netz) / slack bus || ≈**kraft** *f* / potential force, conservative force || ≈**kurve** *f* / potential curve, potential-energy curve || **Teilstromdichte-**≈**kurve** *f* / partial current density/potential curve || ≈**leitung** *f* (Leiter) / potential lead || ≈**mulde** *f* / potential well || ≈**ring** *m* (potenzialsteuernd) / grading ring
Potential·sattel *m* / potential saddle || ≈**schiene** *f* / voltage bus || ≈**schritt** *m* / equipotential pitch || ≈**schwelle** *f* / potential threshold, minimum potential || ≈**schwelle** *f* / potential barrier || ≈**steuerring** *m* / grading ring, static ring
Potentialsteuerung *f* / voltage grading, potential grading, potential control || ≈ *f* (Glimmschutz) IEC 50(411) / corona shielding || ≈ **mit hohem Widerstand** / resistance grading || **Schirm zur** ≈ / grading screen
Potentialtrenner *m* / buffer *n*, isolator *n*, buffer amplifier

Potentialtrenn·platte *f* / potential barrier || ≈**spannung** *f* / isolating voltage
Potentialtrennung *f* / electrical isolation, isolation *n*, control-to-load isolation, galvanic isolation || ≈ **der Steuerkreise** / control-to-load isolation || ≈ **Eingang mit** ≈ / isolated input, floating input || **elektrische** ≈ / electrical isolation, galvanic isolation, isolation *n* || **gruppenweise** ≈ / grouping isolation
Potentialtrennungs·baugruppe *f* / isolating module, galvanic isolation module || ≈**eigenschaften** *f* / electrical isolation properties || ≈**modul** *n* / isolating submodule
Potential·unterschied *m* / potential difference || ≈**verbindung** *f* / equipotential bonding (o. connection), bonding *n*, equipotential bonding connection || ≈**verlauf** *m* / potential profile || ≈**verschleppung** *f* / potential transfer, accidental energization, formation of vagabond (o. parasitic) voltages || ≈**verteilung** *f* / potential distributor, potential distribution || ≈**wall** *m* / potential barrier
Potentiometer *n* / potentiometer *n*, pot *n* || **internes** ≈ **zur Drehzahlregelung** / internal speed control potentiometer || ≈**-Antrieb** *m* / drive for potentiometer *n* || ≈**-Messgerät** *n* / potentiometric instrument || ≈**regler** *m* / potentiometer-type rheostat || ≈**schleifer** *m* / potentiometer slider, wiper *n*
Potenzial *n* / s. Potential
potenziell *adj* / potentially *adj* || **~e Energie** / potential energy || **~er Mangel** *f* / potential deficiency
potenzieren *v* / raise to a higher power
Potenzierung *f* / exponentiation *n*, involution *n*, raising *n*
Potenzprofil *n* / power-law index profile
Poti, freiverschaltetes ≈ / multi-purpose potentiometer || ≈**antrieb** *m* / drive for potentiometer *n* || ≈**einstellung** *f* / potentiometer setting
Potier, Umrechnungsfaktor nach ≈ / Potier's coefficient of equivalence || ≈**-Dreieck** *n* / Potier reactance triangle, Potier diagram || ≈**-EMK** *f* / Potier e.m.f. || ≈**-Reaktanz** *f* / Potier reactance
Potisollwert *m* / pot setpoint
POU *f* / program organization unit (POU)
Pourpoint *m* IEC 50(212) / pour point || ≈**-Erniedriger** *m* IEC 50(212) / pour point depressor
Power Block *m* (IGBT-Leistungsmodul für Reparaturzwecke (für Chassis und Schrankgeräte)) / Power Block || ≈/ **Erweiterungsmodul** *n* / power/expansion module || ≈**line-Baugruppe** *f* / Powerline module || ≈**modul für Motorstarter** *n* / power module for motor starter || ≈**-Relais** *n* / power relay || ≈**stack·-Information** *f* / powerstack information || ≈**stack-Störung** *f* / powerstack fault
Poyntingscher Vektor / Poynting vector
PP / polypropylene *n* (PP), passivate program (PP) || ≈ / system test pressure (design pressure)
PPAP / Production Part Approval Process (PPAP)
PPC / Pick and Place Control) / PPC
PP&E (plants, property and equipment) / PP&E (plants, property and equipment)
PPI / point-to-point interface (PPI) || ≈ *n* / parallel peripheral interface (PPI) || ≈**-Adapter** *f* / PPI adapter || ≈**-Schnittstelle** *f* / PPI interface

PPL 660

PPL *n* / polypropylene paper laminate (PPL)
ppm *f* / pulse position modulation
PPM / parts per million (PPM) || ⁓ *n* / Product Portfolio Management (PPM) *n*
PPP / parts program processing (PPP), parts program execution
PPS (Produktionsplanung und -steuerung) / production planning and control (PPC) || ⁓ **(Produktionsplanungssystem)** / production planning system (PPS)
PPU-MF / PPU-MF (protected power unit multifunctional)
PQ-Knoten *m* (Netz) / PQ bus
PR / design pressure || ⁓ (Prozessrechner) / process computer, process control computer, host computer || ⁓ **(Standardapplikation Programmierung)** / PR (standard application Programming)
PR-AA (Prüf-Analogausgabe) / CH-AQ (check analog output module)
Präambel *f* / preamble *n*
Prädikat *n* / predicate *n*
Präfix *n* / prefix *n*
Präge·form *f* / stamping mold, matrix *n* || ⁓**maschine** *f* / embossing machine, embosser
prägen *v* / stamp *v* || ⁓ *v* (stanzen) / emboss *v*
Präge·polieren *n* / roll finish || **~poliert** *adj* / burnished *adj* || ⁓**presse** *f* / embossing press || ⁓**teil** *n* / embossed part || ⁓**vorgang** *m* / punching *n*, embossing *n* || ⁓**werkzeug** *n* / embossing die
Pragma *n* / Pragma *n*
Prägung Schaltstellung 0 und I / position mark 0 and I
Praktikant *m* / trainee *n*, intern *n*, person undergoing practical training, student trainee
praktisch sinusförmig / substantially sinusoidal, practically sinusoidal || **~e elektrische Einheiten** / practical electrical units || **~e Lebensdauer** / useful life || **~e Leistung** / practical speed || **~er Referenzimpuls** DIN IEC 469,T.2 / practical reference pulse waveform || **~es Einheitensystem** / practical system of units
PRAL (Prozessalarm) / PRAL (process alarm)
Prall·blech *n* / baffle plate || ⁓**platte** *f* / barrier *n*, baffle *n*, partition *n*, partition plate, phase barrier, cable separator, outside wall of insulation || ⁓**plattensystem** *n* / plate baffle relay || ⁓**plattenverstärker** *m* / plate baffle amplifier || ⁓**sack** *m* / airbag *n*
Prämie *f* / LF *n*, VN *n*, award *n* || ⁓**nlohn** *m* / bonus wages system *n*
Präparateträger *m* / specimen holder
Präparation *f* / preparation *n*
Präparationschromatograph *m* / preparative chromatograph
präparative Chromatographie / preparative chromatography, fraction collecting chromatography
Präsentation *f* / presentation (PRE) *n* || ⁓**sfolie** *f* / transparency *n*
Präsenz *f* / presence *n* || ⁓**melder** *m* / presence detector
Prasseln *n* (Rauschen) / noise *n*
Pratze *f* / clamping shoe, bracket *n* || ⁓ *f* (el. Masch., Bauform IM B 30) / pad *n* || ⁓ *f* (Spannvorrichtung) / clamp *n*
Pratzen / clamp avoidance || ⁓**anbau** *m* (el. Masch., Bauform IM B 30) / pad-mounting *n* ||
⁓**ausweichbewegung** *f* / clamp avoidance movement
Pratzenschutz *m* / clamp protection || **werkzeugabhängiger** ⁓ / tool-specific clamp protection || ⁓**bereich** *m* (PSB) / clamp protection area
Pratzenumfahren *n* / clamp avoidance
Praxis, die ⁓ **zeigt** / experience has shown || **~gerechter Personenschutz und Maschinenschutz** / practical protective measures for operating personnel and machinery || ⁓**tauglichkeit** *f* / suitability for application
praxisüblich *adj* / commonly used
Präzessionskammer *f* / precession camera
Präzision *f* DIN 55350,T.13 / precision *n*
Präzisionsanflug *m* / precision approach || ⁓**befeuerung** *f* / precision approach lighting || ⁓**piste** *f* / precision approach runway || ⁓**radar** *m* (APR) / precision approach radar (APR) || ⁓**winkelsystem** *n* (PAPI-System) / precision approach path indicator system (PAPI system)
Präzisions·bearbeitung *f* / high-precision machining || ⁓**bohren** *n* / precision drilling || ⁓**getriebe** *n* / precision gearbox || ⁓**guss** *m* / precision casting || ⁓**klasse** *f* / precision class || ⁓**kühlung** *f* / precision cooling || ⁓**maschine** *f* / high-precision machine || ⁓**modul** *n* / precision module || ⁓**produkt** *n* / high-precision product || ⁓**schaltuhr, digitale** ⁓**schaltuhr** / precision-type digital time switch || ⁓**schleifen** *n* / precision grinding || ⁓**schneiden** *n* / precision cutting || ⁓**spannfutter** *n* / high-precision chuck || ⁓**spindel** *f* / high-precision spindle || ⁓**Spulkopf** *m* / precision bobbin head || ⁓**steuerung** *f* / precision control || ⁓**tisch** *m* / high-precision table || ⁓**waage** *f* / precision balance || ⁓**werkzeug** *n* / high-precision tool || ⁓**zähler** *n* / precision meter, precision-grade meter
PRC / PRC (Primary Responsible Company)
PR-DA (Prüf-Digitalausgabe) / CH-DQ (check digital output module)
PRE (preparation) / PRE (preparation)
Precompiler *n* / precompiler *n*
Preemphase *f* / pre-emphasis
Prefocus·-Lampe *f* / prefocus lamp || ⁓**-Sockel** *m* / prefocus cap, prefocus base
P-Regelung *f* / proportional control, proportional-action control
P-Regler *m* (Proportionalregler) / P controller, proportional-action controller
Preis *m* / rate *n*, price *n* || ⁓ **für Reserveleistung** / standby charge || ⁓ **pro Kilovoltamperestunde** / price per Kilovoltampere hour || ⁓ **pro Kilowattstunde** / price per Kilowatt hour || ⁓ **pro PE** / price per PU || ⁓**änderungsklausel** *f* / price adjustment clause || ⁓**anpassungsklausel** *f* (StT) / price adjustment clause || ⁓**art** *f* / price type || ⁓**band** *n* / price line || ⁓**basis** *f* / price basis || ⁓**begriff** *m* / price term || ⁓**behandlung** *f* / price treatment || ⁓**bildung** *f* / price calculation, pricing *n* || ⁓**bildungsblatt** *n* / pricing sheet || ⁓**blätter** *n* *pl* / price sheets || ⁓**datum** *n* / price date || ⁓**einheit** *f* / price unit || ⁓**findung** *f* / pricing *n* || ⁓**gestaltung** *f* / pricing *n* || **~günstig** *adj* / cost effective || ⁓**Leistungs-Verhältnis** *n* / price-performance ratio, price/performance ratio || ⁓**liste Inland** / domestic German price list || ⁓**listenmitteilung** *f* / price list notification || ⁓**politik** *f* / pricing policy

Preisregelung *f* / tariff *n*, tariff for electricity || ⁓ **für die Industrie** / industrial tariff || ⁓ **für die Spitzenzeit** / peak-load tariff, on-peak tariff || ⁓ **für Hochspannung** / h.v. tariff || ⁓ **für hohe Benutzungsdauer** / high-loadfactor tariff || ⁓ **für Mittelspannung** / medium-voltage tariff || ⁓ **für Niederspannung** / l.v. tariff || ⁓ **für niedrige Benutzungsdauer** / low-load-factor tariff || ⁓ **für Reserveversorgung** / standby tariff || ⁓ **für Sonderzwecke** / catering tariff || ⁓ **für Zusatzversorgung** / supplementary tariff
Preis·reserve *f* / price reserve || ⁓**rückrechnung** *f* / price reverse calculation || ⁓**stellung** *f* / pricing *n* || ⁓**übersicht** *f* / price summary || ⁓**verfall** *m* / price decay
preiswert *adj* / economic *adj*, cost-effective *adj*
P-Rel-DA (Prüf-Relaisausgabe) / CH Rel DQ (check relay output module)
Prell·bock *m* / buffer stop, bumper *n* || ⁓**dauer** *f* / bounce time, chatter time (relay), bouncing time
Prellen *n* (Kontakte) / bouncing *n*, bounce *n*, chatter *n* (relay) || ⁓ *n* (EN 60834-1) / contact bounce || ⁓ *n* (Relaisanker) / rebound *n*
prellfrei *adj* / bounce-free *adj* || **~er Schalter** (Schlitten einer Drehmaschine, der quer zur Bettachse geführt wird und den Planvorschub ausführt) / bounce-free switch
Prell·gummi *m* / bounce rubber || ⁓**prüfung** *f* / bounce test || ⁓**schwingung** *f* / chatter vibration || **~ungsfrei** *adj* / bounce-free || ⁓**unterdrückung** *f* / bounce suppression || ⁓**zeit** *f* (Zeitdauer vom ersten bis zum letzten Schließen bzw. Öffnen eines Kontaktes) / bounce time, chatter time (relay), bouncing time
Premix *n* (Isolierung) / premix *n*
Prepreg *n* / prepreg *n*, preimpregrated material
PRESET / preset actual value memory, PRESET
Preset / preset || ⁓**speicher** *m* / Preset memory || ⁓**ting** *n* / pre-setting || ⁓**-Verschiebung** *f* / preset offset
Press·automat *m* / automatic press || **~blanke Oberfläche** / plate finish || ⁓**bolzen** *m* / clamping bolt, tie-bolt *n* || ⁓**druck** *m* / forging pressure, mold pressure, forming pressure || ⁓**duktor** *m* / pressductor *n*
Presse *f* / press *n*
Press·einrichtung *f* / clamping structure, constructional framework, supporting and clamping structure, (bracing and) clamping frame
Pressemaßnahme *f* / press activity
Pressen *n* / pressing *n* || ⁓**antrieb** *m* / press drive || ⁓**ausrüstung** *f* / press equipment || ⁓**automatisierungssystem** *n* / press automation system || ⁓**gestell** *n* / press frame || ⁓**linie** *f* / press line || ⁓**sicherheit** *f* / press safety || ⁓**sicherheitssteuerung** *f* / press safety control || ⁓**sicherheitsventil** *n* / press safety valve *n* || ⁓**steuergerät** *n* / press control device, press control unit || ⁓**steuerung** *f* / press control || ⁓**transfer** *m* / press transfer || ⁓**werkzeug** *n* / press tool || ⁓**zufuhr** *f* / press supply || ⁓**zyklus** *m* / press cycle
Presse·referat *n* / press office || ⁓**referent** *m* / press officer
Presseur *m* / impression cylinder || ⁓**biegung** *f* / impression roller bending || ⁓**motor** *m* / impression roller motor || ⁓**reinigung** *f* / impression roller cleaning || ⁓**reinigungproduktionsende** *n* / impression roller cleaning end of production || ⁓**rolle** *f* / impression roller || ⁓**wechselschiene** *f* / impression roller exchange rail
Press·fit-Stift *m* / press in pin || ⁓**fuge** *f* / interference interface, construction joint || **~geschweißt** *adj* / pressure-welded || ⁓**gestell** *n* / clamping frame, end frame, constructional framework || ⁓**glas-Autoscheinwerferlampe** *f* / sealed-beam headlamp || ⁓**glasreflektor** *m* / pressed-glass reflector || ⁓**glas-Scheinwerferlampe mit Reflektorkolben** / sealed beam lamp
Press·-Härtetechnik *f* / pressure-hardening technique || ⁓**hülsen-Verbindungstechnik** *f* / fermi-point wiring (technique) || ⁓**kabelschuh** *m* / compression-type socket, crimping cable lug || ⁓**kapseln** *n* / moulding *n*, molding *n* || ⁓**kapseln vergießen** / molding *v* || ⁓**konstruktion** *f* / clamping structure, constructional framework, supporting and clamping structure, (bracing and) clamping frame || ⁓**kraft** *f* / press force || ⁓**kraftkontrolle** *f* / press force control || ⁓**kupplung** *f* / compression clutch || ⁓**linie** *f* / press line || ⁓**loch** *n* (Trafo-Presskonstruktion) / clamping hole, tie-bolt hole || ⁓**masse** *f* / moulding material, moulding, compound || ⁓**passung** *f* / interference fit || ⁓**passung** *f* (enger Treibsitz) / tight fit, driving fit || ⁓**platte** *f* (Trafo-Kern) / clamping plate, end plate, thrust plate || ⁓**rahmen** *m* / clamping frame, end frame, constructional framework || ⁓**sitz** *m* / press fit
Pressspan *m* / pressboard *n*, presspan *n* || ⁓**platte** *f* / pressboard *n*, presspan board, strawboard *n*, Fuller board
Pressstoff *m* / moulded material, moulded plastic || ⁓**lager** *n* / moulded-plastic bearing, plastic bearing
Press·stumpfschweißen *n* / resistance butt welding || ⁓**teil** *n* / pressed part
Pressung *f* (Trafokern) / clamping *n*, compression *n*, compaction *n*, degree of compression || **Amplituden~** *f* / amplitude compression
Press·verband *m* DIN 7182 / interference fit || ⁓**verbinder** *m* / pressure connector, pressure wire connector || ⁓**verbindung** *f* (Leiterverb.) / compression connection || ⁓**walze** *f* / pressure roller || ⁓**werk** *n* / pressing plant, press shop, sheetmetal shop || ⁓**werkzeug** *n* / molding tool, compression mold || ⁓**werkzeugbau** *m* / die manufacture
Pretrigger *m* / pre-trigger
primär *adj* / primary *adj* || **~ getaktetes Netzgerät** / primary switched-mode power supply unit
Primär·abdichtung *f* / primary sealing || ⁓**-Ampèrewindungen** *f pl* / primary ampere-turns, primary turns || ⁓**anlage** *f* / primary equipment
Primäranschluss *m* / primary terminal, line terminal, input terminal || ⁓**spannung** *f* / primary terminal voltage, primary voltage, supply voltage
Primär·aufbau *m* / primary installation || ⁓**ausfall** *m* (Ausfall einer Einheit, der weder direkt noch indirekt durch einen Ausfall oder Fehlzustand einer anderen Einheit verursacht wird) / primary failure || ⁓**auslöser** *m* VDE 0670, T.101 / direct overcurrent release IEC 561, direct release || ⁓**batterie** *f* / primary battery || ⁓**batterie mit**

primäre 662

schmelzflüssigen Elektrolyten / molten salt primary battery || ⁀**befehlsgruppe** f DIN IEC 625 / primary command group (PCG) || ⁀**bereich** m / primary area, campus area || ⁀**datenmultiplexer** m / first data multiplexer || ⁀**druck** m / inlet pressure
primäre Bemessungs-Fehlergrenzstromstärke (Schutzwandler) / rated accuracy limit primary current || **~ Bemessungsspannung** / rated primary voltage || **~ Bemessungsstromstärke** (Wandler) / rated primary current || **~ Last** / standard load || **~ Last** (Freiltg.) / primary load, normal load || **~ PCM-Gruppe μ** / primary PCM group μ || **~ PCM-Gruppe A** / primary PCM group A || **~ Referenzzelle** / primary reference cell || **~ Schlüsselinformation** / primary key information
Primär·elektronenemission f (thermische, photoelektrische oder Feldemission) / primary electron emission || ⁀**element** n / primary cell || ⁀**energie** f / primary energy
primär·er Bemessungsstrom / rated primary current || **~er Fehlergrenzstrom** / accuracy limit primary current || **~er Genauigkeitsgrenzstrom** / accuracy limit primary current || **~er Messbereich** DIN IEC 651 / primary indicating range || **~er Zulieferer** / primary supplier || **~es Kriechen** / initial creep, primary creep || **~es Kühlmittel** (el. Masch.) VDE 0530, T.1 / primary coolant IEC 34-1
Primär·frequenz f / primary frequency, input frequency || **~getaktet** adj / primary switched-mode || ⁀**gruppe** f / group n || ⁀**gruppenabschnitt** m / group section || ⁀**gruppenbezugspilot** m / group reference pilot || ⁀**gruppendurchschaltefilter** m (Bandpassfilter, dessen Übertragungsband das genormte Frequenzband einer Primärgruppe ist) / through-group filter || ⁀**gruppendurchschaltepunkt** m / through-group connection point || ⁀**gruppen-Trägerfrequenzen** / group carrier frequencies || ⁀**gruppenverbindung** f / group link IEC 50(704) || ⁀**gruppenverteiler** m / group distribution frame IEC 50(704) || ⁀**index** m (Index für Primärschlüssel) / primary index || ⁀**klemme** f / primary terminal, input terminal, main terminal || ⁀**kontakt** m / primary contact || ⁀**kreis** m / primary circuit || ⁀**kühlmittel** n / primary coolant IEC 34-1 || ⁀**last** f / primary load, normal load || ⁀**leiter** m / primary conductor, primary n || ⁀**lichtquelle** f / primary light source, primary source || ⁀**lohnart** f / primary wage type || ⁀**nachricht** f / primary message (PRM) || ⁀**nennstrom** m / primary rated current || ⁀**-Nennstrom** m / rated primary current || ⁀**normal** n / primary standard || ⁀**prüfung** f (Schutz) / primary test || ⁀**prüfung durch Fremdeinspeisung** (Schutz) / primary injection test
Primär·regelung f (der Drehzahl v. Generatorsätzen) / primary control || ⁀**relais** n VDE 0435,T.110 / primary relay || ⁀**schalter** m / primary switching device || ⁀**schaltkreis** m / primary circuit || ⁀**schaltregler** m / primary switched-mode regulator || ⁀**schaltung** f / primary circuit || ⁀**schiene** f / primary bar || ⁀**schlamm** m / waste activated sludge, WAS n || ⁀**schlüssel** m (Schlüssel, der genau einen Datensatz identifiziert) / primary key || ⁀**seite** f / primary side, primary circuit, input side, primary n || **~seitig** adj / primary adj, in primary circuit, input-end adj, line-side adj, on the primary side ||
⁀**sicherung** f / primary fuse || ⁀**spannung** f / primary voltage, input voltage || ⁀**spule** f / primary coil || ⁀**steuerungselement der Maschine** / machine primary control element || ⁀**strahler** m / primary radiator
Primärstrom m / primary current, input current || ⁀**auslöser** m / direct overcurrent release IEC 56-1, direct release || ⁀**relais** n / direct overcurrent relay
Primär·target n / primary target || ⁀**technik** f / technology of primary devices || ⁀**teil** m / primary part || ⁀**teil** m (elektrisch aktive Komponente eines Linearmotors) / primary section || ⁀**teilbearbeitung** f / primary part processing || ⁀**teilkühler** m / primary section cooler || ⁀**teilwicklung** f / primary section winding || ⁀**telegramm** n (Telegramm von Leitstelle an SCIAM nimiRTU) / primary telegram || ⁀**-Ummantelung** f / primary coating || ⁀**valenzachsen** f pl / colour axes || ⁀**valenzen** f pl / reference (colour stimuli) || ⁀**variable** f / primary variable || ⁀**versuch** m (Schutz) / primary test, primary-injection test, staged-fault test || ⁀**wandler** m / primary current transformer || ⁀**wandlerabgleich** m (der Primärwandler wird gegen einen Referenzwert abgeglichen) / compensation of the primary transformer || ⁀**wicklung** f / primary winding, input winding || ⁀**zelle** f / primary cell
Primzahl f / prime number
Print / pluggable printed-board assembly, plug-in p.c.b. || ⁀**platte** f / printed board, printed-circuit board (PCB), board n, card n || ⁀**-Recorder** m / printing recorder || ⁀**relais** n / print relay
Prinzip des gefahrlosen Ausfalls / fail safe || **4-Augen-**⁀ n / 4-eyes-principle || **4-Draht-**⁀ n / 4-wire principle || ⁀**darstellung** f / schematic representation || ⁀**fehler** m (Schutzsystem) IEC 50 (448) / principle failure || **~ielle Funktionsfähigkeit** / principal correct functioning || **~ieller Verlauf** / schematic || ⁀**schaltbild** n / block diagram, survey diagram (Rev.) IEC 113-1, circuit diagram, schematic representation || ⁀**schaltbild** n (Blockdiagramm) / block diagram || ⁀**schaltplan** m (einpolig) / single-line diagram || ⁀**schaltung** f / principal outlay || ⁀**skizze** f / schematic sketch
Priorisierung f / prioritisation n
Priorität f / priority n || ⁀ **für den angerufenen Teilnehmer** / priority for called subscriber || ⁀ **gegenüber Lokalbetrieb** / in local override || **die nächst niedrige** ⁀ / the next priority down
Prioritätensteuerung f / priority control
Prioritäts·anzeige f / priority display || ⁀**auflösung** f / priority resolution || ⁀**baustein** m (programmierbare Unterbrechungssteuerung) / programmable interrupt controller || ⁀**ebene** f / level of priority, priority level || ⁀**entschlüssler** m / priority resolver || **~gesteuerte Unterbrechung** / priority interrupt control (PIC) || ⁀**kette** f (Buszuteilung) / daisy chain || ⁀**klasse** f / priority class, process level, execution level || ⁀**staffelung** f / priority grading || ⁀**steuerung** f / priority control || ⁀**verarbeitung** f / priority processing, priority scheduling || ⁀**verkettung** f / daisy chaining || ⁀**verschlüssler** m / priority encoder || ⁀**verwalter** m (MPSB) / priority arbiter || ⁀**zuordnung** f / priority assignment, priority scheduling

prioritieren v / prioritize v, assign priorities
Priorisierung f / prioritization n, priority assignment, priority scheduling
Priorisierungslogik f / prioritization logic
prismatisch adj / prismatic adj || **~e Zellenabdeckung** / prismatic cell cover, prismatic secondary concentrator, prismatic cover
Prismen·bock m / V-support n || ⟨brilliantwanne f (Leuchte) / prismatic decorative diffuser || ⟨glasleuchte f / dispersive fitting || ⟨halter m / prism support || ⟨klemme f / prism terminal || ⟨klemmensatz m / set of prism terminals || ⟨scheibe f (Leuchte) / prismatic panel diffuser || ⟨wanne f (Leuchte) / prismatic diffuser
Pritsche f (f. Kabel) / rack n, platform n || ⟨anlage f / cable tray location
privat·e Krankenversicherung / private health insurance || **~er Bereich** / private range (range that may be used by manufacturers for their own private use) || **~er Schlüssel** (Schlüssel, der ausschließlich von seinem Besitzer zur Entschlüsselung zu benutzen ist) / private key
Privat·leitung f / private line || ⟨sphäre f / privacy || ⟨zufahrt f / driveway n, private access, private access road
PRM n / Partner Relationship Management (PRM)
probabilistisches Modell / probability model
Probe f (Materialprobe) / sample n, test specimen, test unit, specimen n, coupon n || ⟨ f (Prüfung) / test n, trial n || **eine** ⟨ **entnehmen** / take a sample || ⟨belastung f / load test, test loading || ⟨stücken n (Probebestücken von konkreten Baugruppen) / trial component placement || ⟨betrieb m / test run, trial run, trial operation, trial mode, test running, dry run || ⟨druck m / component test pressure || ⟨durchlauf m / test run || ⟨entnahme f / sampling n || ⟨entnehmer m / sampler n, sampling device || ⟨fahrt f / running test || ⟨installation f / installation test || ⟨körper m / test specimen, specimen n
Probelauf m / trial run, trial operation, test run, run-in test, dry run || ⟨vorschub m / dry run feed, dry run feedrate, DRY
Probe·montage f / installation test || ⟨muster n / sample n, test specimen, test unit, specimen n, coupon n || ⟨nahme f / sampling n || ⟨nahmegerät n / sampler || ⟨nahmespezifikation f / sampling procedure
Proben·aufbereitung f / sample conditioning, sample preparation || ⟨aufbereitungseinrichtung f / sample conditioner || ⟨aufgabe f (Chromatograph) / sample injection
Probenehmer m / sampler n
Proben·entnahme f / sampling n || ⟨entnahme mit Rückstellung / sampling with replacement || ⟨entnahmeöffnung f / sampling port || ⟨entnehmer m / sampler, sampling device || ⟨heber m / thief n || ⟨magazin n / sample (o. specimen) magazine || ⟨messhahn m (Entnahme v. Flüssigkeitsproben u. Zählung der Entnahmemenge) / volumetric sampler || ⟨nadel f / sample syringe || ⟨stecher m / thief n || ⟨strom m / sample flow || ⟨teilung f / sample division || ⟨verkleinerung f / sample reduction || ⟨vorbereitung f / sample preparation || ⟨wechsler m / sample (o. specimen) changer || ⟨-Zwischenbehälter m / intermediate sampling cylinder
Probe·schalten n / trial operation, test operation || ⟨schweißung f / test weld, trial weld || ⟨spule f / test coil || ⟨stab m / test bar || ⟨stück n / test workpiece, specimen || ⟨teil n / test workpiece, specimen || ⟨werkstück n / test workpiece, test component, specimen || ⟨zeit f / trial period, probation period
Problem·analyse f / problem analysis || ⟨behebung f / problem recovery || ⟨bereich m / problem area, problem domain || ⟨bereichsmodell n / domain model || ⟨kreis m / issue || ⟨lösen n / problem solving || ⟨lösung f / problem solution || ⟨meldung f / problem report || ⟨raum m / problem space || ⟨reduktion f / problem reduction || ⟨report m / problem report || ⟨vorklärung f / preliminary problem clarification
production preparation process / production preparation process (3P)
Produkt n / product n || ⟨ **aus Drehzahl und Polpaarzahl** / speed-frequency n || ⟨ **lizenziert für** / product licensed for || ⟨ **ohne Firmenmarke** / product without manufacturer's brand || ⟨ **zuführen** / filling n || **fertiges** ⟨ / finished product || ⟨abkündigung f / discontinued product, product discontinuation, total discontinuation of product || ⟨änderungsmitteilung f / product change info, product change notification, PCN || ⟨anforderung f / product requirements || ⟨angebot n / product offer || ⟨ankündigung f / product announcement || ⟨anlauf m / product launch || ⟨anleitung f / product guide || ⟨anzeige f / product brochure || ⟨architektur f / product architecture || ⟨audit n / product quality audit || ⟨ausfall m / product failure || ⟨auslauf m / product phase-out, product exit, phased-out product || ⟨automatisierung & Automatisierungssysteme / Product Automation & Automation Systems || ⟨begleitfax n / product fax || ⟨beobachtung f (nach Ablieferung) / product monitoring, product observation || **~berührtes System** / contacting system || ⟨beschreibung f / product brief || ⟨betreuung f / product support, product management, responsibility for the product, after-sales service || ⟨betreuungsaktivitäten f pl / product support activities || ⟨bezeichnung f / mark n, product designation, trademark n || **~bezogene Qualitätsaufzeichnung** / product-related quality record || ⟨**- bzw. Systemfunktionalität** / product- or system functionality || ⟨daten plt (Produktspezifische CAD-Daten eines Bestückprogramms) / product data || ⟨daten-Übernahme f / program conversion || ⟨daten-Übertragung f / product data conversion || ⟨dokumentation f / User Documentation (DOCU)
Produkte anderer Hersteller / third-party products || ⟨ **& Lösungen** / Products & Solutions || ⟨ **und Branchen** / Products and Industries || **eingeführte** ⟨ / established products
Produkt·ebene f / product level || ⟨eigenschaft f / product configuration, product feature || ⟨eigenschaften f pl / product features || ⟨einsatz m / field service || ⟨einstellung f / end of product || ⟨entstehung f / product development || ⟨entstehungsakte f / device history ||

Produktion

⟲entstehungsphasen *f pl* / stages involved at arriving at the end product || ⟲entstehungsprozess *m* / product development process || ⟲entwicklung *f* / product development || ⟲entwicklung/ Markteinführung / product development/market launch || ⟲entwicklungsgruppe (PEG) *f* / product development group || ⟲-Entwicklungs-Zyklus *m* / product development cycle || ⟲ergebnisrechnung *f* / product linked statement of results || ⟲familie *f* / product family, product line || ⟲familiennorm *f* / product family standard || ⟲fehler *m* / product nonconformity || ⟲flexibilität *f* / product flexibility || ⟲fluss *m* / product flow || ⟲funktionalität *f* / product functionality || ⟲generation *f* / product generation || ⟲geschäft *n* / products business || ⟲gestaltung *f* / product design || ~gesteuerte Fertigung *f* / product-controlled production || ⟲gruppe *f* / product group, factory group || ⟲gruppen und Bereiche / range of products and fields of application || ~gruppenbezogen *adj* / refer to a group of products || ⟲gruppensystematik *f* / product group system || ⟲haftung *f* / product liability || ⟲haftungsgesetz *n* / product liability act || ⟲hauptakte *f* / device master record (DMR) || ⟲herstellung *f* / manufacture of a product || ⟲idee *f* / conception of an idea for a product || ⟲information *f* / product information || ⟲-Informations-System *n* / Product Information System

Produktion auf Abruf / just-in-time production (JIT) || ⟲ **ohne Zwischenlager** / stockless production || **lagerfreie** ⟲ / stockless production

Produktions·ablauf *m* / production sequence, production process, production operation || **chemischer** ⟲**ablauf** / chemical production process || ⟲**anforderung** *f* / production requirement || ⟲**anwahl** *f* / production selection || ⟲**art** *f* / production type || ⟲**auftrag** *m* / production order || ⟲**auftragsverwaltung** *f* / production order management || ⟲**ausfall** *m* / production outage || ⟲**ausfallzeit** *f* / nonproductive time || ⟲**automat** *m* / automatic production machine || ⟲**automatisierung** *f* / production management automation, factory automation || ⟲**bedarfsplanung** *f* / manufacturing resource planning (MRP) || ⟲**bereich** *m* / production area || ⟲**daten** *plt* / production data || ⟲**datenerfassung** *f* (PDE) / production data acquisition (PDA) || ⟲**datenmanagement** *n* / production data management || ⟲**denken** *n* / production mentality || ⟲**drehmaschine** *f* / sliding lathe || ⟲**durchführung** *f* / manufacturing execution || ⟲**ebene** *f* / production level || ⟲**einrichtung** *f* / production equipment || ⟲**ende** *n* / end of production || ⟲**equipment** *n* / production equipment || ⟲**fachleute** *plt* / production experts || ⟲**fehler** *m* / production defects || ⟲**freigabe** *f* / production release || ~**integrierte Instandhaltung** / Total Productive Maintenance (TPM) || ⟲**kapazität** *f* / production capacity || ⟲**kosten** *plt* / costs of production || ⟲**lebenszyklus** *m* / production life cycle || ⟲**leistung** *f* (Menge/Zeit) / production rate

Produktionsleit·ebene *f* / plant and process supervision level, production management level, plant management level, CIM centre level, coordinating and process control level || ⟲**system** *n* / production management system || ⟲**technik** *f* / production management, production control system, production control systems, factory automation || ⟲**technik** *f* (CIM) / computer-integrated manufacturing (CIM)

Produktions·lenkung *f* / production planning and control (PPC) || ⟲**logistik** *f* / production logistics || ⟲**management** *n* / production management || ⟲**managementsystem (PMS)** *n* / production management system (PMS) || ⟲**maschine** *f* / production machine || ⟲**meldung** *f* (enthält zu einer Partie gehörende Istdaten aus dem Herstellungsprozess (z. B. produzierte Menge)) / production information, production report || ⟲**nummer** *f* / production number || ⟲**paket** *n* / production kit || ⟲**parameter** *m* / production parameter || ⟲**planung** *f* / production planning, manufacturing (o. materials) requirements planning (MRP) || ⟲**planung und -steuerung** (PPS) / production planning and control (PPC) || ⟲**planungsebene** *f* / production planning level || ⟲**planungssystem** *n* (PPS) / production planning and control (PPC) || ⟲**planungssystem (PPS)** *n* / production planning system (PPS) || ⟲**prozess** *m* / production process || ⟲**regel** *f* / production rule (an if-then rule for representing knowledge in a rule-based system) || ⟲**schleifmaschine** *f* / production grinding machine || ⟲**stätte** *f* (Fabrik) / production facility || ⟲**steuerung** *f* / production planning, production control || ⟲**strang** *m* / line *n* || ⟲**straße** *f* / production line, series production line || ⟲**system** *n* / production system || ⟲**tiefbohrmaschine** *f* / production deep-hole drilling machine || ⟲**umbau** *m* / factory rebuilding || ⟲**umfeld** *n* / production environment || ⟲**umstellung** *f* / production changeover || ⟲**- und Prozessleitebene** *f* / plant and process supervision level, plant management level || ⟲**zelle** *f* / production cell, manufacturing cell || ⟲**zellensteuerung** *f* (PZS) / production cell control (PCC) || ⟲**zustand** *m* / production state

Produktivierung *f* / marketing and sales function costs into cost of sales

Produktivität *f* / productivity *n*

Produktivitäts·fortschritt *m* / productivity improvement || ⟲**programm** *n* / productivity program || ⟲**steigerung** *f* / improve productivity, productivity increase, increase in productivity

Produktivsetzung *f* / start of production, Start of Production (SOP)

Produkt·kategorie *f* (durch gemeinsame Merkmale gekennzeichnete Produktart) / product category || ⟲**konfiguration** *f* / product configuration || ⟲**konfigurationen** *f* / product configurations || ⟲**konfigurator** *m* / product configurator || ⟲**konstanz** *f* / product stability || ⟲**kurve B x H** / B-H curve || ⟲**landschaft** *f* / product landscape || ⟲**lastenheft** *n* / product order specification || ⟲**leben** *n* / product life || ⟲**lebenszyklus** *m* / product life cycle || ⟲**leistung** *f* / product performance || ⟲**leistungszentrum** *n* / production performance center || ⟲**leitblech** *n* / product guiding plate || ⟲**lücke** *f* / product gap || ⟲**management (PM)** *n* / product management (PM) || ⟲**marketing** *n* / product marketing || ⟲**merkmal** *n* / product feature || ⟲**name** *n* / product name, trademark *n*, mark *n* || ⟲**norm** *f* (Produktnormen sind maschinenspezifische

Normen, auch C-Normen genannt) / product standard || ♃**palette** *f* / product range || ♃**parameter** *m* / product parameter || ♃**pass** *m* / product information bulletin || ♃**pflege** *f* / product management, product support, product maintenance || ♃**pflichtenheft** *n* / product response specification || ♃**planung** *f* / product planning || ♃**platte** *f* / product range || ♃**plattform** *f* / product platform || ♃**portfoliomanagement** *n* / product portfolio management || ♃**profil** *n* / product profile || ♃**programm** *n* / product range || ♃**puffer** *m* / accumulator *n* || ♃**qualität** *f* / product quality || ♃**qualitätsmessungen** *f* / Product quality measurements || ♃**qualitätsvorausplanung** *f* / Advanced Product Quality Planning (APQP) || ♃**reife** *f* / product maturity || ♃**relais** *n* / product relay, product measuring relay

Produkt·schein *m* / product form, product certificate || ♃**schlüssel** *m* / product code || ♃**schrift** *f* / product brochure || ♃**sicherheit** *f* / product safety || ♃**sicherheitsfall** *m* / product safety incident || ♃**sicherheitskoordinator** *m* / product safety coordinator || ♃**sicherheitsmangel** *m* / product safety defect || ♃**sicherheitsmeldung** *f* / product safety report, product safety memo || ♃**sicherheitsnormen** *f pl* / product safety standards || ♃**sicherung** *f* / product assurance || ♃**sicherungsmaßnahme** *f* / product assurance measure || ♃**sicherungsmaßnahmen** *f pl* / product assurance measures || ♃**software** *f* / product software || ♃**spektrum** *n* / product range, product spectrum || ♃**spezifikation** *f* / product specification || ♃**stammdaten** *plt* / product master data || ♃**standsdatei** *f* / product status file || ♃**steuerung** *f* / product control, production control, computer aided manufacturing (CAM) || ♃**streichung** *f* / product cancellation || ♃**struktur** *f* / product structure || ♃**strukturplan** *m* / product structure plan || ♃**stufe** *f* / product version

Produkt·technik *f* / product engineering || ♃**übersicht** *f* / product overview || ♃**umstellung** *f* / product change || ♃**- und Systemauswertung** / product and system evaluation || ♃**vereinbarung - Durchführung** (PVD) / product agreement - implementation || ♃**- Fertigung** (PVF) / product agreement - manufacture || ♃ **- Voruntersuchung** / product agreement - preliminary study || ♃**verfolgung** *f* / product tracing || ♃**verlagerung** *f* / product relocation || ♃**verpackungsetikett** *n* / product packaging label || ♃**vertrieb** *m* / product sales/marketing || ♃**vielfalt** *f* / product diversity || ♃**vorlauf** *m* / product input buffer || ♃**zergliederungsplan** *m* / product parts survey plan || ♃**zielkosten** *plt* / target product costs || ♃**zyklus** *m* / product cycle

Produzentenhaftung *f* / manufacturer's liability

professionelles Gerät EN 61000-3-2 / professional equipment

Profibus *m* (PROFIBUS) / fieldbus *n*, process fieldbus

PROFIBUS (process fieldbus) / PROFIBUS (process fieldbus), profibus *n*, fieldbus *n*

Profibus DB/ET200-Peripherie / Profibus DB/ET200 I/Os

PROFIBUS·-Achse *f* / PROFIBUS axis || ♃**-Adapter** *m* / PROFIBUS adapter || ♃**-Adresse** *f* / CB bus address, PROFIBUS address *n*

Profibusanleitung *f* / profibus instruction

PROFIBUS·-Anschaltung *f* / PROFIBUS controller, PROFIBUS interface || ♃**-Anschluss** *m* / PROFIBUS link || ♃**-Antrieb** *m* / PROFIBUS drive || ♃**-Baugruppe** *f* / PROFIBUS module || ♃**-Betrieb** *m* / PROFIBUS mode || ♃**-Board** *n* / PROFIBUS board

Profibus·diagnose *f* / profibus diagnostics, PROFIBUS diagnostics || ♃**diagnosedaten** *plt* / profibus diagnostics data, PROFIBUS diagnostics data

PROFIBUS-DP / PROFIBUS DP *n* || ♃**, Motion Control** / PROFIBUS-DP, Motion Control || ♃**-ASIC** / PROFIBUS DP ASIC || ♃ **ASICs** / PROFIBUS-DP ASICs || ♃**-Direkttaste** *f* / PROFIBUS-DP direct key || ♃ **Ex i** / PROFIBUS DP Ex i || ♃**-Interface** *n* / PROFIBUS-DP interface || ♃**-Kabel** *n* / PROFIBUS-DP cable || ♃**-Kommunikation** *f* / PROFIBUS-DP communication || ♃**-Master** *m* / PROFIBUS DP master || ♃**-Mastersystem** *n* / PROFIBUS-DP master system || ♃**-Modul** / PROFIBUS-DP module || ♃**/RS 232C-Link** *m* / RS 232 link || ♃**-Schnittstelle** *f* / PROFIBUS-DP interface || ♃**-Slave** *m* / PROFIBUS DP slave || ♃**-Subnetz** *n* / PROFIBUS DP subnet || ♃**V1-Dienst** *m* / PROFIBUS-DPV1 service

PROFIBUS-Gerät *n* / PROFIBUS device

Profibus·kommunikationsbaugruppe *f* / profibus communications module || ♃**-Konfiguration** *f* / PROFIBUS configuration

PROFIBUS·-Modul *n* / PROFIBUS module || ♃**-Netz** *n* / profibus network, PROFIBUS network || ♃**-Netzwerk** *n* / PROFIBUS network || ♃**-Nutzerorganisation** (PNO) / PROFIBUS user organization, PROFIBUS International (PI) || ♃**-PA** / PROFIBUS PA || ♃**-PA-Feldgerät** *n* / PROFIBUS PA field device || ♃**-Peripherie** *f* / PROFIBUS I/O devices || ♃**-Profil** *n* / profibus profile || ♃**-Schnittstelle** *f* / PROFIBUS interface || ♃**-Schnittstellencenter** / PROFIBUS Integration Center || ♃**-Segment** *n* / PROFIBUS segment || ♃**-SIMATIC NET** / PROFIBUS SIMATIC NET || ♃**-Slave** *m* / PROFIBUS slave || ♃**-Slave-Adresse** *f* / PROFIBUS slave address || ♃**-Spezifikation** *f* / PROFIBUS specification || ♃**-Stecker** *m* / PROFIBUS connector || ♃**-Steuerkommando FREEZE** *n* / PROFIBUS control command FREEZE || ♃**-Subnetz** *n* / PROFIBUS subnet || ♃**-Takt** *m* / PROFIBUS cycle || ♃**-Teilnehmer** *m* / PROFIBUS node

Profibuszertifikat *n* / PROFIBUS certificate

PROFIdrive·-Antrieb *m* / PROFIdrive unit || ♃**-Profil** *n* / PROFIdrive profile

Profil *n* / profile *n*, section *n*, shape *n*, loading gauge || ♃ *n* (Stahl) / section *n*, shape *n* || **parabolisches** ♃ / parabolic profile, quadratic profile || ♃**abrichten** *n* / profile dressing || ♃**band** *n* / clamping ring || ♃**bandflansch** *m* / flange for a clamping ring || ♃**bearbeitung** *f* / machining of profiles || ♃**bearbeitungszentrum** *n* / profile machining center || ♃**beleuchtung** *f* / outline lighting || ♃**biegemaschine** *f* / profile bending machine || ♃**bohrung** *f* / formed hole || ♃**darstellung** *f* / profile display, profile view (CAD) || ♃**dichtung** *f* / formed gasket, profile gasket || ♃**dispersion** *f* / profile dispersion ||

⸺**draht** *m* / section wire, shaped wire ||
⸺**drahtwicklung** *f* / section-wire winding, shaped-wire winding || ⸺**einschränkung** *f* (Ladeprofil) / loading gauge restriction, gauge limitation ||
⸺**eisen** *n* / sectional steel, structural steel, structural shapes || ⸺**erder** *m* / section-rod (earth electrode) ||
⸺**extrusion** *f* / profile extrusion ||
⸺**extrusionsmaschine** *f* / profile extrusion machine || ⸺**faktor** *m* (PF Isolator) / profile factor (PF) || ⸺**frequenz** *f* / profile frequency || ~**gängig** *adj* / meeting the railway clearances || ⸺**generator** *m* / profile generator || ⸺**geometrie** *f* / profile geometry || ~**gerechter Erdaushub** / excavation true to profile || ⸺**glas** *n* / figured glass ||
⸺**halbzylinder** *m* / profile half cylinder, profile semi cylinder || ⸺**höhe** *f* / profile depth
Profilieranlage *f* / profiling system
Profilieren *n* / form-truing *n* || ⸺ *n* (Schleifscheibe) / form-trueing *n*
Profiliermaschine *f* / profiling machine
profiliert *adj* / trapezoidal-section || ~**e Klappe** / contoured damper || ~**e Oberfläche** / profiled surface || ~**er Drosselkörper** / contoured plug || ~**er Schlitz** / V-port
Profilierung *f* / shaping *n*
Profil·instrument *n* / straight-scale instrument, edgewise instrument || ⸺**laufschiene** *f* / profile runner || ⸺**leiste** *f* / profile strip || ⸺**leiter** *m* (Leiter mit nicht kreisförmigem Querschnitt) / shaped conductor || ⸺**leitung** *f* / trapezoidal-section cable, shaped cable || ⸺**messer** *m* / profilometer *n* ||
⸺**messung** *f* / profile measurement || ⸺**name** *m* / profile name || ⸺**nut** *f* / profile slot || ⸺**parameter** *m* / index profile parameter, profile parameter ||
⸺**projektor** *m* / profilometer *n*, optical projector, profile projector || ⸺**querschnitt** *m* / profile cross-section
Profil·raster *m* (Leuchte) / profiled louvre, figured louvre || ⸺**regelung** *f* / profile control || ⸺**ring** *m* / section ring || ⸺**sammelschiene** *f* / rigid busbar ||
⸺**scheibe** *f* / form-grinding wheel || ⸺**scheinwerfer** *m* / profile spotlight, profile spot || ⸺**schiene** *f* (Tragschiene) / mounting channel, channel *n*, DIN rail, mounting rail || ⸺**schleifmaschine** *f* / profile grinding machine || ⸺**schnitt** *m* / profile section, section *n* || ⸺**schnitt außerhalb der Ansicht** / removed section || ⸺**schnitt innerhalb der Ansicht** / revolved section || ⸺**server** *m* / profile server || ⸺**skale** *f* / straight scale, horizontal straight scale || ⸺**staberder** *m* / section-rod (earth electrode) || ⸺**stahl** *m* / sectional steel, steel sections, steel shapes, structural steel, structural shapes || ⸺**stahlkonstruktion** *f* / sectional steel design || ⸺**stück** *n* / section element || ⸺**system** *n* / profile system
Profil·tiefe *f* / profile depth || ⸺**träger** *m* / (sectional) girder *n*, beam *n* || ⸺**übergangskasten** *m* / change-face unit || ⸺**verfahren** *n* / sweep operation ||
⸺**vermessung** *f* / profile measuring || **Rad ohne** ⸺**verschiebung** / gear with equal-addendum teeth, unmodified gear, standard gear || ⸺**walzen** *n* / section rolling || ⸺**welle** *f* / section shaft ||
⸺**werkzeug** *n* / profile tool || ⸺**ziehwerkzeug** *n* / profile drawing tool
PROFINET (PN) / PROFINET (PN) || ⸺ **Controller** *m* (Controller, der sowohl PROFINET-Komponente sein kann (CBA) als auch PROFINET IO unterstützt) / PROFINET Controller || ⸺-**Diagnose** *f* / PROFINET diagnostics || ⸺-**Gerät (PN-Gerät)** *n* / PROFINET device || ⸺ **IO-Controller** *m* / PROFINET IO Controller || ⸺ **IO-Device** *n* / PROFINET IO Device || ⸺ **IO-Supervisor** *m* (PG, PC oder HMI-Gerät zu Inbetriebsetzungs- oder Diagnosezwecken) / PROFINET IO Supervisor ||
⸺ **IO-System** *n* (besteht aus einem IO-Controller und seinen zugeordneten IO-Devices) / PROFINET IO system || ⸺-**Komponente** *f* / PROFINET component || ⸺**safety** (Sicherheitsgerichtete Kommunikation über den Standard PROFINET (schwarzer Kanal)) / PROFINETsafety || ⸺-**Schnittstelle** *f* / PROFINET interface || ⸺-**Steuerung** *f* (Controller, der sowohl PROFINET-Komponente sein kann (CBA) als auch PROFINET IO unterstützt) / PROFINET Controller
PROFIsafe / PROFIsafe || ⸺-**Adresse** *f* / PROFIsafe address || ⸺-**Master** *m* / PROFIsafe master || ⸺-**Profil** *n* / PROFIsafe profile || ⸺-**Slave** *m* / PROFIsafe slave
Prognose *f* / forecast *n*, prediction *n*
prognosegestütztes Lastführungssystem / forecast-based load control (o. management) system
Program Editor *m* / program editor || ⸺ **in Manufacturing (PIM)** *n* / Program in Manufacturing (PIM)
Programm *n* / program *n*, routine *n* || ⸺ **abarbeiten** / program execution || ⸺ **abbrechen** / abort program, cancel program || ⸺ **abgebrochen** / program aborted || ⸺ **ändern** / program edit || **ein** ⸺ **ändern** / edit a program || ⸺ **anlegen** / create program || ⸺ **Auswahl** / Select program || ⸺ **editieren** / Edit program || ⸺ **einer Steuerung** / controller program || ⸺ **einfahren** / execute a trial program run || ⸺ **einfügen** / Insert program || ⸺ **entladen** / unload program || ⸺ **kopieren** / copy program || ⸺ **laden** EN 61131-1 / downloading *n* IEC 1131-4, load program || ⸺ **läuft** / program running || ⸺ **neu starten** / restart program ||
öffnen / open program || ⸺ **simulieren** / simulate program || ⸺ **speichern** / save program || **ein** ⸺ **spiegeln** / mirror a program || ⸺ **starten** / start program || ⸺ **stoppen** / stop program || ⸺ **stoppen/ abbrechen** / Stop/abort program || ⸺ **umbenennen** / rename program || ⸺ **unterbrechen** / interrupt program || ⸺ **verschieben** / relocate program || ⸺ **verwalten** / manage program || **aufrufendes** ⸺ / calling program || **ereignisgesteuertes** ⸺ / event-driven program || **fest abgespeichertes** ⸺ / permanently stored program || **festverdrahtetes** ⸺ / hard-wired program, wired program || **globales** ⸺ / global program || **lokales** ⸺ / local program || ⸺**abbruch** *m* / program abort, discontinuation of program, cancel *n*, abort *n* (the interruption of a running program by the operator), abnormal termination ||
~**abhängige Signalzustandsanzeige** / program-dependent signal status display
Programmablauf *m* / program run, program sequence || ⸺ *m* DIN 44300 / program flow || ⸺ *m* / program processing || ⸺ *m* / program execution, computer run || ⸺ **beeinflussen** / influence program run || ⸺**fehler** *m* / program execution error || ⸺**plan** *m* / program flowchart || ⸺**plan (PAP)** *m* /

inspection and test plan || ℒzeit f / program run time
Programm·abschluss m / finish program ||
  ℒabschnitt m / program section, program part ||
  ℒabsturz m / program crash || ℒänderung f /
  program editing, program modification, program
  change, edit program || ℒanfang m / program start
  || ℒanfang-Zeichen n / program start character ||
  ℒansicht f / program view || ℒanwahl f / program
  selection || ℒanweisung f (CLDATA) / source
  statement ISO 3592, statement n, program
  instruction || ℒanwenderdaten plt / program user
  data || ℒarchiv n / program library, function block
  library || ℒarchivierung f / program archiving,
  storing in program library, program filing ||
  ℒaufbau m / program structure || ℒaufbau mit
  variabler Satzlänge / variable-block format ||
  ℒaufbau mit variabler Satzlänge auf
  Lochstreifen / punched-tape variable-block
  format || ℒaufruf m / program call ||
  ℒaufrufverwaltung f / program invocation
  management || ℒausdruck m / live n ||
  ℒausführung f / program execution || ℒausgabe
  f / program output, program listing || ℒausrüstung
  f / software n (SW) || ℒauszug m / program
  excerpt || ℒ-Backup n / program backup || ℒbasis
  f / firmware base
Programmbaustein m DIN 44300 / program
  module, program construction unit || ℒ m (PB) /
  program block (PB)
Programmbearbeitung f / program processing,
  program execution, program scanning ||
  alarmgesteuerte ℒ / interrupt-driven program
  execution || **interruptgesteuerte** ℒ / system-
  interrupt-driven program processing ||
  uhrzeitgesteuerte ℒ / clock-controlled program
  execution, clock-controlled program scanning ||
  zeitgesteuerte ℒ / time-controlled program
  processing, time-controlled program execution,
  time-controlled program scanning || **zyklische** ℒ /
  cyclic program scanning
Programmbearbeitungsebene f / program
  execution level
programmbedingter Fehlzustand IEC 50(191) /
  program-sensitive fault, programme-sensitive fault
Programm·beeinflussung f / program control ||
  ℒbefehl m / program command, function
  command || ℒbetrieb m / scheduled operation ||
  ℒbetrieb m (NC) / program operation, program
  control || ℒbezeichner m / program identifier,
  program identification || ℒbibliothek f / program
  library || ℒbinder m / linker n || ℒcode m /
  program code || ℒcontainer m / program container
  || ℒdatei f / program file || ℒdatei f (Textverarb.) /
  non-document file || ℒ-Debugging n / program
  debugging || ℒdiskette f / program diskette ||
  ℒdokumentation f / program documentation ||
  ℒdurchlauf m / program run, computer run ||
  ℒebene f / program level, firmware level || ℒebene
  anzeigen / display program level || ℒeditor m /
  program editor
Programmeingabe f / program input, program
  loading, program entry || **dialoggestützte** ℒ /
  interactive programming, interactive program input
Programm·eingriff m (Unterbrechung) / program
  interruption || ℒeinheit f / program unit ||
  ℒeinschub m / program patch
Programme laden und entladen / load and unload
  programs
Programm·element n / program element || ℒende
  n / end of program || ℒende-Meldung f / end-of-
  program signal || ℒendezeichen n / end-of-
  program character || ℒentwicklung f / program
  development || ℒentwicklungswerkzeug n /
  program development tool || ℒerprobung f /
  program testing, program test (PRT) ||
  ℒerstellung f / program development, program
  generation, program preparation || ℒ-
  Erstellungszeit f / programming time
Programme verwalten / manage programs
Programm·fehler m / program error || ℒfehler in
  Rundachse / program error in rotary axis || ℒfolge
  f / program sequence || ℒbetrieb m (PFB) /
  program sequencing, OPS || ℒformat n / program
  format || ℒfortsetzung f / continue program,
  program continuation || ℒfunktionen f pl /
  program functions || ℒgang m / program cycle ||
  ℒgeber m / program generator || ℒgeber m (f.
  Analysengeräte) / programmer n || ℒgeber m
  (Zeitplangeber) / program set station (PSS) ||
  ℒgenerator m / program generator || ℒ-
  Generierung f / program generation
programmgesteuert adj / program-controlled || ~e E/
  A / program-controlled I/O (PCI/O) || ~er
  Verteiler (PGV) / program-controlled distribution
  board
Programm·gliederung f / program organization ||
  ~global adj / global program || ~globale
  Anwenderdaten (PUD) / global Program User
  Data (PUD) || ℒgröße f / program size || ℒgruppe
  f / program group || ℒhalt m / program stop ||
  ℒhaltepunkt m / breakpoint n || ℒhandling n /
  program handling
Programmier·ablauf m / programming sequence ||
  ℒadapter m / programming adapter || ℒanleitung
  f / programming instructions || ℒanleitung f (PA) /
  programming guide (PG) || ℒanweisung f /
  programming statement, programming instruction
  || ℒarbeitsplatz m / NC programming
  workstation, programming console || ℒaufwand
  m / programming overhead
Programmierb. U/f Freq. Koord. 1 /
  programmable V/f freq. coord. 1 || ℒ U/f Spg.
  Koord. 1 / Programmable V/f volt. coord. 1
programmierbar adj / programmable adj || **einmalig**
  ~ / one time programmable (OTP) || ~e
  Anpasssteuerung (PLC) / programmable logic
  controller || ~e Aufsetzkraft (für jedes
  Bauelement kann zum Bestücken eine
  Aufsetzkraft definiert werden) / programmable
  placement force || ~e Beleuchtung /
  programmable illumination || ~e
  Beschleunigung / programmable acceleration || ~e
  Datenstation / intelligent station || ~e E/A /
  programmable I/O (PIO) || ~e Ebene /
  programmable plane || ~e Funktionalität /
  programmable functionality || ~e Funktionseinheit
  (PFU) / programmable function unit (PFU) || ~e
  Intervalluhr / programmable interval timer (PLT)
  || ~e logische Kette (PLA) / programmable logic
  array (PLA) || ~e M7-Baugruppe / programmable
  M7 module || ~e Mehrfachanschaltung
  (PROMEA) / programmable multiple interface
  (module) || ~e parallele E/A-Einheit /
  programmable parallel I/O device (PIO) || ~e S7-

Programmier

Baugruppe / programmable S7 module || **~e Schnittstelleneinheit** / programmable interface unit (PIU) || **~e Sicherheitssteuerung** / Programmable Safety Controller (PSC) || **~e Stromversorgung** / programmable power supply || **~e Tastatur** / programmable keyboard, user-defined keyboard, softkey pad || **~e Verfahrbereichsbegrenzung** / programmable traversing limit, soft-wired feed limit || **~e Verknüpfungssteuerung** / programmable logic controller (PLC) || **~er Adressdecoder** (PAD) / programmable address decoder (PAD) || **~er Adressengenerator** / programmable address generator || **~er Automatisierungscontroller (PAC)** / Programmable Automation Controller (PAC) || **~er Festwertspeicher** (PROM) / programmable read-only memory (PROM) || **~er FRAME** / programmable FRAME || **~er integrierter Prozessor** (PIP) / programmable integrated processor (PIP) || **~er logischer Schaltkreis (PLD)** / programmable logic device (PLD) || **~er Regler** / programmable controller || **~er System-Chip** / programmable system chip || **~er Textautomat** / programmable word processing equipment || **~er Unterbrechungs-Steuerbaustein** / programmable interrupt controller (PIC) || **~er Verstärker** / programmable-gain amplifier (PGA) || **~er Zähler** / programmable counter || **~er Zeitgeber** / programmable timer (PPM) || **~es elektronisches System (PES)** / programmable electronic system || **~es Feldgerät (PFG)** / programmable field device (PFD) || **~es Handhabungsgerät** (PHG) / programmable manipulator (PM), programmable robot || **~es logisches Feld** (PLA) / programmable logic array (PLA) || **~es Messgerät DIN IEC 625** / programmable measuring apparatus || **~es Sicherheitssystem (PSS)** / programmable safety system (PSS) || **~es Steuergerät DIN 19377** / programmable controller, stored-program controller || **~es Zeitintervallglied** / programmable interval timer (PLT)
Programmier·barkeit *f* / programmability *n* || ℒ**beispiel** *n* / programming example || ℒ**bereich** *m* / programming area || ℒ**diode** *f* / matrix diode || ℒ**ebene** *f* / programming level || ℒ**einheit** *f* / programming unit || ℒ**einrichtung** *f* / programming unit, programming facility
Programmieren *n* / programming *n* || **~ v** / program *v* || ℒ **mit G-Code** *n* / G code programming || ℒ **PLC** / PLC programming
Programmierer *m* / programmer *n*
Programmierfehler *m* / programming error, programming defect, bug *n*, programming fault || ℒ **beseitigen** / debug a program
Programmier·fibel *f* / programming primer || ℒ**funktion** *f* / program function
Programmiergerät *n* (PG) / programmer *n*, programming unit (PU), programming terminal, program panel, programming device (PG), PG
Programmiergeräte·-Anschaltung *f* (Baugruppe) / programmer interface module, PU interface module || ℒ**schnittstelle** *f* (PG-Schnittstelle) / programmer port, programmer interface, programming device port || ℒ**schnittstelle** *f* (serielle Schnittstelle) / programming device interface

668

Programmier·grafik *f* / programming graphics || ℒ**handbuch** *n* / programming manual || ℒ**handgerät** *n* (PHG) / handheld programmer, handheld programming unit (HPU), handheld *n*, handheld programming device || ℒ**hilfe** *f* / programming aid || ℒ**instanz** *f* / program invocation, programming instance || ℒ**interpreter** *m* / program interpreter || ℒ**kabel** *n* / programming cable || ℒ**kenntnis** *n* / programming know-how || ℒ**kit** *n* / programming kit || ℒ**komfort** *m* / ease of programming || ℒ**kontakt** *m* / programming contact || ℒ**leitung** *f* / programming cable || ℒ**magnet** *m* / programming magnet || ℒ**methode** *f* / programming method || **steckbare** ℒ**module** / plug-in type programming modules || ℒ**nummer** *f* / program number, submodule identification number, submodule ID || ℒ**oberfläche** *f* / programming interface || ℒ**paket** *n* / programming package || ℒ**plattform** *f* / programming platform
Programmierplatz *m* / programmer *n*, programming unit (PU), programming terminal, programming console, program panel, NC programming workstation, programming station, programming workstation || **rechnergestützter** ℒ / computer-aided part programmer
Programmier·richtlinien *f pl* / programming guidelines || ℒ**schnittstelle** *f* / application programmer interface, programming interface, programmer interface || ℒ**software** *f* / programming software || ℒ**sprache** *f* / programming language || ℒ**sprache CNC** / CNC programming language || ℒ**sprache mit eingeschränktem Sprachumfang** / limited variability language (LVL) || ℒ**sprache mit nicht eingeschränktem Sprachumfang** / full variability language (FVL) || **höhere** ℒ**sprache** / HLL (high-level language) || **problemorientierte** ℒ**sprache** / problem-oriented language || ℒ**system** *n* / programming system
programmiert *adj* / programmed *adj*
Programmiertaste *f* / programming key
programmiert·e Helix verletzt Kontur / programmed helix violates contour || **~er Bestückwinkel** / programmed placement angle || **~er Halt** / programmed stop, program stop ISO 1056 || **~er Positions-Sollwert** / programmed position || **~er wahlweiser Halt** / programmed optional stop
Programmier·terminal *n* / programming terminal || ℒ**- und Bedienhandbuch** *n* / Programming and Operating Manual || ℒ**- und Diagnosegerät** *n* / programming and debugging tool (PADT) || ℒ**- und Servicegerät** *n* (PSG) / programming and service unit || ℒ**- und Testeinrichtung** *f* (PuTE) / programming and diagnostic unit (PDU), programming and testing facility
Programmierung *f* / programming *n* || ℒ **durch Definition des Zwecks** / goal-directed programming || **5-Achs-**ℒ / 5-axis programming || **ganzjährige** ℒ / twelve-month programming || **werkstattorientierte** ℒ (WOP) / workshop-oriented programming (WOP), shopfloor programming
Programmier·unterstützung *f* / programming support, provision of programming aids || ℒ**werkzeug** *n* / programming tool || ℒ**-Workstation** *f* / programming workstation || ℒ**zeit**

f / programming time **Programm·inbetriebnahme** *f* / program startup || ~-**Instanz** *f* (PI) / program invocation (PI) || ~**instanzdienst** *m* / program invocation service || ~**interne Warteschlange** (PIWS) / internal program queue || ~**interpreter** *m* / program interpreter
Programm·kennung *f* / program identification, program identifier || ~**kennzeichnung** *f* / program identifier || ~**kopf** *m* / program header || ~**kopf parametrieren** / set program header parameters
Programmkorrektur *f* / program patching, program debugging, program correction, program editing, correct program || ~**speicher** *m* / program editing memory
Programm·lauf *m* / program run || ~**laufzähler** *m* / logical program counter || ~**laufzeit** *f* / program execution time, task execution time || ~**manager** *m* / program manager || ~-**Manager** / program manager || ~**meldung** *f* / program message || ~**modul** *n* / program module || ~**name** *m* / program name || ~**namen vergeben** / allocate program name || ~**neustart** *m* / program restart || ~-**Nr. P** / program no. P || ~**nullpunkt** *m* / program start || ~**nummer** *f* (EOR) / program number (EOR) || ~**nummernvorgabe** *f* / default program number || ~**oberfläche** *f* / program environment || ~**modul** *n* / program module || ~**organisation** *f* / program organization || ~**organisationseinheit** *f* / program organization unit || ~**organisationseinheit** (POE) *f* / POU (program organization unit) || ~**paket** *n* / program package || ~**parität** *f* / program parity || ~**pfad** *m* / program path || ~**pflege** *f* / program maintenance || ~**probelauf** *m* / dry run || ~**protokoll** *n* / program protocol || ~**prüfen** *n* / program testing, program checking || ~**punkt** *m* / program item || ~**quelltext** *m* / program source text || ~-**Rahmenanweisungen** *f pl* / general program instructions || ~-**Rangierliste** *f* / program assignment list || ~**regelung** *f* / programmed control || ~**rumpf** *m* / program body
Programm·satz *m* / program block || ~**satz einfügen** / Insert program block || ~**satz kopieren** / Copy program block || ~**satz löschen** / Delete program block || ~**satz mit SRK/FRK** / program block with TNRC/CRC || ~**satz wiederholen** / Repeat program block || ~**satzanzeige** *f* / program block display || ~**sätze erstellen** / create program blocks || ~**sätze markieren** / mark program blocks || ~**sätze numerieren** / number program blocks || ~**sätze wiederholen** / repeat program blocks || **verkette** ~**sätze** / chained program blocks || ~**schalter** *m* / programmer *n* || ~**schalter** *m* (Wähler) / program selector || ~**schaltwerk** *n* / program controller, program clock, microcontroller *n* || ~**schleife** *f* / program loop, loop *n* || ~**schlüssel** *m* / program key || ~**schritt** *m* / program step || ~**schritt anzeigen** / Display program step || ~**schritt einfügen** / Insert program step || ~**schritt erzeugen** / Generate program step || ~**schritt kopieren** / Copy program step || ~**schritt löschen** / Delete program step || ~**schutz** *m* / program protection || ~**schutzstecker** *m* / coding plug, polarization plug, dongle *n* || ~**sicherung** *f* / program security, program saving, program backup
Programmspeicher *m* / program memory ||
~**erweiterung** *f* / program memory expansion || ~**steuerung** *f* / program memory control
programmspezifisch *adj* / program-specific
Programmsprung *m* / program jump, program branch || ~**adresse** *f* / program jump address, program branch address
Programm·start *m* / program start || ~**startzeichen** *n* / start-of-program character || ~**status** *m* / program status || ~**stecker** *m* / coded plug, program plug || ~**stelle** *f* / program position || ~**steuergerät** *n* / program controller || ~**steuern** *n* DIN 41745 / control by sequential program
Programmsteuerung *f* / sequence control system (SCS), sequential control, sequencing control, sequential control system IEC 1131.1, program control, programmed control
Programm·stop *m* / program stop || ~**struktur** *f* / program structure, program architecture || ~**strukturierung** *f* / program configuration
programmtechnische Ausstattung / software complement
Programm·teil *m* / program section, program part || ~**test** *m* (PRT) / program test (PRT), program testing, program debugging || ~**testlauf** *m* / program test || ~**träger** *m* / program medium || ~**typ** *m* / program type || ~**übersicht** *f* / program overview, product overview || ~**übertragung** *f* / program transmission || ~**umsetzer** *m* / program converter || ~**umwandler** *m* / autocoder ||
Programmunterbrechung *f* / program interruption, program stop || **vorzeitige** ~ (die Unterbrechung eines laufenden Programmes durch den Bediener) / abnormal termination, program abort, abort *n* (the interruption of a running program by the operator), cancel *n*
Programm·unterstützung *f* / program support || ~**variable** *f* / program variable || ~**verarbeitung** *f* / program execution, program scanning || ~**verarbeitungsfehler** *m* / program processing error || ~**verbund** *m* / program-to-program communication || ~**verdrahtung** *f* / program wiring || ~**verfolgung** *f* / program trace || ~**verkettung** *f* / program chaining, instruction sequence || ~**verwaltung** *f* / program management || ~**verwirklichung** *f* / program implementation || ~**verzeichnis** *n* / program directory, programme schedule
Programmverzweigung *f* / program branching, program branch, branching || **unbedingte** ~ / unconditional program branch, unconditional branching
Programm·vorlauf *m* / program advance || ~**vorverarbeitung** *f* / program preprocessing || ~**vorwahl** *f* / program preselection || ~**wechsel** *m* / program change || ~**wiederholung** *f* / program repetition || ~**wiederstart nach Unterbrechung** / mid-program restart, mid-tape restart, block search with calculation, block search || ~**wort** *n* / program word, word *n* || ~**zähler** *m* / program counter || ~**zeiger** *m* / program pointer || ~**zeile** *f* / program line || ~**zustand** *m* / program status || ~**zustandswort** *n* / program status word (PSW) || ~**zyklus** *m* / program cycle, program scan cycle
Progressionskennfeld *n* / progression characteristic
progressive Datenübermittlung / progressive data transfer
Projekt *n* / project *n* || ~ **auf Server Löschen** /

Projektant 670

remove project from server || ⁓ **kopieren** / copy project || **ganzes** ⁓ **kopieren** / copy whole project || ⁓ **öffnen** / open project || ⁓ **Struktur-Plan (in SAP)** / work breakdown structure (WBS) || ⁓ **verwalten** / manage project || ⁓**abschluss** *m* / project completion, project end, project conclusion || ⁓**abschlussgespräch** *n* / project analysis meeting || ⁓**abwicklung** *f* / project handling, project management, project processing || ⁓**-Ampel/ Eskalationsstrategie** *f* / project-traffic lights/ escalation strategy || ⁓**analyse** *f* / project analysis (PA) || ⁓**analysebericht** *m* / project analysis report || ⁓**analysegespräch** *n* / project analysis meeting || ⁓**ansicht** *f* / project view
Projektant *m* / planning engineer
Projekt·assistent *m* (Hilfsprogramm) / project wizard || ⁓**-Assistent** *m* / project assistant || ⁓**-Auftrag** *m* / PCT (project contract), project order || ⁓**baum** *m* / project tree || ⁓**bearbeiter** *m* / project processor, project engineer || ⁓**bearbeitung** *f* / project handling || ⁓**beauftragter** *m* / project coordinator || ⁓**begleitend** *adj* / project *adj*, project-related *adj* || ⁓**begleitende Qualitätssicherung** / project quality assurance || ⁓**bericht** *m* / project report (PR) || ⁓**berichterstattung** *f* / project reporting (PR) || ⁓**betreuung** *f* / technical support || ⁓**bezeichnung** *f* / project designation || ⁓**bezug** *m* / project reference || ⁓**bibliothek** *f* / project library || ⁓**buch** *n* / project manual || ⁓**datei** *f* / project file || ⁓**datenhaltung** *f* / project data storage || ⁓**dokumentation** *f* / project documentation || ⁓**durchsprache** *f* / project meeting
Projekte, belieferte und eingeleitete ⁓ / supplied and initiated projects
Projekt·eigenschaften *f pl* / project properties || ⁓**eröffnung** *f* / project opening || ⁓**eröffnungsgespräch** *n* / initial project discussion
Projekteur *m* / planner *n*, planning engineer, project engineer, project planner
Projekt·fenster *n* / project window, action window, Project View || ⁓**fortschritt** *m* / project progress (PPR) || ⁓**fortschrittsbesprechung** *f* / project progress meeting || ⁓**fortschrittskontrolle** *f* / project progress controling || ⁓**führung** *f* / general project management || ⁓**funktionen** *f pl* / project functions || ⁓**gebundene Arbeit** / project-related work || ⁓**gegebenheiten** *f* / project circumstances || ⁓**geschäft** *n* / projects business, systems business || ⁓**gesellschaft** *f* / project company || ⁓**gründung** *f* / initiating a project || ⁓**handbuch** *n* / project manual
Projektierarbeit *f* / configuring work
projektierbar *adj* / configurable *adj*, programmable *adj* || ~ *adj* (vom Anwender konfigurierbar) / user-configurable *adj* || ~**e Graphik** / configurable graphics
Projektier·barkeit *f* / configurability *n* || ⁓**bereich** *m* / configuring range || ⁓**daten** *plt* / planning data
projektieren *v* / project *v*, plan *v*, design *v*, configure *v* || ~ *v* (SPS-System) / design *v* (at the planning stage), configure *v* || ⁓ *n* (Konfigurieren von Hardware) / configuring *n* || ⁓ **des elektrischen Aufbaus** / electrical configuration || ⁓ **des mechanischen Aufbaus** / mechanical configuration
projektierende Abteilung / planning department
Projektierer *m* / configuring engineer
Projektier·fehler *m* / configuring error || ⁓**modus** *m* / configuration mode || ⁓**paket** *n* / configuring package, configuration software || ⁓**platz** *m* / configuring station, NC workstation || ⁓**platz** *m* (Programmieren, Konfigurieren) / programming terminal (o. workstation), configuration terminal || ⁓**software** *f* / configuring software, system configuring software || ⁓**station** *f* / configuring station || ⁓**syntax** *f* / configuring syntax
projektiert *adj* / configured *adj* || ~**e Adresse** / configured address || ~**e Objekte - Hardware** / configured objects - hardware || ~**e Objekte - Medien & Einheiten** / configured objects - utilities & units || ~**e Objekte - Projektansicht** / configured objects - project view || ~**e Objekte - Verträge & Tarife** / configured objects - agreements & tariffs || ~**e Verbindung** / configured connection || ~**es Grafikbild** / configured graphic display
Projektiertool *n* / configuration tool, configuring tool
Projektierung *f* / project planning, project engineering, planning and design, configuring *n*, planning *n*, configuration *n*, engineering *n*
Projektierungs·anleitung *f* (PJ) / planning guide, configuring guide || ⁓**art-Erfassung** *f* / project status selection || ⁓**assistent** *m* / PC Station Wizard || ⁓**aufgabe** *f* / planning function || ⁓**aufgaben** *f pl* / engineering/configuring || ⁓**blatt** *n* / planning sheet || ⁓**daten** *plt* / configuration data || ⁓**ebene** *f* / project level || ⁓**effizienz** *f* / configuration efficiency || ⁓**ergebnis** *n* / configuration result || ⁓**fehler** *m* (Konfigurierung) / configuration error, configuring error || ⁓**formular** *n* / configuration form || ⁓**fortschritt** *m* / progress of configuring || ⁓**gerät** *n* (Bussystem) / configuration device || ⁓**handbuch** *n* / configuration manual || ⁓**handbuch** *n* / project planning guide || ⁓**hilfe** *f* / configuring aid, project planning aid, configuring form, configuring tool || ⁓**hilfen** *f pl* / configuring aids, design aids || ⁓**hinweis** *n* / configuring form, project planning aids, configuring aid || ⁓**hinweise** *m pl* / planning guide, configuring aids || ⁓**ingenieur** *m* / project engineer || ⁓**kabel** *n* / configuration cable || ⁓**liste** *f* / configuration list || ⁓**logik** *f* / configuration logic || ⁓**menü** *n* / configuration menu || ⁓**modus** *m* / configuring mode || ⁓**oberfläche** *f* / configuration interface || ⁓**paket** *n* / configuration kit || ⁓**-PC** *m* (der PC, auf dem die Projektierungs-Software betrieben wird) / configuring PC || ⁓**phase** *f* / configuring phase || ⁓**platz** *m* / planning terminal || ⁓**programm** *n* / configuration program
Projektierungs·schema *n* / configuration schematic, system configuration diagram || ⁓**schritt** *m* / configuring step || ⁓**service** *m* / configuration service || ⁓**set** *n* / configuration set || ⁓**software** *f* / system configuring software, configuring software || ⁓**- und Montageanleitung** *f* / configuring and installation guide || ⁓**software ETS** / ETS project design software || ⁓**sprache** *f* / configuration language || ⁓**system** *n* / configuration system || ⁓**tool** *n* / configuring tool, configuration tool || ⁓**unterlage** *f* / configuration document || ⁓**werkzeug** *n* / configuring tool, configuration tool, configuration means || ⁓**zeichnung** *f* / configuration drawing
Projektinformationssystem *n* / project information system
Projektion *f* / projection *n*

Projektions·abstand *m* / projection distance ‖ **belichtung** *f* / projection printing ‖ **lampe** *f* / projector lamp, projection lamp ‖ **röhre** *f* / projection tube ‖ **schirm** *m* / screen *n* ‖ **winkel** *m* / angle of projection

Projekt·kategorie *f* / project category ‖ **kaufmann** *m* / project commercial representative ‖ **kennung** *f* / Project ID ‖ **kennzahlen** *f pl* / project key data ‖ **kennzeichen** *n* / power plant number ‖ **kosten** *plt* / project costs (PCO) ‖ **kostenauflauf** *m* / actual project costs ‖ **kostenziel** *n* / project cost target ‖ **leiter** *m* / project manager, overall project manager ‖ **leiterernennung** *f* / project manager nomination ‖ **leiterrunde** *f* / management meeting ‖ **management** *n* / project management ‖ **-Manager** *m* / project manager ‖ **managerfenster** *n* / project manager window ‖ **navigation** *f* / project navigation ‖ **ordner** *m* / project folder ‖ **organisation** *f* / project organization ‖ **pfad** *m* / project path ‖ **physikal.** **pfad** / physical project path ‖ **phase** *f* / project phase ‖ **plan** *m* / project chart ‖ **planung** *f* / project planning ‖ **realisierung** *f* / project implementation ‖ **schlussbericht** *m* / project final report ‖ **-Schlussbericht** *m* / project final report, project contract (PCT)

projektspezifisch *adj* / project-specific *adj*, special-to-project *adj* ‖ **~e Abweichungen** / project specific deviations ‖ **~e Erweiterungen** / project specific enhancements (PE) ‖ **~e F&E-Kosten** / project specific research and development costs (R&D costs) ‖ **~er Produktentstehungsprozesses** / project-specific product development process

Projekt·stand-Fortschreibung *f* / project state updating ‖ **-Startklausur** *f* / project start meeting ‖ **status** *m* / project status ‖ **-Status-Sitzung (PSS)** *f* / project status meeting (PSS), PSM ‖ **-Steckbrief** *m* / project summary ‖ **steuerung** *f* / detailed project management, project management ‖ **strukturplan** *m* / project structure plan ‖ **übergabedokument (PÜD)** *n* / project handover document (PHD) ‖ **~übergreifend** *adj* / cross project, interproject ‖ **übersicht** *f* / project summary, project overview ‖ **umfeld** *n* / peripheral area of project ‖ **~ und prozessbezogen** / project and process-related ‖ **-Variable** *f* / project variable ‖ **verantwortlicher** *m* / individual project manager, project manager ‖ **verantwortung** *f* / responsibility for the project ‖ **vereinbarung** *f* / project declaration ‖ **verfolgung** *f* / project tracing ‖ **verfolgung/-berichterstattung** *f* / project tracking/reporting ‖ **verlauf** *m* / project course ‖ **version** *f* / project version ‖ **vertrag-Nummer** *f* / project contract number ‖ **vertrag-Verfahren** *n* / project contract process ‖ **verwaltung** *f* / project management ‖ **verzeichnis** *n* / project index, project directory ‖ **vollzug** *m* / implementation *n*

projektweit *adj* / for entire project, project-oriented ‖ **~e Gültigkeit** / project-wide validity

Projekt·wirtschaft *f* E DIN 69902 / project controlling ‖ **zustand** *m* / project state

projizieren *v* / project *v*

projizierter Gipfelpunkt (o. Höckerpunkt) (Diode) DIN 41856 / projected peak point

Pro-Kopf-Verbrauch *m* / per capita consumption
PROM / programmable read-only memory (PROM)
PROMEA / programmable multiple interface (module)
PROMETHEUS-Vorhaben *n* / Program for European Traffic with Highest Efficiency and Unprecedented Safety (PROM programme) *n*
Promille-Schritte *m pl* / steps of one tenth of a percentage
prommen *v* / prom *v*
Prommer *m* / Prommer *n*
Promotionsleistung *f* / promotional ability
Pronyscher Zaum / Prony brake, brake dynamometer
Proof-Test-Intervall *n* / proof-test interval
Propellermotor *m* (Schiff) / propeller motor, propulsion motor
Proportional·abweichung *f* / proportional offset, P offset ‖ **anteil** *m* / proportional component, P component ‖ **beiwert** *m* (Verstärkung) / proportional gain ‖ **beiwert** *m* / proportional-action coefficient, proportional coefficient, proportional constant ‖ **bereich** *m* DIN 19226 / proportional band ‖ **bereich** *m* (Elektronenröhre) / proportional region (electron tube) ‖ **-Differential-Verhalten** *n* / proportional-plus-derivative action, PD action

proportional-differential-wirkender Regler (PD-Regler) / proportional-plus-derivative controller, PD controller, rate-action controller

Proportionaldifferenz *f* / offset *n*

proportional·e Rückführung / proportional feedback ‖ **~es Verhalten** / proportional action, P-action *n*

proportionalgesteuerter Gleichstrommotor / d.c. servomotor

Proportionalglied *n* / proportional element, proportional-action element

proportional-integral *adj* (PI) / proportional and integral (PI) ‖ **~-differential** *n* (PID) / proportional-integral-differential (PID) ‖ **-Differential-Verhalten** *n* / proportional-plus-integral-plus-derivative action, PID action ‖ **~-differential-wirkender Regler** / proportional-plus-integral-plus-derivative controller, PID controller ‖ **-Regelfunktion** *f* / PI control loop function ‖ **-Regelung** *f* / proportional-plus-integral control, PI control, reset-action control ‖ **-Verhalten** *n* / proportional-plus-integral action, PI action ‖ **~wirkender Regler** / proportional-plus-integral controller, PI controller

Proportionalitätsglied *n* / proportional element, proportional-action element

Proportional·regelung *f* / proportional control, proportional-action control ‖ **regler** *m* (P-Regler) / proportional-action controller (P controller), proportional controller ‖ **rückführung** *f* / proportional feedback ‖ **schrift** *f* / proportional type ‖ **sprung** *m* / proportional step change, P step change ‖ **-Temperaturregler** *m* / proportional temperature controller ‖ **ventil** *n* / proportional valve ‖ **verfahren** *n* / proportional weighing method ‖ **verhalten** *n* / proportional action, P-action *n* ‖ **verstärkung** *f* (P-Verstärkung) / proportional gain (p gain), proportional coefficient

proportionalwirkend *adj* / with proportional action ‖ **~er Regler** / proportional-action controller, P

Proportional-Zählrohr 672

controller
Proportional-Zählrohr *n* / proportional counter tube
Proprietär *m* / proprietary *n*
Prospekthülle *f* / leaflet case
prospektiver Kurzschlussstrom / prospective short-circuit current (short-circuit current not limited by switching devices or fuses) || **~ Strom** / prospective current || **~ Stromscheitelwert** / prospective peak current
Prospektmappe *f* / folder *n*
Prot *m* / protocol identifier (PROTID)
PROTID (Protocol Identifier) / PROTID (protocol identifier)
Protocol Data Unit (PDU) / protocol data unit (PDU) || ♂ **Data Unit Identifier** (PDUID) / protocol data unit identifier (PDUID) || ♂ **Data Unit Reference** (PDUREF) / protocol data unit reference (PDUREF) || ♂ **Identifier** (PROTID) / protocol identifier (PROTID) || ♂ **Implementation eXTRA Information for Testing** (PIXIT) / Protocol Implementation eXTRA Information for Testing (PIXIT)
PROTODUR-Energiekabel *n* / PROTODUR power cable
Protokoll *n* / printout *n*, alarm log || ♂ *n* (Ausdruck) / log *n*, listing *n*, report *n* || ♂ *n* / report *n*, protocol *n* || ♂ **der Währungsumrechnung** / currency exchange log || ♂ **Phasenentscheidungssitzung** / minutes of the phase decision meeting (MPD) || **E/A-Bus-**♂ *n* / I/O bus protocol || ♂**ablaufsteuerung** *f* / logging control || ♂**abwickler** *m* / protocol handler || ♂**abwicklung** *f* / protocol handling || ♂**architektur** *f* / protocol architecture || ♂**aufbau** *m* (Generierung) / log generation || ♂**aufbereitung** *f* / log data conditioning || ♂**ausgabe** *f* (Druck) / log printout, report generation || ♂**ausgabebaustein** *m* / log output block || ♂**auswertung** *f* / report analysis || ♂**bearbeitung** *f* / protocol processing || ♂**bibliothek** *f* / protocol library || ♂**bild** *n* / report display || ♂**buchführung** *f* / logging records
Protokoll·datei *f* / log file || ♂**datenaufbereitung** *f* / log data conditioning || ♂**dateneinheit** *f* / protocol data unit || ♂**dateneinheit der Anwendungsschicht** (EN 60870-5-3 EN 60870-6-503 DIN EN 61850-9-1) / application protocol data unit (APDU) (IEC/TS 61850-2) || ♂**dateneinheit der Transportschicht** / transport protocol data unit (TPDU) || ♂**drucker** *m* / logging printer, report printer, logger *n* || ♂**ebene** *f* / protocol layer || ♂**eintrag** *m* / report entry || ♂**element** *n* / protocol element || ♂**führer** *m* / report recorder || ♂**funktionen** / report functions || ♂**generator** *m* / report generator || ♂**handler** *m* / protocol handler
Protokollieren *n* / logging *n*, listing *n*, printing out, recording *n*, report generation, reporting *n* || **~ v** / log *v*, list *v*, print out, record
Protokolliergerät *n* / listing device (o. unit) || ♂ *n* (Blattschreiber) / pageprinter *n*
protokollierte Fertigung / product traceability
Protokollierung *f* / reporting *n*, report generation, logging *n*, recording *n*, certification *n*, recording of results *n*, (data) listing || ♂**sfunktionen** *f pl* / logging functions
Protokoll·initiierbaustein *m* / log initiating block || ♂**kennung** *f* / protocol identifier, report ID, PRT-ID (protocol identifier) || ♂**kennung einer**

Schicht / protocol identifier of a layer, protocol identifier (PRT-ID) || ♂**kontrollinformation** *f* / Protocol Control Information (PCI) || ♂**kopf** *m* / report header || ♂**kopfbaustein** *m* / log-heading block || ♂**lage** *f* / protocol layer || ♂**maske** *f* / report screen form || ♂**profi** *n* / protocol profile || ♂**rahmen** *m* / report frame || ♂**relais für X.25** *n* / X.25 protocol relaying || ♂**rumpf** *m* / report body || ♂**schicht** *f* DIN ISO 7498 / protocol layer || ♂**stack** *n* / protocol stack || ♂**steuerinformation der Anwendungsschicht** *f* (EN 60870-5-3 DIN EN 61850-9-1) / application protocol control information (APCI) (IEC/TS 61850-2) || ♂**steuerungsinformation** *f* / protocol control information || ♂**tester** *m* / protocol tester || ♂**textausgabebaustein** *m* / log text output block || ♂**übersetzer** *m* / protocol converter, gateway *n* || ♂**umsetzer** *m* / gateway *n*, protocol converter || ♂**wandler** *m* / protocol converter, gateway *n* || ♂**Zustandsautomat** *m* / protocol state machine || ♂**zyklus** *m* / protocol cycle
Proton *n* / proton *n*
Protonen·strahl *m* / proton beam || ♂**synchrotron** *n* / proton synchrotron
Prototyp (PT) *m* / prototype *n* || ♂**baugruppe** *f* / prototype module || ♂**enbau** *m* / prototype construction || ♂**enfertigung** *f* / prototype production || ♂**fertigung** *f* / prototype manufacturing || ♂**ing** *n* / prototyping || ♂**ingkit** *m* / prototyping kit || ♂**ingumgebung** *f* / prototyping environment
PROVIS / PROVIS (software program for ordering)
Provision *f* / commission *n* || ♂**sgeschäft** *n* / business on commission
provisorisch *adj* / makeshift *adj* || **~e Erdung** / temporary earth || **~er Bau** / temporary structure || **~es Unterwerk** (transportables U.) / transportable substation
PROWAY / process data highway (PROWAY)
proximaler Bereich DIN IEC 469, T.1 / proximal region
Proximallinie *f* / proximal line
Proximity-Effekt *m* / proximity effect
Prozedur *f* / procedure *n* || **~ales Wissen** / procedural knowledge || ♂**anweisung** *f* / procedure statement || ♂**element** *n* / procedural element || ♂**fehler** *m* / procedure error || **~orientierte Sprache** / procedure-oriented language || ♂**steuerung** *f* / procedural control (control which executes setup-specific sequential actions in order to execute process-oriented tasks)
Prozent·anteil *m* / percentage *n* || ♂-**Differentialrelais** *n* / percentage differential relay, percentage-bias differential relay, biased differential relay || ♂**quadratminute** *f* / percent squared minute || ♂**relais** *n* / percentage relay, percentage-bias relay, biased relay || ♂**satz der schweren Fehler** / percentage of major defects || ♂**satz fehlerhafter Einheiten** / percent defective
prozentual·e Impulsverzerrung / percent pulse waveform distortion || **~e Maßstabstransformation** / percentage scale factor || **~e Verzerrung einer Impulseinzelheit** / percent pulse waveform feature distortion || **~er Fehler** / percentage error || **~er Referenzgrößenwert** / percent reference magnitude || **~es Rückfallverhältnis** VDE 0435,T.

110 / resetting percentage, returning percentage || ~es **Verhältnis der Schaltwerte** (beim Rückfallen) / resetting percentage, returning percentage
Prozent·vergleichsschutz *m* / biased differential protection, percentage differential protection || ²**wert** *m* / percent *n*, percentage value
Prozess *m* / process *n* || ² *m* (Grafik) / process diagram || **kontinuierlicher** ² / continuous process
Prozessabbild *n* (PA) / process image (PI), process I/O image || ² **der Ausgänge** (PAA) / process output image (PIO) || ² **der Eingänge** (PAE) / process input image (PII) || ² **lesen** / read process image || ²**eingang** *m* (PAE) / process input image (PII) || ²**fehler** *m* / process mapping error
prozessabhängig *adj* / process dependent
Prozess·ablauf *m* / process sequence || ²**abschaltsystem** *n* / process shutdown system (PSD)
Prozessalarm *m* / process alarm, hardware interrupt *n* || ² *m* (Unterbrechung) / process interrupt || ²**generierung** *f* / hardware interrupt generation, process-interrupt generation || ~**gesteuerte Programmbearbeitung** / process-interrupt-driven program processing || ²-**OB** / hardware interrupt ob
Prozess·analyse *f* / process analysis || ²**analysegerät** *n* / process analyzer || ²**analysesystem** *n* / process analysis system || ²**analytik** *f* / process analysis || ²**anbindung** *f* / process interfacing || ²**ankopplung** *f* / process interfacing, process activation device || ²**anschluss** *m* / process connection || ²**anschlussmodul** *n* (Klemmenbrett) / process signal terminal module || ²**ausgabesperre** *f* / control output inhibit || ²**ausstoß** *m* / process output || ²**automatisierung** *f* (PA) / process automation (PA) || ²-**Automatisierungssystem** *n* / Public Automation System
Prozess·bedienebene *f* / process control level || ²**bedienfehler** *f* / operator input error, operator control error || ²**bedientastatur** *f* (PBT) / process control keyboard || ²**bedienung** *f* / operator-process communication, operator process control, operator control of the process || ²**bedienungsprotokoll** *n* / operator activity log, operator input listing || ~**begleitend** *adj* / in-process || ~**begleitende Prüfung** *f* / intermediate inspection and testing || ²**beherrschung** *f* / process control || ²**beobachtung** *f* / process monitoring, process visualization || ²**beobachtung und -bedienung** / operator-process monitoring and control || ²**beratung** *f* / process consulting || ²**bereich** *m* / process area || ²**beschreibung** *f* / process instruction || ²**betrieb** *m* / process mode || ~**bezogen** *adj* / process-related || ²**bild** *n* / process schematic, mimic diagram, mimic *n* || ²**bild** *n* (am Bildschirm) / process display, plant display, process mimic || ²**bus** *m* / process data highway (PROWAY), process bus || ²**busdaten** *f* / process bus data || ²**busschnittstelle** *f* / process data highway interface || ²**chromatograph** *m* / process chromatograph || ² **Communication Unit** *f* / Process Communication Unit, process control unit
Prozessdaten *plt* / process data || ²**akquisition** *f* / process data acquisition || ²-**Aufzeichnung (PDA)** *f* (Prozessdaten-Aufzeichnung ist die Aufnahme aller zum vollständigen Ablauf eines Programms erforderlichen Informationen) / PDA (Process Data Acquisition) || ²**auswertung** *f* / process data evaluation || ²-**Bedienung** *f* / process data control || ²**bus** *m* / process data highway (PROWAY) || ²**erfassung** *f* / process data acquisition || ²-**Erfassungsstation** *f* (PDE-Terminal) / process data acquisition terminal (PDA terminal) || ²**objekt (PDO)** *n* / Process Data Object (PDO) (fast cyclic process data) || ²**organisation** *f* (PDO) / process data organization (PDO) || ²**steuerung** *f* / process data control || ²**verarbeitung** *f* (PDV) / process data processing (PDP), data processing || ²**word** *n* / process data word
Prozess·definition *f* / process definition || ²**diagnose** *f* / process diagnostics, process error diagnosis || ²**diagnose-Operanden PDIAG** / process diagnostic addresses pdiag, process diagnostics addresses PDIAG || ²**druck** *m* / process pressure || ²**druck für Prozessanschluss Nennwert** *m* / rated pressure || ²-**E/A** *m* / process I/O || ²**ebene** *f* / plant-floor level, process level, components || ²**eigner** *m* / process owner || ²**einheit** *f* / process I/O unit || ²**einsatz** *m* / process input || ²**element** *n* (E/A-Element) / I/O element || **Rundsteuer-²element** *n* / ripple-control process interface module || ²**ereignis** *n* / process interrupt || ²**erkennung** *f* / process identification
prozessfähige Produktgestaltung / producible product design
Prozessfähigkeit *f* (QS-Begrif) / process capability || ²**snachweis** *m* / evidence of process capability || ²**suntersuchung** *f* / process capability analysis
Prozessfehler *m* / process fault, process error || ²**diagnose** *f* / process fault diagnostics || ²**erkennung** *f* / process malfunction (o. fault) detection, process fault recovery || ²**meldung** *f* / process error message
prozessführend *adj* / process controlling (PC)
Prozessführung *f* / process management, process control, process monitoring and control || ² *f* (durch den Leitstandfahrer) / operator control, process manipulation, operator-process communication
Prozess·führungsebene *f* / process management level, process control level || ²**führungsgröße** *f* / control variable || ²**funktion** *f* / process function || ²**gas** *n* / process gas || ²**gaschromatograph** *m* / process gas chromatograph || ²**gebiet** *n* / process area
prozessgeführt *adj* / process-controlled *adj* || ~**e Ablaufsteuerung** / process-oriented sequential control, process-dependent sequential control
Prozess·gerät *n* / process device, process instrument, process instrumentation, process measurement and control device || ²**gerätedaten** *plt* / process device data || ²**gerätekennung** *f* / process device ID || ²**geschehen** *n* / processing || ~**gesteuert** *adj* / process-interrupt-driven || ²**größe** *f* / process variable (PV) || ²**haus** *n* / process house || ²**industrie** *f* / process industry || ²**informationen** *f pl* / process information || ²-**Informations-Management-System (PIMS)** / Process Information Management System (PIMS) || ²**informationssystem** *n* / process information system || ²**instrument** *n* / process instrument || ²**instrumentierung (PI)** *f* / process instrumentation || ²**integration** *f* / process

Prozessleit

integration || ⟨-**Interface** *n* / process interface || **~intern** *adj* / in-process || ⟨**kenngrößen** *f pl* / process indicators || ⟨**kette** *f* / process chain || ⟨**klemme** *f* / process terminal || ⟨**komponente** *f* / process component || **~konformes Tailoring** *n* / tailoring with process conformity || ⟨**kontrolle und -regelung** *f* / process control || ⟨**kopplung** *f* / process interfacing || ⟨**kostenrechnung** *f* / process-based costing || ⟨**kriterium** *n* / step enabling condition, stepping condition, progression condition
Prozessleit·anlage *f* / process control system, process control and instrumentation system || ⟨**ebene** *f* / process control level, process management level, process supervision level || ⟨**stand** *m* / process engineer's console || ⟨**system** *n* / process control system, process control and instrumentation system, process instrumentation and control system || ⟨**system SIMATIC PCS 7** / SIMATIC PCS 7 process control system || ⟨**tastatur** *f* / process control terminal || ⟨**technik** *f* (PLT) / process control engineering, process control and instrumentation technology, process instrumentation and control engineering, process instrumentation and control (process I&C), industrial process measurement and control, process control || ⟨**technik** *f* (rechnergeführte Anlage) / computer-integrated process control, computer-based process control
Prozess·lenkung *f* (die Steuerungsaktivität, die die Steuerfunktionen für die Verwaltung der Chargenproduktion innerhalb einer Anlage beinhaltet) / process management || ⟨**luft** *f* / process air || ⟨**mapping** *n* / process mapping || ⟨**meldewesen** *n* / process signalling || ⟨**meldung** *f* / process signal, process event signal, process alarm, process message || ⟨**messen** *n* / in-process measurement || ⟨**messgerät** *n* / process measuring equipment || ⟨**messtechnik** *f* / process-measuring engineering || ⟨**modell** *n* / process model || **gegenständliches** ⟨**modell** / physical process model || ⟨**monitor** *m* / process monitor
prozessnah *adj* / process-oriented *adj*, in-process *adj*, on the factory floor, on the plant floor, in the immediate vicinity of the process || **~e Bedienung** / local operator control, local operator communication || **~e Peripherie** (z.B. Sensoren, Stellglieder) / field devices || **~e Peripherie** (Feldgeräte) / field devices || **~e Regelkreise** / control loops in process environment, plant-floor control loops || **~er Bereich** / process environment, plant-floor environment || **~er Bereich** (auf Regelgeräte bezogen) / industrial control environment || **~es Messen** / direct measurement, in-process measurement
Prozess·objekt *n* / Process Object || ⟨**objektsicht** *f* / process object view || ⟨**operation** *f* / process operation
Prozessor *m* / processor *n*, central processing unit || **Digital-Signal-**⟨ *m* (DSP) / digital signal processor (DSP) || ⟨**auslastung** *f* / processor utilization || ⟨**baugruppe** *f* / processor unit, processor board, processor module || ⟨**baugruppe** *f* (CPU) / central processor unit, CPU || ⟨**-Cache-Modul** *n* / second-level cache || ⟨**-E/A** *m* / processor I/O (PIO) || ⟨**falle** *f* / processor trap || **~gesteuert** *adj* / processor-controlled || ⟨**hochlauf** *m* / processor start-up

prozessorientierte Baugruppe / process-oriented module (o. PCB)
Prozessor·kern *m* / processor core || ⟨**leistung** *f* / processor capability || ⟨**modul** *n* / processor module || ⟨**sockel** *m* / processor socket || ⟨**-Statuswort** *n* / processor status word (PSW) || ⟨**störung** *f* / processor failure
Prozess·parameter *m* / process parameter || ⟨**peripherie** *f* / process peripherals, process interface system, process computer peripherals || ⟨**peripherie** *f* (E/A) / process I/O || ⟨**präzision** *f* / process precision || ⟨**programmdatei** *f* (Kleber: Datei mit Daten vom Klebeprozess) / process program file || ⟨**prüfung** *f* DIN 55350,T.11 / process inspection, in-process inspection, in-process inspection and testing, manufacturing inspection, line inspection, intermediate inspection and testing, interim review
Prozessrechner *m* / digital control computer, process computer, process control computer, host computer || ⟨ **für direkte Prozessführung** / process control computer || **~gestützte Automatisierung** / process-computer-aided automation || ⟨**-Kommandogerät** *n* / process-computer-based command unit || ⟨**system** *n* / process computer system
Prozess·regelkarte *f* / process control card || ⟨**regelung** *f* / closed-loop process control, process control, on-line process control || **rechnergeführte** ⟨**regelung** / computer-based process control || ⟨**regler** *m* / process controller || **kontinuierlicher** ⟨**regler** / continuous-action controller || ⟨**reglerfamilie** *f* / process controller family
Prozess·schema *n* / process schematic, process flow chart (o. mimic diagram) || ⟨**schild** *n* / process device tag || ⟨**schnittstelle** *f* / process interface || ⟨**schreiber** *m* / process-variable recorder, process recorder || ⟨**schritt** *m* / process step, process action || **~sichere Fertigungsverfahren** / controlled production methods || **~sicheres Verfahren** / controlled method || ⟨**sicherheit** *f* / process stability || ⟨**signal** *n* / process signal || ⟨**signalformer** *m* / process interface module, I/O module, receiver element || ⟨**-Simulation** *f* / process simulation || **~spezifisch** *adj* / process-specific || ⟨**steckverbinder** *m* / process terminal || ⟨**steuerung** *f* / process control || ⟨**steuerungssystem** *n* / process control system || ⟨**störung** *f* / process disturbance, process alarm, process malfunction, process fault || ⟨**störungsmeldung** *f* / process alarm
Prozess·technik *f* / process engineering || ⟨**toleranz** *f* (Toleranz für ein quantitatives Merkmal eines Prozesses) DIN 55350,T.12 / process tolerance || **~übergreifendes Leittechniksystem** / cross process control system || ⟨**überwachung** *f* / process supervision, process monitoring || ⟨**überwachungssystem** *n* / process monitoring system || ⟨**variable** *f* / PowerTag *n* || ⟨**ventil** *n* / process valve || ⟨**verbesserung** *f* / process improvement || ⟨**verbesserungsprojekt** *n* / process improvement project || ⟨**verbesserungsversuch** *m* / PIE, process improvement experiment || ⟨**verbindung** *f* / process link || ⟨**verdrahtung** *f* / process wiring || ⟨**verfolgung** *f* / process tracking || ⟨**visualisierung** *f* / process visualization || ⟨**visualisierungssystem**

n / SCADA system || ⟨-**Visualisierungssystem** *n* / process visualization system || ⟨**vorgabe** *f* / process default value || ⟨**warte** *f* (Raum) / process control room || ⟨**warte** *f* (Pult) / process operator's console || ⟨**wert** *m* / process data || ⟨**wert außerhalb der Toleranz** / process value out of tolerance || ⟨**wert unsicher** / process value uncertain || ⟨**wertarchiv** *n* / tag logging archive || ⟨**wiederherstellung** *f* / process recovery || ⟨**zeit** *f* / T$_{proc}$, process time || ⟨**zustand** *m* / process status || ⟨**zustandsmeldung** *f* / process status report || ⟨**zustandsprotokoll** *n* / process status log (o. listing), process status listing
PRT (Programmtest) / program testing, PRT (program test) || ⟨-**Protokoll** *n* / PDG minutes (PDG)
P-Rückführung *f* / proportional feedback
P-rücklesend *adj* / sink readback
Prüf·ablauf *m* / inspection sequence || ⟨**ablauf** *m* / inspection and test sequence || ⟨**ablaufplan** *m* (Reihenfolge) DIN 55350, T.11 / inspection and test plan (ITP), inspection schedule || ⟨**ablaufplanung** *f* / product inspection and test planning, inspection scheduling || ⟨**abschnitt** *m* / testing section || ⟨**abschnitt** *m* / test coupon, coupon *n* || ⟨**abstand** *m* / test distance || ⟨**abteilung** *f* / inspection department || ⟨**adapter** *m* / test adaptor, testing adapter for printed circuit boards || ⟨**ader** *f* / pilot wire || ⟨-**Analogausgabe** *f* (PR-AA) / check analog output module (CH-AQ) || ⟨**anlage** *f* / testing station, test bay || ⟨**anordnung** *f* / test set-up, test arrangement || ⟨**anschluss** *m* (Isolator, Durchführung) / test tapping || ⟨**anschlüsse** *m pl* / test connections || ⟨-**Ansprechwert** *m* / must-operate value, pickup value || ⟨**anstalt** *f* / testing institute, testing laboratories || ⟨**antrag** *m* / test application || ⟨-**Antwortspektrum** *n* / test response spectrum (TRS) || ⟨**anweisung** *f* DIN 55350,T.11 / inspection instruction, test instruction || ⟨**anweisungen** *f* / inspection and test instruction || ⟨**anzeige** *f* / diagnostic indication || ⟨**anzeige** *f* / diagnostic display, diagnostic lamp (o. light) || ⟨**anzeigeeinrichtung** *f* / check indicator || ⟨**art** *f* / test method || ⟨**attest** *m* / test report, TWN internal test report || ⟨**aufbau** *m* / mounting arrangement for tests, test setup, test-bed assembly, test arrangement || ⟨**aufgabe** *f* / check problem || ⟨**aufkleber** *n* / inspection sticker, test sticker || ⟨**auftrag** *m* / inspection and test order || ⟨**aufzeichnung** *f* / inspection and test records || ⟨**aufzeichnungen** *f* / inspection and test records || ⟨**automat** *m* / automatic inspection and test unit, automatic tester, automatic testing machine, automatic test unit, automatic inspection and testing unit || ⟨**automatik** *f* / automatic test unit
Prüf·bahn *f* (Weg des Prüfkopfes) / scanning path || ⟨**barkeit** *f* / ability to be tested || ⟨**baustein** *m* / test block || ⟨**bedingung** *f* / test condition || **allgemeine** ⟨**bedingungen** DIN 41640 / standard conditions for testing IEC 512-1 || ⟨**befehl** *m* / check command || ⟨**belastung** *f* / test load || ⟨**bereich** *m* / test area || ⟨**bericht** *m* / test report, inspection record, record of performance, internal test report || ⟨**berichtherstellung** *f* / test report production || ⟨**bescheinigung** *f* / test certificate, inspection certificate || ⟨**bestätigung** *f* / test certificate, inspection certificate || ⟨**betrieb** *m* / test (ing) operation, test duty || ⟨-**Biegekraft** *f* (Isolator, Durchführung) / cantilever test load || ⟨**bild** *n* / test pattern || ⟨**bit** *n* / check bit, parity bit, parity check bit || ⟨**blatt** *n* / test memo (TM) || ⟨-**Blitzstoßspannung** *f* / lightning impulse test voltage || ⟨**block** *m* (IEC 870-1-3) / check sequence || ⟨**bohrung** *f* / inspection hole || ⟨**box** *f* / test box || ⟨**buch** *n* / inspect and test log book, inspection log book || ⟨**buch** *n* / test progress tracking sheet (TTS) || ⟨**buchse** *f* / test socket, test connector, test jack || ⟨**bürde** *f* / test burden || ⟨**bürste** *f* / pilot brush || ⟨**byte** *n* / frame check sequence
Prüf-Checkliste *f* / inspection checklist || ⟨**code** *m* / checking code || ⟨**daten** *plt* / test data (observed data obtained during tests) || ⟨**dauer** *f* / duration of test || ⟨**digit** *n* / check digit || ⟨-**Digitalausgabe** *f* (PR-DA) / check digital output module (CH-DQ) || ⟨**dorn** *m* / test mandrel || ⟨**draht** *m* / pilot wire || ⟨**druck** *m* DIN 43691 / system test pressure (design pressure), test pressure || ⟨**druck** *m* (PP) DIN 2401, T.1 / test pressure || ⟨**druckfaktor** *m* / standard test pressure factor IEC 517 A2 || ~**e Datenbankverbindung** / check database connection || ⟨**einheit** *f* / test unit || ⟨**einrichtung** *f* / test equipment || ⟨**einrichtungen** *f pl* / testing equipment, inspection and test equipment || ⟨**element** *m* / test element || **systemeigener** ⟨**emulator** / in-circuit emulator (ICE)
prüfen *v* / test *v*, check *v*, inspect *v*, examine *v*, verify *v*, review *v*, investigate *v* || ~ *v* (mit Lehre) / gauge *v* || ~ *v* (nachprüfen) / check *v*, verify *v*, prove *v* || ~ *v* (überprüfen) / review *v*, verify *v* || ~ *v* (untersuchen) / investigate *v*, examine *v*, scrutinize *v* || ~ *v* (visuell) / inspect *v* || ⟨ *n* / supervision *n* || ⟨ **auf Plausibilität** / plausibility check
prüfendes Los / inspection lot
Prüfer *m* / inspector *n*, test engineer, checker *n*
Prüf·ereignis *n* / test event || ⟨**ergebnisanalyse** *f* / test result analysis || ⟨**ergebnisse** *n pl* / inspection and test results || ⟨**fall** *m* / testcase || ⟨**fallabbruch** *m* / abnormal test case termination || ⟨**fallauswahl** *f* / test case selection || ⟨**fallauswahlausdruck** *m* / test case selection expression || ⟨**fallfehler** *m* / test case error || ⟨**fallkennung** *f* / test case identifier || ⟨**fallparametrisierung** *f* / test case parameterization || ⟨**fallverweis** *m* / test case reference || ⟨**fallverzeichnis** *n* / test case index || ⟨**feder setzen** / set test spring
Prüffeld *n* / test bay, testing station, test floor, testing laboratory, test centre, test berth, Test Department, test laboratory, test field || ⟨**aufbau** *m* / test-bay assembly, machine assembled for test || ⟨**lauf** *m* / test field run || ⟨**stärke** *f* / testing level
prüffertiger Transformator / transformer ready for testing
Prüf·finger *m* / test finger || ⟨**fläche** *f* / testing surface, testing area, test surface at top || ⟨**flüssigkeit** *f* / test liquid || ⟨**folge** *f* / test sequence || ⟨**folgeplan** *m* / inspection schedule || ~**freundliches Entwickeln** / design for testability (DFT), Design For Test (DFT) || ⟨**freundlichkeit** *f* / designed for testability || ⟨**gas** *n* / calibration gas || ⟨**gebühr** *f* / test fee || ⟨**gegenstand** *m* / test item, equipment under test, UUT *n* || ⟨**gemisch** *n* /

Prüf

test mixture || ~gerät n / test unit, test control unit (TCU) || ~gerät initialisieren (für jedes zu prüfende Bauelement wird der Sollwert eingestellt) / Initialize CRDL || **graphisches und interaktives** ~gerät / graphical interactive test device || ~geräte-Entwicklungsprogramm / inspection and test equipment development program, inspection and testing equipment development program || ~gerecht adj / suitable for testing || ~geschwindigkeit f / testing rate || ~gleichspannung f / d.c. test voltage || ~gleichstrom m / test d.c. current || ~größe f DIN 55350, T.24 / test statistic || ~gruppenleiter m / inspection supervisor || ~hilfsmittel n / auxiliary measuring and test equipment, auxiliary inspection and testing equipment || ~hinweis m / inspection instructions, inspection and test instructions, note on testing || ~hubzylinder m / test cylinder || ~information f / check information || ~ingenieur f / inspector n, examiner n, tester n || ~instrument n / test control unit (TCU) || ~intervall n / inspection interval || ~jahr n / test year
Prüf·kabine f / test cell || ~karte f / test card, inspection card || ~kartei f / test card file || ~kennung f / inspection mark, test code, test symbol || ~kennzeichen n / inspection mark, test mark, test symbol, test code, check mark || ~kennzeichnung f / test stamp, test mark || ~kette f / test chain || ~klasse f DIN 41650 / category n IEC 603-1 || **klimatische** ~klasse / climatic category || ~klemme f / test terminal || ~klima n / conditioned test atmosphere, test environment || ~koffer m / portable test set || ~kopf m (elektroakust. Wandler) / probe n || **angepasster** ~kopf / shaped probe || ~kopfschuh m / probe shoe || ~körper m / test block, test piece || ~kosten f / appraisal costs || ~kreis m / test circuit || ~kriterien f / testing criteria
Prüf·labor n / test lab || **labor der PROFIBUS-Nutzerorganisation** / Pl test lab || ~laboratorium n / test laboratory n, testing laboratory || ~länge f (Oberflächenrauhheit) / sampling length || ~last f / test load, dummy load
Prüflehre f (f. Lehren) / check gauge, measuring gauge, test gauge, test pin || ~ f (f. fertige Teile) / inspection gauge || ~ **Abstand Kontaktfeder** / gauge for distance of contact spring || ~ **Einschalthebel** / gauge for closing lever || ~ **für Schalttafel** / gauge for switchboard || ~ **Leistungsschalter 3WR.** / gauge for circuit-breaker 3WR. || ~ **Lichtbogenkontakte** / test pin for arcing contacts
Prüf·lehrenmaß n / test gauge dimension || ~lehrenmaß **220 mm** / test gauge dimension 220 mm || ~leistung f (Prüflinge/Zeiteinheit) / testing capacity, number of units tested per unit time, testing power || ~lesen n / re-inspection and testing, verification n || ~leser m / verifier
Prüfling m / test specimen, test piece, test object, part (o. machine o. transformer) under test, item under test || ~ m (EMV-Terminologie) / equipment under test (EUT)
Prüflingshandling n / handling of test samples
Prüf·linie f / testing line || ~liste f / check list, inspection checklist || ~loch n / inspection hole || ~los n / inspection lot || ~**managementprotokolldateneinheit** f / test

676

management protocol data unit (TMPDU) || ~mappe f / inspection file || ~mappenaufdruck m / inspection file form || ~marke f / test label, test mark || ~markendatum n / test label date, test mark date || ~maschine f / testing machine, tester n || ~maschine f (f. HSS) / operating machine || ~maske f / test screen || ~maß n / test dimension || ~masse f / test mass, weight n || ~meldung f / check message || ~menge f / test quantity || **Lebensdauer-**~menge f (LPM) / life test quantity (LTQ) || ~merkmal n DIN 55350,T.12 / inspection characteristic
Prüfmittel f / inspection, measuring and test equipment, testing apparatus and instruments, test fluid, test equipment, tester n || ~beschaffung f / procurement of test equipment || ~entwicklung f / development of test equipment || ~karte f / inspection and testing equipment record card || ~überwachung f E DIN 55360, T.16 / control of inspection, measuring and test equipment, test equipment monitoring, monitoring of inspection and testing equipment || ~überwachungssystem (PÜS) n / system of monitoring inspection, measuring and test equipment
Prüf·modul n / test module || ~modus m / check mode || ~möglichkeit f / test possibility || ~monat m / test month || ~muster n / sample n, test specimen, test unit, specimen n, coupon n, test sample || ~nachweise f pl / Test Records || ~niveau n / inspection level || ~nummer f / test number || ~**nummer des Herstellers aufbringen** / apply test number of manufacturer || ~**nummer durch den Hersteller aufbringen** / test number to be applied by manufacturer || ~objekt n / test object, device under test (DUT), test sample || ~ort m / place of inspection || ~packung f / test packing || ~parameter m / test parameter || ~pegel m / test level, impulse test level || ~pflichten f pl / test requirements || ~pflichtig adj / requiring (official) approval || ~plakette f / inspection sticker
Prüfplan m / test plan || ~ m / inspection schedule, inspection and test plan (ITP) || ~ **für kontinuierliche Stichprobenentnahme** / continuous sampling plan || **Stichproben~** m / sampling inspection plan
Prüf·planung f (Planung der Prüfung) DIN 55350,T.11 / inspection planning, inspection and test planning, test planning, inspection and testing planning || ~platte f / test board || ~platz m / test bench, testing station, inspection station || ~position f / testing station, inspection station || ~probe f / test sample || ~programm n / inspection and test program, test program, inspection and testing program || ~protokoll n / test report, inspection record, record of performance, test certificate, customer test report || ~protokoll n (EZ) / calibration report || ~prozedur n / inspection and testing procedure, inspection and testing techniques, test method, test procedure || ~punkt m / test point || ~punktabstand m / test point spacing || ~querschnitt m / test cross-section || ~raum m / test room, view room, test location || ~raumprüfung f / view-room inspection || ~reihe f / test suite, test series || ~reihenfolge f / test sequence || ~reihenkonstante f / test suite constant || ~reihenüberblick m / test suite overview || ~-

Relaisausgabe f (P-Rel-DA) / check relay output module (CH Rel DQ) || ⁓-**Relaisausgabebaustein** m / check relay output module || ⁓**robotertechnik** f / test robotics || ⁓**rotor** m / proving rotor, test rotor || ⁓**routine** f / test routine || **selbsttätige** ⁓**routine** / self-checking routine || ⁓**rumpf** m / test body
Prüf·Sachverständiger m / authorized inspector || ⁓**satz** m / check block || ⁓**satzfehler** m / check block error || ⁓**schalter** m / test switch || ⁓**schaltfolge** f / test duty || ⁓-**Schaltstoßspannung** f / switching impulse test voltage || ⁓**schaltung** f / test circuit, synthetic circuit || ⁓**schaltungen** $f\,pl$ VDE 0532,T.30 / simulated test circuits IEC 214
Prüfschärfe f / severity of test, test level, degree of inspection, inspection severity || **Auswahl der** ⁓ / applicability of normal, tightened or reduced inspection, procedure for normal, tightened and reduced inspection
Prüf·schein m / test certificate, inspection certificate, in-house test certificate, final inspection certificate, routine inspection certificate || ⁓**schein Nr.** f / test certificate no. || ⁓**schiene** f / test bus || ⁓**schienen-Trenner** m / test bus disconnector, test bus isolator || ⁓**schild** n / test label, test plate || ⁓**schleife** f / loopback, test loop || **nahe** ⁓**schleife** / local loopback || ⁓**schlüssel** m / test code || ⁓**schritt** m / inspection and testing stage, inspection stage, test step || ⁓**schrittbibliothek** f / test step library || ⁓**schrittzweck** m / test step objective || ⁓**sequenz** f / test sequence || ⁓**serie** f / test series || ⁓**sicherheitsfaktor** m / test safety factor || ⁓-**Sicherungsunterteil** n / test rig (test fuse base) || ⁓**siegel** n / test seal || ⁓**signal** n / test signal || ⁓**sockel** m (Lampenfassung) DIN IEC 238 / test cap, VDE 0820 test fuse-base, test socket || ⁓**sonde** f / probe n, test probe || ⁓**spaltweite** f / test gap || ⁓**spannung** f (f. Isolationsprüf. eines MG) / insulation test voltage || ⁓**spannung** f / test voltage || ⁓**spannung** f (Isolierstoff) IEC 50(212) / withstand voltage, proof voltage || ⁓**spezifikation** f / test specification, DIN 55350,T.11 inspection specification || ⁓**spitze** f / test prod, test probe || ⁓**spitzensicherung** f / test-probe proof || ⁓**spule** f / magnetic test coil, search coil, exploring coil || ⁓**stab** m VDE 0281 / dumb-bell test piece, test rod
Prüfstand m / test stand, test bay, test bench, test bed || **Kraftfahrzeug~** m / chassis dynamometer, automobile performance tester, road-test simulator || ⁓**s-Leitrechner (PLR)** m / testbed computer (TBC)
Prüf·status m / inspection and test status, inspection status || ⁓**stecker** m / test plug || ⁓**steckhülse** f / test socket, test jack (o. receptacle) || ⁓**stelle** f / testing agency, testing laboratory, test point, inspection body, test location || **A-**⁓**stelle** f / A-level calibration facility || ⁓**stellung** f (SG-Einschub) VDE 0660, T.500 / test position IEC 439-1 || ⁓**stempel** m / inspection stamp || ⁓**stift** m / test probe, test pin || ⁓**stift Auslöseklinkenüberdeckung** / pin gauge for tripping latch overhang || ⁓**stift Einschalthebel** / test pin for closing lever checking dimension 1 to 3mm, test pin for closing leverkomchecking dimension 1 to 3mm || ⁓**stoß** m / test impulse || ⁓-**Stoßpegel** m / impulse test level, test level || ⁓-**Stoßspannung** f / impulse test voltage || ⁓**stoßspannungsmesser** m / impulse test voltmeter || ⁓-**Stoßstrom** m / impulse test current || ⁓**strecke** f VDE 0278 / test section
Prüfstrom m / test current, injected current || **großer** ⁓ VDE 0641 / conventional tripping current (CEE 19) || **großer** ⁓ / conventional fusing current || **kleiner** ⁓ VDE 0641 / conventional non-tripping current (CEE 19) || **kleiner** ⁓ / conventional non-fusing current
Prüf·stück n (Gegenstand, an dem Prüfungen durchgeführt werden) / test specimen, part under test, test piece || ⁓**stufe** f / inspection level || ⁓**summe** f / checksum n || ⁓**summenfehler** m / checksum error || ⁓**summenzeichen** n / checksum character || ⁓**summer** m / growler n, test buzzer || ⁓**system** n / test system
Prüf·tabelle f / table of test results || ⁓**taktfrequenz** f / testing clock frequency || ⁓**taktsignal** n / test clock signal || ⁓**taste** f / test key, test button || **Lampen~taste** f / push-to-test button (for lamp) || ⁓**technik** f / test engineering, test techniques || ⁓**teilnehmer** m / test client || ⁓**telegramm** n / test message, check telegram || **Standard-**⁓**temperatur** f / standard temperature for testing IEC 70 || ⁓**tisch** m / test bench, test console || ⁓**transformator** m / testing transformer || ⁓**transformator** m (geprüfter T.) / transformer under test, transformer tested || ⁓**trennklemme** f / test disconnect terminal || ⁓**trennschalter** m / test disconnector, test isolator || ⁓**turnus** m / inspection interval || ⁓**umfang** m / scope of inspection, amount of inspection || ⁓**umschalter** m / test selector switch || ⁓**- und Fertigkarkeit** f / testability and manufacturability || ⁓**- und Kalibriergasaufschaltung** f / test/calibration gas injection || ⁓**- und Kontrollpunkt** m / inspection and test point || ⁓**- und Meldekombination** f / test and signalling combination || ⁓**- und Messmittel** / measuring and test equipment
Prüfung f / inspection n, supervision n, verification || ⁓ f / inspection and testing || ⁓ **auf elektromagnetische Verträglichkeit** / noise immunity test || ⁓ **auf gerade Parität** / even parity check || ⁓ **auf Identität** / identity inspection || ⁓ **auf Transportschäden** / damage control inspection || ⁓ **auf ungerade Parität** / odd parity check || **eine** ⁓ **aushalten** / stand a test || ⁓ **bei abgestufter Beanspruchung** / step stress test || ⁓ **bei außermittiger Belastung** / test with eccentric load || ⁓ **bei Erdschlussbetrieb** / testing under ground-fault conditions || ⁓ **bei feuchter Wärme** / damp heat test || ⁓ **bei gestörtem Betrieb** / test under fault conditions || ⁓ **bei Kälte und trockener Wärme** / cold and dry heat test || ⁓ **bei Schwachlast** / light-load test || ⁓ **bei Umweltbedingungen** / environmental testing || ⁓ **der 100%-Ansprech-Blitzstoßspannung** / standard lightning impulse voltage sparkover test || ⁓ **der Abmessungen** / verification of dimensions || ⁓ **der Ansprech-Stoßspannung** / impulse sparkover test, let-through level test, let-through test || ⁓ **der Ansprech-Wechselspannung** / power-frequency voltage sparkover test || ⁓ **der Drehrichtung** / rotation test || ⁓ **der Einschaltbedingungen** /

preconditional check || ≈ der **Erweichungstemperatur** (Lackdraht) / cut-through test || ≈ der **Extraktion** / extraction test || ≈ der **Isolationsfestigkeit** / dielectric test, insulation test, voltage withstand insulation test, high-voltage test || ≈ der **Kurzschlussfestigkeit** / short-circuit test || ≈ der **mechanischen Bedienbarkeit** / mechanical operating test || ≈ der **mechanischen Festigkeit** / mechanical strength test || ≈ der **mechanischen Lebensdauer** / mechanical endurance test || ≈ der **Nichtansprech-Schaltstoßspannung** / minimum switching-impulse voltage sparkover test || ≈ der **Nichtansprech-Stoßspannung** / minimum sparkover level test || ≈ der **Nichtansprech-Wechselspannung** / minimum power-frequency sparkover test || ≈ der **Nichtzugänglichkeit** / non-accessibility test || ≈ der **Phasenfolge** / phase-sequence test || ≈ der **Polarität** / polarity test || ≈ der **Restspannung bei Schaltstoßspannung** / switching residual voltage test || ≈ der **Spannungsfestigkeit** / voltage proof test || ≈ der **Stirn-Ansprech-Stoßspannung** / front-of-wave voltage impulse sparkover test || ≈ der **Störfestigkeit gegen Stoßspannungen** / surge immunity test || ≈ der **thermischen Stabilität** / thermal stability test || ≈ der **Unverwechselbarkeit** / polarizing test || ≈ der **Wicklungen gegeneinander** / winding-to-winding test || ≈ der **Widerstandsfähigkeit gegen Chemikalien** / chemical resistance test || ≈ des **elektrischen Durchgangs und Durchgangswiderstands** / electrical continuity and contact resistance test || ≈ des **Isoliervermögens** / dielectric test, insulation test, voltage withstand insulation test, high-voltage test || ≈ des **Schaltvermögens** VDE 0531 / breaking capacity test IEC 214 || ≈ des **Wasserschutzes** / test for protection against the ingress of water || ≈ des **Wuchtzustands** (el. Masch.) / balance test || ≈ **durch den Lieferanten** / vendor inspection || ≈ **durch Gegenschaltung zweier gleichartiger Maschinen** / mechanical back-to-back test IEC 34-2 || ≈ **durch Strom-Spannungsmessung** / ammeter-voltmeter test || ≈ **elektrischer Hochleistungsapparate (PEHLA)** / Association for High-Power Electrical Testing || ≈ **im Beisein des Kundenvertreters** / witnessed test || ≈ **im magnetischen Störfeld** / magnetic interference test || ≈ **im Prüfraum** / view-room inspection || ≈ **im System** / in-system testing || ≈ **in der Anlage** / in-service test || ≈ **in Stufen** / step by step test || ≈ **mit abgeschnittener Steh-Blitzstoßspannung** / test with lightning impulse, chopped on the tail, chopped-wave impulse test || ≈ **mit abgeschnittener Stoßspannung** / chopped-wave impulse voltage withstand test || ≈ **mit angelegter Spannung** / separate-source voltage-withstand test, applied-voltage test, applied-potential test, applied-overvoltage withstand test || ≈ **mit angelegter Steh-Wechselspannung** / separate-source power-frequency voltage withstand test || ≈ **mit aufgehängtem Läufer** / suspended-rotor oscillation test || ≈ **mit dynamisch-mechanischer Beanspruchung** / dynamic stress test || ≈ **mit einer schlechten Verbindung** / bad connection test || ≈ **mit einstellbarer Überspannung** / controlled

overvoltage test || ≈ **mit festgebremstem Läufer** / locked-rotor test || ≈ **mit Flammen** / flame test, flammability test || ≈ **mit Fremdspannung** / separate-source voltage-withstand test, applied-voltage test, applied-potential test, applied-overvoltage withstand test || ≈ **mit geeichter Hilfsmaschine** / calibrated driving machine test || ≈ **mit induzierter Steh-Wechselspannung** / induced overvoltage withstand test || ≈ **mit Leistungsfaktor Eins** / unity power-factor test || ≈ **mit Spannungsbeanspruchung** / voltage stress test || ≈ **mit stufenweiser Beanspruchung** / step stress test || ≈ **mit voller Steh-Blitzstoßspannung** / full-wave lightning impulse test || ≈ **mit voller Stoßspannung** / full-wave impulse-voltage withstand test, full-wave impulse test, full-wave test || ≈ **mit voller und abgeschnittener Stoßspannung** / full-wave and chopped-wave impulse voltage withstand test, impulse-voltage withstand test including chopped waves || ≈ **nach dem Belastungsverfahren** (el. Masch.) / dynamometer test, input-output test || ≈ **nach dem Bremsverfahren** / braking test || ≈ **nach dem Generatorverfahren** / dynamometric test || ≈ **unter künstlicher Verschmutzung** / artificial pollution test || ≈ **unter umgebungsbedingter Beanspruchung** / environmental testing || ≈ **unter vorgeschriebenen Umweltbedingungen** / environmental testing || ≈ **unter vorgeschriebenen Umweltbedingungen** / pre-delivery inspection || ≈ **zum Nachweis von** / test for verification of || ≈ **zwischen Kommutatorstegen** / bar-to-bar test, segment-to-segment test || **100%-**≈ m (Qualitätsprüfung an allen Einheiten eines Prüfloses) / 100% inspection || **fertigungsbegleitende** ≈ (VRV) / interim review, in-process inspection and testing, in-process inspection, manufacturing inspection, line inspection, intermediate inspection and testing || **indirekte** ≈ / indirect inspection and testing || **losweise** ≈ / lot-by-lot inspection || **messtechnische** ≈ / metrological examination || **prozessbegleitende** ≈ / interim review, in-process inspection and testing, in-process inspection, manufacturing inspection, line inspection, intermediate inspection and testing || **zerstörende** ≈ / destructive test || **zerstörungsfreie** ≈ / non-destructive test
Prüfungen f / inspection and testing || ≈ **am Aufstellungsort** / site tests
Prüfungs-·-Ableseverhältnis n / test-readings ratio || ≈**abteilung** f / test department, inspection department || ≈**beamter** m / inspector n, inspecting officer || ≈**diagramm** n / inspection diagram || ≈**grad** m / degree of inspection ≈**nachweise** f / Test Records || ≈**planung** f / inspection planning, inspection and test planning || ≈**punkt** m / indifference quality || ≈**urkunde** f / test certificate, inspection certificate || ≈**urteil** n / test verdict
Prüf·unterlagen $f\,pl$ / inspection and test documents, inspection and testing documents, inspection documents || ≈**unterweisungen** f / inspection instructions || ≈**urteil** n / verdict n
Prüfverfahren n / test procedure, inspection and test procedure, test method, inspection procedure || ≈ **beim Eichen von Waagen** / verification test method for balances || ≈ **mit vorgeschriebenem Strom** / specified test current method || ≈ **und -**

anweisungen / test methods and procedures
Prüf·vermerk *m* / inspection stamp, review entry || ≈**volumen** *n* / test volume, testing volume || ≈**vorbereitung** *f* / inspection planning, inspection and test planning || ≈**vorgabe** *f* / test stipulation || ≈**vorgang** *m* / inspection and test operation, inspection and testing operation || ≈**vorrichtung Gelenkspiel** / joint play testing device || ≈**vorschlag** *m* / test proposal (TPR) || ≈**vorschläge** *m* / test proposal (TPR) || ≈**vorschrift** *f* / test specifications, test requirement || ≈**wechselspannung** *f* / power-frequency test voltage, power-frequency impulse voltage, a.c. test voltage || ≈**werkzeug** *n* / test tool || ≈**wert** *m* / test value, test severity || ≈**wert CRC** *m* / Cyclic Redundancy Check || ≈**wertgeber** *m* / test value generator || ≈**widerstand** *m* / testing resistor, proving resistor || ≈**wiederholungszyklus** *m* / testing repetition cycle || ≈**zahl der Kriechwegbildung** VDE 0303, T.1 / proof tracking index (PTI)
Prüfzähler *m* / substandard meter, reference meter, substandard *n*, rotating substandard, rotating standard || ≈ *m* (m. Ferrariswerk) / rotating substandard (r.s.s.) || ≈**verfahren** *n* (Prüfzähler m. Ferrariswerk) / rotating substandard method, reference-meter method, substandard method
Prüfzeichen *n* / mark of conformity, inspection mark, approval symbol, test symbol, DIN 6763,T. 1 testing character, approval mark, test stamp || **VDE-**≈ *n* / VDE mark of conformity
Prüf·zeichnung *f* / inspection drawing || ≈**zelle** *f* / test cell || ≈**zertifikat** *n* / test certificate, inspection certificate, part test certificate, final test certificate || ≈**zertifikat** *n* (PEHLA: wird erteilt, wenn die Prüfungen nach gültigen Vorschriften vollständig durchgeführt und bestanden wurden) / test log || ≈**zeugnis** *n* / examining testimonial || ≈**ziel** *n* / test purpose || ≈**ziffer** *f* (PZ) / check digit (CD) || ≈**zubehör** *n* / test accessory || ≈**zustand** *m* / inspection and test status ISO 9001, inspection status, testing state || ≈**zustand** *m* VDE 0660, T. 500 / test situation IEC 439-1 || ≈**zuverlässigkeit** *f* DIN 40042 / test reliability || ≈**zweck** *m* / test purpose || ≈**zyklus** *m* / test cycle
PS (Projektierungsservice) / configuration service || ≈ (Parametersatz) / PS (parameter set)
PSB (Pratzenschutzbereich) / clamp protection area
PSC (programmierbarer System-Chip) / Programmable Safety Controller (PSC)
P-schaltend *adj* / switching to P potential, current sourcing (the act of supplying current), source output
P-Schalter *m* / current-sourcing switch
p-Schicht *f* / p-layer *n* (p-type layer of a solar cell)
PSCM / PSCM (Partial Switching Converter Module)
PSDI / presence-sensing device initiation
P-Seite *f* / P side, anode side
Pseudo·adresse *f* / pseudo address || ≈**-Befehl** *m* / dummy command || ≈**-Brewster-Einfall** *m* / pseudo-Brewster angle incidence || ≈**code** *m* / pseudo-code *n*, mnemonic code || ≈**daten** *plt* / pseudo data, non telemetered data || ≈**dezimale** *f* / pseudo-decimal digit || **~-n-äres Signal** / pseudo n-ary signal || ≈**parameter** *m* / dummy parameter || **~ternäres Signal** (redundantes ternäres digitales Signal, das von einem binären digitalen Signal ohne Änderung der Leitungsdigitrate abgeleitet ist) / pseudo-ternary signal || ≈**vektor** *m* / pseudo-vector *n*, axial vector
PSG (Programmier- und Servicegerät) *n* / programming and service unit
PSM *n* / PSM (power-saving module)
PS/2-Maus *f* / PS/2 mouse
Psophometer *n* / psophometer *n*
psophometrisch bewertetes Rauschen (Rauschen, das durch ein Filter bewertet wird, dessen Amplituden-Frequenz-Charakteristik der Empfindlichkeit des menschlichen Ohrs bei verschiedenen Frequenzen entspricht) / psophometrically weighted noise
PSP (Projekt Struktur Plan) *m* / WBS (work breakdown structure)
P-Speicher *m* / P memory
P1 speichern / store P1
P-Sprung *m* / P step change, proportional step change
PSS (Programmierbares Sicherheitssystem) *n* / PSS (programmable safety system) || ≈ **(Projekt-Status-Sitzung)** *f* / PSS (project status meeting)
PS-Schalter / pilot switch IEC 337-1
psychologische Blendung / discomfort glare
PT (Prototyp) *m* / prototype *n*
Pt100 (Temperaturmesswiderstand) / Pt100 *n*
PT100-Auswertung *f* / PT100 evaluation unit
P-T1-Glied *n* / P-T1 element
PT1-Technologiebaugruppe *f* / PT1 technology board
PT2M SW leeres EPROM-Modul / PT2M EPROM module without SW
PT2M-Baugruppe *f* / PT2M module
PTB (Physikalisch-Technische Bundesanstalt) / German Federal Testing Laboratory, PTB, German national testing and certification authority || ≈**-Bescheinigung** *f* / PTB certification || ≈**-Geschäftsnr.** / PTB File No. || ≈**-Prüfbericht** *m* / PTB test report
PTC (Positive Temperature Coefficient) / positive temperature coefficient, PTC || ≈**-Auswertung** *f* / PTC evaluation (positive temperature coefficient) || ≈**-Fühlerkreis** *m* / PTC sensor circuit || ≈**-Halbleiterfühler** *m* / PTC thermistor detector || ≈**-Signal** / PTC signal || ≈**-Widerstand** / PTC thermistor (PTC = positive temperature coefficient)
PTD-Produktentstehungs-Richtlinie *f* / PTD - Product Management and Development Guideline
PTE / probability of transmission error (PTE)
PTFE·-Antennenabdeckung *f* / PTFE lens || ≈**-Emitter** *m* / PTFE emitter
PTFs / polymer thick films (PTFs)
P-Thyristor *m* / P-gate thyristor
PTP / point-to-point (PTP) || ≈ *f* (Protokoll zur präzisen Synchronisation lokaler Echtzeituhren in verteilten Mess- und Automatisierungssystemen (Norm IEC 61588)) / Precision Time Protocol (PTP) || ≈**-Fahren** *n* / PTP travel || **kartesisches** ≈**-Fahren** / cartesian PTP travel || ≈**-Kopplung** *f* / point-to-point connection || ≈**-Positioniersteuerung** *f* / point-to-point positioning control
PtRh-Thermopaar *n* / platinum-rhodium thermocouple
PTSK (partiell typgeprüfte Niederspannungs-Schaltgerätekombination) / PTTA
Pt-Widerstandsthermometer *n* / platinum

PU 680

resistance thermometer
PU f / inspection instructions
PÜ (Pegelüberwachung) / level monitor
Public Available Specification f / Public Available Specification || ⁓-**Key-Infrastruktur (PKI)** f / Public Key Infrastructure (PKI)
Publikation f / publication n
PUD (programmglobale Anwenderdaten) / program global user data (PUD)
PÜD (Projektübergabedokument) n / PHD (project handover document)
Puffer m / buffer storage, buffer n || **Kondensator~** m / capacitor energy store, capacitor back-up unit
Pufferbatterie f (in Gleichstromversorgungskreis zur Verminderung der Schwankungen der Entnahme aus der Stromquelle) / buffer battery, battery || ⁓ f (Stromversorgung) / back-up battery || ⁓ f / floating battery, floated battery || ⁓**fehler** m (Pufferbatterie ist defekt, fehlt oder ist entladen) / battery failure (BATF)
Puffer·baugruppe f / back-up battery module || ⁓**baustein** m (Batterie) / battery back-up module || ⁓**bestand** m (Fabrik) / buffer inventory || ⁓**betrieb** m / floating operation || ⁓**blech** n / buffer sheet || ⁓**datenbaustein** m / buffer data block || ⁓**einheit** f (Batterie) / battery back-up unit, back-up battery unit || ⁓**grenze** f / buffer limit || ⁓**info** f / buffer info || ⁓**inhalt** m / buffer content || ⁓**kettenförderer** m / floating chain conveyor || ⁓**kolben** m / passive piston acting as buffer || ⁓**kondensator** m / buffer capacitor || ⁓**lager** n (Fabrik) / buffer store, buffer inventory || ⁓**lösung** f / buffer solution || ⁓**modul** n (Speicher) / buffer (memory) module, buffer submodule, backup module
puffern v / buffer v
Puffer·platz m / buffer area || ⁓**register** n / buffer register || ⁓**schicht** f / buffer layer || ⁓**silo** m / surge bin
Pufferspannung f / back-up voltage || ⁓ f (v. Batterie) / back-up (battery voltage), battery voltage, back-up supply
Pufferspeicher m / buffer storage (o. memory), buffer n, FIFO (first in, first out), buffer memory || **schneller** ⁓ / cache n
Puffer·steuerung f / buffer control || ⁓**strecke** f / buffer line || ⁓**überlauf** m / buffer overflow
Pufferung f (bei Netzausfall) / standby supply, backup supply || ⁓ f (Ersatzstrom von Batterie) / battery standby supply, battery backup || ⁓ f (m. Kondensatoren) / stored-energy standby supply || ⁓ f / floating operation || **aussetzende** ⁓ / intermittent re-charging || **batterielose** ⁓ / non-volatile RAM (NV RAM) || **dauernde** ⁓ / trickle charging || **kapazitive** ⁓ / capacitor back-up (unit o. module)
Pufferungs·baugruppe f (Speicher) / buffer(-store) module, sequential memory || ⁓**zeit** f / buffer time, stored-energy time || ⁓**zeit** f (Batteriepufferung) / back-up time, data support time
Puffer·verwaltung f (Speicher) / buffer management || ⁓**zeit** f / back-up time, data support time, buffer time, stored-energy time || ⁓**zone** f / buffer zone
PU-Leiter m (nicht geerdeter Schutzleiter) / PU conductor
Pulk m / bulk n || ⁓**erkennung** f / pile-up recognition || ⁓**erkennung** f (elektronische Erkennung von mehreren Objekten) / bulk detection

Pull-down·-Menü n / pull-down menu, drop-down menu || ⁓-**Widerstand** m / pull-down resistor
Pull-up-Widerstand m / pull-up resistor
Puls m (kontinuierlich sich wiederholende Folge von Impulsen) DIN IEC 469, T.1 / pulse train IEC 469-1 || ⁓ m (periodische Folge identischer Impulse, die moduliert werden soll) / pulsed carrier || ⁓ m / pulse n || ⁓**amplitude** f / pulse amplitude || ⁓**amplitudeneinsatzfrequenz** f / intervention point of pulse-amplitude modulation || ⁓**amplitudenmodulation** f / pulse-amplitude modulation (PAM)
Pulsations·drossel f (Druckmesser) / pulsation dampener || ⁓-**Kompensation** f / pulsation compensation || ⁓**verluste** m pl / pulsation loss
Pulsatorwaschmaschine f / pulsator-type washing machine
Puls·betrieb m / pulse control operation || ⁓**bewertung** m / pulse weighting || ⁓**bewertungskurve** f / pulse response characteristics || ⁓**bewertungsmesser** m / quasi-peak detector || ⁓**breite** f / pulse width, pulse duration || ⁓**breitenmodulation** f / pulse-duration modulation (PDM), pulse-width modulation (PWM), pulse width modulation || ⁓**breitenmodulationsverfahren** n / pulse-width modulation method
pulsbreitenmoduliert adj (PBM) / pulse-width-modulated adj (PWM), pulse amplitude modulated (PAM) || **~ (PBM)** adj / pulse-duration modulated adj || **~es Signal** / pulse width modulated signal
Pulsbreitensteuerung, modulierte ⁓ / pulse width modulation control, PWM control
Pulsbreiten-Vektorrechner m (PB-Vektorrechner) / pulse width vector calculator
Pulsburst m / pulse burst || ⁓**abstand** m / pulse burst separation || ⁓**dauer** f / pulse burst duration || ⁓**frequenz** f / pulse burst repetition frequency
Puls·code m / pulse code || ⁓**codemodulation** f / pulse code modulation (PCM) (PCM) || ⁓**coder** m / shaft encoder, pulse encoder, pulse generator, pulse shaper, shaft-angle encoder || ⁓**coder Monitoring** / pulse encoder monitoring
Puls·dauermodulation f / pulse-duration modulation (PDM), pulse-width modulation || ⁓-**Dauer-Modulation** f / pulse duration modulation || ⁓**dauersteuerung** f / pulse duration control (pulse control at variable pulse duration and fixed frequency) || ⁓**dauer-Vektorrechner** m / pulse-duration vector calculator || ⁓**diagramm** n / timing diagram (giving a complete set of signals which show the operation of each mode of a circuit) || ⁓**drehrichter** m / pulse-controlled three-phase inverter || ⁓**entladeprüfung** f / pulse discharge test
Pulse-Pause-Ausgang / pulse duration modulation output (PDM output)
Pulsepoche f / pulse train epoch
Pulse/Umdrehung / ppr, pulses per revolution
Puls·folgesteuerung f / pulse frequency control (pulse control at variable frequency and fixed pulse duration) || ⁓**former-Elektronik** f / pulse shaping electronics || ⁓**frequenz** f / pulse rate, pulse frequency || ⁓**frequenzmodulation** f / pulse frequency modulation (PFM) || ⁓**frequenzraster** n / pulse frequency grid || ⁓**frequenzsteuerung** f / pulse frequency control (pulse control at variable frequency and fixed pulse duration)

Pulsgeber *m* / impulse device, impulsing transmitter, pulse transmitter, pulse initiator, pulse shaper, pulse generator, pulse encoder, shaft encoder, shaft-angle encoder || **konventioneller** ⟠ / manual pulse generator (MPG), manual pulse encoder, hand pulse generator, handwheel *n*, hand wheel || ⟠**weiche** *f* / pulse encoder separating filter
Puls·generator *m* / pulse generator || ⟠**generatormodul** *n* / pulse generator module || ⟠**gruppenbetrieb** *m* / pulse-group cycle || ⟠**hüllkurve** *f* / pulse envelope
pulsieren *v* / pulse, pulsate
pulsierend *adj* / pulsating *adj*, oscillating *adj* || **~e Leistung** / fluctuating power || **~e Spannung** / pulsating voltage || **~er Gleichfehlerstrom** VDE 0664, T.1 / pulsating d.c. fault current, a.c. fault current with (pulsating d.c. component) || **~er Strom** / pulsating current || **~es Drehmoment** / pulsating torque, oscillating torque
pulsig *adj* / -pulse || **6-~** / 6-pulse
Pulsigkeit *f* (Pulszahl) / pulse number
Puls·jitter *m* / pulse jitter || ⟠**kettenmodus** *m* / pulse train mode || ⟠**ladung** *f* / pulse charging || **~längenmoduliert** *adj* / pulse length modulated || ⟠**-Magnetron** *n* / pulsed magnetron || ⟠**modulation** *f* / pulse modulation (PM), modulation of pulses || ⟠**muster** *n* (Modulationsvefahren eines Umrichter-Steuersatzes) / pulse pattern || ⟠**-Pausen-Verhältnis** *n* / pulse-no-pulse ratio || ⟠**phasenmodulation** *f* / pulse phase modulation || ⟠**-Radar** *m* / pulse level radar instrument || ⟠**rate** *f* (die Anzahl von Impulsen in einer Impulsfolge, dividiert durch die Dauer der Impulsfolge) / pulse repetition frequency || ⟠**schnittstelle** *f* / pulse interface || ⟠**signal** *n* / sampled signal, pulse signal || **Hüllkurve des** ⟠**spektrums** / pulse spectrum envelope || ⟠**-Spitzenausgangsleistung** *f* / peak pulse output power || ⟠**spitzenleistung** *f* / pulse peak power || ⟠**steuersatz** *m* / pulse control trigger set || ⟠**steuerung** *f* / pulse control, chopper control || ⟠**strommodus** *m* / power pulse current mode || ⟠**umrichter** *m* / pulse-controlled a.c. converter, sine-wave converter, pulse width modulation converter (PWM converter), pulse converter || ⟠**umwertung** *f* / pulse re-weighting || ⟠**verbreiterung** *f* / pulse broadening, pulse spreading
Pulsverfahren *n* / pulsing regime || **Aussteuerung nach dem** ⟠ / pulse control, chopper control
Puls·wärmewiderstand *m* DIN 41862 / thermal impedance under pulse conditions || ⟠**wechselrichter** *m* / pulse-controlled inverter, pulse-width-modulation inverter, pulse-width-modulation inverter (PWM inverter), PWM, pulse inverter || ⟠**weitenmodulation** *f* (PWM) / pulse width modulation (PWM) || ⟠**weitenmodulationsmodus** *m* / pulse width modulation mode || ⟠**wertigkeit** *f* / pulse value, pulse significance, pulse weight, increment per pulse || ⟠**wertmesser** *m* / quasi-peak detector
Pulswiderstand *m* / pulsed resistance, pulse resistor || ⟠ *m* (gepulster W.) / pulsed resistor, chopper resistor || **Bremsung mittels** ⟠ / pulsed resistance braking
Pulswiderstandsmodul *n* / chopper-resistor module
Puls·zahl *f* / pulse number || ⟠**zählverfahren** *n* / pulse count system || ⟠**zeitmodulation** *f* / pulse time modulation || ⟠**zittern** *n* / pulse jitter || ⟠**zusatz** *m* (PUZ) / pulse-width modulation supplement
Pult *n* / desk *n*, console *n*, control panel, control console || ⟠**aufsatz** *m* / raised rear section, instrument panel, vertical desk panel || ⟠**ausführung** *f* / console-mounted version || ⟠**bauform** *f* VDE 0660, T.500 / desk-type assembly IEC 439-1 || ⟠**form** *f* / desk type || ⟠**gehäuse** *n* / extension housing, inclined housing || ⟠**gerüst** *n* / desk frame || ⟠**platte** *f* / control panel || ⟠**verkleidung** *f* / desk enclosure || ⟠**vorbau** *m* / desk section
Pulveraufkohlen *n* / powder carburizing
pulverbeschichtet *adj* / powder-coated *adj*
Pulverbeschichtung *n* / powder coating || **Epoxidharz-**⟠ *f* / epoxy resin powder coating
Pulver·beugungskammer *f* / powder camera, X-ray powder camera || ⟠**beugungsverfahren** *n* / powder diffraction method, Debye-Scherrer method || ⟠**brennschneiden** *n* / powder cutting || ⟠**diffraktometer** *n* / powder diffractometer || **~förmig** *adj* / in powder form || **~gefüllte Drahtelektrode** / flux cored electrode || ⟠**kammer** *f* (Guinier-Kammer) / powder camera, X-ray powder camera || **magnetischer** ⟠**kern** / magnetic powder core || ⟠**lack** *m* / powdered paint || ⟠**lackierung** *f* / powder coating || ⟠**metallurgie** *f* / powder metallurgy || ⟠**presse** *f* / powder press || ⟠**verfahren** *n* / powder diffraction method, Debye-Scherrer method
Pumpe *f* / pump *n*
Pumpen, Nachlauf-⟠ *m* / pump run-on || ⟠**antrieb** *m* / pump drive || ⟠**auslauf** *m* / pump ramp-down || ⟠**drehzahl** *f* / pump speed || ⟠**einteilung** *f* / pump roster || ⟠**hub** *m* / pump stroke || ⟠**kennlinie** *f* / head capacity curve of pump || ⟠**laterne** *f* / pump skirt || ⟠**satz** *m* / pump set, pump unit || ⟠**schacht** *m* / wet well || ⟠**station** *f* / pump station || ⟠**sumpf** *m* / sump *n* || ⟠**-Turbine** *f* / pump-turbine *n* || ⟠**überwachung** *f* / pump monitoring || ⟠**unterdrückung** *f* / pump by-pass || ⟠**verschleiß** *m* / erosion of pump
Pumpe- und Lüfterantriebe / pump and fan drives
Pump·maschine *f* / exhaust machine || ⟠**rohr** *n* / exhaust tube || ⟠**speicherkraftwerk** *n* / pumped-storage power station, pumping power station, pumped-storage power plant || ⟠**speicherung** *f* / pumped storage || ⟠**spitze** *f* (ESR-Kolben) / tip *n* (EBT), pip *n* (EBT) || ⟠**station** *f* / pumping station || ⟠**stengel** *m* / exhaust tube || ⟠**unterdrückung** *f* / pump by-pass || ⟠**verhinderung** *f* / anti-pumping device, lockout device, closing lockout
punkierte Leitlinie / dotted line
Punkt *m* / point *n* || ⟠ *m* (Leuchtfleck) / spot *n* || **50%-**⟠ **der OC-Kurve** / point of control || **ungünstiger** ⟠ **des Arbeitsbereiches** / operating point that claims the highest Cv-coefficient || ⟠ **des energiegleichen Spektrums** / equal energy point || ⟠ **des unendlichen Schlupfs** / point of infinite speed || ⟠ **im Stichprobenraum** / sample point || ⟠ **maximaler Leistung** / peak power point || ⟠ **abstand** *m* / dot pitch || ⟠**abweichung** *f* / spot displacement, spot misalignment || **~artige Strahlungsquelle** / point source || ⟠**bearbeitung** *f* / point processing || ⟠**bild** *n* / point pattern ||

Punkte

⌁box f / point box || ⌁defekt m / point defect || ⌁diagramm n / dot diagram || ⌁diagrammschreiber m (Chromatogramm) / peak picker || ⌁drucker m / dot matrix printer
Punkte·abstand m / dot interval || ⌁gitter n / hole matrix, grid of holes, hole spacing || ⌁reihe f / row of dots || ⌁spektrum n / range of dots || **1-**⌁**zug** m / 1-point contour || **3-**⌁**zug** m / 3-point contour
Punkt·fehler m / point defect || ⌁fehlstelle f / point defect || ⌁fokus m (eine Form der Konzentration von Licht (für Konzentratoranwendungen), im Gegensatz zu Linienfokus) / point focus || **~fokussierend** adj / point-focussing adj || ⌁folge f / time per point, dot sequence || ⌁folgezeit f (Schreiber) / time per point
punktförmig verteilte Leitungskonstante / lumped constant || **~er Melder EN 54** / point detector
Punktfrequenz f / dot frequency
punktgenaues Orten / pin-point locating, precise location
punktgesteuerte Maschine / point-to-point machine
Punkt·gewicht n / point weight || ⌁gleichrichter m / point-contact rectifier || ⌁größe f / dot size || ⌁größe-Bereich m / dot size range || ⌁gruppe f / point group || ⌁helle f / point brilliance || ⌁helligkeit f / spot brightness
punktieren v / dot-line v
punktierte Linie / dotted line
Punktierzeit f / dotting time
Punkt·kontakt m / point contact || ⌁kreis m / circle of points || ⌁kurve f / dotted curve || ⌁lage f / spot position || ⌁lagenverschiebung f / spot displacement || ⌁last f / concentrated load, stationary load || ⌁lichtlampe f / point-source lamp, dot-lit lamp || ⌁linie f / row of points
Punkt·matrix f / dot matrix || ⌁matrixanzeige f / dot matrix display || ⌁muster n / point pattern || ⌁paar n / dotted pair || ⌁pol m / point pole || ⌁produkt n / dot product, scalar product || ⌁raster m / dot matrix || ⌁rasterverfahren n / dot scanning method || ⌁rauschen n / spot noise || ⌁rauschfaktor m / spot noise factor || ⌁reihe f / row of points
Punkt·schreiber m / dotted-line recorder, dotted-line recording instrument IEC 258 || ⌁schweißen n / spot welding || ⌁schweißgerät n / spot-welding machine || ⌁schweißmaschine f / spot-welding machine || ⌁sehen n / point vision
Punktsteuerung f / point-to-point positioning control, coordinate positioning control || ⌁ f / positioning control, point-to-point control (PTP) || ⌁ f (NC-Wegbedingung) DIN 66025,T.2 / point-to-point positioning ISO 1056 || ⌁sverhalten n / positioning control system
Punkt·strahler m / spotlight n || ⌁struktur f / point structure || **~symmetrisch** adj / centrosymmetric adj || ⌁- **und Streckensteuerung** f / point-to-point control with straight line machining, point-to-point and straight-cut control, combined point-to-point and straight-cut control || ⌁verfahren n / point-by-point method || ⌁-vor-Strich-Regel / rule whereby multiplication and division are performed before addition and subtraction || ⌁wolke f / bi-variate point distribution, scatter n || ⌁zahlspanne f / spread of number of points || ⌁zeichengenerator m / dot matrix character generator || ⌁-Zeit-Folge f / time per point

Punkt-zu-Punkt'-Kabel f / point-to-point cable || ⌁-**Kommunikation** f / point to point communication || ⌁-**Kommunikation** f / point-to-point communication (serial communication via virtual direct connection between DTEs (Data Terminal Equipment)) || ⌁-**Kommunikationsschnittstelle** f / point-to-point communication interface || ⌁-**Kopplung** f / point-to-point link(-up), peer-to-peer link, point-to-point || ⌁-**Lernfunktion** f / dot-to-dot learning function || ⌁-**Positionieren** n / point-to-point positioning || ⌁-**Positionierung** f / point-to-point positioning || ⌁-**Prüfung** f / point-to-point test || ⌁-**Schnittstelle** f / point-to-point interface (PPI) || ⌁-**Steuerung** f / point-to-point control (PTP), point-to-point path control, point-to-point positioning control, positioning control || ⌁-**Verbindung** f / point-to-point configuration, point-to-point link || ⌁-**Verbindung** f (Verbindung zwischen zwei Datenstationen) / peer-to-peer connection || ⌁-**Verbindung** f DIN 44302 / point-to-point connection || ⌁-**Verbindung** f (Verdrahtung) / point-to-point connections || ⌁-**Verkehr** m / point-to-point traffic, traffic parcel IEC 50(715)
Punktzykluszeit f (Schreiber) / duration of cycle
Punze f (Werkzeug) / embossing tool, chasing tool
Punzhammer m / boss hammer
punzieren v (bossieren) / emboss v || ~ v (ziselieren) / chase v, engrave v
punziert adj / chased adj
pupinisierte Leitung / coil-loaded line
Pupinspule f / loading coil, Pupin coil
PUR (Polyurethan) n / polyurethane n || ⌁-**Mantel** m / PUR sheath
Purpur·farbe f / purple stimulus || ⌁gerade f / purple boundary || ⌁linie f / purple boundary
PÜS (Prüfmittelüberwachungssystem) n / system of monitoring inspection, measuring and test equipment
Push Button Panel n / Push Button Panel
Push-Pull'-Kupplung f / push-pull coupling || ⌁-**Steckverbinder** m / push-pull connector
Putz, im ⌁ **verlegt** / semi-flush-mounted adj || **unter** ⌁ (UP) / flush-mounted adj, flush-mounting n || **Verlegung auf** ⌁ / surface mounting (o. installation), surface wiring, exposed wiring || **Verlegung unter** ⌁ / concealed installation, installation under the surface, installation under plaster || ⌁ausgleich m / adjustment to plaster surface || **großer** ⌁ausgleich / large range of adjustment for flush mounting || ⌁beleuchtung f / base lighting || ⌁bild n / clean screen || ⌁holz n (a.f. EZ) / burnishing stick || ⌁kante f / plaster ground, plaster edge || ⌁stein m / abrasive stone || ⌁tuch n / cleaning cloth
PUZ (Pulszusatz) / pulse-width modulation supplement
PV (Photovoltaik) f / PV (photovoltaics) n || ⌁-**Abzweigkasten** m / PV generator junction box || ⌁-**Anlage** f / PVPGS (photovoltaic power generating system)
PVB (Polyvinylbutyral) n / polyvinyl buteral (PVB)
PVC (Polyvinylchlorid) / polyvinyl chloride || ⌁-**Aderleitung** f VDE 0281 / PVC-insulated single-core non-sheathed cable || ⌁-**Bandage** f / PVC tape || ⌁-**Flachleitung** f VDE 0281 / flat PVC-sheathed flexible cable || ⌁-**isolierte Starkstromleitungen**

VDE 0281 / PVC-insulated cables and flexible cords || ℒ-**Mantel** *m* / PVC sheath || ℒ-**Mantelleitung** *f* VDE 0281 / light PVC-sheathed cable (HD 21) || ℒ-**Mischung** *f* / PVC compound || ℒ-**Rohr** *n* / PVC conduit || ℒ-**Schlauchleitung** *f* VDE 0281 / PVC-sheathed flexible cord || ℒ Schlauchleitung / PVC hose, PVC hose lead || ℒ-**Schlauchleitung für leichte mechanische Beanspruchungen** / light PVC-sheathed flexible cord (round, HO3VV-F) || ℒ-**Schlauchleitung für mittlere mechanische Beanspruchungen** / ordinary PVC-sheathed flexible cord (H05VV) || ℒ-**Verdrahtungsleitung** *f* VDE 0281 / PVC non-sheathed cables for internal wiring
PVD (Produktvereinbarung - Durchführung) / product agreement - implementation
PV-D (Projektvereinbarung Durchführung) *f* / project agreement, implementation
P-Verhalten *n* / P action, proportional action
P-Verstärker *m* / P amplifier
P-Verstärkung *f* / P gain, proportional gain
PVF (Produktvereinbarung - Fertigung) / product agreement - manufacture || ℒ **(Polyvinylfluorid)** *n* / polyvinyl fluoride
PV-F (Projektvereinbarung Fertigungseinführung) *f* / project agreement, start of production
PV·-Generator *m* (die Gesamtheit aller PV-Stränge einer PV-Anlage, die elektrisch untereinander verbunden sind) / PV generator || ℒ-**Generatoranschlusskasten** *m* / PV generator junction box || ℒ-**Generatorfeld** *n* / array field || ℒ-**Generator-Schnittstelle** *f* / array interface || ℒ-**Gleichstromhauptleitung** *f* / PV DC main cable || ℒ-**Knoten** *m* (Netz) / voltage-controlled bus IEC 50 (603)
PVM (Parallele Virtuelle Maschine) *f* / PVM (parallel virtual machine)
PV·-Modul *n* / solar module || ℒ-**Modulleitung** *f* / PV module cable || ℒ-**Netzleitung** *f* / PV supply cable || ℒ-**Strang** *m* (die Reihenschaltung von einzelnen oder von einer jeweils gleichen Anzahl parallel geschalteter PV-Module) / string *n* || ℒ-**System** *n* / photovoltaic power system
PV-V (Projektvereinbarung Vorbereitung) *f* / project agreement, preparation *n*
PV·-Verteiler *m* / invertor *n* || ℒ-**Wechselrichter** *m* / invertor *n*
PW (Peripheriewort) / I/O word, PW (peripheral word)
PWB *n* / printed wiring board (PWB)
PWM (Pulsweitenmodulation) / PWM (pulse width modulation) || ℒ-**Steuerung** *f* / pulse width modulation control, PWM control (pulse width modulation control)
P-Wurzelung *f* / connected to common P potential
PY (Peripheribyte) / I/O byte, PY (peripheral byte)
Pylon *m* / pylon *n* || ℒ *m* (Verkehrsmarkierung) / traffic cone
Pyranometer *n* / pyranometer *n* || ℒ *m* (Messgerät zur Messung der Energie der direkten Sonnenstrahlung bzw. der Solarkonstanten) / NIP (normal incidence pyrheliometer) *n*
Pyrheliometer *m* / pyrheliometer *n*
pyroelektrischer Empfänger / pyroelectric detector
Pyrolysator *m* / pyrolizer oven
Pyrolyse *f* / pyrolysis *n* || ℒ**chromatographie** *f* / pyrolysis chromatography
pyrolytische Abscheidung / pyrolytic deposition, pyrolytic process
PZ (Prüfziffer) / CD (check digit)
PZD *f* (Prozesszustandsdaten) / PZD *n*, PROFIBUS process data || ℒ-**Bereich** *m* (Abk. für ProZessDaten) / process data area || **Anzeige** ℒ-**Signale** / PZD signals || ℒ-**Steuerung** *f* / PZD control
PZE (persönliche Zeiterfassung) / personnel data recording || ℒ (Personalzeiterfassung) / PZE || ℒ *m* (Peripheriezugriffsfehler) / I/O area access error
PZS / production cell control (PCC)
PZV (Partnerschaftliche Ziel-Vereinbarung) / partnership target agreement

Q

Q (Speicherbereich im Systemspeicher der CPU (Prozessabbild der Ausgänge)) / output *n* || ℒ *f* / last address
QADC / Queued Analog-to-Digital Converter (QADC)
QAM (Qualitätsauditmanagement) *n* / quality audit management (QAM)
QAS / Quality Assurance Schedule (QAS)
QB (Qualitätsbeauftragter) / management quality representative (MQR)
Q-Bereich *m* (Quellebereich) / extended I/O memory area, extended I/O area
QCD / quality, cost and delivery (QCD)
QCIF / Quarter Common Intermediate Format (QCIF)
QDA / Qualitative Data Analysis (QDA)
Q-Daten / inspection and test results
QDS (Qualitätsdatensicherung) / QDS (quality data save)
QE / quality element
QFB (Qualitätsfähigkeitsbewertung) / QCA (quality capability assessment)
QFD *n* / QFD (quality function deployment)
QFDI *n* / Quality Function Deployment Institute (QFDI)
QFD-ID (Quality Function Deployment-Institut Deutschland) *n* / QFD-ID
QFK (Quadrantenfehlerkorrektur) / quadrant error compensation, QEC
QFN / Quad Flat Pack Non Leaded (QFN)
QFP / quad flat pack (QFP), QFP (Quad Flat Package)
Q-H-Kennlinie *f* / pressure-volume curve
QIC / Quality Improvement Council (QIC)
QIL / quad-in-line package (QIL)
QIS (Qualitätsinformationssystem) / QIS (Quality Information System)
QK-Element (Qualitätskostenelement) *n* / element of quality-related costs
Q-Leiter *m* / head of quality
QLF / quality loss function (QLF)
QL-Paket *n* / XRF package
QM (Qualitätsmanagement) *n* / QM (quality management) || ℒ-**Aufbauelement (Qualitätsmanagement-Aufbauelement)** *n* / quality management structure element

QMB (Qualitätsmanagementbeauftragter) *m* / QMR (quality management representative)
QM·-Bewertung *f* / management review || ℓ-**Darlegung** (Qualitätsmanagementdarlegung) *f* / quality control || ℓ-**Darlegungs-Handbuch** *n* / quality assurance manual || ℓ-**Darlegungskosten** *plt* / assurance quality costs || ℓ-**Daten** *f* / quality management data || ℓ-**Dokument** (Qualitätsmanagement-Dokument) *n* / quality management document || ℓ-**Element** (Qualitätsmanagement-Element) *n* (Element des Qualitätsmanagements oder eines QM-Systems) / quality management element || ℓ-**Element Dokumentationsgrundsatz** / quality management element documentation principle || ℓ-**Element Grundsätze** / quality management element principles || ℓ-**Element Zuständigkeit** / quality management element responsibility and authority || ℓ-**Führungselement** (Qualitätsmanagement-Führungselement) *n* / quality management leadership element
QMH (Qualitätsmanagement-Handbuch) *n* / quality management manual
QM-Handbuch *n* / management manual || ℓ **(QMH)** *n* / quality manual
QML / qualified manufacturers list (QML)
qmm / sqmm
QM-Nachweisdokument (Qualitätsmanagement-Nachweisdokument) *n* / quality assurance demonstration document
QMP / Quality Management Principles (QMP)
QM-Plan (Qualitätsmanagementplan) *m* / quality management plan
QMR (Quality Management Representative) *m* / quality assurance representative
QMS (Qualitätsmanagement-System) / QMS (Quality Management System)
QM-System *n* / quality system, quality management system
QMV (Qualitätsmanagement-Verfahrensanweisung) *f* / documented quality system procedure
QM·-Vereinbarung *f* / quality management arrangement || ℓ-**Verfahrensanweisung (QMV)** *f* / quality management procedure
QOS / Quality Operating System (QOS)
QoS / QoS (Quality of Service)
QP *m* / quality progress (QP)
QPA (Qualitätsprüfanweisung) *f* / inspection instruction
QPL *f* / qualified parts list (QPL), qualified product list (QPL)
QPR *m* / Quality Problem Report (QPR)
QPSK / Quadrature Phase Shift Keying (QPSK)
QPT-Technologie *f* / quick punch through technology (QPT technology)
QS (Qualitätssicherung) / quality control, QA (quality assurance) || ℓ **in Entwurf und Konstruktion** / design assurance || ℓ **in Selbstprüfung** / operator control
QSA / Quality System Assessment (QSA)
QS·-Auflagen *f pl* / QA requirements || ℓ-**Beauftragter (QSB)** *m* / QA representative (QAR) || ℓ-**Beschaffung** *f* / QA procurement || ℓ-**Beurteilung** *f* / vendor rating || ℓ-**Dokumentation** *f* / quality documentation || **produktspezifische** ℓ-**Dokumentation** / product-specific quality documentation || ℓ-**Eingangsprüfung im Bausteinsystem (QUEBAS)** / modular QA incoming inspection system || ℓ-**Eingangsprüfung/-kontrolle im Bausteinsystem (QUEBAS)** *f* / QA incoming inspection with a modular system || ℓ-**Element** *n* / QA element
QSH *n* (Qualitätssystemhandbuch) / QAM (QA manual)
QS·-Handbuch *n* / QA manual (QAM) || ℓ-**Maßnahmen** *f pl* / QA-measures || ℓ-**Nachweis** *m* / QA verification || ℓ-**nachweispflichtig** *adj* / requiring product verification || ℓ-**Nachweisstufe** *f* / QA standard
QSPI *n* (synchrone serielle Schnittstelle zu anderen integrierten Schaltkreisen oder Funktionseinheiten) / Queued Serial Peripheral Interface (QSPI)
QS·-Plan *m* / QA-Plan, quality plan || ℓ-**Programmabschnitt** *m* / QA programme section, QA program section || ℓ-**Programme** *n* / QA programmes, QA plans || ℓ-**Programm-Modul** *n* / QA program module
QSR / QSR (Quality System Requirements), QSR (Quality System Regulation)
QS-Regelwerke / QA standards
QSS-Bewertung *f* / quality system review
QS·-Stufe *f* / criticality rating || ℓ-**System** *n* / quality system || ℓ-**Systembewertung** *f* / quality system review
QSV (Qualitätssicherungsvereinbarung) / quality assurance agreement, QAA
QS·-Vereinbarung (QSV) *f* / QA agreement (QAA) || ℓ-**Verfahrensanweisung** *f* / procedural instruction *n* || ℓ-**Verfahrensanweisungen** *f pl* / quality procedures || ℓ-**Verfahrens-Handbuch** *n* / QA procedures manual || ℓ-**Verfahrenshandbuch (QSVH)** *n* / QAPM (QA procedures manual) || ℓ-**Wesen** *n* / quality system || ℓ-**Zuständigkeit** *f* / quality management responsibility
Quader *m* / cuboid *n*, rectangular parallelepiped, block *n*, frame *n*, parallelepiped *n* || ℓ *m* (CAD-Befehl) / box
quaderförmig *adj* / cuboidal *adj*
Quaderumgebung *f* / parallelepipedal neighbourhood
Quad-In-Line-Gehäuse *n* (QIL) / quad-in-line package (QIL)
Quadrant *m* / quadrant *n*
Quadranten·-Elektrometer *n* / quadrant electrometer || ℓ**fehlerkompensation** *f* / quadrant error compensation (QEC) || **neuronale** ℓ**fehlerkompensation (NQFK)** / neural quadrant error compensation (NQEC) || ℓ**programmierung** *f* / quadrant programming || ℓ**übergang** *m* / quadrant transition
Quadrantskale *f* / quadrant scale
Quadrat *n* / square *n* || ℓ**impulsfolge** *f* (Folge von Rechteckimpulsen mit dem Tastverhältnis 1/2) / square pulse train
quadratisch *adj* / square || **~ degressive Zustellung** / squared degressive infeed || **~ zunehmendes Lastmoment** / square-law load torque || **~e Abdeckung** / square cover || **~e Ausführung** / square version || **~e Detektion** / square law detection || **~e Keilverzahnung** / square splines || **~e Regelabweichung** / r.m.s. deviation || **~e U/f-Steuerung** / quadratic V/f control || **~er Drehmomentverlauf** / square-law torque

characteristic ‖ ~er **Mittelwert** / root-mean-square value (r.m.s. value), virtual value ‖ ~er **Rahmen** / square frame ‖ ~es **Gegenmoment** / square-law load torque ‖ ~es **Profil** / parabolic profile, quadratic profile ‖ ~es **Programm** / square range
Quadrat·mittel n / root-mean-square value (r.m.s. value), virtual value ‖ ℯ **summe** f / sum of squares
Quadratur·-Phasenumtastung f / quadrature phase shift keying ‖ ℯ**signal** n (Imaginärteil g(t) eines analytischen Signals) / quadrature signal
Quadrat·werkzeug n / quadrangular tool ‖ ℯ**wurzel** f / square root
Quadrierstufe f / squaring element, squaring circuit
quadrithermisch adj / quadrithermal adj
Quadruplexsystem n (Telegrafiesystem für die gleichzeitige unabhängige Übertragung zweier Nachrichten in jeder Richtung über eine einzige Telegrafenleitung) / quadruplex system
Quad-slope-Wandler m / quad slope converter
Qualifikation f / qualification n ‖ ℯ **neuer Lieferanten veranlassen** / evaluate new suppliers ‖ **nachzuweisende** ℯ / verifiable qualification
Qualifikations·forderung f / qualification requirement ‖ ℯ**lebensdauer** f / qualified life ‖ ℯ**nachweis** m / qualification statement, qualification records, proof of qualification ‖ ℯ**norm** f / qualification standard ‖ ℯ**prüfung** f / qualification test
qualifizieren v / approve v, qualify v
qualifiziert adj / qualified adj ‖ ~e **Assoziation** / qualified association ‖ ~er **Mitarbeiter** / efficient staff member ‖ ~es **Personal** / qualified staff, qualified personnel
Qualifizierung f / qualification n ‖ ℯ**sprozess** m (Prozess zur Darlegung, ob einer Einheit der Status Qualifiziert zuerkannt werden kann) / qualification process
Qualimetrie f / qualimetry n
Qualität f (realisierte Beschaffenheit einer Einheit bezüglich Qualitätsforderung) / quality n ‖ ℯ f (Blech, Bürste) / grade n ‖ ℯ **als Leitmotiv unternehmerischen Handelns** / quality as the fundamental concept for business activities ‖ ℯ **der Bezüge und Käufe** / procurement quality ‖ ℯ **der Bildaufnahme** / imaging quality ‖ ℯ **des Konzepts** / quality of concept ‖ **eingebaute** ℯ / built-in quality
qualitative Bestimmung / qualitative determination ‖ ~es **Merkmal** (Merkmal, dessen Werte einer Skala zugeordnet sind, auf der keine Abstände festgelegt sind) / qualitative characteristic, attribute n
Qualitäts·absicherung f / securing the quality ‖ ℯ**abweichung** f / quality nonconformance ‖ ℯ**anforderung** f / quality requirement ‖ ℯ**anforderungen** f pl / quality requirements ‖ ℯ**audit** n DIN 55350,T.11 / quality audit, m audit n ‖ ℯ**audit-Feststellung** f / quality audit observation, observation ‖ ℯ**auditleiter** m / lead quality auditor, audit leader, lead auditor ‖ ℯ**auditmanagement (QAM)** n / quality audit management (QAM) ‖ ℯ**auditor** m / quality auditor ‖ ℯ**aufzeichnung** f / quality record ‖ ℯ**aufzeichnungen** f pl / quality records ‖ ℯ**ausschuss** m / quality committee ‖ ℯ**beanstandung** f / non-conformance report, defect report (o. note) ‖ ℯ**beauftragter (QB)** m / Q representative, quality representative ‖ ℯ**beauftragter der obersten Leitung** / management quality representative (MQR) ‖ ~**bedingter Abfall** / quality-caused waste ‖ ~**beeinflussend** adj / that affect the quality ‖ ℯ**begutachtung** f / quality audit ‖ ℯ**bericht** m / quality report ‖ ℯ**berichterstattung** f / quality reporting, quality records, reporting on quality matters ‖ ℯ**besprechung** f / quality meeting ‖ ℯ**betrachtung** f / quality inspection ‖ ℯ**beurteilung** f / quality evaluation ‖ ℯ**beurteilungverfahren** n / quality assessment procedure ‖ ℯ**bewertung** f / quality assessment ‖ ~**bewusste Arbeit anhalten** / encourage a quality awareness for work ‖ ~**bewusster Lieferant** / quality-conscious supplier ‖ ℯ**bewusstsein** n / quality awareness, quality consciousness ‖ ~**bezogene Kosten** (Kosten, die vorwiegend durch Qualitätsforderungen verursacht sind) / quality-related cost data ‖ ~**bezogene Verluste** (In Prozessen (Prozess) und bei Tätigkeiten dadurch verursachte Verluste, dass verfügbare Mittel nicht ausgeschöpft werden) / quality losses, quality-related losses ‖ ~**bezogenes Dokument** / quality-related document ‖ ℯ**controlling** n / quality controlling
Qualitäts·darstellung f / quality audit ‖ ℯ**daten** f / quality-related data, quality data ‖ ℯ**datenerfassung** f / quality data acquisition ‖ ℯ**datensicherung** f (QDS) / quality data save (QDS) ‖ ℯ**dokument** n / quality document ‖ ℯ**dokumentation** f / quality documentation ‖ ℯ**einbuße** f / impairment of quality ‖ ℯ**element** n (QE) / quality element ‖ ~**erhaltend** adj / quality-ensuring ‖ ℯ**erhöhung** f / quality heightening ‖ ~**fähig** adj / capable of quality ‖ ~**fähiger Lieferant** / supplier capable of quality ‖ ℯ**fähigkeit** f DIN 55350, T.11 / quality capability ‖ **fähigkeitsbestätigung** f / quality verification ‖ ℯ**fähigkeitsbewertung (QFB)** f / quality capability assessment (QCA) ‖ ℯ**faktor** m (Qualitätszahl dividiert durch Annahmefaktor) / performance ratio ‖ ℯ**forderung** f / quality requirement, quality promotion, needs for promoting QA, requirement for quality, QI n, requirements for quality ‖ ℯ**förderung** f DIN 55350, T.11 / quality improvement, quality promotion ‖ ℯ**forderungsdokument** n (QM-Verfahrensanweisung oder Produktspezifikation) / document containing requirement for quality, document requirement for quality ‖ ℯ**forderungsvergleich** m / benchmarking ‖ ~**gefährdend** adj / adversely affecting quality
Qualitätsgrenzlage, rückzuweisende ℯ DIN 55350, T.31 / limiting quality level (LQL), rejectable quality level (RQL)
Qualitäts·grundsätze m / quality principles ‖ ℯ**gruppe** f / quality circle ‖ ℯ**gruppenbetreuer** m / quality circle administrator ‖ ℯ**informationssystem (QIS)** n / Quality Information System (QIS) ‖ ℯ**ingenieur** m / quality assurance engineer, QA engineer ‖ ℯ**kennung** f / quality descriptor ‖ ℯ**kennzahl** f / quality rating ‖ ℯ**kontrollbesprechung** f / QA conference
Qualitätskontrolle f / quality control, quality inspection (Q inspection), quality inspection and

Qualitäts

testing, quality check || ℒ **von mehreren Merkmalen** / multi-variate quality control || **rechnerunterstützte** ℒ / computer aided quality assurance (CAQ)
Qualitäts·kontrollkarte f / control chart || ℒ**kontrollstelle** f (in Fertigungsbetrieben) / quality control department (in manufacturing plants), QC department || ℒ**kontrollüberwachung** f / quality control surveillance || ℒ**kosten** plt DIN 55350, T. 11 / quality-related costs, quality costs || ℒ**kostenelement (QK-Element)** n (Element der qualitätsbezogenen Kosten (qualitätsbezogene Kosten)) / element of quality-related costs || ℒ**kreis** m DIN 55350, T.11 / quality loop, quality spiral || ℒ**lage** f (Qualitätskennzahl, gewonnen durch Vergleich der ermittelten Merkmalswerte mit der betreffenden Qualitätsforderung) / quality level
Qualitätslenkung f DIN ISO 9000 / quality control (QC) || ℒ **bei mehreren Merkmalen** / multi-variate quality control || ℒ **in der Fertigung** / in-process quality control, process control
Qualitätsmanagement (QM) n DIN ISO 9000 / quality management (QM) || ℒ**-Ablaufelement (QM-Ablaufelement)** n / quality management operation element || ℒ**-Aufbauelement (QM-Aufbauelement)** n / quality management structure element || ℒ**beauftragter (QMB)** m / quality management representative (QMR) || ℒ**darlegung (QM-Darlegung)** f / quality management || ℒ**-Dokument (QM-Dokument)** n / quality management document || ℒ**-Element (QM-Element)** n / quality management element || ℒ**-Führungselement (QM-Führungselement)** n / quality management leadership element || ℒ**-Handbuch (QMH)** n / quality management manual || ℒ**-Nachweisdokument (QM-Nachweisdokument)** n / quality assurance document || ℒ**plan (QM-Plan)** m / quality plan || ℒ**system** n / quality management system || ℒ**-Verfahrensanweisung (QMV)** f / quality management procedure
Qualitäts·mangel m / quality defect || ℒ**maschine** f / high-quality machine || ℒ**maßnahme** f / quality measure || ℒ**maßstäbe** m pl / quality standards || ℒ **matrix** f / quality matrix
Qualitätsmerkmal n / quality characteristic || **werkstofftechnisches** ℒ / material quality feature || ℒ**e** n / quality characteristics
Qualitäts·messgrösse f / quality measure || ℒ**minderung** f / impairment of quality || ℒ**nachweis** m / quality demonstration record || ℒ**nachweis über Personal und Verfahren** / evidence of personnel and procedure qualifications || ℒ**nachweise** m pl / quality tests || ℒ**-Nachweisführung** f / quality assurance || ℒ**ordnung** f / quality principles, Quality Policy || **~orientierte Optimierung** / quality-oriented optimization || ℒ**plan** m / quality plan || ℒ**planung** f (Q-Planung) DIN 55350, T.11 / quality planning (Q-planning) || ℒ**politik** f / quality policy || ℒ**prädikat** n / quality rating || ℒ**preis** m / quality award || ℒ**prüfanweisung (QPA)** f / inspection and test instructions (ITI) || ℒ**prüfstelle** f / quality inspection and test facility, quality inspection and testing facility || ℒ**prüfung** f (Q-Prüfung) DIN 55350, T.11 / quality inspection (Q inspection), quality inspection and testing, inspection ||

ℒ**prüfzertifikat** n / quality inspection certificate || ℒ**regelkarte** f / quality control chart || ℒ**regelkarte für kumulierte Werte** / cusum chart || ℒ**regelkreis** m / quality control loop || ℒ**regelung** f / quality control, process control || ℒ**reklamation** f / complaint about quality || **~relevant** adj / affecting quality || ℒ**revision** f / quality audit || **~sichernde Maßnahmen** / quality assurance measures
Qualitätssicherung f DIN ISO 9000 / quality assurance (QA), quality control || **schritthaltende** ℒ **durch Rechnerunterstützung (CAQA)** / computer-aided quality assurance (CAQA) || ℒ **in Entwurf und Konstruktion** / design assurance || **rechnerunterstützte** ℒ / computer aided quality assurance (CAQ)
Qualitätssicherungs·abteilung f / quality assurance department || ℒ**auflagen** f pl / quality assurance requirements || ℒ**beauftragter** m / quality assurance representative, QA representative (QAR), quality assurance officer || ℒ**-Beauftragter** m / quality assurance officer, quality assurance contact || ℒ**dokumentation** f (QS-Dokumentation) / quality documentation || ℒ**-Handbuch** n (QS-Handbuch) / quality manual || ℒ**nachweis** m / quality assurance certificate || ℒ**-Nachweisforderung** f DIN 55350, T.11 / quality assurance requirements || ℒ**-Nachweisführung** f DIN 55350, T.11 / quality assurance || ℒ**plan** m / quality plan, quality assurance plan || ℒ**stelle** f / quality assurance department || ℒ**system** n (QSS) DIN ISO 9000 / quality system || ℒ**vereinbarung** f / quality assurance agreement, QAA
Qualitäts·spirale f / quality spiral || ℒ**stand** m / quality status, quality program category || ℒ**standard** m / quality level, quality standard || ℒ**-Statusbericht** m / quality status report || ℒ**steigerung** f / quality intensification || ℒ**steuerung** f / quality control || ℒ**steuerungstechnik** f / quality engineering || ℒ**strategie** f / quality policy || ℒ**system** n / quality system (QS) || ℒ**systemanforderung** f / quality system requirement || ℒ**technik** f DIN 55350, T. 11 / quality engineering || ℒ**übersicht** f / quality overview || ℒ**überwachung** f / quality surveillance || ℒ**-/Umwelt-Management-Handbuch (QUM-Handbuch)** n / Quality/Environmental Management Manual (QUM manual) || ℒ**verantwortlicher** m / QA representative (QAR) || ℒ**vorgaben** f pl / quality stipulations || ℒ**wesen** n / quality department || **~wirksam** adj / quality-promoting || ℒ**zahl** f / quality number || ℒ**zelle** f / quality cell || ℒ**ziel** n / quality objective || ℒ**ziele** n pl / quality objectives || ℒ**zirkel** m / quality circle
Quality Function Deployment-Institut Deutschland (QFD-ID) n / QFD-ID || ℒ **Management Representative (QMR)** / Quality assurance supervisor
Quanten·ausbeute f / quantum efficiency, quantum yield || **~begrenzter Betrieb** / quantum-limited operation IEC 50(731) || ℒ**rauschen** n (Rauschen, das dem Teilchencharakter elektromagnetischer Strahlung zuzuschreiben ist) / quantum noise || **~rauschenbegrenzter Betrieb** / quantum-noise-limited operation IEC 50(731) || ℒ**sprung** m / quantum leap || ℒ**wirkungsgrad** m / quantum efficiency

quantifizieren *v* / quantify *v*
quantifizierte Statistiken / quantified statistics
Quantifizierung *f* / quantification *n*
Quantil *n* DIN 55350,T.21 / quantile *n*, fractile of a probability distribution || ~ *n* (Verteilung v. Zufallsgrößen) IEC 50(191) / p-fractile *n* || ~ **der administrativen Verzugsdauer** (Quantil der Verteilung der administrativen Verzugsdauern) / p-fractile administrative delay || ~ **der Instandhaltungsdauer** / p-fractile repair time || ~ **der logistischen Verzugsdauer** (Quantil der Verteilung der logistischen Verzugsdauern) / p-fractile logistic delay || ~ **des Verbindungsaufbauverzugs** / p-fractile access delay || ~ **einer Verteilung** DIN 55350,T.21 / quantile of a probability distribution
quantisieren *v* / quantize *v* || ~ *v* (digitales Messgerät) / digitize *v*
Quantisierer *m* / quantizer *n*
quantisierter Wert (einzelner, diskreter Wert) / quantized value
Quantisierung *f* / quantization *n*, quantizing *n*
Quantisierungs--Eigenfehler *m* / inherent quantization error || ~**fehler** *m* / quantizing error, quantization uncertainty, quantization error || ~**gesetz** *n* / quantizing law || ~**intervall** *n* (eines der benachbarten Intervalle, die bei der Quantisierung verwendet werden) / quantizing interval || ~**rauschen** *n* / quantization noise, quantizing noise || ~**stufe** *f* / quantizing level || ~**verzerrung** *f* / quantizing distortion
quantitativ·e Bestimmung / quantitative determination || ~**es Merkmal** (Merkmal, dessen Werte einer Skala zugeordnet sind, auf der Abstände festgelegt sind) DIN 55350, T.11 / quantitative characteristic
Quantum *n* / quantum *n*
Quartal *n* / quarter *n* || ~**sabschluss** *m* / quarter-end closing || ~**-s und jahresbezogen** / quarterly and annually
quartäre Digitalgruppe / quartenary digital group
Quartärgruppe *f* / supermastergroup *n* || ~**numsetzer** *m* / supermastergroup translating equipment
Quartik *f* / quartic curve
Quartile *f* / quartile *n*
Quartilwert / quartile *n*, *m* quartile value
Quarz *m* / quarz *n*, *n* crystal *n*, quartz crystal || **geschmolzenes** ~ / fused quartz || ~**generator** *m* / quartz oscillator, crystal oscillator || ~**gesteuert** *adj* / quartz-controlled *adj*, quartz-crystal-controlled *adj*, crystal-controlled *adj* (CC) || ~**glas** *n* / silica glass, fused silica, transparent quartz || ~**glas-Halogenglühlampe** *f* / quartz-tungsten-halogen lamp
Quarzit *n* / quartzite *n* (crystalline form of silicon dioxide)
Quarz·-Jodglühlampe *f* / quartz-iodine lamp, iodine lamp || ~**kristall-Druckaufnehmer** *m* / quartz pressure pickup || ~**mehlgefülltes Epoxidharz** / quartz-powder-filled epoxy resin || ~**oszillator** *m* / quartz oscillator, crystal oscillator, quartz crystal oscillator || ~**-Schaltuhr** *f* / quartz-clock time switch || ~**schwinger** *m* / quartz oscillator, crystal oscillator || ~**taktgeber** *m* / quartz clock, crystal clock || ~**tiegel** *m* / quartz crucible || ~**uhr** *f* / crystal-controlled clock, quartz clock

quasi·-analoger Ausgang / quasi-analog output || ~**-Bitfolgeunabhängigkeit** *f* / quasi bit sequence independence || ~**-eindimensionale Theorie** / quasi-one-dimensional theory || ~**impulsartiges Geräusch** (Geräusch, das der Überlagerung eines impulsartigen Geräuschs und eines kontinuierlichen Geräuschs entspricht) / quasi-impulsive noise
Quasi·-Impulsrauschen *n* / quasi-impulsive noise || ~**-Impulsstörung** *f* / quasi-impulsive disturbance
quasi·-kontinuierlicher Regler / quasi-continuous controller || ~**neutrales Gebiet** (Gebiet, in dem kein elektrisches Feld vorliegt) / quasi-neutral region (QNR) || ~**-periodische Änderung** / pseudo-periodic change
Quasi·-Scheitelpunkt *m* / quasi-peak *n* || ~**-Scheitelwert** *m* / quasi peak value
quasi-stationär·e Spannung / quasi-steady voltage || ~**er Zustand** / quasi-static state
quasi-statisch·e Unwucht / quasi-static unbalance || ~**er Druck** / quasi-static pressure || ~**es Rauschsignal** / pseudo-random noise signal
quasistetig *adj* / quasi-continuous *adj*
quasi·-stetige Kennlinie / semi-continuous characteristic || ~**-stetiges Stellgerät** / quasi-continuous-action final controlling device || ~**-unabhängige Handbetätigung** / semi-independent manual operation, VDE 0660,107 quasi-independent operation
Quasi-Zufallsfolge *f* / pseudo-random sequence
QUEBAS (QS-Eingangsprüfung im Bausteinsystem) / modular QA incoming inspection system
quecksilberbenetzter Kontakt / mercury-wetted contact
Quecksilberbogen *m* / mercury arc
Quecksilberdampf·-Entladungsröhre *f* / mercury-vapour tube || ~**gleichrichter** *m* / mercury-arc rectifier || ~**-Hochdrucklampe** *f* / high-pressure mercury-vapour lamp, high-pressure mercury lamp || ~**-Hochdrucklampe mit Leuchtstoff** / colour-corrected high-pressure mercury-vapour lamp || ~**-Höchstdrucklampe** *f* / extra-high-pressure mercury-vapour lamp, super-pressure MVL || ~**lampe** *f* / mercury-vapour lamp (MVL) || ~**lampe mit Leuchtstoff** / mercury-vapour lamp with fluorescent coating || ~**-Mischlichtlampe** *f* / mercury-vapour mixed-light lamp || ~**-Niederdruck-Entladungslampe** *f* / low-pressure mercury discharge lamp || ~**-Niederdrucklampe** *f* / low-pressure mercury-vapour lamp, low-pressure mercury lamp || ~**stromrichter** *m* (Hg-Stromrichter) / mercury-arc converter || ~**ventil** *n* / mercury-arc valve || ~**-Ventilelement** *n* / mercury-arc valve device
Quecksilber·-Federthermometer *n* / mercury pressure-spring thermometer || ~**filmkontakt** *m* / mercury-wetted contact || ~**filmrelais** *n* / mercury-wetted relay || ~**-Glasthermometer** *n* / mercury-in-glass thermometer || ~**Gleichrichterröhre mit** ~**kathode** / pool rectifier tube || ~**-Kippröhre** *f* / mercury tilt(ing) switch || ~**-Kontaktthermometer** *n* / mercury contact-making thermometer, mercury contact thermometer || ~**-Niederdrucklampe** *f* / low-pressure mercury lamp, low-pressure mercury-vapour lamp || ~**-Niederdruck-Leuchtstofflampe**

Quecksilbersäule 688

f / low-pressure mercury fluorescent lamp || ⁓**oxid-Zink-Batterie** *f* / mercuric oxide-zinc battery || ⁓**röhre** *f* / mercury tube, mercury switch
Quecksilbersäule *f* / barometric column, mercury column || **Millimeter** ⁓ / millimetres of mercury
Quecksilber·schalter *m* / mercury switch, mercury tilt switch || ⁓-**Schaltröhre** *f* / mercury contact tube, mercury switch || ⁓**zähler** *m* / mercury motor meter
Quell·adresse *f* / source address || ⁓**anweisung** *f* / source statement || ⁓**laufwerk** *n* / source drive || ⁓**baustein** *m* / source block || ⁓**bereich** *m* / source range || ⁓**code** *m* / source code || ⁓**datei** *f* / source file || ⁓**datei-Abschnitt** *m* / source file module
Quelldatenbaustein *m* (Quell-DB) / source data block (source DB)
Quelldaten·bereich *m* / source data range || ⁓**block** *m* / source frame || ⁓**nachführung** *f* / source-data updating
Quell·datum *n* / source data || ⁓-**DB** (Quell-Datenbaustein) / source DB (source data block) || ⁓-**Dienstzugangspunkt** *m* / source service access point (SSAP)
Quelle *f* / source *n* || ⁓ **Statik** / droop input source
Quellen·code *m* / source code || ⁓**datenbaustein** *m* / source data block (source DB) || ⁓**dichte** *f* / density of source distribution || ⁓**energie** *f* / source energy || ⁓**erde** *f* / source earth
quellenfreies Feld / zero-divergence field
Quellen·freigabe *f* / source enable || **Handshake-**⁓**funktion** *f* DIN IEC 625 / source handshake (function) || ⁓**impedanz** *f* / source impedance || ⁓**kraft** *f* / source force || ⁓**programm** *n* / source program || ⁓**spannung** *f* / source e.m.f., source voltage || ⁓**sprache** *f* / source language || ⁓**stärke** *f* / source strength || ⁓**steuer** *f* / withholding tax || ⁓**widerstand** *m* / source resistance
Quelle-zu-Senke-Fehlerprüfung *f* / source-to-sink error check
Quell·feld *n* / source field || ⁓**format** *n* / source format || ⁓**impedanzverhältnis** *n* / source impedance ratio (SIR) || ⁓**impedanz** *f* / source impedance || ⁓**kreis** *m* (eine Anzahl von Modulen, die entsprechend parallel/seriell verschaltet ist, um bei gegebener Systemspannung elektrische Leistung zu erzeugen) / source circuit || ⁓-**NC** / source NC || ⁓-**Organisation** *f* / source organization || **~orientierte Eingabe** / free edit mode || ⁓**programm** *n* / source program || ⁓**projekt** *n* / source project || ⁓**register** *n* / source register || ⁓**schwamm** *m* / expandable sponge || ⁓**speicher** *m* / source memory || ⁓**sprache** *f* / source language, source code || ⁓**station** *f* (Prozessleitsystem) / originator *n* || ⁓**symbol** *n* / source symbol || ⁓-**Typ** *m* / source type || ⁓**wasser** *n* / water, ground or spring || ⁓-/**Ziel-Datenblock** *m* / source/destination data block
Quer·achse *f* / quadrature axis, q-axis *n*, interpolar axis || ⁓**achse** *f* / transverse axis || ⁓**achsenreaktanz** *f* / quadrature-axis reactance || ⁓**admittanz** *f* / shunt admittance || ⁓-**Ampèrewindungen** *f pl* / cross ampere-turns || ⁓**anteil** *m* (Querfeldkomponente) / quadrature-axis component || ⁓**balken** *m* / cross bar || ⁓**balkenachse** *f* / cross beam axis
Querbeanspruchung *f* / transverse stress, transverse load, lateral stress || **Festigkeit bei** ⁓ / transverse strength
Querbeeinflussung *f* (Relaisprüf.) / transversal mode
Querbefestigung *f* / transverse fixing
querbeheizt *adj* / transversely heated
Quer·belastung *f* / lateral load, transverse load, cantilever load || ⁓**beschleunigung** *f* / transverse acceleration, side acceleration, lateral acceleration || ⁓**beschriftung** *f* / horizontal inscription || ⁓**bewegung** *f* / transverse travel, transverse motion, cross traverse (o. motion) || ⁓**biegeprobe** *f* / transverse bend specimen || ⁓**binder** *m* / crosspiece *n* || ⁓**bindung** *f* / cross connection
querbohren *v* / cross drill || ⁓ *n* / cross-drilling
Quer·bohrung *f* / cross hole || ⁓**bürste** *f* (el. Masch.) / quadrature-axis brush
Querdämpferwicklung, Kurzschluss-Zeitkonstante der ⁓ / quadrature-axis short-circuit damper-winding time constant || **Leerlauf-Zeitkonstante der** ⁓ / quadrature-axis open-circuit damper-winding time constant || **Streufeld-Zeitkonstante der** ⁓ / quadrature-axis damper leakage time constant || **Streureaktanz der** ⁓ / quadrature-axis damper leakage reactance || **Widerstand der** ⁓ / quadrature-axis damper resistance
Quer·datenverkehr *m* / cross-data exchange || ⁓**dehnung** *f* / lateral expansion || ⁓**differentialschutz** *m* / transverse differential protection || ⁓**drosselspule** *f* / reactor *n*, case reactor || ⁓**durchflutung** *f* / quadrature-axis component of magnetomotive force, cross ampere-turns || ⁓**dynamik** *f* / transverse dynamic forces || ⁓**ebene** *f* / transverse plane || ⁓**einbau** *m* / horizontal mounting || ⁓-**EMK** *f* / quadrature-axis e.m.f. || ⁓**empfindlichkeit** *f* (Gasanalysegerät) / cross sensitivity, selectivity ratio || ⁓**fahrt** *f* / transverse travel || ⁓**faltversuch** *m* / side bend test || ⁓**faser** *f* / transverse fiber
Querfeld *n* / quadrature-axis field, quadrature field, cross field || ⁓**achse** *f* / quadrature axis, q-axis *n*, interpolar axis || ⁓-**Ampèrewindungen** *f pl* / cross ampere-turns || ⁓**dämpfung** *f* / quadrature-axis field damping || ⁓**durchflutung** *f* / quadrature-axis m.m.f. || ⁓**erregung** *f* / quadrature-axis excitation || ⁓**generator** *m* / cross-field generator, metadyne generator || ⁓**induktivität** *f* / quadrature-axis inductance || ⁓**komponente** *f* / quadrature-axis component || ⁓**maschine** *f* / cross-field machine, cross-flux machine, armature-reaction-excited machine || ⁓**motor** *m* / cross-field motor || ⁓**reaktanz** *f* / quadrature-axis reactance || ⁓**spannung** *f* / quadrature-axis voltage || ⁓**spule** *f* (Flussmessung) / magnetic test coil, search coil, exploring coil || ⁓**umformer** *m* / metadyne *n* || ⁓-**Verstärkermaschine** *f* / amplidyne *n* || ⁓**wicklung** *f* / cross-field winding, auxiliary field winding
Querfluss *m* / quadrature-axis magnetic flux, quadrature-axis flux, cross flux, transverse flux || ⁓**bildung** *f* / cross fluxing || ⁓-**Linear-Induktionsmotor** *m* / transverse-flux linear induction motor (TFLIM)
Quer·förderer *m* / cross conveyor || ⁓**format** *n* / horizontal *n*, landscape *n* || ⁓**format-Skale** *f* / straight horizontal scale || ⁓**fuge** *f* / transverse joint || ⁓**führung** *f* / lateral control || ⁓**gas** *n* (Gase, die die eigentliche Messung eines bestimmten Gases verfälschen können) / interference gas ||

⟂**gleichförmigkeit** *f* / transverse uniformity ratio, transverse uniformity ‖ ⟂**griff mit Außenvierkant** / tee handle square drive ‖ ⟂**größe** *f* / quadrature-axis quantity ‖ ⟂**holm** *m* / cross member ‖ ⟂**hub** *m* / transverse travel ‖ ⟂**impedanz** *f* / quadrature-axis impedance ‖ ⟂**joch** *n* / transverse yoke (member), side yoke ‖ ⟂**kapazität** *f* DIN 41856 / case capacitance ‖ ⟂**keil** *m* / cotter *n* ‖ ⟂**keilkupplung** *f* / radially keyed coupling ‖ ⟂**keilverbindung** *f* / cottered joint ‖ ⟂**kommunikation** *f* / internetwork traffic, internode communication, lateral communication, direct slave-to-slave traffic, direct data transmission between substations ‖ ⟂**kompensation** *f* / shunt compensation ‖ ⟂**komponente** *f* / quadrature-axis component ‖ ⟂**kondensator** *m* / parallel capacitor ‖ ⟂**kontraktion** *f* / transverse contraction ‖ ⟂**kontraktionszahl** *f* (Poisson-Zahl) / Poisson's ratio ‖ ⟂**kopplung** *f* / cross coupling ‖
Querkraft *f* / lateral force, shearing force, transverse force ‖ ⟂ *f* (Riemen) / cantilever force, overhung belt load ‖ ⟂**-Diagram** *n* / cantilever-force curve ‖ ⟂**linie** *f* / shear line ‖ ⟂**mittelpunkt** *m* / shear centre, flexural centre
Querkuppel·feld *n* / bus coupler panel BS 4727, G. 06, bus-tie cubicle ‖ ⟂**feld** *n* / bus coupler bay, bus tie bay ‖ ⟂**schalter** *m* (TS) / bus coupling disconnector, bus-tie disconnector, bus coupler ‖ ⟂**schalter** *m* (LS) / bus coupling breaker, bus-tie breaker ‖ ⟂**schiene** *f* (SS) / tie bus
Querkuppler *m* / bus tie, bus coupler, bus tie breaker, bus coupling
Querkupplung *f* / transverse coupling ‖ **Sammelschienen-**⟂ *f* / bus coupling ‖ **Sammelschienen-**⟂ *f* (Einheit) / bus coupler unit, bus-tie cubicle
Quer·lager *n* / radial bearing, guide bearing ‖ ⟂**lamellenraster** *m* (Leuchte) / cross louvre ‖ ⟂**-Längslager** *n* / combined thrust and radial bearing, radial-thrust bearing ‖ ⟂**last** *f* / cross-load *n*, transverse load ‖ ⟂**leitfähigkeit** *f* / transverse conductivity ‖ ⟂**leitwendel** *f* (Kupferband zur Herstellung einer leitenden Verbindung der einzelnen Drähte des Schirmes oder konzentrischen Leiters) / counter helix ‖ ⟂**leitwert** *m* / transverse conductance ‖ ⟂**lenker** *m* / lateral arm
querliegend *adj* / transverse *adj* ‖ **~er Hilfsschalter** / transverse auxiliary switch
Quer·loch *n* / cross hole ‖ ⟂**lochwandler** *m* / window-type current transformer ‖ **~magnetisieren** *v* / cross-magnetize *v* ‖ ⟂**magnetisierung** *f* (Blech) / lamellar magnetization ‖ ⟂**magnetisierung** *f* (el. Masch.) / cross magnetization, quadrature-axis magnetization ‖ ⟂**maß** *n* / cross dimension ‖ **~nachgiebige Kupplung** / flexible coupling, coupling compensating parallel misalignments ‖ ⟂**neigung** *f* / transverse slope ‖ ⟂**nut** *f* (die Nut in einem Aufsteck-Aufbohrer, durch die der Antrieb von den Antriebszapfen am Dorn übertragen wird) / driving slot ‖ ⟂**parität** *f* / vertical parity, character parity ‖ ⟂**paritätsprüfung** *f* / vertical redundancy check (VRC) ‖ ⟂**position** *f* / horizontal position ‖ ⟂**presspassung** *f* / transverse interference fit ‖ ⟂**profil** *n* / transverse section, cross-member *n*, cross section, lateral profile ‖

⟂**profil** *n* (Freiltg.) / transverse profile (GB), section profile (US)
Quer·reaktanz *f* / quadrature-axis reactance ‖ ⟂**regelung** *f* (Spannungsregelung mittels einer zusätzlichen und um Pi/2 phasenverschobenen Spannungskomponente) / quadrature control, quadrature voltage control, quadrature boosting ‖ ⟂**regler** *m* / quadrature regulator, transformer with regulation in quadrature, quadrature booster ‖ ⟂**riegel** *m* (Freileitungsmast) / cross block ‖ ⟂**riss** *m* (Riss, quer zur Schweißnaht verlaufend) / transverse crack ‖ **~schicken** *v* / cross-check *v* ‖ ⟂**schieber** *m* / cross slide, facing slide ‖ ⟂**schliff** *m* (Schliffbild) / micrograph *n* ‖ ⟂**schlitten** *m* / cross slide, facing slide ‖ ⟂**schlupf** *m* / transverse slip
Querschluss *m* / cross-circuit *n*, crossover *n* ‖ ⟂**erkennung** *f* / cross-circuit detection ‖ **~sicher** *adj* / cross-circuit proof, able to withstand crossover, cross-proof *adj* ‖ ⟂**überwachung** *f* / cross circuit monitoring
Quer·schneidanlage *f* / cross cutting line ‖ ⟂**brücke** *f* / cross cutter gantry ‖ ⟂**schneide** *f* / chisel edge ‖ ⟂**schneidenecke** *f* (die Ecke, die durch die Schnittstelle einer Hauptschneide und der Querschneide gebildet wird) / chisel edge corner ‖ ⟂**schneidenlänge** *f* / chisel edge length ‖ ⟂**schneidenwinkel** *m* / chisel edge angle ‖ ⟂**schneider** *m* / cross cutter, flying shears ‖ ⟂**schneidevorrichtung** *f* / cross-cutting device ‖ ⟂**schneidwerk** *n* / cross cutter
Querschnitt *m* / cross section, section *n*, profile *n* ‖ **Durchfluss~** *m* / flow area ‖ **engster** ⟂ / net orifice ‖ **Leiter~** *m* / conductor cross section, cross-sectional area of conductor, conductor area ‖ **rechteckiger** ⟂ / rectangular cross section ‖ **wirksamer** ⟂ (Zählrohr) / useful area
Querschnitts·änderung *f* / change of flow area ‖ ⟂**bereich** *m* (Anschlussklemmen) / wire range ‖ **Nenn-**⟂**bereich** *m* / range of nominal areas ‖ **~bezogen** *adj* / density ‖ ⟂**erweiterung** *f* / increase of flow area ‖ **stetige** ⟂**erweiterung** / diverging flow area ‖ ⟂**fläche** *f* / cross-sectional area, area *n* ‖ ⟂**schwächung** *f* / reduction of cross section ‖ ⟂**verengung** *f* / cross sectional constriction ‖ ⟂**verminderung** *f* / reduction of area
Querschottung *f* / transverse partition ‖ **Sammelschienen-**⟂ *f* / bus transverse (o. end) barriers
Quer·schub *m* / transverse shear ‖ ⟂**schwingung** *f* / lateral vibration, flexural oscillation ‖ **~schwingungskritische Drehzahl** / lateral critical speed ‖ ⟂**siegeln** *n* / cross sealing ‖ ⟂**siegelstation** *f* / cross-sealing station ‖ ⟂**siegler** *m* / cross-sealer *n* ‖ ⟂**signal** *n* / inverted signal ‖ ⟂**skale** *f* / straight horizontal scale
Querspannung *f* / quadrature voltage (V_q) ‖ ⟂ *f* (el. Masch.) / quadrature-axis component of voltage, cross voltage, perpendicular voltage ‖ ⟂ *f* (Schutz) / transverse voltage
Quer·straße *f* / cross-road *n* ‖ ⟂**streifen** *m* / transverse stripe ‖ ⟂**streufeld** *n* / quadrature-axis stray field, quadrature-axis leakage field ‖ ⟂**streufluss** *m* / quadrature-axis leakage flux, cross leakage flux
Querstrich *m* / cross stripe ‖ **Signalname mit** ⟂ / overlined signal name

Querstrom *m* / q-axis current || ⁓ *m* (el. Masch.) / quadrature-axis component of current, cross current || ⁓ *m* (KL) / cross current, interbar current || ⁓ *m* (Schutz) / transverse current, crossover current || ⁓**lüfter** *m* / radial-flow fan, cross-flow fan, centrifugal fan
Quer·summe *f* / cross-check sum, checksum *n* || ⁓**summenprüfung** *f* / checksum test || **~symmetrischer Vierpol** / balanced two-terminal-pair network
Quer·teiler *m* / cut-to-length line || ⁓**thyristor** *m* / shunt-arm thyristor, shunt thyristor || ⁓**träger** *m* / transverse rack || ⁓**träger** *m* (Freileitungsmast) / crossarm *n* || ⁓**transformator** *m* / quadrature booster, quadrature transformer, quadrature regulator || ⁓**transport** *m* / shuttle || ⁓**trennklemme** *f* / cross-connect/disconnect terminal || ⁓**übersetzung** *f* / cross compiling, cross compilation || ⁓**verband** *m* (Gittermast) / plan bracing, diaphragm *n* || ⁓**verbinder** *m* (Reihenklemme) / cross connection link, crosspiece *n* || ⁓**verbindung** *f* / cross-connection *n* || ⁓**verdrahtung** *f* / cross wiring || ⁓**verfahrwagen** *m* / traversing carriage || ⁓**vergleichsschutz** *m* / transverse differential protection
Querverkehr *m* / direct slave-to-slave traffic, direct data transmission between substations || ⁓ *m* (Bussystem) / lateral communication, internode communication || ⁓ *m* (Netze) / internetwork traffic || ⁓ *m* / direct communication, DxB *n*, slave-to-slave communication, data exchange broadcast
Quer·verlinkung *f* / cross-link || ⁓**verschiebung** *f* (der Wellen) / parallel offset || ⁓**versiegler** *m* / cross sealer || ⁓**verstellung** *f* (Schlitten, Querverschiebung) / transverse displacement, transverse adjustment, cross adjustment
Querverweis *m* (QV) / cross reference (CR), cross-reference *n* || ⁓**liste** *f* / cross-reference list (XRF-list) || ⁓**tabelle** *f* / cross-reference table
Quer·vorschub *m* / transverse feed, cross feed || ⁓**wasserdichtigkeit** *f* (Kabel) / lateral watertightness || ⁓**welle** *f* / transverse wave || ⁓**wicklung** *f* / transverse winding, quadrature-axis winding
Querwiderstand *m* / shunt resistor, diverter resistor, shunt *n* || ⁓ *m* / inter-bar resistance, cross resistance, bar-to-bar resistance
Query-Dialog *m* / interactive query
Querzweig *m* / shunt arm
quetschen *v* / crimp, crush
Quetsch·faltprüfung *f* / flattening test || ⁓**grenze** *f* / yield point || ⁓**hülse** *f* / ferrule *n* || ⁓**kabelschuh** *m* / crimping cable lug, crimp-type socket || ⁓**leitung** *f* / squeeze section || ⁓**marke** *f* / crimp mark || ⁓**schraube** *f* / pinching screw || ⁓**stelle** *f* / crushing point
Quetschung *f* (Lampe) / pinch *n*
Quetschungstemperatur *f* (Lampe) / pinch temperature
Quetsch·verbinder *m* / crimp connector, pressure connector || ⁓**verbindung** *f* / crimped connection, crimp connection, crimp *n*, crimp terminal || ⁓**versuch** *m* / flattening test || ⁓**vorrichtung** *f* / pinch clamp device || ⁓**zange** *f* / crimping tool
Quibinärcode *m* / quibinary code
Quick Stopp *m* / quick stop || ⁓**Info** *f* / tooltip *n* || ⁓**link** *m* / quicklink || ⁓**star-Verbindung** /

Quickstar connection || ⁓**-Stopp-Eingang** *m* / quick stop input
quietschen *v* / squeal *v*, screech *v*
quinquethermisch *adj* / quinquethermal *adj*
Quirlwinkel *m* / twist angle, roll angle
QUIS (Qualitäts-Informations-System) *n* / QUIS *n*
QUIT (Quittiermerker) *m* / QUIT
Quitt im Bild / quit on display
Quittier·anforderung *f* / acknowledgement request || ⁓**befehl** *m* / acknowledgement command || ⁓**bereich eines Dialogfeldes** / acknowledgement area of a dialog box
Quittieren *n* / acknowledgement *n* || **~ v** / accept *v*, acknowledge *v* (the recognition and/or registration of an event (e.g. alarm) by an operator)
Quittier·gruppe *f* / acknowledgement group || ⁓**meldung** *f* / acknowledging signal, acknowledgement *n*, acknowledging message (o. indication) || ⁓**merker** *m* / acknowledgement flag
quittierpflichtig *adj* / requires acknowledgement
Quittier·philosophie *f* / type of acknowledgement || ⁓**schalter** *m* / discrepancy switch, accept switch || ⁓**signal** *n* / acknowledgement signal || ⁓**symbol** *n* / acknowledgement symbol
quittiert *adj* / acknowledged *adj*
Quittiertaste *f* / acknowledgement key
Quittierung *f* (Aktion des Bedieners zur Bestätigung, eine Meldung zur Kenntnis genommen zu haben) / acknowledgement *n* || ⁓: / Acknowledge:
Quittierungs·art *f* / type of acknowledgement || ⁓**merker** *m* / acknowledgement flag || **~pflichtig** *adj* / requires acknowledgement || **~pflichtige Meldung** / alarm requiring acknowledgement || ⁓**symbol** *n* / acknowledgement symbol || ⁓**taster** *m* / acknowledgement button
Quittierzeit *f* / acknowledgement time
Quittung *f* / acknowledgement *n*, confirm *n*, verification *n*, receipt *n* || ⁓ *f* / Clear error || **ohne** ⁓ / without handshake || **schnelle** ⁓ / high-speed acknowledgement
Quittungs·abfrage *f* / acknowledgement query, acknowledgement scan || ⁓**anforderung** *f* / acknowledgement request || ⁓**anforderungsfeld** *n* / acknowledgement request field || ⁓**austausch** *m* / handshaking *n* || ⁓**betrieb** *m* / handshaking *n*, handshake procedure || ⁓**ende** *n* / end of acknowledgement || ⁓**schalter** *m* / accept switch || ⁓**signal** *n* / acknowledgement signal || ⁓**status** *m* / acknowledgement status || ⁓**telegramm** *n* / acknowledgement telegram || ⁓**verkehr** *m* / handshake procedure, handshaking *n* || ⁓**verzug** *m* (VZ) / acknowledgement delay || ⁓**verzug** *m* (QVZ) / no acknowledgement (NAK), time-out, timeout *n* || ⁓**verzugszeit** *f* / acknowledgement time || ⁓**wartezeit** *f* / time response (TIME-RESP)
Quotient *m* / quotient *n* (result of a division)
Quotienten·anregung *f* (Schutz) / ratio starting || ⁓**geber** *m* (Schutz) / quotient element, ratio element || ⁓**messer** *m* / quotientmeter *n* || ⁓**Messgerät** *n* / quotientmeter *n* || ⁓**relais** *n* / quotient relay, quotient measuring relay
QV (Querverweis) / cross-reference *n*, CR (cross reference)
Q-Verantwortlicher *m* / QA manager
QVGA-Auflösung *f* / QVGA resolution
QVZ (Quittungsverzug) / acknowledgement delay,

no acknowledgement (NAK), time-out, I/O AAE, timeout *n*

R

R (Reset) / reset *n*, **R** (Reset) || ⸺ (Rücksetzen) / reset *n*, **R** (Reset) || ⸺ (Rüstprogramm) / setup program || ⸺ **(Widerstand)** / resistance *n*
R- (Fahren-) (Fahrtrichtung minus) / backwards *n* (Motion direction minus)
R+ (Fahren+) (Fahrtrichtung plus) / forwards *n* (Motion direction plus)
R&A (Robotik und Automation) / R&A (Robotics and Automation)
Rabatt·leitlinie *f* / discount policy || ⸺**staffel** *f* / discount table
R-Abhängigkeit *f* / reset dependency, R-dependency *n*
Rachenlehre *f* / external gauge, snap gauge
Rack·ausfall *m* / rack failure || ⸺ **PC** *m* / rack pc || ⸺**system** *n* / rack system || ⸺**variante** *f* / rack version
RACS *n* / Road/Automobile Communication System (RACS) *n*
RAD / Rapid Application Development (RAD) *n*
Rad *n* / wheel *n*
RAD (Radius) / RAD (radius)
Rad ohne Profilverschiebung / gear with equal-addendum teeth, unmodified gear, standard gear || **erzeugendes** ⸺ / generating gear || **geradverzahntes** ⸺ / straight-tooth gear wheel, straight gear, spur gear
Rad.a.[mm] / Rad.ex.[mm] (Outer radius of a ball)
Radabdeckung *f* / splash guard, quarter panel
Radar-Abstandswarnsystem *n* / anti-collision radar
Raddrehzahlsensor *m* / wheel speed sensor
Räder·kasten *m* / gearbox *n* || ⸺**paar** *n* (EZ) / gear pair
Rad.i.[mm] (Innenradius eines Balls) / Rad.i.[mm]
radial *adj* / radial *adj* || **~ verschiebbare Gewindebacken** / radial displaceable screw plates || ⸺**abstand** *m* / radial clearance || ⸺**-Axiallager** *n* / combined radial and thrust bearing, combined journal and thrust bearing || ⸺**belüftung** *f* / radial ventilation || ⸺**bohren** *n* / radial drilling || ⸺**bohrmaschine** *f* / radial drill || ⸺**bürste** *f* / radial brush || ⸺**bürstenhalter** *m* / radial brush holder || ⸺**dichtring** *m* / sealing ring, shaft packing, rotary shaft seal || ⸺**dichtung** *f* / radial seal || ⸺**dichtung auf AS** / radial sealing ring at drive end A
radial·e Blechpakettiefe / depth of core || **radial·er Kühlmittelkanal** (el. Masch.) / radial core duct || **~e Interferometrie** / transverse interferometry || **~e Komponente** / radial component || **~e magnetische Feldstärke** / radial magnetic field || **~er Wellenvergang** / radial play, radial clearance, crest clearance
Radialeinstich *m* / radial groove
Radial·feldkabel *n* / radial-field cable || ⸺**feldkontakt** *m* (V-Schalter) / radial-field contact || ⸺**feldstärke** *f* / radial field strength || ⸺**gleitlager** *n* / radial sleeve bearing, sleeve guide bearing || ⸺**-Kegelrollenlager** *n* / radial tapered-roller bearing, tapered roller bearing || ⸺**kopf** *m* / radial head ||
⸺**kraft** *f* / radial force || ⸺**-Kugellager** *n* / radial ball bearing, annular ball bearing || ⸺**kurve** *f* / radial curve || ⸺**lager** *n* / radial bearing, guide bearing, non-locating bearing || ⸺**last** *f* (Belastung eines Lagers in radialer Richtung) / radial load || ⸺**luft** *f* / radial play, radial internal clearance || ⸺**lüfter** *m* / radial-flow fan, centrifugal fan, radial fan || ⸺**lüfterrad** *n* / radial fan || ⸺**magnetfeldkontakt** *m* / radial magnetic field contact || ⸺**maß** *n* / radial dimension || ⸺**netz** *n* / star network, star topology network || ⸺**nut** *f* / radial slot || ⸺**-Pendelkugellager** *n* / self-aligning radial ball bearing || ⸺**-Pendelrollenlager** *n* / spherical-roller bearing, radial self-aligning roller bearing, radial spherical-roller bearing, barrel bearing || ⸺**-Rillenkugellager** *n* / radial deep groove ball bearing
Radial·schlag *m* / radial eccentricity, radial runout || ⸺**-Schrägkugellager** *n* / radial angular-contact ball bearing || ⸺**spiel** *n* / radial play, radial clearance, crest clearance || ⸺**steg** *m* (Polrad, zwischen Nabe u. Kranz) / spider web || ⸺**straße** *f* / radial road (GB), radial highway (US) || ⸺**ventilator** *n* / radial-flow fan, radial fan || ⸺**verkeilung** *f* / radial keying || ⸺**versatz** *m* / radial eccentricity, radial runout || ⸺**versatzdämpfung** *f* / lateral offset loss || ⸺**wälzlager** *n* / radial rolling-contact bearing, floating anti-friction bearing || ⸺**wellendichtring** *m* / rotary shaft seal, radial shaft seal ring || ⸺**wellendichtung** *f* / radial shaft seal || ⸺**wicklungsschema** *n* / radial winding diagram || ⸺**zylinderrollenlager** *n* / radial cylindrical-roller bearing, parallel-roller bearing, straight-roller bearing
Radianzgesetz *n* / conservation of radiance
Radiator *m* / radiator *n* || ⸺**batterie** *f* / radiator bank, radiator assembly || ⸺**kessel** *m* / tank with radiators
Radien·bearbeitung *f* / radii machining || ⸺**bemaßung** *f* / radial dimensioning || ⸺**betätiger** *m* / radial actuator || ⸺**drehen** *n* / radius turning || ⸺**übergänge ineinander verlaufend** / continuous radii transitions
radieren *v* / erase *v*
Radier·grafik *f* / animated graphics || ⸺**maschine** *f* / eraser *n*
Radikand *m* / radicand *n*
Radio·-Button *m* / radio button, option button || ⸺**frequenz-Identifikation (RFID)** *f* / Radio-Frequency Identification (RFID) || ⸺**lumineszenz** *f* / radioluminescence *n* || ⸺**meter** *n* / radiometer *n* || ⸺**metrie** *f* / radiometry *n* || ⸺**skalenlampe** *f* / radio panel lamp
Radium-Parabollampe *f* / parabolic radium lamp
Radius *m* / radius *n* || ⸺ **Auto** / radius auto || ⸺ **berechnen** / calculate radius || ⸺ **der gerundeten Schneide** / rounded cutting edge radius || ⸺ **der Spanbrechernut** / chip breaker groove radius || ⸺ **der Spanbrecherstufe** / chip breaker radius || ⸺ **Manuell** / radius manual || ⸺ **messen** / measure radius || **eingefügter** ⸺ / inserted radius || ⸺**änderung** *f* / radius change || ⸺**fräser** *m* / radius form cutter || ⸺**korrektur** *f* / radius compensation || ⸺**korrektur aus** / radius compensation off || ⸺**korrekturspeicher** *m* / radius compensation memory || ⸺**lehre** *f* / radius gauge || ⸺**maßeingabe** *f* / radius input || ⸺**programmierung** *f* / radius

programming, circle radius programming, arc radius programming || ⸺**schleifen** *n* / radius grinding || ⸺**typ (Rad.typ)** *m* / radius type (Ra. Type) (inner radius or outer radius) || ⸺**übergang** *m* / radius transition || ⸺**wert** *m* / radius value
Radix·punkt *m* / radix point || **implizierter** ⸺**punkt** / implicit radix point || ⸺**schreibweise** *f* / radix notation
Radizierbaustein *m* / square-root extractor block
radizieren *v* / extract the root (of) || ⸺ *n* / root extraction, square-root extraction
Radizierer *m* / root extractor, square-root element, binary root extractor
Radizierglied *n* / square-root law transfer element
Rad·körper *m* (Rohling) / gear blank, blank *n* || ⸺**körper** *m* (Tragkörper) / wheel hub || ⸺**kranz** *m* / wheel rim, shroud *n* || ⸺**mittenabstand** *m* / wheel centre distance || ⸺**nabe** *f* / wheel hub, hub *n*, nave *n* || ⸺**platte** *f* / wheel supporting plate, wheel carrier || ⸺**reifen** *m* / tyre *n* || ⸺**satz** *m* / wheel set || ⸺**schutzkasten** *m* / gear case
Rad.typ (Radiustyp) *m* (Radiustyp: Innenradius oder Außenradius) / Ra. Type (radius type)
Radweg *m* / cycle track (GB), bicycle path (US)
Raffinerie *f* / refinery *n* || ⸺**abwasser** *n* / refinery waste water
Raffungsfaktor *m* / acceleration factor, time acceleration factor
RAFT-Verfahren *n* / ramp-assisted foil transport || ⸺ *n* (Foliengießverfahren) / RAFT, ramp assisted foil casting technique
Rahmen *m* / frame *n*, framework *n*, skeleton *n*, border *n*, module frame, module carrier, mounting rack || ⸺ *m* (Einbaurahmen) / mounting frame || ⸺ *m* (Gerüst) / rack *n* || ⸺ *m* (Skelett) / skeleton *n*, framework *n* || ⸺ *m* (Wissensdarstellung) / frame *n* || ⸺ *m* (Geräteträger) / rack *n*, subrack *n* || ⸺ **in WPW-Rüstung fehlt** / No Tray Carrier Available || **zweizeiliger** ⸺ / double subrack || ⸺**antenne** *f* / frame antenna || ⸺**anweisungen** *f pl* / general instructions, general procedures || ⸺**auftrag** *m* / blanket order || ⸺**bedingung** *f* / boundary condition, restrictions *n pl*, supplementary condition, secondary condition, basic condition || ⸺**beginn** *m* / frame start || ⸺**belegung** *f* / subrack assignment || ⸺**belegung** *f* (Steckplätze im Geräteträger) / slot assignment || ⸺**bescheinigung** *f* / master certificate || ⸺**beschreibung** *f* / basic description || ⸺**einsatz** *m* / inner frame || ⸺**farbe** *f* / shadow color || ⸺**fertigung** *f* / frame production || ⸺**formatfehler** *m* / frame size error || ⸺**garnitur** *f* / frame *n* || ⸺**gestell** *n* / rack *n* || ⸺**holz** *n* / frame timber
Rahmen·kern *m* / shell-form core, frame-type core || ⸺**klemme** *f* / box terminal || ⸺**klemme für Cu** / box terminal for Cu || ⸺**klemme für Cu/Al** / box terminal for Cu/Al || ⸺**klemmenbausatz** *m* / framing terminal block, box terminal block || ⸺**klemmenblock** *m* / framing terminal block, box terminal block, terminal block || ⸺**klemmensatz** *m* / box terminal set || ⸺**klemme für frame** structure || ⸺**kopplung** *f* (FWT) / frame linking, subframe connection, frame (o. subframe connection module) || ⸺**längsträger** *m* / frame side member || ⸺**leiste** *f* / frame bar || **~loses Modul** / frameless module || ⸺**methode** *f* (Bildauswertung) / frame grabbing || ⸺**norm** *f* DIN 41640 / generic specification IEC 512-1 ||
⸺**pflichtenheft** *n* / outline development response specification || ⸺**profil** *n* / frame *n* || ⸺**prüfspezifikation** *f* / basic test specification
Rahmen·satz *m* / frame set || ⸺**schlupf** *m* (nicht korrigierbarer Verlust oder Gewinn eines kompletten Rahmens von aufeinanderfolgenden Digit-Zeitschlitzen in einem digitalen Signal) / frame slip || ⸺**segment** *n* / frame segment || ⸺**steuerung** *f* (CAMAC) / crate controller || ⸺**struktur** *f* / frame structure || ⸺**synchronisation** *f* / frame synchronization || ⸺**synchronisationsfehler** *m* / frame synchronization error || ⸺**synchronisiersignal** *n* / frame alignment signal || ⸺**synchronisierzeit** *f* / frame alignment recovery time || ⸺**synchronisierzeitschlitz** *m* (Zeitschlitz, der in jedem Rahmen dieselbe relative Position belegt und zur Übertragung des Rahmensynchronisiersignals dient) / frame alignment time-slot || ⸺**synchronismus** *m* / frame alignment || ⸺**synchronismus-Ausfallzeit** *f* / out-of-frame-alignment time (the time during which frame alignment is effectively lost) || ⸺**system** *n* (CAMAC) / crate system IEC 552 || ⸺**vereinbarung** *f* / outline agreement || ⸺**-Verteiler** *m* / frame-type distribution board, skeleton-type distribution board || ⸺**vertiefung** *f* / frame indentation || ⸺**vertrag** *m* / general contract, master contract, master agreement, general agreement
Rahmungsfehler *m* / framing error
RAID-Level *n* / RAID level
Rakel *m* / scraper *n* || ⸺**antrieb** *m* / doctor blade drive || ⸺**system** *n* / scraper system || ⸺**winkel** *m* / doctor blade angle
RAL-Farbe *f* / RAL color *n*
RALU / register arithmetic logic unit (RALU)
RAM / random-access memory (RAM), read-write memory, R/W memory || **RAM** / RAM (random-access memory) || ⸺ **nach ROM nach Übertragung** / RAM to ROM after transfer || **16-Bit breiter** ⸺ / word-oriented RAM || **8-Bit breiter** ⸺ / byte-oriented RAM || **gepuffertes** ⸺ / buffered RAM || ⸺**-Disk** *f* / RAM disk || ⸺**-Fehler** *m* / RAM failure || ⸺**-Memory** *n* / RAM memory
Ramm·pfahl *m* / driven pile || ⸺**schutz** *m* / ramming guard
Rampe *f* (Kennlinie, DAU) / ramp *n*, slope *n* || ⸺ *f* DIN IEC 469, T.1 / ramp *n* IEC 469-1
Rampen·betrieb *m* / ramp operation || ⸺**bildner** *m* / ramp generator, ramp function generator, ramp-function generator (RFG) || ⸺**einschwingzeit** *f* / settling time to steady-state ramp delay || ⸺**einstellung** *f* / ramp setting || ⸺**faktor** *m* / ramp factor || ⸺**funktion** *f* / ramp function || ⸺**generator** *m* / ramp generator || ⸺**hochlauf** *m* / ramp up || ⸺**hochlauf-Anfangsverrundung** *f* (bestimmt die Anfangs-Glättungszeit in Sekunden) / initial rounding time for ramp-up, ramp-up initial rounding time || ⸺**hochlauf-Endverrundung** *f* (bestimmt die Glättungszeit am Ende des Rampenhochlaufs) / final rounding time for ramp-up || ⸺**hochlaufzeit** *f* (Zeit, die der Motor zum Beschleunigen vom Stillstand bis zur höchsten Motorfrequenz benötigt, wenn keine Verrundung verwendet wird) / ramp-up time || ⸺**licht** *n* / footlight *n* || ⸺**rücklauf** *m* / ramping down, ramp down || ⸺**rücklauf-Endverrundung** *f* (bestimmt

die Glättungszeit am Ende des Rampenrücklaufs) / final rounding time for ramp-down || ⦁rücklaufs-Anfangsverrundung *f* (bestimmt die Glättungszeit am Anfang des Rampenrücklaufs) / initial rounding time for ramp-down || ⦁rücklaufzeit *f* (Zeit, die der Motor für das Verzögern von maximaler Motorfrequenz bis zum Stillstand benötigt, wenn keine Verrundung verwendet wird) / ramp-down time, ramp-down rate || ⦁rückzeit *f* / ramp-down rate || ⦁verrundungsfunktion *f* / ramp-smoothing *n* || ⦁verzögerung *f* / ramp delay, steady-state ramp delay || ⦁weg *m* / ramp path || ⦁zeit *f* / ramp time
RAM-Pufferung *f* / RAM backup
RAMS *f* / RAMS (reliability, availability, maintainability & safety)
RAM²-Speicher *m* / reliability, availability and maintainability || ⦁-**Speichermodul** *n* / RAM submodule, RAM memory module
Rand *m* / edge *n*, margin *n* || ⦁**abstand** *m* (gS) / edge distance || ⦁**ausgleich** *m* (Text) / margin justification || ⦁**ausrichtung** *f* / edge alignment || ⦁**bedingung** *f* / boundary condition, restrictions *n pl*, supplementary condition, secondary condition, marginal condition || ⦁**bedingungen** *f* / boundary conditions || ⦁**befeuerung für Hubschrauber-Landeplatz** (HEL) / heliport edge lighting (HEL) || ⦁**effekt** *m* / edge effect || ⦁**effektwelle** *f* / end-effect wave || ⦁**einfassung** *f* / marginal strip
Rändel·bolzen *m* / knurled bolt || ⦁**bund** *m* / knurled collar || ⦁**einheit** *f* / knurling unit || ⦁**knopf** *m* / knurled knob || ⦁**maschine** *f* / knurling machine || ⦁**mutter** *f* / knurled nut
rändeln *v* / knurl *v*
Rändel·rad *n* (Wertgeber, der ein um seine Achse drehbares Rad verwendet) / thumbwheel || ⦁**ring** *m* / knurled ring || ⦁**schalter** *m* / thumbwheel switch, edgewheel switch || ⦁**scheibe** *f* / thumb wheel || ⦁**schraube** *f* / knurled-head screw || ⦁**werkzeug** *n* / knurling tool
Rand·entschichtung *f* / removal of edge coating || ⦁**feld** *n* / fringing field, edge field, marginal field || ⦁**feldstärke** *f* / marginal field intensity || ⦁**feuer** *n* / boundary lights
randgelocht *adj* / margin-perforated *adj*, edge-perforated *adj*
Rand·härten *n* / surface hardening || ⦁**kapazität** *f* / fringing capacitance || ⦁**knoten** *m* / marginal node, boundary node || ⦁**gedruckte** ⦁**kontakte** / edge board contacts || ⦁**leiste** *f* / margin bar, skirtboard *n* || ⦁**leistenobjekt** *n* / margin bar object || ⦁**leistensprung** *m* / sheet bar jump || ⦁**lochung** *f* / margin perforation, edge perforation || ⦁**marker** *m* / edge marker
Random Access Memory (RAM) *n* / Random Access Memory (RAM) *n*
Rand·satz *m* / border block || ⦁**schicht** *f* / barrier layer || **magnetische** ⦁**spannung** / magnetic potential difference along a closed path, line integral of magnetic field strength along a closed path || ⦁**stecker** *m* / edge-board connector || ⦁**strahl** *m* (Schallstrahl) / edge ray, marginal ray || ⦁**strahlen** *m pl* / skew rays || ⦁**streifen** *m* / edge insulator IEC 50(486), marginal strip || ⦁**transporteinheit** *f* / edge transport unit || ⦁**versiegelung** *f* / edge sealing || ⦁**verteilung** *f* DIN 55350,T.21 / marginal distribution, marginal probability distribution
Randwert *m* / boundary value, limiting value || ⦁**prüfung** *f* / marginal check (MC)
Rand·wulst *m* / bead *n* || ⦁**zeile** *f* / bezel panel, spacer panel || ⦁**zeit** *f* / fringe time
Rang *m* / rank *n* || ⦁**größe** *f* (Statistik) DIN 55350, T. 23 / order statistic
rangierbar *adj* (umklemmbar) / reconnectable *adj* || ~ *adj* (programmierbar) / (software-) programmable || **der Ausgang ist** ~ (mit Strombrücken) / the output can be jumpered || ⦁**keit** *f* / being allocable
Rangierbaugruppe *f* / matrix module, jumper module, jumpering module || ⦁ *f* (Signalrangierer) / (signal) routing (o. allocation) module
Rangier·baustein *m* (Signalzuweisung) / signal allocation (o. routing) block || ⦁**befehl** *m* / assignment (o. routing) command, routing command, marshalling command || ⦁**brücke** *f* / soldering jumper || ⦁**datenbaustein** *m* / interface data block || ⦁**draht** *m* / jumper wire, strapping wire
Rangieren *n* / allocating *n*, marshalling *n*, jumpering *n*, assignment *n* || ⦁ *n* (Signale) / allocation *n*, routing *n* || ⦁ *n* (m. Strombrücken) / jumpering *n*, strapping *n* || ~ *v* / move *v*
Rangierer *m* (Funktionsbaustein) / allocation block, routing block, router *n*
Rangier·fahrschalter *m* (Bahn) / manoeuvring controller || ⦁**feld** *n* / jumpering panel, strapping panel || ⦁**feld** *n* (Schaltbrett) / patchboard *n*, patch panel, patch bay || ⦁**kabel** *n* / patch cable || ⦁**kanal** *m* / marshalling duct || ⦁**karte** *f* / jumpering card || ⦁**kasten** *m* / marshalling box || ⦁**klemmenleiste** *f* / terminal block with strapping options
Rangierliste *f* / terminal diagram IEC 113-1, terminal connection diagram, allocation table, assignment list, interface list || **E/A-**⦁ *f* / I/O allocation table, traffic cop || **Programm-**⦁ / program assignment list
Rangier·plan *m* / terminal diagram IEC 113-1, terminal connection diagram || ⦁**raum** *m* (in ST) / jumpering (o. strapping) compartment, wiring compartment || ⦁**sockel** *m* / marshalling pedestal || ⦁**stecker** *m* / jumper connectors, jumper, jumper connector || ⦁**tabelle** *f* / terminal diagram IEC 113-1, terminal connection diagram
Rangierung *f* / allocating *n*, routing *n*, marshalling *n*, assignment *n* || ⦁ *f* (Verdrahtungselement) / wiring block, cabinet wiring block || ⦁ *f* (Brückenanordnung) / jumpering *n*, strapping *n* || ⦁ **auf LED** *f* / configuration on LED || **der Bedienungstasten** / allocating the operator keys || **Adress-**⦁ *f* / address decoding || **Signal-**⦁ *f* / signal allocation (o. routing)
Rangierverdrahtung *f* / distribution wiring, jumper wiring
Rangierverteiler *m* / signal routing cubicles, marshalling rack, jumper board || ⦁ *m* (Schaltbrett) / terminal board (with strapping options) || ⦁ *m* (Klemmenblock) / terminal block || ⦁**plan** *m* / terminal diagram IEC 113-1, terminal connection diagram
Rang·ordnungswert *m* / order statistic || ⦁**reihenfolge für Unterbrechungen** / interrupt priority system || ⦁**wert** *m* / rated value, order

RAP 694

statistic || ⸝wert *m* (Statistik) DIN 55350,T.23 / value of order statistic, *f* DIN 55350, T.23 rank *n*
RAP / Robust Access Point (RAP)
Rapid Control Prototyping (RCP) / Rapid Control Prototyping (RCP) || ⸝ **Manufacturing** / Rapid Manufacturing || ⸝ **Production** / Rapid Production || ⸝ **Prototyping** *n* / Rapid Prototyping
Rapidstart·lampe *f* / rapid-start lamp, instant-start lamp || ⸝**schaltung** *f* / rapid-start circuit, instant-start circuit
Rapid Tooling / Rapid Tooling
RAPS / Remote Access Perimeter Scanner (RAPS)
Rapsmethylester (RME) *m* / rape seed methyl ester (RME) *n*
RARP *n* / Reverse Address Resolution Protocol (RARP)
RAS / RAS (Remote Access Server)
Rasengitterstein *m* / perforated lawn paving block
Rasier·apparat *m* / shaver *n* || ⸝**steckdose** *f* / shaver socket-outlet || ⸝**steckdosen-Transformator** *m* / shaver transformer
RASM / RASM (Reliability, Availability, Scalability, Manageability)
rasseln *v* (Bürsten) / clatter *v*, chatter *v*
Rast·betrieb *m* / maintained-contact *n* || ⸝**blech** *n* / latching sheet metal || ⸝**bolzen** *m* / latching bolt || ⸝**bügel** *m* / latching hook || ⸝**clip** *m* / snap-in hook || ⸝**druckknopf** *m* (Druckknopf, der bei Betätigung einrastet) / latched pushbutton
Raste *f* (Steuer- o. Fahrschalterstellung) / notch *n*
Rast'-Einbaufassung *f* / self-locking lampholder || ⸝**einrichtung** *f* (Steuerschalter, Stellungsrasterung) / notch(ing) mechanism || ⸝**einrichtung** *f* / latching mechanism || ⸝**element** *n* / click-in element
Rasten *n* (Dauerkontaktgabe) / maintained-contact control
rastend *adj* / latching *adj* || **~er Schlagtaster** / latching emergency pushbutton, stayput slam button
Rasten·feder *f* / latching spring, notching spring, locating spring || ⸝**hebel** *m* / latching lever, notching lever, detent lever || ⸝**klinke** *f* / notching latch || ⸝**kupplung** *f* / spiral-jaw clutch || ⸝**scheibe** *f* / latching disc, notching disc, detent disc, star wheel
Raster *n* / grid *n*, grid system, mounting grid, raster *n*, grid pattern || ⸝ *n* (Leuchte) / louvre *n*, spill shield || ⸝ *n* (Bildschirm) / grid *n*, raster *n* || ⸝ *n* (Zoll-Inkrement) / increment *n* || ⸝ *n* (Einbauplätze je Baugruppe) / slots per module (SPM) || ⸝ *n* (Osz.) / graticule *n* || **am** ⸝ **ausrichten** / snap to grid || **Amplituden~** *m* / amplitude grid || **Bit-**⸝ *m* (Wort) / bit word || **Decodier~** *m* / decoder matrix || **Fang~** *m* / snap setting || **grobes** ⸝ / coarse grid || **Impuls~** *m* / pulse code, ripple control code (sequence of a number of pulse positions in a ripple control system) || **Logik~** *m* / logic grid || **Menü~** *n* / menue lattice || **modularer** ⸝ DIN 30798, T. 1 / modular grid || **optischer** ⸝ / optical grating || **Punkt~** *m* / dot matrix || **Verdrahtungs~** *m* / wiring grid || **Zeichnungs~** *m* / coordinate system || **Zeit~** *n* / time base (TB) || **Zeit~** *n* / time reference, timing code || ⸝**abstand** *f* DIN 66233,T. 1 / grid element spacing, grid spacing || ⸝**abtastung** *f* / raster scan || ⸝**aufbau** *m* / grid pattern || ⸝**aufdruck** *m* / printed grid pattern || ⸝**bezugspunkt** *m* / raster reference point || ⸝**bild** *n* / raster image, raster display || ⸝**bildschirm** *m* /

raster screen || ⸝**blende** *f* (Leuchte) / louvre-type shield
Raster·daten *plt* / mapping data || ⸝**decke** *f* / louvered ceiling, louverall ceiling, grid ceiling || ⸝**deckenleuchte** *f* / luminaire for louvered (o. grid ceiling) || ⸝**dehnung** *f* (Leuchtschirm) / raster expansion, expanded raster || ⸝**-Einbauleuchte** *f* / louvered recessed luminaire || ⸝**einheit** *f* (Grafikbildschirm) / raster unit || ⸝**einheit** *f* / grid spacing, standard square || **Mosaik-**⸝**einheit** *f* / mosaic standard square || ⸝**elektronenmikroskop** *n* (REM) / scanning electron microscope (SEM) || ⸝**element** *n* (Leuchte) / louvre cell || ⸝**feld** *n* / grid coordinate system, matrix board
rasterfreie Einbauten / equipment without grid coordinate system
rastergebundenes Einbausystem / grid-oriented packaging system
Rastergleichlauf *m* IEC 50(704) / frame alignment || ⸝**-Auszeit** *f* / out-of-frame alignment time || ⸝**wiedergewinnungszeit** *f* / frame alignment recovery time
Raster·grafik *f* (grafische Datenverarbeitung, bei der ein Bild aus einer Matrix von Pixeln zusammengesetzt ist, die in Zeilen und Spalten angeordnet sind) / raster graphics || ⸝**koordinate** *f* / grid coordinate || ⸝**koordinate** *f* (Grafikgerät) / raster coordinate (RC) || ⸝**koordinatensystem** *n* / grid coordinate system || ⸝**korrektur** *f* (ein Verfahren zur Optimierung der Bestückgenauigkeit über die gesamte Maschinenlebensdauer des Automaten) / mapping *n* || ⸝**korrekturwert** *m* (beim LP-Mapping ermittelter Korrekturwert) / raster correction value || ⸝**leuchtdecke** *f* / louvered luminous ceiling || ⸝**leuchte** *f* / louvered luminaire || ⸝**linie** *f* / graticule line || ⸝**loch** *n* / raster hole || ⸝**lochung** *f* / hole pitch || ⸝**maß** *n* / grid dimension, grid dimensions, grid size || ⸝**maß** *n* (Steckverbinder, Kontaktabstand) / contact spacing || ⸝**maße** *n pl* / grid dimensions || ⸝**modus** *m* / snap mode
rastern *v* / rasterize *v*
Raster·plattenkorrektur *f* / mapping plate correction || ⸝**plattenkorrektur 1_2** *f* / Mapping plate 1/2 || ⸝**plotter** *m* (Plotter, der durch zeilenweises Abtasten ein Bild auf einer Darstellungsfläche erzeugt) / raster plotter || ⸝**punkt** *m* / grid point || ⸝**richtung** *f* / grid direction || ⸝**schalter** *m* (Fernkopierer) / resolution selector (facsimile unit) || ⸝**stecker** *m* / pitch connector || ⸝**störung durch Linienabstand** / underlap || ⸝**system** *n* / grid system || ⸝**technik 72** / 72 x 72 mm modular (o. mosaic) system, 72 x 72 mm standard-square system || ⸝**teilung** *f* (RT) / basic grid dimension (BGD) || **Anschlüsse in 2,5 mm** ⸝**teilung** / contact-pin arrangement in a 2.5 mm grid || ⸝**tiefstrahler** *m* / concentrating louvered high-bay luminaire (o. down-lighter)
Rasterung *f* / incrementing *n*, rasterization *n*, raster *n* || ⸝ *f* (Modulbreite) / module width || ⸝ *f* (Schrittmus.) / positional memory
Rasterungsfaktor *m* (Plotter) / grid factor
Rast·feder *f* / locating spring, latch *n* (spring), snap-in spring || ⸝**fenster** *n* / snap-in opening || ⸝**funktion** *f* / maintained-contact function || ⸝**haken** *m* / locking hook, locating hook, locking latch, snap-in hook, snap catch || ⸝**hebel** *m* / detent

lever, latching lever, locking lever || ⁓**hebel-Lagerbolzen** *m* / bearing bolt of detent lever || ⁓**knopf** *m* / latched button, latching head || ⁓**kraft** *f* / latching force || ⁓**mechanik** *f* / single-pressure maintained mechanical system IEC 50(581)
Rastmechanismus *m* / latching mechanism || ⁓ *m* VDE 0660, T.202 / locating mechanism IEC 337-2A, indexing mechanism || ⁓ **mit Fremdauslösung** / accumulative latching mechanical system
Rast·moment *n* / detent torque || ⁓**momentkompensation** *f* / detent torque compensation || ⁓**nase** *f* / click-in lug, detent lug, latch *n* || ⁓**platte** *f* / latching plate || ⁓**position** *f pl* / latching *n* || ⁓**schalter** *m* / maintained-contact switch, latched switch || ⁓**scheibe** *f* / detent disk, detent cam || ⁓**schieber** *f* / latched slide, *m* latching slide || ⁓**schiene** *f* / latch rail || ⁓**sockel** *m* / socket *n*, receptacle *n*
Raststellung *f* / detent position || ⁓ *f* EN 60947-5-1 / position of rest, maintained position, stayput *n* (position) || ⁓ *f* (Steuerschalter, Fahrschalter, Betätigungselement) / notched position || ⁓ *f* (Lampenfassung) / locked position || ⁓ *f* (Schütz) / latched position || **magnetische** ⁓ (Schrittmot.) / magnetic rest position
Rast·stück *n* / latch element || ⁓**taster** *m* / latched pushbutton IEC 337-2, pushlock button || ⁓**träger** *m* / latch support
Rastung *f* / latching *n*, locating *n*, detent *n*, latch *n* || ⁓ *f* (in einer Stellung eines Drehschalters) / indexing *n*, notching *n*
Rast·welle *f* / latching shaft || ⁓**werk** *n* / locating mechanism IEC 337-2A, indexing mechanism || ⁓**werk** *n* (Drehmelder) / indexing mechanism || ⁓**zapfen** *m* / securing pin
Ratiofaktor *m* / ratio factor
Rationalisierungsmaßnahme *f* / rationalization measure
rationell *adj* / efficient *adj*
Ratiopotential *n* / potential, rationalization potential
Ratsche *f* / ratchet spanner
Ratschenhandgriff *m* / ratchet handle
Rattermarke *f* (Bürste) / chatter mark
rattern *v* (Bürsten, Schütz) / chatter *v*, rattle *v*
Ratterschwingung *f* / chatter vibration, rattling *n*, chattering *n*
rau *adj* / harsh *adj*
raucharm *adj* / low smoke and zero halogen (LSOH), halogen-free *adj*, low smoke and fume (LSF)
Rauchdichte-Messgerät *n* / smoke density meter
Rauchgas *n* / flue gas || ⁓**analyse** *f* / flue gas analysis || ⁓**kamin** *m* / flue gas stack || ⁓**kanal** *m* / flue gas duct || ⁓**-Messgerät** *n* / smoke meter || ⁓**messung** *f* / smoke measurement || ⁓**reinigung** *f* / flue gas cleaning system || ⁓**-Widerstandsthermometer** *n* / flue-gas resistance thermometer
Rauch·glas *n* / smoked glass || ⁓**melder** *m* / smoke detector || ⁓**meldermodul** *n* / smoke detector module || ⁓**meldermodul wave uni** *n* / wave uni smoke detector module || ⁓**- und Brandmelder** / smoke & fire detector
rau·e Betriebsbedingungen / rough service conditions || **~e Grenzfläche** / rough surface || **~e Industrieumgebung** / hostile industrial environment || **~er Betrieb** / rough service, rough usage || **~es Klima** / inclement climate
Rauigkeit *f* / roughness *n*, surface roughness, rugosity *n* || ⁓ *f* (Kontakte) / asperity *n*
Rauigkeitshöhe *f* / peak-to-valley height, height of cusp
Raum *m* / space *n* || ⁓ **nach** / AREA TO || **nachhallfreier** ⁓ / anechoic room
Raumaschine *f* / raising machine
Raum·ausdehnung *f* / volumetric expansion, cubic dilatation || ⁓**ausnutzungsfaktor** *m* / space factor || ⁓**automation** *f* / room control || ⁓**bedarf** *m* / overall space required, space required, space requirements || ⁓**bedarf** *m* (HW) / footprint *n* || ⁓**bediengerät** *n* (Mensch-System-Schnittstelle für sich im Raum befindliche Personen) / room device || ⁓**beleuchtung** *f* / interior lighting, lighting of interiors || ⁓**beständigkeit** *f* / volume constancy || ⁓**bestrahlung** *f* (in einem Punkt für eine gegebene Zeitdauer) / radiant spherical exposure || ⁓**bestrahlungsstärke** *f* / spherical irradiance, radiant fluence rate
Räumdrehzahl *f* / ploughing speed
Räume, feuchte ⁓ / damp rooms || **medizinisch genutzte** ⁓ / medical premises
Raumecke *f* / corner *n*
räumen *v* / broaching *v*
Räumer *m* / skimmer *n*
Raumfaktor *m* / utilance *n*, room utilization factor
räumfest *adj* (Zentrifugenmot.) / suitable for ploughing duty
Raum·feuchteaufnehmer *m* / room humidity sensor || ⁓**frequenz** *f* / spatial frequency || ⁓**frequenzmethode** *f* DIN IEC 151, T.14 / spatial frequency response method || ⁓**fuge** *f* / expansion joint || ⁓**funktion** *f* / room function || ⁓**geometrie** *f* / solid geometry, space geometry, stereometry *n* || ⁓**gewicht** *n* / weight by volume || ⁓**harmonische** *f* / space harmonic, spatial harmonic || ⁓**harmonische der Durchflutungswelle** / m.m.f. space harmonic || ⁓**heizgerät** *n* / space heater || ⁓**höhe** *f* / room height || ⁓**index** *m* / room index, installation index || ⁓**inhalt** *m* / volume *n*, capacity *n*, cubage *n* || ⁓**integral** *n* / space integral, volume integral || ⁓**klima** *n* / indoor environment (o. atmosphere) || ⁓**klimagerät** *n* / room air conditioner || ⁓**koordinaten** *f pl* / spatial coordinates || ⁓**kurve** *f* / three-dimensional curve, space curve, non-planar curve || ⁓**ladung** *f* / space charge
raumladungs·begrenzter Transistor (SCLT) / space-charge-limited transistor (SCLT) || ⁓**dichte** *f* / volume density of charge, (electrical) space charge density || ⁓**gebiet** *n* / space charge region, space charge layer || **~gesteuerte Röhre** / space-charge-controlled tube || ⁓**wellenröhre** *f* / space-charge-wave tube || ⁓**zone** *f* / space charge region || ⁓**zustand** *m* / space-charge limited state
räumlich *adj* / spatial, three-dimensional || **~e Kohärenz** / spatial coherence (coherence such that the electromagnetic fields are correlated in a region of space) || **~e Lage** / orientation || **~e Lichtstärkeverteilung** / spatial distribution of luminous intensity || **~e Orientierung** / three-dimensional orientation || **~e Verteilung** / spatial distribution || **~es Anfahren** / spatial approach
Räumlichkeiten *plt* / premises *plt*

Raum·licht *n* / ambient light || ⸺**luft** *f* / ambient air || ⸺**luft** *f* / conditioned air, room air || ⸺**management** *n* / room management
Räummaschine *f* / broaching machine
Raummaß *n* / cubic measure, solid measure
Räummoment *n* (Zentrifugenmot.) / ploughing torque
Raum·punkt *m* / tool centre point (TCP) || **modularer** ⸺**raster** / modular space grid || ⸺**rückwirkung** *f* / effect of environment, influence of test room || ⸺**schirm** *m* / room shield
raumsparend *adj* / space-saving *adj*, compact *adj*
Raum·sparschrift *f* / condensed minitype || ⸺**steuerung** *f* / room control || ⸺**taster** *m* / room pushbutton || ⸺**teiler** *m* / room divider
Raumtemperatur *f* / ambient temperature, room temperature || ⸺**-Ausgleichsstreifen** *m* / temperature compensating strip || ⸺**fühler** *m* / room temperature sensor || ⸺**regelung** *f* / room temperature control, room temperature controller || ⸺**regler** *m* / (room) thermostat, room temperature controller || ⸺**-Sollwert** *m* / room temperature set point value
Raum·vektor *m* / space vector, representative sinor || ⸺**vielfach** *f* / space division || ⸺**welle** *f* / spatial wave || ⸺**werkzeug** *n* / broaching tool || ⸺**widerstand** *m* / volume resistance || **spezifischer** ⸺**widerstand** / volume resistivity || ⸺**winkel** *m* / solid angle, arc angle, angle of opening, aperture port angle, aperture angle || ⸺**winkeleinheit** *f* (Steradian) / steradian *n* || ⸺**wirkungsgrad** *m* / utilance *n*, room utilization factor || ⸺**zeiger** *m* / space vector, representative sinor || ⸺**zeigerdiagramm** *n* / sinor diagram || ⸺**zeigermodulation** *f* / space-vector modulation || **~zentriert** *adj* / body-centered *adj*
Raupen·fahrzeug *n* / track-laying vehicle || ⸺**kran** *m* / crawler crane || ⸺**übergang** *m* / toe
rauh·planieren *v* (stanzen) / diamond-planish *v* || ⸺**planierstanze** *f* / diamond-planishing die || ⸺**reif** *m* / hoar frost || ⸺**reifauflage** *f* / hoar-frost layer
Rauschabstand *m* / signal to noise ratio || ⸺ **bei digitaler Übertragung** (logarithmiertes Verhältnis) / bit energy to noise spectral density ratio
rauschäquivalente Eingangsgröße / noise-equivalent input || **~ Leistung** / noise-equivalent power || **~ Strahlung** / equivalent noise irradiation
rauscharm *adj* / low-noise *adj* || **~er Verstärker** / low-noise amplifier
Rausch·bild *n* / noise shot || ⸺**diode** *f* / noise-generator diode || ⸺**empfindlichkeit** *f* / detectivity *n* IEC 50(731)
Rauschen *n* / noise *n*, random noise || ⸺ **in der Impulspause** / interpulse noise || ⸺ **während des Impulses** / intrapulse noise || **1/f-**⸺ *n* (Rauschen mit einem kontinuierlichen Spektrum, derart dass die Werte des Leistungsdichtespektrums näherungsweise proportional den Kehrwerten der Frequenzen unterhalb einer gegebenen Frequenz sind) / 1/f noise || **ergodisches** ⸺ / ergodic noise || **HF-**⸺ *n* / parasitic RF noise || **Luft~** *n* / windage noise, fan noise
Rausch·faktor *m* / noise factor || ⸺**faktoränderung** *f* / noise factor degradation || ⸺**fenster** *n* / noise window
rauschfrei *adj* / noiseless *adj*, clean *adj*
Rausch·generator *m* / noise generator || ⸺**impuls** *m* / burst *n* || ⸺**kennwerte** *m pl* / noise characteristics ||

⸺**normal** *n* / noise standard || ⸺**pegel** *m* / noise level, background noise level, background level || ⸺**röhre** *f* / noise generator (plasma tube) || ⸺**spannung** *f* / noise voltage || ⸺**temperatur** *f* / noise temperature || ⸺**temperaturverhältnis** *n* / noise temperature ratio || ⸺**unterdrückung** *f* / noise suppression || ⸺**unterdrückungsfaktor** *m* / noise rejection ratio || ⸺**widerstand** *m* / noise resistance || ⸺**zahl** *f* / noise figure (NF), noise factor || ⸺**zahl** *f* (logarithmisches Maß für den Rauschabstand in dB) / noise ratio
r-Auslöser *m* (Siemens-Typ, Unterspannungsauslöser) / r-release *n* (Siemens type, undervoltage release)
Rauswurf *m* / sacking *n*
Raute *f* / lozenge *n*, rhombus *n*
Rautiefe *f* / surface roughness, roughness height, peak-to-valley height, height of cusp
Rawcliffe-Wicklung *f* / Rawcliffe winding, pole-amplitude-modulated winding, p.a.m. winding
Rayleigh'-Abstand *m* / Rayleigh distance || ⸺**-Bereich** *m* / Rayleigh region || ⸺**-Kriterium** *n* / Rayleigh criterion
Ray-Tracing *n* / ray tracing
RBC *m* / Remote Base Controller (RBC)
RBDS / Radio Broadcast Data System (RBDS) (US-System (europäisches = RDS))
RBG (Regalbediengerät) *n* / stacker crane
RBSOA (sicherer Arbeitsbereich eines IGBT in Sperrichtung) / Reverse Bias Safe Operating Area (RBSOA)
RC / RC (robot control)
rc-Auslöser *m* (Kurzbezeichnung für Unterspannungsauslöser mit Kondensatorverzögerung) / rc-release *n*
RC-Beschaltung *f* / RC circuit, RC elements
RCD-Baustein *m* / RCD module
RC-Entstörglied *n* / R-C suppressor, RC suppressor
RC-Glied *n* / RC element, RC snubber circuit, RC coupling
RC-Glieder *n pl* / RC elements
RC-Kopplung *f* / RC coupling, resistance-capacitance coupling
RCL / runway centre line (RCL)
RCL-Messbrücke *f* / RCL measuring bridge, resistance-capacitance-inductance measuring bridge
RCL-Netzwerk *n* / RCL network, resistance-capacitance-inductance network
RCM / RCM (robot control microprocessor) || ⸺ / Robust Client Module (RCM)
RC-Messgerät *n* / RC meter, resistance-capacitance meter
RC-Modus *m* (RC = raster coordinate) / RC mode
RC-Netzwerk *n* / RC network
RCP / Rapid Control Prototyping (RCP) || ⸺ / Rich Client Platform (RCP)
RCPS / regulated canister purge valve (RCPS)
RCS / Remote Control Service (RCS), Remote Control System (RCS)
RCT *n* / Realtime Compilation Target (RCT)
RCTL / resistor-capacitor-transistor logic (RCTL)
RDA / remote database access (RDA)
R-DE (Rücklese-Digitaleingabe) / readback digital input module, RB-DI
RDK / Rapid Development Kit (RDK)
RDL / resistor-diode logic (RDL)

RDP / Remote Desktop Protocol (RDP)
Read only / read only || ⟨-**out** *m* / readout
Ready·-Signal *n* / ready signal || ⟨-**Verzugszeit** *f* / ready delay time
Reagens *n* / reagent *n*
Reaktanz *f* / reactance *n* || ⟨ **der Nutstreuung** / slot leakage reactance || ⟨ **der Oberwellenstreuung** / harmonic leakage reactance || ⟨ **der zweiten Harmonischen** / second-harmonic reactance, reluctive reactance || ⟨ **des Bohrungsfelds** / reactance due to flux over armature active surface || ⟨ **in Querstellung** / quadrature-axis reactance || ⟨**belag** *m* / reactance per unit length || ⟨**relais** *n* / reactance relay || ⟨-**Richtungsschutz** *m* / directional reactance protection (system o. scheme) || ⟨**schutz** *m* / reactance protection || ⟨**spannung der Kommutierung** / reactance voltage of commutation || ⟨**transduktor** *m* / transductor reactor
Reaktion *f* / reaction *n*, response *n*
reaktionsbezogene Meldelogik / operator-reaction-dependent alarm logic
Reaktions·bit *n* / response bit || ⟨**bürstenhalter** *m* / reaction brush-holder || ⟨**gefäß** *n* / reaction vessel, reactor *n* || ⟨**generator** *m* / reaction generator || ⟨**geschwindigkeit** *f* / reaction rate || ⟨**harzmasse** *f* / solventless polymerisable resinous compound || ⟨**kraft** *f* / recoil *n* || ⟨**leistung** *f* (el. Masch.) / reluctance power || ⟨**maschine** *f* / reaction machine || ⟨**meldung** *f* / response message || ⟨**moment** *n* (el. Masch.) / reluctance torque, reaction torque, torque reaction || ⟨**polarisation** *f* / reaction polarization || ⟨**schicht** *f* / reaction film || ⟨**schiene** *f* / reaction rail || ⟨**teil** *m* / reaction rail, reaction plate, secondary *n* || ⟨**teil** *m* / response part || ⟨**telegramm** *n* / response frame, response message || ⟨**turbine** *f* / reaction-type turbine || ⟨**verhalten** *n* (Isoliergas) / compatibility *n* || ⟨**verhältnis** *n* / ratio of reaction || ⟨**wirkleistung** *f* / reluctance power
Reaktionszeit *f* / response time || ⟨ *f* (Zeit, die zwischen der Befehlseingabe und der Ausführung des Befehls vergeht) / response time, reaction time || ⟨ **bei azyklischer Bearbeitung** / interrupt reaction time || ⟨**en** *f pl* / response time
Reaktor·gefäß *n* / reactor vessel || ⟨**kran** *m* / reactor crane || ⟨**mantel** *m* / reactor shell
real·er Antrieb / real drive || **~er Schaltabstand** / effective operating distance || **~es Magazin** / real magazine || **~es offenes System** / real open system || **~es System** / real system
Realgasfaktor *m* / compressibility factor
realisierbar *adj* / can be implemented
Realisierbarkeit *f* / feasibility *n*
Realisierbarkeitsprüfung *f* / feasibility review, feasibility check
realisieren *v* / realize *v*, put into effect, achieve *v*, implement *v*
Realisierung *f* / implementation *n*
Realisierungs·aufwand *m* / implementation effort || ⟨**beziehung** *f* / realization dependency || ⟨**phase** *f* / realisation phase || ⟨**problem** *n* / implementation issue || ⟨**profil** *n* (R) / reference point (RP)
realistisch·e Bezugsbedingungen / realistic reporting conditions (RRC) || **~er Jahreswirkungsgrad** / RRC efficiency

Realize-Beziehung *f* / realization dependency
Real·-Konstante *f* / real constant || ⟨**schaltabstand** *m* / effective operating distance || ⟨**schule** *f* / secondary modern school || ⟨**teil** *m* / real part || ⟨**teil des spezifischen Standwerts** / specific acoustic resistance, unit-area acoustic resistance || ⟨-**Time-Kommunikation** *f* / real-time communication || ⟨-**TPI** *f* / Real-Time Production Intelligence (Real-TPI) || ⟨**zeituhr** *f* / real-time clock (RTC) || ⟨**zeitverarbeitung** *f* / real-time processing
Reboard-Kindersitz *m* / reboard childseat, rearward-facing child's seat
Rechen *m* / screen *n* || ⟨**anlage** *f* DIN 44300 / computer *n* || ⟨**anweisung** *f* / compute statement || ⟨**ausdruck** *m* / arithmetic expression || ⟨**baugruppe** *f* / arithmetic module, calculation card || ⟨**baustein** *m* / arithmetic block, arithmetic function block, calculation module || ⟨**daten** *plt* / arithmetic data
Recheneinheit *f* / arithmetic logic unit (ALU), arithmetic unit, arithmetic and logic unit || **zentrale** ⟨ / central processing unit (CPU) || **zentrale** ⟨ (Prozessor) / central processor (CP)
Rechenergebnis *n* / result of an arithmetic operation
Rechenfeinheit *f* / computational resolution, calculation accuracy || **interne** ⟨ / internal precision
Rechen·funktion *f* / arithmetic function, mathematical function || ⟨**genauigkeit** *f* / computational accuracy || ⟨**gerät** *n* / computing element, arithmetic unit || ⟨**gerät** *n* (Hardware) / computing hardware || ⟨**größe** *f* (Operand) / operand *n* || ⟨**kapazität** *f* / arithmetic capability || ⟨**lauf** *m* / calculation run || ⟨**leistung** *f* / computing power, computing capacity, computer performance || ⟨**maschine** *f* / calculating machine, calculator *n* || ⟨**operation** *f* / arithmetic operation, computer operation, math operation || ⟨**parameter** *m* / arithmetic parameter || ⟨**satz** *m* / arithmetic block, calculation block || ⟨**schaftspflicht** *f* / accountability || ⟨**schema** *n* / computing process || ⟨**system** *n* (ein oder mehrere Rechner, periphere Geräte und Software, mit denen Datenverarbeitung durchführbar ist) / data processing system, DIN 44300 computer system || ⟨**system, Datenverarbeitungssystem** *n* (DIN 44300-5) / computer system (synonymous for power control system) || ⟨**systemaudit** *m* / computer-system audit || ⟨- **und Steuereinheit** *f* / arithmetic and control unit || ⟨**variable** *f* / arithmetic variable || ⟨**verstärker** *m* (Operationsv.) / operational amplifier || ⟨**werk** *n* / arithmetic unit (AU), arithmetic and logic unit, ALU (arithmetic logic unit) || ⟨**wert** *m* / combined value || ⟨**zeit** *f* / computer time || ⟨**zentrum** *n* / computer centre, computer center || ⟨**zyklus** *m* / calculation cycle || ⟨**zykluszeit** *f* / calculation cycle-time
Recherche *f* / investigation *n*, find function
Rechnen *n* / computing *n*, calculating *n*
Rechner *m* / computer *n* || ⟨ *m* (Baugruppe, Rechengerät) / computing element, arithmetic unit, calculator *n* || **dispositiver** ⟨ / planning computer || ⟨**anschaltung** *f* / computer interface (o. interfacing), computer link (CL) || ⟨**anschluss** *m* / computer link, computer interface || ⟨**architektur** *f* / computer architecture || ⟨**betrieb**

rechnergeführte

m / computer operation || ⸺**einheit** *f* / computing unit || ⸺**einschub** *m* / computer insert
rechnergeführte numerische Steuerung (CNC) / computerized numerical control (CNC), softwired numerical control || **~ Prozessregelung** / computer-based process control || **~ Steuerung** / computer-based control system
Rechnergeneration *f* / computer generation
rechnergesteuert *adj* / computer-controlled, computerized *adj*
rechnergestützt *adj* / computer-aided, computer-assisted || **~e Fertigung** / computer-aided production || **~e Fertigungs- und Prüfplanung** (CAP) / computer-aided planning (CAP) || **~e Fertigungssteuerung** (CAM) / computer-aided manufacturing (CAM) || **~e flexible Fertigungszelle (CC/FMC)** *f* / computer-controlled flexible machining cell (CC/FMC) || **~e Programmierung** / computer-aided programming || **~er Programmierplatz** / computer-aided part programmer || **~er Reparaturdienst** / computer-aided repair (CAR) || **~es Engineering** (CAE) / computer-aided engineering (CAE) || **~es Konstruieren** / computer-aided design (CAD) || **~es Konstruieren und technisches Zeichnen** (CADD) / computer-aided design and drafting (CADD) || **~es Programm** / computer-assisted program || **~es Prüfen** (CAT) / computer-aided testing (CAT) || **~es Software-Engineering** / computer-aided software engineering (CASE)
rechnerisch *adj* / calculated *adj* || **~e Kontrolle** / computational check
Rechner·kern *m* (zentrale Einheit eines Rechners, der die arithmetischen und logischen Funktionen abarbeitet, sowie die Befehlsabarbeitung steuert) / computer kernel || ⸺**kommunikation** *f* / computer communication || ⸺**koppeleinheit** *f* / computer interfacing unit, computer communication unit || ⸺**kopplung** *f* (RK) / computer link (CL), computer interface, computer interfacing || ⸺**kopplungsschnittstelle** *f* / computer interface || ⸺**leistung** *f* / computer capacity || ⸺**netz** *n* (ein Netz mit Datenverarbeitungsknoten, die für Zwecke der Datenübermittlung untereinander verbunden sind) / computer network || ⸺**plattform** *f* / computer platform || ⸺**schnittstelle** *f* / computer link (CL), computer interface || ⸺**störung** *f* / computer malfunction (also: server malfunction) || ⸺**struktur** *f* / computer structure || ⸺**system** *n* / computer system || ⸺**telegramm** *n* / computer message
rechnerunterstützt *adj* / computer-aided, computer-assisted || **~e Entwicklung** / Computer-Aided Engineering (CAE) || **~es Konstruieren** / Computer-Aided Design (CAD) || **~es Zeichnen** / computer aided design (CAD)
Rechner·zeit *f* / computer time || ⸺**zustandswechsel** *m* / change of server status
Rechnung *f* / invoice *n*
Rechnungs·abgrenzungsposten *m* / accrual *n* || ⸺**empfänger** *m* (REMPF) / invoice address (INVOI) || ⸺**größe** *f* / operand quantity || ⸺**legung** *f* / rendering of the account || ⸺**wesen** *n* / accounting *n*
rechte Fertigteilseite / right-hand side of part || **~ Seite** (Menge der Fakten oder Anweisungen im Dann-Teil einer Wenn-Dann-Regel) / right-hand side, right-hand || **~ und Pflichten** / rights and obligations, rights and duties
Rechteck *n* / rectangle *n* || ⸺**ausschnitt** *m* / rectangular cutout || ⸺**geber** *m* / rectangular signal encoder || ⸺**generator** *m* / square-wave generator (o. oscillator), square-wave rate generator, step-voltage pulse generator
rechteckig *adj* / rectangular *adj* || **Motor mit ~em Gehäuse** / square-frame motor || **~er Kanalquerschnitt** / rectangular cross section of duct || **~er Querschnitt** / rectangular cross section || **~er Steckverbinder** / rectangular connector
Rechteck·impuls *m* / square-wave pulse, rectangular pulse || ⸺**instrument** *n* / edgewise instrument || ⸺**kern** *m* / rectangular core || ⸺**modulation** *f* / square-wave modulation, rectangular-wave modulation || ⸺**modulationsgrad** *m* / square-wave response || ⸺**-Modulationsübertragungsfunktion** *f* / square-wave response characteristic, modulation transfer function || ⸺**nut** *f* / rectangular groove, rectangular slot || ⸺**pol** *m* / rectangular pole || ⸺**raumfrequenz** *f* / square-wave spatial frequency || ⸺**schwingung** *f* / square wave || ⸺**signal** *n* / rectangular(-pulse) signal, square wave signal || ⸺**spannung** *f* / square-wave voltage || ⸺**spule** *f* / rectangular coil || ⸺**ständer** *m* / box-type stator, rectangular stator
Rechteckstoß *m* / rectangular impulse || ⸺**antwort** *f* / square-wave step response || ⸺**strom** *m* / rectangular impulse current
Rechteckstrom *m* / rectangular current, rectangular impulse current || **elektronisches ~-Vorschaltgerät** / square-wave ballast
Rechteck·tasche *f* / rectangular pocket || ⸺**tasche fräsen** / milling rectangular pocket || ⸺**taschenfräszyklus** *m* / rectangular pocket milling cycle || ⸺**taschenzyklus** *m* / rectangular pocket cycle || ⸺**welle** *f* / square wave || ⸺**wellen-Wiedergabebereich** *m* (Schreiber) / square-wave response || ⸺**werkzeug** *n* / rectangular tools || ⸺**zapfen** *m* / rectangular spigot || ⸺**zapfen fräsen** / rectangular spigot milling
Rechte-Hand-Regel *f* / right-hand rule, Fleming's right-hand rule, three-fingers rule
Rechtekategorie *f* / user-rights context
rechtes Byte / low-order byte, right-hand byte
rechtliche Identifizierbarkeit / legal identity
rechts rotieren (Befehl) / rotate right || **~ schieben** (Befehl) / shift right (SR) || **nach ~** (Bewegung) / to the right
Rechts·anschlag *m* / hinged right || ⸺**ausführung** *f* / right-orientated execution
rechtsbündig *adj* / right-justified *adj*, right *adj*, right-aligned || **~ ausrichten** / right-justify *v* || **~ machen** / justify to the right margin
Rechtsbündigkeit *f* / right justification
Rechtschreib·prüfprogramm *n* / spelling checker || ⸺**wörterbuch** *n* / orthographic dictionary
rechtsdrehend *adj* / rotating clockwise, clockwise *adj* || **~e Polarisation** (elliptische Polarisation, für in Ausbreitungsrichtung blickenden Beobachter rechtsdrehend, d. h. im Uhrzeigersinn) / right-hand polarization || **~es Koordinatensystem** / right-handed coordinate system || **~es Feld** / clockwise rotating field, clockwise phase sequence
Rechts·drehfeld *n* / clockwise rotating field, clockwise phase sequence || **phasenrichtige**

Zuordnung für ⟨drehfeld / correct phase relation for clockwise rotating field || ⟨drehung f / clockwise rotation, CW rotation, right-hand rotation, run right
rechtsgängig·e Phasenfolge / clockwise phase sequence || **~e Wicklung** / right-handed winding || **~es Gewinde** / right-hand screw thread, right-hand thread
Rechts·gewinde n / right-hand screw thread, right-hand thread || **~gewunden** adj / right-wounded adj || ⟨klick m (Klicken mit der rechten Maustaste) / right-click || ⟨kreisbewegung f / right-hand circular movement || ⟨kurvenbewegung f / right-hand movement in a curve || ⟨lauf m / clockwise rotation, CW rotation, run right || ⟨lauf aus / clockwise rotation OFF || ⟨lauf ein / clockwise rotation ON || **~/links anschlagbar** / can be hinged right or left || **~laufender Fräser** / clockwise rotating milling cutter || **läufige Wicklung** / right-handed winding || ⟨lenker m / right-hand drive || ⟨-Links-Schieberegister n / bidirectional shift register, right-left shift register
Rechts·schlag m (Z-Schlag-Kabelverseilung) / right-hand lay || **~schneidender Spiralbohrer** / right-hand cutting drill || ⟨schraubbewegung f / right-hand screw motion || ⟨sinn m / clockwise direction || ⟨system n (NC) / right-handed system
rechtsverbindliche Norm / mandatory standard || **~ Unterschriften** / authorized signatories
Rechts·vorschriften f pl / jurisdictional requirements || ⟨wicklung f / right-handed winding
rechtwinkelig adj / rectangular adj, right-angled adj, perpendicular adj || **~e Wellenanordnung** / right-angle shafting
Rechtwinkeligkeit f / rectangularity n, perpendicularly n || ⟨stoleranz f / perpendicularity tolerance
rechtwinklig adj / rectangular adj, orthogonal adj || **~e Koordinaten** / Cartesian coordinates
Rechtwinkligkeit f / perpendicularity n
Reckalterung f / strain ageing
recken v / stretch v, elongate v
Recyclat n / recycled materials
recyclebar adj / recyclable adj
Recycling n / re-cycle n || ⟨fähigkeit f / recyclability n || ⟨industrie f / recycling industry
redaktionelle Freigabe / released by author
Redaktionssprache f / authoring language
Redesignmaßnahmen f / redesign measures
Redoxelektrodenbaugruppe f / redox electrode assembly
Redoxpotential n / oxidation-reduction potential (ORP), redox potential || ⟨-Messgerät n / ORP meter, redox potential meter
Reduktion f / reduction n
Reduktions·faktor m / reduction factor, derating factor || ⟨faktor m (Leitungsbeeinflussung, kompensierender Einfluss von benachbarten Stromkreisen) / screening factor || ⟨faktoren m pl / reduction factors || ⟨getriebe n / speed reducer, gear reducer, reduction gearing, step-down gearing || ⟨katalysator m / reduction catalytic converter || ⟨kurven/ Reduktionsfaktoren f / derating n || **Heizungs-** ⟨schema n DIN IEC 235, T.1 / heater schedule
Redundancy-Lizenz f / redundancy license
redundant adj / redundant adj || **~ geschaltete Peripherie** / redundant switched I/O || **~e Ansteuerung einer Last** / redundant control of a load || **~e USV** / redundant UPS || **~e USV in Bereitschaftsbetrieb** / standby redundant UPS || **~er Code** / redundant code || **~er Leitungscode** (Leitungscode, der mehr Signalelemente als unbedingt notwendig zur Darstellung der verwendeten Digitgruppen des ursprünglichen Signals verwendet) / redundant line code || **~es digitales Signal** / redundant digital signal || **~es System** / redundant system
Redundanz f / redundancy n || ⟨ **einer Nachricht** / message redundancy || **diversitäre** ⟨ / diversity n || **heiße** ⟨ / hot stand-by, functional redundancy, active redundancy || **kalte** ⟨ / standby redundancy || **nicht funktionsbeteiligte** ⟨ / standby redundancy || **passive** ⟨ / standby redundancy || ⟨betrieb m / redundancy mode || ⟨faktor m / redundancy factor || ⟨gruppe f / redundancy group || ⟨kopplung f (Kopplung zwischen den Zentralbaugruppen eines H-Systems für Synchronisation und Datenaustausch) / redundant link || ⟨-Manager m / redundancy manager || ⟨prozedur f / redundancy procedure || ⟨schalteinheit f / redundancy switch || ⟨umschaltung f / redundancy switchover
Reduzier·beschleunigung f / creep acceleration || ⟨brücke f / reducing comb
reduzieren v / reduce v
reduzierend·e Flamme / reducing flame || **~er Leiter** (störungsreduzierender L.) / shielding conductor, interference reducing conductor
Reduzier·geschwindigkeit f / creep velocity || ⟨getriebe n / reduction gear || ⟨hülse f / adapter sleeve, reducer n, reduction sleeve || **thermischer** ⟨koeffizient DIN 41858 / thermal aerating factor || ⟨kupplung f / reducer coupling || ⟨modul mit Sicherung / fusible reducer || ⟨muffe f / reducing coupling, adapter n, coupling n || ⟨nocken m / reduction cam || ⟨punkt m (Drehzahlverminderungspunkt) / speed reducing point || ⟨ring m / reducing ring || ⟨stecker m / reduction plug || ⟨stück n / reduction piece || ⟨stück n (IR) / reducer n, adaptor n
reduziert·e Freifläche / reduced flank || **~e Prüfung** / reduced inspection || **~e Spanfläche** / reduced face || **~er Betrieb** / reduced service || **~er Nenn/Gleichstrom** / reduced rated or maximum current || **~er Träger** (Übertragung oder Emission mit Amplitudenmodulation mit speziellen Eigenschaften) / reduced carrier
Reduzierung f / reduction n
Reduzier·ventil n / pressure reducing valve, reducing valve || **ausgeführte** ⟨ventile / available reducing values || **druckgeführte** ⟨ventile / pressure-guided reduction valves || ⟨verschraubung f / reducing coupling, adaptor coupling, reducer n, reducer fitting
Reedkontakt m / reed contact
Reed'-Kontakt m / reed contact, dry-reed contact || ⟨-Relais n / reed relay || ⟨schalter n / reed switch || ⟨-Schalter m / dry-reed switch, reed switch
reell·e Zahl / real number || **~er Sternpunkt** / real neutral point || **~er Widerstand** / ohmic resistance, resistance n || **~es Literal** / real literal
re-entrant / reentrant adj

Reexportgenehmigung f / re-export authorization
REF / REF (reference point approach function)
referentielle Integrität / referential integrity
Referenz f / reference n || ~ **Prozesshaus (RPH)** / Reference Process House (RPH) || ~**anfahrrichtung** f / reference approach direction || ~**anlage** f / reference system || ~**anwender** m / reference user || ~**aufbereitung** f / reference point edit || ~**baum** m / reference tree || ~**bedingungen** f pl / reference conditions, reference requirements || ~**bedingungen der Einflussgrößen** / reference conditions of influencing quantities (o. factors) || ~**bereich** m / reference range || ~**bibliothek** f / reference library || ~**bild** n / reference image || ~**bohrung** f / reference hole || ~**checksumme** f / reference checksum || ~**datei** f / reference file || ~**daten** plt / reference data || ~**daten erzeugen** / create reference data || ~**datenspeicher** m / reference data memory || ~**diode** f / reference diode, voltage reference diode || ~**dokument** n / reference document || ~**dreieck** n / triangular reference voltage || ~**druckwerk** n / reference printing unit
Referenz·ebene f / reference plane || ~**ebene falsch definiert** / reference plane incorrectly defined || ~**einrichtung** f / reference device || ~**ertrag** m / reference yield || ~**fahrt** f / reference point approach, homing n || ~**fehler** m / reference error || ~**frequenz** f / reference frequency || ~**funktion** f / reference function || ~**genauigkeit** f / reference accuracy || ~**geschwindigkeit** f / reference speed, reference velocity || ~**gewicht** n / reference weight || **prozentualer** ~**größenwert** / percent reference magnitude || ~**handbuch** n / reference manual || ~**ierbarkeit** f / referencing n || ~**ieren** n / referencing n, homing n || ~**iermodus** m / referencing mode || ~**impuls** m / reference pulse, reference pulse waveform IEC 469-2, reference pulse, marker pulse || ~**installation** f / reference installation
Referenz·kanalfehler m / reference channel error || ~**katalog** m / reference catalog || ~**knoten** n / reference node || ~**kontur** f / reference contour || ~**kurvenform** f / reference waveform || ~**lage** f / reference position || ~**lauf** m / reference run || ~**linie** f DIN 44472 / reference line || ~**liste** f / reference list || ~**manual** n / reference manual || ~**marke** f / reference mark || ~**marke nicht gefunden** / Reference mark not found || ~**markensignal** f / reference mark signal || ~**maschine** f / reference machine || ~**maß** n / reference dimension || ~**material** n / reference material || ~**modell** n / reference model || ~**modell für graphische Datenverarbeitung** (genormter konzeptioneller Bezugsrahmen für die graphische Datenverarbeitung) / Computer Graphics Reference Model || **ISO-**~**modell** n (f. Kommunikation offener Systeme) / ISO reference model || ~**modul** n / reference module || ~**modulation** f / modulation with a fixed reference || ~**muster** n (Muster zur Ermöglichung einer späteren Feststellung von Merkmalswerten) / reference sample || ~**netz** n / reference network || ~**nocken** m / reference cam || ~**nockenschalter** m / homing cam switch || ~**nocken-Signal** n / reference cam signal || ~**nummer** f / reference number || ~**nut** f / reference groove || ~**option** f /

reference option || ~**-Passmarke** f / reference fiducial || ~**platz** m / reference location || ~**position** f / reference position || ~**projekt** n / reference project || ~**prozess** m / reference process
Referenzpunkt m (RP) / reference point (RP), home position, reference position || ~ **anfahren** / reference point approach, homing procedure, search-for-reference n || ~ **nachtriggern** / retrigger reference point || ~**abfahrgeschwindigkeit** f / reference point retraction speed || ~**abfrage** f / reference point interrogation (o. check) || ~**abschaltgeschwindigkeit** f / reference point creep speed, reference point creep velocity, homing reduced velocity || ~**anfahren** n / approach to reference point, go to home position || ~**art** f (die Art, wie der Nullpunkt einer Achse beim Referenzlauf angefahren wird) / reference point type || ~**ebene** f / reference point level || ~**einfahrgeschwindigkeit** f / reference point positioning velocity, homing entry velocity || ~**erfassung** f / reference point detection || **Anfahren des** ~**es** / reference point approach, homing procedure, search-for-reference n
Referenzpunktfahren n / machine referencing, approach to reference point, reference point approach, homing procedure, search for reference
Referenzpunkt·fahrt f (Nullung des Lagemesssystems bei Verwendung eines inkrementellen Gebers) / reference point approach, homing procedure, search-for-reference n || ~**koordinate** f (Wert, der dem Referenzpunkt zugeordnet wird) / reference point coordinate || ~-**Koordinaten** f pl / reference point coordinates || ~**marke** f / reference point mark || ~**schalter** m / reference point switch (RPS), home position switch, reference point system || ~**setzen** n / home position setting || ~**verfahren** n / reference point approach || ~**verschiebung** f / reference point offset || ~**verschiebung** f (NC) / reference point shift, zero offset || ~**zeiger** m / reference point pointer
Referenz·quelle f / reference source || ~**schalter** m / basic position switch || ~**schrift** f / reference brochure || **Kurvenform der** ~**schwingung** DIN IEC 351, T.1 / reference waveform || **sinusförmige** ~**schwingung** / reference sine-wave || ~**seite** f / reference page || ~**signal** n / reference signal || ~**solarmodul** n / reference solar module || ~**solarzelle** f / reference cell || ~**spannung** f / reference voltage, reference potential || ~**speicher** m / reference data memory, reference memory || ~**spur** f / reference track || ~**struktur** f / reference structure || ~**system** / reference system || ~**tafel** f (f. MG) / reference panel || ~**teil** m / reference part || ~**temperatur** f / reference temperature || ~-**Testmethode** f / reference test method (RTM) || ~**verfahren** n / reference procedure || ~-**Vorschaltgerät** n / reference ballast || ~**werkzeug** f / reference tool || ~**wert** m / reference value || ~**zelle** f / reference solar cell
Referieren n / referencing n (initialization of the axis)
referiert adj / referenced adj
reflektierende Anzeige / reflective display || ~ **Ebene** / reflecting plane, reflecting surface
reflektiert·e Bestrahlungsstärke / reflected irradiance (RFI) || **~e Welle** / reflected wave || **~er Lichtstrom** / reflected flux || **~er Strom** / reflected

current
Reflektions·faktor *m* / reflection factor, reflectance factor, reflection coefficient, mismatch factor || ⟂**lichtschranke** *f* / reflection light barrier || ⟂**oberwellen** *f pl* / reflected harmonics
Reflektometer *n* / reflectometer *n*
Reflektometrie, Zeitbereich-⟂ *f* / time-domain reflectometry (TDR)
Reflektor *m* / reflector *n* || ⟂**folie** *f* / reflector foil || ⟂**glühlampe** *f* / incandescent reflector lamp || ⟂**lampe** *f* / reflector lamp, mirrored lamp || ⟂**leuchte** *f* / reflector luminaire || ⟂**wanne** *f* / reflector trough
Reflex *m* / reflex *n* || **~armes Glas** / anti-glare glass || ⟂**blendung** *f* / reflected glare || **~freie Beleuchtung** / anti-glare illumination
Reflexion *f* / reflection *n*
reflexionsarmer Raum / dead room
Reflexionsbedingungen, Braggsche ⟂ / Bragg's reflection conditions, Bragg's law
Reflexions·dämpfung *f* / return loss || ⟂**faktor** *m* / reflection factor, reflectance factor, reflection coefficient, mismatch factor, reflectance *n*, power reflection factor
reflexionsfreier Abschluss (Koaxialkabel) / matching *n* || **~ Raum** / free-field room, anechoic room
Reflexionsgrad *m* / reflectance *n*, reflection factor, reflection degree, reflection coefficient || ⟂ **der Decke** / ceiling reflectance || ⟂ **des Fußbodens** / floor reflectance
Reflexions·koeffizient *m* (Transistor, s-Parameter) / s-parameter *n*, reflection factor || ⟂**lichthof** *m* / halation *n*, halo *n* || ⟂**lichtschranke** *f* / retroflective sensor, reflex sensor || ⟂**-Lichttaster** *m* / diffuse sensor || ⟂**-Lichttaster mit Hintergrundausblendung** / diffuse sensor with background suppression || ⟂**messtechnik** *f* / reflectometry *n* || ⟂**ordnung** *f* / order of reflection, reflection order || ⟂**schranke** *f* / reflex sensor || ⟂**taster** *m* / diffuse sensor || ⟂**topographie** *f* / reflection topography || ⟂**verhalten** *n* / reflective behavior || ⟂**verlust** *m* / reflection loss || ⟂**vermögen** *n* / reflectivity *n*, reflecting power || ⟂**winkel** *m* / reflecting angle, angle of reflection
Reflex·klystron *n* / reflex klystron || ⟂**lichtschalter** *m* / light barrier || ⟂**-Lichtschranke** *f* / reflex sensor || ⟂**schicht** *f* / reflector layer || ⟂**schichtlampe** *f* / reflector-fluorescent lamp, lamp with reflector layer || ⟂**stoff** *m* / retro-reflecting material (o. medium) || ⟂**-Taster** *m* / diffuse sensor
Reflow·-Bestückung *f* / reflow assembly || ⟂**-Löten** *n* / reflow soldering || ⟂**-Löttechnik** *f* / reflow solder technique
REFPOS / INT approach reference point, REFPO
Refraktion *f* / refraction *n*
Refraktor *m* / refractor *n*
REG (Reiheneinbaugruppe: Einheiten, die konstruktiv so ausgebildet sind, dass sie auf die Hutschiene passen) / DIN rail-mounted device
Regal·bediengerät *n* (RBG) / rack serving unit, stacker crane || ⟂**bediengerät (RGB)** *n* / storage and retrieval unit || ⟂**bediengeräte** *n pl* / storage and retrieval machines || ⟂ *m* / stacker trucks || ⟂ *n* / shelf access equipment || ⟂**lager** *f* / high-bay racking, high-density store

Regel *f* / rule *n* || ⟂**abgleich** *m* (Abgleichen des Ziels und der Elemente eines vorgegebenen Problems durch gestufte Anwendung einer Reihe von Wenn-Dann-Regeln) / rule matching || ⟂**abschaltung** *f* / normal shut-down
Regelabweichung *f* / system deviation IEC 50(351), deviation *n* ANSI C85.1, defect *n*, control error, mistake *n*, nonconformity *n* || **bleibende** ⟂ / steady-state deviation, offset *n* || **Gefahrmeldung bei unzulässiger** ⟂ / deviation alarm
Regel·algorithmus *m* / control algorithm, controller algorithm, PID algorithm || ⟂**amplitude** *f* / amplitude of control, amplitude of controlled variable, margin of manipulated variable || ⟂**anlage** *f* / control system || **stetige** ⟂**anlagen** / continuous acting control system || ⟂**anlasser** *m* / automatic starter, controller *n* || ⟂**antrieb** *m* / variable-speed drive, servo-drive *n*, actuator for modulating duty || ⟂**armatur** *f* / control valve || ⟂**aufgabe** *f* / control task
regelbar *adj* (einstellbar) / adjustable *adj* || **~** *adj* (steuerbar) / controllable *adj*, variable *adj*, regulable *adj* || **~er Antrieb** / variable-speed drive || **~er Generator** / variable-voltage generator || **~er Verbraucher** / load-controlled consumer || **~er Widerstand** / rheostat *n* || **~er Zusatztransformator** / induction voltage regulator
Regel·barkeit *f* / controllability *n* || **~basiertes System** / rule-based system || ⟂**baustein** *m* / control loop block
Regelbefehl *m* / control command, regulation instruction
Regelbereich *m* / control range, control band, range of control, rangeability *n* || ⟂ *m* (Drehzahl) / speed control range, speed range || **Wirkleistungs-**⟂ *m* (Generatorsatz) / control range IEC 50(603), active-power control band || ⟂**sanforderung** *f* / total desired generation
Regel·betrieb *m* / closed-loop control || ⟂**bewegung** *f* / control motion
Regeldifferenz *f* / system deviation, negative deviation, control deviation, system error || ⟂ *f* (Signal) / error signal IEC 50(351) || **bleibende** ⟂ / steady-state error, steady-state system deviation
Regel·drossel *f* / regulating inductor || ⟂**dynamik** *f* / dynamic response of control system, control dynamics || ⟂**eigenschaft** *f* / rangeability *n*
Regeleinheit *f* / automatic control unit || **Kondensator-**⟂ *f* / capacitor control unit, VAr control unit, automatic p.f. correction unit
Regeleinrichtung *f* DIN 19226 / controlling system, controlling equipment, control equipment, control system, system control equipment EN 60146-1-1, control system equipment || **gesamte** ⟂ / whole control system
Regel·elektronik *f* / control electronics || ⟂**energie** *f* / ancillary services || ⟂**ergebnis** *n* / control result, control-action result, control accuracy, quality of control || ⟂**erzeugung eines Kraftwerks** / mean energy production of a power station || ⟂**fehler** *m* / area control error || ⟂**feinheit** *f* / controller resolution || ⟂**fläche** *f* / control area, integral of error || ⟂**fläche** *f* (CAD) / ruled surface || **lineare** ⟂**fläche** / linear integral of error || ⟂**-Formatkennung** *f* / canonical format identifier (CFI) (IEC/TS 61850-2) || ⟂**funktion** *f* / control function || **Proportional-Integral-**⟂**funktion** *f* (PI-

Regelfunktion) / proportional, integral control loop function (PI control loop function) || ⸺**genauigkeit** *f* / control precision, control accuracy || ⸺**gerät** *n* / control unit || **elektronisches** ⸺**gerät** / electronic regulation equipment || ⸺**geräte** *n pl* / automatic control equipment || ⸺**geschwindigkeit** *f* / control rate, correction rate || ⸺**getriebe** *n* / variable-speed gearing || ⸺**gewinde** *n* / regular thread || ⸺**glied** *n* / controlling element || ⸺**glieder an Vorwärtszweig** / forward controlling elements || ⸺**gradient** *m* / controller rate, transient rate || ⸺**größe** *f* / controlled variable, directly controlled variable, controlled condition || ⸺**güte** *f* / control quality, controlled quality || ⸺**kaskade** *f* / cascaded speed-regulating set || ⸺**klappe** *f* / butterfly valve || ⸺**konzept** *n* / control concept, controlling process, controlling procedure
Regelkreis *m* / control loop, closed-loop control circuit, feedback control circuit, servo loop, closed-loop circuit, closed-loop system, feedback loop || ⸺ *m* (Stellwicklung) / regulating circuit, tapping circuit (o. arrangement) || **einschleifiger** ⸺ / single control loop || **operativer** ⸺ (logistischer R.) / logistic control loop
regelkreisorientierter Datenbaustein / loop-oriented data block
Regel·leistung *f* / controlling power range || ⸺**lichtraum** *m* / standard loading gauge, structure gauge || ⸺**lieferzeit** *f* / normal delivery time
regellos verteilt / randomly distributed || **~e Abweichungen** / random deviations || **~e Schwingung** / random vibration || **~e Verteilung** / random distribution
Regelmagnetventil *n* / graduable magnet valve
regelmäßig *adj* / periodic *adj* || **~e Lagerprüfung** / periodic inspection, periodic stores inspection || **~e Prüfung** / periodic inspection
Regel·mäßigkeit *f* / regularity *n* || ⸺**modul** *n* / regulator *n* || ⸺**motor** *m* (regelnd) / servo-motor *n*, pilot motor, motor operator, compensating motor || ⸺**motor** *m* (regelbar) / variable-speed motor
Regeln *n* / closed-loop control, feedback control, automatic control || ⸺ *f pl* (Vorschriften) / regulations *n pl*, rules *n pl*
regeln *v* / control *v*, control automatically, regulate *v*, vary *v*, govern *v*, adjust *v*
Regeln der Technik / codes of practice, rules of technology || ⸺ **und Steuern von Prozessen** / process control
Regel·parameter *m* / control parameter, controller parameter || ⸺**potentiometer** *n* / control potentiometer || ⸺**relais** *n* / regulating relay || ⸺**reserve** *f* / control reserve, control margin || ⸺**röhre** *f* (raumladungsgesteuerte R. zur Änderung der Leerlaufverstärkung o. Steilheit) / variable-μ tube, remote cut-off tube
Regel·satz *m* (Frequenzumformer) / variable-frequency converter || ⸺**satz** *m* (Kaskade) / speed regulating set || ⸺**schalter** *m* / regulating switch (CEE 124) || ⸺**schaltung** *f* / regulation circuit, control circuit || ⸺**scheibe** *f* / grease slinger, regulating wheel || ⸺**schleife** *f* / closed loop, loop *n* || ⸺**schleifringläufer** *m* / variable-speed sliping motor || ⸺**schrank** *m* / automatic control cubicle (o. cabinet), control cabinet || ⸺**sinn** *m* / control direction, direction of corrective action, correction direction || ⸺**spindel** *f* / regulating spindle

Regelstrecke *f* / controlled system IEC 50(351), directly controlled member IEC 27-2A, plant, process *n*, system *n* || ⸺ **mit Ausgleich** / self-regulating process || ⸺ **ohne Ausgleich** / controlled system without inherent regulation || **verfahrenstechnische** ⸺ / process control line, plant *n* || **Zeitkonstante der** ⸺ / system time constant, plant time constant
Regelstreckenwert *m* / constant of controlled system
Regelstruktur *f* / closed-loop control structure
Regelsystem *n* / control system || ⸺ **mit geschlossenem Kreis** / closed loop system, feedback system || **automatisches** ⸺ **mit Rückführung** / automatic feedback control system
Regel-System, neues ⸺ (NRS) / new regulatory system (NRS)
Regelsystemerde *f* / control system earth (o. ground)
Regeltechnik *f* / open- and closed-loop control
Regeltransformator *m* (allg., Stelltransformator) / regulating transformer, variable transformer, variable-voltage transformer || ⸺ *m* (mit Stufenschalter) / tap-changing transformer, variable-ratio transformer, regulating transformer, voltage regulating transformer || ⸺ **für Hochspannungssteuerung** / h.v. regulating transformer || ⸺ **für Niederspannungssteuerung** / l.v. regulating transformer || ⸺ **für Umstellung in spannungslosen Zustand** / off-circuit tap-changing transformer, off-voltage tap-changing transformer || ⸺ **für Umstellung unter Last** / on-load tap-changing transformer, under-load tap-changing transformer, load ratio control transformer || ⸺ **in Sparschaltung** / regulating autotransformer, auto-connected regulating transformer
Regel- und Steuergerät *n* (RS) / automatic electrical control (AEC)
Regelung *f* / feedback control IEC 50(351), control system IEC 50(351), closed-loop control, automatic control, servo-control *n*, control *n*, feedback control system, closed-loop control system, controlling system || ⸺ **analog** / analog control board || ⸺ **des Luft-/Kraftstoff-Verhältnisses** / control of the air/fuel ratio || ⸺ **durch Änderung der Frequenz** / frequency control, frequency regulation || ⸺ **durch Änderung der Spannung** / variable-voltage control || ⸺ **durch Polumschaltung** / pole changing control || ⸺ **im Zustandsraum** / state control || ⸺ **mit äquidistanten Steuerimpulsen** / equidistant firing control || ⸺ **mit Beobachtung** / observer-based control || ⸺ **mit Bereichsaufspaltung** / split-range control || ⸺ **mit gleichem Steuerwinkel** / equal delay angle control || ⸺ **mit Gleichstromsteller** / chopper control || ⸺ **mit Hilfsenergie** / power-assisted control || ⸺ **mit Hilfstransformator** / auxiliary transformer control || ⸺ **mit P-Grad gleich Null** / astatic control || ⸺ **mit Rückführung** / closed loop control || ⸺ **mit Sollwerteingriff** / set-point control (SPC) || ⸺ **mit Störgrößenaufschaltung** / feedforward control || ⸺ **mit Überwachungseingriff** / supervisory control || ⸺ **mit Unempfindlichkeitsbereich** / neutral zone control || ⸺ **mit verteilten Rückführungen** / distributed feedback control || ⸺ **mit Zusatztransformator** / auxiliary transformer control || ⸺ **ohne Hilfsenergie** / self-operated

control || **3-Komponenten-~** *f* / three-component control || **komplexe ~** / multicontroller configuration || **mehrschleifige ~** / multi-loop feedback control, multiloop control system, multiloop control || **temperaturabhängige ~** / temperature dependent control
Regelungs·algorithmus *m* / control algorithm || **~art** *f* / control mode || **~aufgabe** *f* / control task || **~ausführung** *f* / control version || **~ausgangsgröße** *f* / controller output || **~baugruppe** *f* / control module, control unit, closed-loop control module, controller module || **~baugruppen-Test** *m* / control board test || **~baustein** *m* / control-loop block || **~betrieb** *m* / interlock *n* || **~einrichtung** *f* / control system || **~einschub** *m* / closed-loop control module, control unit || **~funktion** *f* / closed-loop control function, control function || **~genauigkeit** *f* / control precision || **~karte** *f* / control board || **~konzept** *n* / control concept || **~matrix** *f* / control matrix || **~parameter** *m* / control parameter || **~plattform** *f* / control platform || **~prinzip** *n* / control principle || **~prozessor** *m* (R-Prozessor) / loop processor, R processor || **~system** *n* / feedback control system, closed-loop control system, control system IEC 50(351), controlling system || **~technik** *f* / automatic control engineering, control engineering, closed-loop control, closed loop control engineering || **~teil** *m* / trigger and control section || **~verfahren** *n* / control mode || **~- und Steuerungstechnik** / automatic control science and technology
Regel·ventil *n* / control valve, positioning valve, servo-valve *n*, servo solenoid valve, regulator valve || **~verhalten** *n* / control response, control behavior || **~verhalten** *n* (Gen.) / dynamic performance, transient behaviour || **~verstärker** *m* / control amplifier || **~verstärkermaschine** *f* / control exciter || **~verstärkung** *f* / controller gain || **~vorgang** *m* / control process || **~weg** *m* / standard route || **~weg** *m* (Leitungsbündel, das mit erster Priorität zu benutzen ist, wenn aus diesem Bündel eine freie Leitung verfügbar ist) / first choice set of circuits || **~werk** *n* / guideline *n* || **~werk zum Qualitätsmanagement** / quality assurance manual || **~wicklung** *f* / regulating winding, tapped winding || **~widerstand** *m* / regulating resistor, rheostat *n* || **~zeit** *f* / (controller) acting time, correction time, recovery time, correcting time
Regen *m* / rainfall *n* || **~becken** *n* / storm tank
Regenerationsverstärker *m* / regenerative repeater
regenerativ *adj* / regenerative *adj* || **~e Energie** / renewable energy || **~e Energien** / renewable energies
Regenerativ·kammer *f* / regenerative chamber || **~-Vorwärmung** *f* / regenerative feed heating
Regenerator *m* / regenerator *n*, reconditioner *n*, repeater *n*
regenerierbare Energie / renewable energy
regenerierender Leitungsverstärker / regenerative repeater
Regenerierung *f* (Isolierflüssigk.) / reclaiming *n* IEC 50(212), regeneration || **~** *f* (Lampe) / recovery *n*
regengeschützte Leuchte / rainproof luminaire
Regen·haube *f* / canopy *n* || **~menge** *f* / precipitation rate || **~messer** *m* / rainfall gauge || **~prüfung** *f* / wet test || **~schutzdach** *n* / rain canopy || **~überfallbecken (RÜB)** / combined sewer overflow (CSO) || **~überlaufbecken (RÜB)** *n* / rain overflow basin || **~wasser** *n* / surface water, stormwater *n* || **~wasserabfluss** *m* / surface runoff || **~wasserableitung** *f* / surface drainage, stormwater drainage || **~wassersammelanlage** *f* / rainwater retention basin || **~-Wechselspannungsprüfung** *f* / wet power-frequency test IEC 383, wet power-frequency withstand voltage test, power-frequency voltage wet test
Regie *f* (übergeordnete Regelung) / master control || **~initialisierung** *f* / master control initialization || **~leiter** *m* / coordinator *n*, crisis manager
Regierungsorganisation *f* / government organization
Region *f* (zusammenhängender Teil eines Darstellungsbereichs) / region *n*
regional *adj* / regional *adj* || **~ Repair Center** / Regional Repair Center || **~e Einstellungen** / regional settings || **~e Leitstelle** / district control centre (DCC), regional control centre || **~es Netz** (Netz, das lokale Netze innerhalb eines örtlichen Bereichs miteinander verbindet) / metropolitan area network || **~es Zertifizierungssystem** / regional certification system || **~katalog** *m* / regional catalog
Regions- und Sprachoptionen / Regional Settings Properties
Register *n* / tab *n*, tab sheet, index card || **~** *n* (MPU) / register *n* || **~** *n* (Inhaltsverzeichnis) / index *n* || **~ mit Datenauswahlschaltung DIN 40700, T.14** / register with an array of gated D bistable elements IEC 117-15 || **~adresse** *f* / register address || **~-Antrieb** *m* / register drive || **~anzahl** *f* / number of registers || **~-Arithmetik-Logik-Einheit** *f* (RALU) / register arithmetic logic unit (RALU) || **~belegung** *f* / register allocation || **~blatt** *n* / lug *n* || **~block** *m* (MPU) / register set || **~-Dialogfeld** *n* / tab dialog || **~-Fallstromvergaser** *m* / compound carburettor || **~haltiges Einkuppeln** / engaging in register position || **~indirekte Adressierung** / register indirect addressing || **~indirekte, bereichsübergreifende Adressierung** / area-crossing register-indirect addressing || **~inhalt** *m* / register contents || **~karte** *f* / tab *n*, tab sheet, register *n*, index card, tab control || **~länge** *f* / register length || **~lasche** *f* / tab *n*, clip *n* || **~platz** *m* / register location || **~position** *f* / register position || **~regelung** *f* / register control || **~schrank** *m* / register cabinet || **~seite** *f* / tab *n*, tab sheet, register *n*, index card || **~störung** *f* / register failure || **~vergaser** *m* / governor carburettor || **~verstellung** *f* / register displacement, register adjustment || **~verzeichnis** *n* / list of chapters, list of contents
Registrier·baustein *m* / recording module || **~einrichtung** *f* / recording system
Registrieren *n* (protokollieren) / logging *n*, printing out *n* (m. Schreiber) / recording *n* || **~** *n* / registering *n*
registrieren *v* / register *v*, record *v*, log *v*
registrierendes Maximumwerk / recording maximum-demand mechanism
Registrier·gerät *n* (Schreiber) / recording

Registrierung

instrument, recorder n || ⸺grenze f DIN 54119 / registration level || ⸺kasse f / cash register || ⸺nummer f / registration number || ⸺Oszillograph m / oscillographic recorder, recording oscillograph || ⸺papier n / recorder chart paper, chart paper, recording paper || ⸺periode f / demand integration period || ⸺stange f / register punch

Registrierung f / registering n || ⸺ f (m. Schreiber) / recording n || ⸺ f (Protokollierung) / logging n, printing out || ⸺ der Messdaten / recording of the measured data

Registry f / registry n

Registrierungs·datenbank f / registry n || ⸺gebühr f / registration fees

Registriervorrichtung f (Schreiber) / marking device IEC 258, recording device

Regler m / regulator n, controlling means, automatic control switch, monitor n, pilot switch, closed-loop controller || ⸺ m / controller n, loop controller || ⸺ m (Drehzahlregler) / governor n, speed governor || ⸺ mit direkter Wirkungsrichtung / direct-acting controller || ⸺ mit I-Anteil / controller with integral action component || ⸺ mit kontinuierlichem Ausgang / controller with continuous output || ⸺ mit regeldifferenzabhängiger Stellgeschwindigkeit / floating controller || ⸺ mit schritthaltendem Ausgang / step controller || ⸺ mit stufenweiser regeldifferenzabhängiger Stellgeschwindigkeit / multiple-speed floating controller || ⸺ mit umgekehrter Wirkungsrichtung / inverse-acting controller || ⸺ ohne Hilfsenergie / self-operated controller, regulator n || 2 Punkt-⸺ m / 2 State DDC || freibestückbarer ⸺ / multi-purpose controller || integralwirkender ⸺ / integral-action controller || proportional-differentiell wirkender ⸺ (PD-Regler) / proportional and derivative action controller (PD controller) || proportional wirkender ⸺ / proportional-action controller, P controller || proportional-integral wirkender ⸺ (PI-Regler) / proportional-plus-integral-action controller, PI controller || quasistetiger ⸺ / quasi-continuous-action controller || überlagerter ⸺ / primary controller

Regler·abtastzeit f / controller cycle time || ⸺alarm m / system interrupt || ⸺anfang f (SPS-Funktion) / controller start || ⸺auflösung f / controller resolution || ⸺ausgang m / controller output || ⸺baugruppe f / controller module, closed-loop control module, control module || ⸺baustein m / controller block, closed-loop control block

Reglerbegrenzung, obere ⸺ (BGOG) / upper limiting value || untere ⸺ / lower limiting value

Regler·daten plt / controller data || ⸺einstellung f / controller adjustment || ⸺feld n (Mosaiktechnik, Kompaktwarte) / controller tile || ⸺freigabe f (RFG) / servo enable, controller enable || ⸺freigabe-Kontakt m / servo enable contact || ⸺freigabestation f / control release station || ⸺gehäuse n / controller housing || ⸺karte f / control board || ⸺optimierung f / control optimization, controller optimization || ⸺parameter m / controller parameter || ⸺pendelmotor m / governor pendulum motor, governor motor || integrierte ⸺schaltung / integrated-circuit regulator, IC regulator ||

⸺scheibe f / grease slinger || ⸺selbsteinstellung f / controller self tuning, controller optimization || ⸺sperrbefehl m / controller inhibit command || ⸺sperre f / controller inhibit, servo disable, servo interlocking || ⸺störung f / controller fault || ⸺stromversorgung f / controller power supply || ⸺struktur f / closed-loop control structure || ⸺struktur f / controller type || ⸺takt m / controller cycle || ⸺taktfrequenzverhältnis n / controller cycle frequency ratio || ⸺typ m / controller type || ⸺verhalten n / controller response || ⸺verzögerungszeit f / controller lag

Regressions·analyse f / regression analysis || ⸺fläche f DIN 55350, T.23 / regression surface || ⸺funktion f / regression equation || ⸺gleichung f / regression equation || ⸺kurve f DIN 55350, T.23 / regression curve || ⸺test m / re-examination n, regression test || ⸺umfang m / regression test scope

REGSPER / servo interlock

Regulier·anlasser m / controller n || ⸺bühne f / regulating platform || ⸺drehzahl f / governed overspeed, speed rise on load rejection || ⸺flügel m / low-load wing || ⸺geschwindigkeit f / correction rate, response n || ⸺hebel m / adjusting lever || ⸺kurve f / regulation curve || ⸺Schleifringläufermotor m / slip-regulator slipring motor || ⸺Schwungmoment n / balancing moment of inertia

Regulierung f / regulation n

REI / remote encoder interface (REI)

Reib·ahle f / reamer n || ⸺antrieb m / friction drive || ⸺belag m / friction lining || ⸺druck m (Met.) / friction pressure

Reiben n / ream n || ⸺ n (Kontakt) / wiping n, wipe n || ⸺ n (WZM) / reaming n

Reiberwalze f / distributor roll

Reib·federanker m / friction spring armature || ⸺fläche f / friction face || ⸺geschwindigkeit f / friction speed || ⸺kegel-Sicherheitskupplung f / conical friction clutch, slip coupling || ⸺kennlinie f / friction characteristic || ⸺kompensation f / friction torque compensation || ⸺korrosion f / fretting corrosion, chafing fatigue || ⸺kraft f / friction force || ⸺kupplung f / friction clutch || ⸺moment n / friction torque || ⸺momentkompensation f / friction torque compensation

Reibrad n / friction wheel || ⸺getriebe n / friction wheel drive, friction gearing, friction drive || ⸺tacho m / friction, wheel tachogenerator

Reib·rost m / friction rust || ⸺scheibe f / friction disk, friction washer || ⸺scheibenbremse f / friction disk brake || ⸺schluss m / friction locking, frictional locking || ⸺schweißen n / friction welding || ⸺schweißmaschine f / friction welder || ⸺schwingung f / stick-slip n || ⸺trieb m / friction drive, friction-wheel drive

Reibung f / friction n || flüssige ⸺ / fluid friction, liquid friction, hydrodynamic friction, viscous friction || Konstante der inneren ⸺ / coefficient of viscosity, dynamic viscosity

Reibungs·arbeit f / friction energy, work of friction, frictional work || ⸺aufschaltung f / friction injection || ⸺ausgleich m / friction compensation || ⸺beiwert m / coefficient of friction || ⸺bremse f / friction brake || ⸺elektrizität f / triboelectricity n, frictional electricity || ⸺koeffizient m / coefficient

of friction || **innerer ⸰koeffizient** / dynamic viscosity, coefficient of viscosity || **⸰kraft** *f* / friction force, frictional force || **⸰kräfte der Bewegung** / friction forces due to sliding, friction forces due to moving || **⸰kupplung** *f* / friction clutch || **⸰leistung** *f* / friction power, friction h.p. || **~loser Ablauf der Fertigung** / smooth flow of production || **⸰moment** *n* / friction moment || **⸰moment** *n* (Drehmoment) / friction torque, frictional torque || **⸰plotter** *m* / friction-drive plotter || **⸰schluss** *m* / frictional locking || **⸰verluste** *m pl* / friction loss || **⸰wärme** *f* / frictional heat, friction heat || **⸰widerstand** *m* / frictional resistance || **⸰winkel** *m* / friction angle || **⸰zahl** *f* / coefficient of friction, friction factor || **⸰zugkraft** *f* / tractive effort in relation to adhesion
Reib·verschleiß *m* / frictional wear || **⸰versuch** *m* / wipe test || **⸰wert** *m* / coefficient of friction, friction factor || **⸰widerstand** *m* / frictional resistance || **⸰zeit** *f* / friction time
Reichweite *f* / transmission range, sensing range, range *n*, working range || **⸰** *f* / reachable space || **⸰ des Schutzes** IEC 50(448) / reach of protection
Reifbildung *f* / hoar frost
Reifegradmodel *n* / capability maturity model
Reifen·aufbaumaschine *f* / tire assembly machine || **⸰auflagefläche** *f* / vehicle tyre contact point || **⸰luftdruck** *m* / tyre pressure
Reihe *f* / row *n* || **⸰** *f* (Folge) / sequence *n* || **⸰** *f* / series *n*, progression *n* || **⸰** *f* (Serie, Baureihe) / series *n*, range *n* || **⸰** *f* (Isolationspegel) / insulation level, basic insulation level (BIL) || **in ⸰** / in series || **in ⸰ geschaltet** / connected in series, series-connected *adj* || **in ⸰ schalten** / connect in series || **Schaltstrecke in ⸰** / series break
Reihen·abstand *m* / clearance between rows || **⸰abstand** *m* (Verteiler) / tier spacing || **⸰-Anschlussplatte** *f* / series connection plate || **⸰aufstellung** *f* (Schränke, Gehäuse) / en-suite mounting, multiple-cubicle arrangement, side-by-side mounting, assembly in switchboard form, series-connected installation || **⸰betrieb** *m* / series operation, slave series operation || **⸰drosselspule** *f* / series reactor, series inductor || **⸰einbaugerät** *n* / modular device, modular installation device || **⸰einbaugerät** *n* (Installationsbus) / DIN rail mounted device, device for DIN rail mounting || **⸰einspritzpumpe** *f* / in-line fuel injection pump || **⸰einspritzpumpe für Wannenbefestigung** *f* / cradle-mounted in-line fuel injection pump || **⸰endschild** *n* (Klemmenleiste) / terminal block marker || **⸰entwicklung** *f* (einer Gleichung) / series expansion || **⸰-Ersatzinduktivität** *f* / equivalent series inductance || **⸰-Ersatzwiderstand** *m* / equivalent series resistance
Reihenfolge *f* / sequence *n* || **⸰** *f* (Montage) / sequence *n* (of operations), order *n* (of assembly) || **⸰ der Leiter** / sequence of conductors
Reihen·funkenstrecke *f* / series gap || **⸰-Grenztaster** *m* / multi-position switch || **⸰induktivität** *f* / series inductor || **⸰kapazität** *f* (Kondensator) / series capacitor || **⸰klemme** *f* / terminal block, modular terminal block, inal *n*, terminal strip || **⸰klemme** *f* (Einzelklemme einer Reihe) / modular terminal || **⸰klemmen** *f pl* / terminals *n pl* || **⸰klemmenträger** *m* / terminal block strip || **⸰kompensation** *f* (Leuchte) / series

p.f. correction || **⸰kompensation** *f* (Netz) / series compensation || **⸰kondensator** *m* / series capacitor || **⸰motor** *m* / series-wound motor, series motor
Reihen-Parallel·-Anlasser *m* / series-parallel starter || **⸰anlauf** *m* / series-parallel starting || **⸰schaltung** *f* / series-parallel connection (o. circuit) || **⸰steuerung** *f* / series-parallel control || **⸰wicklung** *f* / series-parallel winding
Reihen·-Positionsschalter *m* / multi-position switch || **⸰resonanzkreis** *m* / series resonant circuit || **⸰schaltschrank** *m* / modular distribution board, modular switchgear cubicle, series-connectable switchgear cabinet, side-by-side switchgear cabinet || **⸰schaltsystem** *n* (Netz) / series system of distribution
Reihenschaltung *f* / series connection, connection in series, series circuit || **⸰** *f* (Kaskadierung) / cascade connection, cascading *n*
Reihen·schaltzahl *f* / series operating cycles || **⸰scheinwiderstand** *m* / series impedance || **⸰schelle** *f* / multiple saddle, multi-conduit saddle, line-up saddle (o. cleat)
Reihenschluss·-Erregerwicklung *f* / series field winding || **⸰erregung** *f* / series excitation || **Maschine mit ⸰erregung** / series-wound machine, series machine || **⸰feld** *n* / series field || **⸰-Kommutatormotor** *m* / a.c. commutator series motor || **⸰-Konduktionsmotor** *m* / series conduction motor || **⸰lampe** *f* / series lamp || **⸰maschine** *f* / series-wound machine, series machine || **⸰motor** *m* / series-wound motor, series motor || **⸰motor mit geteiltem Feld** / split-field series motor, split series motor || **⸰spule** *f* / series coil || **⸰verhalten** *n* / series characteristic || **Motor mit ⸰verhalten** / series-characteristic motor, inverse-speed motor || **⸰wicklung** *f* / series winding || **Motor mit ⸰wicklung** / series-wound motor, series motor
Reihen·schrank *m* / series-connectable cabinet (cabinet whose design is suitable for series modules) || **⸰schwingkreis** *m* / series resonant circuit || **⸰spannung** *f* / rated insulation voltage || **⸰spulenwicklung** *f* / series-connected coil winding, crossover coil winding, bobbin winding || **⸰stichprobenprüfplan** *m* / sequential sampling plan || **⸰stichprobenprüfung** *f* / sequential sampling inspection || **⸰stichprobenprüfungsplan** *m* / sequential sampling inspection plan || **⸰stromkreis** *m* / series circuit || **⸰transformator** *m* / series transformer || **⸰- und Parallelschaltung** *f* / series and parallel connection || **⸰versatz** *m* / row offset || **⸰wicklung** *f* / series winding || **⸰zündung** *f* (Lampen) / series triggering
Reihung *f* (Menge mit einer Reihenfolge) / sequence *n* || **⸰** *f* (Bit, Zeichen) / string *n*
rein *adj* / mere *adj*
Reinabsorptionsgrad *m* / internal absorptance, internal absorption factor
Reinbleiakkumulator *m* / chemical lead-acid battery
rein·e Flüssigkeitsreibung *f* / true fluid friction, complete lubrication || **~e induktive Belastung** / pure inductive load, straight inductive load || **~e ohmsche Belastung** / pure resistive load, straight resistive load || **~e positive Ansaughöhe** / net positive suction head (n.p.s.h.) || **~e**

Wechselstromgröße / sinusoidal periodic quantity, balanced periodic quantity || **~e Widerstandsbelastung** / pure resistive load, straight resistive load || **~er Binärcode** / straight binary code || **~er Gleichstrom** / pure d.c., ripple-free d.c. || **~er logischer Schaltplan** / pure logic diagram || **~er Nebenschlussmotor** / straight shunt-wound motor, plain shunt motor || **~er Züchtungszustand** / as-grown state || **~es Schweißgut** / all-weld-metal, deposited metal
R-Eingang *m* / R input, forcing static R input IEC 117-15, resetting input
Reingas *n* / pure gas || **kanal** *m* / clean gas duct
Reinheits·faktor *m* (Sinuswelle) / deviation factor || **grad** *m* / percentage purity
reinigen *v* / clean *v* || *n* (Zonenreinigen) / refining *n*
Reinigung *f* / cleaning *n*
Reinigungs·anlage *f* (Öl) / purifying equipment, purifier *n*, purifying plant || **Abwasser-anlagen** *f* / waste-water purification plants || **bild** *n* / cleaning screen || **flüssigkeit** *f* / cleaning fluid || **katalysator** *m* / cleaning catalyzer || **lösung** *f* / cleansing solution || **mittel** *n* / cleaning agent, detergent *n* || **mittel Rivolta B.W.R. 210** / cleaning solvent Rivolta B.M.R. 210 || **öffnung** *f* / cleaning opening, servicing opening || **station** *f* / cleaning station || **system** *n* / purging system || **zusatz** *m* (Schmierst.) / detergent *n*
Rein·kohlebogenlampe *f* / carbon arc lamp || **luft** *f* / filtered air || **raum** *m* / clean room || **raumbedingungen** *f pl* / clean room conditions
Reinst·aluminium *n* / ultra-pure aluminium, super-purity aluminium || **gas** *n* / ultra-pure gas || **kupfer** *n* / ultra-pure copper, high-purity copper || **silizium** *n* / ultrapure silicon || **wasser** *n* / high-purity water || **wasserstoff** *m* / ultra-high purity hydrogen
Rein·transmissionsgrad *m* / internal transmittance, internal transmission factor || **transmissionsmodul** *m* / transmissivity *n* || **wasser** *n* / purified water, high-purity water, treated water || **~weiß** *adj* / pure white *adj* || **zeichnung** *f* / fair drawing
Reise·geld *n* / travel allowance || **gepäckversicherung** *f* / luggage insurance || **kostenerstattung** *f* / reimbursement of travel expenses || **kostenzuordnungsvorgabe** *f* / trip costs assignment specification || **management** *n* / Travel Management
Reiß·brett *n* / drawing board || **dehnung** *f* / elongation at tear, elongation at rupture || **~en** *v* / break *v* || **feder** *f* / drawing pen || **~fest** *adj* / tear-resistant *adj* || **festigkeit** *f* / tearing strength, tear resistance, tenacity || **länge** *f* (Papier) / breaking length || **lehre** *f* / marking gauge, scribing block || **leine** *f* / pull-wire *n*, trip line || **leinenschalter** *m* / pull-wire switch, pull-wire stop control, pull cord switch || **maß** *n* / marking gauge || **nadel** *f* / scribing iron || **naht** *f* / rupture joint, pressure-relief joint || **schiene** *f* / T-square *n*
Reiter *m* / rider *n*, jockey *n* || *m* (Inductosyn) / cursor *n*
Re-Iteration *f* / reiteration *n*
Reiter·klemme *f* / bus-mounting terminal, bar-mounting terminal (block), channel-mounting terminal || **klemme EZR** *f* / EZR bus-mounting terminal || **klemmen** *f pl* (Klemmenblock) / channel-mounting terminal block || **sicherungssockel** *m* / bus-mounting fuse base, bar-mounting fuse base || **sicherungssockel SR** / SR bus mounting fuse base || **sicherungsunterteil** *n* / bus-mounting fuse base, bar-mounting fuse base || **sockel** *m* / bus-mounting base || **unterteil** *n* / rail-mounting fuse base
Reit·keil *m* / rider key, top key || **stock** *m* / tailstock *n* || **stockfunktion** *f* / tailstock function || **stockpinole** *f* / tailstock quill, tailstock spindle sleeve || **stockspitze** *f* / tailstock center
Reizschwelle *f* / threshold of feeling, threshold of tickle
Reklamation *f* / complaint *n*, claim *n*, objection *n*, protest *n*
Reklamations·fall *m* / nonconformance *n*, nonconformance report || **management** *n* / complaint management || **management-System** *n* / Complaint Management System || **management-Tool (RM-Tool)** *n* / complaint management tool
Reklamebeleuchtung *f* / sign lighting, advertizing lighting
reklamieren *v* / to raise a claim, complain about, object *v*, protest *v*
Rekombination *f* / recombination *n* || **an den Kontakten** / contact recombination || **an den Korngrenzen** / grain boundary recombination || **im Volumen** (Rekombination im Inneren des Halbleitermaterials, also nicht an den Grenzflächen) / bulk recombination
Rekombinations·geschwindigkeit *f* / recombination velocity || **koeffizient** *m* / recombination rate, recombination coefficient || **stelle** *f* / sink *n*, recombination site || **strom** *m* / recombination current || **verlust** *m* / recombination loss || **zentrum** *n* / recombination centre
rekombinieren *v* / recombine *v*
Rekonditionierzeit *f* (Chromatograph) / reconditioning period
Rekonfiguration *f* (Neustrukturierung) / reconfiguration *n* || **zeit** *f* / reconfiguration time
rekonfigurierbar *adj* / reconfigurable
Rekristallisation *f* / recrystallization *n* || **sglühen** *n* / recrystallization annealing
Rekursion *f* (mehrfache Wiederholung (comp.sc)) / recursion *n*
rekursiv *adj* (Programm) / recursive *adj*
REL / Low-intensity runway edge lighting (REL)
Relafaktor *m* / compressibility factor
Relais *n* / relay *n*, electrical relay || **für Spannungsüberwachung** / relay for voltage monitoring || **mit Abfall- und Anzugsverzögerung** / relay with pickup and dropout delay, slow-operating and slow-releasing relay (SA relay) || **mit Abfallverzögerung** / dropout-delay relay, OFF-delay relay, relay with dropout delay, slow-releasing relay (SR relay) || **mit Anzugsverzögerung** / on-delay relay, time-delay-after-energization relay (TDE), slow-operating relay (SO relay) || **mit Einschaltstromstabilisierung** / harmonic restraint relay || **mit festgelegtem Zeitverhalten** / timer *n*, time relay, DIN IEC 255, T.100 specified-time relay, time-delay relay || **mit Gedächtnisfunktion** / memory-action relay || **mit gestaffelter Laufzeit** / graded-time relay || **mit Haltewirkung** / latching relay, biased relay || **mit**

Selbstsperrung / hand-reset relay || ~ **mit teilweiser Gedächtnisfunktion** / relay with partial memory function || ~ **mit voller Gedächtnisfunktion** / relay with total memory function, memory-action relay || ~ **mit Vormagnetisierung** / biased relay || ~ **mit Zusatz-Wechselerregung** / vibrating relay || ~ **ohne festgelegtes Zeitverhalten** DIN IEC 255, T.100 / non-specified-time relay || ~ **ohne Selbstsperrung** / self-reset relay, auto-reset relay || **phasenausfallempfindliches** ~ / phase-loss sensitive relay || **unverzögertes elektrisches** ~ / instantaneous electrical relay
Relais-Anlagenbildsteuerung f / relay-type mimic-diagram control
Relais'-Anpasssteuerung f / relay-type interface control || ~**-Anpassteil** n / relay-type interface || ~**ansprechwert** m / relay operating point || ~**ansteuerschwelle** f / relay operating point || ~**ausgang** m / relay output || ~**baugruppe** f / relay module, relay board || ~**baustein** m / relay component || ~**-Blinkeinheit** f / relay flashing module || ~**block** m / relay block || ~**einbauort** m (Schutzsystem) / relaying point || ~**einschub** m / relay plug-in || ~**fassung** f / relay socket || ~**funktion** f / relay function || **wählbare** ~**funktion** / selectable relay function || ~**gesteuert** *adj* / relay-controlled || ~**-Grenzwertmelder** m / comparator with relay output || ~**gruppe** f / relay group || ~**haus** n / relay kiosk, substation relay building, substation relay kiosk || ~**häuschen** n / relay kiosk, relay building || ~**haustechnik** f / relay kiosks || ~**hebel** m / relay lever
Relais·kombination f / relay set || ~**kontakt** m DIN IEC 255 / contact assembly IEC 255-0-20 || ~**-Kontakt** m / relay contact || ~**-Kontaktplan** m (R-KOP) / relay ladder diagram (R-LAD) || ~**-Koppelfeld** n (Platine) / relay connector board || ~**koppelglied** n / relay coupling link || ~**koppler** m / relay connector, relay coupler || ~**koppler in Stecktechnik** / plug-in relay coupler || ~**modul** n / relay module || ~**nahtstelle** f / relay interface || ~**ort** m (Schutzsystem) / relaying point || ~**platte** f / relay submodule || ~**prüfeinrichtung** f / relay tester || ~**prüfsystem** n / relay test system
Relais·raum einer Station / substation relay room || ~**röhre** f / trigger tube || ~**satz** m / relay group || ~**prüfsystem** f / relay circuit || ~**schieber** m / relay slide || ~**sicherheitskombination** f / relay safety combination || ~**spule** f / relay coil || ~**steuerung** f / relay control, relaying n || ~**symbolik** f / relay symbology || ~**tafel** f / relay board || ~**treiber** m / relay driver || ~**-Umkehrsteller** m / relay-type reversing controller || ~**zeit** f / relay time
Relation f (Menge von Entitätsausprägungen, welche die gleichen Attribute haben, zusammen mit diesen Attributen) / relation n
relational·e Datenbank (Datenbank, in der die Organisation der Daten einem relationalen Modell entspricht) / relational database || ~**e Sprache** (Datenbanksprache, die Zugriff auf Abfrage und Änderung von Daten in einer relationalen Datenbank ermöglicht) / relational language || ~**e Struktur** / relational structure || ~**es Datenbankverwaltungssystem** (Datenbankverwaltungssystem für relationale Datenbanken) / relational database management system || ~**es Modell** (Datenmodell, dessen Struktur auf einer Menge von Relationen beruht) / relational model
Relationenalgebra f / relational algebra
Relations·klasse f (alle Relationen, die identische Mengen von Attributen haben) / relation class || ~**merkmal** n DIN 4000,T.1 / relation characteristic
relativ *adj* / relative *adj*, incremental *adj*
Relativ·adresse f / relative address || ~**bewegung** f / relative motion, relative movement || ~**bewegung des Werkzeugs gegenüber dem Werkstück** / tool movement relative to the workpiece || ~**dehnung** f / relative expansion || ~**druck** m / gauge pressure || ~**druck mit frontbündiger Membran** / gauge pressure with flush diaphragm || ~**druckaufnehmer** m / relative pressure pickup || ~**druck-Messzelle** m / measuring cell for gauge pressure
relativ·e Adresse / relative address || ~**e Adressierung** / relative addressing || ~**e Auslastung** / utilization factor || ~**e Außenleiter-Erde-Übersspannung** / phase-to-earth per-unit overvoltage per unit, phase-to-earth per-unit overvoltage || ~**e Außenleiter-Überspannung** / phase-to-phase overvoltage per unit, phase-to-phase per-unit overvoltage || ~**e Dämpfung** / damping ratio || ~**e Dämpfungsziffer** (el. Masch.) / per-unit damping-torque coefficient || ~**e Dielektrizitätskonstante** / relative dielectric constant, relative capacitivity, relative permittivity || ~**e Einschaltdauer** / pulse duty factor, mark-space ratio, duty factor || ~**e Einschaltdauer** (ED el. Masch.) VDE 0530, T.1 / cyclic duration factor (c.d.f.) IEC 34-1 || ~**e Einschaltdauer** / operating factor || ~**e Einschaltdauer** / duty ratio IEC 50(15) || ~**e Einschaltdauer** (Schütz) VDE 0660, T.102 / on-load factor (OLF) IEC 158-1 || ~**e Empfindlichkeit** (Strahlungsempfänger) / relative responsivity || ~**e Farbreizfunktion** / relative colour stimulus function || ~**e Feuchte** / relative humidity || ~**e globale Strahlung** / clearness index || ~**e Größe** (per-unit-System) / per-unit quantity || ~**e Häufigkeit** DIN 55350,T.23 / relative frequency || ~**e Häufigkeitssumme** DIN 55350,T.23 / cumulative relative frequency || ~**e Kontrastempfindlichkeit** (RCS) / relative contrast sensitivity (RCS) || ~**e Koordinate** / relative coordinate || ~**e Kurzschlussspannung** / relative short-circuit voltage || ~**e Leiter-Erde-Überspannung** / phase-to-earth overvoltage per unit, phase-to-earth per-unit overvoltage || ~**e Leiter-Leiter-Überspannung** / phase-to-phase overvoltage per unit, phase-to-phase per-unit overvoltage || ~**e Luftfeuchte** / relative humidity || ~**e Luftfeuchtigkeit** / relative air humidity, relative atmospheric humidity || ~**e Luftmasse** / relative air mass || ~**e Maßangaben** (NC-Wegbedingung) DIN 66025,T.2 / incremental dimensions ISO 1056, incremental program data || ~**e Messabweichung** / relative error of measurement || ~**e Messunsicherheit** / relative uncertainty of measurement || ~**e Neigung der Annahmekennlinie** / relative slope of operating-characteristic curve || ~**e Nullpunktverschiebung** / relative zero shift || ~**e Permeabilität** / relative permeability || ~**e**

relativ

Positionierung / incremental positioning || **~e Reaktanz** (per-unit-System) / per-unit reactance || **~e resultierende Schwankungsspannung** / relative resultant gauge-point fluctuation voltage || **~e Schwankungsspannung im Normalpunkt** / relative gauge-point fluctuation voltage || **~e Schwingungsweite** (Welligkeitsanteil) / relative peak-to-peak ripple factor IEC 411-3 || **~e Sonnenscheindauer** / irradiance ratio || **~e Spannungsänderung** / relative voltage change || **~e Spannungssteilheit** / relative rate of rise of voltage (RRRV) || **~e spektrale Empfindlichkeit** (auf eins normierte Empfindlichkeit bei der Wellenlänge größter Empfindlichkeit) / relative spectral response || **~e spektrale Empfindlichkeit** / relative spectral responsivity (o. sensitivity) || **~e spektrale Strahldichteverteilung** / relative spectral energy (o. power) distribution || **~e spektrale Verteilung** / relative spectral distribution || **~e Sprungadresse** / relative jump address || **~e Standardabweichung** / coefficient of variation, variation coefficient || **~e Stärke der Teilentladungen** / relative intensity of partial discharge(s) || **~e Trägheitskonstante** / inertia constant || **~e Unwucht** / specific unbalance || **~e Viskosität** / relative viscosity, viscosity ratio
relativ·er Ablenkkoeffizient (bei Nachbeschleunigung) / post-deflection acceleration factor || **~er Bestand** DIN 40042 / relative survivals || **~er Fehler** / relative error || **~er Gleichlauf** / controlled speed relationship || **~er Hub** (Ventil) / relative travel || **~er Lebensdauerverbrauch** / relative rate of using life || **~er Leistungspegel** (logarithmiertes Verhältnis) / relative power level || **~er Sprung** / relative jump || **~er Temperaturindex** (RTI) / relative temperature index (RTI) || **~er thermischer Wirkungsgrad des Lichtbogens** / relative thermal efficiency of the arc || **~er Vektor** (Vektor, dessen Endpukt als Verschiebung von seinem Anfangspunkt festgelegt ist) / relative vector || **~er Wicklungsschritt** / winding pitch IEC 50(411) || **~es Kippmoment** (el. Masch.) / breakdown factor || **~es Kommando** (Anzeigekommando, das relative Koordinaten verwendet) / relative command || **~es Maß** / incremental dimension, incremental coordinate || **~es Positionieren** / relative positioning || **~es Verfahren** / relative traversing
relativistische Masse / apparent mass
Relativmaß n (Maßangabe, die sich auf den unmittelbar vorher bemaßten Punkt bezieht) / incremental dimension (INC) || **♃eingabe** f / incremental dimension data input, incremental data input || **♃-Programmierung** f / incremental programming
Relativ·messverfahren n (Inkrementverfahren) / incremental measuring method || **♃position** f / relative position
Relaxation, magnetische ♃ / magnetic relaxation
Relaxationsschwingung f / relaxation oscillation
Release n / release || **♃ Note** f / release note (RN) || **♃signal** n / release signal
RE-Leiter m / solid circular conductor
relevant adj / relevant adj, pertinent adj
rel. Luftfeuchte / relative humidity
Reluktanz f / reluctance n, magnetic reluctance ||
♃drehmoment n / reluctance torque || **♃drehmomentfaktor** m / reluctance torque factor || **♃generator** m / reluctance generator || **♃-Linearmotor** m / linear reluctance motor (LRM) || **♃moment** n / reluctance torque || **♃motor** m / reluctance motor || **♃synchronisieren** n / reluctance synchronizing
REM / scanning electron microscope (SEM) || **♃** / runway edge lighting medium-intensity (REM) || **♃** m / Remote Equipment Monitor (REM)
remanent adj / non-volatile adj, retentive adj || **~e Anwendervariable** / retentive user variable || **~e Erregung** / residual excitation, residual field || **~e Flussdichte** / remanent flux density || **~e magnetische Polarisation** / residual magnetic polarization || **~e Magnetisierung** / remanent magnetization, residual magnetization || **~er Merker** / retentive flag || **~er Speicherbereich** / retentive memory area
Remanenz f / retentivity n, retentive memory, retentive feature || **♃** f / remanence n || **♃** f (Merker) / retention n || **scheinbare** ♃ / magnetic retentivity, retentivity n || **wahre** ♃ / retentiveness n || **♃bereich** m / retentive area || **♃flussdichte** f / remanent flux density, remanent magnetization || **♃folie** f / retentivity foil || **♃frequenz** f / residual-voltage frequency || **♃-Hilfsschütz** n / remanence contactor relay || **♃induktion** f / remanent induction, remanent flux density || **♃magnetisierung** f / remanent magnetization, remanent flux density, remanent magnetic polarization || **♃polarisation** f / remanent polarization, remanent flux density || **♃relais** n / remanence relay, retentive-type relay || **♃schütz** n / remanence contactor, magnetically held-in contactor. magnetically latched contactor || **♃spannung** f / remanent voltage, residual voltage || **♃speicher** m / retentive memory || **♃tacho** m / residual tacho || **♃verhalten** n / magnetic latching
Remissionsgrad m / luminance factor
Remittanz f (Transistor) / reverse transfer admittance || **♃ bei kleiner Aussteuerung** / small-signal short-circuit reverse transfer admittance
Remontage f / re-installation n, re-fitting n
Remote·-Daten plt / remote data || **♃-Download** m / remote download || **♃ Operating Service Control** (ROSCTR) / Remote Operating Service Control (ROSCTR) || **♃-Repeater** m / remote repeater || **♃-Service** m / remote service || **♃-Support** n / remote support || **♃-Support-Position** f / remote support position
REMPF (Rechnungsempfänger) / INVOI (invoice address)
Rendite f / yield n
Renk·fassung f / bayonet holder || **♃kappe** f / bayonet fuse carrier || **♃ring** m / bayonet ring || **♃verschluss** m / bayonet lock, bayonet catch, bayonet joint
Rentabilität f / profitability n
Rentenversicherung f / old-age pension insurance
Reorganisation f / reorganization n
reorganisieren v / reorganize v, clean up v || **♃** n / reorganizing n, reorganization n
Reparatur f (Teil der Instandsetzung, im dem manuelle Tätigkeiten an der Einheit ausgeführt werden) / repair n || **♃anleitung** f / Repair Guide || **♃aufwendung** f / repair cost || **♃befund** m / repair

report || ~bericht *m* / repair report || ~dauer *f*
(Teil der aktiven Instandsetzungszeit, während
dessen Reparaturen an einer Einheit durchgeführt
werden) / repair time
Reparaturdauer, mittlere ~ (MTTR;
Erwartungswert der Verteilung der
Reparaturdauern) / mean time to repair (MTTR),
mean repair time (MRT; the expectation of the
repair time), mean time to restore (MTTR) ||
~**quantil** *n* (Quantil der Verteilung der
Reparaturdauern) / p-fractile repair time
Reparatur·dienst *m* / repair service || ~**einheit** *f* /
refill unit || ~**erleichterung** *f* / serviceability *n* ||
~**fähigkeit** *f* / reparability *n* || ~**hinweis** *m* / repair
note || ~**kennung** *f* / repair code, return code,
returned product code, returned goods
classification, repair ID || ~**kennzeichen** *n* / repair
code, returned product code, return code, returned
goods classification, repair ID || ~**kennzeichen** *n*
(RKZ) / repair code || ~**koffer** *m* / repair case ||
~**konzept** *n* / repair concept || ~**kreislauf** *m* /
repair loop || ~**lauf** *m* / repair cycle || ~**liste** *f* /
repair list || **System mit** ~**möglichkeit** / repairable
system || ~**pauschale** *f* / gross payment for repair ||
~**preis** *m* / repair price || ~**qualität** *f* / repair
quality || ~**satz** *m* / refill unit, repair kit ||
~**schalter** *m* / maintenance switch ||
~**schaltermodul (RSM)** *n* / isolator module
Reparaturservice *m* / repair service || ~**vertrag** *m*
(RSV) / repair service contract (RSC) ||
~**vertragsleistung** *f* / repair service contract service
Reparatur·sicherung *f* / renewable fuse || ~**spirale**
f / patch rods || ~**stelle** *f* / repair center, repair
department || **Dauer der** ~**tätigkeit** / active repair
time || ~**teil** *n* / repair part || ~**- und
Ausschussrate** *f* / fall-off rate || ~**verbinder** *m* /
repair sleeve || ~**werkstatt** *f* / repair shop, repair
center || ~**zeit** *f* / repair time || ~**zeit** *f* (geplante
Nichtverfügbarkeitszeit) / planned unavailability
time, planned outage time || ~**zentrum** *n* / repair
center
reparierbarer Fehleranteil IEC 50(191) / repair
coverage
reparieren *v* / repair *v*, overhaul *v*, remedy *v*,
recondition *v* || **~** (Farbanstrich) / touch up *v*
REPEAT-Anweisung *f* / REPEAT statement
Repeater *m* (Einheit, die die Signalpegel
auffrischt) / repeater *n*
REPEAT-Schleife *f* / loop REPEAT
Repetenz *f* / repetency *n*, wave number
Repetierantrieb, pneumatischer ~ / pneumatic
repeater drive
Repetier·barkeit *f* / repeatability *n* || ~**steuerung** *f*
(Playback-Verfahren) / playback method
Repetitions-Stoßgenerator *m* / recurrent-surge
generator (RSG)
Replikation *f* / replication *n*
Report Maschinencontroller *m* / machine
controller report
REPOS *n* / repositioning (REPOS) *n* || ~**-Bewegung**
f / REPOS motion
Repositionieren *n* (Repos) / repositioning (repos),
reapproach contour, return to contour
Repos-Verschiebung *f* / repositioning offset, repos
offset
repräsentativ·e Prüfung / representative test ||
~**probe** *f* / representative sample || ~**sinor** *m* /
representative sinor
Reproduktionsmaschine *f* / reproduction machine
reproduzierbar *adj* / reproducible *adj*
Reproduzierbarkeit *f* / repeatability accuracy,
consistency *n*, repetition accuracy, reproducibility
n || ~ **der Technologie** / reproducibility of
technology
Reproduzierbarkeitsfehler *m* / reproducibility error
|| ~ *f* (Messungen) / repeatability error
Repulsions·anlauf *m* / repulsion start ||
Induktionsmotor mit ~**anlauf** / repulsion-start
induction motor || ~**-Induktionsmotor** *m* /
repulsion induction motor
Repulsionsmotor *m* / repulsion motor || ~ **mit
Doppelbürstensatz** / repulsion motor with double
set of brushes, Déri motor || **kompensierter** ~ **mit
feststehendem Doppelbürstensatz** / compensated
repulsion motor with fixed double set of brushes,
Latour motor || **kompensierter** ~ **mit
feststehendem Einfachbürstensatz** /
compensated repulsion motor with fixed single set
of brushes, Eichberg motor || **einfach gespeister**
~ / singly fed repulsion motor, single-phase
commutator motor
Requirement Manager Serviceability (RMS) /
Requirement Manager Serviceability (RMS) || ~**s
Engineering** / Requirements Engineering || ~**-
Tool** *n* / requirement tool
Requisit *m* (Entität, die von sich aus keine Aktion
während der Ausführung eines Scripts anstößt) /
prop
Reserve *f* / reserve *n*, standby *n* (SB), not used || **in** ~
stehen / stand by *v* || **einsatzbereite** ~ / hot
standby || **mitlaufende** ~ / spinning reserve
Reserve·abgang *m* / spare way || ~**aggregat** *n* (Motor-
Generator) / stand-by generating set || ~**batterie** *f* /
reserve battery || ~**einbauplatz** *m* (SPS-Geräte) /
spare module location, spare slot || ~**einbauplatz**
m / future point || ~**feld** *n* / spare panel ||
~**generator** *m* / stand-by generator, emergency
generator || ~**haltung** *f* / reserve || ~**-
Handsteuerschalter** *m* / standby hand control
switch || ~**kanal** *m* / spare channel ||
~**kühlergruppe** *f* / stand-by radiator assembly
Reserveleistung *f* (Netz) / reserve power || ~ *f* /
reserve capacity || **Preis für** ~ / standby charge
Reserve·leitstelle *f* / backup control center || **~modul**
n / reserve module
Reserven *f pl* EN 60439-1 A1 / spare spaces
Reserve·regler *m* / back-up controller, stand-by
controller || ~**sammelschienen** *f pl* / reserve busbars
Reserveschutz *m* / back-up protection, backup
protection || **stationszugeordneter** ~ / substation
local backup protection, local back-up protection ||
stromkreiszugeordneter ~ / circuit local back-up
protection, local back-up protection || ~**zone** *f* /
back-up protection zone
Reserve·system *n* / back-up system, stand-by system
|| ~**teil** *n* / spare part, spare *n*, replacement part ||
~**umrichter** *m* / standby converter || ~**versorgung**
f / back-up supply, standby supply || **Preisregelung
für** ~**versorgung** / standby tariff || **Kosten für**
~**vorhaltung** / standby charge || ~**zeit** *f* (Schutz) /
back-up time, second (3rd-, 4th-)zone time ||
~**zustand** *m* (Teilsystem) / stand-by status
reservieren *v* / reserve *v*
reserviert *adj* (RV) / reserved *adj* (RV) || **~ für**

Reservierung

Werkzeug im Zwischenspeicher / reserved for tool in buffer || **~ für zu beladendes Werkzeug** / reserved for tool to be loaded || **~ im linken/rechten/ oberen/unteren Halbplatz** / reserved in left/right/ top/bottom half-location || **~e Sätze** / proprietary records || **~er Bereich** (Speicher) / dedicated area
Reservierung von Leitungskapazitäten / available transmission capacity reservation (ATC)
Reservierungsprovision f / commission for allocation
Reservoirinhalt m / reservoir contents
Reset (R Rücksetzen) / reset n (R)
RESET-Betätigung f / RESET actuation n, RESET actuator n
Reset·eingang m / reset input || ♃ **Extern** / external reset || ♃**-Knopf** m / reset button || ♃**-Set-Toggle** (RST) / reset-set-toggle (RST) || ♃**-Stellung** f / reset position || ♃**-Taste** f / RESET button, reset key, reset button || ♃**-Verhalten** n / reset behavior || ♃**-Zustand** m / reset status
resident adj / resident adj
Resistanz f / resistance n, equivalent resistance || ♃**relais** n / resistance relay || ♃**schutz** m / resistance protection
resistente Datenspeicherung / non-volatile data storage
resistiv adj / resistive adj || **~e Last** / resistive load, resistance load, ohmic load
Resistivität f / resistivity n
Resolver m / resolver n || **mehrpoliger** ♃ / multi-pole resolver || **zweipoliger** ♃ / two-pole resolver || ♃**auflösung** f / resolver resolution || ♃**auswertung** f / resolver evaluation || ♃**baugruppe** f / sensor board resolver (SBR), Short Address Base Register || ♃**-Erregung** f / resolver excitation || ♃**-Gebersystem** n / resolver encoder system || ♃**messgeber** m / resolver measuring encoder || ♃**regelung** f / resolver control || ♃**winkel** m / resolver angle
Resonanz f / resonance n || **auf** ♃ **abstimmen** / tune to resonance || **in** ♃ **sein** / be in resonance, resonate v || ♃**anordnung** f / resonant structure || ♃**anregung** f / resonance excitation || ♃**aufladung** f / ram air supercharging induction, ram charging || ♃**auswuchtmaschine** f / resonance balancing machine || ♃**bremswächter** m / zero-speed resonance plugging switch || ♃**dämpfung** f / resonance damping || ♃**dämpfung Verstärkung U/f** / resonance damping gain V/f || ♃**drehzahl** f / resonance speed, critical speed || ♃**drossel** f / resonance reactor || ♃**erscheinung** f / resonance phenomenon || ♃**faktor** m / resonance factor, magnification factor || ♃**form** f / resonance mode || ♃**frequenz** f / resonant frequency || ♃**frequenzbereich** m / resonant frequency range || ♃**isolator** m / resonance absorption isolator, resonance isolator || ♃**kreis** m / resonant circuit || ♃**lage** f / resonant range || ♃**linie** f / resonance line || ♃**messverfahren** n / resonance method (of measurement) || ♃**nebenschluss** m / resonant shunt || ♃**raum** m IEC 50(731) / resonant cavity, optical cavity || ♃**-Richtungsleitung** f / resonance absorption isolator, resonance isolator || ♃**schärfe** f / resonance sharpness, frequency selectivity || ♃**schwingungen** f pl / sympathetic oscillations || ♃**-Shunt** m / resonant shunt || ♃**sperre** f / resonance filter || ♃**stelle** f / point of resonance || ♃**suche** f / resonance search || ♃**suchprüfung** f / resonance

search test || ♃**überhöhung** f / resonance sharpness, magnification factor || ♃**überhöhung der Amplitude** / peak value of magnification, resonance ratio || ♃**überspannung** f / resonant overvoltage, overvoltage due to resonance || ♃**umrichter** m (Stromrichter mit einem Resonanzkreis) / resonant convertor || ♃**untersuchung** f / resonance search || ♃**verhalten** n / resonance behavior || ♃**widerstand** m / resonant impedance
Resonator m / resonator n
Resopalschild n / resopal plate
Responder m / responder n
Response-Datenbank f / response database
Ressource f / resource n
Ressourcen·belegung f / resource assignment || ♃**einsatz** m / resource assignment || ♃**plan** m / resources schedule || ♃**-Planung** f / resource planning || ♃**schonung** f / sparing use of resources || ♃**verbrauch** m / resource consumption || ♃**version** f / resource revision
Rest m / remainder n || ♃ **gleich Null** / remainder equals zero || ♃**aktivmasse** f / residual active mass
Restaurieren n / restoring n
Rest·belegungen f pl (Chromatographie) / tailing n, tails n pl || ♃**beschleunigungskraft** f / residual acceleration || ♃**bestand** m / remaining stock, remaining inventory || ♃**betrag** m / remainder n || ♃**bewegung** f / residual movement || ♃**bild** n / residual display || ♃**blattauflösung** f / resolving of residual plates || ♃**bohrtiefe** f / residual drilling depth || ♃**bruch** m / residual fracture || ♃**daten** plt / residual data || ♃**durchflutung** f / residual ampere-turns || ♃**durchlässigkeit** f / off-peak transmission || ♃**-Durchlassquerschnitt** m / clearance flow area || ♃**durchlaufzahl** f / number of remaining passes || ♃**ecke** f / residual corner || ♃**eindeckung** f / remaining coverage || ♃**federweg** m / residual spring excursion
Restfehler, statischer ♃ / offset n || ♃**häufigkeit** f / residual error-rate || ♃**rate** f / undetected error rate, residual error rate || ♃**wahrscheinlichkeit** f / residual error probability
Restfeld n / residual magnetic field, residual field, spare panel || ♃**abdeckung** f / blanking cover || ♃**stärke** f / residual intensity of magnetic field || ♃**träger** m / support for the blanking cover || ♃**umschaltung** f / reversal against a residual field
Restfläche, induktive ♃ (Hallstromkreis) / effective induction area
Rest·gas n / residual gas || ♃**gas-Strom** m (Vakuumröhre) / gas current (vacuum tube) || ♃**gefahr** f (die Restgefahr entsteht aufgrund der nicht vollständigen Wirksamkeit der getroffenen Sicherheitsmaßnahmen) / residual risk || ♃**induktivität** f / residual inductance || ♃**informationsverluste** f / rate of residual information loss || ♃**ionisation** f / residual ionisation || ♃**kapazität** f / residual capacity || ♃**komponente des Fernsprech-Störfaktors** f / residual-component telephone-influence factor || ♃**kontur** f / remaining contour, residual contour || ♃**länge** f (Restlänge = Restweg) / distance to go || ♃**laufanzeige** f / remaining runtime display || ♃**lebensdauer** f / RLT n, remaining life time || ♃**lebensdauermeldung** f / RLT signal || ♃**leitfähigkeit** f / post-arc conductivity ||

lichtstrom *m* / lumen maintenance figure, lumen maintenance value || **magnetismus** *m* / residual magnetism, remanent magnetism, remanence *n* || **material** *n* / residual material || **materialbearbeitung** *f* / residual material removal || **materialerkennung** *f* / identification of residual material || **menge** *f* / rest set || **moment** *n* (Schrittmot.) / detent torque, positional memory
Restore Funktion / Restore function
Rest·punkt *m* / open point || **-Querkapazität** *f* DIN 41856 / case capacitance || **querschnitt** *m* / clearance area || **reaktanz** *f* / saturation reactance
Restriktion *f* / restriction *n* || **~sbasierte Generalisierung** / constraint-based generalization || **s-Editor** *m* / restriction editor || **sregel** *f* (Regel, die eine Suche auf einen bestimmten Teil des Problemraums begrenzt) / constraint rule
Rest·risiko *n* (Risiko, das nach Ausführung der Schutzmaßnahmen verbleibt (EN1050)) / residual risk, final risk, remaining risk || **risiko-Auswirkung** *f* / remaining risk impact || **risiko-Wahrscheinlichkeit** *f* / remaining risk probability || **rolle** *f* / residual reel
Restrukturierung *f* / restructuring *n*
Rest·schmelzeneinschluss *m* (in der Schweißverbindung eingeschlossene erstarrte Restschmelze mit Verunreinigungen) / inclusion of cast metal || **seitenband** *n* (RSB) / vestigial sideband
Restspannung *f* / residual voltage, remanent voltage, discharge voltage || *f* / locked-up stress, residual stress || *f* (Transistor) / saturation voltage (transistor) || **bei Blitzstoß** / residual lightning voltage || **bei Magnetfeld Null** (Halleffekt-Bauelement) DIN 41863 / zero-field residual voltage IEC 147-0C, residual voltage for zero magnetic field || **bei Schaltstoßspannungen** / switching residual voltage || **bei Steuerstrom Null** (Halleffekt-Bauelement) DIN 4 1 863 / zero-control-current residual voltage IEC 147-0C, residual voltage for zero control current || **äußere remanente** (Hallgenerator) DIN 41863 / external remanent residual voltage IEC 147-0C
Restspannungs-/Ableitstoßstrom-Kennlinie *f* / lightning residual-voltage/discharge-current curve || **kennlinie** *m* / residual-voltage/discharge-current curve, discharge voltage-current characteristic || **prüfung** *f* / residual voltage test || **spitze** *f* / residual voltage peak, residual voltage spike || **wandler** *m* / residual voltage transformer || **wicklung** *f* / residual voltage winding
Reststandzeit *f* / residual tool life
Reststrom *m* / residual current, differential current || *m* (Transistor) / cutoff current || **i$_r$** (NS) / off-state current || **Ausgangs-** *m* (Leitungstreiber) / output leakage current || **Eingangs-** *m* (Treiber) / input leakage current || **Emitter-** *m* / emitter-base cut-off current, cut-off current (transistor) || **Kollektor-Emitter-** *m* / collector-emitter cut-off current || **wandler** *m* / residual current transformer || **welle** *f* / residual current wave
Rest·stückzahl *f* / remaining quantity || **system** *n* / system technology, system engineering, system components, balance of system || **tasche** *f* / pocket enlargement || **unwucht** *f* / residual unbalance, residual imbalance || **verfahrweg** *m* / distance to go || **verluste** *m pl* / residual losses, secondary losses, residual loss || **volumen** *n* / remaining volume || **waage** *f* / residue weigher || **wägung** *f* / residue weighing || **wärmefaktor** *m* / residual heat factor || **weg** *m* / residual distance, distance to go, residual path || **löschen** (RWL) / delete distance-to-go (DDTG) || **weganzeige** *f* / distance-to-go display || **weglöschen (RWL)** *n* / delete distance-to-go || **welligkeit** *f* / residual ripple, remaining ripple || **wert** *m* / residual value || **wertfaktor RW** / residual value factor RW || **widerstand** *m* (Transistor) / saturation resistance
Resynchronisierung *f* (Synchronmasch.) / synchronism restoration IEC 50(603), resynchronization *n*, resynchronizing *n* || *f* (Anpassung der Intervalle zwischen den signifikanten Zeitpunkten eines digitalen Signals an ein zyklisches Taktsignal) / retiming
RET / RET (resolution enhancement technology)
retardierter Ausgang / postponed output
Retentionszeit *f* / retention time
Retikel *n* / reticle *n*
Retortenkohle *f* / homogeneous carbon, plain carbon
Retour *f* / returned item || **abwicklung** *f* / processing of returned items
Retoure *f* / return *n*, returned goods, returned item, goods returned
Retouren *f pl* / returns *n pl*, returned goods || **abwicklung** *f* / rejects handling, returned products administration || **begleitschein** *m* / return delivery note, return note, return form, returned goods form, cover note for return deliveries, returned product note, returning permit || **drehscheibe** *f* / returned goods center || **kennung** *f* / return code, returned product code, returned goods classification, repair code, repair ID || **kreislauf** *m* / returned products loop
Retrofit *m* (Modernisierung und Erneuerung bestehender Anlagen) / retrofitting *n*, upgrade *n* || **-Gerät** *n* / retrofitted device || **maschine** *f* / retrofit machine || **-Maschine** *f* / retrofit machine || **projekt** *n* / retrofit project || **-Steuerung** *f* / retrofit control
Retro·reflektor *m* / retro-reflector *n* || **reflexion** *f* / retro-reflection *n*, reflex reflection
Retry-Counter *m* / retry counter
Rettdatei *f* / save file, retrieval file
retten *v* / protect *v*, save *v* || **~** *v* (z.B. CAD-Zeichnung) / recover *v* || *n* (SPS-Funktion) / save *n* || **~** *v* / back up, secure *v*, dump *v*
Rett·programm *n* / save routine, data save program || **routine** *f* / save routine, data save program
Rettung *f* / save *v*
Rettungs·leuchte *f* (f. Grubenwehrmannschaften) / mine rescue luminaire || **weg** *m* / escape route || **wegbeleuchtung** *f* / escape lighting
Rettzeit *f* / archiving cycle
RETURN (Taste) / OK *n*
Return (auf der Tastatur) / enter key || **-Transition** *f* (spezielle Transitionsart bei HiGraph: führt vom aktuellen Zustand zurück zum vorher aktiven Zustand) / return transition || **wert** *m* / return value
RET_VAL (Rückgabewert) / RET_VAL (return value)
Reverse Engineering *n* / Reverse Engineering

reversibel *adj* / reversible *adj*
Reversier·anlasser *m* / reversing starter, starter-reverser || ⸚**ausführung** *f* / reversing version || **~bare Abdeckung** / reversible-hinged cover || ⸚**bausatz für Sammelschienensystem** / reversing kit for busbar system || ⸚**betrieb** *m* / reversing duty
Reversieren *n* / reversing *n*, plugging *n*, reverse current braking || ⸚ *n* (Gegenstrombremsen) / plugging *n* || ⸚ **PID-MOP sperren** / inhibit rev. direct. of PID-MOP
Reversier·kombination *f* / contactor-type reverser || ⸚**motor** *m* / reversing motor, reversible motor || ⸚**starter-Verbraucherabzweig** *m* / reversing starter load feeder || ⸚**-Taste** *f* / inversion key || ⸚**vorgang** *m* / reversing procedure
revidierende Stelle *f* / inspecting unit
revidierter Ausgabestand / revised issue
Review *n* (Formelle Bewertung oder Prüfung einer Einheit) / review || ⸚ **des QS-System durch die Leitung** / management review || ⸚ **in der Entwicklung** / design review || ⸚**anmerkungen** *f* / review comments (RC) || ⸚**-Eignung** *f* / suitability of review || ⸚**intensität** *f* / review intensity || ⸚**kennzahlen** *f* / review key data || ⸚**-Moderation** *f* / refereeing of a review || ⸚**-Moderator** *m* / review referee || ⸚**-Organisation im Gerätewerk Amberg (ROGER)** / Review organization at the Gerätewerk Amberg || ⸚**plan** *m* / review planning document (RPD) || ⸚**protokoll** *n* / review log (RL) || ⸚**-Sitzung** *f* / review meeting || ⸚**stände** *m pl* / review levels || ⸚**technik** *f* / review system || ⸚**-Verfahren** *n* / review procedures || ⸚**zeitpunkte** *m* / review dates
Revision *f* / update/upgrade, audit *n* || ⸚ *f* (Wartung) / inspection *n* || ⸚ *f* / inspection and testing updating
Revisions·mitteilung *f* / upgrade memo || ⸚**öffnung** *f* / inspection opening || ⸚**prüfung** *f* / service test || ⸚**stand** *m* / revision status, revision version, version *n* || ⸚**stempel** *m* / inspection stamp || ⸚**zeichnung** *f* / inspection drawing || ⸚**zeit** *f* / inspection interval, maintenance interval
Revisor *m* / inspector *n*
Revolver *m* / revolver *n*, turret *n*, tool turret, tool capstan || ⸚**bohrautomat** *m* / automatic turret head drilling machine || ⸚**-Bohrmaschine** *f* / turret head drilling machine || ⸚**drehmaschine** *f* / turret lathe || ⸚**greifer** *m* / turret gripper
Revolverkopf *m* / revolver *n*, tool capstan, revolver head || ⸚ *m* / tool turret, turret head, turret *n* || ⸚ *m* (CLDATA-Wort) / turret ISO 3592 || **12-Segment-⸚** *m* (Bestückkopf mit einem Stern mit 12 Segmenten) / 12-nozzle revolver head || **6-Segment-⸚** *m* / 6-nozzle revolver head || ⸚**-Ablauf** *m* / revolver head sequence || ⸚**-Funktionen** *f pl* / revolver head functions || ⸚**-Typ** *m* / type of revolver head
Revolver·magazin *n* / circular magazine || ⸚**position** *f* / turret position || ⸚**stanzpresse** *f* / turret punching press || ⸚**teller** *m* / dial feed || ⸚**-Werkzeugwechsel** *m* / turret tool change
Reynoldszahl *f* / Reynolds number
Rezept *n* / recipe *n* || ⸚**ablauf (RP)** *m* (der Teil eines Rezepts, der die Strategie für die Herstellung einer Charge beschreibt) / recipe execution (RP) || **halbautomatisierter ⸚ablauf** *m* / semi-automatic recipe process || ⸚**ablaufsteuerung** *f* / recipe sequence control || ⸚**abschnitt** *m* / recipe phase || ⸚**anpassung** *f* / recipe modification || ⸚**datei** *f* / recipe file || ⸚**erstellung** *f* / creating recipes || **in ⸚fahrweise** / recipe-driven *adj* || ⸚**formulierung** *f* / recipe definition || ⸚**funktion** *f* / recipe phase
rezeptgenau *adj* / true to recipe
Rezept·kopf *m* / recipe header || ⸚**operation (ROP)** *f* / recipe operation (ROP) || ⸚**prozedur (RP)** *f* (der Teil eines Rezepts, der die Strategie für die Herstellung einer Charge beschreibt) / recipe procedure (RP) || ⸚**steuerung** *f* / recipe control (control with dynamic process sequence and parameters (in contrast to sequential control)) || ⸚**steuerungssystem** *n* / recipe control system
Rezeptur·anzeige *f* / Recipe View || ⸚**datensatz** *m* (Menge von Werten für die in der Rezeptur definierten Variablen) / recipe data record
Rezept·verarbeitung *f* / recipe processing || ⸚**verwaltung** *f* / recipe handling, batch recipe handling, recipe management || ⸚**wechsel** *m* / change of recipe || ⸚**wert** *m* / recipe value, recipe parameter
reziprok abhängiges Zeitrelais / inverse time-delay relay, inverse time-lag relay || **~es Zweitor** / reciprocal two-port network
Rezyklat *n* / recycled material
RF / radio frequency
RFA / X-ray fluorescence analysis
rf-Auslöser *m* / rf-release (Siemens type, undervoltage release and shunt release)
RFC / remote field controller (RFC) || ⸚ / remote function call (RFC)
RFF (Rückzugsvorschub (Parameter)) / RFF (retraction feedrate)
RFG (Reglerfreigabe) / controller enable, servo enable
RFID (Radiofrequenz-Identifikation) / RFID (Radio-Frequency Identification)
RFP (Referenzebene) / RFP (reference plane)
RfS (Richtlinie für Schaltungsunterlagen) *f* / Guidelines for circuit documentation
RFT / right first time (RFT)
RGB (rot-grün-blau) / RGB (red green blue) || ⸚**-Farbkamera** *f* (Sonderbaugruppen für S7-400, Komponente für Bildauswertesystem VIDEOMAT IV) / RGB color camera || ⸚**-Farbmonitor** *m* (RGB = Rot, Grün, Blau) / RGB colour monitor || ⸚**-Signal** *n* / RGB signal
RG-Erregermaschine *f* (RG = rotierender Gleichrichter) / brushless exciter, rotating-rectifier exciter
RG-Erregung *f* / brushless excitation system, rotating-rectifier excitation
R-Glied *n* / resistor *n* (element)
RGS-Foliengießverfahren *n* / ribbon growth on substrate || ⸚**-Verfahren** *n* / RGS process
RHB (Referenzhandbuch) *n* / Reference Manual
RH-Beanspruchungsgrad *m* / RH class
rhodiniert / rhodanized
RI / RI (ring indicator) || ⸚ (Richtimpuls) / IP (initializing pulse)
Richt·apparat *m* / straightening device || ⸚**bake** *f* / leading mark || ⸚**betrieb** *m* (Netz) / ring operation || ⸚**charakteristik** *f* (Mikrophon) / directional characteristic || ⸚**charakteristik** *f* (Schallgeber) / directivity *n*, directivity pattern || ⸚**draht** *m* / alignment wire || ⸚**drehzahl** *f* / basic speed
richten *v* (geraderichten) / straighten *v*
Richtersche Nachwirkung / Richter lag, Richter's

residual induction
Richt·feuer *n* / leading light, directing light || **₂funk** *m* / radio relay || **₂funknetz** *n* / radio relay system || **Schutzsystem mit ₂funkverbindung** / microwave protection system
richtgeprägt *adj* / dressed by stamping
richtig *adj* / correct *adj* || **~e Bestückung von Bauelementen** / correct selection of components || **~er Wert** (Statistik) / conventional true value || **~er Wert von Maßverkörperungen** / true value of material measures || **~es Arbeiten** / correct operation
Richtigkeit *f* / freedom from bias || **₂ *f* DIN 55350,T. 13** / trueness *n*, accuracy of the mean
Richtigkeitsprüfung *f* (Verifizierung) / verification *n* || **₂ *f*** / accuracy test, test for accuracy
richtigstellen *v* / correct *v*
Richt·impuls *m* (RI) DIN 19237 / initializing pulse (IP) || **₂impulsgeber** *m* / initializing pulse generator || **₂koppler** *m* / directional coupler, directional link || **₂kraft** *f* / directive force, versorial force, verticity *n* || **₂latte** *f* / straightedge *n* || **₂lebensdauer** *f* / objective life, design life || **₂leistungswirkungsgrad** *m* / detector power efficiency IEC 147-1 || **₂linie** *f* / directive *n*, guideline *n* || **₂linie für Schaltungsunterlagen (RfS)** *f* / Guidelines for circuit documentation
Richtlinien *f pl* / guidelines *n pl* || **₂ für Angebote und Aufträge Ausland** / Guidelines for bids and orders - export || **₂ für Auftragsabwicklung Ausland** / Guidelines for order processing - export || **₂ für Bestell- und Abrechnungsverfahren (BAV-Richtlinien)** / Guidelines for ordering and accounting procedures || **₂ für die Aufbewahrung von Schriftgut/Unterlagen** / Guidelines on the storage of correspondence/documents || **₂ für die internen Unterschriftsberechtigungen** / Guidelines for internal signature authorizations || **₂ für Gehälter** / salary guidelines || **maßgebliche ₂** / authoritative guidance
Richt·magnet *m* / control magnet || **₂maschine** *f* / straightening machine, plate leveler, levelling machine || **₂maschinenpult** *n* / levelling machine console || **₂maß** *n* / guide dimension, recommended dimension || **₂moment** *n* / restoring torque || **₂platte** *f* / levelling plate, aligning plate, surface plate, marking table || **₂presse** *f* / straightening press || **₂schnur** *f* / guide string || **₂strahlfeuer** *n* / directional light || **₂symbol** *n* (auf Darstellungsfläche) / aiming symbol, aiming circle, aiming field || **₂- und Stanzmaschine** *f* / leveller and stamp
Richtung *f* / direction *n* || **₂ *f*** / route *n*, route destination
richtungsabhängig *adj* / direction-dependent *adj* || **~e Endzeitstufe** / directional back-up time stage || **~er Erdschlussschutz** / directional earth-fault protection || **~er Schutz** / directional protection || **~er Überstromschutz** / directional overcurrent protection || **~es Arbeiten** (Schutz) / directional operation || **~es Relais** / directional relay, directionalized relay
Richtungs·änderungskasten *m* / junction unit || **₂anwahl** *f* / selection of direction || **₂anzeiger** *m* / alignment indicator || **₂auswahl** *f* / selection of direction || **₂auswertung** *f* / direction evaluation || **₂bestimmung** *f* / direction detection, direction evaluation, direction determination || **₂betrieb** *m* / simplex transmission || **₂betrieb** *m* (Netz) / ring operation || **₂blinker** *m* / flashing indicator, direction indicator flasher || **₂charakteristik** *f* / directional characteristic || **₂empfindlichkeit** *f* / directional sensitivity || **₂entscheid** *m* (Schutz) / direction decision, directional control || **₂fahrbahn** *f* / single-lane roadway || **₂führung** *f* / alignment guidance || **₂gabel** *f* / circulator *n* || **₂geber** *m* / directional unit, directional element, direction sensing element, direction encoder
Richtungsglied *n* / directional unit, directional element, direction sensing element || **₂ für die Rückwärtsrichtung** / reverse-looking directional element (o. unit) || **₂ für die Vorwärtsrichtung** / forward-looking directional element (o. unit)
Richtungs·isolator *m* / wave rotation isolator, rotation isolator || **₂kontakt** *m* / direction contact || **₂koppler** *m* / directional coupler || **₂kriterium** *n* / route criterion
Richtungsleitung *f* / one-way attenuator, isolator *n* || **₂ aus diskreten Elementen** IEC 50(221) / lumped-element isolator || **aus konzentrierten Elementen aufgebaute ₂** / lumped-element isolator
Richtungs·meldung *f* / direction signal || **₂merker** *m* / direction flag || **₂messbrücke** *f* / direction sensing bridge || **₂messung** *f* (Schutz) / determination of direction, direction detection (o. sensing), direction sensing bridge || **₂optimierung** *f* / direction optimization || **₂pegel** *m* / direction level || **₂pfeil** *m* / direction arrow, directional arrow || **₂relais** *n* / directional relay, directionalized relay, directional protection || **₂schalter** *m* / reverser *n*, forward-reverse selector, direction commutator
richtungsscharf *adj* / highly directional
Richtungs·schild *n* / direction sign || **₂schnittstelle** *f* / direction interface || **₂schrift** *f* (binäres Schreibverfahren) / non-return to-zero recording || **₂schutz** *m* / directional protection IEC 50(448) || **₂signal** *n* / directional signal, direction signal || **₂sinn** *m* / transfer direction || **₂taktschrift** *f* (binäres Schreibverfahren) / phase encoding || **₂taste** *f* / direction key, jog direction key || **₂taster** *m* / direction key
Richtungsumkehr *f* / reversal of direction of movement, reversal *n*, direction reversal || **Abfrage mit ₂** (MPU) / line reversal technique (MPU)
Richtungsumschaltung *f* / directional change
richtungsunabhängig / direction-independent *n* || **~e Endzeitstufe** / non-directional back-up time stage || **~er Erdschlussschutz** / non-directional earth-fault protection || **~er Überstromschutz** / non-directional overcurrent protection
Richtungs·vektor *m* / direction vector || **~veränderliche Laserstrahlung** VDE 0837 / scanning laser radiation IEC 825 || **₂vergleich** *m* / direction comparison || **₂-Schutzsystem** *n* IEC 50 (448) / directional comparison protection || **₂verkehr** *m* / simplex transmission, unidirectional traffic || **₂vorgabe** *f* / direction select (DS) || **₂wahl** *f* (DO) / route selection || **₂walze** *f* / reversing drum || **₂wechsel** *m* (Modem) / turnaround *n*, directional reversal, directional change || **₂weiche** *f* / directional gate (switch) || **~weisender Pfeil** (Bildzeichen) / directional information arrow || **₂wender-Trennschalter** *m* /

Richt 714

disconnecting switch reverser || ⁓**zeichen** *n* / route signal || ⁓**zeiger** *m* / direction pointer || ⁓**zusatz** *m* / direction relay, directional relay || ⁓**zusatz** *m* (Schutzeinr.) / directional element
Richt·verhältnis *n* / detector voltage efficiency || ⁓**vorrichtung** *f* / aligning fixture || ⁓**vorrichtung Einschalthebel** / aligning fixture for closing lever || ⁓**vorschub** *m* / straightening feed || ⁓**walzen** *n* / roller leveling || ⁓**walzmaschine** *f* / roller-leveling machine || ⁓**werkzeug** *n* / aligning tool
Richtwert *m* / guidance value, guide value, recommended value, approximate value, rule of thumb data || ⁓ *m* DIN 55350,T.12 / standard value || ⁓ *m* (Herstellungswert) / objective value || ⁓ **des Brechwertgradienten** / standard refractivity gradient || ⁓ **des modifizierten Brechwertgradienten** / standard refractive modulus gradient || **Lebensdauer-**⁓ *m* DIN IEC 434 / objective life, design life
Richtwirkungsgrad *m* (Diode) DIN 41853 / detector efficiency IEC 147-1
Riefe *f* (Vertiefung, Furche) / groove *n*, channel *n*, furrow *n*
Riefen, Bearbeitungs~ *f pl* / machining marks, tool marks
Riefenbildung *f* / brinelling *n*, scoring *n* || ⁓ *f* (schwache) / ribbing *n* || ⁓ *f* (starke) / threading *n*
riefig *adj* / threaded *adj*, scored *adj*, ribbed *adj*
Riegel *m* / lock *n* || ⁓ *m* (Bolzen) / bolt *n*, locking bar || ⁓ *m* (Falle) / catch *n*, latch *n* || ⁓ *m* (eines Einsystemmastes) IEC 50(466) / beam gantry, bridge *n*, girder *n* || ⁓**halter** *m* / bar bracket, bolt support || ⁓**schloss** *n* / bolt lock, deadlock *n*
Riemen *m* / belt *n* || ⁓**abtrieb** *m* / belt coupling || ⁓**antrieb** *m* / belt drive, belt transmission || **mit** ⁓**antrieb** / belt-driven *adj* || ⁓**ausrücker** *m* / belt shifter, belt striker || ⁓**ausschleuser** *m* / belt ejector || ⁓**fett** *n* / belt grease || ⁓**gabel** *f* / belt guide, belt fork || ⁓**getriebe** *n* / belt drive || ⁓**haftung** *f* / belt grip || ⁓**kraft** *f* / belt transmission force || ⁓**kralle** *f* / claw-type belt fastener, belt claw, belt fastener || ⁓**leitrolle** *f* / idler pulley, idler *n*, jockey pulley || ⁓**rad** *n* / belt pulley || ⁓**schalter** *m* / belt shifter, belt striker || ⁓**scheibe** *f* / belt pulley, sheave *n*, pulley *n* || ⁓**scheibenkranz** *m* / pulley rim, sheave rim || ⁓**schloss** *n* / belt fastener, belt joint || ⁓**schlupf** *m* / belt creep, belt slipping || ⁓**schutz** *m* / belt guard || ⁓**spanngerät** *n* / belt tensioner || ⁓**spannrolle** *f* / belt tightener, belt adjuster, jockey pulley || ⁓**spannung** *f* / belt tension || ⁓**trieb** *m* / belt drive, belt transmission || ⁓**verbinder** *m* / belt fastener, belt joint || ⁓**wachs** *n* / belt dressing || ⁓**wechsel** *m* / belt replacement || ⁓**zug** *m* (die Welle beansprucht) / overhung belt load, cantilever load
Rieseinschlagmaschine *f* / ream-folding machine
rieselfähig *adj* / free flowing
Riffel·bildung *f* / washboard formation || ⁓**bildung** *f* (Kontakte) / corrugation *n* || ⁓**blech** *n* / chequer plate || ⁓**faktor** *m* / ripple factor, peak-to-average ripple factor
riffelplaniert *adj* / corrugated *adj*
Riffelung *f* / corrugation *n*
Rille *f* DIN 4761 / groove *n*
Rillenabstand *m* (Rauheit) DIN 4762, T.1 / roughness width
Rillenbildung *f* (über Bürstenbreite) / brush-track

grooving || ⁓ *f* (feine Rillen in Bändern) / grammophoning *n*, chording *n* || ⁓ *f* (einzelne Rillen) / threading *n*
Rillen·blende *f* (Leuchte) / fluted shield || ⁓**kugellager** *n* / deep-groove ball bearing, Conrad bearing || ⁓**läufer** *m* / grooved rotor || ⁓**muffe** *f* / corrugated coupler || ⁓**pol** *m* / grooved pole || ⁓**profil** *n* DIN 4761 / groove profile || ⁓**verlauf** *m* DIN 4761 / groove track || ⁓**welle** *f* / splined shaft, grooved shaft
rillig *adj* / grooved *adj*, threaded *adj*, scored *adj*, notched *adj*
RIM / Repository Information Model (RIM) || ⁓ / reaction-injection molding || ⁓**-Tool** *n* / RIM-tool (RIM)
Ring *m* / ring *n* || ⁓ *m* (Armstern) / rim *n*, spider rim || ⁓ *m* (in einem Netz) / ring feeder || ⁓ *m* (ausgefüllter Ring o. Kreis) / doughnut *n*, donut *n* || ⁓ **mit Sendeberechtigungsmarke** / token ring
Ring·adapter *m* / ring adapter || ⁓**anker** *m* / ring armature, Gramme ring, Pacinotti ring || ⁓**auftrennung** *f* (Netz) / ring opening || ⁓**-Ausschaltstrom** *m* VDE 0670,T.3 / closed-loop breaking current IEC 265 || ⁓**-Ausschaltvermögen** *n* VDE 0670,T.3 / closed-loop breaking capacity IEC 265 || ⁓**bandkern** *m* / ring core || ⁓**betrieb** *m* (Netz) / ring operation || ⁓**bildung** *f* (Netz) / ring closing || ⁓**bus** *m* / ring bus || ⁓**dichtung** *f* / ring seal, sealing ring || **Prüfung der** ⁓**-Ein und -Ausschaltlast** / closed-loop breaking-capacity test || ⁓**einspeisung** *f* / incoming ring-feeder unit || ⁓**erder** *m* / ring earth electrode, conductor (earth electrode around building) || ⁓**fläche** *f* / annular area, ring surface
ringförmig betriebenes Netz / ring-operated network || ~**er Näherungsschalter** / ring proximity switch, ring-form proximity switch || ~**es Netz** / ring network
Ring·gebläse *n* / centrifugal blower, ring-type blower || ⁓**gelenk** *n* / CV joint *n*, constant velocity joint
Ringkabel *n* / ring cable, ring-main cable || ⁓**abzweig** *m* / ring-cable feeder, ring-main feeder || ⁓**anschluss** *m* / ring cable terminal || ⁓**feld** *n* / ring-main panel || ⁓**schuh** *m* / ring terminal end, cable eye || ⁓**schuhabdeckung** *f* / ring terminal end cover || ⁓**schuhanschluss** *m* / ring terminal end connection || ⁓**schuhanschlusstechnik** *f* / ring terminal end connection technology || ⁓**station** *f* / ring-main unit
Ring·kammer *f* (Messblende) / annular slot || ⁓**kanaldüse** *f* / annular duct || ⁓**kathode** *f* / annular cathode
Ringkern *m* / toroidal core, annular core || ⁓**drossel** *f* / ring core choke || ⁓**permeabilität** *f* / toroidal permeability || ⁓**-Stromwandler** *m* / toroidal-core current transformer, ring-core current transformer || ⁓**transformator** *m* / toroidal transformer || ⁓**wandler** *m* / toroidal-core transformer
Ring·kolben *m* / rotary piston, cylindrical piston || ⁓**kolbenzähler** *m* / cylindrical-piston meter, rotary-piston meter || ⁓**konfiguration** *f* / multipoint-ring configuration || ⁓**kopplung** *f* / ring coupling, ring link || ⁓**kranbahn mit Kettenzügen** / monorail triple-trail crane || ⁓**kugellager** *n* / radial ball bearing || ⁓**lager** *n* / sleeve bearing, journal bearing || ⁓**lampe** *f* / ring lamp, circular lamp, toroidal lamp || ⁓**lampenfassung** *f* / circline lampholder ||

⸿laser *m* / ring laser || ⸿last *f* VDE 0670,T.3 / closed-loop load || ⸿lehre *f* / ring gauge, female gauge || ⸿leiter *m* / ring feeder, loop feeder
Ringleitung *f* / bus wire || ⸿ *f* (Netz) / ring feeder, ring main, loop feeder, loop service feeder || ⸿ *f* / ring circuit, ring final circuit || ⸿ *f* / phase connector || ⸿ *f* (Rohr) / ring main, ring header || ⸿ *f* (Ölsystem) / ring line
Ringleitungs·abzweig *m* / spur *n* (GB), branch circuit || ⸿-**Abzweigdose** *f* / spur *n* (GB), individual branch-circuit box, branch-circuit box || ⸿**verteiler** *m* (zum sternförmigen Anschluss von Stationen eines Kommunikationsnetzes) / wiring concentrator
Ringler *m* / striper *n* || ⸿**ansteuerung** *f* / striper control
Ring·leuchtstofflampe *f* / annular fluorescent lamp || ⸿**licht** *n* / ring lamp || ⸿**magazin** *n* / ring-type magazine || ⸿**maulschlüssel** *m* / combination wrench, combination open-end/box-end wrench || ⸿-**Montageplatz** *m* / ring fitting station || ⸿**motor** *m* / gearless motor
Ringmutter *f* / ring nut, lifting eye nut || ⸿**schlüssel** *m* / ring nut wrench (o. spanner), ring nut spanner
Ringnetz *n* / ringed network, ring system, ring topology network, ring network, multipoint-ring configuration || ⸿ **für Zeitschlitzverfahren** / slotted ring network || ⸿ **mit Sendeberechtigungsmarkierung** / token ring || ⸿ **mit Zeitraster** / slotted-ring network || ⸿**station** *f* / ring-main unit, distributed-network-type substation
Ring·nut *f* / annular slot, ring groove, annular groove, radial groove, snap ring groove || ⸿**öffnung** *f* (Netz) / ring opening || ⸿-**Parallelwicklung** *f* / parallel ring winding || ⸿**puffer** *m* / ring buffer store, circulating buffer, circular buffer, ring buffer || ⸿**pufferspeicher** *m* / ring buffer store
Ring·raster *m* (Leuchte) / spill ring, ring louvre, concentric louvre || ⸿-**Reihenwicklung** *f* / series ring winding || ⸿-**Rillenlager** *f* / single-row deep-groove ball bearing || ⸿**rohrleitung** *f* / ring main, ring header || ⸿**sammelschiene** *f* / ring bus, meshed bus || ⸿**sammelschiene mit Längstrennern** / sectionalized ring-busbar (system) || ⸿**sammelschienen-Station** *f* / ring substation || ⸿**sammelschienen-Station mit Leistungsschaltern** / mesh substation
Ringschaltung *f* / ring connection, mesh connection, polygon connection || **Betriebsmittel in** ⸿ / mesh-connected device
Ring·schieberegister *n* / circulating register || ⸿**schiene** *f* / ring bus, meshed bus || ⸿**schluss** *m* / ring closing || ⸿**schlüssel** *m* / ring spanner || ⸿**schmierlager** *n* / oil-ring lubricated bearing, ring-lubricated bearing, oilring bearing || ⸿**schmierung** *f* / oil-ring lubrication, ring oiling, ring lubrication || ⸿**schneider** *m* / circular cutter || ⸿**schräglager** *n* / angular-contact ball bearing || ⸿**schraube** *f* / eye-bolt *n*, lifting eye-bolt || ⸿**segment** *n* / ring segment || ⸿**segmentkontakt** *m* / ring segment contact || ⸿**sensor** *m* / ring sensor
Ringspalt *m* / annular clearance, annular gap, annular slit gap, annular slit || ⸿**armatur** *f* / annular space type valve || ⸿-**Löschkammer** *f* / annular-gap arcing chamber
Ring·spannfeder *f* / annular spring || ⸿**spannung** *f* (Tangentialspannung) / tangential stress, hoop stress || ⸿**speicher** *m* / circulating memory, circulating buffer, circulating stack, circular buffer || ⸿**speicherverwaltung** *f* / circular buffer management || ⸿**speiseleitung** *f* / ring feeder, ring main, loop feeder, loop service feeder || ⸿**spinnmaschine** *f* / ring spinning frame || ⸿-**Splint** *m* / ring split pin || ⸿**spule** *f* / ring coil, toroidal coil || ⸿**station** *f* / ring substation || ⸿**statortype** *f* (el. Mot.) / ring-stator type || ⸿**stelltransformator** *m* / rotary variable transformer, toroidal-core variable-voltage transformer, toroidal-core variable-ratio transformer *n* || ⸿**stellwiderstand** *m* / toroidal rheostat, ring-type rheostat || ⸿**stempel** *m* / ring stamp || ⸿**straße** *f* / ring road (GB), belt highway (US) || ⸿**streureaktanz** *f* / endring leakage reactance || ⸿**stromkreis** *m* / ring final circuit (IEE WR), ring circuit || ⸿**stromwandler** *m* / ring-type current transformer || ⸿**struktur** *f* (Bus) / ring topology || ⸿**stütze** *f* / support ring || ⸿**system** *n* / ring-connected system
Ring-·Tonnenlager *n* / radial spherical-roller bearing, spherical-roller bearing, barrel bearing || ⸿**topologie** *f* / ring topology || ⸿-**Trennschalter** *m* / mesh opening disconnector || ⸿**umfang** *m* / circumference || ⸿-**Umlaufzeit** *f* (in einem Ringnetz die Zeitspanne, die ein Signal braucht, um einmal den Ring zu durchlaufen) / ring latency || ⸿**verdichter** *m* / side-channel compressor || ⸿**versuch** *m* / pooled test || ⸿**verteiler** *m* (Impulsverteiler) / pulse distributor, distributing ring || ⸿**waage** *f* (Manometer) / ring-balance manometer, ring balance || ⸿**walzenpresse** *f* / ring-roll press || ⸿**wandler** *m* / ring-type transformer, toroidal-core transformer || ⸿**wicklung** *f* / ring winding, solid-conductor helical winding, Gramme winding || ⸿**zähler** *m* / ring counter || ⸿**zählersignal** *n* / ring counter signal || ⸿-**Zylinderlager** *n* / cylindrical-roller bearing, parallel-roller bearing, straight-roller bearing, plain-roller bearing
Rinne *f* / chute *n*
Rinnen·form *f* / gutter type || ⸿**reflektor** *m* / trough reflector || ⸿**spiegel** *m* (Leuchte) / fluted reflector, channelled reflector || ⸿**stein** *m* / gutter block
RIO (Request Input/Output) / RIO (Request Input/Output) || ⸿-**Datei** *f* (Relay data Interchange format by Omicron) / RIO file
Riometer *m* (kalibrierter, auf eine Frequenz zwischen 10 MHz und 100 MHz abgestimmter Funkempfänger) / riometer *n*
Rippe *f* / rib *n*, fin *n*, gill *n*, vane *n* || ⸿ *f* (Keilwelle) / spline, integral key
Rippenelement *n* / element with fins
Rippengehäuse *n* (el. Masch.) / ribbed frame, ribbed housing || **Maschine mit** ⸿ / ribbed-surface machine, ribbed-frame machine
Rippen·glas *n* / ribbed glass || ⸿**heizrohr** *n* / tubular heater || ⸿**isolator** *m* / ribbed insulator || ⸿**rohr** *n* / finned tube, gilled tube, ribbed tube || ⸿**rohrkühler** *m* / finned-tube cooler || ⸿**schwinge** *f* (Isolator) / ribbed-insulator rocker || ⸿**stützer** *m* / ribbed insulator || ~**versteift** *adj* / strengthened by reinforcing ribs || ⸿**welle** *f* / spider shaft
Ripple-Zähler *m* / ripple counter
RISC (Prozessortyp mit kleinem Befehlssatz und

Risiken 716

schnellem Befehlsdurchsatz) / Reduced Instruction Set Computer (RISC)
Risiken und Gefährdungspotenzial / risks and hazard potential
Risiko *n* / risk *n* || **der gesteuerten Einrichtung** / EUC risk || **des Fehlers erster Art** DIN 55350,T. 24 / type I risk || **des Fehlers zweiter Art** DIN 55350,T.24 / type II risk || **abschätzung** *f* / risk estimation || **akzeptanz** *f* (Managemententscheidung, ein gewisses Maß an Risiko hinzunehmen, üblicherweise aus technischen oder Kostengründen) / risk acceptance || **analyse** *f* / risk analysis || **analyseprotokoll** *n* / risk assessment report (RAR) || **begrenzung** *f* / risk reduction || **betrachtung** *f* / risk analysis || **bewertung** *f* (EN 1050, Abs. 8. Nächster Schritt nach der Risikoeinschätzung - hierbei wird entschieden, ob eine Risikominderung notwendig ist.) / risk evaluation || **einschätzung** *f* / risk estimation || **klasse** *f* / risk class || **liste (RIM-Tool)** *n* / risk list (RIM-tool) || **management** *n* / risk management || **maß** *n* / risk measure || **minimierung** *f* / minimizing risks || **~reduzierende Funktion** / risk-reducing function || **reduzierung** *f* / risk reduction || **- und Gefährdungsanalyse** *n* / risk and hazard analysis || **wahrscheinlichkeit** *f* / risk probability || **wert** *m* / risk value || **wertermittlung** *f* / risk evaluation
Risk Analysis Report *m* / risk analysis report (RAR)
Riss *m* / crack *n*, fissure *n*, flaw *n* || **am Linsenrand** (Riss, vielfach kommaförmig, u. U. bis in die WEZ verlaufend) / crack at the edge of the nugget || **in der Linsenmitte** (vielfach sternförmig von einer Stelle ausgehend) / star-crack || **in der Verbindungsebene** (Riss üblicherweise zum Linsenrand gerichtet) / crack in the joining plane || **in der Wärmeeinflusszone** / crack in the heat affected zone || **bildung** *f* / cracking *n*, fissuring *n* || **interkristalline** **bildung** / intercrystalline cracking || **oberflächliche** **bildung** / checking *n* || **detektor** *m* / flaw detector, crack detector || **fortpflanzungsgeschwindigkeit** *f* / crack propagation rate, crack growth rate
rissfrei *adj* / free of cracks
Riss·geschwindigkeit *f* / crack propagation rate, crack growth rate || **prüfer** *m* / crack detector || **prüfung** *f* / cracking test || **vorkritisches** **wachstum** / subcritical crack growth || **zähigkeit** *f* / fracture toughness, stress intensity factor || **zone** *f* / cracked zone
RITA (rechnerintegriertes Informations-und Testsystem der Antriebsentwicklung) / computer-integrated information and test system for powertrain development
Ritzel *n* / pinion *n* || **antrieb** *m* / pinion drive || **spindel** *f* / pinion spindle || **welle** *f* / pinion shaft || **-Zahnstangen-Antrieb** *m* / rack and pinion drive
Ritzen *n* / scribing *n* (IC), SC || **~ *v*** (bei Keramiksubstraten werden Soll-Bruchstellen geritzt) / scribe *v*
Ritz·härte *f* / scratch hardness, scoring hardness || **härteprüfung** *f* / scratch hardness test || **härteskala** *f* / Mohs' scale || **prüfung** *f* / scratch test || **säge** *f* / scratch saw
RK (Rechnerkopplung) / computer interface, CL (computer link)

RKA (Rückkühlanlage) *f* / RKA *n*
R-Karte *f* / range card
RKE *n* / Remote Keyless Entry (RKE)
RKG / ripple-control command unit
R-KOP / relay ladder diagram (R-LAD)
RKZ (Reparaturkennzeichen) / repair code, RKZ
RLAN (Radio LAN) / Radio LAN (RLAN)
RLC-Schaltung *f* / RLC circuit, resistance-inductance-capacitance circuit (o. network)
RLDRAM (Reduced Latency Dynamic Random Access Memory) *n* / Reduced Latency Dynamic Random Access Memory (RLDRAM)
RLG (Rotorlagegeber) / rotor position encoder, rotor position transmitter/encoder, shaft position encoder, shaft-angle encoder || **-Leitung** *f* / RPE line || **-Stecker** *f* / RPE connector
R-Lichtbogenkammer *f* / rectangular arc chute
RLM / radio link module
RL-Schaltung *f* / RL circuit, resistance-inductance circuit (o. network)
RLST / Reusability Level Structured Text (RLST)
RLT / reverse conducting thyristor, asymmetric silicon-controlled rectifier (ASCR) || **-Meldung** *f* / remaining service life indicator, remaining-life-time signal
RLZ (Raumladungszone) *f* / space charge region
R&M *f* / R&M (reliability and maintainability)
RMCP / Remote Management Control Protocol (RMCP)
RME (Rapsmethylester) *m* / rape seed methyl ester (RME)
R-Messung *f* / resistance measurement
RMH / Reconfigurable Material Handler (RMH)
RMI / Remote Method Invocation (RMI)
RMII / Reduced Media Independent Interface (RMII)
RM-Leiter *m* / stranded circular conductor
RMP *m* / Remote Management Processor (RMP)
RMPCT / Robust Multivariable Predictive Control Technology (RMPCT)
RMRS (Russian Maritime Register of Shipping) *n* / Russian Maritime Register of Shipping (RMRS)
RMS / Reconfigurable Machining System (RMS)
RM-Tool (Reklamationsmanagement-Tool) *n* / complaint management tool
RMTOP / Reconfigurable Machine Tool Operation Planner (RMTOP)
RMW / Read Modify Write (RMW)
RMZ (gerichteter Überstromzeitschutz) / directional time-overcurrent protection
RN (Rufnummer) *f* / ring nummer (RN)
RNC / Radio Network Controller (RNC)
RND / RND (rounding given as radius)
RNDM (modales Verrunden) / RNDM (modal rounding)
Road·map *f* / roadmap || **show** *f* / roadshow
ROB / aerodrome rotation beacon (ROB)
Röbel·stab *m* / Roebel bar, transposed conductor || **Stabverdrillung** *f* / Roebel transposition
Röbelung *f* / Roebel transposition
Robot Control Microprocessor (RCM) / robot control microprocessor (RCM) || **Vision** / Robot Vision
Roboter *m* / robot *n* || **Offline Programmiersystem (ROPS)** *n* / Robot Offline Programming System (ROPS) || **und Handhabungsgeräte** / robots and manipulators, robots and handling devices || **2-Achs-** *m* / 2-axis robot || **6-Achs-** *m* / 6-axis robot ||

⸰achsantrieb *m* / robot axis drive || ⸰achse *f* / robot axis || ⸰anlage *f* / robot system || ⸰ansteuerung *f* / robot control || ⸰antrieb *m* / robot drive || ⸰anwahl *f* / robot selection || ⸰arbeitsplatz *m* / robotic workcell || ⸰ausgang *m* / robot output || ⸰automation *f* / robot automation || ⸰bahn *f* / robot path || ⸰baustein *m* / robot block || ⸰bibliothek *f* / robot library || ⸰einsatz *m* / robot application || ⸰folge *f* / robot sequence || ⸰führung *f* / robot control || **~gesteuert** *adj* / robot-controlled || ⸰greifer *m* / robot gripper || ⸰information *f* / robot data || ⸰kollisionsbereich *m* / robot collision area || ⸰kollisionsschutz *m* / robot collision protection || ⸰kopf *m* / robot head || ⸰programm *n* / robot program || ⸰schweißzelle *f* / robot welding cell || ⸰-Sensor *m* / robot sensor || ⸰steuerung *f* / robot control (RC) || ⸰system *n* / robot system || ⸰technik *f* / robotics *plt* || ⸰übersichtsbild *n* / robot synopsis || ⸰verriegelung *f* / robot interlock || ⸰verriegelungsbereich *m* / robot interlock area || ⸰zange *f* / robot tongs || ⸰zelle *f* / robot cell
Robotic Segment (Makrosegment gemäß Marktsegmentierung für Werkzeugmaschinen) / robotic segment
Robotik *f* / robotics *plt* || ⸰ **und Automation (R&A)** / Robotics and Automation (R&A) || ⸰anwendung *f* / robot application
robust *adj* / sturdy *adj*, robust *adj*, rugged *adj*
Robust·bauform *f* / ruggedized model, A-version *n* (SPS) || **~er Prozess** *m* / robust process || ⸰heit *f* / rugged construction, robustness *n*, ruggedness *n*
Rockwell·-Härte *f* / Rockwell hardness || ⸰-Härtenummer *f* / Rockwell hardness number || ⸰versuch *m* / Rockwell hardness test
Roebelstab *m* / Roebel bar, transposed conductor
ROGER (Review-Organisation im Gerätewerk Amberg) *f* / Review organization at the Gerätewerk Amberg
roh *adj* (unbearbeitet) / unfinished *adj*, unmachined *adj* || **~** *adj* (unbehandelt) / untreated *adj*
Rohbau *m* / body in white, body shop, body-in-white *n*
Rohbund-Lagerkran *m* / hot strip warehouse crane
Rohdaten *plt* / raw data || ⸰variable *f* / raw data tag
Roh·decke *f* / unfinished ceiling, unfinished floor (slab) || ⸰dichte *f* / bulk density || ⸰emission *f* / non-waste emission || ⸰energie *f* / crude energy || ⸰fassung *f* / rough version || ⸰gas *n* / crude gas || ⸰holzlager Wald / raw timber forest store || ⸰karosse *f* / bodyshell, raw body || ⸰kontur *f* / unmachined contour
Rohling *m* / raw part, unmachined part, ingot *n* || ⸰ *m* (z.B. Zahnrad) / blank *n*
Roh·maß *n* / rough dimension || ⸰maßdurchmesser *m* / rough dimension diameter || ⸰material *n* / blank material || ⸰materialbestand *m* / raw material inventory || ⸰mauerwerk *n* / unfinished masonry walls
Rohr *n* / pipe *n*, tubing *n*, barrel *n* || ⸰ *n* (hochwertiges Stahlrohr, Nichteisenmetall, Kunststoff) / tube *n* || ⸰ **auf Putz** / surface-mounted conduit, exposed conduit || ⸰ **unter Putz** / embedded conduit || **zurückgewinnendes** ⸰ / self-recovering conduit || **gewindeloses** ⸰ VDE 0605,1 / non-threadable conduit IEC 23A-16, unscrewed conduit || **Kabel~** *n* / cable conduit, cable duct || ⸰ableiter *m* / expulsion-type arrester, expulsion-tube arrester || ⸰adapter *m* / conduit adaptor || ⸰anschluss *m* / pipe connection || **Maschine für** ⸰anschluss / pipe-ventilated machine || ⸰anschlussstutzen *m* (IPR 44-Masch.) / duct adapter, pipe adapter || ⸰armaturen *f pl* / pipe fittings, tube fittings, valves and fittings || ⸰armaturen *f pl* (IR) / conduit fittings, conduit accessories || ⸰bearbeitungsmaschine *f* / pipe machining and working machine || ⸰biegeanlage *f* / pipe-bending system || ⸰biegegerät *n* / conduit bender, hickey *n* || ⸰biegemaschine *f* / pipe bending machine
rohrbiegen *v* / pipe bending
Rohrboden *m* / tube plate, tube sheet, tube bottom
Rohrbogen *m* / pipe bend, bend *n*, elbow *n* || ⸰ *m* / conduit bend || ⸰ **mit Außengewinde** / externally screwed conduit bend || ⸰ **mit Deckel** / inspection bend || ⸰ **mit Gewinde** / screwed conduit bend
Rohrbündel *n* / tube bundle, tube nest, nest of pipes
Röhrchenplatte *f* / tubular plate
Rohr·doppelnippel *m* / tube double nibble || ⸰dose *f* / conduit box || ⸰draht *m* / hardmetal-sheathed cable, metal-clad wiring cable, armoured wire || **umhüllter** ⸰draht / sheathed metal-clad wiring cable, sheathed armoured cable || ⸰druckkabel *n* / pipe-type cable
Röhre *f* (elektron.) / electronic valve, tube *n* || ⸰ *f* / cylinder *n*, tube *n*, column *n* || ⸰ **mit Gitterabschaltung** / aligned-grid tube || ⸰ **ohne Regelkennlinie** / sharp cut-off tube || **nichtgezündete** ⸰ / unfired tube
Rohreinführung *f* / conduit entry
Röhren·beschichtung *f* / tube coating || ⸰fassung *f* (elektron. Röhre) / tube holder
röhrenförmige Entladungslampe / tubular discharge lamp || **~ Lampe** / tubular lamp || **~ Leuchtstofflampe** / tubular fluorescent lamp
Röhren·fuß *m* / tube base || ⸰gehäuse *n* (Schaltröhre) / interrupter tube housing (o. enclosure), interrupter housing || **~gekühlter Motor** / tube-cooled motor, tube-type motor || ⸰kapazität *f* / interelectrode capacitance || ⸰kessel *m* / tubular tank || ⸰kühler *m* / tubular radiator, tubular cooler || ⸰kühlung *f* / tube cooling || ⸰lampe *f* / tubular lamp || ⸰lot *n* / tube solder || ⸰rauschen *n* / tube noise || ⸰speicher *m* / tube storage unit || ⸰spule *f* / cylindrical coil, concentric coil || ⸰wicklung *f* / cylindrical winding, multi-layer winding || ⸰wirkungsgrad *m* / tube efficiency
Rohrerder *m* / earth pipe
Rohrextrusionsmaschine *f* / pipe extrusion machine
Rohrfeder *f* / Bourdon spring, Bourdon tube || ⸰-Druckaufnehmer *m* / Bourdon pressure sensor || ⸰-Druckmesser *m* / Bourdon pressure gauge || ⸰-Messwerk *n* / Bourdon-tube element, Bourdon-spring element
Rohr·führung *f* / pipe support || ⸰gasschiene *f* / gas-insulated bar
rohrgeführter Kühlkreis (el. Masch.) / piped circuit of cooling system
Rohr·generator *m* / bulb-type generator, bulb generator || ⸰gewinde *n* / pipe thread (p.t.) || ⸰haken *n* / crampet *n*, pipe hook || ⸰hängeschelle *f* / conduit hanger || ⸰harfe *f* (Kühler) / tubular radiator, tubular cooler ||

Rohrkabel 718

⦿**harfenkessel** *m* / tubular tank || ⦿**heizkörper** *m* / tubular heater, tubular heating element, tubular radiator, heating coil || ⦿**hülse** *f* / pipe jointing sleeve, tube sleeve
Rohrkabel *n* / pipe-type cable || ⦿**schuh** *m* / tubular cable socket, barrel lug, tubular cable lug
Rohr·kerbzugversuch *m* / notched-tube tensile test || ⦿**klemmleiste** *f* / pipe block || ⦿**krümmer** *m* / pipe bend, elbow *n* || ⦿**kühler** *m* / tubular radiator, tubular cooler || ⦿**leiter** *m* / tubular conductor, transmission line
Rohrleitung *f* / pipeline *n*, tubing *n*, piping *n*, pipes *n pl* || **warmgehende** ⦿ / pipe line operating at high temperature
Rohrleitungen *f pl* / piping *n* || ⦿ *f pl* (f. Luft) / ducting *n*
Rohrleitungs·abschnitt *m* / part of pipe line || ⦿**anlage** *f* / piping *n* || ⦿**bau** *m* / piping construction || ⦿**einführung** *f* / conduit entry || ⦿**element** *n* / piping element || **Ebene der** ⦿**führung** / plane determined by both pipes || ⦿**kennlinie** *f* / system head capacity curve || ⦿**plan** *m* (schematisch) / piping diagram, pipe diagram, tube diagram || ⦿**plan** *m* (gegenständlich) / piping drawing, pipework drawing || ⦿**systeme** *n pl* / pipelines *n pl* || ⦿**widerstand** *m* / resistance of pipe line
Rohr·mast *m* / tubular pole, tubular column || ⦿**muffe** *f* / pipe coupling, union *n* || ⦿**muffe** *f* (IR) / conduit coupling, coupler *n*, bushing *n* || ⦿**niet** *n* / tubular rivet || ⦿**nippel** *m* / conduit nipple, externally screwed conduit coupler || ⦿**postanlage** *f* / tube conveyor system, pneumatic tube conveyor system || ⦿**post-Weichenanlage** *f* / full-intercommunication (pneumatic tube conveyor system)
Rohrrauhheit, Einfluss der ⦿ / roughness criterion
Rohr·register *n* / tube set, tube bundle || ⦿**sammelschiene** *f* / tubular busbar
Rohrschelle *f* / pipe clamp, tube clip || ⦿ *f* / conduit saddle, conduit cleat, conduit clip || ⦿ *f* (f. Kabel) IEC 50(826), Amend. 2 / clamp *n*
Rohr·schiene *f* / tubular busbar || ⦿**schiene** *f* (Sammelschienenkanal) / tubular bus duct || **SF₆-isolierte** ⦿**schiene** / SF₆-insulated tubular bus duct, SF₆-insulated metal-clad tubular bus || ⦿**schienenkanal** *m* / tubular bus duct || ⦿**schild** *n* / tube label || ⦿**schlüssel** *m* / tubular spanner || ⦿**stromschiene** *f* / tubular busbar || ⦿**stutzen** *m* (Anschlussstück) / pipe socket, connecting sleeve, tube connector || ⦿**stutzen** *m* (Rohrende) / pipe stub, tube stub || ⦿**system** *n* (Lichtrohrs.) / tubetrack system
Rohr·turbine *f* / tube turbine || ⦿**turbinensatz** *m* / bulb-type unit || ⦿**umsteller** *m* / tube-type off-load tap changer, linear-motion tapping switch, barrel-type tap changer || ⦿**verbinder** *m* / pipe coupling (o. union), tube coupling || ⦿**verbindung** *f* / pipe joint, pipe connection || ⦿**verschraubung** *f* / pipe union, pipe coupling || ⦿**verschraubung** *f* (spezielles, elektrisches Anschlusssystem, gebräuchlich in den USA) / conduit gland || ⦿**verschraubung** *f* / conduit union, conduit coupling || **kältere** ⦿**wandung** / inside of wall of pipe at lower temperature || ⦿**zubehör** *n* / conduit fittings, conduit accessories
RoHS / Restriction of use of certain Hazardous Substances (RoHS)
Rohschaltfolge *f* / parameterized operating sequence || **parametrierte** ⦿ / parameterized operating sequence
Roh·schelle *f* / single saddle || ⦿**schild** *n* (unbeschriftetes Schild) / raw label
Rohsignal / unconditioned signal || ⦿ *n* (besteht z. B. aus einem Signalwert und einem Wertstatus) / raw signal || ⦿**geber** *m* / raw signal generator
Rohstoff *m* / raw material || **nachwachsender** ⦿ / sustainable (vegetable) product || ⦿**bestand** *m* / raw material inventory || ⦿**verbrauch** *m* / raw material consumption, basic material surcharge || ⦿**zuschlag** *m* / basic material surcharge
Rohstromversorgung *f* / MPS
Rohteil *n* / raw part, rough part, unmachined part, blank *n* || ⦿**abmessungen** *f pl* / blank part dimensions, blank dimensions || ⦿**bereich** *m* / blank area || ⦿**beschreibung** *f* / rough-part description, description of blank, blank definition || ⦿**daten** *plt* / data for blank || ⦿**durchmesser** *m* / blank diameter || ⦿**erfassung** *f* / blank measurement || ⦿**geometrie** *f* / blank geometry || ⦿**kontur** *f* / blank contour || ⦿**kontur eingeben** / enter blank contour || ⦿**kontureingabe mit Konturrechner** / input of blank contour with contour calculator || ⦿**maß** *n* / blank dimension || ⦿**radius** *m* / blank radius || ⦿**zapfen** *m* / blank spigot
Rohwasser *n* / raw water
Rohwert *m* / raw value, unconditioned value || ⦿ *m* (nicht linearisierter W.) / non-linearized value || ⦿ **(RW)** *m* / raw value
Rollaktion *f* / recall action
Rollbahn *f* / track *n*, race *n*, running surface, guide rail || ⦿ *f* / taxiway *n* || ⦿**befeuerung** *f* / taxiway lighting || ⦿**feuer** *n* / taxiway light || **marke** *f* / taxiway marking || ⦿**mittellinie** *f* (TXC) / taxiway centre line (TXC) || ⦿**mittellinienbefeuerung** *f* / taxiway centre line lighting || ⦿**mittellinienfeuer** *n* / taxiway centre line lights || ⦿**mittellinienmarke** *f* / taxiway centre line marking || ⦿**orientierungssystem** *n* (TGS) / taxiway guidance system (TGS) || ⦿**rand** *m* / taxiway edge || ⦿**randbefeuerung** *f* (TXE) / taxiway edge lighting (TXE) || ⦿**randfeuer** *n* / taxiway edge light || ⦿**vorfeldbefeuerung** *f* (TXA) / taxiway apron lighting (TXA)
Rollbalken *m* / scroll bar
Rollband·-Bürstenhalter *m* / coil-spring brush holder || ⦿**feder** *f* / coiled-strip spring, coil spring
Roll·betrieb *m* / rolling-map operation || ⦿**bildspeicher** *m* / rolling-map memory
Rolle *f* (Fahrrolle) / roller *n*, castor *n*, wheel *n*, role *n* || ⦿ *f* (Rollenzählwerk) / drum *n*, roller *n* || ⦿ *f* / belt pulley, sheave *n*, pulley *n* || ⦿ **für zwei Fahrtrichtungen** / bidirectional wheel
rollen *v* / scroll *v* || **~** *v* (Bildschirmanzeige) / roll *v*, roll up *v*, roll down *v* || **~** *v* (stanzen) / curl *v* || ⦿ *n* (Kontakt) / roll *n*, rolling *n*, roller application, scrolling *n* || **zeilenweises** ⦿ / racking up
Rollen·abwicklung *f* / roll handler || ⦿**antrieb** *m* / roller drive || ⦿**außendurchmesser** *m* / spools outside diameter || ⦿**ausweichgetriebe** *n* / intermittent roller gear(ing) || ⦿**bahn** *f* / roller path, roller track || ⦿**beschickung** *f* / reel loading || ⦿**biegemaschine** *f* / roller bending machine || ⦿**bock** *m* / roller-mounted support, idle roller ||

⒭bohrung f / roller hole || ⒭brechstange f / roller crowbar || ⒭breite f / roller width
rollendes Bild / rolling map
Rollen·druckmaschine f / web-fed printing press || ⒭durchmesser m / roller diameter || ⒭elektrode f / electrode wheel || ⒭etikett ist selbstklebend / coil label is self-adhesive || ⒭förderer m / roller conveyor || ⒭führung f / roller guide || ⒭gewindespindel n / horizontal threaded spindle || ⒭gewindetrieb m / threaded spindle drive || ⒭hebel m / roller lever actuator, roller lever, reel lever || ⒭hochdruckmaschine f / roller letterpress printing machine || ⒭-Innendurchmesser m / spools inside diameter || ⒭käfig m / roller cage || ⒭kette f / roller chain || ⒭kontakt m / roller-type contact || ⒭körper m / roller body || ⒭kugellager n / roller bearing || ⒭kühlofen m / annealing lear || ⒭kupplung f / roller clutch, roller coupling
Rollen·lager n / roller bearing || ⒭last f / roller load || ⒭laufring m / roller race || ⒭nahtschweißen n / seam welding || ⒭offsetmaschine f / web offset machine, rotary offset machine || ⒭papier n (Drucker) / continuous rollpaper || ⒭pressspan m / presspaper n || ⒭prüfstand n / chassis dynamometer, dynamometer test bed, roller test stand, roller dynamometer || ⒭radius m / roller radius || ⒭rechner m / dyno computer, dynamometer computer, roller computer || ⒭satz m / set of rollers || ⒭schaltwerk n (m. Zählwerk f. Stellantriebe) / roller-type counting and switching mechanism || ⒭scheitel m / roller crest || ⒭schienenführung f / roller rail system || ⒭schneider m / slitter winder, roll slitter || ⒭stange f / roller bar || ⒭station f / idler n || ⒭station mit Muldung / troughed idler || ⒭stößel m / roller plunger actuator, roller plunger, plunger with roller || ⒭stößelantrieb m / roller plunger actuator || ⒭träger m / reel stand, role participants || ⒭wechsel m / roll change, reel change || ⒭wechsler m / reel changer || ⒭zählwerk n / drum-type register, roller register, roller cyclometer, cyclometer register, cyclometer index, cyclometer n, roller counting mechanism || **fünfstelliges** ⒭zählwerk / five-digit roller cyclometer
Rollerarm m / roller arm
Roll·feder·Bürstenhalter m / coil-spring brush holder || ⒭feld n / manoeuvring area || ⒭funktion f / scrolling function || ⒭gang m / roller table || ⒭gangsmotor m / roller conveyor motor || ~**gebogen** adj / roll-formed adj || ⒭gehweg m / moving pavement, moving sidewalk || ⒭haltemarke f / taxi-holding position marking || ⒭halteort m / taxi-holding position || ⒭haltezeichen n / taxi-holding position sign
rolliert adj / rolled adj
Rollierwerkzeug n / rolling tool
rolliger Boden / non-cohesive soil
Roll·kolbenverdichter m / rotary piston compressor || ⒭kontakt m / roller-type contact || ⒭körper m / rolling element || ⒭kugel f / control ball, tracker ball || ⒭kugel f (Positioniergerät f. Schreibmaske) / roller ball, track ball || ⒭kugelmodul n / roller ball module || ⒭kur f / retrofit measures || ⒭ladenaktor m / Venetian blind actuator || ⒭leitsystem n / taxiing guidance system (TGS) || ⒭maschine f / rolling machine || ⒭maß n / tape measure || ⒭membran f / roller diaphragm, convolution (rolling) diaphragm (Bellofram) || ⒭moment n / rolling momentum, roll moment
rollnahtgeschweißt adj / roller-seam-welded adj
Roll·reibung f / rolling friction, elastic rolling friction, constant rolling resistance || ⒭scheinwerfer m / taxiing light || ⒭speicher m / rolling-map memory || ⒭speicherbaugruppe f / rolling map memory module || ⒭stanze f / curling die || ⒭tor n / rolling shutter gate || ⒭treppe f / escalator n, electric stairway || ⒭wagen m / trolley n || ⒭widerstand m / rolling resistance
ROM n (Read Only Memory) / ROM (read-only memory) || ⒭-**Fehler** m / ROM failure || ⒭-**Speicher** m / read only memory
Ronde f / circular lamination, ring punching, integral lamination
Röntgen·analyse f / X-ray analysis || ⒭analysegerät n / X-ray analyzer || ⒭analytik f / X-ray analyzis || ⒭beugung f / X-ray diffraction || ⒭beugungsanalyse f / X-ray diffraction analysis || ⒭bild n / X-ray radiograph, X-ray image, exograph n || ⒭diffraktion f / X-ray diffraction || ⒭diffraktometer n / X-ray diffraction analyzer || ⒭diffraktometrie f / x-ray diffractometry || ⒭durchstrahlung f / X-ray examination, X-ray test, radiographing n || ⒭feinstrukturuntersuchung f / micro-structure X-ray examination || ⒭fluoreszenzanalyse f (RFA) / X-ray fluorescence analysis || ⒭-**Fluoreszenzanalysegerät** n / X-ray fluorescence analyzer || ⒭generator m / X-ray generator || ⒭gerät n / x-ray device || ⒭goniometer n / X-ray goniometer, Weissenberg camera || ⒭grobstrukturuntersuchung f / macro structure X-ray test || ⒭leuchtschirm m / fluorescent X-ray screen || ⒭protokoll n / x-ray report || ⒭quant m / X-ray quantum || ⒭röhre f / X-ray tube || ⒭spektrometer n / X-ray spectrometer || ⒭spektrometrie f / X-ray spectrometry || ⒭strahlabschirmung f / X-ray shielding
Röntgenstrahlen m pl / X-rays n pl || ⒭brechung f / X-ray diffraction
Röntgen·strahler m / X-ray tube, X-ray source || ⒭topographie f / X-ray topography || ⒭-**Weitwinkelmessung** f / X-ray wide-angle measurement
ROP (Rezeptoperation) f / ROP (recipe operation) n
ROPS (Roboter Offline Programmiersystem) / ROPS (Robot Offline Programming System)
Roquésit n / CuInS$_2$ (copper-indium-disulfide)
ROR-Anforderer m / ROR requester
rosa adj (rs) / pink adj (pnk) || ~ **Rauschen** (Rauschen mit kontinuierlichem Spektrum, derart dass die Werte des Leistungsdichtespektrums proportional den Kehrwerten der Frequenzen im betrachteten Frequenzband sind) / pink noise, 1/f noise
ROSCTR / ROSCTR (Remote Operating Service Control)
Rosenberg-Generator m / Rosenberg generator, Rosenberg variable-speed generator
ROSE-Nutzer m / ROSE-user
Rosette f / rosette n, rose n, barrel n || ⒭ f (Taster) / collar n, bezel n
Rost m (Eisenoxid) / rust n || ⒭ m (Gitter) / grate n, grating n
rostbeständig adj / rustproof adj, rust-resisting adj,

Rost 720

non-rusting *adj*
Rost·bildung *f* / rusting *n*, rust formation ‖ ⁓**entfernungsmittel** *n* / rust remover
rostfrei *adj* / rustfree *adj*, rustless *adj*, non-rusting *adj*, stainless *adj* ‖ ⁓ *adj* (Stahl) / stainless *adj*
rostgeschützt *adj* / protected against rust, rustproofed *adj*
Rost·grad *m* / rustiness *n* ‖ ⁓**grad** *m* (Einteilung, die den Umfang der Rostbildung auf einer Stahloberfläche vor dem Reinigen beschreibt) / rust grade ‖ ⁓**narben** *f pl* / pitting *n*
Rostschutz *m* / rustproofing *n*, rust control, rust prevention ‖ ⁓**anstrich** *m* / rust-inhibitive coating ‖ ⁓**farbe** *f* / rust-preventive paint, anti-corrosion paint ‖ ⁓**fett** *n* / rust preventing grease ‖ ⁓**grundierung** *f* / anti-corrosion priming coat
rostsicher *adj* / stainless *adj*
Rostumwandler *m* / wash-primer *n*, etch primer
rot *adj* (rt) / red *adj*
Rotameter *n* / rotameter *n*
Rotanteil *m* / red ratio
Rotation *f* / rotation *n* ‖ **vektorielle** ⁓ / vector rotation, curl *n*
Rotations·achse *f* / rotary axis, axis of rotation, rotary axis of motion, shaft ‖ ⁓**berechnung** *f* / calculation of rotation (calculation of the rotational position of the component) ‖ ⁓**bewegung** *f* / rotational movement ‖ ⁓**druckmaschine** *f* / rotary printing machine ‖ ⁓**-EMK** *f* / rotational e.m.f. ‖ ⁓**energie** *f* / kinetic energy of rotation ‖ ⁓**fenster** *n* / rotation window ‖ ⁓**fläche** *f* / surface of revolution, revolved surface ‖ ⁓**formen** *f* / rotational molding
rotationsfreies Feld / non-rotational field
Rotations·frequenz *f* / rotational frequency, speed frequency ‖ ⁓**gießmaschine** *f* / rotational casting machine ‖ ⁓**hysterese** *f* / rotational hysteresis ‖ ⁓**hystereseverluste** *m pl* / rotational hysteresis losses ‖ ⁓**-Inductosyn** *n* / rotary Inductosyn ‖ ⁓**kompressor** *m* / rotary compressor ‖ ⁓**körper** *m* / solid of revolution ‖ ⁓**körper** *m* (Rotameter) / float *n*, plummet *n*, metering float ‖ ⁓**maschine** *f* / rotary machine ‖ ⁓**offsetmaschine** *f* / rotary offset press ‖ ⁓**parabolischer Spiegel** / axially parabolic reflector ‖ ⁓**querschneider** *m* / rotary cross-cutter ‖ ⁓**schritt** *m* / rotation step ‖ ⁓**schwinger** *m* / fly-wheel transducer ‖ ⁓**schwingungsenergie** *f* / vibration-rotation energy ‖ ⁓**stanze** *f* / rotation punch
rotationssymmetrisch *adj* / dynamically balanced, axially symmetrical *adj* ‖ ⁓ *adj* / rotationally symmetric, on the rotational symmetry principle ‖ ⁓**e Ausstrahlung** / rotational-symmetry (light distribution), axially symmetrical distribution ‖ ⁓**e Lichtstärkeverteilung** / rotational-symmetry luminous intensity distribution, symmetrical (luminous intensity distribution)
Rotations·tiefdruckmaschine *f* / rotogravure printing machine ‖ ⁓**trägheit** *f* / rotational inertia ‖ ⁓**verdichter** *m* / rotary compressor ‖ ⁓**winkel** *m* / angle of rotation
rotatorisch *adj* / rot *adj*, rotary *adj* ‖ ⁓**e Werkstückverschiebung** (NC-Zusatzfunktion) DIN 66025,T.2 / angular workpiece shift ISO 1056 ‖ ⁓**er Geber** / rotary encoder ‖ ⁓**er Motorgeber** / rotary motor encoder ‖ ⁓**er Wegmessgeber** / rotary position encoder, rotary encoder ‖ ⁓**es**

Lagemesssystem / rotary position measuring system ‖ ⁓**es Messsystem** / rotary measuring system ‖ ⁓**es Wegmessgerät** (Messwertumformer) / rotary position transducer ‖ ⁓**es Wegmesssystem** / rotary position measuring system
Rotempfindlichkeit *f* (Fähigkeit einer Solarzelle, Licht im roten Wellenlängenbereich zu absorbieren) / red response
roter Bereich / red band
Rot·filter *n* / red filter ‖ ⁓**gehalt** *m* / red content ‖ ⁓**glühend** *adj* / red hot ‖ ⁓**glut** *f* / red heat
rot-grün-blau *adj* (RGB) / red green blue *adj* (RGB)
rotierend *adj* / rotating *adj* ‖ ⁓**e Aushärtung** / rotating curing process ‖ ⁓**e Auswuchtmaschine** / rotational balancing machine, centrifugal balancing machine ‖ ⁓**e Reserve** / spinning reserve ‖ ⁓**e Wirbelstrombremse** / rotating eddy-current retarder ‖ ⁓**er Phasenschieber** / synchronous compensator ‖ ⁓**er Speicher** / rotating storage ‖ ⁓**er Stellantrieb** / rotary actuator ‖ ⁓**er Umformer** / motor-generator set, m.-g. set, rotary converter ‖ ⁓**es Feld** / rotating field, revolving field, rotary field
Rotieroperation *f* / rotate instruction
Rotlicht, sichtbares ⁓ / visible red light ‖ ⁓**-Reflextaster** *m* / red-indicator light barrier
Rotlinie *f* / red boundary
Rotor *m* (el. Masch.) / rotor *n*, inductor *n* ‖ ⁓ *m* (Vektorfeld) / curl *n*
Rot-Orange-Bereich *m* / red-orange region
Rotorblockierung *f* / locked rotor
Rotorenschleifmaschine *f* / rotor grinding machine
rotorgespeiste Maschine / inverted machine, rotor-fed machine
rotorintegriertes Getriebe / rotor integrated gear (RIC)
Rotorlage *f* / rotor position
Rotorlagegeber *m* (RLG) / rotor position encoder, rotor position sensor (o. transducer), rotor position transmitter, shaft position encoder, shaft-angle encoder ‖ ⁓**anschlag** *m* / rotor position encoder limit, shaft encoder limit ‖ ⁓**stecker** *m* / connector for the rotor position encoder ‖ ⁓**system** *n* / rotor position encoder system, shaft encoder system ‖ **eigensicherer** ⁓ / intrinsically safe rotor position encoder
Rotorlage·identifikation *f* / rotor position identification ‖ ⁓**signal** *n* / rotor position signal ‖ ⁓**synchronisation** *f* / rotor position synchronization ‖ ⁓**taktung** *f* / rotor-position clocking method ‖ ⁓**winkel** *m* / rotor position angle
Rotor·maschine *f* / rotor machine ‖ ⁓**spinnmaschine** *f* / rotor-spinning machine ‖ ⁓**spule** *f* / rotor coil ‖ ⁓**-Trägheitsmoment** *n* / rotor moment of inertia
Rotosyn-System *n* / rotosyn system
Rotwarmbiegeprobe *f* / hot bend test
Round-Robin-Ablaufebene *f* / round robin execution level *n*
Router *m* / router *n*, gateway *n*
Routine *f* (QS) / routine *n* ‖ ⁓**mäßige Reinigung** / routine cleaning
Routing *n* / routing *n*
ROV / rapid override (ROV), rapid traverse override
Roving *n* / roving *n*
RP / retraction plane (RP), return plane (RP) ‖ ⁓ (Rezeptprozedur) *f* (der Teil eines Rezepts, der die Strategie für die Herstellung einer Charge

beschreibt) / recipe execution (RP)
RPA / RPA (R parameter active) ‖ ᷎ / RPA (retraction path in abscissa of the active plane)
RPAP / RPAP (retraction path in applicate of the active path)
R-Parameter *m* / R parameter, arithmetic parameter, R-variable *n* ‖ ᷎**text** *m* / R parameter text, R variable text
RPC / RPC (remote procedure call)
RPH (Referenz Prozesshaus) *n* / RPH (Reference Process House) *n*
RPO / RPO (retraction path in ordinate of the active plane)
R-Prozessor *m* / loop processor ‖ ᷎ *m* (Regelungsprozessor) / loop processor, R processor
RPS (Referenzpunktschalter) *m* / reference point switch (RPS)
RPS-Baugruppe *f* / rack power supply module ‖ ᷎**-Justage** *f* / RPS alignment
RPU / RPU (Receive Processing Unit (RPU)
RPY / RPY (Roll Pitch Yaw) ‖ ᷎**-Winkel** *m* / RPY angle
RQL / Rejectable Quality Level (RQL)
RRC / RRC (regional repair center) ‖ ᷎ / report RTU configuration (RRC) ‖ ᷎**-Wirkungsgrad** *m* / efficiency at realistic reporting conditions, realistic reporting conditions efficiency
RRSP-Beitrag *m* / contribution to registered retirement savings plan
rs *adj* (rosa) / pnk *adj* (pink)
RS / automatic electrical control (AEC) ‖ ᷎ (Rundschreiben) / memo ‖ ᷎ *adj* / PK *adj*
RSB / vestigial sideband
RS-Daten (Rüstdaten) *f* / set-up data
RS-Flipflop *n* / RS flipflop, set-reset flipflop
RSK / rear contact
RS-Kippglied *n* / RS bistable element ‖ ᷎ **mit Zustandssteuerung** / RS bistable element with input affecting two outputs ‖ ᷎ **mit Zweizustandssteuerung** / RS master-slave bistable element
RSM (Reparaturschaltermodul) *n* / RSM (solator module)
RS-Schaltung *f* / rapid-start circuit, instant-start circuit
RS-Speicher *m* / RS flipflop ‖ ᷎**glied** *n* (Flipflop) / RS flipflop ‖ ᷎**glied mit Grundstellung** / RS flipflop with preferred state
RST (Reset-Set-Toggle) / RST (reset-set-toggle)
RS-Taste *f* / reset key, reset button
RSV (Reparaturservicevertrag) / RSC (repair service contract) ‖ ᷎**-Daten** *f* / RSC data ‖ ᷎**-Etikett** *n* / RSC label ‖ ᷎**-Geschäft** *n* / RSC business ‖ ᷎**-Leistung** *f* / RSC service ‖ ᷎**-Verlängerung** *f* / RSC extension ‖ ᷎**-Zertifikat** *n* / RSC certificate
RSxxx-Schnittstelle *f* / RSxxx-interface (Serial interfaces RS232, RS422/485)
RT / basic grid dimension (BGD)
rt *adj* (rot) / red *adj* (RD)
RTC (Echtzeituhr) *f* (Chip, der fortlaufend ohne Einwirkung der CPU Uhrzeit und Datum aktualisiert) / RTC (real-time clock)
RTCP / RTCP (remote tool center point)
RTCVD (Abscheidungsverfahren; spezielle Form der chemischen Gasphasenabscheidung) / RTCVD
RTD-3L / thermoresistor (linear, 3-wire configuration) *n*

R-Teil *m* / R component/part
RTI / runway threshold identification light (RTI) ‖ ᷎ / relative temperature index (RTI)
RT-Kommunikation *f* / real-time communication
RTLI / RTLI (rapid traverse linear interpolation)
RTM (Anforderungs- und Rückverfolgungs-Management) / Requirement Traceability Management (RTM) ‖ ᷎**-Baugruppe** *f* / rectifier trigger module
RTOS / real-time operating system (RTOS)
RTP (Rückzugsebene (Parameter)) / RTP (retraction plane)
RTS / RTS (Request To Send)
RTS/CTS / RTS/CTS
RTU / RTU (remote terminal unit)
RÜB (Regenüberlaufbecken) *n* / CSO (Combined Sewage Overflow) *n*
Rubin *m* / ruby *n*
Rubrik *f* / heading *n* ‖ ᷎ **anzeigen** / show heading
Rubriken *f pl* / headings *n pl*
Ruck *m* / jerk *n*
Rück·ansicht *f* / rear view ‖ ᷎**arbeit** *f* / reverse energy ‖ ᷎**arbeitsbremsung** *f* / regenerative braking ‖ ᷎**arbeitsdiode** *f* / regenerating(-circuit) diode
Rückarbeitsverfahren *n* (el. Masch.) VDE 0530, T. 2 / mechanical back-to-back test IEC 34-2 ‖ ᷎ **parallel am Netz** (el. Masch.) VDE 0530, T.2 / electrical back-to-back test IEC 34-2 ‖ **mechanisches** ᷎ / mechanical back-to-back test, pump-back method
ruckartig *adj* / jerky *adj*, by jerks, intermittent *adj*, sudden *adj* ‖ **~es Umlaufen** / discontinuous rotation
Rück·ätzen *n* / etch-back *n* ‖ ᷎**bau** *m* / decommissioning
ruckbegrenzt *adj* / with jerk limitation
Ruckbegrenzung *f* / rate-of-change limiting, torque dampening, jerk limiting, jerk limitation ‖ ᷎**sfaktor** *m* / jerk limitation factor
Rück·blatt *n* / reverse side, rear side ‖ ᷎**dokumentation** *f* / documentation updating, back documentation ‖ ᷎**dokumentation** *f* (PLT) / feedback documentation, documentation updating, uploaded configuration display (o. logging) ‖ ᷎**drehmoment** *n* / counter-torque *n*, retrotorque *n*, reaction torque ‖ ᷎**drehsperre** *f* / reversal preventing device, reverse running stop, escapement mechanism, backstop *n* ‖ ᷎**drehsperre** *f* / reversing block ‖ ᷎**druckfeder** *f* / return spring, restoring spring
ruckeln *v* / buck *v*
Rücken *m* / outside diameter, back *n* ‖ ᷎ *m* (der Teil eines Steges mit reduziertem Durchmesser, damit sich ein Durchmesserspiel ergibt) / body clearance ‖ ᷎ *m* (Stoßspannungswelle) / tail *n* ‖ **im** ᷎ **abgeschnittene Stoßspannung** / impulse chopped on the tail ‖ **Schalttafel für** ᷎**-an-Rücken-Aufstellung** / dual switchboard, back-to-back switchboard, double-fronted switchboard ‖ ᷎**bildung** *f* / ridging *n* ‖ ᷎**blech** *n* (Schrank) / rear panel
ruckendes Gleiten / stick-slip *n*
Rücken·durchmesser *m* (der Durchmesser des Rückens hinter den Fasen) / body clearance diameter ‖ ᷎**einschubblatt** *n* / spine insert ‖ ᷎**halbwertdauer** *f* / time to half-value (on wave tail), virtual time to half-value on tail ‖

Rückfahrbewegung 722

⸺**halbwertzeit** f / time to half-value (on wave tail), virtual time to half-value on tail || ⸺**kante** f (die durch die Schnittstelle einer Spannnut und des Rückens gebildete Kante) / heel || ⸺**kegel** m / back cone || ⸺**-Rücken-Aufstellung** f / back-to-back arrangement || ⸺**tiefe** f / depth of body clearance || ⸺**zeitkonstante** f (Stoßwelle) / tail time constant
Rückfahrbewegung f / return motion (o. movement)
rückfahren v / retrace v || ⸺ n / retrace mode
Rückfahrscheinwerfer m / reversing light (GB), back-up light (US)
Ruckfaktor m / jerk factor
Rückfall m / release n || ⸺**differenz** f / dropout differential (dropout differential = pickup threshold - dropout threshold) || ⸺**ebene** f / fallback solution || ⸺**eigenzeit** f / release time
rückfallen v VDE0435,T.110 / release v
Rückfall·erregung f / specified release value || ⸺**-Istwert** m / just release value, measured dropout value (US) || ⸺**-Sollwert** m / must release value, specified dropout value (US) || ⸺**spannung** f / dropout voltage || ⸺**spannung** f (größter zulässiger Wert an der Wicklung, mit dem ein Schutzgerät bei Bezugstemperatur sicher rückfällt) / release voltage || ⸺**verhältnis** n VDE 0435, T.110 / resetting ratio || **prozentuales** ⸺**verhältnis** VDE 0435,T.110 / resetting percentage, returning percentage
rückfallverzögert adj / OFF-delay, with OFF-delay || ~ **mit Hilfsspannung** adj / OFF-delay with auxiliary voltage || **~es additives Zeitrelais** VDE 0435, T.110 / cumulative delay-on-release time-delay relay || **~es Zeitrelais** / delay-release time-delay relay, off-delay relay, time-delay-after-deenergization relay (TDD)
Rückfall·verzögerung f / returning time IEC 255-1-00, off-delay n || ⸺**verzögerungs-Zeitschalter** m / delay-off timer || ⸺**wert** m (Schaltwert beim Rückfallen) VDE 0435,T.110 / disengaging value || ⸺**wert** m (Wert der Erregungsgröße, bei dem das Relais rückfällt) VDE 0435,T.110 / release value || ⸺**wert** m EN 60947-5-1 / return value
Rückfallzeit f VDE 0435, T.110 / release time, dropout time || ⸺ f (für einen bestimmten Kontakt) / time to stable open condition || ⸺ **eines Öffners** VDE 0435,T.110 / closing time of a break contact || ⸺ **eines Schließers** VDE 0435, T. 110 / opening time of a make contact || **effektive** ⸺ / time to stable open condition
Rück·federung f / resilience n, elastic recovery || ⸺**feld-Doppelfront** / rear cubicle double front
Ruckfilter m / jerk filter
Rück·fluss von Testergebnissen / test data feedback || ⸺**flussdämpfung** f (Verstärker) / return loss || ⸺**flussdämpfung** f (Verstärkerröhre) / operating loss || ⸺**frage** f / checkback, query || ⸺**fragebetrieb** m / transmission method with negative acknowledgement information || ⸺**fragezyklus** m / RQ cycle
ruckfrei adj / jerk-free
rückfrei adj / without undue torque pulsations
rückführbar adj / restorable || **~e Änderung** DIN 40042 / restorable change
Rückführbeschaltung f / feedback network
rückführen v / return v || ⸺ n / recirculation n
rückführend selbsttätig / self-retracting

Rückführ·feder f (pneumat. Stellungsregler) / feedback spring || ⸺**größe** f / feedback variable || ⸺**größe** f (Signal) / feedback signal || ⸺**kreis** m / feedback circuit || ⸺**pfad** m / feedback path || ⸺**signal** n / feedback signal
Rückführung f (Rückkopplung) / feedback n, recovery n, feedback loop, checkback signal || ⸺ f (Pfad) / return path || ⸺ f (Wälzkörper im Lager) / recirculation n || ⸺ f (Rückführzweig) / feedback path || **gewichtete** ⸺ / weighted feedback element
Rückführungs·eingang m / checkback input || ⸺**filter** m / feedback filter || ⸺**kreis** m / feedback loop || ⸺**schleife** f (Rückkopplung) / feedback loop || ⸺**verstärkung** f / feedback gain || ⸺**zweig** m / return branch, feedback branch
Rückführ·wert m / feedback value || ⸺**zeit** f / resetting time || ⸺**zweig** m / feedback path || **Glieder im** ⸺**zweig** / feedback elements
Rückgabe·parameter m / return parameter || ⸺**wert** m / return value, returned value || ⸺**wert (RET_VAL)** m / return value (RET_VAL) (result of a calculation executed in a function (FC))
Rückgang m / decline n || ⸺ m / return n || **Frequenz~** m / frequency reduction || **Spannungs~** m (relativ geringes Absinken der Betriebsspannung) / voltage reduction
rückgängig machen / undo v
Rückgangsrelais n / under ... Relay
rückgehen v / reset v
rückgemeldet / confirmed
rückgestellt / reserved
Rück·gewinnung f (v. Energie) / recovery n, recycling n || ⸺**gewinnungsanlage** m / recycling system || ⸺**grat-Ring** m (zur Verbindung heterogener Datennetze) / backbone ring
Rückhalte·kraft f / retention force || ⸺**system** n / restraining system || ⸺**-System** n / passenger inertial restraint system, occupant restraint system, passenger restraint system || ⸺**zeit** f / retention time
Rückheilungseffekt m (Speicherchip, bei zu schwachem Programmimpuls) / grow-back n
Rückhol·einrichtung f / restoring device, return device || ⸺**feder** f / restoring spring, return spring, resetting spring
Rückhub m / return stroke || ⸺**weg** m / return travel path || ⸺**wert** m / return travel value
Rückinfo f / information feedback, feedback information, feedback n
Rück·kanal m / reverse LAN channel, backward channel || ⸺**kauf** m / credit n, GUT || ⸺**kauf-BZ** / return purchase order form || ⸺**kaufpreis** m / credit n, GUT
Rückkehr f / return n, return jump || ⸺ **nach Null-Schreibverfahren** / return-to-zero recording (RZ recording), polarized return-to-zero recording || ⸺ **vom Referenzpunkt** / departure from reference point (o. from home position) || ⸺ **zur Grundmagnetisierung** (binäres Schreibverfahren) / return to bias (RB), return to reference recording || ⸺**adresse** f / return address || ⸺**bedingung** f / return condition
rückkehren v VDE 0435, T.110 / reset v
Rückkehr·wert m VDE 0435,T.110 / resetting value || ⸺**zeit** f (Spannung nach Netzausfall) / recovery time || ⸺**zeit** f / resetting time
Rück·kippen n (Verstärker) / reset n || ⸺**kipppunkt** m / release point, reset point || ⸺**kippwert** m

(Verstärker) / reset value, negative threshold ‖ ⁓kippzeit *f* / reset time ‖ ⁓kompensation *f* / back compensation ‖ ⁓kontakt *m* / backside contact
Rückkopplung *f* / checkback signal, recovery *n* ‖ ⁓ *f* (Transduktor) / self-excitation *n* ‖ ⁓ *f* / feedback *n*, feedback loop
Rückkopplungs·-Fühlspannung *f* (IC-Regler) / feedback sense voltage ‖ ⁓**kreis** *m* / feedback loop ‖ ⁓**pfad** *m* / feedback path ‖ ⁓**pfeifen** *n* / singing (an unwanted self-sustaining oscillation caused by excessive positive feedback) ‖ ⁓**schleife** *f* / feedback loop ‖ ⁓**system** *n* / feedback system ‖ **geschlossenes** ⁓**system** / closed loop system, feedback system ‖ ⁓**verstärker** *m* / broad-band feedback amplifier ‖ ⁓**wandler** *m* / feedback transducer ‖ ⁓**wert** *m* / feedback value ‖ ⁓**wicklung** *f* (Transduktor) / self-excitation winding
Rück·kühlanlage (RKA) *f* / cooling unit ‖ ⁓**kunftpreis** *m* / returned product price
Rücklade·diode *f* / charge reversal diode ‖ ⁓**diodenmodul** *n* / charge reversal diode module ‖ ⁓**n nach Netzausfall** / reload after power failure ‖ ⁓**widerstand** *m* / reloading resistor ‖ ⁓**widerstand** *m* (LE) / charge reversal resistor
Rücklagerung *f* / restorage *n*, return to storage
Rücklauf *m* / return movement ‖ ⁓ *m* / return motion, reverse movement, return *n* ‖ ⁓ *m* (umgekehrte Drehricht.) / reverse running ‖ ⁓ *m* (Verzögerung) / deceleration *n*, slowing down ‖ ⁓ *m* (Band, Rückspulen) / rewind *n* ‖ ⁓ *m* (Flüssigk.) / return flow, recirculation *n* ‖ ⁓ *m* (Rückhub) / return stroke ‖ ⁓ *m* (Bildr., Zeilenr.) / flyback *n* ‖ ⁓ **zum Programmanfang** / rewind to program start ‖ **Lochstreifen~** *m* / tape rewind ‖ **Schaltpunkt bei** ⁓ / reset contact position (PS) ‖ ⁓**abstand** *m* / return distance ‖ ⁓**diode** *f* / freewheeling diode, regenerative diode
rücklaufen *v* (Zeitrel., Übergang von Wirkstellung in Ausgangsstellung) DIN IEC 255-1-00 / return *v*
Rücklauf·geschwindigkeit *f* (Hochlaufgeber) / ramp-down rate ‖ ⁓**geschwindigkeit** *f* (Rückspulen) / rewind speed ‖ ⁓**geschwindigkeit** *f* / return speed ‖ ⁓**haltezeit Haltebremse** / holding time after ramp down
rückläufig, Kurve der ~en Schleife / recoil curve, recoil line (o. loop) ‖ **~e Kennlinie** / fold-back characteristic
Rücklauf·leitung *f* (Rohrl.) / return line, return pipe ‖ ⁓**öl** *n* / returned oil, recirculated oil ‖ ⁓**rampe** *f* / deceleration ramp ‖ ⁓**schlamm** *m* / return activated sludge (RAS)
Rücklaufsperre *f* / backstop *n*, non-reverse ratchet, rollback lock ‖ ⁓ *f* / reversal preventing device, reverse running stop, escapement mechanism ‖ **Kupplung mit** ⁓ / backstopping clutch
Rücklauf·stopp *m* / rewind stop ‖ ⁓**strom** *m* / return current ‖ **Wagen~taste** *f* / (carriage) return key ‖ ⁓**weg** *m* (Betätigungselement, Steuerschalter) / release travel
Rücklaufzeit *f* / deceleration time ‖ ⁓ *f* (z.B. Poti) / resetting time ‖ ⁓ *f* (Hochlaufgeber) / ramp-down time ‖ ⁓ *f* DIN IEC 255-1-00 / returning time IEC 255-1-00 ‖ ⁓ **für PID-Sollwert** / ramp-down time for PID setpoint
Rück·laufzweig *m* / regenerative arm ‖ ⁓**leistungsschutz** *m* / reverse-power protection

Rückleiter *m* (DÜ-Systeme) DIN 66020, T.1 / common return ‖ ⁓ *m* VDE 0168, T.1 / return conductor IEC 71.4, return wire, return line ‖ **gemeinsamer** ⁓ / common return ‖ ⁓**feld** *n* / return-line panel ‖ ⁓**kabel** *n* / return-line cable
Rückleitung *f* / return circuit, return line, return system, return conductor IEC 71.4, return wire ‖ ⁓ *f* (einer Spannungsversorgung (z. B. 24 V DC-Rückleitung)) / return *n* ‖ **Netz mit Erde als** ⁓ / earth return system, ground return system (US)
Rückleitungs·kabel *n* / return cable ‖ ⁓**schiene** *f* / return conductor rail
Rücklese·-DE / readback DI ‖ ⁓**-Digitaleingabe** *f* (R-DE) / readback digital input module (RB-DI) ‖ ⁓**eingang** *m* / readback input ‖ ⁓**fehler** *m* / readback error
rücklesen *v* / read back ‖ ⁓ *n* / export *n*
Rücklieferfrist *f* / time limit for return of goods ‖ ⁓**schein** *m* / return delivery note, return note, return form, returned product note, returned goods form, returning permit, cover note for return deliveries
Rücklieferung *f* / returns *n pl*, returned goods, returned item
Rückmagnetisierung *f* / remagnetization *n*, reverse magnetization
Rückmelde·bearbeitung *f* / feedback processing ‖ ⁓**bereich** *m* / check-back area ‖ ⁓**eingang** *m* / checkback input ‖ ⁓**einheit** *f* / check-back module ‖ ⁓**einrichtung** *f* / position-repeating means ‖ ⁓**geber** *m* / check-back signal transmitter ‖ ⁓**gruppe** *f* / position-repeating section ‖ ⁓**information** *f* / feedback *n* ‖ ⁓**kontakt** *m* / checkback contact ‖ ⁓**kreis** *m* / retransmitting circuit, indicating circuit, checkback circuit ‖ ⁓**luft** *f* / indicator operating air
Rückmelden *n* / acknowledgement *n*, acknowledgement signal, checkback signal, consultation *n*
Rückmeldepapiere *n* / confirmation cards
Rückmelder *m* / indicator unit, indicator *n*, checkback signalling unit ‖ ⁓ *m* (f. Schalterstellungen) / repeater *n*
Rückmelde·signal *n* / check-back signal ‖ ⁓**system** *n* / feedback system ‖ ⁓**tafel** *f* / indicator board ‖ ⁓**termin** *m* / latest date ‖ ⁓**überwachungszeit in Sekunden** / feedback monitoring time in seconds ‖ ⁓**ventil** *n* / indicator valve
Rückmeldung *f* / check-back signal, feedback *n*, check-back indication, indication *n*, acknowledging signal, acknowledgement *n*, acknowledging message (o. indication), feedback message, response *n*, notification *n* ‖ ⁓ *f* / return information ‖ ⁓ *f* (Zustandssignal) / status signal, status signal display ‖ ⁓ *f* (Quittierinformation) / acknowledgement *n* ‖ ⁓ *f* (Information) / feedback *n* ‖ **Auflösung der** ⁓ (in einem Lageregelkreis das kleinste Weginkrement, das vom Messkreis der numerischen Steuerung klar erkennbar ist) / feedback resolution, position control resolution, positioning resolution ‖ **Istdaten-**⁓ *f* / actual data feedback ‖ **negative** ⁓ / negative acknowledgement (NAK, NACK) ‖ **positive** ⁓ / positive acknowledgement, ACK
Rückmeldungs·telegramm *n* / response frame ‖ ⁓**verarbeitung** *f* (Zustandssignal) / status signal processing ‖ ⁓**welle** *f* / feedback shaft

Ruckminderung *f* / jerk reduction
Rücknahme·befehl *m* / cancel command || **⁓verpflichtung** *f* / responsibility for accepting returned products
Ruckparameter *m* / jerk parameter
Rück·platte *f* / backplane *n*, baseplate *n* || **~positionieren** *v* / reposition *v* || **⁓positionieren** *n* / repositioning *n*, retract *n* || **⁓positionierung** *f* / repositioning *n*, return to contour, reapproach contour, REPOS (repositioning)
Ruckpuffer *m* / jerk buffer
Rück·rollbremse *f* / hill-holder brake || **⁓ruf** *m* / recall, call-back || **⁓rufaktion** *f* / recall action || **⁓schaltdrehzahl** *f* / shift-down engine speed
rückschalten *v* / switch back
Rückschalter *m* / resetting switch, resetter *n*
Rückschalt·geschwindigkeit *f* / shift-down road speed || **⁓hysterese** *f* / reset hysteresis || **⁓kraft** *f* / release force || **⁓moment** *n* / shift-down torque || **⁓punkt** *m* / release position || **⁓temperatur** *f* (Wärmefühler) / reset temperature || **⁓ung** *f* / code reversion || **⁓verzögerung** *f* / reset delay || **⁓zeit** *f* (Netzumschaltgerät) / return transfer time
Rückschlag·klappe *f* / non-return valve, swing valve, clapper valve || **⁓ventil** *n* / non-return valve, stop valve, check valve
Rückschleifen *n* / loopback *n*
Rückschluss *m* (Fluss) / magnetic return, return *n*, return path || **magnetischer ⁓** / magnet yoke, magnetic return path || **magnetischer ⁓** (LM) / magnetic keeper || **⁓bügel** *m* / tongue piece || **⁓schenkel** *m* / return limb, yoke *n* || **⁓tabelle** *f* / conversion chart
Rückschneidung *f* / difference to full number of windings
rückschreiben *v* / re-write *v* || **Lesen mit modifiziertem ⁓** / read-modify-write mode
Rück·schwingthyristor *m* / swing-back thyristor || **⁓schwingzweig** *m* / ring-back arm
Rückseite *f* / rear side, reverse side, back *n*, rear surface, back surface, backside *n*, rear *n*, rear panel
Rückseiten·bearbeitung *f* / reverse side machining || **⁓druck** *m* / reverse side printing || **⁓feld** *n* / back surface field (BSF) || **⁓kanten** *f* / rear-panel edges || **⁓kontakt** *m* / back contact || **⁓kontaktzelle** *f* / rear contact cell, backside contact cell, interdigitated back-contact cell (IBC) || **⁓passivierung** *f* / backside passivation || **⁓-Punktkontaktzelle** *f* / point contact cell, backside point contact cell, point contact solar cell, Stanford rear contact cell, rear point contact cell || **⁓rekombination** *f* / rear recombination, rear surface recombination || **⁓-Rekombinationsgeschwindigkeit** *f* / rear surface recombination velocity || **⁓spiegel (BSR)** *m* (reflektierende Schicht, die an der Zellenrückseite angebracht wird, um Durchstrahlungsverluste zu verhindern) / back surface reflector (BSR)
rückseitig befestigt / back-mounted *adj*, rear-mounted *adj* || **~ entriegelbarer Kontakt** / rear-release contact || **~e Leitungseinführung** / rear cable entry, rear connection || **~e Verdrahtungsplatte** / backplane p.c.b. || **~e Verriegelung** / rear interlock || **~er Anschluss** / back connection, connection at the rear, rear connection, rear cable entry || **~er Antrieb** / rear operating mechanism, rear-operated mechanism ||

~er Hauptleiteranschluss / rear main conductor connection
Rück·sendeverpflichtung *f* / obligation to return || **⁓sendeschein** *m* / return voucher || **⁓sendung** *f* / return *n*, returned goods, returned item || **⁓sendungsanfrage** *f* / return request || **⁓sendungsankündigung** *f* / returned goods notification || **⁓sendungslieferschein** *m* / returned goods delivery note
Rücksetz-·Abhängigkeit *f* / reset dependency, R-dependency *n* || **⁓auslöser** *m* / resetting trip
rücksetzbar *adj* / resettable *adj*
Rücksetzbefehl *m* / reset command || **⁓ senden** DIN IEC 625 / to send interface clear (sic)
Rücksetzeingang *m* / resetting input, reset input, it-input *n*, clear input
Rücksetzen *n* DIN 19237 / reset *n*, disengagement *n*, resetting *n*, backtracking *n* || **⁓** *n* (Magnetband) / backspace *n* || **~ v (R)** / reset *v* (R), unlatch *v* || **⁓ der Werkseinstellung** / factory reset, reset to factory setting || **Ausgang ~** / unlatch output || **Gerät ~** / device clear(ing) || **konditioniertes ⁓** / conditional reset (CR)
rücksetzen, Schnittstelle ~ / interface clear(ing)
Rücksetzen, speichernd ~ / unlatch *v* || **vorrangiges ⁓** / reset dominant
Rücksetz·funktion *f* DIN IEC 625 / device-clear function || **⁓impuls** *m* / reset(ting) pulse || **⁓mechanismus** *m* / return mechanism IEC 50 (581) || **⁓merker** *m* / reset flag || **⁓modus** *m* / reset mode || **⁓-Ruhezustand der Systemsteuerung** DIN IEC 625 / system control interface clear idle state (SIIS) || **⁓stellung** *f* / reset position || **⁓taste** *f* (RS-Taste) / reset key, reset button
Rücksetzung *f* / resetting *n*
Rücksetzwert *m* / reset value || **⁓** *m* / release value IEC 50(446)
Rück·spannung *f* / reverse voltage || **⁓spannung** *f* (Rückkopplung) / feedback voltage || **⁓spannungserkennung** *f* / reverse voltage detection || **⁓spannungsschutz** *m* / reverse voltage protection
Rückspeise·betrieb *m* / regenerative feedback mode || **~fähig** *adj* / regenerative *adj*
Rück·speisefähigkeit *f* / capable of energy regeneration || **⁓speiseleistung** *f* / energy regeneration || **⁓speisetransformator** *m* / energy recovery transformer, feedback transformer || **⁓speiseumformer** *m* / converter for slip-power recovery, energy recovering m.-g. set || **⁓speisung** *f* / feedback *n*, feedback loops, checkback signal, recovery *n* || **⁓speisung der Bremsenergie** / regenerative braking || **⁓speisung der Schlupfleistung** / slip-power recovery || **⁓speisung von Energie** / energy recovery, energy reclamation || **⁓speisungsunterwerk** *n* / receptive substation
Rücksprung *m* / return jump || **⁓** *m* (z. Programmanfang o. in einen Baustein) / return *n* || **⁓adresse** *f* / return address || **⁓swert** *m* / return value || **⁓taste** *f* / backspace key || **⁓zeile** *f* / return line
Rückspulen *n* / rewinding *n*, rewind *n* || **⁓** *n* (CLDATA-Wort) / rewind ISO 3592 || **~ v** / rewind *v*
Rückspülen *n* (Chromatograph) / backflushing *n*
Rückspulen zum Programmanfang / rewind to

program start
Rückspul·geschwindigkeit f / rewind speed || ⇄**stop** m / rewind stop
Rückstand m / outstanding delivery || ⇄ m (Aufträge, Arbeit) / backlog n
Rückstandsfraktion f / tail fraction, tails *plt*
Rückstau m / back-pressure n
Rückstellabfrage, Sägezahn-⇄ f / saw-tooth voltage reset detector
rückstellbar *adj* / resettable *adj* || **~er Melder** EN 54 / resettable detector || **~er Temperaturbegrenzer** / non-self-resetting thermal cutout
Rückstell·drehfeder f / resetting torsion spring (o. bar), restoring torsion spring || ⇄**druckknopf** m / reset push-button
Rückstelleinrichtung f (Maximum-R.) / zero resetting device, resetter n || ⇄ f / reset (o. resetting) device || ⇄ f VDE 0418,1 / restoring element IEC 211 || **Feder~** f / spring return device || **Mitnehmer-**⇄ f / driver restoring element, driver resetting mechanism
rückstellen v (Rel.) / reset v
Rücksteller m / reset n
Rückstell·feder f / resetting spring, restoring spring, return spring, reacting spring, reset spring || ⇄**gehäuse** n / reset enclosure || ⇄**hebel** m / resetting lever || ⇄**impuls** m / reset(ting) pulse || ⇄**knopf** m / reset button, resetting button || ⇄**kraft** f (Schnappsch.) / reset force || ⇄**kraft** f (HSS) VDE 0660, T.200 / restoring force || ⇄**moment** n (Feder) / restoring torque || ⇄**moment** n (Synchronmasch.) / synchronizing torque || ⇄**moment** n VDE 0660, T.200 / restoring moment IEC 337-1 || ⇄**periode** f / resetting period || ⇄**probe** f / reference sample || ⇄**schalter** m / resetting switch, resetter n || ⇄**temperatur** f / restoring temperature, reset temperature
Rückstellung f / resetting n, reset n, return n, replacement n || **Drucktaster mit verzögerter** ⇄ VDE 0660, T.201 / time-delay pushbutton IEC 337-2 || **Maximum-**⇄ f / maximum-demand zero resetting, maximum-demand resetter || **Probenentnahme mit** ⇄ / sampling with replacement || **selbsttätige** ⇄ / automatic return || ⇄**en** f / reserves n
Rückstell·-Vorlaufweg m / resetting overtravel || ⇄**vorrichtung** f / resetting device || ⇄**weg** m (Teilweg zwischen zwei Schnitten) / retract distance || ⇄**zählwerk** n / resettable register || ⇄**zeit** f / resetting time, reset time || **Monats-**⇄**zeitlaufwerk** n / monthly resetting timer || ⇄**ziffer** f (el. Masch., f. synchronisierendes Moment) / synchronizing torque coefficient
Rückstoßkraft f / reactive power
Rückstrahl·aufnahme f / back-reflection photogram, back-reflection photograph, back-reflection pattern || ⇄**charakteristik** f / echo characteristic || ⇄**diagramm** n / back-reflection pattern || ⇄**dichte** f / reflectance density
Rückstrahler m (Oberfläche o. Körper mit Retroreflexion) / retro-reflector || ⇄ m / rear red reflex reflector, reflex reflector
Rückstrahl·optik f / retro-reflecting optical unit || ⇄**verfahren** n / back-reflection method, back-reflection photography || ⇄**wert** m / coefficient of retroflective luminous intensity || **spezifischer**
⇄**wert** / coefficient of retroreflection
Rück·streudämpfung f / backscatter attenuation || ⇄**lotung** f / back-scatter ionospheric sounding || ⇄**streumessplatz** m / optical time-domain reflectometer || ⇄**streuung** f / backscattering n
Rückstrom m (Thyr) / reverse current, reverse power flow || ⇄**auslöser** m VDE 0660,T.101 / reverse-current release IEC 157-1 || ⇄**belastbarkeit** f / reverse current carrying capacity || ⇄**diode** f / blocking diode || ⇄**relais** n / reverse-current relay || ⇄**schutz** m / reverse-current protection || ⇄**spitze** f (Diode) / peak reverse recovery current
Rück·taste f / backspace key || ⇄**tausch** m / replacement || ⇄**transfer** m / Backtransfer n || ⇄**transformation** f / inverse transformation
rücktreibendes Moment (el. Masch.) / restoring torque, synchronizing torque
Rück·trieb m / backward creep || ⇄**trocknungsofen** m / baking oven / **~übersetzbar** *adj* / recompilable *adj* || ⇄**übersetzbarkeit** f / recompilability n
rückübersetzen v / recompile v, retranslate v, decompile v, disassemble v, disemble v || ⇄ n / recompilation n
Rück·übersetzung f / recompilation n || ⇄**übertragung** f / upload n || ⇄**umformer** m / converter for slip-power recovery, energy recovering m.-g. set || **~umsetzen** v / reconvert v || ⇄**umsetzung** f / reconversion n || ⇄**- und Hochlauframpe** f / ramp function || ⇄**verdrahtung** f / reset to factory setting || ⇄**verfolgbarkeit** f / traceability n || ⇄**verfolgung** f / tracing n, tracking || ⇄**versetzung** f / re-transfer n || ⇄**wägung** f / return weighing
Rückwand f / rear wall, backplate n, casing plate, backpanel n, rear plate, rear panel || ⇄**anschluss** m / backplane connection || ⇄**bus** m / rear panel bus, backplane bus, bus backplane || ⇄**busabdeckung** f / backplane bus cover || ⇄**busadapter** m / rear panel bus adapter || ⇄**busmodul** n / backplane bus module || ⇄**-Bussystem** n / backplane bus system || ⇄**bus-Verbinder** m / backplane bus connector || ⇄**wandbus-Versorgung** f / backplane bus supply || ⇄**echo** n / back-wall echo, back echo
rückwandeln v / reconvert v
Rückwanderecho n / vibrations reflected from edge, reflected beam, back reflection
Rückwand·karte f / backplane n || ⇄**karten-Verbindungssystem** n / backplane interconnect system || ⇄**lösung** f / casing-plate solution
Rückwandlung f / reconversion n
Rückwand·platine f / backplane n || ⇄**verdrahtung** f / backplane wiring assembly, rear board wiring, backplane wiring || ⇄**verdrahtungsplatte** f / wiring backplane || ⇄**zelle** f / back layer cell
Rückware f / returned product, item returned for repair
Rückwaren f pl / returns n pl, returned goods || ⇄**abteilung** f / returned goods department || ⇄**abwicklung** f / return scheme, return procedure || ⇄**auftrag** m / returned goods order || ⇄**begleitschein** m / returned goods note, returned item voucher || ⇄**datenerfassung** f / data capture for returned items || ⇄**eingang** f / incoming returned goods || ⇄**kennung** f / return code,

rückwärtig

returned goods classification, returned product code, repair code, repair ID || ⁓**klassifizierung** *f* / returned goods classification, return code, returned product code, repair code, repair ID || ⁓**schnittstelle** *f* / returned goods interface || ⁓**stelle** *f* / returned goods department, Returned Items
rückwärtig *adj* / rear-side || **~e Verriegelung** / reverse interlocking || **~er Abstandskurzschluss** / source-side short-line fault || **~er Überschlag** / back flashover
rückwärts *adj* / backward *adj* || **~ leitend** / reverse conducting || **~ leitender Thyristor (RLT)** / reverse conducting thyristor, asymmetric silicon-controlled rectifier (ASCR) || **~ rollen** (Bildschirm) / roll down *v* || **~ sperrend** / reverse blocking, inverse blocking || **~ takten** (Zähler) / down counting || **~ zählen** / count down
Rückwärtsband *m* / reverse band
rückwärtsblättern *v* (am Bildschirm) / page up *v* || ⁓ *n* / backpaging *n*
Rückwärts·diode *f* / backward diode, unitunnel diode || ⁓**drehen** *n* / reverse rotation || ⁓**Durchlasskennlinie** *f* / reverse conducting-state characteristic || ⁓**-Durchlassspannung** *f* / reverse conducting voltage || ⁓**-Durchlassstrom** *m* / reverse conducting current || ⁓**-Durchlasswiderstand** *m* DIN 41786 / reverse conducting resistance || ⁓**-Durchlasszustand** *m* / reverse conducting state || ⁓**durchschlag** *m* / reverse breakdown || ⁓**-Erholzeit** *f* (Schaltdiode) / reverse recovery time || ⁓**fehlerkorrektur** *f* (automatische Wiederholungsanfrage) / Automatic Repeat Request (ARQ) || ⁓**führung** *f* / feedback control || ⁓**-Gleichspannung** *f* (Diode) DIN 41781 / continuous direct reverse voltage, continuous reverse voltage || ⁓**-Gleichsperrspannung** *f* / direct reverse voltage, direct off-state voltage || ⁓**impuls** *m* / down pulse || ⁓**kanal** *m* IEC 50(794) / return channel, receive channel || ⁓**kanal** *m* / backward channel || ⁓**kennlinie** *f* DIN 41853 / reverse voltage-current characteristic || ⁓**kennzeichen** *n* (Schaltkennzeichen, übertragen in Richtung vom gerufenen Teilnehmer zum Anrufer) / return switching signal
rückwärtskompatibel *adj* / downward compatible
Rückwärtslauf *m* / run-back *n* || ⁓ *m* / flyback *n* || ⁓ *m* (Lochstreifenleser) / rewind *n*
rückwärtslaufend *adj* / backward running, return
Rückwärts·positionierung *f* / reverse positioning || ⁓**programmierung** *f* / return programming, reverse programming || ⁓**richtung** *f* (Schutz) / inoperative direction || ⁓**richtung** *f* (HL) / reverse direction || ⁓**-Richtungsglied** *n* / reverse-looking directional element (o. unit)
Rückwärts-Scheitelsperrspannung *f* DIN 41786 / peak working reverse voltage, crest working reverse voltage || ⁓ *f* (am Zweig) / circuit crest working reverse voltage
Rückwärts-Schiebeeingang *m* / right-to-left shifting input, bottom-to-top shifting input
rückwärtsschreitender Wicklungsteil / retrogressive winding element
Rückwärts·schritt *m* (Formatsteuerfunktion) / backspace *n* || ⁓**schritt** *m* / backward pitch || ⁓**senken** *n* / reverse countersinking || ⁓**spannung** *f* (Diode) / reverse voltage || ⁓**-Sperrdauer** *f* /

circuit reverse blocking interval || ⁓**-Sperrfähigkeit** *f* (Diode) / reverse blocking ability || ⁓**-Sperrkennlinie** *f* / reverse blocking-state characteristic || ⁓**-Sperrspannung** *f* / reverse blocking voltage || ⁓**-Sperrstrom** *m* / reverse blocking current || ⁓**-Sperrwiderstand** *m* / reverse blocking resistance || ⁓**-Sperrzeit** *f* / reverse blocking interval, inverse period || ⁓**-Sperrzeit des Stromkreises** / circuit reverse blocking interval || ⁓**-Sperrzustand** *m* / reverse blocking state
Rückwärts-Spitzensperrspannung, schaltungsbedingte nichtperiodische ⁓ / circuit non-repetitive peak reverse voltage || **schaltungsbedingte periodische** ⁓ / circuit crest peak off-stage voltage || **nichtperiodische** ⁓ / circuit non-repetitive peak reverse voltage || **periodische** ⁓ DIN 41786 / repetitive peak reverse voltage, maximum recurrent reverse voltage
Rückwärts·-Spitzensteuerspannung *f* / peak reverse gate voltage || ⁓**steilheit** *f* / reverse transfer admittance || ⁓**-Steuerspannung** *f* / reverse gate voltage || ⁓**-Steuerstrom** *m* / reverse gate current || ⁓**steuerung** *f* DIN 44302 / backward supervision || ⁓**-Stoßspitzenspannung** *f* DIN 41786 / non-repetitive peak reverse voltage || ⁓**-Stoßspitzenspannung des Stromkreises** / circuit non-repetitive peak reverse voltage || ⁓**strich** *m* (Staubsauger) / return stroke || ⁓**strom** *m* (Diode) / reverse current || ⁓**-Stromverstärkung** *f* / reverse current transfer ratio, inverse current transfer ratio || ⁓**stufe** *f* / backward step || ⁓**-Suchlauf** *m* (eine Funktion oder eine Betriebsart, die von jeder Seite in einem Dokument eine Suche in Richtung auf den Anfang des Dokuments ermöglicht) / backward search || ⁓**-Teilstromrichter** *m* / reverse (converter) section IEC 1136-1
Rückwärts·-Übertragungskennwerte *m pl* DIN IEC 147, T.1E / reverse transfer characteristics || ⁓**-Übertragungskoeffizient** *m* (Transistor) DIN 41854,T.10 / reverse s-parameter || ⁓**verkettung** *f* / backward linking, backward chaining || ⁓**verlust** *m* (Diode) / reverse power dissipation, reverse power loss || ⁓**verlustleistung** *f* (Diode) / reverse power dissipation, reverse power loss || ⁓**welle** *f* / backward wave
Rückwärtswellen·oszillator *m* / backward-wave oscillator (BWO) || ⁓**-Oszillatorröhre** *f* / backward-wave oscillator tube || ⁓**-Oszillatorröhre vom M-Typ** / M-type backward-wave oscillator tube (M-type BWO) || ⁓**röhre** *f* / backward-wave tube (BWT) || ⁓**verstärker** *m* / backward-wave amplifier (BWA) || ⁓**-Verstärkerröhre** *f* / backward-wave amplifier tube || ⁓**-Verstärkerröhre vom M-Typ** / M-type backward-wave amplifier tube (M-type BWA)
Rückwärts·wiederherstellung *f* / backward recovery || ⁓**-Zähleingang** *m* / counting-down input, decreasing counting input
Rückwärtszählen *n* / countdown *n*, counting down, down counting || **~** *v* / count down *v*
Rückwärts·zähler *m* / down counter, decrementer *n* || ⁓**zählimpuls** *m* / down-counting pulse || ⁓**zeiger** *m* / backpointer *n* || ⁓**zeit** *f* / decrementing timer || ⁓**-Zeitglied** *n* / decrementing timer || ⁓**zweig** *m* / feedback branch, return branch
Rückwattschutz *m* / reverse-power protection
ruckweise *adj* / intermittently *adj*, by jerks

Rückweise·wahrscheinlichkeit f (Wahrscheinlichkeit, mit der ein Prüflos aufgrund einer Stichprobenanweisung rückgewiesen wird) DIN 55350,T.31 / probability of rejection || ⸺**wert** m / rejection number || ⸺**zahl** f / rejection number
Rückweis-Grenzqualität f / limiting quality level (LQL), rejectable quality level (RQL)
Rückweisung f DIN 5350, T.31 / rejection n
Rückweisungs·datenpaket n / reject packet || ⸺**kriterien** n / reject criteria || ⸺**quote** f / reject quota
Rückwerfwert m VDE 0435,T.110 / release value
Ruckwert m / jerk rate, rate of rate-of-change, jerk value
Rückwickelvorrichtung f (Lochstreifenleser) / pay-off reel
rückwirkende Kraft / reaction force
Rückwirkung f / effect n, reaction n || ⸺ f (Netz) / disturbances n pl, perturbation n, reaction n (on system), phase effect || ⸺ f (Last, Moment) / reaction n || ⸺ f (leitungsgebundene Störung) / conducted interference || **Netz~** f / system perturbation, reaction on system, mains pollution, phase effect || **Netz~** f (durch Mot.-Einschaltung) / starting inrush || **Spannungs~** f (Transistor) DIN 41854 / reverse voltage transfer ratio
Rückwirkungen f pl / disturbances n pl || ⸺ **in Stromversorgungsnetzen** / disturbances in electricity supply networks
Rückwirkungsadmittanz f / reverse transfer admittance
rückwirkungsfrei adj / non-reacting adj, low-disturbance adj, reaction-free adj || **~** adj (entkoppelt) / isolated adj, decoupled adj || **~** adj (geringer Oberwellenanteil) / low-harmonic adj || **~** adj DIN 19226 / non-interacting adj
Rückwirkungsfreiheit f / absence of interaction, absence of feedback, transparency, absence of adverse effects
Rückwirkungskapazität, Kurzschluss⸺ f / short-circuit feedback capacitance (FET)
Rückwirkungs-Zeitkonstante f (Transistor) / transfer time factor
Rückwurf m (Reflexion) / reflection n
rückzählen v / count down
Rückziehen n / retraction n, return n
rückziehende Kennlinie / fold-back characteristic
Rückzug m (durch Feder) / spring return || ⸺ m (Taster) / resetting n (feature) || ⸺ m / return n, return motion, retraction n || ⸺ m (CLDATA-Wort) / retract ISO 3592 || ⸺ **auf RP** m / return to RP || **Werkzeug~** m / tool withdrawal, tool retract (ing), backing out of tool || ⸺**bedingung** f / return condition || ⸺**feder** f / restoring spring, return spring, resetting spring
Rückzugs·abstand m / retraction distance, retraction path || ⸺**bereich** m / retraction area || ⸺**bewegung** f / retraction motion || ⸺**ebene** f / return plane (RP), retraction plane (RP) || ⸺**geschwindigkeit** f / return velocity, retraction velocity || ⸺**position** f / retraction position || ⸺**richtung** f / direction of retraction || ⸺**unterprogramm** n / retraction subprogram || ⸺**vorschub** m / retraction feed rate || ⸺**weg** m / retraction path, return path || ⸺**wicklung** f / resetting coil || ⸺**winkel** m / retraction angle || ⸺**zyklus** m / retract cycle, return cycle
Rückzug·weg m / retract distance, return travel, retract travel || ⸺**zyklus** m / return cycle, retract cycle
Rückzündung f VDE 0670,T.3 / restrike n IEC 265, reignition n, arcing-back n || ⸺ f (LE-Ventil o. -Zweig) / backfire n || ⸺ f (Ionenventil) / arc-back n || ⸺ f (Schweißbrenner) / sustained backfire, backfire n || **Lichtbogen-**⸺ f / arc-back n
rückzündungsfreier Leistungsschalter / restrike-free circuit-breaker
Ruf m / calling n || ⸺ **mit erweitertem Nutzdatenfeld** / fast select (an option of a virtual call facility that allows the inclusion of user data in call-set-up and call-clearing packets) || ⸺**abweisung** f DIN 44302 / call not accepted || ⸺**abweisungssignal** n (Anrufsteuerungssignal, gesendet von der gerufenen Endstelle, um anzuzeigen, dass sie den ankommenden Anruf nicht entgegennimmt) / call not accepted signal || ⸺**anlage** f / call system || ⸺**annahme** f DIN 44302 / call accepted || ⸺**anweisung** f / call statement || ⸺**beantwortung** f / answering
rufend·e Station f (DIN 44302) / calling station || **~er Dienstbenutzer** (ein Dienstbenutzer, der ein Anforderungsprimitiv aktiviert, um eine Verbindung aufzubauen) / calling service user || **~er Transportdienstbenutzer** (DIN V 44302-2) / calling transport service user, calling TS user || **~er Vermittlungsdienstbenutzer** (DIN V 44302-2) / calling network service user
Ruf·funktion f / service request function || **rufloser Zustand der** ⸺**funktion** DIN IEC 625 / negative poll response state (NPRS) || ⸺**kreis** m / call circuit || ⸺**lampe** f / call lamp, calling lamp || ⸺**melder** m / call button unit || ⸺**nummer (RN)** f (Datennetz) / address signal || ⸺**nummer (RN)** f (DIN 44302) / phone number
rufpflichtig·e Prüfung / hold-point inspection || **~er Punkt** / call point, hold-point || **~er Review** / hold-point review
Ruf·taste f / call button, call key || ⸺**umleitung** f / call redirection || ⸺**verzichtswahrscheinlichkeit** f (Wahrscheinlichkeit, dass ein Benutzer auf den Versuch verzichtet, ein Telekommunikationsnetz zu belegen) / call abandonment probability || ⸺**weiterleitung** f (DIN V 44302-2 E DIN ISO/ IEC 10030) / call deflection || ⸺**zusammenstoß** m / call collision || ⸺**zustand der Ruffunktion** DIN IEC 625 / service request state (SRQS)
Ruhe und Erholung / R+R || ⸺**bereich** m (Schutz) / region of non-operation || ⸺**gehalt** m / superannuation n || ⸺**gehaltsbezüge** m / retirement income || ⸺**gehaltsregelung** f / pension scheme, superannuation scheme || ⸺**geräusch** n / background noise || ⸺**kontakt** m / break contact, break contact element IEC 3371, b-contact, normally closed contact, NC contact, normally closed (n.c.)
Ruhelage f / rest position || ⸺ f (Betätigungselement) / free position || ⸺ f / normal position || ⸺ f (Kontakte) / normal contact position || ⸺ f (Schutz) / quiescent state
Ruhe·last f / permanent load, deadweight load || ⸺**lichtmeldung** f / steady-light indication || ⸺**masse** f / rest mass
ruhend·e Bauelemente-Bereitstellung (ruhende BE-Bereitstellung) (die ruhende Bauelemente-Bereitstellung erlaubt ein Nachfüllen (nachfüllen) von Bauelementen während des Betriebes) /

stationary component table ‖ ~e **Belastung** / steady load ‖ ~e **Dichtung** / static seal ‖ ~e **elektrische Maschine** / static electrical machine ‖ ~e **Größe** / quiescent value ‖ ~e **Leiterplatte** / stationary PCB ‖ ~er **Anker** / stationary armature, fixed armature ‖ ~es **Feld** / stationary field, fixed field, steady-state field

Ruhe·pause f / rest period ‖ ♂**penetration** f / unworked penetration ‖ ♂**potenzial** n (freies Korrosionspotenzial) / open-circuit potential ‖ ♂**punkt** m (Verstärker) / quiescent point ‖ ♂**reibung** f / static friction, friction of rest, stiction n ‖ ♂**spannung** f (Leerlaufspannung) / open-circuit voltage, static voltage ‖ ♂**spannung** f / stress at rest ‖ ♂**spannungssystem** n / closed-circuit system

Ruhestellung f / free position ‖ ♂ f (Nullstellung) / neutral position, home position, zero position ‖ ♂ f / normal position, normal condition (relay), de-energized position ‖ ♂ f (Schütz) / position of rest ‖ ♂ f / disconnected position IEC 439-1, isolated position ‖ **Wechsler mit mittlerer** ♂ / changeover contact with neutral position

Ruhestrom m / closed-circuit current, bias current (IC), quiescent current (electron tube), zero-signal current, standby current ‖ **Eingangs-**♂ m / input bias current ‖ ♂**-Alarmgerät** n / closed-circuit alarm device ‖ ♂**aufnahme** f / quiescent current draw ‖ ♂**-Auslösekreis** m / closed-circuit trip circuit ‖ ♂**auslöser** m / no-volt release IEC 157-1 ‖ ♂**auslöser** m / closed-circuit shunt release, undervoltage release (UVR) ‖ ♂**betrieb** m / closed-circuit working ‖ ♂**bremse** f / fail-safe brake ‖ ♂**haltebremse** f / fail-safe holding brake ‖ ♂**kreis** m / closed circuit, break circuit ‖ ♂**prinzip** n / closed-circuit principle, fail-safe principle, quiescent current principle ‖ ♂**schaltung** f / closed-circuit connection (o. arrangement), circuit opening connection, idling-current connection, circuit closed in standby position, circuit on standby ‖ ♂**schaltung** f (EZ) / break circuit, closed-circuit-to-reset arrangement ‖ ♂**schleife** f / closed current loop ‖ ♂**system** n / closed-circuit system ‖ ♂**überwachung** f / closed-circuit protection, fail-safe circuit

Ruhe·verlustleistung f / quiescent dissipation power ‖ ♂**wartezustand** m / idle wait state ‖ ♂**wartezustand der Quelle DIN IEC 625** / source idle wait state (SIWS) ‖ ♂**wert** m (Einschwingvorgang eines Verstärkers) / quiescent value ‖ ♂**zeit** f / sleep time ‖ ♂**zone** f / area of rest

Ruhezustand m (Datennetz) DIN ISO 8348 / idle state, quiescent state ‖ ♂ m / release condition, release state (US) ‖ ♂ m / quiescent point ‖ ♂ **der Auslösefunktion DIN IEC 625** / device trigger idle state (DTIS) ‖ ♂ **der Parallelabfrage DIN IEC 625** / parallel poll idle state (PPIS) ‖ ♂ **der Quelle DIN IEC 625** / idle state of source, source idle state (SIDS) ‖ ♂ **der Rücksetzfunktion DIN IEC 625** / device clear idle state (DCIS) ‖ ♂ **der Senke DIN IEC 625** / acceptor idle state ‖ ♂ **der Steuerfunktion DIN IEC 625** / controller idle state (CIDS) ‖ ♂ **des erweiterten Hörers DIN IEC 625** / listener primary idle state (LPIS) ‖ ♂ **des erweiterten Sprechers DIN IEC 625** / talker primary idle state (TPIS) ‖ ♂ **des Hörers DIN IEC 625** / listener idle state (LIDS) ‖ ♂ **des Sprechers DIN IEC 625** / talker idle state (TIDS) ‖ ♂ **einer Leitung** (charakteristischer Zustand der Leitung in einer aufgebauten Verbindung, wenn keine Übertragung stattfindet) / idle circuit condition ‖ ♂ **zwischen Zeichen** / inter-character rest condition

Ruhezustandszeit f (PROFIBUS) / idle time EN 50170-2-2

ruhig·er Lauf (leise) / silent running, quiet running ‖ ~er **Lauf** (rund laufend) / smooth running, concentric running ‖ ~er **Lichtbogen** / silent arc ‖ ~es **Brennen** / smooth burning, even burning

Ruhiglicht n / steady light ‖ ♂**-Meldeeinheit** f (RL-Meldeeinheit) / steady-light indicator module

Ruhmkorff-Spule f / Ruhmkorff coil, induction coil

Rühren n / stirring n

Rühr·kessel m / stirring vats ‖ ♂**werk** n / agitator n ‖ ♂**werkreaktor** m / agitator reactor

Rumpf m / stem n, group n ‖ ♂ m (SPS-Baustein) / body n ‖ ♂**-Bestell-Nr** f / generic MLFB, order number group ‖ ♂**hybrid** n / body hybrid ‖ ♂**kabeldaten** f / cable data dummies ‖ ♂**-MLFB** / root-MLFB, MLFB group ‖ **Auflistung der** ♂**-MLFBs** / list of body MRPD's ‖ ♂**-Text** m / body text

RUN / RUN n ‖ ♂**-Befehl-Befehl** m / RUN command ‖ ♂**/STOP-Schalter** m / RUN/STOP switch

rund adj / round adj ‖ ~ **eindrähtiger Leiter** / solid circular conductor ‖ ~ **mehrdrähtiger Leiter** / stranded circular conductor

Rund·achsbetrieb m / rotary axis mode ‖ ♂**achse** f / axis of rotation, rotary axis of motion, shaft n ‖ ♂**achse** (Drehachse) / rotary axis ‖ ♂**achspositionierung** f / rotary axis positioning ‖ ♂**achsvektor** m / rotary axis vector ‖ ♂**aluminium** n / round-bar aluminium ‖ ♂**anschlussklemme** f / stud terminal ‖ ♂**antenne** f / circular antenna ‖ ♂**aufbau** m / circular setup ‖ ♂**ausschnitt** m / circular cutout ‖ ♂**befehl** m / broadcast command ‖ ♂**bewegung** f / rotary movement ‖ ♂**biegemaschine** f / bending and forming machine ‖ ♂**bord** m / rounded curb ‖ ♂**bordstein** m / rounded curb ‖ ♂**buchse** f / circular socket connector ‖ ♂**bürste** f / round brush ‖ ♂**dichtung** f (O-Ring) / O-ring n, round seal ‖ ♂**dose** f / circular box

Runddraht·armierung f / round-wire armour(ing) ‖ ♂**bewehrung** f (Kabel) / round-wire armouring, round-wire armour ‖ ♂**-Spulenwicklung** f / wire-wound coil winding ‖ ♂**wicklung** f / round-wire winding, mush winding

Runddrücken n / concentricity correction

Runddrückwerkzeug n (f. Kabel) / compression tool

runde Ausführung / round version ‖ ~ **Klammer** / parenthesis, round bracket

Rundeck n / round corner, rounded corner

Rundefehler m / rounding error

Rund-Einzeldrahtleiter m / solid circular conductor

runden v (Zahl) / round v ‖ ♂ **auf Nachkommastellen** / round to decimals ‖ ~ **und abschneiden** / truncate v

rund·er Steckverbinder / circular connector ‖ ~es **Programm** / round range

Rundfeuer n (Bürsten-Kommutator) / flashover n ‖ ♂**-Löscheinrichtung** f / flash suppressor

Rundförder·einheit f / rotary conveyor ‖ ♂**einrichtung** f / rotary conveyor

Rundfunk m / broadcasting n ‖ ♂**entstörung** f / radio interference suppression ‖ ♂**störspannung** f / radio

interference voltage (RIV), radio noise voltage || ⸺**störstelle** *f* / source of radio interference
Rundgewinde *n* / knuckle thread
Rundheit *f* / roundness *n*, circularity *n*, concentricity *n*
Rundheitstoleranz *f* / circularity tolerance
Rundholz·maschine *f* / log lumber machine || ⸺**platz** *m* / round timber station || ⸺**verarbeitung** *f* / log lumber processing
Rund·-Induktosyn *n* / rotary Inductosyn || ⸺**kabel** *n* / round cable, circular cable || ⸺**kabelgarnitur** *f* / round cable set || ⸺**keil** *m* / round key || ⸺**kerbe** *f* / semi-circular notch, U-notch *n* || ⸺**kern** *m* / circular core || ⸺**kupfer** *n* / round-bar copper || ⸺**läppmaschine** *f* / cylindrical lapping machine
Rundlauf *m* / true running, smooth running, concentricity *n* || ⸺ *m* (hakfrei, nicht klebend) / non-cogging operation || ⸺**abweichung** *f* / radial eccentricity, radial runout || ⸺**eigenschaften** *f pl* / smooth running characteristics
rundlaufen *v* / run true, rotate concentrically
rundlaufend *adj* / running true, concentric *adj*
Rundläufer *m* / rotary machine
Rundlauf·fehler *m* / radial eccentricity, radial runout || ⸺**fehlerkompensation** *f* / eccentricity compensation || ⸺**genauigkeit** *f* / rotational accuracy, truth of rotation, concentricity *n*, trueness *n*, radial eccentricity || ⸺**güte** *f* / rotational accuracy || hohe ⸺**güte** / minimal torque oscillations || ⸺**kran** *m* / concentricity bridge crane || ⸺**prüfung** *f* / balance test, out-of-true test || ⸺**toleranz** *f* / radial eccentricity tolerance || ⸺**überwachung** *f* / rotational accuracy monitor || ⸺**verhalten** *n* / smooth running characteristics
Rund·leiter *m* / circular conductor, round cable || lagenverseilter ⸺**leiter** / concentrically stranded circular conductor || ⸺**leiteranschlussklemme** *f* / circular conductor terminal || ⸺**leitung** *f* / round cable || ⸺**leitungsanschluss** *m* / round cable connection || ⸺**loch** *n* / round hole || ⸺**magazin** *n* / circular magazine || ⸺**maschine** *f* / sheet metal roller || ⸺**material** *n* / round stock || ⸺-**Mehrdrahtleiter** *m* / stranded circular conductor || ⸺**messer** *f* / revolving blade || ⸺**mutter** *f* / round nut || ⸺**nut** *f* (geschlitzt) / partly closed round slot, half-closed round slot, semi-closed round slot, round groove || ⸺**nut** *f* (geschlossen) / round slot || ⸺**passung** *f* / cylindrical fit || ⸺**pol** *m* / round pole || ⸺**rechteck** *n* / rounded rectangle || ⸺**reise** *f* / trip with stopovers || ⸺**relais** *n* / round relay, circular relay || ⸺**ring** *m* / O-ring || ⸺**ruf** *m* / broadcast *n* || ⸺**ruf** *m* (Senden eines Datenübertragungsblocks in der Absicht, dass er von allen anderen Datenstationen am selben lokalen Netz empfangen wird) / LAN broadcast || ⸺**rufadresse** *f* (zurückgez. E DIN 66325-6; DIN V 44302-2 E DIN ISO/IEC 8802-5) / broadcast address
Rund·schaltachse *f* / rotary switching axis || ⸺**schalttisch** *m* / rotary switching table || ⸺**schleifen** *n* / cylindrical grinding || ⸺**schleifmaschine** *f* / cylindrical grinding machine, cylindrical grinder || ⸺**schleifmaschine mit schrägstehender Schleifscheibe** / cylindrical grinding machine with inclined grinding wheel || ⸺**schleifmaschine mit schrägstehender Zustellachse** / cylindrical grinding machine with inclined infeed axis || ⸺**schleifzyklus** *m* / cylindrical grinding cycle || ⸺**schnitt** *m* (Stanzwerkzeug) / circular blanking die || ⸺**schnurdichtung** *f* / cord packing || ⸺**schnurring** *m* / O-ring *n* || ⸺**schreiben** *n* (RS) / memo *n*, circular *n*, broadcast mail || ⸺**schwenkachse** *f* / rotary swivel axis || ⸺**seil** *n* / stranded circular conductor || ⸺**senden** *n* (Kommunikation, aufgebaut mit mehreren angeforderten Endstellen) / multi-address call || ⸺**sicherung** *f* (Schmelzsich.) / cylindrical fuse || ⸺**sicherung** *f* (Spannring) / circlip *n*
Rundsichtradar, Flughafen-⸺ *n* (ASR) / airport surveillance radar (ASR)
Rund·stab *m* / round bar, rod *n* || ⸺**stahl** *n* / round steel bar(s), bar stock, steel bars, rounds *n pl* || ⸺**stahldrahtbewehrung** *f* / round steel-wire armour || ⸺**stecker** *m* / circular plug, circular connector || ⸺**stecker** *m* (Bürste) / pin terminal || ⸺**steckhülse** *f* / round receptacle || ⸺**steckverbinder** *m* / circular connector
Rundsteuer·anlage *f* / ripple control system, centralized telecontrol system, centralized ripple control system || netzlastgeführte ⸺**anlage** / system-load-sensitive ripple control || ⸺**befehl** *m* / ripple-control signal, centralized telecontrol signal || ⸺**einkopplung** *f* (Signal) / ripple-control signal injection, centralized telecontrol signal injection || ⸺**einkopplung** *f* / ripple-control injection system (o. unit), ripple-control coupling || ⸺**empfänger** *m* / ripple-control receiver || ⸺-**Kommandogerät** *n* (RKG) / ripple-control command unit || ⸺-**Prozesselement** *n* / ripple-control process interface module || ⸺-**Prozessrechner** *m* / ripple-control process computer || ⸺-**Resonanzshunt** *m* / resonant shunt for ripple control || ⸺**sender** *m* / ripple-control transmitter || ⸺**sendung** *f* / ripple-control transmission || ⸺**signal** *n* / ripple-control signal, centralized telecontrol signal || ⸺**signaleinspeisung** *f* / ripple-control signal injection, centralized telecontrol signal injection
Rundsteuerung *f* / ripple control, centralized ripple control, centralized telecontrol, ripple control system
Rund·stift *m* (Stecker) / round pin || ⸺**strahlfeuer** *n* / omni-directional light (o. beacon) || ⸺**strahlrefraktor** *m* / omni-directional refractor || ~**stricken** *v* / circular knitting || ⸺**strickmaschine** *f* / circular knitting machine || ⸺**stück** *n* / round element || ⸺**taktmaschine** *f* / rotary indexing machine || ⸺**taktmontage-Anlage** *f* / rotary indexing assembly system || ⸺**takttisch** *m* / rotary indexing table || ⸺**teiltisch** *m* / rotary indexing table || ⸺**tisch** *m* / rotary table, rotating table, circular table || ⸺**tischantrieb** *m* / rotary table drive || ⸺**tischfräsmaschine** *f* / rotary table milling machine || ⸺**tischlager** *n* / rotary table bearing || ⸺**tischschleifmaschine** *f* / rotary table grinding machine
rundum sichtbar *adj* / visible from any angle
Rundum·isolation *f* / all-round insulation || ⸺**licht** *n* / rotating light || ⸺**lichtelement** *n* / rotating light element || ⸺**schaltung** *f* / round-the-clock actuation || ⸺**verstärkung** *f* / closed-loop gain, operational gain || ⸺**warnleuchte** *f* / warning beacon
Rundung *f* / rounding *n*, corner *n*, fillet *n*, truncation *n*
Rundungs·achse *f* / rounding axis || ⸺**fehler** *m*

(Zahlen) / rounding error || ⟨radius *m* / rounding radius
Rund·welle *f* / round spindle || ⟨werkzeug *n* / circular tool || ⟨wert *m* / round value, rounded number || ⟨zapfen *m* / round pin || ⟨zelle *f* / round cell, cylindrical cell || ⟨zugprobe *f* / circular tensile test specimen
RUN-Modus *m* / RUN mode
Runtime / runtime || ⟨-**Betrieb** *m* / runtime mode || ⟨-**Component** *f* / runtime component *n* || ⟨-**Lizenz** *f* / runtime license || ⟨-**Modus** / RUNTIME mode || ⟨paket *n* / runtime package || ⟨-**PC** *m* (der PC, auf dem die Runtime-Software betrieben wird) / runtime PC || ⟨-**Software** *f* / runtime software || ⟨sprache *f* / runtime language || ⟨-**Start** *m* / runtime start || ⟨-**System** *n* / runtime system || ⟨-**Umgebung** *f* / runtime environment
RUN-Zustand *m* / operation *n*, RUN mode, RUN
Rush·-Stabilisierung *f* / rush stabilization, inrush compensation || ⟨-**Stabilisierung** *f* / harmonic restraint (function), current restraint (function) || ⟨-**Stabilisierungsrelais** *n* / harmonic restraint relay || ⟨-**Stöme-Scheitelwert** *m* / inrush peak value || ⟨strom *m* / inrush current || ⟨-**Strom** *m* / rush current, starting inrush current || ⟨-**Unterdrückung** *f* / inrush restraint (feature), harmonic restraint
Ruß *m* (f. Kunstst.) / carbon black, channel black || ~**gefüllter Compound** / semiconducting compound || ⟨gehalt (PE-Kabelmantel) / carbon-black content
Russian Maritime Register of Shipping (RMRS) *n* / RMRS (Russian Maritime Register of Shipping)
Rußkoks *m* / lampblack coke
Rüst·anweisung *f* / set-up instruction || ⟨arbeit(en) *f* / set-up work || ⟨auftrag *m* / setup order || **~bar** *adj* / can be installed || ⟨datei *f* / set-up file || ⟨daten (RS-Daten) *plt* / set-up data, setup data || ⟨daten sichern / save setup data || ⟨dialog *m* / setup dialog || ⟨editor *m* / set-up editor
Rüsten *n* / setup *n* || **~** *v* / set up
Rüst·freundlichkeit *f* / easy setup || ⟨funktion *f* / setup function || ⟨information *f* / set-up data || ⟨kontrolle *f* / set-up check || ⟨kontrolle mit Barcode / set-up check with barcode || ⟨konzept *n* / set-up concept || ⟨kosten *f* / set-up costs || ⟨optimierung *f* / set-up optimization || ⟨optimierungsprogramm *n* / set-up optimization program || ⟨platz *m* / loading/unloading, setup station, set-up station || ⟨position anfahren / Go to set-up position (button) || ⟨programm *n* (R) / setup program || ⟨reihenfolge *f* / set-up sequence || ⟨reihenfolge-Optimierung *f* (Rüstreihenfolge-Optimierung fasst eine grössere Anzahl von Produkten in mehreren Rüstungen optimiert zusammen) / set-up sequence optimization || ⟨sicherheit *f* / set-up reliability || ⟨station *f* / setup station || ⟨überprüfung *f* / set-up check || ⟨-**und Nachfüllkontrolle** / checking set-up and refill
Rüstung *f* / set-up || ⟨stelegramm *n* (Telegramm vom Linienrechner, das kennzeichnet, ob neue Rüstdaten folgen) / setup message || ⟨swechsel *m* / set-up change
Rüstunterstützung *f* / setup support
Rüstzeit *f* / setup time, setting-up time || ⟨-**Reduzierung** *f* / lowering the set-up time
rutilumhüllte Stabelektrode / rutile electrode

rutschen *v* (Riemen) / slip *v*, creep *v*
Rutsch·kraft *f* / slip force || ⟨kupplung *f* / slipping clutch, slip clutch, slip coupling, torque clutch, friction clutch || ⟨moment *n* / slip torque, torque causing slip || ⟨reibung *f* / slip friction, sliding friction || ⟨sicherheit *f* / skid-resisting property, skid-resistance *n* || ⟨streifen *m* / drive strip, chafing strip
Rüttelbeanspruchung *f* / vibration stress, vibratory load
rüttelfest *adj* / vibration-resistant *adj*, vibrostable *adj*, immune to vibrations
Rüttel·festigkeit *f* / resistance to vibration, vibration resistance, vibrostability *n*, immunity to vibration, vibration strength || ⟨intensität *f* / vibration intensity || ⟨kraft *f* / vibratory force, vibromotive force, oscillating force
rütteln *v* / vibrate *v*, rock *v*, jolt *v*, knock *v* || ⟨ beenden / Vibrate off (button)
Rüttel·prüfstand *m* / vibration test bench || ⟨prüfung *f* / vibration test, bump test || ⟨schwingung *f* / vibration *n* || **~sicher** / vibration-resistant *adj*, vibrostable *adj*, immune to vibrations || ⟨sicherheit *f* / resistance to vibration, vibration resistance, vibrostability *n*, immunity to vibration || ⟨test *m* / shake test, vibration test || ⟨tisch *m* / vibration table
Rüttler *m* / vibrator *n*
RV (reserviert) / RV
RVO (Reichsversicherungsordnung) *f* / nationwide social security legislation *n*
RVR / runway visual range (RVR)
RW (Rohwert) *m* / integer value
RWD-Anforderer *m* / RWD requester
RWE / runway end (RWE)
RWL (Restweg löschen) / DDTG (delete distance-to-go)
RZ·-Code *m* / RZ code (RZ = return to zero) || ⟨-**Verfahren** *n* / return-to-zero recording (RZ recording), polarized return-to-zero recording

S

S (Schließer) / make contact, make-contact element, normally-open contact, NO contact, NO || ⟨ (Schlüsselschließer) / make contact, make-contact element, normally-open contact, NO contact, NO || ⟨ (Standardtelegramm) / standard message frame || ⟨ (Setzen) / S (set) || ⟨ / S (letter symbol for solid insulants)
SA (Synchronaktion) / SA (synchronized action) || ⟨ (Schleppabstand) / position lag, time deviation, servo lag, following error || ⟨ (Serviceanleitung Service-Taschenbuch) / servicing instructions (type of documentation), service pocket guide, service guide || ⟨ (Schnittstellenadapter) / interface adapter
SAA (System-Anwendungs-Architektur) / SAA (System Application Architecture)
Saal·beleuchtung *f* / hall lighting || ⟨-**Lichtsteuergerät** *n* / hall lighting control unit || ⟨verdunkler *m* / hall dimmer
S-Abhängigkeit *f* / set dependency, S-dependency

Sabotageschutz *m* / tamper protection EN 50133-1
SABS *n* / South African Bureau of Standards (SABS)
SAC / sensor-actuator controller (SAC) || ⌾ / SnAgCu
Sach·bearbeiter *m* / subject specialist || ⌾**bereich** *m* / group of articles, category *n* || **~bezogen** *adj* / item-related
Sache *f* / article *n*
Sach·ergebnis *n* / result *n* || ⌾**gebiet** *n* / field *n* || ⌾**gebietszulage** *f* / special pay
sachgemäß *adj* / correct *adj*
Sach·gruppe *f* / classification group || ⌾**kundigenprüfung** *f* / expert inspection, inspection by the TÜV-trained SWH inspector || ⌾**kundiger** *m* / plant inspector, TÜV-trained in-plant inspector || ⌾**leistung** *f* / item *n*
sachlich ausgewählte Untergruppe / rational subgroup
Sachmerkmal *n* DIN 4000,T.1 / article characteristic || ⌾**-Ausprägung** *f* DIN 4000, T.1 / article characteristic value || ⌾**-Benennung** *f* DIN 4000,T.1 / designation of article characteristic || ⌾**-Daten** *plt* DIN 4000,T.1 / data of subject characteristics || ⌾**-Kennbuchstabe** *m* DIN 4000,T.1 / code letter of article characteristic || ⌾**-Leiste** *f* DIN 4000,T.1 / line of subject characteristic, tabular layout of article characteristics || ⌾**-Schlüssel** *m* DIN 4000,T.1 / key of subject characteristics || ⌾**-Verzeichnis** *n* / article characteristic list || ⌾**wert** *m* / article characteristic value
Sach·nummer *f* DIN 6763,T.1 / object number, item number, part number, material number || ⌾**schaden** *m* / material damage, damage *n*, damage of property
S-Achse (Stern-Achse) *f* / S-axis (the star axis that rotates the star)
Sach·- und Dienstleistungen / goods and services, supplies and services || ⌾**verständigenabnahme** *f* / acceptance by an authorized inspector
Sachverständiger *m* / expert *n* || ⌾ **des Werkes** (Prüfsachverständiger) / factory-authorized inspector || **amtlicher** ⌾ / official referee, officially appointed expert || **Prüf-**⌾ *m* / authorized inspector
Sachverzeichnis *n* / subject index, index *n*
SACI *f* / State Administration of Import and Export Commodity Inspection (SACI)
Sack·bohrung *f* / blind hole || ⌾**filter** *n* / bag filter || ⌾**kasten** *m* / dead box
Sackloch *n* / blind hole || ⌾ **einfach** / blind hole, simple || ⌾ **mit Anbohrung** / blind hole with preboring || ⌾ **mit Gewinde** / tapped blind hole, closed tapped bore || ⌾**bohren** *n* / blind hole drilling || ⌾**gewinde** *n* / blind-hole thread || ⌾**welle** *f* / blind-hole shaft
Sackrohr *n* / siphon *n*
SAE (Schirmauflageelement) / shield connecting element || ⌾**-Element** *n* / cabinet wiring block, cabinet terminal block
safe axis range *f* (sichere Begrenzung von bis zu neun Achsen) / safe axis range || ⌾**ball** *m* / Safeball || ⌾ **Brake Relay** / Safe Brake Relay || ⌾ **Card** / SafeCard || ⌾ **Motion Monitor (SMM)** / Safe Motion Monitor (SMM) || ⌾ **OS** *n* (redundantes, IEC 61131-basierendes SPS-Betriebssystem für sicherheitsgerichtete Anwendungen) / Safe Operating System (SafeOS)

|| **~robot speed** *f* (sichere Überwachung der TCP-Geschwindigkeit) / safe robot speed
Safety·-Achse *f* / safety axis || ⌾ **at Work** / Safety at Work || ⌾ **Box** *f* / safety box || ⌾ **Extra Low Voltage** *f* (SELV, früher „Schutzkleinspannung", ist eine Form der Kleinspannung, die als Schutzmaßnahme gegen elektrischen Schlag dient) / SELV (Separated Extra Low Voltage) || ⌾**-Hardware** *f* / safety hardware || ⌾ **Integrated (SI)** / integrated safety systems (SGA), integrated safety functions || ⌾ **Integrated Motion Monitoring** / Safety Integrated Motion Monitoring || ⌾ **Integrity Level** *n* (der 61508-Standard definiert die Sicherheit in Abhängigkeit vom Grad der Beschädigung und der Wahrscheinlichkeit, die eine bestimmte Anwendung hinsichtlich einer risikorelevanten Situation hat) / Safety Integrity Level || ⌾ **Lab** (Programmier und Diagnosesoftware von Siemens) / SafetyLab || ⌾ **Local Reparaturschaltermodul** / Safety Local Isolator Module || ⌾**-Lösung** *f* / safety solution || ⌾ **Management Plan** *m* / safety management plan (SMP) || ⌾**-Maschine** *f* / safety machine || ⌾**-Meldung** *f* / safety message || ⌾**-Monitor** *m* / safety monitor || ⌾ **on Board** (antriebsintegriertes Sicherheitskonzept, zertifiziert nach EN 954-1, Kategorie 3) / safety on board || ⌾**slot** *m* / safety slot || ⌾ **Unit** *f* / Safety Unit
safezone *f* (sichere kartesische Begrenzung des Arbeitsbereichs) / safe zone
Safing-Sensor *m* / safing sensor, safety shutdown switch, safety switch
Säge, fliegende ⌾ / flying saw || ⌾**blatt** *n* / saw blade || ⌾**maschine** *f* / sawing machine
Sägen *n* / sawing *n*
Säge·schaden *m* / saw damage || ⌾**spindel** *f* / saw spindle || ⌾**tisch** *m* / saw bench || ⌾**verlust** *m* / sawing waste || ⌾**verschnitt** *m* / cutting loss || ⌾**wagen** *m* / saw carriage
Sägezahn *m* / saw tooth || ⌾**bildung** *f* / saw-tooth (pulse) generation || **~förmig** *adj* / saw-tooth *adj* || ⌾**generator** *m* / saw-tooth voltage generator || ⌾**kurve** *f* / saw-tooth curve, saw-tooth waveshape (o. waveform) || ⌾**-Rückstellabfrage** *f* / saw-tooth voltage reset detector || ⌾**spannung** *f* / saw-tooth voltage || ⌾**tastatur** *f* / saw-tooth keyboard
Sägezentrum *n* / sawing center
saisonaler Wirkungsgrad / seasonal efficiency
Saisontarif *m* / seasonal tariff || ⌾ **mit Zeitzonen** / seasonal time-of-day tariff
Saiten-Galvanometer *n* / string galvanometer
SAK (Server Appliance Kit) / Server Appliance Kit (SAK)
Saldierung *f* / balancing *n*, import-export balancing
Saldo *m* / credit/debit balance, (time) balance || **Zähler~** *m* / counter (o. meter) balance || ⌾**anzeige** *f* / credit/debit readout || ⌾**auskunft** *f* / time credit/debit information, credit/debit information || ⌾**auskunftsterminal** *n* / credit/debit information terminal
Salpetersäure *f* / nitric acid
Salzgehalt *m* / salt content, salinity *n* || **Vorzugs-**⌾ *m* (Isolationsprüf.) / reference salinity
salzhaltige Luft / salt-laden atmosphere
Salz·luftbeständigkeit *f* / salt soak || **äquivalente** ⌾**menge** (Fremdschichtprüfung) / equivalent salt

Salznebel 732

deposit density (ESDD) IEC 507
Salznebel·prüfung *f* / saline fog test || ~-**Prüfverfahren** *n* / saline fog test method, salt-fog method || ~-**Sprühtest** *m* / salt mist test || ~**test** *m* / salt spray test
Salz·säure *f* / hydrochloric acid || ~**spray** *n* / salt spray || ~**sprühprüfung** *f* / salt spray test || ~**wasserkorrosionsprüfung** *f* / saltwater corrosion test || ~**wassertauchprüfung** *f* / saltwater immersion test
SAM (Schlichtaufmaß) / finishing allowance, final machining allowance
SAMBA (ein Tool, mit dem man eine Verbindung zwischen Windows und Unix herstellen kann) / SAMBA
Sammel·adresse *f* / broadcast address || ~**alarm** *m* / group interrupt || ~**angebot** *n* / general quote || ~**anschluss** *m* / main fittings, overline service || ~**anzeige** *f* / common-status display, group display, central(ized) indication || ~**aufrechner** *m* / common account || ~**aufruf** *m* / (LAN) broadcast *n* || ~**auftrag** *m* (Anforderung) / group request || ~**ausfuhrgenehmigung** *f* / group export authorization
Sammelbefehl *m* / group command, command sequence, group control || ~ *m* / broadcast command || ~**e** *m pl* / group control, command sequences
Sammel·blatt *n* / group sheet || ~ *m* / bus bar || ~**daten** *plt* / group data || ~**diagnose** *f* / group diagnosis || ~**erder** *m* / earthing bus, ground bus || ~**fehler (SF)** *m* / group fault, group error || ~**information** *f* / group information || ~**information MW** / group information mw || ~**interrupt** *m* / group interrupt, general interrupt || ~**kabel** *n* / bus cable, trunk cable || ~**katalog** *m* / group catalog || ~**kette** *f* / collecting conveyor || ~**kostenstelle** *f* / collective cost center, summary cost center || ~**leiter** *m* (Erd-Sammelleiter) / earth continuity conductor || ~**leitung** *f* / bus cable, header tube, bus line, manifold *n* || ~**leitungssystem** *n* (Signalleitungen) / group signal line || ~**linse** *f* / focusing lens, focussing lens
Sammelmeldung *f* / centralized alarm, group signal, group alarm, group message, group indication, aggregate signal, group information
Sammel·meldungslampe *f* / group message lamp || ~**merker** *m* / group flag
Sammeln und Bestücken *n* / collect & place
Sammel·packen *n* / parceling, parceling packing || ~**packer** *m* / multi-packer *n* || ~**packmaschine** *f* / parceling machine || ~**probe** *f* DIN 51750 / composite sample, bulk sample, gross sample || ~**probenentnahme** *f* / bulk sampling || ~**raum** *m* / storage tank
sammelrelevant *adj* / relevant to group
Sammel·ring *m* / bus-ring *n* || ~**rohr** *n* / manifold *n*, header tube || ~**schalter Halter** / collector switch holder || ~**schaltung** *f* / omnibus circuit
Sammelschiene *f* / busbar *n*, omnibus bus, bus *n*, port *n*, cell bus *n* || **3-Phasen-**~ **mit Einspeisung links** *f* / 3-phase busbar with infeed from the left || **3-Phasen-**~ **mit Einspeisung rechts** *f* / 3-phase busbar with infeed from the right || ~ **mit Längskupplung** / switchable busbar || ~ **mit Längstrennung** / disconnectable busbar, sectionalized busbar || **3-Phasen-**~ **zur**

Systemerweiterung *f* / 3-phase busbar for system extension || **Daten~** *f* / data bus, data highway || **im Zuge der** ~ / in run of busbar || **Zug~** *f* (Heizleitung) / heating train line
Sammelschienen auftrennen / split the busbars || ~ **Kupfer** *n* / copper busbars || ~**abdeckung** *f* / busbar cover || ~**abgriff** *m* / busbar connection || ~**abschnitt** *m* / busbar section, bus section || ~**abschnittstrenner** *m* / sectionalizing breaker || ~**abstand** *m* / busbar distance || ~**abzweig** *m* / busbar branch || ~-**Adapter** *m* / busbar adapter || ~-**Adaptersystem** *n* / busbar adapter system || ~**anbau** *m* / busbar fitting || ~**anlage** *f* / busbar system, bus system || ~**anschluss** *m* / busbar connection || ~**anschlussfeld** *n* / busbar connection panel || ~-**Anschlussraum** *m* / bus terminal compartment || ~**ausschaltvermögen** *n* / busbar charging breaking capacity IEC 265-2 || ~**behälter** *m* (SF$_6$-isolierte Anlage) / bus(bar) chamber || ~**binder** *m* / busbar bracing element, bus brace, busbar spacing piece || ~-**Differentialschutz** *m* / busbar differential protection, balanced busbar protection || ~**erder** *m* / busbar earthing switch, bus grounding switch || ~-**Erdungsschalter** *m* / busbar earthing switch, bus grounding switch
Sammelschienen·fehler *m* / busbar fault || ~**führung** *f* / busbar arrangement || ~**gehäuse** *n* / busbar housing || ~**halter** *m* / busbar support, busbar holder || ~-**Hochführung** *f* / busbar riser, bus riser || ~**kanal** *m* / busbar trunking, bus duct, metal-enclosed bus || ~**klemme** *f* / busbar terminal || ~**kontakt** *m* / busbar contact || ~-**Kraftwerk** *n* / range-type power station, common-header power plant || ~**kupfer** *m* / flat copper profile, copper busbar || ~-**Kuppelfeld** *n* / bus coupler panel || ~-**Kuppelschalter** *m* / bus coupler circuit-breaker, bus-tie breaker, bus coupler (breaker) || ~**kupplung** *f* / bus tie, bus coupling || ~-**Längskuppelfeld** *n* / bus section panel BS 4727, G. 06
Sammelschienen-Längskuppelschalter *m* / bus section disconnector, bus sectionalizing switch, bus sectionalizer, bus-tie disconnector || ~ *m* / bus-section circuit-breaker, bus sectionalizing circuit-breaker, bus-tie circuit-breaker
Sammelschienen--Längskupplung *f* / bus tie || ~-**Längskupplung** *f* (Einheit) / bus section panel, bus tie unit || ~-**Längsschalter** *m* / switched busbar circuit-breaker || ~-**Längsschottung** *f* / busbar (phase barriers), busbar phase separators || ~-**Längstrenner** *m* / busbar section disconnector, bus sectionalizing switch, bus-tie disconnector, bus section switch, busbar sectionizer || ~-**Längstrennschalter** *m* / busbar section disconnector, bus sectionalizer, bus sectionalizing switch, bus-tie disconnector, bus section switch || ~**längstrennung** *m* / longitudinal coupling
Sammelschienen-Längstrennung *f* / bus sectionalizing, bus tie || ~ *f* (Einheit) / bus-section panel, bus sectionalizing unit (o. cubicle), bus-tie unit || ~ **ohne Feldverlust** / top mounted busbar sectionalizer
Sammelschienen·leiter *m* / busbar *n*, bus(bar) conductor || ~**leitungszug** *m* / busbar run, bus run || ~-**Lichtbogenbarriere** *f* / busbar arc barrier, arc barrier in busbar compartment || ~-**Messaufsatz**

m / (top-mounted) busbar metering compartment || ℑ-**Messfeld** *n* / busbar metering panel || ℑ-**Messraum** *m* / busbar metering compartment || ℑ**mittenabstand** *m* / busbar centre-line spacing, busbar center-line spacing || ℑ**modul** *n* / busbar module || ℑ**montage** *f* / mounting onto busbar system || ℑ-**Nachbildung** *f* / analog of busbar || ℑ-**Nachbildung** *f* (v. Spannung) / bus voltage replicator || ℑ-**Parallellauf** *m* / operation in parallel with bus **Sammelschienen·-Querkupplung** *f* / bus coupling || ℑ-**Querkupplung** *f* (Einheit) / bus coupler unit, bus-tie cubicle || ℑ-**Querschottung** *f* / bus transverse (o. end) barriers, busbar transverse partition || ℑ-**Quertrenner** *m* / bus-tie disconnector, bus coupler || ℑ-**Quertrennung** *f* / bus coupling || ℑ-**Quertrennung** *f* (Einheit) / bus coupler panel, bus coupler unit (o. cubicle) || ℑ**raum** *m* / busbar compartment **Sammelschienen·schaltung** *f* (Schutztechnik) / direct generator-line (o. -bus) connection || ℑ**schottung** *f* / busbar segregation, busbar barriers (o. partitions) || ℑ**schutz** *m* / busbar protection || ℑ**spannung** *f* / busbar voltage || ℑ-**Spannungsdifferentialschutz** *m* / voltage-biased bus differential protection || ℑ-**Spannungsnachbildung** *f* / busbar voltage simulation || ℑ-**Spannungs-Nachbildung** *f* / bus voltage simulator, bus voltage replicator, busbar voltage replicator || ℑ-**Spannungswandler** *m* / busbar voltage transformer || ℑ**stärke** *f* / busbar thickness || ℑ-**Stromwandler** *m* / busbar current transformer || ℑ**system** *n* / busbar system, bus system

Sammelschienen·teil *m* / busbar component || ℑ-**Teilstück** *n* / busbar unit || ℑ**träger** *m* / busbar support || ℑ**trenner** *m* / bus selector switch-disconnector, selector switch disconnector || ℑ**trenner** *m* (Trenner, der der Sammelschiene zugewandt ist) / busbar isolator || ℑ-**Trennschalter** *m* / bus disconnector, bus isolator || ℑ-**Trennschalter** *m* (bei Mehrfachsammelschienen) / bus selector switch-disconnector || ℑ**überbrückungsbügel** *m* / busbar linking bracket || ℑ-**Überführung** *f* / busbar crossover || ℑ-**Überleitung** *f* / busbar interconnection || ℑ-**Umschalter** *m* / busbar selector switch || ℑ-**Umschalttrenner** *m* / busbar selector disconnector || ℑ**umschaltung** *f* / busbar selection, bus transfer || ℑ**umschaltung im abgeschaltetem Zustand** / off-load busbar selection || ℑ-**Unterführung** *f* / busbar crossunder || ℑ**verbinder** *m* / busbar link || ℑ**verbinderträger** *m* / busbar link support || ℑ**verbindung** *f* / busbar joint || ℑ**verbindungssatz** *m* / busbar connecting set || ℑ**wechsel** *m* / busbar change || ℑ**zubehör** *n* / busbar accessories || ℑ**zug** *m* / busbar run, bus run, busbar routing

Sammelsignal *n* / aggregate signal, group message, group indication || ℑ *n* (Einzelmeldungen zu einem Gruppensignal zusammengefasst) / group signal, group alarm, centralized alarm || ℑ**speicher** *m* (Flip-Flop) / group signal flip-flop

Sammel·status *m* (Prozessleitt.) / common status || ℑ**steuerung** *f* (Aufzug) / collective control, bank control || ℑ**störmelder** *m* / centralized fault signaling unit || ℑ**störmeldung** *m* / group fault alarm, *f* centralized fault indication, centralized alarm || ℑ**störung** *f* / group errors, centralized fault, general fault || ℑ**störungsanzeige** *f* / group alarm indication (o. display), centralized fault indication || ℑ**straße** *f* / collector road, distributor road, collector *n* || ℑ**unterkunft** *f* / room sharing || ℑ**warnung** *f* / general warning || ℑ**watchdog** *m* / group watchdog || ℑ**wirkungsgrad** *m* / collection efficiency || ℑ**zeichnung** *f* / collective drawing || ℑ**zeit** *n* (IEC/TR 870-6-1) / collection-time || ℑ**zustand** *m* (Prozessleitt.) / common status || ℑ**zustandsanzeige** *f* / common-status display || ℑ**zylinder** *m* / collecting cylinder

Sammenschienenhalter, freistehender ℑ / detached busbar support

Sammler-Prozess *m* / collector process

Sammlungs·verluste *m* / collection losses || ℑ**wahrscheinlichkeit** *f* / collection probability || ℑ**wirkungsgrad** *m* / collection efficiency

SAMOVAR (Safety Assessment Monitoring On-Vehicle with Automatic Recording) / SAMOVAR (Safety Assessment Monitoring On-Vehicle with Automatic Recording)

Sample·- and Hold-Verstärker *m* / sample-and-hold amplifier, S/H amplifier || ℑ + **Hold** / Sample + Hold

Sampling·-Oszilloskop *n* / sampling oscilloscope || ℑ **Trace** *f* / Sampling Trace

SAN (Storage Area Network) *n* / SAN (Storage Area Network)

Sand·fang *m* / grit chamber, sand trap || ~**gestrahlt** *adj* / sand blasted || ℑ**guss** *m* / sandcasting || **Aluminium-**ℑ**gusslegierung** *f* / sand-cast aluminium alloy || ℑ**kapselung** *f* / powder filling || ℑ**strahlanlage** *f* / sand-blasting system || ℑ**strahlen** *n* / sand-blasting

Sandwich·-Montage *f* / sandwich-mount *n* || ℑ**walze** *f* / sandwich roller || ℑ**zugwalze** *f* / sandwich feed unit, sandwich tension roller

Sanftanlasser *m* / soft starter

Sanftanlauf *m* / soft start, reduced-voltage starting, cushioned start, smooth start || ℑ**einrichtung** *f* / controlled-torque starting circuit, cushioned-start device, acceleration-rate controller || ℑ**einschalter** *m* / inrush suppressor circuit-breaker, soft starting circuit breaker || ℑ**einschalterrelais** *n* / inrush suppressor relay, soft starting relay || ℑ**gerät** *n* / soft starter, soft-starting device || ℑ**kupplung** *f* / centrifugal clutch, dry-fluid coupling || ℑ-**Motor-Steuergerät** *n* / soft-start motor controller

Sanftauslauf *m* / smooth ramp-down

sanftes Anfahren der Endlagen / gentle end positon approach || ~ **Anlaufen** / smooth start(ing)

Sanft·start *m* / soft start || ℑ**starter** *m* / soft starter || ℑ**starter für mehrere Geschwindigkeiten** / soft starter with various speeds || ℑ**starterausführung** *f* / soft starter model

Sanitär-Gegenflansch *m* / sanitary ferrule

Sankey-Diagramm *n* / Sankey diagram

Sanyo-Zelle *f* / Sanyo cell

SAP / service access point (SAP)

saphirblau *adj* / sapphire blue

SAPI / Simple Application Programmers Interface (SAPI)

SAP/KMAT / SAP/CMAT

SAP-Zeitwirtschaft *f* / SAP time management subsystem

SAS / standard automatic sampling (SAS) || ℑ /

SASO

Secure Authentication Support (SAS)
SASO *f* / Saudi Arabian Standards Organisation (SASO)
satt anliegend / tight-fitting *adj*, resting snugly, snug
Sattdampf *m* / saturated steam
Sattel *m* (Klemme) / saddle *n* || ~ **mit Drehgelenk** (Montagevorrichtung) / platform pivot attachment || ~**gleitlager** *n* / cradle-type sleeve bearing, bracket-mounted sleeve bearing || ~**keil** *m* / saddle key || ~**klemme** *f* / saddle terminal || ~**kran** *m* / articulated crane || ~**moment** *n* VDE 0530, T.1 / pull-up torque IEC 34-1 || ~**motor** *m* (fliegend angeordnet) / overhung motor || ~**punkt** *m* / dip *n*
satter dreipoliger Kurzschluss / dead three-phase fault, three-phase bolted fault || ~ **Erdschluss** / dead short circuit to earth, dead fault to ground, dead earth (o. ground) fault || ~ **Körperschluss** / dead short circuit to exposed conductive part, dead fault to exposed conductive part || ~ **Kurzschluss** / dead short circuit, dead short, bolted short-circuit
sättigbare Drossel / saturable reactor, saturable-core reactor
Sättigung *f* / saturation *n* (chromaticness, colourfulness, of an area judged in proportion to its brightness (IEV 845-02-41)) || **Koerzitivfeldstärke bei** ~ / coercivity *n*
Sättigungs-Ausgangssignal *n* / saturation output signal || ~**bereich** *m* / saturation region || ~**-B(H)-Schleife** *f* / saturation B(H) loop || ~**dampfdruck** *m* / saturated vapour pressure || ~**detektor** *m* / saturation detector || ~**drossel** *f* / saturable reactor, saturable-core reactor || ~**druck** *m* / saturated pressure || ~**-Eingangssignal** *n* / saturation input signal || ~**faktor** *m* / saturation factor
sättigungsfrei *adj* / non-saturated *adj*
Sättigungs-gebiet *n* / saturation region || ~**gleichrichter** *m* / auto-self-excitation valve || ~**hystereseschleife** *f* / saturation hysteresis loop || ~**induktion** *f* / saturation induction || ~**induktivität** *f* / saturation inductance || ~**-J(H)-Schleife** *f* / saturation J(H) loop || ~**kennlinie** *f* / saturation characteristic, saturation curve || ~**ladung** *f* (Ladungsverschiebeschaltung) / full-well capacity (CTD) || ~**leistung** *f* / saturation power || ~**leitwert** *m* (der Fremdschicht auf einem Isolator) VDE 0448, T.1 / reference layer conductivity || ~**-M(H)-Schleife** *f* / saturation M (H) loop || ~**magnetisierung** *f* / saturation magnetization || ~**polarisation** *f* / saturation polarization || ~**reaktanz** *f* / saturation reactance || ~**spannung** *f* (Transistor) / saturation voltage (transistor) || ~**steuerung** *f* (Asynchronmasch.) / saturation control || ~**strom** *m* / reverse saturation current, saturation current || ~**stromwandler** *m* / saturable current transformer || ~**temperatur** *f* / saturation temperature || ~**verstärkung** *f* / saturation gain || ~**wert** *m* / saturated value || ~**widerstand** *m* (Transistor) DIN 41854 / saturation resistance || ~**zustand** *m* (Rel.) / relay soak || ~**zustand** *m* (ESR) / saturation state, temperature-limited state
Satz *m* / sentence *n*, record *n* || ~ *m* (Gruppe von Wörtern, die als Einheit behandelt wird und alle Daten zur Ausführung eines Arbeitsschrittes enthält) / set *n*, record block || ~ *m* / block *n* || ~ *m* (CLDATA-System) / logical record ISO 3592 || ~ *m* (Datensatz, digitale Daten) / record *n* || ~ *m* (LE-Ventilelemente) / assembly *n* || ~**anwählen** / select block || ~ **ausblenden** / skip block || ~ **eingefügt** / block inserted || ~ **fahren** / block mode || ~ **fester Länge** / fixed-length record || ~ **veränderlicher Länge** / variable-length block || **ausblendbarer** ~ / skip block || **Dokumentier~** *m* / documentation package || **Ventilbauelement-**~ *m* / valve device assembly
Satz·abbruch *m* / block abort || ~**adresse** *f* / block address, record address || **Eingabeformat in** ~**adressschreibweise** / (input in) fixed block format || ~**anfang** *m* / block start || ~**anfangspunkt** *m* / start of block || ~**anfangssektor** *m* / block start sector || ~**anfangssignal** *n* / block start signal, start-of-block signal || ~**anfangsvektor** *m* / block start vector
Satzanzeige *f* / block display || ~ *f* / block number display, record number display, sequence number display
Satz·art *f* (Daten-Bauart) / record type || ~**aufbau** *m* / block format || ~**aufbereitung** *f* / block preparation || ~**aufruf** *m* / block call || ~**ausblendebene** *f* / block skip level
Satzausblenden *n* / block skip, block delete function, SKP || **gefächertes** ~ / differential block skip
Satz·ausblendung *f* / block skip, block delete function || ~**ausführung** *f* / block execution || ~**bau** *m* / syntax || ~**bearbeitung** *f* / block processing || ~**bezeichner** *m* / block identifier
Satzende *n* / block end, end of block (EOB), end of record || ~**-Einzelsatz** *m* / end of block - single block || ~**vektor** *m* / block end vector || ~**zeichen** *n* / record delimiter || ~**zeichen** *n* / end-of-block character, end-of-record character
Satzend·grenze *f* / block boundary, block limit || ~**punkt** *m* / block end point, block end, end of block (EOB) || ~**punktkoordination** *f* / block end point coordination || ~**wert** *m* / final block value || ~**zeichen** *n* / end-of-block character
Satzfolge *f* / block sequence || **konstante** ~ / fixed sequential, constant block sequence || ~**betrieb** *m* DIN 66257 / automatic mode (NC) ISO 2806-1980 || ~**kennung** *f* (SFK) / block sequence number, record sequence number (NC) ISO 3592, sequence number || ~**nummer** *f* / block sequence number, record sequence number (NC) ISO 3592, sequence number
Satzformat *n* / block format, record format || **festes** ~ / fixed-block format ISO 2806-1980 || **variables** ~ / variable block format || ~**kennung** *f* / record format identifier
Satz·grenze *f* / block boundary, block limit || ~**gruppe** *f* DIN 44300 / record set, set || ~**information** *f* / block information || ~**inhalt** *f* / block contents || **~intern** *adj* / block-internal || ~**kennungsmaske** *f* / block identifier screen || ~**koinzidenz** *f* / block coincidence || ~**länge** *f* / block length, record length || ~**leser** *m* / block reader || ~**lieferung** *f* / delivery of set
Satznummer *f* / sequence number, block number, record number
Satznummerierung *f* / block numbering
Satznummern·anzeige *f* / block number display, record number display, sequence number display || ~**suche** *f* / block number search
Satz·parameter *m* / block parameter || ~**parität** *f* / block parity || ~**programmeingabe** *f* / input of

block program || ⁓puffer *m* / block buffer || feste ⁓schreibweise / fixed-block format ISO 2806-1980 || ⁓speicher *m* / block memory || ⁓splitting *n* / block splitting || ⁓struktur *f* / block structure || ⁓suche *f* / block search
Satzsuchlauf *n* / block search || ⁓ **mit Berechnung** / block search, block search with calculation || ⁓ **mit Berechnung ab dem letzten Hauptsatz** / automatic block search || ⁓ **ohne Berechnung** / block search without calculation || ⁓-**Element** *n* / block search element
satzsynchron *adj* / block-synchronized
Satz·typ *m* (CLDATA-System) / record type ISO 3592 || ⁓typgruppe *f* / set type || ⁓übergang *m* / block transition || ~übergreifend *adj* (NC-Programm) / modal *adj* || ⁓überlesen *n* / optional block skip, block skip, block delete || ⁓unterdrückung *f* / block delete, optional block skip || ⁓unterdrückung *f* / block delete function, SKP || ⁓-**Untertyp** *m* (CLDATA) / record subtype || ⁓verarbeitung *f* / block processing
Satzvorlauf *m* / block search, block search with calculation || ⁓ **auf beliebigen Satz** / block search, block search with calculation || ⁓zeiger *m* / block search pointer
Satzwechsel *m* / block change || **fliegender** ⁓ / flying record change || ⁓punkt *m* / block change position || ⁓zeit *f* / block change time
satzweise *adj* / non-modal, one-shot, block-by-block || ~ **Programmeingabe** / block-by-block program input, block-serial (program input) || ~ **Verarbeitung** / block-by-block processing, block-serial processing || ~**wirksam** / non-modal *adj* || **vorwärts** ~ / forward block by block || ~**s Einlesen** / block-by-block input
Satzweiterschaltung *f* / block continuation, block advance, block step enable || ⁓ *f* / block relaying
Satz·zähler *m* / block counter, record counter || ⁓zeichen *n* / punctuation mark || ⁓zeichnung *f* / set drawing || ⁓zeiger *m* / block pointer || ⁓zykluszeit *f* / block cycle time
sauber *adj* / neatly *adj*
Sauberkeit *f* / cleanliness *n*
Saudi Arabian Standards Organisation (SASO) *f* / SASO
Sauerstoff *m* / oxygen *n* || **gelöster** ⁓ / dissolved oxygen || ⁓analyse *f* / oxygen analysis || ⁓analysegerät *n* / oxygen analyzer || ⁓analysator *m* / oxygen analyzer || ~**freies Kupfer hoher Leitfähigkeit** / oxygen-free high-conductivity copper (OFHCC) || ⁓lanze *f* / oxygen lance || ⁓messtechnik *f* / oxygen measurement || ⁓-**Wasserstoff-Brennstoffzelle** *f* / oxygen-hydrogen fuel cell
sauerumhüllte Stabelektrode / iron oxide electrode
Saug·drossel *f* / interphase transformer, balance coil || ⁓drosselchassis *n* / interphase transformer chassis || ⁓drosselschaltung *f* / interphase transformer connection || ⁓druck *m* / inlet pressure, intake pressure
Sauger *m* / suction device
Saugertransferpresse *f* / suction transfer press
Saug·fähigkeit *f* / absorptive capacity, absorptivity *n* || ⁓fähigkeit *f* (keramischer Isolierstoff) / porosity *n* || ⁓fläche *f* (ein Bauelement wird über diese Fläche (Ansaugquerschnitt) an der Pipette mittels Vakuum angesaugt bzw. durch Blasluft abgestoßen) / suction area || ⁓greifer *m* / vacuum pad gripper || ⁓kanal *m* / intake port || ⁓kreis *m* / series resonant circuit || ⁓kreis *m* (Oberwellensperre) / harmonic absorber, acceptor circuit || ⁓leistung *f* (Pumpe) / intake capacity || ⁓leitung *f* / suction line (o. pipe), intake line || ⁓lüfter *m* / suction fan, induced-draft fan || ⁓luftfilter *m* / suction air filter, intake air filter || ⁓motor *m* / induction engine || ⁓pipette *f* / vacuum nozzle || ⁓pipettenmitte *f* / middle of the vacuum nozzle || ⁓rohr *n* / draft tube, suction pipe, intake manifold || ⁓rohreinspritzung *f* / intake manifold injection || ⁓rohrfüllverhalten *n* / intake manifold filling characteristics || ⁓rohrunterdruck *m* / induction manifold pressure || ⁓schlitz *m* / intake port || ⁓schrubber *m* / water suction cleaning appliance || ⁓seite *f* (Pumpe) / inlet side, suction side || ⁓transformator *m* / booster transformer, draining transformer || ⁓ventil *n* / suction valve, intake valve || ⁓zug *m* / induced draft || ⁓zugbrenner *m* / induced-draft burner || ⁓zuglüfter *m* / induced-draft fan
Säule *f* / upright *n*, pillar *n* || ⁓ *f* (Stapel) / standoff *n* || ⁓ *f* / stack *n* || ⁓ *f* (Chromatograph) / column *n* || **Pol~** *f* / pole column, pole turret, pole pillar || **Steuer~** *f* / control pedestal || **thermoelektrische** ⁓ / thermoelectric pile, thermopile *n*
Säulen·beleuchtung *f* / colonnade lighting || ⁓bohrmaschine *f* / column-type drilling machine || ⁓diagramm *n* / bar diagram, bar chart, bar graph || ⁓drehkran *m* / column slewing crane || ⁓füllung *f* (Chromatograph) / column packing || ⁓konsole *f* / supporting column || ⁓ofen *m* (Chromatograph) / column oven || ⁓presse *f* / column press || ⁓stelltransformator *m* / pillar-type variable-ratio transformer || ⁓-**Stelltransformator** *m* / pillar-type variable-voltage transformer || ⁓transformator *m* / pillar-type transformer, feeder-pillar transformer || ⁓verteiler *m* / distribution pillar
Säumen *n* / edging *n*
Säure *f* / acid *n* || ⁓behandlung *f* / acid treatment || ~**beständig** *adj* / acid-resisting *adj*, acid-proof *adj*, acid-resistant *adj*, acid resistant || ⁓dämpfe *m pl* / acid fumes || ~**fest** *adj* / acid-proof *adj* || ~**frei** *adj* / acid-free *adj*, acidless *adj*, non-corrosive *adj* || ⁓gehalt *m* / acidity *n* || ⁓grad *m* / acidity *n* || ~**haltige Luft** / acid-laden atmosphere
saurer Regen / acid rain
Säurezahl *f* / acid number
S-Automat *m* / miniature circuit-breaker (m.c.b.), automatic circuit-breaker
SAW (Surface Acoustic Wave) / SAW (Surface Acoustic Wave)
SAZ (STEP-Adresszähler) / step address counter, SAC (STEP address counter)
sb (Einheit) / stilb (sb)
SB / sideband *n* (SB) || ⁓ (Schrittbaustein) / SB (sequence block)
S7-Basis-Kommunikation *f* / S7 standard communication
SBB (Siemens-Breitbandnetz) / Siemens broadband LAN
SBC (sichere Bremsenansteuerung) / safe brake control (SBC)
SBE (Sitzbelegerkennung) / childseat presence

SBH 736

orientation detection (CPOD)
SBH (sicherer Betriebshalt) / safety operation lockout, safe operation stop, safe operational stop, SBH
SBM (sicheres Bremsenmanagement) / SBM (Safe Brake Management)
SBP / SBP (sensor board pulse)
SBR (sichere Bremsrampe) / SBR (safe braking ramp) || ♾-**Toleranz** *f* / SBR tolerance
SBS (Systembeschreibung) / system overview
SBT (Sicherer Bremsentest) *m* / SBT (safe brake test)
SC / safety clearance (SC), safety distance, clearance distance, SC
SCADA / SCADA (supervisory control and data acquisition) || ♾-**Funktion** *f* / SCADA function || ♾-**System** *n* / SCADA system
SCADE / Safety-Critical Application Development Environment (SCADE)
Scan·bereich *m* / scanning scope || ♾-**Ebene** *f* / scan plane
scannen *v* / scan *v*
Scanner, 3D-♾ *m* / 3D scanner
Scanning *n* / scanning *n* || ♾-**Oszillator-Technik** *f* (SOT) / scanning oscillator technique (SOT)
SCAN Raster / scan interval
Scan-Schlitten *m* (Diffraktometer) / scan slide
SCARA / SCARA (Selectively Compliant Articulated Robot Arm) || ♾-**Roboter** *m* / SCARA robot
Scart-Buchse *f* / Scart-jack
Scavenger *m* (Additiv f. Isolierflüssig.) IEC 50 (212) / scavenger *n*
SCB / Serial Communication Board (SCB)
SCC / Synchronous Serial Channel (SCC)
SCE / Supply Chain Execution (SCE)
Schabeschnitt *m* / scratch cut
Schablone *f* / template *n* || ♾ *f* (Schrift) / stencil *n* || ♾ *f* / former *n* || **Tastatur~** *f* / keyboard overlay || **Text~** *f* / matrix document, matrix *n*, invoking document
Schablonen·datei *f* / template file || ♾**druck** *m* / screen printing || ♾**spule** *f* / former-wound coil, preformed coil, diamond coil || **automatische ♾unterseitenreinigung** *n* / (automatic) Underscreen Cleaning (USC) || ♾**vergleich** *m* / template matching (pattern matching using a template) || ♾**wicklung** *f* / former winding, preformed winding
Schabrad *n* / shaving gear
Schachbrettmuster *n* / checkerboard pattern
Schacht *m* (senkrechter Leitungskanal) / vertical raceway, vertical trunking, shaft *n* || ♾ *m* / board slot, slot *n* || **Aufzug~** *m* / lift well, lift shaft, hoistway *n* || **Licht~** *m* / lighting well || **Steigleitungs~** *m* / riser duct
schachtel·bar *adj* / nestable *adj* || **zweifach ~bar** (Programm) / nestable to a depth of two || ♾**brücker** *m* / nested link || ♾**füllmaschine** *f* / box filling machine
Schachteln *n* / nesting *n* || ♾ *n* / interleaved stacking || **~** *v* (Programm) / nest *v* || **~** *v* / interleave *v*, imbricate *v*
Schachteltiefe *f* / nesting depth
Schachtelung *f* (Programm) / nesting *n* || **zweifache ♾** (Programm) / nesting to a depth of two
Schachtelungs·ebene *f* / nesting level || ♾**konflikt** *m* / invalid nesting || ♾**tiefe** *f* / nesting depth

Schacht·förderanlage *f* / mining hoist || ♾**ring** *m* / shaft-top supporting ring || ♾-**Signalkabel** *n* / shaft signal cable
Schaden *m* / damage *n*, defect *n*, fault *n*, breakdown *n*, harm *n* || ♾**ersatz** *m* / indemnity *n*, damages *plt* || ♾**ersatzklage** *f* / claim for damages || **Fehler mit ♾folge** / damage fault || **Fehler ohne ♾folge** / undamage fault
Schadens·anzeige *f* / loss advice || ♾**ausmaß** *m* / extent of damage || ♾**begrenzung** *f* / damage limitation || ♾**behebung** *f* / repair of damage || ♾**bericht** *m* / damage report || ♾**ersatzanspruch** *m* / claim for compensation, compensation claim || ♾**ersatzsummen** *f pl* / sums of money awarded as compensation by the courts when manufacturers cannot prove that they exercized due care and attention || ♾**meldung** *f* / damage notification || ♾**protokoll** *n* / certificate of damage || ♾**regulierung** *f* / settlement of claims
Schad·gas *n* / corrosive gas || **~gasresistent** *adj* / corrosive gas-resistant || ♾**gassensor** *m* / pollutant sensor || **~haft** *adj* / defective *adj*
Schädigung *f* / damage *n*
Schadstoff *m* / pollutant *n*, noxious substance, contaminant *n*
schadstoffarm *adj* / low-emission *adj*, with low emission levels *adj*
Schadstoff·ausstoß *m* / emission of noxious substances, exhaust(-gas) emissions || ♾**emission** *f* / pollutant emission, emission of noxious substances || ♾**emissionen** *f pl* / pollutant emissions, noxious substances || ♾**konzentration** *f* / pollutant (o. contaminant) concentration
Schadvolumen *n* / dead volume
Schäferkiste *f* / open metal box
Schaft *m* / shank *n*, stem *n* || ♾ *m* (Mastgründung) / chimney *n* IEC 50(466), pier *n* || ♾ *m* (einteiliger Mast) / shaft *n* || ♾ *m* (Gittermast) / body *n* || ♾, **kurz** / shaft, short || ♾, **lang** / shaft, long || ♾**achse** *f* (Welle) / shaft axis || ♾**antrieb** *m* / shaft drive || ♾**durchmesser** *m* / shank diameter || ♾**fräser** *m* / end mill, end milling cutter || ♾**fräser mit Eckenverrundung** / end mill with corner rounding || ♾**länge ohne Kopf** (Schraube) / length of screw under the head || ♾**maschine** *f* / dobby *n* || ♾**maß** *n* / shank dimension || ♾**schraube** *f* / shank screw
Schale *f* / shell *n*, bin *n*
Schalen·gehäuse *n* / shell-type casing, shell *n* || ♾**kern** *m* (Magnetkern) / pot-type core || ♾**kupplung** *f* / muff coupling, box coupling, ribbed-clamp coupling, clamp coupling || ♾**magnet** *m* / shell-type magnet || ♾**modell** *n* (MCC-Geräte) / shell diagram
Schalfläche *f* (im Dialogfeld) / button *n*
Schall *m* / sound *n* || ♾ **empfangen** / receive sound, receive an ultrasonic signal || ♾ **senden** / transmit sound, emit an ultrasonic signal || **nullter** ♾ / zeroth sound || ♾**absorber** *m* / sound absorber
schall·absorbierender Werkstoff / sound absorbing material || ♾**absorption** *f* / acoustical absorption, sound absorption || ♾**abstrahlungsvermögen** *n* / sound radiating power, ability to radiate sound (o. noise) || ♾**aufnehmer** *m* / sound probe, sound receiver || ♾**ausbreitung** *f* / sound propagation || ♾**ausschlag** *m* / particle displacement || ♾**austrittspunkt** *m* (Ultraschall-Prüfkopf) DIN

54119 / probe index || ⁓beugung f / sound diffraction || ⁓bündel n / sound beam
schall·dämmend adj / sound absorbing, sound deadening || ⁓**dämmhaube** f / noise insulating cover, noise reducing cover, sound-damping hood || ⁓**dämm-Maß** n / sound reduction index || ⁓**dämmung** f / sound insulation, sound deadening, soundproofing n, sound attenuation || ⁓**dämmwand** f / sound absorbing wall
schalldämpfend adj / sound deadening, sound insulating, sound absorbing, noise damping, silencing n || ~**er Werkstoff** / sound-reflecting material
Schall·dämpfer m / silencer n, muffler n, sound absorber, exhaust silencer, acoustic damper || ⁓**dämpfung** f / sound dampening, sound attenuation, sound reduction || ⁓**dämpfungselement** n / sound absorption element || ⁓**dämpfungshaube** f / sound-absorption cover || ⁓**dämpfungskonstante** f / sound absorption coefficient || ~**dicht** adj / sound-proof adj || ⁓**diffusor** m (Schallpegelmesser) / random-incidence corrector || ⁓**dissipationsgrad** m / acoustic dissipation factor || ⁓**druck-Bandpegel** m / band sound-pressure level || ⁓**druckpegel** m / sound pressure level || ⁓**eintrittspunkt** m DIN 54119 / beam index
Schall·empfindung f / sound sensation || ⁓**energie** f / sound energy || ⁓**erzeugung** f / sound generation || ⁓**feld** n / sound field, sonic field || **helixförmige** ⁓**führung** / helix-shaped ultrasonic signals || ⁓**gemisch** n / complex sound || ⁓**geschwindigkeit** f / sound velocity, speed of sound || ⁓**impedanz** f / acoustic impedance || ⁓**impuls** m / acoustic pulse, sound pulse, sonic pulse || ⁓**intensität** f / sound intensity || ⁓**isolationsmaß** n / sound reduction index || ⁓**isolierung** f / sound-proofing n, sound insulation || ⁓**keule** f / sound cone || ⁓**laufweg** m / sound path || ⁓**laufzeit** f / sound propagation time || ⁓**leistung** f / sound power, acoustic power || ⁓**leistungspegel** m / sound power level, acoustic power level, sound power level || ⁓**messraum** m / anechoic room, free-field room
Schall·pegel m / sound level || ⁓**pegelmesser** m / sound level meter || ⁓**prüfung** f / stethoscopic test, sound test || ⁓**reaktanz** f / acoustic reactance || ~**reflektierender Werkstoff** / sound reflecting material || ⁓**reflexionsgrad** m / sound reflection coefficient || ⁓**resistanz** f / acoustic resistance || ⁓**rückstrahlung** f / reverberation n || ⁓**schatten** m / acoustic shadow || ~**schluckend** adj / sound absorbing, sound deadening || ⁓**schluckgrad** m / acoustical absorption coefficient, sound absorptivity || ⁓**schluckhaube** f / noise absorbing cover, sound deadening cover || ⁓**schluckraum** m / anechoic chamber, free-field environment || ⁓**schnelle** f / particle velocity || ⁓**schwächung** f / sound attenuation || ⁓**schwächungskoeffizient** m / sound attenuation coefficient || ⁓**schwingung** f / acoustic oscillation, sonic vibration || ⁓**spektrum** n / sound spectrum || ⁓**stärke** f / sound intensity || ⁓**strahl** m / sound ray || ⁓**strahler** m / acoustic radiator || ⁓**strahlung** f / acoustic (o. sound) radiation || ⁓**strahlungsdruck** m / acoustic radiation pressure || ⁓**strahlungsimpedanz** f / acoustic (o. sound) radiation impedance ||
⁓**streuung** f / sound scattering || ⁓**tiefe** f (Ultraschallprüf.) / ultrasonic penetration
schall·toter Raum / anechoic chamber (o. room) || ⁓**transmissionsgrad** m / acoustical transmission factor || ⁓**übertragung** f / sound transmission, noise transmission || ⁓**wand** f / noise baffle || ⁓**wandler** m / sonic converter, acoustic signal transformer, sound transducer, audible signal transducer || ⁓**weg** m / sonic distance || ⁓**wellenwiderstand** m / characteristic impedance (acoustics) || ⁓**widerstand** m / acoustic resistance
Schalstück beweglich n / moving contact
Schalt·ablauf m / operating sequence IEC 337-1, IEC 56-1 || ⁓**ablauf** m (Trafo-Stufenschalter) / tap-changing cycle, tapping sequence || ⁓**abstand** m / switching distance || ⁓**abstand** m / operating distance, sensing distance || ⁓**abstand** m (Schaltuhr) / switching interval || **gesicherter** ⁓**abstand** sa / assured operating distance || ⁓**abstandsbereich** m / range of operating distances || ⁓**abwicklung** f / contact arrangement, operating sequence, contact configuration || ⁓**achse** f / switch shaft || ⁓**achse, hinten** / switch shaft, rear || ⁓**achse, vorn** / switch shaft, front || ⁓**aktor** m / actuator n, switching actuator, sensor n, servo-drive n, positioner n, switch actuator || ⁓**algebra** f / logic algebra, boolean algebra
Schaltanlage f / terminal n, switching device, station n, extension n, expansion n, outdoor substation || ⁓ f (Geräte) / switchgear n || ⁓ f (Freiluft) / switchyard n, substation n, (outdoor) switchplant, (outdoor) switchgear, (outdoor) switching station || ⁓ f (FSK) / switchgear assembly || ⁓ f (Schaltgerätekombination, Schalteinheit) / switchgear assembly, switchgear unit || ⁓ f (Station) / switching station, substation n, switchgear n, switching centre, switchplant n || ⁓ f (Tafel) / switchboard n || ⁓ **für Energieverteilung** / siehe Schaltanlage || ⁓ **in Einschubbauweise** / withdrawable switchgear BS 4727, G.06, switchboard with drawout units || ⁓ **mit abhängiger Handbetätigung** / dependent manually operated switchgear (DMOS), dependent manual initiation, DMOS (dependent manually operated switchgear) || ⁓ **mit ausziehbaren Geräten** / withdrawable switchgear BS 4727, G.06, switchboard with drawout units || ⁓ **mit festeingebauten Geräten** / non-withdrawable switchgear BS 4727, G.06, switchgear with non-withdrawable units, switchgear with stationary-mounted equipment || ⁓ **mit SF$_6$-isolierten Geräten** / SF$_6$ metal-enclosed switchgear, SF$_6$ metal-clad substation || **gekapselte** ⁓ / enclosed switchgear || **Motor-**⁓ f (MCC) / motor control centre
Schaltanlagen f pl / medium-voltage switchgear || ⁓ f pl (Sammelbegriff f. Gerätearten) / switchgear and controlgear || ⁓ **für Energieverbrauch** IEC 50 (441) / controlgear n || ⁓ **für Energieverteilung** IEC 50(441) / switchgear n || ⁓ **für primäre Verteilungsnetze** / primary distribution switchgear || ⁓ **für sekundäre Verteilungsnetze** / secondary distribution switchgear || **metallgeschottete** ⁓ VDE 0670,T.6 / metal-clad switchgear and controlgear IEC 298 || ⁓**bau** m / switchgear manufacturing, switchgear manufacture || ⁓**bauer** m / maker of switchgear

Schalt 738

and controlgear, switchgear manufacturer ǁ ⸺behälter *m* / switchgear container ǁ ⸺Endverschluss *m* / switchgear termination ǁ ⸺feld *n* / switchgear bay, switchbay *n*, bay *n* ǁ ⸺feld *n* (einer Schalttafel) / panel *n*, vertical section, switchpanel *n*, switchgear panel ǁ ⸺front *f* / switchgear front ǁ ⸺leitsystem *n* / substation control system, substation control and protection system, station control system ǁ ⸺leittechnik *f* / substation automation, substation control and protection, substation automation technology ǁ ⸺raum *m* / switchgear room ǁ ⸺schlüssel *f* / switchgear assembly key

Schalt·anordnung *f* / wiring arrangement ǁ ⸺antrieb *m* / operating mechanism, switch mechanism ǁ ⸺antrieb *m* (WZM) / indexing mechanism ǁ ⸺anzeige *f* / gearchange display ǁ ⸺anzeige *f* (Kfz) / shift indication ǁ ⸺arbeit *m* / switched energy ǁ ⸺art *f* (Trafo-Stufenschalter) / tapping arrangement, tap-changing method ǁ ⸺art-Kennzahl *f* / characteristic connections number, tap-changer code ǁ ⸺aufforderung *f* / gearchange demand ǁ ⸺aufgabe *f* / switching duty ǁ ⸺augenblick *m* / switching instant, operating instant ǁ ⸺ausgang *m* / switching output ǁ ⸺ausrüstung *f* / switchgear *n*, controlgear *n*, switchgear and controlgear ǁ ⸺automat *m* / m.c.b.

Schaltautomatik *f* (Schutzsystem) / automatic switching equipment IEC 50(448), automatic control equipment (USA) ǁ ⸺ *f* (Gerät) / automatic switching unit, automatic control unit ǁ ⸺ *f* (zur Steuerung eines Schaltprogramms in einer Schaltanlage) / automatic switching control equipment ǁ ⸺einrichtung *f* / automatic control equipment

schaltbar *adj* / switchable *adj*, switched *adj*, that can be engaged and disengaged, deactivatable *adj* ǁ **1-polig ~** *adj* / 1-pole switchable *adj* ǁ **~e Klemme** / isolating terminal ǁ **~e Sicherungslasttrennleiste** / switchable In-Line Fuse Switch Disconnector ǁ **~e Steckdose** / switch socket-outlet, switched receptacle, switchable socket outlet ǁ **~e Steckvorrichtung** / switched connector (o. coupler) ǁ **~er neutraler Pol** / switched neutral pole ǁ **~er Neutralleiter** / switched neutral, separating neutral ǁ **~es Drehmoment** (Kupplung) / engagement torque

Schalt·bedingung *f* / switching condition ǁ ⸺befehl *m* / switching function command, on/off function command ǁ ⸺befehl *m* (FWT) / switching command ǁ ⸺bemessungsspannung *f* / rated breaking voltage ǁ ⸺bereich *m* / operating range ǁ ⸺bereich *m* (NS) / range of operating distances ǁ ⸺Betätigungskraft *f* / actuating force IEC 337-1, operating force IEC 512 ǁ **Transistor im** ⸺betrieb / switched-mode transistor ǁ ⸺betriebsdruck *m* / switchgear operating pressure, operating pressure

Schaltbild *n* / wiring diagram IEC 113-1, circuit diagram, schematic *n*, connection diagram (US), block diagram, survey diagram (Rev.) IEC 113-1, diagram *n*

Schalt·blitzstoßprüfung *f* / switching and lightning impulse test ǁ ⸺blitzstoßspannung *f* / switching lighting impulse voltage, lighting impulse voltage switched ǁ ⸺block *m* / contact unit, contact element ǁ ⸺brett *n* / patchboard *n*, plug board ǁ

⸺brett *n* (Kombination von Geräten auf einer Tafel (z.B. Schalter, Sicherungen)) / patch panel ǁ ⸺brief *m* / switching report, switching order ǁ ⸺brief-Management *n* / Switching Order Management (SOM) ǁ ⸺brücke *f* / jumper *n*, disconnecting link ǁ ⸺buch *n* / wiring manual, circuit manual, circuit documentation, book of circuit diagrams ǁ ⸺buchauftrag *m* / circuit manual job ǁ ⸺bügel *m* (Strombrücke) / terminal link, link *n*, jumper *n*

Schalt·diagramm *n* EN 60947-5-1 / operating diagram ǁ ⸺diagramm *n* (f. Schaltbrett- o. Steckfeldsteuerung) / plugging chart ǁ ⸺differenz *f* (Differenz zw. oberem und unterem Umschaltwert) / differential travel ǁ ⸺differenz *f* (Rel.) / differential *n*, hysteresis *n* ǁ ⸺differenz *f* (Differenz zwischen dem oberen und unteren Umschaltwert) / differential gap ǁ ⸺-/Dimmaktor *m* / switching-/dimming actuator, switch/dimming actuator ǁ ⸺diode *f* / switching diode ǁ ⸺dorn *m* / operating spindle ǁ ⸺draht *m* / interconnecting wire, equipment wire, hook-up wire, jumper wire ǁ ⸺drehzahl *f* / operating speed ǁ ⸺druck *m* / switching pressure ǁ ⸺druckbereich *m* / pressure range ǁ ⸺ebene *f* / switching level

Schalteinheit *f* / contact unit ǁ ⸺ *f* / contact unit, switchgear assembly ǁ ⸺ *f* VDE 0660, T.202 / contact unit IEC 337-2A, contact block, switch element ǁ ⸺ *f* / basic cell ǁ ⸺ *f* (Schaltereinheit einer dreipol. Kombination) / circuit-breaker pole unit, breaker unit

Schalt·einrichtung *f* / switching equipment ǁ ⸺einsatz *f* / contact unit ǁ ⸺einsatz sys / switch insert sys ǁ ⸺elektrode *f* (FET) / source/drain electrode

Schaltelement *n* / switch *n*, contact element, operating element ǁ ⸺ *n* VDE 0670, T.101 / making/breaking unit IEC 56-1, unit *n* ǁ ⸺ *n* / basic breaker ǁ ⸺ *n* / contact unit IEC 337-2A, switching element IEC 17B(CO)138, contact block, switch element ǁ ⸺ **1S** / contact element 1 NO ǁ ⸺ **defekt** *n* / contact block defective ǁ ⸺ **in Tandemanordnung** / tandem contact block ǁ ⸺ **binäres** ⸺ / binary-logic element ǁ ⸺**, rechteckig groß** / contact block, rectangular, large ǁ ⸺**, rechteckig klein** / contact block, rectangular, small ǁ ⸺**, rund 30 mm** / contact block, round, 30 mm ǁ ⸺**funktion** *f* / switching element function

schalten *v* / switch *v*, clear *v* ǁ ⸺ *n* (Betätigen eines Schaltgerätes) / operation *n*, shift gear *n* ǁ ⸺ *n* / indexing *n*, dividing *n* ǁ **~ *v*** (verdrahten, anschließen) / wire *v*, wire up *v*, connect *v* ǁ **~ *v*** (betätigen) / operate *v*, actuate *v*, control *v* ǁ **~ *v*** (beim Rückfallvorgang) / disengage *v* ǁ **~ *v*** (beim Ansprechvorgang) / switch *v* ǁ **~ *v*** (Kupplung) / clutch *v*, engage *v*, disengage *v* ǁ **~ *v*** (Getriebe) / shift *v*, change gear ǁ ⸺ **Ein/Aus** *n* / switch On/Off *n* ǁ ⸺ **ohmscher Last** / switching of resistive loads IEC 512, making and breaking of non-inductive loads IEC 158 ǁ ⸺ **und Schützen** / switching and protecting ǁ ⸺ **unter Last** / switching under load, load switching ǁ ⸺ **unter Spannung** / hot switching ǁ ⸺ **von Kondensatoren** / capacitor switching ǁ ⸺ **auf Eigensteuerung ~** / go to local ǁ **betriebsmäßiges** ⸺ VDE 0100, T.46 / functional switching, normal switching duty ǁ **gegeneinander ~** / connect back to back ǁ **gemeinsam ~** / operate

in unison || **hintereinander ~** (Kaskade) / cascade
v || **hintereinander ~** (in Reihe) / connect in series
|| **leistungselektronisches ~** / electronic power
switching || **nebeneinander ~** / connect in
parallel, shunt *v* || **netzsicherheitskontolliertes
~** / security-checked switching (SCS) ||
rückzündfreies ~ / switching (o. circuit
interruption) without restriking
schaltend / switching || **in Luft ~** / air-break *adj* || **nach
M ~** / sink output
Schaltende *n* (Wickl.) / free end, winding termination
schaltend·er Messfühler (Drehmasch.) / touch
trigger probe || **~er Wärmefühler** / switching-
type thermal detector || **~es Stellgerät** /
discontinuous-action final controlling device
Schalter *m* / switch *n*, isolator *n*, disconnecting
switch, disconnector *n*, mechanical switching
device, maintained-contact switch || **~** *m* VDE
0660,T.107 / mechanical switching device IEC
408 || **~** *m* / circuit-breaker *n* (c.b.) IEC 157-1,
power circuit-breaker (US), power breaker || **~ für
Hausinstallationen** / switch for domestic
installations (o. purposes) || **~ für manuellen
Eingriff** / manual override switch || **~ für
Normalbetrieb** / standard-duty-type switch || **~ für
Schalttafeln** / panel-type switch || **~ für
zweiseitigen Anschluss** / front-and-back-
connected switch || **~ mit Freiauslösung** / trip-
free mechanical switching device, release-free
mechanical switching device || **~ mit
Freiauslösung** (LS) / trip-free circuit-breaker IEC
157-1, release-free circuit-breaker || **~ mit
magnetischer Blasung** / magnetic blow-out
circuit-breaker || **~ mit magnetischer
Fernsteuerung** VDE 0632 / magnetic remote
control switch (CEE 14) || **~ mit normaler
Kontaktöffnung** / switch of normal gap
construction || **~ mit Platte** (I-Schalter) /
plateswitch *n* || **~ mit Schutzgaskontakt** / dry-
reed switch, reed switch || **~ mit
Wiedereinschaltvorrichtung** / automatic
reclosing circuit-breaker || **~ ohne Gehäuse** /
unenclosed switch || **~ ohne Sicherungen** / non-
fusible switch || **~ und Taster** / switches and
pushbuttons || **elektronischer ~** / electronic power
switch, electronic switch, solid-state switch ||
elektronischer USV-~ / electronic UPS power
switch (EPS) || **öllloser ~** / oilless switch ||
Thermo~ *m* (Thermostat) / thermostat *n* ||
Thermo~ *m* / thermostatic switch || **wegabhängige
~** / travel dependent switches
Schalter·abdeckplatte *f* (I-Schalter) / switch-plate *n*
|| **~abdeckung** *f* / switch cover || **~achse** *f* / switch
shaft || **~antrieb** *m* / operating mechanism, switch
mechanism, breaker mechanism || **~ausfallschutz**
m / circuit-breaker failure protection || **~baugröße**
f / breaker size || **~-Baum** *m* / switch tree ||
~baustein *m* (Mosaikbaustein) / control tile ||
~bemessungsbetriebsdruck *m* / circuit-breaker
rated operating pressure, switchgear rated
operating pressure || **~bericht** *m* (DIN EN
61850-7-1) / circuit-breaker report || **~betätigung**
f / switch actuation || **~betrieb** *m*
(Wechselstromsteller) / switching mode ||
~betriebsdruck *m* / switchgear operating pressure
|| **~dose** *f* / switch box || **~dosenempfänger** *m* (IR-
Fernbedienung) / switch unit with integrated

receiver, receiver switch
Schalter·ebene *f* (Vielfachsch.) / wafer *n* ||
~eigenschaften *f pl* / switch characteristics ||
~einbaudose *f* / switch box || **~einheit** *f* / circuit-
breaker unit, breaker unit || **~einsatz** *m* (HSS) /
basic switch, switch module, basic unit, basic cell,
contact block || **~einsatz** *m* / contact unit ||
~einsatz *m* (LS) / basic breaker
Schalterfall *m* / breaker tripping, switch trip || **~** *m*
(Trafo-Lastumschalter) / switch opening, switch
operation || **~meldung** *f* / trip indication
Schalter·fassung *f* (Lampenf.) / switch lamp-holder,
switch lamp-socket || **~gehäuse** *n* / breaker
enclosure, breaker chamber, switch enclosure ||
~gerüst *n* / breaker frame || **~-Grundschaltung** *f* /
basic switch connection || **~meldung** *m* /
proximity switch bracket || **~-Hauptzweig** *m* /
switch arm || **~kammer** *f* (Trafo-Lastumschalter) /
diverter-switch compartment || **~kasten** *m* / switch
box || **~kessel** *m* (LS) / breaker tank || **~kessel** *m*
(Trafo) / diverter-switch tank, diverter-switch
container || **~klemme** *f* / breaker terminal ||
~kombination *f* (Bahn, zur Herstellung
verschiedener Verbindungen) / switchgroup *n* ||
~kontakt *m* / switch contact || **~kopf** *m* / actuator
n || **~mechanik** *f* / breaker mechanism ||
~mechanismus *m* / switch mechanism, operating
mechanism
Schaltermitnahme *f* / breaker intertripping, transfer
tripping || **~ mit HF** / intertripping carrier scheme
|| **direkte ~** / intertripping *n*
Schalter·öl *n* / switching oil, breaker oil || **~öl** *n* (f.
Trafo-Stufenschalter) / tap-changer oil || **~platte** *f*
(I-Schalter) / switch-plate || **~pol** *m* / circuit-
breaker pole, breaker pole || **~raum** *m* / switch
compartment || **~rückzündung** *f* / breaker arc-
back, breaker restrike (o. restriking) || **~-
Schaltung** *f* / switch connection || **~-Sicherungs-
Einheit** *f* VDE 0660,T.107 / fuse combination
unit IEC 408 || **~sockel** *m* / switch base ||
~steckdose *f* / switched socket-outlet, switch
socket-outlet || **~-Steckdosenkombination** *f* /
switch-socket *n* (unit o. block) || **~-Steckdosen-
Programm** *n* / family of switches and sockets
Schalterstellung *f* / position *n*, switch position,
breaker position, key position || **~** *f*
(Fahrschalter) / notch *n*, controller notch
Schalterstellungs·anzeiger *m* / switch position
indicator || **~meldung** *f* / switch position
indication, breaker position indication
Schalter·stufe *f* / switch position || **~system** *n* /
switch system || **~teil** *n* / switching part || **~- und
Tastereinsatz** *m* / contact block
Schalterversager *m* / breaker failure || **~schutz** *m* /
breaker failure protection || **~schutzsystem** *n* /
circuit-breaker failure protection system || **~-
Selektivschutz** *m* / circuit-breaker failure
protection IEC 50(448), breaker failure protection
(USA)
Schalter·wagen *m* / switchgear truck || **~wagen** *m*
(m. Leistungsschalter) / breaker truck || **~wagen** *m*
(m. Lastschalter) / switch truck || **~welle** *f* / switch
shaft || **~wippe** *f* / switch rocker || **~zeit** *f* / breaker
operating time || **~zustand** *m* / circuit-breaker
condition || **~zweig** *m* / switch arm
Schaltfahne *f* / cam switch
Schaltfläche Abbrechen (schließt das Dialogfeld;

Schaltfehler 740

die Einstellungen werden nicht gültig) / CANCEL button || ≳ **Anhalten** / HOLD button (interrupts a process) || ≳ **Anwenden** / APPLY button || ≳ **Fortsetzen** / CONTINUE button (resumes an operation at the breakpoint) || ≳ **Hilfe** / HELP button (opens a Help Window containing help text in the context of the content of the dialog box and button function) || ≳ **Ja** / YES button || ≳ **Öffnen** / OPEN button (used to open something for editing) || ≳ **OK** / OK button || ≳ **Rücksetzen** / RESET button || ≳ **Schließen** / CLOSE button || ≳ **Übernehmen** / ACCEPT button || ≳ **Vorgabe** / DEFAULT button (all settings are restored to default) || ≳ **in der Funktionsleiste** / icon n
Schaltfehler m (Teilfehler) / indexing error || ≳**schutz** m (SFS) / switchgear interlocking (SI), interlocks to prevent maloperation, switchgear interlocking system, interlocking n, switching error protection, SI || ≳**schutzeinrichtung** f / switchgear interlocking equipment || ≳**schutzgerät** n / switchgear interlock unit || ≳**schutzsystem** n / switchgear interlock system
Schaltfeld n (einer Schalttafel) / panel n, vertical section, switchgear panel, switchpanel || ≳ n / switchgear bay, bay n, switchbay || ≳ n VDE 0670,T. 6 / functional unit IEC 298 || ≳ n (MCC) / section n || ≳ n (Schrank) / switchgear cubicle, section n || ≳**art** f / block type, switchbay type || ≳**front** f / panel front || ≳**pol** m / switchpanel pole || ≳**fläche** f / pushbutton n, button n
Schaltflächenassistent m (Hilfsprogramm) / control wizard
Schaltflanke f / switching edge
Schaltfolge f VDE 0660, T.200, VDE 0670, T.101 / operating sequence (of a mechanical switching device: a succession of specified operations with specified time intervals) IEC 337-1, IEC 56-1, sequence of operations EN 609340, switch sequence, sequence interlocking, switching procedure || **feste** ≳ / constant operating sequence || **parametrierte** ≳ / parameterized operating sequence || **Prüf~** f / test duty || **Prüfung der** ≳ / sequence test IEC 214 || **variable** ≳ / variable operating sequence || ≳**aufrufschritt** m / operating sequence call step || ≳**diagramm** n DIN 40719,T. 11 / switching sequence chart, operation sequence chart || ≳**erstellschritt** m / operating sequence creation step || ≳**tabelle** f E DIN 19266, T.3 / state transition table || ≳**tafel** f / sequence table (o. chart)
Schaltfrequenz f EN 50032, DIN IEC 147-1D / operating frequency, frequency of operation, switching rate || ≳ **f** / frequency of operating cycles
Schalt·funkenstrecke f / switching spark gap, relief gap || ≳**funktion** f (Funktion, bei der die Eingangsgrößen und die Ausgangsgröße nur endlich viele Wert annehmen können) DIN 43300 / switching function || ≳**funktion** f (logische F.) / logic function || ≳**gas** n / arcing gas, switching gas || ≳**genauigkeit** f (Parallelschaltgerät) / accuracy n (of operation), operating accuracy, switching accuracy || ≳**genauigkeit** f (Wiederholgenauigkeit) / repeat accuracy, consistency n
Schaltgerät n (Gerät zur Erstellung oder Unterbrechung des Stroms in einen odere mehrere Stromkreise) VDE 0660,T.101 / switching device IEC 157-1, mechanical switching device,

switchgear n, electronic ignition system, switchgear device (SWI) || ≳ + **Nennstrom** / switching device + rated current || ≳ **für Energieverbrauch** / siehe Schaltgerät || ≳ **für Energieverteiler** / switchgear n || ≳ **für Energieverteilung** / switchgear for power distribution || ≳ **für Verbraucherabzeige** / controlgear n || **mechanisches** ≳ **mit Freiauslösung** / trip-free mechanical switching device
Schaltgeräte n pl / switchgear n, controlgear n || ≳ **für Energieverbrauch** / controlgear n || ≳ **für Energieverteilung** / switchgear n || **kommunikationsfähige** ≳ / communication-interfaced switchgear || ≳**kasten** m / switchbox n, control box
Schaltgerätekombination f / switchgear and controlgear assembly || ≳ f (f. Energieverteilung) / switchgear assembly, power switchgear assembly (SK US) || ≳ f (f.Energieverbrauch) VDE 0113 / controlgear assembly || ≳ **für Freiluftaufstellung** VDE 0660, T.500 / assembly for outdoor installation IEC 439-1 || ≳ **für Innenraumaufstellung** VDE 0660, T.500 / assembly for indoor installation IEC 439-1 || **fabrikfertige** ≳ (SFK) / factory-built assembly (of l.v. switchgear and controlgear FBA) || **partiell typgeprüfte** ≳ / partially type-tested switchgear and controlgear assembly || **typgeprüfte** ≳ / type-tested switchgear and controlgear assembly, type-tested l.v. switchgear and controlgear assembly
Schaltgeräte·montage f / switchgear installation || ≳**reihe** f / switchgear range || ≳**schutz** m / switching device protection || ≳**schutz-Sicherung** f / switchgear fuse || ≳**schutz-Sicherungseinsatz** m / switchgear fuse-link || ≳**träger** m / switching device holder
Schalt·gerätgehäuse n / switchgear enclosure || ≳**gerätmontage** f / switchgear installation
Schalt·geräusch n / operating noise || ≳**geräusch** n (Geräusch, das durch Vermittlungsvorgänge verursacht wird) / switching noise || ≳**gerüst** n / switch rack, switching structure, switchgear rack || ≳**geschwindigkeit** f / changeover speed || ≳**geschwindigkeit** f (elST) / speed of operation, response time || ≳**gestänge** n / operating linkage, switch coupling || ≳**getriebe** n / change-speed gearbox, variable gear, stepped gearbox, manual transmission || ≳**getriebe** n (WZM) / indexing mechanism
Schaltglied n / contact element || ≳ n (in zusammengesetzten Termini, z.B. Hilfsschaltglied) / contact n || ≳ n (im Sinne von Schaltgerät) / switching device || ≳ n (Logikschaltung) / logic element, gate n || ≳ **mit Doppelunterbrechung** VDE 0660,T.200 / double-gap contact element, double-break contact element || ≳ **mit Einfachunterbrechung** VDE 0660,T. 200 / single-gap contact element || **betätigungsabhängiges** ≳ / dependent-action contact element || ≳**ausführung** f (S, Ö) / contact type, contact arrangement || ≳**erzeit** f / contact time || ≳**öffnungsweg** m / contact parting travel
Schalt·grenze f / switching limit || ≳**griff** m / (operating) handle, setting knob || ≳**größe** f / switching variable || ≳**gruppe** f / vector arrangement || ≳**gruppe** f (Trafo) / connection

symbol IEC 50(421), vector group || ≃**handlung**
f / switching operation, switching action ||
≃**handlungszähler** *m* / switching operation counter
Schalthäufigkeit *f* / operating frequency, frequency
of operating, switching rate, number of switching
operations, switching frequency, frequency of
operation, number of starting operations || ≃ *f* /
duty rating (ASA C37.1) || ≃ *f* / permissible
number of operations per hour, starting frequency,
frequency of operations || ≃ **unter Last** VDE
0660, T.200 / frequency of on-load operating
cycles IEC 337-1, number of on-load operating
cycles per hour || **große** ≃ VDE 0630 / frequent
operation (CEE 24) || **normale** ≃ VDE 0630 /
infrequent operation (CEE 24) || ≃**soptimierung**
f / optimisation of the number of starting operations
Schalthaus *n* / switchgear house, switchgear building
Schalthebel *m* / handle *n*, operating lever (handle for
a mechanical process that moves something into a
different pre-defined position), actuating lever,
extracting lever, extraction grip, gear lever || ≃ *m* /
shift lever || ≃ **mit Zahnsegment** / operating lever
with gear segment || ≃**dämpfung** *f* / operating
lever damping || ≃**lager** *n* / operating lever bearing
Schalt·hoheit *f* / switching authority || ≃**hoheitsbefehl**
(SHB) *m* / switching authority command (SAC) ||
≃**hub** *m* (Kontakthub) / contact travel ||
≃**hysterese** *f* / hysteresis, differential hysteresis,
switching hysteresis, differential travel, on-off
differential || ≃**ingenieur** *m* / control engineer,
dispatcher *n* || ≃**jahr** *n* / leap year || ≃**kabel** *n* (f.
Schaltanlagen) / switchboard cable, switchboard
cord
Schaltkammer *f* (Lichtbogenkammer) / arcing
chamber || ≃ *f* (Unterbrecherkammer) / interrupter
chamber, interrupting chamber || **Vakuum-**≃ *f* /
vacuum interrupter chamber || ≃**-
Leistungsschalter** *m* / live-tank circuit-breaker ||
≃**schalter** *m* / live-tank circuit-breaker || ≃**stift** *m* /
arcing chamber pin
Schalt·kanal *m* / switching channel || ≃**kante** *f* /
intermittent edge || ≃**kante** *f* (Signalgeber, der bei
Verformung seinen Schaltzustand ändert) /
switching edge || ≃**kanten** *f pl* / switching edges ||
≃**karte** *f* / circuit card || ≃**kasten** *m* / switchbox *n*,
control box, switching unit || ≃**kasten** *m* (f. Kabel,
m. Laschenverbindern) / link box || ≃**kennfeld** *n* /
gear change map || ≃**kenngrößen** *f pl*
(Schalttransistor) / switching characteristics ||
≃**kennzeichen** *n* (Zwischen zwei
Vermittlungsstellen oder einer Vermittlungsstelle
und einer Endstelle übertragenes Signal zum
Aufbau oder Lösen eines Anrufs) / switching
signal || ≃**klappentechnik** *f* / flap system ||
≃**klinke** *f* / advancing pawl, pusher *n* || ≃**knopf**
m / pushbutton *n*, control button || ≃**kombination**
f (Schalter-Sicherungs-Einheit) / fuse combination
unit || ≃**kombination** *f*
(Schaltgerätekombination) / switchgear assembly,
circuit-breaker unit || ≃**kondensatorfilter** *m* /
switched-capacitor filter || ≃**konstante** *f* /
switching constant || ≃**kontakt** *m* / switching
contact, switch contact || ≃**kontakt** *m* (Trafo-
Stufenschalter) / main switching contact IEC 214
|| ≃**kontakt** *m* (Hauptkontaktstück) / main contact
|| ≃**kontakt** *m* (bewegl. Schaltstück) / moving
contact || ≃**kontakte** *m pl* VDE 0532,T.30 / main

switching contacts IEC 214 || ≃**kontaktniet** *m* /
switching contact rivet || ≃**kopf** *m* / interrupter
head, breaker head, operating head || ≃**kraft** *f* /
actuating force IEC 337-1, operating force IEC 512
Schaltkreis *m* / electric circuit, switching circuit,
circuit *n*, circuitry *n* || ≃ *m* (IC) / integrated circuit
(IC) || ≃ **unter Prüfbedingungen** / circuit under
test (CUT) || **MOS-**≃ / MOS integrated circuit || ≃-
Leistungsfaktor *m* / circuit power factor ||
elektronisches ≃**system** / electronic switching
system, solid-state switching system, static
switching system || ≃**technik** *f* / circuit
technology, circuit logic, logic *n*
Schalt·kreuz *n* / switching cross || ≃**kriterien** *n pl* /
gearshift criteria || ≃**kugel** *f* / switching ball ||
≃**kulisse** *f* / switching gate || ≃**kupplung** *f* / clutch
n || ≃**kurbel** *f* / operating crank || ≃**kurve** *f* / cam
segment || ≃**kurzzeichen** *n* / graphical symbol,
graphic symbol (US) || ≃**last** *f* / load switched ||
≃**last** *f* (Auslegungswert f. Relaiskontakte) /
contact rating || ≃**leiste** *f* / switching strip, switch
strip || ≃**leiste** *f* (Signalgeber, der bei Verformung
seinen Schaltzustand ändert) / safety edge
Schaltleistung *f* / switching capacity, making and
breaking capacity, making/breaking capacity,
switching power || ≃ *f* (Ausschalten) / breaking
capacity, rupturing capacity, interrupting capacity
|| ≃ *f* (Einschalten) / making capacity || ≃ **der
Kontakte** / contact rating
Schaltleistungs·klasse *f* / switching capacity class,
making/breaking capacity class || ≃**prüfung** *f*
VDE 0532,T.20 / switching test IEC 214
Schalt·leitung *f* (Kommandostelle im
Verbundnetz) / system control centre ||
≃**lichtbogen** *m* / arc *n* || ≃**liste** *f* / switching list ||
≃**litze** *f* / (stranded) interconnecting wire || ≃**logik**
f / switching logic || ≃**magnet** *m* / actuating
magnet, operating coil, solenoid *n*, switching
magnet || ≃**makro** *n* / switching macro || ≃**marke**
f / gearshift point *n* || ≃**matrix** *f* / switching
matrix, array || ≃**matrize** *f* / switch matrix ||
≃**matte** *f* (Signalgeber, der bei Betreten seinen
Schaltzustand ändert) / safety shutdown mat ||
≃**mechanik** *f* / member mechanism ||
≃**mechanismus** *m* (Teilapparat) / indexing
mechanism, operating mechanism || ≃**messer** *n* /
contact blade, switch blade, knife-contact *n* ||
≃**messeranordnung** *f* / knife-contact arrangement
|| ≃**messerpaar** *n* / knife-contact pair || ≃**modell**
n / patchboard *n* || ≃**modul** *n* / switching module ||
≃**moment** *n* (el. Masch., Drehmoment beim
Schaltvorgang) / switching torque
Schalt·netz *n* DIN 44300 / combinational circuit ||
≃**netz** *n* (DIN 44300-5) / combinatorial circuit ||
≃**netzteil** *n* / switched-mode power supply
(SMPS), chopper-type power supply unit ||
≃**nocke** *f* / trip cam, uni-directional output cam ||
≃**nocken** *m* / operating cam, cam *n* || ≃**objekt** *n* /
switching object || ≃**parameter** *m* / switching
parameter || ≃**pegel** *m* / switching level || ≃**pilot**
m / switching control pilot, switching pilot
Schaltplan *m* DIN 40719,T.2 / diagram IEC 113-2,
circuit diagram, wiring diagram, schematic circuit
diagram, schematic diagram || ≃ *m* (CAD-
Verfahren) / schematic *n* || ≃**aufnahme** *f* /
schematic capture || ≃**dokumentation** *f* / electrical
documentation || ≃**entflechtung** *f* / artwork

Schalt

design, artworking || ⁓**erfassung** f / schematic capture || ⁓**tasche** f / circuit-diagram pocket
Schalt·platine f (Vielfachschalter) / contact wafer || ⁓**platte** f / switching plate || ⁓**platte** f (Schaltbrett) / plugboard n, patchboard n || ⁓**programm** n / control program, switching sequence, contact arrangement, operating sequence program, switching program, switch range || ⁓**programm** n (Kfz) / shift program, operating program || ⁓**prüfung unter Asynchronbedingungen** / out-of-phase switching test || ⁓**pult** n / control desk (control console)
Schaltpunkt m / operating point, switching point, instant of snap-over, trigger point, triggering point, set point, trip point || ⁓ m (Temperatur) / operating temperature || ⁓ m (Zeit) / switching instant, operating instant || ⁓ m / switching value || ⁓ **bei Rücklauf** / reset contact position (PS) || **Nenn-**⁓ f / nominal set point || **oberer** ⁓ / upper limit (value) || **wegabhängiger** ⁓ / slow-down point || ⁓**abwanderung** f EN 50047 / drift of operating point (EN50047), repeat accuracy deviation (US) || ⁓**abweichung** f / repeat accuracy deviation || ⁓**bestimmungs-Baugruppe** f (Parallelschaltgerät) / synchronism check module, synchro-checkmodule || ⁓**drift** m / switch point drift || ⁓**genauigkeit** f (Wiederholgenauigkeit) / repeat accuracy, consistency n, repeatability n (US), switch point accuracy
Schalt·rad n / ratchet wheel, control gear || ⁓**rad** n / switch-actuating wheel (o. gear) || ⁓**raum** m / switchroom n, control room, contact chamber || ⁓**regler** m / switching controller, on-off controller || ⁓**regler** m (m. Zerhacker) / chopper-type regulator, chopper regulator, switched-mode regulator || ⁓**reihe** f (Folge von festgelegten Schaltungen u. Pausenzeiten) / operating sequence, sequence of operation || ⁓**reiter** m / control rider, rider n, press-down tab
Schaltrelais n / relay n, all-or-nothing relay, switching relay || ⁓ **mit beabsichtigter Verzögerung** / specified-time relay
Schalt·richtung f / actuating direction, direction of actuation, direction of motion of operating device, triggered direction || ⁓**richtungskontrolle** f / switching direction check || ⁓**ring** m (Wickl.) / connector ring, switching ring || ⁓**rohr** n / tapped cylindrical winding, tap-changing winding || ⁓**rohr** n (Schaltstückrohr) / contact tube
Schaltröhre f / switching tube || ⁓ f (Unterbrecher) / vacuum interrupter, interrupter n || ⁓ f / tapped cylindrical winding, tap-changing winding || **Elektronenstrahl-**⁓ f / beam deflection tube || **Quecksilber-**⁓ f / mercury contact tube, mercury switch
Schaltröhren·gehäuse n / interrupter tube housing (o. enclosure), interrupter housing || ⁓**träger** m / interrupter support
Schaltsaugrohr n / variable intake manifold
Schalt·säule f / control pillar (o. pedestal) || ⁓**scheibe** f / disk n, indexing plate, poppet n || ⁓**schema** n / wiring diagram IEC 113-1, connection diagram (US), survey diagram (Rev.) IEC 113-1, block diagram || ⁓**schieber** m / switching slide
Schaltschloss n / breaker latching mechanism, latching mechanism, breaker mechanism || ⁓**seite** f / breaker latching mechanism side

Schaltschlüssel m / operating key
Schaltschrank m / switchgear cubicle, switchgear cabinet, switching cabinet, cubicle n, cabinet n || ⁓ m (Steuerschrank) / control cubicle, control cabinet || ⁓ **mit ausfahrbaren Schaltgeräten** / withdrawable-switchgear cubicle, truck-type switchgear cubicle || ⁓ **mit festeingebauten Schaltgeräten** / non withdrawable switchgear cubicle || ⁓**austritt** m / control cabinet outlet || ⁓**bau** m / switchgear cabinet manufacture || ⁓**bauer** m / control cabinet maker, control cabinet builder || ⁓**durchführung** f / cabinet bushing
Schaltschrankeinbau m / cubicle mounting || **für** ⁓ / for mounting in cubicle, for enclosed mounting, cubicle-mounting (type), enclosed-mounting (type)
Schaltschrank·feld n / control-cabinet panel || ⁓**fläche** f / space requirements in the switching cabinet, space requirements in the control cabinet || ⁓**gerüst** n / switchgear cubicle frame, cabinet frame || ⁓**gruppe** f / multi-cubicle arrangement (o. switchboard), group of (switchgear) cubicles, switchboard, control cabinet group || ⁓**heizung** f / control cabinet heating || ⁓**innentemperatur** f / control cabinet internal temperature || ⁓**kühlung** f / control cabinet cooling || **~los** adj / cabinet-free adj || **~lose Dezentralisierung** / cabinetless distributed configurations || ⁓**montage** f / panel mounting || ⁓**tür** f / control cabinet door, cubicle door, panel door || ⁓**-Verdrahtung** f / switchgear cabinet wiring || ⁓**- und Verdrahtungsprüfung** f / testing of cubicles and wiring
Schaltschritt m (Wickl.) / front span || **kleinster** ⁓ / minimum movement, minimum movement step
Schalt·schutz m / power contactor || ⁓**schütz** n / contactor n || ⁓**schütz** n / contactor relay IEC 337-1, power contactor (H/4.008), control relay || ⁓**-/Schutzgerät** n / switching/protection device || ⁓**schutzpegel** m / switching protective level || ⁓**schwelle** f / operating point, switching threshold || ⁓**schwimmer** m / control float, float n, liquid level switch || ⁓**schwinge** f / rocker n, rocker arm || ⁓**segment** n / switching segment || ⁓**seite** f (el. Masch.) / connection end, front end, front n || ⁓**sicherungseinheit** f / fusing device || ⁓**skizze** f / sketched circuit diagram
Schaltspannung f / switching voltage, voltage switched, switching impulse voltage, operational voltage || **Eingangs-**⁓ f / input threshold voltage
Schaltspannungs·festigkeit f / switching impulse strength, switching surge strength || ⁓**prüfung** f / switching impulse voltage test, switching impulse test || ⁓**stoß** m / switching impulse, switching surge
Schaltsperre f / lockout device, lockout n || ⁓ f (Anti-Pump-Vorrichtung) / anti-pump device
Schaltspiel n / operating cycle, switching cycle, make-break operation, on-off operation || ⁓ n (RSA - Empfänger) VDE 0420 / operation n || ⁓ n (eines Schaltglieds) VDE 0660, T.200 / switching cycle IEC 337-1 || ⁓ n (Bedienteil) / actuating cycle IEC 337 || **ein** ⁓ **ausführen** DIN IEC 255, T.100 / cycle v (relay) || ⁓**anzahl** f / number of operating cycles || ⁓**dauer** f / cycle time || **Schaltvermögen bei** ⁓**en** / limiting cycling capacity || ⁓**zahl** f / (permissible) number of make-break operations, (permissible) number of operating cycles, operating frequency || ⁓**zähler** m / operations counter, make-break operations counter, switching

cycles counter
Schalt·spitze *f* / spike *n* || **⁓spule** *f* / tapping coil, tapped coil || **⁓stab** *m* / connector bar, (Wickl.) connector *n*, inversion bar
Schaltstange *f* / switchstick, hand pole, hand stick, switch hook, operating rod, connecting rod || **⁓** *f* (Betätigungshebel am Schalter) / drive rod, operating lever
schaltstangen·betätigt *adj* / stick-operated *adj* || **⁓hebel** *m* / switch stick lever, switchstick lever
Schalt·station *f* / switching substation || **⁓statistik** *f* / switching statistics, circuit-breaker statistics || **⁓stecker** *m* / load-break connector, switched plug || **⁓stecker** *m* (zum Kurzschließen) / short-circuiting plug || **⁓steckverbinder** *m* (zum Schalten und Unterbrechen stromführender Kreise) / load-break connector || **⁓stelle** *f* / control point, switching point || **⁓stelle** *f* (Wickl.) / connection point
Schaltstellung *f* / position *n*, switching position || **die ⁓ ändern** / change over || **gekreuzte ⁓** / crossed position
schaltstellungs·abhängig *adj* / contact position-driven || **⁓anzeige** *f* / ON-OFF indicator, switching position indicator, switch position indication || **⁓anzeiger** *m* / position indicating device IEC 129, contact position indicator ANSI C37.13, position indicator, ON-OFF indicator, switch position indicator || **⁓anzeiger** *m* (Balkenanzeiger) / semaphore || **⁓anzeiger** *m* / position indicating device || **Ausschnitt ⁓anzeiger** / position indicating device cutout || **⁓folge** *f* / switch positions switching sequence, switching sequence || **⁓geber** *m* VDE 0670,T.2 / position signalling device IEC 129 || **⁓melder** *m* / switch (o. breaker) position signalling device || **⁓wechsel** *m* / changeover *n*
Schaltsteuerung, Ein-Aus-⁓ *f* / on-off switching control
Schaltstift *m* (Schaltstück) / moving contact, contact finger, contact pin, contact rod || **⁓** *m* (Betätigungselement) / operating pin, actuating stud || **⁓gehäuse** *n* / contact-pin housing, contact-pin tube || **⁓kopf** *m* / moving-contact tip, contact-pin tip
Schaltstoßprüfung *f* / switching impulse test
Schaltstoßspannung *f* / switching impulse voltage, switching impulse || **⁓ unter Regen** / wet switching impulse voltage || **Ansprechkennlinie der ⁓** / switching-impulse sparkover-voltage/time curve, switching voltage/time curve || **Ansprechpegel der ⁓** / switching(-impulse) voltage sparkover level || **schwingende ⁓** / oscillatory switching impulse (voltage)
Schaltstoßspannungs·festigkeit *f* / switching impulse strength, switching surge strength || **⁓prüfung** *f* / switching impulse voltage test, switching impulse test, switching impulse voltage test || **⁓prüfung unter Regen** / wet switching impulse withstand voltage test || **⁓prüfung, trocken** / switching impulse voltage dry test IEC 517, dry switching impulse withstand voltage test IEC 168
Schaltstrecke *f* VDE 0670,T.3 / clearance between open contacts IEC 265, breaker gap, arc gap, gap *n*, break *n* || **⁓** *f* VDE 0660,T.200 / contact gap IEC 337-1, break distance (ICS 2-225) || **⁓** *f*

(Unterbrechereinheit eines LS) / interrupter *n*, interrupter assembly || **⁓ in Reihe** / series break
Schaltstrom *m* / current switched, switched current, breaking current, interrupting current, switching current, switching impulse current || **⁓** *m* VDE 0532,T.30 / switched current IEC 214 || **⁓differenz** *f* / switching current difference || **⁓kontrolle (SSK)** *f* / switching current check (SCC) || **⁓kreis** *m* / switching circuit || **⁓spitzenwert** *m* / peak switching current || **⁓überwachung (SSÜ)** *f* / protection and control unit 7SJ531
Schaltstück *n* / contact piece, contact member (US), contact || **⁓ fest** *n* / fixed contact || **⁓abbrand** *m* / contact erosion, contact pitting || **⁓abstand** *m* / contact gap, clearance between open contacts || **⁓anfressung** *f* / contact pitting, contact corrosion, crevice corrosion || **⁓anzeige** *f* / contact indicator || **⁓auflage** *f* / contact facing || **⁓-Durchdruck** *m* / contact spring action, contact resilience
Schaltstücke in Luft / air-break contacts BS 4752, contacts in air IEC 129, contact pieces in air || **⁓ in Öl** / oil-break contacts, contacts in oil
Schaltstück·einstellung *f* / contact gauging || **⁓lage nach Betätigung** / operated contact position || **⁓lebensdauer** *f* / contact life, contact endurance || **⁓lebensdauer** *f* (Anzahl der Schaltspiele, die die Schaltstücke bei elektrischer und/oder mechanischer Belastung erreichen) / contact service life || **⁓material** *n* / contact material, contact facing || **⁓prellen** *n* / contact bounce, contact chatter || **⁓träger** *m* / contact carrier || **⁓weg** *m* / contact travel || **⁓werkstoff** *m* / contact material
Schalt·stufe *f* / switching step, extension interval || **⁓summenstrom** *m* / total switching current || **⁓symbol** *n* / graphical symbol, graphic symbol (US) || **⁓system** *n* / switching system || **binäres ⁓system** / binary-logic system || **⁓tabelle** *f* / sequence table (o. chart) || **⁓tabelle** *f* / state table
Schalttafel *f* / switchboard *n*, control board, switching device, operator panel (OP) || **⁓** *f* (klein) / panel *n*, control panel || **⁓** *f* (Steuertafel) / control board, control panel || **⁓** *f* **für Doppelfrontbedienung** / dual switchboard, back-to-back switchboard, double-fronted switchboard || **⁓ für Einfrontbedienung** / single fronted switchboard, front-of-board design, vertical switchboard || **⁓ für Rücken-an-Rücken-Aufstellung** / dual switchboard, double-fronted switchboard, back-to back switchboard || **⁓ mit Pult** / benchboard *n*
Schalttafelaufbau *m* / surface mounting || **für ⁓** / for surface-mounting on dead-front type, for panel surface mounting, panel-mounting *adj*
Schalttafelausschnitt *m* / panel cutout, switchboard cutout
Schalttafeleinbau *m* / flush-mounting of a switchboard, flush-mounting in switchboards, panel mounting || **⁓öffnung** *f* / panel output
Schalttafel·gerät *n* / switch panel unit, electrical control board || **⁓-Messinstrument** *n* / switchboard measuring instrument, panel-mounting measuring instrument || **⁓schalter** *m* / panel-type switch || **⁓stärke** *f* / panel thickness, control panel thickness, switchboard thickness || **⁓-Steckdose** *f* / panel-type socket-outlet || **⁓version**

Schalt 744

f / switch panel version
Schalt·takt *m* / switching cycle ‖ ⸺**technik** *f* / switchgear ‖ ⸺**teile** *n pl* / electronic components ‖ ⸺**teller** *m* / indexing plate, disk *n*, poppet *n* ‖ ⸺**temperatur** *f* (Temperatursicherung) / functioning temperature ‖ ⸺**tisch** *m* / indexing table ‖ ⸺**tischmaschine** *n* / rotary indexing table machine ‖ ⸺**toleranz** *f* / switching tolerance ‖ ⸺**transistor** *m* / switching transistor ‖ ⸺**trieb** *m* / switch drive ‖ ⸺**trommelmaschine** *n* / rotary indexing drum machine ‖ ⸺**überspannung** *f* / switching overvoltage, switching surge, switching transient ‖ ⸺**überspannungs-Schutzfaktor** *m* / protection ratio against switching impulses ‖ ⸺**überspannungs-Schutzpegel** *m* / switching impulse protective level ‖ ⸺**uhr** *f* / time switch, clock timer, clock relay, scheduler *n* ‖ ⸺**umkehrspanne** *f* / differential travel ‖ ⸺**- und Hilfsfunktionssätze** *f* / switching and auxiliary function blocks ‖ ⸺**- und Installationsgeräte** *n pl* / switchgear and installation equipment ‖ ⸺**- und Kontrollgerät** *n* / switching and protecting device ‖ ⸺**- und Schutzgerät** *n* / switching and protecting device *n* ‖ ⸺**- und Steuergeräte** *n pl* VDE 0100, T. 200 / switchgear and controlgear ‖ ⸺**- und Wendegetriebe** *n* / gear-change and reversing gearbox
Schaltung *f* (Stromkreis) / circuit *n*, circuit arrangement, circuitry *n* ‖ ⸺ *f* / arrangement *n* ‖ ⸺ *f* (eines Geräts) / connection *n* ‖ ⸺ *f* (Schalthandlung, Betätigung) / switching operation *n*, switching *n*, operation *n* ‖ ⸺ *f* (Verdrahtung) / wiring *n*, wiring and cabling ‖ ⸺ *f* (Verbindung) / connection *n*, wiring *n* ‖ ⸺ *f* (Kontaktbewegung von einer Schaltstellung zu einer anderen) / operation *n*, switching operation ‖ ⸺ **aus konzentrierten idealen Elementen** / lumped circuit ‖ ⸺ **aus örtlich verteilten (idealen) Elementen** / distributed circuit ‖ ⸺ **der Brücken** / arrangement of links (o. jumpers) ‖ ⸺ **der Wicklung** / winding connections ‖ ⸺ **läuft** / switch in progress ‖ ⸺ **mit diskreten Bauteilen** / discrete circuit ‖ ⸺ **zur Leistungsfaktorkorrektur (PFCC)** / Power Factor Correction Circuit (PFCC) ‖ **2-Leiter-**⸺ *f* / 2-wire input ‖ **3-Leiter-**⸺ *f* / 3-wire circuit, 3-wire input ‖ **Erweiterungs~** *f* / expander *n* (IC), extender *n* (IC) ‖ **gedruckte** ⸺ / printed circuit board (pcb), substation processor module, PC board (printed circuit board), board, pcb ‖ **grundsätzliche** ⸺ / basic circuit, single-line diagram ‖ **halbgesteuerte** ⸺ / half-controlled (o. half-controllable) circuit ‖ **halbkundenspezifische** ⸺ / semicustom IC ‖ **integrierte** ⸺ / IC (integrated circuit) ‖ **kombinatorische** ⸺ / combinatorial circuit, combinatorial logic circuit ‖ **logische** ⸺ / logic circuit, logic array ‖ **nichtgesteuerte** ⸺ / non-controllable connection, uncontrolled connection ‖ **vermaschte** ⸺ / meshed circuit ‖ **vollkundenspezifische** ⸺ / fullcustom IC
Schaltungen, Anzahl der ⸺ / number of operations
Schaltungs·algebra *f* / circuit algebra, switching algebra, Boolean algebra ‖ ⸺**anordnung** *f* / circuit configuration, circuit arrangement ‖ ⸺**art** *f* / method of connection IEC 117-1, circuit type ‖ ⸺**aufbau** *m* / circuit design, circuit arrangement ‖ ⸺**aufgabe** *f* / switching task

schaltungsbedingte periodische Rückwärts-Spitzensperrspannung / circuit repetitive peak reverse voltage
Schaltungs·beispiel *n* / typical circuit, typical circuit diagram ‖ ⸺**buch** *n* / wiring manual, circuit manual, circuit documentation, book of circuit diagrams ‖ ⸺**ebene** *f* / circuit level ‖ ⸺**element** *n* / circuit element ‖ ⸺**entwicklung** *f* / circuit design, circuit development ‖ ⸺**entwurf** *m* / circuit design ‖ ⸺**faktor** *m* / duty factor ‖ ⸺**glied** *n* / circuit element ‖ ⸺**lehre** *f* / circuit theory ‖ **stromliefernde** ⸺**logik** / current sourcing logic ‖ ⸺**lösungen** *f* / circuit solutions ‖ ⸺**masse** *f* / circuit dimensions ‖ ⸺**nummer** *f* (I-Schalter) / pattern number ‖ ⸺**prinzip** *n* / circuitry principles ‖ ⸺**programmierer** *m* / circuit programmer
Schaltungstechnik *f* / circuit engineering ‖ ⸺ *f* (Logik) / circuit logic, logic *n* ‖ **stromliefernde** ⸺ / current sourcing logic ‖ **stromziehende** ⸺ / current sinking logic
Schaltungs·teile *f* / circuitry parts ‖ ⸺**topologie** *f* / circuit topology ‖ ⸺**- und Schaltgruppenbezeichnung** / vector-group symbol ‖ ⸺**unterlagen** *f pl* / circuit documentation, diagrams, charts and tables, schematic diagrams ‖ ⸺**vorschlag** *m* / example circuit ‖ ⸺**winkel** *m* / circuit angle
Schaltvariable *f* / switching variable
Schaltverbindung *f* (Stromkreis, Gerät) / circuit connection, connection *n*, connector *n*, link *n* ‖ ⸺ *f* / coil connector, connector *n* ‖ ⸺**en** *f pl* (Verdrahtung) / wiring *n*
Schalt·verhalten *n* / switching performance ‖ ⸺**verluste** *m pl* (Diode) / switching losses, switchingpower loss ‖ ⸺**verlustleistung** *f* (Diode) / switching losses, switchingpower loss
Schaltvermögen *n* / switching capacity, breaking capacity, making and breaking capacity, interrupting capacity, making capacity, making/breaking capacity ‖ ⸺ *n* (Ausschaltleistung) / breaking capacity ‖ ⸺ *n* (Ein-Ausschaltleistung) / make-break capacity ‖ ⸺ *n* (Kontakte) / contact rating ‖ ⸺ *n* (elST-Geräte) / switching capacity ‖ ⸺ **bei Schaltspielen** / limiting cycling capacity ‖ ⸺ **der Kontakte** / contact rating ‖ **Kurzschluss-**⸺ *n* / short-circuit capacity, short-circuit breaking (o. interrupting) capacity ‖ **Nachweis des** ⸺**s** VDE 0660,200 / switching performance test ‖ **Prüfung des** ⸺**s** VDE 0531 / breaking capacity test IEC 214
Schalt·verriegelung *f* / interlock *n*, interlocking *n*, lock *n*, latch *n* ‖ ⸺**verstärker** *m* / switching amplifier ‖ ⸺**verzögerung** *f* / operating delay, switch-on delay, delay *n*, ON delay ‖ ⸺**vorgang** *m* / switching operation
Schaltvorrichtung *f* (Betätigungsvorrichtung) / operating device, actuator, contactor ‖ ⸺ *f* / indexing mechanism, dividing head ‖ **elektromechanische** ⸺ / electromechanically operated contact mechanism
Schaltwagen *m* / switch(gear) truck ‖ ⸺**anlage** *f* / truck-type switchgear, truck-type switchboard ‖ ⸺**einheit** *f* / truck-type switchgear unit, truck-mounted breaker unit ‖ ⸺**feld** *n* / switch truck panel, breaker truck cubicle ‖ ⸺**raum** *m* / truck-compartment ‖ ⸺**verriegelung** *f* / truck interlock
Schalt·walze *f* / drum controller, drum starter ‖ ⸺**warte** *f* / control room, control centre ‖ ⸺**wärter**

m / shift engineer, switching engineer || ⸚**weg** *m* (Kontakte) / contact travel, operating travel || ⸚**weg** *m* (Betätigungselement) / (actuator) travel, total travel || ⸚**wegdifferenz** *f* / travel difference, switching travel difference || ⸚**welle** *f* / actuating shaft, operating shaft, drive shaft, breaker shaft
Schaltwellen·isolierung *f* / breaker shaft insulation || ⸚**mitte** *f* / breaker shaft center || ⸚**winkel** *m* / breaker shaft angle || ⸚**winkelmesser** *m* / breaker shaft angle gauge || ⸚**zapfen** *m* / breaker shaft stud
Schaltwerk *n* (Bahn-Steuerschalter) / switchgroup *n*, control unit || ⸚ *n* (I-Schalter) / switch mechanism, contact mechanism || ⸚ *n* / tap-changer mechanism || ⸚ *n* (Zeitschalter) / commutation mechanism || ⸚ *n* DIN 44300, Funktionseinheit zum Verarbeiten von Schaltvariablen / sequential circuit || ⸚ *n* (Prozessor) / processor *n* || ⸚ *n* (Geräteschalter) VDE 0630 / contact mechanism, (switch mechanism) || ⸚ *n* / switching substation || **Ablauf~** *n* DIN 19237 / sequence processor || **Brems~** *n* (Bahn) / braking switchgroup, braking controller || **handbetätigtes** ⸚ (Bahn) / manual switchgroup || **Nocken~** *n* / cam-operated switchgroup, cam group, cam-contactor group || **Programm~** *n* / program controller, program clock, microcontroller *n* || **Sprung~** *n* (LS) / independent manual operating mechanism, spring-operated mechanism, release-operated mechanism || **Sprung~** *n* (HSS) / snap-action (operating) mechanism || **Stufen~** *n* / tap-changing gear, tap changer || **synchrones** ⸚ (Rechner) / synchronous sequential circuit || **Tages~** *n* / twenty-four-hour commutation mechanism || **Verriegelungs~** *n* (Bahn) / interlocking switchgroup || **Walzen~** *n* / drum controller || **Wochen~** *n* / seven-day switch, week commutating mechanism || **Zeit~** *n* (Schaltuhr) / timing element, commutating mechanism || **Zeit~** *n* / timer *n*, sequence timer
Schaltwert *m* (Rel., beim Ansprechen) / switching value || ⸚ *m* (beim Rückfallen) / disengaging value || ⸚**verhältnis** *n* (beim Rückfallen) / disengaging ratio
Schalt·widerstand *m* (f. LS) / switching resistor || ⸚**winkel** *m* / switching angle, angle of operation || ⸚**winkel** *m* (Betätigungselement) / actuating angle, operating angle || ⸚**winkel** *m* (NC) / indexing angle || ⸚**wippe** *f* / operating rocker, rocker *n*
Schalt·zahl *f* / number of operations (per unit time), operating frequency, permissible number of operations (per unit time), (permissible) number of make-break operations, (permissible) number of operating cycles || ⸚**zählwerk** *n* / operations counter || ⸚**zeichen** *n* / graphic symbol (US), graphical symbol, block *n* || ⸚**zeichen für Binärschaltungen** / logic symbol || ⸚**zeichenkombination** *f* / array of elements (graphical symbol) || ⸚**zeichnung** *f* / schematic *n*
Schaltzeit *f* / opening time, clearing time || ⸚ *f* / operating time, total operating time || ⸚ *f* / switching time || ⸚ *f* / delay time, propagation delay || ⸚ *f* (Transistor) / switching time || ⸚**einstellung** *f* / switching time setting || ⸚**punkt** *m* / switching instant, operating instant
Schalt·zelle *f* / (switchgear) cell *n*, switchgear cubicle, switchboard cubicle, control cubicle ||

⸚**zentrale** *f* (Netz) / system (o. network) control centre, load dispatching centre, control center || ⸚**ziel** *n* / target position || ⸚**zustand** *m* / circuit state, control state, switching status, switching state || ⸚**zustand** *m* (NS) / output state || ⸚**zustandindikator** *m* / position indicator label || ⸚**zustandsanzeige** *f* / switching status indication || ⸚**zustandsanzeiger** *m* / output indicator || ⸚**zustandsgeber** *m* / fuse monitor || ⸚**zyklus** *m* VDE 0532,T.30 / cycle of operation IEC 214, switching cycle
Schälung *f* (Lagerdefekt) / flaking *n*
Schäl·versuch *m* / peel test || ⸚**werkzeug** *n* (f. Kabel) / skiver *n*, skiving tool
Schar *f* (Kurven) / family *n*, set *n*
scharf *adj* (Stromkreis) / alert *adj* || **~ begrenzter Übergang** / sharp transition
Schärfe *f* / severity *n* || ⸚ *f* (Statistik) DIN 55350, T. 24 / power *n*
scharfe Anforderungen / exacting requirements, stringent demands
Schärfe der Prüfung / severity of inspection (o. test)
scharfe Kante / sharp edge, sharp corner || **~ Messbedingungen** / tightened test conditions || **~ Steglängskante** *f* / feather edge
Schärfe, Schwing⸚ *f* / vibrational severity, vibration severity
Schärfegrad *m* / degree of severity, severity *n*
Scharfeinstellung *f* / fine focussing
Schärfen·einstellung *f* / fine focussing || ⸚**tiefe** *f* (Optik) / depth of focus, depth of field
scharfer Vollfenster-Screenshot *m* (Screenshot-Typ, der ein komplettes Anwendungsfenster mit allen Details zum Inhalt hat) / screenshot type 3 *n*
scharf·gängiges Gewinde / triangular thread, V-thread *n*, Vee-thread || **~kantig** *adj* / sharp-edged *adj* || ⸚**kerbe** *f* / acute-V notch
Schärfmaschine *f* / sharpener *n*
scharfzeichnend *adj* (Bildröhre) / high-definition *adj*
Schärmaschine *f* / warping frame, warping machine
Scharnier *n* / hinge *n* || ⸚**achse** *f* / hinge *n* || ⸚**block** *m* / hinge block || ⸚**element** *n* / hinge *n* || ⸚**gelenk** *n* / hinge joint || ⸚**schalter** *m* / hinge switch || ⸚**stift** *m* / hinge pin || ⸚**teil** *n* / hinge part || ⸚**winkel** *m* / hinge bracket || ⸚**zapfen** *m* / hinge pin
Schatten werfen / cast shadows || ⸚**bild** *n* / shadow image, shadow pattern, radiographic shadow, radiographic image || ⸚**gitter** *n* / shadow grid || ⸚**grenze** *f* / shadow border || ⸚**kosten** *plt* / artificial hydro cost || **~lose Beleuchtung** / shadowfree lighting || ⸚**region** *f* / shadow region || ⸚**speicher** *m* / shaded memory || ⸚**toleranz** *f* / shadow tolerance || ⸚**wirkung** *f* / shadow effect
schattiert *adj* / shaded *adj*
Schattierung *f* (CAD) / shading *n*
Schattierungsmodell *n* / shading model
Schattigkeit *f* (Ausdehnung, Anzahl u. Dunkelheit von Schatten, durch die Lichtrichtung bestimmt) / modelling *n*
Schätz·fehlervektor *m* / vector of estimation errors || ⸚**funktion** *f* DIN 55350, T.24 / estimator *n* (statistics) || **erwartungstreue** ⸚**funktion** DIN 55350, T.24 / unbiased estimator || ⸚**klausur** *f* / project estimation meeting (PES) || ⸚**preis** *m* / estimated price || ⸚**tabelle** *f* / estimate table
Schätzung *f* (Statistik) DIN 55350, T.24 / estimation *n* || ⸚ **des Parameters** / parameter estimate

Schätzwert *m* DIN 55350, T.24 / estimate *n* (statistics) || ⸺**e** *m pl* / estimated values
Schau·auge *n* / inspection lens, window *n* || ⸺**bild** *n* / graph *n*, chart *n*
Schauer·entladung *f* / showering arc, shower discharge || ⸺**zeit** *f* (Meldungsschauer) / burst time
Schaufel *f* / blade *n* || ⸺**rad** *n* / spider wheel, turbine vane wheel, paddle wheel, bucket wheel || ⸺**radbagger** *m* / bucket-wheel excavator || ⸺**trockner** *m* / paddle-through type dryer
Schaufensterbeleuchtung *f* / shop window lighting, display window lighting
Schauglas *n* / inspection window, sight-glass *n*, inspection glass, gauge glass, glass *n* || ⸺ *n* (Relaiskappe) / glass front || ⸺**-Ölstandsanzeiger** *m* / oil-level sight glass
Schau·kasten *m* / showcase *n*, shopcase *n* || ⸺**loch** *n* / eye *n*, inspection hole
Schäumanlage *f* / foaming system
schaumbildend *adj* / foaming *adj*
Schaumdämpfungsmittel *n* / anti-foam additive || **~frei** *adj* / foamless *adj*, non-foaming *adj* || ⸺**gummi** *n* / foam rubber || ⸺**neigung** *f* (Öl) / foaming property || ⸺**stoff** *m* / cellular plastic, foam plastic, expanded plastic
Schäumen *n* / foaming *n*
Schaumstoff *m* / foamed plastics || **gemischtzelliger** ⸺ / mixed-cell foam (material), expanded material || ⸺**ring** *m* / foam plastic ring *n*
Schau·platz *m* (spezifische Umgebung eines Scripts einschließlich Requisiten) / setting || ⸺**scheibe** *f* / window *n*
Sch-Ausführung *f* (Bergwerksausrüstung) / mine type, hazardous-duty type
Schautafel *f* / visual aid chart, chart *n*
Schauzeichen *n* / flag indicator, target indicator, indicator *n*, indicating target, target *n*, flag *n* || ⸺**relais** *n* / flag relay
Scheckkartenformat *n* / cheque card format
Scheibe *f* / disk *n*, plain washer, washer *n*, backing plate, grinding wheel || ⸺ *f* / wafer *n* || ⸺ *f* (EZ-Läufer) / disc *n*, rotor *n* || ⸺ *f* (Riementrieb) / pulley *n*, sheave *n* || ⸺ *f* (Nocken) / cam *n* || ⸺ **mit Außennase** / washer with external tap || **Isolator~** *f* / insulator shed, insulator disc
Scheiben·anker *m* / disc-type armature || ⸺**blende** *f* / disk shutter || ⸺**bremse** *f* / disc brake, disk brake || ⸺**dichtring** *m* / disk-type sealing ring || ⸺**diode** *f* / disk diode || ⸺**-Drosselklappe** *f* / butterfly valve with disk vane (damper blade) || ⸺**feder** *f* / curved washer || **~förmig** *adj* / disk-shaped || ⸺**fräser** *m* / side milling cutter, disk mill || ⸺**heizung** *f* / defroster *n*, demister *n* || ⸺**interferometrie** *f* / slab interferometry || ⸺**isolator** *m* / disc insulator || ⸺**kante** *f* / grinding wheel edge || ⸺**kommutator** *m* / disc commutator, radial commutator || ⸺**kupplung** *f* (starr) / flanged-face coupling, flange coupling, compression coupling || ⸺**kupplung** *f* (schaltbar) / disc clutch || ⸺**läufer** *m* / disc-type rotor, disc rotor || ⸺**läufermaschine** *f* / disc-type machine || ⸺**läufermotor** *m* / disk-rotor motor || ⸺**magazin** *n* / circular tool magazine, rotary-plate magazine || ⸺**magnetläufer** *m* / permanent-magnet disc-type rotor || ⸺**motor** *m* / pancake motor, disc-type motor, disk motor || ⸺**passfeder** *f* (Woodruff-Keil) / Woodruff key, Whitney key || ⸺**poliermaschine** *f* / abrasive disk polishing machine || ⸺**prüfung** *f* / wafer probing || ⸺**rad** *n* / disk wheel || ⸺**radgenerator** *m* / disc-type generator, disc alternator || ⸺**revolver** *m* / disk turret || ⸺**revolverkopf** *m* / rotary-plate turret, disk turret head || ⸺**röhre** *f* / disc-seal tube || ⸺**rollenlager** *n* / axial roller bearing
Scheiben·schwingmühle *f* / vibrating-disc mill || ⸺**spule** *f* / disc coil, pancake coil || ⸺**spulenwicklung** *f* / disc winding, sandwich winding, pancake winding, slab winding || ⸺**stapel** *m* / disc stack || ⸺**strom** *m* / rotor eddy current || ⸺**thyristor** *m* / disc-type thyristor, flat-pack thyristor || ⸺**thyristoren in Bausteinweise** / blocks of disc-type thyristors || ⸺**thyristoren in Satzbauweise** / sets of disc-type thyristors || ⸺**umfangsgeschwindigkeit** *f* (SUG) / grinding wheel peripheral speed (GWPS), peripheral speed, grinding wheel surface speed || ⸺**welle** *f* / disc-type shaft || ⸺**wicklung** *f* / disc winding, sandwich winding, pancake winding, slab winding || ⸺**wicklungsanordnung** *f* / sandwich windings IEC 50(421) || ⸺**wischermotor** *m* / windscreen wiper motor || ⸺**zelle** *f* / disc-type thyristor, flat-pack thyristor || ⸺**zellenthyristor in Flat-Pack-Ausführung** / disk-type flat-pack thyristor
Scheider *m* (Batt.) / separator *n*
Schein *m* / voucher *n*
Scheinarbeit *f* / apparent energy, apparent work || ⸺ *f* (Vah) / apparent power demand, volt-ampere per unit time, volt-ampere per hour, kVAh || **elektrische** ⸺ / apparent amount of electric energy
scheinbar~e Ankereisenweite / apparent core width || **~e Größe** / apparent magnitude || **~e Helligkeit** / apparent brightness, luminosity *n* || **~e Höhe** / virtual height || **~e Kapazität** / apparent capacitance || **~e Ladung** / apparent charge, nominal apparent PD charge || **~e Masse** / apparent mass, effective mass || **~e Permeabilität** / apparent permeability || **~e Remanenz** / magnetic retentivity, retentivity *n* || **~er Innenwiderstand** / apparent internal resistance || **~es Bild** / virtual image
Schein·fuge *f* / dummy joint, contraction joint || ⸺**kostenfaktor** *m* / shadow cost factor || ⸺**leistung** *f* / apparent power, complex power
Scheinleistungs·dichte *f* / apparent power density || ⸺**faktor** *m* / apparent power factor || ⸺**-Messgerät** *n* / volt-ampere meter, VA meter, apparent-power meter || ⸺**verlust** *m* / apparent power loss
Schein·leitfähigkeit *f* / apparent conductivity || ⸺**leitwert** *m* / admittance *n* || ⸺**permeabilität** *f* / apparent permeability || ⸺**phasenwinkel** *m* / apparent phase angle || ⸺**strom** *m* / apparent current || ⸺**verbrauchszähler** *m* / volt-ampere-hour meter, VAh meter, apparent-energy meter
Scheinwerfer *m* / projector *n*, searchlight *n*, spotlight *n*, headlight *n*, headlamp *n* || ⸺ **für Schienenfahrzeuge** / railcar headlight || **Dreh~** *m* / rotating beacon, revolving beacon || ⸺**lampe** *f* / projector lamp || ⸺**reinigung** *f* / headlamp cleaning || ⸺**wischer** *m* / headlamp wiper
Scheinwiderstand *m* (elektrischer Widerstand eines Wechselstromkreises, der ohmsche Widerstände, Induktivitäten und Kapazitäten enthält) / impedance *n*
Scheitel *m* / crest *n*, peak *n* || ⸺**dauer** *f* / time above 90 % || ⸺**dauer eines Rechteckstoßstromes** / virtual duration of peak of a rectangular impulse

current || ⸲faktor m / peak factor || ⸲punkt m (eines Winkels) / vertex n || ⸲rolle f / drum roller || ⸲spannung f / peak voltage, crest voltage || ⸲spannungsabweichung f / peak voltage variation || ⸲spannungsmesser m / peak voltmeter || ⸲spannungs-Schaltrelais n / peak switching relay

Scheitelsperrspannung f (Diode) DIN 41781 / crest working reverse voltage, peak working reverse voltage || ⸲ f DIN 41786 / crest working off-state voltage, peak working off-state voltage || ⸲ **in Rückwärtsrichtung** / peak working reverse voltage, crest working reverse voltage || ⸲ **in Vorwärtsrichtung** / peak working off-state forward voltage, crest working forward voltage

Scheitel·spiel n / diametral clearance || ⸲-**Stoßspannung** f / impulse crest voltage || ⸲**strom** m / peak current || ⸲**welligkeit** f DIN 19230 / ripple content IEC 381, peak ripple || ⸲**welligkeit** f (Riffelfaktor) / ripple factor

Scheitelwert m / peak value, crest value || ⸲ **der Nennspannung** / peak value of the rated voltage || ⸲ **der Netzspannung** / crest working line voltage || ⸲ **der Überlagerung** (überlagerte Wechselspannung) / ripple amplitude || ⸲ **des Einschaltstroms** / peak making current || ⸲ **des unbeeinflussten Stroms** / prospective peak current IEC 129 || **wirklicher** ⸲ / virtual peak value || ⸲**messer** m / peak voltmeter

Scheitelzeit f / time to crest, time to peak

Scheitel-zu-Scheitel / peak-to-peak

Schellack·-Mikafolium n / shellaced micafolium || ⸲**papier** n / shellac-impregnated paper

Schelle f (m. 1 Befestigungspunkt oder Lappen) / cleat n, clip n, clamp n (required for attachments, e.g. on pipes) || ⸲ f (geschlossen o. m. 2 Lappen) / saddle n || **Anschluss~** f (f. Rohrleiter) / terminal clamp, connection clamp || **Rohr~** f / pipe clamp, tube clip

Schellen·anschluss m / saddle-type connector, saddle-type terminal connection || ⸲**band** n / cable tie || **offene Leitungsverlegung mit** ⸲**befestigung** / cleat wiring || ⸲**klemme** f / clamp-type terminal, saddle terminal || ⸲**oberteil** n / clamp upper part || ⸲**unterteil** n / clamp lower part

Schema n / scheme n, schematic n, schema n, diagrammatic representation, schematic diagram || **schematisch·e Ansicht** / diagrammatic view || **~e Darstellung** / schematic representation, diagrammatic representation, chart n, schematic layout || **~e Zeichnung** / schematic drawing, diagrammatic drawing || **~er Grundriss** / schematic plan view || **~es Schaltbild** / schematic diagram, schematic wiring diagram

Schema-Zeichnung f / schematic drawing

Schenkel m (Trafo-Kern) / limb n, leg n || ⸲ m (Spule) / side n || ⸲ m (Pol) / shank n || ⸲**blech** n (Trafo-Kern) / core-limb lamination || ⸲**bürstenhalter** m / cantilever-type brush holder, arm-type brush holder || ⸲**feder** f / leg spring, torsion spring, spiral spring

Schenkeligkeit f (Schenkelpolmaschine) / saliency n

Schenkel·kern m / limb-type core || **~länge** f / leg length, limb length || ⸲**pol** m / salient pole || ⸲**polmaschine** f / salient-pole machine || ⸲**polwicklung** f / salient-pole winding, salient-field winding || ⸲**säule** f / limb assembly || ⸲**wicklung** f (el. Masch.) / pole-piece winding || ⸲**wicklung** f (Trafo) / limb winding, leg winding || **~winkel** m / angle side || **~winkel der unbelasteten Feder** / angle side of the unloaded spring

Scherbe f / refuse glass

Scherben·entsorgungsanlage f / broken glass disposal || ⸲**mahlanlage** f / system for crushing broken glass || ⸲**recyclinganlage** f / broken glass recycling plant

Scherbius·-Hintermaschine f / Scherbius phase advancer || ⸲-**Kaskade** f / Scherbius system, Scherbius drive, Scherbius motor control system || **über- und untersynchrone** ⸲-**Kaskade** / double-range Scherbius system || **untersynchrone** ⸲-**Kaskade** / single-range Scherbius system, subsynchronous Scherbius system || ⸲-**Maschine** f / Scherbius machine || ⸲-**Phasenschieber** m / Scherbius phase advancer

Scher·bolzen m / shear pin, breaker bolt, safety bolt || ⸲**buchse** f / shear bushing

Schere f (Greifertrenner) / pantograph n, shears || **fliegende** ⸲ / cross cutter, flying shears

Scheren n / shearing n || ⸲**arm-Wandleuchte** f / extending wall luminaire || ⸲**bürstenhalter** m / scissors-type brush holder || ⸲**kinematik** f / shear kinematics || ⸲**kran** m / shear-leg crane || ⸲**regelung** f / shear control || ⸲**schnittoptimierung** f / shear optimization || ⸲**stromabnehmer** m / pantograph n || ⸲**trenner** m / pantograph disconnector, pantograph isolator, vertical-reach isolator

Scher·festigkeit f / shear strength, shearing strength || ⸲**kraft** f / shear force, lateral force, transverse force || ⸲**kupplung** f / shear-pin coupling || ⸲**maschine** f / shearing machine || ⸲**mischwalzwerk** m / shear roll machine || ⸲**modul** m / shear modulus, modulus of rigidity || ⸲**schwinger** m / shear-mode transducer || ⸲**schwingung** f / shear vibration || ⸲**spannung** f / shear stress, shearing stress || ⸲**stab** m / shear rod, shear beam || ⸲**stabilität** f / shear stability

Scherung f / shear n || ⸲ f (Drehimpuls) / angular momentum || ⸲ f (Kern) / gapping n

Scherungsgerade f / load line

Scher·versuch m / shearing test, shear test || ⸲**winkel** m / shear angle

scheuern v (reiben) / chafe v, gall v

Scheuerstelle f / abrasion by chattering, abrasion mark

Schibildung f (Walzwerk) / formation of turn-ups

Schicht f (Lage) / layer n, ply n || ⸲ f (ISO-OSI-Referenzmodell) / layer n || ⸲ f (Arbeitsschicht) / shift n || **transparente** ⸲ (graf. DV, eines Bildes) / transparent overlay || ⸲**abscheidung** f / film deposition || ⸲**abtragung** f / layer removal || ⸲**arbeiter** m / shift worker || ⸲**aufbau** m / layer structure || ⸲**beginn** m / start of shift, begin of shift || ⸲**bock** m (f. Blechp.) / building stand, stacking stand || ⸲**bürste** f / sandwich brush, laminated brush || ⸲**bürste aus zwei Qualitäten** / dual-grade sandwich brush, dual-grade laminated brush || ⸲**daten** f / shift data || ⸲**dicke** f / layer thickness || ⸲**dicke** f (Plattierung) / plate thickness || ⸲**dorn** m (f. Blechp.) / building bar, stacking mandrel || ⸲-**Drehwiderstand** m / non-wire-wound potentiometer

schichten v / stack v, build v, pack v

Schichtende n / end of shift

Schichten 748

Schichten·management n DIN ISO 7498 / layer management || ⸱**mantel** m / layered sheath || ⸱**mantelkabel** n / cable with composite-layer sheath || ⸱**modell** n DIN ISO 7498 / layer model, layered architecture, layered system structure, abstraction layer || ⸱**modell** n (ISO/OSI) / layer model, seven-layer model || ⸱**strömung** f / laminar flow
Schicht·feder f / laminated spring || ⸱**fehlerbit** n / shift error bit || ⸱**festigkeit** f / interlaminar strength, delamination resistance || ⸱**folie** f / laminated sheet || ⸱**fräszentrum** n / layer milling center, LMC || ⸱**führer** m (Netzwarte) / senior shift engineer || ⸱**höhe** f (Höhe der maximalen Ionisation oder Minimalwert der scheinbaren Höhe einer Ionosphärenschicht) / layer height || ⸱**höhe** f (Stapelhöhe) / stack height || ⸱**isolierung** f (el. Masch.) / lamination insulation
Schicht·kern m / laminated core, corestack, core lamination || ⸱**kondensator** m / film capacitor || ⸱**läufer** m / segmental-rim rotor, laminated-core rotor || ⸱**leiter** m (Leitsystem) / shift engineer || ⸱**leiterplatz** m / shift engineers console || ⸱**leitfähigkeit** f / layer conductivity || ⸱**leitwert** m / layer conductance
Schichtler m / shift worker
Schicht·logbuch n / shift logbook || ⸱**meldung** f / shift report || ⸱**modell** n / shift model || ⸱**nummer** f / shift number || ⸱**plan** m / shift schedule || ⸱**plan** m / lamination scheme, building scheme || ⸱**polrad** n / segmental-rim rotor, laminated-core rotor || ⸱**potentiometer** n / film potentiometer || ⸱**pressholz** n / compregnated laminated wood, compreg n || ⸱**pressstoff** m / laminate n || ⸱**protokoll** n / shift log, shift report
Schichtschaltung f / film circuit, film integrated circuit || **integrierte** ⸱ / film integrated circuit, integrated film circuit
Schichtspaltung f / delamination n, cleavage n
schichtspezifischer Parameter DIN ISO 8471 / layer parameter
Schicht·-Stehspannung f / layer withstand voltage, withstand layer voltage || ⸱**stoff** m / laminate n || ⸱**stoffbahn** f / laminated sheet || ⸱**träger** m / carrier package material
Schichtung f (Statistik, Unterteilung einer Gesamtheit) / stratification n (statistics)
Schichtungs·klappe f / stratification flap || ⸱**ladungsbetrieb** m / stratified charging || ⸱**steller** m / stratification adjuster
Schicht·vereinbarung f (Arbeitszeit) / shift agreement || ⸱**verfahren** n / layup operation || ⸱**widerstand** m / sheet resistance || ⸱**zähler** m / shift counter || ⸱**zeit** f / shift time
schicken v / send v
Schiebe·balken m / rollbar n, scrollbar n || ⸱**baustein** m / shift block || ⸱**betrieb** m / overrunning n, overrun n || ⸱**blech** n / sliding cover || ⸱**dach** n / sliding roof, sunroof || ⸱**dachantrieb** m / sliding-roof actuator || ⸱**dach-Motor** m / sunroof slide motor
Schiebebeeingang m / shifting input ||, **rückwärts** /, shifting input, right to left (o. bottom to top) ||, **vorwärts** / shifting input, left to right (o. top to bottom)
Schiebe·fenster n / sliding window || ⸱**flansch** m / sliding flange || ⸱**frequenz** f / shift frequency || ⸱**funktion** f / sliding function || ⸱**gestell** n / sliding rack || ⸱**-Hebe-Dach (SHD)** n / tilt/slide sunroof || ⸱**kontakt** m / sliding contact, slide contact, transfer contact || ⸱**lager** n (EZ) / sliding bearing || ⸱**leiter** f / extending ladder || ⸱**modul** m / shear modulus, modulus of rigidity || ⸱**muffe** f / sliding coupling, slide coupling || ⸱**multiplizierer** m / shift multiplier
Schieben n (Impulse) DIN IEC 469, T.1 / shifting n, panning n || **~ v** / slip v, shift v
schiebende Fertigung / push production
Schiebe·nippel m / slide nipple || ⸱**operation** f / shift operation, shift instruction || ⸱**prinzip** n (Fertigung) / push principle
Schieber m / spool valve, spool n, slide n, penstock n, gate n || ⸱ m (Ventil) / slide valve, gate valve, valve n || ⸱ m (Widerstand, Poti) / slide n || ⸱**ast** m / push latch || ⸱**aufsatz** m / slide fixed top || ⸱**deckel** m / slide cover || ⸱**dorn** m / slide rod
Schiebe·register n / shift register (SR) || ⸱**registerfunktion** f / shift register function || ⸱**registerzähler** m / shift register counter || ⸱**regler** m / linear-gate regulator, linear regulator, sliding-dolly regulator, slider n
Schieber·führung f (Bürste) / guide clip || ⸱**hülse** f / spool sleeve || ⸱**konstruktion** f / slide construction
Schieberoutine f / shift routine
Schieber·pumpe f / rotary vane pump || ⸱**steuerung** f / slide control || ⸱**weg** m / spool travel
Schiebe·schalter m / slide switch, sliding-dolly switch, shear gate || ⸱**sitz** m / sliding fit || **enger** ⸱**sitz** / close sliding fit, wringing fit || ⸱**tisch** m / sliding table || ⸱**tür** f / sliding door, sliding gate || ⸱**verriegelung** f / slide catch, shift latch || ⸱**widerstand** m / slide resistor, variable resistor, slide potentiometer
Schiebung f (Scherungswinkel) / angle of shear
Schieds·klima n / referee atmosphere || ⸱**messung** f DIN IEC 68 / referee test || ⸱**prüfung** f / referee test
schief adj / skew adj
Schiefe f (Statistik) DIN 55350, T.21 / skewness n
schief·e Ebene / inclined plane || **~e Verteilung** (Statistik) / skewed distribution, skew distribution || **~er Strahl** / skew ray
Schief·hang m / oblique suspension || ⸱**lage** f / slope n, misalignment || ⸱**lage** f (Werkstück) / skew n || ⸱**lagenausgleich** m / slope compensation
Schieflast f / load unbalance, unbalanced load, unsymmetrical load || ⸱**-Belastbarkeit** f / load unbalance capacity, maximum permissible unbalance || ⸱**faktor** m / unbalance factor, asymmetry factor || ⸱**grad** m / unbalance factor, asymmetry factor || ⸱**relais** n / phase unbalance relay, unbalance relay, negative-sequence relay, unbalanced load protection relay || ⸱**schutz** m / load unbalance protection, phase unbalance protection, unbalance protection
Schief·lauf m (Fernkopierer) / skew n, skewing n || **~laufen** v (Förderband) / go askew, go off line, run unevenly || ⸱**laufschalter** m (Förderband) / true-run switch, belt skewing switch || ⸱**laufwächter** m (Förderband) / belt skewing monitor || ⸱**stellung** f (Welle) / misalignment n
schiefwinklig adj / oblique-angled
Schielwinkel m DIN 54119 / squint angle
Schiene f (allg., Bahn) / rail n || ⸱ f / busbar n, bus n || ⸱ f (Montagegerüst) / section n, rail n || ⸱ **in Luft** / air-insulated bar || **0-V-**⸱ f / 0 volts bar, 0 ground

bar || **24-V-**⚬ *f* / 24 V busbar || **3-Phasen-**⚬ *f* / 3-phase busbar || **Software-**⚬ *f* / software pool || **vertikale** ⚬ / vertical member, upright *n* || ⚬-**Kabelschuhlasche** *f* / bar-cable lug
Schienen·ableitung *f* / bar-type generator connections || ⚬**abstand** *m* / busbar spacing || ⚬**adapter** *m* / rail adapter
Schienenanschluss *m* / flat-bar terminal, bus connection, bar connection, busbar connection || ⚬ **M10** / busbar connection M10 || ⚬**stück** *n* / busbar connection piece, bar connection || ⚬**stücke frontseitig** / front busbar connection pieces
Schienen·bremse *f* / track brake, rail brake, shoe brake || ⚬**bremsschalter** *m* / track brake switch (group), rail brake switch || ⚬**dicke** *f* / busbar thickness, bar thickness || ⚬**dicke 5 mm** / bar thickness 5 mm || ⚬**dickenausgleich** *m* / bar thickness compensation || ⚬**-Drehtrenner** *m* / rotary bar-type disconnector, rotary bus isolator || ⚬**fahrwerk** *n* / rail-mounted carriage || ⚬**führung** *f* / busbar arrangement, busbar layout || **~gebundenes Transportsystem** / rail-guided transport system || **~geführter Kran** / rail-mounted crane || ⚬**geräteträger** *m* / rail device holder
Schienen·halter *m* / busbar support, busbar grip, bar holder, busbar holder || ⚬**kanal** *m* / bus duct, busbar trunking, busway *n*, busbar duct || ⚬**kanal** *m* (f. Generatorableitung) / generator-lead trunking o. duct
Schienenkasten *m* / trunking unit, busway section, bus-duct housing || **gerader** ⚬ / straight busway section, straight length (of busbar trunking) || ⚬**verbinder** *m* / busway connector
Schienen·klemme *f* / busbar terminal || ⚬**kontakt** *m* / busbar contact || ⚬**leuchte** *f* / track-mounted luminaire, track-suspended luminaire, channel mounting luminaire, trunking luminaire || ⚬**mittenabstand** *m* / busbar centre-to-centre clearance, busbar center-to-center clearance || ⚬**oberkante** *f* (SO) / top of rail, uppersurface of rail || ⚬**platte** *f* / sheet track, slab track || ⚬**rückleitung** *f* / track return system || ⚬**satz** *m* / busbar set || ⚬**schalter** *m* / track switch || ⚬**strangende** *n* / busbar trunking run end || ⚬**strangverlauf** *m* / busbar route || ⚬**stromwandler** *m* / bar-primary current transformer, bar primary type current transformer || ⚬**stück** *n* / busbar piece || ⚬**system** *n* / busbar system || ⚬**temperatur** *f* / busbar temperature || ⚬**träger** *m* / busbar support || ⚬**transport** *m* / transport by rail, rail(way) transport || ⚬**verbinder** *m* (Bahn) / rail joint bond, rail bond, push-fit block, joint block || ⚬**verlauf** *m* / busway run || ⚬**versteifung** *f* / bar reinforcement
Schienenverteiler *m* VDE 0660, T.500 / busbar trunking system IEC 439-2, busway system (US), busway *n* || ⚬ **mit fahrbarem Stromabnehmer** / trolley busway, busbar trunking system with trolley-type tap-off facilities IEC 439-2 || ⚬ **mit N-Leiter halben Querschnitts** / half-neutral busduct || ⚬ **mit N-Leiter vollen Querschnitts** / full-neutral busduct || ⚬ **mit Stromabnehmerwagen** VDE 0660,T.502 / trolley busway, busbar trunking system with trolley-type tap-off facilities IEC 439-2 || ⚬ **mit veränderbaren Abgängen** VDE 0660,T.502 / plug-in busbar trunking

(system) IEC 439-2, plug-in busway (system) || ⚬-**System** *n* / line distribution system, busbar trunking system
schießen *v* (z.B. EPROM) / blow *v*
Schiff·bau *m* / shipbuilding *n* || ⚬**bauindustrie** *n* / ship-building industry || ⚬**fahrtszeichen** *n* / marine navigational aid
schiffsbauapprobiert *adj* / shipboard approved
Schiffs·bauzulassung *f* / marine approval, marine use || ⚬**entlader** *m* / ship unloader || ⚬**fernmeldekabel** *n* / shipboard telecommunication cable, ship communications cable || ⚬**kabel** *n* / shipboard cable, ship wiring cable || ⚬**klassifikationsgesellschaft** *f* / classification society || ⚬**motor** *m* / marine motor || ⚬**positionslaterne** *f* / ship's navigation light || ⚬**propeller** *m* / marine propeller || ⚬**schaltanlage** *f* / marine switchgear, marine switchboard || ⚬**schalter** *m* / circuit-breaker for marine applications, circuit-breaker for use on ships || ⚬**scheinwerfer** *m* / naval searchlight || ⚬**transport** *m* / sea transport, transport by ship || ⚬**zulassung** *f* / marine approval
Schild *n* / identification plate, labeling plate || ⚬ *n* (Maschinengehäuse, ohne Lg.) / fender *n*, guard plate || ⚬ *m* (Schutzschild) / shield *n*, barrier *n*, guard plate || ⚬ *n* (Bezeichnungssch.) / label *n*, marker *n* || ⚬ *n* (Anschlussbezeichnung, Reihenklemme) / tag *n*, label *n*, marker *n* || ⚬ *n* (Typensch., Firmensch.) / plate *n* || ⚬ **Einschalten mit Handhebel** / label closing with hand lever || ⚬ **mit Beschriftung nach Wahl** / label with customized inscription || **übergeordnetes** ⚬ / primary name plate || ⚬**bürstenträger** *m* / shield-mounted brushgear || ⚬**dicke** *f* / label thickness || ⚬-**Druckangabe** / label pressure indication
Schilder·brücke *f* / bridge || ⚬**kontur** *f* / label contour || ⚬**nagel** *m* / plate nail || ⚬**satz** *m* / label set || ⚬**streifen** *m* / labeling strip || ⚬**tasche** *f* / label pocket
Schild·farbe *f* / label color || ⚬**größe** *f* / label size || ⚬**halter** *m* / label holder || ⚬**kappe** *f* / label cap || ⚬**kröte** *f* (Straßenleuchte) / button light || ⚬**lager** *n* / end-shield bearing, plug-in-type bearing, bracket bearing || ⚬**träger** *m* / plate carrier, tag holder, label holder, legend plate || ⚬**träger für eingeklebtes Bezeichnungsschild** / label holder for bonded inscription plate
Schimmel *m* / fungus *n*, mould *n*, fungoid growth, mildew *n* || ⚬**befall** *m* / fungi attack, fouling by fungi || ⚬**beständigkeit** *f* / mould resistance, resistance to mildew, mildew-proofness *n*, fungus resistance, mould-proofness *n* || ⚬**wachstum** *n* / mould growth
Schimmer *m* / loom *n* (of light)
Schirm *m* / shielding *n*, metal shield, metallic shield, cable shield, cable shielding, braided shield, screening *n*, metallic screen, static screen || ⚬ *m* (Kabel) / shield *n* || ⚬ *m* (Bildschirm) / screen *n*, display screen, cathode ray tube (CRT), display device (GKS) || ⚬ *m* (f. Steuergitter) / shield grid || ⚬ *m* (Lampe, skirt *n*, weather shield || ⚬ *m* (Leuchte) / reflector *n*, shade *n* || ⚬ *m* (Isolator) / shed *n* || ⚬ *m* (EB) VDE 0160 / shield *n* || ⚬ *m* (Schutz gegen Störbeeinflussung) / screen *n* IEC50 (161) || ⚬ **zur Potenzialsteuerung** / grading screen || **elektromagnetischer** ⚬ / electromagnetic

Schirmanschluss 750

screen || **magnetischer** ⟳ / magnetic screen || **statischer** ⟳ / static screen, metallic screen, metallic shield, metal shield, shield *n* || ⟳**ableitung** *f* / shield earthing
Schirmanschluss *m* / shield connection || ⟳**blech** *n* / shield connecting plate || ⟳**element** *n* / shielding terminal || ⟳**klemme** *f* (dient zum Auflegen des Schirms bei Analogbaugruppen) / terminal element, shield terminal || ⟳**platte** *f* / gland plate || ⟳**verteilung** *f* / screen connector block
Schirmauflage *f* / shield connection || ⟳**element** *n* (dient zum Auflegen des Schirms bei Analogbaugruppen) / shield connecting element
Schirm·ausladung *f* (Isolator) / shed overhang || **~bar** *adj* / can be shielded || ⟳**befestigung** *f* / shield fixing || ⟳**beidraht** *m* / shield drain wire || ⟳**bild** *n* / screen image, display image, screen display || ⟳**blech** *n* / shield plate, shielding plate || ⟳**blende** *f* / visor *n* || ⟳**dämpfung** *f* (Kabel) / screening attenuation || ⟳**durchverbindung** *f* / screen continuity || ⟳**einbrand** *m* / screen burn **schirmen** *v* / screen *v*
Schirm·endstück *n* / shield end || ⟳**faktor** *m* VDE 0228 / screening factor, electrostatic shielding factor || ⟳**feder** *f* / shielding spring, shield spring || ⟳**folie** *f* / foil screen, screen film
Schirmgeflecht *n* / cable shield, braided shield, braided screen, cable shielding, shielding *n*, shield *n*, screening *n*, screen *n*, screening braiding
Schirm·generator *m* / umbrella-type generator || ⟳**gitter** *n* / screen grid || ⟳**kabel** *n* / shield cable, screened cable || ⟳**klemme** *f* / shield clamp, shield terminal || ⟳**kondensator** *m* / shielding capacitor || ⟳**kontakt** *m* / screen contact || ⟳**kragen** *m* / screened backshell || ⟳**leiste** *f* / shield bar, shield track || ⟳**leitblech** *n* / screen guide plate || ⟳**leitung** *f* / cable shield || ⟳**leuchte** *f* / reflector luminaire, shade(d) luminaire || ⟳**raum** *m* / shielded enclosure, screened room || ⟳**reflektor** *m* / visor *n* || ⟳**ring** *m* (zur Potenzialsteuerung) / grading ring, static ring || ⟳**schelle** *f* / shield clip || ⟳**schiene** *f* / screen bus, shielding bus || ⟳**schiene** *f* (zum Anschließen v. Kabelschirmen) / shield bus || ⟳**spannung** *f* (Kabel) / shield standing voltage || ⟳**spannungsbegrenzer** *m* (Kabel) / shield voltage limiter || ⟳**-Speicher-Röhre** *f* / screen storage cathode-ray tube, screen storage tube || ⟳**trägerring** *m* (Leuchte) / shade holder ring
Schirmung *f* (leitende Schutzummantelung, die z.B. das Übertragungsmedium umgibt, reduziert EMV-Probleme) / screening *n*, shielding *n*, screen *n*, shield *n*, braided shield, cable shield, cable shielding || ⟳ *f* (gegen Korona) / corona shield || **elektrostatische** ⟳ / electrostatic screening (o. shielding) || **magnetische** ⟳ / magnetic screen
Schirmungs·blech *n* / shielding sheet || ⟳**schiene** *f* / shield bus, shielding bus
Schirmverbindung *f* (Kabel) / shield bonding, shield connection || **feste** ⟳ (Kabel) / solid bond
Schirm·verbindungsleitung *f* (Kabel) / shield bonding lead || ⟳**wicklung** *f* / shielding winding || ⟳**wirkung** *f* / screening effect, screening effectiveness, shielding effectiveness, shielding effect || ⟳**wirkung** *f* (Kabel) / screening effectiveness IEC 966-1
Schlacke *f* / slag *n*
Schlacken·einschluss *m* / slag inclusion (non-metallic inclusions in the weld (isolated or clustered)) || ⟳**platzkran** *m* / slag dump crane *n* || ⟳**wolle** *f* / slag wool, cinder wool, mineral wool
schlafender Fehler / dormant error
Schlafmodus *m* / standby mode
Schlag *m* / shock *n* || ⟳ *m* (Kabel) / lay *n*, twist *n* || ⟳ *m* (unrunder Lauf) / runout *n*, eccentricity *n*, out-of-round *n* || **elektrischer** ⟳ / electric shock || ⟳**ankerspule** *f* / striker armature coil
schlagartiges Durchzünden / crowbar firing
Schlag·beanspruchung *f* / impact load, impact stress || ⟳**beständigkeitsprüfung** *f* VDE 0281 / impact test || ⟳**betätigung** *f* / if actuated abruptly || ⟳**biegefestigkeit** *f* / impact bending strength || ⟳**bohrmaschine** *f* / hammer drill || ⟳**bolzen** *m* / hammer *n*, striker *n*, striking pin || ⟳**bolzenkopf** *m* / hammer head || ⟳**buchstaben** *m pl* / letter stamp, letter embossing tool || ⟳**druckknopf** *m* / emergency button, palm button
schlagen *v* (Riemen) / whip *v*, flap *v* || **~** *v* (Welle) / wobble *v*
Schlagenergie *f* / impact energy
schlag·fest *adj* / impact-resistant *adj*, high-impact *adj*, unbreakable *adj* || **~fester Kunststoff** *m* / impact-resistant plastic *n* || ⟳**festigkeit** *f* / impact strength, impact resistance, shockproofness *n*, resistance to shock || ⟳**festigkeitsprüfung** *f* / blow-impact test, falling-weight test
schlagfrei *adj* (Rundlauf) / free from radial runout, true *adj*, concentric *adj* || **~ laufen** / run true, run concentrically, run smoothly || **~er Lauf** / true running, concentric running, smooth running
Schlag·freiheit *f* / freedom from runout, concentricity *n*, trueness *n* || ⟳**gewicht** *n* / striking weight, impact drift || ⟳**hammerprüfung** / striking-hammer test, high-impact shock test || ⟳**kappe** *f* / mounting dolly || ⟳**-Knickversuch** *m* / impact buckling test
Schlag·länge *f* (Kabel) / length of lay || ⟳**länge der verseilten Ader** / pitch of laid-up core || ⟳**längenverhältnis** *n* (verseilter Leiter) / lay ratio, lay factor || ⟳**lot** *n* / brazing speller || ⟳**marke** *f* (Lagerdefekt) / dent *n* || ⟳**messuhr** *f* / eccentricity dial gauge, runout gauge || ⟳**pilz** *m* / palm button || ⟳**presse** *f* / blow-forging press || ⟳**pressen** *n* / impact moulding || ⟳**prüfmaschine** *f* / impact testing machine || ⟳**prüfung** *f* / impact test || ⟳**richtung** *f* (verseilter Leiter) / direction of lay || ⟳**schatten** *m* / umbra shadow || ⟳**schelle** *f* / hammering clip (o. cleat) || ⟳**schlüssel** *m* / hammering spanner, wrench hammer, impact wrench || ⟳**schraubendreher** *m* / hand impact screwdriver || ⟳**schrauber** *m* / hammering screwdriver, impact screwdriver || ⟳**stempel** *m* / marking punch || ⟳**stempel für Metall** / metal marking punches || ⟳**stift** *m* / hammer *n* || ⟳**stift** *m* (Sich.) / striker pin, striker *n* || ⟳**taster** *m* / emergency pushbutton, emergency button, slam button, panic button || ⟳**taster** *m* (m. Pilzdruckknopf) / mushroom-head emergency button, palm button switch || ⟳**taster mit Drehentriegelung** / emergency stop button with turn-to-reset feature || ⟳**trenner** *m* / vertical-break disconnector || ⟳**vorrichtung** *f* / striker *n*, fuse-link striker || ⟳**vorrichtungs-Sicherung** *f* / striker fuse
Schlagweite *f* / clearance *n*, flashover distance, arcing distance, flashover path, striking distance,

arc length || ⟷ **zur Erde** / clearance to earth IEC 157-1 || ⟷ **zwischen den Polen** / clearance between poles IEC 157-1 || ⟷ **zwischen offenen Schaltstücken VDE 0670,T.2** / clearance between open contacts IEC 129
Schlagwetter *n* / firedamp *n* || **~gefährdete Atmosphäre** / firedamp atmosphere || **~gefährdete Grubenbaue EN 50014** / mines susceptible to firedamp || **~geschützt** *adj* / flameproof *adj* (GB), explosion-proof *adj* (US), firedamp-proof *adj*, mine-type *adj* || **~geschützte Grubenleuchte** / permissible luminaire || **~geschützte Maschine** / flameproof machine (GB), explosion-proof machine (US), firedamp-proof machine || ⟷**schutz** *m* / protection against firedamp, flameproofing *n*, flameproofness *n*, mine-type construction || ⟷**schutzkapselung** *f* / flameproof enclosure (GB), explosion-proof enclosure (US)
Schlagwort *n* / descriptor *n*, indexing term || **~artig** *adj* / slogan-like *adj*
schlagzäh *adj* / impact-resistant *adj*
Schlag·zähigkeit *f* / impact strength || ⟷**zugversuch** *m* / notched-bar test, notched-bar tensile test, Charpy test
Schlamm *m* (Isolierflüssigk., Öl) / sludge *n* || ⟷**abscheider** *m* / sediment separator || ⟷**bildung** *f* / sludge formation, sludging *n* || ⟷**gehalt** *m* (Öl) / total sludge || ⟷**prüfung** *f* / check on sludge || ⟷**spiegel** *m* / sludge blanket
Schlangenfederkupplung *f* / steel-grid coupling, grid-spring coupling, Bibby coupling
schlank *adj* / slimline *adj* || **~e Ausführung** / slim-line type (o. construction), narrow style || **~e Produktion** / lean production
Schlappseilschalter *m* / slack-rope switch
Schlauch *m* / tube *n*, tubing *n* || ⟷ *m* (flexibles Isolierrohr) / sleeving *n* || ⟷ *m* (Wasserschl.) / hose *n* || ⟷**abschnitt** *m* / hose cut || ⟷**beutel** *m* / tubular bag || ⟷**beutelmaschine** *f* / tubular bag machine, form/fill/seal machine, bag forming, filling and sealing machine || ⟷**beutelmaschine horizontal** / horizontal form/fill/seal machine || ⟷**beutelmaschine vertikal** / vertical form/fill/seal machine || ⟷**entwärmung** *f* / hose cooling || ⟷**fassung** *f* / tube holder || ⟷**klemme** *f* / tube clip || ⟷**kran** *m* / hose crane
Schlauchleitung *f* / flexible sheathed cable, sheathed cable, flexible cord, flexible hose || ⟷ **mit Polyurethanmantel** / polyurethane-sheathed flexible cable || **Kunststoff-**⟷ *f* / plastic-sheathed flexible cord, PVC-sheathed flexible cord || **leichte PVC-**⟷ (rund, HO3VV-F) VDE 0281 / light PVC-sheathed flexible cord (round, HO3VV-F) || **PVC-**⟷ *f* VDE 0281 / PVC-sheathed flexible cord
Schlauch·pore *f* (Ein röhrenförmiger Hohlraum im Schweißgut. Schlauchporen sind im allgemeinen zu Nestern gruppiert und wie Krähenfüße verteilt.) / worm-hole || ⟷**/Rohr-Verbinder** *m* / flexible-tube/conduit coupler, flexible-rigid-tube connector || ⟷**schelle** *f* (Wasserschl.) / hose clip || ⟷**schelle** *f* / tube clip, hose cleat || ⟷**steckverbinder** *m* / hose connector, hose plug-in connector || ⟷**stück** *n* / hose piece || ⟷**system** *n* / piping system || ⟷**tülle** *f* / cable grommet, hose bushing || ⟷**ventil** *n* / pinch valve || ⟷**verschraubung** *f* / tube coupler, tube union || ⟷**waage** *f* / hydrostatic level || ⟷**wasserwaage** *f* /

hydrostatic level || ⟷**zufuhr** *f* / hose feed
Schlaufe *f* / loop *n*, sling *n*
Schlaufen·grube *f* / loop pit || ⟷**verdrahtung** *f* / loop wiring
schlecht·e Ausrichtung / misalignment *n* || **~e Sicht** / poor visibility || **~e Verbindung** / bad connection, poor connection || **~er Wärmeleiter** / material with low heat conductivity
Schlecht·grenze *f* / limiting quality, lot tolerance percent || ⟷**platten-Erkennung** *f* / bad board recognition || ⟷**weg** *m* / rough road, bumpy road || ⟷**wegtest** *m* / rugged track test || ⟷**ziel** *n* / reject address, reject *n*
Schleichdreh·moment *n* / crawling torque || ⟷**zahlfaktor** *m* / creep speed factor
schleichen *v* / crawl *v*, run at crawl speed, creep *v* || ⟷ *n* (Asynchronmot.) / crawling *n* || ⟷ *n* / creeping *n*
schleichend·e Wicklung / creeping winding || **~er Erdschluss** / earth leakage, ground leakage
Schleich·funktion *f* EN 50047 / slow make and break function || ⟷**gang** *m* / creep feed, creep feedrate, creep speed, crawling speed || ⟷**gang aktiv** *m* / creep feed active || ⟷**gangprinzip** *n* / creep speed principle || ⟷**gangverfahren** *n* / creep-speed process || ⟷**geschwindigkeit** *f* / creep speed (relatively low speed for precise positioning) || ⟷**kontakt** *m* / slow-action contact, slow-motion contact
Schleichschaltglied *n* / slow-action contact, slow-motion contact || **abhängiges** ⟷ (Geschwindigkeit der Kontaktbewegung von der Betätigungsgeschwindigkeit abhängig) / dependent-action contact element || **betätigungsabhängiges** ⟷ / dependent action contact element
Schleichschaltung *m* / slow-action operation
Schleier·blendung *f* / veiling glare || ⟷**leuchtdichte** *f* / veiling luminance
Schleif·arbeiten *n pl* / grinding tasks || ⟷**art** *f* / grinding type || ⟷**aufgabe** *f* / grinding task || ⟷**aufmaß** *n* / grinding stock allowance || ⟷**automat** *m* / automatic grinding machine || ⟷**bahn** *f* / slideway *n* || ⟷**band** *n* / grinding belt || ⟷**bock** *m* / bench grinder || ⟷**bürste** *f* / brush || ⟷**daten** *plt* / grinding parameters || ⟷**druck** *m* / grinding pressure || ⟷**durchmesser** *m* / grinding diameter
Schleife *f* / loop *n* || ⟷ *f* (Netzwerk u. Programmablaufplan) / loop *n* || **rückläufige** ⟷ (Hystereseschleife) / recoil loop, recoil line, recoil curve
Schleifeinheit *f* / grinding unit
Schleifen *n* / grind *n* || ⟷ *n* (abtragendes Verfahren, um Oberflächen zu glätten und/oder aufzurauhen) / grinding *n*, sanding *n* (an abrasive process used to level and/or roughen the substrate) || **Kommutator** ~ / grind a commutator, resurface a commutator (by grinding)
Schleifenanweisung *f* / do statement
schleifende Dichtung / rubbing seal
Schleifen·durchlauf *m* / executed loop || ⟷**Durchlaufzeit** *f* / iteration time || ⟷**koppler** *m* / decoupler || ⟷**fahrt** *f* / loop traverse, loop approach || ⟷**impedanz** *f* VDE 0100, T.200 / loop impedance, earth-loop impedance, earth-fault loop impedance, faulted-circuit impedance || ⟷**index**

m / loop index ‖ ⟂**leitung** *f* / loop lead, bus wire ‖ ⟂**leitung** *f* (LAN) / lobe *n* ‖ ⟂**leitungsüberbrückung** *f* / lobe bypass ‖ ⟂**oszillogramm** *n* / loop vibrator oscillogram ‖ ⟂**programmierung** *f* / cyclic programming ‖ ⟂**prüfung** *f* / loop checking ‖ ⟂**strom** *m* / loop current ‖ ⟂**test** *m* / loop test ‖ ⟂**variable** *f* / loop variable

Schleifenwicklung *f* / lap winding, multi-circuit winding, multiple winding

Schleifenwiderstand *m* / loop resistance, loop impedance, earth-loop impedance, earth-fault loop impedance, faulted-circuit impedance

Schleifenwiderstands·-Messgerät *n* / loop resistance measuring set, loop impedance measuring instrument ‖ **Prüfung durch** ⟂**messung** / earth-loop impedance test ‖ ⟂**prüfer** *m* / earth-loop impedance tester

Schleifenzähler *m* / loop counter

Schleifer *m* / grinder *n*, grinding machine ‖ ⟂ *m* (Poti) / slider *n*, wiper *n* ‖ ⟂**ei** *f* / grinding shop

Schleifergebnis *n* / grinding result

Schleif·funktion *f* / grinding function ‖ ⟂**geschwindigkeit** *f* / grinding velocity ‖ ⟂**kanal** *m* / machining channel ‖ ⟂**kontakt** *m* / sliding-action contact, sliding contact, grinding contact ‖ ⟂**kontakt** *m* (Poti, Widerstand) / wiper *n* ‖ ⟂**kontaktmodul** *n* / sliding contact module ‖ ⟂**kopf** *m* / grinding spindle ‖ ⟂**körper** *m* / abrasive product, abrasive wheel ‖ ⟂**länge** *f* / grinding length ‖ ⟂**leiter** *m* / contact conductor, contact wire ‖ ⟂**leitung** *f* / collector wire (US), overhead collector wire, contact conductor, sliding contact ‖ ⟂**maschine** *f* / grinder *n*, grinding machine ‖ ⟂**methode** *f* / grinding method ‖ ⟂**mittel** *n* / abrasive, grinding agent ‖ ⟂**paket** *n* / grinding package ‖ ⟂**parameter** *m* / grinding parameter ‖ ⟂**programm** *n* / grinding program ‖ ⟂**richtung** *f* / grinding direction

Schleifring *m* / slipring *n*, collector ring ‖ ⟂**abdeckung** *f* / slipring cover ‖ ⟂**anlasser** *m* / slipring starter, rotor starter ‖ ⟂**bolzen** *m* / slipring terminal stud ‖ ⟂**bürste** *f* / slipring brush, collector-ring brush ‖ ⟂**-Induktionsmotor** *m* / slipring induction motor ‖ ⟂**kapsel** *f* / slipring enclosure, collector-ring cover ‖ ⟂**körper** *m* / slipring assembly, collector *n* ‖ ⟂**körperendverschluss** *m* / low-space dividing box with stress cone ‖ ⟂**kupplung** *f* / slipring clutch

Schleifringläufer *m* / slipringmotor, wound-rotor motor ‖ ⟂ *m* (Rotor) / slipring rotor (GB), wound rotor (US) ‖ ⟂**motor** *m* / slipringmotor, wound-rotor motor

Schleifringleitung *f* / slipring lead(s), field lead(s), collector-ring lead(s)

schleifringlos *adj* / without slip ring ‖ ~**e Lamellenkupplung** *f* / slipringless multi-disc clutch, stationary-field electro-magnetic multiple-disc clutch ‖ ~**e Maschine** / brushless machine ‖ ~**er Drehmelder** / brushless resolver

Schleifring·motor *m* / slipring motor, wound-rotor motor ‖ ⟂**motor mit Anlaufkondensator** / slipring capacitor-start motor ‖ ⟂**nabe** *f* / slipring bush, collector-ring bush, slipring hub ‖ ⟂**raum** *m* / slipring compartment ‖ ⟂**sockel** *m* / slipring platform ‖ ⟂**-Tragkörper** *m* / slipring body, collector-ring hub ‖ ⟂**übertrager** *m* / slipring joint ‖ ⟂**zuleitung** *f* / slip-ring lead(s), field lead(s), collector-ring lead(s)

Schleifriss *m* / grinding crack

Schleifscheibe *f* / grinding wheel, grindstone *n*, abrasive wheel, abrasive disc, grinding wheel, disk *n*, washer *n* ‖ **schräge** ⟂ / angle grinding wheel, inclined grinding wheel ‖ **schrägstehende** ⟂ / angle grinding wheel, inclined grinding wheel

Schleifscheiben·antrieb *m* / grinding wheel drive ‖ ⟂**durchmesser** *m* / grinding wheel diameter ‖ ⟂**flansch** *m* / grinding wheel flange ‖ ⟂**kompensation** *f* / grinding wheel compensation ‖ ⟂**radiuskorrektur** *f* (SRK) / grinding wheel radius compensation (GRC) ‖ ⟂**-Radiuskorrektur** *f* / grinding wheel radius compensation, cutter radius compensation, GWRC ‖ ⟂**spindel** *f* / grinding wheel spindle ‖ ⟂**typ** *m* / grinding wheel type ‖ ⟂**umfangsgeschwindigkeit** *f* (SUG) / grinding wheel peripheral speed (GWPS), grinding wheel surface speed, peripheral speed ‖ ⟂**-Umfangsgeschwindigkeit (SUG)** *f* / grinding wheel peripheral speed (GWPS)

Schleif·schlamm *m* / grinding sludge, swarf *n* ‖ ⟂**schlitten** *m* / grinding slide ‖ ⟂**schnecke** *f* / grinding worm ‖ ⟂**schuh** *m* (Stromabnehmer) / contact slipper ‖ ⟂**segment** *n* / grinding segment ‖ ~**spezifisch** *adj* / grinding-specific ‖ ⟂**spindel** *f* / grinding spindle ‖ ⟂**spindelantrieb** *f* / grinding spindle drive ‖ ⟂**staub** *m* / abrasive dust, grinding dust, grit *n*, swarf *n* ‖ ⟂**stein** *m* / grindstone *n*, abrasive stone ‖ ⟂**steuerung** *f* / grinding control ‖ ⟂**stift** *m* / grinding point ‖ ⟂**teil** *n* / workpiece *n* ‖ ⟂**teller** *m* / grinding disk ‖ ⟂**tiefe** *f* / grinding depth ‖ ⟂**vorrichtung** *f* (f. SL u. Komm.) / grinding rig ‖ ⟂**werkzeug** *n* / grinding tool ‖ ⟂**zeit** *f* / grinding time ‖ ⟂**zentrum** *n* / grinding center ‖ ⟂**zugabe** *f* / grinding allowance ‖ ⟂**zustellung** *f* / grinding infeed ‖ ⟂**zyklus** *m* / grinding cycle ‖ ⟂**zylinder** *m* / grinding cylinder

Schleppabstand *m* / following error ‖ ⟂ *m* / position lag, servo lag, time deviation, following error

Schleppabstands·grenze *f* / following error limit ‖ ⟂**kompensation** *f* / following error compensation ‖ ⟂**überwachung** *f* (Fehlermeldung: Die Steuerung gibt Sollpositionen vor, die nicht von der Maschine erreicht werden können) / following error monitoring system

schleppbar *adj* / trailable *adj*

Schleppe, magnetische ⟂ / magnetic drag

schleppendes Schweißen *n* / welding with torch directed towards the weld bead

schleppfähig *adj* / trailing-type, can be trailed ‖ ~**e Leitung** / trailing-type cable

Schleppfehler *m* / position lag, time deviation ‖ ⟂**fehler** *m* / following error, servo lag ‖ ⟂**korrektur** *f* / carried-forward error

Schlepp·kabel *n* / drum cable, trailing cable ‖ ⟂**kette** *f* / ground cable, tow chain ‖ ⟂**kettenbetrieb** *m* / festooned cables ‖ ⟂**leistung** *f* / motoring reverse power, motoring power ‖ ⟂**leitung** *f* / trailing cable, trailing cable, drum cable, drag cable ‖ ⟂**lötung** *f* / drag soldering ‖ ⟂**moment** *n* / motoring rev. torque ‖ ⟂**regelung** *f* / anti-slip control ‖ ⟂**schalter** *m* / ganged control switch ‖ ⟂**sperre** *f* / generating only ‖ ⟂**zeiger** *m* / slave pointer, non-return pointer, maximum pointer, min/max pointer, min/max value ‖ ⟂**zeigerfunktion** *f* /

non-return pointer function
Sch-Leuchte *f* (druckfest) / flameproof lighting fitting, explosion-proof luminaire
Schleuder·beschichten *n* / spray-coat *v* || ⁓**beschichtung** *f* / spin casting || ⁓**bunker** *m* / overspeed test tunnel || ⁓**drehzahl** *f* / overspeed test speed, spin speed || ⁓**drehzahl** *f* (Zentrifugenmot.) / spinning speed || ⁓**grube** *f* / overspeed testing pit, balancing pit || ⁓**guss** *m* / centrifugal casting || ⁓**gussbronze** *f* / centrifugally cast bronze || ⁓**halle** *f* / overspeed testing tunnel, balancing tunnel || ⁓**kraft** *f* / centrifugal force
schleudern *v* (Schleuderprüf.) / overspeed-test *v*
Schleuder·prüfung *f* / overspeed test || ⁓**rad** *n* / impeller *n* || ⁓**scheibe** *f* / grease slinger, oil slinger || ⁓**schutz** *m* / overspeed protection || ⁓**schutzbremse** *f* (Bahn) / anti-slip brake || ⁓**schutzeinrichtung** *f* (Bahn) / anti-slip device || ⁓**wirkung** *f* / centrifugal action
Schleuse *f* / lock *n*, air lock
Schleusen *n* / locks *n pl* || ⁓**spannung** *f* (Diode) / threshold voltage || ⁓**spannung eines elektronischen Ventilbauelements** / threshold voltage of an electronic valve device
Schlichtabrichten *n* / finish dressing
Schlichtaufmaß *n* / finishing allowance, final machining allowance || ⁓ *n* (SAM) / final machining allowance, finishing allowance || ⁓ **Boden** / finishing allowance on base || ⁓ **Rand** / finishing allowance on edge
Schlichtdurchgang *m* / finishing cut, finishing *n*, finish cut, finish *n*, finish cutting
Schlichten *n* / finish cut, finishing *n*, finish-machining *n*, finish-cutting *n*, finish-turning *n*, finishing cut || ~ *v* / finish *v*, dress *v* || ⁓ **am Grund** / finishing the pocket base
Schlichter *m* / finishing tool
Schlichtfräser *m* / finishing cutter
Schlichtgang *m* / finishing *n*, finish cut, finish cutting, finish *n*, finishing cut
Schlicht·maschine *f* / dressing machine, warp sizing machine || ⁓**maß** *n* / finishing allowance, final machining allowance || ⁓**meißel** *m* / finishing tool || ⁓**platte** *f* / finishing insert || ⁓**schnitt** *m* / finishing *n*, finish *n*, finishing cut, finish cut, finish cutting || ⁓**sitz** *m* / free fit || ⁓**span** *m* / finishing cut || ⁓**stahl** *m* / finishing tool || ⁓**ung** *f* / arbitration *n* || ⁓**werkzeug** *n* / finishing tool || ⁓**zeit** *f* / finishing time
Schlieren *f pl* / striae *plt*, schlieren *plt* || ⁓**aufnahme** *f* / schlieren photograph
schlierenfrei *adj* / free of streaks
Schließ·achse *f* / closing axis || ⁓**anlage** *f* / master-key system, pass-key system || ⁓**band** *n* / hasp *n* || ⁓**blech** *n* / striker plate || ⁓**druck** *m* / closing pressure || ⁓**einheit** *f* / clamping unit, locking unit
Schließen *n* / close *n*, VDE 0660,T.101 closing operation IEC 157-1 || ⁓ *n* VDE 0660,T.101 / closing *n* || ~ *v* (Bremse) / apply *v* || ~ **(allgemein)** *v* / close *v* || ⁓ **durch abhängigen Kraftantrieb** / dependent power closing || ⁓ **durch unabhängige Handbetätigung** / independent manual closing || ⁓ **mit abhängiger Kraftbetätigung** / dependent power closing || ⁓ **mit Kraftspeicherbetätigung** / stored-energy closing, spring closing || ⁓ **mit verzögertem Öffnen** / close-time delay-open operation (CTO)

Schließer *m* VDE 0660,T.200 / make contact, make contact element IEC 337-1, a-contact, normally open contact, NO contact || ⁓ *m* (S) / make-contact element, normally open contact, normally-open contact, make contact, NO contact, NO || ⁓ **mit Doppelunterbrechung** / double-gap make contact (element) || ⁓ **mit Einfachunterbrechung** / single-gap make contact (element) || ⁓ **mit zeitverzögerter Schließung** / make contact delayed on closing || **1** ⁓ *m* / 1NO *n* || ⁓**funktion** *f* / make function || ⁓**-Kontakt** *m* / NO *n* || ⁓**/Öffner** *m* / make or break || ⁓**-Öffner-Funktion** *f* / make-break function, changeover function
Schließerverzug *m* / closing delay
Schließer-vor-Öffner / make before break contact
Schließ·feld *n* / close button || ⁓**hub** *m* / closing stroke || ⁓**kontakt** *m* / make contact, make contact element IEC 337-1, a-contact || ⁓**kontakt** *m* / normally open contact (contact that is open when no power is applied to the relay), NO contact || ⁓**kopf** *m* / closing head || ⁓**kraft** *f* (Ventil, Schubkraft) / seating thrust, power in full stroke position, force in full stroke position, clamping force || ⁓**kraft aufbauen** / clamp up || ⁓**-Öffnungszeit** *f* / close-open time || ⁓**spannung** *f* (magnetisch betätigtes Gerät) / seal voltage || ⁓**stellung** *f* / closed position || ⁓**system** *n* / locking system
Schließung *f* / locking devices, lock *n* || ⁓ *f* (Schloss, Schlüsselsch.) / tumbler arrangement
Schließ·verhältnis *n* / dwell ratio || ⁓**verzug** *m* / closed time, closing delay || ⁓**vorgang** *m* / closing operation || ⁓**vorrichtung** *f* / locking attachment || ⁓**werk** *n* / closing gear || ⁓**winkel** *m* (Nocken) / dwell angle, cam angle, dwell *n* (cam)
Schließzeit *f* / closing time, closing operating time, close time || ⁓ *f* (Einschaltzeit) VDE 0712,101 / closed time || **Gesamt~** *f* VDE 0660 / total make-time || ⁓**steuerung** *f* (Kfz-Mot.) / dwell-time control
Schließzylinder *m* / lock barrel || **elektronischer** ⁓ / electronic locking cylinder
Schliff *m* / ground surface, cut || ⁓ **Windungsende** / grinding, winding end || ⁓**bild** *n* / micrograph *n* || ⁓**verbindung** *f* / ground joint
Schlingen *n* / torsional movement || ⁓**speicher** *m* / loop accumulator
Schlinger·bewegung *f* / rolling motion || **~fest** *adj* / resistant to rolling (motion), unaffected by rolling || ⁓**festigkeit** *f* / resistance to rolling
Schlingfederkupplung *f* / grid-spring coupling, overrunning spring clutch
Schlitten *n* / slide *n* || ⁓ *m* (Bettschlitten, Drehmaschine) / saddle *n*, carriage *n* || ⁓ *m* (Schleifmasch.) / saddle *n* || ⁓**achse** *f* / slide axis || ⁓**bewegung** *f* / slide motion || ⁓**bezugspunkt** *m* / slide reference point, saddle reference point || ⁓**führung** *f* / slide guide || ⁓**einheit** *f* / slide unit || ⁓**gewicht** *n* / slide weight || ⁓**versuch** *m* / sledge test
Schlitz *m* / slot *n*, slit *n* || ⁓ *m* (f. Installationsleitungen) / chase *n* || ⁓ **für Handhebel** / slot for hand lever || ⁓**- und Rundkerbprüfung** *f* / keyhole impact test || ⁓**, Einstellschraube** / slot, adjusting bolt || **profilierter** ⁓ / V-port || ⁓**bandeisen** *n* / slotted steel strip || ⁓**band-Koaxialkabel** *n* / radiating co-axial cable || ⁓**blende** *f* / slotted diaphragm ||

Schloss 754

Schlagen von ~en (f. Installationsleitungen) / chasing *n* || **~fräse** *f* / slot cutter || **~gehäuse** *n* / V-port body || **~initiator** *m* / slot-type initiator, slot proximity switch || **~kerbe** *f* / U-notch *n* || **~klemme** *f* / slot terminal, slotted-post terminal || **Außengewinde-~klemme** *f* / tubular screw terminal || **Innengewinde-~klemme** *f* / female screw terminal || **~leitung** *f* / slotline *n* || **~leser** *m* / slot reader || **~maschine** *f* / slotter *n* || **~maskenröhre** *f* / slotted shadow mask tube || **~mutter** *f* / slotted round nut || **~mutterndreher** *m* / slotted screwdriver || **~mutterndreher mit flachem Schaft** / face wrench for slotted lock rings || **~-Näherungsschalter** *m* / slot proximity switch, slot-form proximity switch, slot initiator || **~scharnier** *n* / slot hinge || **~scheibe** *f* / slotted washer || **~schneide** *f* / slitting edge || **~schraube** *f* / slotted-head screw || **Flachkopf-~schraube** *f* / slotted pan head screws || **~verschluss** *m* / slot-sealing plug || **~weite** *f* / slit width || **~zahl** *f* (Impulsgeber) / pulse count, pulse number per revolution, number of increments per revolution || **~zeit** *f* / slot time
Schloss *n* / lock *n*, key-operated switch || **~ mit Zuhaltungen** / tumbler-type lock, tumbler lock || **CES-~** *n* / CES lock || **Schalt~** *n* / latching mechanism, breaker mechanism || **~einsatz** *m* / lock insert
schlossen *v* / das *v*
Schlosserhammer *m* / smith hammer
Schloss·gehäuse *n* / lock enclosure || **~kasten** *m* / lock box || **~loch** *n* / lock hole || **~mutter** *f* / power pack, snap nut, pact electro-hydraulic power source || **~riegel** *m* / lock bolt, bolt *n*, fastener *n* || **~schalter** *m* (schlüsselbetätigter Hilfs- o. Steuerschalter) / key-operated control switch, key-operated maintained-contact switch, locking-type control switch, key switch || **~schalter** *m* (Schalter m. Schaltschloss) / automatic switching device, mechanically latched switching device, release-free circuit-breaker || **~sperre** *f* / lock *n* || **~strammer** *m* / buckle pretensioner || **~taster** *m* / locking-type pushbutton (switch) || **~taster** *m* (schlüsselbetätigter Drehschalter) / key-operated momentary-contact switch, key-operated rotary (o. control) switch || **~unterfütterung** *f* / lock packing || **~welle** *f* / lock shaft || **~zugfeder** *f* / lock tension spring || **~zylinder** *m* / lock cylinder
Schluck·grad *m* / absorption coefficient || **~widerstand** *m* / absorption resistance
Schlupf *m* (Asynchronmasch.) / slip *n*, clutch slip, belt creep || **~ *m*** (Riemen) / creep *n*, slip *n* || **~ *m*** (Drift) / drift *n* || **~arm** *adj* / low-slip *adj* || **~-Diagramm** *n* / slip diagram || **~drehzahl** *f* / slip speed, asynchronous speed
schlüpfen *v* / slip *v*
Schlupffehler *m* / sync slip error
schlupffest *adj* / slip-free *adj*
schlupffrei *adj* / non-slip *adj*
Schlupf·frequenz *f* / slip frequency || **~gerade** *f* / slip line || **~grenze** *f* / slip limit || **~kompensation** *f* (passt die Ausgangsfrequenz des Umrichters dynamisch so an, dass die Motordrehzahl unabhängig von der Motorbelastung konstant gehalten wird) / slip compensation circuit, slip compensation || **~kupplung** *f* / slipping clutch, slip clutch, induction coupling || **~läufer** *m* / high-resistance rotor || **~leistung** *f* / slip power || **~leistungsrückgewinnung** *f* / slip-power recovery, slip-power reclamation || **~loch** *n* (ein Fehler aus Absicht, durch Unterlassung oder aus Versehen, der es ermöglicht, die Schutzmechanismen zu umgehen oder unbrauchbar zu machen) / flaw *n* || **~maßstab** *m* / scale of slip || **~moment** *n* / slip torque, torque causing slipping ||
Antriebs~regelung *f* / traction control || **~regler** *m* / slip regulator || **~reibung** *f* / slip friction || **~relais** *n* / slip relay
Schlüpfrigkeit *f* / oiliness *n*, lubricity *n*
Schlupf, Punkt des unendlichen ~s / point of infinite speed
Schlupf·spannung *f* / slip-frequency voltage || **~spule** *f* / cranked coil, bent coil || **~stabilisator** *m* (zur Dämpfung von Wirkleistungspendelungen im Netz) / power system stabilizer (PSS) || **~steller** *m* / slip regulator || **~überwachung** *f* / slip monitoring || **~variable** *f* / slack variable || **~verluste** *m pl* / slip loss || **~wächter** *m* / slip monitor || **~widerstand** *m* / slip resistor || **~zeit** *f* (Netzwerk) / slack time
Schluppe *f* / lifting sling
Schluss *m* (Kurzschluss) / short *n*, short circuit || **~ (Schlussfolgerung)** *m* / conclusion *n* || **~ausschaltvermögen** *n* / circuit breaking capacity || **~bericht** *m* / final report
Schlüssel *m* / wrench *n* || **~ *m*** / key *n* || **~ *m*** (Code) / code *n* || **~ *m*** (Führungsnase) / key *n* || **~** / wrench male cruciform || **~antrieb** *m* / key actuator || **~antrieb mit Zylinderschloss** / cylinder-lock actuator (o. operator) || **~aufbau** *m* / key structure || **~befestigung** *f* / keyhole fixing || **~begriff** *m* / key expression || **~betätigung** *f* / key operation || **~blatt** *n* / order code survey, order code table || **~diskette** *f* / code diskette || **~drehschalter** *m* / key-operated rotary switch || **~-Drehschalter** *m* VDE 0660,T.202 / key-operated rotary switch IEC 337-2A || **~entriegelung** *f* / interlock deactivating key, defeater key || **~entriegelung** *f* / interlock deactivation by means of key, key defeating || **~fertiges System** / turnkey system || **~frage** *f* / key question || **~kennung** *f* / code number || **~länge** *f* (Datensatzschlüssel) / key length || **~lochbefestiger** *f* / keyhole mounting || **~lochbefestigung** *f* / keyhole-fastened components || **~parameter** *m* / code parameter || **~parameter setzen** / set main parameters, set key parameters || **~plan** *m* / master reference plan
Schlüsselschalter *m* / key-operated switch (switch with (removable) key control), lockswitch *n*, keylock switch, keyswitch *n* || **~ für Eingabesperre** / keyswitch for locking data entry || **~ mit Rastposition** / keylock switch || **~ mit Taststellung** / momentary keyswitch || **getrennt verriegelbarer ~** / keyswitch with interlocks || **~kennung (SSK)** *f* / keyswitch code || **~stellung** *f* / keyswitch position || **~stellung** *f* / keyswitch setting
Schlüssel·sender *m* (IR-Schließsystem) / coded transmitter || **~sperre** *f* / key interlock || **~stellung** *f* / key position || **~steuerung** *f* / key-actuated control || **~stück** *n* / polarization piece || **~symbol** *n* / key symbol || **~taster** *m* (Drucktaster) VDE 0660,T.201 / key-operated pushbutton IEC 337-2 || **~text** *m* / ciphertext || **~textangriff** *m* (kryptoanalytischer Angriff, bei dem ein

Kryptoanalytiker nur Schlüsseltexte besitzt) / ciphertext-only attack ‖ ⸾wahlschalter *m* / key selector switch ‖ ⸾-Wahlschalter *m* / key-operated selector switch, keyselector ‖ ⸾weite *f* (SW) / across-flats dimensions, diameter across flats, width across flats, width A/F (width across flats), A/F, across flats, spanner size ‖ ⸾wort *n* / keyword *n*, code word, vocabulary word ‖ ⸾zahl *f* (Code) / code number ‖ ⸾zahl für Vorschubgeschwindigkeiten / feedrate number (FRN)

Schluss·folgern *n* / reasoning ‖ ⸾folgerung *f* / conclusion *n* ‖ ⸾gespräch *n* / closing meeting ‖ ⸾information *f* (PROFIBUS) / trailer *n* ‖ ⸾leuchte *f* / taillight *n*, tail lamp, rear light (o. lamp) ‖ ⸾licht *n* / taillight *n*, tail lamp, rear light (o. lamp) ‖ ⸾resonanzuntersuchung *f* / final resonance search

schmal *adj* / narrow *adj*

Schmalband *n* / narrow band (NB) ‖ ⸾-Antwortspektrum *n* / narrow-band response spectrum ‖ ⸾-Betriebsmittel *n* / narrow-band device ‖ ⸾filter *n* / narrow-band pass filter ‖ ⸾geräusch *n* / narrow-band noise ‖ ⸾halbleiter *m* / narrow-band semiconductor

schmalbandig *adj* / narrow-band *adj* ‖ **~e Aussendung** / narrow-band emission ‖ **~er Halbleiter** / narrow-band semiconductor

Schmalband-Rauschzahl *f* / spot noise figure

schmale Bedientafel / slimline operator panel

Schmal·feldschalter *m* / narrow-panel circuit-breaker ‖ ⸾keilriemen *m* / V-rope *n* ‖ ⸾profilskale *f* / narrow straight scale ‖ ⸾schrank *m* / narrow-type cubicle (o. cabinet) ‖ ⸾schrift *f* / compressed print ‖ ⸾seite *f* / narrow side, narrow edge ‖ ⸾strich *m* / narrow stripe

schmelzbar *adj* / fusible *adj*

Schmelz·charakteristik *f* / prearcing time/current characteristic ‖ ⸾dauer *f* / melting time, pre-arcing time ‖ ⸾draht *m* / fusible wire, fusible element, fusible link

Schmelze *f* / melt *n*

Schmelzeinsatz *m* / fuse-link *n*, fusible element, fuse-element *n*, cartridge fuse-link, fuse-unit *n* ‖ ⸾ **mit zylindrischen Kontaktflächen** / cylindrical-contact fuse-link

Schmelz·elektrolyse *f* / fused-salt electrolysis ‖ ⸾faktor *m* / fusing factor ‖ ⸾flusselektrolyse *f* (in der Schmelzflusselektrolyse wird durch eine Reduktion von Quarz (Siliziumdioxid) Silizium gewonnen) / fused-salt electrolysis ‖ **~flüssiges Elektrolyt** / molten salt electrolyte ‖ **~flüssiges Lot** *n* / molten filler metal ‖ ⸾-I²t-Wert *m* / pre-arcing I²t ‖ ⸾index *m* / melt-flow index ‖ ⸾käse *m* / cheese spread ‖ ⸾kernprozess *m* / lost-core process ‖ ⸾kernverfahren *n* / loss core technology ‖ ⸾klebstoff *m* / melting glue ‖ ⸾körper *m* (Anzeigevorrichtung) / fusible indicator ‖ ⸾körper *m pl* (f. Wärmeprüfungen) / melting particles ‖ ⸾leiter *m* (Sich.) / fuse element, fuse-element *n*, fusible element ‖ ⸾leitergruppe *f* / fuse element group ‖ ⸾linie *f* (Grenze zwischen dem beim Schweißen geschmolzenen Werkstoff und dem fest gebliebenen) / fusion line ‖ ⸾lotglied *n* / fusible link, fusible element ‖ ⸾perle *f* / bead of molten metal ‖ ⸾perlen *f pl* / beads of molten material ‖

⸾pumpe *f* / melt pump ‖ ⸾punkt *m* / melting point ‖ ⸾schneiden *n* / plasma arc cutting ‖ ⸾schweißen *n* (Schweißen mit örtlichem Schmelzen ohne Anwendung von Druck) / fusion welding ‖ ⸾sicherung *f* / fuse *n*, fusible link, fusible cutout, melting fuse, safety fuse ‖ **Barriere mit ⸾sicherungsschutz** / fuse-protected barrier ‖ ⸾spannung *f* / melting voltage ‖ ⸾spleiß *m* / fusion splice ‖ ⸾strom *m* / fusing current ‖ ⸾tiegel *m* / crucible *n* ‖ ⸾unterbrecher *m* / fusible interrupter, fusible shunt ‖ ⸾wanne *f* / melter *n* ‖ ⸾wannensoftware *f* / melting trough software ‖ ⸾wärme *f* / heat of fusion

Schmelzzeit *f* / operating time, melting time, pre-arcing time ‖ ⸾-Kennlinie *f* / melting characteristic, minimum melting curve

Schmerz·mittel *n* / painkiller *n* ‖ ⸾schwelle *f* / threshold of pain

Schmidt-Lorentz-Generator *m* / Schmidt-Lorentz heteropolar generator

Schmiede·fehler *m* / forging defect ‖ ⸾gesenke *n* / forging die ‖ ⸾kran *m* / forging crane ‖ ⸾lunker *m* (Hohlraum, durch Vertiefungen an den Grenzflächen kann durch Schrumpfen verstärkt werden) / forging cavity ‖ ⸾maschine *f* / forging machine ‖ ⸾presse *f* / forging press ‖ ⸾stahl *m* / forging steel ‖ ⸾stück *n* / forging *n*

Schmiegungs·ebene *f* / osculating plane ‖ ⸾kreis *m* / osculating circle

Schmier·bereich *m* / scratch area ‖ ⸾bereich *m* (Speicher) / scratchpad area, scratch region ‖ ⸾bit *n* / lubrication bit ‖ ⸾büchse *f* (Staufferbüchse) / screw pressure lubricator, Stauffer lubricator, grease cup ‖ ⸾büchse *f* (Öler) / oil cup, oiler *n* ‖ ⸾bund *m* / collar oiler ‖ ⸾emulsion *f* / lubricating emulsion

Schmieren *n* (Lagerdefekt) / wiping *n* ‖ **~ v** / lubricate *v*, grease *v*, oil *v*

Schmier·fähigkeit *f* / lubricating property, lubricity *n* ‖ **mangelnde ⸾fähigkeit** / lacking lubricity ‖ ⸾fähigkeitsverbesserer *m* / oiliness additive, lubricity additive ‖ ⸾fett *n* / lubricating grease, grease *n* ‖ ⸾film *m* / lubricant film, oil film ‖ ⸾filmbildung *f* / formation of lubricating film ‖ ⸾frist *f* / relubrication interval ‖ ⸾impuls *m* / lubrication pulse ‖ ⸾keil *m* / wedge-shaped oil film ‖ ⸾kopf *m* / lubricating nipple, grease nipple, oiler *n* ‖ ⸾kreis *m* / lubrication circuit ‖ ⸾loch *n* / lubrication hole ‖ ⸾lötverbindung *f* / wiped joint ‖ ⸾merker *m* / scratch flag ‖ ⸾merkerbereich *m* / scratch flag area ‖ ⸾merkerbyte *n* / scratch flag byte ‖ ⸾merkerdoppelwort *n* / scratch flag double word

Schmiermittel *n* / lubricant *n* ‖ ⸾ *n* / dressing agent, commutator dressing ‖ ⸾ **Valvoline Rostschutz 6** / lubricant Valvoline rust preventative 6 ‖ ⸾-Ausschwitzen *n* / lubricant exudation ‖ ⸾dichtung *f* / lubricant seal

Schmier·nippel *m* / greasing nipple, grease nipple, lubricator *n* ‖ ⸾nut *f* / oil groove, oil flute, oilway *n*, lubricating groove

Schmieröl *n* / lubricating oil, lube oil ‖ ⸾filter *n* / lubricating-oil filter ‖ ⸾rückstände *m pl* / gum *n*, carbon deposits, oil residues ‖ ⸾-Spaltfilter *n* / plate-type lubricating-oil filter ‖ ⸾zähler *n* / lubricating oil meter

Schmier·plan *m* / lubrication schedule, lubrication

Schmierring

chart || ⸺**plombe** f / wiped joint || ⸺**polster** n / oil film || ⸺**presse** f / grease gun || ⸺**pumpe** f / lubricating pump, lubricating oil pump, oil pump || ⸺**reibung** f / friction of lubricated parts
Schmierring m / oil-ring n, lubricating ring, ring oiler || **fester** ⸺ / disc-and-wiper lubricator, collar oiler || **loser** ⸺ / oil-ring n, ring oiler || ⸺**führung** f / oil-ring retainer || ⸺**lager** n / oil ring lubricated bearing || ⸺**schloss** n / oil-ring lock, ring-oiler joint
Schmier·schicht f / lubricant film, oil film || ⸺**schild** n / lubrication instruction plate, lubricant plate || ⸺**spalt** m / clearance filled by oil film || ⸺**stelle** f / lubricating point, grease nipple || ⸺**stoff** m / lubricant n || ⸺**stoffverbesserer** m / lubricant improver || ⸺**takt** m / lubrication cycle || ⸺**tasche** f / oil distribution groove, lubricating recess
Schmierung f / lubrication n || ⸺ **durch Ölberieselung** / flood lubrication, cascade lubrication
Schmier·vorrichtung f / lubricator n || ⸺**vorschrift** f / lubricating instructions || ⸺**wirkdauer** f / grease service life, relubrication interval || ⸺**wort** n / scratch word || ⸺**zelle** f / scratchpad cell
Schmirgelleinen n / emery cloth
Schmitt-Trigger m / Schmitt trigger, threshold detector || ⸺ **mit binärem Ausgangssignal** / threshold detector IEC 117-15, Schmitt trigger
Schmor·perle f / bead of molten metal || ⸺**stelle** f / local fusion caused by clamps (fusion at the surface of the welded workpiece in the area of current contact points)
Schmuck·balken m / decorative border || ⸺**bild** n / decorative image
Schmutz m / dirt n || ⸺**ablagerung** f / dirt deposit, sedimentation n, fouling n || ⸺**abscheidung** f / dirt separation || ⸺**anhaftungsbeständigkeit** f / dirt collection resistance || ⸺**fänger** m / dirt trap, strainer n, filter n || ⸺**fängernetz** n / strainer n, debris collecting net || ⸺**filter** n / filter n || ⸺**schicht** f / dirt deposit || ⸺**zeichen** n / interference character
Schnabel m (am Schnabelwagen) / cantilever n (section), gooseneck n || ⸺**klemme** f / cantilever terminal || ⸺**wagen** m / Schnabel (rail car), cantilever-type two-bogie car
Schnapp·befestigung f / snap-on fixing, clip-on mounting, snap-on fitting, snap-on feature, snap-on mounting || ⸺**bolzen** m / stop pin, snap bolt || ⸺**-Drehriegel** m / spring-loaded espagnolette (lock)
Schnäpper m / snap lock
Schnapp·feder f / catch spring || ⸺**führung** f / snap-on guidance || ⸺**gerät** n / snap-on device, snap-fit device, clip-on device || ⸺**haken** m / snap hook || ⸺**klemme** f / snap-on terminal || ⸺**kontakt** m / snap-action contact (element) IEC 337-1, quick-make quick-break contact || ⸺**niet** m / snap-on rivet || ⸺**platte** f / snap-on plate || ⸺**schalter** m DIN 42111 / sensitive switch IEC 163, sensitive microswitch, quick-make-quick-break switch, snap-action switch || ⸺**-Schaltkontakt** m / snap-action electrical contact || ⸺**schieber** m / latching slide || ⸺**schiene** f / snap-on rail, clip-on rail || ⸺**schildträger** m / snap-on label holder || ⸺**schloss** n / catch lock, snap lock, spring lock || ⸺**schuss** m / snapshot n || ⸺**stift** m / snap pin n || ⸺**stößel** m / snap plunger || ⸺**taster** m / sensitive switch IEC 163, sensitive micro-switch, quick-make-quick-break switch || ⸺**-Tragschiene** f / snap-on rail, clip-on rail || ⸺**verbindung** f / snap connector || ⸺**verriegelung** f / snap-in locking || ⸺**verschluss** m / catch lock, snap lock, spring lock
Schnecke f / worm n, screw n
Schnecken·antrieb m / worm drive, worm gear || ⸺**feder** f / spiral spring || ⸺**fräsmaschine** f / worm milling machine || ⸺**getriebe** n / worm gear, worm drive, worm gearbox || ⸺**getriebe** n (SG) / worm gearing, worm gear, helical gear || ⸺**getriebemotor** m / worm gearmotor || ⸺**pumpe** f / screw pump || ⸺**rad** n / worm wheel, screw gear, gearwheel || ⸺**radgetriebe** n / worm gear, screw gearing, worm drive, wormgear || ⸺**schleifmaschine** f / worm grinding machine || ⸺**trieb** m / worm drive || ⸺**welle** f / worm shaft || ⸺**zahnstange** f / worm rack
Schneid·anlage f / cutting installation || ⸺**barkeit** f / cutting capability || ⸺**breite** f / cutting width || ⸺**brenner** m / flame cutter, cutting torch, oxygen cutter || ⸺**brenner** m (CLDATA-Wort) / pierce ISO 3592
Schneide f / cutting edge, tool nose, cut.edge, cutting plane, CuttgEdge, tool edge, cutter || ⸺ f (Dichtung) / lip n, edge n || ⸺ f / (tool) edge || ⸺ **1/2** / tool edge 1/2 || ⸺**anlage** f / cutting line
Schneid·einheit f / cutting unit || ⸺**eisen** n (Stanzwerkzeug) / cutting die || ⸺**eisenhalter** m / die stock
Schneidelement n / cutting element
Schneidemaschine f / cutting machine
schneiden v / cut v, slice v || ~ v (kreuzen) / intersect v || ⸺ n / wafer slicing n, unbind n, cutting n || ⸺ **mit Standard-Wate** / standard bevelled cutting edges || ⸺ **von zylindrischen und kegeligen Gewinden** / cutting cylindrical and tapered threads
Schneiden·abrundung f / chamfered tool nose || ⸺**ansatz** m / built-up edge (BUE) || ⸺**anwahl** f / cutting edge selection || ⸺**daten** plt / cutting edge data || ⸺**dialogdaten** plt / cutting edge dialog data || ⸺**ebene** f DIN 6581 / cutting edge plane || ⸺**ecke** f DIN 6581 / cutting edge corner || ⸺**ecke** f (die Ecke, die durch die Schnittstelle einer Hauptschneide und der Querschneide gebildet wird) / outer corner || ⸺**ecke** f (WZM) / tool nose || ⸺**einstellgerät** n / tool setting station || ⸺**einstellgerät** n (SEG) / tool setting station (TSS) || ⸺**gelenk** n / knife-edge pivot || ⸺**geometrie** f / cutting edge geometry, tool geometry || ⸺**korrektur** f / TNR compensation || ⸺**lage** f / cutting edge position, cutter location, tool point direction || ⸺**lagerrelais** n / knife-edge relay || ⸺**lagerung** f / knife-edge bearing || ⸺**linie** f / knife edge line || ⸺**mittelpunkt** m / tool nose centre, cutting edge centre || ⸺**parameter** m / cutting edge parameter
Schneidenradius m / tool nose radius, cutter radius || ⸺**bahnkorrektur** f / cutter radius compensation, tool tip radius compensation, tool nose radius compensation (TNRC), TNR compensation || ⸺**kompensation** f (SRK) / cutter radius compensation, tool tip radius compensation, tool nose radius compensation (TNRC), TNR compensation || ⸺**kompensation** f (NC) / cutter radius compensation (miller), tool nose radius compensation (lathe) || ⸺**korrektur** f (SRK) / cutter radius compensation, tool nose radius compensation (TNRC), tool tip radius compensation, TNR compensation || ⸺**mittelpunkt**

m / cutter radius center, cutting edge center, tool nose center ‖ ⌁**mittelpunktsbahn** *f* / tool nose radius center path

Schneiden·speicher *m* / cutting edge memory ‖ ⌁**typ** *m* / cutting edge type ‖ ⌁**überwachung** *f* / cutting edge monitoring ‖ ⌁**wechsel** *m* / cutting edge change ‖ ⌁**winkel** *m* DIN 6581 / side cutting edge angle, facet angle, edge angle *n* ‖ ⌁**winkel** *m* (WZM) / cutting edge angle, cutting tool angle

Schneide-·Öl *n* / cutting oil ‖ ⌁**system** *n* / cutting system ‖ ⌁**werkzeug** *n* / cutting tool

Schneid·flüssigkeit *f* / cutting fluid ‖ **~flüssigkeitsdichter Drucktaster** VDE 0660,T. 201 / cutting-fluid-tight pushbutton ‖ ⌁**genauigkeit** *f* / cutting accuracy ‖ ⌁**kante** *f* / tool cutting edge, tool edge, cutting edge ‖ ⌁**keil** *m* / wedge ‖ ⌁**klemmanschluss** *m* / insulation piercing connecting device, i.p.c.d. ‖ ⌁**klemme** *f* / insulation piercing connecting device (i.p.c.d.) ‖ ⌁**-Klemmentechnik** *f* / insulation displacement terminal ‖ ⌁**-Klemmentechnik-Durchgangsklemme** *f* / insulation displacement through-type terminal ‖ ⌁**klemmsteckverbinder** *m* / insulation displacement connector, i.d.c. ‖ ⌁**-Klemm-Steckverbinder** *m* / insulation displacement connector (i.d.c.) ‖ ⌁**klemmtechnik** *f* / insulation displacement ‖ ⌁**-/Klemmtechnik** *f* / insulation displacement ‖ ⌁**klemmverbinder** *m* / insulation displacement connector ‖ ⌁**klinge** *f* / knife blade ‖ ⌁**kopf** *m* / cutting head ‖ ⌁**kraft** *f* / cutting force ‖ ⌁**linie** *f* / cutting line ‖ ⌁**maschine** *f* / cutting machine ‖ ⌁**messer** *n* / cutting knife

Schneidöl *n* / cutting oil ‖ **~fest** *adj* / resistant to coolants and lubricants, oil-resisting *adj*

Schneid·plan *m* / cutting plan ‖ ⌁**platte** *f* / plate *n*, cutting tip, slide damper, insert *n*, cutting plate ‖ ⌁**platte** *f* (WZM) / tool tip ‖ ⌁**presse** *f* / cutting press ‖ ⌁**rad** *n* / cutting wheel ‖ ⌁**richtung** *f* (die Schnittbewegung der Schneide im Verhältnis zum Werkstück) / rotation of cutting ‖ ⌁**ring** *m* / cutting ring ‖ ⌁**ringverschraubung** *f* / cutting ring fittings ‖ ⌁**roboter** *m* / cutting robot ‖ ⌁**schraube** *f* / self-tapping screw ‖ ⌁**stanze** *f* / cutting die ‖ ⌁**stoff** *m* / cutter material, tool-grade material, cutting tool grade material ‖ ⌁**stufe** *f* / cutting stage ‖ ⌁**tisch** *m* / cutting table ‖ ⌁**- und Abisolierzangen** / pliers for cutting and stripping ‖ ⌁**- und Greifzangen** / pliers for cutting and manipulating ‖ ⌁**werk** *n* / cutting unit ‖ ⌁**werkstoff** *m* / cutter material, tool-grade material, tool grade material, cutting tool grade material ‖ ⌁**werkzeug** *n* / cutting tool ‖ ⌁**werkzeug für Kunststofffasern** / cutting tool for plastic fibres ‖ ⌁**werkzeugschleifmaschine** *f* / cutting tool grinding machine ‖ ⌁**winkel** *m* / cutting angle ‖ ⌁**zangen** *f* / cutting nippers ‖ ⌁**zentrum** *n* / cutting center ‖ ⌁**zylinder** *m* / cutting cylinder

schnell *adj* / high speed ‖ **~ ansprechender Spannungsregler** / high-response-rate voltage regulator ‖ **~ fließende Elektrode** / fast consuming electrode, fast running electrode ‖ **~ laufende Getriebeseite** / high-rev end of the transmission ‖ ⌁**abheben** / rapid lift, fast retraction ‖ ⌁**abheben von der Kontur** / fast retraction from the contour ‖ ⌁**abrollbahn** *f* / high-speed exit taxiway

Schnellabschaltung *f* / quick breaking, instantaneous tripping, emergency trip(ping), rapid shutdown ‖ ⌁ *f* (Mot.) / quick stopping, overspeed tripping ‖ ⌁ *f* (Turbine) / turbine trip

Schnell·abwurf *m* / rapid load shedding, fast throw-off ‖ ⌁**angebot** *n* / quick offer ‖ ⌁**anlauf** *m* / fast start, quick start, rapid start ‖ ⌁**anschluss** *m* (Klemme) / quick-connect terminal, quick connector ‖ ⌁**ansicht** *f* / quick view ‖ ⌁**antrieb** *m* / high-speed drive ‖ ⌁**arbeitsstahl** *m* / HSS (high-speed steel) ‖ ⌁**arretierungstechnik** *f* / quick-locking technology

Schnell-Aus-Knopf *m* / emergency-stop button

Schnell·auslöser *m* / instantaneous release IEC 157-1 ‖ ⌁**auslöser nv** *m* / instantaneous overcurrent release nv ‖ ⌁**auslöserelais** *n* / instantaneous tripping relay ‖ ⌁**auslösung** *f* / instantaneous tripping ‖ ⌁**ausschalter** *m* / quick-break switch ‖ ⌁**ausschaltung** *f* / quick-break *n* (operation), snap-action opening ‖ ⌁**ausschaltung** *f* (Fehlerabschaltung) / high-speed fault clearing ‖ ⌁**befehl** *m* / priority command

Schnellbefestigung *f* / quick fastening, clip-on mounting, snap-on fixing, rail mounting, quick mounting

Schnellbefestigungs·-Blech *n* / quick-fitting retaining plate ‖ ⌁**platte** *f* / quick fitting retaining plate, rapid mounting-plate, quick mounting plate, quick-fitting retaining plate, quick retaining plate

Schnell·bereitschaftsanlage *f* / quick-starting standby generating set ‖ ⌁**blinklicht** *n* / quick flashing light, fast flashing

schnellbremsen *v* / decelerate rapidly

Schnellbremsung *f* / emergency braking, quick stopping, rapid deceleration

Schnelldienst *m* / speed service ‖ ⌁**zuschlag** *m* / express courier surcharge, express service surcharge, courier service surcharge

Schnell·distanzrelais *n* / high-speed distance relay ‖ ⌁**drehstahl** *m* / high-speed steel (HSS) ‖ ⌁**drucker** *m* / high-speed printer (HSP)

Schnelle *f* / velocity *n*

schnelle CNC-Ein-/Ausgänge / high-speed CNC inputs/outputs ‖ **~ Hilfsfunktion** / high-speed auxiliary function ‖ **~ M-Funktion** (Funktion zum Lesen von schnellen NC-Eingängen und zum Ansteuern von schnellen NC-Ausgängen) / rapid M function ‖ **~ Nullung** / fast TN scheme ‖ **~ Spannungskorrektur** / reactive remedial action ‖ **~ Speicher-Schreibgeschwindigkeit** / fast stored writing speed ‖ **~ Strecke** (Regelstrecke) / fast-response (controlled system) ‖ **~ Strombegrenzung** / Fast Current Limitation (FCL) ‖ **~ transiente Störgröße** IEC 50(161) / burst *n* ‖ **~ Überlastkorrektur** / active-power remedial action ‖ **~ Übersicht** / quick overview ‖ **~ Welle** (elektromagnetische Welle, die sich in der Nähe von Grenzflächen eines homogenen Dielektrikums mit einer größeren Phasengeschwindigkeit ausbreitet) / fast wave

Schnelle, Trieb ins ⌁ / speed-increasing transmission, step-up gearing ‖ **Übersetzung ins** ⌁ / gearing up

Schnell·einschaltung *f* / quick make (operation), high-speed closing, snap-action closing, high speed closing feature, high-speed closing feature ‖ **Steckverbinder mit** ⌁**entkupplung** / quick

schneller

disconnect connector || ⁓**entladewiderstand** *m* / quick-discharge resistor || ⁓**entregung** *f* / high-speed de-excitation, high-speed field suppression, field forcing
schneller Eingang (verfügt gegenüber einem Standardeingang über eine kürzere Einschaltverzögerung) / rapid input || ~ **NC-Ausgang** / rapid NC output || ~ **PLC-Kanal** / high-speed PLC channel || ~ **Pufferspeicher** / cache *n* || ~ **Schutz** / high-speed protection (system) || ~ **Schwund** (Schwund, dessen Schwundrate durch eine verhältnismäßig kurze Periodendauer gekennzeichnet ist) / fast fading || ~ **Übertrag** / high-speed carry, ripple-through carry || ~ **Zähler** / high-speed counter
Schnell·erder *m* / fault initiating switch, make-proof earthing switch, high-speed grounding switch, short-circuiter *n*, short-circuiting device || ⁓**erregung** *f* / fast-response excitation, high-speed excitation, field forcing
schnelles Ansprechen / fast response, high-speed response, fast operation || ~ **Blinklicht** / quick flashing light, fast flashing || ~ **Messen** / high-speed measurement || ~ **Relais** / high-speed relay, fast relay
Schnellfahrt *f* / fast speed
Schnellgang *m* / rapid speed || ⁓ *m* / high-speed step || ⁓ *m* / rapid traverse || ⁓**taste** *f* (Bedienungstastatur) / high-speed key || ⁓**zone** *f* / fast step zone
Schnellhalt *m* / rapid stop, fast stop (for ramp function generator), emergency stop || ⁓ *m* / quick stop, fast positioning || ⁓ *m* (NC-Wegbedingung) DIN 66025,T.2 / positioning fast (NC preparatory function) ISO 1056 || ⁓ *m* / quick stopping
Schnellhilfe *f* / easy help
Schnelligkeit *f* (Reg.) / velocity *n*
Schnell·inbetriebnahme *f* / quick commissioning || ⁓**inbetriebnahme beenden** / end quick commissioning || ⁓**inbetriebnahme starten** / start quick commissioning || ⁓**inbetriebsetzung** *f* / quick start-up || ⁓**kühlung** *f* / accelerated cooling || ⁓**kupplung** *f* / quick coupling || ⁓**ladeeinrichtung** *f* / high-speed recharge facility || ⁓**ladestufe** *f* / boost level || ⁓**ladung** *f* / boost charge, quick charge, high-rate charging || ⁓**-Lastabwurf** *m* / rapid load shedding, fast throw-off || ⁓**Lastumschalter** *m* / high-speed diverter switch, spring-operated diverter switch || **Widerstands-⁓lastumschalter** *m* / high-speed resistor diverter switch
schnelllaufend *adj* / high-speed *adj*
Schnellläufer *m* / high-speed machine || ⁓**motor** *m* / high-speed motor || ⁓**presse** *f* / high-speed press
Schnell·laufspindel *f* / high-speed spindle || **~lebig** *adj* / volatile *adj* || ⁓**meldung** *f* / priority state information
Schnellmontage·-Bausatz *m* (SMB) / rapid mounting kit (RMK), quick-assembly kit || ⁓**-Endhalter** *m* / quick-fit end retainer || ⁓**-Schienenleuchte** *f* / snap-on track-mounting luminaire || ⁓**-Schienensystem** *n* / snap-on track system, clip-on mounting-channel system || ⁓**stecker** *m* / snap-on plug || ⁓**system** *n* / quick-assembly system
Schnellparametrierung *f* / quick parameterization
Schnell·regler *m* / quick-acting regulator, fast-response regulator, fast regulator || ⁓**reinigungsausführung** *f* / quick-cleaning model || ⁓**reparatur** *f* / fast repair, emergency repair || ⁓**rückhub** *m* / rapid return travel || ⁓**rückmeldung** *f* / priority return information || ⁓**rückzug** *m* / rapid retraction || ⁓**schalteinrichtung** *f* / quick-motion mechanism, spring-operated mechanism
schnellschaltend *adj* / fast-switching || **~er Leistungsschalter** / high-speed circuit-breaker
Schnellschalter *m* / high-speed circuit-breaker
Schnellschalt·-Gleichrichter *m* / fast-switching rectifier || ⁓**glied** *n* / instantaneous element || ⁓**schütz** *n* / high-speed contactor || ⁓**ventil** *n* / fast-switching valve
Schnellschluss *m* (Turbine) / emergency trip(ping) || ⁓**auslösung** *f* (Turbine) / turbine trip || ⁓**bremse** *f* / quick-acting brake || ⁓**deckel** *m* / quick-release cover || ⁓**einrichtung** *f* (Turbine) / turbine trip gear || ⁓**ventil** *n* / quick-acting gate valve, quick-action stop valve || ⁓**verstellung** *f* / quick locking motion
Schnellschrauber-Vorsatz *m* / rapid screwdriver element
schnellschreibendes Messgerät / high-speed recording instrument
Schnellschütz *n* / high-speed contactor
Schnellspann·einrichtung *f* / quick-change clamping device, quick-action chuck, quick-release chuck || ⁓**futter** *n* / quick-action chuck || ⁓**hebel** *m* / quick-release lever || ⁓**klau** *m* / quick-release clamp || ⁓**mutter** *f* / quick-fit retaining nut || ⁓**system** *n* / mold fixing system || ⁓**spannverbinder** *m* / fast-action connector
Schnell·stopp *m* / fast stop (for ramp function generator), emergency stop || ⁓**spulwickler** *m* / high-speed coil winder || ⁓**start** *m* / fast start, quick start, rapidstart || ⁓**start** *m* (Zeitrel.) / rapid start, instantaneous start || ⁓**starter** *m* / rapid starter || ⁓**startschaltung** *f* / rapid-start circuit, instant-start circuit || ⁓**start-Vorschaltgerät** *n* / rapid start ballast || ⁓**stopp** *m* / rapid stop || ⁓**stoppfunktion** *f* / quick-stop function || ⁓**stoppmerker** *m* / quick stop flag || ⁓**stoppsignal** *n* / quick stop signal || ⁓**stopptaster** *m* / quick stop pushbutton || ⁓**straße** *f* / motor highway, express road, freeway *n*, motorway *n* || ⁓**stufe** *f* (Relaiselement) / instantaneous trip (or release) || ⁓**stufe** *f* (Schutz, Zone) / instantaneous zone || ⁓**stufung** *f* / fast tap change || ⁓**synchronisierung** *f* / high-speed synchronizing
Schnell·trennkupplung *f* / quick-release clutch || ⁓**umschaltgerät** *n* / high-speed transfer unit || ⁓**umschaltung** *f* / rapid transfer || ⁓**umschaltung** *f* (Lastumschaltung) / rapid (load transfer) || ⁓**verbinder** *m* / quick-disconnect connector || ⁓**verbindung** *f* / quick connection || ⁓**verdrahtung** *f* / quick wiring, prefabricated-wiring system || ⁓**verkehr** *m* / fast traffic || ⁓**verkehrsstraße** *f* / express road, expressway *n* || ⁓**verriegelung** *f* / quick lock || ⁓**verschluss** *m* / quick-release lock, quick-acting lock || ⁓**verschlüsse** *m* / quick-acting locks || ⁓**verschlusstechnik** *f* / quick-acting locking technique || ⁓**vorschub** *m* / rapid feed || ⁓**wechsel** *m* / quick change || ⁓**wechselfutter** *n* / quick-change chuck || ⁓**wechselplatte** *f* / quick change plate || ⁓**wechselsystem** *n* / quick change system || ⁓**wertzähler** *m* / frequency trigger ||

~wiedereinschaltung f / high-speed reclosing, rapid reclosure
Schnellzeit f (Schnellstufe) / instantaneous zone, high-speed zone || **Abschaltung in** ~ (Distanzschutzrelais) / undelayed tripping, instantaneous tripping, first-zone tripping || ~**bereich** m / instantaneous zone, high-speed zone || ~**stufe** f / instantaneous trip || ~**stufe** f (Zone) / instantaneous zone
Schnell·zone f (Schutz) / instantaneous zone || ~**zugriff** m / quick access
Schnitt m / cut n, profile n || ~ m (Kreuzung) / intersection n || ~ m (Querschnitt) / section n || ~ m (Stanzwerkz.) / punch and die set || ~ **A-B** / cross-section A-B, cut A-B || **45°**-~ (Kernbleche) / 45° corner cut, 45° mitre
Schnitt·ansicht f / sectional view || ~**aufteilung** f / cut segmentation, cut sectionalization || ~**bahn** f / cutting path || ~**bandkern** m / cut strip-wound core || ~**baustein** m / sequence word || ~**bedingung** f / cutting condition || ~**bereich** m / cutting area || ~**bewegung** f / cutting movement || ~**bild** n / sectional view, cutaway view || ~**breite** f / width of cut, cutting width, kerf width, kerf n || ~**darstellung** f / sectional view || ~**daten** plt / cutting data || ~**datenermittlung** f / automatic determination of cutting data || ~**diagramm** n / cutaway diagram || ~**druck** m / shearing pressure
Schnitt·ebene f / cutting plane, sectional plane || ~**ebenen verschieben** / shift cutting planes || ~**element** n / intersected entity || ~**fläche** f / cutting plane || ~**fläche** f DIN 6580 / cut surface || ~**fläche** f (Zeichnung) / sectioned area || ~**fuge** f / kerf n || ~**fugenbreite** f DIN 2310,T.1 / kerf width || ~**fugenkompensation** f / kerf compensation || ~**genauigkeit** f / cutting precision || ~**generierung** f / cut generation || ~**geometrie** f / digging geometry
Schnittgeschwindigkeit f (NC-Wegbedingung) DIN 66025,T.2 / constant cutting speed (NC preparatory function) ISO 1056, constant surface speed ISO 1056 || ~ f / cutting velocity || ~ f (WZM) / cutting speed, surface speed, cutting rate || **konstante** ~ / constant cutting rate
Schnitt·größe f DIN 6580 / cutting variable || ~**holzmaschine** f / lumbering machine || ~**holzverarbeitung** f / sawn timber processing || ~**kante** f / cutting edge || ~**kompensation** f / cut compensation || ~**kraft** f / cutting force || ~**länge** f / cutting length || ~**linie** f / line of intersection, intersection line || ~**linienabweichung** f / deviation from shearing line || ~**menge** f DIN IEC 50, T.131 / cut-set n || ~**modell** n / cross-section || ~**muster** n / cutting pattern || ~**parameter** m / cutting parameter || ~**presse** f / cutting press
Schnittpunkt m / point of intersection, intersection n || ~**bahnkorrektur** f / path correction, path override || ~**berechnung** f / calculation of intersection || ~**-Fräserradius-Bahnkorrektur** f / intersection cutter radius compensation || ~**strom** m / transfer current
Schnitt·qualität f / cutting quality || ~**register** n / cut-off register || ~**richtung** f / cutting direction, direction of cut || ~**schlag** m / cutting impact
Schnittstelle f (SST) / interface n || ~ f / terminal point IEC 50(715) || ~ f (Port) EN 61131-1 / port n IEC 1131.4 || ~ **(SS)** f / interface n || ~ **des Basisanschlusses** (DIN V 44302-2) / basic rate interface || ~ **für Absolutgeber** / interface for absolute value encoder (ENDAT) || ~ **gesperrt** (die Schnittstelle zwischen zwei Stationen kann gesperrt werden, so dass die Leiterplatten im Ausgabeband liegen bleiben und nicht in die nachfolgende Station transportiert werden) / Disabled interface || ~ **rücksetzen** / interface clear (ing) || ~ **zu Mensch u. Maschine** / operator interface || ~ **zur Anschlusseinheit** / connecting cable, attachment unit interface || **20 mA**-~ f / 20 mA interface || **mehrpunktfähige** ~ / interface with multi-point capability, multi-point interface (MPI) || **serielle** ~ / serial port, serial interface
Schnittstellen $f pl$ / interfaces $n pl$ || ~**abdeckung** f / interface cover || ~**abgleich** m / interface update || ~**stellenadapter** m / interface adapter || ~**baugruppe** f / interface module || ~**baugruppe** f (Leiterplatte) / interface board || ~**baustein** m / interface microprocessor, microcontroller || ~**baustein** m (Chip) / interface chip || ~**bedienung** f / interface operation || ~**belegung** f / interface assignments, interface allocation || ~**belegung der Busplatine** / pin assignment(s) of wiring backplane || ~**belegungszeit** f / interface runtime, interface operating time || ~**beschreibung** f / interface description (IFD) || ~**bus** m / interface bus (IB) || ~**center Fürth** / ComDec Interface Center
Schnittstellen·daten plt / interface data || ~-**Datenbaustein** m / interface data block || ~**deklarationsliste** f / interface declaration list || **Kommunikations**-~**dienst** m / communication interface service || ~**einstellung** f / interface setting || ~-**Fbg.** (Schnittstellen-Flachbaugruppe) / interface PCB || ~-**Flachbaugruppe** f (Schnittstellen-Fbg.) / interface PCB || ~**funktion rücksetzen** DIN IEC 625 / interface clear (IFC) || ~**handler** m / interface handler || **serielles** ~-**Interface** (SSI) / serial interface, serial synchronous interface (SSI) || ~**kabel** n / interface link cable, interface cable || ~**karte** f / conditioner card || ~**konzept** n / interface concept (IFC) || ~**kopplung** f / interface coupling
Schnittstellen·leitung f DIN 44302 / interchange circuit, interface cable || ~**merker** m / interface flag || ~**modul** n / interface module (IM), interface submodule || ~**modul-Schacht** m / interface module receptacle || ~**nachricht** f / interface message || ~-**Norm** f (Norm, welche den Anforderungen an die Kompatibilität von Produkten an deren Schnittstellen festlegt) / interface standard || ~**operation** f / interface operation || ~**parameter** m / interface parameter || ~**pegel** m / interface level || ~**protokoll** n / interface protocol || ~**satz** m / interface set || ~**signal** n / interface signal || ~-**Signalleitung** f / interface signal line || ~**software** f / interface software || ~**standard** m / interface standard || ~**stecker** m / interface plug || ~-**Steuerbus** m / interface management bus || ~**system** n DIN IEC 625 / interface system || ~**tester** m / interface tester || ~**treiber** m / interface driver || ~**umschalter** m / interface switchover || ~-**Umsetzer** m / interface converter || ~**umsetzung** f / interface conversion || ~**verbund** m / assembly connector || ~**vervielfacher** m / multi-transceiver n, fan-out module, fan-out unit || ~**verwalter** m /

Schnittteil

interface handler ‖ ⸻**wandler** m / interface converter
Schnittteil n / raw part, blank n, unmachined part ‖ ⸻**anordnung** f / blanking layout
Schnitt·tiefe f / cutting depth, depth of cut ‖ ⸻**tiefenverstellung** f / cutting depth adjustment ‖ ⸻**unterteilung** f / cut segmentation ‖ ⸻**vektor** m / cut vector ‖ ⸻**verlauf** m / cutting sequence, sequence of cutting movements ‖ ⸻**verlust** m / kerf loss ‖ ⸻**vorschub** m / cutting feed, cutting feedrate ‖ ⸻**weg** m / cutting travel, cutting distance ‖ ⸻**werkzeug** n / cutting tool ‖ ⸻**wert** m / cutting value ‖ ⸻**werte** m pl / cutting parameters ‖ ⸻**zeichnung** f / sectional drawing ‖ ⸻**zeit** f / cutting time ‖ ⸻**zeitüberwachung** f / tool time monitoring, tool life monitoring ‖ ⸻**zerlegung** f / cut segmentation, cut sectionalization ‖ ⸻**zustellung** f / infeed n (of cutting tool), machining infeed
Schnur f / string n, cord n ‖ ⸻ f (Anschlusskabel) / cord n, flex n (US) ‖ **talggetränkte** ⸻ / yarn impregnated with tallow ‖ ⸻**bandage** f / cord lashing ‖ ⸻**gerüst** n / batter boards
schnurlos adj (ohne Anschlusskabel) / cordless adj
Schnürnadel f / tying needle, winder's needle
Schnurpendel n (Leuchte) / pendant cord, pendant n
Schnur·schalter m VDE 0630 / flexible cord switch (CEE 24), cord switch ‖ ⸻**strahl** m (Kfz-Einspritzventil) / pencil stream
Schock, elektrischer ⸻ / electric shock ‖ ⸻**ausgleichsgewicht** n / weight for shock compensating ‖ ⸻**beanspruchung** f / shock load ‖ ⸻**dämpfung** f / shock damping
Schocken n DIN IEC 68 / shock test, shock
Schock·festigkeit f / shock resistance, impact resistance, resistance to impacts, resistance to shocks ‖ ⸻**impuls-Messung** f / shock pulse measurement ‖ ⸻**prüfung** f / shock test ‖ ⸻**sicherung** f / shock locking mechanism ‖ ⸻**strom** m (physiologisch gefährlicher Körperstrom) VDE 0168, T.1 / shock current
Schon·buchse f / wearing sleeve, wearing bush ‖ ⸻**gang** m / overdrive n
Schönheitsfehler m / appearance flaw, cosmetic discrepancy
Schönschrift f / letter-quality print ‖ ⸻**drucker** m / letter quality printer
Schonzeit f / hold-off time, hold-off interval
Schopfschere f / cropping shear
Schott·blech n / barrier n (plate), partition n, partition plate, phase barrier, baffle n, cable separator, outside wall of insulation ‖ ⸻**durchführung** f / bulkhead bushing
Schottel Electric Propulsor / SEP
Schottfach n / compartment n
Schottky-Barriere f / Schottky barrier ‖ ⸻**-Diode** f / Schottky barrier diode, Schottky diode ‖ ⸻**-Effekt** m / Schottky effect ‖ ⸻**-Solarzelle** f (Solarzelle mit Halbleiter/Metall-Übergang statt pn-Übergang) / Schottky solar cell ‖ ⸻**-Transistor** m / Schottky clamped transistor ‖ ⸻**-Zelle** f / Schottky cell, MS cell, Schottky barrier cell
Schott·platte f / barrier n, partition n ‖ ⸻**raum** m VDE 0670,T.6 / compartment n IEC 298
Schottung f (Unterteilung in Teilräume) / compartmentalization n, division into compartments IEC 517 ‖ ⸻ f (von Leitern) / separation n ‖ ⸻ f / phase segregation, (busbar) barriers o. partitions ‖ ⸻ f (Trennwand,

Schottplatte) / partition(s) n (pl), barrier(s) n (pl) ‖ ⸻ **zwischen Betriebsmittel** / partitioning between items of equipment ‖ **Phasen~** f / phase segregation, phase-separating partition, phase barrier ‖ **Trenn~** f (von Leitern) VDE 0670, T.6 / segregation n IEC 298
Schottungsblech n / partition n
Schott·verschraubung f / bulkhead gland ‖ ⸻**wand** f / partition plate, partition n, barrier n (plate), baffle n, cable separator, phase barrier, outside wall of insulation
schraffieren v / hatch v
Schraffur f / hatching n, hatched area, crosshatch n ‖ ⸻**muster** n / hatch pattern
schräg adj / conical adj ‖ ~ adj (abfallend) / sloping adj ‖ ~ adj (abgeschrägt) / bevelled adj, tapered adj ‖ ~ adj (schief) / skew adj, canted adj ‖ ~ adj (geneigt) / inclined adj, tilted adj ‖ ~ adj (abgefast) / chamfered adj, bevelled adj
Schräg·achsenkopf m / inclined axis head ‖ ⸻**achsmaschine** f / inclined axis machine ‖ ⸻**aufzug** m / inclined lift, inclined elevator ‖ ⸻**auslass** m / inclined outlet ‖ ⸻**bahn-Entlader** m / inclined track unloader ‖ ⸻**bearbeitung** f / inclined machining ‖ ⸻**belastung** f / angular load, unbalanced load ‖ ⸻**bett** n / inclined bed ‖ ⸻**bettbauweise** f / inclined-bed design ‖ ⸻**bettdrehmaschine** f / inclined-bed turning machine ‖ ⸻**bettfräszentrum** n / inclined-bed milling center ‖ ⸻**bettmaschine** f / inclined-bed machine ‖ ⸻**bohren** n / oblique drilling ‖ ⸻**bürstenhalter** m (Bürsten in Drehrichtung geneigt) / trailing brush holder ‖ ⸻**bürstenhalter** m (Bürsten entgegen der Drehrichtung geneigt) / reaction brush holder
Schräge f / slope n, oblique line ‖ ⸻ f (Fase) / chamfer n, bevel n ‖ ⸻ f (Impulsdach) / tilt (pulse top)
schräge Achse / inclined axis ‖ ⸻ **an einer Körperkante** / chamber n ‖ ~ **Ebene** / inclined plane, oblique plane ‖ ~ **Eintauchbahn** / inclined insertion path ‖ ~ **Gerade** / oblique straight line ‖ ~ **Lauffäche** (Bürste) / bevelled contact surface, bevelled contact face ‖ ~ **Näherung** / oblique exposure ‖ ~ **Nut** / skewed slot ‖ ~ **Verzahnung** / helical toothing ‖ ~ **Welle** / inclined shaft, tilted shaft
Schräg·einbau m / inclined mounting ‖ ⸻**einfall** m / oblique incidence ‖ ~ **einfallendes Licht** / oblique light ‖ ⸻**einstechschleifen** n / oblique plunge-cut grinding ‖ ⸻**einstellung der Spannung** / phase-angle adjustment of voltage
schrägen v (Nuten) / skew v
Schrägen·bearbeitung f / inclined surface machining ‖ ⸻**winkel** m / taper angle
schräger Lichteinfall / oblique light incidence, obliquely incident light
schräges Eintauchen / inclined tool movement
Schräg·fußverlängerung f (Freileitungsmast) / hillside extension, leg extension ‖ **~geschnittenes Kernblech** / mitred core lamination, laminations with a 45° corner cut ‖ **~gestellte Polkante** / skewed pole tip ‖ ⸻**-Grenzfrequenz** f / basic MUF ‖ ⸻**heck** n / liftback n ‖ ⸻**kopf** m / angular head ‖ ⸻**kugellager** n / angular-contact ball bearing ‖ ⸻**lage** f / angle n ‖ ⸻**lagenkompensation** f (Schleifscheibe) / inclined wheel compensation ‖ ⸻**lamelle** f (Leuchte) / inclined louvre blade ‖

⸿**lauf** *m* / skew *n* ‖ ⸿**laufprobe** *f* / inclined-position test ‖ ⸿**lichtbeleuchtung** *f* / oblique lighting ‖ ⸿**lotung** *f* (Bistatische Ionosphärenlotung mit Signalen, die so gesendet werden, dass sie schräg auf die Ionosphärenschichten treffen) / oblique incidence ionospheric sounding

Schräg·rad *m* / helical gear, skew bevel gear ‖ ⸿**raster** *m* (Leuchte) / cut-off louvre, angle louvre ‖ ⸿**regelung** *f* / phase-angle regulation ‖ ⸿**rohrmanometer** *n* / inclined-tube manometer ‖ ⸿**schneider** *m* / oblique cutting nipper ‖ ⸿**schneider mit langen Backen** / oblique cutting nipper with long jaws and front cutting edges ‖ ⸿**schneider mit langen Backen und mit Seitenschneider** / oblique cutting nipper with long jaws and back cutting edges ‖ ⸿**schnitt** *m* / bevel cut ‖ ⸿**schnitt** *m* / oblique section ‖ ⸿**schnitt** *m* (Trafo-Blech, an den Stoßstellen) / mitred cut, 45° cut ‖ ⸿**schrift** *f* / italic type, italics *plt* ‖ ⸿**sitzventil** *n* / slanted seat valve ‖ **~stehend** / inclined *n*

schrägstellen *v* (kippen) / tilt *v* ‖ **~** *v* (neigen) / incline *v*

Schräg·stellprüfung *f* / out of level test, tilt test ‖ ⸿**stirnrad** *n* / helical gear ‖ ⸿**stollen** *m* / inclined tunnel ‖ ⸿**strahler** *m* / angle luminaire ‖ ⸿**strahlung** *f* / asymmetric distribution ‖ ⸿**strich** *m* / slash ‖ ⸿**strichgatter** *n* / diagonal hatching

Schrägung *f* (Nut, Polschuh) / skewing *n* ‖ **Streureaktanz der ⸿** / skew leakage reactance

Schrägungs·faktor *m* / skew factor ‖ ⸿**verlust** *m* (Wickl.) / skew leakage loss ‖ ⸿**winkel** *m* / angle of inclination, bevel *n*, angle of inclined axis ‖ ⸿**winkel** *m* / angle of skew

Schrägverzahnung *f* / helical teeth, skew bevel gearing

Schrägzahn·-Kegelrad *n* / skew bevel gear, spiral bevel gear ‖ ⸿**rad** *n* / helical gear, skew bevel gear ‖ **⸿-Stirnrad** *n* / single-helical gear, helical gear, spiral gear, screw spur gear

Schrägzuführung *f* / inclined feeder

Schräm·leitung *f* / flexible trailing cable, cutter cable, coal-cutter cable ‖ ⸿**station** *f* / cutter chain station

Schrank *m* / switchgear cabinet, switching cabinet, switchgear cubicle, control cabinet, control cubicle ‖ **⸿** *m* (f. Starkstromgeräte) / cubicle *n* ‖ **⸿** *m* (Baustromverteiler) / cabinet *n*, housing *n* ‖ **⸿** *m* (Elektronikgeräte) / cabinet *n* ‖ **⸿ mit Bodenblech** / cubicle with baseplate ‖ **8MF-⸿** *m* / 8MF cabinet ‖ ⸿**abnahme** *f* / cabinet acceptance test ‖ ⸿**anschlusselement** *n* (SAE-Element) / cabinet wiring block, cabinet terminal block ‖ ⸿**aufteilung** *f* / board compartmentalization ‖ ⸿**bauform** *f* VDE 0660, T.500 / cubicle-type assembly IEC 439-1 ‖ ⸿**bauform** *f* (FBV) / cabinet type IEC 439-3 ‖ ⸿**bauteil** *n* / board component ‖ ⸿**beleuchtung** *f* / cabinet lighting ‖ ⸿**breite** *f* / cabinet width ‖ ⸿**dachblech** *n* / control cabinet top cover ‖ ⸿**dokumentation** *f* / cabinet documentation

Schranke *f* (f. Zugangskontrolle) / turnstile *n*, barrier *n* ‖ **Licht~** *f* / photoelectric barrier, light barrier, opto-electronic machineguard, light beam curtain

Schrankeinbau *m* / cabinet mounting ‖ **für ⸿** / (for) cubicle mounting, (for) cabinet mounting ‖ ⸿**ten** *plt* / cabinet built-in components

Schrank·einspeisungseinheit *f* (SES) / cabinet power supply unit ‖ ⸿**einzelteile** *n pl* / individual board components

schränken *v* (Wicklungstäbe) / transpose *v*

Schranken·antrieb *m* / barrier drive ‖ ⸿**steuerung** *f* / barrier control

Schrank·form *f* (FBV) / cabinet type IEC 439-3 ‖ ⸿**gerät** *n* / cabinet unit ‖ ⸿**gerüst** *n* / cubicle frame (work), cabinet frame, skeleton *n* ‖ ⸿**gruppe** *f* / cabinet group ‖ ⸿**heizung** *f* / cabinet heater

schrank·hoch *adj* / board-high ‖ **~hoher Schnellmontagebausatz** *m* / cabinet-high quick-assembly kit

Schrank·-Kleinverteiler *m* / cabinet-type consumer unit, cabinet-type distribution board (o. panelboard) ‖ ⸿**klimatisierung** *f* / cubicle air-conditioning ‖ ⸿**modifikation** *f* / cubicle modification ‖ **⸿-Plattform** *f* / cabinet platform ‖ ⸿**reihe** *f* / cubicle suite, multi-cubicle arrangement, multi-cubicle-type assembly, multi-cabinet type, cubicle row ‖ ⸿**schaltanlage** *f* / cubicle switchgear ‖ ⸿**schalttafel** *f* / multi-cubicle switchboard, cubicle-type switchboard

Schrankstab *m* / transposed bar, Roebel bar, transposed conductor

Schranksystem *n* / cabinet system ‖ **⸿** *n* / modular enclosure system, cubicle system, packaging system

Schränktechnik *f* (el. Anschlüsse) / twist-lock technique

Schrank·temperatur *f* / cabinet temperature ‖ ⸿**tür** *f* / compartment door, cubicle door ‖ **⸿- und Montageplanung** / cabinet and installation tools

Schränkung *f* (Röbelstab) / transposition *n*

Schrank·ventilatorbaugruppe *f* / cabinet (o. cubicle) fan unit ‖ ⸿**verkleidung** *f* / cubicle covers, cabinet covers, cubicle cladding ‖ ⸿**version** *f* / cabinet version ‖ ⸿**verteiler** *m* / cabinet-type distribution board

Schrapperanlage *f* / scraper *n*

Schraub-Abschlusseinsatz *f* / screw-type end insert ‖ **⸿-Abstandsschelle** *f* / screw hanger ‖ ⸿**adapter** *m* (Übergangsstück zum festschrauben) / screw mounting adapter, screw adapter ‖ ⸿**adapter für Baugröße S0** / screw adapter for size S0 ‖ ⸿**anschluss** *m* / screw-type terminal, screw terminal ‖ ⸿**anschluss** *m* / screw contact, screw connection, screw-type contact ‖ ⸿**anschluss und Cage Clamp-Anschluss** / screw-type and Cage Clamp connection ‖ ⸿**anschlussklemme** *f* / screw-type terminal ‖ ⸿**anschlussleiste** *f* / screw-terminal connector ‖ ⸿**anschlusstechnik** *f* / screw-type connection technology, screw-type connection ‖ ⸿**automat** *m* / screw-in miniature circuit-breaker, screw-in m.c.b. ‖ ⸿**automat** *m* / automatic screwdriver ‖ ⸿**befestigung** *f* / screw fixing, bolt-on fixing, screw mounting ‖ ⸿**bewegung** *f* / screw motion ‖ ⸿**bolzen** *m* / threaded bolt ‖ ⸿**buchse** *f* / threaded bush, screwed bush, screw bush ‖ ⸿**deckel** *m* / screw-down cover, screw cap, screwed cap ‖ ⸿**durchführung** *f* / screw-type bushing

Schraube *f* (Durchsteckschraube mit Mutter) / bolt *n*, flight *n* ‖ **⸿** *f* (ohne Mutter) / screw *n* ‖ **⸿ mit Rechtsgewinde** / screw with right-hand thread ‖ **gewindeformende ⸿** / thread-forming tapping

Schraubeinsatz 762

screw || **gewindefurchende** ⸰ / self-tapping screw || **gewindeschneidende** ⸰ / thread-cutting tapping screw
Schraubeinsatz m / screw insert
schrauben v / screw v
Schrauben über Kreuz anziehen / tighten bolts in diagonally opposite sequence || ⸰**abdeckung** f / screw cover || ⸰**anschluss** m / screw-type terminal, screw terminal, screw connection || ⸰**befestigung** f / screw fixing || ⸰**bolzen** m / screw bolt, male screw, stud n, threaded stud, stud bolt || ⸰**buchse** f / screw bush
Schraubendreher m / screw driver, screwdriver n, nut runner || ⸰ **für Schrauben mit Innensechskant** / key with handle for hexagon socket screws || ⸰ **für Schrauben mit Innenvielzahn** / screwdriver for screws with internal serrations || ⸰ **für Schrauben mit Kreuzschlitz** / screwdriver for recessed head screws || ⸰ **für Schrauben mit Schlitz** / screwdriver for slotted head screws || ⸰**einsatz mit Außensechskant für Schrauben mit Innenkeilprofil** / hexagon insert bit for multi-spline screws || ⸰**scheide** f / screw driver separator
Schrauben·druckfeder f / helical compression spring || ⸰**feder** f / helical spring, spiral spring || ~**förmig** adj / helical adj, spiral adj || ⸰**gleichheit** f / screw compatibility || ⸰**klemme** f / screw-type terminal, screw terminal, screw connection || ⸰**kopf** m / bolt head, screw head || ⸰**kopfklemme** f / screw terminal || ⸰**linie** f / helix n, spiral n, helical curve || ⸰**linieninterpolation** f / helical interpolation, spiral interpolation || ⸰**linienkompensation** f / helical compensation || ⸰**lochkreis** m / bolt circle
schraubenlose Befestigung / screwless fixing || ~ **Klemme** / screwless terminal || ~ **Klemme mit Betätigungselement** / screwless terminal with actuating element || ~ **Klemme mit Druckstück** / indirect-pressure screwless terminal, screwless terminal with pressure piece || ~ **Klemme ohne Druckstück** / direct-pressure screwless terminal, screwless terminal without pressure piece
Schrauben·lüfter m / propeller fan || ⸰**mutter** f / nut n || ⸰**rad** n / spiral gear, helical gear, single-helical gear || ⸰**radfräser** m / worm wheel hobbing cutter || ⸰**satz** m / set of screws || ⸰**sicherung** f / screw locking element, lock washer, screw lock washer, screw retainer || ⸰**sicherungslack** m / screw locking varnish, screw retainer finish || ⸰**spindel** f / screw spindle || ⸰**überstand** m / screw protrusion || ⸰**wicklung** f / spiral winding || ⸰**zieher** m / screw driver, screwdriver n, nut runner || ⸰**zieher 1 (SZ1)** m / Screwdriver 1 (SD1) || ⸰**zugfeder** f / helical tension spring
Schrauber m / screw driver, screwdriver n, nut runner, screw-fixing device || ⸰**aufhängung** f / power-wrench hanger || ⸰**start rechts** / screwing start right
Schraub·fassung f (Lampe) / screwed lamp-holder, screwed lamp-socket || ⸰**flansch** m / bolt flange || ⸰**frontstecker** m / front screw connector, screw front connector || ⸰**gerät** n / screwing device, screwdriver || ⸰**gewinde** n / thread n || ⸰**halter** m / screw mounting holder || ⸰**kappe** f / screw cap, screwed cap, screw cap || **Bürstenhalter**-⸰**kappe** f / screw-type brush cap || ⸰-**Kegelrad** n / hypoid

gear || ⸰**kern** m / screw core || ⸰**klemmblock** m / screw-type terminal block || ⸰**klemme** f / screw contact, screw-type contact, screw-type terminal, screw terminal || **steckbare** ⸰**klemme** / plug-in screw terminal || ⸰**klemmenanschluss** m / screw contact, screw-type contact, screw-type terminal, screw-type terminal connection || ⸰**klemmenblock** m / screw-type terminal block || **Anschlussklemme mit** ⸰**klemmung** / screw-clamping terminal || ⸰**kontakt** m / screw contact, screw-type contact, screw-type terminal, screw connection || ⸰**konus** m / screw-type cone || ⸰**kupplung** f / threaded coupling, bolted coupling || ⸰-**Kupplungseinsatz** m / screw-type coupling insert
Schraub·lehre f / micrometer gauge || ⸰**linse** f / screw-in lens, screwed lens, screw lense || ⸰**linse für Leuchtmelder** / lens for indicator light || ~**loser Anschluss** / screwless-type terminal || ⸰**material** n / screws n pl || ⸰**montage** f / screw fastening, screw fixing || ⸰**nippel** m / screwed nipple || ⸰-**Passeinsatz** m / screw-in gaugering || ⸰**pol** m / bolt-on pole || ⸰**ring** m / threaded retaining ring, ring nut, screwed union ring || ⸰**satz** m / set of screws || ⸰**sicherung** f / D-type fuse-link, screw-in fuse-link, screw fuse || ⸰**sockel** m / screw cap, screw base || ⸰**station** f / screwing station || ⸰**steckklemme** f / pluggable screw terminal || ⸰**stelle** f / bolted joint || ⸰**steuerung** f / screwing control || ⸰-**Stirnrad** n / crossed helical gear, spiral gear || ⸰**stock** m / vise n || ⸰**stopfbuchse** f / screwed gland || ⸰**stopfen** m / screw plug || ⸰**stutzen** m / screwed gland || ⸰**technik** f / screw-type connection system, screwing technology || ⸰**thyristor** m / stud-type thyristor, stud-mounting thyristor, stud-casing thyristor || ⸰- **und Schnappverbindung** f / screw and snap connector
Schraubverbindung f / screwed connection, bolted joint, screwed joint, screw connection, screw-type connector, screw-type terminal, screw terminal || **kraftschlüssige** ⸰ / interference fit bolted joint
Schraub·verriegelung f / screw-locking, screw interlocking || ⸰**verschluss** m / screwed lock || ⸰**vorrichtung** f / screw-fixing equipment || ⸰**zwingen** f pl / screw clamps || ⸰**zwingen (Satz)** / screw clamps (set)
Schreib·arm m (Schreiber) / stylus carrier, pen carrier || ⸰**auftrag** m / write job n || ⸰**breite** f (Registrierpapier) / recording width, chart scale length || ⸰**breite** f (Drucker) / print width || ⸰**dichte** f / type density || ⸰**einrichtung** f / recording system || ⸰**elektrode** f / recording electrode || ⸰-**Empfangslocher** m / printing reperforator
schreiben v (DV) / write v || ⸰ n (m. Schreiber) / recording n || **frühes** ⸰ / early write mode
schreibend·er Impulszähler / pulse recorder || ~**er Maximumzähler** / recording maximum-demand meter, meter with maximum-demand recorder || ~**es Messgerät** / recording instrument, recorder n
Schreiber m / recorder n, recording instrument || **druckender** ⸰ / printing recorder || ⸰**holzeit** f / write recovery time || ⸰**streifen** m / papertape n || ⸰**tafel** f / recorder panel, recorder board
Schreib·feder f (Schreiber) / recording pen, pen n || ⸰**fehler** m / write error || ⸰**flüssigkeit** f / recording fluid || ⸰**freigabe** f / write enable (WE) || ⸰**gerät** n / recorder n

schreibgeschützt *adj* / write-protected *adj*
Schreibgeschwindigkeit *f* / printing speed, print speed || ⁀ *f* (Osz.) / writing speed, recording speed
Schreib·geschwindigkeitsverhältnis *n* / ratio of writing speeds || ⁀**impulsbreite** *f* / write pulse width || ⁀**kante** *f* / writing bar || ⁀**karton** *m* / cardboard paper || ⁀**kopf** *m* / write head, writing head || ⁀**kopf** *m* (Plotter) / plotting head || ⁀**kraft** *f* / typist *n*
Schreib-Lese-Speicher *m* / random-access memory (RAM), read-write memory, R/W memory, RAM (random-access memory)
Schreib-/Lesezyklus *m* / write/read cycle, read-modify-write (cycle)
Schreib·locher *m* / printing perforator || ⁀**marke** *f* / cursor *n*, mouse pointer || ⁀**marke** *f* / cursor fine || ⁀**markensteuerung** *f* / cursor control || ⁀**modul** *n* / write module || ⁀**rad** *n* / type-wheel *n*, print-wheel *n*, daisywheel *n* || ⁀**recht** *n* / write access || ⁀**richtung** *f* / character path, text orientation, character attitude || ⁀**richtung** *f* (GKS) / text path || ⁀**schritteinstellung** *f* / pitch control || ⁀**schutz** *m* / write protection, read-only feature || ⁀**sperrezyklus** *m* / non-print cycle
Schreibspur *f* / recorded trace, record *n* || ⁀**abstand** *m* / recordspacing *n*
Schreib·station *f* / keyboard printer terminal || ⁀**stelle** *f* / character position, number position, digit position || ⁀**stellenzahl** *f* / number of character (o. digit) positions
Schreibstift *m* (Schreiber) / stylus *n*, pen *n* || ⁀**anhebung** *f* (Plotter) / pen lift
Schreibstrahl *m* (Flüssigkeitsstrahl) / recording jet, fluid jet || ⁀ *m* / writing beam || ⁀**erzeuger** *m* / writing gun
Schreib·streifen *m* / strip chart || ⁀**strom** *m* / write current || ⁀**strom** *m* (Datenträger) / recording current || ⁀**system** *n* / writing gun
Schreibtischleuchte *f* / desk luminaire, desk fitting
Schreibung *f* / recording *n*
Schreib·verfahren *n* (Datenträger) / recording mode || ⁀**walze** *f* / feed platen, platen *n*
Schreibweise *f* / representation *n* || ⁀ *f* (z.B. Dezimalschreibweise) / notation *n* || ⁀ *f* (NC-Programm, Format) / format *n* || **mit implizitem Dezimalpunkt** / implicit decimal sign format mode || **klammerfreie** ⁀ / parenthesis-free notation || **Parameter~** *f* (Programmierung) / parametric programming, parameter programming
Schreib·wendel *n* / writing helix || ⁀**zeiger** *m* / cursor *n*, cursor fine, read pointer || ⁀**zeiger** *m* (Osz.) / recording beam || ⁀**zeiger** *m* (im Programm) / write pointer || ⁀**zeile** *f* (Fernkopierer) / recording line || ⁀**zeit** *f* (Osz.) / writing time || ⁀**zugriff** *m* / write access || ⁀**zyklus** *m* / write cycle
Schrieb *m* (Ausdruck) / printout *n*, listing *n*, record *n*
Schrift *f* / font *n* || ⁀ **im Bauteil erhaben** / font in constructional part raised || ⁀**art** *f* / font *n*, character font, type style || ⁀**art Formatvorlage** / format template font || ⁀**einlage** *f* / insertable legend plate || ⁀**erkennung** *f* / font recognition, character recognition || ⁀**farbe** *f* / font color || ⁀**feld** *n* (Zeichn.) / title block || ⁀**felddaten** *plt* / title block data || ⁀**felder** *n plt* / labeling fields || ⁀**form** *f* / letter type, character *n* || ⁀**fuß** *m* / title block || ⁀**größe** *f* / type size, font size ||

⁀**grundlinie** *f* / base line || ⁀**höhe** *f* / font size, character size
schriftlich *adj* / written || ⁀ **belegte Maßnahme** / documented action || ⁀ **belegte Überwachung** / documented control || ⁀**e Freigabe** (zur Ausführung v. Arbeiten) / permit to work || ⁀**es Verfahren** / in written reports, in writing
Schrift·linie *f* (GKS) / baseline *n* || ⁀**qualität** *f* (Bildschirmdarstellung) / text precision || ⁀**schnitt** *m* / font style || ⁀**stil** *m* / font style, font *n* || ⁀**verkehr** *n* / correspondence *n* || ⁀**zeichen** *n* / graphic character || ⁀**zug** *m* / lettering || ⁀**zyklen** *pl* / lettering cycles || ⁀**zyklus** *m* / lettering cycle
Schritt *m* (Nuten) / pitch *n*, sequence step, sequencer step || ⁀ *m* DIN 19237, Ablaufschritt u. Schrittmot. / step *n* || ⁀ *m* (SPS-Programm) / step EN 61131-3 || ⁀ *m* (Inkrement, modulare Teilung) / increment *n* || ⁀ *m* DIN 44302 / signal element || ⁀ **ändern** / edit step || ⁀ **auflösen** / dissolve step || ⁀ **löschen** / delete step || ⁀ **suchen** / find step || **resultierender** ⁀ / resultant pitch, total pitch || **Ziffern~** *m* (Skale) / numerical increment || **Ziffern~** *m* (kleinste Zu- oder Abnahme zwischen zwei aufeinanderfolgenden Ausgangswerten) DIN 44472 / representation unit
Schritt·-Adresszähler (SAZ) *m* / step address counter || ⁀**antrieb** *m* / step switching mechanism, stepper drive || ⁀**anzeigestufe** *f* / step display module || ⁀**baugruppe** *f* / sequence module, sequencer *n*, stepping module || ⁀**baustein** *m* (SB) / sequence block (SB) || ⁀**betrieb** *m* / step mode
Schritte/360° / steps per 360°
Schritt·editor *m* / step editor || ⁀**einstellung** *f* / pitch control || ⁀**element** *n* (Signale) / signal element || ⁀**element** *n* (Telegraphie) / unit element || **in mehreren** ⁀**en** / in several steps
Schritte/Umdrehung / steps/revolutions
Schritt·fehler *m* (Teilungsfehler) / pitch error || ⁀**fehler** *m* (Schrittmot.) / stepping error || ⁀**fehler** *m* / signal element error || ⁀**folge** *f* / step sequence || ⁀**fortschaltung** *f* / step sequencing, progression to next step || ⁀**frequenz** *f* / frequency *n* (V/5.002) || ⁀**frequenz** *f* (Schrittmot.) / stepping rate, stepping frequency, slew rate
Schritt-für-Schritt-Verfahren / step-by step method
Schrittgenauigkeit *f* (Schrittmot.) / step integrity
Schrittgeschwindigkeit *f* / frequency *n* (V/5.002) || ⁀ *f* (Schrittmot.) / stepping rate || ⁀ *f* DIN 44302 / modulation rate
Schritt·größe *f* / increment size, incremental dimension || ⁀**höhe** *f* (DA) / step height || ⁀**kette** *f* (Grafikstation) / sequencer *n* || ⁀**kette** *f* / step sequence, drum sequencer, sequencer *n*
Schrittketten·baustein *m* / sequential function block || ⁀**bedienbild** *n* / sequencer operating diagram || ⁀**bediendialog** *m* / sequencer operating dialog || ⁀**merker** *m* / SFB flag (sequential function block flag), sequence flag || ⁀**steuerung** *f* / sequence control
Schritt·länge *f* (Telegraphie) / significant interval || ⁀**länge** *f* (Signalelement) / signal element length || ⁀**laufzeit** *f* / step running time || ⁀**macher** *m* / trendsetter
Schrittmaß *n* / incremental feed, INC (incremental dimension) || ⁀ *n* (Kettenmaß INC) / incremental dimension || ⁀ **fahren** / incremental mode || **sicher**

Schritt

begrenztes ⟂ / safely limited increment ‖ ⟂**geschwindigkeit** *f* / incremental velocity ‖ ⟂**verfahren** *n* / incremental feed mode ‖ ⟂**weite** *f* / increment size
Schritt·merker *m* / step flag ‖ ⟂**mittenwert** *m* (ADU) / midstep value ‖ ⟂**modul** *n* / stepper module
Schrittmotor *m* / stepping motor, stepper motor, stepper *n*, pulse motor ‖ ⟂ *m* (Wechselstrommotor für schrittweise Drehbewegungen, der beim Stern eingesetzt wird) / step motor ‖ ⟂ *m* (SM) / stepper motor (SM) ‖ ⟂ *m* (Schreiber) / impulse-driven motor ‖ **3-Phasen-**⟂ *m* / 3-phase stepper motor ‖ ⟂**antrieb** *m* / stepper motor drive ‖ ⟂**-Schnittstelle** *f* / stepper motor interface ‖ ⟂**steuerung** *f* / stepper motor control
Schritt·optimierungsverfahren *n* / hill-climbing method ‖ ⟂**programm** *n* / step-by-step program ‖ ⟂**puls** *m* (DIN 44302) / clock (pulse) ‖ ⟂**puls** *m* (DIN 44302; DIN V 44302-2; DIN 44300-5) / clock generator
Schritt·regler *m* (S-Regler) / step-action controller, step controller, multi-step controller, switching controller ‖ ⟂**regler** *m* (Schaltregler) / switching controller ‖ ⟂**relais** *n* / stepping relay ‖ ⟂**schaltbefehl** *m* / incremental command ‖ ⟂**schaltbefehl** *m* (FWT) / regulating step command ‖ ⟂**schaltbetrieb** *m* (NC) / incremental jog control ‖ ⟂**schaltbetrieb** *m* (Diffraktometer) / step scan(ning) ‖ ⟂**schalter** *m* / stepping switch, uniselector *n* ‖ ⟂**schalter** *m* (Eingabefeld mit zwei Pfeilsymbolen, die zusätzlich zur direkten Eingabe eine schrittweise Einstellung des Wertes ermöglichen) / stepper button ‖ ⟂**schaltmotor** *m* / pecking motor ‖ ⟂**schaltröhre** *f* / stepping tube, hot-cathode stepping tube ‖ ⟂**schaltung** *f* (Tippbetrieb) / jog control, jogging *n*, inching *n* ‖ ⟂**schaltwerk** *n* / sequence processor, step switching system, drum *n* ‖ ⟂**setzen** *n* DIN 19237 / step setting
Schritt·spannung *f* / step voltage, pace voltage ‖ ⟂**steuern** *n* / step control, step-by-step control ‖ ⟂**steuern rückwärts** / step backwards ‖ ⟂**steuern vorwärts** / step forward, activate step forward ‖ ⟂**steuerung** *f* / step-by-step control, step control ‖ ⟂**stufe** *f* / sequence module, sequencer *n*, stepping module ‖ ⟂**synchronisierung** *f* (Einstellen des Schrittsynchronismus) / element synchronization ‖ ⟂**synchronisierung** *f* / pulse synchronization
Schritt·takt *m* DIN 44302 / signal element timing ‖ ⟂**vektor** *m* (graf. DV) / incremental vector ‖ ⟂**verlust** *m* (Schrittmotor) / loss of step ‖ ⟂**vorschub** *m* / incremental feed
schrittweise *adj* / step by step, successive *adj* ‖ **~ Annäherung** / successive approximation ‖ **~ schalten** / switch step-by-step ‖ **~r Vorschub** / pick feed ‖ **~s Durchschalten** (SPS-Funktionen) / stepping through (the functions) ‖ **~s Verfahren** / step-by-step method
Schritt·weite *f* / increment *n*, step size ‖ ⟂**weite** *f* (DAU) / step width ‖ ⟂**weiten vorgeben** / preset increments ‖ ⟂**wert** *m* (DAU) / step value ‖ ⟂**winkel** *m* (Schrittmot.) / step angle, angular displacement per step ‖ ⟂**winkelteiler** *m* (Schrittmot.) / gear head ‖ ⟂**zähler** *m* / step counter ‖ ⟂**zähler** *m* / signal element counter
Schrot·effekt *m* / shot effect ‖ ⟂**rauschen** *n* (Rauschen, das Tatsache zuzuschreiben ist, dass ein elektrischer Strom durch die Bewegung von einzelnen Ladungen gebildet wird) / shot noise ‖ ⟂**strahlen** *n* / grit blasting
Schrott·kran *m* / scrap yard crane ‖ ⟂**wert** *m* / salvage value
Schrumpf *m* (Sitz) / shrink fit, shrinking dimension ‖ **~bare Aufteilungskappe** / heat-shrinkable udder, heat-shrinkable glove ‖ ⟂**beilage** *f* / shrinkage pad, shrinking shim
schrumpfen *v* / shrink wrapping ‖ **~** *v* (aufschrumpfen) / shrink on *v* ‖ **~** *v* (einschrumpfen) / shrink *v*, wrinkle *v*
schrumpflackiert *adj* / wrinkle-lacquered *adj*
Schrumpfmaß *n* / degree of shrinkage, shrink rule, degree of contraction, shrinkage allowance ‖ ⟂ *n* (in der Form) / mould shrinkage
Schrumpf·passung *f* / shrink fit ‖ ⟂**raster-Verfahren** *n* DIN IEC 151, T.14 / shrinking raster method ‖ ⟂**ring** *m* / shrink ring, shrunk-on ring ‖ ⟂**ringkommutator** *m* / shrink-ring commutator ‖ ⟂**riss** *m* / shrinkage crack, contraction crack, check crack, cooling crack ‖ ⟂**scheibe** *f* / shrink-fitted disc ‖ ⟂**schlauch** *m* / shrinkdown plastic tubing, shrink-on sleeve, heat-shrinkable tube ‖ ⟂**spannung** *f* / shrinkage stress, contraction strain ‖ ⟂**verbindung** *f* / shrink fit, shrink joint, contraction connection ‖ ⟂**versuch** *m* / shrinkage test, volume change test ‖ ⟂**zugabe** *f* / shrinkage allowance
Schruppdrehmaschine *f* / roughing lathe
Schruppen *n* / roughing *n*, rough-cutting *n*, rough-machining *n* ‖ **~** *v* / rough *v*
Schrupp·fräser *m* / roughing cutter ‖ ⟂**platte** *f* / roughing insert ‖ ⟂**meißel** *m* / roughing tool ‖ ⟂**platte** *f* / roughing insert ‖ ⟂**scheibe** *f* (Schleifscheibe mit grobem Korn für hohe Abtragsleistungen) / roughing wheel ‖ ⟂**schnitt** *m* / roughing cut ‖ ⟂**schnittverlauf** *m* / roughing cut path ‖ ⟂**spantiefe** *f* / depth of roughing cut ‖ ⟂**spindel** *f* / roughing spindle ‖ ⟂**stahl** *m* / roughing tool ‖ ⟂**werkzeug** *n* / roughing tool, rough-cutting tool ‖ ⟂**zyklus** *m* / stock removal cycle, rough turning cycle, roughing cycle
Schub *m* (quer) / shear *n*, transverse force, overrun *n* ‖ ⟂ *m* (axial) / thrust *n* ‖ **Vertikal~** *m* / vertical force ‖ ⟂**abschaltung** *f* / overrun fuel cutoff, fuel cutoff on deceleration (o. on overrun), overrun fuel cutout ‖ ⟂**antrieb** *m* / linear actuator, linear-motion actuator, thrustor *n*, linear drive ‖ ⟂**beanspruchung** *f* (quer) / shear stress ‖ ⟂**beanspruchung** *f* (axial) / thrust load ‖ ⟂**bewegung einer Spindel oder eines Kolbens** / stem stroke or piston stroke ‖ ⟂**einer Spindel oder Kolbenstange** / stem stroke or piston stroke ‖ ⟂**feder** *f* / braking spring ‖ ⟂**festigkeit** *f* / shear strength, transverse strength ‖ ⟂**gelenk** *n* / toggle link mechanism, thrust linkage, prismatic joint ‖ ⟂**getriebe** *f* / sliding gear ‖ ⟂**kasten** *m* / drawer *n* ‖ ⟂**kondensator** *m* / booster capacitor, adjustable capacitor
Schubkraft *f* / thrust force ‖ ⟂ *f* (Tangentialkraft) / tangential force ‖ ⟂ *f* (Quer- o. Scherkraft) / shear force, transverse force ‖ ⟂ *f* (axial) / thrust *n* ‖ **magnetische** ⟂ (Tangentialkraft) / magnetic tangential force
Schub·kreis *m* (Schutz) / offset circle characteristic ‖ ⟂**kurbel** *f* / slider crank ‖ ⟂**kurbelgetriebe** *f* /

crank gear || ⸾**lade** f / receptacle n ||
⸾**ladentechnik** f / draw-out assembly ||
⸾**ladeschrank** m / drawer cabinet || ⸾-
Lasttrenner m / in-line switch disconnector || ⸾-
Lasttrennschalter m / in-line switch disconnector
|| ⸾**lehre** f / sliding gauge || ⸾**linie** f / batch line ||
⸾**mittelpunkt** m / shear centre, flexural centre ||
⸾**modul** m / shear modulus, modulus of rigidity ||
⸾**palette** f / skillet n || ⸾**platte** f / batch plate ||
⸾**sitz** m / push fit || ⸾**spannung** f / shear stress,
tangential stress || ⸾**spannungshypothese** f /
maximum shear stress theory || ⸾**stange** f / pump
rod, push rod, push-on rod || ⸾**stück** n / extension
cylinder || ⸾**traktor** m (Drucker) / tractor feed ||
⸾**transformator** m / moving-coil regulator ||
⸾**trenner** m / linear-travel disconnector, in-line
disconnector, linear-action disconnector, sliding-
type disconnector || ⸾**trennschalter** m / linear-
travel disconnector, in-line disconnector, linear-
action disconnector, sliding-type disconnector ||
⸾**vorrichtung** f (zur Verriegelung) / lock-and-
release device || ⸾**wicklung** f / leakage
suppression winding
SCHUKO®-Doppelsteckdose f / SCHUKO double
socket outlet || ⸾-**Steckdose** f / socket outlet with
earthing contact, two-pole-and-earth socket-outlet,
grounding-type receptacle (US), grounding outlet
(US), SCHUKO socket outlet ⸾-**Stecker** m /
earthing pin plug, two-pole and earthing-pin plug,
grounding-type plug, grounding plug
Schüleraustausch m / exchange students
Schul·ferien f / school vacation || ⸾**geld** n / tuition
fees || ⸾**kind** n / school child || ⸾**leiter** m / school
principal || ⸾**programm** n / school program
Schulter f / shoulder n, collar n || ⸾**einstechen** n /
shoulder grooving || ⸾**gelenk** n / shoulder joint ||
⸾**gurt** m / upper torso belt || ⸾**kugellager** n /
separable ball bearing || ⸾**lage** f / shoulder position
|| ⸾**ring** m / thrust collar
schulterschleifen v / shoulder grinding
Schulung f / training n, training course
Schulungs·aufwand m / training expenses ||
⸾**beauftragter** m / person responsible for training
|| ⸾**bedarf** m / training needs || ⸾**formen** f /
standard training ⸾**kosten** plt / training costs ||
⸾**maßnahme** f / training measure || ⸾**maßnahmen**
f / training measures || ⸾**methode** f / training
methods || ⸾**unterlagen** f / training documents
(TRA)
Schuppen·abstand m / stream distance || ⸾**glimmer**
m / mica splittings
Schurre f (an Fördermitteln angebrachte
Leiteinrichtung für Fördergut) / chute n
Schüssel f / dish n
Schusterjunge f (die erste Zeile eines neuen
Absatzes, die allein am Ende einer Spalte oder
Seite steht) / orphan n
Schütt·dichte f / bulk density, apparent density,
loose bulk density || ⸾**drossel** f / scrap-core reactor
Schüttel·festigkeit f / resistance to vibration,
vibration strength, vibration resistance,
vibrostability n, immunity to vibration ||
⸾**prüfung** f / shake test, bump test || ⸾**resonanz** f /
vibration resonance || ⸾**rutsche** f / rocking
conveyor || ⸾- **und Stoßprüfung** / vibration and
shocktest
Schütt·gewicht n / apparent density (the average

weight per unit of volume of a bulk product) ||
⸾**gut** n / bulk goods, bulk n || ⸾**güter** n / bulk
solids || ⸾**güter mit fließenden Eigenschaften** /
fluid-like solids || ⸾**gut-Förderer** m / bulk case
feeder || ⸾**gutkatalysator** m / pellet catalytic
converter || ⸾**gutkran** m / bulk cargo crane ||
⸾**strommesser** m / solid flow meter || ⸾**volumen**
n / apparent volume || ⸾**vorgänge** m pl / addition
of materials || ⸾**waage** f / bulk weigher
Schutz m / protection n || ⸾ **m** (System) / protection
system, protective system, protective relaying
(system)
Schütz n / contactor n, magnetic switch || ⸾ **n**
(mechanisch) VDE 0660,T.102 / contactor n
(mechanical) IEC 158-1
Schutz, entfernungsabhängiger ⸾ / zoned distance
protection || **grundlegender** ⸾ / protection against
shock in normal service || **leiterselektiver** ⸾ IEC 50
(448) / phase-segregated protection, segregated-
phase protection || ⸾ **bei indirektem Berühren**
VDE 0100, T.200 / protection against indirect
contact, protection against shock in the case of
fault || ⸾ **bei indirekter Berührung** / protection
against indirect contact || ⸾ **bei Überflutung** /
protection against conditions on ships' deck || ⸾
beim Eintauchen / protection against the effects
of immersion || ⸾ **beim Untertauchen** / protection
against the effects of continuous submersion || ⸾ **der
Privatsphäre** / privacy protection (the measures
taken to ensure privacy) || ⸾ **des Verbrauchers**
DIN 41745 / protection of load || ⸾ **durch
Abstand** / protection by placing out of reach,
protection by provision of adequate clearances
IEC 439 || ⸾ **durch Anbringen von
Hindernissen** / protection by the provision of
obstacles || ⸾ **durch automatische Abschaltung** /
protection by automatic disconnection of supply ||
⸾ **durch Begrenzung der Entladungsenergie** /
protection by limitation of discharge energy || ⸾
durch Begrenzung der Spannung / protection by
limitation of voltage || ⸾ **durch Begrenzung des
Beharrungsstroms und der Entladungsenergie**
IEC 50(826), Amend. 2 / protective limitation of
steady-state current and charge || ⸾ **durch
selbsttätiges Abschalten der Spannung** /
protection by automatic disconnection of supply ||
⸾ **durch Vorsicherungen** / back-up protection
Schutz, mechanisches ⸾ / mechanical contactor || ⸾
für besondere Anwendungen / contactor for
special applications || ⸾ **für Walzwerkbetrieb** /
mill-duty contactor
**Schutz gegen Annäherung an unter Spannung
stehende Teile** / protection against approach to
live parts || ⸾ **gegen das Eindringen von
Fremdkörpern** / protection against ingress of
solid foreign bodies || ⸾ **gegen direktes Berühren**
VDE 0100, T.200 / protection against direct
contact || ⸾ **gegen direktes Berühren im normalen
Betrieb** / protection against shock in normal
service || ⸾ **gegen elektrischen Schlag** /
protection against electric shock || ⸾ **gegen
elektrischen Schlag bei normaler Tätigkeit**
VDE 0168, T.1 / protection against shock in
normal service || ⸾ **gegen elektrischen Schlag im
Fehlerfalle** VDE 0168, T.1 / protection against
shock in case of a fault IEC 439 || ⸾ **gegen
gefährliche elektrische Schläge** / protection

Schütz

against accidental electric shock || ～ **gegen gefährliche Körperströme** DIN IEC 536 / protection against electric shock || ～ **gegen große Fremdkörper** / protection against solid bodies greater than 50 mm || ～ **gegen innere Fehler** / internal fault protection || ～ **gegen kornförmige Fremdkörper** / protection against solid bodies greater than 1 mm || ～ **gegen mittelgroße Fremdkörper** / protection against solid bodies greater than 12 mm || ～ **gegen schräg fallendes Tropfwasser** / protection against water drops falling up to 15° from the vertical || ～ **gegen senkrecht fallendes Tropfwasser** / protection against dripping-water falling vertically || ～ **gegen Spritzwasser** / protection against splashing water || ～ **gegen Sprühwasser** / protection against spraying water || ～ **gegen Staubablagerung** / protection against dust || ～ **gegen Strahlwasser** / protection against water jets || ～ **gegen Überfahren** (Bearbeitungsmaschine) / travel limitation || ～ **gegen Überspannungsstoß** / surge protection || ～ **gegen unbeabsichtigten Wiederanlauf** (nach Netzausfall) / protection against automatic restart || ～ **gegen zu hohe Berührungsspannung** / protection against electric shock, shock-hazard protection, shock protection || ～ **gegen zu hohe Berührungsspannung im Fehlerfall** / protection against shock in case of a fault IEC 439 || ～ **gegen zu hohe Erwärmung** / protection against undue temperature rise
Schütz mechanisch verklinkt / contactor, mechanically latched || ～ **mit DC-Magnetsystem** / contactor with DC solenoid strip
Schutz mit Drahtverbindung / pilot-wire protection, pilot protection
Schütz mit Druckluftantrieb VDE 0660,T.102 / pneumatic contactor IEC 158-1 || ～ **mit elektrisch betätigtem Druckluftantrieb** VDE 0660,T.102 / electro-pneumatic contactor IEC 158-1 || ～ **mit elektromagnetischem Antrieb** VDE 0660,T.102 / electromagnetic contactor IEC 158-1 || ～ **mit Freiauslösung** / release-free contactor, trip-free contactor
Schutz mit Funkverbindung / radio-link protection || ～ **mit Hilfsader** / pilot-wire protection, pilot protection
Schütz mit Kurzschlussschutz / contactor with integral short-circuit protection || ～ **mit Motorschutz** / contactor with (integral) motor overload protection, contactor with integral short-circuit protection || ～ **mit Relais** / automatic tripping contactor
Schutz mit Trägerfrequenzverbindung / carrier-current protection
Schutz ohne Motorschutz / contactor without motor overload protection
Schutz über Signalverbindungen / communication-aided protection (system), protection through communication link || ～ **vor Stoßstromwellen** / peak current wave protection || ～ **vor Umpolen der Versorgungsspannung** / reverse supply voltage protection
Schütz zum Schalten von Gleichspannung / contactor for DC switching || ～ **zum Schalten von Motoren** / contactor for switching motors
Schutzabdeckung *f* VDE 0660, T.50 / barrier *n* IEC 439, guard cover

Schützabgang *m* (Einheit) / outgoing contactor unit, contactor unit || ～ *m* (Stromkreis) / contactor-controlled feeder, contactor feeder
Schutzabstand *m* VDE 0105, T.1 / safe clearance, clearance to barrier || ～ *m* (f. Arbeiten in der Nähe spannungsführender Teile) / working clearance IEC 50(605) || ～ *m* IEC 50(161) / protection ratio || **Arbeiten mit** ～ / safe-clearance working, hot-stick working (US)
Schutz·adapter *m* / protective adapter || ～**ader** *f* / pilot wire || ～**adern-Überwachung** *f* / pilot-wire supervision || ～**aderüberwachung** *f* / pilot supervision, pilot supervisory module, pilot circuit supervision, pilot-wire supervisory arrangement
Schütz·anbau *m* / for mounting onto contactors || ～**anlasser** *m* / contactor starter, magnetic motor starter
Schutz·anregung *f* / response of protective device || ～**anstrich** *m* / protective coating || ～**anzug** *m* / protective suit || ～**armatur** *f* / insulator protective fitting, protective fitting, protective fittings || **Lichtbogen-**～**armatur** *f* (Schutzring) / guard ring
Schutzart *f* / degree of protection IEC 50(426), type of protection || ～ **des Gehäuses** IEC 50(426) / degree of protection provided by enclosure, enclosure rating || ～ **IP** / protection class IP || ～ **nach DIN** / degree of protection to EN || **höhere** ～ / higher degree of protection
Schützausgang *m* / contactor output
Schutz·auslösung *f* / tripping on faults || ～**ausrüstung** *f* / protective equipment || ～**automat** *m* / miniature circuit-breaker (m.c.b.) || ～**band** *n* (Fequenzband) / guard band || ～**basiert** *adj* / protection-based
schütz·basiert *adj* / contactor-based || ～**baugruppe** *f* / contactor assembly
Schutz·beauftragter *m* / safety officer || ～**befehl** *m* / protection command || ～**bekleidung** *f* / protective clothing
Schutzbereich *m* / zone of protection, protection zone, protected zone, area of protection, clearance to barrier, protection area || ～ *m* / protected range || **3D-**～ *m* / 3D protection zone || ～**sverletzung** *f* / protection zone violation
Schutzbeschaltung *f* / protective circuit, protective network, connection *n*, allocation *n*, configuration *n*, wiring *n* || ～ *f* (TSE-Beschaltung) / suppressor circuit (o. network), RC circuit, suppressor *n*, snubber (circuit)
Schützbeschaltung *f* / contactor suppressor circuit
Schutz·beschichtung *f* / protective coating || ～**betrieb** *m* / protection mode || ～**blech** *n* / guard *n*, shield *n*, protective screen. protective sheet, protective plate || ～**brille** *f* / protective goggles, goggles *plt*, protective glasses, safety goggles || ～**bügel** *m* / protective clip || ～**charakteristik** *f* / protection characteristic || ～**dach** *n* (el. Masch.) / canopy *n* || ～**dach** *n* (FSK) / protective roof(ing) || ～**dach** *n* / protective top cover || ～**daten-Zentralgerät** *n* / protection master unit || ～**datenzentralgerät** (SZG) *n* / protection data control master unit (PDCMU) || ～**deckel** *m* / protective cover || ～**diode** *f* / protective diode || ～**drossel** *f* / Rhumkorff coil || **Erdstrom~drossel** *f* / earthing reactor
Schütze zum Schalten ohmscher Lasten / contactors for switching resistive loads

Schutzeinrichtung f / protective device, barrier n, guard n || ⁓ f (Gerätegruppe) / protection equipment, protective equipment || ⁓ f (kleines Gerät) / protective device || ⁓ f DIN 31001 / safety device || **nicht trennende** ⁓ / non-isolating protective equipment || **trennende** ⁓ / isolating protective equipment

Schutzeinrichtungen des Versorgungsstromkreises f / supply circuit protection || **ortsfeste** ⁓ / fixed-location protective devices

Schütz·einschub m / withdrawable contactor unit || **⁓-Einschubanlage** f / withdrawable contactor assembly

Schutz·elektrode f / protective electrode || **⁓element** n / protector n

schützen v / protect v || **⁓steuerung** f / contactor control system

Schutz·erde f / protective earth (PE), protective ground (US), safety earth, PE (protective earth) || **⁓erdung** f / protective earthing, TT protective system, equipment earth, frame earth, protective grounding

Schutzfaktor m / protection factor || **Schaltüberspannungs-**⁓ m / protection ratio against switching impulses

Schutz·fassung f (Lampe) / protected lampholder || **⁓feld** n / protective field, protective zone || **⁓feldhöhe** f / protective field height || **⁓feldradius** m / protective field radius || **⁓filmverfahren** n / tenting n || **Licht~filter** n / safelight filter || **⁓folie** f / cover foil || **⁓funkenstrecke** f / protective spark gap, protective gap || **⁓funkenstrecker** m / discharger n || **⁓funktion** f / protective function, protection function

Schützfunktion f / contactor function

Schutzgas n / protective gas, inert gas || ⁓ n (Ex-Masch.) / pressurizing gas, pressurizing medium || **⁓atmosphäre** f / inert-gas atmosphere, inert atmosphere n || **⁓kontakt** m (Reed-Kontakt) / reed contact, sealed contact, protective gas contact || **⁓kontaktrelais** n / reed relay || **⁓kontaktschalter** m / dry-reed switch, reed switch || **⁓relais** n / reed relay || **⁓schweißen** n / inert-gas-shielded welding, gas shielded welding, gas-shielded arc welding

Schutz·gebühr f / token fee || **⁓gehäuse** n / protective housing, protective casing, protective case || **⁓geländer** n / guard rail || **⁓gerät** n / protective equipment, protection unit, protective gear || **⁓gerät** n (Schutzeinrichtung oder Teil einer Schutzeinrichtung, das die Gefahr für zu schützende Sachen oder Personen reduziert) / protective device || **⁓geräte** n pl / protective gear, protection equipment || **⁓gitter** n / protective screen, safety screen, guard n, guard fence || **⁓gitter** n (Leuchte) / guard n || **⁓gitterbearbeitung** f / guard processing || **⁓grad** m / degree of protection || **⁓gradanforderung** f / degree of protection requirement || **⁓gradertüchtigung** f / upgrading of degree of protection

Schützgruppe f / contactor group

Schutz·güte f / protective quality, protective and safety quality || **⁓haube** f / protective cover, protective hood, protective shell, cover n || **⁓haube** f (Lüfter) / fan hood || **⁓helm** m / safety helmet || **⁓hochlaufgeber** m / protective ramp-function generator || **⁓höhe** f EN 50017 / protective height

Schutzhülle f / jacket n, protective cover || ⁓ f / extruded oversheath, protective sheath, protective sheathing, plastic oversheath, protective envelope || ⁓ f (Kabel) / oversheath n, outer sheath || ⁓ f (EZ) / protective wrapping || **thermoplastische** ⁓ / protective sheath, protective sheathing, plastic oversheath, extruded oversheath, oversheath n, protective envelope

Schutzhülse f / protective sleeve || ⁓ f (f. Kabel) / fairlead n || ⁓ f / protective wrapper, insulating cell

Schutz·impedanz f DIN IEC 536 / safety impedance, protective impedance || **⁓isolation** f / total insulation, protection by use of Class II equipment

schutzisoliert adj / totally insulated, all-insulated adj, with total insulation || **~es Gerät** / Class II appliance (o. equipment), totally insulated equipment (o. appliance)

Schutz·isolierung f VDE 0100, T.200 / total insulation, protection by use of Class II equipment, protective insulation || **⁓kappe** f / protective cap, protecting cap, covering cap, protective cover || **⁓kegel** m (Blitzschutz) / cone of protection, zone of protection || **⁓kennlinie** f / protective characteristic, selectivity characteristic || **⁓kern** m / protection core, protection winding, CT protection core || **⁓klasse** f / class of protection, class n, safety class, protection class || **Transformator der ⁓klasse I** / class I transformer || **⁓kleidung** f / protective clothing

Schutzkleinspannung f (Schutz sowohl gegen direktes Berühren als auch bei indirektem Berühren gegeben, jedoch nur bis zu einer Spannung von: AC 25 V~ bzw. DC 60 V-) VDE 0100, T.200 / Separated Extra Low Voltage (SELV), protective extra-low voltage (PELV)

Schutz·kleinspannungssystem n / separated extra low-voltage system || **⁓-Kleinverteiler** m (m. Leitungsschutzschaltern) / m.c.b. distribution board

Schützkombination f / contactor combination, contactor group, contactor assembly || ⁓ f (Anlassschütz m. handbetätigtem Hauptschalter) / combination starter || ⁓ **zum Reversieren** / reversing contactor combination || ⁓ **zum Schalten von Motoren** / contactor assemblies for switching motors

Schutz·komponente f / protective component || **⁓kondensator** m / protective (o. protection) capacitor

Schutzkontakt m (Erdungskontakt) / earthing contact, ground contact (US), earth contact || ⁓ m (gekapselter K.) / sealed contact

Schützkontakt m / contactor n, contactor contact

Schutzkontakt, gleitender ⁓ / scraping earth || **⁓buchse** f / earthing contact tube, earthing socket || **⁓bügel** m / earthing-contact bow || **⁓prüfer** m / earthing-contact tester || **⁓-Steckdose** f / socket outlet with earthing contact, two-pole-and-earth socket-outlet, grounding-type receptacle (US), grounding outlet (US), SCHUKO socket outlet with earthing contact || **⁓-Stecker** m / earthing pin plug, two-pole and earthing-pin plug, grounding-type plug, grounding plug || **⁓-Stecker für 2 Schutzkontaktsysteme** / two-pole plug with dual

Schützkontrolle

earthing contacts || ⁓-**Steckverbinder** f / earthing connector, grounding connector || ⁓**stift** m / earthing pin, grounding pin || ⁓**stück** n / earthing contact, ground contact (US), earth contact
Schützkontrolle f / contactor control
Schutz·konzept n / safety concept, protection concept || ⁓**korb** m (Leuchte) / basket guard || ⁓**kragen** m / protective shroud, shroud n, protective collar || ⁓**kreis** m / protective circuit || ⁓**leiste** f / barrier rail
Schutzleiter m VDE 0100, T.200 / protective conductor, equipment ground conductor (US), equipment grounding conductor || ⁓ m (PE) / PE/ ground conductor, PE conductor (protective earth conductor), safety earth conductor, earth continuity conductor, protective earth conductor (PE conductor) || ⁓ m (PE-Bus) / PE bus || ⁓ **PE** / ground PE || **mitgeführter** ⁓ (i. Kabel) / protective conductor incorporated in cable, earth continuity conductor incorporated in cable(s) || ⁓**anschluss** m / protective-conductor terminal, PE/ground terminal, protective conductor connection || ⁓**anschluss** m (Erdungsanschluss) / safety earth terminal, PE terminal, earth terminal, ground terminal || ⁓-**Anschlussklemme** f VDE 0418 / protective earth terminal IEC 1036 || ⁓**klemme** f / protective-conductor terminal, PE terminal, safety earth terminal IEC 65, earth terminal, ground terminal, PE/ground conductor terminal || ⁓-**Sammelschiene** f / protective conductor busbar || ⁓**schiene** f (Schiene) / protective conductor bar, PE bar || ⁓-**Stromkreis** m / protective-conductor circuit, PE circuit, earthing circuit || ⁓**system** n VDE 0113 / protective circuit IEC 204 || ⁓**überwachung** f / protective conductor supervision, earth continuity monitoring
Schutz·leitschiene f / protective conductor bar || ⁓**leitungssystem** n / protective-conductor system, IT system || ⁓**makro** n / protective macro || ⁓**maßnahme** f (Maßnahmen zum Schutz von Mensch und Tier vor Berührungsspannung, die als Folge von Isolationsfehlern in Schaltanlagen auftreten kann) / protective measure, protective arrangement, precaution n, safety measure
Schutzmaßnahmen f pl / protective action, preservation action || ⁓ f pl VDE 0100, T.470 / protective measures for safety IEC 364, protective measures, protective provisions || ⁓ **gegen elektrischen Schlag** / protective measures with regard to electric shock
Schutz·meldeanlage f / protection signalling system || ⁓**meldeliste** f / protection indication list || ⁓**meldung** f / protection signal || ⁓/-**anzeige** f / protection indication/display || ⁓**meldungen**/-**anzeigen** f pl / protection indications/displays || ⁓**merkmal** n / protection characteristic || ⁓**modul** n / protective module || ⁓**muffe** f (Kabelmuffe) / protective sleeve || ⁓**organ** n / protective device, protective element || ⁓**pegel** m / protection level, protective level || **Blitz~pegel** m / lightning protective level || **Schalt~pegel** m / switching protective level || ⁓**planke** f / guardrail n, vehicle safety fence || ⁓**platte** f / protective barrier, protective plate || ⁓**platte** f (f. Monteur) / barrier n
Schütz-Polumschalter m / contactor-type pole changer, pole-changing contactor
Schutz·potenzial n DIN 50900 / protection potential || ⁓**protokoll** n / protection log
Schutzraum m / protection area, protection zone || **kartesischer** ⁓ / cartesian protected zone || ⁓**abgrenzung** f / protection zone delimitation
Schutzrecht-Nutzungs·gebühr f / royalty n || ⁓-**Honorar** n / royalty n
Schutzrelais n / protective relay, protection relay
Schutzring m / spring guard || ⁓ m (Isolator, Lichtbogenschutz) / arcing ring, guard ring || ⁓-**Schottky-Diode** f / guard-ring Schottky diode
Schutzrohr n / conduit n || ⁓ n (f. Kabel) / cable conduit, conduit n || ⁓ n (Thermometer) / protective tube, protecting sheath, sheath n, protecting well || ⁓**kontakt** m / sealed contact || ⁓**kontaktrelais** n / sealed-contact relay
Schützrückmeldung f / contactor checkback signal
Schutzschalter m / circuit-breaker n, protective circuit-breaker, current-limiting circuit-breaker, excess-current circuit-breaker, circuit-protection device || ⁓ m / contactor n (with overload protection) || ⁓ m (FI, FU) / earth-leakage circuit-breaker (e.l.c.b.), ground-fault circuit interrupter (g.f.c.i.) || ⁓ m (Kleinselbstschalter) / miniature circuit-breaker (m.c.b.), circuit-breaker n || ⁓ m (Kompaktschalter) / moulded-case circuit-breaker (m.c.c.b.) || ⁓ **mit hohem Schaltvermögen** / heavy-duty circuit-breaker, high-capacity circuit-breaker || ⁓ **mit Strombegrenzung** / current-limiting circuit-breaker || **einschraubbarer** ⁓ / screw-in miniature circuit-breaker, screw-in m.c.b. || ⁓**baugruppe** f (m. Kleinselbstschaltern) / m.c.b.assembly || ⁓**klemme** f / circuit-breaker terminal || ⁓**kombination** f / miniature-circuit-breaker assembly, m.c.b. assembly
Schutzschalt·gerät n / circuit-protective device n || ⁓**kreis** m / protective circuit || ⁓**ung** f (elektrischer Schaltkreis, der den Zustand der Schutzhauben überwacht) / protection circuit n
Schützschaltwerk n / contactor combination
Schutzscheibe f / protective cover
Schutzschicht f / protective film, protective coating, protective layer || **Kriechstrecke unter der** ⁓ / creepage distance under the coating
Schutz·schiene f (Barriere) / barrier rail || ⁓**schirm** m / protective screen, baffle n || ⁓**schirm** m (Metallschirm) / metal screen || ⁓**schirm** m (gegen Störbeeinflussungen) / guard n || ⁓**schirm** m (Gesichtsschutz) / face shield || ⁓**schlauch** m (f. el. Leitungen) / flexible tube, flexible tubing, tube n, tubing n || ⁓**schrank** m / safety cabinet || ⁓**schuhe** m pl / safety shoes
Schützsicherheitskombination f / contactor safety combination, back-up combination unit
Schütz-Sicherheitskombination f / contactor combination, back-up combination units
Schutzsicherung f / safety fuse
Schutzsignal n / teleprotection signal || ⁓**empfänger** m / teleprotection receiver || ⁓**sender** m / teleprotection transmitter || ⁓**übertragung** f / protection signalling, teleprotection || ⁓**verarbeitung** f / protection signal processing || ⁓**weg** m / teleprotection signal path
Schützsockel m / contactor base
Schutz·spannung f / protection potential || ⁓**spannungswandler** m / protective voltage transformer || ⁓**spirale** f / armour rods
Schützspule f / contactor coil || ⁓**nbrücke** f /

contactor coil bridge
Schutzstaffelung f / protective grading, grading of protective devices
Schütz-Stern-Dreieckkombination f / contactor-type star-delta starter || ջ-**Sterndreieckschalter** m / contactor-type star-delta starter || ջ- **Steuerstromkreis** m / contactor control circuit || ջ**steuerung** f (Geräte) / contactor equipment || ջ**steuerung** f / contactor control
Schutz-stiefel $m\ pl$ / safety boots || ջ**stoff** m (Öl, Fett) / inhibitor n || ջ**strecke** f / clearance n, neutral section || ջ**stromkreis** m / protective circuit || ջ-**Stromwandler** m / protective current transformer || ջ**stufe** f / protection level, level of protection || ջ**stufenbereich** m / protection level range
Schutzsystem n / protection system, protective system, safety system || ջ **mit absoluter Selektivität und Informationsübertragung** IEC 50(448) / unit protection using telecommunication || ջ **mit Freigabeverfahren** / permissive protection || ջ **mit Hilfsadern** / pilot wire protection, pilot protection || ջ **mit Informationsübertragung** IEC 50(448) / protection using telecommunication, pilot protection (USA), teleprotection || ջ **mit Kabelverbindung** / pilot-wire protection system || ջ **mit Lichtwellenleiter** IEC 50(448) / optical link protection || ջ **mit relativer Selektivität und Informationsübertragung** IEC 50(448) / non-unit protection using telecommunication || ջ **mit Richtfunk** / microwave pilot protection system IEC 50(448) || ջ **mit Sperrverfahren** / blocking protection || ջ **mit TFH** IEC 50(448) / power line carrier protection, carrier-pilot protection (USA) || ջ-**Fehlerereignis** n / protection system failure event
Schutz·tasche f / protective cover || ջ**technik** f (Netzschutz, Maschinenschutz) / protective relaying, protection practice, protection n || ջ-**Temperaturbegrenzer** m VDE 0700, T.1 / thermal cut-out IEC 335-1 || ջ-**Thyristor** m / protective thyristor
Schützträger m / contactor support, contactor frame
Schutz·transformator m (Trenntrafo) / isolating transformer || ջ**trennschalter** m / (protective) disconnector n, (protective) isolator n
Schutztrennung f VDE 0100, T.200 / protective separation, safety separation (of circuits), protection by electrical separation, electrical separation || **Stromkreis mit** ջ / safety-separated circuit
Schutz·tülle f / protective sheath || ջ**tür** f / guard door, protective door, safety door || ջ**türanschluss** m / protective door connection || ջ**türen ver-/entriegeln** / Lock/release protective doors || ջ**türkreis** m / protective door circuit || ջ**türüberwachung** f / protective door monitoring || ջ**überwachung** f / protection monitoring || ջ**überzug** m / protective coating ||
Erdschlussschutz mit 100% ջ / one-hundred-percent earth-fault protection, unrestricted earth-fault protection || ջ**umhüllung** f / coating n
Schütz-Umkehrsteller m / contactor-type reversing controller, contactor(-type) reverser
Schutz·- und Messfunktion f / protection and measuring function || ջ- **und Steuereinrichtung**

f / protective and control device || ջ- **und Überwachungsbeleuchtung** / safety lighting || ջ**verbindung** f (el. Verbindung von Körpern zum Anschluss an den äußeren Schutzleiter) / protective bonding || ջ**verkleidung** f / protective covering, guard n, protective enclosure || ջ**verpackung** f / protective package || ջ**verriegelung** f (die Schutzhauben können nur geöffnet werden, wenn die Maschine gestoppt worden ist) / protective interlocking, protective logic || ջ**versager** m / failure to operate || ջ**verteiler** m (Steckdosen m. FI-Schalter) / e.l.c.b.-protected socket-outlet unit || ջ**vertrag** m (SV) / service contract (SC)
Schutzvorrichtung f (Barriere) / guard n, barrier n, safety device, protective system || ջ f / protective device || **isolierende** ջ / protective cover, shroud n
Schutzvorrichtungsabstand m / clearance to barrier
Schutzwandler m / protection transformer
Schütz·wendekombination f / contactor reversing combination || ջ-**Wendeschalter** m / contactor-type reverser, contactor reverser || ջ-**Wendeschalter mit Motorschutz** / contactor reverser with integral short-circuit protection (o. overcurrent protection)
Schutzwerte, Ableiter- ջ $m\ pl$ / protective characteristics of arrester
Schutzwicklung f / protection winding, protective-circuit winding || ջ f / wire screen
Schutzwiderstand m / protective resistor, non-linear bypass resistor || **Parallel-** ջ m / protective shunt resistor || **spannungsabhängiger** ջ / non-linear protective resistor
Schutz·winkel m / protection bracket || ջ**winkel** m (zwischen Erdseil und Leiter einer Freileitung) / angle of shade, shielding angle || ջ**zaun** m / safety gate || ջ**zeichen** n (Warenz.) / trade mark || ջ**zeichen** n (Erdungszeichen) / earth symbol || ջ**zeit** f / protection time || ջ**ziel** n / safety-related requirement || ջ**ziele** $n\ pl$ / safety-related requirements || ջ**ziele des EMV-Gesetzes** / protective objective in the EMC protective law
Schutzzone f / zone of protection, protection zone, protected zone || ջ f / area of protection, cone of protection (lightning protection), protection area || ջ f / protected range || ջ f (um ein Werkzeug) / forbidden area
Schutzzündbaugruppe f / protective firing module (o. assembly)
Schutzzwecke $m\ pl$ / protective purposes || **Stromwandler für** ջ / protective current transformer
Schutz-Zwischenisolierung f / double insulation IEC 335-1
schwabbeln v / buffing v
schwach brennen / burn low || **~ dotiert** / moderately doped || **~ führende Faser** / weakly guiding fibre || **~ induktive Last** / slightly inductive load || **~ konzentrierendes System** / weak-concentration system || **~e Bindung** / weak bond || **~e Verbundwicklung** / light compound winding || **~es Bit** (Bit, das als Teil einer Methode zum Kopierschutz absichtlich mit schwacher magnetischer Feldstärke auf eine Platte geschrieben wird und das sowohl als Null oder als Eins interpretiert werden kann) / weak bit || **~es Feld** / weak field, feeble field || **~es Netz** / low-

Schwachholz

power system, weak system, compliant supply
Schwachholz *n* / small-sized timber
Schwachlast *f* / light load || ≈**periode** *f* / light-load period, off-peak period, low-load period || ≈**tarif** *m* / off-peak tariff, low-load tariff || ≈**zeit** *f* / low-load period, off-peak period
schwach leitendes Polymer / low-conductivity polymer || **~motorig** *adj* / low-powered *adj*, underpowered *adj*
Schwachnetz *n* / low-power system, weak system, compliant supply
Schwachstelle *f* / weak point, weakest point || ≈ *f* (Schwäche oder Schlupfloch in einem Rechensystem) / vulnerability || ≈ **ausbrennen** / burn out the weakest point
Schwachstellenanalyse *f* / weak-point analysis
schwachstellenbedingter Ausfall / weakness failure || **~ Fehlzustand** / weakness fault
Schwachstellenprüfung *f* / weakest-point test
Schwachstrom *m* / light current, weak current || ≈**kontakt** *m* / light-duty contact, low-level contact, dry contact || ≈**kreis** *m* / light-current circuit, weak-current circuit, communications circuit || ≈**relais** *n* / light-duty relay, communications-type relay || ≈-**Steuerkopfkombination** *f* / light-current m.c.b. assembly || ≈**steuerung** *f* / light-current control, weak-current control, pilot-wire control || ≈**technik** *f* / light-current engineering, weak-current engineering, communications engineering, low current technology
Schwächungs·grad *m* (Feld einer el. Masch.) / field weakening ratio || ≈**koeffizient** *m* / linear attenuation coefficient, linear extinction coefficient || **spektraler** ≈**koeffizient** / spectral linear attenuation coefficient
Schwaden *plt* / steam-laden emissions, mists *n pl*, fumes *n pl*
schwadensichere Kapselung / restricted breathing enclosure
schwalbenschwanz·förmig *adj* / dovetailed *adj* || ≈**keil** *m* / dovetail key || ≈**kommutator** *m* / archbound commutator || ≈**pol** *m* / dovetail pole || ≈**ring** *m* / (commutator) V-ring
Schwall *m* / surge *n*, wave *n* || **~artige Daten** (DIN V 44302-2) / bursty data || ≈**bad** *n* / flow-soldering bath
schwallgelötet *adj* / flow-soldered *adj*
Schwall·löten *n* / flow soldering || ≈**lötkontakt** *m* / dip-solder contact, flow-solder contact || ≈**lötung** *f* / flow soldering, dip soldering || ≈**rohr** *n* / still pipe, stilling pipe || ≈**seite** *f* / flow-soldered side
schwallwassergeschützt *adj* / deckwater-tight *adj*
Schwämmchen *n* / small sponge
Schwammfett *n* / sponge grease
Schwammmodell, Mendelsohnsches ≈ / Mendelsohn sponge model
Schwanenhalspresse *f* / swan-necked press
schwankend *adj* / fluctuating *adj*, varying *adj*
Schwankung *f* (Spannung) / fluctuation *n* || ≈ *f* (Schwingungsbreite) / peak-to-valley value, peak-to-peak displacement, double amplitude || ≈ **einer Spannung** / variation of a voltage || **Größenfaktor der** ≈ (Netzspannung) / fluctuation severity factor || **periodische** ≈ / periodic variation || **Signallaufzeit~** *f* (Fotovervielfacher) / transit-time jitter (photomultiplier) || **systematische** ≈ (Statistik) / systematic variation (statistics) || ≈ **bzw. Abweichungen der Netzspannung vom Nennwert**

dürfen die in den technischen Daten angegebenen Toleranzgrenzen nicht überschreiten / Fluctuations or deviations of the power supply voltage from the rated value should not exceed the tolerances specified in the technical specifications
Schwankungs·bereich *m* / range of variation, range || ≈**breite** *f* / fluctuation range || ≈**erkennung** *f* / fluctuation recognition || ≈**spannung** *f* / fluctuation voltage || ≈**spannung im Normalpunkt** / gauge-point fluctuation voltage || ≈**welligkeit** *f* (einer Mischspannung oder eines Mischstroms) / peak ripple factor, peak distortion factor
Schwappschutz *m* / baffle *n*
schwarz *adj* (sw) / black *adj* (blk)
Schwarz·arbeit *f* / moonlighting *n*, scab work || ≈**beton** *m* / bituminous concrete || ≈**decke** *f* / non-rigid pavement
schwarz-e Temperatur / radiance temperature, luminance temperature || **~e Zelle** (durch Oberflächentexturierung und Anbringen einer Antireflexschicht können Reflexionsverluste so reduziert werden, dass die Solarzelle schwarz erscheint) / black cell || **~er Halo** / black halo || **~er Kasten** / black box || **~er Körper** / black body || **~er Strahler** / blackbody radiator, full radiator, Planckian radiator || **~er Temperaturstrahler** / blackbody radiator, Planckian radiator, full radiator || **~es Rauschen** / black noise || **~gebeizt** *adj* / black pickled || **~gebrannt** *adj* / oil-blackened *adj*
Schwarz·glaslampe *f* / black light lamp, Wood's lamp || ≈**lichtlampe** *f* / black light lamp || ≈**marktwechselkurs** *m* / black market rate
Schwärzung *f* / blackening *n*, darkening *n*, optical density || ≈ *f* / transmission density, transmission optical density || ≈ **bei Reflexion** / reflection optical density
Schwarzung-Einheit *f* / SZ unit *n*
Schwärzungs·dichteumfang *m* / tonal range || ≈**messer** *n* / opacimeter *n*, densitometer *n* || ≈**wert** *m* / density value
schwarzweiß *adj* / monochrome *adj*
Schwarz-Weiß-Bildröhre *f* / black-and-white picture tube, monochrome CRT || ≈-**Faksimile** *m* (Faksimile, bei dem das Originaldokument in zwei optischen Dichtewerten wiedergegeben wird) / document facsimile || ≈-**Faksimile-Telegramm** *m* (Telegramm, übertragen durch Schwarz-Weiß-Faksimile) / document facsimile telegram || ≈-**Fernsehen** *n* / black-and-white TV, monochrome TV || ≈-**Modus** *m* / black and white mode || ≈-**Monitor** *m* (SW-Monitor) / black-and-white monitor, monochrome monitor
Schwebe·-Drehstrommotor *m* / amplitude-modulated three-phase synchronous induction motor || ≈**fahrzeug** *n* / magnetically levitated vehicle, levitation vehicle, MAGLEV vehicle || ≈**höhe** *f* / levitation height, clearance *n*
Schwebekörper *m* (Rotameter) / float *n*, plummet *n*, metering float || ≈-**Durchflussmesser** *m* / variable-area flowmeter || ≈-**Durchflussmesser** *m* (Rotameter) / rotameter *n*
Schwebemaschine *f* / levitation machine
schwebend·e Spannung / floating voltage || **~es Bezugspotential** / floating ground || **~es Diffusionsgebiet** / floating region
Schwebe·spannung *f* / floating voltage ||

⌕**zonenverfahren** *n* / FZ process
Schwebstoffe *m pl* / suspended matter, *m* suspended solids, SS
Schwebung *f* (Schwingungen) / beat *n* || ⌕ *f* / levitation *n*, electrodynamic suspension
Schwebungs·bauch *m* / beat antinode || ⌕**frequenz** *f* / beat frequency (BF) || ⌕**gütefaktor** *m* / levitation goodness factor || ⌕**kurve** *f* / beat curve || ⌕**null** *f* / zero beat || ⌕**periode** *f* / beet cycle
Schwedendiagramm *n* / Swedish phasor diagram, Swedish diagram
Schwefel *m* / sulphur *n* || ⌕**dioxid** *n* / sulfur dioxide || ⌕**dioxid-Messeinrichtung** *f* / sulphur dioxide measuring equipment || ⌕**falle** *f* / sulfer trap || ⌕**säure** *f* / sulphuric acid || **konzentrierte** ⌕**säure** / concentrated sulfuric acid || ⌕**wasserstoff** *m* / hydrogen sulfide || ⌕**wasserstoffdampf** *m* / hydrogen-sulphide vapour
Schweif, magnetischer ⌕ / magnetic drag
Schweiß·anlage *f* / welding installation, welding plant, welding system || ⌕**anweisung** *f* / welding procedure specification || ⌕**applikation** *f* / welding application || ⌕**aufsicht** *f* / welding supervisor || ⌕**aufsichtsperson** *f* / welding supervision || ⌕**ausrüstung** *f* (Gegenstände, die zum Schweißen benutzt werden) / welding equipment || ⌕**automat** *m* / automatic welder || ⌕**bad** *n* / weld pool || ⌕**bad** *n* (durch das Wärme- bzw. Energieeinbringen beim Schweißen in der Schweißzone verflüssigter Werkstoff) / molten pool || ⌕**badsicherung** *f* / back strip || ⌕**barkeit** *f* / weldability *n* || ⌕**bedingungen** *f* / welding conditions || ⌕**biegeversuch** *m* / root bend test || ⌕**bogen** *m* / welding arc || ⌕**brenner** *m* / welding torch, gun || ⌕**brennerneigungswinkel** *m* / welding torch angle || ⌕**buckel** *m* / welded hump || ⌕**daten** *plt* / welding data || ⌕**draht** *m* / welding wire, filler wire, filler rod, welding rod || ⌕**drossel** *f* / welding regulator, welding reactor || ⌕**düse** *f* / welding nozzle || ⌕**dynamo** *m* / d.c. welding generator || ⌕**eigenspannung** *f* / residual welding stress || ⌕**einrichtung** *f* / welding equipment || ⌕**eisen** *n* / wrought iron, weld iron || ⌕**elektrode** *f* / welding electrode
Schweißen *n* / welding *n* || **~** *v* / weld *v* || ⌕ **in Lage und Gegenlage** (die Naht wird von jeder Werkstückseite in einer Lage geschweißt, wobei jede Lage aus nur einer Raupe besteht) / double sided single pass || ⌕ **in Zwangslagen** / positional welding || ⌕ **mit Drahtkorn** / cut wire welding || ⌕ **mit einzeln geschalteten Lichtbögen** / single-arc welding || ⌕ **mit in Serie geschalteten Lichtbögen** / series-arc welding || ⌕ **mit Metallpulver** / welding with addition of metal powder || ⌕ **mit nichtabschmelzender Elektrode** / non-fusible electrode welding || ⌕ **mit parallelgeschalteten Lichtbögen** / parallel-arc welding
Schweißende *n* (Ventil) / welded end
Schweißer *m* / welder *n*
Schweißerei *f* / welding shop, welding department
Schweißer·hammer *m* / chipping hammer, slag hammer || ⌕**schutzfilter** *m* / filter glass || ⌕**schutzglas** *n* / welding glass || ⌕**stempel** *m* / welder's stamp
Schweiß·fahne *f* / welding lug || ⌕**fehler** *m* / welding fault

schweißfest *adj* / non-welding *adj*, weld-free *adj*, resistant to electromagnetic fields || **~es Schaltstück** / non-welding contact
Schweißfestigkeit *f* / resistance to welding
Schweiß·folge *f* / weld sequence || ⌕**folgeplan** *m* (Plan, in dem die Aufeinanderfolge des Schweißens an einem Werkstück festgelegt ist) / weld sequence plan || **~frei** *adj* / weld-free *adj* || ⌕**gas** *n* / welding gas, oxy-acetylene gas, oxy-gas || ⌕**generator** *m* / welding generator || ⌕**geschwindigkeit** *f* (Geschwindigkeit des Schweißvorgangs in Schweißrichtung) / welding speed || ⌕**gleichrichter** *m* / rectifier welding power source || ⌕**grat** *m* / flash *n* || ⌕**grenzstromstärke** *f* / critical welding current || ⌕**gruppe** *f* / welding group || ⌕**gruppen-Zeichnung** *f* / welded assembly drawing
Schweißgut *n* / deposited metal, filler metal, weld metal || ⌕**reines** ⌕ / all weld-metal || ⌕**masse** *f* (Masse des Schweißgutes; DIN 1910 Teil 11) / amount of deposited metal || ⌕**probe** *f* / all-weld-metal test specimen || ⌕**überlauf** *m* / overlap
Schweiß·hauptzeit *f* (Zeit, während der der Schweißvorgang abläuft) / productive welding time || ⌕**hilfsstoff** *m* (Stoff wie Gas, Pulver oder Paste, der den Schweißvorgang ermöglicht oder erleichtert, im wesentlichen aber nicht Bestandteil der Schweißung wird) / auxiliary welding material || ⌕**kolben** *m* / electrode holder || ⌕**konstruktion** *f* / fabricated construction, welded construction || ⌕**kopf** *m* / welding head || ⌕**kraft** *f* (Kontakte) / welding force || ⌕**lehre** *f* / welding jig || ⌕**leitung** *f* / welding cable, welding electrode cable || ⌕**leitungen** *f* (Isolierte elektrische Leiter zwischen Schweißstromquelle und Lichtbogen) / welding cables || ⌕**leitungsanschluss** *m* (Ausgangsklemmen der Schweißstromquelle, an denen die Schweißkabel angeschlossen werden) / welding output connections || ⌕**linie** *f* / welded seam, weld *n* || ⌕**löten** *n* / braze welding || ⌕**maschine** *m* / welding machine, hot sealing machine, welder *n* || ⌕**mutter** *f* / welding nut
Schweißnaht *f* / welded seam, weld *n* || ⌕ *f* (stoffschlüssige, durchgehende Verbindung geschweißter Bauteile an ihren Stoßstellen (Flügelflächen)) / weld seam, welded joint || ⌕**anfang** *m* (Stelle am Werkstück, an der mit dem Schweißen begonnen wird oder wurde) / start of weld || ⌕**aufbau** *f* / weld run sequence || ⌕**ende** *n* (Stelle am Werkstück, an der mit dem Schweißen aufgehört wird oder wurde) / end of weld || ⌕**festigkeit** *f* / weld strength || ⌕**folge** *f* (Reihenfolge, in der die Nähte am Werkstück geschweißt werden) / weld sequence || ⌕**inspektor** *m* / welding seam inspector || ⌕**prüfung** *f* / weld inspection || ⌕**riss** *m* / weld-metal crack || ⌕**vorbereitung** *f* / joint preparation || ⌕**wertigkeit** *f* / weld efficiency, ratio of weld strength to parent-metal strength
Schweiß·nebenzeit *f* / setting up time || ⌕**panzern** *n* / hard facing || ⌕**parameter** *m* / welding parameter || ⌕**perlen** *f pl* / spatter *n*, splatter *n*, spitting *n* || ⌕**pistole** *f* / welding gun || ⌕**plan** *m* / welding procedure sheet (WPS) || ⌕**plattieren** *n* / cladding *n* || ⌕**poren** *f pl* / gas pores, gas pockets || ⌕**position** *f* / welding position || ⌕**pressdruck** *m* / welding pressure || ⌕**presskraft** *f* / welding force ||

Schweißpunkt 772

⸿**profil** n / weld cross section || ⸿**prozess** m / welding process || ⸿**prüfeinrichtung** f / weld tester || ⸿**prüfung** f / weld test || ⸿**pulver** n / flux powder, granulated flux
Schweißpunkt m / welding spot, spot n, spot weld || ⸿**daten** plt / welding spot data || **~gesichert** adj / secured by welding point || ⸿**verwaltung** f / welding spot management
Schweiß·raupe f / bead n, pass n, run n || ⸿**raupenfolge** f (Reihenfolge, in der die Raupen einer Naht bzw. einer aufgebrachten Schicht geschweißt werden) / weld bead sequence || ⸿**richtung** f (Richtung, in der geschweißt wird. Sie entspricht dem Verlauf der zu schweißenden Raupe.) / welding line || ⸿**riss** m / weld crack, fusion-zone crack || ⸿**rissigkeit** f / weld cracking, fusion-zone cracking || ⸿**rissigkeitsprüfung** f / weld cracking test || ⸿**roboter** m / welding robot || ⸿**schlagprüfung** f / repeated-blow impact test, vertically dropping tup impact test || ⸿**schuh** m / welding shoe || ⸿**spritzer** m / welding splash || ⸿**stab** m / welding joint, welded joint || ⸿**stab** m / electrode n, filler rod || ⸿**stahl** m / wrought iron, weld iron || ⸿**station** f / welding station || ⸿**stelle** f / weld n, welding point, junction n, place of welding || ⸿**stelle** f (Thermoelement) / welded junction || ⸿**steuerung** f / welding control || ⸿**straße** f / welding line
Schweißstrom m / welding current || ⸿**generator** m / welding generator || ⸿**kreis** m (Stromkreis, der alles leitende Material enthält, durch das der Strom fließen soll) / welding circuit || ⸿**quelle** f / welding power source || ⸿**quelle mit fallender Kennlinie** / drooping characteristic welding power source || ⸿**rückleitung** f (Kabel zwischen Werkstück und Schweißstromquelle) / welding return cable || ⸿**rückleitungsklemme** f / welding current return clamp || ⸿**steller** m (Einrichtung zur Steuerung der Schweißstromstärke) / welding current regulator
Schweiß·stutzen m / welding stub, welded pipe adaptor || ⸿**takt** m / welding cycle || ⸿**taktgeber** m / welding timer || ⸿**technik** f / welding engineering || **~technische Einflussgröße** / welding variable || ⸿**temperatur** f / weld zone temperature || ⸿**tiefe** f / welding depth || ⸿**transformator** m / welding transformer, arc welding transformer || ⸿**tropfen** m / penetration bead || ⸿**umformer** m / motor-generator welding set, m.g. welding set, motor generator welding power source
Schweißung f / weld n, welding n || ⸿ **mit Spalt** / open joint || ⸿ **ohne Spalt** / closed joint
Schweißverbindung f / welded connection (conductor) IEC 50(581), welded joint, weldment n || **tragende** ⸿ / connection by welding only || **LWL-**⸿ f / fused fibre splice
Schweiß·verfahren n / welding procedure || ⸿**verfahrensanforderungen** f pl / welding procedure requirements || ⸿**vorgang** m / welding operation || ⸿**vorrichtung** f / welding fixture || ⸿**wurzel** f / root of weld || ⸿**zange** f / electrode holder || ⸿**zangen** f pl / welding tongs, sealing tongs || ⸿**zeit** f / weld time, welding time || ⸿**zelle** f / welding cell || ⸿**zone** f / weld zone || ⸿**zubehör** n / welding accessories || ⸿**zuleitung** f (Kabel zwischen Schweißstromquelle und Elektrodenhalter, Brenner oder Pistole) / welding supply cable || ⸿**zusatz** m / filler metal || ⸿**zusätze und -hilfstoffe** m / welding consumables || ⸿**zusatz-Vorschub** m (Geschwindigkeit, mit der der Schweißzusatz gefördert wird. Dimension: Schweißzusatzlänge durch Zeit) / wire feed speed || ⸿**zusatzwerkstoff** m / filler metal || ⸿**zustand** m / welding status || ⸿**zyklus** m / welding cycle || ⸿**zyklusdauer** f / weld cycle time
Schweizerische Luftreinhalteverordnung (LRV 92) / Swiss Emission Control Law (LRV 92) || ⸿**r Elektrotechnischer Verein (SEV)** / SEV
schwelen v / smoulder v
schwelende Änderung / gradual change || **~ Belastung** / cyclic load
Schwell·belastung f / pulsating load || **Biegedauerfestigkeit im** ⸿**bereich** / fatigue strength under repeated bending stresses, pulsating bending strength
Schwelle f / threshold n
Schwellen·anzeige f / threshold indication || ⸿**befeuerung** f / (runway) threshold lighting || ⸿**beleuchtungsstärke** f (beim Punktsehen) / threshold for illuminance, visual threshold || ⸿**blitzfeuer** n (RTI) / runway threshold identification light (RTI) || ⸿**feld** n / threshold field || ⸿**feuer** n / (runway) threshold light(s) || ⸿**fundament** n / grillage foundation || ⸿**gründung** f / grillage foundation || ⸿**höhe** f / threshold elevation || ⸿**kennfeuer** n / runway threshold identification lights || ⸿**kontrast** m / visual contrast threshold || ⸿**kontrastbalken** m / threshold contrast bar || ⸿**kraft** f / threshold force || ⸿**land** n / take-off country, NIC n || ⸿**länder** n pl / newly industrializing countries || ⸿**leuchtdichte** f / threshold luminance || ⸿**marke** f / threshold marking || ⸿**moment** n / threshold torque || ⸿**spannung** f (HI) / threshold voltage || ⸿**strom** m (Laserdiode) / threshold current
Schwellenwert m / threshold value, threshold n || ⸿ m DIN 55350,T.24 / critical value || ⸿ **des Lichtstroms** / threshold luminous flux || ⸿**übertragung** f / threshold transmission
Schwell·feldmaschine f / heteropolar machine || ⸿**festigkeit** f / endurance limit at repeated stress, natural strength, fatigue strength under pulsating stress, pulsating fatigue strength || ⸿**geschwindigkeit** f / threshold velocity || ⸿**kraftwerk** n / pondage power station || ⸿**spannung** f / threshold voltage || ⸿**temperatur** f / threshold temperature || ⸿**versuch** m / pulsating fatigue test
Schwellwert m / threshold value, threshold n || ⸿ **des Feldes** / threshold field || ⸿**bereich** m / threshold range || ⸿**bildung** f / thresholding n (binary image), calculation of threshold values || ⸿**detektor** m (binäres Schaltelement) / bi-threshold detector, Schmitt-Trigger n || ⸿**differenzen** f / threshold differences || ⸿**element** n (binäres Schaltelement) / logic threshold element, **Eingang mit zwei** ⸿**en** / bi-threshold input || ⸿**erhöhung** f / threshold increment (TI) || ⸿**fehler** m / threshold error || ⸿**glied** n / logic threshold n IEC 117-15, trigger n, threshold element || ⸿**logik** f / threshold logic || ⸿**operation** f / thresholding n (binary image) || ⸿**schalter** m / trigger n, threshold switch || ⸿**überschreitung** f / threshold overrange || ⸿**überwachung** f / threshold monitoring ||

⟨warnung *f* / threshold value alarm
Schwenk·abstand *m* / clearance for... ||
⟨**achsantrieb** *m* / swivel axis drive || ⟨**achse** *f* / swivel axis || ⟨**achse des Werkzeugs** / tool swivel axis || ⟨**anker** *m* / pivoted armature, hinged armature || ⟨**antrieb** *m* / slewing-motion actuator, part-turn actuator, rotary actuator || ⟨**antrieb** *m* (Kran) / slewing drive || ⟨**arm** *m* / side arm, swivel arm || ⟨**ausleger** *m* / hinged cantilever
schwenkbar *adj* / twistable *adj*, swivel-mounted *adj*, hinged *adj*, swiveling *adj* || ~**e Arbeitsspindel** / swivel-mounted work spindle || ~**e Einheit** / swing-out unit, hinged unit || ~**e Rolle** / omnidirectional castor, castor *n*, bidirectional wheel || ~**e Tafel** / swing panel, swing-out panel || ~**er Ausleger** (f. Leitungsmontage) / swivel boom || ~**er Deckel** / hinged cover || ~**er Leuchtenkopf** / rotatable lamp head
Schwenk·bereich *m* / travel *n*, pivoting range || ⟨**bewegung** *f* (Schwenkantrieb) / slewing motion, turning motion, rotating motion, slewing movement, swivel movement || ⟨**biegen** *n* / folding || ⟨**bohrmaschine** *f* / radial-arm drilling machine || ⟨**bügel** *m* / twist clip || ⟨**datensatz** *m* / swivel data record || ⟨**ebene** *f* / swivel plane || ⟨**einheit** *f* / swivel unit || ⟨**einrichtung** *f* / swivel device
Schwenken *n* (Kamera, Scheinwerfer, Bildverschiebung am Graphikbildschirm) / panning *n*, traversing *n*, swiveling *n* || ~ *v* / swivel *v*
Schwenkfuß *m* / swivel base
Schwenkhebel *m* / twist lever, lock-and-release lever, swivel lever, rotary handle || ⟨ *m* (Steuerschalter) / wing handle, twist handle, knob handle || ⟨ *m* (Rollenhebel) / roller lever, roller-lever actuator || ⟨ *m* (zur Verriegelung ausfahrbarer Einheiten) / lock-and-release lever || ⟨ **mit Zahnsegment** / rocker with gear segment || ⟨**antrieb** *m* / twist lever operating mechanism || ⟨**gehäuse** *n* / twist lever enclosure
Schwenkkopf *m* (Fräser) / inclinable head, swivel head || ⟨ **auswechseln** / Replace swivel head || ⟨ **einstellen** / Set swivel head || ⟨ **einwechseln** / Load swivel head || ⟨ **kann nicht ausgewechselt werden** / Swivel head cannot be replaced || ⟨ **tauschen** / Replace swivel head || ⟨/**-tisch einstellen** / Set swivel head/table
Schwenk·kran *m* / swing crane || ⟨**lader** *f* / swivel loader || ⟨**lager** *n* / pivot bearing || ⟨**mechanik** *f* / swivel mechanism || ⟨**modul** *n* / swivel unit || ⟨**modus** *m* / swivel mode || ⟨**motor** *m* / oscillating motor || ⟨**rahmen** *m* DIN 43350 / hinged bay, swing frame, hinged frame || ⟨**rolle** *f* / castor *n* || ⟨**rundtisch** *m* / swivel rotary table || ⟨**schalter** *m* / maintained-contact rotary control switch, maintained-contact twist switch, twist switch, control switch || ⟨**spindel** *f* / swivel spindle || ⟨**taster** *m* / momentary-contact rotary control switch, momentary-contact twist switch, twist switch, control switch || ⟨**tisch** *m* / tilting table, swiveling table, swivel table || ⟨**tisch einstellen** / Set swivel table || ⟨**transformator** *m* / phase-displacement transformer
Schwenkung der Phasenlage / phase shifting
Schwenk·wicklung *f* / phase-shifting winding || ⟨**winkel** *m* (Tür) / opening angle, swing *n* ||

⟨**winkel** *m* / swivel angle || ⟨**winkel** *m* (Schwenkantrieb) / slewing angle, angular travel || ⟨**winkel** *m* / displacement angle, angle of rotation || ⟨**zyklus** *m* / swivel cycle || ⟨**zylinder** *m* / swing cylinder
schwer entflammbar / flame-retardant *adj*, slow-burning *adj*, flame-inhibiting *adj*, non-flame-propagating *adj*
Schweranlauf *m* / heavy starting, high starting duty, high-inertia starting, starting against high-inertia load || **Direkt~** / direct heavy start || **Überstromrelais für** ⟨ / overcurrent relay for heavy starting, restrained overcurrent relay || ⟨**bedingung** *f* / heavy starting condition
schweranlaufend *adj* / heavy-starting *adj* || ~**e Maschine** / high-inertia machine, flywheel load
Schwerbrennbarkeit *f* / flame retardant property, slow-burning (o. flame-inhibiting) property
Schwere *f* / gravity *n*, force of gravity
schwere Bedingungen / arduous conditions || ~ **Belastung** / heavy load, high-inertia load || ~ **Betriebsbedingungen** / heavy-duty operation || ⟨ **der Verletzung** / severity of the injury || ~ **Gummischlauchleitung** / heavy tough rubber sheathed (flexible) cable || ~ **Gummischlauchleitung** (m. Polychloroprenmantel) / heavy polychloroprene-sheathed flexible cable || ~ **Hochspannungs-Gummischlauchleitung** / heavy-duty high-voltage tough-rubber-sheathed (t.r.s. flexible cable) || **gegen ~ See geschützte Maschine** / machine protected against heavy seas || ~ **Verletzung** (üblicherweise irreversibel, einschl. Tod) / severe injury
Schwere·achse *f* / axis of gravity, centroid axis || ⟨**faktor** *m* / severity factor || ⟨**feld** *n* / field of gravity
Schwer·entflammbarkeit *f* / flame retardant property, slow-burning (o. flame-inhibiting property)
schwerer Unfall / serious accident || ~**e Ausführung** / heavy-duty version
schwer·gängig *adj* / sluggish *adj*, tight *adj* || ~**gängige Achse** / sluggish axis || ⟨**gängigkeit** *f* / sluggishness *n*, failure to move freely || ⟨**gas** *n* / heavy gas || ⟨**gewichtsmauer** *f* / gravity dam
Schwerkraft *f* / gravitational force, force of gravity || ⟨**belag** *m* / gravitational force density per unit length || ⟨**klinke** *f* / gravity pivot plate || ⟨**lichtbogenschweißen** *n* / gravity welding || ⟨**rollenbahn** *f* / gravity-type roller conveyor
Schwerlast·anlauf *m* / heavy starting, high-inertia starting, starting against high-inertia load || ⟨**betrieb** *m* / heavy-duty service, heavy-duty operation || ⟨**wagen** *m* / heavy load carrier
Schwer·maschinenbau *m* / construction of heavy machinery || ⟨**metalle** *n pl* / heavy metals
Schwerpunkt *m* / centre of gravity, centre of mass, focus *n* || **Last~** *m* / load centre, centre of distribution || **verlagerter** ⟨ / centre of gravity offset from centre line || ⟨**achse** *f* / axis of gravity, centroid axis || ⟨**betrieb** *m* / specialist workshop || ⟨**einspeisung** *f* / main feeder || ⟨**exzentrizität** *f* / mass eccentricity || ⟨**fehler** *m* / centre-of-gravity displacement, static unbalance || ⟨**lieferant** *m* / main supplier || ⟨**station** *f* / load-centre substation, unit substation || ⟨**thema** *n* / crucial subject ||

schwersiedend

⸚**verlagerung** *f* / mass eccentricity, asymmetrical centre of gravity
schwersiedend *adj* / high-boiling *adj*
schwerst·e Betriebsbedingungen / severest operating conditions, stringent operating conditions, exacting service conditions || **~es Montagestück** / heaviest part to be lifted, heaviest component to be assembled
schwerwiegend *adj* / fatal *adj* || **~e Abweichung** / significant nonconformance || **~e Probleme** / major problems
Schwer·zerspaner *m* / heavy-duty milling cutter || ⸚**zerspanung** *f* / heavy-duty cutting
Schwester·verwaltung *f* / tool management || ⸚**werkzeug** *n* / sister tool, replacement tool, spare tool || ⸚**werkzeug anlegen** / Create replacement tool
Schwimm·bagger *m* / floating dredge, dredger *n* || ⸚**dach** *n* / floating roof || ⸚**dock** *n* / floating dock
schwimmend befestigter Steckverbinder / float-mounting connector || **~e Lagerstelle** / floating journal || **~er Kontakt** / floating contact
Schwimmer *m* / float *n*, floater *n* || ⸚**-Niveaumessgerät** *n* / float level measuring device || ⸚**-Niveaumessgerät mit Seilzug** / float-and-cable level measuring device || ⸚**schalter** *m* / float switch, liquid-level switch || ⸚**sicherung** *f* / float backup || ⸚**ventil** *n* / float valve || ⸚**wächter** *m* / float switch, liquid-level switch
Schwimm·greiferanlage *f* / floating grab dredger || ⸚**körper** *m* / float *n* || ⸚**kran** *m* / floating crane || ⸚**reibung** *f* / fluid friction, liquid friction, hydrodynamic friction, viscous friction || ⸚**schlamm** *m* / scum *n* || ⸚**vermögen** *n* / buoyancy *n*
schwinden *v* / shrink *v*
Schwind·maß *n* / degree of shrinkage, mould shrinkage, shrinkage dimension || ⸚**maßstab** *m* / shrink rule || ⸚**riss** *m* / shrinkage crack, contraction crack, check crack, cooling crack
Schwindung *f* / shrinkage *n*, curing shrinkage
Schwing·amplitude *f* / amplitude *n* || ⸚**beanspruchung** *f* / vibratory load || ⸚**beschleunigung** *f* / vibration acceleration, acceleration *n* || ⸚**bewegung** *f* / oscillatory motion
Schwinge *f* (Hängeisolator) / dropper *n*, swinging bracket || ⸚ *f* (Wippe) / rocker *n* || **Schalt~** *f* / rocker *n*, rocker arm
schwingen *v* / oscillate *v*, pulsate *v*, swing *v*, vibrate *v*, rock *v* || **~ *v* (pendeln)** / hunt *v*, pulsate *v*, oscillate *v*
Schwingen, rauschförmiges ⸚ / random vibration
schwingend gelagert / with an anti-vibration mounting || **~e Leitung** / resonant line || **~e Schaltstoßspannung** / oscillatory switching impulse (voltage) || **~e Stoßwelle** / oscillatory impulse, oscillatory surge || **~er Linearmotor** / linear oscillating motor (LOM) || **~es Feld** / oscillating field
Schwinger *m* / oscillator *n*, vibrator *n*, ultrasonic generator || ⸚ *m* (elektroakustischer Wandler) / (electro-acoustic) transducer *n*
Schwing·erreger *m* / vibration generator, vibration exciter || ⸚**exzenter** *m* / eccentric rocker
schwingfähiger Kreis / resonant circuit, oscillatory circuit
Schwing·feldmaschine *f* / heteropolar machine || ⸚**festigkeit** *f* / vibrostability *n*, vibration

performance, vibration resistance || ⸚**förderer** *f* (Förderer, der durch Vibration das Fördergut transportiert) / vibrating conveyor || ⸚**frequenz** *f* / oscillation frequency || ⸚**frequenz** *f* (Transistor) / frequency of oscillation || ⸚**geschwindigkeit** *f* / vibration speed || ⸚**güte** *f* (rotierende Masch.) / balance quality, vibrational Q || ⸚**güte S** / quality of vibration S || ⸚**hebel** *m* / rocker arm, rocker *n* || ⸚**kondensatorverstärker** *m* / vibrating-capacitor amplifier || ⸚**kraft** *f* / vibratory force, vibromotive force, oscillating force || ⸚**kreis** *m* / oscillating circuit, resonant circuit, tuned circuit || ⸚**kreis-Wechselrichter** *m* / parallel-tuned inverter || ⸚**kurve** *f* (Kurve der Netzvariablen über der Zeit nach Eintritt der Störung) / swing curve IEC 50 (603) || ⸚**leistung** *f* / oscillatory power
Schwingmetall *n* / rubber-metal anti-vibration mounting, rubber-metal vibration damper || ⸚**aufhängung** *f* / metal-elastic mounting, anti-vibration mounting
Schwing·motor *m* / motor with reciprocating movement || ⸚**neigung** *f* / hunting tendency || ⸚**schärfe** *f* / vibrational severity, vibration severity || ⸚**schenkel** *m* / rocker *n* || ⸚**spannung** *f* / cyclic stress || ⸚**stab** *m* / tine *n*
Schwingstärke *f* / vibrational severity, vibration severity || ⸚**-Diagramm** *n* / vibrational severity curve || ⸚**stufe** *f* / vibration severity grade, vibrational severity grade, level of vibration, vibration level, vibration severity
Schwingung *f* / oscillation *n*, shock *n*, vibration *n*, rocking motion || ⸚ *f* (Impuls) / wave *n* || ⸚ *f* (bei der Kommutierung) / repetitive transient || ⸚ **erster Art** / oscillation of the first kind || **quellenerregte** ⸚ / forced oscillation
Schwingungen pro Sekunde (Hertz, Frequenz) / cycles per second (cps) || **kleine** ⸚ / small variations, incremental variations || **Messung mechanischer** ⸚ / vibration test
Schwingungs·abbild *n* DIN IEC 469,T.1 / waveform *n* || ⸚**achse** *f* / axis of oscillation || ⸚**alterung** *f* / vibration ageing || ⸚**analysator** *m* / wave analyzer || ⸚**analyse** *f* / wave analysis, modal analysis, vibration analysis || ⸚**anregung** *f* / excitation of vibrations, excitation of oscillations || **~armer Motor** / precision-balanced motor || ⸚**art** *f* / mode of vibration, mode of motion, mode *n* || ⸚**aufnehmer** *m* / vibration pick-up, vibration sensor || ⸚**ausschlag** *m* / amplitude of vibration || ⸚**bauch** *m* / antipode *n*, loop of oscillation, vibration loop || ⸚**beanspruchung** *f* / vibration strain, oscillating load, vibratory load, vibration load || ⸚**bewegung** *f* / oscillatory motion || ⸚**breite** *f* / peak-to-valley value, peak-to-peak displacement, double amplitude || ⸚**breite der Brummspannung** / peak-to-peak ripple voltage || ⸚**bruch** *m* / fatigue failure
schwingungs·dämpfend *adj* / vibration-damping, vibration-absorbing, vibration damping || ⸚**dämpfer** *m* / vibration damper, antivibration mounting, vibration absorber, snubber || ⸚**dämpfer** *m* (Freiltg.) / anti-vibration jumper, vibration damper || ⸚**dämpfung** *f* / oscillation damping || ⸚**dauer** *f* / period of oscillation || ⸚**einsatz** *m* / self-excitation *n* || ⸚**einsatzpunkt** *m* / singing point
schwingungselastisch gelagert / installed on antivibration mountings

Schwingungs·energie *f* / vibrational energy ‖ **⁓entkopplung** *f* / vibration isolation ‖ **⁓entregung** *f* / oscillatory de-excitation, underdamped high speed demagnetization ‖ **~erregend** *adj* / vibromotive *adj* ‖ **⁓erreger** *m* / vibration generator, vibration exciter ‖ **⁓erreger** *m* / exciter of oscillations, oscillator *n* ‖ **⁓erregung** *f* / excitation of vibrations, excitation of oscillations ‖ **⁓erzeuger** *m* / vibration generator
schwingungsfähiges Gebilde / oscillator *n* ‖ **~ System** / oscillating system
schwingungs·fest *adj* / vibration-resistant *adj*, vibrostable *adj*, immune to vibrations ‖ **⁓festigkeit** *f* / resistance to vibration, vibration strength, vibration resistance, vibrostability *n*, immunity to vibration
schwingungsfrei *adj* / free from vibrations, non-vibrating *adj*, non-oscillating *adj*, vibration-free ‖ **~e Befestigung** / anti-vibration mounting ‖ **~er Transformator** (gegen Stoßwellen geschützt) / non-resonating transformer ‖ **~er Vorgang** / non-oscillatory phenomenon, aperiodic phenomenon
Schwingungsgehalt *m* / harmonic content ‖ **⁓** *m* (Mischspannung) / pulsation factor ‖ **bewerteter ⁓** (Telephonformfaktor) / telephone harmonic factor (t.h.f.)
Schwingungs·geschwindigkeit *f* / vibration velocity, velocity *n*, vibration speed ‖ **~getestet** *adj* / seismic proof ‖ **⁓gleichung** *f* / oscillation equation ‖ **⁓größe** *f* / oscillating quantity ‖ **⁓-Grundtyp** *m* / fundamental mode, fundamental oscillation ‖ **⁓isolator** *m* / vibration isolator
schwingungsisoliert aufgebaut / installed on antivibration mountings
Schwingungs·isolierung *f* / vibration isolation ‖ **⁓klasse** *f* / vibration class ‖ **⁓knoten** *m* / node *n*, nodal point
schwingungsmechanische Entkopplung / vibration isolation
Schwingungs·messer *m* / vibration meter, vibrometer *n* ‖ **⁓messung** *f* / vibration measurement ‖ **⁓modell** *n* / transient network analyzer (TNA), transient analyzer
Schwingungspaket *n* (sinusförmig amplitudenmodulierte Sinusschwingung) / sine beat ‖ **⁓steuerung** *f* / burst firing control, multi-cycle control, multicycle control
Schwingungsprüfung *f* / vibration test *n* ‖ **1-MHz-⁓** *f* / damped oscillatory wave test
Schwingungs·schreiber *m* / vibrograph *n*, vibration recorder ‖ **⁓sensor** *m* / accelerometer ‖ **⁓streifen** *m* / striations *n pl*, stria *n* ‖ **⁓system** *n* / oscillatory system
Schwingungstyp *m* / mode of vibration, mode of motion, mode *n* ‖ **vorherrschender ⁓** / dominant mode
Schwingungs·überwachung *f* / vibration monitoring ‖ **⁓verhalten** *n* / vibration response, oscillatory characteristics ‖ **⁓wächter** *m* / vibroguard *n*, vibration monitor ‖ **⁓weite** *f* / vibration amplitude, amplitude *n* ‖ **halbe relative ⁓weite** / d.c. form factor ‖ **relative ⁓weite** (Welligkeitsanteil) / relative peak-to-peak ripple factor IEC 411-3 ‖ **⁓weitenverhältnis** *n* (Mischstrom) / d.c. ripple factor ‖ **⁓wert** *m* / vibration value ‖ **⁓widerstand** *m* / surge impedance, oscillation impedance ‖ **⁓zahl** *f* / oscillating frequency, frequency of vibration, vibration frequency ‖ **⁓zeichner** *m* / vibrograph *n*, vibration recorder

Schwingweg *m* / vibration displacement, (vibration) excursion (o. deflection ‖ **⁓amplitude** *f* / vibration displacement amplitude, excursion (o. deflection) amplitude

Schwingweite, halbe relative ⁓ (Gleichstrom-Formfaktor) / d.c. form factor IEC 50(551)

Schwitzwasser *n* / condensation water, condensate *n* ‖ **⁓heizung** *f* / space heater, anti-condensation heater ‖ **⁓korrosion** *f* / corrosion by condensed water

Schwund *m* / shrinkage *n* ‖ **⁓** *m* (Schwankung der elektrischen oder magnetischen Feldstärke oder des Signalpegels aufgrund zeitlicher Veränderungen der Bedingungen für die Ausbreitung) / fading *n* ‖ **magnetischer ⁓** / magnetic decay ‖ **⁓dauer** *f* / fading duration (the time duration during which a given fading depth is exceeded)

schwundfrei *adj* / non-shrinking *adj*

Schwund·maß *n* / shrinkage *n*, shrinkage allowance ‖ **⁓meldeeinrichtung** *f* (CO_2-Anlage) / leakage warning device ‖ **⁓rate** *f* (Anzahl von Zeitintervallen, in denen eine gegebene Schwundtiefe überschritten wird, bezogen auf die Beobachtungsdauer) / fading rate ‖ **⁓schnelle** *f* (bei Schwund Steigung der Signalpegelkurve als Funktion der Zeit) / rapidity of fading ‖ **⁓tiefe** *f* / fading depth

Schwung *m* / swing *n* ‖ **⁓** *m* (Moment) / momentum *n* ‖ **⁓ausnutzung** *f* / momentum utilization, exploitation of momentum ‖ **⁓energie** *f* / kinetic energy ‖ **⁓kraft** *f* / centrifugal force ‖ **⁓kraftreserve** *f* (im Schwungrad) / flywheel energy storage ‖ **⁓masse** *f* / centrifugal mass, rotating mass, electrical inertia, inertia *n* ‖ **⁓masse** *f* (Schwungrad) / flywheel *n* ‖ **⁓massenantrieb** *m* / drive for high-inertia load, centrifugal-load drive ‖ **~massenarmer Spinnpumpenantrieb** / low-inertia viscose pump drive ‖ **⁓massenlast** *f* / flywheel load, high-inertia load, centrifugal load ‖ **⁓massensatz** *m* / set of inertia masses

Schwungmoment *n* / rotative moment, flywheel effect ‖ **äußeres ⁓** / load flywheel effect, load Wk^2

Schwungnutzung *f* / exploitation of momentum

Schwungrad *n* / flywheel *n*, inertia flywheel ‖ **⁓abdeckung** *f* / flywheel guard ‖ **⁓anlasser** *m* / inertia starter ‖ **⁓antrieb** *m* / flywheel drive ‖ **⁓generator** *m* / flywheel generator ‖ **⁓kranz** *m* / flywheel rim ‖ **⁓läufer** *m* / flywheel rotor ‖ **⁓umformer** *m* / flywheel motor-generator set, flywheel m.-g. set

Schwung·ring *m* / flywheel *n* ‖ **⁓scheibe** *f* / flywheel ‖ **⁓scheibe** *f* (EZ) / centrifugal disc

SCI (serielle Kommunikationsschnittstelle) / SCI (Serial Communication Interface)

SCK *n* / Software Configuration Kit (SCK)

SCL / SCL (structured control language) ‖ **⁓-Compiler** *m* / SCL compiler *n*

SCLT / space-charge-limited transistor (SCLT)

SCM *n* / Software Configuration Management (SCM)

SCO / Supply Chain Optimization (SCO)

SCOF / self-contained oil filled (SCOF)

SCOR / Supply Chain Operation Reference (SCOR)

Scott-Schaltung *f* / Scott connection ‖ **Transformatorgruppe in ⁓** / Scott-connected

transformer assembly
Scott-Transformator *m* / Scott transformer, Scott-connected transformer, Scott-connected transformer assembly
SCP (SINEC Communication Processor) / SCP || ♂ / Supply Chain Planning (SCP) || ♂ / Scaleable Communication Platform (SCP)
SC-Papiermaschine / SC paper machine
SCPI / Standard Commands for Programmable Instruments (SCPI)
SCR (selektive katalytische Reduktion) *f* / selective catalytic reduction (SCR)
Screen Kit *n* / screen kit || ♂**shot** *m* / screenshot *n* || ♂**shot mit Zusatz** *m* (Composit aus Screenshot und sprachabhängigen Komponenten) / screenshot with added text
Script *n* / script *n*
SCRL / SCRL (scroll key on keyboard)
Scrollbar *f* (Schieber auf der Bildlaufleiste) / scroll bar
scrollen *v* (Verwenden der Bildlaufleiste) / shift *v*
SCS / security checked switching (SCS) || ♂ / sequence control system (SCS)
SCSI-Adapter *m* / SCSI adapter
SCSOA / short circuit safe operating area (SCSOA)
SCSP *n* / Stacked Chip Scale Package (SCSP)
SD / system data (SD) || ♂ (Systemdatenwort) / SD (system data word) || ♂ (Settingdatum) / SD (setting data)
SDAC / SDAC (direction of rotation after end of cycle)
SDB (Systemdatenbaustein) / SDB (system data block) || ♂ **(set deadband)** *n* / set deadband (SDB) *n*
SDE *f* / software development environment (SDE) || ♂**/KM** / SDE/CM || ♂**/KM-Dokumente** *n* / SDE/CM documents || ♂**/KM-Plan** *m* / SDE/CM plan || ♂**-Dokumente** *n* / SDE documents (SDE)
SDH (synchrone digitale Hierarchie) *f* / synchronous digital hierarchy (SDH)
SDIR (Drehrichtung (Parameter)) / SDIR (direction of rotation)
SDIS (Sicherheitsabstand) / SDIS (safety distance)
SDK / Software Development Kit (SDK)
SDL *m* / Smart Display Link (SDL) || ♂**-Diagramm** *n* / SDL diagram
SDO (Servicedatenobjekt) / Service Data Object (SDO)
SDP (Status Display Panel) / display *n*
SDR / SDR (direction of rotation for retraction) || ♂ **(single data rate)** / single data rate (SDR)
SDRAM (Synchron-DRAM) / SDRAM (Synchronous DRAM)
SDS / serial digital interface (SDI) || ♂ / Smart Distributed System (SDS) (advanced bus system for intelligent sensors and actuators)
SDZ / cycle setting data, SDC
SE (sichere Endlage) / safe limit position, SE
SEA / SEA (setting data active) || ♂ **(systematischer Entwicklungsablauf)** / systematic development sequence
Sealed-Beam·-Lampe *f* / sealed-beam lamp || ♂**-Scheinwerfer** *m* / sealed-beam headlamp
SEC / servo control (SEC), servo system, servo-mechanism *n* || ♂ **(Software Enabled Control)** / Software Enabled Control (SECB)
SECAP (Semiconductor Equipment Consortium for Advanced Packaging) / Semiconductor Equipment Consortium for Advanced Packaging (SECAP)
sec./Bauelement / sec./component
Sechsachsroboter *m* / 6-axis robot
Sechsfach·-Bürstenschaltung mit einfachem Bürstensatz / six-phase connection with single set of brushes || ♂**schreiber** *m* / six-channel recorder
Sechskant *m* / hexagon *n* || ♂**fräsen** *n* / hexagonal milling || ♂**kopf** *m* / hexagon head || ♂**mutter** *f* / hexagon nut, hexagonal nut || ♂**revolverkopf** *m* / hexagon tool turret || ♂**ring** *m* / locking collar || ♂**schlüssel** *m* / wrench *n*, machinist's wrench || ♂**schraube** *f* / hexagon head screw, hexagonal head screw, hexagon head-cap screw, hexagon bolt, hex screw *n* || ♂**schraube mit Gewinde bis Kopf** / hexagon head screw
Sechs·phasenschaltung *f* / six-phase circuit || **~phasig** *adj* / six-phase *adj*, hexaphase *adj* || ♂**pol** *m* / six-terminal network
sechspolig *adj* / six-pole *adj*, six-way *adj* || **~e Klinke** / six-way jack
Sechs·puls-Brückenschaltung *f* / six-pulse bridge connection || **~pulsiger Stromrichter** / six-pulse converter || **~stelliges Zählwerk** / six-digit register
SEC-Leitung *f* / SEC cable
Second Level Cache (SLC) *m* / second-level cache (SLC) || ♂**-Level-Cache-Modul** *n* / second-level cache module
SECS *m* / Semiconductor Equipment Communication Standard (SECS) || ♂ **II** *m* / Semiconductor Equipment Communication Standard II (SECS II) || ♂ **II / GEM-Kommunikationsprotokoll** *n* / SECS II / GEM communication protocol
Sedezimal / hexadecimal number || ♂**system** *n* / hexadecimal number system, hexadecimal numeration system || ♂**zahl** *f* / hexadecimal number || ♂**ziffer** *f* / hexadecimal digit
SEE (Statische Erregereinrichtung) / static excitation unit (SEE)
Seebeck-Effekt *m* / Seebeck effect
Seeger *m* / circlip *n*
See·kabel *n* / submarine cable || ♂**kiste** *f* / seaworthy crate || ♂**klimafest** *adj* / resistant to maritime climate
Seele *f* (Kabel, Verbundleiter) / core *n*
Seelenelektrode *f* / flux-cored electrode
seeluftfest *adj* / resistant to maritime climate
seemäßig verpackt / packed seaworthy, packed for export
seewasserbeständig *adj* / seawater-resistant *adj* || ♂**keit** *f* / resistance to seawater, saltwater immersion test *n*
Seezeichen *n* / sea mark, navigational aid || ♂**beleuchtung** *f* / sea marks lighting || ♂**lampe** *f* / beacon lamp
S-Effekt *m* / S effect *n*, surface-charge effect
SEG (Schneideneinstellgerät) / TSS (tool setting station)
Seger-Kegel *m* / Seger cone, tempo stick
Segment *n* / current circuit, current path, conducting path, ladder diagram line || ♂ *n* (Drucklg.) / pad *n*, shoe *n* || ♂ *n* / segment *n* || ♂ *n* / patch *n* || ♂ *n* (Kontaktplan, Darstellungselemente) / segment *n*, bar *n*, rung *n* || ♂ *n* (Programmteil) / segment *n* ISO 2382 || ♂ **Sequence Number** (SGSQNR) / segment sequence number (SGSQNR) || ♂**adresse** *f* / segment address || ♂**anzeige** *f* / segment display, stick display || **7-♂anzeige** *f* / seven-segment

display || ⸰attribut n (GKS) / segment attribute || ⸰blende f / segmental orifice plate || ⸰controller m / segment controller || ⸰-DAU m / segment DAC || ⸰drosselklappe f / butterfly valve with fixed segments in the body || ⸰-Drucklager n / segmental thrust bearing, pad-type bearing, Michell bearing, Kingsbury thrust bearing || ⸰-Entnahmestelle f (Position beim Drehen eines Revolverkopfes) / segment-removal point || ⸰-Generator m / segment generator || ⸰-Gleitlager n / pad-type bearing
segmentiert·er Baugruppenträger / segmented rack || ⸰es ZG / segmented CR
Segment·karte f / segment board || ⸰koppler m / segment transceiver || ⸰koppler m (PROFIBUS) / segment coupler || ⸰länge f / segment length || ⸰leiter m / Milliken conductor, segmental conductor, segment conductor || ⸰leiter m / head of sector || ⸰nummer f / segment number || ⸰priorität f (GKS) / segment priority || ⸰satz m / segment kit || ⸰schleifscheibe f / segment grinding wheel || ⸰spannung f (Kommutatormasch.) / voltage between segments, bar-to-bar voltage || ⸰test m / segment test || ⸰transformation f (Darstellungselemente) / segment transformation
Seh·abstand m / viewing distance || ⸰arbeit f / visual task || ⸰aufgabe f / visual task
Sehen n / vision n, seeing n, sight n || **fotopisches** ⸰ / photopic vision || **mesopisches** ⸰ / mesopic vision
Seh·geschwindigkeit f / speed of seeing || ⸰komfort m / visual comfort || ⸰leistung f / visual performance, visual power
Sehne f / chord n, chord line || ⸰ f (Netzwerk) / link n
Sehnen·länge f (CAD) / length of chord || ⸰satz m / chordal sag m || ⸰sprung m (Sprung mit zwei oder mehr aufeinanderfolgenden ionosphärischen Reflexionen an der gleichen Schicht) / chordal hop || ⸰spule f / short-pitch coil, coil of chorded winding || ⸰wicklung f / short-pitched winding, chorded winding, fractional-pitch winding
Sehnung f / short-pitching n, chording n
Sehnungsfaktor m / pitch factor, pitch differential factor, chording factor
Seh·objekt n / visual object || ⸰organ n / organ of vision, visual organ
sehr kurzfristige Lastprognose / very short term load forecast (VSTLF)
Seh·schärfe f / visual acuity, visual resolution, sharpness of vision || ⸰strahl m / collimator ray || ⸰vermögen n / vision n || ⸰winkel m (BSG) / angle of vision
SEI f / Software Engineering Institute (SEI) || ⸰ f / serial encoder interface (SEI)
Seiden·glimmer m / sericite n || **~matt** adj (Leuchtenglas) / satin-frosted adj || ⸰papier n / wrapping tissue paper
Seigerung f / segregation defect
Seil n / rope n || ⸰ n (Leiterseil) / cable n, stranded conductor, overhead conductor || ⸰aufhänger m (f. Oberleitung) / catenary hanger, span-wire suspension fitting || ⸰aufhängung f / catenary suspension || ⸰ausführung f / rope/cable version, wire structure || ⸰bremse f / rope brake || ⸰durchhang m / conductor sag || ⸰einziehvorrichtung f / rope webbing device || ⸰erder m / conductor earthing electrode

Seilereimaschine f / rope making machine
Seil·fensterheber m / cable window lifter, cable lifter || ⸰heber m / cable-lift system || ⸰kausche f / rope eye || ⸰klemme f / rope clamp || ⸰länge f / wire length || ⸰riss m / conductor failure || ⸰rolle f / rope pulley, rope sheave || ⸰sammelschiene f / flexible busbar, cable-type bus || ⸰scheibe f / rope pulley, rope sheave, pulley || ⸰schlagmaschine f / strander n || ⸰schlaufe f (Kabel) / cable loop || ⸰schwingungen f pl / conductor vibration || ⸰spreize f / rope spreader || ⸰strang m / rope strand || ⸰trieb m / rope drive || ⸰winde f / cable winch, rope winch
Seilzug m / cable pull, conductor pull || ⸰ m (Bowdenzug) / Bowden wire, Bowden control || ⸰ m / rope block, block and tackle, differential pulley block || ⸰antrieb m / cable-operated mechanism || ⸰katze f / rope-drawn trolley || ⸰kraft f / conductor tensile force || ⸰-Notschalter m / cable-operated emergency switch, conveyor trip switch, pull-wire emergency stop switch || ⸰schalter m / cable-operated switch, trip-wire switch, rope-operated switch
S-Eingang m / S input, forcing static S input IEC 117-15, set input
seismisch·e Beanspruchung / seismic stress || **~e Beanspruchung** (f. Prüfung) / seismic conditioning || **~e Beanspruchungsklasse** / seismic stress class || **~e Einflüsse** / earthquake vibrations and shocks || **~e Einwirkungen** / seismic effects || **~er Schwingungsaufnehmer** / seismic vibration pick-up
Seite f (el. Masch., A- oder B-Seite) / end n || ⸰ f (Block von digitalen Daten, Speicherseite) / page n || ⸰ **einrichten** / page setup v
Seiten·abdeckung f / side cover || ⸰adressierung f / page addressing, mapping n || ⸰airbag m / side air bag || ⸰ansicht f / side view, side elevation, print preview, side n, strip n, page n || ⸰anzeige f (Textverarb.) / page-break display || ⸰aufprall m / side collision (o. impact) || ⸰aufprallerkennung f / side impact detection || ⸰aufprallschutz m / side impact protection system (SIPS) || ⸰auslenkung f / lateral deflection || ⸰band n (SB) / sideband n (SB) || ⸰band-Ionenrauschen n / sideband ion noise || ⸰bandüberlagerungsstörung f / sideband interference || ⸰besäumung f / side trimming || ⸰beschreibungssprache f / Page Description, page description language || ⸰bezeichnung (x mm) f / side designation dia. x mm || ⸰biegeversuch m / side bend test || ⸰binder m (Schrank) / sheet-steel side wall || ⸰blech n / side plate ⸰blech mit Bolzen / side plate with bolt || ⸰blende f (Schrank) / side shutter || ⸰ende n / page end || ⸰faltenbeutel m / side gusset bag || ⸰faltenschlauch m / gusseted tube ||
⸰fensterverstellung f / quarter vent adjustment
Seitenfläche f / side surface || ⸰, **Aussparung** / side surface, cutout || **zugewandte** ⸰ (Bürste) / inner side, winding side || ⸰ n f pl (Bürste) / sides n pl
Seiten·fräsen n / side milling || ⸰-Freiwinkel n / side clearance of the major cutting edge || ⸰führung f / sealing strips, side allowance || ⸰führungskraft f / lateral traction || ⸰füllstreifen m / side packing strip || ⸰-Hebelschneider m / end cutting nippers || ⸰holm m (Schrank) / lateral

Seitenkraft

upright || ⟶**kanalkompressoren** *m* / side channel compressor || ⟶**kanalverdichter** *m* / side channel compressor || ⟶**kontakt** *m* (Lampenfassung) / side contact
Seitenkraft *f* / lateral force, transverse force || ⟶ *f* (Führungskraft) / guidance force || ⟶ **durch den transversalen Randeffekt** / transverse edge-effect force
Seiten·länge *f* (die vertikale Abmessung des Bereichs, der zum Druck auf einer Seite oder zur Anzeige auf einem Bildschirm zur Verfügung steht) / page length || ⟶**licht** *n* (Positionslicht) / sidelight *n* || ⟶**linie** *f* / secondary line || ⟶**linienmarke** *f* / side stripe marking || ⟶**modul** *n* / lateral module, side module || ⟶**modul Hutschienenadapter** / side module mounting rail adapter || ⟶**nummerierung** *f* (Textverarb.) / page numbering, pagination *n* || ⟶**nummerierung** *f* / page numbering || ⟶**platte** *f* / side plate || ⟶**rahmen** *m* / side frame, end frame || ⟶**rand** *m* / page margin || ⟶**reihe** *f* / side row || ⟶**reihenfolge** *f* / page sequence || ⟶**riss** *m* / side elevation || ⟶**schlag** *m* / radial runout, lateral runout || ⟶**schneider** *m* / diagonal cutter, end cutting nipper, diagonal and side cutting nippers || ⟶**schneider mit spitzen Backen** / diagonal cutting nipper with pointed jaws || ⟶**schneider mit untenliegenden Schneiden** / diagonal cutting nipper with back cutting edges || ⟶**segment** *n* / side segment || ⟶-**Spanwinkel** *m* / side rake || **~spezifisch** *adj* / page-specific || ⟶**spiegel** *m* (Leuchte) / side reflector || ⟶**spiel** *n* / lateral clearance, float *n* || ⟶**stiel** *m* / side pillar || ⟶**streben** *f pl* / side support || ⟶**streifen** *m* (Straße) / road shoulder, shoulder *n*
seitensymmetrisch *adj* / concentric *adj*, centric *adj*
Seiten·teil *n* / side section || ⟶**teil** *n* (Baugruppenträger, Leuchte) / side panel || ⟶**umbruch** *m* / pagination *n*, page make up || ⟶**verhältnis** *n* (CAD) / aspect ratio || ⟶**versatz** *m* / lateral offset || ⟶**versatzdämpfung** *f* / lateral offset loss
Seitenwand *f* / side wall, side panel || ⟶ **links** / side wall left || ⟶ **rechts** / side wall right || ⟶**effekt** *m* / sidewall effect
Seiten·wände *f pl* / skirting *n* || ⟶**wange** *f* / side flange || ⟶**wechsel** *m* / page break
seitenweise·r Betrieb / page mode || **~s Lesen** / page read mode || **~s Schreiben** / page write mode
seitig, A-~ *adj* / A end || **A-~ anormal** / drive end A non-standard
seitlich *adj* / lateral *adj* || **~ aneinanderreihbar** / buttable side to side || **~ angebaut** / laterally attached || **~ klappbar** / with side hinges || **~e Annäherung** / lateral approach, slide-by mode || **~e Betätigung** / lateral actuation || **~er Hilfsschalter** / lateral auxiliary switch
Seitwärtswinkel *m* / side angle, tilt angle
Sektion *f* / section *n* || ⟶**bauweise** *f* / sectional(ized) construction
Sektor *m* (Teil einer Einrichtung, der einem der durch Zeitmultiplex bereitgestellten Einzelkanäle dauerhaft zugeordnet ist) / sector *n* || ⟶**ausrichtung** *f* / sector alignment || ⟶-**Einzeldrahtleiter** *m* / solid shaped conductor || ⟶**feuer** *n* / sector light || ⟶**feuerleiter** *m* / sectorshaped conductor || **~förmiger Leiter** / sectoral conductor || ⟶**kabel** *n* / sector cable || ⟶**leiter** *m* / sector-shaped conductor

|| **~lose Influenzmaschine** / Bonetti machine || ⟶-**Mehrdrahtleiter** *m* / stranded shaped compacted conductor || ⟶**motor** *m* / bow-stator motor, arcstator motor, sector motor || ⟶**skale** *f* / sector scale
sekundär *adj* / secondary *adj* || **~ geregelter Betrieb** (Generatorsatz) / secondary power control operation IEC 50(603) || **~ getaktetes Netzgerät** / secondary switched-mode power supply unit, secondary chopper-type power supply unit
Sekundär·anschluss *m* / secondary connection || ⟶**anschluss(klemme)** *f* / secondary terminal, output terminal || ⟶**ausfall** *m* (Ausfall einer Einheit, der entweder direkt oder indirekt durch einen Ausfall oder Fehlzustand einer anderen Einheit verursacht wird) IEC 50(191) / secondary failure || ⟶**auslöser** *m* VDE 0670, T.101 / indirect overcurrent release IEC 56-1, indirect trip, secondary release, indirect release || ⟶**auslösung** *f* / indirect tripping, transformer-operated tripping || ⟶**batterie** *f* / secondary battery, rechargeable battery, storage battery || ⟶**bereich** *m* / riser area, secondary area || ⟶**block** *m* (Schutzsystem) / secondary package, sub-block *n* || ⟶**brücke** *f* / secondary bridge || ⟶**datenmultiplexer** *m* / second data multiplexer || ⟶**druck** *m* / secondary pressure
sekundäre Bemessungsspannung / rated secondary voltage || **~ Bemessungsstromstärke** (Wandler) / rated secondary current || **~ Referenzzelle** / secondary reference cell || **~ Schlüsselinformation** / secondary key information || **~ thermische Grenzstromstärke** / secondary limiting thermal current
Sekundär·ebene *f* / secondary plane || ⟶**einrichtung** *f* / secondary equipment
Sekundärelektronen·emission *f* / secondary electron emission || ⟶**elektronenstrom** *m* / secondary electron emission current || ⟶**elektronenvervielfacher** *m* / secondary-emission multiplier, secondary-emission-tube, multiplier phototube
Sekundärelement, galvanisches ⟶ / electric storage battery
Sekundäremission *f* / secondary emission
Sekundäremissions·faktor *m* / secondary electron emission factor || ⟶-**Fotozelle** *f* / secondary emission photocell || ⟶**vervielfacher** *m* (SEV) / secondary-emission multiplier, secondary-emission-tube, multiplier phototube
Sekundärenergie *f* / secondary energy, derived energy
sekundär·er Bemessungsstrom / rated secondary current IEC 50(321) || **~er Erregerstrom** (Wandler) / exciting current IEC 50(603) || **~er Genauigkeitsgrenzstrom** / accuracy limit secondary current || **~es Kriechen** / secondary creep, second-state creep || **~es Kühlmittel** (el. Masch.) VDE 0530, T.1 / secondary coolant IEC 34-1 || **~es Schütz** / secondary switching device (SSD)
Sekundär·fachwerk *n* (Gittermast) / redundant bracings, secondary bracings || ⟶**geräteliste** *f* / list of secondary equipment || ⟶-**Grenz-EMK** *f* / secondary limiting e.m.f. || ⟶**gruppe** *f* IEC 50 (704) / supergroup *n* || ⟶**gruppenmodulationseinrichtung** *f* / supergroup modulating equipment || ⟶**gruppenumsetzer** *m* / supergroup translating equipment || ⟶**index** *m* (Index für Sekundärschlüssel) / secondary index ||

⸿**klemme** *f* / secondary terminal, output terminal ||
⸿**klemmenkasten** *m* / secondary terminal box ||
⸿**kontur** *f* / secondary contour || ⸿**kreis** *m* /
secondary circuit || ⸿**leerlaufspannung** *f* /
secondary open-circuit voltage, secondary voltage
|| ⸿**leistung** *f* / output *n* || ⸿**leitung** *f* / secondary
circuit, sub-circuit *n*, secondary wire, secondary
cable || ⸿**lichtquelle** *f* / secondary light source,
secondary source || ⸿**-Nennkurzschlussstrom** *m* /
secondary short-circuit current rating || ⸿**-
Nennspannung** *f* / rated secondary voltage || ⸿**-
Nennstrom** *m* / rated secondary current ||
⸿**normal** *n* / secondary standard, substandard *n* ||
⸿**normallampe** *f* / substandard lamp
Sekundär·platte *f* / secondary sheet, sheet
secondary || ⸿**prüfung** *f* (Schutz) / secondary test
|| ⸿**prüfung durch Fremdeinspeisung** /
secondary injection test || ⸿**regelung** *f* / secondary
control || ⸿**relais** *n* VDE 0435,T.110 / secondary
relay || ⸿**-Restspannung** *f* / secondary residual
voltage || ⸿**rückhaltesystem** *n* / secondary
restraint system || ⸿**schaltkreis** *m* / secondary
circuit || ⸿**schlüssel** *m* (Schlüssel, der kein
Primärschlüssel ist, für den aber ein Index geführt
wird und der mehr als einen Datensatz bezeichnen
kann) / secondary key || ⸿**schrank** *m* / secondary
cabinet || ⸿**seite** *f* / secondary side, secondary circuit
sekundärseitig *adj* / secondary *adj*, in secondary
circuit
Sekundärspannung *f* (Ausgangsspannung von
Transformatoren und Ladegeräten) / secondary
voltage, output voltage || ⸿ **bei Belastung**
(Wandler) / output voltage under load
Sekundär·spule *f* / secondary coil || ⸿**standard** *m* /
substandard *n* || ⸿**steuerelement der Maschine** /
machine secondary control element (MSCE) ||
⸿**strom** *m* / secondary current, output current ||
⸿**stromauslöser** *m* / indirect overcurrent release,
indirect release (o. trip) || ⸿**stromrelais** *n* /
indirect overcurrent relay || ⸿**target** *n* / secondary
target || ⸿**technik** *f* / control and protection system
|| ⸿**teil** *m* / secondary part, *n* secondary section ||
⸿**teilabdeckung** *f* / secondary section cover ||
⸿**teilbearbeitung** *f* / secondary part processing ||
⸿**teilkühler** *m* / secondary section cooler ||
⸿**teilspur** *f* / secondary section track ||
⸿**telegramm** *n* / secondary telegram || ⸿**-
Ummantelung** *f* / secondary coating || ⸿**variable**
f / secondary variable || ⸿**verdrahtung** *f* /
secondary wiring
Sekundärwicklung *f* / secondary winding,
secondary *n* || **Wandler mit einer** ⸿ / single-
secondary transformer || **Wandler mit zwei** ⸿**en** /
double-secondary transformer
Sekundär·zählwerk *n* / secondary register || ⸿**zelle**
f / accumulator battery || ⸿**zelle** *f* / secondary cell
Sekunde *f* / second *n*
Sekunden·messer *m* / seconds counter || ⸿**reserve** *f* /
seconds reserve
SEL / System Event Log (SEL)
**selbstabgleichendes elektrisches Kompensations-
Messgerät** / indirect-acting electrical measuring
instrument || **~, nichtelektrisches Kompensations-
Messgerät** / indirect-acting measuring instrument
actuated by non-electrical energy
Selbstabnehmer *m* / self-checker
selbstabstimmend *adj* / self-tuning *adj*, self-
balancing *adj*
selbstadaptiver Regler / self-adapting controller
selbstanhebende Scheibe / self-releasing washer,
spring-loaded washer
Selbst·anlasser *m* / automatic starter, auto-starter *n* ||
⸿**anlauf** *m* / self-starting *n*, automatic start
selbstanlaufend *adj* / self-starting *adj* || **~er
Synchronmotor** / self-starting synchronous
motor, auto-synchronous motor, synaut motor
Selbstanregung *f* / self-excitation *n*
selbstaufbauend / build-as-you-go || **~e
Potenzialschiene** / self-assembling voltage bus ||
~er Energiebus / self-assembling power bus
selbstauslösender Drehmomentschlüssel / self-
releasing torque spanner
selbstausrichtend *adj* / self-aligning *adj*
Selbstbauer *m* / proprietary builder
selbstbelüftet *adj* / self-cooled *adj*, self-ventilated
adj, naturally cooled || **~e Maschine** / non-
ventilated machine
Selbst·belüftung *f* / natural air cooling ||
⸿**bewertung** *f* / self-assessment *n* || ⸿**diagnose** *f* /
self-diagnostics *plt* || ⸿**diagnoseprogramm** *n* / self-
diagnostics program || ⸿**diagnosesystem** *n* / self-
diagnosing system
selbstdichtend *adj* / self-sealing *adj* || **~er
Würgenippel** / self-sealing grommet
Selbsteinspielbereich *m* / range of self-indication
selbsteinstellender Regler / self-tuning controller
Selbst·einstellung *f* / self-tuning *n*, self-optimization
n, self tuning || ⸿**entladung** *f* / spontaneous
discharge || ⸿**entladung** *f* / self-discharge *n*, local
action || ⸿**entmagnetisierung** *f* / self-
demagnetization *n* ||
⸿**entmagnetisierungsfeldstärke** *f* / self-
demagnetization field strength || ⸿**entregung** *f* /
self-deexcitation *n* || **~entzündbar** *adj* / self-
igniting *adj* || ⸿**entzündung** *f* / self-ignition *n*,
spontaneous ignition, auto-ignition *n* ||
⸿**entzündungstemperatur** *f* / auto-ignition
temperature || **~erhaltend** *adj* / modal *adj* ||
⸿**erhitzung** *f* / spontaneous heating || ⸿**erkennung**
f / auto-recognition
selbsterklärend *adj* / self-explanatory *adj*, intuitive
adj
Selbsterregerwicklung *f* / self-excitation winding
selbsterregte Maschine / self-excited machine || **~
Pendelungen** / hunting *n*
Selbsterregung *f* / self-excitation *n* || **Aufbau der**
⸿ / build-up of self-excited field || **direkte** ⸿
(Transduktor) / auto-self-excitation (transductor),
self-saturation *n* || **kritische Drehzahl für die** ⸿ /
critical build-up speed || **Maschine mit** ⸿**-
excited machine** || **Transduktor mit direkter** ⸿ /
auto-self-excited transductor
Selbsterregungs·drehzahl *f* / build-up speed || ⸿**-
Starthilfe** *f* / field flashing (device) ||
⸿**widerstand** *m* / build-up resistance
selbstfahrend *adj* / self-moving *adj*, self-powered *adj*
Selbstführung *f* / self-commutation *n*, self
management
selbstgeführt·e Kommutierung (selbstgeführte
Wechselrichter benötigen keine fremde
Wechselspannungsquelle zur Kommutierung) /
self-commutation *n* || **~er Netzstromrichter** / self-
controlled power supply PWM, Active Front End,
self-commutated mains converter || **~er**

selbstgekühlt

Stromrichter / self-commutated converter || **~er Wechselrichter** (selbstgeführte Wechselrichter benötigen keine fremde Wechselspannungsquelle zur Kommutierung) / self-commutated inverter
selbstgekühlt *adj* / self-ventilated *adj*, self-cooled *adj*, naturally cooled || **~e Maschine** (unbelüftete M.) / non-ventilated machine || **~e Maschine mit Rippengehäuse** / non-ventilated ribbed-surface machine || **~er Drehstromservomotor** / self-cooled AC servomotor || **~er Öltransformator** (Kühlungsart OA) / oil-immersed self-cooled transformer (Class OA) || **~er Transformator** / self-cooled transformer || **~er, geschlossener Trockentransformator** (Kühlungsart GA) / self-cooled sealed dry-type transformer (Class GA)
selbstgelöschter elektronischer Schalter / self-commutated electronic switch (SCE)
selbstgeregelt·e Maschine / self-regulated machine || **~er Stromrichter** / self-clocked converter
selbsthaftend *adj* / self-adherent *adj*, pressure-sensitive *adj*, self-stick *adj*
Selbsthalte·betrieb *m* / latching mode || **≈funktion** *f* (NC-Programm) / modal function || **≈kontakt** *m* / self-holding contact, seal-in contact, latching contact || **≈moment** *n* / detent torque
selbsthaltend *adj* (NC-Programm) / modal *adj* || **~es Lager** / non-separable bearing || **nicht ~es Lager** / separable bearing
Selbsthalte·relais *n* (Verklinkt) / latching relay || **≈relais** *n* (m. Dauermagnet) / lock-up relay || **≈schaltung** *f* / latch circuit, latching feature, seal-in circuit, latching *n*, incremental mode, locking *n*
Selbsthaltung *f* / latch circuit, latching feature, incremental mode, locking *n*, sealing in, sealing home || **≈** *f* (Signale) / latching *n* || **in ≈ gehen** / remain locked in, be sealed home || **Aufheben der ≈** / de-sealing *n* || **Befehl mit ≈** / maintained command
selbstheilend *adj* / self-restoring || **~e Isolierung** / self-restoring insulation || **~e Sicherung** / self-restoring fuse || **~er Kondensator** / self-healing capacitor, self-sealing capacitor
Selbstheilprüfung *f* / self-healing test
selbsthemmend *adj* / self-locking *adj*, irreversible *adj* || **~es Gelenk** / self-locking hinge, self-arresting pivot
Selbst·hilfe *f* / self-help || **≈identifizierung** *f* / self-identification || **≈inbetriebnahme** *f* (SI) / self-installation *n* (SI), signal *n*, automatic commissioning
Selbstinduktion *f* / self-induction *n*, self-inductance *n* || **≈ des Erregerfelds** / field self-inductance
Selbstinduktions·koeffizient *m* / coefficient of self-induction || **≈reaktanz** *f* / self-reactance *n* || **≈spannung** *f* / self-induction e.m.f., self-induced e.m.f., reactance voltage of commutation || **≈spule** *f* / inductor, self-induction coil, choking coil, coil *n*, choke *n*, retard coil *n*, inductor *n*
Selbst·induktivität *f* / self-inductance *n*, coefficient of self-induction || **≈justage** *f* / automatic adjustment
selbstjustierend *adj* / self-aligning *adj*
selbstkalibrierend *adj* / self-calibrating *adj*
selbstklebend *adj* / self-adherent *adj*, pressure-sensitive *adj*, self-stick *adj*, self-adhesive *adj* || **~es Isolierband** / pressure-sensitive adhesive tape
selbstklemmendes Element / automatic locking element

selbstkodierend *adj* / self-coding *adj*
Selbst·kommutierung *f* / self-commutation *n* || **Stromwandler mit ≈kompensation** / autocompound current transformer || **≈konfektionierung** *f* / DIY cutting and terminating || **~konfigurierend** *adj* / self-configuring || **≈kontrolle** *f* / operator control || **~kontrollierend** *adj* / self-checking || **~konvergierend** *adj* / self-converging add
Selbstkosten *plt* / production cost, original costs, cost of sales, prime costs
Selbstkühlung *f* (el. Masch.) / natural cooling, natural ventilation || **≈** *f* / natural cooling, self-cooling *n* || **≈ Leistung bei ≈** / self-cooled rating || **Maschine mit ≈** / non-ventilated machine, machine with natural ventilation
Selbstlade-CNC-Drehmaschine *f* / self-loading CNC turning machine
Selbstlernen *n* / self-learning
Selbstlern·-Funktion *f* / self-learning, on-line learning, self-learning function || **≈medium** *n* / self-paced instruction medium || **≈modul** *n* / self-learning module || **≈-Prinzip** *n* / self-learning principle || **≈- und Optimierungsfunktion** *f* / self-learning and optimization functions
selbst·leuchtend *adj* / self-luminous *adj*, luminescent *adj* || **≈leuchter** *m* / primary radiator, primary light source || **≈leuchterfarbe** *f* / self-luminous colour
Selbstlockern *n* / accidental loosening, working loose || **gegen ≈ sichern** / lock (to prevent accidental loosening)
selbstlöschend *adj* / self-clearing *adj* || **~er Fehler** / self-extinguishing fault || **~er Kurzschluss** / self-extinguishing fault || **~es Zählrohr** / self-quenched counter tube
Selbst·löschgrenze *f* / self-extinction limit || **≈löschung** *f* (Lichtbogen) / self-extinguishing *n* || **≈löschung** *f* (LE) / self-commutation *n* || **Grenzstrom der ≈löschung** (größter Fehlerstrom, bei dem eine Selbstlöschung des Lichtbogens noch möglich ist) / limiting self-extinguishing current
Selbstmagnetisierung *f* / spontaneous magnetization, intrinsic magnetization
selbst·meldender Fehler / self-reporting fault, self-revealing fault, self-signalling fault, obvious fault || **Fehler ohne ≈meldung** / non-self-revealing fault || **≈mordschaltung** *f* / suicide control || **~nachstehende Kupplung** / self-adjusting clutch || **~nachziehende Schraube** / self-tightening screw || **≈neutralisierungsfrequenz** *f* / self-neutralization frequency
Selbstölung, Lager mit ≈ / self-oiling bearing, ring-lubricated bearing
selbst·optimierend *adj* / self-optimizing *adj* || **≈optimierung** *f* / self-optimization *n* || **~prüfend** *adj* / self-checking *adj* || **≈prüfschaltung** *f* / auto-control device || **≈prüfung** *f* / workshop inspection, self-test *n*, operator control || **≈prüfung** *f* (Teil der zur Qualitätslenkung erforderlichen Qualitätsprüfung, der vom Bearbeiter selbst ausgeführt wird) / operator inspection *n*
selbstregelnd *adj* / self-regulating *adj*, self-adjusting *adj* || **~er Generator** / self-regulating generator || **~er Transformator** / regulating transformer, automatic variable-voltage transformer
selbstreinigender Kontakt / self-cleaning contact
Selbst·sättigung *f* / self-saturation *n* ||

~sättigungsgleichrichter *m* / auto-self-excitation valve

Selbstschalter *m* / automatic circuit-breaker, circuit-breaker *n* || **~** *m* (Kleinselbstsch.) / miniature circuit-breaker (m.c.b.) || **~abgang** *m* / outgoing circuit-breaker unit, m.c.b. way

selbst·schärfend *adj* / self-arming *adj* || **~schmierendes Lager** / self-lubricating bearing || **~schneidend** *adj* / self-tapping *adj* || **~schneidende Schraube** / tapping screw, self-tapping screw

selbstsperrendes Schneckengetriebe / self-locking worm gear(ing)

Selbstsperrung *f* / self-locking action || **~** *f* (Handrückstelleinrichtung) / hand-reset (feature), manual reset(ting device) || **Relais mit ~** / hand-reset relay || **Relais ohne ~** / self-reset relay, auto-reset relay

selbststabilisierendes DSA-Sicherheitsfahrwerk / DSA (dynamic safety) chassis

selbstständig weiterbrennende Flamme / self-sustaining flame || **~ zurückstellender Temperaturbegrenzer** / self-resetting thermal cut-out, self-resetting thermal release || **~e Baugruppe** / self-contained component || **~e Datenbanksprache** / self-contained database language || **~e Entladung** / self-maintained discharge || **~e Leitung in Gas** / self-maintained gas conduction || **~er Betrieb** (Automatisierungssystem einer dezentralen Anlage) / stand-alone operation || **~er Lichtbogen** / self-sustained arc

Selbststarterlampe *f* / self-starting lamp

Selbststeuerung *f* / automatic control || **Fahrstuhl mit ~** / automatic self-service lift (o. elevator) || **Maschine mit ~** / self-regulated machine || **Maschine mit Fremderregung und ~** / compensated self-regulating machine, compensated regulated machine

Selbst·strukturierung *f* / self-configuration *n* || **~synchronisierend** *adj* (Eigentaktung) / self-locking *adj* || **~synchronisierung** *f* / self-synchronization *n* || **~taktend** *adj* / self-clocking *adj*, self-timing *adj* || **~taktender Zeitgeber** / self-clocking timer

selbsttätig *adj* / automatic *adj* || **~ abgleichende Regelung** / self-adaptive control || **~ arbeitende Vorrichtung** / automatic device || **~ einstellend** / sets (parameters) automatically || **~ geregelt** / automatically controlled, automatically regulated || **~ rückführend** / self-retracting || **~ rückstellender Melder** EN 54 / self-resetting detector || **~ rückstellender Schutz-Temperaturbegrenzer** VDE 0700, T.1 / self-resetting thermal cut-out IEC 335-1 || **~ zurückstellender Temperaturbegrenzer** EN 60742 / self-resetting thermal cut-out || **~e Ausschaltung** (LE-Gerät) / automatic switching off || **~e Einschaltung** (LE-Gerät) / automatic switching on || **~e Feldschwächung** / automatic field weakening || **~e Prüfroutine** / self-checking routine || **~e Regelung** / automatic control, closed-loop control, feedback control || **~e Rückstellung** / automatic return || **~er Berührungsschutz** (Klappenverschluss einer Schaltwageneinheit) / automatic shutter || **~er Feldregler** / automatic field rheostat, automatic rheostat || **~er Wiederanlauf** / automatic restart || **~es Regelungssystem** / automatic control system || **~es Rückstellen (o. Rücksetzen)** / self-resetting *n* || **~es Steuerungssystem** / automatic control system || **~es Wiederschließen** VDE 0670, T. 101 / auto-reclosing *n*, automatic reclosing, rapid auto-reclosure

Selbsttest *m* / self-test *n*, confidence test, workshop inspection || **~ o. k.** *m* / self-test OK || **~programm** *n* / self testing routine

selbsttragend *adj* / self-supporting *adj* || **~e Karosserie** / self-supporting body || **~er Stützpunkt** / self-supporting support || **~es Fernmelde-Luftkabel** / self-supporting telecommunication aerial cable || **~es Luftkabel** / self-supporting aerial cable

selbstüberprüfend *adj* / self-checking *adj*

selbst·überwachend *adj* / self-monitoring *adj*, self-supervisory *adj*, fail-safe *adj*, failing to safety || **~überwachung** *f* / self-monitoring *n*, self-supervision *n*, self-checking function || **~überwachung** *f* (rechnergesteuerte Anlage) / self-diagnosis *n*, self-diagnostics *plt* || **~unterhaltende Flamme** / self-sustaining flame

selbst·verantwortliches Qualitätsmanagement am Arbeitsplatz (SQA) / autonomous quality management at the workplace || **~verlöschend** *adj* / self-extinguishing *adj* || **~verschweißendes Band** / self-bonding tape || **~verzehrende Elektrode** / consumable electrode || **~ wiedereinschaltender thermischer Unterbrecher** VDE 0806 / self-resetting thermal cutout IEC 380 || **~zentrierend** *adj* / self-centering *adj* || **~zündende Lampe** / self-starting lamp || **~zündung** *f* / self-ignition *n*, spontaneous ignition, autoignition *n* || **~zusammenbau** *m* / customer assembly, self-assembly *n*

selbstzuteilender Bus / self-arbitrating bus

SE-Leiter *m* / solid shaped conductor

selektieren *v* / select *v*

selektiertes Feld / selected box

Selektion *f* / selection *n*, choice *n* || **gemeinsame ~** / shared selection

Selektions·-Cursor *m* / selection cursor (cursor for selecting images) || **~kurve** *f* / selectivity curve || **~taste** *f* / selection key || **~tor** *n* / select gate

Selektivbaustein *m* / selection module, selectivity block

selektiv·e Abschaltung (nur die vom Fehler betroffene F-Ablaufgruppe wird von der Abschalt-Logik abgeschaltet) / partial shutdown || **~e Ätzung** / selective etching || **~e Erdschlussmessung** / selective earth-fault measurement || **~e katalytische Reduktion (SCR)** / selective catalytic reduction (SCR) || **~e Kommutierung** / selective commutation || **~e nichtkatalytische Reduktion (SNCR)** / selective non-catalytic reduction (SNCR) || **~e Oberschwingungskompensation** / selective harmonic suppression (SHS) || **~e Prüfung** / screening test, screening inspection || **~e Staffelung** (Schutz) / selective grading || **~er Angriff** (Korrosion) / selective attack || **~er Empfänger** (f. optische Strahlung) / selective detector || **~er Pegelmesser** / selective level meter (SLM) || **~er Rundruf** (Senden eines Datenübertragungsblocks in der Absicht, dass er von einer Gruppe ausgewählter Datenstationen am

Selektivität 782

selben lokalen Netz empfangen wird) / LAN multicast ‖ ~**er Rundruf** (Übertragung derselben Daten an ausgewählte Ziele) / multicast ‖ ~**er Strahler** / selective radiator ‖ ~**es Erdschlussrelais** / discriminating earth-fault relay ‖ ~**es Löschen** (von gespeicherten Informationen) / selective erasing
Selektivität *f* / selectivity *n* (protection system), discrimination *n* ‖ ⌁ **in Strahlennetzen** / discrimination in radial systems
Selektivitäts·grenze *f* / selectivity limit ‖ ⌁**grenzstrom** *m* / selectivity limit current (SG)
Selektivitätssteuerung *f* / selective interlocking ‖ **zeitverkürzte** ⌁ (ZSS) / zone-selective interlocking, short-time grading control ‖ **zeitverzögerte** ⌁ (ZSS) / zone-selective interlocking, short-time grading control
Selektivitätsverhältnis *n* / discrimination ratio
Selektivschalter *m* / non-current-limiting switch
Selektivschutz *m* VDE 0435, T.110 / protection *n*, selective protection, discriminative protection ‖ ⌁ **mit absoluter Selektivität** IEC 50(448) / unit protection ‖ ⌁ **mit absoluter Selektivität und Informationsübertragung** / unit protection using telecommunication ‖ ⌁ **mit Freigabe** IEC 50 (448) / permissive protection ‖ ⌁ **mit relativer Selektivität** IEC 50(448) / non-unit protection ‖ ⌁ **mit Sperrung** IEC 50(448) / blocking protection, blocking system, blocking scheme ‖ ⌁ **mit Überreichweite und Deblockierung** / unblocking directional comparison protection (UOP) ‖ ⌁ **mit Überreichweite und Entsperrverfahren** / unblocking overreach protection (UOP), unblocking directional comparison protection (USA) ‖ ⌁ **mit Überreichweite und Freigabe** IEC 50(448) / permissive overreach protection (POP), permissive overreaching transfer trip protection (POTT) ‖ ⌁ **mit Überreichweite und Sperrung** / blocking overreach protection (BOP), blocking directional comparison protection (USA) ‖ ⌁ **mit Unterreichweite und Staffelzeitverkürzung** (IEV 448-15-13) / accelerated underreach protection (AUP) ‖ ⌁ **mit Unterreichweite und unmittelbarer Fernauslösung** IEC 50(448) / intertripping underreach protection (IUP), direct underreaching transfer trip protection (DUTT) ‖ ⌁ **mit Unterreichweite und Freigabe** IEC 50(448) / permissive underreach protection (PUP), permissive underreaching transfer trip protection (PUTT) ‖ ⌁**schalter** *m* / selective circuit-breaker, discriminative breaker, fault discriminating circuit-breaker ‖ ⌁-**Sicherheit** *f* IEC 50(448) / security of protection ‖ ⌁**überlappung** *f* IEC 50(448) / overlap of protection ‖ ⌁-**Zuverlässigkeit** *f* IEC 50 (448) / dependability of protection
Selektivschwund *m* (Schwund, bei dem die verschiedenen Spektralkomponenten einer modulierten Funkwelle in ungleicher Weise beeinflusst werden) / frequency selective fading
Selektor *m* (Datenobjekte) / selector *n*
Selen·ableiter *m* / selenium arrester, selenium diverter ‖ ⌁-**Überspannungsableiter** *m* / selenium overvoltage protector
seltene Erde / rare-earth element
Seltenerd·material *n* / rare-earth material ‖ ⌁**metall** *n* / rare-earth metal
SELV (Schutzkleinspannung) / protective extra-low voltage ‖ ⌁ (Sicherheitskleinspannung) / SELV (safety extra-low voltage)
SELV-E / separated extra low voltage system, earthed (SELV-E)
SELV-Stromkreis *m* (SELV = safety extra-low voltage - Sicherheitskleinspannung) / SELV circuit
SEM / Standard Electronic Module (SEM)
Semantik *f* / semantics *plt*
semantisches Netz / semantic network
Semaphor *n* / semaphore *n* ‖ ⌁ **setzen** / Set semaphores ‖ ⌁**byte** *n* / semaphore byte ‖ ⌁**entechnik** *f* / semaphore technique
SEMI (Verband) / Semiconductor Equipment and Material International (SEMI)
Semi·additiv-Verfahren *n* / semi-additive process ‖ ⌁**grafik** *f* / semi-graphics *n*, character graphics
semigrafisch *adj* / semi-graphic *adj* ‖ ~**e Darstellung** / semi-graphic display, character-graphics display, semigraphic representation
Semi·graphik *f* / character graphics, semi graphics ‖ ~-**horizontale Anordnung** (der Leiter einer Freiltg.) IEC 50(466) / semi-horizontal configuration ‖ ⌁**kolon** *n* / semicolon *n* ‖ ⌁**kristallin** *n* / multicrystalline, multicrystal *n*, PX *n*, multiple crystalline, semicrystalline *n* ‖ ⌁-**Leuchte** *f* / semi-luminaire *n* ‖ ~**transparentes Modul** / semi-transparent module ‖ ⌁**transparenz** *f* / semi-transparency *n*
Semix-Verfahren *n* / Semix process
Senatschließung *f* / senat tumbler arrangement
Sende·abruf *m* / polling *n*, poll *n* ‖ ⌁**anforderung** *f* / request *n*, request to send ‖ ⌁**anstoß** *m* / send trigger command, trigger to send ‖ ⌁**antenne** *f* / sending aerial ‖ ⌁**anzeige** *f* / transfer signal ‖ ⌁**aufforderung** *f* / transmission request, request to send (RTS), polling *n*, poll *n*, enquiry *n* (ENQ) ‖ ⌁**aufruf** *m* DIN 44302 / polling *n*, poll *n* ‖ ⌁**aufruf ohne Folgenummer** / unnumbered poll (UP) ‖ ⌁**auftrag** *m* / send job
Sende·baustein *m* / emitting device ‖ ⌁**berechtigung** *f* / permission to send, permission to transmit ‖ ⌁**berechtigungsmarke** *f* / send token ‖ ⌁**berechtigungsmarke** *f* (DIN V 44302-2(DIN V 44302-2); (E DIN ISO/IEC 2382-25)) / token *n* ‖ ⌁**bereich** *m* / transmitting range ‖ ~**bereit** *adj* / clear to send (CTS), ready to send ‖ ⌁**bereitschaft** *f* / clear to send (CTS), ready for sending ‖ ⌁**bereitschaft Verzögerung** / send accept delay ‖ ⌁-**CPU** *f* / transmitting CPU ‖ ⌁**daten** *plt* DIN 66020, T.1 / transmitted data, TxD (Transmitted Data), transmit data, send data ‖ ⌁-**Datenbaustein** *m* / transmitted data block ‖ ⌁**dauerüberwachung** *f* / jabber control, transmission time monitoring
Sende-/Empfängereinheit *f* / transmission/reception unit ‖ ⌁-**Empfänger-Prüfkopf** *m* (SE-Prüfkopf) / transceiver probe (TR probe) ‖ **universelle synchrone asynchrone** ⌁-/**Empfangsschaltung** (USART) / universal synchronous/asynchronous receiver/transmitter (USART) ‖ ⌁**erlaubnis** *f* / permission to transmit, permission to send ‖ ⌁**fach** *n* / send mailbox, sending mailbox (SMB) ‖ ⌁**fenster** / transmit window ‖ ⌁**flussregelung** *f* / transmit flow control ‖ ⌁**frequenz** *f* / transmit frequency ‖ ⌁**frequenzlage** *f* DIN 66020 / transmit frequency ‖ ⌁**funktion** *f* / send function ‖ ⌁**gerät** *n* / transmitter *n* ‖ ⌁-**IM** / send IM ‖ ⌁**impuls** *m* (elektrischer Impuls, der in einem Schwinger in

einen akustischen Impuls umgewandelt wird) DIN 54119 / initial pulse || ⁓**impulsbreite** *f* / sending pulse width || ⁓**kabel** *n* / transmit cable || ⁓**kanal** *m* (Kanal zur Sendung der Benutzerinformation, definiert in Bezug auf ein gegebenes Leitungsende) / transmit channel, go channel || ⁓**leistung** *f* / transmitter power, output power, transmit power || ⁓**mailbox** *f* (SMB) / sending mailbox (SMB), send mailbox || ⁓**modul** *n* / emitter module
Senden *n* / broadcast *n*
senden *v* / send *v*, transmit *v* || **~ an alle** / broadcast *v* || ⁓ **von Daten** / sending data || **falsch ~** / send false || **Schall ~** / transmit sound, emit an ultrasonic signal || **wahr ~** / send true
sendende Station / transmitting station, initiating station || **~r Dienstbenutzer** / sending service user
Sende·pause *f* / send pause || ⁓**pegel** *m* / transmission level || ⁓**pegel** *m* (Messplatz) / output level || ⁓**programm** *n* / transmit program
Sender *m* / source *n*, noise source, driver *n* || ⁓ *m* / transmitter *n* (an opto-electronic circuit that converts an electrical logic signal to an optical signal), encoder *n*, transducer *n*, feedback device, sensor *n*, measuring sensor, pickup *n* || ⁓ *m* (Installationsbus) / sender *n* || ⁓ *m* (NS) / emitter *n*
Sende·raster, zyklisches ⁓**raster** / transmission cycle time || ⁓**reichweite** *f* / transmitter range
Sender·eingang *m* / transmitter input || ⁓**-Empfänger** *m* / transceiver *n*, transmitter-receiver *n* || ⁓**lauflampe** *f* / transmitter running lamp || ⁓**linse** *f* / transmitter lens || ⁓**-Nachlaufzeit** *f* / transmitter reset time || ⁓**sperrröhre** *f* / anti-transmit/receive tube (AT/R tube) || ⁓**-Vorlaufzeit** *f* / transmitter setup time
Sende·schritttakt *f* / transmitter signal element timing, *m* transmitter clock (TC) || ⁓**schwinger** *m* / transmitting probe || ⁓**-Slot** *m* / send slot || ⁓**station** *f* / master station || ⁓**stromschleife** *f* / current loop transmit || ⁓**takt** *m* / send clock time || ⁓**teil einschalten** / request to send, RTS (Request To Send) || ⁓**telegramm** *n* / transmission message, message transmitted || ⁓**telegramm** *n* (PROFIBUS) / send frame || ⁓**totzeit** *f* / sending dead time || ⁓**- und Empfangslauflampe** *f* / send and receive LED || ⁓**verstärker** *m* / amplifier *n* || ⁓**verzerrung** *f* (Zeitverzerrung eines Senders, gemessen am Ausgang unter festgelegten Standardbedingungen) / transmitter distortion || ⁓**vorgang** *m* / transmission process || ⁓**weg** *m* / send path || ⁓**wunsch** *m* / line bid, request to transmit || ⁓**wunsch haben** / contend for bus, contend for channel || ⁓**zähler** *n* / impulsing meter, impulse meter || ⁓**zeitüberwachung** *f* / jabber control, transmission time monitoring
Sendschein *m* / dispatch note
Sendung *f* / shipment *n*
Sendungs·Priorität *f* / message priority || ⁓**vermittlung** *f* / message switching
Sendzimir-verzinkt / sendzimir coating, sendzimir-galvanized, corrosion-protective coating, galvanized in a Sendzimir process
Senk·bohren *n* / counterboring || ⁓**bremse** *f* / dynamic lowering brake, lowering brake || ⁓**bremsschaltung** *f* / dynamic lowering circuit || ⁓**bremsventil** *n* / counterbalancing valve
Senke *f* / acceptor *n* || ⁓ *f* / potentially susceptible equipment (o. device) || **Daten~** *f* / data sink || **Öl~** *f* / oil cone || **Strom~** *f* / current sink
Senken *n* / countersink *n* || ⁓ *n* (Nachbearbeiten von Bohrungen) / counterboring *n* || **~ v** / lower *v* || **elektrochemisches** ⁓ / electro-chemical machining (e.c.m.), electro-forming *n*, electro-erosion machining
Senker *m* / countersink *n*, core drill, counterbore *n*
Senk·erodieren *n* / sink erosion || ⁓**erodiermaschine** *f* / vertical eroding machine || ⁓**erosion** *f* / die-sinking electrical discharge machining, die-sinking EDM || ⁓**kerbschraube** *f* / countersink head notched screw || ⁓**kopfschraube** *f* / countersunk-head screw || ⁓**kraftschaltung** *f* / power lowering circuit || ⁓**lot** *n* / plumb bob, plummet *n*, bob *n*, lead *n* || ⁓**prägung** *f* / countersunk stamping
senkrecht *adj* / vertical *adj*, at right angles, perpendicular
Senkrecht·bewegung *f* / vertical motion, vertical travel || ⁓**-Drehmaschine** *f* / vertical turning machine
Senkrechte *f* / vertical || **~ Bauform** (el. Masch.) / vertical-shaft type, vertical type || **~ Stütze** / vertical supporting member, vertical *n* || **~ Wand** / vertical wall || **~ Zustellachse** / perpendicular infeed axis
Senkrechteinfall *m* / perpendicular incidence
senkrechter Betätiger / vertical actuator || **~ Kabelabgang** / vertical cable outlet || **Maschine mit ~ Welle** / vertical-shaft machine, vertical machine
senkrechtes Schweißen / welding with torch vertical to the weld bead
Senkrecht·-Grenzfrequenz *f* / critical frequency || ⁓**-Ionosonde** *f* (Ionosonde zur Durchführung von Senkrechtlotungen und zur Aufzeichnung von scheinbaren Höhen als Funktion der Zeit und Frequenz) / vertical incidence ionosonde || ⁓**lotung** *f* (Ionosphärenlotung mit Signalen, die in vertikaler Richtung gesendet und am Sendepunkt empfangen werden) / vertical incidence ionospheric sounding || ⁓**prüfkopf** *m* / straight-beam probe || ⁓**-Räummaschine** *f* / vertical broaching machine || ⁓**schnitt** *m* DIN 4760 / normal section
Senkschraube *f* / flat head, countersunk head screw, flat head screw || ⁓ **mit Schlitz** / slotted countersunk head screw
Senk·werkzeug *n* / counterbore *n* || ⁓**winkel** *m* (der Winkel hinter dem Führungszapfen eines Zentrierbohrers, der den Kegel im Werkstück formt, auf dem die Zentrierung liegt) / countersink angle
SensGuard Schutzhülse / SensGuard protection cover
Sensibilisierung *f* / sensitization *n* || ⁓**s-Solarzelle** *f* / dye-sensitized cell
sensible Kühllast / sensible heat load || **~ Produktionsdaten** / sensitive production data
sensitive Information / sensitive information || **~ Schutzeinrichtung** / sensitive protective equipment
Sensitivität *f* (Maß für die Wichtigkeit, die der Besitzer von Information dieser Information zuweist, um ihre Schutzbedürftigkeit auszudrücken) / sensitivity *n*

Sensitivitäts 784

Sensitivitäts·analyse *f* / sensitivity analysis || **₂theorie** *f* / sensitivity theory
Sensor *m* / sensor *n*, encoder *n*, transducer *n*, feedback device, measuring sensor, sensor technology, pickup *n* || **4-Draht-**₂ *m* / 4-wire sensor || **sterilisierbarer** ₂ / sterilizable sensor || **₂abgleich** *m* / sensor calibration || **₂anschluss** *m* / sensor connection || **₂anschlussmodul** *n* / sensor connection module || **₂ansteuerung** *f* / sensor activation || **₂anwendung** *f* / sensor application || **₂-Baugruppe** *f* / sensor board || **₂-Bildschirm** *m* / touch-sensitive screen, touch-sensitive CRT, touch screen || **₂dimmer** *m* / touch dimmer, sensor dimmer || **₂ebene** *f* / process level, process *n* || **₂eingang** *m* / sensor input || **₂einheit** *f* / sensor unit || **₂elektronik** *f* / sensor electronics || **₂element** *n* / sensor element || **₂filterung** *f* / transducer filtering || **₂fläche** *f* / sensor area || **~geführt** *adj* / sensor-driven *adj* || **₂gehäuse** *n* / sensor case || **₂halter** *m* / sensor holder
Sensorik *f* / sensor *n*, sensing mechanism, sensory analysis || ₂ *f* (Sensortechnologie) / sensor technology
Sensor·intelligenz *f* / sensor intelligence || **₂-Interface** *n* / sensor interface || **₂komponente** *f* / sensor component || **₂kontakt** *m* / sensor contact || **₂kopf** *m* / sensor head || **₂kreis** *m* / sensor circuit || **₂leiste** *f* / sensor strip || **₂leitung** *f* / sensor cable || **₂leitungsüberwachung** *f* / monitoring the sensor leads || ₂ **Link Converter** *m* / Sensor Link Converter
sensorlos *adj* / sensorless *adj* || **~e Vektorregelung** / Sensorless Vector Control (SLVC)
Sensor·matrix *f* / sensor array || **₂modul (SM)** *n* / sensor module (SM) || **₂ Module** *n* / Sensor Module || **₂netzwerk** *n* / sensor network || **₂offset-Trimmung** *f* / sensor offset trim || **₂schnittstelle** *f* / sensor interface || **₂signal** *n* / sensor signal || **₂-Stop-Modus** *m* / sensor-stop mode || **₂system** *n* / sensor system, sensor and control || **₂systemtyp** *m* / sensor system type || **₂system-Typnummer** *f* / sensor system type number || **₂-Taste** *f* / touch control, sensor control || **₂tausch bei laufendem Betrieb** / hot swapping || **₂träger** *m* / sensor carrier || **₂typ** *m* / sensor type || **₂versorgung über AS-i** *f* / sensor supply via AS-i || **₂versorgung über AS-Interface** *f* / sensor supply via AS-Interface || **₂verstärker** *m* / sensor amplifier || **₂verteiler** *m* / sensor manifold || **₂winkel** *m* / sensor bracket || **₂zelle** *f* / sensor cell
SEP (Standardeinbauplatz) / SPS (SPS standard plug-in station), standard mounting station, standard slot
separat *adj* / parted *adj* || **~ mitgeliefert** *adj* / separately enclosed || **~e Projektierung** / separate configuring
Separator *m* (Einrichtung, die ein Öl-/Wassergemisch oder ein Kondensat in Öl und Wasser trennt) / separator *n*
Separierung *f* (Teilung von Daten in isolierte Blöcke mit eigenen Sicherheitskontrollen, um das Risiko zu verringern) / compartmentalization
SEPIC / SEPIC (Single-Ended Primary Inductance Converter)
SE-Prüfkopf *m* / transceiver probe (TR probe)
Sequential Function Chart (SFC) / sequential function chart
sequentiell *adj* / sequential *adj* || **~e Abtastung** / sequential scanning || **~e Schaltung** / sequential circuit || **~e Stichprobenprüfung** DIN 55350, T. 31 / sequential sampling inspection || **~e Triggerung** / sequential triggering || **~e Vorgabe** / sequential connection || **~e Vorgehensweise** / sequential procedure
Sequentiell-Muting *n* / sequential muting
Sequenz *f* / sequence *n* || **₂diagramm** *n* / sequence diagram
Sequenzer *m* / sequencer *n*
Sequenz·nummer *f* / sequence number || **₂-Röntgenspektrometer** *m* (SRS) / sequential X-ray spectrometer || **₂-Spektrometer** *m* / sequential spectrometer || **₂steuerung** *f* / sequential control
SER / soft error rate (SER)
SERCOS / SErial Realtime COmmunication System (SERCOS)
Serialisierer *m* / serializer *n*, parallel-to-serial converter
Serie *f* / series
seriell *adj* / serial *adj* || **frei ~** / free serial transfer || **~e Abriegelbaugruppe** / serial isolation module || **~e Addressierung** / serial addressing || **~e Anschaltung** / serial interface, serial port || **~e Datenschnittstelle** / serial data interface || **~e Datenübertragungsstrecke** / serial data transmission line || **~e digitale Schnittstelle** (SDS) / serial digital interface (SDI) || **~e Eingabe** / serial input || **~e Grundgeräteschnittstelle SST1** / serial basic unit interface SST1 || **~e Kommunikationsschnittstelle** (SCI) / Serial Communication Interface (SCI) || **~e Kopplung** / serial link, serial interface, serial interface module || **~e Meldeanlage** / serial signalling system || **~e Nahtstelle** / serial interface, serial port || **~e Netzschnittstelle** / serial network interface (SNI) || **~e periphere Schnittstelle** (SPI) / Serial Peripheral Interface (SPI) || **~e Schnittstelle** / serial interface, serial port || **~e Übertragung** / serial transmission, serial transfer || **~e Verbindung** / serial link || **~er Addierer** / serial adder, ripple-carry adder || **~er Betrieb** / serial operation || **~es Echtzeit-Kommunikationssystem** / SErial Realtime COmmunication System (SERCOS) || **~es Modul** / serial module || **~es Schnittstellen-Interface** / Synchronous Serial Interface (SSI) || **~es Taktsignal** / serial clock (SERCLK)
Seriell-Parallel-Adressierung *f* / serial-parallel addressing || **₂-Konverter** *m* / serial-to-parallel converter, deserializer *n*
Seriellumsetzer *m* / serializer *n*
Serienabfrage *f* / serial poll || ₂ **freigeben** DIN IEC 625 / serial poll enable (SPE) || ₂ **sperren** DIN IEC 625 / serial poll disenable (SPD) || **₂-Ruhezustand** *m* (des Sprechers) DIN IEC 625 / serial poll idle state (SPMS) || **₂-Vorbereitungszustand** *m* (des Sprechers) DIN IEC 625 / serial poll mode state (SPMS) || **₂zustand** *m* / serial poll state
Serien·abtastung *f* / serial scanning, serial reading || **₂ankopplung** *f* / series coupling, series injection || **₂ausführung** *f* / standard design || **₂bestückung** *f* / series assembly || **₂betreuung** *f* / series support || **₂betrieb** *m* (v. Stromversorgungsgeräten, deren Ausgänge in Reihe geschaltet sind) / series operation, slave series operation || **₂brief** *m* / customized form letter, form letter || **₂eingabe** *f* /

serial input || ~**einleitung** *f* / run-up to series production || ~**einspeisung** *f* / series injection, series coupling || ~**probung** *f* / series production trials || ~**erststückprüfung** *f* / initial product test || ~**fabrikat** *n* / standard product || ~-**Fernschalter** *m* / series remote control switch || ~**fertigung** *f* / series production, batch production, mass production, batch production, volume production
Serien·geber *m* / serial encoder || ~**gerät** *n* / standard unit || ~**geräte** *n pl* / standard equipment, standard units || ~**hebezeuge** *n* / serial lifting equipment || ~**heizung einer Kathode** / series cathode heating (o. preheating) || ~**inbetriebnahme** *f* / series installation and startup, series machine start-up, standard commissioning || ~**inbetriebnahme** *f* (NC) / standard system start-up || ~**inbetriebnahme-Datei** *f* / series startup file || ~**induktivität** *f* (Diode) DIN 41856 / series inductance || ~**kompensation** *f* / advanced series compensation (ASC) || ~**kreiskopplung** *f* / series coupling, series injection || ~**lampe** *f* / series lamp || ~-**Leiterplatte** *f* / production board || ~**lieferumfang** *m* / standard delivery || ~-**Logo** *n* / series logo || ~**maschine** *f* / series machine
serienmäßig *adj* / standard *adj*, as standard
Serien·motor *m* / series-wound motor, series motor || ~**nummer** *f* / serial number
Serien-Parallel·-Schalter *m* / series-parallel switch || ~-**Schaltung** *f* / series-parallel connection || ~-**Umschaltung** *f* / series-parallel switching || ~-**Umsetzer** *m* / serial-to-parallel converter, deserializer *n* || ~-**Umsetzung** *f* / serial-parallel conversion
Serien·produkt *n* / product produced in volume || ~**produkte** *n pl* / standard products || ~**produktionsmaschine** *f* / series production machine || ~**programmierung** *f* / serial programming || ~**prüfbarkeit** *f* / series production testability || ~**prüfung** *f* / batch testing, series testing || ~**punktschweißen** *n* / series spot welding || ~**rechner** *m* / serial computer || ~**register** *n* / serial register (SR) || ~**regler** *m* / series regulator || ~**reife** *f* / series production || ~-**Review** / series review || ~**schalter** *m* (I-Schalter) / two-circuit single-interruption switch, two-circuit switch, two-circuit switch with common incoming line || ~**schaltsystem** *n* / series system of distribution || ~**schaltung** *f* / series connection, connection in series, series circuit || ~**schaltung von zwei L-Toren** / ladder network || ~**schrank** *m* / series cabinet || ~**schwingkreis** *m* / resonant circuit, acceptor *n* || ~**stand** *m* / series version || ~-**Störspannung** *f* / series-mode parasitic (o. interference voltage)
Serientakt·spannung *f* / series-mode voltage || ~-**Störsignaleinfluss** *m* / series-mode interference || ~-**Störspannung** *f* / series-mode parasitic (o. interference voltage) || ~-**Störspannung im Ausgangskreis** / output series-mode interference voltage || ~**unterdrückungsmaß** *n* / series-mode rejection ratio (SMRR)
Serien·übergabe *f* DIN 44302 / serial transmission || ~**übertragssignal** *n* DIN 19327 / serial transfer signal || ~**übertragung** *f* / serial transmission || ~**umrichter** *m* / standard PWMs || ~**widerstand** *m* / series resistor, external resistance, starting resistor || ~**widerstand** *m* (Ph.) / series resistance || ~**wippe** *f* / multiple rocker, double rocker
serpentinenförmige Aufzeichnung / serpentine recording
SERUPRO / SERUPRO (SEarch RUn via PROgram test)
Server *m* / server *n* || **externen** ~ **verwenden** / use external server || ~-**Dienst** *m* / server utility || ~**leiste** *f* / server bar || ~-**Lizenz** *f* / server license || ~-**Log-Datei Anzeigen** / view server log file || ~-**PC** *m* / Server PC || ~**rechner** *m* / server *n* || ~-**Version** *f* / server version
Service *m* / service *n*, customer support, post-sales service, customer service || ~**abteilung** *f* / service department || ~**abwicklung** *f* / service administration || ~**anforderung** *f* / service request || ~**anleitung** *f* / service guide, service pocket guide, servicing instructions (type of documentation) || ~**anzeige** *f* / service display || ~**aufrechner** *m* / service account || ~**aufwand** *m* / maintenance costs || ~**ausrüstung** *f* / set of equipment for service, service equipment || ~**beauftragter** *m* / service contact, service representative || ~**beratung** *f* / service support || ~**bereich** *m* / service area || ~**bereitschaft** *f* / readiness for service || ~**bezirk** *m* / service area || ~**bild** *n* / service display || ~**box** *f* / service box || ~**bus** *m* / service bus || ~**daten** *plt* / service data || ~**datenobjekt (SDO)** *n* / Service Data Object (SDO) || ~-**Digits** *n pl* / service digits || ~**dokumentation** *f* / service documentation || ~**durchführung** *f* / service procedure || ~**einheit** *f* / service unit || ~**einrichtung** *f pl* / facilities *n pl* || ~-**Einsatz** *m* / servicing
Serviceeinsatz *m* / service case, service job, service call || ~**leiter** *m* / service-call coordinator || ~**leitung** *m* / service-call manager
Service·-Fachleitstelle *f* / service coordinating location || ~**fachtagung** *f* / service conference || ~**fähigkeit** *f* / serviceability || ~**fall** *m* / service case, service job, service call || ~**feld** *n* / service panel
servicefreundlich *adj* / easy to service || ~**keit** *f* / service friendliness
Service·funktion *f* / service function || ~**gerät** *n* / service unit || ~**geschäft** *n* / service business || ~**handbuch** *n* / Service Manual || ~**haus** *n* / service house || ~-**Informations-System** *n* / Service Information System || ~-**Ingenieur** *m* / field engineer || ~**konzept** *n* / service concept
Serviceleistung *f* / service *n*, maintenance *n*, repair *n* || **nicht-vertragliche** ~ / non-contract service work, non-contract services
Serviceleistungen *f pl* / services *n pl* || **Erbringung von** ~ / provision of services
Service·-Leistungserbringer *m* / service provider || ~**leitstelle** *f* / service coordination center || ~-/**Logistikkonzept** *n* / service-/logistic concept || ~**management** *n* / service management || ~**menü** *n* / service menu (change to DOS Shell on the PCU) || ~**messungen** *f* / service measurements || ~**mitarbeiter** *m* / service employee, service engineer || ~**mitteilungen** *f pl* / service memo || ~**mittel** *plt* / service resources || ~**modus** *m* / service mode || ~**netz** *n* / service network || ~-**Nr.** *f* / service No. || ~**nummer** *f* / service number || ~**orientierte Architektur (SOA)** / Service

Service

Oriented Architecture (SOA) || ≈ **Pack** *n* / service pack (distinguishes software products of the same order number and version) || ≈**paket** *n* / service package || ≈**-PC** *m* / service PC || ≈**-Personal** *n* / service engineers || ≈**position** *f* / service position || ≈**position anfahren** / Go to service position (button) || ≈**position für Dosiereinheit anfahren** / go to service position for gluing unit || ≈**protokoll** *n* / service log || ≈**prüfmarke** *f* / service test mark, service test label || ≈**qualität** *f* / Quality of Service (QoS) || ≈**rate** *f* / call-rate || ≈**reaktion** *f* / service response || ≈**-Regler** *m* (Haupt-Druckregler in der Druckluftversorgung für eine Gruppe von pneumatischen Geräten) / service regulator || ≈**richtlinie** *f* / service guideline || ≈**roboter** *m* / service robot

Service·schalterstellung *f* / service switch position || ≈**schnittstelle** *f* / service port, service interface || ≈**station** *f* / service station || ≈**stelle** *f* / service location, service department || ≈**stellen** *f pl* / service centers || ≈**stufe** *f* / service level || ≈**stützpunkt** *m* / service base, service support center

Service & Support (S&S) / Service & Support (S&S) || **Service & Support Leistungen** *f* / Service & Support || **Service & Support Leistungskatalog (SLK)** *m* / Service & Support Service Catalog

Service·system *n* / service system || ≈**-Taschenbuch** *n* / service guide, service pocket guide, servicing instructions (type of documentation) || ≈**techniker** *m* / service engineer, service technician || ≈**telefon** *n* / service telephone || ≈**-Tool** *n* / service tool || ≈**-Umsatz** *m* / service turnover || ≈**- und Support Stützpunkt** *m* / Service and Support Center || ≈**- und Support-Netz** *n* / service and support network || ≈**unterstützungsvertrag** *m* / service support contract || ≈**verbundvereinbarung** *f* / inter-group service agreement, service agreement || ≈**verrechnungssatz** *m* / service invoice rate || ≈**vertrag** *m* (SV) / service contract (SC) || ≈**vertragspartner** *m* / service contract partner || ≈**wagen** *m* / service truck || ≈**zentrale** *f* / service center

Servo / servo || ≈**-Abtastzeit** *f* / servo sampling time || ≈**achse** *f* / servo axis || ≈**ansteuerung** *f* / servo activation (amplifier circuit for the motors of the positioning unit) || ≈**antrieb** *m* / actuator *n* IEC 50 (351), servo feed drive, electric actuator, actuator *n*, servo-drive *n*, servo drive, positioner *n*, pilot motor || ≈**antriebsachse** *f* / servo drive axis || ≈**antriebssystem** *n* / servo-drive system || ≈**-Asynchronmotor** *m* / induction servo motor, asynchronous servo motor || ~**-basiert** *adj* / servo-based || ≈**-Bereich** *m* / servo area || ~**betätigter Stellantrieb** / servo-actuator *n* || ~**elektrisch** *adj* / servo-electric *adj* || ≈**funktion** *f* / servo function || ≈**gerät** *n* / servo mechanism, servo *n* || ~**geregelter Antrieb** / servo-controlled drive || ≈**getriebemotor** *m* / servo gear motor || ≈**karte** *f* / servo card (board on which the servo activation is accommodated) || ≈**katalog** *m* / Servo Catalog *n* || ≈**kreis** *m* / servo loop

Servolenkung *f* / power-assisted steering, variable-assistance power steering || **geschwindigkeitsabhängige** ≈ / speed-dependent power-assisted steering, variable-assistance power steering

servomechanischer Impulsgeber / servo-mechanical impulse device

Servo·mechanismus *m* / servo-mechanism *n*, servo-system *n*, servo control (SEC) || ≈**modul** *n* / servo module || ≈**motor** *m* / servomotor *n*, pilot motor, servo motor || ≈**motor** *m* (ein Servomotor ist ein Stellmotor und kann ein Gleichstrommotor oder Wechselstrommotor (je nach Bauart synchron oder asynchron) sein) / actuator *n* || ≈**motorenreihe** *f* / servo motor series || ≈**paket** *n* / servo package || ~**pneumatisch** *adj* / servo-pneumatic || ≈**regelkreis** *m* / servo control loop

Servo·regelung *f* / servo-control *n* || ≈**regler** *m* / servo amplifier, servo controller || ≈**-Signal** *n* / servo signal || ≈**stabilität** *f* / servo-stability *n* || ≈**steller** *m* / servo-actuator *n*, servo-controller *n* || ≈**steuerung** *f* / servo-control *n* (SEC), servo-mechanism *n* || ≈**system** *n* / servo-system *n* || ≈**technik** *f* / servo technology || ≈**-Trace** *m* / servo trace || ≈**-Trace-Funktion** *f* / servo trace function || ≈**-Trace-Messung** *f* / servo trace measurement || ≈**-Umrichter** *m* / servo-converter *n* || ≈**ventil** *n* / servo-valve *n* || ≈**verstärker** *m* / servo amplifier || ≈**-Zykluszeit** *f* / servo cycle time || ≈**zylinder** *m* / servo cylinder

SES / SES (Siemens Edifact Standard)

Set *n* / set *n*

SET (Klemme) *f* / plug-in terminal

SETS / Synchronous Equipment Timing Source (SETS)

Setting·daten *plt* / setting data *plt* || ≈**daten anzeigen** / Display setting data || ≈**datenbit** *n* / setting data bit || ≈**datenwort** *n* / setting data word

Setup·-Datei *f* / setup file || ≈**-Parameter** *m* / setup parameter

Setz·-Abhängigkeit *f* / set dependency, S-dependency || ≈**anlage** *f* / placing equipment || ≈**ausgang** *m* / setting output

setzbar *adj* / settable *adj* || ~**er Ausgang** (vom PG aus steuerbar) / forcible output

Setze alle / Set all || ~ **Attributwert** / set attribute value || ≈ **X** / Set X

Setzeingang *m* / set input, S input

Setzen *n* / forcing *n* (S) || ~ *v* (von Parametern) / set *v*, input *v* || ≈ *n* (S) / set (S) || ~ **speichernd** / latch *v* || **auf L-Pegel** ~ / drive to low level, drive low || **Ausgang** ~ / latch output, set output || **ein Signal hoch** ~ / initialize a signal to high || **konditioniertes** ≈ / conditional set (CS) || **speichernd** ~ / latch *v* || **unter Spannung** ~ / energize *v*

Setz·funktion *f* / setting function, forcing function || ≈**impulsdauer** *f* / set pulse duration || ≈**kopf** *m* / die head || ≈**länge** *f* / set length || ≈**maschine** *f* / setting machine || ≈**muster** *n* / placing pattern || ≈**mutter** *f* / setnut *n*, hexagonal insert nut || ≈**operation** *f* / setting operation, latching operation, forcing operation, set instruction || ≈**-Rücksetzoperation** *f* / setting/resetting operation || ≈**stock** *m* / steady *n* || ≈**taste** *f* / setting (push) button, setting key || ≈**wert** *m* / setting value || ≈**zeit** *f* (Vorbereitungszeit) / set-up time

SEU / Single Event Upset (SEU)

SEV / secondary-emission multiplier, secondary-emission-tube, multiplier phototube || ≈ **(Schweizerischer Elektrotechnischer Verein)** *m* / SEV

Sextett *n* / sextet *n*

SF / shift factor ‖ ⁓ **(Sammelfehler)** *m* / group error ‖ ⁓ **(Steuerfunktion)** *f* / force on function
SF₆ (Schwefelhexafluorid) / SF₆ (sulphur hexafluoride) ‖ ⁓-**Anschluss** *m* / SF₆ connection system ‖ ⁓-**Blaskolben-Druckgas-Schnellschalter** *m* / SF₆ high-speed puffer circuit-breaker ‖ ⁓-**Blaskolbenschalter** *m* / SF₆ puffer circuit-breaker, SF₆ single-pressure circuit-breaker ‖ ⁓-**Druckgasschalter** *m* / SF₆ compressed-gas circuit-breaker ‖ ⁓-**Durchführung** *f* / SF₆-insulated bushing ‖ ⁓-**Eindruckschalter** *m* / SF₆ single-pressure circuit-breaker, SF₆ puffer circuit-breaker ‖ ⁓-**gasisolierte Schaltanlagen** / SF₆ gas-insulated switchgear ‖ ⁓-**Hochspannungsschalter** *m* / SF₆ high-voltage circuit-breaker, SF₆ h.v. breaker ‖ ⁓-**Höchstspannungs-Leistungsschalter** *m* / SF₆ extra-high-voltage circuit-breaker, SF₆ e.h.v. breaker
SF₆-isolierte Rohrschiene / SF₆-insulated tubular bus duct, SF₆-insulated metal-clad tubular bus ‖ ⁓**e, metallgekapselte Schaltanlagen** / SF₆-insulated metal-enclosed switchgear ‖ ⁓**er Überspannungsableiter** / SF₆-insulated surge diverter
SF₆, metallgekapselte ⁓-Kompaktschaltanlage / integrated SF₆ metal-clad switchgear ‖ ⁓-**Lecksuchgerät** *n* / SF₆ leakage detector ‖ ⁓-**Leistungsschalter** *m* / SF₆ circuit-breaker ‖ ⁓/N₂-**Mischgasschalter** *m* / SF₆N₂ circuit-breaker ‖ ⁓-**Plasma** *n* / SF₆ plasma ‖ ⁓-**Rohrschiene** *f* / SF₆-insulated tubular bus duct ‖ ⁓-**Schalter** *m* / SF₆ circuit-breaker ‖ ⁓-**Überwachungseinheit** *f* / SF₆ pressure monitoring unit ‖ ⁓-**Unterbrecher** *m* / SF₆ interrupter ‖ ⁓-**Unterbrechereinheit** *f* / SF₆ interrupter unit (o. module) ‖ ⁓-**Zweidruckschalter** *m* / SF₆ dual-pressure breaker
SFAE / Siemens Factory Automation Engineering Ltd. (SFAE)
SFB (Systemfunktionsbaustein) / SFB (system function block)
SFC / SFC (Sequential Function Chart) ‖ ⁓ (Sequential Function Chart) / sfc ‖ ⁓ **(Systemfunktion)** / system function ‖ ⁓-**Instanz** *f* / SFC instance ‖ ⁓-**Plan** *m* / sequential function chart ‖ ⁓-**Typ** *m* / SFC type ‖ ⁓-**Zugriff** *m* / SFC access
SFDR / spurious free dynamic range (SFDR)
SFF (Anteil sicherer Ausfälle) *m* / safe failure fraction (SFF)
SFL / sequenced flashlight (SFL)
SFMEA *f* / System Failure Mode and Effects Analysis (SFMEA)
S-Förderer *m* / S feeder
SFP / Small Form factor Pluggable (SFP) ‖ ⁓ / SFP (Solutions for Powertrain)
SFR V (Fabrikate-Richtlinien für Verpackung) / product packaging guidelines
SFS (Schalterfehlerschutz) / switchgear interlocking system, interlocks to prevent maloperation, SI (switchgear interlocking) ‖ ⁓ / Siemens Financial Services (SFS)
SFT / Sequential Function Table (SFT)
SFTP / Secure File Transfer Protocol (SFTP)
SFV *f* (Abkürzung für SFC-Visualization, Software-Optionspaket zur Visualisierung von SFC-Plänen

und SFC-Instanzen in WinCC) / SFV *n*
SG (Sichtgerät) / monitor *n* ‖ ⁓ (Schneckengetriebe) / worm gear, helical gear, worm gearing ‖ ⁓ (sichere Geschwindigkeit) / safe speed, safe velocity, SG ‖ ⁓ / safely reduced speed
SGA (sicherheitsgerichtete Ausgänge) / safety-relevant output, SGA ‖ ⁓ (sicherheitsgerichtetes Ausgangssignal) / safety-relevant output signal
SGE (sicherheitsgerichtete Eingänge) / safety-relevant input signal ‖ **SGE** (sicherheitsgerichtetes Eingangssignal) / SGE, safety-relevant input ‖ ⁓-**Maske** *f* / SGE screen
SG⁻-Override *m* / SG override ‖ ⁓-**Override-Auswahl** *f* / selection of SG override ‖ ⁓-**OVERRIDE-Schalter** *m* / SG-OVERRIDE switch
SGSN / Signaling GPRS Support Node (SGSN)
SG-spezifische Sollwertbegrenzung / Safely reduced speed-specific setpoint limiting
SGSQNR / SGSQNR (segment sequence number)
SH (sicherer Halt) / safe stop, safe standstill, SH ‖ ⁓ (Systemhandbuch) / system manual, manual *n*, SH
SHA / special handling area (SHA)
Shannon *n* (Einheit Sh; logarithmische Maßeinheit für Information) / shannon ‖ ⁓**abtastfrequenz** *f* / Shannon sampling frequency ‖ ⁓**frequenz** *f* / Shannon frequency
SHB (Schaltoheitsbefehl) *m* / switching authority command (SAC)
SHD (Schiebe-Hub-Dach) *n* / tilt/slide sunroof
Sheffer-Funktion *f* / Sheffer function, NAND operation
Sherardisierung *f* / sherardizing *n*, diffusion zinc plating
Shift⁻-Faktor *m* / SF *n* ‖ ⁓-**Taste** *f* / shift key
ShMC / ShMC (Shelf Management Controller)
Shockley-Read-Hall-Rekombination *f* / SRH recombination
Shooter *m* / shooter *n*
ShopMill (SM) (Bedien- und Programmiersoftware für Fräsmaschinen) / ShopMill (SM) ‖ ⁓ **HMI** / ShopMill HMI ‖ ⁓-**Programm** *n* / ShopMill program ‖ ⁓-**Satz anwählen** / Select ShopMill block ‖ ⁓-**Simulation** *f* / ShopMill simulation
ShopTurn (Bedien- und Programmiersoftware für Einschlitten-Drehmaschinen) / ShopTurn ‖ ⁓-**Alarm** *m* / ShopTurn alarm ‖ ⁓-**Bedienoberfläche** *f* / ShopTurn operator interface ‖ ⁓-**Programm erstellen** / Create ShopTurn program ‖ ⁓-**Zyklus** *m* / ShopTurn cycle
Shore-Härte *f* / Shore hardness
Shortcut *m* / keyboard shortcut
ShowForceWert / show force value
SHS (Solar Home System) *n* / solar home system
SH-Schnittstellenfunktion *f* (Handshake-Quellenfunktion) DIN IEC 625 / SH interface function (source handshake function) IEC 625
Shunt *m* (Messwiderstand) / shunt *n*, shunt resistor ‖ ⁓**faktor** *m* / shunt factor ‖ ⁓**regler** *m* / shunt regulator ‖ ⁓**schalter** *m* / shunt circuit-breaker ‖ ⁓**wandler** *m* / d.c./d.c. converter (o. transducer), shunt converter ‖ ⁓**widerstand** *m* / shunt resistor, shunt *n*, shunt resistance
SHU-Schalter *m* / selective main line m.c.b., SHU switch
Shutter *m* / restrictor *n*, orifice *n*, masking frame ‖ **Steckdose mit** ⁓ / shuttered socket-outlet
S/H-Verstärker *m* / sample-and-hold amplifier, S/H

amplifier
SH-Zustandsdiagramm *n* / SH function state diagram
SI / SI (Safety Integrated), safety integrated, integrated safety functions, integrated safety systems || ⚛ (Selbstinbetriebnahme) / signal *n*, SI (self-installation) || ⚛ **(Integrierte Sicherheitstechnik)** *f* / SI (Safety Integrated)
Si₃N₄ *n* / Si-nitride *n*
SI-Achse *f* / SI axis
SIADIS / Siemens Automotive Diagnostic System (SIADIS)
Si-Alox-Spiegel *m* / Si-Alox specular reflector
SI-Basiseinheit *f* / SI base unit
SiC (Siliziumkarbid) *n* / silicon carbide (SiC) || ⚛-**Ableiter** *m* / silicon carbide (surge arrester)
Sicalis / Siemens Components for Automation Logistic and Information Systems
SICAM SAS *n* / SICAM Substation Automation System (SICAM SAS)
sich an die Fersen heften (sich unbefugten physischen Zugang verschaffen, indem man einer autorisierten Person durch eine kontrollierte Tür dicht folgt) / tailgate || **~ ausweitender Kurzschluss** / evolving fault IEC 50(448) || **~ bewähren** / prove itself || **~ einfädeln** / weave in *v*, filter in *v*, merge in *v* || **~ nach oben bewegen** / move upwards || **~ ständig wiederholende Verursacherschwerpunkte** / constantly recurring originators || **~ überschneiden** / overlap *v* || **~ verhaken** / become caught
Sichel *f* (Bürstenträger) / (sickle-shaped) brush-stud carrier || ⚛ *f* / end loop, sickle-shaped connector || ⚛**verbinder** *m* / sickle-shaped connector
sicher *adj* / safe *adj* || **~ abgeschaltetes Moment (STO)** / Safe torque off (STO) || **~ begrenzte Geschwindigkeit** / safely limited speed (SLS) || **~ begrenzte Lage (SLP)** / safely limited position (SLP) || **~ begrenzte Maximalgeschwindigkeit** / safely limited maximum speed || **~ begrenztes Schrittmaß** / safely limited increment || **~ bei Ausfall** (Konstruktionseigenschaft einer Einheit, die verhindert, dass deren Ausfälle zu kritischen Fehlzuständen führen) / fail safe || **~ reduzierte Geschwindigkeit** / SG || **~ referenziert** / safely referenced || **~e Antriebssperre** / safe drive disable || **~e Aufbewahrung** / safe keeping || **~e Bereichserkennung** / safe zone sensing || **~e Betätigung** (der Kontakte) / positive operation || **~e Bremsenansteuerung (SBC)** / safe brake control (SBC) || **~e Bremsrampe (SBR)** / safe braking ramp (SBR) || **~e Drehrichtung** / safe direction of rotation || **~e elektrische Trennung** / protective separation, safety separation (of circuits), protection by electrical separation, electrical separation || **~e elektronische Endlage** / safe electronic limit position || **~e Endlage** / SE || **~e Entfernung** / safe distance || **~e Geschwindigkeit** / safe speed, safe velocity || **~e Haltebremsenansteuerung** / safe holding brake control || **~e Impulssperre** / safe pulse disabling || **~e Kaskadierung** / safe cascading || **~e Kommunikation über PROFIBUS** / safety-related communication via Profibus || **~e Position** / safe position || **~e programmierbare Logik (SPL)** / safe programmable logic (SPL) || **~e Software-Endschalter (SE)** / safe software limit switches || **~e Software-Nocken** / safe software

cams || **~e Tippschaltung** / safe jog control || **~e Tipptaste** / safe pushbutton control || **~e Trennung** / safe isolation || **~e Trennung zwischen Hauptstromkreis und Hilfsstromkreise** / safe isolation between the main circuit and the auxiliary circuit || **~er Arbeitsbereich** / safe operating area (SOA) || **~er Ausfall** / safe failure || **~er Bereich** / safe area || **~er Betrieb der Maschine setzt voraus, dass sie von qualifiziertem Personal sachgemäß unter Beachtung der Warnhinweise dieser Betriebsanleitung montiert und in Betrieb gesetzt wird.** / Safe operation is dependent upon proper handling and installation by qualified personnel under observance of all warnings contained in these operating instructions. || **~er Betriebshalt (SBH)** / safe operating stop || **~er Bremsentest (SBT)** / safe brake test (SBT) || **~er Halt (SH)** / safe standstill (SH) || **~er Schaltpfad** / safety switch path || **~er Software-Nocken** / safe software cam || **~er Zustand** / safe state
SICHERES AUS / Safe OFF
sicheres Bremsenmanagement (SBM) / safe brake management (SBM) || **~ Schrittmaß** / safe increment
Sicherheit *f* / safety *n*, security *n* || **metrologische** ⚛ **eines Messgerätes** / metrological integrity of a measuring instrument || ⚛ **von Maschinen - Grundbegriffe, allgemeine Gestaltungsleitsätze** / Safety of Machinery - basic terminology, general design principles || ⚛ **von Maschinen - Leitsätze zur Risikobeurteilung** (Titel der DIN EN 1050, Sicherheitsgrundnorm vom Typ A) / Safety of Machinery - principles of risk assessment || **Kontakt~** *f* / contact stability IEC 257, safe current transfer, good contact making || **Versorgungs~** *f* / security of supply, service security || **Verstärkungs~** *f* / gain margin
Sicherheits·abfrage *f* / safety query, confirmation enquiry, action login || ⚛-**Abgreifklemme** *f* / safety clip || ⚛**abschaltung** *f* / safety shutdown, emergency OFF || ⚛**absperrventil** *n* / safety shut-off valve
Sicherheitsabstand *m* / safety distance, protection ratio, SC (safety clearance) || ⚛ *m* (v. Laserstrahlungsquelle) VDE 0837 / nominal ocular hazard distance (NOHD) IEC 825 || ⚛ *m* / clearance distance || ⚛ *m* (SC) / safety clearance || ⚛ *m* IEC 50(161) / protection ratio
Sicherheits·anforderung *f* / safety requirement || ⚛**anlage** *f* / security system, security and surveillance system || ⚛-**Antriebssteuerung** *f* / safety-related drive control || ⚛**anwendung** *f* / safety application || ⚛**applikation** *f* / safety application || ⚛**audit** *m* / security audit || ⚛**aufgabe** *f* / safety task || ⚛**ausgang** *m* / safety output || ⚛**ausrüstung** *f* / protective equipment, safety equipment || ⚛**barriere** *f* / safety barrier, intrinsic safety barrier || ⚛**barriere** *f* (f. Messumformer in explosionsgefährdeten Räumen) / safety barrier, Zener barrier, series-shunt limiting device || ⚛**barriere mit Dioden** / diode safety barrier || ⚛**baustein** *m* / safety module || ⚛**bauteil** *m* / safety component || ⚛**beauftragter** *m* / safety representative || ⚛**bedienphilosophie** *f* / safety-oriented operating philosophy || ⚛**bedingung** *f* / safety condition || ⚛**bedürfnis** *n* / need for security
Sicherheitsbeleuchtung *f* / emergency lighting,

emergency lighting system || ⁓ f (für die Überwachung von Industrieanlagen) / protective lighting || ⁓ f / security lighting || ⁓ f (f. Arbeitsplätze) / safety lighting || ⁓ **für Rettungswege** / escape lighting || ⁓ **in Dauerschaltung** / maintained emergency lighting
Sicherheits·bereich *m* / restricted area, security area, safety area || ⁓**bericht** *m* / safety report || ⁓**bescheid** *m* (Genehmigung, die einer Person erteilt wird, auf Daten oder Information auf oder unterhalb einer bestimmten Sicherheitsstufe zuzugreifen) / security clearance || ⁓**bestimmung** *f* / safety regulation || ⁓**bestimmungen** *f pl* VDE / safety requirements, requirements for safety || ⁓**betrag** *m* / safety margin || ⁓**betrieb** *m* / safety mode, safety operation
sicherheitsbezogen *adj* / fail-safe *adj* || ~e **Applikationssoftware** (Software, die zur Realisierung von Sicherheitsfunktionen z.B. auf einer SPS durch einen Anwender erstellt wird) / safety-related application software (SRAS) || ~e **Ausfallrate** / safety related failure rate || ~e **Funktion (SIF)** / safety instrumented function || ~e **Teile von Steuerungen (SRP/CS)** / safety-related parts of control systems (SRP/CS) || ~e **Unverfügbarkeit** / safety related unavailability || ~es **elektrisches Steuerungssystem** / safety-related electrical control system (SRECS) || ~es **System (SIS)** (Kombination von Sensoren, Logikeinheiten (SPS oder PLS) und Aktuatoren) / SIS (safety-instrumented system)
Sicherheits·blech *n* / safety plate || ⁓**bremse** *f* / fail-safe brake, safety brake || ⁓**bus** *m* / safety bus || ⁓**busmodul** *n* / safety bus module || ⁓**bussystem** *n* / fail-safe bus system || ⁓**controller** *m* / safety controller || ⁓**datenblatt** *n* / safety data sheet || ⁓**dichtung** *f* / safety sealing || ⁓**dienst** *m* / security service || ⁓**drehzahl** *f* (Drehzahlgrenze) / speed limit || ⁓**druckleiste** *f* / safety pads || ⁓**ebene** *f* / safety plane, safety level || ⁓**ebene** *f* (NC) DIN 66215,T.1 / clearance plane ISO 3592 ⁓**eingang** *m* / safety input || ⁓**einrichtung** *f* / safety device, safety equipment || ⁓**einschaltventil** *n* / safe starting valve || ⁓**element** *n* / safety element || ⁓**endschalter** *m* / safety limit switch || ⁓**erdbeben** *n* / safe shutdown earthquake (SSE) || ⁓**erdung** *f* / protective earthing, safety grounding || ⁓**evaluierung** *f* / security evaluation || ⁓**-Fahrschaltung** *f* (SIFA) / dead man's circuit
Sicherheitsfaktor *m* / safety factor, security factor, reserve factor || ⁓ *m* (Expertensystem) / certainty factor || ⁓ **für Messinstrumente** / instrument security factor
Sicherheits·fall *m* / safety case || ⁓**farbe** *f* / safety colour || ⁓**festhaltebremse** *f* / safety holding brake || ⁓**filter** *m* / security filter || ⁓**fläche** *f* DIN 66215,T.1 / clearance surface ISO 3592, safety area || ⁓**fläche am Pistenende** / runway end safety area || ⁓**-Funkfernsteuerung** *f* / safety radio control system || ⁓**funktion** *f* / safety function || ⁓**funktionen von Steuerungen (EN 954 bzw. prEN ISO 13849-1)** *f* / safety functions of controls (EN 954 bzw. prEN ISO 13849-1) || ⁓**funktionsblock** *f* / safety function block || ⁓**fußschalter** *m* / safety foot-operated switch
sicherheitsgerechtes Errichten von elektrischen Anlagen / installation of electrical systems and equipment to satisfy safety requirements
sicherheitsgerichtet *adj* / safety-related *adj*, safety-oriented *adj*, failsafe *adj* || ~e **Abschaltung** / safety-oriented tripping || ~e **Anwendung** / safety-oriented application || ~e **Ein-/Ausgangssignale** / safety-related input/output signals || ~e **eingebettete Software** / safety-related embedded software (SRES) || ~e **Elektronik** / safety electronics || ~e **Kommunikation** (Kommunikation, die dem Austausch von fehlersicheren Daten dient) / safety-related communication || ~e **Steuerung** / fail-safe control (system), safety-oriented (o. safety-related) control || ~er **Slave** (Slave zum Anschluss sicherheitsgerichteter Sensoren, Aktuatoren und anderer Geräte) / failsafe slave || ~es **Ausgangssignal (SGA)** / safety-related output signal (SGA) || ~es **Eingangssignal (SGE)** / safety-related input signal (SGE)
Sicherheits·gitter *n* / safety grid || ⁓**glas** *n* (Leuchte) / safety glass cover, tempered glass || ⁓**glasscheibe** *f* / safety glass pane || ⁓**-Grenztaster** *m* / position switch for safety purposes || ⁓**grundnorm** *f* / basic safety standard || ⁓**grundsätze** *m* / safety policy || ⁓**gruppennorm** *f* (Typ-B-Normen) / group safety standard || ⁓**gurt** *m* (f. Monteure) / safety belt, body belt, seatbelt *n* || ⁓**halterung** *f* / fastening bracket || ⁓**handbuch** *n* / safety manual || ⁓**-Handlauf** *m* / safety rail || ⁓**-2-Hand-Steuerung** *f* / 2-hand safety control || ⁓**hinweis** *m* / safety note, warning convention (Text Pool entry Doc. Sys.), safety information, safety instruction || ⁓**hinweise** *m pl* / safety instructions || ⁓**höhe** *f* / safe height, safety height || ⁓**ingenieur** *m* / safety engineer, safety supervisor, safety coordinator || ⁓**integrität** *f* / safety integrity || ⁓**-Integritätslevel (SIL)** *n* / safety class
Sicherheits·karosserie *f* / safety body work || ⁓**kategorie** *f* / safety category, security category || ⁓**kette** *f* / safety chain || ⁓**klappe** *f* / safety flap || ⁓**klasse** *f* / safety class || ⁓**klassifikation** / security classification || ⁓**kleinspannung** *f* (SELV) / safety extra-low voltage (SELV), protective extra-low voltage || ⁓**-Kleinspannung** *f* / safety extra-low voltage (SELV), protective exta-low voltage (PELV) || ⁓**kleinspannungssystem** *n* / safety extra low voltage system || ⁓**-Klemmenkasten** *m* (m. Druckentlastung) / pressure-relief terminal box || ⁓**kombi.** *f* / fail-safe combination || ⁓**kombination** *f* / safety combination || ⁓**kontakt** *m* / safety contact || ~**kontrolliertes Schalten** / security-checked switching (SCS) || ⁓**konzept** *n* / advanced diagnostics concept, security concept, safety concept || ⁓**kreis** *m* VDE 0168, T.1 / safety circuit IEC 71.4 || ⁓**kriterium** *n* / safety criterion
sicherheitskritisch *adj* / critical with regard to safety, critical for safety reasons, safety critical, features imperative to security
Sicherheitskupplung *f* / safety clutch, friction clutch, torque clutch, centrifugal clutch, slip clutch, slipping clutch, slip coupling, torque limiting clutch, dry-fluid drive, dry-fluid coupling, safety coupling || ⁓ **mit Reibkegel** / conical friction clutch, slip clutch
Sicherheits·lampe, Davysche ⁓**lampe** / Davy lamp || ⁓**-Laserscanner** *m* / safety laser scanner ||

Sicherheits

⸿lasttrennleiste 160A / in-line fuse switch 160 A || ⸿lebenszyklus *m* / safety lifecycle || ⸿leittechnik *f* / (reactor) safety instrumentation and control, safety I&C || ⸿leuchte *f* / emergency lighting luminaire, emergency luminaire || ⸿leuchte in Dauerschaltung / sustained luminaire || ⸿leuchte mit Einzelbatterie / battery-operated emergency luminaire || ⸿licht *n* / emergency light || ⸿lichtgitter *n* (ändert bei Unterbrechung eines oder mehrerer Lichtstrahlen seinen Schaltzustand) / safety light grid || ⸿lichtschranke *f* / safety photoelectric light barrier || ⸿licht-Versorgungsgerät *n* / emergency light supply unit || ⸿lichtvorhang *m* (ändert bei Unterbrechung eines oder mehrerer Lichtstrahlen seinen Schaltzustand) / safety light curtain || ⸿logik *f* / safety logic || ⸿lösung *f* / safety solution
Sicherheits·management *n* / system safety program || ⸿managementsystem *n* / safety management system || ⸿mangel *m* / safety defect || organisatorische ⸿maßnahmen VDE 0837 / administrative control IEC 825 || ⸿mechanismus *m* / safety mechanism || ⸿merkmal *n* / safety feature || ⸿-Messanschlussleitung *f* / safety test leads, safety test lead || ⸿modul *n* / safety module, security module || ⸿modus *m* / fail-safe mode, safety operation || ⸿monitor *m* / safety monitor || ⸿nachweis *m* / evidence of safety, documentary evidence of safety || ⸿norm *f* / safety standard || ⸿objekt *n* / safety object || ⸿- oder Panikbeleuchtung *f* / security system or emergency lighting || ⸿option *f* / safety option
sicherheitsorientierte Steuerung / fail-safe control (system), safety-oriented (o. safety-related) control
Sicherheits·paket *n* / safety package || ⸿-Plattform *f* / safety platform || ⸿politik *f* / security policy || ⸿position *f* (CLDATA-Wort) / safe position ISO 3592 || ⸿-Positionsschalter *m* / position switch for safety purposes, safety position switch || ⸿programm *n* (sicherheitsgerichtetes Anwenderprogramm) / safety program || ⸿protokoll *n* / safety protocol || ⸿-Prüfspitze *f* / safety test probe || ⸿prüfung *f* / safety test, test for safety || ⸿prüfwert *m* / safety test value || ⸿rechnung *f* / security analysis || ⸿regler *m* / safety regulator || ⸿relais *n* / safety relay
sicherheitsrelevant *adj* / safety-related *adj*, safety-oriented *adj*, failsafe *adj*, safety related *adj* || nicht ~ / nonsafety-related *adj* || ~e Information / safety-relevant information || ~e Anforderungen / safety-relevant requirements || ~es Teil / safety-relevant part
Sicherheits·richtlinie *f* / safety directive || ⸿routine *f* / safety routine || ⸿schalter *m* / safety switch, safety shutdown switch, safing sensor || ⸿schaltgerät *n* / safety relay || ⸿schaltkreis *m* / safety circuit || ⸿-Schaltmatte *f* / safety mat || ⸿schaltung *f* / protective circuit, fail-safe circuit, interlocking circuit, safety circuit || ⸿schleuse *f* / safety lock, air lock || ⸿schloss *n* / safety lock, lock *n* || ⸿segment *n* / safety segment || ⸿sensor *m* / safety sensor || ⸿sensorik *f* / safety sensors || ⸿shunt *m* / safety shunt || ⸿signal *n* / safety signal || ⸿-Software *f* / safety software || ⸿-Spannungswandler *m* / isolating voltage transformer, safety isolating transformer || ⸿-SPS *f* / fail-safe PLC || ⸿standard *m* / safety standard ||

⸿starter *m* (Leuchte) / safety starter (switch) || ⸿-Steckdose *f* (m. FI-Schalter) / e.l.c.b.-protected socket-outlet || ⸿stecker *m* (m. FI-Schalter) / e.l.c.b.-protected plug || ~steigernde Redundanz *f* / safety-enhancing redundancy || ⸿stellglied *n* / safety actuator, safe actuator || ⸿stellung *f* / safety position || ⸿steuerung *f* / fail-safe control (system), safety-oriented (o. safety-related) control, safety control || ⸿stoffbuchse *f* / safety stuffing box
Sicherheitsstrom *m* / security current || Nenn-⸿ für Messgeräte / rated instrument security current || ⸿ für Messinstrumente / instrument security current || ⸿kreis *m* / safety circuit, circuit for safety purposes || ⸿quelle *f* / safety power source, safety source || ⸿versorgung *f* / safety power supply || ⸿versorgungsanlage *f* IEC 50(826), Amend. 1 / supply system for safety services
Sicherheits·stufe *f* / security level || ⸿system *n* / safety system
Sicherheitstechnik *f* / safety technology, safety engineering, safety systems, integrated safety functions || integrierte ⸿ / integrated safety systems, integrated safety functions, safety integrated (SI)
sicherheitstechnisch·e Anforderungen / safety requirements || ~e Anwendung / safety-related application || ~e Geräte (MSR-Geräte) / safety hardware || ~e Hinweise / safety-related guidelines || ~e Hinweise für den Benutzer / safety-related guidelines for the User || ~e Maßnahmen / safe practice measures || ~er Hinweis / safety notice || ~es Gestalten / design satisfying safety requirements
Sicherheits·technologie *f* / safety technology, safety engineering, safety systems, integrated safety functions || ⸿telegramm *n* / safety message frame || ⸿temperaturbegrenzer *m* / safety temperature cutout (o. limiter) || ⸿trafo *m* / safety isolating transformer, safety transformer || ⸿transformator *m* / safety isolating transformer || ⸿transformator *m* (Trenntransformator zur Versorgung von SELV (Safety Extra-Low Voltage)- oder PELV (Protective Extra-Low Voltage)-Stromkreisen) / safety transformer || ⸿trenner *m* / safety isolator, VDE 0860 safety switch IEC 65, 348 || ⸿tür *f* / safety door || ⸿türgriff *m* / safety door handle || ~überwachter Bereich / security-controlled area || ⸿überwachung *f* / safety monitoring || ⸿umhüllende *f* / clearance envelope || ⸿- und Anwendungshinweise *m pl* / safety and application instructions || ⸿- und Unfallverhütungsvorschrift *f* / safety and accident prevention regulation || ⸿-Update *n* / security update
Sicherheits·ventil *n* / safety valve, pressure relief valve, relief valve || ⸿ventil *n* (Überlaufventil) / overflow valve, bypass valve || ⸿vermerk *m* / safety instruction || ⸿verriegelung *f* VDE 0806 / safety interlock, safety lock || ausfallsichere ⸿verriegelung VDE 0837 / fail-safe interlock IEC 825 || ⸿verwaltung *f* / safety management || ⸿vorkehrung *f* / safety precaution || ⸿vorkehrungen *f* / safety precautions || ⸿vorrichtung *f* / safety device, safety equipment || ⸿vorrichtung *f* (Überdruck) / pressure relief device || ⸿vorschrift *f* / safety regulation ||

⌀**vorschriften** *f pl* / safety rules, safety code, regulations for the prevention of accidents || ⌀**vorschriften** *f pl* (f. Bauteile u. Systeme) / product safety standards || ⌀**zaun** *m* / safety fence || ⌀**zeichen** *n* (gibt eine bestimmte Sicherheitsaussage wieder (ISO 3864-1, 3.2)) / safety sign || ⌀**zeit** *f* / safety time || ⌀**zeit** *f* (Staffelzeit) / grading margin || ⌀**zelle** *f* / security cell || ⌀**zentrale Home Assistant** / home assistant security centre || ⌀**ziel** *n* / safety goal || ⌀**zone** *f* / safety zone || ⌀**zuhaltung** *f* / solenoid interlock || ⌀**zulassung** *f* / safety approval || ⌀**zuschlag** *m* / safety allowance, safety margin, safety addition
sichern *v* / secure *v*, save *v*, protect *v*, back up, dump *v* || ~ *v* (Schrauben) / lock *v* || ~ **über** / save via || **gegen Wiedereinschalten** ~ / immobilize in the open position, provide a safeguard to prevent unintentional reclosing
sicherstellen *v* (Daten, Programm) / save *v*
Sicherstellung der Vertraulichkeit / confidentiality and security
Sicherung *f* / back-up *n*, safeguarding *n*, protection *n* || ⌀ *f* (Schmelzsicherung) / fuse *n*, fusible link, fusible cutout || ⌀ **der mittleren Qualität** / average quality protection || ⌀ **einer Qualität je Los** / lot quality protection || ⌀ **mit Unterbrechungsmelder** / indicating fuse || ⌀ **zum Gebrauch durch ermächtigte Personen** / fuse for use by authorized persons || ⌀ **zum Gebrauch von Laien** / fuse for use by unskilled persons || **Informations~** *f* / information securing || **nachgeordnete** ⌀ / downstream fuse || **Programm~** *f* / program security, program saving || **sandgefüllte** ⌀ / sand-filled fuse || **superflinke** ⌀ / superfast fuse || ⌀ **der mittleren Qualität** / average quality protection
Sicherungen, mit ⌀ / fused *adj*, fusible *adj*
Sicherungs·abdeckung *f* / protective cover || ⌀**abgang** *m* / fused outgoing circuit, fuseway *n* || ⌀**abzweig** *m* / fused branch circuit, fused outgoing circuit, fused circuit || ⌀**anbau** *m* (Wandler) / fuse assembly, integral fuse gear || ⌀**anhang** *m* / safety code || ⌀**anschluss** *m* / fuse monitoring connection || ⌀**anweisung** *f* (Verfahren, um im Falle eines Ausfalls oder einer Katastrophe eine Datenrestauration zu ermöglichen) / backup procedure || ⌀-**Aufsteckgriff** *m* / (detachable) fuse handle, fuse puller || ⌀**ausfall** *m* (Durchbrennen der Sicherung) / blowing of fuse(s), fuse failure || ⌀**ausfallrelais** *n* / fuse failure relay || ⌀**auslöser** *m* / open fuse trip device ANSI C37.13 || ⌀**automat** *m* / miniature circuit-breaker (m.c.b.), automatic circuit-breaker, safety cutout || ⌀**automatenverteiler** *m* / miniature circuit-breaker board, m.c.b. board BS 5486 || ⌀**baugruppe** *f* (m. Schmelzsicherungen) / fuse module
sicherungsbehaftet *adj* / fused *adj* || **~er Verbraucherabzweig** / fused load feeder
Sicherungs·behälter *m* / fuse box || ⌀-**Bemessungsstrom** *m* / rated fusing current || ⌀**blech** *n* / safety plate, locking plate || ⌀**byte** *n* / security byte || ⌀**clip** *m* (Schmelzsich.) / fuse clip || ⌀**datei** *f* / back-up file || ⌀**dienst** *m* DIN ISO 7498 / data link service || ⌀**dienst-Dateneinheit** *f* EN 50090-2-1 / data-link service data unit || ⌀**draht** *m* / locking wire || ⌀**draht** *m* (Schmelzsich.) / fuse wire || ⌀-**Einbauautomat** *m* / flush-mounting m.c.b., panel-mounting m.c.b. || ⌀**einrichtung** *f* (m. Schmelzsicherung) / fusing device
Sicherungseinsatz *m* / fuse-link *n*, cartridge fuse link, fuse-unit *n* || ⌀ **4A E27** / fuse link 4A E27 || ⌀ **mit zylindrischen Kontaktflächen** / cylindrical-contact fuse-link || ⌀ **unter Öl** / oil-immersed fuse-link, oil-filled fuse-link, oil fuse-link
Sicherungseinsatz, Kontaktstück eines ⌀**es** / fuse-link contact || ⌀**halter** *m* / fuse-carrier *n* || ⌀**halter-Kontakt** *m* / fuse carrier contact || ⌀-**Kontakt** *m* / fuse-link contact || ⌀**träger** *m* / fuse-carrier *n*, fuse-holder clip *n* || **Sicherungsunterteil mit** ⌀**träger** IEC 50(441), 1974 / fuse-holder *n*
Sicherungs·-Einschraubautomat *m* / screw-in miniature circuit-breaker, screw-in m.c.b. || ⌀**element** *n* / fuse-element *n*, fusible element || ⌀**fall** *m* / fuse rupture || ⌀**fall** *m* (Meldung) / fuse blown, fuse tripped || ⌀**fehler** *m* / defective fuse || ⌀**feld** *n* (Telegramm) / security field || ⌀**feld** *n* (m. Schmelzsich.) / fuse panel || ⌀**folie** *f* / screening foil || ⌀**gehäuse** *n* / fuse enclosure || ⌀**geräte** *n pl* (Schmelzsich.) / fusegear *n* || ⌀**griffzange** *f* / safety pliers || ⌀**halter** *m* (Kombination Sicherungsunterteil-Sicherungseinsatzträger) / fuse holder || ⌀**hebel** *m* / locking lever || ⌀**information** *f* / error detection and correction information || ⌀**kamm** *m* (Abdeckung, die die feststehenden Schaltstücke bei einem Schütz vor Herauswandern sichert) / safety comb || ⌀**kammer** *f* / fuse box || ⌀**kasten** *m* / fuse box || ⌀**kennung** *f* (Datenträger) / protection code || ⌀**klemme** *f* / fuse terminal, fuse contact || ⌀**kontaktstück** *n* / fuse contact, fuse clip, fuse terminal || ⌀**kopie** *f* / back-up copy, backup copy, backup file || ⌀**körper** *m* / fuse body
Sicherungs·lastschalter *m* / fuse switch || ⌀-**Lastschalter** *m* VDE 0660,T.107 / fuse-switch *n* IEC 408 || ⌀-**Lasttrenner** *m* / fuse switch-disconnector, fused interrupter || ⌀-**Lasttrennerabgang** *m* / outgoing fuse switch disconnector unit (o. circuit) || ⌀-**Lasttrennleiste** *f* / in-line fuse switch-disconnector, strip-type fuse switch-disconnector, in-line fuse switch || ⌀**lasttrennleiste** *f* / in-line fuse switch disconnector || ⌀-**Lasttrennschalter** *m* / fuse switch-disconnector, fused interrupter || ⌀-**Leertrenner** *m* / low-capacity fuse-disconnector, no-load fuse-disconnector || ⌀-**Leertrennschalter** *m* / low-capacity fuse-disconnector, no-load fuse-disconnector || ⌀**leiste** *f* / fuse block, three-pole fuse-base assembly, triple-pole fuse base || ⌀-**Leistungsschalterkombination** *f* / fuse-circuit-breaker combination || ⌀-**Leistungstrenner** *m* / power service protector
sicherungslos *adj* / fuseless *adj*, non-fused *adj*, unfused *adj* || **~e Bauweise** / non-fused construction, fuseless construction || **~er Verbraucherabzweig** / fuseless load feeder
Sicherungs·modul *m* / fuse module || ⌀-**Motortrenner** *m* / motor fuse-disconnector || ⌀**mutter** *f* / lock nut, check nut, jam nut, prevailing-torque-type lock nut || ⌀-**Nennstrom** *m* / rated fuse current || ⌀**patrone** *f* / cartridge fuse-link || ⌀**pfad** *m* / back-up path || ⌀**plan** *m* (Schrauben) / bolt locking scheme (o. plan) || ⌀**platte** *f* / locking

Sicherungs

plate || ~programm *n* / data save program, save routine || ~protokoll *n* DIN ISO 7498 / data link protocol || ~raum *m* / fuse compartment || ~reihe *f* / fuse range || ~ring *m* / retaining ring, guard-ring *n*, spring ring, snap ring, shaft circlip, circlip *n*, locking ring || ~ring für Wellen / retaining ring for shafts || ~rückfall *m* / tripped fuse
Sicherungs·schalter *m* (Trenner) / fuse-disconnector *n*, fuse-isolator *n* || ~schalter *m* (Lastschalter) / fuse-switch *n* || ~-Schalterkombination *f* / fuse combination unit IEC 408 || ~schaltgerät *n* / safety switching device || ~schaltung *f* (f. Speicherinhalt) / save *n* || ~scheibe *f* / lock washer || ~schicht *f* / link layer control || ~schicht *f* (Kommunikationsnetz) DIN ISO 7498 / data link layer || ~schlitten *m* / fuse slide || ~schraube *f* / locking bolt || ~sockel *m* / fuse-base *n*, fuse-mount *n*, socket *n*, base *n* || ~-Spannungswandler *m* / fused potential transformer, fuse-type voltage transformer || ~stand *m* / backup version || ~starter *m* (Leuchte) / fused starter || ~steckdose *f* / fused socket-outlet, fused receptacle || ~stecker *m* / fused plug, fused connector || ~stempel *m* / sealing mark || ~stift *m* / locking pin, locating dowel, safety pin || ~streifen *m* (Schmelzsich.) / fuse-element strip, fuse strip || ~strom *m* / fuse current || ~stromkreis *m* (Verteiler) / fuseway *n* || ~system *n* / fuse system || ~systeme *n* / safety and security systems, Security Systems
Sicherungs·tafel *f* (m. Schmelzsich.) / fuse-board *n* || ~technik *f* / safety and security system(s), fuse protection system || ~teil *n* (Schmelzsich.) / fuse component || ~träger *m* / fuse-carrier *n*, fuse holder || ~trenner *m* / fuse-disconnector *n* IEC 408, fuse-isolator *n*, fuse disconnecting switch (US) || ~-Trennleiste *f* / fuse-disconnector block || ~-Trennschalter *m* VDE 0660, T.107 / fuse-disconnector *n* IEC 408, fuse-isolator *n*, fuse disconnecting switch (US) || ~überwachung *f* / fuse monitoring, fuse monitoring, fuse monitoring circuit, fuse monitoring system || ~überwachung ESÜ *f* / fuse monitoring EF *n* || ~überwachungsrelais *n* / fuse failure relay || ~überwachungsschalter *m* / fuse monitoring switch *n* || ~- und Automatenverteiler / fuse and m.c.b. distribution unit (o. panel o. board)
Sicherungsunterteil *n* / fuse-base *n*, fuse-mount *n* || ~ mit Sicherungseinsatzträger IEC 50(441), 1974 / fuse-holder *n* || ~-Kontakt *m* / fuse-base contact, fuse-mount contact
Sicherungs·verteiler *m* / distribution fuse-board, section fuse-board || ~verteilung *f* (Tafel) / distribution fuse-board, section fuse-board || ~wächter *m* / fuse monitor || ~wagen *m* / fuse truck || ~widerstand *m* / fusing resistor || ~zange *f* / fuse tongs || **nach** ~zeitpunkten / by time of backing up
Sicht *f* / view *n*, sight *n*, visibility *n* || ~ **bearbeiten** / edit view || **die** ~ **trüben** / dim the sight || **schlechte** ~ / poor visibility || ~abnahme *f* / visual inspection || ~abstand *m* / visibility distance || ~anflugfläche *f* / non-instrument approach area || ~anflugpiste *f* / non-instrument runway || ~anzeige *f* / display *n*, read-out *n* || ~ausgeber *m* VDI/VDE 2600 / sight receiver
sichtbar *adj* / visible *adj* || ~ *adj* (freiliegend) / exposed *adj* || **rundum** ~ / visible from any angle ||

~e Kante / visible edge || ~e Signalverzögerung / apparent signal delay || ~e Strahlung / visible radiation, light *n* || ~e Trennstrecke / visible break, visible isolating distance || ~es Signal (Nachricht, die in Form von Helligkeit, Kontrast, Farbe, Gestalt, Größe oder Position vermittelt wird) / visual signal || ~es Spektrum / visible spectrum
Sicht·barkeit *f* / visibility *n* || ~barkeitsgrad *m* / visibility factor || ~blende *f* / masking plate, trimming plate, masking frame, cover *n* || ~bohrung *f* / inspection hole || ~deckel *m* / transparent cover || ~disposition *f* / visual assessment (of requirements for an order)
Sichten verwalten / manage views
Sicht·feld *n* / vision panel || ~fenster *n* / inspection window, display window || ~fläche *f* / visible surface || ~fläche *f* (Bildschirm) / view surface
Sichtgerät *n* / display device, monitor *n*, CRT monitor (o. unit), visual display unit (VDU), display console, video terminal || **einfarbiges** ~ / monochrome CRT unit || **mehrfarbiges** ~ / colour monitor, color CRT unit || ~arbeitsplatz *m* / display workstation, VDU-based workstation
Sichtgeräte·anschaltung *f* (SPS-Baugruppe) / CRT interface module || ~emulator *m* / VDU emulator || ~operation *f* / CRT operation || ~steuerung *f* / CRT controller (CRTC)
Sicht·kontrolle *f* / visual inspection, visual examination || ~melder *m* / visual signal device (IEEE Dict.), visual indicator || ~meldung *f* / visual indication || ~-Prüfmenge *f* (SPM) / inspection test quantity (ITQ) || ~prüfung *f* / visual inspection, visual examination, visual check || ~prüfungsmenge *f* / inspection test quantity (ITQ) || ~scheibe *f* / viewing window, window *n*, transparent plate
Sichtsensor *m* / vision sensor || ~geführt *adj* / vision-guided || ~- und Abstandmesssystem *n* / vision and ranging system
Sicht·speicherröhre *f* / viewing storage tube, display storage tube || ~system *n* (Robotersystem) / vision system, visual system || ~verhältnisse *n pl* / visibility *n*
Sichtweite *f* / visibility distance, range of visibility || ~ *f* (bezogen auf ein Objekt) / visual range || ~ **im Nebel** / visibility in fog || **geographische** ~ / geographic(al) range
Sicht·wert *m* (atmosphärischer Durchlassgrad) / atmospheric transmissivity || ~wetterbedingungen *f pl* (VCM) / visual meteorological conditions (VCM) || ~winkel *m* / viewing angle
Sicke *f* (Randwulst) / bead *n*, corrugation *n*
Sicken·rand *m* (Tropfrand) / drip rim || ~werkzeug *n* / beading die
Sickerstelle *f* / seepage *n*, leak *n*
SICO / System Installation & Commissioning (SICO)
Sieb *n* / sieve *n*, strainer *n*, filter *n*, stencil *n* || ~ **in der Papierindustrie** / filter in the paper industry || ~anlagen *f* / screening plants || ~breite *f* / wire width || ~drossel *f* / filter reactor || ~druck *m* / screen printing, SP *n* || ~drucker *m* (der Siebdrucker trägt Lotpaste auf die Lötpads auf) / screen printer || ~druckmaschine *f* / screen printing machine
Siebe für Aufträgen der Lötpaste / solder paste stencils

sieben *v* (Oberwellen) / filter *v*, suppress *v*
Sieben-Schichten-Modell *n* (OSI) / seven-layer model
Sieben-Segment-Anzeige *f* / seven-segment display, seven-bar segmented display
Sieb·glied *n* / filter *n* ‖ ⸺**klassieren** *n* / sifting *n* ‖ ⸺**kondensator** *m* / filter capacitor ‖ ⸺**korb** *m* / sieve basket ‖ ⸺**kreis** *m* / filter circuit, filter network ‖ ⸺**platte** *f* / filter plate ‖ ⸺**technik** *f* / screening technology
Siebung *f* (Filtern v. Oberwellen) / filtering *n*
Siede·bereich *m* / boiling range ‖ ⸺**rohr** *n* / boiler tube, seamless steel tube ‖ ⸺**wasserreaktor** *m* (DIN EN 61970-301) / boiling water reactor (BWR)
Siegel·einheit *f* / sealing unit ‖ ⸺**marke** *f* / seal ‖ ⸺**station** *f* / sealing station ‖ ⸺**ung** *f* / sealing ‖ ⸺**verschließmaschine** *f* / sealing machine
Siegler *m* / sealer *n*
siehe / see
siehe auch / see also
SI-Einheit *f* / SI unit
Si-Einschraubautomat *m* / screw-in miniature circuit-breaker, screw-in m.c.b.
Siemens·-Doppel-T-Anker *m* / Siemens H-armature ‖ ⸺ **Installationsverteilerprogramm** *n* / Siemens distribution board product range ‖ **~intern** *adj* / at Siemens
SIF (sicherheitsbezogene Funktion) *f* / SIF *n*
SIFA / dead man's circuit ‖ ⸺**-Knopf** *m* / dead man's button
SIFLA-Leitung *f* / SIFLA flat webbed cable, flat-webbed building wire
SIGLI / symbol list ‖ ⸺ **(Signalliste)** *f* / SIGLI (signal list) *n*
Sigli-Anschluss *m* / symbol list connection
Sigma *n* / sigma *n* ‖ ⸺**wert** *m* / sigma value
Signal *n* / signal *n* ‖ ⸺ **anpassen** / calibrate signal ‖ **ein** ⸺ **hochsetzen** / drive (o. initialize) a signal to high ‖ ⸺ **legen** / assign a signal ‖ ⸺ **Module** (SM) / signal module (SM), *n* simulation module ‖ ⸺ **zur Umschaltung in Buchstabenstellung** (Signal, das einen Telegrafenempfänger so einstellt, dass alle empfangenen Signale als Primärzeichen oder Funktionen der Buchstabenstellung übersetzt werden) / letter-shift signal ‖ ⸺ **zur Umschaltung in Zifferstellung** / figure-shift signal ‖ **akustisches** ⸺ / audible signal, audible alarm ‖ **0-Signal, bei** ⸺ / at 0 signal ‖ **pulsbreitenmoduliertes** ⸺ / pulse width modulated signal (=PWM) ‖ **quantisiertes** ⸺ / quantized signal ‖ **von der Stellung abgenommenes** ⸺ / taken off position, signal *n* ‖ ⸺**abfrage** *f* / signal scan, signal scanner ‖ ⸺**abschwächung** *f* / signal attenuation ‖ ⸺**abstand** *m* / signal distance ‖ ⸺**abstrahlung** *f* / signal radiation
signaladaptives Regelsystem / signal-adaptive control system
Signal·ader *f* / signal core, pilot core, signal conductor ‖ ⸺**amplitude** *f* / signal amplitude ‖ ⸺**analyse** *f* / signal analysis ‖ ⸺**anpassung** *f* / signal matching, signal conditioning ‖ ⸺**anpassungsbaustein** *m* / signal matching module ‖ ⸺**anschluss** *m* / signal connection ‖ ⸺**anschlusspunkt** *m* / signal connection point (block connection in a CFC chart carrying the attribute (IEA interconnection)) ‖ ⸺**art** *f* / type of signal ‖ ⸺**aufbereitung** *f* / signal conditioning ‖ ⸺**auflösung** *f* / signal resolution ‖ ⸺**ausfall** *m* / (signal) drop-out, missing pulse ‖ ⸺**ausgabe** *f* / signal output ‖ ⸺**ausgang** *m* / signal output ‖ ⸺**-Ausgangswandler** *m* VDE 0860 / load transducer IEC 65 ‖ ⸺**austausch** *m* / signal exchange, signal transfer ‖ ⸺**auswahl-Baugruppe** *f* / signal selector ‖ ⸺**auswertung** *f* / signal evaluation
Signal·baugruppe *f* / signal module ‖ ⸺**begrenzung** *f* / signal contraction ‖ ⸺**bereich** *m* / signal range ‖ ⸺**beschreibung** *f* / signal description ‖ ⸺**bildung** *f* / signal generation, signal formation ‖ ⸺**bündelung** *f* / signal clustering ‖ ⸺**dämpfung** *f* / signal attenuation ‖ ⸺**datenwort** *n* / signal data word ‖ ⸺**deckel** *m* / inspection cover ‖ ⸺**diode** *f* DIN 41853 / signal diode ‖ ⸺**diode kleiner Leistung** / low-power signal diode
Signale hinterlegen / store (o. deposit) signals ‖ **ausgelegte** ⸺ / signal panels
Signal·eingabe *f* / signal input ‖ ⸺**eingang** *m* / signal input ‖ ⸺**-Eingangswandler** *m* VDE 0860 / source transducer IEC 65 ‖ ⸺**elektrode** *f* / signal electrode ‖ ⸺**element** *n* / signal element, signalling element, signaling element ‖ ⸺**empfänger** *m* / sensor *n*, actuator *n*, servo-drive *n*, positioner *n* ‖ ⸺**entkopplung** *f* / signal isolation ‖ ⸺**erde** *f* / signal earth, signal ground ‖ ⸺**erfassung** *f* / signal acquisition, signal collection
Signalerkennung, hardwaregesteuerte ⸺ / hardware-triggered strobe ‖ **softwaregesteuerte** ⸺ / software-triggered strobe ‖ ⸺**sintervall** *n* / signal acquisition time, aquisition time
Signal·erzeugung *f* / signal generation ‖ ⸺**farbe** *f* / signal colour ‖ ⸺**feld** *n* / signal area ‖ ⸺**feldbeleuchtung** *f* (GSP) / ground signal panel (GSP) ‖ ⸺**filter** *m* / signal filter
Signalflanke *f* / signal edge ‖ **negative** ⸺ / negative-going edge, falling edge, negative edge, trailing signal edge ‖ **positive** ⸺ / positive-going edge, rising edge, rising signal edge, leading edge
Signalflankenauswertung *f* / pulse-edge evaluation
Signalfluss *m* / signal flow, information flow IEC 117-15, power flow ‖ ⸺ *m* (Kontaktplan) / power flow ‖ ⸺**anzeige** *f* (f. durchgeschaltetes System) / power-flow indication ‖ ⸺**anzeige** *f* / powerflow readout ‖ ⸺**linie** *f* / signal flow line ‖ ⸺**plan** *m* DIN 19221 / functional block diagram IEC 27-2A, signal flow diagram, block diagram
Signal·folge *f* / signal sequence ‖ ⸺**form** *f* / waveform ‖ **~formender Wiederholer** / regenerative repeater ‖ ⸺**former** *m* / signal conditioner, process signal converter, signal interface module, process signal I/O device ‖ ⸺**former** *m* (E/A-Baugruppe) / I/O module ‖ ⸺**former** *m* (Schnittstellenbaugruppe) / process interface module ‖ ⸺**formerbaugruppe** *f* / signal I/Q module, I/O module ‖ ⸺**formqualität** *f* / signal waveshape quality ‖ ⸺**formung** *f* / signal shaping, signal forming ‖ ⸺**formung** *f* (Aufbereitung) / signal conditioning
Signalgeber *m* / signal transmitter ‖ ⸺ *m* (Sensor) / signal generator ‖ ⸺ *m* / erstes Element eines Messkreises) / primary detector ANSI C37.100, initial element, sensing element, transducing sensor, sensor-switch *n* ‖ ⸺ *m* (Messumformer) DIN 19237 / transducer *n* ‖ ⸺ *m* (Sensor) / sensor *n* ‖ **Messgerät mit** ⸺ / measuring instrument with circuit control devices IEC 50(301) ‖ ⸺**leitung** *f* /

Signalgenerator

signal sensor cable
Signalgenerator *m* (f. Messzwecke) / signal generator || **digitaler ~** (Synthesizer) / frequency synthesizer
Signal·gerät *n* / signaling device || **~geräte** *n pl* / signalling devices || **~geschwindigkeit** *f* / envelope velocity || **~größe** *f* / signal variable || **~horn** *n* / alarm horn, horn *n* || **~impedanz** *f* / signal impedance || **~integrität** *f* / signal integrity
signalisieren *v* / signal *v*, indicate *v*
Signalisierung *f* / signalling *n*, signaling *n*, signalization *n* || **~szeitschlitz** *m* (Zeitschlitz, der eine bestimmte Position im Rahmen belegt und dauernd der Signalisierung dient) / signalling timeslot
Signal·kabel *n* / signal cable || **~kennzeichen** *n* / signal ID || **~kette** *f* / signal chain || **~konditionierer** *m* / signal conditioner || **~konditionierung** *f* / signal conditioning || **~kontakt** *m* / signalling contact, sensor contact, signal contact || **~ladung** *f* / signal charge || **~lampe** *f* / signal lamp, pilot lamp
Signallaufzeit *f* / signal propagation delay, propagation delay, signal propagation time, signal transit time, envelope delay || **Streuung der ~** / transit-time spread || **~laufzeitschwankung** *f* (Fotovervielfacher) / transit-time jitter
Signal·leiter *m* / signal conductor || **~leitung** *f* / signal line, signalling circuit, signal cable || **~leitung** *f* (Leiter) / signal lead || **~leuchte** *f* / signal light, signal lamp || **~liste** *f* / flag list || **~liste** *f* (SIGLI) / signal list (SIGLI) || **~logik** *f* / signal logic || **~masse** *f* (Erde) / signal ground (GND) || **~meldeaufsatz** *m* / signal detector top, fault signaling module || **~meldeeinsatz** *m* / signal detector link || **~melder** *m* / signal detector || **~merker** *m* / signal flag || **~modul** *n* / simulation module || **~name** *m* / signal name || **~name mit Querstrich** / overlined signal name || **~parameter** *m* DIN 44300 / signal parameter || **~pegel** *m* / signal level || **~pegelumsetzer** *m* / signal level converter || **~periode** *f* / signal period || **~pfad** *m* / signal path || **~position** *f* / signal position || **~prozessor** *m* / signal processor || **digitaler ~prozessor** (DSP) / digital signal processor (DSP) || **~qualität** *f* / signal quality || **~quelle** *f* / signal source, signal generator || **~rahmen** *m* / alarm signalling frame, group alarm frame || **~rangierung** *f* / signal allocation (o. routing) || **~-Rausch-Abstand** (SNR) *m* / Signal-to-Noise Ratio || **~-Rausch-Verhältnis** *n* / signal-to-noise ratio (SNR), noise margin || **~reflexionen** *f pl* / signal reflections || **~regenerierung** *f* / signal regeneration || **~relais** *n* / signal relay || **~relaisausgang** *m* / signal relay output || **~rot** *adj* / aviation red || **~rückmeldung** *f* / signal feedback, return signal
Signal·säule *f* / signaling column || **~scheinwerfer** *m* / light gun, signalling lamp || **~schnittstelle** *f* / SGI *n*, signal interface || **~senke** *f* / signal sink || **~sequenz** *f* / signal sequence || **~spannung** *f* / signal voltage || **~speicher** *m* / signal latch || **~speicherröhre** *f* / signal storage tube || **~sperre** *f* / signal lock || **~spiel** *n* / signal interplay || **~sprache** *f* / signal convention || **~stärke** *f* / signal strength || **~station** *f* / signalling station || **~stecker** *m* / signal socket connection, signal connector || **~Störabstand** *m* / signal-to-noise ratio (SNR), noise margin || **~strom** *m* / signal current || **~stromkreis** *m* / signal circuit || **~tafel** *f* / annunciator *n*
Signal·übergang *m* / signal transition || **~übergangsbereich** *m* / signal transfer range || **~übergangszeit** *f* (Schnappsch.) / transit time || **~übertragung** *f* / signal transmission || **störsichere ~übertragung** / noise-free signal transmission || **~übertragungssystem** *n* / pulse transmission system || **~überwachung** *f* (SÜ) / signal monitor || **~umformer** *m* / signal converter, signal conditioner, signal transducer || **~umformerbaugruppe** *f* / transducer module || **~umformung** *f* / signal conversion, signal conditioning || **~umsetzer** *m* / signal transducer, code converter, signal converter || **~umsetzung** *f* / signal conversion || **~-Untergrundverhältnis** *n* / signal-to-background ratio, peak-to-background ratio || **~unterteilung** *f* / signal subdivision
signalverarbeitendes Glied / signal processing element (o. module)
Signal·verarbeitung *f* / signal processing || **Distanzschutzsystem mit ~verbindungen** / communication-aided distance protection system, distance protection system with communication link || **~verfolgung** *f* / signal tracking || **~vergleich** *m* / signal comparison || **~vergleicher** *m* / signal comparator || **~vergleichslogik** *f* / teleprotection *n* || **~verknüpfungsbaustein** *m* / signal logic module || **~verlängerung** *f* / signal stretching || **~verlauf** *m* / signal characteristic, signal chart || **~verlust** *m* / signal breakdown || **~versatz** *m* / signal offset || **~verschiebe-Wirkungsgrad** *m* / signal transfer efficiency || **~versorgung** *f* / signal supply || **~verstärker** *m* / signal amplifier || **~verstärker** *m* (Kommunikationsnetz) EN 50090-2-1 / repeater *n* || **~verstärkerelektronik** *f* (SVE) / signal amplifier electronics || **~verstärkung** *f* / signal amplification || **~verteiler** *m* / signal distributor || **~verteilung** *f* / signal distribution, signal routing || **~vervielfachung** *f* (Ausgangsfächerung) / fan-out *n* || **~verzerrung** *f* / signal distortion || **~verzögerung** *f* / signal delay, transit delay || **sichtbare ~verzögerung** / apparent signal delay || **~verzögerungsbereich** *m* / signal delay range || **~verzögerungsmodus** *n* / signal delay mode || **~verzweigung** *f* (Ausgangsfächerung) / fan-out *n* || **~vorbelegung** *f* / signal assignment
signalvorverarbeitende Baugruppe (E/A-Baugruppe) / intelligent I/O module, smart card
Signal·vorverarbeitung *f* / signal preprocessing, preprocessing of signals || **~vorverarbeitungsbaugruppe** *f* / intelligent I/O module || **~wandler** *m* / signal converter, signal transducer || **~wandlung** *f* / signal conversion || **~wechsel** *m* / signal change, output change || **~weg** *m* / signal path || **~wert** *m* / signal value || **~zeitschlitz** *m* / signal time slot || **~zustand** *m* / signal status, signal state, signal level, logic state || **~zustand FALSCH herbeiführen** / deassert *v* || **~zustand WAHR herbeiführen** / assert *v* || **~zustandsabfrage** *f* / signal state check || **~zustandsanzeige** *f* / signal status display || **programmabhängige ~zustandsanzeige** / program-dependent signal status display
Signatur *f* / signature *n* || **~analysator** *m* / signature analyzer

Signet des Bereiches / group colophon
Signierstation f / marking station
Signierung f / signing n, signature n
signifikant·e Stelle (Zahlen) / significant digit || **~er Zeitpunkt** / significant instant (an instant at which a signal element commences in a discrete signal) || **~er Zustand** (eine charakteristische Größe eines Signalelements, die mittels eines Codes die Bedeutung des Signalelements festlegt) / significant condition || **~es Intervall** (Intervall zwischen zwei aufeinanderfolgenden signifikanten Zeitpunkten) / significant interval (time interval) || **~es Testergebnis DIN 55350,T. 24** / significant test result
Signifikanz f / significance n || **♢grad** m / level of significance || **♢niveau** n DIN 55350, T.24 / significance level || **♢test** m DIN 55350,T.24 / test of significance, significance test
Signum n IEC 50(101) / signum n
SIGUARD Sicherheitstechnik / SIGUARD safety systems
S$_i$HCl$_3$ n / trichlorosilane n
SIKUS 3200 Reihenschaltschranksystem n / SIKUS 3200 side-by-side switchgear cabinets || **♢-Standverteiler** m / SIKUS
SIL (Sicherheits-Integritätslevel) n / safety class
Silan n / silane n || **♢gas** n / silane n
Silbenkompandierung f / syllabic companding
silber n / silver
Silber·auflage f / silver facing, AG plate n || **♢band** n / AG strip n || **♢-Cadmium-Akkumulator** m / silver-cadmium battery || **♢chlorid-Magnesium-Batterie** f / silver chloride-magnesium battery || **♢graphit-Bürste** f / silver-graphite brush || **~löten** v / silver-solder v || **♢oxid-Zink-Batterie** f / silver oxide-zinc battery || **~plattiert** adj / silver-plated adj || **♢ring** m / silver ring || **♢-Sintermaterial** n / silver-sponge material || **♢streifenmethode** f / silver strip method || **♢-Zink-Akkumulator** m / silver-zinc battery || **♢-Zuschlag** m / silver surcharge
Silicium n / SI n
Silicontransformator m / silicone-liquid-filled transformer, silicone transformer, silicone-fluid-immersed transformer
Si-Li-Detektor m / silicon-lithium detector (Si-Li detector)
Silikagel·-Luftentfeuchter m / silicagel dehydrator || **♢-Lufttrockner** m / silicagel breather
Silikatglas n / silica glass
Silikon·-Aderleitung f / silicone-rubber-insulated non sheathed cable || **♢-Aderschnur** f / silicone-rubber-insulated flexible cord || **♢auftragsgerät** n / silicone application equipment || **♢dichtung** f / silicone gasket || **♢fett** n / silicone grease || **♢flüssigkeit** f / silicone liquid
silikonfrei adj / silicone-free adj
silikongefüllter Transformator / silicone-liquid-filled transformer, silicone transformer, silicone-fluid-immersed transformer
Silikon·-Gummiaderleitung f / silicone)-rubber-insulated flexible cable (o. cord) || **♢kautschuk** m / silicone rubber || **♢lack** m / silicone varnish || **♢masse** f / silicone compound || **♢-Matten-Tastatur** f / silicone elastomer keyboard, elastomer rubber keyboard, elastomer keyboard || **♢muffe** f / silicone sleeve || **♢öl** n / silicone oil, silicone liquid || **♢öltransformator** m / synthetic-liquid-immersed transformer || **♢paste** f / silicone paste, silicone lubricant || **♢-Schlauchleitung** f / silicone-rubber-insulated flexible cable || **♢schutzkappe** f / silicone protective cap || **♢-Trennmittel** n / silicone stripping agent
Silit n / silit n
silizieren v / siliconize v, silicon-coat v
siliziertes Eisen / siliconized steel
Silizium n / silicon n || **♢ auf Saphir (SOS)** / silicon on sapphire (SOS) || **♢ von Halbleiterqualität** / semiconductor-grade silicon || **♢ von Solarzellenqualität** / solar-grade silicon || **nach dem Czochralski-Verfahren gezogenes ♢** / Czochralski-grown silicon || **♢-Bildwandler** m / silicon imaging device || **♢chip** m / silicon chip || **♢dioxid (SiO$_2$)** n / silica n || **♢folie** f / ribbon silicon || **♢-Germanium** n / silicon-germanium n || **♢gleichrichter** m / silicon rectifier, silicon-controlled rectifier (SCR) || **♢karbid** n / silicon carbide (SiC) || **♢karbidableiter** m (SiC-Ableiter) / silicon carbide (surge arrester) || **♢karbid-Varistor** m / silicon-carbide varistor || **♢kupfer** n / silicon-alloyed copper || **♢legierung** f / a-Si alloy || **♢-Leistungs-FET** n / power silicon FET (PSIFET) || **♢linse** f / silicon lens || **♢-Lithium-Detektor** m (Si-Li-Detektor) / silicon-lithium detector (Si-Li detector) || **♢monoxid (SiO)** n / silicon monoxide (SiO) || **♢nitrid(Si$_3$N$_4$)** n / silicon nitride (Si$_3$N$_4$) || **♢-Planar-Thyristor** m / silicon planar thyristor || **♢stahl** m / silicon-alloy steel, silicon steel || **♢-Steuerelektrode** f / silicon gate (SG)
Silo m / silo n || **♢speicher** m / pushup storage || **♢waage** f / silo scale
SILSO-Prozess m / SILSO process
Silumin n / silumin n, aluminium-silicon alloy, alpax n, Wilmin n || **♢guss** m / cast silumin, cast aluminium silicon alloy
SIM m / SIM (subscriber identity module) n
SIMD / Single Instruction Multiple Data (SIMD)
Simmerring m / sealing ring
SIMM-Modul n / SIMM memory expansion card
Simplex / simplex || **♢betrieb** m / simplex operation || **♢/Duplex-Modem** n / simplex/duplex modem
Simplified Chinese n (Zeichensatz, der es ermöglicht, mit einem begrentzten Anzahl von kombinierbaren Zeichen die chinesische Sprache darzustellen) / Simplified Chinese
Simulation f / simulation n || **♢ abbrechen** / cancel simulation || **♢ aktivieren** / Activate simulation || **♢ Based Engineering** / Simulation Based Engineering || **♢ eines Fehlers** / fault simulation || **♢ einstellen** / Set simulation || **♢ laden** / Load simulation || **♢ oder Ersatzwert** / Simulation or substitute value || **3D-♢** f / 3D simulation || **hauptzeitparallele ♢** / simulation in parallel with machining time
Simulationsachse f / simulation axis
simulationsbasiert adj / simulation-based || **~es Engineering** / SBE, Simulation-Based Engineering
Simulations·bereich m / simulation area || **♢eingang** m / simulation input || **♢fenster** n / simulation window || **♢freigabe** f / simulation enable || **♢freigabebrücke** f / simulation enable jumper || **♢funktion** f / simulation function || **♢geschwindigkeit** f / simulation speed || **♢grafik**

Simulator

f / simulation graphic || ⁓**grundbild** *n* / basic simulation display || ⁓**modell** *n* / simulation model || ⁓**modus** *m* / simulation mode || ⁓**-NCK** *m* / simulation NCK || ⁓**plattform** *f* / simulation platform || ⁓**schrittweite** *f* / simulation step width || ⁓**-Software** *f* / simulation software || ⁓**-Tool** *n* / simulation tool || ⁓**umgebung** *f* / simulation environment || **dreidimensionale** ⁓**- und Fertigteildarstellung** / three-dimensional simulation and machined part representation || ⁓**werkzeug** *n* / simulation tool || ⁓**werkzeugdatensatz** *m* (SWD) / simulation tool record

Simulator *m* / simulator *n*, simulation device || ⁓**baugruppe** *f* (Baugruppe, an der über Bedienelemente digitale Eingangsgrößen simuliert werden können und digitale Ausgangsgrößen angezeigt werden) / simulator module

Simulieren *n* / simulation *n* || ~ *v* / simulate *v*

Simulierer *m* (Programm) / simulator program

simulierte Achse / simulated axis

Simultan·anzeige *f* / simultaneous display || ⁓**bearbeitung** *f* / simultaneous machining || ⁓**betrieb** *m* / simultaneous mode || ⁓**bewegung** *f* / simultaneous movement (o. motion), concurrent motion || **~e Verdampfung** *f* / coevaporation *n* || ⁓**eous Engineering** *n* / simultaneous engineering || **~es Setzen der Klebepunkte** / simultaneous application of adhesive dots || ⁓**funktion** *f* / simultaneous function || ⁓**interpolation** *f* / simultaneous interpolation || ⁓**kette** *f* / simultaneous sequencer || ⁓**programmierung** *f* / simultaneous programming || ⁓**steuerung** *f* / simultaneous control || ⁓**steuerung** *f* (Diesel-Gen.) / simultaneous control of fuel injection and generator field || ⁓**verdampfung** *f* / coevaporation *n* || ⁓**verzweigung** *f* / simultaneous branch, divergence *n*

SINEC (Siemens Network Communication System, ein Bussystem) / lokales Datennetz || ⁓**-Verbund** *m* / SINEC local area network

SI-Netzwerkanschlusseinheit *f* / SI network access unit

singender Lichtbogen / singing arc

Single·-Block *m* / single block || ⁓**-Chip-Lösung** *f* / single-chip solution || **~-ended** *adj* / single-ended || ⁓ **Inline Memory Modul** *n* / SIMM memory expansion card || ⁓**-Master-System** *n* / single-master system || ⁓**prozessormaschine** *f* / single-processor machine || ⁓**-Slope-Wandler** *m* / single-slope converter || ⁓**turn-Geber** *m* (Absolutgeber) / singleturn encoder, single turn sensor, single-turn encoder || ⁓**-Wafer-Tracking** *n* / single-wafer tracking

Sinnbild *n* (Schaltzeichen) / graphical symbol || **ausführliches** ⁓ / detailed symbol || **vereinfachtes** ⁓ / simplified symbol

sinnvoll *adj* / advisable *adj* || **~er Wert** / plausible value

Sinter·anker *m* / sintered armature || ⁓**bronzelager** *n* / porous-bronze bearing || ⁓**buchse** *f* / porous bearing bushing || ⁓**elektrode** *f* / sintered electrode, self-baking electrode || ⁓**filter** *n* / sintered filter || ⁓**folienplatte** *f* / sintered foil plate || ⁓**joch** *n* / sintered yoke || ⁓**kontaktwerkstoff** *m* / powdered-metal contact material || ⁓**korund** *m* / sintered alumina || ⁓**lager** *f* / sintered bearing, *n* porous bearing || ⁓**metall-Entstördrossel** *f* / sintered metal reactor for interference suppression || ⁓**metallurgie** *f* / powder metallurgy || ⁓**n** *n* / sintering *n* || ⁓**platte** *f* / sintered plate || ⁓**ung** *f* / sintering *n* || ⁓**werkstoff** *m* / sintered material

sinuid *adj* / sinusoidal

Sinus·abgriff *m* / sine tap || ⁓**antwort** *f* / sinusoidal response, sine-forced response || **~bewertet** *adj* / sine-weighted *adj* || ⁓**feldlamelle** *f* / pole piece, flux corrector || ⁓**filter** *m* / sine-wave filter, sinusoidal filter, sine-wave (correcting) filter

Sinusform *f* / sine-wave form, sinusoidal shape, sinusoid *n* || **Abweichung von der** ⁓ / departure from sine-wave, deviation from sinoid, deviation factor || **prozentuale Abweichung von der** ⁓ / deviation factor

sinusförmig *adj* / sinusoidal *adj*, sine-wave *adj* || **praktisch ~** / substantially sinusoidal, practically sinusoidal || **~e Größe** / sinusoid *n*, sinusoidal quantity, simple harmonic quantity || **~e Referenzschwingung** / reference sine-wave || **~e Schwingung** / sinusoidal oscillation, simple harmonic motion || **~e Schwingung** (Klirrfaktor kleiner als 5 %) / substantially sinusoidal waveform || **~e Spannung** / sinusoidal voltage, sine-wave voltage || **~e Spannungsschwankung** / sinusoidal voltage fluctuation || **~er Effektivstrom** / sinusoidal RMS current || **~er Halbschwingungsstrom** / sinusoidal half-wave current || **~er Strom** / sinusoidal current, simple harmonic current

Sinus·funktion *f* / sine function, sinusoidal function || ⁓**geber** *m* / sinusoidal encoder || ⁓**generator** *m* / sine-wave generator || ⁓**gesetz** *n* / sine law, sinusoidal law || ⁓**größe** *f* / sinusoid *n*, sinusoidal quantity, simple harmonic quantity || ⁓**halbwelle** *f* / sinusoidal half-wave || ⁓**kurve** *f* / sine curve

Sinus·modulation *f* / sine-wave modulation || **~modulierter Pulsumrichter** *m* / sine-modulated pulse converter || ⁓**-Modus** *m* / sinusoidal mode || ⁓**quadratimpuls** *m* / sine-squared pulse || ⁓**schwebung** *f* / sine beats || ⁓**schwingung** *f* / sinusoidal oscillation, simple harmonic motion || ⁓**signal** *n* / sinusoidal signal || ⁓**spannung** *f* / sinusoidal voltage, sine-wave voltage || ⁓**speisung** *f* / sinusoidal feeding || ⁓**spur** *f* / sinusoidal track || ⁓**stoß** *f* / sine pulse || ⁓**strom** *m* / sinusoidal current, simple harmonic current || ⁓**umrichter** *m* / sine-wave converter, a.c. inverter || **~verwandte Schwingung** / quasi-sinusoidal oscillation || ⁓**wechselrichter** *m* / sinusoidal inverter || ⁓**welle** *f* / sinusoidal wave, sine wave || ⁓**wellengenerator** *m* / sine-wave generator

SiO (Siliziummonoxid) *n* / SiO (silicon monoxide) *n*

SiO₂ *n* / silicon dioxide (SiO2)

SiP / System in a Package (SiP)

SIPASS (Siemens-Personen-Ausweissystem) / SIPASS (Siemens personnel badge system)

SIPC *m* / Simply Interactive PC (SIPC)

SIPMOS (Siemens-Leistungs-MOS) / SIPMOS (Siemens power MOS)

SIPMOSFET (Siemens-Leistungs-MOS-FET) / SIPMOSFET (Siemens power MOS FET)

SIPN *n* / Signal Interpreted Petri Net (SIPN)

SIPS / SIPS (Siemens Industrial Publishing System)

Sirenenelement *n* / siren element

SIROT / Service Inter Regional Order Tracking (SIROT)

SIS (sicherheitsbezogenes System) n / safety-instrumented system (SIS)
SISO m / single input single output (SISO)
SIT / SIT (system integration test)
Site··Kennung f / site name || ⸰**map** f / site map || ⸰**map-Datei** f / site map file || **~-spezifisch** adj / site-specific || **~-spezifische Chats** / site-specific forums || ⸰**verzeichnis** n / site directory
SITOP power Standard 24 V / SITOP power Standard 24 V || ⸰ **power Stromversorgung** / power supply from the SITOP power range
SITOR··Baustein m / thyristor module || ⸰**-Blockverspannung** f / SITOR block clamping bolts || ⸰**-Doppelbaustein** m / SITOR double module || ⸰**-Einzelbaustein** m / SITOR single module || ⸰**-Satz** m / SITOR assembly
Situationskarte f / planimetric map
Sitz m / port n || ⸰ m (Passung) / fit n || ⸰ m (Sitzfläche) / seat n, seating n || ⸰ **erkennung (SBE)** f / childseat presence orientation detection (CPOD) n || ⸰**belegungserkennung** f (SBE Kfz) / occupant detection (SBE), seat occupancy detection || ⸰**durchmesser** m / seat diameter, port diameter
Sitzer, 4-⸰ adj / four-seater adj
Sitz·fläche f / seat area || ⸰**leckage** f (Ventil) / seat leakage || ⸰**modul** n / seat module || ⸰**positionsmessung** f / occupant position detection (OPD) || ⸰**pult** n / desk for seated operation, console n || ⸰**querschnitt** m / seat area || **maximaler** ⸰**querschnitt** / maximal port area
Sitzring m / seat ring || **Führung in** ⸰ / port guided, skirt guided || **zylindrischer Teil des** ⸰**es** / cylindrical length of seat ring
Sitz·schaltpult n / control desk, console for seated operation || ⸰**steuergerät** n / seat adjustment control unit || ⸰**- und Stehpult** n / desk for seated or standing operation
Sitzung f DIN ISO 7498 / session n, session connection
Sitzungs·gedächtnis n (Fähigkeit einer Software, Einstellungen und Anordnungen von Objekten, z. B. Fenstern, am Ende einer Sitzung zu speichern) / session log || ⸰**synchronisation** f DIN ISO 7498 / session connection synchronization || ⸰**technik** f / meetings system, review systems
Sitz·ventil n / seat valve, metal-to-metal valve || ⸰**verstellmotor** m / seat adjusting motor
SI-Überwachung f / SI monitoring
SIVACON-Standardstückliste / SIVACON standard parts list
Size-driven-Algorithmus m / size-driven algorithm
SK / controlgear assembly || ⸰ (Softkey) / SK (softkey) || ⸰ (Schrittkette) / sequencer n, step sequence, drum sequencer
SK-A / serial interface module SK-A
Skala f / scale n
skalar·e Größe / scalar quantity || **~e Permeabilität für zirkular polarisierte Felder** / scalar permeability for circularly polarized fields || **~e Variable** / scale n || **~es Linienintegral** / scalar line integral || **~es magnetisches Potential** / scalar magnetic potential || **~es Produkt** / scalar product
Skal. Beschl. Drehmomentregelung / Scaling accel. torque control || ⸰ **Beschleunig. Vorsteuerung** / Scaling accel. precontrol
Skale f / scale n, dial n

Skalen·abdeckung f / scale cover || ⸰**anfangswert** m / lower limit of scale || ⸰**band** n / graduated scale strip || **voller** ⸰**bereich** / full scale range || ⸰**bezifferung** f / scale numbers || ⸰**blech** n / scale plate, scale n || ⸰**einteilung** f / scale marks || ⸰**ende** n (ADU, DAU) / full scale || ⸰**ende-Unsymmetrie** f (DAU) / full-scale asymmetry || ⸰**endwert** m / full-scale value, upper limit of scale || ⸰**faktor** m / scale factor || ⸰**form** f / scale design || ⸰**grundlinie** f / line-scale base || ⸰**intervall** n / scale interval || ⸰**konstante** f DIN 1319, T.2 / scale factor || ⸰**lampe** f / dial lamp || ⸰**länge** f / scale length, total scale length || ⸰**lehre** f / dial gauge, clock gauge
Skalenmitte, Drift bei ⸰ / midscale drift
Skalen·null n / zero scale || ⸰**nullpunkt** m / zero scale mark || ⸰**platine** f / scale board || ⸰**platte** f / dial n || ⸰**plombierung** f / scale seal || ⸰**scheibe** f / dial n || ⸰**teil** m (Skt) / scale division, graduation (grad.), scale division || **Anzahl der** ⸰**teile** / number of scale divisions || ⸰**teilstrich** m / scale marking || ⸰**teilstrichabstand** m / length of a scale division || ⸰**teilung** f / scale marks || ⸰**träger** m / scale plate, scale bushing || ⸰**wert** m / scale interval
skalierbar adj / scalable adj, flexible adj || ⸰**keit** f / scalability
Skalieren n / scaling n || **~** v / scale v || ⸰ (graf. DV) / zooming n
skaliert adj / scaled adj
Skalierung f / scaling n, scale n || ⸰ **nicht zugelassen** / invalid scaling || ⸰ **speichern** / save scaling || ⸰ **Statik** / Droop scaling || ⸰ **Y-Achse** f / scaling Y-axis
Skalierungs·art f / scaling type || ⸰**faktor** m / scaling factor
Skal. unt. Drehmoment-Grenzwert / Scaling lower torque limit
S-Kanal m / sheet-steel duct, steel trunking
Skelett n / skeleton n, framework n, frame n, supporting structure, structural framework || ⸰ **und Umhüllung (FSK)** / frame and covers (FBA)
SK-G / serial interface module SK-G
Skimmer m / skimmer n
Skineffekt m / skin effect, Heaviside effect, Kelvin effect || **~armer Leiter** / type-M conductor
Skip / skip || ⸰**-Lot-Stichprobenprüfung** f / skip-lot sampling inspection || ⸰**-Lot-Verfahren** n / skip-lot method || ⸰**zeichen** n / skip character
Skizzentechnik f / sketching n
skotopisches Sehen / scotopic vision
SKP (Satz ausblenden) / SKP (skip block)
Skript n / script n
Skt (Skalenteil) / scale division, grad. (graduation)
S-Kurve f / S-curve n
SKW (Systemkanalwähler) / system and channel selector
SL / slipringmotor, wound-rotor motor, slave station (SL) || ⸰ / PE bus
sl (solution line) f / sl n
SLA (Service Level Agreement) (Festlegung von z.B. Verfügbarkeiten oder Wartungsfenstern) / Service Level Agreement (SLA)
Slack m (Netz) / slack bus
SLAPP / Simple Light Access Point Protocol (SLAPP)
Slave m (MPSB) / slave n || ⸰ **hat Adresse 0** m / slave address is 0 || ⸰ **im RESET-Zustand** m /

slave in RESET status || ꭢachse f / slave axis, following axis (FA) || ꭢ-Adresse f / slave address || ꭢanschluss m / slave connection || ꭢ-Anwendung f / slave application || ꭢaufbau m / slave configuration || ꭢ-Betrieb m / slave mode || ꭢbus m / slave bus || ꭢ-CPU f / slave CPU || ꭢdiagnosedaten plt / slave diagnostics data || ꭢ-Eigenschaft f / slave property || ꭢ-Eingang m / slave input || ꭢ-Funktion f / slave function || ꭢ-Funktionalität f / slave functionality || ꭢ-Gerät n / slave || ꭢ-Modul n / slave module || ꭢ-Parameter m / slave parameter || ꭢprofil n / slave profile || ꭢ-SPS f / slave PLC || ꭢstation f / slave station, slave n || ꭢ-Steuerung f / slave control || ꭢ-Subsystem n / slave subsystem || ꭢ-to-Slave-Kommunikation f / slave-to-slave communication || ꭢ-Zyklus m / slave cycle || ꭢzykluszeit f / slave cycle time
SL-Baustein m (PE) / PE module
SLCT / SLCT (select from printer)
SLED f / Superluminescent Light Emitting Diode (SLED)
SLG (Schreib-/Lesegerät) / write/read device, read-write device
SLH (Systemlastenheft) / system order specification
SLI n / scalable link interface (SLI)
SLIC (Subscriber Line Interface Circuit) / Subscriber Line Interface Circuit (SLIC)
Slivering n DIN IEC 469, T.1 / slivering n
SLM (Synchron-Linear-Motor) / SLM (synchronous linear motor)
SL/Mp-Leiter m / PEN conductor
SLMS (Siemens Linear Motor Systems) / SLMS
Slot·baugruppe f / slot module || ꭢblech n / slot cover || ꭢeinbauplatz m / slot mounting position || ꭢkarte f / slot card || ꭢ-PLC / slot PLC || ꭢ-SPS / slot PLC || ꭢ-System n / slot system
SLP (Sicher begrenztes Lager) f / SLP n
SLS / SLS (safely limited speed) n
SL-Schiene f / protective conductor bar, PE bar
SLVC (Verstärkung Drehzahlregl.) / SLVC (gain speed controller)
SM (Signal Module) / SM (signal module) || ꭢ (Schrittmotor) / SM (stepper motor) || ꭢ (Sensormodul) n / sensor module (SM) || ꭢ (ShopMill) / SM (ShopMill)
Small Integrated Automation (SIA) / Small Integrated Automation (SIA)
SMART (SMART) / Support Management Report Tracking System (SMART)
SMB (Sendemailbox) / send mailbox, SMB (sending mailbox) || ꭢ (Schnellmontage-Bausatz) / RMK (rapid mounting kit)
SMBus m / System Management Bus (SMBus)
SMC n / sheet moulding compound (SMC) n || ꭢ (Sensor Module Cabinet) n / Sensor Module Cabinet (SMC) n
SMD / SMD (surface-mounted device) || ꭢ-Baustein n / SMT component || ꭢ-Bestückautomat m / SMD placement machine || ꭢ-Förderer m / surface mount device feeder (SMD feeder) || ꭢ-General-Purpose-Placer m / SMD general purpose placer || ꭢ-Klebstoff m / SMD adhesive || ꭢ-Produkt n / SMD product || ꭢ-Spektrum n / SMD range || ꭢ-Technik f / SMD technology
SME / Siemens microcomputer development system || ꭢ f / Society of Manufacturing Engineers (SME)
Smearing-Effekt m / smearing effect

SME´-Editierprogramm n / SME editor program
smektische Phase (Flüssigkristallphase) / smectic phase
SME-Platz m / SME terminal (o. station)
S-Merker m / S flag
SMI / Sensor Module Integrated (SMI)
SMILE / SMILE computerized project engineering procedures for switch disconnectors
Smith-Diagramm n / Smith chart
SM-Leiter m / stranded shaped conductor
SMLT / Split Multi-Link Trunking (SMLT)
SMM m / Safe Motion Monitor (SMM)
SMMC / System Maintenance Monitoring Console (SMMC)
SMMT f / Society of Motor Manufacturers and Traders (SMMT)
SMP / symmetric multiprocessor system (SMP)
SMPS m / switched-mode power supply (SMPS)
SMR / static measuring relay, solid-state measuring relay || ꭢ **(specialised mobile radio)** n / specialised mobile radio
SMS / short message service (SMR)
SMT (surface-mount technology) / surface-mount technology || ꭢ-**Bauelement** n / SMT component || ꭢ-**Bestücktechnik** f / SMD placement technology || ꭢ-**Fertigung** f / SMD manufacturing || ꭢ-**Fertigungslinie** f / SMT production line
SMTP n / Simple Mail Transfer Protocol (SMTP)
SMU / heat-shrinkable core tube
SN (sicherer Nocken) / safe cam
SNC / programmable NC, stored-program NC (SNC) || ꭢ / Siemens Numerical Control Ltd. (SNC)
SNCR f / selective non-catalytic reduction (SNCR)
SND / Smart Network Device (SND)
SNMP / Simple Network Management Protocol (SNMP)
SnO$_2$ (Zinndioxid) n / SnO2 (tin oxide) n
SNR (Signal-Rausch-Abstand) / Signal-to-Noise Ratio
SNT (Schaltnetzteil) / internal switch-mode power supply
SNV / metal enclosed l.v. distribution board
SO / top of rail, upper surface of rail
So gehen Sie vor: / Proceed as follows: || ~ **niedrig wie vernünftigerweise möglich** / as low as reasonably practicable (ALARP)
SOA / safe operating area (SOA) || ꭢ / Semiconductor Optical Amplifier (SOA) || ꭢ **(serviceorientierte Architektur)** / Service Oriented Architecture (SOA)
SOAP / Simple Object Access Protocol (SOAP)
SO-Bauelement n / SO component
Sobelfilter m / sobel n
SOC / State of Charge (SOC)
SoC (System on Chip) / System on Chip (SoC)
Sockel m / fuse base || ꭢ m (LS-Schalter, Steckdose) / base n || ꭢ m (Lampe) / cap n (GB), base n (US) || ꭢ m (Lampenfassung) / backplate n || ꭢ m (Stecksockel) / socket n, pin base, receptacle n || ꭢ m (Isolator) / pedestal n, base n || ꭢ m (Befestigungs- u. Trägerteil) / frame n || ꭢ m (f. el. Masch.) / base n, substructure n, platform n || ꭢ m DIN IEC 23F.3 / base n || ꭢ m (dynamischer Versetzungsfehler infolge eines Umschaltvorgangs eines ADU) / pedestal n || ꭢ m (Holzmast) / stub n || ꭢ m / header n || **in** ꭢ **einsetzen** / insert into socket || ꭢ **für Soffittenlampe** / festoon cap || ꭢ **mit**

hochgezogenem Glasstein / alas-lined cap || ⁓ mit niedrigem Sockelstein / unlined cap || ⁓ mit vertieft eingelassenen Kontakten / recessed-contact cap || ⁓automat *m* (Kleinselbstschalter) / base-mounting m.c.b. || ⁓fassung *f* (Lampe) / backplate lampholder || ⁓-/Fassungssystem mit vollem Berührungsschutz / fully safe cap/holder fit || ⁓hülse *f* (Lampe) / cap shell, base shell || ⁓isolator *m* / pedestal insulator || ⁓kanal *m* / dado trunking || ⁓kitt *m* (Lampe) / capping cement || ⁓kontakt *m* / base contact || ⁓lehre *f* (f. Lampensockel) / cap gauge || ⁓leiste *f* / skirting *n* || ⁓leiste *f* (Schrank) / kickplate *n*, plinth *n* || ⁓leistenkanal *m* / skirting trunking, skirting duct
sockellose Lampe / capless lamp || **~ Lampe** (m. heraushängenden Stromzuführungen) / wire terminal lamp
Sockel·rahmen *m* / base frame || ⁓rand *m* (Lampe) / cap edge (GB), base rim (US) || ⁓raum *m* / base space || ⁓schalter *m* / socket switch || ⁓schieber *m* / base slide || ⁓stein *m* (Lampensockel) / base insulator || ⁓stift *m* (Lampe) / base pin, cap pin, contact pin || ⁓temperatur an frei brennenden Lampen / free air cap temperature || ⁓wulst *m* (Lampe) / cap skirt
Socket Services *m* (automatische Hardware-Ressourcenverwaltung durch PCMCIA-Software-Unterstützung (Card & Socket Services)) / socket services
SOCRATES / system of cellular radio for traffic efficiency and safety (SOCRATES)
SODIMM / Small Outline Dual In-Line Memory Module (SODIMM)
SOE / SOE (sequence of events)
SOF / start of frame (SOF)
Soffitten·kappe *f* / shell cap, festoon cap || ⁓lampe *f* / tubular lamp, double-capped tubular lamp, tubular filament lamp, festoon lamp
sofort schaltender Ausgang / instantaneous output
Sofortausdruck *m* / instant printout
Sofortauslösestrom *m* / instantaneous tripping current || ⁓bereitschaftsaggregat *n* / no-break stand-by generating set, uninterruptible power set || ⁓bereitschaftsaggregat mit Kurzzeitunterbrechung / short-break standby generating set, short-break power set
sofortiger Eingriff / prompt action
Sofort·kontakt *m* / instantaneous contact || ⁓-Nichtauslösestrom *m* / instantaneous non-tripping current || ⁓protokollierung *f* / instant printout || ⁓revision *f* / immediate update || ⁓startlampe *f* / instant-start lamp || ⁓start-Vorschaltgerät *n* / instant start ballast || ⁓wechsler *m* / instantaneous change-over contact || ⁓-Wiederzündung *f* (Lampe) / instantaneous restart, instant restart
Soft·-CNC / soft CNC || ⁓copy *f* (nicht dauerhaftes Bild in einem Darstellungsbereich) / soft copy
softgrau *adj* / soft gray
Softkey *m* / softkey (SK) *n* || ⁓ anwählen / select softkey || **horizontaler** ⁓ (HSK) / horizontal softkey (HSK) || **vertikaler** ⁓ (VSK) / vertical softkey (VSK) || ⁓-Anzeige *f* / softkey display || ⁓baum *m* / softkey tree || ⁓-Befehlszeile *f* / softkey command line || ⁓-Belegung *f* / softkey assignment || ⁓beschriftung *f* / softkey designation || ⁓funktion *f* / softkey function ||

⁓funktionssignal *n* / softkey function signal || ⁓leiste *f* / softkey menu, softkey bar || **horizontale** ⁓leiste / horizontal softkey bar || ⁓menü *n* / softkey menu || ⁓-Menübaum *m* / softkey menu tree || ⁓taste *f* / softkey || ⁓text *m* / softkey text
Soft·-Sectoring *m* / soft sectoring || ⁓sensor *m* / soft sensor || ⁓SPS (die SoftSPS ist eine reine Software zur Nachbildung einer Hardware-SPS mit Realtime-Verhalten, die unter Windows abläuft) / soft PLC || ⁓tastatur *f* / soft keyboard
Software *f* (SW) DIN 44300 / software *n* (SW) || **31-Achs-**⁓ *f* / 31-axis software || **6-Achs-**⁓ *f* / 6-axis software || **DriveMonitor-**⁓ *f* / drivemonitor software || ⁓ansteuerung *f* / software control || ⁓applikation *f* / software application || ⁓-Architektur *f* / software architecture || ⁓ausgabezustand *m* / software status, output status || ⁓baustein *m* / software module || ⁓-Baustein *m* / software module, software block || ⁓bibliothek *f* / software library || ⁓bus *m* / software bus || ⁓ **Development Environment (SDE)** *f* / SDE || ⁓ **Development Kit (SDK)** *m* / Software Development Kit (SDK) || ⁓dienst (SW-Dienst) *m* / software service || ⁓dokumentation *f* / software documentation || ⁓endlage *f* / software end position
Software-Endschalter *m* (SW-Endschalter) / software limit switch, software travel limit, soft-wired feed limit || **sicherer** ⁓ / SE, safe software limit switch, safe limit position
Software Engineering *n* / Software Engineering || ⁓-Entwicklungsarbeitsplatz *m* / software development workstation || ⁓-Erstellung *f* / software generation || ⁓-Erstellungsumgebung *f* / software engineering environment || ⁓-Fehler *m* / software error, bug || ⁓-Freigabezeitsteuerung *f* / software enable time control || ⁓funktion *f* / software function
softwaregesteuerte Signalerkennung / software-triggered strobe
Software·haus *n* / software firm, Software House || ⁓hochrüstung *f* / software upgrade || ⁓installation *f* / software installation || ⁓kanal *m* / software channel || **~-kompatibel** *adj* / software-compatible *adj* || **~-Kompatibilität** *f* / software compatibility || ⁓-Komponente *f* / software component || ⁓-Konfiguration *f* / software configuration || ⁓konfigurationsmanagement (SCM) *n* / Software Configuration Management (SCM) || ⁓konzept *n* / software concept || ⁓-Koppler *m* / software interface unit || ⁓leistung *f* / software service || ⁓lizenz *f* / software license || ⁓lizenzvertrag *m* / software license agreement || ⁓lösung *f* / software solution || ⁓mängel *m pl* / software deficiencies || ⁓modul *n* / software module || ⁓-Modularität *f* / software modularity || ⁓nahtstelle *f* / software interface || ⁓nocken *m* / software cam || **sicherer** ⁓-Nocken / safe cam, safe software cam || ⁓-Option *f* / software option || ⁓-Optionspaket *n* / software option kit || ⁓paket *n* / software package || **~-parametrierbar** *adj* / software-parameterizable || **~-parametrierbare Peripherie** / software-parameterizable I/O || ⁓-Pflegeservice *m* / software maintenance service, software update service || ⁓pflegevertrag *m* / software update service contract || ⁓piraterie *f* (unerlaubter Gebrauch, unerlaubtes Kopieren oder

Software

unerlaubte Verteilung von Softwareprodukten) / software piracy || ⁓plattform *f* / software platform || ⁓-PLC / software PLC || ⁓produkt *n* / software product || ⁓-Produktschein *m* / software product certificate || ⁓projektierung *f* / software configuring || ⁓regler *m* / software controller || ⁓release *n* / software release
Software·schalter *m* / software switch || ⁓schiene *f* / application program interface (API) || ⁓-Schiene *f* / software pool || ⁓schlüssel *m* / access code || ⁓schnittstelle *f* / API (Application Program Interface) || ⁓seite *f* / software side || ⁓-Servicemitteilung *f* / software service memo || ⁓-SPS / control engine || ⁓ Stack (vollständiges Softwarepaket) / software stack || ⁓stand *m* (SW-Stand) / software version, software release || ⁓-Stand *m* / state-of-the-art software || ⁓standardisierung *f* / software standardization || ⁓struktur *f* / software structure || ⁓-Strukturschalter *m* / software structure switch || ⁓synchronisation *f* / software synchronization || ⁓system *n* / software system || ⁓-Tastatur *f* / software keyboard || ⁓tausch *m* / software exchange, software upgrade || ⁓technik *f* / software engineering || ⁓teil *m* / software part || ⁓test *m* / software test || ⁓tool (SW-Tool) *n* / software tool || ⁓Toolset *n* / software toolset || ⁓-Tor (SW-Tor) *n* / software gate || ⁓uhr *f* / software clock || ⁓umrüstung *f* / software updating, software update || ⁓-Voraussetzung *f* / software requirements || ⁓-Weiche *f* / software switch || ⁓-Werkbank *f* / software engineering tool (SET) || ⁓werkzeug *n* / software tool || ⁓-Zähler *m* / software counter
Sohle, emittierende ⁓ / emitting sole
Sohlenwinkel *m* / set-square *n*, square *n*
Sohlplatte *f* (Maschinenfundament) / rail *n*, soleplate *n*
SOHO-Anwendungen *f* / Small Office and Home Office applications (SOHO applications)
SOIC / Small Outline Integrated Circuit (SOIC)
SOI-Prozess *m* / Silicon on Isolator process (SOI process)
SOJ / small outline j-leaded (SOJ)
SOKO (Sonderkonstruktion) *f* / customer-specific model (SOKO)
Solar·anlage *f* / heliothermal power station || ⁓-Dachziegel *m* / solar tile
solare Deckungsrate / solar fraction || ~ **Strahlung** / solar radiation
Solarenergie *f* / solar energy
solar·er Deckungsgrad / solar fraction || ~er **Mittag** (Ortszeit, zu der die Sonnenbahn den Meridian des Standortes schneidet) / solar noon || ~er **Nachführstand** / solar tracker || ~er **Nutzungsfaktor** / plant efficiency || ~es **Silizium** / SoG-Si || ~es **Spektrum** / solar spectrum
Solar·fassade *f* / solar façade || ⁓feld *n* / PV array || ⁓generator *m* / solar generator || ⁓ **Home System (SHS)** *n* / solar home system || ⁓inverter *m* / invertor *n* || ⁓konstante *f* / solar constant || ⁓kraftwerk *n* / helioelectric power plant || ⁓-Laderegler *m* / controller *n*, charge controller, solar charge regulator || ⁓modul *n* / assembly *n* || ⁓panel *n* / panel *n*, componentry *n*, solar panel || ⁓-Schindel *f* / solar shingle, PV shingle || ⁓silizium *n* / SoG-Si || ⁓simulator *m* / solar simulator ||

⁓strahlung *f* / solar radiation || ⁓tag *m* / solar time || ⁓technik *f* / solar technology, solar engineering || ⁓thermie *f* (Solarwärmenutzung zur Warmwasser- bzw. Warmluftgewinnung) / solar thermal technology
solarthermisches Kraftwerk / solar thermal power unit
Solarzelle *f* / solar cell || ⁓ **mit einfachem Übergang** / homojunction cell || ⁓ **mit Front- und Rückseitenkontakt** / front contact cell || ⁓ **mit Heteroübergang** / heterojunction cell || ⁓ **mit Homoübergang** / homojunction cell || ⁓ **mit mehreren Energielücken** / multiple gap cell, multiple bandgap cell || ⁓ **mit n-Basis** / p-on-n cell || ⁓ **mit niedriger Bandlücke** / low band gap solar cell || ⁓ **mit niedriger Injektion** / low-level injection cell || ⁓ **mit p-Basis** / n-on-p cell || ⁓ **mit pn-Übergang an der Zellrückseite** / BJ cell (back junction cell) || ⁓ **mit zusätzlichem lokalen Emitter** / tandem junction cell || ⁓ **sehr hohen Wirkungsgrades** / high efficiency solar cell || **high-efficiency-**⁓ *f* / high efficiency solar cell || **low band gap-**⁓ *f* / low band gap solar cell
Solarzellen·-Betriebsnenntemperatur *f* / NOCT (nominal operating cell temperature) *n* || ⁓design *n* / cell engineering || ⁓fläche *f* / solar cell area || **Silizium von** ⁓qualität *f* / SoG-Si *n* || ⁓-Rückseitenfeld *n* / BSF (back surface field) || ⁓temperatur *f* / T_j
Sole / brine *n*, salt solution
Solenoid·bremse *f* / solenoid brake || ⁓-Einspritzventil *n* / solenoid injector
Soll *n* / planned *n* || ⁓arbeitszeit *f* (pro Tag) / required (daily working hours) || ⁓ausbau *m* / preset configuration || ⁓-Barcode *m* / target barcode || ⁓-Beginn *m* / planned start || ⁓bereich *m* / set range || ⁓betriebszustand *m* / final effect (consequence which the operator intended when the action was carried out) || ⁓bewegung *f* / setpoint movement || ⁓blinken *n* / setpoint blinking || ⁓-Bohrung *f* / setpoint hole || ⁓bruchstelle *f* / rupture joint, pressure-relief joint, predetermined breaking point, rupture point, preset breaking point || ⁓daten *plt* / scheduled data || ⁓drehzahl *f* / setpoint speed, set speed || ⁓-Durchmesser *m* / target diameter || ⁓-Ende *f* / planned end || ⁓-Endwert *m* (Bildschirmfläche, Skale) / rated scale
Sollerspalt *m* (Kollimator) / soller slit
Soll·form *f* / design form || ⁓funktion *f* / expected function || ⁓geschwindigkeit *f* / setpoint speed, set velocity || ⁓getriebestufe *f* / set gear stage || ⁓-/Ist-Abweichung *f* / deviation between target and actual position || ⁓-Istbau *m* / preset/actual configuration || ⁓-Ist-Differenz *f* / distance to go || ⁓-/Ist-Überwachung *f* / differential signal monitor || ⁓-Ist-Vergleich *m* / comparison between target, comparison of actual and target values || ⁓-/Ist-Vergleich *m* / setpoint/actual-value comparison || ⁓/Istwert / setpoint/actual value || ⁓-Istwert-Vergleich *m* / setpoint/actual-value comparison || ⁓konfiguration *f* / desired configuration || ⁓kontour *f* (programmierte K.) / programmed contour || ⁓kurve *f* / setpoint curve || ⁓-Lage *f* / setpoint position || ⁓-Leistung *f* / setpoint power, desired power, design power, required power || ⁓-Leistungsteil Codenummer / power stack code

800

number || ⸴-**Lichtverteilung** *f* / specified light distribution
Soll·maß *n* DIN 7182,T.1 / desired size, design size, specified dimension || **Lehren-⸴maß** *n* / nominal gauge size || ⸴**mengenangabe** *f* / scheduled quantity assignment, scheduled quantity specification || ⸴-**Mitte** *f* / setpoint center || ⸴**nahtdicke** *f* / design throat thickness || ⸴-**Nut** *f* / setpoint groove || ⸴**oberfläche** *f* / design surface, design form of surface || ⸴**position** *f* / position setpoint, setpoint position, set position, target position || ⸴-**Position Z-Achse** *f* (die von der Software vorgegebene Position der Z-Achse, die sie als nächstes anfahren soll) / Z-axis target position || ⸴**prozess** *m* / plan process || ⸴-**Raster** *m* / target grid || ⸴**schmelzstelle** *f* / pseudo-fuse *n* || ⸴-**Struktur** *f* / target structure || ⸴-**Strukturfeld** *n* / template window || ⸴**stückzahl** *f* / expected amount of pieces, target number, expected number of items || ⸴**stunden** *f pl* / budgeted hours || ⸴**stundenfaktor** *m* / budgeted hour factor || ⸴**temperatur** *f* / setpoint temperature, target temperature || ⸴-**Temperatur für die Dosiereinheiten 1** *f* / target temperature for dispensing units 1 through 3 || ⸴**termin** *m* / specified date || ⸴**tiefe** *f* / programmed depth || ⸴-**Token-Umlaufzeit** *f* / target rotation time || ⸴**topologie** *f* / reference topology ⸴-**Umlaufzeit** *f* (Token) / target rotation time || ⸴**vorgabe** *f* / target specification
Sollwert *m* / reference value, default *n*, setting value, set point control, analog output, desired value, target position, (ET) setpoint *n* || ⸴ *m* (QE) DIN 55350,T.12 / desired value || ⸴ *m* (Relaisprüf.) / must value, test value, specified value || ⸴ *m* / setpoint *n*, setpoint value || ⸴ *m* / specified value || ⸴ **bipolar vorgeben** / apply setpoint as bipolar signal || ⸴ **der Ablenkung** / rated deflection || ⸴ **der Ausfallrate** / assessed failure rate || **den** ⸴ **nachführen** / correct the setpoint, match the setpoint || ⸴ **PID-MOP** / setpoint of PID-MOP || **externer** ⸴ / external setpoint
Sollwert·abweichung *f* / deviation from setpoint (o. desired value), deviation *n* || ⸴**änderung** *f* / setpoint change || ⸴**anpassung** *f* (Signal) / setpoint (signal matching) || ⸴**aufbereitung** *f* / setpoint preparation, setpoint calculation || ⸴**auflösung** *f* / setpoint resolution || ⸴**aufschaltung** *f* / setpoint feedforward, setpoint injection, fixed setpoint injection, setpoint activation || **Funktionsbildner für** ⸴**aufschaltung** / set-point compensator || ⸴**aufschaltungsglied** / set-point compensator || ⸴**ausblendung** *f* / setpoint frequency skipping || ⸴**ausblendung** *f* (Baugruppe) / setpoint suppressor || ⸴**ausgabe** *f* / setpoint output || ⸴-**Ausgabebaustein** *m* / setpoint output block || ⸴**ausgang** *m* / setpoint output
Sollwert·-Bearbeitung *f* / setpoint processing || ⸴**begrenzung** *f* / setpoint limitation || ⸴**belegung** *f* / setpoint assignment || ⸴**bereich** *m* / setpoint range, program band || ⸴**bildung** *f* / setpoint generation || ⸴**eingang** *m* / setpoint input || ⸴**einsteller** *m* / setpoint adjuster, setpoint setter, schedule setter, setpoint device, potentiometer || ⸴**einsteller** *m* (Pot) / setpoint potentiometer, speed setting potentiometer || ⸴**freigabe** *f* / setpoint setting (signal enabling), setpoint enable || ⸴**führung** *f* /

setpoint control (SPC), setpoint driven master axis || ⸴**führungsbaugruppe** *f* / setpoint control module, supervisory setpoint module || ⸴**funktion** *f* / setpoint function || ⸴**geber** *m* / setpoint generator, setpoint encoder, schedule setter, setpoint device || ~**gekoppelt** *adj* / setpoint-linked || ⸴**generator** *m* / setpoint value generator || ⸴**generierung** *f* / setpoint generation || ⸴**glättungsfilter** *m* / setpoint smoothing filter || ⸴**grenzänderung** *f* / setpoint limit change || ⸴**grenze** *f* / setpoint limit
Sollwert·hochlauf *m* (Anfahrrampe) / ramp-up || ⸴**hub** *m* / load drop compensation || ⸴-**Istwert-Überwachung** *f* / error-signal device || ⸴-**Istwert-Vergleich** *m* / setpoint/actual-value comparison || ⸴**kanal** *m* / setpoint channel || ⸴**kaskade** *f* / setpoint cascade, cascaded setpoint modules, cascaded setpoint potentiometers || **Regelung mit** ⸴**eingriff** / set-point control (SPC) || ⸴**kästchen** *n* / setpoint box || ⸴**kette** *f* / setpoint cascade, cascaded setpoint modules, cascaded setpoint potentiometers || ⸴-**Kopplung** *f* / setpoint linkage, setpoint value linkage || ⸴**leitung** *f* / setpoint cable || ⸴**modul** *n* / setpoint submodule || ⸴**normierung** *f* / value standardization || ⸴**obergrenze** *f* / upper setpoint limit || ⸴**polarität** *f* / setpoint polarity || ⸴**position** *f* / setpoint position || ⸴**potentiometer** *m* / setpoint potentiometer || ⸴**quelle** *f* / setpoint source || ⸴**rampe** *f* / setpoint ramp || ⸴**reglerbaugruppe** *f* / setpoint control module
Sollwert·richtung *f* / setpoint direction || ⸴**schnittstelle** *f* / setpoint interface || ⸴**signal** *n* / setpoint signal || ⸴**speicher** *m* / setpoint memory || ⸴**speicher PID-MOP** *m* / setpoint memory of PID-MOP || ⸴**sprung** *m* / setpoint step-change || ⸴**sprungvorgabe** *f* / speed command step || ⸴**stabilität** *f* / setpoint stability || ⸴**stecker** *m* / setpoint connector || ⸴**steckmodul** *n* / setpoint submodule || ⸴-**Stellbefehl** *m* / setpoint command || ⸴**steller** *m* (Generator) / setpoint generator, setpoint potentiometer, speed setting potentiometer, setpoint setter || ⸴**steller-Baustein** *m* / setpoint generator module, setpoint adjustment module || ⸴**stoß** *m* / setpoint step-change || ⸴-**Stützpunkt** *m* / setpoint turning point || ⸴**symmetrierung** *f* / setpoint balancing || ⸴**überlagerung** *f* / setpoint overlay || ⸴**übernahme** *f* / setpoint acceptance || ⸴**umschaltung** *f* / setpoint exchange || ⸴**untergrenze** *f* / lower setpoint limit || ⸴**verringerung** *f* / setpoint reduction || ⸴**verschiebung** *f* / set point offset, setpoint displacement || ⸴**verschleifung** *f* / setpoint rounding || ⸴**verzögerung** *f* (Baugruppe) / S-line function generator || ⸴**vorgabe** *f* / setpoint input, setpoint entry, setpoint assignments, command value, speed command || ⸴**vorgabe** *f* (Anwahl) / setpoint selection || ⸴**vorgabeprogramm** *n* / setpoint entry program || ⸴**wahl** *f* / setpoint selection || ⸴**zuordnung** *f* / setpoint assignment
Soll·zeit *f* / budgeted time, nominal budgeted time || ⸴**zeitpunkt** *m* / ideal instant || ⸴-**Zustand** *m* / specified condition || ⸴**zustand (SZ)** *m* / desired state
SoM / System on Module (SoM)
Sonar·-Auswertegerät *n* / sonar-signal evaluator || ⸴-**BERO** / sonar BERO

SONAR-BERO Parkhaus / SONAR BERO multi-storey car park || ⁓, **Kompaktreihe 0** / SONAR BERO, compact series 0 || ⁓, **Schranke** / SONAR BERO, cabinets
Sonar-BERO: Parametrierung mit SONPROG / SONPROG programming || ⁓:
Ultraschallschranke / Sonar thru-beam sensor
Sonar-Kompaktreihe *f* / compact range || ⁓-**Näherungsschalter** *m* / ultrasonic proximity switch || ⁓-**Sensor** *m* / sonar sensor || ⁓**wandler** *m* / sonar transformer
Sonde *f* / probe *n* || ⁓ **des Abgasanalysators** / analyzer probe
Sonder·abnehmer *m* (Stromkunde) / special-tariff customer || ⁓**anlage** *f* / special-purpose system || ⁓**anstrich** *m* / special paint || ⁓**anwendung** *f* / special application || ⁓**armatur** *f* / special valve || ⁓**attribut** *n* / special attribute || ⁓**aufgaben** *f pl* / Special Functions || ⁓**ausführung** *f* / special version, special design, special model, custom-made model || **in** ⁓**ausführung** / of special design, non-standard *adj* || ⁓**bauelement** *n* / odd-shaped component (OSC) || ⁓**bauform** *f* / non-standard package form || ⁓**beschriftung** *f* / custom inscription *n* || ⁓**betätigungsspannung** *f* / special operating voltage || **Transformator für** ⁓**betrieb** / specialty transformer || ⁓**bit** *n* / special bit || ⁓**bohrstange** *f* / special boring bar || ⁓**breite** *f* / special width || ⁓**druck** *m* / special publication || ⁓**drucke** *m pl* / special issues || ⁓**einheit** *f* / special unit || ⁓**erregung** *f* / separate excitation, external excitation || ⁓**fall** *m* / special case || ⁓**farbe** *f* / special color || ⁓**fertigungseinrichtung** *f* / special manufacturing facility || ⁓**fertigungsverfahren** *n* / special manufacturing processes || ⁓**fett** *n* / special grease || ⁓**flansch** *m* / special flange || ⁓**fräsmaschine** *f* / special-purpose milling machine
Sonderfreigabe *f* (f. geprüfte Einheiten) DIN 55350,T. 11 / concession *n* || ⁓ *f* (schriftliche Ermächtigung, ein fehlerhaftes Produkt zu gebrauchen oder freizugeben) / waiver concession, waiver || ⁓ *f* (vor der Realisierung von Einheiten) DIN 55350, T.11 / production permit, deviation permit
Sonder·funktion *f* / special function || ⁓**funktionseinheit** *f* / special function unit || ⁓-**Gummiaderleitung** *f* / special rubber-insulated cable || ⁓-**Gummischlauchleitung** *f* / special-duty tough-rubber-sheathed (t.r.s.) flexible cord || ⁓**kabel** *n* / special cable || ⁓**kinematik** *f* / special kinematics || ⁓**klemme** *f* / special terminal || ⁓**konstruktion (SOKO)** *f* / non-standard model (SOKO) || ⁓**kontur** *f* / special contour || ⁓**kran** *m* / special-purpose crane || ⁓**lackierung** *f* / special painting || ⁓**lackierung des Schrankes** / special cubicle paint finish || ⁓**lagerung** *f* / special storage || ⁓**lampe** *f* / special-service lamp || ⁓**last** *f* / special load || ⁓**lösung** *f* / special solution || ⁓**maschine** *f* / special machine (SM), custom-built machine, special-purpose machine, special machine || ⁓**maschinenbau** *m* / special-purpose machine manufacturing || ⁓**maßnahmen** *f* / special measures || ⁓**mess- und Prüfmittel** / special measuring and test equipment || ⁓**modus** *m* / special mode || ⁓**müll** *m* / special waste || ⁓**nachlass** *m* / special discount || ⁓**namensschild** *n* / special name plate || ⁓**pipette** *f* / special nozzle || ⁓**position** *f* / special position ||

⁓**positionierfunktion** *f* / special positioning function || ⁓**positionierung** *f* / special positioning || ⁓**prämie** *f* / special payment || ⁓**profil** *n* / special section || ⁓**prüfung** *f* / sample test (HD 21), special test, special testing || ⁓**prüfverfahren** *n* / special test process
Sonderregelung *f* / special arrangement || ⁓**schaltung** *f* / special circuit (arrangement) || ⁓**schleifmaschine** *f* / special grinding machine || ⁓**schließung** *f* / special closure || ⁓**schraube** *f* / special screw || ⁓**schütz** *n* / special contactor || ⁓**schutzart** *f* / special type of protection, special enclosure || ⁓**spindel** *f* / special spindle || ⁓**spule** *f* / special design coil, special coil (coil for a special coil voltage) || ⁓**steuerung** *f* / special control system || ⁓**tarif** *m* / special tariff || ⁓**technologie** *f* / special technologies, special technology || ⁓**text** *m* / special text || ⁓**transformator** *m* / special transformer || ⁓**treiber** *m* / special driver
Sonderuntersuchungs-Informations-Datenbank *f* (SIDA) / Special Investigations Information Database (SIDA)
Sonder·variante *f* / special version || ⁓**vermerk** *m* / special note || ⁓**verpackung** *f* / special packing || ⁓**verschluss** *m* EN 50014 / special fastener || ⁓**verschluss** *f* (f. explosionsgefährdete Geräte) IEC 50(426) / click *n*
Sonderwerkzeug *n* / special tool || ⁓**werkzeug Einschlaghilfe** / special tool, insertion aid || ⁓**werkzeug Federeinsatz** / special tool, spring insert || ⁓**werkzeug Voreinrichtung Hilfsschalterachsen** / special tool, prefitting of auxiliary switch axes || ⁓**werkzeug Zapfen** / special tool, stud || ⁓**maschine** *f* / special machine tool
Sonder·wicklung *f* / special winding || ⁓**zeichen** *n* DIN 44300 / special character, special marking
Sonderzwecke, Motor für ⁓ / special-purpose motor || **Transformator für** ⁓ / special-purpose transformer, special purpose transformer
Sonne, eine ⁓ *f* / full sun, one sun
Sonnen·aktivität *f* / solar activity || ⁓**aktivitätszentrum** *n* / solar activity centre || ⁓**azimut** *m* / solar azimuth || ⁓**batterie** *f* / solar cell || ⁓**bestrahlung** *f* / solar irradiation, exposure to solar radiation, irradiance *n* || ⁓**blumenrad** *n* / sunflower wheel || ⁓**deklination** *f* / solar declination angle || ⁓**einstrahlung** *f* / solar radiation || ⁓**energie** *f* / solar energy, solar power || ⁓**faktor** *m* / solar factor || ⁓**fühler** *m* / solar sensor || ⁓**höhe** *f* / elevation angle || ⁓**höhenwinkel** *m* / solar altitude angle
Sonnen·kollektor *m* / solar collector || ⁓**kraftwerk** *n* / solar power station, solar power plant || ⁓**kragen** *m* / sun collar || ⁓**licht** *n* / sunlight || ⁓-**Nachführstand** *m* / solar mount || ⁓**nachführung** *f* / updating *n*, tracking *n*, sunlight sensor, sun tracking || ⁓**paneel** *n* / photovoltaic panel || ⁓**rad** *n* / sun wheel || ⁓**scheindauer** *f* / sunshine duration, irradiance period || ⁓**schutz** *m* / sun protection || ⁓**schutzanlage** *f* / solar protection system || ⁓**schutzantrieb** *m* / sun protection drive || ⁓**schutzfunktion** *f* / sun protection function || ⁓**schutzsteuerung** *f* / solar protection control || ⁓**schutzsystem** *n* / blind control system || ⁓**sensor** *m* / sun sensor || ⁓**sensorleitung** *f* / sun sensor cable || ⁓**stand** *m* / elevation *n*, solar altitude angle,

solar elevation (angle between the direct solar beam and the horizontal plane) ‖ ⁓strahlung f / solar radiation ‖ ⁓strom-Kraftwerk n / heliostation n ‖ ⁓wärmekraftwerk n / solar power plant ‖ ⁓zeit f / solar day ‖ ⁓zelle f / photovoltaic cell ‖ **1-⁓-Zelle** f / non-concentrating cell, 1-sun cell, one sun cell ‖ ⁓zyklus m (Periode von ungefähr 11 Jahren, welche die langsam veränderlichen Anteile der Sonnenaktivität kennzeichnet) / solar cycle
sonstig·e Bezüge / other pay ‖ **~e Unregelmäßigkeiten** / miscellaneous imperfections ‖ **~es Bezeichnungszubehör** / other labeling accessories ‖ **~es Gerät** / other device ‖ **~es Schilderzubehör** / other labeling plate accessories ‖ **~es Zubehör** / other accessories
SOP (Steueroperation) f (Teil einer Rezeptoperation in einem Steuerrezept) / COP (control operation) n
SOPC (Technologie) / System on Programmable Chip (SOPC)
Sorbens n / sorbent n
sorgfältig adj / careful adj
Sorptionsmittel n / sorbing agent, sorbent n, sorptive material
Sorteneinteilung f / grade classification
sortenrein adj / uniform adj
Sortenzeichnung f / variant drawing
Sorter m / sorter n
Sortier·anlage f / sorting plant ‖ ⁓datei f / sort file
sortieren v (DV) / sort v ‖ ⁓ n VDI/VDE 2600 / assorting n ‖ **~ Magazin** / sort magazine ‖ **~ nach Gewicht** / weight grading ‖ **~ nach Magazin** / sort according to magazine
Sortier·folge f / sort run ‖ ⁓funktion f / sorting function ‖ ⁓maschine f / sorting machine ‖ ⁓prüfung f / screening test (o. inspection), 100% inspection ‖ ⁓prüfung f (die Sortierprüfung ist ein Untersuchungs- oder Prüfverfahren für alle Bauelemente eines Fertigungsloses) / screening n ‖ ⁓reihenfolge f / sorting n ‖ ⁓schiene f / sorting rail ‖ ⁓stufe f / sorting sequence
sortiert, alphabetisch ~ / in alphabetical order
Sortiertechnik f / sorting systems
Sortierung f / sort n, sorting n ‖ **~ speichern** / save sort ‖ **~ Symbol** / sorting acc. to symbol
Sortierwaage f / sorting weigher
Sortiment n / assortment n, complement n
SOS / silicon on sapphire (SOS)
SOT / scanning oscillator technique (SOT)
SO-Transistor m / SOT (small-outline transistor)
Soundkarte f / sound card
Source f (Transistor) DIN 41858 / source n ‖ ⁓-**Anschluss** m (Transistor) / source terminal ‖ ⁓code m / source code (ASCII-format text file which can be created in any text editor) ‖ ⁓-**Datei** f / source file ‖ ⁓-**Elektrode** f (Transistor) / source electrode ‖ ⁓-**Schaltung** f (Transistor) DIN 41858 / common source ‖ ⁓-**Strom** m (Transistor) / source current ‖ ⁓-**Texter** m / source texter ‖ ⁓-**Zone** f (FET) / source region
Sozial·abgaben plt / social security contributions ‖ ⁓leistungen f pl / social security benefits ‖ ⁓versicherung f / social security insurance ‖ ⁓versicherungsbeitrag m / social security contribution ‖ **~versicherungspflichtig** adj / insurance contributions

SP / SP (Select Program)
SPA (systematische Projektabwicklung von Aufträgen) m / systematic project processing of orders
Spacestick m / spacestick n
Spachtel f / spatula n ‖ ⁓n n (Auftragen eines (Zieh-) Spachtels zum Glätten der Oberfläche) / filling n
Spalt m / slit n, gap n ‖ ⁓ m EN 50018 / joint n ‖ ⁓ m (bis 1 cm²) / mica flakes ‖ ⁓ m (über 1 cm²) / mica splittings ‖ ⁓ **ohne Gewinde** EN 50018 / non-threaded joint ‖ **Schweißung mit** ⁓ / open joint ‖ **Schweißung ohne** ⁓ / closed joint ‖ **zünddurchschlagsicherer** ⁓ / flameproof joint ‖ ⁓breite f / gap n (of flameproof joint), gap length, width of gap, length of flameproof joint, width of flameproof joint, length of flame path
Spalte f DIN 44300 / column n ‖ **sichtbare** ⁓ / visible column
Spalten n / splitting n ‖ ⁓adressauswahl f / column address select (CAS) ‖ ⁓adresse f / column address ‖ ⁓adresse-Übernahmesignal n (MPU) / column address strobe (CAS) ‖ ⁓beschriftung f / column title ‖ ⁓breite f / column width ‖ ⁓kopf m / column header, column heading ‖ ⁓leitung f (MPU) / column circuit ‖ ⁓überschrift f / column header ‖ ⁓vektor m / column vector
Spalt·festigkeit f / interlaminar strength, bond strength, ply adhesion ‖ ⁓filter n / plate-type filter ‖ ⁓fläche f / gap surface ‖ ⁓fläche f (Ex-, Sch-Geräte) EN 50018 / surface of joint EN 50018 ‖ ⁓glimmer n / mica laminae ‖ ⁓glimmererzeugnis n IEC 50 (212) / built-up mica
Spalt·kern m / split core ‖ ⁓kontrolle f / split monitoring, gap monitoring ‖ ⁓kraft f / delamination force ‖ ⁓länge f / gap length, gap width ‖ ⁓länge f (zünddurchschlagsicherer Spalt) / length of flameproof joint, length of flame path, width of flameproof joint ‖ ⁓last f / maximum bond strength, stress load ‖ ⁓leiterschutz m / divided-conductor protection, split-pilot protection ‖ ⁓löten n / close-joint soldering ‖ ⁓maßkontrolle f / split dimension check ‖ ⁓phasenmotor m / split-phase motor
Spaltpol m / split pole, shaded pole, shielded pole ‖ ⁓motor m / split-pole motor, shaded-pole motor ‖ ⁓umformer m / split-pole rotary converter
Spalt·ring m / split ring ‖ ⁓rohr n (Kollimator) / collimator tube, collimator n ‖ ⁓rohrmotor m / split-cage motor ‖ ⁓strahl-Oszilloskop n / split-beam oscilloscope ‖ ⁓streuung f / gap leakage, circumferential gap leakage, peripheral dispersion, main leakage ‖ ⁓strömung f / clearance flow ‖ ⁓versuch m / delamination test ‖ ⁓weite f IEC 50 (426) / gap n (of flameproof joint) ‖ **konstruktive** ⁓**weite** (Ex-, Sch-Geräte) / constructional gap
Span m / chip n, sliver n, swarf n (fine metallic filings or shavings removed by a cutting tool) ‖ ⁓abfluss m / chip clearance ‖ ⁓abfuhr f / chip removal
spanabhebende Bearbeitung / cutting n, machining n, cutting operation
Span·abhebung f / metal cutting, cutting n ‖ ⁓abnahme f / chip removal ‖ ⁓abweiser m / chip deflector ‖ ⁓beginn m / start of cutting ‖ ⁓brechbereich m / chip breakage area ‖ ⁓brecher m / chip breaker ‖ ⁓brecherabstand m / chip breaker distance ‖ ⁓brecher-

Bezugspunkt *m* / defined point on the chip breaker || ⁓**brecherhöhe** *f* / chip breaker height || ⁓**bruch** *m* / chip break, chip breakage, chip breaking
Späne *m pl* / chips *n pl*, shavings *n pl*, swarf *n* || ⁓ **brechen** / chip breaking || ⁓**abfuhr** *f* / chip conveyance || ⁓**brechen** *n* / chip break, chip breakage, chip breaking || ⁓**entsorgung** *f* / chip removal || ⁓**fall** *m* / chip clearance || ⁓**fluss** *m* / chip flow || ⁓**förderer** *m* / chip conveyor
spanende Bearbeitung / cutting *n*, machining *n*, cutting operation, stock removal || ~ **Formgebung** / shape cutting chipping technology || ~ **Werkzeugmaschine** *f* / cutting machine tool
Spanerlinie *f* / chipping machine line
Spänesauger *m* / chip suction device
Span·fläche *f* DIN 6581 / face *n* || ⁓**flächenprofil** *n* / face profile || ⁓**fluss** *m* / flow of chips || ⁓**leistung** *f* / chip production
spanlos *adj* / non-cutting
spanlos·e Bearbeitung / non-cutting shaping, working *n*, processing *n*, non-cutting machining
Spann·anker *m* / clamp *n* || ⁓**backe** *f* / clamping jaw
Spannband *n* / bandage *n* || ⁓**instrument** *n* / taut-band instrument || ⁓**lagerung** *f* / taut-band suspension
Spann·bereich *m* / clamping range || ⁓**block** *m* / clamping block || ⁓**bolzen** *m* / clamping bolt, building bolt, tension bolt || ⁓**bolzenkommutator** *m* / tension-bolt commutator || ⁓**breite** *f* / stentering width || ⁓**buchse** *f* / clamping bushing || ⁓**bügel** *m* / latch fastener || ⁓**dialog** *m* / clamping dialog || ⁓**dorn** *m* / tensioning spindle
Spanndraht *m* (Abspanndraht) / guy wire, catenary || ⁓ *m* (f. Fahrleitung) / span wire || ⁓-**Hängeleuchte** *f* / catenary-wire luminaire, catenary-suspended luminaire
Spann·druck *m* / clamping pressure || ⁓**durchmesser** *m* / chuck diameter
Spanne *f* / span *n*, margin *n*, range *n*
Spann·einrichtung *f* / workholder *n* (WKH) || ⁓**element** *n* / clamping element, tensioning element, clamp *n*
Spannen *n* (Aufspannen) / chucking *n*, stretching *n* || ~ *v* (deformierend) / strain *v*, clamp *v* || ~ *v* (Feder) / wind *v*, load *v*, charge *v* || ~ *v* (dehnen) / tension *v* || ~ *v* (z.B. Riemen) / tighten *v* || ~ *v* (strecken) / stretch *v* || ~ *v* (elastisch) / stress *v*
Spannenmitte *f* (Statistik) DIN 55350, T.23 / mid-range *n*
Spanner *m* / tension jack
Spann·feder *f* / tension spring || ⁓**feld** *n* (Freileitung) / span *n* || ⁓**feldmitte** *f* / mid-span *n* || ⁓**fläche** *f* / tensioning surface || ⁓**futter** *n* / chuck *n* || ⁓**getriebe** *n* / (spring) charging mechanism, winding gear || ⁓**hülse** *f* / clamp sleeve, clamp collar, spring dowel || ⁓**hülse** *f* (Lg.) / adapter sleeve || ⁓**kappe** *f* / spherical cap || ⁓**kegel** *f* / taper sleeve || ⁓**kette** *f* / tension chain || ⁓**klaue** *f* / clamping claw || ⁓**kopf** *m* (Federhammer) / cocking knob, chuck head || ⁓**kraftsicherung** *f* / tensile lock || ⁓**kreuz** *n* / diagonal bracing, clamping spider || ⁓**kurbel** *f* / (spring) charging crank, hand crank || ⁓**länge** *f* / clamping length || ⁓**lasche** *f* / clamping strap, clamping clip || ⁓**leiste** *f* / clamping bar, strap *n*, clamping strip || ⁓**markierung** *f* (mechanisch beschädigte Werkstückoberfläche im Bereich der Spannbacken) / clamp marks
Spannmittel *n* / chucking device || ⁓ *n* (CLDATA-Wort) / chuck || ⁓ *n* (SPM) / workholder *n* (WKH) || ⁓**daten** *plt* / chucking data || ⁓**wahl** *f* / workholder selection
Spann·modul *n* / clamping module || ⁓**motor** *m* / charging motor || ⁓**mutter** *f* / clamping nut || ⁓**mutter** *f* (Lg.) / adapter nut, lock nut || ⁓**nut** *f* / flute || ⁓**nutenlänge** *f* / flute length || ⁓**patrone** *f* / collet *n* || ⁓**plan** *m* / clamping plan, fixture configuration || ⁓**platte** *f* / clamping plate, end plate || ⁓**platz** *m* (FFS) / load-unload station || ⁓**pratze** *f* / bracket *n*, clamping shoe, clamping jaw, claw *n*, clamp strap, lug *n* || ⁓**pratze** *f* (WZM) / clamp *n* || ⁓**pratzenausweichbewegung** *f* / clamp avoidance movement || ⁓**pratzenumfahren** *n* / clamp avoidance
Spann·rad *n* (Uhr) / click wheel || ⁓**rahmen** *m* / stenter *n*, stenter frame, clamping frame || ⁓**ring** *m* / clamping ring, clamping collar, expanding collar || ⁓**ring** *m* (Komm.) / V-ring *n*, clamp ring || ⁓**rolle** *f* (Riementrieb) / idler pulley, belt tightener, idler *n*, jockey pulley, belt pulley || ⁓**satz** *m* / clamping set || ⁓**scheibe** *f* / strain washer, conical spring washer, dished washer, clamping washer || ⁓**schiene** *f* (el. Masch.) / slide rail, clamping bar || ⁓**schloss** *n* / turnbuckle *n* || ⁓**schraube** *f* / clamping bolt, clamping screw, building bolt || ⁓**schraube** *f* (f. Spannschiene) / tightening bolt, tensioning bolt || ⁓**stange** *f* / tie rod || ⁓**station** *f* / clamping station || ⁓**stift** *m* / dowel pin, spring-type straight pin || ⁓**stock** *m* / vise *n* || ⁓**stück** *n* / clamping piece || ⁓**system** *n* / clamping system || ⁓**szene** *f* / chuck scene, chucking scene, chucking scenario || ⁓**technik** *f* / clamping technology || ⁓**teil** *n* / clamping part || ⁓**tisch** *m* / worktable *n* || ⁓**turm** *m* / clamping tower
Spannung *f* (el.) / voltage *n*, electromotive force, e.m.f., tension *n*, potential difference || ⁓ *f* (U) / voltage *n* (V), voltage *n* (U) || ⁓ *f* (magn.) / potential difference || ⁓ *f* (elastisch) / stress *n* || ⁓ *f* (dehnend) / tension *n* || ⁓ *f* (deformierend) / strain *n* || ⁓ *f* / clamping *n*, clamping operation || ⁓ **am projizierten Gipfelpunkt** (Diode) DIN 41856 / projected peak point voltage || ⁓ **anlegen an** / apply voltage to, impress a voltage to || ⁓ **bei Belastung** / on-load voltage || ⁓ **bei der größten Leistung** / maximum power voltage || ⁓ **bei Leerlauf** / open-circuit voltage, no-load voltage || **an** ⁓ **bleiben** / remain on voltage || ⁓ **erhöhen** / raise (o. increase the voltage), boost the voltage *v*
Spannung, gefährliche ⁓ **führen** / remain at dangerous potential || ⁓ **gegen den Sternpunkt** / voltage to neutral || ⁓ **gegen Erde** / voltage to earth (GB), voltage to ground (US) || ⁓ **im Abschneidezeitpunkt** / voltage at instant of chopping || ⁓ **im Kipppunkt** / upper response threshold voltage || ⁓ **im optimalen Arbeitspunkt** / V_{mp} (voltage at maximum power) || ⁓ **in Flussrichtung** / forward voltage || **die** ⁓ **kehrt wieder** / the voltage recovers, the supply is restored || ⁓ **Sanftanlauf** / voltage soft start || **unter** ⁓ **setzen** / energize *v* || ⁓ **Spitze-Spitze** (USS) / voltage peak-to-peak (VPP) || **unter** ⁓ **stehen** / to be live, be alive, be under tension, be energized || ⁓ **Zünden** *f* / firing voltage (VZ) || **Aufbau der** ⁓ /

build-up of voltage || **bezogene** ⁓ / unit stress || **freie** ⁓ / transient voltage || **influenzierte** ⁓ / influence voltage || **Maxwellsche** ⁓ / Maxwell stress || **reibungselektrische** ⁓ / triboelectric e.m.f. || **spezifische** ⁓ / unit stress || **unter** ⁓ / live *adj*, energized *adj*, unter || ⁓ **bei Ausgleichsvorgängen** / transient voltage || ⁓**-Dehnung-Schaubild** *n* / stress-strain diagram || ⁓**-Frequenz** *f* / voltage frequency || ⁓**-Frequenz-gesteuerter Betrieb** / V/Hz-controlled operation || ⁓, **Kontinuität, Neigung** / Tension, Continuity, Bias (TCB) || **an ⁓legen** / energize *v*, connect to the supply

Spannungsabfall *m* / voltage drop || ⁓ *m* / regulation *n* || ⁓ *m* (Leerlauf-Volllast) / voltage drop, voltage variation for a specified load condition || ⁓ *m* (Leitung) / line voltage drop || ⁓ **in der Bürste** / internal brush drop || ⁓ **über Schuh und Litze** / lead drop || ⁓ **zwischen Litze und Bürste** / connection drop || **durchgeschalteter** ⁓ / conductive voltage drop || **innerer** ⁓ / impedance drop, internal impedance drop || **ohmscher** ⁓ / ohmic voltage drop, IR drop, ohmic drop, resistance drop || ⁓ **am Widerstand** / voltage drop across resistor || ⁓ **für zwei Bürsten in Reihe** / total brush drop per brush pair || ⁓**messung** *n* / voltage drop measurement

Spannungs·abgleich *m* / voltage adjustment, voltage balancing || ⁓**abgleicher** *m* / voltage balancer, voltage adjuster || ⁓**abgriff** *m* / voltage tap

spannungsabhängig *adj* / voltage-dependent *adj*, as a function of voltage, voltage-controlled *adj*, voltage-sensitive *adj* || ~ *adj* (Widerstand) / non-linear *adj* || **~e Stromanregung** / voltage dependent current starting || **~er Schutzwiderstand** / non-linear protective resistor || **~er tan δ-Anstiegswert** / tan δ-tip-up value per voltage increment, tan δ increase as a function of voltage || **~er Überstromschutz** / voltage controlled overcurrent protection (PVOC) || **~er Widerstand** / non-linear resistor, non-linear series resistor, voltage dependent resistor

Spannungs·abhängigkeit *f* / voltage influence ANSI C39.1, voltage effect, effect of voltage variation, inaccuracy due to voltage variation || ⁓**abhängigkeitsfaktor** *m* / voltage dependency factor || ⁓**absenkung** *f* / voltage depression, voltage reduction

Spannungsabweichung *f* z.B. in EN 6000-3-3 / voltage change || ⁓ *f* / voltage deviation ⁓ *f* (Abweichung vom Normwert) / variation from rated voltage || **Effektivwert-**⁓ *f* VDE 0558,5 / r.m.s. voltage variation || **zulässige** ⁓ / allowable variation from rated voltage (ASA C37.1)

Spannungsamplitude *f* / voltage amplitude

Spannungsänderung *f* / voltage variation, regulation *n* || ⁓ *f* IEC 50(411) / regulation *n* (of a generator), VDE 0838, T.1 voltage change || ⁓ *f* (ΔU_n) / rated voltage regulation || ⁓ *f* IEC 50 (421) / voltage drop or rise (for a specified load condition), voltage regulation (for a specified load condition) || ⁓ **bei Belastung** (el. Masch.) / regulation *n* || ⁓ **bei Belastung** (Trafo) / voltage drop, voltage variation for a specified load condition || ⁓ **bei Entlastung** (Trafo) / voltage rise, voltage variation || ⁓ **bei gleichbleibender Drehzahl** / inherent regulation || **Amplitude einer** ⁓ EN 50006 / magnitude of a voltage change ||

statische ⁓ / steady-state regulation || **zyklische** ⁓ / cyclic voltage variation IEC 50(604) || ⁓ **bei Lastwechsel** / voltage regulation, regulation *n*

Spannungsänderungen je Minute / number of voltage changes per minute

Spannungsänderungs·bereich *m* / voltage variation range || ⁓**geschwindigkeit** *f* / rate of voltage variation, voltage response, voltage-time response || ⁓**intervall** *n* IEC 50(161) / voltage change interval || ⁓**relais** *n* / voltage rate-of-change relay || ⁓**verlauf** *m* EN 61000-3-3 / voltage change characteristic || ⁓**zeit** *f* / voltage change interval, duration of a voltage change

Spannungs·anhebung *f* / voltage boost || **konstante** ⁓**anhebung** / continuous boost || ⁓**anpassung** *f* / voltage matching || ⁓**anstieg** *m* (U_A) / voltage rise, voltage regulation || ⁓**anstieg** *m* (d_u/d_t) / rate of voltage rise || ⁓**anstiegsrate** *f* / rate of voltage rise || ⁓**anzapfung** *f* / voltage tapping || ⁓**anzeige** *f* / voltage indication, voltage indicator || ⁓**anzeiger** *m* / voltmeter *n*, voltameter *n* || **~arm** *adj* / with minimum stress, stress-relieved *adj* || ⁓**art** *f* / type of voltage wave || ⁓**aufbereitung** *f* / power conditioning || ⁓**aufteilung** *f* / voltage sharing

Spannungsausfall *m* / power failure, voltage failure, mains failure, supply failure, loss of voltage, power outage || ⁓**relais** *n* / loss-of-voltage relay || ⁓**schutz** *m* IEC 50(448) / loss-of-voltage protection, no-voltage protection || ⁓**sicher** *adj* (z.B. EPROM) / non-volatile *adj* || ⁓**wächter** *m* / no-volt monitor, supply failure monitor

Spannungs·ausgleich *m* / stress relief || ⁓**auslöser** *m* / shunt release, shunt trip, open-circuit shunt release || ⁓**auslösung** *f* / shunt tripping || ⁓**band** *n* / voltage band, voltage range

Spannungsbeanspruchung *f* / voltage stress, electrical stress, tensile stressing, voltage stressing || **Prüfung mit** ⁓ / voltage stress test

Spannungs·begrenzer *m* / voltage limiter || ⁓**begrenzer** *m* (Klemmschaltung) / voltage clamping device || ⁓**begrenzung** *f* / voltage limit, voltage limitation || ⁓**begrenzung** *f* (Klemmschaltung) / voltage clamping || ⁓**begrenzungsbaugruppe** *f* / voltage limitation module, voltage limit module || ⁓**begrenzungsfilter** *m* / voltage limitation filter || ⁓**begrenzungsregler** *m* / voltage controller || ⁓**bereich** *m* / voltage range, voltage spread || ⁓**bereich** *m* (DAU) / voltage compliance || ⁓**bereich mit Messkennlinie** / tracking voltage range || ⁓**betrag** *m* / voltage modulus || ⁓**bild** *n* / voltage diagram || ⁓**-Blindleistungsoptimierung** *f* / voltage/VAr scheduling || ⁓**-Blindleistungs-Regelung** *f* / reactive-power voltage control || ⁓**brücke** *f* / voltage bridge

Spannungs--Dauerfestigkeit *f* / voltage endurance, voltage life || ⁓**-Dauerstandprüfung** *f* / voltage endurance test, voltage life test || ⁓**-Dehnungs-Diagramm** *n* / stress-strain diagram || ⁓**-Dehnungs-Kurve** *f* / stress-strain curve

Spannungsdifferential·relais *n* / voltage balance relay, voltage differential relay || ⁓**schutz** *m* / voltage balance protection, balanced-voltage protection

Spannungs·differenzsperre *f* / differential voltage blocking unit (o. device) || ⁓**-Distortionfaktor** *m* (Bezeichnung für die Verzerrung der

Spannungsdurchstimmung

Netzspannung infolge von Spannungsoberschwingungen) / total harmonic distortion || ⸺**dreieck** n / voltage triangle || ⸺**durchschlagsicherung** f / overvoltage protector
Spannungsdurchstimmung f / voltage tuning || **Magnetron mit** ⸺ / voltage-tunable magnetron, injected-beam magnetron
Spannungs·dynamik des Erregers / exciter voltage-time response || ⸺**ebene** f / voltage level || **~ebenenspezifisches Netzeinfärben** / voltage level-specific network coloring || ⸺**effektivwert** m / r.m.s. voltage || ⸺**effektivwertverlauf** m EN 61000-3-3 / r.m.s. voltage shape || ⸺**einbruch** m / voltage dip, power dip || ⸺**einfluss** m / voltage influence ANSI C39.1, voltage effect, effect of voltage variation, inaccuracy due to voltage variation || ⸺**einspeisung** f / power supply || ⸺**einstellung** f / voltage adjustment (by tap changing) || ⸺**einstellung im Zwischenkreis** / tap changing in intermediate circuit, intermediate circuit adjustment, regulation in intermediate circuit || ⸺**eisen** n / volt magnet, voltage electromagnet, potential magnet || ⸺**entlastung** f / stress relief || ⸺**erfassung** f / voltage detection || ⸺**erfassungshybrid** / voltage detection hybrid || ⸺**erfassungsmodul** n / voltage measuring module || **zeitweilige** ⸺**erhöhung** VDE 0109 / temporary overvoltage IEC 664A || ⸺**erregergrad** m / field voltage ratio || ⸺**fahrt** f / gradual increase of voltage
Spannungsfall m / voltage drop || ⸺**fall** m (Leitung) / line voltage drop || **ohmscher** ⸺ VDE 0532, T.1 / resistance voltage IEC 76-1
Spannungs·fehler m (Spannungswandler) / voltage error || ⸺**feld** n / stress field
spannungsfest adj / of high electric strength, surge-proof add, surge-proof adj, voltage-proof adj
Spannungsfestigkeit f / electric strength, dielectric strength, voltage endurance, voltage proof || ⸺ f (Isolierstoff) IEC 50(212) / withstand voltage, proof voltage || ⸺ **(Prüfung der)** f / voltage endurance || ⸺ **der Schaltstrecke** / dielectric strength of break || **betriebsfrequente** ⸺ / power-frequency withstand voltage || **Nachweis der** ⸺ / verification of dielectric properties || **Prüfung der** ⸺ / voltage proof test
Spannungs·flicker f / voltage fluctuation (flicker range) || ⸺**folger** m / isolation amplifier, buffer n || ⸺**form** f / voltage waveform, voltage waveshape, voltage shape
spannungsfrei adj / voltage-free adj, zero potential, off-circuit adj, de-energized adj, dead adj, off circuit, off load, insulated || ~ adj / free of stress, free from strain || **~ geglüht** / stress-relief-annealed adj, stress-relieved adj || **~ machen** / isolate v, disconnect from the supply, de-energize v, make dead || **~ schalten** / de-energize
Spannungsfreiglühen n / stress relieving, stressrelief annealing
Spannungsfreiheit f / zero potential, absence of power, safe isolation from supply || ⸺ **feststellen** VDE 0105 / verify the (safe) isolation from supply, check (safe) isolation from supply || **Feststellen der** ⸺ / verification of safe isolation from supply
Spannungs-/Frequenzbegrenzung f (zur Vermeidung der Übermagnetisierung von Synchronmasch. und Transformatoren) / volts per hertz limiter || ⸺**-/Frequenzfunktion** f / voltage/frequency function IEC 411-1 || ⸺**-Frequenz-Umsetzer** m / voltage-frequency converter (VFC), voltage-to-frequency converter || ⸺**-Frequenz-Wandler** m / V/F converter n
spannungsführend adj / live adj, alive adj, energized adj, under tension, in circuit || **~er Leiter** / live conductor
Spannungs·geber m / sensor with voltage signal || ⸺**geber** m (Sensor) / voltage sensor || ⸺**geber-Baugruppe** f / voltage-sensor module || ⸺**gefälle** n / potential gradient || ⸺**-Gegensystem** n / negative-sequence voltage system
Spannungsgenauigkeit f / voltage tolerance, permissible voltage variation
spannungsgeregelt·e Steuerung / variable-voltage control || **~er Motor** / variable-voltage motor
spannungsgesteuert adj / voltage-controlled || **~e Stromanregung** (Schutz) / voltage-restrained current starting || **~e Stromquelle** / voltage-controlled current source (VCCS) || **~er Oszillator (VCO)** / voltage-controlled oscillator (VCO) || **~er Quarzoszillator** / voltage-controlled crystal oscillator (VCXO)
Spannungs·gleichhalter m / voltage stabilizer || ⸺**grenzkennlinie** f / voltage limiting characteristic || ⸺**grenzkurve** f / voltage limit curve || ⸺**haltung** f / voltage stability, relative voltage stability || ⸺**harmonische** f / voltage harmonics || ⸺**hochfahren** n / gradual increase of voltage || ⸺**hochlauf** m / Power On switch || ⸺**hochlauf** m / power up || ⸺**hub** m / voltage step || ⸺**hub** m (Bereich) / voltage range || ⸺**hub** m (Abweichung) / voltage excursion || ⸺**impuls** m / voltage pulse, voltage impulse || ⸺**kasten** m / voltage box || ⸺**kennlinie** f / voltage characteristic || ⸺**kennziffer** f / voltage distinctive number || ⸺**klasse** f / voltage class || ⸺**klemme** f / voltage terminal, potential terminal || ⸺**klemmschaltung** f / voltage clamp || ⸺**komparator** m / voltage comparator || ⸺**konstante** f / voltage constant || ⸺**-Konstanthalter** m (Netz) / voltage regulator, IR drop compensator || ⸺**-Konstanthalter** m (f. elektron. Geräte) / voltage stabilizer || ⸺**konstanz** f / voltage stability || ⸺**kontrolle** f / voltage check || ⸺**-Kontrollrelais** n / voltage monitoring relay, voltage and phase-sequence monitoring relay || ⸺**konzentration** f / stress concentration
Spannungskorrektur, schnelle ⸺ / reactive remedial action
Spannungs·korrosion f / stress corrosion || ⸺**kreis** m / voltage circuit, potential circuit || ⸺**kurve** f (Wellenform) / voltage waveform, waveshape n || **Aufnahme der** ⸺**kurve** / waveform test || ⸺**kurvenform** f / voltage waveform, waveshape n || ⸺**-Lastspiel-Schaubild** n / stress-number diagram (s.-n. diagram), stress-cycle diagram || ⸺**leerbetrieb** m / creep (on no-load)
spannungslos adj / de-energized adj, dead adj, off circuit, off load, power down adj, at zero voltage adj || **~ bedienen** / to operate under off-circuit conditions, to operate with the equipment disconnected || **~ machen** / isolate v, disconnect from the supply, de-energize v, to make dead || **~ umklemmbar** / reconnectable on de-energized transformer || **~er Ruhezustand** (el. Masch.) IEC 50 (411) / (at) rest and de-energized
Spannungs·losigkeit f / loss of voltage || ⸺**lupe** f /

expanded-scale section (of voltmeter), expanded-scale voltmeter || ⟂-**Magnetisierungsstrom-Kennlinie** f / saturation characteristic || ⟂**maßstabfaktor** m / voltage scale factor || ⟂**messbereich** m / voltage measuring range || ⟂**messdiffraktometer** n / stress measuring diffractometer
Spannungsmesser m / strain gauge, extensometer n || ⟂ m / voltmeter n, voltameter n || ⟂-**Umschalter** m / voltmeter selector switch, voltmeter-phase selector
Spannungs·messgerät n / voltameter n || ⟂**messgoniometer** n / strain goniometer || ⟂**messumformer** m / voltage transducer || ⟂**messung** f / voltage measurement || ⟂**messung** f / strain measurement || **optische** ⟂**messung** / optical strain measurement || ⟂**messwerk** n / voltage measuring element || ⟂**minderungseinrichtung** f / voltage reducing device || ⟂-**Mitsystem** n / positive-sequence voltage system || ⟂**modell** n / voltage model || ⟂**modul** n / voltage module || ⟂**nachbildung** f / voltage mapping || ⟂**nachführung** f / voltage correction, voltage control || ⟂**nennwert** m / rated voltage || ⟂**netz** n / voltage network || ⟂**normierung** f / voltage scaling || ⟂-**Nulldurchgang** m / voltage zero, zero crossing of voltage wave || ⟂**oberschwingungen** $f pl$ / voltage harmonics || ⟂**optik** f / photoelasticity n || ⟂**optimierung** f / voltage scheduler (VS)
spannungsoptisch·e Untersuchung / photoelastic investigation || **~es Streifenbild** / photoelastic fringe pattern
Spannungs·pegel m / voltage level || ⟂**pendelungen** $f pl$ / voltage oscillations || ⟂**pfad** m / voltage circuit, shunt circuit || ⟂**plan** m (Darstellung der Spannungen an den Hauptknoten eines Netzes) / voltage map || ⟂**polung** f / voltage polarization || ⟂**profileinstellung** f / voltage/VAr dispatch || ⟂**prüfer** m / no-voltage detector, voltage detector, voltage disappearance indicator, liveline tester, voltage tester, voltage probe n || ⟂**prüfsystem** n / voltage detection system
Spannungsprüfung f / separate-source voltage-withstand test, applied-voltage test, applied-potential test, applied-overvoltage withstand test, voltage test, high-voltage test, dielectric test, isolation test n || ⟂ f (el. Masch.) / dielectric test IEC 50(411) || ⟂ f VDE 0730 / electric strength test || ⟂ **bei niedriger Frequenz** (el. Masch.) / low frequency dielectric test IEC 50(411) || ⟂ **mit Netzfrequenz** / power-frequency voltage test
Spannungs·quelle f / voltage source, power supply unit || ⟂**rampe** f / voltage ramp || ⟂**referenzdiode** f / voltage reference diode || ⟂**regelung** f / voltage control IEC 50(603), closed-loop voltage control || **natürliche** ⟂**regelung** / inherent voltage regulation
Spannungsregler m / voltage regulator (VR), tensioning idler, voltage controller || ⟂ m (als Transformator) / voltage regulating transformer || ⟂ m (f. Netzspannungsabfall) / line drop compensator || ⟂ m (f. ohmschen Spannungsabfall) / IR drop compensation transformer || ⟂**modell** n / voltage regulator model
Spannungsreihe f / insulation rating, circuit voltage class (IEEE Std. 32-172) || **galvanische** ⟂ / electro-chemical series of metals, electromotive series ||

thermoelektrische ⟂ / thermoelectric series
Spannungs·relais n / voltage relay || **dynamische** ⟂-**Reserve** / dynamic voltage headroom || ⟂**richtverhältnis** n (Diode) DIN 41353 / detector voltage efficiency
Spannungsriss m / stress crack, crack due to internal stress || ⟂**bildung** f / stress cracking || ⟂**e** $m pl$ / season cracking || ⟂**korrosion** f / stress corrosion cracking, stress-crack corrosion || ⟂**potential** n / stress corrosion cracking potential
Spannungs·rückführung f / voltage feedback, shunt feedback || ⟂**rückgang** m / voltage drop || ⟂**rückgang** m (relativ geringes Absinken der Betriebsspannung) / voltage reduction
Spannungsrückgangs·auslöser m / undervoltage release IEC 157-1, undervoltage opening release, low-volt release || ⟂**geber** m / undervoltage sensor (o. module) || ⟂**relais** n / undervoltage relay, no-volt relay || ⟂**schutz** m / undervoltage protection || **frequenzabhängiger** ⟂**schutz** / frequency-dependent undervoltage protection || ⟂-**Zeitrelais** n / undervoltage-time relay || ⟂-**Zeitschutz** m / undervoltage-time protection (system o. relay), definite-time undervoltage relay
Spannungs·rückkehr f / voltage recovery, resumption of power supply, restoration of supply || ⟂**rückkopplung** f / voltage feedback, shunt feedback || ⟂**rückwirkung** f (Transistor) DIN 41854 / reverse voltage transfer ratio || **Leerlauf~rückwirkung** f (Transistor) DIN 41854 / open-circuit reverse voltage transfer ratio
Spannungs·sack m / transient voltage drop, coup de fouet IEC 50(486) || ⟂-**Sättigungsstrom** m / voltage saturation current || ⟂**schaltung** f / voltage circuit, potential circuit || ⟂**schleife** f / voltage loop, voltage element || ⟂**schreiber** m / recording voltmeter || ⟂**schritt** / voltage interval || ⟂**schutz** m / voltage protection
Spannungsschwankung f / voltage fluctuation, voltage supply deviation, cyclic voltage variation IEC 50(604) || **flickeräquivalente** ⟂ / equivalent flicker-voltage fluctuation || **flickerverursachende** ⟂ / flicker voltage range IEC 50(604) || **Kurvenform der** ⟂ VDE 0838, T.1 / voltage fluctuation waveform || **sinusförmige** ⟂ / sinusoidal voltage fluctuation
Spannungs·schwellenschalter m / voltage-sensitive trigger, trigger n || ⟂**schwingbreite** f / range of stress || ⟂**sensor** m / voltage sensor || ⟂**sicherung** f / overvoltage protector || ⟂**signal** n / voltage signal || ⟂**sollwert** m / tension setpoint, voltage rating || ⟂-**Spannungs-Umsetzer** m / voltage-to-voltage converter (VVC)
Spannungsspitze f / voltage peak, peak voltage, transient n || ⟂ f (Glitchimpuls) / glitch n || ⟂ f / peak stress, peak strain || ⟂ **bei Abschaltung induktiver Lasten** / inductive kickback || **Einschalt~** f (Schaltdiode) / forward transient voltage IEC 147-1 || **mechanische** ⟂ / mechanical tension peak
Spannungsspitzen bei Abschaltung induktiver Lasten / inductive kickback
Spannungssprung m / sudden voltage change, voltage jump || ⟂ m (plötzliche Änderung des Spannungsabfalls einer Glimmentladungsröhre) / voltage jump || ⟂**relais** n / sudden-voltage-change relay

Spannungsspule f / voltage coil, shunt coil
Spannungsstabilisator m / voltage stabilizer, voltage corrector || ⁓**diode** f / voltage regulator diode || ⁓**röhre** f / voltage stabilizing tube, voltage regulator tube (US), stabilizing tube
Spannungsstabilisierung f (Schutz) / voltage restraint, voltage bias
Spannungs-Stabilitätsbewertung f / Voltage Stability Assessment (VSA)
Spannungsstaffelung f / voltage grading || ⁓**statik** m / droop n (machine set), network || ⁓**statikeinrichtung** f / reactive-current compensator, quadrature-droop circuit, crosscurrent compensator || ⁓-**Stehwellenverhältnis** n / voltage standing-wave ratio (VSWR), standing-wave ratio || ⁓**steigerungsgeber** m / rise-in-voltage sensor, voltage rise module || ⁓**steigerungsrelais** n / rise-in-voltage relay, overvoltage relay || ⁓**steigerungsschutz** m / rise-in-voltage protection
Spannungssteilheit f / rate of rise of voltage (RRV) || **kritische** ⁓ DIN 41786 / critical rate of rise of off-state voltage
Spannungssteller m / voltage regulator || ⁓**steuerkennlinie** f / voltage control characteristic || ⁓**steuernder Transduktor** / voltage controlling transductor || ⁓**steuerung** f (zur Änderung der Motordrehzahl) / variable-voltage control, potential grading, Automatic Voltage Control (AVC), voltage control, voltage regulation || ⁓**stoß** m / voltage impulse, voltage surge, surge n || ⁓**stoß** m (elST) / line surge || ⁓-**Strommessverfahren** n / voltmeter-ammeter method || ⁓**stufe** f / voltage step, voltage level, sad || ⁓**stufenregler** m / step-voltage regulator || ⁓**stützung** f / voltage back-up, voltage buffering || ⁓**stützung** f (Gerät) / voltage stabilizer, back-up supply unit || ⁓**symmetrie** f / voltage symmetry, voltage balance
Spannungssystem n / voltage system, voltage set || **mitlaufendes** ⁓ / positive phase-sequence voltage system, positive-sequence system
Spannungstaktung f / voltage pulsing || ⁓**tastteiler** m / voltage divider probe || ⁓**teil** m (Wandler) / voltage-transformer section, potential-transformer section, voltage-circuit assembly
Spannungsteiler m / voltage divider, potential divider, volt box, static balancer || **Mess-**⁓ m / measurement voltage divider, voltage ratio box (v.r.b.), volt box || **ohmscher** ⁓ / potentiometer-type resistor || ⁓**kondensator** m / capacitor voltage divider || ⁓**kreis** m / voltage grading circuit
Spannungs-/Thermoelement n / voltage/thermocouple || ⁓**toleranz** f / voltage tolerance || ⁓**transformator** m / voltage transformer, potential transformer || ⁓**transformator** m (f. Erregung) / excitation voltage transformer || ⁓**trichter** m (Erdung) / resistance area, potential gradient area || ⁓**typ** m / type of voltage wave
Spannungs·überhöhung f / voltage rise, voltage overshoot || ⁓**überlagerung** f (synthet. Prüfung) / voltage injection (synthetic testing) || ⁓**überschwingweite** f / voltage overshoot || ⁓**übersetzung** f / voltage transformation, voltage transformation ratio || ⁓**übersetzungsverhältnis** n / voltage ratio
Spannungsübertritt, fehlerbedingter ⁓ / accidental voltage transfer

Spannungsüberwachung f / voltage monitoring || ⁓ f (Gerät) / voltage monitor
spannungsumschaltbarer Motor / multi-voltage motor, dual-voltage motor, two-voltage motor || ⁓ **Transformator** (2 Spannungen) / dual-voltage transformer
Spannungs·umschalter m / voltage selector switch, dual-voltage switch, voltage changeover switch || ⁓**umschalter** m (Trafo-Stufenwähler) / tap selector || ⁓**umschaltung im spannungsfreien Zustand** / off-circuit tap changing || ⁓**umschaltung unter Last** / on-load tap changing || ⁓**umsetzer** m / voltage converter || ⁓**umsteller** m / regulating switch (CEE 24) || ⁓**unabhängiger Merker** / retentive flag || ⁓- **und Blindleistungsmanagement** n / Volt/VAr Management || ⁓- **und Strommessermethode** f / voltmeter-ammeter method || ⁓**unsymmetrie** f / voltage unbalance, voltage asymmetry || ⁓**unterbrechung** f / voltage interruption
Spannungs·variante f / voltage variant || ⁓**verdopplerschaltung** f / voltage doubler connection || ⁓**verfolgung** f / voltage monitoring || ⁓**vergleicherschaltung** f / voltage comparator connection || ⁓**vergleichsrelais** n / voltage balance relay, voltage differential relay || ⁓**verhalten** n / voltage response || ⁓**verhältnis** n / voltage ratio || ⁓**verlagerung** f / voltage displacement || ⁓**verlauf** m / voltage shape, voltage waveshape, voltage characteristic || ⁓**verlust** m / loss of voltage, voltage failure, voltage drop || ⁓**verschleppung** f / accidental energization, formation of vagabond (o. parasitic voltages), vagabond voltages || ⁓**versorgung** f (SV) / power supply unit, power supply (PS), power supply units || ⁓**versorgungslüfter** m / power supply fan || ⁓**versorgungs-Verteiler** m / power distribution || ⁓**verstärkung** f / voltage amplification, voltage gain || ⁓**verteilung** f / voltage distribution, potential grading || ⁓**verteilung** f / strain distribution || ⁓**vervielfacherschaltung** f / voltage multiplier connection || ⁓**verzerrung** f / voltage distortion, distortion of voltage waveshape || ⁓**vortrieb** m / forward creep || ⁓**wähler** m Geräte nach VDE 0860 / voltage setting device || ⁓**wahlschalter** m / voltage selector (switch)
Spannungswandler m / voltage transformer, potential transformer, voltage converter || ⁓ **für Mess- und Schutzwecke** / dual-purpose voltage transformer || ⁓ **für Messzwecke** / measuring voltage transformer, measuring potential transformer || ⁓ **für Schutzwecke** / protective voltage transformer || ⁓ **in Sparschaltung** / auto-connected voltage transformer || ⁓ **mit Sicherungen** / fused potential transformer, fuse-type voltage transformer || ⁓ **mit zwei Sekundärwicklungen** / double-secondary voltage transformer || ⁓ **zur Erfassung der Verlagerungsspannung** IEC 50(321) / residual voltage transformer || ⁓-**Schutzschalter** m / circuit breaker for voltage transformers, miniature circuit-breaker || ⁓**teil** n / voltage-transformer section, potential-transformer section || ⁓**verbindung** f / voltage transformer connection
Spannungsweiterleitung f / power transmission
Spannungswelligkeit f / voltage ripple || ⁓ **der Gleichspannungs-Stromversorgung** / d.c. power

voltage ripple
Spannungs·wert *m* / voltage value || **⸰wicklung** *f* / voltage winding, potential winding || **⸰widerstandseffekt** *m* / tensoresistive effect || **⸰wiederkehr** *f* / voltage recovery, resumption of power supply, restoration of supply, power restoration, power recovery, system recovery || **⸰wischer** *m* / transient earth fault, transient voltage || **⸰zeiger** *m* / voltage phasor
Spannungs-Zeit--Charakteristik *f* / stress-life characteristic || **⸰-Fläche** *f* / voltage-time area, time integral || **⸰flächen-Änderung** *f* VDE 0558, T.5 / voltage-time integral variation || **⸰standsprüfung** *f* / voltage endurance test || **⸰umformung** *f* / voltage/time conversion || **⸰-Umformung** *f* / dual-slope method || **Erreger-⸰verhalten** *n* / exciter voltage-time response
Spannungszuführung *f* / power supply (circuit), voltage circuit
Spannungszusammenbruch *m* / voltage collapse, voltage depression || **Zeitdauer des ⸰s einer abgeschnittenen Stoßspannung** / virtual time of voltage collapse during chopping
Spannungszustand, einachsiger ⸰ / single-axial stress, mono-axial stress
Spannungszwischenkreis, variabler ⸰ / variable-voltage link || **⸰-Stromrichter** *m* / voltage-source converter, voltage-link a.c. converter, voltage-controlled converter || **⸰umrichter** *m* / voltage source DC link inverter || **⸰-Wechselstromumrichter** / indirect voltage link a.c. convertor (an a.c. convertor with a voltage stiff d.c. link)
Spannverschluss *m* / toggle-type fastener
Spannvorrichtung *f* / clamping device, clamping fixture, holding device, take-up *n*, gravity take-up *n*, chucking device || ⸰*f* (f. Feder) / (spring) charging device, winding device
Spann·weite *f* (Statistik) / range *n* || **⸰weite** *f* (Freileitung) / span length || **⸰weite** *f* (größter Einzelistwert minus kleinster Einzeilistwert) / clamping width || **⸰weiten-Kontrollkarte** *f* (R-Karte) / range chart, range card || **⸰weitenmitte** *f* (Statistik) / mid-range *n* || **⸰welle** *f* (f. Feder) / (spring) charging shaft, winding shaft || **⸰werkzeug** *n* / clamping tool || **⸰würfel** *m* / clamp cube || **⸰zange** *f* / collet *n* || **⸰zangenhalter** *m* / collet chuck holder || **⸰zeit** *f* (Feder, Speicherantrieb) / charging time, winding time || **⸰zeuge** *m* / clamping devices || **⸰zyklus** *m* / clamping cycle || **⸰zylinder** *m* / clamping cylinder, tensioning cylinder
Span·platte *f* / chip board, pressboard *n* || **⸰querschnitt** *m* / cross-sectional area of cut, cross-section of cut, cutting cross-section || **⸰reißschutz** *m* / anti-splintering device || **⸰tiefe** *f* / depth of cut
Spanungs·breite *f* / width of cut || **⸰dicke** *f* DIN 6580 / chip thickness || **⸰größe** *f* / machining variable || **⸰querschnitt** *m* DIN 6580 / cross-sectional area of cut, cross-section of cut, cutting cross-section
Spanwinkel *m* DIN 6581 / rake angle, cutting edge side rake
Span-zu-Span *m* / cut-to-cut
SPAR (Sub-Parameter) / SPAR (subparameter)
Sparbetrieb *m* / throttled operation, economy operation || **⸰düse** *f* / economizer nozzle ||

⸰regeltransformator *m* / regulating autotransformer, auto-connected regulating transformer || **⸰schalter** *m* / economy switch
Sparquote *f* / saving rate *n*
Sparschaltung *f* / economy connection, economy circuit || ⸰*f* / dimmer switching || **Messwandler in** ⸰ / instrument autotransformer || **Regeltransformator in** ⸰ / regulating autotransformer, auto-connected regulating transformer || **Transduktor in** ⸰ / autotransductor *n*
Spartransduktor *m* / autotransductor *n*
Spartransformator *m* (SpT) / autotransformer *n*, compensator transformer, compensator *n*, variac *n* || **Anlasser mit** ⸰ (SpT) / autotransformer starter || **Anlauf mit** ⸰ (SpT) / autotransformer starting
Spar·wicklung *f* / autotransformer winding, auto-connected winding || **⸰widerstand** *m* / economy resistor, auto-resistor *n*
spät, nach ~ verstellen (Kfz-Mot.) / retard *v*
Spät·ausfall *m* / wear-out failure || **⸰ausfallphase** *f* / wear-out failure period, wear-out period || **⸰dienst** *m* / late working time, late duty || **⸰wendung** *f* / under-commutation *n*
SPB (relativer Sprung) / relative jump || ⸰ (bedingter Sprung) / conditional branch, JC (conditional jump)
SPB (bedingter Sprung) / conditional jump (JC)
SPC (Speed and Position Controller) / SPC || ⸰ / SPC (stored program control)
SPCA / SPCA (abscissa of a reference point on the straight line)
SPC-Betrieb *m* (SPC = setpoint control - Regelung mit Sollwerteingriff) / SPC operation
SPCO (Ordinate eines Bezugspunktes auf der Geraden) / SPCO
SP/D-Achse *f* / SP/D-axis (rotary axis of the revolver head)
Spediteur *m* / carrier *n*
Speiche *f* / spoke *n*, arm *n*
Speichenradläufer *m* / spider-type rotor
Speicher *m* (Druckl., Hydraulik) / receiver *n*, storage cylinder || ⸰ *m* / storage *n*, memory *n*, storage device || ⸰ *m* (Chromatograph) / trap *n* || ⸰ **einer Steuerung** / controller memory || ⸰ **komprimieren** / compress memory || ⸰ **mit indexsequentiellem Zugriff** / index-sequential storage || ⸰ **mit sequentiellem Zugriff** / sequential access storage || ⸰ **mit seriellem Zugriff** / serial-access memory || ⸰ **mit wahlfreiem Zugriff** (RAM) / random-access memory (RAM) || **Ausgangs~** *m* / output latch || **gepufferter** ⸰ / buffered memory || **hydraulischer** ⸰ / hydraulic accumulator || **hydropneumatischer** ⸰ / hydropneumatic accumulator || **inhaltsadressierbarer** ⸰ (CAM) / contents-addressable memory (CAM) || **pneumatischer** ⸰ (Druckgefäß) / gas receiver
Speicher·abbild *n* / memory map || **⸰abrufmagnet** *m* / closing solenoid || **⸰abschnitt** *m* / memory segment
Speicherabzug *m* / memory dump || ⸰ **nach Störungen** / post-mortem dump
Speicher·adresse *f* / memory address || **⸰anlage** *f* / storage installation (an installation that provides a store-and-forward function) || **⸰anordnung** *f* / storage assembly || **⸰antrieb** *m* / operating mechanism with stored-energy feature || **⸰antrieb**

speicherbar

m (SG) / stored-energy mechanism || ⸰**anzeige** *f* / memory display || ⸰**art** *f* / memory type, storage type || ⸰**aufteilung** *f* / memory mapping, memory paging, memory page allocation || ⸰**ausbau** *m* / memory capacity, memory configuration || ⸰**ausnutzung** *f* / memory utilization || ⸰**bank** *f* / memory bank
speicherbar *adj* / storable *adj*
Speicher·baugruppe *f* / memory module, memory submodule || ⸰**baustein** *m* (Chip) / memory chip || ⸰**bedarf** *m* / memory requirement, memory space requirement || ⸰**bedarf pro Baustein** / memory requirement per block || ⸰**belegung** *f* / memory allocation, storage (o. memory) area allocation || ⸰**belegung** *f* (Plan) / memory map || ⸰**belegungsfaktor** *m* / memory allocation factor, memory availability factor || ⸰**belegungsplan** *m* / memory map, memory allocation
Speicherbereich *m* / memory area, storage area, system data memory area || **remanenter** ⸰ / retentive memory area
Speicherbereichs·abbild *n* / memory map || **~orientierte E/A** / memory-mapped I/O
Speicher·bereiniger *m* / garbage collector || ⸰**bericht** *m* / buffered report (BR) (IEC/TS 61850-2, EN 61850-7-2) || ⸰**berichtsklasse** *f* (Vorschlag Ref. K 952 nach E DIN EN 61850-7-1, EN 61850-10) / buffered report control class (BRC) (IEC/TS 61850-2) || ⸰**betrieb** *m* / memory mode || ⸰**bild** *n* / stored display, stored trace || ⸰-**Bildaufnahmeröhre** *f* / storage camera tube || ⸰-**Bildröhre** *f* / storage tube, storage CRT, direct-view storage tube (DVST) || ⸰**bildschirm** *m* / storage display screen || ⸰**block** *m* / memory array, memory frame || ⸰**breite** *f* / memory width || ⸰**byte** *n* / storage byte || ⸰**chip** *m* / memory chip || ⸰-**Controller** *m* / memory controller
Speicher·datei *f* / file *n* || ⸰**dauer** *f* / holding time || ⸰**dichte** *f* / packing density, storage density, storage intensity || ⸰**dosierung** *f* / trapping and injection apparatus || ⸰**drossel** *f* / storage throttle || ⸰**druck** *m* (Druckluft) / storage pressure, receiver pressure || ⸰**druckanlage** *f* / receiver-type compressed-air system || ⸰**effekt** *m* (Eigenschaft des Bildelementes, die Darstellung seiner Sichtinformation fortzusetzen, nachdem die Anregung entfernt wurde) / storage effect || ⸰**einheit** *f* / memory unit (MU) || ⸰**einrichtung** *f* (Roboter) / memorizing device || ⸰**einteilung** *f* / memory structure || ⸰**elektrode** *f* / storage target || ⸰**element** *n* / storage element, memory cell, memory element, memory chip || ⸰**element** *n* / storage element, target element || ⸰-**Entflechter** *m* / memory router || ⸰**erweiterung** *f* / memory extension, memory expansion || ⸰**erweiterungsbaugruppe** *f* / memory expansion module
Speicher·fähigkeit *f* (Osz.) / storage capability || ⸰**fehler** *m* / storage error, memory error || ⸰**fenster** *n* / save window || ⸰-**Flipflop** *n* / latching flipflop, latch *n* || ⸰**füllungsgrad** *m* (Pumpspeicherwerk) / reservoir fullness factor || ⸰**funktion** *f* / memory function, latching/unlatching function (L/U function), set/reset function (S/R function) || ⸰**funktionen** *f pl* (Signalspeicherung- u. Rücksetzung) / latching/unlatching functions
Speicher·-Gateelektrode *f* / storage gate electrode ||

⸰**gerät** *n* / storage element || ⸰**glied** *n* / storage element, flipflop *n*, memory cell, latch *n* || ⸰**glied** *n* (Flipflop) / flipflop *n* || **RS-**⸰**glied** *n* (Flipflop) / RS flipflop || ⸰**grundbaugruppe** *f* / basic memory module || ⸰-**Halteplatte** *f* / storage target || ⸰**heizung** *f* / storage heating || ⸰**inhalt** *m* / memory contents, storage contents, contents of storage || ⸰**inhalt** *m* / useful water reserve || **Ausgabe des** ⸰**inhalts** / memory dump || ⸰**inhaltverlust** *m* / loss of memory contents || ⸰**integrität** *f* / storage integrity || **~intensiv** *adj* / memory-intensive *adj*
Speicher·kapazität *f* / memory capacity, storage capacity || ⸰**karte** *f* / memory card || **kompakte** ⸰**karte** / micro memory card (MMC) || ⸰**kassette** *f* / memory cassette || ⸰**kassette** *f* (f. Lochstreifen) / tape magazine || ⸰**katalysator** *m* / storage catalyst, storage catalyzer || ⸰**kennung** *f* / memory identifier || ⸰**klasse** *f* / storage class || ⸰**kondensator** *m* / storage capacitor || ⸰**konfiguration** *f* / memory configuration, memory capacity
Speicherlaufwerk *n* / diskette drive, floppy-disk drive || ⸰ *n* (Plattenspeicher) / disk storage drive, disk drive || ⸰**anschaltung** *f* / disk drive controller
Speicher·management *n* / storage management || ⸰**matrix** *f* (MPU) / memory cell matrix || ⸰**medium** *n* / storage medium, memory medium
Speichermodul *n* / memory submodule, memory module || ⸰ **defekt** / memory submodule defective || ⸰ **löschen** / reset submemory module || ⸰ **programmieren** / program memory submodule || **E²PROM-**⸰ *n* / EEPROM submodule || **steckbares** ⸰ / memory submodule, memory module || ⸰**griff** *m* / memory module handle || ⸰-**Programmierung** *n* / memory submodule programming || ⸰-**Programmierung fehlerhaft** / memory module programming error || ⸰-**Schnittstelle** *f* / memory submodule interface
speichern *v* / save *v* || **~** *v* / store *v* || ⸰ **unter** / save as
speichernd *adj* / holding *adj*, latching *adj* || **~ rücksetzen** / unlatch *v* || **~ setzen** / latch *v* || **~e Dosiereinrichtung** (Chromatograph) / trapping and injection apparatus || **~e Einschaltverzögerung** / latching ON delay || **~e Funktion** / latching/unlatching function (L/U function), set/reset function (S/R function) || **~e Überlaufanzeige** / latching overflow condition-code bit || **~er Befehl** / storing command || **~er Überlauf** / stored overflow bit of the status word
Speicher·netz *n* / storage mesh || ⸰**nutzinhalt** *m* (Pumpspeicherwerk) / useful water reserve of a reservoir || ⸰**ofen** *m* / storage heater || ⸰**operation** *f* / memory operation, setting/resetting operation || ⸰**operation** *f* / set/reset operation || ⸰**organisation** *f* / memory organization, storage organization || ⸰**organisationssprache** *n* / storage structure language || **~orientierte E/A** / memory-mapped I/O || ⸰**ort** *m* / storage location || ⸰**ort** *m* / memory location, location *n* || ⸰-**Oszillograph** *m* / storage oscillograph || ⸰**oszilloskop** *n* / storage oscilloscope || ⸰**paar** *n* / pair of memories || ⸰**platte** *f* / storage target, target *n*
Speicherplatz *m* / main memory location, memory location, memory unit, memory *n* || **logischer** ⸰ / logical location || ⸰**bedarf** *m* / memory space requirement, memory requirement || ⸰**zuteilung** *f* / memory allocation
speicherprogrammierbar·e Anpaßsteuerung

(PLC) / programmable logic controller || ~e NC (SNC) / programmable NC, stored-program NC (SNC) || ~e **Steuerung** / programmable controller (SPS), programmable control system || ~e **Steuerung (SPS)** / programmable logic control (PLC) || ~es **Automatisierungsgerät** / programmable controller, programmable logic controller, stored-program controller (SPC) || ~es **Steuergerät** / programmable controller, stored-program controller (SPC) || ~es **Steuerungssystem** (SPS-System) DIN EN 61131-1 / programmable control system
speicherprogrammiert *adj* / stored-program *adj*, programmable *adj*, programmed *adj*
Speicher·programmsteuerung *f* (Steuerung einer Vermittlungsstelle durch einen Satz von Befehlen, die gespeichert sind und modifiziert werden können) / stored program control || ♂**pufferung** *f* / memory backup || ♂**pufferzeit** *f* (durch Batterie) / memory back-up time || ♂**relais** *n* (f. Speicherheizung) / storage heating relay, control relay for storage heating systems || ~**resident** *adj* / memory-resident *adj*
Speicherröhre *f* / storage tube, storage CRT, direct-view storage tube (DVST) || ♂ **mit Schreibstrahl** / cathode-ray storage tube
Speichers, Beschreiben des ♂ / memory write
Speicher·säule *f* (Chromatograph) / trapping column, trap *n* || ♂**schaltdiode** *f* / snap-off diode || ♂**schalter** *m* (f. Speicherheizung) / storage heating control switch, control switch for storage heating || **integrierte** ♂**schaltung** / memory integrated circuit, integrated-circuit memory, IC memory || ♂**schicht** *f* / target coating, storage surface || ♂**schieben-Abbruch** *m* / memory shift abort || ♂**schnittstelle** *f* / memory interface || ♂-**Schreibgeschwindigkeit** *f* / stored writing speed || ♂**schreibmaschine** *f* / memory typewriter || ♂**schutz** *m* / storage protection, memory protection || ♂**schutzbaustein** *m* / Memory Protection Unit (MPU) || ♂**seite** *f* / memory page
Speicherseiten·abbild *n* / memory map || ~**orientierte** E/A / memory-mapped I/O || ♂**verfahren** *n* / memory-mapped method, memory-mapped I/O
Speicher·sicherung *f* / memory protection, storage protection || ♂-**Stick** *m* / memory stick || ♂**tastatur** *f* / storage keyboard || ♂**technologie** *f* / storage technology || ♂**tiefe** *f* / memory depth || ♂**transferbefehl** *m* / memory transfer instruction || ♂**treiber** *m* / memory driver || ♂**typ** *m* / storage type || ♂**überlauf** *m* / storage overflow
Speicherung *f* / ♂ *f* (Chromatograph) / trapping *n* || ♂ **mit Haftverhalten** DIN 19237 / permanent storage, non-volatile storage
Speicher·verbrauch *m* / memory utilization || ♂**verhalten** *n* DIN 19237 / storage properties, latching properties || ♂**verlust** *m* / memory capacity loss || ♂**vermittlung** *f* (Betriebsart in Datennetzen, bei der Daten vor ihrer Weitergabe vorübergehend gespeichert werden) / store and forward || ♂**verwaltung** *f* / memory management || ♂**verwaltungseinheit** *f* (MMU) / memory management unit (MMU) || ♂**volumen** *n* (Druckluft) / storage capacity || ♂**vorrat an Wasser** / water storage reserve || ♂**werk** *n* (Register, interner Speicher eines MPU) / register array || ♂**wirkung** *f* / memory effect || ♂**wort** *n* /

memory word
Speicherzeit *f* / storage time, holding time || ♂ *f* (Transistor) / carrier storage time || ♂ *f* (Speicherröhre) / retention time || ♂ *f* (Chromatograph) / trapping time, retention time
Speicher·zelle *f* DIN 44300 / storage location, memory location || ♂**zone** *f* / storage zone || ♂**zugriff** *m* / memory access || ♂**zugriffsfreigabe** *f* (Signal) / memory select (MEMSEL) || ♂**zugriffssteuerung** *f* / memory access controller || ♂**zustandsanzeige** *f* / spring charged indication || ♂**zykluszeit** *f* / memory cycle time
Speise·aufgabe *f* / infeed duty || ♂**eisproduktion** *f* / ice cream production || ♂**freileitung** *f* **für Fahrleitungen** VDE 0168, T.1 / overhead traction distribution line IEC 714 || ♂**gerät** *n* / power supply unit, supply unit || ♂**leistung** *f* / supply-system power, line kVA || ♂**leitung** *f* / supply line, feeder *n*
speisen *v* / supply *v*, feed *v*
Speisenetz *n* / supply system, supply mains, power supply system
Speisepunkt *m* / feed point, feeding point, distributing point, origin *n* || ♂ **einer elektrischen Anlage** VDE 0100, T.200 / origin of an electrical installation, service entrance (US)
Speise·quelle *f* / power source || ♂**spannung** *f* / supply voltage || ♂**spannung** *f* DIN 19237 / input terminal voltage
Speisespannungs·überwachung *f* (Bussystem) / power monitor || ♂**unterdrückung** *f* / supply voltage rejection ratio || ♂**sversorgung** *f* / voltage supply || ♂**versorgung über die Hutschiene** / voltage supply through the rail
Speisestromkreis *m* / supply circuit
Speisewasser·leitung *f* / feedwater line || ♂**stellarmatur** *f* / feedwater control valve || ♂**stellventil** *n* / feedwater control valve || ♂**strang** *m* / feedwater line
Speisung mit Kalibrierstrom (Messwertumformer) / calibration current excitation || ♂ **mit Konstantstrom** (Messwertumformer) / constant-current excitation
Spektral·ausbeute *f* / spectral quantum efficiency || ♂**bereich** *m* / spectral range, spectral region || ♂**breite** *f* / spectral width || ♂**dispersion** *f* / spectral splitting, spectrum splitting
spektral·e Absorptivität / spectral absorptivity || ~e **Bandbreite** / spectral width || ~e **Bestrahlung** / spectral irradiance (irradiance per unit bandwidth at a particular wavelength) || ~e **Dichte** / spectral concentration || ~e **Empfindlichkeit** / spectral responsivity, spectral sensitivity, SR || ~e **Empfindlichkeitskurve** / spectral response curve, spectral sensitivity curve || ~e **Empfindlichkeitsverteilung** / spectral responsivity || ~e **Farbdichte** / colorimetric purity || ~e **Fehlanpassung** / spectral response mismatch error || ~e **Hellempfindlichkeitskurve** / spectral luminous efficiency curve || ~e **Leistungsdichte** / power spectral density (PSD) || ~e **Linienbreite** / spectral line width || ~e **optische Dicke** / spectral optical thickness || ~e **optische Tiefe** / spectral optical depth || ~e **Photonenbestrahlungsstärke** (Photonenflussdichte bei einer gegebenen Wellenlänge) / spectral photon irradiance || ~e **Referenzstrahlungsverteilung** / reference

Spektraleffekt

spectral irradiance distribution || ~e spezifische
Ausstrahlung / spectral radiant emittance || ~e
Strahldichteverteilung / spectral radiated energy
distribution, spectral power distribution, spectral
energy distribution || **~e Strahlung** / spectral
radiance || **~e Strahlungsmesstechnik** /
spectrometry n, spectro-radiometry n || ~e
Strahlungstemperatur / radiance temperature,
luminance temperature || **~e
Strahlungsverteilung** / spectral irradiance
distribution || **~e Transmissivität** / spectral
transmissivity || **~e Verteilung** / spectral
distribution, spectral energy distribution || **~e
Verteilung der Bestrahlungsstärke** (spektrale
Bestrahlungsstärke, dargestellt als Funktion der
Wellenlänge) / spectral distribution
Spektraleffekt m / spectral effect
spektral·er Absorptionsgrad / spectral absorption
factor (GB), spectral absorptance (US) || **~er
Absorptionsindex** / spectral absorption index || **~er
Absorptionskoeffizient** / spectral linear
absorption coefficient || **~er Durchlassgrad** /
spectral transmission factor, spectral transmittance
|| **~er Emissionsgrad** / spectral emissivity || **~er
Farbanteil** / excitation purity || **~er Farbreiz** /
spectral stimulus, monochromatic stimulus || **~er
Hellempfindlichkeitsgrad** / spectral luminous
efficiency || **~er Leuchtdichteanteil** / colorimetric
purity || **~er Massenschwächungskoeffizient** /
spectral mass attenuation coefficient || **~er
natürlicher Absorptionskoeffizient** / Naperian
spectral absorption coefficient || **~er
Reflexionsgrad** / spectral reflection factor (GB),
spectral reflectance (US) || **~er
Reintransmissionsgrad** / spectral internal
transmittance || **~er Remissionsgrad** / spectral
luminance factor || **~er Schwächungskoeffizient** /
spectral linear attenuation coefficient || **~er
Streukoeffizient** / spectral linear scattering
coefficient || **~es dekadisches Absorptionsmaß** /
spectral internal transmittance density, spectral
absorbance || **~es Fenster** / spectral window || **~es
natürliches Absorptionsmaß** / Naperian spectral
internal transmittance density, Naperian absorbance
Spektral·farbenzug m / spectrum locus || ♁**filter** m /
dichroic filter || ♁**fotometer** n / spectrophotometer
n, spectral photometer || **~fotometrisch** adj /
spectrophotometric adj
Spektral·gebiet n / spectral range, spectral region ||
♁**lampe** f / spectroscopic lamp, spectral lamp ||
♁**linie** f / spectrum line, spectral line ||
♁**maskenverfahren** n / dispersion and mask
method || ♁**radiometer** n (Gerät zur Messung der
Verteilung der spektralen Bestrahlungsstärke als
Funktion der Wellenlänge) / spectroradiometer n ||
♁**spiegel** m / dichroic mirror || ♁**verteilung** f /
spectral energy distribution || ♁**verteilung** f /
spectral distribution || ♁**werte** m pl / spectral
tristimulus values, distribution coefficients ||
♁**wertfunktion** f / colour-matching function ||
♁**wertkurve** f / colour-matching curve
Spektro·fotometer n / spectrophotometer n, spectral
photometer || ♁**meter** m / spectrometer n ||
♁**meterwinkel** m (Abstwinkel) / scanning angle
|| ♁**metrie** f / spectrometry n, spectro-radiometry n
|| ♁**radiometer** n / spectro-radiometer n || ♁**skop**
n / spectroscope n

Spektrum n / spectrum n, product range || ♁ **der
Düsentypen** / range of needle types ||
energiegleiches ♁ / equi-energy spectrum ||
♁**analysator** m / spectrum analyzer || **Punkt des
energiegleichen** ♁**s** / equal energy point
spekulativer Bestand / hedge inventory
Sperr·adresse f / no-station address || ♁**band** n / stop
band || ♁**bedingungen** f pl / inhibiting (o.
blocking) criteria || ♁**bereich** m (Schutz,
Nichtauslösebereich) / non-operating zone, non-
trip zone, blocking zone, restraint region ||
♁**bereich** m / hold area, holding area || ♁**bereich** m
(HL) / blocking-state region, off-state region ||
♁**bereich** m / prohibited area || ♁**bolzen** m
(Codierstift) / coding pin || ♁**dämpfung** f / reverse
attenuation || ♁**datei** f / lock(ed) file || ♁**dauer** f
(Schutzsystem, bei Wiedereinschaltung) IEC 50
(448) / reclaim time, reset time (USA) ||
♁**differential** n / limited-slip differential, lock
differential, transverse slip limiter || ♁**diode** f /
blocking diode || ♁**druck** m / blocking pressure
Sperre f / disable n || ♁ f / lock-out device, lock-out n
|| ♁ f / lock-out n (element), blocking device, latch
n (assembly), block n || ♁ f / hold-off n || ♁
aufheben / unlatch v || ♁ **in beiden Richtungen** /
bidirectional lockout (o. blocking) device || ♁ **in
einer Richtung** / unidirectional lockout (o.
blocking) device || **Ablenk~** f / sweep lockout ||
Ausgabe~ f / output inhibit || **mechanische** ♁ /
mechanical lockout, mechanical latch || **Trigger~**
f / trigger hold-off || **Umlauf~** f / stop n (to prevent
rotation)
Sperreingang m / disable input, inhibit input || ♁ **mit
Negation** / negated inhibiting input
Sperren n (Stromfluss in Vorwärtsrichtung) /
blocking n, reverse biasing || **~** v (Stromkreis) /
block v, lock out v, inhibit v, disable v, segregate v,
occlude v || **~** v / hold v, bar for further use || **~** v /
arrest v, lock v || **~** v (Ein- oder Ausgang) / disable
v || ♁ **der Stromrichtergruppe** / converter
blocking || ♁ **des Ventils** / valve blocking || **Alarm
~** / disable interrupt
Sperr·fähigkeit f (Diode) / blocking ability || ♁**filter**
n / stop filter, rejection filter, band elimination
filter || ♁**flüssigkeitsdichtung** f / liquid seal ||
♁**flüssigkeit** f / sealing liquid || ♁**frequenz** f /
blocking frequency || ♁**frist** f / quarantine period,
retention period || ♁**funktion** f / blocking function
|| ♁**getriebe** n / locking gear, blocking gear ||
♁**gewicht** n / locking weight || ♁**gitter** n / barrier
grid || ♁**gleichspannung** f / direct reverse voltage
(diode), direct off-state voltage (thyristor) || ♁**glied**
n / locking device || ♁**glied** n (Schutz) / blocking
element, blocking relay || ♁**hebel** m / blocking lever
sperrig adj / bulky adj, voluminous adj
Sperr·kantscheibe f / safety washer || ♁**keil** m /
locking wedge
Sperrkennlinie f DIN 41760 / reverse characteristic
|| ♁ f DIN 41786 / off-state characteristic, blocking-
state characteristic || ♁ f (Diode) DIN 41781 /
blocking-state voltage-current characteristic || ♁ **für
die Rückwärtsrichtung** / reverse blocking-state
characteristic || ♁ **für die Vorwärtsrichtung** /
forward blocking-state characteristic
Sperr·kennwerte m pl DIN 41760 / characteristic
reverse values || ♁**kennzeichnung** f / hold tag ||
♁**klinke** f / retaining pawl, locking pawl, ratchet n,

pawl n, catch n, detent pawl || ⸺klinkensystem n / click-and-pawl system || ⸺kommando n / lockout command || ⸺lager n / quarantined store, restricted store, hold store, salvage department, holding area, locked storage, segregated storage area, hold area || ⸺liste f / disable list || ⸺luft f / sealing air || ⸺luftdichtung f / oil-fume barrier, sealing-air arrangement || ⸺luftfunktion f / sealing air function || ⸺luftkammer f / sealing-air compartment, sealing-air annulus || ⸺luftring m / sealing-air gland ring || ⸺luftspalt m / sealing air gap || ⸺magnet m / restraining magnet, lock-out coil, blocking magnet || ⸺muffe f (Kabel) / stop joint || ⸺nocken m / blocking cam || ⸺objekt n / blocking object || ⸺pfosten m / bollard n || ⸺platte f / blocking plate
Sperrrad n (EZ) / ratchet wheel, locking wheel
Sperrrelais n / blocking relay || ⸺ n (Differentialschutz) / restraining relay, biased relay
Sperrrichtung f / non-conducting direction || ⸺ f (Diode) / reverse direction || ⸺ f (Schutz) / inoperative direction || **Elektrodenstrom in** ⸺ / reverse electrode current, inverse electrode current (US)
Sperrröhre f / blocking tube
Sperrsättigungsstrom m / diode saturation current
Sperrschaltung f / lock-out circuit || ⸺ f / hold-off circuit, blocking circuit, interlocking circuit, inhibit (ing) circuit
Sperrscheibe f / blocking disk
Sperrschicht f / barrier junction, depletion layer, junction n, barrier layer || **Durchlegieren der** ⸺ / breakdown of barrier junction || ⸺**Berührungsspannung** f / punch-through voltage, reach-through voltage, penetration voltage || ⸺**Durchschlag** m / junction breakdown || ⸺**Feldeffekttransistor** f (FET) / Junction Field Effect Transistor (JFET), m junction-gate field-effect transistor (PN FET) || ⸺folie f / membrane barrier, insulating foil || ⸺**-Fotoeffekt** m / photovoltaic effect || ⸺kapazität f / junction capacitance, barrier layer capacitance || ⸺photoeffekt m / PVE (photovoltaic effect) n || ⸺temperatur f / junction temperature || ⸺transistor m / junction transistor
Sperr·schieber m / blocking slide || ⸺schrittfehler m / frame error || ⸺schwinger m / blocking oscillator
Sperrspannung f (Diode) DIN 41781 / reverse voltage || ⸺ f DIN 41786 / off-state voltage, blocking voltage || ⸺ f / cut-off voltage IEC 151-14 || ⸺ **in Rückwärtsrichtung** / reverse blocking voltage || **Rückwärts-** ⸺ f / reverse blocking voltage
Sperr·spule f / lock-out coil || ⸺stift m / locking bolt
Sperrstrom m (Diode) DIN 41781 / blocking-state current, reverse current || ⸺ m DIN 41786 / off-state current || ⸺ m (Strom bei Polung eines PN-Übergangs in Sperrrichtung) / leakage current || ⸺ m (Schutz) / restraining current || ⸺ **in Rückwärtsrichtung** / reverse blocking current || **stationärer** ⸺ (Diode) DIN 41786, DIN 41853 / resistive reverse current || ⸺**in Vorwärtsrichtung** / off-state forward current, off-state current
Sperr·tabelle f (Chromatogramm-Auswertung) / inhibit table || ⸺taste f / locking key || ⸺teil m / blocking part || ⸺trägheit f DIN 41786 / recovery effect || ⸺**-UND-Glied** n / inhibiting AND gate
Sperrung f / quarantining n, holding n
Sperrungs·blitzfeuer n / flashing unserviceability light || ⸺feuer n / unserviceability light || ⸺kegel m / unserviceability cone || ⸺marke f / closed marking || ⸺marker m / unserviceability markers || ⸺markierungstafel f / unserviceability marker board
Sperrventil n / non-return valve
Sperrverlust m DIN 41760 / reverse power loss || ⸺ m / blocking-state power loss || ⸺ m (Diode) / blocking-state power loss || ⸺leistung f DIN 41786 / off-state power loss || ⸺leistung f (Diode) DIN 41781 / blocking-state power loss
Sperrvermerk m / hold tag
Sperrverzögerungs·ladung f (Diode) DIN 41786, DIN 41853 / recovery charge, recovered charge || ⸺strom m (Diode) DIN 41786, DIN 41781 / reverse recovery current || ⸺stromspitze f (Diode) DIN 41786, DIN 41853 / peak reverse recovery current || ⸺zeit f (Diode) DIN 41786, DIN 41781 / reverse recovery time
Sperr·vorrichtung f (EN 60834-2) / blocking mechanism || ⸺vorrichtung f (EN 60834-1) / blocking device || ⸺vorspannung f / reverse bias || ⸺wandler m / isolating transformer || ⸺wandler m (f. Schaltnetzteil) / flyback converter
Sperrwiderstand m (Diode) DIN 41853 / reverse d.c. resistance || ⸺ m DIN 41786 / off-state resistance || ⸺ **in Rückwärtsrichtung** / reverse blocking resistance || ⸺ **in Vorwärtsrichtung** / forward blocking resistance
Sperrzahn·-Flachkopfschraube f / flat-headed self-locking screw || ⸺scheibe f / tooth lock washer || ⸺schraube f / self-locking screw
Sperrzeit f / blocking time, lock-out time || ⸺ f (Diode) / blocking interval, off-state interval, off interval || ⸺ f / off-peak period || ⸺ f (Gasentladungsröhre) / idle period, off period || ⸺ f / lockout time || ⸺ f (bei Wiedereinschaltung) / reclaim time, reset time (USA) || ⸺tarif m / off-peak tariff
Sperrzustand m (Diode) DIN 41781 / blocking state, reverse blocking state || ⸺ m DIN 41786 / off state || ⸺ **in Rückwärtsrichtung** / reverse blocking state || ⸺ **in Vorwärtsrichtung** / forward blocking state, off state
Spezial·antrieb m / special drive || ⸺anwendung f / special application || ⸺aufbau f / special design || ⸺baugruppe f / special module || ⸺beschichtung f / special coating || ⸺einsatz m / special service call || ⸺fracht f / special freight || ⸺funktion f / special function || ⸺glasherstellung f / special glass manufacturing || ⸺**-Hebehöse** f / special lifting eye || ⸺istenausbildung f / specialist training || ⸺**-Lötkabelschuh** m / special solder cable lug || ⸺maschine zum Nacharbeiten der Sitze / reseater || ⸺**-Maulschlüssel** m / special open-end wrench || ⸺**-Maulschlüssel x mm, gekröpft** / special engineer wrench, A/F x mm, offset || ⸺motor m / special-purpose motor || ⸺mutter f / special nut || ⸺protokoll n / special protocol || ⸺prüfgerät n / special test equipment (STE) || ⸺prüflabor n / special test laboratory || ⸺reiniger m / special cleaning agent || ⸺**-Schirmverbindung** f (Kabelanl.) IEC 50(461) / special bonding of shields || ⸺schlüssel m / special wrench || ⸺schlüssel

speziell zur Kalibrierung unverzögerter Überstromauslöser / special wrench for calibration of instantaneous overcurrent release || **⁓sockel** *m* / special base || **⁓verfahren, Methoden, Techniken, Werkzeuge** / special processes, methodologies, techniques, tools || **⁓verpackung** *f* / special packing || **⁓vorrichtung zum Nacharbeiten der Sitze** / reseater *n* || **⁓werkzeug** *n* / special tool || **⁓werkzeug für Lichtbogenkammer** / special tool for arc chute || **⁓zyklus** *m* / special cycle
speziell *adj* / special *adj* || **~e Anwendung** *f* / special application || **~er Farbwiedergabeindex** / special colour rendering index || **~er Prozess** / special process
Spezifikation *f* / specification *n*, requirement *n*, request *n*, regulation *n*, SPC *n* || **⁓ der Sicherheitsanforderungen (SRS)** / Safety Requirements Specification (SRS) || **⁓ der Softwareanforderungen (SRS)** / Software Requirements Specification (SRS) || **⁓ für Betriebsmittel-Schnittstellen (DIN EN 61968-1 DIN EN 61970-1, -301, -401, -501)** / component interface specification (CIS) || **⁓ Mechanik** / mechanical specification || **entwurfsunterstützende, prozessorientierte ⁓** (EPOS) / design-supporting, process-oriented specification
spezifisch *adj* / specific *adj* || **~e Ausstrahlung** / radiant excitance, radiant emittance || **~e Belastung** / unit load || **~e Dämpfung** / attenuation constant || **~e Eisenverluste** / iron loss in W/kg, total losses in W/kg, W/kg loss figure || **~e Energie** / specific energy, massic energy IEC 50 (481) || **~e Flächenbelastung** / load per unit area || **~e Formänderungsarbeit** / resilience per unit volume || **~e Gesamtverluste** (Ummagnetisierungsverluste) / specific total loss, total loss mass density || **~ Heizleistung** / specific heat output || **~e Kapazität** / specific capacity, massic capacity IEC 50(481) || **~e Kenngrößen** (Batt.) / specific characteristics || **~e Kriechweglänge** / specific creepage distance || **~e Leistung** / specific power || **~e Lichtausstrahlung** / luminous excitance, luminous emittance || **~e Nenn-Kriechweglänge** / nominal specific creepage distance || **~e Photonenausstrahlung** / photon excitance || **~e Sättigungsmagnetisierung** / specific saturation magnetization || **~e Schallimpedanz** / specific acoustic impedance, unit-area acoustic impedance || **~e Schallreaktanz** / specific acoustic reactance, unit-area acoustic reactance || **~e Schallresistanz** / specific acoustic resistance, unit-area acoustic resistance || **~e Scheinleistung** / specific apparent power || **~e Spannung** / unit stress || **~e Strombelastung** (A/mm^2) / current per unit area || **~e Unwucht** / specific unbalance || **~e Verluste** (Blech) / iron loss in W/kg, total losses in W/kg, W/kg loss figure || **~e Viskositätszahl** / limiting viscosity, intrinsic viscosity, internal viscosity || **~e Wärme** / specific heat, heat capacity per unit mass || **~e Wärmekapazität** / specific thermal capacity || **~er Beleuchtungswert** / specific lighting index || **~er Beleuchtungswirkungsgrad** / reduced utilization factor (lighting installation) || **~er Bodenwiderstand** / soil resistivity, earth resistivity || **~er Durchgangswiderstand** / volume resistivity, mass resistivity, specific internal insulation resistance || **~er Durchgangswiderstand bei Gleichstrom** / volume d.c. resistivity || **~er Erdbodenwiderstand** / soil resistivity, earth resistivity || **~er Erdwiderstand** VDE 0100, T. 200 / soil resistivity, earth resistivity || **~er Fahrwiderstand** (Bahn) / specific train resistance || **~er Innen-Isolationswiderstand** / volume resistivity || **~er Isolationsstrom** / specific leakage current || **~er Isolationswiderstand** / insulativity *n*, dielectric resistivity || **~er Kraftstoffverbrauch** / specific fuel consumption || **~er Kurvenwiderstand** (Bahn) / specific train resistance due to curves || **~er Lebensdauerverbrauch** / specific use of life || **~er Leitwert** / conductivity *n* || **~er Lichtstrom der installierten Lampen** / installed lamp flux density, installation flux density || **~er magnetischer Leitwert** / absolute permeability || **~er magnetischer Widerstand** / reluctivity *n* || **~er Materialwiderstand** / bulk resistivity || **~er Nenn-Kriechweg** / nominal specific creepage distance || **~er Oberflächenwiderstand** / surface resistivity, specific surface insulation resistance || **~er Raumwiderstand** / volume resistivity || **~er Raumwirkungsgrad** / reduced utilance || **~er Rückstrahlwert** / coefficient of retroreflection || **~er Standwert** / specific acoustic impedance, unit-area acoustic impedance || **~er Substratwiderstand** / bulk resistivity || **~er Wärmewiderstand** / thermal resistivity || **~er Wärmewiderstand des Erdbodens** / thermal resistivity of soil || **~er Widerstand** / resistivity *n* || **~er Wirkstandwert** / specific acoustic resistance, unit-area acoustic resistance || **~es Gewicht** / specific gravity, density *n*, relative density || **~es Volumen nach der Entspannung** / downstream specific volume
spezifizieren *v* / specify *v*, itemize *v*
SPF *n* / Sub-Program File (SPF) || **⁓** / Siemens Process Framework (SPF)
Sp Fa Eb (SpurFachEbene) / track tray level
SPH (Systempflichtenheft) / system response specification
sphärische Aberration / spherical aberration || **~ Beugung** (troposphärische Ausbreitung infolge der Beugung durch die kugelförmige Oberfläche der Erde oder allgemeiner infolge der Beugung an einem abgerundeten Hindernis, dessen Abmessungen sehr groß gegenüber der Wellenlänge sind) / spherical diffraction || **~ Lichtstärke** / spherical luminous intensity
Sphäroguss *m* / ductile cast iron
SPI (serielle periphere Schnittstelle) *f* / SPI (Serial Peripheral Interface) *n*
Spiegel *m* (Leuchte) / specular reflector, reflector *n*, mirror *n* || **⁓** *m* (Gleitlg.) / bedding area || **eloxierter ⁓** / anodized-aluminium reflector, anodized mirror || **⁓achse** *f* / mirror axis || **⁓bearbeitung** *f* / mirrored machining
Spiegelbild *n* / mirror image, mirrored part || **~gleich** *adj* / mirror image
spiegelbildlich *adj* / mirror-image *adj*, mirrored *adj*, homologous *adj*, reflected *adj*, mirror image *adj* || **~e Achssteuerung** / axis control in mirror-image mode || **~e Bearbeitung** / mirror-image machining

Spiegelbild·schalter *m* / mirror-image switch ǁ ⌾**schaltung** *f* / mirror-image switching, symmetrical switching
Spiegel·einsatz *m* (Leuchte) / specular insert ǁ ⌾**frequenz-Unterdrückungsfaktor** *m* / intermediate-frequency rejection ratio ǁ ⌾**gerade** *f* / mirror line ǁ ⌾**glas** *n* / mirror plate, mirror glass ǁ ⌾**glätte** *f* / glazing *n* ǁ ⌾**körper** *m* (Leuchte) / reflector body ǁ ⌾**leuchte** *f* / specular-reflector luminaire
Spiegeln *n* / mirroring *n*, symmetrical inversion, mirror-image machining, axis control in mirror-image mode ǁ **~ v** / mirror *v* ǁ ⌾ **der Weginformation** / mirroring of position data ǁ ⌾ **der Weginformationen** (Bild) / mirror image of position data ǁ **~ der X-Achse** / mirror image across X-axis ǁ ⌾ **von Prüfbefehlen** / retransmission of check commands
spiegelnde Grenzfläche / specular surface ǁ **~ Reflexion** / specular reflection
Spiegel·optik *f* / specular optics ǁ ⌾**optikleuchte** *f* / specular optics luminaire ǁ ⌾**platte** *f* / mirror plate ǁ ⌾**raster** *m* (Leuchte) / specular louvre (unit) ǁ ⌾**reflektor** *m* / specular reflector ǁ ⌾**reflexion** *f* (Reflexion einer Welle, wenn die Größe der Unregelmäßigkeiten der (reflektierenden) Grenzfläche vernachlässigbar ist) / specular reflection ǁ ⌾**schale** *f* (Leuchte) / reflector bowl, reflector shell, reflector section ǁ ⌾**scheinwerfer** *m* / reflector spotlight, mirror spotlight ǁ ⌾**spindel** *f* / mirror spindle ǁ ⌾**strich** *m* / dash *n* ǁ ⌾**symmetrie** *f* / mirror symmetry ǁ ⌾**system** *n* (Leuchte) / reflector system
Spiegelung *f* / mirroring *n* ǁ ⌾ *f* / mirror image ǁ ⌾ *f* (Reflex) / reflex *n* ǁ ⌾ **der Weginformation** / mirror image of position data ǁ ⌾ **gegen Pflichtenhefte** *f* / mirroring the system specifications ǁ ⌾ **von Punktmustern** / reflection of point patterns, inversion of point patterns ǁ **Strom~** *f* / current balancing (circuit)
spiegelunterlegt *adj* / mirror-backed *adj*
Spiegel·verfahren *n* / mirror inversion method ǁ ⌾**verschiebung** *f* / mirror offset, PS *n* ǁ ⌾**verschiebung** *f* (SV) / mirroring offset (MO) ǁ ⌾**wellendämpfung** *f* / reflected-wave rejection, back-wave rejection
Spiel *n* / clearance *n*, internal clearance, backlash *n* ǁ ⌾ *n* (Zyklus) / cycle *n*, duty cycle ǁ ⌾ *n* (el. Masch.) / duty cycle IEC 50(411) ǁ ⌾ **in den Verbindungselementen** / play in the connecting elements ǁ ⌾ **von Hand wegdrücken** / push play away by hand ǁ **Kontakt~** *n* / contact float
spielarm *adj* / without much play, low backlash
Spiel·ausgleich *m* (Loseausgleich) / backlash compensation, unidirectional positioning ǁ **Kupplung mit axialer** ⌾**begrenzung** / limited-end-float coupling, limited-end-play coupling ǁ ⌾**dauer** *f* / cycle duration, duty cycle time ǁ ⌾**flächenbeleuchtung** *f* (Theater) / acting-area lighting ǁ ⌾**flächenleuchte** *f* (Theater) / acting-area luminaire
spielfrei *adj* / without play, non-floating *adj*, close *adj*, free of clearance, free from float *adj* ǁ **~ adj** (frei von Lose) / backlash-free *adj*, free from backlash, zero backlash ǁ **~ angestelltes Lager** / zero-end-float spring-loaded bearing ǁ **~ einpassen** / fit without clearance, fit tightly ǁ

⌾**heit** *f* / zero backlash
Spielpassung *f* / clearance fit ǁ ⌾ *f* (leichter Laufsitz) / free fit ǁ ⌾ *f* (mittlerer Laufsitz) / medium fit ǁ ⌾ *f* (weiter Laufsitz) / loose fit ǁ ⌾ *f* (enger Gleitsitz) / snug fit
Spiel·raum *m* / margin *n* ǁ ⌾**theorie** *f* / game theory ǁ ⌾**unterbrechungsschaltung** *f* / anti-repeat circuit ǁ ⌾**zeit** *f* / cycle time
Spielzeugtransformator *m* / transformer for use with toys, toy transformer
Spin *m* / spin *n*
Spindel *f* / stem *n*, actuator stem, screw *n*, plug *n* ǁ ⌾ *f* / spindle *n* ǁ ⌾ *f* (Bürstenträger) / brush-holder stud, brush spindle, brush-holder arm ǁ ⌾ *f* (Vorschubspindel) / feed screw ǁ ⌾ *f* (Leitspindel) / leadscrew *n* ǁ ⌾ *f* (Gewindespindel) / screw spindle ǁ ⌾ **AUS** / spindle OFF ǁ ⌾ **Aus/Ein** / spindle OFF/ON ǁ ⌾ **EIN** / spindle ON ǁ ⌾ **Ein, mit Arbeitsvorschub** (NC-Wegbedingung) DIN 66025 / start spindle feed (NC preparatory function) ISO 1056 ǁ ⌾ **Halt** (NC-Zusatzfunktion) DIN 66025,T.2 / spindle stop ISO 1056 ǁ ⌾ **im Gegenuhrzeigersinn** (NC-Zusatzfunktion) DIN 66025,T.2 / spindle CCW (NC miscellaneous function) ISO 1056 ǁ ⌾ **im Uhrzeigersinn** (NC-Zusatzfunktion) DIN 66025,T.2 / spindle CW (NC miscellaneous function), ISO 1056 ǁ ⌾ **nicht synchronisiert** / spindle not synchronized ǁ ⌾ **positionieren** (SPOS) / spindle positioning (SPOS) ǁ ⌾ **starten** / start spindle ǁ ⌾ **durchgehende** ⌾ / top and bottom guided plug ǁ ⌾ **führende** ⌾ / leading spindle ǁ **permanent erregte** ⌾ / permanently excited spindle ǁ ⌾**abdeckung** *f* / spindle cover ǁ ⌾-**Absolutlage** *f* / absolute spindle position ǁ ⌾**abstützung** *f* / spindle support
Spindelantrieb *m* / spindle drive, spindle mechanism, spindle motor ǁ **Einschubführung mit** ⌾ / guide frame with contact engagement spindle ǁ ⌾**sleistung** *f* / spindle drive power
Spindel·arretierung *f* / spindle lock ǁ ⌾**aufnahme** *f* / spindle holder ǁ ⌾**befestigung** *f* / spindle fixture ǁ ⌾**betriebsart** *f* (Zustand der Spindelsteuerung. Die Spindelbetriebsarten sind: Steuerbetrieb, Pendelbetrieb, Positionierbetrieb, C-Achsbetrieb, Synchronbetrieb) / spindle mode ǁ ⌾**bewegung** *f* / spindle motion, stem motion ǁ ⌾**bezeichner** *m* / spindle identifier ǁ ⌾**bock** *m* / headstock *n* ǁ ⌾**bockführung** *f* / headstock guide ǁ ⌾**bohrung** *f* / spindle hole ǁ ⌾**bohrungsdurchmesser** *f* / spindle bore diameter ǁ ⌾**daten** *plt* / spindle data ǁ ⌾**drehmoment** *m* / spindle torque ǁ ⌾**drehrichtung** *f* / direction of spindle rotation (DOR) ǁ ⌾**drehrichtungsumkehr** *f* / spindle direction reversal ǁ ⌾**drehung** *f* / rotary motion of stem
Spindeldrehzahl *f* / spindle speed ǁ ⌾ *f* (NC-Funktion) DIN 66257 / spindle speed function (NC) ISO 2806-1980 ǁ ⌾ **für Satzsuchlauf** (SSL) / block search ǁ ⌾**begrenzung** *f* / spindle speed limitation ǁ ⌾**bereich** *m* (NC-Zusatzfunktion) DIN 66025,T.2 / spindle speed range ISO 1056 ǁ ⌾**korrektur** *f* (von Hand) / spindle speed override, spindle override ǁ ⌾**korrektur** *f* (automatisch) / spindle speed compensation ǁ ⌾**korrekturschalter** *m* / spindle speed override switch ǁ ⌾-**Korrekturstellung** *f* /

Spindel

spindle speed override position || ⸺**drehzahlregelung** *f* / spindle speed control || ⸺**sollwert** *m* / spindle speed setpoint || ⸺**sollwertbegrenzung** *f* / set spindle speed limitation || ⸺**speicher** *m* / spindle speed memory
Spindel·durchbiegung *f* / spindle deflection || ⸺**einheit** *f* / spindle unit || ⸺**fehlerkompensation** *f* / spindle error compensation || ⸺**fenster** *n* / spindle window || ⸺**freigabe** *f* / spindle enable || ⸺**führung** *f* / stem guide, plug guide || ⸺**funktion** *f* / spindle function || ⸺**futter** *n* / spindle chuck || ⸺**geber** *m* / spindle mounted encoder, spindle encoder || ⸺**gewinde** *n* / spindle thread || ⸺**-Halt** / spindle stop || ⸺**-Halt in bestimmter Winkellage** / oriented spindle stop ISO 1056 || ⸺**halt mit definierter Endstellung** (Zusatzfunktion, die bewirkt, dass die Spindel in einer vorgegebenen Winkelstellung stehenbleibt) / oriented spindle stop || ⸺**-Halt mit definierter Endstellung** (NC-Zusatzfunktion) DIN 66025,T.2 / oriented spindle stop ISO 1056 || ⸺**kasten** *m* / spindle head, headstock || ⸺**komponente** *f* / spindle component || ⸺**konstruktion** *f* / spindle design || ⸺**kopf** *m* / spindle head
Spindelkorrektur *f* / spindle override, spindle speed override || ⸺**schalter** *m* / spindle speed override switch
Spindel·kraft *f* / stem force || ⸺**kreis** *m* / spindle loop || ⸺**lader** *f* / spindle loader || ⸺**lage** *f* / spindle position || ⸺**lagerung** *f* / spindle bearing || **Motor mit** ⸺**lagerung** / spindle-drive motor || ⸺**last** *f* / spindle load || ⸺**lastmesser** *n* / spindle load meter || ⸺**leistung** *f* / spindle power || ⸺**leistungsanzeige** *f* / spindle power display || ⸺**lösung** *f* / spindle solution || ⸺**lüfter** *m* / spindle fan
Spindel·modul *n* / spindle module || ⸺**motor** *m* / spindle motor, spindle drive || **Hin- und Herpendeln des** ⸺**motors** / to and fro motion of the spindle motor || ⸺**mutter** *f* / spindle nut || ⸺**nase** *f* / spindle nose || **Kegelscheitel bis** ⸺**nase** / apex to spindle nose || ⸺**nullpunkt** *m* / spindle zero || ⸺**nummer** *f* / spindle number || **Güte der** ⸺**oberfläche** / quality of stem surface || ⸺**orientierung** *f* / spindle orientation || ⸺**override** *m* / spindle override, spindle speed override || ⸺**-Overridebewertung** *f* / spindle override weighting || ⸺**-Overrideschalter** *m* / spindle override switch || ⸺**paket** *n* / spindle package || ⸺**parameter** *m* / spindle parameter
Spindelpendeln *n* / spindle oscillation || ⸺ *n* (zum Einrücken des Getriebes) / spindle-gear meshing (movement) || ⸺ **für Getriebeeinrücken** / spindle oscillation for engaging gears
Spindel·platz *m* / spindle location || ⸺**position** *f* / spindle position || ⸺**positionieren** *n* / spindle positioning || ⸺**positionierung** *f* / oriented spindle stop, spindle positioning || ⸺**potentiometer** *n* / spindle-operated potentiometer || ⸺**presse** *f* / screw press *n* || ⸺**querschnitt** *m* / stem area || ⸺**reglerfreigabe** *f* / spindle servo enable || ⸺**rücklauf** *m* / spindle return motion || ⸺**satz** *f* / set of spindles || ⸺**schutzrohr** *n* / protective tube of the spindle || **~seitiger Druck** / flow tends to close || ⸺**signal** *n* / spindle signal || ⸺**sperre** *f* / spindle disable || **~spezifisch** *adj* / spindle-specific || ⸺**spitze** *f* / spindle tip || ⸺**-Start** *m* / spindle start || ⸺**steigung** *f* / leadscrew pitch || ⸺**steigung** *f* (Leitspindel) / leadscrew lead
Spindelsteigungsfehler *m* (Leitspindel) / leadscrew error || ⸺**kompensation** *f* (SSFK) / leadscrew error compensation (LEC) || ⸺**korrekturdaten** *plt* / leadscrew error compensation data
Spindel·stellung *f* / position of stem || ⸺**steuerung** *f* / spindle control || ⸺**-Stillstandsposition** *f* / spindle standstill position || ⸺**stillstandstoleranz** *f* / spindle standstill tolerance || ⸺**stock** *m* / spindle head, headstock *n* || ⸺**stockgehäuse** *n* / headstock housing || ⸺**stockverstellung** *f* / spindle head adjustment || ⸺**system** *n* / spindle system || ⸺**tausch** *m* / spindle replacement || ⸺**technologie** *f* / spindle technology || ⸺**trommel** *f* / spindle drum || ⸺**überwachung** *f* / spindle monitoring || ⸺**umdrehung** *f* / spindle revolution || ⸺**umsetzer** *m* / spindle converter || ⸺**umsetzung** *f* / spindle conversion || ⸺**vektor** *m* / spindle vector || ⸺**verhalten** *n* / spindle behavior || ⸺**verriegelungssystem** *n* / jack-screw system || ⸺**wechsel** *m* / spindle change || ⸺**wechselsystem** *n* / spindle changing system || ⸺**welle** *f* / spindle shaft || ⸺**zahl** *f* / spindle speed || ⸺**zuordnung** *f* / spindle assignment

spindlig, 4-~ *adj* / 4-spindle
Spinn·anlage *f* / spinning plant || ⸺**balken** *m* / spinning beam || ⸺**düse** *f* / spinning nozzle
Spinne *f* (Systemträger) / lead frame
Spinnfaden, Glasseiden-⸺ *m* / glass-filament strand
Spinn·maschine *f* / spinning machine, spinning frame || ⸺**motor** *m* / spinning-frame motor || ⸺**position** *f* / spinning position || ⸺**pumpe** *f* / spinning pump || ⸺**pumpen** *f pl* / spinning pumps || **schwungmassenarmer** ⸺**pumpenantrieb** / low-inertia viscose pump drive || ⸺**-Streck-Spulmaschine** *f* / spinning/stretching bobbin winder || ⸺**topfmotor** *m* / spinning-spindle motor, spinning-centrifuge motor, spinning-can motor || ⸺**turbine** *f* / spinning rotor || ⸺ **und Präparationspumpe** *f* / spinning and preparation pump || ⸺**webverfahren** *n* / cocoonization *n*, cocooning *n*, cobwebbing *n*, spray webbing
Spion *m* / feeler gauge
Spiral·bahn *f* / helical path || ⸺**band** *n* / helically applied tape || ⸺**bewegung** *f* / spiral motion || ⸺**bohrer** *m* / twist drill, drill *n* || ⸺**bohrer mit Morsekegelschaft** / morse taper shank twist drill
Spirale *f* / spiral *n*, volute *n*, helix *n*
Spiralen-Rillenlager *n* / spiral-groove bearing
Spiralfeder *f* / spiral spring, coiled spring, helical spring
spiralförmig *adj* / spiral *adj* || **~ genuteter Schleifring** / helically grooved slipring || **~e Anzeigefeder** / spiral dial spring || **~e Bahn** / helical path || **~e Nut** / spiral groove, helical groove
Spiral·gehäuse *n* / scroll casing, circular flow pattern || ⸺**getriebe** *n* / spiral gear || ⸺**kabel** *n* / coiled cable, helix cable || ⸺**kegelrad** *n* / spiral bevel gear || ⸺**nut** *f* / spiral groove, helical groove || ⸺**schneiden** *n* / helical cutting || ⸺**spur** *f* (spiralförmige Spur, die auf eine Platte geschrieben wird als Teil einer Methode zum Kopierschutz) / spiral track || **~verzahnt** *adj* / with helical toothing || ⸺**wicklung** *f* / spiral winding, helical winding || ⸺**winkel** *m* / spiral angle || ⸺**zahnrad** *n* / helical gear
Spirap-Band *n* / Spirap tape

Spitz·bogenfahrt *f* / short run || ⸴**bohrer** *m* / pointed drill
Spitze *f* (Achsende eines Messinstruments) / pivot *n*, tip *n*, point *n* || ⸴*f* (Störgröße) / kick *n* || ~ **Klammer** / angle bracket
Spitzen·abstand *m* / center distance || **Puls-⸴ausgangsleistung** *f* / peak pulse output power || ⸴**ausgangsstrom** *m* / peak output current
Spitzen·begrenzer *m* (Clipper) / clipper *n* || ⸴**belastung** *f* / peak load || ⸴**dämpfung** *f* / peak attenuation || ⸴**diode** *f* / point-contact diode || ⸴**drehmaschine** *f* / center lathe || ⸴**drehmoment** *n* / peak torque || ⸴**drehmoment** *n* (Betriebsmoment) / maximum running torque || ⸴**energieerzeugung** *f* / peaking generation, peak-lopping generation || ⸴**entfernung** *f* / distance between centers || ⸴**faktor** *m* / crest factor || ⸴**höhe** *f* / center height || ⸴**-Klebezwickmaschine** *f* / toe lasting machine || ⸴**kontakt** *m* / point contact || ⸴**kontaktdiode** *f* / point-contact diode || ⸴**kraftwerk** *n* / peak-load power station, peak-lopping station || ⸴**lager** *n* / toe bearing || ⸴**lagerung** *f* / pivot bearing(s), jewel hearing(s) || ⸴**länge** *f* / tip length
Spitzenlast *f* / peak load, maximum demand || ⸴**betrieb** *m* / peak-lopping operation, peak-load operation, peaking *n*, peak shaving || ⸴**deckung** *f* / peak-load supply || ⸴**generator** *m* / peak-load generator, peaking machine, peak-lopping generator, peak-shaving generator || ⸴**-Generatorsatz** *m* / peak-load set, peak load generating set || ⸴**zeit** *f* / peak-load hours, peak hours || **Belastung außerhalb der** ⸴**zeit** / off-peak load
Spitzenleistung *f* / maximum output, peak power, maximum capacity
spitzenlos *adj* / centerless *adj* || **~ geschliffen** *adj* / ground without pointed tip || **~es Schleifen** / centerless grinding || ⸴**-Rundschleifmaschine** *f* / centerless cylindrical grinding machine || ⸴**schleifen** *n* / centerless grinding
Spitzen·maschine *f* / lace making machine || ⸴**messung über die äußeren/inneren Spitzen** / tip measurement via outer/inner lead tips || ⸴**mikrometer** *n* / micrometer with pointed noses || ⸴**moment** *n* / impulse torque, suddenly applied torque, transient torque, maximum running torque || ⸴**punkt** *m* / point of the blade || ⸴**radius** *m* / tool nose radius, nose radius, tip radius || ⸴**-Rückwärtsspannung** *f* (Diode) / peak reverse voltage || ⸴**-Rückwärtsverlustleistung** *f* (Diode) / peak reverse power dissipation
Spitzen·schleifmaschine *f* / center-type grinding machine || ⸴**signal** *n* / peak-to-peak signal || ⸴**spannung** *f* / peak voltage, maximum voltage || **Eingangs~spannung** *f* / supply transient overvoltage IEC 411-3 || ⸴**spannungserzeuger** *m* / transient surge voltage generator, transient generator || ⸴**spannungsprüfung** *f* / surge voltage test || ⸴**speicher** *m* / peak memory || ⸴**sperrspannung** *f* (Diode) DIN 41781 / peak reverse voltage (PRV), peak inverse voltage (PIV) || ⸴**sperrspannung** *f* DIN 41786 / peak offstate voltage
Spitzen·spiel *n* / crest clearance || **Vorwärts-⸴steuerspannung** *f* / peak forward gate voltage || **Vorwärts-⸴steuerstrom** *m* / peak forward gate current || ⸴**strom** *m* / peak current || **periodischer ⸴strom** DIN 41786 / repetitive peak on-state current || **periodischer ⸴strom** (Diode) DIN 41781 / repetitive peak forward current || ⸴**ströme** *m pl* / peak currents || ⸴**tarifzeit** *f* / peak-load hours, on-peak period, peak cost period || ⸴**triggerung** *f* / peak triggering || ⸴**-Vorwärtsstrom** *m* (Diode) / peak forward current || ⸴**welligkeit** *f* DIN IEC 381 / ripple content IEC 381
Spitzenwert *m* / peak value || ⸴ **der Störung** *m* / peak interference value || ⸴ **des Pegels** / peak level || ⸴**bildung** *f* / peaking *n* || ⸴**detektor** *m* / peak detector || ⸴**-Gleichrichter** *m* / peak detector || ⸴**-Messgerät** *n* / peak measuring instrument || ⸴**speicher** *m* (f. Strahlungspyrometer) / peak memory, peak follower
Spitzen·wicklung *f* / winding of coils with long and short sides || ⸴**winkel** *m* / tip angle, nose angle, point angle, included angle || ⸴**zähler** *m* / excess-energy meter. load-rate meter, load-rate credit meter
Spitzenzeit *f* / potential peak period, peak-load period || **außerhalb der** ⸴ / off-peak *adj* || ⸴**tarif** *m* / peak-load tariff, on-peak tariff
Spitzenzündung *f* / tip ignition
spitzer Winkel / acute angle
Spitze-Spitze / peak-to-peak || ⸴**-Funkenstrecke** *f* / rod-rod gap || ⸴**-Messung** *f* / peak-to-peak measurement
Spitze-zu-Spitze-Wert *m* / peak-to-peak value
Spitz·fahrt *f* / peak travel || ⸴**gewinde** *n* / triangular thread, V-thread *n*, Vee-thread *n* || ⸴**kerbprobe** *f* / V-notch specimen || ⸴**kontakt** *m* / point contact
Spitzlicht *n* / spotlight *n* || **mit** ⸴ **anstrahlen** / spotlight *v* || ⸴**lichtbeleuchtung** *f* / spot lighting, high-light illumination
Spitz·nocke *f* / pointed cam || ⸴**senker** *m* / countersink *n* || **~winkelig** *adj* / acute-angled *adj* || ⸴**zange** *f* / pointed pliers
SPL / SPL (safe programmable logic)
SPL-Baustein *m* / SPL module
Spleißdämpfung *f* / splice loss IEC 50 (731)
spleißen *v* (Methode zum Verbinden zweier Enden von Film, Gurt oder Folie, so dass diese fortlaufend verarbeitet werden können) / splice *n*
Spleiß·komponente *f* / splicing component || ⸴**stelle** *f* / splice *n* || ⸴**verbindung** *f* / spliced joint, splice *n* || **LWL-⸴verbindung** *f* / fibre splice || ⸴**verlust** *m* / splice loss || ⸴**zange** *f* / splicing tool
SPL-Funktionalität *f* / SPL functions
Splice Control (Die Applikation Splice Control beinhaltet alle Module für einen automatischen Rollenwechsel bei voller Bahngeschwindigkeit.) / Splice Control
Spline, kubischer natürlicher ⸴ / cubic natural spline || ⸴**abschnitt** *m* / spline segment || ⸴**block** *m* / spline block || ⸴**format** *f* / spline format || ⸴**funktion** *f* / spline function || ⸴**-Interpolation** *f* / spline interpolation || ⸴**-Koeffizient** *f* / spline coeffizient || ⸴**-Kompressor** *m* / spline compressor || ⸴**kontur** *f* / spline contour || ⸴**kurve** *f* / spline curve (spline curves are smooth continuous curves passing through specified fixed points) || ⸴**modul** *n* (verwendet mathemathisches Verfahren zur Approximation von Kurven) / spline module || ⸴**punkt** *m* / spline point

Splines, Abweichung des ⌁ / spline deviation || **natürliche** ⌁ / natural splines
Spline·satz *m* / spline block || ⌁**translator** *m* / spline translator
Splint *m* (gebogener, zweischenkliger Stift zur Sicherung von Schraubenmuttern u. Bolzen) / split pin, cotter pin, cotter *n* || ⌁**loch** *n* / split-pin hole || ⌁**treiber** *m* / splint pin drive
Split·achse *f* / split axis || ⌁**Connect** / SplitConnect
SpliTConnect Coupler / SpliTConnect Coupler
Split·-Dip-Gehäuse *n* / split DIP package || ⌁**-Gerät** *n* / split-type air conditioner || ⌁**-Klimagerät** *n* / split-type air conditioner || ⌁**nummer** *f* / split number || ⌁**-Range** *m* / split range || ⌁**-Screen-Wizard** *m* / Split Screen Wizard || ⌁**betrieb** *m* / splitting operation || ⌁**technik** *f* / splitband technique || ⌁**einrichtung** *f* / splitting device
splitten *v* / split *v*
splittersichere Lampe / shatterproof lamp
SPL·-Schnittstelle *f* / SPL interface || ⌁**-Schutz** *m* / SPL protection || ⌁**-Schutzmechanismus** *m* / SPL protection mechanism || ⌁**-Start** *m* / SPL start
SPM / inspection test quantity (ITQ) || ⌁ (Spannmittel) / WKH (workholder) || ⌁**-Modul** *n* / SPM module (SIEMENS PROFIBUS Multiplexer)
SP-Netz *n* / SP network (SP = Sync Poll)
Spongiose *f* / graphitic corrosion
spontan *adj* / spontaneous *adj*
Spontan·ausfall *m* / sudden failure || ⌁**betrieb** *m* / spontaneous transmission || ⌁**betrieb** *m* DIN 44302 / asynchronous response mode (ARM) || **Fernwirksystem mit** ⌁**betrieb** / quiescent telecontrol system || **gleichberechtigter** ⌁**betrieb** / asynchronous balanced mode (ABM)
spontan·e Liste / spontaneous list || **~e Magnetisierung** / spontaneous magnetization || **~e Übertragung** / spontaneous transmission || **~er Datenverkehr** / balanced transmission mode || **~es Fernwirksystem** / quiescent telecontrol system
Spontan·meldung *f* / parameter change report || ⌁**meldung** *f* / spontaneous message, spontaneous binary information || ⌁**telegramm** *n* / spontaneous telegram
Spooling *n* / spooling *n* || ⌁**-Datei** *f* / spooling file
sporadische E-Schicht / sporadic E layer || **~ Ionisation** / sporadic ionization
Sportstättenbeleuchtung *f* / sports lighting, stadium lighting
SPOS (Spindel positionieren) / SPOS (spindle positioning)
SPPS / Smart Protected Power Switches (SPPS)
SPR (statistische Prozessregelung) / statistical process control (SPC)
Sprach·abhängigkeit *f* / language dependency || **~aktiviert** *adj* / voice-activated *adj* || ⌁**antwort** *f* / voice answer || ⌁**aspekt** *m* / language perspective || ⌁**ausgabe** *f* / voice output || ⌁**befehl** *m* / NC command, language command || ⌁**datei** *f* / language file
Sprache *f* / language *n* || **an ... angelehnte** ⌁ / language based on ... || **Signal**⌁ *f* / signal convention
Sprach·ebene *f* / language layer || ⌁**eingabe** *f* / voice data entry VDE || ⌁**eingabeeinheit** *f* / voice response unit (VRU) || ⌁**eingabesystem** *n* / voice input system || ⌁**einstellung** *f* / language setting || ⌁**element** *n* / language element || ⌁**elemente generieren** / Generate language elements

Sprachenumschaltung *f* / change language
Sprach·erkennung *f* / voice recognition, speech recognition || ⌁**erweiterung** *f* / language extension || ⌁**frequenz** *f* / AF, audio-frequency || ⌁**frequenzkanal** *m* / voice frequency channel (VF channel) || ⌁**funktion** *f* / language function || **~gesteuert** *adj* / voice-controlled *adj*, voice-actuated *adj* || ⌁**kenntnisse** *f* / language proficiency || ⌁**kennung ISO 639** *f* (internationaler Standard, der den Sprachen die entsprechenden Sprachkennungen zuordnet) / Language code ISO 639 || ⌁**label** *n* / language label || **~licher Hintergrund** / language background || ⌁**mittel** *plt* / process language, language resources, language aids || ⌁**mode** *f* / language mode || ⌁**qualität** *f* / language quality || ⌁**raum** *m* / language subset || ⌁**regelung** *f* / linguistic conventions || ⌁**schale** *f* (GKS) / language binding || ⌁**schicht** *f* / language layer || ⌁**server** *m* / voice server || ⌁**übertragung** *f* / voice transmission || ⌁**umfang** *m* / scope of the language || ⌁**umschaltung** *f* / change language, language switching || **~unterstützt** *adj* / voice-supported *adj* || ⌁**verstehen** *n* / natural-language understanding || ⌁**wahl** *f* / voice dialling || ⌁**weg** *m* / speech path
Spratzer *m* / crackle *n*
Spratzprobe *f* / crackle test
Spraydose *f* / spray tin, aerosol can
Sprecher *m* (Funktionselement zum Informationsaustausch) DIN IEC 625 / talker *n* || ⌁**adresse** *f* / talk address
Sprech·frequenz *f* / voice frequency (VF) || ⌁**funkschutz** *m* / radio interference protection || ⌁**stelle** *f* / call station
Spreiz·bürste *f* / split brush || ⌁**bürste mit Kopfstück** / split brush with wedge top || ⌁**dübel** *m* / expansion plug, expansion bolt, straddling dowel
Spreize *f* / spreader *n*
spreizen *v* / spread *v* || ⌁ *n* / spreading *n* || ⌁ **der Kabeladern** / fanning out of the cable cores, spreading out of the cable cores
Spreiz·kontakt *m* / split contact || ⌁**kopf** *m* (Kabel) / dividing head (or box) || **Ader~kopf** *m* / dividing box || ⌁**krallenbefestigung** *f* / claw fixing || ⌁**länge** *f* (Kabeladern) / spread length || ⌁**niet** *n* / expansion rivet, spread stud || ⌁**ringkupplung** *f* / expanding clutch || ⌁**schwingung** *f* / bending vibration || ⌁**stift** *m* / split pin, cotter pin
Spreizung *f* / spread *n*, distribution *n*, king-pin angle || ⌁ **der Rollen** / splaying of rollers
Spreizwelle *f* / split shaft
Spreng·plattieren *n* / explosive cladding || ⌁**ring** *m* / snap ring, circlip *n*, spring ring || ⌁**trenner** *m* / cartridge disconnector
springen *v* / jump *v*, branch *v*
Springerprinzip *n* (Redundanz) / one-out-of-n redundancy
Springstarter *m* (Lampe) / snap starter, snap-action starter (switch)
Spritzdichtung *f* / splashing seal
Spritze *f* / syringe *n* || ⌁ **wechseln** (der Spritzenkolben wird in eine Position gefahren, in der der Austausch der Spritze möglich ist) / Change syringe
Spritzeinheit *f* / injection unit
Spritzen *n* / die-casting *n*, pressure die-casting || ⌁**inhalt** *m* (Volumen des verwendeten

Spritzenkolbens) / syringe content || ⸗**kolben** *m* / syringe piston
Spritzer *m* / spatter (globules of metal adhering to the surface of the welded workpiece)
Spritz·feuer *n* / sparking *n* || ⸗**form** *f* / injection mold || ⸗**gerät** *n* / splash apparatus
Spritzgießen *n* (Kunststoff) / injection moulding, injection molding, injection mould || ⸗ *n* (Metall) / die-casting *n*, pressure die-casting || ~ *v* (Metall) / die-cast, pressure die-cast
Spritzgieß·form *f* / injection mold || ⸗**maschine** *f* / injection molding machine || ⸗**teil** *n* / injection molded part || ⸗**werkzeug** *n* / plastic injection mold
Spritzguss *m* / die-casting *n*, injection molding || ⸗**form** *f* / injection mold || **Aluminium-**⸗**legierung** *f* / die-cast aluminium alloy || **Kupfer-**⸗**legierung** *f* / die-cast copper-base alloy || ⸗**maschine** *f* / injection molding machine || ⸗**technik** *f* / injection molding technique || ⸗**teil** *n* / injection-moulded part
spritz·lackiert *adj* / spray-lacquered *adj* || ⸗**ring** *m* / oil retainer, oil thrower || ⸗**schutz** *m* / splash guard || ⸗**steuerung** *f* / spray control system || ⸗**technik** *f* / spray varnishing || ⸗**verkupfern** *n* / copper spray plating || ~**verzinken** *v* / spray-galvanize *v*
Spritzwasser *n* / splashing water, splashwater *n* || ~**geschützt** *adj* / splash-proof *adj* || ~**geschützte Maschine** / splash-proof machine || ⸗**schutz** *m* / water jet
SPR-Niet *m* / expansion rivet
Spröd·bruch *m* / brittle failure, brittle fracture || ~**brüchig** *adj* / liable to brittle failure, susceptible to brittle failure || ⸗**bruchprüfung** *f* / brittle fracture test
spröde *adj* / brittle *adj*
Sprödigkeit *f* / brittleness *n*
Sprödigkeitspunkt *m* / brittle temperature
Sprosse *f* (Rahmenkonstruktion) / crossbar *n*
SPRT *n* / Standard Platinum Resistance Thermometer (SPRT)
Sprüh·büschel *n* (Korona) / corona discharge, corona *n* || ⸗**dose** *f* / spray can || ⸗**düse zur Sensorreinigung** / Transducer Spray Cleaning Nozzle
Sprühen *n* (Teilentladung) / corona *n*
Sprüh·entladung *f* / corona discharge, partial discharge || ⸗**gerät** *n* / spray apparatus || ⸗**getter** *n* / spray getter || ⸗**kugel** *f* / corona sphere || ⸗**öl** *n* / spray oil || ⸗**ölkühlung** *f* / spray-oil cooling || ⸗**pyrolyse** *f* / spray pyrolysis (SPL) || ⸗**schirm** *m* / corona shield || ⸗**schutz** *m* / corona shielding, corona protection || ⸗**spannung** *f* / partial-discharge voltage || ⸗**stange** *f* / spray bar || ⸗**strom** *m* / corona discharge current, corona current || ⸗**system** *n* / spray system || ⸗**verlust** *m* / corona loss
Sprühwasser *n* / spray-water *n*, spraying water || ~**geschützt** *adj* / spray-water-protected *adj*, rain-water-protected *adj*
Sprung *m* (plötzliche Änderung) / step change, sudden change || ⸗ *m* (Strahlenweg zwischen zwei Punkten auf der Erdoberfläche, der eine oder mehrere ionosphärische Reflexionen, aber keine Zwischenreflexionen am Boden enthält) / hop *n* || ⸗ *m* (Riss) / crack *n*, flaw *n*, crevice *n*, fissure *n* || ⸗ *m* (Wickl.) / throw *n* || ⸗ *m* / jump (JP), branch *n*, transfer *n*, skip *n* || ⸗**, bedingt** DIN 19239 /

jump, conditional || **Last~** *m* / step change in load, sudden load variation, load step || **Phasen~** *m* / phase shift || **Phasen~** *m* (el. Masch.) / belt pitch, phase-coil interface || **relativer** ⸗ (SPB) / relative jump, conditional jump (JC), conditional branch || ⸗**, unbedingt** DIN 19239 / unconditional jump || **Strom~** *m* / current step, current step change, change of current, sudden current variation || **Vorwärts~** *m* (Programm) / forward skip || **Wicklungs~** *m* / winding throw || **Zonen~** *m* / phase-belt pitch, belt pitch, phase-coil interface
Sprungabstand *m* / jump displacement || ⸗ *m* (Ultraschallprüfung) / full skip distance
Sprung·adresse *f* / jump address, branch address, transfer address || ⸗**amplitude** *f* / step-input amplitude, amplitude of step-change signal || ⸗**antrieb** *m* / independent manual operation || ⸗**antrieb** *m* / snap-action (operating) mechanism, high-speed (operating) mechanism
Sprungantwort *f* DIN 19226 / step-response IEC 50 (351), step-forced response ANSI C81.5 || **Einheits-**⸗ *f* / unit step response, indicial response
Sprunganweisung *f* DIN 19237 / jump instruction, branch instruction, GO TO statement, call statement *n*
sprungartig *adj* / abrupt *adj*, by snap action, sudden *adj* || ~**e Änderung** / abrupt change, sudden variation
Sprung·ausfall *m* (Ausfall, der nicht durch Prüfung oder Überwachung vorhersehbar ist) / sudden failure || ⸗**bedingung** *f* / jump condition || ⸗**befehl** *m* / jump instruction, branch instruction || ⸗**betätigung** *f* / snap action || ⸗**deckel** *m* / spring-action lid || ⸗**distanz** *f* / jump displacement || ⸗**einschaltung** *f* / closing by snap action, spring closing || ⸗**element** *n* / jump element || ⸗**entfernung** *f* / skip distance || ⸗**entfernungs-Fokussierung** *f* (ionosphärische Fokussierung, die in der Nähe der Sprungentfernung beobachtet wird) / skip distance focussing || ~**förmig** *adj* / stepped *adj* || ~**freies Zoomen** / smooth zooming
Sprungfunktion *f* / step function, jump function, unit step function || **Einheits-**⸗ *f* / unit step function, Heaviside unit step
Sprunggenerator *m* / step generator
sprunghaft auftretender Vollausfall / cataleptic failure || ~**e Änderung** / abrupt change, sudden variation || ~**e Beschleunigung** / abrupt acceleration
Sprung·höhe *f* / step height || ⸗**kontakt** *m* / snap-contact (element) IEC 337-1, quick-make quick-break contact, snap action || ⸗**lastschalter** *m* (Trafo-Lastumschalter) / spring operated diverter switch || ⸗**leiste** *f* / branch destination list || ⸗**liste** *f* / jump destination list || ⸗**marke** *f* / jump mark, branch label, label *n* || ⸗**marke** *f* (SPS) / jump label || ⸗**nocken** *m* / snap-action cam || ⸗**operation** *f* / jump operation, branch operation, transfer operation, jump instruction || ⸗**punkt** *m* / transition point || **Stichprobenplan mit** ⸗**regel** / skip lot sampling plan
Sprung·schalter *m* / quick-break switch ANSI C37.100, spring-operated switch, switch with independent manual operation || ⸗**schalter** *m* / snap-action switch, snap-acting switch || ⸗**schaltglied** *n* VDE 0660,T.200 / snap-action contact element IEC 337-1, quick-make quick-break contact, snap-action contact || **betätigungsunabhängiges** ⸗-

Schaltglied / independent snap action contact element || ≈**schaltung** f / independent manual operation, snap-action operation, spring operation || ≈**schaltwerk** n (LS) / independent manual operating mechanism, spring-operated mechanism, release-operated mechanism || ≈**schaltwerk** n / snap-action mechanism || ≈**schaltwerk** n (HSS) / snap-action operating mechanism
Sprungschritt m / jump step || **globaler** ≈ / global jump step || **lokaler** ≈ / local jump step || **unbedingter** ≈ / unconditional jump step
Sprung·spannung f / surge voltage, step voltage change, initial inverse voltage, transient reverse voltage || ≈**stelle** f / jump position || ≈**system** n / snap action system || ≈**taste** f / skip key || ≈**taster** m / snap-action switch, snap-acting switch || ≈**temperatur** f / transition temperature, critical temperature
Sprung·verteiler m / branch distributor, jump list || ≈**verzweigung** f / branching n || ≈**vollausfall** m (Sprungausfall, der gleichzeitig ein Vollausfall ist) IEC 50(191) / catastrophic failure, cataleptic failure || ≈**vorschub** m / intermittent feed || ≈**weite** f / jump displacement, jump width || ≈**welle** f / steep-front wave, surge wave || ≈**wellenprüfung** f / interturn impulse test, surge test || ≈**werk** n / snap-action mechanism || ≈**wert** m / level-change value || ≈**zeit** f / response time
Sprungziel n / jump destination, branch destination, jump target || ≈ n (Adresse) / jump address || ≈**liste** f / branch (o. jump) destination list
Sprung·zone f (Bereich der Erdoberfläche, der einen Sendepunkt umgibt und durch den Sprungentfernung in jeder Richtung begrenzt ist) / skip zone || ≈**zustellung** f / intermittent feed
SPS f / PLC (programmable logic control) n || ≈**-Architektur** f / PLC architecture || ≈**-basiert** adj / PLC-based || ≈**-Baugruppe** f / PLC module || ≈**-Code** m / PLC code || ≈**-CPU** f / PLC-CPU || ≈**-Eingang** m / PLC input || ≈**-Funktion** f / PLC function || ≈**-Funktionalität** f / PLC functionality || ≈**-gesteuert** adj / PLC-controlled || ≈**-Grundgerät** n / basic PLC unit || ≈**-kompatibel** / PLC compatible || ≈**-Manager** m / PLC manager || ≈**-Monitor** m / PLC monitor || ≈**-Programmiersprache** f / PLC programming language || ≈**-Programmierumgebung** f / PLC programming environment || ≈**-Programmierung** f / PLC programming || ≈**-Programmspeicher** m / PLC program memory || ≈**-Service** m / PLC service || ≈**-Signal** n / PLC signal || ≈**-Software** f / PLC software || ≈**-Steuerungen** f pl / PLCs || ≈**-System** n / programmable controller system || ≈**-Treiber** m / PLC driver || ≈**-Variable** f / PLC variable || ≈**-Werkzeug** n / PLC tool || ≈**-Zielcode** m / PLC destination code || ≈**-Zykluszeit** f / PLC cycle time
SpT / autotransformer n, compensator transformer, compensator n, variac n
Spule f / coil n || ≈ f (Betätigungsspule) / coil n, solenoid n || ≈ f (Drossel) / reactor n, inductor n, choke n || ≈ f (Induktor) / inductor n || ≈ f (Lochstreifen, Magnetband) / reel n || ≈ **bedämpfta** f / defekt f / coil faulty || ≈ **für Spannungsauslöse** / coil for shunt release || ≈ **für Verriegelungsmagnet** / coil for interlocking electromagnet || ≈ **mit einer Windung** / single-turn coil || ≈**-Seitenteilung** f / unit interval || **ideale** ≈ / ideal inductor || **kastenlose** ≈ / spoolless coil || ≈**, Magnetventil** / coil, solenoid valve
spulen v (Lochstreifen) / wind v, rewind v
spülen v / flush v, rinse v, scavenge v, purge v || ≈ n / rinsing
Spulen·abdeckung f / coil cover || ≈**abschnitt** m (el. Masch.) / coil section || ≈**abstand** m / coil spacing || ≈**abstützung** f / coil support || ≈**anfang** m / coil start || ≈**anker** m / coil armature || ≈**anschluss** m / coil terminal, coil connection || ≈**anschlussabdeckung** f / coil terminal cover || ≈**antrieb** m / coil drive || ≈**beschriftung** f / coil marking || ≈**draht** m / magnet wire || ≈**ende** n / coil end || ≈**-Nennspannung** f / rated coil voltage || ≈**fluss** m / flux linking a coil || ≈**gruppe** f / coil group, phase belt || ≈**gruppierung** f / coil grouping || ≈**hälfte** f / half-coil n, coil side || ≈**halter** m / coil holder || ≈**isolierung** f / coil insulation, intercoil insulation || ≈**isolierung am Phasensprung** / phase coil insulation
Spulen·kante f / coiledge, coil end || ≈**kasten** m / field spool, spool n, coil insulating frame || ≈**kern** m / coil core, core of a coil || ≈**klemme** f / coil terminal || ≈**kontakt** m / coil contact || ≈**kopf** m / coil end, end turn, end winding || ≈**körper** m / bobbin n || ≈**körper** m (Form) / coil form, coil former, former n || ≈**leitung** f / coil cable || ≈**rahmen** m / coil former || ≈**satz** m (zur Erzeugung der Magnetfelder f. Fokussierung, Ausrichtung u. Ablenkung) / yoke assembly || ≈**schenkel** m / coil side || ≈**schild** n / coil plate || ≈**schwinger** m / loop vibrator, loop oscillator
Spulenseite f / coil side || **eingebettete** ≈ / embedded coil side, slot portion, core portion
Spulenseiten je Nut / coil sides per slot || ≈**-Zwischenlage** f / coilside separator
Spulen·spannung f / coil voltage || ≈**strom** m / coil current || ≈**teilung** f / unit interval || ≈**tisch** m / coil platform || ≈**träger** m / field spool, coil insulating frame
Spulen·umschaltung f / coil reconnection || ≈**verband** m / coil assembly || ≈**verbindung** f / coil connection, coil connector, end connection || ≈**weite** f / coil pitch || ≈**wickelmaschine** f / coil winding machine, coil winder || ≈**wickler** m / coil winder || ≈**wicklung** f / coil winding || ≈**widerstand** m / coil resistor || ≈**wiederholklemme** f / terminal for contactor coil, duplicate coil terminal || ≈**zieher** m / coil puller || ≈**zündung** f / coil ignition, inductive ignition || ≈**potentiometer** m / inductive potentiometer
Spül·gas n / purging gas || ≈**leitung** f / purge line || ≈**luft** f / purging air || ≈**luftumschaltung** f / purge air switching
Spulmaschine f / winding machine
Spülmittel n / rinsing agent
Spülöl n / flushing oil, flushing filling, spray oil || ≈**pumpe** f / oil circulating pump || ≈**schmierung** f / flood lubrication, gravity-feed oil lubrication, gravity lubrication || **Lager mit** ≈**schmierung** / flood-lubricated bearing
Spül·ventil n / flush valve || ≈**zyklus** m / rinse cycle
Spur f (Straße) / lane n, track of a feeder part || ≈ f (Datenträger) / track n || ≈ **in einem Förderbereich** m / component-feeder track || ≈**abfrage** f / track scan || ≈**anzahl** f / number of

tracks || ~art *f* / track type || ~-**Barcode** *m* / track barcode
Spürbarkeitsschwelle *f* / perception threshold
Spur·breite *f* (Staubsauger) / track width, track *n* || ~**dichte** *f* (Datenträger) / track density || ~**element** *n* (Datenträger) / track element
Spuren *n* / inking *n* || ~ *f pl* / tracks || ~**anzahl** *f* / number of tracks || ~**breite** *f* / width of tracks || ~**elementanalyse** *f* / trace element analysis || ~**sensor** *m* / trace element sensor || ~**verunreinigungen** *f pl* / trace impurities
SpurFachEbene (Sp Fa Eb) *f* / track tray level
Spur·fehler *m* (Fehler, der während des Bestückens beim Abholen von Bauelementen in einer Spur aufgetreten ist) / track error || ~**fehler-Anzeige** *f* / displaying of track errors || ~**führungseinrichtung** *f* / guidance system
Spürgerät *n* / cable sniffer
Spur·kennbit *n* / track identifier bit || ~**kennbit** *n* / track ID bit (ID = identifier) || ~**kraft** *f* / guidance force
Spurkranz *m* / wheel flange, rim *n* || ~**rad** *n* / flanged wheel || ~**rolle** *f* / flanged wheel
Spur·lage *f* / track position || ~**lager** *n* / thrust bearing, locating bearing || ~**leer-Fehler** *m* (Fehler, der durch fehlende Bauelemente in einer Spur hervorgerufen wird) / Track empty error || ~**lineal** *n* / track scale || ~**nummer** *f* / track number || ~**platte** *f* / track plate, guide plate || ~**puls** *m* / track pulse || ~**referenzbit** *n* / track identifier bit || ~**ring** *m* / runner ring, thrust ring, runner *n* || ~**signal** *n* / track signal || ~- **und Bauelementeinformation** *f* / track and component information || ~**versatz** *m* / track offset, track displacement || ~**weite** *f* (Bahn) / track gauge, gauge *n*, width of tracks || ~**zapfen** *m* (Welle) / located journal || **Kugel~zapfen** *m* / spherical spindle end
Sputtering *n* / tracking index
Sputtern *n* / sputter deposition (deposition method for thin film photovoltaics)
SP/Z-Achse *f* (Z-Achse des Revolverkopfes) / SP/Z-axis
SQA / self-inspection *n* || ~ *f* / software quality assurance (SQA) || ~ **(selbstverantwortliches Qualitätsmanagement am Arbeitsplatz)** *n* / autonomous quality management at the workplace
SQAS *n* / Safety and Quality Assessment System (SQAS)
SQCDH / safety, quality, cost, delivery, human factor (SQCDH)
SQK (statistische Qualitätskontrolle) / statistical quality control (SQC)
SQL (Structured Query Language) *f* / Structured Query Language (SQL) || ~-**Datenbank** *f* / SQL database
SR / serial register (SR) || ~ (Sollwertreglerbaugruppe) / setpoint control module || ~ **(Synchron-Schleifen)** / Synchronous Rectification (SR)
SRAM / static RAM (SRAM), static random access memory (SRAM) || ~-**Daten** *plt* / SRAM data
SRC / SRC (Secondary Responsible Company) || ~ **(Standardtestbedingungen)** *f* / standard reporting conditions (SRC) || ~-**Wirkungsgrad** *m* / SRC efficiency
SRD / Send & Request Data (SDR)

SRDO / Safety-Relevant Data Object (SRDO)
S-Regler *m* / switching controller || ~ *m* (Schrittregler) / step controller, step-action controller, switching controller
SR-GEM (Stationsrechner GEM) *m* / station computer GEM
SRH-Rekombination *f* / Shockley-Read-Hall recombination
SRK (Schneidenradiuskompensation, Schneidenradiuskorrektur) / cutter radius compensation, TNR compensation, TNRC (tool nose radius compensation) || ~ (Schleifscheibenradiuskompensation, Schleifscheibenradiuskorrektur) / GRC (grinding wheel radius compensation) || ~ / tool tip radius compensation
SRM / Supplier Relationship Management (SRM) || ~ / Storage Resource Management (SRM) || ~ **(Synchron-Rotationsmotor)** / synchronous rotating motor (SRM), synchronous rotary motor (SRM)
SRP/CS (sicherheitsbezogene Teile von Steuerungen) / safety-related parts of control systems (SRP/CS)
SRS / sequential X-ray spectrometer || ~ **(Spezifikation der Sicherheitsanforderungen)** / Safety Requirements Specification (SRS) || ~ **(Spezifikation der Softwareanforderungen)** / Software Requirements Specification (SRS)
SRT / Soft Realtime (SRT)
SRTS *n* / Soft Real-Time System (SRTS)
SS (Sammelschiene) / port *n*, busbar *n* || ~ **(Schnittstelle)** *f* / joint *n*, port *n*
SSAP *m* / Source Service Access Point (SSAP)
SSC / spread spectrum clocking (SSC)
S-Schlag *m* / left-hand lay
SSCM / Switching Self-Clamp Mode (SSCM)
SSD / secondary switching device (SSD)
SSFK (Spindelsteigungsfehlerkompensation) / LEC (leadscrew error compensation)
SSHA / subsystem hazard analysis (SSHA)
SSI (serielles Schnittstellen-Interface) / serial interface, SSI (serial synchronous interface) || ~-**Absolut-Messsystem** / SSI absolute measuring system || ~-**Geber** *m* / SSI encoder || ~-**Geberwert** *m* / SSI encoder value || ~-**Modul** *n* / SSI module || ~-**Protokoll** *n* / SSI protocol || ~-**Schnittstelle** *f* / SSI interface || ~-**Weggeber** *m* / SSI position encoder
SSK (Schaltstromkontrolle) / switching current check (SCC) || ~ **(Schlüsselschaltererkennung)** *f* / keyswitch code
SSL (Spindeldrehzahl für Satzsuchlauf) / block search
SSL *m* / SSL *n*, Secure Sockets Layer
SSM / Sales and Service Management (SSM)
SSNR / Shortening Signal-to-Noise Ratio (SSNR)
SSO / Single Sign On
SSP (Siemens Schottel Propulsor) / SSP
SSPC / Solid State Power Controller (SSPC)
SSP-Controller *m* / Service Switching Point Controller (SSP controller)
SSPR / Secondary-Side Post Regulator (SSPR)
SSP-Verfahren *n* / SSP process
SSR (selbstgeführter Stromrichter) / self-commutated converter || ~ / solid state relay
SST / synchronize system time (SST), SST (synchronize system time speed)

S-Station f / load-centre substation, unit substation
SSV (Schnittstellenvervielfacher) / fan-out unit
ST / system transfer data (ST) || ⁓ (Structured Text) / ST (Structured Text) || ⁓ **(Stellungsmeldung)** f / ST n || ⁓ **(Stück)** n / unit n
STA (Startbefehl) / run command, STA (start command)
staatlich anerkanntes Prüflabor / Nationally Recognized Testing Laboratory (NRTL) || **~e Organisation** / governmental organization
Staatsangehörigkeit f / nationality n
Stab m (Stabwickl.) / bar n, rod n || ⁓ (Lampenfuß) / stud n, arbor n
STAB Installationsverteiler / STAB wall-mounting distribution system || ⁓/SIRIUS **Installationsverteiler** m / STAB wall-mounting/ SIKUS floor-mounting distribution system
Stab·bündel n / bar bundle, composite bar conductor || ⁓**diagramm** n / bar diagram, bar chart, bar graph || ⁓**elektrodenhalter** m / electrode holder || ⁓**element** n / half-coil n || ⁓**erder** m / earth rod, ground rod, buried earth electrode || ⁓**feder** f / rod spring || **Leuchtstofflampe in** ⁓**form** / linear fluorescent lamp, tubular fluorescent lamp
stabförmig·e Glühlampe / linear incandescent lamp, tubular incandescent lamp || **~e Lampe** / linear lamp || **~e Leuchtstofflampe** / linear fluorescent lamp, tubular fluorescent lamp || **~er Leiter** / bar-type conductor
stabil·e Anforderungen / stable requests || **~er Arbeitspunkt** / stable operating point || **~er Bereich** / stable region || **~er Betrieb** (el. Masch.) / stable operation, steady-state balanced operation || **~er Wirkungsgrad** / stabilized efficiency
Stabilglühen n / stabilizing n
Stabilisator m (Isolierstoff) / stabilizer n || ⁓**diode** f / regulator diode, voltage regulator diode || ⁓**röhre** f / voltage stabilizing tube, voltage regulator tube (US), stabilizing tube
stabilisierende Rückführung / monitoring feedback || ~ **Wirkung** (Differentialschutz) / restraining effect
stabilisiert adj / stabilized adj || **~e Stromversorgung** DIN 41745 / stabilized power supply || **~er Differentialschutz** / biased differential protection, percentage differential protection || **~er Längs-Differentialschutz** / biased longitudinal differential protection || **~er Nebenschluss** / stabilized shunt || **~er Stromdifferentialschutz** / biased current differential protection || **~er Wirkungsgrad** / stabilized efficiency || **~er Zustand** / cyclic magnetic condition || **~es Differentialrelais** / biased differential relay, percentage differential relay, percentage-bias differential relay || **~es Relais** / biased relay, restrained relay || **~es Stromversorgungsgerät** / stabilized power supply unit
Stabilisierung f DIN 41745 / stabilization n || ⁓ f (Schutz) / biasing n (feature), bias n, electrical restraint || ⁓ **durch Regelung** DIN 41745 / closed-loop stabilization || ⁓ **durch Steuerung** DIN 41745 / open-loop stabilization
Stabilisierungs·art f DIN 41745 / mode of stabilization || ⁓**faktor** m DIN 41745 / stabilization factor || ⁓**grad** m (Differentialrel., Verhältnis Differenzstrom/Stabilisierungsstrom) / restraint percentage || ⁓**größe** f (Differentialschutz) /

biasing quantity, restraining quantity || ⁓**spannung** f (Differentialschutz) / biasing voltage, restraining voltage || ⁓**spule** f (Differentialschutzrel.) / bias coil, restraining coil || ⁓**spule** f (f. Einschaltstromstabilisierung) / current restraint coil, restraining coil || ⁓**strom** m (Differentialschutz) / restraint current, biasing current || ⁓**wandler** m (Differentialschutz) / biasing transformer
Stabilisierungswicklung f / stabilizing winding, series stabilizing winding || ⁓ f (Differentialschutzrel.) / bias winding, bias coil **Nebenschlussmaschine mit** ⁓ / stabilized shunt-wound machine
Stabilisierungs·widerstand m / stabilizing resistor || ⁓**wirkung** f (Schutzrel.) / restraint n, bias n || ⁓**zeit** f (Mikrowellenröhre) / warm-up time, starting time, stabilizing time
Stabilität f (System) / stability n, robustness n || ⁓ **bei äußeren Fehlern** (Differentialschutz) / through-fault stability || ⁓ **der Ausgangsleistung** (Verstärkerröhre) DIN 235, T.1 / power stability || ⁓ **der Erregeranordnung** / excitation-system stability || ⁓ **im stationären Betrieb** / steady-state stability || **dynamische** ⁓ / transient stability, dynamic stability || **statische** ⁓ / steady-state stability || ⁓ **bei äußeren Fehlern** (Differentialschutz) / stability on external faults || ⁓ **bei dynamischen Vorgängen** / transient stability, dynamic stability || ⁓ **bei Fehlanpassung** / mismatch stability
Stabilitäts·abweichung f / stability error IEC 359 || ⁓**bedingung** f (Nyquist) / stability criterion (of Nyquist) || ⁓**bereich** m (Netz) / stability zone || ⁓**fehler** m / stability error IEC 359 || ⁓**gebiet** n / stability region || **dynamische** ⁓**grenze** / transient stability limit || ⁓**karte** f / stability-limit plot || ⁓**marge** f / stability margin || ⁓**prüfung** f / stability test || ⁓**rand** m / stability limit || ⁓**zeit** f / stabilizing time
STAB-Installationsverteiler m / STAB wall-mounting distribution system
Stab·isolierung f / bar insulation || ⁓**kinematiken** f pl / parallel kinematics, delta kinematics || ⁓**leiter** m / bar-type conductor || ⁓**leuchtstofflampe** f / linear fluorescent lamp, tubular fluorescent lamp || ⁓**magnet** m / magnetic bar, rod magnet || ⁓**mechanik-Maschinen** f pl / parallel robotic systems || ⁓**-Platte-Funkenstrecke** f / rod-plane gap || ⁓**-Rohr-Methode** f (LWL-Herstellung) / rod-in-tube technique || ⁓**-Schleifenwicklung** f / bar-type lap winding || ⁓**sicherung** f / pin-type fuse || ⁓**organisation** f / staff organization || ⁓**stelle** f / staff unit || ⁓**-Stab-Funkenstrecke** f / rod-rod gap
Stab·stromwandler m / bar-primary-type current transformer, bar primary current transformer || ⁓**temperaturregler** m / stem-type thermostat, immersion-type thermostat || ⁓**-Verteilung** f (Siemens-Typ) / STAB distribution board, metal-enclosed distribution board || ⁓**wähler** m / rod selector || ⁓**wandler** m / bar-primary transformer || ⁓**welle** f / bar wave || ⁓**wicklung** f / bar winding || **verschränkte** ⁓**wicklung** / cable-and-bar winding || ⁓**zahl** f (Stabwähler) / number of rods
Stack m / stack n, pushdown storage, hardware stack || ⁓**ausgabe** f / stack output || ⁓**bereich** m / stack sector || ⁓**daten** plt / stack data || ⁓**memory** m /

stack memory ‖ ⸺pointer *m* / stack pointer ‖ ⸺pointerregister *n* / stack pointer register ‖ ⸺pointerüberlauf *m* / stack pointer overflow ‖ ⸺überlauf *m* / stack overflow
Stadiumbeleuchtung *f* / stadium illumination
Stadt·autobahn *f* / urban freeway ‖ ⸺bereich *m* / urban area ‖ ⸺licht *n* / dipped beam (GB), meeting beam (GB), lower beam (US), passing beam (US) ‖ ⸺straße *f* / street *n* ‖ ⸺werke *plt* / municipal utilities company
Staebler-Wronski-Effekt *m* / Staebler-Wronski effect *n*
Staffel *f* / discount *n* ‖ ⸺ *f* (v. Antrieben) / group *n*, sequence *n* ‖ ⸺anlauf *m* / staggered start-up ‖ ⸺kennlinie *f* (Schutz) / grading curve ‖ ⸺läufer *m* (versetztes Blechp.) / staggered splitcore cage rotor ‖ ⸺läufer *m* (versetzte Nuten) / staggered-slot rotor ‖ ⸺linie *f* / grading lines
staffeln *v* (Bürsten) / stagger *v*, fit in a staggered arrangement
Staffelplan *m* / time sequence chart, selective tripping plan, time coordination chart ‖ ⸺ *m* (Schutz) / time grading schedule, selective tripping schedule ‖ ⸺ **des Netzes** / time grading schedule
Staffel·schalter *m* / local control and interlock bypass switch, sequence selector ‖ ⸺stelle *f* / tandem station ‖ ⸺stück *n* (Bürstenhalter) / spacer *n* ‖ ⸺tarif *m* / step tariff
Staffelung *f* / coordination *n* ‖ ⸺ *f* (gestaffelte Anordnung, Staffelung von Bürsten) / stagger *n*, circumferential stagger, staggering *n* ‖ ⸺ *f* (zeitlich, Schutz) / grading *n*, time grading ‖ ⸺ **der Bremswirkung** / graduating of brake action ‖ **Aufruf~** *f* / call distribution, call grading ‖ **Strom~** *f* / current grading ‖ **Überstrom-Schutz-**⸺ *f* / overcurrent protective coordination ‖ **Vertikal~** *f* / vertical separation
Staffelungswinkel *m* (Bürsten) / stagger angle
Staffel·verfahren *n* / successive method ‖ ⸺zeit *f* (Schutz) / grading time, selective time interval, distance time, grading interval
stagnierendes Durchflussmedium / stagnant fluid
Stahl *m* / steel *n* ‖ ⸺, **verzinkt** / zinc-coated steel ‖ **nicht schlussgeglühter, weichmagnetischer** ⸺ IEC 50(221) / semi-processed electrical steel ‖ **verzinker, passivierter** ⸺ / zinc-passivated steel
Stahl-Aluminium-Leiter *m* / steel-cored aluminium conductor (SCA), aluminium cable, steel-reinforced (ACSR) ‖ ⸺band *n* / steel tape ‖ ⸺bandarmierung *f* / steel-tape armour ‖ ⸺bandbewehrung *f* (Kabel) / steel tape armour (STA) ‖ ⸺bandbewehrung *f* (für Papierkabel ist eine Stahlbandbewehrung üblich) / tape armour ‖ ⸺bandbewehrung *f* / steel strip armour ‖ ⸺bandgegenwendel *f* / spiral binder tape ‖ ⸺bandwendel *f* / wire-band serving ‖ ⸺bauarbeiten *f pl* / structural steel work ‖ ⸺baumontage-Kran *m* / steel construction assembly crane ‖ ⸺bauprofil *n* / structural-steel section, structural shape ‖ ⸺bearbeitung *f* / steel machining ‖ ⸺binder *m* / steel frame, steel truss ‖ ⸺binderbauweise *f* / steel-frame(d) structure, skeleton-type structure
Stahlblech *n* / sheet-steel construction ‖ ⸺ *n* (click) / steel plate ‖ ⸺ *n* (dünn) / sheet steel, sheet sheet ‖ ⸺gehäuse *n* / sheet-steel enclosure, sheet-steel cabinet, sheet-steel housing
stahlblechgekapselt *adj* / metal-enclosed *adj*, sheet-steel-enclosed *adj* ‖ **~e Sammelschiene** / metal-enclosed bus ‖ **~e Schalttafel** / metal-enclosed switchboard ‖ **~e Steuertafel** / metal-enclosed control board ‖ **~er Niederspannungsverteiler** (SNV) / metal enclosed l.v. distribution board ‖ **~er Verteiler** / metal-enclosed distribution board
Stahlblech·kanal *m* (S-Kanal) / sheet-steel duct, steel trunking ‖ ⸺kapselung *f* / sheet-steel enclosure, metal enclosure ‖ ⸺-Kleinstation *f* / metal-enclosed packaged substation ‖ ⸺-Leitstand *m* (Tafel) / metal-enclosed control board ‖ ⸺rahmen *m* / sheet steel frame ‖ ⸺-Schalttafel *f* / metal-enclosed switchboard ‖ ⸺tür *f* / sheet-steel door
Stahl·drahtbewehrung *f* / pliable wire armour (PWA), wire armour ‖ ⸺drahtbürste *f* / steel brush ‖ ⸺drahteinlage *f* / insert of steel wire ‖ ⸺drahtziehmaschine *f* / steel wire drawing machine ‖ ⸺einlage *f* / cable armour ‖ ⸺einlage *f* (Sohlplatte) / rail *n* ‖ ⸺erzeugung *f* / steel production ‖ ⸺federbalg *m* / steel spring bellows ‖ ⸺fundament *n* / steel base ‖ ⸺fundament *n* (Stahltisch) / steel platform
stahlgestrahlt *adj* / shot-blasted *adj*
Stahlgitter·mast *m* / latticed steel tower, steel tower ‖ ⸺widerstand *m* / steel-grid resistor
Stahl·guss *m* / cast steel, crucible cast steel ‖ ⸺holmgerüst *n* / steel stays ‖ ⸺hülse *f* / steel sleeve ‖ ⸺lamellenkupplung *f* / steel lamination coupling ‖ ⸺mantel *m* / steel jacket ‖ ⸺maß *n* / measuring tape ‖ ⸺ortbeton *m* / in-situ reinforced concrete
Stahlpanzer·rohr *n* / heavy-gauge steel conduit, high-strength steel conduit, steel conduit, steel armored conduit ‖ ⸺rohrgewinde *n* / heavy-gauge steel conduit thread, steel conduit thread ‖ ⸺-Steckrohr *n* / non-threadable heavy-gauge steel conduit, unscrewed high strength steel conduit
Stahl·platte *f* / steel plate ‖ ⸺profil *n* / steel profile
Stahlrohr *n* / steel tube, steel pipe, jet pipe nozzle, jet pipe, steel conduit ‖ **Gasaußendruckkabel im** ⸺ / pipeline compression cable
Stahl·rolle *f* / steel roller ‖ ⸺schiene *f* / steel rail ‖ ⸺schiene *f* (flach) / steel bar ‖ ⸺schiene *f* (Profil) / steel rail ‖ ⸺schmiedestück *n* / steel forging ‖ ⸺seil *n* / steel-wire rope, steel cable, steel rope ‖ ⸺sorte *f* / steel grade ‖ ⸺spitze *f* / tool tip ‖ ⸺-Stahl-Lager *n* / steel-on-steel bearing ‖ ⸺tisch *m* (Maschinenfundament) / steel platform ‖ ⸺übergabekran *m* / steel transfer crane ‖ ⸺unterlage *f* (Fundament) / steel base, steel bedplate, steel baseplate ‖ ⸺verschleiß *m* / erosion *n* ‖ ⸺wellmantel *m* / corrugated steel sheath ‖ ⸺werk *n* / steel works
Stalum-Draht *m* / aluminium-clad steel wire
Stamm *m* / trunk *n* ‖ ⸺arbeiter *m pl* / permanent staff ‖ ⸺datei *f* / master file data
Stammdaten *plt* (gespeicherte Daten, die für einen relativ langen Zeitraum Gültigkeit haben und sich nur selten ändern) / master data, base data ‖ ⸺bibliothek *f* / master data library ‖ ⸺blatt *n* / general data sheet, master data report ‖ ⸺haltung *f* / master data management ‖ ⸺protokoll *n* / master data report ‖ ⸺satz *m* / general data record ‖ ⸺verwaltung *f* / master data management (MDM)

Stamm

Stamm·haus n / head office, headquarters n pl, head office sales and marketing || ⸰**kabel** n / master cable, trunk cable || ⸰**kabelverbindungseinheit** f (eine Baueinheit, die mit Hilfe einer Stichleitung eine Datenstation mit einem Stammkabel verbindet) / trunk coupling unit (TCU) || ⸰**kapital** n / capital stock || ⸰**leitung** f / trunk cable, side circuit || ⸰**leitungsverstärker** m / trunk amplifier || ⸰**leitungsverteilung** f / trunk splitter || ⸰**netz** n / main grid || ⸰**personal** n / cadre of personnel || ⸰**ring** m / trunk ring || ⸰**satz** m / master data record || ⸰**verzeichnis** n / parent directory || ⸰**werkzeug** n / master tool || ⸰**wicklung** f / main winding || ⸰**zeichnung** f / master drawing || ⸰**zelle** f / main cell
Stampfen n / pitching (movement) n
Stampf·kontakt m (Bürste) / tamped connection || ⸰**ramme** f / power rammer
Stand m / release n, effective n || **auf den neuesten** ⸰ **bringen** / update v
Stand-alone·-Automat m / stand-alone machine || ⸰-**Bestücksystem** n / stand-alone placement system || ⸰-**Betrieb** m / standalone operation || ⸰-**Fähigkeit** f / stand-alone capability || ⸰-**Gerät** n / stand-alone unit || ⸰-**Maschine** f / stand-alone machine || ⸰-**Modul** n / stand-alone module
Standard m / standard n, default n, Def., quality level || ⸰ m (Qualitätsniveau) / (factory-stipulated) quality level || ⸰ **BCU** / standard EIB bus coupler, standard BCU || ⸰ **Komponentenverdrahtung** f / standard component cabling || ⸰**abdeckung** f / standard cover || ⸰**abgangsrichtung** f / standard line direction || ⸰**abgangsrichtung nach BS** / standard line direction towards drive end B
Standardabweichung f / standard deviation, r.m.s. deviation || ⸰ **der Ablesung** / standard deviation of reading || ⸰ **einer Zufallsgröße** DIN 55350,T.21 / standard deviation of a variate || **relative** ⸰ / coefficient of variation, variation coefficient
Standard·-Adapter m / standard adapter || ⸰**aktor** m / standard actuator || ⸰**angaben** f pl / standard information || ⸰**anschluss** m / standard connection || ⸰**ansicht** f / standard view || ⸰**antrieb** m / standard drive || ⸰**anwendung** f / standard application || ⸰**applikation Programmierung (PR)** f / standard application Programming (PR) || ⸰**arbeitsanweisung** f / small outline package, standard operating procedure, Standard Operation Procedure || ⸰**attribut** n / standard attribute || ⸰**aufgabe** f / standard task || ⸰**aufsatz** m / standard attachment || ⸰**ausbreitung** f (troposphärische Ausbreitung über einer kugelförmigen Erde mit einheitlichen Eigenschaften und umgeben von einer Standard-Funkatmosphäre) / standard propagation || ⸰**ausführung** f / standard version || ⸰**ausrüstung** f / standard equipment || ⸰**ausschnitt** m / standard cutout || ⸰**ausstattung** f / standard equipment || ⸰**automatisierung** f / standard automation
Standard·bauelement n / standard component || ⸰-**Bauelemente-Visionmodul (Standard-BE-Visionmodul)** n / standard component vision module || ⸰**baugruppe** f / standard module, standard submodule || ⸰-**Baustein** m / standard block || ⸰-**Bauteil** n / standard component || ⸰**bauweise** f / standard version || ⸰**bearbeitung** f / standard machining || ⸰**bedienfeld** n / basic operator panel (BOP) || ⸰-**Bedienmaske** f /

824

standard interactive screenform || ⸰**bedienung** f / standard operator routine || ⸰**befehl** m / standard instruction, standard statement || ⸰**belastung** f / standard load || ⸰**belegung** f / standard assignment (s) || ⸰**beleuchtung** f / standard lighting || ⸰**bereich** m / standard range || ⸰**bestückung** f / standard complement, standard fittings || ⸰**betätiger** m / standard actuator || ⸰-**Betätigungsplatte** f / standard target || ⸰**betrieb** m / default operation, standard mode || ⸰**betriebsart** f / standard operating mode || ⸰**betriebsbedingungen** f pl / standard operating conditions (SOC) (irradiance of 1000 W/m^2 with reference solar spectral irradiance distribution (~AM 1.5) and an ambient temperature of 20°C) || ⸰-**BE-Visionmodul (Standard-Bauelemente-Visionmodul)** n / standard component vision module || ⸰**bezugsbedingungen (SRC)** f / standard reference conditions (SRC) || ⸰**bild** n / standard image || ⸰**bild** n (Bildschirm) / standard display || ⸰**brechung** f (Brechung, die in einer Standard-Funkatmosphäre auftreten würde) / standard refraction || ⸰**buchung** f / standard terminal entry, normal entry || ⸰**bus** m / standard bus || ⸰**busklemme** f / standard bus terminal || ⸰-**Buslast** f / standard bus load || ⸰-**Bussystem** n / standard bus system || ⸰**byte** n / standard byte || ⸰-**CNC-Betrieb** m / standard CNC mode || ⸰**daten** plt / default data || ⸰**datenfile** n (Datei, in der die Standarddaten gespeichert sind) / default data file || ⸰**dokumentation** f / standard documentation || ⸰-**Dosiermuster** n / standard dispensing pattern || ⸰-**Drehmaschine** f / standard lathe, standard turning machine || ⸰**drucker** m / default printer
Standard·ebene f / standard level || ⸰**einbauplatz** m (SEP) / standard slot, standard plug-in station (SPS), standard mounting station || ⸰**einbauplatzgröße** m (SEP) / standard slot dimension || ⸰**eingang** m / standard input || ⸰**eingangsinterface** n / standard input interface || ⸰**einstellung** f / default setting || ⸰**eintrag** m / standard registration, standard entry || ⸰**element** n / standard element || ⸰**erweiterung** f / version n || ⸰**erweiterungen** f pl / versions n pl || ⸰**farbe** f (Lampe) / standard colour || ⸰**fehler** m / standard error || ⸰**feld** n (Verteiler, MCC) / standard section, standard panel section || ⸰-**Feldbus** m / standard fieldbus || ⸰**fertigungsverfahren** f / standard manufacturing process || ⸰**fixierung** f / standard fastening device || ⸰**font** m / default font || ⸰**format** n / default format || ⸰-**Fräsmaschine** f / standard milling machine || ⸰**frequenz** f / standard frequency || ⸰**frequenzumrichter** m / standard frequency converter || ⸰-**Funkatmosphäre** f (Atmosphäre, deren vertikaler Gradient des Brechwerts gleich dem Richtwert des Brechwertgradienten ist) / standard radio atmosphere || ⸰-**Funkhorizont** m (Funkhorizont bei Ausbreitung durch eine Standard-Funkatmosphäre) / standard radio horizon || ⸰**funktion** f / function n, standard function || ⸰**funktionalität** f / standard functionality || ⸰-**Funktionsbaustein** m / standard function block
Standard·gehäuse n / standard housing || ⸰**gerät** n / standard device || ⸰**gesamtheit** f / standard population || ⸰-**Gesamt-Rauschzahl** f / standard overall average noise figure || ⸰-**Glühlampe** f

(Ausführung) / standard incandescent lamp || ⟨grafikmakrodatei *f* / standard graphics macro file || ⟨größe *f* / standard size || ⟨hardware *f* / standard hardware || ⟨-HMI / standard HMI || ⟨-Inbetriebnahme *f* / standard start-up **standardisieren** *v* / standardize *v* **standardisiert** *adj* / scaled *adj* || ~**e bivariate Normalverteilung** DIN 55350,T.22 / standardized bivariate normal distribution || ~**e GSD-Datei** / standardized GSD file || ~**e Normalverteilung** DIN 55350,T.22 / standardized normal distribution || ~**e Zufallsgröße** DIN 55350,T.21 / standardized variate || ~**er Hinweis** / Standardized reference **Standardisierung** *f* / standardization *n* **Standardisierungsgrad** *m* / standardization level **Standard·jobliste** *f* / standard job list || ⟨klemme *f* / standard terminal || ⟨-Klemmeinrichtung *f* / standard fastening device || ⟨kombinationsglied *n* DIN 19237 / standard multi-function unit || ⟨kommunikation *f* (Kommunikation über genormte und standardisierte Protokolle wie PROFIBUS-FMS und MMS nach MAP 3.0) / standard communication || ⟨komponente *f* / standard component || ⟨konfiguration *f* / standard configuration || ⟨lampe *f* / secondary standard lamp, secondary standard of light, secondary standard || ⟨länge *f* / standard length || ⟨last *f* / standard load || ⟨-Leistungsumfang *m* / standard scope of services || ⟨lösung *f* / standard solution || ⟨lüfter *m* / standard fan || ⟨maschine *m* / standard machine || ⟨maschinendaten *plt* / standard machine data || ⟨maschinenfile *n* / standard machine file || ⟨maske *f* / standard screen **standardmäßig** *adj* / standard *adj*, default *adj*, as standard *adj* **Standard·material** *n* / standard material || ⟨merkerbyte *n* / standard flag byte || ⟨modell *n* / standard model || ⟨modell *n* (Grafik) / graphics drawing primitive (GDP) || ⟨modul *n* / standard submodule || ⟨motor *m* / standard motor || ⟨-Niederspannungs-Schaltanlage *f* / standard l.v. switchgear || ⟨oberfläche *f* / standard user interface || ⟨-Oberfläche (Windows-NT) *f* / standard desktop (Windows-NT) || ⟨objekt *n* / standard object || ⟨parameter *m* / standard parameter || ⟨-PC *m* / standard PC || ⟨-PC-Tool *n* / standard PC tool || ⟨peripherie *f* / standard peripherals || ⟨pipette *f* / standard nozzle || ⟨pipetten *f* / standard range of nozzle types || ⟨-Pipettentyp *m* / standard nozzle type || ⟨-PLC-MD / standard PLC MD || ⟨-Plotdatei *f* / default plotfile || ⟨presse *f* / standard press || ⟨produkt *n* / standard product || ⟨produktentwicklung *f* / standard product development || ⟨-Profilleiste *f* / standard profiled strip || ⟨programm *n* / standard program || ⟨projekt *n* / standard project || ⟨projektierung *f* / standard configuring, standard configuration || ⟨protokoll *n* / standard protocol || ⟨-Protokoll-Bedingungen *f* / standard reporting conditions || ⟨prüfablaufplan (PAPS) *m* / standard inspection and test plan (SITP) || ⟨prüfbedingungen (SRC) / Spectrum Release Control (SRC), standard reference conditions (SRC) || ⟨prüfpackung *n* / standard test package || ⟨-Prüftemperatur *f* / standard temperature for testing IEC 70 || ⟨prüfungsverfahren *n* /

standard examination process **Standard·-Rauschfaktor** *m* / standard noise factor || ⟨-Rauschzahl *f* / standard noise figure || ⟨referenzumgebung *f* / standard reference environment || ⟨regelung *f* / standard control || ⟨regler *m* / standard controller || ⟨reparatur *f* / replacement repair || ⟨routine *f* (STR) / standard routine (STR) || ⟨-Rundleitung *f* / standard round cable **Standard·-Sammelschienenhalter** *m* / standard busbar support || ⟨satz *m* / standard set, standard block || ⟨schalter *m* (Steuerschalter) / standard control switch || **3AH-**⟨**schalter** *m* / 3AH standard circuit-breaker || ⟨schaltung *f* / standard switching || ⟨schaltvermögen *n* / standard switching capacity || ⟨schnittstelle *f* / standard interface || ⟨schrank *m* / standard cubicle || ⟨schrift *f* / standard (o. normal) print || ⟨schulungen *f* / standard training || ⟨schutz *m* / standard protection || ⟨-Schütz *n* / standard contactor || ⟨sensor *m* / standard sensor || ⟨sensorik *f* / standard sensors || ⟨signal *n* / standard signal || ⟨simulation *f* / standard simulation || ⟨-Slave *m* / standard slave || ⟨-SMD / standard SMD || ⟨software *f* / standard software || ⟨spannung *f* / standard voltage || ⟨-Spezifikation *f* / standard specification || ⟨spindel *f* / standard spindle || ⟨sprache *f* / standard language || ⟨-SPS / standard PLC || ⟨status *m* / default status || ⟨stecker *m* / standard connector || ⟨steuerung *f* / standard control || ⟨stückliste *f* / standard parts list || ⟨-Symbolleiste *f* / standard symbol bar, standard toolbar || ⟨system *n* / standard system || ⟨**system der Gleitwinkelbefeuerung** / standard visual approach slope indicator system **Standard·tastatur** *f* / standard keyboard || ⟨-Technologiezyklus *m* / standard technology cycle || ⟨telegramm *n* (S) / standard message frame || ⟨-Telegrammstruktur *f* / standard message frame structure || ⟨testbedingungen (SRC) *f* / standard test conditions (STC) (irradiance of 1000 W/m² with reference solar spectral irradiance distribution (~AM1.5) and a cell temperature of 25°C) || ⟨testumgebung *f* / SRE *n* || ⟨**test-Verzerrungsgrad** *m* / degree of standardized test distortion || ⟨text *m* / standard text || ⟨textbefehl *m* / instruction command, standard command || ⟨-Texteditor *m* / standard text editor || ⟨-Tool *n* / standard tool || ⟨typ *m* / standard type, default type || ⟨-Überwachungsprogramm *n* / standard monitoring program || ⟨umfang *m* / standard version || ⟨unschärfebereich *m* / standard zone of indecision || ⟨variante / standard version || ⟨verdrahtung *f* / standard cabling || ⟨**verdrahtung oder Standard Komponentenverdrahtung** / Standard cabling or standard component cabling || ⟨verfahren *n* / standard process || ⟨verpackung *f* / standard packing || ⟨vorgabe *f* / standard setting || ⟨-**Wasserstoffpotential** *n* / standard hydrogen potential || ⟨-**Web-Browser** *m* / standard Web browser || ⟨werkzeug *n* / standard tool || ⟨-Werkzeugmaschine *f* / standard machine tool || ⟨werkzeugverwaltung *f* / standard tool management || ⟨wert *m* / default value, default *n* || ⟨werte *m* / default values || ⟨wicklung *f* / standard winding || ⟨**windowsformat** *n* / standard

Standby

Windows format || ~**wirkungsgrad** *m* (Wirkungsgrad bei Standardtestbedingungen) / nominal efficiency || ~**zelle** *f* / standard cell || ~**zustand** *m* (Druck, Temperatur) / standard conditions, standard reference conditions, metric standard conditions || ~**zyklenverzeichnis** *n* / standard cycle directory || ~**zyklus** *m* / standard cycle
Standby *n* / standby *n* || ~**-Betrieb** *m* / standby mode || ~**-Redundanz** *f* / standby redundancy
Standdruck *m* / static pressure
Ständer *m* (el. Masch., Stator) / stator *n* || ~ *m* (Stativ, Gestell) / stand *n*, mount *n*, tripod *n* || **verschiebbarer** ~ / end-shift frame || ~**achse** *f* / stator axis || ~**anker** *m* / stationary armature
Ständeranlasser *m* / primary starter, reduced-voltage starter, stator-circuit starter || ~ *m* (mit Widerständen) / stator resistance starter, stator inductance starter || ~ **mit Drossel** / primary reactance starter
Ständer·anschlüsse *m pl* / stator terminals, stator connecting leads, end leads of stator winding || ~**anschnittsteuerung** *f* / stator(-circuit) phase-angle control || ~**antrieb** *m* / stator drive
Ständerbemessungs·betriebsleistung *f* / rated stator operational power || ~**betriebsspannung** U_{es} / rated stator operational voltage || ~**betriebsstrom** I_{es} / rated stator operational current || ~**isolationsspannung** U_{is} / rated stator insulation voltage
Ständerblech *n* / stator lamination, stator punching || ~**paket** *n* / laminated stator core, stator core
Ständer·bohrmaschine *f* / pillar-type drilling machine, upright drilling machine || ~**bohrung** *f* / stator bore, inside diameter of stator core || ~**durchflutungsvektor** *m* / stator flux vector || ~**eisen** *n* / stator iron, stator core || ~**erdschlussschutz** *m* / stator earth-fault protection (GB), stator ground-fault protection (US) || **~erregte Maschine** / stator-excited machine, stationary-field machine || ~**gehäuse** *n* / stator housing, stator frame, frame *n*, carcase *n*
ständergespeist *adj* / stator-fed *adj* || **~er Drehstrom-Nebenschlussmotor** / stator-fed three-phase a.c. commutator shunt motor
Ständerhebevorrichtung *f* / stator lifting device
Ständerinduktivität *f* / stator inductance
Ständer·joch *n* / stator yoke, yoke || ~**klemmenkasten** *m* / primary terminal box, stator-circuit terminal box || ~**kreis** *m* / stator circuit, primary circuit || ~**leuchte** *f* / standard lamp (GB), floor lamp (US), floor standard lamp || **Ident.** ~**nenninduktivität** / ident. nom. stator inductance || ~**paket** *n* / laminated stator core, stator core || ~**phase** *f* / stator phase || ~**rücken** *m* / stator back || ~**rückwirkung** *f* / secondary armature reaction || ~**schalter** *m* / stator circuit-breaker || ~**schütz** *n* / stator contactor, stator-circuit contactor || ~**sohlplatte** *f* / stator rail, stator soleplate || ~**spannung** *f* / stator voltage || ~**stab** *m* / stator winding bar || ~**-Streublindwiderstand** *m* / stator leakage reactance, primary leakage reactance || ~**streureaktanz** *f* / stator leakage reactance
Ständerstrom *m* / stator current || **konventioneller thermischer** ~ I_{thr} / conventional stator thermal current || ~**belag** *m* / m.m.f wave || ~**einprägung** *f* / impression of stator current, stator current impression

Ständer·teilfuge *f* / stator joint || ~**umschalter** *m* / primary reverser, stator-circuit reversing contactor || ~**verschiebevorrichtung** *f* / stator shifting device || ~**wicklung** *f* / stator winding || ~**wicklungsstrom** *m* / stator winding current || **Identifizierter** ~**widerst.** / identified stator resistance || ~**widerstand** *m* / stator resistance || ~**widerstand** *m* (Phase-Phase) / stator resistance (line-to-line) || ~**-Widerstandsanlasser** *m* / primary resistor starter || ~**widerstandsmessung** *f* / stator resistance measurement || ~**-Windungsschluss-Schutz** *m* / stator interturn fault protection
Standfernkopierer *m* / free-standing facsimile unit
standfest *adj* / stable *adj*, firm *adj*
Standfestigkeit *f* / stability *n*, stability under load, stableness *n* || **elektrische** ~ / electrical endurance, voltage life, voltage endurance || **Nachweis der elektrischen** ~ / electrical endurance test || **Nachweis der mechanischen** ~ / mechanical endurance test || **Prüfung der** ~ / test of mechanical and electrical endurance, endurance test || ~**sprüfung** *f* / endurance test
Stand·fläche *f* (v. Personen) / standing surface || ~**fläche** *f* (Gerät) / base *n* || ~**fuß** *m* / supporting foot || ~**fuß** *m* / stand *n* || ~**gerät** *n* / upright unit
standhalten, einem Druck ~ / withstand pressure
ständig aktive Überwachung / permanently active monitoring function, permanently active checks || **~ besetzte Station** / permanently manned substation || **~ frei verfügbar** (Programmteile) / permanently unassigned || **~ wirksame Begrenzung** / continuously active limiting function
Ständig-1-Fehler *m* / permanent 1 error
ständige Adaption (adaptive Reg.) / perpetual adaptation || **~ Last** / permanent load, deadweight load
Stand·keil *m* / fixed key, base key || ~**länge** *f* (Bohrmasch.) / holes per grind || ~**leitung** *f* / dedicated line, leased line, dedicated telephone line || ~**melder** *m* (Brandmelder) / pillar-type call point || ~**menge** *f* (Schleifmasch.) / output (o. parts) per grind, number of pieces machined between resharpenings || ~**menge** *f* (Stanzmasch.) / die life || ~**messung** *f* / level measurement || ~**montage** *f* / floor mounting
Standort *m* / office location || ~ **des Beobachters** / location of observer || ~**-Isolationsmessung** *f* / standing-surface insulation testing || **~isoliert** *adj* / with insulated standing surface || ~**isolierung** *f* / standing surface insulation, insulating standing surface, fitter's insulating mat || ~**kriterien** *n pl* / site criteria || ~**-LAN** *n* / site LAN || ~**liste** *f* / list of locations || ~**übergangswiderstand** *m* / resistance of location
Standplatz *m* / hardstanding *n* || **Luftfahrzeug-**~ *m* / aircraft stand
Stand·profil *n* / upright *n*, stand profile, support profile || ~**prüfung** *f* / stand profile extension || ~**prüfung** *f* / withstand test, proof test || ~**prüfung** *f* (am stehenden Fahrzeug) / stationary test || ~**regler** *m* / level controller, liquid-level controller || ~**riefen** *f pl* / brinelling *n*, scoring *n* || ~**rohr** *n* (Fanglecher) / elevation pipe, elevation rod, standpipe *n* || ~**sammlung** *f* / reference documentation, collection of standard technical documents, standard technical documents ||

⸺**schrank** *m* / self-supporting cubicle, floor-mounting cabinet, free-standing cabinet || ⸺**sicherheit** *f* / stability *n*, stability under load || ⸺**spur** *f* (Autobahn) / emergency lane
Standverbindung *f* / point-to-point circuit, dedicated circuit || **Daten~** *f* DIN ISO 3309 / non-switched data circuit
Stand·versuch *m* / time-rupture test, proof test, withstand test || ⸺**verteiler** *m* / cubicle-type distribution unit, floor-mounted distribution unit, floor-mounting distribution board, floor-mounting distributor, free-standing distribution board, floor-mounted distribution board
Standwert, spezifischer ⸺ / specific acoustic impedance, unit-area acoustic impedance
Standzeit *f* / service life || ⸺ *f* (Fett, Lagerung) / stability time || ⸺ *f* (Nutzzeit) / useful life, life *n*, endurance *n* || ⸺ *f* (Gebrauchsdauer, Kunststoff) / pot life, spreadable life || ⸺ *f* (Werkz.) / tool life || ⸺ *f* (nach Ölfüllung) / unenergized time || **Werkzeug-**⸺ *f* / tool life || ⸺**analyse** *f* / live cycle assessment, life cycle analysis (LCA) || ⸺**erfassung** *f* / tool life monitoring, tool time monitoring || ⸺**kontrolle** *f* / tool life monitoring, tool time monitoring || ⸺**überwachung** *f* / tool life monitoring, tool time monitoring
Stange *f* / rod *n*, bar *n*
Stangen·antrieb *m* (Mehrachsantrieb über einen aus Stangen und Kurbeln bestehenden Mechanismus) / rod drive || ⸺**antrieb** *m* / rod actuator || ⸺**automat** *m* / automatic bar machine || ⸺**bearbeitung** *f* / bar work || ⸺**drehautomat** *m* / automatic bar turning machine || ⸺**drehmaschine** *f* / bar lathe || ⸺**führung** *f* / bar guide || ⸺**hebel** *m* EN 50041 / roller lever arm EN 50041, rod actuator || ⸺**hebelantrieb** *m* / rod operating mechanism || ⸺**hebeltaster** *m* / wobble stick || ⸺**klemme** *f* (f. Isolatorketten) / pole clamp, stick clamp || ⸺**kopf** *m* / rod head || ⸺**lader** *m* / bar loader || ⸺**ladesystem** *n* / bar loading system || ⸺**länge** *f* / length of connecting rod || ⸺**magazin** *n* / bar magazine, stick magazine || ⸺**magazin-Förderer** *m* / stick feeder || ⸺**magazin-Förderer Typ 2** *m* / Type 2 stick magazine feeder || ⸺**rohr** *n* / rigid conduit || ⸺**schloss** *n* (Drehriegel) / espagnolette lock || ⸺**stromabnehmer** *m* / trolley collector || ⸺**stromabnehmer-Kontaktrolle** *f* / trolley wheel || ⸺**verschluss** *m* / rod lock || ⸺**vorschub** *m* / bar feed || ⸺**zylinder** *m* / push rod type operator
Stanz·aufteilung *f* / punching segmentation, cut segmentation || ⸺**auslösung** *f* / punch initiation || ⸺**automat** *m* / automatic punching machine || ⸺**barkeit** *f* / punching quality || ⸺**bild** *n* / punch pattern
Stanze *f* / stamping press, punch press, stamping machine, punch *n*
Stanzen *n* / punching *n*
stanzen *v* / punch *v*, stamp *v* || ~ (ausschneiden) / blank *v* || ~ (lochen) / pierce *v*, perforate *v*
Stanzer *m* (f. Lochstreifen) / punch *n* || ⸺-**Anschaltung** *f* (NC-Steuergerät) / tape punch connection
Stanzerei *f* / punching shop
Stanz·funktion *f* / punching function || ⸺**gerät** *n* / punch *n* || ⸺**geschwindigkeit** *f* / punching speed || ⸺**hub** *m* / punching stroke || ⸺**interface** *n* / punch interface || ⸺**kopf** *m* / punch head || ⸺**loch** *n* / punched hole || ⸺**maschine** *f* / punch press, stamping machine, stamping press || ⸺**matrize** *f* / punching die || ⸺**öl** *n* / punching oil || ⸺**platte** *f* / punching plate || ⸺**qualität** *f* / punching quality || ⸺**rapid** *m* / Stanzrapid || ⸺**rate** *f* / punching rate || ⸺**signal** *n* / punch signal || ⸺**stempel** *m* / punch *n*, die *n*, punch stamp || ⸺**steuerung** *f* / punch control || ⸺**teil** *n* / punching *n*, stamping *n*, stamped part || **ausgeschnittenes** ⸺**teil** / blank *n* || ⸺- **und Biegewerkzeug** *n* / punching and bending die || ⸺- **und Nibbelfunktionen** / punching/nibbling functions || ⸺**werkzeug** *n* / punching die, blanking die || ⸺**zähler** *m* / punch counter
STAP / incident review log (IRL), post-mortem review
Stapel *m* (Kern) / stack *n*
stapelbar *adj* / stackable add
Stapel·betrieb *m* / batch mode, batch processing || ⸺**datei** *f* / batch file || ⸺**dorn** *m* / building mandrel, stacking bolt || ⸺**faktor** *m* (eines geblechten o. gewickelten Kerns) IEC 50(221) / lamination factor || ⸺**faser** *f* / staple fibre || ⸺**fernverarbeitung** *f* / remote batch processing || ⸺**folge** *f* / stacking sequence || ⸺**gerät** *n* / stacker *n* || ⸺**katze** *f* / stacker trolley || ⸺**kran** *m* / stacking crane || ⸺**magazin** *n* / stack magazine
Stapeln *n* / stacking *n* || ~ *v* / stack *v*
Stapel·programmierung *f* / batch programming || ⸺**register** *n* / stack register || ⸺**säule** *f* / stacker column || ⸺**speicher** *m* / stack *n*, pushdown storage, stack register || ⸺**verarbeitung** *f* / batch processing, batch mode || ⸺**verband** *m* / stacked assembly || ⸺**vorrichtung** *f* / building jig, core building frame, stacking frame || ⸺**zeiger** *m* (Stapelspeicher) / stack pointer, stack indicator || ⸺**zelle** *f* / cell stack, stacked cell, stacking cell
Stapler *m* / stacker *n* || ⸺**leitsystem** *n* / forklift control system || ⸺**teil** *n* / stacker part
stark streuend / highly diffusing
Stärke *f* (Dicke) / thickness *n*, gauge *n* || ⸺ *f* (Intensität) / intensity *n*, strength *n*, level *n*
stark·e Kompoundierung / heavy compounding || ⸺**e Transporterschütterungen und harte Stöße, z.B. beim Absetzen, sind zu vermeiden.** / Avoid severe shocks and vibration, for example, when setting the converter down. || ~**e Verschmutzung** / severe pollution || ~**es Netz** / constant-voltage, constant-frequency system, high-power system, powerful supply system
Stark·holz *n* / large-sized timber || ⸺**ladung** *f* / boost charge || ⸺**lastzeit** *f* / potential peak period, peak-load period
starkleitendes Polymer / high-conductivity polymer
Starkstrom *m* / heavy current, power current, power *n*, high current, high-voltage current || ⸺**abteil** *n* / power service duct (o. compartment) || ⸺**anlage** *f* VDE 0100, T.200 / electrical power installation, power installation, power system, high voltage installation || ⸺**beeinflussung** *f* / exposure to power lines || ⸺-**Freileitung** *f* / overhead power line || ⸺**kabel** *n* / power cable || ⸺**kabelgarnituren** *f pl* / power cable accessories, power cable fittings || ⸺**kontakt** *m* / heavy-duty contact || ⸺**kreis** *m* / power circuit || ⸺**leitung** *f* / power line (PL), power transmission line || ⸺**leitung** *f* (Kabel) / power cable || ⸺**leitungen** *f pl* / cables and flexible

cords for power installations, power cables
starkstromnah *adj* / in the vicinity of power circuits, susceptible to interference || **~e Ausführung** (Industrieelektronik) / direct relay replacement, direct contactor replacement, design suitable for industrial environment, industrial-standard type
Starkstromnetz *n* / power system
Starkstrom·-Schaltanlagen *f pl* / power switchgear || **⸺-Schaltgeräte** *n pl* / power switchgear, (mechanical) switching devices for power circuits || **⸺-Steuerkopfkombination** *f* / m.c.b. assembly for power circuits, heavy-current m.c.b. assembly || **⸺steuerung** *f* / power-level control, heavy-current control || **⸺technik** *f* / power engineering, heavy-current engineering || **⸺verteiler** *m* / heavy-current distribution board
starr *adj* / rigid *adj* || ~ **geerdet** / solidly earthed (GB), solidly grounded (US), directly earthed, effectively earthed (o. grounded) || ~ **gekuppelt** / solidly coupled, solid-coupled *adj* || ~ **werden** / become solid || **~e Arbeitszeit** / fixed working time, fixed working hours || **~e Drehzahlregelung** / stiff speed control || **~e Erdung** / solid earthing (GB), solid grounding (US), direct earthing || **~e Leiterplatte** / rigid printed board || **~e Leiterplatte mit Leiterbild auf einer Seite** / rigid single-sided printed board || **~e Leiterplatte mit Leiterbildern auf beiden Seiten** / rigid double-sided printed board || **~e Rückführung** / rigid feedback, proportional feedback || **~e Zeitstaffelung** (Schutz) / definite time grading || **~er Frequenzumformer** / fixed-output frequency converter || **~er Generator** / constant-voltage, constant-frequency generator || **~er Knoten** (Netz) / infinite bus || **~er Rotor** / rigid rotor || **~es Getriebe** / solid gearing || **~es Kunststoffrohr** / rigid non-metallic conduit, rigid plastic conduit || **~es Lager** / rigid bearing, non-aligning bearing || **~es Netz** / stiff system, constant-voltage constant-frequency system, infinite bus || **~es Rohr** / rigid conduit || **~es Stahlrohr** / rigid steel conduit
starr-flexible Leiterplatte / flex-rigid printed board || **~ Leiterplatte mit Leiterbildern auf beiden Seiten** / flex-rigid double-sided printed board || **~ Mehrlagen-Leiterplatte** / flex-rigid multilayer printed board
Starrschmiere *f* / cup grease
Start *m* / start *n* || **⸺ für Weiterverarbeitung** / continuation start || **⸺abbruchstrecke** *f* / accelerate-stop distance || **⸺anhebung** *f* / starting boost || **⸺anreicherung** *f* / starting enrichment || **⸺bahn** *f* / take-off runway, runway *n* || **⸺baustein** *m* / start block || **⸺bedingung** *f* / start condition || **⸺befehl** *m* (FWT) / starting command || **⸺befehl** *m* (STA) / start command (STA), run command || **⸺bild** *n* / start picture || **⸺bildung** *f* / start preparation || **⸺bit** *n* DIN 44302 / start element || **⸺bit** *n* / start bit || **⸺datum** *n* / start date || **⸺ebene** *f* / start plane || **⸺eingang** *m* / start input || **⸺einstellung** *f* / start setting || **⸺element** *n* (auf nur ein einziges Signalelement begrenztes Startsignal, im allgemeinen von der Dauer einer Einheitsschrittlänge) / start element
starten *v* VDE 0435,T.110 / start *v* || **⸺** *n* / starting *n* || **~ einer Zeit** / start a timer
Starter *m* (Anlasser f. Elektromotor) / starter *n*,

motor starter || **⸺** *m* / starting motor || **⸺** *m* (Lampe) / starter *n*, starter switch || **⸺** *m* (Elektrode) / starting electrode, trigger electrode || **⸺ für direktes Einschalten** / direct-on-line starter, full-voltage starter, across-the-line starter, line starter || **⸺ Kit** *m* / starter kit || **⸺ mit Freiauslösung** / trip-free starter || **⸺ mit n Einschaltstellungen** / n-step starter || **⸺ zum direkten Einschalten** / direct-on-line starter || **⸺ zum Reversieren eines Motors** / reversing starter || **Leuchtstofflampe für ⸺betrieb** / switch-start fluorescent lamp
Startereignis *n* / start event
Starter·elektrode *f* / starting electrode, trigger electrode || **⸺entladungsstrecke** *f* / starter gap || **⸺fassung** *f* / starter holder, starter socket || **⸺feld** *n* / starter panel, starter unit || **⸺-Generator** *m* / starter-generator || **⸺geräteschnittstelle** *f* / starter device interface || **⸺hülse** *f* / starter canister || **⸺kombination** *f* / starter combination || **⸺kombination mit Überlastrelais** / starter combination with overload relay
starterlos·e Leuchtstofflampe / starterless fluorescent lamp, cold-starting fluorescent lamp || **~es Vorschaltgerät** / starterless ballast
Starter·motor *m* / starting motor, starter motor || **⸺schutz** *m* / starter protection || **⸺schütz** *n* / starter contactor || **⸺schutzschalter** *m* / motor-circuit protector (MCP), starter circuit-breaker || **⸺stellung** *f* / starter notch, starter position || **⸺übernahmestrom** *m* / starter transfer current
Start·-Freigabe *f* / start enable, ST_EN || **⸺frequenz** *f* / start frequency || **⸺frequenz der DC-Bremsung** / DC braking start frequency || **⸺funktion** *f* / start function, light-off function || **⸺hilfe** *f* / starting aid || **Selbsterregungs-⸺hilfe** *f* / field flashing (device) || **⸺impuls** *m* / start pulse || **⸺information** *f* / start information || **⸺kat** *m* / start up catalyst || **⸺knoten** *m* / initial node (the start point of an activity diagram) || **⸺-Knoten** *m* / starting node || **⸺konfiguration** *f* / starting configuration || **⸺kontakt** *m* / start contact || **⸺lagebaustein** *m* / start position block
Startlauf *m* (Flugzeug) / take-off run || **⸺abbruchstrecke** *f* / accelerate-stop distance || **⸺strecke** *f* / take-off run distance
Start·leistung *f* / starting capability || **⸺locking** *n* / start locking || **⸺maske** *f* / start screen || **⸺-Mechanismus** *m* / starting mechanism || **⸺menü** *n* / start menu || **⸺merker** *m* / start flag || **⸺paket** *n* / starter kit || **⸺position** *f* / starting position || **⸺pult** *n* / start console
Startpunkt *m* / starting point, initial point (initial point for tool motion) || **Startpunkt** *m* (NC) / starting position || **Vorschub-⸺** *m* / feed start position || **⸺versatz** *m* / starting point offset
Start·rampe *f* / start ramp || **⸺regel** *f* / starting rule
Startschritt *m* / start element, start step, start bit || **⸺** *m* (Bit) / start bit || **⸺** *m* (Laufzeit o. Zeitspanne seit Start einer Steuerung) / operation time
Start·seite *f* / start page || **⸺selektor** *m* / start selector, trigger selector || **⸺sequenz** *f* / start sequence || **⸺signal** *n* (Signal bei Start-Stopp-Übertragung, das jeder Gruppe von Signalelementen vorausgeht und das Empfangsgerät auf deren Empfang vorbereitet) / start signal, run signal || **⸺spannung** *f* / starting voltage || **⸺sperre** *f* / start disable

Start-Stopp-Apparat *m* (Telegrafenapparat für ein Start-Stopp-System) / start-stop apparatus || ⸲-**Automatik** *f* / automatic start-stop control || ⸲-**Fernwirkübertragung** *f* / start-stop telecontrol transmission
Start-/Stoppfrequenz *f* / starting/stopping rate
Start-Stopp-Information *f* / start-stop information || ⸲-**Signal** *n* / start-stop signal || ⸲-**System in der Datenübertragung** / start-stop system of data transmission || ⸲-**System in der Telegrafie** / start-stop system of telegraphy || ⸲-**Übertragung** *f* / start-stop transmission || ⸲-**Verzerrungsgrad** *m* / degree of start-stop distortion
Start·strecke *f* / take-off distance || ⸲**syntax** *f* / start syntax || ⸲**taste** *f* / start key, start button || ⸲**taster** *m* / start push button || ⸲**termin** *m* / starting date || ⸲-**Trigger** *m* / start trigger || ⸲- **und Abstellautomatik** *f* / automatic start-up and shutdown control, automatic start-stop control || ⸲- **und Landebahn** *f* / runway *n* || ⸲- **und Landebahnbefeuerung** *f* / runway lighting || ⸲**up** *n* / Startup || ⸲**upTask** *f* / StartupTask || ⸲**ventil** *n* / cold start injector, cold start valve || ⸲**verhalten** *n* / starting performance, start *n*, start behavior, start-up behavior || ⸲**verriegelung** *f* / start interlock || ⸲**versatz** *m* / start offset || ⸲**versuch** *m* / starting attempt || ⸲**voraussetzung** *f* / start condition || ⸲**vorrichtung** *f* (Leuchte) / starting device (luminaire)
Start·wegenummer *f* / start value for route counter || ⸲**wert** *m* / start value, starting value || ⸲**wert** *m* (Wert, der einer Variablen beim Systemanlauf zugewiesen wird) / initial value || ⸲**wiederholung** *f* / repetition of start, repeated start || ⸲**winkel** *m* / starting angle, start angle, initial angle || ⸲**winkelversatz** *m* / starting angle offset || ⸲**zeichen** *n* / start character || ⸲**zeit** *f* (Steuerung) / starting time || ⸲**zeitpunkt** *m* / date of commencement
Stateflow (grafische Simulationsumgebung zur Modellierung von Zustandsautomaten für den Entwurf ereignisgesteuerter Systeme) / Stateflow
Stati / qualifiers
Statik *f* (Maschinensatz, Netz) / droop *n*, droop function || ⸲ *f* (Spannungsregler) / drooping characteristic, drooping-voltage/KVAr characteristic, quadrature droop || ⸲ *f* (bleibende Drehzahlabweichung) / speed droop, offset *n*, load regulation || ⸲ *f* (Bau, statische Berechnung) / statics *plt*, stress analysis || ⸲-**Aufschaltung** *f* / droop (injection) || ⸲**ausgleich** *m* / reactive-current compensation, droop compensation || ⸲**ausgleicher** *m* / reactive-current compensator || ⸲**baustein** *m* / reactive-current compensator module, quadrature-droop module || ⸲**einrichtung** *f* / reactive-current compensator, quadrature-droop circuit, crosscurrent compensator || ⸲**wandler** *m* / current transformer for quadrature droop circuit || ⸲**widerstand** *m* / droop resistor
Station *f* (Unterwerk) / substation *n*, plant *n* || ⸲ *f* (Schaltanlage) / switching station, substation *n*, switchyard *n*, switchgear *n* || ⸲ *f* (Datenendgerät) / terminal *n* || ⸲ *f* (Prozessleiteinrichtung) / station *n* || ⸲ **in metallgekapselter gasisolierter Bauweise** / gas-insulated metal-clad substation || ⸲ **in offener Bauweise** / open-type substation || ⸲ **mit doppelter Einspeisung** / doubly fed station, double-circuit station || **datenausgebende** ⸲ / master station || **datenempfangende** ⸲ / slave station (station receiving data from a master station) || **dezentrale** ⸲ / distributed station, requester *n* || **gerufene** ⸲ / called station || **HGÜ-**⸲ *f* / HVDC substation || **rufende** ⸲ / calling station || **unbesetzte** ⸲ / unmanned substation
stationär *adj* / stationary *adj*, steady state, in the settled state || ⸲**betrieb** *m* / stationary operation || **~e Lastkennlinie** / steady-state load characteristic || **~e Modenverteilung** / equilibrium mode distribution || **~e Nichtverfügbarkeit** (Mittelwert der momentanen Nichtverfügbarkeit unter stationären Bedingungen während eines gegebenen Zeitintervalls) / steady-state unavailability, unavailability || **~e Phase** / stationary phase || **~e Schwingung** / steady-state vibration || **~e Stromversorgungsbedingungen** / steady-state power conditions || **~e Verfügbarkeit** (Mittelwert der momentanen Verfügbarkeit unter stationären Bedingungen während eines gegebenen Zeitintervalls) / steady-state availability, availability || **unter ~en Bedingungen** / during steady-state conditions, under steady-load conditions || **Stabilität im ~en Betrieb** / steady-state stability || **~er Betrieb** (Betrieb mit konstanten Geschwindigkeiten) / steady-state operation, steady operation, steady-state balanced operation || **~er Endwert** / final steady-state value || **~er Kurzschlussstrom** / steady-state short-circuit current || **~er Primärversuch** (Schutz) / steady-state primary-injection test || **~er Sperrstrom** (Diode) DIN 41786, DIN 41853 / resistive reverse current || **~er symmetrischer Betrieb** / steady-state balanced operation || **~er Zustand** / steady state || **~er Zustand des Reglers** / controller output balance || **~es Feld** / steady-state field, stationary field || **~es Geräusch** / stationary noise || **~es Rauschen** / stationary noise || **~es Verhalten** / steady-state behaviour, steady-state characteristics || **~es Zufallsrauschen** / stationary random noise
Stations·abbild *n* / substation image || ⸲**abfrage** *f* / interrogation *n* || ⸲**ableiter** *m* / station-type arrester || ⸲**abtragebefehl** *m* / station interrogation command || ⸲**adresse** *f* / station address || ⸲**aufforderung** *f* DIN 44302 / interrogation *n* || ⸲**batterie** *f* / station battery || ⸲**bedarf** *m* (Eigenbedarf einer Unterstation) / substation auxiliaries power (o. system) || ⸲**beschreibung** *f* (IEC 61850-konforme Datei zum Datenaustausch zwischen dem Systemkonfigurator und dem IED-Konfigurator) / Substation Configuration Description (SCD)
stationsbezogen *adj* / station-specific *adj*, node-specific *adj*
Stations·breite *f* / station width || ⸲**diagnose** *f* / station diagnostics || ⸲**ebene** *f* (Fertigungssteuerung, CAM-System) / station level || ⸲**eigenschaft** *f* / station property || ⸲**erde** *f* / station earth || ⸲**fehler** *m* / station fault || ⸲**gerüst** *n* / substation structure || ⸲**kennung** *f* / station identification, answer-back code
Stationsleit·ebene *f* / station control level || ⸲**gerät** *n* / station control unit || ⸲**platz** *m* / operator station, station control centre, man-maschine-interface *n*, workstation *n*, master station ||

Stations 830

⟂system *n* / station control system, substation control system, substation control and protection system || ⟂technik *f* / substation control and protection, substation automation, substation automation technology
Stations·-Management *n* / station management || ⟂nummer *f* / station number || vorläufige ⟂nummer / provisional station number || ⟂-PC *m* / station PC || ⟂pol *m* / substation pole || ⟂rechner *m* / station computer *n* || ⟂rechner-Bildschirm *f* / station computer monitor || HGÜ-⟂regelung *f* / HVDC substation control || ⟂-Schaltanlage *f* / station-type cubicle switchgear || ⟂schalter *m* / station circuit-breaker || ⟂Schaltschrankanlage *f* / station-type cubicle switchgear || ⟂schutz *m* / busbar protection || ⟂-Software (Stations-SW) *f* / station software || ⟂speicher *m* / station memory || ~spezifischer Parameter / station-specific parameter || ⟂stützer *m* (Isolator) / station post insulator || ⟂-SW (Stations-Software) *f* / station software || ⟂transformator *m* / substation transformer, station-type transformer || ~übergreifend *adj* / exceeding the bounds of a single station || ~übergreifende Aufgabe / interstation task || ⟂- und Systemabbild *n* / substation and system image
statisch *adj* / static *adj* || ~ abmagnetisierter Zustand / statically demagnetized state, statically neutralized state || ~ neutralisierter Zustand / statically neutralized state || ~e Abschirmung / static screen(ing) || ~e Abweichung / steady-state deviation, offset *n* || ~e Auswuchtmaschine / static balancing machine || ~e B(H)-Schleife / static B (H) loop || ~e Baugruppe / static module || ~e Belastung / static load || ~e Berechnung (Bau) / stress analysis || ~e Charakteristik (Transduktor) / static characteristic, transfer curve (transductor) || ~e Daten / static data || ~e Drehzahländerung / steady-state speed regulation || ~e Druckhöhe / pressure head, head *n*, static head || ~e Durchbiegung / static deflection || ~e Eigenschaften / static properties || ~e Elektrizität / static electricity, frictional electricity || ~e Erregereinrichtung (SEE) / static excitation unit (SEE) || ~e Erregung (el. Masch.) / static excitation, brushless excitation || ~e Festigkeit / static strength || ~e Feuchte-Hitze-Prüfung / static damp-heat test || ~e Hystereseschleife / static hysteresis loop, static B-H loop || ~e Kennlinie / static characteristic, transfer curve || ~e Kennlinie VDE 0435, T.110 / steady-state characteristic || ~e Kippleistung / steady-state pull-out power || ~e Kraft / static force || ~e Last / static load || ~e Magnetisierungskurve / static magnetization curve || ~e Messung / static measurement || ~e Netzstabilität / steady-state stability of power system, steady-state power system stability || ~e Prüfung / static test || ~e Spannung / static stress || ~e Spannungsänderung / steady-state regulation || ~e Spannungstoleranz / steady-state voltage tolerance || ~e Stabilität / steady-state stability || ~e Steuerung / static driving || ~e Störung / static interference || ~e Überspannung / static overvoltage || ~e Variable / static variable || ~e Verbindung / static connection || ~e Wellendurchbiegung / static deflection of shaft || ~er Ausgang / solid-state output, semiconductor output || ~er Biegeradius (Kabel) / static bending radius || ~er Blindleistungskompensator / static Var compensator (SVC), static reactive-power compensator, static compensator || ~er Druck / static pressure || ~er Eingang DIN 40700, T.14 / static input IEC 11715 || ~er Elektrizitätszähler / solid-state electricity meter || ~er Erreger / static exciter || ~er Kompensator / static compensator || ~er Lastwinkel (Schrittmot.) / angular displacement under static load || ~er Parameter / static parameter || ~er Pegel / static level || ~er Restfehler / offset *n* || ~er Schirm / metallic screen, metallic shield, metal shield, extruded semiconducting screen || ~er Schreib-/Lese-Speicher / static read/write memory || ~er Speicher / static memory || ~er Speicherabzug / post-mortem dump || ~er Wattstundenzähler / static watthour meter || ~er Zähler / static (electricity) meter || ~es Auswuchten / static balancing, single-plane balancing || ~es Gerät / static device, solid-state device, semiconductor device, electronic device || ~es Lastmoment / static load torque || ~es Messrelais (SMR) / static measuring relay, solid-state measuring relay || ~es RAM (SRAM) / static RAM (SRAM) || ~es Relais / static relay, solid-state relay (SSR) || ~es Schaltgerät / static switching device || ~es Überlastrelais / static overload relay, solid-state overload relay || ~es Zeitrelais / static time-delay relay, solid-state time delay relay, electronic timer
Statisierung *f* (Spannungsregler) / reactive-current compensation, quadrature-current compensation, cross-current compensation, quadrature droop compensation, droop adjustment
Statisierungseinrichtung *f* / reactive-current compensator, quadrature-droop circuit, crosscurrent compensator
Statistik *f* / statistics *plt* || ⟂ anzeigen / show statistic || ⟂ auf Anforderung / statistics on request || schließende ⟂ DIN 55350,T.24 / analytical statistics || ⟂daten *plt* / statistical data || ⟂rechner *m* / statistics computer
statistisch *adj* / statistical *adj* || ~ gesehen *adj* / from a statistical standpoint || ~ verteilt / randomly distributed || ~e Abweichungsgrenze / limiting deviation || ~e Auswertung des Datenbestands / database attribute processing || ~e Bewertung / statistical assessment || ~e Blitzüberspannung / statistical lightning overvoltage || ~e Entscheidungstheorie / statistical decision theory || ~e Kenngröße / statistic *n* || ~e Maßzahl / statistic *n* || ~e Methode / statistical method || ~e Pegelsicherheit / statistical safety factor || ~e Prozesskontrolle / solid phase crystallization || ~e Prozessregelung (SPR) (statistische Qualitätslenkung bei Prozessen) / statistical process control (SPC) || ~e Pyramiden / random pyramids || ~e Qualitätskontrolle (SQK) (derjenige Teil der Qualitätslenkung, bei dem statistische Verfahren eingesetzt werden) / statistical quality control (SQC) || ~e Qualitätslenkung DIN 55350, T.11 / statistical quality control || ~e Qualitätsprüfung (Qualitätsprüfung, bei der statistische Methoden angewendet werden) DIN 55350,T.11 / statistical quality inspection || ~e Schaltüberspannung / statistical switching overvoltage || ~e

Schwankungen / statistical variations || ~e Sicherheit / confidence level, confidence coefficient || ~e Steh-Blitzstoßspannung / statistical lightning impulse withstand voltage || ~e Steh-Schalt-Blitzstoßspannung (nur für selbstheilende Isolation anwendbar) / statistical switching-impulse withstand voltage || ~e Steh-Schaltstoßspannung / statistical switching impulse withstand voltage || ~e Steh-Stoßspannung / statistical impulse withstand voltage || ~e Streubereichsgrenzen / statistical tolerance limits || ~e Versuchsmethodik / statistical test methodology || ~e Versuchsplanung (SVP) (derjenige Teil der Versuchsplanung, bei dem statistische Verfahren eingesetzt werden) / design of experiments (DOE) || ~e Verteilung / statistical distribution || ~e Wahrscheinlichkeit / statistical probability || ~er Anteilsbereich DIN 55350,T.24 / statistical tolerance interval || ~er Fehler / random error || ~er Kennwert / statistic characteristic value, statistic n || ~er Pegelfaktor VDE 0111, T.1 A1 / statistical safety factor || ~er Test DIN 55350,T.24 / statistical test, significance test || ~es Ausfallrisiko / statistical failure risk || ~es Moment / statistical moment || ~es Rauschen / random noise || ~es Zeitmultiplexen / statistical time division multiplexing

Stativ n / stand n, tripod n

Stator m (feststehender Teil eines Elektromotors) / stator n || ⌂erdschlussschutz m / stator earth-fault protection || ⌂feld n / stator field || ⌂kupplung f / stator coupling || ⌂länge f / stator length || ⌂paket n / stator lamination

STATUS / program-dependent signal status display

Status m / status n, state n, condition n || ⌂ **anzeigen** / Display status || ⌂**abfrage** f / status interrogation, status check, status enquiry, status request || ⌂**alarm** m / status interrupt || ⌂**analyse** f / status analysis || ⌂**anforderung** f / status requirement, status request || ⌂**anzeige** f / status indicator, status indication, status display || ⌂**auswertung** f / status evaluation

Status·baustein m / status block || ⌂**bearbeitung** f / status processing, force variables || ⌂**beginn** m / status beginning || ⌂**bereich** m / status range || ⌂**bild** n / status display || ⌂**bit** n / status bit || ⌂**bit BIE** / binary result || ⌂**bit OV** n (Bit im Statuswort) / organizational regulations || ⌂**bit STA** n / STA n (bit in the status word. Saves the addressed bit. Only used during the program test (program status).) || ⌂**bit VKE** n / result of logic operation || ⌂**-Byte** / status byte || ⌂ **Display Panel (SDP)** / display n || ⌂**ende** n / status level || ⌂ **Fangen Beobachter** / status word: Flying start SVC || ⌂**feld** n / status box || ⌂**fenster** n / status window || ⌂**format** n / status format || ⌂**graph** m / status graph || ⌂**gruppe** f / status group || ⌂**gruppe logischer Schalter** f / logical breaker status group || ⌂**information** f / state information || ⌂**kanal** m (Kanal, der anzeigt, ob eine Gruppe von Bits für den Datentransfer oder für Steuerzwecke dient) / status channel || ⌂**kennung** f / status code || ⌂**-LED** / status LED || ⌂**leiste** f / status bar, status line (an information line displayed on screen that shows current activity)

Statusmeldung f / status signal, status display, status input, status data, status indication, signal n,

indication n

Status·objekt n / status object || ⌂**quittierung** f / status acknowledgement || ⌂**register** n / status register || ⌂**-Runden** f / status meetings || ⌂**signal** n / status signal || ⌂**spalte** f / status column || ⌂**/ Steuern** m / Status Force || ⌂**tabelle** f / status chart || ⌂**übergang** m / state transition || ⌂**-Variable** / state variable || **~verknüpfte Leitfeld-Variable** / status-linked control-field variable || ⌂**wechsel** m / status change || ⌂**wert** m / monitor value, status value

Statuswort n / status word || ⌂ **Motormodell** / status word of motor model || ⌂**anzeigesegment** / status word display segment || ⌂**bit** n / status word bit || ⌂**register** n / status word register

Statuszeile f / status bar

Stau m (Straßenverkehr) / congestion n

Staub m / dust n || **explosionsfähiger** ⌂ / explosive dust atmosphere || ⌂**abdeckung** f / dust cover || ⌂**ablagerung** f / dust deposit, dust accumulation || ⌂**absaugung** f / dust extraction, dust extraction by suction || ⌂**abscheider** m / dust collector || **~abweisend** adj / dust-repellent adj || ⌂**ansatz** m / dust deposit, dust accumulation || ⌂**aufnahmevermögen** n (Staubsauger) / dust removal capacity || ⌂**bekämpfung** f / dust control || ⌂**belastung** f / exposure to dust || ⌂**bindetuch** n / tack rag

staubdicht adj / dust-tight adj, dust-proof adj || **~e Leuchte** / dust-tight luminaire || **~e Maschine** / dust-proof machine || **~e, wassergeschützte Kapselung** / dust-tight waterprotected enclosure (d.t.w.p.)

Staub·dichtigkeit f / dustproofness n || ⌂**dichtung** f / dust seal

Staubero / tailback bero

staub-explosionsgefährdeter Bereich / dust explosion protected area

Staub·explosionsschutz m / dust explosion protection || **~explosionssicher** adj / dust ignition proof, DIP || ⌂**filter** n / dust filter, dust collector || **~freier Raum** / clean room || **~geschützt** adj / dust-protected adj, dust-proof adj, dust-tight adj || **~intensive Applikationen** / dusty applications || ⌂**konzentrations-Messeinrichtung** f / dust-concentration measuring equipment

Staublende f / restrictor plate, restrictor n

Staubmessgerät nach dem Betastrahlenabsorptionsverfahren / suspended-particle analyzer using the beta-radiation absorption method || ⌂ **nach dem Streulichtverfahren** / dust monitor using the scattered-light method

Staub·nut f / dust groove n || ⌂**ring** m / dustguard n || ⌂**sauger** m / vacuum cleaner || ⌂**sauger für Tierpflege** / vacuum cleaner for animal grooming

Staubschutz m / protection against dust, dust protection || ⌂**gehäuse** n / de-dusting hood || ⌂**kappe** f / dust cover, dust cap

Staubsicherheit f / dustproofness n

Stauchdruck m / upset pressure

stauchen v / compress v, upset v

Staucher m / edger n

Stauch·festigkeit f / compressive offset strength || ⌂**geschwindigkeit** f / upset speed || ⌂**grenze** f / compressive yield point, upset limit || ⌂**kraft** f / compressive force, pressure force, thrust n, upset

Staudruck 832

force ‖ ⸚**länge** *f* / upset length ‖ ⸚**längenzugabe** *f* / upset allowance ‖ ⸚**motor** *m* (Walzwerk) / scale-breaker motor ‖ ⸚**spannung** *f* / compressive offset stress ‖ ⸚**strom** *m* / upset current ‖ ⸚**stromzeit** *f* / upset current time ‖ ⸚**wulst** *m* / upset metal ‖ ⸚**zeit** *f* / upset time
Staudruck *m* / dynamic pressure, stagnation pressure ‖ ⸚ *m* (Gegendruck) / back-pressure *n* ‖ ⸚ *m* (am Pitot-Rohr) / impact pressure, head pressure ‖ ⸚**beiwert** *m* / velocity head coefficient, pressure head coefficient ‖ ⸚**-Kennfeld** *n* / back-pressure performance data ‖ ⸚**messer** *m* / Pitot tube, impact pressure gauge
Stauffer·büchse *f* / grease cup, Stauffer lubricator, screw pressure lubricator ‖ ⸚**fett** *n* / cup grease
Stau·förderer *m* / accumulating conveyor ‖ ⸚**förderkette** *f* / roller-free chain ‖ ⸚**klappe** *f* / baffle plate, damper *n* ‖ ⸚**punkt** *m* / stagnation point ‖ ⸚**regulierung** *f* / accumulation stop gate ‖ ⸚**rollenförderer** *m* / buffer roller conveyor, roller conveyor ‖ ⸚**scheibe** *f* / splash plate ‖ ⸚**scheiben-Durchflussmesser** *m* / target flowmeter ‖ ⸚**scheiben-Durchflussmessumformer** *m* / target flow transducer ‖ ⸚**signal** *n* (das von einer Datenstation gesendete Signal, welches den anderen Datenstationen meldet, dass sie nicht übertragen dürfen) / jam signal ‖ ⸚**steg** *m* / retaining lip
Stauungsanzeiger *m* (f. Anzeige ausgetretener Messstoffmengen) / leakage volume meter, leakage meter (o. indicator)
Stau·vereinzelung *f* / back-up stopper ‖ ⸚**werk** *n* / dam *n* ‖ ⸚**ziel** *n* / top level
STB / stop bar (STB)
STC / Semiconductor Test Consortium (STC)
Stck / unit *n*, units *n pl*, quantity *n*, qty.
STC-Wirkungsgrad *m* (Wirkungsgrad bei Standardtestbedingungen) / STC efficiency
Std. / default *n*, Def.
Steatit *n* / steatite *n*, soapstone *n*
Stech·beitel *m* / wood chisel ‖ ⸚**drehen** *n* / plunge-turning, Part res. ‖ ⸚**drehmeißel** *m* / parting tool
Stechen *n* / plunge cutting ‖ ~ *v* / groove *v*
stechendes Schweißen / welding with torch directed away from the weld bead
Stecher *m* / recessing tool, plunge-cutter, grooving tool
Stech·heber *m* / thief *n* ‖ ⸚**meißel** *m* / grooving tool, recessing tool, plunge-cutter *n* ‖ ⸚**platte** *f* / grooving insert ‖ ⸚**werkzeug** *n* / plunging tool, recessing tool
Steckanschlag *m* / plug-in stop *n*
Steckanschluss *m* / connector *n*, tab connection *n*, plug-type connection *n*, plug connection *n* ‖ ⸚ *m* (Klemme) / clamp-type terminal, push-lock terminal ‖ ⸚ *m* (m. Stecker) / plug-and-socket connection, plug-in connection ‖ ⸚ *m* (Kabel) / plug-in termination, separable termination ‖ ⸚ **für Flachsteckverbindungen** DIN 42028 / tab-and-receptacle connector ‖ ⸚**klemme** *f* / clamp-type terminal, push-lock terminal
steckbar *adj* / plug-in *adj* ‖ ~ *adj* (Steckverbindung) / pluggable *adj* ‖ **maximal** ~ / max. pluggable ‖ **~e Brücke** / plug-in jumper, push-on strap ‖ **~e Durchführung** / plug-in bushing ‖ **~e Einheit** / plug-in unit ‖ **~e Lasttrennleisten mit Sicherungen** / plug-in in-line switch disconnector with fuses ‖ **~e Leiterplatte** / plug-in p.c.b., plug-in board ‖ **~e Programmiermodule** / plug-in type programming modules ‖ **~er Abgangskasten** / plug-in tap-off unit ‖ **~er Anschluss** / plug-and-socket connection, plug-in connection ‖ **~er Fernschalter** / disconnectable remote-control switch ‖ **~er Leistungsschalter** / plug-in circuit breaker ‖ **~er Zeitschalter** / disconnectable t.d.s. ‖ **~es Bauelement** / plug-in component ‖ **~es Zubehör** / plug-on accessories
Steckbarkeit *f* / intermateability *n*
Steck·baugruppe *f* / plug-in module ‖ ⸚**baugruppe** *f* (Leiterplatte) / plug-in board, plug-in card ‖ ⸚**blende** *f* / detachable orifice plate, flange-mounting orifice plate, detachable blanking cover ‖ ⸚**block** *m* DIN 43350 / plug-in package, sub-unit *n* ‖ ⸚**bogen** *m* / slip-type coupling bend, non-threadable bend, unscrewed bend ‖ ⸚**brett** *n* / plugboard *n*
Steckbrief *m* / profile *n*, characteristics *plt* ‖ **Messstellen-**⸚ *m* / measuring-point identifier (o. tag)
Steck·brücke *f* / plug-in jumper, push-on jumper, jumper plug, jumper *n*, connecting comb ‖ **24-V-**⸚**brücke** *f* / 24 V jumper ‖ ⸚**brückensystem** *n* / connecting comb system ‖ ⸚**buchse** *f* / socket *n*, socket-contact *n*, receptacle *n*, socket connector, female connector, sleeve *n*, liner *n*, shell *n* ‖ ⸚**clip** *m* / plug-in clip
Steckdose *f* / socket-outlet *n*, receptacle outlet (US), receptacle, convenience outlet, outlet *n*, socket *n* ‖ ⸚ *f* (z.B. an einem Elektroherd zum Anschluss von Küchengeräten) / appliance outlet (US) ‖ ⸚ **für Durchgangsverdrahtung** / socket-outlet for looped-in wiring ‖ ⸚ **mit Festhaltevorrichtung** / restrained socket-outlet ‖ ⸚ **mit Shutter** / shuttered socket-outlet ‖ ⸚ **mit Sicherung** / fused socket-outlet, fused receptacle ‖ ⸚ **ohne Schutzkontakt** / socket-outlet without earthing contact, non-grounding-type receptacle ‖ ⸚**mit Schalter** / switched socket-outlet, switch socket-outlet
Steckdosen·abdeckung *f* / socket outlet cover, outlet cover ‖ ⸚**-Abzweigleitung** *f* / socket-outlet branch circuit, socket-outlet spur, receptacle branch circuit, outlet spur ‖ ⸚**adapter** *m* / socket outlet adapter ‖ ⸚**aufbau** *m* / sockets fitted ‖ ⸚**-Einbaudose** *f* / socket-outlet box, receptacle box ‖ ⸚**einsatz** *m* / mains socket, socket outlet insert ‖ ⸚**empfänger** *m* (IR-Fernbedienung) / plug-in socket receiver, plug-in switch ‖ ⸚**leiste** *f* / multiple socket outlet, triple (socket outlet), multiple receptacle block (o. cube) ‖ ⸚**leiste** *f* / multi-outlet assembly ‖ ⸚**-Ringleitung** *f* / outlet ring circuit, receptacle ring circuit ‖ ⸚**säule** *f* / outlet pillar ‖ ⸚**schalter** *m* / outlet switch ‖ ⸚**-Stichleitung** *f* / socket-outlet spur, outlet spur ‖ ⸚**system** *n* / outlets system
Steckdosenverteiler *m* / multi-outlet distribution unit ‖ ⸚ *m* (BV) EN 60439-4 / socket outlet ACS ‖ ⸚ *m* (m. FI-Schalter) / e.l.c.b.-protected socket-outlet unit ‖ ⸚**kasten** *m* / multi-outlet distribution box
Steck·durchführung *f* / bushing *n* ‖ ⸚**einheit** *f* / plug-in unit ‖ ⸚**einsatz** *m* (Steckschlüssel) / socket inset ‖ ⸚**einsatz** *m* (Gerät) / plug-in unit
Steckel-Reversiergerät *n* / single-stand steckel mill
stecken *v* (Stecker, Baugruppe) / plug in *v*, insert *v* ‖ ⸚ **unter Spannung** / live plugging, hot insertion
Steckendverschluss *m* / plug-in termination

Stecker *m* / plug *n*, attachment plug, plug connector, plug cap, cap *n*, connector *n*, plug-in connector, connecting plug, terminal plug, manual input || ~ *m* (Steckverbinder) / connector *n* || ~ **für Bauelemente** / plug-in carrier || ~ **für den Hausgebrauch** / plug for household purposes || ~ **Han 10 E** / Han 10 E connector || ~ **Hilfskontakt** *m* / plug, auxiliary contact || ~ **mit angeformter Zuleitung** / cord set || ~ **mit Festhaltevorrichtung** / restrained plug || ~ **mit seitlicher Einführung** / side-entry plug, angle-entry plug || ~ **mit Verpolschutz** / polarized plug, non-interchangeable plug || ~ **mit zentraler Einführung** / coaxial-entry plug || **Cannon-**~ *m* / Cannon connector || **gerader** ~ / straight connector || **Schalt~** *m* / load-break connector
Stecker·abdichtung *f* / connector seal || ~**abgangsrichtung axial BS** *f* / connector outlet direction || ~**abzugskraft** *f* / plug withdrawal force || ~**anschluss** *m* / plug connection || ~**ausführungen bei Induktiven BERO** / plug-and-socket connections for inductive BERO || ~**ausgang** *m* / connector output (CO), CO (Connector Output) || ~**bausatz** *m* / connector kit || ~**befestigungselemente** *n pl* / plug mounting elements || ~**befestigungsteile** *n pl* / plug mounting parts || ~**belegung** *f* / connector pin assignment, pin assignment, pinout *n* || ~**belegungstabelle** *f* / pin allocation table || ~**bolzen** *m* (Verbindungsmuffe) / plug connector || ~**buchse** *f* / socket *n*, receptacle *n*, socket plug, female receptacle || ~**dichtung** *f* / connector seal || ~**eingang** *f* / connector input, source *n* || ~**einsatz** *f* / plug insert || ~**fassung** *f* / plug socket || ~**feder** *f* / plug spring || ~**feld** *n* / plug panel
steckerfertiges Gerät / plug-in device, accessory with integral plug
Stecker·garnitur *f* / plug set || ~**gehäuse** *n* / connector housing, connector jacket, connector enclosure || ~**größe** *f* / plug size, connector size || ~**-Haltebügel** *m* / cable latch || ~**-Halterung** *f* / plug holder || ~**haube** *f* / connector cover || ~**hülse** *f* / connector sleeve || ~**-Kabelzuführung** *f* / cable support || ~**kennung** *f* / connector identifier || ~**-Kit** *n* / connector kit || ~**klemme** *f* / connector terminal || ~**kodierung** *f* / connector coding || ~**kompatibel** / compatible connectors || ~**kontakt** *m* / connector contact || ~**kupplung** *f* / plug-in connector || ~**ladegerät** *n* / plug-in charger
Steckerleiste *f* / plug connector, male connector, pin connector, pin contact strip, push-on terminal strip || ~ *f* (Klemmenleiste) / push-on terminal strip || ~**nkontakt** *m* / plug connector contact || ~**nteil** *n* / terminal strip part
Stecker·platte *f* / connector PCB || ~**-Montageplatte** *f* / cable mounting plate || ~**netzteil** *n* / plug-in power supply unit, plug-in power supply || ~**öffnung** *f* / plug opening || ~**satz** *m* / connector set || ~**satz** *m* / Han Q4/2 connector set || ~**schaft** *m* / plug shaft || ~**seite** *f* (Leiterplatte) / rear edge || ~**-Set** *n* / connector set || ~**sicherung** *f* / plug fuse || ~**stift** *m* / plug pin, contact pin, ferrule *n* || ~**technik** *f* / connector technology || ~**träger** *m* / plug carrier || ~**typ** *m* / plug type
Stecker·verbindung *f* / plug connection || ~**verbindungsplan** *m* / terminal diagram IEC 113-1, terminal connection diagram || ~ **mit Bajonettarretierung** / bayonet nut connector (BNC) || ~**verschluss** *m* / plug lock || ~**vielfach** *n* / male connector block, programming panel || ~**-vor-Ort-Montage** *f* / on-site connector assembly || ~**zuordnung** *f* / terminal assignment
Steck·fahne *f* / tab *n* || ~**fassung** *f* (Lampe) / plug-in lampholder || ~**feder** *f* / contact spring || ~**feld** *n* / pinboard *n*, patchboard *n* || ~**finger** *m* / finger *n* || ~**flansch** *m* / plug-in flange || ~**garnitur** *f* (Kabel) / separable accessory, plug-in accessory || ~**gehäuse** *n* (DIP) / dual-in-line package (DIP) || ~**griff** *m* / attachable handle, detachable handle || ~**griff mit Innensechskant** / screwdriver for hexagon insert bits || ~**halter** *m* / plug-in holder || ~**häufigkeit** *f* / frequency of insertions
Steckhebel *m* / detachable lever, plug-in handle || ~**antrieb** *m* / detachable lever mechanism, plug-in handle operating mechanism
Steckhülse *f* / plug-in sleeve || ~ *f* (Kontaktbuchse) / receptacle *n*, jack *n*, terminal socket || ~ *f* (Aufsteckkontakt) / push-on contact, quick-connect terminal || ~ *f* (Aufsteckh.) / push-on sleeve || ~ *f* (AMP) / receptacle || ~ **für seitlichen Leiteranschluss** / flag receptacle || ~ **mit Flachstecker** / receptacle with tab || ~ **mit Rastung** / snap-on contact || ~**naufnahme** *f* / receptacle mount
Steckkabel *n* / patchcord *n* || ~ *n* / plug-in cable || ~**anschluss** *m* / plug-in connection || ~**schuh** *m* / plug-in cable lug
Steck·kappe *f* / fuse carrier || ~**karte** *f* / plug-in card, printed wiring card, pluggable printed-board assembly, plug-in p.c.b., expansion card || ~**klemme** *f* / clamp-type terminal, plug-in terminal, push-lock terminal, plug-in inal, plug-in screw || ~**klemmen** *f pl* / plug-in terminals, *f* plug-type terminal, clamp-type terminal || ~**klemmenleiste** *f* / plug-in terminal strip || ~**knebel** *m* / detachable knob, withdrawable knob || ~**kontakt** *m* / plug-in contact, plug contact, plug-type contact || ~**kontaktleiste** *f* / multipole connector || ~**koppler komplett** *m* / plug-in coupler complete || ~**kraft** *f* / insertion force
steckkraftloses Bauelement / zero-insertion-force component
Steck·kupplung *f* / plug-in connector || ~**lager** *n* / plug-in bearing || ~**lampe** *f* / jack lamp, plug-in lamp || ~**leiste** *f* / push-on terminal strip
Steckleitung *f* / slip-on lead, slip-on jumper, patchcord *n*, connecting cable, drop cable, plug-in line, plug-in cable || ~ *f* (Verbindungsleitung) / connecting cable || ~ *f* (Bussystem) / drop cable
Steckleitungs·anschluss *m* / cable connection || ~**ebene** *f* / drop system
Steck·linie *f* / plug-in busway || ~**linse** *f* / plug-in lens, insertable lens || ~**matrix** *f* (Rangierverteiler) / patching matrix || ~**modul** *n* / plug-in submodule, plug-in module || ~**muffe** *f* / plain coupler, slip-type coupler, plain coupling || ~**part** *m* / plug-in package, sub-unit *n* || ~**platte** *f* DIN 43350 / pluggable printed-board assembly, plug-in p.c.b.
Steckplatz *m* / module location, slot *n*, receptacle *n* (for submodules), plug-in station, module slot, module position, rack position, mounting station, mounting location, plug-in pad, module plug-in

steckplatzcodiert

location, connector location, submodule socket || ⁓ *m* (Leiterplatte) / board slot, slot *n* || ⁓**abdeckung** *f* / slot cover || ⁓**adresse** *f* / slot address, module location address || ⁓**adressierung** *f* / slot addressing || ⁓**aufnahme** *f* / location *n* || ⁓**belegung** *f* / slot assignment
steckplatzcodiert *adj* / slot-coded *adj*, location-coded *adj*
Steckplatz·diagnose *f* / slot diagnostics || ⁓**kennung** *f* / slot identifier, module location identifier || ⁓**kodierung** *f* / slot coding || ⁓**nummer** *f* / slot number, slot address || ⁓**nummerierung** *f* / slot numbering || ⁓**nummernschild** *n* / slot number plate (used to identify module slots) || **~orientierte Adressvergabe** / slot-oriented address allocation || **~unabhängig** *adj* / random module insertion, slot-independent
Steck·rahmen *m* / mounting rack, rack *n* || ⁓**relais** *n* / plug-in relay || ⁓**richtung** *f* / plug-in direction || ⁓**rohr** *n* / non-threadable conduit IEC 23A-16, unscrewed conduit || ⁓**schiene** *f* (MCC) / vertical busbar, vertical plug-on bus, plug-on riser bus || ⁓**schienenkanal** *m* / plug-on bus duct || ⁓**schild** *n* / plug-in label
Steckschlüssel *m* / socket spanner, socket wrench, box spanner || ⁓**antrieb** *m* / key operator, key-operated actuator || **mit ⁓antrieb** / key-operated *adj* || ⁓**einsatz mit Drillschraubendreherschaft für Schrauben mit Sechskant** / socket shank for use with spiral ratchet screwdriver || **⁓-Satz** *m* / socket wrench set
Steck·schnur *f* (f. Schaltungsänderungen auf Schaltbrett) / patchcord *n* || **⁓-Schränktechnik** *f* / slip-on-and-twist-lock technique || ⁓**schütz** *m* / plug-in contactor || ⁓**seite** *f* / mating side
Stecksockel *m* / socket *n*, receptacle *n*, plug-in socket || ⁓ *m* (Lampe) / plug-in cap || ⁓ *m* / pin base || ⁓ **mit rückseitigem Flachanschluss** / plug-in socket with rear terminals flat bus || ⁓**montage** *f* / plug-in mounting || ⁓**relais** *n* / plug-in relay || ⁓**zeitrelais** *m* / plug-in time relay
Steck·stutzen *m* / push-in gland, plug-in gland || ⁓**system** *n* / connector system || ⁓**tafel** *f* / pinboard *n*, patchboard *n* || ⁓**teil** *f* / plug-in technology, plug-in design || ⁓**teil** *n* (eines steckbaren Kabelanschlusses) / male connector || **⁓-T-Stück** *n* / slip-type Tee, unscrewed Tee, non-threadable Tee || ⁓**tür** *f* / detachable panel || **⁓- und Einschubtechnik** *f* / plug-in and withdrawable version || **⁓- und Ziehkraft** *f* / insertion and withdrawal force
Steckverbinder *m* (STV) / connector *n*, plug-in connector, cable connection, cable connector, plug *n*, plug connector, male *n* || ⁓ *m pl* (Sammelbegriff) / plugs and sockets, connectors *n pl* || ⁓ **für direktes Stecken** (Leiterplatte) / edge-socket connector, edge-board connector, edge connector || ⁓ **für gedruckte Schaltung** / printed-board connector || ⁓ **für Leiterplattenmontage** / board-mounted connector || ⁓ **für Mutter-Tochter-Leiterplatte** / mother-daughter board connector || ⁓ **hoher Kontaktdichte** / high-density connector || ⁓ **hoher Poldichte** / high-density connector || ⁓ **mit Drehkupplung** / twist-on connector || ⁓ **mit Drehverriegelung** / twist-on connector || ⁓ **mit Erdanschluss** / earthing connector, grounding connector || ⁓ **mit männlichen Kontakten** / plug *n*, plug assembly || ⁓ **mit Notzugentriegelung** / snatch-disconnect connector, break-away connector || ⁓ **mit Schnellentkupplung** / quick disconnect connector || ⁓ **mit versetzter Kontaktanordnung** / staggered-contact connector || ⁓ **mit weiblichen Kontakten** / receptacle *n*, receptacle assembly || **kontaktgeschützter** ⁓ / scoop-proof connector || **LWL-**⁓ *m* / optical-fibre connector || **mehrreihiger** ⁓ / multi-row connector
Steckverbinder·-Abschirmung *f* / connector shield || ⁓**-Ausführung** *f* DIN IEC 50, T.581 / connector variant || **⁓-Bauart** *f* / connector type || **⁓-Bauform** *f* / connector style || ⁓**buchse** *f* / connector jack || ⁓**dose** *f* / connector socket, (connector) receptacle || **⁓-Einsatz** *m* / connector insert || **⁓-Federleiste** *f* / socket connector || ⁓**feld** *n* / connector section || ⁓**gehäuse** *n* / connector housing, connector shell || **⁓-Gehäuse** *n* / connector housing || **körper** *m* / connector body || ⁓ **mit Kabelzugentriegelung** / lanyard disconnect connector || ⁓**paar** *n* / mated set of connectors || ⁓**satz** *m* / connector mated set, connector pair || **⁓-Set** *n* / plug connector set || **⁓-Stirnflächen** *f pl* / connector interface || ⁓**system** *n* / connector system || **⁓-Variante** *f* / connector variant || **⁓-Vorderseite** *f* / connector front
Steckverbindung *f* / plug-and-socket connection, plug-in connection, connector *n*, cable connection, cable connector, plug connector || ⁓**ssystem** *n* / connector system
Steck·verteiler *m* / push-on plug distributor || ⁓**vorrichtung** *f* / plug-and-socket device, plug and socket-outlet, plug and connector, handheld device || ⁓**vorrichtungen** *f pl* / plugs, socket-outlets and couplers || ⁓**welle** *f* / plug-in shaft || ⁓**winkel** *m* / plain elbow || ⁓**zone** *f* / plug-in zone || **FASTON-**⁓**zunge** *f* / FASTON tab || ⁓**zyklus** *m* / insertion cycle
Steg *m* / plate *n*, rib *n*, root face, fluted land || ⁓ *m* / segment *n*, bar || ⁓ *m* (Speichenläufer, Profilstahl) / web *n* || ⁓ **zwischen Bohrung** / plate between holes || **Kolben~** *m* / piston land || ⁓**abstand** *m* (SchwT) / root gap, root spacing || ⁓**blech** *n* / web plate || ⁓**breite** *f* / width of fluted land || ⁓**höhe** *f* (Schweißtechnik) / root-face height || ⁓**leitung** *f* / ribbon-type webbed building wire, flat webbed building wire, flat webbed cable, SIFLAR building wire || ⁓**naht** *f* (Schweißnaht) / root-face joint || ⁓**profil** *n* (I-Profil) / I-section *n* || ⁓**profil** *n* (V-Profil) / channel *n* (section) || ⁓**spannung** *f* / voltage between segments, voltage between bars || ⁓**welle** *f* / spider shaft
Steh-Blitzstoßspannung *f* / lightning impulse withstand voltage || ⁓**, nass** / wet lightning impulse withstand voltage || ⁓**, trocken** / dry lightning impulse withstand voltage
Stehbolzen *m* / stud *n*, stay-bolt *n*, stud bolt *n* || ⁓**anschluss** *m* / stud terminal || ⁓**schrauber** *m* / stud screwdriver
stehenbleiben *v* / stall *v*
stehend·e Brennstellung (Lampe) / base down position || **~e Luft** / quiet air || **~e Reserve** / standby reserve || **~e Säge** / stationary saw || **~e Schwingung** / standing vibration, stationary vibration || **~e Spindel** / stationary spindle || **~e Verdrahtung** / permanent wiring, independent wiring || **~e Welle** / standing wave || **~e Welle** (Masch.) / vertical shaft || **~er Kurzschluss** /

permanent fault
Steh·festigkeit f / withstand strength || ⁓**feuer** n / sustained arc, maintained arc, prolonged arc || ⁓-**Gleichspannung** f / d.c. withstand voltage || ⁓-**Gleitlager** n / pedestal-type sleeve bearing || ⁓-**Kurzzeitstrom** m / short-time withstand current
Stehlager n / pedestal bearing, pillow-block bearing || ⁓**deckel** m / bearing pedestal cap
Steh·lampe f / standard lamp (GB), floor lamp (US), floor standard lamp || ⁓**leiter** m / step-ladder n || ⁓**leuchte** f / standard lamp (GB), floor lamp (US), floor standard lamp
Stehlicht·bogen m / sustained arc, maintained arc, prolonged arc || ⁓**projektor** m / slide projector, still projector
Steh·-Prüfspannung f / withstand test voltage || ⁓-**Prüfwechselspannung** f / power frequency withstand voltage, power-frequency test voltage || ⁓**pult** n / desk for standing operation || ⁓-**Regenprüfung** f / wet withstand test || ⁓-**Salzgehalt** m / withstand salinity || ⁓-**Schaltstoßspannung** f / switching impulse withstand voltage || ⁓**schaltstoßspannung, nass (o. unter Regen)** / wet switching impulse withstand voltage || ⁓**schaltstoßspannung, trocken** / dry switching impulse withstand voltage || ⁓-**Schaltstoßspannungspegel** m / basic switching impulse insulation level (BSL), switching impulse insulation level || ⁓-**Schichtleitfähigkeit** f / withstand layer conductivity
Stehspannung f / withstand voltage, withstand voltage of a test object || ⁓ f (Effektivwert) / r.m.s. withstand voltage || ⁓ **bei Netzfrequenz** / power-frequency withstand voltage, power-frequency test voltage || **Nenn-**⁓ f / rated withstand voltage
Stehspannungsprüfung f / voltage withstand test, withstand voltage tests || ⁓ **mit Wechselspannung VDE 0670,T.2** / power frequency voltage withstand test IEC 129
Stehspannungsprüfverfahren A n / withstand voltage test; procedure A
Steh·spitzenspannung f / peak withstand voltage || ⁓-**Stoßspannung** f / impulse withstand voltage, impulse test voltage || ⁓-**Stoßspannung bei abgeschnittener Welle** / chopped-wave withstand voltage, withstand chopped-wave impulse voltage || ⁓**stoßspannungprüfung** f / impulse withstand voltage check || ⁓-**Stoßstrom** m / peak withstand current IEC 265 || ⁓-**Stoßstromprüfung** f / current impulse withstand test || ⁓**strom** m / withstand current, withstand current surge
steht für / stands for
Steh·überspannung f / withstand overvoltage || ⁓**vermögen** n / withstand capability || ⁓-**Verschmutzungsgrad** m (Isolatoren) / severity withstand level || ⁓**wahrscheinlichkeit** f / withstand probability || ⁓**wahrscheinlichkeit q** f / withstand probability of a test object || ⁓**wechselspannung** f / power-frequency withstand voltage
Steh-Wechselspannung f / power-frequency withstand voltage, power-frequency test voltage || ⁓ f / power-frequency recovery voltage || ⁓**, nass (o. unter Regen)** / wet power-frequency withstand voltage || ⁓**, trocken** / dry power-frequency withstand voltage
Steh·welle f / standing wave, stationary wave ||

⁓**wellenverhältnis** n / standing wave ratio (SWR) || **Lichtbogen-**⁓**zeit** f / arcing time
Steife f / rigidity n, spring constant
steifer Leiter / rigid conductor
Steifigkeit f / stiffness n, rigidity n || ⁓ f (Feder) / rigidity n, spring constant || **Kehrwert der** ⁓ / compliance n, mobility n
Steifigkeits·maximum n / maximum rigidity value || ⁓**regelung** f / rigidity control, stiffness control || **dynamische** ⁓**regelung** (DSR) / dynamic stiffness control (DSC)
Steigbänder n / curved conveyor
Steigbügel m / spade handle || ⁓**antrieb** m / stirrup-operated mechanism, spade-handle operating mechanism || ⁓**griff** m / stirrup handle
steigende Flanke / positive-going edge, rising edge, leading edge, rising signal edge, positive-going edge, switch-on edge || ~ **Kennlinie** / rising characteristic, ascending curve || ~ **Signalflanke** / positive signal edge || ~ **Flankenwechsel** / positive signal edge change, positive edge transition
Steigerung % / growth %
Steigerungs·faktor m / enhancement factor, enhancement ratio || ⁓**satz** m / rate of increase
Steigetrasse f / riser n
Steig·fähigkeit f (Bahn) / climbing ability || ⁓**leitung** f (im Gebäude) / rising main(s), rising main busbar (s) || **Haupt-**⁓**leitung** f / rising mains || ⁓**leitungsschacht** m / riser duct || ⁓**naht** f / vertical-up weld || ⁓**nut** f / feed groove || ⁓**position** f / vertical position up || ⁓**rad** n / escapement wheel, ratchet wheel, balance wheel || ⁓**radachse** f / escapement wheel shaft (o. spindle) || ⁓**rohr** / riser || ⁓**schacht** m / riser duct, riser-mains trunking
Steigung f / thread pitch, upgrade n, ascending gradient || ⁓ f (Gewinde, Ganghöhe) / lead n, pitch n || ⁓ f (Neigung) / slope n, slope angle, inclination n, incline n || ⁓ f / divided difference || ⁓ f (Kurve) / ascent n, slope n, gradient || ⁓ f (Teilung, Feder) / pitch n || ⁓ **der Spindel** / leadscrew pitch
Steigungs·abnahme f / pitch decrease || ⁓**abnahme** f (Gewinde) / lead decrease || ⁓**änderung** f (Gewinde) / lead change || ⁓**ausgleicher** m (Trafo-Wickl.) / pitch equalizer || ⁓**fehler** m (Gewinde) / lead error, pitch error || ⁓**fehlerkorrektur** f / lead error compensation || ⁓**verhältnis** n / tangent of lead angle, tangent of helix angle || ⁓**widerstand** m / climbing resistance || ⁓**winkel** m / angle of lead, helix angle, lead angle || ⁓**zunahme** f / pitch increase || ⁓**zunahme** f (Gewinde) / lead increase
steil adj / steep adj
Steil·gewinde n / steep-lead-angle thread, extra-coarse-pitch thread || ⁓**hangkabel** n / cable for installation on steep slopes
Steilheit f / steepness n, slope n, steepness of a slope, rate of rise || ⁓ f (FET, reelle Komponente der Übertragungsadmittanz) / transconductance n || ⁓ f (Übertragungswirkleitwert zwischen Ausgangselektrode und Steuerelektrode) / mutual conductance || ⁓ f (Stoßwelle) / virtual steepness || ⁓ f (Bezugselektrode) / transadmittance n || ⁓ **der Abfallflanke** / falling edge rate || ⁓ **der Anstiegsflanke** / rising edge rate || ⁓ **der Einschwingspannung** / rate of rise of TRV, transient recovery voltage rate || ⁓ **der Keilstoßspannung** / steepness of ramp || ⁓ **der**

steilheitsgesteuerter 836

Verstärkungsänderung / gain slope || ≳ **der Wellenfront** / steepness of wave front || ≳ **der wiederkehrenden Spannung** / rate of rise of TRV, transient recovery voltage rate || ≳ **des Impulsanstieges** / pulse rate of rise || ≳ **des Kennlinienanstiegs** / steepness of ascending curve, slope of curve || ≳ **des Spannungsanstiegs** / rate of voltage rise || ≳ **des Spannungszusammenbruchs** / rate of voltage collapse || ≳ **einer OC** / slope of an operating characteristic curve || **Misch~** ƒ / conversion transconductance
steilheitsgesteuerter Operationsverstärker / operational transconductance amplifier (OTA)
Steilheits·kennlinie ƒ / transfer characteristic, mutual characteristic || ≳**relais** n / rate-of-change relay, d/dt relay
Steil·kegel m / steep taper, steep angle taper, angle taper || ≳**kegelschaft** ƒ / quick-release taper shaft || ≳**welle** ƒ / steep-fronted wave
Stein m / stone n || ≳ m (Lagerstein) / jewel n || ≳**anker** m / stone anchor, rag bolt || ≳**bearbeitung** ƒ / stoneworking n || ≳**bearbeitungsmaschine** ƒ / stoneworking machine || ≳**brecher** m / stone crusher || ≳**bruchmaterial** n / quarry material || ≳**gut** n / stone n || ≳**lager** n / jewel bearing || ≳**pfanne** ƒ / jewel cup, sapphire cup || ≳**pflasterung** ƒ / sett pavement n || ≳**schraube** ƒ / rag bolt, stone bolt
Stellamplitude ƒ / amplitude of flow, margin of manipulated variable
Stellantrieb m / actuator n IEC 50(351), electric actuator, servo-drive n, positioner n, pilot motor || ≳ m (Feldgerät zur Einwirkung auf den Prozess in Anlagen, mit elektrischem, pneumatischem oder hydraulischem Antrieb) / electromotive actuator, sensor n || ≳ **für Stellglieder** / final control element operator || **digitaler** ≳ / digital actuator || **federbelasteter** ≳ / spring-loaded actuator || **magnetischer** ≳ / solenoid actuator, electric-solenoid actuator
Stellantriebs·familie ƒ / generic actuator group || ≳**leistung** ƒ / actuator load
Stell·armatur ƒ / control valve || **verfahrenstechnische** ≳**aufgabe** / process control problem || ≳**ausgang** m / command output
stellbar adj / adjustable adj, variable adj || **~es Getriebe** / torque variator, speed variator
Stellbefehl m / control command, positioning command, actuating signal, correcting signal, actuator (operating) signal, output signal of controlling means, output of controlling means, actuator signal || ≳ m / adjusting command || **Sollwert-**≳ m / setpoint command || **Stufen~** m / step-by-step adjusting command
Stellbereich m / rangeability n, range of control, flow range, required rangeability, range n || ≳ m / manipulating range, correcting range || ≳ m (des Stellglieds) / operating range || ≳ m (Drehzahl) / speed range
Stellbetrieb m / variable speed
Stell·bewegung ƒ / positioning movement, actuating operating motion, actuating motion, plug motion || ≳**bolzen** m / adjusting bolt || ≳**bügel** m / setting bracket || ≳**charakteristik** ƒ / position characteristic || ≳**druck** m / actuating pressure
Stelle ƒ / digit n || ≳ ƒ (einer Zahl) / digit position || ≳ ƒ (in Typenbez.) / place n, character n || ≳ ƒ (innerhalb einer Zeichenfolge) / position n || ≳ ƒ (im CLDATA-Wort) / character item ISO 3592 || **signifikante** ≳ (Zahlen) / significant digit || **Wort~** ƒ / word location
Stell·eigenschaften ƒ pl / final controlling device characteristics || ≳**eingriff** m / control action || ≳**einrichtung** ƒ / final control element || **kompakte** ≳**einrichtung** / final control unit
Stellen n / actuating n, controlling n, varying n, correction n, actuator control, control (o. correction) by actuator || ≳ **der Drehzahl** / speed variation, speed control, speed adjustment || ≳ **durch elektronischen Widerstand** / electronic power resistor control || ≳**besetzungsplan** m / staffing schedule || ≳**funktionsplan** m (Plan, auf dem Messstellen angeordnet sind (Stellenplan), einschließlich der funktionalen Zusammenhänge) / organizational function chart || ≳**komplement** n (Numerale) DIN 44300 / diminished radix complement || ≳**name** m (Prozessmonitor) / tag n || ≳**plan** m (Plan, auf dem Messstellen angeordnet sind (Regelung, Motoren, ...)) / organizational chart || ≳**schreibweise** ƒ / positional notation, positional representation
Stellenwert m / positional weight, significance n, weight n || **Ziffer mit dem höchsten** ≳ / most significant digit (MSD) || **Ziffer mit dem niederwertigsten** ≳ / least significant digit (LSD) || ≳**system** n / positional representation numeration system
Stellenzulage ƒ / position allowance, service allowance
Steller m / sensor n, servo-drive n || ≳ m (Betätigungselement, Stellantrieb) / actuator || ≳ m (Einsteller) / setter n, potentiometer n || ≳ m (Stellwiderstand) / rheostat n, rheostatic controller || ≳ m (Lichtsteller) / dimmer n, fader n || ≳ m (Stellglied) / actuator n, servomotor n, final control element || ≳ m (Stellungsregler) / positioner n || ≳ m (Steuerschalter) / controller n || ≳ m (Pot) / potentiometer n || ≳ m / controller n || **Drehfeld~** m (el. Welle) / synchro motor || **Gleichstrom~** m / d.c. chopper controller, d.c. chopper, d.c. chopper converter, direct d.c. converter || **Leistungs~** m / power controller, power controller unit || **Licht~** m / dimmer n, fader n || **Überblend~** m / cross-fader n || **Wechselstrom~** m / a.c. power controller || ≳**betrieb** m (Wechselsteller) / control mode (a.c. power controller) || ≳**element** n (Wechselstromsteller) / basic control element (a.c. power controller)
stellergespeister Motor / a.c.-controller-fed motor
Stellersatz m / dimmer group, fader group
Stell·faktor m / rangeability n || ≳**fläche** ƒ (HW) / footprint n, floor-space requirement || ≳**fuß** ƒ / adjustable foot
Stellgerät n / actuator n, positioner n, final controlling element, servo-drive n, sensor n, positioning actuator || ≳ **mit Speicherverhalten** / final controlling device with storage (o. latching) properties || ≳ **ohne Speicherverhalten** / final controlling device without storage (o. latching) properties || **schaltendes** ≳ / discontinuous-action final controlling device || **stetiges** ≳ / continuous-action final controlling device
Stellgeschwindigkeit ƒ / positioning rate, correcting rate, actuator speed, speed of shifting, speed of

actuator stroke, positioning speed, speed shifting || ⁓*f* (Ventil) / stroking speed, positioning rate || ⁓**sanzeige** *f* / actuation speed display
Stellgewindezapfen *m* / setting threaded pin
Stellglied *n* / final controlling element IEC 50(351), actuator *n* IEC 50(151), electric actuator IEC 50 (151), object *n*, actuating element || ⁓ **mit Selbsthaltung** / latching actuator || **Kraft~** *n* / power actuator || **schaltendes** ⁓ / discontinuous-action actuator || **stetiges** ⁓ / continuous-action actuator || ⁓**auslegung** *f* / valve sizing || **nichtlineare** ⁓**bewegung** / nonlinear actuating
Stellgliederansteuerung *f* / actuator activation
Stellglied·hub *m* / stroke *n*, stroke of the valve || ⁓**laufzeit** *f* / actuating time, actuator operating time
Stell·größe *f* / controller output, output signal of actuator, controlled variable || ⁓**größe** *f* DIN 19226 / manipulated variable ANSI C85.1 || ⁓**größen-Dichtschließen** *n* / tight closing with manipulated variable || ⁓**größenfilter** *m* / manipulated variable filter || ⁓**größenkorrektur** *f* / unit tracking correction || ⁓**größensperrzeit** *f* / manipulated variable enable delay || ⁓**hub** *m* / stroke *n* || ⁓**hülse** *f* / adjusting sleeve
stellig, 5-~ *adj* / five-digit *adj*
Stell·impuls *m* / actuating pulse, control pulse || ⁓**impulsbildung** *f* / setting pulse generation || ⁓**inkrement** *n* / correction increment, positioning increment || ⁓**inkrement** *n* (Signal) / incremental control signal || ⁓**kapazität für Förderer** *f* / component capacity || ⁓**klappe** *f* / butterfly control valve, wafer butterfly valve, butterfly valve || ⁓**kolben** *m* / piston *n*
Stellkraft *f* / positioning force, actuating force, force to operate, force delivery of the actuator, power delivery of the actuator, moment of torsion || ⁓*f* (Schub) / thrust *n* || ⁓**rechnung** *f* / calculation of forces to operate
Stell·leistung *f* / load torque || ⁓**magnet** *m* / actuating solenoid || ⁓**matrix** *f* / manipulating matrix || ⁓**mechanismus** *m* / positioning mechanism || ⁓**moment** *n* / actuating torque, positioning torque
Stellmotor *m* / positioning motor, motor actuator, servomotor *n*, pilot motor, motor operator, correcting motor, compensator motor, dynamic flow force, actuator *n* || ⁓ *m* (stellbarer Mot.) / variable-speed motor, adjustable-speed motor || ⁓ **mit Ölausgleich** / balanced-flow servomotor || **hydraulischer** ⁓ / hydraulically operated actuator || **proportional übertragender** ⁓ / proportional actioning motor || ⁓**ausgang** *n* / motion of actuator, motion stroke of actuator || ⁓**hub** *m* / stroke of actuator || ⁓**kraft** *f* / force of actuator
Stell·mutter *f* / adjusting nut, locknut || ⁓**organ** *n* / final control element || ⁓**organ** *n* (z.B. Potentiometer) / regulating unit || ⁓**ort** *m* / manipulation point
Stellplatz *m* / location *n* || ⁓ **für Bauelemente-Bereitstellung** / location for component supply || ⁓ **für Förderer** / slot || ⁓**belegung** *f* / feeder locations occupied || ⁓**verlust** *m* / loss of feeder locations
Stell·querschnitt *m* / throttling area || ⁓**ring** *m* / setting collar, set-collar *n*, setting ring, cursor *n*, adjusting ring || ⁓**-Rückstell-Flipflop** *n* / set-reset flipflop, RS flipflop

Stellschalter *m* / power controller, controller *n* || ⁓ *m* (Widerstandssteller) / rheostatic controller || ⁓ *m* (Schalter ohne Rückzugkraft) / maintained-contact switch, latching-type switch, stayput switch || **Gleichstrom-**⁓ *m* / d.c. power controller || **Wechselstrom-**⁓ *m* / a.c. power controller
Stell·scheibenlager *n* / actuating disc bearings || ⁓**schieber** *m* / control gate valve || ⁓**schraube** *f* / adjusting screw, setscrew *n*
Stellsignal *n* / actuating signal ANSI C81.5, output from the actuator, amplified error signal, control signal, output signal || ⁓ **vom Stellantrieb** / output from the actuator, control signal, actuating signal, amplified error signal || ⁓ **zum Stellantrieb** / actuating signal, control signal, amplified error signal, output from the actuator
Stell·spannungsbegrenzung *f* / control voltage limit || ⁓**spindel** *f* / adjusting spindle || ⁓**strom** *m* / controlled flow, manipulated variable, flow rate || **~stromabhängig** *adj* / depending on flow || ⁓**system** *n* / servo-system *n* || ⁓**teil** *n* / control actuator || ⁓**transformator** *m* / variable transformer, variable voltage transformer, slide transformer, voltage regulating transformer, variable-ratio transformer
Stellung *f* / position *n* || ⁓ *f* (Anlasser) / notch *n*, position *n* || ⁓ *f* (Trafo-Stufenschalter) / tapping position || ⁓ *f* (bistabiles Relais) / condition *n* || ⁓ *f* (Rob.) / pose *n* || **geöffnete** ⁓ / open position || **jeweilige** ⁓ / operating position at the time of air failure || ⁓**nahme** *f* / comment *n*
Stellungs·abfrage *f* / position sensing || ⁓**abgriff** *m* / position pickoff || ⁓**anzeige** *f* (Trafo-Stufenschalter) / tap position indication || ⁓**anzeige** *f* (SG) / position indication, indication of position || ⁓**anzeiger** *m* (Trafo-Stufenschalter) / tap position indicator, position indicator, tap indicator || ⁓**anzeiger** *m* (SG) / position indicator, ON-OFF indicator || ⁓**anzeiger** *m* (StV) / engagement indicator || ⁓**begrenzung** *f* / position stop dog || ⁓**erfassung** *f* (beinhaltet die Erfassung sowohl des Stellweges als auch des Stellwinkels) / position displacement sensor || ⁓**-Erfassungssystem** *n* / position detection system || ⁓**fehlermeldung** *f* / faulty state information || ⁓**fernanzeige** *f* / remote position indication || ⁓**fernanzeiger** *m* / remote tap indicator || ⁓**geber** *m* / position sensor, position transducer, position indicator, position transmitter || ⁓**istwert** *m* / current position value, actual position || ⁓**lichter** *n pl* / position lights, aircraft navigation lights
Stellungsmelder *m* / position indicator, position transmitter, position transducer || ⁓ **mit kapazitivem Ferngeber** / capacity resolver || **elektrischer** ⁓ / electronic position indicator || **elektronischer** ⁓ / electronic position transmitter
Stellungsmeldung *f* / positional output, position indication, step position indication || ⁓ **(ST)** *f* / step position information
Stellungs·regelung *f* / position control, position control loop, position feedback loop, position feedback control || ⁓**regler** *m* / positioner *n*, actuator *n*, position controller, position controller in closed loop mode || **digital arbeitender elektropneumatischer** ⁓**regler** / digital electropneumatic positioner || ⁓**reglerachse** *f* / positioner shaft
Stellungs·rückmelder *m* / repeater *n* || ⁓**rückmelde-**

Stell 838

Welle *f* / position feedback shaft || **⟳rückmeldung** *f* / position checkback, position feedback || **⟳schalter** *m* / 3-position switch || **⟳sensor** *m* / position sensor || **⟳veränderung** *f* / change of position || **⟳vergleich** *m* (Trafo-Stufenschalter) / tap comparison || **⟳wechsel** *m pl* / switching cycles || **⟳zahl** *f* (Trafo-Stufenschalter) / number of tapping positions IEC 214, number of taps
Stell·vektor *m* / manipulated vector || **⟳ventil** *n* / control valve, servo-valve *n*, globe type valve || **⟳ventilspindel** *f* / control valve stem, control valve stem plug || **⟳verhalten** *n* / adjustment characteristic || **⟳verhältnis** *n* (Ventil) / rangeability *n* || **⟳verlust** *m* (Motorsteuerung) / loss on speed variation, rheostat loss || **⟳vertreter** *m* / proxy *n*, representative *n* || **⟳vertreterzeichen** *n* / wildcard *n* || **⟳wähler** *m* / selector
Stellwarte *f* / console *n* || **Licht~** *f* / stage lighting console, lighting console
Stellweg *m* / actuator travel, positioning travel, opening travel, closing travel || **⟳** *m* (Ventil) / travel *n*, stroke *n*, closing travel, opening travel
Stellwert *m* / manipulated variable, value of manipulated variable, manipulated value, control variable || **⟳** *m* (Ausgangswert einer Prozessregelung) / output *n*, control output || **⟳** *m* / manipulated variable ANSI C85.1 || **⟳** *m* (z.B. Zähler) / setting *n* || **⟳ausgabe** *f* / control output value || **⟳grenze** *f* / loop-manipulated value limit || **⟳-Nachführung** *f* / control output correction || **⟳obergrenze** *f* / upper output limit || **⟳steller** *m* (Funktion zum Einstellen einer Größe (Stellgröße) ohne Regelungsfunktion (z. B. Ventil 25 % öffnen)) / output organizer || **⟳untergrenze** *f* / lower output limit
Stellwicklung *f* / control winding, control field winding, regulating winding, tapped winding
Stellwiderstand *m* / rheostat *n*
Stellwinkel *m* / crank angle || **⟳** *m* (Stellklappe) / disc angle, disc opening
Stellzeit *f* / actuating time, manipulating time, specified time, acting time, recovery time, (controller) acting time, correction time
Stelzenboden *m* / false floor
Stemmabdruck *m* / caulking mark
Stempel *m* / stamp *n*, punch *n* || **⟳berechtigter** *m* / stamp holder, authorized stamp holder || **⟳berechtigung** *f* / stamp authorization || **⟳einsatz** *m* / stamp insert || **⟳kennzeichnung** *f* / stamp impression || **⟳liste** *f* / stamp list
stempeln *v* / stamp *n*, show *n*
Stempelüberwachung *f* / stamp control
Stempelung *f* / stamping *n* || **verschließende ⟳** / seal *n*
Stempel·werkzeug *n* / punch || **⟳werte** *m pl* / ratings *n pl*
ST_EN / start enable (ST_EN)
Stepadresszähler *m* / step address counter, STEP address counter (SAC)
STEP·-Adresszähler *m* (SAZ) / STEP address counter (SAC) || **⟳ 7-Anwenderprogramm** *n* / STEP 7 user program || **⟳ Plangenerator** / STEP flowchart generator
Steppnaht *f* / stitch weld || **⟳schweißen** *n* / stitch welding
Sterbegeldbetrag *m* / funeral benefit
Stereo·grafie *f* / stereographics pit || **⟳paar** *n* / stereo pair || **⟳-Röntgenaufnahme** *f* / X-ray stereogram || **⟳-Röntgentopographie** *f* / X-ray stereo topography || **⟳typ** *m* / stereotype *n*
sterilisierbarer Sensor / sterilizable sensor
Stern *m* / star *n* || **in ⟳ geschaltet** / connected in star, star-connected *adj*, wye-connected *adj* || **⟳-Achse (S-Achse)** *f* / star axis || **⟳bild** *n* (die schematische Abbildung des Sterns des Revolverkopfes in den Revolverkopffunktionen) / schematic drawing of the star || **⟳brücke** *f* / star jumper, neutral bridge || **⟳bus** *m* / star bus || **⟳busübertragung** *f* / star-bus transmission || **⟳-Doppelstern-Anlauf** *m* / star double-star starting
Stern-Dreieck *n* / star-delta *n*, wye-delta *n* || **⟳-Anlassen** *n* / star-delta starting, wye-delta starting || **⟳-Anlasser** *m* / star-delta starter IEC 292-2, wye-delta starter || **⟳-Anlasser für direktes Einschalten** / direct-online star-delta starter, full-voltage star-delta starter || **⟳-Anlauf** *m* / star-delta starting, wye-delta starting || **⟳-Betrieb** *m* / star-delta connection || **⟳-Funktion** *f* / star-delta function, wye-delta function || **⟳-Kombination** *f* / star-delta assembly, star-delta combination || **umschaltbarer ⟳-Motor** / motor with star-delta switching function || **⟳-Schaltautomat** *m* / automatic star-delta starter || **⟳-Schalter** *m* / star-delta switch, star-delta starter || **⟳-Schalter mit Bremsstellung** / star-delta starter with braking position || **⟳-Schaltung** *f* / star-delta connection, wye-delta connection, star-delta control, star-delta circuit || **⟳-Starter** *m* / wye-delta starter, VDE 0660, T.106 star-delta starter IEC 292-2, contactor-type star delta starter || **⟳-Starter für direktes Einschalten** / direct-on-line star-delta starter, full-voltage star-delta starter || **⟳-Steuerung** *f* / star-delta control || **⟳-Umschaltung** *f* / star-delta changeover || **⟳-Zeitrelais** *n* / star-delta time-delay relay
Stern·erder *m* / star-head earthing switch || **⟳erdungsschalter** *m* / star-head earthing switch
sternförmig *adj* / star *n*, point-to-point || **~e Kopplung** (Anschlüsse) / point-to-point connection || **~es Netz** / star topology || **~es Netz** (LAN) / star network
sterngeschaltet *adj* / star-connected *adj*, wye-connected *adj*
Stern·konfiguration *f* / star configuration, *n* multipoint-star configuration || **⟳koppler** *m* / star hub, star connector || **⟳koppler** *m* (Komponenten zur Realisierung von Sternverzweigungspunkten in Netzen) / hub *n* || **⟳koppler** *m* (Netzwerk) / star coupler || **aktiver ⟳koppler** / active star coupler || **⟳kopplung** *f* / star topology || **⟳netz** *n* / star-type network, multipoint-star configuration || **⟳netz** *n* (LAN) / star network
Sternpunkt *m* / neutral point, star point, neutral *n* || **den ⟳ auftrennen** / separate the neutral connections, open the star point || **echter ⟳** / true neutral point || **freier ⟳** / isolated neutral, floating neutral, unearthed neutral (o. star neutral) || **herausgeführter ⟳** / brought-out neutral (point), neutral brought out || **isolierter ⟳** / isolated neutral, insulated neutral || **künstlicher ⟳** / artificial neutral || **offener ⟳** / open star point, open neutral point, open neutral || **⟳anschluss** *m* / neutral terminal || **⟳anzapfung** *f* / neutral-point tapping || **⟳ausführung** *f* (Trafo-Stufenschalter) / neutral end

type || ⸰behandlung f / neutral-point connection, method of neutral-point connection || ⸰belastbarkeit f / neutral loading capacity
Sternpunktbildner m (StB) VDE 0532,T.20 / neutral electromagnetic coupler, three-phase electromagnetic coupler and earthing transformer IEC 289, neutral earthing transformer, neutral grounding transformer (US), neutral autotransformer, neutral compensator || ⸰-**Drosselspule** f / three-phase neutral reactor IEC 50 (421) || ⸰-**Transformator** m / three-phase earthing transformer IEC 50(421), grounding transformer
Sternpunkt·bildung f / star-point connection || ⸰**brücke** f / neutral bridge || ⸰-**Drosselspule** f / neutral earthing reactor, single-phase neutral earthing reactor IEC 289, neutral grounding reactor (US) || ⸰**durchführung** f (Mp-Durchführung) / neutral bushing || ⸰**erder** m / neutral earthing switch, neutral grounding switch || ⸰-**Erde-Spannung** f / neutral-to-earth voltage, neutral-to-ground voltage
Sternpunkterdung f / neutral earthing || **nicht starre** ⸰ / non-solid earthing (GB), non-solid grounding (US) || **starre** ⸰ / solid earthing (GB), solid grounding (US)
Sternpunkt·-Erdungsdrosselspule f / neutral earthing reactor, single-phase neutral earthing reactor IEC 289, neutral grounding reactor (US) || ⸰-**Erdungsschalter** m / neutral earthing switch, neutral grounding switch || ⸰**kasten** m / star-point terminal box, neutral-point terminal box, terminal box || ⸰**klemme** f / star-point terminal, neutral terminal || ⸰**lasche** f / neutral link, star-point link || ⸰-**Lastumschalter** m / neutral-point diverter switch || ⸰**leiter** m / neutral conductor, neutral lead || ⸰**schaltung** f / star connection, neutral-end tap changing || ⸰**schiene** f / neutral busbar
sternpunktseitig adj / neutral-end adj || **~es Ende** / neutral end || **~es Wicklungsende** / neutral winding end
Sternpunkt·spannung f (Spannung zwischen dem reellen o. virtuellen Sternpunkt u. Erde) / neutral-point displacement voltage || ⸰-**Stufenschalter** m / neutral-end tap changer || ⸰**trenner** m / neutral disconnector || ⸰**wähler** m / neutral-end selector || ⸰**wandler** m (Strom) / star-point current transformer, neutral current transformer
Sternrevolver m / star turret, hexagon turret, cross-type turret
Stern-Ring-Netz n / star/ring network
Sternschaltung f / star connection, wye connection, Y-connection n || **in** ⸰ / star-connected adj, wye connected, Y-connected adj
Stern·schütz n / star contactor || ⸰**schütz 230V AC** / star contactor 230 V AC || ⸰**spannung** f / phase-to-neutral voltage, Y-voltage n, phase voltage, voltage to neutral || ⸰-**Stern-Schaltung** f / double-star connection, double three-phase star connection, duplex star connection, star-star connection || ⸰**struktur** f / star topology || ⸰**topologie** f / star topology || ⸰**trenner** m / star-head disconnector (o. isolator)
Stern·verteiler m / splitter n, distribution board, mailing list || ⸰**verteiler** m (Netzwerk) / star hub, hub n || ⸰**verzweiger** m / star coupler || ⸰-**Vieleck-**

Umwandlung f / star-polygon conversion, star-polygon transformation || ⸰-**Vierer** m / twisted quad, star-quad n, spiral quad || ⸰**wicklung** f / star winding || ⸰-**Zickzack-Schaltung** f / star-interconnected star connection
stetig adj / steady adj, continuous adj, stepless adj || **~ einstellbar** / infinitely variable, continuously variable, steplessly adjustable || **~ verteilter Entstörwiderstand** / distributed resistance
Stetigbahnsteuerung f / continuous-path control (CP control), continuous-path control system, path control || ⸰ f / contouring control system, contouring control
stetig·e Auslösekennlinie / continuous-curve tripping characteristic || **~e Querschnittserweiterung** / diverging flow area || **~e Regelanlage** / continuous acting control system || **~e Regelung** / continuous-(action) control || **~e Spannungsregelung** / stepless voltage variation, smooth voltage variation || **~e Übergänge** / smooth-path transitions || **~e Zufallsgröße** DIN 55350, T.22 / continuous variate || **~er Antrieb** / continuously operating drive, continuous drive || **~er Regler** / continuous-action controller || **~er Servoantrieb** / continuous servo drive || **~er Spannungsregler** / continuously acting voltage regulator || **~er Übergang** / smooth transition || **~es Merkmal** (Statistik) / continuous characteristic || **~es Stellgerät** / continuous-action final controlling device || **~es Vergrößern** / zooming || **~es Verhalten** / continuous action IEC 50(351)
Stetig·förderer m / continuous handling equipment || ⸰**keitsüberprüfung** f / constancy test || ⸰**ventil** n / continuous valve, continuously operated valve
STEUER / DEFINE
Steuer f / tax n || ⸰**Abhängigkeit** f / control dependency, C-dependency n || ⸰**ader** f / pilot wire, control core, pilot core, control wire, control conductor || ⸰**adresse** f / internal control address (SPS) || ⸰**anker** m / control armature || ⸰**anlage** f / control system || ⸰**anschluss** m / gate electrode, gate n, control connection || ⸰**anschlüsse** m pl / control terminals || ⸰**anschlüsse** m pl (Hall-Generator) / control current terminals || ⸰**anschlusssteuerung** f / gate control || ⸰**anweisung** f / embedded command || ⸰**aufgabe** f / open loop control problem || ⸰**ausgang** m / control output || ⸰**ausgleich** m / tax equalisation
steuerbar adj / controllable adj || **~e Reihenschaltung** / boost and buck connection EN 60146-1-1 || **~er Generator** / controllable unit || **~er Halbleiter** / controlled-conductivity semiconductor || **~er Stromrichter** / controllable converter, controlled converter || **~er Zweig** / controllable arm || **~es Gleichrichter-Vorschaltgerät** / controlled-current rectifier ballast
Steuerbarkeit f / controllability n
Steuer·baugruppe f / open-loop control module, control module || ⸰**baugruppe** f (f. Schnittstellen) / interface control module || ⸰**baustein** m / control module || ⸰**baustein** m (SPS) / open-loop control block || ⸰**baustein** m (f. Stellglied, SPS) / actuator driver || ⸰**befehl** m / control command, control instruction, control signal || ⸰**belag** m / grading layer, control layer
Steuerbereich m / control range, operating range || ⸰

Steuer 840

m / phase control range || ∼ *m* (Drehzahl) / speed control range, speed range
Steuer·betrieb *m* / open-loop control, open-loop control mode || ∼**bit** *n* / control bit || ∼**blindleistung** *f* / phase control reactive power || ∼**block** *m* DIN 40700, T.14 / common control block, control frame || ∼**block für Speicherbericht** / buffered report control block || **Ventil-**∼**block** *m* / valve block || ∼**bohrung** *f* / control bore || ∼**box** *f* / control box
Steuerbus *m* / arbitration bus (AB) || ∼ *m* / control bus || **Schnittstellen-**∼ *m* / interface management bus
Steuer·datei *f* / definition file || ∼**daten** *plt* / control data || ∼**datenbaustein** *m* / control data block || ∼**direktor** *m* / director *n* || ∼**draht** *m* / control wire, monitoring wire || ∼**druck** *m* / control pressure || ∼**druck vom Regler** / signal air pressure || ∼**ebene** *f* / control level, control tier || ∼**eingang** *m* / control input
Steuereinheit *f* / control unit (CU), processor *n*, AC commutating logic || ∼ *f* (ein o. mehrere Hilfsstromschalter in der gleichen Schalttafel o. in einem Gehäuse) / control station || ∼ *f* DIN IEC 625 / controller *n* IEC 625 || ∼ *f* (Steuersatz) / trigger unit, gate control unit, trigger set
Steuereinrichtung *f* (im Signalflussplan) DIN 19221 / forward controlling elements IEC 27-2A || ∼ *f* DIN 19226 / controlling system, controlling equipment, control system || ∼ **für automatische Brandschutzeinrichtungen** / control for automatic fire protection equipment EN 54
Steuer·elektrode *f* (FET) / gate electrode, gate *n* || ∼**elektrode** *f* (Erder) / control electrode || ∼**elektronik** *f* / control electronics || ∼**element** *n* / control element || ∼**element zur Grafikanzeige** / well control || ∼**elementname** *m* / name of control element, control element name || ∼**entfernung** *f* / distance to final control element || ∼**erder** *m* VDE 0100, T.200 / grading earth electrode, potential grading ground electrode || ∼**faktor** *m* (Elektronenröhre, Steilheit der Zündkennlinie in einem gegebenen Punkt) / control ratio || ∼**feld** *n* (Steuerbitstellen in einem Rahmen) / control field || ∼**feld** *n* (Mosaiktechnik, Kompaktwarte) / control tile || ∼**feld** *n* / frame control field || ∼**felderweiterung** *f* (DIN V 44302-2 DIN 66221-1) / control field extension || ~**frei** *adj* / tax free || ∼**freibetrag** *m* / tax-free allowance || ∼**frequenz** *f* (Schrittmot.) / drive input pulse frequency
Steuerfunktion *f* / control function, function control || ∼ *f* (Teil einer Rezeptprozedur in einem Steuerrezept) / control recipe phase || ∼ *f* (SPS-Programmiergerät) / force function (o. facility), force-on (force off) function || ∼ *f* (C-Schnittstellenfunktion) / controller interface function (C function) || ∼ *f* / controller function (PMG) IEC 625 || ∼ **(SF)** *f* (Teil einer Rezeptprozedur in einem Steuerrezept) / force off function || ∼ **im Einsatz** / controller in charge
Steuer·gehäuse *n* / control housing || ∼**generator** *m* (Leonard-Gen.) / Ward-Leonard generator, variable-voltage generator
Steuergerät *n* (Befehlsgerät) / control station, command device || ∼ *n* VDE 0113 / control device IEC 204, VDE 0660,T.102 controlgear *n* IEC 158

|| ∼ *n* (Regler) / controller *n* || ∼ *n* (zur Steuerung, Signalausgabe, Verriegelung) VDE 0660, T.200 / control-circuit device || ∼ *n* (Steuereinheit, Leitgerät) / control unit || ∼ **mit Freiauslösung** / trip-free controller || **speicherprogrammierbares** ∼ / programmable controller, stored-program controller (SPC) || **Typ A-**∼ / mark A control unit || **verbindungsprogrammiertes** ∼ (VPS) / hardwired control system, wired-program controller
Steuergeräte *n pl* / controlgear *n* || ∼ **und Schaltelemente - Elektromechanische Steuergeräte** / control circuit devices and switching elements - Electromechanical control circuit devices || ∼ **und Schaltelemente - Näherungsschalter** / control circuit devices and switching elements - Proximity switches
Steuer·gitter *n* / control grid || ∼**glieder im Vorwärtszweig** / forward controlling elements || ∼**größe** *f* / controlled variable, controlled condition || ∼**hebel** *m* / control lever || ∼**hub** *m* / control stroke || ∼**hülse** *f* / control sleeve
Steuerimpuls *m* / control pulse || ∼ *m* / gate pulse IEC 633, (gate) trigger pulse, firing pulse || ∼ *m* (Schrittmot.) / drive input pulse || ∼ *m* (RSA-Empfänger) VDE 0420 / information pulse || ∼**folge** *f* / control pulse train || ∼**leitung** *f* / firing-circuit cable
Steuer·information *f* (DIN V 44302-2 DIN ISO 8648) / control information || ∼**information der Transportschicht** *f* / transport protocol control information (TPCI) || ∼**kabel** *n* (Lokomotive) / cab cable, control cable || ∼**kabelanschluss** *m* / control cable connection || ∼**kabelbaum** *m* / control cable harness || ∼**kanal** *m* / control channel || ∼**kante** *f* / control edge, valve control edge || ∼**kasten** *m* / control box || ∼**kasten** *m* (Befehlsgerät) / control station || ∼**kennlinie** *f* / control characteristic, performance characteristic
Steuerkette *f* / control loop || ∼ *f* DIN 19226 / open control loop || *f* (Gesamtheit der Steuerelemente) / forward controlling elements || ∼ *f* (Folge v. Steuerungsvorgängen) / control sequence, cascade *n* || **offene** ∼ / control chain
Steuer·klasse *f* / tax category || ∼**klemme** *f* / control terminal || ∼**klemmenanschluss** *m* / control terminal connection || ∼**knopf** *m* / control button || ∼**knüppel** *m* / joy-stick *n*, paddle *n* || ∼**kondensator** *m* / grading capacitor || ∼**konsole** *f* / control console, control desk || ∼**kontakt** *m* / control contact || ∼**-Kontaktsatz** *m* / control contact set || ∼**kopf** *m* (Schutzschalterbaugruppe) / miniature-circuit-breaker assembly, m.c.b. assembly || ∼**kopfbaustein** *m* (Bedienbaustein f. Folgesteuerung) / operator communication block for sequence (o. cascade control) || ∼**kopfkombination** *f* / miniature-circuit-breaker assembly || ∼**kreis** *m* / control circuit, servo loop, loop *n* || **innen erzeugte** ∼**kreisspannung** / internal control circuit voltage || ∼**kugel** *f* (Bildschirm-Eingabegerät) / control ball, track ball
Steuer·leistung *f* / control power, driving power (CRT) || **verfügbare** ∼**leistung** DIN IEC 235, T.1 / available driving power || ∼**leiter** *m* / control wire, pilot wire, pilot *n* || ∼**leiterklemme** *f* / control-circuit terminal, pilot-wire terminal || ∼**leitung** *f* / control wire, pilot wire, control lead, cab cable, control cable || ∼**leitung** *f* (Fahrschalter o.

Steuerschalter verbindend) / control line || ⟂leitung absperren / lock pressure line || ⟂leitungen *f pl* / control lines || ⟂leitungshalter *m* / control cable holder || ⟂leitungssicherung *f* / control-circuit fuse || ⟂lochstreifen *m* / control tape, punched tape || ⟂logik *f* / control logic, interlocks || ⟂luft *f* / control air (valve manufacture)
Steuermarke *f* / timing mark
steuern *v* / control *v*, modify *v*, manipulate *v*, force *v*, set *v* || ⟂ *n* (Zwangssetzen) / forcing *n*, open-loop control || ⟂ **erheben** / raise taxes || ⟂ **ermäßigen** / lower taxes, reduce taxes || ⟂ **und Regeln** / open and closed-loop control || ⟂ **Variable** / modify variable, force variable || **betriebsmäßiges** ⟂ VDE 0100, T.46 / functional control || ⟂, **Regeln, Messen** / control and instrumentation
Steuer·objekt *n* / control object || ⟂**operation (SOP)** *f* (Teil einer Rezeptoperation in einem Steuerrezept) / control operation (COP) || ⟂**pilot** *m* / regulating pilot IEC 50(704), open-loop control p.c.b. || ⟂**platine** *f* / control plate || ⟂**platte** *f* (Leiterplatte) / control p.c.b., open-loop control p.c.b. || ⟂**platte** *f* (Tafel mit entsprechenden Bedienelementen zum Steuern eines Vorganges) / control plate || ⟂**plattform** *f* / control platform, *m* controlled-pole generator || ⟂**programm** *n* / control program, machine program, executive routine, control program || **E/A-**⟂**programm** *n* / I/O handler || ⟂**pult** *m* / control desk, (control) console *n*, control room, control post || ⟂**quittierschalter** *m* / control-discrepancy switch, control discrepancy key || ⟂**rechner** *m* / control computer || ⟂**-/Regelungssystem** *n* / open-loop/closed-loop control system || ⟂**register** *n* / control register, system control register || ⟂**richtung** *f* (SW-Oberfläche) / process output, control direction || ⟂**ring** *m* / grading ring, static ring || ⟂**-ROM** *m* (CROM) / control ROM (CROM)
Steuersatz *m* / trigger circuitry, gating unit || ⟂ *m* / trigger equipment IEC 146 || ⟂**freigabe** *f* / parameter enable, drive circuit enable || ⟂**software** *f* / trigger circuitry set software
Steuersäule *f* / control pedestal
Steuerschalter *m* / control switch, pilot switch || ⟂ *m* (Stellschalter, Fahrschalter) / controller *n* || ⟂ *m* (Bahn) / control switchgroup, master controller || **Hauptsteuer-**⟂ *m* (Bahn) / power switchgroup
Steuer·schaltglied *n* / control contact || ⟂**schaltung** *f* / control circuitry || ⟂**schaltwalze** *f* / drum-type controller, pilot controller || ⟂**scheibe** *f* / cam disc, cam plate, cam *n* || ⟂**schieber** *m* / control spool || **federzentrierter** ⟂**schieber** / spring-centered control spool
Steuer·schiene *f* / control bus, control power bus || ⟂**schrank** *m* / control cubicle, control cabinet || ⟂**schutz** *m* / control contactor, contactor relay || ⟂**sicherung** *f* / control-circuit fuse || ⟂**signal** *n* / control signal (CS) || ⟂**signal** *n* (Satz von Signalelementen zur Übertragung einer Steuerfunktion) / function signal || ⟂**spanne** *f* / control span
Steuerspannung *f* / control voltage, control-circuit voltage, control supply voltage, reactance voltage || **Ein/Aus** / control voltage on/off || **gesicherte** ⟂ / secure control power supply, independent control-power supply

Steuerspannungs·ausgang *m* / control voltage output || ⟂**bereich** *m* / control power range || ⟂**halter** *m* / control voltage stabilizer || ⟂**schiene** *f* / control bus, control power bus, control voltage bar || ⟂**versorgung** *f* / control power supply
Steuer·speisespannung *f* / control supply voltage || ⟂**spule** *f* / control coil, restoring coil || ⟂**stelle** *f* / control station || ⟂**strecke** *f* / controlled system IEC 50(351), directly controlled member IEC 27-2A, plant *n*, process *n*, system *n*
Steuerstrom *m* / control current || ⟂ *m* (Ableiter) / grading current || ⟂**bahn** *f* VDE 0660, T.101 / control circuit IEC 157-1 || ⟂**empfindlichkeit** *f* (Halleffekt-Bauelement) DIN 41863 / control current sensitivity IEC 147-0C || ⟂**kreis** *m* / control circuit IEC 157-1, closed-loop control circuit, D circuit, pilot circuit || ⟂**verriegelung** *f* / control circuit interlock
Steuer·struktur *f* / control structure || ⟂**system** *n* / open-loop control system, controlling system, control system
Steuertafel *f* / control board BS 4727, control switchboard ANSI C37.100, front panel, operator control panel, operator panel, operator's panel, switch board, control console, switch desk, console *n*, panelboard *n*, control desk || ⟂ *f* (klein) / control panel || ⟂ **mit Pultvorsatz** / benchboard *n*
Steuer·taktgenerator *m* / control-pulse clock, control-pulse generator || ⟂**taste** *f* / control key || ⟂**teil** *m* / control unit || ⟂**teil** *m* (BLE) VDE 0160 / control section || ⟂**trafo** *m* / control transformer || ⟂**transformator** *m* / control-power transformer || ⟂**umrichter** *m* / cycloconverter *n*
Steuer·- und Datenzentrale *f* / control and archiving centre || ⟂**- und Rechenwerk** *n* / arithmetic-logic unit (ALU) || ⟂**- und Regelelektronik** *f* / control electronics || ⟂**- und Regelteil** *n* / control section (o. equipment) || ⟂**- und Schutz-Einrichtung** *f* / control and protective switching equipment (CPS) || ⟂**- und Schutzgerät** *n* / control and protective unit || ⟂**- und Schutz-Schaltgerät** *n* / control and protective switching device (CPS), control and protective switching equipment (CPS) || ⟂**- und Schutz-Schaltgerät** *n* (CPS) EN 60947-6-2 / control and protective switching device (CPS) || ⟂**- und Schutz-Schaltgerät für die Steuerung und den Schutz von Motoren** / CPS for motor control and protection || ⟂**- und Schutz-Schaltgerät mit Trennfunktion** / CPS suitable for isolation || ⟂**- und Schutz-Schaltgerät zum direkten Einschalten** / direct-on-line CPS || ⟂**- und Schutz-Schaltgerät zum Reversieren** / reversing CPS || ⟂**- und Überwachungszentrale** *n* / control centre
Steuerung *f* / open-loop control, PLC, control *n* || ⟂ *f* (Funktionseinheit, Gerät) / controller *n* || ⟂ *f* (logische S.) / logic control || ⟂ *f* (Ableiter, Potentialsteuerung) / grading *n* || ⟂ *f* (Steuerungsgerät) / governor *n*, speed governor || ⟂ *f* / open-loop control system, controlling system, control system || ⟂ **(funktionsabhängig)** *f* (DIN EN 61850-7-1) / control (functional constraint) || ⟂ **asynchron übernehmen** DIN IEC 625 / to take control asynchronously (tca) || ⟂ **der Abgasrückführung** / cartographic control || ⟂ **der Bestücklinie** / line control || ⟂ **der Seitenlänge** /

Steuerungs 842

page length control || ⸺ **durch Polumschaltung** / pole-changing control || ⸺ **durch Software** / software handling || ⸺ **einzeln abgetasteter Werte** / unicast sampled value control (US) || ⸺ **für Mediumzugriff** / media access control || ⸺ **im offenen Regelkreis** (Steuerung ohne Rückführung von Signalen zum Ist-Sollwert-Vergleich) / control chain || ⸺ **im Übermittlungsabschnitt** / logical link control || ⸺ **in beiden Richtungen** (Stellerelement) / bidirectional control || ⸺ **mit Gleichstromsteller** / chopper control || ⸺ **synchron übernehmen** DIN IEC 625 / to take control synchronously (tcs) || ⸺ **übergeben** DIN IEC 625 / to pass control || ⸺ **übernehmen** DIN IEC 625 / receive control, to take control || ⸺ **vor Ort** / local control || **3D-**⸺ *f* / 3D control || **feinstufige** ⸺ (Entladung) / finely stepped potential grading || **Fertigungs~** *f* / production control || **halbautomatische** ⸺ / semi-automatic control || **mengenproportionale** ⸺ / flow ratio control || **nichtinterpolierende** ⸺ / noninterpolation control (system) || **numerische** ⸺ / NC (numerical control) || **rückführungslose** ⸺ / open-loop control (system), control chain || **Stabilisierung durch** ⸺ DIN 41745 / open-loop stabilization || **unterlagerte** ⸺ / process control unit (PCU) || **Ventil~** *f* / valve timing gear || **verbindungsprogrammierte** ⸺ (VPS) / wired-program controller, hardwired control system
Steuerungs·algorithmus *m* / control algorithm || ⸺**anlage** *f* / control system || ⸺**anweisung** *f* / control instruction, control statement || ⸺**art** *f* / method of control, control type, type of control
Steuerungsaufbau *m* / control system architecture, control system structure, control design || ⸺**system** *n* / control rack system, control packaging system
Steuerungs·aufgabe *f* / open loop control problem, control job || ⸺**auftrag** *m* / job mailbox || ⸺**ausrüstung** *f* / control equipment || ⸺**baugruppe** *f* / open-loop control module || ⸺**befehl** *m* / command *n*, control command || ⸺**bereich** *m* / integral of error, control area
Steuerungs·ebene *f* (Fertigung) / process measurement and control level, shopfloor control level, machine-oriented control level, control level || ⸺**einheit** *f* / control unit || ⸺**elektronik** *f* / control electronics || ⸺**-Engineering** *n* / control engineering || ⸺**fertigung** *f* / manufacture of control system || ⸺**fokus** *m* / focus of control || ⸺**funktion** *f* / control function || ⸺**funktionalität** *f* / control functions || ⸺**grundstellung** *f* / standard position, basic position, initial position, initial setting, initial state || ⸺**hardware** *f* / control hardware || ⸺**hoheit** *f* / master control || ⸺**integration** *f* / control system integration || ⸺**intelligenz** *f* / control intelligence
steuerungsintern *adj* / within the control
Steuerungs·kategorie *f* / control category || ⸺**kennung** *f* / controller ID || ⸺**komponente** *f* / control component || ⸺**konzept** *n* / control concept || ⸺**kreis** *m* / control circuit || ⸺**menü** *n* / control menu, CM *n* || ⸺**modul** *n* / control module || ⸺**monitor** *m* / control monitor || ⸺**name** *f* / PLC name || ⸺**netzwerk** *n* / control network || ⸺**nullpunkt** *m* / control zero, machine absolute zero, absolute zero (point), machine zero (M) || ⸺**-Nullpunkt** *m* / control zero || ⸺**-PC** *m* / control PC

|| ⸺**plattform** *f* / control platform || ⸺**prozessor** *m* / control processor, boolean processor || ⸺**rahmen** *m* / control frame || ⸺**richtung** *f* (FWT) / control direction
Steuerungs·schild *n* / control plate || ⸺**schrank** *m* / control cubicle, control cabinet || ⸺**schritt** *m* / control step || ⸺**software** *f* / control software || ⸺**speicher** *m* / control memory || ⸺**sprache** *f* / control language || ⸺**stelle** *f* / location with commanding master station(s) || ⸺**struktur** *f* / control system architecture, control system structure, control design || ⸺**-Subsystem** *n* (MPSB) / controller subsystem
Steuerungssystem, anpassungsfähiges ⸺ / adaptive control optimization (ACO), adaptive control (AC) || **dezentrales** ⸺ / distributed control system || **offenes** ⸺ / Open Control System (OCS)
Steuerungs·taste (STRG) *f* / control (CTRL), control key || ⸺**technik** *f* / control engineering, control technology, open-loop control technology, open-loop control || ⸺**teil** *m* / control section || ⸺**typ** *m* / type of control, method of control, control type || ⸺**übergabe** *f* / control transfer || ⸺**umschaltung** *f* (DIN V 44302-2 DIN 66221-1) / control excape || ⸺**- und Informationsprotokoll** *n* / Control and Information Protocol (CIP) || ⸺**- und Regelungsbaugruppe** *f* / open-loop and closed-loop control module || ⸺**- und Regelungsbaugruppe** *f* (Leiterplatte) / control and trigger p.c.b. || ⸺**variable** *f* / control variable
Steuer(ungs)verfahren *n* (EN 60870-5-5) / control process
Steuerungsverfahren *n* / control method || ⸺ **für den Mediumzugriff** / medium access control procedure (MAC procedure) || ⸺ **für Übermittlungsabschnittsbündel** DIN ISO 7776 / multilink procedure (MLP) || ⸺ **für Vielfachzugriff mit Aktivitätsüberwachung** / carrier sense multiple access with collision detection (CSMA/CD (procedure)) || ⸺ **für Vielfachzugriff mit Aktivitätsüberwachung und Kollisionserkennung** (CSMA/CD) / carrier sense multiple access with collision detection procedure (CSMA/CD) || ⸺ **im Übermittlungsabschnitt** / logical link control (LLC) || ⸺ **mit dem 7-Bit-Code** / basic mode link control || ⸺ **mit Sendeberechtigungsmarke** / token passing procedure || **logisches** ⸺ / LLC procedure
Steuerungs·verhalten *n* / control system response || ⸺**verstärker** *m* / control amplifier || ⸺**vorgang** *m* / control process || ⸺**zentrale** *f* / control center
Steuer·ventil *n* / control valve, servo-valve *n* || ⸺**verstärker** *m* / control amplifier || **übergeordneter** ⸺**vorgang** / superordinated control action || ⸺**wagen** *m* / driving trailer || ⸺**warte** *f* / control room, control centre || ⸺**welle** *f* / cam shaft
Steuerwerk *n* / AC commutating logic || ⸺ *n* (Prozessor) / processor *n* || ⸺ *n* (Folgeregler) / sequencer *n* || ⸺ *n* (Rechner) / control unit, controller *n*
Steuer·wert *m* / modify value || ⸺**wert** *m* / forced value || ⸺**wicklung** *f* / control winding, control field winding, regulating winding || ⸺**wicklung** *f* (Transduktor) / control winding, control turns || ⸺**wicklung** *f* (Steuerkreise) / control-power winding || ⸺**widerstand** *m* / control resistor ||

⟨widerstand m (Ableiter) / grading resistor ||
⟨winkel m (Beta) / trigger advance angle EN
60146-1-1, trigger delay angle EN 60146-1-1 ||
⟨winkelbildung f (Baugruppe) / delay angle
generator, control angle generator, SIMV S ||
⟨winkel-Vorlauf m / trigger advance angle
Steuerwort n / control word || ⟨ n (Byte) / command
byte || ⟨ **1** / control word 1 || ⟨ **Motormodell** /
control word of motor model || ⟨ **Rs/Rr-
Adaption** / control word of Rs/Rr-adaption
Steuer·zähler m / control pulse counter || ⟨**zeichen**
n (Zeichen, dessen Auftreten in einem bestimmten
Kontext eine Handlung auslöst, ändert oder
beendet) / control character || ⟨**zeichen der
Verbindungssteuerung** / call control character ||
⟨**zeichenfolge** f / control character string || ⟨**zeile**
f / command line || ⟨**zeit** f / operating time, control
time || ⟨**zentrale** f / control center ||
⟨**zwischenrelais** n / command interposing relay
STG (electronisches Steuergerät) n / electronic
control unit (ECU) ||
Stich·anschluss m / radial-line connection, stub
terminal, spur terminal || ⟨**bahn** f / spur line, spur
n, lane n || ⟨**bahn** f (Fördereinrichtung) / direct
conveyor || ⟨**betrieb** m (eines Teilnetzes) / radial
operation
Stichel m / embossing tool
Stich·feld n / spur panel || ⟨**kabel** n / radial cable, stub-
feeder cable (US), branch cable || ⟨**kanal** m /
radial duct, branch duct || ⟨**leiter** m / radial
conductor, stub conductor
Stichleitung f (Netz) / spur line, spur n, single
feeder, dead-end feeder, radial feeder, stub-end
feeder, tap line, line tap, drop cable || ⟨ f
(Ringleitungsabzweig) / spur n (GB), individual
branch circuit (US), branch circuit || ⟨ f
(Messsystem) / individual line || ⟨ f / stub n EN
50170-2-2 || **über** ⟨ **angeschlossenes Netz** / spur
network
Stichleitungsdose f / spur box (GB), individual
branch-circuit box, branch-circuit box
Stich·maß n (Innentaster) / inside calmer || ⟨**probe**
f / batch test, random sample, sample n, random
test, pattern n
Stichproben f / spot checks || ⟨**abweichung** f DIN
55350,T.24 / sampling error || ⟨**anweisung** f /
sampling plan, single sampling plan || ⟨**anweisung
mit Überspringen von Losen** / skip lot sampling
plan || **~artige Wiederholung** f / repetition of a
test by means of a random test || ⟨**einheit** f /
sample unit, sampling unit
Stichprobenentnahme f / sampling n || ⟨ **aus
Massengütern** / bulk sampling || ⟨ **für
Abnahmeprüfung** / acceptance sampling,
acceptance sampling inspection || **mehrstufige** ⟨ /
multi-stage sampling, nested sampling || ⟨**abstand**
m / sampling interval || ⟨**anweisung** f / sampling
instruction
Stichproben·erhebung f / sample survey || ⟨**exzess**
m (Stichprobenkurtosis minus Drei) / excess n ||
⟨**fehler** m / sampling error || ⟨**-Kenngröße** f DIN
55350,T.23 / sample statistic, statistic n || ⟨**-
Kenngrößenverteilung** f / sampling distribution ||
⟨**-Kennwert** m DIN 55350,T.23 / (sample)
statistic value || ⟨**kurtosis** f / kurtosis n ||
⟨**median** m / median n || ⟨**-Medianwert** m /
sample median || ⟨**-Mittelwert** m / sample mean ||

⟨**nahme** f / sampling n || ⟨**plan** m / sampling
scheme, sampling plan || ⟨**plan mit Sprungregel** /
skip lot sampling plan || ⟨**prüfplan** m / sampling
inspection plan
Stichprobenprüfung f / sampling test, random test,
random sample test, spot check, sampling
inspection || ⟨ f DIN 43782 / batch test || **attributive**
⟨ / sampling inspection by attributes || **messende**
⟨ / sampling inspection by variables
Stichproben·raum m / sample space || **Punkt im**
⟨**raum** / sample point || ⟨**schätzung des
Fertigungsmittelwertes** / process percent
defective || ⟨**schiefe** f / skewness n
Stichprobensystem n / sampling system, sampling
scheme || ⟨ **nach einem qualitativen Merkmal** /
variable sampling system || ⟨ **nach einem
quantitativen Merkmal für eine endliche
Partie** / attribute sampling system for a finite batch
Stichproben·überprüfung f / random tests ||
⟨**umfang** m DIN 55350,T.23 / sample size || **Kurve
für den mittleren** ⟨**umfang** / average sample
number curve (ASNC) || ⟨**-Variationskoeffizient**
m (Stichproben-Standardabweichung dividiert
durch den Betrag des arithmetischen
Mittelwertes) / coefficient of variation ||
⟨**verteilung** f / sampling distribution || **~weise**
adj / at random || ⟨**-Zentralwert** m / sample median
Stich·säge f / jig saw || ⟨**tag** m / key date
Stichwort n / brief description, keyword n ||
⟨**verzeichnis** n / glossary n
Stickoxid n / nitric oxide n || ⟨**analysator** m /
nitrogen oxide (o. dioxide) analyzer, NOx analyzer
Stick-Slip'-Effekt m / stick-slip effect || ⟨**-
Verhalten** n / stick-slip behavior
Stickstoffflasche f / nitrogen cylinder, nitrogen bottle
Stickstofffüllung f / nitrogen filling, nitrogen charge
|| **Transformator mit** ⟨ / nitrogen-filled
transformer, inert air transformer
Stickstoff·lampe f / nitrogen lamp || ⟨**monoxid** n /
nitric oxide || ⟨**-Nachfüllvorrichtung** f / nitrogen
refilling device || ⟨**oxid-Analysator** m / nitrogen
oxide analyzer || ⟨**polster** n / nitrogen blanket,
nitrogen cushion
stickstoffselektiver Detektor (NSD) / nitrogen-
selective detector (NSD) || **~
Flammenionisationsdetektor** (N-FID) / nitrogen-
selective flame ionization detector (N-FID)
Stickstoff-Vorfülldruck m / nitrogen priming
pressure
Stiel m (Gerüstbauteil) / strut n, pillar n, upright n
Stift m / pin n || ⟨ m (Lampensockel) / pin n, post n,
plug pin n || ⟨ m (zum Fixieren) / pin n, dowel n,
alignment pin || ⟨ m (Verdrahtungsstift) / post n ||
⟨ m / contact pin || ⟨ m (f. Faserbündel) / ferrule n
IEC 50(731) || ⟨**abstand** m / pin spacing ||
⟨**anschluss** m / pin connection || ⟨**ausführung** f /
pin-type n || ⟨**belegung** f (Steckverbinder) / pin
assignment || ⟨**bolzen** m / stud bolt, stud n ||
⟨**dose** f / male connector, pin connector ||
⟨**einsatz** m / male insert, pin application || ⟨**etage**
f / tier of pins, layer of pins || ⟨**fußsockel** m
(Lampe, Zweistifts.) / bipost cap (GB), bipost
base (US) || ⟨**kabelschuh** m / plug connector,
terminal pin, pin-end connector, pin terminal ||
⟨**kontakt** m / pin contact, male contact
Stift·leiste f / plug connector, male connector, pin
contact strip, pin connector, push-on strip

Stil 844

|| ⸺**leistenstecker** *m* / plug connector terminal ||
⸺**öler** *m* / pin lubricator || ⸺**plotter** *m* / pen plotter
|| ⸺**sammelschiene** *f* / pin busbar || ⸺**schaltglied** *n* /
pin contact || ⸺**schlüssel** *m* / pin spanner ||
⸺**schlüsselspitze** *f* / tip of pin spanner || ⸺**schraube**
f / stud bolt, stud *n*, threaded stud || ⸺**schreiber** *m* /
stylus recorder || ⸺**seite** *f* / pin side || ⸺**sockel** *m* /
pin cap, pin base, prong cap || ⸺**sockellampe** *f* / pin-
type socket lamp || ⸺**stecker** *m* / male connector ||
⸺**teile** *n pl* / pin accessories || ⸺**träger** *m* / pin holder
Stil *m* (Text) / style *n*
Stilb *n* (sb) / stilb *n* (sb)
stiller Alarm / silent alarm, visual alarm
Stilleuchte *f* / styled luminaire
Stillsetzachse *f* / stop axis
Stillsetzen *n* / stop *n* || ~ *v* / shut down *v*, stop *v*, stop
operation || **geführtes** ⸺ / controlled deceleration ||
geführtes ⸺ (SR-Antrieb) / controlled (o.
synchronous) deceleration, ramp-down braking,
stopping by set-point zeroing || **sicheres** ⸺ / safe
shutdown, safe stopping process
Stillsetz·funktion *f* / stop *n* || ⸺**geschwindigkeit** *f* /
stop speed || ⸺**position** *f* / halt position, stopping
position || **sicherer** ⸺**prozess** / safe shutdown, safe
stopping process || ⸺**steuerung** *f* / stop control
Stillsetzung *f* / shutdown *n*, stopping *n*, stoppage *n* ||
⸺ *f* (Anlage, erzwungene S.) / outage *n* ||
erzwungene ⸺ / forced outage
Stillstand *m* / standstill *n*, rest *n*, stoppage *n*,
downtime *n*, zero speed || **zum** ⸺ **bringen** / shut
down *v*, stop *v*, stall *v* || ⸺ **einer Waage** / resting
position || **zum** ⸺ **kommen** / come to a rest, come
to a standstill, coast to rest || **im** ⸺ / at rest, at standstill
Stillstandheizung *f* / standstill heating
Stillstands·bereich *m* / zero speed range, stoppage
area (area symmetrically arranged close to the
destination) || ⸺**·betrieb** *m* / standstill mode || ⸺**-
Drehmoment** *n* / stall torque, static torque ||
⸺**fenster** *n* / standstill window || ⸺**frequenz** *f* /
standstill frequency || ⸺**heizung** *f* / space heater, anti-
condensation heater, standstill heating || ⸺**kette** *f* /
shutdown cascade || ⸺**kleben** *n* / standstill locking
|| ⸺**kraft** *f* / stall force || ⸺**moment** *n* / static torque,
stall torque, static stall torque
Stillstandspannung *f* / secondary open-circuit
voltage, wound-rotor open-circuit voltage,
secondary voltage, rotor standstill voltage, voltage
at standstill, open-circuit voltage
Stillstands·spannung *f* / stall tension || ⸺**strom** *m* /
stall current || ⸺**toleranz** *f* / standstill tolerance ||
⸺**toleranzfenster** *n* / standstill tolerance window ||
⸺**überwachung** *f* / zero-speed monitoring, zero-
speed control, standstill monitoring, stoppage
monitoring || ⸺**verriegelung** *f* / idling interlock,
standstill interlocking || ⸺**wächter** *m* / zero-speed
relay, zero-speed switch, standstill monitor || ⸺**zeit**
f / period of rest, period of stoppage || ⸺**zeit** *f*
(WZM) / down-time *n*, idle time || ⸺**zeit der
Maschine** *f* / machine idle time ||
⸺**zeitüberwachung** *f* / down-time monitoring
Stillstandzeit *f* / downtime *n*, idle time
stillstehend *adj* / at rest, stationary *adj*
Stilprüfprogramm *n* / style checker
stimmungsbetonende Beleuchtung / mood creating
lighting
Stirn *f* (Welle) / front *n*, wave front, face *n* || **in der** ⸺
abgeschnittene Stoßspannung / impulse chopped
on the front
Stirn-Ansprech·-Schaltstoßspannung, negative ⸺**-
Schaltstoßspannung** / negative 1.3 overvoltage
sparkover voltage || **positive** ⸺**-
Schaltstoßspannung** / positive 1.3 overvoltage
sparkover || ⸺**spannung** *f* / front-of-wave impulse
sparkover voltage || ⸺**-Stoßspannung** *f* / front-of-
wave impulse sparkover voltage || **Prüfung der** ⸺**-
Stoßspannung** / front-of-wave voltage impulse
sparkover test
Stirn·bearbeitung *f* / face machining || ⸺**bereich** *m* /
end section || ⸺**blech** *n* / end plate || ⸺**dauer** *f*
(einer Stoßspannung) / front duration || ⸺**drehen**
n / facing *n*, face turning || ⸺**drehmeißel** *m* / facing
tool, face turning tool || ⸺**druckkontakt** *m* / end-
pressure contact
Stirnfläche *f* / end face, face *n*, frontal area, forepart
n, front face || ⸺ *f* (Bürste) / face *n* || **hintere** ⸺
(Bürste) / back face, back *n* || **vordere** ⸺ (Bürste) /
front face, front *n*
Stirnflächen, Steckverbinder-⸺ / connector
interface || ⸺**abstand** *m* / air gap, opening *n* ||
⸺**bearbeitung** *f* / face machining || ⸺**dichtung** *f* /
interfacial seal, contact barrier seal || ⸺**kopplung**
f / butt joint || ⸺**nut** *f* / face groove
Stirn·fräsen *n* / face milling || ⸺**fräser** *m* / face
milling tool, face cutter, facing cutter || ⸺**gerade** *f*
(Welle) / wave-front line || ⸺**kante** *f* / face edge ||
⸺**kapschnitt** *m* / square cut of ends || ⸺**kehlnaht** *f* /
transverse fillet weld || ⸺**kennmelder** *m* / end
indicator, front indicator || ⸺**kontakt** *m* / front
contact || ⸺**kontakt-Steckverbinder** *m* / butting
connector || ⸺**lager** *n* / end-journal bearing ||
⸺**lauffehler** *m* / face runout || ⸺**leuchte** *f*
(Triebfahrzeug) / headlamp *n* || ⸺**magnet** *m* / face
magnet || ⸺**mitnehmer** *m* / face driver || ⸺**naht** *f* /
edge weld || ⸺**nut** *f* / face groove || ⸺**platte** *f* / front
plate, end plate
Stirnrad *n* / spur gear (spur gears transfer the motion
between parallel shafts), spur wheel || ⸺**gehäuse** *n* /
spur gear case || ⸺**getriebe** *n* / spur gearing, spur-
gear unit, parallel-axes gearing, helical gearbox ||
⸺**getriebemotor** *m* / helical gear motor ||
⸺**schneckengetriebemotor** *m* / contrate worm
gear motor || ⸺**vorgelege** *n* / spur gearing, spur-
gear speed reducer, reduction gear with spur wheels
Stirn·scherversuch *m* / transverse shear test ||
⸺**schlag** *m* (Welle) / axial wobble, end float ||
⸺**schneider** *m* / end cutter
Stirnseite *f* (Kessel) / end *n*, end face, small side,
front end, face end || ⸺ *f* / forepart *n*, front face,
face *n* || ⸺ *f* (Wickl.) / overhang *n*, end winding,
coil ends
Stirnseiten·auskeilung *f* / overhang packing,
overhang wedge bracing || ⸺**bearbeitung** *f* / front
end machining
stirnseitig *adj* / on the face end, frontal || ~
aneinanderreihbar / buttable end to end
Stirn·stecher *m* / face-end plunge-cutter ||
⸺**stehstoßspannung** *f* / front-of-wave withstand
voltage || ⸺**stehstoßspannungsprüfung** *f* / front-of-
wave impulse test || ⸺**steilheit** *f* / front steepness,
virtual steepness of front || ⸺**stoß** *m* / edge joint ||
⸺**streuung** *f* (el. Masch.) / end leakage, overhang
leakage, brow leakage, coil-end leakage || ⸺**- und
Mantelflächenbearbeitung** *f* / end face and
generated surface machining || ⸺**verbinder** *m* (el.

Masch.) / end connector || ⁓**verbindung** *f* (el. Masch.) / end winding IEC 59(411), end connection || ⁓**verluste** *m pl* (el. Masch.) / end losses || ⁓**versteifung** *f* / overhang packing block, coil-end bracing, end-turn bracing, end-turn wedging
stirnverzahnte Kupplung / toothed coupling, gear coupling
Stirn·wand *f* / end wall, bulkhead *n*, front panel, front wall || ⁓**zahn** *m* / end tooth, face tooth || ⁓**zapfen** *m* (Welle) / thrust journal, journal for axial load || ⁓**zeit** *f* / front time, virtual duration of wavefront
STL / Short-Circuit Testing Liaison
STN (Super Twisted Nematic) / Super Twisted Nematic (STN) (LCD-Technologie) || ⁓**-Display** *n* / STN display
STO *n* / Safe torque off (STO)
Stöber-Getriebe *n* / Stöber gear
Stöbern *n* (ohne Autorisierung Durchsuchen von Restdaten, um sich sensitive Information anzuzeigen) / scavenge *n*
stochastisch *adj* / stochastic *adj* || ⁓ **definierte Grenze** / probability limit || **⁓e zyklische Änderung** / random cyclic change || **⁓er Prozess** / stochastic process || **⁓es adaptives Regelsystem** / stochastic adaptive control system
Stocherblech *n* / prodproofing guard, prod guard
stochersicher *adj* / prodproof *adj*, poke-proof *adj*
stocken *v* / thicken *v*, liver *v*, feed *v*, body up
Stock·-Federzugklemme *f* / tier spring-loaded terminal || ⁓**-Klemme** *f* / tier terminal
Stockpunkt *m* / pour point, solidification point || ⁓**bestimmung** *f* / pour-point test || ⁓**erniedriger** *m* / pour-point depressor || ⁓**verbesserer** *m* / pour-point depressor
Stock-Schraubklemme *f* / tier screw-type terminal
Stockwerk *n* / floor *n*, storey *n* || ⁓ *n* (Trafo-Wickl.) / tier *n* || ⁓**druckknopf** *m* (Fahrstuhl) / landing call button || ⁓**-Kletterkran** *m* / floor climbing crane
Stockwerksverteilung *f* / storey distribution board (o. unit), floor panelboard
Stockwinde *f* / rack-and-pinion jack, ratchet jack
Stoff, hochgiftiger ⁓ / highly toxic chemical || ⁓**dach** / soft top
Stoffe, fließende ⁓ / fluid materials
Stoff·liste *f* / bill of material, BOM || ⁓**menge** *f* / amount of substance || **⁓mengenbezogen** *adj* / molar || **⁓schlüssige Verbindung** / material-formed joint || ⁓**strom** *m* / flow *n*, mass flow || ⁓**trennung** *f* / separation of substances || ⁓**tuch** *n* / cloth *n* || ⁓**- und Produktionsparameter** *m* / formula *n*
Stollen *m* (Tunnel) / tunnel *n* || ⁓ *m* (Verpackung) / batten *n* || **Einlauf~** *m* / inlet tunnel || **Kabel~** *m* / cable tunnel
Stopf·automat *m* / automatic tufting machine || **~barer Digit-Zeitschlitz** (Digit-Zeitschlitz, der in regelmäßigen Zeitintervallen zum Stopfen eines digitalen Signals bereitgestellt wird) / justifiable digit time-slot
Stopfbuchse *f* / stuffing box, packing gland, packing box, compression gland || ⁓ *f* (Kabeleinführung) EN 50014 / gland *n* || ⁓ *f* (Ventil) / packing box || ⁓ **der Armatur** / stuffing box of the valve || ⁓ **mit Manschetten** / stuffing box using performed V-rings, stuffing box using molded V-rings
Stopfbuchsenbrille *f* / gland follower, gland *n* || ⁓ *f* (Leitungseinführung) / clamp *n*
stopfbuchsenlos *adj* / glandless *adj*, packless *adj* || **~es Ventil** / packless valve
Stopfbuchsenverschraubung *f* / screwed glands
Stopfbuchs·innenoberfläche *f* / inside wall of the stuffing box || ⁓**packung** *f* / packing of the stuffing box || ⁓**reibung** *f* / friction of stuffing box || ⁓**verschraubung** *f* / compression gland, packed gland, bonding gland, screw gland, packing bolts
Stopf·dichte *f* / bulk density, apparent density, loose bulk density || ⁓**digit** *n* / justifying digit
Stopfen *m* (gesteuerte Änderung der Digitrate eines digitalen Signals ohne Verlust oder Verstümmelung der Information) / plug *n*, stopper *n* || ⁓ *n* (zur Erhöhung der Digitalrate) / stuffing, digital stuffing || ⁓ *n* / justification *n*
Stopf·-Informationsdigit *n* (Digit, das Information über den zum Stopfzeitpunkt vorgenommenen Vorgang überträgt) / justification service digit || ⁓**kapazität** *f* (maximal mögliche Stopfrate beim Stopfen) / justification capacity || ⁓**maschine** *f* / tufting machine || ⁓**quote** *f* (Verhältnis der Stopfrate zur Stopfkapazität) / justification ratio || ⁓**rate** *f* (Anzahl der Zeitpunkte je Sekunde, in denen ein digitales Signal gestopft wird) / justification rate || ⁓**schraube** *f* / screw plug, pipe plug, stopper *n* || ⁓**zeichen** *n* (Zeichen, das auf isochronen Übertragungsabschnitten benutzt wird, um Unterschiede in den Taktfrequenzen auszugleichen) / stuffing character || ⁓**zeitpunkt** *m* / justification instant
Stopp *m* / stop *n* || ⁓ **bei Adressengleichheit** / stop with breakpoints || ⁓ **Gang WT** / stop turn CD || ⁓ **Reaktionswert** / stop reaction value || ⁓**anforderung** *f* / stop request || ⁓**-Ansteuerung** *f* / stop control || ⁓**-Anweisung** *f* / stop statement || ⁓**auslöser** *m* / stop trip
Stoppbahn *f* / stopway *n* || ⁓**befeuerung** *f* / stopway lighting || ⁓**feuer** *n* / stopway light || ⁓**marker** *m* / stopway day markers || ⁓**rand** *m* / stopway edge || ⁓**randmarker** *m* / stopway edge marker
Stopp·balken *m* / stop bar || ⁓**balkenfeuer** *n* / stop bar light || ⁓**barren** *m* (STB) / stop bar (STB) || ⁓**bedingung** *f* / stop condition || ⁓**befehl** *m* (FWT) / stop command || ⁓**bit** *n* DIN 44302 / stop bit, stop element || ⁓**bremse** *f* / quick-stopping brake || ⁓**element** *n* (auf nur ein einziges Signalelement begrenztes Stoppsignal, dessen Dauer gleich oder größer als ein festgelegter Mindestwert ist) / stop element
stoppen *v* / stop *v*
Stopper *m* / stopper *n* || ⁓ **auf** / stopper open || ⁓ **betätigen** / Actuate stopper (button) || ⁓ **zu** / stopper closed
Stopp·ereignis *n* / stop event || ⁓**fläche** *f* / stopway *n*
STOPP-Funktion *f* / STOP function
Stopp·-Kategorie *f* / stop category || ⁓**-Kategorie 0** *f* (Stillsetzen durch sofortiges Abschalten der Energie zu den Maschinen-Antriebselementen) / Stop Category 0 || ⁓**-Kategorie 1** *f* (gesteuertes Stillsetzen, wobei die Energie zu den Maschinen-Antriebselementen beibehalten wird, um das Stillsetzen zu erzielen) / Stop Category 1 || ⁓**kennung** *f* / stop identifier
STOPP-LED / STOP LED

Stopp

Stopp·licht *n* / brake light, stop light || **⸗linie** *f* / stop line || **⸗modul** *n* / stop module || **⸗motor** *m* / sliding-rotor motor || **⸗motor** *m* (m. eingebauter Bremse) / brake motor
STOPP-Nocken *f* / STOP cam *n*
Stopp·reaktion *f* / stop response, stop reaction || **⸗routine** *f* / stop routine || **⸗schleife** *f* / stop loop || **⸗signal** *n* (Signal bei Start-Stopp-Übertragung, das jeder Gruppe von Signalelementen folgt und das Empfangsgerät auf den Empfang des folgenden Startsignals vorbereitet oder das Gerät in Ruhestellung bringt) / stop signal || **⸗spannung** *f* / stop voltage || **⸗stelle** *f* / stop point || **⸗taste** *f* / stop button
STOPP-Taster *m* / Stop button
Stopp-Telegramm *n* / STOP message, stop telegram || **⸗uhr** *f* / stopwatch *n*, seconds counter || **⸗verhalten** *n* / stop *n*, stop behavior || **⸗vorrichtung** *f* / stop device || **⸗zeichen** *n* / stop character
Stoppzustand *m* / stop status, stop condition, stop mode || **weicher** ⸗ / soft stop mode
Stöpsel *m* (Steckerelement) / (telephone) plug, bridging plug, plug *n* || **Telefon~** *m* / telephone plug
STÖR (Störstellung) / disturbance position, DBI state, INTER (intermediate position)
Stör00 / intermediate state00
Stör11 / indeterminate state11
Stör·ablaufprotokoll *n* / incident review log (IRL), post-mortem review || **⸗ablaufprotokollierung** *f* / post-mortem review || **⸗abschaltung** *f* / shut-down on faults, disconnection on faults || **⸗abstand** *m* / noise ratio, signal-to-noise ratio, noise margin || **⸗abstand** *m* (logarithmiertes Verhältnis) / signal to interference ratio || **dynamischer ⸗abstand** / dynamic noise immunity || **⸗abstrahlung** *f* / noise radiation, noise emission, radiation of electromagnetic waves || **⸗abweichung** *f* (Änderung im Beharrungswert der stabilisierten Ausgangsgröße eines Stromversorgungsgeräts) / output effect || **⸗abweichungsbereich** *m* DIN 41745 / output effect band IEC 478-1, effect band
Storage Area Network (SAN) *n* / Storage Area Network (SAN)
Stör·analyse *f* / fault analysis, error log || **~anfällig** *adj* / vulnerable *adj*, susceptible to faults, fault-prone *adj*
Störanfälligkeit *f* / vulnerability *n*, susceptibility to faults, susceptibility to disruption || ⸗ *f* (durch Fremdfelder, elektrostat. Entladungen, Überspannung zwischen Erdverbindungen) / susceptibility *n*, electromagnetic susceptibility, interference susceptibility
Störanregung *f* (KW-Leittechnik, Zustandsmeldung) / status discrepancy alarm
Störanregungs·frequenz *f* / spurious response frequency || **⸗kraft** *f* / deflecting force || **⸗-Unterdrückungsfaktor** *m* / spurious response rejection ratio
Stör·anzeige *f* (Anzeige, die von Störungen außerhalb eines Prüfsystems hervorgerufen wird) / disturbance indication || **⸗atom** *n* / impurity atom || **⸗aufschaltung** *f* / feedforward control || **⸗ausblendung** *f* / interference suppression
Störaussendung *f* VDE 0870 / emitted interference, interference emission, noise emission || **feld- und leitungsgebundene** ⸗ / radiant and conducted interference emission
Stör·beeinflussung *f* (durch Fremdspannungen) / interference *n*, electrical interference, disturbing influence || **⸗beobachtung** *f* / disturbance estimation || **⸗bereich** *m* DIN 19226 / range of disturbance variable || **⸗bereich** *m* (zulässiger Bereich der Störgrößen) / admissible range of disturbances || **⸗beseitigung** *f* / fault clearance || **⸗betätigung** *f* / operation in case of fault || **⸗bewertung** *f* / weighting factor of frequency, noise weighting, weighted harmonic content || **⸗bildung** *f* / fault generation || **⸗bit** *n* / fault bit || **⸗blindwiderstand** *m* / spurious reactance, parasitic reactance || **⸗code** *m* / fault code || **⸗code-Liste** *f* / fault code list || **⸗datenzentralgerät** *n* / Central acquisition unit for fault data || **⸗diagnose** *f* / fault diagnosis
Stored Program Control (SPC) / stored program control (SPC)
Stör·einfluss *m* / disturbance *n*, disruptive influence || **elektrischer ⸗einfluss** / electrical noise condition || **⸗einflüsse** *m pl* / interferences *n pl* || **⸗einkopplung** *f* / disturbance(-signal) injection, interference(-signal) injection, interference coupling, interference input, interference injection || **feldgebundene ⸗einkopplung** / field-related interference || **leitungsgebundene ⸗einkopplung** / conducted interference || **⸗einstrahlfläche** *f* / interference injection area || **⸗einstrahlung** *f* / interference *n*, interference radiation || **⸗einstreuung** *f* / coupling *n*, interference *n* || **⸗eintrag** *m* / fault entry || **⸗empfindlichkeit** *f* / susceptibility *n*, electromagnetic susceptibility, interference susceptibility
störend·er Eindruck (Flicker) / visual discomfort || **~es Geräusch** / offending noise
Störendezeit *f* / fault end time
Störfall *m* / incident *n*, fault *n*, malfunction *n*, accident *n*, event of a fault || **⸗analyse** *f* / fault analysis || **⸗-Behandlung** *f* / handling of malfunctions || **⸗daten** *plt* / fault-related data || **⸗diagnose** *f* / fault diagnosis || **⸗drucker** *m* / disturbance logger, event logger || **⸗früherkennung** *f* / detection of incipient faults || **⸗nummer** *f* / fault number, FltNum *n* || **⸗protokoll** *n* / fault log, malfunction log (o. printout) || **⸗puffer** *m* (speichert Störfallmeldungen, die innerhalb eines Störfalles auftreten) / fault log
Störfeld *n* / disturbance field, interference field, noise field, contaminating field || **magnetisches ⸗** / magnetic interference field, stray magnetic field || **Prüfung im magnetischen ⸗** / magnetic interference test || **⸗abstand** *m* / field-to-noise ratio || **⸗-Messgerät** *n* / disturbance-field measuring set || **⸗stärke** *f* / disturbance-field strength, interference-field strength, noise-field intensity, radiated electromagnetic field
Störfestigkeit *f* / noise immunity, immunity *n*, immunity to interference, interference immunity factor, conducted immunity || ⸗ *f* (Fähigkeit einer Einrichtung, eines Gerätes oder Systems, in Gegenwart einer elektromagnetischen Störgröße ohne Funktionsminderung zu funktionieren) / interference immunity || ⸗ *f* (Fähigkeit, eine festgelegte Anforderung zu erfüllen, wenn sie Störsignalen mit festgelegten Pegeln ausgesetzt ist) / immunity to noise || **⸗ gegen**

elektromagnetische Störungen / noise immunity || ⸺ gegen Entladung / immunity to electrostatic discharge
Störfestigkeits·bereich m IEC 50(161) / immunity margin || ⸺grad m / immunity level || ⸺grenzwert m IEC 50(161) / immunity limit || ⸺pegel m / immunity level || elektrische ⸺prüfung / electrical noise test || ⸺verhältnis n IEC 60050 (161) / immunity margin
Störfleck m / picture blemish, blemish n
Störfrequenz f / interference frequency, parasitic frequency || ⸺gang m / interference frequency response || ⸺unterdrückung f / interference frequency suppression
Stör·generator m / noise generator || ⸺geräusch n / interference noise, disturbing noise || ⸺gewicht n VDE 0228 / weighting factor of frequency, noise weighting, weighted harmonic content || ⸺gleichspannung f / d.c. component of fault voltage || ⸺grad m / interference level || ⸺grenze f (Flicker) / limit of irritation
Störgröße f / disturbance variable || ⸺ f DIN 19226 / disturbance n || ⸺ f (Einflussgröße) / influencing quantity || ⸺ f (Geräusch) / noise quantity || ⸺ f (elektromagn. S.) / interference n || elektrische ⸺ (äußere Störung) / electrical transient || leitungsgebundene ⸺ / noise immunity || leitungsgeführte ⸺ IEC 60050(161) / conducted disturbance || schnelle transiente ⸺ IEC 50(161) / burst n
Störgrößen·aufschaltung f / feedforward control, feedforward compensation, feedforward injection of disturbance variable || starre ⸺aufschaltung / rigid feedforward control, rigid feedforward compensation || ⸺beobachter m / disturbance observer || ⸺bereich m / disturbance range || ⸺schreiber m / disturbance recorder || ⸺sprung m DIN 41745 / (disturbance) step change
Stör·grundanalyse f / post-mortem review || ⸺halbleiter m / extrinsic semiconductor
Störimpuls m / disturbing pulse, interfering pulse, noise pulse, spurious pulse, interference pulse || ⸺ m (Glitch) / glitch n || ⸺erkennung f (Glitch-Erkennung) / glitch recognition || ⸺filter n / glitch filter || ⸺speicher m (Glitch-Speicher) / glitch memory || ⸺-Triggerung f (Glitch-Triggerung) / glitch trigger
Stör·karte f / fault module || ⸺klasse f / fault class || ⸺kontur f / disturbing contour || Teilentladungs-⸺ladung f / partial-discharge charge, nominal apparent PD charge || ⸺lage f / intermediate position, intermediate state, off-end position || ⸺lampe f / fault lamp || ⸺leistung f / disturbance power, noise power, interference power, disturbance power, radio interference power, interfering power || ⸺leistung f (HF-, RF-Störung) / RFD power || ⸺leistung f (HL) / spurious output power || ⸺leitung f (Ph.) / impurity conduction || ⸺leuchtdichte f / unacceptable reflected luminance || ⸺licht n / interfering light || ⸺lichtblende f / shield n
Störlichtbogen m / accidental arc, arcing fault, internal fault || innerer ⸺ / internal arcing fault || ⸺festigkeit f / resistance to accidental arcs, resistance to internal faults, fault withstand capability, short-circuit strength, resistance to arc faults

störlichtbogengeprüft adj / tested for resistance to accidental arcing, tested for resistance to internal faults, arc-fault tested
Störlichtbogen·prüfung f / internal arc test IEC 157, accidental arc test, arc test, internal fault test || ⸺schutz m / protection against internal arcs
störlinienfrei adj / spurious free
Störmelde·ausgang m / fault message output || ⸺auswertung f (Baugruppe) / fault alarm evaluator, fault alarm evaluating module || ⸺datenbank f / error message database || ⸺erfassung f / error message detection || ⸺gerät n / fault signaling unit || ⸺liste f / fault code list, error message list || ⸺puffer m / fault message buffer || ⸺relais n / alarm relay || ⸺system n / fault signalling system, fault annunciating system || ⸺tableau n / alarm annunciator || ⸺übertragung f / transfer of error messages
Störmeldung f / fault signal, fault indication, alarm indication (o. display), alarm, nuisance call, error message, nuisance alarm, alarm message, error alarm, malfunction information || ⸺ f (gibt am Bediengerät Auskunft über Betriebsstörungen der Maschine oder Anlage, die an der Steuerung angeschlossen ist) / fault message || ⸺zähler m / error message counter
Stör·merker m / fault flag || ⸺messgerät n / noise measuring set, circuit-noise meter, noise level meter || ⸺modenschwingungen f pl / spurious-mode oscillations || ⸺moment n / disturbing torque, harmonic torque, parasitic torque
stornieren v (z.B. eine Funktion) / cancel v
Stornierung f / cancellation n, reversal n
Stör·niveau n / impurity level || ⸺nummer f / fault number || ⸺ort m DIN 19226 / point of disturbance
Störpegel m / background noise level, noise level, disturbance level, radio interference level || ⸺alarm m / S/N alarm || ⸺messer m / psophometer n
Stör·protokoll n / fault log, malfunction log (o. printout) || ⸺prüfung f / interference test || Hochfrequenz-⸺prüfung f / high-frequency disturbance test, disturbance test IEC 255 || ⸺puffer m / fault buffer, fault storage, error memory || ⸺quelle f (HF-, RF-Störung) / radio frequency disturbance source || ⸺quelle f / noise source, source n || ⸺quelle f VDE 0870, T.1 / source of interference, disturbing source, interference source || ⸺quittung f / fault acknowledgement
Stör·reaktanz f / spurious reactance, parasitic reactance || ⸺reaktion f / fault reaction || ⸺resonanz f / parasitic resonance || ⸺schreibung f / fault recording || ⸺schrieb m / fault recording
Störschutz m / interference suppression (device) || erhöhter ⸺ / increased interference suppression || ⸺beschaltung f / interference rejection circuit || ⸺filter n / interference suppressor filter, m radio noise filter || ⸺kondensator m / anti-interference capacitor, interference suppression capacitor || ⸺maßnahmen f pl / interference suppression || ⸺schaltung f / interference rejection circuit || ⸺transformator m / noise protection transformer (NPT), interference suppressing transformer
Störschwelle f (Lärm) / threshold of discomfort || ⸺ f (Licht) / threshold of irritability || ⸺ f IEC 50 (161) / limit of disturbance, interference threshold

Stör 848

|| **Logik mit hoher** ~ / high-threshold logic (HTL)
Stör·schwingung f / parasitic oscillation ||
~**schwingungen** f pl / parasitic oscillations,
spurious oscillations || ~**senke** f / noise receiver,
sink n || ~**senke** f VDE 0870, T.1 / potentially
susceptible equipment (o. device)
störsicher adj (störspannungsfrei, geräuschfrei) /
noise-free, inference-proof adj || ~ / fail-safe adj ||
~**e Signalübertragung** f / noise-free signal
transmission || ~**er Eingang** / noise-proof input,
noise-immune input
Störsicherheit f / operational reliability, operational
safety, immunity to noise, resistance n || ~ f (gegen
el. Beeinflussung) / interference immunity || ~ f
(OS) / reliability n || ~ f (Fremdspannung) / noise
immunity, immunity n, immunity to interference,
interference immunity factor
Störsignal n / fault (o. error) signal, fault message,
unwanted signal, undesired signal, interference
signal, parasitic signal, spurious signal, noise
signal || ~ n (Signal, das den Empfang eines
Nutzsignals beeinträchtigt) / interfering signal || ~
n (Rauschen) / noise n (signal) || ~ n (Datenträger,
Lesespannung) / drop-in n, extra pulse
Störspannung f (Fremdspannung) / interference
voltage, psophometric interference voltage, noise
voltage, parasitic voltage || ~ f
(Verlagerungsspannung) / displacement voltage ||
~ f (Schutz) / disturbance voltage || ~ f
(mechanisch) / discontinuity stress || ~ f (HF-, RF-
Störung) / RFD voltage || ~ f / terminal
interference voltage, terminal voltage || **Gleichtakt-**
~ f / common-mode parasitic voltage, common-
mode interference voltage
Störspannungseinfluss, Gleichtakt-~ m / common-
mode interference
Störspannungs·faktor m / parasitic voltage
interference factor || ~**festigkeit** f / noise
immunity, interference immunity, interference
rejection
störspannungsfrei adj / noise-free adj, noiseless adj
Störspannungs·messer m / interference voltage
meter || ~**prüfung** f VDE 0670, T.104 / radio
interference test IEC 168, radio interference
voltage test (RIV test) IEC 56-4, radio influence
voltage test (NEMA SG 4), RIV test || ~**sicher**
adj / immune to interference || ~**unterdrückung** f /
noise suppression, interference voltage suppression
Stör·speicher m / error memory, fault memory ||
~**spektrum** n (Rauschspektrum) / noise spectrum,
spectrum of interference || ~**sperre** f / interference
suppressor || ~**spitze** f / spurious peak || ~**spitze** f
(Glitchimpuls) / glitch n || ~**spitze** f / spike n
Störstelle f (Kristallgitter) / imperfection n (crystal
lattice), impurity atom || ~ f / impurity n
Störstellen·aktivierungsenergie f / impurity
activation energy || ~**atom** n / impurity atom,
impurity n || ~**band** n / impurity band || ~**dichte** f /
impurity concentration || ~**diffusion** f / impurity
diffusion || ~**-Haftstelle** f / impurity trap || ~
halbleiter m (dotierter Halbleiter) / extrinsic
semiconductor || ~**kompensation** f / impurity
compensation || ~**leitung** f / extrinsic conduction,
conduction by extrinsic carriers || ~**leitung** f
(Leitung im dotierten Halbleiter) / defect
conduction || ~**niveau** n / impurity level || ~**profil**
n / dopant profile || ~**übergang** m / junction n ||
~**verteilung** f / dopant profile
Störstellung f (Zwischenstellung) / intermediate
position, intermediate state, off-end position || ~ f
(STÖR) / intermediate position, disturbance
position, DBI state, inediate position
Störstellungsunterdrückung f / faulty state
information suppression, intermediate state
information suppression, (switchgear) operating
delay suppression
Stör·stoff m / impurity n || ~**strahlung** f / radiated
noise, interfering radiation, perturbing radiation,
spurious radiation, emitted noise ||
~**strahlungsfestigkeit** f / immunity to radiated
noise || ~**strom** m (HF-, RF-Störung) / RFD
current || ~**strom** m (Fremdstrom) / interference
current, parasitic current || ~**strom** m (Fehlerstrom,
Wandlerfehlerstrom) / error current, current due to
transformer error || ~**strom** m (Schutz, Strom
infolge Fehlanpassung der Wandler) / spill current
|| ~**struktur** f / disruptive structure || ~**umgebung**
f / noisy environment || ~**- und
Empfindlichkeitsgrenzwerte** m pl / defect- and
sensitivity limit values || ~**- und zerstörfeste
Logik** (SZL) / high-noise-immunity and surge-
proof logic, high-level logic (HLL) ||
~**unempfindlich** adj / noise resistant, noise
immune || ~**unempfindlichkeit** f / integrity n,
interference immunity n
Störung f / disturbance n, trouble n, fault n,
malfunction n, failure n, breakdown n || ~ f
(vordefinierte Meldeart nach DIN) / error n || ~ f
VDE 0228 / disturbance n, DIN 40042
malfunction n || ~ f (Rauschen) / noise n,
interference n || ~ **durch Zündfunken** / ignition
interference || ~ **in der Automatisierungsanlage** /
failure (emergency) in the control system || ~
quittieren / reset alarm, reset fault || **induktive oder
kapazitive** ~ / inductive and capacitive
interference || **leitungsgebundene** ~ / mains-borne
disturbance, conducted interference, conducted
noise || **leitungsgeführte** ~ / mains-borne
disturbance, conducted interference || **magnetische**
~ / magnetic interference
STÖRUNG-Meldung / FAULT signal
Störungsablauf m / incident history || ~**protokoll** n
(STAP) / incident review log (IRL), post-mortem
review
Störungs·analyse f / fault analysis || ~**anfälligkeit** f /
susceptibility n, electromagnetic susceptibility,
interference susceptibility || ~**anlass** m / incident n
IEC 50(604) || ~**annahme** f / fault registration ||
~**anrufbeantwortung und -analyse** f / trouble call
answering and analysis system
Störungsanzeige f / malfunction indication, fault
indicator, trouble indication || ~ f
(Automatisierungssystem) / malfunction indication
(o. display), alarm indication (o. display) || ~**logik** f
(Automatisierungssystem) / malfunction (o. alarm)
display logic
Störungsanzeiger m / fault indicator
Störungsaufklärung f / fault diagnosis || ~ **und -
beseitigung** / fault recovery
Störungs·aufzeichnungsgerät n / disturbance
recorder, perturbograph n || ~**auslösung** f / fault
message trigger signal, fault trigger ||
~**auswirkung** f / effect of malfunction ||
~**bearbeitung** f / fault handling

störungsbedingt·e Nichtverfügbarkeit / forced outage || **~e Nichtverfügbarkeitsdauer** / forced outage duration
Störungsbehebung f / noise cancellation, interference suppression, debugging n, fault correction, troubleshooting n, fault clearance, trouble-shooting
Störungsbeschreibung f / disturbance profile
Störungsbeseitigung f / correction of disturbances, trouble shooting, remedying faults, debugging n, troubleshooting n, fault correction || ～ f (Netz) / fault clearance || ～ f (Störspannung) / noise cancellation, interference suppression
Störungs·bildung f / fault generation || **～bit** n / exception bit || **～buch** n / fault log
Störungsdauer f DIN 40042 / malfunction time || ～ f (Netz) / disturbance time || ～ f (Netz, Zeitspanne zwischen Eintritt u. Beseitigung eines Fehlers) / fault clearance time
Störungs·diagnose f / fault diagnosis || **～einkopplung** f / interference coupling || **～eintrag** m / fault entry || **～entgegennahme** f / receipt of fault reports || **～erfassung** f / fault acquisition, trouble management || **～erkennung** f / fault identification || **～fall** m / breakdown n, fault n
störungsfrei adj / trouble-free adj, faultless adj, healthy adj, fault-free adj || **~** adj (störspannungsfrei) / noise-free adj, interference-free adj, clean adj || **~er Dynamikbereich** / spurious free dynamic range (SFDR)
Störungs·gebiet n / disturbance region, interference field || **～kontrolle** f / discontinuity check || **～management** n / fault management, trouble management
Störungsmeldung f / malfunction information, alarm indication, nuisance call, nuisance alarm, alarm message, error message, notification of the fault, fault message
Störungs·muster n / interference pattern || **～ort** m / error location || **～protokoll** n / fault log, malfunction log (o. printout) || **～quittierung** f / fault acknowledgement || **～reset** n / fault reset || **～rücksetzung** f / fault reset || **～schaltung** f / failure circuit || **～schreiber** m / fault recorder, disturbance recorder || **～schwund** m / interference fading
störungssicher adj / noise-immune adj || **~** adj (ausfallsicher) / fail-safe adj
Störungs·signal n / noise burst signal || **～signalisierung** f / jam signal || **～speicher** m / fault memory, error memory || **～suche** f / fault locating, trouble shooting || **～sucher** m, troubleshooter n, trouble man, **～tabelle** f / fault diagnosis chart, troubleshooting guide
störungs·unempfindlich adj (gegen Rauschen) / immune to noise, noise-immune adj || **～unterdrückung** f / interference rejection, interference suppression, noise rejection || **～ursache** f / cause of malfunction || **～verkettung** f / fault chaining || **～vorgeschichte** f / fault history || **～wert** m / fault value || **～wesen** n / fault management || **～zeit** f (Netz) / disturbance time || **～zustand** m / fault state
Stör·unterdrückung f / interference rejection, interference suppression, noise rejection, noise suppression || **～ursache behoben** / source of malfunction/ breakdown eliminated || **～verhalten** n / disturbance characteristic || **～-/Warncode** m (Codes für die jeweiligen Störungen und Warnungen, die in die entsprechenden Puffer eingetragen werden) / fault/warning code || **～welle** f / transient wave
Störwert m / fault value || **～drucker** m / alarm printer || **～erfassung** f / fault monitoring (o. detection), fault detection || **～schreibung** f / fault recording
Stör·zählimpuls m / spurious count || **～zeit** f / fault time || **～zeit (TS)** f (Summe aller durch Störungen (z.B. Spurfehler) verursachter Stillstandszeiten) / fault time, disturbance time (Tdist), malfunction period
Stoß m (Stoßwelle) / impulse n, surge n || ～ m (Fuge) / butt joint, joint n || ～ m (Impuls) / pulse n || ～ m / shock n, impact n, jerk n || **Einheits~** m (Dirac-Funktion) / unit pulse, unit impulse (US) || **Schweiß~** m / welding joint, welded joint || **～amplitude** f / surge amplitude || **～anlassen** n / shock tempering || **～antwort** f / step response
stoßartige Änderung / impulsive variation, abrupt change
Stoß·beanspruchung f (Stoß) / impact load, sudden load change || **～beginn O_1** m / virtual origin, virtual zero, virtual time zero || **～belastbarkeit** f / impulse-load capacity, impact-load capacity, peak-load rating || **～belastung** f / impulse load, surge load, impact load, shock load, transient peak load, sudden loading || **～bewegung** f / shock motion || **～charakteristik** f / starting surge characteristic, surge characteristic
Stoß·dämpfer m / shock absorber, dashpot n || **～dämpfungsmaß** n / reflection loss || **～durchbruch** m / impulse breakdown || **～durchschlag** m / impulse breakdown || **～durchschlagfestigkeit** f / impulse breakdown strength, impulse electric strength || **～durchschlagspannung** f / impulse breakdown voltage
Stößel m / tappet n, plunger n, punch n, ram n, push rod || **～antrieb** m / plunger mechanism n || **～betätiger** m / plunger actuator || **～durchbruch** m / push-rod opening || **～endschalter** m / plunger-operated position switch || **～grenztaster** m / plunger-operated position switch || **～länge** f / push-rod length || **～-Positionsschalter** m / plunger-operated position switch || **～rohr** n / plunger tube || **～steuerung** f / control of the punch || **～weg** m / push-rod path
stoßen v (prüfen m. Stoßspannung) / impulse-test v
Stoß·energie f / impact energy || **～entladungsprüfung** f VDE 0560,4 / discharge test IEC 70
Stoßerregung f / superexcitation n, high-speed excitation, field forcing, fast-response excitation, field flashing || ～ f (Schwingkreis) / impulse excitation, shock excitation
Stoßerregungs·begrenzer m / field-forcing limiter || **～faktor** m / field-forcing factor
Stoß·erscheinung f / surge phenomenon || **～faktor** m / peak factor || **～faktor** m (Verhältnis Stoß-Wechselspannungsfestigkeit) / impulse-to-a.c.-strength ratio, withstand ratio || **～faktor** m (Festigkeitsanstieg mit Stoßsteilheit) / volt-time turn-up || **～fänger** m / bumper n, protector n
stoßfest adj / surge-proof adj, shockproof adj, impact-

Stoßfestigkeit

resistant *adj* || ~e **Leuchte** / impact-resistant luminaire, vandal-proof luminaire
Stoßfestigkeit *f* / impulse strength, surge withstand capability (SWC), surge strength || ⸗ *f* / shock resistance, impact resistance
Stoßformen *f pl* (el. Stoßprüf.) / impulse waveshapes
stoßfrei *adj* / bumpless *adj* || ~e **Umschaltung** / bumpless transfer (o. changeover), bumpless reversal
Stoß·frequenz *f* / impulse frequency, shock frequency, surge frequency || ⸗**fuge** *f* / butt joint, joint *n* || ⸗**funktion** *f* / impulse function || ⸗**generator** *m* / impulse generator, surge generator, short-circuit generator, lightning generator || **Repetitions-**⸗**generator** *m* / recurrent-surge generator (RSG) || ⸗**haltespannung** *f* / withstand impulse voltage || ⸗**impuls** *m* / shock pulse || ⸗**impulsmessung** *f* / SPM *n*, shock pulse measurement || ⸗**ionisation** *f* / collision ionization, impact ionization || ⸗**isolator** *m* / shock isolator || ⸗**kapazität** *f* / surge capacitance, impulse capacitance || ⸗**kennlinie** *f* / impulse voltage-time curve, impulse volt-time characteristic, voltage/time curves || ⸗**klinke** *f* / driving pawl || ⸗**kraft** *f* / impulsive force, impact force || ⸗**kreis** *m* / surge circuit
Stoßkurzschluss *m* / sudden short circuit || ⸗-**Drehmoment** *n* / peak transient torque, torque on sudden short circuit || ⸗-**Gleichstrom** *m* / d.c. component of initial short-circuit current, d.c. component of sudden short-circuit current ⸗**prüfung** *f* / sudden short-circuit test || ⸗**reaktanz** *f* / transient reactance || ⸗**strom** *m* / peak short-circuit current, sudden short-circuit current, maximum asymmetric short-circuit current, impulse short-circuit current || ⸗**strom** *m* (el. Masch.) IEC 50(411) / maximum aperiodic short-circuit current || **nicht begrenzter** ⸗**strom** / prospective symmetrical r.m.s. let-through current || ⸗**verhältnis** *n* / short-circuit ratio (s.c.r.) || ⸗**versuch** *m* / sudden short-circuit test || ⸗-**Wechselstrom** *m* / initial symmetrical short-circuit current, subtransient short-circuit current || ⸗-**Zeitkonstante** *f* / time constant of sudden short circuit
Stoßlängsreaktanz *f* / direct-axis subtransient reactance
Stoßlast *f* / impulse load, impact load, shock load, surge load
Stoßleistung *f* / surge power
Stoßleistungs·generator *m* / surge-power generator, impulse generator, short-circuit generator || ⸗**transformator** *m* / short-circuit transformer || ⸗-**Umformersatz** *m* / surge-power m.g. set
Stoß·linie *f* / line of impact || ⸗**maschine** *f* / shock testing machine, shock machine || ⸗**moment** *n* (plötzliche Momentenänderung) / impulse torque, suddenly applied torque, transient torque || ⸗**moment** *n* (Höchstwert) / peak transient torque, short-circuit torque || ⸗**ofen** *m* / pusher furnace || ⸗**oszilloskop** *n* / impulse oscilloscope || ⸗**pegel** *m* / impulse test level, impulse level, impulse insulation level || ⸗**platz** *m* / impulse testing station || ⸗**prüfmaschine** *f* / shock testing machine, shock machine
Stoßprüfung *f* / impulse voltage test, impulse test, surge withstand capability test (SWC test), shaker test || ⸗ *f* (el.) / impulse test, impulse voltage test || ⸗ *f* (mech.) / impact test, shock test, test for resistance to impact
Stoß-Querreaktanz *f* / quadrature-axis subtransient reactance
Stoß·reaktanz *f* / subtransient reactance || ⸗**relais** *n* / rate-of-change relay, d/dt Relais || ⸗-**Rückwärtsverlustleistung** *f* (Lawinen-Gleichrichterdiode) DIN 41781 / surge reverse power dissipation, non-repetitive reverse power dissipation
stoßsicher *adj* / surge-proof *adj*
Stoßspannung *f* / impulse voltage, voltage impulse, surge voltage, transient voltage, impulse *n*, voltage surge || ⸗ *f* (Prüfspannung) / impulse test voltage
Stoßspannungs·anlage *f* / impulse voltage testing station || ⸗**beanspruchung** *f* / impulse voltage stress, impulse stress || ⸗**charakteristik** *f* / impulse flashover voltage-time characteristic || ~**fest** *adj* / surge-proof *adj* || ⸗**festigkeit** *f* / impulse strength, surge withstand capability (SWC), surge strength, impulse withstand voltage, surge capacity || ⸗**generator** *m* / impulse generator, surge generator, short-circuit generator, lightning generator || ⸗**messer** *m* / impulse voltmeter, crest voltmeter
Stoßspannungs·pegel *m* / impulse test level, impulse level, impulse insulation level || ⸗**prüfung** *f* / impulse voltage test, impulse test, surge withstand capability test (SWC test), impulse voltage test || ⸗-**Schutzpegel** *m* / impulse protective level || ~**sicher** *adj* / surge-proof *adj* || ⸗**übertragung** *f* / surge transfer || ⸗**verlauf** *m* / impulse shape || ⸗**verteilung** *f* / surge voltage distribution, impulse voltage distribution || ⸗**welle** *f* / voltage surge, impulse wave
Stoßspitzenspannung *f* (Diode) DIN 41781 / non-repetitive peak reverse voltage || ⸗ *f* DIN 41786 / non-repetitive peak off-state voltage || ⸗ **in Rückwärtsrichtung** / non-repetitive peak reverse voltage || ⸗ **in Vorwärtsrichtung** / non-repetitive peak forward off-state voltage, non-repetitive peak forward voltage
Stoßstelle *f* / joint *n*, abutting surface || ⸗ *f* (Wellenwiderstand) / transition point || ⸗ **im magnetischen Kreis** / magnetic joint
stoßstellenfrei *adj* / jointless *adj*
Stoßstreuspannung *f* / transient leakage reactance, transient leakage reactance drop, transient reactance drop
Stoßstrom *m* / impulse current, peak current, peak withstand current IEC 157-1, surge current || ⸗ *m* / (starting) inrush current, (transformer) magnetizing inrush current || ⸗ *m* (Diode) / surge forward current, non-repetitive forward current || ⸗ *m* (Thyr.) / surge on-state current || ⸗ *m* (Prüfstrom) / impulse test current || ⸗ *m* (Scheitelwert der ersten großen Teilschwingung während des Ausgleichsvorgangs) / peak transient current || **Bemessungs-**⸗ *m* (2,5 x Kurzzeitstrom) / rated peak withstand current IEC 265 || **max. unbeeinflusster** ⸗ / maximum prospective peak current || **maximal zulässiger** ⸗ (ESR-Elektrode) / surge current (EBT-electrode) || **maximaler unbeeinflusster** ⸗ VDE 0670,T.2 / maximum prospective peak current IEC 129 || **unbeeinflusster** ⸗ VDE 0670,T.2 / prospective peak current IEC 129 || ⸗**begrenzer**

m / impulse-current limiter || **~fest** *adj* / surge-proof *adj*
Stoßstromfestigkeit *f* / surge (withstand strength), impulse withstand strength, peak withstand current, surge strength, surge current withstand capability || **Kontrolle der ~** / fault current capability check IEC 700
Stoßstrom·-Grenzwert *m* DIN 41786 / maximum rated surge on-state current || **~-Grenzwert** *m* (Diode) DIN 41781 / maximum rated surge forward current || **~kondensator** *m* / surge capacitor || **~prüfung** *f* / impulse test || **~prüfung** *f* / fault current test IEC 700 || **~schalter** *m* / remote-control switch || **~welle** *f* / surge current wave
Stoß·transformator *m* / impulse testing transformer, impulse transformer, short-circuit transformer || **~überlastbarkeit** *f* / impulse strength, surge withstand capability (SWC), surge strength || **~überschlag** *m* / impulse flashover || **~überschlagsprüfung** *f* / impulse flashover test, impulse sparkover test || **~überschlagsspannung** *f* / impulse flashover voltage, impulse sparkover voltage || **~überschlagsverzögerung** *f* / time to impulse flashover || **~überspannung** *f* / transient overvoltage || **~- und Kurzzeitstromfestigkeit** / short-time and peak withstand current
Stoß·verbinder *m* / connector *n* || **~voltmeter** *m* / impulse voltmeter, crest voltmeter || **~vorgang** *m* (Elektronen) / collision process || **~wechselstrom** *m* / impulse alternating current
Stoßwelle *f* / impulse wave, transient wave || **schwingende ~** / oscillatory impulse, oscillatory surge || **Kopplungsimpedanz für ~n** / mutual surge impedance
Stoß·werkzeug *n* / shaping tool || **~wert** *m* / impulse value || **Nenn-~wert** *m* (einer Eingangsgröße) DIN IEC 255, T. 100 / limiting dynamic value (of an energizing quantity) || **~winkel** *m* (Aufschlagwinkel) / angle of impact || **~zeit** *f* / impulse time, surge-wave duration
Stotterbremsen *n* / cadence braking
ST-Quelle *f* / ST source file
STR (Standardroutine) / STR (standard routine) || **~** *n* / statement of test results (STR)
straff *adj* (Riemen) / tight *adj* || **~ abgestimmte Federung** / taut suspension || **~e Gliederung** / tight organization || **~gewicht** *n* / tensile weight
Strafpunkte *m pl* / penalty *n*
Strahl *m* (Licht) / beam *n*, ray *n* || **~** *m* / trace *n*, beam *n* || **~** *m* (Wasser) / jet *n* || **~abbildung** *f* / trace *n* || **~abschwächer** *m* / beam attenuator || **~aufweiter** *m* / beam expander || **~ausrichtung** *f* / beam alignment || **~austastung** *f* / trace unblanking
Strahldichte *f* / radiance *n* || **zeitliches Integral der ~** VDE 0837 / integrated radiance IEC 825 || **~faktor** *m* / radiance factor || **~koeffizient** *m* / radiance coefficient || **relative spektrale ~verteilung** / relative spectral energy (o. power) distribution || **spektrale ~verteilung** / spectral radiated energy distribution, spectral power distribution, spectral energy distribution
Strahl·divergenz *f* / beam divergence || **~drehung** *f* / beam rotation || **~düse** *f* / nozzle *n*
Strahlen *n* / abrasive blast-cleaning, blasting || **~ mit körnigem Strahlmittel** (Strahlen mit körnigem Material wie Stahl, Schlacken oder Aluminiumoxid (Korund)) / grit blasting || **~ mit kugeligem Strahlmittel** (Strahlen mit kleinen Metallkugeln) / shot blasting || **~aufhellung** *f* / trace bright-up || **~austritt** *m* / emission of radiation || **~belastung** *f* / radiation burden, radiation load, dose absorbed || **~belastung** *f* (rd/h) / dose rate, dose absorbed per hour || **~beständigkeit** *f* / radiation resistance || **~brechungsmethode** *f* / refracted ray method || **Gaußsches ~bündel** / gaussian beam || **~bündelung** *f* / beam focussing || **~büschel** *n* (Entladung) / aigrette *n* || **~-de Rekombination** / radiative recombination || **~erder** *m* / star-type earth electrode, radial counterpoise, crow-foot earth electrode
strahlenförmig betriebenes Netz / radially operated network || **~es Netz** / radial network, radial system
Strahlen·gang *m* / beam path, path of beams, optical path || **~netz** *n* / radial network, radial system || **~netzstation** *f* / radial-type substation || **~weg** *m* / propagation path
Strahler *m* / radiator *n* || **~** *m* (Lampe) / reflector lamp, lamp *n* || **~** *m* (Anstrahler) / spotlight *n*, spot *n* || **~** *m* (IR-Gerät) / transmitter *n* || **~** *m* (Reflektor) / reflector *n* || **akustischer ~** / noise radiating body || **Lambert-~** / Lambertian source || **~fläche** *f* (Pyrometer) / radiator area, target area || **~lampe** *f* (Reflektorlampe) / reflector lamp || **~leuchte** *f* DIN IEC 598 / spotlight *n* || **~strom** *m* / radiation source current
Strahl·erzeuger *m* / electron gun, gun *n* || **~fänger** *m* (Lasergerät) / beam stop || **~kegelwinkel** *m* / spray cone angle || **~läppen** *n* / jet lapping || **~läppmaschine** *f* / jet lapping machine || **~leistung** *f* / radiant power, beam power || **~leistungsdichte** *f* / beam power density || **~mittel** *n* (fester Stoff zum Strahlen) / blast-cleaning abrasive, abrasive *n* || **~öffnungswinkel** *m* / beam angle || **~optik** *f* / ray optics || **~orientierung** *f* / beam orientation || **~pulsieren** *n* / beam pulsing || **~pumpe** *f* / ejector pump || **~richtung** *f* / beam direction || **~rücklauf** *m* / flyback *n*, retrace *n* || **~saugpumpe** *f* / ejector pump
Strahlspur *f* / trace *n* || **Leuchtdichte der gespeicherten ~** / stored luminance
Strahl·stärke *f* / radiant intensity || **~strom** *m* / beam current || **~sucher** *m* / beam finder || **~teiler** *m* / beam splitter || **~tetrode** *f* / beam-power tube || **~transmission** *f* / electron-beam transmission frequency || **~umschaltung** *f* / beam switching
Strahlung *f* / radiation || **~** *f* (Strahlungsleistung in einer bestimmten Richtung) / radiance *n* IEC 50 (731) || **~** *f* (Lichtverteilung) / (light) distribution || **infrarote ~** / infrared radiation (IR) || **keimtötende ~** / germicidal radiation
Strahlungsäquivalent, fotometrisches ~ / luminous efficacy of radiation
strahlungsarm *adj* / low radiation || **~er Bildschirm** / low-radiation screen
Strahlungs·ausbeute *f* / radiant efficiency, radiant yield || **~bilanz** *f* / radiation balance || **~bolometer** *n* / bolometer *n* || **~diagramm** *n* / radiation pattern || **~dichte** *f* / radiant energy density, radiation density, radiance *n* || **~druck** *m* / radiation pressure, pressure of radiation || **~empfänger** *m* / radiation detector, radiation receptor || **~empfindlichkeit** *f* / radiation sensitivity
Strahlungsenergie *f* / radiant energy || **~-**

strahlungsfeste

Thermometer *n* / radiant-energy thermometer
strahlungsfeste integrierte Schaltung / radiation-hardened IC
Strahlungsfluss *m* / radiant flux, radiant power, energy flux, radiant intensity, radiation intensity || **⁓dichte** *f* / radiant flux density, flux density
Strahlungs·funktion *f* / relative spectral distribution || **⁓gefährdung** *f* / radiation hazards || **⁓heizung** *f* / radiant heating || **⁓intensität** *f* / radiant intensity || **⁓leistung** *f* IEC 50(161) / radiated power || **⁓leistung** *f* / radiant power, radiant flux, energy flux || **~lose Rekombination** / non-radiative recombination || **⁓menge** *f* / radiant energy
Strahlungsmesstechnik, spektrale ⁓ / spectrometry *n*, spectro-radiometry *n*
Strahlungs·messung *f* / radiometry *n* || **⁓mode** *f* / radiation mode || **⁓modulationsgrad** *m* / beam modulation percentage || **⁓muster** *n* (optische Faser) / radiation pattern || **⁓ofen** *m* / radiant heating oven || **⁓pyrometer** *n* / radiation pyrometer || **⁓quant** *n* / photon *n*, radiation quantum || **⁓quelle** *f* / radiation source, source of radiation || **⁓-Sättigungsstrom** *m* / irradiation saturation current || **⁓schutzring** *m* (zur Potentialsteuerung) / grading ring, static ring || **⁓sicherheit** *f* / radiation safety || **⁓stärke** *f* / radiant intensity || **⁓summe** *f* / radiant exposure
Strahlungstemperatur, spektrale ⁓ / radiance temperature, luminance temperature
Strahlungs·thermoelement *n* / radiation thermocouple || **⁓thermometer** *n* / radiation thermometer, radiant-energy thermometer || **⁓thermosäule** *f* / radiation thermopile || **⁓träger** *m* / radiation substrate || **⁓wärme** *f* / radiant heat || **⁓winkel** *m* / radiation angle, output angle || **⁓zählrohr** *n* / radiation counter tube
Strahl·ventilator *m* / jet ventilator || **⁓verdichter** *m* / jet compressor || **⁓verdichtungsfaktor** *m* / beam compression factor, electron gun convergence ratio (GB), electron gun density multiplication (US) || **⁓verdunkelung** *f* / beam blanking || **⁓verfolgung** *f* / ray tracing
Strahlwasser *n* / hose-water *n*, jet-water *n*, water jets || **~geschützt** *adj* / jet-proof *adj*, hose-proof *adj* || **~geschützte Leuchte** / jet-proof luminaire || **~geschützte Maschine** / hose-proof machine || **⁓schutz** *m* / splashwater protection
Strahl·weg *m* / beam path || **⁓weite** *f* / beam width || **⁓winkel** *m* / jet angle || **⁓zerleger** *m* / beam splitter
Straight Tip-Stecker *m* (ST = eingetragenes Warenzeichen der Fa. AT & T) / optical plug ST
Strang *m* / chain *n*, branch *n* (eines Mehrphasenstromkreises) / phase *n* || ⁓ *m* / winding phase || ⁓ *m* (Vorgarn) / roving *n* || ⁓ *m* (dezentrale Maschinenperipherie) / line *n*, DMP line (DMP = distributed machine peripherals) || ⁓ **einer Isolatorkette** / insulator string || **gerader** ⁓ / straight line || **⁓achse** *f* / extruded material axis || **⁓anzeige Überbau** / ribbon display superstructure || **⁓breite** *f* / ribbon width || **⁓diode** *f* / isolating diode || **⁓drossel** *f* / phase reactor, line reactor
Stränge, ineinandergewickelte ⁓ / interleaved phase windings
Strang·gießmaschine *f* / continuous casting machine || **⁓größe** *f* (Phase) / phase quantity || **⁓gussanlage** *f* / continuous caster || **⁓gussprofil** *n* / continuously cast section, extruded section || **⁓kategorie** *f* /

852

ribbon category || **⁓klemme** *f* / phase terminal, line terminal || **⁓material** *n* / extruded material || **⁓messwalze** *f* / ribbon measuring cylinder || **⁓pressanlage** *f* / extruder press system
strangpressen *v* / extrude *v*
Strang·pressgehäuse *n* / extrusion-profile housing || **⁓pressprofil** *n* / press-drawn section || **⁓presswerkzeug** *n* / extrusion die || **⁓register** *n* / ribbon register || **⁓registereinzelverstellung** *f* / ribbon register individual adjustment || **⁓registergruppe** *f* / ribbon register group || **⁓sicherung** *f* / phase fuse, line fuse, a.c.-side fuse || **⁓spannung** *f* / phase voltage || **⁓strom** *m* / phase current || **⁓umschaltung** *f* / ribbon switch-over
strangverschachtelte Wicklung / imbricated winding
Strang·verstellung *f* / ribbon adjustment || **⁓verteiler** *m* / line distribution board || **⁓wert** *m* / phase value || **⁓wicklung** *f* / phase winding || **⁓-Windungszahl** *f* / number of turns per phase || **⁓zahl** *f* / number of phases || **⁓zugwalze** *f* / ribbon draw roller
strapazieren *v* / strain *v*, stress *v*
strapazierfähig *adj* / heavy-duty *adj*, hard-wearing *adj*
Straße *f* / road *n*, street *n* || ⁓ **erster Ordnung** / first-grade road || ⁓ **im Einschnitt** / road in cutting, sunken road || ⁓ **mit Gegenverkehr** / two-way road || ⁓ **zweiter Ordnung** / second-grade road
Straßen·abschnitt *m* / length of road || **⁓achse** *f* / center hole, axis *n* || **⁓aufreißer** *m* / scarifier *n* || **⁓bake** *f* / marker post || **⁓baustelle** *f* / roadway workings || **⁓bedingungen** *f* / road state || **⁓beleuchtung** *f* / road lighting, street lighting, traffic lighting || **⁓beleuchtung** *f* (Stadtstraße) / street lighting || **⁓kreuzung** *f* / crossroads *plt* || **⁓kuppe** *f* / hump *n* || **⁓lage** *f* / road holding || **⁓leuchte** *f* / street lighting luminaire, street lighting fixture, street luminaire || **⁓-Leuchtnagel** *m* / reflectorizing traffic stud || **⁓markierung** *f* / road marking, roadway marking || **⁓markierungsfarbe** *f* / road marking paint || **⁓markierungsmaschine** *f* / pavement marking machine, stripe painter || **⁓nagel** *m* / road stud || **⁓oberflächenmessgerät** *n* / profile cutter || **⁓reflektometer** *n* / road-surface reflectometer || **⁓transport** *m* / road transport || **⁓verkehrs-Signalanlage** *f* (SVA) / road traffic signal system
Strategiekonzept *n* / policy concept
strategische Erfolgsfaktoren / strategic success factors
Strato·pause *f* (obere Grenze der Stratosphäre) / stratopause || **⁓sphäre** *f* / stratosphere
Streamer-Laufwerk *n* / streamer drive
Strebbeleuchtung *f* / coal-face lighting
Strebe *f* / brace *n*, strut *n*, stay *n*
Streben·profil *n* / strut section || **⁓verlängerung** *f* / extension ring
Strebstillsetzeinrichtung *f* / face shutdown device
streckbar *adj* (Metall) / ductile *adj*, malleable *adj*
Streck·barkeit *f* / ductility *n* || **⁓blasen** *n* / stretch blowing || **⁓blasformmaschine** *f* / stretch blow forming machine || **⁓blasmaschine** *f* / stretch-blow molding machine
Strecke *f* / path *n*, length of a pipe line || ⁓ *f* (Diagramm) / chord *n*, link *n* || ⁓ *f* / route *n* || ⁓ *f* (Kanal) / channel *n* || ⁓ *f* (Verbindung) / link *n* || ⁓ *f* (Regelstrecke) / (controlled) system, plant *n* || ⁓ *f* (Bergwerk) / gallery *n*, gate *n*, heading *n* || ⁓ *f*

(graf. DV) / line *n*, line segment || ⁓ **einer Straße** / stretch of road || ⁓ **mit mittlerer Verkehrsdichte** / medium-traffic route || **Förder~** *f* / conveyor section || **gerade** ⁓ / linear path, linear span || **Kabel~** *f* / cable run || **Leitungs~** *f* / line section, line run || **Lichtbogen~** *f* / arc gap || **nichtminimalphasige** ⁓ / non-minimum-phase (type of process)
strecken *v* / lengthen *v* || **~** *v* / stretch *v*, flatten *v* || ⁓ *n* / stretching
Strecken, gebildete ⁓ / active sections || ⁓**beleuchtung** *f* (Bergwerk) / gateway lighting || ⁓**bild** *n* / route diagram || ⁓**dämpfung** *f* / path attenuation || ⁓**energie** *f* (beim Schweißen aufgewendete Energie bezogen auf die Raupenlänge) / heat input per unit length || ⁓**feld** *n* / section feeder panel || ⁓**fernmeldekabel** *n* / trackside telecommunications cable || **~gesteuert** *adj* / straight-cut *adj* || **~gesteuerte Maschine** / straight-cut machine || ⁓**kabel** *n* / section cable (feeder) || ⁓**kabelschutz** *m* / feeder cable protection || ⁓**last** *f* / balanced load || ⁓**leuchte** *f* (Grubenl.) / haulageway luminaire, locomotive headlight || ⁓**messung** *f* / end-to-end line measurement, distance measurement || ⁓**prüfeinrichtung** *f* / section testing device, line testing device || ⁓**schalter** *m* / line sectionalizer, sectionalizer *n*, line circuit-breaker, section circuit-breaker
Streckenschutz *m* (Distanzschutz mit Drahtverbindung) / pilot-wire protection, wirepilot protection, pilot protection || ⁓ **mit direktem Vergleich** / pilot protection with direct comparison || ⁓ **mit indirektem Vergleich** / pilot protection with indirect comparison || ⁓ **mit Hilfsleitung** / pilot-wire protection, pilot protection
Streckensteuerung *f* / path control, linear path control, straight line control || ⁓ *f* / line motion control system ISO 2806-1980, straight-cut control, point-to-point control
Strecken·trenner *m* / section disconnector, section isolator, line disconnector, sectionalizer *n* || ⁓**trennung** *f* (Fahrleitung, Trennstelle als Überlappung der Enden von angrenzenden Abschnitten) / insulated overlap || ⁓**typ** *m* (Regelstrecke) / type of process (controlled) || ⁓**überwachung** *f* / link monitoring || ⁓**verhalten** *n* / controlled system behavior || ⁓**verstärkung** *f* / controlled system gain, system gain, loop gain, servo gain || ⁓**zeitkonstante** *f* (Regelstrecke, Regelkreis) / system time constant, loop time constant || ⁓**zug** *m* (Grafikdarstellung) / set of connected lines
Streck·festigkeit *f* / tensile strength, yield strength || ⁓**folienanlage** *f* / stretch-foil system || ⁓**formen** *n* (Kunststoff) / drape forming || ⁓**formen** *n* (Metall) / stretch forming || ⁓**grenze** *f* / yield point, tensile yield strength || ⁓**last** *f* / proof stress || ⁓**maschine** *f* / stretching machine || ⁓**metall** *n* / expanded metal || ⁓**richtanlage** *f* / stretcher leveling machine || ⁓**richten** *f* / stretcher leveling || ⁓**spannung** *f* / tensile stress, stress by pulling
Streckung *f* / elongation *n*
Streckungsfaktor *m* / stretch factor
Streckwerk *n* / stretching unit
Strehlbacke *f* / die stock chaser
strehlen *v* / chase thread

Strehler *m* / chaser *n*, thread chaser || ⁓**backe** *f* / chaser die
Streichwerk *n* / coater *n*
Streifen *m* (Einbausystem, senkrechte Teilung) / vertical subdivision, component-feeder track (track of a component feeder) || ⁓**spannungsoptisches** ⁓**bild** / photoelastic fringe pattern || ⁓**bildung** *f* / lining *n*, streaking *n*
streifender Einfall (Schallwelle) / glancing incidence, grazing incidence
Streifen·drucker *m* / tape printer, strip printer || **~gesteuert** *adj* / tape-controlled *adj* || ⁓**gitter** *n* / grating *n* || ⁓**leiter** *m* / bus strip assembly || ⁓**leiter** *m* (Sammelschienenleiter) / bus strip || ⁓**leiterbereich** *m* / bus strip assembly area || ⁓**leitung** *f* / strip transmission line, stripline *n* || ⁓**leser** *m* / tape-reading head || ⁓**locher** *m* / paper tape punch, tape punch || ⁓**maschine** *f* / strip dispenser || ⁓**schere** *f* / strip shear || ⁓**schreiber** *m* / strip chart recorder, strip chart recording instrument IEC 258, chart recorder || ⁓**schreiber** *m* (Fernschreiber, der Zeichen in einer einzigen Zeile auf einen fortlaufenden Papierstreifen druckt) / tape teleprinter || ⁓**spender** *m* / strip dispenser
Streif·licht *n* / sided light || ⁓**spuren** *f pl* / score marks, chafing marks
strenge Anforderungen / exacting requirements, stringent demands
stressfrei *adj* / stress-free
Streuband *n* / spread *n*, scatter band, variation range || ⁓**breite** *f* / tolerance band width
Streubereich *m* / spread *n*, scatter band, variation range || **Frequenz-**⁓ *m* / frequency spread
Streubereichsgrenzen, statistische ⁓ / statistical tolerance limits
Streu·bild *n* / scatter diagram || ⁓**breite** *f* / spread *n*, scatter band, variation range || **Mess-**⁓**breite** *f* / measuring scatterband || ⁓**diagramm** *n* / scatter diagram || ⁓**emission** *f* / stray emission || ⁓**-EMK** *f* / spurious e.m.f., stray e.m.f.
streuend·e Lichtverteilung / diffusing light distribution || **~es Medium** / diffuser *n*
Streufaktor *m* / leakage factor, coefficient of dispersion, Hopkinson factor, circle coefficient
Streufeld *n* / stray field, leakage field || ⁓**energie** *f* / stray-field energy || ⁓**generator** *m* / diverter-pole generator, stray-field generator || ⁓**stärke** *f* / leakage field intensity (o. strength) || ⁓**transformator** *m* / high-reactance transformer, high-leakage-reactance transformer
Streufeld-Zeitkonstante *f* / leakage time constant || ⁓ **der Dämpferwicklung** / damper leakage time constant || ⁓ **der Dämpferwicklung in der Längsachse** / direct-axis damper leakage time constant || ⁓ **der Dämpferwicklung in der Querachse** / quadrature-axis damper leakage time constant || ⁓ **der Längsdämpferwicklung** / direct-axis damper leakage time constant || ⁓ **der Querdämpferwicklung** / quadrature-axis damper leakage time constant
Streufluss *m* / leakage flux, stray flux, magnetic dispersion || ⁓**dichte** *f* / leakage flux density
Streu·glas *n* (Leuchte) / diffusing glass cover || ⁓**grad** *m* / leakage factor, leakage coefficient, coefficient of dispersion, Hopkinson coefficient || ⁓**grenze** *f* (obere oder untere Grenze des

Streuinduktivität

Zufallstreubereichs) / dispersion limit, limit of variation || ∼**grenzen** *f pl* / limits of variation || ∼**impedanz** *f* / leakage impedance || ∼**indikatrix** *f* / indicatrix of diffusion, scattering indicatrix
Streuinduktivität *f* / leakage inductance, leakage reactance || **Ident. dyn.** ∼ / identified dyn. leak. induct. || **Ident. Gesamt-**∼ / ident. total leakage inductance
Streu·kalotte *f* / spherical dispersion cap || ∼**kanal** *m* / leakage duct
Streukapazität *f* / stray capacitance, leakage capacitance, distribution capacitance
Streukoeffizient *m* / scattering coefficient, mass scattering coefficient || ∼ *m* / diffusion coefficient || ∼ *m* (Transistor, s-Parameter) / s-parameter *n* || **spektraler** ∼ / spectral linear scattering coefficient
Streu·kopplung *f* / stray coupling || ∼**läufer** *m* / high-leakage rotor || ∼**leitung** *m* / stray conductance, leakance *n*, leakage conductance, leakage permeance
Streulicht *n* / scattered light, parasitic light || ∼ *n* / stray illumination || ∼ *n* (eines Scheinwerfers) / spill light || ∼**melder** *m* / scattered-light detector
Streu·linien *f pl* / leakage flux lines || ∼**modul** *m* / diffusion coefficient || ∼**nut** *f* / leakage slot || ∼**optik** *f* / diffuser *n* || ∼**pfad** *m* / leakage path || ∼**polwicklung** *f* / diverter-pole winding, stray-field winding || ∼**probe** *f* (el. Masch.) / applied-voltage test with rotor removed, flux test
Streureaktanz *f* / leakage reactance || ∼ **der Querdämpferwicklung** / quadrature-axis damper leakage reactance || ∼ **der Dämpferwicklung** / damper leakage reactance || ∼ **der Erregerwicklung** / field leakage reactance || ∼ **der Längsdämpferwicklung** / direct-axis damper leakage reactance || ∼ **der Schrägung** / skew leakage reactance || ∼**spannung** *f* / leakage reactance voltage
Streu·resonanz *f* / leakage resonance || ∼**scheibe** *f* / diffusing panel, diffusing screen, diffuser *n*, scatter disk || ∼**scheibenreinigung** *f* / lens cleaning || ∼**scheibenreinigungrelais** *n* / headlight wiper relay || ∼**schirm** *m* / diffusing screen, diffuser *n* || ∼**spannung** *f* / leakage reactance voltage, reactance drop, percent reactance || ∼**spannung** *f* (Trafo) VDE 0532, T.1 / reactance voltage IEC 76-1 || ∼**spannungsabfall** *m* / leakage reactance drop, reactance voltage drop || **ohmscher** ∼**spannungsabfall** / resistance voltage drop || ∼**strahlung** *f* / scattered radiation, stray radiation, diffuse radiation || ∼**strom** *m* / stray current, leakage current || ∼**strom** *m* (Fremdstrom) / interference current, parasitic current || ∼**transformator** *m* / high-reactance transformer
Streuung *f* (Diagramm) / scatter *n*, spread *n* || ∼ *f* / leakage *n*, dispersion *n* || ∼ *f* / diffusion *n*, scattering || ∼ *f* (Schutz, Streuband) / scatter band || ∼ *f* (Impulsmessung) / dispersion *n* || ∼ **der Kommandozeit** / scatter band of operating time || ∼ **der Kontaktzeiten** / contact time difference || ∼ **der Signallaufzeit** / transit-time spread || ∼ **der Verteilung** (Statistik) / variance of distribution || ∼ **innerhalb einer Charge** / batch variation || ∼**sangabe** *f* / standard deviation
streuungsarm *adj* / low-leakage *adj*
Streu·verluste *m pl* / scattering losses || ∼**vermögen** *n* / diffusion power, scattering power, diffusion

factor || ∼**weg** *m* / leakage path || ∼**wert-Diagramm** *n* DIN IEC 319 / scattergram plot || ∼**widerstand** *m* / leakage reactance || **magnetischer** ∼**widerstand** / reluctance of magnetic path || ∼**winkel** *m* / angle of diffusion, angle of divergence, scattering angle
Streu·zahl *m* / leakage factor, leakage coefficient, coefficient of dispersion, Hopkinson coefficient || ∼**zeit** *f* (Schutz, Zeitfehler) / time error limits || ∼**zeit** *f* (Schutz, Streuband der Auslösezeit) / scatter band of operating time, error in operating time || ∼**ziffer** *f* / leakage factor, leakage coefficient, coefficient of dispersion, Hopkinson coefficient || ∼**zone** *f* / scattering region
STRG (Steuerungstaste) / CTRL (control)
Strich *m* (Skale) / graduation mark, mark *n* || ∼**breite** *f* (Staubsauger) / stroke width
Strichcode *m* / bar code || ∼**-Durchzugleser** *m* / bar-code push-through reader || ∼**etikett** *n* / bar code label || ∼**-Etikettiermaschine** *f* / bar-code labeling machine || ∼**leser** *m* / bar-code scanner, bar-code reader || ∼**-Lesestift** *m* / bar-code reading wand || ∼**schild** *n* / bar-code label
Strichdiagramm *n* / bar diagram
Striche pro Umdrehung / lines per revolution
Stricheingabegerät *n* (GKS) / stroke device
stricheln *v* / dash-line *v*
Strichendmaß *n* / hairline gauge block
Strichgitter *n* / grating *n*, diffraction grating, grid *n*, grid pattern || **fotoelektrisches** ∼ / optical grating || ∼**teilung** *f* / graduated index
Strich·grafik *f* / broken-line graphics, broken-line graphic || ∼**kurve** *f* / dotted-line curve || ∼**länge** *f* (Staubsauger) / stroke length || ∼**linie** *f* / dashed line || ∼**liste** *f* / tag list || ∼**marke** *f* / line mark, hairline *n*, line marking || ∼**maß** *n* / line standard || ∼**maßstab** *m* / scale grating || ∼**muster** *n* (Staubsauger) / stroke pattern
strichpunktierte Linie / chain-dotted line, dot-and-dash line
Strich·punktlinie *f* / dash-point line || ∼**rasterverfahren** *n* / line scanning method || ∼**scheibe** *f* / rotary grating, circular disk || ∼**stärke** *f* / line thickness, stroke thickness *n*
Strichzahl *f* / encoder lines, increments *n*, no. of encoder marks, no. of encoder pulses, bar number, resolution *n*, pulses per revolution || ∼ *f* (Winkelschrittgeber) / pulse number per revolution, PPR count (PPR = pulses per revolution)
Strichzeichengenerator *m* / stroke character generator
Strick·maschine *f* / knitting machine || ∼**zylinder** *m* / knitting cylinder, needle cylinder
String / string *n*, character string (an aggregate that consists of an ordered sequence of characters), ribbon *n*, PV string || ∼**funktion** *f* / string function || ∼**länge** *f* / string length || ∼**operation** *f* / string operation
Strippeinrichtung *f* / stripping device
Stripperkran *m* / stripper crane
Strobe·-Bit *n* / strobe bit || ∼**-Impuls** *m* DIN IEC 469. T.1 / strobe pulse || ∼**takteingang** *m* / strobe pulse input
Strobing *n* DIN IEC 469, T.1 / strobing *n* IEC 4691
Stroboskop *n* / stroboscope *n* || ∼**impuls** *m* / strobe pulse
stroboskopisch·e Läuferscheibe / stroboscopic meter disc || **~e Prüfung** / stroboscopic test || **~er**

Drehzahlgeber / stroboscopic speed pickup || **~er Effekt** / stroboscopic effect
Stroboskoplicht n / stroboscopic light
Strom m / current n || ~ m (Fluss) / flow n || ~ **bei der größten Spannung** / maximum power current || ~ **bei festgebremstem Läufer** / locked-rotor current || ~ **im optimalen Arbeitspunkt** / maximum power current || ~ **über Zeit** / current versus time || **frequenter** ~ (pulsierender S.) / pulsating current || **konventioneller thermischer** ~ / conventional thermal current || **momentenbildender** ~ / torque-producing current || **thermischer** ~ / conventional free air thermal current || **transienter** ~ / transient current || ~**abbau** m / current decay, current suppression || ~**abführung** f / generator leads, generator bus, generator connections
Stromabgabe, Zähler für ~ / meter for exported kWh
Strom·abgang m / outgoing current feeder || ~**abgriff** m / current tap
stromabhängig adj / current-dependent adj, current-responsive adj, current-controlled adj, as a function of current, inverse-time adj, current-sensitive || **~ verzögert** / inverse-time adj, with inverse time lag, inverse-time delay, inverse-time delayed || **~ verzögerte Auslösung VDE 0660, T. 101** / inverse time-delay operation IEC 157-1 || **~ verzögerte und einstellbare unverzögerte Überstromauslöser** (an-Auslöser) / inverse-time and adjustable instantaneous overcurrent releases || **~ verzögerte und festeingestellte unverzögerte Überstromauslöser** (an-Auslöser) / inverse-time and non-adjustable instantaneous overcurrent releases || **~ verzögerte und stromunabhängig verzögerte Überstromauslöser** (az-Auslöser) / inverse-time and definite-time overcurrent releases || **~ verzögerte, stromunabhängig verzögerte und festeingestellte unverzögerte Überstromauslöser** (azn-Auslöser) / inverse-time, definite-time and non-adjustable overcurrent releases || **~ verzögerter Überstromauslöser** / inverse time-delay overcurrent release IEC 157-1, inverse-time overcurrent release || **~e Auslösung** / inverse-time automatic tripping, inverse-time tripping, longtime-delay tripping || **~e Ausschaltung** / inverse-time tripping || **~e Kompensation** (f. Spannungsregler einer Synchronmasch.) / inverse-current compensator || **~e Staffelung** (Schutz) / inverse-time grading || **~e Verluste** / I^2R loss, ohmic loss, heat loss due to current, direct load loss || **~e Verzögerung** / inverse time lag || **~e Zusatzverluste** / additional I^2R losses, current-dependent stray-load losses || **~er Steuerkreis** / current-dependent control circuit || **~er Überstrom-Zeit-Schutz** / inverse-time overcurrent protection, inverse-time-lag overcurrent protection
Strom·abklingversuch m (Feldstrom einer el. Masch.) / field-current decay test || ~**ableitung** f (Wicklungsende) / main lead(s), end lead(s) || ~**ableitung** f (Gen.) / generator leads, generator bus, generator connections
Stromabnehmer m / current collector, collector n || ~ m (Trafo-Stufenschalter) / moving contact || ~**arm** m (Trafo-Stufenschalter) / moving-contact arm || ~**bürste** f / current collecting brush || ~**schiene** f / contact rail || ~**wagen** m (Schienenverteiler) / trolley-type tap-off facility || **Schienenverteiler mit** ~**wagen VDE 0660,T. 502** / trolley busway, busbar trunking system with trolley-type tap-off facilities IEC 439-2
Strom·abriss m / current chopping || ~**änderungsgeschwindigkeit** f / rate of current change || ~**angaben** f pl / current data || ~**anregung** f / current starting (element) || **spannungsabhängige** ~**anregung** / voltage dependent current starting || ~**anschlussschiene** f / inal bar
Stromanstieg m / current rise, rate of current rise
Stromanstiegs·auslöser m / rate-of-rise-of-current release, rate-of-current-rise release, rise-in-current release || ~**geschwindigkeit** f / rate of current rise, rate of rise of current || ~**relais** n / rate-of-rise-of-current relay, rate-of-rise relay
Strom·anzeiger m / ammeter n || ~**art** f / kind of current, type of current, nature of current || ~**artenumschalter** m (Bahn) / system changeover switch || ~**asymmetriegrenzwert** m / current asymmetry limit n || ~**asymmetrieüberwachung** f / current asymmetry monitoring || ~**aufnahme** f / current input, power consumption, power input, current consumption, amps drawn || ~**ausfall** m / power failure, supply failure, power loss, interruption n (to a consumer), voltage failure || ~**ausfalldauer** f / interruption duration || ~**ausgang** m / current output || ~**ausgleich** m / current compensation, current balancing
stromausgleichende Drosselspule / current-balancing reactor
Strom·auslöser m / current release || ~**austausch** m / energy exchange, exchange of electricity || ~**austrittszone** f (Streustrom) / anodic area
Strombahn m / current path, current circuit, ladder diagram line, rung n || ~ f / conducting path n, pole n (assembly) || ~ **mit beweglichem Lichtbogenkontakt** / contact assembly with moving arcing contact, contact assembly with moving arc contact || ~ **mit federndem Lichtbogenkontakt** / contact assembly with spring-loaded arcing contact
Strom·band n / flexible connector, flexible strip, link n, terminal bracket, flexible strap, power strip || ~**beanspruchung** f / current stress || ~**bedarf** m / drive power required, required drive power, power demand, current demand
strombegrenzend adj / current-limiting adj || **~e Sicherung** / current-limiting fuse || **~er Kompaktschalter** / current-limiting m.c.c.b., repulsion-contact m.c.c.b. || **~er Leistungsschalter** / current-limiting circuit-breaker, excess-current circuit-breaker || **~es Schutzgerät** / current-limiting protection equipment
Strombegrenzer m / current limiter, step-back relay || **Transduktor-**~ m / transductor fault limiting coupling
Strombegrenzung f / current limiting, current limitation, I_{rms} limiting, current limit || **Hochlauf an der** ~ / current-limit acceleration || **rückläufige** ~ / fold-back current limiting || **schnelle** ~ / Fast Current Limitation (FCL) || **Schutzschalter mit** ~ / current-limiting circuit-breaker || **Stromkreis mit** ~ **VDE 0806** / limited current circuit IEC 380
Strombegrenzungs·diode f / current regulative

Strom-Begrenzungs-Funktion 856

diode (CRD) || ⟨drossel f /⟩ current-limiting reactor || ⟨-Drosselspule f (⟩f. Sammelschienen) / bus reactor || ⟨-Drosselspule f (⟩f. Speiseleitungen) / feeder reactor
Strom-Begrenzungs-Funktion f / current-limit function
Strombegrenzungs·kennlinie f / current limiting characteristic || ⟨-Kennlinien f pl /⟩ peak let-through current chart, peak let-through current versus prospective symmetrical r.m.s. fault current characteristics || ⟨klasse f (⟩FI/LS-Schalter) / current limiting class, discrimination class || ⟨leistung f /⟩ current limiting power, current limiting rating || ⟨regler m /⟩ current limiting controller, current limiter || ⟨spannung f /⟩ current limiting voltage || ⟨widerstand m /⟩ current limiting resistor
Strombelag m / electric loading, average ampere conductors per unit length, average ampere conductors per cm of air-gap periphery, effective kiloampere conductors, specific loading || **Amplitude des** ⟨s /⟩ amplitude of m.m.f. wave || **Oberwelle des** ⟨s /⟩ m.m.f. harmonic
Strombelagswelle f / m.m.f. wave
Strombelastbarkeit f / current carrying capacity, permissible current loading, ampacity n, load rating || ⟨f (⟩Kabel) VDE 0298, T.2 / current carrying capacity, ampacity n || ⟨bei zyklischem Betrieb⟩ (Kabel) / cyclic current rating || ⟨im Notbetrieb⟩ (Kabel) / emergency current rating || **dauernde** ⟨/⟩ continuous current carrying capacity
Strombelastbarkeitskurve f / derating curve
Strombelastung f / current load || **Erwärmungsprüfung mit** ⟨aller Bauteile /⟩ temperature-rise test using current on all apparatus || **spezifische** ⟨(A/mm²) /⟩ current per unit area
Strom·bereich m / current range || ⟨bereich m⟩ (DAU) / current compliance || ⟨bereich des Sollwerts /⟩ current range of setpoint || ⟨betrag m /⟩ absolute current value || ⟨betragsistwert m /⟩ actual absolute current || **Zähler für** ⟨bezug /⟩ meter for imported kWh || ⟨bilanz f /⟩ total current || ⟨block m /⟩ current block || ⟨brücke f⟩ (Schaltbrücke) / jumper n, link n || ⟨brücke f⟩ (Messbrücke) / current bridge
Stromdämpfungsläufer m / high-torque squirrel-cage rotor, high-resistance cage rotor || ⟨motor m /⟩ high-torque squirrel-cage motor, high-resistance cage motor
Strom·derating n / current derating || ⟨diagramm erster Art⟩ (el. Masch.) / loci of stator current at constant excitation and varying load angle
Stromdichte f / current density || ⟨bei Dauerkurzschluss /⟩ short-circuit current density || ⟨feld n /⟩ steady-state electric field || ⟨modulation f /⟩ current-density modulation
Stromdiebstahl m / unauthorized power tapping, energy theft
Stromdifferential·relais n / current differential relay, balanced current relay, current balance relay || ⟨schutz m /⟩ current differential protection, current balance protection, circulating-current protection
stromdurchflossener Leiter / current-carrying conductor
Strom·durchführung f / end-lead bushing, bushing n || ⟨durchgang m /⟩ conductive continuity, continuity n || ⟨einprägung f /⟩ current injection ||

⟨einspeisebaugruppe f /⟩ power supply module || ⟨einspeisemodul n /⟩ power supply connector || ⟨einspeisungsbaugruppe f /⟩ power supply connector || ⟨-Einstellbereich m⟩ VDE 0660,T. 101 / current setting range IEC 157-1 || ⟨-Einstellwert m /⟩ current setting || ⟨eisen n /⟩ current magnet, current electromagnet, current core || ⟨eisenpaket n /⟩ current lamination pack || ⟨element n⟩ (für einen zylindrischen Leiter kleinen Querschnitts) / current element || ⟨engegebiet n /⟩ high-current-density region || ⟨erfassung f /⟩ current sensing || ⟨erfassungsmodul n /⟩ current detection module || ⟨erregergrad m /⟩ field current ratio || ⟨erzeuger m /⟩ electric generator, generator n || ⟨erzeugung f /⟩ generation of electrical energy, generation of electricity, power generation || ⟨erzeugungsaggregat n /⟩ generating set || ⟨erzeugungsanlage f /⟩ generating plant || ⟨fähigkeit f /⟩ conductivity || ⟨fahne f /⟩ current-carrying lug || ⟨fehler m⟩ (Wandler) / current error, ratio error || ⟨festigkeit f /⟩ current carrying capacity || ⟨filter m /⟩ current filter
Stromfluss m / current flow, flow of current || ⟨m⟩ (symbolischer Fluss des el. Stroms in einem Kontaktplan) / power flow EN 61131.3 || ⟨dauer f /⟩ duration of current flow || ⟨dauer f /⟩ conduction interval, conducting interval, on-state interval || ⟨logik f (⟩CML) / current-mode logic (CML) || ⟨melder m /⟩ conduction monitor, on-state indicator || ⟨richtung f /⟩ conduction direction || ⟨überwachung f /⟩ conduction monitoring || ⟨überwachung f (⟩Baugruppe) / conduction monitor || ⟨verhältnis n /⟩ conduction ratio || ⟨winkel m /⟩ conduction angle || ⟨zeit f /⟩ conduction interval, conducting interval, on-state interval
Strom·form f / current waveform || ⟨-Format n /⟩ current format n
stromführend adj / conducting adj, current-carrying adj, current-conducting adj
Stromführungs·bolzen m (Anschlussb.) / terminal stud || ⟨rolle f /⟩ contact roller || ⟨zeit f /⟩ conduction interval, conducting interval, on-state interval
Stromgeber m / current sensor, current detector, current comparator, sensor with current signal, current transmitter || ⟨-Baugruppe f /⟩ current-sensor module
stromgeregelt adj / current-controlled || **~ betrieben** adj / operated by current control || **~ unterlagert** adj / operate subordinately on, current-controlled basis || **~er Betrieb** / current-controlled mode
Strom·glättung f / current smoothing, current filtering || ⟨grenze f /⟩ current limit || ⟨grenzenumschaltung f /⟩ current limit switching || ⟨grenzwert m /⟩ current limit || ⟨grenzwertüberwachung f /⟩ current limit monitoring || ⟨harmonische f /⟩ harmonic current || ⟨impuls m /⟩ current pulse || **Prüfung mit** ⟨impulsen /⟩ pulse current test || **~induzierte Degradation** / current induced degradation
Stromistwert·anpassung f / (actual) current signal adapter || ⟨erfassung f /⟩ actual-current measuring circuit, detection of the actual value || ⟨erfassung f⟩ (Baugruppe) / actual-current sensing module (o. subassembly), current actual value calculator || ⟨glättung f /⟩ actual current smoothing
Strom·-Kennlinie f / characteristic curve || ⟨-

Kennlinien-Diagramm *n* / current characteristics diagram || ⁓**klemme** *f* / current terminal, feeder clamp || ⁓**koffer** *m* / current-testing device, current test device || ⁓**kompensator** *m* / current transformer, current comparator || ~**kompensiert** *adj* / current-compensated || ⁓**kontakt** *m* / current contact || ⁓**kontaktrohr** *n* / contact tube || ⁓**kosten** *plt* / energy costs, power costs || ⁓**kraft** *f* / electrodynamic force, Lorentz force, electromechanical force
Stromkreis *m* / electric circuit, circuit *n*, electrical circuit || ⁓ **mit Erde als Rückführung** / earth-return circuit || ⁓ **mit Schutztrennung** / safety-separated circuit || ⁓ **mit Strombegrenzung** VDE 0806 / limited current circuit IEC 380 || ⁓**aufteilung** *f* / circuit-phase distribution, distribution of phase loads, circuit phasing, phase splitting || ⁓**element** *n* / circuit element || ⁓**kenngrößen** *f pl* / circuit characteristics || ⁓**konstante** *f* / circuit constant || ⁓**länge** *f* / circuit length || ⁓**parameter** *m* / circuit parameter || ⁓**rauschen** *n* / circuit noise || ⁓**verteiler** *m* / sub-circuit distribution board, branch-circuit panelboard
Strom·kriterium *n* / current supervision (CS) || ⁓**kunde** *m* / purchaser || ⁓**kuppe** *f* / current maximum value, current peak || ⁓**lasche** *f* / current link
Stromlaufplan *m* / schematic diagram, circuit diagram, elementary diagram, wiring diagram, schematic circuit diagram
stromleitende Wicklung / electrically continuous winding
Stromleitung *f* / current conduction || ⁓ *f* (Leiter) / current lead || ⁓ **in Gas** / gas conduction
Stromleitverfahren *n* (Drehzahlreg.) / current-controlled speed limiting system, closed-loop speed control with inner current control loop
stromliefernd *adj* / current sourcing || ~**e austauschbare Logik** / compatible current-sourcing logic || ~**e Schaltungstechnik** / current sourcing logic || ~**er Ausgang** / source-mode output
Strom·lieferung *f* / electricity supply || ⁓**lieferungsvertrag** *m* / supply agreement || ⁓**linie** *f* (Kabelkanal) / plug-in cable bus
stromlos *adj* / de-energized *adj*, dead *adj*, at zero current, current-free *adj* || ~ **machen** / de-energize *v*, isolate *v*, make dead || ~**e Kontaktabscheidung** / electroless deposition || ~**e Pause** / dead (o. idle) interval, dead time || ~**e Plattierung** / electroless plating || ~**e Zeit** / idle interval, non-conducting interval || ~**er Zustand** / de-energized state || ~**es Schalten** / no-load switching, off-circuit switching || **annähernd** ~**es Schalten** / switching of negligible currents, making or breaking of negligible currents
Strom·lückbefehl *m* / current pulsation command, intermittent current command, pulsating current command || ⁓**lücken** *n* / pulsating current condition, intermittent current condition || ⁓**marke** *f* (Verletzung durch el. Lichtbogen oder Stromfluss durch den Körper) / electric mark || ⁓**menge** *f* / quantity of electricity, electric charge || ⁓**mengenmessung** *f* / (electric) charge measurement || ⁓**messer** *n* / ammeter *n*, amperemeter *n* || ⁓**messer-Umschalter** *m* / ammeter selector switch, ammeter changeover switch || ⁓**messgeber** *m* / current sensor || ⁓**messgerät** *n* / ammeter *n*, amperemeter *n* || **geglätteter** ⁓**messpunkt** / filtered current measuring point || **ungeglätteter** ⁓**messpunkt** / unfiltered current measuring point || ⁓**messumformer** *m* / current transducer || ⁓**messung** *f* / current metering, measuring current || ⁓**messwandler** *m* / current transformer || ⁓**messwerk** *n* / current measuring element || ⁓**messwiderstand** *m* / shunt *n* || ⁓**messzange** *f* / clip-on ammeter || ⁓**modul** *n* / current module
Strom·netz *n* / network *n*, power grid, grid *n* || ⁓-**Nulldurchgang** *m* / current zero, zero crossing of current wave || ⁓**nullerfassung** *f* / current zero sensing, zero current detection || ⁓**oberschwingung** *f* / current harmonic || ⁓**pendelung** *f* / current pulsation
Strompfad *m* / current path (feature of the programming language LAD), current circuit, series circuit, conducting path || ⁓ *m* (Kontaktplan) / rung *n*, ladder diagram line || ⁓ *m* (MG) / current circuit, series circuit || ⁓ *m* (im Schaltplan) / circuit *n*, diagram section
Strom·polung *f* / current polarization || ⁓**preis** *m* / rate *n*
Stromquelle *f* / power source, current source || ⁓ **begrenzter Leistung** / restricted power source
Stromquellen·ausgang *m* / source-mode output || ⁓**erde** *f* / source earth || ~**seitiger Anschluss** / supply-side terminal
Strom·raumzeiger *m* / current space vector || ⁓**rechnung** *f* / electricity bill || ⁓**reduktionsfaktor** *m* / current reduction factor || ⁓**reduzierung** *f* / current reduction, derating *n* || ⁓**regelkreis** *m* / current control loop || ⁓**regelröhre** *f* (Leuchte) / ballast tube, constant-current tube || ⁓**regelung** *f* / current control || **unterlagerte** ⁓**regelung** / secondary current control, inner current control loop
Stromregler *m* / current controller, current regulator || ⁓ **mit Lückstromanpassung** / pulsating-current-compensating current controller || ⁓ **steuert zu weit auf** / controller produces excessive values || ⁓**adaption** *f* / current controller adaptation || ⁓**ausgang** *m* / current controller output || ⁓**einstellung** *f* / current controller adjustment || ⁓**hybrid** *n* / current controller hybrid || ⁓-**Nachführung** *f* / current-controller correcting circuit (o. module) || ⁓**takt** *m* / current controller cycle
Strom·relais *n* / current relay || ⁓**richten** *n* / power conversion, electronic power conversion, conversion *n*
stromrichtendes Element / electronic controlling element for current IEC 50(351)
Stromrichter *m* / electronic power converter, semiconductor converter, power converter, static converter, rectifier *n* || ⁓ **mit natürlicher Kommutierung** / line-commutated converter, phase-commutated converter || **halbgesteuerter** ⁓ / half-controllable converter, half-controlled converter || **halbsteuerbarer** ⁓ / half-controllable converter, half-controlled converter || **mehrfach verbundener** ⁓ / multi-connected convertor || **netzseitiger** ⁓ / supply converter, line-side converter, input converter || **netzseitiger ungesteuerter** ⁓ / uncontrolled line-side rectifier

Stromrichter

|| **selbstgeführter** ⁓ (SSR) / self-commutated converter || **selbstgetakteter** ⁓ / self-clocked converter
Stromrichter·anlage *f* / converter installation || ⁓**antrieb** *m* / converter drive, static converter drive, converter-fed drive, thyristor drive || ⁓**brücke** *f* / converter bridge || ⁓**brückenschaltung** *f* / bridge converter connection || ⁓**erregung** *f* / static excitation || ⁓**gerät** *n* / converter equipment, converter assembly, converter *n*, servo-amplifier unit || ⁓**gerät** *n* (NC-System, Servo-Verstärker) / servo-amplifier *n*
stromrichtergespeister Antrieb / converter-fed drive, cycloconverter-fed drive
Stromrichter·-Grundschaltung *f* / basic converter connection || ⁓**gruppe** *f* / converter unit IEC 633 || ⁓**gruppen-Ablaufsteuerung** *f* / converter unit sequence control || ⁓**gruppenregelung** *f* / converter unit control || ⁓**-Hauptzweig** *m* / converter arm
Stromrichterkaskade *f* / static Kraemer system IEC 50(411), slip-power reclamation drive with static converter || **umschaltbare** ⁓ / converter cascade with series-parallel inverter, static Kraemer drive with series-parallel converter || **untersynchrone** ⁓ (USK) / subsynchronous converter cascade, slip-power reclamation drive with static converter, static Kraemer drive
Stromrichter·kreis *m* / converter circuit || ⁓**motor** *m* / converter-fed motor, thyristor-controlled motor, inverter motor, cycloconverter-fed motor || ⁓**satz** *m* / converter assembly || ⁓**schalter** *m* / converter circuit-breaker || ⁓**schaltung** *f* / converter connection, converter circuit || ⁓**schrank** *m* / converter cubicle || ⁓**transformator** *m* / converter transformer || ⁓**zweig** *m* / converter arm
Stromricht·fehler *m* / converter fault || ⁓**grad** *m* / conversion factor IEC 146, conversion factor in general
stromrichtungs·abhängiger Auslöser / directional current release || **~abhängiges Element** (asymmetrisches Zweipol-Stromkreis-Element) / asymmetric element, asymmetric-characteristic circuit element || ⁓**umkehr** *f* / current reversal || **~unabhängiges Element** (symmetrisches Zweipol-Stromkreiselelement) / symmetric element, symmetric-characteristic circuit element
Strom·rolle *f* / current transfer roller, contact roller || ⁓**rückgangsrelais** *n* / undercurrent relay || ⁓**rückleitungskabel** *n* / return cable || ⁓**rückleitungsschiene** *f* / return conductor rail || ⁓**sammelring** *m* / collector ring || ⁓**sammlung** *f* / current collection || **~schaltende Transistorlogik** / current-mode transistor logic (CMTL) || ⁓**schalter** *m* / current switch || ⁓**schaltung** *f* / current circuit || **prospektiver** ⁓**scheitelwert** / prospective peak current || ⁓**schicht** *f* / current sheet
Stromschiene *f* / conductor bar, conductor rail, busbar *n*, contact rail, power bus || ⁓ *f* (Anschlussschiene) / terminal bar, conductor bar || ⁓ *f* (Stromabnehmerschiene) / conductor rail, live rail, contact rail || ⁓ *f* (Kontaktplan) / power rail || ⁓ **für Leuchten** / luminaire track, supply track system for luminaires, lighting busway, lighting trunking
Stromschienen·aufhängung *f* VDE 0711,3 / track

suspension device IEC 570, busway hanger || ⁓**halterung** *f* / busbar holder || ⁓**paket** *n* / conductor bar package || ⁓**system für Leuchten** / supply track system for luminaires, lighting busway, lighting trunking system || ⁓**-Trennleiste** *f* / busbar isolating strip || ⁓**verbindung** *f* / busbar connection
Strom·schlaufe *f* / conductor loop || ⁓**schlaufe** *f* / jumper *n* || ⁓**schlaufenanschluss** *m* / jumper lug, jumper flag || ⁓**schleife** *f* / current loop, current element || ⁓**schreiber** *m* / recording ammeter
Stromschutz *m* / current protection || **nichtgerichteter** ⁓ / non-directional current protection
Strom·-Schwankungsfaktor *m* (el. Masch.) VDE 0530, T.1 / current ripple factor IEC 34-1 || ⁓**schwelle Leerlauferkennung** / current limit for no load ident. || ⁓**schwellwert I_Schwell** / threshold current I_thresh || ⁓**schwingen** *n* / current oscillations
Stromschwingung, große letzte ⁓ / major final loop || **kleine letzte** ⁓ / minor final loop
Stromschwingungen *f pl* / current oscillations, current pulsations
Strom·selektivität *f* / current discrimination, current grading || ⁓**senke** *f* / current sink, current drain || ⁓**senkenausgang** *m* / sink-mode output || ⁓**sensor** *m* / current sensor || ⁓**sensor-Wegbegrenzung** *f* / current-sensor path limitation || ⁓**sichel** *f* (Bürstenapparat) / sickle-shaped brush-arm carrier, brush-holder-stud carrier || ⁓**sicherung** *f* / fuse *n*, fusible link, fusible cutout || ⁓**signal** *n* / current signal
Stromsollwert *m* / current command value, current setpoint || ⁓**filter** *m* / current setpoint filter || ⁓**geber** *m* / current setpoint generator || ⁓**glättung** *f* / current speed value smoothing || **Aufschalten einer** ⁓**vorsteuerung** / biasing of the current setpoint || ⁓**-Wegsperrzeit** *f* / current setpoint blocking time
Strom-Spannungs·-Kennlinie *f* / I-V curve *n*, current-voltage characteristic, ampere-volt characteristic, I/U characteristic, characteristic curve (of a converter) IEC 50(551) || **Prüfung durch** ⁓**-Messung** / ammeter-voltmeter test || ⁓**-Umformer** *m* / current-to-voltage converter (CVC)
Strom-/Spannungswandlerhybrid (I/U-Hybrid) / current/voltage converter hybrid (I/V hybrid)
Strom·sparmodul *n* / power-saving module (PSM) || ⁓**spiegelung** *f* / current balancing (circuit) || ⁓**spitze** *f* / current peak, crest *n* (of current wave) || ⁓**spitze** *f* (HL) / current spike || ⁓**sprung** *m* / current step, current step change, step change of current, sudden current variation || ⁓**spule** *f* / current coil, series coil || ⁓**stab** *m* (Lasttrenner) / main current-carrying tube, current-carrying rod, live rod || ⁓**stabilisierung** *f* (Schutz) / current restraint, current bias || ⁓**staffelung** *f* / current grading || ⁓**stärke** *f* / current intensity, amperage *n*, current *n* || ⁓**stärkebereich** *m* / current range || ⁓**stecker** *m* / current connector || ⁓**steilheit** *f* / rate of current rise, rate of rise of current || ⁓**steuerkreis** *m* / current control circuit
stromsteuernder Transduktor / current controlling transductor
Stromsteuerung, Logik mit ⁓ / current-mode logic (CML)
Stromstoß *m* / current impulse, current surge, current

rush ‖ ⚬ *m* (beim Einschalten) / current inrush, current rush ‖ **Überlastungs~** *m* (ESR-Elektrode) / fault current (EBT-electrode) ‖ ⚬**festigkeit** *f* / surge energy capacity ‖ ⚬**prüfung** *f* / impulse test ‖ ⚬**prüfung** *f* VDE 0670,T.3 / peak withstand current test IEC 295 ‖ ⚬**relais** *n* / pulse relay, impulse relay ‖ ⚬**schalter** *m* (Fernschalter) / remote-control switch ‖ ⚬**test** *m* / impulse current test

Strom·stufe *f* / current step, current step change, step change of current, sudden current variation ‖ ⚬**stützung** *f* (el. Masch.) / current forcing, current compounding ‖ ⚬**summe** *f* / summated current, total current ‖ ⚬**system** *n* / distribution system IEC ‖ ⚬**tarif** *m* / tariff for electricity, electricity tariff ‖ ⚬**teil** *m* (Wandler) / current transformer section, current-circuit assembly

Stromteiler *m* / current divider, current balancer ‖ ⚬**drossel** *f* / current dividing reactor, transition coil

Stromtor *n* / thyratron *n* ‖ ⚬**kommutator** *m* / thyratron commutator ‖ ⚬**motor** *m* / thyratron motor

Strom·tragfähigkeit *f* / current carrying capacity, ampacity *n*, current load rating ‖ ⚬**transformator** *m* / current transformer ‖ ⚬**transformator** *m* (f. Erregung) / excitation current transformer ‖ ⚬**triebeisen** *n* / current magnet, current electromagnet, current core

Strom·übergang *m* / current transfer ‖ ⚬**übergangsverluste an den Bürsten** / brush contact loss, electrical losses in brushes

Strom·überlagerung *f* (synthet. Prüfung) / current injection ‖ ⚬**übernahme** *f* / current transfer ‖ ⚬**übernahme** *f* (u. Kommutieren bei einer Gasentladung) / commutation *n* ‖ ⚬**übersetzung** *f* / current transformation, current transformation ratio ‖ ⚬**übersetzungsverhältnis** *n* / current transformation ratio, current ratio ‖ ⚬**übertragung** *f* / current transfer ‖ ⚬**überwachung** *f* / current monitoring ‖ ⚬**überwachungsrelais** *n* / current monitoring relay, current comparator relay ‖ ⚬**umkehrung** *f* / current flow direction reversal ‖ ⚬**umrichter** *m* / current converter ‖ ⚬**umschlag** *m* / evolving fault, evolved fault

stromunabhängig *adj* / current-independent *adj* ‖ **~ verzögerte Auslösung** VDE 0660, T.101 / definite-time-delay operation IEC 157-1 ‖ **~ verzögerter Überstromauslöser** / definite-time-delay overcurrent release IEC 157-1 ‖ **~e Auslösung** / definite-time tripping ‖ **~e Strömung** / forced flow ‖ **~e Verluste** / fixed loss, constant losses ‖ **~e Verzögerung** / definite-time delay, definite-time lag ‖ **~er Auslöser** / definite-time release (o. trip) ‖ **~es Relais** / definite-time relay

Strom- und Spannungswandler-Übersetzung *f* / current and voltage transformation ratios

Strömung *f* / flow *n*, fluid motion, flow rate ‖ **reibungsbehaftete** ⚬ / viscous flow

Strömungen bei Messgeräten mit elektronischer Einrichtung / disturbances of measuring instruments with electronic devices

Strömungs·anzeiger *m* / flow indicator ‖ ⚬**beschränkung** *f* / constraint on flow rates *n* ‖ ⚬**beschänkung** *f pl* / constraints on flow rates ‖ ⚬**element** *n* (Fluidikelement) / fluidic device

Strömungsführung *f* / design of duct ‖ **günstige** ⚬ / streamlined design

Strömungsgerät *n* (Fluidikgerät) / fluidic unit

Strömungsgeschwindigkeit *f* / flow velocity, rate of flow, velocity of flow ‖ ⚬ **der Luft** (Kühlluft aus einer el. Masch.) / exit velocity of air

Strömungsgleichrichter *m* / flow straightener, straightener *n*, straightening device

strömungsgünstig *adj* / streamlined *adj*

Strömungs·kraft *f* / flow force ‖ ⚬**kräfte** *f pl* / flow forces ‖ **~kraftkompensierter Hydraulikteil** / flow-force compensated hydraulic section

Strömungs·kupplung *f* / fluid clutch, fluid coupling, hydraulic coupling, hydrokinetic coupling ‖ ⚬**maschine** *f* / centrifugal pumps and water turbines, centrifugal pumps and water turbine *n*, coolant pump ‖ ⚬**maschinen** *f pl* / fans, pumps and compressors ‖ ⚬**mechanik** *f* / fluid mechanics ‖ ⚬**medium** *n* / contained fluid ‖ **Feststoffe im** ⚬**medium** / fluid with impurity of solids ‖ ⚬**melder** *m* / flow indicator ‖ ⚬**menge** *f* / flow rate ‖ ⚬**mengenmesser** *m* / flow meter, flow indicator ‖ ⚬**messer** *m* / flow meter, flow-rate meter, rate meter ‖ ⚬**messung** *f* / flow measurement, flow-rate measurement

Strömungs·rauschen *n* / flow-generated noise ‖ ⚬**relais** *n* / flow relay ‖ ⚬**richtung** *f* / flow direction, direction of flow ‖ ⚬**schutz** *m* (Relais) / flow relay ‖ ⚬**sensor** *m* / flow sensor ‖ **~technisch verursachter Lärm** / noise caused by flow ‖ **~technische Gehäusegestaltung** / body design concerning flow ‖ ⚬**überwachung** *f* / flow monitoring ‖ ⚬**umlenkung** *f* / deflection of flow ‖ ⚬**- und Niveauüberwachungsgerät** *n* / flow and level monitoring equipment ‖ ⚬**definierte** ⚬**verhältnisse** / calculatable flow conditions ‖ ⚬**verlust** *m* (in Leitungen) / system loss, friction loss ‖ ⚬**versuch** *m* / flow test ‖ ⚬**verteilung** *f* / flow distribution ‖ ⚬**wächter** *m* / flow indicator, flow monitoring device, flow relay, flow monitor, flow control switch ‖ ⚬**widerstand** *m* / flow resistance, resistance to flow, system resistance

Stromunsymmetrie *f* / current unbalance

Stromunterbrechung, Anlauf über Spartransformator mit ⚬ / open-transition autotransformer starting (GB), open-circuit transition autotransformer starting (US) ‖ **Anlauf über Spartransformator ohne** ⚬ / closed-transition autotransformer starting (GB), closed-circuit transition autotransformer starting (US)

Strom·-Vektor-Regelung *f* / Current Vector Control ‖ ⚬**ventil** *n* / flow-current valve ‖ ⚬**verbindung** *f* / connector *n*, lead *n* ‖ ⚬**verbrauch** *m* / power consumption ‖ ⚬**verbrauchsmittel** *plt* / current-using equipment, electrical utilization equipment, current consuming apparatus ‖ ⚬**verdrängung** *f* / current displacement

Stromverdrängungs·effekt *m* / skin effect, Heaviside effect, proximity effect ‖ ⚬**läufermotor** *m* / deep-bar squirrel-cage motor, high-torque cage motor, current-displacement motor, eddy-current cage motor ‖ ⚬**verlust** *m* / current displacement loss, loss due to skin effect

Strom·vergleicher *m* / current comparator ‖ ⚬**vergleichsrelais** *n* / current comparator relay, current balance relay ‖ ⚬**vergleichsschutz** *m* / current differential protection, current balance protection, circulating-current protection, current comparison protection ‖ ⚬**verhältnis** *n* / current ratio

Strömverhältnis, ungünstiges ~ / unfavo(u)rable flow
Stromverrechnung f / electricity accounting
Stromversorgung f / power supply, electricity supply || ~ f (SV) / power supply (PS), power supply module, power supply unit, power pack, power section, power supply module SV || ~ f (Gerät) / power supply unit || ~ **mit Kurzzeitunterbrechung** / short-break power supply || **Gerät zur stabilisierten** ~ / stabilized power supply || **getaktete** ~ / switched-mode power supply || **kondensatorgestützte** ~ / capacitor back-up power supply || **längsgeregelte** ~ / in-phase power supply || **nichtstabilisierte** ~ / non-stabilized power supply || **unstabilisierte** ~ / non-stabilized power supply || **unterbrechungsfreie** ~ / uninterruptable power supply (UPS), uninterruptible power system (UPS) || **unterbrechungslose** ~ / uninterruptable power supply (UPS), uninterruptible power system (UPS)
Stromversorgungs·anlage f / power supply installation, power supply system, electricity supply system || ~**anschluss (SVA)** m (Stelle für den Zugriff auf ein Objekt, an der ein physikalischer Übergang für die Leitungen der Stromversorgung vorgesehen ist) / power port || **externer** ~**anschluss** / external power supply connection || ~**-Anschlusseinheit (SVA)** f / power supply terminal unit
Stromversorgungsbaugruppe f / power supply (PS), power supply unit, power pack, power section || ~ f (Leiterplatte) / power supply board || ~ f (SV) / power supply module
Stromversorgungs·baustein m / power supply pcb/unit/module || ~**einheit** f (SVE) / power supply unit (PSU) || ~**einschub** m (Chassis) / power supply chassis || ~**fehler** m / power supply failure, power supply error n || ~**gerät** n / power supply unit (PSU), power pack, supply unit || ~**kabel** n / power supply cable || ~**klemme** f / power supply connector || ~**klemmen** f pl / power supply connectors || ~**leitung** f / power supply line || ~**leitungen** f / power lines (lines originating from the power supply (alternating or direct voltage)) || ~**netz** n / electricity supply system (o. network), power supply system, electrical power system (o. network) || ~**schnittstelle** f / power supply interface || ~**system** n / power supply system || ~**teil** m / power supply unit || ~**überwachung** f (SV-Überwachung) / power supply watchdog || ~**vertrag** m / supply agreement
Strom·verstärkung f / current gain, current amplification || ~**verstärkungsfaktor** m / current amplification factor, current ratio || ~**verstärkungsfaktor** m (Transistor) / short-circuit forward current transfer ratio || ~**verstimmung** f (Änderung der Schwingfrequenz bei Änderung des Elektrodenstroms) / frequency pushing || ~**verstimmungsmaß** n / pushing figure || ~**verteiler** m (Tafel) / distribution board
Stromverteilung f / current distribution, diversity n || ~ f (Energieverteilung) / distribution of electrical energy, power distribution
Stromverteilungs·baugruppe f (zum Zuordnen von Geber-Ausgangssignalen auf verschiedene Kanäle) / current-signal routing (o. allocation) || ~**einheit** f / power distribution unit ||
~**faktor** m / diversity factor || ~**rauschen** n / partition noise || ~**zeile** f (SV-Zeile) / power distribution tier || ~**zeile** f (Chassis) / power distribution subrack (o. chassis)
Stromverzögerungswinkel m / delay angle, current delay angle || **spontaner** ~ / inherent delay angle
Stromvolumen der Nut / ampere conductors per slot
Strom·waage f / current weigher || ~**waage** f (Differentialrel.) / residual-current relay, differential relay || ~**waage** f (elektrodynam. Waage) / electrodynamic balance || ~**wächter** m / current monitoring device
Stromwandler m / current transformer, current converter || ~ **für Messzwecke** / measuring current transformer || ~ **für Nullstromerfassung** / residual current transformer || ~ **für Schutzzwecke** / protective current transformer || ~ **mit erweitertem Messbereich** / extended-rating-type current transformer || ~ **mit Selbstkompensation** / auto-compound current transformer || ~ **mit stromproportionaler Zusatzmagnetisierung** / auto-compound current transformer || ~ **mit Verbundwicklung** / compound-wound current transformer || ~ **mit Zusatzmagnetisierung** / compound-wound current transformer || ~ **mit zwei Sekundärwicklungen** / double-secondary current transformer || ~**-Anschlusskasten** m / current transformer terminal box || ~**kasten** n / current-transformer casing, current-transformer terminal box || ~**kern** m / current transformer core || ~**leitung** f / current transformer wire || ~**teil** m / current-transformer section || ~**tragblech** n / current transformer mounting plate
Stromwärme f / Joule heat, Joulean heat || ~**verluste** m pl / I²R loss, ohmic loss, heat loss due to current, direct load loss || ~**verluste in der Erregerwicklung** VDE 0530, T.2 / excitation winding I²R losses IEC 342
Strom·warngrenzwert m / warning current limit || ~**warnmeldung** f / current alarm || ~**warnschwelle** f / current warning threshold || ~**weg** m / current path, conducting path, current circuit, ladder diagram line, rung n || ~**welligkeit** f / current ripple || ~**wendermaschine** f / commutator machine || ~**wendespannung** f / reactance voltage of commutation || ~**wendung** f / commutation n || ~**wert gespeichert** / current value stored || ~**wicklung** f / current-coil winding, current coil
Strom·zähler m / electricity meter, integrating meter, meter n, supply meter || ~**zange** f IEC 50(161) / current probe || ~**zeiger** m / current phasor || ~**-Zeit-Geber** m / current-time sensor || ~**-Zeit-Geber** m (Einsteller) / current-time setter || ~**-Zeit-Kennlinien** f pl / current-time characteristics || ~**-Zeit-Verhalten** n / current-time response
stromziehend adj / current sinking || **~e austauschbare Logik** / compatible current-sinking logic (CCSL) || **~e Logik** / current-sinking logic (CSL) || **~e Schaltung** / current sink || **~e Schaltungstechnik** / current sinking logic || **~er Ausgang** / sink-mode output
Stromzufuhr f / power supply || **die** ~ **abschalten** / disconnect the power
Stromzuführung f / power supply, power supply circuit, supply leads, feeder n || ~ f (zu einem Gerät) / lead-in wire, leading-in cable, leads n pl || ~ f (VS-Schaltröhre) / contact terminal

Stromzweig *m* / branch circuit, sub-circuit *n*, final circuit
Stromzwischenkreis·-Stromrichter *m* / current-source DC-link converter, current-controlled converter || **⟶-Umrichter** *m* / current-source DC-link converter (o. inverter), current-source inverter || **⟶-Wechselstromumrichter** *m* / indirect current link a.c. convertor (an a.c. convertor with a current stiff d.c. link)
Strossen·kabel *n* / stope cable || **⟶leitung** *f* / stope cable
STRUC-Quellcode *m* / STRUC source code
Structured Control Language (SCL) *f* (textuelle Hochsprache nach DIN EN 61131-3) / structured control language (SCL) || **⟶ Text** *m* / Structured Text
Struktogramm *n* / structured chart, structogram *n* || **⟶-Editor** *m* / structogram editor, structure chart editor || **⟶generator** *m* / structogram generator
Struktur *f* (Aufbau, Gefüge) / structure *n*, configuration *n*, constitution *n* || **⟶ f** (Oberfläche) / texture *n* || **⟶ f** / columnar grain structure || **⟶abbild** *n* / structure image || **~adaptives Regelsystem** / structure-adaptive control system || **⟶ansicht** *f* (Ansicht einer Liste, deren Inhalt hierarchisch strukturiert ist) / tree-view control || **⟶bild** *n* / structure diagram, block diagram || **⟶block** *m* / structured block || **⟶breite** *m* / structure width || **⟶brücke** *f* / configuration jumper, configuring strap || **⟶diagramm** *n* / structured chart, structogram *n*, structural diagram, structure diagram || **⟶element** *n* (Element einer Struktur) / structural element || **Netz-⟶element** *n* / system pattern
strukturell·e Beschreibung (Darstellung von Objekten und Konzepten aufgrund von Beschreibungen ihrer Teile und der zwischen ihnen bestehenden Beziehungen) / structural description || **~er Widerstand** / structural resistance || **~es Licht** / structured light
Struktur·erkennung *f* / structure recognition || **⟶-FB** / structure FB
Strukturier·anweisung *f* / configuration instruction, configuring statement || **⟶bedienung** *f* / operators configuration entry (o. input) || **⟶bedienung und -beobachtung** *f* / operator configuration and monitoring || **⟶brücke** *f* / configuration jumper, configuring strap || **⟶daten** *plt* / configuration data || **⟶ebene** *f* / configuring level
Strukturieren *n* (Parametrieren u. Verschalten von Funktionsbausteinen) / configuration *n*, configuring *n* || **~ v** / configure *v*
Strukturierfehlanzeige *f* / configuration error display
strukturiert *adj* / textured *adj*, structured *adj*
Strukturiertastatur *f* / configuration keyboard
strukturiert·e Adresse / structured address || **~e Daten** / structured data || **~e Programmierung** / structured programming || **~er Classifier** / structured classifier || **~er Code** / structured code (code that provides special symbols for frame synchronization) || **~es Programm** / structured program
Strukturier- und Bedienfehleranzeige *f* / configuration and operator-input error display
Strukturierung *f* (Programm, Daten) / structuring *n*
Struktur·liste *f* / equipment list of individual parts || **⟶oberfläche** *f* / textured finish || **⟶parameter** *m* / structural parameter || **⟶plan** *m* / structure

diagram, configuration *n* || **⟶prüfung** *f* (Daten) / structure check || **⟶schalter** *m* / software structure switch, function switch || **⟶schalter** *m* (Prozessregler) / tuning switch, function selector
strukturschwach *adj* / lacking in infrastructure
Struktur·steifigkeit *f* / structural stiffness || **⟶stückliste** *f* / structure bill of materials, indented bill of materials, indented explosion || **⟶-Stückliste** *f* / equipment list of individual parts || **⟶teil** *m* / structural part || **⟶transformator** *m* (zur Erzeugung v. Struktogramm-Dateien) / structure transformer || **~umschaltender Regler** / variable-structure controller || **⟶umschalter** *m* / structure selector || **⟶viskosität** *f* / intrinsic viscosity, structural viscosity
Strunk *m* (Isolator) / core *n*
STS (Systemstopp) / STS (system stop)
sts (Statusregister) *m* / status register
ST-Sprache *f* / ST language
ST-Stecker *m* / ST-connector *n*, straight-tip connector, optical plug ST
Stück / unit *n*, units *n pl*, quantity *n*, qty., lot *n*, part *n* || **1 ⟶** / 1 item
Stückelung *f* / segmenting *n* || **⟶ f** (Programm) / segmentation *n*
Stück·fertigung *f* / one-off production, job production, discrete parts manufacture || **⟶gewicht** *n* / particle mass || **⟶gut** *n* / general cargo, part load
Stückigkeitsgrenzen *f pl* / limits of particle mass distribution
Stückliste *f* / bill of materials (BOM), list of components, typical *n*, parts list, BOM (bill of materials) || **hierzu gehört ⟶** / refers to parts list
Stücklisten·auflösung *f* / explosion of bill of materials || **⟶information** *f* / parts list data
Stück·probenprüfung *m* / component testing || **⟶prüfprotokoll** *n* / routine test report || **⟶prüfung** *f* / routine test
Stückzahl *f* / quantity *n*, count *n*, pieces *n*, number *n*
Stückzahlen *f pl* / sales *n pl*
Stückzähler *m* / workpiece counter
Stückzahl·erfassung *f* / quantity acquisition || **⟶geschäft** *n* / volume business || **⟶hochlauf** *m* / sales build-up || **⟶kontrolle** *f* / workpiece count || **⟶lizenznehmer** *m* / royalty-per-unit licensee || **⟶planung** *f* / sales quantity planning || **⟶planungen** *f pl* / quantity planning || **⟶produkt** *n* / quantity product || **⟶prognose** *f* / volume forecast || **⟶segment** *n* / high-volume segment || **⟶träger** *m* / large customer || **⟶überwachung** *f* / workpiece count || **⟶zähler** *m* (Werkstücke) / workpiece counter || **⟶ziel** *n* / quantity goal
Stückzeit *f* / machining time
Studentsche t-Verteilung / Student's t-distribution
Studien·phase *f* / study phase || **⟶verwaltung** *f* / case management (CAMA)
Studio·fluter *m* / studio floodlight || **⟶lampe** *f* / studio spotlight || **⟶leuchte** *f* / studio luminaire
STUEB (Bausteinstacküberlauf) / block stack overflow
Stufe *f* / zone *n*, protection zone, level *n* || **⟶ f** / plane *n*, tier *n*, range *n* || **⟶ f** (Schaltstellung) / position *n*, step *n*, notch *n* || **⟶ f** (einer Reihenschaltung) / stage *n* || **⟶ f** (Überstromschutzorgan) / class *n* || **⟶ f** (Modul, Baugruppe) / module *n* || **⟶ f** (Verdichter) / stage *n* || **⟶ einer Reihenschaltung** / stage of series connection

Stufen

Stufen des Produktlebens / stages in the life of a product || ⁃ **des Selektivschutzes mit relativer Selektivität** / zones of non-unit protection, zones of protection || **in** ⁃ **einstellbar** / adjustable in steps || **grobe** ⁃ / coarse taps || ⁃**abschwächer** *m* / step attenuator || ⁃**anlasser** *m* / step starter, multi-position starter, increment starter || **Transformator-** ⁃**anzeige** *f* / transformer tap position indication || ⁃**äquivalenztabelle** *f* / tap equivalence table || ⁃**barrierentest** *m* / offset crash test || ⁃**bett** *n* / step bed || ⁃**bohren** *n* / step drilling || ⁃**bohrer** *m* / step drill || ⁃-**Distanzschutz** *m* / stepped-type distance protection, multi-zone distance protection || ⁃**drehschalter** *m* / rotary wafer switch || ⁃**drehstift** / sliding tee bar with reduced diameters || ⁃**drossel** *f* / tapped reactor || ⁃**drosselbeschaltung** *f* / tapped reactor protective circuit || ⁃**durchmesser** *m* / subband diameter || ⁃**faser** *f* / step-index optical waveguide
stufenförmig *adj* / in steps || ~**er Impuls** / stair-step pulse
Stufen·getriebe *n* / shifting gear || ⁃**holz** *n* / stepped wooden rods || ⁃**indexfaser** *f* / step index fibre, step-index optical waveguide || ⁃**index-Faser** *f* / step index fiber || ⁃**indexprofil** *n* / step index profile || ⁃**kegel** *m* / plug with step grooves || ⁃**kennlinie** *f* / stepped characteristic || **Distanzschutz mit** ⁃**kennlinie** / distance protection with stepped distance-time curve, stepped-curve distance-time protection || ⁃**konzept** *n* / incremental concept || ⁃**leitstrahl** *m* (Blitz) / stepped leader || ⁃**lichtleiter** *f* / step-index optical waveguide || ⁃**linsenscheinwerfer** *m* / Fresnel spotlight, Fresnel spot
stufenlos *adj* / stepless *adj* || **~ einstellbar** / infinitely variable, steplessly adjustable (o. variable), infinitely adjustable || **~ ineinander übergehende Schaltstellungen** / stepless-transition valve positions || **~ regelbar** / steplessly variable, infinitely variable, continuously controllable || **~e Drehzahleinstellung** / stepless speed variation || **~e Spannungsregelung** / stepless (o. smooth) voltage variation || **~es Getriebe** / infinitely variable speed transmission, fully adjustable speed drive, stepless drive || **~es Getriebesystem (CVT)** / continuously variable transmission (CVT)
Stufen·model *n* / incremental model || ⁃**motor** *m* / two-speed motor, change-speed motor || ⁃**potentiometer** *n* / stepping potentiometer, thumbwheel potentiometer || ⁃**presse** *f* / transfer press || ⁃**profil** *n* / step index profile || ⁃**prüfung** *f* / step stress test || ⁃**räder** *n pl* / cone of gears, gear cone, cone *n* || ⁃**rädergetriebe** *n* / step wheel gearing || ⁃**reflektor** *m* / stepped reflector || ⁃**regeltransformator** *m* / tap-changing transformer, variable-ratio transformer || ⁃**regelung** *f* / tap-changing control, control by tap changing, step-by-step control || ⁃**regler** *m* / regulating switch (CEE 24) || ⁃**reichweite** *f* / reach *n*
Stufenschalter *m* / step switch, stepping switch, step switching mechanism, OLTC, multiple-contact switch || ⁃ *m* IEC 50(421) / on-load tap changer (OLTC), load tap changer, tap changer, tapping switch || ⁃ *m* (Zahleneinsteller) / thumbwheel switch || ⁃ *m* (Bahn) / resistance cut-out switchgroup || ⁃ *m* (Vielfachsch., Drehsch.) / wafer

switch, rotary wafer switch || ⁃ *m* VDE 0630 / regulating switch (CEE 24) || ⁃ **für Betätigung unter Last** / on-load tap changer, load tap changer (LTC), under-load tap changer || ⁃ **für Deckelbefestigung** / tap changer for cover mounting, cover-mounted tap changer || ⁃ **in Öl** / oil-immersed tap changer || ⁃ **mit Überbrückungs-Drosselspule** / inductor-transition tap changer || **Thyristor-**⁃ *m* / thyristor tap changer, electronically controlled tap changer || **Viertakt-**⁃ *m* VDE 0630 / four-position regulating switch (CEE 24) || ⁃-**Antrieb** *m* / tap-changer driving mechanism || ⁃-**Ausdehnungsgefäß** *n* / tap-changer oil conservator, LTC oil expansion tank || ⁃-**Bemessungsstrom** *m* / rated through-current IEC 214 || ⁃ **in Dickfilmtechnik** / thick-film thumbwheel switch || ⁃**kammer** *f* (Teilkammer) / tap-changer compartment || ⁃**kessel** *m* / tap-changer tank, tap-changer vessel || ⁃**kopf** *m* / tap-changer top section, tap-changer top || ⁃**regelung der Stromrichtergruppe** / converter unit tap changer control || ⁃**säule** *f* / tap-changer pillar, tap-changer column || ⁃**schrank** *m* / tap-changer cubicle, tap-changer control panel || ⁃**stellung** *f* / tapping position || ⁃-**Transformator** *m* / tap-changing transformer, variable-ratio transformer, regulating transformer, variable-voltage transformer, voltage regulating transformer
Stufenschaltung *f* / tap-change operation, tap changing
Stufenschaltwerk *n* / tap change mechanism || ⁃ *n* / tap-changing gear, tap changer || **Widerstands-**⁃ *n* / resistance switchgroup
Stufen·scheibe *f* / cone pulley, speed cone || ⁃**scheibentrieb** *m* / cone pulley drive || ⁃**schmelzleiter** *m* / stepped fuse wire || ⁃**schütz** *n* (Starter) / step contactor || ⁃**schütz** *n* / tapping contactor
Stufenspannung *f* / step voltage || ⁃ *f* (Stoßspannungsgenerator) / stage voltage (rating) || **höchste** ⁃ VDE 0532, T.30 / maximum rated step voltage IEC 214
Stufen·spannungsregler *m* / step-voltage regulator || ⁃**spiegel** *m* (Leuchte) / stepped reflector || ⁃**stellbefehl** *m* / step-by-step adjusting command || ⁃**steller** *m* / tap changer || ⁃**stellung** *f* / tap position (TapPos) || ⁃**stellungsmeldung** *f* / tap position information || ⁃**transformator** *m* / tap-changing transformer, variable-ratio transformer, regulating transformer, variable-voltage transformer, voltage regulating transformer, tapped transformer || ⁃**umstellung** *f* / tap changing || ⁃**verstärker** *m* / step-by-step repeater || ⁃**versteller** *m* / on-load tap changer (OLTC) *n* || ⁃**verstellung** *f* / tap changing || ⁃**wähler** *m* / tap selector || ⁃**wählerschalter** *m* / tap selector switch || ⁃**wandler** *m* / staircase converter
stufenweise *adv* / in steps, stepwise *adj*, step by step, gradual *adj*, successive *adj* || **~ Annäherung** / successive approximation || **~ Belastung** / stepwise loading, progressive loading || **~ einstellbar** / adjustable in steps || **~ Prüfung** / step by step test (s.s.t.)
Stufen·weite *f* / step width || ⁃**welle** *f* / step shaft || ⁃**welle** *f* (rotierende Masch.) / profiled shaft, stepped shaft, taper shaft, shouldered shaft || ⁃**werkzeug** *n* / transfer press tool || ⁃**wicklung** *f* /

stepped winding, split-throw winding || ⁓wicklung f (Trafo) / tapped winding || ⁓zahl f (Trafo-Stufenschalter) / number of tapping positions || ⁓zeit f (Schutz) / zone time || ⁓ziehen n / rate growth
stufig, 1-~ adj / single-stage adj || **2-~** adj / 2-stage adj
Stufigkeit f / steps n pl
Stufung f / tap change || ⁓ f (Relaisschutz) / grading n, stepping n
Stufungsbefehl m / tap change command
Stülpdeckelschachtel f / cardboard box with lid (Packaging consisting of two parts, with removable lid)
Stulpe f / sleeve n
Stummel m (Welle) / shaft end, stub n, axle neck
Stumpf m (Welle) / shaft end n, stub n
stumpf aneinanderfügen / butt v || **~e Verbindung** / butt joint || **~er Winkel** / obtuse angle || **~es Spitzgewinde** / stub V-thread || **~es Trapezgewinde** / stub acme thread || **~gestoßen** adj / butt-jointed adj || ⁓naht f / butt weld || ⁓schweißen n / butt welding || ⁓schweißnaht f / butt weld || ⁓stoß m / butt joint || **~winkelig** adj / obtuse-angled adj || ⁓zähne m pl / stub teeth
Stunde f / hour n
Stunden·betrieb m / one-hour duty || ⁓leistung f / one-hour rating || ⁓leistung f / hourly demand || ⁓menge f / hourly quantity, hourly rate (o. delivery), total hourly rate (o. delivery) || ⁓mittel n / hourly average || ⁓reserve f / hours reserve || ⁓scheibe f / hours disc || ⁓schreibung f / hour recording || ⁓übertrag m / hours carried over, carry-over hours || ⁓verrechnungspreis m / hourly price || ⁓verrechnungssatz n / hourly rate || ⁓zahl f / number of hours || ⁓zähler m / hours meter, elapsed-hour meter || ⁓zeiger m / hour hand
stündliche Erzeugungskosten / hourly cost of generation
Sturz m / camber n || ⁓wicklung f / continuous turned-over winding, continuous inverted winding
Stütz·abstand m / support spacing || ⁓batterie f / back-up battery || ⁓blech n / support plate || ⁓bohrung f / supporting hole
Stütze f / support n, brace n, bracket n || **Isolator~** f / insulator spindle, insulator support
Stützeinrichtung f (Kondensator- o. Batteriepuffer) / back-up supply unit, back-up energy store
Stutzen m (Kabeleinführung) / gland n, muff n || ⁓ m (Abzweigdose) / spout n || ⁓ m (Rohrende) / stub n || ⁓ m (Rohranschlussstück) / pipe socket, connecting sleeve, tube connector || **~** v (verkleinern) / trim v
stützen v / boost v, force
Stützenisolator m VDE 0446, T.1 / pin insulator IEC 383
Stutzenverschraubung f / screw gland, gland locking nut, compression gland
Stützer m / support n, supporting insulator || ⁓ m (Isolator) / post insulator, insulator n || ⁓ m (f. Stationen) / station post insulator || ⁓ m (f. Freiltg.) / line post insulator || **Klemmen~** m / terminal post insulator || ⁓drehlager n / insulator bearing || ⁓isolator m / pin(-type) insulator || ⁓kopf m / post insulator head
Stützerregung f (el. Masch.) / exciter boosting, field forcing

Stützersäule f / insulator column || ⁓stromwandler m / support-type current transformer || ⁓wandler m / insulator-type transformer
Stütz·fläche f / supporting surface || ⁓fläche für Anschlusswinkel / supporting surface for connecting bracket || ⁓flansch m / support flange || ⁓gehäuse n / supporting housing || ⁓isolator m / post insulator, support n || ⁓isolator m (Glocke m. Stütze) / pin(-type) insulator || ⁓isolatorelement n / post insulator unit || ⁓isolatorsäule f / post-insulator assembly, complete post insulator || ⁓kamm m (Wickelkopf einer el. Masch.) / comb n IEC 50(411) || ⁓kante f / supporting edge || ⁓kondensator m / backup capacitor, energy storage capacitor, back-up capacitor || ⁓lager n / one-direction thrust bearing, single thrust bearing, FWT bearing || ⁓länge f / span n || ⁓leiste f / (horizontal) support bar, support n, supporting strip || ⁓nocken für Klemmbügel / supporting cam for clamp || ⁓platte f / supporting plate || ⁓polygon n / smallest convex polygon
Stützpunkt m / vertice n || ⁓ m (Freiltg.) / support n, supporting structure || ⁓ m / intermediate point || ⁓ m (am Interpolationspolygon) / interpolation point || ⁓ m / service point || **Löt~** m / soldering tag, soldering terminal || ⁓betrieb m / service workshop
Stützpunktepaar n (Interpolationspolygon) / pair of interpolation points
Stützpunkt·klemme f / support clamp, fix point terminal || ⁓platte f / grouping block, wiring plate || ⁓stift m / wiring post (o. pin) || ⁓verdrahtung f / point-to-point wiring
Stütz·rippe f / reinforcing rib || ⁓rolle f / track supporting roller || ⁓scheibe f / support disk || ⁓scheibe f (Batt.) / supporting plate || ⁓schenkel m / support shank, top || ⁓schiene f / supporting bar || ⁓steg m (f. Kühlschlitz im Blechp.) / duct spacer, vent finger || ⁓stelle f / intermediate point, interpolation point, set point, break point
Stutzstopfen m / protection button
Stütz·teil m / support part n || ⁓teller m / supporting disk || ⁓-Traglager n / combined thrust and radial bearing, radial-thrust bearing || ⁓traverse f / supporting cross-arm
Stützung f (Stützpunkt eines Leiters) VDE 0103 / simple support IEC 865-1, subsidy n || ⁓ bei Netzspannungseinbrüchen / line transient immunity
Stützzapfen m (Welle) / thrust journal, journal for axial load || ⁓lager n / pivot bearing
STV (Steckverbinder) m / plug connector
Stützwert m (Polygonzug) / interpolation point
STW (Steuerwort) n / control word
STX / STX (start of text)
Styroflex n / polystyrene n
Styrol n / styrene n
Styrolisierung f / styrenation n
Styropor n / expanded polystyrene || ⁓chips m pl / polystyrene chips || ⁓platte f / expanded polystyrene board
STZ (Systemtestzentrum) / system test center
SÜ (Signalüberwachung) / signal monitor
Sub-Bus m (Eigenständiger Bus, der durch die Integration in ein Bus-Netz zum Sub-Bus wird) / sub-bus n
SUB-D-Buchse f / SUB D socket || ⁓nleiste f / sub D socket connector

Sub-D-Stecker *m* / subminiature D connector, sub D connector, male sub D connector, sub D plug, 9-pin sub D connector
subharmonisch *adj* / subharmonic *adj*
Subharmonische *f* / subharmonic *n*
Subjekt *n* (aktive Entität, die auf Objekte zugreifen kann) / subject *n*
subjektive Lautstärke / equivalent loudness
Subjunktion *f* / implication *n*, IF-THEN operation
Sub·klasse *f* / subclass *n* || ⸺**kollektor** *m* (Transistor) / buried layer (transistor)
Sublimation *f* / sublimation *n* || ⸺ **bei geringen Abständen** / close-space sublimation (CSS), Control Systems Society, close spacing sublimation (CSS) || ⸺ **im geschlossenen System** / CSS (closed space sublimation)
Sublimierschneiden *n* / sublimation cutting
Sublimierung *f* / sublimation *n*
Subminiatur *f* / subminiature *n* || ⸺ **D** / D-sub connector || ⸺**relais** *n* / subminiature relay || ⸺**schalter** *m* / subminiature switch
Submodul *n* / submodule *n*, sub-module *n*
Subnetz *n* / subnetwork *n*, subnet *n* || ⸺**maske** *f* / subnet screen form || ⸺**-Name** / subnet name
Sub-Parameter *m* (SPAR) / subparameter *n* (SPAR)
Sub·portal *n* / subgantry *n* || ⸺**refraktion** *f* (Brechung, bei welcher der vertikale Gradient des Brechwerts größer als der Richtwert des Brechwertgradienten ist) / sub-refraction || ⸺**routine** *f* / subroutine *n*, subprogram *n* ISO 2806-1080 || ⸺**segmentleitung** *f* / subsegment cable
Subset *n* / subset *n*
Substitutions·anweisung *f* / substitution operation, substitution instruction || ⸺**befehl** *m* / substitution instruction || ⸺**befehl** *m* (SPS) / substitution operation || ⸺**fehler** *n* / substitution error || ⸺**messverfahren** *n* / substitution method of measurement, substitution measurement || ⸺**operation** *f* / substitution operation, substitution instruction || ⸺**prinzip** *n* / substitution principle || ⸺**verschlüsselung** *f* (Verschlüsselung, die Bitketten oder Zeichenketten durch andere Bitketten oder Zeichenketten ersetzt) / substitution || ⸺**wägeverfahren** *n* / substitution weighing method
Substrat *n* / substrate *n*, carrier package material || ⸺**ausführung** *f* / substrate model || ⸺**dicke** *f* / substrate thickness || ⸺**format** *n* / substrate format || ⸺**größe** *f* / substrate size || ⸺**kante** *f* / edge of substrate || ⸺**strom** *m* (FET) DIN 41858 / substrate current
Sub·system *n* / subsystem *n* || ⸺**tangente** *f* / subtangent *n* || ⸺**träger** *m* / sub-carrier *n*
Subtrahierer *m* / subtractor *n*
Subtrahierwerk *n* / subtractor *n*
Subtraktions·rad *n* / subtraction wheel, subtraction gear || ⸺**zählwerk** *n* / subtracting register
Subtraktiv-Verfahren *n* / subtractive process
subtransient·e Hauptfeldspannung / subtransient internal voltage, internal voltage behind subtransient impedance || **~e Längsspannung** / direct-axis subtransient voltage || **~e Reaktanz** / subtransient reactance || **~e Zeitkonstante** / subtransient time constant || **~er Kurzschluss-Wechselstrom** / initial symmetrical short-circuit current || **~er Vorgang** / subtransient condition, subtransient phenomenon
Subtransient-Kurzschluss-Zeitkonstante *f* / subtransient short-circuit time constant || ⸺ **der Längsachse** / direct-axis subtransient short-circuit time constant || ⸺ **der Querachse** / quadrature-axis subtransient short-circuit time constant
Subtransient·-Längs-EMK *f* / direct-axis subtransient e.m.f. || ⸺**-Längsimpedanz** *f* / direct-axis subtransient impedance || ⸺**-Längsreaktanz** *f* / direct-axis subtransient reactance || ⸺**-Längsspannung** *f* / direct-axis subtransient voltage
Subtransient-Leerlauf-Zeitkonstante *f* / subtransient open-circuit time constant || ⸺ **der Längsachse** / direct-axis subtransient open-circuit time constant || ⸺ **der Querachse** / quadrature-axis subtransient open-circuit time constant
Subtransient·-Quer-EMK *f* / quadrature-axis subtransient e.m.f. || ⸺**-Querimpedanz** *f* / quadrature-axis subtransient impedance || ⸺**-Querreaktanz** *f* / quadrature-axis subtransient reactance || ⸺**-Querspannung** *f* / quadrature-axis subtransient voltage
Subtransientreaktanz *f* / subtransient reactance || ⸺ **der Längsachse** / direct-axis subtransient reactance || ⸺ **der Querachse** / quadrature-axis subtransient reactance
subtransitorisch *adj* / subtransient *adj*
Subvention *f* / subsidy *n*
Such·algorithmus *m* / search algorithm || ⸺**baum** *m* / search tree || ⸺**begriff** *m* / search word, search string, search key, search concept, descriptor *n* || ⸺**bereich** *m* / search range || ⸺**betrieb** *m* / search mode || ⸺**drehzahl** *f* / search speed
Suchen *n* / search *n*, speed search || **~ v** / find *v* || ⸺ **in Verzeichnis** / search directory || ⸺ **und Ersetzen** / search and replace || ⸺ **und Position** / search and position || **einen Fehler ~** / locate a fault, trace a fault
Such·feld *n* / search area || ⸺**feld ändern** / change search area || ⸺**fenster** *n* / search window || ⸺**funktion** *f* / search function || ⸺**gerät** *n* (z.B. f. Kabel) / detecting device, locator *n* || ⸺**geschwindigkeit** *f* (Lochstreifenleser) / slewing speed, search speed || ⸺**geschwindigkeit: Fangen** / search rate: flying start || ⸺**kette** *f* / search string
Suchlauf *m* / search function || ⸺ *m* / search run, search *n*, browning *n* || ⸺ **rückwärts** / backward search, search backwards || ⸺ **starten** / start search || ⸺ **vorwärts** / forward search
Such·maschine *f* / search engine || ⸺**muster** *n* / search pattern || ⸺**pfad** *m* / search path || ⸺**prüfung** *f* / search test || ⸺**raum** *m* / search space (in problem solving, the set of possible steps leading from initial states to goal states) || ⸺**richtung** *f* / direction *n*, search direction || **Erdschluss~schalter** *m* / fault initiating switch, high-speed grounding switch, fault throwing switch || ⸺**scheinwerfer** *m* / adjustable spot lamp (o. light) || ⸺**spule** *f* / search coil, magnetic test coil, exploring coil || ⸺**strecke** *f* / search path || ⸺**strom** *m* / detection current || ⸺**taste** *f* / search key || ⸺**text** *m* / search text || **~unfähig** *adj* / search-suppressed || ⸺**verfahren** *n* / search *n*, search function, search run || ⸺**vorlage** *f* / search template || **Leuchtpunkt-**⸺**vorrichtung** *f* / beam finder || ⸺**zeiger** *m* / search pointer || ⸺**ziel** *n* / search target
Südpol *m* / south pole, unmarked pole || **magnetischer** ⸺ / south magnetic pole || ⸺**fläche** *f* / south pole face
Suezkanal-Scheinwerfer *m* / Suez canal searchlight
SUG (Schleifscheibenumfangsgeschwindigkeit) /

grinding wheel surface speed, peripheral speed, GWPS (grinding wheel peripheral speed) || ~ (Scheibenumfangsgeschwindigkeit) / grinding wheel surface speed, GWPS (grinding wheel peripheral speed) || **~-Konflikt** *m* / GWPS conflict
SU-Kennlinie *f* DIN 41745 / foldback current limiting curve (FCL curve)
sukzessive Approximation / successive approximation
Summand *m* / addend *n*, summand *n*
Summandenwerk *n* / summator *n*, summation element, summation register, collating summator, channel register, circuit register, addend register
Summandenzählwerk *n* / collating summator, channel register, circuit register, addend register, summator *n*
Summation *f* / summation *n*, total *n*
Summationspunkt *m* / summing point
Summe aller Ausfälle / accumulated number of failures IEC 319 || **~ der gespeicherten Fehler** / total number of faults || **~ der Oberschwingungen** VDE 0838, T.1 / harmonic content || **geometrische ~** / root sum of squares
Summen·abgas *n* / summed exhaust || **~anzeige** *f* / sum information, sum flag || **~bezugsinkrement** *n* / total demand increment || **~bildung** *f* / summation *n*, total *n*, calculation of a sum, aggregation *n* || **~differenz** *f* / balance *n*, net value || **~differenzzählung** *f* / net registering, summation balance metering, net positive/net negative totalizing || **~drehmoment** *n* / total torque || **~fehler** *m* / sumcheck error, parity check error, summary error, sum error, checksum error || **~fernzählgerät** *n* / duplicating summation meter || **~fernzählwerk** *n* / duplicating summator || **~getriebe** *n* / summation gear (train)
Summenhäufigkeit *f* / cumulative frequency || **grafische Darstellung der ~** DIN IEC 319 / probability paper plot
Summenhäufigkeits·kurve *f* / cumulative frequency curve || **~linie** *f* / cumulative frequency polygon || **~verteilung** *f* / cumulative frequency distribution
Summen·impulsausgang *m* / summated pulse output || **~impulslöschung** *f* / common trigger-pulse suppression || **~impulszähler** *m* / impulse summation meter || **~information** *f* / sum information, sum flag, group display || **~kontaktgabewerk** *n* / retransmitting contact mechanism || **~kontrolle** *f* / sum check, checksum || **~korrektur** *f* / total offset, sum offset, additive offset, resulting offset || **~kraftverteilung** *f* / cumulative force-density distribution || **~kurve** *f* / cumulative frequency curve || **~kurzschlussstrom** *m* / total fault current || **~ladespannung** *f* / total charging voltage, summated charging voltage || **~linie** *f* / cumulative frequency polygon || **~liste** *f* / summary list || **~löschung** *f* / common turn-off || **~maximum** *n* / totalized maximum demand || **~-Meldekontakt** *m* / common signal contact || **~meldung** *f* / common alarm IEC 50(371)
Summenmessung *f* / total content measurement || **Messgerät zur ~ organischer Stickstoffverbindungen** / instrument for measuring the total content of organic nitrogen compounds
Summen·moment *n* / total torque || **~prüfung** *f* / summation check || **~relais** *n* / totalizing relay || **~signal** *n* / group signal, group alarm, group message, aggregate signal, group indication || **~spannung** *f* / summation voltage || **~stange** *f* / cumulative bar || **~steller** *m* / master fader || **~steuergerät** *n* / summation control circuit device
Summenstörspeicher gesetzt / error message memory display is set
Summenstrom *m* / summation current, total current, net current || **~ *m*** (Summe der Ströme aller Ausgangskanäle einer Digital-Ausgabebaugruppe) / aggregate current, resultant current, differential current || **~ *m*** (Reststrom) / residual current || **~bildung** *f* / summation current formation || **~relais** *n* / residual current relay || **~stärke** *f* (Selektivschutz) / residual current IEC 50 (448) || **~überwachung** *f* / summation current monitoring || **~wandler** *m* / summation current transformer, totalizing current transformer, internal summation current transformer, overall transformer || **~wandler** *m* (Schutz) / core-balance transformer
Summen·taktzeit *f* / sum cycle time || **~toleranz** *f* / cumulative tolerance || **~toleranzfehler** *m* / tolerance buildup || **~vektor** *m* / resulting vector || **~verschiebung** *f* / total offset (the sum of all offsets) || **~verteilung** *f* / cumulative distribution, cumulative frequency function, cumulative frequency probability function || **normale ~verteilung** / cumulative normal distribution || **~wahrscheinlichkeit** *f* / cumulative probability || **~wandler** *m* / summation transformer || **~warnmeldung** *f* (alle Einzelmeldungen zusammengeführt anzeigend) / common alarm IEC 50(371) || **~wert** *m* / sum value, aggregated value || **~zähler** *m* / summator || **~zählgerät** *n* / summating meter, totalizing counter, summator *n* || **~zählung** *f* / summation metering, totalizing *n* || **~zählwerk** *n* / summating register, totalizing register, summator *n*
Summer *m* (Telegrafenempfangsgerät, in dem Morsesignale in Schallsignale übersetzt werden, die durch Abstände unterschiedlicher Dauer zwischen zwei aufeinanderfolgenden Schallsignalen gekennzeichnet sind) / buzzer *n*, sounder *n* || **~element** *n* / buzzer element
summierendes Messgerät / summation instrument, totalizer *n*
Summierer *m* / summer *n*, summing unit, totalizer *n*, summator *n* || **~ mit bewerteten Eingängen** / weighted summing unit
Summier·gerät *n* / summator *n*, totalizer *n*, summation instrument || **~getriebe** *n* / summator gear train || **~glied** *n* DIN 19226 / summing element, summator *n* || **~relais** *n* / totalizing relay || **~stelle** *f* / summing point
summierte Besetzungzahl *f* (Anzahl der Einzellistwerte, die eine Klassengrenze nicht überschreiten) / cumulative absolute frequency
Summierung *f* / summation *n*, totalizing *n*, total *n*, summation formation
Summier·verstärker *m* / summing amplifier, integrating amplifier || **~wandler** *m* / summation transformer || **~werk** *n* / summator *n*, summation element, summation register
Sumpf·kathode *f* / pool cathode || **~schmierung** *f* / sump lubrication, bath lubrication
superflink *adj* / high-speed *adj* || **~e Sicherung**

super 866

VDE 0820, T.1 / very quick acting fuse IEC 127, high-speed fuse
super·hell adj / super-bright adj
superhohe Frequenz / super-high frequency (SHF)
Superikonoskop n / image iconoscope ||
~kalandriert adj / supercalendered adj ||
⁓kalender m / super calender || **⁓klasse** f /
superclass n || **⁓orthikon** n / image orthicon ||
⁓fraktion f (Brechung, bei welcher der vertikale Gradient des Brechwerts kleiner als der Richtwert des Brechwertgradienten ist) / super-refraction n ||
⁓sektor m / super sector
superstrahlende LED / superluminescent diode, superradiant diode (SRD)
Superstrahlung f / superluminescence n, superradiance n
Superstrat n (das Substrat bei Rückwandzellen wird auch als Superstrat bezeichnet; der Lichteinfall erfolgt also durch das lichtdurchlässige Superstrat hindurch) / superstrate n
superträge Sicherung VDE 0820, T.1 / long time-lag fuse IEC 127
Support m / support n || **⁓center** n / support center
Supported`-Ribbon-Verfahren n / supported ribbon process || **⁓-Web-Verfahren** n / S-WEB technique
Supporter m / support unit staff
Supportzentrum n / support center
Suppressordiode f / suppressor diode
suprafluides Medium / superfluid n
Supra·flüssigkeit f / superfluid n || **⁓isolation** f / superinsulation n || **⁓leck** n / superleak n
supraleitend adj / superconducting adj || **~e Maschine** / superconducting machine, cryomachine n || **~e Spule** / superconducting coil, cryocoil n || **~e Wicklung** / superconducting winding, cryowinding n || **~er Magnet** / superconducting magnet, supermagnet n
Supraleiter m / superconductor n, hyperconductor n || **⁓ ohne Energielücke** / gapless superconductor || **⁓-Quanteninterferometer** n / superconducting quantum interference device (SQUID)
supra·leitfähig adj / super-conductive adj, superconducting adj || **⁓leitfähigkeit** f / superconductivity n || **⁓leittechnik** f / superconductivity n || **⁓leitung** f / superconductivity n || **⁓leitungselektronen** n pl / super-electrons n pl || **⁓schall** m / ultrasound n
Surftape n (Gurttyp mit Lagefixierung der Bauelemente durch 2 längsseitige Klebestreifen auf der Gurtunterseite) / surf tape || **⁓-Förderer** m (ein speziell für die Bestückung mit Bare-Dies entwickeltes Zuführmodul) / surf tape feeder || **⁓-Zuführmodul** n / surf tape feeder
Surveillance Mode / surveillance mode
Survolteur / booster n, positive booster
SUS (Software-Update-Service) m / SUS n
Süßwarenmaschine f / confectionery machine
Suszeptanz f / susceptance n
Suszeptibilität f / susceptibility n, magnetizability n
S/UTP n / screened unshielded twisted pair (S/UTP)
SUV n / sport-utility vehicle (SUV)
SV / power supply board || **⁓ (Spiegelverschiebung)** / MO (mirroring offset) || **⁓ (Servicevertrag)** / SC (service contract) || **⁓ (Schutzvertrag)** / SC (service contract) || **⁓ (Stromversorgung)** / power supply unit, power pack, power supply module, power section, PS (power supply)

SVA / road traffic signal system || **⁓ (Stromversorgungsanschluss)** m / power supply terminal || **⁓ (Stromversorgungs-Anschlusseinheit)** f / power supply terminal unit
SVE / power supply unit (PSU) || **⁓ (Signalverstärkerelektronik)** / signal amplifier electronics
S-Verzeichnung f / S distortion
SVI / standard variable interface (SVI)
SVP (Statistische Versuchsplanung) / Design of Experiment (DoE)
SV-Überwachung f / power supply watchdog
SVV (Schnittstellenvervielfacher) / fan-out unit
SV-Zeile f / power distribution subrack (o. chassis)
sw adj (schwarz) / blk adj (black)
SW / SW || **⁓ (Schlüsselweite)** / diameter across flats, across-flats dimensions, width across flats (width A/F), A/F || **31-Achs-⁓** f / 31-axis software
SW/A-DOK / software and user documentation
Swagelock-Anschluss m / Swagelock joint (o. connection)
Swan-Sockel m / bayonet cap (B.C. lamp cap), bayonet base, B.C. lamp cap
SWD (Simulationswerkzeugdatensatz) / simulation tool record || **⁓-Dienst (Softwaredienst)** m / software service
S-WEB-Verfahren n / supported web technique, horizontal supported web technique (HSW technique)
SW`-Endlage f / sw limit || **⁓-Endschalter** m (Software-Endschalter) / software limit switch, software travel limit, soft-wired feed limit || **⁓-Entwickler** m / SW-developer
SW/FW-Begleitschein m / SW/FW supply note
SW-HW-Dokumentation f / SW-HW-documentation
SWIN (SWIN steht für single window (über das ganze Bauteil)) / SWIN (single window) || **⁓-Methode** f / SWIN method
Switch m (Netzwerk-Komponente zur Verbindung mehrerer Endgeräte bzw. Netz-Segmente in einem lokalen Netz (LAN)) / switch n || **⁓ OCX** / Switch OCX n || **⁓-Off-Modus** m / switch-off mode
SW`-Modul (Software-Modul) n / software module || **⁓-Monitor** m / black-and-white monitor, monochrome monitor || **⁓-Oberfläche** f / SW operator interface, SW user interface
S-Wort n / S value || **⁓** n / S word (S for spindle)
SW`-Paket (Softwarepaket) n / software package || **⁓-Produktsteckbrief** m / product characteristics (PCH) || **⁓-Stand** m (Softwarestand) / software version, SW n || **⁓-Tool (Softwaretool)** n / software tool || **⁓-Tor (Software-Tor)** n / software gate
SXD f / Substation Extended Configuration Description (SXD)
SY (Systemübersicht) / system overview || **⁓** / instantaneous-value data acquisition module
SYF (Systemdateien) / SYF (system files)
Sy-Matrixeinheit f / synchronizing matrix module
Symbol n DIN 44300 / symbol n || **⁓ für Drehung** / rotation symbol || **⁓adresse** f / symbolic address || **⁓auswahl** f / symbol selection || **⁓baustein** m (Mosaikb.) / symbol tile || **⁓bezeichnung** f / mnemonic || **⁓-Browser** m / symbol browser || **⁓datei** f (Datei mit Symbolinformation) / symbol file || **⁓datei Konfigurator** / symbol file configurator

Symbole anordnen / arrange symbols || **vorhandene ⸚** / available symbols
Symbol·editor *m* / symbol editor || **⸚element** *n* / symbol element || **⸚feld** *n* / symbol field || **⸚filter** *m* / symbol filter
Symbolik *f* / symbol *n*, symbols *n pl* || **Relais-⸚** *f* / relay symbology || **⸚bezeichnung** *f* / mnemonic *n*
Symbolinformation *f* / symbol information
symbolisch *adj* / symbolic *adj* || **~e Adresse** / symbolic address || **~e Adressierung** / symbolic addressing || **~e Konstante** / symbolic constant || **~e Programmierung** / symbolic programming || **~e Variable** / symbolic variable || **~er Name** / symbolic name || **~es EA-Feld** / symbolic I/O field
Symbol·kommentar *m* / symbol comment || **⸚konstruktion** *f* / symbol building || **⸚leiste** *f* / toolbar *n* || **⸚leiste-Bibliothek** *f* / library toolbar || **⸚leiste-Eigenschaften** *f* / properties toolbar || **⸚leiste-Navigation** *f* / navigation toolbar || **⸚leiste-Standard** *m* / standard toolbar || **⸚liste** *f* / symbol list, symbol table || **⸚-Name** *m* / symbol name || **⸚operand** *m* / symbolic address || **⸚parameter** *m* / symbolic parameter || **⸚satz** *m* / symbol set || **⸚schaltbild** *n* / mimic diagram || **⸚tabelle** *f* / symbol table || **⸚tafel** *f* (f. Bildkonstruktion am Bildschirm) / symbol chart || **⸚zeichen** *n* / mnemonic *n*
symetrieren *v* / balance *v*
Symmetrier·filter *m* / balancing filter || **⸚glied** *n* IEC 50(161) / balun *n* || **⸚möglichkeit** *f* / balancing capability
Symmetrierung *f* (in einem Verteilernetz) / balancing *n*
Symmetrier·widerstand *m* / balancing resistor || **⸚zeitkonstante** *f* / symmetrizing time constant
Symmetrie·schalter *m* / mirror switch || **⸚widerstand** *m* / balancing resistor
symmetrisch *adj* / symmetrical *adj* (of or exhibiting symmetry), balanced *adj*, symmetric *adj*, differential *adj* || **~ betriebene Mehrphasenquelle** / balanced polyphase source || **~ gebaut und betriebenes Mehrphasensystem** / balanced polyphase system IEC 50(131A) || **~ gebauter Mehrphasenstromkreis** / symmetrical polyphase circuit || **~ gegen Erde** / balanced to earth, balanced to ground || **~ gepoltes Relais** / centre-stable relay || **~ strahlender Spiegel** (Leuchte) / symmetric specular reflector || **~e Belastung** / balanced load, symmetrical load || **~e Doppelstrom-Schnittstellenleitung** / balanced double-current interchange circuit || **~e Erdschlussprüfung** / balanced earth-fault test || **~e Funkstörspannung** / symmetrical terminal interference voltage || **~e Komponente k-ter Ordnung** / symmetrical component of order k || **~e Komponenten** / symmetrical components, Fortescue components || **~e Kryptographie** (Kryptographie, bei der derselbe Schlüssel für Verschlüsselung und Entschlüsselung benutzt wird) / symmetric cryptography || **~e Leitung** (IEC 870-1-3) / balanced line || **~e Lichtstärkeverteilung** / symmetrical luminous intensity distribution || **~e Mehrphasen-Spannungsquelle** / symmetrical polyphase voltage source || **~e Nenn-Dreieckspannung** / rated three-phase line-to-line balanced voltage || **~e Schaltung** / balanced circuit, symmetrical circuit || **~e Spannung** (Spannung zwischen jeweils zwei aktiven Leitern aus einer festgelegten Gruppe) IEC 50(161) / symmetrical voltage, differential-mode voltage || **~e Steuerung** VDE 0838, T.1 / symmetrical control || **~e Übertragung** / balanced transmission || **~e Wimpelschaltung** / symmetrical pennant cycle || **~e Zündeinsatzsteuerung** / symmetrical turn-on phase control, symmetrical phase control || **~e, halbgesteuerte Brückenschaltung** / symmetric half-controlled bridge || **~er Ausgang** / symmetrical output || **~er Ausgang** (Gegentaktausg.) / push-pull output || **~er Ausschaltstrom** / symmetrical breaking current, symmetrical r.m.s. interrupting current || **~er Betrieb** / balanced operation || **~er Binärcode** / symmetric binary code || **~er Binärkanal** / symmetric binary channel || **~er Code** (Leitungscode, der ein codiertes Signal erzeugt, das eine endliche Digitalsummenabweichung hat und das keinen diskreten Nullfrequenzanteil in seinem Leistungsspektrum besitzt) / balanced code || **~er Eingang** / symmetrical input || **~er Eingang** (Gegentakteing.) / push-pull input || **~er Erdschlussschutz** / balanced earth-fault protection || **~er Kurzschluss** / symmetrical fault || **~er Kurzschlussstrom** / symmetrical short-circuit current, prospective symmetrical r.m.s. short-circuit current || **~er metallischer Stromkreis** / balanced metallic circuit || **~er Stromkreis** / balanced circuit, symmetrical circuit || **~er Vierpol** / symmetrical two-terminal-pair network || **~er Zustand** (eines mehrphasigen Netzes) / balanced state || **~es dreiphasiges Gerät** EN 61000-3-2 / balanced three-phase equipment || **~es Element** / symmetric element, symmetric-characteristic circuit element || **~es Multiprozessor-System** / symmetric multiprocessor system (SMP) || **~es Paar** (homogene Übertragungsleitung aus zwei identischen metallischen Leitern) / symmetric pair || **~es Signal** / symmetrical signal || **~es Signalpaar** (IEC 870-1-3) / balanced signal-pair || **~es Summensignal** (Summensignal, das eine gleiche Anzahl von Schritten jedes signifikanten Zustands enthält) / balanced aggregate signal || **~es System** / balanced system, symmetrical system
SYNACT (Synchronaktion) / SYNACT (synchronized action)
Sync-Domain *f* / sync domain *n*
SYNC·-fähig *adj* / sync capability || **⸚/FREEZE-Fähigkeit** *f* / SYNC/FREEZE capability
Synchro·check *m* / synchrocheck *n* || **⸚checkrelais** *n* / synchrocheck relay || **⸚-Empfänger** *m* / synchro-receiver *n*, synchro-motor *n* || **⸚flansch** *m* / synchronous flange || **⸚-Geber** *m* / synchro-transmitter *n*, synchro-generator *n*
Synchromat *m* / automatic synchronizer, check synchronizer, automatic coupler, synchro-check relay, check synchronizing relay, paralleling device
synchron *adj* / synchronous *adj* || **~ anlaufendes und anhaltendes astabiles Kippglied** / synchronously starting and stopping astable element || **~ laufen** / run in synchronism, operate in synchronism, run in step, be in synchronism
Synchron·abweichung *f* / synchronous deviation || **⸚achse** *f* / synchronized axis || **⸚admittanz** *f* /

synchron 868

synchronous admittance || ₂aktion *f* /
synchronized action (SA) || ₂aktions-
Identifikationsnummer *f* / synchronized action
ID || ₂antrieb *m* / synchronous drive || ₂-
Asynchron-Umformer *m* / synchronous-induction
motor-generator || ₂betrieb *m* (Synchronmasch.,
Netz) / synchronous operation || ₂betrieb *m* (eine
Spindelbetriebsart, bei der zwei Spindeln als
Synchronspindelpaar synchron zueinander
laufen) / synchronous mode || ₂-DRAM
(SDRAM) / Synchronous DRAM (SDRAM) ||
₂draufschalter *m* / timer-controlled make breaker,
synchronized test breaker || ₂drehzahl *f* /
synchronous speed
synchron·e Blindleistungsmaschine / synchronous
compensator, synchronous condenser || ~e
Datenübertragung / synchronous data
transmission || ~e Datenübertragungssteuerung /
synchronous data link control (SDLC) || ~e digitale
Hierarchie (SDH) / synchronous digital hierarchy
(SDH) || ~e Drehzahl / synchronous speed || ~e
EMK / synchronous e.m.f. || ~e Exception /
synchronous exception || ~e
Fernwirkübertragung / synchronous telecontrol
transmission || ~e Längsfeldreaktanz / direct-axis
synchronous reactance || ~e Längsimpedanz /
direct-axis synchronous impedance || ~e
Längsreaktanz / direct-axis synchronous
reactance || ~e periodische Überlagerungen DIN
41745 / synchronous periodic deviations || ~e
Querfeldreaktanz / quadrature-axis synchronous
reactance || ~e Querreaktanz / quadrature-axis
synchronous reactance || ~e Spannung /
synchronous voltage, in-phase voltage || ~e
Steuerung / clocked control || ~e Telegrafie /
synchronous telegraphy || ~e Transportart /
synchronous type of transport || ~e Übertragung /
synchronous transmission
Synchron·einbauspindel *f* / built-in synchronous
spindle || ₂einrichtung *f* / synchronizing equipment
synchron·er Anlauf / synchronous starting || ~er
Betrieb / synchronous operation, synchronous
mode, synchronous operating mode || ~er
Empfangsspielraum (Empfangsspielraum eines
synchronen Empfängers, bestimmt durch den
Isochronverzerrungsgrad) / margin of a
synchronous receiver || ~er Lauf / synchronous
operation || ~er Impulsgenerator / synchronous
pulse generator (SPG) || ~er linearer
Fremdmotor / synchronous linear non-Siemens
motor || ~er Motor-Generator / synchronous
converter || ~er Phasenschieber / synchronous
condenser, synchronous compensator, synchronous
capacitor, synchronous phase modifier || ~er Start-
Stopp-Verzerrungsgrad / degree of synchronous
start-stop distortion || ~er Transport /
synchronous mode || ~er Transportmodus /
synchronous operating mode || ~er Widerstand der
Drehstromwicklung / positive-sequence armature
winding resistance || ~er Zähler / parallel counter
|| ~es Datennetz / synchronous data network || ~es
Drehmoment / synchronous torque, synchronous
harmonic torque || ~es Kippmoment / pull-out
torque || ~es Mitfahren / coupled motion || ~es
optisches Netz nach ANSI T1.105 („Vorgänger"-
Technologie von SDH) / synchronous optical
network (SONET) (EN 60870-5-104) || ~es

Schaltwerk (Rechner) / synchronous sequential
circuit || ~es Zusatzdrehmoment / synchronous
harmonic torque
Synchron·flansch *m* / synchronous flange || ₂·-
Frequenzumformer *m* / synchronous frequency
converter || ₂funktion *f* / synchronous function ||
₂generator *m* / synchronous generator, alternator
n || ₂geschwindigkeit *f* / synchronous velocity ||
₂geschwindigkeit *f* (LM) / synchronous speed ||
₂getriebe *n* / synchro-mesh gear || ₂-Hauptuhr *f* /
synchronous master clock || ₂-Homopolar-
Linearmotor *m* / linear synchronous homopolar
motor (LSHM) || ₂impedanz *f* / synchronous
impedance || ₂-Induktionsmotor *m* / synchronous
induction motor, synduct motor
Synchronisation *f* / synchronization *n*, convergence *n*
Synchronisations·art *f* / type of synchronization ||
₂balken *m* / synchronization bar || ₂dialog *m* /
synchronization dialog || ₂erkennung *f* (MPU) /
synchronization detect (SYNDET) || ₂fehler *m* /
synchronization error || ₂fehler der Uhr / clock
synchronization error || ₂markierung *f* /
synchronization mark || ₂meilenstein *m* /
synchronization milestone || ₂modul *n*
(Schnittstellenmodul zur Redundanzkopplung in
einem H-System) / synchronization submodule ||
₂muster *n* / synchronization (o. sync) pattern ||
₂position *f* / synchronization position || ₂projekt
n / synchronization project || ₂punkt *m* /
synchronization point || ₂punkt (Gleichlauf) *m* /
synchronization point || ₂signal *n* /
synchronisation signal || ₂steuerung *f* /
synchronisation control
Synchronisator *m* / synchronizer *n*
Synchronisier·-Ansprechschwelle *f* /
synchronization threshold || ₂aufgabe *f* /
synchronizing task || ₂ausgang *m* /
synchronizing output || ₂baugruppe *f* /
synchronizing (o. synchronization) module,
synchronization module || ₂bereich *m* /
synchronization frequency range || ₂bereich *m*
(IMPATT-Diode) / injection locking range || ₂bit
n (Bit zur Synchronisierung von Zeichen oder
Blöcken) / synchronization bit || ₂-Drosselspule *f* /
synchronizing reactor || ₂-Dunkelschaltung *f* /
synchronizing-dark method, dark-lamp
synchronizing || ₂einheit *f* DIN 44302 / timing
generator || ₂einrichtung *f* / synchronizer *n*,
synchronizing gear
Synchronisieren *n* / synchronizing *n*,
synchronization *n*, phasing in || ~ *v* / synchronize
v || ₂ als Motor / motor synchronizing || ₂ der
Achsen / reference point approach, homing
procedure, search-for-reference || fliegendes ₂ / on-
the-fly synchronization
synchronisierend·e Leistung / synchronizing power
|| ~er Strom / synchronizing current || ~es
Moment / synchronizing torque, pull-in torque
Synchronisier·-Frequenzbereich *m* /
synchronization frequency range || ₂-
Hellschaltung *f* / synchronizing-bright method || ₂-
Impulsgeber *m* / parallelling pulse generator,
parallelling unit || ₂knoten *m* / synchronization
node || ₂lampen *f pl* / lamp synchroscope,
synchronizing lamps || ₂marke *f* / synchronizing
mark, synchronization mark || ₂-Matrixeinheit *f*
(Sy-Matrixeinheit) / synchronizing matrix module

|| ~netz n / synchronization network || ~-
Nullspannungsabfrage f / synchronizing zero-voltage detector || ~**pflicht** f / synchronization specification || **~pflichtiger Abzweig** / feeder requiring synchronizing || ~**-Relaiseinheit** f (Sy-Relaiseinheit) / synchronizing relay module || ~**schalter** m / synchronizing switch, paralleling switch || ~**sender** m / synchronizing transmitter || ~**signal** n (Signal, das die Phasenbeziehung zwischen zwei zyklischen Zeitrastern oder eine signifikante Änderung dieser Beziehung festlegt) / synchronization signal || ~**speicher** m (Flipflop) / synchronizing flipflop
synchronisiert adj / synchronized adj, in synchronism adj, synchronous adj, in step adj || **~e Schwingungspaketsteuerung** / synchronous multicycle control || **~e Vielperiodensteuerung** / synchronous multicycle control || **~e Zeitablenkung** / synchronized sweep, locked sweep
Synchronisiertelegramm n / synchronization telegram
synchronisierter Induktionsmotor / synchronous induction motor
Synchronisierung f (Abgleich z.B. von Taktgeberfrequenzen) / synchronization n || **schlupffeste** ~ / shift insusceptibility
Synchronisierungs·intervall n / synchronization interval || ~**schiene** f / synchronizing busbar, paralleling bus
Synchronisier·verbindungsabschnitt m / synchronization link || ~**vorrichtung** f / synchronizer n, synchronizing device || ~**wandarm** m / synchronizer bracket || ~**wandler** m / synchronizing transformer || ~**-Wartezustand der Steuerfunktion** DIN IEC 625 / controller synchronous wait state (CSWS)
Synchronisierziffer f / synchronizing coefficient || **drehmomentbezogene** ~ / synchronizing torque coefficient, per-unit synchronizing torque coefficient || **komplexe** ~ / complex synchronizing torque coefficient || **leistungsbezogene** ~ / synchronizing power coefficient, per-unit synchronizing power coefficient
Synchronismus m / synchronism n || **aus dem** ~ **fallen** / pull out of synchronism, fall out of step, lose synchronism, pull out v || **in den** ~ **kommen** / pull into step, lock into step, fall into step, pull in v || **im** ~ **laufen** / run in synchronism, operate in synchronism, run in step || **im** ~ **sein** / be in synchronism, be in step
Synchronität f / synchronism n, synchronous operation
Synchron·-Kippmoment n / synchronous pull-out torque (GB), pull-out torque (US) || ~**korrektur** f / synchronous correction || ~**kupplung** f / synchronous coupling || ~**lage** f / synchronized position || ~**-Längsimpedanz** f / direct-axis synchronous impedance || ~**-Längsreaktanz** f / direct-axis synchronous reactance || ~**lauf** m / synchronism || ~**lauffehler** m / synchronism error || ~**lauffenster fein** / synchronism fine window || ~**lauffenster grob** / synchronism coarse window || ~**laufschranke** f / synchronism barrier || ~**laufwerk** n / synchronous timer || ~-
Linearmotor m / linear synchronous motor (LSM) || ~**-Linear-Motor (SLM)** m /

synchronous linear motor (SLM) || ~**linie** f / synchronous line
Synchronmaschine f / synchronous machine || **permanent erregte** ~ / permanently excited synchronous machine
Synchronmotor m / synchronous motor || ~ **mit asynchronem Anlauf** / self-starting synchronous motor, induction-type synchronous motor || ~ **mit Käfigwicklung** / cage synchronous motor || **erregungsloser** ~ / reluctance motor || **selbstanlaufender** ~ / self-starting synchronous motor, auto-synchronous motor, synaut motor
Synchronoskop n / synchroscope n, synchronism indicator
Synchron·-Phasenschieber m / synchronous condenser, synchronous compensator, synchronous capacitor, synchronous phase modifier || ~**position** f / synchronized position || ~**prüfverfahren** n (Zählerprüf.) / synchronous method, run-off method, rotating substandard method || ~**punkt** m / synchronous point || ~**-Querimpedanz** f / quadrature-axis synchronous impedance || ~**-Querreaktanz** f / quadrature-axis synchronous reactance
Synchronreaktanz f / synchronous reactance || ~ **der Längsachse** / direct-axis synchronous reactance
Synchron·riemenantrieb m / synchronous belt drive || ~**-Rotationsmotor** m (SRM) / synchronous rotating motor (SRM), synchronous rotary motor (SRM) || ~**schaltuhr** f / synchronous time switch || ~**-Schleifen** n / Synchronous Rectification (SR) n || ~**schlusskontrolle** f / pulse number check || ~**servomotor** m / synchronous servomotor n || ~**signal** n / synchronism signal || ~**spannung** f / synchronous voltage, in-phase voltage || ~**spindel** f / synchronous spindle || ~**spindelmotor** m / synchronous spindle motor || ~**spindelpaar** n / pair of synchronous spindles || ~**-Tarifschaltuhr** f / synchronous multi-rate time switch, synchronous multi-rate tariff switch || ~**technik** f / synchronous technology || ~**übertragung** f / synchronous transmission || ~**überwachung** f / synchro-check n || ~**uhr** f / synchronous clock, synchronous motor clock || ~**uhrmotor** m / synchronous time motor || ~**umformer** m / synchronous converter, synchronous-synchronous motor-generator || ~**umschaltung** f / synchronous transfer || ~**verfahren** n (Zählerprüf.) / synchronous method, run-off method, rotating substandard method || ~**verstärkung** f / synchronous gain || ~**widerstand** m / primary-winding resistance, armature resistance || ~**zeit** f / synchronous time || ~**zeitabweichung** f / deviation of synchronous time
Synchrotron-Strahlung f / synchrotron radiation
SYNC-Telegramm n / SYNC telegram
Synentropie f / average transinformation content
Synergieeffekt m / synergy effect, synergetic effect
Synonym n / synonym n || ~ adj / synonymous adj
Synoptik f / synoptic n
syntaktisch adj / syntactically, syntactic adj || **~e Regel** / syntax rule || **~er Fehler** / syntax error
Syntax f (Daten) / (data) syntax n || **darstellungsabhängige** ~ / concrete syntax || **darstellungsunabhängige** ~ / abstract syntax || **~bestimmend** adj / syntax governing || ~**editor** m / syntax-directed editor || ~**fehler** m / syntax

Synthese

error || ≈graph *m* / syntax diagram || ≈prüfung *f* / syntax check || ~sensitiv *adj* / syntax-sensitive
Synthese *f* / synthesis *n*
Synthetiköl *n* / synthetic lube
synthetische Prüfmethode (Serien-Parallel-Methode) / series-parallel method of testing || ~ **Prüfschaltung** / synthetic test circuit || ~ **Prüfung** / synthetic test || ~ **Schaltung** / synthetic circuit || **~es kubisches Bor-Nitrid (CBN)** / crystallized boron nitride (CBN) || **~es Modell** / synthetic model
Sy-Relaiseinheit *f* / synchronizing relay module
SYSPAR (Systemparameter) / SYSPAR (system parameter)
System *n* / system *n* || ≈ **der bezogenen Größen** (el. Masch.) / per-unit system || ≈ **der Einheitsbohrung** / basic-hole system, unit-bore system, standard-hole system, hole-basis system of fits || ≈ **der Einheitswelle** / basic shaft system, standard shaft system, shaft basis system of fits || ≈ **Diagnose** *f* / System Diagnostics (SDIAG), SD (System Diagnostics) || ≈ **für besondere Aufgaben** / dedicated special system (foreign system used for a non-BACS application) || ≈ **für entfernte Bestandskontrolle** / remote inventory monitoring system || ≈ **in Prüfung** / system under test (SUT) || ≈ **mit einem Freiheitsgrad** / single-degree-of-freedom system || ≈ **mit mehreren Freiheitsgraden** / multi-degree-of-freedom system || ≈ **mit Reparaturmöglichkeit** / repairable system || ≈ **mit zwei stabilen Zuständen** / bistable system, two-state system || ≈ **ohne Reparaturmöglichkeit** / non-repairable system || ≈ **Reboot** *m* / system reboot || ≈ **Specification Description** *f* / system specification description || ≈ **Timer** *m* / system timer || ≈ **zweiter Ordnung** / system with second-order lag || **Aufbau~** *n* / rack system, packaging system, assembly system, assembly and wiring system || **existierendes** ≈ / legacy system || **haustechnisches** ≈ / technical system in buildings || **laufendes** ≈ / current system || **lernfähiges** ≈ / adaptive system || **offenes** ≈ / open system || **rechtswendiges** ≈ / right-handed system || **rückgekoppeltes** ≈ / feedback system || **schlüsselfertiges** ≈ / turnkey system || **spurführungseinrichtunggebundenes** ≈ / wheel-rail system, track-bound system, tracked system || **zentrales** ≈ / centralized system
systemabhängige Unterlagen / standard system documents
System·abhängigkeit *f* / system dependency || ≈**abrundung** *f* / system refinement || ≈**absturz** *m* (Rechneranlage) / system crash || ≈**alarm** *m* / system interrupt || ≈**analyse** *f* / system analysis
systemanalytischer Ansatz / systems approach
System·anforderung *f* / system requirement || ≈**anlauf** *m* / system start-up || ≈**anschluss** *m* / system connection || ≈**-Anwendungs-Architektur (SAA)** *f* / System Application Architecture (SAA) || ≈**architektur** *f* / system architecture || ≈**architektur-Team** *n* / system architecture team
systematisch·e Abweichung der Schätzfunktion DIN 55350, T.24 / bias of estimator || **~e Ergebnisabweichung** (Statistik) / systematic error of result, bias of result || **~e kritische Durchsprache** / structured walk through (SWT) || **~e Messabweichung** / systematic error, systematic error of measurement || **~e Probenahme** (Probenahme, bei der die Auswahleinheiten aufgrund einer systematischen Auswahlmethode in die Stichprobe gelangen) / systematic sampling || **~e Projektabwicklung von Aufträgen (SPA)** / systematic project processing of orders **~e Schwankung** (Statistik) / systematic variation (statistics) || **~e Stichprobe** / systematic sample || **~e Stichprobenentnahme** / systematic sampling || **~er Ausfall** IEC 50(191) / systematic failure, reproducible failure || **~er Entwicklungsablauf (SEA)** / systematic development sequence || **~er Fehler** / systematic error || **~er Fehlzustand** (Fehlzustand infolge eines systematischen Ausfalls) / systematic fault
System·attribut für Bedienen und Beobachten / system attribute for operator control and monitoring || ≈**audit** *m* / quality audit || ≈**aufbau** *m* / system design, system structure || ≈**aufruf** *m* / system call || ≈**ausbau** *m* / system expansion || ≈**ausfall** *m* / system failure || ≈**auslastung** *f* / system utilization || ≈**auslegung** *f* / system design, system configuration || ≈**aussprung** *m* / exiting the system || ≈**bandbreite** *f* / system bandwidth || ≈**baukasten** *m* (modulares System) / modular system || ≈**baustein** *m* / system module, hardware module, system block || ≈**bearbeitungszeit** *f* / system execution time || ≈**bedienung** *f* / operator-system communication, operator control (of system)
systembedingt *adj* / system dependent, system-related *adj*
System·beeinflussung *f* / system interference || **externe** ≈**beeinflussung** / inter-system interference || **interne** ≈**beeinflussung** IEC 50 (161) / intra-system interference || ≈**befehl** *m* / system command || ≈**befehl** *m* (SPS-Programm) / system operation || ≈**belastung** *f* / system load || ≈**bereich** *m* / system data area || ≈**beschreibung** *f* (SBS) / system overview, system description || ≈**betreuung** *f* / system support || **~bezogener Parameter** / system-specific parameter || ≈**bibliothek** *f* / system library || ≈**bus** *m* / system bus || ≈**-Controller** *m* / system controller || ≈**dämpfungsmaß** *n* / system loss || ≈**datei** *f* / system file
Systemdaten *plt* / plant data, power system data || ≈ *plt* (SD) / system data (SD) || ≈**baustein** *m* (SDB) / system data block (SDB) || ≈**bereich** *m* (SDB) / system data area || ≈**speicher** *m* / system data memory, system data storage || ≈**wort** *n* (SD) / system data word (SD)
System·diagnose *f* / system diagnostics || ≈**diskette** *f* / system diskette, system disk, system floppy || ≈**dokumentation** *f* / system documentation || **~durchgängiges Handling** / system-wide handling || ≈**durchgängigkeit** *f* / system uniformity || ≈**durchsatz** *m* / system throughput
Systeme, vernetzte ≈ **in Wohn- und Nutzgebäuden** / networked systems in residential and utility buildings || ≈ **mit oder ohne Reparaturmöglichkeit** / repairable and non-repairable systems || **haustechnische Geräte und** ≈ / technical in-home equipment and systems || **haustechnische Produkte und** ≈ / technical products and systems for the household
Systemebene *f* / cell *n* || ≈ *f* (CIM) / area control level, process supervision level, system level

systemeigener Prüfemulator / in-circuit emulator (ICE)
System·eigenschaft *f* / system characteristics, system property || ⁓**einheit** *f* (Schrankaufbautechnik) / system unit (control cabinet installation technology) || ⁓**einstellung** *f* / system setup, system setting || ⁓**element** *n* / system element || ⁓**entwurf** *m* / system engineering || ⁓**erfassungsstromkreis** *m* / supply detection circuit || ⁓**erstellung und Inbetriebnahme** *f* / System Installation & Commissioning (SICO) || **~fähig** *adj* / system-compatible || ⁓**feder** *f* / system spring
Systemfehler *m* / system error || ⁓**behandlung** *f* / system error handling || ⁓**ebene** *f* / system error level || ⁓**meldung** *f* / system fault signal, system alarm, system alarm display, critical message
System·frame *m* / system frame || ⁓**funktion** *f* / system function || ⁓**funktionsaufruf** *m* / system function call || ⁓**funktionsbaustein** *m* (SFB) / system function block (SFB) || ⁓**geber** *m* / system encoder
systemgeeignetes Messgerät / system-compatible measuring apparatus (o. instrument)
System·gehäuse *n* / modular housing, housing of unitized system || ⁓**genauigkeit** *f* / system accuracy || ⁓**generator** *m* / system generator || ⁓**geräte** *n pl* (Installationsbus) / system components
systemgerecht *adj* / system-compatible *adj*, compatible *adj*
System·geschäft *n* / systems business, project business || ⁓**gestell** *n* / system rack || ⁓**grundtakt** *m* / system clock cycle, basic system clock rate || ⁓**-Grundtakt** *m* / basic system clock frequency || ⁓**handbuch** *n* (SH) / system manual, manual *n*, SH || ⁓**haus** *n* / system house || ⁓**hilfsmittel** *n* / system resources || ⁓**hochlauf** *m* / system start-up || ⁓**identifikationsbaustein** *m* / system ID block || ⁓**informationen** *f pl* / system information || ⁓**initialisierung** *f* / system initialization || ⁓**integration** *f* / system integration || ⁓**integrator** *m* / system integrator || **~integriert** *adj* / system-integrated || ⁓**integrität** *f* (Eigenschaft eines Rechensystems, das bei Erfüllung seiner Funktion sowohl nicht autorisierte Benutzer hindert, Betriebsmittel zu ändern oder zu nutzen, als auch autorisierte Benutzer hindert, Betriebsmittel unsachgemäß zu ändern oder zu nutzen) / system integrity || **~internes Signal** / in-system signal
System·kabel *n* / system cable || ⁓**kanalwähler** *m* (SKW) / system and channel selector || ⁓**kategorie** *f* / system category || ⁓**kennung** *f* / system identification || ⁓**kennwerte** *m pl* / system characteristics || ⁓**kern** *m* (SW) / system kernel || ⁓**komponente** *f* / system component || ⁓**komponenten** *f* / BOS (balance of systems) || ⁓**konfigurationsübersicht** *f* / system configuration display || ⁓**-Konformitätserklärung** *f* / system conformance statement || ⁓**-Konformitäts-Prüfbericht** *m* / system conformance test report (SCTR) || ⁓**kontrollpunkt** *m* / system checkpoint || ⁓**kopplung** *f* / system connection, system interface || ⁓**kosten** *f* / balance of system costs (BOS costs), system costs || ⁓**lastenheft** *n* (SLH) / system order specification || ⁓**laufzeit** *f* / system execution time || ⁓**logbuch** *n* / system logbook ||

⁓**lösung** *f* / systems solution, system solution || ⁓**management** *n* DIN ISO 7498 / systems management, man-machine interface, technical management || ⁓**marke** *f* (Marke für das Visionsystem, um die Maschine zu vermessen) / system fiducial || ⁓**masse** *f* (Erde) / system ground || ⁓**meldeblock** *m* / system message block || ⁓**meldung** *f* / system message, system report || ⁓**meldung** *f* (gibt am Bediengerät Auskunft über interne Zustände des Bediengerätes und der Steuerung) / system alarm || ⁓**meldungs-Baustein** *m* / system message block || ⁓**meldungs-Warteschlange** *f* / system message queue || ⁓**menü** *n* / system menu || ⁓**offenheit** *f* / system openness || ⁓**operation** *f* / system operation, system command || ⁓**organisation** *f* / system organization || ⁓**parameter** *m* (SYSPAR) / system parameter (SYSPAR) || ⁓**partner** *m* / system partner || ⁓**pflege** *f* / system update, system maintenance || ⁓**pflichtenheft** *m* (SPH) / system response specification, performance specification, system functional specification (SFS) || ⁓**plattform** *f* / system platform
Systemprogramm *n* / system program, executive program, system software || **CNC-**⁓ *n* / CNC executive program || ⁓**speicher** *m* / system program memory
System·-Projekte *n* / system-projects || ⁓**protokoll** *n* / system trace || ⁓**prüfung** *f* / system checkout, system check || ⁓**prüfung** *f* (Emulation) / emulation *n* || ⁓**rahmen** *m* / system environment, system scope || ⁓**reaktionszeit** *f* / system response time || **HGÜ-**⁓**regelung** *f* / HVDC system control || ⁓**ressource** *f* / system resource
System·schaltplan *m* / system diagram || ⁓**schnittstelle** *f* (serielle Schnittstelle bei den Geräten zur Ankopplung an eine Leittechnik über IEC oder PROFIBUS FMS) / system interface || ⁓**-Schnittstelle** *f* / SCADA interface || ⁓**schnittstelle für Netzführung** *f* / system interface for distribution management || ⁓**schnittstellenabdeckung** *f* / system interface cover || ⁓**schrank** *m* / standard cubicle, system cubicle, system cabinet || ⁓**selbstüberwachung** *f* (Funktion zur Überwachung des Ablaufs eines Softwareprogramms oder eines anderen Einzelteils eines Systems) / watchdog *n*
Systems Engineering *n* / Systems Engineering
System·sicherheit *f* / system safety (extent to which the system itself as a physical entity will not impose a hazard) || ⁓**sicherung** *f* / backup *n* || ⁓**slot** *n* / system slot
System·software *f* (Konfigurierprogramme) / system configuration software || ⁓**software** *f* (Betriebssystem) / operating system software || ⁓**software (SYSW)** *f* / system software || ⁓**software-Paket** *n* / system software package || ⁓**software-Station** *f* / system software station || ⁓**speicher** *m* / system memory || ⁓**speicherdaten** *plt* / system memory data || ⁓**spezifikation** *f* / system design || ⁓**spezifikationsbeschreibung** *f* / system specification description || ⁓**stabilität** *f* DIN 40042 / system dependability || ⁓**stammdaten** *plt* / system master data || ⁓**stecker** *m* / system connector
Systemsteuerung *f* / system control, Control Panel || ⁓ **fordern** DIN IEC 625 / request system control

System

(rsc) || **Zustand der** ~ DIN IEC 625 / system control state
System·stopp *m* (STS) / system stop (STS) || ~**störung** *f* / system failure || ~**struktur** *f* / system structure || ~**takt** *m* / system clock, internal clock || ~**tastatur** *f* / system keyboard || ~**taste** *f* / system key || ~**technik** *f* / balance of systems (BOS) || **elektrische** ~**technik für Heim und Gebäude** / electrical system technology for the home and buildings
systemtechnische Entwicklung / systems engineering development
System·test (SYTE) *m* / system test (SYTE) || ~**testdatenbank** *f* / system test database || ~**testfehlerdatenbank** *f* / system test defect database || ~**testfreigabe** *f* / released for system test || ~**testkonzept** *n* / system test concept (STC) || ~**testlabor** *n* / system test laboratory || ~**testphase** *f* / system test phase || ~**testprotokoll** *n* / system test log (STL) || ~**testreife** *n* / system test maturity || ~**testverantwortlicher** *m* / person responsible for the system test || ~**testzentrum** *n* (STZ) / system test center || ~**text** *m* / system text || ~**träger** *m* / lead frame || **Zähler-**~**träger** *m* / meter frame || ~**transferdaten** *plt* / system transfer data (ST) || ~**transferdatenbereich** *m* / system transfer data area || ~**transferdatenspeicher** *m* / system transfer data memory || ~**übergreifend** *adj* / global *adj* || ~**übergreifende Architektur** / system-spanning architectures || ~**übersicht** *f* / system overview || ~**überwachung** *f* / system monitoring || ~**umgebung** *f* / system environment
systemunverwechselbar *adj* / polarized *adj*, non-reversible *adj*
System·variable *f* / system variable || ~**variable anzeigen** / Display system variable || ~**variablen-Wort** *n* / system variable word || ~**verantwortung** *f* / system responsibility || ~**verbindungskanal** *m* / system connection duct || ~**verfügbarkeit** *f* / system availability || ~**verhalten** *n* / system performance, system reaction, system behavior || ~**verkabelung** *f* / system cables || ~**-Verlustbilanz** *f* / system loss budget || ~**verluste** *m pl* / system losses || ~**verteiler-Klemmen** *f pl* / distribution board terminals || ~**verträglichkeit** *f* DIN IEC 625 / compatibility *n*, compatibility of the system, system compatibility || ~**verträglichkeitsprüfung** *f* / system compatibility test || ~**voraussetzung** *f* / system prerequisite || ~**vorgabe** *f* / system selection || ~**wandler** *m* / system transformer || ~**weit** *adj* / system-wide || ~**wiederaufbau** *m* / Restore || ~**wirksamkeit** *f* DIN 40042 / system effectiveness || ~**wirkungsgrad** *m* / factor of quality || ~**wörterbuch** *n* / system dictionary || ~**zeit** *f* / system time || ~**zeitfehler** *m* / system time error || ~**zelle** *f* / system memory location || ~**zugriff** *m* / system access || ~**zustand** *m* / system state, system control state || ~**zustand Ankoppeln** / link-up system mode || ~**zustand Aufdaten** / update system mode || ~**zustand Redundant** / redundant system mode || ~**zustand Solobetrieb** / solo system mode || ~**zustand Stop** / stop system mode || ~**zustandsliste** *f* (SZL) / system state list (SSL) || ~**zustandsmeldungsliste** *f* / system resource alarm summary
SYSW (Systemsoftware) / SYSW
SYTE (Systemtest) / SYTE (system test)

Sz (Satz) / set *n*
SZ (Sollzustand) *m* / DS
SZ1 (Schraubenzieher 1) *m* / SD 1 (Screwdriver 1)
SZ-Einheit *f* / SZ unit
Scenario *n* / scenario *n*
Szene *f* / light setting || ~ *f* (eine wirklichkeitsgetreue Anordnung von Objekten) / scene
Szenen·baustein *m* / scene module || ~**steuerung** *f* / scene control
szenische Beleuchtung / scenic lighting
SZG (Schutzdatenzentralgerät) *n* / protection data control master unit (PDCMU)
Szintillation *f* / scintillation *n*
Szintillationszähler *m* / scintillation counter
SZL / high-noise-immunity and surge-proof logic, high-level logic (HLL) || ~ (Systemzustandsliste) / SSL (system status list), SSL (system state list)

T

T / timer *n* (T) || ~ (Tool) / tool *n*, tools *n pl* || ~ **Bezugszeit)** *f* / reference time (T)
TA (Abtastzeit) *f* / scanning time
Ta₂O₅ (Tantaloxid) *n* / tantalum oxide (Ta₂O₅)
TAB (Tabelle) / table (TAP) *n* || ~ **(Tabulatortaste)** *f* / Tab key || ~ **(Technische Anschlussbedingungen)** *f* / Technical Supply Conditions (TAB) || ~ **(Tape Automated Bonding)** *f* / tape automated bonding (TAB)
tabellarisch *adj* / tabular *adj* || ~ **beschriebenes Constraint** / tabular constraint || ~**er Editor** (Editor, der im Arbeitsbereich eine Bearbeitung in tabellarischer Form ermöglicht) / tabular editor
Tabelle *f* (TAB) / table *n* (TAB) || ~ **über die Verteilung von Häufigkeitsgruppen** DIN IEC 319 / grouped frequency distribution table || ~ **Werkzeugverschleiß** / tool wear table || ~ **zur Zugriffssteuerung** / Access Control List (ACL) (table for access control)
Tabellen·-Arbeitsblatt *n* / spreadsheet *n* || ~**bereich** *m* / table range || ~**bild** *n* / tabular display || ~**buch** *n* / reference guide || ~**feld** *n* / table field || ~**form** *f* / table format || ~**funktion** *f* / table function || ~**gleichlauf** *m* / electronic cam || ~**heft** *n* (TH) / quick reference, pocket reference, reference guide, pocket guide, TH || ~**interpolation** *f* / table interpolation || ~**interpolator (TIPO)** *m* / table interpolator || ~**kalkulation** *f* / spreadsheet *n* || ~**kalkulationsprogramm** *n* / spreadsheet program || ~**-orientiert** *adj* (nach Zeilen und Spalten orientiertes Datenformat mit ASCII-Zeichen) / table-oriented || ~**parameter** *m* / table parameter || ~**variable** *f* / array variable || ~**verzeichnis** *n* / list of tables || ~**zeile** *f* / table line
TAB-Funktion *f* / tabulator function (TAB function)
Tablarlager *n* / tray warehouse
Tableau *n* (Anzeiget.) / annunciator *n*, panel *n*, indicator board || ~ *n* (Verteiler) / distribution board, panelboard *n*
Tablett *m* (Eingabegerät) / gain point, digitizer tablet || ~ *n* (Tastenfeld) / tablet *n*, keypad *n*, keyboard *n*
Tablette *f* / wafer *n*, pellet *n*
Tablettenpresse *f* (f. Materialproben) / pelleting

press, specimen (o. sample) press
Tab-Reihenfolge *f* / (Reihenfolge, in der Bedienobjekte beim Drücken der Taste aktiviert werden) / tab sequence
Tabulator *m* / tab key || ⁓**entaste (TAB)** *f* / tabulator key || ⁓**funktion** *f* (TAB-Funktion) / tabulator function (TAB function) || ⁓**schreibweise** *f* / tab sequential format || ⁓**-Taste** *f* / tab key || ⁓**zeichen** *n* / tabulating character, TAB character
T-Abzweigklemme *f* / branch terminal
TAC *n* / Technical Adaptation Committee (TAC)
Tacho *m* / tacho *n*, tacho-generator *n*, tachometer generator, pilot generator, tachometer *n* || ⁓**abgleich** *m* / tacho compensation, tachogenerator matching circuit, tachogenerator compensation || ⁓**anpassung** *f* / tachogenerator matching, tacho adjustment || ⁓**bruch** *m* / defective tachometer || ⁓**drehzahl** *f* / engine speed || ⁓**duktor** *m* / tachoductor *n* || ⁓**dynamo** *m* / tachometer generator, tacho-generator *n*, pilot generator || ⁓**-Dynamo** *m* / tacho-generator || ⁓**feinabgleich** *m* / fine tacho balancing || ⁓**generator** *m* / tachometer generator, tacho-generator *n*, pilot generator, tacho *n*, tachogenerator *n*, tachometer *n* || ⁓**kompensation** *f* / tacho compensation, tachogenerator compensation, tachogenerator matching circuit || ⁓**läufer** *m* / tacho rotor || ⁓**leitung** *f* / tacho cable
Tachometer *m* / tachometer *n* || ⁓**abgleich** *m* / tacho compensation, tachogenerator compensation, tachogenerator matching circuit || ⁓**maschine** *f* / tachometer generator, tacho-generator *n*, pilot generator
Tacho·nachbildung *f* / tacho simulating circuitry || ⁓**signal** *n* / tacho signal || ⁓**spannung** *f* / tacho voltage, tachovoltage *n* || ⁓**ständer** *m* / tacho stator || ⁓**verbindungsstecker** *m* / tacho connector
TACS (total access communication system) *n* / total access communication system (TACS)
TÄD (Technischer Änderungsdienst) / Technical Change Service
TAFE (Terminüberwachung von Aufträgen und Abgleich zur Fertigungskapazität) *f* / TAFE data processing monitoring of order dates and matching to manufacturing capacity
Tafel *f* / board *n*, panel *n* || ⁓ *f* (Hartpapier, Pressspan) / panel *n* || ⁓ *f* (Kunststoff-Bahnmaterial) / sheet *n*, sheeting *n* || **Diagonalschnittgewebe in** ⁓ / panel-form bias-cut fabric || ⁓**ausschnitt** *m* / panel cutout || ⁓**bauform** *f* (FSK) VDE 0660, T.500 / dead-front assembly IEC 439-1 || ⁓**blech** *n* / single rolled sheet || ⁓**einbaugerät** *n* / electrical control board, switch panel unit || ⁓**feld** *n* / panel *n*, section *n*, vertical section || ⁓**front** *f* / panel front, fascia *n* || ⁓**pressspan** *m* / pressboard *n* || ⁓**schere** *f* / balance shear
Täferherstellung *f* / wood panel manufacturing
Tagbetrieb *m* / day mode
Tagebau *m* / open-cut mine, open-cast mine, opencast mining
Tagebuch *n* (Tagesprotokoll) / daily log
Tagegeld *n* / per diem
Tages·höchstleistung *f* / daily maximum demand || ⁓**-Istarbeitszeit** *f* / actual daily working hours || ⁓**kennziffer** *f* / day code || ⁓**lastspiel** *n* (Kabel) /

24-hour load cycle, 24-hour cyclic load (o. load-current cycle)
Tageslicht *n* / daylight *n*, natural daylight || ⁓ **im Innenraum** / interior daylight || ⁓**anteil** *m* / daylight component || ⁓**art** *f* / daylight illuminant || ⁓**beleuchtung** *f* / daylighting *n*, natural lighting || ⁓**-Ergänzungsbeleuchtung** *f* / permanent supplementary artificial lighting (PSAL) || ⁓**fluoreszenzfarbe** *f* / daylight fluorescent colour || ⁓**kassette** *f* / daylight-loading cassette || ⁓**kurvenzug** *m* / daylight plot || ⁓**lampe** *f* / daylight lamp || ⁓**nutzung** *f* / utilization of daylight || ⁓**öffnung** *f* / daylight opening || ⁓**projektor** *m* / daylight projector || ⁓**quotient** *m* / daylight factor || **~täglich** *adj* / for natural-light viewing || **~weiß** *adj* / cool white || ⁓**wirkung** *f* / effectiveness in daylight || ⁓**-Zusatzbeleuchtung** *f* / permanent supplementary artificial lighting (PSAL)
Tages·markierung *f* / day marking || ⁓**maximum** *n* / daily maximum demand || ⁓**menge** *f* / daily quantity, daily rate (o. delivery), total daily rate (o. delivery) || ⁓**ordnung** *f* / agenda || ⁓**preis** *m* / daily price || ⁓**programm** *n* / daily program || ⁓**protokoll** *n* / daily log || ⁓**satz** *m* / daily rate || ⁓**schalter** *m* / twenty-four-hour switch || ⁓**schaltwerk** *n* / twenty-four-hour commutation mechanism || ⁓**scheibe** *f* / 24-hour dial, day disc || ⁓**schnittplan** *n* / daily cutting schedule || ⁓**sehen** *n* / photopic vision || ⁓**-Sollarbeitszeit** *f* / required daily working hours || ⁓**stückzahl** *f* / daily workpiece count || **mittlere** ⁓**temperatur** / mean temperature of the day, daily mean temperature, diurnal mean of temperature || ⁓**verbrauch** *m* (SIT) / normal-rate consumption || ⁓**zähler** *m* / day counter || ⁓**zeit** *f* / time of day (TOD) || ⁓**zeitschaltuhr** *f* / one-day time switch
täglich *adj* / day-to-day
TAG-Schild *n* / device ID *n*
Taille *f* (Gittermast) / waist *n*
Tailoringliste *f* / tailoring tool (TAI)
TAK (Technischer Attribute-Katalog) *m* / Catalog of Technical Attributes
Takt *m* / clock *n*, DIN 19237 clock pulse, pulse frequency, intake stroke || ⁓ *m* (Fertigung) / cycle *n*, phase *n*, step *n* || ⁓ **schnell** / fast frequency || **außer** ⁓ / out of step, out of time || **Schritt~** *m* / signal element timing || **Schweiß~** *m* / welding cycle || **zentraler** ⁓ / central clocking pulse || **~abhängiges Speicherglied** / triggered flipflop || ⁓**art** *f* / cycle type || ⁓**aufspreizung** *f* / spread spectrum clocking (SSC)
Takt·betrieb *m* / cycle mode || ⁓**büschel** *n* / clock pulse train, pulse train || ⁓**büschelpause** *f* / pause of clocks || ⁓**diagramm** *n* / clock pulse diagram || ⁓**diagramm** *n* / timing diagram || ⁓**eingang** *m* / clock input, C input, clock pulse input || ⁓**eingang mit Flankensteuerung** / edge-triggered clock input || ⁓**einrichtung** *f* / clock system
Takten *n* / pulsing *n*, star step || **~** *v* / clock *v*, time *v*, cycle *v*, operate in the switching mode || **vorwärts ~** (Zähler) / up counting
taktend *adj* / clock-pulse *adj*
Taktende *n* / end of cycle
taktende Endstufe mit Pulslängenmodulation / timing output stage with pulse length modulation
Takt·erzeugung *f* / clock generation || ⁓**feuer** *n* /

rhythmic light || **Wechselfarben-⟨feuer** *n* / alternating light || **⟨flanke** *f* / clock-pulse edge, clock edge || **⟨flanken** *f pl* / clock signal edges || **~flankengesteuertes Flipflop** / edge-triggered flipflop || **⟨flankensteuerung** *f* / edge triggering, transition control
Taktfrequenz *f* / clock-pulse rate, timing frequency, modulation frequency || **⟨** *f* / elementary frequency IEC 50(551), pulse frequency || **⟨** *f* DIN 19237 / clock frequency
Taktgeber *m* / clock generator (CG), clock-pulse generator (CPG), clock || **freilaufender ⟨** / self-clocking timer || **Schweiß~** *m* / welding timer
Taktgebung, feste ⟨ (SR-Antrieb) / fixed-frequency clocking || **rückgekoppelte ⟨** / closed-loop controlled clocking
Takt·generator *m* / clock generator (CG), clock-pulse generator (CPG), clock || **⟨generierung** *f* / clock generation || **~gesteuert** *adj* / clocked *adj* || **⟨gewinnung** *f* / clock-pulse generation, timing extraction
taktil *adj* / tactile *adj* || **~e Berührungserkennung** / tactile perception || **~er Sensor** / tactile sensor
Taktimpuls *m* / clock pulse (CP) || **⟨dauer** *f* / clock pulse duration || **⟨generator** *m* / clock pulse generator (CPG), clock generator
Takt·kennzeichen *n* / clock qualifier || **⟨leitung** *f* / clockline *n* || **⟨leitung** *f* (DÜ) / timing circuit, signal element timing circuit || **⟨marke** *f* / timing mark || **4-⟨maschine** *m* / 4-cycle machine || **⟨merker** *m* / clock bit memory, clock flag, clock memory || **⟨montage** *f* / fixed-cycle assembly || **⟨pause** *f* / clock-pulse space || **⟨periode** *f* / elementary period IEC 50(551) || **⟨puls** *m* / clock pulse (CP) || **⟨raster** *m* / clock grid || **⟨rate** *f* / clock-pulse rate || **⟨rückgewinnung** *f* (Ableitung eines Taktsignals aus einem empfangenen digitalen Signal, die auf regelmäßig wiederkehrenden Zeitschlitzen beruht) / timing recovery || **⟨schalter** *m* / clock switch
Taktsignal *n* / clock signal, clock pulse, timing signal, clock *n* || **serielles ⟨** / serial clock (SERCLK) || **⟨verzögerung** *f* (zum Ausgleich von Laufzeiten) / clock skew
Takt·spur *f* / feed track || **⟨stange** *f* / clock bar
Taktsteuerung *f* / sequence control system (SCS), sequential control, sequencing control, sequential control system IEC 1131.1
taktsynchron *adj* / clocked *adj*, synchronous *adj*, clock-synchronized *adj*, clock synchronized *adj*, isochronous *adj* || **⟨alarm** *m* / synchronous cycle interrupt || **~e Ablaufebene** / isochronous execution level || **~e Steuerung** / clocked control || **~er Betrieb** / isochrone mode || **~er Buszyklus** / bus cycle synchronization || **~er PROFIBUS** / isochronous PROFIBUS || **~er Zähler** / clocked counter || **⟨isation** *f* / isochronous mode
Takt·system *n* / clock (pulse system), timing system || **⟨-Teiler** *m* / cycle divider || **⟨treiber** *m* / clock driver
Taktung *f* / clocking *n* || **lokale ⟨** / local clocking || **mehrfache ⟨** / multiple clocking || **zentrale ⟨** / central clocking
Takt·untersetzung *f* / (clock-) pulse scaling || **⟨verfolgung** *f* / clock tracking || **⟨versorgung** *f* / clock-pulse supply, clockline *n* || **⟨verstärker** *m* / clock pulse amplifier

Taktzeit *f* / clock time, cycle duration, scan time, runtime *n* || **⟨** *f* (Zykluszeit, Fertigung) / cycle time, machining period || **⟨erfassung** *f* / cycle time acquisition
taktzustandgesteuertes Flipflop / pulse-triggered flipflop, DC flipflop
Taktzyklus *m* / clock cycle
talggeträngte Schnur / yarn impregnated with tallow
talkumiert *adj* / talc-powdered *adj*
Tal·punkt *m* (Diode) DIN 41856 / valley point || **⟨spannung** *f* (Diode) DIN 41856 / valley point voltage || **⟨strom** *m* (Diode) DIN 41856 / valley point current
TA-Luft *f* / German Air Pollution Control Code
Talwert *m* (Schwingung) / valley value
TAM *m* / Total Available Market (TAM)
TÄM (technische Änderungsmeldung) *f* / technical change notification
tan δ / dielectric dissipation factor, loss tangent
tan δ-Anfangswert *m* / tan δ initial value || **~-Anstiegswert** *m* / tan δ value per voltage increment, tan δ angle-time increment, tan δ tip-up value, δ tan per step of U_n
Tandem·anordnung *f* / tandem arrangement, tandem contact arrangement || **⟨ausführung** *f* / tandem design || **⟨betrieb** *m* / tandem operation || **⟨bürste** *f* / tandem brush, paired brushes || **⟨bürste in V-Stellung** / V-tandem brush || **⟨bürstenhalter** *m* / tandem brush holder || **⟨impulsgeber** *m* / tandem shaft angle encoder || **⟨motor** *m* / tandem motor || **⟨-Rollfederbürstenhalter** *m* / tandem coil spring || **⟨-Rollfeder-Bürstenhalter** *m* / tandem coiled-spring brush holder || **⟨schweißen** *n* / tandem welding || **⟨struktur** *f* / tandem arrangement || **⟨technik** *f* / tandem technique || **⟨-Van-de-Graaff-Generator** *m* / tandem electrostatic generator || **⟨zelle** *f* / two band-gap solar cell, two junction cell stack, tandem cell, two-color cell, double-junction cell, tandem cell stack, tandem junction cell, two junction cell
Tangens *m* / tangent *n* || **⟨ des Verlustwinkels** (tan δ) / tangent of loss angle, loss tangent || **⟨funktion** *f* / tangent function
Tangente *f* / tangent || **⟨ an Vorgänger** *f* / Tangent prev. elem.
Tangentenverfahren *n* (Chromatographie) / tangent method
Tangential·achse *f* / tangential axis || **⟨beschleunigung** *f* / tangential acceleration || **⟨bewegung** *f* / tangential movement || **⟨druckdiagramm** *n* / indicator diagram
tangentialer Übergang / tangential transition
Tangential·kraft *f* / tangential force || **⟨maß** *n* / tangential dimension || **⟨schnitt** *m* / tangential section || **⟨schnittlinie** *f* / line of tangential section || **⟨schub** *m* / tangential thrust, magnetic tangential force || **⟨schubkraft** *f* / tangential force, tangential couple || **⟨spannung** *f* / tangential stress, hoop stress || **⟨steuerung** *f* / tangential control || **⟨versteifung** *f* / tangential bracing
tangentieller Kreismittelpunkt / tangential circle centre || **~ Viertelkreis** / tangential quarter circle
Tangentkeilnut *f* / tangential keyway
Tank *m* / tank *n* || **⟨anschluss** *m* / tank port || **⟨entlüftungssystem** *n* / fuel-tank venting system || **⟨entlüftungsventil** *n* / canister purge valve, canister valve || **⟨klappe** *f* / filler flap || **⟨lager** *n* /

tank farm || ≈lagerbetreiber *m* / tank farm operator || ≈management *n* / tank management || ≈stelle *f* / filling station, service station, gas station || ≈tabelle *f* / strapping table
Tannenbaumprofil *n* / fir tree profile
tan-Prüfung *f* / loss-tangent test, dissipation-factor test
T-Anschlussstück *n* / T-connector *n*
tan-Spannungscharakteristik *f* / tan δ voltage characteristic
Tantal·-Chip-Kondensator *m* / tantalum chip capacitor || ≈-**Elektrolytkondensator** *m* / tantalum electrolytic capacitor || ≈**kondensator** *m* / tantalum capacitor || ≈**oxid (Ta₂O₅)** *n* / Ta_2O_5 (tantalum oxide) || ≈**polarität** *f* / tantalum polarity (polarity of a tantalum chip capacitor)
tan-Verlauf *m* / tan δ curve
tan-Verlustwinkel *m* / tan δ of loss angle, tangent of complement of power factor angle
tanzen *v* (Leiter einer Freileitung) / gallop *v*
Tänzer·lagenregelung *f* / dancer position control || ≈**regelung** *f* / dancer control || ≈**walze** *f* / dancer roll, dancer roller
TAP (Test Access Port) / Test Access Port (TAP)
Tape-Ball-Grid-Array (TBGA) *n* / tape ball grid array (TBGA)
Tara·gewicht *n* / tare weight || ≈**höchstlast** *f* / maximum tare load || ≈**-Kompensation** *f* / tara weight compensation method
tarieren *v* / tare *v* || **~** *v* (auswuchten) / balance *v* || ≈ *n* / balancing *n*
Tarier·gewicht *n* / balancing weight || ≈**maschine** *f* (Auswuchtmaschine) / balancing machine || ≈**nut** *f* / groove for balancing weights || ≈**satz** *m* / tare set || ≈**scheibe** *f* / balancing disc || ≈**vorrichtung** *f* / balancing device
Tarif *m* (SIT) / tariff *n*, tariff rate, rate *n*, price *n* || ≈**angestellter** *m* / scale-paid employee || ≈**auslöser** *m* / tariff relay, rate changing trip || ≈**gebiet** *n* / wage area || ≈**gehalt** *n* / scale salary || ≈**gestaltung** *f* / tariff structures || ≈**gültigkeit** *f* / tariff validity || ≈**kreis** *m* (Angestellte) / scale-paid employees || ≈**markierung** *f* / tariff identifier, tariff code || ≈**mitarbeiter** *m* / non-managerial-grade employee, scale-paid employee || ≈**periode** *f* / tariff period || ≈**programm** *n* / tariff rate program || ≈**relais** *n* / tariff relay, rate changeover relay, price changeover relay || ≈**schaltkreis** *m* / rate changeover circuit || ≈**schaltuhr** *f* / multi-rate tariff switch, price changing time switch || ≈**umschaltung** *f* / rate changing (device), price changing (device) || ≈**wächterfunktion** *f* / tariff monitoring function || ≈**zähler** *m* / rate meter || **monatliche** ≈**zeitumschaltung** / monthly maximum-demand resetting
Tasche *f* / pocket *n* || ≈ **mit Inseln** / pocket with islands
Taschen·abstand *m* / pocket pitch || ≈**breite** *f* / pocket width || ≈**bürstenhalter** *m* / box-type brush holder, pocket brush holder || ≈**filter** *n* / bag filter || ≈**form** *f* / pocket shape || ≈**fräsbewegung** *f* / pocket milling motion || ≈**fräsen** *n* / pocket milling, pocketing *n* || ≈**fräszyklus** *m* / pocket milling cycle || ≈**kontur** *f* / pocket contour || ≈**lampe** *f* / battery lamp, pocket lamp, hand lantern || ≈**messgerät** *n* / pocket measuring instrument || ≈**mitte** *f* / pocket center || ≈**mittelpunkt** *m* / center of pocket, pocket center
|| ≈**platte** *f* / pocket-type plate || ≈**radius** *m* / pocket radius || ≈**rechner** *m* / pocket computer, briefcase computer, calculator *n* || ≈**rechner-Funktion** *m* / pocket calculator function || ≈**rechnermodus** *m* / pocket calculator mode || ≈**tiefe** *n* / pocket depth
Task *f* / task *n* || ≈**-Leiste** *f* / task bar || ≈**manager** *m* / task manager || ≈**nummer** *f* / task number || ≈**prioritäten** *f pl* / task priorities || ≈**StartInfo (TSI)** *f* / TaskStartInfo || ≈**struktur** *f* / task structure || ≈**system** *n* / task system || ≈**wechsel** *m* / task change
Tastatur *f* / keyboard *n*, keypad *n*, conventional keyboard || ≈ **mit Folienschaltern DIN 42115** / keyboard with membrane-switch arrays || **multifunktionale** ≈ / multifunctional keyboard || ≈**ablage** *f* / keyboard tray || ≈**bedienung** *f* / keyboard action || ≈**befehl** *m* / keyboard shortcut || ≈**belegung** *f* / keyboard assignment, keyboard layout || ≈**block** *m* / keypad *n* || ≈**eingabe** *f* / keyboard entry, key entry, typed entry || ≈**einheit** *f* / keyboard unit || ≈**einschub** *m* / keyboard insert || ≈**farbe** *f* / keyboard color || ≈**feld** *n* / keypad *n* || ≈**filter** *m* / keyboard filter || ≈**folie** *f* / keyboard overlay, keytop overlay || ≈**kurzbefehl** *m* / keyboard shortcut || ≈**kürzel** *n* / key combination || ≈**leiterplatte** *f* / keypad PCB || ≈**locher** *m* / keyboard perforator || ≈**schablone** *f* / keyboard overlay || ≈**schlüssel** *m* / access key || ≈**schnittstelle** *f* / keyboard interface || ≈**seite** *f* / keypad side || ≈**sender** *m* (Telegrafensender, gesteuert von einer alphanumerischen Tastatur) / keyboard transmitter || ≈**sollwert** *m* / keypad setpoint || ≈**system** *n* / keyboard system || ≈**tabelle** *f* / keyboard table || ≈**treiber** *m* / keyboard driver || ≈**verwaltung** *f* / keyboard management || ≈**wahl** *f* / keyboard selection
tastbares Signal *n* (Nachricht, die in Form von Vibrationen, Stärke, Kraft, Oberflächenrauheit, Gestalt oder Position vermittelt wird) / tactile signal
Tast·betrieb *m* (Vorrücken) / inching duty, inching *n*, jogging *n* || ≈**-Bildschirm** *m* / touch-sensitive screen, touch-sensitive CRT, touch screen || ≈**dimmer** *m* / touch dimmer, pushbutton dimmer
Taste *f* / pushbutton *n* || ≈ *f* (Druckknopf) / button *n* || ≈ *f* (einer Tastatur) / key *n* || ≈ *f* / rocker *n*, rocker dolly, dolly *n*, rocker button || ≈ **NC-Start defekt** / NC Start key defective || ≈ **NC-Stop defekt** / NC Stop key defective || ≈ **Spindelstart defekt** / Spindle start key defective || ≈ **Spindelstop defekt** / Spindle stop key defective || ≈ **sys** / pushbutton sys || ≈ **sys Jalousie** *f* / shutter/blind sys pushbutton, pushbutton sys shutter || ≈ **wave** *f* / pushbutton wave || ≈ **wave Jalousie** *f* / pushbutton wave shutter, wave shutter/blind pushbutton || **freibeschriftbare** ≈ / key can be user-labeled || **mechanische** ≈ / hard key || **rastbare** ≈ / latch-down key || **repetierende** ≈ / auto-repeat key
Tasteingabe *f* (Bildschirm) / touch input
Tasten *n* (Betätigung eines Geräts mittels Tastschalter) / momentary-contact control, pushbutton control || **~** *v* / key *v*
Tasten·abbild *n* / keyboard image || ≈**abdeckung** *f* / key cap || ≈**abdeckungssatz** *m* / substitute key set || ≈**belegung** *f* / key assignment (o. allocation), keyboard layout || ≈**bereich** *m* / keyset area || ≈**feldsender** *m* / keyboard transmitter ||

tastend 876

‿**beschriftung** f / key labelling || ‿**bestückung** f / key assembly || ‿**betätigung** f / keystroke || ‿**block** m / keypad n || ‿**code** n / key code
tastend adj / momentary contact type
Tasten·design n / key design || ‿**druck** m / keystroke n, press of a button, button press || ‿**druckauswertung** f / keystroke evaluation || ‿**eingabe** f / keyboard input || ‿**feld** n / keypad n, keyboard n, conventional keyboard, key block || ‿**folge** f / key(-stroke) sequence || ‿**funktion** f / key function || ‿**gerät** n / pushbutton panel || ‿**gruppe** f / key group || ‿**kappe** f / key top, lens cap, cap n || ‿**knopf** m / keytop n || ‿**kombination** f / key combination, shortcut n || ‿**layout** n / key layout || ‿**matrix** f / key matrix || ‿**paar** n / pushbutton pair || ‿**reihe** f / key row || ‿**satz** m / keyset n || ‿**satzwechsel** m / keyset change || ‿**schalter** m / pushbutton switch || ‿**sperre** f / key lock, key disable || ‿**verhältnis bei Pulsdauersteuerung** / pulse control factor || ‿**werk** n / keyboard n, keypad n
Taster m / button n, sensor n, key n, momentary-contact switch, pushbutton switch || ‿ m (Druckknopf) / pushbutton n, momentary-contact pushbutton || ‿ m (Tastzirkel) / calmer compasses, calmer n || ‿ m (Drehschalter) / momentary-contact control switch, contol switch || ‿ m (Kopierfühler) / tracer n, touch probe || ‿ m (Abtaster f. Prüfstücke) / stylus n || ‿ m (Fühler) / feeler n, probe n || ‿ m (Betätigungsglied) / momentary-contact actuator || ‿ m (Tastschalter) / momentary-contact (control switch) || ‿ **mit Stangenhebel** / wobble stick || **3D-**‿ m / 3D probe || **elektronischer** ‿ / electronic momentary-contact switch || **energetischer** ‿ / energetic sensor || **schaltender** ‿ / sensor n, probe n, sensor probe, sensing probe, touch probe, touch trigger probe, detecting element
Taster·baugruppe f / pushbutton module || ‿**bedienung** f / pushbutton operation || ‿**belegung** f / key assignment (o. allocation), keyboard layout || ‿**betätigung** f / momentary-contact operation || ‿**betätigung** f (Steuerung eines Stromkreises durch einen Tastschalter. Es werden nur kurzzeitige Befehle gegeben.) / pushbutton switch control || ‿**betätigung** f (Betätigung eines Geräts mittels Tastschalter) / momentary-contact control, pushbutton control || ‿**-Betätigung** f / pushbutton actuation || ‿**block** m / pushbutton block || ‿**eingang** m / pushbutton input || ‿**einsatz** f (I-Schalter) / contact block (with mounting plate), pushbutton insert || ‿**fehlbetrieb** m / pushbutton malfunction || ‿**feld** n / keypad n, keyboard n || ‿**kombination** f / pushbutton combination || ‿**kugel** f / probe ball || ‿**oberfläche** f / button surface || ‿**paar** n / pushbutton pair || ‿**radius** m / probe radius || ‿**schnittstelle** f / push-button interface, pushbutton interface || ‿**stellung** f / pushbutton position || ‿**steuerung** f / tracer control || ‿**wippe** f / pushbutton rocker || ‿**-Zubehör** n / pushbutton accessories
Tast·feld n / touch panel || ‿**finger** m / test finger || ‿**fläche** f (auf dem Tastenknopf) / keytop touch area, button surface || ‿**funktion** f / touch function || ‿**grad** m (Verhältnis Impulsdauer/Pulsperiodendauer) / duty factor IEC 469-1 || ‿**gut** n / target n || ‿**hebel** m / spring-return lever ||

‿**hebel** m / wobble stick || ‿**hebel** m / push rod || ‿**kopf** m / probe n || ‿**mechanik** f / momentary mechanical system, single-pressure non-locking mechanical system || ‿**relais** n (tasterbetätigtes Rel.) / pushbutton-controlled relay || ‿**schalter** m / momentary-contact switch || ‿**sensor** m / tactile sensor || ‿**signal** n / momentary-contact signal || ‿**spitze** f / prod n || ‿**steuerung** f / keyed control || ‿**stift** m / feeler n, tracer n || ‿**teiler** m / (voltage) divider probe
Tastung f (Bildung von Signalen durch Schalten eines Gleichstroms o. einer Schwingung) / keying n || **Amplituden~** f / amplitude change signalling || **Hell~** f / spot unblanking, trace unblanking, spot bright-up
Tastverhältnis n (Pulsgeber) / mark-to-space ratio (pulse encoder), pulse/pause ratio || ‿ n (Pulsgeber; Verhältnis zwischen der Summe der Impulsdauern zur Pulsperiode o. Integrationszeit) / pulse duty factor, mark-space ratio || ‿ n (Verhältnis zwischen der Summe der Impulsdauern zur Pulsperiode o. Integrationszeit) / duty factor || ‿ **bei Pulsbreitensteuerung** / pulse control factor || ‿ **bei Vielperiodensteuerung** / multicycle control factor
Tast·weite f / sensing range, transmission range || ‿**zirkel** m / calmer compasses, calmer n
Tatbestandsaufnahme f / damage report document
Tätigbit n / activity bit
Tätigkeit f / activity n
Tätigkeits·ablauf m / sequence of activities || ‿**beschreibung** f / job description || **~bezogene Qualitätsaufzeichnung** / activity-related quality record || ‿**bit** n / activity bit || ‿**ergebnisse** n / results of an activity, finished work || ‿**kategorie** f / activity category || ‿**kennziffer** f / job code (number) || ‿**nachweis** m / proof of action || ‿**- und Fehlerbericht** / status report
Tatsache f / fact n
tatsächlich·e Dauer / virtual duration || **~e Leerlauf-Gleichspannung** / real no-load direct voltage || **~e Leistung in Prozent der Sollleistung** / efficiency rate || **~e Transfergeschwindigkeit** / actual transfer rate || **~e Unterschrift** / live signature || **~er Bedarf** / effective demand || **~er Luftspalt** / actual air gap || **~er Polbogen** / real pole arc || **~er Verlauf der Prüfspannung** (DIN IEC 60-1) / actual characteristics of a test voltage || **~er Wert** / actual value, virtual value || **~es Übersetzungsverhältnis** / actual transformation ratio, true transformation ratio, true ratio
Tatzen·abzweigklemme f / claw-type branch terminal || ‿**lager** n / nose bearing
Tatzlager n / nose bearing || ‿**motor** m / axle-hung motor, nose-suspended motor
Tau m / dew n, moisture condensation
Tauch·beschichten n (Beschichten des Substrats durch Tauchen in eine Siliziumschmelze) / dipping || ‿**beschichtung** f (Beschichtung des Substrats durch Tauchen in eine Schmelze) / dip coating || ‿**dauer** f / immersion time || ‿**elektrode** f / immersion electrode
tauchen v / immerse v, dip v || ‿ **bei Unterdruck** / immersion at low air pressure
Tauch·entfettung f / immersion degreasing, dip degreasing || **~fähig** adj / immersible adj, submersible adj || **~fester Steckverbinder** / submersible connector || ‿**fräsen** n / plunge cutting

|| ~**gehärtet** *adj* / immersion-hardened *adj* ||
~**gelötet** *adj* / dip-soldered *adj* || ≈**härten** *n* /
immersion hardening || ≈**isolierung** *f* / dip
encapsulation || ≈**kern** *m* / plunger core ||
~**lackiert** *adj* / immersion-lacquered *adj* || ≈**löten**
n / dip soldering || ~**löten** *v* / dip-solder *v* ||
≈**lötkontakt** *m* / dip-solder contact || ≈**motor** *m* /
submersible motor, wet-rotor motor ||
≈**patentieren** *n* / immersion patenting || ≈**pol** *m* /
plunger pole || ≈**pumpenmotor** *m* / submersible-
pump motor || ≈**rohr** *n* / immersion tube ||
≈**schmierung** *f* / splash lubrication, splash-feed
lubrication, pickup lubrication || ≈**spule** *f* / plunger
coil, plunger electromagnet, sucking coil ||
Fesselung der ≈**spule** / mooling of the sucking
coil || ≈**spulenaktor** *m* / voice coil actuator ||
≈**spulenmotor** *m* / voice coil motor (VCM) ||
≈**technik** *f* / immersion technique ||
≈**verkupferung** *f* / copper plating by immersion ||
≈**verzinken** *n* / hot galvanizing, hot-dip
galvanizing, hot dipping || ≈**zählrohr** *n* / liquid-
flow counter tube
tauen *v* (CAD) / thaw *v*
Tauglichkeit *f* / suitability *n*
Tauglichkeitsanerkennung *f* / capability approval
Taumel·fehler *m* / couple unbalance || ≈**kreis** *m* /
circle of throwout
taumeln *v* / wobble *v*, stagger *v* || ≈ *n* (dynamische
Anzeige der Rotation von Darstellungselementen
um eine Achse, deren Ausrichtung im Raum sich
kontinuierlich ändert) / tumbling *n*
Taumel·scheibenzähler *m* / nutating-disc (flow
meter), wobble meter || ≈**schwingung** *f* / wobbling
n, wobble *n* || ≈**stabschalter** *m* / wobble stick
Taupunkt *m* / dew point, dewpoint *n* || ≈**alarm** *m* /
dew point alarm || ≈**korrosion** *f* / dew point
corrosion || ≈**temperatur** *f* / dew-point
temperature || ≈**unterschreitung** *f* / cooling below
dew point
Tausalz *n* / deicing salt
Tausch in / exchange for || ≈ **unter Spannung** / hot
plugging
tauschfähige Teile / replaceable parts
Tausch·liste *f* / exchange list || ≈**operation** *f* /
interchange || ≈**text** *m* / replacement text ||
≈**werkzeug** *n* / replacement tool, spare tool, sister
tool
Tauwasser *n* / condensate *n* (from dew)
Taxonomie *f* / taxonomy *n* || ≈**bildung** *f* (Erstellung
eines Konzept-Klassifikationsschemas mittels
disjunkter Klassen von in Clustern
zusammengefassten Konzepten) / taxonomy
formation
TB (Terminalblock) *m* (feststehender
Verdrahtungsteil mit PROFIBUS-Anschluss) / fan-
out connector
TBD-Baugruppe *f* / transistor base drive module
TBGA *n* / tape ball grid array (TBGA)
TBI / throttle body injection (TBI)
TBM *n* / time-based management (TBM)
TBS / time-sharing operating system (TSOS)
TBTL / Temporary Benchmark Test Laboratory
(TBTL)
T-Bus *m* / T bus
TC (Trainings-Center) / Training Center (TC)
TCAT / Timer/Counter Access Terminal (TCAT)
TCB / Tension, Continuity, Bias (TCB)

TCC *n* / telecontrol center (TCC)
TCI *n* / Tool Calling Interface (TCI)
TCK / Test Clock (TCK)
TCM / Total Customer-Support (TCM) || ≈ *n* /
Tightly Coupled Memory (TCM)
TCO *n* / Total Cost of Ownership || ≈ *n* (bildet den
Frontkontakt bei Dünnschichtzellen, besteht z.B.
aus Zinnoxid oder Zinkoxid) / transparent
conductive oxide (TCO)
TC-OCXO *m* / Temperature-Compensated Oven-
Controlled Crystal Oscillator (TC-OCXO)
TCP / TCP (tool center point) || ≈ *n* / transport
control protocol (TCP)
TCPA (Trusted Computing Platform Alliance)
(Okt. 1999 von Compaq, HP, IBM, Intel und
Microsoft gegründetes Konsortium zur
Entwicklung einer sicheren Hardwareplattform) /
Trusted Computing Platform Alliance (TCPA)
TCP/IP-Verbindung *f* (Netzwerkprotokoll) / TCP/
IP link (transfer communication protocol/internet
protocol)
TCP-Protokoll *n* / TCP protocol
T-CPU *f* / Technologie-CPU (T-CPU)
TCP-Verbindung *f* / ISO transport connection
TCR *m* / Temperature Coefficient of Resistance
(TCR)
TCS / Total Customer-Support (TCS) || ≈ *f* / Total
Customer Satisfaction (TCS)
TCT *f* / total cycle time (TCT)
TCU *f* / Thin Client Unit (TCU)
TC-Variable *f* / test component variable
TC-VCXO *m* / Temperature-Compensated Voltage-
Controlled Crystal Oscillator (TC-VCXO)
TCXO / Temperature-Compensated Crystal
Oscillator (TCXO)
t_{cyc} / duty cycle duration
TD (Textdisplay) / display device, indicating
equipment, text display (TD)
T-Daten·-Anforderung *f* / T-DATA request || ≈-
Anzeige *f* / T-DATA indication
TD-Drehzahl *f* / engine speed
TDI / tool data interface (TDI), Test Data In (TDI),
Test Serial Data Input (TDI), Tool Data
Information System (TDI)
TDM / Time Division Multiplexing (TDM)
TDMA / Time Division Multiple Access (TDMA)
TDO / Test Serial Data Output (TDO)
T-Dose *f* / Tee box, three-way box
TDR / Time Domain Reflectrometry (TDR)
TDZ / touchdown zone (TDZ)
TE (Teilungseinheit) / modular width (MW) || ≈
(Testeinheit) / testing module, diagnostic unit (o.
module), module *n*, pitch *n*, modular spacing || ≈
(Terminology Engineer) *m* / terminology
engineer || **4** ≈ / 4 spacing units, 4 MW
Te (Tellur) *n* / tellurium (te) *n*
T&E / Test and Evaluation (T&E)
TEA / TEA, Testing Data Active
Teach Eilgang / teach rapid traverse || ≈ **Vorschub** /
teach feed, teach feedrate || ≈ **weiter** / continue
teach || ≈**bild** *n* / teach-in screen
teachen *v* / teach *v* || ≈ *n* / teaching *n* || **kein** ≈ / no
teach-in
TEACH-Funktion *f* / TEACH-IN function
Teach-Funktion *f* / teach-in function
Teach-in *n* / teach-in *n* || ≈ **Modus** *m* / teach-in
mode || ≈-**Programmierung** *f* / teach-in

Teach

programming || ≈ **Satz** *m* / teach-in block || ≈
Standardsatz *m* / teach-in standard block || ≈
Taster *m* / teach-in button
Teach·parameter *m* / teach-in parameter ||
≈**parameterbild** *n* / teach-in parameter screen || ≈-
Satz *m* / teach block
TEAn / TEAn (testing data active)
TEBIS-Produkte, kommunizierende ≈ / TEBIS communicating products
Technical Assistance / Technical Assistance *n*
Technik *f* / design *n* || ≈ *f* (angewandt) / engineering *n* || ≈ *f* / engineering practice, practice *n*, technique *n*, art *n*, method *n* || ≈ *f* (Wissenschaft) / technology *n*, technical science || ≈ **für die Betriebslenkung** (TBL ntz-Glossar) / configuration and fault management || **2-Leiter-**≈ *f* / two-wire technology, 2-wire system, 2-wire technology || **der gegenwärtige Stand der** ≈ / present state of the art
Techniker *m* / engineer *n*, technician *n*
Technikgruppe *f* / technology group
Technikum *n* / pilot plant
Technikzentrale *f* / mechanical equipment room
technisch *adj* / technical *adj* || **~ beherrschtes Fertigungsverfahren** / technically controlled production process || **~ überholtes Material** / not up to date material || **~e Abteilung** / engineering department || **~e Aktualisierung** / technical update || **~e Änderung** (Fertigung) / engineering change || **~e Änderungsmeldung (TÄM)** / technical change notification || **~e Anforderung** / technical requirement || **~e Angaben** / technical details, specifications *plt* || **~e Anlage DIN 66201** / plant *n*
Technische Anleitung zur Reinhaltung der Luft / Technical Instruction for Clean Air || ≈
Anschlussbedingungen (TAB) / Technical Supply Conditions (TAB) || ≈ **Aufgabenstellung** / Engineering Design Criteria
technisch·e Ausfallrate / technical failure rate || **~e Ausführung** / workmanship *n* || **~e Bearbeitung** / engineering || **~e Belüftung** (Explosionsschutz) / artificial ventilation || **~e Beratung** / technical advice || **~e Bestellunterlagen** / technical procurement documents || **~e Betreuung** / technical services || **~e Betriebsführung** / engineering management || **~e Beurteilung** / technical evaluation || **~e Daten** / technical data, specifications *plt*, technical specifications || **~e Daten für Leistungsschalter und Einschubrahmen** / technical data for circuit breaker and guide frame || **~e Datenblätter** / technical data sheets || **~e Dokumentation** / technical documentation || **~e Druckschriften** / Technical Publications || **~e Einrichtung** / equipment module || **~e Fehlerursache** / origin of technical faults || **~e Frequenz** / industrial frequency || **~e Funkstörung** / manmade noise || **~e Funktion** / equipment phase || **~e Gebäudeausrüstung** (im Gebäude installierte und verteilte Infrastruktureinrichtungen z. B. für Elektrizität, Gas, Heizung, Wasser und Kommunikation) / building services || **~e Information** / technical information || **~e Kundenbetreuung** / after-sales service, servicing || **~e Kundendokumentation** / Technical Customer Documentation || **~e Leistung** / technical services || **~e Lieferbedingungen (TL)** / technical

delivery terms, technical delivery conditions || **~e Mindestleistung** / minimum stable capacity, minimum stable generation || **~e Nutzungsdauer** / physical life || **~e Operation** (eine Operation, die Bestandteil der Einrichtungssteuerung ist) / equipment operation || **~e Planung** / engineering planning || ≈**e Regeln für Druckbehälter (TRD)** / Code of practice for pressure vessels || **~e Sonderforderung** / special technical requirements || **~e Spezifikation** / technical specification || **~e Überwachungsinstanz** / representative from the technical inspectorate || **~e Unterlagen** / design documents || **~e Verantwortung** / engineering responsibility || **~e Verzugsdauer** / technical delay || **~e Vorschrift** / technical regulation || **~e Zeichnung** / technical drawing || **~e Zielsetzung** / technical aim
technisch·er Änderungsdienst / Technical Change Service || ≈**er Attribute-Katalog (TAK)** / Catalog of Technical Attributes || ≈**er Direktor** / Chief Technology Officer (CTO) || **~er Direktor** (Funktion) / technology manager || **~er Hinweis** / technical comment || **~er Industrie-Kundendienst** / technical after-sales service for industrial customers || **~er Kundendienst** / technical service || **~er Prozess** / technical process || **~er Redakteur** / technical editor || ≈**er Überwachungsverein (TÜV)** / (German) Technical Inspectorate, TUEV Group || **~er Verband** / technical standards organization
technisch·es Beiblatt / technical description || ≈**es Büro** / Technical Board, engineering office || **~es Erzeugnis** / technical product || **~es Gebäudemanagement** / technical building management || **~es Informationssystem (TIS)** / technical information system (TIS) || **~es Komitee** / technical committee || **~es Konzept** / technical concept || **~es Leistungsmerkmal** / technical performance properties || **~es Merkmal** / technical feature || **~es Weisungsrecht** / the right to issue instructions on technical matters
Technologe *m* / technologist *n*
Technologie *f* / technology *n*, process engineering || ≈ **des Europäischen Installationsbussystems** / technology of the European Installation Bus system || ≈**alarm** *m* / technology alarm || ≈**anforderung** *f* / technological requirement || ≈**aufgabe** *f* / application-specific task || ≈**baugruppe** *f* / technology board, technology module, process-oriented module (o. PCB), intelligent I/O module || ≈**bearbeitung** *f* / technology editing || ≈**befehl** *m* / technology command || ≈**bild** *n* / technology figure || ≈**-CPU (T-CPU)** *f* / Technology CPU (T-CPU) || ≈**daten** *plt* / technological information, technological data, process information || ≈**-Datenbaustein** *m* / technology DB || ≈**ebene** *f* / technological level, technology level || ≈**funktion** *f* / technology function (TF), technological function, process-related function || ≈**karte** *f* / technology card || ≈**komponente** *f* / technological component || ≈**kurve** *f* / technology curve || ≈**lösung** *f* / intelligent solution
Technologie·merkmal *n* / technological characteristic || ≈**modul** *n* / technology module, technology board, intelligent I/O module || ≈**objekt (TO)** *n* / technology object (TO) || ≈**option** *f* /

technology option || ⁓paket (TP) *n* / Technology Package (TP) || ⁓paket Plastic Standard / Plastics Standard || ⁓parameter *m* / technological parameter || ⁓-PC-Card *f* / technology PC card || ⁓plan *m* / function chart, technology-oriented diagram, process flow chart || ⁓plattform *f* / technology platform || ⁓programm *n* / technology program || ⁓rechner *m* / technology calculator || ⁓regler *m* / technology controller || ⁓-Regler *m* / technology regulator, technology controller, process-oriented controller || ⁓reifeprozess *m* / earlier stages of technological development, stages of technological development || ⁓satz *m* / technology block || ⁓schema *n* / process schematic, process flow chart (o. mimic diagram), process mimic || ⁓schnittstelle *f* / technology interface || ⁓simulator *m* / process simulator || ⁓software *f* / technology software || ⁓ **Transfer Center (TTC)** *n* / Technology Transfer Center (TTC) || ⁓- **und Systemanwendung** *f* / technology and system application || ⁓- **Unterlagen** *f pl* / technological documentation || ⁓vorschlag *m* / suggest technology || ⁓wert *m* / technological value || ⁓zentrum *n* / TC, technology center, technological center || ⁓zyklus *m* / technology cycle

technologisch·e Adresse / TA *n*, technological address || ~e **Daten** (Prozesssteuerung) / process data || ~e **Funktion** / technological function, process function, process-related function || ~e **Funktionseinheit** / technological function unit || ⁓e **Hierarchie (TH)** / plant hierarchy || ~e **Komponente** / technological component || ~e **Phase** / equipment phase || ~e **Sicht** / plant view || ~e **Zyklen** / technology cycles || ~er **Alarm** / technological alarm || ~er **Baustein** / technological block || ~er **Bereich** / block || ~er **Filter** / technological filter || ~es **Funktionselement (TFE)** / technological function element (TFE)

Tedlar / polyvinyl fluoride || ⁓-**Polyester-Tedlar (TPT)** (Kapselungsmaterial) / TPT (tedlar-polyester-tedlar)

TEDS *n* / Transducer Electronic Data Sheet (TEDS)

Teflonisolierung *f* / teflon insulation

TE-Gehäuse *n* / MW enclosure

Teichkathode *f* / pool cathode

Teil *m* / part *n*, workpiece *n* || **ganzzahliger** ⁓ / integer component || **gefährdendes** ⁓ VDE 0660,T.102 / accidentally dangerous part IEC 158-1 || **genehmigungspflichtiges** ⁓ / component requiring approval || **herausnehmbares** ⁓ / removable part

Teil·ablauf *m* / individual sequence || ⁓ableiter *m* / arrester section, pro-rated section || ⁓abschattung *f* / partial shading || ⁓abschnitt *m* / segment *n*, bus segment || ⁓abschnitt *m* (LAN) / segment *n* || ⁓änderung *f* / modifying times || ⁓anlage *f* (Prozess) / plant section, subsystem || ⁓anlagen *f pl* / subsystems *n pl* || ⁓anlagenüberwachung *f* / unit supervision || ⁓ansicht *f* / partial view || ⁓antrieb *m* / section drive, section motor || ⁓apparat *m* / dividing unit, dividing attachment, dividing head || ⁓aufgabe *f* (Leitt.) / sub-task *n* || ⁓aufgabe *f* (DV) / task *n* || ⁓auftrag *m* / partial job

Teilausfall *m* DIN 40042 / partial failure || **driftend auftretender** ⁓ / gradual failure, drift failure,

degradation failure

Teil·ausrüstung einer Funktion DIN IEC 625 / function subset || ⁓aussteuerung *f* / reduced control-factor setting || ⁓automatik *f* / semi-automation

teilautomatisch *adj* / semi-automatic *adj*

teilbare Klemmenleiste / separable terminal block, sectionalizing terminal block || ~ **Längen** / multiple lengths

Teil·baum *m* / subtree *n* || ⁓belastung *f* / partial load || ⁓bereich *m* DIN ISO 8348 / subdomain *n*, subarea *n*, subgroup *n*

Teilbereichs·batterie *f* / dedicated battery || ⁓schutz *m* / back-up protection || ⁓sicherung *f* / back-up fuse

teilbestimmt *adj* / partially defined

teilbestückt *adj* / partially equipped || ~e **Schränke** / partially equipped distribution boards || ~er **Platz** / partially equipped space

Teil·bestückung *f* / partly assembled || ⁓betriebsdauer *f* DIN 40 042 / partial operating time || ⁓bewegung *f* / sub-movement *n* || ⁓bild *n* / subfigure *n*, subimage *n*, subpicture *n* || ⁓bild *n* (Grafik, Segment) / segment *n* || ⁓blitz *m* / lightning stroke component || ⁓blitzintervall *n* / time interval between strokes || ⁓block *m* / subblock *n* || ⁓charge *n* / partial batch

Teilchen *n* (sehr kleine Materie- oder Energieportion) / particle *n* || ⁓ausschlag *m* / particle displacement || ⁓dichte *f* / particle density || ⁓erosion *f* / particle erosion || ⁓geschwindigkeit *f* / particle velocity || ⁓größe *f* / particle size, grain size

Teildruck *m* / partial pressure

teildurchlässiger Spiegel / partially transmitting mirror, semi-transparent mirror

Teile·bezeichnung *f* / part type designation || ~**artspezifisch** *adj* / part-type specific, component-type specific || ⁓behandlung *f* / parts handling || ⁓beschreibung *f* / part description || ⁓erkennung *f* / parts recognition, parts identification || ⁓familie *f* / parts family, family of parts || ⁓fänger *m* / parts gripper || ⁓fertigung *f* / parts production || ⁓fluss *m* / parts flow || ⁓geometrie *f* / part geometry || ⁓gruppe *f* / subassembly *n*

Teil·eichung *f* / partial verification || ⁓einheit *f* / pitch *n*, modular spacing, module *n* || ⁓einsatz *m* / cartridge *n*, cassette *n* || ⁓einschub *f* / cartridge *n*, cassette *n*

Teile·kontrolle *f* / workpiece control || ⁓management *n* / management of parts

Teilen *n* / indexing *n*, dividing *n* || ~ v / split v || ~ v (CAD) / divide v

Teilentladung *f* (TE) / partial discharge (PD), corona || ⁓ *f* (Ionisation) / ionization *n* || ⁓ *f* (TE) / ionization discharge IEC 70

Teilentladungs·-Aussetzspannung *f* / partial-discharge extinction voltage || ⁓-**Einsatzprüfung** *f* / partial-discharge inception test, corona inception test || ⁓-**Einsetzfeldstärke** *f* / partial-discharge inception field strength, corona inception field strength || ⁓-**Einsetzspannung** *f* / partial-discharge inception voltage || ⁓-**Folgefrequenz** *f* / partial-discharge repetition rate || ~**frei** *adj* / not producing partial discharges || ⁓freiheit *f* / freedom from partial discharges || ⁓-**Funkstörspannung** *f* / partial-discharge radio

Teilentlastung 880

noise voltage || ⟂größe f / partial-discharge magnitude || ⟂impuls m / partial-discharge pulse || ⟂intensität f / partial-discharge intensity || ⟂-Isolationsmessung f / partial-discharge test || ⟂leistung f / partial-discharge power || ⟂messung f / partial-discharge measurement || ⟂pegel m / partial-discharge inception level || ⟂prüfung f / partial-discharge test, ionization test IEC 70 || ⟂spannung f / partial-discharge voltage || ⟂stärke f / partial-discharge intensity || ⟂-Störgröße f / partial-discharge quantity || ⟂-Störladung f / partial-discharge charge, nominal apparent PD charge || ⟂-Störstelle f / partial-discharge location || ⟂-Stoßhäufigkeit f / partial-discharge pulse rate || ⟂strom m / partial-discharge current || ⟂wert m / partial-discharge quantity
Teilentlastung f (Netz) / partial loss of load
Teile·nummer f / part number || ⟂paket n / part package || ⟂preis m / component costs
Teileprogramm n / part(s) program || ⟂-Anweisung f (CLDATA) / part program instruction, original source statement || ⟂bearbeitung f / parts program processing (PPP), parts program execution
Teileprogrammierer m / parts programmer
Teileprogrammierplatz m / programming console, NC programming workstation
Teileprogrammierung f / part programming || ⟂ssprache f / part(s) programming language
Teileprogramm·satz m / part(s) program block || ⟂speicher m / part program memory, part program storage, parts memory, NC program memory || ⟂verwaltung f / part program management || ⟂verzeichnis n / part program directory
Teiler m / sealer n || ⟂ m (Dividierer, Spannungsteiler) / divider n || ⟂ m (Impulsfrequenzt., Untersetzer) / scaler n || ⟂ m / divisor n || **Bit~** m / bit scaler || **Dekaden~** m / decade scaler || **dezimaler** ⟂ / decimal scaler || **Schrittwinkel~** m (Schrittmot.) / gear head
Teilerechteck n / part rectangle
Teiler·kette f / scaler chain || ⟂stützer m / divider insulator
Teilerückverfolgung f / tracking of parts
Teilerverhältnis n / divider ratio
Teile·satz m / set of parts, parts set || ⟂spektrum n / range of parts || **~spezifisch** adj / part-specific || ⟂standort m / location of parts || ⟂verfolgung f / part tracking || ⟂vielfalt f / part variety || ⟂wirtschaft f / parts handling || **Material- und** ⟂wirtschaft / materials and parts management || ⟂zähler m / part counter || ⟂zeichnung f / part drawing
Teil·fehler m / indexing error || ⟂fehlerstrom m (Strom an einem bestimmten Netzpunkt infolge eines Kurzschlusses an einer anderen Stelle des Netzes) / fault current IEC 50(603) || ⟂feldschwingung f / subspan oscillation || ⟂fenster n / pane n || ⟂fläche f / joint surface, joint face || ⟂fläche f (Grafikbildschirm) / patch n || ⟂flankenwinkel m / flank angle || ⟂formspule f / partly preformed coil || ⟂fuge f (el. Masch.) / joint n, parting line, parting n, die line
Teilfugen·beilage f / joint pad, joint shim || ⟂bolzen m / joint bolt, flange bolt || ⟂dichtung f / joint seal, joint packing || ⟂platte f (Flansch) / joint flange || ⟂schraube f / joint bolt, flange bolt || ⟂spule f / stator-joint coil, joint coil || ⟂stab m / stator-joint winding bar, joint bar
Teil·funkenstrecke f / gap section || ⟂funktion f / subfunction n, individual function || ⟂funktionen f / sub-functions || ⟂genauigkeit f / indexing accuracy || ⟂generator m / subarray n || ⟂geometrie f / part geometry || ⟂gerät n / subunit n || ⟂gesamtheit f DIN 55350,T.23 / sub-population n
teilgeschlossen·e Maschine / guarded machine, partially enclosed machine, semi-guarded machine, semi-enclosed machine || **~e Nut** / partly closed slot, semi-closed slot || **~es Relais** / partially enclosed relay
teilgeschottet adj / cubicle-type adj || **~e Schaltanlagen** VDE 0670, T.6 / cubicle switchgear and controlgear IEC 298, metal-enclosed cubicle switchgear or controlgear BS 4727,G.06
teilgesteuerte Schaltung / non-uniform connection
teilgetränkte Papierisolierung / pre-impregnated paper insulation
Teil·getriebe n / indexing gearing, indexing mechanism, dividing gear || ⟂gruppe von Prüffällen / test subgroup || ⟂härtung f / flash hardening || ⟂hubtest m / PST n || ⟂induktivität f / partial inductance || ⟂inkrement n / partial increment || ⟂isolierung f (Steckerstift) / insulating collar, insulating sleeve || ⟂istwert m (in einem Abtastintervall zurückgelegter und erfasster Weg oder Winkel) / partial actual value || ⟂istwertfaktor m / partial actual value factor
teilig, 2-~ adj / two-part adj || **3-~** adj / 3-section
Teilkäfig-Dämpferwicklung f / discontinuous damper winding, discontinuous amortisseur winding
Teil·kammer f (Trafo-Stufenschalter/Umsteller) / compartment n, tap-changer compartment || ⟂kanal m (durch Zeitmultiplex erhaltener Übertragungskanal, dem ein Bruchteil der Zeichentransfergeschwindigkeit eines Standardkanals zufällt) / sub-channel || ⟂kanal in Phase / sub-channel phase transmission || ⟂kapazität f (Kondensator) / (capacitor) element n, element capacitance || ⟂kegelwinkel m / pitch angle || ⟂knoten m / partial node || ⟂kollektiv n DIN 55350, T.23 / sub-population n || ⟂kopf m / dividing head, indexing head
Teilkreis m (Kreisteilung) / graduated circle, divided circle || ⟂ m (Zahnrad) / pitch circle, reference circle, rolling circle || ⟂durchmesser m / pitch diameter (PD) || ⟂kegel m / pitch cone || ⟂kegelwinkel m / pitch-cone angle
Teilkurzschlussstrom m (Strom in einem bestimmten Netzpunkt, hervorgerufen durch einen Kurzschluss in einem anderen Punkt dieses Netzes) / transferred short-circuit current, short-circuit current IEC 50(603)
Teilladung f / boosting charge
Teillast f / partial load, part-load n, underload n || ⟂betrieb m / part-load operation || ⟂betrieb f (bei Beanspruchung in Zuverlässigkeitsprüfung) / operation at partial stress || ⟂fehler m / partial load failure || ⟂optimierung f / partial-load optimization || ⟂werte m pl / data of partial load
Teilleiter m / subconductor n, strand n, conductor element, component conductor || ⟂ m (eines Bündelleiters) / sub-conductor n || ⟂isolierung f /

strand insulation, lamination insulation || ~**schluss** *m* / inter-strand short-circuit || ~**verband** *m* / strand assembly, conductor assembly
Teil·lichtbogen *m* / partial arc || ~**lochung** *f* / chadless perforation || ~**lochwicklung** *f* / fractional-slot winding
Teil·magazin *n* / submagazine *n* || ~**spezifisch** *adj* / submagazine-specific || ~**mechanisches Schweißen** / partly mechanized welding || ~**menge** / subset *n* || ~**montageplatte** *f* / partial mounting plate || ~**montiert** *adj* / partly mounted || ~**motor** *m* / section motor
Teilnehmer *m* (Bussystem) / station *n*, user(s) *n*, participant *n*, party *n*, subscriber *n* || ~ *m* (Knoten) / node *n* || ~ *m* (PROFIBUS) / station *n* || **erreichbare** ~ **anzeigen** / display accessible nodes || **aktiver** ~ / active node, active bus node || **erreichbare** ~ / accessible nodes || **sendeberechtigter** ~ (Master in einem Bussystem) / master *n* || **Verkehrs~** *m* / road user || ~**adresse** *f* (eine Teilnehmeradresse besteht aus dem Namen des Teilnehmers, der Landeskennzahl, der Vorwahl und der teilnehmerspezifischen Telefonnummer) / user address || ~**adresse** *f* / transport address, node address, transport-service-access-point-address || ~**adresse** *f* (PROFIBUS) / station address || ~**anlage** *f* / subscriber's installation || ~**anschlussleitung** *f* / subscriber's line || ~**apparat** *m* / user terminal || ~**betriebssystem** *n* (TBS) / time-sharing operating system (TSOS) || ~**gerät** *n* / mobile station || ~**gruppe mit gemeinsamer Adresse** DIN ISO 8208 / hunt group || ~**keis** *m* / participants, those present || ~**liste** *f* / node list, participant list || ~**name** *n* / node name || ~**nummer** *f* / station number || ~**verbindung** *f* DIN ISO 8072 / transport connection || ~**zahl** *f* / number of nodes
Teilnetz *n* (Kommunikationssystem) / subnetwork *n* || ~ **mit Sammelaufruf** *n* (DIN V 44302-2) / broadcast subnetwork || ~**anschluss** *m* DIN ISO 8348 / subnetwork point of attachment (SNPA) || ~**anschlussadresse** *f* DIN ISO 8348 / subnetwork point of attachment address || ~**betrieb** *m* (Energieübertragungsnetz) / separate network operation || ~**spezifisches Anpassungsprotokoll** DIN ISO 8473 / subnetwork-dependent convergence protocol (SNDCP) || ~**übergreifendes Protokoll** DIN ISO 8648 / internetworking protocol || ~**weise Anpassung** DIN ISO 8648 / hop-by-hop harmonization || ~**werk** *n* / subnetwork *n* || ~**Zugangsprotokoll** *n* DIN ISO 8473 / subnetwork access protocol (SNAcP)
Teil·nummer *f* / part of number || ~**operation** *f* / sub-operation || ~**ortsveränderliche FSK** / semi-fixed FBAC || ~**PA** / proc. image partition || ~**paket** *n* / core packet, core section, packet *n* || ~**parallel-USV** *f* / partial-parallel UPS || ~**plan** *f* / subchart *n* || ~**potenzialgruppe** *f* / partial potential group || ~**probe** *f* / divided sample || ~**programm** *n* / sub-program
Teilprogrammspeicher *m* / part program storage, part program memory, parts memory, NC program memory
Teilprojekt *n* / part project, subproject *n* || ~ **kopieren** / copy subproject
Teilprozedur *f* / unit procedure

Teilprozess *m* / subprocess *n* || ~**abbild** *n* (TPA) / partial process image (PPI), process image partition
Teil-·Prüfung *f* / partial type test || ~**raster** *m* / sub-frame *n* || ~**raum** *m* (Schaltschrank) / compartment *n* || ~**redundante USV** / partial-redundant UPS || ~**redundanz** *f* / partial redundancy || ~**reflektierende Anzeige** / transflective display || ~**rezept** *n* / subrecipe *n*, unit recipe || ~**rezeptprozedur** *f* (eine Teilprozedur, die Teil einer Rezeptprozedur in einem Grund- oder Steuerrezept ist) / recipe unit procedure || ~**risiko** *n* / partial risk
Teilsatz *m* / sub-block *n* || ~ *m* / record segment || ~ *m* (Kabelsatz) / harness module, loom module
Teil·schaltplan *m* / component circuit diagram || ~**scheibe** *f* / dividing unit || ~**schicht** *f* (Kommunikationsnetz) DIN ISO 7498 / sublayer *n* || ~**schicht zum Mediumabschluss** / physical medium attachment sublayer || ~**schicht zur Mediumzugriffssteuerung** / medium access control sublayer || ~**schicht zur Signalaufbereitung** / physical signaling sublayer || ~**schmierung** *f* / semifluid lubrication, boundary lubrication, mixed lubrication || ~**schnitt-Zeichnung** *f* / part sectional drawing || ~**schottung** *f* / cubicle-type *n* || ~**schritt** *m* / fractional pitch, indexing step, substep || ~**schrittanlasser** *m* / increment starter || ~**schwingung** *f* / half-wave *n*, loop *n*, harmonic component, spectral component || ~**schwingung des Stromes** / half-cycle *n* || **harmonische ~schwingung** / harmonic component || ~**selektivität** *f* (LS-Auslöser) / partial discrimination, partial selectivity || ~**site** *f* / subsite || ~**sollwert** *m* (TSW, in einem Abtastintervall zurückzulegender Weg oder Winkel) / partial setpoint || ~**spannung** *f* / partial voltage
Teilspannungs·anlasser *m* / reduced-voltage starter || ~**anlauf** *m* / reduced-voltage starting || ~**anlauf nach der Drei-Schalter-Methode** / reduced-voltage starting by Korndorfer method || ~**starter** *m* / reduced-voltage starter
Teil·speicherheizung *f* / combined storage/direct heating || ~**spule** *f* / coil section || ~**stab** *m* (Stabwickl.) / strand *n* || ~**standard-Schaltungsunterlage** *f* / partially standardized circuit documentation || ~**steuerung** *f* / control subsystem || ~**steuerung** *f* (der Einzelsteuerung überlagert, der Untergruppensteuerung unterlagert) / partial subgroup control, coordinating loop control || ~**strahlungspyrometer** *n* (Schmalbandp.) / narrow-band pyrometer || ~**strang** *m* / subline *n*
Teilstrecke *f* / path section, segment *n* || ~ **(TS)** *f* / section of the road || ~ **einer Leitung** / section of a line || ~**nprogrammierung** *f* / segmentation programming || ~**nverfahren** *f* / store-and-forward
Teilstrich *f* / graduation line || ~ *m* (Unterteilung einer Skala z. B. eines Diagramms) / tick mark || ~ *m* (Skale) / graduation mark, mark *n* || ~**abstand** *m* (Skale) / scale spacing
Teilstring *m* / substring *n*
Teilstrom, anodischer ~ / anodic partial current || ~**dichte-Potentialkurve** *f* / partial current density/ potential curve || ~**filter** *m* / partial flow filter || ~**richter** *m* (eines Doppelstromrichters) / half-converter *n*, converter section || ~**richter eines**

Teil 882

Doppelstromrichters / convertor section of a double convertor
Teil·struktur f / partial configuration || ⸺**stück** n / section n
Teilsystem n / plant section || ⸺ n (Automatisierungssystem u. Kommunikationsnetz) / subsystem n, process unit || ⸺ **Energiespeicher** / storage subsystem || ⸺ **Stromrichter** / power conditioning subsystem (PCS) || ⸺ **zur Überwachung und Steuerung** / monitor and control subsystem || **firmenspezifische** ⸺**e** / company-specific subsystems
Teil·telegramm n / telegram segment || ⸺**testkonzept** n / part test specification || ⸺**tisch** m / indexing table || ⸺**überdeckung** f / partial overlapping n
Teilung f / scale n, indexing n || ⸺ f (Gestellreihen u. theoret. Abstand der Teilungslinien, Teil einer im Raster eingeteilten Koordinatenstrecke) DIN 43 350 / pitch n || ⸺ f (Skale, Graduierung) / division n, graduation n || ⸺ f (Nuten, Zahnrad) / pitch n || ⸺ f (2.54 mm-Raster) / pitch n || ⸺ f (in Abstände, Lochteilung) / spacing n, pitch n || ⸺ f (Bausteinbreite) / module width, module n, modular width || **Gestellreihen~** f / pitch of rack structure || **lineare** ⸺ / linear scale || **Raster~** f (RT) / basic grid dimension (BGD) || **vertikale** ⸺ / vertical increment
Teilungs·abstand m / modular spacing || ⸺**achse** f / indexing axis || ⸺**achsposition** f / indexing axis position || ⸺**bezugsmaß** n / division reference dimension || ⸺**einheit** f (TE) / pitch n, modular spacing, modular width (MW), module n || ⸺**einheit** f (Registrierpapier) / chart division || ⸺**einheit (TE)** n / modular spacing || **~exakt** adj / divisions exactly matched || ⸺**faktor** m / division factor || ⸺**fehler** m / pitch error (unequal intervals, deviation from target distance of tape pitch) || ⸺**intervall** n (Skale) / scale division || ⸺**linien** f pl / datum lines
Teilungsmaß n / division n, indexing function || ⸺ n (Modulmaß) / module width (MW), module size, module n || ⸺ n (Felder o. Schränke von HS-SA) / panel width, cubicle width || ⸺ n (Reihenklemmen) / spacing n, pitch n || ⸺**verschiebung** f / division offset
Teilungs·modul n / indexing module || ⸺**nummer** f / division number || ⸺**periode** f / scale division || ⸺**position** f / indexing position || ⸺**positionsanzeige** f / indexing position display || ⸺**positionstabelle** f / indexing position table || ⸺**punkt** m / dividing point || ⸺**raster** n / indexing grid || ⸺**schritt** m / increment n || ⸺**sollposition** f / set indexing position || ⸺**verhältnis** n / division ratio, ratio of frequency division || ⸺**wert** m / scale interval
Teil·vermittlungsstelle f / sub-centre || ⸺**verschattung** f / partial shading || **~versenkt** adj / partly recessed || **~versenkter Einbau** / partly-recessed mounting || ⸺**vorrichtung** f / indexing mechanism, dividing head
teilweise besetztes Band / partially occupied band || **~ entlasten** / reduce the load || **~ Gedächtnisfunktion** / partial memory function || **~ gelerntes Konzept** / partially learned concept || **~ geschlossene Benutzergruppe** / partially closed user group || **~ geschrägte Kopffläche** (Bürste) / partly bevelled top || **~ Invalidität** / partial

invalidity || **~ Tonwertumkehr** / partial tone reversal || **~r Schutz** / partial protection
Teil·wicklungsanlasser m / part-winding starter || ⸺**wicklungsanlauf** m / part-winding starting || ⸺**wicklungsschritt** m / back and front pitch of winding || ⸺**windung** f / fractional turn || ⸺**zeichnung** f / part drawing, component drawing || ⸺**zeichnung** f (Detail) / detail drawing
Teilzeit·beschäftigter m / part-timer n, part-time employee, part-time worker || ⸺**beschäftigung** f / part-time work(ing) || ⸺**kräfte** f pl / part-time staff
Teil·zirkel m / divider n || ⸺**zusammenbau** m / unit assembly, subassembly n || ⸺**zusammenstellungszeichnung** f / unit-assembly drawing || ⸺**zustand** f / substate || ⸺**zwischenkreisspannung** f / partial DC link voltage || ⸺**zwischenkreisspannung negativ** / Partial DC link voltage negative || ⸺**zwischenkreisspannung positiv** / Partial DC link voltage positive || ⸺**zylinder** m / pitch cylinder
T-Eingang m DIN 40700,T.14 / T input IEC 117-15
T-Einzeldaten-·Anforderung f / T-UNITDATA request || ⸺**-Anzeige** f / T-UNITDATA indication
telecontrol center (TCC) n (Netzleitstelle) / telecontrol center (TCC) || ⸺**-Gerät** n / telecontrol unit, telecontrol device || ⸺ **Interface (TIF)** n / telecontrol interface (TIF) || ⸺ **Interface Module** n / Telecontrol Interface Module
Tele·dienst m / teleservice n || ⸺**-Engineering** n / tele-engineering || ⸺**fax** n (öffentlicher Faksimile-Übertragungsdienst zwischen Teilnehmerendstellen des öffentlichen Wählnetzes) / telefax, fax
Telefon·anschlussdose f / telephone outlet (box), telephone cord outlet || ⸺**anschlusskasten** m / telephone service box || ⸺**buch** n / phone book (user addresses for a modem connection are saved in this object type) || ⸺**buchse** f / telephone jack || ⸺**-Formfaktor** m / telephone harmonic (form factor (t.h.f.)) || ⸺**ie** f / telephony n || ⸺**konferenz** f / audioconference || ⸺**lampe** f / call lamp, calling lamp || ⸺**netz** n / telephone network || ⸺**stöpsel** m / telephone plug || ⸺**-Störfaktor** m / telephone influence factor (t.i.f.), telephone interference factor || ⸺**support** m / telephone support || **~typischer Kanal** / telephone-type channel || **~typischer Stromkreis** / telephone-type circuit || ⸺**wählnetz** n / switched telephone network (STN)
Telegrafen·demodulator m / telegraph demodulator || ⸺**diskriminator** m / telegraph discriminator || ⸺**entzerrer** m / telegraph regenerative repeater || ⸺**kanal** m (Mittel zur Übertragung von Telegrafiesignalen zwischen zwei Punkten in einer Richtung) / telegraph channel || ⸺**leitung** f / telegraph circuit || ⸺**modulation** f / telegraph modulation || ⸺**modulator** m (Modulator, gesteuert von einem Telegrafiesignal) / telegraph modulator || **~multiplex** adj / telegraph multiplex || ⸺**ortsverbindungsleitung** f (Telegrafenleitung, die eine Teilvermittlungsstelle mit ihrer Vollvermittlungsstelle verbindet) / telegraph junction circuit || ⸺**relais** n (elektrisches Relais, vorzugsweise zum Ansprechen auf Telegrafiesignale, zum Beispiel als Leitungsverstärker) / telegraph relay || ⸺**sender** m / telegraph transmitter || ⸺**verbindungsleitung** f (ständige Telegrafenleitung zwischen zwei

Telegrafenvermittlungsstellen zum Informationsaustausch) / telegraph trunk circuit || ⌒vermittlungsstelle f / telegraph switching exchange

Telegrafie f / telegraphy n || ⌒code m / telegraph code || ⌒dienst m / telegraph service || ⌒geräusch n (Geräusch, das durch Telegrafieeinrichtungen oder -stromkreise verursacht wird) / telegraph noise || ⌒signal n (Signal, das ganz oder teilweise eine oder mehrere Telegrafiesendungen darstellt) / telegraph signal

Telegramm n / telegram n, message frame, data field, field n, MSG (message) n || ⌒ n / message n || ⌒n (PROFIBUS) / frame n || ⌒ Ausfallzeit CB / CB telegram off time || ⌒ mit fester Länge / telegram with fixed length || ⌒ mit variabler Länge / telegram with variable length || projektierbares ⌒ / configurable message frame || ⌒abbildverfahren n / telegram image mode || ⌒abstandszeit f / telegram idle time || ⌒anforderung f / message request || ⌒anpassung f / message adjustment || ⌒anstoß m / message frame triggering || ⌒aufbau m / message format, message structure || ⌒auftrag m / message request || ⌒ausfallzeit f / telegram failure time || ⌒-Ausfallzeit f (Ansprechen der Telegramm-Zeitüberwachung) / telegram timeout || ⌒ausgabe n / telegram output || ⌒auszeit f / telegram off time || ⌒begrenzung f / telegram delimiter || ⌒belegung f / telegram structure, telegram allocation || ⌒darstellung f / telegram presentation || ⌒dienst m / message frame service || integrierter ⌒-Editor / implemented telegram editor || ⌒erkennung f / message identification || ⌒erneuerung f / message updating || ⌒fehler m / telegram error || ⌒fehlermeldung f / transmission error alarm || ⌒folgebit n / frame count bit (FCB, FCV) || ⌒folgebit gültig m / frame count bit valid || ⌒folgekennung f (TFK) / telegram sequence ID, telegram sequence identification

Telegramm·kennung f / message frame ID, message frame identification || ⌒länge f / message length, message frame length, transmission length, telegram length, frame lenght || ⌒-Laufzeit f (PROFIBUS) / transmission delay time (TTD) || ⌒laufzeit-Erfassung f (EN 60870-5-5, -101 und -104) / acquisition of transmission delay, delay acquisition || ⌒normierung f / message standardization || ⌒puffer m / message buffer || ⌒-Rangierung f / message assignment || ⌒sicherung f / message protection (block), telegram protection || ⌒speicher m (Puffer) / message buffer, message frame memory || ⌒speicherelement n / telegram buffer element || ⌒speicherverfahren n / telegram buffer mode || ⌒struktur f / message structure || ⌒trigger m / message frame trigger || ⌒typkennung f / telegram type identification (telegram ID) || ⌒überwachung f / message frame monitoring || ⌒verkehr m / telegrams n, message frame traffic n, data communication n, message interchange || ⌒vermittlung f / message switching || ⌒verteiler m / message frame distribution || ⌒wiederholung f / telegram repetition || ⌒wiederholungen f pl / maximum retry limit || ⌒wiederholungsspeicher m / message repetition buffer

Telegraphenrelais n / telegraph relay

Telekommunikation f / telecommunication
Telekommunikations·dienst m / telecommunication service || ⌒attribut n / telecommunication service attribute || ⌒infrastruktur f / telecommunications infrastructure || ⌒netz n / telecommunication network || ⌒sicherheit f (Schutz von Informationen, indem Signale in einer Weise behandelt werden, dass nur autorisierte Personen in Besitz von geeigneten Einrichtungen Zugriff zu den besagten Informationen haben können) / telecommunication security || ⌒umgebung f (auch: terminal equipment) / telecommunication environment (TE) || ⌒verbindung f / telecommunication circuit and/or link

Tele·konferenz f / teleconferencing, teleconference || ⌒kopierer m / facsimile communication unit, facsimile unit, facsimile communication equipment || ⌒manufacturing n / telemanufacturing n || ⌒matik f / telematics n || ⌒metrie f / telemetry n || ⌒metrienetz n / telemetry network (TLM) || ⌒metry Exchange (TEMEX) / Telemetry exchange || ⌒servicegerät n / teleservice device || ⌒servicekonzept n / teleservice concept

Teleskop·abdeckung f / telescopic cover || ⌒achse f / telescope axis || ⌒presse f (Hebevorr.) / telescopic jack || ⌒schiene f / telescopic guide support || ⌒spindel f / telescoping spindle

Tele·tex / teletex || ⌒type n (TTY) / teletype n (TTY) || ⌒type-Stanzer m / teletype punch || ⌒verkehr m / teletraffic n

Telex (öffentlicher leitungsvermittelter Dienst zur Textübertragung zwischen Fernschreibgeräten oder damit kompatiblen Einrichtungen) / telex || ⌒anlage f / telex system || ⌒-Daten-Umschaltesignal n (Signal, das eine Endstelle vom Telexmodus auf den Datenübertragungsmodus umschaltet) / switching signal telex-data || ⌒dialogbetrieb m / telex conversation mode

Teller m / disk n, poppet n, indexing plate || ⌒anode f / plate anode || ⌒feder f / cup spring, disc spring, disk spring, Belleville spring || ⌒federpaar n / pair of cup springs || ⌒federpaket n / cup-spring assembly (o. pack), laminated cup spring || ⌒federsatz m / cup spring set || ⌒magazin n / disk-type magazine || ⌒rohr n (Lampenfuß) / stem tube | Abstand ⌒unterkante bis Leuchtkörpermitte / flange to light centre length || ⌒ventil n / mushroom valve, poppet valve

Tellur (Te) n / tellurium (te) n
TEM / transverse electromagnetic mode (TEM) n
TEMEX (Telemetry Exchange) / telemetry exchange
Temex-Netzabschluss m (TNA) / TNA
TEMP (temporäre Daten) f / temporary local data
Temperatur f / temperature n || ⌒ am heißesten Punkt / hot-spot temperature || ⌒ der direkt umgebenden Luft / fluid environment temperature || ⌒ in Meereshöhe / sea level temperature || gefahrbringende ⌒ / unsafe temperature
Temperaturabfall nach Strom Null / post-zero temperature decay
temperaturabhängig adj / temperature-dependent adj, temperature-controlled adj, as a function of temperature || ~e Regelung / temperature dependent control || ~er Widerstand / thermistor n

Temperaturabhängigkeit *f* / temperature sensitivity, effect of temperature, temperature dependence, variation due to temperature changes, influence of ambient temperature, temperature effect, inaccuracy due to temperature variation
Temperatur·absenkung *f* / temperature reduction || ~**abstrahlung** *f* / heat emission, heat radiation || ~**alarm** *m* / temperature alarm || ~**änderungsgeschwindigkeit** *f* / rate of temperature change || ~**anstieg** *m* / temperature rise || ~**anstiegsgeschwindigkeit** *f* / rate of temperature rise || ~**anstiegsgeschwindigkeit bei festgebremstem Läufer** / locked-rotor temperature-rise rate || ~**aufnehmer** *m* / temperature sensor, thermal detector || ~**ausgleich** *m* / temperature compensation || ~**ausgleichsblech** *n* / temperature compensating piece || ~**ausgleichsstreifen** *m* / temperature compensating strip || ~**beanspruchung** *f* / stress by temperature
temperaturbedingte Änderung / temperature-caused change
Temperatur·beeinflussung *f* / temperature influence || ~**begrenzer** *m* / thermal cut-out, thermal relay, thermal release, temperature limiter || ~**beiwert der Spannung** / voltage temperature coefficient || ~**beiwert des Stroms** (Änderung des Kurzschlussstroms eines photovoltaischen Generators je Kelvin) / current temperature coefficient || ~**beiwert des Widerstands** / temperature coefficient of resistance || ~**bereich** *m* / temperature range || **zulässiger** ~**bereich** / allowable temperature limits
temperaturbeständig *adj* / heat-resistant *adj*, heatproof *adj*, heat-stable *adj*, stable under heat, thermostable *adj*, temperature-resistant *adj*, heat resistant *adj*
Temperaturbeständigkeit *f* (Material) / thermostability *n*, thermal stability, heat stability, resistance to heat || ~ *f* (Gerät) / thermal endurance
Temperaturbestimmung nach dem Thermometerverfahren / thermometer method of temperature determination || ~ **nach dem Thermopaarverfahren** / thermocouple method of temperature determination || ~ **nach dem Widerstandsverfahren** / resistance method of temperature determination, self-resistance method (of temperature determination), rise-of-resistance method (of temperature determination)
Temperatur-·Bezugsbereich *m* / reference range of temperature || ~**blitz** *m* / thermal flash || ~**differenz** *f* / difference in temperature || ~**drift** *m* / temperature drift || ~**effekt** *m* / temperature effect
Temperatureinfluss *m* / ambient temperature sensitivity, influence of ambient temperature, temperature effect, inaccuracy due to temperature variation || ~**effekt** *m* / effect of temperature
Temperatur·einheit *f* / temperature unit || ~**einstellung** *f* / temperature setting *n* || ~**empfindlich** *adj* / temperature-sensitive *adj*, temperature-responsive *adj* || ~**empfindlichkeit** *f* / temperature sensitivity || ~**entkoppler** *m* / cooling extension || ~**erfassung** *f* / temperature detection || ~**erhöhung** *f* / temperature increase || ~**erhöhung am Sockel** (Lampe) / cap temperature rise || ~**faktor** *m* (Hallspannung) / temperature coefficient || ~**faktor** *m* (Änderung der Reluktivität infolge einer Temperaturänderung) / temperature factor || ~**fehler** *m* (Drift) / temperature drift, temperature error || ~**fehler der internen Kompensation** / temperature error of internal compensation || ~**feld** *n* / temperature field || ~-**Fernmessung** *f* / remote temperature sensing || ~**fest** *adj* / heat-resisting *adj*, thermostable *adj*
Temperaturfühler *m* / temperature detector, thermal detector, temperature sensor || ~ **für Warnung und Abschaltung** / temperature detectors for alarm and shutdown || ~ **mit Schalter** VDE 0660, T.302 / switching-type thermal detector || ~ **mit Sprungverhalten** VDE 0660, T.302 / abrupt-characteristic thermal detector || ~ **mit veränderlichem Verhalten** VDE 0660, T.302 / characteristic-variation thermal detector
Temperatur·gang *m* / response to temperature changes, temperature sensitivity, temperature coefficient || ~**geber** *m* / temperature transmitter, temperature sensor, thermometer *n* || ~**geregelt** *adj* / thermostat-controlled *adj* || ~**gesteuerter Zeitschalter** / thermal time-delay switch || ~**gleichgewicht** *n* / thermal equilibrium || ~**gradient** *m* / temperature gradient || ~**impulsbreite** *f* / temperature pulse width || ~**impulspausenzeit** *f* / temperature interpulse time || ~**index** *m* (TI) / temperature index (TI) || ~**kennzeichnung** *f* / T-marking || ~**klasse** *f* / temperature class, temperature category
Temperaturkoeffizient *m* (α gibt an, um wieviel sich der Widerstand eines bestimmten Materials relativ ändert, wenn sich die Temperatur um 1 Grad Celsius erhöht.) / temperature coefficient (TC) || ~ **der elektromotorischen Kraft** IEC 50 (486) / temperature coefficient of open circuit voltage || ~ **der Kapazität** (Bat.) IEC 50(486) / temperature coefficient of capacity || ~ **des Verstärkungsfehlers** / gain temperature coefficient, gain tempco || **negativer** ~ (NTC) / negative temperature coefficient (NTC) || **positiver** ~ / positive temperature coefficient (PTC)
Temperatur·kompensation *f* (TK) / temperature compensation (TC) || ~**kompensationswert** *m* (TK-Wert) / temperature-compensation value (t.c. value) || ~**kompensiertes Überlastrelais** / temperature-compensated overload relay, overload relay compensated for ambient temperature || ~**kontrolle** *f* / temperature loop control || ~-**Kopftransmitter** *m* / temperature head transmitter || ~**kritisch** *adj* / temperature-critical *adj* || ~**lauf** *m* / heat run, temperature-rise test || ~-**Leitfähigkeitsmesser** *m* / thermal-conductivity gauge || ~**leitung** *f* / temperature conduction || ~**leitzahl des Bodens** (thermische Diffusivität) / soil thermal diffusivity || **tragbare** ~**messeinrichtung** / portable temperature measuring set || ~**messer** *m* / temperature meter, thermometer *n* || ~**messfarbe** *f* / temperature-sensitive paint || ~**messgerät** *n* / temperature meter, thermometer *n*, temperature measuring instrument || ~**messmodul** / temperature measurement module || ~**messumformer** *m* / temperature transmitter || ~**messung** *f* / temperature measurement || ~-**Messwertgeber** *m* / temperature sensor || ~**modell** *n* / temperature model || ~**modul** *n* / temperature module || ~**profil** *n* / thermal profile
Temperatur·regelung *f* / control of temperature,

temperature control, regulating the temperature || ⸺**regler** *m* / temperature controller, thermostat *n*, temperature regulator || ⸺**schalter** *m* (Thermostat) / thermostat *n*, temperature switch || ⸺**schutz** *m* / thermal protection, overtemperature protection || ⸺**schwankung** *f* / fluctuation of temperature || ⸺**sensor** *m* / temperature sensor || ⸺**sensor KTY** *m* / KTY temperature sensor || ⸺**sensorik** *f* / temperature sensor system || ⸺**sicherung** *f* / thermal link (TL) || **öffnende** ⸺**sicherung** / normally closed thermal link (NCTL) || **Internationale** ⸺**skala** / international Practical Temperature Scale || ⸺**spannung** *f* DIN 41852 / voltage equivalent of thermal energy || ⸺**spiel** *n* / thermal-mechanical cycling || ⸺**sprung** *m* / temperature jump || ⸺**stabilität** *f* / temperature stability || ⸺**störung** *f* / disturbance of temperature
Temperaturstrahler *m* / thermal radiator || **schwarzer** ⸺ / blackbody radiator, Planckian radiator, full radiator
Temperatur·strahlung *f* / thermal radiation, heat radiation || ⸺**sturzprüfung** *f* VDE 0674,1 / thermal shock test IEC 168 || ⸺**Tastkopf** *m* / temperature probe || ~**überwacht** *f* / temperature controlled || ⸺**überwachung** *f* / temperature monitoring, thermal protection || ⸺**überwachung** *f* (Gerät) / temperature monitoring unit, thermostat *n* || ⸺**überwachungsgerät** *n* / temperature monitor || ⸺**überwachungsrelais** *n* / temperature monitoring relay || ⸺**-/Unterdruckprüfung** *f* / temperature/low-air-pressure test || ⸺**unterschied** *m* (Thermoschalter) / offset temperature || ⸺**veränderungsstrom** *m* / thermal deviation current || ⸺**vergleichsstelle** *f* (Thermopaar) / reference junction || ⸺**verhalten** *n* / thermal characteristic || ⸺**-Verteilungsfaktor** *m* VDE 0660, T.61 / temperature distribution factor IEC 439 || ⸺**-Vollschutzeinrichtung** *f* (m. Thermistoren) / thermistor-type thermal protection || ⸺**wächter** *m* / thermal release, thermal protector, temperature relay, temperature detector, thermostat *n*, temperature sensor || ⸺**wandler** *m* / temperature transducer
Temperaturwechsel *m* / change of temperature || ⸺**beanspruchung** *f* / thermal cycling || ~**beständiges Glas** / thermal glass || ⸺**festigkeit** *f* / resistance to cyclic temperature stress || ⸺**prüfung** *f* / temperature cycle test, thermal cycling test, temperature cycling
Temperatur·zeichen *n* / temperature symbol, T symbol || ⸺**zeitkonstante** *f* / thermal time constant || ⸺**-Zeitkonstante** *f* / thermal constant, thermal time constant
Temperguss *m* / malleable cast iron
Temperieren *n* / temperature adjustment
Temperiergerät *n* (Temperaturkonstanthalter) / temperature stabilizer, temperature control unit
Temperierung *f* / temperature stabilization || ⸺**seinheit** *f* / temperature regulator
tempern *v* / anneal *v*, temper *v*, malleableize *v* || ⸺ *n* / tempering
Template Hohe Auflösung / HIGH RESOLUTION template || ⸺**-Klasse** / template class || ⸺ **Mittlere Auflösung** / MEDIUM RESOLUTION template || ⸺ **Niedrige Auflösung** / LOW RESOLUTION template
Tempomat *m* / cruise controller, cruise control

temporär *adj* / temporary *adj* || ~**e Ausfallhäufigkeit** DIN 40042 / temporary failure frequency || ~**e Ausfallwahrscheinlichkeit** DIN 40042 / conditional probability of failure || ~**e Daten (TEMP)** / temporary local data || ~**e Variable** / temporary variable || ~**er Fehler** / temporary error
TEM-Zelle *f* IEC 50(161) / TEM cell
Tensid *n* / tenside *n*
TE-Prüfung *f* / partial discharge test
Teraohmmeter *n* / teraohmmeter *n*
Terephthalsäureester *m* / terephthalic acid ester
Term *m* / term *n*
Termin *m* / deadline *n*, due date || ⸺**abweichung** *f* / schedule deviation
Terminal *n* / data terminal equipment (DTE), DTE (data terminal equipment) || ⸺ *n* (Datenendstation) / terminal *n*, data terminal, terminal unit || ⸺**block** *m* (feststehender Verdrahtungsanschluss) / terminal block || ⸺**bus** *m* (Bus-System zur Verbindung von OS-Clients mit OS-Servern) / terminal bus || ⸺**drucker** *m* / keyboard printer || ⸺**emulation** *f* / terminal emulation || ⸺**gruppe** *f* / terminal group || ⸺**gruppenverletzung** *f* / terminal group violation || ⸺**knoten** *m* / terminal node || ⸺**modul** *n* / terminal module || ⸺**-Service** *m* / Terminal Service (GEM Transmitting and receiving messages) || ⸺**träger** *m* / terminal support || ⸺**-Treiber** *m* / terminal driver
Termin·disposition *f* / scheduling *n* || ⸺**einhaltung** *f* / keeping to deadlines || ~**gerecht** *adj* / punctual *adj*, on schedule, timely || ⸺**haltung** *f* / meeting deadlines
terminierte Bedarfsauflösung / scheduled breakdown-of-requirements list || ~ **Leitung** / line cut to length and terminated
Terminierung *f* / scheduling *n*, deadline planning
Terminkalender *m* / calendar *n*, diary *n*
terminlich·e Abfolge / timetable || ~**e Grobplanung** / preliminary schedule || ~**e Überwachung** / progress control || ~**er Engpass** / time schedule bottleneck
Terminmappe *f* / follow-up file
Terminology Engineer (TE) *m* (Ersteller und Pfleger der Terminologieeinträge) / terminology engineer || ⸺ **Integration Manager (TIM)** *m* / Terminology Integration Manager (TIM) || ⸺ **Manager (TM)** *m* (Der TM ist dafür verantwortlich, dass die Terminologie abgestimmt und in den erforderlichen Sprachen termingerecht bereitgestellt wird.) / terminology manager
Termin·optimierung *f* / schedule optimization || ⸺**plan** *m* / time schedule || ⸺**planung** *f* / time scheduling, scheduling || ⸺**sicherheit** *f* / reliable delivery || ⸺**situation** *f* / schedule situation || ⸺**stellung** *f* / organization of due-dates || ⸺**steuerung** *f* / scheduling control || ⸺**strecke** *f* / time period || ⸺**treue** *f* / ability to keep to a delivery date, punctuality || ⸺**überprüfung** *f* / schedule review || ⸺**überwachung** *f* (Produktion) / deadline monitoring, schedule supervision, progress control, stock chasing || ⸺**überwachung von Aufträgen und Abgleich zur Fertigungskapazität (TAFE)** / TAFE data processing monitoring of order dates and matching to manufacturing capacity || ⸺**- und Kosteneinhaltung** / compliance with due dates ||

termiten

⟨- **und Kostenüberschreitung** / schedule delays and cost excesses || ⟨**verfolgung** f / monitoring of dates || ⟨**verfolgungsliste** f / follow-up time schedule
termiten·abweisend adj / termite-repellent adj || **~fest** adj / termite-proof adj
Ternär·-Digitalrate f / ternary digit rate || ⟨**-Digitalsignal** n / ternary digital signal || **~e Digitrate** (Anzahl der je Sekunde übertragenen ternären Digits) / ternary digit rate
terrestrische Anwendung / terrestrial application || **~ Photovoltaik** / terrestrial photovoltaics || **~ Solarstrahlung** / terrestrial solar radiation
tertiäres Kriechen / tertiary creep
Tertiär·gruppe f IEC 50(704) / mastergroup n || ⟨**gruppenmodulationseinrichtung** f / mastergroup modulating equipment || ⟨**gruppenumsetzer** m / mastergroup translating equipment || ⟨**seite** f / tertiary side (tertiary winding side of a three winding transformer) || ⟨**wicklung** f / tertiary winding, tertiary n
Terz·band n / third-octave band, third band || ⟨**filter** n / third-octave filter, one-third octave filter
Tesla-Transformator m / tesla transformer
Tesselationslinie f / tesselation line
Test m / test n, compliance is checked by ..., testing n || ⟨ **beendet** m / test completed || ⟨ **läuft** m / test running || ⟨**abdeckung** f / test coverage || ⟨**abschluss** m / test conclusion || ⟨**achse** f / test axis || ⟨**adapter** m / test adapter || **Emulations- und ⟨adapter** m (ETA) / in-circuit emulator (ICE) || ⟨**algorithmus** m / test algorithm || ⟨**aufbau** m / test configuration || ⟨**aufruf** m / test call || ⟨**aufrufzähler** m / test call counter || ⟨**ausführung** f / test execution || ⟨**ausgaben** f / Engineering Design Criteria || ⟨**auswertung** f / test evaluation || ⟨**automatisierung** m / test automation || ⟨**automatisierungsgrad** m / degree of test automation || ⟨**barkeit** f / testability || ⟨**basis** f / test base || ⟨**baugruppe** f / test(ing) module, test module || ⟨**baustein** m / test block || ⟨**betrieb** m (SPS) / testing mode, test mode, testing n || ⟨**bild** n / test pattern || ⟨**box** f / test box || ⟨**buch** n / test book || ⟨**bügel** m / test bracket || ⟨**durchführung** f / test execution || ⟨**ebenen** f / test levels ||
⟨**effizienz** f / test efficiency || ⟨**eingang** m / test input || ⟨**einrichtung** f (TE) / testing module, diagnostic unit (o. module) || ⟨**eintrag** m / test entry
testen v / test v, debug v
Test·-Ende-Kriterien f pl / test end criteria || ⟨**erfolg** m / test success || ⟨**ergebnis, signifikantes** ⟨ DIN 55350,T.24 / significant test result || ⟨**ergruppen** f / test groups || ⟨**erkomponente** f / test component || ⟨**fahrt** f / road trials, vehicle-on-the-road test || ⟨**fall** m / test case || ⟨**fall-Datenbank** f / test-case databank || ⟨**fallproduktivität** f / test case productivity || ⟨**fallspezifikation** f / test case specification || ⟨**farbe** f / test colour || ⟨**fehlerindex** m / test defect index || ⟨**feld** n / test (ing) panel || ⟨**feldanschaltung** f (Baugruppe) / test panel interface module || ⟨**feldanschaltung** f / test panel interface || ⟨**feld-Bedien- und Anzeigevorrichtung** f / test panel control and display device || ⟨**flag** n / test flag || ⟨**fortschritt** m / test progress || ⟨**fortschrittskurve** f / test progress graph || ⟨**fortschrittsmetriken** f / test progress metrics || ⟨**funktion** f / test function ||

~gebundene Prüfung / test as the vehicle moves through the various assembly stages, testing in time with assembly line advance || ⟨**gegenstände** f / test objects || ⟨**gerät** n / tester n || **~gerechter Entwurf** / design for testing || ⟨**gewicht** n / test weight || ⟨**größe** f DIN 55350,T.24 / test statistic || ⟨**gruppenreferenz** f / test group reference || ⟨**gruppenzweck** m / test group objective
Test·handlungen f pl / test actions || ⟨**hilfe** f (Rechnersystem) / testing aid, debugger n || ⟨**hilfsmittel** n / debugger, testing aids || ⟨**infrastruktur** f / test infrastructure || ⟨**institut** n / test institute || ⟨**intervall** n / test interval || ⟨**kammer** f / test chamber || ⟨**kampagne** f / test campain || ⟨**-Klebepunkt** m / test dot of glue || ⟨**kommando 1-8** n / Test commands 1-8 (possible settings for software tests) || ⟨**konzept** n / test concept (TC) || ⟨**konzept HW** n / test concept HW (MTC) || ⟨**körper** m / test block, test piece || ⟨**labor** n / test laboratory || ⟨**lauf** m / dry run || ⟨**laufeinrichtung** f (Fernkopierer) / selftest device || ⟨**leiterplatte** f / test board || ⟨**maschine** f / test machine || ⟨**mechanismus** m / test mechanism || ⟨**-Meilensteinkurve** f / test-milestone graph || ⟨**metrik** f / test metrics || ⟨**mitschriften** f pl / test notes || ⟨**modul** n / test adapter || ⟨**modus** m / test mode || ⟨**möglichkeit** f / test facility || ⟨**muster** n / test pattern || ⟨**mustergenerator** m / test pattern generator
Test·nachspann m / test postamble || ⟨**nachweis Akzeptanztest** / test evidence acceptance test || ⟨**notation** f / test notation || ⟨**objekt** n / test piece || ⟨**panel** m / test panel || ⟨**phase** f / test stage || ⟨**philosophie** f / test philosophy || ⟨**plan** m / inspection plan || ⟨**platine** f / test PCB, test printed circuit board || ⟨**platte** f / test board || ⟨**probe** f / test sample || ⟨**profil** n / test profile || ⟨**programm** n / test program || ⟨**projektierung** f / test configuration || ⟨**protokoll** n / test protocol, test log (TL) || ⟨**protokoll HW** / test log HW (MTL) || ⟨**prozess** m / test process || ⟨**prozessmetriken** f / test process metrics || ⟨**punkt** m / test point || ⟨**punkttafel** f / test point array || ⟨**rack** m / test rack || ⟨**reife** f / test maturity || ⟨**relevanz** f / test relevancy || ⟨**rotor** m / proving rotor, test rotor || ⟨**routine** f / test routine
Test·schnitt m / trial cut || ⟨**schwerpunkt** m / test emphasis || ⟨**schwierigkeiten** f pl / testing difficulties || ⟨**signal** n / test signal || ⟨**sollwert** m / test setpoint || ⟨**sperre** f / test inhibit || ⟨**spezifikation** f / test specification (TS) || ⟨**statistik** f / test statistics || ⟨**status** m / test status || ⟨**stecker** m / test connector || ⟨**steckerset** n / test connector set || ⟨**stellung** f / test position || ⟨**stellungsbetätigung** f / test position operation || ⟨**stop** m / test stop || ⟨**stop-Logik** f / test stop logic || ⟨**strategie** f / test strategy || ⟨**system** n / test system || ⟨**szenarien** n pl / test scenarios || ⟨**tiefe** f / test depth || ⟨**umgebung** f / test environment || ⟨**- und Abnahmeverfahren** n / test and acceptance procedure || ⟨**- und Inbetriebnahme** (T&I) / test and commissioning || ⟨**- und Inbetriebnahmefunktion** f / test and startup function || ⟨**- und Zertifizierungsinstitut** n / test and certification institute || ⟨**version** f / test version || ⟨**vorbereitung** f / test preparation || ⟨**vorgabe** f / test specifications || ⟨**vorspann** m / test proamble ||

~weise *adj* / for test purposes *adj* || ⸺werkzeug *n* / test tool || ⸺wert *m* DIN 55350,T.24 / test value || ⸺wiederholung *f* / test repetition || ⸺zelle *f* / test cell || ⸺zykluszeit *f* / test cycle time
Tetrachlorkohlenstoff *m* / carbon tetrachloride
Tetrade *f* / tetrad *n*
Tetraeder *m* / tetrahedron *n*
Tetrode *f* / tetrode *n*
Text *m* (DÜ) / text *n* || ⸺ *m* (Zeichenfolge) / (character) string *n* || ⸺ *m* (CLDATA-Wort) / letter ISO 3592 || ⸺ **in Großschreibweise** / text in upper case || ⸺ **in Kleinschreibweise** / text in lower case || **fester** ⸺ / fixed texts || **strukturierter** ⸺ / structured text (ST) || ⸺**anfang** *m* / start of text (STX)
Textanzeige *f* / text display, display device, indicating equipment || ⸺**gerät** *n* / display device, indicating equipment
Text·art *f* / text type || ⸺**aufbereitung** *f* / text composing and editing, text preparation || ⸺**aufbereitungsprozessor** *m* / compose-edit processor || ⸺**automat** *m* DIN 2140 / word processing equipment || ⸺**baustein** *m* / standard text, text block || ⸺**baustein** *m* (gespeicherter Text, der zur Wiederverwendung in vielen anderen Dokumenten dient) / boilerplate *n* || ⸺**bearbeitung** *f* / text editing || ⸺**bearbeitungsprogramm** *n* / text editor || ⸺**befehl** *m* / instruction command || ⸺**beginnsignal** *n* / start-of-text signal || ⸺**bereich** *m* / text body, text area || ⸺**bild** *n* / text display || ⸺**block** *m* / block of text || ⸺**block-Schaltplan** *m* / block text diagram || ⸺**bündelindex** *m* / text bundle index || ⸺**bündeltabelle** *f* (Text-Darstellungselemente) / text bundle table || ⸺-**Cursor** *m* / text cursor || ⸺-**Darstellungselement** *n* / text primitive || ⸺**datei** *f* / text file, document file || ⸺**display** *n* (TD) / display device, indicating equipment, text display (TD), message display, display unit
Texte, Alle ⸺ **ersetzen** / replace all texts
Text·editor *m* / text editor (tool for editing text), boxed edit || ⸺**empfangsstation** *f* / slave station (SL) || ⸺**ende** *n* / end of text (ETX) || ⸺**endesignal** *n* / end-of-text signal || ⸺**farbe** *f* / text color || ⸺**feld** *n* / text field || ⸺**feld mit automatischer Freigabe** *f* / auto-exit || ⸺**fenster** *n* / text window || ⸺-**File** *n* / text file || ⸺**funktion** *f* / text function || ⸺**geber** *m* (GSK-Eingabegerät) / string device || ⸺**gestaltung** *f* (Formatieren) / (text) formatting
Textil·anwendung *f* / textile application || ⸺**band** *n* (als innerer Korrosionsschutz) / woven tape || ⸺**beflechtung** *f* (Kabel) / textile braid || ⸺**beilauf** *m* (Kabel) / textile filler || ⸺**bewicklung** *f* (Kabel) / textile wrapping || ⸺**druckmaschine** *f* / textile printing machine || ⸺**industrie** *f* / textile industry || ⸺**maschine** *f* / textile machine || ⸺**riemen** *m* / fabric belt || ⸺**veredelungsmaschine** *f* / textile finishing machine || ⸺-**Zwickelfüllung** *f* (Kabel) / textile filler
Text·kennung *f* / text identifier (text ID) || ⸺**länge** *f* / text length || ⸺**liste** *f* / text list || ⸺**marke** *f* / cursor *n*, text marker || ⸺**meldung** *f* / text message || ⸺**meldungsgruppe** *f* / text message group || ⸺**nummer** *f* / text number || ⸺**panel** *n* / text panel || ⸺**parameter** *m* / text parameter || ⸺-**Pool** *m* / text pool || ⸺**prozessor** *m* / word processor || ⸺-**Quelldatei** *f* / text source file || ⸺**schablone** *f* / matrix document, matrix *n*, invoking document || ⸺**sendestation** *f* / master station (MA) || ⸺**sprache** *f* / textual language (TL) || ⸺-**Übertragung** *f* / text transmission
textuelle Verschaltung *f* (Adressierung eines Bausteinanschlusses im CFC mittels einer Zeichenfolge, die den Anschluss per Pfadangabe identifiziert) / text interconnection
Textur *f* (Menge von Attributen, die das makroskopische Erscheinungsbild einer Oberfläche eines Objekts, unabhängig von Farbe und Beleuchtung, kennzeichnen) / texture *n* || ⸺-**Abbildung** *f* / texture mapping || ⸺**ätzung** *f* / texture etching || ⸺**blech** *n* / textured sheet
Texturier·einheit *f* / texturizing unit || ⸺**en** *n* / texturing *n* || ⸺**maschine** *f* / texturing machine
texturiert *adj* / texture etched, textured *adj*, texturised *adj*
Texturierung *f* / texturization *n* || ⸺ **mit V-förmigen Gräben** / V-groove texturization
Text·variable *f* / text variable || ⸺**verarbeitung** *f* / text processing, word processing || ⸺**verarbeitungssystem** *n* / text processor || ⸺**zeichen** *n* / text character || ⸺**zeiger** *m* / text pointer
TF / voice frequency (VF) || ⸺ / carrier frequency (CF) || ⸺ (Technologie-Funktion) / technological function, process-related function, TF (technology function)
TFE / Transmission Feasibility Evaluation (TFE)
TF-FET / thin-film field-effect transistor (TF- FET), insulated-gate thin-film field-effect transistor
TFH·-Gerät *n* / power line carrier system || ⸺-**Kanal** *m* / powerline carrier channel (PLC) || ⸺-**Sperre** *f* / carrier-current line trap, line trap || ⸺-**Übertragung** *f* / power line carrier transmission (PLC transmission) || **Schutzsystem mit** ⸺-**Verbindung** / carrier protection system
TFK / Telegrammfolgekennung) / telegram sequence ID, message sequence (MSC)
TF-Kanal *m* / carrier channel
TF-Leistung *f* / AF power, VF power
T-Flipflop *n* / T-flipflop *n*, trigger flipflop, T-type flipflop
TF-Pegelmessplatz *m* / carrier-frequency level test set
TF-System *n* / carrier-frequency system, carrier system
TFT / thin film transistor (TFT) || ⸺-**Bildschirm** *m* / TFT screen || ⸺-**Display** *n* (Thin-Film-Transistor-Farbdisplay) / TFT (color) display *n* (thin-film transistor color display)
TF-Teil *m* (Trägerfrequenz-Teil) / CF-Section, carrier-frequency section
TFT-Farbdisplay *n* / TFT color display
TFTP / TFTP (trivial file-transfer protocol)
T-Funktion *f* / T function
TF-Verbindungsabschnitt *m* / FDM link
TG / TG (tool grinding) || ⸺-**Bereich** *m* / TG area
TGS / taxiing guidance system (TGS)
TH (Tabellenheft) / quick reference, reference guide, pocket guide, pocket reference, TH || ⸺ / machining time || ⸺ / Tprod || ⸺ (**Technologische Hierarchie**) *f* / plant hierarchy
THA / passive thermohydraulic drive (PTD)
Thema *n* / issue *n*
thematische Rolle (Zusammenstellung von

Themen

Funktionen, die eine Entität während der Ausführung eines Scripts ausüben kann) / thematic role
Themen·gebiet *n* / topic *n* || **⁓übersicht** *f* / Topic Overview || **⁓verwandt** *adj* / topic-related
theoretisch·e Dauer eines signifikanten Intervalls (durch einen Code vorgegebene genaue Dauer eines signifikanten Intervalls) / theoretical duration of a significant interval || **⁓e Korrekturleistung** / theoretical corrective power || **⁓e Leistung** / theoretical speed || **⁓e Stahlspitze** / theoretical tool tip || **⁓er logischer Schaltplan** / theoretical logic diagram
Theorie der Zustandsgrößen / state-variable theory || **⁓ linearer Wirtschaftsmodelle** / theory of linear economic models
Thermal Interface Material *n* / Thermal Interface Material
Thermalisation *f* / thermalization *n*
Thermalisierungsverlust *m* / thermalization loss
thermionischer Detektor / thermionic detector || **⁓ Lichtbogen** / thermionic arc
thermisch *adj* / thermal *adj* || **⁓ abmagnetisierter Zustand** / thermally demagnetized state || **⁓ ausgefallen** / thermal breakdown || **⁓ gleichwertiger Kurzzeitstrom** / thermal equivalent short-time current || **⁓/magnetisch einstellbar** / thermically/magnetically adjustable || **⁓/magnetisch nicht einstellbar** / therm./mag. no adjustment || **⁓ stabil** / thermostable *adj*, heat-resistant *adj* || **⁓ stimulierte Lumineszenz** / thermally activated luminescence, thermoluminescence *n* || **⁓ verzögert** / thermally delayed *adj* || **⁓ verzögerte und kurzverzögerte Überstromauslöser** / inverse-time and definite-time overcurrent releases || **⁓ verzögerter Auslöser** / thermally delayed release, thermal release, inverse-time release || **⁓ verzögerter Überstromauslöser** (a-Auslöser) / thermally delayed overcurrent release || **⁓ verzögertes Überstromrelais** / thermally delayed overcurrent relay, thermal overcurrent relay || **⁓ wirksamer Kurzzeitstrom** / harmful short-time current, detrimental short-time current || **⁓e Alterung** / thermal ageing, thermal deterioration || **⁓e Auslegung** / thermal rating || **⁓e Auslösung** / thermal tripping || **⁓e Beanspruchung** / thermal stress || **⁓e Belastbarkeit** / thermal loading capacity, thermal rating || **⁓e Belastung** / thermal stress || **⁓e Bemessungs-Kurzzeitstromstärke** (Wandler) / rated short-time thermal current || **⁓e Bemessungsleistung** / rated thermal power || **⁓e Bemessungsstromstärke** (Wandler) / rated continuous thermal current || **⁓e Beständigkeit** (Gerät) / thermal endurance || **⁓e Beständigkeit** (Material) / thermostability *n*, thermal stability, heat stability, resistance to heat || **⁓e Beständigkeitseigenschaften** / thermal endurance properties || **⁓e Dauerbeanspruchung** / continuous thermal stress || **⁓e Dauerbelastbarkeit** (durch eine Erregungsgröße) VDE 0435, T.110 / limiting continuous thermal withstand value || **⁓e Elektronenemission** (Elektronenemission durch thermische Bewegung) / thermionic emission || **⁓e Ersatzschaltung** DIN 41862 / equivalent thermal network || **⁓e Ersatzzeitkonstante** VDE 0530, T. 1 / thermal equivalent time constant IEC 34-1 || **⁓e Grenzleistung** / thermal burden rating, thermal

888

limit rating || **⁓e Instabilität** / thermal runaway || **⁓e Kraftwerkseinsatzplanung** / Thermal Unit Commitment, UC || **⁓e Kurzschlussfestigkeit** / thermal short-circuit rating || **⁓e Kurzzeitbelastbarkeit** (durch eine Erregungsgröße) VDE 0435, T.110 / limiting short-time thermal withstand value || **⁓e Langzeiteigenschaften** / thermal endurance properties || **⁓e Nachwirkung** / Jordan lag || **⁓e Nullpunktverschiebung** / thermal zero shift || **⁓e Reserve** / thermal (plant reserve) || **⁓e Restspannung** (Halleffekt-Bauelement) DIN 41863 / thermal residual voltage IEC 147-0C, zero-field thermal residual voltage || **⁓e Rückkopplung** / thermal feedback || **⁓e Schockprüfung** / thermal shock test || **⁓e Überlastbarkeit** / thermal overload capacity || **⁓e Überlastung** / thermal overload, overheating *n* || **⁓e Warnschwelle** / thermal warning threshold || **⁓e Warnung** / thermal warning || **⁓e Wechselbeanspruchung** / thermal cycling || **⁓e Zeitkonstante** / thermal time constant
thermisch·er Abbau / thermal degradation || **⁓er Auslöser** / thermal release, thermal trip || **⁓er Beharrungszustand** / thermal equilibrium || **⁓er Bemessungs-Dauerstrom** / rated continuous thermal current, continuous thermal current rating || **⁓er Bemessungs-Kurzzeitstrom** / rated short-time thermal current, thermal short-time current rating || **⁓er Bemessungsstrom** / rated thermal current || **⁓er Bemessungsstrom im Gehäuse** / rated enclosed thermal current || **⁓er Brutto-Wirkungsgrad** / gross thermal efficiency (of a set) || **⁓er Dauerstrom** / continuous thermal current || **⁓er Durchbruch** / thermal breakdown, thermally initiated breakdown || **⁓er Durchschlag** / thermal breakdown, thermally initiated breakdown || **⁓er Empfänger** / thermal detector, thermal receptor || **⁓er Grenzflächenwiderstand** / thermal boundary resistance || **⁓er Grenzstrom** / thermal current limit EN 50019, limiting thermal burden current, thermal short-time current rating || **⁓er Grenzwert des Kurzzeitstroms** / limiting thermal value of shortime current || **⁓er Kurzzeitstrom** / thermal short-time current rating || **⁓er Lichtbogen** / thermal arc || **⁓er Maschinensatz** / thermal generating set || **⁓er Motorschutz** / thermal motor protection || **⁓er Nettowirkungsgrad** / net thermal efficiency || **⁓er Reduzierkoeffizient** DIN 41858 / thermal derating factor || **⁓er Runaway** / thermal runaway || **⁓er Schreiber** / thermal recorder || **⁓er Strahlungsempfänger** / thermal detector of radiation, thermal radiation detector || **⁓er Strom** / thermal current || **⁓er Überlastauslöser** VDE 0660, T.101 / thermal overload release IEC 157-1 || **⁓er Überstromauslöser** / thermally delayed overcurrent release, thermal overcurrent release || **⁓er Unterbrecher** VDE 0806 / thermal cutout IEC 380 || **⁓er Widerstand** / thermal resistance || **⁓er Wirkungsgrad des Lichtbogens** / thermal efficiency of the arc || **⁓er Zeitschalter** / thermal time-delay switch
thermisch·es Abbild (Anzeigegerät) / winding temperature indicator, thermal image, thermal replica || **⁓es Altern** / thermal ageing || **⁓es Beständigkeitsprofil** VDE 0304,T.21 / thermal endurance profile IEC 216-1 || **⁓es**

Gleichgewicht / thermal equilibrium || ~es **Kraftwerk** / thermal power station || ~es **Langzeitverhalten** IEC 50(212) / thermal endurance || ~es **Langzeitverhaltensdiagramm** / thermal endurance graph, Arrhenius graph || ~es **Rauschen** (Rauschen infolge der thermischen Bewegung von Ladungsträgern in einem Leiter) / thermal noise || ~es **Trennen** / thermal cutting || ~es **Überlastrelais** / thermal overload relay, thermal electrical relay || ~es **Untersystem** / thermal subsystem
thermisch-magnetisch·e Auslösung (TM) / thermal-magnetic tripping (TM) || ~er **Schutzschalter** / m.c.b. with combined thermal and electromagnetic release
Thermistor *m* / thermistor *n* || ²**anschluss** *m* / thermistor connection || ²**auswertegerät** *n* / thermistor evaluator || ²**auswertung** *f* / thermistor evaluation || ²-**Motorschutz** *m* / thermistor motor protection || ²**motorschutz für Abschaltung** / thermistor protection tripping relay || ²-**Motorschutz-Auslösegerät** *n* / thermistor motor protection tripping unit || ²-**Motorschutzgerät** *n* / thermistor motor protection || ²-**Motorschutzrelais** *n* / thermistor motor protection relay || ²**schutz** *m* / thermistor protection
Thermoanalysegerät, Differential-² *n* / differential thermo-analyzer
Thermo·antriebaktor *m* / thermal drive actuator || ²-**Auslöser** *m* / thermal release, thermal trip || ²**batterie** *f* / thermopile *n*, thermoelectric pile, thermocouple pile || ²**bimetall** *n* / thermostatic bimetal, thermal bimetal || ²**blinkrelais** *n* / thermal flasher relay || ²**click** *m* (Thermoschalter auf Bimetallbasis) / thermoclick *n* || ²**drucker** *m* / thermal printer, thermal matrix printer, electrothermal printer || ~**dynamische Temperatur** / thermodynamic temperature
thermoelektrisch *adj* / thermoelectric *adj* || ~**e Kraft** / thermoelectric power || ~**e Säule** / thermoelectric pile, thermopile *n* || ~**e Spannung** / thermal e.m.f., thermoelectric e.m.f. || ~**e Spannungsreihe** / thermoelectric series || ~**e Verbindungsstelle** / thermo-junction *n* || ~**er Effekt** / thermoelectric effect, Seebeck effect || ~**er Generator** / thermoelectric generator
Thermo·elektrizität *f* / thermoelectricity *n* || ²**element** *n* / thermoelement *n*, TC *n* || ²**element** *n* (Thermopaar) / thermocouple *n*, thermocouple assembly || ²**elementsteckverbinder** *m* / thermocouple connector || ²**element-Strahlungsempfänger** *m* / thermocouple-type radiation receiver || ²**festkopfschreiber** *m* / high-speed recording instrument || ²**festkopfschreiber, portabel** / high-speed recording instrument, portable || ²**formen** *n* / thermoforming *n* || ²**formmaschine** *f* / thermoforming machine || ²**form-Verpackungsmaschine** *f* / thermoform packaging machine || ²**fühler** *m* / temperature detector, temperature sensor, thermal sensor, temperature thermal sensor || ²**fühler** *m* (Thermistor) / thermistor *n* || ²**geber** *m* / temperature detector, thermal detector, temperature sensor
thermographisches Abbildungsverfahren / thermographic imaging || ~ **Aufzeichnen** / thermal recording

thermohydraulische Nachführung / passive thermohydraulic drive (PTD)
Thermo·kette *f* / thermocouple pile, thermopile *n*, series-connected thermocouples || ²**kompensator** *m* (thermoelektr. Messgerät) / compensated thermoelectric meter || ²**kompressionskontaktierung** *f* / thermo-compression bonding || ²**kompressionsschweißen** *n* / thermo-compression welding || ²**kontakt** *m* (Bimetall) / bimetal contact || ²**kraft** *f* / thermoelectric power || ~**lackieren** *v* / stove-enamel *v*, stove *v*, bake *v* || ²**lüfter** *m* / thermo fan || ²**lumineszenz** *f* / thermoluminescence *n* || ~**mechanisches Walzen** / thermomechanical rolling
Thermometer *n* / thermometer *n* || ²**bohrung** *f* / thermometer well, thermometer hole || ²**faden** *m* / thermometric column, mercury thread || ²**kugel** *f* / thermometer bulb || ²**tasche** *f* / thermometer well, thermometer pocket || ²**verfahren** *n* VDE 0530, T. 1 / thermometer method
Thermo·paar *n* / thermocouple *n* || ²**papier** *n* (Schreiber) / temperature-sensitive paper, heat-sensitive paper || ²**photovoltaik** *f* / thermophotovoltaics (TPV), thermophotovoltaic conversion || ~**photovoltaische Zelle** / thermophotovoltaic cell (TPV cell) || ²**plast** *m* / thermoplastic *n*, thermoplast *n* || ~**plastisch** *adj* / thermoplastic *adj* || ²**plastische Schutzhülle** / protective sheathing, protective envelope, protective sheath || ²**prozessanlage** *f* / thermo-processing equipment
Thermo·relais *n* / thermal relay, thermo-electric relay || ²**säule** *f* / thermopile *n*, thermoelectric pile, thermocouple pile
Thermoschalter *m* / thermostatic switch, temperature switch || ² *m* (Thermostat) / thermostat *n* || ²**festeingestellter** ² / non-adjustable thermostatic switch
Thermo·schockprüfung *f* / thermal shock test || ²**schreiber** *m* / thermal recorder || ²**set** *n* / thermoset *n*, thermosetting resin, thermohardening resin, heat-curing resin || ²**gefäß** *n* / vacuum flask, thermos flask || ²**sicherung** *f* VDE 0860 / thermal release IEC 65 || ²**spannung** *f* / thermal e.m.f., thermoelectromotive force, thermoelectric e.m.f. || ²**sphäre** *f* / thermosphere
thermostabilisiert *adj* / thermostabilized *adj*
Thermo·stabilität *f* / thermostability *n* || ²**stat** *m* / thermostat *n*, temperature controller || ²**statregler** *m* / thermostatic controller || ²**statventil** *n* / thermostat valve || ²**stift** *m* (Schreiber) / thermal stylus || ²**technik** *f* / heating technology || ²**transferdrucker** *m* / thermal transfer printer || ²**trimetall** *n* / thermo trimetal
Thermoumformer *m* / thermal converter || ² *m* / thermocouple instrument || ²**instrument** *n* / thermocouple instrument || ²-**Messgerät** *n* / thermocouple instrument
Thermoumformmaschine *f* / thermoforming machine, thermoformer
Thermo·waage *f* / thermo-balance *n*, thermo-gravity balance || ²**wächter** *m* / thermostat *n*, thermal cutout, thermal protector, temperature relay || ²**widerstand (linear, 3-Leiteranschluss)** *m* / thermoresistor (linear, 3-wire configuration) *n*
Thin Client Unit (TCU) *f* / Thin Client Unit (TCU)
Thionylchlorid-Lithium-Batterie *f* / thionyl

chloride-lithium battery
Third-Party Software *f* / application software from a third-party manufacturer
Thomson-Brücke *f* / Thomson bridge || **~-Effekt** *m* / Thomson effect || **~-Repulsionsmotor mit geteilten Bürsten** / Thomson's repulsion motor with divided brushes || **~-Zähler** *m* / Thomson meter
thorierte Wolframkathode / thoriated-tungsten cathode
THR / threshold *n* (THR)
Throughput *m* / throughput *n*
THT / through-hole technology
Thuryregler *m* / Thury regulator
Thyratron *n* / thyratron *n*
Thyristor *m* / thyristor *n*, silicon-controlled rectifier (SCR) || **~antrieb** *m* / static-converter drive, thyristor drive || **~baugruppe** *f* / thyristor module || **~baustein** *m* / thyristor module || **~block** *m* / thyristor module || **~brücke** *f* / thyristor bridge || **~diode** *f* / diode thyristor || **~-Doppelbaustein** *m* / two-thyristor module, twin (o. double) thyristor module || **~fehler** *m* / thyristor fault || **~gerät** *n* / thyristor converter, thyristor power unit (TPU), thyristor unit, thyristor converter
thyristorgespeist *adj* / thyristor-fed *adj*, converter-fed *adj*
Thyristor-Konstantstromregler *m* / CCR *n*, thyristor-controlled constant current regulator || **~-Lastumschalter** *m* / thyristor load transfer switch || **~modul** *n* / thyristor module || **~- oder Transistortechnik** *f* / thyristor or transistor technology || **~-Reihenschaltungszahl je Zweig** / number of thyristors in series per arm || **~satz** *m* / thyristor assembly, thyristor stack, thyristor set || **~säule** *f* / thyristor stack || **~schalter** *m* / thyristor switch || **~-Spannungsregler** *m* / thyristor voltage regulator, electronic voltage regulator || **~spannverband** *m* / clamped thyristor assembly || **~-Speisegerät** *n* / static power converter, thyristor power unit || **~speisung** *f* / static converter supply || **~starter** *m* / thyristor starter || **~steller** *m* / thyristor controller, thyristor power controller, thyristor converter || **~strang** *m* / thyristor line || **~-Stromrichter** *m* / thyristor converter, thyristor power unit (TPU) || **~-Stufenschalter** *m* / thyristor tap changer, electronically controlled tap changer || **~tablette** *f* / thyristor wafer || **~tetrode** *f* / tetrode thyristor || **~triode** *f* / triode thyristor || **~-Umkehrsteller** *m* / thyristor reversing controller || **~ventil** *n* / thyristor valve || **~wechselrichter** *m* / thyristor a.c. power converter, a.c. thyristor controller || **~-Zeitstufe** *f* / thyristor timer || **~zündimpulsstecker** *m* / thyristor pulse gate connector || **~-Zündplatine** *f* / thyristor triggering
TI / temperature index (TI)
T&I *m* (Test und Inbetriebnahme) / test and commissioning
TIA / TIA (Totally Integrated Automation)
Ticket *n* (Beleg für ein oder mehrere Zugriffsrechte, die sein Besitzer für ein Objekt hat) / ticket *n*
TID *n* / triple information display
tief *adj* / deep *adj* || **~ abgestimmt** (Resonanz) / set to below resonance || **~abgestimmte Auswuchtmaschine** / below-resonance balancing machine
Tief-aufbohren *n* / deep-hole drilling || **~baubügel** *m* / extra-deep bracket || **~bauend** *adj* / in deep design || **~bauform** *f* / recessed type || **~baurahmen** *m* (I-Verteiler) / extra-deep frame (o. rack) || **~bauträger** *m* (I-Verteiler) / extra-deep rack || **~bohrbank** *f* / deep-hole boring machine || **~bohren** *n* / deep-hole drilling || **~bohrmaschine** *f* / deep-hole drilling machine || **~bohrmodul** *n* / deep-hole drilling module || **~bohrwerkzeug** *n* / deep-hole drilling tool || **~bohrzyklus** *m* / deep hole drilling cycle || **~bordstein** *m* / flush curb || **~diffusion** *f* / sink diffusion || **~druckmaschine** *f* / gravure printing press, platen-printing machine, intaglio printing press || **~druckpapier** *n* / rotogravure paper
Tiefe *f* / depth *n* || **~ der Spanbrechernut** / chip breaker groove depth || **~ des Kellerspeichers** / depth of push-down store, stack depth || **~ des pn-Übergangs** / junction depth || **~ Einlaufrillen** / depth of run-in grooves || **~ pro Umdrehung** / depth per revolution || **Fallregister mit variabler ~** / variable-depth FIFO register
Tiefen-anschlag *m* (begrenzt die Eindringtiefe eines Werkzeuges) / depth stop || **~ausbildung** *f* / in-depth training || **~einheit** *f* / depth module || **~erder** *m* / earth rod, ground rod, buried earth electrode || **~maß** *n* / depth gauge, depth micrometer || **~messvorrichtung** *f* / depth gauge || **~mikrometer** *n* / depth micrometer || **~suche** *f* / depth-first search
Tief-entladeanzeiger *m* / battery warning indicator || **~entladene Batterie** / exhausted battery || **~entladeschutz** *m* / exhaustive discharge monitoring, flat-battery monitor, exhaustive discharge protection || **~entladeschwelle** *f* / exhaustive discharge threshold || **~entladung** *f* / exhaustive discharge, overdischarging *n*
tiefenverstellbar *adj* / depth-adjustable *adj*
Tiefen-zuschlag *m* / depth allowance || **~zustellung** *f* / depth infeed || **~zuwachs** *m* / depth increase, depth inrement
Tiefgarage *f* / underground garage
tiefgekühlt *adj* / deep-frozen *adj* || **~gekühlter elektrischer Leiter** / cryoconductor *n*, hyperconductor *n*
tiefgestelltes Zeichen / subscript character
tiefgezogen *adj* / deep-drawn *adj*
Tiefkühlen *n* / refrigeration *n*
Tiefkühl-gerät *n* / frozen-food cabinet || **~konzentrierung** *f* / cryoconcentration *n* || **~technik** *f* / cyro-engineering *n* || **~truhe** *f* / food freezer, household food freezer
Tieflade-fahrzeug *n* / flat-bottomed vehicle, low loader || **~wagen** *m* / flat car, well wagon, depressed-platform car
Tiefloch *n* / deep hole || **~bohren** *n* / deep-hole drilling, deep-hole boring || **~bohrer** *m* / deep hole drill || **~bohrmaschine** *f* / deep hole drilling machine || **~bohrzyklus** *m* / deep hole drilling cycle || **~gewindebohren** *n* / deep hole tapping
Tief-nutläufer *m* / deep-bar cage motor || **~ofen** *m* / soaking pit furnace || **~ofenkran** *m* / pit furnace crane
Tiefpass *m* / low pass (LP) || **~filter** *n* / low-pass filter || **~verhalten 1. Ordnung** / 1st order low-pass characteristics
Tief-schleifen *n* / deep grinding || **~schnitt** *m* / deep cut

tiefschwarz *adj* / jet black
Tiefsetz·steller *m* / voltage reduction unit, chopper *n*, buck convertor ‖ **umrichter** *m* (f. Beleuchtungsanlagen) / step-down converter
Tiefstation *f* / underground substation
tiefste anwendbare Temperatur (TMIN) DIN 2401,T.1 / minimum allowable temperature (TMIN) ‖ ~ **Arbeitstemperatur** (TAMIN) DIN 2401,T.1 / minimum operating temperature
Tief·stechen *n* / deep grooving ‖ **stellen** *n* (Text) / subscribing *n* ‖ **stellen** *n* (Formatsteuerfunktion) / partial line down
Tiefstlast *f* (Grundlast) / base load
tief·strahlend *adj* / downlighting *adj*, narrow-angle *adj* ‖ **strahler** *m* / narrow-angle luminaire, low-bay reflector, downlighter *n*, narrow-beam reflector ‖ **temperatur** *f* / low temperature ‖ **temperaturanlage** *f* / low temperature plant ‖ **temperatur-Leuchtstofflampe** *f* / low-temperature fluorescent lamp ‖ **temperaturtechnik** *f* / low temperature application
Tiefung *f* (metallischer Werkstücke) / cup depth, cupping ductility
Tiefungs·bruch *m* / cup fracture ‖ **gerät nach Erichsen** / Erichsen tester, Erichsen film distensibility meter ‖ **mittelwert** *m* / average cupping value ‖ **versuch** *m* / cupping test, cup test, cup test for ductility ‖ **wert** *m* / cupping value
tiefziehen *v* / deep draw
Tiefzieh·maschine *f* / deep-drawing machine ‖ **Kunststoff-****maschine** / plastics thermoforming machine ‖ **ofen** *m* / batch furnace ‖ **presse** *f* / deep-drawing press ‖ **prozess** *m* / deep-drawing *n* ‖ **teil** *n* / deep drawn component ‖ **-Verpackungsmaschine** *f* / deep-drawing packaging machine ‖ **werkzeug** *n* / deep drawing tool
Tiegel *m* / crucible *n* ‖ **geschlossener** (Flammpunkt-Prüfgerät) / closed flash tester, closed cup ‖ **ziehen** / crucible pulling
TIF *n* / telecontrol interface (TIF)
TIG-Brenner *m* (Brenner oder Pistole mit nichtschmelzender Lichtbogenschweißelektrode) / TIG torch
Tilgung *f* (von Fluoreszenz) / quenching *n*
Tilgungseffekt *m* / quench effect
TIM *m* / Terminology Integration Manager (TIM)
TIME-INST / time instruction (TIME-INST)
Time out / scan time exceeded, time out
Timeout / timeout *n* (TO) ‖ **[s]** / Timeout [s] ‖ **-Wert** *m* / timeout value
Timer *m* / timer *n*, time generator, clock *n* ‖ **anweisung** *f* / timer operation
TIME-RESP / time response (TIME-RESP)
Timer·modul *n* / timer module ‖ **nummernfehler** *m* (Programmierfehler, der auftritt, wenn auf eine nicht vorhandene Zeit zugegriffen wird) / time number error ‖ **-Variable** *f* / timer variable
Time-Sharing *n* / time sharing
Time-sharing-Betriebssystem *n* / time-sharing operating system (TSOS)
Time-to-Market / time-to-market
Timingdiagramm *n* / timing diagram
Tinten·behälter *m* (Schreiber) / ink well ‖ **drucker** *m* / ink-jet printer ‖ **druckwerk** *n* / ink-jet printing element ‖ **griffel-**

Aufzeichnungsverfahren *n* / ink-pen recording ‖ **papier** *n* / inkable paper, ink paper ‖ **registrierung** *f* / ink recording ‖ **schreiber** *m* / pen recorder ‖ **strahldrucker** *m* / ink-jet printer ‖ **strahldruckkopf** *m* / ink-jet print head ‖ **strahldruckwerk** *n* / ink-jet printing element ‖ **strahlschreiber** *m* / ink-jet recorder, ink recorder, liquid-jet recorder
TiO₂ (Titandioxid) *n* / titanium oxide (TiO2) *n*
TIPO (Tabelleninterpolator) / table interpolator
Tipp·befehl *m* / inching command ‖ **betrieb** *m* / inching mode, inching *n*, jog mode, jogging *n* ‖ **betrieb** *m* (kurzzeitiges einmaliges oder wiederholtes Einschalten eines Motors, bei dem dieser seine Nenndrehzahl nicht erreicht) / inching duty ‖ **betrieb** *m* (Kommandogabe solange die Taste gedrückt wird) / non-maintained command mode ‖ **drehzahl** *f* / inching speed, jogging speed ‖ **eingangssignal** *n* / inching input signal
tippen *v* / jog *v* ‖ *n* / jog mode, jog control, inching operation, step mode, step *n*, JOG mode ‖ *f* (elektrisches Drehen) / inching *n*, jogging *n* ‖ **vorwärts** / inch (o. jog) forward
Tipp·funktion *f* / inching *n* ‖ **impuls** *m* / inching pulse ‖ **schalter größer/kleiner** / jog keys increase/decrease ‖ **schaltung** *f* / jog control, inching control ‖ **sichere** **schaltung** / safe jog control *f* ‖ **sollwert** *m* / jog setpoint ‖ **steuerung** *f* / jog mode
Tipptaste *f* / jog key ‖ **sichere** / safe pushbutton control
Tirrill-Spannungsregler *m* / Tirrill voltage regulator, vibrating-type voltage regulator, vibrating-magnet regulator
TIS (technisches Informationssystem) *n* / technical information system (TIS)
Tisch *m* / machine table ‖ *m* (Spulent.) / (coil) platform *n* ‖ *m* / table *n* ‖ **achse** *f* / table axis ‖ **aufsatz** *m* (Prüftisch) / bench instrument panel, back upright ‖ **belastung** *f* / table load ‖ **bewegung** *f* / table motion ‖ **bohrmaschine** *f* / bench drill ‖ **drehmaschine** *f* / bench lathe ‖ **drehung** *f* / table rotation ‖ **drehung** *f* (CLDATA-Wort) / rotate table (CLDATA word) ISO 3592 ‖ **fernkopierer** *m* / desk-top facsimile unit ‖ **fundament** *n* (f. Masch.) / machine platform, steel platform ‖ **gehäuse** *n* (MC) / desk-top casing ‖ **gerät** *n* / table-top unit, desktop unit, bench unit (o. model), desktop model ‖ **tragbares** **gerät** / portable table-top unit ‖ **größe** *f* / table size ‖ **klemmung** *f* / table locking, table clamping (mechanism)
Tischlereimaschine *f* / joinery machine
Tischlerplatte *f* / coreboard *n*
Tisch·leuchte *f* / table lamp, table standard lamp ‖ **modul** *n* / table module ‖ **montage** *f* / table mounting ‖ **platte** *f* / tabletop ‖ **plotter** *m* / desk plotter, desk-top plotter ‖ **plotter** *m* / flat-bed plotter ‖ **presse** *f* / bench press ‖ **-Programm** *n* / table program (software program of the feeder table) ‖ **radius** *m* / table radius ‖ **rechner** *m* / desk computer, desk calculator ‖ **schalter** *m* / table-type switch ‖ **seite** *f* (eine Bestückautomat hat eine linke und eine rechte Tischseite, betrachtet von vorne in Transportrichtung) / table side ‖ **steckdose** *f* / table-type socket-outlet, bench-type receptacle ‖

Titanatkeramikmaterial 892

&tastsystem *n* / table contact system || &tucheffekt *m* / tablecloth effect
Titanatkeramikmaterial *n* / titanate ceramic material
Titan·dioxid (TiO₂) *n* / titanium dioxide (TiO₂) || **~weiß** *adj* / titanium white
Titel·einschub *m* / title insert || &leiste *f* / title bar || &leiste-Bibliothek *f* / library title || &leiste-Eigenschaften *f pl* / properties title || &text *m* / title text (text in the title bar) || &zeile *f* / header line, header *n*
TIW *m* / partial actual value *n*
T$_j$ *f* / junction temperature *n*
TK (Temperaturkompensation) / TC (temperature compensation)
TK (Temperaturkoeffizient) / temperature coefficient (TC) *n*
TK (türkis) *adj* / turquoise (TQ) *adj*
T-Kabel *n* (Kabeldirektführung) / T cable
T-Kasten *m* / tee unit, tee *n*, T unit *n*
T-Kennzeichnung *f* VDE 0700, T.1 / T-marking *n* IEC 335-1
T-Kippglied *n* / binary scaler, binary divider, T bistable element, bistable element, complementing element
T-Klemme *f* / T-clamp *n*, branch terminal, T terminal
TKN (Tätigkeitsnachweis) *m* / worksheet *n*, proof of action
T-Koppler *m* / tee coupler
TK-Wert *m* / temperature-compensation value (t.c. value)
TL (technische Lieferbedingungen) / technical terms of delivery
TLB / Translation Look-aside Buffer (TLB) || &
(technische Lieferbedingungen) / technical delivery terms
TLEV *n* / transitional low emission vehicle (TLEV)
TLO (transparentes leitfähiges Oxid) *n* / transparent conductor (TC)
TLW (Teilistwert) / partial actual value
T2M / time-to-market
TM (Terminalmodul) *n* / connection module || &
(Translation Memory) *n* / translation memory || *n* / terminology manager
t/m² (Flächenbelastung in Tonnen pro Quadratmeter) / t/m²
T-Mast *m* / T-tower *n*
TMDS / Transmission Minimized Differential Signalling (TMDS)
TML·-Anschlussbaustein *m* / TML adapter block || &-Anweisung *f* / TML instruction || &-Befehl *m* / TML instruction || &-Befehlseingabe *f* / TML instruction input
T-Modul *n* / Tee
TMRC *m* / Technology Market Research Council (TMRC)
TMR-System *n* (dreifach redundantes modulares System für sicherheitskritische Anwendungen) / TMR system
TMS *n* / translation memory system (TMS)
TMU / TMU (thyristor module unit)
T-Muffe *f* (Rohr) / T-coupler *n*, T-adaptor *n* || & *f* (f. Kabel) / tee joint
TN (Nebenzeit) *f* / unproductive time
TNA (Temex-Netzabschluss) / TNA
TN-C-Netz *n* VDE 0100, T.300 A1 / TN-C system
TN-C-S-Netz *n* VDE 0100, T.300 A1 / TN-C-S system
TN-Netz *n* / TN network, VDE 0100, T.300 A1 TN system
T-Nr. *f* / T no.
TN-S-Netz *n* VDE 0100, T.300 A1 / TN-S system
T-Nummer *f* / T no.
T-Nut *f* / T slot
T-Nuten-Fräser *m* / T slot cutter
T-Nutenplatte *f* / T slot plate
TNV-Stromkreis *m* (TNV = telecommunication network voltage) / telecommunication network voltage circuit
TO (Technologieobjekt) *n* / technology object (TO)
TOA / TOA (tool offset active) || &-Bereich *m* / TOA area || &-Daten *f* / TOA data
TO Addierobjekt *n* / TO AdditionObjectType *n* || &-Bereich *m* / TO area
Tochter·gesellschaft *f* / subsidiary *n* || &uhr *f* / secondary clock, outstation clock
TOD / TOD (time of day)
Tod *m* / death *n*
TODA / take-off distance available (TODA)
TO-Daten *plt* / TO data
tödlicher elektrischer Schlag / electrocution *n*
TO Drehzahlachse *f* / TO driveAxis || &-Einheit *f* / TO units || & **Externer Geber** / External Encoder
Toggelfrequenz *f* / toggle frequency
toggeln *v* / toggle *v* || **~des Element** / toggling element
Toggle *m* / toggle *n* || &feld *n* / toggle field
TO Gleichlaufachse *f* / TO followingAxis || &
Gleichlaufobjekt *n* / TO followingObject
Token / token *n* || &-Bus / tokenpassing bus, token bus, token bus-type LAN, token-passing bus-type LAN || &-Busnetz *n* (ein Busnetz, in dem ein Token-Verfahren benutzt wird) / token-bus network || &-Haltezeit *f* / token holding time || & **Passing** (kollisionsfreies Zugriffsverfahren; die Sendeberechtigung (Token) zirkuliert zwischen den Teilnehmern, die dabei einen logischen Ring bilden) / token passing, token passing procedure || & **Passing mit unterlagertem Master-Slave** / master-slave principle with token passing || &-**Ring** / token ring || **Neuaufbau eines** &ringes / reorganization token ring || &-Ringnetz *n* / token-ring network || &-Sollumlaufzeit *f* / target rotation time || &-Umlauf *m* (PROFIBUS) / token rotation || &-Umlaufzeit *f* / token rotation time, rotation time || &-Verfahren *n* / token passing protocol || &weitergabe *f* / token passing
TO Kurvenscheibe *f* / TO cam
Tol. *f* / tolerance *n*
Toleranz *f* / tolerance *n*, limit *n* || & **von ... angeben** / indicate tolerance of ... || **exemplarbedingte** & / manufacturing tolerance || **Inanspruchnahme der** & / effective size gets by tolerance lower than nominal size || &abstand *m* / tolerance distance || &ausgleich *m* / tolerance compensation || &band *n* / tolerance band, tolerance range || &bereich *m* DIN 41745, DIN 55350 / tolerance zone, tolerance band, tolerance field || &bereich *m* (Bereich zugelassener Werte zwischen Mindestwert und Höchstwert) / tolerance range, range of tolerance
Toleranzen der Umrichtereingangsspannung / inverter input voltage tolerances || **eingeengte** & / restricted tolerances
Toleranz·faktor *m* DIN 7182,T.1 / standard tolerance unit, tolerance factor || &feld *n* DIN 7182,T.1, DIN 55350, T.11 / tolerance zone, tolerance field || &fenster *n* / tolerance window ||

⸰grenze f / tolerance limit, limiting value || ⸰klasse f / tolerance class || ⸰kompensation f / tolerance compensation || ⸰kontrolle f / tolerance control || ⸰kurzzeichen n / tolerance symbol || ⸰lage f DIN 7182,T.1 / tolerance zone position || ⸰lehre f / go and not-go gauge || ⸰messer m / tolerance meter || ⸰mikrometer n / limit micrometer || ⸰obergrenze f / upper tolerance limit || ⸰parameter m / tolerance parameter || ⸰plan m / tolerance plan || ⸰raum m / tolerance space || ⸰reihe f DIN 7182,T.1 / tolerance series || ⸰ring m / tolerance ring || ⸰schlauch m / tolerance field || ⸰schwankung f / tolerance variation || ⸰schwelle f / tolerance level || ⸰stufe f / tolerance grade || ⸰system n DIN 7182,T.1 / tolerance system || ⸰untergrenze f / lower tolerance limit || ⸰wert m / tolerance value || ⸰zeit f / tolerance time || ⸰zone f / tolerance zone || ⸰zyklus m / tolerance cycle
tolerierbares Risiko / tolerable risk
tolerieren v / tolerance v
toleriertes Maß / toleranced size
Tolerierung f / tolerancing n
Toluolversorgung f / toluene supply
tombstoning n (einseitiges Hochstellen von SMD-Bauelementen beim Reflow-Löten) / tombstoning n
TO Messtaster / measuring input (technology object, measuringInputType)
Ton m (Farbe) / hue n
tönender Funke / singing spark || ~ **Lichtbogen** / singing arc
Tonerde f / aluminium oxide, active alumina
Tonfolge f (Hörmelder) DIN 19235 / intermittent tone, normal (tone repetition rate)
tonfrequent adj / audio-frequency adj || ~**e Einschaltdauer** / ON time at voice frequency || ~**er Bemessungsstrom** / rated voice-frequency current, rated current at voice frequency
Tonfrequenz f (TF 15 - 20 000 Hz) / audio frequency (AF) || ⸰ f (Sprechfrequenz, 200 - 3500 Hz) / voice frequency (VF) || ⸰bereich m / audio-frequency range, AF range || ⸰-**Drosselspule** f (AFR) / AF reactor || ⸰generator m / AF generator || ⸰leistung f (TF-Leistung) / AF power, VF power || ⸰pegel m / AF level, AF signal level, VF signal level || ⸰pegelschreiber m / AF level recorder || ⸰-**Rundsteueranlage** f (TRA) / audio-frequency remote control system (AF remote control), audio-frequency ripple control system (AF ripple control system) || ⸰-**Rundsteuerresonanzshunt** m / resonant shunt for AF ripple control || ⸰sender m / AF transmitter, AF oscillator || ⸰signal n / AF signal, VF signal || ⸰spannung f / AF (o. VF) signal voltage || ⸰transformator m (AFT) / audio-frequency transformer
Ton·geber m / tone generator, audio oscillator || ⸰gemisch n / complex sound || ⸰generator m / tone generator, audio oscillator || ⸰impulsfolge f / tone burst || ⸰motor m / capstan motor
Tonne f / drum n || ⸰ f (Boje, Schiffahrtszeichen) / buoy n
Tonnen·anordnung f (der Leiter einer Freiltg.) IEC 50(466) / semi-vertical configuration || ⸰anordnung einer Doppelleitung IEC 50(466) / double-circuit semi-vertical configuration || ⸰erlös m / revenue per tonne || ⸰rollenlager n / spherical-roller bearing || ⸰verzeichnung f / barrel distortion || ⸰wicklung f / barrel winding
Ton-Niederfrequenz f / VF n
Ton·säule f / loudspeaker column || ⸰wertblende f / tone control aperture || ⸰wertkorrektur f / tonal value correction || ⸰wertskala f / tone wedge (an optical step wedge containing a number of steps of optical density between black and white)
Tool n (T) / tool n, application n || ⸰bar n / toolbar n || ⸰-**basiert** adj / tool-based || ⸰box f / tool box || ⸰boxdiskette f / tool box floppy || ⸰ebene f / tool level || ⸰gesteuerte Versionierung f / tool-supported version control || ⸰ing n / tooling n || ⸰kette f / tool chain || ⸰landschaft n / tool environment || ⸰ **Offset** n / tool offset || ⸰set n / tool set || ⸰**Suite** / ToolSuite n || ⸰**Tips** m (Kurzinfo über die Funktion eines Icons, die angezeigt wird, sobald sich der Cursor über dem Icon befindet) / tool tips
TOP Connect / TOP connect (consisting of a terminal block, connecting cable and front connector)
Topf m / motorhousing n || ⸰aufsatz m / cup cover
Töpfe f / spiral systems
Topf·gehäuse n (Messwandler) / pot-type casing, size 27 frame || ⸰kern m / cup-type core || ⸰kontakt m / cup-shaped contact, hollow contact || ⸰magnetrelais n / induction cup relay || ⸰motor m / canned motor || ⸰prägung f / cup stamping || ⸰rad n / cup wheel || ⸰räder des Planetengetriebes / cup-shaped wheels of planetary gearing || ⸰scheibe n / cup wheel || ⸰wandler m / insulator-type transformer || ⸰zeit f / pot life, working life, spreadable life
Topic n / topic n || ⸰-**Ausprägung** f / style depth || ⸰-**Ausprägungsversion** f / style depth revision || ⸰-**Editor** m / topic-editor n || ⸰-**Level-Baustein** m / top-level building block || ⸰-**Level-Funktion** f / top-level function
topographische Geländeaufnahme f / topographic survey
Topologie f (prinzipielle Gestaltung des Netzes) / topology n || ⸰analyse f / tracing n || ~**erhaltende Abbildung** / topological feature map || ⸰typ m / topology type || ⸰-**Verarbeitung** f / topology processor
topologisch adj / topological adj || ~**e Sicht** / topological view || ~**er Netzplan** / topological diagram of network, topological network diagram
TO Positionierachse / positioning axis
Topplicht n / mast-head light
Toproller m / top roller
Topzelle f / top cell n
Tor n (Netzwerk) / port n, terminal pair || ⸰ n (Datennetz) / port n || ⸰ n (Chromatographie) / peak window || ⸰ n (Grenzwerte, zwischen denen die Kennwerte liegen müssen) / gate n
TORA / take-off run (distance available (TORA))
Tor·eingang m (z.B. Zähler) / gate input || ⸰funktion f / gate function || ⸰indikator m / gate monitor
Torkeln n / staggering n, staggering motion || ⸰ n (Darstellen der Rotation von Darstellungselementen um eine Achse) / tumbling n
Törnvorrichtung f / turning gear

Torque 894

Torque·antrieb *m* / torque drive || **⁓motor** *m* / torque motor
Torschaltung *f* / gate circuit, gate *n*
Torsion *f* / torsion, twisting
Torsions·achse *f* / torsion axis || **⁓beanspruchung** *f* / torsional stress || **⁓bewegung** *f* / torsional movement || **⁓dynamometer** *n* / torsion dynamometer, transmission dynamometer || **⁓feder** *f* / torsion spring, torsion bar || **⁓federrohr** *n* / torsion-spring tube || **⁓federung** *f* / torsional compliance || **⁓festigkeit** *f* / torsional strength, torsional shear strength, torsional resistance || **⁓kraft** *f* / torsional force || **~kritische Drehzahl** / critical torsional speed || **⁓leitung** *f* / torsion cable
Torsions·messer *m* / torsion meter || **~moment** *m* (Summe der Kraftmomente einer Menge von Kräften, deren Resultierende gleich null ist) / torque, torsional moment || **⁓momentenmesser** *m* / torque meter, torsiometer *n* || **⁓schallschwingung** *f* / torsional sound vibration || **⁓-Scherversuch** *m* / torsion shear test, combined torsion and shear test || **~schutz** *m* / torsional protection || **⁓schwingung** *f* / torsional vibration, rotary oscillation || **~schwingungs-Bedämpfung** *f* / torsion vibration damping || **⁓-Schwingungsdämpfer** *m* / torsional vibration isolator || **⁓-Schwingungsfestigkeit** *f* / torsional vibration resistance || **⁓spannung** *f* / torsional stress || **⁓spiel** *n* / windup *n* (relative movement due to deflection under load) || **~stab** *m* / torsion bar || **~steif** *adj* / torsion-proof *adj* || **~steifigkeit** *f* / torsional stiffness, torsional strength
Torsions·versuch *m* / torsion test || **⁓viskosimeter** *n* / torsion viscometer, torque viscometer, torsional viscometer || **⁓waage** *f* / torsion balance || **⁓wechselprüfung** *f* / fatigue torsion test, torsion endurance test || **⁓welle** *f* / torsion wave || **⁓winkel** *m* / angle of torsion
Tor·steuerung *f* / gate control || **⁓stoppfunktion** *f* / gate stop function (can be used to stop a counting operation on a counter module)
Tortendiagramm *n* / pie diagram
Torus *m* / torus *n*, toroid *n* || **⁓fräser** *m* / toroidal miller
Torx·-Schraube *f* / torx-slotted screw || **⁓-Schraubendreher** *m* / torx screwdriver
Torzeit *f* (Chromatographie, Peakzeit) / peak time
TOS (TO-Speicher) / TO memory (tool offset memory) || **⁓** / Trade Optimized Scheduling (TOS)
TO-Speicher *m* (TOS) / tool offset memory (TO memory), TO memory
Totalausfall *m* / complete failure
total·er Leistungsfaktor / total power factor || **~er Strahlöffnungswinkel** / total beam angle || **~es Qualitätsmanagement** / total quality management
totalisoliert *adj* / totally insulated, with total insulation
Totalisolierung *f* / total insulation
Totally Integrated Automation (TIA) / Totally Integrated Automation (TIA)
Totalreflexion *f* (Reflexion, bei der der Betrag des Reflexionsfaktors einer spiegelnden Grenzfläche zwischen zwei Dielektrika gleich 1 ist) / total reflection
Tot·band *n* / dead band, dead zone || **⁓bereich** *m* / dead zone, dead band
tote Ecken im Strömungsweg / stagnant areas || **~ Masse** (Auswuchtmasch.) / parasitic mass || **~ Windung** / dummy turn, idle turn || **~ Zone** / dead band, neutral zone, silent zone

Totem-Pole-Endstufe *f* / totem-pole output
toter Gang / lost motion, windup *n*, backlash *n* || **~ Gang der Abstimmeinrichtung** / tuner backlash || **~ Wicklungsraum** / unutilized winding space
Tot·last *f* / dead load, dead weight || **⁓mannknopf** *m* / dead man's button || **⁓mann-Pedalschalter** *m* / pedal-operated dead man's switch || **⁓mannschaltung** *f* / dead man's circuit
Totpunkt *m* / dead centre to operate, dead centre, dead point || **⁓ des Gestänges** / dead centre of connection rods || **oberer ⁓** (OT Kfz-Mot.) / top dead centre (TDC), top dead center (TDC) || **unterer ⁓** (UT) / bottom dead center (BDC) || **⁓lage** *f* / dead-centre position || **oberer ⁓markensensor** (OT-Sensor) / TDC sensor
Tot·schicht *f* / dead layer || **⁓volumen** *n* / dead volume
Totzeit *f* / dead time, delay *n* || **⁓glied** *n* DIN 19226 / lag element, dead-time element || **⁓kompensation** *f* / dead time compensation
Totzone *f* / dead band, neutral zone, dead zone, dead sector || **⁓ des Stellgliedes** / final control element dead zone
Totzonenbreite *f* / dead band width
Touch·bedienung *f* / touch control || **⁓-Eingabe** *f* / touch input || **⁓gerät** *n* / touch panel
Touchierfläche *f* / mold parting surface
Touch·-Manager *m* / Touch Manager || **⁓-Panel** *n* / touch panel || **⁓-Screen** *m* / touch-sensitive screen, touch-sensitive CRT, touch screen || **⁓screen-Bedienoberfläche (Touchscreen-BO)** *f* / touch-screen operator interface || **⁓sensor** *m* / touch sensor || **⁓-Technologie** *f* / touch technology || **⁓-Terminal** *m* / touch terminal
Touren·dynamo *m* / tachometer generator, tacho-generator *n*, pilot generator || **⁓zahl** *f* / number of revolutions || **⁓zahl pro Minute** / revolutions per minute || **⁓zähler** *m* / tachometer *n*, revolutions counter, r.p.m. counter, rev counter
Toxizität *f* / toxicity *n*
Toxizitäts·index *m* / toxicity index || **⁓verhältnis** *n* / toxicity ratio
TP (Teileprogramm) / parts program, part program || **⁓** (twisted pair) / twisted pair || **⁓ (Technologiepaket)** *n* (nicht allein verwenden, nur in Zusammenhang mit einem Bezeichner erlaubt (z.B. TP MotionStore)) / Technology Package (TP)
TPA (Teilprozessabbild) *n* / process image partition
TPDU-Übermittlung *f* / transport protocol data unit transfer (TPDU transfer)
TPL / turn loop lighting (TLP)
TPM / Total Productive Maintenance (TPM)
TP MSR (Technologie-Platine Messen, Steuern, Regeln) / TP MSR
T-Profil (Transportprofil) *n* / T-profile (transport-class profile)
TPS (Transportsteuerung) / transport control
TPT (Tedlar-Polyester-Tedlar) / tedlar-polyester-tedlar (TPT)
TPU *f* / Transmit Processing Unit (TPU)
TPV (Transportverbindung) / transport connection
TPx / TP *n*, Touch Panel
TQC *n* / Total Quality Control (TQC)
TQM *n* / Total Quality Management (TQM)
TQT (Ausgangsansprechzeit) / TQT (output transfer time)
TR / design temperature
TRA / audio-frequency remote control system (AF

remote control), audio-frequency ripple control system (AF ripple control system)
TRAANG / inclined axis
Trabantenstation *f* DIN 44302 / tributary station
Trace˙-Funktion *f* (Funktionalität zur Ablaufverfolgung) / trace function || ⁓ **Funktion** *f* / trace functions || ⁓**puffer** *m* / trace buffer || ⁓**Software (Trace-SW)** *f* / trace software || ⁓**Speicher-Funktion** *f* / Trace memory function || ⁓**speichertiefe** *f* / trace memory depth || ⁓**-SW (Trace-Software)** *f* / trace software || ⁓**Tool** *n* / TraceTool
Track˙-and-Hold-Wandler *m* / track-and-hold converter || ⁓**ball** *m* / trackball
Tracker *m* / tracker *n*
Tracking˙-ADU / tracking ADC || ⁓**system** *n* / tracking system || ⁓**-Wandler** *m* / tracking converter
Trados˙-Export *m* / Trados export || ⁓**-Import** *m* / Trados import
Trafo *m* / transformer *n* || ⁓ **ab 4 kVA** / transformer as of 4 kVA || ⁓ **für Kabelumbau** / transformer for cable mounting || ⁓**abgang** *m* / transformer feeder || ⁓**abgangsfesteinbau** *m* / fixed-mounted transformer feeder || ⁓**abgangsfesteinbaufeld** *n* / fixed-mounted transformer feeder panel || ⁓**abgangsmodulfeld** *n* / transformer feeder module panel || ⁓**abzweig** *m* / transformer feeder || ⁓**-Achse** *f* / transformer axis || ⁓**anschluss** *m* / service head || ⁓**blech** *n* / transformer plate || ⁓**-Differentialschutz** *m* / transformer differential protection || ⁓**gehäuseboden** *m* / transformer case base || ⁓**gehäusedeckel** *m* / transformer case cover || ⁓**klemme** *f* / transformer terminal || ⁓**regelung** *f* / tap voltage control || ⁓**schirmwicklung** *f* / transformer shielding winding || ⁓**stufe** *f* / transformer tap, step position || ⁓**stufenbefehl (TSB)** *m* / incremental command || ⁓**stufenmeldung (TSM)** *f* / TxTap *n* || ⁓**stufensteller** *m* / tap changing device || ⁓**überbrückung** *f* / transformer bypass
Trag˙anteil *m* / percentage bearing area, contact area ratio || ⁓**arm** *m* / support arm, supporting arm || ⁓**armdrehung** *f* / support arm rotation
tragbar˙e Relaisprüfeinrichtung / portable relay tester || ⁓**e Temperaturmesseinrichtung** / portable temperature measuring set || ⁓**er Rechner** (Mikrocomputer, der tragbar ist und an verschiedenen Orten benutzt werden kann) / portable computer || ⁓**er Transformator** / portable transformer || ⁓**es Gerät** / portable applicance, portable apparatus || ⁓**es Messgerät** / portable instrument || ⁓**es Peripheriegerät** / portable peripheral || ⁓**es Tischgerät** / portable table-top unit
Trag˙bild *n* / appearance of bearing surface after bedding in || ⁓**blech** *n* / support plate, supporting plate, mounting plate, support(ing) plate || **vorgefertigtes ⁓blech** / preassembled support plate || ⁓**block** *m* / supporting block || ⁓**bügel** *m* / bracket *n* || ⁓**bügel** *m* (Griff) / handle *n* || ⁓**draht** *m* (Luftkabel) / supporting messenger, bearer wire, catenary wire, messenger *n*
träge Masse / inertial mass || ⁓ **Sicherung** / time-lag fuse, slow fuse, slow-blowing fuse (s.b. fuse), time-delay fuse, type T fuse, slow-blow fuse || **chemisch ⁓** / chemically inert
Trage˙gerüst *n* / support rack || ⁓**gestell** *n* / support structure || ⁓**griff** *m* / handle *n* || ⁓**gurt** *m* / carrying belt
Trag˙eisen *n* / supporting section, steel support || ⁓**element** *n* / supporting element
Tragen, zum ⁓ kommen / take effect
tragende Fläche / bearing surface || **~ Höhenlinie** / carrying contour || **~ Schweißverbindung** / connection by welding only
Träger *m* (Halterung) / support *n*, holder *n*, bracket *n*, carrier *n*, mount *n* || ⁓ *m* (eine Welle oder eine Schwingung, deren charakteristische Größe durch ein Signal veränderbar sind) / adapter *n* || ⁓ *m* (Unterzug) / girder *n* || ⁓ *m* (Isolationsmat.) / carrier material, carrier *n* || ⁓ *m* (Ladungsträger) / carrier *n*, charge carrier || ⁓ *m* (Trägerschwingung) / carrier *n* || ⁓ *m* (der Strahlung) / substrate *n* (of radiation) || ⁓ *m* (Balken) / beam *n*, girder *n*, joist *n* || ⁓ **Abbrennstück** / erosion piece carrier || ⁓ **der Klebeschicht** / backing *n*, backing material, base material || ⁓ **der Schaltelemente** / switch support || ⁓ **erkannt** / DCD || ⁓ **für 3 Elemente** / adapter for 3 elements || ⁓ **für AS-Interface Verbraucherabzweigmodul** / supports for AS-Interface load feeder module || ⁓ **für Knebel, Schloss und Doppeldrucktaster** / holder for selector switch, key-operated switch and twin pushbutton
träger Sicherungseinsatz / slow fuse-link, time-delay fuse-link, type T fuse-link
Träger, Batterie~ *m* / battery crate || **Informations~** *m* / information medium, information carrier || ⁓, **Lichtbogenkammer** / carrier for arc chute || **Skalen~** *m* / scale plate || ⁓**band** *n* / carrierband *n* || ⁓**baugruppe** *f* / subrack module, DMP terminal block (DMP TB), module-carrier PCB || ⁓**blech** *n* / supporting sheet, support plate || ⁓**board** *n* / carrier board || ⁓**bord** *n* / adaption board || ⁓**diffusion** *f* / carrier diffusion || ⁓**element** *n* / support element || ⁓**folie** *f* / carrier foil (o. sheet)
Trägerfrequenz *f* (TF) / carrier frequency (CF) || ⁓**kanal** *m* (TF-Kanal) / carrier channel || ⁓**kanal auf Hochspannungsleitungen** (TFH-Kanal) / powerline carrier channel (PLC) || ⁓**-Kopplungseinrichtung** *f* / carrier-frequency coupling device || ⁓**-LAN** *n* / carrierband LAN, broadband LAN || ⁓**sperre** *f* / carrier-current line trap, line trap || ⁓**system** *n* (TF-System) / carrier-frequency system, carrier system || ⁓**-Teil** *m* (TF-Teil) / carrier-frequency section, CF-Section *n* || ⁓**telegraphie** *f* / carrier telegraphy || ⁓**übertragung** *f* / carrier transmission || ⁓**übertragung auf Hochspannungsleitungen** (TFH-Übertragung) / power line carrier transmission (PLC transmission) || **Schutz mit ⁓verbindung** / carrier-current protection || ⁓**verschiebung** *f* / carrier-frequency shift || ⁓**verstärker** *m* / carrier amplifier || ⁓**verstärkerverteiler** *m* / high-frequency repeater distribution frame
Träger˙funktion *f* / carrier function || ⁓**gas** *n* / carrier gas || ⁓**gasdruck** *m* / carrier gas pressure || ⁓**gewebe** *n* / fabric carrier, textile carrier || ⁓**gruppenrahmen** *m* / rack assembly frame || ⁓**hohlschiene** *f* / support channel, mounting channel || ⁓**injektion** *f* / carrier injection || ⁓**kappe** *f* / carrier cap || ⁓**-Klemmstück** *n* / carrier clamp ||

Trägermaterial 896

⸺**lebensdauer** f / carrier lifetime || ⸺**leiterplatte** f / carrier PCB, mother board
Trägermaterial n / carrier material, carrier n, base n, facing n, substrate n, substrate material
Träger·papier n / backed paper || ⸺**platte** f / frame plate, supporting plate, back plate, support plate, backplane n || ⸺**platte** f (Osz.) / target n || ⸺**-Rausch-Abstand** m / carrier-to-noise ratio (CNR) || ⸺**rohr** n (JR) / rigid conduit (for large fixing-point spacings) || ⸺**rückgewinnung** f / carrier recovery || ⸺**schiene** f / mounting rail, mounting channel, supporting rail || ⸺**schwingung** f DIN 45021 / carrier n
Trägerspeichereffekt m (TSE) / hole storage effect || ⸺**-Beschaltung** f (TSE-Beschaltung) / surge suppressor (circuit o. network), anti-hole storage circuit, RC circuit, snubber n
Träger·staueffekt / hole storage effect || ⸺**stopfen** m / adapter plug || ⸺**streifen** m / carrier strip || ⸺**verbinder** m / carrier connector || ⸺**welle** f / carrier wave (CW)
träges Gas / inert gas, rare gas
Trageschiene f / mounting rail
Tragfähigkeit f / maximum capacity || ⸺ f / load rating, load carrying capacity || ⸺ f / payload n || ⸺ f (Kran, Seil) / carrying capacity, safe load || ⸺ f / load capacity, handling capacity ||
Kurzschlussstrom~ f / short-circuit current carrying capacity
Tragfähigkeitszahl f (LCN) / load classification number (LCN)
Tragfläche f / supporting surface, mounting surface
träg-flinker Sicherungseinsatz / discriminating fuse-link
Trag·fuß m / supporting foot, mounting foot, lug n || ⸺**gerüst** n / supporting structure, rack n, skeleton n, support rack || ⸺**gestell** n (f. Isolatorketten) / insulator cradle || ⸺**gestell** n VDE 0660, T.500 / mounting structure IEC 439-1
Trägheit f / inertia n || ⸺ f (Verschmieren des Ausgangsstroms) / smearing n, lag n || **magnetische** ⸺ / magnetic viscosity, viscous hysteresis, magnetic creeping
trägheits·arm adj / low-inertia adj || ⸺**durchmesser** m / diameter of gyration || ⸺**faktor** m / inertia factor || **~frei** adj / inertialess adj, instantaneous adj || ⸺**grad** m (Auslöserkennlinie) / time-lag class, standard time-current characteristic || ⸺**halbmesser** m / radius of gyration || ⸺**klasse** f / time lag class || ⸺**kompensation** f / inertia compensation
Trägheitskonstante f (H) / stored-energy constant || ⸺ f / inertia constant || ⸺ **der angetriebenen Massen** / load stored-energy constant || ⸺ **des Motors** / motor stored-energy constant
Trägheitskraft f / inertial force
trägheitslos adj / inertialess adj, instantaneous adj || **~** adj (ansprechend) / instantaneous adj
Trägheits·masse f / moment of inertia of masses || ⸺**mittelpunkt** m / centre of mass, centre of gravity
Trägheitsmoment n / moment of inertia (m.i.), mass moment of inertia, inertia torque, dynamic moment of inertia || ⸺ **der Last** / load moment of inertia, load inertia || ⸺ **J** / rotor inertia, J = rotor moment of inertia || **äquatoriales** ⸺ / equatorial moment of inertia, axial moment of inertia || **äußeres** ⸺ / load moment of inertia, external moment of inertia || **polares** ⸺ / polar moment of inertia || ⸺-

Kompensation n / inertia compensation
Trägheits·radius m / radius of gyration || ⸺**verhältnis Gesamt/Motor** / Inertia ratio total/motor || ⸺**welle** f / inertial wave || ⸺**zeichen** n / time-lag symbol
Trag·holm m / transom n, supporting bar, supporting stay || ⸺**isolator** m (Hängeisolator) / suspension insulator || ⸺**klemme** f (Leiter-Hängeisolator) / suspension clamp || ⸺**klemme mit Gelenk** / pivot-type suspension clamp || ⸺**koffer** m / carrying case || ⸺**konsole** f / bracket n, support n || ⸺**konstruktion** f / supporting structure || ⸺**kopf** m / thrust block
Tragkörper m (Turboläufer, massiv) / rotor body || ⸺ m / commutator shell, hub n, spider n, core n || ⸺ m (Generator-Speichenläufer) / spider n, field spider
Traglager n (Axiallg.) / thrust bearing || ⸺ n / radial bearing, guide bearing, non-locating bearing || ⸺**laufring** n / thrust-bearing runner || ⸺**segment** n / thrust-bearing pad, segment n, shoe n || ⸺**stein** m / thrust-bearing pad, bearing shoe
Trag·last f / (mechanical) carrying load, ultimate load || ⸺**leiste** f / mounting bar, bracket n || ⸺**mast** m (Freil.) / straight-line tower, suspension tower || ⸺**organ** n (Luftkabel) / supporting messenger, bearer wire, catenary wire, messenger n || ⸺**öse** f / transport eyebolt, eye bolt, lifting eyebolt || ⸺**platte** f / mounting plate, support(ing) plate || ⸺**platte** f (Lg.) / bearing plate || ⸺**profil** n (Montageschiene) / mounting rail, supporting channel || ⸺**rahmen** m (EZ) / support(ing) frame
Trägregler m (Thury-Spannungsregler) / Thury regulator
Trag·ring m (Läufer) / retaining ring || ⸺**rolle** f / bearing pulley || ⸺**sattel** m (f. Leitungsmontage) / lift-type saddle || ⸺**säule** f (f. el. Masch.) / (supporting) pedestal n || **1.** ⸺**schicht** f / subbase n, subbase course || **2.** ⸺**schicht** f / base course || ⸺**schiene** f EN 50022 / mounting rail, mounting channel, supporting rail || ⸺**schienenmontage** f / DIN rail-mount || ⸺**schienenverbinder** m / (mounting) rail connector, channel connector || ⸺**schnabel** m (Schnabelwagen) / cantilever n (section), gooseneck n || ⸺**schnabelwagen** m / Schnabel (rail car), cantilever-type two-bogie car || ⸺**segment** n / thrust-bearing segment, pad n, shoe n
Tragseil n (Luftkabel) / supporting messenger, bearer wire, catenary wire, messenger n || **Leiterseil mit** ⸺ / messenger-supported cable
Trag·sicherheit f / loading ratio || ⸺**spiegel** m / bedding area || ⸺**stern** m / bearing bracket || ⸺**stiel** m / supporting pillar, upright n || ⸺**strebe** f / support strut || ⸺**struktur** f / support structure || ⸺**stutzen** m (Mastleuchte) / spigot n, slip-fit spigot, slip-fitter n || ⸺**stützer** m / support insulator || ⸺**-Stützlager** n / combined thrust and radial bearing, radial-thrust bearing || ⸺**stützpunkt in gerader Linie** / intermediate support, tangent support || ⸺**teller** m / supporting pan || ⸺**vorrichtung** f / support n
Trag·weite f (Lichtsignal) / luminous range || ⸺**werk** n (Leitungsträger) / (conductor) support, supporting frame || ⸺**winkel** m / support bracket, mounting bracket || ⸺**zahl** f / basic load rating, load rating || ⸺**zapfen** m (Welle) / thrust journal, journal for axial load || ⸺**zylinder** m (Trafo-Kern) / supporting cylinder, barrel n
Trailversion f / trail version

Training *n* / training *n*
Trainings·betrieb *m* / training mode || ⸲-**Center (TC)** *n* / Training Center (TC) || ⸲**gestell** *n* / training rack || ⸲**handbuch** *n* / training manual || ⸲**katalog** *m* / training catalog || ⸲**koffer** *m* / training case || ⸲**methode** *f* / training method || ⸲**modus** *m* / training mode || ⸲**platz** *m* / training station || ⸲**simulator** *m* / operator training simulator (OTS), dispatcher training simulator, training simulator || ⸲**sitzung** *f* / training session || ⸲-**SW** *f* / training software || ⸲**unterlage** *f* / Training Documents
Traktionsleistung *f* / traction output
Traktorantrieb *m* (Drucker) / tractor drive
Tränenblech *n* / safety rail, tear-drop plate
Tränk·anlage *f* / impregnating plant || ⸲**bad** *n* / impregnating bath
tränkbar *adj* / impregnable *adj*, saturable *adj*
tränken *v* / impregnate *v*, saturate *v*, soak *v*, steep
Tränk·flüssigkeit *f* / impregnating liquid, impregnant *n* || ⸲**form** *f* / impregnating mould || ⸲**harz** *n* / impregnating resin || ⸲**harzmasse** *f* / impregnating resin compound || ⸲**lack** *m* / impregnating varnish || ⸲**masse** *f* / impregnating compound, impregnant *n* || ⸲**mittel** *n* / impregnant *n*, impregnating material
Tränkung *f* / impregnation *n*, saturation *n*
Transaktion *f* / transaction *n*, performance *n* || ⸲**spuffer** *m* / transaction buffer || ⸲**sverarbeitung** *f* / transaction processing
Transceiver *m* / transceiver *n*, bus connector, bus link || ⸲ *m* (Betriebsmittel zum Anschluss der SINEC-Busteilnehmer an das Bussystem (Transceiver)) / bus coupler || ⸲**kabel** *n* / transceiver cable
Transduktor *m* / transductor *n* || ⸲ **in Parallelschaltung** / parallel transductor || ⸲ **in Reihenschaltung** / series transductor || ⸲ **in Sparschaltung** / autotransductor *n* || ⸲ **mit direkter Selbsterregung** / auto-self-excited transductor || ⸲**drossel** *f* / half-cycle transductor || ⸲**element** *n* / transductor element || ⸲-**Regler** *m* / transductor regulator, transductor controller || ⸲-**Spannungsregler** *m* / transductor voltage regulator || ⸲-**Strombegrenzer** *m* / transductor fault limiting coupling || ⸲-**Verstärker** *m* / transductor amplifier, magnetic amplifier || ⸲-**Wandler** *m* / measuring transductor
Transfer *m* / transfer *n* || ⸲**achse** *f* / transfer axis || ⸲**baustein** *m* / transfer block || ⸲**befehl** *m* / transfer command, transfer instruction *n* || ⸲**betrieb** *m* / transfer mode || ⸲**bewegung** *f* / transfer movement || ⸲**fehler** *m* / transfer error || ⸲**funktion** *f* / transfer function, move function, transfer instruction || ⸲**funktion** *f* (SPS-Operation) / transfer operation || ⸲**geschwindigkeit** *f* / transfer rate, data transfer rate, actual transfer rate || ⸲**ieren** *v* / transfer *v* || ⸲-**Impedanz** *f* (Schutzsystem) / transfer impedance IEC 50(448) || ⸲**kette** *f* / transfer conveyor || ⸲**leistung** *f* / ability to transfer || ⸲**linie** *f* / transfer line || ⸲**maschine** *f* / multi-station transfer machine || ⸲**operation** *f* / transfer operation, transfer instruction (PLC), move operation || ⸲**schalter** *m* / transfer switch || ⸲-**Speicherröhre** *f* / transfer storage-cathode tube || ⸲**steuerung** *f* / transfer control || ⸲**straße** *f* / transfer line ||

⸲**straßensteuerung** *f* / transfer line control || ⸲**syntax** *f* (die in der Übertragung von Daten zwischen offenen Kommunikationssystemen verwendete konkrete Syntax) / transfer syntax || ⸲**system** *n* / transfer system || ⸲**werkzeug** *n* / transfer tool || ⸲**zeit** *f* / transfer time
Transformation *f* / transformation *n* || ⸲ *f* (CLDATA-Wort) / translate ISO 3592 || **3-Achs-**⸲ *f* / 3-axis transformation
Transformations·abwahl *f* / transformation deselection || ⸲**achse** *f* / transformation axis || ⸲**baustein** *m* / transformation block || ⸲**daten** *f* / transformation data || ⸲**datensatz** *m* / transformation record || ⸲-**EMK** *f* / transformer e.m.f. || ⸲-**Frame** *m* / transformation frame || ⸲**gehalt** *m* / transinformation content || ⸲**impedanz** *f* / transformation impedance || ⸲**konstante** *f* / transformation constant || ⸲**paket** *n* / transformation package || ⸲**tabelle** *f* / transformation table || ⸲**tafel** *f* / transformation table
Transformationverband *m* / transformation grouping
Transformator *m* / transformer *n* || ⸲ **der Schutzklasse I** / class I transformer || ⸲ **für allgemeine Zwecke** / general-purpose transformer || ⸲ **für Freiluftaufstellung** / outdoor transformer || ⸲ **für Innenraumaufstellung** / indoor transformer || ⸲ **für Sonderbetrieb** / specialty transformer || ⸲ **für Sonderzwecke** / special-purpose transformer, specialty transformer || ⸲ **für Unterputzmontage** / flush-type transformer || ⸲ **mit Anblasekühlung** / air-blast transformer, forced-air-cooled transformer || ⸲ **mit beweglicher Sekundärwicklung** / moving-coil regulator || ⸲ **mit erzwungener Luftkühlung** / forced-air-cooled transformer, air-blast transformer || ⸲ **mit geschachteltem Kern** / nested-core Transformer || ⸲ **mit geschlossenem Kern** / closed-core transformer || ⸲ **mit getrennten Wicklungen** / separate-winding transformer || ⸲ **mit Gießharz-Vollverguss** / resin-encapsulated transformer, (resin-)potted transformer || ⸲ **mit hohem Leistungsfaktor** / high-p.f. transformer || ⸲ **mit Stickstofffüllung** / nitrogen-filled transformer, inert air transformer || ⸲ **mit Stufenschalter** / tap-changing transformer || ⸲ **mit veränderlichem Übersetzungsverhältnis** / variable-ratio transformer || ⸲ **mit Windungsschluss** / transformer with interturn fault || **entflammungssicherer** ⸲ / fail-safe transformer || **ölgefüllter** ⸲ / oil-immersed transformer, oil immersed type transformer IEC 50(421), oil-filled transformer, oil-insulated transformer || **prüffertiger** ⸲ / transformer ready for testing || **vorgeschalteter** ⸲ / transformer switched in line
Transformator·abgang *m* / outgoing transformer unit, transformer feeder, transformer tap || ⸲**abzweig** *m* / outgoing transformer feeder, outgoing transformer circuit, transformer feeder, transformer circuit || ⸲**anzapfung** *f* / transformer tap || ⸲-**Ausschaltstrom** *m* VDE 0670,T.3 / transformer off-load breaking current IEC 265 || ⸲-**Ausschaltvermögen** *n* VDE 0670, T.3 / no-load transformer breaking capacity IEC 265-2 || ⸲**bank** *f* / three-phase transformer bank || ⸲**belastung** *f* / transformer load management || ⸲**blech** *n* / transformer magnetic sheet steel, transformer

Transformatoren 898

lamination(s) || ⸲**blech** n (sehr weiches Eisenblech mit geringer Hysterese) / transformer plate || ⸲**brücke** f / transformer bridge || ⸲**einspeisung** f / transformer feeder (unit)
Transformatoren·aggregat n / transformer set, transformer combination || ⸲**bühne** f / transformer platform, transformer floor || ⸲**klemme** f / transformer terminal || ⸲**schalter** m / transformer circuit-breaker || ⸲**schutz** m / transformer protection || ⸲**station** f / transformer substation, substation n || ⸲**-Unterlagen für die Bemessung** (TUB) / transformer sizing documentation, TUB
Transformator·-Erdschlussschutz m / transformer-tank earth-fault protection || ⸲**feld** n (FLA) / transformer feeder bay, transformer bay || ⸲**feld** n (IRA) / transformer feeder panel, transformer cubicle, transformer unit || ⸲**gehäuse** n / transformer housing, transformer tank || ⸲**gruppe** f / three-phase transformer bank || ⸲**gruppe in Scott-Schaltung** / Scott-connected transformer assembly || ⸲**haus** n / transformer house, substation building
transformatorisch induzierte Spannung / transformer e.m.f. || **~e EMK** / transformer e.m.f. || **~e Rückkopplung** / transformer feedback || **~e Spannung** / induced voltage
Transformator·kammer f / transformer cell, transformer compartment || ⸲**kern** m / transformer core || ⸲**kerze** f (Durchführung) / transformer bushing || ⸲**kessel** m / transformer tank || ⸲**kiosk** m / transformer kiosk || ⸲**-Kleinstation** f / packaged transformer substation, unit substation, packaged substation || ⸲**-Kompaktstation** f / kiosk (transformer) substation, packaged transformer substation, unit substation, integrated substation || ⸲**kopplung** f / transformer coupling || ⸲**-Lastschalter** m (Lastschalter für unbelastete Transformatoren) VDE 0670,T.3 / transformer off-load switch IEC 265 || ⸲**-Netzstation** f / packaged transformer substation || ⸲**parallellaufeinrichtung** f / transformer parallel device || ⸲**pol** m (einpolige Trafoeinheit) / single-phase transformer
Transformator·regelung f / tap voltage control || ⸲**rückkopplung** f / transformer feedback || ⸲**-Sanfteinschalter** m (TSE) / transformer inrush suppressor, circuit-breaker, transformer soft energizing circuit breaker || ⸲**-Sanfteinschaltrelais** n (TSER) / transformer inrush suppressor relay, transformer soft energizing relay || ⸲**schalten** n / transformer switching || ⸲**schalter** m / transformer circuit-breaker || ⸲**schrank** m (BV) / transformer ACS || ⸲**schutz** m / transformer protection || ⸲**-Schwerpunktstation** f / transformer load-centre substation, secondary unit substation || ⸲**spannungsregler** m / transformer voltage regulator command || ⸲**-S-Station** f / transformer load-centre substation, secondary unit substation || ⸲**stichfeld** n / radial transformer panel || ⸲**stufe** f (TS) / transformer tap (TT) || ⸲**-Stufenanzeige** f / transformer tap position indication || ⸲**stufensteller** m / transformer tap changing device, transformer tap changer || ⸲**verstärker** m / transformer amplifier || ⸲**wächter** m (gasbetätigtes Relais) / transformer protector, trafoscope n || ⸲**zelle** f / transformer cell, transformer compartment || ⸲**-Zündgerät** n (Leuchte) / transformer-type igniter || ⸲**-Zusatzregler** m / transformer booster

Transformierte f / transform n || ⸲ **der Ausgangsgröße** / output transform || ⸲ **der Eingangsgröße** / input transform
transformiert·e Impedanz / reflected impedance || **~e Zufallsgröße** (Funktion einer einzigen Zufallsgröße) DIN 55350,T.21 / transformed variate || **~er Blindwiderstand** / transformed reactance || **~er Polradwiderstand** / transformed rotor resistance || **~es Netz** / network in terms of components || **~es Stromkreiselement** / circuit element in terms of components
Transformierung elektrischer Energie / transformation of electrical energy, transformation of electricity
Transiente f / transient n
transient·e Kurzschlusszeitkonstante / transient short-circuit time constant || **~e Längsfeldinduktivität** / direct-axis transient inductance || **~e Längsfeldreaktanz** / direct-axis transient reactance || **~e Längsimpedanz** / direct-axis transient impedance || **~e Lastkennlinie** / transient load characteristic || **~e Netzstabilität** / transient stability of power system || **~e Querfeldreaktanz** / quadrature-axis transient reactance || **~e Querimpedanz** / quadrature-axis transient impedance || **~e Querspannung** / quadrature-axis transient voltage || **~e Reaktanz** / transient reactance || **~e Störungen der Stromversorgung** / transient power disturbances || **~e Überspannung** / transient overvoltage || **~e wiederkehrende Spannung** / transient recovery voltage (TRY)
Transienten·-Rekorder m / transient recorder || ⸲**-Startselektor** m / transient start selector
transienterAnfangs-Spannungsabfall / initial transient reactance drop || **~ Kurzschlusswechselstrom** / transient short-circuit current || **~ Wärmewiderstand** DIN 41786 / transient thermal impedance || **~ Zustand** (eines Netzes) / transient state
Transient·faktor m (Wandler) / transient factor || ⸲**-Induktivität** f / transient inductance || ⸲**-Kurzschluss-Zeitkonstante der Längsachse** / direct-axis transient short-circuit time constant || ⸲**-Kurzschluss-Zeitkonstante der Querachse** / quadrature-axis transient short-circuit time constant || ⸲**-Längs-EMK** f / direct-axis transient e.m.f. || ⸲**-Längsimpedanz** f / direct-axis transient impedance || ⸲**-Längsreaktanz** f / direct-axis transient reactance || ⸲**-Leerlauf-Zeitkonstante der Längsachse** / direct-axis transient open-circuit time constant || ⸲**-Leerlauf-Zeitkonstante der Querachse** / quadrature-axis transient open-circuit time constant || ⸲**-Quer-EMK** f / quadrature-axis transient e.m.f. || ⸲**-Querimpedanz** f / quadrature-axis transient impedance || ⸲**-Querreaktanz** f / quadrature-axis transient reactance || ⸲**-Querspannung** f / quadrature-axis transient voltage || ⸲**-Reaktanz** f / transient reactance
transionosphärische Ausbreitung / trans-ionospheric propagation
Transistor m / transistor n || ⸲ **im Schaltbetrieb** / switched-mode transistor || ⸲**ausgang** m / solid state output, transistor output || ⸲**diagnose-Parameter** m / transistor diagnostic parameter || ⸲**-Ersatzschaltung** f / transistor equivalent circuit || ⸲**gerät** n / transistor unit || ⸲**-Gleichstromsteller**

m / DC drive controller, DC PWM || ⁓-**Hochleistungsschalter** *m* / high-power transistor switch
transistorisiert·e Steuerung / transistorized control || **~es Vorschaltgerät** (Leuchte) / transistorized ballast, transistor control gear
Transistor·-Pulsumrichter *m* / transistor PWM converter, PWM || ⁓-**Pulswechselrichter** *m* / transistor pulse inverter || ⁓**schalter** *m* / transistor switch, solid state switch || ⁓-**Spannungsregler** *m* / transistor voltage regulator || ⁓**spulenzündung mit Hallgeber** / breakerless transistorized coil ignition || ⁓**spulenzündung mit kontaktloser Steuerung durch den Zündimpulsgeber** / breakerless ignition || ⁓**spulenzündung mit Kontaktsteuerung der Unterbrecher** / contact-controlled transistorized system || ⁓**steller** *m* / drive controller, PWM || ⁓**tetrode** *f* / tetrode transistor || ⁓-**Transistor-Logik** *f* (TTL) / transistor-transistor logic (TTL) || ⁓**triode** *f* / triode transistor || ⁓**umrichter** *m* / transistorized converter, transistorized frequency converter, PMW || ⁓**vorschaltgerät** *n* / transistorized ballast, transistor control gear (luminaire) || ⁓-**Wechselrichter-Vorschaltgerät** *n* / transistorized inverter ballast || ⁓-**Widerstands-Logik** *f* (TRL) / transistor-resistor logic (TRL) || ⁓-**Zeitrelais** *n* / transistorized time-delay relay || ⁓**zündung (TZ)** *f* / transistorized ignition
Transitfrequenz *f* (Transistor) / transition frequency
Transition *f* / step enabling condition || ⁓ *f* (SPS-Programm) / transition *n* EN 61131-3 || **Umhängen einer** ⁓ / redirecting a transition
Transitionsbedingung *f* / transition condition, step enabling condition
Transitions·lupe *f* / transition zoom || ⁓**marke** *f* / transition label || ⁓-**Priorität** *f* / transition priority
transitorisch *adj* / transient *adj*
Transit·-Station *f* / transit station, transient station || ⁓**system** *n* DIN ISO 7498 / intermediate system, relay system || ⁓**verkehr** *m* / transit traffic
transkristalline Korrosion / transcrystalline corrosion, transgranular corrosion
Translation Memory *n* (Datenbank; eine TM enthält immer nur eine Sprachrichtung (z. B. Deutsch - Englisch US)) / translation memory || ⁓**sbewegung** *f* / translatory movement || ⁓**sfenster** *n* / translation window || ⁓-**Transformer** *m* / translation transformer *n*
translatorisch *adj* / translatory *adj*, linear *adj*, trans *adj* || **~e Bewegung** / translatory movement || **~e Bewegung** (geradlinige B.) / straight motion, linear motion, rectilinear motion || **~e Werkstückverschiebung** (NC-Zusatzfunktion nach DIN 66025, T.2) / linear workpiece shift ISO 1056 || **~ Werkzeugverschiebung** (NC-Zusatzfunktion nach DIN 66025, T.2) / linear tool shift ISO 1056
Translieren *n* / panning *n*
transliterieren *v* / transliterate *v*
transluzides Modul / translucent module
Transmission *f* (Antriebstechnik) / transmission *n*, transmission gear(ing), transmittance *n* || ⁓ *f* (Längswelle) / line shaft, transmission shafting || ⁓ *f* / transmission *n*
Transmissions·bereich *m* / transmission range || ⁓**faktor** *m* (atmosphärischer Durchlassgrad) / atmospheric transmissivity || ⁓**gatter** *n* / transmission gate || ⁓**grad** *m* / transmittance *n*, transmissivity *n* || ⁓**koeffizient** *m* / transmissivity *n* || ⁓**topographie** *f* / transmission topography || ⁓**verlust** *m* / transmission loss || ⁓**vermögen** *n* / transmissivity *n* || ⁓**wärme** *f* / conducted heat || ⁓**wärmegewinn** *n* / transmission heat gain, heat gain by transmission || ⁓**wirkungsgrad des Elektronenstrahls** / electron beam transmission efficiency
Transmissivität *f* / transmissivity *n*
TRANSMIT / transform milling into turning || ⁓-**Funktion** *f* / Transmit function
Transmittanz *f* (Transistor) / forward transfer admittance || ⁓ **bei kleiner Aussteuerung** / small-signal short-circuit forward transfer admittance
Transmitverband *m* / transmit combination
Transmultiplexen *n* / transmultiplexing *n*
Transnormmotor *m* / trans-standard motor
transparent *adj* / transparent *adj* || **~ leitfähige Schicht** / transparent conducting oxide (TCO) || **~e Datei** / transparent file || **~e Schicht** (graf. DV, eines Bildes) / transparent overlay || **~er Code** / transparent code (code without restrictions on bit combinations) || **~es leitfähiges Oxid (TLO)** / transparent conducting oxide (TCO)
Transparenz *f* / transparency *n* || ⁓ **der Datenverbindung** *f* (Fähigkeit einer Datenverbindung, alle Daten zu übermitteln, ohne deren Inhalt oder Struktur zu verändern) / data circuit transparency
transpassive Korrosion / transpassive corrosion
Transponder *m* / transponder *n*
Transport *m* / transfer *n*, shipping *n*
transportable Batterie / portable battery || **~ Emissionsmesseinrichtungen** / portable emission measuring instruments || **~ Lichtsignalanlage** / temporary traffic signals || **~r BV** / transportable ACS || **~s Peripheriegerät** / transportable peripheral
Transport·abwickler *m* / transport handler || ⁓**achse** *f* / transport axis || ⁓**anforderung** *f* / transport request || ⁓**art** *f* / transport type || ⁓**auftrag** *m* / shipping order, transport order || ⁓**band** *n* / conveyor belt, conveyor *n* || ⁓**bandbreite** *f* / conveyor width || ⁓**band-Sollbreite** *f* (die vom Linienrechner vorgegebene Breite des Transportbandes) / preset conveyor width || ⁓-**Beanspruchungsstufe** *f* / shipment stress class || ⁓**behälter** *m* / transport container, container *n* || ⁓**beilage** *f* (f. Welle) / shaft block || ⁓**breite [mm]** *f* / conveyor width [mm] || ⁓ **Data Unit** *f* / Transport Data Unit (TPDU) || ⁓**dienst** *m* DIN ISO 8072 / transport service || ⁓**dienstbenutzer** *m* DIN ISO 8307 / transport service user (TS user) || ⁓**diensterbringer** *m* / transport service provider (TS provider) || ⁓**dienstzugangspunkt** *m* DIN ISO 8072 / transport service access point (TSAP) || ⁓**dienstzugangspunktadresse** *f* / transport-service-access-point-address || ⁓**ebene** *f* / transport layer || ⁓**einheit** *f* / transport unit IEC 439, transportable assembly IEC 298, transportable unit, shipping block, shipping unit *n* || ⁓**einheit** *f* (QE) / consignment *n* || ⁓**einrichtung** *f* / transport equipment || ⁓**fehler** *m* (Fehler, der beim Transport der Leiterplatten durch die Maschine aufgetreten ist) / transport error

transportfest *adj* / handling-resistant *adj*, transportable *adj*
Transport·festigkeit *f* / handling resistance, transportability *n* ‖ ⁓**fuge** *f* / shipping split ‖ ⁓**funktionen** *f* (Einzelfunktionen für den Leiterplatten-Transport) / transport functions ‖ ⁓**geschwindigkeit** *f* / transport speed ‖ ⁓**gewicht** *n* / transportation mass, shipping weight ‖ ⁓**griff** *m* / carrying handle, lifting handle ‖ ⁓**gruppe** *f* / transport group ‖ ⁓**hilfe** *f* / transport aid ‖ ⁓**hilfen** *f pl* / handling aids, transit facilities, mechanical aids for package handling ‖ ⁓**höhe** *f* / transport height ‖ ⁓**hub** *m* / transport pitch, transport distance ‖ ⁓**hülle** *f* / transport cover
Transport Inland / domestic transport ‖ ⁓**instanz** *f* DIN ISO 8348 / transport entity, transport layer entity ‖ ⁓**käfig** *m* / shipping crate, transport cage ‖ ⁓**kante** *f* / conveyor edge ‖ ⁓**kiste** *f* / transport crate ‖ ⁓**klinke** *f* / advancing pawl, pusher *n* ‖ ⁓**koffer** *m* / carrying case ‖ ⁓**kosten** *plt* / transport costs ‖ ⁓**lagerschale** *f* / temporary bearing shell ‖ ⁓**lasche** *f* / lifting lug ‖ ⁓**leistung** *f* / hauling capacity *n* ‖ ⁓**logistik** *f* / transport logistics ‖ ⁓**management-System** *n* / transport management system ‖ ⁓**merker** *m* / transport flag ‖ **Wärme~mittel** *n* / heat transfer medium, coolant *n* ‖ ⁓**netz** *n* / transmission system, transmission network ‖ ⁓**öse** *f* / transport eyebolt, eye bolt, lifting eyebolt ‖ ⁓**ösen** *f* / lifting eyebolt ‖ ⁓**palette** *f* / transport pallet ‖ ⁓**platte** *f* / transport plate ‖ ⁓**profil (T-Profil)** *n* / transport-class profile (T-profile) ‖ ⁓**protokoll** *n* DIN ISO 7498 / transport protocol ‖ ⁓**protokoll für verbindungsorientierte Transportdienste im Internet** / transport control protocol / internet protocol (TCP/IP), transmission control protocol / internet protocol (TCP/IP), transport control protocol / inter-networking protocol (TCP/IP) ‖ ⁓**quittung** *f* / transport acknowledgement ‖ ⁓**rad** *n* / advancing wheel ‖ ⁓**relais** *n* / transport relay ‖ ⁓**rolle** *f* / castor *n*, wheel *n*, roller *n*, transport roller
Transport·schaden *m* / transport damage, damage incurred during transit ‖ ⁓**schäden** *m pl* / shipping damage ‖ ⁓**schäkel** *m* / transport shackle ‖ ⁓**schicht** *f* DIN ISO 7498 / transport layer (the layer that provides a reliable end to end data transfer service) ‖ ⁓**schutz Magnetventil** / transport securing device for solenoid valve ‖ ⁓**schutzmaßnahmen** *f* / transit preservation action ‖ ⁓**seil** *n* (Kran) / crane rope, lifting rope ‖ ⁓**seite** *f* / transport side ‖ ⁓ **Service Access Point (TSAP)** / transport service access point (TSAP) ‖ ⁓**sicherung** *f* / shipping brace, shaft block, rotor locking arrangement, bearing block, transport block, shipping stop, transport lock ‖ ⁓**stellung** *f* / transport position ‖ ⁓**steuerung** *f* (TPS) / transport control ‖ ⁓**stift** *m* / transport pin ‖ ⁓**strom** *m* / transport current ‖ ⁓**system** *n* / transport system, conveyor system ‖ **fahrerloses** ⁓**system** / automated guided vehicle system, automatic guided vehicle system ‖ **führerloses** ⁓**system** / automatic guided vehicle system ‖ ⁓**technik** *f* / transport engineering, transport technology ‖ ⁓**temperatur** *f* DIN 41858 / storage temperature, transport temperature ‖ ⁓**-Trennstelle** *f* / shipping split ‖ ⁓**überwachung** *f* / transmission monitoring ‖ ⁓**umsetzer** *m* / transport relay ‖ ⁓**- und Lagertemperatur** / transport and storage temperature, non-operating temperature ‖ ⁓**- und Positionierrollgänge** / transfer and positioning roller tables ‖ ⁓**- und Verteilnetz** *n* / transmission and distribution network ‖ ⁓**unternehmen** *n* / forwarding agent
Transport·verbindung *f* (TPV) / transport connection ‖ ⁓**verbindungsverwalter** *m* / transport service handler ‖ ⁓**verpackung** *f* / shipment packaging ‖ ⁓**versicherung** *f* / transport insurance ‖ ⁓**verspannung** *f* (f. Maschinenläufer) / shipping brace, shaft block, rotor locking arrangement, bearing block ‖ ⁓**versteifung** / shipping brace, shaft block, rotor locking arrangement, bearing block ‖ ⁓**verzögerung** *f* (Signal) / transport delay ‖ ⁓**vorrichtungen** *f pl* / handling facilities ‖ ⁓**wagen** *m* / trolley *n*, transport vehicle ‖ ⁓**walze** *f* / drive sprocket ‖ ⁓**wartezeit** *f* / transport waiting time ‖ ⁓**zeit** *f* / transport time ‖ ⁓**zettel** *m* / transport note ‖ ⁓**ziel** *n* / movement destination
Transpositionsverschlüsselung *f* (Verschlüsselung, die die Bits oder Zeichen entsprechend einem Schema umstellt) / transposition *n*
Transputer *m* / transputer *n*
transversal *adj* / transverse *adj* ‖ **~e Ausbreitung** *f* / transverse propagation ‖ **~e elektrische Mode** (TE-Mode) / transverse electric mode (TE mode) ‖ **~e elektromagnetische Mode** (TEM-Mode) / transverse electromagnetic mode (TEM mode) ‖ **~e Komponente** (Projektion eines der Vektoren eines elektromagnetischen Feldes auf eine Ebene senkrecht zur Ausbreitungsrichtung) / transverse component ‖ **~e Last** / transverse load ‖ **~e Welle** / transverse wave ‖ **~er Randeffekt** / transverse edge effect ‖ ⁓**geschwindigkeit** *f* / transversal speed ‖ ⁓**schwingung** *f* / lateral vibration ‖ ⁓**welle** *f* / transverse wave
Trap *f* / trap *n*, deathnium centre
Trapez·feldwicklung *f* / winding producing a trapezoidal field ‖ **~förmig** *adj* / trapezoidal *adj* ‖ ⁓**gewinde** *n* / acme thread, tetragonal thread ‖ ⁓**gewindetrieb** *m* / acme screw ‖ ⁓**impuls** *m* / trapezoidal pulse ‖ ⁓**kennlinie** *f* (Schutz) / trapezoidal impedance characteristic ‖ ⁓**motor** *m* / trapezoid motor ‖ ⁓**passfeder** *f* / Barth key ‖ ⁓**pol** *m* / tapered-body pole, trapezoidal pole ‖ ⁓**profil** *n* / trapezoid profile ‖ ⁓**regel** *f* / trapezoid rule ‖ ⁓**spule** *f* / trapezoidal coil ‖ ⁓**verzeichnung** *f* / trapezium distortion ‖ ⁓**welle** *f* / trapezoidal wave ‖ ⁓**wicklung** *f* / winding producing a trapezoidal field
Trasse *f* / route *n*, transmission route, right of way ‖ **Kabel~** *f* / cable route
Trassen·breite *f* / width of right of way ‖ ⁓**länge** *f* / route length, transmission route length ‖ ⁓**stück** *n* / cable run section ‖ ⁓**suchgerät** *n* / cable route locating unit
Traubenzucker *m* / glucose *n*
Träufel·harzmasse *f* / trickle resin ‖ ⁓**imprägnierung** *f* / trickle impregnation ‖ ⁓**lack** *m* / impregnating varnish
träufeln *v* / feed in *v*, drop *v*
Träufel·spule *f* / mush-wound coil ‖ ⁓**wicklung** *f* / fed-in winding, mush winding
Traverse *f* (Schrankbauteil) / cross-arm *n*, cross-rail *n*, cross-member *n* ‖ ⁓ *f* (eine Traverse ist ein mechanischer Träger, der zur Stabilisierung,

Befestigung oder Verbindung dient) / crossbar *n*, crossbeam *n*, cross beam || ⁓ *f* (Kran) / lifting beam || ⁓ *f* (Presskonstruktion) / tie bar, cross member || ⁓ *f* (Freileitungsmast) / cross-arm *n*
Traversenkatze *f* / cross beam operation trolley
Traversieranlage *f* / traversing system
Trayhöhe *f* / tray height
Tray-Stack-Förderer *m* / tray stack feeder
TRD (Technische Regeln für Druckbehälter) *f* / Code of practice for pressure vessels
T-Reduzierverschraubung *f* / T reducer, T reducing coupling
Treffen von Anordnungen über Abweichungen / dispositioning of nonconformances
Treffer *m* / hit *n* || ⁓**liste** *f* / hit list
Treffgenauigkeit *f* (Statistik) / accuracy of the mean
Treibachse *f* / drive axle, drive shaft
Treiben *n* / driving *n*
treibend·e Kupplungshälfte / driving coupling half || **~e Riemenscheibe** / driving pulley || **~e Spannung** / electromotive force, e.m.f., source voltage, driving voltage || **~es Rad** / driving gear, driver gear, driver *n*
Treiber *m* / driver *n* || ⁓ **mit offenem Kollektor** / open-collector driver || ⁓**baustein** *m* / driver block, driver module || ⁓**entwicklungsbibliothek** *f* / driver development library || ⁓**-FW** / driver-FW || ⁓**-FW-Entwicklung** *f* / driver-FW-development || ⁓**generator** *m* / driver generator || ⁓**modul** *n* / driver module || ⁓**programm** *n* / driver program || ⁓**schaltung** *f* / driver circuit, driver *n* || ⁓**software** *f* / driver software || ⁓**stufe** *f* / driver (stage)
Treib·hülse *f* / driving sleeve || ⁓**mittelpumpe** *f* / fluid entrainement pump || ⁓**rad** *n* / driving wheel || ⁓**riemen** *m* / transmission belt, belt *n* || ⁓**satz** *m* / firing squib || ⁓**scheibe** *f* (Riemenscheibe) / driving pulley || ⁓**schieberzähler** *m* / sliding-vane meter || ⁓**sitz** *m* / driving fit || ⁓**walze** *f* / drive roll
Treidelbürste *f* / trailing brush
Trend *m* / trend *n* || ⁓**analyse** *f* / trend analysis || ⁓**anzeige** *f* / trend display || **grafische** ⁓**anzeige** / graphical trend chart || ⁓**archiv** *n* / trend archiv || ⁓**baustein** *m* / trend block || ⁓**-Diagramm** *n* / trend log (presentation of a set of measured value (s) over time) || ⁓**rechnung** *f* / trend calculation || ⁓**schreiber** *m* / trend recorder || ⁓**schrieb** *m* / trend record || ⁓**überwachung** *f* / trend control
Trenn·balken *m* / separation bar || **~bar** *adj* / disconnectable *adj* || ⁓**barkeit** *f* (Chem., Chromatographie) / separability *n* || ⁓**baugruppe** *f* / isolation module || ⁓**bedingungen** *f pl* (el. Netz) / isolating requirements || ⁓**blech** *n* / partition *n*, barrier *n*, separator *n*, separating plate || ⁓**block** *m* / isolating block || ⁓**bruch** *m* / brittle fracture, brittle failure, crystalline fracture || ⁓**brücke** *f* / disconnecting link BS 4727, isolating link || ⁓**buchse** *f* / splitting jack || ⁓**bündeln** *n* DIN IEC 50,T.131 / cut-set *n* || ⁓**ebene** *f* / parting plane || ⁓**eigenschaft** *f* / disconnection characteristic || ⁓**einrichtung** *f* / disconnecting device, interrupter *n* || ⁓**einsatz** *m* / bridging link || ⁓**einschub** *m* / withdrawable part, disconnector link
Trennen *n* (Fertigungstechnik, chem.) / separating *n*, separation *n* || ⁓ *n* (m. SG, Unterbrechen der Stromzufuhr) / isolation *n*, disconnecting *n*, disconnection *n* || ⁓ *n* / disengagement *n* || ⁓ *n* (Kommunikationsnetz) DIN ISO 7498 /

separation *n* || ⁓ *v* / cut *v* || ⁓ *v* (abschalten) / isolate *v*, disconnect *v*, interrupt *v* || ⁓ *v* (Phasen) / segregate *v*, separate *v* || ⁓ *v* (stanzen) / part *v* || ⁓ *v* DIN 66001 / extract *v* || ⁓ *v* / disengage *v* || **chromatographisches** ⁓ / chromatographic separation || **fliegendes** ⁓ / on-the-fly parting || **vom Netz** ⁓ / isolate from the supply, disconnect from the supply
trennende Schutzeinrichtung / isolating protective equipment
Trenner *m* (Trennschalter) / disconnector *n*, isolator *n*, disconnect *n*, disconnecting switch || ⁓ *m* (Entkoppler) / isolator *n*, buffer *n*, isolating (o. buffer) amplifier || ⁓ **mit Sicherungen** VDE 0660,T.107 / disconnector-fuse *n* IEC 408 || **Gleichspannungs~** *m* (Trennverstärker) / buffer amplifier, isolation amplifier || **Sicherheits~** *m* VDE 0860 / safety switch IEC 65, 348 || ⁓**abbild** *n* / isolator replica || ⁓**abgang** *m* (Stromkreis) / disconnector-controlled feeder (o. outgoing circuit) || ⁓**abgang** *m* (Einheit) / outgoing disconnector unit || ⁓**antrieb** *m* / disconnector operating mechanism || ⁓**baustein** *m* / isolator module, disconnector module || ⁓**bedingungen** *f pl* / isolation conditions
Trenn--Erder *m* / combined disconnector and earthing switch, disconnector with grounding switch || ⁓**-Erdungsschalter** *m* / combined disconnector and earthing switch, disconnector with grounding switch
Trenner·eigenschaft *f* / isolating feature || ⁓**einheit** *f* / disconnector unit, disconnector cubicle || ⁓**getriebekopf** *m* / disconnector operating head || ⁓**kontakt** *m* / disconnector contact || ⁓**kupplung** *f* / disconnector tie || ⁓**nachlaufzeit** *f* / isolator post run time
Trenn·fähigkeit *f* (v. Leitungen) / separability *n* || ⁓**fläche** *f* (zwischen zwei Medien) / interface *n* || ⁓**funktion** *f* / isolating function || ⁓**gerät** *n* / cleaving device
trenngeschnitten *adj* / parted off
Trenn·geschwindigkeit *f* (Chem., Chromatographie) / separation rate || ⁓**kammer** *f* / interrupter chamber, interrupting chamber || ⁓**klemme** *f* / disconnect terminal, isolating terminal || ⁓**kondensator** *m* (IEV 151) / blocking capacitor
Trennkontakt *m* / isolating contact, disconnect contact || ⁓ *m* / break contact, break contact element IEC 337-1, b-contact, normally closed contact, NC contact || **Zuleitungs-**⁓ *m* / incoming isolating contact, stab connector || ⁓**leiste** *f* / isolating plug connector || ⁓**stift** *m* / contact pin, isolating pin, disconnect contact pin || ⁓**vorrichtung** *f* / disconnecting device, primary disconnecting device
Trenn·kraft *f* / separating force || ⁓**/Kuppelschalter** *m* / disconnecting/connecting switch || ⁓**kupplung** *f* (mech.) / disconnect-type clutch, clutch *n* || ⁓**kupplung** *f* (StV) / disconnector *n* || ⁓**lasche** *f* / disconnecting link BS 4727, isolating link || ⁓**leistung** *f* (Chromatograph) / separating capacity, separating power, column efficiency || ⁓**linie** *f* / dividing line, separation line || ⁓**leiste** *f* / isolating unit
Trenn·membran *f* / separating diaphragm || ⁓**messer** *n* / disconnecting blade, isolating blade ||

Trenn

⁓**mittel** n / release agent || ⁓**mittel** n pl / separators n pl, barriers n pl || **Silikon**⁓**mittel** n / silicon(e) stripping agent || ⁓**modul** n / disconnecting module || ⁓**modulfeld** n / disconnecting module panel || ⁓**möglichkeit** f / disconnecting facility, isolation facility || ⁓**organ** n / disconnecting means, disconnect n || ⁓**platte** f / partition n
Trenn·relais n / isolating relay, air-gap relay, cut-off relay || ⁓**säge** f / separating saw || ⁓**sägen** n / wafer sawing || ⁓**säule** f (Chromatograph) / separating column, subtractor column || ⁓**säulen-Umschaltung** f (Chromatograph) / column switching
Trennschalter m VDE 0670, T.2 / disconnector n IEC 129, isolator n, isolating switch, disconnecting switch, disconnect switch, disconnect || ⁓ **in Luft** / airbreak disconnector || ⁓ **mit Sicherungen** / disconnector-fuse n IEC 408 || **geteilter** ⁓ VDE 0670,T.2 / divided-support disconnector IEC 129 || **Richtungswender-**⁓ m / disconnecting switch reverser || ⁓**einheit** f / disconnector unit, disconnector cubicle || ⁓**feld** n / disconnector panel
Trenn·schalthebel m / disconnector handle || ⁓**schaltleiste** f / isolating switch strip || ⁓**schaltstück** n / isolating contact, disconnect contact || ⁓**schaltverstärker** m (Wäg.) / switch isolator || ⁓**schärfe** f (QE) / power n || ⁓**schärfe** f (Empfänger) / selectivity n || ⁓**scheibe** f / insulating plate || ⁓**scheibe** f (Reihenklemme) / insulation plate (terminal block) || ⁓**scheibe** f / cutting disk, dividing disk || ⁓**schicht** f (LWL) / barrier layer || ⁓**schicht** f (Kabel) / separator n || ⁓**schicht** f / interface n || ⁓**schichtmessung** f / interface detection, interface measurement || ⁓**schieber-Löschkammer** f / contact-separator-type arcing (o. quenching) chamber || ⁓**schleifen** n / wafering n, slicing n || ⁓**schleifer** m / parting-off grinder || ⁓**schleifmaschine** f / abrasive cut-off machine || ⁓**schleifscheibe** f / cutting-off wheel || ⁓**schnitt** m / cross cut || ⁓**schottung** f (von Leitern) VDE 0670, T.6 / segregation n IEC 298 || ⁓**schütz** n / contactor disconnector, air-gap contactor || ⁓**schutzschalter** m (Fehlerstrom-Schutzschalter) / earth-leakage circuit-breaker, ground-fault circuit-interrupter || ⁓**sicherung** f / fusible cutout, dropout fuse || ⁓**spannung** f / isolating voltage || ⁓**stab** m / separating rod || ⁓**steg** m / isolating piece, separator n
Trennstelle f / disconnection point, isolation position, dividing point, parting point, cut-off point || ⁓ f / isolating point, safe clearance, disconnect n, gap n, break n || ⁓ f (Fahrleitung) / sectioning point || ⁓ f (Schnittstelle) / joint n, cut n || ⁓ f (Blitzschutzleiter) / inspection joint, test joint || **Transport-**⁓ / shipping split
Trenn·stellung f (eines Trenneinschubs) VDE 0660, T.500 / disconnected position IEC 439-1, isolated position || ⁓**strecke** f (Schalterpol) / isolating distance || ⁓**strecke** f (Elektronenstrahl) / circuit sever || ⁓**stufe** f (Trenntrafo) / isolating transformer, isolating stage || ⁓**stufe** f (zur rückwirkungsfreien Verbindung zweier Schaltkreise) / buffer stage, buffer n, isolating amplifier || ⁓**symbol** n / separator n
Trenn·technik f / separation technique || ⁓**teil** m (herausnehmbarer Teil einer Schaltanlage) VDE 0670, T.6 / withdrawable part IEC 298 || ⁓**tisch** m /

cut-off stand || ⁓**trafo** m / isolating transformer || ⁓**transformator** m / isolating transformer || ⁓**transformer** m / isolation transformer || ⁓**übertrager** m / isolating transformer || ⁓**- und Erdungsschalter** m / disconnecting and earthing switch || ⁓**- und Schaltgeräte** n pl / devices for isolation and switching
Trennung f (kürzester Abstand, durch festes Isoliermaterial gemessen, zwischen zwei spannungsführenden Teilen) / separation n, disconnection n || ⁓ f VDE 0100, T.46 / isolation n IEC 64(CO)80 || ⁓ f / separator n || ⁓ **auf Grünablauf** / separation of green syrup || ⁓ **auf Weißablauf** / separation of white syrup || ⁓ **der Netzstromversorgung** / supply isolation || ⁓ **vom Netz** / disconnection from supply, isolation from supply || ⁓ **zwischen den Anschlussteilen** / separation of connection facilities | **Block~** f / disconnection of generating unit || **elektrische** ⁓ (Schutztrennung) VDE 0100 / electrical separation || **galvanische** ⁓ / electrical isolation, metallic isolation, isolation n || **galvanische** ⁓ (Kontakte) / contact separation || **Mehrtasten~** f / n-key rollover (NKRO) || **Phasen~** f / phase segregation, phase-separating partition, phase barrier || **Potenzial~** f / electrical isolation, isolation n, control-to-load isolation, galvanic isolation || **Schutz~** f VDE 0100, T.200 / protective separation, safety separation (of circuits), protection by electrical separation, electrical separation || **sichere** ⁓ / safe isolation || **Zweitasten~** f / two-key rollover
Trennungs·muster n / boundary pattern || ⁓**weiche** f / separating filter || ⁓**zeichen** n / separation sign, soft hyphen || ⁓**zeichenunterdrückung** f / hyphen drop
Trenn·vermögen n (Bildschirm) / resolution n || ⁓**verstärker** m / isolation amplifier, buffer amplifier || ⁓**verstärkerbaugruppe** f / signal isolator module || ⁓**vorlage** f (außenliegender Aufnehmer f. Messumformer) / filter-type sensor (o. pickup), trap-type sensor (o. pickup) || ⁓**vorrichtung** f / cutting tool, separating tool, circuit breaker || ⁓**vorrichtung** f (SG) / disconnecting device || ⁓**wagen** m / disconnector truck, isolating truck
Trennwand f / baffle n, outside wall of insulation || ⁓ f VDE 0660, T.500 / partition n IEC 439-1 || ⁓ f / barrier n, phase barrier || ⁓ f (f. Kabel) / cable separator, separator n, barrier n || ⁓ f (Gebäude) / partition wall, partition n || ⁓ f (Reihenklemme) / partition plate
Trennwände f pl / partitions n pl
Trennwandler m / isolating transformer, barrier transformer
Trennwand·markierung f / separator marking || ⁓**-System** n / partition system
Trenn·werkzeug n / cutting tool, separating tool || ⁓**zeichen** n / grouping mark || ⁓**zeichen** n (Informationsverarbeitung) / separator n || ⁓**zustand** m (Schaltanlageneinheit) / disconnected situation
Treppe f (Impulse, Folge von Sprüngen) DIN IEC 469, T.1 / staircase n
Treppenabsatz m / landing n
treppenförmige Ablenkung / stair-step sweep
Treppenhaus·lichtautomat m / staircase lighting time

(-delay) switch, staircase lighting timer || ⟲schalter *m* / landing switch
Treppen·impuls *m* / stair-step pulse || ⟲kurve *f* / staircase graph
Treppenlicht *n* / staircase lighting, stairwell lighting || ⟲funktion *f* / stairwell light function || ⟲schalter *m* / staircase lighting timer || ⟲-**Zeitschalter** *m* / staircase lighting time(-delay) switch, staircase lighting timer, timer for stairwell lighting, stairwell lighting timer
Treppen·muster *n* (Impulse) / staircase *n* (pulses) || ⟲signal *n* / staircase signal || ⟲spannungsumsetzer *m* / staircase converter || ⟲wicklung *f* / split-throw winding, split winding || ⟲zug *m* / stepped characteristic
Tresorschloss *n* / vault-type lock
Tret·kontakt *m* / foot contact, pedal *n* || ⟲schutz *m* / tread guard
Triac *m* / Triac *n*, bidirectional triode thyristor
Triangulation, Laser-⟲ *f* / laser-based triangulation || ⟲sprinzip *n* / triangulation principle
Triaxial·kabel *n* / triaxial cable || ⟲netz *n* / triaxial network
triboelektrisch *adj* / triboelectric *adj*
Tribo·elektrizität *f* / triboelectricity *n*, frictional electricity || ⟲lumineszenz *f* / triboluminescence *n*
Trichlorsilan *n* / SHCl₃ *n*
trichromatisches System / trichromatic system, colorimetric system
Trichter *m* / funnel *n*, former *n* || ~**förmig** *adj* / funnel-shaped *adj* || ⟲gebläse *n* / former blower || ⟲modell *n* / funnel model || ⟲sektion *f* / former section || ⟲verstellung *f* / former adjustment
Trieb *m* / transmission *n*, drive *n* || ⟲ **ins Langsame** / speed reducing transmission, gear-down drive || ⟲ **ins Schnelle** / speed-increasing transmission, step-up gearing || ⟲achse *f* / driving axle || ⟲achse *f* (EZ) / drive shaft || ⟲drehgestell *n* (Bahn) / motor bogie || ⟲fahrzeug *n* / motor vehicle, traction vehicle || ⟲feder *f* / clockwork spring || ⟲gestell *n* (Lokomotive) / bogie *n* || ⟲kopf *m* (SG-Antrieb) / operating head
Triebrad *n* / driving gear, driver *n*, pinion *n*
Trieb·satz *m* / power pack, engine-transmission unit, engine-gearbox unit || ⟲scheibe *f* (Riemenscheibe) / driving pulley || ⟲strang *m* / power train, drive train || ⟲system *n* / (meter) driving element || ⟲system *n* (Schütz) / operating element, coil *n* (circuit)
Triebwerk *n* / driving gear, propulsion unit, power train, drive mechanism || ⟲ *n* (Kran) / driving unit, travelling gear
Triebzapfen *m* / driving axle
Trigger / starting electrode, trigger electrode || ⟲ **definieren** / Define trigger || ⟲-**Ansprechschwelle** *f* / triggering threshold || ⟲ausgang *m* / trigger output || ⟲bedingung *f* / trigger condition || ⟲eingang *m* / trigger input || ⟲elektrode *f* / triggering electrode || ⟲entladungsstrecke *f* / trigger gap || ⟲ereignis *n* / trigger event || ⟲fenster *n* / trigger window || ⟲-**Flipflop** *n* / trigger flipflop, T-flipflop *n* || ⟲flanke *f* / trigger pulse edge || ⟲freigabe *f* / trigger enable || ⟲-**Frequenzbereich** *m* / triggering frequency range || ⟲funkenstrecke *f* / triggering spark gap || ⟲generator *m* / trigger generator || ⟲-**Kennzeichner** *m* / trigger qualifier

Triggern *n* DIN IEC 469, T.1 / triggering *n* IEC 469-1
Trigger·niveau *n* / trigger level || ⟲punkt *m* / trigger point, triggering point, switching point, set point || ⟲quelle *f* / trigger source || ⟲schaltung *f* / trigger circuit || ⟲schwelle *f* / trigger threshold || ⟲signal *n* / trigger signal || ⟲signalauskopplung *f* (Entnahme der Signalleistung aus dem Leistungskreis) / tapping of trigger-signal power, trigger-signal supply tapping || ⟲sperre *f* / trigger hold-off || ⟲sperre *f* (digitales Messgerät) / arming *n* || ⟲verknüpfung *f* / boolean network || ⟲zange *f* (Kfz-Prüf.) / clip-on trigger sensor || ⟲zeitpunkt *m* / trigger instant
trigonometrisch *adj* / trigonometrical *adj* || ~**e Funktion** / trigonometric function
Trikristallverfahren *n* / three-grain ingot process
TRIM (Training Integration Manager) *m* / Training Integration Manager *n*
trimmen *v* / trim *v* || ⟲ *n* / trimming *n*
Trimm·potentiometer *n* / trimpot *n*, trimming potentiometer || ⟲schaltung *f* / trimming circuit, coordinate trimming system || ⟲widerstand *m* / trimming resistance
Trinkwasser *n* / drinking water || ⟲aufbereitungsanlage *f* / water treatment plant
Triode *f* / triode *n*
TRIO-PLC / triple PLC
Tripel·spiegel *n* / 3-way mirror || ⟲zelle *f* (dreifache Tandemzelle) / triple-junction cell
trip-free *adj* / trip-free *adj*
Triplett *n* (geordnete Menge von drei Binärziffern) / triplet *n* || **einzelnes** ⟲ / single triplet
Tripod *m* (ebenes Getriebe mit drei Antriebselementen) / tripod *n*
Trip-Reset *m* / Trip Reset *n* || ⟲ **durchgeführt** / Trip Reset executed || ⟲ **nicht möglich** / Trip Reset not possible
Tristate·-Logik *f* (TSL) / tristate logic (TSL) || ⟲-**Treiber** *m* / tristate driver, three-state driver || ⟲-**Verhalten** *n* / tristate characteristic, three-state action
Tritt, außer ⟲ **fallen** / pull out of synchronism, fall out of step, pull out *v*, loose synchronism || **in** ⟲ **fallen** / pull into step, lock into step, fall in step, pull into synchronism, pull in *v* || ⟲**brett** *n* / running board || ~**fest** *adj* / tread-resistant *adj* || **Wechselrichter-**⟲**grenze** *f* / limit of inverter stability, inverter stability limit || ⟲**matte** *f* / safety mat || ⟲**schall** *m* / impact sound || ⟲**schallpegel** *m* / impact sound level || ⟲**schallpegelniveau** *n* / impact sound level
TRL / traffic light (TRL) || ⟲ / transistor-resistor logic (TRL)
Trochoidenfräsen *n* / trochoidal milling
Trocken·bearbeitung *f* / dry machining || ⟲beutel *m* / desiccant bag, dehydrating bag || ⟲drosselspule *f* / dry-type reactor || ⟲drosselspule ohne Gießharzisolierung / non-encapsulated-winding dry-type reactor IEC 50(421)
trockene Bewicklungsart / dry method of taping || ~ **Lötstelle** / dry joint || ~ **Räume** VDE 0100, T. 200 / dry locations, dry situations || ~ **Reibung** / dry friction, solid friction || ~ **Wärme** / dry heat || ~**, entladene Batterie** / dry, discharged battery || ~**, geladene Batterie** / dry, charged battery
Trocken·eis *n* / solid CO_2 || ⟲**filter** *n* / dry filter || ⟲**gehalt** *m* / dry content || ⟲**gewicht** *n* / dry weight

Trocken 904

|| ~**gleichrichter** *m* / metal rectifier || ~**kondensator** *m* / dry(-type) capacitor || ~**lampe** *f* / drying lamp, heat ray lamp || ~**lauf** *m* / dry run, Test run || **~laufen** *v* / run dry || ~**laufschutz** *m* / dry-running protection, underfill protection
Trocken·mittel *n* / desiccant agent || ~**ofen** *m* / drying oven, baking oven || ~**patrone** *f* / desiccant cartridge || ~**-Primärbatterie** *f* / dry primary battery || ~**prüfung** *f* / dry test || ~**reinigung** *f* / dry cleaning || **~schaltender Kontakt** / dry-circuit contact || ~**schichtfilter** *n* / dry laminated filter || ~**schmiermittel** *n* / dry-film lubricant, solid lubricant || ~**schreiber** *m* / dry-stylus recorder || ~**thermometer** *n* / dry-bulb thermometer
Trockentransformator *m* / dry-type transformer || ~ **mit erzwungener Luftkühlung** (Kühlungsart AFA) / dry-type forced-air-cooled transformer (Class AFA) || ~ **mit natürlicher Luftkühlung** (Kühlungsart AA) / dry-type self-cooled transformer (Class AA) || ~ **mit offener Wicklung** / open-winding dry-type transformer || ~ **mit Selbstkühlung durch Luft und zusätzlicher erzwungener Luftkühlung (o. Anblasekühlung)** (Kühlart AA/FA) / dry-type self-cooled/forced-air-cooled transformer (Class AA/FA) || ~ **mit vergossener Wicklung** / encapsulated-winding dry-type transformer || ~ **ohne Gießharzisolierung** / non-encapsulated-winding dry-type transformer IEC 50(421) || **unbelüfteter** ~ **mit Selbstkühlung** (Kühlungsart ANV) / dry-type non-ventilated self-cooled transformer (Class ANV)
Trockenwandler *m* / dry-type (instrument transformer)
Trocken-Wechselspannungsprüfung *f* / dry power-frequency test IEC 383, dry power-frequency withstand voltage test, power-frequency voltage dry test, short-duration power-frequency voltage dry test IEC 466
Trockenziehmaschine *f* / dry-drawing machine
trocknen *v* / dry *v*, cure *v*
Trockner *m* / drier *n* || ~**-Drehzahl** *f* / dryer speed || ~**haube** *f* / dryer hood || ~**straße** *f* / drying line
Trocknungs·anlage *f* / drying plant || ~**lampe** *f* / drying lamp, heat ray lamp || ~**maschine** *f* / drying machine || ~**mittel** *n* / desiccant *n*, siccative *n*
Trog *m* / trough *n*, tub *n*, tank *n* || **Batterie~** *m* / battery tray || **elektrolytischer** ~ / electrolytic tank
trogförmiger Reflektor (Leuchte) / trough reflector
Trojanisches Pferd (ein scheinbar harmloses Programm, das arglistige Logik enthält, um das unzulässige Zusammentragen, Fälschen oder Zerstören von Daten zu ermöglichen) / Trojan horse
Trolley-System *n* / trolley assist system
Trommel *f* / reel *n* || ~**anker** *m* / drum-type armature, cylindrical armature || ~**bahnanlasser** *m* / drum starter, drum controller || ~**empfänger** *m* / drum facsimile receiver || ~**faktor** *m* / drum factor || **Fernkopierer-~gerät** *n* / drum-type facsimile unit || ~**kabel** *n* / drum cable, trailing cable || ~**kamera** *f* / drum camera || ~**läufer** *m* / drumtype rotor, cylindrical rotor, non-salient-pole rotor || ~**läufermaschine** *f* / cylindrical-rotor machine || ~**leitung** *f* / drum cable, trailing cable || ~**magazin** *n* / drum magazine || ~**markierung** *f* / reel mark || ~**motor** *m* (in Antriebstrommel integriert) / drum-integrated motor || ~**motor** *m* (Außenläufer) / friction-drum motor, external-rotor motor ||

~**plotter** *m* (Plotter, der ein Bild auf einer Darstellungsfläche zeichnet, die sich auf einer rotierenden Walze befindet) / drum plotter || ~**-Reihenwicklung** *f* / series drum winding || ~**revolver** *m* / drum turret || ~**schreiber** *m* / drum recording instrument IEC 258, drum recorder || ~**sender** *m* (Faksimile-Sender, bei dem das Originaldokument auf einer rotierenden Trommel befestigt ist und wendelförmig von einem Lesekopf abgetastet wird) / drum facsimile transmitter || ~**speicher** *m* / magnetic drum storage, drum storage || ~**triebwerk** *n* / drum drive || ~**waschmaschine** *f* / drum-type washing machine || ~**wicklung** *f* / drum winding || ~**zähler** *m* / drum-type meter, drum meter
Trompeteneinführung *f* / flared gland, bell-type gland, flared bushing
Tropen·ausführung *f* / tropicalized type, tropical finish || **~fest** *adj* / tropicalized *adj*, tropic-proof *adj* || ~**festigkeitsprüfung** *f* / tropicalization test, tropic-proofing test || ~**isolation** *f* / tropical insulation || **mit ~isolation** / tropically insulated, tropicalized *adj*
Tropfdach *n* / canopy *n*
Tropfen·ausführung *f* / drop-proof *adj* || ~**förmige Beimengung** / impurity by drips || ~**größe** *f* / size of drops || ~**lampe** *f* / round bulb lamp, drop-shaped lamp || ~**schlag** *m* / impingement of drops || ~**übergangsfrequenz** *f* / particle transfer frequency || **~weise Imprägnierung** / trickle impregnation
Tropfflasche *f* / drip bottle
Tropf·öler *m* / drip-feed oil lubricator, drop-feed oiler, drop-oiler *n*, gravity-feed oiler || ~**punkt** *m* / dropping point || ~**punkt** *m* (Fett) / melting point || ~**rand** *m* / drip rim || ~**röhrchen** *n* / drain *n* || ~**schale** *f* (f. Öl) / oil pan, oil tray, oil collecting tray
Tropfwasser *n* / dripping water || **gegen** ~ **und Berührung geschützte Maschine** / drip-proof, screen-protected machine || **Schutz gegen schräg fallendes** ~ / protection against water drops falling up to 15° from the vertical || **Schutz gegen senkrecht fallendes** ~ / protection against dripping water falling vertically || ~**bildung** *f* / dripping moisture
tropfwassergeschützt *adj* / drip-proof *adj*
Tropfwasser·prüfung *f* / drip-water test || ~**schutz** *m* / protection against dripping water, drip-water protection || ~**schutzblech** *n* / drip-water protection sheet
Tropo·pause *f* (obere Grenze der Troposphäre) / tropopause *n* || ~**sphäre** *f* / troposphere *n* || **~sphärische Ausbreitung** (Ausbreitung in der Troposphäre und im weiteren Sinne unterhalb der Ionosphäre, wenn die Ionosphäre die Ausbreitung nicht beeinflusst) / tropospheric propagation || **~sphärische Welle** (Funkwelle, die sich in der Troposphäre ausbreitet und deren Ausbreitung wesentlich durch die Eigenschaften der Troposphäre bestimmt wird) / tropospheric wave
Trosse *f* / trailing cable
Troubleshooting *n* / troubleshooting *n*
trowalisieren *v* / barrel finish
trüben, die Sicht ~ / dim the sight
Trübglas *n* / opal glass || ~**kolben** *m* / opal bulb
Trübung *f* / cloudiness *n*, turbidity *n*, opacity *n*
Trübungs·faktor *m* / turbidity *n* || ~**gerät** *n* /

opacimeter *n* ‖ ~**koeffizient** *m* / turbidity coefficient *n*, turbidity *n* ‖ ~**messgerät** *n* / turbidimeter *n*, turbidity meter, nephelometer *n* ‖ ~**messgerät** *n* (f. Messung des Tyndall-Effekts in Lösungen) / nephelometer *n* ‖ ~**punkt** *m* / cloud point ‖ ~**versuch** *m* (Öl) / cloud test ‖ ~**zahl** *f* / turbidity number
Truezeit *f* / true time
Trum *n* (Riementrieb) / strand *n* ‖ ~**kraft** *f* / strand force, strand pull
truncated pyramid cell *f* (Punktkontakt-Solarzelle mit Kontaktdimensionen bis herab zu 0,5 Mikrometern; die Zelloberfläche ist strukturiert in Form von geköpften Pyramiden) / truncated pyramid cell
TS / teleservice *n* (TS) ‖ ~ (Trennschalter) / isolator *n*, disconnector, disconnecting switch ‖ ~ / thermosonic bonding (TS) ‖ ~ **(Störzeit)** *f* / disturbance time (T$_{dist}$) ‖ ~ **(Transformatorstufe)** / transformer tap (TT) *n*
TS-Adapter *m* / TS adapter *n*
TSAP / TSAP (transport service access point) ‖ ~ *m* (Zugangspunkt der Transportschicht als Referenz für bestimmte Verbindungen) / transport service access point
TSB (Trafostufenbefehl) *m* / transformer tap command (TTC)
T-Schalter *m* / spring-operated breaker, T-breaker *n*
T-Schaltung, Wicklung in ~ / T-connected winding ‖ **Zweitor in** ~ / T-network *n*
T-Schiene *f* / T rail
TSE / hole storage effect ‖ ~**-Beschaltung** *f* / surge suppressor (circuit o. network), anti-hole storage circuit, RC circuit, snubber *n*, snubber circuitry, snubber circuit ‖ ~**-Kondensator** *m* / (surge) suppression capacitor, snubber capacitor, capacitor of suppressor circuit
TSER / transformer inrush suppressor relay, transformer soft energizing relay
TSE-Widerstand *m* / snubber resistor
TU-Liefervorschriften *f* / TU delivery specifications
TSI *f* / TaskStartInfo (TSI)
TSK (typgeprüfte Niederspannungs-Schaltgerätekombination) / TTA (type-tested switchgear and controlgear assemblies)
TSL / tristate logic (TSL)
TSM (Trafostufenmeldung) *f* / TTI
T.S.-Note *f* / thermal severity number (t.s.n.)
TSO *f* / technical standard order (TSO)
T-Stahl *m* / T-sections, Tees
T-Stecker *m* / T-plug *n*
T-Stoß *m* / T-joint ‖ ~**-Biegeversuch** *m* / T-bend test, tee-bend test
T-Stück *n* / tee fitting, T piece, tee unit, tee *n* ‖ ~ *n* (Rohr) / tee *n* ‖ ~ **mit Deckel** / inspection tee
T-Stumpfstoß *m* / T-butt joint
TSWT-Stumpfstoß (Teilsollwert) / partial setpoint
TSZ-h / transistorized ignition system with Hall generator, TCI-h
TTC (Technologie Transfer Center) *n* / TTC
TTCAN (Ergänzung zum CAN-Protokoll; erlaubt es, zeitgesteuert Nachrichten über ein CAN-Netzwerk zu schicken) / time-triggered communication on CAN (TTCAN)
TTL (Transistor-Transistor-Logik) / TTL ‖ ~ *m* / twin trapezoidal link (TTL) *n* ‖ ~**-Ausgang** *m* / TTL output ‖ ~**-Pegel** *m* / TTL level ‖ ~**-Signal** *n* / TTL signal
TTM / TranSmart Transaction Management (TTM)
TT-Netz *n* / TT system
TTR *f* / target rotation time (TTR)
TT-System *n* / TT system
TTY / teletype *n*, TTY *n* (standard serial interface, usually with 20 mA) ‖ ~**-Blattschreiber** *m* / TTY keyboard printer ‖ ~**-Koppelstrecke** *f* / TTY link ‖ ~**-Schnittstelle** *f* / current-loop interface, TTY interface
TU (Technische Unterlage) / technical documentation ‖ ~ **(Unterbrechungszeit)** *f* / dead time, interruption time (TU)
TUB (Transformatoren-Unterlagen für die Bemessung) / transformer sizing documentation, TUB
TU-Bemessungsregeln *f* / TU calculation rules
Tubenfüllmaschine *f* / tube filling machine
Tubus *m* / housing *n* ‖ ~**falz** *m* / housing seam ‖ ~**seite** *f* / housing side
Tuchel·buchse *f* / Tuchel socket ‖ ~**-Stecker** *m* / Tuchel connector
TUF (TU-Richtlinien für die Fertigungseinrichtungen und Fertigungsverfahren) *f* / TU guidelines for manufacturing facilities and procedures
Tülle *f* (Kabeltülle) / support sleeve, sleeve *n* ‖ ~ *f* (Leitungseinführung) / bush *n*, grommet *n*
Tüllenmutter *f* / grommet nut
Tüllmaschine *f* / tulle making machine
Tulpenschaltstück *n* / tulip contact, contact cluster
Tunnel *m* / tunnel *n* ‖ ~**diode** *f* / tunnel diode *n* ‖ ~**durchbruch** *m* / tunnel breakdown ‖ ~**effekt** *m* / tunnel effect ‖ **Giaever-**~**effekt** *m* / Giaever tunneling, Giaever normal electron tunneling ‖ ~**funktion** *f* / tunnel function ‖ ~**lager** *n* / tunnel bearing ‖ ~**leuchte** *f* / tunnel luminaire ‖ ~**n** *n* / tunnelling *n* ‖ ~**ofen** *m* / tunnel furnace ‖ ~**übergang** *m* / tunnel junction ‖ ~**überwachung, Messeinrichtungen für Garagen- und** ~ / monitoring equipment for garages and tunnels
Tunnelung *f* / tunnel action, tunneling *n*
Tunnel·vorgang *m* / tunnel action ‖ ~**wahrscheinlichkeit** *f* / tunneling probability
Tupel *n* (in relationalen Datenbanken: Liste korrelierter Datenwerte) / tuple *n*
Tupfenmuster *n* (Pixelmatrix, die zur Erzeugung einer Kachel oder Klippmaske dient) / stipple pattern
TUQ (TU-Richtlinien für die Prüfeinrichtungen, Prüfmethoden, Kalibrierverfahren und Prüfberichte) *f* / TU quality guidelines
Tür *f* (SK) VDE 0660, T.500 / door *n* ‖ ~ **ent-/verriegeln** / Release/lock door ‖ **bei geschlossener** ~ / with closed door ‖ ~**adapter** *m* / door adapter ‖ ~**anschlag** *m* (Scharnier) / door hinge ‖ ~**antrieb** *m* / door-coupling operating mechanism ‖ ~**antrieb** *m* (SG) / door-mounted (operating) mechanism
Turas *m* / tumbler *n*
Tür·ausschnitt *m* / door cutout, door opening ‖ ~**befestigung** *f* / door fixing
Turbine *f* / turbine *n*
Turbinen·anzapfung *f* / extraction of steam from turbine ‖ ~**-Durchflussgeber** *m* / turbine flowmeter transmitter ‖ ~**-Durchflussmesser** *m* / turbine flowmeter ‖ ~**-Durchflussmessumformer**

turbo-elektrischer

m / turbine flow transducer || ⟨-**Mengengeber** *m* / turbine flowmeter transmitter || ⟨**modell** *n* / turbine model || ⟨**schacht** *m* / turbine pit || ⟨**schaufel** *f* / turbine blade || ⟨**seite** *f* / turbine end, drive end || ⟨**zeitkonstante** *f* / turbine time constant
turbo-elektrischer Antrieb / turbo-electric drive, steam turbine-electric drive
Turbo·-Fräser *m* / turbo-miller *n* || ⟨-**Generator** *m* (nach Antrieb) / turbine-driven generator, turbo-alternator *n* || ⟨-**Generator** *m* (nach Läuferart) / cylindrical-rotor generator || ⟨-**Generatorsatz** *m* / turbine-generator unit || ⟨-**Läufer** *m* / turbine-type rotor, cylindrical rotor, round rotor || ⟨**maschine** *f* / turbine-type machine || ⟨ **Satz** *m* / turbo set || ⟨-**Umformer** *m* / turbine-driven converter, turbo-converter || ⟨-**Wartungskran** *m* / turbo maintenance crane
Turbulator *m* / turbulator *n*
turbulente Strömung / turbulent flow
Turbulenz *f* / turbulence *n* || ⟨**radius** *m* / scale of turbulence
Tür·dichtrahmen *m* / door sealing frame || ⟨**dichtungsrahmen** *m* / door sealing frame || ⟨**drehantrieb** *m* / door rotary mechanism
Türe *f* / door *n* || ⟨**nherstellung** *f* / door manufacturing
Tür·entriegler *m* / door release || ⟨**fläche** *f* / door surface || ⟨**gong** *m* / door chime || ⟨**griffschalter** *m* / door-handle switch
TU-Richtlinien für die Fertigungseinrichtungen und Fertigungsverfahren (TUF) / TU guidelines for manufacturing facilities and procedures || ⟨ **für die Prüfeinrichtungen, Prüfmethoden, Kalibrierverfahren und Prüfberichte (TUQ)** / TU quality guidelines
türkis (TK) *adj* / turquoise (TQ) *adj*
Tür·klingel *f* / doorbell *n* || ⟨**kontakt** *m* / door contact || ⟨**kontaktschalter** *m* / door contact switch || ⟨**konzept** *n* / door concept || ⟨**kupplung** *f* / door coupling || ⟨**kupplungsantrieb** *m* / door-coupling operating mechanism || ⟨**kupplungs-Drehantrieb** *m* / door-coupling rotary operating mechanism, door-coupling rotary mechanism, rotary operating mechanism
Turm *m* / tower *n*
Türmagnet *m* / door magnet
Turm·drehkran *m* / tower slewing crane || ⟨**magazin** *n* / tower magazine
Tür-Montageset *n* / door mounting kit
Turm·produktion *f* / tower production || ⟨**scheinwerfer** *m* / tower spotlight || ⟨**station** *f* / masonry-enclosed rural substation
Türmulde *f* / door depression
Turnhallenleuchte *f* / gymnasium-type luminaire
turnusmäßig *adj* / at regular intervals, periodically *adj*
Tür·öffner *m* / door opener || ⟨**öffnungswinkel** *m* / door opening angle, door swing || ⟨**positionsschalter** *m* / door position switch || ⟨**rahmenkanal** *m* / architrave trunking || ⟨**rahmenschalter** *m* / architrave-type switch || ⟨**rahmensteckdose** *f* / architrave-type socket-outlet || ⟨**riegel** *m* / door knob || ⟨**schalter** *m* / door switch, door-operated switch, door interlock switch || ⟨**sensor** *m* / door sensor || ⟨**überwachung** *f* / door monitoring || ⟨**verriegelung** *f* / door interlocking || ⟨**verriegelungsschalter** *m* / door interlock switch || ⟨**zarge** *f* / door case || ⟨**zargenbearbeitung** *f* /

door frame machining, door case machining
Tusche *f* / drawing ink || ⟨-**Zeichnung** *f* / ink drawing
Tuschierabdruck *m* (Passflächenkontrolle) / blueing mark(s)
tuschieren *v* (Passflächenkontrolle) / blue *v*, ink *v*, make rubbings || ⟨ *n* / blueing *n*, inking *n*, marking *n*, spotting *n*
Tuschier·paste *f* / blueing paste, inking paste || ⟨**platte** *f* / gauge plate, surface plate || ⟨**presse** *f* / die-spotting press
tuschiert *adj* / tuched-up *adj*
Tüte *f* (Lunker) / shrinkage cavity, pinhole *n*
Tutorial *n* / Tutorial *n*
TÜV (Technischer Überwachungsverein) / German Technical Inspectorate, *m* German Technical Inspection Authority || ⟨-**geprüft** / approved by the German Technical Inspectorate
TV / derivative-action time, derivative time, rate time, TV *n*
T-VASIS (VASIS = visual approach slope indicator system - optische Gleitwinkelanzeige) / T-VASIS
T-Verbinder *m* / tee connector
T-Verbindung *f* / tee coupling
T-Verbindungs·abbau-Anforderung *f* / T-DISCONNECT request || ⟨**abbau-Anzeige** *f* / T-DISCONNECT indication || ⟨**aufbau-Anforderung** *f* / T-CONNECT request || ⟨**aufbau-Antwort** *f* / T-CONNECT response || ⟨**aufbau-Anzeige** *f* / T-CONNECT indication || ⟨**aufbau-Bestätigung** *f* / T-CONNECT confirm
T-Verteiler *m* / T-distribution board
t-Verteilung *f* DIN 55350,T.22 / t-distribution *n*
T-Vorrangdaten·-Anforderung *f* / T-EXPEDITED DATA request || ⟨-**Anzeige** *f* / T-EXPEDITED DATA indication
TW / time value, time *n* || ⟨ / waiting time
TWIN *n* (Abkürzung für two windows) / TWIN
Twin-Antrieb *m* / twin drive, dual drive
TWIN-Methode *f* / TWIN Method
Twisted Pair (TP Verdrilltes Adernpaar) / twisted pair || ⟨-**Installationsleitung** *f* / twisted pair installation cable || ⟨-**Transceiver** *m* / twisted pair transceiver
Twist·länge *f* / twist pitch || ⟨-**Spindel** *f* / twist spindle
T-Wort *n* / tool function, T word
TXA / taxiway apron lighting (TXA)
TXC / taxiway centre line (TXC)
TxD / transmitted data (TxD)
TXE / taxiway edge lighting (TXE)
Typ *m* / type *n*, T || ⟨ **der Dateneinheit** / data unit type || ⟨-**A-Fühler** (PTC-Halbleiterfühler) / mark A detector || ⟨-**A-Steuergerät** / mark A control unit || ⟨**auswahl der neuen CP-Komponente** *f* / Select the new CP component type || ⟨**bezeichnung** *f* / type designation, marking *n* IEC 204 || ⟨**datei** *f* / type file
Typen·angaben *f* / type designations || ⟨**bereinigung** *f* / standardization || ⟨**beschränkung** *f* / type restriction, standardization *n* || ⟨**bezeichnung** *f* / type designation, marking *n* IEC 204 || ⟨**blatt** *n* / data sheet, type sheet || ⟨**gleichstrom** *m* / rated direct current, rated d.c. current
Typenleistung *f* / unit rating, kVA rating, type rating, nominal power rating || ⟨ *f* / equivalent two-winding kVA rating
Typen·prüfung *f* / type test, type verification and test || ⟨**prüfungszertifikat** *n* / type examination

certificate
Typenrad *n* / type-wheel *n*, print-wheel *n*, daisywheel *n* || **~drucker** *m* / daisy-wheel printer, petal printer
Typen·reihe *f* / standard range, type series || **~schild** *n* / rating plate, nameplate *n*, type plate || **~schildausgabe** *f* / nameplate specification || **~schilddaten** *plt* / rating plate data || **~schildnennleistung** *f* / nominal rating plate power || **~schildrohrung** *m* / nameplate blank || **~schlüssel** *m* / type number key, type code || **~spektrum** *n* / range of products, product range
typenunabhängig überladen / overloaded
Typen·wert *m* / rated value ||
~zulassungsverfahren *n* / type approval procedure
typgeprüft *adj* / type-tested *adj*, sample tested || **~e Niederspannungs-Schaltgerätekombination (TSK)** (TSK) VDE 0660, T.500 / type-tested l.v. switchgear and controlgear assembly (TTA) IEC 439-1 || **~e Niederspannungs-Schaltgerätekombination (TSK)** / type-tested low-voltage switchgear assemblies
typgestrichen *adj* / discontinued *adj*, spare part only *adj*
Typical·kennzeichen *n* / typical designation || **~übersicht** *f* / typical table
typisch *adj* / typical *adj* || **~er Produktlebenslauf** *m* / typical life cycle phases of a product
typisieren (Datenpunkte) *v* / assign to an information type
typisiert *adj* / type-coded *adj*, standardized *adj*, typified *adj* || **~e Schaltfolge** / typified switching sequence
Typisierung *f* / typification *n*
Typ·kennung *f* / type identification || **~leistung** *f* / unit rating || **~muster** *n* / manufacturing prototype *n*
Typprüf·baugruppen *f* / modules for type testing || **~bericht** *m* / type test report || **~bescheinigung** *f* / type test certificate || **~geräte** *n* / devices for type testing || **~konzept** *n* / type test concept || **~menge** *f* (TPM) / type test quantity (TTQ) || **~muster** *n* / type test sample || **~protokoll** *n* / type test log (TTL)
Typprüfung *f* / type test, type verification and test, pattern approval testing || **~ als TKS** / conformance testing || **begleitende ~** / development type test || **entwicklungsbegleitende ~** / development type test
Typ·prüfungs-Nachweis *m* / evidence of type tests || **~prüfungsprotokoll** *n* / type test report || **~prüfzertifikat** *n* / EC type examination certificate || **~streichung** *f* / canceled type, discontinuation of type, discontinuation of the product type, discontinuation *n* || **~test** *m* / type test || **~testaktivitäten** *f* / type test activities || **~testprotokoll** *n* / type test log (TL) || **~testurkunde** *f* / type-test certificate || **~unverträglichkeit** *f* / type incompatibility || **~vorwahl** *f* / type selection || **~wert** *m* (Stromrichtersatz) / rated value || **~wiederholprüfung** *f* / repeat type test || **~wiederholungsprüfung** *f* / type re-test
TZ (Transistorzündung) *f* / transistor-assisted contact (TAC)

U

U / rotation *n*, rev, revolution *n*, r || ~ (Spannung) / U (voltage), V (voltage) || ~ **BERO ohne Reduktionsfaktor** / U BERO without reduction factor
U_{2n} / rated output voltage
U_e / rated operational voltage, U_e *n*
u_{kr} / impedance voltage *n*
Ü (Überlauf) / OV (overflow)
U_a **(Ankerspannung)** *f* / armature voltage (U_a)
U_A (Differenz zwischen der Leerlaufspannung und der Bemessungsausgangsspannung bezogen auf die Bemessungsausgangsspannung; wird in % angegeben) / voltage rise
UAD *m* / Universal Access Device (UAD)
UART / UART (universal asynchronous receiver-transmitter)
UAT (Universal-Achstest) *m* / UAT *n*
UB / transfer area
ÜB (Übersicht) / overview *n*
ÜBA **(Überbau)** *m* / superstructure (SS) *n*
Ubbelohde-Tropfpunkt *m* / Ubbelohde melting point
U-Befehl *m* / unnumbered command (U command)
über / over, via || **~ Kopf zündender Thyristor** / break-over thyristor || **~ Mitte schneiden** / cut across center || **~ NN** / above sea level || **~ Normalnull** / amsl, above mean sea level, ASL
Über·...relais *n* / over...relay || **~abtasten** *n* / oversampling || **~altern** *n* / over-ageing *n*
über·altert *adj* / superannuated *adj* || **~arbeiten** *v* / rework *v*, revise *v* || **~arbeitet** *adj* / modified *adj* || **~arbeitung** *f* / revision *n*
Überbau *m* / shielding *n* || ~ **(ÜBA)** *m* / superstructure (SS) *n* || **~bügel** *m* / built over bracket
Überbeanspruchung *f* / overstressing *n*, overloading *n*
Überbegriff *m* / acronym *n*
Überbelastbarkeit *f* / overload capability, overload capacity
überbelichtet *adj* / overexposed *adj*
Überbemessung *f* / overrating *n*, oversizing *n*
Überbereich *m* (Schutz) / overreach *n*, overreaching *n*, transient overreach
Überbereichsschutz *m* / overreaching protection
Über·bestand *m* / excessive number || **~bestimmt** *adj* / over-defined *adj* || **~biegung** *f* / overbending || **~blenden** *v* / overlay *v*
Überblenden *n* / cross-fading *n*
Überblender *m* / cross-fader *n*
Überblendsteller *m* / cross-fader *n*
Überblick *m* / overview *n*
überbrücken *v* / short-circuit *v*, short *v*, shunt out *v*, jumper *v*, connect by a link, link *v*
Überbrücken *n* (eines Teils o. Geräts f. Erdung o. Potentialausgleich) / jumpering *n*, bonding *n*, standby, bridging || ~ **der Isolation** (bei Fehlern) / short-circuit across insulation
überbrückt *adj* (durch Strombrücke) / jumpered *adj*, short-circuited *adj*, shunted out *adj*, linked together
Überbrückung *f* / bridging *n*, jumper *n*, platform *n* || ~ *f* (durch Strombrücke) / bonding *n*, jumpering *n* || ~ *f* (Kurzschließen) / short-circuiting *n*, shunting *n* (out) || ~ *f* (Umgehung) / bypass *n*, overriding *n*

Überbrückungs

|| ⌂ **Not-Aus** / Emergency Stop override ||
kurzzeitige ⌂ / short-time bridging
Überbrückungs·adapter m (f. Direktdurchschaltung von Signalen ohne Zwischenwandler) / direct-transmission adapter || ⌂**baustein** m (IR-Fernbedienung) / link module || ⌂ n / bridging loan || ⌂ f / shunt diode || ⌂-**Drosselspule** f / transition reactor IEC 214, transition inductor, bridging inductor, bridging reactor, centre-tapped reactor || **Stufenschalter mit** ⌂-**Drosselspule** / inductor-transition tap changer || ⌂**einschub** m / withdrawable bridging unit || ⌂**gabel** f / shunting fork || ⌂**impedanz** f / bridging impedance, transition impedance || ⌂**kabel** n / jumper cable || ⌂**kamm** m (Reihenklemme) / comb-shaped link || ⌂**lasche** f (Reihenklemme) / plain link || ⌂**leiter** m / by-pass jumper, jumper n, link n || ⌂**leiter mit Sicherungen** / fused by-pass jumper || ⌂**logik** f / overriding logic || ⌂**relais** m / impulse series relay || ⌂**schalter** m / override switch || ⌂**schiene** f / bonding bar, shorting link || ⌂**schiene** f (LS) / by-pass link || ⌂**schütz** n / bypass contactor (converter link), short-circuiting contactor (UPS) || ⌂**schutzbetrieb** m / bypass contactor || ⌂**taste** f / jump key || ⌂**trennschalter** m / bypass disconnector || ⌂**widerstand** m / bridging resistance, transition resistor, bridging impedance, transition impedance || ⌂**zeit** f / buffer time || ⌂**zeit** f (UVS, bei Netzausfall) / stored energy time
überdacht·e Anlage / sheltered installation || **~er Raum** / sheltered area
Überdachung f / roofing n
Überdämpfung f / overdamping n, super-critical damping
Überdeckung f (Kontakte) / coverage n, degree of coverage || ⌂ f (Schraubverbindung) / engagement n || ⌂ f (Kontakte) / contention n || ⌂ f (von WZM-Bahnen) / overlap n
Überdeckungs·grad m (Zahnrad) / engagement factor, contact ratio || ⌂**sperre** f / overlay inhibit
überdimensionieren v / overdimension v, overrate v, oversize v
überdimensionierte Motoren / oversized motors
Überdimensionierungsfaktor m / power increase factor
überdrehen v / skim v, resurface by skimming || **~** / overspeed v, overrev v
Überdrehzahl f / overspeed n || ⌂**auslöser** m / overspeed trip, overspeed relay || ⌂**begrenzer** m / overspeed limiter || ⌂**probe** f / overspeed test
Überdruck m / gauge pressure, pressure above atmospheric || ⌂ m / excess pressure, overpressure n || ⌂ m (Überdruckkapselung) / overpressure n || **innerer** ⌂ / pressurization level || **unter inneren** ⌂ **setzen** / pressurize v || ⌂**abschalter** m (Kondensator) IEC 50(436) / overpressure disconnector || ⌂**belüftung** f / pressurization n, pressurized cooling || ⌂**dampfhärtung** f / steam curing n
überdrucken v / overprint v
überdruckgekapselt adj / pressurized adj
Überdruckhaltung f / pressurization n
Überdruckkapselung f (Ex p) EN 50016 / pressurized enclosure || ⌂ **mit Ausgleich der Leckverluste** / pressurization with leakage compensation || ⌂ **mit dauernder Durchspülung** / open-circuit pressurized enclosure || ⌂ **mit**
ständiger Durchspülung von Zündschutzgas / pressurization with continuous circulation of the protective gas
Überdruck·-Klimaanlage f / plenum system || ⌂**membran** f / relief diaphragm, pressure relief diaphragm, rupture diaphragm || ⌂**messgerät** n / pressure gauge || ⌂**prüfung** f EN 50018 / overpressure test || ⌂**schutz** m / gas- and oil-pressure protection, pressure relief device, overpressure relief device || ⌂**schutz** m (Ableiter) / pressure relief device || ⌂**sicherung** f / pressure relief device, pressure relief diaphragm, explosion vent || ⌂**sicherung** f (Sicherheitsventil f. Druckmesser) / safety valve, cut-off valve || ⌂-**Überwachungsgerät** n / high-pressure interlocking device || ⌂**ventil** n / pressure relief valve
übereinander·liegend adj / coincident adj || **~ wickeln** / wind one (turn over another) || ⌂**stapelung** f / stacking n
Übereinkunft f / covenant n || ⌂ **über Konformitätszertifizierung** / certification arrangement
Übereinstimmung f / accordance n, confirmation n, conformity n, match n || ⌂ f / conformance n ISO 3309 || ⌂ **mit den Anforderungen** / compliance with technical requirements
Überentladung f / deep discharge, total discharge
übererregt adj / overexcited adj
Übererregung f / overexcitation n
Übererregungs·begrenzer m / overexcitation limiter || ⌂**prüfung mit Leistungsfaktor Null** / zero power-factor test || ⌂**schutz** m / overfluxing protection || ⌂**schutz** m / overexcitation protection, maximum-excitation protection
Übererwärmung f / excessive temperature rise, overheating n
überfahren v / overtravel v, tripping v
Überfahren n / overtravelling n, last runnings, after running, retardation n, residual rotation of motor || ⌂ n / actuation n || ⌂ n / overrun n, overtravel n, overshoot, dynamic overshoot || **die Endstellung ~** / override the end position || **Schutz gegen ~** (Bearbeitungsmaschine) / travel limitation || ⌂ **der Achsenendlage** / axis overtravel || ⌂ **der Endstellung** / overrunning (o. overriding) of end position
Überfahr·geschwindigkeit f / actuating speed || ⌂**geschwindigkeit** f / target speed || ⌂**schutz** m / overrun limit protection IEC 550
Überfall·schloss n / staple-and-hasp lock, hasp lock, clasp lock || ⌂**strahl** m / nappe n || ⌂**wehr** n / weir-type flowmeter
Überfalz f / overfolder n
Überfangglas n / flashed glass || ⌂**glocke** (o. -kugel) f / flashed glass globe
Überflur·-Anflugfeuer n / elevated approach light || ⌂**belüftung** f / above-floor ventilation || ⌂**feuer** n / elevated light
überflutbar adj / submersible adj || **~e Maschine** / deckwater-tight machine, submersible machine
Überfluten n (versehentliches oder vorsätzliches Einbringen großer Mengen von Daten, was eine Verweigerung von Diensten zur Folge hat) / flooding n
Überflutung, Schutz bei ⌂ / protection against conditions on ships' deck || ⌂**shülse** f / submergence shield || ⌂**sschutz** m / submergence

shield
überflutungssichere Maschine / deckwater-tight machine, submersible machine
Überfräsen / surface milling, end milling
Überfrequenz·relais *n* / overfrequency relay || **~schutz** *m* / overfrequency protection
Überführung *f* / transfer *n* || **Sammelschienen-~** *f* / busbar crossover
Überführungs·elektrode *f* / guide electrode, transfer electrode || **~funktion** *f* / transition function, transfer function
Überfüllsicherung *f* / overflow protection, overfill safety system, overfill protection
Überfunktion *f* (Schutzeinrichtung) / unwanted operation || **~ des Selektivschutzes** *f* / unwanted operation of protection
Übergabe *f* / transfer *n*, outgoing *n* || **~ der Steuerung** / control passing || **~ des Auditberichts** / submission of audit report || **~ Inselkontur** / transfer of island contour || **~ Taschenrandkontur** / transfer of pocket edge contour || **~art** *f* / transfer mode || **~baugruppe** *f* (MC-System) / termination panel || **~baustein** *m* / transfer block || **~bereich** *m* (UB) / transfer area || **~ bit** *n* / transfer bit || **~blindleistung** *f* / interchange reactive power || **~datei** *f* / transfer file *n* || **~elektrode** *f* (ESB) / carry electrode || **~element** *n* / interface element, periphery element, transfer element || **~fahrplanerstellung** *f* / interchange scheduling || **~feld** *n* (Längskuppelfeld für Sammelschiene mit doppelter Einspeisung) / bus sectionalizer panel (o. cubicle), transfer panel, bus tie breaker panel (o. cubicle) || **~gerät** *n* / transfer device || **~gespräch** *n* / transfer review || **~gespräche** *n* / hand-over-reviews || **~lauf** *m* / transfer run || **~leistung** *f* / interchange power || **~leistungsregelung** *f* / interchange power control || **~leistungsschalter** *m* / tie circuit-breaker, tie breaker, (bus) coupler circuit-breaker || **~leistungs- und frequenzregelung** *f* / automatic generation control (AGC) *n* || **~merker** *m* / transfer flag || **~modul** *n* / transfer module
Übergabe·parameter *m* / transfer parameter || **~platz** *m* / transfer location, transfer station || **~position** *f* / transfer position || **~protokoll** *n* / transfer protocol || **~puffer** *m* / transfer buffer || **~punkt** *m* / handover point, transfer point, transit station || **~schnittstelle** *f* / transfer interface || **~speicher** *m* / transfer memory || **~station** *f* / utilities substation, supply company's substation, main substation, product delivery || **~stecker** *m* / adapter connector, interface connector, periphery connector || **~-Steckverbinder** *m* (Peripherieelement) / periphery connector, interface connector || **~stelle** *f* / tie line || **~stelle** *f* (DÜ) / interchange point || **~stelle** *f* (Netzpunkt, für den die Kenndaten an den Kunden zu übergebenden Energie festgelegt sind) / point of supply, supply terminals || **~steuerbus** *m* DIN IEC 625 / transfer control bus || **~tabelle** *f* / transfer table || **~- und Abnahmeprotokolle** / handovers and acceptance reports || **~variable** *f* / transfer variable || **~verteiler** *m* / interface terminal block || **~zeit** *f* / supply transfer time || **~zustand der Steuerfunktion** DIN IEC 625 / controller transfer state (CTRS) || **~zyklus** *m* / transfer cycle

Übergang *m* (Zonenübergang) / junction *n* || **~** *m* (Kennlinie) / crossover *n* || **~** *m* (Impuls) / transition *n* || **~ an Klemme R** / transition to terminal R || **~ auf Conduit** *m* / hub *n* || **~ eines Blockes in Inselbetrieb** / isolation of a unit || **~ Gewinde M5 zu Vierkant: Welle 8 x 8 mm muss montierbar sein** / transition of thread M5 to square: 8 x 8 mm shaft must be able to be mounted || **~ von Konstantspannungs- zu Konstantstrombetrieb** / constant voltage/constant current crossover || **~ zwischen Gerade und Kreisbogen** / transition between line and arc || **~ zwischen logischen Zuständen** / transition between logic states || **erster ~** (Impulsabbild) / first transition || **fliegender ~** / on-the-fly transition || **Konturen~** *m* / contour transition || **PN-~** *m* / PN junction
Übergänge, stetige ~ / smooth-path transitions || **verschliffene ~** / transition rounding
Übergangs·abbild *n* (Impulsmessung) / transition waveform || **~bedingung** *f* / transition condition || **~bereich** *m* DIN 41745 / cross-over area IEC 478-1 || **~dauer** *f* (Impulse) / transition duration || **~dicke** *f* (Dicke des Werkstückes, bei deren Überschreiten bei konstantem Wärmeeinbringen die zweidimensionale Wärmeableitung in dreidimensionale übergeht) / transition thickness || **~dose** *f* / junction box || **~drehzahl** *f* / transition speed || **~einheit** *f* / gateway *n*, DIN ISO 8348 interworking unit (IWU) || **~einheit** *f* (MAC) / bridge *n* || **~element** *n* (Anpasselement) / adapter element, interface element, input adapter || **~element** *n* (Chem.) / transition element, transition metal || **~ellipse** *f* / transition ellipse || **~-EMK** *f* / transient e.m.f. || **~erscheinung** *f* (transiente E.) / transient phenomenon, transient reaction, transient *n*, initial response, response *n* || **~federleiste** *f* / adapter socket connector || **~fläche** *f* / transition surface, transition level || **~fläche** *f* (CAD) / surface fillet || **~form** *f* (Impulse) / transition shape || **~frequenz** *f* / transition frequency || **~funktion** *f* / transfer function, transition function, transient function, unit step response || **~glied** *n* / transition element, transfer element || **~glieder** *n pl* / interface modules || **~hyperbel** *f* / transition hyperbola
Übergangs·kasten *m* (f. Kabel) / cable junction box, junction box, reducer *n* || **~kasten** *m* / adapter unit, busway adapter, change-face unit || **~kopf** *m* (Leitungseinführung) / lead-in bell, weatherhead || **~kreis** *m* / transition circle || **~kriechen** *n* / transient creep || **~kurve** *f* / commutation curve || **~-Kurzschlusswechselstrom** *m* / transient short circuit current || **~metall** *n* / transition metal, transition element || **~muffe** *f* (f. Kabel) / transition joint, transition sleeve || **~parabel** *f* / transition parabola || **~passung** *f* / transition fit || **~radius** *m* / transition radius || **~reaktanz** *f* / transient reactance
Übergangs·schalter *m* (Bahn) / transition switchgroup || **~schaltung** *f* / transition control || **Nebenschluss-~schaltung** *f* / shunt transition || **~schütz** *m* / transition contactor || **~schwingung** *f* / transient vibration || **~sehen** *n* / mesopic vision || **~sektor** *m* / transition sector || **~spannung** *f* (Bürste) / contact voltage || **~stecker** *m* / adapter plug, socket adapter, plug adapter, intermediate

Übergangswiderstand

accessory || ⁓steckvorrichtung f / conversion adapter, adapter n || ⁓stelle f (Ablaufplan) DIN 66001 / connector n || ⁓stellung f EN 60947-5-1 / transit position || ⁓strom m / transient current || ⁓stück n / transition piece, transition n || ⁓stutzen m / adapter n, union nut || ⁓tabelle f / transition table || ⁓tafel f (Schaltnetz) / transition table, transition matrix || ⁓teil mit Innenvierkant und Außenvierkant / adapter socket wrench || antiferromagnetische ⁓temperatur / antiferromagnetic Curie point, Neel temperature || ⁓tiefe f / junction depth || ⁓typ m (Impulse) / transition type || ⁓variable f (Schaltnetz) / next-state variable || ⁓vektor m (Schaltnetz) / next-state vector || ⁓-Verbindungsmuffe f / transition joint, transition sleeve || ⁓verhalten n / transient response, dynamic performance, transient n, acceleration n, transition behavior || ⁓verluste m pl / contact loss || ⁓verschleifen n / transition rounding || ⁓vorgang m / transient n || **kurzzeitiger** ⁓**vorgang** / transient n

Übergangswiderstand m / transfer resistance || ⁓ m (Kontakte, Bürsten) / contact resistance || ⁓ m (Überschaltwiderstand) / transfer resistor || **Erd⁓** m IEC 364-4-41 / earth contact resistance IEC 364-4-41, earth-leakage resistance || **Kurzschluss mit** ⁓ / high-resistance fault, high-impedance fault

Übergangs·zahlung f / transition payment || ⁓**zeit** f (Signale, Schaltdiode) / transition time, transitional period || ⁓**-Zeitkonstante** f / transient short-circuit time constant || ⁓**zone** f / transition region || ⁓**zone der Störstellendichte** / impurity concentration transition zone || ⁓**zustand** m / transient condition, transient state

übergeben v / transfer v, pass v || **Steuerung** ~ DIN IEC 625 / to pass control

übergehen, in einen Zustand ~ (PMG-Funktion) / enter a state

übergeordnet adj / superimposed adj, at a higher level, higher-level adj, primary adj || **~e Directoryebene** / further directory level || **~e Fertigungssteuerung** / higher-level production control || **~e Maske** / higher-level screen || **~e Regelung** / master control || **~e Richtlinie** / authoritative guideline || **~e Schutzeinrichtung** / upstream protective device || **~e Steuerung** / primary control || **~e Zuordnung** DIN 40719,T.2 / higher-level assignment IEC 113-2 || **~er Baustein** / primary module, calling block || **~er Parameter** / higher-order parameter || **~er Rechner** / higher-level computer || **~er Schutz** / general protection || **~er Sicherheitsaspekt** / superordinate safety aspect || **~er Steuervorgang** / superordinated control action || **~er Verantwortungsträger** / higher instance || **~es Rechnersystem** / higher-level computer system || **~es Schild** / primary name plate || **~es System** / higher-level system

Übergeschwindigkeitsbegrenzer / overspeed limiter

übergreifen v / reach over || ⁓ n (Schutz) / overreach n, overreaching n, transient overreach || **Distanzschutzsystem mit** ⁓ / overreach distance protection system

übergreifend adj / general adj || **~e QS** / multi-function QA || **~e Spulen** / crossed coils || **~er Bereich** (DIN V 44302-2) / common domain

Übergreif·schaltung f (Schutz) / overreaching

connection, zone extension, extension of zone reach || ⁓**schutz** m / overreaching protection, overreach protection || ⁓**staffelung** f (Schutz) / overreach grading, extended zone grading || ⁓**zone** f / overreach zone

übergroß adj / oversize adj

Überhandschuhe m pl / insulating glove covers

Überhang m / overhang n

Überhitzen n / overheating n

Überhitzer m / superheater n

Überhitzung f / overheating n, excessive heating || ⁓**sempfindlichkeit** f / overheating sensitivity || ⁓**sschutz** m / protection against over-temperature || ⁓**sstelle** f / hot spot

überhöhte Eingangsgröße / excessive input || **~er Konstruktionsaufwand** / uneconomical overdesign

Überhöhung f / overshoot n, overshooting n, excursion n || **Druck⁓** f / pressure piling, resonance sharpness, magnification factor || **Spannungs⁓** f / voltage rise, voltage overshoot || **Verstärkungs⁓** f / peaking n (amplifier)

Überhöhungsfaktor m (Resonanz) / magnification factor, resonance factor

überholen v (instandsetzen) / overhaul v

Überhol·getriebe n / overrun gears, ratchet-and-pawl unit || ⁓**kupplung** f / overrunning clutch || ⁓**sichtweite** f (Kfz-Verkehr) / passing sight distance || ⁓**-Spitzen- und Ballenklebzwickmaschine** f / pulling-over toe and ball lasting machine

Überholung f (Revision) / overhaul n

Überholungskupplung f / overrunning clutch

Überhörfrequenz f / ultrasonic frequency

Überhorizontausbreitung (troposphärische Ausbreitung zwischen Punkten in Bodennähe, wobei der Empfangspunkt jenseits des Funkhorizonts des Sendepunkts liegt) / trans-horizon propagation

Überhub m (Ventil) / overtravel n || **Kontakt⁓** m (Abbrandzugabe) / extra way of contact

überkippen v / topple v

Überkommutierung f / over-commutation n

Überkompensation f / over-compensation n

überkompoundiert adj / over-compounded adj

Überkompoundierung f / over-compounding n, over-compound excitation

Überkopf m / tool inverse || ⁓**position** f / overhead position || ⁓**werkzeug** n / tool inverse

Überkreuzung f (v. 2 Leitern u. IS) / crossover n || ⁓ f (Röbelstab) / transposition n, crossover n

überkritisch fehlerhafte Einheit / critical defective || **~e Drehzahl** / speed above critical || **~er Ausfall** / critical failure || **~er Fehler** / critical defect || **~es Druckgefälle** / pressure drop higher than critical || **~es Druckverhältnis** / pressure ratio higher than critical

überlackierbar adj / can be overpainted

überladen v (SPS-Programm) / overload v EN 61131-3

Überladeschutz m / overcharging protection, overload protection

Überladung f / overcharge n, overcharging n

überlagern v / superimpose v, superpose v, overlay v || ⁓ n / override n, overstore n, message collision, collision n

überlagernder Verfahrweg / overlay traverse path

überlagert *adj* / overlaid *adj*, superimposed *adj*, at a higher level, higher-level *adj*, primary *adj* || **~e Bewegung** / overlaying movement, superimposed motion || **~e Bewegung (WZM)** / overlaid movement || **~e Bremsung (Bahn)** / blended braking || **~e Gleichspannung** / superimposed d.c. voltage || **~e Lageverschiebung** / overlaid positional offset || **~e Prüfeinrichtung (UT)** / upper tester || **~e Schwingungen** / superimposed oscillations || **~e Steuerung** / primary control || **~e Wechselspannung** / ripple voltage || **~e Wechselspannung auf der Gleichstromseite** / ripple voltage on the d.c. side || **~e Welligkeit** (%) / ripple percentage, ripple content || **~er Gleichlaufbefehl** / overlaid synchronous operation command || **~er Lageregelkreis** / primary position control circuit || **~er Regelkreis** / higher-level control loop, outer control loop || **~er Schutz** / back-up protection || **~er Stromkreis** / superposed circuit || **~er Zyklus** / superimposed cycle || **~es Automatisierungssystem** / higher-level automation system || **~es Feld** / superposed field, harmonic field

Überlagerung *f* / superimposition *n*, superposition *n*, overstore *n*, override *n*, message collision || ⟰ *f* (LAN-Kollision) / collision *n* || ⟰ *f* (Programm) / overlay *n* || ⟰ **Motor Schnellauf** / override motor high speed || **elektromagnetische** ⟰ / electromagnetic interference || **Scheitelwert der** ⟰ (überlagerte Wechselspannung) / ripple amplitude || **Zeichnungs~** *f* (CLDATA-Wort) / overplot *n* ISO 3592

Überlagerungen *f pl* DIN 41745 / periodic and/or random deviations (PARD) || ⟰ *f pl* (Welligkeit, Oberschwingungen) / ripple *n*, harmonics *n pl* || **synchrone periodische** ⟰ DIN 41745 / synchronous periodic deviations || ⟰ **auf einer Gleichspannung** DIN 41745 / PARD on d.c. || ⟰ **auf einer Wechselspannung** DIN 41745 / PARD on a.c.

Überlagerungs·erkennung *f* / collision detect (CD) || ⟰**faktor** *m* DIN 41745 / relative harmonic amplitude || ⟰**faktor** *m* (Welligkeitsfaktor) / ripple factor || ⟰**frequenz** *f* / heterodyne frequency, beat frequency || ⟰**frequenzmesser** *m* / heterodyne frequency meter || ⟰**immunität** *f* / immunity to noise || ⟰**kanal** *m* / super-audio channel || ⟰**komponentenschutz** *m* IEC 50(448) / superimposed component protection || ⟰**permeabilität** *f* / incremental permeability || ⟰**prinzip** *n* / superposition principle || ⟰**prinzip** *n* (synthet. Prüfung) / injection method || ⟰**satz** *m* / superposition theorem, Laplace transformation || ⟰**schwingung** *f* / superposed oscillation, harmonic oscillation || ⟰**-Starter-Zündgerät** *n* / superimposed-pulse igniter || **Gleichstrom-⟰steuerung** *f* / d.c. bias control || ⟰**störung** *f* / heterodyne interference || ⟰**telegraphie** *f* / super-audio telegraphy || ⟰**übertragung** *f* / super-telephone transmission || ⟰**verfahren** *n* (zur Messung der Übertemperatur von Wechselstromwicklungen) VDE 0530, T.1 / superposition method IEC 34-1 || ⟰**-Zündgerät** *n* / superimposed-pulse ignitor

überlanger Spiralbohrer mit Morsekegelschaft / extra long Morse taper shank twist drill || **~ Spiralbohrer mit Zylinderschaft** / extra long parallel shank twist drill

überlappen *v* / overlap *v*, lap *v*

überlappend *adj* / cascade *adj*, overlapping || **dachziegelartig ~** / imbricated *adj*, interleaved *adj* || **~e Elektrode (Gate)** / overlapping gate || **~e Schaltglieder** / overlapping contacts || **~e Schaltglieder (Öffnen vor Schließen)** / open-before-close contact elements || **~e Schaltglieder (Schließen vor Öffnen)** / close-before-open contacts || **~e Verarbeitung** / concurrent processing, multitasking *n*, multijob operation || **~er Baustein** / overlapping block || **~er Vorwähler** / change-over selector || **~es Menü** / cascading menu

Überlappstoß *m* / overlapping joint, lap joint

überlappt, doppelt ~ / double-lapped *adj*, with double overlap || **einfach ~** / single-lapped *adj* || **halb ~** / with a lap of one half, half-lapped *adj* || **~e Spule** / lap coil || **~ geschichtet** / lapped-stacked *adj*, stacked with an overlap || **~ geschichtete Bleche** / overlapping laminations

Überlappung *f* / overlap *n*, overlapping *n*, lapping *n*, lap *n*, scale *n* || ⟰ *f* (Kontakte) / overlap *n*, overlapping *n* || ⟰ *f* (Kontakte, Öffner-vor-Schließer) / break-before-make arrangement (o. feature) || ⟰ *f* (Kontakte, Schließer-vor-Öffner) / make-before-break arrangement (o. feature) || ⟰ *f* / contention *n* || **Wechsler mit** ⟰ / make-before-break changeover contact (element) || **Wechsler ohne** ⟰ / break-before-make changeover contact (element)

Überlappungs·grad *m* / degree of overlapping || ⟰**punkt** *m* / crossover point || ⟰**schweißen** *n* / lap-welding *n* || ⟰**verzerrung** *f* / aliasing *n*, foldover distortion || ⟰**winkel** *m* (LE) / angle of overlap, overlap angle, commutation angle || ⟰**zeit** *f* (Wechsler eines Relais) / bridging time || ⟰**zeit** *f* (LE) VDE 0558 / overlap interval IEC 146

Überlassung *f* / supply *n*

Überlast *f* / overload *n* || ⟰**anzeige** *f* / overload display

Überlastauslöser *m* VDE 0660, T.101 / overload release IEC 157-1, thermal overload release, overload relay || ⟰ **mit Phasenausfallschutz** / phase-failure-sensitive overload release || **thermischer** ⟰ **mit Phasenausfallschutz** / phase-loss sensitive thermal overload release || **phasenausfallempfindlicher** ⟰ VDE 0660, T. 104 / phase failure sensitive overload release IEC 292-1 || **stromabhängig verzögerter** ⟰ / inverse-time delayed overload release || **stromabhängiger verzögerter** ⟰ / inverse-time delayed overload release

Überlast·auslösung *f* / overload tripping, tripping operation, overload trip || ⟰**barkeit** *f* / overload capability, overload capacity || ⟰**bereich** *m* / overrange *n*, overload range || ⟰**betrieb** *m* (bei Beanspruchung in Zuverlässigkeitsprüf) / operation at overstress || ⟰**dauer** *f* / overload duration

überlasten *v* / overload *v*

überlastet *adj* / overloaded *adj*

überlastfähig *adj* (überlastfähig, d.h. hohe Beschleunigungsreserve) / overload-capable

Überlast·fähigkeit *f* / overload capability || ⟰**faktor** *m* / overload factor || ⟰**faktor** *m* (el. Masch.) / service factor

überlastfest *adj* / overload withstand capability || **~er**

Überlast

Ausgang / overload-proof output
Überlast·festigkeit *f* / overload withstand capability, ability to withstand overload currents || **⌒festigkeit beim Schalten von Motoren** / ability to withstand motor switching overload currents || **Nachweis der ⌒festigkeit** / verification of ability to withstand overload currents || **⌒gerät** *n* / overload device || **⌒grenze** *f* (max. Eingangsgröße, die noch keine Zerstörung o. bleibende Veränderung hervorruft) / overrange limit || **⌒kennlinie** *f* / overload characteristic, overload curve || **⌒konzept** *n* / overload design || **schnelle ⌒korrektur** / active-power remedial action || **⌒kupplung** *f* / overload clutch || **⌒leistung** *f* / overload capacity || **nutzbare ⌒leistung** (Verbrennungsmot.) / overload effective output || **⌒-Leistungsschalter** *m* / overload circuit-breaker || **⌒moment** *n* / peak-load torque || **⌒prüfung** *f* / overload test
Überlastrelais *n* / overload relay, thermal electrical relay || **magnetisches ⌒** / magnetic overload relay || **phasenausfallempfindliches ⌒** VDE 0660,T.104 / phase failure sensitive thermal overload relay IEC 292-1 || **⌒ mit Phasenausfallschutz** / phase-failure-sensitive thermal overload relay || **thermisches ⌒ mit Phasenausfallschutz** / phase-loss sensitive thermal overload relay || **⌒ mit teilweiser Gedächtnisfunktion** / thermal electrical relay with partial memory function || **⌒ mit vollständiger Gedächtnisfunktion** / thermal electrical relay with total memory || **⌒funktion** *f* / overload relay function
Überlast·schalter *m* / cutout *n* || **⌒schaltvermögen** *n* / overload performance || **Nachweis des ⌒schaltvermögens** / verification of overload performance || **⌒schutz** *m* (Schutzschaltung. Bei Überlastbedingungen darf am Netzgerät kein Fehler auftreten.) / overload protection || **⌒schutz** *m* VDE 0532,T.30 / overcurrent blocking device IEC 214 || **⌒schutz** *m* (Relaiseinheit) / overload relay || **⌒schutz** *m* / overrange protection || **⌒schutzeinrichtung** *f* / overload protection system || **⌒-Schutzeinrichtung** *f* / overload protective device || **⌒-Schutzorgan** *n* / overload protective device || **⌒schutzsystem** *n* / overload protection system || **Leitungs-⌒schutzsystem** *f* / feeder overload protection system || **⌒sicherung** *f* / overload protection || **⌒störung** *f* / overload fault || **⌒strom** *m* / overload current || **⌒strom-Profil** *n* / overload current profile || **⌒- und Kurzschlussschutz** *m* (Gerät) / overload and short-circuit protection unit
Überlastung *f* / overloading *n*, overload *n*
Überlastungs·diagramm *n* / overload diagram || **⌒faktor** *m* (z.B. eines Messempfängers) IEC 50 (161) / overload factor || **⌒faktorschutz** *m* / overrange protection || **⌒faktorstromstoß** *m* (ESR-Elektrode) / fault current
Überlast·verhalten *n* / overload behavior || **⌒verhältnis** *n* / overload ratio || **⌒warnung** *f* / overload alarm
Überlauf *m* (Ü) / overflow *n* (OV) || **⌒ *m*** (Zeichenfolge) / overflow *n* || **⌒ *m*** / spillway *n* || **⌒ *m*** (Überfahren) / overshoot *n*, overtravel *n* || **⌒ (OV)** *m* (Bit im Statuswort) / overflow *n* || **⌒anzeige** *f* (SPS) / overflow condition code, overflow bit || **⌒anzeige** *f* (MG) / overrange indication, off-scale indication || **speichernde ⌒anzeige** / latching overflow bit || **⌒bit** *n* / overrange bit || **⌒-Durchflussmesser** *m* / weir-type flowmeter
überlaufen *v* (Programmteil) / skip *v*
Überlauf·fehler *m* (MPU) / overrun error (OK) || **⌒kammer** *f* / overflow compartment || **⌒kanal** *m* / spillway *n* || **⌒kante** *f* / oil retainer || **⌒kessel** *m* / overflow tank, spill tank || **⌒platz** *m* / overflow position || **⌒rohr** *n* / overflow pipe || **⌒sperre** *f* (Trafo-Stufenschalter) / (timed) overrun block || **⌒ventil** *n* / overflow valve, bypass valve || **⌒verarbeitung** *f* / overflow processing || **⌒warnung** *f* / overrun warning || **⌒weg** *m* / overshoot *n*, overshooting *n*, excursion *n*
Überlebens·wahrscheinlichkeit *f* IEC 50(191) / reliability *n* || **⌒wahrscheinlichkeit** *f* (Zuv.) DIN 40042 / probability of survival, survival probability || **⌒wahrscheinlichkeitsverteilung** *f* / survival probability distribution
Überleistung *f* (Verbrennungsmot.) / marginal output
überlesen *v* (Satz, Wort) / skip *v*
Überlesen, wahlloses ⌒ (CLDATA-Wort) / optional skip ISO 3592 || **Satz~** *n* / optional block skip, block skip, block delete
überlistbar *adj* / can be defeated || **~** *adj* (Personenschutzeinrichtungen müssen so konstruiert sein, dass sie durch Manipulation nicht wirkungslos (überlistbar) gemacht werden können) / defeatable *adj*
Überlistungs·schutz *m* (Schutz vor unerlaubter Bedienung von Maschinen, z. B. Zweihandauslösegerät) / out smart protection *n* || **~sicher** *adj* / tamper-proof *adj*
Übermaß / amount of oversize || **⌒ *n*** (Bearbeitung) / oversize *n* || **⌒ *n*** (Passung) DIN 7182, T.1 / interference *n* || **bezogenes ⌒** / specific interference || **Lagerschalen-⌒** *n* / crush *n*, crush height
übermäßig *adj* / excessive *adj* || **~e Linsendicke** *f* (Linsendicke ist größer als der Sollwert) / excessive nugget thickness || **~es Klaffen** *n* / excessive sheet separation
Übermaßpassung *f* / interference fit
Übermenge *f* / superset *n*
Übermetallisierung *f* DIN 40804 / overplate *n*
übermitteln *v* / transfer *n* || **⌒ von Daten** / communication of data
Übermittlung *f* / transfer *n* || **⌒ von Protokolldateneinheit der Transportschicht** / transport protocol data unit transfer (TPDU transfer)
Übermittlungs·abschnitt *m* DIN 44302 / data link || **⌒abschnitt mit gleichberechtigter Steuerung** DIN ISO 3309 / balanced data link || **⌒abschnitt mit zentraler Steuerung** DIN ISO 3309 / unbalanced data link || **⌒abschnittsbündel** *n* / multilink *n* || **⌒adresse** *f* / transfer address || **⌒dienst** *m* (DIN V 44302-2 E DIN IEC 1 CO 1324-716) / bearer service || **⌒einheit** *f* (Modem) / modem *n*, data set || **⌒fehlerwahrscheinlichkeit** *f* / residual error probability (telecontrol) || **⌒protokoll** *n* / link protocol || **⌒rate** *f* / transfer rate || **⌒satz** *m* / transfer set (TS) || **⌒satz-Dateneinheit** *n* / transfer set data unit (TSDU) || **⌒system** *n* / communication system || **⌒vorschrift** *f* DIN 44302 / link protocol || **⌒zeit** *f* / transfer time (telecontrol)
Übermodulation *f* / overmodulation *n*
Übernahme *f* / accept *n* || **Strom~** *f* (u. Kommutierung bei einer Gasentladung) / commutation *n* || **⌒ der Information** / acceptance of information, transfer

of information || ≈ **durch den Kunden** / taking over by customer, acceptance by customer || ≈ **Element** / accept element || ≈ **in Editor** / transfer to editor || ≈**relais** *n* / transfer relais || ≈**-Softkey** *m* / accept soft key || ≈**station** *f* / transfer station || ≈**strom** *m* VDE 0660,T.101 / take-over current IEC 157-1 || ≈**strom** *m* (Gasentladungsröhre) / transfer current || ≈**taste** *f* / INSERT key, enter key || ≈**zeit** *f* (Gasentladung) / transfer time
übernehmen *v* / accept *v*, apply *v*, update *v*, take over *v* || **Daten** ~ / accept data || **Steuerung** ~ DIN IEC 625 / receive control, take control
Überordnung *f* / superordination *n*
überprüfbare Angaben / auditable data
überprüfen *v* / review *v*, ensure *v*, inspect *v*
Überprüfung *f* / check test, review *n*, check *n*, inspection *n*, examination *n*, checking *n* || ≈ **auf Einhaltung des Terminplanes** / progressing, surveillance of schedules || ≈ **auf Vollständigkeit** *f* / checking completeness || ≈ **der Komplettierung** / check for completeness || ≈ **der Konstruktion** / design review || **endgültige** ≈ **(einer Anlage)** / precommissioning checks || ≈ **durch die Unternehmungsführung** / management audit
Überprüfungen vor der Inbetriebnahme / precommissioning checks
Überprüfungsfunktion *f* / check function
Überrahmen *m* / bin *n* || ≈ *m* / mounting rack, rack *n*
überregional *adj* / supra-regional *adj* || ~**es Netz** / supraregional network
Überreichweite *f* (Schutz) / overreach *n*, overreaching *n*, transient overreach
Überrollstrecken-Randbefeuerung *f* / overrun edge lighting (ORE)
Überschall *m* / ultrasound *n* || ≈**-Durchflussmesser** *m* / ultrasonic flow meter
Überschalt-Drosselspule *f* / transition reactor IEC 214, transition inductor, bridging inductor, bridging reactor, centre-tapped reactor
Überschalten *n* / transfer *n*, load transfer || ≈ *n* (Bahn) / transition control
Überschalt·impedanz *f* / transition impedance IEC 76-3, bridging impedance || ≈**schütz** *n* / transition contactor || ≈**transformator** *m* / preventative autotransformer
Überschaltung *f* / transfer *n*, load transfer
Überschalt·widerstand *m* / transition resistance, transition resistor, transfer resistor, bridging impedance || ≈**zeit** *f* / transition time, transition period, transfer time
überschaubar *adj* / manageable *adj* || ~**e Anordnung** / clear layout, easily traceable arrangement
Überschießen *n* / overshoot *n*
Überschlag *m* / flash-arc *n*, Rocky-Point effect, vehicle rollover || ≈ *m* (in gasförmigem oder flüssigen Dielektrika) / sparkover *n* || ≈ *m* (an der Oberfläche eines Dielektrikums in gasförmigen oder flüssigen Medien) / flashover *n* || **rückwärtiger** ≈ / back flashover || ≈**-Blitzstoßspannung** *f* / lightning-impulse flashover voltage || **50%-≈-Blitzstoßspannung, trocken** / 50% dry lightning impulse flashover voltage
Überschläge *m pl* (Mikrowellenröhre) / arcing *n*
Überschlag·feldstärke *f* / dielectric strength, electric strength || ≈**festigkeit** *f* / dielectric strength, electric strength || ≈**prüfung** *f* / flashover test || ≈**-Schaltstoßspannung** *f* / switching impulse flashover voltage || **50%-≈-Schaltstoßspannung, trocken** / 50% dry switching impulse flashover voltage || **50%-≈-Schaltstoßspannung unter Regen** / 50% wet switching impulse flashover voltage || ≈**spannung** *f* / flashover voltage, sparkover voltage, arc-over voltage || **50%-≈spannung** *f* / 50% flashover voltage || ≈**strom** *m* / flashover current || ≈**wahrscheinlichkeit** *f* / flashover probability || ≈**-Wechselspannung** *f* / power-frequency flashover voltage || ≈**-Wechselspannung, trocken** / dry power-frequency flashover voltage || ≈**-Wechselspannung unter Regen** / wet power-frequency flashover voltage
Überschleif·abstand *m* / rounding clearance, approximate distance || ≈**bereich** *m* / rounding area
überschleifen *v* / resurface by grinding, true by grinding, true *v*
Überschleifen *n* / smoothing *n*, approximate positioning, corner rounding, blending *n* || **weiches** ≈ / soft approximate positioning
überschleifender Befehl / superimposed command
Überschleifsatz *m* / approximate positioning block
überschneiden *v* / overlap *v* || ~**de Kontaktgabe** / overlapping contacting || **~de Kontaktgabe (Schließer-vor-Öffner)** / make-before-break contacting, make-before-break feature
Überschneider *m* / make-before-break contact
Überschneidung *f* / make-before-break, overlap *n*, overlapping *n* || ≈ *f* (Kontakte) / contention *n* || ≈ **der Kennlinie** / crossing of the characteristics
überschreiben *v* / overwrite *v* || ≈ *n* / overwriting *n*
Überschreib·maske *f* / overwrite mask || ≈**modus** *m* (Textverarb.) / write-over mode || ≈**-Modus** *m* / overwrite mode
Überschreibung *f* / overwriting *n*, overwrite *n*
Überschreibungsaufnahme *f* / overwritten exposure
überschreiten *v* / overshoot *v*, exceed *v* || ≈ *n* / overshooting *n*, excursion *n*
überschreitend *adj* / not within
Überschreitung *f* / overshooting *n*, overshoot *n*, excursion *n* || ≈ *f* (des Messbereichs) / overrange *n* || ≈ **der Überwachungszeit** / monitoring time overrange
Überschrift *f* / title *n*, headline *n*, page header || ≈ *f* (Netzwerk) / header *n* || **3D-≈** *f* / 3D title
Überschuss·elektron *n* / excess electron || ≈**energie** *f* / excess energy || ≈**ladungsträger** *m* / excess carrier || ≈**leistung** *f* / excess power || ≈**leitung** *f* (Elektronenleitung) / electron conduction || ≈**rauschleistung** *f* / excess noise power || ≈**rauschverhältnis** *n* / excess noise ratio || ≈**träger** *m* / excess carrier
überschweißbarer Fertigungsschutzanstrich / welding primer
Überschwingen *n* / overshoot *n*, overswing *n* || ~ *v* / overshoot *v*
Überschwinger *m* / overshoot *n*
Überschwing·faktor *m* (Schwingung) / amplitude factor || ≈**faktor** *m* (Verstärker) / overshoot factor
überschwingfrei *adj* / overshoot-free *adj* || ~**es Einfahren** / approach movement without overshoot
Überschwing·spannung *f* / voltage overswing || ≈**sperre** *f* / anti-overshoot device

Überschwingung f / overshoot n
überschwingungs·frei adj / dead-beat adj
Überschwing·weite f / overshoot n, overshoot amplitude || ⁓**winkel** m (Schrittmot.) / overshoot angle || ⁓**zeit** f / overshoot time
Übersee f / overseas n
übersetzen v (Programm) / compile v || ~ v (DV) / translate v
Übersetzer m / translator n || ⁓ m (Rechnersystem) / compiler n
Übersetzung f / compilation n, ratio n, translation n, transfer ratio, transmission ratio || ⁓ f (Strom- u. Spannungswandler) / actual transformation ratio IEC 50(321) || ⁓ f (Getriebe) / speed-transforming gear, speed-transforming transmission || ⁓ f (Verhältnis, Getriebe) / mechanical advantage || ⁓ f (Verhältnis) / mechanical advantage || ⁓ **auf den Anzapfungen** / voltage ratio corresponding to lappings || ⁓ **ins Langsame** / speed reduction, gearing down || ⁓ **ins Schnelle** / gearing up || **Anzapfungs~** f / tapping voltage ratio
Übersetzungs·anteil Nenner / speed ratio component denominator || ⁓**anteil Zähler** / speed ratio component numerator || ⁓**anweisung** f / directive n || ⁓**faktor** m (Gleichstromumrichter) / transfer factor || ⁓**faktor eines Gleichrichters** / transfer factor of a d.c. convertor || ⁓**fehler** m (Wandler) / ratio error || ⁓**getriebe** n / speed-transforming gear, speed-transforming transmission, transmission gearing || ⁓**getriebe ins Langsame** / speed reducer, step-down gearing || ⁓**getriebe ins Schnelle** / speed-increasing gear unit, step-up gearing || ⁓**korrekturfaktor** m / ratio correction factor (RCF) || ⁓**liste** f / compiler list || ⁓**messer** m / ratiometer n || ⁓**nachbereitung** f / post-translating n, post-translate n || ⁓**parameter** n / speed ratio parameter || ⁓**programm** n / compiler n || ⁓**rad** n / gear wheel || ⁓**rechner** m / source computer || ⁓**stufe** f (Kfz-Getriebe) / gear step, transmission step || ⁓**tafel** f (f. Adressenseiten) / address paging table, address mapping table || ⁓**verhältnis** n / transformation ratio, ratio n || ⁓**verhältnis** n (kapazitiver Spannungsteiler) / voltage ratio || ⁓**verhältnis** n (Getriebe) / transmission ratio, gear ratio, speed ratio, ratio n || ⁓**verhältnis** n (Kraftgewinn) / mechanical advantage || ⁓**verhältnis Eins** / one-to-one ratio || ⁓**vorbereitung** f / pre-translate n, pre-translating n
Übersicht f / overview n, survey n, summary n || ⁓ f (ÜB, UEB) / overview n || ⁓ f (Ansicht im CFC, in der alle Blätter eines Teilplans dargestellt werden) / overview n || ⁓ / block diagram, survey diagram (Rev.) IEC 113-1 || ⁓ **über Abweichungen** / Overview of Nonconformances || ⁓ **über Beobachtungen** / Overview of Observations || ⁓ **zu Verantwortungen, Zuständigkeiten und Maßnahmen zur Qualitätssicherung (VZM)** / Overview of Responsibilities, Authorities and Measures for Assuring Quality (RAM Overview) || **allgemeine** ⁓ / general overview
übersichtlich adj / clear adj || **~e Anordnung** / straightforward arrangement, easily traceable arrangement || **~er Aufbau** / well-designed components
Übersichtlichkeit f / transparency n, clearness n

Übersichts·bild n / network overview map, system overview display, synopsis n || ⁓**bild** n (Prozessmonitor) / overview display || ⁓**darstellung** f / overview representation || ⁓**diagnose** f / summary diagnostics || ⁓**feld** n (Programmiergerät) / graphics field || ⁓**feld** n (Prozessmonitor) / overview field || ⁓**karte** f / general map || ⁓**plan** m / layout plan, general plan, block diagram, outline diagram, survey diagram (Rev.) IEC 113-1, overview diagram || ⁓**schaltbild** n (einpolige Darstellung) / one-line diagram, single-line diagram || ⁓**schaltbild** n (Blockschaltbild) / block diagram || ⁓**schaltplan** m / block diagram, survey diagram (Rev.) IEC 113-1, single line diagram, schematic circuit diagram
Überspannung f / overvoltage n, overpotential n, surge n || **äußere** ⁓ (transiente Ü. in einem Netz infolge einer Blitzentladung oder eines elektromagnetischen Induktionsvorgangs) / external overvoltage || ⁓ **einer Kondensatorbatterie** VDE 0670,T.3 / capacitor bank overvoltage IEC 265 || ⁓ **zum Sternpunkt einer Kondensatorbatterie** VDE 0670,T.3 / capacitor bank overvoltage to neutral point IEC 265 || ⁓ **zwischen den Leitern einer Kondensatorbatterie** VDE 0670,T.3 / capacitor bank overvoltage between lines IEC 265
Überspannungs·ableiter m / lightning arrester, surge voltage protector (SVP), surge diverter, surge arrester, overvoltage arrestor || ⁓**abschaltung** f (Schutzfunktion des Umrichters oder Wechselrichters, indem bei Erreichen der höchstzulässigen Zwischenkreisspannung ein Abschaltbefehl mit Impulssperre generiert wird) / overvoltage trip || ⁓**auslöser** m / overvoltage release || ⁓**begrenzer** m / overvoltage limiter, surge limiter, surge voltage protector (SVP), surge absorber, surge diverter, surge suppressor || ⁓**begrenzung** f / surge suppression || ⁓**begrenzungsmodul** n / surge suppression module || ⁓**beschaltung** f / suppressor circuit || **Eingangs~energie** f / supply transient energy IEC 411-3 || ⁓**faktor** m / overvoltage factor || ⁓**festigkeit** f / overvoltage strength || ⁓**grenzwert** m / V_{dc}-max controller active || ⁓**kategorie** f / overvoltage category || ⁓**relais** n / overvoltage relay || ⁓**rücksteuerung** f / high voltage reversal || ⁓**schutz** m / ESD protection, overvoltage arrester || ⁓**schutz** m (Vorrichtung) / surge suppressor, overvoltage protector || ⁓**schutzadapter** m / surge protection adapter || ⁓**schutzbaugruppe** f / overvoltage protection module || ⁓**schutzbeschaltung** f / suppressor circuit, surge suppressor, snubber n (circuit), surge suppressor || ⁓**schutzdiode** f / surge protection diode || ⁓**schutzeinrichtung** f / overvoltage protection device || ⁓**schutzgerät** n / surge suppressor || ⁓**schutzgleichrichter** m / semiconductor overvoltage protector || ⁓**schutzkondensator** m / surge capacitor || ⁓**schutzmodul** n / overvoltage protection module || ⁓**schutzvorrichtung** f (Kondensator) / overvoltage protector || ⁓**schutzvorrichtung eines Kondensators** / overvoltage protector of a capacitor || ⁓**sicherheit** f / impulse strength, surge strength || ⁓**sicherung** f / breakdown fuse || ⁓**sperre** f / overvoltage blocking device (o. unit) ||

⌂überwachung *f* / overvoltage monitoring || ⌂-**Wanderwelle** *f* / travelling surge
überspeichern *v* / overstore *v*, override *v*
Überspeichern *n* / overstoring *n*, superimposition *n* (of functions), message collision, collision *n* || **erweitertes** ⌂ / extended overstore || ⌂ **der Drehzahl** / spindle override, spindle speed override
Überspeicherung *f* / overstoring *n*
überspielen *v* (auf Datenträger) / transcribe *v*
Überspinnung *f* / braiding *n*
Übersprech·dämpfung *f* / crosstalk attenuation, interchannel isolation || ⌂**en** *n* / crosstalk *n* || ⌂-**Güteziffer** *f* / crosstalk figure of merit || ⌂**kopplung** *f* / crosstalk coupling || ⌂**überwachung** *f* / crosstalk monitoring
Überspringbefehl *m* / skip instruction, blank instruction
überspringen *v* (Programmteil, Befehl) / skip *v* || ⌂ **der Funken** / sparking over || **~de Brückung** / skipping several terminals
Übersprung, Kolonnen~ *m* / column skip
Überstaffelung *f* (Schutz) / overreach grading, extended zone grading
Überstand *m* / projection *n*, get over *n*, protrusion *n* || ⌂ *m* (Maßhilfslinie) / overshoot *n*
überstehender Glimmer / proud mica, high mica || ~ **Metallwinkel** (Bürste) / cantilever top
Übersteiger *m* (Spule) / cranked strand, cranked coil
Übersteuerbereich *m* / overrange *n*
übersteuern *v* / override *v* || ~ *v* (Verstärker) / overdrive *v*
Übersteuern, manuelles ⌂ **der automatischen Funktionen** / manual overriding of automatic control function
Übersteuerschutz *m* / overdrive protection
Übersteuerung *f* / overload *n* || ⌂ *f* (Überlastbarkeit) / overload capability
Übersteuerungs·anzeige *f* / overload detector || ⌂**bereich** *m* / overrange *n* || ⌂**sollwert** *m* / bias *n* || ⌂**verzerrung** *f* (bei Quantisierung) / overload distortion
Überstrahlung *f* / cross-illumination
überstreichen *v* (Text) / overscore *v*
Überstrom *m* / overcurrent *n*, excess current || ⌂ *m* DIN 41786 / overload on-state current, overload current || ⌂ *m* (Diode) DIN 41781 / overload forward current, overload current || **Einschalt~** *m* (Kondensator) / inrush transient current || ⌂**ableiter** *m* / overcurrent diverter, current arrester (US) || ⌂**abschaltung** *f* / overcurrent switch off || ⌂**anregerelais** *n* / overcurrent starting relay || ⌂**anregung** *f* / overcurrent starting || ⌂**auslöser** *m* VDE 0660,T.101 / overcurrent trip || **unverzögerter** ⌂**auslöser mit Einschaltverriegelung** / instantaneous overcurrent release with lock-out device preventing closing || ⌂**auslöser, unabhängig verzögert, mit Einschaltverriegelung, Pol x/x** / definite time-delay overcurrent release with lock-out device preventing closing, pole x/x || ⌂**auslösesystem** *n* / overcurrent trip system || ⌂**auslösung** *f* / opening by overcurrent release, overcurrent tripping, overcurrent release || ⌂**begrenzung** *f* / overcurrent limit || ⌂-**Begrenzungsfaktor** *m* / overcurrent limiting factor || ⌂**belastbarkeit** *f* / overcurrent capability, overload capability || ⌂**erfassung** *f* / overcurrent detection || ⌂**faktor** *f* / overcurrent factor, rated accuracy limit factor, saturation factor
Überströmkanal *m* / overflow passage
Überstrom·-Kennziffer *f* / overcurrent factor, rated accuracy limit factor, saturation factor || ⌂**klasse** *f* / overcurrent class || ⌂**messung** *f* / overcurrent measurement || ⌂**relais** *n* / overcurrent relay, excess-current relay || ⌂**relais für Schweranlauf** / overcurrent relay for heavy starting, restrained overcurrent relay || ⌂**relais mit Phasenausfallschutz** / overcurrent and phase-failure protection relay, overcurrent relay with phase-failure protection || ⌂**relaismeldung** *f* / overcurrent relay signal || ⌂-**Richtungsrelais** *n* / directional overcurrent relay || **kombinierter** ⌂-**Rückleistungsschutz** / combined overcurrent and reverse-power protection (unit o. equipment) || ⌂**schalter** *m* (Hauptschalter zum Trennen von Bahnmotoren bei Überstrom) / line circuit breaker, line breaker || ⌂**schnellauslöser** *m* / high-speed overcurrent trip, instantaneous overcurrent release || ⌂-**Schnellauslösung** *f* / instantaneous overcurrent tripping || ⌂-**Schnellrelais** *n* / instantaneous overcurrent relay, non-delayed overcurrent relay || ⌂**schutz** *m* / overcurrent protection (OCP) || ⌂**schutz im Neutral** IEC 50 (448) / neutral overcurrent protection, ground overcurrent protection (USA) || ⌂-**Schutzeinrichtung** *f* / overcurrent protective device || **Koordination von** ⌂**schutzeinrichtungen** / overcurrent protective coordination of overcurrent protective devices || ⌂**schutzgerät** *n* / overcurrent protective device || ⌂**schutzkoordination** *f* / overcurrent protective coordination || ⌂-**Schutzorgan** *n* / overcurrent protective device || ⌂-**Schutzschalter** *m* / excess-current circuit-breaker || ⌂-**Sekundärrelais** *n* / overcurrent secondary relay, secondary-type overcurrent relay || ⌂**selektivität** *f* / overcurrent discrimination || ⌂**sperre** *f* / overcurrent lock-out || ⌂**sperre** *f* (Trafo-Stufenschalter) HD 367 / overcurrent blocking device IEC 214 || ⌂**überwachung** *f* VDE 0100, T.200 / overcurrent detection
Überströmventil *n* / relief valve, overflow regulator
Überstrom·verhalten *n* / overcurrent characteristics, overload performance, behaviour under overcurrents || ⌂-**Zeitrelais** *n* / time-overcurrent relay, overcurrent-time-lag relay || ⌂-**Zeitschutz** *m* / time-overcurrent protection, overcurrent-time protection, time-overcurrent *n* || ⌂**zeitschutz/ Überlastschutz** *m* / overcurrent and overload relay || ⌂**ziffer** *f* (Wandler) / overcurrent factor, rated accuracy limit factor, saturation factor
Überstunden-Übertrag *m* / overtime hours carryover
übersynchron *adj* / oversynchronous *adj*, supersynchronous *adj*, hypersynchronous *adj* || **~e Bremsung** / oversynchronous braking || **~e Stromrichterkaskade** / oversynchronous static converter cascade, supersynchronous thyristor Scherbius system
Übertakten *n* / overclocking *n*
Überteilung *f* / scale divisions in excess of maximum capacity
Übertemperatur *f* (Erwärmung) / temperature rise || ⌂ *f* / overtemperature *n*, excess temperature, overheating *n* || ⌂ **des Gehäuses** (Kondensator)

Übertrag

VDE 0560,4 / container temperature rise IEC 70 || ⁓**schutz** m / overtemperature protection, thermal protection, OTP n, protection against overtemperature, thermal protective device || ⁓**sicherung** f / thermal cutoff fuse (fuse used to switch off a device after excession of a critical temperature)

Übertrag m (Zähler) / carry n (CY), carry over || ⁓ **rückwärts** / carry down || ⁓ **vorwärts** / carry up || **Parallel~** m / carry lookahead || **Überstunden-**⁓ m / overtime hours carry-over

übertragbar·e Leistung / transmittable power, power capacity || **~e Leistung** (Kabel) EN 60966-1 / power rating IEC 966-1 || **~e Zeit** / carry-over hours || **~es Drehmoment** / transmittable torque, torque capacity

Übertragbarkeit f (Drehmoment) / transmissibility n, transferability n || ⁓ f (Programme) / portability n

übertragen v / transfer v, transmit v, delegate v || ⁓ **von Daten** / transmission of data || **Wärme ~** / transfer heat, transmit heat || **~er Jitter** / transferred jitter || **~er Lichtbogen** / transferred arc || **~es Drehmoment** / transmitted torque, running torque

Übertrager m / transformer n || ⁓ m (Übersetzungsverhältnis Eins) / one-to-one transformer || ⁓ m (Telefon) / repeating coil || ⁓**baugruppe** f (Impulsübertragerb.) / gate (o. trigger) pulse transformer subassembly || ⁓**brücke** f / transformer bridge || ⁓**drossel** f (Erdungsd.) / earthing reactor, grounding reactor || ⁓**kern** m / transformer core || ⁓**kopplung** f / transformer coupling

Übertrags·ausgang m / carry-out output, ripple-carry output || ⁓**eingang** m / carry-in input || ⁓**generator** m (binäres Schaltelement) / lookahead carry generator

Übertragung f / transmission n, download n, transfer n || ⁓ **auf Abfrage** / transmission on demand || ⁓ **elektrischer Energie** / transmission of electrical energy, transmission of electricity || ⁓ **mit Empfangsbestätigung** / transmission with decision feedback || ⁓ **mit Schnittstelle** / transfer with interface || ⁓ **PLC-Bedientafel** / PLC-operator panel transfer (POT) || ⁓ **von Zustandsänderungen in Abhängigkeit ihrer Priorität** / transmission of change-of-state information in order of priority || **aktive** ⁓ DIN IEC 625 / active transfer || **gesicherte** ⁓ / secured transmission, safe data exchange, transmission with error detection and correction || **stoßweise** ⁓ / burst transmission || **parallele** ⁓ / parallel transmission || **ungesicherte** ⁓ / unsecured transmission

Übertragungs·abbild n / transmission image || ⁓**abschnitt** m / transmission link || ⁓**admittanz** f / transfer admittance, transadmittance n || ⁓**admittanz rückwärts** / reverse transfer admittance || ⁓**admittanz vorwärts** / forward transfer admittance || **Kurzschluss-**⁓**admittanz** f / short-circuit transfer admittance || ⁓**adresse** f / transfer address || ⁓**art** f / transmission mode, transmission method || ⁓**aufforderung** f / transmit request || ⁓**bedingung** f / transfer condition || ⁓**beiwert** m (Messtechnik) / transfer coefficient || ⁓**bereich** m (Verstärker) / output range (amplifier) || ⁓**bereitschaft** f / ready for data || ⁓**bereitschaftszeichen** n / ready for data signal ||
⁓**betriebsart** f / transmission initiating mode || ⁓**block** m / transmission frame || ⁓**dämpfung** f (LWL-Verbindung) / transmission loss || ⁓**dämpfungsmaß** n / transmission loss (attenuation of a signal between the two ends of a link) || ⁓**dämpfungsmaß des Strahlenwegs** / ray path transmission loss || ⁓**diagramm** n / transfer diagram || ⁓**dichte** f (LWL-Verbindung) / transmittance density || ⁓**distanz** f / transmission distance || ⁓**effizienz** f / transmission efficiency || ⁓**eigenschaft** f / characteristic of linkage || ⁓**eigenschaften** f pl / quality of transmission, transformation characteristics, transfer characteristics || ⁓**einbuße** f / transmission penalty || ⁓**einrichtung für Störungsmeldungen** EN 54 / fault warning routing equipment || ⁓**einrichtungen für Brandmelder** / fire alarm routing equipment || ⁓**element** n / transmission element || ⁓**ende** n / end of transmission (EOT) || ⁓**endesignal** n / end-of-transmission signal || ⁓**endezeichen** n / end of transmission character || ⁓**engpässe** / transmission constraints || ⁓**engpass-Management** n / transmission congestion management (TCM), TNA - Transmission Congestion Management (TMTCM)

Übertragungs·fähigkeit f (einer Netzverbindung) / transmission capacity (of a link) || ⁓**faktor** m / gain factor || ⁓**faktor** m (Übertragungsfunktion mit 2 dimensionsgleichen Signalen) / transfer ratio IEC 50(131) || ⁓**faktor** m (Wellenleiter) / transmission coefficient || ⁓**faktor** m (Übertragungsmaß, Verhältnis Eingangsspannung/Ausgangsspannung o. -strom) / gain n || ⁓**faktor im diffusen Feld** DIN IEC 651 / diffuse-field sensitivity || ⁓**fehler** m / transmission error || ⁓**fehler** m (Wandler) / transformation error || ⁓**format** n / (data) transfer format, transmission format || ⁓**fortschritt** m / progress of transfer || ⁓**-Freileitung** f / overhead power transmission line || ⁓**-Frequenzgang** m / frequency response || ⁓**funktion** f / transfer function, transition function || ⁓**funktion des offenen Regelkreises** / open-loop transfer function || ⁓**geschwindigkeit** f / data signalling rate, transmission speed, transmission rate, signalling rate, line speed || ⁓**geschwindigkeit** f (in Bit, Baud) / bit rate, baud rate || **Daten-**⁓**geschwindigkeit** f / data rate, data signalling rate || ⁓**geschwindigkeitsgeber** m / rate generator || ⁓**gestänge** n / transmission linkage || ⁓**glied** n / transfer element, transmission element, force transmission component || ⁓**glied mit Verzögerungsverhalten** (VZ-Glied) / PT element || **mechanisches** ⁓**glied** / transmission element || ⁓**güte** f / transmission performance, transmission quality

Übertragungs·immitanz f / transfer immittance (transfer impedance or transfer admittance) || ⁓**impedanz** f / transfer impedance || ⁓**kabel** n / transmission cable || ⁓**kanal** m / transmission channel, channel n || ⁓**kennlinie** f / transfer characteristic, mutual characteristic || ⁓**kennlinie** f (Beleuchtungsstärke/Signalstrom) / light signal transfer characteristic || ⁓**kennwert** m (Verstärker) / transfer characteristic || ⁓**koeffizient** m (Transistor, s-Parameter) / s-parameter n || ⁓**konflikt** m / transmission conflict || ⁓**konstante** f / proportional gain, proportional coefficient ||

⁓kosten *plt* / transmission costs || ⁓länge *f* / transmission length || ⁓-Leistungsverstärkung *f* / transducer gain || ⁓leitung *f* / pressure line, line || ⁓leitung *f* (DÜ) / transmission line, data line, data transmission line || ⁓leitung *f* (Energieübertragung) / transmission line || gasisolierte ⁓leitung / gas-insulated line (GIL) || ⁓liste *f* / transmission list || ⁓maß *n* / gain *n*, DIN IEC 651 transfer constant, transmission factor || ⁓maß *n* (Frequenzgang) / frequency response || ⁓medium *n* DIN ISO 7498 / physical medium, medium *n*, transmission medium || ⁓mittel *n* / transmission medium || **mechanisches ⁓element** / mechanical transmission element

Übertragungs·netz *n* / transmission network, transmission system || ⁓netz *n* (Kommunikationsnetz) / communications network || ⁓pfeil *m* / transfer arrow || ⁓physik *f* / physical characteristics || ⁓protokoll *n* / transmission protocol, line protocol, communication protocol || ⁓prozedur *f* / line procedure, transmission method, transmission procedure || ⁓qualität *f* (Kommunikationsnetz) / transmission performance || ⁓qualität *f* (Kontakte) / transfer quality || ⁓qualität *f* (Zuv.) / quality of transmission || ⁓rate *f* / transfer rate || ⁓rate *f* (in Baud, Bit) / baud rate, bit rate || ⁓ratensuche *f* / data transmission rate search || HGÜ-⁓regelung *f* / HVDC transmission control || ⁓reichweite *f* / transmission range || ⁓schicht *f* / physical link layer || ⁓schwelle *f* / transmission threshold || ⁓sicherheit *f* / transmission security, transmission reliability, transmission integrity || ⁓signal *n* DIN 19237 / transfer signal, transmission signal || ⁓spannung *f* / transmission voltage || ⁓speicher *m* / transmission memory || ⁓sperre (ÜS) *f* / block data transmission, transmission block, transmission interlock, block remote monitoring direction (block r.m.d.) || ⁓steilheit *f* / transconductance *n* || ⁓steuerung *f* / communications controller || ⁓steuerzeichen *n* / transmission control character || ⁓steuerzeichenfolge *f* (ÜSt-Zeichenfolge) DIN 44302 / supervisory sequence || ⁓strecke *f* / transmission path IEC 50(704) / transmission link, transmission length (bus system), data transmission link, physical link || ⁓strecke (Fernwirkstrecke) *f* / communication link || PCM-⁓strecke *f* / PCM transmission link, PCM link || ⁓syntax *f* / transfer syntax || ⁓system *n* / transmission system

Übertragungs·technik *f* / transmission technology || **Hochspannungs-Gleichstrom-⁓transformator** *m* (HGÜ-Transformator) / h.v.d.c. transmission transformer (HVDCT transformer) || ⁓überwachung *f* / transmission monitoring || ⁓- **und Verteilungsverluste** *m pl* (Netz) / transmission and distribution losses || ⁓ursache *f* (EN 60870-5-6) / cause of transmission || ⁓verfahren *n* / transmission method || ⁓verhalten *n* (Ansprech- o. Einstellverhalten) / response characteristic, response *n* || ⁓verhältnis *n* / characteristic of linkage || ⁓verhältnis *n* (LWL) / transmittance *n* IEC 50(731) || ⁓verluste *m pl* (Netz) / transmission losses, transmission and distribution losses, system losses || ⁓vorlage *f* (Fernkopierer) / document *n* (to be transmitted) || ⁓vorschriften *f pl* (f. Nachrichten) / (message) transfer conventions || ⁓weg *m* / transmission path || ⁓weg *m* (PMG) / communication path IEC 625, message route || ⁓weg *m* (FWT) / transmission route || ⁓wirkleitwert *m* / transconductance *n* || ⁓zeichenfolge *f* DIN 44302 / information message || ⁓zeit *f* / response transmit time, send transmit time, transmission delay, transmission time || ⁓zeit *f* (Kommunikationssystem) / transfer time interval, transit delay DIN ISO 8208, transmit delay || ⁓zeit T77 *f* / transit delay T77 || ⁓zeitauswahl und -anzeige *f* / transit delay selection and indication || ⁓zustand der Quelle DIN IEC 625 / source transfer state (STRS)

Übertrittspannung *f* / overspill *n* (voltage)

Über·- und Unter...relais / over-and-under...relay || ⁓- **und Unterspannungsrelais** *n* / over- and undervoltage relay || ⁓- **und Unterstromrelais** *n* / over- and undercurrent relay || ⁓- **und untersynchrone Scherbius-Kaskade** / double-range Scherbius system

Überverbrauchs·tarif *m* / load-rate tariff || ⁓werk *n* / load-rate meter element || ⁓zähler *m* / excess-energy meter, load-rate meter, load-rate credit meter

Überverbunderregung *f* / over-compounding *n*, over-compound excitation || **Generator mit ⁓** / overcompounded generator

überwachen *v* / monitor *v* || ⁓ *n* / monitoring *n*, supervision *n*, surveillance *n*, controlling *n*

überwacht·e Station / remote station || **~e Versorgungsschwankung** / monitored supply deviation || **~es Lernen** / supervised learning || **~es Regelsystem** / monitored control system

Überwachung *f* / monitoring *n* || ⁓ *f* (manuell oder automatisch ausgeführte Tätigkeit zur Beobachtung des Zustands einer Einheit) / watchdog *n* || ⁓ *f* / supervision *n* || ⁓ *f* (Beaufsichtigung) / surveillance *n*, supervision *n* || ⁓/Absteuerung *f* / command monitoring and termination, monitoring/termination, command monitoring and ination || ⁓ **der Linienautomaten** / line monitoring || ⁓ **der Qualitätssicherung des Lieferanten** / quality assurance surveillance || ⁓ **der Sicherheit** / supervision of safety || ⁓ **der Signalqualität** / signal quality detection || ⁓ **der Systemleistungsfähigkeit** / performance monitoring || ⁓ **der Unterlagen** / document control || ⁓ **der Wasserpegel und der Gewässerströmung** / lake level monitoring and flow calculations || ⁓ **und Absteuerung** / command monitoring and termination, monitoring/ termination, monitoring/ination || ⁓ **von Prüf- und Messmitteln** / control of inspection, measuring and test equipment || ⁓ **von Stempeln** / stamp control || **Ansprechen einer ⁓** / fault trip || **eichamtliche ⁓** / metrological surveillance || **Fehler~** *f* DIN 44302 / error control procedure || **Positions~** *f* / position alarm || **schriftlich belegte ⁓** / monitored || **Überstrom⁓** *f* VDE 0100, T.200 / overcurrent detection

Überwachungs·anlage *f* / supervisory equipment || ⁓art *f* / monitoring type || ⁓audit *n* / follow-up audit, monitoring audit || ⁓baugruppe *f* / watchdog module || ⁓baustein *m* / monitoring module || **Schutz- und ⁓belechtung** / safety

Überwachungs

lighting || ⁓**bereich** *m* / monitoring area, monitoring range || **Laser-⁓bereich** *m* / laser controlled area || **Regelung mit ⁓eingriff** / supervisory control || ⁓**einheit** *f* / monitoring unit || ⁓**einrichtung** *f* / monitoring equipment, monitoring device || **Isolations-⁓einrichtung** *f* VDE 0615, T.4 / insulation monitoring device || ⁓**feld** *n* / monitoring field || ⁓**fenster** *n* / monitoring window || ⁓**funktion** *f* / monitoring function || ⁓**gang** *m* / inspection gangway, inspection aisle || ⁓**gerät** *n* / monitoring hardware, monitoring device || **elektronisches ⁓gerät** / electronic monitoring equipment || **Überdruck-⁓gerät** *n* / high-pressure interlocking device || ⁓**grenze** *f* / monitoring threshold || ⁓**intervall** *n* / monitor interval || ⁓**kanal** *m* / monitoring channel || ⁓**komparator** *m* / monitoring comparator || ⁓**komponente** *f* / performance monitor || ⁓**kreis** *m* / monitoring circuit, protective circuit || ⁓**leiter** *m* (Schutz) / pilot wire || ⁓**logik** *f* / monitoring logic || ⁓**lupe** *f* / monitoring zoom || ⁓**meldung** *f* / monitoring information, monitored information || ⁓**modul** *n* / monitoring module || ⁓**nachweis** *m* / evidence of control || ⁓**ort** *m* / monitoring point, measuring point

Überwachungs·periode (Verrechnungsperiode) *f* / contractual period || ⁓**personal** *n* / supervisory staff || ⁓**programm** *n* / quick-alert monitoring program || ⁓**prozessor** *m* / supervisory processor || ⁓**rechner** *m* / supervisory computer || ⁓**relais** *n* / monitoring relay || ⁓**relais für elektrische Größen** / monitoring relay for electrical variables || ⁓**richtung** *f* (Übertragungsrichtung von einer Unterstation zur Zentralstation) / monitoring direction, process input, monitor direction || ⁓**schalter** *m* / monitoring switch || ⁓**schaltung** *f* / monitoring circuit || ⁓**schiene** *f* / monitoring bus || ⁓**schleife** *f* / monitoring loop || ⁓**signal** *n* / monitoring signal, supervisory signal || ⁓**stelle** *f* / inspection agency, location with monitoring master, monitoring point || ⁓**stufe** *f* (Schaltkreiselement) / monitoring element, monitor *n* || ⁓**system** *n* (FWT) / monitoring system, supervisory system || ⁓**takt** *m* / monitoring cycle, monitoring pulse || ⁓**temperatur** *f* / monitoring temperature || ⁓**- und Meldegerät** *n* / monitoring device and signaling unit || ⁓**- und Steuerprogramm** *n* / monitoring and control software || ⁓**verfahren** *n* / control system, monitoring procedure || ⁓**wert** *m* / monitoring value || ⁓**wort** *n* / monitoring word || ⁓**zähler** *m* (Läuft von einem eingestellten Wert) / monitoring counter || ⁓**zeichen** *n* / supervision symbol || ⁓**zeit** *f* (nach der eine nicht ausgeführte Anweisung eines Prozessführungssystems gemeldet wird) VDI/VDE 3695 / check time || ⁓**zeit** *f* (elST) DIN 19237 / monitoring time, check time || ⁓**zeitgeber** *m* / watchdog timer || ⁓**zustand** *m* / monitoring state

Überwärmung *f* / excessive temperature rise, overheating *n*

Überwuchs *m* / outgrowth *n*

Überwurf *m* (Schloss) / hasp *n* || ⁓**flansch** *m* / union flange, retaining flange

Überwurfmutter *f* / union nut, screwed cap, female union, box nut, cap nut, spigot nut, screwed nut, screw cap, screwed nut gland || **Kabelausgangs-⁓** *f* / outlet nut

überzähliger Stab (Stabwickl.) / odd bar
Überzeiten *n pl* / overtiming *n*
Überziehen, galvanisches ⁓ / electro-plating *n*, plating *n*
Überziehmuffe *f* / ferrule *n*
Überzug *m* (Anstrich) / coating *n*, topcoat *n*, finishing coat || ⁓ *m* (galvan.) / plating *n*, plate *n*, electrodeposit *n* || ⁓**lack** *m* / varnish *n*, finishing varnish
übliche gute Fertigungspraktiken *f* / current good manufacturing practices (CGMP)
U-Block *m* / unnumbered format frame (U frame)
übrige Federn gesetzt liefern / deliver other springs set || **~ ungesetzt liefern** / deliver other springs not set
U-Bügel *m* / U-bolt *n*, U-bracket *n*
Übungs- bzw. Prüfungsbetrieb *m* / practice or testing mode || ⁓**material** *n* / practice material
UCL / Unlock Copy License (UCL)
UCP-Verfahren *n* / UCP process
UCS-Farbtafel *f* / UCS diagram, uniform-chromaticity-scale diagram
U_d / direct voltage, V_d
UDDI (Universal Description Discovery and Integration) *f* / Universal Description Discovery and Integration (UDDI)
UDDS 505 / urban dynamometer driving schedule [EPA] 505 seconds (UDS)
UDE / UDE (Universal Development Environment)
UDM *n* / Universal Data Model (UDM)
U_d**max-Regelung** *f* / $V_d$max control
UDP / UDP (user datagram protocol) || ⁓**-Verbindung** *f* / UDP connection
UDT (anwenderdefinierte Datentypen) / UDT (user-defined data type)
UE (ungeregeltes Einspeisemodul) / OI (open-loop control infeed module)
UE (ungeregelte Einspeisung) / uncontrolled infeed
UEB (Übersicht) / overview *n*
U--Eisen / U-profile *n* || ⁓**-Element** *n* / U interface element, U input connector
UE-Modul *n* (ungeregeltes Einspeisemodul) / OI module (open-loop controlled infeed module)
UF (Feststelltaste) *f* / shift lock key (CAPS)
U/f-Begrenzung *f* (zur Vermeidung der Übermagnetisierung von Synchronmasch. u. Transformatoren) / volts per hertz limiter || ⁓**-Betrieb** *m* / U/f operation || ⁓**-gesteuerter Betrieb** / V/Hz-controlled operation
U-f-Kennlinie *f* / V/f characteristic
U/f-Kennlinie *f* / V/f curve, V/f characteristic || ⁓**-Kurve** *f* / V/f curve
UFR / UFR (User Frame: Zero offset)
U/f-Schutz *m* / U/f protection, overfluxing protection || ⁓**-Steuerung** *f* / V/f control *n* || **lineare ⁓-Steuerung** / linear V/f control || **parabolische ⁓-Steuerung** / parabolic V/f control || **quadratische ⁓-Steuerung** / quadratic V/f control
U-f-Wandler *m* / V/f converter
UGR (Untergrenze, untere Grenze) / lower limit, low limit
UGS / subgroup control (SGC)
UHR *f* / Universal High Resolution (UHR)
Uhr *f* / time-keeping instrument, clock *n*, watch *n*, real-time clock || **nachgehende ⁓** / slow clock || **netzsynchrone ⁓** / synchronous clock, synchronous motor clock

Uhren·anlage *f* / clock system || ~**gehäuse** *n* / clock case || ~**getriebe** *n* / clock gears, clockwork *n* || ~**linie** *f* / dial circuit, time circuit || ~**motor** *m* / time motor || ~**system** *n* / clock system || ~**tafel** *f* / clock board
U HRS / Universal High-Resolution Speed (U HRS)
Uhrwerk *n* / clockwork *n* || ~ **mit elektrischem Aufzug** / electrically wound clockwork || ~ **mit Handaufzug** / hand-wound clockwork || ~ **mit Pendelhemmung** / clockwork with pendulum escapement
Uhrzeigersinn *m* / clockwise direction, clockwise *n*, CW (clockwise) || **entgegen dem** ~ / anticlockwise *adj*, counter-clockwise *adj* || **gegen den** ~ / counter-clockwise *n* || **im** ~ / clockwise *adv* (CW), in the clockwise direction of rotation || **Kreisinterpolation im** ~ (NC-Wegbedingung) DIN 66025,T.2 / circular interpolation arc CW ISO 1056
Uhrzeigerstellung *f* / clock-hour position
Uhrzeit *f* / time *n*, time of day
uhrzeitabhängiges Zwangsabschalten / automatic time-dependent switch off
Uhrzeit·abweichung *f* / deviation of synchronous time || ~**alarm** *m* / real-time interrupt, time-of-day interrupt, clock interrupt, time-of-day interrupt || ~**alarm aktivieren** / activate time-of-day interrupt || **~alarmgesteuert** *adj* / timed-interrupt-driven || ~**alarm-OB** *m* / real-time interrupt OB || ~**anzeige** *f* / time-of-day display || ~**bildung** *f* / time-of-day generation || ~**einstellung** *f* / clock setting || ~**fahrung** *f* / clock control || ~**fehler** *m* / deviation of synchronous time || ~**format** *f* / time-of-day format || ~**führung** *f* / clock control || ~**geber** *m* / clock *n*, clock/calendar *n* || ~**genau** *adj* / for exact times || **~gesteuert** *adj* / real-time-controlled || ~**gültigkeitsbit** *n* / time validity bit || ~**master** *m* / time-of-day master (synchronizes the clock of time slaves) || ~**sender** *m* / time-of-day transmitter || ~**sender** *m* (Echtzeitübertragung) / real-time transmitter || ~**-Slave** *m* / slave clock (component with a clock that is synchronized by a time master) || ~**stelltelegramm** *n* / clock synchronization telegram || ~**stempelung** *f* / time-of-day stamp || ~**synchronisation** *f* / time-of-day synchronization, clock synchronization || ~**synchronisationsdienst (WinAC Time Synchronization)** *m* (Software-Komponente von WinAC RTX zur Synchronisation der Uhrzeit zwischen Komponenten in der PC-Station) / time synchronization service || ~**synchronisierung** *f* / time synchronization, time-of-day synchronization, clock synchronization || ~**zelle** *f* / time-of-day location
U/I-Anregung *f* / voltage dependent current starting
UID / unique identification number (UID)
UI-Entwicklungsrahmen *m* / User Interface Framework (UIF)
UI-Netzwerkanschlusseinheit *f* / UI network access unit
UK / bottom edge, lower edge
U-Klemme *f* / U-terminal, potential terminal
UKW / ultra-short wave (USW), VHF (very high frequency) || ~**-Bereich** *m* / VHF range || ~**-Drehfunkfeuer** *n* (VOR) / VHF omnidirectional radio range (VOR) || ~**-Peilstelle** *f* (VDF) / VHF direction finding station (VDF)

ULA / uncommitted logic array (ULA)
U-Lampenfassung *f* / lampholder for U-shaped fluorescent lamps
UL-Ausführung *f* (UL = Underwriters Laboratories) / design to UL requirements, UL version
Ulbrichtsche Kugel / Ulbricht sphere, integrating sphere
ULEV (ultra-low emission vehicle) *n* / ultra-low emission vehicle (ULEV)
UL·-geprüft *adj* / UL-rated *adj* || ~**-Marke** *f* / UL label || ~**-Norm** *f* (amerikanischer Teststandard von Underwriters Laboratories) / UL standard
Ultra·breitband-Technologie *f* / ultra-wide band technology (UWB technology) || ~**feinfilter** *m* / ultra-fine filter || ~**hochdruckstufe** *f* / very high pressure turbine || ~**hochfrequenz** *f* (UHF) / ultra-high frequency (UHF) || ~**hochhelligkeit** *f* / ultra-high brightness (UHB) || ~**hochspannung** *f* / extra-high voltage (e.h.v.), ultra-high voltage (u.h.v), very high voltage (v.h.v.) || ~**hochvakuum** *n* / ultra-high vacuum || ~**kondensator** *m* / ultracapacitor || ~**kurzwelle** *f* (UKW) / ultra-short wave (USW), VHF (very high frequency)
Ultra·präzisionsbearbeitungszentrum *n* / ultra-precision machining center || ~**präzisionsdrehen** *n* / ultra-precision turning || ~**präzisionsfertigung** *f* / ultra-precision manufacturing
Ultraschall *m* (US) / ultrasound *n*, ultrasonic *n* || ~**bad** *n* / US bath || ~**-Bearbeitung** *f* / ultrasonic machining (USM) || ~**bearbeitungszentrum** *n* / ultrasonic machining center || ~**-Durchflussmessgerät** *n* / ultrasonic flowmeter || **~eingebettet** *adj* / ultrasonic-embedded || ~**frequenz** *f* / ultrasonic frequency || **~geprüft** *adj* / ultrasonic-tested *adj* || **~gereinigt** *adj* / ultrasonic-cleaned *adj* || **~geschweißt** *adj* / ultrasonic-welded *adj* || ~**geschwindigkeit** *f* / ultrasonic velocity || ~**impuls** *m* / pulse of ultrasonic energy || ~**kontaktierung** *f* (US-Kontaktierung) / ultrasonic bonding (IC) || ~**-Maßstab** *m* / ultrasonic sensor || ~**messstab** *m* / ultrasonic rod || ~**messumformer** *m* / ultrasonic transmitter || ~**-Näherungsschalter** *m* / ultrasonic proximity switch || ~**-Pegel-Sensor** *m* / ultrasonic level sensor || ~**prüfung** *f* / ultrasonic test, ultrasonic inspection || ~**reinigung** *f* / ultrasonic cleaning, ultrasound cleaning || ~**schneidemaschine** *f* / ultrasonic cutting machine || ~**-Schranke** *f* / ultrasonic barrier || ~**schweißen** *n* / ultrasonic welding || ~**-Schweißtechnik** *f* / ultrasound-welding technique || ~**sender** *m* / ultrasonic transmitter || ~**sensor** *m* / ultrasonic sensor, ultrasonic proximity switch || ~**strahl** *m* / ultrasonic beam || ~**wandler** *m* / ultrasonic transducer || ~**-Wegerfassung** *f* / ultrasonic position encoder || ~**-Wegerfassungsbaugruppe** *f* / ultrasonic position sensing module || ~**weggeber** *m* / ultrasonic position encoder
ultraschnell *adj* / ultrafast *adj*
Ultraschall-Spindel *f* / ultrasonic spindle
Ultraviolett·-Dunkelstrahler *m* / black light lamp, black light non-illuminant lamp || **~e Strahlung** (UV-Strahlung) / ultraviolet radiation (UR) || ~**Lampe** *f* / ultraviolet lamp || ~**strahlung** *f* / ultraviolet radiation
Ultraweitbereichseingang *m* / ultra-wide input range

UL-Zulassung *f* / UL approval *n* (identifier from the initials UL that denotes a certification of the Underwriter Laboratories)
um 1 ändern / change by 1 || **~ 30° elektrisch geschwenkt** / with a 30° phase displacement || **~ Sendeberechtigung bewerben** (DIN V 44302-2) / claim token
UMA / Unified Memory Architecture (UMA)
umadressieren *v* / readdress *v*
umbandeln *v* / tape *v*
Umbandelung *f* / tape serving, taping *n*
Umbandelungsmaschine *f* / taping machine
Umbau *m* / modification *n*, reconstruction *n*
umbauen *v* / modify *v*, convert *v*, rebuild *v*, reconstruct *v*
Umbau·motor *m* / wrapped-around motor || **♀satz** *m* / update pack, conversion package, conversion set
umbauter Raum / enclosed space
umbenennen *v* / rename *v*
umbenummern *v* / change numbers
Umbiegeversuch *m* / reverse bend test, flexure test
Umbruch *m* / page break || **♀festigkeit** *f* / cantilever strength || **♀kraft** *f* / cantilever force
Umbuchung *f* / transfer *n*
Umbügelung *f* / hot-ironed sleeving
UMC / User Manual Collection (UMC)
umcodieren *v* / transcode *v*, convert *v* (into another code), recode *v* || **~** (umnummern) / change numbers
Umcodierung *f* / transcoding *n*, code conversion, conversion *n*
Umdrehung *f* / revolution *n*, rotation *n*, rev, r || **♀en pro Arbeitseinheit** / revolutions per energy unit (r.p.u.) || **♀en pro Minute** (U/min) / revolutions per minute (r.p.m.), rev/min, rpm
Umdrehungs·frequenz *f* / rotational frequency, speed frequency || **♀geber** *m* / counter for revolutions || **♀vorschub** *m* / feedrate per revolution, revolutional feedrate, feedrate in mm/rev || **♀wert Initialisierung** / Revolutions initialization || **♀zahl** *f* / revolutions per unit time, number of revolutions (per unit time), speed || **♀zähler** *m* / tachometer *n*, revolution(s) counter, r.p.m. counter, rev counter || **♀zeit** *f* / rotation period, period of one revolution
U-Meldung *f* / unnumbered response (U response)
UM-Erfassung *f* / VM sensing
umfahren *v* / bypass *v*, contour *v*, travel around, traverse *v*
Umfahren *n* / clamp avoidance
Umfahrungs·kreis *m* / bypass circle || **♀strategie** *f* / bypass strategy
Umfallen *n* (Mast) / overturning *n*
Umfang *m* / circumference *n*, range *n* || **♀ *m*** (Größe) / extent *n*, size *n*, scope *n* || **♀ *m* (Körper)** / periphery *n*, perimeter *n* || **♀ *m* (Kreis)** / circumference *n* || **♀ der Charge** / batch size || **♀ der Grundgesamtheit** DIN 55350,T.23 / population size || **♀fräsen** *n* / plain milling, circumferential milling || **♀geschwindigkeit** *f* / grinding wheel peripheral speed (GWPS), grinding wheel surface speed, peripheral speed || **♀lösekraft** *f* DIN 7182 / circumferential releasing force
umfangreich *adj* / comprehensive *adj*
Umfangs·auflage *f* / peripheral contact area || **♀dichtung** *f* / peripheral seal || **♀fräsen** *n* / circumferential milling || **♀geschwindigkeit** *f* / peripheral speed, grinding wheel surface speed,

circumferential velocity, circumferential speed, grinding wheel peripheral speed (GWPS) || **♀geschwindigkeit** *f* (Lüfter) / tip speed || **♀kraft** *f* / peripheral force, circumferential force || **♀last** *f* / rotating load || **♀register** *n* / circumferential register || **♀schleifmaschine** *f* / surface grinding machine || **♀schleifscheibe** *f* / surface grinding wheel || **♀spannung** *f* / peripheral stress || **♀spiel** *n* / circumferential play
umfassend *adj* / comprehensive *adj*, extensive || **♀e Qualitätskontrolle** / total quality control (TQC) || **♀es Qualitätsmanagement** / total quality management (TQM)
Umfeld *n* / environment *n* || **♀ *n*** / surround of a comparison field || **♀ der Kommunikation offener Systeme** / open systems interconnection environment || **♀beleuchtung** *f* / ambient lighting, ambient illumination || **♀blendung** *f* / indirect glare
Umflechtmaschine *f* / braiding machine
Umflechtung *f* (Kabel) / braid *n*, braiding *n*
umflochten·e Elektrode / braided electrode || **~er Leiter** / braided conductor
Umformbarkeit *f* / reforming capability
Umformen *n* / conversion *n*, converting *n* || **♀ *n*** (Met., plastische Formgebung) / reforming *n* || **spanloses ♀** / non-cutting shaping, forming *v* || **♀ von Druck** / conversion of pressure || **♀ von Durchfluss** / conversion of flow rate || **♀ von Füllstand** / conversion of fill level || **♀ von Temperatur** / conversion of temperature
umformend *adj* / remodeling *adj*, reforming *adj*
Umformer *m* / transformer *n*, static frequency changer, inverter unit, inverter *n* || **♀ *m*** (rotierend) / rotary converter, motorgenerator set || **♀ *m*** (Messumformer) / transducer *n* || **♀ *m* Phasen~** *m* / (Signalumformer) / converter *n* || **Phasen~** *m* / phase converter, phase splitter, phase transformer, phase modifier || **♀ mit fester Frequenz** / fixed-frequency converter || **♀gruppe** *f* / motor-generator set, converter set, composite machine || **♀-Metadyne** *n* / metadyne converter || **♀satz** *m* / motor-generator set, converter set, composite machine || **♀station** *f* / converter substation || **♀werk** *n* (f. Gleichrichtung) / rectifier substation
Umform·maschine *f* / metalforming machine tool || **♀presse** *f* / conversion press || **♀technik** *f* / metalforming
Umformung *f* / conversion *n*, converting *n*, reforming *n* || **♀ elektrischer Energie** / conversion of electrical energy, conversion of electricity
Umfrageverfahren unterwerfen / circulate under the enquiry procedure
Umgang *m* / handling *n* || **♀ *m*** / convolution *n* || **♀ mit Produkten** *m* / handling of products
umgebendes Medium (el. Masch.) / surrounding medium, ambient medium
Umgebung *f* / environment *n*, surroundings *n* || **saubere ♀** / clean situation || **♀sanforderungen** *f pl* / environment requirements
umgebungsbedingte Beanspruchung DIN 40042 / environmental stress
Umgebungsbedingung *f* / environmental conditions, ambient condition(s), environment-related requirements, physical environmental conditions || **♀ für den Betrieb** / ambient operating condition
Umgebungsbedingungen *f pl* / environmental conditions, local conditions, ambient conditions,

environment-related requirements, physical environmental conditions, environmental requirements || ⸰ f pl (Betriebsbedingungen) / environmental operating conditions, service environment || **klimatische** ⸰ / climatic environmental conditions || **kontrollierte** ⸰ / controlled environment || **mechanische** ⸰ / mechanical environmental conditions || **unmittelbare** ⸰ VDE 0109 / micro-environment n IEC 664A || **widrige** ⸰ / harsh environmental conditions || ⸰ **bei feuchter Verschmutzung** / wet-dirty situation || ⸰ **bei üblicher Verunreinigung** / normal pollution situation || ⸰ **bei Verschmutzung** / dirty situation
Umgebungsbeleuchtung f / environmental lighting
umgebungsbezogen adj (Bemessung von Bauelementen) / ambient-rated adj
Umgebungs·druck m / ambient pressure || ⸰**einfluss** m / environmental effect || **Fehler durch** ⸰**einflüsse** / environmental error || ⸰**helligkeit** f / ambient luminosity || ⸰**kontrollmodul** n / Embedded Computer Module, electro-chemical machining, Environmental Control Module || ⸰**licht** n / ambient lighting, ambient illumination, ambient light || ⸰**lichtsensor** m / ambient light sensor || ⸰**luft** f / ambient air, surrounding air, ambient atmosphere
Umgebungstemperatur f / ambient temperature, ambient air temperature, operating temperature || **zulässige** ⸰ / permissible ambient air temperature || **zulässige** ⸰ (SG) / ambient temperature rating, (extreme values of) ambient temperature || **zulässige** ⸰ (Bereich) / ambient temperature range, ambient temperature rating || ⸰ **der Luft** / ambient air temperature || ⸰**abhängigkeit** f / variation with ambient temperature, ambient-temperature dependence, temperature coefficient || ⸰-**Bereich** m / range of ambient temperature || **~gesteuerter Thermoschalter** / ambient thermostatic switch || ⸰**grenze** f / ambient temperature limit || **~kompensiertes Überlastrelais** / temperature-compensated overload relay, overload relay compensated for ambient temperature || ⸰ **Motor** / ambient motor temperature || **~unabhängiger, temperaturgesteuerter Zeitschalter** / temperature-compensated thermal time-delay switch
Umgebungs·variable f / environment variable || ⸰**werte** m pl (logisch verknüpfte Werte) / logically linked values
Umgehen einer Verriegelung / bypassing (o. overriding o. defeating an interlock)
Umgehung f / solution n, remedy n || ⸰ f (USV) / bypass n
Umgehungs·-Drehschalter m / rotary bypass switch || ⸰-/**Hilfssammelschiene** f / transfer/bypass busbar || ⸰**rohr** n / bypass tube || ⸰**sammelschiene** f / transfer busbar, transfer bus || ⸰**schalter** m / bypass switch || ⸰**schalter** m (LS) / bypass circuit-breaker || ⸰**schiene** f / transfer busbar, transfer bus || ⸰**schienentrenner** m / bypass bus disconnector || ⸰**spannung** f / bypass voltage || ⸰**trennschalter** m / bypass disconnector || ⸰**versorgung** f VDE 0558, T.5 / bypass power
umgekehrt adj / reverse adj, inverse, vice versa || **~ proportional** / inversely proportional || **~e**

Ausgangs-Phasenfolge / reverse output phase sequence || **~e Drehrichtung** / reverse direction of rotation || **~e Maschine** / inverted machine || **~e Wirkungsrichtung** / reverse action || **~er Schrägstrich** / back-slash n
umgerissene Isolation / flanged insulation
umgeschmolzen / fused
umgesetzte Leistung / through-rating n
Umgießen n (Isolierstoff) / encapsulating n
umgossen adj / moulded in, molded in
Umgreifschutz m / reach-round protection, grip protection
Umgrenzungs·feuer n / boundary lights || ⸰**marker** m / boundary marker || ⸰**markierung** f / boundary marking || ⸰**schnitt** m / blanking cut || ⸰**tagesmarkierung** f / boundary day marking
Umgriffsystem n / counterstay system
Umgruppierung f / pole regrouping, pole-coil grouping
Umhängegurt m / shoulder carrying strap
umhängen v / transfer v || ⸰ **einer Transition** / redirecting a transition
Umhüllende f / envelope n, envelope curve
umhüllt·e Elektrode / coated electrode, covered electrode || **~e Stabelektrode** / covered electrode || **~er Rohrdraht** / sheathed metal-clad wiring cable, sheathed armoured cable
Umhüllung f VDE 0100, T.200, a. Gehäuse einer SK / enclosure n || ⸰ f / wrapping n, tape serving || ⸰ f (Kabel) / serving n, covering n || ⸰ f / conformal coating || ⸰ f (isolierende o. schützende Beschichtung auf einer Metalloberfläche) / protective coating || ⸰ f (Schweißelektrode) / coating n || ⸰ f (zum Schutz gegen direktes Berühren) / barrier n IEC 50(826), Amend. 1 || ⸰ f (optische Faser) / jacket n || **äußere** ⸰ (Kabel) / serving n || **äußere** ⸰ **einer Verpackung** / overwrap n || **metallische** ⸰ (Kabel) / metal covering || **Skelett und** ⸰ (FSK) / frame and covers (FBA) || ⸰ **gegen elektrische Gefahren** EN 60950 / electrical enclosure || ⸰ **gegen mechanische Gefahren** EN 60950 / mechanical enclosure
Umhüllungs·teil m / enclosure part || ⸰**widerstand** m / envelope resistance
UMI / Unified Management Interface (UMI)
U/min / revolutions per minute (r.p.m.), rev/min, r.p.m., rpm
Umkehr f (Drehrichtung) / reversal n || ⸰ f / movement reversal || ⸰ **der Wirkungsrichtung** / reversion of positive direction || ⸰**addierer** m / adder-subtracter n || ⸰**anlasser** m / reversing starter, starter-reverser || ⸰**antrieb** m / reversing drive, reversible drive || ⸰**anzeige** f (Änderung eines Bildes oder Teilbildes durch Vertauschen der Hintergrund- und Vordergrundfarben oder der Tönungen, üblicherweise zur Hervorhebung) / reverse video || ⸰**auslöser** m / reversible release, reversible tripping device
umkehrbar adj / reversible adj || **~e Änderung** DIN 40042 / reversible change || **~er Ausgangsstrom** / reversible output current || **~er Motor** / reversible motor
Umkehr·befehl m / reverse command || ⸰**betrieb** m / reversing duty
umkehren v / reverse v
Umkehr·funktion f / inverse function || ⸰**getriebe**

Umkehrung

n / reversing gearbox || ⟨**gruppe** *f* (Pump-Turbine) / reversible pump-turbine || ⟨-**HGÜ** *f* / reversible HVDC system || ⟨**kupplung** *f* / reversing clutch || ⟨**lose** *f* / hysteresis error, backlash on reversal, hysteresis *n*, reversal error, range of inversion || ⟨**lose-Kompensation** *f* / backlash compensation || ⟨**motor** *m* / reversing motor, reversible motor || ⟨-**Negativ-Impedanzwandler** *m* / inverting negative impedance converter (INIC) || ⟨**nocken** *m* / reversing cam || ⟨**pause** *f* / reversal interval || ⟨**punkt** *m* (Bewegung) / reversal point, inversion point || ⟨**schalter** *m* / reversing switch, reversing controller, reverser *n* || ⟨**schaltung** *f* / reversible connection, reversing connection || ⟨**schütz** *n* / reversing contactor || ⟨**spanne** *f* / hysteresis *n*, hysteresis error, range of inversion || ⟨**spanne** *f* (Lose bei Umkehr) / backlash on reversal || ⟨**spanne** *f* / reversal error || ⟨**spanne** *f* (Hysterese) / range of inversion || ⟨**spiegeln** *n* / reverse mirroring || ⟨**spiel** *n* / hysteresis *n*, hysteresis error, backlash on reversal, reversal error, range of inversion || ⟨**stab** *m* / inversion bar || ⟨**starter** *m* / reversing starter, starter-reverser || ⟨**stellantrieb** *m* / reversible actuator || **Schütz-**⟨**steller** *m* / reversing contactor-type controller || **Thyristor-**⟨**steller** *m* / reversing thyristor controller || ⟨**steuerung** *f* / reversing control || ⟨**stromrichter** *m* / reversible converter || **dreipulsiger** ⟨**stromrichter** / triple-pulse reversible converter || ⟨**stufe** *f* / inverter *n* || ⟨-**Trennschalter** *m* / reverser-disconnector *n*, disconnecting switch reverser

Umkehrung *f* (Drehricht.) / reversal *n*, reversal of motion || ⟨ *f* (der Ein-/Ausgabe) / redirection *n*, redirecting *n* || **Leitungs~** *f* (Informationsübertragung) / line turnaround || ⟨ **von Punktmustern** / inversion of point patterns

Umkehr·verstärker *m* / inverting amplifier, sign-reversing amplifier || ⟨**walze** *f* / reversing drum, reversing cylinder || ⟨-**Walzmotor** *m* / reversing mill motor || ⟨**zähler** *m* / reversible counter, up/down counter

Umkettung *f* / re-linking *n*
umkippen *v* / fall over *v*
Umklappen der Membran / drop down of diaphragm
umklassifiziert *adj* / re-classified
umklemmbar *adj* / reconnectable *adj*
umklemmen *v* / reconnect *v*, reverse the terminal connections
umkodieren *v* / recode *v*
Umkodierung *f* / code conversion, conversion *n*
Umkonfiguration *f* / reconfiguration *n*
Umkonstruktion *f* / re-design *n*
Umkreis *m* / circumcircle *n*, circumscribed polygon
Umkreisradius *m* / circumradius *n*
umkuppeln *v* / re-engage *v*
UML / Unified Modeling Language (UML)
Umladen *n* / reloading *n*, relocation *n*, transfer *n*
Umladestrom *m* / charge-reversal current, charge/discharge current
Umlastung *f* / load redistribution, feeder reconfiguration
Umlauf *m* / cycle *n* || ⟨ *m* (Flüssigkeit, Kühlmittel) / circulation *n* || ⟨ *m* (Schirmbild) / wraparound *n* || ⟨ *m* (Netzwerk) / loop *n* || ⟨ *m* (Umgebung) / bypass *n* || ⟨ *m* / convolution *n* || ⟨**archiv** *f* / short-term archive || ⟨**aufzug** *m* / paternoster *n* || ⟨**bestand** *m* (Fabrik) / work-in-progress (WIP) || ⟨**biegeversuch** *m* / rotating bending fatigue test || ⟨**durchmesser** *m* / peripheral diameter

umlaufen *v* / rotate *v*, revolve *v*, circulate *v*
Umlaufen *n* / wraparound *n* || **ruckartiges** ⟨ / discontinuous rotation
umlaufend *adj* (rotierend) / rotating *adj*, rotary *adj* || ~**e elektrische Maschine** / electrical rotating machine, rotating electrical machine || ~**e Maschine** / rotating machine, rotary machine || ~**e Naht** / continuous welded seam || ~**e Nut** / circumferential groove || ~**er Erreger** / rotating exciter || ~**er Flussvektor** / rotating flux vector || ~**er Vektor** / rotating vector, phasor *n* || ~**er Zähler** / ring counter || ~**es Feld** / rotating field, revolving field || ~**es Werkzeug** / rotary tool
Umlauf·frequenz *f* / rotational frequency, speed frequency || ⟨**geschwindigkeit** *f* / speed of rotation, speed *n* || ⟨**getriebe** *n* / planetary gearing, epicyclic gearing || ⟨**integral** *n* / circulation *n* || ⟨**kennung** *f* / error DB overflow identifier
Umlaufkühlung *f* / closed-circuit cooling, closed-circuit ventilation || **Maschine mit** ⟨ / closed air-circuit-cooled machine, machine with closed-circuit cooling || **Maschine mit** ⟨ **und Luft-Luft-Kühler** / closed air-circuit air-to-air-cooled machine, air-to-air-cooled machine || **Maschine mit** ⟨ **und Wasserkühler** / closed air-circuit water-cooled machine, water-air-cooled machine, air-to-water-cooled machine
Umlauf·liste *f* (Bussystem) / polling list || ⟨**öl** *n* / circulating oil, oil circulated || ⟨**puffer** *m* / cyclic buffer (memory), circulating buffer, ring buffer, FIFO buffer || ⟨**rad** *n* / ring gear || ⟨**rad** *n* (Planetenrad) / planet wheel || ⟨**rädergetriebe** *n* / planetary gearing || ⟨**regal** *n* / carousel-type shelf || ⟨**schaltung** *f* (Synchronisierlampen) / three-lamp circuit || ⟨**schmierung** *f* / circulating-oil lubrication, forced-circulation oil lubrication, forced oil lubrication, closed-circuit lubrication, circulatory lubrication, circulating lubrication || ⟨**spannung** *f* / rotational voltage, potential difference along a closed path, line integral of electric field strength along a closed path || **magnetische** ⟨**spannung** / magnetic potential difference along a closed path, line integral of magnetic field strength along a closed path || ⟨**speicher** *m* / cyclic storage, circulating storage, circulating memory, circulating stack, circulating buffer, circular buffer || ⟨**sperre** *f* / stop *n* (to prevent rotation) || ⟨**system** *n* / recirculating system || ⟨**weg** *m* (Integration) / integration path || ⟨**wert** *m* / quantity per turn || ⟨**wicklung** *f* / wave winding, two-circuit winding || ⟨**zahl** *f* / speed *n*, rotational speed, revolutions per unit time || ⟨**zähler** *m* / revolution counter
Umlaufzeit *f* / circulation time, cycle time, polling time, token rotation time || ⟨ *f* / rotation time || ⟨ *f* (Bus-Token) / rotation time || ⟨ *f* (Buszykluszeit) / (bus) cycle time || **Ring-**⟨ *f* / ring latency
umlegen *v* (falzen) / fold *v*, bead *v*
Umlegen der Windungen (verstürzte Wickl.) / re-arranging the turns, tucking up the turns
Umleimerfunktion *f* / edge strip function
umleiten *v* / divert *v*
Umleitung *f* / deflection *n* || ⟨ *f* (el. Masch.) /

connector *n* || ⚭ *f* (Trafowickl.) / back-to-front connection, external connection || ⚭ *f* (Bypass) / bypass *n* || **Ruf~ *f*** / call redirection
Umleitungssystem *n* / diversion system
Umlenk·absorption *f* (ionosphärische Absorption) / deviative absorption || ⚭**antrieb** *m* / articulated-shaft mechanism, ball-jointed-shaft mechanism || ⚭**er** *m* / diverter *n* || **~freie Absorption** (ionosphärische Absorption) / non-deviative absorption || ⚭**getriebe** *n* / corner gears || ⚭**hebel** *m* / steering lever, pivot arm, bell crank || ⚭**reflektor** *m* / reflector *n*, diverting reflector, passive reflector, deflector *n*, passive deflector || ⚭**rolle** *f* (Riementrieb) / idler pulley, guide pulley || ⚭**rolle** *f* (Fahrrolle) / guide roller, guide pulley || ⚭**spiegel** *m* / reflecting mirror, reflective mirror || ⚭**spiegelsäule** *f* / reflective mirror column || ⚭**trommel** *f* / tail pulley
Umlenkung *f* / bypass *n*, deflection *n*, baffle *n* || ⚭ *f* (Umlenkantrieb) / offset *n* (drive)
Umlenkwelle *f* / guide shaft
Umluft *f* (KT) DIN 1946 / circulating air, return air || ⚭**kontrolle** *f* / air circulation control(s) *n* || ⚭**steuerung** *f* / recirculationg air control *n* || ⚭**-Wasserkühlung** *f* (LWU-Kühlung) / closed-circuit air-water cooling (CAW)
Ummagnetisierung *f* / reversal of magnetization, magnetic reversal
Ummagnetisierungs·frequenz *f* / remagnetizing frequency || ⚭**verlust** *m* IEC 50(221) / total loss mass density, specific total loss || ⚭**verluste** *m pl* (Hysteresev.) / hysteresis loss, hysteresis and eddy-current loss
ummanteln *v* / lag *v*, coat *v*, encase *v*, sheath *v*
ummantelte Elektrode / sheathed electrode
Ummantelung *f* (optische Faser) / coating *n*, lagging *n*, encasing *n*
umnum(m)erieren / change numbers
umnummern *v* / change numbers
Umorientierung *f* / reorientation *n*
umparametrieren *v* / re-parameterize *v* || ⚭ *n* / reparameterization
umparametriert / re-parameterized
umpolbar *adj* / reversible *adj*
Umpolen *n* / polarity reversal || **~** *v* / reverse the polarity, reverse *v* || ⚭ *n* (Kontern) / plugging *n*, (straight) reversing *n* || ⚭ **der Versorgungsspannung** / supply reversal || **Schutz vor** ⚭ **der Versorgungsspannung** / reverse supply voltage protection
Umpoler *m* / plugging switch, polarity reverser
Umpol·fehler *m* / polarity reversal error || ⚭**spannung** *f* / polarity reversal voltage
Umpolung *f* / polarity reversal, reversion *n*, reversal *n*, plugging *n*, pole reversal
Umpressung *f* DIN 7732,T.1 / laminated moulded section || ⚭ *f* (Wicklungsisolation) / pressed-on sleeving, ironed-on sleeving
Umpressungsmaterial *n* / sleeving material
umprogrammierbar *adj* / reprogrammable *adj* || **~es Steuergerät (o. Automatisierungsgerät)** / reprogrammable controller
Umprogrammierung *f* / reprogramming *n*
Umrandung *f* / surround *n*
Umrangierung *f* / relocation *n*
Umrechnung *f* / conversion *n*
Umrechnungs·faktor *m* / conversion factor || ⚭**faktor**

nach Potier / Potier's coefficient of equivalence || ⚭**funktion** *f* / conversion function
Umreifen *n* / strapping *n*
Umreifungsmaschine *f* / strapping machine
Umrichten *n* (el. Leistung) / conversion *n*, converting *n*
Umrichter *m* / converter *n*, inverter unit, inverter *n*, static frequency changer || ⚭ *m* (Gleichstrom) / d.c. converter || ⚭ *m* (Wechselstrom) / a.c. converter || ⚭ **mit Einphaseneingang** / single-phase input converter || **einzeln einspeisender** ⚭ / individual converter || **netzseitig gesteuerter** ⚭ / controlled line-side converter || **netzseitiger ungesteuerter** ⚭ / uncontrolled line-side converter || ⚭**anlage** *f* / converter system || ⚭**antrieb** *m* / converter drive, inverter-fed drive, thyristor drive || ⚭**antrieb** *m* (m. Hüllkurven- o. Frequenzumrichter) / cycloconverter drive || ⚭**ausführung** *f* / converter version || ⚭**ausgang** *m* / inverter output || ⚭**ausgangsfrequenz** *f* / PWM (converter output frequency voltage) || ⚭**ausgangsstrom** *m* / converter output current || ⚭**baureihe** *f* / converter series || ⚭**bemessungsstrom** *m* / rated converter current || ⚭**betrieb** *m* / PWM/ converter operation || ⚭**betriebsverhalten** *n* / inverter performance || ⚭**daten** *f* / converter data || ⚭**eingangsspannung** *f* / inverter input voltage || ⚭**einheit** *f* / converter *n*, inverter *n*, inverter unit, static frequency changer || ⚭**frequenz** *f* / inverter frequency || ⚭**gerät** *n* / converter *n*, inverter *n*, inverter unit, static frequency changer || **Gleichstrom-**⚭**gerät** *n* / d.c. converter equipment, d.c. converter
umrichtergespeister Motor / converter-fed motor, inverter-fed motor || **~ Motor** (m. Hüllkurven-o. Frequenzumrichter) / cycloconverter-fed motor
Umrichter·kühlkörpertemperatur *f* / inverter heat-sink temperature || ⚭**lastspiel** *n* / inverter duty cycle, converter duty cycle || ⚭**leistung** *f* / converter rating, converter output, inverter power, converter power || ⚭**-Leistungsteil** *m* / converter power section || ⚭**modul** *n* / converter module
Umrichter·nenneingangsspannung *f* / nominal inverter input voltage || ⚭**nennstrom** *m* / inverter rated current, converter rated current || ⚭**relais** *n* / inverter relay, converter relay || ⚭**scheinstrom IU** / converter apparent current IU || ⚭**schrank** *m* / converter cabinet || ⚭**-Schrankgerät** *n* / converter cabinet unit || ⚭**serie** *f* / inverter series || ⚭**speisung** *f* / static converter supply, converter feed || ⚭**störung** *f* / converter fault, inverter fault || ⚭**system** *n* / converter system
Umrichter·typ *m* / inverter type, converter type || ⚭**überlastung** *f* / converter overload, inverter overload || ⚭**-Übertemperatur** *f* / converter overtemperature, inverter overtemperature || ⚭**warnung** *f* / converter warning, converter warning || ⚭**-Wirkungsgrad** *f* / inverter efficiency, converter efficiency || ⚭**zustand** *m* / inverter state, converter condition, converter state, inverter condition
Umrichtgrad *m* / conversion factor
Umriss *m* / outline *n*, contour *n*, profile *n*, design *n* || ⚭**beleuchtung** *f* / outline lighting || ⚭**darstellung** *f* (Drahtmodell eines Objekts, bei dem verdeckte Linien entfernt sind) / outline representation || ⚭**drehen** *n* / contour turning || ⚭**fräsen** *n* / contour

umrollen 924

milling, profile milling || **~linie** f / contour n, demarcation line || **~messung** f / outline measurement || **~zeichnung** f / outline drawing
umrollen v (Papier) / rewind v
Umroller m / re-winder n
Umrüst·achse f / setup axis || **~anleitung** f / Retrofit Instructions || **~anweisung** f / modification instructions, changeover instruction
umrüsten v / convert v, modify v, retrofit v, revise v, upgrade v, reset v || **~** n / resetting n, changeover n
Umrüst·flexibilität f / changeover flexibility || **~paket** n / retrofit kit || **~platz** m / retooling station || **~satz** m / conversion kit, conversion package, update kit, update pack, changeover kit || **~teile** n pl / conversion parts, retrofitting parts
Umrüstung f / upgrade n, revise n, retrofit n, conversion n || **~ von RAM auf EPROM-Betrieb** / conversion from RAM to EPROM operation
Umrüst·vorgang m / changeover operation || **~zeit** f / setup time, changeover period, re-equipping time || **~zeit** f (WZM) / resetting time, setting-up time
UMS / Unity Monitoring System (UMS)
Umsatz m / turnover n, sales n || **~einbuße** f / sales loss || **~schwankung** f / turnover fluctuation || **~steuerart** f (US) / turnover tax type || **~übertrag** m / turnover transfer
Umschalt·achse f / exchange axis || **~automatik** f / automatic transfer gear, automatic reverser
umschaltbar adj / selectable adj, jumper-selectable adj, switchable adj || ~ adj / reversible adj || ~ adj / reconnectable adj, with ratio selection (feature) || ~ adj / multi-range adj || ~ adj (m. Schalter wählbar) / switch-selectable adj || ~**e Geometrieachsen** / switchable geometry axes || ~**e Stromrichterkaskade** / converter cascade with series-parallel inverter, static Kraemer drive with series-parallel converter || ~**er Fühler** / switchable sensor || ~**er Motor** (Drehricht.) / reversible motor || ~**er Motor** (2 Spannungen) / dual-voltage motor || ~**er Stern-Dreieck-Motor** / motor with star-delta switching function || ~**er Transformator** (m. Stufenschalter) / tap-changing transformer, variable-ratio transformer, regulating transformer, variable-voltage transformer, voltage regulating transformer || ~**es Vorschaltgerät** / reconnectable ballast
Umschalt·barkeit f / multiratio n || **~bedingungen** f / transition criteria || **~befehl** m / switching command || **~betrieb** m / changeover operation, switch operation (battery) || **~betrieb** m (Sicherheitsbeleuchtung) / maintained changeover system || **~differenz** f / changeover difference (distance difference between the changeover point and the destination) || **~drehzahl** f / changeover speed || **~einspeisung** f / change-over supply
Umschaltekontakt m / changeover contact, double-throw contact, transfer contact, reversing contact
umschalten v / change over, (umklemmen) reconnect v, reverse the (terminal connections), switch over, throw over || ~ v / tap-change v || ~ v (Drehrichtung) / reverse v || ~ v (kommutieren) / commutate v || ~ v (Last) / transfer v || ~ v (Getriebe) / shift v, change gears
Umschalten (Ein-Aus) / changeover n, transfer n (US), switchover n || **~** n (Drehrichtungsumkehr) / reversing n, reversal n || **~** n (Kommutieren) /

commutation n || **~** n (Last) / transfer n || **~** n / tap changing || **~** n (Umklemmen) / reconnection n, reversal of terminal connections || **~ (von Einspritzen nach Nachdruck)** n / transition (to hold) n || **periodisches automatisches ~** / commutation n
Umschalter m / changeover switch, transfer switch, double-throw switch, throw-over switch, changeover n, changeover contact (CO contact) || **~** m (Bahn) / transfer controller, transfer switchgroup || **~** m (Schalter m. 2 Stellungen, Hebelsch.) / double-throw switch || **~** m (Lastumschalter) / load transfer switch, transfer circuit-breaker || **~** m (Wahlschalter) / selector switch, selector n || **~** m (Wender, Drehrichtungsu.) / reverser n, reversing switch || **~** m (Sammelschienenanlage, Lastumschalter) / transfer circuit-breaker || **~** m (f. Einphasenmot.) / transfer switch || **~ für Analoggrößen** / selector for analog values || **~ für Binärgrößen** / selector for digital values || **~ für Motor-/Bremsbetrieb** / power/brake changeover switch || **~ mit Nullstellung** / changeover switch with zero position || **~ ohne Nullstellung** / changeover switch without zero position || **einpoliger ~** / single-pole double-throw switch (SPDT) || **End~** m / travel-reversing switch, reversing position switch || **Hand-Automatik-~** m / manual-automatic selector switch || **Pol~** m / pole changing switch, change-pole switch, pole changer || **Sammelschienen-~** m / busbar selector switch || **Spannungs~** m / voltage selector switch, dual-voltage switch || **Spannungs~** m (Trafo-Stufenwähler) / tap selector || **USV-~** m / transfer switch || **~antrieb** m / changeover operating mechanism, changeover mechanism
Umschalt·frequenz f (Mehrfachoszilloskop) / switching rate || **~-Gleichtaktspannung** f / common-mode triggering voltage || **~glied** n / changeover contact, changeover contact element IEC 337-1, two-way contact || **~hahn** m / multiway cock (o. valve) || **~häufigkeit** f / reversing frequency || **~kontakt** m / changeover contact, double-throw contact, transfer contact, reversing contact || **~kontakt mit neutraler Stellung** / changeover contact with neutral position || **~kontrolle** f / switch-over check || **~lasche** f / (reconnecting) link n || **~logik** f / switching logic || **~logik** f (Motor-SR) / reversing logic || **~pause** f / dead interval on reversing, dead interval || **~prüfung** f / transfer test || **~punkt** m / switching point || **~regelung** f / switch control || **~schieber** m / changeover valve || **~schütz** n / reversing contactor || **Pol~schütz** n / pole-changing contactor, contactor-type pole changer (o. polechanging starter) || **Eingangs~spannung** f / input triggering voltage || **~-Spannungseinbruch** m (SR-Kommutierung) / commutation notch || **~speicher** m (Flipflop) / changeover flipflop, transfer flipflop || **~stellung** f (Hauptkontakte eines Netzumschaltgerätes) / off position || **~stromverhältnis bei Sättigung (o. bei Übersteuerung, Transistor)** / transient current ratio in saturation || **~taste** f (Tastatur) / shift key || **~test** m / switch-over test || **~trenner** m / transfer disconnector, selector disconnector || **~überwachungseinrichtung** f / changeover

supervising unit
Umschaltung *f* / switchover *n*, switch-over *n*, changeover switching, switch over, case shift || ⁓ *f* (Netz) / (system) transfer *n* || ⁓ *f* / reconnection *n*, reversal of terminal connections, tap-changing operation || ⁓ *f* (Betrieb-Reserve) / (automatic) failover, (automatic) transfer || ⁓ **auf Stromregelung** / switching to current control || ⁓ **der Getriebestufe** / gear stage change (GSC), gear change, gear stage changeover || ⁓ **frei** *f* / release changeover || ⁓ **in Buchstabenstellung** / letters shift || ⁓ **in Buchstabenstellung mit Leerzeichen** / letters shift-on space || ⁓ **in Ziffernstellung** / figures shift || ⁓ **Maßsystem Inch/metrisch** / inch/metric switchover || ⁓ **mit Unterbrechung** / open-circuit reversing (control) || **Datenübertragungs~** *f* / data link escape (DLE) || **Getriebe~** *f* / gear speed change, gear change || **Hand-Automatik-**⁓ *f* / manual-automatic transfer, HAND-AUTO changeover || **Spannungs~ im spannungsfreien Zustand** / off-circuit tap changing || **Nachrichten~** *f* / message switching || **Nebenschluss~** *f* / shunt transition || **Paket~** *f* (Datenpakete) / packet switching || **Pol~** *f* / pole-changing *n*, pole-changing control, pole reconnection || **Synchron~** *f* / synchronous transfer || **Trennsäulen-**⁓ *f* (Chromatograph) / column switching (chromatograph) || **Widerstands-Schnell~** *f* / high-speed resistor transition
Umschalt·vorgang *m* / load transfer, switchover sequence || ⁓**vorgang** *m* / transition || ⁓**vorgang** *m* (Trafo) / tap-changing operation || ⁓**wert** *m* / switching value || ⁓**zeit** *f* / switch-over time, reversing time, transfer time, switching time, changeover time || ⁓**zeit bei Reversierbetrieb** / reversing time || **Kontakt~zeit** *f* (Netzumschaltgerät) / contact transfer time
Umschlag *m* / reversal *n*, envelope || ⁓ *m* (Lager) / turnover *n* || ⁓**bedingung** *f* / transshipment condition
umschlagen *v* (Kippstufe) / change over, snap over, transfer *v*
Umschlag·faktor *m* (Lager) / turnover factor || ⁓**maschine** *f* / folding machine || ⁓**prüfung** *f* (el. Masch., Läufer) / check by re-positioning, check by reversal || ⁓**häufigkeit** *f* / turnover ratio || ⁓**seite** *f* / back cover || ⁓**störung** *f* / evolving fault, evolved fault || ⁓**temperatur** *f* (Thermo-Farbe) / reaction temperature, critical temperature || ⁓**zeit** *f* (Lager) / turnaround time || ⁓**zeit** *f* (Umschalter,) / transit time
Umschlingungswinkel *m* (Riementrieb) / angle of grip, angle of wrap, arc of contact, angle of contact
umschlossener Sicherheitstransformator / enclosed safety isolating transformer
umschlüsseln *v* / convert *v* (into another code), transliterate *v* || ~ *v* (umnummern) / change numbers
Umschlüsselung *f* / code conversion
Umschnürung *f* / cord lashing
umschreiben *v* / re-write *v*
umschriebenes Polygon / circumscribed polygon, circumcircle *n*
Umschwing·drossel *f* / ring-around reactor || ⁓ **Kondensatorbaustein** / ring-around capacitor module || ⁓**kreis** *m* / ring-around circuit || ⁓**thyristor** *m* / ring-around thyristor || ⁓**zweig** *m* /

ring-around arm
Umschwingen *n* (Polarität) / polarity reversal || ⁓ *n* / ring-around *n*
Umsetz·achse *f* / converted axis || **~bar** *adj* (Rollen, f. 2 Fahrrichtungen) / bi-directional *adj* || ⁓**brücke** *f* / transfer bridge || ⁓**einrichtung** *f* (Nachrichtenübertragung) / translating equipment
Umsetzen *n* / transfer *n*, relocation *n*, relocate *n*, reloading *n* || ⁓ *n* (Übertragungsleitungen) / rerouting *n*
umsetzen *v* (umstellen) / re-position *v*, re-arrange *v*, reverse *v* || ~ *v* / translate *v*, convert *v* || ~ *v* (Fahrrollen) / re-position *v* ~ *v* (Datensätze) / transpose *v*
Umsetzer *m* (el. Wandler) / converter *n*, conversion unit, changer *n* || ⁓ *m* (HES) / gateway *n* EN 50090 || ⁓ *m* (Direktor) / director *n* || ⁓ *m* (Daten, Signale) DIN 44300 / converter *n* || ⁓ *m* (TV) / transposer *n* || **Pegel~** *m* / level converter, level shifter || **Partial-Switching-**⁓**modul** *n* / Partial Switching Converter Module (PSCM)
Umsetz·fehler *m* / conversion error || ⁓**funktion** *f* / transfer function || ⁓**kabel** *n* / conversion cable || ⁓**prinzip** *n* / conversion principle || ⁓**schaltung** *f* / conversion circuit (o. circuitry)
Umsetzung *f* / conversion *n*, changeover *n* || ⁓ **von Impuls in Impulsabbild** / pulse-to-pulse waveform conversion
Umsetzungs·code *m* (ADU, DAU) / conversion code || ⁓**-Ende-Ausgang** *m* / end-of-conversion output (EOC output), status output || ⁓**fehler** *m* DIN 44472 / digitization error, digitalization error || ⁓**geschwindigkeit** *f* / conversion rate || ⁓**gesetze** *n* / implementation laws || ⁓**grad** *m* / degree of implementation, DI || ⁓**koeffizient** *m* DIN 44472 / conversion factor || ⁓**rate** *f* / conversion rate || ⁓**telegrafie** *f* (Telegrafie mit automatischer Aufzeichnung der empfangenen Signale für die anschließende Übersetzung durch einen Operator) / signal recording telegraphy
Umsetz·vorschrift *m* / conversion specification || ⁓**zeit** *f* (A-D-, D-A-Umsetzer) / conversion time
Umspann·anlage *f* / transforming station, substation *n*
Umspannen *n* / rechucking *n* || ~ *v* / reclamp *v*
Umspanner *m* / transformer *n*
Umspannstation *f* / transformer substation, substation *n*
Umspannung elektrischer Energie / transformation of electrical energy, transformation of electricity
Umspannwerk *n* / transformer substation, substation *n* || ⁓**-Bezirk** *m* / transformer substation district
Umspeicherintervall *n* / transfer interval, swapping interval
umspeichern *v* / re-store *v*, relocate *v*, reload *v* || ⁓ *n* / transfer *n*, relocation *n*, reloading *n*, swapping *n*
Umspeicher·puls *m* / re-storing pulse, transfer pulse || ⁓**routine** *f* / relocation routine
Umspinnung *f* (Kabel) / braiding *n*
umspritzen *v* / injection-mold, extrusion-coat
umspritzte Leitung / extruded-insulation cable (o. wire)
umspulen *v* / rewind *v*
umsteckbar *adj* / repositionable *adj* || ~ *adj* (Rollen) / bidirectional *adj*, re-arrangeable *adj* || **~er Schwenkhebel** / adjustable roller lever

Umstecken 926

Umstecken n / reconnection n || ⁓ **der Schaltglieder** / conversion (o. rearrangement) of contacts
Umsteckrad n / change gear, interchangeable wheel, pick-off gear
Umsteiger m / retrainee n || ⁓**handbuch** n / converter manual
umstellen v (Achsen u. Rollen) / re-position v, changeover v || ⁓ **des Fertigungsloses** / batch changeover || **Anzapfungen** ⁓ / tap-change v
Umsteller m / off-circuit tap changer, off-load tap changer, tap changer for de-energized operation (TCDO), off-voltage tap changer, off-circuit ratio adjuster, tapping switch || ⁓**antrieb** m / tap-changer driving mechanism || ⁓**kessel** m / tap-changer tank, tap-changer container || ⁓-**Teilkammer** f / tap-changer compartment
Umstelltaste f / changing button
Umstellung f / changeover n, conversion n, set-up modification, modification n || ⁓ f (Trafo-Anzapfungen) / tap changing || ⁓ **auf** / changeover to || ⁓ **von rastend auf tastend** / conversion from maintained-contact to momentary contact (operation)
Umsternen n / interchange the star-point and winding-end connections
umsteuerbarer Motor / reversing motor
Umsteuer·punkt m / reversal point || ⁓**signal** n / reversal signal
Umsteuerung f / reversal n (H/6.001) || ⁓ f / movement reversal
Umsteuer·vorgang m / control operation || ⁓**zeit** f / reversal time
Umstieg m / migration n
Umstrahlung f / halation n
Umströmung f / flowing or circulating around, flow direction, flowing around
Umsturzprüfung f / push-over test
Umtastung f (Frequenz, Amplitude) / shift keying || ⁓ **mit festgelegtem Bezugswert** / modulation with a fixed reference
UMTS / Universal Mobile Telecommunications Systems (UMTS)
umverdrahten v / rewire v
Umverdrahten n / rewiring n (to provide with new wiring), reassignment n
Umverdrahtung f / rewiring n, reassignment n
Umverteilung f (Last) / redistribution n
umwälzen v / circulate v
Umwälzpumpe f / circulating pump
Umwälzung f (Flüssigkeit, Kühlmittel) / circulation n
Umwälzventilator m / ventilating fan
Umwandeln von Festpunkt- in Gleitpunktzahl / fixed-point/floating-point conversion
Umwandler m / autocoder n, transducer n
Umwandlung f / conversion n || **alphanumerische** ⁓ / alphanumeric conversion || ⁓ **von Energie** / energy conversion
Umwandlungs·funktion f / conversion function || ⁓**operation** f / conversion operation, conversion instruction || ⁓**rate** f / conversion rate || ⁓**temperatur** f / transformation temperature || ⁓**verhältnis** n / conversion ratio || ⁓**wirkungsgrad** m / efficiency n
Umweg m / detour n
Umwehrung f DIN 31001 / safety fencing
Umwelt f / environment n || ⁓- / environmental adj ||

⁓**beanspruchung** f (Prüfling) DIN IEC 68 / environmental conditioning, environmental stress || ⁓**bedingungen** f pl / environmental conditions || ⁓**beeinflussung** f / environmental influence, impact on environment || ⁓**belastung** f / environmental pollution || ⁓**beständig** adj / environment-resistant adj || ⁓**beständigkeit** f / environmental resistance || ⁓**bezogene Zielsetzungen** / environmental goals || ⁓-**Chromatograph** m / chromatograph for pollution monitoring, environmental chromatograph || ⁓**eigenschaften** f / environmental properties || ⁓**einfluss** m DIN IEC 721, T.1 / environmental factor, environmental influence, environmental condition || ⁓**einflüsse** m pl / environmental conditions, ambient factors || ⁓**einflussgröße** f / environmental parameter || ⁓**erprobung** f / environmental test
umweltfreundlich adj / environmentally compatible, environmentally acceptable, non-polluting adj, ecologically beneficial
Umwelt·freundlichkeit f / environmental compatibility, environmental acceptability || ⁓**größe** f / environmental parameter || ⁓**phänomen** n / environmental phenomena || ⁓**prüfung** f / environmental test || ⁓**schutzauflagen** f pl / environmental protection regulations || ⁓**schutz-Messwagen** m / laboratory van for pollution and radiation monitoring, mobile laboratory for pollution monitoring || ⁓**schutzrichtlinien** f pl / environmental protection guidelines || ⁓**test** m / environmental test || ⁓**testkonzept** n / environment test specification || ⁓**überwachungsnetz** n / environmental pollution monitoring system || ⁓**unabhängigkeit** f / environmental independence || ⁓**verträglich** adj / environmentally sustainable || ⁓**verträglichkeit** f / environmental compatibility, environmental sustainability, environmental acceptability || ⁓**verträglichkeitsprüfung** f / environmental impact assessment (EIA)
Umwerter m / weight converter, scaler n
umwickeln v (mit Band) / tape v, wrap with tape, provide with a tape serving || ⁓ v (neu wickeln) / re-wind v
umwickelt adj / wrapped adj
Umwicklung f / wrapping n, tape serving
Umx / signaling-circuit voltage (U_{sx})
UMZ / definite-time overcurrent protection || ⁓-**Relais** n (unabhängiges Maximalstrom-Zeitrelais) / definite-time overcurrent relay, definite-time overcurrent-time relay, DMT overcurrent relay || ⁓-**Schutz** m / definite-time overcurrent-time protection
Umzug m / relocation n || ⁓**sgut** n / removal goods || ⁓**skosten** f / removal expenses
UN / use of network connection (UN)
unabgeglichener Stromkreis / unbalanced circuit
unabgesättigte Bindungen / dangling bonds
unabhängig adj / independent adj || ⁓ **verzögert** / definite time-delay || ⁓ **verzögerter Überstromauslöser** VDE 0660,T.101 / definite-time-delay overcurrent release IEC 157-1 || ⁓**e Auslösung** / definite-time tripping || ⁓**e Beheizung** (temperaturgesteuerter Zeitschalter) / independent heating || ⁓**e Handbetätigung** VDE 0660, T.101 / independent manual operation IEC 157-1 || ⁓**e Kraftbetätigung** / independent power operation || ⁓**e Kühlvorrichtung** / independent circulating-

circuit component || ~e **Stromquelle** / independent current (o. power) source || ~e **Verzögerung** / definite-time delay, definite-time lag || ~e **Wicklung** / separate winding, independent winding || ~er **Antwortbetrieb** / set asynchronous response mode (SARM) || ~er **Ausfall** / primary failure || ~er **Betrieb** / stand-alone operation || ~er **Kraftantrieb** / independent power-operated mechanism || ~er **Transformator** / independent transformer || ~er **Überstrom-Zeitschutz** / definite-time overcurrent-time protection (system o. relay) || ~er **Wartebetrieb** / asynchronous disconnected mode (ADM) || ~es **Bussignal** / broadcast bus signal || ~es **Gerät** / self-contained unit (o. component) || ~es **Maximalstrom-Zeitrelais** (UMZ-Relais) / definite-time overcurrent-time relay, DMT overcurrent relay || ~es **Schaltglied** / independent contact element || ~es **Sprungverhalten** EN 60947-5-2 / independent snap action || ~es **Testlabor** / third party test laboratory || ~es **Überstromrelais** / definite-time overcurrent relay, independent-time overcurrent relay || ~es **Überstrom-Zeitrelais** / definite-time overcurrent-time relay, independent-time overcurrent-time relay || ~es **Vorschaltgerät** / independent ballast || ~es **Zeitrelais** / independent time-delay relay, independent time-lag relay
Unabhängigkeitsprinzip *n* DIN 7182,T.1 / principle of independence
unadressierter Zustand / unaddressed state, unaddressed to configure state || ~ **Zustand der Parallelabfrage** DIN IEC 625 / parallel poll unaddressed to configurate state (PUCS)
U-Naht *f* / single-U butt weld
unangepasster Steckverbinder / unmatched connector
unannehmbar *adj* / unacceptable *adj*
unaufgeforderte Datenübertragung / unsolicited data transfer
unaufgefüllte Impulskette / non-interleaved pulse train
unaufgelöste Wicklung / closed-circuit winding, winding without subdivision
unaufgeschnittene Wicklung / closed-circuit winding, winding without subdivision
Unauslöschbarkeit *f* / indelibility *n*
unbeabsichtigt·e Betätigung / accidental operation || ~er **Wiederanlauf** / unintentional restart, automatic restart || ~es **Einschalten** VDE 0100, T. 46 / unintentional energizing
unbearbeitet *adj* / unfinished *adj*, unmachined *adj*
unbedient *adj* / unattended *adj*, unmanned *adj* || ~es **Empfangen** / unattended receiving (o. reception) || ~es **Senden** / unattended transmission
unbedingt *adj* / unconditional *adj* || ~ **kurzschlussfester Transformator** / inherently short-circuit-proof transformer || ~e **Programmverzweigung** / unconditional branching, unconditional program branch || ~er **Aufruf** / unconditional call || ~er **Bausteinaufruf** / unconditional block call || ~er **Maschinenhalt** / absolute machine stop || ~er **Sprung** / unconditional jump (o. branch) || ~er **Sprungschritt** / unconditional jump step
unbedruckt *adj* / unprinted *adj*, blank *adj*
unbeeinflussbare Qualitätsberichterstattung / independent quality records
unbeeinflusst·e Einschwingspannung / prospective transient recovery voltage, prospective TRV || ~er **Ausschaltstrom** / prospective breaking current || ~er **Bemessungs-Kurzschlussstrom** / rated prospective shortcircuit current || ~er **Einschaltstrom** / prospective making current, prospective closing current || ~er **Erder** / separated earth electrode, separated ground electrode || ~er **Fehlerstrom** / prospective fault current, available fault current (US) || ~er **Grundwerkstoff** / uneffected parent metal || ~er **Kurzschlussstrom** VDE 0100, T.200 / solid short-circuit current, prospective short-circuit current || ~er **Stoßstrom** VDE 0670,T.2 / prospective peak current IEC 129, prospective peak asymmetrical current || ~er **Strom** (eines Stromkreises) VDE 0670,T.3 / prospective current IEC 265, available current (US) || ~er **symmetrischer Strom** / prospective symmetrical current
unbefestigte Startbahn / unpaved runway, unsurfaced runway || ~ **Straße** / earth road
unbefugt, gegen ~e **Eingriffe gesichert** / tamperproof *adj*
Unbefugter *m* / unauthorized person || ~ **Zugriff** / unauthorized access
unbegrenzt *adj* / unlimited *adj* || **für** ~e **Dauereinschaltung** / continuously rated
Unbehaglichkeitsschwelle *f* / threshold of discomfort
unbeherrscht *adj* / out-of-control
unbekannt *adj* / unknown *adj* || ~er **Geber** / unknown encoder || ~er **PLC-Fehler** / unknown PLC error
unbelastet *adj* / unloaded *adj*, off-load *adj*, idling *adj*
unbelegte Klemme / unassigned terminal
unbeleuchtet *adj* / non-illuminated *adj*
unbelüftet *adj* / non-ventilated *adj* || ~e **Maschine** / non-ventilated machine || ~er **Trockentransformator mit Selbstkühlung** (Kühlungsart ANV) / dry-type non-ventilated self-cooled transformer (Class ANV)
unbemannte Fabrik / unmanned factory
unbemaßt *adj* / not dimensioned
unbeschaltet *adj* / unwired *adj* || ~er **Eingang** / unused input, open-circuited input
unbeschränkt *adj* / unrestricted *adj*
unbeschriftet *adj* / unlabeled *adj*, blank *adj* || ~e **Bezeichnungsschilder** / blank labeling plates
unbesetzt *adj* / unattended *adj*, unmanned *adj* || ~e **Station** / unattended substation, unmanned substation
unbestimmt *adj* / indeterminate *adj* || **geometrisch** ~ / geometrically indeterminate
unbestückt *adj* / bare *adj*, unequipped *adj* || ~er **Platz** / unequipped space
unbeweglich *adj* / rigid *adj*
unbewegte Leiterplatte (unbewegte LP) *f* / stationary PCB
unbewehrtes Kabel / unarmoured cable
unbewertet *adj* / unweighted *adj*
unbezogene Farbe / unrelated colour
unbrauchbar *adj* / impracticable *adj*, useless *adj*, unusable *adj*
Unbrauchbarkeit *f* IEC 50(191) / disabled state, outage *n* || ~ **wegen externer Ursachen** IEC 50 (191) / external disabled state || ~ **wegen interner Ursachen** IEC 50(191) / internal disabled state,

down state || Ⅎsdauer *f* IEC 50(191) / disabled time || Ɫsplakette *f* / unuseable sticker
unbrennbar *adj* / non-inflammable *adj*, non-flammable *adj*, incombustible *adj*
unbunt *adj* / achromatic *adj* || Ɫ-**Bereich** *m* / achromatic locus || ~e **Farbe** / achromatic colour, perceived achromatic colour || ~e **Farbvalenz** / psychophysical achromatic colour, achromatic colour || ~**er Farbreiz** / achromatic stimulus || ~**es Licht** / achromatic light stimulus
UNC / Universal Naming Convention (UNC) || Ɫ-**Gewinde** *n* / unified coarse thread, UNC thread || Ɫ-**Grobgewinde** / UNC thread (Unified National Coarse screw thread)
UND / AND || **nach** Ɫ **verknüpfen** / AND *v*, combine for logic AND || Ɫ-**verknüpft** / ANDed, AND-gated, combined for logic AND || Ɫ-**Abhängigkeit** *f* / AND dependency, G-dependency || Ɫ-**Aufspaltung** *f* DIN 19237 / AND branch || Ɫ-**Baustein** *m* / AND-function block, ANDing block || Ɫ-**Bedingung** *f* / AND-condition
undefiniert *adj* / undefined *adj*
UND-Eingangsstufe *f* / AND input converter
Underwriters Laboratories Inc. / Underwriters Laboratories Inc.
UND·-Funktion *f* / AND operation || **durch** Ɫ-**Gatter logisch verknüpft sein** / be ANDED with || **mit** Ɫ-**Gatter verknüpft sein** / be ANDED with || Ɫ-**Glied** *n* / AND element, AND || Ɫ-**Glied mit negiertem Ausgang** / AND with negated output, NAND *n*
undicht *adj* / uptight *adj*, leaky *adj* || ~e **Stelle** / leak *n*
Undichtheit *f* / leak *n*, leakage *n*, permeability *n*, clearence *n*, leakiness *n*
Undichtigkeit *f* / leakiness *n*
UND·-NICHT-Verknüpfung *f* / NAND logic, negated AND operation, NAND gate || Ɫ-**/ODER-Weiterschaltmatrix** *f* / AND/OR progression matrix || Ɫ-**Operator** *m* / AND operator
Undo-Taste *f* / undo key
UND·-Tor *n* / AND gate || Ɫ-**Torschaltung** *f* / AND gate
undurchlässig *adj* / impermeable *adj*, impervious *adj*, tight *adj*
undurchsichtig *adj* / opaque *adj*, non-transparent *adj*
UND·-Verknüpfung *f* / AND operation, AND relation, ANDing *n*, AND logic operation || Ɫ-**Verknüpfungsfunktion** *f* / AND binary gating operation || Ɫ-**Verzweigung** *f* / AND branch || Ɫ-**vor-ODER-Verknüpfung** *f* / AND-before-OR logic, AND-before-OR operation || Ɫ-**Wahrheitstabelle** *f* / AND truth table
uneben *adj* / uneven *adj*, not even, not flat
Unebenheit *f* / out-of-flatness *n*, unevenness *n*, irregularity *n* || Ɫ *f* (Kontakte, Rauhheit) / asperity *n*
unechter Nullpunkt / untrue zero || ~ **Wellengenerator** / generator coupled to prime-mover front
Unedelmetall *n* / non-precious metal
unedles Metall (Gegensatz zu edles Metall) / base metal
uneingeschränkt *adj* / unconditional *adj*, unrestricted *adj*
unelastisch·er Stoß / inelastic impact || ~**es Getriebeelement** / inelastic gear element
unempfindlich *adj* / insensitive *adj* || ~e **Bauweise** / ruggedized construction || ~e **Schicht** / dead layer ||

~**er gemacht** / made less sensitive
Unempfindlichkeit *f* / insensitivity *n*, immunity *n* || Ɫ **der Ventilsteuerung** / control insensitivity
Unempfindlichkeits·bereich *m* / dead band, neutral zone || **Regelung mit** Ɫ**bereich** / neutral zone control || Ɫ**bereich-Spannung** *f* / deadband voltage || Ɫ**fehler** *m* / dead-band error
unendlich *adj* / infinite *adj* || ~ **große Verstärkung** / infinite gain || ~ **kleine Schwingung** / infinitesimal vibration
unerkannt verlorene Nachricht / undetected lost message || ~e **Fehlerrate** / undetected error rate
unerlässlich *adj* / essential *adj*
unerlaubte Operation / illegal operation
unerregt *adj* (el. Masch.) / non-excited, unexcited *adj* || ~**er Zustand** / unenergized condition
unerwartet *adj* / unexpectedly *adj*
unerwünscht *adj* / nuisance *n* || ~e **Lärmimmission** / noise pollution || ~e **Schwingungen** / unwanted oscillations || ~**er Befehl** / unwanted command || ~**es Ansprechen** / spurious response || ~**es Auslösen** / indadvertent deployment || ~**es Signal** (Signal, welches den Empfang eines Nutzsignals beeinträchtigen kann) / unwanted signal
UNETO / UNETO (association of installation companies)
Unfall·verhütung *f* / prevention of accidents || Ɫ**verhütungsvorschrift** *f* / accident prevention regulation || Ɫ**verhütungsvorschriften** *f pl* / accident prevention regulations, rules for the prevention of accidents || Ɫ**verhütungsvorschriften (UVV)** *f* / Accident Prevention Regulations || Ɫ**versicherung** *f* / accidental death benefit insurance, accident insurance
unfertig *adj* / unfinished *adj*
UNF·-Feingewinde *n* / UNF thread (Unified National Fine screw thread) || Ɫ-**Gewinde** *n* / unified fine thread, UNF thread
unformiert *adj* / unformed *adj*
ungeblecht *adj* / unlaminated *adj*, solid *adj*
ungebundene Mode / unbound mode
ungeburnt *adj* / unburned *adj*
ungedämpft·e Schwingung / free oscillation, sustained oscillation || ~**er Magnetmotorzähler** / undamped commutator-motor meter
ungeerdet *adj* / unearthed *adj*, ungrounded *adj*, non-earthed *adj*, non-grounded *adj*, not earthed || ~**er Sternpunkt** / unearthed star point, isolated neutral, unearthed neutral || ~**es Netz** / non-earthed system, unearthed system
ungefährlich *adj* / harmless *adj* || ~**er Ausfall** (Ausfall ohne das Potential, das sicherheitsbezogene System in einen gefährlichen oder funktionsunfähigen Zustand zu setzen) / safe failure || ~**er Fehler** / non-fatal fault, harmless fault
Ungefährmaß *n* / approximate size, approximate dimension
ungefiltert *adj* / unfiltered *adj*
ungefüllertes Bindemittel / unfillerized binder
ungefüllt *adj* / unfilled *adj*
ungeglätteter Strommesspunkt / unfiltered current measuring point
ungekapselt *adj* / unenclosed *adj*, open type
ungekoppelte Schwingung / uncoupled mode
ungekreuzte Wicklung / progressive winding
ungelernter Arbeiter / unskilled worker
ungelocht *adj* / not perforated || ~**er Lochstreifen** /

blank tape
ungelöschtes Netz / non-earthed system, unearthed system
Ungenauigkeit *f* / inaccuracy *n*
ungenutzte Energie / unavoidable energy || **~ Verfügbarkeitszeit** / free time
ungepackt *adj* / unpacked *adj*
ungepolt *adj* / non-polarized || **~es Relais** / non-polarized relay
ungeprüft *adj* / unchecked *adj*
ungepuffert *adj* / unbuffered (o. non-buffered) *adj*
ungepulster Betrieb / without pulse-width modulation
ungerade Parität / uneven parity, odd parity || **~ Zahl** / odd number
Ungerade-Glied *n* DIN 40700,T.14 / odd element IEC 117-15, imparity element, odd *n*
ungeradzahlig *adj* / odd-numbered *adj*, odd *adj* || **~e Oberwelle** / odd-order harmonic
ungerahmte Flachbaugruppe / unframed printed-board unit, unframed p.c.b. || **~ Steckplatte** / unframed printed-board unit, unframed p.c.b.
ungeregelt *adj* / unsaturated *adj* || **~e Einspeisung (UE)** / uncontrolled infeed || **~e Gleichspannung** / non-stabilized DC voltage || **~e Stromversorgung** / non-stabilized power supply, unregulated power supply || **~er Antrieb** / uncontrolled drive, fixed-speed drive || **~es Netzgerät** / non-stabilized power supply unit || **~es System** / open loop system
ungerichtet *adj* (Schutzeinrichtung) / non-directional *adj* || **~e Assoziation** / bidirectional association || **~e distanzunabhängige Endzeit** / non-directional distance-independent back-up time
ungeritzt *adj* / unscribed *adj*
ungesättigt *adj* / unsaturated *adj*, non-saturated *adj* || **~e Bindungen** / dangling bonds
ungeschaltete Spannung / unswitched voltage
ungeschichtete Probenahme (Zufallsprobenahme aus der Grundgesamtheit) / simple random sampling || **~ Zufallsstichprobe** / simple random sample
ungeschirmt *adj* / non-shielded *adj* || **~es Kabel** / unshielded cable || **~es verdrilltes Kabelpaar** / unshielded twisted pair (UTP)
ungeschottet *adj* / non-compartmented *adj*, non-segregated *adj*, without partitions
ungeschützt·e Anlage im Freien VDE 0100, T. 200 / unsheltered outdoor installation, unprotected outdoor installation || **~e Maschine** / non-protected machine || **~e Verlegung** / exposed installation || **~er Pol** / unprotected pole || **~es Rohr** / unprotected conduit
ungesehnte Wicklung / full-pitch winding
ungesichert *adj* / unprotected *adj* || **~e Systemverbindung** DIN ISO 7498 / physical connection || **~e Übertragung** / unsecured transmission || **~er Eigenbedarf** / non-essential auxiliary circuits
ungespannte Federlänge / unloaded spring length
ungesteuert *adj* / uncontrolled *adj* || **~e Schaltung** / non-controllable connection, uncontrolled connection || **~er Brückengleichrichter** / uncontrolled bridge rectifier || **~er Gleichrichter** *m* / uncontrolled rectifier || **~er Schlupf** / uncontrolled slip || **~er Zustand** (Halbleiterschütz) / inactive state || **~es Stillsetzen**

n / uncontrolled stop
ungestört *adj* / uninterrupted *adj*, interference-free *adj* || **~es Netz** / healthy system || **~es Schallfeld** / undisturbed sound field
ungeteilt *adj* / unsplit *adj*, non-sectionalized *adj*, solid *adj* || **~e Nockenscheibe** / solid cam || **~es Ringlager** / sleeve bearing
UN-Gewinde *n* / unified screw thread, unified thread
Ungewissheit *f* / uncertainty *n*
ungewöhnlich *adj* / singular *adj*
ungewollt *adj* / unintentional *adj* || **~e Funktion** / unwanted operation || **~e Funktion des Selektivschutzes** IEC 50(448) / unwanted operation of protection || **~e netzfehlerzustandsabhängige Ausschaltung** (Schutzsystem) IEC 50(448) / non-power-system fault tripping || **~er Befehl** / unwanted command || **~es Auslösen** / nuisance tripping, spurious tripping, unwanted tripping || **~es Schalten** / unintended operation, accidental operation
ungewurzelt *adj* / not connected to common potential
Ungeziefer, gegen ~ geschützte Maschine / vermin-proof machine
ungiftig *adj* / non-toxic *adj* || **~es Gas** / non-toxic gas
ungleich·artige Spulen / dissimilar coils || **~e Belastung** / unbalanced load || **~e Eislast** / non-uniform ice loading || **~förmige Drehbewegung** / rotational irregularity || **~förmige Quantisierung** / non-uniform quantizing
Ungleich·förmigkeit *f* (Steuerschalter) / notching ratio || **~förmigkeit** *f* (der Rotation) / cyclic irregularity || **~förmigkeitsgrad** *m* (rotierende Masch.) / cyclic irregularity || **~heit** *f* / inequality *n* || **~heit** *f* / disparity *n* IEC 50(704) || **~mäßige Erwärmung** / unsymmetrical heating || **~mäßiger Elektrodeneindruck** / non-uniform electrode indentation || **~e Elektrizität** / electricity of opposite sign
Ungleichung *f* / inequality *n*
Ungleichwinkligkeit *f* / unequal angularity
ungültig *adj* / invalid *adj* || **~ setzen** / invalidate *v* || **~e Getriebestufe** / invalid gear stage || **~e Zahl** / illegal number || **~er Empfang** DIN 44302 / invalid reception || **~-Funktion** *f* / cancellation control || **~keitsmeldung** *f* / notification of invalidity
ungünstig·e Lichtverhältnisse / poor lighting || **~er Punkt des Arbeitsbereiches** / operating point that claims the highest Cv-coefficient
ungünstigst, Auslegung für den ~en Betriebsfall / worst-case design || **~er Fall** / worst case
unhörbar tiefe Frequenz / infrasonic frequency, ultralow frequency
UNI *n* / UNI (user network interface)
unidirektional *adj* / unidirectional *adj* || **~e Assoziation** *f* / unidirectional association || **~er Bus** DIN IEC 625 / unidirectional bus
Unijunction-Transistor *m* / unijunction transistor (UJT)
unimodale Verteilung / unimodal distribution
Unipede *f* / International Union of Producers and Distributors of Electrical Energy
unipolar *adj* / unipolar *adj*, homopolar *adj* || **~e Baugruppe** / unipolar module || **~e Induktion** / unipolar induction || **~er Binärcode** / straight binary code || **~er DAU** / unipolar ADC || **~es Signal** / unipolar signal

Unipolar

Unipolar·maschine *f* / acyclic machine || ⸺**transistor** *m* / unipolar transistor
unisoliert *adj* / uninsulated *adj*
Unit *f* / unit *n* || ⸺ **Aid** / unit aid || ⸺ **Operation** *f* (international üblicher Begriff für einen verfahrenstechnisch abgenzbaren, einem bestimmten Zweck unterstellbarem Geräte-/Apparatekomplex) / unit operation
unithermisch *adj* / unithermal *adj*
Unitunneldiode *f* / unitunnel diode, backward diode
Unit-Variable *f* / unit variable
univariate Wahrscheinlichkeitsverteilung DIN55350,T.21 / univariate probability distribution
universal *adj* / universal *adj*
Universal·achse *f* / universal axis || ⸺**Achstest (UAT)** *m* / universal axis test (UAT) || ⸺**adressverwaltung** *f* (Adressverwaltung, bei der alle LAN-Einzeladressen sowohl innerhalb desselben lokalen Netzes als auch innerhalb anderer lokaler Netze eindeutig sind) / universal address administration || ⸺**anschlusskasten** *m* / universal connection box || ⸺**antrieb** *m* / universal drive || ⸺**anzeige** *f* / universal display || ⸺**baugruppe** *f* (Mehrfunktionsb.) / multifunction module || ⸺**baugruppenträger** *m* (Baugruppenträger, der sowohl für den Aufbau eines Zentralgerätes als auch für den Aufbau eines Erweiterungsgerätes verwendet werden kann) / universal rack (UR) || ⸺**-Bearbeitungszentrum** *n* / universal machining center || ⸺**befehl** *m* / universal command || ⸺**-C-tanδ-Messbrücke** *f* / universal C-tanδ measuring bridge || ⸺**dimmer** *m* (Zum Dimmen von Glühlampen und NV-Halogenlampen (mit elektronischen und konventionellen Transformatoren)) / universal dimmer || ⸺**dimmer Einsatz sys** / universal dimmer insert sys || ⸺**drehen** *n* / universal turning || ⸺**drehmaschine** *f* / universal turning machine || ⸺**eingang** *f* / universal input || ⸺**einspeisung** *f* / universal feeder unit || ⸺**Entwicklungsschnittstelle** *f* / universal development interface (UDI)
universaler Schnittstellenbus / general-purpose interface bus (GPIB)
Universal·-Experimentiermaschinensatz *m* / universal experimental machine set || ⸺**Feldausbau** *m* / universal cubicle expansion || ⸺**feldschiene** *f* / universal cubicle busbar || ⸺**Fräskopf** *m* / universal millhead || ⸺**fräsmaschine** *f* / universal milling machine || ⸺**geber** *m* / universal encoder || ⸺**gelenk** *n* / cardan joint, Hooke's coupling, Hooke's joint, universal joint || ⸺**gerät** *n* / universal unit, multipurpose unit || ⸺**greifer** *m* / universal gripper || ⸺**halter** *m* / universal holder || ⸺**interpolator** *m* / universal interpolator || ⸺**kopf** *m* / universal head || ⸺**lichtschranke** *f* / universal light barrier || ⸺**maschine** *f* / universal machine || ⸺**messer** *m* / multi-function instrument, multimeter *n*, circuit analyzer || ⸺**messkopf** *m* / universal measuring head || ⸺**modul** *n* / universal module || ⸺**motor** *m* / universal motor, a.c.-d.c. motor || ⸺**-Nahtstellen-Umsetzer** *m* / universal interface converter || ⸺**presse** *f* / universal press || ⸺**-Prüfbild** *n* (Leiterplatte) / composite test pattern || ⸺**Prüfmaschine** *f* / universal testing machine || ⸺**Rack (UR)** (Baugruppenträger, der sowohl für den Aufbau eines Zentralgerätes als auch für den Aufbau eines Erweiterungsgerätes verwendet werden kann) / universal rack || ⸺**radiusbetätiger** *m* / universal radius actuator || ⸺**register** *n* / general-purpose register ISO 2382 || ⸺**regler** *m* / multifunction controller, universal controller || ⸺**Rotationsachse** *f* / universal rotary axis || ⸺**Rundschleifmaschine** *f* / universal cylindrical grinding machine || ⸺**schalter** *m* / universal switch || ⸺**schere** *f* / universal shears || ⸺**schleifkopf** *m* / universal grinding spindle || ⸺**schleifmaschine** *f* / universal grinding machine || ⸺**schnittstelle** *f* / universal interface || ⸺ **Serial Bus** (USB) / Universal Serial Bus (USB) || ⸺ **Serial Bus-Schnittstelle** *f* / USB interface || ⸺**-Steuerschalter** *m* / universal control switch || ⸺**steuerung** *f* / universal control || ⸺**terminalmodul** *n* / Universal terminal module || ⸺**-Ultraschall-Reinigungsbad** *n* / universal ultrasonic cleaning bath || ⸺**verstärker** *m* / multipurpose amplifier || ⸺**wandler** *m* / universal interface converter || ⸺**werkzeug** *n* / general-purpose tool || ⸺**winkelkopf** *m* / universal angular head
universell *adj* / general purpose || **~ einsetzbar** / universal *adj*, universal-type, multi-purpose || **~ einsetzbares Zuführmodul** / multi-purpose feeder module || **~e Beleuchtung** / universal lighting, versatile lighting || **~e Betriebsmittelkennung** / universe resource identifier (URI) || **~e Gaskonstante** / universal gas constant || **~e Geschäftssprache** / universal business language (UBL) || **~e Schnittstelle** / universal interface (UI) || **~e Steckzone** / universal plug-in zone || **~er asynchroner Sender/Empfänger (UART)** / universal asynchronous receiver-transmitter (UART) || **~er synchroner/asynchroner Empfänger/Sender (USART)** / universal synchronous/asynchronous receiver/transmitter (USART) || **~es Feldkommunikationssystem** EN 50170/2 / general-purpose field communication system || **~es serielles Schnittstellen-Protokoll** / universal serial interface protocol
UNIX·-Diskette *f* / UNIX disk || ⸺**-Kenntnisse** *n* / knowledge of UNIX || ⸺**-Linienrechner (UNIX-LR)** *m* / UNIX line computer || ⸺ **Multitasking-Betriebssystem** *n* / UNIX multitasking operating system
unkenntlich gemacht / erased *adj*
unklar *adj* / unclear *adj*
Unklardauer *f* IEC 50(191) / down time || **akkumulierte** ⸺ / accumulated down time || **mittlere** ⸺ / MDT (mean down time) || **mittlere akkumulierte** ⸺ / mean accumulated down time (the expectation of the accumulated down time over a given time interval), MADT (mean accumulated down time)
Unklarheit *f* / lack of clarity
Unklarzeit *f* (Zeitintervall, während dessen eine Einheit im nicht verfügbaren Zustand wegen interner Ursachen ist) / down time (time interval) || ⸺**intervall** *n* / down time (time interval)
Unklarzustand *m* IEC 50(191) / down state, internal disabled state
unkompensiert *adj* / uncorrected *adj* || **~e Konstantstrommaschine** / metadyne *n* || **~e Leuchte** / low-power-factor luminaire (LPF luminaire), uncorrected luminaire, p.f. uncorrected luminaire

unkonfektioniert *adj* / non-assembled *adj*
Unkontrollierbarkeit *f* / noncontrollability *n*
unkontrolliert *adj* / uncontrolled *adj* || **~e Bewegung** / uncontrolled movement
Unkorrektheitswahrscheinlichkeit *f* / incorrectness probability
unkorrelierter Jitter *m* / uncorrelated jitter
unkritisch·e Kommunikation / non-critical communication || **~er Ausfall** (Ausfall, der nicht als Gefahr eingestuft wird, Personenschäden, beträchtliche Sachschäden oder andere unvertretbare Folgen zu verursachen) / non-critical failure || **~er Fehler** / non-critical fault || **~er Fehlzustand** (Fehlzustand, der eine als sehr wichtig angesehene Funktion betrifft) IEC 50 (191) / non-critical fault
unlegiert *adj* / unalloyed *adj*, plain *adj* || **~er Kohlenstoffstahl** / plain carbon steel || **~er Stahl** / mild steel
unlizensierte Version / unlicensed version
unlösbar *m* / permanently mounted auxiliary switch block || **~ verbundener Stecker** VDE 0625 / non-rewirable plug IEC 320 || **~e Ganzmetallrohrverbindung** / permanent metal-to-metal joint || **~e Verbindung** / permanent connection, permanent joint
unmagnetisch *adj* / non-magnetic
unmittelbar gespeister Kommutatormotor / stator-excited commutator motor || **~ gesteuerter Kontakt** / armature contact || **~ mit dem Netz verbundenes Teil** / part directly connected to supply mains || **~e Adressierung** / immediate addressing || **~e Auslösung** / direct tripping || **~e Betriebserdung** VDE 0100, T.200 / direct functional (o. operational earthing) || **~e Erdung** / direct connection to earth, direct earthing, solid connection to earth || **~ e Qualitätslenkung** (Qualitätslenkung während der Realisierung der Einheit) / direct quality control || **~e Umgebung** EN 60742 / micro-environment || **~e Umgebungsbedingungen** VDE 0109 / micro-environment IEC 664A || **~er Anschluss** / whole-current connection, direct connection || **~er Blitzeinschlag** / direct lightning strike || **~er Blitzschlag** / direct stroke || **~er Druckluftantrieb** / direct-acting pneumatic operating mechanism || **~er Handantrieb** / direct-acting manual operating mechanism || **~er Nichtauslösestrom** / instantaneous non-tripping current
Unmittelbarkeit *f* (der Umfang, in dem die Bedienmittel, die von dem System geboten werden, sofort von den Bedienern verstanden werden) / intuitiveness *n*
unmontiert *adj* / not mounted *adj*
unnötiges Arbeiten (Schutz) / unnecessary operation
Unparallelität *f* / non-parallelism *n*
Unparteilichkeit *f* / impartiality *n*
unpassende Device Revision / device revision mismatched
unplanmäßige Instandhaltung / unscheduled maintenance || **~s Audit** / non-scheduled audit
unplausibler Lastwiderstand / implausible load resistance
unproduktive Nebenzeit / nonproductive time
unqualifiziert *adj* / unqualified *adj*
unregelmäßige Verzerrung / fortuitous distortion

Unregelmäßigkeit *f* / imperfection *n*
unrichtiges Arbeiten (Schutz) / incorrect operation, false operation
Unruh *f* (Uhr) / balance *n*, balance wheel || **₂hemmung** *f* / balance escapement
unruhiger Lauf / irregular running, uneven running
unrund *adj* / out of round || **~ laufen** / run out of true, run out of round || **~ werden** / get out of true, become eccentric
Unrund·bearbeitung *f* / non-circular machining || **₂drehen** *n* / non-circular turning
unrund·er Lauf / untrue running || **~es Drehfeld** / displaced rotating field, distorted rotating field
Unrund·heit *f* (Maschinenwelle o. -läufer) / out-of-roundness *n*, out-of-round *n*, eccentricity *n*, ovality *n* || **₂heit** (LWL-Mantel) / non-circularity *n* || **₂kontur** *f* / non-circular contour || **₂schleifen** *n* / non-circular grinding
Unrundschleifen *n* / non-circular/circular grinding
Unrundschleifmaschine *f* / non-circular grinding machine
unsachgemäß *adj* / not correct, improper || **~e Behandlung** / improper handling || **~e Handhabung** / improper handling || **~es Heben und Transportieren der Geräte kann schwere oder sogar tödliche Körperverletzungen und beträchtlichen Sachschaden zur Folge haben.** / Improper lifting and handling can cause serious or fatal injury to personnel and substantial property damage.
unscharf *adj* (Bild) / blurred *adj* || **~** *adj* (ungenau fokussiert) / out of focus || **~e Logik** / fuzzy logic
Unschärfe der Spektrallinien / unsharpness of lines, line unsharpness, diffuseness of lines || **₂bereich** *m* / zone of indecision || **zusätzlicher ₂bereich** / additional zone of indecision
unscharfer Vollfenster-Screenshot für Knotenbilder (Screenshot-Typ, der ein komplettes Anwendungsfenster beinhaltet) / screenshot type 4B || **~ Vollfenster-Screenshot für Postsales** (Screenshot-Typ, der ein komplettes Anwendungsfenster beinhaltet) / screenshot type 4A
unsegmentierter Werkzeugweg / unsegmented tool path
unselbständige Entladung / non-self-maintained discharge || **~ Leitung in Gas** / non-self-maintained gas conduction
unsicherer Ausfall / unsafe failure
Unsicherheit *f* (Messung) / uncertainty *n* || **Öffnungs~** *f* / aperture uncertainty, aperture jitter
Unsicherheitsfaktor *m* / factor of uncertainty
unsichtbar *adj* / hidden *adj* || **~ machen** (graf. DV) / blank *v* || **~e Schaltfläche** / invisible button
unspezifische logische Schaltung (ULA) / uncommitted logic array (ULA)
unstabilisiertes Stromversorgungsgerät / non-stabilized power supply unit
unstetig *adj* / unsteady *adj*, discontinuous *adj* || **~e Arbeitsweise** / discontinuous mode || **~e Beeinflussung** / discontinuous interference || **~er Regler** / discontinuous-action controller || **~er Satz·discontinuous block** || **~er Übergang** / irregular transition, acute transition
Unstetigkeit *f* / discontinuity *n*
Unstimmigkeit *f* / discrepancy *n*
unstrukturierte Adresse / unstructured address

Unsymmetrie *f* / asymmetry *n*, dissymmetry *n*, unbalance *n* || ⟳ **der Kippspannung** / breakover voltage asymmetry || ⟳ **der Last** / load unbalance || ⟳**faktor** *m* / unbalance factor || ⟳**grad** *m* / unbalance ratio IEC 411-3 || ⟳**grad** *n* (Drehstromnetz) / unbalance factor || ⟳**relais** *n* / phase balance relay || ⟳**schutz** *m* / load unbalance protection, phase unbalance protection, unbalance protection || ⟳**strom** *m* / unbalance current || ⟳**verhältnis** *n* / unbalance factor
unsymmetrisch *adj* / asymmetric *adj*, asymmetrical *adj*, unbalanced *adj* || **~e Anschnittsteuerung** / asymmetrical phase control || **~e Belastung** / unbalanced load, asymmetrical load || **~e Funkstörspannung** / V-terminal voltage || **~e Lichtstärkeverteilung** / asymmetrical intensity distribution || **~e Schnittstellenleitung** / unsymmetrical interchange circuit || **~e Steuerung VDE 0838, T.1** / asymmetrical control || **~e Störspannung** / V-terminal voltage || **~e Übertragung** / unbalanced transmission || **~e Übertragungsleitung** / unbalanced circuits, unbalanced line || **~e Wicklung** / asymmetrical winding || **~e Wimpelschaltung** / asymmetrical pennant cycle IEC 214 || **~e Zündeinsetzsteuerung** / asymmetrical phase control || **~er Ausgang** / asymmetrical output || **~er Ausschaltstrom** / unsymmetrical breaking current || **~er Binärkanal** / unsymmetric binary channel || **~er Eingang** / asymmetrical input || **~er Kurzschlussstrom** / asymmetric short-circuit current || **~er metallischer Stromkreis** / unbalanced metallic circuit || **~er Strom** / unbalanced current || **~er Zustand** (eines mehrphasigen Netzes) / unbalanced state
unt. Drehmomentschwellwert M_unt1 / Lower torque threshold 1
unten / at bottom || **~** (im Betrachtungssystem) / below, down || **~ aufgeführt** / mentioned below || **nach ~** (Bewegung) / downwards *adv* (movement) || **~-drehend** *adj* / bottom-slewing *adj*
unter / below *adv* || **~ besonderer Berücksichtigung** / with special reference to || **~ Druck setzen** / put under pressure, pressurize *v* || **~ Einschaltung** / by involving, by referring to || **~ Federvorspannung** / spring-biased || **~ Last** / on load, under load || **~ Last anlassen** / start under load || **~ Last ausschalten** / disconnect under load, load breaking || **~ Last schalten** / switching under load, load switching || **~ Putz** / flush-mounting *n* || **~ Spannung** / live *adj*, energized *adj*, in energized state, in energized status || **~ Spannung schalten** / hot switching || **~ Spannung setzen** / energize *v* || **~ Spannung stehen** / be live, be alive, be under tension, be energized || **~ Spannung stehend** / alive, live, hot, actuated, picked-up || **~ stationären Bedingungen** / during steady-state conditions, under steady-load conditions || **~ Umgehung** / bypassing || **~ Vorbehalt** / conditionally || **~ Zollverschluss gehaltenes Lager** / bonded storage
Unter·ablauf *m* DIN 66001 / predefined process || ⟳**abschnitt** *m* / subsection *n* || ⟳**abtastung** *f* / sub-sampling *n* || ⟳**adresse** *f* / sub-address *n* || ⟳**ansicht** *n* || bottom view || ⟳**arm** *m* / forearm *n*
unterätzen *v* / undercut *v*
Unter·auftrag *m* / subcontract *n* || ⟳**aufträge** / subcontracting || ⟳**auftraggeber** *m* (Lieferant in seiner Vertragssituation mit einem Unterauftragnehmer) / sub-purchaser *n* || ⟳**auftragnehmer** *m* (Unterlieferant in einer Vertragssituation) / external supplier || ⟳**auftragnehmermanagement** *n* / subcontractor management || ⟳**auftragsnehmer** *m* / subcontractor *n* || ⟳**bau** *m* / substructure *n*, supporting structure, base *n*, embankment *n*, chassis *n*, earthfill *n* || **Wicklungs~bau** *m* / winding support(s), winding base
unterbauen *v* (aufbocken) / jack *v*, support *v*
Unter·baufilter *m* / footprint filter || ⟳**baugruppe** *f* / subassembly *n*
unterbelasten *v* / operate at low load
Unterbelastung *f* / underloading *n*, underload *n*
unterbemessen *adj* / underrated *adj*
Unter·bereich *m* / sub-range *n*, sub-band *n* || ⟳**betriebsart** *f* / sub-mode *n*, secondary mode || ⟳**bild** *n* / subscreen *n* || ⟳**bildtechnik** *f* / inset technique
unterbinden *v* / prevent *v*
unterbliebenes Arbeiten (Schutz) / missing operation, failure to operate
Unterboden·-Installationsleiste *f* / underfloor strip-type trunking (o. ducting) || ⟳**kanal** *m* / underfloor trunking, underfloor duct(ing), underfloor raceway || ⟳**-Kanalsystem** *n* / underfloor trunking system, underfloor ducting (system), underfloor raceway system
unterbrechbare Last / interruptible load || **~r Aktivitätsbereich** / interruptible activity region
unterbrechen *v* / interrupt *v*, isolate *v*, disconnect *v*
Unterbrecher *m* (steuert Unterbrechungsanforderungen, z.B. in einem Bussystem) / interrupter *n* || ⟳ *m* (LS) / interrupter *n* || ⟳ *m* (Kfz) / contact breaker || **thermischer** ⟳ VDE 0806 / thermal cutout IEC 380 || ⟳ **mit zwei Schaltstrecken** / double-break interrupter || ⟳**einheit** *f* / interrupter unit, interrupter assembly, interrupter module, interrupter *n* || ⟳**kammer** *f* / interrupter chamber, interrupting chamber || ⟳**kontakte** *m pl* / contact-breaker points, distributor contact points, breaker points || ⟳**schalter** *m* / cut-out switch, interrupter *n*
Unterbrechung *f* / interruption *n*, break-before-make feature || ⟳ *f* (eines Dienstes) IEC 50(191) / interruption *n*, break *n* || ⟳ *f* (Lochstreifen, CLDATA-Wort) / break *n* ISO 3592 || ⟳ *f* / interrupt *n* || ⟳ *f* (einer Phase) / phase failure, open phase || ⟳ *f* (el. Leiter) / open circuit, break *n* || ⟳ **bei Umschaltung** / interruption on changeover, break before make || **mit** ⟳ **schaltend** / non-bridging (contact) operation || **ohne** ⟳ **schaltend** / bridging (contact operation) || **ohne** ⟳ **schaltende Kontakte** / bridging contacts || **mit** ⟳ **schaltende Kontakte** / non-bridging contacts || **mit** ⟳ / break-before-make-feature || **ohne** ⟳ / make-before-break-feature || **prioritätsgesteuerte** ⟳ / priority interrupt control (PIC) || **Programm~** *f* / program interruption, program stop || **Wechsler mit** ⟳ / changeover break-before-make contact, break-before-make changeover contact, non-bridging contact || **Wechsler ohne** ⟳ / changeover make-before-break contact, make-before-break changeover contact, bridging contact
Unterbrechungs·abstand *m* IEC 50(191) / time between interruptions || **mittlerer** ⟳**abstand** /

mean time between interruptions (the expectation of the time between interruptions) || ⁓adressenspeicher *m* / interrupt base (INTBASE MPU register) || ⁓analyse *f* / interrupt analysis || ⁓anforderung *f* / interrupt request (IRQ) || ⁓anzeige *f* / interrupt condition code || ⁓anzeigemaske *f* / interrupt condition-code mask || ⁓anzeigewort *n* / interrupt condition-code word || ⁓baustein *m* / interrupt block || ⁓bereich *m* / gap range, interruptible activity region
Unterbrechungs·dauer *f* (Schutzsystem, bei Wiedereinschaltung) IEC 50(448) / auto-reclose open time || ⁓**dauer** *f* (Dauer einer Unterbrechung) IEC 50(191) / interruption duration || **mittlere** ⁓**dauer** / mean interruption duration (the expectation of the interruption duration) || **resultierende** ⁓**dauer** (Schutzsystem, bei Wiedereinschaltung) / dead time IEC 50(448) || ⁓**ebene** *f* / interrupt level || ⁓**ereignis** *n* / interrupt event || ⁓**feuer** *n* / occulting light
unterbrechungsfrei *adj* / uninterruptible *adj* || ⁓**e Spannungseinstellung** / no-break voltage adjustment, on-load tap changing || ⁓**er Betrieb** / uninterrupted duty || ⁓**e Stromversorgung** VDE 0558, T.5 / uninterruptible power supply (UPS), no-break power supply
Unterbrechungs·freigabe *f* (rechnergesteuerte Anlage, MPU) / interrupt enable (INTE) || ⁓**freiheit** *f* (der Verbraucherspannung) / continuity of load power || ⁓**häufigkeit je beliefertem Abnehmer** / interruption frequency per customer served || ⁓**häufigkeit je unterbrochenem Abnehmer** / interruption frequency per customer interrupted || ⁓**lichtbogen** *m* / cut-off arc || ⁓**maske** *f* / interrupt mask || **Sicherung mit** ⁓**melder** / indicating fuse || ⁓**operation** *f* / interrupt operation || ⁓**programm** *n* (MPU) / interrupt routine || ⁓**punkt** *m* / interruption point, point of interruption || ⁓**punkt** *m* (NC) / interruption position || ⁓**punkt** *m* (Programm) / breakpoint *n* || ⁓**quittung** *f* / interrupt acknowledge (JACK) || ⁓**sammlerbaugruppe** *f* / interrupt collector module || ⁓**satz** *m* / interruption block || ⁓**schalter** *m* / cut-out switch, interrupter *n* || ⁓**schalter** *m* (elST) / interrupt initiation switch || ⁓**schritt** *m* / break step || ⁓**-Serviceprogramm** *n* / interrupt service routine (ISR) || ⁓**signal** *n* / interrupt signal || ⁓**stack** *n* (U-STACK) / interrupt stack (I-stack) || ⁓**stelle** *f* / interruption point, point of interruption || ⁓**stelle** *f* (Programm) / breakpoint *n* || ⁓**steuerung** *f* / interrupt controller || ⁓**system** *n* / interrupt system, interrupt handling system || ⁓**überlauf** *m* (U-Überlauf) / interrupt overflow || ⁓**verwalter** *m* (MPSB) / interrupt handler || ⁓**zeit** *f* (Stromkreis) / open-circuit time, circuit interruption time, break time, dead time, dead interval || ⁓**zeit** *f* (USV) / interrupting time || ⁓**zeit** *f* (bei selbsttätigem Wiederschließen) / dead time || ⁓**zeit (TU)** *f* / interruption time (TU) || ⁓**zeitglied** *n* / dead timer || ⁓**zustand** *m* / interrupt state || ⁓**zielsteuerung** *f* / interrupt vectoring
Unterbringung *f* / accommodation *n*, placement *n*
unterbrochen·e Kehlnaht / intermittent fillet weld || ⁓**e Naht** / intermittent weld || ⁓**e Schneide** / interrupted cutting edge || ⁓**e Wendel** / space winding || ⁓**er Arbeitsablauf** (intermittierender Zyklus) / intermittent cycle || ⁓**er Arbeitsvorschub** (NC-Wegbedingung) DIN 66025 / intermittent feed ISO 1056 || ⁓**er Strich** / broken stripe || ⁓**es Feuer** / occulting light
untercompoundiert *adj* / under-compounded *adj*
Unter·dämpfung *f* / underdamping *n*, sub-critical damping || ⁓**drehzahl** *f* / underspeed *n*
Unterdruck *m* / low air pressure, (partial) vaccuum, low pressure || **Tauchen bei** ⁓ / immersion at low air pressure || ⁓**dose** *f* / vacuum advance mechanism
unterdrücken *v* / suppress *v* || ⁓ *n* (der Darstellung v. Elementen o. Teilbildern) / blanking *n*
Unterdruck·manometer *n* / vacuum gauge, vacuometer *n* || ⁓**messer** *n* / vacuometer *n*, vacuum gauge || ⁓**prüfung** *f* DIN IEC 68 / low air pressure test || ⁓**regelventil** *n* / vacuum regulator valve *n*
unterdrückt·e Zündung / shorted ignition (circuit) || **Messgerät mit** ⁓**em Nullpunkt** / suppressed-zero instrument || ⁓**er Nullpunkt** / suppressed zero || ⁓**er Träger** (Übertragung oder Emission mit Amplitudenmodulation mit speziellen Eigenschaften) / suppressed carrier
Unterdruck-Überwachungsgerät *n* / low-pressure interlocking device
Unterdrückung *f* / suppression *n* || ⁓ **der Nullpunktverschiebung** / suppression of work offset, suppression of zero offset || ⁓ **der Wirkung von Versorgungsspannungsänderungen** / supply voltage rejection ratio || ⁓ **Ergebnisausgabe** / result output rejection || ⁓ **von Funkstörungen** / radio interference suppression || ⁓ **von Gleichtaktstörungen** / common mode noise rejection || **Satz**⁓ *f* / optional block skip, block skip, block blanking
Unterdrückungs·bereich *m* / suppression range || **Störanregungs-**⁓**faktor** *m* / spurious response rejection ratio || ⁓**verhältnis** *n* / suppression ratio || ⁓**zeit** *f* / suppression time
Unterdruck·ventil *n* / vacuum valve || ⁓**versteller** *m* / vacuum advance mechanism || ⁓**verteiler** *m* / vacuum advance mechanism
untere Bereichsgrenze (Signal) DIN IEC 381 || ⁓ **lower limit** IEC 381 || ⁓ **Eingabegrenze** / lower input limit || ⁓ **Endlage** / bottom position || ⁓ **Explosionsgrenze** (UEG) VDE 0165, T.102 / lower explosive limit (LEL) || ⁓ **Fugeneinlage** / bond breaker || ⁓ **Gefahrengrenze** (Prozessführung) / lower alarm limit || ⁓ **Grenzabweichung** (Mindestwert minus Bezugswert) DIN 55350,T.12 / lower limiting deviation || ⁓ **Grenze** / lower limit value (defines when values fall below the valid range) || ⁓ **Grenze des Vertrauensbereichs** / lower confidence limit || ⁓ **Grenzlage** / no stroke position || ⁓ **Kontrollgrenze** / lower control limit (LCL) || ⁓ **Lagerhälfte** / bottom half-bearing || ⁓ **Lagerschalenhälfte** / bottom halfshell || ⁓ **Messunsicherheit** / lower uncertainty of measurement || ⁓ **Toleranzgrenze** / minimum limiting value, lower limiting value || ⁓ **Warngrenze** (Prozessführung) / lower warning limit
untereinander / one below the other || **Montage** ⁓ / mounting one above the other, stacked arrangement
Untereinheit *f* / sub-unit *n*
unterer Anrampungsknick / ramp slope departure

untererregt

|| ~ **Betriebswirkungsgrad** (Leuchte) / downward light output ratio || ~ **Grenzwert** DIN 55350,T.12 / minimum limiting value, lower limiting value || ~ **Grenzwert** (legt fest, wann der gültige Bereich unterschritten wird) / low limit || ~ **halbräumlicher Lichtstrom** / downward flux, lower hemispherical luminous flux || ~ **halbräumlicher Lichtstromanteil** / downward flux fraction || ~ **Leistungsbereich** / lower-end performance level || ~ **Schaltpunkt** / lower switching value, lower limit (value) || ~ **Spezifikationsgrenzwert** / lower specification limit (LSL) || ~ **Stoßpegel** / basic impulse insulation level (BIL), basic lightning impulse insulation level, basic impulse level, full-wave impulse level || ~ **Wert** / low limit || ~ **Zonenlichtstromanteil** / cumulated downward flux proportion
untererregt adj / underexcited adj
Untererregung f / underexcitation n
Untererregungs·begrenzer m / underexcitation limiter || ⁓schutz m / underexcitation protection
unteres Abmaß / lower deviation, minus allowance || ~ **Grenzmaß** / lower limit of size, lower limit || ~ **Seitenband** (Seitenband, das die Teilschwingungen enthält, deren Frequenzen unterhalb der Trägerfrequenz liegen) / lower sideband
Unter·falz m / underfold n || ⁓familie f DIN 41640, T. 1 / sub-family n IEC 512 || ⁓fenster n / sub-window n, sub-form n || ⁓flanschwerk n / lower flange unit
unterflur / underfloor
Unterflur·belüftung f / underfloor ventilation || ⁓feuer n / flush light, flush-marker light || ⁓haspel m / down coiler || ⁓-**Hochleistungsfeuer** n / high-intensity flush-marker light || ⁓-**Installationskanal** m / underfloor trunking, underfloor duct(ing), underfloor raceway || ⁓kanal m / underfloor trunking, underfloor duct(ing), underfloor raceway || ⁓-**Mittelleistungsfeuer** n / medium-intensity flush-marker light || ⁓motor m (am Fahrzeugrahmen befestigt) / underframe-mounted motor || ⁓station f / underground substation, underfloor substation || ⁓system n / underfloor trunking system, underfloor ducting (system), underfloor raceway system || ⁓transformator m / underground transformer
Unterfolge f / subsequence n
Unterfrequenz·relais n / underfrequency relay || ⁓schutz m / underfrequency protection
Unter·führung f (Straße, Weg) / underpass n || ⁓funktion des Selektivschutzes IEC 50(448) / failure to operate of protection, failure to trip (USA) || ~**füttern** v / pack v, shim v || ~**geordnet** adj / subordinate adj || ~**geordnete Einheit** n / sub-unit n || ~**geordneter Plan** / subordinate chart
Untergestell n / supporting structure, support(ing) frame, base n, bench mount n || ⁓ n (B3/D5, Rahmen ohne Lagerhaltung) / baseframe n, subframe n || ⁓ n (B3/D5, m. Lagerhaltung) / cradle base
Untergrenze f (UGR) / low limit, lower limit
Untergrund m (Fußbodenbelag) / sub-floor n || ⁓entwässerung f / subsoil drainage || ⁓kennzahl f / background coefficient, background characteristic || ⁓rauschen n / background noise || ⁓strahlung f / background radiation, natural background radiation
Untergruppe f / subgroup n, subassembly n || **sachlich ausgewählte** ⁓ / rational sub-group, rational subgroup
Untergruppen·steuerung f (UGS) / subgroup control (SGC) || ⁓steuerungsbaustein m / subgroup (open-loop) control block
Untergurt m / girder n, return belt || ⁓rolle f / return idler, bend pulley
unterhalb des Standes K / earlier than version K
Unterhaltbarkeit f DIN 40042 / maintainability n
Unterhaltung f / maintenance n, servicing n, upkeep n
Unterhaltungselektronik f / consumer electronics
unterharmonisch adj / subharmonic adj
Unterharmonische f / subharmonic n
Unterimpedanz·-Anregerelais n / underimpedance starting relay, underimpedance starter || ⁓anregung f / underimpedance starting, impedance starting
unterirdische Leitung / underground line
Unter·kante f (UK) / bottom edge, lower edge || ⁓kante Kopfraum / top space lower edge || ⁓kette f / secondary sequencer || ⁓klasse f / subclass n || ⁓klemme f / clamp n || ⁓kommutierung f / under-commutation n || ⁓kompensation f / under-compensation n || ⁓kostenstelle f / sub cost center
unterkritische Dämpfung / sub-critical damping, underdamping n || ~ **Entspannung** / flow at pressure drops lower than critical
Unterlage f / document n, pad n || ⁓ f (nach dem Schweißen der Naht mit dem Werkstück nicht verbundene Schweißbadsicherung) / removable backing strip || ⁓ f (Auflage) / base n, support n || **technische** ⁓ (TU) / technical documentation
Unterlagen f pl (schriftliche) / documentation n, documents n pl, (technical) data, specifications and drawings, source material || ⁓art f / type of document || ⁓generierung f / document generation || ⁓inhalt m / contents of document || ⁓mappe f / document file || ⁓nummer f DIN 6763,T.1 / document number || ⁓satz m / document set || ⁓verwaltung f / document management || ⁓verzeichnis n (SPS) / document register
Unterlager n (EZ) / lower bearing
unterlagert adj / subimposed adj, subordinate adj || ~ adj (Programm) / lower-level adj || ~**e Ankerstromregelung** / secondary armature-current control, inner armature-current control loop || ~**e Regelung** E DIN 19266, T.4 / underlayed control || ~**e Stromregelung** / secondary current control, inner current control loop || ~**er Baustein** / subordinate block, secondary block || ~**er Handbetrieb** / subordinate manual control, secondary manual control || ~**er Regler** / secondary controller || ~**er Zyklus** / subordinate cycle
Unterlagerungs·kanal m / sub-audio channel || ⁓telegraphie f / sub-audio telegraphy || ⁓übertragung f / sub-telephone transmission
Unterlänge f (Buchstabe) / descender n
Unterlast f / underload n, low load
Unter-Last-Betrieb m / on-load operation
Unterlastrelais n / underpower relay
Unter-Last-Schaltung f / switching under load, on-load tap changing (transformer)

Unterlastung f DIN 40042 / derating n
Unterlastungsgrad m / derating factor
Unterlauf m / underflow n (given when a value drops below a defined range)
Unterleg·blech n / shim n || ⁓**bleche** n pl / shims n pl || ⁓**eisen** n (Masch.-Fundament) / levelling plate, packing plate || ⁓**scheibe** f / backing plate, end-float washer, spacer washer || ⁓**scheibe** f (f. Schraube) / washer n, plain washer || ⁓**scheibe** f (z. Ausrichten) / shim n || ⁓**schild** n / nameplate n, support-plate n, backing plate || ⁓**schild** n (f. Schaltstellungsanzeige) / (clamped) legend plate, dial plate || ⁓**streifen** m / spacer strip
Unter·lieferant m / sub-supplier n || ⁓**maske** f / subscreen n || ⁓**maß** n / undersize n || ⁓**matrize** f / lower die || ⁓**menge** f / subset n || ⁓**menue** n / submenu n || ⁓**modell** n / submodel n || ⁓**modulation** f / under-modulation
Untermotor m (Walzwerk) / bottom-roll motor, lower motor || ⁓ **vorn, Obermotor hinten angeordnet** / bottom front, top rear arrangement
untermotorisiert adj / under-powered adj
Unternehmen n / company n || ⁓ **mit Strom-Gas-Querverbund** / integrated enterprise that pools supplies of gas and electricity
Unternehmens·ebene f / company management level || ⁓**forschung** f / operations research (OR) || ⁓**führung** f / corporate management || ⁓**informationssystem** n / utility information system (UIS) || **~interne Vorschrift** / company specification || ⁓**leitbild** n / corporate mission statement || ⁓**leitebene** f / corporate management level, plant management, ERP level, factory n || ⁓**leitsätze** m pl / corporate mission statement || ⁓**planung** f / corporate planning || ⁓**qualität** f / business excellence, corporate quality || **~weite Kommunikation** / enterprise-wide communication || ⁓**ziel** n / corporate objective
unter-netzfrequente Komponenten / sub-line-frequency components
Unter-Öl·-Gerät n / oil-immersed apparatus || ⁓-**Öl-Motor** m / oil-immersed motor
Unterparameter m / subparameter n
Unterprogramm n (UP) / sub-program n ISO 2806-1980, subroutine n, interrupt routine || ⁓ n / subprogam n, subroutine n (SR), subprogram file (SPF) || **aufrufen** / call subroutine || **asynchrones** ⁓ (ASUP) / asynchronous subprogram (ASUB), asynchronous subroutine (ASUB) || ⁓**aufruf** m / subroutine call || ⁓**bibliothek** f / subroutine library || ⁓-**Datei** f / Sub-Program File (SPF) || ⁓-**Durchlaufzahl** f / number of subroutine repetitions, number of subprogram repetitions || ⁓**ebene** f / subroutine level, subprogram level || ⁓**ende** n / end of subroutine || ⁓**ersetzungstechnik** f / subroutine replacement technique || ⁓**kennung** f / subroutine identifier, subroutine designation || ⁓-**Schachtelung** f / subroutine nesting || ⁓**sprung** m / subroutine jump || ⁓**technik** f / subroutine technique
Unterpulverschweißen n / submerged arc welding
Unter-Pulver-Schweißen n / submerged-arc welding
Unterpunkt m / subheading n, subcategory n
Unterputz m / flush-mounting n, flush mounting || ⁓**ausführung** f / flush-mounting model || ⁓**dose** f / flush-type box, flush mounting || ⁓**einbau** m / flush mounting || ⁓**einbaudose** f (für Schalter) / flush-mounting box || ⁓**gerät** n / flush-mounting device || ⁓**installation** f / concealed wiring, underplaster wiring, embedded wiring, wiring under the surface || ⁓**montage** f / flush mounting || ⁓**schalter** m (UP-Schalter) / flush-type switch, flush-mounting switch || ⁓**steckdose** f / flush-type socket-outlet, sunk socket-outlet || ⁓**transformator** m / flush-type transformer || ⁓-**Verbindungsdose** f / flush-type joint box, flush-mounting junction box || ⁓**verteiler** m / flush-mounting distribution board
Unter·rahmen m / baseframe n, subframe n, underframe n || ⁓**rahmen** m (feste Anzahl von nichtaufeinanderfolgenden Kanalzeitschlitzen in einem Rahmen, die zusammen einen Digitalkanal mit festgelegter Digitrate bilden) / sub-frame || ⁓**raster** m / sub-frame n || ⁓**reichweite** f (Schutzsystem) IEC 50(448) / underreach n, underreach protection, underreaching protection (USA) || ⁓**...relais** n / under...relay
Unterricht m / lessons n || **~en** v / notify v || ⁓**sraum** m / classroom n
Unterschale f / bottom bearing shell, lower half-shell, bottom shell
Unterscheidungs·merkmal n / discriminator n || ⁓**merkmale** n pl / differentiating characteristics || **zeitliches** ⁓**vermögen** / separating capability, discrimination n (telecontrol) || ⁓**zeichen** n / distinguishing symbol
Unter·schere f (Scherentrenner) / lower pantograph || ⁓**schicht** f / bottom layer, inner layer || ⁓**schichtprobe** f DIN 51750,T.1 / lower sample
unterschiedlich adj / different adj || **~ geführt** / differently configured || **~e Daten sind fett gedruckt** / various data is printed in bold
Unterschieds·empfindlichkeit f / contrast sensitivity || ⁓**empfindungsgeschwindigkeit** f / speed of contrast perception || ⁓**schwelle** f / difference threshold, differential threshold || ⁓**schwelle für Leuchtdichten** / luminance difference threshold
Unterschlitten m / lower slide
Unterschneiden n (Verringerung des Zwischenraums zwischen zwei benachbarten Zeichen) / kerning n
Unterschneidung f (Fundamentgrube) / undercut n, bell n
unterschnitten adj / undercut adj, underreamed adj || **~er Pfahl** (Bohrpfahl) / underreamed pile. expanded pile, bulb pile
Unterschrank m / cabinet n
unterschreiten v / fall below, be less than, undershoot v, go lower than
Unterschreitung f (range) underflow n
Unterschrift f / signature n
Unterschriften·regelung f / signature regulations || ⁓**regelung und Richtlinien für den Schriftverkehr** / Signature rules and guidelines on correspondence || ⁓**runde** f / signature committee meeting || ⁓**berechtigter** m / authorized signatory || ⁓**berechtigung** f / authorization to sign, signatory power
Unterschritt m / substep n
Unter·schwingen n / undershoot n || ⁓**schwinger** m / undershoot n || ⁓**schwingung** f / subharmonic n || ⁓**schwingweite** f / undershoot amplitude
Unterseite f / lower side || ⁓, **Horizontaleinschub** /

untersetzen

lower side of horizontal withdrawable unit || ⟨,
Vertikaleinschub / lower side of vertical withdrawable unit
untersetzen v (Getriebe) / gear down v, step down v
|| ~ v (Impulse) / scale v
untersetztes Gerät / turned down device
Untersetzung f / down-scaling n || ⟨ f (Getriebe, Verhältnis) / reduction ratio || ⟨ f / speed reducer, gear reducer, reduction gearing, step-down gearing
|| ⟨ f (Skalierung) / down-scaling n || ⟨ f (Vorschubuntersetzung) / feedrate reduction ||
Takt~ f / (clock-)pulse scaling
Untersetzungsfaktor m / reducing factor, reduction ratio, scan rate, down-scaling n || ⟨zeile f / reduction ratio line
Untersetzungsgetriebe n / speed reducer, gear reducer, reduction gearing, step-down gearing, reduction gear || **Motor mit** ⟨ / back-geared motor
Untersetzungs·verhältnis n / reduction ratio, speed reduction ratio, down-scaling n || ⟨werk n (Getriebe) / reduction gearing
Untersicht f / bottom view
Unterspannung f (zu niedrige Spannung) / undervoltage n || ⟨ f (US; Spannung auf der US-Seite) / low voltage, lower voltage, low voltage rating, low voltage supply || **Grenzlinie der** ⟨ / minimum stress limit
Unterspannungs·abschaltgrenze f / undervoltage failure limit || ⟨abschaltung f (Fehlerabschaltung aufgrund unzulässiger kleiner Spannung) / undervoltage trip || ⟨anschluss m / low-voltage terminal || ⟨anschlussklemme f (kapazitiver Spannungsteiler) / intermediate-voltage terminal
Unterspannungsauslöser m / undervoltage release (UVR) IEC 157-1, undervoltage opening release, low-volt release, undervoltage trip || ⟨ m (Ansprechspannung, 35 - 10 % der Netzspannung) / no-volt release IEC 157-1 || ⟨ **mit Kondensatorverzögerung** m / undervoltage release with capacitor delay || ⟨ **mit Verzögerung** (rc-Auslöser) / time-lag undervoltage release IEC 157-1, capacitor-delayed undervoltage release, time-delay undervoltage release
Unterspannungs·auslösung f / undervoltage tripping, opening by undervoltage release || ⟨durchführung f (US-Durchführung) / low-voltage bushing || ⟨grenze m / undervoltage limit || ⟨klemme f / low-voltage terminal || ⟨kondensator m (kapazitiver Spannungsteiler) / intermediate-voltage capacitor || ⟨-**Kondensatordurchführung** f / low voltage condenser bushing || ⟨relais n / undervoltage relay, no-volt relay, under voltage relay || ⟨relais mit Asymmetrieerkennung / undervoltage relay with asymmetric recognition || ⟨schutz m / undervoltage protection || ⟨seite f / low-voltage side, low side, low-voltage circuit || ~**seitig** adj / on low-voltage side, in low-voltage circuit, low-voltage adj || ⟨sperre f / undervoltage blocking device (o. unit) || ⟨sperrschwelle m / Under-Voltage Lock-Out (UVLO) || ⟨überwachung f / undervoltage monitoring || ⟨warnung f / undervoltage warning || ⟨wicklung f (US-Wicklung) / low-voltage winding, lower-voltage winding
Unterstab m (Stabwickl.) / bottom bar, inner bar, bottom conductor
unterständiger Generator / undertype generator, inverted generator
Unterstation f / tributary station || ⟨ f (Prozessleitsystem, wird zum Datenempfang von Hauptstation angewählt) / slave station || ⟨ f / satellite substation || ⟨ f (UST) / outstation n || ⟨ f (UST Energieversorgungsnetz) / substation n || ⟨ f (UST) / remote station, tributary station || ⟨ **(UST)** f / remote station
unterste Ölschicht / bottom oil
unterstehen v / report to
Unterstelle f / location with outstation(s)
Unterstellungsverhältnis n / span of control
unterstreichen v (Text) / underscore v, underline v
Unterstrich n / underscore symbol, underscore n || ⟨zeichen f / underline character
Unterstrom m / undercurrent n || ⟨auslöser m / undercurrent release || ⟨relais n / undercurrent relay || ⟨schutz m / undercurrent protection || ⟨überwachung f / undervoltage monitoring
Unterstufe f / sublevel n
unterstützen v / help v
unterstützt / supported
Unterstützung f / support n || ⟨ f / supporting n, user guidance display
Unterstützungs·bild n / support screen || ⟨leistung f / support n || ⟨programm n / support program || ⟨-**Service** m / support service || ⟨software f / support software
Untersuchung f / investigation n, examination n, inspection n, test n || ⟨ **der Kurvenform** (Wellenform) / waveform analysis
Untersuchungs·befund m / findings n pl || ⟨-**Zeichnung** f / study drawing
untersynchron adj / subsynchronous adj, hyposynchronous adj || ~**e Drehstrom-Konterhubschaltung** / subsynchronous three-phase counter-torque hoisting control || ~**e Resonanz** / subsynchronous resonance || ~**e Scherbius-Kaskade** / single-range Scherbius system, subsynchronous Scherbius system || ~**e Stromrichterkaskade (USK)** / subsynchronous converter cascade || ⟨-**Reluktanzmotor** m / subsynchronous reluctance motor
Untersystem n / subsystem n || ⟨ n (Master-Slave-Anordnung) / slave system
Untertagmotor m / underground motor
Untertauchen, Schutz beim ⟨ / protection against the effects of continuous submersion
Unterteil n / fuse base, lower part || ⟨ n / holder n || ⟨ **2-polig** n / base, 2-pole n || ⟨ **einpolig** n / base, single-pole n
unterteilen v / subdivide v, sectionalize v, split v, classify v
unterteilt·e Spule / multi-section coil, multiple coil || ~**e Tafel** / sectionalized board || ~**e Wicklung** / split winding, subdivided winding || ~**er Leiter** / stranded conductor || ~**es Auskreuzen** (Kabelschirmverbindungen) / sectionalized cross-bonding
Unterteilung f / separation n, subdivision n || ⟨ **in Teilräume** (metallgekapselte Schaltanlage) / division into compartments IEC 517, compartmentalization n
Unter·tischgehäuse n / housing for underbench mounting || ⟨tonanregung f / harmonic excitation || ⟨träger m / subcarrier n || **Satz-**⟨**typ** m (CLDATA) / record subtype

Unterverbunderregung f / under-compounding n ‖ **Generator mit ~** / undercompounded generator
Unter·verteiler m / sub-distribution board, submain distribution board, branch-circuit distribution board, subdistributor n ‖ **~verteilung** f / sub-distribution n, sub-main distribution ‖ **~verteilung** f (Tafel) / sub-distribution board, submain distribution board, branch-circuit distribution board ‖ **~verzeichnis** n / subdirectory n ‖ **~vorgang** m / sub-operation ‖ **~wagen** m / bottom carriage
Unterwasser n / tailwater n, tailrace n ‖ **~beleuchtung** f / underwater lighting, underwater floodlighting ‖ **~kabel** n / submarine cable ‖ **~leitung** f / submarine line ‖ **~leuchte** f / underwater luminaire ‖ **~motor** m / submersible motor ‖ **~pegel** m / tailbay elevations, tailwater elevation ‖ **~pegelstandskurve** f / tailwater elevation curve ‖ **~scheinwerfer** m / underwater floodlight ‖ **~seite** f / downstream side, tailwater side
unterwasserseitig adv / on tailwater side, downstream ad v
Unter·welle f / subharmonic n ‖ **~werk** n / substation n, transformer substation ‖ **~zeug** n / lower die
unterwiesene Person / instructed person
Unter·windgebläse n / forced-draft fan ‖ **~zelle** f / bottom cell ‖ **~zug** m / girder n
unüberwachtes Lernen / unsupervised learning
ununterbrochen·er Betrieb (el. Masch.) / continuous-operation duty ‖ **~er Betrieb** / uninterrupted duty ‖ **~er Betrieb mit Aussetzbelastung** (S6) EN 60034-1 / continuous-operation periodic duty S6, IEC 341 ‖ **~er Betrieb mit nicht periodischer Last- und Drehzahländerung** (S 9) VDE 0530, T.1 / duty with non-periodic load and speed variations (S 9) IEC 34-1 ‖ **~er periodischer Betrieb mit Aussetzbelastung** (S 6) IEC 50(411) / continuous-operation periodic duty ‖ **~er periodischer Betrieb mit Aussetzbelastung und Drehzahländerung** (S 8) IEC 50(411) / continous-operation peridic duty with related load-speed changes ‖ **~er periodischer Betrieb mit elektrischer Bremsung** (S 7) VDE 0530, T.1 / continuous-operation periodic duty with electric braking (S 7) IEC 341
unverbindlich, die Maße sind ~ / the dimensions are subject to change
unverbrannter Kohlenwasserstoff / unburnt hydrocarbon
unverbrauchte Energie / undissipated energy
unverdrehbar adj / locked adj (to prevent turning)
Unverdrehbarkeitsnase f / locating boss
unverdrillt adj / unshielded adj
unverdrosselt adj / non-choked adj ‖ **~e Spannung** / non-choke-protected voltage
Unverfügbarkeit f / non-availability n
unvergossene Wicklung / non-encapsulated winding, open winding
unverkettet·e Zweiphasenwicklung / open two-phase winding ‖ **~er Fluss** / unlinked flux ‖ **~es symmetrisches Zweiphasensystem** / open symmetrical two-phase system
unverklinkt adj / unlatched adj
unverlierbar adj / captive adj ‖ **~ adj**

(Speicherinhalt) / non-volatile add, non-erasable adj ‖ **~e Schraube** / captive screw
unvermeidbarer Abfall / unavoidable waste
unverriegelt adj / not interlocked ‖ **~e Mechanik** / independent mechanical system
unverschachtelt adj / non-interleaved adj
Unversehrtheit f (Daten) / integrity n, intactness n
unverseifbar adj / unsaponifiable adj
unverstellbar adj / fixed-ratio adj
unverträglich adj / incompatible adj
Unverträglichkeit f / incompatibility n ‖ **geometrische ~** / geometric incompatibility
unverwechselbar adj / non-interchangeable adj, non-reversible adj, polarized adj ‖ **~e Schlüsselsperre** / non-interchangeable key interlock ‖ **~e Sicherung** / non-interchangeable fuse
Unverwechselbarkeit f / non-interchangeability n ‖ **~** f (Steckverbinder) DIN 41650,1 / polarization n, polarization method IEC 603-1 ‖ **Prüfung der ~** / polarizing test
Unverwechselbarkeits-Nut f / polarizing slot
unverwischbar adj / indelible adj
Unverwischbarkeit f / indelibility n
unverzinnt adj / untinned adj
unverzögert adj / undelayed adj, non-delayed, instantaneous adj ‖ **~ schalten** / instantaneous switching ‖ **~er Auslöser** / instantaneous release IEC 157-1 ‖ **~er Auslöser mit Wiedereinschaltsperre** (nv-Auslöser) / instantaneous release with reclosing lockout ‖ **~er elektromagnetischer Überstromauslöser** / instantaneous electromagnetic overcurrent release ‖ **~er Selektivschutz** IEC 50(448) / instantaneous protection ‖ **~er Überstromauslöser** (n-Auslöser) / instantaneous overcurrent release, high-speed overcurrent trip ‖ **~es elektrisches Relais** / instantaneous electrical relay ‖ **~es Hilfsschütz** VDE 0660, T.200 / instantaneous contactor relay IEC 337-1 ‖ **~es Kurzschlussauslöserelais** / instantaneous short-circuit relay ‖ **~es Relais** / instantaneous relay, non-delayed relay, high-speed relay
unvollkommener Erdschluss / high-resistance fault to earth, high-impedance fault to ground ‖ **~ Körperschluss** / high-resistance fault to exposed conductive part, high-impedance fault to exposed conductive part ‖ **~ Kurzschluss** / high-resistance fault, high-impedance fault
unvollständig verbundene Folie / insufficiently welded foil ‖ **~e Bindung** (die Werkstücke sind nur teilweise oder unzureichend vereinigt) / insufficient fusion ‖ **~e Brückenschaltung** / incomplete bridge connection
unvorbereiteter Leiter / unprepared conductor
unvorhergesehener Testausgang / unforeseen test outcome
unvorhersehbares Ereignis / unpredictable event
unwesentliche Abweichung / insignificant nonconformance
unwichtiger Verbraucher / interruptible load, nonvital load, non-essential load, secondary load
unwirksam adj / ineffective adj ‖ **~ setzen** / deactivate v
unwirtschaftlicher Konstruktionsaufwand / uneconomical overdesign
Unwucht f / unbalance n, out-of-balance n ‖ **~** f (als Vektor) / unbalance vector ‖ **~betrag** m / amount

unwuchtfrei 938

of unbalance, unbalance *n*
unwuchtfrei *adj* / balanced *adj*, free from unbalance, true *adj*
unwuchtig *adj* / out of balance, unbalanced *adj*
Unwucht·kraft *f* / unbalance force, out-of-balance force, out-of balance pull || **Moment der ⟨kraft** / unbalance moment || **⟨kräftepaar** *n* / unbalance couple || **⟨masse** *f* / unbalance mass || **⟨messung** *f* / out-of-balance measurement || **⟨motor** *m* (Asynchronmotor) / off-balance rotary motor || **⟨paar** *n* / couple unbalance || **⟨-Reduktionsverhältnis** *n* / unbalance reduction ratio || **⟨winkel** *m* / angle of unbalance
unzerbrechlich *adj* / unbreakable *adj*
unzulässig *adj* / unpermissible *adj*, non-permissible *adj*, unacceptable *adj*, impermissible *adj* || **~** (Eingabe) / illegal *adj* || **~e Funktionswahl** / invalid (o. illegal) function selection || **~e Gebrauchsbedingungen** DIN 41745 / non-permissible conditions of operation || **~er Eingriff** / impermissible interference || **~er Elektrodeneindruck** / incorrect electrode indentation
unzureichend *adj* / inadequate *adj*, unacceptable || **~e Linsendicke** (Linse zu flach) / insufficient nugget thickness || **~e Linseneindringtiefe** / insufficient depth of penetration of nuggets || **~e Stauchwulst bzw. -grat** (Stauchwulst bzw. -grat zu gering) / insufficient upset thickness
U$_{oc}$ / Open Circuit Voltage (OCV) || **⟨** / V$_{oc}$
UP / sub-program *n* ISO 2806- 1980, subroutine *n*, *m* UP || **⟨** (unter Putz) / flush-mounted *n*, flush-mounting *n* || **⟨** (Unterprogramm) / subprogam *n*, SR (subroutine), SPF (subprogram file) || **⟨ (Upgrade)** *n* / Upgrade *n*
Update *n* / update *n* || **⟨-Alarm** *m* / update interrupt || **⟨-Vertrag** *m* / update contract
UP·-Dose *f* / flush-mounting box || **⟨-Einsatz** *m* / flush-mounting insert
UPF *n* / universal process format (UPF)
UP·-Gerät *n* / flush-mounting device || **⟨-Gerätedose** *f* / flush-mounting switch and socket box
Upgrade (UP) *n* / upgrade *n* || **~n** *v* / upgrade *v* || **⟨paket** *n* / Upgrade package || **⟨-Version** *f* / upgrade version
Upload *m* / upload *n* || **⟨-Daten** / upload data (data that were uploaded from the station to the Host) || **⟨menü** *n* / upload menu
Upm / revolutions per minute (r.p.m.)
UPnP / UPnP (Universal Plug'n Play)
UPPS / UPPS
U-Profil-Stahl *m* / steel channel
UP-Schalter *m* / flush-type switch, flush-mounting switch
U$_q$ / V$_q$ (quadrature voltage)
UR (Universal Rack) / UR (universal rack)
U$_R$ / line voltage drop
Urbach-Energie *f* / Urbach energy
Urbild *n* / original display
Urdaten *plt* / source data, original data
U-Reihe *f* / U range
Ureingabe, durch ⟨ laden / bootstrap *v*
Urfarbe *f* / unitary (o. unique) hue
Urformen *n* DIN 8580 / creative forming
Urheber *m* / originator *n*
URI (Uniform Resource Identifier) / Uniform Resource Identifier (URI)
Urkunde *f* (Prüfungsu.) / certificate *n*
URL / Uniform Resource Locator (URL)
Urladen *n* / booting *n*, bootstrapping *n*, bootstrap loading, initial program loading, loading to the IPL || **~** *v* / bootstrap *v*, boot *v*, initial program loading, load to the IPL
Urladeprogramm *n* / bootstrap (loader) program
Urlader *m* / initial program loader (IPL), bootstrap loader, IPL *n*
Urlade·wert *m* / initial loading value || **⟨zustand** *m* / initialized status
Urlaubs·anspruch *m* / vacation entitlement || **⟨geld** *n* / vacation pay, leave pay || **⟨stand** *m* / vacation not taken
Urlehre *f* / master gauge, standard gauge
Urlöschen *n* / overall reset, general reset, general PLC reset, memory reset *n* || **~** *v* / clear (o. reset) *v*
Urlöschmodus *m* / initial clear mode
Urmodell *n* / master model
U-Rohr *n* / U-tube *n*, syphon *n* || **⟨-Manometer** *n* / U-tube manometer
Urrezept *n* / source recipe
Urrücksetzen *n* / overall reset, general reset
Ursache *f* / cause *n*
ursachenbezogene Untergruppe / rational sub-group
Ursachensuche *f* / search for causes
Ursigramm *n* (Nachricht, die solare und geophysikalische Daten und Vorhersagen der Sonnenaktivität enthält und weltweit von einem von der Union Radio-Scientifique Internationale anerkannten Vorhersagezentren verbreitet wird) / ursigram
Urspannung *f* / electromotive force, e.m.f.A
Ursprung *n* / point of origin, zero point, zero *n* || **⟨** *m* / origin *n* || **Koordinaten~** *m* / coordinate origin, coordinate datum || **zum ⟨** / return to original, to origin
ursprünglich *adj* / original *adj* || **~es Feld** / parent field
Ursprungsdaten *plt* / raw data, source data
Ursprungs·erzeugnisse *n pl* / original manufacturer's equipment (OME) || **⟨festigkeit** *f* / endurance limit at repeated stress, natural strength, fatigue strength under pulsating stress, pulsating fatigue strength || **⟨kennzeichen** *n* / mark of origin || **⟨lieferschein** *m* / original delivery note || **⟨lieferung** *f* / original supply || **⟨lizenz** *f* / root license || **⟨motor** *m* / original motor || **⟨pfad** *m* / original path || **⟨programm** *n* / source program, original program || **⟨wert** *m* / original value || **⟨zeichen** *n* / mark of origin, maker's name, trademark *n*
Urtyp *m* / prototype *n*
Urunwucht *f* / initial unbalance
Urwaldklima *n* / damp tropical climate
Urwert *m* / initial value
URx (Universalbaugruppenträger) *m* (Baugruppenträger, der sowohl für den Aufbau eines Zentralgerätes als auch für den Aufbau eines Erweiterungsgerätes verwendet werden kann) / universal rack (UR)
Urzeichnung *f* / original *n* (drawing)
US / ultrasound *n* || **⟨** (Umsatzsteuerart) / turnover tax type || **⟨** (Unterspannung) / low voltage, lower voltage, low voltage rating
ÜS (Übertragungssperre) *f* / block r.m.d. (block remote monitoring direction)
Usability *f* / usability *n*

USART / USART (universal synchronous/ asynchronous receiver/transmitter)
USB / USB (Universal Serial Bus) ‖ ⟲-**Abdeckung** *f* / USB cover ‖ ⟲-**Abdeckung** *m* / USB connection
USBD *m* / universal serial bus driver (USBD)
USB·-PC-Standard-Tastatur *f* / standard USB PC keyboard ‖ ⟲-**Schnittstelle** *f* / USB interface, RS 232 interface ‖ ⟲-**Signal** *n* / USB signal ‖ ⟲-**Stick** *m* / USB stick
USBTMC / Universal Serial Bus, Test and Measurement Class (USBTMC)
USC *n* / automatic Underscreen Cleaning (USC)
U-Schall-Bad *n* / ultrasonic bath
User·-Bereich *m* / operator access area ‖ ⟲-**Parameterliste** *f* / user defined parameter
Useware *f* (alle der Nutzung einer Maschine/Anlage dienenden Hard-/Software-Komponenten) / useware *n*
USK / subsynchronous converter cascade, slip-power reclamation drive with static converter, static Kraemer drive
USL / upper specification limit (USL) (value below which performance of a product or process is acceptable)
USM *n* / ultrasonic machining (USM)
U-Spesen *f* / sales expenses
U-Spule *f* / hairpin coil (universal serial interface)
U$_{ss}$ (Spannung Spitze-Spitze) / voltage peak-to-peak (V$_{pp}$)
USS / USI (universal serial interface) ‖ ⟲ **abgelehnte Telegramme** / USS rejected telegrams ‖ ⟲-**Adresse** / USS address ‖ ⟲-**Baudrate** / USS baudrate ‖ ⟲-**BCC-Fehler** / USS BCC error ‖ ⟲-**fehlerfreie Telegramme** / USS error-free telegrams ‖ ⟲-**Framefehler** / USS character frame error ‖ ⟲-**Längenfehler** / USS length error ‖ ⟲-**Normierung** / USS normalization ‖ ⟲-**Paritätsfehler** / USS parity error ‖ ⟲-**PKW-Länge** / USS PKW length ‖ ⟲-**Protokoll** *n* / USS protocol ‖ ⟲-**PZD-Länge** / USS PZD length
USSR / USSR-Register of Shipping
USS·-Telegr. Start nicht erkannt / USS start not identified ‖ ⟲-**Telegramm Ausfallzeit** / USS telegram off time ‖ ⟲-**Überlauffehler** / USS overrun error
UST (Unterstation) / substation *n*, remote station, outstation *n*, tributary station
USTACK / ISTACK, interrupt stack, i stack
US-Übergabefahrplanmanagement *n* / TranSmart Transaction Management (TTM)
USV VDE 0558, T.5 / UPS (A. f. uninterruptible power system) ‖ ⟲ (unterbrechungsfreie Stromversorgung) / UPS (uninterruptible power supply), UPS (uninterruptible power system) ‖ ⟲-**Block** *m* / UPS unit ‖ ⟲-**Komponente** *f* / UPS functional unit ‖ ⟲-**Lastschalter** *m* / UPS interrupter ‖ ⟲-**Leistungsschalter** *m* / UPS interrupter ‖ ⟲-**Schalter** *m* / UPS switch ‖ ⟲-**Umschalter** *m* / transfer switch
US-Wicklung *f* / low-voltage winding, lower-voltage winding
UT (unterer Totpunkt) / bottom dead center (BDC) ‖ ⟲ (**überlagerte Prüfeinrichtung**) *f* / upper tester
ÜT- / non-scale *n*
U-Teil *n* / U part
UTP (unshielded twisted pair) *n* / unshielded twisted pair (UTP)

UTPT / Ultra Thin Punch Through (UTPT)
U-Tragschiene *f* / U-mounting rail
UtRAM / Uni-transistor Random Access Memory (UtRAM)
UTX (Universal Technology eXtended) / Universal Technology eXtended (UTX)
U-Übergabeelement *n* / U interface element, U input connector
U-Überlauf *m* / interrupt overflow
UUT / UUT *n* (unit under test)
UV (Umlaufvermögen) *n* / working capital
UV-beständig *adj* / resistant to ultraviolet rays
U-Verteiler *m* / cast-iron multi-box distribution board, cast-iron box-type distribution board, cast-iron box-type FBA
UV·-Härten *n* (Härten von Beschichtungsstoffen durch die Einwirkung von Ultraviolett-Strahlen) / UV curing ‖ ⟲-**Lichtschreiber** *m* / UV light-spot recorder
UVLO / UVLO (Under-Voltage Lock-Out)
UV·-löschbar *adj* / UV-erasable *adj* ‖ ⟲-**Löscheinrichtung** *f* (für EPROM-Speichermodule) / UV eraser, UV erasing facility (can be used to erase EPROM memory modules)
UVM / UVM (unified verification methodology)
UV·-Papier *n* / UV-sensitive paper ‖ ⟲-**Trockner** *m* / UV Dreyer
UVV (Unfallverhütungsvorschriften) *f pl* / Accident Prevention Regulations
UZK (Zwischenkreisspannung) / dc link voltage
U-Zuschlag *m* / sales surcharge

V

V / velocity *n*
V~ / V AC
V_ / V DC
V.24 *f* (Schnittstelle) / RS-232-C ‖ ⟲-**Schnittstelle** / RS-232 interface, *f* RS-232-C ‖ ⟲-**Spannungsschnittstelle** *f* / RS-232-C voltage interface ‖ ⟲/**TTY-Umschaltung** / RS-232-C/TTY selector
VA (Verarbeitungsanweisung) / process instruction, system function procedure (SFP), QA procedure
V·-Abhängigkeit *f* / OR dependency, V-dependency *n* ‖ ⟲-**Abtastung** *f* (NC) / V-scanning *n* ‖ ⟲-**Achse** *f* / V axis
vagabundierender Strom / stray current
Vakuum *n* / vacuum *n* ‖ ⟲ **aus** / Vacuum off ‖ ⟲ **ein** / Vacuum on ‖ ⟲ **im Haltekreis messen** / Measure vacuum in holding circuit ‖ ⟲ **messen** / Measure vacuum ‖ ⟲ **offen** / Vacuum open (vacuum measured at the nozzle with no component attached to it) ‖ ⟲**abbau** *m* / Vacuum reduction ‖ ⟲**abfrage** *f* / vacuum check ‖ ⟲-**Ableiter** *m* / vacuum arrester ‖ ⟲ **anlage** *f* / vacuum system ‖ ⟲**aufdampfung** *f* / vacuum evaporation, vacuum deposition ‖ **~bedampft** *adj* / vacuum-deposited *adj* ‖ ⟲**bedampfung** *f* / vacuum deposition ‖ ⟲**behandlung** *f* / vacuum treatment ‖ **elektrisch gesteuerte** ⟲**bremse** / electro-vacuum brake
vakuumdicht *adj* / vacuum-tight *adj*, hermetically

sealed || ~dichte Einschmelzung / vacuum-tight seal
Vakuum·dichtung *f* / vacuum seal || ~-**Diffusionspumpe** *f* / vacuum diffusion pump, diffusion pump || ~-**Druck-Imprägnierung** *f* / vacuum pressure impregnation || ~**durchführung** *f* / vacuum penetration || ~**einschmelzung** *f* / vacuum seal || ~-**Entgasungskessel** *m* / vacuum degassing tank || ~**erzeuger** *m* / vacuum generator || ~**extraktionseinheit** *f* / vacuum extraction unit || ~**faktor** *m* (Ionen-Gitterstrom/Elektronenstrom) / vacuum factor, gas-content factor || ~-**Feldwellenimpedanz** *f* (Quadratwurzel aus dem Quotienten magnetische Feldkonstante durch elektrische Feldkonstante) / characteristic impedance of vacuum
vakuumfest *adj* / vacuum-proof *adj*, vacuum-tight *adj*
Vakuum·festigkeit *f* / vacuum withstand IEC 76-1 || ~**filter** *m* / vacuum filter || ~**filterüberwachung** *f* / vacuum filter monitoring || ~**fluoreszenzanzeige** *f* / vacuum fluorescent display || ~**förderer** *m* / vacuum conveyor || ~**form** *f* / vacuum molding || ~**formmaschine** *f* / vacuum forming machine || ~-**Fotozelle** *f* / vacuum photoelectric cell
vakuum·gegossen *adj* / vacuum-casted *adj* || ~**gelötet** *adj* / vacuum-brazed *adj*
Vakuum·goniometer *n* / vacuum goniometer || ~**greifer** *m* / suction gripper || ~**halter** *m* / vacuum support || ~-**Hochspannungsschütz** *n* / h.v. vacuum contactor || ~**kessel** *m* / vacuum tank || ~**lampe** *f* / vacuum lamp || ~**lastschalter** *m* / vacuum switch || ~-**Lastschalter** *m* / vacuum switch, vacuum interrupter || ~-**Lastschalter** *m* (Lastumschalter) / vacuum diverter switch || ~-**Leistungsschalter** *m* / vacuum circuit-breaker, vacuum circuit breaker || ~**lichtgeschwindigkeit** *f* (physikalische Konstante: 299 792 458 m/s) / speed of light in vacuum || ~-**Messgerät** *n* / vacuum gauge, vacuum tester || ~-**Messplatine** *f* / vacuum measurement board || ~**messung** *f* / vacuum measurement (vacuum measurement at the nozzles) || ~**metallisierung** *f* / vacuum plating, vapour depositing || ~**permeabilität** *f* / permeability of free space, space permeability, permeability of the vacuum || ~-**Prüfgerät** *n* / vacuum tester || ~**prüfung** *f* / vacuum test || ~**pumpe** *f* / vacuum exhauster, exhauster *n*, vacuum pump || ~**röhre** *f* / vacuum interrupter, vacuum tube
Vakuum·sauger *m* / vacuum nozzle || ~**schalter** *m* / vacuum switch, vacuum diverter switch, vacuum circuit-breaker || ~**schalter** *m* (f. Vakuumüberwachung) / vacuum-operated switch || ~-**Schaltkammer** *f* / vacuum interrupter chamber || ~-**Schaltröhre** *f* / vacuum interrupter || ~**schalttechnik** *f* / vacuum-switching technique || ~**schutz** *m* / loss-of-vacuum protection, low vacuum protection || ~**schütz** *n* / vacuum contactor || ~**schütz-Schaltanlage** *f* / vacuum-contactor controlgear, vacuum-contactor panel(s), vacuum-contactor board || ~-**Sensor** *m* / vacuum sensor || ~**starter** *m* / vacuum starter || ~**system** *n* / vacuum system || ~**technik** *f* / vacuum technology || ~**test** *m* / vacuum test (vacuum test at the nozzles) || ~-**Thermoelement** *n* / vacuum thermocouple || ~-**Thermosäule** *f* / vacuum thermopile || ~**tisch** *m* / vacuum table || ~**tränkung** *f* / vacuum impregnation, impregnation under a vacuum || ~**trocknung** *f* / drying under vacuum || ~**verguss** *m* / vacuum moulding, potting under vacuum, vacuum casting || ~**wert** *m* / vacuum value || ~**wert offen [%]** / Vacuum value open [%] (vacuum value measured at the nozzle with no component attached to it) || ~**zelle** *f* / vacuum photoelectric cell
Valenz·band *n* / valence band || ~**elektron** *n* / valence electron, bonding electron, peripheral electron, outer-shell electron
validiert *adj* / validated *adj*
Validierung *f* / validation *n*
Validierungs·leitsatz *m* / validation principle || ~**phase** *f* / validation phase || ~**prozess** *m* / validation process || ~**system** *n* / validation system || ~**verfahren** *n* / validation procedures, validation procedure || ~**werkzeug** *n* / validation tool
Valitek-Streamer *m* / Valitek streamer
VAN / Virtual Automation Network (VAN)
van-de-Graaff-Generator *m* / van de Graaff generator
Van-Duuren·-Code *m* (Zweistufiger gleichgewichtiger 7-Schritt-Code, der in der synchronen Funktelegrafie verwendet wird) / Van Duuren code || ~-**Funktelegrafiesystem** *n* / Van Duuren radiotelegraph system
Vaporphase·-Trocknung *f* / vapour-phase drying || ~-**Verfahren** *n* / vapour-phase method (o. process)
Vaportherm-Verfahren *n* / vapourtherm method (o. process)
VARAN (Versatile Automation Random Access Network) *n* (schnelles, offenes Kommunikationsbussystem, basiert auf Ethernet-Technik) / VARAN (Versatile Automation Random Access Network)
VARI (Bearbeitungsart Parameter) / VARI (machining mode)
variabel *adj* / variable *adj*, adjustable *adj*
Variabilität *f* / variability *n* || **magnetische** ~ IEC 50 (221) / magnetic variability
Variable *f* / variable *n*, tag *n* || **nicht gepufferte** ~ / non-retentive variable || **symbolische** ~ / symbolic variable
variable Anrufannahme / incoming calls answered with the handset || **~ Ansauggeometrie** / variable intake manifold geometry || **~ Geometrie** / variable geometry || **~ Impulsbewertung** / variable pulse weighting || **~ Platzbelegung** / flexible assignment of locations
Variable registrieren / register a tag
variable Richtungsänderung / junction unit for changes in direction || **~ Schaltfolge** / variable operating sequence || **~ Strukturerkennung** / variable structure qualifier
Variablen·abfrage *f* / variable inquiry || ~**anbindung** *f* / tag link || ~**ansicht** *f* / variable view || ~**archiv** *n* / data log || ~**belegung** *f* / variable memory used || ~**definition** *f* / variable definition || ~**dialog** *m* / variable dialog || ~**dienst** *m* / variables service, variable service, variable (access) service || ~**editor** *m* / variable editor || ~**programm** *n* / variable program || ~**protokoll** *n* / variable log || ~**prüfung** *f* / inspection by variables || ~-**Selektion** *f* / selecting tags || ~**selektor** *m* / variable selector || ~**speicher** *m* / variable memory || ~-**Statusfenster** *n* / variable status window || ~**tabelle** *f* / variable table (VAT) || ~**übertragung** *f* / transfer of variables || ~**verwaltung** *f* / variable

management || ⁓zählung *f* / tag counting ||
⁓zugriffsdienst *m* / variable access service
variable·r Rückzugsbetrag (VRT) / variable retraction value (VRT) || **~r Werkzeugplatz** / random tool selection || **~s Drehmoment** / variable torque (VT)
Variante *f* / variant *n*, version *n*, design *n*, execution *n*, derivative *n*
Varianten·management *n* / version management || **~reiche Fertigung** / production involving a great variety of components || ⁓**stückliste** *f* / version BOM || ⁓**zahl** *f* / number of variants
Varianz *f* (Statistik) DIN 55350, T.23 / variance *n* || ⁓ **einer Wahrscheinlichkeitsverteilung** / variance of a variate || ⁓ **einer Zufallsgröße** DIN 55350,T.21 / variance of a variate || ⁓**analyse** *f* / variance analysis, analysis of variance || ⁓**treppe** *f* / variance staircase
Variation *f* / variation *n* || ⁓**sbereich** *m* / variable speed range || ⁓**skoeffizient** *m* DIN 55350,T.21 / coefficient of variation, variation coefficient
Vario-Spiegelsystem *n* / variable reflector system
Varistor *m* / varistor *n* || ⁓**beschaltung** *f* / varistor circuit || ⁓**block** *m* / varistor block || ⁓**modul** *n* / varistor module || ⁓**-Überspannungsableiter** *m* / varistor suppressor
Varley-Schleifenprüfung *f* / Varley loop test
Varstundenzähler *m* / varhour meter, VArh meter, reactive volt-ampere meter
Vaseline *f* / vaseline *n* || ⁓, **säurefrei** / vaseline, acid-free
VAT (Variablentabelle) / VAT (variable table)
Vater-und-Sohn-Anlage *f* / man-and-lad system, father-and-son plant
VBI (virtuelle binäre Schnittstelle) / virtual binary interface (VBI)
VBR / Vector Base Register (VBR)
VBScript *n* (Visual Basic Script) / VBScript
VBV (Vorsitzender Bereichsvorstand) *m* / Group President, Group Executive Management
VC / video computer (VC) || ⁓ **(Vektorregelung)** *f* / vector control (VC)
VCA / Vehicle Certification Agency (VCA)
VCC / virtual control center (VCC)
v-ch *adj* / Chinese (Simplified)
VCI (virtuelle CAN-Schnittstelle) *f* / virtual CAN interface (VCI)
VCM / visual meteorological conditions (VCM) || ⁓ *n* / Voltage Clamping Module (VCM) || ⁓ *n* / vehicle condition monitoring
VCO (spannungsgesteuerter Oszillator) / voltage-controlled oscillator (VCO)
V-const. Bereich / constant speed range
VCSEL / Vertical Cavity Surface Emitting Laser (VCSEL)
VCXO (voltage-controlled crystal oscillator) / voltage-controlled crystal oscillator (VCXO)
VD *m* / virtual device (VD) || ⁓**-Adresse** *f* / VD address
VDAU / VDAU
V$_{dc}$-max.-Regler *m* / V$_{dc}$-max controller
V$_{dc}$-max-Regelung *f* / Vdc_max control
V$_{dc}$-min.-Regler *m* / V$_{dc}$-min controller
V$_{dc}$-min.-Regelung *f* / Vdc_min control
V$_{dc}$-Regler *m* / V$_{dc}$-controller output limitation
VDC ungeregelt (VDC unger.) / V DC unsaturated
VDE (verallgemeinerndes Darstellungselement) / generalized drawing primitive (GDP) || ⁓ **(Verband Deutscher Elektrotechniker)** / Association of German Electrical Engineers (VDE) || ⁓**-Bestimmung** *f* / VDE regulation || ⁓**-Prüfzeichen** *n* VDE =Verband Deutscher Elektrotechniker / VDE mark of conformity
VDEW (Vereinigung Deutscher Elektrizitätswerke) *f* / VDEW
VDEW'-Protokoll *n* / VDEW protocol || ⁓**/ZWEI-Profil** / VDEW/ZWEI profile
VDE·-Zeichen *n* / VDE mark || ⁓**zugelassen** / VDE approved
VDF / VHF direction finding station (VDF)
VDI / VDI (Association of German Engineers) || ⁓**-Nahtstelle** *f* / VDI interface || ⁓**-Schnittstelle** *f* / VDI interface || ⁓ *n* / VDI signal || ⁓**/VDE-Gesellschaft Mess- und Automatisierungstechnik (GMA)** / GMA
VDK / viscosity-gravity constant
VDMA (Verband Deutscher Maschinen- und Anlagenbau) *m* / German Machinery Plant Manufacturer's Association
VDPM / Virtual Digital Power Meter (VDPM)
VDR-Widerstand *m* / VDR resistor
VDSI (Verband Deutscher Sicherheitsingenieure) *m* / VDSI *n*
V-Durchschallung *f* / V transmission
VE (Verpackungseinheit) *f* / PU (PU) *n*
Vectra-Pipette *f* / Vectra nozzle
VEET (VEIT-Zuordnung) *f* / VEIT assignment (VEET)
VEG (Verband der Elektrogroßhändler) *m* / association of electrical wholesalers
V-Einstich *m* / V groove
VEIT-Zuordnung (VEET) *f* / VEIT assignment (VEET)
Vektor *m* / vector *n*, phasor *n*, complexor *n*, sinor *n* || ⁓ **für Kegelinterpolation** / conical interpolation vector || ⁓**achse** *f* / vector axis || ⁓**adresse** *f* / vector address || ⁓**antrieb** *m* / vector drive || ⁓**bahnsteuerung** *f* / contouring system with velocity vector control, velocity vector control contouring system || ⁓**bildschirm** *m* / stroke-writing screen, vector display device || ⁓**diagramm** *n* / phasor diagram, vector diagram || ⁓**dreher** *m* / vector rotator || ⁓**drehung** *f* / vector rotation, vector circulation, vector circuitation || ⁓**feld** *n* / vector field, vectorial field || ⁓**generator** *m* (Funktionseinheit, die gerichtete Liniensegmente erzeugt) / vector generator || **~geregelt** *adj* / vector-controlled || ⁓**grafik** *f* / vector graphic
vektoriell *adj* / vectorial *adj* || **~e Größe** / vectorial value, phasor quantity, vector quantity || **~e Rotation** / vector rotation, curl *n* || **~es Produkt** / vector product
Vektor·katalog *m* / Vector Catalog || ⁓**komponente** *f* / vector component
vektororientierter Wiederholbildschirm / stroke-writing refreshed-display screen
Vektor·potential *n* / vector potential || ⁓**raum der Farben** / colour space || ⁓**rechner** *m* / vector computer, array computer || ⁓**regelung** *f* / vector control, closed-loop vector control, virtual component || ⁓**regelung (VC)** *f* / vector control (VC) || ⁓**register** *n* / vector register || ⁓**schleifen** *n* / vector grinding || ⁓**schreibweise** *f* / vector notation || ⁓**signal** *n* / vector signal ||

Vendor

~signalprozessor *m* / vector signal processor ǁ ~skop *n* / vectorscope *n* ǁ ~steuerung *f* / vector control ǁ ~summe *f* / vector sum, phasor sum ǁ ~-Transformation *f* / vector transformation ǁ ~vorschub *m* / vector feedrate ǁ ~zerleger *m* / (vector) resolver *n*
Vendor Managed Inventory *n* / Vendor Managed Inventory (VMI)
Ventil *n* / valve *n* ǁ ~ für Rücklauf / return valve ǁ ~ mit Entlastungskolben / self-balanced valve ǁ ~ mit flüssigkeitsgefülltem Fühler / valve with a liquid-filled sensor ǁ **4/2-Wege-**~ *n* / 4/2-way valve ǁ **schaltendes** ~ / switching valve ǁ **vorgesteuertes** ~ / pilot-controlled valve, pilot-actuated valve ǁ ~ableiter *m* / valve-type arrester, autovalve arrester, non-linear-resistor-type arrester ǁ ~ableiter *m* (f. ein HL-Ventil) / valve arrester ǁ ~ansteuerung *f* / valve control ǁ ~ansteuerungsbaugruppe *f* / valve control module ǁ ~antrieb *m* / valve actuator ǁ **elastischer** ~antrieb / spring type actuator
Ventilationsverluste *m pl* / windage loss
Ventilator *m* / fan *n*, ventilator *n* ǁ ~baugruppe *f* / fan unit, fan subassembly (PC hardware) ǁ ~flügel *m* / fan blade ǁ ~rad *n* / fan impeller, fan wheel ǁ ~sicherung *f* / fan fuse ǁ ~spannung *f* / fan voltage
Ventil·ausgang *m* / valve output ǁ ~auslegung *f* / sizing of the valve ǁ ~aussteuerung *f* / valve modulation ǁ ~autorität *f* / valve authority ǁ ~basis *f* / valve base
Ventilbauelement *n* / controllable valve device ǁ ~ *n* / valve device, electronic valve device ǁ **einrastendes** ~ / latching valve device ǁ **gasgefülltes** ~ / gas-filled valve device, ionic valve device ǁ **nicht rückwärts sperrendes** ~ / non-reverse blocking valve device ǁ **nicht steuerbares** ~ / non controllable valve device, rectifier diode ǁ **rückwärts sperrendes** ~ / non controllable valve device, reverse blocking valve device ǁ **schaltbares** ~ / switched valve device ǁ **steuerbares** ~ / controllable valve device ǁ ~-**Baugruppe** *f* (Säule) / valve device stack ǁ ~-**Kommutierung** *f* / valve device commutation, device commutation EN 60145-1-1 ǁ **nichtleitende Richtung eines elektronischen** ~**s oder eines Zweiges** / non-conducting direction of an electronic valve device or an arm ǁ ~-**Satz** *m* / valve device assembly ǁ ~-**Verlöschen** *f* / valve device quenching ǁ ~-**Verlöschung** *f* / device quenching EN 60146-1-1
Ventil·-Beschaltung *f* (zur Dämpfung hochfrequenter transienter Spannungen, die während des Stromrichterbetriebs auftreten) / valve damping circuit IEC 633, valve voltage damper ǁ ~beschaltungskondensator *m* / valve snubber capacitor, snubber capacitor ǁ ~block *m* / valve block, pneumatic block ǁ ~daten *plt* / valve data ǁ ~dichtung *f* / valve seal ǁ ~drossel *f* / valve reactor ǁ ~durchschlag *m* / valve breakdown
Ventile, direkt gesteuerte ~ / directly actuated valves
Ventil·element *n* / valve device, electronic valve device ǁ ~element-Satz *m* / valve device assembly ǁ ~federteller *m* / valve spring cap ǁ ~funktion *f* / valve function ǁ ~gehäuse *n* / valve body, valve housing ǁ ~größe *f* / valve size ǁ **Bestimmung der** ~größe / sizing of the valve ǁ ~hersteller *m* / manufacturer of valves ǁ ~hub *m* / valve lift, stroke of the valve, stroke of valve

ventilierte Maschine / ventilated machine
Ventil·-Innengarnitur *f* / valve trim ǁ ~insel *f* / valve terminal, valve island ǁ ~kegel *m* / valve plug, plug *n*, plunger *n* ǁ **angefressene** ~kegel / eroded plugs ǁ ~kegelhub *m* / stroke of valve plug ǁ ~kegelstück *n* / valve collet ǁ ~kennlinie *f* / valve characteristic ǁ ~kennlinienbetrachtung *f* / consideration of the valve characteristic ǁ ~-**Knickpunkt-Spannung** / knee-point voltage of valve ǁ ~koeffizient *m* (kv-Wert) / valve flow coefficient, valve coefficient ǁ ~kolben *m* / valve piston ǁ ~kopf *m* / valve head ǁ ~körper *m* / valve body, control valve body ǁ ~kugel *f* / valve sphere, valve ball ǁ ~-**Mittelstellung** *f* / valve mid-position ǁ ~mündung *f* / tip of the air-assisted injector ǁ ~-**Nenndruckabfall** / rated pressure drop of valve ǁ **freier** ~querschnitt / effective cross-sectional area of valve ǁ **wirksamer** ~querschnitt / effective net orifice ǁ ~ring *m* / valve ring ǁ ~satz *m* / valve block ǁ ~scheibe *f* / valve plate ǁ ~schieber *m* / valve spool ǁ ~schieber-Rückmeldung *f* / valve spool checkback
ventilseitige Leerlaufspannung / valve-side no-load voltage ǁ **~ Wicklung** (SR-Trafo) VDE 0558,T.1 / cell winding IEC 146, valve-side winding
Ventil·sitz *m* / valve seat port, seat *n*, port *n*, valve seat ǁ **Flüssigkeit im** ~sitz **verdampft** / flashing *n* ǁ ~spannungsteiler *m* / valve voltage divider ǁ ~sperre *f* / valve block ǁ ~sperrung *f* / valve blocking ǁ ~spindel *f* / plug *n*, stem *n* ǁ ~spindeldurchführung *f* / stem sealing ǁ **packungslose** ~spindel-**Durchführung** / bellows seal ǁ ~spule *f* / valve solenoid, valve coil ǁ ~stange *f* / valve stem ǁ ~stecker *m* / valve connector ǁ ~-**Stellantrieb** *m* / valve actuator, valve positioner, valve operator ǁ ~stellgeschwindigkeit *f* / valve travel ǁ ~stellung *f* / stroke of the valve, valve control ǁ ~stellungsregler *m* / valve positioner ǁ ~-**Steuerblock** *m* / valve block ǁ ~steuereinrichtung *f* VDE 0558, T.1 / trigger equipment IEC 146 ǁ ~steuerkante *f* / valve control edge ǁ ~steuerung *f* / valve control module ǁ ~steuerung *f* (Kfz) / valve timing gear ǁ ~steuerungsbaustein *m* / valve control block ǁ ~steuerzeiten *f* / valve timing ǁ ~system *n* / valve system ǁ ~teller *m* / valve disc ǁ ~toleranz *f* / tolerance of valves ǁ ~trieb *m* / valve train (assembly) ǁ ~verstärker *f* / valve amplifier ǁ ~-**Volumenstromverhältnis A zu B-Seite** / rated flow rate ratio between A and B ends of valve ǁ ~wicklung *f* / cell winding IEC 146, valve-side winding ǁ ~widerstand *m* / resistance of valve ǁ ~zweig *m* / valve arm, valve leg
Venturi·düse *f* / venturi nozzle ǁ ~rohr *n* / venturi tube
verabschiedet / approved
verallgemeinertes Darstellungselement VDE / generalized drawing primitive (GDP)
veränderbares Nachleuchten / variable persistence
Veränderbarkeit der magnetischen Eigenschaften / magnetic variability
veränderlich weiß / variable white ǁ **~e Steigung** (Gewinde) / variable lead, variable pitch ǁ **Betrieb mit ~er Belastung** / intermittent duty ǁ **~er Betrieb** / varying duty ǁ **Motor mit ~er Drehzahl** (Drehz. einstellbar) / adjustable-speed motor, variable-speed motor ǁ **Versuch mit ~er**

Kühlgasdichte / variable cooling gas density test
Veränderlichkeit *f* / variability *n*
verändern *v* / modify *v*, change *v*, alter *v*, edit *v*
Veränderung *f* IEC 50(191) / modification *n*, change *n*, changing *n* || ⁓ **der Antriebsparameter** / changing the (drive system) parameters
verankern *v* / anchor *v*, fix to foundation, stay *v*
Verankerung *f* / fixing point, anchoring arrangement, stay *n*, holding-down point on foundation, fastening anchor || ⁓ *f* (Flusslinien) / pinning *n*
veranlassen *v* / initiate *v* || ⁓ **der Beurteilung von Fremdlieferanten** / initiating evaluation of subcontractors
Veranstaltung *f* / event *n*
verantwortlich *adj* (rechenschaftspflichtig) / accountable *adj* || ~ (zuständig) / responsible *adj* || ~ (weisungsbefugt) / authorized *adj* || **~ und zuständig sein** / to have the authority and responsibility (for) || **~e SAP** *f* / welding supervisor responsible
Verantwortlicher *m* / responsible person || **~ Auditor** / chief auditor
Verantwortlichkeit *f* / responsibility (RES) *n*
Verantwortung *f* / responsibility and authority, accountability *n*, responsibilities *n pl*, authority *n* || ⁓ **der obersten Leitung** / management responsibility || ⁓**, Zuständigkeiten und Maßnahmen zur QS** / Overview of Responsibilities, Authorities and Measures for Assuring Quality || ⁓**en und Befugnissse** / responsibility and authority || ⁓**en und Zuständigkeiten** / responsibility and authority || ⁓**s-, Zuständigkeits- und Maßnahmen-Übersicht** / overview regarding responsibilities, competencies and measures || ⁓**smatrix** *f* / table of responsibilities
verarbeitbar *adj* / processable *adj*
Verarbeitbarkeit *f* / working properties, processibility *n*
verarbeiten *v* (Programm) / process *v*, handle *v* || ~ (Eingangssignale) / condition *v*
verarbeitende Industrie / manufacturing industry
Verarbeitung *f* / treatment *n*, manufacture *n*, processing *n* || ⁓ **berechneter Werte** / calculated value processing || ⁓ **nach Prioritäten** / priority processing, priority scheduling || ⁓ **von Qualitätsindikatoren** / quality code processing numeric input
Verarbeitungs·anleitung *f* / instructions for processing || ⁓**baugruppe** *f* / processing module || ⁓**baustein** *m* / processing block || ⁓**breite** *f* / processing width, processing range || ⁓**einheit** *f* (MC) / processing module || ⁓**einheit** *f* (Funktionseinheit, die aus einem oder mehreren Prozessoren und deren internen Speichern besteht) / processing unit || ⁓**funktion** *f* / processing function || ⁓**geschwindigkeit** *f* / processing speed, throughput *n* || ⁓**gut** *n* / process material || ⁓**industrie** *f* / secondary industry || ⁓**leistung** *f* / processing capacity, processor capacity || ⁓**maschine** *f* / processing machine, production machine || ⁓**modul** *n* / processing module || ⁓**operation** *f* / processing operation || ⁓**programm** *n* / processing program || ⁓**protokoll** *n* / application protocol ||

übertragungsorientiertes ⁓**protokoll** (MAP) / transaction-oriented processing protocol || ⁓**rechner** *m* / host computer || ⁓**routine** *f* / processing routine || ⁓**schicht** *f* / application layer || ⁓**technik** *f* / processing technology || ⁓**temperatur** *f* / processing temperature || ⁓**tiefe** *f* DIN 19237 / processing depth || ⁓**verfahren** *n* / processing technique || ⁓**zeit** *f* / processing time || ⁓**zeit** *f* (Kunststoff) / application time, spreading time, pot life
Verarmungs·betrieb *m* / depletion mode || ⁓**gebiet** *n* (Gebiet abnehmender Elektronenkonzentration) / depletion region || ⁓**-IG-FET** / depletion-type field-effect transistor, depletion-type IG FET || ⁓**-Isolierschicht-Feldeffekttransistor** *m* / depletion-type field-effect transistor, depletion-type IG FET || ⁓**randschicht** *f* / DR *n* || ⁓**schicht** *f* / depletion layer *n* || ⁓**typ-Transistor** *m* / depletion mode transistor
verbacken *v* / bake *v*, bake into a solid mass
Verband *m* / group *n*, grouping *n*, network *n*, intergroup *n*, interconnection *n*, interconnected system, internal clients || ⁓ *m* (Passungen) / fit *n* || ⁓ *m* / lattice *n* || **boolescher** ⁓ / Boolean lattice || ⁓ **der Automobilindustrie (VDA)** *m* / Association of the German Automotive Industry (VDA) || ⁓ **der Elektrogroßhändler VEG** / association of electrical wholesalers VEG || ⁓ **der Installationsunternehmen** (UNETO) / association of installation companies (UNETO) || ⁓ **der Telekommunikationsindustrie** / Telecommunications Industry Association (TIA) || ⁓ **Deutscher Elektrotechniker (VDE)** *m* / Association of German Electrical Engineers (VDE) || ⁓ **Deutscher Maschinen- und Anlagenbau e.V. (VDMA)** *m* / VDMA || ⁓ **Deutscher Sicherheitsingenieure (VDSI)** *m* / Association of German Safety Engineers *n*
Verbaudatum *n* / date of installation
Verbauung *f* / obstruction *n*
verbergen *v* / hide *v*
verbessern *v* / expand *v*
verbessert *adj* / improved *adj* || **~e Datenrate** / Enhanced Data Rate (EDR)
Verbesserung *f* / improvement *n*, enhancement *n* || ⁓ **der Funktionsfähigkeit** / reliability improvement || ⁓**sprogramm** *n* / improvement program || ⁓**svorschlag** *m* / suggestion for improvement
Verbiegung *f* / deformation *n*, bending *n*
Verbindbarkeit *f* / interconnectability *n*
verbinden *v* (anschließen) / connect *v*, link *v*, bind *v* || ~ *v* (koppeln) / couple *v* || ~ *v* (zusammenfügen) / join *v*, assemble *v* || ~ *v* (CAD) / join *v*
Verbinden *n* / bonding *n*
Verbinder *m* (Stromschienensystem) VDE 0711,3 / coupler *n* || ⁓ *m* (mech.) / coupler *n*, coupling *n*, connector *n* || ⁓ **für Reversier - und Stern-Dreieck-Kombination 10 mm** / clip for reversing and star-delta combination 10 mm || ⁓ **für Reversierkombination** / connector for reversing combination || ⁓ **für Vorort-Installation** / field wiring connector
verbindlich *adj* / binding *adj* || **~** *adj* / mandatory *adj* || **~ vorgeschrieben** / must be used! || **~e Werte** / mandatory values || **~e Zeichnung** /

Verbindlichkeiten

certified drawing || **~ er Wert** / obliging value || **~es Maßbild** / certified dimension drawing || **~es Zertifizierungssystem** / mandatory certification system
Verbindlichkeiten *plt* / payables *plt*
Verbindung *f* / interfacing *n*, line *n* || ॰ *f* (Leiterverbindung) / connection *n* || ॰ *f* (zwischen Funktionseinheiten für Datenübertragung) / connection *n* || ॰ *f* (Fuge) / joint *n* || ॰ *f* (Kommunikationsnetz) E DIN ISO 7498 / connection *n* || ॰ *f* (Netz, Fernwirk-V.) / link *n* || **eine** ॰ **abbauen** / release (o. clear) a connection, disconnect *v* || **eine** ॰ **aufbauen** / establish a connection || ॰ **für 2 Klemmen** / link for 2 terminals || ॰ **mit der Spindel** / actuator stem connection || ॰ **trennen** DIN EN 6113-1 / disconnect *v* IEC 1131-1 || ॰ **über AS511** / connection via AG511 || ॰ **über H1** / connection via H1 || ॰ **zum AG** / connection to the AG || **durchgehende elektrische** ॰ / electrical continuity, continuity *n*, electrical bonding || **elektrisch leitende** ॰ / electrically conductive connection, bond *n*, bonding *n* || **halbleitende** ॰ / compound semiconductor || **horizontale** ॰ / horizontal link element || **innendruckdichtende** ॰ / pressure sealing joint, self-sealing connection || **Schirm~** *f* (Kabel) / shield bonding || **steckerlose** ॰ / plugless (o. pinless) connection || **stoffschlüssige** ॰ / material-formed joint || **ungültige** ॰ / invalid connection || **vertikale** ॰ / vertical link element
Verbindungs·abbau *m* / connection release, connection clearance || ॰**abbau** *m* / call release (sequence of events for the release of a data connection) || ॰**abbauanforderung** *f* / disconnect request || ॰**abhängigkeit** *f* / interconnection dependency IEC 617-12, Z-dependency || ॰**abschnitt** *m* / link *n* || ॰**abzweig** *m* / link branch || ॰**anforderung** *f* (Datennetz) / connection request || ॰**anforderung** *f* (DIN 44302; DIN V 44302-2 E DIN 66323) / call request || ॰**anforderungs-TPDU, CR TPDU** *f* (DIN V 44302-2) / connection confirm TPDU (CR TPDU) || ॰**assistent** *m* / Connection Wizard
Verbindungsaufbau *m* / building up a connection, connection setup, connection buildup, establishing a connection, connection set-up || ॰ *m* / call establishment (sequence of events for the establishment of a data connection (CCITT X. 15/1,4)), connection, connection establishment, call set-up, establishment of a connection || ॰**anforderung** *f* (Datennetz) / connect request || ॰**antwort** *f* / connect response || ॰**verzug** *m* (Anrufer) / access delay || **mittlerer** ॰**verzug** / mean access delay || **Quantil des** ॰**verzugs** / p-fractile access delay || ॰**zeit** *f* (Zeitintervall zwischen dem Senden des Anrufsignals durch den Anrufer und dem Empfang des Verbunden-Signals) / call set-up time
Verbindungs·aufspaltung *f* (Kommunikationsnetz) / splitting *n* || ॰**auslösung** *f* (DIN V 44302-2) / call clearing || ॰**baugruppe** *f* / link module || ॰**bausatz** *m* / connection assembly kit || ॰**baustein** *m* / link module, connecting module, communication module || ॰**bestätigung der DEE** / call accepted || ॰**bestätigung der DÜE** / call connected || ॰**bezeichner** *m* / connection descriptor || ॰**clip** *m* / connecting clip || ॰**dose** *f* / joint box, junction box,

conduit box || ॰**draht** *m* / connection wire || ॰**element** *n* / link element || ॰**ende** *n* / end of connection || ॰**endpunkt** *m* (Kommunikationsnetz) / connection endpoint || ॰**endpunkt-Kennung** *f* DIN ISO 7498-1 / service connection endpoint identifier, connection endpoint identifier || ॰**endpunkt-Suffix** *n* / connection endpoint suffix || ॰**fähigkeit** *f* / connectivity *n* || ॰**fahne** *f* / riser *n*, lug *n* || ॰**freigabe** *f* / call release (sequence of events for the release of a data connection) || ॰**frequenz** *f* / junction frequency || ॰**gerät** *n* / linking device || ॰**gestänge** *n* / connecting rods || ॰**glied** *n* / connecting link || ॰**halbleiter** *m* / compound semiconductor || ॰**hebel** *m* / connection lever
Verbindungs·kabel *n* / connecting cable, interconnecting cable, cable connector || ॰**kabel Auslöser** / connection cable, releases || ॰**kabel Hilfsschalter** / connection cable, auxiliary switch || ॰**kamm** *m* / connection comb, power connector || ॰**kanal** *m* / connection duct, duct connector, adaptor section || ॰**kappe** *f* / twist-on connecting device (t.o.c.d.) || ॰**kasten** *n* / junction box || ॰**keil** *m* / link wedge, wedge-type connector, connection key, joining key || ॰**kennung** *f* DIN ISO 7498 / service connection endpoint identifier || ॰**klammer** *f* / connection bracket, connecting clip || ॰**klemme** *f* VDE 613 / connecting terminal unit IEC 23F.3, connector *n*, connecting terminal || ॰**klip** *m* / connecting clip || ॰**knoten** *m* / connectivity node
Verbindungslasche *f* / connection lug, connection piece, connecting bracket || ॰ *f* (Brücke) / link *n*, connecting plate, jumper *n* || ॰ *f* / connector *n*, duct connector || ॰ *f* (f. Schienen) / fishplate *n*, strap *n*
Verbindungsleitung *f* / connection line, connection cables, connecting cable || ॰ *f* (zwischen Kraftwerken o. Kraftwerk u. Unterstation) / trunk feeder || ॰ *f* VDE 0806 / interconnecting cable IEC 380, interconnecting cord || ॰ *f* (Rohr) / connecting tube, connecting line || ॰ *f* (Schaltdraht) / connecting lead(s), interconnecting wire, connecting line || ॰ *f* (Strombrücke) / jumper *n*, link *n* || **Schirm~** *f* (Kabel) / shield bonding lead || ॰ **mit Dose und Stecker** / connecting cable with connector and coupler connector
Verbindungs·linie *f* / connecting line || ॰**linie** *f* / air line, interconnect *n* || **Verbiegen der** ॰**linie** / bend the connecting line || ॰**liste** *f* / net list, connection list || ॰**loch** *n* (Leiterplatte) / via *n*, via hole
verbindungslos *adj* (Kommunikationssystem) / connectionless *adj*, connectionless-mode || **~e Kommunikation** / connectionless-mode communication || **~e Übertragung** / connectionless-mode transmission || **~er (VL) Dienst** / connectionless service || **~er Betrieb** / connectionless mode || **~er Dienst** (DIN V 44302-2) / connectionless-mode service || **~er Sicherungsdienst** (DIN V 44302-2) / connectionless-mode data link service || **~er Transportdienst** / connectionless-mode transport service (CLTS) || **~er Vermittlungsdienst** (DIN V 44302-2) / connectionless-mode network service (CLNS) || **~es Vermittlungsprotokoll** (DIN V 44302-2 E DIN ISO/IEC 8473-4 EN 60870-6-503) / connectionless-mode network protocol (CLNP)
Verbindungs·management *n* / connection

management || ⟨material n VDE 0613 / connecting devices IEC 23F.3, terminal accessories || ⟨modul n / connection module, connecting kit || ⟨muffe f (Kabel) / straight joint, junction sleeve, joint box || ⟨muffe f (IR) / coupler n, coupling n, bushing n || ⟨netz n / interconnecting network || ⟨niet m / connecting rivet n

verbindungsorientiert adj / connection-oriented adj ISO 8602, connection-mode adj || ~e **Kommunikation** / connection-mode communication || ~e **Übertragung** / connection-mode transmission || ~er **(VO) Dienst** / connection-oriented service || ~er **Dienst** (DIN V 44302-2) / connection-mode service || ~er **Sicherungsdienst** (DIN V 44302-2) / connection-mode data link service || ~er **Transportdienst** (DIN V 44302-2) / connection-mode transport service (COTS) || ~er **Vermittlungsdienst** DIN ISO 8373 / connection-mode network service (CONS)

Verbindungs·plan m DIN 40719 / interconnection diagram IEC 113-1, external connection diagram || ⟨platte f / connection plate

verbindungsprogrammiert adj / wired-program adj, hard-wired adj || ~e **Steuerung (VPS)** (festverdrahtete Steuerung) / hardwired control system || ~es **Steuergerät (VPS)** / hard-wired programmed controller, wired-program controller

Verbindungs·punkt m (SR-Zweige) / interconnection point || ⟨punkt m (Verdrahtung) / tie point || ⟨raum m / connecting compartment || ⟨ressource f / connection resource || ⟨-Ressource f / connection resource || ⟨rückweisung f (Datennetz) / connection refusal || ⟨sackloch n (Leiterplatte) / blind hole, semiburied via || ⟨satz m / connecting set, link set || ⟨schicht f / data link layer, link layer || ⟨schiene f / connecting bar, horizontal cross-member, cross-member n, link rail || ⟨schlauch m / connecting tube, connecting hose || ⟨schnur f / cord n, flexible cord || ⟨schraube f / locking screw || ⟨schweißung f / joint welding || ⟨status m / connection status || ⟨stecker m / cable connector, connector n, connecting plug || ⟨stelle f (el. Leiter) / junction n, joint n, junction point || ⟨stelle f (Anschlussstelle) / connecting point, terminal connection || ⟨stelle f (Thermometer) / thermojunction n || ⟨stelle f (Naht, Klebestelle) / join n || ⟨steuerung f / end-to-end controller || ⟨steuerungsverfahren n / call control procedure || ⟨stift m / connecting pin || ⟨straße f / collector road, distributor road, collector n || ⟨stück n / connector n, link n, adaptor n, connecting element, coupling n, coupling element, fitting n, coaxial cable tap, tapping mechanism, connecting piece || ⟨system n / connection system || **elektrische und elektronische ⟨systeme und Komponenten** / electrical and electronic systems and components

Verbindungs·technik f / cables & connections, cables and connections, connection technique, joining system || ⟨**technik-Motion Connect** / connection system-Motion Connect || ⟨teil n / connecting piece || **teil mit Außensechskant und Außenvierkant** / square drive extension hexagon insert || ⟨teil mit **Außensechskant und Innensechskant** / hexagon drive extension for hexagon insert bits || ⟨teil mit **Drillschraubendreherschaft und Außenvierkant** / square drive bit for use with spiral ratchet drivers || ⟨teil mit **Drillschraubendreherschaft und Innensechskant** / adapter for hexagon insert bits for use with spiral ratchet driver || ⟨teil mit **Innenvierkant und Innensechskant** / square drive socket for hexagon insert bits || **nach** ⟨typ / by link type || ⟨überwachung f (PROFIBUS) / connection monitoring || ⟨vierkant m / square coupler || ⟨weg m / connection path || ⟨welle f / dumb-bell shaft, spacer shaft || ⟨zeichen n / grouping mark || ⟨zurückweisung f / connection rejection || ⟨zustand m / connection status || ⟨zweig m (Netzwerk) / link n

verbleibende Beschleunigungskraft / residual acceleration || ~ **Unterlage** / permanent backing

verbleit adj / lead-plated adj

Verblitzung f (Entzündung des Auges durch UV-Strahlung eines Lichtbogens) / electro-ophthalmia

Verblock·einrichtung f / locking equipment, lock-up equipment || ⟨er m / interlocking system || ⟨relais n / blocking relay, interlocking relay || ⟨ventil n / blocking valve, lock-up valve, interlocking valve

verborgen·e Kühllast / latent heat load || ~er **Fehler** / latent fault || ~er **Mangel** / hidden defect, latent defect || ~es **Zeichen** (Zeichen, das normalerweise weder gedruckt noch angezeigt wird) / hidden character

Verbose-Ebene f / verbosity level

verboten·er Bereich / prohibited area || ~es **Band** / forbidden band, energy gap

Verbots·schild n / prohibitive sign, prohibition sign || ⟨zeichen n / prohibitive sign, prohibition sign

Verbrauch m / usage n, consumption n || ⟨ **außerhalb der Spitzenzeit** / off-peak consumption || ⟨ **während der Spitzenzeit** / on-peak consumption

Verbraucher m / load n || ⟨ m (Anwender von Gebrauchsenergie) / consumer n, ultimate consumer, customer's site, customer's plant || **motorischer** ⟨ / motive-power load, motor-driven load, motor loads || **regelbarer** ⟨ / load-controlled consumer || **unwichtiger** ⟨ / interruptible load, non-vital load, non-essential load, secondary load || **wichtiger** ⟨ / non-interruptible load, essential load, vital load, critical load || ⟨**-Abgangsleitung** f / load feeder || ⟨**abzweig** m / load feeder, load branch || ⟨**abzweig mit integrierter Sicherheitstechnik** / load feeder with safety integrated || ⟨**abzweigmodul** n / load feeder module || ⟨**anlage** f / consumer's installation || ⟨**art** f / load type || ⟨**feld** n / load feeder panel, feeder cubicle || ⟨**gruppe** f / sink group || ⟨**klemme** f / consumer's terminal, load terminal || ⟨**kreis** m / load circuit || ⟨**leitung** f / load cable || ⟨**netz** n / secondary distribution system || **Schutz des** ⟨**s** DIN 41745 / protection of load || ⟨**schwerpunkt** m / load centre, centre of distribution || ⟨**spannung** f / utilization voltage, load voltage || ⟨**steuerung** f / load control, consumer load control || ⟨**strom** m / load current || ⟨**stromkreis** m / spur n || ⟨**stromkreis** m (f. mehrere Anschlüsse) / general-purpose branch circuit, load circuit || ⟨**stromkreis** m (f. 1 Gerät) / individual branch circuit, spur n, branch n,

Verbrauchs

utilization circuit || ⸺**stromkreis** *m* (f. mehrere Anschlüsse) / branch circuit, final subcircuit || ⸺**verteiler** *m* / consumer distribution board, consumer unit, consumer panelboard || ⸺**Zählpfeilsystem** *n* / load reference arrow system
Verbrauchs·abrechnung *f* / billing *n* || ⸺**anzeige** *f* / (fuel) consumption indication || ⸺**faktor** *m* / demand factor || ⸺**kennfeld** *n* / fuel mapping || ⸺**lager** *n* / consumables store || ⸺**material** *n* / expendable material, expendables *n pl*, consumable material, consumables *n pl*, consumable *n* || ⸺**meldung** *f* / withdrawal form || ⸺**messung** *f* / (fuel) consumption measurement || ⸺**mittel** *n* / consumable *n* || **elektrische** ⸺**mittel** VDE 0100, T.200 / current-using equipment, electrical utilization equipment, current consuming apparatus || ⸺**nivellierung** *f* / consumption levelling || ⸺**paket** *n* / packet of expendables || ⸺**spitze** *f* / demand peak, peak consumption || ⸺**stoff** *m* / consumable *n* || ⸺**teilebox** *f* / service box || ⸺**verhalten** *n* / resource-consumption behavior
verbrauchte Leistung / power consumed
Verbreiterung / width expansion
Verbreitung *f* / installed base
Verbrennung *f* / combustion *n*, burning *n* || **elektrische** ⸺ / electric burn || **katalytische** ⸺ / catalytic combustion, surface combustion
Verbrennungs·aussetzer *m* / misfire *n* || ⸺**gas** *n* / combustion gas || ⸺**kraftmaschine** *f* / internal-combustion engine (i.c. engine) || ⸺**kraftwerk** *n* / fossil-fuelled power station || ⸺**linie** *f* / incineration line || ⸺**maschinensatz** *m* / internal-combustion set || ⸺**motor** *m* / internal combustion engine, reciprocating internal combustion engine, engine *n* || ⸺**motorprüfstand** *m* / internal combustion engine testbed || ⸺**produkt** *n* / combustion product || ⸺**wärme** *f* / burning heat
Verbringung *f* / internal EC shipment
verbuchen *v* / update
Verbund *m* / group *n*, grouping *n*, network *n*, interconnected system, inter-group *n*, internal clients || ⸺ *m* (Übertragungsnetze) / interconnection *n* (of power systems) || ⸺ *m* / laminate *n* || ⸺**achse** *f* / axis group || ⸺**betrieb** *m* / compound operation || ⸺**betrieb** *m* (Netz) / interconnected operation || ⸺**blech** *m* / connection plate
verbunden *adj* / involved *adj*, connected *adj* || ~**e Koppelprodukte** / chlorine and associated products
verbunderregt *adj* / compound excited
Verbunderregung *f* / compound excitation || **Maschine mit** ⸺ / compound-wound machine, compound machine || ⸺ **für gleichbleibende Spannung** / flat-compound excitation, level-compound excitation
Verbund·gehäuse *n* / laminated casing || ⸺**glas** *n* (Sicherheitsglas aus zwei oder mehr in der Dicke abgestimmten Glasschichten mit eingelagerter Plastikfolie) / laminated glass || ⸺**glasherstellung** *f* / laminated glass manufacturing || ⸺**glimmer** *m* / reconstituted mica, reconstructed mica, micanite *n* || ⸺**gruppen-Zeichnung** *f* / composite assembly drawing || **zweischalige** ⸺**heizfläche aus Guss und Stahl** / two-part cast steel heater || ⸺**isolator** *m* / composite insulator || ⸺**kennzeichen (VK)** *n* / intracompany business code || ⸺**lampe** *f* / mixed-light lamp, blended lamp, self-ballasted mercury lamp, mercury-tungsten lamp, incandescent-arc lamp || ⸺**leiste** *f* / connecting link || ⸺**leiter** *m* / reinforced conductor || ⸺**leitung** *f* / interconnection line || ⸺**lenkerachse** *f* / torsion beam axle, torsion beam rear suspension || ⸺**maschine** *f* / compound-wound machine, compound machine || ⸺**material** *n* / composite material, laminate material, sandwich material || ⸺**matrix** *f* / combination matrix || ⸺**metall** *n* / sintered metal || ⸺**netz** *n* / interconnected system, interconnected network grid || ⸺**netz** *n* (Nachrichtenvermittlung) DIN 44331 / mixed network || ⸺**netze** *n pl* / interconnected systems || ⸺**-Nummernsystem** *n* DIN 6763,T.1 / compound numbering system || ⸺**partner** *m* / group partner || ⸺**pflasterstein** *m* / interlocking paving block || ⸺**preis** *m* / Siemens group price || ⸺**röhre** *f* / multiple tube || ⸺**seil** *n* / reinforced conductor || ⸺**sicherheitsglas** *n* / laminated safety glass || ⸺**span** *m* / combined flexible insulating material || ⸺**spule** *f* / compound coil || ⸺**steinpflaster** *n* / interlocking concrete block || ⸺**system** *n* (Licht-Klima-Deckensystem) / integrated light-air system || ⸺**technik** *f* (Licht-Klima-Deckensystem) / integrated (light-air) design || ⸺**werkstoff** *m* / composite material, laminate material, sandwich material || ⸺**werkzeug** *n* (Stanzen) / compound die
Verbundwicklung *f* / compound winding || **Motor mit** ⸺ / compound-wound motor, compound motor || **Motor mit schwacher** ⸺ / light compound-wound motor
verchromt *adj* / chrome-plated *adj*, chromium-plated *adj*
verdampfen *v* / evaporate *v* || ~**de Flüssigkeit** / flashing liquid
Verdampfereinsatz *m* (Chromatograph) / vaporizer block
Verdampfung der Flüssigkeit / flashing *n*
Verdampfungsverlust *m* / evaporation loss, loss by evaporation
Verdan-System *n* (Telegrafiesystem, bei dem jedes Signal automatisch mehr als einmal gesendet wird, wobei das gedoppelte Signal von der ursprünglichen Übertragung durch eine konstante Zeitverzögerung getrennt ist) / automatic repetition Verdan system
verdecken *v* (dem Benutzer die Sicht auf ein angezeigtes Objekt teilweise oder ganz durch ein anderes Objekt versperren) / obscure *v*
verdeckt *adj* / covered *adj*, concealed *adj* || ~**e Fläche** (Fläche, die bei Ansicht eines dreidimensionalen Objekts nicht sichtbar ist) / hidden surface || ~**e Kante** / hidden edge || ~**e Kontur** / concealed contours || ~**e Linie** (Grafik) / hidden line || ~**er Barcode** / hidden barcode || ~**er Empfänger** / blind-copy recipient || ~**er Kanal** / covert channel || ~**es Lichtband** / cornice lighting
Verdeckung *f* DIN 31001 / guard *n*, masking *n*
verdichten *v* (Daten, Datei) / condense *v*, compress *v*, compress data || ⸺ *n* / aggregation *n*
Verdichter *m* / compressor *n* || ⸺**leistung** *f* / compressor rating, delivery rate of compressor || ⸺**satz** *m* / compressor unit || ⸺**station** *f* / compressor station
verdichteter Leiter / compacted conductor
Verdichtung *f* / compression *n*, compression ratio
Verdichtungs·archiv *n* / compressed archive,

compression archive || ⟳**optionen** *f pl* / compression options || ⟳**stoß** *m* / compression shock || ⟳**variable** *f* / compressed tag || ⟳**verhältnis** *n* / compression ratio || ⟳**welle** *f* / compressional wave || ⟳**zeitraum** *m* / compression time period
Verdickung *f* / thickening *n*, thick spot
Verdickungsmittel *n* / thickening agent, thickener *n*
verdoppelte Achse / following axis
Verdoppelung *f* / doubling *n* || ⟳**sfunktion** *f* / duplicating function
Verdoppler *m* / doubler *n* || ⟳**getriebe** *n* / duplex gearbox || ⟳**schaltung** *f* / doubler connection, voltage doubler connection
Verdopplung *f* / doubling *n*
verdrahten *v* / wire *v*, wire up *v*, hard-wire *v* || ⟳ *n* / wiring
verdrahtet *adj* / wired *adj* || **~e Elektroniksteuerung** / hard-wired electronic control || **~e Steuerung** / hard-wired control || **~es Programm** / hard-wired program, wired program
Verdrahtung *f* (die Leitungsführung einer elektrischen oder elektronischen Schaltung) / wiring *n*, wiring and cabling, circuitry *n* || ⟳ *f* / interconnection *n* || **festverlegte** ⟳ / fixed wiring, permanent wiring
Verdrahtungs·aufwand *m* / wiring overheads, wiring complexity, cabling costs, wiring costs, wiring outlay || ⟳**baum** *m* / Component Cabling Tree || ⟳**bausatz** *m* / wiring kit || ⟳**baustein** *m* / wiring module || ⟳**ebene** *f* / wiring level || ⟳**einsatz** *m* (vorverdrahtete Platine f. Flachbaugruppen zum Einbau in einen Baugruppenträger) / backplane *n* || ⟳**fehler** *m* / wiring error || ⟳**feld** *n* (Rückwandverdrahtungsplatte) / wiring backplane, backplane *n* || ⟳**kanal** *m* / wiring duct, wireway *n*, wire trough || ⟳**konzept** *n* / wiring concept || ⟳**leitung** *f* / wiring cable (non-sheathed cable for internal wiring) || **Kunststoff-**⟳**leitung** *f* (H05V) / thermoplastic non-sheathed cable for internal wiring, PVC (single-core non-sheathed cables for internal wiring) || ⟳**maske** *f* / interconnection mask || ⟳**öffnung** *f* / wiring port || ⟳**plan** *m* DIN 40719 / wiring diagram IEC 113-1, connection diagram (US), cabling diagram
verdrahtungsprogrammiertes Steuergerät (o. Automatisierungsgerät) / hard-wired programmed controller, wired-program controller
Verdrahtungs·prüfautomat *m* / automatic wiring test unit || ⟳**prüfung** *f* / wiring test(ing) || ⟳**raster** *m* / wiring grid || ⟳**raum** *m* / wiring compartment || ⟳**raum** *m* (Verteiler) / wiring space || ⟳**richtlinie** *f* / wiring guideline || ⟳**rinne** *f* / wiring gutter || ⟳**schema** *n* / wiring diagram || ⟳**seite** *f* / wiring plane || ⟳**sicherheit** *f* / wiring safety || ⟳**system** *n* / wiring system || ⟳**tabelle** *f* / wiring table || ⟳**technik** *f* / wiring technology || ⟳**test** *m* / wiring test || ⟳**tester** *m* / wiring tester, circuit analyzer || ⟳**übersicht** *f* / wiring overview || ⟳**zubehör** *n* / wiring accessories
Verdränger·körper *m* / displacer *n*, float *n*, piston *n*, plummer *n* || ⟳**-Messwerk** *n* / displacer element, displacer measuring element || ⟳**pumpe** *f* / pump *n* || ⟳**pumpe** *f* (zwangsfördernde Pumpen, die nicht gegen ein geschlossenes System betrieben werden dürfen) / displacement pump
verdrängter Volumenstrom / displaced flow
Verdrängung *f* / displacement *n*
Verdrängungs·-Durchflussmesser *m* / positive-displacement flowmeter || ⟳**kühlung** *f* / cooling by relative displacement || ⟳**zähler** *m* / positive-displacement meter
verdrehen *v* / twist *v* || ⟳ *n* / twisting *n* || **gegen** ⟳ **gesichert** / locked against rotation
Verdreh·festigkeit *f* / torsional strength, torsion resistance, torque strength || **~frei** *adj* / anti-rotation || ⟳**kraft** *f* / torsional force, torque force || ⟳**schutz** *m* / anti-rotation element || ⟳**schutzring** *m* / anti-twist ring || ⟳**schwingung** *f* / torsional vibration, rotary oscillation
verdrehsicher *adj* / twistproof *adj*, locked *adj* || **~e Scheibe** / locked washer
Verdrehsicherung *f* / anti-rotation element, locking element, grip *n* || ⟳ *f* (schneidenförmig) / shell locking lip, locating lip || ⟳ *f* (laschenförmig) / shell locking strip, locating strap
Verdrehspiel *n* / torque play, circumferential backlash, torsional backlash || **~frei** *adj* / without torque play
Verdrehsteifigkeit *f* / torsional stiffness
verdreht *adj* / distorted *adj*
Verdrehung *f* / torsion *n*, twist *n*, rotation *n*, distortion *n*
Verdrehungs·beanspruchung *f* / torsional stress || **Festigkeit bei** ⟳**beanspruchung** / torsional strength || ⟳**festigkeit** *f* / torsional strength, torsion resistance, torque strength || ⟳**messer** *m* / torsion meter || ⟳**moment** *n* / torsional moment, moment of torsion, torsion torque, torque moment || ⟳**prüfung** *f* / torsion test, torque test || ⟳**prüfung** *f* (Kabel) / non-twisting test || ⟳**sicherung** *f* / shell locking strip, locating strap || ⟳**spannung** *f* / torsional stress || ⟳**steifigkeit** *f* / torsional stiffness, torsional rigidity || ⟳**welle** *f* / torsional wave || ⟳**winkel** *m* / torsion angle, angle of twist, torque-angle of twist || ⟳**winkel** *m* (Rotationswinkel) / rotation angle
Verdreh·versuch *m* / torsion test || ⟳**welle** *f* / torque shaft || ⟳**winkel** *m* (des Rotors) / angle of rotation
verdrillen *v* / twist *v*, transpose *v*
verdrillt *adj* / twisted *adj*, twisted together || **~e Doppelleitung** / twisted pair cable || **~e Leitung** / bundle-assembled aerial cable, twisted-conductor cable || **~e Zweidrahtleitung** / twisted-pair cable || **~er Leiter** (ausgekreuzter o. geschränkter L.) / transposed conductor || **~es Kabel** / twisted-conductor cable || **~es Leiterpaar** (Übertragungsmedium, das aus zwei isolierten elektrischen Leitern besteht, die miteinander verdrillt sind) / twisted pair
Verdrillung *f* (Auskreuzen o. Schränken v. Leitern) / transposition *n*
Verdrillungs·abschnitt *m* (Leiter) / transposition interval || ⟳**stützpunkt** *m* / transposition support
verdrosselt *adj* / inductor-type *adj*, choked *adj* || **~ 5,67%** / choked, 5.67% || **~e Kondensatorbaugruppe** / inductor capacitor module || **~er Kondensator** / inductor-capacitor unit
Verdrosselung *f* / choking *n*
Verdrückung *f* / deformation *n*
verdunkeln *v* / darken *v*, black out *v*

Verdunklung *f* (von Lichtquellen) / obscuration *n*
Verdünnungsmittel *n* / thinner *n*, diluent *n*, reducer *n*
Verdunstungs·geschwindigkeit *f* / evaporation rate ‖ ♃**zahl** *f* / evaporation value, volatility number
Veredelung *f* / finishing *n*
Verein Deutscher Ingenieure (VDI) / Association of German Engineers (VDI)
vereinbaren *v* / agree *v*
Vereinbarkeit *f* (z.B. Programme) / compatibility *n*, compliance *n*
vereinbart·e Ersatzgröße DIN ISO 8208 / non-standard default size ‖ **~e Grenze der Berührungsspannung** VDE 0100, T.200 / conventional touch voltage limit ‖ **~e Prozessschnittstelle** / specified process interface ‖ **~e Stirndauer** (Stoßspannung) / virtual front duration IEC 50(604) ‖ **~er Ansprechstrom** (einer Schutzeinrichtung) VDE 0100, T.200 / conventional operating current ‖ **~er Grad der Verzerrung** / conventional degree of distortion ‖ **~er wahrer Wert** / conventionally true value ‖ **~es Toleranzband** / specified tolerance band
Vereinbarung *f* / declaration *n*, agreement *n* ‖ ♃ **über Benutzerimplementierung** *f* / user implementation convention ‖ ♃**sabschnitt** *m* / declaration *n*
vereinfachen *v* / simplify *v*
vereinfacht·e T-VASIS (AT-VASIS) / abbreviated T-VASIS (AT-VASIS) ‖ **~es Sinnbild** / simplified symbol ‖ **~es Wicklungsschema** / reduced (o. simplified) winding diagram
Vereinfachung *f* / simplification *n*
vereinheitlichen *v* / standardize *v*, unificate *v*, unify *v*
vereinheitlichte Architektur *f* / Unified Architecture (UA)
Vereinheitlichung *f* / standardization *n*, unification *n*
Vereinigen *n* (Kommunikationsnetz) DIN ISO 7498 / recombining *n*
vereinigte Phasen- und Käfigwicklung / combined phase and cage winding ‖ **~ Stern-Dreieck-Schaltung** / combined star-delta connection
Vereinigung *f* (Boolesche Operation) / union *n* ‖ ♃ **Deutscher Elektrizitätswerke (VDEW)** *f* / Association of German Power Plants ‖ ♃ **für Übereinstimmung im Bereich der Niederspannungs-Schalttechnik (LOVAG)** / Low Voltage Agreement Group (LOVAG)
Vereinzeler *m* / stop gate
vereinzeln *v* / separate *v*
Vereinzelung *f* / separating *n*
Vereisen *n* / freezing *n*, covering with ice
Vereisung *f* / icing *n*, freezing *n*, covering with ice ‖ ♃**sprüfung** *f* / ice test ‖ ♃**stest** *m* / icing test
verengen *v* / narrow *v*, reduce *v*, contract *v*, restrict *v*
verengter Kontakteingang / restricted entry
Verengung *f* / constriction *n*, necking *n*, narrowing *n*, throat *n* ‖ ♃ *f* (LWL-Faser) / taper *n*
Ver-/Entriegelbefehle *m pl* / interlocking commands
vererben *v* / pass on to
Vererbung *f* (Wissensdarstellung: der implizite Erwerb von Charakteristika einer Klasse durch eine oder mehrere ihrer Unterklassen) / inheritance *n*
Verfahr·achse *f* / traversing axis ‖ ♃**anweisung** *f* / traversing instruction, positioning (o. motion statement) ‖ ♃**art** *f* / traversing type ‖ ♃**befehl** *m* / travel command, motion command ‖ ♃**befehl** *m*

(Positionierbefehl) / positioning command ‖ ♃**bereich** *m* / traversing range, travel range ‖ ♃**bereich** *m* (WZM) / traversing range, travelling range, positioning range ‖ ♃**bereichsbegrenzung** *f* / travel limitation, traversing range limits ‖ ♃**bereichsbegrenzung** *f* (WZM) / traversing range limitation, travel limitation ‖ ♃**bereichsgrenze** *f* / traversing limit, limit of travel IEC 550 ‖ ♃**bereichsprogramm** *n* / traversing range program ‖ ♃**bewegung** *f* / traverse movement, travel movement, traversing motion, traversing *n* ‖ ♃**bewegung** *f* (WZM) / travel *n*, traversing movement ‖ **kontrollierte ♃bewegung** / controlled travel movement ‖ ♃**bewegungen in der Zustellrichtung** / travel motions in the infeed direction ‖ ♃**charakteristik** *f* / traversing characteristic ‖ ♃**einheit** *f* / carriage *n* ‖ ♃**einrichtung** *f* / traversing device
verfahren *v* / proceed *v*, traverse *v*, move *v*
Verfahren *n* / traversal *n*, movement *n*, traversing *n*, positioning *n*, motion *n*, travel(ling) *n* ‖ ♃ *n* / procedure *n*, process *n*, method *n*, practice *n* ‖ ♃ **der Maschinenachsen** / traversing the machine axes ‖ ♃ **der stumpfen Rohrverbindung** / butt-joint technique ‖ ♃ **des kritischen Wegs** (Netzplantechnik) / critical-path method (CPM) ‖ ♃ **in Schrittmaßen** / incremental feed ‖ ♃ **mit Eilgang** / rapid traverse, rapid traverse rate, fast motion ‖ ♃ **mit fließender Fremdschicht** / saline fog test method, salt-fog method ‖ ♃ **mit geeichter Hilfsmaschine** VDE 0530, T.2 / calibrated driving machine test IEC 34-2 ‖ ♃ **mit haftender Fremdschicht** / solid-pollutant method ‖ ♃ **von Hand** / jog mode ‖ ♃ **zum Rückruf bei bedingter Fertigungsfreigabe** / positive recall system ‖ ♃ **zur Ermittlung der Wahrscheinlichkeitsverteilung** / multiple-level method ‖ ♃ **zur Konformitätszertifizierung** / conformity certification ‖ **festgelegtes** ♃ / routine *n* ‖ **konventionelles** ♃ / jog mode
Verfahrens·anlage *f* / process plant ‖ ♃**anweisung** *f* / documented procedure ‖ **QS-** ♃**anweisungen** *f pl* / quality procedures ‖ ♃**audit** *n* / process quality audit, procedure audit ‖ ♃**beschreibung** *f* / system function description ‖ ♃**betreuung** *f* / program support ‖ ♃**handbuch** *n* / procedures manual
Verfahrenskette *f* (CAM) / integrated system, process chain, integrated automation system, integrated solution ‖ **durchgehende** ♃ / computer-integrated system, computer-integrated manufacturing system (CIM), integrated system
Verfahrens·landschaft *f* / information and communication infrastructure ‖ ♃**leittechnik** *f* / process control technology ‖ ♃**parameter für Flussmittelauftrag** / process parameters for fluxing ‖ ♃**prüfung** *f* / procedure qualification ‖ ♃**prüfung** *f* (QE) / process inspection and testing ‖ ♃**regeln** *f* / code of practice, rules of procedure ‖ ♃**rezept** *n* (Rezepttyp, der einrichtungs- und standortunabhängig Verarbeitungsanforderungen beschreibt) / general recipe ‖ ♃**richtlinien** *f* / procedure guidelines ‖ ♃**technik** *f* / process engineering
verfahrenstechnisch *adj* / industrial *adj* ‖ **~e Anlage** / process plant ‖ **~e Industrie** / process engineering industry ‖ **~e Regelstrecke** / process control line ‖ **~e Stellaufgabe** / process control

problem ‖ ~er Prozess / industrial process, process n ‖ ~er Teil / process stage ‖ ~es Produkt (materielles Produkt, das mittels Umgestalten von Rohmaterial in einen gewünschten Zustand erzeugt wird) / processed material
Verfahrens·überwachung f / process control ‖ ~vorschriften f / procedure guidelines
Verfahr·fehler m / traversing error ‖ ~funktionen für das Portal / travel functions for gantry ‖ ~geschwindigkeit f / traversing velocity, traversing speed, traversing rate ‖ ~inkrement n / traversing increment ‖ ~kurve f / traversing curve ‖ ~länge f / traversing distance ‖ ~-Logik f / traversing logic ‖ ~maß n / traversing dimension ‖ ~profil n / travel profile ‖ ~profil n (Schrittmotor) / velocity profile ‖ ~programm n / motion program, traversing program ‖ ~richtung f / traversing direction, travel direction ‖ ~richtungstaster m / traversing direction key ‖ ~richtungsumkehr f / reversal of traversing direction ‖ ~satz m / motion block, positioning record, traversing block ‖ ~schiene f / racking rail ‖ ~sperre f / traversing lock ‖ ~strecke f / travel path ‖ ~taste f / traversing key ‖ ~wagen m / carriage ‖ ~weg m (GUI) / travel path ‖ ~weg m / distance traversed, traversed distance, traverse path, distance to be traversed (or travelled), distance to go, travel ‖ ~weg der Portale / path of the gantries ‖ **überlagernder ~weg** / overlay traverse path ‖ ~weggrenze (o. -begrenzung) f / limit of travel IEC 550, travel limit ‖ ~weg-Optimierung f / travel path optimization ‖ ~zeit f / travel time ‖ ~zylinder m / travel cylinder
Verfallsdatum n / expiry date, date of expiration
verfälschen v / invalidate v, corrupt v (data), distort v
Verfälschung f (Fehler, bei dem ein Signalelement aus einem signifikanten Zustand in einen anderen verändert wird) / mutilation n
Verfärbung f / discoloration n
Verfasser m / editor n
Verfeinerung f / refinement n
verfestigen v / solidify v, set v
Verfestigung f (der Schaltstrecke)) / strength recovery
Verfestigungs·maß n / solidified dimension ‖ ~mittel n / reinforcing agent, reinforcing filler
Verflechtung f / interlinkage n, interlocking n
Verflüssiger m / condenser n
Verfolgeeigenschaften f pl / follow-spot characteristic
verfolgen v / follow up v, track v
Verfolger m / tracer n
Verfolgescheinwerfer m / follow spot(light)
Verfolgung f (Kante, Naht) / (edge, weld) following n, tracking n ‖ ~ **von Korrekturmaßnahmen** / follow-up to ensure that corrective action is implemented
verformbar adj (Kunststoff) / mouldable adj, plastic adj ‖ ~ adj (Metall) / workable adj, deformable adj
Verformbarkeit f / workability n, deformability n, plasticity n ‖ ~ f (Streckbarkeit, Geschmeidigkeit) / ductility n
verformen v (bearbeiten) / shape v, work v ‖ ~ v (deformieren) / deform v, strain
Verformung f / deformation n, strain (deformation of a body as the result of stress) ‖ ~ f (spanende) / machining n ‖ ~ f (spanlose) / shaping n, forming n
Verformungs·prüfung f / ductility test, deformation

test ‖ ~rest m / permanent set ‖ ~verhalten n / deformation behaviour ‖ ~vermögen n / deformability n, plasticity n, ductility n
verfügbar adj / available adj ‖ **frei ~** (Anschlussklemmen, Kontakte) / unassigned adj ‖ **hoch ~** / high-availability n ‖ **~e Landstrecke** (LDA) / landing distance available (LDA) ‖ **~e Leistung** / available capacity, available power ‖ **~e Leistungsverstärkung** / available power gain ‖ **~e Leitungskapazitäten** / available transfer capability ‖ **~e Startlaufabbruchstrecke** (ASDA) / accelerate-stop distance available (ASDA) ‖ **~e Startlaufstrecke (TORA)** / take-off run (distance available (TORA)) ‖ **~e Startstrecke (TODA)** / take-off distance available (TODA) ‖ **~e Steuerleistung** DIN IEC 235, T.1 / available driving power ‖ **~e Übertragungskapazität** / available transmission capacity
Verfügbarkeit f / availability n, availability performance ‖ **stationäre ~** (Mittelwert der momentanen Verfügbarkeit unter stationären Bedingungen während eines gegebenen Zeitintervalls) / availability n
Verfügbarkeits·analyse f / availability analysis ‖ ~dauer f / up time, up duration ‖ ~faktor m / availability factor ‖ ~grad m / availability factor ‖ ~konzept n / availability concept ‖ ~prüfung f / availability check ‖ **~steigernde Redundanz** / availability-enhancing redundancy ‖ ~unterstützung f / support for machine availability ‖ ~zeit f (QE) / up time ‖ ~zeit f (KW) / availability time
verfügte Leistung / power produced, ultilized capacity, operating capacity
Verfügung f / disposition n ‖ **zur ~ gehaltene Leistungsreserve** / power reserve held available ‖ ~serlaubnis n / work permit ‖ ~sfrequenz f / assigned frequency
Verfüllung f (einer Gründung) / backfill n
Vergabe f / distribution n ‖ **~ des Auftrages** / placing of the order, awarding of the order ‖ **~ von Sachnummern** / part number allocation ‖ ~datum n / placing date ‖ **~ verfahren** n / contract procedures ‖ **~ verhandlung** f / contract negotiations
Vergang m / clearance n, backlash n, play n
Vergangenheitswert m / previous value
Vergangenheitswerte m pl / historical values, previous values ‖ **~ m pl (Prozess)** / historical process data
Vergaser m / carburettor n
vergeben v / place v, award v
vergießbarer Kabelstutzen / cable gland for compound filling
vergießen v / embed v, pot v ‖ **mit Beton ~** / grout with concrete, pack with concrete ‖ **mit Masse ~** / fill with compound, seal with compound, seal v
Vergießen n / moulding n, molding n ‖ **~ n** (Isolierstoff) / encapsulating n ‖ **~ n (Einbetten)** / embedding n ‖ **~ in verlorener Form** / potting n ‖ **~ mit Beton** / concrete grouting
Vergießmasse f / setting compound, sealing compound, filling compound, flooding compound
Vergilbung f / yellowing n
vergilbungsfrei adj / non-yellowing adj
Verglasung f / glazing n

Vergleich

Vergleich *m* / comparison *n*, comparing *n* ‖ ⟨ **absoluter Energieverbräuche** / comparison of absolute energy consumption ‖ ⟨ **auf gleich** / compare for equal to ‖ ⟨ **auf größer-gleich** / compare for greater than or equal to ‖ ⟨ **auf kleiner** / compare for less than ‖ ⟨ **auf kleiner-gleich** / compare for less than or equal to ‖ ⟨ **auf ungleich** / compare for not equal to
Vergleich - Ergebnisliste / comparison - results list ‖ **letzter** ⟨ / last comparison
Vergleichbarkeit *f* DIN 55350,T.13 / reproducibility *n*
vergleichen *v* / compare *v* ‖ **~de Methode** / comparative method
Vergleicher *m* DIN 19237 / comparator *n*, comparing element ‖ ⟨ *m* (Schmitt-Trigger) / Schmitt trigger ‖ **sicherer** ⟨ / safe comparator ‖ ⟨**baugruppe** *f* / comparator module ‖ ⟨**glied** *n* / comparator *n* ‖ ⟨**routine** *f* / comparison routine
Vergleich·küvette, bestromte ⟨**küvette** / flow-type reference cell ‖ ⟨**präzision** *f* (Präzision unter Vergleichbedingungen) / reproducitility *n*
Vergleichs·ausdruck *m* / relational expression ‖ ⟨**ausgang** *m* / compare output ‖ ⟨**bedingungen** *f pl* (Statistik) / reproducibility conditions ‖ ⟨**betrieb** *m* / compare mode ‖ ⟨**differenzbetrag** *m* / reproducibility difference ‖ ⟨**fehler** *m* / comparison error (an error which may occur when the CPU memories are compared in an H system) ‖ ⟨**feld** *n* / comparison surface ‖ ⟨**frequenz** *f* / comparison frequency ‖ ⟨**funktion** *f* (SPS) / comparison operation, relational operation ‖ ⟨**funktion** *f* / comparison function ‖ ⟨**gas** *n* / reference gas ‖ ⟨**gerät** *n* / reference standard, reference substandard, substandard *n* ‖ ⟨**glied** *n* / comparing element, comparator *n*, error detector ‖ ⟨**grenze** *f* (Statistik) / reproducibility limit ‖ ⟨**kammer** *f* (Gasanalysegerät) / reference cell ‖ ⟨**körper** *n* / reference block ‖ ⟨**lampe** *f* / comparison lamp ‖ **Amplituden~linie** *f* / amplitude reference line ‖ ⟨**liste** *f* / comparison list ‖ ⟨**maßstab** *m* / equivalent scale, scale of comparison, yardstick *n* ‖ ⟨**messung** *f* / comparison measurement, calibration *n* ‖ ⟨**normal** *n* / comparison standard, reference standard ‖ ⟨**normalzähler** *m* / reference standard watthour meter
Vergleichs·oberfläche *f* / reference surface ‖ ⟨**operation** *f* / comparison operation, relational operation, comparison *n*, comparing operation ‖ ⟨**operator** *m* / relational operator ‖ ⟨**präzision** *f* (Statistik) / reproducibility ‖ ⟨**probe** *f* / reference specimen ‖ ⟨**prüfung** *f* / comparability test ‖ ⟨**prüfung durch Prüflaboratorien** / interlaboratory test comparisons ‖ ⟨**relais** *n* / comparator relay ‖ ⟨**schaltung** *f* / differential connection ‖ ⟨**schutz** *m* (Phasenvergleichsschutz) / phase comparison protection ‖ ⟨**schutz** *m* (Differentialschutz) / differential protection ‖ ⟨**schutz** *m* / differential relays for overhead lines, cables and transformers ‖ ⟨**spannung** *f* / equivalent stress ‖ ⟨**spannungsröhre** *f* / voltage reference tube ‖ ⟨**standardabweichung** *f* / reproducibility standard deviation ‖ ⟨**stelle** *f* / comparison point ‖ ⟨**stelle** *f* (MG) / reference point ‖ ⟨**stelle** *f* (Thermoelement) / reference junction ‖ ⟨**stellenkompensation** *f* / reference point compensation ‖ ⟨**stellenkorrektur** *f* / reference point correction ‖ ⟨**stellenthermostat** *m* / reference junction thermostat ‖ ⟨**stoß** *m* / comparative impulse ‖ ⟨**strom** *m* / reference current, error current ‖ ⟨**takt** *m* / cross-check cycle ‖ **kreuzweiser** ⟨**takt** / cross-check cycle ‖ ⟨**wert** *m* / comparison value ‖ ⟨**wertfreigabe** *f* / enable comparison value ‖ ⟨**zahl** *f* / comparative value ‖ ⟨**zahl der Kriechwegbildung** *f* VDE 0303, T.1 / comparative tracking index (CTI) ‖ ⟨**zähler** *m* / reference meter, reference standard watthour meter, substandard meter ‖ ⟨**zählerverfahren** *n* / reference meter method, substandard meter method ‖ **nach** ⟨**zeitpunkten** / by time of comparison
verglichene Version / compared version
verglimmern *v* / coat with mica, mica-coat *v*
Verglimmerung, elektrophoretische ⟨ / electrophoretic mica deposition
Vergnügungsstätte *f* / place of public entertainment
vergoldet *adj* / gold-plated *adj*
vergossen *adj* / potted *adj* ‖ **~e Wicklung** / encapsulated winding ‖ **~er Baustein** / potted module, encapsulated module ‖ **~er Stromkreis** / encapsulated circuit ‖ **~er Transformator** / encapsulated transformer, moulded transformer ‖ **Maschine mit ~er Wicklung** / encapsulated machine
vergraben·e Schicht (Kollektorleitschicht) / buried layer ‖ **~er Kanal** / buried channel ‖ **~er Kontakt** / buried contact ‖ **~er pn-Übergang** / buried p-n junction
vergrößern *v* (durch Lupe) / magnify *v*, zoom *v* ‖ **maßstabgerecht ~** / scale up *v*
Vergrößerungs·funktion *f* / magnification function ‖ ⟨**lampe** *f* / enlarger lamp ‖ ⟨**vorsatz** *m* / magnifier *n*
Verguss *m* / encapsulation *n*, potting *n*, casting compound ‖ **Abstand im** ⟨ / distance through casting compound ‖ ⟨**beton** *m* / grouting concrete ‖ ⟨**form** *f* / potting mould, potting form ‖ ⟨**kapselung** *f* (Ex m) EN 50028 / encapsulation *n* ‖ ⟨**masse** *f* / casting compound EN 50020, potting compound ‖ ⟨**masse** *f* (f. Kabelgarnituren) / setting compound, sealing compound, filling compound, flooding compound ‖ ⟨**material** *n* / encapsulant *n* ‖ ⟨**werkstoff** *m* / encapsulant *n*
Vergütekran *m* / heat treating crane
Vergüten *n* / tempering *n* ‖ ⟨ **aus der Warmformgebungshitze** / tempering from hot-forming temperature
vergütet *adj* / hardened and tempered
Vergütung *f* / reimbursement *n* ‖ ⟨ *f* (Wärmebehandlung) / heater treatment
Vergütungs·paket *n* / remuneration package ‖ ⟨**zähler** *m* / rebate meter
Verhaken *n* / mechanical sticking
verhaken, sich ~ / become caught
Verhalten *n* / performance *n*, behaviour *n*, performance characteristics, characteristics *n pl*, response *n* ‖ ⟨ **am Satzwechsel** / block change behavior ‖ ⟨ **bei Erdschluss** / response to earth fault, response to ground fault ‖ ⟨ **bei Überlast** / overload performance ‖ ⟨ **mit fester Stellgeschwindigkeit** / single-speed floating action ‖ ⟨ **mit mehreren Stellgeschwindigkeitswerten** / multiple-speed floating action ‖ **differenzierendes** ⟨ **zweiter Ordnung** / second derivative action, D_2

action || **differenzierendes** ⟨ / derivative action, D-action || **direktes** ⟨ / direct action || **nachgebendes** ⟨ / direvative action with delayed decay (D action with delayed decay) || **quasistetiges** ⟨ / quasi-continuous action || **Schalt~** n / switching performance || **wirkungsmäßiges** ⟨ / control action, type of action || **zusammengesetztes** ⟨ / composite action
Verhaltens·baum m / behavior tree || ⟨**beschreibung** f (EN 29646-1) / behavior description || ⟨**diagramm** n / behavioral diagram, behavior diagram || ⟨**funktion** f (Wahrscheinlichkeitsverteilung) / probability distribution function || ⟨**grenzwert** m / performance limit || ⟨**kenndaten** plt / performance characteristic || ⟨**kenndatum** n / performance characteristic || ⟨**kennwert** m / performance characteristic || ⟨**prüfung** f (EN 29646-1) / behavior test, behavior testing || **~spezifischer Classifier** / behaviored classifier || ⟨**zeile** f / behavior line
Verhältnis n (Verhältniszahl, Übersetzungsverhältnis) / ratio n, relation n, relationship n || ⟨ n (Beziehung) / relationship n, relation n || ⟨ n (Bedingung) / condition n || ⟨ n (Proportion) / proportion n || ⟨ **der Schaltwerte** / disengaging ratio || ⟨ **der Schreibgeschwindigkeit** / ratio of writing speeds || ⟨ **der Zeitkonstante** / ratio of the time constant || ⟨ **des Nutzsignals zum Rauschsignal** / signal-to-noise ratio || ⟨ **des Nutzsignals zum Störsignal** / signal-to-disturbance ratio || ⟨**baustein** m / ratio block
verhältnisbildendes Messgerät / ratiometer n
Verhältnis·mengen f pl / ratio set || ⟨**pyrometer** n / ratio pyrometer || ⟨**regelung** f / ratio control (control of several variables associated by constant ratio), feedback ratio control || ⟨**regler** m / ratio controller
Verhältnisse am Aufstellungsort / field service conditions, operating conditions
Verhältniszahl f / ratio n
verhandeln v / negotiate v
Verhandlung der Durchsatzklasse f / throughput class negotiation || ⟨ **der Übertragungszeit** / transit delay negotiation || ⟨**spartner** m / negotiating party || ⟨**sspanne** f / negotiation margin
verharzen v / resinify v, gum v
Verharzen n (Schmieröl) / gumming n, gum formation
Verharzungsprobe f / gum test
verhindern v / prevent v
verhüten v / preclude v
Verhütung f / prevention of nonconformity, prevention of nonconformities || ⟨ **von Vogelschäden** / bird hazard reduction || ⟨**smaßnahmen** f / action to prevent
Verifikation f / verification n, acceptance n, acceptance test, acceptance inspection, inspection n, examination n
verifiziert adj / verified adj
Verifizierung f / verification n || ⟨ **durch Eingabewiederholung** (Bestätigung der Richtigkeit der Dateneingabe durch die Wiedereingabe derselben Daten durch eine Tastatur) / keystroke verification
Verjüngung f / back taper

verkabeltes System / cable installation
Verkabelung f / cabling n, installation of cable system, wiring n || ⟨**sspektrum** n / cable range || ⟨**stechnik** f / cabling technology
verkadmet adj / cadmium-plated adj
verkanten v / cant v, fit askew || ⟨ n / canting n || **sich ~** / become skewed, become canted
Verkapselungsstoff m / encapsulant n
Verkäufermarkt m / seller market
Verkaufs·förderer m / sales expediter || ⟨**förderungsaktionen** f pl / promotion campaigns || **offene ⟨stelle** / direct selling to the public || ⟨**tisch-Beleuchtung** f / counter downlighting || ⟨**- und Lieferbedingungen** / conditions of sale and delivery
Verkehr m (Straßenv.) / traffic n || **Daten~** m / data communication, data traffic || **Ein-/Ausgabe-**⟨ m / input/output operation, I/O operation || **Telegramm~** m / message interchange
verkehren v / communicate v
Verkehrs·ampel f / traffic light(s), traffic signal || ⟨**analyse** f (Gewinnung von Information durch die Beobachtung des Verkehrsflusses) / traffic analysis || ⟨**art** f / traffic mode || ⟨**artensteuerung** f / traffic mode control (o. selection) || ⟨**aufkommen** n / traffic volume || ⟨**bake** f / traffic bollard || ⟨**beeinflussungssystem** n / traffic management system || ⟨**beleuchtung** f / traffic lighting || ⟨**dichte** f / traffic intensity || ⟨**-Durchgangsstraße** f / main road || ⟨**fähigkeit** f IEC 50(191) / trafficability performance || ⟨**fehlergrenzen** f pl / maximum permissible errors in service || ⟨**flussinformation** f / traffic (flow) report || ⟨**infarkt** m / gridlock n, snarl up || ⟨**insel** f / pedestrian refuge || ⟨**last** f DIN 1055,T.4 / live load || ⟨**leit- und Informationssystem** n / traffic management system || ⟨**leitrechner** m / host computer || ⟨**leitsystem** n / traffic control system || ⟨**-Leitsystem** n / traffic guidance system || ⟨**leittechnik** f / traffic control systems || ⟨**lichtzeichen** n / traffic light, traffic signal || ⟨**linie** f / traffic line
Verkehrs·nagel m / traffic stud || ⟨**netz** n / transport network || ⟨**säule** f / traffic bollard || ⟨**schild** n / traffic sign || ⟨**sicherungspflicht** f / public safety obligations, legal obligation to maintain safety, legal duty to maintain safety || ⟨**signal** n / traffic light, traffic signal || ⟨**signal für Fußgänger** / pedestrian crossing lights || ⟨**steuerung** f / traffic control || ⟨**steuerungrechner (VSR)** m / central computer || ⟨**steuerungsanlage** f / traffic control system || ⟨**steuerzentrale** f / centralized traffic control room, traffic control room || ⟨**technik** f / traffic engineering, transport systems || ⟨**technik** f (Unternehmensbereich) / transportation systems || ⟨**teilnehmer** m / road user || ⟨**träger** m / method of transport, carrier n || ⟨**umleitung** f / re-routing || ⟨**wege** m pl / traffic ways || ⟨**weiß** adj / traffic white || ⟨**zeichen** n / traffic sign || ⟨**zeichen** n (TRL) / traffic light (TRL)
verkeilen v / key v, wedge v, chock v
verkeilt adj / keyed adj
verkeilter Kommutator / wedge-bound commutator
Verkeilung f / wedging n, chocking n, keying n || ⟨ f (Keilverbindung) / keyed connection, keyed joint, keying n
Verketten n (Kommunikationsnetz) DIN ISO 7498 /

verketten

concatenation *n*
verketten *v* / concatenate *v*, link *v* ‖ ⟨ **von Gewinden** / chaining of threads, thread chaining
verkettet *adj* / line-to-line voltage ‖ **~ *adj*** / interlinked *adj*, linked *adj* ‖ **~e Anlage** / line-to-line voltage ‖ **~e Maschinen** / machines in integrated system ‖ **~e Produktionsautomaten** / linked automatic production machines ‖ **~e Programmsätze** / chained program blocks ‖ **~e Spannung** / line-to-line voltage, phase-to-phase voltage, voltage between phases ‖ **größte ~e Spannung** / diametric voltage ‖ **kleinste ~e Spannung** / mesh voltage ‖ **~e Transformation** / concatenated transformation ‖ **~er Betrieb** / interlinked operation (IO) ‖ **~er Fluss** / interlinked flux, linkage flux ‖ **~er Stichprobenplan** / chain sampling plan ‖ **~er Streufluss** / interlinked leakage flux, linkage stray-flux
Verkettung *f* / linking *n*, daisy chaining, interlinking *n*, linkage *n* ‖ **Programm~** *f* / program chaining
Verkettungs·anlage *f* / linked production system ‖ ⟨**faktor** *m* / concatenation factor ‖ ⟨**lieferant** *m* / chaining supplier ‖ ⟨**vorschrift** *f* / chain rule ‖ ⟨**zahl** *f* / interlinking factor, number of line linkages
verkitten *v* / cement *v*, seal *v*, lute *v*
verkleben *v* / cement *v*, bond *v*
verklebter Spalt / cemented joint
Verklebung *f* / sticking ‖ **Länge der** ⟨ (Spalt) EN 50018 / width of cemented joint
Verklebungsschicht *f* (getränkte Wickl.) / impregnant bonding coat
Verkleidung *f* / covering *n*, fairing *n*, enclosure *n*, masking *n* ‖ ⟨ *f* DIN 43350, VDE 0660, T.500 u. / cover *n* IEC 439-1 ‖ ⟨ *f* DIN 31001 / safety enclosure ‖ **Pult~** *f* / desk enclosure
Verkleidungs·blech *n* / cover sheet ‖ ⟨**teile** *n* / covering parts
verkleinern *v* / reduce *v* ‖ ⟨ *n* / zooming *n*
verkleinert·er Maßstab / reduced scale ‖ **~es Modell** / scale model
Verkleinerungs·faktor *m* / derating factor, reduction factor ‖ ⟨**maßstab** *m* / reduction scale
Verklemmung *f* / jamming *n*
Verklinkblock *m* / mechanical latch
verklinken *v* / latch *v*, lock *v*, catch *v*, engage *v*
verklinkt·e Stellung EN 60947-5-1 / latched position ‖ **~er Drucktaster** VDE 0660,T.201 / latched pushbutton IEC 337-2 ‖ **~er Hilfsschütz** / latched contactor relay ‖ **~es Schütz** VDE 0660,T.102 / latched contactor IEC 158-1
Verklinkung *f* / latching *n*, latch *n* ‖ ⟨ *f* / latched position
Verklinkungseinrichtung *f* / latching device, latching mechanism
verknotet *adj* / knotted *adj*
verknüpfen *v* / (Signale) / combine *v*, gate *v*, interconnect *v*, connect *v*, interlink *v*, link *v*, associate *v*, operate on ‖ **~** (Logik) / gate *v*, combine *v* ‖ **nach UND ~** / AND *v*
Verknüpfung *f* / operation *n*, gating operation ‖ ⟨ *f* (logische V.) / logic operation, logic gating, combination *n*, connection *n* ‖ ⟨ *f* (geometrische Elemente) / linking *n*, link *n* ‖ ⟨ *f* (von Zuständen) DIN IEC 625 / linkage *n* ‖ ⟨ **mit Klammerung** / bracketed logic operation ‖ ⟨ **mit Schritten** / association with steps EN 61131-3 ‖ ⟨ **von Aktionen** / association of actions EN 61131-3 ‖ ⟨

952

zwischen Netzen / interworking between networks ‖ **binäre** ⟨ / binary logic operation, binary logic ‖ **Bit~** *f* / bit combination ‖ **bit-breite** ⟨ / bit-wide operation ‖ **boolesche** ⟨ / boolean operation ‖ **Digital~** *f* / digital logic operation ‖ **Grund~** *f* / fundamental combination ‖ **Kontakt~** *f* / relay logic ‖ **logische** ⟨ / logic operation ‖ **NAND-**⟨ *f* / NAND function ‖ **NOR-**⟨ *f* / NOR operation, NOR function, Peirce function ‖ **ODER-**⟨ *f* / OR function, ORing *n*, OR relation ‖ **Parameter~** *f* / parameter linking ‖ **Phantom-**⟨ *f* / distributed connection, phantom circuit ‖ **UND-**⟨ *f* / AND relation, ANDing *n*, AND function ‖ **wortweise** ⟨ / word operation
Verknüpfungs·anweisung *f* / logic instruction ‖ ⟨**baugruppe** *f* (Logikbaugruppe) / logic module ‖ ⟨**baustein** *m* / logic operations block, logic operations module ‖ ⟨**bedingung** *f* / logic condition ‖ ⟨**befehl** *m* / logic instruction ‖ ⟨**code** *m* / interlock code ‖ ⟨**element** *n* / logic element, logic operator, gate *n* ‖ ⟨**ergebnis** *n* (VKE) / result of logic operation (RLO), boolean result, logic result, result of the previous logic operation ‖ ⟨**feld** *n* / gating section, logic unit ‖ ⟨**funktion** *f* / logic function, binary gating function, binary logic function, binary logic operation, binary function ‖ ⟨**funktion** *f* (Boolesche V.) / boolean function ‖ **digitale** ⟨**funktion** / digital logic function ‖ ⟨**gerät** *n* VDI/VDE 2600 / computing element for several quantities ‖ ⟨**gleichung** *f* / logic equation ‖ ⟨**glied** *n* / logic element, combinative element, logic module, logic gate, gate *n*, logical element ‖ **binäres** ⟨**glied** / binary-logic element
verknüpfungsintensiv *adj* / logic-intensive *adj*, involving high logic overhead
Verknüpfungs·kette, logische ⟨**kette** / sequence of logic gating operations, logic operations sequence ‖ ⟨**logik** *f* / gating logic, combinational logic ‖ ⟨**möglichkeit** *f* / coupling option ‖ ⟨**operation** *f* / logic operation, binary logic function, boolean logic operation, binary function, logic function, binary logic operation ‖ ⟨**punkt** *m* (von zwei oder mehr Lasten im Versorgungsnetz) / point of common coupling (PCC) ‖ ⟨**punkt** *m* / node *n* ‖ ⟨**schaltung** *f* (Reaktorschutz) / safety logic assembly, logic circuit ‖ ⟨**schaltung** *f* / combinational logic system ‖ ⟨**steuerung** *f* / logic control (system), logic controller ‖ **programmierbare** ⟨**steuerung** / programmable logic controller (PLC) ‖ **boolesche** ⟨**tafel** / boolean operation table, truth table ‖ ⟨**tiefe** *f* / logic nesting depth ‖ ⟨**- und Ablaufsteuerungen** *f pl* / logic and sequence controls ‖ ⟨**vorschrift (Rechenvorschrift)** *f* / combination rule
verkohlen *v* / carbonize *v*, char *v*
Verkohlung *f* (Isolation) / charring *n*
Verkrustungsgefahr *f* / danger of incrustation, danger of gumming, danger of dopping up
verkümmerter Zündimpuls / mutilated firing pulse
verkupfern *v* / copper-plate *v*
verkupfert *adj* / copper-plated *adj*
verkürzen *v* (Zeichnung) / foreshorten *v*
verkürzt·e Ansicht / foreshortened view ‖ **Wicklung mit ~em Schritt** / short-pitch winding, fractional-pitch winding ‖ **~er Wicklungsschritt** / shortened winding pitch
Verkürzung beim Abbrennen / flashing loss

Verkürzungs·faktor m / contraction factor || ⁓**faktor** m (Kabel) / velocity factor || ⁓**glied** n DIN 19237 / pulse-contracting element, pulse-contracting monoflop
Verlade·bereich im Tanklager / loading area to tank farm || ⁓**breite** f / loading width, shipping width || ⁓**brücke** f / loading bridge || ⁓**schild** n / shipping plate, handling instruction plate
verlagerbar, zeitlich ~e Last / deferrable load
verlagern v / displace v, shift v, relocate v, dislocate v
verlagerter Kurzschluss / asymmetrical short circuit, offset short circuit || **~ Kurzschlussstrom** / asymmetrical short-circuit current || **~ Schwerpunkt** / center of gravity offset from center line
Verlagerung f / displacement n, shifting n, relocation n || ⁓ f (Ausrichtungsfehler) / misalignment n || **Last~** f / load transfer
Verlagerungs·drossel, Mittelpunkt-⁓**drossel** f / (earth current limiting) neutral displacement reactor, zero-sequence reactor || ⁓**faktor** m (Wandler) / transient factor || **Induktions~faktor** m / induction transient factor || ⁓**spannung** f / displacement voltage, neutral displacement voltage || ⁓**spannung** f (Selektivschutz) / residual voltage IEC 50(448) || ⁓**spannung** f (Wandler) / residual voltage IEC 50(321) || ⁓**spannungsschutz** m IEC 50(448) / neutral displacement protection, neutral overvoltage protection (USA)
verlängert·e Werkbank (zugekaufte Kapazität(en), Produktionsauslagerung an Zulieferanten) / purchased capacity, integrated sub-contracting || **Wicklung mit ~em Schritt** / long-pitch winding || **~er Impuls** / expanded pulse, extended pulse || **~er Lichtbogen** / prolonged arc
Verlängerung f / extension cable || ⁓ **mit Innenvierkant und Außenvierkant** / extension bar
Verlängerungs·glied n DIN 19237 / pulse-stretching element, pulse-stretching monoflop || ⁓**kabel** n / extension cable || ⁓**klemme** f / extension terminal || ⁓**kopf** m / extension head || ⁓**kralle** f / extension claw || ⁓**leitung** f / extension cord, extension cable || ⁓**leitung mit Stecker und Kupplung** / extension cord set || ⁓**rohr** n / extension tube || ⁓**schnur** f / extension cord, extension flex || ⁓**stößel** m / extension plunger || ⁓**stück** n / extension tab || ⁓**welle** f / extension shaft || ⁓**welle** f (Zwischenwelle) / jack shaft || ⁓**welle** f (Hilfswelle f. Montage) / extension shaft || ⁓**zeit für Nutsignal** / extension time for groove signal
verlangsamen v / decelerate v, slow down
verlassen v (ein Programm) / quit v, exit v || **beim** ⁓ / on exiting || **einen Zustand ~** / leave a state, exit a state
Verlässlichkeit f / dependability n
Verlauf m (Kurve) / shape n, form n, waveform n, characteristic n || ⁓ m / characteristic n, response n, variation n || **Phasen~** m / phase response, phase angle || **Potential~** m / potential profile || **prinzipieller** ⁓ / schematic adj
Verlege·daten plt (VERLEGEDAT) / laying data (LAYING DAT), routing data || ⁓**datum** n / laying date || ⁓**einheit** f / laying unit

verlegen v (Kabel) / install v, run v, lay v || **~** v (versetzen) / relocate v, transfer v, move v, shift v
Verleger m / laying device
Verlegesystem n / ducting system
verlegte Länge / length laid
Verlegung f (Kabel) / (cable) installation n, (cable) laying n || ⁓ **auf Putz** / surface mounting (o. installation), surface wiring, exposed wiring || ⁓ **in Erde** / underground laying, direct burial, burying in the ground || ⁓ **in Luft** / installation in free air || ⁓ **unter Putz** / concealed installation, installation under the surface, installation under plaster
Verleimautomat m / gluing machine
Verlernen n (Anpassung des in einem System gespeicherten Wissens, um Lernen auszuschalten) / unlearning n
Verletzbarkeit f / vulnerability n
verletzen v (z. B. Code) / violate v
Verletzung f / violation n || **mechanische** ⁓ / scratch n
Verletzungsgefahr f / risk of injury
Verlinkung f / link n
Verlöschen n (Aufhören der Stromleitung ohne Kommutierung) / quenching n
verlöschend adj / self-extinguishing
Verlöschspannung f / quenching voltage
verlöten v (hart) / hard-solder v, braze v || **~** v (weich) / solder v
Verlust m / loss n, losses n pl || ⁓ **in Rückwärtsrichtung** / reverse loss || ⁓ **in Vorwärtsrichtung** / forward loss || ⁓**anisotropie** f / loss anisotropy || ⁓**anruf** m (Anforderung einer Verbindung, die wegen einer Blockierung im Netz abgewiesen wird) / lost call || ⁓**arbeit** f / kW/h loss, heat loss, loss due to heat
verlust·arm adj / low-loss adj || **~armer Leiter** / type-M conductor || **~behaftetes Dielektrikum** / imperfect dielectric
Verlustbremsung f / non-regenerative braking, rheostatic braking
Verluste m pl IEC 50(411) / power losses (of a machine), total loss || ⁓ **durch gyromagnetische Resonanz** / gyromagnetic resonance loss || ⁓ **im Dielektrikum** / dielectric loss || ⁓ **im Erregerkreis** / excitation losses, excision-circuit loss || ⁓ **im Kühlsystem** / ventilating and cooling loss || ⁓ **im Stellwiderstand** / rheostat loss || ⁓ **im Stellwiderstand des Haupterregerkreises** / main rheostat loss || ⁓ **in der Erregermaschine** / exciter losses
Verlust·energie f / energy loss, energy dissipation, heat loss || **Ausschalt-**⁓**energie** f DIN 41786 / energy dissipation during turn-off time || **Einschalt-**⁓**energie** f / energy dissipation during turn-on time
Verlustfaktor m / dissipation factor, loss factor, loss tangent || ⁓ m / power loss factor EN 60146-1-1 || **dielektrischer** ⁓ (tan δ) / dielectric dissipation factor, loss tangent || ⁓**kennlinie** f / power-factor-voltage characteristic || ⁓**messung** f / loss-tangent measurement (GB), dissipation-factor test (US) || ⁓ **tan δ** VDE 0560, T.4 / tangent of loss angle IEC 70
verlustfrei adj / lossless adj, loss-free adj, no-loss adj, non-dissipative adj
Verlust·funktion f / loss function || ⁓**grad** m / loss factor || ⁓**konstante** f (Dämpfung) / attenuation constant || ⁓**kosten** plt / cost of losses || ⁓**leistung** f

Verlustleistung 954

f / heat dissipation
Verlustleistung *f* / power loss, power dissipation, watts loss || ≈ *f* (dch. Streuung) / leakage loss, leakage power || ≈ *f* (Wärmeverlust) / heat loss, loss due to heat || ≈ *f* (Kondensator) VDE 0560, T. 4 / capacitor losses IEC 70 || ≈ *f* (durch Ableitströme) / leakage power || **abzuführende** ≈ (Wärme) / (amount of) heat to be dissipated || **Ausschalt-**≈ *f* (Diode) / turn-off loss, turn-off dissipation || **Elektroden~** *f* / electrode dissipation
Verlustleistungsspitze, Ausschalt-≈ *f* / peak turn-off dissipation
verlustlos *adj* / no-loss *adj*, non-dissipative *adj* || **~e Induktivität** / pure inductance || **~e Kapazität** / pure capacitance || **~e Prüfung** / wattless test || **~es Dielektrikum** / no-loss dielectric, perfect dielectric
Verlust·maßstab *m* / loss measure || ≈**strom** *m* / residual current || ≈**strom** *m* (Leckstrom) / leakage current || ≈**stundenzahl** *f* / utilization time of power losses IEC 50(603) || ≈**trennungsverfahren** *n* / segregated-loss method || ≈**verhältnis** *n* / loss ratio || ≈**wärme** *f* / heat loss, thermal losses || **magnetischer** ≈**widerstand** / magnetic loss resistance || ≈**winkel** *m* / loss angle || **dielektrische** ≈**zahl** / dielectric loss index || ≈**zähler** *m* / loss meter || ≈**zeit** *f* / lost time || ≈**ziffer** *f* (Blech) / loss coefficient, loss index, figure of loss, specific iron loss, specific core loss || **magnetische** ≈**ziffer** / hysteresis loss coefficient
Vermarktung *f* / marketing *n* || ≈**/Auslauf** / marketing/phase-out
vermascht *adj* / looped *adj* || **~ betriebenes Netz** / mesh-operated network || **~e Struktur** / meshed topology || **~es Netz** / meshed network, mesh-connected system, star topology
Vermaschung *f* (Netz) / meshing *n*, system meshing || ≈ *f* DIN 40042 / intermeshing *n* || ≈ **der Leiterbahnen** / interconnection of conductors
Vermaßung *f* / dimensioning *n*, dimensions *n pl*
Vermaßungs·nullpunkt *m* / datum point || ≈**parameter** *m* / dimensioning parameter
vermeidbar·e Kosten (SIT) / avoidable costs || **~er Abfall** *m* (Differenz zwischen dem insgesamt festgestellten und dem unvermeidbaren Abfall (unvermeidbarer Abfall)) / avoidable waste
vermeiden *v* / preclude *v*
Vermeidung *f* / preventing *n*, avoiding *n*
Vermerk *m* / note *n*
Vermessen *n* / gauging *n* || ≈ *n* (der Maschinenachsen) / setting out || **~ v** / measure *v* || **optisches** ≈ / optical gauging
vermessingen *v* / brass-plate *v*, brass *v*
vermessingt *adj* / brass-plated *adj*
Vermessung *f* (3-dimensionale Objekte) / scanning *n*, scanning and ranging, measurement || **Werkzeug~** *f* / tool gauging || **Werkzeugkorrektur~** *f* / measurement (o. determination) of tool offset
Vermessungs·laser *m* VDE 0837 / alignment laser, surveying laser, alignment laser product IEC 825 || **Laser-**≈**system** *n* / laser-based scanning and ranging system
Vermietungsgeschäft *n* / leasing business
verminderte Eingangsprüfung / reduced incoming inspection
Verminderungsfaktor *m* / reduction factor, derating factor || ≈ *m* / light loss factor, maintenance factor

|| **Kehrwert des** ≈**s** / depreciation factor
vermischte Vernetzung / hybrid network(ing)
Vermischung *f* / dilution *n*
Vermittlung *f* (Kommunikationsnetz) / switching *n*
Vermittlungs·adresse *f* (Kommunikationsnetz) / network address || ≈**amt** *n* / switching centre, switching exchange || ≈**antrag** *m* / request for personnel || ≈**dienst** *m* (Kommunikationssystem) / network service || ≈**dienstbenutzer** *m* (Kommunikationssystem) / network service user (NS user) || ≈**dienst-Dateneinheit** *f* (N-SDU) EN 50090-2-1 / network service data unit (N-SDU) || ≈**dienstelement** *n* / network service primitive || ≈**dienst-Vorrangdateneinheit** *f* DIN ISO 8348 / expedited network service data unit || ≈**dienstzugangspunkt** *m* / network service access point (NSAP) || ≈**instanz** *f* / network entity ISO 8348, network layer entity ISO 8888 || ≈**instanzenverbindung** *f* DIN ISO 7498 / subnetwork connection || **~orientierte Übertragung** / switching-mode transmission || ≈**protokoll** *n* (offenes Kommunikationssystem) / network protocol || ≈**protokollkennung** *f* / network layer identifier || ≈**schicht** *f* (Kommunikationsnetz) DIN ISO 7498 / network layer || ≈**stelle** *f* / central office, switching telephone exchange
Vermögensanlage *f* / asset *n*
vermörtelt *adj* / stabilized *adj*
Vermörtelung *f* / soil stabilization
vernachlässigbar·e Reibung / negligible friction || **~er Strom** VDE 0670, T.2 / negligible current IEC 129
vernetzbar *adj* (z. B. durch ein LAN) / suitable for networking, linkable *adj*, interconnectable *adj*
Vernetzbarkeit *f* / network capability
vernetzen *v* (z. B. durch ein LAN) / network *v*
vernetzt *adj* / interconnected *adj*, networked || **~e Isolierung** / cross-linked insulation, thermoset insulation, thermosetting insulation || **~e Systeme in Wohn- und Nutzgebäuden** / networked systems in residential and utility buildings || **~es Polyäthylen** (VPE) / cross-linked polyethylene (XLPE)
Vernetzung *f* / networking *n*, network *n*, linking *n*, linking in network || ≈ *f* (Kunstst.) / cross-linking *n* || ≈ *f* (v. mehreren Datennetzen) / internetworking *n*
Vernetzungs·mittel *n* / cross-linking agent ||
≈**software** *f* / network(ing) software || ≈**system** *n* / networking system
vernichten, Energie ~ / dissipate energy
vernickelt *adj* / nickel-plated *adj*
veröffentlicht *adj* / published *adj*
Veröffentlichung *f* / publication *n*
Veröffentlichungs·freigabe *f* / released for publication || ≈**termin** *m* / publication deadline
verölen *v* / become fouled with oil
Verölung *f* / fouling by oil
Verordnung zur Durchführung des Bundes-Immissionsschutzgesetzes / German Federal Immission Protection Regulations
Verpackung *f* / packaging *n*, packing *n* || ≈ **für Landtransport** / packing for land transport, packing for shipment by road or rail || ≈ **für Überseetransport** / packing for shipment overseas || ≈ **und Versand** *f* / packing and shipping
Verpackungs·anlage *f* / packaging system || ≈**art** *f* /

type of packaging || ⸺boden *m* / packing base || ⸺druck *m* / package printing || ⸺einheit *f* / unit pack || ⸺einheit (VE) *f* / packing unit (PU) || ⸺einlage *f* / packaging inlay || ⸺einsatz *m* / packaging insert || ⸺etikett *n* / packaging label || ⸺form *f* / component packing style || ⸺freigabe *f* / packing release || ⸺gewicht *n* / packed weight, packing weight || ⸺linie *f* / packaging line || ⸺mangel *m* / packing defect || ⸺maschine *f* / packaging machine || ⸺maß *n* / packing dimension || ⸺material *n* / packaging material, packing material || ⸺modul *n* / packaging module || ⸺produkt *n* / packaging product || ⸺prüfung *f* / packing inspection || ⸺regel für Daten in ASN.1 / basic encoding rules ASN.1 || ⸺roboter *m* / packaging robot || ⸺technik *f* / packaging technology || ⸺-Tiefdruck *m* / gravure printing of packaging material || ⸺-Tiefdruckmaschine *f* / press for the gravure printing of packaging material || ⸺- und Versandschutz *m* / packaging and shipping preservation || ⸺unterweisungen (VU) *f* / packing instructions (VU) || ⸺-Zeichnung *f* / packing drawing || ⸺zelle *f* / packaging cell

Verpflegungspauschale *f* / meal allowance
verpflichtend *adj* / mandatory *adj*
Verpflichtung *f* / obligation *n*
Verplombungsmöglichkeit *f* / lead-sealing option
Verpolschutz *m* / polarity reversal protection, noninterchangeability *n*, polarization *n*, keying *n*, reverse polarity protection, reverse voltage protection || **mit** ⸺ / polarized *adj*, keyed *adj*, non-interchangeable *adj*, non-reversible *adj* || **Stecker mit** ⸺ / polarized plug, non-interchangeable plug
verpolsicher *adj* / polarized *adj*, keyed *adj*, non-interchangeable, protected against polarity reversal, protected against switching poles
Verpolung *f* / polarity reversal, false polarity, reversed polarity, incorrect connection
verpolungs·fest *adj* / protected against polarity reversal, protected against switching poles, polarized *adj* || **~geschützt** *adj* / protected against polarity reversal, protected against switching poles, polarized *adj*, polarity-insensitive *adj*
Verpolungsschutz *m* DIN 41745 / reverse voltage protection, reverse polarity protection, polarity reversal protection || ⸺diode *f* / reverse voltage protection diode
verpolungs·sicher *adj* / polarized *adj*, keyed *adj*, protected against polarity reversal, non-interchangeable, protected against switching poles, protected against polarity reversal
verpresster Bohrpfahl / pressure-injected pile
Verpuffung *f* / deflagration *n*, flash *n*
Verpuffungsgeschwindigkeit *f* / deflagration rate
Verputzmaschine *f* / fettling machine
verquellen *v* (verschalten v. Funktionsbausteinen) / interconnect *v*, link *v*
verrastbarer Drucktaster / latching pushhutton
verrasten *v* / latch *v*
verrastender Druckknopf / latching(-type) button || **~ Drucktaster** / latched pushbutton IEC 337-2, pushlock button
Verrastung *f* / latching *n*, latch *n* || ⸺snase *f* / click-in lug
verrauschtes Signal / noisy signal
verrechnen *v* / clear *v*, charge *v*
verrechnete Auftragskosten / order costs billed

Verrechnung *f* / sales *n* || **zur** ⸺ **zugelassen** (Wandler) / approved for electricity accounting
Verrechnungs·daten *plt* / billing data || ⸺leistung *f* / chargeable demand || ⸺messung *f* / billing measuring || ⸺periode *f* / billing period || ⸺preis *m* / invoicing price || ⸺schwelle *f* / invoicing threshold || ⸺stelle *f* (Zählstelle für Stromlieferung) / billing point || ⸺tarif *m* / tariff *n*, rate *n* || ⸺zähler *m* / demand billing meter, billing meter || ⸺zählsatz *m* / supply company's billing meter || ⸺zählung *f* / utility billing metering, metering for invoicing, billing metering || ⸺zeitrahmen *m* / invoicing period || ⸺zeitraum *m* (SIT) / demand assessment period, billing period, clearing period
verriegelbar *adj* / interlocking *adj*, lockable *adj*
Verriegelbefehl *m* / interlocking command
verriegeln *v* / interlock *v*, lock *n*, disable *v*, inhibit *v*, block *v* || **~** *v* (feststellen) / lock *v*, locate *v*, restrain *v*, retain *v*, arrest *v* || **~** *v* (verklinken) / latch *v* || ⸺ **bei oberem/unterem Grenzwert der Bemessungssteuerspeisespannung** / interlock at upper/lower limit value of rated control supply voltage
verriegelnder Fernschalter / latching remote-control switch
verriegelt *adj* / interlocked, latched in, locked || **~e Messgaspumpe** / sample gas pump with interlocking || **~e Steckdose** DIN40717 / socket outlet with interlocking switch IEC 117-8, interlocked socket outlet, receptacle outlet with interlocking switch || **~e Stellung** VDE 0660,T.202 / locked position IEC 337-2A || **~er Drucktaster** VDE 0660,T.201 / locked pushbutton IEC 337-2
Verriegelung *f* / lock *n*, interlock *n*, lock-out *n* || ⸺ *f* (Sicherheitsverriegelung) / safety interlock || ⸺ *f* / locking *n*, bolting (device) *n*, barring (device) *n* || ⸺ *f* (kontaktlose Steuerung, Sperrfunktion) / inhibiting *n*, interlocking *n* || **eine** ⸺ **aufheben** / defeat an interlock, cancel an interlock || ⸺ **Zugwerk** / interlock pull & break || **1-Punkt-**⸺ *f* / 1-point locking || **3-Punkt-**⸺ *f* / 3-point locking || **rückwärtige** ⸺ / reverse interlocking
Verriegelungs·abfrage *f* / interlocking check || ⸺bausatz *m* / interlocking kit || ⸺baustein *m* / interlocking module || ⸺bauteil *n* / interlocking module || ⸺bedingung *f* / locking condition, interlocking condition || ⸺blech *n* / locking sheet metal || ⸺bolzen *m* / interlock bolt || ⸺bügel *m* (Teil, das verhindert, dass sich zum Beispiel ein Stecker durch Erschütterung löst) / locking bracket || ⸺einheit *f* / locking unit || ⸺einrichtung *f* VDE 0660,T.101 / interlocking device IEC 157-1, interlocking facility, interlock *n* || ⸺einrichtungen *f pl* / locking facilities || ⸺element *n* / interlocking element || ⸺feder *f* / locking spring || ⸺fehler *m* / interlock error || ⸺funktion *f* / interlocking/latching function || ⸺gehäuse *n* / interlock housing || ⸺hebel *m* / locking lever || ⸺hülse *f* / locking sleeve || ⸺klemme *f* / connector receptacle || ⸺konzept *n* / interlocking system || ⸺kreis *m* / interlocking circuit || ⸺logik *f* / interlock logic || ⸺magnet *m* / interlocking electromagnet, interlocking magnet || ⸺melder *m* / lockout indicator || ⸺plan *m* / interlocking scheme || ⸺platte *f* / interlock plate

Verriegelungs

(lockable component to prevent unauthorized access) || ⸺**position** *f* / interlock position
Verriegelungs·schalter *m* / interlocking switch || ⸺**schaltwerk** *n* (Bahn) / interlocking switchgroup || ⸺**schieber** *m* / locking slide || ⸺**schiene** *f* / locking bar || ⸺**signal** *n* / interlock signal, inhibiting signal || ⸺**steuerung** *f* / interlocking control, interlocking logic control, interlock control || ⸺**stift** *m* / locking pin || ⸺**stromkreis** *m* / interlock(ing) circuit || ⸺**system** *n* / latching system || ⸺**verlängerung** *f* / locking extension || ⸺**vorrichtung** *f* / interlocking device IEC 157-1, interlocking facility, interlock *n* || ⸺**vorrichtung** *f* (Festhaltevorr.) / locking device || ⸺**vorrichtung** *f* (f. DT) / locking attachment || ⸺**zeit** *f* / interlock time (defines the time-out for the motion interlock time), interlocking time || ⸺**zeit aktiv** *f* / lock-out time active || ⸺**zylinder** *m* / locking cylinder
verrippt *adj* / ribbed *adj*, ribbed-surface *adj*
verrunden *v* / round *v*, round off
verrundet *adj* / rounded off
Verrundung *f* / rounding *n*, fillet *n*
Verrundungs·fläche *f* / fillet surface || ⸺**grad** *m* / degree of ramp rounding || ⸺**typ** *m* / rounding type || ⸺**zeit** *f* / rounding time || ⸺**zeitkonstante** *f* / rounding time constant
Verrußung *f* / sooting *n*
versagen *v* / fail *v*, break down *v*, malfunction *v* || ⸺ **der Isolation unter elektrischer Beanspruchung** / electrical breakdown of insulation
Versagen, menschliches ⸺ / human failure, human error IEC 50(191), malfunction *n*, mistake *n*, errors
Versagens·last *f* (Freiltg.) / failure load || ⸺**wahrscheinlichkeit** *f* / malfunction probability
Versalhöhe *f* (Schrift) / capline *n*
Versand *m* / dispatch *n*, shipping *n*, delivery *n* || ⸺**abruf** *m* / shipping requisition || ⸺**abwicklung im Baustein-System (VEBAS)** *f* / modular shipping processing system || ⸺**angaben** *f pl* / shipping data || ⸺**anschrift** *f* / forwarding address || ⸺**anzeige** *f* / shipping notification || ⸺**art** *f* / shipping type || ⸺**baugruppe** *f* / shipping assembly || ⸺**einheit** *f* / transport unit || ⸺**gewicht** *n* / shipping weight || **größtes** ⸺**gewicht** / heaviest part to be shipped, heaviest part shipped || ⸺**hafen** *m* / port of shipment || ⸺**kontrolle** *f* / shipping inspection || ⸺**kosten** *plt* / shipping costs || ⸺**packung** *f* / package *n* || ⸺**plan** *m* / delivery schedule || ⸺**probe** *f* / shipping sample || ⸺**prüfung** *f* / delivery inspection || ⸺**revision** *f* / shipping inspection || **Verpackungs- und** ⸺**schutz** *m* / packaging and shipping preservation || ⸺**stückliste (VSL)** *f* / shipping parts list || ⸺**verpackungsetikett** *n* / dispatch packaging label || ⸺**zeichnung** *f* / despatch drawing
Versatile Automation Random Access Network (VARAN) *n* / Versatile Automation Random Access Network (VARAN)
Versatz *m* / misalignment *n*, offset *n*, stagger *n* || ⸺ *m* (zwischen Signalen o. Bits) / skew *n* || ⸺ *m* / offset *n*, shift *n* || ⸺ *m* / lateral offset, lateral displacement || ⸺ *m* / PCB offset || ⸺ *m* / offset adder || ⸺**koppler** *m* / lateral-offset-type coupler, four-port coupler, lateral-displacement-type branching element || ⸺**-Pointer** *m* / offset pointer || ⸺**toleranz** *f* / offset tolerance || ⸺**vektor** *m* / offset vector || ⸺**wert** *m* / offset value || ⸺**winkel** *m* / offset angle || ⸺**winkeleinstellung** *f* / offset angle setting
verschachteln *v* / interleave *v*, imbricate *v* || ⸺ *n* / nesting *n*
verschachtelt *adj* / interleaved *adj*, imbricated *adj*, interwound *adj* / ~**e Schleife** / nested loop
Verschachtelungstiefe *f* / nesting depth
Verschalerei *f* / boarding-up shop
verschaltbar *adj* / configurable *adj*, freely configurable
verschalten *v* / wire up *v*, connect up *v*, wire *v*, interconnect *v* || ⸺ **von Bausteinen** / interconnection of blocks
Verschaltung *f* / interconnection *n*
Verschaltungs·angaben *f pl* (Automatisierungsbausteine) / interconnection data, configuration data || ⸺**editor** / component connection editor || ⸺**struktur** *f* / interconnecting structure
Verschalung *f* (f. Beton) / shuttering *n*, forming *n*, boarding *n* || ⸺ *f* (Verkleidung) / fairing *n*, covering *n*
verschärft *adj* / severe *adj* || ~**e Prüfung** (Prüfung nach einer Stichprobenanweisung, deren Prüfschärfe größer ist als bei normaler Prüfung) / tightened inspection, increased inspection || ~**er AQL-Wert** / reduced AQL value
verschattet *adj* / shaded *adj*
Verschattung *f* / shadowing *n*
verschiebbar·er Code / relocatable code || ~**es Gehäuse** (el. Masch.) / end-shift frame || ~**es Waveguide** / sliding waveguide
Verschiebe·ankermotor *m* / sliding-rotor motor || ⸺**anschlag** *m* / slide stop || ⸺**balken** *m* / scroll bar (slider on the scroll bar of the screen) || ⸺**elektrode** *f* / transfer gate electrode, transfer electrode, transfer gate || ⸺**-Gate** *n* / transfer gate electrode, transfer electrode, transfer gate || ⸺**kanal** *m* (Ladungsverschiebeschaltung) / transfer channel || ⸺**kraft** *f* / displacement force, thrust *n* || ⸺**läufer-Bremsmotor** *m* / sliding rotor brake motor || ⸺**läufermotor** *m* / sliding rotor motor
verschieben *v* / shift *v*, displace *v*, relocate *v*, reposition *v*, move *v* || **nachträglich** ~ / moving at a later point
Verschieben *n* (von Bildausschnitten) / panning *n* || ⸺ *n* (Scheinwerfer) / panning *n*, traversing *n* || ⸺ *n* / translation *n* || ⸺ *n* (GKS-Funktion) / shift *n* || ⸺ **von Bildausschnitten** / panning *v* || ⸺ **von Programmteilen** / relocation of program sections
Verschiebe·schutz-Klemmensatz *m* / anti-displacement terminal set || ⸺**wagen** *m* / traversing track || ⸺**wert** *m* / offset value
Verschiebung *f* (NC-Wegbedingung) DIN 66025,T. 2 / linear shift ISO 1056 || ⸺ *f* (Nullpunkt, Bahn) / shift *n*, offset *n* || **dielektrische** ⸺ / dielectric displacement, electrostatic induction || **interkristalline** ⸺ / intercrystalline slip || ⸺**, Offset** *f* / offset *n* || **zeitliche** ⸺ / delay *n*
Verschiebungs·amplitude *f* / displacement amplitude || ⸺**bereich** *m* / offset range, shift range || **dielektrische** ⸺**dichte** / dielectric displacement density, dielectric flux density || ⸺**faktor** *m* / displacement factor, displacement power factor || **lastseitiger** ⸺**faktor** / output displacement factor, load displacement factor || **netzseitiger** ⸺**faktor** / input displacement factor || ⸺**fluss** *m* /

displacement flux, dielectric flux || ⁓konstante *f* / absolute dielectric constant, absolute capacitivity || **dielektrische** ⁓**polarisation** / dielectric displacement, electrostatic induction || ⁓**satz** *m* / displacement law || ⁓**strom** *m* / displacement current || ⁓**stromdichte** *f* / displacement current density || **Phasen~winkel** *m* / phase difference IEC 50(101), phase displacement angle, phase angle, power factor angle || ⁓**zahl** *f* / absolute dielectric constant, absolute capacitivity
verschieden *adj* / various *adj* || **~ lange Stifte** (Bajonettsockel) / odd pins
verschiedenes / miscellaneous, misc.
verschiedenfarbig *adj* / heterochromatic *adj* || **~e Farbreize** / heterochromatic stimuli
Verschiedenheitsfaktor *m* / diversity factor IEC 50 (691)
verschienter Verbund / interconnection *n*
Verschienung *f* / mounting on a busbar
Verschlag *m* (Verpackung) / crate *n*, crating *n*
verschlagwortet *adj* / indexed *adj*
Verschlauchung *f* / cabling *n*
Verschleierung, äquivalente ⁓ / equivalent veiling luminance
verschleifen *v* / smooth *v*, round *v* || ⁓ *n* / smoothing *n*, corner rounding, approximate positioning || ⁓ **des Impulses** / pulse rounding
Verschleiß *m* / wear *n*, wear and tear, rate of wear, erosion *n*, pitting *n*, corrosion *n*, abrasion *n* || ⁓ **Federkraft** / wear, spring force || **dem** ⁓ **unterworfene Teile** / parts subject to wear || ⁓ **Windungsende** / wear, turn end || ⁓**anzeige** *f* / wear indicator
verschleißarm *adj* / with low rate of wear, low-wear
Verschleiß·ausfall *m* DIN 40042 / wear-out failure || ⁓**ausfallperiode** *f* / wear-out failure period || ⁓**ausfallphase** *f* / wear-out failure period, wear-out period || ⁓**ausgleich** *m* / wear compensation || ⁓**bereich** *m* / wear zone || ⁓**betrag** *m* / amount of wear
verschleißen *v* / wear *v*, wear out *v*
Verschleißerscheinung *f* / wear *n*
verschleißfest *adj* / wear-resistant *adj*, resistant to wear, resistant to erosion
Verschleiß·festigkeit *f* / resistance to wear, wear resistance || **~frei** *adj* / free of wear || ⁓**freiheit** *f* / freedom from wear || ⁓**geschwindigkeit** *f* / wear rate || ⁓**grenze** *f* / wear limit || ⁓**kontrolle** *f* / wear control || ⁓**korrektur** *f* / wear compensation || ⁓**maß** *n* / wear dimension || ⁓-**Parameter** *m* / wear parameter || ⁓**ring** *m* / wear ring || ⁓**schicht** *f* / protective coating, top course, outer layer, wearing course || ⁓**schutz** *m* / wear protection || ⁓**teil** *n* / wearing part, part subject to wear || ⁓**teile** *n pl* / working parts || ⁓**tiefe** *f* / wearing depth || ⁓**überwachung** *f* / wear monitoring || ⁓**überwachungskontakt** *m* / limit-wear contact || ⁓**verbund** *m* / wear group || ⁓**verhalten** *n* / wear performance, wear behavior || ⁓**wert** *m* / wear data, wear value(s) || **Werkzeuglängen-**⁓**wert** *m* / tool length wear value || ⁓**widerstand** *m* (Kraft, die ein Werkstoff jeglicher Abnutzung entgegensetzt) / resistance to wear
Verschleppung *f* / potential transfer, accidental energization, formation of vagabond (o. parasitic voltages) || ⁓ *f* / pulse distortion
verschließende Stempelung / seal *n*

Verschließmaschine *f* / sealing machine
verschliffener Kurvenverlauf / smooth characteristic
verschlissen *adj* / worn *adj*
Verschluss *m* / plug *n*, cover *n* || ⁓ *m* (einfache Verriegelung) / fastener *n* || **unter** ⁓ **gehaltenes Lager** / bonded storage || **unverlierbarer** ⁓ / captive lock
verschlüsselt *adj* / encoded *adj* || **~e Kennzeichnung eines Isoliersystems** VDE 0302, T.1 / insulation system code IEC 505
Verschlüsselung *f* / coding *n*, encoding *n*, code *n*, codification *n* || ⁓ *f* (kryptographische Umwandlung von Daten) / encryption *n*
Verschlüsselungszeit *f* / coding time, encoding time
Verschluss·flansch *m* / locking flange, cover flange plate || ⁓**hülse** *f* / lock bushing || ⁓**kappe** *f* / cap plug, screw cap, cover *n*, sealing cap || ⁓**klappe** *f* / hinged cover, shutter *n* || ⁓**leiste** *f* / closure strip
Verschlüssler *m* / encoder *n*
Verschluss·platte *f* / blanking plate || ⁓**plombe** *f* / lead seal, seal *n* || ⁓**schieber** *m* VDE 0660, T.500 / shutter *n* IEC 439-1 || ⁓**schraube** *f* / screw plug, threaded plug || ⁓**spange** *f* / locking clip || ⁓**stopfen** *m* / plug *n*, sealing plug, stopper *n* || ⁓**zapfen** *m* / plug stud || ⁓**zeit** *f* / shutter time
Verschmelzungs·energie *f* / fusion energy || ⁓**frequenz** *f* / fusion frequency, critical flicker frequency
Verschmieren des Ausgangsstroms / smearing (o. lag) of output current
Verschmierung *f* / smear *n*
verschmutzen *v* / contaminate *v*, pollute *v*, foul *v*, become fouled
Verschmutzung *f* / pollution *n*, contamination *n*, sedimentation *n*, dirt *n*, fouling *n* || **Beständigkeit gegen** ⁓ / dirt collection resistance
verschmutzungsanfällig *adj* / liable to get dirty
Verschmutzungs·anzeige *f* / clogging indicator || ⁓**grad** *m* (der Umgebung) / pollution degree, fouling factor, pollution severity, degree of pollution || **Steh-**⁓**grad** *m* (Isolatoren) / severity withstand level || **zugeordneter** ⁓**grad** (Isolatoren) / reference severity || ⁓**kontrolle** *f* / pollution test || ⁓**prüfung** *f* / pollution test || ⁓**signal** *n* / contamination signal
Verschnitt *m* (Stanzabfall) / blanking waste
Verschnürung *f* / cording *n*, tying *n*, lashing *n*, lacing *n*
verschoben / shifted || **um 120° zueinander ~** / displaced by 120° with respect to one another || **um 90° ~** / by 90° out of phase, in quadrature || **~es Signal** / dephased signal
verschränken *v* / abridge *v*
verschränkt·e Stabwicklung / cable-and-bar winding || **~er Stab** / transposed bar, Roebel bar
Verschränkung *f* (Röbelstab) / transposition *n*
verschrauben *v* (mit Mutter) / bolt *v* || **~** (ohne Mutter) / screw *v*
Verschraubung *f* / cable glands, cable gland, screwed cable glands, screw fitting, terminal piece, screw gland, gland *n* || ⁓ *f* (Gewindeverbindung) / threaded joint || ⁓ *f* (mit Schraube und Mutter) / bolted joint || ⁓ *f* (mit Schraube ohne Mutter) / screwed joint || ⁓ *f* (Kabel, PG-Rohr) / screwed gland, compression gland, union *n* || ⁓ *f* (Rohrkupplung) / coupling *n*,

verschrotten 958

union *n* || ⌂ **für das Netzkabel** / line input gland ||
⌂ **für Leitung** / screwed gland for cable ||
Aufschraub-⌂ / female coupling
verschrotten *v* / scrap *v*
Verschrottungs·beleg *m* / repudiate voucher, scrap voucher || ⌂**kennzeichnung** *f* / scrap mark
Verschwächungsgrad *m* / degree of weakening (o. of contraction)
Verschweißbarkeit *f* (Metall) / weldability *n* || ⌂ *f* (Elektrode) / usability *n*
Verschweißen *n* (Kontakte) / welding *n*, contact welding || ⌂ *n* (Verschleiß) / fusion welding || ~ *v* / bonded *v*
verschweißfest *adj* (Kontakte) / weld-resistant *adj*
Verschweißung *f* / welded joint, weld *n*
verschwelen *v* / carbonize *v*
verseifbar *adj* / saponifiable *adj*
verseifen *v* / saponify *v*
Verseifung *f* / saponification *n*
Verseifungs·basis *f* / soap base || ⌂**grad** *m* / saponification factor || ⌂**zahl** *f* / saponification number, saponification value
Verseil·element *n* / stranded element, stranding element || ⌂**faktor** *m* (Kabel) / lay ratio || ⌂**maschine** *f* / strander *n*
verseilt *adj* / stranded *adj* || ~**e Ader** / laid-up core || ~**er Leiter** / stranded conductor, stranded wire
Verseilung *f* (Kabel) / stranding *n*, laying up, cabling *n*
versenkbar *adj* / shroudable *adj*, recessable *adj*
versenkt angeordneter Griff / countersunk handle, shrouded handle (o. knob), recessed handle || ~ **angeordneter Knebel** (m. Schutzkragen) / shrouded knob || ~**e Schraube** / countersunk screw || ~**e Taste** / recessed button IEC 337-2 || ~**er Druckknopf** VDE 0660,T.201 / recessed button IEC 337-2 || ~**er Einbau** / sunk installation, recess (ed) mounting, cavity mounting || ~**er Keil** / sunk key || ~**er Leiter** / flush conductor
versetzt anordnen / stagger *v* || ~**e Bürsten** / staggered brushes || ~**e Kontur** / offset contour || ~**e Schwelle** / displaced threshold || ~**e Spur** (Spur, die an eine unübliche Position einer Platte geschrieben wird als Teil einer Methode zum Kopierschutz) / offset track || ~**e Stifte** (Lampensockel) / offset pins || ~**er Nullpunkt** / offset zero, live zero || ~**es Schwingungsabbild** DIN IEC 469, T.1 / offset waveform IEC 469-1
Versetztschweißen *n* / staggered welding
Versetzung *f* (Bürsten) / axial stagger, stagger *n*, transfer *n* || ⌂ *f* (Fluchtfehler) / offset *n*, misalignment *n* || ⌂ *f* (ADU) / offset *n* || ⌂ *f* (Kristallfehler) / dislocation *n*
Versetzungs·abgleich *m* (ADU, DAU) / offset adjustment || ~**behaftet** *adj* / with dislocations || ⌂**dichte** *f* / dislocation concentration, dislocation density || ⌂**fehler** *m* (ADU, DAU) / offset error || ~**frei** *adj* / dislocation-free || ⌂**punkt** *m* (ADU, DAU) / offset point || ⌂**zulage** *f* / transfer allowance
Versicherung *f* / insurance *n* || ⌂**sausweis** *m* / statutory insurance certificate
versiegelt *adj* / sealed *adj* || ~**e Batterie** / sealed battery || ~**es Modul** DIN IEC 44.31 / sealed module
Versiegelung *f* / sealing *n* || ⌂**smaschine** *f* / sealing machine
versilbert *adj* / silver-plated *adj*, silvered *adj*
Version *f* (Software) / version *n* || ⌂ *f* / revision level

|| ⌂ **speichern** / save version || **gesicherte** ⌂ / backed-up version || **verglichene** ⌂ / compared version || ⌂**en des Projekts** / project versions
Versionierung *f* / versioning *n*
Versions·abfrage *f* (die Version einer Komponente wird abgefragt) / version information || ⌂**bezirk** *m* / version area, version zone || ⌂**bild** *n* / version screen || ⌂**daten** *plt* / version data || ⌂**erstellung** *f* / version production || ⌂**führung** *f* / version management || ⌂**kennung** *f* / version identifier || ⌂**kennung auslesen** / version ID to be read out || ⌂**management** *n* / version tracking, version management || ⌂**name** *m* / version name || ⌂**nummer** *f* / version number || ⌂**pflege** *f* / version management || ⌂**profil** *n* / version profile || ⌂**raum** *m* (Menge aller Konzeptbeschreibungen, die mit den verfügbaren Daten, dem Wissen oder den Hypothesen verträglich sind) / version space || ⌂**stand** *m* / version release || ⌂**stände anzeigen** / show versions || ⌂**verwaltung** *f* / Version Management || ⌂**verwaltungs-Tool** *n* / version administration tool || ⌂**verwaltungssystem** *n* / configuration management system, version management system
versorgen *v* / supply *v*, feed *v*, initialize *v*, write data into mailbox, set up manually || **mit Parametern** ~ / initialize with parameters
Versorger *m* / supply vessel
Versorgung *f* / parameterization *n*, parameter setting, parameterizing *n*, parameter initialization (assignment of values to parameters), initialization *n*, parameter assignment, calibration *n*, feeding *n*, incoming supply, incoming unit, power supply || ⌂ *f* (Elektrizitätsv.) / supply *n* (of electrical energy) || ⌂ **mit Parametern** / parameter assignment, initialization *n* || ⌂ **von HSA-VSA** / power supply for MSD-FDS
Versorgungs·anlagen in Gebäuden / building services || ⌂**anschluss** *m* / supply connection || ⌂**ausbausystem** *n* / supply expansion system || ⌂**ausfall** *m* / supply failure, interruption *n* (to a consumer) || ⌂**ausfalldauer** *f* / interruption duration || ⌂**bereich** *m* / region supplied || **öffentliche** ⌂**betriebe** / public services, public utilities (US) || ⌂**bild** *n* / assignment display || ⌂**druck** *m* / supply pressure || ⌂**einheit** *f* / supply unit || ⌂**freileitung** *f* VDE 0168, T.1 / overhead distribution line, overhead feeder || ⌂**gerät** *n* / power supply unit, supply apparatus, power pack || ⌂**größe** *f* / auxiliary energizing quantity || ⌂**kanal** *m* / service duct(ing) || ⌂**kette** *f* / supply chain || ⌂**kontinuität** *f* / continuity of supply || ⌂**kreis** *m* / supply circuit || ⌂**leitung** *f* / supply line, feeder *n* || ⌂**nennspannung** *f* / rated supply voltage || ⌂**nennwechselspannung** *f* / nominal AC supply voltage || ⌂**netz** *n* / supply system, supply network, power supply || ⌂**netzleitstelle** *f* / utility control centre || ⌂**parameter** *m* / defining parameter || ⌂**qualität** *f* / quality of supply, service quality || ⌂**reife** *f* / product maturity
Versorgungs·schacht *m* / service riser duet, vertical service duet || ⌂**schnittstelle** *f* / supply interface, supply terminals || ⌂**schwankung** *f* / supply deviation || ⌂**sicherheit** *f* / security of supply, service security || ⌂**spannung** *f* / supply voltage, power supply voltage, power supply || ⌂**spannung Elektronik zu niedrig** / insufficient electronic

supply voltage || ⁓spannung Schaltelement fehlt / no contact block supply voltage || ⁓spannungsbereich *m* / power supply range || ⁓spannungsüberwachung *f* / power fail circuit || ⁓spannungsunterdrückung *f* / supply voltage rejection ratio || ⁓stromkreis *m* / supply circuit || ⁓technik *f* / building service engineering - building automation || ⁓- und Hilfsleitungen *f pl* (Bussystem) / utilities *plt* || ⁓unterbrechung *f* / interruption of supply, supply interruption, interruption to a consumer, power fault || ⁓unterbrechungskosten *plt* / supply interruption costs || ⁓unternehmen *n* / supply undertaking, utility company, utility *n* || ⁓zuverlässigkeit *f* / service reliability

verspannen *v* (beanspruchen) / strain *v* || ~ *v* (verstreben) / brace *v* || ~ *v* (mit einer Spannung) / bias *v*, displace *v* || **gegenseitiges** ⁓ / cross-location *n*

verspannt *adj* / under tension

Verspannung *f* / distortion *n*, clamping arrangement || ⁓ *f* (Getriebe, dch. Drehmoment im Stillstand) / torque bias || ⁓ *f* (Versteifung) / bracing *n*, lock *n*

verspannungsfrei *adj* / free from distortion

Verspannungsschaubild *n* / load-extension diagram

verspiegeln *v* / metallize *v*, metal-coat *v*, mirror *v* || ~ *v* (m. Platin) / platinize *v* || ~ *v* (m. Aluminium) / aluminize *v*

verspiegelte Lampe / metallized lamp, metal-coated lamp, mirrored lamp, mirror-coated lamp

verspratzen *v* / spatter *v*

Versprödung *f* / embrittlement *n*, embrittling effect

Versprödungs·bruch *m* / brittle fracture, fracture due to brittleness || ⁓temperatur *f* / brittle temperature

Verständigung *f* (Dialog, Kommunikation) / dialog *n*, communication *n*

Verständigungsdatei *f* / communications file

verständlich *adj* / understandable *adj* || ~ **aufbereitet** *adj* / clearly phrased

Verständlichkeit *f* / understanding *n*

verstärken *v* / amplify *v* || ~ *v* / reinforce *v*, strengthen *v* || ~ *v* (Druck) / boost *v*, increase *v*

verstärkendes Lernen / reinforcement learning

Verstärker *m* / amplifier *n* || ⁓ *m* (hydraul., pneumat.) / booster || **hochempfindlicher** ⁓ / high-sensitivity amplifier || ⁓maschine *f* / rotary amplifier, amplifying exciter || **Konstantspannungs-⁓maschine** *f* / amplidyne *n* || **Konstantstrom-⁓maschine** *f* / metadyne *n* || ⁓motor *m* / amplifier motor, servo-motor *n*, booster motor || ⁓redundanzmodul / active fail-safe amplifier for back-up || ⁓röhre *f* / amplifier tube || ⁓röhre *f* (Bildverstärker) / intensifier tube || ⁓spiegel *m* / booster mirror || ⁓stelle *f* / repeater station || ⁓überwachungsmodul *n* / status monitoring transponder (SMT) || ⁓ventil *n* (f. Stellantrieb) / booster *n*, booster relay, amplifying air relay || ⁓verteiler *m* (VVT; Nachrichtenübertragung) / repeater distribution frame (RDF) || ⁓wicklung *f* / amplifying winding

verstärkt *adj* / reinforced *adj* || ~ **isolierte Eingangsspule** / line-end coil with reinforced insulation || ~**e Alterung** / forced ageing || ~**e Durchzugsbelüftung durch Fremdlüfter** (Schrank) / forced through-ventilation by fans || ~**e Isolierung** VDE 0700, T.1 / reinforced insulation

IEC 335-1 || ~**e Kundenklemmleiste für IST** / reinforced customer terminal strip for IST || ~**e Luftkühlung** / forced-air cooling, air-blast cooling || ~**e NOR-Stufe** / highpower NOR gate || ~**e Spülölschmierung** / forced oil lubrication, forced lubrication || ~**e Zirkulation** (Kühlung) / forced circulation || ~**er Kunststoff** / reinforced plastic || ~**er Signalausgang** / amplified signal output || ~**es Feld** / forced field

Verstärkung *f* (Verstärker) / gain *n* || ⁓ *f* (Netz) / reinforcement *n* || ⁓ **der Rückkopplungsschleife** / loop gain || ⁓ **des geschlossenen Regelkreises** / closed-loop gain, operational gain || ⁓ **des offenen Regelkreises** / open-loop gain || ⁓ **Drehzahlregler** (SLVC) / gain speed controller (SLVC) || ⁓ **PID-Istwert** / gain applied to PID feedback || ⁓ **Schwingungsdämpfung** / gain for oscillation damping || **zweistufige** ⁓ / two-stage amplification

Verstärkungs·abgleich *m* / gain adjustment || **Steilheit der ⁓änderung** / gain slope || ⁓-**Bandbreite-Produkt** *n* / gain-bandwidth product || ⁓**blech** *n* / reinforcing plate || ⁓-**DAU** *m* / gain DAC (G-DAC) || ⁓**differenz in einem Frequenzbereich** / gain flatness || ⁓**drift** *f* / gain droop || ⁓**einstellung** *f* / gain adjustment || ⁓**faktor** *m* / amplification factor, gain factor || ⁓**faktor** *m* / amplification factor || ⁓**faktor** *m* (Leuchte) / magnification ratio || ⁓**faktor** *m* (Verstärker) / gain *n* || ⁓**faktor** *m* (Schwingungen) / amplitude factor, magnification factor, resonance sharpness || **Geschwindigkeits~faktor** *m* (Faktor Kv) / servo gain factor (Kv), multgain factor || ⁓**fehler** *m* / gain error, scale factor error || ⁓**feld** *n* (Verstärkerröhre) / gain box || ⁓**grad** *m* (Verstärker) / gain *n* || ⁓-**Kalibrierungssteller** *m* / gain calibration adjuster || ⁓**kennlinie** *f* / gain characteristic || ⁓**kennlinie des offenen Regelkreises** / open-loop gain characteristic || ⁓**leitung** *f* (Freileitung parallel zu einer Oberleitung zur Erhöhung des Querschnitts) / line feeder || ⁓-**Linearitätsfehler** (o. -**Nichtlinearität**) *m* / gain non-linearity || ⁓**sicherheit** *f* / gain margin || ⁓**überhöhung** *f* / peaking *n* || ⁓**zahl** *f* (Leuchte) / magnification ratio (luminaire)

verstarren *v* / become solid

verstauen *v* / stow away

Verstell·geschwindigkeit *f* / adjustment speed || ⁓**getriebe** *n* / adjustable gear || ⁓**getriebemotor** *m* / motor variator || ⁓**motor** *m* (f. Bürsten) / brush-shifting motor, pilot motor || ⁓**motor** *m* / actuating motor, servomotor *n*, positioning motor || ⁓**rad** *n* / adjustment wheel || ⁓**schiene** *f* / setting rail || ⁓**schraube** *f* / setting screw, adjusting screw || ⁓**spindel** *f* / adjusting spindle, positioning spindle || ⁓**ung** *f* / adjustment *n* || ⁓**weg** *m* / displacement path || ⁓**winkel** *m* / ignition angle || ⁓**zylinder** *m* / adjustment cylinder

verstecken *v* (eines BSG-Fensters, Datei) / hide *v*

Versteckschutz wird sichergestellt / ...is protected against wrong connection

versteifen *v* / brace *v*, stiffen *v*, strut *v*

Versteifung *f* / bracing *n*, stiffening element, reinforcement *n*, packing element, packing *n*

Versteifungs·blech *n* / reinforcing plate || ⁓**klotz** *m* / packing block, bracing block || ⁓**lasche** *f* / bracing

Verstell

clamp || ⸺ring m (Ständer) / frame ring || ⸺ring m (Wickelkopf) / overhang support ring || ⸺rippe f / reinforcing rib, bracing rib || ⸺strebe f / brace n || ⸺winkel m / reinforcing angle
Verstell·achse f / positioning axis, retooling axis || ⸺antrieb m / positioning drive
verstellbar adj / adjustable adj, variable adj || ~**er Kurzschlussschieber** / piston n
Verstell·barkeit f / adjustability n, variability n || ⸺**bereich** m (EZ) / range of adjustment || ⸺**einheit** f / adjusting mechanism || ⸺**einrichtung** f (f. Bürstenträgerring) / rocker gear
verstellen v (neu einstellen) / reset v, re-adjust v || ⸺ **der Transportbreite durch LR** / conveyor width adjustment by LC
Versteller m / actuator n, adjusting mechanism
verstemmen v / caulk v || **durch** ⸺ **sichern** / lock by caulking
verstemmt adj / caulked adj
verstiften v / pin v, locate by dowels, cotter-pin v
verstiftet adj / pinned adj
Verstiftungselement n / pinning element
Verstimmung f / detuning n || ⸺ f (Synchronmasch.) / unbalance n || ⸺ f (Resonanzeinstellung) / off-resonance setting (o. adjustment) || **Last~** f (Änderung der Schwingfrequenz durch Änderung der Lastimpedanz, Frequenzziehen) / frequency pulling || **Strom~** f (Änderung der Schwingfrequenz bei Änderung des Elektrodenstroms) / frequency pushing
verstopfen v / clog v, choke v, block up v
Verstoß m / disturbance n, fault n, malfunction n, deficiency n, disabled state, violation n
verstreben v / brace v, strut v, stay v
Verstreckwerk n / drawframe n
verstümmelte Daten / mutilated data
verstürzen v (Trafo-Wickl.) / turn over v, tuck up v, invert v, re-arrange
verstürzte Spule / continuously wound turned-over coil || **~ Wicklung** / continuous turned-over winding, continuous inverted winding
Versuch m (Experiment) / experiment n, attempt n || ⸺ m / test n || ⸺ **abbrechen** / cancel v, abort v, back off and abandon || ⸺ **abbrechen** (beim Buszugangsversuch) / back off || **einen** ⸺ **fahren** / conduct a test, carry out a test || ⸺ **mit Leistungsfaktor eins** / unity power-factor test || ⸺ **mit symmetrischem Dauerkurzschluss** (allpolig) / sustained three-phase short-circuit test || ⸺ **mit unsymmetrischem zweipoligem Dauerkurzschluss** / line-to-line sustained shortcircuit test || ⸺ **mit veränderlicher Kühlgasdichte** / variable cooling gas density test
Versuchs·anordnung f / test set-up, test arrangement, experimental set-up || ⸺**anstalt** f / laboratory n || ⸺**aufbau** m / experimental set-up, test set-up || ⸺**bericht** m / test report, development report || ⸺**bohrung** f / trial bore || ⸺**ergebnis** n / test result || ⸺**feld** n / test laboratory || ⸺**felderprobung** f / test bay trials, test rig trials || ⸺**gelände** n / testing ground, test site || ⸺**länge** f (Zugversuch) / gauge length || ⸺**lauf** m / trial run, test run || ⸺**lieferung** f / trial order || ⸺**maschine** f / experimental machine, testing machine || ⸺**mitteilung** f / test information || ⸺**modell** n VDE 0302,T.1 / test model IEC 255 || ⸺**muster** n

(Muster für Funktions- und Zuverlässigkeitsprüfungen) / trials sample || ⸺**musterbericht** m / specimen development report || ⸺**planung** f / experimental design || ⸺**probe** f / specimen n || ⸺**reihe** f / series of experiments, test serie(s), series of tests || ⸺**schweißung** f / test weld || ⸺**serie** f / pilot lot, experimental lot ||
Beleuchtungs-⸺**straße** f / experimental lighting road || ⸺**teil** n / specimen n, test workpiece || ⸺**werkzeug** n / experimental tool || ⸺**zweck** m / test purpose
vert. (vertikal) adj / vert. (vertical)
vertauschen v (Phasen) / interchange v, reverse v || **~** v / swap v || **~** v (Klemmenanschlüsse) / reverse v
vertauscht adj / inverted adj IEC 50(411)
vertauschungssicher adj / coded adj
Vertauschungswägungsverfahren n / interchange weighing method
Verteerungszahl f / tarring value, tarring number
Verteil·barkeit f / distributability n, ability to be distributed || ⸺**dämpfung** f / attenuation at outputs
verteilen v / distribute v
Verteiler m / mailing list, hub n, splitter n, distributor n || ⸺ m (Tafel) / distribution board, panelboard n, distribution switchboard || ⸺ m (auf Schriftstücken) / distribution list, recipients n pl || ⸺ m (Schrank) / distribution cabinet, panelboard n || ⸺ m (auf Schriftstücken) / distribution n || ⸺ m (Nachrichtenübertragung) / distribution frame || ⸺ m (Klemmenleiste) / terminal block || ⸺ **für ortsveränderliche Stromverbraucher** / distribution cabinet for temporary sites || ⸺ **technischer Unterlagen (VERTUN)** / VERTUN distribution system for technical documents || **1-reihige** ⸺ m / 1-row distribution board || **8-Wege-**⸺ m / 8-port splitter/combiner || **Informations~** m (Multiplexer) / information multiplexer || **zentraler** ⸺ / mailing list, distribution board, hub n, splitter n || ⸺**angaben** f / distribution data || ⸺**anlage** f (Tafel) / distribution board, distribution centre || ⸺**anlage** f (Gerätekombination) / distribution assembly || ⸺**anlage** f (System) / distribution system || ⸺**anschluss** m / flanged end || ⸺**anschlussflansch** m / flanged end unit || ⸺**box** f / distributor box || ⸺**dose** f / splitting box || ⸺**einsatz** m / distribution board kit || ⸺**einspeisung** f / switchboard feeder || ⸺**feld** n / distribution board panel, distribution section || ⸺**gehäuse** n / distribution-board housing (o. enclosure), cabinet (of distribution unit) n, distribution-board enclosure || ⸺**kanal** m / header duct || ⸺**kasten** m / distribution box || ⸺**kasten** m (PROFIBUS) / field multiplexer || ⸺**kasten** m (f. Kabel) / distributor box || ⸺**kasten** m (VTK) / distribution board, distribution box || ⸺**koffer** m / portable distribution unit || ⸺**kreis** m / addressees n pl, distribution board n
Verteiler·leitung f / distribution line, distribution mains, distribution trunk line || ⸺**liste** f / mailing list || ⸺**modul** n / sorting module || ⸺**netz** n / distribution system, distribution network || ⸺**plan** m / terminal diagram IEC 113-1, terminal connection diagram || ⸺**punkt** m / distributing point || ⸺**punkt für die Versorgung logischer Schaltkreise** VDE 0806 / logic power distribution point IEC 380 || ⸺**rahmen** m / distribution frame || ⸺**raum** m (in ST) / distribution compartment ||

⁓sammelschiene f / distribution bus || ⁓säule f / distribution pillar || ⁓schalter m / distribution circuit-breaker || ⁓schalttafel f / distribution switchboard || ⁓schiene f (FIV) / multi-terminal busbar || ⁓schlüssel m / distribution list, distribution n || ⁓schrank m / distribution cabinet, distribution board || ⁓schrank m (BV) / distribution ACS || ⁓schutzschalter m (m. a- u. n-Auslöser) / distribution circuit-breaker, distribution breaker || ⁓seite f / distributor page || ⁓station f / distribution substation, distributor n || ⁓system n / modular distribution switchgear system, distribution switchgear system || ⁓system n (Netz) / distribution system || ⁓tafel f / distribution board, distribution switchboard, panelboard n (US) || ⁓tafel für Beleuchtungs-und Gerätestromkreise / lighting and appliance branch-circuit distribution board (o. panelboard) || ⁓tafel mit aufgeteilten Sammelschienen / split-bus panelboard (US) || ⁓überwachung f / monitoring of the distribution system || ⁓unternehmen n / distribution undertaking
Verteil·kabine f (Kiosk) / kiosk n || ⁓kasten m (f. Kabel, m. Laschenverbindern) / link box || ⁓netz n / distribution network || ⁓schiene f / multi-terminal busbar, distribution busbar || ⁓schienen f pl / distribution buses || ⁓system n / distribution system
verteilt adj / distributed adj || **räumlich ~** / geographically separated, geographically distributed || **~e Anwendung** / distributed application || **~e Ausführung** / distributed configuration || **~e Datenverarbeitung** / distributed data processing || **~e Intelligenz** / distributed intelligence || **~e Stromversorgungsarchitektur** / distributed power architecture (DPA) || **~e Wicklung** / distributed winding || **~er Gleichlauf** / distributed synchronous operation || **~es Steuerungssystem** / Distributed Control System (DCS) || **~es System** / distributed system
Verteilung f / distribution n, distribution board || ⁓ f (Statistik) / distribution n, probability distribution || ⁓ **der Ausfalldichte** / failure-density distribution || ⁓ **der Ausfallhäufigkeit** / failure-density distribution || ⁓ **der Ausfallsummen** / distribution of cumulative failures || ⁓ **der Ausfallwahrscheinlichkeit** / failure-probability distribution || ⁓ **der leistungsabhängigen Kosten nach Abnehmergruppen** / non-coincident peak method || ⁓ **elektrischer Energie** / distribution of electrical energy, distribution of electricity, power distribution || **Erlangsche** ⁓ / Erlang distribution || **hypergeometrische** ⁓ DIN 55350,T.22 / hypergeometric distribution || **Kosten~** f / cost allocation || **Magnetfeld~** f / magnetic field distribution || **multimodale** ⁓ / multimodal distribution || **Quantil einer** ⁓ DIN 55350,T.21 / quantile of a probability distribution (EOQC)
Verteilungs·anlage f / distribution system, distributor system || ⁓**chromatographie** f / partition chromatography || ⁓**diagramm** f / deployment diagram || ⁓**dosenempfänger** m (IR-Fernbedienung) / junction-box receiver || ⁓**druck** m / distribution pressure
verteilungsfrei adj (Statistik) / distribution-free adj, non-parametric adj || **~er Test** DIN 55350,T.24 /

distribution-free test
Verteilungsfunktion f (Statistik) / distribution function, cumulative distribution || ⁓ **der Normalverteilung** / cumulative normal distribution || **empirische** ⁓ DIN 55350,T.23 / empirical distribution function
verteilungsgebundener Test DIN 55350,T.24 / parametric test
Verteilungs·koeffizient m (Chromatographie) / distribution coefficient, partition coefficient || ⁓**kurve** f (Statistik) / distribution curve
Verteilungsleitung f / distribution line || **Haupt-**⁓ f / distribution mains, distribution trunk line, primary distribution trunk line || **Niederspannungs-**⁓ f / l.v. distribution line, secondary distribution mains || **ortsveränderliche** ⁓ VDE 0168, T.1 / movable distribution cable IEC 71.4
Verteilungs·maß n (Impulsmessung) / measure of dispersion || ⁓**netz** n / distribution system, distribution network || ⁓**netzbetreiber** m / network operator distribution || ⁓**netzstation** f / distribution substation, primary unit substation || ⁓**parameter** n DIN 55350,T.21 / parameter n || ⁓**raum** m / distribution compartment || ⁓**schiene** f / multi-terminal busbar || ⁓**schwerpunkt** m / centre of distribution || ⁓**stromkreis** m VDE 0100, T.200 / distribution circuit || ⁓**system** n / distribution system, distribution network || ⁓**temperatur** f / distribution temperature || ⁓**transformator** m / distribution transformer || ⁓**unternehmen** n / distribution undertaking || ⁓**verluste** m pl (Netz) / distribution losses
Verteil·ventil n (Dreiwegeventil) / three-way valve || ⁓**wagen** m / shuttle car || ⁓**zeit** f (Refa) / unproductive time || ⁓**zeitzuschlag** m (Refa) / allowance n
vertieft adj / deepened adj, recessed adj || **~e Isolation** / undercut mica
Vertiefung f / depression n, impression n, indentation n, pocket n, recess clearance, port n, notch n, cutout n, recess n || ⁓ f / indentation n
vertikal adj / vertical (vert.) adj
Vertikal·ablenkung f / vertical deflection || ⁓**achse** f / applicate n || ⁓**bearbeitung** f / vertical machining || ⁓**-Bearbeitungszentrum** n / vertical machining center (VMC) || ⁓**beleuchtung** f / vertical illumination || ⁓**bewegung** f / vertical travel || ⁓**bohren** n / vertical boring || ⁓**drehen** n / vertical turning || ⁓**drehmaschine** f / vertical turning machine
vertikal·e Achse f / vertical axis || **~e Anordnung** (der Leiter einer Freiltg.) / vertical configuration || **~e Beleuchtungsstärke** / vertical-plane illuminance, vertical illuminance || **~e Integration** / vertical integration || **~e Last** / vertical load || **~e Lichtstärkeverteilung** / vertical light intensity distribution, vertical intensity distribution || **~e Lichtverteilung** / vertical light distribution || **~e Schiene** / vertical member, upright n || **~e Softkeyleiste** / vertical softkey bar || **~e Systemintegration** / vertical system integration || **~e Teilung** / vertical increment || **~er Bilddurchlauf** / rolling n, scrolling n || **~er Softkey (VSK)** / vertical soft key (VSK) || **~es Bearbeitungszentrum** (VMC) || **~es Menü (VM)** / Vertical Menu (VM) || **~es Synchronsignal (VSYNC)** / vertical

Vertikal 962

synchro signal (VSYNC)
Vertikal·fräsmaschine f / vertical milling machine (VMM) || ⟨frequenz f / vertical frequency, field frequency || ⟨hebelantrieb m / vertical-throw (handle mechanism) || ⟨krümmer m / vertical bend ||⟨säule f / vertical column || ⟨schub m / vertical force || ⟨spindel f / vertical spindle || ⟨staffelung f / vertical separation || ⟨support m / vertical slide rest || ⟨tabulator m (VT) / vertical tabulator (VT), vertical tab || ⟨umsteller m / vertical tapping switch
Vertrag m / contract n
Verträge & Tarife / agreements & tariffs
verträglich adj / compatible adj || **~es Endsystem** (DIN V 44302-2) / compatible endsystem
vertraglich geregelter Energieaustausch / contractual energy exchange || **~e Forderungen** / contract requirements
Verträglichkeit f (Kompatibilität) / compatibility n || **elektromagnetische** ⟨ / electromagnetic compatibility (EMC)
Verträglichkeits·liste f / compatibility list || ⟨pegel m (EMI) / compatibility level || **elektromagnetischer** ⟨pegel / electromagnetic compatibility level, electromagnetic compatibility margin || ⟨problem n / compatibility problem || ⟨prüfung f / compatibility check
Vertrags·abschluss m / award of contract, concluding of a contract || ⟨basis f / contractual basis || ⟨bedingung f / contractual condition || ⟨forderung f / contract requirements || **~gemäß** adj / in accordance with the contract || ⟨hersteller m / contract manufacturer || ⟨kennung f (VK) / contract ID || ⟨leistung f (Stromlieferung) / subscribed demand || ⟨**-Management** n / contract management (Common Transaction Management) || **~mäßig** adj / in accordance with the contract || ⟨partner m / contract partner || ⟨preis m / contract price || ⟨prüfung f / contract review || ⟨schließender m / contractor n || ⟨überprüfung f / contract review || ⟨verhältnis n / contractual relationship || ⟨verwaltung f / contract management (Common Transaction Management) || ⟨wesen n / contract administration, contracts n pl
Vertrauensbereich m DIN 55350,T.24 / confidence interval, safe area || ⟨ der Abweichung VDE 0435, T.110 / consistency n || ⟨ der Abweichung unter Bezugsbedingungen VDE 0435, T.110 / reference consistency || ⟨ überschritten / safe area exceeded || **obere Grenze des** ⟨s / upper confidence limit || **untere Grenze des** ⟨s / lower confidence limit
Vertrauensgrenze f DIN 55350,T.24 / confidence limit || ⟨ **der Ausfallrate** / assessed failure rate || ⟨ **der Erfolgswahrscheinlichkeit** / assessed reliability || ⟨ **der mittleren Lebensdauer** / assessed mean life || ⟨ **der mittleren Zeit bis zum Ausfall** / assessed mean time to failure || ⟨ **des mittleren Ausfallabstandes** / assessed mean time between failures || ⟨ **eines Lebensdauer-Perzentils Q** / assessed Q-percentile life || ⟨**n und Vertrauensbereich** (DIN IEC 60-1) / confidence limits and statistical error
Vertrauens·intervall n / confidence interval, confidence level || ⟨niveau n DIN 55350,T.24 / confidence level, confidence coefficient
vertraulich adj / company confidential || ⟨keit f

(DIN V 44302-2) / confidentiality n
vertreiben v / sell v
vertretbar adj / allowable adj, reasonable adj
Vertretung eines Auditteams / representing an audit team
Vertrieb m / sales n pl, sales/marketing n, sales department, sales and marketing || **regionaler** ⟨ / regional sales and marketing
Vertriebs·abteilung f / sales/marketing department || ⟨ankündigung f / distribution announcement || ⟨beauftragter m / sales representative || ⟨bereich m / region n || ⟨büro n / sales office || ⟨einstellung f / discontinuation of sales || ⟨ergebnis n / sales result || ⟨foliensatz m / sales presentation || ⟨forderung f / marketing and planning requirements || ⟨freigabe f (VF) / sales release (SR), distribution release || ⟨gemeinkosten plt / sales overhead(s) || ⟨gesellschaft f / sales office || ⟨handbuch n (VH) / sales guide || ⟨**handbuch (VH)** n / sales and marketing manual || ⟨**informationssystem (VIS)** n / marketing information system || ⟨kanal m / marketing channel || ⟨konten n / sales organization accounts || ⟨manual n / sales and marketing manual || ⟨netz n / sales network || **flächendeckende** ⟨organisation / blanket coverage sales organization || **kundenorientierte** ⟨organisation / customer-oriented sales organization || ⟨region f / sales and marketing region || ⟨spanne f (VSP) / sales margin, VSP n || ⟨tätigkeit f / sales/marketing activities || ⟨training n / sales training || ⟨unterstützung f / sales/marketing support || ⟨vorschriften f pl / sales and marketing regulations || ⟨wegeaufbaumaßnahmen f pl / activities to establish sales channels || ⟨zuständigkeit f / sales competence
VERTUN / VERTUN system
verunden adj / AND-gate adj
verunreinigen v / contaminate v, pollute v, foul v || **~der Stoff** / pollutant n, contaminant n
Verunreinigung f / impurity n, pollution n, contamination n || ⟨ f (in Isolierflüssigk.) / contaminant n IEC 50(212) || **ionisierende** ⟨ / ionizing impurity || **Luft~** f / air pollution
Verunreinigungen f pl / impurities n pl
Verunreinigungsatom n / impurity atom, impurity n
verursachen v / cause v
Verursacherprinzip n / polluter-pays principle, principle of causation
Verursachsquelle (VQ) f / cause source (CS)
Verursachungskennung f / cause-of-error code
vervielfachen, Zeit ~ (SPS-Funktion) / repetitive timer function
Vervielfacher m (Ausgänge) / fan-out module (o. unit) || ⟨ m (Eingänge) / fan-in module (o. unit) || ⟨ m / grouping block || ⟨ m (Oberwellengenerator) / harmonic generator || **Kontakt~** m / contact multiplier || **Schnittstellen~** m / multi-transceiver n, fan-out module (o. unit) || ⟨element n (VFE Multiplexer) / multiplexer n (MPX) || ⟨leiste f / multiplier connector, connector block || ⟨schaltung f / multiplier connection, voltage multiplier connection
Vervielfachung f / multiplication factor || **interne** ⟨ (INTV) / internal multiplication (INTM)
Vervielfältigung f / reproduction n
Vervielfältigungsmaschine f / duplicator n, copier n

|| **lithographische** ⟲ / lithographic duplicator
Vervielfältigungszentrale *f* / copying centre
Vervierfachung *f* / quadruplication *n*
Vervollständigung *f* / completion *n*
verwalten *v* / manage *v*, organize *v* || **~** *v* (Funktion eines Programmbausteins) / organize *v*
Verwalter *m* / administrator *n*, arbiter *n* || ⟲**recht** *n* / administration right
verwaltet *adj* / managed *adj*
Verwaltung *f* / management *n*, administration *n* || ⟲ **von Studienfällen** / case management
Verwaltungs·aufgabe *f* / administrative task || ⟲**baustein** *m* / management block || ⟲**beziehung zwischen SNMP-Instanzen** / community *n* || ⟲**byte** *n* / management byte || ⟲**daten** *plt* / housekeeping data || ⟲**datenbaustein** *m* / administrative data block || ⟲**gemeinkosten** *plt* / administration overheads || ⟲**instrument** *n* / central management instrument || ⟲**liste** *f* / management list || ⟲**maske** *f* / management screenform || ⟲**programm** *n* / administrative program || ⟲**system** *n* / management system || ⟲**tätigkeit** *f* / administrative activities || ⟲**verfahren** *n* / administrative procedure || ⟲**verfahren zur Feststellung der Konformität** / administrative procedure for determining conformity || ⟲**zeit** *f* / time instruction (TIME-INST)
verwandte Themen / related topics
verwechselbar *adj* / interchangeable *adj*
verwechslungsfrei *adj* / unambiguously marked
Verwechslungs·prüfung *f* / identity check || ⟲**schutz** *m* / mechanical coding
verwechslungssicher *adj* / with mechanical key coding, protected against polarity reversal || **~** *adj* (elektron. Baugruppen) / mechanically coded, polarized *adj*, with mechanical coding
Verweigerung *f* / refusal *n*
Verweil·dauer *f* / hold time, dwell time || ⟲**zeit** *f* / dwell time, retention time, hold time, dead point, closing time || ⟲**zeit** *f* (NC) / dwell time, dwell *n* || ⟲**zyklus** *m* (NC) / dwell cycle
Verweis *m* (in einem Datenobjekt ein Bezeichner für ein anderes Objekt) / reference *n* || ⟲**adresse** *f* / reference address || ⟲**ung auf andere Normen** / normative reference
verwendbarer Magnetschalter / magnetically operated switch to be used
Verwendbarkeitsmerkmal *n* DIN 4000,T.1 / application characteristic
verwenden *v* / use *v* || **nicht ~** / not available
Verwendung, eingeschränkte ⟲ / restricted application || **uneingeschränkte** ⟲ / universal application || ⟲ **elektrischer Energie** / utilization of electrical energy
Verwendungs·bereich *m* / range of uses || ⟲**beziehung** *f* / usage dependency, uses dependency || ⟲**kennzeichen** *n* / usage indicator || ⟲**nachweis** *m* / evidence of use || ⟲**ort** *m* / site of installation, installation site, erection site, place of installation, site *n*, utilization location || ⟲**prüfung** *f* / check of use || ⟲**stelle** *f* / location *n* || ⟲**topic** *n* / referencing topic || ⟲**topicversion** *f* / referencing topic revision || ⟲**zweck** *m* / application *n*, purpose *n*, duty *n*
verwerfen *v* / abandon *v*, cancel *v*, reject *v* || ⟲ *n* (Zurückweisung) / final rejection
Verwerfung *f* (Verformung) / warping *n*, warpage *n*, deformation *n*, buckling *n* || **Frequenz~** *f* / shift in frequency
verwiegen *v* / weigh *v*
Verwindezahl *f* / number of twists
Verwindung *f* / twist *n*, twist test *n*
Verwindungs·belastung *f* / torsional load || ⟲**prüfung** *f* / twisting *n* || **~steif** *adj* / torsionally rigid, distortion-resistant *adj* || ⟲**steifigkeit** *f* / torsional resistance
Verwirbelung *f* / turbulence *n*
verwirklichen *v* / implement *v*
Verwirklichung des Programms / implementation of program, program implementation
verwölben, sich ~ / become warped
verworfen / rejected
Verwurf *m* / refusal *n*, rejection *n* || ⟲**kosten** *f* / rejection costs
verwürgt *adj* / randomly twisted || **~er Leiter** / bunched conductor
Verzahngenauigkeit *f* / degree of tooth accuracy
verzahnt *adj* / toothed *adj*
Verzahnung *f* (Getriebe) / gear teeth, gearing *n*, merging *n*, integration *n*, toothing *n*
Verzahnungs·messzentrum *n* / gear measuring center || ⟲**schleifen** *n* / gear-teeth grinding || ⟲**zentrum** *f* / gear center, gear measuring centers
Verzahnzentrum *n* / gear cutting center
verzapft geschichtete Bleche / overlapping laminations || **~e Stoßstelle** (Trafokern) / interleaved joint, overlapping joint
Verzeichnis *n* (Symbol auf einer grafischen Benutzungsoberfläche) / directory *n* || ⟲ **anwählen** / Select directory || ⟲ **der Abkürzungen** / Abbreviations || ⟲ **kopieren** / Copy directory || ⟲ **löschen** / Delete directory || ⟲ **öffnen** / Open directory || ⟲ **schließen** / Close directory || ⟲ **umbenennen** / Rename directory || ⟲ **von qualifizierten Lieferanten** / index of qualified sub-contractors, select list of tenderers || **Programm-**⟲ *n* / program schedule || **Sachmerkmal-**⟲ *n* / article characteristic list || ⟲**ebene** *f* / directory level || ⟲**fenster** *n* / directory window || ⟲ **/Programm kopieren/umbenennen/verschieben** / Copy/rename/shift directory/program || ⟲**struktur** *f* / directory structure || ⟲**symbol** *n* / folder icon, directory icon || ⟲**übersicht** *f* / overview of directories
Verzeichnung *f* / distortion *n*
verzeigern *v* / point to *v*
Verzeigerung *f* / pointer *n*
verzerren *v* / distort *v*, skew *v*
verzerrte Prüfung / biased test || **~ Stichprobe** / biased sample || **~ Welle** / distorted wave || **~r Test** / biased test Ec
Verzerrung *f* (Wellenform, Signal) / distortion *n* || ⟲ *f* | bias *n* || ⟲ **der Schätzfunktion** / bias of estimator || ⟲ **einer Impulseinzelheit** / pulse waveform feature distortion || **Farb~** *f* / illuminant colour shift || **farbmetrische** ⟲ / illuminant colorimetric shift, colorimetric shift || **Spannungs~** *f* / voltage distortion, distortion of voltage waveshape
verzerrungsbegrenzter Betrieb / distortion-limited operation IEC 50(731)
Verzerrungsfaktor *m* / deformation factor EN 60146-1-1 || ⟲ *m* (Oberschwingungen) / distortion factor, harmonic distortion factor

verzerrungsfrei *adj* / distortion-free *adj*, nondistorting *adj* || ~e **Schätzfunktion** DIN 55350,T. 24 / unbiased estimator
Verzerrungs·leistung *f* / distortive power, harmonic power || ⟨messplatz *m* / distortion measurement set, distortion analyzer || ⟨strom *m* / distortion current || ⟨zeit *f* / distortion time
Verzichts·dauer *f* / backoff *n* || ⟨wahrscheinlichkeit *f* (auf eine Belegung) IEC 50(191) / call abandonment probability || ⟨wahrscheinlichkeit *f* (Dienstbenutzer) IEC 50(191) / service user abandonment probability || **ermittelte** ⟨zeit / backoff *n*
verziehen, sich ~ / become distorted, warp *v*, shrink *v*, buckle *v*
verzinken *v* / zinc-plate *v*, zinc-coat *v*, galvanize *v*
verzinkt *adj* / zinc-plated *adj*, zinc-coated *adj*, galvanized *adj*, zinc plated *adj* || ~e **Drahtbewehrung** / galvanized steel wire armour (GSW armour) *n*, GSWA *n* || ~e **Stahlbandbewehrung** / galvanized steel strip armour, galvanized steel tape armour || ~es **Blech** / galvanized sheet metal, galvanized sheet
Verzinkung *f* / zinc coating
Verzinkungsprüfung *f* / galvanizing test
verzinnen *v* / tin-plate *v*, tin-coat *v*, tin *v* || ⟨ *n* / tinning *n*, tin plating *n*, solder *n*
verzinnt *adj* / tin-coated *adj*, tinned *adj* || ~er **Leiter** / tinned conductor
Verzinsung EBIT-Vermögen / return on capital employed
Verzitterung *f* (Fernkopierer) / judder *n*
Verzögerer *m* / time-delay block, delay block, delay device
Verzögern *n* / decelerate *n*
verzögern *v* / delay *v*, decelerate *v*, slowdown *v*
verzögert *adj* / delayed *adj* || **~ abfahren** / traverse after delay || **~ öffnender Öffner** / break contact delayed when operating, delayed-break NC contact || **~ öffnender Schließer** / make contact delayed when releasing, delayed-break make contact || **~ schließender Öffner** / break contact delayed when releasing, delayed-make break contact || **~ schließender Schließer** / make contact delayed when operating, delayed-make make contact || **elektronisch ~** / with solid-state time delay || ~e **Ausschaltung der Innenbeleuchtung** / delayed action courtesy light || ~e **Kommutierung** / under-commutation *n* || ~e **Verdrängung** / delayed displacement || ~e **Wiedereinschaltung** / delayed (automatic reclosing), low-speed reclosing || ~e **Zeitablenkung** / delayed sweep || **~er Ausgleichswert** / delayed compensation || **~er Hilfsschalter** / time-delayed auxiliary switch || **~er Selektivschutz** IEC 50(448) / delayed protection, time-delayed protection (USA) || **~er Unterspannungsauslöser** (rc-Auslöser) / time-lag undervoltage release IEC 157-1, capacitor-delayed undervoltage release, time-delay undervoltage release || **~er Wechsler** / delayed changeover contact, lagging changeover contact || **~es Hilfsschaltglied** / time-delayed auxiliary contact element || **~es Hilfsschütz** VDE 0660, T.200 / time-delay contactor relay IEC 337-1 || **~es magnetisches Überlastrelais** / time-delay magnetic overload relay || **~es monostabiles Kippglied** / delayed monostable element, delayed single shot || **~es**

Relais / delayed relay, time-delay relay, time-lag relay, *n* timer *n* || **~es Schaltglied** / delayed operating contact, time-delayed contact || **~es Schaltrelais** / time-lag all-or-nothing relay BS 142 || **~es Schreiben** / delayed write mode
Verzögerung *f* VDE 0660, T.203 / time delay IEC 337-2B, delay *n*, lag *n* || ⟨ *f* / deceleration *n*, retardation *n*, slowdown *n* || ⟨ *f* (Zeitschalter) / delay time || ⟨ *f* (Zeitverhalten) / specified time || ⟨ *f* / specified time || ⟨ **ADC-Signalverlust** / delay for loss of signal action || ⟨ **durch dynamisches Bremsen** / dynamic slowdown || ⟨ **erster Ordnung** / first-order time delay, first-order lag, linear lag || ⟨ **höherer Ordnung** / higher-order time delay, higher-order lag || ⟨ **Lüfterabschaltung** / inverter fan off delay time || ⟨ **zweiter Ordnung** / second-order time delay, second-order lag, quadratic lag || **feste** ⟨ / fixed delay || **Taktsignal~** *f* (zum Ausgleich von Laufzeiten) / clock skew
Verzögerungs·alarm *m* (Alarm, der nach Ablauf einer im Anwenderprogramm gestarteten Zeit erzeugt wird) / time-delay interrupt ⟨ **alarm-OB** *m* / time-delay OB, time-delay interrupt organization block || ⟨ **anweisung** *f* / deceleration instruction || ⟨ **ausgang** *m* / delay(ed) output || ⟨ **baustein** *m* / time-delay block, delay block, delay module || ⟨ **block** *m* / delay block || **pneumatischer** ⟨ **block** / pneumatic delay block || ⟨ **dauer** *f* (Impuls) / delay interval || ⟨ **einrichtung** *f* / time-delay devices || ⟨ **einrichtung** *f* (Zeitschalter) / delay device || ⟨ **-Flipflop** *n* / delay flipflop, latch flipflop || **~frei** *adj* / without time delay || ⟨ **gerät** *n* / time-delay device (o. element) || ⟨ **geschwindigkeit** *f* / deceleration rate
Verzögerungsglied *n* / time-delay element, delay element, delay monoflop || ⟨ **erster Ordnung** (P-T$_1$-Glied) / first-order time-delay element, first-order lag element || ⟨ **höherer Ordnung** / higher-order delay element || ⟨ **mit Abgriffen** / tapped delay element || ⟨ **mit Ausschaltverzögerung** / delay monoflop with switch-off delay || ⟨ **mit Einschalt- und Ausschaltverzögerung** / delay monoflop with switch-on and switch-off delay || ⟨ **mit Einschaltverzögerung** / delay monoflop with switch-on delay || ⟨ **mit einstellbarer Einschaltverzögerung** / delay monoflop with adjustable switch-on delay || ⟨ **zweiter Ordnung** (P-T$_2$-Glied) / second-order delay element, delay element of second order
Verzögerungs·kennlinie *f* / ramp-down characteristic || ⟨ **kondensator** *m* / time-delay capacitor || ⟨ **kraft** *f* (rotierende Masch.) / deceleration force, retardation force || ⟨ **kreis** *m* / monoflop *n*, one-shot multivibrator || ⟨ **leitung** *f* / delay line (DL) || ⟨ **leitung** *f* (zur Leitung elektromagnetischer Wellen) DIN IEC 235, T.1 / slow-wave structure || **geschlossene** ⟨ **leitung** DIN IEC 235, T.1 / re-entrant slow-wave structure || ⟨ **moment** *n* / retardation torque, decelerating torque || ⟨ **rampe** *f* / deceleration ramp, delay ramp || ⟨ **relais** *n* / dwell timer, time-delay relay || ⟨ **schaltung** *f* / time-delay circuit || ⟨ **schaltung** *f* (Monoflop) / monoflop *n*, one-shot multivibrator || ⟨ **schleife** *f* / delay locked loop || ⟨ **schleife** *m* / deceleration setpoint || ⟨ **stufe** *f* / time-delay module (o. stage), timer *n* || ⟨ **stufe** *f* (Relais) / time

delay relay, timing relay || ⟨ventil *n* / delay valve || ⟨verhalten *n* (z.B. Übergangsglied) / lag characteristic

Verzögerungszeit *f* / time delay, time lag, delay *n* || ⟨ *f* / delay time || ⟨ *f* DIN 41745 / transient delay time IEC 478-1 || ⟨ *f* (Totzeit) / dead time || ⟨ **der Ausgangsbeschaltung** / output circuit delay || ⟨ **Drehmom.schwellwert** / delay time for torque threshold || ⟨ **Freq.schwelle f_1** / delay time of threshold freq f_1 || ⟨ **Hochlauf beendet** / delay time ramp up completed || ⟨ **Lastdrehmomentüberw.** / time delay for belt failure || ⟨ **Leerlauferkennung** / delay time for no load ident. || ⟨ **Motor blockiert** / delay time for motor is blocked || ⟨ **Motor gekippt** / delay time for motor is stalled || ⟨ **Stromschwellw.** / delay time current || ⟨ **T_aus** / delay time T_off || ⟨ **V**$_{dc}$ / delay time DC-link voltage || ⟨ **zulässige Abweichung** / delay time permitted deviation || **Durchlass~** *f* DIN 41781 / forward recovery time || **mittlere** ⟨ / propagation delay || **Sperr~** *f* (Diode) DIN 41786, DIN 41781 / reverse recovery time || ⟨**konstante** *f* / time constant of time delay

Verzögerungs-Zeitschalter *m* / delay timer || ⟨**zustand der Quelle** DIN IEC 625 / source delay state (SDYS) || ⟨**zyklus** *m* (Zeitschalter) / delay-time cycle

Verzög.zeit Drehmom.schwellwert / Delay time for torque threshold || ⟨ **Freq.schwelle f_1 (f_2, f_3)** / Delay time of threshold freq f_1 (f_2, f_3) || ⟨ **Hochlauf beendet** / Delay time ramp up completed || ⟨ **Lastdrehmomentüberw.** / Time delay for belt failure || ⟨ **Leerlauferkennung** / Delay time for no load ident. || ⟨ **zulässige Abweichung** / Delay time permitted deviation

Verzug *m* (Verzögerung) / delay *n*, delay time, operating time || ⟨ *m* (Formänderung) / distortion *n* || **Ausschalt~** *m* / aperture time || **Eingabe~** *m* / input time-out || **Zünd~** *m* (Lampe) / starting delay

Verzugsdauer *f* / delay *n* || **logistische** ⟨ / logistic delay || **mittlere administrative** ⟨ / MAD (mean administrative delay) || **mittlere logistische** ⟨ / MLD (mean logistic delay) || **Quantil der administrativen** ⟨ (Quantil der Verteilung der administrativen Verzugsdauern) / p-fractile administrative delay || **Quantil der logistischen** ⟨ (Quantil der Verteilung der logistischen Verzugsdauern) / p-fractile logistic delay || **technische** ⟨ / technical delay

verzugsfrei *adj* / non-distorting *adj*, warp-free *adj* || **~er Stahl** / shrink-free steel

Verzugszeit *f* / delay time, transient delay time IEC 478-1, dwell time

Verzunderung *f* / scaling *n*

verzurren *v* / lash *v*, tie *v*

verzweigen *v* / branch *v*

Verzweiger *m* / splitter *n* || ⟨ *m* / fork *n* IEC 50 (466), K frame || ⟨ *m* (LWL-Verbindung) / branching device IEC 50(731) || **Stern~** *m* / star coupler

verzweigtes Netz (Strahlennetz mit Abzweigleitungen an den Stichleitungen) / tree'd system

Verzweigung *f* / divergence *n* || ⟨ *f* (von Leitern) / junction *n* || ⟨ *f* (Programmablaufplan) / branch *n* || ⟨ *f* (NC-Sinnbild) / decision *n* || ⟨ **nach** (MPU) / branch go to (BRA) || **Endpunkt der** ⟨ / leaf *n* || **Meldungs~** *f* / information sorting || **Signal~** *f* (Ausgangsfächerung) / fan-out *n* || **UND-**⟨ *f* / AND branch

Verzweigungs·befehl *m* (Sprungbefehl) / branch instruction, jump instruction || ⟨**technik** *f* / branching technique || ⟨**ventil** *n* / valve for flow diversion, valve for proportioning service || ⟨**zirkulator** *m* / junction circulator, Y-circulator *n*, T-circulator

VF (sales release) *n* / SR (sales release) *n*

VFD / VFD (Virtual Field Bus Device), Virtual Field Device (VFD)

VFE / multiplexer *n* (MPX)

VF-Einstellung *f* / VFVV (variable-flux voltage variation)

VFL / Visual Fault Locator (VFL)

V-Frequenz *f* / vertical frequency, field frequency

VFSL (Vorfertigungsstückliste) *f* / parts production parts list (VFSL)

V-Führung *f* / V guide

VG (Vertriebsgruppe) *f* / sales section

VGA / VGA (video graphics adapter) || ⟨-**Auflösung** *f* / VGA resolution

VGB-Arbeitsgemeinschaft Auftragnehmerbeurteilung *f* / VGB Supplier Evaluation Working Group

VGBK (Geschäftsbereichskennzahl, Vertriebssicht) *f* / Group code, sales specific view

VGR (visuell geführtes Robotersystem) *n* / VGR (visually guided robot system)

VH (Vertriebshandbuch) / sales guide, sales and marketing manual

VHDCI / Very High Density Cable Interface (VHDCI)

VHG (Vertriebshauptgruppe) *f* / VHG *n*

Vh-Zähler *m* / Vh meter

VI / violet *adj*

VIB (Vertriebsinnenbearbeiter) *m* / internal sales and marketing coordinator

Vibration *f* / vibration *n* || **sinusförmig** / sine-wave vibration

Vibrationsbelastung *f* / load due to vibrations

vibrationsfest *adj* / resistant to vibrations, vibration-resistant

Vibrations·festigkeit *f* / resistance to vibration, vibration strength, vibration resistance, vibrostability *n*, immunity to vibration || ⟨-**Galvanometer** *n* / vibration galvanometer || ⟨**instrument** *n* / vibrating-reed instrument || ⟨**intensität** *f* / vibration intensity || ⟨**messwerk** *n* / vibrating-reed measuring element, vibration measuring element || ⟨**prüfung** *f* / vibration check || ⟨**regler** *m* / vibrating-type voltage regulator, Tirrill voltage regulator, vibrating-magnet regulator || ⟨**relais** *n* / vibrating relay || ⟨**rinne** *f* / vibratory pan || ⟨**schalter** *m* / vibratory switch || ⟨**schutz** *m* / vibration protection || ⟨**sensor** *m* / vibration sensor || **~stabil** *adj* / resistant to vibration || ⟨**stärke** *f* / vibration intensity

Vibrieren *n* / vibrating *n* || **~** *v* / vibrate *v*

VIC (Netzeinspeiseregelung) *f* / Vector Infeed Control (VIC)

Vicat, Wärmefestigkeit nach ⟨ / Vicat thermostability

Vickershärte *f* / Vickers pyramid hardness, diamond pyramid hardness, Vickers hardness

Video·aufzeichnung f / video recording || ⁓**bild** n / video image || ⁓**bild des Visionsystems** / station monitor || ⁓**computer** m (VC) / video computer (VC) || ⁓**datenbank** f / video database || ⁓**Demonstration** f / video demonstration || ⁓**Encoder** m / video encoder || ⁓**erde** f / video earth (o. ground) || ⁓ **Graphics Adapter** (VGA) / video graphics adapter (VGA) || ⁓**konferenzdienst** m / video conferencing service || ⁓**link** m / video link
Video·-Mess-System n / vision system || ⁓**-RAM** n / video RAM || ⁓**schnittstelle** f / video interface, video port || **digitale** ⁓**schnittstelle** / Digital Video Interface (DVI) || ⁓**sequenz** f / video sequence || ⁓**Sichtgerät** n / video display unit (VDU), CRT unit (o. monitor) || ⁓**signal** n / video signal || ⁓**streaming** n / video streaming || ⁓**text** m / broadcast videotex, teletext n || ⁓**überwachung** f / video monitoring
Vidikon n / vidicon n
Vielachs·anwendung f / multi-axis application || ⁓**ensteuerung** f / multi-axis control || ⁓**ensystem** n / multi-axis system || ⁓**lizenzpaket** n / multi axis licence package || ⁓**maschine** f / multi-axis machine || ⁓**modell** n / multi-axis model || ⁓**system** n / multi-axis system
vieladrig adj / multi-core adj || **~es Kabel** / multi-core cable
Vielbereichs·schreiber m / multi-range recorder, multi-channel recorder || ⁓**-Zeitrelais** n / multi-range time-delay relay
Viel-Ebenen-Auswuchten n / multi-plane balancing
Vieleck n / n-corner n || ⁓**schutz** m / transverse differential protecion
Vielfach·dichtung f / grommet n || ⁓**erdung** f / multiple earthing
Vielfaches, ganzzahliges ⁓ / integral multiple
Vielfach·messer m / multi-function instrument, multimeter n, circuit analyzer || ⁓**-Messgerät** n / multi-function instrument, multimeter n, circuit analyzer || ⁓**-Messinstrument** n / multi-function instrument, multimeter n, circuit analyzer || ⁓**reflexionen** f / multireflections n || ⁓**Sammelschiene** f / multiple bus (system) || ⁓**schalter** m / maintained-contact multi-circuit switch, multi-circuit switch, multi-unit switch, pilot switch, ganged control switch || ⁓**schaltung** f / multiple connection (of commutating groups) || ⁓**schreiber** m / recording multiple-element instrument, multi-channel recorder, multicorder n, multi-record instrument || ⁓**steuerung** f / multicontrol n || ⁓**steuerung** f (Bahn) / multiple-unit control || ⁓**taster** m / momentary-contact multi-circuit switch, multi-circuit switch, (momentary-contact) pilot switch || ⁓**zugriff mit Aktivitätsüberwachung** / carrier sense multiple access with collision detection
Vielfaserkabel n / multifibre cable
Vielkanalanalysator m / multi-channel analyzer, multi-stream analyzer
Vielkeil·verzahnung f / splining n || ⁓**welle** f / multiple-spline shaft
Vielkernleiter m / multi-filament conductor, composite conductor
Vielkontaktrelais n / multi-contact relay
Vielkristallhalbleiter-Gleichrichter m / polycristalline semiconductor rectifier, semiconductor rectifier

Vielperiodensteuerung f / multi-cycle control || **Frequenz der** ⁓ / cyclic operating frequency
vielpolig adj / multi-pole adj, multiway adj || **~e Reihenklemmen** DIN IEC 23F.3 / multiway terminal block IEC 23F.3
Vielpunkt-Verbindung f / multi-point connection
Vielschichtkondensator m / multi-layer capacitor
Vielschirmisolator m / multi-shed insulator
Vielschnitt-Drehmaschine f / multi-cut lathe
Vielschwingungssteuerung f / multi-cycle control
vielseitig adj / versatile adj
Vieltyp·-Lichtwellenleiter m / multimode fibre || ⁓**Wellenleiter** m / multimode waveguide
Vielzahl f / variety n
Vieraugenprinzip n / double checking, double-checking principle, four-eye principle, double verification principle
Vierbündelleiter m / four-bundle conductor
vierdekadischer Zähler / four-decade counter
Vierdraht·anschluss m / four-wire connection || ⁓**leitung** f / four-wire line || ⁓**leitung** f (Kabel) / four-conductor cable, four-core cable
viereckig adj / quadrangular adj
Vierer m (Adervierer) / quad n || ⁓**baum** m / quadtree n || ⁓**block** m (Steckverbinder) / four-connector block || ⁓**bündel** n / quad bundle, four-conductor bundle, quadruple conductor || ⁓**messung** f / four-point measurement, four-point alignment || **einfache** ⁓**verdrillung** / twist system
vierfach / four-fold || **~ parallelgeschaltete Wellenwicklung** / four-circuit wave winding || **~ polumschaltbarer Motor** / four-speed pole-changing motor || ⁓**aufspannung** f / quadruple clamping || ⁓**auswertung** f (bedeutet, dass an einem inkrementellen Geber alle Flanken der Impulsreihe A und B ausgewertet werden) / four-fold evaluation || ⁓**baustein** m / four-thyristor module || **~e Schachtelungstiefe** / nesting to a depth of four || **~es Untersetzungsgetriebe** / quadruple-reduction gear unit || ⁓**kennlinienwähler** m / quadruple characteristic selector || ⁓**messung** f / quadruple measurement || ⁓**-Multiplexer** m / quad multiplexer || ⁓**Operationsverstärker** m / quad operational amplifier || ⁓**-Sammelschiene** f / quadruple bus || ⁓**schreiber** m / four-channel recorder
Vierfenster·ansicht f / four-window view || ⁓**ausgabe** f / four-window output
Vierflankenumsetzer m / quad slope converter
viergängiges Gewinde / quadruple thread
Vier·gelenkarm m / four-bar linkage member (o. arm) || ⁓**gelenkgetriebe** n / four-bar linkage, four-bar equivalent mechanism
viergliedriges Kurbelgetriebe / four-bar linkage, link quadrangle
Vier-inal-Zelle / four-inal device
Vierkanalverstärker m / four-channel amplifier
Vierkant n / square n || ⁓**holz** n / squared timber || **~ige Welle** / square shaft || ⁓**material** n / square stock || ⁓**revolverkopf** m / square turret, four-way toolholder || ⁓**verschluss** m / square-socket-key lock || ⁓**welle** f / square shaft (end), square-ended shaft || ⁓**zapfen** m / square n, square pin
Vierkreis·-Brechungsindexmethode f / four concentric circle refractive index template || ⁓**Gleichstrommotor** m / four-circuit d.c. motor || ⁓**Methode** f / four concentric circle near-field

template
Vierleiter·anlage *f* / four-wire system || ⚇-**Anschluss** *m* / 4-wire connection, four-wire connection || ⚇-**Betrieb** *m* / four-wire operation || ⚇-**Drehstrom-Blindverbrauchszähler** *m* / three-phase four-wire reactive volt-ampere meter, four-wire polyphase VArh meter || ⚇-**Drehstrom-Wirkverbrauchszähler** *m* / three-phase four-wire watthour meter || ⚇-**Drehstromzähler** *m* / three-phase four-wire meter || ⚇**kabel** *n* / four-conductor cable, four-core cable || ⚇**netz** *n* / four-wire system || ⚇-**Sammelschiene** *f* / quadruple bus || ⚇-**Schaltung** *f* / four-wire connection, four-wire input || ⚇-**Technik** *f* / four-wire system
Vier·lochwicklung *f* / four-slots-per-phase winding || ⚇**phasen-Spannungsquelle** *f* / four-phase voltage source
vierphasig *adj* / four-phase *adj*
Vierpol *m* / quadripole *n*, four-terminal network || ⚇-**Ersatzschaltung** *f* / four-pole equivalent circuit || **längssymmetrischer** ⚇ / symmetrical two-terminal-pair network
vierpolig *adj* / four-pole *adj*, quadrupole *adj* || **~e Klinke** / four-way jack || **~er Leistungsschalter** / four-pole circuit-breaker
Vierpol-Netzwerk *n* / four-terminal network, four-terminal-pair network, four-port network
Vier-Punkt-Verriegelung *f* / 4-point locking mechanism
Vierquadrantbetrieb *m* / four-quadrant operation
Vierquadranten·antrieb *m* / four-quadrant drive, reversing/regenerating drive, 4-quadrant drive || ⚇**betrieb** *m* / four-quadrant operation || ⚇**betrieb** *m* (SR-Antrieb) / four-quadrant operation, reversing/regenerating duty || ⚇**programmierung** *f* / four-quadrant programming, plus-and-minus programming
Vier-Quadrant-Stromrichter *m* / four-quadrant converter
Vierrad·antrieb *m* / permanent 4WD, all-wheel drive, four-wheel drive || ⚇**lenkung** *f* / four-wheel steering system
vierreihiger Verteiler / four-tier distribution board
Vier-·Schalter-Ringsammelschienen-Station *f* / four-switch mesh substation || ⚇-**Schalter-Ringsammelschienen-Station mit Ring-Trennschaltern** / four-switch mesh substation with mesh opening disconnectors || ⚇**schenkeltransformator** *m* / four-limb transformer, four-leg transformer || ⚇**schichtmaterial** *n* / quadruplex material || ⚇**seitenhobelmaschine** *f* / planer and matcher
vier·seitige Belüftung / combined axial and radial ventilation || **~stellig** *adj* / four-digit *adj*
Vier·strahlenerder *m* / four-way radial electrode || ⚇**stufenkennlinie** *f* / four-step characteristic || ⚇**stufenkern** *m* / four-stepped core
Vier-Stufen-Stern-Dreieck-Starter / four-step star-delta starter, four-step wye-delta starter
vierstufiger binärer Vorwärts-Rückwärts-Zähler / four-stage bidirectional counter
Viertakt·maschine *f* / 4-cycle machine || ⚇-**Stufenschalter** *m* VDE 0630 / four-position regulating switch (CEE 24)
Vier·tarif *m* / four-rate tariff || ⚇**tarifzählwerk** *n* / four-rate register || ⚇**teilkreisprogrammierung** *f* / quadrant programming

Viertel·einschub *m* / quarter-width chassis || ⚇**jahreshöchstleistung** *f* / quarterly maximum demand || ⚇**kreis** *m* / quadrant *n* || **tangentieller** ⚇**kreis** / tangential quarter circle || ⚇**stundenleistung** *f* / quarter-hourly demand || ⚇**ter Schall** / fourth sound
viertel·überlappte Umbandelung / quarter-lapped taping || ⚇**wellen-Sperrfilter** *n* / quarter-wave stop filter
Viertor-Koppler *m* / four-port coupler
Vierundzwanzig-Stunden-Mittel *n* / average over 24 hours
Vierwegeschalter *m* / four-way switch
vierzeiliger Aufbau / four-tier configuration
Viewer *m* / viewer || **3D-**⚇ *m* / 3D viewer
Viewlet *n* / viewlet *n* || ⚇ **HTML-Vorschau** / viewlet HTML Preview || ⚇ **Meldungen** / viewlet Messages || ⚇ **Navigator** / viewlet Navigator || ⚇ **Papierkorb** / viewlet Recycle bin || ⚇ **Strukturbaum** / viewlet Structure tree || ⚇ **Strukturnetz** / viewlet Structure net || ⚇ **Trefferliste** / viewlet Search results || ⚇ **Versionenbaum** / viewlet Version tree || ⚇ **Verwendungsinfo** / viewlet Info bar || ⚇ **Vorlagenbaum** / viewlet Template tree
Villari-Umkehrpunkt *m* / Villari reversal
VIM (visuelles Informationsmanagement) *n* / Visual Information Management (VIM)
VIN *f* / vehicle identification number (VIN)
vio *adj* / violet *adj*, vio *adj*
violett *adj* / violet *adj*, vio *adj* || **~e Zelle** / violet cell
virtuell *adj* / virtual *adj* || **~e Ausschaltzeit** / virtual operating time || **~e Baugruppe** / virtual module || **~e binäre Schnittstelle (VBI)** / virtual binary interface (VBI) || **~e CAN-Schnittstelle (VCI)** / virtual CAN interface (VCI) || **~e Darstellung einer Schaltgeräteklasse** / virtual representation of a switchgear device class (XSWI) || **~e Fertigung** / virtual production || **~e Fertigungseinheit** / virtual manufacturing device (VMD) || **allgemeine Dienste für ~e Geräte** / VMD support services || **~e Geräteschnittstelle** / virtual device interface VDI || **~e Inbetriebnahme** / virtual commissioning || **~e Königswelle** / ELS (electronic line shaft), electronic line shaft (ELS) || **~e Leitachse** / virtual master axis || **~e Leitstelle** / virtual control center (VCC) || **~e Maschine** / virtual machine || **~e Meldung** / virtual indication || **~e Netzleitstelle** / virtual control center (VCC) || **~e Produktion** / virtual Production || **~e Schmelzzeit** / virtual prearcing time || **~e Speicherverwaltung** / virtual memory management || **~e Verbindung** (logischer Übermittlungspfad zwischen den Endeinrichtungen eines Paketnetzes) / virtual connection, virtual circuit || **~e Wählverbindung** / virtual call (VC) || **~e Zeit** / virtual time || **~er Datenpunkt** / virtual data point || **~er Informationspunkt** / virtual information point || **~er Master** / virtual master || **~er NC-Kern** / Virtual NC Kernel (VNCK) || **~er Rückwandbus** / virtual backplane bus || **~er Sternpunkt** / virtual neutral point || **~er Systemprototyp** / virtual system prototype || **~es Bild** / virtual image || **~es Feldgerät** (eine Abbildung eines Automatisierungsgerätes in eine geräteneutrale Beschreibung. Beschrieben werden

die Daten und das Verhalten des Gerätes.) / virtual field device (VFD) || **~es LAN (VLAN)** (Netzstruktur mit allen Eigenschaften eines gewöhnlichen LAN, jedoch ohne räumliche Bindung) / virtual Local Area Network (VLAN) || **~es Lernen** / virtual learning || **~es lokales Netz** / virtual local area network || **~es Magazin** / virtual magazine
Virtuelles Privates Netzwerk (VPN) / virtual private network (VPN)
VIS (Vertriebsinformationssystem) *n* / marketing information system
VISA / Virtual Instrument System Architecture (VISA)
viscous rolling resistance / rolling resistance
Visier *n* / sight *n*
Visieren *n* / sighting *n*
Visier·gerüst *n* / sight rail || **⁓kimme** *f* / V-aim *n* || **⁓korn** *n* / front sight || **⁓optik** *f* (Pyrometer) / eyepiece and sighting lens system, sighting lens system || **⁓rohr** *n* (Pyrometer) / sighting tube, target tube
Vision·-Auswerteeinheit *f* / vision evaluation unit, evaluation unit, processing unit || **⁓bild** *f* / visual image || **⁓daten** *f* / vision data || **⁓kamera** *f* / vision camera || **⁓modul** *n* / vision module || **⁓-Sensor** *m* (Kompletter Bildverarbeitungssensor, in einem Gehäuse) / vision sensor || **⁓sensorik** *f* / vision sensor technology || **⁓system** *n* (optisches Erkennungssystem) / vision system || **⁓task** *m* (Softwareteil, der alle Visionteile abhandelt) / vision task || **⁓technik** *f* / vision technology || **⁓technologie** *f* / vision technology
visitieren *v* / inspect *v*
Visitierstation *f* / inspection station
viskoelastische Deformation / viscoelastic deformation
viskos·e Dämpfung / viscous damping || **~e Hysteresis** / viscous hysteresis, magnetic creep || **~e Strömung** / viscous flow || **~er Verlust** / viscous loss
Viskosimeter *n* / viscometer *n*
Viskosität *f* / viscosity *n* || **⁓ dynamisch normal** / normal dynamic viscosity || **⁓ nach dem Auslaufbecher-Verfahren** / viscosity by cup, flow cup viscosity, efflux cup consistency
Viskositäts·-Dichte-Konstante *f* (VDK) / viscosity-gravity constant || **⁓indexverbesserer** *m* (VI-Verbesserer) / viscosity index improver (VI improver) || **⁓koeffizient** *m* / coefficient of viscosity, dynamic viscosity || **⁓polhöhe** *f* / viscosity pole height || **⁓schwankung** *f* / viscosity fluctuation, fluctuation in viscosity || **⁓verhältnis** *n* / viscosity ratio, relative viscosity || **⁓zahl** *f* / viscosity index, viscosity number, reduced viscosity | **spezifische ⁓zahl** / limiting viscosity, intrinsic viscosity, internal viscosity
V-Ist-Kosten *f* / forecast costs || **⁓-Termin** *m* / forecast date
Visual Basic / Visual Basic (VB)
Visualisierung *f* / visualization *n*
Visualisierungs·aufgabe *f* / visualization task || **⁓daten** *plt* / visualization data || **⁓ebene** *f* / visualization level || **⁓einheiten** *f pl* / visual display units || **⁓funktion** *f* / visualization function || **⁓gerät** *n* / visual display device || **⁓plattform** *f* / visualization platform || **⁓programm** *n* / 3D program || **⁓prozessor** *m* (VP) / visualization processor (VP) || **⁓schnittstelle** *f* / visu interface, visualization interface || **⁓software** *f* / visualization software || **passive ⁓software** / passive visualization software || **⁓system** *n* (Anzeigen) / visual display system, sighting aid || **⁓system** *n* / visualization system || **⁓-Tool** *n* / visualization tool || **⁓- und Steuerungssoftware** / monitoring and control software
visuell geführtes Robotersystem (VGR) / visually guided robot system (VGR) || **~e Fotometrie** / visual photometry || **~e Führung** / visual guidance || **~er Nutzeffekt** / luminous efficiency, visual efficiency || **~er Sensor** / vision sensor || **~es Fotometer** / visual photometer || **~es Informationsmanagement (VIM)** / Visual Information Management (VIM) || **~es Sensor- und Abstandmesssystem** / vision and ranging system || **~es Signal** / visual signal
VisuTool (Visualisierungstool) / VisuTool
VIT / Virtual Interface Technology (VIT)
VITA / VMEbus International Trade Association (VITA)
VitalSuite Performance Management / VitalSuite Performance Management
VI-Verbesserer *m* / viscosity index improver (VI improver)
VK (Vertragskennung) / contract ID || **⁓ (Verbundkennzeichen)** *n* / interlinked operation (IO)
VKE (Verknüpfungsergebnis) / result of logic operation (RLO), boolean result, result of the previous logic operation, logic result, *n* result of logic operation || **⁓-beeinflussende Operation** / instruction directly affecting the RLO
VKE-Bit *n* / result of logic operation
V·-Kerb-Probe *f* / V-notch test || **⁓-konst. Bereich** / constant speed range || **⁓-Kopf** *m* / vertical head || **⁓-Kurven-Kennlinie** *f* / V-curve characteristic
VLAN (virtuelles LAN) *n* / virtual Local Area Network (VLAN) || **⁓-Kennung** *f* / VLAN identifier (VID)
VLD (variable length decoding) / variable length decoding (VLD)
V-Lichtbogenkammer *f* / V-shaped arc chute
Vlies *n* / fleece *n* || **⁓band** *n* / fleece tape || **⁓-Glimmerband** *n* / mica fleece tape || **⁓herstellung** *f* / fleece manufacturing || **⁓leger** *n* / cross lapper || **⁓stoff** *m* / fleece material, non-woven material || **⁓-Verbundmaterial** *n* / composite fleece material
VLIW / Very Long Instruction Word (VLIW)
VLR (visitor location register) / visitor location register (VLR) *n*
VLSI / Very Large Scale Integration (VLSI)
VM (Vertikales Menü) *n* / Vertical Menu (VM)
VME / virtual machine environment (VME) || **⁓bus** *m* / VME bus || **⁓-Subsystem** *n* (VMS) / VME subbus system (VMS) || **⁓-Subsystembus** *m* (VSB) / VME-subsystem bus (VSB)
VMI / Vendor-Managed Inventory (VMI)
VMPS / virtual machine programming system (VMPS)
VMS / VME subbus system (VMS)
VMV / VMV canister valve || **⁓** / vapor management valve (VMV)
V-Naht *f* / V-weld *n*, single-V butt joint, single-V butt weld

VNC / Virtual Network Computing (VNC)
VNCK / Virtual NC Kernel (VNCK)
V·-Netznachbildung f / V-network n || ⟨-**Nut** f / V groove
VOC / volatile organic compounds (VOC)
Voc / open circuit voltage
Vogel, Verhütung von ⟨**schäden** / bird hazard reduction || ⟨**schlaggefahr** f / bird hazard || ⟨**schutzgitter** n / bird screen
voll adj / full adj || ~ **ausgerüstet** adj / fully equipped || ~ **aussteuern** / fully control || ~ **dialogfähig** / capable of full interactive communication || ~ **erregt** / fully energized || ~ **geöffnet** adj / at full stroke
Voll·abgleich m / span calibration || ⟨**addierer** m / full adder || ⟨**ader** f / tight buffered fiber, full core || ⟨**ausbau** m / maximum configuration
Vollausfall m / blackout n || ⟨ m (Ausfall, der alle Funktionen einer Einheit betrifft) / complete failure || **sprunghaft auftretender** ⟨ / catastrophic failure, cataleptic failure
vollausgesteuert adj / FULL-ON adj
Vollausschlag m / full-scale deflection (f.s.d.)
Vollaussteuerung f / unity control-factor setting, zero delay-angle setting, full conduction || ⟨ f (elektroakust. Übertragungsglied) / maximum volume || **Ausgangsleistung bei** ⟨ / zero-delay output || **ideelle Gleichspannung bei** ⟨ / ideal no-load direct voltage || ⟨ **des Bandes** / maximum recording level of tape
Vollautomat m / fully automatic machine
Vollautomation f / full automation
vollautomatischer Betrieb / fully automatic operation
vollautomatisiert adj / fully automated
Voll·bereich m / full-scale n || ⟨**bereich-Einstellwert** m / full-scale frequency setting || ⟨**bereichsdrift** f / full-scale drift || ⟨**bereichsicherung** f / general-purpose fuse || ⟨**bereichssignal** n / full-scale output (FSO)
vollbestückt adj / fully equipped || ~**er Platz** / fully equipped space
Voll·betriebszeit f DIN 40042 / full operating time || ⟨**bild** n / full-frame display, full frame, frame n || ⟨**bild** n (Grafikbildschirm) / non-interlaced display || ⟨**bildmodus** m / full-screen mode || ⟨**blechtechnik** f / fully laminated construction || ⟨**blechtür** f / sheet-steel door, solid door
vollbohren v / bore v
Voll·bohrer m / drill n || ~**differential** adj / with full differential || ~**digital** adj / fully digital || ⟨**distanzschutz** m IEC 50(448) / full distance protection || ⟨**drehzahl** f / full speed, full-load speed, maximum speed || ⟨**duplex** n (FDX) / full duplex (FDX), duplex || ⟨**duplexbetrieb** m / full-duplex mode, duplex mode || ⟨**duplex-Nahtstelle** f / full-duplex interface || ⟨**duplexverkehr** m / Duplex
volle Abschaltung / full disconnection || ~ **Belastbarkeit** / full load rating || ~ **Blitzstoßspannung** / full lightning impulse, full-wave lightning impulse (voltage) || ~ **Erregung** (el. Masch.) / full field || ~ **Selektivität** (LS-Auslöser) / total selectivity, total discrimination || ~ **Stoßspannung** / full-wave impulse || ~ **Trommel** / solid face pulley || ~ **Welle** / solid shaft
Voll·einsatz m / mounting rack, rack n || ⟨**einschub**

m / full-size withdrawable unit || ⟨**leiter** m / solid conductor || ⟨**emitter** m / washed emitter
Vollen, Abspanen aus dem ⟨ / cutting from solid stock || **auf** ~ **Touren laufen** / run at full speed
Vollentlastung f (Netz) / total loss of load
voller Eingangsbereich (D-A-Umsetzer) / full-scale range (FSR), span n || ~ **Hub** / full stroke || ~ **Skalenbereich** / full scale range
Voll·fenster-Screenshot aus großen Fenstern (Screenshot-Typ, der ein komplettes Anwendungsfenster beinhaltet, das größer als 800 Pixel ist und medienspezifisch aufbereitet werden muss) / screenshot type 4 || ⟨**formschleifen** n / grinding from the solid
vollgeblecht·e Maschine / machine with a laminated magnetic circuit || ~**er magnetischer Kreis** / fully laminated magnetic circuit, fully laminated field
voll·geschottet / fully compartmented || ~**gesteuerte DB-Schaltung** / fully controlled three-phase bridge connection || ~**gesteuerte Schaltung** / fully controllable connection, uniform connection EN 60146-1-1 || ~**getränkte Papierisolierung** / solid-type insulation
Vollgrafik f / pixel graphics, full graphics || ⟨**display** n / pixel graphics display || ~**fähig** adj / graphics-enabled || ⟨-**Rastersystem** n / full-graphics raster system
vollgrafische Bedienoberfläche / pixel-graphics user interface || ~ **Darstellung** / full graphics display, pixel-graphics display, vector-graphics display
Voll·graphik f / pixel graphics || ⟨**gummistecker** m / solid rubber plug, all-rubber plug || ⟨**hartmetallbohrer** m / solid carbide drill || ⟨**hartmetallfräser** m / solid carbide cutter || ⟨**hartmetallwerkzeug** n / solid-carbide tool || ⟨**hubtastatur** f / full-stroke keyboard n (IP 65 full-stroke keyboard: water-proof, dust-proof and shielded against interference and emission) || ⟨**hubventil** n / full-stroke valve
völlig geschlossene Maschine / totally-enclosed machine || ~ **geschlossene Maschine mit äußerer Eigenbelüftung** / totally enclosed fan-cooled machine, t.e.f.c. machine, ventilated-frame machine || ~ **geschlossene Maschine mit Eigenkühlung durch Luft** / totally-enclosed fan-ventilated air-cooled machine || ~ **geschlossene Maschine mit Eigenlüftung** / totally enclosed fan-ventilated machine || ~ **geschlossene Maschine mit Fremdbelüftung** / totally-enclosed separately fan-ventilated machine || ~ **geschlossene Maschine mit Fremdkühlung durch Luft** / totally-enclosed separately fan-ventilated air-cooled machine || ~ **geschlossene Maschine mit Luft-Wasser-Kühlung** / totally enclosed air-to-water-cooled machine || ~ **geschlossene Maschine mit Rohranschluss** / totally enclosed pipe-ventilated machine || ~ **geschlossene, oberflächengekühlte Maschine** / totally enclosed fan-cooled machine, t.e.f.c. machine, ventilated-frame machine || ~ **geschlossene, selbstgekühlte Maschine** / totally enclosed non-ventilated machine (t.e.n.v. machine) || ~ **geschlossener Motor** / totally enclosed motor
vollimprägnierte Isolierung / fully impregnated insulation
Voll·imprägnierung f / impregnation by complete

vollisoliert

immersion, post-impregnation n || ⁓linie f / continuous line || ⁓invalidität f / total disablement
vollisoliert adj / all-insulated adj, totally insulated, fully insulated, solid-insulated adj || **~e Schaltanlage** / totally insulated switchgear, all-insulated switchgear || **~er Stromwandler** / fully insulated current transformer
Voll·keil m / full-key n || ⁓**keilwuchtung** f / full-key balancing || ⁓**kern** m / unsplit core || ⁓**kohlebürste** f / single-carbon brush
vollkommen adj / complete adj || ~ **ausgewuchtet** / perfectly balanced || ~ **diffuse Reflexion** / uniform diffuse reflection || ~ **geschlossene Bauart** / sealed-tank type || ~ **gestreute Reflexion** / uniform diffuse reflection || ~ **gestreute Transmission** / uniform diffuse transmission || ~ **matte Fläche** (Lambert-Fläche) / Lambertian surface || ~ **mattweiße Fläche** / perfect diffuser || ~ **mattweißes Medium bei Reflexion** / perfect reflecting diffuser || ~ **streuender Körper** / uniform diffuser || ~ **verschweißte Ausführung** / sealed-tank type || **~e Streuung** / perfect diffusion || **~er dreiphasiger Kurzschluss** / dead three-phase fault, three-phase bolted fault || **~er Erdschluss** VDE 0100, T.200 / dead short circuit to earth, dead fault to ground, dead earth (o. ground) fault || **~er Körperschluss** VDE 0100, T.200 / dead short circuit to exposed conductive part, dead fault to exposed conductive part || **~er Kurzschluss** / dead short circuit, dead short, bolted short-circuit || **~er Kurzschlussstrom** VDE 0100, T.200 / solid short-circuit current
vollkompensiert adj / fully compensated
Voll·komplement n DIN 44300 / radix complement || ⁓**kreis** m / full circle, complete circle || ⁓**kreisbauweise** f (el. Mot.) / ring-stator type || ⁓**kreisprogrammierung** f / full circle programming
vollkugelig adj / cageless adj, crowded adj
Voll·kunden-IC / customized IC n || ⁓**ladezustand** m / fully charged state || ⁓**ladung** f / full charge
Volllast f / full load, 100% load || ⁓f (el. Masch.) VDE 0530, T.1 / full load IEC 34-1 || ⁓**abschaltung** f / full-load rejection, full-load shedding || ⁓**anlauf** m / full-load starting || ⁓**betrieb** m / full-load operation, operation under full-load conditions || ⁓**-Erregerstrom** m / full-load field current || ⁓**leistung** f / full-load power, full-load output || ⁓**leistung** f (el. Masch.) VDE 0530, T.1 / full-load value IEC 34-1 || ⁓**pumpe** f / full-capacity pump || ⁓**spannung** f / full-load voltage || ⁓**strom** m / full-load current
Voll·leiter m / solid n || ⁓**leitstand** m / full control desk, full console || ⁓**linie** f / continuous line || ⁓**lochwicklung** f / integral-slot winding, integer-slot winding || ⁓**PE** (PE = Erdung mit Schutzfunktion) / solid PE || ⁓**macht** f / authority n || ⁓**machten übertragen** / delegate authority || ⁓**material** n / bulk n, solid stock, solid material || **~modular** adj / fully modular || ⁓**-PE** (PE = Erdung mit Schutzfunktion) / solid PE || ⁓**platte** f / complete cover
Vollpol m / non-salient pole || ⁓**läufer** m / cylindrical rotor, drum-type rotor, non-salient-pole rotor, round rotor, non-salient pole
Voll·portalkran m / portal crane || ⁓**prüfung** f / one-hundred-percent inspection, 100% inspection || ⁓**quadrat** n / complete square
vollrollig adj / cageless adj, crowded adj

Voll·rotor m / cylindrical rotor, drum-type rotor, non-salient-pole rotor, round rotor || ⁓**schmierung** f / fluid lubrication, hydrodynamic lubrication, complete lubrication || ⁓**schnitt** m / full cut || ⁓**schottung** f / complete compartmentalization (o. segregation), full compartmentalization || ⁓**schritt** m / full step || ⁓**schrittbetrieb** m / full step mode || ⁓**schrittwinkel** m / full step angle || ⁓**schutz** m / full protection || ⁓**schutzeinrichtung** f (Temperaturschutz m. Thermistoren) / thermistor-type protective system || ⁓**schwingung** f / full wave || ⁓**schwingungssteuerung** f / multi-cycle control || ⁓**service** m / standard maintenance service || ⁓**servicevertrag** m / full-service contract || ⁓**spannungsmotor** m / full-voltage motor || ⁓**spule** f / former-wound coil
vollständig adj / complete adj || ~ **eingetauchte Durchführung** / completely immersed bushing || ~ **geschlossener Trockentransformator** / totally enclosed dry-type transformer || ~ **staubfreier Raum** / white room || ~ **wettergeschützter Einsatzort** / totally weatherprotected location || **~e Abschaltung** (Abschaltung des gesamten Sicherheitsprogramms als Fehlerreaktion der Abschalt-Logik) / full shutdown || **~e Arbeitsunfähigkeit** / total invalid disability || **~e Brückenschaltung** / complete bridge connection || **~e Dämpferwicklung** / damper cage, interconnected damper winding, amortisseur cage || **~e Gedächtnisfunktion** / total memory function || **~er Abschluss** (durch Gehäuse) / complete enclosure || **~er Code** / perfect code || **~er Fehlzustand** (Fehlzustand, der alle Funktionen einer Einheit betrifft) IEC 50(191) / complete fault, function-preventing fault || **~er Schutz** / complete protection
Vollständigkeit f / completeness n
Vollständigkeits·bedingung f / completeness condition || ⁓**kontrolle** f / check for completeness || ⁓**prüfung** f / review for completeness || ⁓**überprüfung** f / check for completeness, completeness check
vollstatisch adj (elektronisch) / all-electronic adj, solid-state adj
Vollstechen n / cut off, parting n
vollsteuerbare Schaltung VDE 0558 / full controllable connection
Vollstoß m (Stoßwelle) / full-wave impulse
Vollstreckung eines Befehls / execution of a command
Voll·stromfilter m / full-flow filter || ⁓**subtrahierer** m / full subtractor || ⁓**tastatur** f / full keyboard || ⁓**textsuche** f / full-text search || ⁓**träger** m (Übertragung oder Emission mit Amplitudenmodulation mit speziellen Eigenschaften) / full carrier || ⁓**tränkung** f / impregnation by complete immersion, post-impregnation || ⁓**transformator** m / separate-winding transformer || ⁓**trommelmaschine** f / cylindrical-rotor machine || ⁓**verguss-Blockstromwandler** m / encapsulated block-type current transformer, potted block-type current transformer
vollverlagerter Kurzschluss / fully asymmetrical short circuit, fully offset fault || ~ **Kurzschlussstrom** / fully asymmetrical short-circuit current

Voll·verlagerung f (Kurzschluss) / complete asymmetry (of fault) || ⁓**verschaltung** f / full interconnection || ⁓**verzahnung** f / full-depth tooth system || ⁓**wandtechnik** f / solid-wall design || ⁓**weggleichrichter** m / full-wave rectifier
Vollwelle f / full wave || ⁓ f / solid shaft || **1/40 μs** ⁓ / 1 by 40 μs full wave, 1/40 μs full wave
Vollwellen·ansteuerung f / full-wave control || ⁓-**Prüfspannung** f / full-wave test voltage || ⁓**steuerung** f / full-wave control || ⁓**stoß** m / full-wave impulse || ⁓-**Stoßpegel** m / full-wave impulse test level || ⁓-**Stoßspannung** f / full-wave impulse voltage, full-wave impulse || ⁓**system** n / solid shaft system
Vollzugsmeldung f / confirmation (o. acknowledgement) of operation
vollzyklischer Betrieb / completely cyclic mode
Vollzylinder m / solid cylinder, full cylinder
Volt n / volt n, volts n
Voltameter n / voltameter n, voltmeter n
Volt-Ampère-Messgerät n / volt-ampere meter, VA meter || ⁓-**Stundenzähler** m / volt-ampere-hour meter, VAh meter, apparent-energy meter
Volta-Spannung f / contact potential
Volt·lupe f / expanded-scale voltmeter || ⁓**meter** n / voltmeter n, voltameter n || ⁓**quadrat-Stundenzähler** m / volt-square-hour meter || ⁓**stundenzähler** m / volt-hour meter, Vh meter
Volumen n / volume, sales n, sales volume || ⁓ **der Spritze** / content of syringe || **spezifisches** ⁓ **nach der Entspannung** / downstream specific volume || **bereinigtes** ⁓ / adjusted sales || **komprimiertes** ⁓ / compression volume || **spezifisches** ⁓ / specific volume || **verdrängtes** ⁓ / displacement volume || ⁓**änderung** f / change of volume || ⁓ **anpassung** f / volume adjustment || ⁓**ausdehnung** f / volumetric expansion
volumenbezogene elektromagnetische Energie / volume density of electromagnetic energy || ~ **Gesamtverlustdichte** (gleichförmig magnetisiertes Material) / total loss volume density || ~ **Ladung** / volume charge density || ~ **Scheinleistungsdichte** / apparent power volume density || ~ **Wärmekapazität** / heat capacity per unit volume
Volumen·diffusionslänge f (Diffusionslänge im Inneren des Halbleitermaterials, also nicht an den Grenzflächen, Kontakten etc.) / bulk diffusion length || ⁓**durchfluss** m / volume rate of flow, volume flow rate || ⁓**durchflussmesser** m / volumetric flowmeter || ⁓**faktor** m / bulk volume factor, bulk factor || ⁓**fluss** m / bulk current || ⁓**fräsen** n / solid milling || ⁓**gewicht** n / weight by volume || ⁓**integral** n / volume integral || ⁓**konzentration** f / volumetric concentration, volume concentration, concentration by volume, bulk concentration || ⁓**lebensdauer** f / bulk lifetime || ⁓**leitfähigkeit** f / volume conductivity, bulk conductivity || ⁓**messgerät** n / flow meter, flow-rate meter, rate meter || ⁓**messsystem** n / volume measurement system || ⁓**modell** n / volume model || ⁓**modeller** m / volume modeller || ⁓**passivierung** f / bulk passivation || ⁓**prozent** n / percent by volume, volume percentage || ⁓**rekombination** f / bulk recombination || ⁓-**Reproduzierbarkeit** f / volume reproducibility || ⁓**schnelle** f / volume velocity || ⁓**seinfluss** m / influence by volume || ⁓**siliziumzelle** f / bulk cell || ⁓**strahler** m / whole volume radiator, volume radiator, volume radiating source
Volumenstrom m / volume rate of flow, volumetric flow, flow n, bulk current || **hydraulischer** ⁓ / hydraulic flow || **verdrängter** ⁓ / displaced flow || **zufließender** ⁓ / incoming flow || ⁓**kennlinie** f / flow characteristic || ⁓**messung** f / volume flow measurement || ⁓**stromverhältnis** n / flow ratio
Volumen·teil m / part by volume || ⁓**voltameter** n / volume voltameter || ⁓**zähler** m / volumetric meter, volumetric meter || ⁓**zelle** f / bulk silicon solar cell, bulk silicon cell
VOR / VHF omnidirectional radio range (VOR)
Vorab·auswahl f / preliminary selection || ⁓**bauplan** m / preliminary construction plan || ⁓-**Beurteilung** f / initial evaluation || ⁓**einlesen** n / pre-reading n, pre-reading n || ⁓**fertigung** f / manufacturing in advance || ⁓**freigabe** f / preliminary release || ⁓**fühlung** f / pre-sensing n || ⁓-**FW** / preliminary FW || ⁓**gleich** m / preliminary adjustment
Vorabinformation f / preliminary information, advance information || ⁓**kalkulation** f / preliminary calculation (PC) || ⁓**lieferfreigabe** f / release for pilot delivery || ⁓**lieferung** f / pre-released deliveries || ⁓**lieferungen** f / preliminary deliveries || ⁓-**Produktinformation** f / advance product information || ⁓**prüfung** f / preliminary review
Vorabstand m / advance version
Vorab·stücklisten f / preliminary bill of material || ⁓**übersetzung** f / preliminary translation || ⁓**version** f / Pre-release
Voralarm m / pre-alarm n
voraltern v / season v
Vor·alterung, zeitraffende ⁓**alterung** (durch Einbrennen) / burn-in n || ⁓**ankündigung** f / advance announcement || ⁓**anpassung** f / coarse adjustment || ⁓**arbeit** f / preparatory work || ⁓**arbeiter** m / foreman n
vorausberechnet·e Ausfallrate / predicted failure rate || ~**e Instandhaltbarkeit** / predicted maintainability || ~**e mittlere Instandhaltungsdauer** (einer komplexen Betrachtungseinheit) / assessed mean active maintenance time || ~**e mittlere Lebensdauer** / predicted mean life || ~**e mittlere Zeit bis zum Ausfall** / predicted mean time to failure || ~**er mittlerer Ausfallabstand** / predicted mean time between failures || ~**es Lebensdauer-Perzentil Q** / predicted Q-percentile life
Voraus·berechnung f / advance calculation || ~**eilend** adj / leading adj, advance adj || ⁓**fertigung** f / manufacturing in advance || ~**gehende Station** f / upstream station || ⁓**schau** f / looking ahead || ⁓**schau** (Prognose) / forecast n
vorausschauend adj / looking ahead || ~**e Erzeugungsverteilung** / anticipatory dispatch || ~**e Geschwindigkeitsführung** / predictive velocity control || ~**er Übertrag** / look-ahead carry
Voraussetzung f / premise n, supposition n, predecessor, requirement n, prerequisite n, condition n || ⁓**en zum Einschalten** / closing preconditions
voraussichtlich adj / presumably adj || ~**e Aufteilung der Ausfälle auf die Parameter DIN IEC 319** / failure distribution parameter estimate || ~**e**

Berührungsspannung / prospective touch voltage || **~e Erfolgswahrscheinlichkeit** (Statistik) / predicted reliability || **~e Lebensdauer** (Isoliersystem) VDE 0302, T.1 / estimated performance IEC 505 || **~e mittlere Instandhaltungsdauer** / predicted mean active maintenance time || **~e Nutzungsdauer** / expected life || **~es Ausfallperzentil** / predicted Q-percentile life
Vor·auswertung *f* / pre-evaluation *n* || **⁓beanspruchung** *f* / prestressing *n*
Vorbearbeiten *n* / roughing *n*, rough-machining *n*, premachining *n*, rough-cutting *n*
vorbearbeitet *adj* / pre-worked *adj*
Vorbearbeitung *f* / premachining *n*
Vorbearbeitungs·maß *n* / pre-work dimension || **⁓-Zeichnung** *f* / pre-machining drawing, pre-operation drawing
Vorbedingung *f* / prerequisite *n*, precondition *n*
Vorbefehl *m* / preselect command
vorbehandelte Ölprobe / dried and filtered oil sample
Vorbehandlung *f* / pretreatment *n*, preparatory treatment, preliminary treatment || **⁓** *f* (Prüfling) DIN IEC 68 / preconditioning *n*, burn-in *n*
Vorbeiführen *n* / by-passing *n* || **~** *v* / by-pass *v*
Vorbelastung *f* / preloading *n*, prestressing *n*, initial load, base load, bias *n*, previous load || **⁓** *f* (Umweltbelastung) / initial level of pollution
Vorbelastungsspannung *f* / pre-stress voltage
vorbelegen *v* / preset *v* || **~** *v* (zuweisen) / pre-assign *v*
vorbelegt *adj* / pre-assigned *adj*
Vorbelegung *f* / default selection, default input, default *n*, pre-assigning *n*, preassignment *n*, presetting *n* || **⁓ einer neuen Komponente** / default selection of a new component
Vorbelegungswert *m* / default value, default *n*
Vorbelotungsstärke *f* / presoldering thinness
Vorbemerkung *f* / preliminary remarks
vorberechtigter Aufruf / preemptive scheduling
vorberegnen *v* / pre-wet *v*
vorbereiten *v* / initialize *v*, supply *v*, set up manually, write data into mailbox, feed *v*
vorbereitende Anweisung *f* / preparatory instruction
vorbereiteter Leiter / prepared conductor
Vorbereitung *f* (Speicherröhre, Aufladen von Speicherelementen) / priming *n* || **⁓** *f* (Programm) / initialization *n* || **in ⁓** / available soon || **⁓ des Motors** / preparation *n*
Vorbereitungs·band *n* / preparatory line || **⁓betrieb** *m* / initialization mode (IM) || **⁓eingang** *m* (logische Schaltung) / set-up input || **⁓funktion** *f* / preparatory function || **⁓geschwindigkeit** *f* (Speicherröhre) / priming speed || **⁓satz** *m* (CLDATA) / preparation block (o. record)
Vorbereitungszeit *f* / preparatory time, preparation time || **⁓** *f* (Zeit von der Ausgabe der Zeichnung bis zum Beginn der Bearbeitung) / lead time || **⁓** *f* (Speicherröhre) / priming rate || **⁓** *f* (Zeitdifferenz zwischen bestimmten Signalpegeln) / set-up time IEC 147 || **Adress-⁓** *f* / address setup time || **Mess~** *f* / preconditioning time
Vorbereitungs·zustand *m* DIN IEC 625 / mode state || **Serienabfrage-⁓zustand** *m* (des Sprechers) DIN IEC 625 / serial poll mode state (SPMS)
vorbesetzt *adj* / preoccupied *adj*, preset *adj*, default *adj*, specified *adj*
Vorbesetzung *f* / presetting *n*, preassignment *n*, pre-assigning *n*, default *n* || **⁓** *f* (m. Standardwerten) / default selection, default input || **⁓ der Kanäle** / presetting of channels, channel presets
Vorbesetzungs·abbruch *m* / preset abort || **⁓baustein** *m* / presetting block
Vorbetriebsprüfung *f* / precommissioning checks
Vorbeugemaßnahme *f* / preventive action
vorbeugende Instandhaltung / preventive maintenance IEC 50(191), servicing *n* || **~ Prüfung** / preventive inspection || **~ Wartung** / preventive maintenance
Vorbeugungsmaßnahme *f* / preventive action
Vor·bild *n* / model *n* || **⁓blatt** *n* / form *n*, form overlay, printed form
vorbohren *v* / rough-drilling *v* || **~** *v* (m. Bohrstahl) / rough-bore *v*, prebore *v* || **~** *v* (m. Spiralbohrer) / rough-drill *v*, predrill *v*
Vor·bohrpunkt *m* / pre-drill point, pre-drilling point || **⁓bohrung** *f* / predrilled hole || **⁓bühnenbeleuchtung** *f* / proscenium lighting, front-of-house lighting || **⁓decodierung** *f* / predecoding *n* || **~definiert** *adj* / predetermined, predefined || **⁓dekodierung** *f* / predecoding *n*
Vorderansicht *f* / front view
vorder·e Außenkette / downwind wing bar || **~e Begrenzungsleuchte** / sidelight *n* (GB), side-marker *n* (US), front position light || **~e Feuereinheit** / downwind light unit || **~e Stirnfläche** (Bürste) / front face, front || **~er Dammfuß** / toe *n* || **~er Standort** / downwind position
Vorderfläche *f* / front face, face *n*
Vorderflanke *f* (Impuls) / leading edge
Vordergrund *m* / foreground *n* || **⁓bild** *n* / foreground image || **⁓farbe** *f* / foreground color || **⁓speicher** *m* / foreground memory, primary storage, primary memory || **⁓sprache** *f* / foreground language
Vorderkante *f* / front edge || **⁓** *f* (Bürste) / leading edge
Vordermotor *m* (Walzwerk) / front motor
Vorderrad·antrieb *m* / front-wheel drive || **⁓kupplung** *f* / front-wheel clutch
Vorderseite *f* / front *n*, front end, front face, front side, front panel || **⁓** *f* (Bauteilseite einer Leiterplatte) / front *n*, component side || **Steckverbinder-⁓** *f* / connector front
Vorderseitenkontakt *m* / vertical soft key (VSK) || **⁓gitter** *n* / front grid
vorderseitig·e Anschlussschiene / front connecting bar || **~e Montage** / front mounting || **~e Tür** / front door, hinged front panel || **~er Anschluss** / front connection
Vorder·transformator *m* / series transformer || **⁓transformator** *m* (f. Mot.) / main-circuit transformer || **⁓- und Rückseite gekerbt** / front and rear side notched || **⁓wandzelle** *f* (Dünnschichtzelle mit undurchsichtigem Substrat; Bestrahlung von vorne auf die Halbleiterschicht) / front wall cell
Vordrehen *n* / rough turning
Vordrehstation *f* (Drehstation für Bestücklage) / pre-turning station
Vordruck *m* / form *n*, standard form || **⁓** *m* / upstream pressure || **⁓-Zeichnung** *f* / preprinted drawing, drawing form
Vordurchschlag *m* / pre-breakdown *n*
Voreildauer *f* (Impuls) / advance interval

Voreilen der Phase / lead of phase
voreilend *adj* / leading *adj*, capacitive *adj* || ~**ausschaltend** *adj* / leading switch-off *adj* || ~**e Bremsenansteuerung** / leading brake control || ~**e Phase** / leading phase || ~**er Hilfskontakt** / leading auxiliary contact || ~**er Hilfsschalter** / leading auxiliary switch || ~**er Schließer** / leading make contact, early closing NO contact (ECNO)
Voreilwinkel *m* / lead angle || ⸲ *m* / advance angle EN 60146-1-1, angle of advance || **Phasen**~ *m* / phase-angle lead, phase lead *n*
Voreinflugzeichen *n* (OMK) / outer marker (OMK)
voreingestellt *adj* / preoccupied *adj*, preset *adj*, default *adj*, specified *adj*, pre-selected *adj* || ~**er Wert** (sinnvolle Grundeinstellung, die immer dann verwendet wird, wenn kein anderer Wert eingegeben wird) / standard value || ~**es Werkzeug** / preset tool
Vorein·richtung Hilfsschalterachsen / prefitting of auxiliary switch axes || ⸲**stellgerät** *n* / presetting device || ⸲**stellplatz** *m* / presetting station || ⸲**stellsystem** *n* / presetting system *n*, packaging unit (PU) *n*
Voreinstellung *f* / presetting *n*, preset *n*, preset option, default *n*, default selection, default input, factory setting
Voreinstellwert *m* / preset values
Vorelektrode *f* / pilot electrode
Vorendschalter *m* / prelimit switch
Vorentladung *f* / pre-discharge *n*, minor discharge || ⸲ *f* (Blitz) / leader (stroke)
Vorentladungsstrom *m* / pre-discharge current
Vor·entwicklung *f* / advance development *n* || ⸲**entwurf** *m* / design study, preliminary design || ⸲**entzerrer** *m* / distortion compensation stage || ⸲**erregung** *f* (el. Masch., aus einer Batterie) / pre-excitation *n*
vorfahren *v* / advance *v*
Vorfalz *f* / overfolding *n* || ⸲**/Nachfalz** *f* / overlap folder
Vorfeld *n* / apron *n* || ⸲**beleuchtung (o. -befeuerung)** *f* (ALI) / apron lighting (ALI) || ⸲**planung** *f* / corporate projects planning || ⸲**projekt** *n* / basic research project
vorfertigen *v* / prepare *v*, cut *v*
Vorfertigung *f* / parts production, preproduction *n*, pre-production department
Vorfertigungsrevision *f* / parts inspection, in-process inspection and testing, in-process inspection, manufacturing inspection, line inspection, interim review, intermediate inspection and testing || ⸲ (VRV) *f* / manufacturing inspection
Vorfertigungsstückliste (VFSL) *f* / parts production parts list (VFSL)
Vorfilter *n* / coarse filter, ante-filter *n*
Vorfluten *n* (Thyristor-SR) / (current) biasing
Vorform *f* (LWL-Herstellung) / preform *n* || ⸲**en** *n* / preforming *n* || ⸲**ling** *m* / preform *n* || ⸲**lingsträger** *m* / preform carrier
vorfräsen *v* / rough mill
Vorführ·gerät *n* / demonstration model || ⸲**pult** *m* / demonstration console || ⸲**ung** *f* / presentation, demonstration
Vorfülldruck *m* / priming pressure
Vorfunktion *f* / function flag
Vorgabe *f* / default *n*, default setting || ⸲ *f* / handicap *n* || ⸲ *f* (Eingabe) / entry *n* || ⸲ *f* (Forderung) / stipulation *n*, requirement *n* || ⸲ *f* (v. Sollwerten, Wahl, Eingabe) / (setpoint) selection *n*, (setpoint) entry (o. input) || ⸲ *f* (Eingabe) / input *n* || ⸲ **bei Folgestichprobenprüfung** / handicap *n* || ⸲ **der Position** / selection of the position || **fliegende** ⸲ / on-the-fly input || **sequentielle** ⸲ / sequential connection || **Zeit**~ *f* (Zeitbasis) / time base || ⸲**antwort** *f* / step answer || ⸲**blatt** *n* / job card || ⸲**daten** *plt* / default data || ~**konform** *adj* / in accordance with the specifications, as stipulated || ⸲**maske** *f* / setting mask || ⸲**maß** *n* / specified dimension || ⸲**n** *f pl* / stipulations, *f* specifications || **nach Firmen-**⸲**n** / according to enterprise specifications || ⸲**wert** *n* / default value || ⸲**winkel** *m* (Parallelschalten) / advance angle || ⸲**zeit** *f* (geplante Zeit) / budgeted time, target time || ⸲**zeit** *f* (Fertigung) / standard time, time standard || ⸲**zeit** *f* (Schalter, beim Parallelschalten) / advance time, handicap *n* || ⸲**zeit** *f* (geplante Bearbeitungszeit) / (planned) machining cycle time
Vorgang *m* / function *n*, operation *n*, process *n*
Vorgänger *m* / predecessor *n* || ⸲**antrieb** *m* / preceding drive || ⸲**bild** *n* / previous display || ⸲**formular** *n* / previous mask || ⸲**gerät** *n* / predecessor device || ⸲**-Leiterplatten (Vorgänger-LP)** *f* / preceding PCB || ⸲**magazin** *n* / previous magazine || ⸲**netzwerk** *n* / previous network || ⸲**produkt** *n* / previous product, previous version of product || ⸲**satz** *m* / previous block || ⸲**schritt** *m* / predecessor step || ⸲**station** *f* (die Station, die in der Linie vor der aktuellen Station installiert ist) / previous station || ⸲- **und Nachfolgerbeziehungen** / predecessor and replacement relations || ⸲**version** *f* / previous version
vorgangs·bezogene Hilfe / task-oriented help || ⸲**buchführung** *f* / process management || ⸲**schlüssel** *m* / operation code
Vorgarn *n* / roving *n*
vorgeben *v* / specify *v*, select *v*
vorgebohrt *adj* / pre-drilled *adj*, predrilled *adj*
vorgedreht *adj* / pre-turned *adj*
vorgedrucktes Feld / predefined field
vorgefertigt *adj* / pre-assembled *adj*, premanufactured *adj*, premachined *adj* || ~**e Schaltfläche** / pre-configured button || ~**er Kabelsatz** / (preassembled) cable set, cable harness
vorgeformt *adj* / premolded *adj*, preformed *adj* || ~**es Teil** / preformed part
vorgegeben *adj* / default *adj*, preset *adj*, preoccupied *adj*, specified *adj*, stated *adj* || ~**e Grenzwerte** / approved limit values || ~**e Polung** / preset polarization || ~**e Polungslage** / preset polarity || ~**er Merkmalswert** (als Element einer Qualitätsforderung dienende Einzelforderung) / specified characteristic value || ~**er Referenzimpuls** / defined reference pulse || ~**er Sollwert** / preset setpoint, selected setpoint, available setpoint
vorgeheizte Kathode / preheated cathode
Vorgehen *n* / procedure *n* || ⸲ **im Wartungs- oder Instandhaltungsfall** / procedures for maintenance and repair
vorgehende Uhr / fast clock
Vorgehensweise *f* / procedure *n* || ⸲**n** *f* / procedures *n*
vorgekerbte Biegeprobe / nick-bend specimen,

notch-break specimen
vorgelagert *adj* / upstream *adj*
Vorgelege *n* / transmission gear(ing), back gear, gear train
vorgeordneter Leistungsschalter / upstream circuit breaker || **~ Schutz** / back-up protection
vorgeprägte Öffnung / knockout *n* (k.o.)
vorgerüstet *adj* / pre-equipped *adj*
vorgeschaltet *adj* / series-connected *adj*, line-side *adj*, in incoming circuit, incoming *adj*, upstream *adj* || **~e Sicherung** / line-side fuse, back-up fuse, upstream fuse || **~er Funktionsbaustein** / upstream function block || **~er Transformator** / transformer switched in line || **~er Trennübertrager** / series-connected isolating transformer || **~er Widerstand** / series resistor
Vorgeschichte *f* / history *n*, pre-event history || **Ereignis-****** *f* / pre-event history
vorgeschrieben *adj* / specified *adj*, stipulated *adj* || **verbindlich ~** / must be used! || **~er Haltepunkt** / mandatory hold point (QA, CSA Z 299) || **~er Prüfstrom** / specified test current
vorgesehen *adj* / available *adj* || **~e Gebrauchsbedingungen** / intended conditions of use || **~er Benutzer** / intended user || **~er Endausbau** / proposed final-stage construction
vorgespannt *adj* / prestressed *adj*, preloaded *adj* || **~e Feder** / preloaded spring || **~es Glas** / toughened glass, tempered glass
vorgestaltete Darstellung / preformed display
vorgesteuert *adj* / precontrolled *adj*, pilot-actuated *adj* || **~es Magnetventil** / servo-assisted solenoid valve || **~es Ventil** / pilot-actuated valve, pilot-controlled valve
vorgewählt *adj* / preselected *adj*
vorgezogen·er Endprüfschritt / final inspection at an intermediate stage of production || **~es Befehlsholen** / pre-fetching *n*
Vorglühen *n* (Diesel) / warming up *n*, preheating *n*
Vorglühzeit *f* / preheating time *n*
Vorgriff *m* (auf Speicher) / look-ahead *n*, fetch-ahead *n*
Vorhalt *m* / derivative action, rate action || **kapazitiver 1. Ordnung** / first-order capacitive lead || **-/ Verzögerungsbaugruppe** *f* / lead/lag module
Vorhalte·-Baugruppe *f* (f. kapazitiven Vorhalt 1. Ordnung) / lead module || **punkt** *m* / limit point || **punkt** *m* (an dem die Einfahrgeschwindigkeit zur höheren Genauigkeit der Positionierung des Maschinenschlittens verlangsamt wird) / deceleration point || **punkt** *m* / anticipation point || **punkt-Steuerung** *f* / command point anticipation || **zeit** *f* / derivative time, TV, time *n* || **zeit** *f* (Vorlaufzeit) / lead time || **zeit** *f* (beim Parallelschalten) / lead time || **zeit** *f* (Signalverarbeitung) / set-up time || **zeit** *f* / rate time, derivative action time
Vorhalt·glied *n* / derivative action element || **regler** *m* / rate-action controller, rate controller, differential-action controller || **steuerung** *f* / command point anticipation
Vorhaltung *f* / maintenance *n*, preventative maintenance, servicing *n* || ** von Ersatzteilen** / stocking *n*
Vorhalt·verhalten *n* / derivative action, rate action || **verstärkung** *f* / derivative-action gain || **zeit** *f* / actuation time, derivative action time

vorhanden *adj* / existing *adj*, available *adj* || **~er Lagerbestand** / stock-on-hand || **sein** *n* / existence
Vorhängeschloss *n* / padlock *n* || **mit einem verschließen** / padlock *v*
Vorhangleistenbeleuchtung *f* / valance lighting, pelmet lighting
Vorhärten *n* / precuring *n*
Vorheiz·strom *m* (Lampe) / preheating current || **stromkreis** *m* (Lampe) / preheating circuit || **zeit** *f* / preheating time, warm-up period
vorhergesagt *adj* / predicted *adj*
vorherige Station / upstream station
vorherrschender Schwingungstyp / dominant mode
Vorhersage *f* (Berechnungsvorgang zur Ermittlung der (des) vorhergesagten Werte(s) einer Größe) / prediction *n*
Vorhub *m* / forward stroke || **kegel** *m* / pilot-operating plug
Vorimpedanz *f* / series impedance, source impedance, external impedance
vorimprägnieren *v* / preimpregnate *v*
vorimprägniert·e Papierisolierung / pre-impregnated paper insulation || **~er Werkstoff** / pre-impregnated material, prepreg *n*
Vorimpuls *m* / pilot pulse
Vorionisator *m* / primer electrode, keep-alive electrode, primer *n*, ignitor *n* || **strom** *m* / primer (or ignitor) current
Vorionisierung *f* / primer ignition
Vorionisierungs·rauschen *n* / primer noise, ignitor noise || **wechselwirkung** *f* / primer (or ignitor) interaction || **zeit** *f* / primer (o. ignitor) ignition period
vorisolieren *v* / pre-insulate *v*
Vorkammer *f* / sealing grease compartment, prechamber *n* || **dieselmotor** *m* / prechamber diesel engine, precombustion diesel engine
Vorkenntnisse *f pl* / basic knowledge
Vorkommastelle *f* / integer position, integer digit position, digits to the left of the decimal point || **n** *f pl* / integer places
Vorkommen *n* / occurence *n*
Vorkommissionierung *f* / prepicking *n*
Vorkommissionierungswaage *f* / pre-picking scales
Vorkompilierer *m* / precompiler *n*
Vorkondensator *m* / series capacitor
Vorkonditionierwerk *n* / preconditioning unit
vorkonfektioniert *adj* / pre-fabricated *adj*, pre-assembled *adj* || **~e Leitungen** / prefabricated wiring, cable assembly, cable harness || **~er Funktionsbaustein** / standard function block || **~es Y-Kabel** / prepared Y cable
vorkonfiguriert *adj* / preconfigured *adj*
Vorkontakt *m* / preliminary contact, early contact, leader contact || ** *m*** (Abbrennschaltstück) / arcing contact || ** *m*** (Pilotk.) / pilot contact || ** *m*** (z.B. f. Wegerfassung) / external initiating contact
Vorkontrolle *f* / preliminary check
VOR-Kontrollpunktmarke *f* / VOR checkpoint marking
Vorkopf *m* / pre-header *n*
vorkritisch·es Risswachstum / subcritical crack growth
Vorladeeinrichtung *f* / pre-charging device
vorladen *v* / precharge *v*, pre-charge *v* || ** *n*** / precharging *n*
Vorlade·phase *f* / precharge phase || **schaltung** *f* /

pre-charging input circuit || ⟂**schütz** *n* / precharging contactor, pre-charge contactor || ⟂**widerstand** *m* / precharging resistor, precharge resistance

Vorladung *f* / precharging *n*

Vorladungswiderstand *m* / precharging resistor

Vorladungswiderstände, Kondensatorschütz mit ⟂n / capacitor switching contactor with precharging resistors (o. contacts)

Vorlage *f* / template *n*, submitting *n* || ⟂ *f* (IS-Maske) / pattern *n* || ⟂ *f* (zur Trennung der Prozessflüssigkeit vom Messumformergehäuse) / interface *n* || ⟂ **Omicron** / template Omicron || **Öl~** *f* / head of oil, oil seal

Vorlast *f* / previous load, initial load || **Auslösekennlinie mit** ⟂ (Überlastrelais) DIN IEC 255, T.8 / hot curve || **Auslösekennlinie ohne** ⟂ (Überlastrelais) DIN IEC 255, T.8 / cold curve || ⟂**erfassung** *f* / preceding load feature || ⟂**faktor** *m* (Überlastrel.) DIN IEC 255, T.17 / previous load ratio || ⟂**strom** *m* (Überlastrel.) / previous load current, previous current

Vorlauf *m* / preprocessing *n*, run-in *n*, run in || ⟂ *m* (Bedienteil, Schaltglied) EN 60947-5-1 / pre-travel *n* || ⟂ *m* (WZM) / advance *n*, forward stroke, approach *n*, forward motion, forward travel || ⟂ *m* (CLDATA-Wort, Vorspannlänge des Lochstreifens) / leader ISO 3592 || ⟂ *m* (EZ) / no-load creep || **Band~** *m* (Lochstreifen) / forward tape wind, tape wind || **Programm~** *m* / program advance || ⟂ **auf einen Satz** / block search

Vorläufer *m* (Puls) / overshoot *n*

Vorlauf·faser *f* / launching fibre || **~freier Antrieb** / direct drive || ⟂**geschwindigkeit** *f* / forward speed, speed of forward stroke

vorläufige Stationsnummer / provisional station number

Vorlauf·puffer *m* / preprocessing memory, preprocessing buffer memory || ⟂**satz** *m* / selected block || ⟂**speicher** *m* / preprocessing memory || ⟂**station** *f* / preprocessing station || ⟂**stopp** *m* / preprocessing stop, stop preprocessor || ⟂**stoppbefehl** *m* / preprocessing stop command || ⟂**strecke** *f* (Schallweg zur Prüfstrecke) / delay path || ⟂**telegramm** *n* / leading telegram, leading frame || ⟂**temperatur** *f* / inlet temperature, cooling-water inlet temperature, flow temperature, intake temperature || ⟂**variable** *f* / preprocessing variable || ⟂**ventil** *n* / inlet valve || ⟂**weg** *m* (Schaltglied) / leader ISO 3592 || ⟂**zeiger** *m* / cursor *n* || ⟂**zeit** *f* / set-up time || ⟂**zeit** *f* (Zeit zwischen Produktentwurf und Fertigung) / lead time || **Impuls~zeit** *f* / set-up time IEC 147 || **Sender-⟂zeit** *f* / transmitter setup time

Vorleistungen *f pl* / up-front investments

Vorlichtbogen·bildung *f* / pre-arcing *n* || ⟂**dauer** *f* / pre-arcing time IEC 291, melting time ANSI C37.100

vorliegend *adj* / present *adj*, pending *adj*, queued *adj*

vorlochen *v* / pre-punch *v*

Vorlochung *f* / pre-punching *n*

vormagnetisierte Drossel / biased reactor || **~ Regeldrossel** (Transduktor) / transductor *n*

Vormagnetisierung *f* / premagnetization *n*, magnetic bias, bias *n*, bias magnetization

Vormagnetisierungs·feld *n* / polarizing field || ⟂**strom** *m* / magnetic biasing current, biasing current || ⟂**wicklung** *f* (Transduktor) / bias winding

Vormesszeit *f* / pre-measurement time

Vormontage *f* / preassembly *n*, preassembling *n*, sub-assembly *n*

vormontieren *v* / preassemble *v*, prepare *v*, terminate *v*

vormontiert *adj* / pre-assembled *adj* || **~er Einbausatz** / preassembled installation kit

Vormuster *n* / pilot lot sample

vorn / front || **~** (im Betrachtungssystem) / in front (viewing system) || **von ~ entriegelbarer Kontakt** / front-release contact || **nach ~** (Bewegung) / forwards (movement)

Vorname *m* / first name

Vornorm *f* / draft standard, tentative standard

Vornschneider *m* / end cutting nipper

Vor-Ort / local *adj* || ⟂**-Abnahme** *f* / site acceptance test || ⟂**-Auslösung** *f* / hand tripping, local tripping || ⟂**-Bedienstelle** *f* / local control || ⟂**-Bedienung** *f* / full local operation || ⟂**-Einsatz** *m* / local implementation || ⟂**-Service** *m* / local service || ⟂**-Steuerstelle** *f* / local control point || ⟂**-Steuerung** *f* / local control system (LCS), local control, local control unit

Vororttastenpaar *n* / local pushbutton pair, pushbutton pair

Vorortung, Fehler- ⟂ *f* / approximate fault locating

vor·parametriert *adj* / pre-parameterized *adj* || **~perforiert** *adj* / pre-perforated || ⟂**pfad** *m* / data path || ⟂**planungsphase** *f* / preplanning phase || ⟂**polung** *f* / bias polarity || ⟂**position** *f* / pre-position *n*

vorpositionieren *v* / preposition *v*

vorprägen *v* / pre-cut *v*, pre-mould *v*

Vorprägung *f* / knockout *n* (k.o.)

Vorpresse *f* / rough press

Vorpresskraft *f* (Trafo-Kern) / initial clamping force

Vorpressung *f* (ausbrechbare Öffnung) / pre-moulded knockout, knock-out *n* || ⟂ *f* (Trafo-Kern) / initial clamping

Vorprodukt *n* / prototype of a product, preliminary product, up-stream product

vorprogrammiert *adj* / preprogrammed *adj*

Vorprojekt *n* / pre-project *n*

vorprojektieren *v* (Bildschirmdarst.) / preformat *v*, predefine *v*

vorprojektiert *adj* / preconfigured *adj*

Vorprüfung *f* / pre-acceptance inspection, preliminary test, pre-inspection *f*, prechecking *f*

Vorprüfungsprotokoll *n* / pre-acceptance inspection report

Vorpuffer *m* (Ausgabep.) / output buffer

Vorpumpe *f* / roughing pump, backing pump

Vorrang *m* / priority *n*

Vorrangdaten *plt* / expedited data || ⟂**anzeige** *f* DIN ISO 8208 / interrupt *n* || ⟂**bestätigung** *f* DIN ISO 8208 / interrupt confirmation || ⟂**paket** *n* DIN ISO 8208 / interrupt packet || ⟂**übertragung** *f* / expedited-data transmission

Vorrang·-Dienstdateneinheit *f* DIN ISO 7498 / expedited service data unit || ⟂**ebene** *f* / level of priority, priority level

vorrangig ausgeschaltet / switched off dominant || **~es Setzen** / set dominant

Vorrang·schalter *m* / priority switch || ⟂**schaltung** *f* / priority circuit || ⟂**steuerung** *f* / priority control || ⟂**transportdienst** *m* / expedited transport

Vorrat 976

service || ⁕**unterbrechung** f / preemption n ||
⁕**verarbeitung** f / priority processing, priority scheduling || ⁕**zuordnung** f / priority assignment, priority scheduling
Vorrat m / supply n || ⁕ m / set n, repertoire n
Vorräte m pl / inventory n
Vorrats·abfrage f / supply control || ⁕**behälter** m / storage tank || ⁕**behälter für Flussmittel** / flux reservoir || ⁕**kathode** f / dispenser cathode || ⁕**lager** n / storage silo || ⁕**rolle** f / supply roll || **Kabel~schleife** f / (cable) compensating loop || ⁕**wasserheizer** m / storage water heater
Vorreaktanz f / series reactance, external reactance
Vorrechner m / back-up computer
Vorreiber m / fastener n || ⁕**verschluss** m / fastener lock
vorrichten v (ausrichten) / prealign v
Vorrichtung f / device n, facility n, jig n, mechanism n, tackle n, fixture n, equipment n, machine n, unit n, station n, stand n || ⁕ f (zur Bearbeitung ohne Werkzeugführung) / fixture n, (zur Bearbeitung mit Werkzeugführung) jig n || **Montage~** f / fitting device, assembly appliance, mounting device || ⁕ **freigeben** / release machine
Vorrichtungs·bau m / jig-and-fixture manufacture || ⁕**nummer** f / machine no.
Vorrücken n (el. Drehen) / inching n, jogging n || ⁕**taster** m / inching pushbutton
Vor-/Rückwärtszähler m / up/down counter
Vorrüstung f / set-up in advance
Vorsatz m / assembly n || ⁕ **für akustischen Melder** / assembly for acoustic signaling device || ⁕**gerät** n / attachment n || ⁕**getriebe** n / intermediate gear || ⁕**linse** f / auxiliary lens, front lens
Vorsäule f (Chromatograph) / pre-column n
Vorschalldämpfer m / muffler n
Vorschalt·anlage f / primary switchgear, line-side switchgear || ⁕**drossel** f / series reactor, series inductor || **Anlauf über** ⁕**drossel** / reactor starting, reactance starting || ⁕**element** n / series element, ballast element
vorschalten v / connect in incoming circuit, connect on line side, connect in series
Vorschalter m / back-up switch
Vorschaltgerät n (Leuchte) / ballast n, control gear, electronic control gear, upstream device || ⁕ **für einen kapazitiven und einen induktiven Zweig** / lead-lag ballast || ⁕ **für Instant-Start-Lampen** / instant start ballast || ⁕ **für Leuchtstofflampen mit Starterbetrieb** / preheat ballast || ⁕ **für Rapidstartlampen** / rapid-start ballast || **elektronisches** ⁕ (EVG) / electronic control gear (ECG), electronic ballast || **mit** ⁕ / ballasted adj, self-ballasted adj
Vorschaltgeräteraum m / ballast compartment, control-gear compartment
Vorschalt·getriebe n / intermediate gear || ⁕**glied** n / series element, voltage reducing element || ⁕**glied** n (Leuchte) / ballast element || ⁕**induktivität** f / series inductance || ⁕**kondensator** m / series capacitor || ⁕**sicherung** f / line-side fuse, line fuse, back-up fuse || ⁕**transformator** m / series transformer || ⁕**turbine** f / topping turbine || ⁕**widerstand** m / series resistor || ⁕**widerstand** m (Leuchte) / ballast resistor
Vorschau f / preview n || ⁕**fenster** n / preview window

Vorschlag m / suggestion n || ⁕**hammer** m / aboutsledge
Vorschlags·liste f / proposal list || ⁕**parameter** m / default parameter
Vorschleifen n / pregrinding n, rough grinding
Vorschlichten n / rough-finishing
Vorschneiden n / rough-cutting
Vorschneider m / taper tap
Vorschnitt m / rough cutting
vorschreiben v / stipulate v
Vorschrift f / regulation n, specification n, requirement n, request n, regulation and specification, code n, code of practice, set of standard || **Vorschrift** f (Norm) / standard n, standard specification || ⁕ **für Stichprobenentnahme** / sampling procedure || ⁕ **für Stichprobenprüfung** / sampling instruction || **Prüf~** f / test code, test specifications || **technische** ⁕ / technical regulation || **unternehmensinterne** ⁕ / company specification(s)
Vorschub m / feed n, feed function ISO 2806-1980 || ⁕ m (Geschwindigkeit, Rate) / feedrate n || ⁕ **Aus/Ein** m / feed ON/OFF n || ⁕ **für Rückzug** / retraction feedrate || ⁕ **Halt** / feed hold IEC 550 || ⁕ **in Schrittmaßen** / incremental feed || ⁕ **pro Zahn** / feed per tooth || ⁕ **Start** / feed start || **Hand~** m (Manipulator) / wrist extension || **konventioneller** ⁕ / manual feedrate, manual feed || **schrittweiser** ⁕ / pick feedrate || **zeitreziproker** ⁕ / inverse-time feedrate, inverse-time feed || ⁕**achse** f / feed axis || ⁕**änderung** f / feedrate change || ⁕**angabe** f / feed function, F function, F word || ⁕**antrieb** m / feed drive || ⁕**-Antrieb** m (VSA) / feed drive system (FDS), feed drive (FDD), feed drive (FD) || ⁕**antrieb (VSA)** m / feed drive (FDD) || ⁕**beeinflussung** f / feed control || ⁕**bereich** m (NC-Zusatzfunktion nach DIN 66025, T.2) / feed range ISO 1056 || ⁕**betrag** m / feed increment, path increment || ⁕**bewegung** f / feed motion (o. movement), feed movement || ⁕**bewertung** f / feedrate factor, feedrate weighting, feed rate factor, feed rate weighting || ⁕/ **Eilgangkorrekturschalter** m / feedrate/rapid traverse override || ⁕**-/Eilgangoverride** m / feedrate/rapid traverse override || ⁕**einrichtung** f / feeding device || ⁕**faktor** m / feedrate factor (FRF) || ⁕**freigabe** f / feed enable || ⁕**-Freigabe** f / feedrate enable || ⁕**gerät** n / feeding device || ⁕**geschwindigkeit** f / feedrate n, rate of feed || **Papier-**⁕**geschwindigkeit** f (Schreiber) / chart speed || ⁕**getriebe** n / feed gear mechanism || ⁕**Halt** m / feed stop (FST) || ⁕**interpolation** f / feed interpolation || ⁕**-Interpolation** f / feedrate interpolation
Vorschub·korrektur f / feedrate override ISO 2806, feedrate bypass || ⁕**-Korrekturschalter** m / feedrate override switch, feed override switch || ⁕**kraft** f / feedrate force || ⁕**motor** m / feed motor || ⁕**override** m (manuelle Eingriffsmöglichkeit, die es dem Bediener gestattet, die programmierten Vorschübe über Wahlschalter oder Potentiometer zu verändern) / feedrate override || ⁕**-Overrideschalter** m / feedrate override switch || ⁕**programmierung** f / feedrate programming, feedrate data input || ⁕**pult** m / feeder console || ⁕**regelung** f / feed control, feedrate control || ⁕**regelung für C-Achse** / C-axis feed control ||

⸺regler m / feed axis controller, feedrate controller || ⸺richtungswinkel m / angle of feed direction || ⸺satz m / feed block || ⸺sperre f (VSP) / feed disable (FDDIS) || ⸺spindel f / feed screw, feed spindle || ⸺-Startpunkt m / feed start position || ⸺-Statusanzeige f / feed status display || ⸺steuerung f / feed control || ⸺stufe f / feed step || ⸺system n / feed drive system || ⸺untersetzung f / feed reduction, feed reduction ratio || ⸺untersetzung f (NC) / feedrate reduction ratio || ⸺verlauf m / feed characteristic || ⸺verschlüsselung f / feedrate coding, feed rate coding || zeitreziproke ⸺-Verschlüsselung / inverse time feedrate coding || ⸺vervielfachung f / feedrate multiplication || ⸺vervielfachungsfaktor m / feedrate multiplication factor || ⸺walze f / feed drum, conveyor roll || ⸺weg m DIN 6580 / feed travel || ⸺wert m / feedrate value || ⸺winkel m / feed angle || ⸺zahl f / feedrate number (FRN)

Vorschuss m / advance n

Vorschweißflansch m / blanking flange, weld-on flange, forged steel welding neck flange

Vorschwingen n (Impulse) / preshoot n

Vorserie f / pre-production batch, pilot series, prototype series || ⸺nfertigung f / pre-series production

Vorsicherung f / back-up fuse

Vorsicht f / caution n

Vorsichtsmaßnahme f / safety precaution, precaution n

Vorsorgeuntersuchung f / preventive medical check-up

Vorspann m (Programm) / leader n || ⸺ m / preamble n || ⸺bild n / leader image || ⸺spanndrehmoment n / pretension torque || ⸺feder f / pretensioning spring

Vorspannung f / pretension n || ⸺ f / bias n || ⸺ f / initial stress, prestressing n || ⸺ **in Sperrrichtung** / reverse bias (RB)

Vorspannwerk n / infeed unit

Vorsperrröhre f / pre-transmit/receive tube, pre-T/R tube

Vorspiegelung falscher Tatsachen f / adulteration n

Vorsprung m / egde n

Vorspülung f (eines überdruckgekapselten Gehäuses mit Schutzgas) / purging n

Vorstabilisierungszeit f / previous stabilization time

Vorstand m / Managing Board

Vorstands·ausschuss für Technik / Managing Board Committee for Engineering || ⸺vorsitzender m / CEO

Vorstechen n / rough grooving

vorstehend·e Lamelle / high segment, high bar || ~**er Glimmer** / high mica, proud mica, high insulation

Vorstell·blech n / protective plate, barrier plate || ⸺tür f / cover door

Vorstellung f / presentation n

Vorsteuer·druck m / pilot pressure || ⸺faktor m / feedforward control factor || ⸺filter m / pilot filter || ⸺kopf m / pilot mcb || ⸺kreis m / pilot circuit || ⸺struktur f / feedforward control structure || ⸺symmetrierung f / pre-control balancing

Vorsteuerung f / pilot control, precontrol n, feedforward control, pilot operation, pre-control n || ⸺ f / forward supervision || **dynamische** ⸺ / dynamic feedforward control || **Skal. Beschleunig.** ⸺ / scaling accel. Precontrol

Vorsteuerungs·faktor m / feedforward control factor || ⸺profil n / precontrol profile

Vorsteuer·ventil n / pilot valve || ⸺verstärkung f / feedforward control gain

Vorstreichfarbe f / priming paint, primer n, ground-coat paint

Vorstrom m (Thyristor-SR) / biasing current || ⸺wicklung f (Transduktor) / bias winding

Vorstufe f / pilot valve assembly

Vortaste f (Funktionstaste) / function select key, shift key

Vortäuschung eines Fehlers / fault simulation

Vorteil m / advantage n

Vorteiler m (Frequenzteiler) / prescaler n

Vorteilspaket n / feature pack

Vortelegramm n / leading telegram, identifying message

Vortexablösung f / vortex shedding

Vortrag m / presentation n

vortränken v / pre-impregnate v

Vortrefflichkeit f / excellence n || ⸺sgrad m / degree of excellence

Vortrieb m (Leerlauf) / forward creep

Vortriebs·kraft f / tractive power, drive traction || ⸺regelungssystem n / power train control system || ⸺system n / power train system, traction system

Vortriebsystem n (Kfz-Triebstrang) / power-train system

Vortrigger m / pretrigger n

Vortritt m / protrusion n

vorübergehend adj / temporary adj || ~ adj (transient) / transient adj, transitory adj || ~ **fest montierter BV** / semi-fixed ACS || ~**e Abweichung** / transient deviation, transient n || ~**e Änderung** (zwischen zwei Beharrungszuständen) / transient n || ~**e Arbeitsunfähigkeit** / unfitness for work, temporary invalidity || ~**e Gehaltsfortzahlung im Krankheitsfall** / temporary disability benefit || ~**e Sollwertabweichung** / transient deviation from setpoint || ~**e Überschwingspannung am Ausgang** (IC-Regler) / output transient overshoot voltage || ~**e Überspannung** / transient overvoltage, transitory overvoltage (US) || ~**er Betrieb** / temporary operation || ~**er Erdschluss** / transient earth fault, temporary ground fault || ~**er Fehler** / transient fault, non-persisting fault, temporary fault || ~**er Kurzschluss** / transient short-circuit, transient fault, non-persisting fault

Vorüberschlag m / prearcing n

vor·- und nacheilend / leading and lagging || ⸺umschaltung f (zum Schutz gegen Überfahren) / anticipation control || ⸺ **und Nachspann** m / leader and trailer || ⸺untersuchung f / evaluation (EVL) n

vorverarbeiten v / preprocess v, condition v

Vorverarbeitung f / indication preprocessing, measured value preprocessing, metered value preprocessing, analog value preprocessing || ⸺ f (Daten) / preprocessing n

Vorverdichtung f / precompression n

vorverdrahten v / prewire v

vorverdrahtet adj / factory-wired adj

Vor·verdrahtung f / basic wiring || ⸺verknüpfung f / preceding logic operation || ⸺verlagerung f / forward displacement || ⸺verschaltung f / pre-interconnection

Vorverstärker

Vorverstärker m / pre-amplifier n, head amplifier
Vorwägung f / preweighing n
Vorwahl f / preselection n
vorwählbare Funktionen / preselectable functions
vorwählen v / preselect v, select v
Vorwähler m / selector n, presetter n, selector switch || ջ m / change-over selector || ջ **für die Grob-Feinstufenschaltung** HD 367 / coarse change-over selector IEC 214 || ջ **für die Zu- und Gegenschaltung** HD 367 / reversing change-over selector IEC 214
Vorwählgetriebe n / change-over selector gearing, selector gear unit
Vorwahl·scheibe f / selector n || ջ**schieber** m / preselecting slide || ջ**schlüssel** m / selector key || ջ**speicher** m / preselection store || ջ**zähler** m / presetting counter
Vorwahlzähler, elektronischer ջ / solid-state presetting counter
vorwärmen v / preheat v
Vorwärmer m / pre-heater n
Vorwarngrenze f / prewarning limit || ջ **erreicht** / warning limit reached
Vorwarnschwelle f / prewarning threshold
Vorwarnsignal n / prewarning signal, early warning alarm
Vorwarnung f / prewarning n, advance warning
Vorwarnzeitschalter m / early-warning time switch
Vorwarn-Zeitschalter m / prewarning timer
vorwärts adv / forward adv || ~ **kontinuierlich** / forward, continuous || ~ **rollen** / rollup v || ~ **satzweise** / forward block by block, forward in block mode || ~ **zählen** v / count up v
Vorwärtsband n / forward band
vorwärtsblättern v (am Bildschirm) / page down, page forward
Vorwärts·dokumentation f / forward documentation, feedforward documentation || ջ**drehung** f / forward rotation || ջ**drehung mit Arbeitsvorschub** DIN 66025 / forward spindle feed ISO 1056 || ջ**-Durchlasskennlinie** f / forward on-state characteristic || ջ**-Durchlassspannung** f / forward on-state voltage || ջ**-Durchlassstrom** m / forward on-state current || ջ**-Durchlasszustand** m / forward conducting state, on-state n || ջ**durchschlag** m / forward breakdown || ջ**-Ersatzwiderstand** m (Diode) DIN 41781 / forward slope resistance || ջ**fehlerkorrektur** f / Forward Error Correction (FEC) || ջ**führung** f / feedforward control || ջ**-Gleichsperrspannung** f DIN 41786 / continuous direct forward off-state voltage || ջ**impuls** m / up pulse || ջ**kanal** m IEC 50 (704) / go channel, transmit channel, forward channel || ջ**kennlinie** f DIN 41853 / forward voltage-current characteristic, forward characteristic || ջ**kopplung** f / feedforward n || ջ**lauf** m / forward motion, forward movement
vorwärtslaufend adj / forward running
Vorwärts·leistungsüberwachung f / forward power protection || ջ**optimierung** f / feedforward optimization || ջ**pfad** m / forward path || ջ**regelung** f / feedforward control || ջ**richtung** f (Schutz, Auslöser) / operative direction || ջ**richtung** f (HL) / forward direction || ջ**-Richtungsglied** n / forward-looking directional element (o. inst) || ջ**-Rückwärts-Auswerter** m / forward-reverse evaluator, up-down interpreter || ջ**-Rückwärts-Modulo-5-Zähler** m / up/down modulo-5 counter || ջ**-Rückwärts-Schieberegister** n / bidirectional shift register || ջ**-Rückwärtszähler** m (V-R-Zähler) / up-down counter, reversible counter, bidirectional counter || ջ**-Scheitelsperrschaltung** f / circuit crest peak off-stage voltage || ջ**-Scheitelsperrspannung** f DIN 41786 / peak working off-state forward voltage, crest working forward voltage || ջ**-Scheitelsperrspannung am Zweig** / circuit crest working off-state voltage
Vorwärts-Scheitelsperrspannung, nichtperiodische ջ / circuit non-repetitive peak off-state voltage || **schaltungsbedingte** ջ / circuit crest working off-state voltage, circuit crest peak off-stage voltage || **schaltungsbedingte nichtperiodische** ջ / circuit non-repetitive peak off-state voltage || **schaltungsbedingte periodische** ջ / circuit repetitive peak off-state voltage
Vorwärts-Schiebeeingang m / left-to-right shifting input, top-to-bottom shifting input
vorwärtsschreitender Wicklungsteil / progressive winding element
Vorwärts·spannung f (Diode) / forward voltage || ջ**-Sperrdauer** f (Diode) / forward blocking interval, forward off-state interval, circuit off-state interval || ջ**-Sperrfähigkeit** f (Diode) / forward blocking ability || ջ**-Sperrkennlinie** f / forward blocking-state characteristic || ջ**-Sperrspannung** f / off-state forward voltage, off-state voltage || ջ**-Sperrstrom** m / off-state forward current, off-state current || ջ**-Sperrwiderstand** m / forward blocking resistance || ջ**-Sperrzeit** f / off-state interval, circuit off-state interval || ջ**-Sperrzustand** m / forward blocking state, off state || ջ**-Spitzensperrspannung am Zweig** / circuit non-repetitive peak off-state voltage || ջ**-Spitzensperrspannung** f / peak forward off-state voltage || ջ**-Spitzensteuerspannung** f / peak forward gate voltage || ջ**-Spitzensteuerstrom** m / peak forward gate current || ջ**sprung** m / forward jump || ջ**sprung** m (Programm) / forward skip || ջ**-Steuerspannung** f / forward gate voltage || ջ**-Steuerstrom** m / forward gate current || ջ**steuerung** f (LE) / unidirectional control || ջ**steuerung** f (DÜ) / forward supervision || ջ**-Stoßspitzenspannung** f DIN 41786 / non-repetitive peak forward off-state voltage, non-repetitive peak forward voltage || ջ**strich** m (Staubsauger) / forward stroke || ջ**strom** m (Diode) / forward current || ջ**strom-Effektivwert** m (Diode) DIN 41781 / r.m.s. forward current || ջ**strom-Mittelwert** m (Diode) DIN 41781 / mean forward current || ջ**-Suchlauf** m / forward search
vorwärtstakten v (Zähler) / up counting
Vorwärts·-Teilstromrichter m / forward (converter) section IEC 1136-1 || ջ**-Übertragungskennwerte** m pl DIN IEC 147,T.1 E / forward transfer characteristics || ջ**-Übertragungskoeffizient** m (Transistor) DIN 41854,T.10 / forward s-parameter || ջ**- und Rückwärtstrace** / forward and backward trace || ջ**verkettung** f (Anfangssituation - Endsituation) / forward chaining || ջ**verlust** m (Diode) / forward power loss || ջ**-Verlustleistung** f (Diode) DIN 41781 / forward power loss || ջ**welle** f / forward wave
Vorwärtswellen·röhre f / forward-wave tube || ջ**-Verstärkerröhre** f / forward-wave amplifier tube

(FWA) || ⟨-Verstärkerröhre vom M-Typ / M-type forward-wave amplifier tube (M-type FWA)
Vorwärts-Zähleingang *m* / counting-up input
vorwärtszählen *v* / count up *v*
Vorwärts·zähler *m* / up counter, non-reversible counter, up-counter *n*, incrementer *n*, counter up || ⟨zählimpuls *m* / up-counting pulse || ⟨zeitglied *n* / incrementing timer || ⟨-Zeitglied *n* / incrementing timer || ⟨zweig *m* / feedforward signal line, forward branch, forward path || **Regelglieder im ⟨zweig** / forward controlling elements
Vorwegnahme *f* / anticipation *n*
Vorwerkstätte *f* / workshop *n*, Parts Production workshop
Vorwiderstand *m* / series resistor, series resistance, external resistance, starting resistor, series impedance
vorwiegend direkte Beleuchtung / semi-direct lighting || ~ **direkte Leuchte** / semi-direct luminaire || ~ **indirekte Beleuchtung** / semi-indirect lighting
Vorwort *n* / foreword *n*, preface *n* || ⟨ **und Hinweise** *n* / Preface and Notes
Vor-Zähler *m* / up-counter
Vorzählerwert *m* / intermediate counter value
Vorzeichen *n* (VZ) / sign *n* (SG), plus/minus sign || ⟨ *n* (Bezeichnungssystem) DIN 40719,T.2 / qualifying symbol IEC 113-2 || **Darstellung mit ⟨** / signed representation || **Darstellung ohne ⟨** / unsigned representation || **Zahl mit ⟨** / signed number
vorzeichenabhängig *adj* / depending on sign
Vorzeichen·änderung *f* / change of sign, sign inversion || ⟨auswertung *f* / sign evaluation
vorzeichenbehaftet *adj* / signed *adj*, sign-dependent *adj* || ~**e Größe** / quantity with a sign
Vorzeichen·-Bit *n* / sign bit || ⟨invertierer *m* / sign inversion || ~**los** *adj* / unsigned *adj* || ~**lose Zahl** / unsigned number || ~**richtige Anzeige** / value display with sign || ⟨-**Taste** *f* / sign key || ⟨umkehr *f* / sign inversion, sign reversal || ⟨umschaltung *f* / sign reversal, sign reverser || ⟨wechsel *m* / sign reversal, change of sign, polarity reversal, sign inversion || ⟨ziffer *f* / sign digit
vorziehen *v* / prefer *v*
Vorziffer *f* / preceding number
Vorzugs·... / preferred *adj* || ⟨·**abmessungen** *f pl* / preferred dimensions || ⟨-**AQL-Werte** *m pl* / preferred acceptable quality levels || ⟨**bereich** *m* / priority area || ⟨-**Blitzstoßspannung** *f* VDE 0432, T.2 / standard lightning impulse IEC 60-2 || ⟨**breite** *f* / preferred width || ⟨**einbaulage** *f* / preferred mounting position || ⟨**endknoten** *m* / preferred end junction || ⟨**gerät** *n* / predefined device
vorzugsgerichtet *adj* (Magnetwerkstoff) / oriented *adj*, grain-oriented *adj*
Vorzugs·konzept *n* / feed concept || ⟨**lage** *f* / preferred state, output state, fail safe position || ⟨**länge** *f* / preferred length || ⟨**leistung** *f* / preferred rating || ⟨**liste** *f* (f. bevorzugte Lieferanten) / select list, preferential list || ⟨-**Nennmaße** *n pl* / preferred nominal dimensions || ⟨**passung** *f* / preferred fit || ⟨**position** *f* / preferred position || ⟨**reihe** *f* / preferred range || ⟨**richtung**

f / preferred direction || **magnetische ⟨richtung** / preferred direction of magnetization, easy axis of magnetization || ⟨-**Salzgehalt** *m* (Isolationsprüf.) / reference salinity || ⟨-**Schaltstoßspannung** *f* VDE 0432, T.2 / standard switching impulse IEC 60-2 || ⟨-**Stoßstrom** *m* VDE 0432, T.2 / standard impulse current IEC 60-2 || ⟨**typ** *m* / preferred type || ⟨**variante** *f* / preferred version || ⟨**walze** *f* / transport roller || ~**weise** / ideally || ⟨**wert** *m* / preferred value || ⟨**werte von Einflussgrößen** (EN 721-1, Titel) / classification of environmental parameters and their severities
Vorzünden *n* (Lichtbogen) / pre-arcing *n*
Vorzündung *f* / pre-arcing *f*
Vorzündzeit *f* / pre-arcing time IEC 291, melting time ANSI C37.100
Voschubregelung *f* / feedrate control
Voter-Funktion *f* / voter function, voter-basis evaluation
Voutenbeleuchtung *f* / cove lighting, cornice lighting
VP (Visualisierungsprozessor) / VP (visualization processor) || ⟨ / VP (virtual prototyping)
VPA / Verification Process Automation (VPA)
V-Parameter *m* / fibre characteristic term
VPE / cross-linked polyethylene (XLPE) || ⟨-**Dielektrikum** *n* / cross-linked polyethylene insulation || ⟨-**Isolierung** *f* (vernetzte Isolierung aus Polyethylen oder eines Copolymers oder einer Mischung auf der Basis des Polyethylens) / XLPE insulation
VPM / VPM (voltage protection module)
VPM-T *m* / Virtual Processor Model Transformer (VPM-T)
VPN / VPN (virtual private network)
V-Preis *m* / V price
V-Prüfung *f* / completeness check
VPS / hard-wired programmed controller, wired-program controller || ⟨ (verbindungsprogrammierte Steuerung) / hardwired control system, wired-program controller || ⟨ (verbindungsprogrammiertes Steuergerät) / wired-program controller, hardwired control system
VQ (Verursachsquelle) *f* / cause source (CS)
VR / Virtual Reality (VR)
VRCC / Voice Radio Communication Control (VRCC)
V-Ring *m* / V ring
VRML *f* / Virtual Reality Modeling Language (VRML)
VRMS / vibration root mean square (VRMS)
VRT / VRT (variable retraction value)
VRV (fertigungsbegleitende Prüfung) / manufacturing inspection, line inspection, in-process inspection and testing, in-process inspection, intermediate inspection and testing, interim review
V-R-Zähler *m* / up-down counter, reversible counter, bidirectional counter
VS / voltage scheduler (VS)
VSA (Vorschubantrieb) / FD (feed drive), FDD (feed drive), FDS (feed drive system)
VSB / VME-subsystem bus (VSB)
V-Schalter *m* / vacuum circuit-breaker
V-Schaltung *f* / V-connection *n*, Vee connection, open-delta connection || **Wicklung in ⟨** / V-connected winding

VSK (vertikaler Softkey) / VSK (vertical softkey)
VSL (Versandstückliste) *f* / shipping parts list
VSM *n* / Voltage Sensing Module (VSM)
VS Messkreisbaugruppe / FD measuring circuit submodule
VSoC / Vision System on a Chip (VSoC)
VSP (Vertriebsspanne) / sales margin || ⁓ (Vorschubsperre) / FDDIS (feed disable)
VSR (Verkehrssteuerungsrechner) *m* / main computer, traffic control computer
VST / Very Short Term UC/HS/HTC (VST)
VSTLF / very short term load forecast (VSTLF)
VSU / Voltage Sensing Unit (VSU)
VSYNC / vertical synchro signal (VSYNC)
VT / vertical tabulator (VT), vertical tab || ⁓ (Verschleißteil) *n* / working part || ⁓**-Anlage** *f* / process engineering system, VT system
VTC / Vertical Turret-loaded Center (VTC)
VTK (Verteilerkasten) / distribution box, distribution board
V-Trog Konzentrator / V-trough concentrator
VU (Verpackungsunterweisungen) / packing instructions (VU)
Vulkanfiber *f* / vulcanized fibre || ⁓**platte** *f* / vulcanized-fibre board
Vulkanisat *m* / vulcanized rubber, vulcanizate *n*
vulkanisieren *v* / vulcanize *v*, cure *v* || ⁓ *n* / vulcanizing *n*
vulkanisiert *adj* / vulcanized *adj*
VV (Vorstandsvorsitzender) *m* / Chief Executive Officer *n*
V-Variante *f* / V version *n*
V-Verdrahtung *f* / V wiring *n*
VVHG (Vertriebshauptgruppe) *f* / VVHG *n*
VZ (Vorzeichen) / sign *n* (SG), plus/minus sign || ⁓ (Zündspannung) / firing voltage (VZ) || ⁓**-Glied** *n* (Übertragungsglied mit Verzögerungsverhalten REG) / PT element

W

W (Werkstücknullpunkt Abkürzung für Werkstücknullpunkt) / part program zero, part zero, workpiece zero || ⁓ / W (letter symbol for water) || ⁓ (Wechsler) / ATC (automatic tool changer) || ⁓ **(Warnmeldungen)** *f* / warning messages (W) || **2** ⁓ / 2 changeover switches
WA (Wartungsanleitung) / maintenance guide, WA || ⁓ *m* (Werbeartikel) / advertising article *n*
Waage *f* / balance *n*, scales *plt*, weigh machine || **Druck~** *f* / deadweight tester, manometric balance || **Einspielen der** ⁓ / balancing of a balance || **in** ⁓ / level *adj*, truly horizontal || ⁓**balken** *m* / balance beam || ⁓**balken** *m* (Hebez.) / lifting yoke || ⁓**balkenrelais** *n* / balanced-beam relay || **~recht** *adj* / horizontal *adj* || ⁓**recht-Bohrmaschine** *f* / horizontal drilling machine || ⁓**rechtbohrwerk** *n* / horizontal boring machine || **~rechte Achse** / horizontal axis || **~rechte Bauelemente-Zuführung** / horizontal component feeder
waagrecht·er Aufbau / horizontal arrangement || **~e Bauform** (el. Masch.) / horizontal type, horizontal-shaft type || **~e Einbaulage** / horizontal mounting position || **~e Maschine** / horizontal machine, horizontal-shaft machine || **~er Betätiger** / horizontal actuator
WAB / SAR (smooth approach and retraction) || ⁓ **(weiches An- und Abfahren)** *n* / smooth approach and retraction (SAP)
wabenförmig *adj* / honeycomb shaped
Waben·kühler *m* / honeycomb radiator || ⁓**raster** *n* / honeycomb grid || ⁓**spule** *f* / honeycomb coil, lattice-wound coil
Wachhundfunktion *f* / watchdog function
Wachsamkeitseinrichtung *f* (Triebfahrzeug) / vigilance device
Wachsbeschichtung *f* / wax coating
W-Achse *f* / W axis
wachsen *v* (sich ausdehnen) / expand *v*, creep *v*
Wachstum der Funktionsfähigkeit *n* (im Zeitverlauf fortschreitende Verbesserung einer Maßgröße der Funktionsfähigkeit einer Einheit) / reliability growth || ⁓**smarkt** *m* / growing market || ⁓**srate** *f* / growth rate
Wächter *m* / monitor *n*, monitoring device, watchdog *n*, detector *n*, protective device, indicator *n*, controlling means, controller *n*, regulator *n*, loop controller, automatic control switch || ⁓ *m* (Person) / watchman *n* || ⁓ *m* (PS-Schalter) / pilot switch IEC 337-1 || **Drehzahl~** *m* / tachometric relay, speed monitor, tacho-switch || **Drehzahl~** *m* (Turbine) / overspeed trip, overspeed governor, emergency governor || **Flammen~** *m* / flame detector || **Strömungs~** *m* / flow indicator, flow monitoring device, flow relay || **Temperatur~** *m* / thermal release, thermal protector, temperature relay, temperature detector, thermostat *n* || **Thermo~** *m* / thermostat *n*, thermal cutout, thermal protector, temperature relay || **Wasser~** *m* / water detector || ⁓**-Kontrollanlage** *f* / watchman's reporting system || ⁓**-Kontrolluhr** *f* / time recorder for watchman's rounds
Wackelkontakt *m* / intermittent electrical contact, loose contact, poor terminal connection
wackeln *v* / shake *v*, rock *v*
Wackelschwingung *f* / shaking *n*, rocking *n*
Wafer *m* / wafer *n*, disk *n* || ⁓**-Identifizierungsgerät (WID)** *n* / wafer identification device (WID)
Waffle-Pack (Flächenmagazin zur Lieferung/ Bereitstellung von besonders großen oder Fine Pitch ICs) / waffle tray || ⁓**-Flächenmagazin** *n* / waffle pack tray || ⁓**-Wechsler** *m* (eine Stationserweiterung, mit der Bauelemente in Flächenmagazinen bereitgestellt werden) / matrix-tray changer (MTC)
Wäge·anlage *f* / weighing system || ⁓**balken** *m* / weigh beam || ⁓**baugruppe** *f* / weighing module || ⁓**behälter** *m* / weigh-bin *n* || ⁓**behälterzelle** *f* / load cell || ⁓**bereich** *m* / weighing range || ⁓**brücke** *f* / platform weigh bridge, weighbridge || ⁓**controller** *m* / weighing controller || ⁓**dauer** *f* / weighing time, weighing duration || ⁓**elektronik** *f* / electronic weighing system || ⁓**ergebnis** *n* / weighing result || ⁓**gut** *n* / product to be weighed || ⁓**methode** *f* (ADU, schrittweise Näherung) / successive approximation method || ⁓**modul** *n* / weighing module, weigh beam
Wägen *n* / weighing *n*
Wagen *m* (Schalterwagen) / truck *n* || ⁓**anlage** *f* / truck-type switchgear, truck-type switchboard ||

Leistungsschalter-⸚anlage *f* (Gerätekombination, Einzelfeld) / truck-type circuit-breaker assembly (o. cubicle o. unit) || **⸚beleuchtung** *f* (Bahn) / coach lighting || **⸚rücklauf** *m* / carriage return (CR) || **⸚rücklauftaste** *f* / (carriage) return key || **⸚stellung** *f* (Schalterwagen) / truck position
Wäge·objekt *n* / weighing object || **⸚prozessor** *m* / weighing processor
Wäger *m* / weigher *n*, operator *n* || **öffentlich bestellter** ⸚ / officially appointed operator
Wäge·station *f* / weighing station || **⸚strecke** *f* / weighing length || **⸚system** *n* / weighing system || **⸚technik** *f* / weighing system, weighing technology || **⸚- und Dosiersystem** *n* / weighing and proportioning system, load and dosing system || **⸚- und Dosiertechnik** *f* / weighing and proportioning technology || **⸚verfahren** *n* / weighing method || **Bordasches ⸚verfahren** / Borda weighing method || **Gaußsches ⸚verfahren** / Gauss weighing method || **⸚wert einer Last** / value of a load || **konventioneller ⸚wert** / conventional mass || **⸚zeit** *f* / weighing time, weighing duration || **⸚zelle** *f* / load cell, force transducer || **⸚zellenabgleich** *m* / load cell calibration || **⸚zellenanschluss** *m* / load cell connection || **⸚zellenimpedanz** *f* / load cell impedance || **⸚zellensignal** *n* / load cell signal || **⸚zellenspeisung** *f* / load cell supply || **⸚zellenverbindung** *f* / load cell connection || **⸚zyklus** *m* / weighing cycle
Wägung *f* / weighing *n*
Wahl bei aufgelegtem Hörer *f* / on-the-hook dialling || **⸚ der Betriebsanzeige** / Display selection || **⸚ des Aufstellungsorts** / siting *n* || **Blech erster** ⸚ / first-grade sheet (o. plate) || **⸚aufforderung** *f* DIN 44302 / proceed to select || **⸚ausgang** *m* / selectable output, unassigned output
wählbar *adj* / selectable *adj* || **~e Funktion** / user-assignable function || **~e Relaisfunktion** / selectable relay function
Wahlbaustein *m* / optional component
Wähl·dienst *m* / dial-up service || **⸚einrichtung** *f* / switching system, dialing unit
wählen *v* / select *v*, dial *v* || **⸚ Sie die Adresse der neuen Hardware aus** / Select the address of the new hardware
Wahlendezeichen *n* DIN 44302 / end of selection signal
Wähler *m* / selector *n*, selector switch || **⸚** *m* (f. Trafo-Anzapfungen) / tap selector
wahlfrei *adj* (Datenleitung) / optional *adj*, free || **~e Adresse** / random address || **~e Funktion** (Kommunikationssystem) / option *n* || **~er Zugriff** / random access
Wahl·funktion *f* / user-assignable function
Wähl·hebel *m* / selector switch, shift *n* || **⸚hebelsperre** *f* / shiftlock *n*
Wahl·kanal *m* / dialing channel || **⸚klemme** *f* / assignable-function terminal
Wählleitung *f* / switched line, dial line, dialup line
wahlloses Überlesen (CLDATA-Wort) / optional skip ISO 3592
Wahl·meldung *f* / user-assignable signal, selectable message || **⸚meldungen** *f pl* / selectable messages
Wähl·modem *m* / dial-up modem || **⸚netz** *n* / switched network || **öffentliches ⸚netz** / public switched system

Wahlpause *f* / dial pause
Wählrelais *n* / selector relay
Wahlschalter *m* / selector switch, two position switch, 2-way contact, directional contact, two-way contact, change-over switch, change-over contact || **⸚** *m* (Drehknopf) / selector knob || **⸚ für Motor-/Bremsbetrieb** / power/brake changeover switch
Wähl·scheibe *f* / dial *n* || **⸚scheibeneingabe** *f* / dialled input
Wählstring *m* / dial string
Wahltaste *f* / selector button, selector key
Wähl·verbindung *f* / dial-up connection || **⸚verkehr** *m* / dial-up communication
wahlweise *adj* / alternatively *adj*, optional *adj* || **~e Prüfbedingungen** / optional test conditions, OTC *n* || **~e zuordenbar** / freely configurable || **~r Halt** / optional stop
Wahlwiederholung *f* / redial facility
Wählzeichenfolge *f* / selection signal sequence
wahr *adj* (in) IEC 50(191) / true *adj* || **~e durchschnittliche Herstellqualität** / true process average || **~e Ladung** / free charge || **~e Remanenz** / retentiveness *n* || **~er mittlerer Fehleranteil der Fertigung** / true process average || **~er Wert** / true value || **~e Triggerung** / true trigger
Wahrheits·tabelle *f* / truth table || **⸚wert** *m* / grade of membership, Boolean value || **⸚wertetafel** *f* / truth table
wahrnehmbar *adj* / perceptible *adj*, noticeable *adj*, evident *adj* || **~er Frequenzbereich** / audio frequency band
Wahrnehmbarkeit *f* / perceptibility *n*
Wahrnehmbarkeitsschwelle *f* (kleinster Strom, der bei Stromfluss durch den Körper noch fühlbar ist) / threshold current || **Flicker-⸚** *f* / threshold of flicker perceptibility
Wahrnehmung *f* / perception *n*
Wahrnehmungs·abstand *m* / perceptibility distance || **⸚geschwindigkeit** *f* / speed of perception || **⸚schwelle** *f* / perception threshold || **⸚schwelle** *f* (LT) / luminance threshold || **absolute ⸚schwelle** (LT) / absolute threshold of luminance
wahrscheinliche Lebensdauer / probable life
Wahrscheinlichkeit *f* / probability *n* || **⸚ der jeweiligen Gefährdung** / hazard probability level || **⸚ der Übertragungsfehler** / transfer failure probability || **⸚ des Fehlers erster Art** DIN 55350, T.24 / type I risk || **⸚ des Fehlers zweiter Art** DIN 55350, T.24 / type II risk || **⸚ des Informationsverlustes** / probability of information loss || **⸚ des Restinformationsverlustes** / probability of residual information loss || **⸚ eines Ausfalls bei Anforderung (PFD)** (Wahrscheinlichkeit gefahrbringender Ausfälle einer Sicherheitsfunktion im Anforderungsfall) / probability of failure on demand || **⸚ für einen Fehler erster Art** / level of significance || **⸚ für fehlerhafte Gebührenabrechnung** (Wahrscheinlichkeit eines Irrtums bei der Abrechnung eines geleisteten Dienstes für einen Benutzer) IEC 50(191) / billing error probability || **⸚ gefahrbringender Ausfälle** *f* / probability of dangerous failure (PdF)
Wahrscheinlichkeits·berechnung *f* / probability

analysis || ⸺dichte *f* / probability density || ⸺dichte-Funktion *f* / probability density function || ⸺dichtefunktion einer diskreten Zufallsgröße / probability density function for a continuous variate || ⸺dichteverteilung *f* / probability density distribution || ⸺funktion *f* / probability function || ⸺funktion *f* (Funktion, die jedem Wert, den eine diskrete Zufallsgröße annehmen kann, eine Wahrscheinlichkeit zuordnet) / probability for a discrete random variable || ⸺grenze *f* / probability limit || ⸺grenze für einen Verteilungsanteil / statistical tolerance limit || ⸺grenzen *f pl* / probability limits || ⸺grenzen für einen Verteilungsanteil / statistical tolerance limits || ⸺modell *n* / probability model || ⸺netz *n* / probability net || ⸺theorie *f* / theory of probability, probability theory || ⸺verteilung *f* DIN 55350,T.21 / probability distribution, cumulative distribution || ⸺verteilung des Bestands / survival probability distribution || **Varianz einer** ⸺**verteilung** / variance of a variate || **Verfahren zur Ermittlung der** ⸺**verteilung** / multiple-level method
wahr senden / send true
Währung *f* / currency *n*
Währungs·bezeichnung *f* / currency name || ⸺**faktor** *m* / currency factor || ⸺**gewinne** *m pl* / foreign exchange gains || ⸺**kennzeichen** *n* / currency code || ⸺**kürzel** *n* / currency abbreviation || ⸺**tabelle** *f* / currency table || ⸺**umrechnungsfaktor** *m* / currency calculation code || ⸺**verluste** *m pl* / foreign exchange losses
Waisenkind *n* / orphan *n*
WAK (Web Access Kit) / WAK (Web Access Kit)
Waldbestand *m* / forest *n*
Walk·arbeit *f* (Schmierfett) / churning work, churning *n* || ⸺**arbeitsverlust** *m* / churning loss || **~en** *v* / flex *v* || ⸺**penetration** *f* / worked penetration || ⸺**reibwert** *m* / coefficient of churning friction
Walzdraht *m* / wire rod
Walze *f* / roller *n*
Walzen *n* / rolling *n* || ⸺**anlasser** *m* / drum-type starter, drum controller || ⸺**antrieb** *m* / roller drive || ⸺**drehmaschine** *f* / roll-turning lathe || ⸺**fräsen** *n* / plain milling || ⸺**fräser** *m* / roll milling cutter, cylindrical milling cutter || ⸺**führung** *f* / roller guide || ⸺**läufer** *m* / cylindrical rotor, drum-type rotor, non-salient-pole rotor, round rotor || ⸺**lüfter** *m* (Fliehkraftlüfter) / centrifugal fan || ⸺**schalter** *m* / drum controller, barrel switch || ⸺**schaltwerk** *n* / drum controller || ⸺**schleifmaschine** *f* / roll grinding machine || ⸺**siegler** *m* / roll sealer || ⸺**stirnfräser** *m* / shell end mill || ⸺**straße** *f* / rolling mill train || ⸺**verstellung** *f* / roll adjustment || ⸺**vorschub** *m* / roll feedrate, roll feed, drum feedrate, drum feed, roll feeding || ⸺**vorschubachse** *f* / roll feed axis || ⸺**vorschubsteuerung** *f* / roll feed control || ⸺**zapfenfräsen** *n* / roll neck milling
Wälzfläche *f* / pitch surface
Walz·folge *f* / stock headway || ⸺**folgesteuerung** *f* / mill pacing || ⸺**fräsen** *n* / hobbing *n*
Wälz·fräsen *n* / plain milling, hobbing *n*, gear hobbing, hob *n* || ⸺**fräser** *m* / plain milling cutter, hobbing cutter, hob *n* || ⸺**fräsmaschine** *f* / hobbing machine || ⸺**führung** *f* / roller slideway || **~geführter**

Schieber *m* / antifriction slide || **~gelagert** *adj* / ball-bearing
Walzgerüst *n* / roll stand
Wälzgetriebe *n* / non-crossed gears, rolling-contact gears, parallel gears, parallel-axes gearing
Walzhaut *f* / mill scale
Wälz·kegelrad *n* / bevel gear || ⸺**kontakt** *m* / rolling contact, rolling-motion contact || ⸺**körper** *m* / rolling element
Walzkraft *f* / roll separating force, rolling load
Wälzkreis *m* / pitch circle, reference circle, rolling circle
Wälzlager *n* / rolling-contact bearing, anti-friction bearing, rolling bearing, rolling-element bearing || ⸺**einsatz** *m* / antifriction-bearing insert || ⸺**fett** *n* / rolling-contact bearing grease, anti-friction bearing grease || ⸺**kopf** *m* / cartridge-type bearing || ⸺**maschine** *f* / machine with rolling-contact bearings, machine with antifriction bearings
Walzmotor *m* / rolling-mill motor, mill motor
Wälz·prüfanlage *f* / contact rolling tester || ⸺**rad** *n* / rolling gear, non-crossed gear, rolling-contact gear || ⸺**regler** *m* / rocking-contact voltage regulator, Brown-Boveri voltage regulator || ⸺**reibung** *f* / rolling friction
Walzrichtung *f* / rolling direction, grain of the metal, direction of rolling
Wälzschleifen *n* / generating grinding
Walz·spindel *f* / roll spindle || ⸺**stahl** *m* / rolled steel
Wälz, schrägverzahntes ⸺**-Stirnrad** / parallel helical gear, twisted spur gear, helical gear || ⸺**stoßen** *n* / gear shaping || ⸺**stoßmaschine** *f* / gear planing machine
Walzstraße *f* / rolling mill
Wälzwagen *m* / roller pad
Walzwerk *n* / rolling mill, mill *n*, roller mill || **Schütz für** ⸺**betrieb** / mill-duty contactor || ⸺**motor** *m* / rolling-mill motor, mill motor || ⸺**skran** *m* / rolling-mill crane
Wälz·werkzeug *n* / gear cutting tool || ⸺**zahnrad** *n* / non-crossed gear, rolling-contact gear
WAN / WAN (wide area network)
Wand *f* / wall *n* || ⸺**abstand** *m* / distance to walls, wall distance || ⸺**anbau** *m* / wall mounting || **für** ⸺**anbau** / for placing against a wall, wall-mounting *adj* || ⸺**arm** *m* / wall bracket || **für** ⸺**aufbau** / for surface-mounting (on walls) || ⸺**aufladung** *f* / wall charge || ⸺**aufstellung** *f* / wall-standing arrangement || **für** ⸺**aufstellung** / for placing against a wall || ⸺**ausleger** *m* / bracket *n* || ⸺**befestigung** *f* / wall fixing, wall mounting || ⸺**befestigungslasche** *f* / wall fixing lug || ⸺**befestigungswinkel** *m* / wall mounting bracket || ⸺**dicke der Isolierhülle** (Kabel) / thickness of insulation, insulation thickness || ⸺**dose** *f* / wall box || ⸺**durchbruch** *m* / wall cutout, wall opening || **für** ⸺**einbau** / for flush-mounting in walls, for wall recess mounting, cavity-mounting || ⸺**einbaumontage** *f* / flush wall mounting
wandelbarer Aufbau / flexible arrangement
wandeln *v* / convert *v*
Wandelung *f* / conversion *n*
Wanderecho *n* / migrant echo
wanderfähig *adj* / transportable *adj*, mobile *adj*
Wander·feld *n* / travelling magnetic field, moving field || ⸺**feldklystron** *f* / extended-interaction klystron || ⸺**feldmotor** *m* / travelling-field motor,

linear motor || ⟳kontrolle f / patrol inspection
Wandern n (digitale Nachrichtenübertragung) / wander n IEC 50(704)
wandern v / creep v, expand v, become dislocated
wandernd·e Eins / walking one || **~es Feld** / travelling magnetic field, moving field
Wander·prüfung f / patrol inspection || ⟳**prüfungschnecke** f / sliding (o. travelling) worm gear || ⟳**prüfungtransformator** m / mobile transformer
Wanderungsgeschwindigkeit f / migration rate || ⟳ f (Drift) / drift velocity
Wanderwelle f / travelling wave || **Überspannungs-** ⟳ f / travelling surge
Wanderwellen·schutz m IEC 50(448) / travelling wave protection || ⟳**strom** m / travelling-wave current, surge current || ⟳**verstärker** m / travelling-wave amplifier (TWA)
Wand·-Ferndimmer m / remote control wall dimmer || ⟳**fluter** m / wall floodlight || ⟳**friestafel** f / wall-frieze board || ⟳**gehäuse** n / wall box, wall-mounting case, wall enclosure || ⟳**halter** m / wall mounting || ⟳**halterung** f / wall-mounting holder, wall-mounting bracket, wall holder || ⟳**konsole** f / wall bracket || ⟳**ladung** f / wall charge || ⟳**laufkran** m / wall travelling crane
Wandler m / instrument transformer, transformer n || ⟳ m (Messwandler) / measuring transformer, instrument transformer || ⟳ m (Messumformer) / transducer n || ⟳ m (Spannung) / voltage transformer, potential transformer || ⟳ m (Strom) / current transformer || ⟳ m (Umsetzer) / converter n || ⟳ **mit doppelter Isolierung** / double-insulated transformer || ⟳ **mit einem Übersetzungsverhältnis** / single-ratio transformer || ⟳ **mit einer Sekundärwicklung** / single-secondary transformer || ⟳ **mit mehreren Übersetzungsverhältnissen** / multi-ratio transformer || ⟳ **mit zwei Sekundärwicklungen** / double-secondary transformer || **Drehzahl~** m / speed variator || **elektroakustischer** ⟳ / electro-acoustical transducer || **elektro-optischer** ⟳ / electro-optical transducer || **elektro-optischer** ⟳ (Emitter einer GaAs-Siode) / emitter n || **optoelektrischer** ⟳ / optoelectric receiver || **Transduktor-**⟳ m / measuring transductor || ⟳**anschluss** m / transformer burden, transformer connection || ⟳**auslöser** m / transformer-coupled release || ⟳**befestigung** f / transformer fixing || ⟳**blech** n / transformer plate || ⟳**daten** plt / tranformer data || ⟳**endanschluss** m / transformer burden || **~fest** adj / transformer-proof adj || ⟳**gehäuse** n / transformer enclosure || ⟳**integration** f / transformation integration || ⟳**kennfeld** n / torque converter map || ⟳**klemme** f / measuring transformer terminal || ⟳**kupplung** f / converter clutch || ⟳**leitung** f / transformer lead || ⟳**messung** f / transformer measurement
Wandlerstrom·anpassung f / transformer current matching || ⟳**auslösen** m / indirect release, transformer-operated trip, series release || ⟳**auslösung** f / series tripping, indirect tripping || ⟳**versorgung** f / current transformer supply
Wandler·summenschaltung f / transformer summation circuit || ⟳**überbrückung** f / converter lock-up, torque converter lock-up || ⟳**überbrückungskupplung** f / converter lockup

clutch, converter bypass clutch || ⟳**übersetzung** f / transformer conversion ratio || ⟳**verlustausgleich** m / transformer-loss compensation || ⟳**verlustkompensator** m / transformer-loss compensator || ⟳**zähler** m / transformer counter
Wandleuchte f / wall luminaire, wall-mounting luminaire, wall bracket, wall fitting, bulkhead unit
Wandlung f / conversion n
Wandlungs·fehler m / conversion error || ⟳**rate** f / conversion rate || ⟳**wirkungsgrad** m / energy conversion efficiency, solar conversion efficiency || ⟳**zeit** f / conversion time
Wand·montage f / wall mounting || ⟳**montagesatz** m / wall mounting kit || ⟳**reflexionsgrad** m / wall reflectance, wall reflection factor || ⟳**reibung** f / friction to walls || ⟳**ring** m / wall fastening ring || ⟳**schalter** m / wall switch || ⟳**schwenkkran** m / wall slewing crane || ⟳**sender** m (IR-Fernbedienung) / wall-mounted transmitter, wall-mounted controller || ⟳**sender Aktor** / transmitter actuator || ⟳**sender Batterie** / transmitter battery || ⟳**sockelkanal** m / dado trunking || ⟳**stärke** f / wall thickness || ⟳**stativ** n / wall bracket || ⟳**steckdose** f / wall-mounting socket-outlet, fixed socket-outlet (o. receptacle), wall socket || ⟳**tafel** f / wall panel || ⟳**tafelmodell** n / blackboard model || ⟳**uhr** f / wall clock || ⟳**- und Standverteiler** m / wall and floor-mounted distribution board
Wandung f / wall n
Wandverteiler m / wall-mounting distribution board
Wange f (Durchladeträgerwagen) / side girder
Wangen·fundament n / string foundation, raised foundation || ⟳**wagen** m / high-girder wagon
Wankstabilisierung f / active roll stabilization
Wanne f / trough n, tub n, tank n, sag n, sag curve || ⟳ f (Leuchte) / troffer n, bowl n, trough n, diffuser n, coffer n || ⟳ **Schweißbaugruppe** / trough welding assembly
Wannen·aufgabeplatz m / container assignment area || ⟳**-Einbauleuchte** f / recessed diffuser luminaire || **Einbau-**⟳**leuchte** f / troffer luminaire || ⟳**reflektor** m / trough reflector
WAP / Wireless Application Protocol (WAP)
WA-Prüfung f (Warenannahmeprüfung) / incoming goods inspection, incoming inspection, goods-in inspection, goods-inwards inspection, receiving inspection, receiving inspection and testing
Ward-Leonard·-Steuerung f / Ward-Leonard system || ⟳**-Umformersatz** m / Ward-Leonard generator set
Warehouse Management System (WMS) n / Warehouse Management System (WMS)
Waren·abzug m / fabric take-off || ⟳**annahme** f / Goods-in || ⟳**annahmeprüfung** f (WA-Prüfung) / incoming goods inspection, incoming inspection, goods-inwards inspection, goods-in inspection, receiving inspection and testing, receiving inspection || ⟳**annahmeprüfung (WA-Prüfung)** f / incoming inspection || ⟳**aufzug** m / goods lift, freight elevator || ⟳**ausgang** m / outbound logistics || ⟳**bahn** f / web || ⟳**begleitschein** m / delivery note || ⟳**distribution** f / merchandise distribution || ⟳**eingang** m / incoming inspection, incoming goods, goods received, goods-inwards || ⟳**eingangs...** (WE-...) / incoming adj || ⟳**eingangsbeanstandung** f / incoming nonconformance, nonconformance of incoming

warm

goods || ⸰**eingangsbearbeitung** f / incoming goods handling || ⸰**eingangsbeleg** m / incoming voucher || ⸰**eingangsbereich** m / receipt of goods || ⸰**eingangsbescheinigung** f / delivery verification certificate || ⸰**eingangsfehler** m / fault/error in goods received || ⸰**eingangsinspektion und -prüfung** f / incoming goods inspection, incoming inspection, goods-in inspection, goods-inwards inspection, receiving inspection and testing, receiving inspection || ⸰**eingangskontrolle** f / inspection of incoming shipments || ⸰**eingangslieferschein (WEL)** m / incoming delivery note || ⸰**eingangsmeldung** f / incoming notification || ⸰**eingangsprüfung** f / incoming goods inspection, incoming inspection, goods-in inspection, goods-inwards inspection, receiving inspection and testing, receiving inspection || ⸰**eingangsrevision** f / incoming goods inspection, incoming inspection, goods-in inspection, goods-inwards inspection, receiving inspection and testing, receiving inspection || ⸰**eingangsschein (WES)** m / incoming voucher || ⸰**eingangsunterlagen** f pl / goods-in documents, f incoming vouchers || **statistische** ⸰**nummner** / national trade statistics number || ⸰**speicher** m / festoon || ⸰**strom** m / flow of goods || ⸰**verkehr** m / movement of goods || ⸰**wirtschaftssystem** n / merchandise management system || ⸰**zeichen** n / trademark (TM)
warm aufziehen / shrink on v, shrink v || ~ **aushärtend** (Kunststoff) / thermosetting adj || ~ **behandeln** / heat-treat v
Warm·auslagern n / elevated-temperature age hardening || ⸰**band** n / hot coil || ⸰**bandstahl** m / hot-rolled strip || ⸰**bearbeitung** f / hot working || ⸰**beständigkeit** f / thermal endurance || ⸰**biegeversuch** m / hot bend test || ⸰**bruch** m / solidification shrinkage crack || ⸰**brüchigkeit** f / hot-shortness n, red-shortness n
Warmbruch m / hot crack
Wärme f / heat n || ⸰ **abgeben** / give off heat, dissipate heat || ⸰ **aufnehmen** / absorb heat || ⸰ **leiten** / conduct heat || ⸰ **übertragen** / transfer heat, transmit heat || **abzuführende** ⸰ / heat to be dissipated || ⸰**abbild** n / winding temperature indicator || ⸰**abfuhr** f / heat dissipation, heat discharge || ⸰**abführgeschwindigkeit** f / heat dissipation rate || ⸰**abführleistung** f / heat removal capacity || ⸰**abführung** f / heat dissipation, removal of heat, heat abduction || ⸰**abführvermögen** n / heat transfer capability, heat removal property, heat dissipation capability, heat dissipation capacity || ⸰**abgabe** f / heat transfer, heat dissipation || ⸰**abgabefähigkeit** f / heat transfer capability, heat removal property, heat dissipation capability
wärmeabgebend adj / heat-dissipating adj || **~er Prüfling** / heat-dissipating specimen
Wärme·ableitung f / heat discharge, heat dissipation, heat removal, heat abduction || **angemessene** ⸰**ableitungsbedingungen** VDE 0700, T.1 / conditions of adequate heat discharge IEC 3401 || ⸰**abschirmung** f / heat shield || ⸰**abstrahlung** f / heat emission, heat radiation, heat dissipation || ⸰**alterung** f / thermal ageing || ⸰**äquivalent** n / equivalent of heat || ⸰**aufnahme** f / heat absorption || ⸰**aufnahmefähigkeit** f / heat absorptivity, heat capacity || ⸰**ausbreitung** f / heat propagation || ⸰**ausdehnung** f / thermal expansion || ⸰**ausdehnungskoeffizient** m / coefficient of thermal expansion || ⸰**ausgleicher** m / compensator n || ⸰**auskopplung** f (f. Fernheizung) / heat supply from cogeneration || ⸰**austausch** m / heat exchange || ⸰**austauscher** m / heat exchanger || ⸰**austauschgrad** m / heat-exchanger efficiency, cooler rating
Wärme·beanspruchung f / thermal stress || ⸰**behandlung** f / heat treatment, annealing n, heat treating || ⸰**behandlungsanlage** f / heat treatment plant || ⸰**behandlungsbild** n / heat-treatment diagram || ⸰**belastung** m / heat treatment equipment || ⸰**belastung** f / thermal load || ⸰**belastung** f (durch Abwärme) / thermal pollution
wärmebeständig adj / heat-resistant adj, heat-proof adj, heat-stable adj, stable under heat, thermostable adj || **~e Aderleitung** / heat-resistant non-sheathed cable, heat-resistant insulated wire || **~e Anschlussleitung** (AVMH) / heat-resistant wiring cable || **~e Schlauchleitung** / heat-resistant sheathed flexible cable (o. cord)
Wärme·beständigkeit f (Gerät) / thermal endurance || ⸰**beständigkeit** f (Material) / thermostability n, thermal stability, heat stability, resistance to heat || ⸰**bilanz** f / heat balance, balance of heat || ⸰**bindung** f / heat absorption || ⸰**budget** n / thermal budget
wärmedämmend adj / heat-insulating adj
Wärme·dämmung f / thermal insulation, heat insulation || ⸰**dehnung** f / thermal expansion || ⸰**dehnungswert** m / thermal expansion value || ⸰**dehnungszahl** f / coefficient of thermal expansion || ⸰**dichte** f / heat density || ⸰**differentialmelder** m / rate-of-rise detector || ⸰**-Druckprüfung** f VDE 0281 / hot pressure test || ⸰**durchgang** m / heat transmission, heat transfer || ⸰**durchgangswiderstand** m / heat transfer resistance, reciprocal of heat transfer coefficient || ⸰**durchgangszahl** f / heat transfer coefficient || ⸰**durchgangszahl** f (k-Zahl) / coefficient of heat transmission
wärmedurchlässig adj / diathermal adj, heat-transmitting adj
Wärme·durchlasszahl f / coefficient of heat transmission || ⸰**durchlauf** m / continuous heat-run test || ⸰**durchschlag** m / thermal breakdown, series tansformer (US)
Wärme·einflusszone f / heat-affected zone || ⸰**einheit** f / thermal unit, heat unit || ⸰**einleitungsverlust** m / heat transfer loss || ⸰**einwirkung** f / action of heat, thermal effect, effect of heat
wärme·elastisch adj / thermoelastic adj || **~elektrisch** adj / thermo-electric adj
Wärme·entbindung f / heat release, heat generation || ⸰**entwicklung** f / heat generation, development of heat || ⸰**faktor** m / thermal factor
Wärmefestigkeit f / thermal stability, thermostability n || ⸰ **bei der Glühdornprobe** / hot-needle thermostability || ⸰ **nach Martens** / Martens thermostability || ⸰ **nach Vicat** / Vicat thermostability
Wärme·fluss m / heat flow, heat flow rate || ⸰**formänderung** f / deformation under heat, thermal deformation || ⸰**fortleitung** f / heat

conduction, thermal conduction || ⸗fühler m / temperature detector, thermal detector, temperature sensor || ⸗gefälle n / thermal gradient || ⸗gerät n / heating appliance || ⸗gewinn m / heat gain || ⸗gleichgewicht n / thermal equilibrium || Prüfung auf ⸗gleichgewicht / thermal stability test || ⸗grenzleistung f / thermal capacity
wärmehärtbar adj / thermo-setting adj
Wärme·härtung f / hot hardening, hot curing || ⸗haushalt m / heat balance || ⸗isolator m / thermal isolator || ⸗isolierung f / thermal insulation || ⸗isolierung f (Rohre) / lagging n
Wärme·kapazität f / thermal capacity, heat capacity, heat storage capacity, thermal absorptivity || ⸗kapazität f DIN 41862 / thermal capacitance || ⸗kegel m / thermal cone || ⸗klasse f / temperature class || ⸗-Kraft-Kopplung f / combined heat and power (c.h.p.), cogeneration n (of power and heat) || ⸗kraftmaschine f / heat engine, steam engine || ⸗kraftmaschinensatz m / thermo-electric generating set || ⸗kraftwerk n / thermal power station || ⸗kreislauf m / thermal circuit, heat cycle || ⸗kriechen n / thermal creep || ⸗lagerung f / heat ageing || ⸗last f / heat load, cooling load || ⸗leistung f / heat output (thermal) || ⸗leitblech n / thermally conductive plate
wärmeleitend adj / heat-conducting
Wärme·leiter, schlechte ⸗leiter / materials with low heat conductivity || ⸗leitfähigkeit f / thermal conductivity
Wärmeleitfähigkeits·detektor m (WLD) / thermal-conductivity detector (TCD) || ⸗-Gasanalyse f / thermal-conductivity gas analysis || ⸗-Gasanalysegerät n / thermal-conductivity gas analyzer
Wärmeleit·folie f / heat conducting foil || ⸗haube f / thermally conductive cover || ⸗mittel n / heat-conducting compound || ⸗paste f / heat transfer compound, thermolube n, thermo-lubricant
Wärmeleitung f / heat conduction, thermal conduction
Wärmeleit·vermögen n / thermal conductivity || ⸗weg m / heat conducting path, heat path || ⸗wert m / coefficient of thermal conductivity, thermal conductance || ⸗zahl f / coefficient of thermal conductivity, thermal conductance
Wärme·melder m / heat-sensitive detector || ⸗melder mit hoher Ansprechtemperatur / high-temperature heat detector || ⸗menge f / quantity of heat || ⸗mengenzähler m / heat meter, calorimetric meter || ⸗messer m / calorimeter n || ⸗messung f / temperature measurement, calorimetry n
Wärme·nest n / heat concentration, hot spot || ⸗niveau n / thermal level || ⸗prüflampe f / heat test source lamp (H.T.S. lamp) || ⸗prüfung f / temperature-rise test, heat run (el. machine) || ⸗pumpe f / heat pump || ⸗quellennetzwerk n / heat-source plot || ⸗rad n / heat wheel || ⸗rauschen n / thermal noise, thermal agitation noise || ⸗relais n / thermal relay, thermo-electric relay || ⸗riss m / heat crack, thermal check || ⸗rissbildung f / heat cracking || ⸗scheinwiderstand m / thermal impedance || ⸗schockprüfung f / heat shock test || Prüfung des ⸗schockverhaltens VDE 0281 / heat shock test || ⸗schrank m / heating cabinet || ⸗schrumpfung f / thermal contraction

Wärmeschutz m (Gebäude) / thermal insulation || ⸗ m (el. Masch.) / thermal protection (TP) || ⸗gefäß n (Lampe) / vacuum jacket, vacuum flask || ⸗gerät n / thermal protector || ⸗gerät mit automatischer Rückstellung / automatic-reset thermal protector || ⸗gerät mit Handrückstellung / manual-reset thermal protector || ⸗glas n / heat absorbing glass, vacuum jacket || ⸗isolierung f / heat insulation
Wärme·senke f / heat sink || ⸗speichervermögen n / heat storage capacity || ⸗spiel n / thermal cycle
wärmestabilisiert adj / thermally stabilized
Wärme·stabilität f / thermostability n, thermal endurance || ⸗standfestigkeit f / thermal endurance || ⸗stau m / heat concentration, heat accumulation || ⸗staustelle f / heat concentration, hot spot || ⸗strahler m / thermal radiator || ⸗strahler m (Lampe) / radiant heat lamp || ⸗strahlgerät n / electric radiator || ⸗strahlung f / thermal radiation, heat radiation || ⸗strom m / heat flow, heat flux, heat flow rate || ⸗stromdichte f / heat flow density || ⸗strömung f / heat flow
Wärme·tarif m / heating tariff || ⸗tauscher m / heat exchanger || ⸗tauschersystem n / heat exchange system || ⸗tönung f (Gasanalysegerät) / catalytic combustion, catalytic effect || ⸗tönungsverfahren n / heat-tone method || ⸗träger m / heat transfer agent, heat carrier, heat transfer medium, coolant n || ⸗trägeröl n / diathermic oil || ⸗trägheit f / thermal inertia, thermal lag || ⸗transport m / heat transfer, heat transmission || ⸗transportmittel n / heat transfer medium, coolant n || ⸗übergang m / heat transfer, convection n, heat transmission || ⸗übergangsverlust m / heat transfer loss || ⸗übergangswiderstand m / heat transfer resistance || ⸗übergangszahl f / heat transfer coefficient || ⸗übertragung f / heat transfer, heat transmission || ⸗übertragungsflüssigkeit f / heat transfer liquid || ⸗übertragungsmittel n / heat exchanging medium, heat transfer medium, cooling medium, coolant n || ⸗unbeständigkeit f / thermal instability
wärmeundurchlässig adj / heat-tight adj, adiathermic adj
Wärme·verbrauchszähler m / heat meter, calorimetric meter || ⸗verhalten n / behaviour under exposure to heat, thermal stability || ⸗verlust m / thermalization loss || ⸗verluste m pl / heat loss, energy lost as heat, dissipation n || ⸗wächter m / thermal release, thermal protector, temperature relay, temperature detector, thermostat n || ⸗wächter m (in Wickl.) / embedded temperature detector, thermal protector, thermostatic overload protector || ⸗wächter m (Relais) / thermal relay || spezifischer ⸗wert m / specific heat
Wärmewiderstand m (HL) / thermal resistance || ⸗ m (spezifischer Wert) / thermal resistivity || ⸗ m / thermal impedance || ⸗ zwischen Sperrschicht und Gehäuse / junction-to-case thermal resistance || spezifischer ⸗ des Erdbodens / thermal resistivity of soil || transienter ⸗ DIN 41786 / transient thermal impedance
wärmewirtschaftlicher Gesichtspunkt / demand of efficiency
Wärme·zähler m / heat meter || ⸗zeitkonstante f / heating time constant, time constant of heat

Warmfaltversuch

transfer || ⟲-**Zeitstandsverhalten** n / thermal endurance, heat endurance, thermal life || ⟲**ziffer** f / heat transfer factor || ⟲**zufuhr** f / heat input
Warmfaltversuch m / hot bend test
warmfest adj / heat-resistant adj, thermostable adj || **~er Stahl** / high-temperature steel, steel for high temperature service
Warmfestigkeit f / thermal stability, resistance to heat, thermostability n, temperature resistance
warm·gehende Rohrleitung / pipe line operating at high temperature || **~genietet** adj / hot-riveted adj || ⟲**geräte-Steckvorrichtung** f / appliance coupler for hot conditions || **~gestaucht** adj / warm-upset adj || **~gewalzt** adj / hot-rolled adj || ⟲**härtbarkeit** f / thermosetting ability || **~härtend** adj / thermosetting, heat-setting adj, heat-curing adj
Warm·laststufe f / warm-up loadstep || ⟲**lauf** m (Kfz-Mot.) / warm-up n, warming-up n || ⟲**laufstufe** f / warm-up step || ⟲**laufzeit** f / warm-up period || ⟲**luft** f / hot air, warmed air || ⟲**luftableitblech** n / thermally conductive cover || ⟲**luftabzug** m / hot-air outlet, warmed-air discharge || ⟲**luftofen** m / hot-air oven || ⟲**presse** f / hot molding press || ⟲**pressen** n (Kunststoff) / compression moulding || ⟲**pressen** n (Metall) / hot pressing || ⟲-**Pressteil** n / hot-pressed part || ⟲**richtmaschine** f / hot plate leveler || ⟲**riss** m / hot crack, solidification shrinkage crack || ⟲**rissprobe** f / hot cracking test || ⟲**rundlaufprobe** f / hot out-of-true test
Wärmschrank m / heating cabinet
Warmschrumpfschlauch m / heat-shrinkable sleeving IEC 684
Warm·start m (thermischer Maschinensatz) / hot start, warm restart, new start-up || ⟲**startlampe** f / preheat lamp, hot-start lamp || ⟲**streckgrenze** f / elevated-temperature yield point || ⟲**umformen** n / hot forming || ⟲**verformung** f / hot working || ⟲**verpressen** n / hot pressing || ⟲**walzdraht** m / hot-rolled rod || ⟲**walzen** n / hot rolling || ⟲**walzwerk** n / hot rolling mill || ⟲**wassererzeugung** f / hot water heater
warmweiß adj / warm white adj || ⟲-**Leuchtstofflampe** f / warm white fluorescent lamp
Warm·wert m / value of the warm machine || ⟲**widerstand** m / resistance in the hot state || ⟲**zeitstands-Bruchfestigkeit** f / creep rupture strength at elevated temperature || ⟲**ziehen** n / hot drawing || ⟲**zugversuch** m / elevated-temperature tensile test
Warn·befeuerung f / warning lighting, obstruction and hazard lighting || ⟲**blinklicht** n / hazard warning light || ⟲**code** m / alarm code || ⟲**dreieck** n / warning triangle || ⟲**en und Abschalten** n / warning and tripping || ⟲**fackel** f / flare pot || ⟲**feld** n / warning field || ⟲**feldradius** m / warning field radius || ⟲**grenze** f / warning limit, warning threshold, near-tolerance limit || ⟲**hinweis** m / warning n || ⟲**kontakt** m / alarm contact || ⟲**leuchte** f / warning lamp || ⟲**licht** n / warning light
Warn·meldeliste f / alarm list, warning indication list, warning list || ⟲**meldung** f / alarm indication, warning signal, alarm signal, alarm signalling, message n, system interrupt || ⟲**meldungen (W)** f / warning messages (W) || ⟲**nummer** f / warning number || ⟲**puffer** m / alarm buffer || ⟲**schild** n / warning notice, danger sign || ⟲**schild** n (auf Gehäusen, Geräten) / warning label, warning sign ||

⟲**schilder** n pl / warning notices || ⟲**schwelle** f / alarm threshold, warning threshold, warning level || ⟲**schwelle Motorübertemperatur** / threshold motor temperature || ⟲**schwimmer** m / alarm float || ⟲**signal** n / warning signal, beacon n || ⟲**signal** n (akustisch) / alarm signal || ⟲**stufe** f / alarm level || ⟲**temperatur** f / alarm (initiating temperature) || ⟲**ton** n / warning bleep
Warnung f / warning n, alarm n
Warnungs·folgespeicher m / alarm sequence memory || ⟲**information** f / warning information || ⟲**pfeil** m / danger arrow || ⟲**vorgeschichte** f / warning number
Warn·wert m / alarm value || ⟲**zeichen** n / warning symbol || ⟲**zeit** f / warning time
wartbar adj / maintainable adj, serviceable adj
Wartbarkeit f DIN 40042 / maintainability n, serviceability n
Warte f / control desk, control post || ⟲ f (Raum) / control room || ⟲-**auf-Empfang-Zeit** f (PROFIBUS) / slot time EN 50170-2-2 || ⟲**betrieb** m / disconnected mode (DM) || ⟲**box** f / wait box || ⟲**dauer** f / waiting time, queuing time || ⟲**dauer** f (auf einen Dienst) IEC 50(191) / service provisioning time || ⟲**linie** f / waiting line || ⟲**marke** f / wait marker
warten v (instandhalten) / maintain v, service v, service and maintain, attend v || ⟲ **auf Einzelschritt** n / waiting for single step
Warten·arbeitsplatz m / operator console n || ⟲**ausrüstung** f / control-room equipment || ⟲**ausstattung** f / control room equipment || ⟲**gerät** n / control rom device || ⟲**peripherie** f / control-room interface equipment, control-room peripherals || ⟲**pult** n / control-room console, control desk || ⟲**raum** m / control room || ⟲**raum einer Station** / substation control room || ⟲**tafel** f / control board, control-room board
Warteposition f / waiting position || ⟲ **anfahren** / Go to waiting position (button), move to the waiting position
Wärter m / attendant n
Warte·schlange f (WS) / queue n || ⟲**schlangenbearbeitung** f / queue processing || ⟲**schlangentheorie** f / queueing theory || ⟲**schritt** m / delay step, waiting step, wait step || ⟲-**Signal** n / wait signal || ⟲**station** f / passive station || ⟲**stelle** f / protocol message queue || ⟲**steuerung** f / wait control || ⟲**zeit** f DIN 19237 / waiting time || ⟲**zeit** f (bzw. Ruhezeit ist die Zeit, während der der Controller die CPU nicht nutzt) / wait time || ⟲**zeit** f (Verzögerung) / delay n || ⟲**zeit** f / waiting time || ⟲**zeit berücksichtigen** / take account of wait time, take account of waiting time || ⟲**zeit LP-Transport** m (Zeit, die die Leiterplatten nach dem letzten Flussmittelauftrag im Mittenband bleiben sollen) / PCB conveyor wait time, waiting time, PCB transport || ⟲**zeittimer** m / waiting time timer || ⟲**zustand** m / disconnected mode (DM) || ⟲**zustand der Quelle** DIN IEC 625 / source wait for new cycle state (SWNS), m wait state || ⟲**zustand der Senke** DIN IEC 625 / acceptor wait for new cycle state (AWNS)
Wartung f / maintenance n, servicing n, upkeep n || ⟲ f (vorbeugende Instandhaltung) IEC 50(191) / preventive maintenance || **vorausschauende** ⟲ / preventive maintenance

Wartungs·abteilungsleiter m / maintenance manager || **~anfällig** adj / high-maintenance || ⟡**anforderung** f (innerhalb eines absehbaren Zeitraums muss ein Austausch der betreffenden Komponente ausgeführt werden) / maintenance request || ⟡**anleitung** f / maintenance instructions, maintenance manual, maintenance instruction book || ⟡**anleitung** f (WA) / maintenance guide || ⟡**anschluss** m / service connection || ⟡**anschluss** m (Flansch) / service flange || ⟡**arbeit** f / maintenance work
wartungsarm adj / minimum-maintenance adj, low-maintenance, requiring little maintenance
Wartungs·aufrechner m / service account || ⟡**aufwand** m / expenditure of maintenance || ⟡**beauftragter** m / maintenance contractor || ⟡**bedarf** m / demand of maintenance, maintenance required, maintenance requirement || **~bedingte Nichtverfügbarkeitsdauer** / maintenance duration
Wartungs·bericht m / maintenance report, service report, action report, assignment report || ⟡**bezirk** m (WBez.) / service area || ⟡**dauer** f / maintenance time, active preventive maintenance time || ⟡**dauer** f / preventive maintenance time IEC 50 (191) || ⟡**diskette** f / maintenance diskette
Wartungs·fähigkeit f / maintainability || ⟡**faktor** m / maintenance factor || ⟡**faktor** m (Lg.) / relubrication factor || ⟡**feld** n / maintenance panel, engineering test panel, engineer's panel || ⟡**feld** n (Baugruppe) / service module || ⟡**folge** f / maintenance sequence
wartungsfrei adj / maintenance-free adj, requiring no maintenance, minimum-maintenance adj, low maintenance adj || **~er Leistungsschalter** / maintenance-free circuit breaker || ⟡**heit** f / freedom from maintenance
wartungsfreundlich adj / easy to maintain, easy to service, simple to maintain, without maintenance problems, with minimum maintenance requirements
Wartungs·freundlichkeit f / maintainability n, easy maintenance || ⟡**frist** f / maintenance interval || ⟡**gang** m VDE 0660, T.500 / maintenance gangway IEC 439-1, maintenance aisle || ⟡**gerät** n / service unit
wartungsgerecht / easy to maintain, easy to service, simple to maintain, without maintenance problems, with minimum maintenance requirements
Wartungs·gruppe f / service group || ⟡**handbuch** n / maintenance manual || ⟡**hilfe** f / maintenance aid (s) || ⟡**hinweise** m pl / recommendations for maintenance, maintenance instructions || ⟡**intervall** n / maintenance interval, mean time between maintenance (MTBM), maintenance period || ⟡**intervall nach Schalthäufigkeit bestimmt** / maintenance period in terms of number of operations || ⟡**intervall nach Zeit bestimmt** / maintenance period in terms of time || ⟡**intervallzeit** f / mean time between maintenance (MTBM)
Wartungs·karteikarte f / maintenance record card || ⟡**komfort** m / comfort of maintenance || ⟡**konzept** n / maintenance concept || ⟡**kosten** f / maintenance costs || ⟡**kran** m / maintenance crane || ⟡**mappe** f / maintenance file || ⟡**modul** n / service module || ⟡**-Modus** m / maintenance mode

|| ⟡**nahtstelle** f / maintenance interface || ⟡**öffnung** f / servicing opening || ⟡**-PC** m / service PC || ⟡**personal** n / maintenance personnel, maintenance staff, service personnel || ⟡**plan** m / maintenance schedule, servicing diagram (Rev.) IEC 113-1, maintenance plan || ⟡**planung** f / maintenance scheduling || ⟡**position** f / maintenance position || ⟡**programm** n / maintenance program || ⟡**rückmeldung** f / maintenance check-back signal || ⟡**schalter** m / maintenance switch || ⟡**schlüssel** m / maintenance key || ⟡**stellung** f / maintenance position || ⟡**system** n / service system, maintenance system || ⟡**techniker** m / service technician || ⟡**timer** m / maintenance timer || ⟡**tool** n / maintenance tool || ⟡**trupp** m / field crew || ⟡**- und Revisionsplan** m / maintenance and inspection schedule || ⟡**vorschrift** f / maintenance instructions || ⟡**warnung** f / maintenance alarm || ⟡**werkzeug** n / maintenance tool || ⟡**zeit** f (Zuv., Wart.) / maintenance time || ⟡**zeit** f / preventive maintenance time, servicing time || **aktive** ⟡**zeit** (Teil der aktiven Instandhaltungszeit, während dessen eine Wartung an einer Einheit durchgeführt wird) / active preventive maintenance time || ⟡**zeitraum** m / maintenance interval, mean time between maintenance (MTBM), maintenance periode
Warze f / projection n, boss n, lug n
Warzen·blech n / ribbed sheet metal button plate || ⟡**schweißung** f / projection welding
WAS / Websphere Application Server (WAS)
Waschbeton m / exposed-aggregate concrete
waschdichtes Relais / washable relay
Wascherpumpe f / washer pump
Wäscheschleuder f / spin extractor
Wasch·flasche f (f. Messgas) / washing bottle (o. cylinder) || ⟡**maschine** f / washing machine || ⟡**maschinenpult** n / washer console || ⟡**mittelpumpe** f / detergent pump || ⟡**sand** m / washed sand
Wasser n / water n || ⟡ **außer Regen** / water from sources other than rain || ⟡**ablass** m / water outlet, water drain || ⟡**ablassventil** n / water drain valve, drain valve || ⟡**abscheider** m / water separator || **~abweisend** adj / water-repellent adj || ⟡**analyse** f / water analysis || ⟡**anschluss** m / water connection || **~anziehend** adj / hygroscopic adj || ⟡**aufbereitung** f / water treatment || ⟡**aufbereitungsanlage** f / water treatment plant || ⟡**aufnahme** f / water absorption || ⟡**aufnahmefähigkeit** f / water absorption capacity || ⟡**auslasstemperatur** f / water temperature || ⟡**austritt** m / water outlet, water leakage
Wasser·baukran m / hydraulic engineering crane || ⟡**bäumchen** n (im Kabel) / water tree, bow-tie water tree, bow-tie tree, vented tree (VT), BTT n, diffuse tree || ⟡**bedarf** m / water demand || **~beständig** adj / resistant to water, water-resisting adj || ⟡**bewertungsfaktor** m / water worth value
Wasserdampf m / steam n, water vapour || ⟡**dampfalterung** f / steam ageing || ⟡**dampfdurchlässigkeit** f (Isolierstoffprobe) / water vapour permeability || ⟡**dampftafel** f / steam table
wasserdicht adj / waterproof adj, watertight adj, impermeable adj, submersible adj || **~e**

Wasser 988

Maschine / watertight machine, impervious machine || **~e Steckdose** / watertight socket-outlet, watertight receptacle
Wasser·dichtheit, Prüfung auf ⸰dichtheit / test for watertightness || **⸰dichtigkeit** f / watertightness n || **⸰druckprüfung** f / water pressure test, hydrostatic test || **⸰druckversuch** m / water pressure test, hydrostatic test || **⸰durchlässigkeit** f / water penetration || **⸰einlass** m / water inlet || **⸰einspritzung** f / water spray, water injection || **⸰-/Energieumformfaktor** m / water-to-energy conversion factor || **⸰entsorgung** f / sewage disposal || **⸰falldiagramm** n / cascade diagram, three-dimensional map || **~fest** adj / resistant to water, water-resisting adj || **⸰flussverzögerung** f / water flow time delay || **⸰fühler** m / water sensor, water monitor || **~gefüllte Maschine** / water-filled machine || **~gekühlt** adj / water-cooled adj || **~gekühlter Motor** / water-cooled motor || **~geschützte Applikationen** / watertight applications || **⸰geschwindigkeit** f (Maß für die Schnelligkeit der Bewegung des Wassers) / water velocity || **~gestrahlt** adj / water-blasted adj || **⸰gewinnung** f / water procurement || **⸰hammer** m / water hammer
wässerige Phase / aqueous phase, water phase
Wasser·kalorimetrie f / water calorimetry || **~kalorimetrisches Verfahren** / water-calorimetric method || **⸰kammer** f (Kühler) / water box || **⸰kammerdeckel** m / water box cover || **⸰kontinuitätsgleichung** f / water continuity equation
Wasserkraft f / hydraulic energy || **⸰anlage** f / hydro-electric installation, water-power plant || **⸰generator** m / waterwheel generator, hydro-electric generator, hydro-generator n, hydro-alternator || **⸰-Generatorsatz** m / hydro-electric generating set || **⸰-Maschinensatz** m / hydro-electric set || **⸰werk** n / hydro-electric power plant, hydro-electric works, hydro-electric plant, hydroelectric power station
Wasser·kühler m (Wasser-Wasser) / water-to-water heat exchanger, water cooler || **⸰kühler** m (Luft-Wasser) / air-to-water heat exchanger, air-to-water cooler || **⸰kühleranschluss** m / water cooler connection || **⸰kühlmantel** m / water-cooling jacket || **⸰kühlung** f / water cooling || **Leistung bei ⸰kühlung** / water-cooled rating || **⸰kühlung mit Ölumlauf** / forced-oil water cooling || **⸰landebahnfeuer** n / channel light || **⸰last** f / water load || **⸰laufanzeiger** m / water flow indicator
wasserlöslich adj / water-soluble adj
Wasser·mangelsicherung f / water-failure safety device, water shortage switch || **⸰mantel** m / water jacket || **⸰mengenanzeiger** m / water flow rate indicator, water flow indicator || **⸰nachfrage** f / water demand || **⸰-Öl-Wärmetauscher** m / water-to-oil heat exchanger || **⸰penetration** f / water penetration || **⸰pumpe** f / water pump || **⸰pumpenzange** f / multiple slip joint pliers
Wasser·rad n / waterwheel n || **⸰rohrnetz** n / water pipe system, water service || **⸰rollbahnfeuer** n / taxi-channel lights || **⸰rückkühler** m / water-cooled heat exchanger || **⸰sackrohr** n / siphon n || **⸰sammeltasche** f / water well || **⸰sauger** m / water suction cleaning appliance || **⸰säule** f (WS) / water gauge (w.g.), water column || **⸰schalter** m / water

circuit-breaker, expansion circuit-breaker || **⸰schlag** m / water hammer || **⸰schloss** n / surge tank, surge shaft || **⸰schub** m / hydraulic thrust || **⸰schutz** m / protection against water, protection against the ingress of water || **Prüfung des ⸰schutzes** / test for protection against the ingress of water || **⸰schutzgebiet** n / protected water catchment area || **⸰seite** f / water side, water circuit || **⸰sensor** m / water sensor || **⸰spardüse** f / economizer nozzle || **⸰speicher** m / water storage reserve
Wasserstand m / water level || **⸰schalter** m / water-level switch || **VdTÜV ⸰ 100 und 100/1** / VdTÜV water level 100 and 100/1
Wasserstoff m / hydrogen n || **⸰brüchigkeit** f / hydrogen embrittlement || **~dicht** adj / hydrogen-proof adj || **⸰einbau** m / hydrogen incorporation || **~gekühlte Maschine** / hydrogen-cooled machine || **⸰generator** m / hydrogen generator || **~gesättigtes amorphes Silizium (a-Si:H)** / hydrogenated amorphous silicon (a-Si:H) || **~gesättigtes Silizium** (amorphes Silizium, mit Wasserstoff behandelt) / hydrogenated silicon (a-Si:H) || **⸰passivierung** / hydrogenation n || **⸰peroxid** n / hydrogen peroxide || **Standard-⸰potenzial (o. -potential)** n / standard hydrogen potential || **⸰sprödigkeit** f / hydrogen embrittlement || **⸰-Synthesegasanlage** f / hydrogen-synthetic gas plant
Wasser·strahlschneiden n / water jet cutting || **⸰strahl-Schneidmaschine** f / water jet cutter || **⸰strom** m / water flow || **⸰strömungsmelder** m / water flow indicator || **⸰tropfen** m / water drop || **⸰turbine** f / hydraulic turbine, water turbine, water wheel || **⸰überwachung** f (Umweltschutz) / water pollution monitoring || **Messeinrichtungen zur ⸰überwachung** / water pollution instrumentation || **⸰umlauf** m / water circulation || **⸰umlauf-Wasserkühlung** f (WUW-Kühlung) / closed-circuit water-water cooling (CWW) || **⸰ventil** n / water valve || **⸰ventilansteuerung** f / water valve control || **⸰verbrauchs- und Energiemessgerät** n / water consumption and power measurement equipment || **⸰verbrauchsprognose** f / water consumption forecast || **im ⸰ verlegte Leitung** / submarine line || **⸰versorgung** f / water supply || **⸰versorgungsanlagen** f pl / water distribution || **⸰versorgungsnetz** n / water supply network || **⸰versorgungsunternehmen (WVU)** n / water distribution company || **⸰waage** f / water level, spirit level || **⸰wächter** m / water detector || **⸰-Wasser-Wärmeaustauscher** m / water-to-water heat exchanger, water-to-water cooler || **⸰werk** n / waterwork n || **⸰wert** m / equivalent water flow of the same thermal (heat) capacity || **⸰widerstand** m / liquid resistor, water rheostat, water resistor || **⸰wirbelbremse** f / fluid-friction dynamometer, Froude brake, water-brake n, hydraulic dynamometer || **⸰wirtschaft** f / water supply and distribution, water industry || **⸰zeitkonstante** m / water time constant || **⸰zuflussprognose** f / inflow forecast
wässrig·e Lösung / aqueous solution || **~er filmbildender Schaum** / aqueous film forming foam
Watchdog·-Fehler m / watchdog fault || **⸰-Funktion** f / watchdog function || **⸰-Schaltung** f / watchdog circuit || **⸰signal** n / watchdog signal || **⸰-Test** m /

watchdog test || ⟨-Zeitglied n / Watchdog Timer (WDT)
wattloser Strom / wattless current, idle current, capacitive current
wattmetrisch adj / wattmetric adj || **~e Erdschlusserfassung** / wattmetric earth-fault detection || **~e Erdschlussrichtungsbestimmung** / wattmetric directional earth fault relay || **~es Relais** / wattmetrical relay
Watt·peak n / Wp n, peak watt n || ⟨peak n (die Nennleistung von Solarmodulen wird in Wattpeak angegeben) / Wattpeak n || ⟨reststrom m / residual resistive current, residual ohmic current || ⟨stundenverbrauch m / watthour consumption, Wh consumption || ⟨stundenzähler m / watthour meter, Wh meter, active-energy meter || ⟨stundenzählwerk n / watthour registering mechanism, Wh register || ⟨zahl f / wattage n
WBez. (Wartungsbezirk) / service area
WBS / Work Breakdown Structure (WBS)
WBT / Windows-Based Terminal (WBT) || ⟨ / Web-based training (WBT)
WCA / Wireless Communications Analyzer (WCA)
WCDMA / Wideband Code Division Multiple Access (WCDMA)
WCMS / Web Content Management System (WCMS)
WCSP / Wafer Chip Scale Package (WCSP)
WDI / wind direction indicator (WDI), wind indicator
WDM / wavelength division multiplexing (WDM)
WDT (Watchdog Timer) / Watchdog Timer (WDT)
W-Durchschallung f / W transmission
WE (Wiedereinschaltautomatik) / automatic restart, automatic warm restart, automatic reclosing, ARC (automatic recloser), automatic reclosing relay || ⟨-... (Wareneingangs...) / incoming adj
WEA (Wiedereinschaltautomatik) / automatic restart, automatic warm restart, automatic reclosing, ARC (automatic recloser)
web·-basiert adj / Web-based || **~basiertes Lernen** / Web-based learning || ⟨-**Browser** m / Web browser || ⟨-**Client** m / Web client || ⟨ **Content Management System** / Web Content Management System (WCMS) || **~fähig** adj / web-enabled || ⟨-**Generator** m / Web generator
Webmaschine f / weaving machine
web·programmierbare Steuerung (WPS) f / WPS || ⟨seite f / website || ⟨server m / Web server || ⟨-**Service-Beschreibungs-Sprache** f / Web Service Description Language (WSDL) || ⟨-**Site** f / Web site || ⟨-**SPS** / Web PLC
Webstuhl·motor m / loom motor || ⟨schalter m / loom control switch
Web·-Technologie f / Web technology || ⟨-**Tool** n / Web tool
Wechsel m / change n || **fliegender** ⟨ / on-the-fly change || **im** ⟨ / being changed || ⟨ **quittieren** / Confirm || ⟨ **von PE** / ground and neutral only rotations || ⟨ **von Phasen** / phase only rotation || ⟨ **von Phasen und PE** / phase, ground and neutral rotation || ⟨ **zu Betriebssystem** / Switch to operating system
Wechselanteil m / alternating component, ripple content || ⟨ **der Spannung** / ripple voltage
Wechsel·arm m / gripper n || ⟨**armaturen** f pl / replacement valves || ⟨**art** f / change type || **~bare Deckelbeschriftung** f / replaceable cover labeling || **~bares Medium** n / exchangeable medium || ⟨**beanspruchung** f / alternating stress, cyclic load, reversed stress, alternating tension and compression || **thermische** ⟨**beanspruchung** / thermal cycling || ⟨**bearbeitung** f / alternative machining || ⟨**belastung** f / alternating load, alternating stress, reversed stress, alternating tension and compression || ⟨**betrieb** m / half duplex transmission || ⟨**beziehung** f / interrelation n || ⟨**biegebeanspruchung** f / alternating bending stress || ⟨**biegeprüfung** f / alternate bending test || ⟨**blinklicht** n / reciprocating lights || ⟨**codeverfahren** n / code changing process || ⟨**datenträger** m / removable disk || ⟨**durchflutung** f / alternating m.m.f. || ⟨**einheit** f / changing unit || ⟨**einrichtung** f / automatic tool changer (ATC) || ⟨-**EMK** f / alternating e.m.f. || ⟨**ende** n / end of change || ⟨**farben-Taktfeuer** n / alternating light || ⟨**fehler** m / changing fault, relocated fault || ⟨**fehlerstrom** m VD E 0664, T. 1 / (pure) a.c. fault current, AC fault current
Wechselfeld n / alternating field, pulsating field || ⟨**anregung** f / alternating field excitation || ⟨-**Koerzitivfeldstärke** f IEC 50(221) / cyclic coercivity || ⟨**maschine** f / alternating-flux machine
Wechsel·festigkeit f / endurance limit at complete stress reversal || **Temperatur~festigkeit** f / resistance to cyclic temperature stress || ⟨**feuer** n / alternating light, changing light || ⟨**fluss** m / alternating flux || ⟨**funktion** f / alternating function || ⟨**funktion** f (Werkzeugwechsel) / interchange function
Wechsel·genauigkeit f / changeover accuracy || ⟨**getriebe** n / speed-change gearbox, change-speed gearing, gear change || ⟨**grad** m / inversion factor
Wechselgröße f / periodic quantity, alternating change || **sinusförmige** ⟨ / sinusoidal quantity
Wechsel·induktion f / a.c. component of flux, sinusoidal component of flux || ⟨**kassette** f (Plattenspeicher) / exchangeable cartridge || ⟨**klappe** f / butterfly valve || ⟨**kolbenpumpe** f / reciprocating pump || ⟨**kontakt** m / two-way switch, changeover contact, form C contact || **einpoliger** ⟨**kontakt** / SPDT relay || ⟨-**Kontrollschalter** m / two-way switch with pilot lamp || ⟨**kursrisiko** n / exchange rate risk || ⟨**lager** n / two-direction thrust bearing
Wechsellast f (el. Masch.) / varying load, alternating load, cyclic load, fluctuating load, alternating stress, reversed stress, alternating tension and compression || ⟨**betrieb** m (WLB) VDE 0160 / varying load duty || ⟨**faktor** m / varying load factor || ⟨**festigkeit** f / stability under alternating load || ⟨**grenze** f / limit of alternating load || ⟨**verhalten** n / behaviour under alternating load
Wechsel·lichtschranke f / pulsating-light unit || ⟨**magazin** n / changer magazine || ⟨**magnetisierung** f / alternating magnetization || ⟨**moment** n / pulsating torque, oscillating torque
wechseln v / change v || **wechseln** v (EN 60870-5-2) / alternate v || ⟨ **des Zugriffsrechts** / changing the access authorization
wechselnd·e Betauung / varying conditions of condensation || **~e Drehzahl** / varying speed || **~e Last** / alternating load, alternating stress, reversed stress, alternating tension and compression || **~e**

Wechsel

Zweiwegkommunikation / two-way alternate communication || ~er Einsatzort / changeable site
Wechsel·nutung f / staggered slotting || ⸴objektiv n / interchangeable lens || ⸴paar n / pair of antiparallel arms || ⸴pflicht f / obligatory change || ⸴platte f (Speicher) / exchangeable disk, cartridge disk || ⸴plattenlaufwerk n / removable disk drive || ⸴plattenspeicher m / exchangeable disk storage (EDS), moving-head disk unit
Wechselpol·-Feldmagnet m / heteropolar field magnet || ⸴induktion f / heteropolar induction || ⸴maschine f / heteropolar machine
Wechsel·position f / change position || ⸴prüfspannung f / power-frequency test voltage, power-frequency impulse voltage, a.c. test voltage || ⸴pufferbetrieb m / alternating buffer mode || ⸴quittung f / change acknowledgement || ⸴rad n / change gear, change wheel, interchangeable gear, pick-off gear || ⸴rahmen m / removable rack || ⸴relais n / centre-zero relay || ⸴richten n / inverting n, inversion n
Wechselrichter m / inverter (o. invertor) n, power inverter || ⸴ m (DC/AC-Konverter. Erzeugt aus Eingangsgleichspannung eine Ausgangswechselspannung.) / PV inverter || ⸴-Abschnittsteuerung f / inverter termination control || ⸴anlage f / inverter station || ⸴anwendung f / inverter application || ⸴ausgangsfrequenz f / inverter output frequency || ⸴betrieb m / inverter operation, inverting n, inverter duty, regenerative mode || in ⸴betrieb ausgesteuert / controlled for inverter operation || ⸴gerät n / inverter equipment, inverter unit, inverter n || ⸴kippe f / shoot-throughs n || ⸴kippen n / conduction-through n, shoot-through n, commutation failure, f inverter shoot-through || ⸴-Kippgrenze f / limit of inverter stability, inverter stability limit || ⸴kippung f / conduction through || ⸴-Minus-Baustein m / inverter negative module || ⸴modul n / inverter module || ⸴nennleistung kW/hp / rated inverter power [kW] / [hp] || ⸴nennspannung f / rated inverter voltage || ⸴nennstrom f / rated inverter current || ⸴phase f / inverter phase || ⸴-Plus-Baustein m / inverter positive module || ⸴sicherung f / inverter fuse || ⸴sperre f / inverter lockout || ⸴steuersatz m / inverter trigger set || ⸴-Steuersatz m (WRS) / inverter trigger set, inverter drive circuit || maximaler ⸴strom / maximum inverter current || ⸴temperatur f / inverter temperature || ⸴-Trittgrenze f / limit of inverter stability, inverter stability limit || ⸴typ m / act. inverter type, actual inverter type || ⸴-Überlastreaktion f / inverter overload reaction
Wechsel·richtgrad m / inversion factor || ⸴satz m / change block || ⸴schalter m (Umschalter) / changeover switch || ⸴schalter m (Schalter 6) VDE 0632 / two-way switch || ⸴schalter m (Umkehrschalter) / reversing switch || ⸴schaltung f (ET) / two-way switching || ⸴schaltung f / two-way circuit || ⸴schrift f / change-on-ones recording, non-return-to-zero recording (NRZ recording)
wechselseitig·e Datenübermittlung DIN 44302 / two-way alternate communication, either-way communication, two-way alternate data communication (TWA data communication) || ~e

Erregung / reciprocal excitation || ~er
Informationsgehalt / transmitted information, mutual information, transferred information
Wechsel·skala f / changeable scale || ⸴spannnungs-Umrichter m / a.c. voltage convertor
Wechselspannung f (WS) / alternating voltage, a.c. voltage, power-frequency voltage, AC voltage || ⸴ f (Einphasen-W.) / single-phase a.c. || ⸴ f / alternating stress || Effektivwert der ⸴ / r.m.s. power-frequency voltage || Prüfung mit ⸴ / power-frequency test IEC 185, a.c. test IEC 70, power-frequency voltage test, power-frequency withstand voltage test
Wechselspannungs·anteil m / a.c. component, ripple content || ⸴anteil der Stromversorgung / power supply ripple || ⸴-Durchschlagprüfung f / power-frequency puncture voltage test || ⸴festigkeit f / power-frequency voltage strength, power-frequency electric strength, a.c. voltage endurance || ⸴-Isolationsprüfung f / power-frequency dielectric test, high-voltage power-frequency withstand test || ⸴kaskade f / power-frequency cascade || ⸴komponente f / a.c. component, ripple content || ⸴kondensator m / a.c. capacitor || ⸴-Prüfanlage f / power-frequency testing station || ⸴prüfung f / power-frequency test IEC 185, a.c. test IEC 70, power-frequency voltage test, power-frequency withstand voltage test || ⸴prüfung unter Regen / wet power-frequency test IEC 383, wet power-frequency withstand voltage test, power-frequency voltage wet test || ⸴prüfung, nass / wet power-frequency test IEC 383, wet power-frequency withstand voltage test, power-frequency voltage wet test || ⸴prüfung, trocken / dry power-frequency test IEC 383, dry power-frequency withstand voltage test, power-frequency voltage dry test, short-duration power-frequency voltage dry test IEC 466 || ⸴stabilisierung f DIN 41745 / alternating voltage stabilization || ⸴übersprechen n / a.c. crosstalk || ⸴umrichter m / a.c. voltage converter
Wechsel·-Spitzenmoment n / alternating maximum running torque || ⸴sprechsystem n / intercom system || ⸴spulinstrument n / change-coil instrument || ⸴stabläufer m / staggered-slot rotor || ⸴stelle f / change position || ⸴stellungsvergleich m / alternate position comparison || ⸴störungsenergie f / glitch energy || ⸴störungsfläche f / glitch area || ⸴stoß m / doublet n
Wechselstrom m / alternating current, a.c. || ⸴ m (WS) / alternating current (AC) || ⸴ m (Einphasen-Wechselstrom) / single-phase a.c. || ⸴anlage f / a.c. system || ⸴anschluss m (LE) / a.c. terminal || ⸴anteil m / a.c. component || ⸴anteil m (Gleichstrom) / ripple content, ripple effect || ⸴ausführung f / AC model
wechselstrombetätigt adj / a.c.-operated adj, a.c.-powered adj, with a.c. coil
Wechselstrom·betätigung f / a.c. operation || ⸴bogen m / a.c. arc || ⸴-Direktumrichter m / direct a.c. (power converter), direct a.c. convertor || ⸴-Elektrolytkondensator m / a.c. electrolytic capacitor || ⸴-Erdungsschalter m VDE 0670,T.2 / a.c. earthing switch IEC 129 || ⸴erreger m / a.c. exciter || ⸴erreger mit rotierenden Gleichrichtern / a.c. exciter with rotating

rectifiers || ⁓**erreger mit ruhenden Gleichrichtern** / a.c exciter with stationary rectifiers || ⁓-**Ersatzwiderstand** *m* / equivalent a.c. resistance || ⁓**feld** *n* / alternating field, pulsating field || ⁓**generator** *m* / a.c. generator, alternator *n* || ⁓**generator** *m* (Hauptgenerator eines dieselelektrischen Antriebs) / main generator || ⁓**gerät** *n* (Einphaseng.) / single-phase appliance **Wechselstrom-Gleichstrom·-Direktumrichter** *m* / direct a.c./d.c. convertor (an a.c./d.c. convertor without an intermediate d.c. or a.c. link) || ⁓-**Einankerumformer** *m* / rotary converter, synchronous converter || ⁓-**Leistungs-Umrichten** *n* / power a.c./d.c. conversion, electronic power a.c./d.c. conversion (electronic conversion from a.c. to d.c. or vice versa) || **elektronisches** ⁓-**Leistungs-Umrichten** (elektronisches Umrichten von Wechselstrom in Gleichstrom oder umgekehrt) / power a.c./d.c. conversion, electronic power a.c./d.c. conversion (electronic conversion from a.c. to d.c. or vice versa) || ⁓-**Umformer** *m* (rotierend) / inverted rotary converter, rotary converter || ⁓-**Umformer** *m* (statisch) / a.c.-d.c. converter || ⁓-**Umrichter** *m* / a.c./d.c. convertor || ⁓-**Umrichter mit eingeprägtem Strom** / current stiff a.c./d.c. convertor (an a.c./d.c. convertor having an essentially smooth current on the d.c. side), voltage stiff a.c./d.c. convertor (an a.c./d.c. convertor having an essentially smooth voltage at the d.c. side) || ⁓-**Umrichter mit eingeprägter Spannung** / voltage stiff a.c./d.c. convertor (an a.c./d.c. convertor having an essentially smooth voltage at the d.c. side) || ⁓-**Zwischenkreisumrichter** / indirect a.c./d.c. convertor (an a.c./d.c. convertor with an intermediate d.c. or a.c. link)
Wechselstrom·glied *n* / a.c. component, periodic component, ripple component, harmonic component || ⁓**größe** *f* / a.c. electrical quantity, periodic quantity || ⁓-**Hochspannungs-Leistungsschalter** *m* / a.c. high-voltage circuit-breaker || ⁓-**Kollektormaschine** *f* / a.c. commutator machine || ⁓-**Kommutatormaschine** *f* / a.c. commutator machine || ⁓-**Kondensatmotor** *m* / alternating-current condenser motor || ⁓**kreis** *m* / a.c. circuit, a.c. line || ⁓**kreis** *m* (Einphasenkreis) / single-phase a.c. circuit || ⁓**kurve** *f* / AC waveform || ⁓**lehre** *f* / theory of alternating currents || **Anfangs-Kurzschluss-**⁓**leistung** *f* / initial symmetrical short-circuit power || ⁓**leitung** *f* / a.c. line || ⁓**lichtbogen** *m* / a.c. arc || ⁓**magnet** *m* (Spule) / a.c. solenoid || ⁓**maschine** *f* (Einphasenmasch.) / single-phase machine, single-phase a.c. machine, a.c. machine || **kommutierende** ⁓**maschine** / a.c. commutator machine || ⁓-**Messwiderstand** *m* DIN IEC 477,T.2 / laboratory a.c. resistor
Wechselstrommotor *m* / a.c. motor, AC motor || ⁓ *m* (Einphasenmot.) / single-phase motor, single-phase a.c. motor || ⁓ **mit abschaltbarer Drosselspule in der Hilfsphase** / reactor-start motor || ⁓ **mit Hilfswicklung** / split-phase motor || ⁓ **mit Widerstandshilfsphase** / resistance-start motor
Wechselstrom·-Motorstarter *m* VDE 0660,T.106 / a.c. motor starter IEC 29c-2 || ⁓**netz** *n* / a.c. system, AC system || ⁓**permeabilität** *f* / a.c.

permeability, incremental permeability || ⁓**prüfung** *f* / a.c. test, power-frequency test || ⁓**quelle** *f* / AC supply || ⁓**schalter** *m* / a.c. circuit-breaker, single-phase (a.c. breaker) || **leistungselektronischer** ⁓**schalter** / electronic a.c. power switch || ⁓-**Schaltgeräte** *n pl* VDE 0670,T.2 / a.c. switchgear IEC 129 || ⁓**schütz** *n* / a.c. contactor || ⁓-**Spannungsabfall** *m* / impedance drop || ⁓**spule** *f* / a.c. coil, a.c. solenoid, AC coil || ⁓**stabilisierung** *f* DIN 41745 / a.c. stabilization || ⁓-**Stehspannung** *f* / power-frequency withstand voltage, power-frequency test voltage
Wechselstromsteller *m* / a.c. power controller || ⁓**gerät** *n* / controller equipment || ⁓**satz** *m* / controller assembly || ⁓**strom** *m* / controller current || ⁓**strom im ausgeschalteten Zustand** / off-state controller current
Wechselstrom·-Stellschalter *m* / a.c. power controller || ⁓**tastung** *f* / a.c. keying || ⁓-**Trennschalter** *m* VDE 0670,T.2 / a.c. disconnector IEC 129, a.c. isolator
Wechselstrom·umrichten *n* / a.c. conversion, a.c. power conversion, electronic a.c. conversion || ⁓**umrichter** *m* / a.c. converter, a.c. power converter, electronic a.c. converter || ⁓**umrichter** *m* (m. Zwischenkreis) / indirect a.c. converter, d.c.-link a.c. converter || ⁓**umrichter** *m* (ohne Zwischenkreis) / direct a.c. converter || ⁓-**Umrichter** *m* / a.c. converter || ⁓-**Umrichtgrad** *m* / a.c. conversion factor || ⁓**versorgung** *f* / input, AC power supply || ⁓-**Vorschaltgerät** *n* / a.c. ballast, a.c. control gear || ⁓**widerstand** *m* / a.c. resistance, impedance *n* || ⁓**widerstand** *m* (Gerät) / a.c. resistor || ⁓**widerstandsbelag** *m* / AC current rating || ⁓**zähler** *m* / a.c. meter, a.c. kWh meter, AC meter || ⁓**zähler** *m* (Einphasenz.) / single-phase meter || ⁓-**Zwischenkreis** *m* / a.c.link
Wechsel·system *n* / mold-changing system, conversion kit || ⁓**taktschrift** *f* / two-frequency recording || ⁓**teil** *n* / replacement part, interchangeable part || ⁓**tisch** *m* / changeover table || ⁓**tisch-Hubwagen** *m* / changeover table pallet truck || ⁓**übertragung** *f* / half-duplex transmission || ⁓**vorbereitung** *f* / prepare change || ⁓**vorrichtung** *f* / quick-release device
Wechselweg·kommunikation *f* / either-way communication || ⁓**paar** *n* / pair of antiparallel arms || ⁓**schaltung** *f* / bidirectional control element, bidirectional connection
wechselweise synchronisiertes Netzwerk / mutually synchronized network
Wechselwirksamkeit *f* / associativity *n*
Wechselwirkung *f* / interaction *n*, reciprocal action, reciprocal effect || ⁓ **mit der Gerätefunktion** / device function interaction || **Vorionisierungs**⁓ *f* / primer (or ignitor) interaction
Wechselwirkungs·raum *m* / interaction region || ⁓**spalt** *m* / interaction gap
Wechselzeit *f* / resetting time, change-over time
Wechsler *m* (W) / automatic tool changer (ATC) || ⁓ *m* (Schaltglied) / changeover contact (CO contact), changeover contact element IEC 337-1, two-way contact || ⁓ *m* (I-Schalter, Wechselschalter) / two-way switch || ⁓ **mit Doppelunterbrechung und vier Anschlüssen** /

Weck

double-gap make-break four-terminal changeover contact (element) || ~ **mit Einfachunterbrechung und drei Anschlüssen** / single-gap make-break three-terminal changeover contact (element) || ~ **mit mittlerer Ruhestellung** / changeover contact with neutral position || ~ **mit Überlappung** / make-before-break changeover contact (element) || ~ **mit Unterbrechung** / changeover break-before-make contact, break-before-make changeover contact, non-bridging contact || ~ **ohne Überlappung** / break-before-make changeover contact (element) || ~ **ohne Unterbrechung** / changeover make-before-break contact, make-before-break changeover contact, bridging contact || ~ **und Alarmschalter** / changeover and alarm switch || **2** ~ *m* / 2 changeover switches || ~**funktion** *f* / make-break function || ~**funktion** *f* (NS) / changeover function || ~**-Kontakt** *m* (ET) / changeover contact
Weck·alarm *m* / time interrupt, cyclic interrupt, watchdog interrupt || ~**alarmbearbeitung** *f* / time interrupt processing || ~**alarm OB** / time interrupt OB || ~**alarmzeit** *m* / cyclic interrupt time || ~**baustein** *m* / time interrupt block || ~**bearbeitungsfehler** *m* / prompt error
Wecker *m* / alarm bell, bell *n* || ~ *m* (elektron. Systeme) / prompter *n*, interval timer || ~ *m* (Unterbrechungen) / interrupt timer || **Zeit~** *m* / time interrupt || ~**alarm** *m* / time interrupt, watchdog interrupt
Weck·fehler *m* / time interrupt error, interrupt collision, collision of two time interrupts || ~**funktion** *f* / time interrupt function || ~**zeit** *f* / clock prompt, prompter interval, watchdog time
WED Delta (Repair Reporting System) / WED Delta
Wedeln *n* (Hin- und Herdrehen des Prüfkopfes) DIN 54119 / swivelling *n*
WEEE *n* / WEEE (Waste Electrical and Electronic Equipment)
Weg *m* / route *n*, distance *n* || ~ *m* (Betätigungselement) VDE 0660,T.200 / travel *n* IEC 337-1, traverse *n*, path *n*, displacement *n* || **kürzester** ~ / shortest path || **Nachrichten~** *m* / message path IEC 625 || ~ **pro Geberumdrehung** (gibt an, welchen Weg die Achse je Geberumdrehung zurücklegt) / travel per sensor revolution || **Schall~** *m* / sonic distance || **Vorschub~** *m* DIN 6580 / feed travel || **induktiver** ~**abgriff** / inductive displacement pick-off, inductive position sensor
wegabhängig *adj* / travel-dependent *adj* || **~e Federkraft** / spring load dependent on pitch || **~er Schalter** / position switch, limit switch, travel dependent switch
wegabhängiger Schaltpunkt / slow-down point
Weg·absteuerung *f* / torque and travel dependent cut-off || ~**adresse** *f* / path address || ~**amplitude** *f* / displacement *n* || ~**angabe** *f* / position data, positional data, dimensional data || ~**anwahl** *f* / trace selection || ~**aufnehmer** *m* / position pickup, position encoder, displacement sensor, position transducer || ~**aufteilung** *f* / path segmentation || ~**ausgleich** *m* / distance correction || ~**bedingung** *f* DIN 66025, T.2 / preparatory function (NC) ISO 1056 || ~**befehl** *m* / travel command, motion command || ~**begrenzung** *f* / stroke limiting
Wegedaten *f* / routing data
Weg·einheit *f* / path unit || ~**element** *n* / path increment

Wege·liste *f* / route list || ~**löschung** *f* / deletion of routes
Weg·endschalter *m* / limit switch || ~**endtaster** *m* / (momentary-contact) limit switch
Wege·paar *n* / route pair || ~**recht** *n* / right of way
Weg·erfassung *f* / position detection (o. sensing), displacement measurement, position sensing, position measuring, detection of the position || ~**erfassung** *f* (Decodierer) / position decoder, position acquisition || ~**erfassungsbaugruppe** *f* / position decoder module
Wege·schalter *m* / position switch || ~**teilpaar** *n* / partial route pair *n* || ~**ventil** *n* / directional control valve || **2/2-**~**ventil** *n* / two/two-way valve || ~**wahl** *f* / routing *n* || ~**wahlentscheidung** *f* / routing decision
Wegfahren *n* / withdrawal *n*, backing out || **~ von der Kontur** / retract tool from contour || ~ **von der Kontur** / departure from contour
Wegfahrsperre *f* / immobilizer *n*
Wegfall *m* / elimination *n* || **Last~** *m* / loss of load || ~ **des Feldes** / field failure
Weg·fühler *m* / position sensor, displacement sensor, displacement pick-up || ~**führung** *f* / routing *n* || ~**geber** *m* / position pickup, position encoder, displacement measuring device, position measuring device, encoder, displacement sensor || **inkrementaler** ~**geber** / incremental transmitter, incremental encoder
weggesteuert *adj* / path-controlled *adj*
Weg-Impuls-Zahl *f* / wheel sensor pulse
Weg·information, Spiegeln der ~**information** / mirroring of position data || ~**informationen** *f pl* / position(al) data, dimensional data, position information || ~**inkrement** *n* / path increment, increment *n* || ~**istwert** *m* / actual position value, position actual value || ~**-Istwert** *m* / actual position
wegkippen *v* / pull out *v*
Weglänge *f* / path length || **optische** ~ / optical path length || ~**nauswertung** *f* / path length evaluation
weglaufen *v* (Spannung) / drift *v*
Weg·maß *n* / displacement *n*, path dimension || ~**maßvorgabe** *f* / path dimension input || ~**messgeber** *m* / position (o. displacement) encoder, position (o. displacement) resolver
Wegmessgerät *n* / position measuring device, position encoder, displacement transducer, position transducer, displacement measuring device, position sensor || **inkrementales** ~ / incremental position encoder || **rotatorisches** ~ (Messwertumformer) / rotary position transducer, rotary position inducer, rotary inducer, rotary transmitter, shaft encoder
Weg·messsystem *n* / position measuring system || ~**-Mess-System** *n* / positioning measuring system || ~**messumformer** *m* / displacement transducer, position transducer || ~**messung** *f* / displacement measurement, position measurement, measurement of path || **direkte** ~**messung** / direct measuring system, direct measuring || **indirekte** ~**messung** / indirect measuring || ~**nahme** *f* / cancelation *n*
wegnehmen *v* / withdraw *v*, cancel *v*
Weg·nocke *f* / position-based cam || **~optimiert** *adj* / path-optimized || ~**optimierung** *f* / shortest path selection || ~**parameter** *m pl* / distance-defining parameters || ~**plansteuerung** *f* / position-scheduled control || ~**protokoll** *n* / path protocol ||

⟨rahmen *m* / path frame || ⟨regelkreis *m* / position control circuit || ⟨regelung *f* / position feedback control, position feedback loop, position control loop, position control
wegschalten *v* (Kurzschluss, Fehler) / clear *v*, disconnect *v*, switch off
Wegschalter *m* / limit switch || ⟨schnittstelle *f* / path interface (PROWAY) || ⟨signalgeber *m* / displacement transducer. position transducer
Weg·schaltsignal *n* / position switching signal, limit switching signal || ⟨sensor *m* / position transducer || ⟨signalgeber *m* / position measuring device, position encoder, displacement measuring device || ⟨strecke *f* / route *n*, path *n*, distance *n*, travel *n* || ⟨/Stromkennlinie des Näherungssensors / distance/current characteristic of the proximity sensor || ~synchrone Aufzeichnung (messwertsynchrone A.) / synchronous recording || ⟨überlagerung *f* / path override || ~- und zeitoptimierter Arbeitsablauf / work process optimized in terms of path and time
Weg·vektor *m* / path vector || ⟨verfolgung *f* / topological tracing || ⟨vergleichsverfahren *n* / motion-balance method || ⟨vorgabe *f* / positional data || ⟨vorgabe *f* (NC) / path default || ⟨weiser *m* / signpost *n* || ⟨werfen *n* / Remove (button) || ⟨werfprototyp *m* / throw away prototype || ⟨werfteil *n* / throw-away part, disposable part, single-use part || ⟨-Zeit-Diagramm *n* / way-time diagram || ⟨-Zeit-Programmierung *f* / way-time programming || ⟨zuwachs *m* / increment *n*, path increment
weiblicher Kontakt / female contact, socket contact
Weibull-Verteilung *f* / Weibull distribution, extreme value distribution || ⟨, **Typ III DIN 55350,T.22** / Weibull distribution, type III, extreme value distribution
weich *adj* / soft *adj*, smooth *adj* || ⟨bearbeitung *f* / soft gear finishing || ⟨dichtung *f* / compressible seal, compressible packing, soft gasket
Weiche *f* / switch *n* || ⟨*f* (Impulsw.) / separating filter
weiche Aufhängung / flexible suspension || ~ **Kupplung** / high-flexibility coupling, compliant coupling || ~ **Software** / software switch
Weich·eisen *n* / soft iron, mild steel || ⟨eisendraht *m* / soft-iron wire || ~elastisch *adj* / highly flexible
Weichenfunktion *f* (WF) / shunting function
weich·er Kunststoff / non-rigid plastic || ~**er Motor** / motor with compliant speed characteristic, series-characteristic motor || ~**er Stahl** / mild steel || ~**er Supraleiter** / soft superconductor, type 1 superconductor || ~**es Anfahren** / smooth approach || ~**es Anlaufen** / smooth starting || ~**es An- und Abfahren (WAB)** / SAR (smooth approach and retraction) || ~**es Fahrwerk** / soft suspension || ~**es Stillsetzen** / smooth stopping (o. shutdown), cushioned stop || ~**es Überschleifen** / soft approximate positioning || ~ **federnd** *adj* / highly flexible, compliant *adj*
Weich·folie *f* / flexible sheet, non-rigid sheeting || ~**geglühtes Kupfer** / soft-annealed copper || ~**gelagerte Auswuchtmaschine** / soft-bearing balancing machine || ~**gelötet** *adj* / soldered *adj* || ~**gezogener Draht** / softdrawn wire
Weich·glühen *n* / annealing *n* || ⟨haltungsmittel *n* / plasticizer *n* || ⟨heitszahl *f* / softness index || ⟨kupfer *n* / soft copper || ⟨lot *n* / soft solder,

wiping solder, plumber's solder || ⟨löten *n* / soldering *n* || ~**löten** *v* / soft-solder *v*, solder *v* || ⟨lotpaste *f* / soft soldering paste || ⟨macher *m* / plasticizer *n* || ⟨macherwanderung *f* / plasticizer migration || ~**magnetischer Stahl** / electrical steel IEC 50(221) || ~**magnetischer Werkstoff** / magnetically soft material || ⟨metall *n* / soft metal || ~**nitriert** *adj* / soft nitrided
Weich·packung *f* / packing of impregnated yarn || ⟨papier *n* / soft paper, non-metallized paper || ⟨sektorierung *f* / soft sectoring || ⟨stahl *m* / mild steel || ⟨stoffpackung *f* / compressible packing || ⟨strahler *m* / umbrella-type reflector
weichzeichnend *adj* / soft-focussing *adj*, soft-contouring *adj* || ~**er Lichtkreis** / soft-contoured circle of light
Weichzeichner *m* (Vergrößerungsgerät) / diffusion screen || ⟨ *m* (Scheinwerfer) / soft-focus spotlight, softlight *n*, (Linse) soft-focus lens
Weichzerspanen *n* / soft cutting
Weihnachtskette *f* / lighting set for Christmas trees, Christmas tree candle chain
weiß *adj* (ws) / white (wht) *adj* || ~ **durchscheinend** / white translucent || ⟨abgleich *m* / white balance || ⟨anteil *n* / whiteness *n* || ⟨blech *n* / tin plate
Weiße *f* / whiteness *n*
weißemailliert *adj* / white-stoved *adj*
Weissenberg-Kammer *f* / Weissenberg camera
weiß·erstarrend *adj* / solidifying to white (cast iron) || ~**es Licht** / achromatic light stimulus || ~**es Rauschen** / white noise, gaussian noise
Weiß·glas *n* / flint glass || ⟨glühen *n* / incandescence *n*
weißglühend *adj* / incandescent *adj*
Weiß·licht *n* / incandescent light || ⟨linie *f* / white boundary || ⟨metall *n* / white metal. babbitt metal, babbitt *n*, bearing metal, antifriction metal || ⟨metallausguss *m* / white-metal lining, Babbitt lining
Weißscher Bereich / Weiss' domain
Weiß·standard *m* / white reference standard, white reflectance standard
Weisungs·befugnis *n* / authority *n* || ~**befugt** *adj* / authorized to issue instructions, have the right to issue instructions || ⟨recht *n* / authority to issue instructions
weit *adj* / large *adj*
Weitbereichs·antrieb *m* / wide-range drive || ⟨ausgang *m* / wide range output || ⟨eingang *m* / wide-range input || ⟨netzteil *n* / wide-range power supply unit, wide range power supply *n* || ⟨-**Prüfzähler** *m* / long-range substandard meter || ⟨spannungseingang *f* / wide-range voltage input || ⟨stromversorgung *f* / wide-range power supply unit || ⟨-**Stromversorgung** *f* / varying-voltage power supply || ⟨wicklung *f* / varying-voltage winding || ⟨zähler *m* / long-range meter, extended-range meter
Weite des zünddurchschlagsicheren Spalts / gap of flameproof joint
Weitenfaktor *m* / width factor
weiter *adv* / continue *v* || ~ **Laufsitz** / loose clearance fit, loose fit || ~ **Sitz** / loose fit || ⟨bildung / advanced training || **selbständig ~brennende Flamme** / self-sustaining flame || ⟨drehmoment *n* / continued tightening torque

weitere Achsen / further axes || **~ Info (PDF)** / more Info (PDF) || **~ Informationen** / for further information, more information
Weiter·entwicklung f / product enhancements, further development || ⸰**gabe** f / transmission n || ⸰**gabe von Aufträgen an Unterlieferanten** / subcontracting n || ⸰**gabedatum** n / date passed on || ⸰**laufen beim Abstimmen** / tuner over-run
weiterleiten v (Signale) / route v, relay v, forward v
Weiterleitung f / retransmission n, forwarding n || ⸰**svermerk** m / forwarding note
weiterpositionieren v / index v
weiterreichende Anforderungen / more stringent requirements
Weiterschalt·bedingung f DIN 19237 / step enabling condition, stepping condition, progression condition, step enabling || ⸰**befehl** m (nach Bedienanforderung) / continue command
weiterschalten v / advance v, step enable || **~ v** (Trafo-Stufen) / select (the next tap) || **~ v** (kommutieren) / commutate v || ⸰ n (elST) / step enabling, stepping n, progression n || ⸰ **der Anzeige** (NC-Gerät) / advancing (o. paging) of display || ⸰ **des Programms** / automatic switching of program, program processing
Weiterschalt·matrix f / progression matrix || ⸰**winkel** m / advance angle
weiter·schleifen v / loop through || ⸰**suchen** n / find next || **~takten** v / clock further || ⸰**takten** n / cycling onward || ⸰**verarbeitung** f / further processing || **Start für** ⸰**verarbeitung** / continuation start || ⸰**verfolgung und Korrekturmaßnahmen** / corrective action follow-up || ⸰**verrechnung** f / invoicing n || ⸰**versicherungsdauer** f / coverage continuation period || ⸰**verwendung** f / further use, further usage
weitester Sitz / loosest fit
weitläufige Bewicklungsart / spaced method of taping
Weit·spannung f / wide voltage range || ⸰**spannungsnetzteil** n / power supply with a wide range of voltages || ⸰**verkehrsnetz** n / wide-area network (WAN) || ⸰**winkelmessung, Röntgen-**⸰ f / X-ray wide-angle measurement || ⸰**winkelsensor** m / wide-angle sensor (WAS)
WEL (Wareneingangslieferschein) m / incoming delivery note
Wellblech n / corrugated sheet steel, corrugated sheet iron || ⸰**kasten** m / corrugated steel case || ⸰**kessel** m / corrugated tank
Welle f / shaft n, balancer shaft, counter-balance shaft, counter-rotating balance shaft || ⸰ f DIN 7182,T.1 / cylindrical shaft, shaft n || ⸰ f (Schwingung) / wave n || **1/50 µs** ⸰ / 1 by 50 µs wave, 1/50 µs wave || **elektrische** ⸰ / synchro system, synchro-tie n, self-synchronous system, selsyn system, selsyn n || **fliegende** ⸰ / overhung shaft || **gebeugte** ⸰ / diffracted wave || **rücklaufende** ⸰ / reflected wave || **vierkantige** ⸰ / square shaft || ⸰**, Zwischenstück und Kupplung gesichert** f / shaft, spacer and coupling secured
Wellen·abdeckung f / shaft cover || ⸰**abspaltung** f / wave splitting || ⸰**achse** f / shaft axis || **schneidende** ⸰**anordnung** / intersecting shafting || ⸰**anteil** m / wave component || ⸰**antrieb** m / shaft-operated mechanism || ⸰**antrieb** m (Schiff) / propulsion drive || ⸰**art** f / type of wave, wave mode || ⸰**ausschlag** m / shaft displacement || **kinetische**

⸰**bahn** / shaft orbit || ⸰**bauch** m / antipode n || ⸰**berechnung** f (Maschinenwelle) / calculation of shaft dimensions, stress analysis of shaft || ⸰**berg** m / wave crest || ⸰**bewegung** f / shaft motion || ⸰**bock** m / shaft support bock || ⸰**bohrungsisolation** f / up-shaft insulation (GB), bore-hole, lead insulation (US) || ⸰**bund** m / shaft shoulder, thrust collar || ⸰**dämpfer** m / attenuator n, vibration absorber || ⸰**dämpfung** f / wave attenuation || ⸰**dämpfung** f (Dämpfung pro Längeneinheit) / attenuation per unit length || ⸰**dauer** f / virtual duration of peak || ⸰**dichte** f / wave number, repetency n || ⸰**dichtring** m / shaft sealing ring || ⸰**dichtung** f / shaft seal, shaft packing || ⸰**dichtungsdampfkondensator** m / shaft seal steam condenser || ⸰**drehzentrum** n / shaft turning center || ⸰**durchbiegung** f / shaft deflection || ⸰**durchführung** f / shaft gland, shaft sealing || ⸰**durchmesser** m / shaft diameter || ⸰**durchtritt** m / shaft exit
Wellenende n / shaft end, shaft extension || **überhängendes** ⸰ / overhanging shaft extension || **am** ⸰ **angebaute Erregermaschine** / shaft-endmounted exciter || **Maschine mit zwei** ⸰**n** / double-ended machine
Wellenform f / waveform n, wave shape || ⸰**verzerrung** f / waveform distortion
Wellenfront f / wave front || ⸰**geschwindigkeit** f / wave-front velocity || ⸰**winkel** m / wave tilt
Wellenführung (Wellenanordnung) / shaft arrangement, shafting n || **axiale** ⸰ / axial restraint of shaft, axial location of shaft
Wellengeber m / shaft encoder
Wellengenerator m (Schiff) / shaft generator || ⸰ m (f. Erregung) / main-shaft-mounted auxiliary generator || **unechter** ⸰ / generator coupled to prime-mover front
Wellen·-Gleitlagersitz m / journal n || ⸰**hebevorrichtung** f / shaft lifting device || ⸰**höhe** f / shaft height || ⸰**höhe** f (Schwingung) / wave height || ⸰**höhe** f (Elektroblech) / height of wave || ⸰**kamm** m / wave crest || ⸰**keil** m / shaft key, taper key, spline n || ⸰**knoten** m / node n || ⸰**kopf** m / wave front || ⸰**kupplung** f / shaft coupling, coupling n || ⸰**lagegeber** m / shaft position encoder || ⸰**lager** n / shaft bearing, journal bearing
Wellenlänge f (Schwingung) / wavelength n || ⸰ f (Elektroblech) DIN 50642 / length of wave || **farbtongleiche** ⸰ / dominant wavelength
wellenlängendispersiv adj / wave-length-dispersive adj
Wellenlängenmultiplexen n (WDM) / wavelength division multiplexing (WDM)
Wellenleistung f / shaft output, shaft horsepower, shaft power || ⸰ **des Motors** / motor shaft output
Wellen·leiter m / waveguide n || ⸰**leiterdispersion** f / waveguide dispersion || ⸰**leitmaschine** f / master synchro, master selsyn || **~los** adj / shaftless adj || **~lose Druckmaschine** / shaftless printing press || ⸰**lötanlage** f / wave soldering machine || ⸰**löten** n / wave soldering || ⸰**lüfter** m / shaft-mounted fan || ⸰**maschine** f / synchro n, selsyn machine, corrugating machine
wellenmechanisch adj / wave-mechanical adj
Wellen·mittellinie f / shaft axis || ⸰**mutter** f / shaft nut || ⸰**natur des Lichts** / wave characteristic of light || ⸰**nut** f / keyway n, keyseat n || ⸰**optik** f /

wave optics || ⸰**pferdestärke** *f* / shaft horsepower || ⸰**profil** *n* / waveshape *n*, waveform *n* || ⸰**-PS** *f* (WPS) / shaft h.p. (s.h.p.) || ⸰**pumpe** *f* / main-shaft-driven pump, shaft pump || ⸰**rücken** *m* / wave tail || ⸰**satz** *m* / shaft set || ⸰**scheitel** *m* / wave crest || ⸰**schema** *n* / harmonic spectrum || ⸰**schlag** *m* / shaft eccentricity, shaft runout || ⸰**schlucker** *m* / surge absorber || ⸰**schulter** *f* / shaft shoulder || ⸰**schutzkappe** *f* / shaft-end guard || ⸰**schwanz** *m* / wave tail || ⸰**schwingung** *f* / shaft vibration
Wellen·seele *f* / shaft core || ⸰**sieb** *n* / wave filter || ⸰**spannung** *f* (in d. Maschinenwelle) / shaft voltage || ⸰**spannung** *f* (Welligkeit) / ripple voltage || ⸰**sperre** *f* / wave trap || ⸰**spiegel** *m* / shaft end face || ⸰**steilheit** *f* / wave steepness, steepness of wave front || ⸰**stifte** *m pl* / shaft pins || ⸰**stirn** *f* / wave front || **steile** ⸰**stirn** / steep wave front || ⸰**stopfbüchse** *f* / shaft gland || ⸰**strang** *m* (Maschinensatz) / shaft assembly, shafting *n* || ⸰**strang** *m* (Transmission) / line shaft, transmission shafting || ⸰**strom** *m* / shaft current || ⸰**stück** *n* / shaft piece || ⸰**stummel** *m* / shaft end, shaft extension, shaft stub || ⸰**stumpf** *m* / shaft butt, shaft stub, shaft end || ⸰**theorie** *f* / wave theory
Wellentyp *m* / type of wave, wave mode || ⸰**umwandlung** *f* / mode conversion
Wellen·umdrehungen *f pl* / shaft revolutions || ⸰**umwandlung** *f* / mode conversion || ⸰**unterstützung** *f* / shaft support rail || ⸰**verband** *m* / shaft assembly
Wellenvergang, axialer ⸰ / end float, axial play, end play, axial internal clearance || **radialer** ⸰ / radial play, radial clearance, crest clearance
Wellen·verlagerung *f* (Fluchtfehler) / shaft misalignment || ⸰**verlagerung** *f* (axial) / shaft displacement || ⸰**verlängerung** *f* / shaft extension || ⸰**versatz** *m* (winklig) / angular shaft misalignment, axial shaft offset || ⸰**versatz** *m* (parallel) / parallel shaft misalignment || ⸰**verschiebung** *f* / shaft offset
Wellen·wicklung *f* / wave winding || **rücklaufende** ⸰**wicklung** / retrogressive wave winding || ⸰**widerstand** *m* (Impedanz, Wechselstromwiderstand. komplexer Eingangswiderstand) / impedance *n* || ⸰**widerstand** *m* (Vierpol) / image impedance, surge impedance, self-surge impedance, characteristic (wave impedance), characteristic impedance || ⸰**widerstand einer Leitung** / surge impedance of a line, cable impedance || ⸰**zahl** *f* / wave number, repetency *n* || ⸰**zapfen** *m* / shaft journal || ⸰**zapfen** *m* (überstehendes Wellenende) / shaft extension || ⸰**zapfen** *m* (Lagerstelle) / journal *n* || ⸰, **Ausschaltfederseite** / shaft stud, tripping tension spring side || ⸰**zentrierung** *f* (Zentrierbohrung) / tapped centre hole, lathe centre || ⸰**zwischenstück** *n* / shaft coupling
wellige Gleichspannung / pulsating d.c. voltage
Welligkeit *f* / ripple *n*, ripple content, ripple factor || ⸰ *f* / amplitude of fluctuation of luminous intensity || ⸰ *f* (Oberfläche) / waviness *n*, texture waviness, secondary texture waviness || ⸰ *f* / standing wave ratio (SWR) || **Anteil der** ⸰ / ripple content, ripple percentage || **effektive** ⸰ / r.m.s. ripple factor, ripple content || ⸰ **der Verstärkung** / gain ripple || ⸰ **des Gleichstroms** / ripple content of d.c.

Welligkeits·faktor *m* / ripple factor, r.m.s. ripple factor, pulsation factor || ⸰**faktor** *m* (Stehwellenverhältnis) / (voltage) standing wave ratio || **Kalt-**⸰**faktor** *m* DIN IEC 235, T.1 / cold reflection coefficient || ⸰**grad** *m* / ripple percentage, percent ripple
Well·kantengurt *m* / flanged belt || ⸰**mantel** *m* (Kabel) / corrugated sheath || ⸰**mantelrohr** *n* / corrugated conduit || ⸰**pappe** *f* / corrugated cardboard || ⸰**pappendruckmaschine** *f* / corrugated cardboard printing machine || ⸰**pappenmaschine** *f* / corrugating machine || ⸰**pappenverarbeitungsmaschine** *f* / corrugated cardboard processing machine || ⸰**pappzuschnitt** *m* / corrugated cardboard cut || **korrosionsfestes** ⸰**rohr** / corrosion resistant bellow || ⸰**schlauch** *m* / corrugated tube
Wellung *f* / waviness *n* || ⸰ *f* (Riffelung) / corrugation *n*
Wellwandkessel *m* / corrugated tank
Welt·bild *n* / worldmap *n* || ⸰**klasse** *f* / world-class *n* || ⸰**klimagipfel** *m* / world climate summit || ⸰**koordinate** *f* / world coordinate || ⸰**raumanwendungen** *f pl* / space applications || ⸰**raum-Solarzelle** *f* / space solar cell, space cell
weltumspannend *adj* / global *adj*, spanning the globe
weltweit *adj* / world-wide *adj*, global *adj* || **~es Steckvorrichtungssystem** / world-wide plug and socket-outlet system || **~ tätiges Unternehmen** / global player
wendbar *adj* / reversible *adj*
Wende·abzweig *m* / reversing feeder || ⸰-**Ampèrewindungen** *f pl* / commutating ampere-turns || ⸰**anlasser** *m* / reversing starter, starter-reverser || ⸰**aufbau** *m* / reversing device || ⸰**bausatz** *m* / reversing kit || ⸰**baustein** *m* / reversing control module || ⸰**betrieb** *m* / reversing mode, reversing duty || ⸰**drehkran** *m* / slewing luffing crane || ⸰**einheit** *f* / reversing unit || ⸰-**Einphasen-Anlassschalter** *m* / single-phase reversing starter || ⸰**feld** *n* / commutating field, reversing field, commutating-pole field, compole field, interpole field || ⸰**feldspannung** *f* / compole voltage || ⸰**feldwicklung** *f* / commutating winding, interpole winding, commutating-field winding, compole winding || ⸰**getriebe** *n* / reversing gearbox || ⸰**katze** *f* / reversing trolley || ⸰**kombination** *f* / reversing combination, reversing contactor assembly
Wendel *f* (Spirale) / helix *n*, spiral *n* || ⸰ *f* (Lampe) / filament *n*, single-coil filament, coil *n* || ⸰ *f* (Poti) / turn *n* || ⸰ **für Leuchtstofflampen** / fluorescent coil || ⸰**ende** *n* (Lampe) / filament tail, coil leg || ⸰**feder** *f* / cylindrical helical spring, helical spring || ⸰**förderer** *m* / spiral conveyor
wendeln *v* / wind helically
Wendel·schnur *f* / spiral flex || ⸰**wicklung** *f* / spiral winding, helical winding
Wendemotor *m* / reversible motor
Wenden *n* / indexing *n*
Wende·platte *f* / tool insert, throw-away insert || ⸰**platte (WPL)** *f* / turnplate *n* || ⸰**plattenwerkzeug** *n* / turnblade tool
Wendepol *m* / commutating pole, interpole *n*, compole *n*, auxiliary pole || ⸰**beschaltung** *f* (m. Nebenwiderstand) / auxiliary pole shunting || ⸰**durchflutung** *f* / commutating-pole ampere

turns || **Maschine ohne** ⸺**e** / non-commutating-pole machine || ⸺**feld** *n* / commutating-pole field, compole field, commutating field || ⸺**nebenschluss** *m* / auxiliary pole shunt || ⸺**shunt** *m* / auxiliary pole shunt
Wende-Polumschalter *m* / reversing pole-changing switch
Wendepol·wicklung *f* / commutating winding, interpole winding, commutating-field winding, compole winding || ⸺**widerstand** *m* / commutating coil resistor
Wendepunkt *m* / point of inflexion
Wender *m* (Wendeschalter) / reverser *n*, reversing switch || ⸺**antrieb** *m* / reversing drive || ⸺**maschine** *f* / commutator machine
Wende·schalter *m* / reversing switch, reversing controller, reverser *n* || ⸺**schaltung** *f* / reversing circuit || ⸺**schleifenbefeuerung** *f* (TPL) / turn loop lighting (TLP) || ⸺**schneidplatte** *f* / tool insert, throw-away insert, indexable insert || ⸺**schütz** *m* / reversing contactor || ⸺**schützeinheit** *f* / reversing contactor unit || ⸺**schützkombination** *f* / reversing contactor combination || ⸺**schütz-Kombination** *f* / contactor-type reversing starter combination, contactor-type reverser || ⸺**schützschaltung** *f* / reversing contactor switch || ⸺**stange** *f* / turner bar || ⸺**stangengebläse** *n* / angelbar blower, turner bar blower || ⸺**starter** *m* / reversing starter, starter-reverser, contactor-type reversing starter || ⸺**station** *f* / return station, turnover device || ⸺**Sterndreieckschalter** *m* / reversing star-delta switch || ⸺**tangente** *f* / inflectional tangent || ⸺**turm** *m* / pylon *n* || ⸺**vorrichtung** *f* / turning tackle || ⸺**wagen** *m* / reversing carriage || ⸺**wagenpositionierung** *f* / reversing carriage positioning || ⸺**wagenverstellung** *f* / reversing carriage adjustment || ⸺**zahn** *m* / commutating tooth || ⸺**zone** *f* (Kommutierung) / commutating zone
WENN⸺-Anweisung *f* / if statement || ⸺**-DANN-Verknüpfung** *f* / if-then operation, conditional implication operation
Werbe·broschüre *f* / brochure *n* || ⸺**maßnahmen** *f pl* / advertising efforts || ⸺**mittel** *plt* / promotion gifts, advertising media || ⸺**schrift** *f* (WS) / brochure *n*, sales brochure (SB), pamphlet *n*, advertising brochure
werblich *adj* / advertising *adj*
Werfen *n* (Verziehen) / warping *n*, warpage *n*, buckling *n*
werfen, Licht ~ (auf) / shed light upon || **Schatten ~** / cast shadows
Werk (siehe auch unter Werks-)
Werk *n* / factory *n*, site *n*, plant *n* || ⸺ *n* (Unterstation) / substation *n* || ⸺ *n* (Fabrik) / manufacturing plant, works *plt* || ⸺ *n* **für Kombinationstechnik Chemnitz (WKC)** / Systems Engineering Plant Chemnitz || **ab** ⸺ **versichert** / insured ex works || ⸺**bank** *f* / workbench *n* || ⸺**bankfräsmaschine** *f* / work bench milling machine || ⸺**eranzeige** *f* / machine operator display || ⸺**erdialog** *m* / worker dialog || ⸺**halle** *f* / workshop hall, manufacturing shop || ⸺**mittel** *n pl* / tools and material || ⸺**mittelverwaltung** *f* (WMV) / tools and material management, Tool Data Management (TDM) || ⸺**norm** *f* / factory standard, internal standard || ⸺**nummer** *f* / job number,

works order number, works number, factory number || ⸺**platz-Gelenkleuchte** *f* / bench-type adjustable luminaire || ⸺**prüfung** *f* / manufacturer's inspection, works test, workshop test, bench test, factory test
Werks·abnahme *f* / factory acceptance test || ⸺**bescheinigung** *f* / certificate of compliance with order, certificate of compliance with the order, factory certificate || ⸺**bestellzettel** *m* / order form || ⸺**bestückung** *f* / fitted by the manufacturer
Werkschutz *m* / Plant Security
Werks·einführung *f* / production lead-in || ⸺**einstellung** *f* / presettings *n*
werkseitig verdrahtet / factory-wired *adj* || **~e Kalibrierung** / factory-calibrated
Werks·endprüfung *f* / Forschungsvereinigung Automobiltechnik (FAT) *n* || ⸺**fertigung** *f* / in-plant production, in-plant manufacture || **~fremd** *adj* / outside || ⸺**garantie** *f* / manufacturer's warranty || ⸺**gelände** *n* / works area, factory premises || ⸺**grunddaten (WGD)** *f* / basic factory database || ⸺**grundeinstellung** *f* (Grundeinstellung, die immer dann verwendet wird, wenn kein anderer Wert eingegeben wird) / default *n* || **~interne Vorschrift** / works specification || **~interne Wartung** / customer-internal maintenance || ⸺**kalender** *m* / factory calendar || ⸺**kontrolle** *f* / manufacturer's quality control || ⸺**leiter** *m* / works manager || ⸺**leitung** *f* / plant management || ⸺**lieferung** *f* / factory shipment || ⸺**logistik** *f* / plant logistics || ⸺**norm** *f* / company standard, factory standard || ⸺**nummer** *f* / shop order number, works order number, job number, factory number || ⸺**planung** *f* / factory (o. plant) layouting || ⸺**prüfer** *m* / factory-authorized inspector || ⸺**prüfprotokoll** *n* / works test report || ⸺**prüfung** *f* / factory test, manufacturer's inspection || ⸺**prüfzeugnis** *n* / manufacturer's test certificate, works test certificate, factory certificate || ⸺**rezept** *n* / site recipe || ⸺**-Rückstellung** *f* / factory reset || ⸺**sachverständiger** *m* (Prüfsachverständiger) / factory-authorized inspector || ⸺**schnittstelle** *f* / works interface || **~seitig** *adj* / at the factory || **~seitiger Abgleich** / factory adjusted || ⸺**seriennummer** *f* / factory serial number, serial number
Werkstatt *f* / workshop *n*, shopfloor *adj*, shop *n* || ⸺ *f* / service garage, service centre || ⸺**auftrag** *m* / shop order || ⸺**-Auftragsmappe** *f* / manufacturing document package || ⸺**ausrüstung** *f* / workshop equipment || ⸺**bedienung** *f* / shopfloor operation
Werkstattbestand *m* / shop inventory, floor inventory || **auftragsbezogener** ⸺ / work-in-progress *n* (WIP), in-process inventory
Werkstatt·betrieb *m* / works || ⸺**blatt** *n* / shopfloor sheet || ⸺**feilensatz** *m* / engineers files set || ⸺**feilensatz (3-teilig)** *m* / engineers files set (3 items) || ⸺**fertigung** *f* / shopfloor manufacturing, factory production || **~gerecht** / shopfloor-oriented *adj* || ⸺**kran** *m* / workshop crane || ⸺**leiter** *m* / shopfloor manager || ⸺**lieferschein** *f* / shop delivery note, workshop delivery note || ⸺**meister** *m* / shop foreman || ⸺**muster** *n* / shop sample || **~nah** *adj* / shopfloor-oriented *adj* || ⸺**nummer** *f* / shop order number, factory number
werkstattorientiert *adj* / shopfloor-oriented || **~e Produktionsunterstützung (WOP)** / workshop-

oriented production support (WOP) || ~e **Programmierung** (WOP) / workshop-oriented programming (WOP) **Werkstatt·portal** *n* / shopfloor portal || ⸰**programmierer** *m* / shopfloor programmer || ⸰**programmierung** *f* / shopfloor programmig, workshop-oriented programming (WOP) || **interaktive grafische ⸰programmierung** (IGW) / interactive graphic shopfloor programming (IGSP) || ⸰**prüfung** *f* / workshop test, shop test || ⸰**steuerung** *f* / shopfloor control || ⸰**unterlage** *f* / shopfloor document || ⸰**version** *f* / shop version || ⸰**zeichnung** *f* / workshop drawing, shop drawing, working drawing, assembly drawing, workpiece drawing
Werkstoff *m* / material *n*, stock *n* || **dämpfender** ⸰ / damping material || **diamagnetischer** ⸰ / diamagnetic material, diamagnetic *n* || **hochwertiger** ⸰ / heavy duty materials || **schallreflektierender** ⸰ / sound reflecting material || ⸰**abnahme** *f* / stock removal || ⸰**abschälung** *f* / peeling-off of material || ⸰**abtragrate** *f* / metal removal rate (MRR) || ⸰**faktor** *m* / material factor || ⸰**anfressung** *f* / erosion of material || ⸰**beanspruchung** *f* / material stress || ⸰**beschreibung** *f* / material description || ⸰**dämpfung** *f* / damping capacity of materials || ⸰**e** *m pl* / materials *n pl* || **elementbildende** ⸰**e** / materials forming electrolytic element couples between components || ⸰**eigenschaften** *f pl* / material properties || ⸰**festigkeit** *f* / strength of materials || ⸰**härte** *f* / hardness of materials || ⸰**kombination** *f* / coupling of materials || ⸰**kunde** *f* / material technology || ⸰**legierung** *f* / alloy *n* || ⸰**nummer** (W.-Nr.) *f* / material number || ⸰**paarung** *f* / material pairs, coupling of materials, combination of material properties, combination of property of materials || ⸰**panzerung** *f* / covering with stronger material || ⸰**prüfmaschine** *f* / materials testing machine || ⸰**prüfprotokoll** *n* / materials test certificate || ⸰**prüfung** *f* / testing of materials, materials testing, inspection of materials || ⸰**technik** *f* / materials application technology, materials application || ~**technische Prüfstelle** / materials test center || ~**technisches Qualitätsmaterial** / material quality feature || ⸰**untersuchung** *f* / materials investigation
Werkstück *n* / workpiece *n*, work *n*, part *n*, WP *n* || ⸰ **anwählen** / Select workpiece || ⸰ **bearbeiten** / machine workpiece || ⸰ **einrichten** / Set up workpiece || **fertigbearbeitetes** ⸰ / finished part, machined part || ⸰ **laden** / Load workpiece || ⸰ **lösen** (WST lösen) / release workpiece || ⸰ **spannen** (WST spannen) / clamp workpiece || ⸰ **spiegeln** / Mirror workpiece || ⸰**abtransport** *m* / workpiece unloading || ⸰**achse** *f* / workpiece axis || ⸰**antransport** *m* / workpiece loading || ⸰**aufnahme** *f* / workholder *n*, workpiece fixture, workholding device || ⸰**aufspannfläche** *f* / workpiece clamping surface || ⸰**aufspanntoleranz** *f* / workpiece clamping tolerance || ⸰**aufspannung** *f* / workpiece clamping, workpiece setup || ⸰**bearbeitungsfolge** *f* / workpiece machining sequence || ⸰**beladung** *f* / workpiece loading || ⸰**beschreibung** *f* / workpiece description, part description
werkstückbezogen *adj* / part-oriented *adj*,

workpiece-oriented *adj* || ~**e Korrektur** / part-oriented compensation || ~**er Istwert** / workpiece-related actual value
Werkstück·-Bezugspunkt *m* / workpiece reference point, workpiece datum || ⸰**datei** *f* / workpiece file || ⸰**daten** *plt* / workpiece data || ⸰**durchmesser** *m* / workpiece diameter || ⸰**einspannung** *f* / workpiece clamping || ⸰**fluss** *m* / workpiece flow || ⸰**genauigkeit** *f* / workpiece precision || ⸰**geometrie** *f* / workpiece geometry, part geometry || ⸰**gewicht** *n* / workpiece weight || ⸰**halter** *m* / workholder *n*, workpiece fixture, workholding device, workpiece holder || ⸰**handhabung** *f* / handling of workpieces || ⸰**höhe** *f* / workpiece height || ⸰**istmaß** *n* / actual workpiece dimension || ⸰**kante** *f* / edge of workpiece || ⸰**kennung** *f* / workpiece identifier || ⸰**kollision** *n* / workpiece collision || ⸰**kontur** *f* / workpiece contour || ⸰**konturbeschreibung** *f* / workpiece contour description || ⸰**-Koordinatensystem** *n* / workpiece coordinate system || ⸰**laden** *n* / workpiece loading || ⸰**-Lade-Roboter** *m* / workpiece loading robot || ⸰**lage** *f* / workpiece position || ⸰**messeinrichtung** *f* / workpiece gauging device || ⸰**messfühler** *m* / surface sensing probe, part sensing probe, workpiece probe, surface probe, part sensor || ⸰**messsteuerung** *f* / in-process measurement (o. gauging) || ⸰**messtaster** *m* / surface sensing probe, part sensing probe, workpiece probe, surface probe, part sensor || ⸰**messung** *f* / workpiece measurement || ⸰**messzyklus** *m* / workpiece measuring cycle
werkstücknah·er Istwert / workpiece-related actual value || ~**es Istwertsystem** / actual-value system for workpiece (actual value system allowing for tool and zero offsets)
Werkstück·name *m* / workpiece name || ⸰**nullpunkt** *m* (W) / part zero, workpiece zero, part program zero || ⸰**-Nullpunkt** *m* / workpiece zero, workpiece datum || ⸰**oberfläche** *f* / workpiece surface || ~**orientierte Datenhaltung** / workpiece-oriented data management || ~**ortsabhängig** *adj* / workpiece-location-dependent || **Werkstück·palette** *f* / workholder *n*, workholding pallet, workpiece carrier (WPC), pallet *n* || ⸰**positionierung** *f* / workpiece positioning || ⸰**programm** *n* / workpiece program || ⸰**qualität** *f* / workpiece quality || ⸰**-Referenzpunkt** *m* / workpiece reference point, workpiece datum
Werkstückskontur *f* / workpiece contour
Werkstück·sollmaß *n* / set workpiece dimension || **transportabler ⸰spanntisch** / workholder *n*, workholding pallet, workpiece carrier (WPC), pallet *n* || ⸰**-Spannvorrichtung** *f* / workpiece clamping system || ⸰**speicher** *m* / workpiece magazine || ⸰**spektrum** *n* / workpiece range || ⸰**standort** *m* / workpiece location
Werkstückszählung *f* / workpiece counter
Werkstück·tisch *m* / workpiece table || ⸰**träger** *m* (WT) / workholder *n*, workpiece carrier (WPC), workholding pallet, pallet *n*, workpiece holder || ⸰**träger für Leiterplatten** *m* / carrier tray || ⸰**übergabe** *f* / workpiece transfer || **fliegende ⸰übergabe** / on-the-fly workpiece transfer || ⸰**übersicht** *f* / workpiece overview || ⸰**überwachung** *f* / workpiece monitoring ||

Werkstudent 998

~umriss *m* / workpiece contour || ~vermessung *f* / workpiece measurement, workpiece measuring || ~verschiebung *f* / workpiece shift || ~verzeichnis *n* / workpiece directory (WPD) || ~verzeichnis (WPD) *n* / workpiece directory (WPD) || ~vorschub *m* / workpiece feed || ~wechsel *m* / automatic workpiece change, DIN 66025, T.2 workpiece change || ~-Wechseleinrichtung *f* / automatic work changer || ~zeichnung *f* / workpiece drawing, part drawing || ~zustand *m* / workpiece status
Werkstudent *m* / temporarily employed student *n*
werksüberholt *adj* / factory-rebuilt *adj*
Werks·unterlagen *f pl* / works documents || ~vorgaben *f pl* / works specification || ~zeugnis *n* / works test certificate, quality-control report, works test report
Werk·teil *n* / workpiece *n* || ~umfassend *adj* / plant-wide || ~vertrag *m* / work contract
Werkzeug *n* (WKZ) / tool *n* (T), tools *n pl* || ~ *n* (Form) / mold *n*, mould *n* || ~ *n* (spanabhebend) / cutting tool, cutter *n* || ~ *n* (nicht spanabhebend) / non-cutting tool || ~ *n* (Stanzmasch., Schmiede) / die *n* || ~ *n* (Programmentwicklung) / tool *n*, toolkit *n* || ~ **für Mechanikmuster** *n* / mechanical prototyping tool || ~ **in die Liste eintragen** / enter tool in the tool list || ~ **ist im Wechsel** (ist im Wechsel) / tool is being changed || ~ **vom Typ 3D-Taster** *n* / 3D probe type tool || **3D-**~ *n* / 3D tool || **angetriebenes** ~ / rotating tool || **durchdrehendes** ~ / tool with rotational range greater than 360° || **stehendes** ~ / non-rotating tool || **übergroßes** ~ / oversized tool || **vergleichbares** ~ / comparable tool
werkzeugabhängig *adj* / tool-dependent || ~**er Pratzenschutz** / tool-specific clamp protection
Werkzeug·abhebebewegung *f* / tool retract(ing) movement, tool withdrawal movement || ~abnutzung *f* / tool wear || ~abnützung *f* / tool wear || ~achse *f* / tool axis || ~achsenvektor *m* / tool axis vector || ~aggregategrafik *f* / tool-unit graphics || ~änderung *f* / tool modification || ~angaben *f pl* (CLDATA) / cutter information || ~ansteuerung *f* / tool selection || ~anwahl *f* / tool selection || ~anwenderdaten *plt* / tool user data || ~anzeige *f* / tool number read-out || ~arbeitspunkt *m* / tool centre point (TCP) || ~aufnahme *f* / tool support, tool adapter, tool carrier, tool holder (Tlh) || ~aufnahmekapazität *f* / tool storage capacity || ~aufruf *m* E DIN 66257 / tool function (NC) ISO 2806-1980 || ~aufruf *m* / T word || ~ausrichtung *f* / tool orientation || ~auswahl *f* (CLDATA-Wort) / select tool (NC, CLDATA word) ISO 3592 || ~auswahl *f* / tool selection
Werkzeug·bahn *f* / tool path, cutter path, cutter travel || ~bahngeschwindigkeit *f* / tool path velocity, tool path feedrate, path velocity, rate of travel in contouring, vector feedrate || ~bahnkorrektur *f* / cutter path compensation, tool path compensation || ~-**Basisfunktion** *f* (WZBF) / tool management base function (TMBF) || ~basismaß *n* / tool base dimension || ~bau *m* / tool making || ~beanspruchung *f* / tool wear || ~bedarf *m* / tool demand || ~bedarfermittlung *f* / tool data information system, tool demand analysis, tool information || ~bedarfsermittlung *f* / tool data information system, tool demand analysis, tool information || ~belegung *n* /

assignment || ~beschreibung *f* / tool description || ~besteck *n* / tool kit || ~bestückung *f* / tooling *n* || ~bewegung / tool movement || ~bezeichner *m* / tool identifier || ~**bezogene Korrektur** / tool-oriented compensation || ~bezug *m* / tool reference || ~bezugspunkt *m* / tool reference point, tool control point || ~**bezugspunkt-Frame** *m* / tool reference point frame || ~bilanz *f* / tool balance || ~bruch *m* / tool breakage, tool failure || ~bruchüberwachung *f* / tool breakage monitor || ~datei *f* / tool file
Werkzeugdaten *plt* / tool data || ~ **einlesen** / Read in tool data || ~ **programmieren** / Program tool data || ~ **sichern** / Save tool data || ~blatt *n* / tool data sheet || ~kreislauf *m* / tool data circuit || ~satz *m* / tool data record || ~verwaltung *f* / tool data management (TDM)
Werkzeug·dialog *m* / tool dialog || ~dialogdaten *plt* / tool dialog data || ~disposition *f* / tool planning || ~durchbiegung *f* / tool deflection || ~durchmesser *m* / tool diameter || ~durchmesserkorrektur *m* / tool diameter compensation, cutter diameter compensation || ~durchmesserkorrektur *f* (Korrekturwert) / tool diameter offset
Werkzeuge *n pl* / tools *n pl* || ~ **sortieren** / Sort tools || ~-**Nullpunkt** / tools zero
Werkzeug·eingriff *m* / tooling *n*, tool operation || ~einsatz *m* / use of tools || ~einsatzdaten *plt* / tool operating data || ~einspannung *f* / tool clamping || ~einstellgerät *n* (WZEG) / tool setting device, tool setting station || ~kennungssystem *n* / tool identification system || ~fehlbestand *m* / tool deficiency || ~fehltabelle *f* / missing tool table || ~fenster *n* / Toolbox view || ~flachbaugruppe *f* (WF-Baugruppe) / tool module, WF module || ~-**Flache D-Nummer** (WZFD) / tool management flat D number (TMFD) || ~fräsautomat *m* / automatic tool milling machine || ~fräsmaschine *f* / tool miller || ~ **freifahren** / retract tool || ~freigabe *f* / tool enabling || ~füllung *f* / mold filling || ~futter *n* / tool chuck
Werkzeug·gang *m* (Abnutzung) / tool wear || ~geometrie *f* / tool geometry || ~geometriedaten *plt* / tool geometry data || ~geometrieeditor *m* / tool geometry editor || ~geometriemakro *n* / tool geometry macro || ~geometriewerte *m pl* / tool geometry values, tool geometrical data || ~gewicht *n* / tool weight || ~greifer *m* / tool gripper || ~größe *f* (beschreibt die Anzahl der Halbplätze, die ein Werkzeug im Magazin belegt) / tool size || ~-**Grundfunktion** *f* / tool management base function (TMBF) || ~grundorientierung *f* / basic tool orientation || ~guss *m* / die cast || ~halbplatz *m* / tool half location || ~halter *m* / tool holder (Tlh), tool support, tool carrier, tool adapter || ~halterplatte *f* / tool holder plate || ~handhabung *f* / tool handling || ~höhenverstellung *f* / mold height adjustment || ~-**Identifikation** *f* / tool identification || ~identifikationssystem *n* / tool identification system || ~-**Identnummer** *f* (CLDATA-Wort) / tool number (NC, CLDATA word) ISO 3592 || ~innenaufbau *m* / internal tool structure
Werkzeug·kartei *f* / tool file || ~kassette *f* / tool cartridge || ~kasten *m* / tool box, tool kit || ~katalog *m* / tool catalog || ~kegel *m* / tool taper ||

≈kennung *f* / tool status, tool ID *n* || **≈kette** *f* / tool chain || **≈kettentür** *f* / tool chain door || **≈klasse** *f* / tool class || **≈klemmung** *f* / tool clamp || **≈kodierung** *f* / tool coding || **≈koffer** *m* / toolbox *n* || **≈kompensation** *f* (CLDATA-Wort) / cutter compensation ISO 3592, tool compensation || **≈konstruktion** *f* / mold design || **≈koordinatensystem** *n* / Tool Coordinate System (TCS) || **≈kopf-Radfaktor** *m* / tool head/wheel factor

Werkzeugkorrektur *f* (WZK WK) / tool compensation (TC) || ≈ *f* (WK) / cutter compensation (TC) || ≈ *f* (WZK, WK, Korrekturbetrag, Wegbedingung) DIN 66025, T. 2 / tool offset (TO) || ≈ *f* (Korrekturbetrag, Wegbedingung nach DIN 66025, T.2) / cutter offset || ≈ **wirksam** / tool offset active (TOA) || ≈, **negativ** (NC-Wegbedingung) DIN 66025,T.2 / tool offset, negative ISO 1056 || ≈, **positiv** (NC-Wegbedingung) DIN 66025,T.2 / tool offset, positive ISO 1056 || **≈block** *m* / tool compensation block || **≈block** *m* / tool compensation (data) block || **≈daten** *plt* / tool offset data || **≈datensatz** *m* / tool offset data set || **≈verschleiß** *m* / tool offset wear || **≈geometrie** *f* / tool offset geometry || **≈nummer** *f* / number of tool compensation || **≈paar** *n* / tool compensation pair || **≈satz** *m* / tool offset block || **≈satz für Schneide 1/2** / create tool offset block for tool edge 1/2 || **≈schalter** *m* / tool correction switch, tool offset switch || **≈speicher** *m* / tool offset memory (TO memory) || **≈speicher** *m* (NC-Adresse) DIN 66025,T.1 / second tool function (NC address) ISO/DIS 6983/1 || **≈verhalten** *n* / tool offset behavior || **≈vermessung** *f* / measurement (o. determination) of tool offset || **≈wert** *m* (WKW) / tool offset value (TOV) || **≈wert** *m* / tool offset || **≈zuordnung** *f* / tool offset assignment

Werkzeug·laden *n* / tool loading || ≈ **laden** *m* (CLDATA-Wort) / load tool ISO 3592 || **≈lage** *f* / tool position || **≈lageanzeiger** *m* / tool position indicator || **≈lagenkorrektur** *f* / tool position compensation || **≈lager (WZ-Lager)** *n* / tool store || **≈länge (WZL)** *f* / tool length (TL) || **≈längenermittlung** *f* / tool length determination || **≈längenkorrektur** *f* (WLK) / tool length compensation (TLC), tool length offset || **≈längenkorrektur** *f* (Korrekturwert) / tool length offset || **≈längenmessung** *f* / tool inspection || **≈längen-Verschleißwert** *m* / tool length wear value || **≈läppmaschine** *f* / tool lapping machine || **≈liste** *f* / tool list || ≈ **löschen** / delete tool || **≈lücke** *f* / tool gap || **≈magazin** *n* / tool holding magazine, tool-holding magazine, tool magazine, tool storage magazine, magazine *n* (MAG) || **≈-Magazinverwaltung** *f* (WZMG) / tool management magazines (TMMG) || **≈managementfunktion** *f* / tool management function || **≈managementsystem** *n* / tool management system || **≈maschine** *f* (WZM) / machine tool (MT) || **≈maschinenautomatisierung** *f* / machine tool automation || **≈maschinenbau** *m* / machine tool manufacture || **≈maschinenindustrie** *f* / machine tool industry || **~maschinennah** *adj* / machine tool-related || **≈maschinenspindel** *f* / machine tool spindle || **≈maschinensteuerung** *f* / machine tool

control || **≈maschinensteuerungen** *f pl* / machine tool controllers || **≈material** *n* / cutting tool grade material, tool grade material, cutter material || **≈messeinrichtung** *f* / tool gauging device || **≈messfühler** *m* / tool probe || **≈messgerät** *n* / tool gauging device || **≈messsystem** *n* / tool measurement system || **≈messtaster** *m* / tool probe || **mechanischer ≈messtaster** / mechanical tool probe || **≈messung** *f* / tool measuring, tool gauging || **≈-Mittelpunkt** *m* / tool center point (TCP) || **≈mittelpunktsbahn** *f* / tool center point path || **äquidistante ≈mittelpunktsbahn** / equidistant tool center path || **≈-Monitor** *m* (WZMO) / tool management tool monitoring (TMMO) ||

Werkzeug·name *m* / tool name || **≈nummer** *f* / tool number || **≈nummernanzeige** *f* / tool number read-out || **≈oberfläche** *f* / tool surface || **≈orientierung** *f* / tool orientation || **≈orientierungs-Interpolation** *f* / tool orientation interpolation || **≈öse** *f* / tool eye || **≈parameter** *m* / tool parameter || **≈plan** *m* / tool plan || **≈planerstellung** *f* / tool plan generation || **≈platz** *m* / tool location, tool pocket location || **variabler ≈platz** / random tool selection || **≈platzkodierung** *f* / tool location coding || **≈portal** *n* / tool gantry || **≈position** *f* / tool position, relative tool position || **≈positionsdaten** *plt* (CLDATA) / cutter location data (CLDATA) || **≈prüfung** *f* / tool check

Werkzeug·radius *m* / tool radius || **≈radiuskorrektur** *f* (WRK) / tool radius compensation (TRC) || **≈radiuskorrektur** *f* (Korrekturwert) / tool radius offset || **≈radiuskorrektur** *f* / cutter radius compensation || **2D-/3D-≈radiuskorrektur** *f* / 2D/3D tool radius compensation || **≈referenzwert** *m* / tool reference value || **≈revolver** *m* / tool turret, turret *n*, tool capstan, revolver *n* || **≈revolverkopf** *m* / tool turret, turret *n*, tool capstan, revolver *n* || **≈richtung (WZ-Richtung)** *f* / tool direction || **≈rotation** *f* / tool rotation || **≈rückzug** *m* / tool withdrawal, tool retract(ing), backing out of tool

Werkzeug·satz *m* / tool kit || **≈schleifen** *n* / tool grinding (TG) || **≈schleifmaschine** *f* / tool grinding machine, tool grinder || **≈schleifzelle** *f* / tool grinding cell || **≈schlitten** *m* / saddle *n*, carriage *n* || **≈schluss** *m* / tool closing || **≈schneide** *f* / tool edge, tool cutting edge || **≈schneidenbezugspunkt** *m* / tool edge reference point || **≈schneidendaten** *plt* / cutting edge data || **≈schneidenmittelpunkt** *m* / tool edge center point || **≈schneidenposition** *f* / tool edge position || **≈schneidenradius** *m* / tool tip radius || **≈schneidenradius-Korrektur** *f* / tool tip radius compensation || **≈schneidenradius-Korrektur** *f* (Korrekturwert) / tool tip radius offset || **≈schneidenradiusmittelpunkt** *m* / tool edge radius center point || **≈schneidenwinkel** *m* / cutter edge angle, tool cutting edge angle || **≈schnittstelle** *f* / tool interface || **≈schrank** *m* / tool cabinet || **≈schutz** *m* / mold protection || **≈-Schutzbereich** *m* / forbidden area || **≈sicherung** *f* / tool position safety, tool position lock || **≈-Solldaten** *plt* / tool target data || **≈sortierlauf** *m* / tool sort || **≈spannen** *n* / tool clamping || **≈spannsystem** *n* / tool clamping system || **≈spannvorrichtung** *f* / tool clamping system || **≈speicher** *m* / tool storage, tool magazine ||

Werkzeug

~**spezifisch** *adj* / tool-specific || ℒ**spindel** *f* / tool spindle || ℒ**spitze** *f* / tool tip || ℒ**stahl** *m* / tool steel || ℒ**stammdaten** *plt* / tool master data || ℒ**standmenge** *f* / no. of workpieces produced || ℒ-**Standzeit** *f* / tool life, service life || ℒ**standzeitüberwachung** *f* / tool time monitoring, tool life monitoring || ℒ**station** *f* / tool station || ℒ**stellung** *f* / tool position || ℒ**system** *n* (WS) / tool system **Werkzeug·tabelle** *f* / tool table || ℒ**taster (WZ-Taster)** *m* / tool probe || ℒ**teller** *m* / tool revolver || ℒ**tempering** *n* / tool tempering || ℒ**träger** *m* (WZT) / toolholder (Tlh), tool carrier, tool adapter, tool support || ℒ**trägerbelegung** *f* / tool carrier assignment || ℒ**trägerbestückung** *f* / tool carrier assembly || ℒ**trägerbezugspunkt** *m* / tool carrier reference point || ℒ**trägerdaten** *plt* / tool carrier data || ℒ**träger-Frame** *m* / tool carrier frame || ℒ**trägerkinematik** *f* / tool carrier kinematics || ℒ**trägerkorrektur** *f* / tool carrier offset || ℒ**trägervorbelegung** *f* / tool carrier preassignment || ℒ**transfer** *m* / tool transfer || ℒ**typ** *m* / tool type || ℒ **übergroß** / oversized tool || ℒ**überwachung aktivieren** / Activate tool monitoring || ℒ-**Überwachungsfunktion** *f* / tool management monitoring (TMMO) || ℒ**umgebung** *f* / tool environment || ℒ**umladung** *f* / tool reloading **Werkzeug·vermessung** *f* / tool gauging, tool measuring || ℒ**versatz** *m* / tool offset, tool shift || ℒ**verschiebung** *f* / tool offset, tool shift || ℒ**verschleiß** *m* / tool wear || ℒ**verschleißdaten** *plt* / tool wear data || ℒ**verschleißdaten eingeben** / Enter tool wear data || ℒ**verschleißkontrolle** *f* / tool wear monitoring || ℒ**verschleißkorrektur** *f* / tool wear compensation || ℒ**verschleißliste** *f* / list of tool wear data || ℒ**verwaltung** *f* (WZV) / tool management (TOOLMAN) || ℒ**verwaltung-NCK** / tool management NCK || ℒ**verwaltungspaket** *n* / tool management package || ℒ**verzeichnis** *n* / tool list || ℒ **vom Typ 3D-Taster** / 3D probe type tool || ℒ**vorbereitung** *f* / tool preparation || ℒ**voreinstellgerät** *n* / tool presetting station, tool presetting device || ℒ**-Voreinstellmaschine** *f* / tool presetting machine || ℒ**voreinstellung** *f* / tool presetting || ℒ**vorwahl** *f* / tool preselection **Werkzeug·wagen** *m* / tool trolley || ℒ**wechsel** *m* (WZW) / tool change (TC), tool changing || ℒ**wechselautomat** *m* / automatic tool changer (ATC) || ℒ**wechselbefehl** *m* / tool change command || ℒ**wechseleinrichtung** *f* / tool changer, automatic tool changer (ATC) || ℒ**wechselposition** *f* / tool change position || ℒ**wechselposition anfahren** / Go to tool change pos || ℒ**wechselpunkt** *m* (WWP) / tool change point (TCP) || ℒ**wechselpunkt teachen** / Teach tool change point || ℒ**wechselvorbereitung** *f* / tool change preparation || ℒ**wechselzeit** *f* / tool changing time || ℒ**wechselzyklus** *m* / tool-changing cycle || ℒ**wechsler** *m* / tool changer, automatic tool changer (ATC) || ℒ**weg** *m* / tool path, cutter path, cutter travel || ℒ**winkel** *m* / tool angle || ℒ**zubringer** *m* / tool feeder || ℒ**zustand** *m* / tool status || ℒ**zwischenspeicher** *m* / tool buffer **Werkzyklus** *m* / work cycle **Wert** *m* / value *n* || ℒ **der Längsspannung** (EN 60834-1) / common mode level || ℒ **einer Größe** / value of a quantity || ℒ **eingeben** / enter value ||

endlicher ℒ / value different from zero || **gespeicherter** ℒ / stored value || **häufigster** ℒ DIN 55350, T.23 / mode *n* || ℒ **Löschen** / delete value || ℒ **mit Bereich 120 mit Fehleranzeige** / value with range 120 and error indication || ℒ **mit Zwischenstellungs- und Fehleranzeige** / value with transient and error indication || **momentaner** ℒ / actual value, instantaneous value || **Skalen~** *m* / scale interval || **typischer** ℒ / representative value || **verbindlicher** ℒ / obliging value || **voreingestellter** ℒ / default value || **voreingestellter** ℒ / default value, default *n* || ℒ**analyse** *f* / value analysis **wertanalysiert** *adj* / value-analysed *adj* **wertbar·er Ausfall** / relevant failure || **nicht ~er Ausfall** / non-relevant failure **Werte** *m pl* / values *n pl*, data *plt* || **gerechnete** ℒ / calculated analog and status data || ℒ **mit Vorzeichen-Oktett** / values with sign octet || ℒ **vom RAM ins EEPROM laden** / transfer data from RAM to EEPROM || ℒ**anzeige** *f* / dynamic display || ℒ**archiv** *n* / value archive || ℒ**berechnung** *f* / computation of values || ℒ**bereich** *m* / range of values || ℒ**bereich** *m* (Betriebs- o. Umwelteinflussgrößen) / severity class || ℒ**bereichs- und Grenzwertverletzungen** / violations inrespect of value range and limit values || **mittlere** ℒ**dauer** / means service provisioning time || ℒ**liste** *f* / list of values, value list || ℒ**meldung** *f* / value indication, indication with value **wertend, zu ~er Ausfall** IEC 50(191) / relevant failure **Werte·paar** *n* / pair of values, value pair || ℒ**referenzlinie** *f* / magnitude reference(d) line || ℒ**speicher** *m* / time and data register|| ℒ**tabelle** *f* / value table || ℒ**tabelle geordnet nach der Häufigkeitsverteilung** DIN IEC 319 / table of frequency distribution || ℒ**- und Sollstundenermittlung** *f* / determining actual and budgeted times || ℒ**versorgung** *f* / parameter assignment, initialization *n* || **adaptive** ℒ**vorgabe** / adaptive parameter entry || ℒ**zuweisung** *f* / value assignment **Wertgeber** *m* (Eingabegerät für reelle Zahlen) / valuator device || ℒ **Einzugswerk** / encoder Infeed unit || ℒ **Prägeeinrichtung** / encoder creaser **Wertigkeit** *f* / significance *n*, weight *n*, positional weight, weighting factor, factor *n* || ℒ *f* (Chem.) / valency *n*, valence *n* || ℒ *f* / pulse value, pulse significance, pulse weight, increment per pulse || ℒ **eines Bit** / bit significance **Wert·kontinuum** *n* / continuum of values || ℒ**menge** *f* / set of values || ℒ**minderung** *f* / depreciation *n*, diminution *n*, decline in value || ℒ**papiere** *n pl* / stocks *n pl* || ℒ**schöpfung** *f* / value added || ℒ**schöpfungskette** *f* / value chain, value-added chain || ℒ**schöpfungsprozess** *m* / added-value process || ℒ**-Senden** *n* / value transmission || ℒ**-Setzen** *n* / value-setting *n* || ℒ**status** *m* / value status || ℒ**steigerung** *f* / value creation || ℒ**übernahme** *f* / value acceptance || ℒ**umrechnung** *f* / value conversion || ℒ**veränderung** *f* / change of value (an event that occurs when a measured or calculated analog value changes by a predefined amount) || ℒ**zuweisung** *f* / value assignment **WES (Wareneingangsschein)** / incoming voucher **wesentlich·e Abweichung** / significant nonconformance || **~er Fehlzustand** (Fehlzustand, der eine als sehr wichtig angesehene Funktion

betrifft) IEC 50(191) / major fault || ~es
Vorkommnis / significant occurrence
Westentaschenformat *n* / pocket-size *n*
westliche Sonderzeichen / western special characters
Weston-Normalelement *n* / Weston standard cell
Wettbewerb *m* / competition *n* || ⟨analyse *f* /
analysis of competition || ⟨ersystem *n* /
contention system
wettbewerbsfähig *adj* / competitive *adj*
Wettbewerbs·fähigkeit *f* / competing capability ||
⟨system *n* / contention system || ⟨vergleich *m* /
competitor comparison
wetter·adaptive Prognose / weather adaptive
forecast || **~beständig** *adj* / weather-resistant *adj*,
weather-proof *adj* || **~beständiger Anstrich** /
weather-resisting coating, weatherproofing coat ||
~feste Kunststoffleitung / thermoplastic-
insulated weather-resistant cable || **~geschützt**
adj / weather-protected *adj* || **~geschützte**
Maschine / weather-protected machine ||
~geschützter Einsatzort / sheltered location IEC
654-1, weatherprotected location || ⟨lampe *f* /
safety lamp || ⟨schutz *m* (Abdeckung) / weather
shield, canopy *n* || ⟨schutzanstrich *m* / weather-
resisting coating, weatherproofing coat || ⟨station
f / weather station || ⟨zentrale *f* / weather station
WF (Wiederholungsfaktor) / repetition factor, repeat
factor, iteration factor || ⟨-**Baugruppe** *f*
(Werkzeugflachbaugruppe) / tool module, WF
module
WG3-Technologiegruppe *f* / WG3 Technology
WGD (Werksgrunddaten) *f* / basic factory database
Wheatstone-Brücke *f* (Messbrücke aus vier
Widerständen, die zu einem Viereck
zusammengeschaltet sind) / wheatstone bridge
Whisker *m* / whisker *n*
Whitworth-Gewinde *n* / Whitworth thread
wichtig·e Meldung / critical message || **~e**
Rollbahnbefeuerung / essential taxiway lights ||
~er Hinweis / important note || **~er**
Verbraucher / non-interruptible load, essential
load, vital load, critical load
Wichtungsfaktor *m* / weighting factor
Wickel *m* (Spule, Wicklung) / coil *n*, roll *n* || ⟨ *m*
(Bandumwicklung) / tape serving || ⟨ *m*
(Umhüllung) / wrapper *n*, wrapping *n*, sleeving *n*,
serving *n* || ⟨ *m* (Windung) / turn *n* || **Isolier~** *m* /
insulating serving || ⟨angaben *f pl* / winding
specifications, winding data || ⟨antrieb *m* / coil
drive || ⟨automat *m* / automatic winding machine
Wickelei *f* / winding shop, winding department
Wickel·einsatz *m* (Wickelverb.) / bit *n* || ⟨form *f* /
former *n*, winding form || ⟨haken *m* / taping
needle || ⟨härte *f* / winding harshness || ⟨kasten
m / former *n* || ⟨kern *m* / winding core ||
⟨kerntransformator *m* / wound-core transformer
|| ⟨keule *f* / stress cone || ⟨kontakt *m* / wrap contact
Wickelkopf *m* (el. Masch.) / winding overhang, end
turns, end winding, overhang winding, winding
head || ⟨abdeckung *f* / end-winding cover,
overhang cover || ⟨abstützung *f* / winding
overhang support || ⟨ausladung *f* / overhang *n*, end-
turn projection, end-winding overhang, winding
overhang || ⟨bandage *f* / end-turn banding || ⟨-
Bandageisolierung *f* IEC 50(411) / banding
insulation || ⟨-**Distanzstück** *n* / overhang packing
|| ⟨-**Distanzstücke in Umfangsrichtung** / belt

insulation || ⟨-**Halterung** *f* / overhang supporting
ring || ⟨isolation *f* / overhang insulation, end-turn
insulation, end-winding insulation || ⟨kappe *f* /
overhang shield, end bell || ⟨konsole *f* / overhang
bracket, overhang support || ⟨-**Korrekturfaktor**
m / overhang correction factor || ⟨kreuzung *f* /
overhang crossover || ⟨packung *f* / overhang
packing, end-winding wedging block || ⟨raum *m* /
overhang space, end-winding cavity || ⟨schutz *m* /
overhang cover, end-winding cover || ⟨-
Streuleitwert *m* / end-winding leakage permeance
|| ⟨streuung *f* / coil-end leakage, overhang
leakage || ⟨stütze *f* / overhang bracket, overhang
support || ⟨verdrillung *f* / end-turn transposition ||
⟨verschalung *f* / end-winding cover ||
⟨verschnürung *f* / coil-end tying, overhang
lashing || ⟨verstärkung *f* / overhang bracing, end-
turn bracing || ⟨versteifung *f* / overhang packing
block, coil-end bracing, end-turn bracing, end-turn
wedging
Wickel·lage *f* / winding layer, serving *n* || ⟨länge *f*
(Wickelverb.) / wrapping length || ⟨maschine *f* /
winding machine, coil winder, wrapping machine,
coiler *n* || ⟨motor *m* / winding motor
wickeln *v* / wind *v* || ⟨ *n* / winding *n* || **neu ~** / re-
wind *v* || **übereinander ~** / wind one (turn) over
another
Wickel·ofen *m* / coiling furnace || ⟨plan *m* / winding
diagram || ⟨prüfung *f* (Kabel) / bending test ||
⟨prüfung *f* (Draht) / wrapping test || ⟨raum *m* /
winding space || ⟨revolver *m* / winding revolver ||
⟨richtung *f* / winding direction || ⟨schablone *f* /
former *n* || ⟨schema *n* / winding diagram || ⟨sinn
m / winding direction, winding sense || ⟨stiftlänge
f / post length (wire-wrap termination) ||
⟨stromwandler *m* / wound-primary(-type)
current transformer || ⟨technik *f* / wire-wrapping
technique || ⟨träger *m* / winding support ||
⟨wandler *m* / wound instrument transformer,
wound-primary transformer, wound-primary type
current transformer, wound-type transformer ||
⟨zentrum *n* / winding center || ⟨zettel *m* /
winding details || ⟨zylinder *m* / insulating
cylinder, winding barrel, coil supporting cylinder
Wickler *m* / winder *n* || ⟨antrieb *m* / winder drive ||
⟨motor *m* / winder motor || ⟨schutz *m* / winder
protection || ⟨wandler *m* / wound-type transformer
Wicklung *f* (eine um den Eisenkern gewickelte
Spule) / winding *n*, coil *n* || ⟨ *f* (Isolation
innerhalb einer Kabelgarnitur) / lapping *n* || ⟨ **aus**
Formspulen / preformed winding || ⟨ **aus**
Teilformspulen / partly preformed winding || ⟨ **für**
Erdschlusserfassung / earth-leakage current
measuring winding || ⟨ **in**
Einzelspulenschaltung / winding with crossover
coils || ⟨ **in geschlossenen Nuten** / threaded-in
winding, tunnel winding || ⟨ **in T-Schaltung** / T-
connected winding || ⟨ **in V-Schaltung** / V-
connected winding || ⟨ **mit dachziegelartig**
überlappendem Wickelkopf / imbricated
winding || ⟨ **mit einer Spule je Pol** / whole-coiled
winding || ⟨ **mit einer Windung je Phase und**
Polpaar / half-coiled winding || ⟨ **mit**
eingeschobenen Halbformspulen / push-through
winding || ⟨ **mit Formspulen** / preformed
winding || ⟨ **mit freien Enden** / open-circuit
winding || ⟨ **mit gleichen Spulen** / diamond

Wicklungs

winding ‖ ~ **mit konzentrischen Spulen** / concentric winding ‖ ~ **mit parallelen Zweigen** / divided winding ‖ ~ **mit Spulen gleicher Weite** / diamond winding ‖ ~ **mit Umleitungen** / externally connected winding ‖ ~ **mit verkürzter Schrittweite** / short-pitch winding, fractional-pitch winding ‖ ~ **mit verlängerter Schrittweite** / long-pitch winding ‖ ~ **mit Wickelkopfverguss** / winding with cast winding overhang ‖ ~ **ohne Anzapfungen** / untapped winding ‖ ~ **zur Erfassung der Verlagerungsspannung** (Wandler) IEC 50(321) / residual voltage winding ‖ **eingefädelte** ~ / threaded-in winding, pin winding ‖ **eingegossene** ~ / encapsulated winding ‖ **gesehnte** ~ / chorded winding, fractional-pitch winding ‖ **gespaltene** ~ / split winding ‖ **gestürzte** ~ / continuous turned-over winding, continuous inverted winding ‖ **geträufelte** ~ / fed-in winding, mush winding ‖ **getrennte** ~ / separate winding ‖ **getreppte** ~ / split-throw winding, split winding ‖ **halbsymmetrische** ~ / semi-symmetrical winding ‖ **hemitropische** ~ / hemitropic winding, half-coiled winding ‖ **reguläre** ~ (el. Masch.) / regular winding ‖ **schrittverkürzte** ~ / short-pitch winding, chorded winding, fractional-pitch winding ‖ **schuppenförmige** ~ / mesh winding, imbricated winding ‖ **übersehnte** ~ / long-chord winding, long-pitch winding

Wicklungs·abdeckung f / winding cover, winding shield, end-winding cover ‖ ~**abschnitt** m / winding section ‖ ~**abstützung** f / winding support, coil support, winding bracing ‖ ~**achse** f / winding axis ‖ ~**anfang** m / line end of winding, start of winding, lead of winding ‖ ~**anordnung** f / winding arrangement ‖ ~**anordnung für Linearschaltung** / linear-tapping winding arrangement ‖ ~**anordnung für Zu- und Gegenschaltung** / reverse tapping winding arrangement, buck-and-boost winding arrangement ‖ ~**anschluss** m / winding termination ‖ ~**anschlussleiter** m (Primärwickl.-Klemme) / main lead ‖ ~**aufbau** m / winding construction, winding arrangement ‖ ~**bandage** f / winding bandage ‖ ~**bild** n / winding diagram ‖ ~**block** m / winding assembly ‖ ~**durchschlag** m / winding breakdown, winding puncture ‖ ~**element** n / coil section, coil n, winding element ‖ ~**ende** n / end of winding ‖ **freie** ~**enden** / loose leads ‖ ~**erwärmung** f / winding temperature rise ‖ ~**faktor** m / winding factor ‖ ~**gesetz** n / winding rule ‖ ~**gruppe** f / winding group ‖ ~**-Heißpunkttemperatur** f / winding hot-spot temperature ‖ ~**Heißpunktübertemperatur** f / temperature rise at winding hot spot ‖ ~**heizung** f / anti-condensate heater ‖ ~**induktivität** f / winding inductivity ‖ ~**isolation** f / winding insulation ‖ ~**isolierung** f / winding insulation, coil insulation ‖ ~**kapazität** f / winding capacitance ‖ ~**kappe** f / winding shield ‖ ~**kopf** m / winding overhang, end turns, end winding, overhang winding ‖ ~**körper** m / winding assembly ‖ ~**kraft** f / force acting on winding ‖ ~**kurzschluss** m / interwinding fault ‖ ~**leiter** m / winding conductor ‖ ~**leitung** f / winding cable ‖ **~loser Läufer** / unwound rotor

Wicklungs·mitte f / winding centre ‖ ~**paar** n / pair of windings ‖ ~**pfad** m / winding circuit ‖ ~**plan** m / winding diagram ‖ ~**pressung** f / winding clamping, degree of winding compression, winding compaction ‖ ~**prüfung** f / high-voltage test, high-potential test, overvoltage test ‖ ~**prüfung** f (mit Fremdspannung) / separate-source voltage-withstand test, applied-voltage test, applied-potential test, applied-overvoltage withstand test ‖ ~**prüfung bei niedriger Frequenz** / low-frequency high-voltage test ‖ ~**querschnitt** m / cross-sectional area of winding ‖ ~**raum** m / winding space ‖ ~**richtung** f / winding direction, winding sense ‖ ~**röhre** f / winding cylinder ‖ ~**schablone** f / coil form, winding form ‖ ~**schale** f / winding shell ‖ ~**schaltbild** n / winding connection diagram ‖ ~**schaltung** f / winding connections ‖ ~**schema** n / winding diagram ‖ ~**schild** m (el. Masch.) / winding shield, end-winding cover ‖ ~**schluss** m (Kurzschluss zwischen Leitern verschiedener Wicklungen) / interwinding fault ‖ ~**schluss** m (Kurzschluss Wicklung-Gehäuse) / winding-to-frame short circuit

Wicklungsschritt m (Spulenweite) / coil span, coil pitch ‖ ~ m (Gegen-Schaltseite) / back span ‖ ~ m (Schaltseite) / front span ‖ ~ m (Spulenweite) / coil span (GB), coil pitch (US) ‖ **relativer** ~ / winding pitch IEC 50(411)

Wicklungs·schutz m / winding shield, winding cover ‖ ~**sinn** m / winding sense ‖ ~**sprung** m / winding throw ‖ ~**stab** m / bar n (of winding), half-coil n ‖ ~**strang** m VDE 0532, T.1 / phase winding IEC 76-1, winding phase ‖ ~**strom** m / current per winding ‖ ~**stütze** f / winding brace

Wicklungs·tabelle f / winding table ‖ ~**tafel** f / winding table ‖ ~**technik** f / winding technology ‖ ~**teil** m / winding section ‖ ~**teilung** f / winding pitch ‖ ~**temperatur** f / winding temperature ‖ ~**temperaturänderung** f / variation of winding temperature ‖ ~**thermometer** n / embedded thermometer ‖ ~**träger** m / winding support, winding carrier ‖ ~**übertemperatur** f / winding temperature rise, winding overheating ‖ ~**überwachung** f / winding control ‖ ~**unterbau** m / winding support(s), winding base ‖ ~**verluste** m pl / I²R loss, winding losses ‖ ~**verteilung** f / winding distribution, polecoil distribution ‖ ~**widerstand** m / winding resistance ‖ ~**zug** m / winding path ‖ ~**zweig** m / winding branch (circuit), winding path

WID (Wafer-Identifizierungsgerät) n / WID (wafer identification device)

Wide Area Network (WAN) n / wide area network (WAN)

Wideband Line Filter m / Wideband Line Filter

Wider·druck m / verso printing ‖ ~**druckregister** m / perfecting register ‖ **~rufen** v / undo v ‖ ~**spruchsfreiheit** f / consistency n, plausibility n

Widerstand m (Wirkwiderstand) / resistance n ‖ ~ m (Scheinwiderstand) / impedance n ‖ ~ m (Gerät) / resistor n, rheostat n ‖ ~ **(R)** m / resistor n ‖ ~ **der Erregerwicklung** / field resistance ‖ ~ **der Längsdämpferwicklung** / direct-axis damper resistance ‖ ~ **der Querdämpferwicklung** / quadrature-axis damper resistance ‖ ~ **der Steuerleitung** / resistance to flow in pressure line ‖ **externer** ~ / external resistor ‖ **impulsgesteuerter** ~ / pulse-controlled resistance ‖ **induktiver** ~ / inductive reactance, reactance n ‖ **magnetischer** ~ / reluctance n, magnetic resistance ‖ **magnetischer**

⟨ (Feldplatte) / magnetoresistor n ‖ **ohmscher** ⟨ / ohmic resistance, resistance n ‖ **phasenreiner** ⟨ / ohmic resistance ‖ **pulsgesteuerter** ⟨ / pulse resistor, pulsed resistor, pulsed resistance, chopper resistor ‖ **reeller** ⟨ / ohmic resistance, resistance n
Widerstands·abgleich m / tuning of resistors ‖ ⟨**abgriff** m / by potentiometer ‖ ⟨**ableiter** m / resistance-type arrester ‖ ⟨**abschluss** m (PMG) / resistive termination ‖ ⟨**anlasser** m / rheostatic starter IEC 292-3, resistor starter, impedance starter ‖ ⟨**anpassung** f / resistor adaption, resistor optimization
widerstandsarm adj / low-resistance adj ‖ **~e Erdung** / impedance earthing, impedance grounding, low-resistance earthing, low-resistance grounding, resonant earthing, resonance grounding, dead earth
Widerstandsaufbau m / resistor mounting
widerstandsbehafteter Fehler / resistive fault
Widerstands·beiwert m / drag coefficient ‖ ⟨**belag** m / resistance per unit length ‖ ⟨**belastung** f / resistive load ‖ **reine** ⟨**belastung** / pure resistive load, straight resistive load ‖ ⟨**beschaltung** f / fixed current limitation ‖ ⟨**bestückung** f / built-in resistors ‖ ⟨**box** f / resistor box ‖ ⟨**bremse** f / dynamic brake ‖ ⟨**bremsregler** m / rheostatic braking controller ‖ ⟨**bremsung** f / rheostatic braking, dynamic braking ‖ ⟨**dekade** f DIN 43783,T.1 / decade resistor, resistance decade ‖ ⟨**-Dioden-Logik** f (RDL) / resistor-diode logic (RDL) ‖ ⟨**draht** m / resistance wire ‖ ⟨**dreieck** n / impedance diagram ‖ ⟨**einschaltautomatik** f / automatic resistance connection ‖ ⟨**element** n / resistor element ‖ ⟨**erdung** f / resistive earthing (GB), resistive grounding (US)
widerstandsfähig adj / resistant adj, resisting adj
Widerstandsfähigkeit f / resistance n, robustness n, toughness n, resistivity n ‖ ⟨ **gegen außergewöhnliche Wärme** VDE 0711, 3 / resistance to ignition IEC 507 ‖ ⟨ **gegen Chemikalien** / resistance to chemicals, chemical resistance ‖ **mechanische** ⟨ / robustness n, mechanical endurance
Widerstands·ferngeber m / remote resistance sensor ‖ ⟨**-Fernthermometer** n / resistance telethermometer ‖ ⟨**fühler** m / resistance sensor ‖ ⟨**geber** m / resistance-type sensor, decade resistor, resistance-type transmitter ‖ ⟨**gefälle** n / resistance gradient ‖ ⟨**gerade** f / resistance line, load line (electron tube) ‖ ⟨**gerade** f (el. Masch.) / field resistance line, field resistance characteristic ‖ ⟨**gerät** n / resistor unit, resistor bank, resistor block, resistor box ‖ **~geschweißt** adj / resistance-welded adj ‖ ⟨**gruppe** f / resistor bank ‖ ⟨**-Hilfsphase** f / auxiliary starting winding, high-resistance auxiliary phase ‖ **Einphasenmotor mit** ⟨**-Hilfsphase** / resistance-start motor ‖ ⟨**-Hilfswicklung** f / auxiliary starting winding ‖ ⟨**-Induktivitäts-Kapazitäts-Schaltung** f / resistance-inductance-capacitance circuit (o. network), RLC circuit ‖ ⟨**-Induktivitäts-Schaltung** f / resistance-inductance circuit (o. network), RL circuit (o. network) ‖ ⟨**-Kapazitäts-Schaltung** f / resistance-capacitance circuit, RC circuit (o. network) ‖ ⟨**kasten** m / resistor box (o. case) ‖ ⟨**kette** f / resistance sequence ‖ ⟨**koeffizient einer Feldplatte** / magnetoresistive coefficient ‖

⟨**kommutator** m / resistance commutator ‖ ⟨**kommutierung** f / resistance commutation ‖ ⟨**-Kondensator-Transistor-Logik** f (RCTL) / resistor-capacitor-transistor logic (RCTL) ‖ ⟨**kontakte** m pl VDE 0532,T.30 / transition contacts IEC 214 ‖ ⟨**kopplung** f / resistive coupling, impedance coupling
Widerstands·last f / resistive load ‖ ⟨**-Lastumschalter** m / resistor diverter switch ‖ ⟨**läufer** m / high-resistance squirrel-cage rotor, high-resistance cage motor, high-torque cage motor, high-reactance rotor ‖ ⟨**-Läuferanlasser** m VDE 0660,T.301 / rheostatic rotor starter IEC 292-3 ‖ ⟨**leiter** f / resistor ladder ‖ ⟨**leiter-Netzwerk** n / resistor ladder network, ladder resistor network
widerstandslos·e Erdung / direct connection to earth, direct earthing, solid connection to earth ‖ **~er Kurzschluss** / dead short circuit, dead short, bolted short-circuit
Widerstands·messbrücke f / resistance measuring bridge ‖ ⟨**messer** m / ohmmeter n, resistance meter ‖ ⟨**-Messgerät** n / ohmmeter n, resistance meter ‖ ⟨**-Messgerät mit linearer Skale** / linear-scale ohmmeter ‖ ⟨**messung** f / resistance measurement ‖ ⟨**messung** f (el. Masch.) / resistance test ‖ ⟨**methode** f / rise-of-resistance method, resistance method ‖ ⟨**modul** n / resistor module ‖ ⟨**moment** n / load torque ‖ ⟨**moment** n (gegen Biegung, Verdrehung) / section modulus, elastic modulus, moment of resistance ‖ ⟨**netzwerk** n / resistor network, resistive network ‖ ⟨**normal** n / standard resistance ‖ ⟨**ofen** m / resistance furnace ‖ ⟨**operator** m / resistance operator, complex impedance ‖ ⟨**paste** f / resistor paste ‖ ⟨**-Potentialsteuerung** f / resistance grading (of corona shielding) ‖ ⟨**rahmen** m / resistor frame ‖ ⟨**rauschen** n / thermal noise, circuit noise ‖ ⟨**regelung** f / rheostatic control ‖ ⟨**regler** m / rheostatic voltage regulator ‖ ⟨**regler** m (Stellwiderstand) / rheostatic controller, rheostat m ‖ ⟨**relais** n / resistance relay, impedance relay ‖ ⟨**-Restspannung** f (Halleffekt-Bauelement) DIN 41863 / zero-field resistive residual voltage IEC 147-0C ‖ ⟨**rohr** n / resistance tube ‖ ⟨**satz** m / resistor set ‖ ⟨**schalten** n / resistance switching ‖ ⟨**schalter** m / resistor interrupter ‖ ⟨**-Schnelllastumschalter** m / high-speed resistor diverter switch ‖ ⟨**-Schnellschalter** m / high-speed resistor diverter switch ‖ ⟨**-Schnellumschaltung** f / high-speed resistor transition ‖ ⟨**schreiber** m / recording ohmmeter ‖ **Barriere mit** ⟨**schutz** / resistor protected barrier ‖ ⟨**schweißen** n / resistance welding ‖ ⟨**sensor** m / resistance sensor ‖ ⟨**-Spannungsregler** m / rheostatic voltage regulator ‖ ⟨**spule** f / resistor coil ‖ ⟨**stabilisierung** f (Schutz) / resistance restraint, impedance bias ‖ ⟨**stapel** m / resistor stack ‖ ⟨**starter** m / rheostatic starter, resistor starter, rheostatic surfer IEC 292-3 ‖ ⟨**steller** m / rheostatic controller ‖ ⟨**steuerung** f / rheostatic control ‖ ⟨**-Stufenschaltwerk** n / resistance switchgroup
Widerstands·-Temperaturaufnehmer m / resistance temperature sensor ‖ ⟨**-Temperaturfühler** m / resistance temperature detector (r.t.d.), thermistor n ‖ ⟨**thermometer** n /

Widstandsnetzwerk

resistance thermometer, resistance-type thermometer || ⁓-**Transistor-Logik** *f* (RTL) / resistor-transistor logic (RTL) || ⁓**umschalter** *m* / resistor-type tap changer || ⁓-**Unterbrechereinheit** *f* / resistor interrupter || **Temperaturbestimmung nach dem** ⁓**verfahren** / resistance method of temperature determination, self-resistance method (of temperature determination), rise-of-resistance method (of temperature determination) || ⁓**verhältnis einer Feldplatte** / magnetoresistive ratio || ⁓**verlauf einer Feldplatte** / magnetoresistive characteristic curve || ⁓**verlust** *m* / ohmic loss || ⁓**verluste** *m pl* / rheostatic loss || **~-zeitabhängiger Schutz** / impedance-time-dependent protection (system) || ⁓-**Zündkerze** *f* / suppressed spark plug || ⁓**zylinder** *m* / resistor core, resistor cylinder

Widstandsnetzwerk *n* / resistor network

Wied / Cont.

wieder einschalten / restart, reactivate || ~ **einsetzen** / replace *v* || **~abrufen** *v* / call up *v* || ⁓**anfahren** *n* / repositioning *n*

Wiederanfahren an die Kontur / reapproach contour, REPOS (repositioning) || ⁓ **an die Kontur** / repositioning *n* (REPOS), return to contour, re-approach to contour

Wiederanfahr·punkt *m* / reapproach point || ⁓**verschiebung** *f* / repositioning offset

Wiederanlauf *m* / restart *n*, warm restart || ⁓ *m* / cold restart (program restarts from the beginning) || ⁓ **automatisch** / automatic restart, automatic warm restart, automatic reclosing, automatic recloser (ARC) || ⁓ **manuell** / manual restart, manual warm restart || **manueller** ⁓ / manual restart, manual warm restart || ⁓ **mit Fangschaltung** / flying restart || ⁓ **nach Netzspannungsausfall** / restart on supply restoration, warm restart after power recovery, restart on resumption of (power) supply || ⁓**eigenschaften** *f pl* / restart capabilities

wiederanlaufen *v* / re-start *v*, re-accelerate *v*

Wiederanlauf·merker *m* / restart flag || ⁓**programm** *n* / warm restart routine || ⁓**sperre** *f* / restart lockout || ⁓**sperre** *f* (elST) / restart inhibit || **Anzahl der** ⁓**versuche** / number of restart attempts || ⁓**verzögerung** *f* / stop time at restart || ⁓**zeit** *f* / starting time || ⁓**zeit** *f* (FWT) / restart time

wiederanschließbar·e Drehklemme / reusable t.o.c.d. || **~e Kupplungsdose** / rewirable portable socket-outlet, rewirable connector || **~e Schneidklemme** / reusable i.p.c.d. || **~er Stecker** / rewirable plug

wieder·anschließen *v* / reconnect *v* || **~ansprechen** *v* / re-operate *v* || **~ansprechen** *v* (durch Übererregung) VDE 0435,T.110 / revert reverse

Wieder·ansprech-Istwert *m* / just revert-reverse value || ⁓**ansprechwert** *m* / revert-reverse value || ⁓**auffindbarkeit** *f* / retrieval *n* || **~auffinden** *v* (Daten) / retrieve *v* || **~aufladbar** *adj* / rechargeable *adj* || ⁓**aufladezeit** *f* / recharging time, restored energy time || ⁓**aufladung** *f* / re-charging *n*, re-charge *n*

wiederaufsetzen *v* / continue machining, retrace support || ⁓ *n* (Datennetz) / resynchronization *n* || ⁓ **auf die Kontur** / Continue machining at the contour

Wieder·aufsetzpunkt *m* / program continuation point || ⁓**bereitschaftszeit** *f* VDE 0435,T.110 / recovery time || ⁓**beschaffungszeit** *f* / procurement time || **~beschreibbar** *adj* / erasable *adj* || **~betätigen** *v* / re-operate *v* || ⁓**einbau** *m* / re-installation *n*, re-fitting *n* || ⁓**eingliederung** *f* / reintegration *n* || **~einlagern** *v* / restore *v* || ⁓**einrüsten** *n* / resetting *n*

Wiedereinschaltautomatik *f* IEC 50(448) / automatic reclosing equipment, automatic reclosing relay (USA) || ⁓ *f* (WE, WEA) / automatic restart (AR), automatic warm restart, automatic reclosing, automatic recloser (ARC) || ⁓ *f* (GZV) / automatic restart *n* (AR) || **ein- oder dreipolige** ⁓ / single or three-pole automatic reclosing || **zweipolige** ⁓ / two-pole automatic reclosing

wiedereinschalten *v* / reactivate *v* || **wiedereinschalten** *v* (SG, KU) / reclose *v* || **wiedereinschalten** *v* (Mot.) / re-start *v* || ⁓ *n* / reclosing *n* || ⁓ *n* (Rücksetzen) / resetting *n* || **automatisches** ⁓ / automatic reclosing, auto-reclosing *n*, rapid auto-reclosure || **automatisches** ⁓ (Rücksetzen) / self-resetting *n* || **Einbruchalarm ~** / reactivate the burglar alarm || **einen Verbraucher ~** / reconnect a load, restore a load || **gegen** ⁓ **sichern** / immobilize in the open position, to provide a safeguard to prevent unintentional reclosing

wiedereinschaltender Temperaturbegrenzer / self-resetting thermal cut-out, self-resetting thermal release

Wiedereinschalt·freigabe *f* / reclosing lockout defeater (o. resetter), (reclosing lockout) resetting device || ⁓**spannung** *f* / reclosure voltage IEC 158

Wiedereinschaltsperre *f* / closing lockout, lockout device || **Wiedereinschaltsperre** *f* (SG) / reclosing lockout || ⁓ *f* / auto-reclosure lockout, reclosing lockout || ⁓ *f* (Anti-Pump-Einrichtung) / anti-pumping device, pump-free device || ⁓ *f* / restart lockout, safeguard preventing unintentional restarting || ⁓ *f* / restart inhibit || ⁓ *f* (Handrückstelleinrichtung am Relais) / handreset device (o. feature) || **mechanische** ⁓ / mechanical closing lockout

Wiedereinschaltung *f* / reclosing *n*, reclosure *n*, automatic reclosing || ⁓ *f* / re-start *n*, re-starting *n* || **automatisch verzögerte** ⁓ (Netz) / delayed automatic reclosing || **erfolglose** ⁓ / unsuccessful reclosure || **erfolgreiche** ⁓ / successful reclosure || **mehrmalige** ⁓ (Schutzsystem) IEC 50(448) / multiple-shot reclosing

Wiedereinschalt·-Unterbrechungsdauer *f* IEC 50 (448) / auto-reclose interruption time || ⁓**versuch** *m* / reclosure attempt || ⁓**verzögerungszeit** *f* / on-delay reclosing delay || ⁓**verzögerungszeit** *f* / on-delay time || ⁓**vorrichtung** *f* / restart device || ⁓**zeit** *f* (bei einem Aus-Ein-Schaltspiel, vgl. Wiedereinschalt-Eigenzeit) / re-make time

wiedereinspielen *v* / reload *v*

Wiedereinstell·barkeit *f* / resettability *n* || ⁓**genauigkeit** *f* / resettability *n*

wiedereintretende Wicklung / re-entrant winding || **einfach ~ Wicklung** / singly re-entrant winding

Wiedereintritt *m* / re-entry *n* || ⁓ **der Wicklung** / re-entry of winding || ⁓**sgrad** *m* / degree of re-entrancy

Wiedergabe *f* / rendition *n*, rendering *n* || ⁓ *f* (Pull-down-Menü) / replay *n* || **Rechteckwellen-** ⁓**bereich** *m* (Schreiber) / square-wave response || ⁓**datei** *f* / rendering file || ⁓**einrichtung** *f* (f. Inf.-

Daten auf Bandkassette) / playback equipment ‖ ~**faktor** *m* / rendition factor ‖ ~**kopf** *m* / reproducing head, magnetic reproducing head ‖ ~**taste** *f* / playback key ‖ ~**treiber** *m* / rendering hardcopy driver ‖ ~**verhalten** *n* / response *n*
wiederherstellen *v* / recover *v* ‖ ~ *n* / Restore *n*
Wiederherstellung *f* / recovery procedure, redisplay *n* ‖ ~ *f* IEC 50(191) / restoration *n* ‖ ~ *f* (von Netzverbindungen) / restoration *n* (protection equipment), IEC 50(191) recovery *n* ‖ **Bild~** *f* / display regeneration ‖ ~ **mit Hilfe der Zeitüberwachung** DIN ISO 3309 / time-out recovery ‖ ~ **mit Hilfe des P/F-Bits** (DIN V 44302-2) / checkpoint recovery ‖ ~ **nach Fehlern** (Rechnersystem, Datennetz) / error recovery
Wiederhochlauf *m* / re-acceleration *n*
Wiederhol·antrieb *m* / adaptor mechanism, duplicate mechanism, duplex drive, duplex mechanism ‖ ~**antrieb** *m* (Türkupplung) / door coupling (of mechanism) ‖ ~**anweisung** *f* / repeat statement
wiederholbar *adj* / repeatable *adj* ‖ **~er Versuch** / repetitive experiment, repeatable experiment
Wiederhol·barkeit *f* / repeatability *n* ‖ **statistische** ~**barkeit** DIN IEC 255, T.100 / consistency *n* (relay) ‖ ~**bedingung** *f* / repetition condition ‖ ~**bedingungen** *f pl* (Statistik) / repeatability conditions ‖ ~**bedingungen** *f pl* (MG) / repetition conditions ‖ ~**bildröhre** *f* / refreshed-raster CRT ‖ ~**bildschirm** *m* / refreshed-display screen ‖ ~**differenzbetrag** *m* / repeatability difference ‖ ~**durchlauf** *m* / repeat pass
wiederholen *v* / repeat *v*, retry *v* ‖ ~ *n* (Kommunikationssystem) / replay *n*
Wiederholer *m* / repeater *n*
Wiederhol·faktor *m* / repetition factor ‖ ~**faktor** *m* (Rechenoperation Programmteil) / iteration factor, repeat factor ‖ ~**fertigung** *f* / repeat jobs ‖ ~**frequenz** *f* / repetition rate, repetition frequency, (Bildelemente pro Zeiteinheit) refresh rate ‖ ~**funktion** *f* / repeat function ‖ ~**genauigkeit** *f* / precision accuracy ‖ ~**genauigkeit** *f* (QE) / precision *n* ‖ ~**genauigkeit** *f* (NS) / repeat accuracy, repeatability *n* (US) ‖ ~**genauigkeit** *f* (Messung) / repeatability *n*, repeat accuracy ‖ ~**genauigkeitsabweichung** *f* / repeat accuracy deviation ‖ ~**grenze** *f* (Statistik) / repeatability limit
Wiederhol·häufigkeit *f* / repetitiveness *n* ‖ ~**präzision** *f* (Statistik) / repeatability *n* ‖ ~**prüfung** *f* / subsequent test, re-test *n*, requalification test, regression test, requalification of the process, repeat test ‖ **einer** ~**prüfung unterziehen** / re-test ‖ ~**rate** *f* / repetition rate ‖ ~**schleife** *f* / endless loop, repetitive loop ‖ ~**speicher** *m* / rerun memory, refresh memory (o. storage) ‖ ~-**Standardabweichung** *f* / repeatability standard deviation ‖ ~**start** *m* / repeat start, hot restart ‖ ~**stößel** *m* / repeat plunger
wiederholt programmierbarer Festwertspeicher / reprogrammable read-only memory (REPROM)
Wiederholtaktzeit *f* / cycle time
wiederholte Adresse / revisit address
Wiederhol·teil *m* / common part ‖ ~**teilliste** *f* / common parts bill
wiederholter Anruf / reentry *n*
Wiederholung *f* / retry *n*, replication *n*, iteration *n* ‖ ~ **der Übertragung** / retransmission *n* ‖ ~ **von**

Abweichungen vermeiden / preclude the recurrence of nonconformances ‖ ~ **von Datenpaketen** / packet retransmission ‖ **Linearprogramm mit** ~ / linear program with rerun
Wiederholungs·anweisung *f* / iteration statement, repeat statement ‖ ~**audit** *n* / repeat audit ‖ ~**bedingung** *f* / repetition condition ‖ ~**druckknopf** *m* / repeat pushbutton, duplicate pushbutton ‖ ~**faktor** *m* (WF) / repetition factor, repeat factor, iteration factor ‖ ~**fehler** *m* / repeatability error ‖ ~**genauigkeit** *f* / precision accuracy, repeatability *n*, repeat accuracy ‖ ~**grad** *m* / degree of repetition ‖ ~**lauf** *m* / rerun *n* ‖ ~**messung** *f* / repetitive measurement ‖ ~**probe** *f* / retest specimen ‖ ~**prüfung** *f* / repeat test, retest *n*, requalification test, proof test ‖ **einer** ~**prüfung unterziehen** / re-prove *v*, re-test *v* ‖ ~**qualifikation** *f* / requalification *n* ‖ ~**rate** *f* / repetition rate ‖ ~**schleife** *f* / endless loop, repetitive loop, repeat loop ‖ ~**sperre** *f* / anti-repeat circuit ‖ ~**zahl** *f* / repeat number ‖ ~**zähler** *m* / repeating counter
Wiederhol·zahl *f* (Anzahl der Durchgänge) / number of passes (repeated) ‖ ~**zeit** *f* / refresh time
Wiederinbetriebnahme *f* / recommissioning *n*, restart *n*
Wiederkehr *f* / return *n* ‖ ~ **der Spannung** / voltage recovery, restoration of supply
wiederkehren *v* / be restored
wiederkehrend *adj* / repetitive *adj* ‖ **~e Dauergleichspannung** / d.c. steady-state recovery voltage ‖ **~e Polspannung** / recovery voltage across a pole, phase recovery voltage ‖ **~e Spannung** / recovery voltage, restored voltage ‖ **Steilheit der ~en Spannung** / rate of rise of TRV, transient recovery voltage rate
Wiederkehr·frequenz *f* (Rückzündung) / frequency of restrike ‖ ~**spannung** *f* / recovery voltage, restored voltage
wiederladen *v* (Programm) / reload *v*
wiederprogrammierbarer Festwertspeicher (REPROM) / reprogrammable read-only memory (REPROM)
wiederrückfallen *v* (durch Übererregung) VDE 0435,T.110 / revert *v*
Wiederrückfallwert *m* / revert value
Wiederschließen *v* / reclosing *n* ‖ **selbsttätiges** ~ VDE 0670, T.101 / auto-reclosing *n*, automatic reclosing, rapid auto-reclosure
Wiederschließspannung *f* VDE 0712,101 / reclosure voltage IEC 158
Wiederstart *m* / restart *n*, warm restart ‖ ~ **nach Netzausfall** (Rechnersystem) / power-fail restart (PFR) ‖ ~**fähigkeit** *f* (Magnetron) / restarting ability
wiedersynchronisieren *v* / re-synchronize *v*
Wieder·vereinigung *f* DIN ISO 8073 / reassembling *n* ‖ ~**verfestigung** *f* (der Schaltstrecke) / dielectric recovery ‖ ~**verfestigung** *f* (mech.) / strength recovery ‖ ~**verfestigung der Schaltstrecke** *f* / re-establishment of the switching path ‖ ~**verfügbarkeit** *f* / re-availability *n* ‖ ~**verfüllung** *f* (Fundamentgrube) / backfill *n*
wiederverklinken *v* / relatch *v*
Wiederversorgung *f* / service restoration, restoration of supply
wieder·verwendbar *adj* / re-usable *adj* ‖

Wiederzünden

⟨verwendbarkeit *f* / re-use capability, reusability ‖ ~verwenden *v* / re-use *v* ‖ ⟨verwendung *f* / re-using *n* ‖ ⟨verwendungswert *m* / re-utilization value ‖ ~verwertbar *adj* / reusable *adj* ‖ ⟨verwertung von Photonen / photon recycling ‖ ⟨vorlage *f* / re-submission *n*, follow-up file ‖ ~vorstellen *v* / resubmit *v* ‖ ⟨vorstellen *n* (Prüflos) / resubmission *n* (of inspection lot)
Wiederzünden *n* / restriking *n*
wiederzünden *v* (Lichtbogen) / re-ignite *v*, restrike *v* ‖ ~ (Lampe) / restart *v*, restrike *v*
Wiederzündung *f* VDE 0670, T.3 / re-ignition *n* IEC 265 ‖ ⟨*f* (Lampe) / restart *n*, restriking *n* ‖ **multiple** ⟨ / multiple restrikes
Wiege·dynamometer *n* / cradle dynamometer ‖ ⟨station *f* / weighing station ‖ ⟨system *n* / weighing system
WIG (Wolfram-Inertgas) (spezielle Schweißart) / TIG (Tungsten Inert Gas) *n*
WIG-Schweißstelle *f* / TIG weld
wild·e Schwingung / spurious oscillation, parasitic oscillation ‖ ~gewickelte Wicklung / random-wound winding
Wild·verdrahtung *f* / point-to-point wiring ‖ ⟨wicklung *f* / random winding
willkürlich *adj* / deliberate *adj* ‖ ~ verteilt (Messergebnisse) / scattered at random ‖ ~e Betätigung / manual control, override control, operator control ‖ ~e Einheit / arbitrary unit
WiMAX / Wireless Interoperability for Microwave Access (WiMAX)
Wimpelschaltung *f* VDE 0532,T.30 / pennant cycle IEC 214
WinCC / Windows Control Center
Winchesterplatte *f* / Winchester disc
Wind·alarm *m* / wind alarm ‖ ⟨belastung *f* / wind loading ‖ ⟨druck *m* / wind pressure
Winde *f* / lifting jack
Windeisen *n* / tap wrench
Windelmaschine *f* / diaper machine
Wind·energie *f* / wind energy ‖ ~erregte Schwingung / aeolian vibration ‖ ⟨fahnenrelais *n* / air-vane relay ‖ ⟨geschwindigkeit *f* / wind speed, wind velocity ‖ ⟨kessel *m* / expansion chamber ‖ ⟨kraft *f* / wind energy ‖ ⟨kraftanlage *f* / wind generator, wind power station (WPS) ‖ ⟨kraftgenerator *m* / wind-driven generator, wind-energy generator (WEG) ‖ ⟨kraftwerk *n* / wind power station, wind farm, wind park ‖ ⟨last *f* / wind load ‖ ⟨messsonde *f* / anemometer *n*
Windows·-Absturz *m* (Abbruch des Windows-Betriebssystems, wonach ein schwerer Fehler auf blauem Hintergrund auf dem Bildschirm angezeigt wird. Ein Windows-Absturz wird auch Blue Screen genannt.) / Windows Stop Error ‖ ⟨ **API-Fehler** / Windows API error ‖ ⟨ **API-Parameter** / Windows API parameter ‖ ⟨ **API-Rücksprungswert** / Windows API return value ‖ ⟨**-Applikation** *f* / Windows application ‖ ⟨**-basiert** *adj* / Windows-based ‖ ⟨**-Dateimanager** *m* / Windows file manager ‖ ⟨**-kompatibel** *adj* / Windows-compatible ‖ ⟨**-Schnittstelle** *f* / Windows interface ‖ ⟨**-Stationsrechner** *m* / Windows station computer
Window-Technik *f* / windowing *n*
Wind·park *m* / wind park ‖ ⟨richtungsanzeiger *m* (WDI) / wind direction indicator (WDI), wind indicator ‖ ⟨rotor *m* / wind sensor ‖ ~schnittig *adj* / wind-cheating *adj* ‖ ⟨schott *m* / wind barrier ‖ ⟨schutzscheibe *f* / windscreen *n* ‖ ⟨sensor *m* / wind sensor ‖ ⟨spannweite *f* / wind span ‖ ⟨- und Wetterschutz *m* / wind & weather protection
Windung *f* / winding *n* ‖ ⟨ *f* / turn *n*
Windungs·abgleich *m* / turns correction ‖ ⟨anzahl *f* / number of turns ‖ **Ampère-**⟨**belag** *m* / ampere-turns per metre, ampere-turns per unit length ‖ ⟨dichte *f* / number of turns per unit length, number of turns per centimetre ‖ ⟨durchschlagprüfung *f* / interturn breakdown test ‖ ⟨durchschlagspannung *f* / interturn breakdown voltage ‖ ⟨ebene *f* / plane of turn ‖ **Schliff** ⟨ende *f* / grinding, winding end ‖ ⟨faktor *m* / turns factor ‖ ⟨fläche *f* / area turns ‖ ⟨fluss *m* / flux linking a turn ‖ ⟨isolierung *f* / interturn insulation, turn insulation ‖ ⟨korrektur *f* / turns correction ‖ ⟨länge *f* / length of turn ‖ ⟨prüfung *f* / interturn test (GB), turn-to-turn test (US) ‖ ⟨prüfung *f* (mit induzierter Spannung) / induced overvoltage withstand test, induced-voltage test ‖ ⟨querschnitt *m* / winding cross-section ‖ ⟨richtung *f* / coiling direction, direction of turn
Windungsschluss *m* / interturn fault, turn-to-turn fault, fault between turns ‖ ⟨prüfung *f* / induced overvoltage withstand test, induced-voltage test ‖ ⟨schutz *m* / interturn short-circuit protection, turn-to-turn fault protection, interturn protection, interturn fault protection ‖ ⟨schutz *m* (durch Mittelanzapfung) / mid-point protection
Windungs·spannung *f* / turn-to-turn voltage, voltage per turn ‖ ⟨spannungsfestigkeit *f* / interturn dielectric strength ‖ ⟨verhältnis *n* / turn ratio ‖ ⟨zahl *f* / number of turns per unit length, number of turns per centimeter ‖ ⟨zwischenlage *f* / turn separator
Windwiderstand *m* / drag coefficient
Winkel *m* / angle section, angle *n* ‖ ⟨ *m* (Befestigungswinkel) / fixing angle ‖ ⟨ *m* (Tragkonsole) / bracket *n* ‖ ⟨ **90°** / bracket 90° ‖ ⟨ **der Bohrerspitze** / drill tip angle ‖ ⟨ **der Kopfschräge** (Bürste) / top bevel angle ‖ ⟨ **der Schrägachse** / angle of inclined axis ‖ ⟨ **der Werkzeugspitze** / tool tip angle ‖ ⟨ **für einseitige Montage** / bracket for one-sided fixing ‖ ⟨ **für Fußmontage** / bracket for tube mounting ‖ ⟨ **für Rohrmontage** / angle for pipe mounting ‖ ⟨ **für Sockelmontage** / bracket for base mounting ‖ ⟨ **für zweiseitige Montage** / bracket for two-sided fixing ‖ ⟨ **in elektrischen Graden** / electrical angle ‖ ⟨ **mit Vorzeichen** / signed angle ‖ ⟨ **zum Vorgängerelement** / angle to preceding element ‖ **im** ⟨ / square *adj*, at correct angles, in true angularity ‖ ⟨abbild *n* (Schutz, Parallelschaltgerät) / phase-angle replica module
winkelabhängige Impedanzanregung / (phase-)angle-dependent impedance starting
Winkel·-Abspannmast *m* / dead-end angle tower ‖ ⟨abstand *m* / angular distance ‖ ⟨abweichung *f* / angular displacement, angular variation, phase displacement ‖ **größte dynamische** ⟨**abweichung** (Schrittmot.) / maximum stepping error ‖ ⟨**-Abzweigdose** *f* / angle tapping box ‖ ⟨**-Abzweigdose mit Tangentialeinführung** / tangent-entry angle box ‖ ⟨**adapter** *m* / elbow adapter ‖ ⟨**anlage** *f* / angular plant ‖ ⟨**auflösung** *f* / angular

resolution || ⁓aufnehmer *m* / angle transducer || ⁓ausführung *f* / flatwise || ⁓ausgleich *m* / angle compensator || ⁓bereich *m* (Diffraktometer) / angular range, angular dimension || ⁓beschleunigung *f* / angular acceleration || ⁓bewegung *f* / angular movement || ⁓blech *n* / angle plate || ⁓block *m* / angle block || ⁓bohrkopf *m* / angular drilling head || ⁓codierer *m* / angle encoder, absolute shaft-angle encoder || ⁓codierer *m* (Absolutwertgeber) / absolute shaft encoder || ⁓differenz *f* / angular difference || ⁓dispersion *f* / angular dispersion
winkeldispersive Diffraktometrie / angular-dispersion diffractometry
Winkel·dose *f* / angle outlet || ⁓dose *f* / angle box, right-angle unit || ⁓drehpunkt *m* / angle pivot || ⁓-Einschraubverschraubung *f* / male elbow coupling || ⁓eisen *n* / angle iron, corner iron, angle section, L-section *n* || ⁓-Energiesteckgehäuse *n* / angular power connector housing *n* || ⁓erder *m* / right-angle earthing switch || ⁓erdungsschalter *m* / right-angle earthing switch || ⁓fehler *m* (Phasenwinkel) / phase-angle error, phase displacement, phase angle error, angularity error
winkelförmiges Thermoelement / angled-stem thermocouple
Winkel·fräser *m* / angle cutter || ⁓fräskopf *m* / inclined milling head || ⁓frequenz *f* / angular frequency, radian frequency || ⁓funktion *f* / trigonometric function || ⁓geber *m* (Parallelschaltgerät) / phase-angle sensor, phase-angle checking module, shaft encoder || **~genau** *adj* / true-to-angle || ⁓genauigkeit *f* / angular accuracy || ⁓geschwindigkeit *f* / angular speed, angular velocity
winkelgetreuer Gleichlauf / accurate synchronism, operation in perfect synchronism, phase-locked synchronism
Winkel·getriebe *n* / bevel gears, mitre gears, right-angle gear, right angle gearbox, bevel gear || **Antrieb mit ⁓getriebe** / right-angle drive || ⁓gleichlauf *m* / angular synchronism, angular-locked synchronism || ⁓gleichlaufregelung *f* / angular synchronous control || ⁓grad *m* / angular degree || ⁓größe *f* / angular size || ⁓halbierende *f* / bisector *n*, bisectrix *n*, bisecting line || ⁓hebel *m* / angle lever, rectangular lever, toggle lever, crank lever, bracket lever || ⁓hebel *m* (BK-Schalter) / bell-crank lever || ⁓kabeldose *f* / angular cable socket, cable with right-angle connector || ⁓kabelschuh *m* / angle socket || ⁓kabelstecker *m* / right-angle coupler connector, angle plug, angle cable plug || ⁓kasten *m* / angle unit, elbow *n*, right-angle unit || ⁓katze *f* / cantilever trolley || ⁓kodierer *m* / absolute shaft-angle encoder, absolute shaft encoder, angle encoder || ⁓koordinate *f* / angular coordinate || ⁓kopf *m* / angle head || ⁓kopffräser *m* / angle head cutter, angular milling cutter || ⁓kopffräser mit Eckenverrundung / angle head cutter with corner rounding || ⁓korrektur *f* / phase angle correction, angle correction || ⁓kupplungsstecker *m* / free right-angle coupler connector, angular coupler plug || ⁓-Kupplungsstecker *m* / angular circular connector || ⁓lage *f* / angular position || ⁓lehre *f* / angle gauge || ⁓lichttaster *m* / convergent sensor

Winkel·maß *n* (NC) / angular dimension || ⁓maß *n* (mit Anschlag) / back square || ⁓mast *m* (Freileitung) / angle tower, angle support || ⁓messer *m* / angulometer *n*, protractor *n* || ⁓messgerät *n* (Winkelstellungsgeber) / angular position transducer (o. encoder) || ⁓messsystem *n* (WMS) / angular position measuring system, position measuring system || ⁓messung *f* / angle measurement, measurement of angle || ⁓minute *f* / angular minute || ⁓montage *f* / angle mounting || ⁓muffe *f* / angle connector, elbow *n*
winkelnachgiebige Kupplung / flexible coupling
Winkel·optik *f* / angular optical system || ⁓pendelung *f* / angular pulsation, angular variation || ⁓position *f* / angular position || ⁓positionierung *f* / angular positioning || ⁓profil *n* / angle section, corner section, L-section *n*
winkelproportionales Signal / angle-proportional signal, phase-angle signal
Winkel·prüfkopf *m* / angle-beam probe, angle probe || ⁓raster *m* / angular grid
winkelrecht *adj* / square *adj*, at correct angles, in true angularity
Winkel·reflektor *m* / corner reflector || ⁓ring *m* (Trafo-Wicklungsisol.) / flange ring || ⁓rollenhebel *m* / roller crank || ⁓rollenhebel *m* / angular roller lever || ⁓rollenhebelantrieb *m* / angular roller lever operating mechanism || ⁓ruck *m* / angular jerk || ⁓satz *m* / bracket set || ⁓schiene *f* / set-square *n*, angle rail || ⁓schleifer *m* / angular grinder || ⁓schnitt *m* / corner cut || ⁓schräghand (WSH) *f* / beveled hand with elbow (BHE) || ⁓schraube *f* / hex wrench *n* || ⁓schraubendreher *m* / angular screwdriver || ⁓schritt *m* / angular increment, incremental angle, advance angle, indexing angle
Winkelschrittgeber *m* (WSG) / incremental shaft encoder, shaft-angle encoder, shaft-angle digitizer, incremental shaft-angle encoder, incremental encoder, angular encoder || **inkrementeller ⁓** / incremental shaft-angle encoder, incremental encoder, shaft-angle encoder, angular encoder
Winkel·sekunde *f* / angular second || ⁓sensor *m* / angular sensor || ⁓sperre *f* (Schutzrel.) / phase-angle block || ⁓sperrventil *n* / angle-type valve, angle valve || ⁓spiegel *m* / corner reflector || ⁓spiegeleffekt *m* / corner effect || ⁓stahl *m* / angle steel, angle section(s), L-bars *n*, angles *n pl* || ⁓steckanschluss *m* / right-angle connector, elbow connector, angle connector || ⁓stecker *m* / right-angle plug, elbow plug, angle-entry plug, angle plug || ⁓steckverbinder *m* / right-angle connector, elbow connector, angle connector || ⁓stellung *f* / angle, angular position || ⁓stellungsgeber *m* / angular position transducer, absolute shaft encoder || ⁓stirnfräser *m* / single-angle milling cutter, dovetail cutter || ⁓stück *m* (Rohr) / elbow *n*, bend *n*, ell *n*, bracket piece || ⁓stück *n* (IK) / angle unit, right-angle unit, L-member *n*, L-box *n* || ⁓stück *n* (IR) / elbow section, elbow *n* || ⁓stück mit Deckel (IR) / inspection elbow || ⁓stutzen *m* / angle support || ⁓stützpunkt *m* / angle support || ⁓tragstützpunkt *m* / flying angle support, running angle support || ⁓trenner *m* / right-angle disconnector, right-angle isolator || ⁓trennerder *m* / combined right-angle disconnector and earthing switch || ⁓trennschalter *m* / right-angle

winkeltreu

disconnector, right-angle isolator
winkeltreu *adj* (Phasenwinkel) / in correct phase relationship || **~er Gleichlauf** / operation in perfect synchronism
Winkel·trieb *m* / angular drive, right-angle drive || **⁓verlagerung** *f* (der Wellen) / angular misalignment || **⁓versatz** *m* / angular offset, offset angle || **⁓versatzdämpfung** *f* / angular misalignment loss || **⁓versatzwert** *m* / offset angle value || **⁓verschraubung** *f* / elbow coupling || **⁓verstellsystem** *n* / ignition timing system || **⁓werkzeug** *n* / angled tool
Winkligkeit *f* / angularity *n*
Winkligkeitskompensation *f* / angularity compensation
Winterschmieröl *n* / low-temperature lubricating oil, winter oil
WIP / work in process (WIP)
Wippbewegung *f* / seesaw movement
Wippe *f* (I-Schalter) / rocker *n*, rocker dolly, dolly *n*, rocker button
Wippen·antrieb *m* / rocker operating mechanism || **⁓feder** *f* / rocker spring || **⁓hebel** *m* / rocker lever || **⁓lager** *n* / rocker bearing || **⁓schalter** *m* VDE 0632 / rocker switch (CEE 24), rocker-dolly switch || **⁓taster** *m* / rocker pushbutton
Wipp·schalter *m* / rocker switch (CEE 24), rocker-dolly switch || **⁓werk** *n* / luffing gear
Wirbel *m* / eddy *n*, whirl *n* (arc), vortex *n*, turbulence *n* || **vom ⁓ mitgenommen** / driving form turbulence || **⁓bildung** *f* / generating of vortexes || **⁓durchflussmesser** *m* / vortex velocity flowmeter, vortex shedding flowmeter || **⁓feld** *n* / circuital vector field, curl field
wirbelfreies Feld / irrotational field, non-rotational field, lamellar field
wirbelgesintert *adj* / whirl-sintered *adj*
Wirbeln *n* / whirling *n*
wirbelnde Strömung / turbulent flow
Wirbel·schichtisolation *f* / fluidized-bed insulation || **⁓sinterbeschichten** *n* / fluidized-bed coating || **⁓sinterisolation** *f* / fluidized-bed insulation || **⁓stabilisierung** *f* (Lichtbogen) / whirl stabilization (arc)
Wirbelstrom *m* / eddy current, Foucault current || **⁓auslöser** *m* / eddy-current release || **⁓bremse** *f* / eddy-current retarder, eddy-current brake || **⁓dämpfung** *f* / eddy-current damping || **⁓feld** *n* / circuital vector field || **⁓kupplung** *f* / eddy-current coupling || **⁓läufer** *m* / deep-bar squirrel-cage rotor, deep-bar cage motor || **⁓scheibe** *f* (Arago-Scheibe) / Arago's disc || **⁓sonde** *f* / eddy-current probe || **⁓verlust** *m* / eddy-current loss || **⁓verluste** *m pl* / eddy-current loss
Wirbelzähler *m* / vortex counter
Wirk·abfall *m* / resistive loss || **⁓anteil** *m* / effective component, active component, watt component, power component, co-phase component, energy component || **⁓arbeit** *f* / active energy, active output || **⁓arbeit** *f* (Wh) / active power demand, kWh || **⁓arbeitszählwerk** *n* / watthour registering mechanism, kWh register || **⁓bereich** *m* / effective range || **⁓bewegung** *f* DIN 6580 / effective motion || **⁓bezug** *m* / active power consumption || **⁓-Bezugsebene** *f* DIN 6581 / effective reference plane || **⁓druck** *m* / differential pressure, pressure differential, effective pressure || **⁓druck-**

Durchflussmesser *m* / head flowmeter, differential-pressure flowmeter || **⁓druckgeber** *m* / differential pressure transducer || **⁓druckleitung** *f* / pressure pipe (o. tube), differential-pressure tube, differential pressure pipe || **⁓druckmessgerät** *n* / differential pressure measuring instrument || **⁓druckventil** *n* / differential pressure valve || **⁓druckverfahren** *n* / differential-pressure method || **⁓durchmesser** *m* / effective diameter || **~en** *v* / act *v* || **⁓energie** *f* / active energy || **⁓faktor** *m* / power factor || **⁓fläche** *f* / effective area || **⁓fluss** *m* / active flow || **⁓fuge** *f* DIN 8580 / action interface
Wirk·komponente *f* / effective component, active component, watt component, power component, co-phase component, energy component || **⁓last** *f* / active-power load, resistive load, active load, active bus load || **⁓leistung** *f* / real power, true power, effective power, watt output, active power, act. power
Wirkleistungs·abgabe *f* / active-power output || **⁓anzeiger** *m* / wattmeter *n* || **⁓aufnahme** *f* / active-power input || **⁓faktor** *m* / active power factor || **⁓fluss** *m* / active-power flow || **⁓-/Frequenzmodell** *n* / active power/frequency model || **⁓limit** *n* / active power limit || **⁓messer** *m* / wattmeter *n*, kW meter || **⁓messumformer** *m* / active-power transducer || **⁓messung** *f* / active power measurement || **⁓regelbereich** *m* / control range || **⁓-Regelbereich** *m* (Generatorsatz) / control range IEC 50(603), active-power control band || **⁓relais** *n* / active-power relay || **⁓reserve** *f* / active power reserve || **⁓schreiber** *m* / recording wattmeter || **⁓verstärkung** *f* / power gain || **⁓zähler** *m* / active-energy meter, watthour meter, Wh meter, kWh meter
Wirkleitwert *m* / conductance *n*, equivalent conductance
wirklicher Kurvenverlauf / real flow characteristic || **~ Scheitelwert** / virtual peak value
Wirk·maschine *f* / knitting machine || **⁓medium** *n* DIN 8580 / action medium || **⁓-Nebenschlussdämpfung** *f* / rated insertion loss || **⁓paar** *n* DIN 8580 / action pair || **⁓prinzip** *n* / active principle || **⁓richtung** *f* DIN 6580 / effective direction || **⁓richtungswinkel** *m* DIN 6580 / angle of effective direction
wirksam *adj* / effective *adj*, active *adj* || **~ abgeschirmte Anlage** / effectively shielded installation || **~ geerdet** / effectively earthed (o. grounded) || **~ setzen** / activate *v* || **~ werden** / get operative || **⁓ werden** / activation *n* || **~e Begrenzung** / active limiting function || **~e Dosis** / effective dose || **~e Drahtlänge** (Lampenwendel) / exposed filament length || **~e Fläche** / active area || **~e Kesselkühlfläche** / effective tank cooling surface || **~e Kolbenfläche** / effective area of piston || **~e Kühlfläche** / effective cooling surface || **~e Länge der Gewindeverbindung** / effective length of screw engagement || **~e Lichtstärke** / effective intensity || **~e Masse** / active material || **~e Permeabilität** / effective permeability || **~e Saugfläche** / effective suction area || **~e Zeitkonstante** / virtual time constant || **~er Eisenquerschnitt** / active cross section of core || **~er Hebelarm** / effective lever arm || **~er Luftspalt** / effective air gap || **~er Massefaktor** / effective mass factor || **~er Öffnungsquerschnitt** /

net orifice || **~er Querschnitt** (Zählrohr) / useful area || **~es Eisen** / active iron || **~es Volumen** (Zählrohr) / sensitive volume
Wirksamkeit f IEC 50(191) / effectiveness n, effectivity n, efficacy n, performance n
Wirksamwerden n / activation n
Wirk·schema n / block diagram || ⁓**schnittstelle** f / protection interface || ⁓**sinn** m / direction of control action || ⁓**umkehr** f / reversal of direction of action || ⁓**spalt** m DIN 8580 / action interstice
Wirkspannung f / active voltage, in-phase voltage
Wirkspanungs·breite f DIN 6580 / effective width of cut || ⁓**dicke** f DIN 6580 / effective chip thickness || ⁓**querschnitt** m DIN 6580 / effective cross-sectional area of cut
Wirkstandwert, spezifischer ⁓ / specific acoustic resistance, unit-area acoustic resistance
Wirkstellung f DIN IEC 255-1-00 / operated condition
Wirkstoff m (Schmierst.) / agent n, inhibitor n. improver || **pharmazeutischer** ⁓**betrieb** / pharmaceutical industry || ⁓**e** m pl / active ingredients || ⁓**gewinnung** f / production of active ingredients || ⁓**öl** n / inhibited oil, doped oil
Wirkstrom m / active current. in-phase current, energy component of current, watt component of current, wattful current, active current || ⁓**last** f / active-power load, resistive load || ⁓**messung** f / active current measurement || ⁓**rechner** m / active-current calculator || ⁓**überwachung** f / active current monitoring || ⁓**verbraucher** m / active-power load, resistive load || ⁓**verluste** m pl / I²R loss || ⁓**vorsteuerung** f / active current precontrol
Wirkung f / effect n
Wirkungs·bereich m / scope n, efficiency range, action area || ⁓**bereich** m (metallfreie Zone) / metal-free zone || **aktinische** ⁓**funktion** / actinic action spectrum
Wirkungsgrad m / efficiency n || ⁓ m / power efficiency || ⁓ m (BT) / utilization factor, coefficient of utilization || ⁓ **bei NOCT** / NOCT efficiency || ⁓ **bei normalen Arbeitstemperaturen** / NOCT efficiency || ⁓ **der aktiven Zellfläche** / active area efficiency || ⁓ **der Kraftübertragung** / transmission efficiency || ⁓ **der thermischen Emission** / thermionic-emission efficiency || ⁓ **der USV** / UPS efficiency || ⁓ **für hinzugefügte Leistung** / power-added efficiency || **Leuchten~** m / (luminaire) light output ratio, luminaire efficiency || **energetischer** ⁓ / energy efficiency || **volumetrischer** ⁓ / volumetric efficiency || **Zonen~** m / zonal-cavity coefficient || ⁓**bestimmung** f / determination of efficiency, efficiency measurement || ⁓**bestimmung aus den Gesamtverlusten** / (determination of) efficiency from total loss || ⁓**bestimmung aus den Einzelverlusten** / (determination of) efficiency from summation of losses, conventional efficiency measurement || ⁓**erhöhung** f / improved efficiency || ⁓**klasse** f / efficiency class || ⁓**verbesserung** f / increase of efficiency
Wirkungs·größe f (HSS-Betätigung) VDE 0660, T. 204 / actuating quantity IEC 137-2B, characteristic quantity || ⁓**kette** f / functional chain || ⁓**kontrolle** f / impact control || ⁓**linie** f / line of action, action line || ⁓**linie** f (Signalblock) VDI/ VDE 2600 / signal flow path || ⁓**linie** f (Funktionsplan) / flow line
wirkungsmäßiges Verhalten / control action, type of action
Wirkungs·plan m (Signalflussplan, Schema der funktionellen Beziehungen eines Systems, dargestellt durch Funktionsblöcke) / block diagramm || ⁓**prinzip** n / active principle
Wirkungsrichtung f VDI/VDE 2600 / line of action, power direction, direction of signal flow, direction of information flow, direction of control action || ⁓ f (Funktionsplan) / signal flow direction || **direkte** ⁓ / direct action || **umgekehrte** ⁓ / reverse action
Wirkungs·schema n / function diagram || ⁓**weg** m / control loop, path of action || **offener** ⁓**weg** (Steuerkreis) / open loop || ⁓**weise** f / method of operation, mode of functioning, operating principle, method of functioning, mode of operation, type of action, action n
Wirk·verbindungslinie, mechanische ⁓**verbindungslinie** / mechanical linkage line || ⁓**verbrauch** m / active-power consumption, active-power input || ⁓**verbrauch** m (EZStT) / watthour consumption, Wh consumption || ⁓**verbrauchszähler** m / active-energy meter, watthour meter, Wh meter, kWh meter || ⁓**verbrauchszähler für eine Energierichtung** / kWh meter for one direction of power flow || ⁓**verbrauchszähler für zwei Energierichtungen** / kWh meter for two directions of power flow || ⁓**verlust** m / active-power loss || ⁓**vorschub** m DIN 6580 / effective feed || ⁓**weg** m DIN 6580 / effective travel || ⁓**widerstand** m / resistance n, equivalent resistance || ⁓**widerstandsbelag** m / resistance per unit length || ⁓**zeit** f / operative time
Wirr·fasermatte f / chopped-strands mat || ⁓**mattenfilter** n / chopped-strands mat filter
wirtschaftlich adj / attractively priced || **~ optimale Lastaufteilung** / economical dispatch || **~e Auslastung** (Netz) / economic loading schedule IEC 50(603) || **~e Belastung** (Netz) / optimum load || **~e Beurteilung** / economic assessment || **~e Lebensdauer** / economic life || **~e Losmenge** / economic batch quantity (EBQ) || **~e Qualität** / economic quality
Wirtschaftlichkeit f / economic efficiency, cost effectiveness, economy n
Wirtschaftlichkeitsbetrachtung f / profitability analysis
Wirtschafts·aufzug m / kitchen lift (o. elevator) || ⁓**gemeinschaft** f / economic community || ⁓**glasherstellung** f / hotel glassware manufacturing || ⁓**informatik** f / business computing || ⁓**ingenieurwesen** n / business administration and engineering || ⁓**klausel** f / revision clause || ⁓**modell** n / economic model || ⁓**neubau** m / new industrial buildings || ⁓**sektor** m / economic sector
Wischen n / wiping n
wischend adj / passing contact
Wischer m / changeover contact, fleeting contact element, transient contact || ⁓ m (Kontakt) VDE 0660,T.200 / pulse contact element, fleeting contact (element), passing contact || ⁓ m (vorübergehender Kurzschluss) / transient fault || ⁓ m (Impuls) / spurious pulse || ⁓ m (Kfz) / wiper

wischfest

n, windscreen wiper || ⁓ *m* (kurzzeitige Entladung) / snap-over *n* || **Erdschluss⁓** *m* / transient earth fault, transient ground || **Kurzschluss⁓** *m* / self-extinguishing fault || ⁓**anzeige** *f* / transient detection bit || ⁓**ausgangsmeldung (AM_W)** *f* / output indication transient (OI_F) (transient information) || ⁓-**Intervallschaltung** *f* / intermittent wiper control || ⁓**meldung** *f* / fleeting indication, transient indication || ⁓**meldung** *f* (DÜ, FWT) / transient information || ⁓**motor** *m* / wiper motor || ⁓-**Wascher-Intervallschaltung** *f* / intermittent wiper-washer control

wischfest *adj* / wiping resistant

Wisch·festigkeit *f* / wipe resistance || ⁓**impuls** *m* / momentary impulse, single-current pulse, unidirectional pulse || ⁓**kontakt** *m* / passing contact, fleeting contact || ⁓**kontaktröhre** *f* / impulsing mercury tube || ⁓**kontaktverhalten** *n* / impulse relay function || ⁓**relais** *n* / interval time-delay relay, interval time relay, transitional pulse relay, impulse relay || **flankengetriggertes** ⁓**relais** / edge-triggered interval time-delay relay || ⁓- **und kratzfest** *adj* / wipe- and scratch-resistant *adj* || ⁓**waschanlage am Heck** *f* / rear wash/wipe *n* || ⁓-**Wasch-Automatik** *f* / automatic wash/wipe control || ⁓**zeit** *f* / impulse time, wiping time || ⁓- **Zeitschalter** *m* / wiper timer

wissensbasiertes Expertensystem / knowledge-based expert system

Wissensbasis *f* / information base

wissenschaftlicher Ansatz / scientific approach

Wissens-Datenbank *f* / information bank, knowledge data base

Witterung *f* / weather *n*

witterungsbeständig *adj* / weather-resistant *adj*, weather-proof *adj*

Wizard·-Bild *n* / Wizard screen || ⁓-**Funktion** *f* / Wizard function

WK (Werkzeugkorrektur) / TC (tool compensation), TO (tool offset), tool offset, cutter offset

WKS (Werkstückkoordinatensystem) / WCS (workpiece coordinate system)

WKW (Werkzeugkorrekturwert) / TOV (tool offset value)

WKZ (Werkzeug) / tool *n* (T), tools *n pl*

WKZVW (Werkzeugverwaltung) / TOOLMAN (tool management)

WLB / varying load duty

WLD (Wärmeleitfähigkeitsdetektor) / thermal-conductivity detector (TCD) || ⁓-**Betrieb** *m* (Chromatograph) / TCD operation (TDC = thermal-conductivity detector), operation with TCD || ⁓-**Verstärker** *m* / TCD amplifier

WLK (Werkzeuglängenkorrektur) / tool length compensation, tool length offset, TLC (tool length compensation)

WLP *n* / wafer-level packaging (WLP)

WM / Wireless Medium (WM)

WMAN / Wireless Metropolitan Area Network (WMAN)

WMI *m* / world manufacturer identifier (WMI)

WMS / Warehouse Management System (WMS) || ⁓ *n* (Winkelmesssystem) / angular position measuring system

WMV (Werkmittelverwaltung) / tools and material management, Tool Data Management (TDM)

W.-Nr. (Werkstoffnummer) *f* / mat. No.

Wobbel·amplitude *f* / sweep amplitude || ⁓**bandbreite** *f* / sweep width || ⁓**frequenz** *f* / sweep frequency, wobbler frequency || ⁓**generator** *m* / sweep frequency generator, sweep generator, swept-frequency signal generator, wobble generator || ⁓**hub** *m* / sweep width || ⁓**messgerät** *n* / swept-frequency measuring set || ⁓**messplatz** *m* / sweep generator, sweep oscillator, sweeper *n* || ⁓**periode** *f* / sweep time || ⁓**sender** *m* / sweep signal transmitter || ⁓**ton** *m* / warble tone

Wobbelung *f* / wobble generator

Wobbler *m* / sweep frequency generator, sweep generator, swept-frequency signal generator

Wochen·höchstleistung *f* / weekly maximum demand || ⁓**programm** *n* / weekly program || ⁓**protokoll** *n* / weekly log || ⁓**schaltuhr** *f* / seven-day timer, week-commutating timer, weekly timer switch || ⁓**schaltwerk** *n* / seven-day switch, week commutating mechanism || ⁓**scheibe** *f* / seven-day dial, week dial, week disc || **freie** ⁓**tagsblockbildung**, / facility to create weekday blocks || ⁓**zeitschaltprogramm** *n* / weekly time switching program || ⁓**zeitschaltuhr** *f* / weekly time switch || ⁓**zeitung** *f* / weekly newspaper

wohldosiert *adj* / well-metered

Wöhler-Kurve *f* / stress-number diagram (s.-n. diagram), stress-cycle diagram

Wohnbau *m* / residential building(s) || ⁓**beispiele** *n pl* / model dwellings

Wohn·bereich *m* / residential area || ⁓**block** *m* / block of flats || ⁓**einheit** *f* / dwelling unit || ⁓**gebäude** *n* / residential building || ⁓**gebiet** *n* / residential area || ⁓**siedlung** *f* / housing estate || ⁓**straße** *f* / residential street

Wohnungs·verteilung *f* / consumer control unit, tenant's distribution board, apartment panelboard || ⁓**vorsicherung** *f* / consumer's main fuse

Wölbung *f* / camber *n*, crowning *n*, curvature *n*, kurtosis *n*, warp *n* || ⁓ *f* (Riemenscheibe) / crowning *n* || ⁓ *f* (gS) / bow *n* || ⁓ *f* (Statistik, Wahrscheinlichkeitsverteilung, Kurtosis) / kurtosis *n*

Wolframat *n* / tungstate *n*

Wolfram·bandlampe *f* / tungsten-ribbon lamp || ⁓**bogenlampe** *f* / tungsten-arc lamp || ⁓-**Inertgas (WIG)** / Tungsten Inert Gas (TIG) || ⁓**karbid** *n* / tungsten carbide || ⁓**röhre** *f* / tungsten tube, tungsten source || ⁓**wendel** *f* / tungsten filament

Wolke-Erde-Blitz *m* / downward flash

Wolkenhöhen-Messgerät, meteorologisches ⁓ (MCO) / meteorological ceilometer (MCO)

Wollfilzscheibe *f* / felt disk

Wommelsdorf-Maschine *f* / Wommelsdorf machine

Woodruffkeil *m* / Woodruff key, Whitney key

WOP (werkstattorientierte Programmierung) / shopfloor programming, WOP (workshop-oriented programming) || ⁓ / workshop-oriented production support (WOP)

Work·bench *f* / workbench *n* || ⁓**datei** *f* / work file || ⁓**flow** *m* / WF, workflow *n* || ⁓**space** *m* / root window || ⁓**station** *f* (WS) / workplace *n*, workstation *n* (WS)

WORM / Write Once Read Many (WORM)

Wort *n* (in der NC-Technik ist ein Wort ein Grundelement eines Satzes) / word *n*, program word || ⁓ *n* (CLDATA-System) / logical word ISO

3592, word n || ⌂ **ändern** / edit word || **ein** ⌂
ändern (NC-Funktion) / edit a word || ⌂**adresse**
f / word address || ⌂**anzeige** f / word condition
code || ⌂**aufbau** m / structure of the word ||
⌂**befehl** m / word operation || ⌂**betrieb** m / word
mode || ⌂**eingabespeicher** m / word input memory
|| ⌂**erkenner** m / word recognizer || ⌂**erkennung**
f / word recognition || **Eingabeformat in fester**
⌂**folgeschreibweise** / (input in) fixed sequential
format || ⌂**konnektor** m / word connector ||
⌂**länge** f / word length || ⌂**laut** m / in words ||
⌂**operation** f / word operation
wort·organisierter Speicher / word-organized
storage || **~orientiert** adj / word-oriented adj ||
~orientierte Organisation / word-oriented
organization
Wort·prozessor m / word processor || ⌂**prozessor** m
(Byteprozessor) / byte processor ||
⌂**prozessorbaugruppe** f (Platine) / word (o. byte)
processor board || ⌂**prozessorbus** m (WP-Bus) /
byte P bus || ⌂**register** n / word register || ⌂**schatz**
m / thesaurus || ⌂**stelle** f / word location ||
⌂**umbruch** m / word wrap || ⌂**verarbeitung** f /
word processing || ⌂**verknüpfungsoperation** f /
word logic instruction
wortweise adv / (in) word mode, word by word, word-oriented
WOSA f / Windows Open System Architecture
(WOSA)
WOT / wide-open throttle (WOT) n
WP-Bus / byte P bus
**WPCS (Wire Processing Communication
Standard)** / Wire Processing Communication
Standard (WPCS)
WPD (Werkstückverzeichnis) / WPD (workpiece
directory)
WPL m / WorkPLan (WPL) || ⌂ **(Wendeplatte)** f /
turnover plate
WPS / shaft h.p. (s.h.p.) || ⌂ **(webprogrammierbare
Steuerung)** / WPS
WPW / wafflepack changer (WPC) || ⌂
**Nachfüllposition mit Rüstungsüberprüfung
beenden** / Move waffle-pack changer out of
refilling position and verify its setup || ⌂-
Referenzlauf m / WPC reference run (button) || ⌂-
Rüstung f (die Belegung der Ebenen des Waffle-Pack-Wechslers mit Bauelementen in
Flächenmagazinen) / WPC setup
Wrap-Kontakt m / wrap contact
Wrapverdrahtung f / wire-wrap connections
Wringen n / wringing n
WRK (Werkzeugradiuskorrektur) / TRC (tool radius
compensation)
WRS / inverter trigger set
ws adj (weiß) / wht adj (white), WH adj
WS (Wassersäule) / water gauge (w.g.), water
column || ⌂ (Wechselstrom) / alterning current,
AC (alternating current) || ⌂ (Werbeschrift) / SB
(sales brochure), brochure n, pamphlet n || ⌂
(Werkzeugsystem) / tool system || ⌂
(Warteschlange) / queue n, alternating stress || ⌂
(Workstation) / workplace n, WS (workstation) ||
⌂ **30-Ring** / WS 30 token pass ring || ⌂**-Austrag**
m / queue entry removal (o. cancel)
W3 Schaltung f / inside-delta circuit n
WSDL / Web Services Description Language
(WSDL)

WS'-Eintrag m / queue entry || ⌂**-Element** n / queue
element
WSG (Winkelschrittgeber) / incremental shaft-angle
encoder, shaft-angle encoder, incremental
encoder, angular encoder
WSH (Winkelschräghand) / beveled hand with
elbow (BHE)
WS-Kopf m / queue header
WST lösen (Werkstück lösen) / release workpiece ||
⌂ **spannen (Werkstück spannen)** / clamp
workpiece
WT (Werkstückträger) / workholder n, workholding
pallet, pallet n, WPC (workpiece carrier), pallet n
|| ⌂**-Gerät** n / voice-frequency telegraphy unit
(VFT unit) || ⌂**-Kanal** m / voice-frequency
telegraphy channel (VFT channel)
WTS / Windows Terminal Server (WTS)
Wuchskonstante f / build-up constant
Wucht·bank f / balancing table, balancing platform
|| ⌂**ebene** f / correction plane, balancing plane
wuchten v / balance v
Wucht·fehler m / unbalance n || ⌂**gewicht** n /
balancing weight || ⌂**güte** f / balance quality ||
⌂**kopf** m / balancing head || ⌂**lauf** m / balancing
run || ⌂**nocken** m / balancing lug || ⌂**nut** f /
balancing groove || ⌂**prüfung** f / balance test ||
⌂**qualität** f / balance quality, grade of balance
Wuchtung f / balancing n
Wuchtzustand m / balance n
WU-Kennlinie f (Stromversorgungsgerät) DIN
41745 / automatic current limiting curve (ACL
curve)
Wulst m / bulge n, bead n || **~los gezahnte
Verbindungsstelle** / endless finger splice || ⌂**naht**
f / convex weld || ⌂**randkondensator** m / rim
capacitor
Wunsch, nach ⌂ / customized adj
wünschen v / desire v
Wunscherzeuger m / person requesting change
Würfel m / cube n || ⌂**flächenorientierung** f / cubic
orientation, cubex orientation || ⌂**leuchte** f / cube-shaped light fitting || **Form eines** ⌂**s** / cube-shaped
adj
Wurf·erder m / line killer || ⌂**erdung** f / line killing
Würge·klemme f DIN IEC 23F.6 / terminal with
twisted joint || ⌂**litze** f / bunched conductor ||
⌂**nippel** m / self-sealing grommet || ⌂**sitz** m /
wringing fit || ⌂**stutzen** m / self-sealing gland,
(push-in) sealing bush
Wurmschraube f / headless setscrew, grub screw,
setscrew n
Würze für Brauereien / wort for breweries
Wurzel f / root n || ⌂**-3-Schaltung** f / inside delta
circuit, inside delta connection, inside-delta circuit
n || ⌂**-3-Sparschaltung** f / root 3 economy mode ||
⌂ **aus** / square root of || ⌂ **aus x** / square root of x
|| ⌂**biegeprobe** f / root bend test || ⌂**kennlinie** f /
root characteristic || ⌂**ort** m / root locus || ⌂**relais**
n / root relay, root relais
Wurzelung f (Anschließen an gemeinsames
Potential) / connection to common potential,
connecting to common potential in groups || ⌂ f (8-fache W.) / one power supply per byte || ⌂ f (16-fache W.) / one power supply per word || ⌂ f
(Gruppierung von Ein- und Ausgängen) /
grouping n || **16er** ⌂ / one power supply per word
|| **16fache** ⌂ / one power supply per word

WUSB *n* / Wireless USB (WUSB)
WUW-Kühlung *f* / closed-circuit water-water cooling (CWW)
WVU (Wasserversorgungsunternehmen) *n* / water distribution company
WWP (Werkzeugwechselpunkt) / TCP (tool change point)
WWV / water worth value calculation (WWV)
WZ (Werkzeug) / tool *n*, tools *n pl*, T (Tool) || ♀ **ist im Wechsel (Werkzeug ist im Wechsel)** / tool is being changed || ♀ **war im Einsatz** / tool was in use || ♀-**Aufruf** *m* / tool call
WZBF (Werkzeug-Basisfunktion) / TMBF (Tool Management Base Function)
WZ-Daten *f* / tool data
WZEG (Werkzeugeinstellgerät) / tool setting device, tool setting station
WZFD (Werkzeug-Flache D-Nummer) / TMFD (Tool Management Flat D Number)
WZK (Werkzeugkorrektur) / TC (tool compensation), TO (tool offset), tool offset memory || ♀-**Parameter** *m* / TO parameter
WZL (Werkzeuglänge) / TL (tool length)
WZ·-Lager *n* (Werkzeuglager) / tool store || ♀-**Länge** *f* (Werkzeuglänge) / TL (tool length) || ♀-**Liste** *f* / tool list
WZM (Werkzeugmaschine) / machine tool (MT)
WZMG (Werkzeug-Magazinverwaltung) / TMMG (Tool Management Magazines)
WZMO (Werkzeug-Monitor) / TMMO (Tool Management Tool Monitoring)
WZM-Steuerung *f* / machine tool control, machine tool controller
WZ·-Radius *m* / tool radius || ♀-**Richtung (Werkzeugrichtung)** *f* / tool direction
WZS (Werkzeugstandmenge) *f* / no. of workpieces produced
WZT (Werkzeugträger) / tool support, tool carrier, tool adapter, Tlh (toolholder)
WZ-Taster (Werkzeugtaster) *m* / tool probe
WZV (Werkzeugverwaltung) / TOOLMAN (tool management)
WZW (Werkzeugwechsel) / tool changing, TC (tool change)

XIP (Execute in Place) / Execute in Place (XIP)
Xk-Achse *f* / Xk-axis (mini gantry X-axis of dispensing head)
X-Kern *m* / X core, cross core
Xm-Adaption, Ausgabe ♀ / output of Xm-adaption
XML *n* / XML *n*, Extensible Markup Language || ♀-**Kodierungsregel** *f* (Titelübersetzung in Perinorm) / XML encoding rule (XER)
XMP / X/open management protocol
X·-Naht *f* / double-V butt joint || ♀-**Nut** *f* / double-V groove || ♀-**Off.[mm]**= / X offset. =
XOR / exclusive OR (EOR), non-equivalence *n* || ♀-**Glied** *n* / XOR element
X·-Portal *n* / X-gantry || ♀-**Portalachse** *f* / X-gantry axis || ♀-**Positionierachse** *f* / X-positioning axis
XPP *f* / eXtreme Processing Platform (XPP)
XPS (Expertensystem) / XPS (expert system)
XRF / exception report full (XRF)
X-Richtung *f* / X-direction
x-Si *n* / semicrystalline silicon
X-Terminal *n* / X-terminal
Xtranslate *n* / XTranslate *n*
X-t-Schreiber *m* / X t recorder
X·-Verdrahtung *f* / point-to-point wiring || ♀-**Versatz** *m* / X-axis offset || ♀-**Wachs** *n* / X-wax *n*
x1-Wert ADC-Skalierung [V/mA] / Value x1 of ADC scaling [V/mA] || ♀ **DAC-Skalierung** / Value x1 of DAC scaling
X-Wert des Kreismittelpunkts / X coordinate of centre of circle
X-/Y·-Abholversatz *m* / X-/Y-pick-up offset || ♀-**Bestückgenauigkeit** *f* / X-/Y-placement accuracy || ♀-**Portale** *n* / X-/Y-gantries || ♀-**Portalsystem** *n* / X-/Y-gantry system, X- and Y-gantry main axis system || ♀-**Positionierachsen** *f* / X- and Y-positioning axes || ♀-**Positioniersystem** *n* / X- and Y-positioning system || ♀-**Positionierung** *f* / positioning of X-/Y-axes, X- and Y-positioning
X-Y-Schreiber *m* / XY recorder
X-/Y·-Schrittw. / X-/Y-step size || ♀-**Verfahren** *n* / X-/Y-travel (the gantry axes can move the placement head in X- and Y-directions) || ♀-**Versatz** *m* / X-/Y-offset || ♀-**Zentriergenauigkeit** *f* / X-/Y-centering accuracy

X

X.25 / X.25 (communication protocol suitable for WAN)
X·-Abholposition *f* (die Koordinaten der Abholposition eines Bauelementes in X-Richtung) / X-pick-up position || ♀-**Ablenkung** *f* / x-deflection *n* || ♀-**Achse** *f* / X-axis (gantry axis that moves in X-direction) || ♀-**Anordnung** *f* (paarweiser Einbau) / face-to-face arrangement
XDR / External Data Representation (XDR)
x-%-Durchschlagspannung *f* / x% disruptive discharge voltage
Xenon·-Hochdruckklampe *f* / high-pressure xenon lamp || ♀-**Hochdruck-Langbogenlampe** *f* / high-pressure long-arc xenon lamp || ♀-**Kurzbogenlampe** *f* / xenon short-arc lamp || ♀**lampe** *f* / xenon lamp

Y

Y·-Abholposition *f* (die Koordinaten der Abholposition eines Bauelementes in Y-Richtung) / Y-pick-up position || ♀-**Achse** *f* / Y-axis (gantry axis that moves in Y-direction) || ♀-**Achsenbegrenzung** *f* / y axis limit
YAG / yttrium aluminium garnet (YAG)
Y·-Aufhängung *f* (Fahrleitung) / stitched catenary suspension || ♀-**Kabel** *n* / Y cable *n*
Y·-Klemmung *f* / Y-clamping unit || ♀-**Kondensator** *m* / Y cap || ♀-**Kupplungsstecker** *m* / Y-shaped coupler plug, Y circular connector || ♀-**Link** *m* / Y link || ♀-**Muffe** *f* (f. Kabel) / Y joint, breeches joint || ♀-**Off.[mm]**= / Y offset. = || ♀-**Position (Y-Pos)** *f* / Y-posn. (Y-position) || ♀-**Positionierachse** *f* / Y-positioning axis || ♀-**Punktlage** *f* / y spot position || ♀-**Richtung** *f* / Y-direction

Y-Seil *n* / stitch wire
Yttrium·-Aluminium-Granat *m* (YAG) / yttrium aluminium garnet (YAG) ‖ ⟨-**Eisen-Granat-Schaltung** *f* / yttrium-iron-garnet device (YIG device)
Y·-Versatz *m* / Y-axis offset ‖ ⟨-**Verstärker** *m* / vertical amplifier
y1-Wert· ADC-Skalierung / value y1 of ADC scaling ‖ ~ **DAC-Skalierung** / value y1 of DAC scaling

Z

Z (Zielspeicher) / D (destination memory-unit) ‖ ⟨ / D (target) *n* ‖ **Z n** (Bestandteil des Systemspeichers der CPU) / numerator *n* ‖ ⟨-**Achse** *f* (die Z-Achse des Bestückkopfes dient zum Aufnehmen und Absetzen der Bauelemente) / Z-axis ‖ ⟨-**Achsen-Klemmung** *f* / Z-axis clamping
Zackenrandläufer *m* / toothed-rim rotor, rotor with polar projections
zäh *adj* (viskos) / viscous *adj*, thick *adj*, of high viscosity ‖ ~ *adj* (Metall) / tough *adj*, ductile *adj*, tenacious *adj*
Zähbruch *m* / ductile fracture, ductile failure
zähe Reibung / viscous friction ‖ ~ **Strömung** / viscous flow
zähelastisch *adj* / tough *adj*
zäh·fest *adj* / tenacious *adj*, tough *adj* ‖ ⟨**festigkeit** *f* / tenacity *n*, toughness *n* ‖ **~flüssig** *adj* / viscous *adj*, thick *adj*, of high viscosity ‖ **~gepoltes Elektrolytkupfer** / electrolytic tough-pitch copper (e.t.p. copper) ‖ **~gepoltes Kupfer** / tough-pitch copper
Zähigkeit *f* (Metall) / toughness *n*, ductility *n*, tenacity *n* ‖ ⟨ *f* (Viskosität) / viscosity *n*
Zähigkeits·beiwert *m* / coefficient of viscosity, dynamic viscosity ‖ ⟨**messer** *m* / viscometer *n* ‖ ⟨-**Temperaturkurve** *f* (Metall) / toughness-temperature curve ‖ ⟨**verhalten** *n* (Metall) / ductility *n* ‖ ⟨**verlust** *m* / viscous loss ‖ ⟨**widerstand** *m* (Flüssigk.) / viscous resistance
Zahl *f* / number *n*, figure *n* ‖ ⟨ **mit Vorzeichen** / signed number ‖ ⟨ **ohne Vorzeichen** / unsigned number ‖ **einstellige** ⟨ / digit *n* ‖ **ganze** ⟨ / integer *n* ‖ **gerade** ⟨ / even number
Zähl·ablauf *m* / counter operation ‖ ⟨**ader** *f* / meter wire, M-wire *n* ‖ ⟨**auswertsystem** *n* / counter evaluation system ‖ ⟨**baugruppe** *f* / meter module ‖ ⟨**baugruppe** *f* (SPS) / counter module ‖ ⟨**beleg** *m* / tally voucher ‖ ⟨**bereich** *m* / counting range, counter capacity ‖ ⟨**bereich** *m* (EZ) / register range ‖ ⟨**dekade** *f* / decade counter ‖ ⟨**eingang** *m* / counting input, counter input ‖ ⟨**eingang, rückwärts** / counting-down input, decreasing counting input ‖ ⟨**eingang, vorwärts** / counting-up input ‖ ⟨**einrichtung** *f* (integrierendes Messgerät) / register *n*
Zahlen, ausgewiesene ⟨ / reported figures ‖ **ermittelte u. gespeicherte** ⟨ / computed & stored figures
Zählen *n* (integrierend) / metering *n* ‖ ⟨ *n* (nicht integrierend) / counting *n* ‖ **vorwärts ~** / count up

Zahlen·anzeige *f* / number display ‖ ⟨**bereich** *m* / number range ‖ ⟨**code** *m* / numerical code, numeric code ‖ ⟨**darstellung** *f* / number notation, numerical representation, number representation
zählendes Messgerät / metering instrument, integrating instrument, meter *n*
Zahlen·einsteller *m* / thumbwheel setter, edge-wheel switch, numerical setter, multi-switch *n* ‖ ⟨**format** *n* / numerical format ‖ ⟨**komparator** *m* / magnitude comparator ‖ ⟨**maßstab** *m* / numerical scale ‖ ⟨**reihe** *f* / series of numbers ‖ ⟨**rolle** *f* / number drum, digit drum ‖ ⟨**rollensteller** *m* / digital thumbwheel switch, thumbwheel setter ‖ ⟨**speicher** *m* / numerical memory ‖ ⟨**steller** *m* / numerical setter, thumbwheel switch ‖ ⟨**system** *n* / numeration system, number system ‖ ⟨**taste** *f* / numerical key ‖ ⟨**überlauf** *m* / counter overflow ‖ ⟨**wert** *m* / numerical value, value *n* ‖ ⟨**wertgleichung** *f* / numerical value equation, measure equation, equation in numerical values
zahlenwertrichtige Anpassung / weighting *n*
Zähler *m* (integrierend) / meter *n*, electricity meter ‖ ⟨ *m* / metering instrument, integrating instrument, meter *n* ‖ ⟨ *m* (nicht integrierend) / counter *n*, meter *n* ‖ ⟨ *m* (Math.) / numerator *n* ‖ ⟨ *m* (f. Schaltungen) / operations counter ‖ ⟨ **für direkten Anschluss** / whole-current meter, meter for direct connection, transformer *n* ‖ ⟨ **für Messwandleranschluss** / transformer-operated (electricity) meter ‖ ⟨ **für Stromabgabe** / meter for exported kWh ‖ ⟨ **für Strombezug** / meter for imported kWh ‖ ⟨ **für unmittelbaren Anschluss** / whole-current meter ‖ ⟨ **mit Maximumzeiger** / meter with demand indicator ‖ **asynchroner** ⟨ / asynchronous counter, ripple counter ‖ **plombierbarer** ⟨ / sealable (o. sealed) meter ‖ ⟨, **Schutz- und Leittechnik** / energy meters, protection and power systems control ‖ **sechsdekadischer** ⟨ / six-decade meter ‖ **synchroner** ⟨ / parallel counter ‖ **voreinstellbarer** ⟨ / presetting counter ‖ **taktsynchroner** ⟨ / clocked counter
Zähler·-Abfragebefehl *m* / counter scan command ‖ ⟨**ableser** *m* / meter reader ‖ ⟨**ablesung** *f* / reading ‖ ⟨**anzeige** *f* / meter registration, meter reading ‖ ⟨**bandbreite** *f* / numerator bandwidth ‖ ⟨**baugruppe** *f* / counter module, meter module ‖ ⟨-**Baustein** *m* / counter function block ‖ ⟨**bereich** *m* / count range ‖ ⟨**bibliothek** *f* (Software für das Schnittstellenmodul IF 961 CT1 bei Simatic M7) / counter library ‖ ⟨**block** *m* / counter module
Zählereignis *n* / counting event
Zähler·einbau *m* / meter mounting ‖ ⟨**einbaugehäuse** *n* / meter mounting box, meter wrapper ‖ ⟨**einbauteil** *n* / meter mounting unit, meter support, meter wrapper ‖ ⟨**eingang** *m* (zu einer Automationseinrichtung gehörige Hardware für Impulszählung) / counter input ‖ ⟨**fehler in Prozent** / percentage error (of meter) ‖ ⟨**feld** *n* / meter section, meter panel ‖ ⟨**fortschaltung** *f* / counter advance, meter advance ‖ ⟨**funktion** *f* / counter function
Zähler·gehäuse *n* / meter case, electricity meter enclosure, meter enclosure ‖ ⟨**grundplatte** *f* / meter base ‖ ⟨**justierung** *f* / meter adjustment ‖ ⟨**kappe** *f* / meter cover ‖ ⟨**kasten** *m* / meter box ‖ ⟨**kennwert** *m* / counter characteristic value ‖

Zähler 1014

⁀klappe *f* / meter flap ǁ ⁀konstante *f* / meter constant ǁ ⁀konstante *f* (Wh pro Umdrehung) / watthour constant ǁ ⁀kreuz *n* / cross bar for meter mounting, meter cross support ǁ ⁀läufer *m* / meter rotor, meter disc ǁ ⁀leerlauf *m* / meter creep ǁ ⁀löschung *f* / counter reset ǁ ⁀management *n* / meter management ǁ ⁀modul *n* / counter module, meter module, counter submodule, CM *n* ǁ **1-kanaliges ⁀modul** *n* / single-channel counter module ǁ ⁀platz *m* / meter mounting board, meter panel ǁ ⁀plombe *f* / meter seal ǁ ⁀plombierung *f* / meter sealing ǁ ⁀prüfeinrichtung *f* (Prüfbank) / meter test bench, meter testing array ǁ ⁀prüfeinrichtung *f* (tragbar) / (portable) meter testing unit ǁ ⁀prüfplatz *m* / meter test bench, meter bench
Zähler·raum *m* (im Verteiler) / meter compartment ǁ ⁀rückstellung *f* / counter reset ǁ ⁀saldo *m* / counter (o. meter) balance ǁ ⁀schaltuhr *f* / meter time switch, meter changeover clock ǁ ⁀scheibe *f* / meter disc, meter rotor ǁ ⁀schleife *f* / meter loop ǁ ⁀schrank *m* / meter cabinet ǁ ⁀-Spannungspfad *m* / meter voltage circuit
Zählerstand *m* / counter content, count *n*, running accumulation, value of integrated totals ǁ ⁀ *m* / meter registration, meter reading ǁ **Adress~** *m* / address counter status
Zähler·steckklemme *f* / meter clamp-type terminal ǁ ⁀strom *m* / meter current, current through meter ǁ ⁀-Strompfad *m* / meter current circuit ǁ ⁀synchronisierung *f* (Baugruppe) / counter synchronising module ǁ ⁀-Systemträger *m* / meter frame
Zähler·tafel *f* / meter board, meter panel ǁ ⁀tafelschrank *m* / meter board cabinet ǁ ⁀tarif *m* / all-in tariff ǁ ⁀technik *f* / meter systems ǁ ⁀tragplatte *f* / meter support plate, meter base ǁ ⁀tragrahmen *m* / meter frame ǁ ⁀triebsystem *n* / meter driving element ǁ ⁀überlauf *m* / counter overflow, accumulator rollover ǁ ⁀-**Verteilungsschrank** *m* / meter (and) distribution cabinet ǁ ⁀vorlauf *m* / meter no-load creep, accumulation with reset ǁ ⁀vorsicherung *f* / (line-side) meter fuse ǁ ⁀vortrieb *m* / meter creep ǁ ⁀wandler *m* / metering transformer ǁ ⁀wechsel *m* / counter change ǁ ⁀wert *m* / meter reading, counting value ǁ ⁀wert *m* (ZW) / count *n* ǁ ⁀zelle *f* / counter location
Zähl·frequenz *f* / counting frequency, counting rate, counter frequency ǁ ⁀funktion *f* / counter function ǁ ⁀geschwindigkeit *f* / counting rate ǁ ⁀glied *n* / counter *n*
Zählimpuls *m* / counting pulse, meter pulse, integrating pulse, totalizing pulse, count pulse ǁ ⁀ *m* (registrierter Ausgangsimpuls) / count *n* ǁ ⁀geber *m* / shaft-angle encoder, pulse encoder, pulse generator, pulse shaper, shaft encoder
Zähl·index *m* / counting index ǁ ⁀kern *m* / metering core ǁ ⁀kette *f* / counting chain, counting decade ǁ ⁀konstante *f* / count constant ǁ ⁀kontrolle *f* / tally check ǁ ⁀modul *n* / counter module ǁ ⁀modus *m* / count mode ǁ ⁀nocken *m* / counter cam ǁ ⁀-Nr. *f* / index *n* ǁ ⁀nummer *f* DIN 40719,T.2 / number *n* (of item), DIN 6763,T.1 serial number ǁ ⁀nummer einer Störung / consecutive number ǁ ⁀pfeil *m* / reference arrow
Zählpfeilsystem, Erzeuger-⁀ *n* / generator reference-arrow system ǁ **Verbraucher-**⁀ *n* / load reference arrow system
Zähl·rate *f* / counting rate, pass count ǁ ⁀ratenmesser *m* / counting ratemeter ǁ ⁀reihe *f* (Zählgeschwindigkeit) / counting rate ǁ ⁀relais *n* / counter relay ǁ ⁀rohr *n* / counter tube ǁ ⁀rohr mit Fremdlöschung / externally quenched counter tube ǁ ⁀rohr mit organischen Dämpfen / organic-vapour-quenched counter tube ǁ ⁀satz *m* / metering unit ǁ ⁀schauzeichen *n* / counting indicator, counting operation indicator ǁ ⁀signal *n* / counting signal ǁ ⁀speicher *m* / integrated-demand memory, pulse count store, memorizing meter (o. counter), memorizing counter ǁ ⁀spuren *f* / counting tracks ǁ ⁀stelle *f* / accumulator device ǁ ⁀takt *m* / counting pulse ǁ ⁀- **und Vergleichsoperation** *f* / counter and comparison instruction ǁ ⁀- **und Wegerfassungsbaugruppe** *f* / counter/position decoder
Zahlung *f* / payment *n*
Zählung *f* (integrierend) / metering *n* ǁ ⁀ *f* (nicht integrierend) / counting *n* ǁ ⁀ *f* / count *n*
Zahlungs·bedingungen *f pl* / payment terms, terms of payment ǁ ⁀eingang *m* / receipt of payment, incoming payment
Zahlungsmodifikator *m* / counting modifier
Zahlungs·plan *m* / payment schedule ǁ ⁀verbot *n* / freezing payments
Zähl·verfahren *n* (Pulszählverfahren) / pulse-count method (o. system) ǁ ⁀wandler *m* / metering transformer
Zählwerk *n* / register *n*, registering mechanism, counting mechanism ǁ ⁀ *n* (Trafo-Stufenschalter) / operation counter IEC 214 ǁ **siebenstelliges** ⁀ / seven-digit register ǁ ⁀ansteuerung *f* / register selection (o. selector) ǁ ⁀baugruppe *f* / register module ǁ ⁀konstante *f* / register constant ǁ ⁀stand *m* / register reading, register count ǁ ⁀übersetzung *f* / register ratio ǁ ⁀umschalteinrichtung *f* / register changeover device
Zählwert *m* / count *n*, count value, metered value ǁ ⁀ *m* / counted measurand, metered measurand ǁ ⁀ *m* / meter reading (per integrating period), count *n* ǁ **einen** ⁀ **laden** / load a counter ǁ ⁀ausgabe *f* / release *n*, analog value output ǁ ⁀bearbeitung *f* / machining *n*, metered value processing, measured value processing ǁ ⁀erfassung *f* / metered value acquisition, detection *n*, acquisition *n* ǁ ⁀-**Protokoll** *n* / meter-reading log ǁ ⁀-**Protokollanlage** *f* / meter-registration logging system ǁ ⁀übermittlung *f* / transmission of integrated totals ǁ ⁀-**Übertragung** *f* / count value transmission ǁ ⁀vorverarbeitung *f* / measured value preprocessing, metered value preprocessing, indication preprocessing, analog value preprocessing
Zähl·wicklung *f* / metering winding ǁ ⁀wirkungsgrad *m* / counting efficiency ǁ ⁀wort *n* / counter word ǁ ⁀zelle *f* / counter location
Zahn *m* / tooth *n* ǁ ⁀abstand *m* / tooth spacing ǁ ⁀aussetzen *n* / staggered teeth ǁ ⁀bandriemen *m* / flat-tooth broad belt ǁ ⁀breite *f* / tooth width ǁ ⁀breite *f* (Zahnrad) / face width ǁ ⁀eingriff *m* / meshing *n* ǁ ⁀eingriffsfrequenz *f* / meshing frequency
Zähnezahl *f* / number of gear teeth, number of teeth
Zahn·flanke *f* / tooth flank, tooth surface, gear tooth

flank || ~flankenlinie f / tooth trace || ~flussdichte f / tooth flux density, tooth density || ~form f / tooth shape, tooth profile, tool shape || ~fuß m / tooth root || ~fußhöhe f (Zahnrad) / dedendum n || ~grund m (Zahnrad) / bottom land, tooth gullet || ~höhe f / tooth height, depth of tooth || ~höhe f (Zahnrad) / whole depth of tooth, tooth depth || ~kante f / tooth edge || ~kette f / inverted-tooth chain
Zahnkopf m / tooth tip || ~breite f / width of tooth tip || ~fläche f / tooth crest, tooth face || ~fläche f (Zahnrad) / top land || ~höhe f (Zahnrad) / addendum n || ~streuung f / differential leakage, double-linkage leakage, unequal-linkage leakage, bolt leakage, belt leakage, zig-zag leakage
Zahn·kranz m / ring gear, girth gear, annular gear || ~kupplung f / gear clutch, tooth(ed) clutch, gear coupling, toothed clutch || ~länge f / depth of tooth || ~lücke f / tooth space, slot n, gash n, tooth gap || ~lückenmitte f / centre of the tooth gap || ~profil n / tooth profile, tooth shape, tooth contour || ~pulsation f / tooth ripple, tooth pulsation
Zahnrad n / gear wheel, gear n, wheel n, toothed wheel, cogwheel n, cog n, sprocket n || ~antrieb m / gear drive || ~bearbeitung f / gear cutting, gear wheel machining || ~bearbeitungsmaschine f / gear wheel cutter || ~breite f / gear wheel width || ~fräser m / gear cutter || ~geber m / toothed-wheel encoder || ~getriebe n / gear train, gearbox n, gearing n, gears plt, gear transmission || ~getriebe mit Zwischenrad / intermediate-wheel gearing || ~kasten m / gearbox n, gear case || ~kopfkreis m / gear wheel tip circle || ~paar n / gear pair || ~-Profilschleifmaschine f / gear profile grinding machine || ~pumpe f / gear pump, gear-type oil pump || ~-Rollmaschine f / gear rolling machine || ~segment n / gear segment || ~vorgelege n / transmission gear(ing), back gear, gear train
Zahn·riemen m / toothed belt || ~achse f / toothed belt axis || ~scheibe f / toothed lock washer, serrated lock washer || ~scheibe f (Drehzahlgeber) / toothed disc || ~schrägungswinkel m / angle of skew of teeth || ~segment n / gear segment || ~seite f / tooth side (s) || **magnetische ~spannung** / magnetic potential difference along teeth || ~spitze f / tooth tip || ~spule f / tooth-wound coil, toothed coil || ~stange f / gear rack, rack n, spur n
Zahnstangen·antrieb m / rack-and-pinion drive, rack drive || ~betrieb m / rack & pinion drive || ~getriebe n / rack-and-pinion gearing || ~gewinde n / rack-type winch || ~winde f / rack-and-pinion jack, rack jack, ratchet jack
Zahn·teilung f / tooth pitch || ~tiefe f / depth of tooth || ~wippe f / toothed rocker
Zamak (Zinklegierung mit Aluminium) / kirksite
Zange f (Rob.) / piece n, hand n || ~ f / pliers plt, wire cutter, tongs n || ~ f (Handwerkzeug) / collet n || ~ **für Sicherungsringe für Wellen** / pliers for retaining rings for shafts, pliers for retaining rings for shafts with angled jaw
Zangen·gehänge n / pliers suspension gear || ~kapazität f / jaw capacity || ~kran m / ingot tong transport crane || ~messgerät n / clip-on measuring instrument || ~paar n / pair of jaws || ~strommesser m / clip-on ammeter ||

~stromwandler m / split-core-type current transformer, split-core current transformer || ~überwachung f / tongs monitoring || ~zentrierung f / jaw centering
Z-Antriebseinheit f / Z-drive unit
Zapfen m / stud n, spigot n || ~ m (Achsende eines Messinstruments) / pivot n || ~ m (Bolzen) / gudgeon n, pin n, bolt n || ~ m (Welle) / journal n || ~bohrung f / coupling-pin hole || ~bolzen m / stud bolt || ~ m / trunnion-mounted gear || ~kontur f / spigot contour || ~kupplung f / pin coupling, pin-and-bushing coupling, stud coupling || ~lager n / chock n || ~mitte f / spigot center || ~schlüssel m / pin spanner || ~schraube f / shoulder screw, headless shoulder screw || ~senker m / counterbore n
Zapfsäule f / floor service box, outlet box || ~ f (Tankstelle) / petrol pump, gas pump
Zapfschienenverteiler m / plug-in busway system
zaponiert adj / clearly varnished
Zaponlack m / cellulose lacquer
Zarge f / frame n, groove n
ZAS / main connector block
Z-Aufsetzebene f / Z-placement plane
z-Auslöser m / z-release n (Siemens type, inverse-time or short-time-delay overcurrent release)
Z-Bügel m / Z bracket
ZCS / Zero Current Switching (ZCS)
ZD / zero defects (ZD)
Z-Diode f / Zener diode
Z-Draht-Bewehrung f / Z-wire armour
ZE / central processing unit (CPU), central processor || ~ / controller expansion unit (CEU) || ~ (Zeitzeichenempfängerbaugruppe) / time signal input module, ZE
Zebra·muster n / streaking n || ~streifen m / zebra crossing
ZEH (Zentralhand) / central hand (CH)
Zehner·block m (Klemmen) / ten-terminal block, block of ten || ~logarithmus m / common logarithm || ~system n / decimal system || ~tastatur f / numeric keyboard (o. keypad), numeric keypad
Zehngangpotentiometer n / ten-turn potentiometer
Zehntelstreuwinkel m / one-tenth peak divergence (GB), one-tenth peak spread (US)
Zehnwendelpotentiometer n / ten-turn potentiometer
Zeichen n (Prüfzeichen, Kennzeichnung) / mark n || ~ n / sign n, symbol n, data format || ~ n (DV) / character n || ~ **pro Sekunde** / characters per second (CPS) || **Matrix~** n / matrix sign || **Navigations~** n / navigation mark || **Prüf~** n / mark of conformity, approval symbol || **Schiffahrts~** n / marine navigational aid || **See~** n / sea mark, navigational aid || **Verkehrs~** n / traffic sign || **Verkehrs~** n (TRL) / traffic light (TRL) || **Zwischenraum~** n (CLDATA-Wort) / blank n ISO 3592 || ~abstand m / character spacing, character distance, data density || ~antrag m / marks application || ~anzeigeröhre f / character indicator tube || ~aufwärtsrichtung f / character up vector || ~ausgabebaustein m / character output block || ~ausrichtung f / character (o. text) alignment || ~begrenzung f (Bildelement) / character boundary || ~betrieb m / character mode || ~-Bildschirmeinheit f / alphanumeric display unit || ~breite f / character

zeichenfähig

width || ~**breitenfaktor** *m* (GKS) / character expansion factor || ~**code** *m* / character code || ~**dichte** *f* / character density, recording density || ~**dichte** *f* (Datenträger) / data density || ~**ebene** *f* / drawing plane || ~**ende** *n* / end of character (EOC) || ~**erkennung** *f* / character recognition || ~**erklärung** *f* (Legende) / legend *n*
zeichenfähig *adj* / allowed to bear the test mark
Zeichen·folge *f* / character string (an aggregate that consists of an ordered sequence of characters), string *n* || ~**funktion** *f* / character function || ~**gabe** *f* (Signalisierung) / signalling *n*
zeichengenauer Stop / stop with character accuracy
Zeichen·genehmigung *f* / marks licence || ~**generator** *m* / character generator || **ladbarer** ~**generator** / loadable character generator || ~**geschwindigkeit** *f* (Plotter) / plotting rate (o. speed) || ~**grafik** *f* / character graphics || ~**größe** *f* / character size, font size || ~**hervorhebung** *f* / character highlighting || ~**kette** *f* / character string, string *n*, string of digits || ~**kontrast** *m* / (character) contrast to background || ~**kopf** *m* (Plotter) / plotting head || ~**körper** *m* / character body || ~**länge** *f* (im Telegramm) / signal element length || ~**-Macro-Datei** *f* / visualization macro file || ~**makrodatei** *f* / visualization macro file
zeichenmarkierte Meldung / character-tagged alarm
Zeichen·maschine *f* / drawing machine, drafting machine, plotter *n* || ~**maßstab** *m* / plotting scale || ~**mittenabstand** *m* / character spacing
Zeichen·parität *f* / character parity, vertical parity || ~**paritätsfehler** *m* / character parity error || ~**paritätsprüfung** *f* / character parity check || ~**parityfehler** *m* / character parity error || ~**-Parity-Prüfung** *f* / character parity check || ~**prüfung** *f* / marks licence test || ~**rahmen** *m* / character frame || ~**rahmenfehler** *m* / framing error, character frame error || ~**registrierung** *f* / marks registration || ~**reihung** *f* / character string || ~**satz** *m* / character set || ~**spitze** *f* (Plotter) / plotting stylus, drawing stylus || ~**stelle** *f* / character position
Zeichenstift *m* / pen *n* || ~ **heben** (CLDATA-Wort) / pen up ISO 3592 || ~ **senken** (CLDATA-Wort) / pen down ISO 3592 || **elektronischer** ~ / light pen, stylus input device || ~**plotter** *m* / pen plotter
Zeichen·string *m* / character string || ~**takt** *m* / byte timing || ~**vergrößerungsfaktor** *m* / character expansion factor || ~**verzug** *m* (ZVZ) / character delay time, character delay, *f* digit delay time || ~**vorrat** *m* / character set, character repertoire || ~**vorrat der Steuerung** / character set of control || ~**zahl** *f* / number of characters || ~**zeiger** *m* / character pointer || ~**zwischenraum** *m* / character distance
Zeichnen *n* (CLDATA-Wort) / draft ISO 3592 || **rechnerunterstütztes** ~ / computer-aided design (CAD)
Zeichnung *f* / drawing *n* || ~ *f* (v. Plotter) / plot *n* || ~ **Nr.** / drawing number || **bemaßte** ~ / outline drawing, dimension drawing || **pausfähige** ~ / reproducible drawing, transparent drawing || **Postprozessor-**~ *f* (CLDATA-Wort) / postprozessor plot ISO 3592 || **technische** ~ / technical drawing
Zeichnungs·änderungsvermerk *m* / record of change in drawings || ~**anordnung** *f* / layout *n* || ~**ausschnitt** *m* / window *n* || ~**berechtigter** *m* / approved signatory || ~**datei** *f* / drawing file, plotfile *n* || ~**element** *n* / drawing entity || ~**erläuterung** *f* / legend *n* || ~**erstellung** *f* / preparation of drawings || **rechnerunterstützte** ~**erstellung** / computer-aided design (CAD) || ~**format** *n* (Plotter) / plotting format || ~**gebunden** *adj* / drawing-based, drawing-specific || ~**gebundene Teile** / drawing-based parts || ~**gerechte Ausführung** / conformity with the drawing || ~**index** *m* / drawing version || ~**kopf** *m* / title block || ~**messmaschine** *f* / drawing measuring machine || ~**nummern** *f pl* / drawing numbers || ~**objekt** *n* / drawing entity || ~**primitive** *f* / drawing primitive || **CAD-**~**programm** *n* / CAD plotting program || ~**rahmen** *m* / drawing frame || ~**raster** *m* / coordinate system || ~**satz** *m* / set of drawings || ~**überlagerung** *f* (CLDATA-Wort) / over-plot *n* ISO 3592 || ~**unterlagen** *f* / production documentation || ~**verzeichnis** *n* / list of drawings || ~**vordruck** *m* / drawing form
Zeige·balken *m* / slide bar || ~**gerät** *n* / pointing device
zeigen *v* / display *v*, point at *v*
Zeiger *m* / index *n*, pointer *n*, needle *n* || ~ *m* (Uhr) / hand *n*, pointer *n* || ~ *m* (komplexe Größe) / phasor *n* || ~ *m* (DV-Speicher) / pointer *n* || ~ *m* (Bildschirmanzeige, Vorlaufzeiger) / cursor *n* || ~ *m* (Datenbaustein) / pointer *n* || ~**achse** *f* / point axis || ~**analyse** *f* / phasor analysis (analysis of a phasor diagram) || ~**anschlag** *m* / pointer stop || **Messgerät mit** ~**arretierung** / instrument with locking device || ~**bearbeitung** *f* / pointer processing || ~**bild** *n* / phasor diagram || ~**diagramm** *n* / phasor diagram || ~**fernthermometer** *n* / dial telethermometer || ~**festhaltevorrichtung** *f* / pointer locking device || ~**frequenzmesser** *m* / pointer-type frequency meter || ~**-Frequenz-Messgerät** *n* / pointer-type frequency meter || ~**galvanometer** *n* / pointer galvanometer
zeigergesteuert *adj* / vectored *adj* (interrupt control)
Zeiger·information *f* / vector information || ~**instrument** *n* / pointer instrument, pointer-type instrument || ~**marke** *f* / pointer mark || ~**melder** *m* (Balkenanzeiger) / semaphore *n* || ~**register** *n* (MPU) / pointer register || ~**rückführung** *f* / pointer return || ~**scheibe** *f* / pointer disk || ~**spitze** *f* / indicator point || ~**thermometer** *n* / dial-type thermometer, dial thermometer, thermometer indicator || ~**umlauf** *m* / revolution of a pointer || ~**zählwerk** *n* / pointer-type register, dial-type register
Zeile *f* (Druckzeile, Bildelemente) / line *n* || ~ *f* (Verteiler) / tier *n* || ~ *f* (Leiterplatte) / row *n* || **Einschub~** *f* (MCC) / row of withdrawable units, tier *n*
Zeilen pro Minute / lines per minute (LPM)
Zeilen·abstand *m* (Verteiler) / tier spacing, line spacing || ~**abstand** *m* / tier distance || ~**abtasten** *n* / line scanning, row scanning || ~**abtastverfahren** *n* / line scanning method || ~**abtastzeit** *f* / line scanning period || ~**adressauswahl** *f* / row address select (RAS) || ~**adresse** *f* / row address || ~**adresse-Übernahmesignal** *n* (MPU) / row address strobe (RAS) || ~**anwahl** *f* (Anzeige) / display line selection, line selection || ~**anzahl** *f* / no. of lines || ~**-Array** *n* / line array || ~**beschriftung** *f* / line title

|| ⸺breite f / line width || ⸺dichte f (Fernkopierer) / scanning density || ⸺drucker m / line printer (LP) || ⸺ende n / end of line || ⸺ende-Zeichen n / end-of-line character || ⸺endsignal n / end-of-line signal (o. indicator), line end signal || ⸺format n / line format || ⸺format n (Drucker) / characters per line || ⸺fräsen n / line-by-line milling, picture frame contour || ⸺frequenz f / line frequency, horizontal frequency
Zeilen·gehäuse n / single-tier subrack, single-height wrapper, single-height subrack || ⸺höhe f / line height || ⸺information f / line information || ⸺kamera f / line scan(ning) camera, line camera, linear-array camera || ⸺kommentar m / comment line || ⸺leitung f (MPU) / row circuit || ⸺nummer f / row number || ~orientiert adj / text-based || ⸺rücklauf m / line flyback, horizontal flyback || ⸺schalttaste f / line space key || ⸺schritt m (Formatsteuerfunktion) / line feed || ⸺sensor m / line sensor
zeilensequentiell adj / line-sequential adj
Zeilen·sprungverfahren n (graf. DV) / interlacing method || ⸺stil m / row stile || ⸺umbruch m / justification n (of ragged lines), line break, wrap n || ⸺vektor m / row vector || ⸺vorschub m / line feed (LF) || ⸺vorschub mit Wagenrücklauf DIN 66025,T.1 / new line (NC) ISO/DIS 6983/1 || ⸺wechsel m / line change
zeilenweises Rollen / racking up
Zeit f / time n, time of day || ⸺ bis zum Abschneiden (Stoßwelle) / time to chopping || ⸺ bis zum Ausfall / time to failure || ⸺ bis zum ersten Ausfall / time to first failure (TTFF) || ⸺ bis zum Versagen / time to malfunction || ⸺ bis zur Kriechwegbildung IEC 50(212) / time-to-track n || ⸺ bis zur Wiederherstellung (Zeitintervall, in dem eine Einheit aufgrund eines Ausfalls im nicht verfügbaren Zustand wegen interner Ursachen ist) / time to recovery, time to restoration (time interval during which an item is in a down state due to a failure) || ⸺ des Bereitschaftszustands (Zeitintervall, während dessen eine Einheit in Bereitschaft ist) / standby time (time interval) || ⸺ des betriebsfreien betriebsfähigen Zustands / idle time (time interval during which an item is in a free state), free time || ⸺ des betriebsfreien Klarzustands / idle time (time interval during which an item is in a free state), free time || ⸺ für Leistungsmittelung / demand integration period || ⸺ für Signalumwandlung / time for initiating command || ⸺ geringer Belastung / light-load period || ⸺ rücksetzen / reset a timer || eine ⸺ starten / start a timer || ⸺ t_E / time t_E, safe locked-rotor time || ⸺ vervielfachen (SPS-Funktion) / repetitive timer function || über die ⸺ / over time
Zeitabbruch m / time-out n
zeitabhängig adj / time-dependent adj, as a function of time, time-variant adj || ~ verzögert (Auslöser, Schutz) / inverse-time adj || ~e Ablaufsteuerung / time-oriented sequential control || ~e Größe / time-dependent quantity IEC 27-1 || ~er thermischen Auslöser / time-dependent thermal release
Zeitablauf m / time rundown, timing interval, time lapse || ⸺ m (Steuerung) / timing n || ⸺ m (Überschreitung) / time-out n || ⸺ m (Zeitrel.) / timing period || ⸺ m (Ablauf des Zeitglieds) / timer operation || ⸺anzeige f / time rundown

indication, indication of remaining time || ⸺diagramm n / time sequence chart || ⸺ereignis n / time-out event || ⸺glied n / sequence timer || ⸺plan m / time sequence chart || ⸺tabelle f / time sequence table
Zeitablenk·einrichtung f / time base || ⸺geschwindigkeit f / sweep speed
Zeitablenkung f / time-base sweep, line n || ⸺ f / time base || einmalige ⸺ / single sweep, one shot || selbstschwingende ⸺ / free-running time base || verzögernde ⸺ / delaying sweep
Zeit·abschaltung f / time-out n || ⸺abschnitt m / time interval || ⸺abstand m / interval n, time span || ⸺abstandzähler m / interval counter || ⸺abweichung f / time error || ⸺achse f / time axis, time base || ⸺addition f / time addition || ⸺alarm m / time alarm || ⸺alarm m / time interrupt
zeitalarmgesteuert adj / timed-interrupt-driven adj || ~e Programmbearbeitung / time(d)-interrupt-driven program execution (o. processing), timed-interrupt-driven program execution
Zeit·analysator m / timing analyzer || ⸺anstoß m / time trigger || ⸺auflösung f / time resolution || ⸺auftrag m / time job, timed job || ~aufwändig adj / time-consuming adj || ⸺aufzeichnung f (Schreiber) / time-keeping n || ⸺auslösung f (eingestelltes Intervall, nach dem ein Signal erzeugt wird, wenn bis dahin noch keine Triggerung erfolgt ist) / time-out n || ⸺ausweisnummer f / time identification number || ⸺auswertung f / time evaluation || ⸺automatik f / automatic timing
Zeitbasis f / time base (TB), timebase || ⸺geber m / time-base generator || ⸺schalter m / time base (selector switch)
Zeit·baugruppe f / timer module, time module || ⸺baugruppenblock m / timer module block || ⸺baustein m / timer module, time module, time block || ⸺beanspruchung f / time-for-rupture tension, time-for-rupture stress || ⸺bearbeitung f / real-time processing || ⸺bearbeitung f (Führung v. Datum u. Uhrzeit, Ausgabe der Informationen an den Anwender) / real-time management || ⸺bedarf m / time overhead || ⸺begrenzung f / time-out n || ⸺begrenzung für Ausführung / time limit for execution (TLE) || ⸺begriff m / concept of time || ⸺beiwert m / time coefficient || ⸺berechnung f / time calculation || ⸺berechtigung f / authorized access time
Zeitbereich m / time range, delay range relay, time setting range || ⸺ m (Zeitrel.) / delay range, time (d) ⸺-Reflektometer / Time Domain Reflectometer (TDR) || ⸺-Reflektometrie f / time-domain reflectometry (TDR)
Zeitbereichsschalter m / time range selector
Zeitbewertung f / time weighting, time weighting characteristic
zeitbezogen·e Aufzeichnung / synchronous recording, recording as a function of time || ~er quadratischer Wert / quadratic rate
Zeit·bildung f (Zeitgeberfunktion) / timer function, timing n || ⸺bildung f / timing generation || ⸺bruch m / fatigue fracture || ⸺charakteristik f / time response, characteristic with respect to time || ⸺darstellung f (Impulsmessung) / time format
Zeitdauer f / virtual time || ⸺ f / des Spannungszusammenbruchs einer

abgeschnittenen Stoßspannung / virtual time of voltage collapse during chopping || ≈ **des thermischen Ausgleichs** DIN 41745 / settling time IEC 478-1
Zeit·dehner *m* / sweep magnifier || ≈**dehngrenze** *f* / creep limit || ≈**diagramm** *n* (MPSB) / timing diagram || ≈**dienst** *m* / time service *n* || ≈**dienstanlage** *f* / time distribution system IEC 50 (35) || ~**diskret** *adj* / time-discrete *adj*, discrete-time *adj* || ≈**eichung** *f* / time calibration, timing *n*, time base || ≈**eingangsstufe** *f* / delay input converter || ≈**einheit** *f* / time unit, timebase *n* || ≈**einstellbarkeit** *f* (Zeitrel.) / delay adjustability || ≈**einstellbereich** *m* / time setting range, timing range || ≈**einstellung** *f* / time setting, timing *n*, tripping time setting || ≈**einstellung** *f* (Zeitrel.) / delay adjustment || ≈**einstellung bei Inbetriebnahme** / time set during commissioning || ≈**einstellwert** *m* / time setting
Zeiten *f pl* (einstellbare Zeiten) / timing *n* || ≈ **des Einverzugs** / closing delay || ≈ **und Zähler** / timers and counters
Zeiterfassung *f* / attendance recording, time and attendance recording, time acquisition, time collection || ≈ **mit zentral geführter Absolutzeit** / centralized absolute chronology IEC 50(371)
Zeit·faktor *m* / time factor || ≈**fehler** *m* / timing error, time deviation || ≈**fehler** *m* (Überschreitung) / time-out *n* || ≈**fenster** *n* / time slot EN 50133-1, time window || ≈**festigkeit** *f* / endurance limit, fatigue limit || ≈**folge** *f* / time series
zeitfolgerichtig·e Übertragung von Zustandsänderungen (IEC 870-1-3) / chronological transmissions of change-of-state information || ~**e Verarbeitung** / processing in correct time order, chronological processing || ~**es Melden** / chronological reporting
Zeit·form *f* (von Zeitinformation) / time format || ≈**format** *n* / time format || ≈**-Frequenzsystem** *f* / time frequency system || ≈**führung** *f* / time keeping || ≈**funktion** *f* / timing function || ≈**funktion** *f* (Funktion des Zeitglieds) / timer function || ≈**funktionsbaugruppe** *f* / time(r) function module || ≈**gang** *m* / trend *n*
Zeitgeber *m* (T) / time generator *n*, timer *n*, timing element, timing module, clock *n*, real-time clock (RTC) || ≈ **für Bestätigung** *m* (DIN V 44302-2) / acknowledgement timer || ≈ **für Bestätigungswiederholung** (Datennetz) E DIN 66324, T.3 / window timer || ≈ **für die Aus-Zeit** (PROFIBUS) / time-out timer || **triggerbarer** ≈ (programmierbarer Z.) / programmable one-shot || ≈**baugruppe** *f* / timer module
zeit·geführt *adj* / timed *adj*, timer-controlled *adj*, time-oriented *adj*, as a function of time || ~**geführte Ablaufsteuerung** / time-dependent sequential control || ~**gemäß** *adj* / state-of-the-art || ~**genau** *adj* / accurately timed, accurate-timing *adj* || ≈**genauigkeit** *f* (Zeitrel.) / timing accuracy || ~**geraffte Prüfung** / accelerated test || ≈**gerät** *n* VDI/VDE 2600 / time function element || ~**gesteuert** *adj* / time-controlled *adj*, time-driven *adj*, timed *adj*, initiated by timed interrupts || ~**gesteuerte Ablaufebene** / time-triggered execution level || ~**gesteuerte Bearbeitung** (eIST) / time-controlled processing, time-driven processing || ~**gesteuerte Bearbeitung** (NC) /

timed machining || ~**gesteuerte Liste** / time-controlled list || ~**gesteuerte Task (ZGT)** / time-triggered task || ~**gestufte Prüfung mit stufenweise erhöhter Spannung** / graded-time step-voltage test
Zeit·glied *n* / timer *n* || ≈**glied** *n* (Monoflop) / (timer) monoflop *n* || ≈**glied** *n* / timing element || **selbsttaktendes** ≈**glied** / self-clocking timer || ≈**guthaben** *n* / time credit || ≈**gutschrift** *n* / time credit || ≈**haftstelle** *f* / trap *n* || ≈**impulsgeber** *m* / timer *n*, clock *n* || ≈**integral** *n* / time integral || ≈**integrationsverfahren** *n* / time integration method || ≈**interruptsteuerung** *f* / time-interrupt control
Zeitintervall *n* (Teil einer Zeitskala, abgegrenzt durch zwei gegebene Zeitpunkte auf dieser Skala) / time interval || ≈ **bis zur Wiederherstellung** / time to restoration (time interval during which an item is in a down state due to a failure), time to recovery || ≈ **des Bereitschaftszustands** / standby time (time interval) || ≈ **des betriebsfreien betriebsfähigen Zustands** / idle time (time interval during which an item is in a free state), free time || ≈ **des betriebsfreien Klarzustands** / idle time (time interval during which an item is in a free state), free time || ≈ **eines unentdeckten Fehlzustands** (Zeitintervall zwischen einem Ausfall und Erkennung des daraus resultierenden Fehlzustands) / undetected fault time (time interval)
Zeit·intervallgeber *m* / interval timer || ≈**kenngrößen** *f pl* / time parameters || ≈**kennung** *f* / time code, time identifier, time qualifier || ≈**klasse** *f* / time class || ≈**koeffizient** *m* / time coefficient || ≈**kondensator** *m* / time-delay capacitor
Zeitkonstante *f* (Systemparameter, der den zeitlichen Verlauf einer systemrelevanten Größe bestimmt) / time constant, time factor || ≈ **der Regelschleife** / loop time constant || ≈ **der Regelstrecke** / system time constant, plant time constant || ≈ **des Gleichstromgliedes** / armature time constant, short-circuit time constant of armature winding, primary short-circuit time constant || ≈ **Drehzahlfilter** / time-constant speed filter || ≈ **L** / time constant || ≈ **PID Sollwertfilter** / PID setpoint filter timeconstant
zeitkontinuierliche Regelung / continuous control
Zeit·konto *n* / time account || ≈**kontoführung** *f* / time account updating || ≈**kontostand** *m* / time balance || ≈**kontrolle** *f* / time check, timing check || ≈**koordinate** *f* / time coordinate, z coordinate
zeitkritisch *adj* / time-critical *adj*, critical with respect to time || ~**er Prozess** / time-critical process
Zeit·lastprüfung *f* / time-loading test || ≈**laufwerk** *n* / timing mechanism, timing gear, clock *n* || ≈**-Leistungs-Läuferverfahren** *n* / wattmeter-and-stopwatch method
zeitlich befristet / ad hoc || ~ **diskontinuierliches Signal** / discretely timed signal || ~ **überlappend** *adj* / overlap in time || ~ **verlagerbare Last** / deferrable load || ~ **versetzt** / time-shifted *v* || ~ **verzögert** / time-delayed *adj*, delayed *adj* || ~**e Auflösung** (FWT) / time resolution, limit of accuracy of chronology || ~**e Kohärenz** / time coherence, temporal coherence || ~**e Steuerung** / automatic scheduling || ~**e Überlappung** / timely overlapping || ~**e Verschiebung** / delay || ~**e Verschiebung um 90°** / time quadrature || ~**er Abstand** / interval *n* || ~**er Mittelwert** / time average || ~**er Permeabilitätsabfall** / time

decrease of permeability, disaccommodation of permeability || ~er **Verlauf** / time characteristic, characteristics as a function of time, time lapse || ~er **Verlauf** (Trend) / trend *n* || ~er **Verlauf der Ausfallrate** / failure rate curve, bathtub curve || ~es **Ausfallverhalten** / failure-rate-versus-time characteristic || ~es **Integral der Strahldichte** VDE 0837 / integrated radiance IEC 825 || ~es **Unterscheidungsvermögen** / separating capability IEC 50(371), discrimination *n* || ~es **Verhalten** / trend *n* || ~es **Zittern** / time jitter
Zeit·linien *f pl* / chart time lines || ⟂**literal** *n* / time literal || ⟂**lizenz** *f* (Software) / follow-up licence || ⟂ *m* / time rate || ~**los** *adj* / timeless *adj*
Zeitmarke *f* / timing mark, time mark, time tag
Zeitmarken·geber *m* (Schreiber) / time marker, time marker generator || ⟂**generator** *m* / time marker generator || ⟂**schreiber** *m* / chart recorder
zeitmarkierte **Meldung** / time-tagged alarm
Zeitmaßstab *m* / time scale || ⟂**faktor** *m* / time scale factor || ⟂**rückgewinnung** *f* / timing recovery IEC 50(704) || ⟂**wiederherstellung** *f* / retiming IEC 50 (704)
Zeit·messer *m* / time piece, timer *n* || ⟂**messung** *f* / time measurement || **Anstoßen einer** ⟂**messung** / trigger/initiate a time measurement || ⟂**messverfahren** *n* / stopwatch method || ⟂**modell** *n* / time pattern || ⟂**modul** *m* / timing module
Zeitmultiplex *n* (ZMX) / time-division multiplex (TDM) || ⟂**-Abtastregelung** *f* / time-shared control
zeitmultiplexe **Übertragung** / time-division multiplex transmission, transmission by time-division multiplex
Zeitmultiplex·kanal *m* / time-derived channel || ⟂**system** *n* / time-division multiplex system
Zeit·nachstellung *f* / time reset || ~**neutral** *adj* / neutral || ⟂**nichtverfügbarkeit** *f* / unavailability factor, unavailability time ratio || ⟂**nocke** *f* / time-based cam || ⟂**normal** *n* / time standard, horological standard || ⟂**normale** *f* / standard time, absolute time || ⟂**nummernfehler** *m* (Programmierfehler, der auftritt, wenn auf eine nicht vorhandene Zeit zugegriffen wird) / time number error || ⟂**-OB** / time interrupt OB || ⟂**operation** *f* / timer (o. timing) operation, timing operation || ~**optimal** *adj* / time-optimized *adj* || ~**optimiert** *adj* / optimally in terms of time, time optimized || ⟂**-orientierte Berechnung** / time oriented calculation, time-oriented calculation || ⟂**-Override** *m* / time override
Zeitplan *m* / time program IEC 50(351), time schedule || ⟂ *m* (Terminplan) / schedule *n* || ⟂**er** *m* / scheduler *n* || ⟂**geber** *m* / (time) scheduler, schedule generator, programmer *n* || ⟂**regelung** *f* / time-scheduled closed-loop control, time-program control, programmed control || ⟂**steuerung** *f* / time-scheduled open-loop control, time-program control, timing control
Zeit·programm *n* (Zeitrelais) / time program, timing mode || ⟂**programmierstufe** *f* / time programmer || ⟂**prozessor** *m* / time processor. timing control processor || ⟂**punkt** *m* / instant *n*, time, at the time of, instant of time
zeitraffende **Prüfung** / accelerated test || ~ **Voralterung** (durch Einbrennen) / burn-in *n*
Zeitraffung *f* / acceleration *n*
Zeitraffungsfaktor *m* / time acceleration factor || ⟂

für die Ausfallrate / failure-rate acceleration factor
Zeit·rahmen *m* / time setting range, delay range relay, time frame || ⟂**rampe** *f* / time slope || ⟂**raster** *m* / time frame, *n* time base (TB) || ⟂**raster** *m* (Zeitmultiplex) / frame *n* IEC 50(704) || ⟂**raster** *n* (ZKS) / time grid || ⟂**raster** *n* (Zeitschlitzmuster) / time-slot pattern || ⟂**rasterfolge** *f* (MPSB) / round robin sequence (RRS) || ~**raubend** *adj* / time-consuming *adj* || ⟂**raum** *m* / period *n*, amount of time, phase *n*, interval *n*, time basis || ⟂**realisierung** *f* / time realization, time realisation || ⟂**referenzlinie** *f* DIN IEC 469, T.1 / time reference line || ⟂**referenzpunkt** *m* DIN IEC 469, T.1 / time referenced point || ~**reihenfolgerichtig (ZRR)** *adj* / according to time sequence || ⟂**relais** *n* / time-delay relay (TDR), timing relay, time relay, specified-time relay, time relay || **ansprechverzögertes** ⟂**relais** / ON-delay relay || ⟂**relais für Fronttafeleinbau** / time relay for front panel mounting || **motorisches** ⟂**relais** / motor-driven time relay || **rückfallverzögertes** ⟂**relais** / OFF-delay relay || ⟂**relais-Aufsatz** *m* / time relay attachment || ⟂**relaisbaustein** *m* / time relay module || **elektronischer** ⟂**relaisblock** / solid-state time-delay block
zeitreziprok *adj* / inverse-time || ~**e Vorschubverschlüsselung** / inverse time feedrate coding || ~**e Vorschub-Verschlüsselung** DIN 66025, T.2 / inverse-time feed rate ISO 1056 || ~**er Vorschub** / inverse-time feed, inverse-time feedrate
Zeit·ring *m* / time ring || **gleitende Arbeitszeit mit** ⟂**saldierung** / flexible working hours with carry-over of debits and credits || ⟂**saldo** *m* / time balance, current time balance || ⟂**schalten** *n* / time switching
Zeitschalter *m* / time-delay switch (t.d.s.) IEC 512-2, time switch, clock-controlled switch, time-lag relay switch (CEE 14), timer *n* || ⟂ **für EVG Dynamik** / timer for dynamical ECG || ⟂ **für Gebäude** / timer for buildings || ⟂**betrieb** *m* / time switch mode || ⟂**funktion** *f* / timer function
Zeitschalt·gerät *n* / time switching device, timer *n* || ⟂**programm** *n* / time switch program || ⟂**uhr** *f* / time switch || ⟂**uhr Astro** / Astro time switch || **digitale** ⟂**uhr** / digital time switch || **mechanische** ⟂**uhr** / mechanical time switch || ⟂**ung** *f* / time switching || ⟂**werk** *n* (Schaltuhr) / timing element, commutating mechanism || ⟂**werk** *n* / timer *n*, sequence timer
Zeit·scheibe *f* / time dial, time slot || ⟂**scheibe** *f* / time slice || ⟂**scheibenüberlauf** *m* / time slot overflow || ⟂**schlitz** *m* (ZS) / time slot (TS), time slot, timeslice, time-slice || **füllbarer digitaler** ⟂**schlitz** / stuffable digit time slot || ⟂**schlitzverfahren** *n* / time slot procedure || ⟂**schranke** *f* / slot time || ⟂**schrift** *f* / magazine *n* || ⟂**schuld** *f* / time debit || ⟂**schwingfestigkeit** *f* / fatigue life
zeitselektiv *adj* / time-discriminating *adj*, time grading *adj*
Zeit·selektivität *f* / time-based discriminating, time discrimination, time grading || ⟂**signal** *n* / time signal || ⟂**skala** *f* / time scale || ⟂**sollwert** *m* / time setpoint || ⟂**spalt** *m* / reclaim time, reset time (USA)
Zeitspanne *f* / time interval, time *n*, period *n* || ⟂ *f*

zeitsparend

DIN EN 61131-1 / duration *n* IEC 1131-1 ‖ ⸺ **bis zum Ausfall** IEC 50(191) / time to failure ‖ ⸺ **bis zum ersten Ausfall** IEC 50(191) / time to first failure (TTFF) ‖ ⸺ **bis zur Wiederherstellung** IEC 50(191) / time to restoration (o. recovery)
zeitsparend *adj* / time-saving *adj*
Zeit·speicher *m* (Register) / time register ‖ ⸺**sperre** *f* / time-out *n* ‖ ⸺**staffelbetrieb** *m* / time-graded transmission ‖ ⸺**staffelschutz** *m* / time-graded protection (system o. scheme), non-unit protection, overcurrent and distance relays ‖ ⸺**staffelung** *f* / time grading ‖ ⸺**standfestigkeit** *f* / endurance strength, creep rupture strength, stress rupture strength ‖ ⸺**standprüfung** *f* / endurance test, long-duration test, long-time test, time-for-rupture tension test, creep rupture test ‖ ⸺**standprüfung mit Zugbelastung** / tensile creep test ‖ ⸺**start** *m* / timer start ‖ ⸺**steller** *m* / timer *n* ‖ ⸺**stempel** *m* / time stamp ‖ ⸺**stempelfunktionalität** *f* / time stamping functionality ‖ ⸺**stempelung** *f* / time stamp ‖ ⸺**steuerung** *f* / timing ‖ ⸺**strahl** *m* / timeline
Zeit-Strom-·Abhängigkeit *f* / time-current characteristic ‖ ⸺**-Auslösekennlinie** *f* / time/current operating (o. tripping) characteristic ‖ ⸺**-Bereich** *m* / time-current zone ‖ ⸺**-Bereichsgrenzen** *f pl* / time-current zone limits ‖ ⸺**-Kennlinie** *f* / time-current characteristic ‖ ⸺**-Kennlinienbereich** *m* / time-current zone
Zeit·studie *f* / time study, time-and-motion study ‖ ⸺**stufe** *f* (Bauelement) / timer *n*, timer module ‖ ⸺**stufe** *f* (Multivibrator) / monostable multivibrator ‖ ⸺**stufe** *f* (Monoflop) / monoflop *n* ‖ ⸺**synchronisation** *f* / time synchronization ‖ ⸺**system** *n* / time system ‖ ⸺**tag** *m* / day in real time ‖ ⸺**takt** *m* / interval *n*, cycle clock ‖ ⸺**taktabfrage** *f* / clock scan ‖ ⸺**taktsteuerung** *f* / clocked control, time cycle control ‖ ⸺**taktverteiler** *m* (ZTV) / clock distributor (CD), time slice distributor ‖ ⸺**teiler** *m* / timekeeping mechanism ‖ ⸺**trigger** *m* / time trigger ‖ ⸺**überbrückung zwischen DÜ-Blöcken** / interframe time fill ‖ ⸺**überlauf** *m* / timeout *n* (TO), time out, scan time exceeded, TO (timeout) ‖ ⸺**überschreitung** *f* / time-out *n*, timeout *n* (TO), scan time exceeded, TO (timeout) ‖ ⸺**übertrag** *m* / carry-over of (time) credits and debits ‖ ⸺**überwachung** *f* / time monitoring, time monitor, time watchdog, time-out function, time-out monitoring ‖ ⸺**überwachungsbaugruppe** *f* / watchdog (timer), time-out module ‖ ⸺**überwachungseinrichtung** *f* / watchdog *n* ‖ ⸺**überwachungsstufe** *f* / time watchdog, watchdog timer ‖ ⸺**überwachungszeit** *f* / time monitoring value
zeitunabhängig *adj* / time-independent *adj*, time-invariant *adj*, non-timing *adj*
Zeit·- und Impulsgeber *m* / time and pulse sensor ‖ ⸺**- und Zähloperationen** *f pl* / timer and counter operations
Zeitungsdruckmaschine *f* / newspaper offset press
zeitunkritisch *adj* / non-time-critical *adj*, not critical with respect to time
Zeit·ursprungslinie *f* DIN IEC 469, T.1 / time origin line ‖ ⸺**variable** *f* / time variable
zeitvariant *adj* / time-variant *adj*, varying with time
Zeit·verarbeitung *f* / time processing ‖ ⸺**verfahren** *n* / stopwatch method, time method ‖ ⸺**verfügbarkeit** *f* (Verhältnis Verfügbarkeitsdauer/Betrachtungsdauer) / availability time ratio, availability factor
Zeitverhalten *n* / time response, dynamic behaviour, transient response, time properties, dynamic response, timing behaviour ‖ ⸺ *n* (bei einer gegebenen Funktion) DIN IEC 255, T.100 / specified time ‖ ⸺ *n* (Trend) / trend *n* ‖ ⸺ **bei abtastenden Messverfahren** VDI/VDE 2600 / time response when sampling ‖ **Relais ohne festgelegtes** ⸺ DIN IEC 255, T.100 / non-specified-time relay
zeit·verkürzte Selektivitätssteuerung (ZSS) *f* / Zone Selective Interlocking (ZSI) ‖ ⸺**verlauf** *m* / time characteristic, characteristics as a function of time, time lapse ‖ ⸺**verlauf** *m* (Schwingungen, Erdbeben) / time history ‖ ⸺**verlaufsdiagramm** *n* / timing diagram ‖ ⸺**verlust** *m* / time loss ‖ ⸺**verlust an der Maschine** / machine idle time ‖ ⸺**versatz** *m* (Signale, Impulse) / skew *n* ‖ ⸺**verteilung** *f* / time-slice distributor ‖ ⸺**verzögerer** *m* / time-delay block, delay block
zeitverzögert *adj* / time-delayed *adj* ‖ ~**e Fehlerstromschutzeinrichtung** / time-delay residual-current device ‖ ~**er Hilfsschalterblock** / time-delayed auxiliary contact block ‖ ~**er Schalter** VDE 0632 / time-lag relay switch (CEE 14) ‖ ~**er Überstromauslöser** (spricht an nach einer Stromflussdauer, die umgekehrt proportional zum Überstrom ist) / inverse time-delay overcurrent release ‖ ~**es Hilfsschaltglied** / time-delayed auxiliary contact element
Zeitverzögerung *f* / time delay, delay *n* ‖ ⸺ *f* (festgelegtes Zeitverhalten) / specified time ‖ ⸺ *f* (eingestelltes Zeitintervall, in dem ein Signal nicht erkannt wird) / time-in *n*
Zeit·vielfach *n* / time-division multiplex (TDM) ‖ ⸺**vorgabe** *f* / rate setting, time target, timing allowance ‖ ⸺**vorgabe** *f* (Zeitbasis) / time base ‖ ⸺**waage** *f* / timing machine ‖ ⸺**wächter** *m* / timer *n*, time-delay relay ‖ ⸺**wecker** *m* / time interrupt
zeitweilige Spannungserhöhung VDE 0109 / temporary overvoltage IEC 664A ‖ **~ Steh-Überspannung** / temporary withstand overvoltage ‖ **~ Überspannung** / temporary overvoltage
zeitweise besetzte Station / attended substation
Zeitwert *m* / time value, time *n* ‖ ⸺ *m* (TW, Parametername) / time *n* ‖ **einen** ⸺ **laden** / load a time ‖ **Löschen der** ⸺**e** / resetting the times ‖ ⸺**speicher** *m* / time register (TR)
Zeit·wirtschaft *f* / Time Management Subsystem ‖ ⸺**-Wort** *n* / timer word ‖ ⸺**zähler** *m* / time meter, hours meter ‖ ⸺**zähler** *m* (DÜ, RSA) / time counter
Zeit-/Zählerbaugruppe *f* / timer/counter module
Zeit·zählung *f* / time count ‖ ⸺**zeichenempfänger** *m* / time-receiver module ‖ ⸺**zeichenempfängerbaugruppe** *f* (ZE) / time signal input module ‖ ⸺**zeichensignal** *n* / time signal ‖ ⸺**zeiger** *m* (Vektor) / time vector ‖ ⸺**zelle** *f* / time location, time-of-day location ‖ ⸺**zentrale** *f* / central time unit ‖ ⸺**zone** *f* / time zone ‖ **Saisontarif mit** ⸺**zonen** / seasonal time-of-day tariff ‖ ⸺**zonentarif** *m* / time-of-day tariff, multiple tariff ‖ ⸺**zugriffstechnik** *f* / time division multiplex access ‖ ⸺**zuordnerstufe** *f* / time coordinator ‖ ⸺**zuordnung** *f* / time scheduling
Zellbus *m* / cell bus

Zelle f / storage location, location n ‖ ⁓ f (Batt.) / cell n ‖ ⁓ f (Schaltzelle) / cubicle n ‖ ⁓ **beschreiben** (SPS) / to write into location ‖ **Datum⁓** f / data location ‖ **kippsichere** ⁓ / unspillable cell ‖ **papiergefütterte** ⁓ / paper-lined cell ‖ **prismatische** ⁓ / prismatic cell ‖ **Speicher⁓** f DIN 44300 / storage location ‖ **Transformator⁓** f / transformer cell, transformer compartment ‖ **verschlossene** ⁓ IEC 50(486) / gas-tight sealed cell ‖ **2-Emitter-**⁓ f / double-junction cell ‖ **4-inal-**⁓ f / four-inal device
Zellebene f / cubicle level
Zellen verbinden / connect cells
Zellen·deckel m / (cell) lid n ‖ ⁓**ebene** f (PROFIBUS) / cell level ‖ ⁓**filter** m / cellular filter ‖ ⁓**gefäß** n / cell container ‖ ⁓**gerüst** n (Schaltzelle) / cubicle frame (work) ‖ ⁓**katalog** m / cell library ‖ ⁓**konzeptbaustein** m / cell-based IC ‖ ⁓**netzwerk** n / cell network ‖ ⁓**radschleuse** f / rotary feeder ‖ ⁓**rechner** m / cell computer, cell controller ‖ ⁓**rechner** m (einer Fertigungszelle) / cell computer ‖ ⁓**temperatur** f / cell temperature ‖ ⁓**ventil** n / vent valve ‖ ⁓**verbinder** m / intercell connector
Zell·gummi m / cellular rubber ‖ ⁓**horn** n / celluloid n ‖ ⁓**kautschuk** m / cellular caoutchouc, expanded rubber ‖ ⁓**matrix** f (Darstellungselement) / cell array ‖ ⁓**radschleuse** f / rotary valve ‖ ⁓**sammelschiene** f / bus bar ‖ ⁓**stoff** m / cellulose n ‖ ⁓**stoff und Papier** / pulp and paper
Zelluloid n / celluloid n
Zellulose·acetat n (CA) / cellulose acetate (CA) ‖ ⁓-**Öl-Dielektrikum** n / cellulose-oil dielectric ‖ ⁓**papier** n / cellulosic paper ‖ ⁓**triacetat** n (CTA) / cellulose triacetate (CTA)
Zellwabe f / cell channel
Zementation f (Stahloberfläche) / case hardening
Zement·mantel m / jacket of concrete ‖ ⁓**mühle** f / cement mill
Zener-Barriere f / Zener barrier ‖ ⁓-**Diode** f / Zener diode ‖ ⁓-**Diode (Z-Diode)** f / Zener diode ‖ ⁓-**Durchbruch** m / Zener breakdown ‖ ⁓-**Durchschlag** m / Zener breakdown ‖ ⁓-**Spannung** f / Zener voltage ‖ ⁓-**Widerstand** m / Zener resistance
Zentimeter (cm) m / centimeter n
zentral adj / central adj ‖ **⁓ angeordnet** adj / arranged centrally adj
Zentral·abschirmung f (StV) / centre shield ‖ ⁓**anschlusskasten** m (IK) / centre feed unit ‖ ⁓**antrieb** m (Motorantrieb) / centre drive, axial drive ‖ ⁓**antrieb** m (SG) / direct-operated mechanism ‖ **mit** ⁓**antrieb** (SG) / direct-operated adj ‖ ⁓**antriebsmaschine** f / central drive machine ‖ ⁓**batterie** f / central battery (CB), common battery ‖ ⁓**baugruppe** f / central processing unit (CPU), central controller module, central module, central unit ‖ ⁓**baugruppe** f (ZB, CPU) / central processing unit (CPU) ‖ ⁓**baugruppe** f (Regler) / CPU (central controller module) ‖ ⁓**baugruppe Stopp** f / CPU stop ‖ ⁓-**Baugruppenträger** m / controller rack (CR) ‖ ⁓**bus** m / central bus, main bus ‖ ⁓**differential** n / main differential ‖ ⁓**druckersystem** n (Textsystem) / shared-printer system
Zentrale f (Kraftwerk) / power station ‖ ⁓ f / controller n ‖ ⁓ f (Abstand zwischen zwei parallelen Achsen) / gear centre distance ‖ ⁓ f (Leitstelle, Schaltzentrale) / control centre, supervisory control centre, load dispatching centre, control room ‖ ⁓ f (FWT-Station) / master station ‖ ⁓ f (FWT-Leitstelle) / supervisory control centre ‖ ⁓ f / center n, central office, service centre ‖ **Brandmelder⁓** f / control and indicating equipment EN 54 ‖ **Hausleit⁓** f / central building-services control station, building automation control centre, energy management centre ‖ **Schalt⁓** f (Netz) / system (o. network) control centre, load dispatching centre
zentrale Ablage / central filing ‖ **⁓ Airbagelektronik** / central airbag control unit ‖ **⁓ Anschlussstelle** (ZAS) / main connector block ‖ **⁓ Auswertung der Statusmeldungen** / central evaluation of status messages ‖ **⁓ Backup-Datenbank** / central backup database ‖ **⁓ Baugruppe** / central processing unit (CPU), processor n ‖ **⁓ Buszuteilung** (Master-Slave-Verfahren) / fixed-master method, master-slave method ‖ **⁓ Dateiablage** / central file server ‖ **⁓ Datenerfassung** / central data collection ‖ **⁓ Dienststelle** / central services ‖ **⁓ Funktionen (ZF)** / Central Functions ‖ **⁓ Geschwindigkeitsführung** / central velocity control ‖ **⁓ Hauptträgheitsachse** / central principal inertia axis ‖ **⁓ Laststeuerung** / centralized telecontrol of loads ‖ **⁓ Lebensdauer** DIN 40042 / median life, gradual failure ‖ **⁓ Leittechnik** (ZLT) / centralized instrumentation and control ‖ **⁓ Leitwarte** / central control room ‖ **⁓ Peripherie** / centralized I/O ‖ **⁓ Recheneinheit** (Prozessor) / central processor (CP) ‖ **⁓ Regeln Geschäftsverkehr** (ZRG) / corporate business procedures ‖ **⁓ Steuerung** (DÜ) / centralized control, central control (CC) ‖ **⁓ Taktversorgung** / Central Clock Generator (CCG)
Zentral·ebene f (Fertigungssteuerung, CAM-System) / central level ‖ ⁓**einheit** f / central processing unit (CPU), central processor ‖ ⁓**einsatz** m / central insert ‖ ⁓**einspeisung** f / centre feed unit ‖ ⁓**einspritzung** f / single-point injection, central fuel injection ‖ ⁓**element** n (MPU) / central processing element (CPE)
zentraler Aufbau / centralized configuration ‖ **⁓ Auswerteplatz** / central evaluation station ‖ **⁓ Takt**, **⁓ zentrales Taktung** / central clocking pulse ‖ **⁓ Taktgeber** / central clock generator (CCG)
Zentralerweiterungsgerät n / controller expansion unit (CEU)
zentrales Bedienen und Beobachten / central operator control and monitoring ‖ **⁓ Differential** / main differential ‖ **⁓ Erweiterungsgerät** / controller expansion unit ‖ **⁓ Hauptträgheitsmoment** / central principal moment of inertia ‖ **⁓ Laden** / downloading n ‖ **⁓ Meldesystem** / central (event signalling system) ‖ **⁓ Moment der Ordnung q** DIN 55350, T.23 / central moment of order q ‖ **⁓ System** / centralized system
Zentral·gerät n (ZG) / central controller (CC) ‖ ⁓**gerät** n (ZG, Steuergerät) / central controller (CC) ‖ ⁓**geräteanschaltung** f / connection unit (CU), telecontrol compact unit ‖ ⁓**hand (ZEH)** f / central hand (CH) ‖ ⁓**kompensation** f / central

(ized) p.f. correction || **≈lochbefestigung** *f* / center-hole mounting || **≈modul** *n* / central module || **≈platte** *f* / central plate || **≈-Prozesselement** *n* (CPE) / central processing element (CPE) || **≈prozessor** *m* (CP) / central processing unit (CPU), central processor (CP) || **≈schaltung** *f* / central switching || **≈schmierung** *f* / central lubrication system, central lubrication || **≈schrank** *m* / master cubicle || **≈schraube** *f* / central screw || **≈sicherheitsschaltung** *f* / central security circuit || **≈speicher** *m* DIN 44300 / central storage || **≈station** *f* / master station, control centre || **≈stelle** *f* / location with master station(s), central operating point || **≈steuergerät mit eingebauten Sensoren** / centrally controlled appliances with integrated sensors || **≈steuertafel** *f* / main control board, control-room board, control centre || **≈steuerung** *f* / centralized control, central control (CC)

zentralsymmetrisch *adj* / centrosymmetric *adj*

Zentraluhrenanlage *f* / electrical time-distribution system IEC 50(35)

Zentralverband Elektrotechnik- und Elektronikindustrie e.V. (ZVEI) / German Electrical and Electronic Manufacturers Association, German electrical industry, ZVEI

Zentral·verriegelung *f* / master interlock || **≈verriegelung** *f* / central locking system || **≈verriegelung mit Safe-Sicherung** *f* / high security locks || **≈verstärker** *m* / central amplifier || **≈verteilung** *f* / distribution switchboard, motor control centre, multi-compartment switchboard || **≈vorstand** *m* / Corporate Executive Committee || **≈wagen** *m* / central service truck || **≈wert** *m* / central value, median *n* || **≈wert einer Stichprobe** / sample median

Zentr. (B) *f* / Centr. (B) (component centering using the Ballmeasuring mode)

Zentr. (B) / (C) / (G) / (L) / (R) / (S) / Centering (B) / (C) / (G) / (L) / (R) / (S) (component centering using the Ball / Corner / Grid / Lead / Row / Size measuring method)

Zentrier·ansatz *m* (Motorgehäuse) / spigot *n* || **≈art** *f* (ein Bauelement kann entweder optisch (optisches Zentrieren) oder mechanisch (mechanisches Zentrieren) zentriert werden) / type of centering || **≈backe** *f* / centering jaw || **≈befestigung** *f* / central mounting || **≈bohren** *v* / centre-drill *v*, centre *v* || **≈bohrer** *m* / centre drill, center drill, centering tool || **≈bohrung** *f* / hole *n* || **≈bohrung** *f* (Welle) / centre hole, tapped centre hole, lathe centre || **≈bügel** *m* / centering clip || **≈bund** *m* / centring collar, bell *n* || **≈eindrehung** *f* / centring recess, spigot recess || **≈einrichtung** *f* / centering device *n*

Zentrieren *n* / centering *n*, center *n* || ~ *v* / centre *v*, true *v*, adjust concentrically

Zentrierer *m* / centering tool

Zentrier·funktion *f* / centering function || **≈genauigkeit** *f* / centering accuracy || **≈gerät** *n* / centering device || **≈hilfe** *f* / centering guide || **≈keil** *m* / centering wedge || **≈lager** *n* / locating bearing || **≈loch** *n* / center hole || **≈maschine** *f* / centering machine || **≈nase** *f* / key *n* || **≈nut** *f* / keyway *n* || **≈rand** *m* / centering flange || **≈ring** *m* / centring ring, centering ring || **≈senkung** *f* / centring counterbore || **≈sensor** *m* / centering sensor || **≈spitze** *f* / centering spike || **≈station** *f* (Bauelemente werden entweder mit einer optischen oder mechanischen Zentrierstation in die Sollposition gebracht (zentriert)) / centering station || **≈stift** *m* / centering pin, guide pin || **≈stück** *n* (Crimpwerkzeug) / positioner *n* || **≈system** *n* / centering system

zentriert *adj* / centred *adj* || **≈** *adj* (Text) / centre-justified *adj* || **~e Zufallsgröße** DIN 55350,T.21 / centred variate || **~er Beobachtungswert** DIN 55350,T.23 / modified observed value

Zentrierung *f* / centering *n*, centring *n*, centring fit, centring recess, centring spigot, centring face || **≈** *f* (Ring) / centring ring || **≈** *f* (Bohrung) / centre hole, tapped centre hole || **≈ anhand der Kontur** / outline centering || **Lagerschild~** *f* / endshield spigot

Zentrierungsterm *m* / anti-drift term

Zentrier·vorrichtung *f* (f. Montage) / pilot fit, spigot fit || **≈werkzeug** *n* / centering tool || **≈winkel** *m* / centre square || **≈wirkung** *f* / centering effect || **≈zange** *f* / centering jaws, jaws || **≈zapfen** *m* / spigot *n*

Zentrifugal·anlasser *m* / centrifugal starter || **≈kraft** *f* / centrifugal force || **zusammengesetzte ≈kraft** / compound centrifugal force, Coriolis force || **≈kupplung** *f* / centrifugal clutch || **≈moment** *n* / product of inertia || **≈mühle** *f* / centrifugal mill || **≈pumpe** *f* / centrifugal pump

Zentrifuge *f* / centrifuge *n* || **≈nantrieb** *m* / centrifugal drive

Zentripetal·beschleunigung *f* / centripetal acceleration || **≈kraft** *f* / centripetal force

zentrisch *adj* / centric *adj*, centrical *adj*, concentric *adj* || **~ ausrichten** / align centrically, align concentrically || **~e Symmetrie** / centrosymmetry *n*

Zentr. (L) *f* / Centr. (L) (component centering using the lead driven mode)

Zentr (R) *f* / Centr. (R) (component centering using the row driven mode)

Zentr. (S) *f* / Centr. (S) (component centering using the size driven mode)

Zentrum für die Entwicklung der Elektroindustrie und Weiterbildung (EUU) / Electrical Industry Development and Training Center (EUU) || **≈ für Solarenergie- und Wasserstoffforschung Baden-Württemberg (ZSW)** *n* / ZSW (Center for Solar Energy and Hydrogen Research Baden-Württemberg) *n* || **≈schleifen** *n* / center grinding || **≈swickler** *m* / center wind

Zerbrechlichkeit *f* / fragility *n*

Zerfallsrate *f* / decay rate

zergliedern *v* / break down

Zergliederungsplan *m* / product parts survey plan

Zerhacken *n* / chopping *n*

Zerhacker *m* / chopper *n* || **≈verstärker** *m* / chopper amplifier

zerkleinern *v* / chop up

Zerkleinerungsmaschine *f* / crushing machine

zerlegbar *adj* / demountable *adj*, capable of being dismantled, separable *adj* || **~e Leuchte** / demountable luminaire (o. fitting) || **~es Lager** / separable bearing || **nicht ~es Lager** / non-separable bearing

zerlegen *v* / dismantle *v*, disassemble *v*, to take apart, separate *v*, demount || ~ *v* / split up *v*, analyze *v* || **~ in** / break down into

Zerleger *m* / beam splitter

Zerlegung in Teilschwingungen / harmonic analysis || **Bahn~** *f* / contour segmentation || **Schnitt~** *f* / cut

segmentation, cut sectionalization
Zero Pulse Monitoring / zero pulse monitoring
Zerreiß·festigkeit *f* / tearing strength, tear resistance, tenacity *n* || ⁓**maschine** *f* / tensile testing machine || ⁓**prüfung** *f* / tension test, tensile test, rupture test, breaking test
Zerrung *f* / strain *n*, distortion *n*
Zersetzung *f* / decomposition *n*
Zersetzungsprodukte *n pl* / dissociation products, products of decomposition, decomposition products
zerspanbar *adj* / machinable *adj*
Zerspanbarkeit *f* / machinability *n*
Zerspanen *n* / cutting *n*, machining *n*, stock removal || ⁓ *v* / cut by stock removal, machine-cut *v*, shape by cutting
Zerspan·kraft *f* / cutting force || ⁓**leistung** *f* / machine cutting performance, machining capacity || ⁓**segment** *n* / cutting segment
Zerspanung *f* / cutting *n*, machining *n*, stock removal
Zerspanungs·eigenschaft *f* / cutting property || ⁓**geschwindigkeit** *f* / cutting speed || ⁓**leistung** *f* / cutting efficiency || ⁓**technik** *f* / cutting, stock removal, machining || ⁓**vorgang** *m* / cutting operation, cutting process || ⁓**werkzeug** *n* / cutting tool
Zerstäuben *n* (Leuchtkörper) / spattering off
Zerstäubung *f* (Elektroden) / sputter *n*, sputtering *n* || ⁓ *f* (Kfz-Kraftstoff) / atomization *n*
Zerstäubungsniederschlag *m* (Lampen) / age coating
zerstörend·e Prüfung / destructive test, destructive testing || ⁓**es Auslesen** / destructive readout (DRO)
Zerstörfestigkeit *f* / surge immunity, immunity to surges || **dielektrische** ⁓ / dielectric withstand capability
Zerstör·grenze *f* / destruction limit || ⁓**kennlinie** *f* / destruction characteristic *n* || ⁓**messer** *n* (f. Lichtbogenunterbrechung) / rupturing knife
zerstörsicher *adj* / surge-proof *adj* || ⁓ *adj* (bruchfest) / vandal-proof *adj*, unbreakable *adj* || ⁓**e Leuchte** / vandal-proof luminaire || ⁓**e Logik** / surge-proof logic || ⁓**e Telephonzelle** / vandal-proof telephone cabin (o. booth)
Zerstörstellung *f* / overtravel limit position
Zerstörung *f* / damage *n* || ⁓ *f* (etwas stark beschädigen und unbrauchbar machen) / destruction
Zerstörungsbereich *m* / destruction range
zerstörungsfrei·e Prüfung (ZfP) / non-destructive test || ⁓**es Auslesen** / non-destructive read-out (NDRO)
Zerstörungs·grenze *f* / destruction limit || ⁓**prüfung** *f* / destruction test
zerstreuendes Infrarot-Gasanlysegerät / dispersive infra-red gas analyzer
zerstreutes Licht / spread light
Zerteilen *n* DIN 8580, Trennen eines Werkstücks / dividing *n* || ⁓ *v* / part *v*
Zertifikat *n* / certificate *n*
zertifizieren *v* / certify *v*
zertifiziert *adj* / certified *adj*
Zertifizierung *f* / certification *n*
Zertifizierungs·forderung *f* (Gesamtheit der Einzelforderungen, die eine bezeichnete Einheit zur Erlangung eines Zertifikats erfüllen muss) / requirement for certification || ⁓**gesellschaft** *f* / certifying authority, certification body || ⁓**konzept** *n* / certification concept || ⁓**programm für Einzelprodukte** / certification scheme (GB), certification program (US) || ⁓**stelle** *f* / certification body || ⁓**system** *n* / certification system || ⁓**system** *n* / certification process
Zeugnis *n* / testimonial *n*
ZF / intermediate frequency (IF) || ⁓ **(Zentrale Funktionen)** / Central Functions || ⁓ **Getriebe** / ZF gearing || ⁓ **Zweigang-Schaltgetriebe** / ZF 2-step gearing
ZFA (Zentrale Fertigungsaufgaben) / Corporate Production Engineering
ZF-Anschlussimpedanz *f* (Diode) DIN 41853 / IF terminal impedance
ZfP (zerstörungsfreie Prüfung) *f* / non-destructive testing
ZF-Verstärker *m* / IF amplifier
ZG (Zustandsgraph) / state transition diagram, state graph, SD (state diagram) || ⁓ (Zentralgerät) / CC (central controller) || ⁓**-Anschaltung** *f* / central controller interface module (cc interface module), CC interface module || ⁓**-Anschaltung** *f* / I/O rack
ZGT (zeitgesteuerte Task) *f* / time-triggered task
zh-CHS (Chinesisch vereinfacht) / zh-CHS
zh-CHT (Chinesisch traditionell) / zh-CHT
Z-Hub *m* / Z-stroke
ZI (zyklisches Interface) / cyclic interface
Zickzack·linie *f* / zigzag line || ⁓**muster** *n* / zigzag pattern || ⁓**schaltung** *f* / zigzag connection, interconnected star connection || ⁓**wendel** *f* / zigzag filament, bunch filament, vee filament || ⁓**wicklung** *f* / zigzag winding, interconnected star winding
Ziegeleiautomatisierung *f* / brickyard automation
Zieh·bügel *m* (Einschubgerät, Chassis) / pulling hoop || ⁓**draht** *m* (f. Leiter) / fishing wire, fish tape, snake *n*
Ziehen *n* / dragging *n*
ziehen *v* (Stecker) / unplug *v*, withdraw *v* || ⁓ (stanzen) / draw *v* || **einen Funken** ⁓ / strike a spark || **Frequenz**⁓ *n* / frequency pulling || ⁓ **der Baugruppe** / withdrawing the module || ⁓ **und Strecken unter Spannung** / hot swapping || ⁓ **unter Spannung** (Stecker) / hot unplugging, live removal || ⁓ **von Kristallen** / growing of crystals
ziehend·e Fertigung / pull production || ⁓**es Trum** (Riementrieb) / tight strand, tight side
ziehen & loslassen / drag and drop || ⁓**-/Stecken-Alarm** *n* / swapping interrupt
Zieh·geschwindigkeit *f* / pull rate || ⁓**glas** *n* / drawn glass || ⁓**keil** *m* / driving key, sliding key, plunger *n* || ⁓**kissen** *n* / die cushion || ⁓**kraft** *f* / withdrawal force || ⁓**presse** *f* / drawing press || ⁓**prinzip** *n* (Fertigung) / pull principle || ⁓**punkt** *m* / handle *n* || ⁓**richtung** *f* / drawing direction || ⁓**schleife** *f* / pull loop || ⁓**schleifmaschine** *f* / honing machine || ⁓**strumpf** *m* (f. Kabel) / cable grip || ⁓**teil** *n* / drawn part || ⁓**trommel** *f* / wire-drawing cylinder, drawing roller || ⁓**vorgang** *m* / withdrawal || ⁓**werkzeug** *n* / extraction tool, extractor *n*, draw die, draw tool || ⁓**werkzeug** *n* (Blechbearbeitung) / drawing die
Ziel *n* (CAD u. QS) / target *n* || ⁓ *n* / destination *n*, meter *n*, goal *n*, aim *n*, object *n* || ⁓ *n* (Z) / destination memory-unit (D) || ⁓ *n* (eines Sprungs) / address *n* || **Nachrichten**⁓ *n* / destination *n* (station which is the data sink of a

Ziel

message) || ⸰ **wählen** / select target || ⸰**achse** *f* / target axis || ⸰**adresse** *f* DIN ISO 8208 / destination address, called address || ⸰**anwahl** *f* / target selection || ⸰**anweisung** *f* DIN 44300 / object statement || ⸰**-AS** / destination PLC || ⸰**-AS-Charakteristika** *n pl* / destination PLC properties || ⸰**baustein** *m* / target block || ⸰**bereich** *m* / target range, destination area || ⸰**bereichserkennungsbandbreite** *f* / target position recognition bandwidth || ⸰**bremsung** *f* / spot braking || ⸰**code** *m* / destination code || ⸰**datei** *f* / destination file || ⸰**datenbaustein** *m* / destination data block, destination DB || ⸰**datenbereich** *m* / destination data range || ⸰**datenblock** *m* / destination frame || ⸰**-Dienstzugangspunkt** *m* / destination service access point (DSAP) || ⸰**einlauf** *m* / destination run-up, target approach

Ziel·endlage *f* / target limit switch || ⸰**-Entwicklungskosten** *plt* / target development costs || ⸰**erreichung** *f* / target attainment, achievement of targets || ⸰**fahrt** *f* / journey to a specific destination || ⸰**fläche** *f* / destination zone || ⸰**führung** *f* / route guidance || ⸰**führungssystem** *n* / route director, route guidance system, sign post navigation || ⸰**gerät** *n* / target device || ⸰**geschwindigkeit** *f* / target speed || ⸰**graph** *m* / target diagram || ⸰**gruppe** *f* / target group || ⸰**hardware** *f* / target hardware || ⸰**-Herstellkosten** *plt* / target production costs || ⸰**-HW** / target HW || ⸰**kontrolle** *f* / destination check || ⸰**koordinate** *f* / target coordinate || ⸰**kosten** *plt* / target costs || ⸰**kosten des Produktes** / target costs || ⸰**kosten Produkt** / target costs || ⸰**kostenabweichung** *f* / deviation form target costs || ⸰**laufwerk** *n* / destination drive, target drive || ⸰**marke** *f* / collimator mark || ⸰**markt** *m* / target market || ⸰**marktaufteilung** *f* / breakdown of the target market || **~maschinenabhängig** *adj* / destination-machine-dependent

Ziel·netz *n* (Netzmodell zur Deckung eines langfristig vorhersehbaren Energiebedarfs) / target system || ⸰**-Organisation** *f* / target organization || **~orientiert** *adj* / target-oriented || ⸰**ort** *m* DIN 40719 / destination *n* || ⸰**plattform** *f* / target platform || ⸰**position** *f* / target position || ⸰**preis** *m* / target price || ⸰**programm** *n* DIN 44300 / object program || ⸰**projekt** *n* / destination project || ⸰**projekt suchen** / find target project || ⸰**prozessor** *m* / target processor || ⸰**-/Quell-Datenblock** *m* / destination/source data block || ⸰**rechner** *m* / target computer || ⸰**register** *n* / target register || ⸰**rufnummer** *f* / destination number

Ziel·satz *m* / target block || ⸰**schritt** *m* / target step || ⸰**setzung** *f* / targetting, objective || ⸰**-Slave** *m* / destination slave || ⸰**speicher** *m* (Z) / destination memory-unit (D), address, n, D *n* || ⸰**sprache** *f* DIN 44300 / object language || ⸰**sprache** *f* (Übersetzungen) / target language (TL) || ⸰**sprachen-Erzeugung** *f* / destination language generation || ⸰**station** *f* / destination station || ⸰**stellung** *f* / target position || ⸰**stellung (Zweck)** *f* / purpose *n* || ⸰**steuerung** *f* / target control || ⸰**strahl** *m* / collimator ray || ⸰**symbol** *n* (auf Darstellungsfläche) / aiming symbol, aiming circle, aiming field || ⸰**system** *n* / target system || ⸰**systemumgebung** *f* / target system environment

|| ⸰**umgebung** *f* / target environment || ⸰**umsatz** *m* / target turnover || ⸰**verzeichnis** *n* / target directory || ⸰**vorgabe** *f* / target preset || ⸰**wert** *m* / target position || ⸰**zeichen** *n* DIN 40719 / destination symbol, target code || ⸰**zustand** *m* / target state

Zier·bekleidung *f* / decorative trim || ⸰**blende** *f* / trim section, moulding *n*, trim strip || ⸰**lampe** *f* / decorative lamp

Ziffer *f* (Zahl) / figure *n*, digit *n* || ⸰ *f* (Zahlzeichen) / numeral *n*, figure || ⸰ *f* (Zahlenwertzeichen) / digit *n* || **nächstwertige** ⸰ / next significant digit (NSD) || ⸰ **mit dem höchsten Stellenwert** / most significant digit (MSD) || ⸰ **mit dem niederwertigsten Stellenwert** / least significant digit (LSD) || ⸰**blatt** *n* / dial *n*, dial plate

Ziffern·anzeige *f* / digital display (DD) || **Messgerät mit** ⸰**anzeige** / digital meter || **~bedruckt** *adj* / printed code *adj*, number-coded *n* || ⸰**block** *m* / numeric keypad || ⸰**code** *m* / numeric code, numerical code || ⸰**eingabe** *f* / numerical input (o. entry) || ⸰**einsteller** *m* / numerical setter, thumbwheel switch || ⸰**element** *n* (Anzeigeeinheit) / figure element || ⸰**erkennung** *f* (Code) / code number recognition || ⸰**folge** *f* / string of digits, digit sequence, digit string, digit combination || ⸰**gruppierung** *f* / digital grouping || ⸰**röhre** *f* / digit tube, number tube || ⸰**rolle** *f* / number drum, digit drum || ⸰**rollenzählwerk** *n* / drum-type register, roller register, roller cyclometer, cyclometer register, cyclometer index, cyclometer *n* || ⸰**scheibe** *f* / dial *n* || ⸰**scheibeneingabe** *f* / dialled input || ⸰**schritt** *m* (kleinste Zu- oder Abnahme zwischen zwei aufeinanderfolgenden Ausgangswerten) DIN 44472 / representation unit || ⸰**schritt** *m* (Skale) / numerical increment || ⸰**skale** *f* / number scale || ⸰**summe** *f* / sum of digits || ⸰**tastatur** *f* / digital keyboard || ⸰**taste** *f* / numeric key || ⸰**tasten** *f pl* / numeric keyboard, numeric keypad

ZigBee (Funkstandard für die lizenzfreie Datenübertragung bis 250 KB/s über kurze Distanzen (typisch bis 30 m, max. etwa 70 m)) / ZigBee

Zink·auflage *f* / zinc coating || ⸰**chlorid-Batterie** *f* / zinc chloride battery || ⸰**druckguss** *m* / zinc die-casting || ⸰**oxid (ZnO)** *n* / Zinc oxide (ZnO) || ⸰**oxid-Varistor-Ableiter** *m* / zinc-oxide varistor (surge arrester)

Zinn·bad *n* / tin bath, tinning bath || ⸰**dioxid (SnO$_2$)** *n* / tin oxide (SnO$_2$)

Zinnen *n* / castellation *n*, castellated front ring

Zinn·lot *n* / tin solder || ⸰**oberfläche** *f* / tinned surface || ⸰**oxid** *n* / tin oxide (SnO$_2$)

Zirkoniumdioxid-Messzelle *f* / zirconium dioxide measuring cell

Zirkonlampe *f* / circonium lamp

zirkulare Interpolation / circular interpolation

Zirkular·interpolation *f* (Berechnung von Zwischenpunkten eines Kreisbogens in einer Ebene durch den Interpolator der Bahnsteuerung) / circular interpolation || ⸰**interpolator** *m* / circular interpolator || **~ polarisiert** / circularly polarized

Zirkulator *m* / circulator *n* || ⸰ **aus diskreten Elementen** / lumped-element circulator || ⸰ **mit Faraday-Rotator** IEC 50(221) / wave rotation circulator, rotation circulator

Zirpen *n* (Laser) / chirping *n*
Zischen *n* (Rauschen) / hiss *n*
Zitronen·lager *n* / oval-clearance bearing || ⸺**spiel** *n* / oval clearance
Zittern *n* (Impuls) / jitter *n* || ⸺ *n* (Fernkopierer) / judder *n* || ⸺ **aufeinanderfolgender Impulse** / pulse-to-pulse jitter || ⸺ **der Impulsdauer** / duration jitter
zivilisationsbedingte Ursachen (v. Fehlereignissen) / man-made causes
ZK (Zuordnungskennziffer) / assignment ID || **ZK** (Zustandsklasse) / SC (Status Clas) || ⸺ **(Zwischenkreis)** *m* / DC link *n*
ZK2-Meldung *f* / SC2 message
Z·-Kasten *m* / Z unit *n* || ⸺**Koordinate** *f* / z coordinate, time coordinate
ZKS-Meldung *f* / DC link message
ZK-Verschienung *f* / DC-link bus module
Z-Lager *n* / deep-groove ball bearing with sideplate
ZLT / centralized instrumentation and control
Z-Mail-Kennung *f* / Z-mail indicator
ZMD-Speicher *m* (ZMD = zylindrische magnetische Domäne) / magnetic bubble memory (MBM)
Z·-Modul, Winkel nach links/rechts / flat left/right offset || ⸺**, Knie nach oben/unten** / edgewise offset up/down || ⸺**Modulation** *f* / z-modulation *n*
ZMS (Zweimassenschwinger) / two-mass vibrational system
ZMX / time-division multiplex (TDM)
zn-Auslöser *m* / zn-release (Siemens type, inverse-time and non-adjustable instantaneous overcurrent releases o. short-time-delay and adjustable instantaneous overcurrent release)
ZnO (Zinkoxid) *n* / ZnO (Zinc oxide) *n* || ⸺**Scheibe** *f* / ZnO disk
ZOA / ZOA (zero offset active)
Z-oben *adj* (die obere Endposition der Z-Achse) / Z-axis raised
ZOE / ZOE (zero offset external)
ZOF / zero offset (ZO), reference offset, datum offset, offset shifting, zero shift
Zoll *m* / inch *n* || ⸺**abwicklung** *f* / customs formalities || ⸺**durchlaufzeit** *f* / customs processing time || **19-**⸺**-Gerüst** *n* / 19 inch rack || ⸺**gewinde** *n* (Whitworth) / Whitworth thread || ⸺**Gewinde** *n* / inch thread *n*
zöllig *adj* / (19) in.
Zoll·-Maßsystem *n* / inch system of measurement || ⸺**system** *n* / inch system || ⸺**System** *n* / inch system, British system of measures, Imperial system || **unter** ⸺**verschluss gehaltenes Lager** / bonded storage
Zone *f* / phase belt, phase band || ⸺ *f* / region *n*, zone *n* || ⸺ **0** (dauerndes Vorhandensein einer explosionsfähigen Gasatmosphäre) IEC 50(426) / zone 0 || **Speicher~** *f* / storage zone
Zonen des Selektivschutzes mit relativer Selektivität / zones of protection || ⸺**änderung** *f* / interspersing *n* || ⸺**breite** *f* / belt spread, phase spread, phase belt || ⸺**einteilung** *f* / zonal classification || ⸺**faktor** *m* / distribution factor || ⸺**folge** *f* / sequence of regions || ⸺**lichtstrom** *m* / cumulated (luminous flux), zonal flux || **unterer** ⸺**lichtstromanteil** / cumulated downward flux proportion || ⸺**lichtstromverfahren** *n* / zonal-cavity method, zonal method || ⸺**nivellieren** *n* / zone levelling || ⸺**reinigen** *n* / zone refining || ⸺**schmelzen** *n* / zone melting || ⸺**schmelzverfahren** *n* / FZ process || ⸺**sprung** *m* / phase-belt pitch, belt pitch, phase-coil interface || ⸺**streufluss** *m* / belt leakage flux || ⸺**streuung** *f* / belt leakage, bolt leakage, double-linkage leakage || ⸺**tarif** *m* / block tariff || ⸺**übergang** *m* / junction *n* || ⸺**verfahren** *n* / zonal method, zonal-cavity method || ⸺**wirkungsgrad** *m* / zonal-cavity coefficient || ⸺**ziehen** *n* / zone refining, FZ process || ⸺**ziehverfahren** *n* / FZ process
Zoomen *n* / zooming *n* || **~** *v* / zoom *v* || ⸺**sprungfreies** ⸺ / smooth zooming
Zoom·faktor *m* / zoom factor || ⸺**zentrum** *n* / center of the zoomed area
Zopf·durchmesser *m* (Mastleuchte) / spigot diameter || ⸺**packung** *f* / cord packing
Z-Option *f* (Zusatzoption) / Z option
ZP (zyklische Peripherie) / cyclic I/O || ⸺ **(Zündpille)** *f* / explosive charge
ZPM *n* / zero pulse monitoring
Z-Profil *n* / Z-section *n*, Z-bar *n*, Zee *n*
ZRG (Zentrale Regeln Geschäftsverkehr) *f* / corporate business guidelines || ⸺ **2 Richtlinien für Zollfragen** / Customs guidelines || ⸺ **3 Verpackungs- und Lieferanweisungen** / ZRG 3 packing and delivery instructions || ⸺**Rundschreiben** *n* / ZRG memo
Z-Richtung *f* / Z direction
ZRR (zeitreihenfolgerichtig) *adj* / chronologically *adj*
ZS (Zielsprache) *f* / TL (target language) *n*
ZSB / double sideband (DSB)
Z·-Schlag *m* / right-hand lay || ⸺**Schlitten** *m* / Z-slide
ZSP (Zyklensperre) / cycle disable, cycle inhibit
ZSS (zeitverkürzte Selektivitätssteuerung) / zone-selective interlocking (ZSI), short-time grading control || ⸺ (zeitverzögerte Selektivitätssteuerung) / zone-selective interlocking, short-time grading control || ⸺**Verletzung** *f* / APAS violation
Z-Ständer *m* / Z stator
ZSW (Zentrum für Solarenergie- und Wasserstofforschung Baden-Württemberg) *n* / Center for Solar Energy and Hydrogen Research Baden-Württemberg (ZSW)
Z·-Tiefe *f* / Z depth || ⸺**Transformation** *f* / Z-transform
ZTV / clock distributor (CD), time slice distributor
ZU / CLOSE
zu dicht auffahren / ingress *v* || **~ erbringende/zu liefernde Produkte und Leistungen** / products to be supplied and services to be rendered || **~ erwartende Berührungsspannung** VDE 0100, T. 200 / prospective touch voltage || **~ erwartende Betriebsbeanspruchung** / stressing expected in operation || **~ erwartender Strom** / prospective current (of a circuit) IEC 265, available current (US) || **~ jeder Zeit** / at any time || **~ öffnender Elektro-Installationskanal** / cable trunking system IEC 50(826), Amend. 2 || **~ prüfendes Bauelement** / unit under test || **~ suchende Marke** / fiducial to be located || **~ wertender Ausfall** / relevant failure
Zubefehl *m* / output command
Zubehör *n* / accessories *n pl*, appurtenances *n plt*, accessory *n* || ⸺ *n* (für IR) / fittings *n pl*,

accessories *n pl* || ⟨ *n* (Aufbauzubehör einer Röhre) DIN IEC 235, T.1 / mount *n* || **anbaubares** ⟨ / mountable accessories || ⟨ **mit begrenzter Austauschbarkeit** / accessory of limited interchangeability || **steckbares** ⟨ / plug-on accessories || **weiteres** ⟨ / further accessories || ⟨**-Bestelldaten** / accessories/ordering data || ⟨**programm** *n* / range of accessories || ⟨**teil** *n* / accessory part || ⟨**transformator** *m* EN 60742 / transformer for specific use

Zubringer *m* (Oberbegriff: Zwischenspeicher) / feeder *n* || ⟨**antrieb** *m* / feeder drive || ⟨**bus** *m* (Feldbus) / field bus || ⟨**schiene** *f* / connection bar

Züchtung durch Ziehen (Einkristall) / growing by pulling

zufällig *adj* / random *adj* || **~e Abweichung** / random nonconformance || **gegen ~e Berührung geschützt** / protected against accidental contact, screened *adj* || **~e Ergebnisabweichung** (Statistik) / random error of result || **~e Messabweichung** / random error of measurement, random error || **~e Ordnung** / randomization *n* || **~e Ursache** / chance cause || **~e Ursachen** / chance causes || **~e Verteilung** / random distribution || **~e Zuordnung** / randomization *n* || **~er Anfangszeitpunkt** (Wechselstromsteller) / random starting instant || **~er Fehler** / random error || **~es Berühren** / accidental contact, inadvertent contact (with live parts) || **~ verteilt** / randomly distributed

Zufälligkeit der Stichproben / sample randomness

Zufalls·ausfall *m* DIN 40042 / random failure || ⟨**einfluss** *f* / chance cause || ⟨**ereignis** *n* / random phenomenon || ⟨**fehler** *m* / random error || ⟨**fehler** *m* (SPS, NC) / accidental error || ⟨**folge** *f* / random sequence || ⟨**funktion** *n* / random function || ⟨**generator** *m* / random generator, random-check generator || ⟨**größe** *f* DIN 55350,T.21 / random variable, variate || **Herstellen einer** ⟨**ordnung** / randomization *n* || ⟨**probenahme** *f* / random sampling || ⟨**programm** *n* / random program || ⟨**prozess** *m* / random process, stochastic process || ⟨**pyramiden** *f pl* / random pyramids || ⟨**rauschen** *n* / random noise || ⟨**stichprobe** *f* DIN 55350,T.23 / random sample || ⟨**stichprobenuntersuchung** *f* / random sampling, accidental sampling || ⟨**streubereich** *m* / random dispersion interval || ⟨**streuung** *f* / chance variation || ⟨**ursache** *f* / chance cause || ⟨**ursachen** *f pl* / chance causes || ⟨**variable** *f* DIN 55350,T.21 / random variable, variate || ⟨**variation** *f* / chance variation || ⟨**vektor** *m* DIN 55350,T.21 / random vector || ⟨**zahl** *f* / random number

zufließender Volumenstrom / incoming flow

Zufluss *m* / inflow *n* || ⟨**prognose** *f* / inflow forecast

zuförderndes Band / feeding conveyor

Zufuhr *f* / source *n*

Zuführ·achse *f* / guide rail axis, feed axis || ⟨**anlage** *f* / feeder *n*

Zufuhrbahn *f* / infeed path

Zuführ·band *n* / infeed belt || ⟨**bereich** *m* / feeding area

zuführen *v* / supply *v*, feed *v* || ⟨ *n* / feeding *n*

Zuführer *m* / feeder *n*

Zuführ·gerät *f* / feeder *n* || ⟨**kette** *f* / infeed chain || ⟨**kontrolle** *f* / infeed control || ⟨**modul** *n* / feeder, feeder module || ⟨**modul-Typ** *m* / type of feeder module || ⟨**schiene** *f* (auf der Zuführschiene werden die Magazinträger mit den Flächenmagazinen in den Zugriffsbereich des Bestückkopfes in die Maschine transportiert) / feeder rail || ⟨**system** *n* / feeding system || ⟨**technik** *f* / feeding technology || ⟨**toleranz** *f* / feeding tolerance

Zuführung *f* (el. Leiter) / lead wire, infeed *n* || ⟨ *f* (Vorschub) / feed *n*

Zuführungseinrichtung *f* / feeder *n*

Zug *m* / way *n*, duct *n*, definition *n* || ⟨ *m* (Beanspruchung) / tension *n*, tensile force || ⟨ *m* (Kraft) / pull *n*, tensile force, pulling force || ⟨ *m* / (magnetic) pull, (magnetic) drag || ⟨ *m* (nach oben, Fundamentbelastung) / upward pull || **magnetischer** ⟨ / magnetic pull, magnetic drag

Zugabe *f* / allowance *n*

Zugang *m* / entry *n*, access *n*

zugänglich *adj* / accessible *adj* || **~es leitendes Teil** / accessible conductive part || **~ schwer** / hard to reach

Zugänglichkeit *f* / accessibility *n*, serviceability *n*

Zugangs·aktion *f* / access action || ⟨**berechtigung** *f* / access authorization, authorized access, authorized entry, access rights || ⟨**berechtigungszeitraum** *m* / period of authorized access, authorized-access period || ⟨**bereich** *m* / access zone || ⟨**code** *m* / access code || ⟨**daten** *f* / access data || ⟨**ebene** *f* VDE 113 / servicing level IEC 204 || ⟨**einheit** *f* / access unit (AU) || ⟨**kanal** *m* / access channel || ⟨**klappe** *f* / access flap || ⟨**klemme** *f* / line terminal, input terminal, incoming-circuit terminal, incoming terminal || ⟨**kontrolle** *f* / access control, security access control || ⟨**kontrollsystem** *n* / access control system || ⟨**kontrollvereinbarung** *f* / access control agreement || ⟨**loch** *n* / access hole || ⟨**pfad** *m* / access path || ⟨**punkt** *m* / access point (AP) || **Transportdienst~punkt** *m* / transport-service-access-point (TSAP) || **Vermittlungsdienst~punkt** *m* / network service access point (NSAP) || ⟨**punktkennung des gerufenen Transportdienstbenutzers** (DIN V 44302-2) / called TSAP ID || ⟨**schein** *m* / incoming voucher || ⟨**schutz** *m* / access protection *n* || ⟨**seite** *f* / access side || ⟨**steuerfeld** *n* (DIN V 44302-2; E DIN ISO/IEC 2382-25) / access control field (ACF) || ⟨**weg** *m* / access route

Zug·anker *m* / tie-bolt, tensioner *n*, tie-rod *n* || ⟨**arm** *m* / tension arm || **~armes Luftführungssystem** / low-draft air management system || ⟨**beanspruchung** *f* / tensile stress, tensile strain || ⟨**belastung** *f* / tensile load || ⟨**beleuchtung** *f* / train lighting (system) || ⟨**beleuchtungsdynamo** *m* / train lighting dynamo, train lighting generator || ⟨**beleuchtungslampe** *f* / traction lamp || ⟨**bewegung** *f* / tensile motion || ⟨**bolzen** *m* / tie-rod || ⟨**bügel** *m* (Klemme) / strain-relief clamp || ⟨**deckplatte** *f* / tensioning cover plate || ⟨**dehnung** *f* / tensile deformation, tensile strain || ⟨**-Dehnungs-Diagramm** *n* / tensile stress-strain curve || ⟨**dose** *f* / draw-box *n*, pulling box || ⟨**draht** *m* / tension wire

Zug-Druck·-Dauerfestigkeit *f* / tension-compression fatigue strength, endurance tension-compression strength || ⟨**-Lastwechselversuch** *m* / reversed-bending fatigue test || ⟨**-Wechselfestigkeit** *f* / reversed-bending fatigue strength

Zugdynamometer *m* / traction dynamometer

zugeführt·e Leistung / input *n*, power input, power supplied, input power || **~e Spannung** / applied

voltage, voltage supplied, injected voltage || **~es Drehmoment** / impressed torque, applied torque || **~es Verfüllmaterial** (Fundamentgrube) / imported backfill
zugehörig *adj* / associated *adj*, matching *adj*, pertinent *adj*, relevant *adj* || **~es elektrisches Betriebsmittel** EN 50020 / associated electrical apparatus
Zugehörigkeits·funktion *f* / association function, matching function || ⁀**kennzeichnung** *f* / match-marking *n*
zugekaufte Komponenten / additionally purchased components
zugelassen *adj* / authorized *adj*, approved *adj* || **~e Belastungen** (el. Gerät) / approved ratings || **~e Ersatzteile** / authorized spare parts || **~er Anbieter** / approved bidder || **~er Ausweis** / accepted badge || **~er Lieferant** / approved supplier, acceptable supplier
Zug·elastizität *f* / tensile elasticity || ⁀**element** *n* / tensioner *n*
zugentlasteter Kerneinlauf (Kabel) / strain-bearing centre
Zugentlastung *f* / strain relief, strain relief device, cord grip, cable grip, cable strain relief, strain relief assembly, pull relief, strain-relief assembly
Zugentlastungs·baugruppe *f* / strain relief module, strain relief cleat || ⁀**bausatz** *m* / strain relief assembly kit || ⁀**bügel** *m* / strain relief clamp || ⁀**einrichtung** *f* / strain relief device || ⁀**klemme** *f* / cable clamp, cord grip, flex grip, strain relief clamp || ⁀**-Prüfgerät** *n* / strain-relief test apparatus || ⁀**schelle** *f* (Kabel) / cord grip, flex grip, strain relief clamp || ⁀**vorrichtung** *f* (Kabel) / cord anchorage, strain relief device, cord grip
zug·entriegelt *adj* / pull-to-release || ⁀**entriegelung** *f* / pull-to-unlatch mechanism
zugeordnet *adj* / assigned to || **~er Telekommunikations-Dienst** (E DIN IEC 1 CO 1324-716) / assigned circuit telecommunication service || **~er Verschmutzungsgrad** (Isolatoren) / reference severity || **~es Bauelement** / component assigned
zugeschaltet *adj* (Kfz-Antrieb) / engaged *adj*
zugeschnittenes Grafikbild / tailored graphic display
zugeteilte Frequenz / assigned frequency
zugewandte Seitenfläche (Bürste) / inner side, winding side
zugewiesene Übertragungsleitung / dedicated transmission line
Zug·faser *f* / fibre in tension || **äußerste** ⁀**faser** / extreme edge of tension side || ⁀**feder** *f* / tension spring, extension spring, driving spring || ⁀**federklemme** *f* / spring-loaded terminal || ⁀**federwaage** *f* / spring scale
zugfestes Kabel / cable for high tensile stresses
Zugfestigkeit *f* / tensile strength, resistance to tensile stress
Zugfestigkeits·grenze *f* / ultimate tensile strength || **Leiter-**⁀**kraft** *f* DIN 41639 / conductor tensile force, conductor pull-out force || ⁀**prüfung** *f* / tensile test, tension test, pull test || ⁀**prüfung** *f* (Anschlussklemme) / pull test
Zugförderung, elektrische ⁀ / electric traction || ⁀ **mit Industriefrequenz** / industrial-frequency traction

zugfrei *adj* (Luftzug) / free from air draught
Zug·gelenk *n* / articulated joint || ⁀**gerät** *n* / tension device || ⁀**gestänge** *n* / tractive linkage || ⁀**gurtrahmen** *m* / tension beam frame || ⁀**haken** *m* / tow-hook *n* || ⁀**haken** *m* (Lokomotive) / drawbar *n*, coupling hook || ⁀**heizgenerator** *m* / train heating generator || ⁀**hub** *m* / hoisting tackle, tackle block
zügiges Schalten / speedy operation, uninterrupted operation, operation in one swift action
Zug·istwert *m* / tension act. value || ⁀**kilometer** *plt* / train-kilometres *plt*, kilometres travelled || ⁀**kraft** *f* / tensile force, pull *n*, tractive force || ⁀**kraft** *f* (Bahn) / tractive effort || ⁀**kraft** *f* (magn.) / pulling force || ⁀**kraftmesser** *m* / tension transducer, tension dynamometer, tractive-force meter || ⁀**lasche** *f* / hauling lug, towing eye || ⁀**laufüberwachung** *f* / centralized train control || ⁀**leuchte** *f* (Deckenl.) / rise-and-fall pendant || ⁀**lichtmaschine** *f* / train lighting dynamo, train lighting generator || ⁀**messdose** *f* / tension measuring device || ⁀**messer** *m* / tension transducer, tension dynamometer, tractive-force meter || ⁀**messer** *m* (Federwaage) / spring balance || ⁀**mittelgetriebe** *n* / flexible drive || ⁀**modus** *m* / drag mode || ⁀**öse** *f* / pulling eyebolt, pulling lug, hoisting lug || ⁀**pressplatte** *f* / clamp(ing) plate, self-locked clamping plate || **eingehängte** ⁀**pressplatte** / self-locking clamping plate || ⁀**prüfmaschine** *f* / tensile test machine || ⁀**prüfung** *f* / tensile test, tension test || ⁀**regelung** *f* / tension control, tension controller || ⁀**reglerausgang** *m* / tension controller output || ⁀**reglerfreigabe** *f* / tension controller enable
zugreifen *v* / access *v*, address *v*, pick up *v*, appear *v*, be activated *v*, respond *v*, reference *v*
Zugriff *m* / access *n*, accessing *n* || ⁀ **eingeschränkt** / access restricted || ⁀ **gesperrt** (DIN V 44302-2 E DIN 66323) / access barred
Zugriffs·anforderung *f* / access request (ACRQ) || ⁀**anforderung** *f* (EN 60870-5-2) / access demand || ⁀**art** *f* / access type || ⁀**berechtigung** *f* / access right, right to use the channel, authorization for types of access || ⁀**berechtigung** *f* (Kanäle) / right to access a channel, to be assigned access to (o. control of) channel || ⁀**berechtigung** *f* (Bussystem) / right to access, assignment of access || ⁀**bereich** *m* / access area
zugriffsfähig *adj* / accessible *adj*
Zugriffs·fehler *m* / access error || ⁀**freigabe** *f* / access enable (ACEN) || ⁀**freigabe** *f* (LAN) / token passing || ⁀**konflikt** *m* / access contention (o. conflict) || ⁀**kontrolle** *f* (Methode zur Festlegung oder Begrenzung des Zugriffs auf System und Netzwerkeinrichtungen) / access control || ⁀**kontrollliste** *f* / access control list (ACL) || ⁀**level - erweitert** / access level extended || ⁀**level - Fachkraft** / access level expert || ⁀**level - Service** / access level service || ⁀**level - Standard** / access level standard || ⁀**pfad** *m* (SPS-Programm) / access path || ⁀**recht** *n* / access authorization || ⁀**rechte** *n pl* / access rights || **Wechseln des** ⁀**rechts** / changing the access authorization || ⁀**schutz** *m* (Teleservice) / access enable program || ⁀**steuerfeld** *n* (DIN V 44302-2; E DIN ISO/IEC 2382-25) / access control field (ACF) || ⁀**stufe** *f* / access level, user access level ||

⸮taste f / access key || **⸮verfahren** n (Bus-Zugriff// Das Zugriffsverfahren unterscheidet zwischen aktiven Busteilnehmern (Master) und passiven Busteilnehmern (Slave)) / access control, access method || **⸮verfahren mit fester Sendeberechtigung** / token passing || **⸮weg** m / access path
Zugriffszeit f / access time
Zug·sammelschiene f (Heizleitung) / heating train line || **⸮sammelschienenkupplung** f (Heizleitung) / heating jumper || **⸮schalter** m VDE 0632 / cord-operated switch (CEE 24), pull switch || **⸮schalter** m (Taster) VDE 0660,T.201 / pull-button n IEC 337-2 || **⸮scherfestigkeit** f / combined tensile and shear strength || **⸮schieber** m / tension slide || **⸮schlussleuchte** f / paddy lamp, tail (o. rear) light || **⸮schwellfestigkeit** f / tensile strength under alternating load || **⸮seite** f / tension side, side in tension || **⸮spannung** f / tensile stress || **⸮spannung** f (Spannung, die an zwei gegenüberliegenden Elektroden zur Bildung eines elektrischen Feldes angelegt wird) / pulling force || **⸮spannung aufnehmen** f / absorb the tension || **⸮spindel** f / tension rod, draw-bar n, connecting link || **⸮spindeldrehmaschine** f / bar lathe || **⸮spule** f / take-up reel || **⸮stab** m / tension rod, tie-rod, bar in tension || **⸮stange** f / tension rod, drawbar n, connecting link || **⸮stange** f (Bau) / tension bar, tie-rod, tension member || **⸮stange** f (SG-Betätigungselement) / pull rod || **⸮taster** m VDE 0660,T.201 / pull-button n IEC 337-2 || **⸮versuch** m / tensile test, tension test, pull test || **⸮walze** f / draw roller || **⸮werk** n / feed unit || **⸮zone** f / tension side
Zuhaltekraft f / locking force
Zuhaltung f (Schloss) / tumbler n || **⸮seinrichtung** f / tumbler n
Zukaufteil m / bought-in item
zukunftsichere Installation / installation with provision for extension
zukunfts·orientierte Automatisierungs-Architektur / future-oriented automation architecture || **~sicher** adj / future-oriented || **~trächtige Investition** f / future-proof investment
zukunftweisend adj / advanced adj
zulassen v / authorize v
zulässig adj (erlaubt) / permissible adj, admissible adj, admitted adj, permitted adj || **~** (sicher) / safe adj || **maximal ~** / maximum permissible || **~e Abweichung** (Toleranz) / tolerance n || **~e Ausfallmenge** / qualifying limit || **~e Aussteuerung** (max. Ausgangsspannung) / maximum continuous output (voltage) || **~e Aussteuerung** (Dauerbelastbarkeit des Eingangs) / maximum continuous input || **~e Belastung** (Kran) / safe load || **~e Bereichsüberschreitung der Messgröße** DIN IEC 688, T.1 / overrange of measured quantity || **~e Betriebstemperatur** (TB) DIN 2401,T.1 / maximum allowable working temperature (TB) || **~e Biegespannung** / permissible bending tension || **~e Dauer des Kurzschlussstroms** / permissible duration of short-circuit current || **~e Folgeanläufe** / permissible number of starts in succession || **~e Formabweichung** / form tolerance || **⸮e Frequenzabweichung** / Entry freq. for perm. deviation || **~e Geschwindigkeit** / allowable speed || **~e Grenzen der Einflusseffekte** / permissible limits of variations || **~e Lageabweichung** / positional tolerance || **~e Netzverweildauer** / time allowed to live (TAL) || **~e Schubspannung** / permissible shearing stress || **~e Spannung** (el.) / permissible voltage, maximum permissible voltage || **~e Spannung** (mech.) / permissible stress, safe stress || **~e Spannungsabweichung** (Rel.) / allowable variation from rated voltage (ASA C37.1) || **~e Steckhäufigkeit** / permissible frequency of insertions || **~e Überlast** / maximum permissible overload, overload capacity || **~e Umgebungsbedingungen** / permissible ambient conditions || **~e Umgebungstemperatur** (Bereich) / ambient temperature range, ambient temperature rating || **~e Umgebungstemperatur** / permissible ambient temperature || **~e Umwelteinflüsse** / permissible ambient factor, permissible environmental influences || **~er Abstand zwischen Metallteilen unter Spannung und geerdeten Teilen** / live-metal-to-earth clearance || **~er Betriebsüberdruck** (PB) DIN 2401,T.1 / maximum allowable working pressure || **~er Betriebsüberdruck der Kapselung** (gasisolierte SA) / design pressure of enclosure || **~er Biegeradius** / permissible bending radius || **~er Dauertemperaturbereich** VDE 0605, T.1 / permanent application temperature range IEC 614-1 || **~er Druckbereich** / allowable pressure limits || **~er Temperaturbereich** / allowable temperature limits || **~es Gesamtgewicht** / permissible gross weight || **~es Messgerät** / approved measuring device
Zulässigkeit f / validity n
Zulässigkeits·grenze f / acceptance level, acceptability limit || **⸮überprüfung** f / validity check
Zulassung f / approval n, certification n, licence n || **⸮ von Lieferanten** / approval of suppliers || **⸮ vorausgesetzt** / license assumed || **⸮ zur Eichung** / pattern approval
Zulassungs·behörde f / approving authority || **⸮bescheid** m / conformity certificate, approval certificate || **⸮dauer** f / period of registration || **⸮nummer** f / registration number || **⸮schild** n / certification label || **⸮status** m / approval status || **⸮zeichen** n / certification mark, conformity symbol, certification reference, pattern approval sign, approval symbol
Zulauf·kanal m / upstream channel || **~seitiger Speicher** / upstream reservoir || **⸮stollen** n / upstream channel || **⸮temperatur** f / upstream temperature
Zuleitung f / supply cable, supply n, phase n, protective earth, neutral n, supply line || **⸮** f (Leiter) / supply conductor, supply lead, lead wire || **⸮** f (Speiseleitung) / feeder n, incoming line, incoming cable || **ein- u. mehrdrähtige ⸮** / solid and stranded feeder conductor || **eindrähtige ⸮** / solid feeder conductor || **mehrdrähtige ⸮** / stranded feeder conductor
Zuleitungen f pl / instrument leads || **⸮** f pl / supply conductors
Zuleitungs·anschluss m / incoming-feeder connection, feeder cable connection || **⸮kabel** n / incoming cable, feeder cable, power supply cable || **~seitig** adj / in incoming circuit, incoming adj, on the incoming side || **⸮trennkontakt** m / incoming

isolating contact, stab connector
ZULI (Zuordnungsliste) / assignment list
Zulieferer *m* / outside supplier, supplier || ⁓ **von Originalteilen** *m* / Original Equipment Manufacturer (OEM) *n*
Zuliefer·industrie *f* / suppliers *n pl*, supplier industry || ⁓**teil** *m* / bought-in part, vendor supplied component
Zulieferung *f* / bought-out item || ⁓**en** *f* / subcontracted items, supplies deliveries, incoming supplies
Zuluft *f* / intake air, supply air, fresh air || ⁓**kanal** *m* / inlet air duct, air intake duct, fresh-air duct || ⁓**leistung** *f* / supply air (flow rate), air supply rate || ⁓**öffnung** *f* / inlet air opening, air intake opening || ⁓**raum** *m* / air-inlet space || ⁓**temperatur** *f* / air intake temperature || ⁓**verteiler** *m* / air supply diffuser
zum Anbau / for mounting || **~ Anbau an Sammelschienenadapter** / for mounting on busbar adapter || **~ Anreihen** / for side-by-side mounting || **~ Aufschnappen** / for snapping on || **~ Schalten ohmscher Lasten** / for switching resistive loads || **~ Schalten von Gleichspannung** / for switching DC voltage || **~ Schalten von Motoren** / for switching motors || **~ Schnappen** / for snapping on || **~ Schutz vor unbeabsichtigter Betätigung** / to protect against inadvertent actuating || **~ Ursprung** / return to original
zumessen *v* / proportion *v*, dose *v*
Zumessschnecke *f* / proportioning feed screw, feed screw
Zünd·ansteuerung *f* / triggering *n* || **gurtbetätigtes** ⁓**abschaltsystem** / seatbelt-operated ignition cutout system || ⁓**aussetzer** *m* (Kfz) / misfiring *n*, misfire *n* || ⁓**aussetzer** *m* (LE) / firing failure || ⁓**bus** *m* / squib bus || ⁓**bus einer verteilten Rückhalte-Elektronik** / remote firing system
zünddichte Kapselung / flameproof enclosure EN 50018, explosion-proof enclosure
Zünd·draht *m* (Lampe) / igniter wire, igniter filament || ⁓**drehmoment** *m* (Verbrennungsmot.) / firing torque || ⁓**drehzahl** *f* (Verbrennungsmot.) / firing speed, (starting-air) cutoff speed (diesel) || ⁓**durchschlag** *m* / transmission of internal ignition, transmission of igniting flame, spark ignition
zünddurchschlagfähigstes Gemisch / most incentive mixture
Zünddurchschlagprüfung *f* / test for non-transmission of internal ignition
zünddurchschlagsicher·e Maschine / flameproof machine, dust-ignitionproof machine || **~er Spalt** / flameproof joint
Zünd·eigenschaften *f pl* (Lampe) / starting characteristics || ⁓**einsatzsteuerung** *f* VDE 0838, T.1 / phase control IEC 555-1 || ⁓**elektrode** *f* / starting electrode
Zünden *n* (HL-Ventil) / firing *n*, triggering *n*, ignition *n* || **~ v** (Thyr.) / fire *v*, trigger *v* || **~ v** (Lichtbogen, Funken) / strike *v* || **~ v** (Lampe) / start *v*, ignite *v*
Zünd·endstufe *f* / ignition power module || ⁓**energie** *f* / ignition power
Zunder *m* / scale *n* || ⁓**bildung** *f* / scaling *n* || **~fest** *adj* / non-scaling *adj* || ⁓**flug** *m* / scaling *n* || **~frei**

adj / free of scale, non-scaling *adj*
Zünd·faden *m* (Lampe) / igniter wire, igniter filament || **~fähiges Gasgemisch** / explosive gas-air mixture || ⁓**fehler** *m* / false firing, firing failure || ⁓**folie** *f* (Lampe) / ignition foil || ⁓**funkenstörung** *f* / ignition interference
Zünd·gefahr *f* / possible explosion hazard || ⁓**gerät** *n* (Lampe) / starting device, ignition device, starter *n*, igniter *n* || ⁓**gitter** *n* / priming grid || ⁓**grenzen** *f pl* / flammability limits, explosion limits || ⁓**grenzkurve** *f* / minimum ignition curve || ⁓**gruppe** *f* / temperature class, temperature category || ⁓**hilfe** *f* (Lampe) / starting aid (lamp) || ⁓**hilfselektrode** *f* / auxiliary ignition electrode || ⁓**impuls** *m* / firing pulse, (gate) trigger pulse, gating pulse || **Korona~impuls** *m* / initial corona pulse || **verkümmerter** ⁓**impuls** / mutilated firing pulse || ⁓**impuls** *m pl* / firing pulses || ⁓**impulsstecker** *m* / gate pulse connector || ⁓**impulsstrom** *m* / firing pulse current || ⁓**impulsströme** *m pl* / firing pulse currents || ⁓**impulsverlängerung** *f* (Baugruppe) / firing pulse stretching module || ⁓**kennfeld** *n* / ignition map, three-dimensional ignition map, engine characteristics map || ⁓**kennlinie** *f* (Gasentladungsröhre) / control characteristic (electron tube) || ⁓**kerze** *f* / spark plug, sparking plug || ⁓**kreis** *m* / ignition circuit, firing loop || ⁓**kreis** *m* (Luftsack) / triggering circuit || ⁓**kreisprüfer** *m* / ignition circuit tester
Zünd·leistung *f* / firing power || ⁓**maschine** *f* / ignition magneto, magneto *n* || ⁓**pille** *f* (Luftsack) / ignitor *n* || ⁓**pille (ZP)** *f* / squib *n*, propellant charge, ignitor capsule || ⁓**platine** *f* / thyristor triggering || ⁓**prüfung** *f* (Lampe) / starting test (lamp) || ⁓**punkt** *m* (Gas) / ignition point || **mögliche** ⁓**quelle** / potential ignition source || ⁓**schaltgerät** *n* / ignition trigger, ignition trigger box, trigger box || ⁓**schaltung** *f* / starter circuit, ignition circuit
Zündschutz *m* / protection against ignition || ⁓**art** *f* EN 50014 / type of protection || ⁓**art druckfeste Kapselung** / explosion-proof type of protection || ⁓**art eigensicher** / fail-safe type of protection || ⁓**art druckfeste Kapselung** / flameproof type of protection, explosion-proof type of protection, flameproof enclosure, explosion-proof enclosure || ⁓**art Eigensicher** / protection type - intrinsically safe || ⁓**art erhöhte Sicherheit** / increased-safety type of protection, increased-safety enclosure || ⁓**art-Kennzeichnung** *f* / Ex marking || ⁓**gas** *n* / protective gas
Zünd·schwingung *f* / starting oscillation || ⁓**sicherung** *f* / ignition fuse
Zündspannung *f* / igniting voltage, triggering voltage || ⁓ *f* / gate trigger voltage || ⁓ *f* (Lampe) / starting voltage
Zündspannungsstoß *m* / striking surge
Zünd·sperrbaugruppe *f* / firing-pulse blocking module, pulse suppression module || **mechanische** ⁓**sperre** EN 50018 / stopping box EN 50018 || ⁓**sperrung** *f* (Ventilsperrung) / valve blocking, valve device blocking || ⁓**spitze** *f* / ignition peak || ⁓**spitze des Schalters** / re-ignition peak of breaker || ⁓**spule** *f* (Lampe) / starter coil, ignition coil || ⁓**spule** *f* (Luftsack) / ignitor capsule || ⁓**spule** *f* (Kfz) / ignition coil || ⁓**spulenzündung**

Zündung

f / coil ignition ‖ ⸺**startschalter** *m* (Kfz) / ignition switch ‖ ⸺**stegschmelzleiter** *m* / priming-grid fuse element ‖ ⸺**steuergerät** *n* (Kfz) / ignition control unit ‖ ⸺**steuerung** *f* (LE) VDE 0558, T.1 / trigger phase control, trigger control ‖ ⸺**steuerung** *f* (Kfz) / ignition control, ignition management ‖ ⸺**stift** *m* (ESR) / igniter *n* ‖ ⸺**stoß** *m* (Lampe) / starting kick ‖ ⸺**streifen** *m* / starting strip, ignition strip, conductive strip ‖ ⸺**strich** *m* (Lampe) / starting strip, ignition strip, conductive strip ‖ ⸺**strom** *m* / igniting current ‖ ⸺**strom** *m* (Thyr.) / gate trigger current ‖ ⸺**strom** *m* (Lampe) / starting current ‖ ⸺**stromrückmelder** *m* / ignition current check-back *n* ‖ ⸺**temperatur** *f* EN 50014 / ignition temperature ‖ ⸺**transformator** *m* / ignition transformer

Zündung *f* (HL-Ventil) / firing *n*, triggering *n*, ignition *n* ‖ ⸺ *f* (in einem gasförmigen Medium) / ignition *n* ‖ ⸺ *f* (Lichtbogen) / striking *n* (of an arc) ‖ ⸺ *f* (Thyr.) / firing *n*, (gate) triggering *n* ‖ ⸺ *f* (Lampe) / starting *n*, ignition *n* ‖ ⸺ *f* (Elektronenröhre) / firing *n* ‖ ⸺ *f* (Kfz) / ignition *n*, firing *n*, ignition system ‖ **Reihen~** *f* (Lampen) / series triggering (lamps)

Zündungstester *m* / ignition tester

Zünd·unterbrecher *m* / contact breaker ‖ ⸺**versager** *f* / firing failure ‖ ⸺**verstellung** *f* / firing-point advance/retard adjustment, ignition timing adjustment, spark advance ‖ ⸺**verteiler** *m* / advance angle ‖ ⸺**verteiler** *m* / ignition distributor, distributor *n* ‖ ⸺**verzögerungswinkel** *m* / delay angle ‖ ⸺**verzug** *m* / statistical delay of ignition ‖ ⸺**verzug** *m* (Gasentladungsröhre) / firing time ‖ ⸺**verzug** *m* DIN 41786 / gate-controlled delay time ‖ ⸺**verzug** *m* (Lampe) / starting delay ‖ ⸺**vorrichtung** *f* (Lampe) / starting device, ignition device, starter *n*, igniter *n* ‖ ⸺**widerstand** *m* (Lampe) / starting resistor

zündwilligstes Gemisch IEC 50(426) / most easily ignitable mixture

Zündwinkel *m* / ignition angle, firing angle, timing angle ‖ ⸺**kennfeld** *n* / spark-advance look-up table, ignition map, look-up table, 3-dimensional table ‖ ⸺**-Kennfeldzündung** *f* / ignition map control ‖ ⸺**messung** *f* / ignition angle measurement ‖ ⸺**steuerung** *f* / ignition angle control

Zündzeit *f* (Thyr.) DIN 41786 / gate-controlled turn-on time ‖ ⸺ *f* (Gasentladungsröhre) / ignition time ‖ ⸺ *f* (Lampe) / warm-up time ‖ ⸺**punkt** *m* (Kfz) / ignition point, firing point ‖ ⸺**punkt** *m* (Thyr.) / firing instant, triggering instant ‖ ⸺**punkt (ZZP)** *m* (Kfz) / firing time, *f* firing-point advance/retard adjustment, spark advance, ignition timing adjustment

Zunge *f* (MG) / reed *n* ‖ **FASTON-**⸺ *f* / FASTON tab

Zungen·frequenzmesser *m* / vibrating-reed frequency meter, reed-type frequency meter ‖ ⸺**-Frequenz-Messgerät** *m* / vibrating-reed frequency meter, reed-type frequency meter ‖ ⸺**kamm** *m* (Zungenfrequenzmesser) / row of reeds

z-unten (die untere Endposition der Z-Achse in der Bestück-/Abholstellung) / Z-axis lowered

zuordenbare Ursache / assignable cause

zuordnen *v* / use *v*, assign *v*, allocate *v*

Zuordner *m* / coordinator *n*, allocator *n* ‖ ⸺ *m* / crisis manager

Zuordnung *f* / assignment *n*, allocation *n*, association *n*, coordination, assigning *n* ‖ ⸺ *f* (Datenleitung) / assignment *n* ‖ ⸺ *f* (v. Speicherplätzen) / allocation *n* ‖ **Adressen~** *f* / address assignment ‖ **empfohlene** ⸺ / recommended assignment ‖ **farbliche** ⸺ / color correlation ‖ **freie** ⸺ / free assignment ‖ **selektive** ⸺ / selective coordination ‖ **textuelle** ⸺ / textual association ‖ ⸺ **und Rückverfolgbarkeit** / identification and traceability ‖ ⸺ **von Betragswerten** / correlation of amounts ‖ ⸺ **von Kurzschlussschutzeinrichtungen** / coordination with short-circuit protective devices

Zuordnungs·art *f* / type of coordination ‖ ⸺**datenbaustein** *m* / assignment data block ‖ ⸺**kennziffer** *f* (ZK) / assignment ID ‖ ⸺**liste** *f* / assignment list ‖ ⸺**liste** *f* (Querverweisl.) / cross-reference list ‖ ⸺**liste** *f* (ZULI) / assignment list ‖ ⸺**tabelle** *f* / assignment table ‖ ⸺**tabelle** *f* (Wahrheitstafel) / truth table ‖ ⸺**zeit** *f* / assignment time

zur Verfügung stehen / be available

zurechtmachen *v* / trim *v*

Zurröse *f* / lashing lug

zurück *adv* / back *adv* ‖ **~arbeiten** *v* (ins Netz) / regenerate *v*, recover energy ‖ **~bleibende Induktion** / residual induction, residual flux density ‖ **~bleibende Magnetisierung** / remanent magnetization ‖ **~fahren** *v* / return *v*, inch backward ‖ **~federn** *v* / spring back ‖ **~gesetzt** *adj* / reset ‖ **~gezogenes Kabel** (Kabel wurde gelöscht und von der Pritsche entfernt) / removed cable

Zurückkoppeln *n* (Kommunikationssystem) / loopback *n*

zurück·laden *v* / reload *v* ‖ **~laden** *v* (zum Rechner) / upload *v* ‖ **~nehmen** *v* / remove *v* ‖ **~nehmen** *v* (Befehl, Anweisung) / cancel *v*, remove *v* ‖ ⸺**nehmen der Betriebsart** / resetting the operating mode ‖ ⸺**pendeln** *n* (Synchronmasch.) / back swing, angular back swing ‖ **~positionieren** *v* / retrace *v* ‖ **~rüsten** *v* / downgrade *v* ‖ **~schalten** *v* / switch back *v*, return *v* ‖ **~schreiben** *v* / write back ‖ ⸺**setzen** *v* / resetting *n* ‖ **~setzen** *v* / reset *v* ‖ **~speisen** *v* / feed back

Zurück·springen *n* / return *n*, return jump *n* ‖ **~springen** *v* (Programm) / jump back (to) ‖ **~spulen** *v* / wind back ‖ **~stehende Lamelle** / low segment, low bar ‖ **~stehender Glimmer** / low mica ‖ **~stellen** *v* / reset *v* ‖ ⸺**stellung** *f* / deference *n* ‖ ⸺**stufen** *v* / regrading ‖ ⸺**treten** *v* / withdraw *v* ‖ **~weisen** *v* / reject *v* ‖ ⸺**weisung** *f* / rejection *n* ‖ ⸺**weisung der Verbindung zur Darstellungsschicht** (Tabelle A.13 DIN EN 60870-6-701) / connect presentation reject (CPR) ‖ ⸺**weisungsrichtzahl** *f* / rejection number ‖ ⸺**weisungswahrscheinlichkeit** *f* / probability of rejection ‖ ⸺**weisungszahl** *f* / rejection number ‖ **~ziehen** *v* / retract *v*, reset *v* ‖ ⸺**ziehen** *n* / withdrawal *n*, backing out

Zusage *f* / commitment *n*, promise *n*, assurance *n*

Zusammenarbeit *f* / cooperation *n*

zusammenbauen *v* / assemble *v*

Zusammenbau-Zeichnung *f* / assembling drawing

zusammenbrechen *v* / break down *v*, collapse *v*

Zusammenbruch der Spannung / voltage collapse, voltage failure ‖ ⸺ **des Feldes** / collapse of field, field failure ‖ **Netz~** *m* / system collapse, blackout

n ‖ **steiler** ⟨ / rapid collapse
Zusammen·drehen der Leiter / twisting of conductors ‖ **~drückbare Dichtung** / compressible gasket ‖ **~fassen** *v* / combine *v*, sum up ‖ **~fassend** *adj* / comprising ‖ ⟨**fassung** *f* / summary *n*, overview *n* ‖ ⟨**fügemaschine** *f* / joining machine ‖ **~fügen** *v* / join *v*, assemble ‖ ⟨**fügen** *n* (Kommunikationsnetz) DIN ISO 7498 / reassembling *n* ‖ **~fügen** *v* (v. Texten u. Daten) / merge *v*
Zusammenführung *f* / junction *n*, OR junction ‖ ⟨**führung** *f* / convergence *n*, OR junction
zusammengebauter Zustand / assembled state
Zusammenbau *m* / assembling *n*, assembly *n*, installation *n*, mounting *n* ‖ ⟨**anleitung** *f* / assembly instructions
zusammengefasste Darstellung / assembled representation
zusammengesetzt *adj* / combined *adj* ‖ **~e Beanspruchung** / combined stress, combined load ‖ **~e Durchführung** / composite bushing ‖ **~e Erregung** / composite excitation ‖ **~e Größe** / multi-variable ‖ **~e Hypothese** DIN 55350,T.24 / composite hypothesis ‖ **~e Isolation** / composite insulation ‖ **~e Kennlinie** / composite characteristic ‖ **~e Konfiguration** / composite configuration ‖ **~e mechanische Bewegung** / composite mechanical movement ‖ **~e Mikroschaltung** DIN 41848 / micro-assembly ‖ **~e Prüfung** DIN IEC 68 / composite test ‖ **~e Schwingung** / complex oscillation ‖ **~e Strahlung** / complex radiation ‖ **~e Zentrifugalkraft** / compound centrifugal force, Coriolis force ‖ **~er Datentyp** / structured data type, complex data type ‖ **~er Läufer** / fabricated rotor, assembled rotor ‖ **~er Leiter** / composite conductor ‖ **~er Multichip** / multichip assembly, multichip micro-assembly ‖ **~er Spalt** EN 50018 / spigot joint ‖ **~es Datenfeld** (EN 60870-5-5, -5-4) / compound data field ‖ **~es Schwingungsabbild** DIN IEC 469, T.1 / composite waveform ‖ **~es Verhalten** / composite action
Zusammenhang *m* / correlation *n*, context *n* ‖ **in** ⟨ **stehen** / be related
zusammen·hängende Darstellung (Stromlaufplan) DIN 40719,T.3 / assembled representation ‖ **~hängendes Netzwerk** / connected network ‖ **~klappbar** *adj* / collapsable *adj* ‖ **~kuppeln** *v* / couple *v* ‖ **~legen** *n* DIN 8580 / assembling *n* ‖ **~passend** *adj* / compatible *adj* ‖ **~pressen** *v* / compress *v* ‖ **~pressung der Manschetten** / loading of preformed rings ‖ **~schalten** *v* / connect together, interconnect *v*, couple *v* ‖ ⟨**schaltung** *f* / interconnector *n*, unit *n* ‖ **~schrauben** *v* / bolt together, screw together ‖ ⟨**setzen** *n* / assembling *n*, assembly *n* ‖ **~setzen** *v* / assemble *v*
Zusammensetzung in % / weight composition in % ‖ **stöchiometrische** ⟨ / stochiometric composition
Zusammen·spiel *n* / interaction *n* ‖ **~steckbarer Verbinder** / intermateable connector ‖ **~stellen** *v* / compose *v*
Zusammenstellung *f* (Montage) / assembly *n* ‖ ⟨ **der Fertigungslinie** / line configuration ‖ ⟨**szeichnung** *f* / assembly drawing
Zusammen·stoßwarnlicht *n* / anti-collision light ‖ ⟨**treffen von Nachrichten** / concurrence of messages
zusammenziehen *v* (schrumpfen) / contract *v*, shrink *v* ‖ **~ *v*** (verengen) / constrict *v*
Zusatz *m* (Beimengung) / admixture *n*, additive *n*, amendment *n* ‖ ⟨ *m* / supplementary board ‖ ⟨**abdeckung** *f* / additional cover ‖ ⟨**achse** *f* / special axis ‖ ⟨**aggregat** *n* / booster set ‖ ⟨**altersversorgung** *f* / pension supplement ‖ ⟨**anforderung** *f* / supplementary requirement ‖ ⟨**angabe** *f* / short code ‖ ⟨**anleitung** *f* / supplementary instructions ‖ ⟨**antrieb** *m* (Schiff) / accessing drive ‖ ⟨**ausgang** *m* / additional output ‖ ⟨**ausrüstung** *f* / additional equipment, optional equipment ‖ ⟨**baugruppe** *f* / supplementary module, supplementary (sub)assembly, option module, extension assembly, supplementary unit ‖ ⟨**baugruppe** *f* (Leiterplatte) / supplementary board ‖ ⟨**baustein** *m* / supplementary module, expansion module ‖ ⟨**-Baustein** *m* / additional component ‖ ⟨**befehl** *m* / additional instruction ‖ ⟨**beleuchtung** *f* / additional lighting, supplementary lighting ‖ ⟨**beleuchtung, Tageslicht-** *f* / permanent supplementary artificial lighting (PSAL) ‖ ⟨**beschaltung** *f* / supplementary RC circuit ‖ ⟨**bescheinigung** *f* / supplementary certificate ‖ ⟨**beschreibung** *f* / supplementary details, extra details ‖ ⟨**bestellung** *f* / supplementary order ‖ ⟨**bestellzettel** *m* / revised order form ‖ ⟨**bestimmungen** *f pl* / supplementary specifications, particular requirements ‖ ⟨**bestückung** *f* / additional equipment ‖ ⟨**betätiger** *m* / auxiliary actuator, additional actuator ‖ **Lage-betrag** *m* / position allowance ‖ ⟨**-Betriebsanleitung** *f* / supplementary operating instruction ‖ ⟨**blech** *n* / additional sheet ‖ ⟨**brennstoff** *m* / topping fuel
Zusatz·daten *plt* / additional data ‖ ⟨**dokument** *n* / additional document (ADD) ‖ ⟨**dokumentation** *f* / supplementary documentation ‖ ⟨**drehmoment** *n* / harmonic torque, parasitic torque, stray-load torque, stray torque ‖ **asynchrones** ⟨**drehmoment** / harmonic induction torque ‖ ⟨**einheit** *f* / additional unit ‖ ⟨**einrichtung** *f* / supplementary device, complementary device, additional feature, auxiliary device ‖ ⟨**element** *n* / additional element ‖ ⟨**entwärmung** *f* / additional heat dissipation ‖ ⟨**erfolgsbeteiligung (Zusatz EB)** *f* / profit-sharing extra
Zusatz·feld *n* / harmonic field ‖ ⟨**funktion** *f* / supplementary function, DIN 66025, T.2 miscellaneous function, special function ‖ ⟨**funktionalität** *f* / additional functionality ‖ ⟨**gerät** *n* / option *n*, additional device, add-on equipment ‖ ⟨**hebel** *m* / additional lever ‖ ⟨**-HF-Rauschleistung** *f* / excess RF noise power ‖ ⟨**information** *f* / additional data, additional information ‖ ⟨**isolierung** *f* / supplementary insulation IEC 34-1, IEC 335-1 ‖ ⟨**karte** *f* / additional module, additional pcb ‖ ⟨**klemme** *f* (Klemmen für ET 200L, ET 200L-SC) / add-on terminal ‖ ⟨**kompensation** *f* / additional compensation, supplementary compensation ‖ ⟨**komponente** *f* / additional component ‖ ⟨**kontakt** *m* / additional contact ‖ ⟨**kreis** *m* / auxiliary circuit ‖ ⟨**kühlfähigkeit** *f* / additional cooling capability ‖ ⟨**kühlsystem** *n* (el. Masch.) / standby cooling system ‖ ⟨**länge** *f*

zusätzlich

(Werkzeugkorrektur) / additive tool length compensation || ⸺last f / additional load || ⸺leiterplatte f / daughter board, extension PCB
zusätzlich *adj* / additional *adj* || **~e Ampèrewindungen** / additional ampere turns, excess ampere turns || **~e Angabe** / additional information || **~e Funktion** / additional function || **~e Isolierung** VDE 0530, T.1, VDE 0700, T.1 / supplementary insulation IEC 34-1, IEC 335-1 || **~e Kurzschlussverluste** / stray load loss(es), additional load loss(es) || **~e Schwungmasse** / additional mechanical inertia || **~e Trocknung** DIN IEC 68 / assisted drying || **~er Erdschlussschutz** / stand-by earth-fault protection, back-up earth-fault protection || **~er Potentialausgleich** / supplementary equipotential bonding || **~er Unschärfebereich** / additional zone of indecision || **~es Drehmoment** / harmonic torque, parasitic torque, stray-load torque, stray torque || **~es Trägheitsmoment** (äußeres Trägheitsmoment) / load moment of inertia
Zusatzluft f / auxiliary air
Zusatz·magnetisierung, Stromwandler mit stromproportionaler ⸺magnetisierung / auto-compound current transformer || ⸺**maschine** f / booster n, positive booster || ⸺**maschine mit Differentialerregung** / differential booster || ⸺**masse** f / additional inertia || ⸺**maßnahmen** f pl / additional measures || ⸺**messsystem** n / additional measuring system || ⸺**modul** n / add-on module, plug-in n || ⸺**moment** n / harmonic torque, parasitic torque, stray-load torque, stray torque || ⸺**parameter** m / additional parameter || ⸺**permeabilität** f / incremental permeability || ⸺**protokoll** n / additional protocol (ADP) || ⸺**prüfung** f / additional test, penalty test || ⸺**raum** m / additional compartment || ⸺**regelbereich** m / boosted regulating range || **Transformator-⸺regler** m / transformer booster
Zusatz·schaltung f / supplementary circuit, booster circuit, supplementary || ⸺**schaltung X** / supplementary X || ⸺**schaltungspendelsollwert** m / oscillating speed value of the supplementary module || ⸺**scharnier** n / additional hinge, supplementary hinge || ⸺**schild** n (zum Typenschild) / supplementary data plate, special data plate, lubrication instruction plate, additional plate || ⸺**schutz** m / additional protection || ⸺**schwungmasse** f (Schwungmasse der Last) / load flywheel || ⸺**sockel** m (B 3/D 5) / exciter platform, slipring platform || ⸺**software** f / additional software || ⸺**sollwert** m / additional setpoint, correcting setpoint, supplementary setpoint || ⸺**spannung** f (des einstellbaren Transformators) / additional voltage || ⸺**stellung** f / boost position, positive boost position || ⸺**strom** m / boosting current, regulating current, correcting current, field forcing current
Zusatz·tool n / add-on tool || ⸺**transformator** m / booster transformer, series transformer (US) || ⸺**überlegung** f / further consideration || ⸺**unterlage** f / additional document || ⸺**verbraucher** m / additional load || ⸺**verbraucherbaustein** m / additional load module, additional load unit || ⸺**verlust** m / stray loss || ⸺**verluste** m pl / stray loss, stray load loss, additional loss, non-fundamental loss, stray losses,

supplementary load loss IEC 50(421) || ⸺**verlustmoment** n / stray loss torque || ⸺**versicherung** f / supplementary insurance || **Preisregelung für ⸺versorgung** / supplementary tariff || ⸺**verstärker** m / booster amplifier, booster n || ⸺**wicklung** f / booster winding, auxiliary winding || ⸺**zelle** f / end cell
zuschaltbar *adj* / reversible *adj*, selectable *adj*
Zuschalt·betrieb m DIN 41745 / add-on operation || ⸺**drehzahl** f / switch-in speed
zuschalten v / connect (to the system), bring onto load, parallel v || ~ v (Gerät) / cut in v, connect v, switch in v, bring into circuit || ~ v (Last) / connect v, throw on v || ~ v (Mot.) / start v, connect to the system || ~ v (Rel.) DIN IEC 255-1-00 / switch v IEC 255-1-00 || ~ v (Trafo) / connect v, connect to the system, connect to the supply || ~ v (Ausgang) / enable v || ~ v (Kfz-Antrieb) / engage v
Zuschaltkommando n / connecting command
Zuschaltung f / switch-on n, connection || **gruppenweise ⸺** / switching on group by group
Zuschlag m / surcharge n, bonus n || ⸺ m (Zugabe) / allowance n || ⸺ m (Auftrag) / award n (of contract) || ⸺ m (Zuschlagstoff, Schotter) / aggregate n || ⸺**mittel** n (Schweißmittel) / filler metal, flux n
Zuschneidemaschine f / cutting machine
Zuschnitt m / pre-cut part || ⸺**-Einschlagmaschine** f / wrap-around machine || ⸺**optimierung** f / cut optimization || ⸺**säge** f / frame saw
Zuschuss m / grant n || ⸺**vertrag** m / contract on grants
Zusetz·- und Absetzmaschine f / reversible booster, boost-and-buck machine || ⸺**regelung** f / boost control
zusichern v / assure v
Zustand m / status n, state n || **der ⸺ belegt** / the full state || **⸺ der rückläufigen Schleife** IEC 50(221) / recoil state || **⸺ der Schnittstellenfunktion** / interface function state || **⸺ der Systemsteuerung** DIN IEC 625 / system control state || **in einem ⸺ erwachen** / activate/come to life in a state || **der ⸺ frei** / the spaces state || **in einen ⸺ übergehen** (PMG-Funktion) / enter a state || **einen ⸺ verlassen** / leave a state, exit a state || **nicht verfügbarer ⸺ wegen externer Ursachen** / external disabled state || **nicht verfügbarer ⸺ wegen interner Ursachen** (Fehlzustand einer Einheit oder Funktionsunfähigkeit einer Einheit während der Wartung) / internal disabled state, down state || **durchgeschalteter ⸺** / with conducting output || **eingeschwungener ⸺** (stationärer Z.) / steady-state condition, steady state || **geschlossener ⸺** / closed position || **idealisierter ⸺** / anhysteretic state || **im spannungslosen ⸺** / with the power turned off || **nicht verfügbarer ⸺** / disabled state, outage n || **zusammengebauter ⸺** / assembled state
zuständig *adj* / authoritative || ~ *adj* (maßgebend) / appropriate *adj* || ~ *adj* (befugt) / competent *adj* || ~ *adj* (verantwortlich) / responsible *adj* || ~ **und verantwortlich sein** / have the authority and responsibility (for), be competent and responsible (for)
Zuständigkeit f (Verantwortung und Befugnis) / responsibility n, area of responsibility || **QS-⸺** f / quality management responsibility
Zuständigkeits·bereich m / area of responsibility, responsibility n || ⸺**matrix** f / responsibility matrix
Zustands·abbild n / status image || ⸺**abfrage** f /

status request || **~abhängige Wartung** f / Condition-based Maintenance (CbM) || **~analysator** m / state analyzer || **~analyse** f / state analysis || **~änderung** f / changeover n, state change, status change, change of state || **~anzeige** f / status display, state indication, status indication || **~anzeigetafel** f / status display panel (SDP) || **~automat** m / state machine, automatic state changer, finite automaton || **~basiert** adj / condition-based || **~beginn** m / beginning of status || **~beobachter** m / state observer || **~beschreibung** f / state description || **~bild** n / status image || **~bit** n / status bit, flag n || **~byte** n / status byte || **~daten** plt / status data || **~diagramm** n / state diagram, function state diagram, status diagram || **SH-~diagramm** n / SH function state diagram
Zustands·-Eigenschaften f pl / state properties || **~ende** n / end of status || **~erfassung** f / status acquisition || **~gesteuerter Eingang** / level-operated input || **~graph** m (ZG) / state diagram (SD), state transition diagram || **~graph** m (ZG, eines Schaltwerks) / state graph || **~größe** f DIN 19229 / internal state variable, state variable, status variable || **Theorie der ~größen** / state-variable theory || **~gruppe** f / status group || **Auswahl der ~gruppe** / status group select (SOS) || **~information** f / status information || **~klasse** f / triggering circuit, status class (SC) || **magnetische ~kurve** / magnetization curve, B-H curve || **~-LED** / status LED || **~logikdiagramm** n / state machine diagram || **~maschine** f / finite state machine (FSM) || **~maschinen** f pl / state machines || **~meldung** f (PLT) / status signal, status display || **~meldung** f (FWT) / state information, status message || **~menü** n / state menue || **~-Nachbardiagramm** n / adjacency table || **~orientiert** adj / status-oriented
Zustands·raum m / state space || **~regelung** f / status control || **~register** n (MPU) / state register || **~regler** m / status controller || **~rückführung** f / state feedback || **~schaltwerk** n / sequential circuit || **~schätzung** f (Netz) / state estimation || **~signal** n / status signal, status message, vehicle status message || **RS-Kippglied mit ~steuerung** / RS bistable element with input affecting two outputs || **~tabelle** f / status table || **~übergang** m / state transition, status transition || **~übergangsbedingung** f / state transition condition || **~übergangsdiagramm** n (Diagramm, das die möglichen Zustände einer Einheit und die zwischen ihnen möglichen einstufigen Übergänge zeigt) / state-transition diagram || **~übergangszeit** f / state transition time || **~überwachung** f / status monitoring || **~überwachungssystem** n / status monitoring system, condition monitoring system || **~verknüpfung** f (PMG) / state linkage, state interlinkage || **~verwaltung** f / status administration || **~wechsel** m (Kippglied) / changeover n, state change || **~wort** n / status byte, status word, (Byte) state byte || **~zeile** f / message line
Zustell·achse f / feed axis, infeed axis || **schrägstehende ~achse** / inclined infeed axis || **~antrieb** m (Antrieb, der die Drehachse des Revolverkopfes einschwenkt) / swivel drive || **~betrag** m / infeed rate || **~betrag** m (Inkrement) / infeed increment || **~bewegung** f DIN 6580 / infeed motion || **~bewegung** f (Zylinderschleifmaschine) / plunge-feed motion || **~breite** f / infeed width
zustellen v / infeed v
Zustell·geschwindigkeit f / infeed speed || **~maß** n / amount of infeed || **~richtung** f / infeed direction || **~schräge** f / infeed slope, incline of infeed || **~tiefe** f / infeed depth || **~tiefe** f (Schleifmaschine) / plunge-grind feed, plunge-feed per pass || **~tiefe** f (Vorschub pro Schnitt) / infeed per cut || **~umdrehung** f / infeed revolution
Zustellung f / infeed n, infeed per cut, feed n || **~** f (Einstellung) / infeed adjustment, feed setting, adjustment n
Zustell·weg m / infeed path || **~winkel** m / angle of infeed
Zustimm·kreis f / enabling circuit || **~schalter** m / enabling button, enabling switch, enable key, dead monkey key, enabling key || **~steuerung** f / enabling control || **~taste** f / enabling button, enabling switch, enable key, dead monkey key || **~taster** m (die beidseitig am Mobile Panel angebrachten Zustimmtaster bilden die Zustimmungseinrichtung) / acknowledgement button
Zustimmung, 3-adrige ~ f / 3-wire enabling
Zustimmungs·einrichtung f / enabling device || **~schalter** m / enabling button, enabling switch, enable key, dead monkey key
Zuteiler m (Bussystem) / arbiter
Zuteilungs·bus m / arbitration bus (AB) || **~prioritätskette** f (Bussystem) / grant daisy-chain line || **~stelle** f DIN ISO 8348 / authority n || **~system** n / allocation system || **~system** n (LAN) / arbitration system, token-passing system
Zuteilungsverfahren n / arbitration system, allocation system || **~** n (Bussystem) / arbitration n || **~** n (Token-Verfahren) / token passing system
Zuteilungszeit f (Bus) / arbitration time
Zutritt m / access n
Zutritts·anforderung f / access request || **~berechtigung** f / access authorization, access level EN 50133-1 || **~freigabe** f / access permission || **~gruppe** f / access group || **~kontrolle** f / access control, security access control || **~kontrolleinheit** f / access control unit || **~kontrollsystem** n / access control system || **~management** n / access management || **~punkt** m / access point || **~punktleser** m / access point reader || **~punktschnittstelle** f / access point interface || **~punkt-Stellglied und Sensor** (ZSS) / access point actuator and sensor (APAS) || **~raster** m / access grid || **~überwachung** f / entry control || **~versuch** m / attempted entry
Zu-· und Absetzschaltung f / boost and buck circuit, reversible booster circuit || **~ und Gegenschaltung** f / boost and buck connection, reversing connection
zuverlässig adj / reliable adj || **~** adj (fehlertolerant) / fault-tolerant adj
Zuverlässigkeit f / reliability n || **~** f (Qualität im Hinblick auf die Zuverlässigkeitsforderung) / dependability n || **~ und Wartungsfreundlichkeit** f / reliability and maintainability (R&M) || **~, Verfügbarkeit, Skalierbarkeit, Handhabbarkeit** / Reliability, Availability,

Scalability, Manageability (RASM) || ⌐,
**Verfügbarkeit, Wartungsfreundlichkeit &
Sicherheit** / reliability, availability, maintainability
& safety (RAMS)
Zuverlässigkeits·abschätzung *f* / reliability
estimation || **⌐analyse** *f* / reliability analysis ||
⌐angaben *f pl* / reliability data || **⌐-Audit** *n* IEC 50
(191) / reliability and maintainability audit ||
⌐aufteilung *f* / reliability apportionment ||
⌐berechnung *f* / reliability calculation ||
⌐bestimmungsprüfung *f* / reliability
determination test || **⌐betrachtung** *f* / reliability
consideration || **⌐bewertung** *f* / reliability
assessment, reliability analysis ||
⌐blockdiagramm *n* / reliability block diagram ||
⌐forderung *f* / requirement for reliability,
requirement for dependability || **⌐funktion** *f* DIN
40042 / reliability function || **⌐grad** *m* / reliability
level || **⌐kenngröße** *f* / reliability parameter ||
⌐kenngrößen *f pl* DIN 40042 / reliability
characteristics || **⌐lenkung** *f* IEC 50(191) /
reliability and maintainability control ||
⌐management *n* IEC 50(191) / reliability and
maintainability management,
(Qualitätsmanagement im Hinblick auf die
Zuverlässigkeitsforderung) dependability
management, reliability management || **⌐merkmal**
n DIN 55350,T.11 / reliability characteristic,
dependability characteristic || **⌐modell** *n* IEC 50
(191) / reliability model || **⌐nachweisprüfung** *f* /
reliability compliance test || **⌐planung** *f* /
reliability planning || **⌐prognose** *f* / reliability
prediction || **⌐programm** *n* IEC 50(191) /
reliability and maintainability program || **⌐prüfung
unter Einsatzbedingungen** / field reliability test ||
⌐prüfung unter Laborbedingungen / laboratory
reliability test || **⌐sicherung** *f* IEC 50(191) /
reliability and maintainability assurance ||
⌐sicherungsplan *m* IEC 50(191) / reliability and
maintainability plan || **⌐überwachung** *f* IEC 50
(191) / reliability and maintainability surveillance
|| **⌐verbesserung** *f* / reliability improvement ||
⌐wachstum *n* / reliability growth
Zuwachs *m* (Inkrement) / increment *n* || **⌐bemaßung**
f / incremental dimensioning || **⌐kosten** *plt* /
incremental cost (of generation), marginal cost ||
gleiche ⌐kosten / equal incremental costs ||
⌐kostenverfahren *n* (SIT) / marginal cost method
|| **⌐permeabilität** *f* / incremental permeability ||
⌐verfahren *n* (Pulszählverfahren) / pulse count
system || **⌐verluste** *m pl* / incremental losses
zuweisen *v* / assign *v*, allocate *v*
Zuweisung *f* / assigning *n* || ⌐ *f* (SPS-Programm) /
assignment *n*, identification *n*
Zuweisungs·-Anfangadresse *f* / assignment starting
address || **⌐befehl** *m* / assignment statement ||
⌐liste *f* / assignment list || **E/A-⌐liste** *f* / I/O
allocation table, traffic cop || **⌐operator** *m* (SPS-
Programm) / assignment operator || **⌐parameter**
m / assignment parameter(s) || **⌐zeiger** *m* /
assignment pointer
zuwiderhandeln *v* / contravene *v*
ZVEI (Zentralverband Elektrotechnik- und
Elektronikindustrie e.V.) / German Electrical and
Electronic Manufacturers Association, German
electrical industry, ZVEI
Z·-Verfahrweg *m* / Z-traversing path || ⌐-
Verstärker *m* / z amplifier, horizontal amplifier ||
⌐-Verteiler *m* / plug-in busway system
ZVS / zero voltage switching (ZVS)
ZVZ (Zeichenverzugszeit) / character delay time,
character delay, digit delay time
Zw. / DC link voltage limit
Zwanglauf *m* / positive movement
Zwangs·auslösung *f* / positive tripping ||
⌐bedingung *f* / constraint *n*
zwangs·belüftet *adj* / forced-ventilated *adj*, forced-air-
cooled *adj* || **⌐belüftung** *f* / forced ventilation,
forced-air cooling || **~betätigt** *adj* / positively driven
Zwangs·dynamisierung *f* / forced dormant error
detection, forced checking procedure || **⌐folge** *f* /
forced sequence || **⌐folgeschaltung** *f* / automatic
circuit earthing || **⌐führung** *f* / forced guidance
operation || **⌐führung** *f* (des Bedieners) / operator
prompting || **⌐führung** *f* (Kontakte) / positively
driven operation || **⌐führung** *f* (ET) / forced control
zwangsgeführt *adj* / forced *adj* || **~er Kontakt** /
positive-action contact, positively driven contact,
positively-driven contact || **~er Meldekontakt** /
positive-action signaling contact || **~er Öffner** /
positively driven NC contact || **~es Schaltglied** /
positively driven contact, positive-action contact
Zwangs·gleichlauf *m* (LS-Betätigung) /
synchronized pole-unit operation ||
⌐kommutierung *f* / self-commutation || **⌐kühlung**
f (mittels eines Kühlgebläses mit eigenem
Antrieb) / force-cooling *n*, forced-air cooling ||
Schweißen in ⌐lagen / positional welding
zwangsläufig·e Betätigung (Kontakte) / positive
operation, positive opening (operation) || **~e
Einwirkung** EN 60947-5-1 / positive drive || **~e
Öffnungsbewegung** VDE 0660, T.200 / positive
opening operation, positive opening || **~er Antrieb**
(Motorantrieb) / positive drive, geared drive, non-
slip drive, positive no-slip drive || **~er Antrieb** /
positive drive || **~es Öffnen** / positive opening || **~es
Trennen** (vom Netz) / automatic disconnection,
disconnection through interlock circuit
Zwangsläufigkeit *f* / positive drive
zwangsöffnender Positionsschalter VDE 0660, T.
206 / position switch with positive opening
operation
Zwangs·öffnung *f* (Hauptkontakte eines LS) /
positive opening operation, positive opening ||
⌐öffnungskraft *f* / positive opening force ||
⌐öffnungsmoment *n* / positive opening moment ||
⌐öffnungsweg *m* / positive opening travel ||
⌐schaltung *f* / positive operation, positive opening
operation || **⌐schmierung** *f* / forced lubrication ||
⌐setzen *n* (manuelles Setzen von Ein- o.
Ausgängen unabhängig vom Prozesszustand) /
forcing *n* || **~setzen** *v* / force *v*, control *v*, set *v*,
manipulate *v*, modify *v*
Zwangs·signal *n* / compulsory signal || **⌐steuern** *n* /
sustained force on, sustained force off || **⌐steuern**
n (SPS) / permanent forcing, sustained forcing ||
⌐steuern beenden / force disable || **⌐steuerung
beenden** / force release, force disable ||
⌐synchronisation *f* / controlled synchronization ||
⌐trennung *f* / positive opening, automatic
disconnection, disconnection through interlock
circuit || **⌐trigger** *m* / forced trigger || **⌐umlauf** *m* /
forced circulation || **⌐umwälzung** *f* / forced
circulation

zwangsweise *adj* / mandatory *adj* || ~ **Führung einer Leitung** / forced guidance of cable || ~ **verrasten** / positively latch
Zweck *m* / purpose *n* || ♎, **Bezeichnung und Anwendungsrichtlinien siehe DIN ...** / for purpose, designation and guidelines for use, see DIN ... || ♎**bau** *m* / utility building, functional buildings, non-residential buildings, non-residential building, non-residual building || ♎**bau und Industrie** *m* / cylindrical fuse switch disconnector || ♎**dienlichkeit** *f* / suitability *n*
zweckgebunden *adj* / committed *adj*, dedicated *adj*
Z-Weg *m* / Z path || ♎**begrenzung** *f* / Z-path limitation
zwei Bürsten in Reihe / brush pair || ~ **obenliegende Nockenwelle** / twin overhead camshaft, double-overhead camshaft (DOHC)
Zweiachsen-Bahnsteuerung *f* / two-axis continuous-path control, two-axis contouring control, two-axis continuous-path control
Zwei-Achsen-Koordinatensystem *n* / two-axis coordinate system
Zweiachsentheorie *f* (el. Masch.) / two-reaction theory, direct- and quadrature-axis theory, two axis theory, double-reactance theory
zweiachsig nachgeführt / two axes tracked || **~e Nachführung** / two-axis tracking || **~e Prüfung** (Erdbebenprüf.) / biaxial testing
Zweiachsregler *m* / two-axis controller
zweiadrig *adj* / two-core *adj*, 2-wire *adj*, two-wire *adj* || **~es, geschirmtes Kabel** / twin-core, shielded cable
Zweiankermotor *m* / double-armature motor
zweibahniger Wähler / two-way selector, double-system selector
Zwei·bahnkommutator *m* / two-track commutator || ♎**beinschaltung** *f* (Leitungsschutz) / two-end pilot-wire scheme || ♎**bereichsrelais** *n* / double-range relay || ♎**bereichs-Stromwandler** *m* / dual-range current transformer || ♎**bettkatalysator** *m* / dual-bed catalytic converter || ♎**bildschirmsystem** *n* / dual-screen configuration
Zwei-Dekaden-Wurzel *f* / two-decade root
zweidimensionale Bahnsteuerung / two-dimensional contouring control, two-dimensional continuous-path control || ~ **Häufigkeitsverteilung** / scatter *n*, bi-variate point distribution || ~ **Kontur** / two-dimensional contour
Zwei·drahtanschluss *n* / two-wire connection || ♎**drahtausführung** *f* / two-wire design || ♎**drahtkabel** *n* / two-wire cable || ♎**drahtleiter** *m* / two-wire conductor || ♎**drahtleitung** *f* / two-wire line || **geschirmte und verdrillte** ♎**drahtleitung** / screened and twisted 2-core cable || **verdrillte** ♎**drahtleitung** / twisted pair cable || ♎**draht-Näherungsschalter** *m* / two-wire proximity switch || ♎**-Druck-Schalter** *m* / dual-pressure circuit-breaker, two-pressure breaker || ♎**-Druck-System** *n* / dual-pressure system, two-pressure gas system || ♎**ebenenauswuchten** *n* / two-plane-balancing, dynamic balancing || ♎**ebenenwicklung** *f* / two-plane winding, two-tier winding, two-range winding
zweibeniger Leuchtkörper / biplane filament
Zwei·einhalbachsensteuerung *f* / two-and-a-half axis control || ♎**-Elektroden-Ventil** *n* / two-electrode valve, diode *n* || ♎**-Energierichtung-Stromrichter** *m* / reversible converter, double-way converter
Zweier·bündel *n* / twin bundle, two-conductor bundle || ♎**-Komplement** *n* / two's complement, complement on two || ♎**-Komplement-Darstellung** *f* / two's-complement representation || ♎**potenz** *f* / power of two || ♎**system** *n* / binary (number) system, pure (o. straight) binary numeration system
Zweietagenwicklung *f* / two-tier winding, two-range winding || ♎ **mit gleichen Spulen** / skew-coil winding
zweifach drehzahlumschaltbarer Motor / two-speed motor || ~ **eingespeiste Station** / doubly fed station, double-circuit station || ~ **gelagerter Läufer** / two-bearing rotor, rotor running in two bearings || ~ **geschirmt** / double-shielded *adj* || ~ **geschlossene Wicklung** / duplex winding || ~ **gespeister Motor** / doubly fed motor || ~ **parallelgeschaltete Wicklung** / duplex winding || ~ **polumschaltbarer Motor** / two-speed pole-changing motor || ~ **schachtelbar** (Programm) / nestable to a depth of two || ~ **schachteln** (Programm) / to nest to the depth of two || ~ **unterbrechender Leistungsschalter** / double-interruption breaker, two-break circuit-breaker, double-break circuit-breaker || ~ **wiedereintretende Wicklung** / doubly re-entrant winding
Zweifach·-Anwendungsassoziation *f* / two-party application association (TPAA) || ♎**auswertung** *f* (bedeutet, dass an einem inkrementellen Geber die steigenden Flanken der Impulsreihe A und B ausgewertet werden) / double evaluation || ♎**baustein** *m* / two-thyristor module || ♎**-Befehlsgerät** *n* / dual control station, two-unit control station, twin control station || ♎**-Bürstenhalter** *m* / twin brush holder, double-box brush holder || ♎**-Durchgangsdose** *f* / twin through-way box
zweifache Leiterteilung / double conductor splitting || ~ **Schachtelung** (Programm) / nesting to a depth of two || ~ **Schleifenwicklung** / duplex lap winding, double-lap winding || ~ **Wellenwicklung** / duplex wave winding
Zweifach-Einspeisung *f* / double infeed
zweifach·er Wickelkopf / two-plane overhang, two-tier overhang || **~es Untersetzungsgetriebe** / double-reduction gear unit
Zweifach-Flachstecker *m* / twin flat-pin connector, duplex tag connector
zweifachredundant *adj* / double-redundancy *adj*
Zweifach-·röhre *f* / double tube || ♎**-Rollfederbürstenhalter** *m* / tandem coiled-spring brush holder || ♎**sammelschiene** *f* / duplicate busbar (s), double busbar, duplicate bus
Zweifach-tarif *m* (SIT) / two-rate time-of-day tariff, day-night tariff || ♎**tarifzähler** *m* / two-rate meter || ♎**trenner** *m* / double-break disconnector || ♎**-Trennschalter** *m* / double-break disconnector
Zweifach·unterbrechung *f* (Kontakte) / double break (DB) || ♎**untersetzung** *f* / double reduction || ♎**versorgung** *f* (Einspeisung über 2 Verbindungen) / duplicate supply
Zweifachzähler *m* / dual counter
zweifeldriger Kommutator / two-part commutator
zweifelhaftes Arbeiten (Schutz) / doubtful operation
Zweifelsfall *m* / case of doubt

Zweiflächenbremse *f* / double-disc brake, twin-disc brake
Zweiflanken·-ADU *m* / dual-slope ADC || ⸺**auswertung** *f* / dual-edge evaluation || **~gesteuertes Flipflop** / clock-skewed flipflop
zweiflankengesteuertes JK-bistabiles Element / data lockout JK bistable element
Zweiflanken, JK-Kippglied mit ⸺steuerung / bistable element of master-slave type, master-slave bistable element
Zwei-Flüssigkeiten-Modell *n* / two-fluid model
zweiflutig *adj* / double ported || **~er Kühler** / double-pass heat exchanger
Zwei·frontschalttafel *f* / dual switchboard, back-to-back switchboard, double-fronted switchboard
Zweig *m* (Spannungsteiler) / arm *n* || ⸺ *m* (Kontaktplan) / rung *n*, ladder diagram line || ⸺ *m* (Stromkreis, Netzwerk) / branch *n* || ⸺ *m* / path *n* || **Parallel~** *m* / parallel circuit || **Verbindungs~** *m* (Netzwerk) / link *n* || ⸺ **des externen Netzes** / branch of external model || ⸺ **für die Zustandsestimation** / branch for state estimator
Zweigadmittanz *f* / branch admittance
zweigängig *adj* / two-start *adj* || **~e Schleifenwicklung** / duplex lap winding, double-lap winding || **~e Wellenwicklung** / duplex wave winding || **~e Wicklung** / two-strand winding, duplex winding || **~es Gewinde** / double thread, two-start thread
Zweigdrossel *f* / arm reactor
Zweigebersystem *n* / 2-encoder system
Zweig·element *n* / circuit valve EN 60146-1-1 || **logisches ⸺ende** / logic branch end || **stromlose Dauer eines ⸺es** (Teil der Taktperiodendauer, während dem der Zweig keinen Strom führt) / idle interval of an arm
zweigipflige Wahrscheinlichkeitsverteilung / bimodal probability distribution
Zweig·leitung *f* / branch line, branch feeder, feeder cable || ⸺**leitungsabzweigverstärker** *m* / bridger amplifier || ⸺**leitungsverteiler** *m* / feeder splitter
zweigliedriger Tarif / two-part tariff
Zweig·niederlassung *f* / branch *n*, regional office || ⸺**paar** *n* (zwei mit gleicher Leitungsrichtung geschaltete Hauptzweige) / pair of arms
zweigpaar-halbgesteuerte Zweipuls-Brückenschaltung / single-pair controllable two-pulse bridge connection
Zweig·sicherung *f* / arm-circuit fuse, branch fuse, arm fuse(s) || ⸺**stelle** *f* / office *n* || ⸺**strom** *m* / branch-circuit current, current of an arm, branch current || ⸺**überdeckung** *f* / branch coverage || ⸺**überdeckungstest** *m* / branch-coverage test
Zweihand·bediengerät *n* / two-hand operator panel || ⸺**-Bedienpult** *m* / two-hand operation console, two-hand control unit || ⸺**bedienung** *f* / two-hand operation || ⸺**-Befehlsgerät** *n* / two-hand control device || ⸺**einrückung** *f* / two-handed engaging || ⸺**griff** *m* / handle for two-hand operation || ⸺**schaltung** *f* / two-hand control, two-hand control device || ⸺**-Steuergerät** *n* / two-hand control unit || ⸺**steuerung** *f* / two-hand control
zwei-inal-Zelle *f* / monolithic cell stack
Zweikanal·anlage *f* / dual-channel system || ⸺**ausgang** *m* / two-channel output || ⸺**auswahl** *f* / one-of-two channel selection (o. selector) || ⸺**einschub** *m* (LAN-Komponente) / two-channel module
zweikanalig *adj* / two-channel *adj*, dual-port *adj* || **~er Aufbau** / double-redundancy combination || **~er Regler** / two-loop controller || **~es H-System** / two-channel H system (an H system with two CPUs or two devices) || **~ querschlusssicher** / with two ducts to prevent crossover
Zweikanaligkeit *f* / dual-channel redundancy, redundancy *n*
Zweikanal·-Oszilloskop *n* / dual-trace oscilloscope || ⸺**regler** *m* / two-channel controller || ⸺**-Relaissteuerung** *f* / two-channel relay control || ⸺**sensor** *m* / two-channel sensor || ⸺**-Speicheroszilloskop** *n* / dual-trace storage oscilloscope
Zweikomponenten·-Beleuchtung *f* / two-component lighting, two-component illumination || ⸺**gerät** *n* / two-element device || ⸺**kleber Araldit** / 2-component Araldit adhesive || ⸺**-Messeinrichtung** *f* / two-component measuring system
Zwei-Koordinaten-Instrument *n* / XY instrument
zweikränziger Tachogenerator / two-system tacho-generator
Zweikreisgoniometer *n* / two-circle goniometer, theodolite goniometer
zweikreisiges LC-Filter / double-tuned-circuit LC filter
Zweikreis-Kühlsystem *n* / dual-circuit cooling system
Zweikugelmaß *n* / over balls dimension
Zweilagenverdrahtung *f* / two-layer metallization
Zweilampen-Vorschaltgerät *n* / twin-lamp ballast, twin-tube ballast
zwei·lampig *adj* / twin-lamp || **~lampige Leuchte** / twin-lamp luminaire || **~lappige Rohrschelle** / conduit saddle, saddle *n*
Zwei·laufcompiler *m* / two-pass compiler || ⸺**-Leistungsschalter-Anordnung** *f* / two-breaker arrangement
Zweileiter *m* / two-wire *n* || ⸺**anschluss** *m* / two-wire connection || ⸺**-Gleichstromkreis** *m* / two-conductor d.c. circuit, two-wire d.c. circuit || ⸺**-Gleichstromzähler** *m* / d.c. two-wire meter || ⸺**klemme** *f* / two-wire terminal || ⸺**netz** *n* / two-wire system || ⸺**-Prinzip** *n* / two-wire principle || ⸺**schaltung** *f* / two-wire connection, two-wire circuit || ⸺**-Signal** *n* / two-wire signal || ⸺**steuerung** *f* / two-wire control || ⸺**-Technik** *f* / two-wire system || ⸺**zähler** *m* / two-wire meter
Zweilochwicklung *f* / two-slots-per-phase winding
zweimalige Kurzunterbrechung / double-shot reclosing
Zwei·mantelkabel *n* / two-layer-sheath cable || ⸺**massenschwinger** *m* (ZMS) / two-mass vibrational system || ⸺**metallkontakt** *m* / bimetal contact || ⸺**motorenantrieb** *m* / dual-motor drive, twin motor drive || ⸺**motoren-Stellantrieb** *m* / dual-motor actuator
zweiohriges Hören / binaural sensation
Zwei·-Parameter-Hüllkurve *f* / two-parameter envelope || ⸺**-Parameter-Linienzug** *m* / two-parameter reference line || ⸺**periodenschalter** *m* / two-cycle breaker
Zweiphasen·-Dreileiternetz *n* / two-phase three-wire system || ⸺**-Dreileiterwicklung** *f* / two-phase three-wire winding || ⸺**induktionsmotor** *m* / two-phase induction motor || ⸺**maschine** *f* / two-phase machine, double-phase machine || ⸺**schaltung** *f* /

two-phase circuit || **außen verkettete ⟨schaltung** / externally linked two-phase three-wire connection || **innen verkettete ⟨schaltung** / internally linked two-phase four-wire connection || **⟨schiene** *f* / two-phase busbar || **⟨-Spannungsquelle** *f* / two-phase voltage source || **⟨-Spannungsquelle mit π/2 Phasenverschiebungswinkel** / quarter-phase voltage source || **⟨-Vierleiternetz** *n* / two-phase four-wire system || **⟨-Vierleiterwicklung** *f* / two-phase four-wire winding || **⟨-Wechselstrom-Wirkverbrauchszähler** *m* / two-phase kWh meter
zweiphasig *adj* / two-phase *adj*, double-phase *adj* || **~e Bahnsteuerung** / contouring system with velocity vector control || **~er Erdschluss** / double-phase-to-earth fault, two-line-to-ground fault, double-line-to-earth fault, phase-earth-phase fault, double fault || **~er Fehler** / phase-to-phase fault, line-to-line fault, double-phase fault || **~er Kurzschluss** / phase-to-phase fault, line-to-line fault, double-phase fault || **~er Kurzschluss mit Erdberührung** / two-phase-to-earth fault, line-to-line-grounded fault, phase-to-phase fault with earth, double-phase fault with earth || **~er Kurzschluss ohne Erdberührung** / phase-to-phase fault clear of earth, line-to-line ungrounded fault || **~er Stoßkurzschlussstrom** / maximum asymmetric two-phase short-circuit current
Zweiplatzsystem *m* / two-user system || **koordiniertes ⟨** / coordinated two-user system
Zweipol *m* / two-terminal network, two-port *n* (network) || **elementarer ⟨** / two-terminal circuit element || **elementarer linearer ⟨** / linear two-terminal circuit element || **⟨element** *n* / two-terminal component
zweipolig *adj* / two-pole *adj*, double-pole *adj* (DP), bipolar *adj* || **~ isolierter Spannungswandler** / unearthed voltage transformer IEC 50(321), ungrounded potential transformer || **~e HGÜ** / bipolar HVDC system || **~e HGÜ-Verbindung** / bipolar HVDC link, bipolar d.c. link || **~e Leitung** / bipolar line || **~e Steckdose mit Schutzkontakt** / two-pole-and-earth socket-outlet || **~e Wiedereinschaltautomatik** / two-pole automatic reclosing || **~er Ausschalter** (Schalter 1/2) VDE 0630 / double-pole one-way switch (CEE 24) || **~er Kurzschluss** / double-phase-to-earth fault, two-line-to-ground fault, double-line-to-earth fault, phase-earth-phase fault, phase-to-phase fault, line-to-line fault, double-phase fault, double fault || **~er Kurzschluss mit Erdberührung** / two-phase-to-earth fault, double-line-to-ground fault, line-to-line grounded fault || **~er Kurzschluss ohne Erdberührung** / phase-to-phase fault clear of earth, line-to-line ungrounded fault || **~er Leistungsschalter** / two-pole circuit-breaker || **~er Leitungsschutzschalter** / two-pole circuit-breaker, double-pole m.c.b. || **~er Resolver** / two-pole resolver || **~er Stecker mit Schutzkontakt** / two-pole-and-earthing-pin plug || **~er Umschalter** / double-pole double-throw switch (DPDT) || **~er Wechselschalter** (Schalter 6/2) VDE 0632 / double-pole two-way switch (CEE 24), two-way double-pole switch || **~er Wechselstrom-Wirkverbrauchszähler** / two-phase kWh meter || **~es Bauelement** / two-terminal component || **~es HGÜ-System** / bipolar HVDC system || **~/mehrpolig** *adj* / two-pole/multi-pole

Zweipol·kondensator *m* / two-terminal capacitor || **⟨maschine** *f* / two-pole machine, bipolar machine || **⟨netzwerk** *n* / two-terminal network || **⟨-Stufenschalter** *m* / two-pole tap changer
Zweipuls·-Brückenschaltung *f* / two-pulse bridge connection || **⟨-Mittelpunktschaltung** *f* / double-pulse centre-tap connection || **⟨-Verdopplerschaltung** *f* VDE 0556 / two-pulse voltage doubler connection IEC 119 || **⟨-Vervielfacherschaltung** *f* VDE 0556 / two-pulse voltage multiplier connection IEC 119
Zweipunktabgleich *m* / two point trim || **⟨ abgebrochen** / two point trim canceled
Zwei-Punkte-Zug *m* / two-point cycle (o. definition)
Zweipunkt·-Fernübertragung, HGÜ-⟨-Fernübertragung *f* / two-terminal HVDC transmission system || **⟨linie** *f* / two-point line || **⟨messung** *f* / two-point measurement || **⟨regelung** *f* / two-step control, two-level control, bang-bang control, on-off control, high-low control || **⟨regler** *m* / two-position controller, two-state (o. two-step) controller, bang-bang controller, on-off controller || **⟨signal** *n* / binary signal || **⟨verhalten** *n* / two-step action IEC 50(351), two-level action
Zwei·quadrantenantrieb *m* / two-quadrant drive, driving and braking drive || **⟨-Quadrant-Stromrichter** *m* / two-quadrant converter || **⟨rampen-ADU** *m* / dual-slope ADC || **⟨rampenventil** *n* / dual slope canister purge valve (DSPV)
zweireihig·e Anordnung / two-tier arrangement || **~er Steckverbinder** / two-row connector, double-row connector || **~es Lager** / double-row bearing
Zweirichtungs·anzeige *f* / bidirectional readout || **⟨befehl** *m* / bidirectional command || **⟨bus** *m* / bidirectional bus || **⟨-CPS** *n* EN 60947-6-2 / two-direction CPS || **⟨-HGÜ-System** *n* / reversible HVDC system || **⟨starter** *m* / two-direction starter || **⟨thyristor** *m* / bidirectional thyristor || **⟨-Thyristordiode** *f* / bidirectional diode thyristor, Diac *n* || **⟨-Thyristortriode** *f* / bidirectional triode thyristor, Triac *n* || **⟨transistor** *m* / bidirectional transistor
Zwei-Richtung-Stromrichter *m* / reversible converter, double-way converter
Zweirichtungs·ventil *n* / bidirectional valve, bidirectional electronic valve || **⟨verkehr** *m* / bidirectional traffic || **⟨zähler** *m* / reversible counter, bidirectional counter
Zwei·säulen-Trennschalter *m* VDE 0670,T.2 / two-column disconnector IEC 129 || **~schalige Verbundheizfläche aus Guss und Stahl** / two-part cast steel heater || **⟨schenkelkern** *m* / two-limb core, two-leg core
Zweischicht-Fassspulenwicklung *f* / double-layer barrel winding || **⟨material** *n* / duplex material || **⟨wicklung** *f* / double-layer winding, two-layer winding, two-coil-side-per-slot winding
Zweischienenkatze *f* / two-rail trolley
Zweischlittendrehmaschine *f* / double-slide turning machine
zweischneidig *adj* / double-edged *adj*
Zwei·schrittladung *f* / two-step charge, two-rate charge || **⟨schrittverfahren** *n* (A/D-Wandler) / dual slope method || **⟨schwimmer-**

Buchholzrelais *n* / two-float Buchholz relay, double-float Buchholz protector
Zweiseiten--Anwendungsassoziation *f* / TPAA (Two-Party-Application-Association) ‖ ₂**band** *n* (ZSB) / double sideband (DSB) ‖ ₂**bandübertragung** *f* / double sideband transmission ‖ ₂**bearbeitung** *f* / two-side machining
zweiseitig beaufschlagt / mutually admitted ‖ ~e **Belüftung** / double-ended ventilation ‖ ~e **Einspeisung** / dual feeder, two-way supply, dual service ‖ ~e **Steuerung** / bilateral control ‖ ~er **Antrieb** / bilateral drive (o. transmission) ‖ ~er **Linear-Induktionsmotor** / double-sided linear induction motor (DSLIM) ‖ ~er **Linearmotor** / double-sided linear motor ‖ ~es **Abmaß** / bilateral tolerance ‖ ~es **Getriebe** / bilateral gear(ing) ‖ ~ **gesockelte Lampe** / double-ended lamp ‖ ~ **gesockelte Soffittenlampe** / double-capped tubular lamp ‖ ~ **gespeiste Leitung** / doubly fed line, dual-feeder mains ‖ ~ **gespeister Fehler** / fault fed from both ends ‖ ~ **symmetrischer Kühlkreislauf** / double-ended symmetrical cooling circuit ‖ ~ **wirkendes Lager** / two-direction thrust bearing
Zwei·spannungsausführung *f* / two-voltage version ‖ ₂**spindel-Drehzentrum** *m* / dual-spindle turning center ‖ ~**spindlig** *adj* / 2-spindle
zweisprachig *adj* / bilingual *adj* ‖ ~e **Datei** / bilingual file, TTX *n* ‖ ~e **TRADOS-Datei** / bilingual TRADOS file
Zwei·stabwicklung *f* / double-layer bar winding ‖ ₂**ständer-Langhobelmaschine** *f* / two-column planing machine ‖ ₂**ständerpresse** *f* / two-column press ‖ ₂**stiftsockel** *m* / two-pin cap, bi-pin cap, bipost cap
zweistöckiger Lüfter / two-tier fan
Zweistofflegierung *f* / two-element alloy
Zweistrahl *m* (Kfz-Einspritzventil) / split stream
Zweistrahler *m* / two-beam oscilloscope, dual-trace oscilloscope
zweistrahliges Feuer / bi-directional light
Zweistrahl--Oszilloskop *n* / two-beam oscilloscope, dual-trace oscilloscope ‖ ₂**röhre** *f* (mit getrennten Elektronenstrahlerzeugern) / double-gun CRT
zweisträngig *adj* (zweiphasig) / two-phase *adj*, double-phase *adj*, double-strand ‖ ~e **Wicklung** / two-phase winding
Zweistufen·anlasser *m* / two-step starter ‖ ₂-**Druckölverfahren** *n* / stepped-seat oil-injection expansion method ‖ ₂**kupplung** *f* / two-speed clutch ‖ ₂**relais** *n* / two-step relay ‖ ₂**sitz** *m* / two-step seating ‖ ₂-**Stromwandler** *m* / dual-range current transformer ‖ ₂**wicklung** *f* / two-range winding, double-tier winding
zweistufig *adj* / two-tier ‖ ~e **Kurzunterbrechung** / double-shot reclosing ‖ ~e **Pumpe** / two-stage pump ‖ ~e **Verstärkung** / two-stage amplification ‖ ~er **Erdschlussschutz** / two-step earth-fault protection ‖ ~er **Generator** / dual-stage inflator ‖ ~er **Konzentrator** / two-stage concentrator ‖ ~es **Untersetzungsgetriebe** / double-reduction gear unit
Zwei·stützer-Drehtrenner *m* / two-column disconnector, centre-break rotary disconnector ‖ ₂**systemleitung** *f* / double-circuit line
Zweitadresse *f* / secondary address
Zwei·tarifauslöser *m* / two-rate price-changing trip, two-rate trip ‖ ₂**tarifeinrichtung** *f* / two-rate price-changing device ‖ ₂**tarif-Summenzählwerk** *n* / two-rate summator ‖ ₂**tarifzähler** *m* / two-rate meter ‖ ₂**tastentrennung** *f* / two-key rollover
zweite Bewegung parallel zur X-Achse (NC-Adresse) DIN 66025,T.1 / secondary dimension parallel to X (NC) ISO/DIS 6983/1 ‖ ~ **Inbetriebnahme** *f* / second installation ‖ ~ **Wahl** (Blech) / second grade
zweiteilig *adj* / two-part *adj*, split *adj*, made in two parts ‖ ~e **Verschraubung** / clamp-type adapter ‖ ~er **Kommutator** / two-part commutator ‖ ~er **Ständer** / split stator, split frame ‖ ~er **Steckverbinder** / two-part connector ‖ ~es **Gehäuse** / split housing, split frame
zweiter Durchbruch / second breakdown ‖ ~ **Schall** / second sound ‖ ~ **Vorschub** DIN 66025,T.1 / second feed function (NC) ISO/DIS 6983/1
Zweit·fehlereintrittszeit *f* / time of occurrence of second fault (o. error) ‖ ₂**impulsbildung** *f* / second-pulse generation ‖ ₂**impulslöschung** *f* / second-pulse suppression (o. inhibition) ‖ ₂**lieferant** *m* / second supplier ‖ ₂**luft** *f* / secondary air
Zweitor *n* / two-port network ‖ ₂ **in Kreuzschaltung** / lattice network ‖ ₂ **in L-Schaltung** / L-network *n* ‖ ₂ **in T-Schaltung** / T-network *n* ‖ ₂ **in überbrückter T-Schaltung** / bridged-T network
Zweitraffination *f* (Isolierflüssigk.) / re-refining *n*
Zweitwicklung *f* / secondary winding
zwei- und dreipolige Befehle / two and three state device control
Zweiwattmeterschaltung *f* / two-wattmeter circuit
Zweiweg·kommunikation *f* / two-way communication ‖ ₂-**RAM** *n* / dual-port RAM ‖ ₂**schaltung** *f* / double-way connection (converter), two-way connection ‖ ₂**schließer** *m* / two-way make contact ‖ ₂-**Stromrichter** *m* / reversible converter, double-way converter ‖ ₂**tafel** *f* DIN 55350,T.23 / two-way table ‖ ₂**übertragung** *f* / duplex transmission
Zwei·wickler-Trafo *m* / two-winding transformer ‖ ₂**wicklungs-Synchrongenerator** *m* / double wound synchronous generator ‖ ₂**wicklungstransformator** *m* / two-winding transformer ‖ ₂**zeiler** *m* / double subrack ‖ ₂**zeiler-Variante** *f* / two-tier version
zweizeilig *adj* / 2-line *adj* ‖ ~ *adj* (LCD-Anzeigefeld) / two-line *adj* ‖ ~ *adj* (BGT, IV) / two-tier *adj* ‖ ~er **Geräteaufbau** / two-tier configuration
Zweizonen-Transistor *m* / unijunction transistor (UJT)
zwei·zügiger Kanal / two-duct trunking, twin-compartment duct(ing) ‖ ~**zustandsgesteuertes Element** / pulse-triggered element ‖ **Kippglied mit** ₂**zustandssteuerung** / master-slave bistable element
zweizweigige Wicklung / two-circuit winding
Zweizyklenauswertung *f* / two-cycle evaluation
Zwerg·lampe *f* / pygmy lamp, miniature lamp ‖ ₂**polrelais** *n* / sub-miniature polarized relay
Zwickel *m* / interpolar gap ‖ ₂**abstand** *m* / interpolar distance ‖ ₂-**Endenabschluss** *m* / spreader-head sealing end ‖ ₂**endverschluss** *m* / dividing box ination *n* ‖ ₂**füllung** *f* (Kabel) / filler *n*, cable filler ‖ ₂**ölkabel** *n* / ductless oil-filled cable
Z-Widerstand *m* / zener resistance
Zwiebelringe *m* / sealing inserts with break-off rings

Zwielichtsehen *n* / mesopic vision
Zwillings·aggregat *n* / twin set ‖ ⸺**antrieb** *m* / twin drive, dual drive, two-motor drive ‖ ⸺**betrieb** *m* / master-slave operation ‖ ⸺**bürste** *f* / split brush ‖ ⸺**bürste aus zwei Qualitäten** / dual-grade split brush ‖ ⸺**bürste mit Metallwinkel** / split brush with metal clip ‖ ⸺**-Doppelantrieb** *m* / double twin drive ‖ ⸺**ebene** *f* (Kristall) / twin plane ‖ ⸺**fräszentrum** *n* / twin-milling center ‖ ⸺**geber** *m* / twin encoder ‖ ⸺**kabel** *n* / twin cable BS 4727, Group 08 ‖ ⸺**kohlebürste** *f* / split brush ‖ ⸺**kontakt** *m* / twin contact ‖ ⸺**leiter** *m* / twin conductor ‖ ⸺**leitung** *f* / twin cord, twin tinsel cord ‖ ⸺**leitung** *f* (HO3HV-H) VDE 0281 / flat twin flexible cord ‖ **leichte** ⸺**leitung** (HO3VH-Y) VDE 0281 / flat twin tinsel cord ‖ ⸺**motor** *m* / twin motor ‖ ⸺**öffner** *m* DIN 40713 / contact with two breaks IEC ‖ ⸺**reifen** *n pl* / twin tyres ‖ ⸺**schließer** *m* DIN 40713 / contact with two makes IEC 117-3 ‖ ⸺**spindel** *f* / twin spindle ‖ ⸺**stiftverbindung** *f* / twin-post connection ‖ ⸺**-Umkehrwalzmotor** *m* / twin reversing mill motor ‖ ⸺**ventil** *n* / twin valve
Zwinge *f* (el. Verbinder) / ferrule *n*, clamp *n*
zwingend *adj* / mandatory *adj* ‖ **~ notwendige Information** / mandatory information ‖ **~e Handlung** / mandatory action
Zwirnereimaschine *f* / twisting and doubling machine
Zwirnmaschine *f* / twisting frame
Zwischen·abdeckstreifen *m* / intermediate covering strip, intermediate covering strips ‖ ⸺**abdeckung** *f* / intermediate cover ‖ ⸺**ablage** *f* / clipboard *n* (system memory for storing interim data) ‖ ⸺**abschirmung** *f* / interposing screen ‖ ⸺**abstand** *m* / spacing *n* ‖ ⸺**anschluss** *m* / intermediary terminal ‖ ⸺**anstrich** *m* / intermediate coat ‖ ⸺**band** *n* / intermediate belt ‖ ⸺**baugruppe** *f* / intermediate assembly ‖ ⸺**bearbeitung** *f* / intermediate machining ‖ ⸺**behälter** *m* (Druckluftanlage) / receiver *n* ‖ ⸺**bericht** *m* / progress report ‖ ⸺**bestand** *m* DIN 40042 / intermediate survivals ‖ ⸺**blech** *n* / adapter plate, intermediate plate
Zwischenbürsten·generator *m* / cross-field generator, amplidyne generator ‖ ⸺**maschine** *f* / cross-field machine, metadyne *n*, amplidyne *n* ‖ ⸺**umformer** *m* / metadyne transformer ‖ ⸺**-Verstärkermaschine** *f* / amplidyne *n*
Zwischen·code *m* / pseudo-code *n* ‖ ⸺**code** *m* (plattformunabhängiger Code, der vom Engineering-System generiert wird) / intermediate code ‖ **interne** ⸺**darstellung** / internal intermediate representation ‖ ⸺**datei** *f* / intermediate file ‖ ⸺**decke** *f* / false ceiling ‖ ⸺**dose** *f* / through-way box, through-box *n* ‖ ⸺**echo** *n* / intermediate echo ‖ ⸺**elektrode** *f* / intermediate electrode ‖ ⸺**element** *n* / intermediate member ‖ ⸺**ergebnisse** *n* / in-between results ‖ ⸺**farbe** *f* / intermediate color ‖ ⸺**fassung** *f* / lamp-cap adaptor ‖ ⸺**flansch** *m* / adapter flange ‖ ⸺**form** *f* (Werkstück) / intermediate form
Zwischenfrequenz *f* (ZF) / intermediate frequency (IF) ‖ ⸺**-Unterdrückungsfaktor** *m* / intermediate-frequency rejection ratio ‖ ⸺**verstärker** *m* / intermediate-frequency amplifier (IFA)
Zwischen·gehäuse *n* / intermediate enclosure ‖

⸺**geschoss** *n* / mezzanine floor, semi-basement floor ‖ ⸺**getriebe** *n* / interposed gearing, intermediate gears ‖ ⸺**getriebe** *n* (BK-Schalter) / bell-crank mechanism ‖ ⸺**gitterplatz** *m* / interstitial site, interstitialcy ‖ ⸺**größe** *f* / internal state variable, intermediate size, state variable ‖ ⸺**halt** *m* / breakpoint, intermediate stop ‖ ⸺**halter** *m* / intermediate holder ‖ ⸺**harmonische** *f* / sub-harmonic *n* ‖ ⸺**hebel** *m* / intermediate lever ‖ ⸺**hochlaufzeit** *f* / inter-cycle re-acceleration time ‖ ⸺**holm** *m* / intermediate stay ‖ ⸺**joch** *n* / intermediate yoke, magnetic shunt yoke ‖ ⸺**klemme** *f* / intermediate terminal, distribution terminal (block) ‖ ⸺**klemmenkasten** *m* / auxiliary terminal box
Zwischenkreis *m* / intermediate circuit ‖ ⸺ *m* / DC link ‖ **geregelter 300 V** ⸺ / controlled 300 V constant DC link ‖ ⸺**abdeckung** *f* / DC link cover ‖ ⸺**adapter** *m* / DC link adapter ‖ ⸺**anschluss** *m* / DC link terminal ‖ ⸺**batterie** *f* (Kondensatoren) / DC-link capacitors ‖ ⸺**bemessungsstrom** *m* / rated DC link current ‖ ⸺**brückengleichrichter** *m* / rectifier bridge ‖ ⸺**bügel** *m* / DC link bridge ‖ ⸺**drossel** *f* (i. Gleichstromzwischenkreis) / d.c.-link reactor, dc link reactor ‖ ⸺**-Drossel** *f* / link reactor ‖ ⸺**-Einspeiseadapter** *m* / DC link rectifier adapter ‖ ⸺**einstellung** *f* / tap changing in intermediate circuit, intermediate circuit adjustment, regulation in intermediate circuit ‖ ⸺**erfassung** *f* / DC link sensing ‖ ⸺**führung** *f* / (converter) link commutation ‖ ⸺**-Gleichrichter** *m* / indirect rectifier ‖ ⸺**-Gleichspannung** *f* / DC-link voltage ‖ ⸺**-Gleichstromumrichter** *m* / indirect d.c. converter, a.c.-link d.c. converter ‖ ⸺**klemme** *f* / DC link terminal ‖ ⸺**komponente** *f* / DC link component ‖ ⸺**kondensator** *m* / DC link capacitor ‖ ⸺**kopplung** *f* / DC link coupling ‖ ⸺**kurzzeitstrom** *m* / short-time DC link current ‖ ⸺**leistung** *f* / intermediate current power, DC link power ‖ ⸺**-Leistungsumrichten** *n* / indirect power conversion ‖ ⸺**lösung** *f* / DC link solution ‖ ⸺**regelung** *f* (Gleichstromzwischenkreis) / (closed-loop) d.c. current control, DC link control
Zwischenkreis·schiene *f* / DC link busbar, DC link bus ‖ ⸺**schnellentladung** *f* / DC link rapid discharge option ‖ ⸺**sicherung** *f* / DC link fuse ‖ ⸺**spannung** *f* (Spannung im Zwischenkreis eines Frequenzumrichters) / DC-link voltage, act. DC-link voltage ‖ ⸺**-Spannungsbegrenzung** *f* / DC-link voltage limiter, DC link voltage limit ‖ ⸺**spannungsschwellwert** *m* / threshold DC-link voltage ‖ ⸺**strom** *m* / intermediate circuit current, DC link current ‖ ⸺**stromrichter** *m* / link converter
Zwischenkreis-Stromrichter *m* (m. Gleichstromzwischenkreis) / d.c. link converter, indirect converter ‖ ⸺ *m* (m. Wechselstromzwischenkreis) / a.c. link converter ‖ ⸺ **mit eingeprägtem Strom** / current-source DC-link converter, current-controlled converter ‖ ⸺ **mit eingeprägter Spannung** / voltage-source converter, voltage-link a.c. converter, voltage-controlled converter
Zwischenkreis·taktung *f* / d.c. link pulsing module ‖ ⸺**taktung** *f* (Gleichstromzwischenkreis) / d.c. link pulsing, d.c. link control ‖ ⸺**überspannung** *f* / DC link overvoltage ‖ ⸺**überwachung** *f* / DC link monitoring ‖ ⸺**umrichter** *m* / indirect

Zwischen 1040

converter, d.c. link converter, a.c. link converter ‖ ⸲verschienung f / DC link busbars ‖ ⸲verschienung f / DC link bus module ‖ ⸲vorladung f / precharging DC link ‖ ⸲-Wechselrichter m / indirect inverter (an inverter with an intermediate d.c. link) ‖ ⸲-Wechselstromumrichter m / indirect a.c. convertor ‖ ⸲-Wechselstrom-Umrichter m / indirect a.c. (power) converter, d.c. link converter Zwischen·kühler m / inter-cooler n, intermediate cooler ‖ ⸲kühlkreis m / intermediate cooling circuit ‖ ⸲lage f / intermediate layer, interlayer n, separating layer ‖ ⸲lage f (Zwischenschieber) / separator n ‖ ⸲lage f (Abstandhalter) / spacing layer, spacer n ‖ ⸲lager n / intermediate bearing ‖ ~lagern / temporarily place in store ‖ ⸲lagerung f / temporary storage ‖ ⸲magazin n / buffer magazine ‖ ⸲meilenstein m / intermediate milestone ‖ ⸲merker m / intermediate flag, intermediate-result flag ‖ ⸲messung f (QA) / intermediate measurement ‖ ⸲modulation f / intermodulation n
Zwischen·phase f / interphase n ‖ ⸲platine f / intermediate PCB n, intermediate printed circuit board n ‖ ⸲platte f (Steckdose) / intermediate plate ‖ ⸲platte f (Trennstück) / separator n ‖ ⸲platte f (Reihenklemmen) / barrier n ‖ ⸲platte f / adaptor plate ‖ ⸲plattenventil n / sandwich-plate valve ‖ ⸲position f / intermediate position ‖ ⸲positionierung f / intermediate positioning ‖ ⸲präzision f (Präzision unter Zwischenbedingungen) / precision under intermediate conditions ‖ ⸲prüfung f / interim test, intermediate test ‖ ⸲prüfung f (Qualitätsprüfung während der Realisierung einer Einheit) / intermediate inspection and testing, manufacturing inspection, interim review, in-process inspection, in-process inspection and testing, line inspection, intermediate examination ‖ ⸲puffer m / scratch buffer ‖ ⸲punkt m (NC) / intermediate point ‖ ⸲punkt m / interpolation point ‖ ⸲rad n / idler gear, idler n, intermediate gear, intermediate wheel ‖ Zahnradgetriebe mit ⸲rad / intermediate-wheel gearing ‖ ⸲rahmen m / coupling frame, intermediate frame ‖ ⸲raum m / clearance n, interspace n, spacing n, gap n, distance n, interval n ‖ Ausfüllen der ⸲räume / filling the spaces Zwischenraumzeichen n (CLDATA-Wort) / blank n ISO 3592 ‖ eingefügtes ⸲ / embedded space ‖ ⸲ innerhalb eines Felds / embedded space
Zwischen·relais n / supplementary relay ‖ ⸲revision f / intermediate inspection and testing, in-process inspection and testing, in-process inspection, manufacturing inspection, intermediate inspection, interim review, line inspection ‖ ⸲ring m / spacing ring, intermediate ring, lubricant ring, lantern ring, extension ring ‖ ⸲rohr n / spacer tube
Zwischen·satz m / intermediate block ‖ ⸲schale f / intermediate shell piece ‖ ⸲schaltung f / using n ‖ ⸲schaltverstärkung f / insertion gain ‖ ⸲scheibe f / spacing washer ‖ ⸲schicht f (Isol.) / interlayer insulation, interlayer n ‖ ⸲schicht f (Kabel, Polster) / bedding n ‖ ⸲schicht f (ESR-Kathode) / interface layer, cathode interface layer ‖ ⸲schicht f (Anstrich) / intermediate coat ‖ ⸲schicht f / intermediate layer ‖ ⸲schieber m (Wickl.) / separator n ‖ ⸲schritt m / intermediate step ‖

⸲sicherung f / intermediate save ‖ ⸲spann m / spacer n
Zwischenspannung f / intermediate voltage ‖ ⸲ bei offenem Stromkreis (Wandler) / open-circuit intermediate voltage
Zwischenspannungs·anschluss m (Wandler) / intermediate-voltage terminal ‖ ⸲kondensator m (kapazitiver Spannungswandler) / intermediate-voltage capacitor ‖ ⸲wandler m / voltage matching transformer
Zwischenspeicher m (ZWSP) / buffer storage, buffer memory, buffer n, temporary storage, buffer location ‖ ⸲ n (Signalspeicher, Speicher-Flipflop) / latch n ‖ ⸲magazin n / buffer magazine zwischenspeichern v / buffer v, store temporarily Zwischen·speicherplatz m (ZWSP) / temporary storage, buffer location ‖ ⸲speicherung f / temporary storage, storage in buffer, intermediate storage ‖ ⸲spitzenschleifen n / grinding between centers ‖ ⸲sprache f / Intermediate Language (IL) ‖ ⸲stand m / interim version ‖ ⸲status m / intermediate status ‖ ⸲stecker m / adaptor n, adapter plug, mounting adapter, socket adapter, plug adapter, intermediate accessory, adapter n, adapter block ‖ ⸲stellung f (Schalter, Störstellung) / intermediate position, off-end position ‖ ⸲stellungsmeldung f / intermediate state information ‖ ⸲stiel m / intermediate stay ‖ ⸲streifen m (Wickl.) / separator n ‖ ⸲stromwandler m / current matching transformer ‖ ⸲stück n / adapter n, shaft coupling, intermediate unit, flexible unit, plain bonnet extension ‖ ⸲stück n (Abstandstück, Wickl.) / packing element, spacer n ‖ ⸲stufenhärtung f / austempering n ‖ ⸲stutzen m / intermediate supports, intermediate gland, intermediate muff ‖ ⸲summe f / sub-total n ‖ ⸲support m / intermediate slide rest ‖ ⸲system n / intermediate system, relay system
Zwischen·ton m (Farbton) / binary hue ‖ ⸲träger m / subcarrier n ‖ ⸲träger-Frequenzmodulation f / subcarrier frequency modulation ‖ ⸲transformator m / matching transformer, adapter transformer, interposing transformer, interstage transformer ‖ ⸲transformator m (f. Mot.) / rotor-circuit transformer ‖ Kondensationssatz mit ⸲überhitzung / condensing set with reheat ‖ ⸲überhitzungsdampfmenge f / reheat steam flow ‖ ⸲verdrahtung f / inter-wiring ‖ ⸲verstärker m (LWL-Verbindung) / regenerative repeater ‖ ⸲verstärker m (Übertragungsstrecke) / repeater n ‖ ⸲wand f / partition wall, inediate wall, intermediate wall ‖ ⸲wand f (FSK) / partition n ‖ ⸲wandler m / interposing current transformer, matching transformer, interposing transformer ‖ ⸲weg m / intermediate path ‖ ⸲welle f / jack shaft ‖ ⸲welle f (Bahn) / quill shaft ‖ ⸲welle f (m. eigenem Lg.) / jack shaft ‖ ⸲welle f (SG) / intermediate shaft ‖ ⸲wert m / intermediate value ‖ ⸲winkel m / incremental angle, indexing angle ‖ ⸲zähler m / section meter, submeter n ‖ ⸲zahlung f / intermediate payment ‖ ⸲zählung f (EZ) / submetering n ‖ ⸲zeile f / spacer panel ‖ ⸲zustand m / intermediate state, transient condition
Zwitter-·Kontakt m / hermaphroditic contact ‖ ⸲-Steckverbinder m / hermaphroditic connector
Zwölfpulsigkeit f / 12-pulse operation
Zwölfpunktschreiber m / twelve-channel dotted-line

recorder
ZWSP (Zwischenspeicherplatz) / buffer temporary storage, buffer location || ⁓ (Zwischenspeicher) / temporary storage, buffer memory, buffer storage, buffer, buffer location
Zyklen pro Befehl / cycles per instruction (cpi) || ⁓**ablage** f / cycle storage || ⁓**alarm** m / cycle alarm || ⁓**alarmtext** m / cycle alarm text || ⁓**alarm-Übersicht** f / overview of cycle alarms || ⁓**anwahl** f / cycle select || ⁓**archiv** n / cycle archive || ⁓**aufruf** m / cycle call || ⁓**compiler** m / cycle compiler || ⁓**datei** f / cycle file || ⁓**daten** plt / cycle data || ⁓**drehen** n / cycle-turning || ⁓**drehmaschine** f / cycle turning machine || ⁓**funktion** f / cycle function
zyklengesteuert adj / cycle-controlled adj
Zyklen·interface n / cycle interface || ⁓**kette** f / cycle chain || ⁓**maschinendatenspeicher** m / cycle machine data memory || ⁓**maschinendatum** n / cycle machine data (MDC) || ⁓**maske** f / cycle screen || ⁓**modus** m / cycle mode || ⁓**paket** n / cycle package || ⁓**parameter** m / cycle parameter || ⁓**profil** n / cycle profile || ⁓**programm** n / cycle program || ⁓**programmiersprache** f / cycle language (CL) || ⁓**programmierung** f / cycle programming || ⁓**reihe** f / cycle series || ⁓**settingdatenspeicher** m / cycle setting data memory || ⁓**settingdatum** n / cycle setting data, SDC || ⁓**signal** n / cycle signal || ⁓**speicher** m / cycle memory || ⁓**sperre** f (ZSP) / cycle disable, cycle inhibit || ⁓**sprache** f / cycle language (CL) || ⁓**steuerung** f / cycle control || ⁓**test** m / cycle test || ⁓**text** m / cycle text || ⁓**unterstützung** f / cycle support || ⁓**version** f / cycle version || ⁓**versionsbild** n / cycle version screen || ⁓**verzeichnis** n / cycle directory || ⁓**zeit** f / cycle time, cycle duration, scan time
zyklisch adj / cyclic adj || **~/absolutes Messverfahren** / cyclic/absolute measuring system
Zyklisch-Absolutverfahren n / cyclic-absolute procedure
zyklisch·e Aktualisierung / cyclic update || **~e Bearbeitung** / cyclic processing || **~e Bevorzugung** (Schutzauslösung) / cyclic priority || **~e Blockprüfung** / cyclic redundancy check (CRC), cyclical redundancy check || **~e feuchte Wärme** / cyclic damp heat || **~e Lastkompensation** / cyclic load compensation || **~e Programmbearbeitung** (Anwenderprogramm läuft in einer sich ständig wiederholenden Programmschleife ab) / cyclic program processing || **~e Spannungsänderung** / cyclic voltage variation IEC 50(604) || **~e Übertragung** / cyclic transmission || **~er Betrieb** / cyclic transmission || **~er Code** / cyclic code || **~er Datenverkehr** / cyclic data transfer, cyclic data communication || **~er Umsetzer** / cyclic converter, stage-by-stage converter || **~es absolutes Messsystem** / cyclical absolute measuring system || **~es Abtasten** / scanning n, cyclic sampling || **~es Empfangsraster** / receipt cycle time || **~es Interface (ZI)** / cyclic interface || **~es Senderaster** / transmission cycle time
Zykloiden·getriebe n / cycloid gear || ⁓**verzahnung** f / cycloidal gearing, cycloidal gear teeth, cycloidal teeth
Zyklus m / clock n, clock pulse, pulse frequency, intake stroke || ⁓ m IEC 50(101) / cycle n || ⁓ m / scan cycle || ⁓ **für Lesen mit modifiziertem Rückschreiben** / read-modify-write cycle || ⁓ **für seitenweisen Betrieb** / page mode cycle || **freier** ⁓ (FZ) / user assignable cycle, free cycle (FC) || **handbedienter** ⁓ / manual cycle || ⁓**anfang** m / start of cycle || ⁓**aufruf** m / cycle call || ⁓**beschreibung** f / cycle description || ⁓**beschreibungsdatei** f / cycle description file || ⁓**datei** f / cycle file || ⁓**dauer** f / cycle time, cycle duration, scan time || ⁓**dauer** f (Zeit, die die CPU zur einmaligen Bearbeitung des Anwenderprogramms benötigt) / machining period || ⁓**frequenz** f / cycling frequency || ⁓**funktion** f / cycle function || **~gesteuert** adj / cycle-controlled || ⁓**kontrolle** f / cycle control || ⁓**kontrollgerät** n (MSR-Systeme) / cycle watchdog || ⁓**kontrollpunkt** m / cycle control point, cycle checkpoint, scan cycle check point || ⁓**name** m / cycle name || ⁓**programmierung** f / cycle programming || **Normalpflicht-**⁓**prüfung** f / standard operating duty cycle test || ⁓**raster** m / cycle grid || ⁓**sperre** f (ZSP) / cycle disable, cycle inhibit || ⁓**steuerung** f / scan cycle control
zyklussynchron adj / cycle-synchronous adj, in cyclic synchronism
Zyklus·trigger m / cycle trigger || ⁓**überlastung** f / cycle overload || ⁓**überschreitung** f / cycle timeout || ⁓**überwachung** f (Abfrageüberwachung) / scan monitor || ⁓**überwachungszeit** f / scan cycle monitoring time || ⁓**verzeichnis** n / cycle directory || ⁓**wechsel** m / cycle change || ⁓**wert** m / cycle value
Zykluszeit f / cycle time (time required by the CPU to execute the user program), cycle duration || ⁓ f (zykl. Abtasten) / scan time || ⁓**belastung** f / scan time on-load || ⁓**en** f / cycle times || ⁓**messung** f / cycle time measurement || ⁓**triggerung** f / cycle time triggering || ⁓**überschreitung** f / time-out n (TO), scan time exceeded || ⁓**überwachung** f / watchdog n, scan time monitoring, cycle time monitoring, scan time monitor
Zylinder m / casing n, element n || ⁓ m (Tragzylinder f. Trafo-Wickl.) / barrel n, cylinder n || ⁓**abschaltung** f / cylinder cut-out || ⁓**achse** f / cylinder axis || ⁓**antrieb** m / drive n, cylinder drive || ⁓**ausbohrmaschine** f / cylinder re-boring machine || ⁓**auswahl** f / cylinder selection || ⁓**bahn** f / cylinder path || ⁓**bahninterpolation** f (Geradeninterpolation und Kreisinterpolation zwischen einer linearen Achse und einer Rundachse) / cylindrical interpolation || ⁓**block** m / cylinder block || ⁓**bohrmaschine** f / cylinder boring machine || ⁓**bohrung** f / cylinder bore || ⁓**daten** plt / cylinder data || ⁓**dichtung** f / cylinder seal || ⁓**form** f / cylindricity n || ⁓**format** n / cylinder format || ⁓**formtoleranz** f / cylindricity tolerance || ⁓**füllungssteller** m / cylinder charge actuator || ⁓**füllungssteuerung** f / cylinder charge control, charging system control || ⁓**funktion** f / Bessel function || ⁓**geschwindigkeit** f / cylinder speed || ⁓**gewinde** n / cylindrical thread || ⁓**inhalt** m / swept volume, displacement n || ⁓**Innenmantelfläche** f / cylinder internal jacket surface || ⁓**interpolation** f / cylindrical interpolation || ⁓**kammer** f (Debye-Scherrer-Kammer) / powder camera, Debye-Scherrer

Zylinder

camera || ⸺**kerbschraube** *f* / socket head notched screw || ⸺**kern** *m* / cylinder core || ⸺**Kolbenstangendurchmesser** / cylinder piston rod diameter || ⸺**koordinate** *f* / cylindrical coordinate || ⸺**kopf** *m* / cylinder head || ⸺**kopfschraube** *f* / socket cap screw, cylinder head screw || ⸺**kraft** *f* / cylinder force || ⸺**kurbelgehäuse** *n* / cylinder crankcase

Zylinder·lager *n* / cylindrical-roller bearing, parallel-roller bearing, straight-roller bearing, plain-roller bearing || ⸺**läufer** *m* / cylindrical rotor, drum-type rotor, non-salient-pole rotor, round rotor || ⸺**leitung** *f* / cylinder pipe || ⸺**-Linear-Induktionsmotor** *m* / tubular linear induction motor (TLIM) || ⸺**mantel** *m* / cylinder jacket, cylinder surface, cylinder envelope, lateral cylinder surface || ⸺**manteltransformation** *f* / cylinder surface transformation || ⸺**maß** *n* (in der Fertigung) / cylindrical dimensions || ⸺**-Rollenlager** *n* / cylindrical-roller bearing, parallel-roller bearing, straight-roller bearing, plain-roller bearing || ⸺**schalter** *m* / cylinder switch || ⸺**schloss** *n* / cylinder lock, barrel lock, safety lock || ⸺**Schneckengetriebe** *n* / cylindrical worm gears || ⸺**schraube** *f* / pan head screw, cheese head screw, socket cap screw, socket head cap screw || ⸺**schraube mit Innensechskant** / hexagon socket head cap screw || ⸺**schraube mit Schlitz** / slotted cheese head screw || ⸺**sensor** *m* / cylinder sensor || ⸺**sicherheitsschloss** *n* / safety lock

Zylindersicherung *f* / cylinder fuse, cylindrical fuse, cylindrical fuse-link || ⸺**seinsatz** *m* / cylindrical fuse link || ⸺**slasttrennschalter** *m* / cylindrical fuse switch disconnector || ⸺**ssockel** *m* / cylinder fuse base || ⸺**strenner** *m* / cylindrical fuse disconnector || ⸺**sunterteil** *n* / cylindrical fuse base

Zylinder·spule *f* / cylindrical coil, concentric coil || ⸺**stift** *m* / cylindrical pin || ⸺**stift Anschlag** / straight pin stop || ⸺**stift Rasthebel** / straight pin detent lever || ⸺**~symmetrisch** *adj* / cylindrically symmetric || ⸺**totvolumen** *n* / cylinder dead volume || ⸺**transformation** *f* / cylinder transformation || ⸺**wicklung** *f* / concentric winding, cylindrical winding, helical winding

zylindrisch *adj* / cylindrical *adj* || **~e Bauform** (el. Masch.) / cylindrical-frame type, round-frame type || **~e Beleuchtungsstärke** / cylindrical illuminance, mean cylindrical illuminance || **~e Bestrahlung** / radiant cylindrical exposure || **~e Bestrahlungsstärke** / cylindrical irradiance || **~e Schraubenfeder** / cylindrical helical spring, helical spring || **~er Gewindespalt EN 50018** / cylindrical threaded joint || **~er Kopfansatz** (Bürste) / cylindrical head || **~er Lagersitz** / straight bearing seat || **~er Spalt EN 50018** / cylindrical joint EN 50018 || **~er Stützisolator** / cylindrical post insulator || **~er Teil des Sitzringes** / cylindrical length of seat ring || **~es Gewinde** / straight thread, cylindrical thread

ZZP (Zündzeitpunkt) *m* / spark timing

Siemens Industry Automation Translation Services (Editors)

Wörterbuch industrielle Elektrotechnik, Energie- und Automatisierungstechnik
Dictionary of Electrical Engineering, Power Engineering and Automation

Teil 1   Deutsch – Englisch
Part 1   German – English

6., wesentlich überarbeitete und erweiterte Auflage 2011, 1042 Seiten, gebunden
ISBN 978-3-89578-313-5, € 89,90

Mit insgesamt etwa 240.000 Einträgen und 320.000 Übersetzungen in Deutsch-Englisch und Englisch-Deutsch ist dieses Wörterbuch das Standardwerk für Übersetzer und für Praktiker aus den Bereichen Elektrotechnik, Energie- und Automatisierungstechnik. Altogether containing about 240,000 entries and 320,000 translations, this dictionary is the worldwide-respected standard work for translators and engineers who require a comprehensive, reliable compilation of terms from electrical engineering, power engineering and automation.

Teil 2   Englisch – Deutsch
Part 2   English – German

6th extensively revised and substantially edition 2009, 994 pages, hardcover
ISBN 978-3-89578-314-2, € 89.90

Mit etwa 240.000 Einträgen und 320.000 Übersetzungen im deutsch-englischen und englisch-deutschen Teil ist dieses Wörterbuch das anerkannte Standardwerk für alle, die eine umfassende, zuverlässige Sammlung der Fachbegriffe aus der industriell angewandten Elektrotechnik benötigen. The worldwide-respected standard work for all those requiring a comprehensive, reliable compilation of terms from all fields of industrially applied electrical engineering, altogether containing about 240,000 entries and 320,000 translations in both language directions.

CD-ROM

Deutsch – Englisch; Englisch – Deutsch
German – English; English – German
Edition 2011, Windows 7 / Vista / XP / 2000
ISBN 978-3-89578-315-9, € 189.00

www.publicis.de/books

Join the Translation Network

Dieses Wörterbuch hat seinen Ursprung in der langjährigen und kontinuierlichen Terminologiearbeit des Siemens Sprachendienstes. Als siemensinterner Dienstleister sind wir intensiv eingebunden in die Prozesse unserer Kunden in Entwicklung, Redaktion, Marketing und Vertrieb.

> Wir liefern perfekte Übersetzungen von Software-Applikationen und Online-Hilfen, Entwicklungs- und Serviceunterlagen, technischen Beschreibungen, Gebrauchsanleitungen, Verträgen, Ausschreibungen, Vorträgen und Werbeschriften aller Art – in jeder gewünschten Sprache und perfekt auf die Anforderungen des Zielmarktes abgestimmt. Zum Nutzen unserer Kunden leisten wir projektbezogene und kontinuierliche Terminologiearbeit. Auch das gesprochene Wort kommt nicht zu kurz: Wir bieten Dolmetschdienste für Konferenzen und Verhandlungen in allen gewünschten Sprachen.

Unser Ziel sind kostengünstige und wiederverwendbare Übersetzungen, die nicht nur korrekt sind, sondern auch landesspezifisch und zeitgemäß, so dass ihre Botschaften im Zielmarkt exakt verstanden werden.

> Wir beraten unsere Kunden, wie der Übersetzungsprozess optimal in deren Abläufe eingebunden werden kann, welche Art von Übersetzung für welchen Zweck geeignet ist und wie die richtige Wahl der Terminologie gewährleistet werden kann. Durch unsere Kompetenz und Flexibilität sowie unsere Fähigkeit, Komplettlösungen zu liefern, sparen unsere Kunden eigene Ressourcen, gewinnen wertvolle Zeit und können sich auf ihre Kernkompetenzen konzentrieren.

Wir arbeiten für alle Bereiche der Siemens AG insbesondere in den Themenfeldern Automatisierung und Antriebstechnik, Verkehrstechnik, Medizintechnik, Energieübertragung und -verteilung, Logistik, Automobiltechnik, Anlagenbau und Gebäudetechnik.

> Für diese anspruchsvollen Aufgaben nutzen wir ein globales, ständig wachsendes Netzwerk muttersprachlicher Fachübersetzer und Experten für Softwarelokalisierung. Intensiver Informations- und Erfahrungsaustausch gewährleistet kompetente Zusammenarbeit auf hohem Niveau.

Um die zukünftigen Herausforderungen ideal erfüllen zu können, arbeiten wir permanent an der Erweiterung und Optimierung dieses globalen Netzwerks.

Haben wir Ihr Interesse geweckt?

Diese Wege führen zu uns:

Siemens AG
Industry Sector
I IA CE ITS TS
Frauenauracher Straße 85
91056 Erlangen

We help you go global!

www.automation.siemens.com/translationservices